第1卷

- 第1篇 一般设计资料
- 第2篇 机械制图和几何公差
- 第3篇 常用机械工程材料
- 第4篇 机构

第2卷

- 第5篇 连接与紧固
- 第6篇 轴及其连接
- 第7篇 轴承
- 第8篇 起重运输机械零部件
- 第9篇 操作件、小五金及管件

第3卷

- 第10篇 润滑与密封
- 第11篇 弹簧
- 第12篇 齿轮传动

第4卷

- 第13篇 带、链传动
- 第14篇 螺旋传动、摩擦轮传动
- 第15篇 多点啮合柔性传动
- 第16篇 减（增）速器、变速器
- 第17篇 常用电机及电气传动系统
- 第18篇 机械振动
- 第19篇 机架

第5卷

- 第20篇 液压传动与控制

第6卷

- 第21篇 气动
- 第22篇 机器人构型与结构设计
- 第23篇 智能制造系统与装备

机械设计手册

HANDBOOK OF MECHANICAL DESIGN

第七版

第3卷

主　编
成大先

副主编
王德夫
刘忠明
唐颖达
蔡桂喜
王仪明
郭爱贵
成　杰

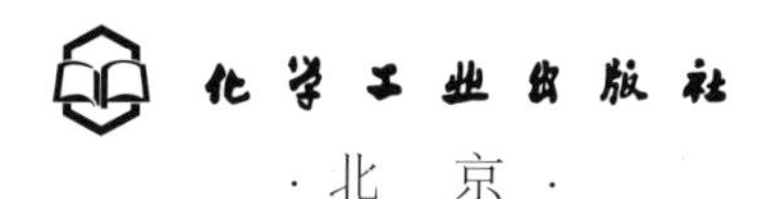

·北　京·

内 容 简 介

《机械设计手册》第七版共6卷，涵盖了机械常规设计的所有内容。其中第3卷包括润滑与密封，弹簧，齿轮传动。本手册具有权威实用、内容齐全、简明便查的特点。突出实用性，从机械设计人员的角度考虑，合理安排内容取舍和编排体系；强调准确性，数据、资料主要来自标准、规范和其他权威资料，设计方法、公式、参数选用经过长期实践检验，设计举例来自工程实践；反映先进性，增加了许多适合我国国情、具有广阔应用前景的新材料、新方法、新技术、新工艺和新产品。本手册可作为机械设计人员和有关工程技术人员的工具书，也可供高等院校有关专业师生参考使用。

图书在版编目（CIP）数据

机械设计手册. 第3卷 / 成大先主编. -- 7版. 北京 ：化学工业出版社，2025. 3. -- ISBN 978-7-122-47045-4

Ⅰ. TH122-62

中国国家版本馆CIP数据核字第20255F4G82号

责任编辑：金林茹　　　　装帧设计：尹琳琳

责任校对：王　静

出版发行：化学工业出版社

（北京市东城区青年湖南街13号　邮政编码100011）

印　　装：三河市航远印刷有限公司

787mm×1092mm　1/16　印张112¾　字数4092千字

2025年3月北京第7版第1次印刷

购书咨询：010-64518888　　　　售后服务：010-64518899

网　　址：http://www.cip.com.cn

凡购买本书，如有缺损质量问题，本社销售中心负责调换。

定　　价：288.00元

版权所有　违者必究

撰稿人员
（按姓氏笔画排序）

马　侃　燕山大学
马小梅　洛阳轴承研究所有限公司
王　刚　北方重工集团有限公司
王　迪　北京邮电大学
王　新　3M 中国有限公司
王　薇　北京普道智成科技有限公司
王仪明　北京印刷学院
王延忠　北京航空航天大学
王志霞　太原科技大学
王丽斌　浙江大学
王建伟　燕山大学
王彦彩　同方威视技术股份有限公司
王晓凌　太原重工股份有限公司
王健健　清华大学
王逸琨　北京戴乐克工业锁具有限公司
王新峰　中航西安飞机工业集团股份有限公司
王德夫　中国有色工程有限公司
方　斌　西安交通大学
方　强　浙江大学
石照耀　北京工业大学
叶　龙　北方重工集团有限公司
冯　凯　湖南大学
冯增铭　吉林大学
成　杰　中国科学技术信息研究所
成大先　中国有色工程有限公司
曲艳双　哈尔滨玻璃钢研究院有限公司
任东升　同方威视技术股份有限公司
刘　尧　燕山大学
刘伟民　3M 中国有限公司
刘忠明　郑机所（郑州）传动科技有限公司
刘焕江　太原重型机械集团有限公司
齐臣坤　上海交通大学
闫　柯　西安交通大学
闫　辉　哈尔滨工业大学
孙小波　洛阳轴承研究所有限公司
孙鹏飞　厦门理工学院
杨　松　哈尔滨玻璃钢研究院有限公司
杨　虎　洛阳轴承研究所有限公司
杨　锋　中航西安飞机工业集团股份有限公司
李　斌　北京科技大学
李文超　洛阳轴承研究所有限公司
李优华　中原工学院
李炜炜　北方重工集团有限公司
李俊阳　重庆大学
李胜波　厦门理工学院
李爱峰　太原科技大学
李朝阳　重庆大学
何　鹏　哈尔滨工业大学
汪　军　郑机所（郑州）传动科技有限公司
迟　萌　浙江大学
张　东　北京戴乐克工业锁具有限公司
张　浩　燕山大学
张进利　咸阳超越离合器有限公司
张志宏　郑机所（郑州）传动科技有限公司
张宏生　哈尔滨工业大学
张建富　清华大学
陈　涛　大连华锐重工集团股份有限公司
陈永洪　重庆大学
陈志敏　北京戴乐克工业锁具有限公司
陈志雄　福建龙溪轴承（集团）股份有限公司
陈兵奎　重庆大学
陈建勋　太原科技大学
陈清阳　太原重工股份有限公司
武淑琴　北京印刷学院
苗圩巍　郑机所（郑州）传动科技有限公司
林剑春　厦门理工学院
岳海峰　太原重型机械集团有限公司
周　瑾　南京航空航天大学
周鸣宇　北方重工集团有限公司
周亮亮　太原重型机械集团有限公司

周琬婷　北京邮电大学
郑　浩　上海交通大学
郑中鹏　清华大学
郑晨瑞　北京邮电大学
郎作坤　大连科朵液力传动技术有限公司
孟文俊　太原科技大学
赵玉凯　郑机所（郑州）传动科技有限公司
赵亚磊　中国计量大学
赵建平　陕西法士特齿轮有限责任公司
赵海波　北方重工集团有限公司
赵绪平　北方重工集团有限公司
胡明祎　国机集团工程振动控制技术研究中心
信瑞山　鞍钢北京研究院
侯晓军　中车永济电机有限公司
须　雷　河南省矿山起重机有限公司
姜天一　哈尔滨工业大学
姜洪源　哈尔滨工业大学
秦建平　太原科技大学
敖宏瑞　哈尔滨工业大学
聂幸福　陕西法士特齿轮有限责任公司
贾志勇　深圳市土木建筑学会建筑运营专业委员会
柴博森　吉林大学
徐　建　中国机械工业集团有限公司
殷玲香　南京工艺装备制造股份有限公司
高　峰　上海交通大学
高　鹏　北京工业大学
郭　锐　燕山大学
郭爱贵　重庆大学
唐颖达　苏州美福瑞新材料科技有限公司
凌　丹　电子科技大学
黄　伟　国机集团工程振动控制技术研究中心
黄　海　武汉理工大学
黄一展　北京航空航天大学
康　举　北京石油化工学院
阎绍泽　清华大学
梁百勤　太原重型机械集团有限公司
梁晋宁　同方威视技术股份有限公司
程文明　西南交通大学
曾　钢　中国矿业大学（北京）
曾燕屏　北京科技大学
温朝杰　洛阳轴承研究所有限公司
谢京耀　英特尔公司
谢徐洲　江西华伍制动器股份有限公司
靳国栋　洛阳轴承研究所有限公司
窦建清　北京普道智成科技有限公司
蔡　伟　燕山大学
蔡学熙　中蓝连海设计研究院有限公司
蔡桂喜　中国科学院金属研究所
裴世源　西安交通大学
熊陈生　燕山大学
樊世耀　山西平遥减速机有限公司
颜世铛　郑机所（郑州）传动科技有限公司
霍　光　北方重工集团有限公司
冀寒松　清华大学
魏　静　重庆大学
魏冰阳　河南科技大学

审稿人员（按姓氏笔画排序）

马文星　王文波　王仪明　文　豪　尹方龙　左开红　吉孟兰　吕　君　朱　胜　刘　实　刘世军　刘忠明
李文超　吴爱萍　何恩光　汪宝明　张晓辉　张海涛　陈清阳　陈照波　赵静一　姜继海　夏清华　徐　华
郭卫东　郭爱贵　唐颖达　韩清凯　蔡桂喜　裴　帮　谭　俊

编辑人员

张兴辉　王　烨　贾　娜　金林茹　张海丽　陈　喆　张燕文　温潇潇　张　琳　刘　哲

HANDBOOK OF
MECHANICAL DESIGN
SEVENTH EDITION

第七版前言
PREFACE

《机械设计手册》第一版于1969年出版发行，结束了我国机械设计领域此前没有大型工具书的历史，起到了推动新中国工业技术发展和为祖国经济建设服务的重要作用。经过50多年的发展，《机械设计手册》已修订六版，累计销售135万套。作为国家级重点科技图书，《机械设计手册》多次获得国家和省部级奖励。其中，1978年获全国科技大会科技成果奖，1983年获化工部优秀科技图书奖，1995年获全国优秀科技图书二等奖，1999年获全国化工科技进步二等奖，2003年获中国石油和化学工业科技进步二等奖，2010年获中国机械工业科技进步二等奖；多次荣获全国优秀畅销书奖。

《机械设计手册》（以下简称《手册》）始终秉持权威实用、内容齐全、简明便查的编写特色。突出实用性，从机械设计人员的角度考虑，合理安排内容取舍和编排体系；强调准确性，数据、资料主要来自标准、规范和其他权威资料，设计方法、公式、参数选用经过长期实践检验，设计举例来自工程实践；反映先进性，增加了许多适合我国国情、具有广阔应用前景的新技术、新材料和新工艺，采用了最新的标准、规范，广泛收集了具有先进水平并实现标准化的新产品。

《手册》第六版出版发行至今已有9年的时间，在这期间，机械设计与制造技术不断发展，新技术、新材料、新工艺和新产品不断涌现，标准、规范和资料不断更新，以信息技术为代表的现代科学技术与制造技术相融合也赋予机械工程全新内涵，给机械设计带来深远影响。在此背景之下，经过广泛调研、精心策划、精细编校，《手册》第七版将以崭新的面貌与全国广大读者见面。

《手册》第七版主要修订如下。

一、在适应行业新技术发展、提高产品创新设计能力方面

1. 新增第22篇“机器人构型与结构设计”，帮助设计人员了解机器人领域的关键技术和设计方法，进一步扩展机械设计理论的应用范围。

2. 新增第23篇“智能制造系统与装备”，推动机械设计人员适应我国智能制造标准体系下新的设计理念、设计场景和设计需求。

3. 第3篇新增了“机械设计中的材料选用”一章，为机械设计人员提供先进的选材理念、思路及材料代用等方面的指导性方法和资料。

4. 第12篇新增了摆线行星齿轮传动，谐波传动，面齿轮传动，对构齿轮传动，锥齿轮轮体、支承与装配质量检验，锥齿轮数字化设计与仿真等内容，以适应齿轮传动新技术发展。

5. 第16篇新增了减速器传动比优化分配数学建模，减速器的系列化、模块化，双圆弧人字齿减速器，机器人用谐波传动减速器，新能源汽车变速器，风电、核电、轨道交通、工程机械的齿轮箱传动系统设计等内容。

6. 第18篇新增了“工程振动控制技术应用实例”，通过23个实例介绍不同场景下振动控制的方法和效果。

7. 第19篇新增了“机架现代设计方法”一章，以突出现代设计方法在机架有限元分析和机架结构优化设计中的应用。

8. 将“液压传动”篇与“液压控制”篇合并成为新的第20篇“液压传动与控制”，完善了液压技术知识体系，新增了液压回路图的绘制规则，液压元件再制造，液压元件、系统及管路污染控制，液压元件和配管、软管总成、液压缸、液压管接头的试验方法等内容。

9. 第21篇完善了气动技术知识体系，新增了配管、气动元件和配管试验、典型气动系统及应用等内容。

二、在新产品开发、新型零部件和新材料推广方面

1. 各篇介绍了诸多适应技术发展和产业亟需的新型零部件，如永磁联轴器、风电联轴器、钢球限矩联轴器、液压安全联轴器等；活塞缸固定液压离合器、液压离合器-制动器、活塞缸气压离合器等；石墨滑动轴承、液体动压轴承、UCF型带座外球面球轴承、长弧面滚子轴承、滚柱交叉导轨副等；不锈弹簧钢丝、高应力液压件圆柱螺旋压缩弹簧等。

2. 在采用新材料方面，充实了钛合金相关内容，新增了3D打印PLA生物降解材料、机动车玻璃安全技术规范、碳纳米管材料及特性等内容。

三、在贯彻新标准方面

各篇均全面更新了相关国家标准、行业标准等技术标准和资料。

为适应数字化阅读需求，方便读者学习和查阅《手册》内容，本版修订同步推出了《机械设计手册》网络版，欢迎购买使用。

值此《机械设计手册》第七版出版之际，向参加各版编撰和审稿的单位和个人致以崇高的敬意！向一直以来陪伴《手册》成长的读者朋友表示衷心的感谢！ 由于编者水平和时间有限，加之《手册》内容体系庞大，修订中难免存在疏漏和不足，恳请广大读者继续给以批评指正。

编　者

HANDBOOK OF MECHANICAL DESIGN SEVENTH EDITION

目录
CONTENTS

第10篇 润滑与密封

第4章 密封件及其沟槽 ……………10-447

第 5 章 密封圈（件）材料和密封性能的试验方法 ………………………… 10-647

第11篇 弹簧

第 12 篇 齿轮传动

第9章 活齿传动 ………………………… 12-678

第10章 点线啮合圆柱齿轮传动 ……… 12-695

第11章 面齿轮传动 …………………… 12-713

HANDBOOK

OF

第10篇
润滑与密封

篇主编	撰稿		审稿
唐颖达	唐颖达	王建伟	唐颖达
郭　锐	郭　锐	熊陈生	
	刘　尧		
	马　侃		
	张　浩		

MECHANICAL
DESIGN

修订说明

本篇共5章，是在第六版第11篇润滑与密封的基础上编写的。两版最大的不同在于将第六版的“第2章　稀油润滑装置的设计计算”合并到了“第1章　润滑方法及润滑装置”中，在“第5章　密封圈（件）材料和密封性能的试验方法”中新增了“密封性能的试验方法”。主要修订和新增内容如下：

（1）完善了润滑与密封的知识结构。新增了润滑、润滑系统和集中润滑系统术语，润滑油及有关产品术语，润滑脂术语，密封术语等，知识结构更加完善。

（2）学科体系更加合理。将第六版“第2章　稀油润滑装置的设计计算”整合到第七版第1章“2　稀油集中润滑系统”中，避免润滑知识体系的支离破碎，体系更加合理、完整。

（3）新增并丰富了第七版的内容。新增了风力发电机组变速箱齿轮油、动车组驱动齿轮箱润滑油、机器人用摆线针轮（RV）减速器润滑油、纯电动汽车减速箱用油、重负荷车辆齿轮油（GL-5）换油指标、风力发电机组主齿轮箱润滑油换油指标、风力发电机组润滑油/脂换油指标、电厂用磷酸酯抗燃油的换油指标、冶金设备用L-HM液压油换油指南、液压气动用O形橡胶密封圈的抗挤压环（挡环）、聚氨酯系列密封圈、全断面隧道掘进机用橡胶密封件、风力发电机组主传动链系统橡胶密封圈和动力锂电池用橡胶密封件，以及密封性能的试验方法等。

（4）突出实用便查的特点。为了使第七版在读者设计工作中更为实用，如在第3章“9.14　标准机械密封”中将“材料要求”、“性能要求”都列入了正文，同时对标准的“标志、包装与贮存”要求也列入了正文。为了方便读者全面、快速地了解相关产品标准，如在第2章中给出了润滑油标准、润滑脂标准汇总表，在第3章中给出了填料标准、旋转轴唇形密封圈标准、活塞环标准、机械密封标准汇总表。在第4章中收录了几乎所有常用现行国标、行标规定的密封件，还将密封件及其沟槽一同收录，方便读者设计时查阅参考。

（5）采用了最新标准。全部采用了最新发布的标准，如GB/T 2879—2024《液压传动　液压缸　往复运动活塞和活塞杆单向密封圈沟槽的尺寸和公差》、GB/T 6578—2024《液压传动　液压缸　往复运动活塞杆防尘圈沟槽的尺寸和公差》、GB/T 17446—2024《流体传动系统及元件　词汇》等标准。

本篇由苏州美福瑞新材料科技有限公司唐颖达、燕山大学郭锐主编，燕山大学刘尧、马侃、张浩、王建伟、熊陈生参加了编写。

第1章 润滑方法及润滑装置

根据GB/T 17754—2012《摩擦学术语》中给出的“摩擦学”的定义“有关作相对运动物体的相互作用表面、类型及其机理、中间介质及环境所构成的系统的行为与摩擦及损伤控制的科学与技术，包括对摩擦、磨损、润滑及相关问题的研究和应用”，“润滑”包括在摩擦学中。

摩擦学作为一门实用性强和适用性广的学科，为改善摩擦、控制磨损和合理润滑等工程实际问题提供了理论基础和解决方案。摩擦学研究的对象是摩擦副。

而摩擦学设计是运用摩擦学知识和相关数据，基于摩擦学系统理论，综合考虑多种因素的优化设计。摩擦学设计，更完整地说是摩擦学系统设计，就是要制定摩擦学系统的结构和实现结构的途径，并得到实践检验认可。摩擦学设计的设计准则主要是通过限制压强、速度和压力-速度乘积来防止机械零件出现磨损失效。对于流体润滑的滑动轴承、滚动轴承、齿轮等摩擦副及传动装置零件的设计，则可通过相关设计计算如雷诺方程及变形方程、能量方程等以及经验类比分析等来完成。通过摩擦学设计，可使机械设备在使用过程中保持尽可能小的摩擦功耗和磨损率、必要的可靠性、合适的寿命，排除可能发生的故障，实现最低制造和运行维护成本。机械零部件和传动装置摩擦学设计的有关内容，可参看本《手册》相应的机械零部件和传动装置的设计部分。本篇第1章主要涉及图10-1-1中润滑系统设计的有关内容。

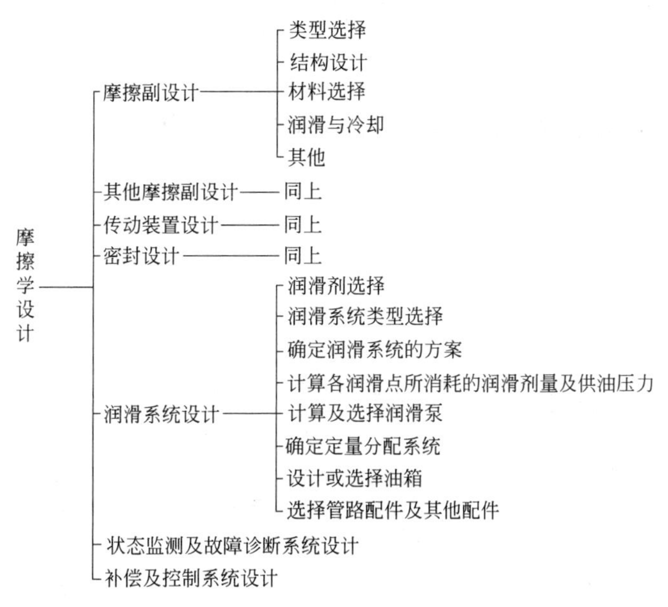

图 10-1-1　摩擦学设计的基本内容

润滑是在相对运动又相互作用表面间加入易剪切物质以减小摩擦、控制磨损或减缓其他形式表面破坏的设计和措施。机械润滑的作用见表10-1-1。

参考文献［21］中给出的“润滑的作用”有以下几方面：①减小摩擦；②减少磨损；③冷却；④防止腐蚀。此外，某些润滑剂可以将缓冲振动的机械能转变为液压能，起减振或缓冲作用。随着润滑剂的流动，可将摩擦表面上污染物、磨屑等冲洗带走。有的润滑剂还可以起到密封作用，防止冷凝水、灰尘及其他杂质的侵入。

表 10-1-1　　机械润滑的作用

润滑作用	说明
减小摩擦阻力	在机械设备中的两个相对摩擦的表面之间加入润滑剂,形成一个润滑油膜,就可以降低摩擦副的摩擦因数,减小摩擦阻力和减少功率消耗。例如,在良好的液体润滑条件下,一对摩擦副的摩擦因数可以降低到0.001或者更低,此时的摩擦阻力主要是液体润滑(剂)内部分子间相互滑移的低剪切阻力
减少机械摩擦副的磨损	在摩擦副表面间加入润滑剂,可以减少摩擦副表面的硬面磨损、锈蚀的咬焊与撕裂等造成的磨损
降低机械摩擦副温度	在机械运行中,摩擦副克服摩擦所做的功全部转变成热量,其热量一部分由机体向外扩散,另一部分将不断地使机械温度升高。采用液体润滑剂的集中循环润滑系统可以带走摩擦副产生的热量,起到降温冷却的作用,使机械在所要求的温度范围内运转
清洁冲洗摩擦副	摩擦副在运动时将产生磨损微粒或外来杂质等,会加速摩擦副表面磨损。利用液体润滑剂的流动性,可以将摩擦副表面间的磨粒带走,从而减少磨粒磨损。在采用集中循环润滑系统时,清洁冲洗作用更为显著
密封	润滑油不仅能起到润滑减磨作用,还有增强密封的效果,使摩擦副在运转中不漏气,提高工作效率。如液压缸与活塞、气缸与活塞、压缩机等。在机械设计中,利用润滑脂形成密封,可以防止水或其他灰尘、杂质侵入摩擦副。例如采用涂上润滑脂的油浸盘根,对水泵和其他旋转轴头既有良好的润滑作用,又可防止内部作用介质向外泄漏和灰尘杂质侵入内部,从而起到良好的密封作用

参考文献［17］中给出的“润滑剂的作用”为:“①减小摩擦,减少磨损;②散热;③防锈;④防腐;⑤降低振动冲击和噪声;⑥排除污物。”也可参考。

1　润滑概述

1.1　润滑方法及润滑装置的分类、润滑原理与应用

参考文献［9］介绍:“目前对机械进行润滑比较成熟的技术有:动压润滑、静压润滑、动静压润滑、边界润滑、极压润滑、固体润滑、自润滑等。”

参考文献［17］给出的各种润滑状态为:“流体动压润滑、液(流)体静压润滑、弹性流体动压润滑、薄膜润滑、边界润滑、干摩擦。”介绍应用于无润滑或自润滑摩擦副的干摩擦,其润滑膜形成方式为“表面氧化膜、气体吸附膜等”。

表 10-1-2　　润滑方法及润滑装置的分类、润滑原理与应用

<table>
<tr><th colspan="4">润滑方法</th><th>润滑装置</th><th>润滑原理</th><th>应用范围</th></tr>
<tr><td rowspan="4">稀油润滑</td><td rowspan="4">分散润滑</td><td colspan="2">间歇无压润滑</td><td>油壶
压配式压注油杯
B型、C型弹簧盖油杯</td><td>利用簧底油壶或其他油壶将油注入孔中,油沿着摩擦表面流散形成暂时性油膜</td><td>轻载荷或低速、间歇工作的摩擦副。如开式齿轮、链条、钢丝绳以及一些简易机械设备</td></tr>
<tr><td colspan="2">间歇压力润滑</td><td>直通式压注油杯
接头式压注油杯
旋盖式压注油杯</td><td>利用油枪加油</td><td>载荷小、速度低、间歇工作的摩擦副。如金属加工机床、汽车、拖拉机、农业机器等</td></tr>
<tr><td rowspan="2">连续无压润滑</td><td>油绳、油垫润滑</td><td>A型弹簧盖油杯
毛毡制的油垫</td><td>利用油绳、油垫的毛细管产生的虹吸作用向摩擦副供油</td><td>低速、轻载荷的轴套和一般机械</td></tr>
<tr><td>滴油润滑</td><td>针阀式注油杯</td><td>利用油的自重一滴一滴地流到摩擦副上,滴落速度随油位改变</td><td>在数量不多而又容易靠近的摩擦副上。如机床导轨、齿轮、链条等部位的润滑</td></tr>
</table>

续表

润滑方法				润滑装置	润滑原理	应用范围
稀油润滑	分散润滑	连续无压润滑	油环、油链、油轮润滑	套在轴颈上的油环、油链 固定在轴颈上的油轮	油环套在轴颈上做自由旋转，油轮则固定在轴颈上。这些润滑装置随轴转动，将油从油池带入摩擦副的间隙中，形成自动润滑	一般适用轴颈连续旋转和旋转速度不低于50~60r/min的水平轴的场合。如润滑齿轮和蜗杆减速器、高速传动轴的轴承、传动装置的轴承、电动机轴承和其他一些机械的轴承
				油池	油池润滑即飞溅润滑，是由装在密封机壳中的零件做旋转运动来实现的	主要是用来润滑减速器内的齿轮装置，齿轮圆周速度不应超过12~14m/s
		连续压力润滑	强制润滑	柱塞式油泵（柱塞泵）	通过装在机壳中柱塞泵的柱塞的往复运动来实现供油	要求油压在20MPa以下，润滑油需要量不大和支承相当大载荷的摩擦副
				叶片式油泵（叶片泵）	叶片泵可装在机壳中，也可与被润滑的机械分开。靠转子和叶片转动来实现供油	要求油压在0.3MPa以下，润滑油需要量不太多的摩擦副、变速箱等
				齿轮泵	齿轮泵可装在机壳中，也可与被润滑的机械分开，靠齿轮旋转供油	要求油压在1MPa以下，润滑油需要量多少不等的摩擦副
			喷射润滑	油泵、喷射阀	采用油泵直接加压实现喷射	用于圆周速度大于12~14m/s、用飞溅润滑效率较低时的闭式齿轮
			油雾润滑	油雾发生器凝缩嘴	以压缩空气为能源，借油雾发生器使润滑油形成油雾，随压缩空气经管道、凝缩嘴送至润滑点，实现润滑。油雾颗粒尺寸为1~3μm	适用于高速的滚动轴承、滑动轴承、齿轮、蜗轮、链轮及滑动导轨等各种摩擦副
			油气润滑	油泵、分配器、喷嘴	压缩空气与润滑油液混合后，经喷嘴呈微细油滴送向润滑点，实现润滑。油的颗粒尺寸为50~100μm	适用于润滑封闭的齿轮、链条滑板、导轨及高速重载滚动轴承等
	集中润滑	压力循环润滑（连续压力润滑）		稀油润滑装置	润滑站由油箱、油泵、过滤器、冷却器、阀等元件组成。用管道输送定量的压力油到各润滑点	主要用于金属切削机床、轧钢机等设备的大量润滑点或某些不易靠近的或靠近有危险的润滑点
干油润滑	分散润滑	间歇无压润滑		没有润滑装置	靠人工将润滑脂涂到摩擦表面上	用在低速粗制机器上
		连续无压润滑		设备的机壳	将适量的润滑脂填充在机壳中而实现润滑	转速不超过3000r/min、温度不超过115℃的滚动轴承 圆周速度在4.5m/s以下的摩擦副、重载的齿轮传动和蜗轮传动、链、钢丝绳等
		间歇压力润滑		旋盖式油杯 压注式油杯（直通式与接头式）	旋盖式油杯靠旋紧杯盖而造成的压力将润滑脂压到摩擦副上 压注式油杯利用专门的带配帽的油（脂）枪将油脂压入摩擦副	旋盖式油杯一般适用于圆周速度在4.5m/s以下的各种摩擦副 压注式油杯用于速度不大和载荷小的摩擦部件，以及当部件的结构要求采用小尺寸的润滑装置时
	集中润滑	间歇压力润滑		安装在同一块板上的压注式油杯	用油枪将油脂压入摩擦副	布置在加油不方便地方的各种摩擦副
		压力润滑		手动干油站	利用储油器中的活塞，将润滑脂压入油泵中。当摇动手柄时，油泵的柱塞即挤压润滑脂到给油器，并输送到润滑点	用于给单独设备的轴承及其他摩擦副供送润滑脂
		连续压力润滑		电动干油站	柱塞泵通过电动机、减速器带动，将润滑脂从储油器中吸出，经换向阀，顺着给油主管向各给油器压送。给油器在压力作用下开始动作，向各润滑点供送润滑脂	润滑各种轧机的轴承及其他摩擦元件。此外也可以用于高炉、铸钢、破碎、烧结、吊车、电铲以及其他重型机械设备中

续表

润滑方法			润滑装置	润滑原理	应用范围
干油润滑	集中润滑	连续压力润滑	风动干油站	用压缩空气作能源，驱动风泵，将润滑脂从储油器中吸出，经电磁换向阀，沿给油主管向各给油器压送润滑脂，给油器在具有压力的润滑脂的挤压作用下动作，向各润滑点供送润滑脂	用途范围与电动干油站一样。尤其在大型企业如冶金工厂、具有压缩空气管网设施的厂矿，或在用电不方便的地方等可以使用
干油润滑	集中润滑	连续压力润滑	多点干油泵	由传动机构（电动机、齿轮、蜗杆蜗轮）带动凸轮，通过凸轮偏心距的变化使柱塞进行径向往复运动，不停顿地定量输送润滑脂到润滑点（可以不用给油器等其他润滑元件）	用于重型机械和锻压设备的单机润滑，直接向设备的轴承座及各种摩擦副自动供送润滑脂
固体润滑	整体润滑		不需要任何润滑装置，靠材料本身实现润滑。主要材料有石墨、尼龙、聚四氟乙烯、聚酰亚胺、聚对羟基苯甲酸、氮化硼、氮化硅等。主要用于不宜使用润滑油、脂或温度很高（可达1000℃）或低温、深冷以及耐腐蚀等部位		
固体润滑	覆盖膜润滑		用物理或化学方法将石墨、二硫化钼、聚四氟乙烯、聚对羟基苯甲酸等材料，以薄膜形式覆盖于其他材料上，实现润滑		
固体润滑	组合、复合材料润滑		用石墨、二硫化钼、聚四氟乙烯、聚对羟基苯甲酸、氟化石墨等与其他材料制成组合或复合材料，实现润滑		
固体润滑	粉末润滑		把石墨、二硫化钼、二硫化钨、聚四氟乙烯等材料的微细粉末，直接涂敷于摩擦表面或盛于密闭容器（减速器壳体、汽车后桥齿轮包）内，靠搅动使粉末飞扬，在摩擦表面实现润滑，也可用气流将粉末送入摩擦副。后者既能润滑又能冷却。这些粉末也可均匀地分散于润滑油、脂中，提高润滑效果，也可制成糊膏状或块状使用		
气体润滑	强制供气润滑		用洁净的压缩空气或其他气体作为润滑剂润滑摩擦副。如气体轴承等，其作用为提高运动精度		

1.2 润滑、润滑系统和集中润滑系统术语

1.2.1 润滑相关术语（摘自 GB/T 17446—2024）

表 10-1-3 **润滑相关术语**

序号	术语	定义
3.1.3.24	抗磨性-润滑性	<液压>在已知的运行工况下，液压流体通过在运动表面之间保持润滑膜来抵抗摩擦副磨损的能力
3.1.3.70	磨损	因磨耗、磨削或摩擦造成材料的损失，磨损的产物在系统中形成颗粒污染
3.1.3.72	微动磨损	由两个表面滑动或周期性压缩造成，产生微细颗粒污染而没有化学变化的磨损
3.1.4.26	流体摩擦	由流体的黏度所引起的摩擦
3.8.40	压缩空气油雾器	<气动>一种能够将润滑油引入到气动系统或元件中的气动元件
3.8.41	非循环油雾器	<气动>将流经供油机构的所有润滑油注入气流中的压缩空气油雾器
3.8.42	循环油雾器	<气动>将流经供油装置的可观察到的一部分润滑油注入流体中的压缩空气油雾器

1.2.2 润滑系统术语（摘自 GB/T 38276—2019）

表 10-1-4 **润滑系统术语**

分类	序号	术语	定义
基本术语	3.1.1	润滑系统	向机械设备的摩擦副供送润滑剂的系统
基本术语	3.1.2	稀油润滑系统	采用润滑油作为润滑剂的润滑系统

续表

分类	序号	术语	定义
基本术语	3.1.3	干油润滑系统	采用润滑脂作为润滑剂的润滑系统
	3.1.4	润滑剂	用以降低摩擦副的摩擦阻力、减缓其磨损的润滑介质
	3.1.5	润滑油	矿物油、合成油等液体类润滑剂
	3.1.6	润滑脂	油脂状半固体塑性类润滑剂
	3.1.7	固体润滑剂	石墨、二硫化钼等固态类润滑剂
	3.1.8	主机	润滑系统服务的主体机械设备
	3.1.9	摩擦点	摩擦力起作用的部位
	3.1.10	摩擦副	两个既直接接触又产生相对摩擦运动的物体所构成的体系
	3.1.11	润滑点	机械设备上指定供送润滑剂的部位
	3.1.12	报警设定值	需要进行校正动作的报警预设值
	3.1.13	停车设定值	润滑系统需要停车时,预先设定的参数值
	3.1.14	额定工况	通过试验确定的,被设计以正常运行并保证足够使用寿命的工况
	3.1.15	额定流量	通过试验确定的,元件或配管按其设计以保证足够使用寿命的流量
	3.1.16	公称流量	为了便于标识并表示其所属系列而指派给系统的流量
	3.1.17	额定温度	通过试验确定的,元件或配管按其设计以保证足够使用寿命的温度
	3.1.18	供油温度	润滑系统供油口润滑剂的温度
	3.1.19	泵口压力	润滑系统中润滑泵出口压力
	3.1.20	供油压力	润滑系统供油口润滑剂的压力
	3.1.21	额定压力	通过试验确定的,元件或配管按其设计以保证足够使用寿命的压力
	3.1.22	公称压力	为了便于标识并表示其所属系列而指派给元件、配管或系统的压力
	3.1.23	试验压力	在进行耐压和泄漏试验时规定的压力
	3.1.24	惰转时间	主机停机后,设备克服机械惯性由转动到完全静止所需的时间
	3.1.25	油液清洁度	单位体积油液中固体颗粒污染物的含量
	3.1.26	过滤精度	包含杂质的润滑剂通过滤网时,允许通过的最大颗粒的尺寸
润滑系统类型	3.2.1	集中润滑系统	给多个润滑点集中供送润滑剂的润滑系统
	3.2.2	单点润滑系统	仅向单个润滑点集中供送润滑剂的润滑系统
	3.2.3	节流式润滑系统	利用液流阻力分配润滑剂的集中润滑系统
	3.2.4	单线式润滑系统	润滑剂通过一条主管路供送至分配器,然后由分配器送往各润滑点的集中润滑系统
	3.2.5	双线式润滑系统	润滑剂由一个换向阀交替变换地通过两条主管路供送至分配器,然后由分配器交替将其送往各润滑点的集中润滑系统
	3.2.6	多线式润滑系统	润滑泵的多个出口各有一条管路直接将定量的润滑剂供送至各润滑点的集中润滑系统
	3.2.7	递进式润滑系统	由分配器按递进的顺序将定量的润滑剂供送至各润滑点的集中润滑系统
	3.2.8	组合式润滑系统	由几种润滑系统型式组合成的集中润滑系统
	3.2.9	智能式润滑系统	通过智能电气系统控制,按各个润滑点所需润滑剂量进行润滑的集中润滑系统
	3.2.10	喷射润滑系统	依靠压缩空气为动力,利用文氏管效应使润滑脂形成雾状,随同压缩空气直接喷射到摩擦副进行润滑的集中润滑系统
	3.2.11	油气润滑系统	润滑油在压缩空气的作用下沿着管壁波浪形地向前移动,并以与压缩空气分离的连续精细油滴流喷射到润滑点的润滑系统
	3.2.12	油雾润滑系统	借助压缩空气将润滑油雾化,向润滑点供送油雾进行润滑的润滑系统
油箱	3.3.1	油箱	贮放润滑剂的容器
	3.3.2	停机润滑油箱	当润滑系统不能正常供油时,为主机惰转时间内提供润滑油的油箱,通常分为常压应急润滑油箱和加压油箱
泵	3.4.1	润滑泵	依靠密闭工作容积的变化,实现输送润滑剂的泵
	3.4.2	主润滑泵	润滑系统正常运行状态下工作的油泵
	3.4.3	备用润滑泵	当主润滑泵不能正常工作时,用于代替主润滑泵工作的油泵
	3.4.4	手动干油泵	由人力扳动手柄操作的一种润滑泵
	3.4.5	电动干油泵	采用电动机驱动的一种润滑泵
	3.4.6	气动干油泵	以压缩空气为动力压迫流体移动输送润滑脂的一种润滑泵
	3.4.7	干油喷射泵	以压缩空气为动力将润滑脂吹散成颗粒油雾喷射到润滑点的泵

续表

分类	序号	术语	定义
加热器	3.5.1	加热器	对润滑油进行加热的装置
	3.5.2	电加热器	利用电流通过电热元件放出的热量进行加热的加热器
	3.5.3	蒸汽加热器	利用蒸汽放出的热量进行加热的加热器
	3.5.4	电伴热带	由导电聚合物和两根平行金属导线及绝缘护层构成的扁形带,能随被加热体系的温度变化自动调节输出功率限制加热的温度
冷却器	3.6.1	冷却器	降低流体温度的装置
	3.6.2	列管式冷却器	管内流动的冷却液体与管外流动的热油流通过管壁面进行热交换的冷却器
	3.6.3	板式换热器	热油流和冷却液通过带有波纹相互隔开的板片强制进行热交换的冷却器
	3.6.4	空冷式冷却器	由风扇产生的高速空气流流过冷却器管周围和散热片带走油液热量的冷却器
过滤器	3.7.1	过滤器	基于颗粒尺寸阻留流体中的污染物的装置
	3.7.2	滤芯	过滤器中起过滤作用的部件
	3.7.3	网式过滤器	用滤网作为滤芯的过滤器
	3.7.4	网片式过滤器	用滤片作为滤芯的过滤器
	3.7.5	线隙式过滤器	用铜线或者铝线紧密缠绕在筒形骨架上作为滤芯的过滤器
	3.7.6	深度型过滤器	由内部具有曲折迂回的通道且有一定厚度的多孔可透性材料作为滤芯的过滤器
	3.7.7	磁过滤器	靠磁性材料的磁场力吸引铁屑及磁性磨料的过滤器
	3.7.8	Y型过滤器	Y型结构型式的过滤器
	3.7.9	干油过滤器	对润滑脂进行杂质过滤的过滤器
	3.7.10	吸油过滤器	安装在油泵吸油管路的过滤器
	3.7.11	回油磁过滤器	安装在回油区域的磁过滤器
	3.7.12	空气滤清器	可以使油箱与大气之间进行空气交换并过滤空气中微粒杂质的元件
	3.7.13	分水滤气器	将压缩气体中的水汽、油滴等杂质从气体中分离出来的元件
阀	3.8.1	阀	控制流体方向、压力或流量的元件
	3.8.2	阀芯	阀的内部零件,靠它的运动提供方向控制、压力控制或流量控制的基本功能
	3.8.3	方向控制阀	功能是控制流动方向的阀
	3.8.4	单向阀	控制流体只能朝一个方向流动,而不能反向流动的方向控制阀
	3.8.5	梭阀	有两个进口和一个公共出口的阀,每次流体仅从一个进口通过,另一个进口封闭
	3.8.6	压力控制阀	功能是控制压力的阀
	3.8.7	溢流阀	当达到设定压力时,通过排出或向油箱返回流体来限制压力的阀
	3.8.8	安全阀	利用介质本身的力来排出一定流量,防止压力超过额定安全值的压力控制阀。当压力恢复正常后,阀门再行关闭并阻止介质继续流出
	3.8.9	减压阀	入口压力高于出口压力,且在入口压力不定的情况下保持出口压力近于恒定的压力控制阀
	3.8.10	流量控制阀	主要功能是控制流量的阀
	3.8.11	节流阀	通过改变节流截面或节流长度以控制流体流量的阀
	3.8.12	调速阀	阀前后压差不随负载压力变化而变化,使出口流量保持恒定的流量控制阀
	3.8.13	球阀	靠转动带流道的球形阀芯连通或封闭油口的阀
	3.8.14	闸阀	其进口和出口成一直线,且阀芯垂直于阀口轴线滑动以控制开启和关闭的一种两口截止阀
	3.8.15	截止阀	主要功能是防止油介质流动的阀
	3.8.16	蝶阀	阀芯由圆盘构成的直通阀,该圆盘围绕垂直于流动方向的直径轴转动
	3.8.17	自力式调节阀	无须外加动力源,只依靠被控流体的能量自行操作并保持被控变量恒定的阀
	3.8.18	插装阀	只能与含有必要流道的偶合壳体结合才能运行的阀
	3.8.19	电磁阀	利用线圈通电激磁产生的电磁力来驱动阀芯开关的阀
控制与检测	3.9.1	铂热电阻	以铂丝为材料,其电阻值随着温度的变化而变化的导电元件
	3.9.2	压力控制器	借助压力使电接触点接通或断开的仪器
	3.9.3	压差控制器	借助压差(超过或低于一个设定值)使电接触点接通或断开的仪器
	3.9.4	液位控制器	借助液位变化使电接触点接通或断开的仪器
	3.9.5	温度控制器	借助温度变化使电接触点接通或断开的仪器

续表

分类	序号	术语	定义
控制与检测	3.9.6	流量控制器	借助流量变化使电接触点接通或断开的仪器
	3.9.7	仪表盘	用以支撑和布置仪表、开关和其他仪器的开式支架或面板
	3.9.8	仪表箱	用于安装、显示和保护计量表、开关和其他仪表的密封壳体
	3.9.9	变送器	将被测物理量转化成可传输直流电信号的元件，如：液位、压力、压差、流量、温度等
	3.9.10	过压指示器	当管路中检测液体超过规定压力值时作指示的元件
	3.9.11	油流指示器	观察管道内油介质流动情况的元件
	3.9.12	颗粒计数器	用于测量油液中颗粒的粒径及其分布的仪器
	3.9.13	积水报警器	用来检测油箱中积水量，并及时报警的元件
管路	3.10.1	卸荷管路	连接阀和油箱之间的管路，其用途是使润滑系统管路降压
	3.10.2	吸油管路	连接润滑泵吸油口的管路，其用途是从油箱中吸取油液
	3.10.3	供油管路	连接润滑泵和摩擦点的管路，其用途是向摩擦点供送润滑剂
	3.10.4	回油管路	摩擦点的回油口和油箱相连接的管路，其用途是使润滑油返回油箱
	3.10.5	控制管路	通过供应流体以实现控制功能的流道
	3.10.6	节流孔	一般长度小于直径，被设计成不受温度或黏度影响，保持限定流量的孔
	3.10.7	节流孔板	具有节流孔的能限定油流的流量和降低油流压力的薄板
	3.10.8	油路块	通常可以安装插装阀和板式阀，并按回路图通过流道使阀孔口相互连通的立方体基板

注：表中序号为标准原文中的序号，为便于后文检索对其保留。

1.2.3 集中润滑系统术语（摘自 JB/T 3711.1—2017）

表 10-1-5　　集中润滑系统术语

分类	序号	术语	定义
基本术语	2.1.1	摩擦点	摩擦力起作用的部位，是机器或机组的组成部分
	2.1.2	润滑点	向指定摩擦点供送润滑剂的部位，是机器或机组集中润滑系统的组成部分
	2.1.3	作用点	集中润滑系统内经常受外部作用（加油、操作、控制、排气、维护等）以保障系统正常工作的部位
	2.1.4	加油点	向集中润滑系统注入润滑剂的部位（作用点）
	2.1.5	放气点	润滑系统规定的排气部位（作用点）。排气可利用排气阀进行
	2.1.6	润滑脉冲时间	主管路中压力增高并向润滑点供送润滑剂的时间
	2.1.7	卸荷时间	为使分配器实现机械、液压动作而产生必需的压力降的时间
	2.1.8	间隔时间	主管路中从压力降低开始到下一次的压力回升开始的时间
	2.1.9	润滑周期	从一次润滑脉冲开始到下一次润滑脉冲开始的时间
	2.1.10	润滑时间	集中润滑系统连续供油的时间，同油泵运行时间是一致的
润滑系统型式	2.2.1	循环型润滑系统	润滑剂通过摩擦点后经回油管路流回油箱以供重复使用的润滑系统
	2.2.2	消耗型润滑系统	润滑剂仅一次性流经摩擦点后不再返回油箱重新使用的润滑系统
	2.2.3	手动操纵	润滑系统用手进行操纵的操纵方式。手动操纵的时间须使所有润滑点都获得规定容积的润滑剂或使润滑系统完成一次工作循环
	2.2.4	半自动操纵	润滑系统用手起动（例如按钮操纵）后即自动实现后续动作操纵的操纵方式。当所有润滑点都获得规定容积的润滑剂或使润滑系统完成一次工作循环时系统即自动停止
	2.2.5	自动操纵	润滑系统用时间控制或机器循环控制的方法起动并自动实现后续动作操纵的操纵方式。当所有润滑点都获得规定容积的润滑剂或润滑系统完成一次工作循环时系统即自动停止
集中润滑系统	2.3.1	节流式系统	利用液流阻力分配润滑剂的集中润滑系统
	2.3.2	单线式系统	在间歇压力作用下润滑剂通过一条主管路供送至分配器，然后送往各润滑点的集中润滑系统
	2.3.3	双线式系统	在压力作用下润滑剂通过由一个换向阀交替变换的两条主管路供送至分配器，然后由管路的压力变换将其送往各润滑点的集中润滑系统

续表

分类	序号	术语	定义
集中润滑系统	2.3.4	多线式系统	油泵的多个出口各有一条管路直接将定量的润滑剂供送至各润滑点的集中润滑系统
	2.3.5	递进式系统	由分配器按递进的顺序将定量的润滑剂供送至各润滑点的集中润滑系统
	2.3.6	油雾式系统	润滑油微粒借助气体载体运送，且通过凝缩嘴使微粒凝缩，供送至各润滑点的集中润滑系统
	2.3.7	油气式系统	借助压缩空气将定量的润滑油送往润滑点的集中润滑系统
	2.3.8	组合式系统	由几种润滑系统组合成的集中润滑系统
	2.3.9	智能式系统	通过智能电气系统控制，按各点所需将定量的润滑剂送到各个润滑点的集中润滑系统
润滑剂的喷注方法	2.4.1	喷雾润滑	借助压缩空气使润滑剂雾化后喷射在润滑点上的方法
	2.4.2	喷油润滑	将润滑剂喷射在摩擦点上的方法
泵和油箱	2.5.1	润滑泵[①]	依靠密闭工作容积的变化输送润滑剂的泵
	2.5.2	往复式润滑泵	通过往复运动压油部件使工作容积变化（增大或减小）来实现供油的泵
	2.5.3	旋转式润滑泵	通过旋转运动压油部件使工作容积变化（增大或减小）来实现供油的泵
	2.5.4	多点泵	有多个出油口的润滑泵。各出油口的排油容积可单独调节
	2.5.5	多柱塞泵	以多个柱塞作为往复运动的压油零件的多点泵
	2.5.6	多联齿轮泵	以多个齿轮并联作为旋转运动的压油部件的多点泵
	2.5.7	油箱	贮放润滑油/脂的容器
管路	2.6.1	压力管路	油泵和主管路阀门（卸荷阀、换向阀等）或管路和支管路阀门（分配器、流量控制阀等）之间的管路
	2.6.2	卸荷管路	主管路阀门（安全阀、减压阀、换向阀等）和油箱之间的管路
	2.6.3	主管路	油泵或同油泵相接的阀（卸荷阀、换向阀等）和到支管路的分支之间的管路
	2.6.4	润滑管路	分配器或泵和润滑点相连接的管路
	2.6.5	支管路	主管路分支和支管路阀门（分配器、流量控制阀等）之间的管路
	2.6.6	回油管路	摩擦点的回油口和油箱相连接的管路
	2.6.7	吸油管路	连接泵和油箱的管路
分配器	2.7.1	油路板	分配器上使润滑剂分流的零件
	2.7.2	节流分配器	由一个或几个节流阀或压力补偿节流阀和一块油路板组成的分配器。全部零件也可合并为一个部件
	2.7.3	单线分配器	由一块油路板和一个或几个单线给油器组成的分配器。全部零件也可合并为一个部件
	2.7.4	单线给油器	定量分配润滑剂的一种分配器部件。工作时主管路必须交替增压和减压才能向润滑点供送润滑剂
	2.7.5	双线分配器	由一块油路板和一个或几个双线给油器组成的分配器。全部零件也可合并为一个部件
	2.7.6	双线给油器	定量分配润滑剂的一种分配器部件，有两个腔室。工作时两条主管路必须有交替的增压和减压
	2.7.7	递进分配器	以递进的顺序向润滑点供送润滑剂的分配器，由递进给油器和管路辅件组成。全部零件也可合并为一个部件
	2.7.8	递进给油器	定量分配和控制润滑剂的一种分配器部件，有两个腔室。工作时主管路只需增压即可向润滑点供送润滑剂
	2.7.9	管路辅件	连接管路的所有辅件，包括管接头、管夹等
	2.7.10	凝缩嘴	利用流体阻力分配送往润滑点的油雾量并从油雾流中凝结油滴的一种分配器
喷雾嘴和喷油嘴	2.8.1	喷雾嘴	混合润滑剂和压缩空气、向摩擦点喷注混合均匀的润滑剂颗粒的装置
	2.8.2	喷油嘴	将润滑油压力能转变为润滑油动能的一种喷注装置
控制阀和调节阀	2.9.1	方向控制阀	用于开启（完全开启或部分开启）或关闭一条或多条润滑剂油路的阀
	2.9.2	换向阀	交替地以两条主管路向双线式系统供送润滑剂的二位四通换向阀
	2.9.3	循环分配器	为了完成一个工作循环，按照规定的润滑循环数开启和关闭的二位二通换向阀
	2.9.4	卸荷阀	使单线式系统主管路中增高的压力卸荷至卸荷压力的二位三通换向阀

续表

分类	序号	术语	定义
控制阀和调节阀	2.9.5	止回阀	当入口压力高于出口压力（包括可能存在的弹簧力）时即被开启的阀
	2.9.6	压力控制阀	控制润滑系统中流体压力的阀
	2.9.7	安全阀	控制入口压力将多余流体排回油箱的压力控制阀
	2.9.8	减压阀	入口压力高于出口压力，且在入口压力不定的情况下保持出口压力近于恒定的压力控制阀
	2.9.9	流量控制阀	控制流体流量的阀
	2.9.10	节流阀	调节通流截面的流量控制阀。送往润滑点的流量与压差和黏度有关
	2.9.11	压力补偿节流阀	使排出流量自动保持恒定的流量控制阀。压力补偿节流阀使流体流量大小与压差无关
	2.9.12	节流孔	通流截面恒定且很短的流量控制阀。节流流量与压差有关，与黏度无关
控制和检测仪器	2.10.1	时间调节和机器循环调节的程序控制器	按照规定的时间或机器循环数自动接通和断开集中润滑系统的控制仪器
	2.10.2	时间调节程序控制器	按照规定的时间重复接通集中润滑系统的可编程序控制器
	2.10.3	机器循环调节程序控制器	按规定的机器循环数重复接通集中润滑系统的可编程序控制器
	2.10.4	带信号输出的测量仪器	将实测值同公称值进行对比并在大于或小于公称值时输出信号的仪器，可用于连续作业场合
	2.10.5	压力开关	借助压力使电接触点接通或断开的仪器
	2.10.6	电接点压力表	带目视指示器的压力开关
	2.10.7	液位开关	借助液位变化使电接触点接通或断开的仪器（如浮子开关等）
	2.10.8	温度开关	借助温度变化使电接触点接通或断开的仪器
	2.10.9	流量开关	借助流量变化使电接触点接通或断开的仪器
	2.10.10	检测开关	借助检测仪器的作用使电接触点接通或断开的仪器（例如分配器、泵装置等的检测开关）
	2.10.11	压差开关	超过或低于一个压差时接通的仪器
	2.10.12	带显示测量仪表	可显示测量值的仪表。压力量仪（如压力表）和流量量仪（如流量计）均属此类
	2.10.13	指示仪表和指示装置	指示某种功能发生作用与否，或某一量值增高（降低）与否的仪器
	2.10.14	压力指示器	指示压力的装置。一般是一个弹簧加载的活塞杆上的指示杆，由检测流体加压，达到一定值时，克服弹簧力而反向运动，从而由油缸内伸出
	2.10.15	油流指示器	指示流量的装置。一般是一个弹簧加载的零件，安装在润滑油流中，当油流超过一定流量时，在油流作用下向一个方向运动。不带弹簧加载零件的其他结构，仅指示润滑油流的存在（例如回转式齿轮装置）
	2.10.16	功能指示器	以机械方式指示元件功能作用的指示装置，例如分配器的指示杆等
	2.10.17	液位指示器	示油窗、探测杆（电气液位指示器）、带导杆的随动活塞等指示装置
	2.10.18	润滑脉冲计数器	计算润滑次数并进行数字显示的指示仪器
	2.10.19	油气分配器	对油-空气两相流介质进行二次分配的元件
	2.10.20	油气混合器	对输入的润滑油和压缩空气进行混合，输出油-空气混合物的元件
	2.10.21	电磁给油器	通过电磁阀实现得电供油、失电关闭的给油装置

① 带电动机驱动的润滑泵以××泵装置标志，不带电动机驱动的润滑泵以××泵标志。

注：表中序号为标准原文中的序号，为便于后文检索对其保留。

1.3 集中润滑系统的分类和图形符号

集中润滑系统是给多个润滑点集中供送润滑剂的润滑系统。

1.3.1 集中润滑系统的分类（摘自 JB/T 3711.1—2017）

集中润滑系统

消耗型润滑系统(2.2.2)

				润滑剂
节流式系统(2.3.1)	手动	半自动	自动	润滑油 / —
单线式系统(2.3.2)	手动	半自动	自动	润滑油 / 润滑脂
双线式系统(2.3.3)	手动	半自动	自动	润滑油 / 润滑脂
多线式系统(2.3.4)	手动	半自动	自动	润滑油 / 润滑脂
递进式系统(2.3.5)	手动	半自动	自动	润滑油 / 润滑脂
油雾式系统(2.3.6)	—	—	自动	润滑油 / —
油气式系统(2.3.7)	—	—	自动	润滑油 / —
组合式系统(2.3.8)	手动	半自动	自动	润滑油 / 润滑脂
智能式系统(2.3.9)	—	—	自动	润滑油 / 润滑脂

循环型润滑系统(2.2.1)

润滑剂			
润滑油 / —	节流式系统(2.3.1) —	半自动	自动
润滑油 / —	单线式系统(2.3.2) —	半自动	自动
润滑油 / —	双线式系统(2.3.3) —	半自动	自动
润滑油 / —	多线式系统(2.3.4) —	半自动	自动
润滑油 / —	递进式系统(2.3.5) —	半自动	自动

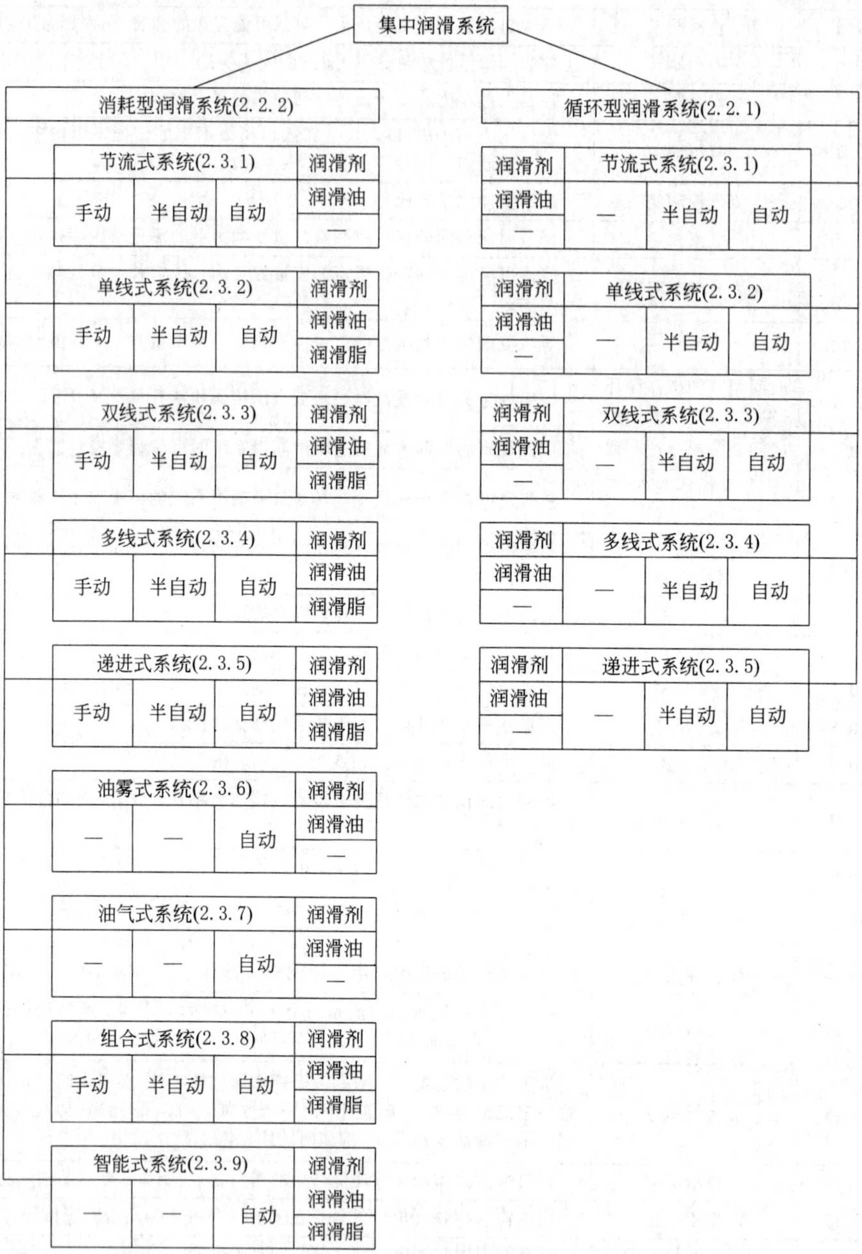

图 10-1-2 集中润滑系统的分类

注：圆括号内所注为 JB/T 3711.1—2017 中术语编号，见表 10-1-5。

1.3.2 集中润滑系统的图形符号（摘自 JB/T 3711.2—2017）

集中润滑系统的图形符号见表 10-1-6。图形符号的使用说明如下（摘自 JB/T 3711.2—2017 附录 A）：

① JB/T 3711.2—2017 规定的图形符号，主要用于绘制以润滑油及润滑脂为润滑剂的润滑系统原理图。

② JB/T 3711.2—2017 仅规定了各种润滑元件的基本符号，以及部分常用的其他有关装置的符号。

③ 符号只表示元件的职能、连接系统的通道，不表示元件的具体结构和参数，不表示系统管路的具体位置和元件的安装位置。

④ 元件符号均以静止位置表示或零位表示；当组成系统中其动作另有说明时，可作为例外。

表 10-1-6　集中润滑系统图形符号

序号	图形符号	名词术语	序号	图形符号	名词术语
3.3.1		润滑点	3.3.13		喷雾嘴
3.3.2		放气点	3.3.14		喷油嘴
3.3.3		定量多点泵（以5个出油口为例）	3.3.15		卸荷阀
3.3.4		变量多点泵（以5个出油口为例）	3.3.16		节流孔
3.3.5	或	带搅拌器的泵（润滑脂用）	3.3.17		时间调节程序控制器
3.3.6	或	带随动活塞的泵（润滑脂用）	3.3.18		机器循环调节程序控制器
3.3.7		节流分配器（以3个出油口为例）	3.3.19		压力指示器
3.3.8		可调节流分配器（以3个出油口为例）	3.3.20		功能指示器（以单线分配器为例）　机械
3.3.9		单线分配器（以3个出油口为例）	3.3.21	Σ	润滑脉冲计数器
3.3.10	和	双线分配器（以双向8个出油口和单向4个出油口为例）	3.3.22		油气分配器
3.3.11		递进分配器（以8个出油口为例）	3.3.23		油气混合器
3.3.12		凝缩嘴			

注：1. 尽管 JB/T 3711.2—2017 中规定“集中润滑系统中与液压气动系统的名称术语及原理相同的符号均采用 GB/T 786.1 中的图形符号”，但是其中确有一些图形符号或组成要素不符合 GB/T 786.1 的规定，如泵中“液压力的作用方向”“节流孔”等。

2. 3.3.5、3.3.6、3.3.17~3.3.23 图形符号在 GB/T 786.1 中未做规定，仍按 JB/T 3711.2—2017 绘制。

3. 序号为标准原文中的序号。

⑤ 符号在系统图中的布置，除有方向性的元件符号（如油箱、仪表）外，根据具体情况可水平或垂直绘制。

⑥ 元件的名称、型号和参数（如压力、流量、功率和管径等），一般在系统图的元件表中标明，必要时可标注在元件符号旁边。

⑦ JB/T 3711.2—2017 未规定的图形符号，宜采用 GB/T 786.1 中相应的图形符号；GB/T 786.1 中也未规定，可根据 JB/T 3711.2—2017 的原则和所列图例的规律性进行派生；当无法派生，或有必要特别说明系统中某一重要元件的结构及动作原理时，允许局部采用结构简图表示。

⑧ 符号的大小以清晰、美观为原则，根据图样幅面的大小酌情处理，但应适当保持本身的比例。

表 10-1-7　　集中润滑系统原理图

系统形式	消耗型润滑系统	循环型润滑系统
节流式系统	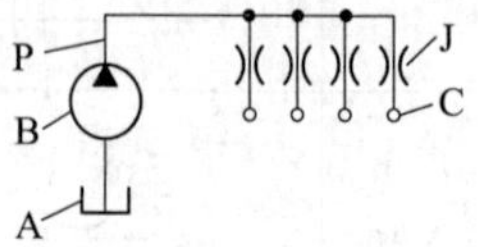 P J B C A	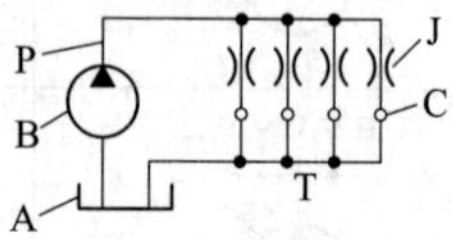 P J B C T A
单线式系统	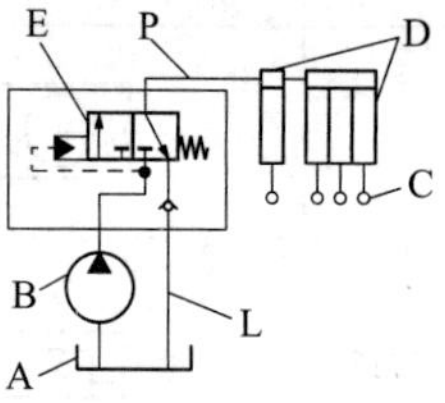 E P D C B L A	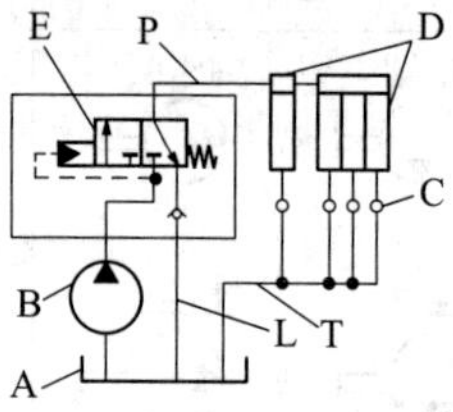 E P D C B L T A
双线式系统	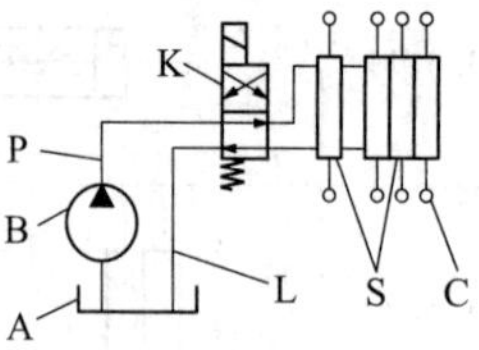 K P B A L S C	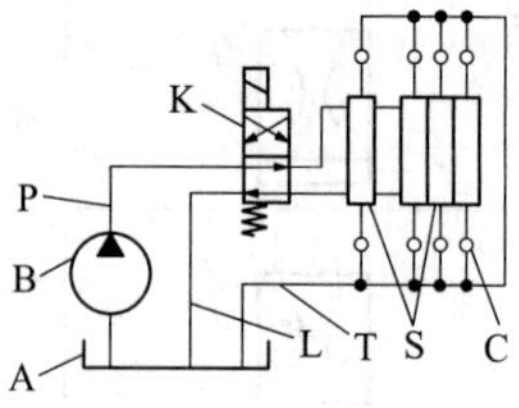 K P B A L T S C
多线式系统	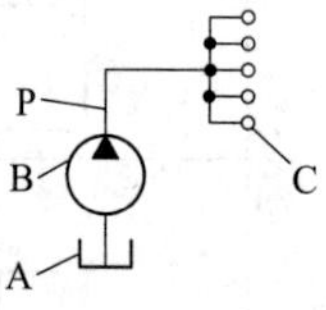 P B C A	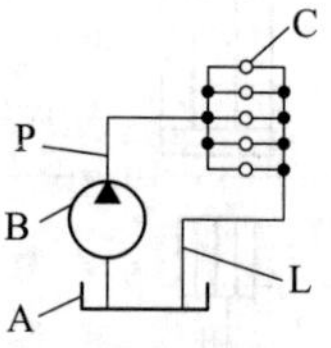 C P B L A
递进式系统	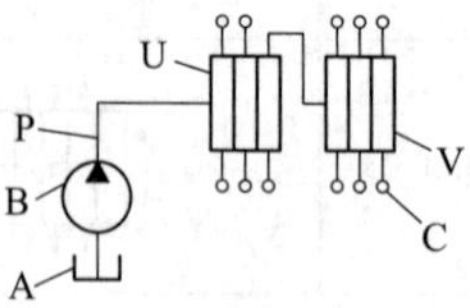 U P B V C A	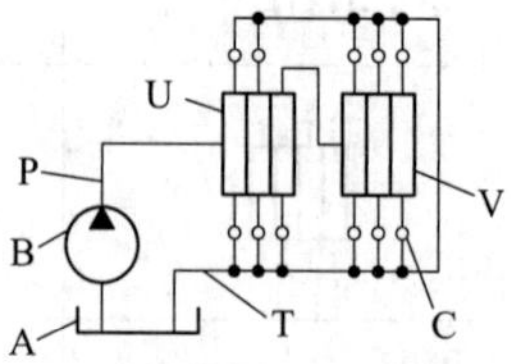 U P B V T A C
油雾式系统	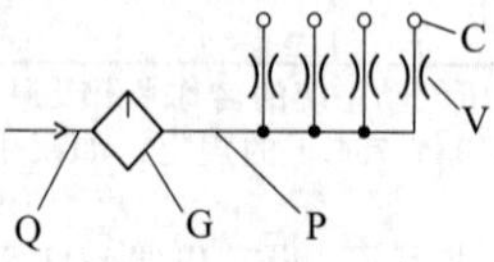 C V Q G P	

续表

系统形式	消耗型润滑系统	循环型润滑系统
油气式系统	Q P B A W C	

注：A—油箱；B—泵；C—润滑点；D—单线分配器；E—卸荷阀；G—油雾器；J—节流阀；K—换向阀；L—卸荷管；P—压力管；Q—压缩空气管路；S—双线分配器；T—回油管；U—递进分配器；V—凝缩嘴；W—油气混合器。

表 10-1-8　　集中润滑系统分配器类型

系统形式	分配器类型	构成方式
节流式系统	节流分配器	节流阀 可调节流阀+油路板 压力补偿节流阀
单线式系统	单线分配器	单线给油器+油路板
双线式系统	双线分配器	双线给油器+油路板
多线式系统	—	—
递进式系统	递进分配器	递进给油器+油路板
油雾式系统	凝缩嘴	—
油气式系统	递进分配器 油气分配器	递进给油器+管路附件 油气给油器

组合式集中润滑系统示例见图 10-1-3～图 10-1-7。

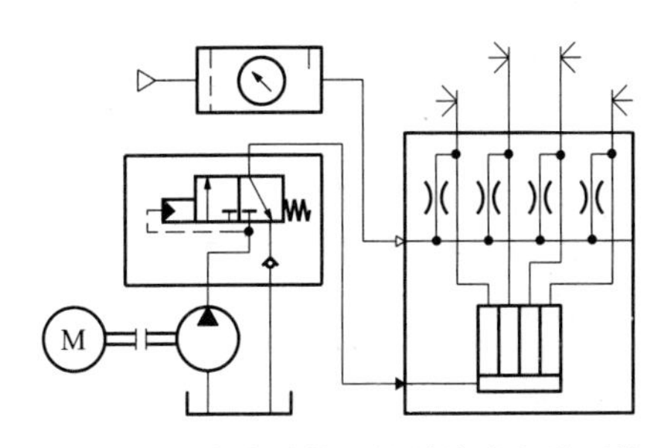

图 10-1-3　带喷雾装置的单线式润滑系统

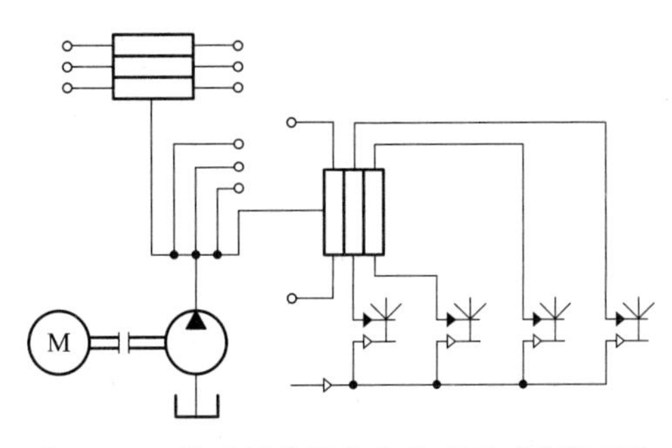

图 10-1-4　带喷雾装置的多线-递进式润滑系统

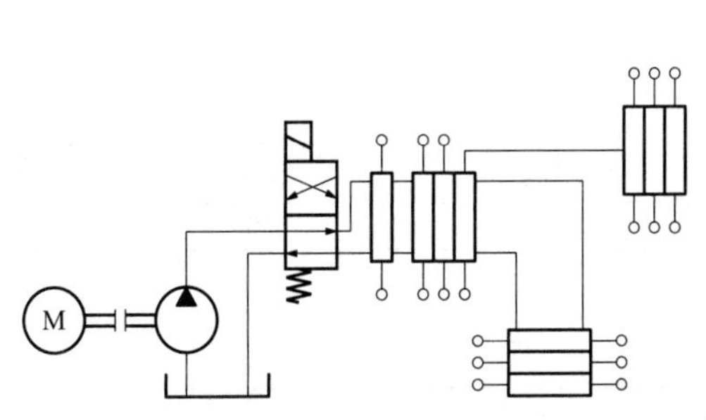

图 10-1-5　带递进分配器的双线式润滑系统

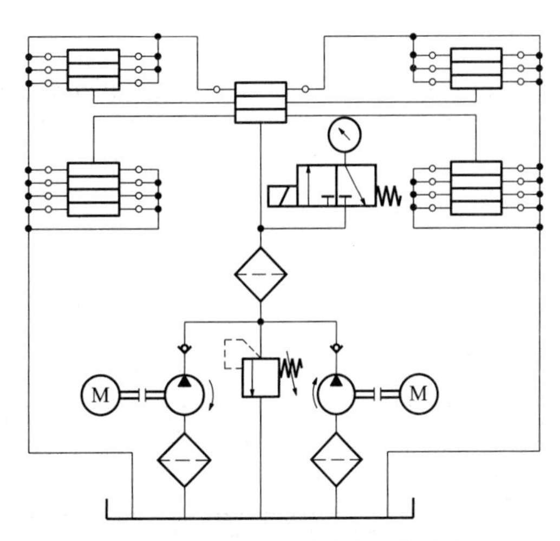

图 10-1-6　循环型递进式润滑系统

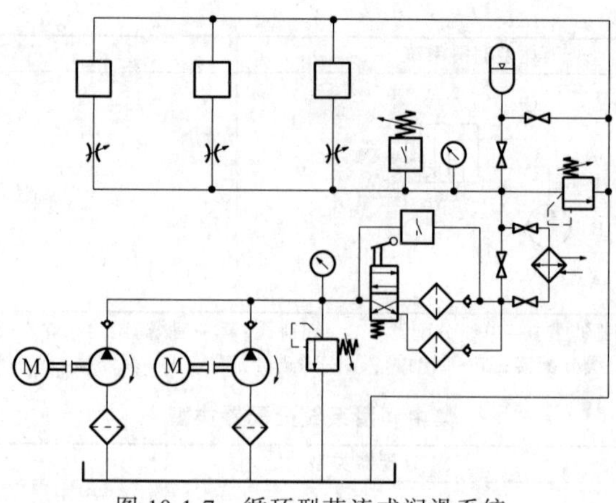

图 10-1-7 循环型节流式润滑系统

1.4 润滑系统及元件基本参数（摘自 JB/T 7943.1—2017）

JB/T 7943.1—2017《润滑系统及元件 第 1 部分：基本参数》规定了润滑系统及元件的基本参数。

（1）公称压力

表 10-1-9 润滑系统及元件的公称压力值 MPa

0.100	1.00	10.0	100
—	—	12.5	125
0.160	1.60	16.0	160
—	—	20.0	200
0.250	2.50	25.0	250
—	—	31.5	—
0.400	4.00	40.0	—
—	—	50.0	—
0.630	6.30	63.0	—
0.800	8.00	80.0	—

注：低于 0.1MPa 的公称压力值按 GB/T 321—2005 中的 R5 数系选用；高于 250MPa 的公称压力值按 GB/T 321—2005 中的 R10 数系选用。

（2）转速（或冲程频率）

表 10-1-10 旋转式润滑泵的转速和往复式润滑泵的冲程频率值 r/min

6.30	63.0	630
—	80.0	800
10.0	100	1000
—	125	1250
—	—	1500
16.0	160	1600
—	200	2000
25.0	250	2500
—	315	3000
40.0	400	—
—	500	—

注：1. 带电动机传动的泵（无变速装置），其转速值允许采用相应电动机的转速。

2. 转速的实际偏差应为上表中数值的-6.5%~0%。

（3）公称直径

表 10-1-11　密封圆柱形运动副零件（活塞、柱塞和滑阀等）的公称直径　mm

1.0	2.0	2.5	3.0	4.0	5.0	6.0	8.0	10.0
12	(14)	16	(18)	20	(22)	25	(28)	32
(36)	40	(45)	50					

注：1. 括号内公称直径值为非优先选用值。

2. 不适用于直径有精确计算值的零件。

3. 3.50mm 以上的公称直径值按 GB/T 2822—2005 中的 R′10 数系选用。

4. 应包括活塞杆，但 GB/T 2348—2018 中规定的活塞杆直径（如 30mm）上表并没有包括。

（4）公称容积

表 10-1-12　油箱的公称容积　L

—	1.00	10.0	100	1000	10000
—	—	—	125	1250	12500
—	1.60	16.0	160	1600	16000
—	—	—	200	2000	20000
—	2.5	25.0	250	2500	25000
—	—	—	315	3150	31500
0.400	4.00	40.0	400	4000	40000
—	—	—	500	5000	50000
0.630	6.30	63.0	630	6300	63000
—	—	—	800	8000	80000

注：1. 公称容积在 1000L 以上的可用立方米（m^3）作单位。

2. 不适用于内装式油箱。

3. 低于 0.4L 的公称容积值应按 GB/T 321—2005 中的 R5 数系选用；高于 80000L 的公称容积值按 GB/T 321—2005 中的 R10 数系选用。

（5）螺纹连接

表 10-1-13　润滑元件与管路连接螺纹的尺寸　mm

M3	—	M4	M5	M6
M8×1	M10×1	M12×1.25	M14×1.5	M16×1.5
M18×1.5	M20×1.5	M22×1.5	M24×1.5	M27×2
M30×2	M32×3	M33×2	M36×2	M39×2
M42×2	M45×2	M48×2	M52×2	M56×2
M60×2				

注：1. 不适用于法兰连接的紧固螺纹。

2. 允许采用 GB/T 7306.1 和 GB/T 7306.2 规定的 55°密封管螺纹、GB/T 7307 规定的 55°非密封管螺纹和 GB/T 12716 规定的 60°密封管螺纹。

（6）公称排量

表 10-1-14　旋转式润滑泵每转的公称排量和往复式润滑泵每冲程的公称排量　mL

1.00	—	12.5	(45.0)
—	4.00	(14.0)	50.0
1.25	—	16.0	(56.0)
—	5.00	(18.0)	63.0
1.60	—	20.0	(71.0)
—	6.30	(22.4)	80.0
2.00	—	25.0	(90.0)
—	8.00	(28.0)	100
2.50	—	31.5	(112)
—	10.0	(35.5)	125
3.15	(11.2)	40.0	(140)

续表

160	(450)	1250	—
(180)	500	(1400)	—
200	(560)	1600	—
(224)	630	(1800)	—
250	(710)	2000	—
(280)	800	(2240)	—
315	(900)	2500	—
(355)	1000	(2800)	—
400	(1120)	—	—

注：1. 括号中的数值为非优先选用值。

2. 低于 1.0mL 的公称排量值按 GB/T 321—2005 中的 R10 数系选用；高于 2800mL 的公称排量值按 GB/T 321—2005 中的 R20 数系选用，同时应优先选用 R10 数系中所包括的数值。

3. 参数单位除毫升（mL）外，还可采用 JB/T 3711.3 规定的相应单位。

4. 公称排量的实际偏差：润滑油应为表中数值的-5%～+10%，润滑脂应为表中数值的 0%～+10%。

（7）公称流量

表 10-1-15　　润滑系统及元件的公称流量　　L/min

0.100	1.00	10.0	100	1000
—	1.25	12.5	125	1250
0.160	1.60	16.0	160	1600
—	2.00	20.0	200	2000
0.250	2.50	25.0	250	2500
0.315	3.15	31.5	315	—
0.400	4.00	40.0	400	—
0.500	5.00	50.0	500	—
0.630	6.30	63.0	630	—
0.800	8.00	80.0	800	—

注：1. 低于 0.1L/min 的公称流量值按 GB/T 321—2005 中的 R5 数系选用；高于 2500L/min 的公称流量值按 GB/T 321—2005 中的 R10 数系选用。

2. 参数单位除升每分（L/min）外，还可采用 JB/T 3711.3 规定的相应单位。

（8）公称通径

表 10-1-16　　润滑系统及元件的公称通径　　mm

1.0	10	100
—	12	125
1.6	16	160
2.0	20	200
2.5	25	250
3.0	32	320
4.0	40	400
5.0	50	—
6.0	63	—
8.0	80	—

注：低于 1.0mm 和高于 400mm 的公称通径按 GB/T 2822—2005 中的 R10 数系选用。

表 10-1-17　　公称通径与实际内径对应表　　mm

公称通径	实际内径 d	公称通径	实际内径 d	公称通径	实际内径 d
1.0	$d \leqslant 1.3$	8.0	$7.2<d \leqslant 9.0$	50	$45<d \leqslant 57$
1.6	$1.3<d \leqslant 1.8$	10	$9.0<d \leqslant 11$	63	$57<d \leqslant 72$
2.0	$1.8<d \leqslant 2.3$	12	$11<d \leqslant 14$	80	$72<d \leqslant 90$
2.5	$2.3<d \leqslant 2.8$	16	$14<d \leqslant 18$	100	$90<d \leqslant 113$
3.0	$2.8<d \leqslant 3.6$	20	$18<d \leqslant 22.5$	125	$113<d \leqslant 143$
4.0	$3.6<d \leqslant 4.5$	25	$22.5<d \leqslant 28.5$	160	$143<d \leqslant 180$
5.0	$4.5<d \leqslant 5.7$	32	$28.5<d \leqslant 36$	200	$180<d \leqslant 225$
6.0	$5.7<d \leqslant 7.2$	40	$36<d \leqslant 45$	250	$225<d \leqslant 280$

(9) 每循环每孔给油量

表 10-1-18　　分配器的每循环每孔给油量　　mL

0.100	1.00	10.0
—	1.25	12.5
0.160	1.60	16.0
—	2.00	20.0
0.250	2.50	—
—	3.15	—
0.400	4.00	—
—	5.00	—
0.630	6.30	—
—	8.00	—

注：1. 低于 0.1mL 的每循环每孔给油量按 GB/T 321—2005 中的 R5 数系选用；高于 20mL 的每循环每孔给油量按 GB/T 321—2005 中的 R10 数系选用。

2. 每循环每孔给油量的实际偏差应为表中数值的 0%～10%。

1.5　一般润滑件

1.5.1　油杯

表 10-1-19　　油杯基本型式与尺寸　　mm

型式	标记示例	d	H	h	h_1	S 基本尺寸	S 极限偏差	钢　球（GB/T 308.1—2013）
直通式压注油杯(JB/T 7940.1—1995)	标记示例：d=M10×1，直通式压注油杯，标记为 油杯　M10×1　JB/T 7940.1—1995	M6	13	8	6	8	$^{0}_{-0.22}$	3
		M8×1	16	9	6.5	10		
		M10×1	18	10	7	11		

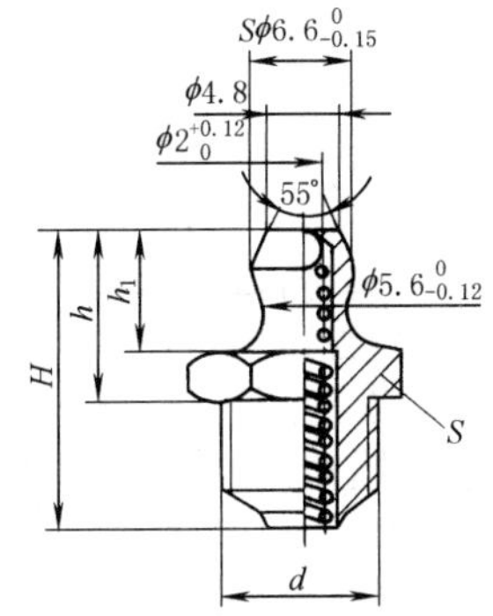

型式	标记示例	d	d_1	α	S 基本尺寸	S 极限偏差	直通式压注油杯（按 JB/T 7940.1—1995）的连接螺纹
接头式压注油杯(JB/T 7940.2—1995)	标记示例：d=M10×1，45°接头式压注油杯，标记为 油杯 45°　M10×1　JB/T 7940.2—1995	M6	3	45°、90°	11	$^{0}_{-0.22}$	M6
		M8×1	4				
		M10×1	5				

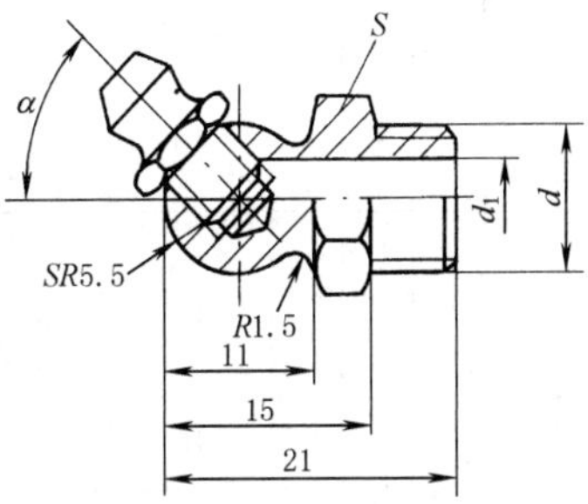

续表

旋盖式油杯(JB/T 7940.3—1995)

A型　B型

最小容量/cm³	d	l	H	h	h_1	d_1	D A型	D B型	L_{max}	S 基本尺寸	S 极限偏差
1.5	M8×1	8	14	22	7	3	16	18	33	10	0 -0.22
3	M10×1		15	23	8	4	20	22	35	13	0 -0.27
6			17	26			26	28	40		
12	M14×1.5	12	20	30	10	5	32	34	47	18	
18			22	32			36	40	50		
25			24	34			41	44	55		
50	M16×1.5		30	44			51	54	70	21	0 -0.33
100			38	52			68	68	85		
200	M24×1.5	16	48	64	16	6	—	86	105	30	—

标记示例：
最小容量 25cm³，A 型旋盖式油杯，标记为
油杯　A25　JB/T 7940.3—1995

压配式压注油杯(JB/T 7940.4—1995)

与 d 相配孔的极限偏差按 H8

d 基本尺寸	d 极限偏差	H	钢球(按 GB/T 308.1—2013)	d 基本尺寸	d 极限偏差	H	钢球(按 GB/T 308.1—2013)
6	+0.040 +0.028	6	4	16	+0.063 +0.045	20	11
8	+0.049 +0.034	10	5	25	+0.085 +0.064	30	18
10	+0.058 +0.040	12	6				

标记示例：
d=6mm，压配式压注油杯，标记为
油杯　6　JB/T 7940.4—1995

弹簧盖油杯(JB/T 7940.5—1995)

A型

最小容量/cm³	d	H ≤	D ≤	l_2 ≈	l	S 基本尺寸	S 极限偏差
1	M8×1	38	16	21	10	10	0 -0.22
2		40	18	23			
3	M10×1	42	20	25		11	0 -0.27
6		45	25	30			
12	M14×1.5	55	30	36	12	18	
18		60	32	38			
25		65	35	41			
50		68	45	51			

标记示例：
最小容量 3cm³ 的 A 型弹簧盖油杯，标记为
油杯　A3　JB/T 7940.5—1995

B型

d	d_1	d_2	d_3	H	h_1	l	l_1	l_2	S 基本尺寸	S 极限偏差
M6*	3	6	10	18	9	6	8	15	10	0 -0.22
M8×1	4	8	12	24	12	8	10	17	13	0 -0.27
M10×1	5									
M12×1.5	6	10	14	26	14	10	12	19	16	
M16×1.5	8	12	18	28				23	21	0 -0.33

标记示例：
d=M10×1，B 型弹簧盖油杯，标记为
油杯　B　M10×1　JB/T 7940.5—1995

续表

弹簧盖油杯(JB/T 7940.5—1995)

C型

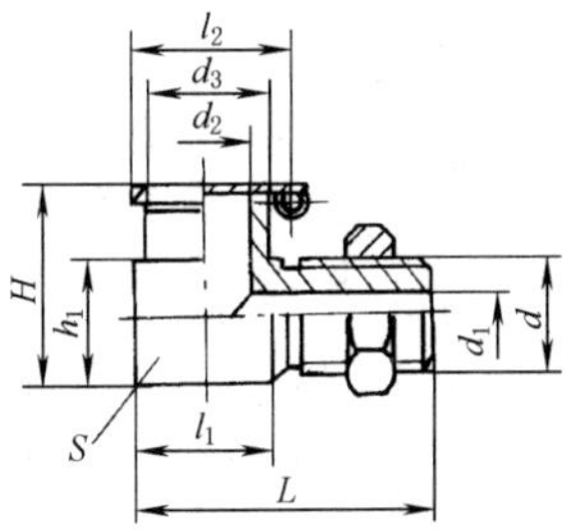

标记示例：
d=M10×1，C型弹簧盖油杯，标记为
油杯 C M10×1 JB/T 7940.5—1995

d	d_1	d_2	d_3	H	h_1	L	l_1	l_2	螺母（按GB/T 6171—2016）	S 基本尺寸	S 极限偏差
M6*	3	6	10	18	9	25	12	15	M6	13	0 -0.27
M8×1	4	8	12	24	12	28	14	17	M8×1	13	0 -0.27
M10×1	5	8	12	24	12	30	16	17	M10×1	13	0 -0.27
M12×1.5	6	10	14	26	14	34	19	19	M12×1.5	16	0 -0.27
M16×1.5	8	12	18	30	18	37	23	23	M16×1.5	21	0 -0.33

针阀式油杯(JB/T 7940.6—1995)

A型　B型

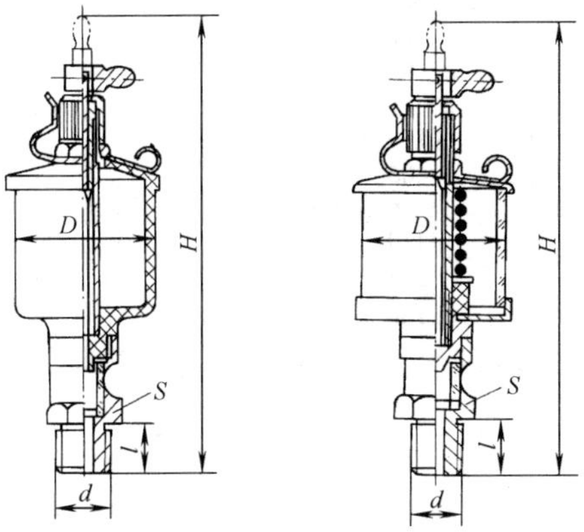

标记示例：
最小容量25cm³，A型针阀式油杯，标记为
油杯 A25 JB/T 7940.6—1995

最小容量/cm³	d	l	H	D	S 基本尺寸	S 极限偏差	螺母（按GB/T 6171—2016）
16	M10×1	12	105	32	13	0 -0.27	M8×1
25	M14×1.5	12	115	36	18	0 -0.27	M8×1
50	M14×1.5	12	130	45	18	0 -0.27	M8×1
100	M14×1.5	12	140	55	18	0 -0.27	M8×1
200	M16×1.5	14	170	70	21	0 -0.33	M10×1
400	M16×1.5	14	190	85	21	0 -0.33	M10×1

旋套式注油油杯(GB/T 1156—2011)

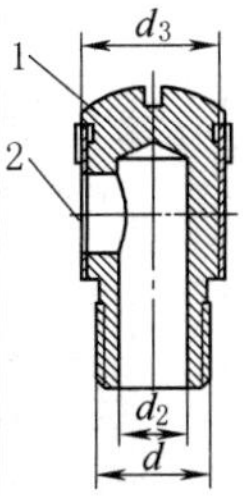

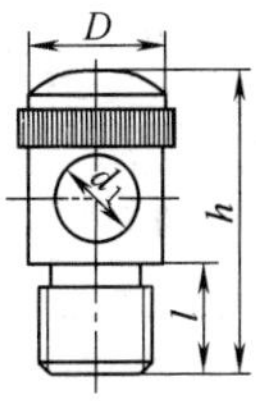

1—杯体；
2—旋套

标记示例：
螺纹规格为M8×1的旋套式注油油杯，标记为
油杯 M8×1 GB/T 1156

d	H	D	l	d_1	d_2	d_3
M8×1	20	12	6	5	3	10
M8×1	25	14	8	6	4	12
M8×1	30	16	10	8	6	14
M8×1	40	20	15	12	10	18

注：*说明M6规格不符合GB/T 6171—2016标准。
JB/T 7940系列标准规定的油杯的技术要求按《油杯技术条件》（JB/T 7940.7）的规定。

1.5.2 油环

表 10-1-20　　油环尺寸、截面形状及浸入油内深度　　mm

项目	内表面带轴向沟槽	半圆形和梯形	光滑矩形	圆形
简图及尺寸				
截面形状	内表面带轴向沟槽	半圆形和梯形	光滑矩形	圆形
特点	用于高黏度油	用于高速	带油效果最好，使用最广	带油量最小
油环直径 D		70～310	40～65	25～40
浸油深度 t		$t=\frac{D}{6}$ =12～52	$t=\frac{D}{5}$ =9～13	$t=\frac{D}{4}$ =6～10
应用	油环仅适用水平轴的润滑，载荷较小，圆周速度以 0.5～32m/s（转速 250～1800r/min）为宜，轴承长度大于轴径 1.5 倍时，应设两个油环			

d	D	b	s	B 最小	B 最大	d	D	b	s	B 最小	B 最大
10 12 13	25 30	5	2	6	8	45 48 50	80	12	4	13	16
						52 55	90				
14 15 16 17 18	35	6	2	7	10	60	100	12	4	13	16
						62 65	110				
						70 75	120				
20	40					80	130				
22	45										
25 28	50	8	3	9	12	80 90	140	15	5	18	20
30 32	55 60					95 100 105	150 165				
35 38 40 42	65 70 70 75	10	3	11	14	110 115 120	180				

1.5.3 油枪

表 10-1-21　　标准手动油枪的类型和性能　　mm

类型：油枪是一种手动的储油（脂）筒，可将油（脂）注入油杯或直接注入润滑部位进行润滑。使用时，注油嘴必须与润滑点上的油杯相匹配。标准的手动操作油枪有压杆式油枪和手推式油枪两种

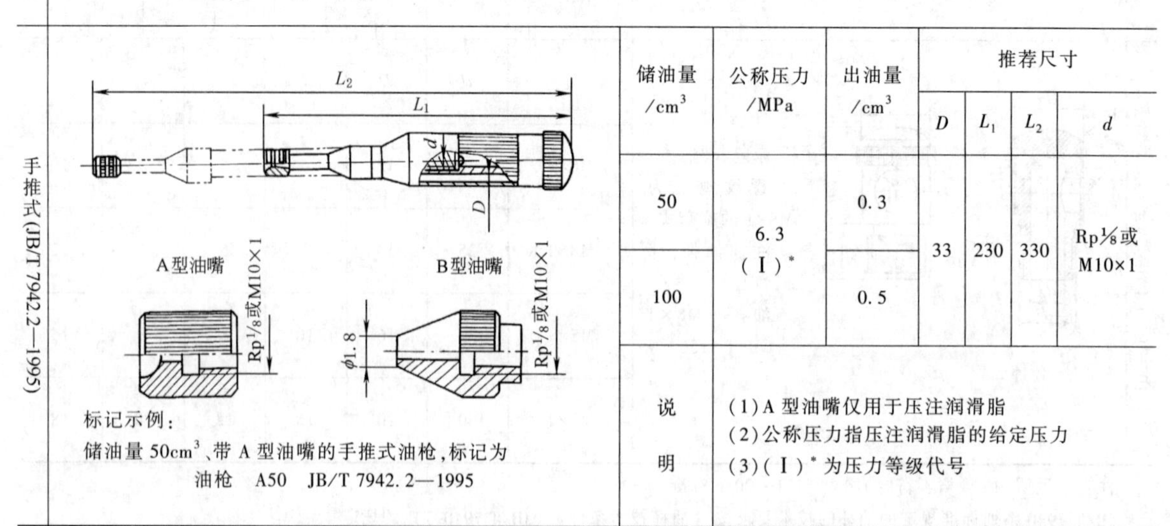

标记示例：

储油量 50cm³、带 A 型油嘴的手推式油枪，标记为

油枪　A50　JB/T 7942.2—1995

储油量 /cm³	公称压力 /MPa	出油量 /cm³	推荐尺寸 D	L_1	L_2	d
50	6.3（Ⅰ）*	0.3	33	230	330	Rp⅛或M10×1
100		0.5				

说明：
(1) A 型油嘴仅用于压注润滑脂
(2) 公称压力指压注润滑脂的给定压力
(3) （Ⅰ）* 为压力等级代号

续表

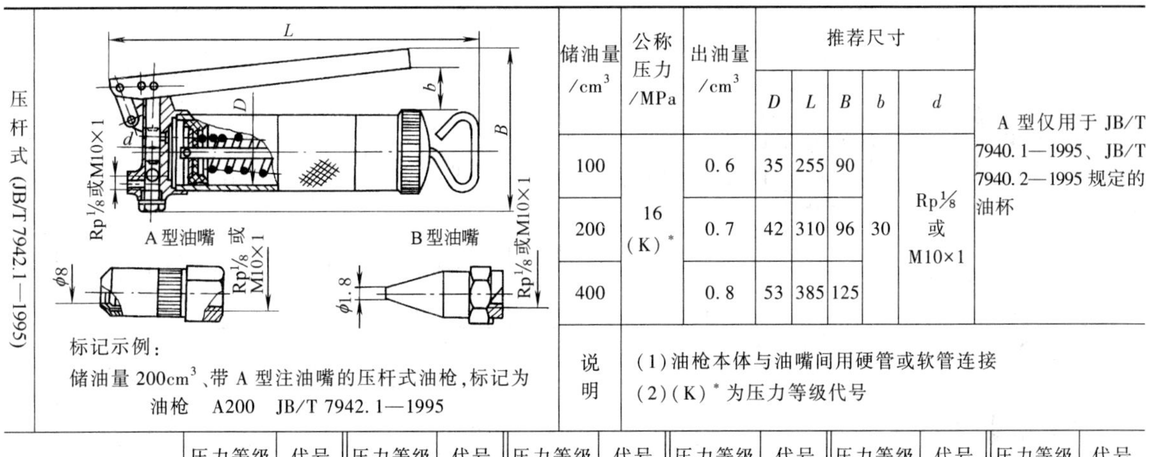

类型	简图	储油量/cm³	公称压力/MPa	出油量/cm³	推荐尺寸 D	L	B	b	d	备注
压杆式(JB/T 7942.1—1995)	标记示例： 储油量 200cm³、带 A 型注油嘴的压杆式油枪，标记为 油枪 A200 JB/T 7942.1—1995	100	16(K)*	0.6	35	255	90	30	Rp⅛ 或 M10×1	A 型仅用于 JB/T 7940.1—1995、JB/T 7940.2—1995 规定的油杯
		200		0.7	42	310	96			
		400		0.8	53	385	125			
		说明	(1)油枪本体与油嘴间用硬管或软管连接 (2)(K)* 为压力等级代号							

压力等级代号(JB/T 4121—1993)/MPa	压力等级	代号	压力等级	代号	压力等级	代号	压力等级	代号	压力等级	代号	压力等级	代号
	0.16	—	0.8	E	4.0	H	20.0	L	50.0	Q	125	U
	0.25	B	1.0	F	6.3	I	25.0	M	63.0	R	—	—
	0.40	C	1.6	W	10.0	J	31.5	N	80.0	S	—	—
	0.63	D	2.5	G	16.0	K	40.0	P	100	T	—	—

注：JB/T 7942 系列标准规定的油枪的技术要求按《油枪技术条件》(JB/T 7942.3)的规定。

1.5.4 油标

表 10-1-22　　标准油标的类型和尺寸　　mm

类型：油标是安装在储油装置或油箱上的油位显示装置，有压配式圆形、旋入式圆形、长形和管状四种型式油标。为了便于观察油位，必须选用适宜的型式和安装位置

压配式圆形油标(JB/T 7941.1—1995)

A型　8(min)　油位线　D　d　d_1　d_3　H

B型　8(min)　油位线　D　d　d_1　d_2　d_3　H　H_1

(1)与 d_1 相配合的孔极限偏差按 H11

(2)A 型用 O 形橡胶密封圈沟槽尺寸按 GB/T 3452.1—2005，B 型用密封圈由制造厂设计选用

标记示例：

视孔 $d=32$，A 型压配式圆形油标，标记为

油标 A32 JB/T 7941.1—1995

视孔 d	D	d_1 基本尺寸	d_1 极限偏差	d_2 基本尺寸	d_2 极限偏差	d_3 基本尺寸	d_3 极限偏差	H	H_1	O形橡胶密封圈(GB/T 3452.1—2005)
12	22	12	-0.050 -0.160	17	-0.050 -0.160	20	-0.065 -0.195	14	16	15×2.65
16	27	18		22	-0.065 -0.195	25				20×2.65
20	34	22	-0.065 -0.195	28		32	-0.080 -0.240	16	18	25×3.55
25	40	28		34	-0.080 -0.240	38				31.5×3.55
32	43	35	-0.080 -0.240	41		45		18	20	38.7×3.55
40	58	45		51	-0.100 -0.200	55	-0.100 -0.290			48.7×3.55
50	70	55	-0.100 -0.290	61		65		22	24	—
65	85	70		76		80				

续表

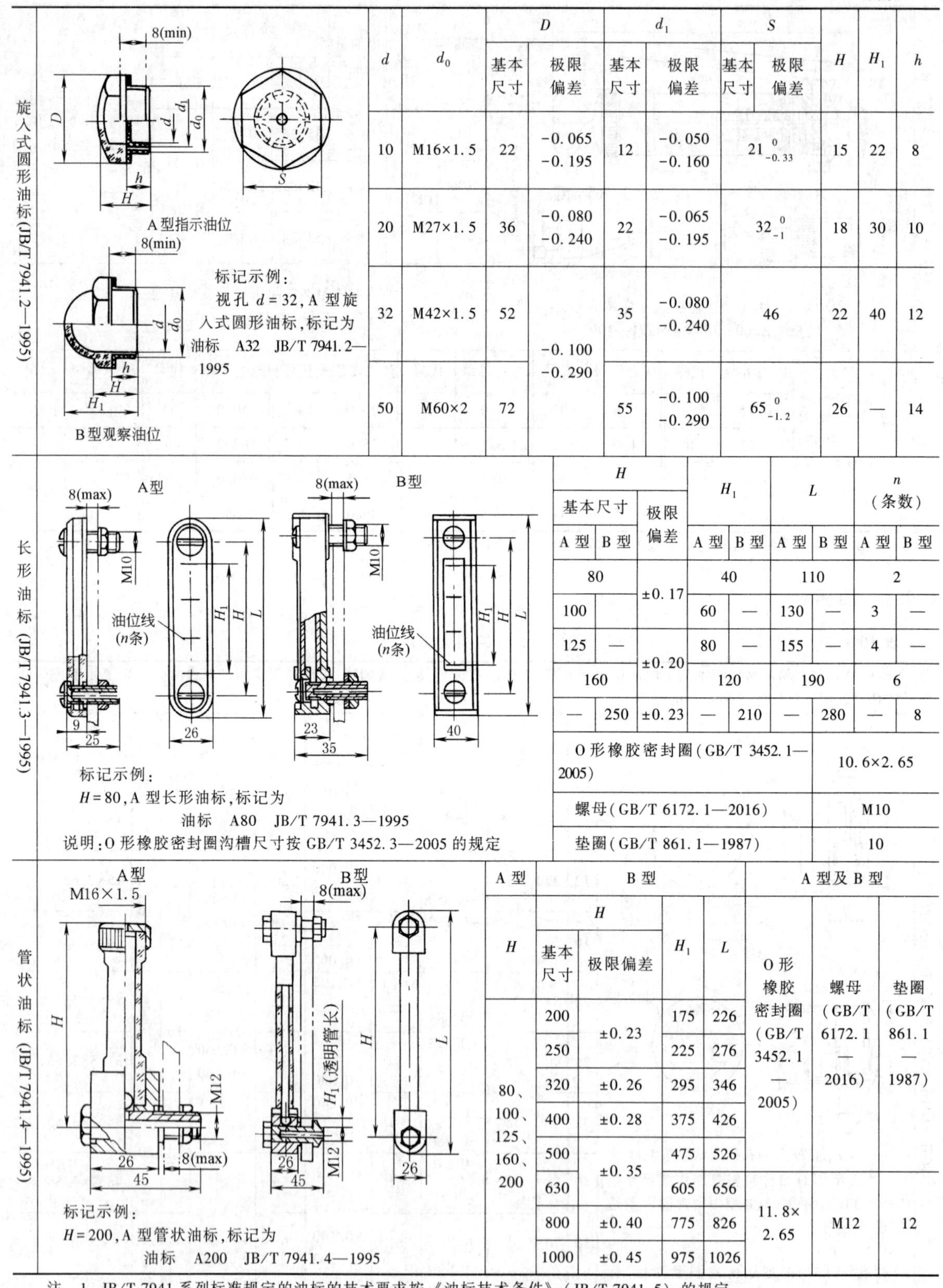

旋入式圆形油标(JB/T 7941.2—1995)

标记示例：

视孔 $d=32$，A 型旋入式圆形油标，标记为

油标　A32　JB/T 7941.2—1995

d	d_0	D 基本尺寸	D 极限偏差	d_1 基本尺寸	d_1 极限偏差	S 基本尺寸	S 极限偏差	H	H_1	h
10	M16×1.5	22	−0.065 −0.195	12	−0.050 −0.160	21	$_{-0.33}^{0}$	15	22	8
20	M27×1.5	36	−0.080 −0.240	22	−0.065 −0.195	32	$_{-1}^{0}$	18	30	10
32	M42×1.5	52	−0.100 −0.290	35	−0.080 −0.240	46		22	40	12
50	M60×2	72		55	−0.100 −0.290	65	$_{-1.2}^{0}$	26	—	14

长形油标(JB/T 7941.3—1995)

标记示例：

$H=80$，A 型长形油标，标记为

油标　A80　JB/T 7941.3—1995

说明：O 形橡胶密封圈沟槽尺寸按 GB/T 3452.3—2005 的规定

H 基本尺寸 A 型	H 基本尺寸 B 型	H 极限偏差	H_1 A 型	H_1 B 型	L A 型	L B 型	n（条数）A 型	n（条数）B 型
80		±0.17	40		110		2	
100			60	—	130	—	3	—
125	—	±0.20	80	—	155	—	4	—
160			120		190		6	
—	250	±0.23	—	210	—	280	—	8
O 形橡胶密封圈(GB/T 3452.1—2005)					10.6×2.65			
螺母(GB/T 6172.1—2016)					M10			
垫圈(GB/T 861.1—1987)					10			

管状油标(JB/T 7941.4—1995)

标记示例：

$H=200$，A 型管状油标，标记为

油标　A200　JB/T 7941.4—1995

A 型 H	B 型 H 基本尺寸	B 型 H 极限偏差	B 型 H_1	B 型 L	A 型及 B 型 O 形橡胶密封圈(GB/T 3452.1—2005)	A 型及 B 型 螺母(GB/T 6172.1—2016)	A 型及 B 型 垫圈(GB/T 861.1—1987)
80、100、125、160、200	200	±0.23	175	226			
	250		225	276			
	320	±0.26	295	346			
	400	±0.28	375	426			
	500	±0.35	475	526			
	630		605	656	11.8×2.65	M12	12
	800	±0.40	775	826			
	1000	±0.45	975	1026			

注：1. JB/T 7941 系列标准规定的油标的技术要求按《油标技术条件》（JB/T 7941.5）的规定。

2. GB/T 17446—2024 中给出了术语“视液窗”的定义：“连接到元件上显示液面位置（高度）的透明装置。”亦即“圆形油标”。

2　稀油集中润滑系统

2.1　稀油集中润滑系统概述

稀油集中润滑技术与装置是支撑大型化、成套化、智能化的重大装备发展的基础技术与产品之一。

稀油集中润滑装置（以下简称稀油润滑装置）是向机器或机组的摩擦副供送润滑剂的系统，包括用以输送、分配、调节、冷却和净化润滑剂，以及对其压力、流量和温度等参数和故障进行指示、报警和监控的整套装置。稀油润滑装置是实现润滑和散热的主要设备，它不但规格多、性能各异，技术要求也多种多样，且承担着延长机械寿命的重任，也是各种设备正常运行的前提条件。即只有稀油润滑装置正常后才能启动主机和主机停稳后才能停运，它在运行过程中流量、压力、温度、油位、油质等全部正常才能保证主机正常运行。充分理解稀油润滑装置的性能和技术特点，用正确的设计计算保证稀油润滑装置的工作性能就显得十分重要。

稀油润滑的功能和液压传动是不同的，它主要要求在各种摩擦副间形成油膜。由于现代机械载荷大，转速高，而重型机械主轴转速又低，就要求润滑油的牌号和黏度要满足各种工况的要求，有的要求黏度较高。液压传动中实现执行机构的动作是主要的，正压力较小，因而摩擦力较小，选用液压油的黏度较小，一般介质黏度在N100以下。但稀油润滑形成稳定油膜是主要的，因此要求介质的黏度在N110～N680之间。稀油润滑时比液压传动时的黏度要高很多。

各种润滑油都有其自身的黏温线，且各种润滑油的黏温线是不同的，温度变化时黏度也相应变化，所以除了要保证流量和压力外，实现温度控制就比液压传动系统重要很多。黏度变化时，系统压差变化很大，以泵的功率而言，在相同的压力和流量下，润滑泵的功率在介质黏度增高时将比液压泵的功率要大很多，且泵的其他重要性能指标如吸入时的气蚀余量、噪声等在不同黏度下有很大不同。

在稀油润滑装置设计时，如果不根据润滑油黏度对性能参数的影响，套用液压传动计算公式，将不能满足稀油润滑装置的技术性能，其结果将是设计的稀油润滑装置不能满足主机的要求。

下面将根据稀油润滑和液压传动的不同特点，介绍针对稀油润滑装置的设计计算内容和有关公式。

2.2　稀油润滑与液压传动在技术性能、参数计算方面的差异和特点

稀油润滑系统（装置）与液压系统有共同的技术基础。因此，在稀油润滑系统的设计计算中，一般沿用液压系统的有关公式和数据。但因润滑系统与液压系统功能不同，所采用的系统压力、介质黏度等则有较大差异。在润滑设计中，既需要把握“润滑”与“液压”之间的差异，又要充分利用液压相关理论，以推动润滑技术向智能、节能、高效方向发展。

表 10-1-23　　稀油润滑装置相关说明

泵的技术性能方面	CB-B型直齿齿轮泵在液压传动中泵出口压力可达2.5MPa，但在稀油润滑装置中同样的泵它的泵口压力限为0.63MPa，所有润滑齿轮泵包括直齿、斜齿、人字齿轮泵极限压力均为0.63MPa。而同样流量和压力的润滑齿轮泵所需功率要比液压齿轮泵大许多，如同用CB-B100型齿轮泵，前者的电机功率为4kW，而后者（液压齿轮泵）的轴功率仅需1.285kW。在立式润滑齿轮泵装置中，有的生产厂家的产品在实际上（已列入样本）已增加到5.5kW，即润滑齿轮泵比液压齿轮泵的功率要大3～4倍。假如润滑齿轮泵提高压力，噪声将剧烈增加而导致超过允许值。润滑齿轮泵的气蚀余量（由于采用较高黏度油液）较液压齿轮泵小得多，如润滑齿轮泵（各种标准）的技术性能参数中已将各种齿轮泵的有效吸入高度都降到了500mm（人字齿轮泵为750mm），远小于液压齿轮泵（一般都在1m以上）。因此润滑齿轮泵在功率、泵口压力、噪声和吸入高度等方面不能和液压齿轮泵的技术性能一致，和液压齿轮泵有较大差距
系统压差方面	由于稀油润滑装置用的润滑油黏度在N110～N680范围，而液压传动用的液压油黏度一般均在N110以下，因此在同样流量（流速）下，通过管道、阀门、冷却器、过滤器时，压差将根据介质的黏度和温度有很大的不同，即稀油润滑装置随着黏度的增加其克服系统阻力所需功率远比液压传动的要大，不能沿用液压传动的有关数据。下面在表10-1-24中有具体论述

续表

冷却效率方面	由于各种冷却装置的传热系数 K[kcal[①]/(m^2·h·℃)]是根据使用不同黏度的润滑油而测得的数据,但一些冷却器标准的技术性能参数表却未将这一重要影响参数列入其中,使设计使用和故障分析时忽视了这一重要影响,导致对润滑装置的冷却效果的分析有严重偏离,更造成一般设计者的误解。在以往冷却器的性能试验中,为了测试方便及符合液压传动的状态,现有测定都采用低黏度的油液作为测定传热系数 K 的试验介质。如目前JB/T 7356—2016标准中列管式冷却器的GLL和GLC型冷却器试验用油介质黏度为61.2~74.8mm^2/s,相当于N68的油牌号,测得的 K 值分别为200kcal/(m^2·h·℃)和300kcal/(m^2·h·℃);而稀油润滑装置实际使用远比它黏度高(N110~N680)的润滑油时,K 值将降低很多。也即造成润滑系统在实际采用比N68高的黏度油液时,没有对应的 K 值作参考,仍用低黏度油得出的数据进行计算时,实际冷却效果将降低。加上目前我国不少冷却器生产厂家为片面追求降低单位冷却面积的报价,使冷却器的结构性能和技术指标下降,不考虑黏度对传热系数 K 的影响,显然不能适应实际需要,更重要的是冷却器的基本参数"换热面积 m^2"应改为真实反映冷却器实际能力的每单位时间内的热交换量(kW,或 kcal/h)。总的比较汇总于表10-1-24

① 1kcal=4.1868kJ。

表 10-1-24　技术性能和参数计算方面的比较

比较项目		稀油润滑	液压传动
功能		稀油润滑的目的:既要使摩擦副相对运动表面间形成油膜,避免干摩擦;又要减少摩擦损耗,提高运行效率;还要将摩擦产生的热量和微粒带走,保持摩擦表面的温度和洁净以保持油膜的稳定持久。稀油润滑既要保证润滑的稳定和连续不得中断,还要保证回油的顺畅,从而使系统运行连续且稳定	液压传动的目的是将液压能传递至各种液压执行结构,完成液压传动的运动要求,如位移、速度和作用力。既要满足动作的要求,还要实现动作的顺序、同步、延时、反向等,并使液压传动实现自动化控制。通过流量控制实现速度、位移控制,通过压力控制获得多级连续动力和安全保护,通过方向控制实现执行结构动作方向改变和顺序动作,通过和电气控制结合实现远程自控
技术性能参数	压力	稀油润滑形成的油膜分为动压油膜和静压油膜 动压油膜:在该转速或相对速度下能供油(在该承压强度下,润滑介质的黏度、耐压强度等物理性能满足形成油膜条件),即能产生稀油油膜;要求注入压力 $P\geqslant$ 0.03~0.05MPa 即可 静压油膜:在静止或低速下,利用润滑油本身压力即可将运动部件"浮起",即油压产生的向上浮力应大于浮起部件的总质量;一般 P=10~40MPa	要满足最大负荷所需要的推力或扭矩时需要的液压压力 以液压缸为例:推动活塞的有效作用力=作用于活塞上的压力×作用面积-背压压力×背压作用面积 该作用力≥物体运动阻力或负载作用于活塞上相应的液压压力×活塞作用面积 液压传动的压力范围:P=10~100MPa
	流量	动压油膜时:需供油设备全部润滑点需要润滑油量的总和,也即普通(低压)稀油润滑装置需供油的总量或高低压稀油润滑装置低压部分供油总量。注油点位于上部或能注入的位置 静压油膜时:润滑油必须从下部输入静压轴承间隙,以形成向上的浮力;油液输入并不断从浮起部件和静止轴瓦之间流出;流量和"浮力"平衡时,其维持油膜刚度的流量即为高压静压压力所需流量,也即高压所需供油量(有多个静压轴承时为其流量总和),或高低压稀油润滑装置高压部分流量总和	为满足最大动作行程所需要的液压油泵流量,以液压缸为例:单个液压缸流量=每单位时间内排出的体积[液压缸最大截面积(一般为无杆空间)×最大行程];液压所需总流量为完成最大运动时全部液压缸总流量 若液压传动系统还有其他执行机构,则还需加上其他执行机构的流量才是液压传动系统的最大流量,按此确定系统的总流量,也即当液压传动系统所有执行机构完成最大动作时液压传动装置所需的最大流量,显然,如果不是全部执行机构同时工作,液压传动系统的实际流量有时将比系统总流量小
	温度	各种润滑油都有其自身的黏温线,即温度变化时,油液黏度要保证足以在摩擦副间形成稳定的油膜,对温度变化范围应有所要求: 一般要求时,公称润滑温度±3℃ 较低要求时,公称润滑温度±5℃ 较高要求时,公称润滑温度±2℃ 目前标准稀油润滑装置的公称润滑温度为40℃,非标稀油润滑装置则给定了公称润滑温度范围为36~44℃。现在ISO VG也将40℃确定为黏度值的标准温度,黏度以运动黏度 mm^2/s(cSt[①])的数值定义,标为"N"(后面为运动黏度 mm^2/s 数值)	一般要求40℃左右即可,温度变化可稍大,以不影响密封件和液压油的寿命为准。因液压传动中摩擦副间承压强度相对较小,形成油膜比润滑摩擦副容易得多,因此温度控制范围比润滑要宽得多

续表

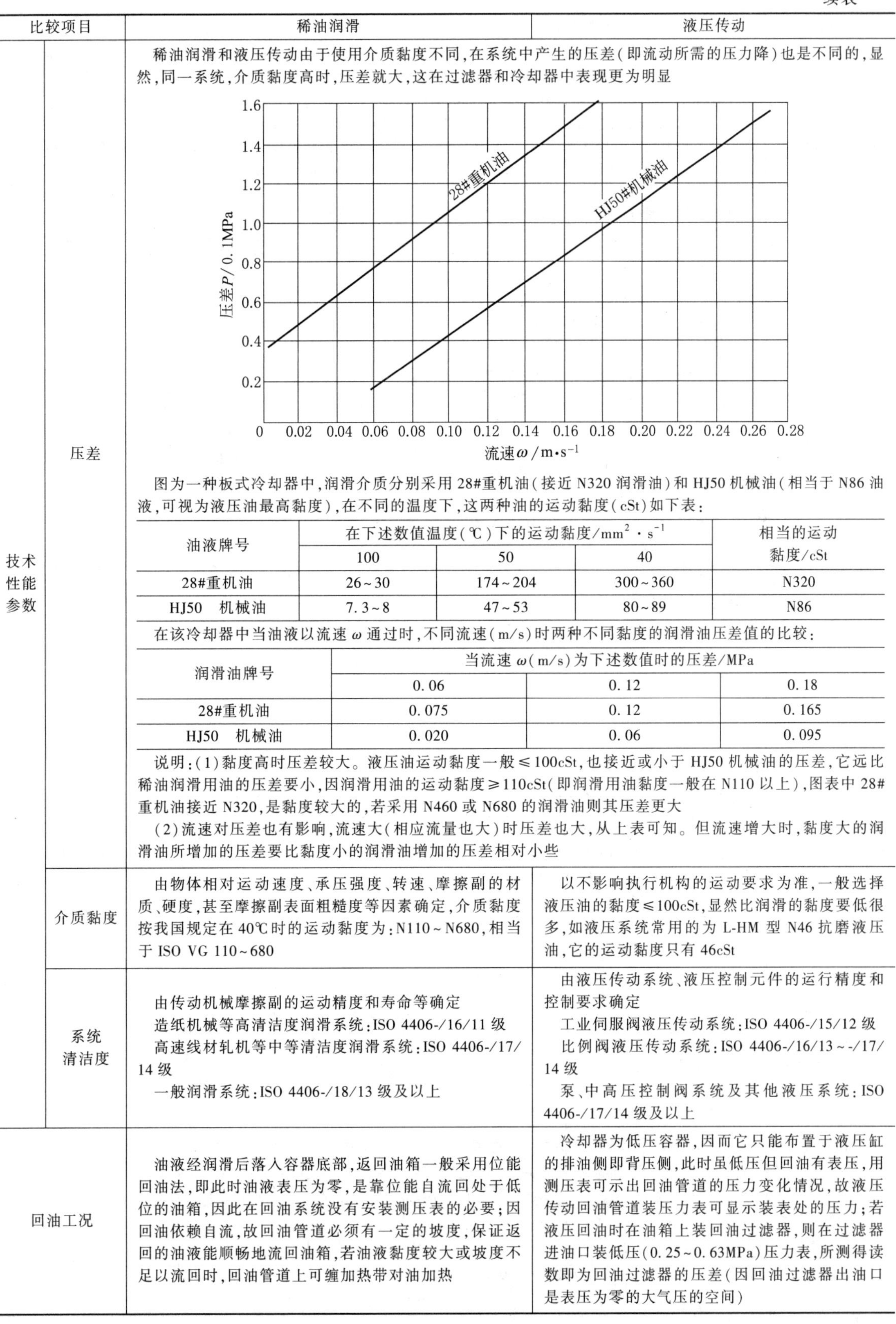

<table>
<tr><th colspan="2">比较项目</th><th>稀油润滑</th><th>液压传动</th></tr>
<tr><td rowspan="3">技术性能参数</td><td>压差</td><td colspan="2">
稀油润滑和液压传动由于使用介质黏度不同，在系统中产生的压差（即流动所需的压力降）也是不同的，显然，同一系统，介质黏度高时，压差就大，这在过滤器和冷却器中表现更为明显
图为一种板式冷却器中，润滑介质分别采用28#重机油（接近N320润滑油）和HJ50机械油（相当于N86油液，可视为液压油最高黏度），在不同的温度下，这两种油的运动黏度（cSt）如下表：
<table>
<tr><th rowspan="2">油液牌号</th><th colspan="3">在下述数值温度（℃）下的运动黏度/$mm^2 \cdot s^{-1}$</th><th rowspan="2">相当的运动黏度/cSt</th></tr>
<tr><th>100</th><th>50</th><th>40</th></tr>
<tr><td>28#重机油</td><td>26～30</td><td>174～204</td><td>300～360</td><td>N320</td></tr>
<tr><td>HJ50　机械油</td><td>7.3～8</td><td>47～53</td><td>80～89</td><td>N86</td></tr>
</table>
在该冷却器中当油液以流速ω通过时，不同流速（m/s）时两种不同黏度的润滑油压差值的比较：
<table>
<tr><th rowspan="2">润滑油牌号</th><th colspan="3">当流速ω（m/s）为下述数值时的压差/MPa</th></tr>
<tr><th>0.06</th><th>0.12</th><th>0.18</th></tr>
<tr><td>28#重机油</td><td>0.075</td><td>0.12</td><td>0.165</td></tr>
<tr><td>HJ50　机械油</td><td>0.020</td><td>0.06</td><td>0.095</td></tr>
</table>
说明：（1）黏度高时压差较大。液压油运动黏度一般≤100cSt，也接近或小于HJ50机械油的压差，它远比稀油润滑用油的压差要小，因润滑用油的运动黏度≥110cSt（即润滑用油黏度一般在N110以上），图表中28#重机油接近N320，是黏度较大的，若采用N460或N680的润滑油则其压差更大
（2）流速对压差也有影响，流速大（相应流量也大）时压差也大，从上表可知。但流速增大时，黏度大的润滑油所增加的压差要比黏度小的润滑油增加的压差相对小些
</td></tr>
<tr><td>介质黏度</td><td>由物体相对运动速度、承压强度、转速、摩擦副的材质、硬度，甚至摩擦副表面粗糙度等因素确定，介质黏度按我国规定在40℃时的运动黏度为：N110～N680，相当于ISO VG 110～680</td><td>以不影响执行机构的运动要求为准，一般选择液压油的黏度≤100cSt，显然比润滑的黏度要低很多，如液压系统常用的为L-HM型N46抗磨液压油，它的运动黏度只有46cSt</td></tr>
<tr><td>系统清洁度</td><td>由传动机械摩擦副的运动精度和寿命等确定
造纸机械等高清洁度润滑系统：ISO 4406-/16/11级
高速线材轧机等中等清洁度润滑系统：ISO 4406-/17/14级
一般润滑系统：ISO 4406-/18/13级及以上</td><td>由液压传动系统、液压控制元件的运行精度和控制要求确定
工业伺服阀液压传动系统：ISO 4406-/15/12级
比例阀液压传动系统：ISO 4406-/16/13～-/17/14级
泵、中高压控制阀系统及其他液压系统：ISO 4406-/17/14级及以上</td></tr>
<tr><td colspan="2">回油工况</td><td>油液经润滑后落入容器底部，返回油箱一般采用位能回油法，即此时油液表压为零，是靠位能自流回处于低位的油箱，因此在回油系统没有安装测压表的必要；因回油依赖自流，故回油管道必须有一定的坡度，保证返回的油液能顺畅地流回油箱，若油液黏度较大或坡度不足以流回时，回油管道上可缠加热带对油加热</td><td>冷却器为低压容器，因而它只能布置于液压缸的排油侧即背压侧，此时虽低压但回油有表压，用测压表可示出回油管道的压力变化情况，故液压传动回油管道装压力表可显示装表处的压力；若液压回油时在油箱上装回油过滤器，则在过滤器进油口装低压（0.25～0.63MPa）压力表，所测得读数即为回油过滤器的压差（因回油过滤器出油口是表压为零的大气压的空间）</td></tr>
</table>

续表

比较项目		稀油润滑	液压传动
运转操作要求		润滑装置正常(即备妥)后才能启动主机,即要求润滑装置先于主机开启,主机运行全过程(包括阀门切换、更换元件时)必须保证润滑不能中断,还要考虑供电中断时在主机惯性运行停止前润滑也不能中断 运行参数变化时有备用控制措施保证运行参数(压力、速度、流量等)自动调整到正常运行状态 回油采用位能自流时,要保证连续全量返回	各液压元件(控制、安全等)均正常时执行机构才能动作 执行机构及控制阀要保证机构位移精度、同步精度、顺序时间精度、速度控制等 高精度控制系统要保证系统油液的清洁度 油液的性能质量要定期检验 液压系统的安全操作要保证,要有相应的报警安全装置 液压油的各种特殊要求要随时注意保证
介质黏度对技术参数计算的影响	功率	$N=\frac{P_0Q_g}{3.6\eta_0}\left[1+\left(\frac{\eta_0}{\eta}-1\right)\sqrt{\frac{E_t}{E}}\right]$ 式中 N——润滑油泵轴功率,kW P_0——泵出口压力,MPa Q_g——当油液黏度为E时润滑油泵的流量,m^3/h η——油液黏度为E_t时泵的总效率 η_0——工作油液黏度为75cSt时的总效率 E_t——工作油液在温度为t℃时实际黏度值,°E[②] E——工作油液运动黏度为75cSt时的相当恩氏黏度,10.15°E 3.6——Q_g为m^3/h、P_0为MPa、N为kW时的换算系数	$N=\frac{P_0Q}{60\eta}$ 式中 N——液压油泵轴功率,kW P_0——泵出口压力,MPa Q——泵流量,L/min η——泵的总效率 60——换算系数
	过滤器压差与流量	稀油润滑时介质黏度较高,可按实际黏度来确定压差与流量(选定过滤器的额定流量值) 某黏度下滤芯的压降ΔP $\Delta P=\Delta P_0$(实际运动黏度值/基准运动黏度值) 式中,ΔP_0为过滤器在基准黏度下的压降,MPa 当油液黏度>32mm^2/s时,选择过滤器流量应大m倍 $m=\frac{\frac{\gamma}{32}+\sqrt{\frac{\gamma}{32}}}{2}$ 式中,γ为油液实际运动黏度值,mm^2/s 液压传动系统介质黏度较低,可按液压传动有关公式及数据确定过滤器压差与流量	
	冷却器传热系数的影响	稀油润滑装置运动黏度≥100cSt,所以冷却器不能选用GLC型翅片管式,而只能用GLL型冷却器和其他允许黏度较高的型式。一般在低黏度情况下给定的传热系数不能用,数值应减小	GLC型翅片管冷却器因翅片间隙很小(<1mm),只能用于低黏度(≤100cSt)的液压传动系统,一般传热系数[kcal/(m²·h·℃)]的数据可用
		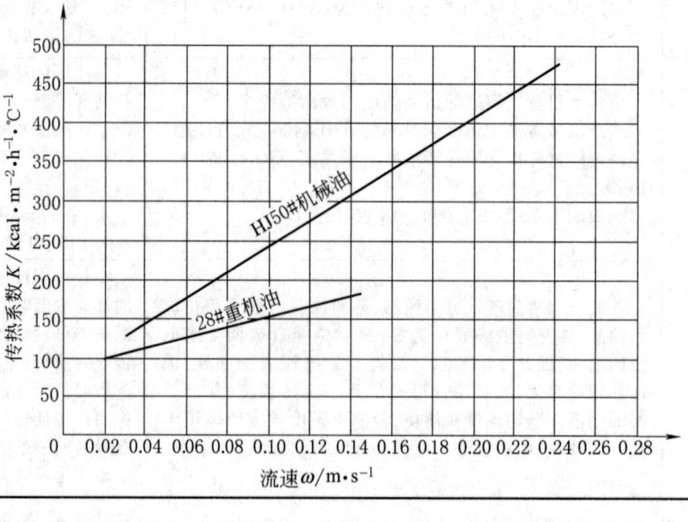 传热系数K/kcal·m^{-2}·h^{-1}·℃$^{-1}$ 0 50 100 150 200 250 300 350 400 450 500 HJ50#机械油 28#重机油 0 0.02 0.04 0.06 0.08 0.10 0.12 0.14 0.16 0.18 0.20 0.22 0.24 0.26 0.28 流速ω/m·s^{-1}	

续表

<table>
<tr><th colspan="2">比较项目</th><th>稀油润滑</th><th>液压传动</th></tr>
<tr><td>介质黏度对技术参数计算的影响</td><td>冷却器传热系数的影响</td><td colspan="2">冷却器的传热系数 K[kcal/(m^2·h·℃)]受很多因素影响,诸如油液黏度、热阻(是否有空气阻隔)、冷却器结构、热传递壁厚及材质、水的流动状态(层流或紊流)和流速、密封隔开结构等。因此仅由热交换总面积决定热交换量是很不全面的。最主要的,有的标准或资料在推荐传热系数 K 时,并未说明得出 K 的数据时实验用的油液的黏度,而实际试验测定用的是黏度很小的油液。在选用计算时,不管实际油液的黏度多少都同样用黏度小的油液测出的数据,在液压传动该系数还是可以的,但稀油润滑油液的黏度远比液压传动大,它的最小黏度比液压传动的最大黏度还要大,一般是 110~680cSt,因此就产生了很大的误差,加上有些冷却器制造厂商以热交换面积每平方米的单价为唯一竞争指标,使不少型号冷却器面临性能严重不足的状态,上图为一种板式换热器的 K-ω 曲线,图上为两种不同黏度的油液在流速不同时传热系数 K 的变化规律,由图可得出有关传热系数 K 的有关数据如下表:
<table>
<tr><th rowspan="2">油液牌号</th><th colspan="3">当流速 ω($m \cdot s^{-1}$)为下述数值时的
传热系数 K/kcal·m^{-2}·h^{-1}·$℃^{-1}$</th><th rowspan="2">相当的运动黏度
/cSt</th></tr>
<tr><th>0.04</th><th>0.10</th><th>0.16</th></tr>
<tr><td>28#重机油</td><td>110</td><td>150</td><td>180</td><td>N320</td></tr>
<tr><td>HJ50#机械油</td><td>140</td><td>240</td><td>340</td><td>N86</td></tr>
</table>
说明:(1)同样情况下,油液黏度高时,传热系数 K 就小,即传递的热量就少;也即需要较大的热交换面积或温差(两种热交换介质的温度差)。从上表可知,黏度高(相当于 N320)的 28#重机油,当流速为 0.04m/s、0.10m/s、0.16m/s 时其传热系数 K 分别为 110kcal/(m^2·h·℃)、150kcal/(m^2·h·℃)、180kcal/(m^2·h·℃),即比黏度低(相当于 N86)的 HJ50#机械油分别要小 30kcal/(m^2·h·℃)、90kcal/(m^2·h·℃)、160kcal/(m^2·h·℃),也即流速越大,传热系数增加的绝对值也越大
(2)液压传动一般用油液的黏度普遍比 HJ50#机械油的黏度还要低,因此和稀油润滑比较,液压系统油液的传热系数远较稀油润滑系统的传热系数大。即传递同样热量时,液压系统可用相对较小的冷却器
(3)油液黏度小而流速高时传热系数更大,如上表 HJ50#机械油在流速为 0.16m/s 时 K 值为 340kcal/(m^2·h·℃),而 28#重机油流速为 0.04m/s 时 K 值仅为 110kcal/(m^2·h·℃),二者要相差 3 倍还多,说明油液黏度和流速对系数 K 的影响是很大的</td></tr>
<tr><td colspan="2">注意</td><td colspan="2">以上有关系统压差和传热系数的图表中的数据是某一具体部件的有关资料,有其局限性也不一定十分准确,这些数据仅是我们分析认识有关参数之间关系的工具,不能用于实际的选用和设计中</td></tr>
</table>

① 1cSt = $10^{-6} m^2/s$。

② °E 与 mm^2/s 的换算见表 10-2-14。

2.3 稀油集中润滑系统设计的任务和步骤

2.3.1 设计任务

稀油集中润滑系统的设计任务是根据机械设备总体设计中各机构及摩擦副的润滑要求、工况、环境条件，进行润滑系统的综合设计并确定合理的润滑系统，包括确定润滑系统的类型，计算及选定组成系统的各种润滑元件，设计或确认装置的性能、规格、数量和系统中各管路的尺寸及布局等。

2.3.2 设计步骤

稀油集中润滑系统的设计步骤如下。

① 围绕润滑系统设计要求、工况和环境条件，确定润滑系统的方案。如几何参数（最高、最低及最远润滑点的位置尺寸、润滑点范围、摩擦副有关尺寸等）；工况参数（如速度、载荷及分布等）；环境条件（温度、湿度、沙尘、水汽等）；运动性质（变速运动、连续运动、间歇运动、摆动等）；力能参数（如传递功率、系统的流量和压力等）。在此基础上考虑和确定润滑系统方案。对于如机床主轴轴承等精密、重要部件的润滑方案，要给以详尽的分析、对比。

② 计算润滑点所需润滑油的总消耗量和压力。在被润滑摩擦副未给出润滑油黏度和所需油量、压力时，先

应计算被润滑的各摩擦副在工作时克服摩擦所消耗的功率和总效率，以便计算出带走摩擦副在运转中产生的热量所需的油量和压力，再加上形成润滑油膜、达到流体润滑作用所需的油量和压力，即为润滑油的总消耗量和供油压力，并确定润滑油黏度。

③ 计算及选择润滑泵。根据系统所消耗的润滑油总量、供油压力和油的黏度以及系统的组成，可确定润滑泵的最大流量、工作压力、润滑泵的类型和相应的电动机。这些计算与液压系统的计算类似，但介质黏度影响泵的功率较大。一些关键摩擦副如机床主轴轴承、汽轮机轴承、轧钢机的油膜轴承等，除了要求能形成一定的油膜厚度外，还要求供油量一定，而且要求使用品质优良的油品，以免造成轴承发热、磨损，因此要求在规定的压力范围供油。而对于一般摩擦副及设备，压力较小，只要保证有足够的油供润滑点即可，因此，注入润滑点的油压不高。润滑泵的实际压力，应为润滑点的注入油压及润滑系统中各项压力损失之和，对静压油膜的高压供油应为“浮起”所需压力再加上系统压降。

④ 确定定量分配系统。根据各个摩擦副上安置的润滑点数量、位置、集结程度，按尽量就近接管原则将润滑系统划分为若干个润滑点群，每个润滑点群设置若干个（片）组，按（片）组数确定相应的分配器，每组分配器的流量必须平衡，这样才能连续按需供油，对供油量大的润滑点，可选用大规格分配器或采用数个油口并联的方法。然后可确定标准分配器的种类、型号和规格。

⑤ 油箱的设计或选择。油箱除了要容纳设备运转时所必需储存的油量以外，还必须考虑分离及沉积油液中的固体和液体沉淀污物并消除泡沫、散热和冷却，需要让循环油在油箱内停留一定时间所需的容积。此外，还必须留有一定的裕量（一般为油箱容积的1/5~1/4），以使系统中的油全部回到油箱时不致溢出。一般在油箱上设置相应的组件，如泄油及排污用油塞或阀、过滤器、挡板、指示仪表、通风装置、冷却器和加热器等，并作相应的设计。表10-1-25~表10-1-29分别列出：稀油集中润滑系统的简要计算、各类设备的典型油循环系统有关参数、过滤器过滤材料类型和特点、润滑系统零部件技术要求、润滑系统与元件设计注意事项等。

表10-1-25　　稀油集中润滑系统的简要计算

<table>
<tr><th>序号</th><th>计算内容</th><th>公式</th><th>单位</th><th>说明</th></tr>
<tr><td>1</td><td>闭式齿轮传动循环润滑给油量</td><td>$Q=5.1\times10^{-6}P$
或 $Q=0.45B$</td><td rowspan="3">L/min</td><td>P——传递功率，kW
B——齿宽，cm</td></tr>
<tr><td>2</td><td>闭式蜗轮传动循环润滑给油量</td><td>$Q=4.5\times10^{-6}C$</td><td>C——中心距，cm</td></tr>
<tr><td>3</td><td>滑动轴承循环润滑给油量</td><td>$Q=KDL$</td><td>K——系数，高速机械（涡轮鼓风机、高速电机等）的轴承0.06~0.15，低速机械的轴承0.003~0.006
D——轴承孔径，cm
L——轴承长度，cm</td></tr>
<tr><td>4</td><td>滚动轴承循环润滑给油量</td><td>$Q=0.075DB$</td><td>g/h</td><td>D——轴承内径，cm
B——轴承宽度，cm</td></tr>
<tr><td>5</td><td>滑动轴承散热给油量</td><td>$Q=\dfrac{2\pi nM_1}{\rho c\Delta t}$</td><td rowspan="2">L/min</td><td rowspan="2">n——转速，r/min
M_1——主轴摩擦转矩，N·m
ρ——润滑油密度，0.85~0.91kg/L
c——润滑油比热容，1674~2093J/(kg·K)
Δt——润滑油通过轴承的实际温升，℃
T——摩擦副的散热量，J/min
K_1——润滑油利用系数，0.5~0.6</td></tr>
<tr><td>6</td><td>其他摩擦副散热给油量</td><td>$Q=\dfrac{T}{\rho c\Delta tK_1}$</td></tr>
<tr><td>7</td><td>水平滑动导轨给油量</td><td>$Q=0.00005bL$</td><td rowspan="4">mL/h</td><td rowspan="4">b——滑动导轨或凸轮宽度，mm
L——导轨-滑板支承长度，mm
I——滚子排数
D——凸轮最大直径，mm</td></tr>
<tr><td>8</td><td>垂直滑动导轨给油量</td><td>$Q=0.0001bL$</td></tr>
<tr><td>9</td><td>滚动导轨给油量</td><td>$Q=0.0006LI$</td></tr>
<tr><td>10</td><td>凸轮给油量</td><td>$Q=0.0003Db$</td></tr>
<tr><td>11</td><td>链轮给油量</td><td>$Q=0.00008Lb$</td><td>mL/h</td><td>L——链条长度，mm
b——链条宽度，mm</td></tr>
</table>

续表

序号	计算内容	公式	单位	说明
12	直段管路的沿程损失	$H_1=\sum\left(0.032\dfrac{\mu v}{\rho d^2}l_0\right)$	油柱高,m	l_0——管段长度,m μ——油的动力黏度,10Pa·s d——管子内径,mm v——流速,m/s ρ——润滑油密度,0.85~0.91kg/L ξ——局部阻力系数,可在流体力学及液压技术类手册中查到 g——重力加速度,9.81m/s^2 Q——润滑油流量,L/min
13	局部阻力损失	$H_2=\sum\left(\xi\dfrac{v^2}{2g}\right)$	油柱高,m	
14	润滑油管道内径	$d=4.63\sqrt{Q/v}$	mm	

注：1. 吸油管路流速一般为1~2m/s，管路应尽量短些，不宜转弯和变径，以免出现涡流或吸空现象。

2. 供油管路流速一般为2~4m/s，增大流速不仅增加阻力损失，而且容易带走管内污物。

3. 回油管路流速一般小于0.3m/s，回油管中油流不应超过管内容积的1/2，以使回路畅通。

4. 参考文献［17］中给出的“滚动导轨给油量”为$Q=0.0001LI$。

表 10-1-26　　各类设备的典型油循环系统有关参数

设备类别	润滑零件	油的黏度(40℃)/mm^2·s^{-1}	油泵类型	在油箱中停留时间/min	滤油器过滤精度/μm
冶金机械、磨机等	轴承、齿轮	68~680	齿轮泵、螺杆泵	20~60	25~150
造纸机械	轴承、齿轮	150~320	齿轮泵、螺杆泵	40~60	5~120
汽轮机及大型旋转机械	轴承	32	齿轮泵及离心泵	5~10	5
电动机	轴承	32~68	螺杆泵、齿轮泵	5~10	50
往复空压机	外部零件、活塞、轴承	68~165	齿轮泵、螺杆泵	1~8	
高压鼓风机	轴承			4~14	
飞机	轴承、齿轮、控制装置	10~32	齿轮泵	0.5~1	5
液压系统	泵、轴承、阀	4~220	各种油泵	3~5	5~100
机床	轴承、齿轮	4~165	齿轮泵	3~8	10

注：在参考文献［17］中往复空压机的滤油器过滤精度为5μm；无高压鼓风机相关内容。

表 10-1-27　　过滤器过滤材料类型和特点

滤芯种类名称		结构及规格	过滤精度/μm	允许压力损失/MPa	特性
金属丝网编织的网式滤布		0.18mm、0.154mm、0.071mm等的黄铜或不锈钢丝网	50~80 100~180	0.01~0.02	结构简单,通油能力大,压力损失小,易于清洗,但过滤效果差,精度低
线隙式滤芯	吸油口	在多角形或圆形金属框架外缠绕直径0.4mm的铜丝或铝丝而成	80 100	≤0.02	结构简单,过滤效果好,通油能力大,压力损失小,但精度低,不易清洗
	压油口		10 20	≤0.35	
纸质滤芯	压油口	用厚0.35~0.75mm的平纹或厚纹酚醛树脂或木浆微孔滤纸制成。三层结构:外层用粗眼铜丝网,中层用过滤纸质滤材,内层为金属丝网	6 5~20	0.08~0.2	过滤效果好,精度高,耐蚀,容易更换但压力损失大,易阻塞,不能回收,无法清洗,需经常更换
	回油口		30 50	≤0.35	
烧结滤芯		用颗粒状青铜粉烧结成杯、管、板、碟状滤芯。最好与其他滤芯合用	10~100	0.03~0.06	能在很高温度下工作,强度高,耐冲击,耐蚀,性能稳定,容易制造。但易堵塞,清洗困难
磁性滤芯		设置高磁能的永久磁铁,与其他滤芯合用效果更好	—	—	可吸除油中的磁性金属微粒,颗粒大小不限
片式滤芯		金属片(铜片)叠合而成,可进行清洗	80~200	0.03~0.07	强度大,通油能力大,但精度低,易堵塞,价高,将逐渐淘汰

续表

滤芯种类名称	结构及规格	过滤精度/μm	允许压力损失/MPa	特性
高分子材料滤芯(如聚丙烯、聚乙烯醇缩甲醛等)	制成不同孔隙度的高分子微孔滤材,亦可用三层结构	3~70	0.1~2	重量轻,精度高,流动阻力小,易清洗,寿命长,价廉,流动阻力小
熔体滤芯	用不锈钢纤维烧结毡制成各种聚酯熔体滤芯	40	0.14~5	耐高温(300℃)、耐高压(30MPa)、耐蚀、渗透性好,寿命长,可清洗,价格高

注:1. GB/T 20080—2017 规定了液压滤芯按所用的滤材分类:玻璃纤维滤芯;纸质滤芯;金属网滤芯;其他滤芯,包括化学纤维滤芯、金属纤维毡滤芯、烧结粉末滤芯、高分子材料滤芯等。

2. 参考文献[17]的相关内容与表中不同之处为:①没有给出"金属丝网编织的网式滤布"的过滤精度 50~80μm;②给出了"线隙式滤芯"的过滤精度:吸油口为 80~100μm,回油口非压油口 10~20μm;③"纸质滤芯"的过滤精度:吸油口为 5~20μm,回油口为 30~50μm;④无"磁性滤芯"。

表 10-1-28　润滑系统零部件技术要求(摘自 GB/T 6576—2002)

名称	技术要求
润滑油箱	(1)损耗性润滑系统至少应装有工作 50h 后才加油的油量;循环润滑系统的油至少要工作 1000h 后才放掉并清洗。油箱应有足够的容积,能容纳系统全部油量,除装有冷却装置外,还要考虑为了发散多余热量所需的油量。油箱上应标明正常工作时最高和最低油面的位置,并清楚地标示出油箱的有效容积 (2)容积大于 0.5L 的油箱应装有直观的油面指示器,在任何时候都能观察油箱内从最高至最低油面间的实际油量。在自动集中损耗性润滑系统中,要有最低油面的报警信号控制装置。在循环系统中,应提供当油面下降到低于允许油面时的报警信号并使机械停止工作的控制 (3)容积大于 3L 的油箱,在注油口必须装有适当过滤精度的筛网过滤器,同时又能迅速注入润滑剂。还必须有密封良好的放油旋塞,以确保迅速完全地将油放尽。油箱应当有盖,以防止外来物质进入油箱,并应有通气孔 (4)在循环系统油箱中,管子末端应当浸入油的最低工作面以下。吸油管和回油管的末端距离尽可能远,使泡沫和乳化影响减至最小 (5)如果采用电加热,加热器表面热功率一般应不超过 $1W/cm^2$
润滑脂箱	(1)应装有保证泵能吸入润滑脂的装置和充脂时排除空气的装置 (2)自动润滑系统应有最低脂面出现的报警信号装置 (3)加脂器盖应当严实并装有防止丢失的装置,过滤器连接管道中应装有筛网过滤器,且应使装脂十分容易 (4)大的润滑脂箱应设有便于排空润滑脂和进行内部清理的装置 (5)箱内表面的防锈涂层应与润滑脂相容
管子	(1)软、硬管材料应与润滑剂相容,不得起化学作用。其机械强度应能承受系统的最大工作压力 (2)润滑脂管内径:主管路应不小于 4mm,供脂管路应不小于 3mm (3)在管子可能受到热源影响的地方,应避免使用电镀管。如果管子要与含活性或游离硫的切削液接触,应避免使用铜管

表 10-1-29　润滑系统与元件设计注意事项(摘自 GB/T 6576—2002)

名称	设计注意事项
润滑系统	系统设计应确保润滑系统和工艺润滑介质完全分开。只有当液压系统和润滑系统使用相同的润滑剂时,液压系统和润滑系统才能合在一起使用同一种润滑剂,但务必要过滤除去油中污染物及杂质;要切实考虑润滑油黏度对技术性能和参数计算的实际影响,充分体现润滑和液压的不同特点
油嘴和单个润滑器	(1)油嘴和润滑器具应装在操作方便的地方。使用同一种润滑剂的润滑器具可装在同一操作板上,操作板应距工作地面 500~1200mm 并易于接近 (2)建议尽量不采用油绳、滴落式、油脂杯和其他特殊类型的润滑器具

续表

名称	设计注意事项
油箱和泵	(1)用手动加油和油箱,应距工作地面500~1200mm,注油口应位于易于与加油器连接处。放油孔塞易于操作,箱底应有向放油塞的坡度并能将油箱的油放尽 (2)油箱在容易看见的位置应备有油标 (3)在油箱中充装润滑脂时,最好使用装有过滤器的辅助泵(或滤油小车) (4)泵可放在油箱的里面或外面,应有适当的防护。调整和维修均应方便
管路和管接头	(1)管路的设计应使压力损失最小,避免急弯。软管的安装应避免产生过大的扭曲应力 (2)除了内压以外,管路不应承受其他压力,也不应被用来支承系统中其他重的元件 (3)在循环系统中,回油管应有远大于供油管路的横截面积,以使回油顺畅 (4)在油雾/油气润滑系统中,所有主管路均应倾斜安装,以便使油回到油箱,并应提供防止积油的措施,例如在下弯管路底部钻一个约1mm直径的小孔。如果用软管,应避免管子下弯 (5)管接头应位于易接近处;低压(≤2MPa)时,优先采用GB/T 3287—2011可锻铸铁密封螺纹管接头
过滤器和分配器	(1)过滤器和分配器应安装在易于接近、便于安装、维护和调节处 (2)过滤器的安装应避免吸入空气,上部应有排气孔;分配器的位置应尽可能接近润滑点;除油雾/油气润滑系统外,每个分配器只给一个润滑点供油
控制和安全装置	(1)所有直观的指示器(例如压力表、油标、温度计等)应位于操作者容易看见处 (2)在装有节流分配器的循环系统中,应装有直观的流量计

注:参考文献[17]关于“管路和管接头”,没有推荐“低压(≤2MPa)时,优先采用GB/T 3287—2011可锻铸铁密封螺纹管接头”。

2.4 稀油润滑装置的设计计算

2.4.1 稀油润滑装置型式、基本参数与尺寸(摘自JB/T 8522—2014)

表10-1-30　　稀油润滑装置型式、基本参数与尺寸

项目	说明
范围	JB/T 8522—2014《稀油润滑装置　型式、基本参数与尺寸》规定了稀油润滑装置的基本参数、系统原理、主要元件与部件、控制要求、型式、尺寸与标记 本标准适用于机械设备稀油循环润滑系统的稀油润滑装置(以下简称装置)
基本参数	装置的基本参数应符合表1、表2的规定

表1　装置的基本参数Ⅰ

<table>
<tr><th colspan="3">项目</th><th>单位</th><th>参数值</th><th>备注</th></tr>
<tr><td colspan="3">公称压力</td><td>MPa</td><td>0.5</td><td></td></tr>
<tr><td colspan="3">介质黏度</td><td>m^2/s</td><td>$2.2\times10^{-5}\sim46\times10^{-5}$</td><td></td></tr>
<tr><td colspan="3">过滤精度</td><td>mm</td><td>0.08~0.13</td><td></td></tr>
<tr><td rowspan="4">冷却器</td><td colspan="2">进水温度</td><td>℃</td><td>≤33</td><td></td></tr>
<tr><td colspan="2">进水压力</td><td>MPa</td><td>0.4</td><td></td></tr>
<tr><td colspan="2">进油温度</td><td>℃</td><td>≤50</td><td></td></tr>
<tr><td colspan="2">油温降</td><td>℃</td><td>≥8</td><td></td></tr>
<tr><td rowspan="4">加热方式</td><td colspan="2">电加热</td><td>kW</td><td>见表2</td><td>用于$Q\leq800L/min$的装置</td></tr>
<tr><td rowspan="3">蒸汽加热</td><td>蒸汽温度</td><td>℃</td><td>≥133</td><td rowspan="3">用于$Q\geq1000L/min$的装置</td></tr>
<tr><td>蒸汽压力</td><td>MPa</td><td>0.3</td></tr>
<tr><td>公称耗量</td><td>kg/h</td><td>见表2</td></tr>
<tr><td colspan="3">介质工作温度</td><td>℃</td><td>40±5</td><td></td></tr>
</table>

续表

项目	说明
基本参数	表 2 装置的基本参数 Ⅱ（见下表）

表 2 装置的基本参数 Ⅱ

公称流量/L·min^{-1}	油箱容积/m^3	电动机		过滤能力/L·min^{-1}	换热面积/m^2	冷却水管通径/mm	冷却水耗量/m^3·h^{-1}	电加热器功率/kW	压力罐容量/m^3	蒸汽耗量/kg·h^{-1}	蒸汽管通径/mm	出油口通径/mm	回油口通径/mm	质量/kg
		极数 P	功率/kW											
6.3	0.25	4	0.75	110	1.3	15	0.6	3	—	—	—	15	32	375
10														400
16	0.5	4	1.1	110	3	25	1.5	6	—	—	—	25	50	500
25														530
40	1.25	2,4,6	2.2	270	6	32	3.6	12	—	—	—	32	65	1000
63					7		3.8							1050
100	2.5	4,6	5.5	680	13	50	6	18	—	—	—	50	80	1650
125					15		7.5							1700
160	4.0	2,4,6	7.5	680	19	65	9.6	24	—	—	—	65	125	2050
200					23		12							2100
250	6.3	2,4,6	11	1300	30	65	15	36	—	—	—	80	150	2950
315					37		19							3000
400	10	2,6	15	1300	55	65	24	48	—	—	—	80	200	3800
500							30							3850
630	16	2,4,6	18.5	2300	70	80	38	48	—	—	—	100	250	5700
800			22		90		48							5750
1000	25	2,4,6	30	2800	120	150	90	—	3	180	50	125	250	—
1250			37	4200			113		4	220				—
1600	40	2,4,6	45	6800	160	200	144	—	5	260	65	150	300	—
2000			55	9000	200		180		6.3	310		200	400	—

注：1. 过滤能力是指过滤精度 0.08mm、介质黏度 46×10^{-5}m^2/s，滤油器压降 $\Delta p=0.02$MPa 条件下的过滤能力。

2. 冷却器的冷却水如采用江河水，需经过滤沉淀。

3. $Q\geqslant1000$L/min 的装置，标准中只规定了型式和参数，具体结构根据用户要求进行设计。

系统原理、主要元件与部件 — 系统原理

①$Q\leqslant800$L/min 的装置：采用自力式温度调节阀装置的系统原理如图 1 所示（图 1～图 4 中的图形符号按 GB/T 786.1—2021 和 JB/T 3711.2—2017 的规定选用）；采用手动式温度调节阀装置的系统原理如图 2 所示

②$Q\geqslant1000$L/min 的装置：采用自力式温度调节阀装置的系统原理如图 3 所示；采用手动式温度调节阀装置的系统原理如图 4 所示

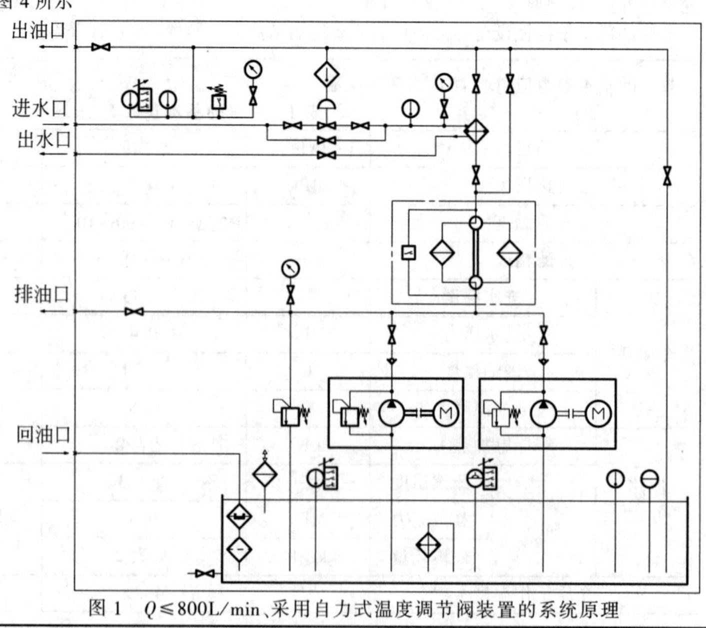

图 1 $Q\leqslant800$L/min、采用自力式温度调节阀装置的系统原理

续表

项目		说明
系统原理、主要元件与部件	系统原理	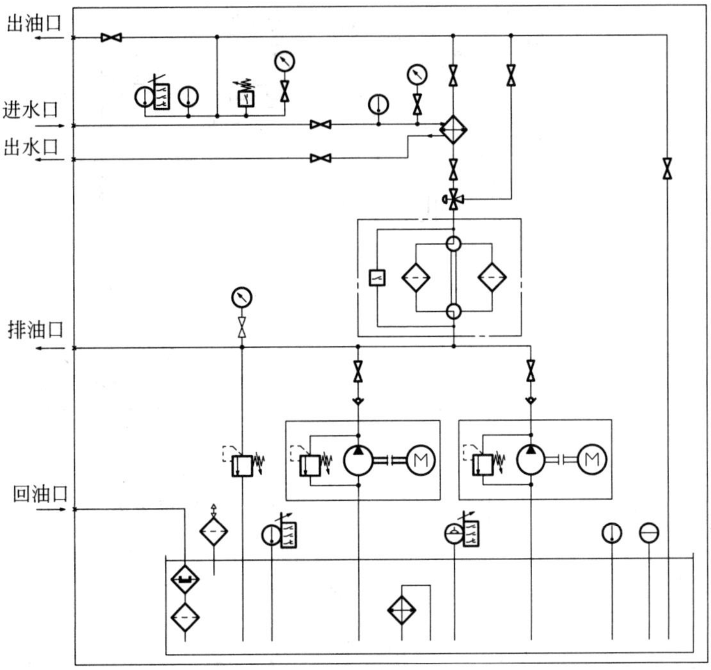 出油口 进水口 出水口 排油口 回油口 图 2　$Q \leqslant 800$L/min、采用手动式温度调节阀装置的系统原理 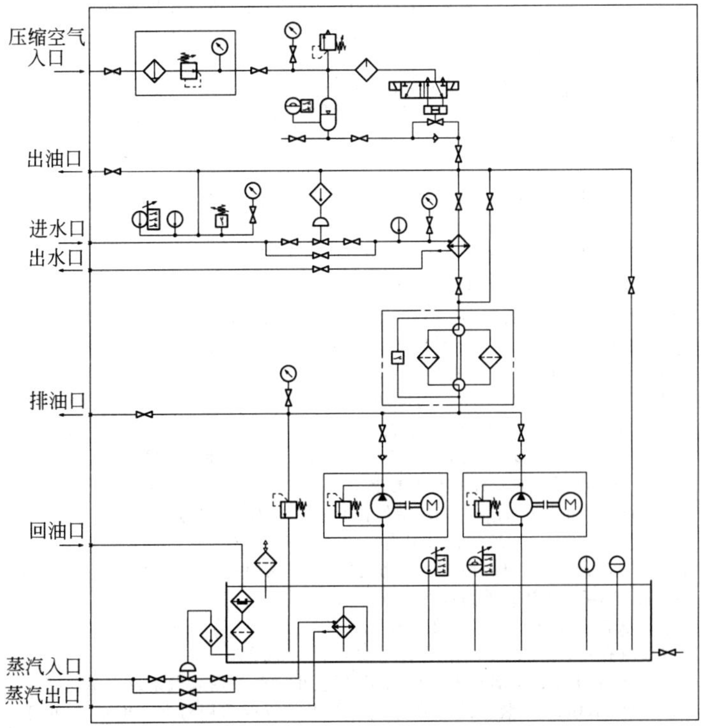 压缩空气入口 出油口 进水口 出水口 排油口 回油口 蒸汽入口 蒸汽出口 图 3　$Q \geqslant 1000$L/min、采用自力式温度调节阀装置的系统原理

续表

项目		说明
系统原理、主要元件与部件	系统原理	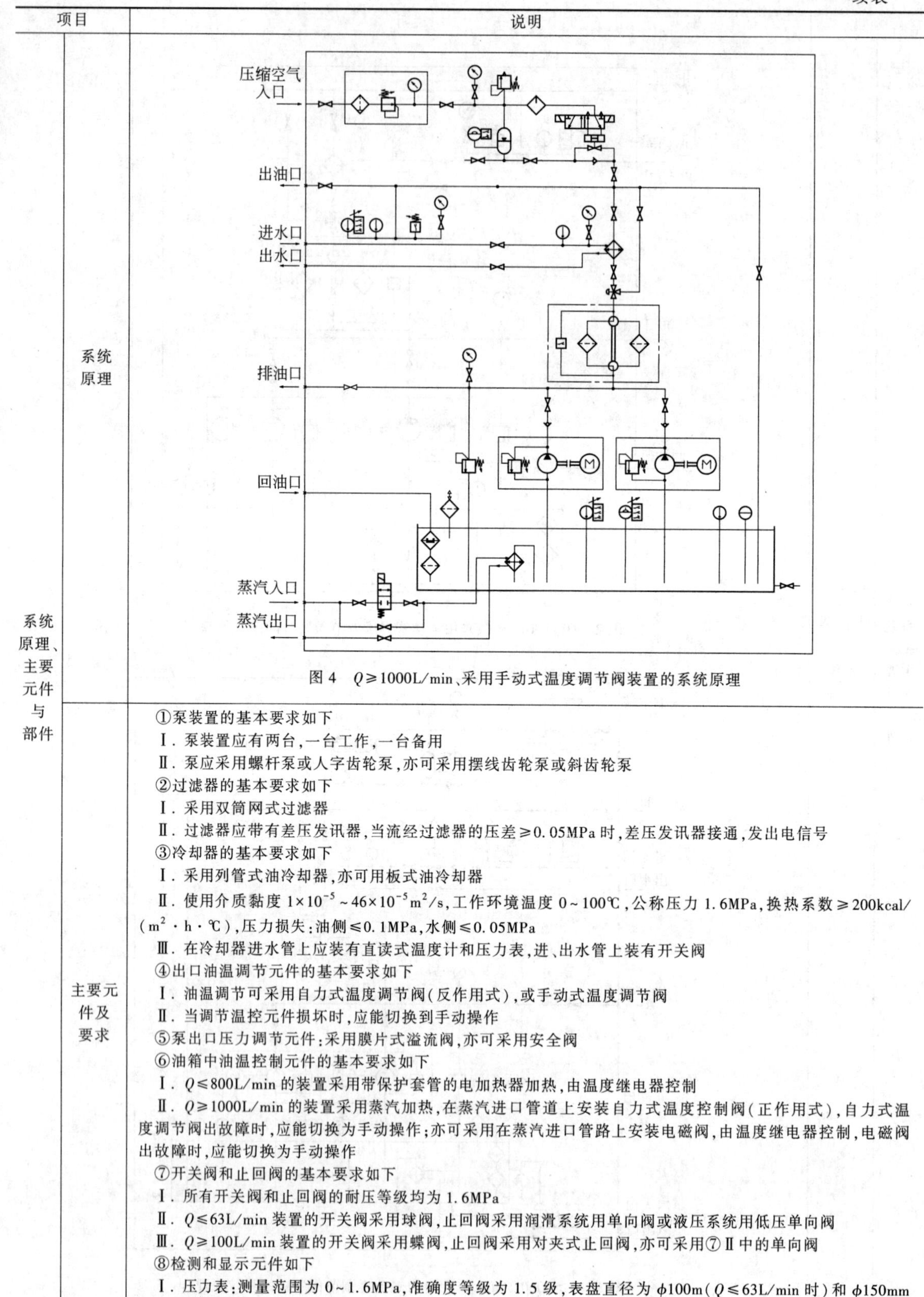 图4　$Q \geq 1000$L/min、采用手动式温度调节阀装置的系统原理
	主要元件及要求	①泵装置的基本要求如下 Ⅰ. 泵装置应有两台,一台工作,一台备用 Ⅱ. 泵应采用螺杆泵或人字齿轮泵,亦可采用摆线齿轮泵或斜齿轮泵 ②过滤器的基本要求如下 Ⅰ. 采用双筒网式过滤器 Ⅱ. 过滤器应带有差压发讯器,当流经过滤器的压差≥0.05MPa时,差压发讯器接通,发出电信号 ③冷却器的基本要求如下 Ⅰ. 采用列管式油冷却器,亦可用板式油冷却器 Ⅱ. 使用介质黏度 $1\times10^{-5}\sim46\times10^{-5}\text{m}^2/\text{s}$,工作环境温度 0~100℃,公称压力 1.6MPa,换热系数≥200kcal/($\text{m}^2\cdot\text{h}\cdot$℃),压力损失:油侧≤0.1MPa,水侧≤0.05MPa Ⅲ. 在冷却器进水管上应装有直读式温度计和压力表,进、出水管上装有开关阀 ④出口油温调节元件的基本要求如下 Ⅰ. 油温调节可采用自力式温度调节阀(反作用式),或手动式温度调节阀 Ⅱ. 当调节温控元件损坏时,应能切换到手动操作 ⑤泵出口压力调节元件:采用膜片式溢流阀,亦可采用安全阀 ⑥油箱中油温控制元件的基本要求如下 Ⅰ. $Q \leq 800$L/min 的装置采用带保护套管的电加热器加热,由温度继电器控制 Ⅱ. $Q \geq 1000$L/min 的装置采用蒸汽加热,在蒸汽进口管道上安装自力式温度控制阀(正作用式),自力式温度调节阀出故障时,应能切换为手动操作;亦可采用在蒸汽进口管路上安装电磁阀,由温度继电器控制,电磁阀出故障时,应能切换为手动操作 ⑦开关阀和止回阀的基本要求如下 Ⅰ. 所有开关阀和止回阀的耐压等级均为 1.6MPa Ⅱ. $Q \leq 63$L/min 装置的开关阀采用球阀,止回阀采用润滑系统用单向阀或液压系统用低压单向阀 Ⅲ. $Q \geq 100$L/min 装置的开关阀采用蝶阀,止回阀采用对夹式止回阀,亦可采用⑦Ⅱ中的单向阀 ⑧检测和显示元件如下 Ⅰ. 压力表:测量范围为 0~1.6MPa,准确度等级为 1.5 级,表盘直径为 ϕ100m($Q \leq 63$L/min 时)和 ϕ150mm($Q \geq 100$L/min 时)

续表

项目		说明
系统原理、主要元件与部件	主要元件及要求	Ⅱ. 温度计:温度范围为 0~100℃,准确度等级为 1.5 级,表盘直径为 ϕ100m($Q\leqslant$63L/min 时)和 ϕ150mm($Q\geqslant$100L/min 时) Ⅲ. 压力继电器:应用电子式压力继电器,压力范围 0~1.6MPa,发讯点为高、中、低三点 Ⅳ. 温度继电器:应采用电子式温度继电器,温度范围为 0~100℃,发讯点为高、中、低三点 Ⅴ. 液位计和液位继电器:应采用直读式液位计和电子式液位继电器,电子式液位继电器的发讯点为高、中、低三点
	主要部件及要求	①油箱的基本要求如下 Ⅰ. 油箱应用隔板将回油区与吸油区分开,隔板中间部分用滤网使两区连通。在回油区应设置适量的、便于清洗的永久磁铁或棒式磁滤器 Ⅱ. 油箱正面应设置装置的标牌,靠两侧的位置应装有一直读式液位计 Ⅲ. 油箱顶板上应装有液位继电器、空气滤清器 Ⅳ. 油箱应设置有检查孔,其尺寸应不小于 280mm×380mm,其位置和数量应满足维修和使用要求 Ⅴ. $Q\leqslant$800L/min 的装置在油箱正面靠近底部适当位置应装有电加热器,$Q\geqslant$1000L/min 的装置在油箱靠近底部适当位置应装有蒸汽蛇形加热管,蒸汽蛇形加热管长度及蒸汽的进口、出口位置根据具体情况确定 Ⅵ. 油箱底部应有斜度,并在最低处应装有放油球阀,其位置应设置在便于排放污油处,以便清洗油箱时放掉污油 Ⅶ. $Q\geqslant$1000L/min 的装置在油箱底部应装有积水报警器 Ⅷ. 油箱内外表面均应防锈涂装,内部涂料应耐油 ②压力罐的基本要求如下 Ⅰ. 按照工况要求决定是否需要压力罐 Ⅱ. 压力罐应与装置的出口管道并联,且其出口应安装有用于自动控制的气动阀,其上还应安装有液位显示和具有高、低两点发讯的液位继电器 Ⅲ. 压力罐气源压力 0.5~0.6MPa Ⅳ. 压力罐的容积应能保证突然断电时,装置能维持不少于 3~4min 的供油量 ③仪表盘的基本要求如下 Ⅰ. 装置的仪表盘分上、下两排,所有温度计、压力表(除进水管的温度计、压力表外)均安装在上排,所有温度继电器、压力继电器均安装在下排 Ⅱ. $Q\leqslant$800L/min 的装置的仪表盘固定在油箱正面右上方(见图 7~图 9),对 $Q\geqslant$1000L/min 的装置的仪表盘固定位置根据具体情况确定 ④电控箱的基本要求如下 Ⅰ. $Q\leqslant$200L/min 的装置的电控箱尺寸如图 5 所示,250L/min$\leqslant Q\leqslant$800L/min 的装置的电控箱尺寸如图 6 所示 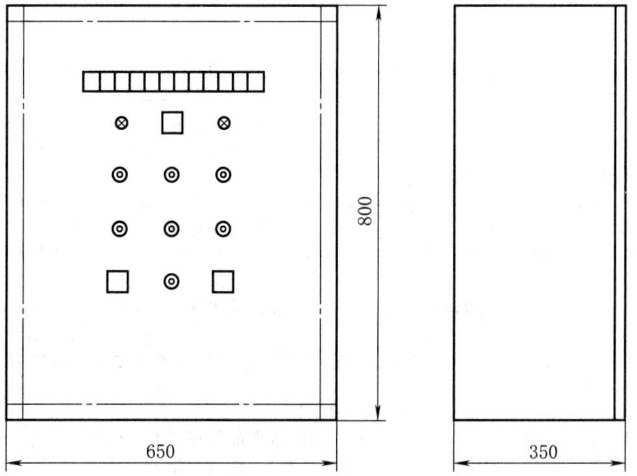 650 800 350 图 5 Q=6.3~200L/min 的装置的电控箱

续表

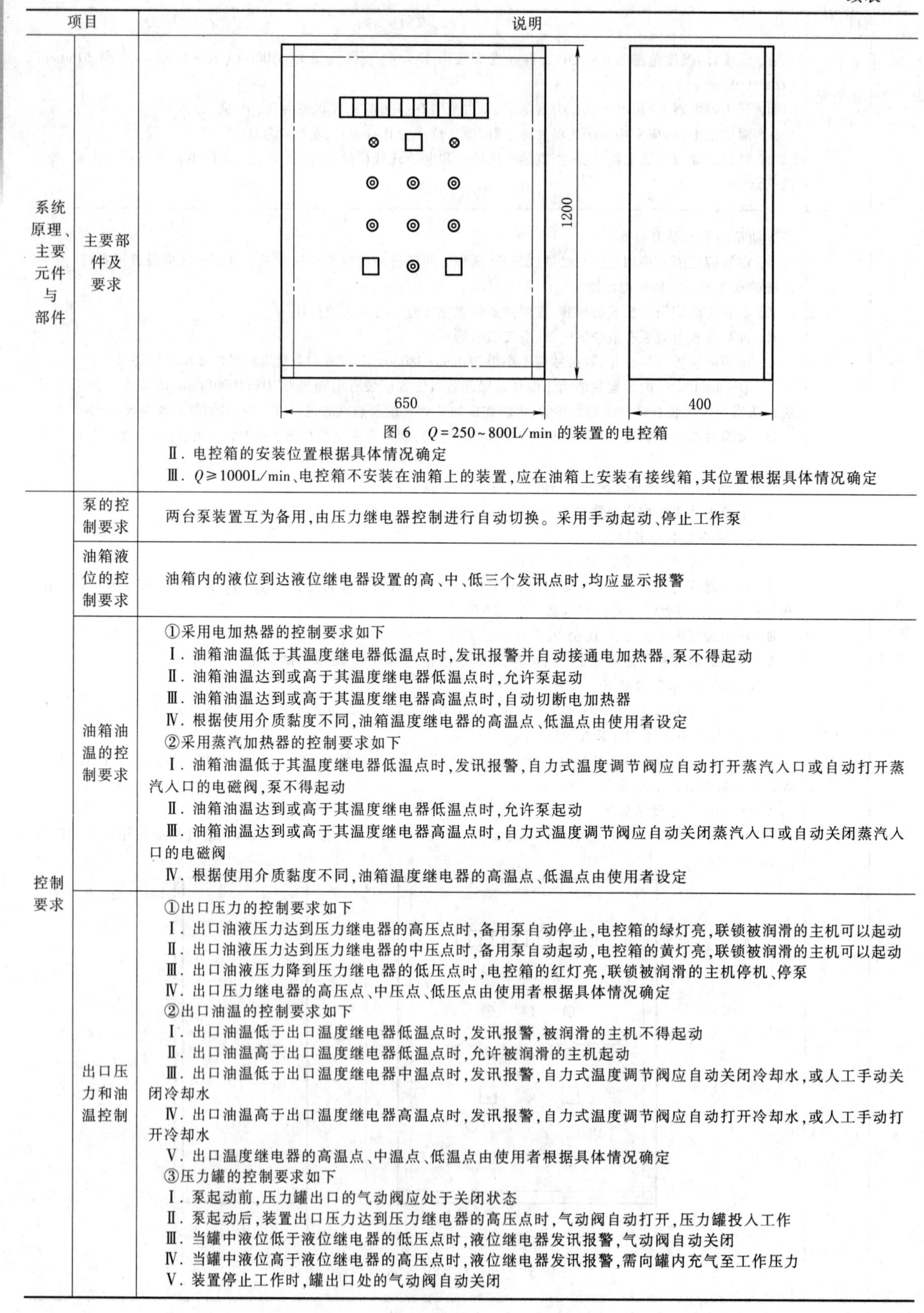

项目		说明
系统原理、主要元件与部件	主要部件及要求	1200 650 400 图 6　$Q=250\sim800$L/min 的装置的电控箱 Ⅱ. 电控箱的安装位置根据具体情况确定 Ⅲ. $Q\geqslant1000$L/min、电控箱不安装在油箱上的装置，应在油箱上安装有接线箱，其位置根据具体情况确定
控制要求	泵的控制要求	两台泵装置互为备用，由压力继电器控制进行自动切换。采用手动起动、停止工作泵
	油箱液位的控制要求	油箱内的液位到达液位继电器设置的高、中、低三个发讯点时，均应显示报警
	油箱油温的控制要求	①采用电加热器的控制要求如下 Ⅰ. 油箱油温低于其温度继电器低温点时，发讯报警并自动接通电加热器，泵不得起动 Ⅱ. 油箱油温达到或高于其温度继电器低温点时，允许泵起动 Ⅲ. 油箱油温达到或高于其温度继电器高温点时，自动切断电加热器 Ⅳ. 根据使用介质黏度不同，油箱温度继电器的高温点、低温点由使用者设定 ②采用蒸汽加热器的控制要求如下 Ⅰ. 油箱油温低于其温度继电器低温点时，发讯报警，自力式温度调节阀应自动打开蒸汽入口或自动打开蒸汽入口的电磁阀，泵不得起动 Ⅱ. 油箱油温达到或高于其温度继电器低温点时，允许泵起动 Ⅲ. 油箱油温达到或高于其温度继电器高温点时，自力式温度调节阀应自动关闭蒸汽入口或自动关闭蒸汽入口的电磁阀 Ⅳ. 根据使用介质黏度不同，油箱温度继电器的高温点、低温点由使用者设定
	出口压力和油温控制	①出口压力的控制要求如下 Ⅰ. 出口油液压力达到压力继电器的高压点时，备用泵自动停止，电控箱的绿灯亮，联锁被润滑的主机可以起动 Ⅱ. 出口油液压力达到压力继电器的中压点时，备用泵自动起动，电控箱的黄灯亮，联锁被润滑的主机可以起动 Ⅲ. 出口油液压力降到压力继电器的低压点时，电控箱的红灯亮，联锁被润滑的主机停机、停泵 Ⅳ. 出口压力继电器的高压点、中压点、低压点由使用者根据具体情况确定 ②出口油温的控制要求如下 Ⅰ. 出口油温低于出口温度继电器低温点时，发讯报警，被润滑的主机不得起动 Ⅱ. 出口油温高于出口温度继电器低温点时，允许被润滑的主机起动 Ⅲ. 出口油温低于出口温度继电器中温点时，发讯报警，自力式温度调节阀应自动关闭冷却水，或人工手动关闭冷却水 Ⅳ. 出口油温高于出口温度继电器高温点时，发讯报警，自力式温度调节阀应自动打开冷却水，或人工手动打开冷却水 Ⅴ. 出口温度继电器的高温点、中温点、低温点由使用者根据具体情况确定 ③压力罐的控制要求如下 Ⅰ. 泵起动前，压力罐出口的气动阀应处于关闭状态 Ⅱ. 泵起动后，装置出口压力达到压力继电器的高压点时，气动阀自动打开，压力罐投入工作 Ⅲ. 当罐中液位低于液位继电器的低压点时，液位继电器发讯报警，气动阀自动关闭 Ⅳ. 当罐中液位高于液位继电器的高压点时，液位继电器发讯报警，需向罐内充气至工作压力 Ⅴ. 装置停止工作时，罐出口处的气动阀自动关闭

续表

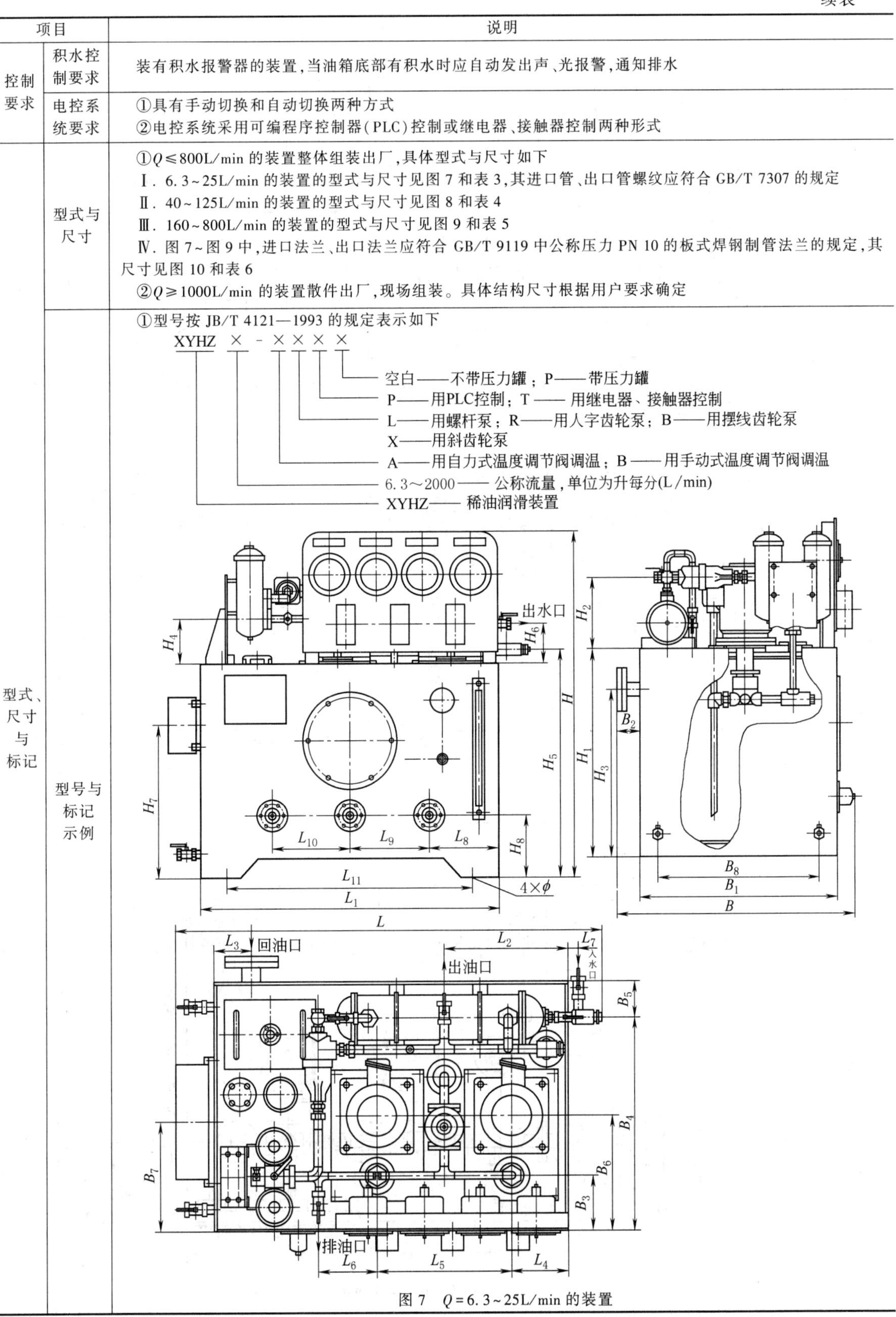

项目		说明
控制要求	积水控制要求	装有积水报警器的装置，当油箱底部有积水时应自动发出声、光报警，通知排水
	电控系统要求	①具有手动切换和自动切换两种方式 ②电控系统采用可编程序控制器（PLC）控制或继电器、接触器控制两种形式
型式、尺寸与标记	型式与尺寸	①$Q \leqslant 800$L/min 的装置整体组装出厂，具体型式与尺寸如下 Ⅰ．6.3～25L/min 的装置的型式与尺寸见图 7 和表 3，其进口管、出口管螺纹应符合 GB/T 7307 的规定 Ⅱ．40～125L/min 的装置的型式与尺寸见图 8 和表 4 Ⅲ．160～800L/min 的装置的型式与尺寸见图 9 和表 5 Ⅳ．图 7～图 9 中，进口法兰、出口法兰应符合 GB/T 9119 中公称压力 PN 10 的板式焊钢制管法兰的规定，其尺寸见图 10 和表 6 ②$Q \geqslant 1000$L/min 的装置散件出厂，现场组装。具体结构尺寸根据用户要求确定
	型号与标记示例	①型号按 JB/T 4121—1993 的规定表示如下 XYHZ × -×××× 空白——不带压力罐；P——带压力罐 P——用PLC控制；T——用继电器、接触器控制 L——用螺杆泵；R——用人字齿轮泵；B——用摆线齿轮泵 X——用斜齿轮泵 A——用自力式温度调节阀调温；B——用手动式温度调节阀调温 6.3～2000——公称流量，单位为升每分(L/min) XYHZ——稀油润滑装置 图 7　$Q=6.3～25$L/min 的装置

续表

项目		说明
型式、尺寸与标记	型号与标记示例	表 3 XYHZ6.3～XYHZ25 装置尺寸（mm），见下表；图 8

表 3 XYHZ6.3～XYHZ25 装置尺寸 mm

型号	L	B	H	L_1	B_1	H_1	接口尺寸			回油口	L_2	L_3	L_4	L_5	L_6	L_7	L_8
							出油口	排油口	出入水口								
XYHZ6.3 XYHZ10	1160	810	1060	950	650	660	G½	G½	G½	DN32	330	100	150	360	160	30	225
XYHZ16 XYHZ25	1650	994	1315	1300	800	820	G1	G1	G1	DN50	650	75	200	300	200	60	240

型号	L_9	L_{10}	L_{11}	d	B_2	B_3	B_4	B_5	B_6	B_7	B_8	H_2	H_3	H_4	H_5	H_6	H_7	H_8
XYHZ6.3 XYHZ10	250	250	790	15	70	145	562	93	300	290	490	222	530	136	700	118	470	190
XYHZ16 XYHZ25	410	410	1180	15	100	160	700	100	520	225	680	380	600	495	720	78	630	240

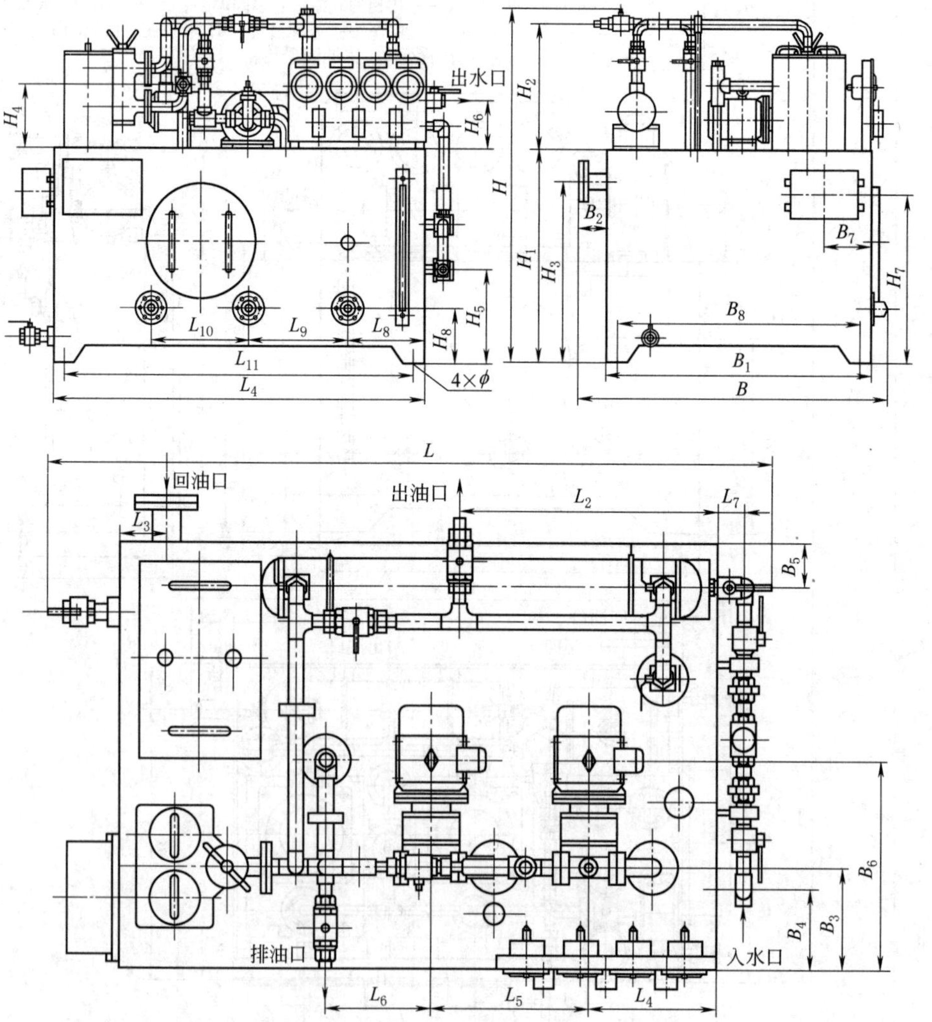

图 8 $Q=40\sim125\text{L/min}$ 的装置

续表

项目		说明
型式、尺寸与标记	型号与标记示例	（见下表4及图9）

表 4　XYHZ40～XYHZ125 装置尺寸　　mm

型号	L	B	H	L_1	B_1	H_1	出油口	排油口	出入水口	回油口	L_2	L_3	L_4	L_5	L_6	L_7	L_8	L_9	L_{10}
XYHZ 40 XYHZ 63	2000	1350	1530	1700	1200	950	DN32	DN32	DN32	DN65	730	130	360	400	900	80	400	450	450
XYHZ 100 XYHZ 125	2820	1660	1820	2500	1400	1000	DN50	DN50	DN50	DN80	800	200	500	700	600	120	400	300	1100

型号	L_{11}	ϕ	B_2	B_3	B_4		B_5	B_6			B_7	B_8	H_2	H_3	H_4	H_5		H_6	H_7	H_8
					A 进	B 进		螺	齿	摆						A 进	B 进			
XYHZ 40 XYHZ 63	1580	15	126	290	230	1070	130	750	720	720	310	1080	530	800	132	420	780	213	800	250
XYHZ 100 XYHZ 125	2400	22	100	210	125	1230	170	820	720	720	360	1300	630	850	820	380	760	290	630	350

注：螺—采用螺杆泵的装置；齿—采用人字齿轮泵或斜齿轮泵的装置；摆—用摆线齿轮泵的装置；A 进—采用自力式温度调节阀装置的进水管；B 进—采用手动式温度调节阀装置的进水管。

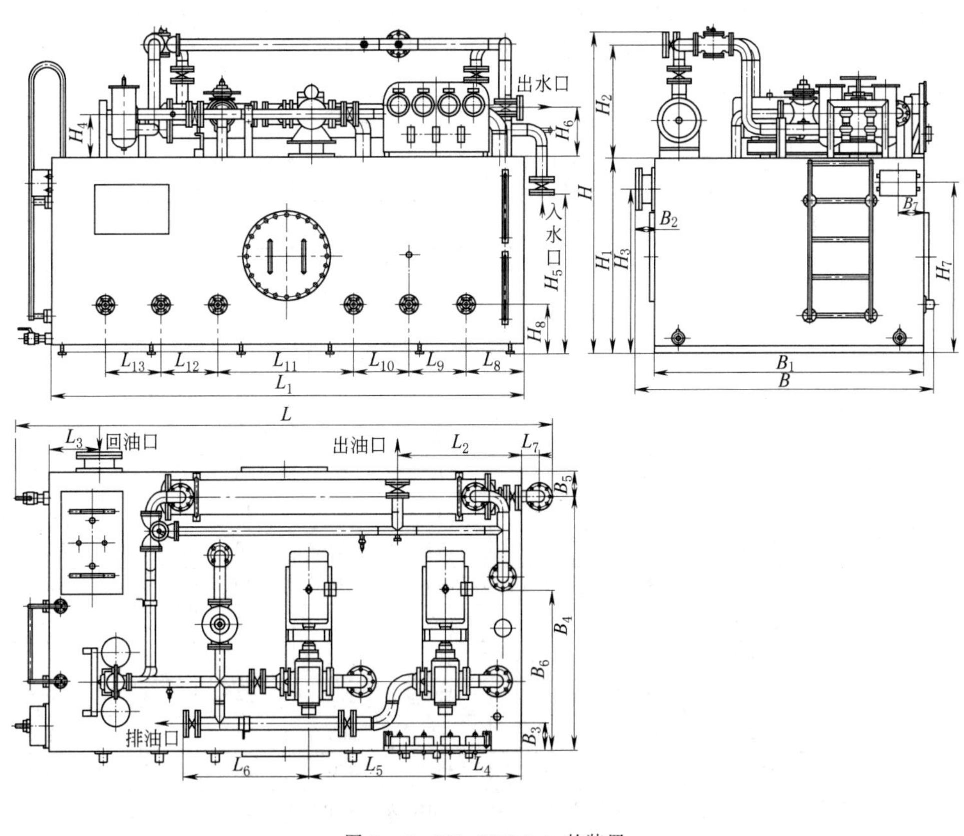

图 9　$Q=160\sim800\mathrm{L/min}$ 的装置

续表

项目		说明
型式、尺寸与标记	型号与标记示例	（见下表5、图10、表6）

表5　XYHZ160～XYHZ800装置尺寸

mm

型号	L	B	H	L_1	B_1	H_1	出油口	排油口	出入水口	回油口	L_2	L_3	L_4	L_5	L_6	L_7	L_8	L_9	L_{10}
XYHZ 160 XYHZ 200	3720	2050	2000	3000	1800	1200	DN65	DN65	DN65	DN125	950	250	675	775	1450	240	650	1500	500
XYHZ 250 XYHZ 315	3800	2400	2150	3300	2200	1300	DN80	DN80	DN65	DN150	1200	250	650	1000	1100	160	480	390	390
XYHZ 400 XYHZ 500	4300	2400	2510	3800	2200	1550	DN100	DN100	DN80	DN200	1000	400	750	1100	920	140	450	450	450
XYHZ 630 XYHZ 800	5700	2840	2600	5200	2600	1550	DN100	DN100	DN80	DN250	1300	400	1200	1300	950	150	900	450	450

型号	L_{11}	L_{12}	L_{13}	B_2	B_3	B_4		B_5	B_6		B_7	B_8	H_2	H_3	H_4	H_5		H_6	H_7	H_8
						A进	B进		螺	齿						A进	B进			
XYHZ 160 XYHZ 200	—	—	—	150	150	—	950	200	950	1000	460	—	780	1050	290	930	930	—	930	350
XYHZ 250 XYHZ 315	780	390	390	150	170	500	1970	230	1180	1130	445	—	750	1150	240	630	1180	314	1200	400
XYHZ 400 XYHZ 500	1100	450	450	150	220	930	2000	200	1300	1300	210	—	840	1300	350	510	900	400	1280	390
XYHZ 630 XYHZ 800	1100	450	450	150	200	500	2370	230	1540	1400	600	—	820	1350	350	700	1400	405	1250	400

注：螺—采用螺杆泵的装置；齿—采用人字齿轮泵或斜齿轮泵的装置（仅 $Q=160\sim500$L/min 六个规格的装置采用斜齿轮泵）；A进—采用自力式温度调节阀装置的进水管；B进—采用手动式温度调节阀装置的进水管。

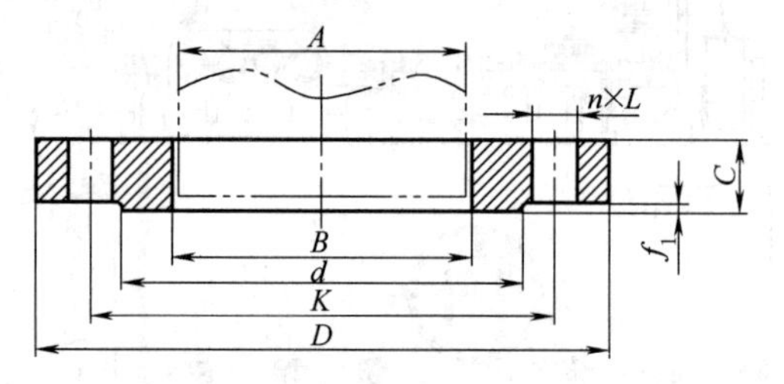

图10　法兰

表6　法兰尺寸

mm

公称尺寸	A	D	K	d	C	f_1	B	$n\times L$
DN32	42.4	140	100	78	18	2	43.5	4×18
DN40	48.3	150	110	88	18	3	49.5	4×18
DN50	60.3	165	125	102	20	3	61.5	4×18
DN65	76.1	185	145	122	20	3	77.5	8×18
DN80	88.9	200	160	138	20	3	90.5	8×18
DN100	114.3	220	180	158	22	3	116	8×18
DN125	139.7	250	210	188	22	3	141.5	8×18
DN150	168.5	285	240	212	24	3	170.5	8×22
DN200	219.1	340	295	268	24	3	221.5	8×22
DN250	273	395	350	320	26	3	276.5	12×22

注：1. 本表法兰尺寸符合 GB/T 9119—2010 表4中 PN10 的规定。

2. 对于铸铁法兰和钢合金法兰，该规格的法兰可能是4个螺栓孔的，因此，当制造厂和用户协商同意后，与铸铁法兰和钢合金法兰配对使用的钢制法兰可以采用4个螺栓孔。

续表

项目		说明
型式、尺寸与标记	型号与标记示例	②标记示例如下 示例1 公称流量25L/min,采用手动式温度调节阀调温,摆线齿轮泵供油,继电器、接触器控制,不带压力罐的装置标记为 XYHZ 25-BBT　JB/T 8522—2014 示例2 公称流量315L/min,采用自力式温度调节阀调温,人字齿轮泵供油,PLC控制,不带压力罐的装置标记为 XYHZ 315-ARP　JB/T 8522—2014 示例3 公称流量1000L/min,采用自力式温度调节阀调温,螺杆泵供油,PLC控制,带压力罐的装置标记为 XYHZ 1000-ALPP　JB/T 8522—2014

注：表中GB/T 9119新标准为GB/T 9124.1—2019。

2.4.2 稀油润滑装置技术条件（摘自JB/T 10465—2016）

表10-1-31　稀油润滑装置技术条件

项目		说明
范围		JB/T 10465—2016《稀油润滑装置　技术条件》规定了稀油润滑装置(以下简称装置)的技术要求、试验方法、标志、包装、运输和贮存 本标准适用于JB/T 8522—2014规定的装置
技术要求	基本要求	①装置的制造应符合JB/T 8522—2014和本标准的规定,还应符合经规定程序批准的工作图样和技术文件的规定 ②电控柜仪表盘的设计、制造及使用性能应符合相关标准的规定
	使用性能	①装置整体应工作平稳,无异常振动及噪声 ②压力控制:装置按出口压力分高、中、低三级控制,当压力在高值与中值之间时,允许主机起动;当压力低于中值时,自动起动备用泵;当压力达到高值时,自动停止备用泵;当压力降至低值时,发讯报警 ③油箱液位控制:油箱中液位达到上、中、下设定值时,液位继电器应发讯报警 ④油温控制:要求如下 Ⅰ.油箱油温控制应符合JB/T 8522—2014中5.3.1或5.3.2的规定 Ⅱ.装置的出口油温控制应符合JB/T 8522—2014中5.4.2的规定,且油温应控制在40℃±5℃范围内 ⑤过滤器污染控制:过滤器工作时,其进出口压差大于0.05MPa时,压差发讯器应发讯报警。出厂时过滤器进出口压差不应大于0.03MPa ⑥出口流量变化应不超出公称流量的±10%;压力振摆应不超出公称压力±0.05MPa ⑦压力罐控制:应符合JB/T 8522—2014中5.4.3的规定 ⑧清洁度:内部应无肉眼可见污染物 ⑨噪声:在公称压力下,装置的无故障噪声在$Q\leqslant125$L/min时应不大于80dB(A);在$Q>125$L/min时应不大于85dB(A) ⑩可靠性:装置的无故障作时间不少于3×10^3h(一切需要拆卸后修理或更换零件的停机事故均作为故障) ⑪密封:装置的元、部件及管路在公称压力下不应有渗漏现象
	装配	①所有元、部件应检验合格,外购件应有合格证方可进行装配 ②各元、部件应在保证内部清洁的条件下进行装配。油箱、过滤器、冷却器及压力罐的各连接口,在安装前除查验外,不应将防污物的封装打开 ③泵装置在安装前应进行复验,其安装精度应符合泵装置的相应规定 ④油箱、泵装置、过滤器、冷却器及压力罐的纵横中心线的位置度公差为10mm;标高极限偏差为±5mm;其纵横中心线的水平度或铅垂度公差为1/1000
	配管	①配管应符合JB/T 5000.11的规定 ②管子的安装还应符合下列要求 Ⅰ.管子的安装分预安装和正式安装两次进行,预安装并合格的管路拆下进行酸洗,酸洗合格后方可进行正式安装 Ⅱ.管子在安装时应固定牢靠,且不应有预应力 Ⅲ.管路安装的位置度公差:流量$Q\leqslant125$L/min的装置为6mm,流量$Q>125$L/min的装置为10mm,水平度或铅垂度公差为2/1000

续表

项目		说明
技术要求	部件及管路的清洗	①部件的清洗:油箱、压力罐应在安装前将内部清洁干净,其余不清洁的元件及管路附件可在正式安装之前用清洁的煤油清洗干净 ②管路冲洗包括以下方面 Ⅰ. 管路的冲洗在酸洗合格、正式安装后进行 Ⅱ. 管路冲洗采用经过过滤的润滑油,其过滤精度不应低于 0.08mm,冲洗时润滑油的温度应在 50℃±5℃范围内 Ⅲ. 冲洗时油的流速应使油液达到紊流运动状态,管路冲洗时间不应少于 24h Ⅳ. 管路冲洗合格后将用于冲洗的油液排除干净 ③气动管路安装后用干燥的压缩空气将管路吹扫干净。气动阀门及其他气动元件不吹扫
	涂装	①管路的涂装应在耐压试验合格后进行 ②管路涂装的技术要求及颜色应符合 JB/T 5000.12 的规定
	其他	装置中设有压力罐时,压力罐的设计、制造、检验等均应符合 TSG R0004—2009 和 GB/T 150(所有部分)—2011 的规定
试验方法	试验条件	①装置试验前应将其出油口和回油口接通,使油路形成由泵出口经过滤器、冷却器至回油口的自循环系统 ②连接电控柜与装置上的接线箱 ③试验介质应为黏度等级为 N46 的工业用润滑油,试验介质温度应在 40℃±5℃范围内
	试验内容	①试验内容及方法应符合表 1 的规定(见下表 1)

表 1　装置的试验内容及方法

序号	检验项目	试验方法	测试仪器	
			名称和规格	准确度
1	空载试验	将安全阀、溢流阀调至最大开口状态,起动泵,空载运行 10min		
2	密封(耐压)试验	将系统压力升至公称压力的 1.5 倍,保压 10min,再降至公称压力进行全面检查	压力表,0~1MPa	1.5 级
3	压力控制	调整装置出口压力继电器,设定高、中、低三个值,在正常工作状态下逐渐升高或降低装置的出口压力,当压力达到设定值时,检查备用泵的起动、停止及控制信号是否正确	压力表,0~1MPa	1.5 级
4	液位报警	当油箱液位(或人工移位)达到液位计设定值时,检查电控柜上是否发出报警信号		
5	油箱油温控制	油箱油温控制: 1. 采用电加热器的控制 油箱油温低于其温度继电器低温点时,报警并自动接通电加热器,泵不得起动 油箱油温达到或高于其温度继电器低温点时,允许泵起动 油箱油温达到或高于其温度继电器高温点时,自动切断电加热器 2. 采用蒸汽加热器的控制 油箱油温低于其温度继电器低温点时,报警,自立式温控阀应自动打开蒸汽入口或自动打开蒸汽入口的电磁阀,泵不得起动 油箱油温达到或高于其温度继电器低温点时,允许泵起动 油箱油温达到或高于其温度继电器高温点时,自立式温控阀应自动关闭蒸汽入口或自动关闭蒸汽入口的电磁阀		
6	出口油温控制	出口油温的控制: 出口油温低于出口温度继电器低温点时,报警,被润滑的主机不得起动 出口油温高于出口温度继电器低温点时,允许被润滑的主机起动 出口油温低于出口温度继电器中温点时,发讯报警,自立式温控阀应自动关闭冷却水,或人工手动关闭冷却水 出口油温高于出口温度继电器高温点时,发讯,自立式温控阀应自动打开冷却水,或人工手动打开冷却水		

续表

<table>
<tr><th colspan="2">项目</th><th>说明</th></tr>
<tr><td rowspan="2">试验方法</td><td>试验内容</td><td>
续表
<table>
<tr><th rowspan="2">序号</th><th rowspan="2">检验项目</th><th rowspan="2">试验方法</th><th colspan="2">测试仪器</th></tr>
<tr><th>名称和规格</th><th>准确度</th></tr>
<tr><td>7</td><td>流量试验</td><td>在公称压力和额定转速下，测量出口处流量及压力（测三个值，取平均值），流量及压力应符合上文使用性能⑥的规定</td><td>椭圆齿轮流量计或涡轮流量计、压力表</td><td>1.5级</td></tr>
<tr><td>8</td><td>油液污染报警</td><td>调整过滤器压差发讯器，当过滤器进出口压差达到或超过设定值时，检查报警信号是否正常</td><td></td><td></td></tr>
<tr><td>9</td><td>压力罐试验</td><td>调整出口压力继电器及压力罐的液位开关，在正常运转状态下，检查气动阀门是否开启；当罐内液位降至液位开关设定值时，检查气动阀门是否关闭；当罐内液位升至液位开关设定值时，检查系统是否向罐内充气；当突然停电时，检查气动阀门是否开启；在装置停止工作时，检查气动阀门是否关闭</td><td></td><td></td></tr>
<tr><td>10</td><td>可靠性试验</td><td>在正常工作状态下，测试装置的无故障工作时间（可采用使用现场的工作记录数据作为测试数据）</td><td></td><td></td></tr>
<tr><td>11</td><td>清洁度检查</td><td>装置内部清洁度检查可用擦拭法，用不掉毛绒的白布擦拭装置内部任何部位，观察布表面是否有污物</td><td>不掉毛绒的白布</td><td></td></tr>
<tr><td>12</td><td>管路冲洗检查</td><td>管路冲洗检查用目测法：在正常状态下，连续工作2h，检查回油滤网，应无目视颗粒</td><td></td><td></td></tr>
<tr><td>13</td><td>装配质量检查</td><td>1. 检测油箱、泵装置、冷却器、压力罐的纵横中心线，标高；中心线的水平度或铅垂度，应符合上文装配④的规定
2. 检测管路中心线的标高、水平度、铅垂度、间距；管路与法兰的垂直度；对接管路中心线的错位，应符合上文配管②Ⅲ的规定</td><td>直角尺、钢直尺、水平仪、吊线锤、法兰角尺、游标卡尺</td><td></td></tr>
<tr><td>14</td><td>油箱积水报警检查</td><td>将积水报警器拆下，用N46油灌入积水报警器内，并灌满，报警器应不发讯；将油放掉；用水灌入积水报警器内，并灌满，报警器应发讯</td><td></td><td></td></tr>
</table>
②型式试验内容：表1中的全部检验项目
③出厂试验内容：表1中除第9项以外的检验项目
</td></tr>
<tr><td>其他</td><td>$Q \geqslant 1000$L/min的装置应在生产厂内组装并试验合格后，再拆成散件封装出厂</td></tr>
<tr><td rowspan="3">标志、包装、运输和贮存</td><td>标志</td><td>①每台装置应在醒目位置装有铭牌，其内容包括
Ⅰ. 装置名称、型号
Ⅱ. 主要参数：公称压力、公称流量、油箱容积等
Ⅲ. 制造厂名称
Ⅳ. 出厂编号及日期
②包装箱的标志应符合GB/T 191的规定</td></tr>
<tr><td>包装</td><td>①装置（包括电控柜）的包装应符合JB/T 5000.13的规定
②整体出厂的装置为整体包装，分部件、散件出厂的装置分部件装箱，装箱时应按顺序进行编号。需拆下的管道应在其上和与其连接处打上识别标志，并封堵所有外露口
③随同产品装箱的技术文件应包括
Ⅰ. 产品使用说明书
Ⅱ. 产品出厂合格证书
Ⅲ. 装箱单、随机附件清单
Ⅳ. 安装图、系统图、电控原理图</td></tr>
<tr><td>运输与贮存</td><td>①装置在运输期间应保持内部完好无损（包括所有外露口的封装）
②装置在运输过程中不应倒置
③装置应存放在干燥通风的库房内，环境温度在-20～40℃
④装置自包装之日起超过12个月时应换涂防锈油</td></tr>
</table>

2.4.3 稀油润滑系统技术性能参数的关系和有关计算

(1) 稀油润滑系统简图及参数标示

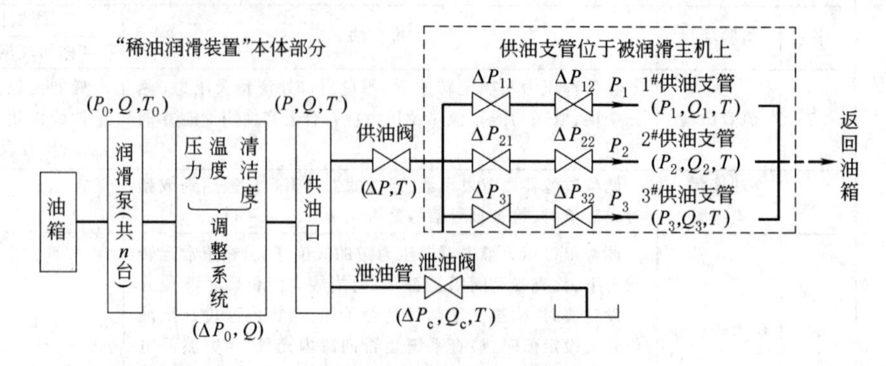

图 10-1-8　稀油润滑系统简图

P_0—泵口压力，MPa；Q—装置的总流量，L/min；T_0—泵口油温，℃；P—供油口压力，MPa；ΔP_0—经压力、温度、清洁度调整系统的压力损失，MPa；T—供油口油温，℃；ΔP—供油阀的压力损失，MPa；ΔP_c—泄油阀的压力损失，MPa；Q_c—泄油量，L/min；ΔP_{11}，ΔP_{12}—1#供油支管第一个、第二个节流减压阀的压力损失，MPa；ΔP_{21}，ΔP_{22}—2#供油支管第一个、第二个节流减压阀的压力损失，MPa；ΔP_{31}，ΔP_{32}—3#供油支管第一个、第二个节流减压阀的压力损失，MPa；P_1，P_2，P_3—1#、2#、3#供油支管出油口压力，MPa（一般为 0.03~0.05MPa，计算时可取 0.05MPa）；Q_1，Q_2，Q_3—1#、2#、3#供油支管所需润滑油流量，L/min；Q_0—每台润滑泵的公称流量，L/min。

(2) 装置供油量及泵的台数

在任何瞬时，供油总量为各支管（包括泄油管）流量之和。

要求供油最小流量：

$$Q' \geqslant (Q_1+Q_2+Q_3+\cdots)(1\sim1.05)$$

式中，1.05 为考虑泵的实际流量偏离（小于）公称流量 5%的补偿量或裕量。

设 Q_0 为每台润滑泵的公称流量，单位为 L/min，则装置供油量：

$$Q=nQ_0 \geqslant Q'$$

式中，n 为维持供油总流量（即装置供油量）所需连续工作的主泵数量。

$$Q_0 \geqslant \frac{(Q_1+Q_2+Q_3+\cdots)(1\sim1.05)}{n}$$

即选公称流量为 Q_0 的润滑泵共 n 台作为主泵（备用泵一般选一台）。

当润滑油黏度较高且电机转速较高时，由于泵的吸口流速大，会使泵的噪声提高，故在较高黏度时，应限制电机的转速不能太高（实际限制了泵的流量），故有如下建议：

例如，用 4 极电机（同步转速为 1500r/min）、润滑油黏度为 N220 时：

$Q \leqslant 1000$L/min　取 $n=1$；

$Q>1000\sim1500$L/min　取 $n=2$；

$Q>2000$L/min　取 $n=3$。

当单泵流量达到 1500L/min 左右，润滑油黏度高于 N220 时，最好采用 6 极电机（同步转速 1000r/min）。

(3) 装置泄油量

因装置供油量　$Q=nQ_0 \geqslant (Q_1+Q_2+Q_3+\cdots)(1\sim1.05)$

即　$Q=(Q_1+Q_2+Q_3+\cdots)(1\sim1.05)+Q_c$

泄油量　$Q_c=nQ_0-(Q_1+Q_2+Q_3+\cdots)(1\sim1.05)$

当供油总阀关闭，即 $Q_1=Q_2=Q_3=0$ 时，极限泄油量 $Q_c'=nQ$。

根据 Q_c' 可确定泄油管的最大通径。

当 $n=1$ 为单台主泵时，极限泄油量将等于装置供油量。

当 $n>1$ 时，可根据情况少开主泵，极限泄油量将为开启泵台数和每台泵公称流量的乘积。

由于极限泄油量是极端情况，如利用稀油润滑装置自循环加热润滑油，此时供油口压力将等于泄油阀压力损失，和正常供油时供油口压力是不同的，一般远小于正常供油口压力。泄油管通径可比正常泄油量时确定的通径稍大，而小于供油总管的通径。

（4）供油压力的确定及多供应支管时压力的调整

从上面稀油润滑系统简图可知，设有1、2、3、…条从稀油润滑装置供油口通向被润滑设备的供油支管，各支管出油口要求的向润滑点的输油压力分别为 P_1、P_2、P_3、…（相应流量为 Q_1、Q_2、Q_3、…），对普通（低压）稀油润滑装置而言，P_1、P_2、P_3、…均为较小的值（0.03~0.05MPa），要求输油终端（注油点）的压力只要能使油流到运动副的摩擦面就可以了。

正常工作时：
$$P-\Delta P=\Delta P_{11}+\Delta P_{12}+P_1$$
或
$$P-\Delta P=\Delta P_{21}+\Delta P_{22}+P_2$$
或
$$P-\Delta P=\Delta P_{31}+\Delta P_{32}+P_3$$
即
$$P=\Delta P+\Delta P_{11}+\Delta P_{12}+P_1$$
或
$$P=\Delta P+\Delta P_{21}+\Delta P_{22}+P_2$$
或
$$P=\Delta P+\Delta P_{31}+\Delta P_{32}+P_3$$

结论：供油口压力为任一供油支管注油终端压力（P_1、P_2、P_3、…）和从供油口到注油终端压降之和，而各支管向各摩擦副注油压力为：

$$P_1=(P-\Delta P)-(\Delta P_{11}+\Delta P_{12})$$
$$P_2=(P-\Delta P)-(\Delta P_{21}+\Delta P_{22})$$
$$P_3=(P-\Delta P)-(\Delta P_{31}+\Delta P_{32})$$
$$\cdots\cdots$$

即任一供油支管终端注油压力（P_1、P_2、P_3、…）在同样条件下受本支管压降和的影响，压降和越大，终端注油压力越小。根据这一关系，可调整支管注油压力，当支管终端形状和截面不变时，调整这一压力即可改变某一支管的终端压力，从而调整某一支管的流量。

从上式可知：任一支管注油压力（P_1、P_2、P_3、…）尚受 $P-\Delta P$（即供油压力和供油阀压降之差）的影响，在供油压力 P 不变时，调整改变供油阀压降可同样改变（系等量改变）支管的注油压力。

在泄油阀关闭时，即 $Q_c=0$ 时

$$Q_1+Q_2+Q_3+\cdots=nQ_0$$

即在泄油阀全闭时，支管流量之和等于装置供油量，支管流量改变前后都符合上述规律。此时，各支管流量也达到最大值（各支管系等量改变），且调整各支管输油能力将受到限制。如不满足时，可适当开启泄油阀以满足各支管实际供油量。

Q_1、Q_2、Q_3、…为各供油支管所需润滑油量。除必须保证生成油膜所需油流量外，还要考虑计算出每个支管带走摩擦副产生的热量所需的润滑油流量。综合考虑，形成润滑油膜及散热所需油量的大者即为该支管所需流量，全部支管流量之和即为润滑所需总流量。

（5）从泵口至供油口的最大压降

泵口压力除了保证支管润滑终端供油压力（P_1、P_2、P_3、…）外，还应保证润滑系统从泵口到润滑终端产生的全部油路压降（包括过滤器、换热器、调整部件、阀和管道等压降总和），以确定油泵出口处的最大压力 P_{omax}

$$P_{omax}=P+\Delta P_{xmax}$$

式中　P——供油压力，MPa；

ΔP_{xmax}——压力、温度、清洁度调整部件（系统）、阀和管道等的总压降，MPa［包括过滤器、冷却器、加热器，压力调节阀和各种阀门、管路的各项最大压力损失之和，实际上各项压降不可能同时达到最大值，计算时或可以极端情况（都达到最大）来考虑］；

设：ΔP_1——过滤器（粗、精）压降，MPa；

ΔP_2——换热器（冷却器、加热器）压降，MPa；

ΔP_3——压力调节器的最大压降，MPa；

ΔP_4——阀门、管道等的最大压降，MPa。

以上 4 种压降的取值及其他说明见表 10-1-32。

表 10-1-32　　ΔP_1、ΔP_2、ΔP_3、ΔP_4 的相关说明

<table>
<tr><th>名称</th><th>说明</th></tr>
<tr><td>过滤器(粗、精)压降 ΔP_1</td><td>ΔP_1 是润滑系统中相对数值较大，且从初始压差逐渐增大到清洗(报警)压差的压降数值，而清洗或更换滤芯后又恢复到初始压差的数值，因此设定过滤器清洗(报警)压降是正确确定供油泵功率的关键
此处涉及的过滤器是指装有各种结构滤芯的过滤器，磁性过滤器未包含在内。具有磁性的(未装非磁性滤芯)过滤器的磁性过滤部分的压降较小，且为常数，可作为壳体压降的一部分来考虑
过滤器的压降由壳体压降和滤芯压降两部分组成，壳体压降在润滑油黏度和流量确定时为常数。故过滤器压降的增值是由滤芯逐步污染堵塞所致
$$滤芯压降=\xi\frac{v^2\rho}{2}$$
滤芯压降由滤芯阻力系数 ξ、液体流经滤网速度 v、油液密度 ρ 等确定，即根据滤芯结构、过滤精度、流量、润滑油黏度及滤芯的污染堵塞程度而定。它由初始压降(清洁滤芯刚开始工作即尚未污染堵塞瞬间的压降，滤芯一经油液通过即逐渐被污染堵塞，压降随即从初始压降的数值开始增值)逐步增大到滤芯要清洗时的压降值。这个压降加壳体压降将成为过滤器整体压降。欲清洗时，由差压发讯器发出报警信号，说明润滑工艺规定滤芯要清洗(或更换)了
在润滑装置设计时应事先设定各种情况下的清洗(报警)压降。单种过滤器的清洗(报警)压降设定在 0.1~0.2MPa 之间(一般为 0.15MPa)。过滤装置如有粗精两种过滤器，总压降设定在 0.2~0.3MPa。润滑装置初步设计时过滤器压降可定为 $\Delta P_1=0.1\sim0.25$MPa，即一种过滤器时，压降最小为 0.1MPa，有两种过滤器时，最大为 0.25MPa，应根据润滑装置具体情况(一种或两种过滤器)及每种过滤器设定的清洗(报警)压降而定</td></tr>
<tr><td>换热器(冷却器、加热器)的压降 ΔP_2</td><td>换热器包括冷却器和加热器，此处指的加热器不是装在油箱上的加热器，而是在供油系统中加设的加热装置(即润滑油通过装有若干个加热管的容器在压力流动状态下进行加热)。它的压降与油液黏度、加热器结构(是否折流)等有关，压降一般在 0.05MPa 左右，初步设计时也就定为 0.05MPa
冷却器是为了将较高的回油温度冷却到要求的供油温度而设，冷却器有水冷和风冷两种。风冷的压降为油在管道内流动时产生的压降，一般在 0.025MPa 以下；水冷冷却器一般分列管式和板式两种。列管式的油在管外空间流动压降较小，一般为 0.05~0.1MPa(黏度大者取大值)；而板式冷却器因油在较小的板间流动，间隙较小，当润滑油黏度大时，压降可以达到 0.15MPa 以上，故板式冷却器的压降定为 0.1~0.15MPa
换热器的压降 ΔP_2(MPa)如下表
<table>
<tr><th rowspan="2">加热器</th><th rowspan="2">风冷冷却器</th><th rowspan="2">列管式冷却器</th><th colspan="2">板式冷却器</th></tr>
<tr><th>运动黏度≤N220</th><th>运动黏度≥N320</th></tr>
<tr><td>≤0.05</td><td>0.025</td><td>0.05~0.1</td><td>0.05~0.1</td><td>0.1~0.15</td></tr>
</table></td></tr>
<tr><td>压力调节器的最大压降 ΔP_3 和其他阀门、管道最大压降 ΔP_4</td><td>润滑系统实际应用(或不应用)的压力调整器的最大压降 ΔP_3 和其他各种阀门、管道的最大压降 ΔP_4
根据前面公式：$P_{omax}=P+\Delta P_{xmax}$
其中 $\Delta P_{xmax}=\Delta P_1+\Delta P_2+\Delta P_3+\Delta P_4$</td></tr>
</table>

(6) 润滑油泵功率计算

表 10-1-33　　液压油泵和润滑油泵的比较及功率计算

<table>
<tr><th>项目</th><th>说明</th></tr>
<tr><td>液压油泵轴功率的计算方法</td><td>$$N=\frac{P_0Q_0}{60\eta}$$
式中　N——液压油泵轴功率，kW
P_0——油泵口压力，MPa
Q_0——液压油泵的公称流量，L/min
η——液压油泵的总效率</td></tr>
<tr><td>润滑油泵和液压油泵有关技术性能的比较</td><td>液压油泵使用的液压油一般为低黏度的液压抗压油，如 N46 液压油，即 40℃时的运动黏度为 46mm²/s(cSt)。但润滑油的黏度一般≥N110，对重载低速的摩擦副已用到 N460 和 N680，所以润滑油泵的功率还要加上克服因黏度加大而产生的功率增量(黏度大时容积效率也较大，此时流量也有所增加)。现对同用 CB-B 齿轮泵的液压齿轮泵和润滑齿轮泵有关特性(P-Q-N 等、压力-流量-功率等)分别列于下表</td></tr>
</table>

续表

<table>
<tr><th>项目</th><th>说明</th></tr>
<tr><td>润滑油泵和液压油泵有关技术性能的比较</td><td>

液压齿轮泵技术性能参数

齿轮泵型号	额定流量/L·min^{-1}	额定压力/MPa	吸入高度/mm	噪声/dB	功率/kW
CB-B6	6	2.5(0.63)	>1000	62~65	0.31(0.078)
CB-B10	10				0.51(0.128)
CB-B16	16			67~70	0.82(0.206)
CB-B25	25				1.30(0.327)
CB-B40	40			74~77	2.10(0.529)
CB-B63	63				3.30(0.831)
CB-B100	100			80~83	5.1(1.285)
CB-B125	125				6.5(1.638)

注:功率栏内括号中数值为当额定压力为0.63MPa时相应的功率数值。

润滑齿轮泵技术性能参数(JB/ZQ 4590—2006)

齿轮泵型号	额定流量/L·min^{-1}	额定压力/MPa	吸入高度/mm	噪声/dB	功率/kW
CB-B6	6	0.63	500	≤85	0.55
CB-B10	10				
CB-B16	16				1.1
CB-B25	25				
CB-B40	40				2.2
CB-B63	63				
CB-B100	100				4
CB-B125	125				

同一种CB-B型齿轮泵用于液压和润滑时,在相同输出压力(若设定为0.63MPa)下,功率有如下变化:

10L/min润滑齿轮泵功率为0.55kW,但液压齿轮泵的功率为0.128kW,倍率为4.2

25L/min润滑齿轮泵功率为1.1kW,但液压齿轮泵的功率为0.327kW,倍率为3.36

63L/min润滑齿轮泵功率为2.2kW,但液压齿轮泵的功率为0.831kW,倍率为2.64

125L/min润滑齿轮泵功率为4kW,但液压齿轮泵的功率为1.638kW,倍率为2.44

润滑齿轮泵的额定压力由原液压齿轮泵的2.5MPa降到0.63MPa的原因:

一是随着润滑油黏度的增加,它的噪声比压送低黏度油的液压齿轮泵增加较快;齿轮泵结构虽一样,但噪声增加很多限制了压力的提高。黏度在≤150cSt时,功率基本不变,但到220cSt以上噪声随使用油黏度的增加而剧烈增加,使用压力的降低,主要是避免噪声的剧烈增加

二是除高低压稀油润滑装置的高压系统外,标准普通(低压)稀油润滑装置的低压供油压力为0.4~0.5MPa,泵口的供油压力为0.63~1MPa就足够了,所以齿轮泵的泵口极限压力规定为0.63MPa就可以满足普通(低压)稀油润滑装置的需要了。若泵口压力≥0.63MPa,则采用三螺杆泵(对低温启动的则采用双螺杆泵),泵口压力达1MPa即可

此外,应指出润滑系统和液压系统是不同的,除高压稀油润滑系统(保证重载荷时回转件浮起产生油膜)外,普通(低压)稀油润滑系统的供油压力为0.4~0.5MPa,而泵口压力是0.63~1MPa,相差也就不大,故不能像液压系统因总的压力(液压系统中有时称为“公称压力”)达20~30MPa,系统压差相对总压力来说是较小的,所以对液压系统来说,笼统地以“公称压力”来表示是可以的;但普通(低压)稀油润滑系统因系统中压力较小,而压差相对较大,故应明确何处的压力为多少才能区分

</td></tr>
<tr><td>润滑油泵功率</td><td>

润滑油泵轴功率可用下式计算

$$N=\frac{P_0}{3.6}\times\frac{Q_g}{\eta_0}\left[1+\left(\frac{\eta_0}{\eta}-1\right)\sqrt{\frac{E_t}{E}}\right]$$

式中 N——润滑油泵轴功率,kW

P_0——泵出口压力,MPa

η_0——工作油液黏度为75cSt时的总效率

η——油液黏度为E_t时泵的总效率

E_t——当油温为t℃时,工作油液实际恩氏黏度,°E

E——工作油液当运动黏度为75cSt时的相当恩氏黏度10.15,°E

3.6——Q_g为m^3/h、P_0为MPa、N为kW时的换算系数

Q_g——当油液黏度为E_t时,润滑油泵的流量,m^3/h

</td></tr>
</table>

续表

项目	说明
润滑油泵功率	$$Q_g=\frac{Q_0\eta_0}{1-(1-\eta_0)\frac{1}{K}}$$ 即黏度增大时，泵的流量有所增加，其中 Q_0 为润滑油泵的公称流量，L/min $$K=\frac{\sqrt{E_t}+1.5}{\sqrt{E}+1.5}$$ 当润滑油运动黏度≥22.2cSt、相当恩氏黏度≥3.22°E 时，存在下述关系 $$v_t=7.6E_t-\frac{4}{E_t}$$ 式中　v_t——工作油液实际运动黏度，cSt 可得： $$E_t=\frac{v_t+\sqrt{v_t^2+121.6}}{15.2}$$ 由上式根据工作油液实际运动黏度(cSt)的数值可求得相应恩氏黏度的数值，代入求 K 的公式(E 为 10.15°E)便可得出润滑油为某黏度时的润滑油泵的轴功率 需要电机功率应考虑余量，一般安全系数为 1.2~1.3，故电机功率为 $$N(1.2\sim1.3)$$ 根据以上数值再选择电机规格，其额定功率应大于上述数值。尚需注意的是电机的转速应符合油泵额定流量的需求

(7) 过滤器的压降特性

油液流经过滤器时由于油液运动和黏性阻力的作用，在过滤器的入口和出口之间产生一定的压差。影响过滤器压差的因素有：油液的黏度和相对密度、通过流量、滤芯的污染程度和结构参数（包括过滤面积和精度）等。过滤器的压降特性见表 10-1-34。

表 10-1-34　　过滤器的压降特性

初始压差的影响	初始压差是指在工作流量和实际黏度下过滤器壳体特别是当滤芯是清洁的未被污染的情况下，在刚开始运行瞬间所测得的过滤器总压差即为初始压差。随着工作的延续，压差即由初始压差逐步增大 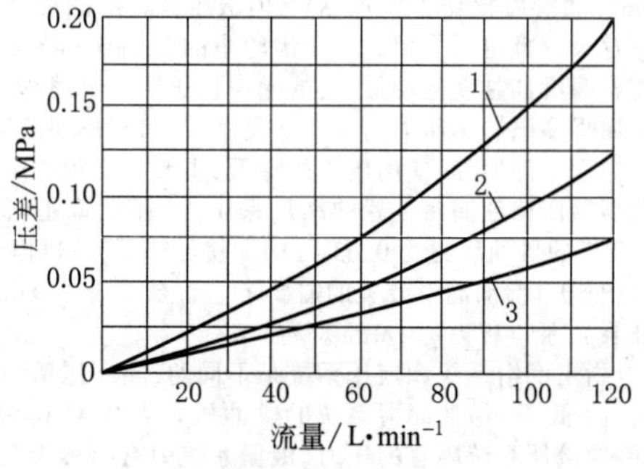 初始压差与流量特性 1—滤油器整体；2—壳体；3—清洁滤芯 过滤器的压差为壳体和滤芯两部分压力损失(压降)之和。上图为装有清洁滤芯的滤油器整体(曲线 1)及其壳体(曲线 2)和清洁滤芯(曲线 3)的压差-流量特性曲线。由于油液流经壳体某些部位呈局部紊流状态，因而压差和流量的关系呈一定的非线性；而流经滤芯时一般为层流状态，因而清洁滤芯的压差-流量特性(曲线 3)为线性关系 即：过滤器整体压降 $\Delta P_{总}=\Delta P_{壳体}+\Delta P_{滤芯}$ 也即曲线 1 为曲线 2 和曲线 3 的叠加值 ①壳体的压降：黏度对壳体压降影响不大，有时可忽略；但壳体(包括切换阀)的形状和结构对压降有影响。设计合理的壳体，压降较小；反之则较大 ②滤芯的压降：不但与介质黏度有关，且与过滤精度有关，滤芯的压降与黏度成正比，其关系如下 某黏度下滤芯的压降： $\Delta P=\Delta P_{基准黏度}\times\frac{某介质实际运动黏度值}{基准运动黏度值}$ 以下数据可作选择过滤器结构、型号规格时的参考 在工作流量和实际黏度下过滤器的初始总压差 $\Delta P_{总}$ 应在下列范围内，此时过滤器的容量如下比较合适 $\Delta P_{总}=0.02\sim0.04\text{MPa}$ 即选初始压差为 0.02MPa 的过滤器比选初始压差为 0.04MPa 的过滤器的通过能力要大，前者选定过滤器较大

续表

黏度的影响	在相同流量下，滤芯的压差与油液黏度一般为线性关系，滤芯的压差-流量特性是在给定的油液黏度（基准运动黏度为 $32mm^2/s$）条件下作出的。因而在选用过滤器时需要考虑系统油液的实际工作黏度，油的黏度大，油的流速就要低，同流量黏度大时会引起系统压降大，也即过滤器两端的压差会较大；在同样供油压力时，油泵压力会升高。如果想不使压差增大，就要选用较大的过滤器规格（即过滤面积要增加） 非标黏度下过滤器流量的修正如下式： $$Q_{滤}=m_1Q_{基}$$ 式中 $Q_{滤}$——选择过滤器流量，L/min $Q_{基}$——基准黏度下过滤器的流量，L/min m_1——黏度对流量的修正系数，$m_1=\frac{\frac{v_t}{32}+\sqrt{\frac{v_t}{32}}}{2}$，其中，$v_t$ 为工作油液实际运动黏度值，cSt；32 为基（标）准油液运动黏度值，cSt 即：当油液实际运动黏度值大于 $32mm^2/s$（cSt）时，过滤器选择流量时应大 m_1 倍
过滤面积的影响	若选定了过滤器，滤芯型号、规格、数量也就确定了，同时过滤面积也相应确定。在同样工况下，过滤面积大压差就小 在压差一定的情况下，增大过滤面积可提高通过流量。目前广泛采用的折叠型滤芯在一定的外形尺寸下能容纳较大面积的滤材，其通过流量比同样尺寸的其他类型滤芯可增大 5~10 倍。过滤面积实际还要考虑流通的有效面积。以金属网为例：网孔尺寸为 0.08mm 时，有效面积是 35%，而网孔尺寸为 0.0385mm 时，有效面积反而有 36.8%。这是因为网孔虽小，但总的网孔数增多了使有效面积反而增加
过滤精度的影响	过滤材料相同而过滤精度不同的滤芯具有不同的压差-流量特性，在相同的流量下，过滤精度越高，其压差越大 当压差一定时，过滤精度越高，滤芯允许通过的流量越小。过滤精度高，在同样工况（油液黏度相同，流量相同）下，压差就大
滤芯结构及材质的影响	同样的过滤精度，滤芯材质和结构不同，流量是不同的。流量小时，过滤要好些。在选型时，不同的滤材和结构有着不同的压差-流量特性

注：GB/T 17486—2006 规定了液压过滤器压降特性的评定程序，还规定了过滤器相关部件在不同的流量和黏度下产生压降的测量方法。

2.5 稀油集中润滑系统的主要设备

2.5.1 润滑油泵及润滑油泵装置

表 10-1-35 DSB 型手动润滑油泵

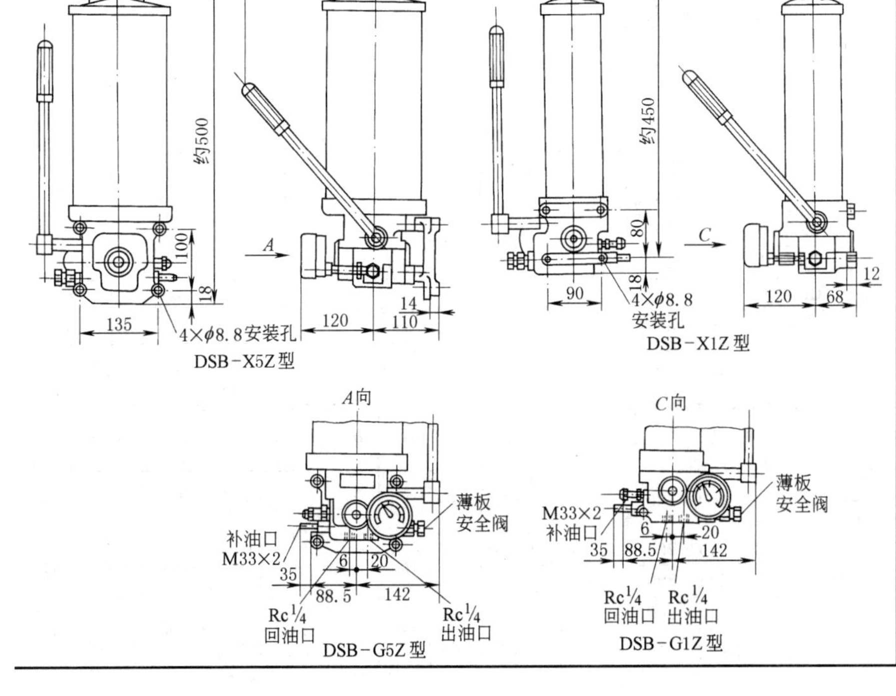

项目		参数
型号	①	DSB-X1Z
	②	DSB-X5Z
每往复一次的给油量/mL		2.6
最大使用压力/MPa		10
薄板安全阀爆破压力/MPa		10
储油器容积/L		① 1.5
		② 5
润滑油黏度/$mm^2\cdot s^{-1}$		22~460
质量/kg		① 9.5
		② 24

本泵与递进式分配器组合，可用于给油频率较少的递进式集中润滑系统，或向小型机器的各润滑点供油

表 10-1-36　　DBB 型定流向摆线转子润滑泵性能参数（摘自 JB/T 8376—1996）

公称排量/mL·r^{-1}	公称转速/r·min^{-1}	额定压力/MPa	自吸性/kPa	容积效率/%	噪声/dB(A)	洁净度/mg	适用范围
≤4	1000	0.4	≥12	≥80	≤62	≤80	以精制矿物油为介质的润滑泵
6~12		0.6	≥16	≥85	≤65		
16~32		0.8	≥20	≥90	≤72	≤100	
40~63		1.0			≤75		

标记方法：

DBB □-□□ □

- 油口螺纹代号(细牙螺纹为M，锥螺纹为NPT)
- 排量，mL/r
- 额定压力，MPa(1MPa以下为A)
- 结构代号；1，2，…
- 产品名称代号(定流向摆线转子润滑泵)

注：洁净度是指每台液压泵内部污染物许可残留量，可按 JB/T 7858《液压件清洁度评定方法及液压件清洁度指标》选取。

表 10-1-37　　卧式齿轮油泵装置（摘自 JB/ZQ 4590—2006）

外形图

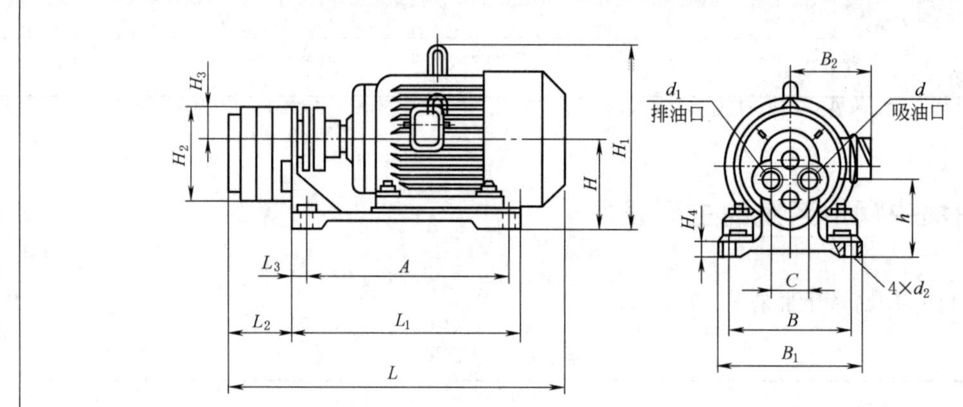

标记示例：

公称流量 125L/min 的卧式齿轮油泵装置，标记为

WBZ2-125　齿轮油泵装置　JB/ZQ 4590—2006

适用于黏度值 32~460mm^2/s 的润滑油，温度 50℃±5℃ 或 40℃±5℃

参数、外形尺寸/mm

型号	公称压力/MPa	齿轮油泵 型号	齿轮油泵 公称流量/L·min^{-1}	齿轮油泵 吸入高度/mm	电动机 型号	电动机 功率/kW	电动机 转速/r·min^{-1}	质量/kg
WBZ2-16	0.63	CB-B16	16	500	Y90S-4	1.1	1450	55
WBZ2-25		CB-B25	25					56
WBZ2-40		CB-B40	40		Y100L1-4	2.2	1420	80
WBZ2-63		CB-B63	63					100
WBZ2-100		CB-B110	100		Y112M-4	4	1440	118
WBZ2-125		CB-B125	125					146

型号	L≈	L_1	L_2	L_3	A	B	B_1	B_2≈	C	H	H_1≈	H_2	H_3	H_4	h	d	d_1	d_2
WBZ2-16	448	360	76	27	310	160	220	155	50	130	230	128	43	30	109	G¾	G¾	15
WBZ2-25	456		84															
WBZ2-40	514	406	92	25	360	215	250	180	55	142	287	152	50		116	G1	G¾	15
WBZ2-63	546	433	104		387	244	290	190		162	315				136			
WBZ2-100	660	485	119	27	433	250	300	210	65	172	345	185	60	40	140	G1¼	G1	19
WBZ2-125	702	500	126		448	280	330			200	383				168			

表 10-1-38　　RBZ 型人字齿轮油泵装置性能与尺寸（摘自 JB/ZQ 4590—2006）

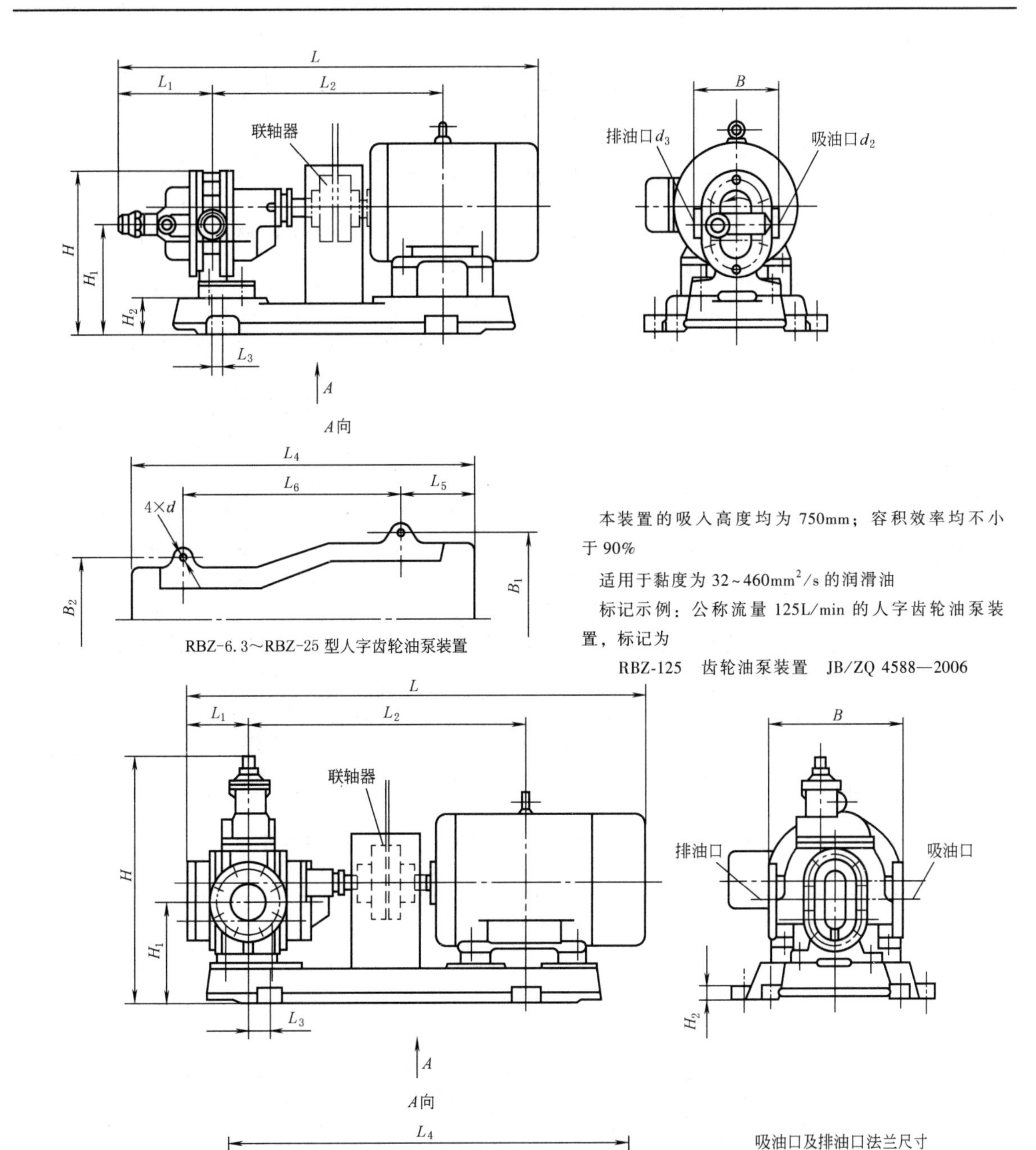

RBZ-6.3～RBZ-25 型人字齿轮油泵装置

RBZ-40～RBZ-2000 型人字齿轮油泵装置

本装置的吸入高度均为 750mm；容积效率均不小于 90%

适用于黏度为 32~460mm^2/s 的润滑油

标记示例：公称流量 125L/min 的人字齿轮油泵装置，标记为

RBZ-125　齿轮油泵装置　JB/ZQ 4588—2006

续表

型号	公称压力/MPa	电动机型号	电动机功率/kW	公称流量/L·min^{-1}	质量/kg	L	B	H	L_1	L_2	L_3	L_4	L_5	L_6	B_1	B_2	H_1	H_2	d
RBZ-6.3	0.63 (D)	Y90S-6	0.75	6.3	77.2	580	95	170	120	304	4	489	130	300	250	180	115	14	11
RBZ-10				10															
RBZ-16		Y90L-6	1.1	16	62.5	660	110	212	140	354		560		350			140	18	12
RBZ-25				25															
RBZ-40		Y112M-6	2.2	40	95.5	695	182	372	82	420	13	635	155	400	305	210	162	27	14
RBZ-63				63															
RBZ-100		Y132M_1-6	5.5	100	118	832	208	425	86	488	18	770	200	470	350	230	180		
RBZ-125				125															
RBZ-160		Y132M_2-6	7.5	160	128	985	256	496	113	595	20	860	277	575	400	250	212	30	
RBZ-200				200															
RBZ-250		Y160M-6	11	250	140	1134	340	590	140	694		1002	208	674	395	310	229		18
RBZ-315		Y160L-6		315	206	1152		591	150	707	7	1075	270	700	420				
RBZ-400		Y180L6	15	400	285	1246		660	162	745	5	1060	210	740	425		273	35	
RBZ-500				500															
RBZ-630		Y200L_1-6	18.5	630	342	1298	360	741	180	789	18	1180	250	780	500	350	285		
RBZ-800		Y200L_2-6	22	800	388	1344	380		198	826	6	1150	215	820		390	290	40	
RBZ-1000		Y225M-6	30	1000	542	1510		785	214	896		1305	300	890			295		
RBZ-1250		Y250M-6	37	1250	634	1595	410	805		934	4	1375		930			323		22
RBZ-1600		Y280S-8	45	1600	1215	1884	450	883	272	1101.5	10	1642	346	1092	660	540	333	45	
RBZ-2000		Y315S-8	55	2000	1368	2025	480	918		1152	4	1666	355	1148	730	570	368		

型号	d_2	d_3	型号				d_1	d_2
RBZ-6.3	G½	G½	RBZ-40	RBZ-160	RBZ-400	RBZ-1000	法兰连接时，吸油口和排油口尺寸见表 10-1-39	
RBZ-10			RBZ-63	RBZ-200	RBZ-500	RBZ-1250		
RBZ-16	G¾	G¾	RBZ-100	RBZ-250	RBZ-630	RBZ-1600	法兰连接时，吸油口和排油口尺寸见表 10-1-39	
RBZ-25			RBZ-125	RBZ-315	RBZ-800	RBZ-2000		

注：(D) 为压力等级代号。

表 10-1-39　RBZ (RCB) 40~RBZ (RCB) 2000 型人字齿轮油泵装置（人字齿轮油泵）吸油口、排油口尺寸

mm

名称	尺寸	油泵型号							
		RCB-40 RCB-63	RCB-100 RCB-125	RCB-160 RCB-200	RCB-250 RCB-315	RCB-400 RCB-500 RCB-630	RCB-800 RCB-1000	RCB-1250 RCB-1600	RCB-2000
		泵装置型号							
		RBZ-40 RBZ-63	RBZ-100 RBZ-125	RBZ-160 RBZ-200	RBZ-250 RBZ-315	RBZ-400 RBZ-500 RBZ-630	RBZ-800 RBZ-1000	RBZ-1250 RBZ-1600	RBZ-2000
排油口	DN	32	50	65	80	100	125	150	200
	D	140	165	185	200	220	250	285	340
	D_1	100	125	145	160	180	210	240	295
	D_2	78	100	120	135	155	185	210	265
	n	4	4	4	4	8	8	8	8
	d_4	18	18	18	18	18	18	23	23
吸油口	DN	40	65	80	100	125	150	200	250
	D	150	185	200	220	250	285	340	395
	D_1	110	145	160	180	210	240	295	350
	D_2	85	120	135	155	185	210	265	320
	n	4	4	4	8	8	8	8	12
	d_4	18	18	18	18	18	23	23	23

注：1. 连接法兰按 JB/T 81—2015《板式平焊钢制管法兰》的规定。

2. RCB 为人字齿轮油泵；RBZ 为人字齿轮油泵装置。

3. 在 JB/ZQ 4588—2006《人字齿轮油泵及装置》中还规定了"RCB-6.3~25 和 RCB-40~2000 型人字齿轮油泵的型式与尺寸"。

斜齿轮油泵与装置（摘自 JB/T 2301—1999）

表 10-1-40　斜齿轮油泵及装置、带安全阀斜齿轮油泵及装置的参数、型式及尺寸

类别	斜齿轮油泵及装置										
	斜齿轮油泵						斜齿轮油泵装置				
	型号	公称流量 /L·min^{-1}	公称压力 /MPa	容积效率 /%	吸入高度 /mm	质量 /kg	型号	电动机			质量 /kg
								型号	功率 /kW	转速 /r·min^{-1}	
参数	XB-250	250	0.63	≥90	≥500	60	XBZ-250	Y132M-4-B3	7.5	1440	190
	XB-400	400				72	XBZ-400	Y160M-4-B3	11	1440	255
	XB-630	630				102	XBZ-630	Y180M-4-B3	18.5	1460	396
	XB-1000	1000				122	XBZ-1000	Y200L-4-B3	30	1470	484

XB型斜齿轮油泵型式与尺寸 /mm

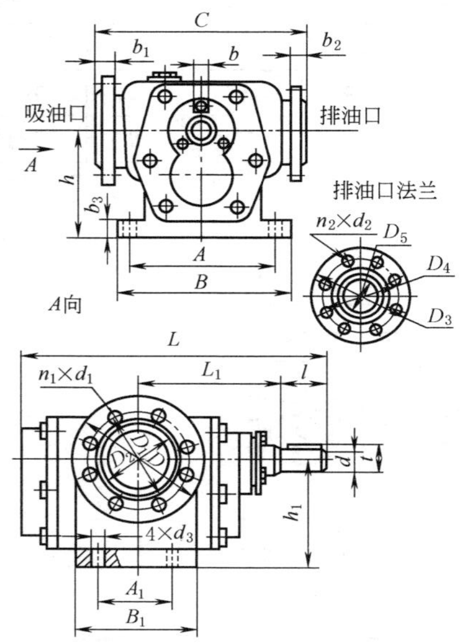

型号	d	d_3	h	h_1	b	b_3	A	A_1	B	B_1	C	L	L_1
XB-250	28	19	155	155	8	22	210	80	260	130	300	364	186.5
XB-400								130		180		448	215
XB-630	40	24	190	175	12	28	230	115	290	175	370	486	234
XB-1000								155		215		580	281

型号	l	t	吸油口法兰							排油口法兰						
			DN_1	D	D_1	D_2	n_1	d_1	b_1	DN_2	D_3	D_4	D_5	n_2	d_2	b_2
XB-250	45	31	80	195	160	135	4	18	22	65	180	145	120	4	18	20
XB-400	70	43.5														
XB-630			125	245	210	185	8	18	24	100	215	180	155	8	18	22
XB-1000																

续表

XBZ型斜齿轮油泵装置型式与尺寸/mm

1—XB 型斜齿轮油泵；2—联轴器；3—Y 系列电动机；4—底座

地脚尺寸

型号	H	$H_1\approx$	A	B	B_1	B_2	C	$C_1\approx$	d	b_3	$L\approx$	L_1	$L_2\approx$	L_3	L_4
XBZ-250	214	397	460	470	420	380	300	210	19	30	920	511.5	133.5	810	168.5
XBZ-400	260	480	525	540	480			255			1075	585	163	900	205
XBZ-630	290	525	570	565	505	420	370	285	24		1183	670	182	1040	235
XBZ-1000	295	555	650	650	590			310		35	1414	762	229	1160	252

类别：带安全阀斜齿轮油泵及装置

参数

斜齿轮油泵						斜齿轮油泵装置				
							电动机			
型号	公称流量/L·min^{-1}	公称压力/MPa	容积效率/%	吸入高度/mm	质量/kg	型号	型号	功率/kW	转速/r·min^{-1}	质量/kg
XB1-160	160	0.63	≥90	≥500	50	XBZ1-160	Y132M-4-B3	7.5	1440	190
XB1-200	200				60	XBZ1-200				190
XB1-250	250				76	XBZ1-250	Y160M-4-B3	11	1460	259
XB1-315	315				78	XBZ1-315				261
XB1-400	400				98.5	XBZ1-400	Y160L-4-B3	15	1460	302
XB1-500	500				100	XBZ1-500				303

续表

带安全阀斜齿轮油泵型式与尺寸/mm

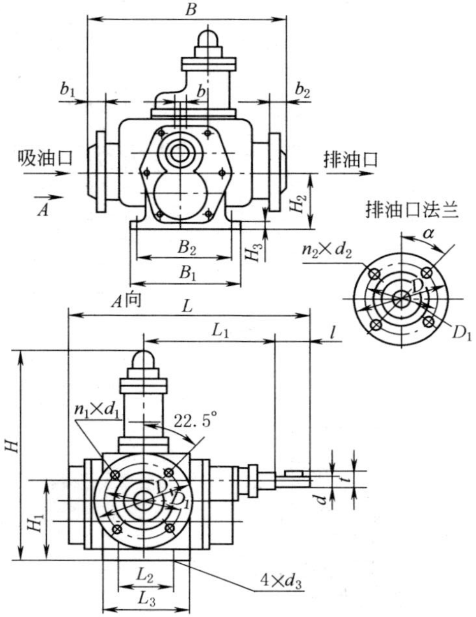

型号	d	l	d_3	H	H_1	H_2	H_3	L	L_1	L_2	L_3	B	B_1	B_2	b
XB1-160	22	50	18	450	164	142	20	350	172	90	140	256	240	200	6
XB1-200															
XB1-250	25	60		480	181	155	22	380	185	110	160	340	250	210	8
XB1-315															
XB1-400	28	60	20	510	198	168	25	425	210	130	180		260		8
XB1-500															

型号	t	吸油口法兰						排油口法兰						
		DN	D	D_1	d_1	n_1	b_1	DN	D	D_1	d_2	n_2	b_2	α
XB1-160	24.5	80	200	160	17.5	8	20	65	185	145	17.5	4	20	45°
XB1-200														
XB1-250	28	100	220	180			22	80	200	160		8		22.5°
XB1-315														
XB1-400	31	125	250	210			24	100	220	180			22	
XB1-500														

续表

带安全阀斜齿轮油泵装置型式与尺寸/mm

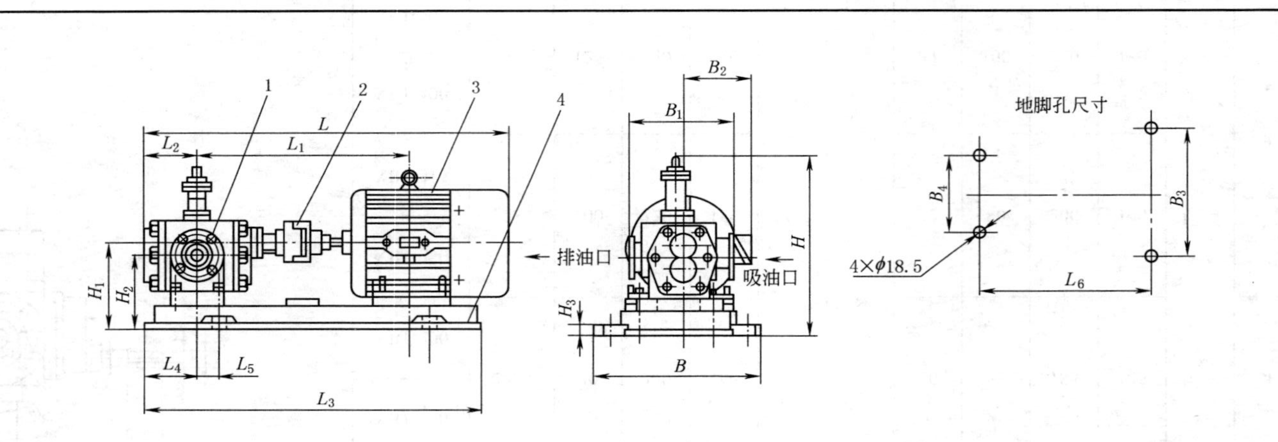

1—XB1 型斜齿轮油泵;2—联轴器;3—Y 系列电动机;4—底座

型号	H	H_1	H_2	H_3	L	L_1	L_2	L_3	L_4	L_5	L_6	B	B_1	B_2	B_3	B_4
XBZ1-160	510	234	212	25	962	508	129	830	145	55	400	410	256	210	360	320
XBZ1-200							141									
XBZ1-250	554	255	229	30	977	579	141	935	155	45	500	480	340	255	430	330
XBZ1-315							148									
XBZ1-400	625	303	273		1187	644	141	1020	160	40	600					
XBZ1-500							156									

表 10-1-41　　电动润滑泵参数（摘自 JB/ZQ 4558—1997）

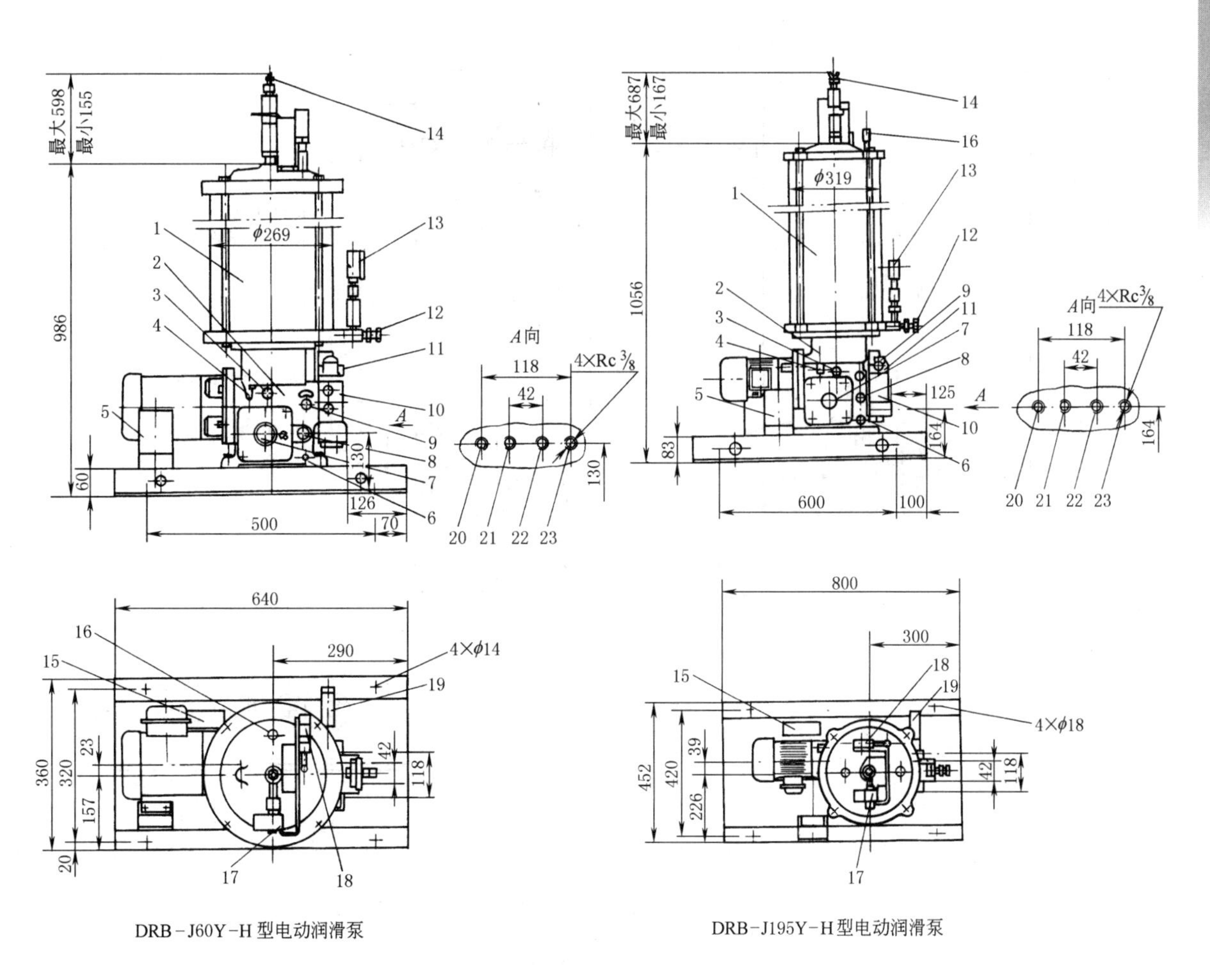

DRB-J60Y-H 型电动润滑泵　　　　DRB-J195Y-H 型电动润滑泵

1—储油器；2—泵体；3—放气塞；4—润滑油注入口；5—接线盒；6—放油螺塞 R¼；7—油位计；8—润滑油补给口 M33×2-6g；9—液压换向阀调节螺栓；10—液压换向阀；11—安全阀；12—排气阀（出油口）；13—压力表；14—排气阀（储油器活塞下部空气）；15—蓄能器；16—排气阀（储油器活塞上部空气）；17—储油器低位开关；18—储油器高位开关；19—液压换向阀限位开关；20—管路Ⅰ出油口 Rc⅜；21—管路Ⅰ回油口 Rc⅜；22—管路Ⅱ回油口 Rc⅜；23—管路Ⅱ出油口 Rc⅜

型号	公称流量 /mL·min^{-1}	公称压力 /MPa	转速 /r·min^{-1}	储油器容积/L	减速器润滑油量/L	电动机功率 /kW	减速比	配管方式	蓄能器容积 /mL	质量 /kg	适用范围：
DRB-J60Y-H	60	10(J)	100	16	1	0.37	1∶15	环式	50	140	(1)双线式喷射集中润滑系统中的电动润滑泵 (2)黏度值不小于 120mm^2/s 的润滑油
DRB-J195Y-H	195		75	26	2	0.75	1∶20			210	

表 10-1-42　　电动喷油泵装置（摘自 JB/ZQ 4706—2006）

装置简图

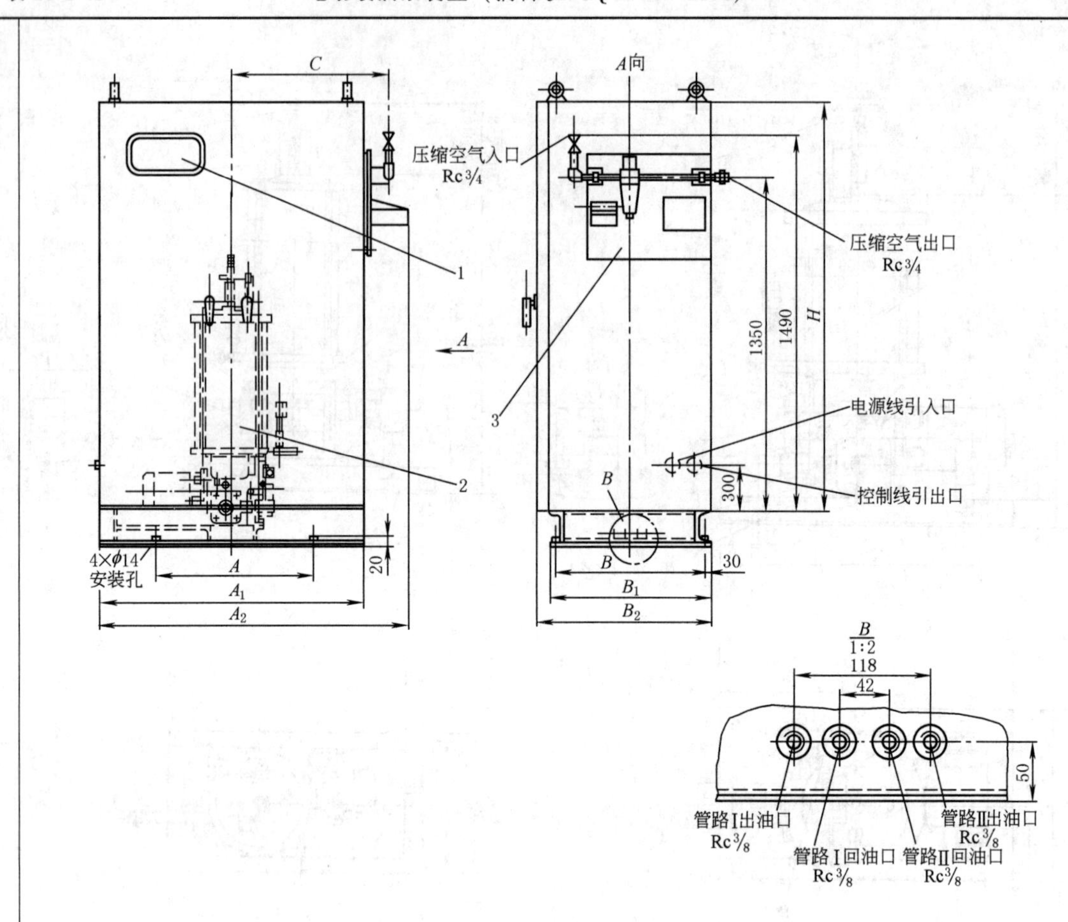

1—电气装置；2—DRB-J60Y-H 电动润滑泵；3—空气操作仪表盘

标记示例：公称压力 10MPa，公称流量 60mL/min，配管方式为环式的喷油泵装置，标记为

PBZ-J60H　喷油泵装置　JB/ZQ 4706—2006

参数、外形尺寸/mm

型号	公称流量 /mL·min⁻¹	公称压力 /MPa	转速 /r·min⁻¹	储油器容积 /L	电动机功率 /kW	减速比	配管方式	蓄能器容积 /mL	输入空气压力 /MPa	空气耗量 /L·min⁻¹	质量 /kg
PBZ-J60H	60	10(J)	100	16	0.37	1∶15	环式	50	0.8~1	1665	314
PBZ-J195H	195		75	25	0.75	1∶20				2665	400

型号	A	A_1	A_2	B	B_1	B_2	C	H	压缩空气入口	压缩空气出口
PBZ-J60H	600	1000	1165	550	610	650	558.4	1650	Rc¾	Rc¾
PBZ-J195H	800	1260	1410	642	702	742	724.4	1760	Rc1	Rc1

注：本装置为双线式喷射润滑系统：使用空气压力 0.8~1MPa；适用于黏度不小于 $120mm^2/s$ 的润滑油；使用电压 380V、50Hz。

2.5.2　稀油润滑装置

XYHZ 型稀油润滑装置（JB/T 8522—2014）见本章第 2.4.1 节，适用于冶炼、轧制、矿山、电力、石化、建材等行业机械设备的稀油循环润滑系统。

（1）XHZ 型稀油润滑装置（摘自 JB/ZQ 4586—2006）

适用于冶金、矿山、电力、石化、建材、轻工等行业机械设备的稀油循环润滑系统。参考文献［9］介绍：XHZ 型稀油润滑装置适用于冶金、矿山、重型等机械设备的稀油循环润滑系统中，其工作介质黏度等级为 N22～N460（相当于 ISO VG22～460），冷却装置采用列管式冷却器。基本参数及不同型号的尺寸、相关图片见表 10-1-43～表 10-1-48。

表 10-1-43　XHZ 型稀油润滑装置基本参数

型　号	公称压力/MPa	公称流量/L·min^{-1}	油箱容量/m^3	电动机		过滤面积/m^2	换热面积/m^2	冷却水管通径/mm	冷却水耗量/m^3·h^{-1}	电加热器功率/kW	蒸汽管通径/mm	蒸汽耗量/kg·h^{-1}	压力罐容量/m^3	出油口通径/mm	回油口通径/mm	质量/kg
				功率/kW	极数 P											
XHZ-6.3	≥0.63（泵口压力）0.5（供油口压力）	6.3	0.25	0.75	4.6	0.05	1.3	25	0.38	3	—	—	—	15	40	320
XHZ-10		10							0.6							
XHZ-16		16	0.5	1.1	4.6	0.13	3	25	1	6	—	—	—	25	50	980
XHZ-25		25							1.5							
XHZ-40		40	1.25	2.2	4.6	0.20	6	32	2.4	12	—	—	—	32	65	1520
XHZ-63		63							3.8							
XHZ-100		100	2.5	5.5	4.6	0.40	11	32	6	18	—	—	—	40	80	2850
XHZ-125		125							7.5							
XHZ-160A		160	5	7.5	4.6	0.52	20	65	9.6	根据用户要求可改电加热	25	40	—	60	125	4570
XHZ-160																3950
XHZ-200A		200							12							4570
XHZ-200																3950
XHZ-250A		250	10	11	4.6	0.83	35	100	15		25	65	—	80	150	5660
XHZ-250																5660
XHZ-315A		315							19							6660
XHZ-315																5660
XHZ-400A		400	16	15	4.6	1.31	50	100	24		32	90	—	100	200	8350
XHZ-400																7290
XHZ-500A		500							30							8350
XHZ-500																7290
XHZ-630		630	20	18.5	6	1.31	60	100	55		32	120	—	100	250	8169
XHZ-630A$_1$													2			10140
XHZ-630A																10160
XHZ-800		800	25	22	6	2.2	80	125	70		40	140	—	125	250	11550
XHZ-800A$_1$													2.5			13610
XHZ-800A																13780
XHZ-1000		1000	31.5	30	6	2.2	100	125	90		50	180	—	125	300	13315
XHZ-1000A$_1$													31.5			15500
XHZ-1000A																15500

注：1. 本系列尚有 1250、1250A$_1$、1250A、1600、1600A$_1$、1600A、2000、2000A$_1$、2000A 型号等，本表从略。

2. 过滤精度：低黏度介质为 0.08mm；高黏度介质为 0.12mm。

3. 冷却水温度小于等于 30℃、压力小于等于 0.4MPa；当冷却器进油温度为 50℃时，润滑油降温大于等于 8℃；加热用蒸汽时，压力为 0.2～0.4MPa。

4. 适用于黏度值为 22～460mm^2/s 的润滑油。

5. XHZ-160～XHZ-500 型稀油润滑装置，除油箱外所有元件均安装在一个公共的底座上；XHZ-160A～XHZ-500A 型稀油润滑装置的所有元件均直接安装在地面上；XHZ-630～XHZ1000 型稀油润滑装置不带压力罐；XHZ-630A～XHZ-1000A 型稀油润滑装置带压力罐，正方形布置；XHZ-630A$_1$～XHZ-1000A$_1$ 型稀油润滑装置带压力罐，长方形布置。本装置还带有电控柜和仪表盘。

表 10-1-44　XHZ-6.3~XHZ-125 型稀油润滑装置外形尺寸及原理图　mm

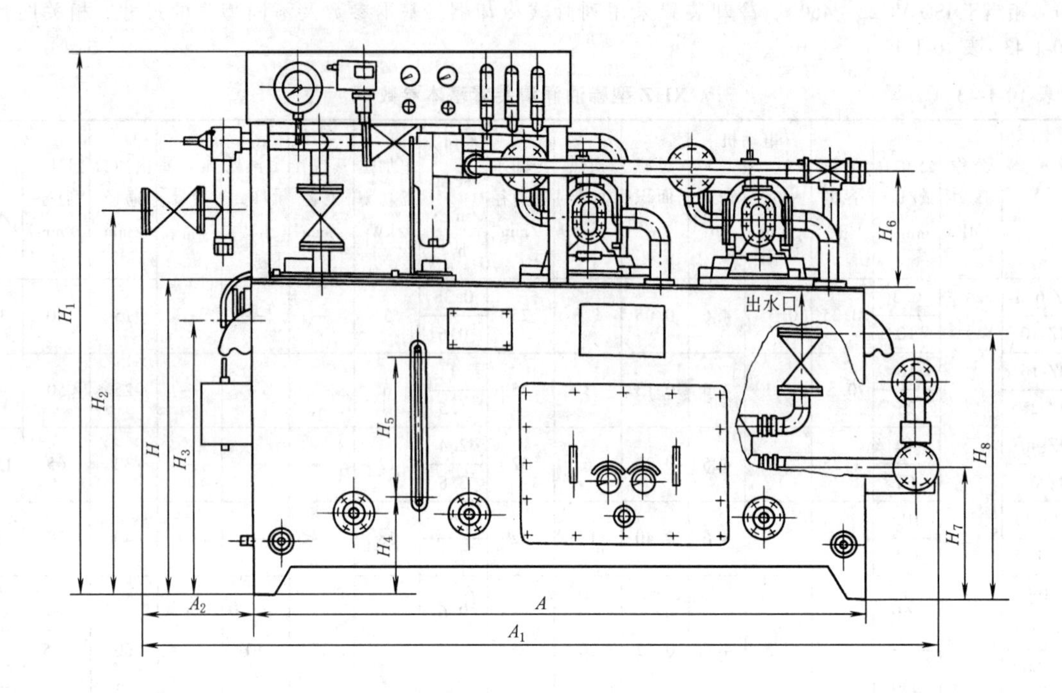

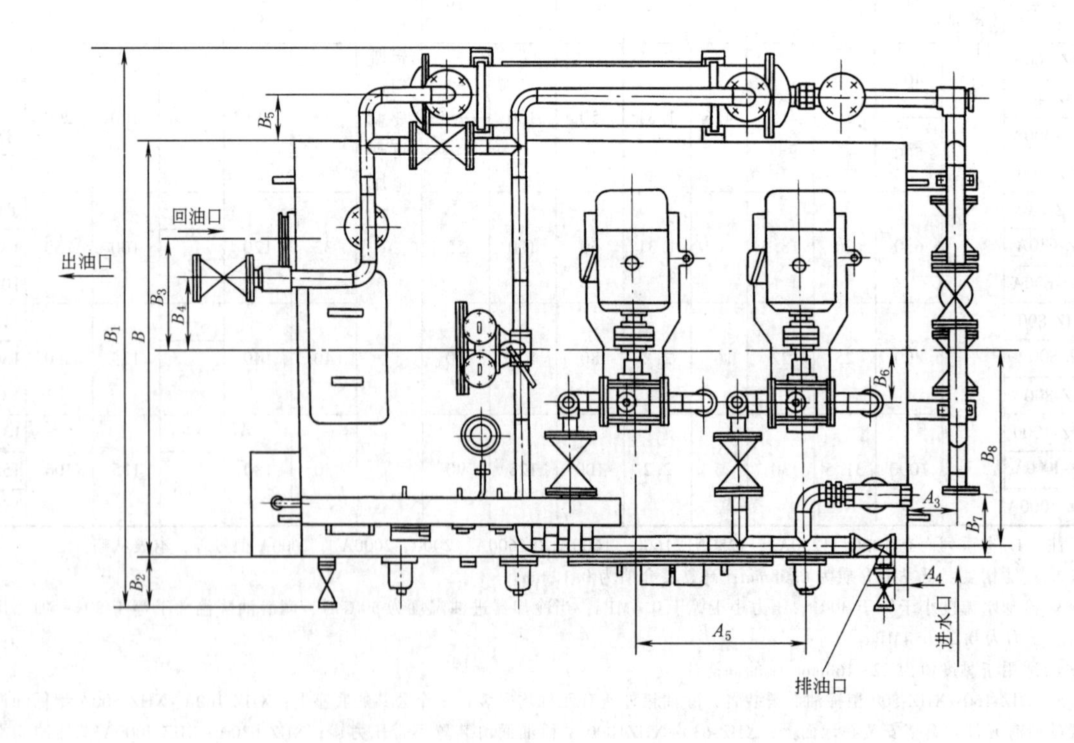

续表

型号	A	A_1	A_2	A_3	A_4	A_5	B	B_1	B_2	B_3	B_4	B_5
XHZ-6. 3 XHZ-10	1100	1640	410	70	70	350	700	980	110	235	190	90
XHZ-16 XHZ-25	1400	1935	400	80	0	420	850	1250	140	200	0	112
XHZ-40 XHZ-63	1800	2400	380	100	35	490	1200	1610	150	300	200	130
XHZ-100 XHZ-125	2400	2980	350	100	100	680	1400	1800	150	450	200	130

型号	B_6	B_7	B_8	H	H_1	H_2	H_3	H_4	H_5	H_6	H_7	H_8
XHZ-6. 3 XHZ-10	150	80	430	590	1240	715	490	230	270	220	290	510
XHZ-16 XHZ-25	125	200	495	650	1300	800	550	250	280	290	360	683
XHZ-40 XHZ-63	160	200	600	890	1540	1060	780	280	400	395	380	775
XHZ-100 XHZ-125	100	70	495	1040	1690	1330	920	380	400	370	610	980

注：1. 回油口法兰连接尺寸按 JB/T 81—2015《板式平焊钢制管法兰》的规定。

2. 上列稀油润滑装置均无地脚螺栓孔，就地放置即可。

3. XHZ-6. 3~XHZ-125 型稀油润滑装置原理图如下，元件名称见表 10-1-45。

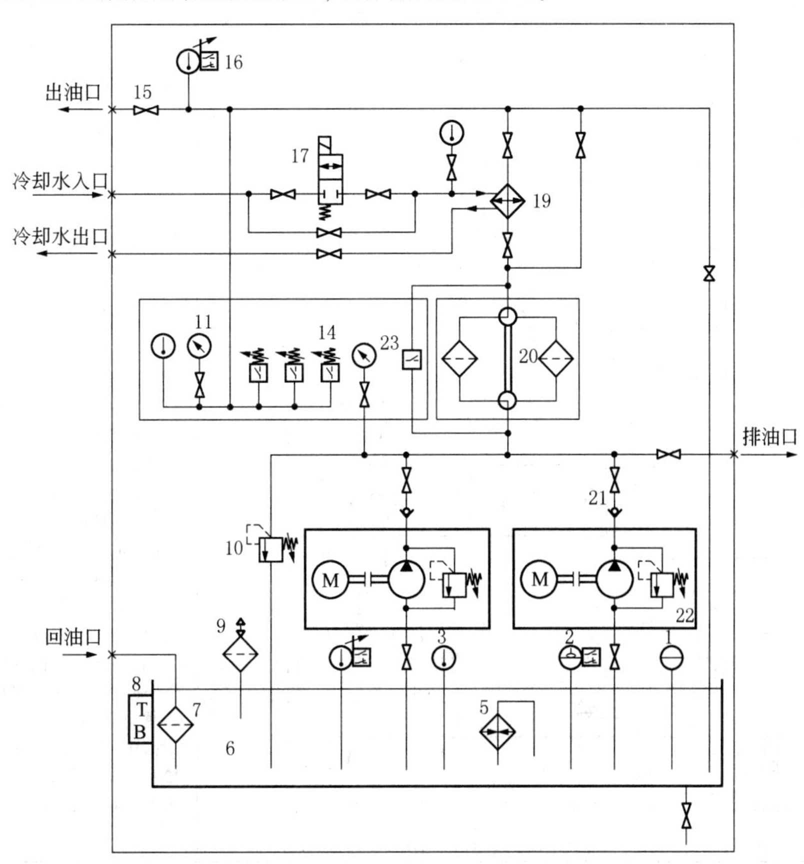

表 10-1-45　XHZ-160～XHZ-500 型稀油润滑装置原理图及外形尺寸　mm

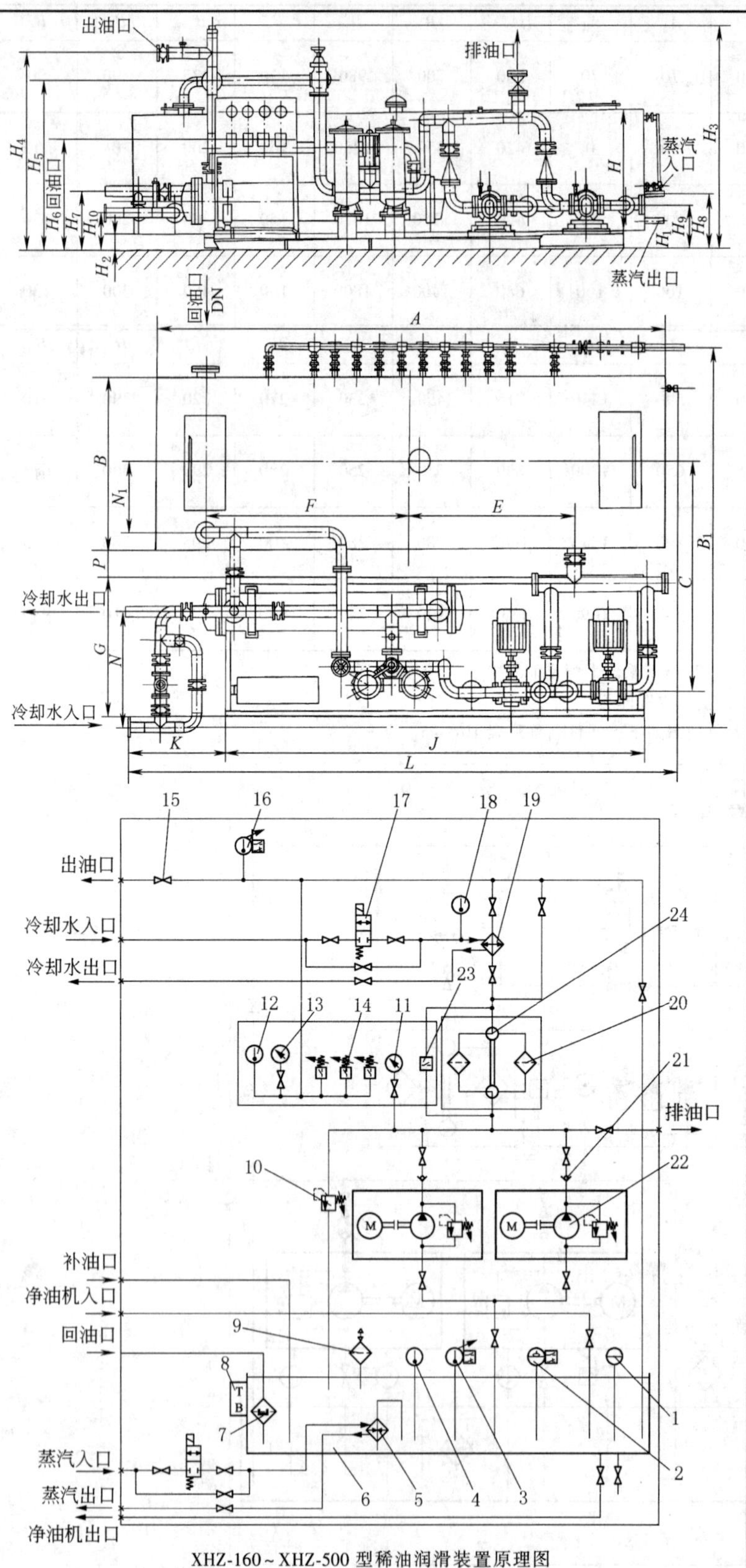

XHZ-160～XHZ-500 型稀油润滑装置原理图

型号	XHZ-160	XHZ-200	XHZ-250 XHZ-315	XHZ-400 XHZ-500
A	3840		5200	6100
B	1700		1800	2000
B_1	3870		4463	4665
C	2250		2575	2800
E	1150		1875	2250
F	1900		2325	2770
G	1300		1500	1600
H	1040		1350	1600
H_1	390		410	430
H_2	140		160	180
H_3	1950	1860	2200	2900
H_4	1688		1960	2340
H_5	1400		1650	2000
H_6	1250		1220	1400
H_7	622		610	737
H_8	818		838	858
H_9	400		440	480
H_{10}	422		375	502
J	4200		4500	5000
K	700		760	1200
L	4900		5750	6640
N	1150		1400	1325
N_1	600		650	750
P	500		500	500
DN	125		150	200

标记示例：

公称流量 500L/min，油箱以外的所有零件均装在一个公共底座上的稀油润滑装置，标记为

XHZ-500 型稀油润滑装置　JB/ZQ 4586—2006

1—油液指示器；2—油位控制器；3，4，12—电接触式温度计；5—加热器；6—油箱；7—回油过滤器；8—电气模线盒；9—空气过滤器；10—安全阀；11，13—压力计；14—压力继电器；15—截断阀；16—温度开关；17—二位二通电磁阀；18—温度计；19—冷却器；20—双筒过滤器；21—单向阀；22—带安全阀的齿轮油泵；23—压差开关；24—过滤器切换阀

注：所有法兰连接尺寸均按 JB/T 81—2015《板式平焊钢制管法兰》的规定。

表 10-1-46　XHZ-160～XHZ-500 型地基尺寸　mm

型　号	A	B	C	C_1	地脚螺栓 d	E	F	H_1
XHZ-160	3940	1800	1275	1250	M16	1000	1000	140
XHZ-200								
XHZ-250	5300	1900	1404	1442	M16	1090	1100	160
XHZ-315								
XHZ-400	6200	2100	1532	1536	M16	930	1200	180
XHZ-500								

表 10-1-47　XHZ-160A～XHZ-500A 型稀油润滑装置外形尺寸　mm

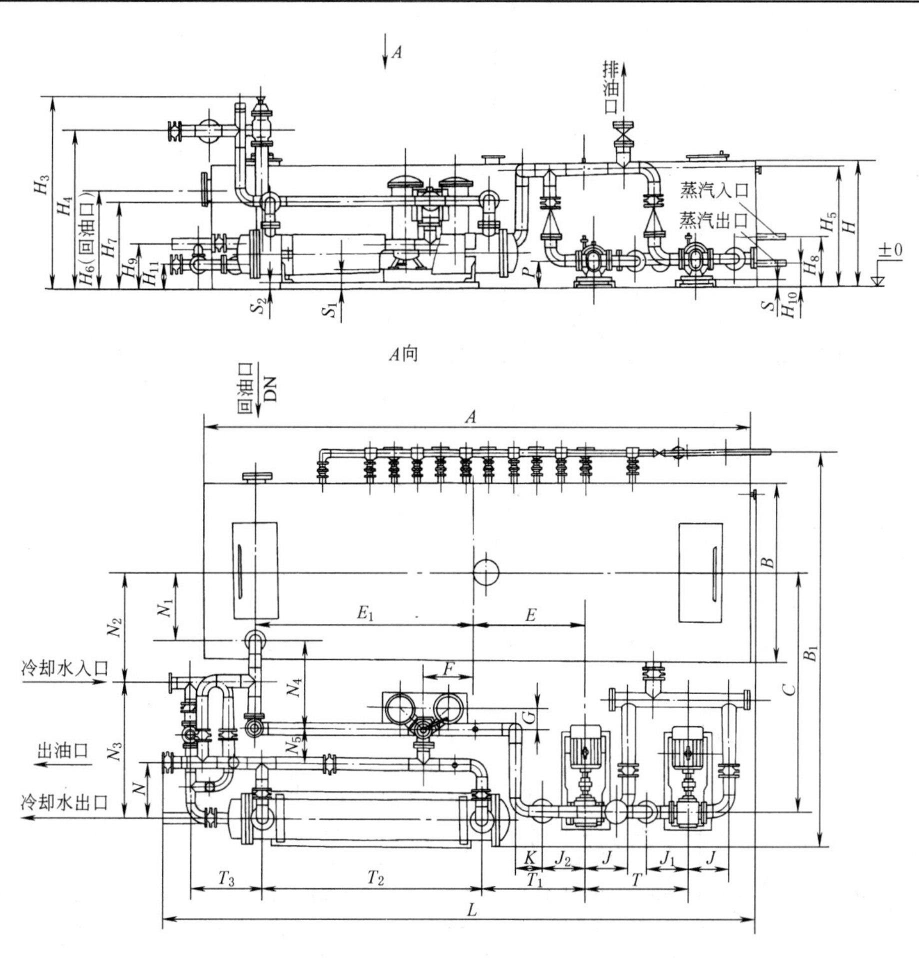

型　号	A	B	B_1	C	E	E_1	F	G	H	H_3	H_4	H_5	H_6	H_7	H_8	H_9	H_{10}	H_{11}	J
XHZ-160A	4300	1500	3643	2000	850	1900	700	200	1300	1500	1260	1100	1250	800	678	560	250	360	400
XHZ-200A	3800	1700																	
XHZ-250A	5200	1800	4075	2350	870	2325	700	222	1350	1900	1540	1350	1220	940	678	511	250	276	440
XHZ-315A																			
XHZ-400A	6100	2000	4510	2620	1230	2770	580	221	1600	2185	1800	1320	1400	1000	678	511	250	276	490
XHZ-500A																			

续表

型　号	J_1	K	L	N	N_1	N_2	N_3	N_4	N_5	P	S	S_1	S_2	T	T_1	T_2	T_3	DN
XHZ-160A	300	240	5128	502	600	1160	1140	910	300	260	40	160	98	800	700	1700	600	125
XHZ-200A																		
XHZ-250A	390	270	5730	550	650	1200	1400	982	358	280	51	32	80	1080	1000	1960	870	150
XHZ-315A																		
XHZ-400A	440	322	7000	610	750	1310	1470	971	391	300	27	220	80	1140	1130	2645	800	200
XHZ-500A																		

注：所有法兰连接尺寸均按 JB/T 81—2015《板式平焊钢制管法兰》的规定。

表 10-1-48　　XHZ-160A～XHZ-500A 型地基　　mm

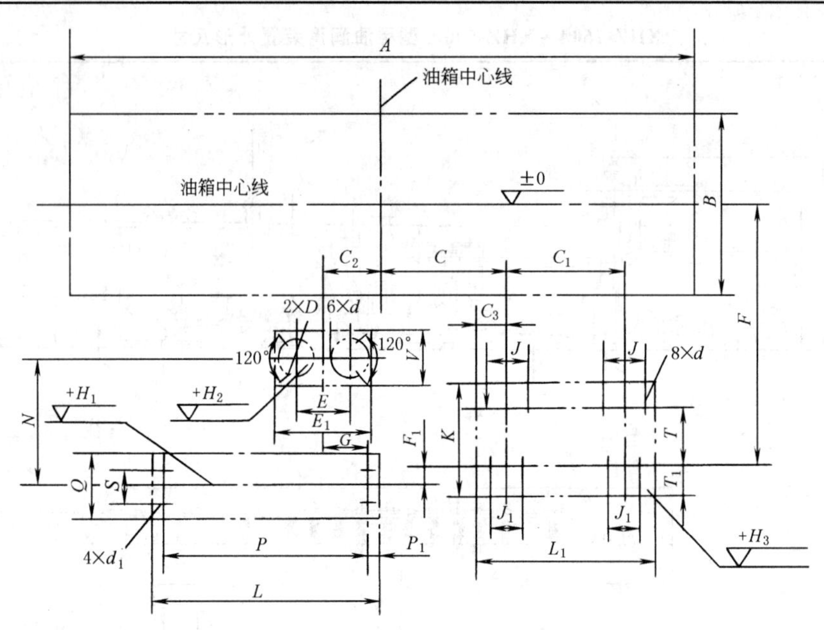

型号	A	B	C	C_1	C_2	C_3	D	地脚螺栓 d	地脚螺栓 d_1	E	E_1	F	F_1	G	H_1
XHZ-160A	3840	1700	850	800	700	300	260	M16	M16	474	1000	1935	365	602	90
XHZ-200A															
XHZ-250A	5200	1800	870	1080	700	300	350	M16	M16	529	950	2295	305	340	80
XHZ-315A															
XHZ-400A	6100	2000	1230	1140	580	300	350	M16	M16	550	920	2615	215	470	80
XHZ-500A															

型号	H_2	H_3	J	J_1	K	L	L_1	N	P	P_1	Q	S	T	T_1	V
XHZ-160A	170	48	350	250	900	1675	1300	1000	1475	100	500	300	510	90	400
XHZ-200A			400												
XHZ-250A	320	51	420	310	1000	1700	1680	1130	1500	100	620	300	674	250	500
XHZ-315A													700	250	
XHZ-400A	220	27	430	310	1100	2480	1740	1230	2225	1275	620	300	740	250	500
XHZ-500A															

（2）XYZ-G 型润滑站（摘自 JB/ZQ/T 4147—1991）

适用于润滑介质运动黏度在 40℃ 时为 22～320mm²/s 的稀油循环润滑系统中，如冶金、矿山、电力、石化、建材、交通、轻工等行业的机械设备的稀油润滑。GLC 型冷却器只适用于介质黏度≤N100 的润滑系统。在参考文献［9］中也有“XYZ-G 型稀油站（摘自 JB/ZQ/T 4147—1991）”介绍。性能参数及相关图片和尺寸见表 10-1-49～表 10-1-52。

表 10-1-49　　XYZ-G 型润滑站技术性能参数

<table>
<tr><th rowspan="2">型号</th><th rowspan="2">供油压力
/MPa</th><th rowspan="2">公称流量
/L · min⁻¹</th><th rowspan="2">供油温度
/℃</th><th rowspan="2">油箱容积
/m³</th><th colspan="2">电动机</th><th rowspan="2">过滤面积
/m²</th><th rowspan="2">换热面积
/m²</th><th rowspan="2">冷却水耗量
/m³ · h⁻¹</th><th colspan="2">电加热器</th><th rowspan="2">蒸汽耗量
/kg · h⁻¹</th><th rowspan="2">质量
/kg</th></tr>
<tr><th>功率
/kW</th><th>转速
/r · min⁻¹</th><th>功率
/kW</th><th>电压
/V</th></tr>
<tr><td>XYZ-6G</td><td rowspan="12">≤0.4</td><td>6</td><td rowspan="12">40±3</td><td>0.15</td><td>0.55</td><td>1400</td><td>0.05</td><td>0.8</td><td>0.36</td><td>2</td><td rowspan="12">220
(380)</td><td>—</td><td>308</td></tr>
<tr><td>XYZ-10G</td><td>10</td><td>0.15</td><td>0.55</td><td>1400</td><td>0.05</td><td>0.8</td><td>0.6</td><td>2</td><td>—</td><td>309</td></tr>
<tr><td>XYZ-16G</td><td>16</td><td>0.63</td><td>1.1</td><td>1450</td><td>0.13</td><td>3</td><td>1</td><td>6</td><td>—</td><td>628</td></tr>
<tr><td>XYZ-25G</td><td>25</td><td>0.63</td><td>1.1</td><td>1450</td><td>0.13</td><td>3</td><td>1.5</td><td>6</td><td>—</td><td>629</td></tr>
<tr><td>XYZ-40G</td><td>40</td><td>1</td><td>2.2</td><td>1430</td><td>0.19</td><td>5</td><td>3.6</td><td>12</td><td>—</td><td>840</td></tr>
<tr><td>XYZ-63G</td><td>63</td><td>1</td><td>2.2</td><td>1430</td><td>0.19</td><td>5</td><td>5.7</td><td>12</td><td>—</td><td>842</td></tr>
<tr><td>XYZ-100G</td><td>100</td><td>1.6</td><td>4</td><td>1440</td><td>0.4</td><td>6</td><td>9</td><td>24</td><td>—</td><td>1260</td></tr>
<tr><td>XYZ-125G</td><td>125</td><td>1.6</td><td>4</td><td>1440</td><td>0.4</td><td>6</td><td>11.25</td><td>24</td><td>—</td><td>1262</td></tr>
<tr><td>XYZ-250G</td><td>250</td><td>6.3</td><td>5.5</td><td>1440</td><td>0.52</td><td>24</td><td>15~22.5</td><td></td><td>100①</td><td>3980</td></tr>
<tr><td>XYZ-400G</td><td>400</td><td>10</td><td>7.5</td><td>1460</td><td>0.83</td><td>36</td><td>24~36</td><td></td><td>160①</td><td>5418</td></tr>
<tr><td>XYZ-630G</td><td>630</td><td>16</td><td>15</td><td>1460</td><td>1.31</td><td>45</td><td>38~56</td><td></td><td>250①</td><td>8750</td></tr>
<tr><td>XYZ-1000G</td><td>1000</td><td>25</td><td>22</td><td>1470</td><td>2.2</td><td>54</td><td>60~90</td><td></td><td>400①</td><td>12096</td></tr>
<tr><td>其他参数</td><td colspan="13">润滑站的过滤精度:0.08~0.12mm;润滑油温降小于等于8℃;冷却水温度小于等于30℃、冷却水压力0.2~0.4MPa;使用蒸汽加热油时蒸汽压力为0.2~0.4MPa;换热器进油温度为50~55℃</td></tr>
<tr><td>公称流量 ≤125L/min的润滑站</td><td colspan="13">采用电加热,全部部件都装在油箱上,为整体式结构;就地放置,无地基</td></tr>
<tr><td>公称流量 ≥250L/min的润滑站</td><td colspan="13">采用蒸汽加热,用户如欲改用电加热,订货时请说明;其主要部件均装于基础上,为分体式结构,有地基</td></tr>
</table>

① 若用户需要可改用电加热。

注：XYZ-G 型润滑站及其改进型产品在国内应用广泛；各生产厂都有所改进，在润滑站选用元件、仪表及相关尺寸均有所不同，请用户以各生产厂的选型手册或样本为准，如需改进或改变时，需和生产厂联系。

XYZ-G 型润滑站系统原理图如图 10-1-9 所示。

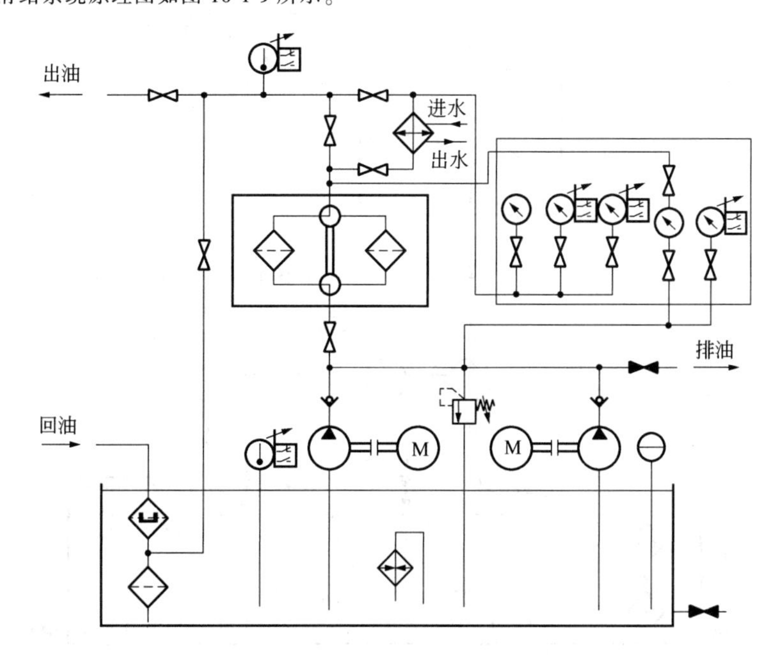

(a) XYZ-6G～XYZ-10G型润滑站系统

图 10-1-9

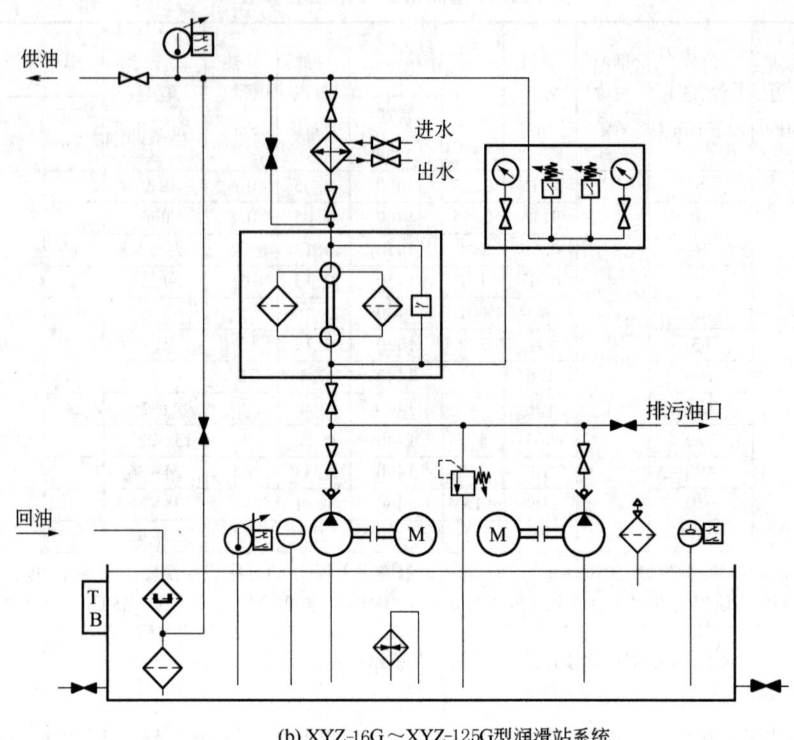

(b) XYZ-16G～XYZ-125G型润滑站系统

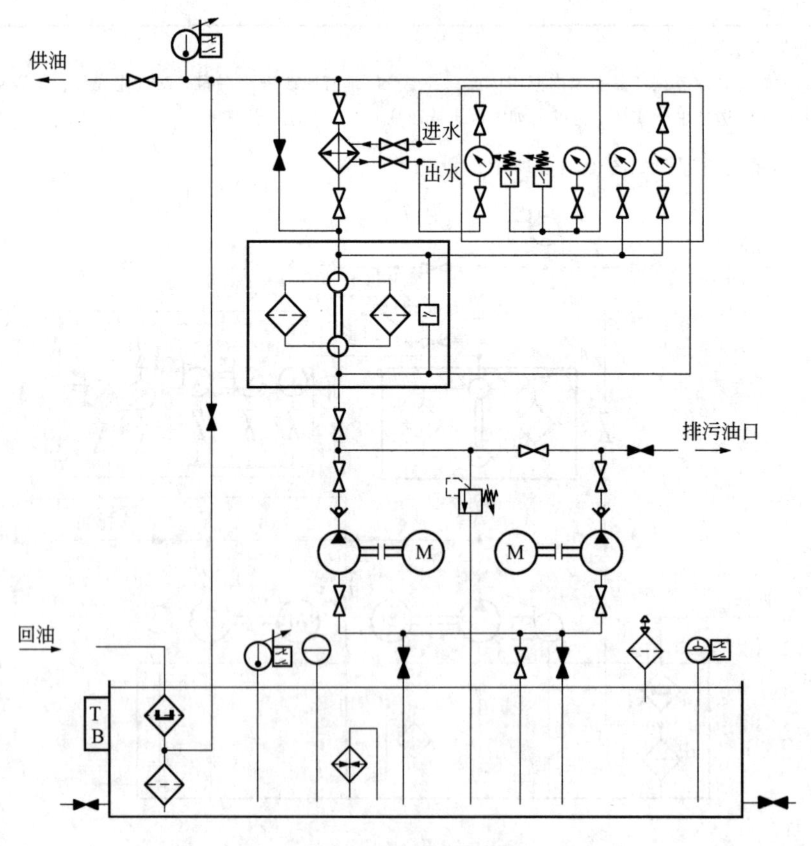

(c) XYZ-250G～XYZ-1000G型润滑站系统

图 10-1-9　润滑站系统原理图

表 10-1-50　　XYZ-6G～XYZ-125G 型润滑站外形图及尺寸　　mm

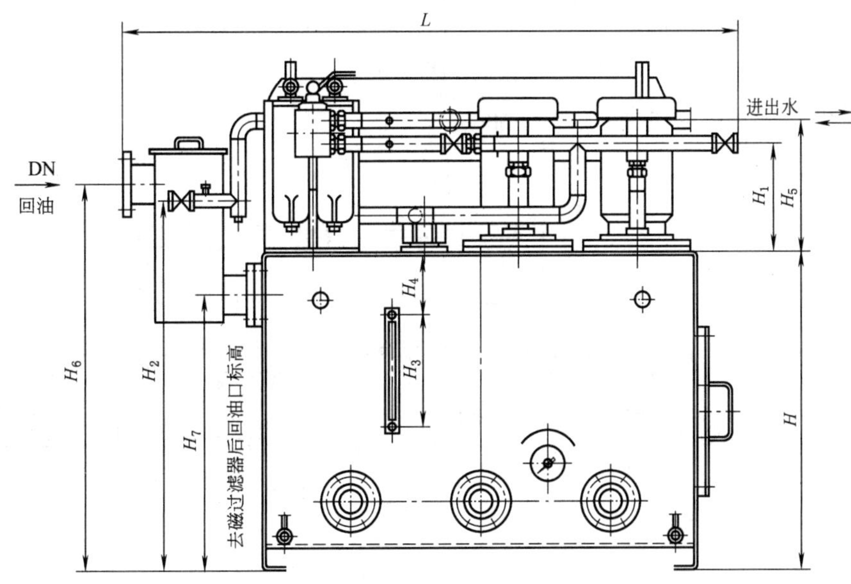

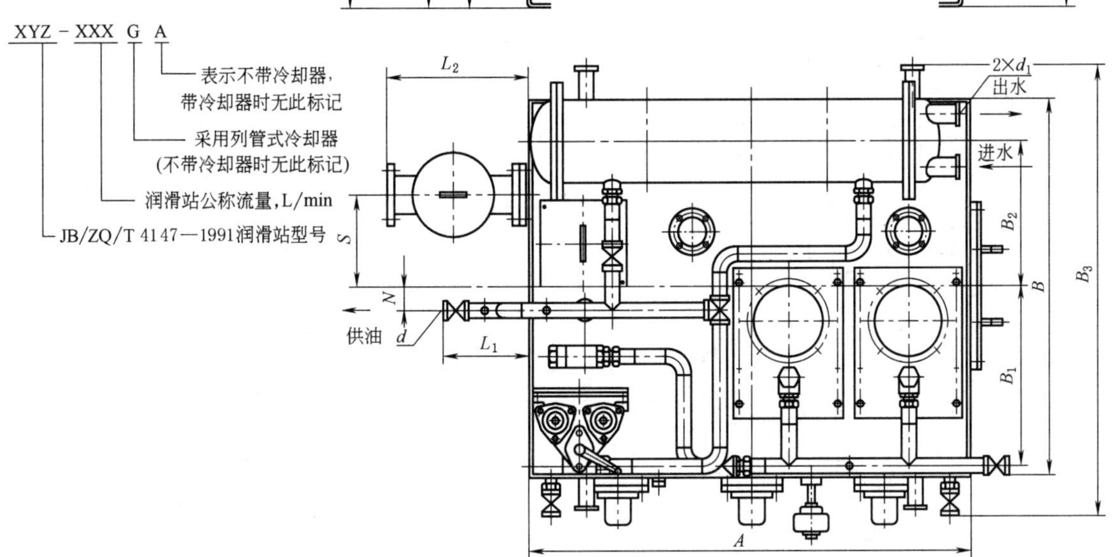

标记示例：

(1)公称流量 125L/min 的 XYZ 型润滑站，采用列管式冷却器，标记为　XYZ-125G　JB/ZQ/T 4147—1991

(2)公称流量 400L/min 但不带冷却器的 XYZ 型润滑站，标记为　XYZ-400A　JB/ZQ/T 4147—1991

型号	DN	d	A	B	H	L	L_1	L_2	S	N	B_1	B_2	B_3	d_1	H_1	H_2	H_3	H_4	H_5	H_6	H_7
XYZ-6G XYZ-10G	25	G½	700	550	450	1010	190	310	150	0	255	220	730	G¾	213	550	268	80	268	580	380
XYZ-16G XYZ-25G	50	G1	1000	900	700	1505	256	390	175	35	410	363	1130	G1	285	855	350	130	350	875	580
XYZ-40G XYZ-63G	50	G1¼	1200	1000	850	1700	235	390	248	60	470	390	1230	G1¼	290	990	355	160	355	1035	740
XYZ-100G XYZ-125G	80	G1½	1500	1200	950	2300	390	492	170	100	560	444	1430	G1¾	305	978	355	180	375	1095	820

表 10-1-51　　XYZ-250G～XYZ-1000G 型润滑站外形图及尺寸　　mm

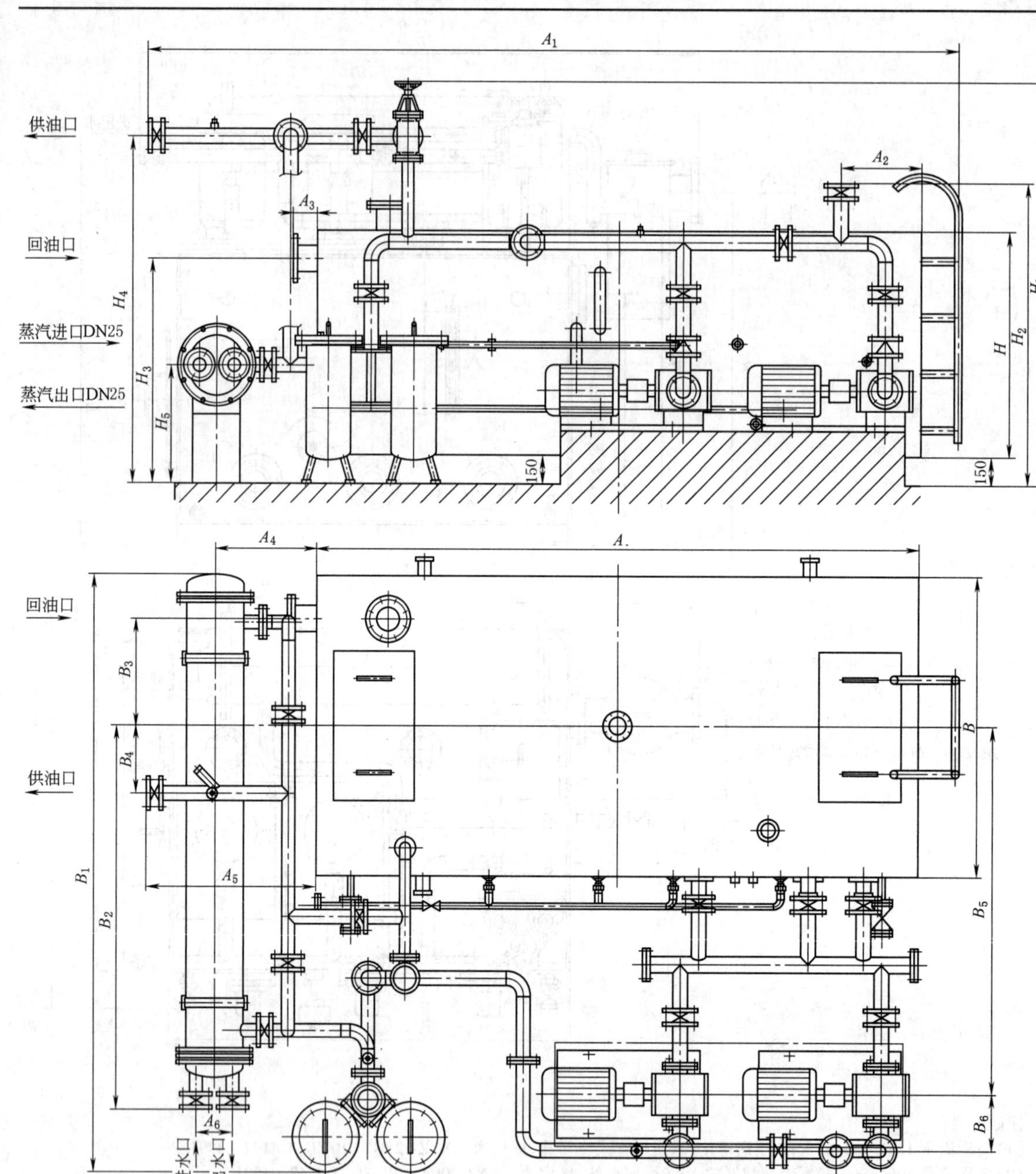

型号	回油通径	供油通径	进出水通径	A	B	H	A_1	A_2	A_3	A_4	A_5	A_6
XYZ-250G	125	65	65	3300	1600	1200	4445	442	630	560	945	200
XYZ-400G	150	80	100	3600	2000	1500	4600	492	700	572	800	235
XYZ-630G	200	100	100	4500	2600	1600	5950	560	882	650	1345	235
XYZ-1000G	250	125	200	5500	2600	1900	7600	630	1020	1080	1900	235

型号	B_1	B_2	B_3	B_4	B_5	B_6	H_1	H_2	H_3	H_4	H_5	蒸汽接口
XYZ-250G	3280	2050	570	364	1960	300	2172	1600	1485	1850	630	G1(采用电加热时无此接口)
XYZ-400G	3690	2430	750	907	2230	300	2325	1750	1740	1965	620	
XYZ-630G	4550	2536	1020	320	2700	390	2465	2067	1835	2080	780	
XYZ-1000G	4700	2736	1000	500	2720	450	2865	2285	2175	2480	1060	

表 10-1-52　XYZ-250G～XYZ-1000G 型润滑站地基图及其尺寸　mm

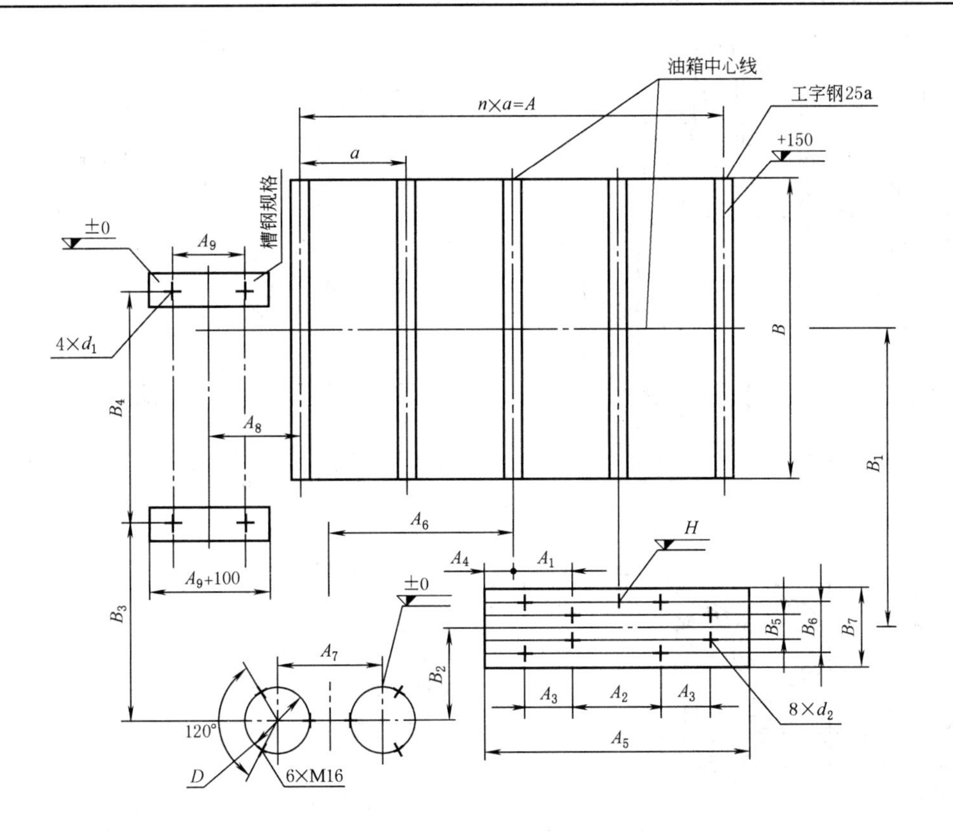

型号	A	A_1	A_2	A_3	A_4	A_5	A_6	A_7	A_8	A_9	B	B_1
XYZ-250G	3200	350	660	450	320	1900	1350	474	610	300	1600	1960
XYZ-400G	3500	385	590	450	370	2050	1420	529	622	300	2000	2230
XYZ-630G	4200	559	825	655	295	2500	1610	550	800	300	2800	2700
XYZ-1000G	5190	840	1210	655	510	3520	2180	779	1235	300	2800	2720

型号	槽钢规格	B_2	B_3	B_4	B_5	B_6	B_7	d_1	d_2	D	H	n	a
XYZ-250G	12	230	712	1835	280	380	550	M20	M16	260	286	4	800
XYZ-400G	12	210	830	1232	280	380	600	M20	M16	350	315	4	875
XYZ-630G	12	240	883	2042	315	465	640	M20	M20	350	260	5	840
XYZ-1000G	20a	270	1045	2042	315	465	710	M20	M20	600	330	6	865

（3）微型稀油润滑装置

① WXHZ 型微型稀油润滑装置（摘自 JB/ZQ 4709—1998）。相关图片及参数见表 10-1-53、表 10-1-54。

② DWB 型微型循环润滑系统。适用于数控机械、金属切削机床、锻压与铸造机械以及化工、塑料、轻纺、包装、建筑运输等行业中负荷较轻的机械及生产线设备的循环润滑系统。主要由 DWB 型微型油泵装置、JQ 型节流分配器、吸油过滤器和管道附件等部分组成。

表 10-1-53 **WXHZ 型微型稀油润滑装置**

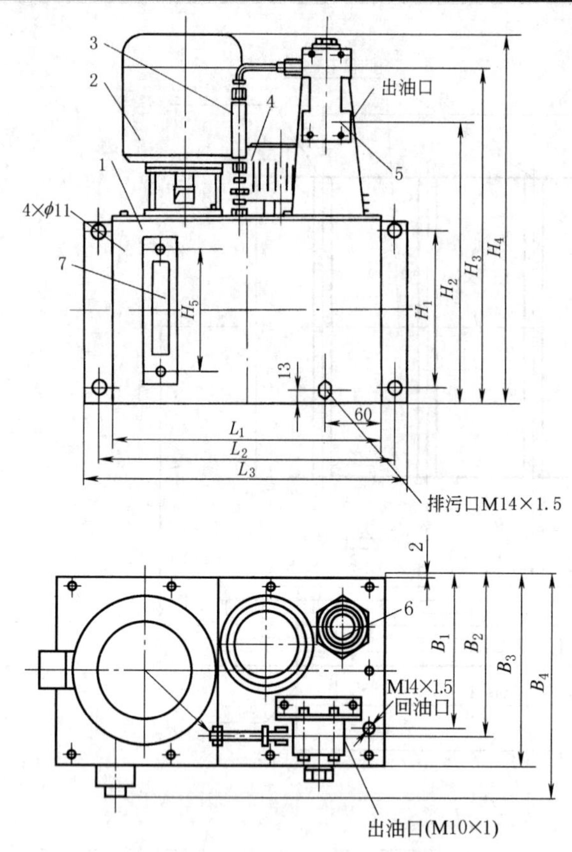

1—油箱；2—CBZ4 型齿轮油泵装置；
3—单向阀；4—空气滤清器；5—出油过滤器；
6—液位控制器；7—液位计

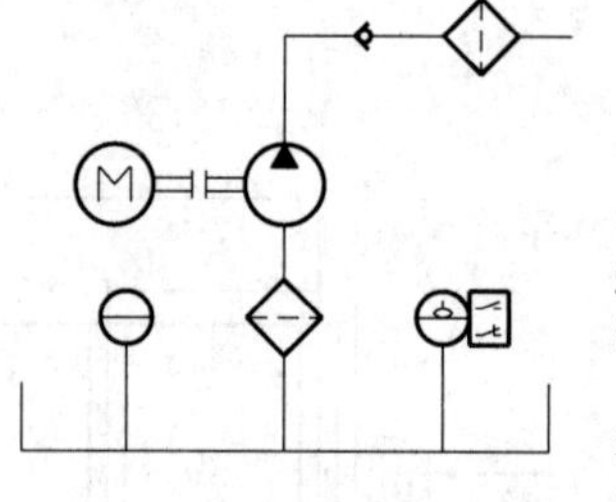

WXHZ 型微型稀油润滑装置系统原理图

标记示例：

公称压力 1.6MPa，流量 500mL/min 的微型稀油润滑装置，标记为

WXHZ-W500 微型稀油润滑装置 JB/ZQ 4709—1998

WXHZ 型基本参数

型号	公称流量/mL·min^{-1}	公称压力①/MPa	电动机特性			油箱容积/L	YKJD 液位控制器触点容量
			型号	功率/W(极数)	电压/V		
WXHZ-350	350	1.6(W) 4.0(H) 6.3(I)	A02-5624 B14 型	90(4)	380	3、6、11、15	24V 0.2A
WXHZ-500	500						
WXHZ-800	800						
WXHZ-1000	1000						

①实际使用压力小于等于 1MPa。

注：1. 油泵的出油管道推荐 GB/T 1527—2017《铜及铜合金拉制管》。材料为 T3，管子规格为 $\phi 6\times 1$。

2. 适用于黏度值 22～460mm^2/s 的润滑油；过滤器的过滤精度 20μm，亦可根据用户要求调整；过滤面积为 13cm^2。

表 10-1-54 **WXHZ 型油箱容积与尺寸** mm

尺寸	油箱容积/L				尺寸	油箱容积/L			
	3	6	11	15		3	6	11	15
L_1	240	275	275	275	B_1	115	135	135	135
L_2	270	305	305	305	B_2	124	144	144	144
L_3	290	325	325	325	B_3	145	165	165	165
H_1	138	205	360	470	B_4	170	190	190	190
H_2	223	290	445	555	H_5	80	125	254	400
H_3	283	350	505	615	质量/kg	8	11.5	13	14
H_4	315	382	537	647					

DWB 型微型油泵装置由齿轮油泵、微型异步电动机、溢流阀、压力表、管道等组成。装置通常为卧式安装，直接插入减速器或机器壳体的油池中，但吸油口必须在最低油位线以下。DWB-350～DWB-1000 型油泵装置带有网状吸油过滤器，直接拧于吸油口 d_1；对 DWB-2.5～DWB-6 型，用户可根据需要自行配置吸油管道及过滤器。装置也可垂直安装，但应注意，泵的最大吸入高度不应超过 500mm。DWB 型相应原理图及参数见表 10-1-55、表 10-1-56。

③ RHZ 型微型稀油润滑装置。由齿轮油泵、微型异步电动机、溢流阀、压力表、油箱、吸油过滤器及管道等组成。其外形结构及尺寸、基本参数见表 10-1-57。

表 10-1-55　　DWB 型微型循环润滑系统原理图及基本参数

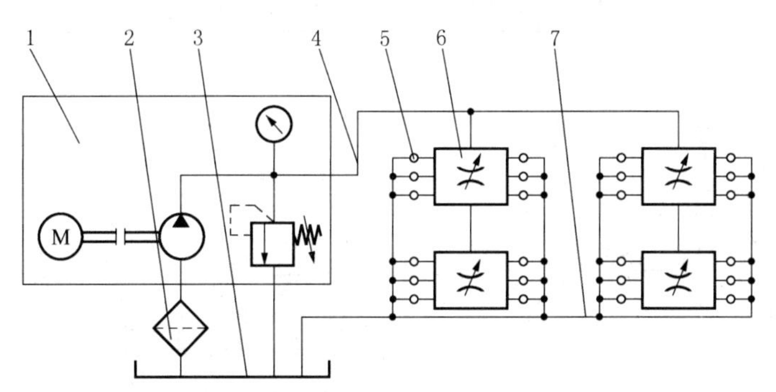

1—微型油泵装置;2—吸油过滤器;3—油池;4—压油管道;
5—机器润滑点;6—节流分配器(JQ 型);7—回流通道

型号	工作压力/MPa	流量/L·min⁻¹	电动机特性				质量/kg
			型号	功率/W	电压/V	转速/r·min⁻¹	
DWB-0.35	0.6	0.35	YS-5624	90	380	1400	5.25
DWB-0.50	1.6	0.5					5.30
DWB-1	2.5	1	YS-5634	120			5.40
DWB-2.5	0.6	2.5	YS-7126	250	380	1000	20
DWB-4		4					20
DWB-6		6	YS-7124	370		1500	22

表 10-1-56　　DWB 型微型油泵装置的外形及连接尺寸　　mm

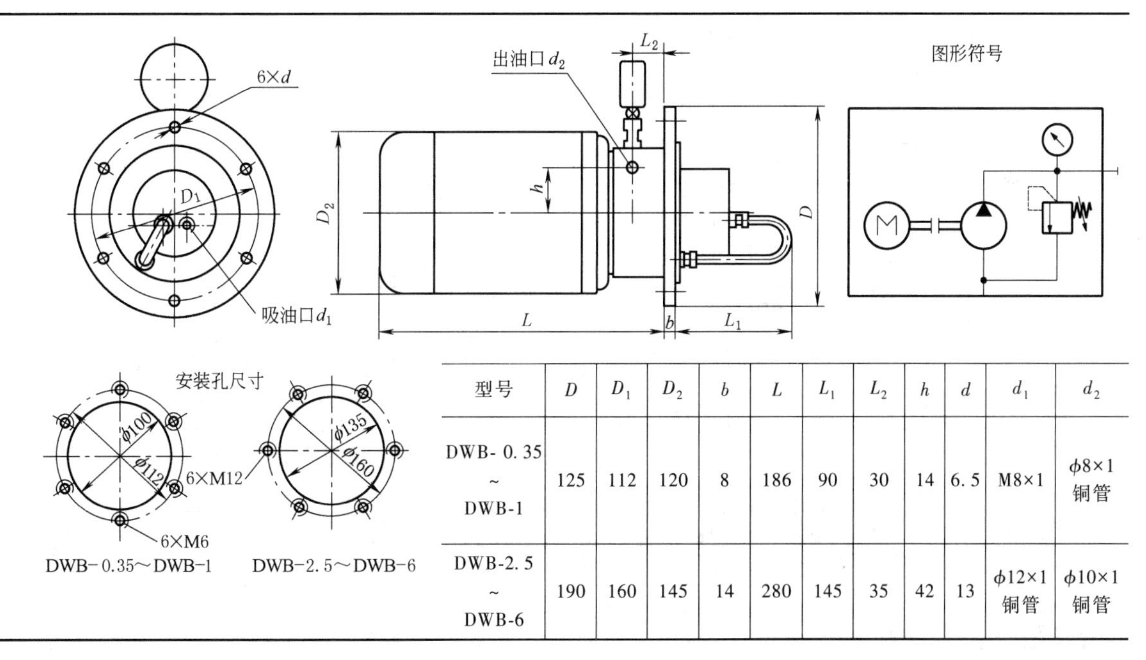

型号	D	D_1	D_2	b	L	L_1	L_2	h	d	d_1	d_2
DWB-0.35~DWB-1	125	112	120	8	186	90	30	14	6.5	M8×1	ϕ8×1 铜管
DWB-2.5~DWB-6	190	160	145	14	280	145	35	42	13	ϕ12×1 铜管	ϕ10×1 铜管

(4) GXYZ 型 A 系列高低压润滑站

适用于装有动静压轴承的磨机、回转窑、电机等大型设备的稀油循环润滑系统。根据动静压润滑工作原理，在起动、低速和停车时用高压系统，正常运行时用低压系统，以保证大型机械在各种不同转速下均能获得可靠的润滑，延长主机寿命。润滑站的高压部分压力为 31.5MPa，流量 2.5L/min，低压部分压力小于等于 0.4MPa，流量 16~125L/min，润滑站具有过滤、冷却、加热等装置和联锁、报警、自控等功能。相应图片及参数见表 10-1-58、表 10-1-59。

表 10-1-57　RHZ 型微型稀油润滑装置外形结构及尺寸、基本参数（建议配置 JQ 型节流分配器）

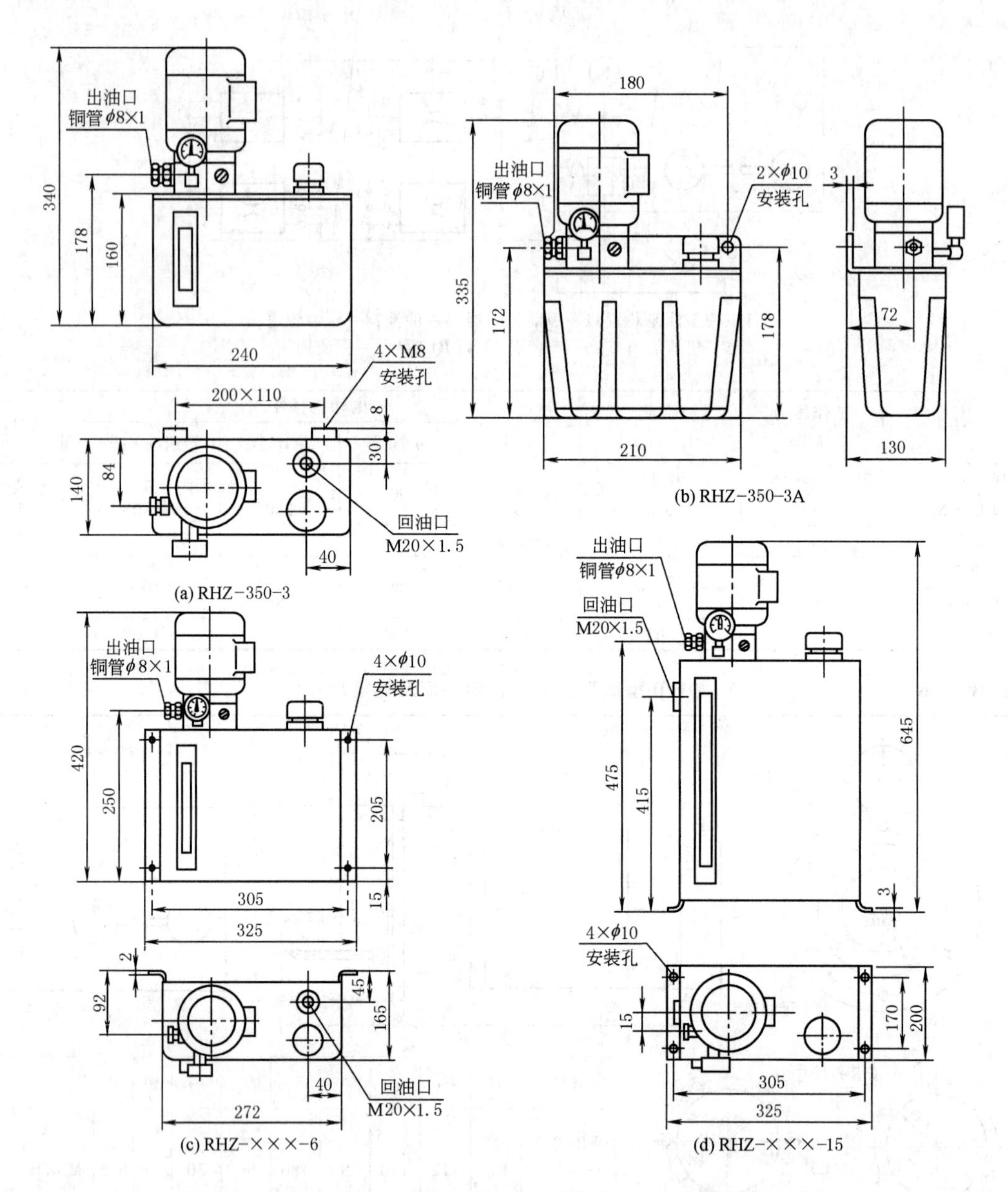

型号	工作压力 /MPa	流量 /mL·min^{-1}	油箱容积 /L	电动机特性				质量/kg
				型号	功率/W	电压/V	转速/r·min^{-1}	
RHZ-350-3	0.6	350	3	YS-5624	90	380	1400	8
RHZ-350-3A								6
RHZ-350-6			6					12
RHZ-350-15	1.6		15					16
RHZ-500-6		500	6					12
RHZ-500-15	2.5		15					16
RHZ-1000-6		1000	6	YS-5634	120			12
RHZ-1000-15			15					16

注：RHZ-350-3A 为透明工程塑料外壳。

表 10-1-58　　GXYZ 型 A 系列高低压润滑站基本参数及原理图

原理图	参数			GXYZ-A					
				2.5/16	2.5/25	2.5/40	2.5/63	2.5/100	2.5/125
低压供油 高压供油 回油 进出水 排污	低压系统	泵装置流量/L·min^{-1}		16	25	40	63	100	125
		供油压力/MPa		≤0.4					
		供油温度/℃		40±3					
		电动机	型号	Y90S-4,V1		Y100L1-4,V1		Y112M-4,V1	
			功率/kW	1.1		2.2		4	
			转速/r·min^{-1}	1450		1440		1440	
	油箱容积/m^3			0.8		1.2		1.6	
	高压系统	泵装置型号		2.5MCY14-1B					
		流量/L·min^{-1}		2.5					
		供油压力/MPa		31.5					
		电动机	型号	Y112M-6,B35					
			功率/kW	2.2					
			转速/r·min^{-1}	940					
	过滤精度/mm			0.08~0.12					
	过滤面积/m^2			0.13		0.20		0.41	
	冷却面积/m^2			3		5		7	
	冷却水耗量/m^3·h^{-1}			1	1.5	3.6	5.7	9	11.25
	电加热功率/kW			3×4		3×4		6×4	
	外形尺寸/mm			1490×1230×1500		1620×1430×1550		—	

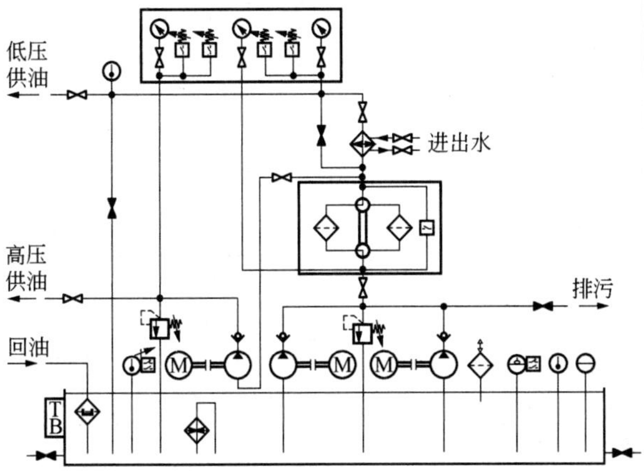

注：全部过滤器切换压差为 0.15MPa。

(5) 专用稀油润滑装置

除了以上稀油润滑装置以外，目前在冶金、矿山、电力、化工、交通、轻工等行业中常用的稀油润滑装置还有 XYZ-GZ 型整体式稀油站、GDR 型双高低压稀油站和这些型号的改进型产品等。

在参考文献 [9] 中还给出了主要适用于电动机轴承润滑的 XRZ-6~XRZ-25、主要适用于管磨减速器轴承润滑的 XRZ-40~XRZ-500、主要适用于磨机轴承润滑的 XGD-A2.5/16~XGD-A 2.5/125 通用稀油润滑装置图集。

2.5.3 辅助装置及元件

(1) 冷却器

① 列管式油冷却器（摘自 JB/T 7356—2016）。GLC、GLL 型列管式冷却器适用于冶金、矿山、电力、化工、轻工等行业的稀油润滑装置、液压站和液压设备中，将热工作油冷却到要求的温度。GLL5、GLL6、GLL7 系列具有立式装置。

JB/T 7356—2016 规定："本标准适用于稀油润滑装置和液压系统中冷却油液用的冷却器。"列管式油冷却器相应图片及参数见表 10-1-60~表 10-1-63。

表 10-1-59　　GXYZ 型 A 系列润滑站外形图及其外形尺寸　　mm

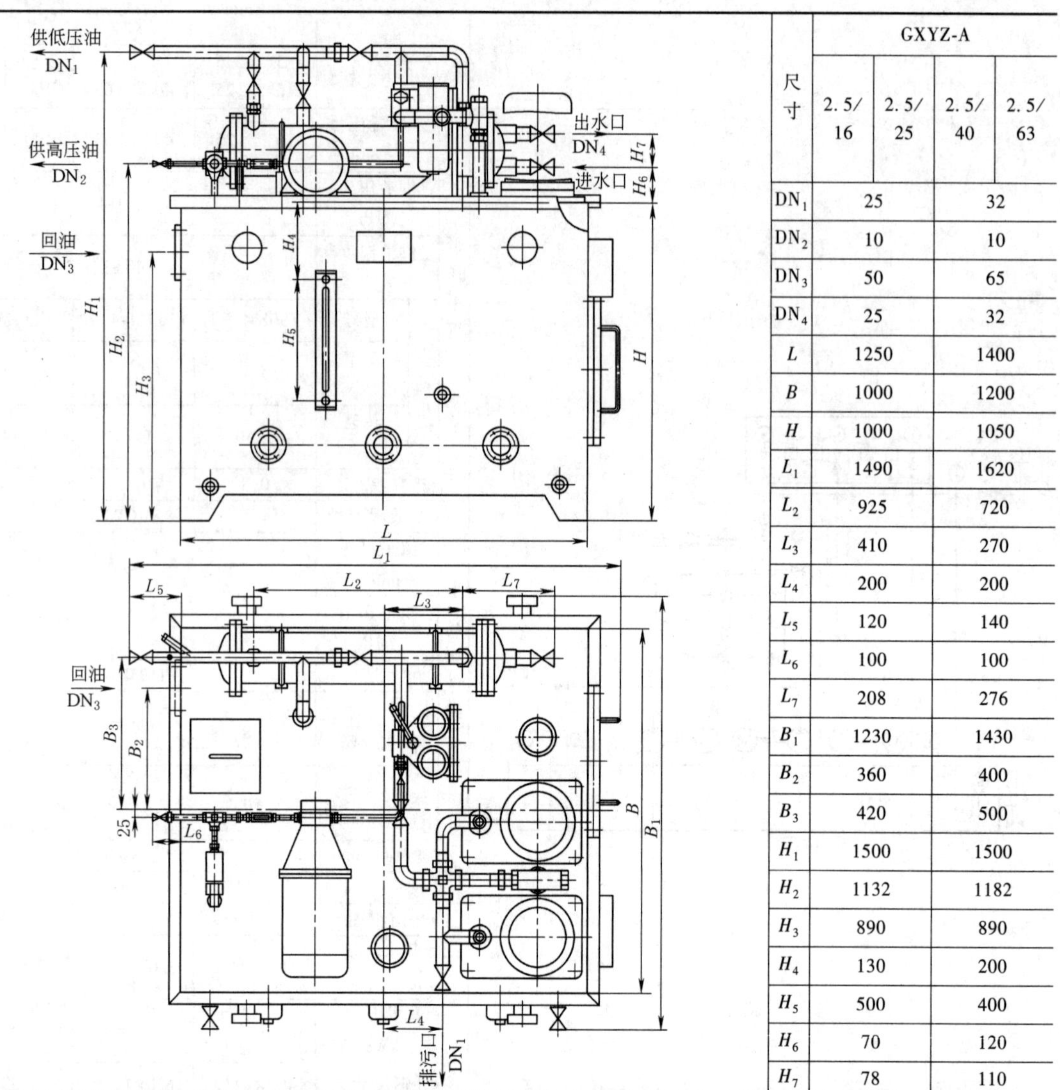

<table>
<tr><th rowspan="2">尺寸</th><th colspan="4">GXYZ-A</th></tr>
<tr><th>2.5/16</th><th>2.5/25</th><th>2.5/40</th><th>2.5/63</th></tr>
<tr><td>DN_1</td><td colspan="2">25</td><td colspan="2">32</td></tr>
<tr><td>DN_2</td><td colspan="2">10</td><td colspan="2">10</td></tr>
<tr><td>DN_3</td><td colspan="2">50</td><td colspan="2">65</td></tr>
<tr><td>DN_4</td><td colspan="2">25</td><td colspan="2">32</td></tr>
<tr><td>L</td><td colspan="2">1250</td><td colspan="2">1400</td></tr>
<tr><td>B</td><td colspan="2">1000</td><td colspan="2">1200</td></tr>
<tr><td>H</td><td colspan="2">1000</td><td colspan="2">1050</td></tr>
<tr><td>L_1</td><td colspan="2">1490</td><td colspan="2">1620</td></tr>
<tr><td>L_2</td><td colspan="2">925</td><td colspan="2">720</td></tr>
<tr><td>L_3</td><td colspan="2">410</td><td colspan="2">270</td></tr>
<tr><td>L_4</td><td colspan="2">200</td><td colspan="2">200</td></tr>
<tr><td>L_5</td><td colspan="2">120</td><td colspan="2">140</td></tr>
<tr><td>L_6</td><td colspan="2">100</td><td colspan="2">100</td></tr>
<tr><td>L_7</td><td colspan="2">208</td><td colspan="2">276</td></tr>
<tr><td>B_1</td><td colspan="2">1230</td><td colspan="2">1430</td></tr>
<tr><td>B_2</td><td colspan="2">360</td><td colspan="2">400</td></tr>
<tr><td>B_3</td><td colspan="2">420</td><td colspan="2">500</td></tr>
<tr><td>H_1</td><td colspan="2">1500</td><td colspan="2">1500</td></tr>
<tr><td>H_2</td><td colspan="2">1132</td><td colspan="2">1182</td></tr>
<tr><td>H_3</td><td colspan="2">890</td><td colspan="2">890</td></tr>
<tr><td>H_4</td><td colspan="2">130</td><td colspan="2">200</td></tr>
<tr><td>H_5</td><td colspan="2">500</td><td colspan="2">400</td></tr>
<tr><td>H_6</td><td colspan="2">70</td><td colspan="2">120</td></tr>
<tr><td>H_7</td><td colspan="2">78</td><td colspan="2">110</td></tr>
</table>

表 10-1-60　　列管式油冷却器系列的基本参数与特点

<table>
<tr><th>型号</th><th>公称压力/MPa</th><th colspan="8">公称冷却面积/m^2</th><th>工作温度/℃</th><th>工作压力/MPa</th><th>油水流量比</th><th>黏度①/$mm^2 \cdot s^{-1}$</th><th>换热系数/$kcal \cdot m^{-2} \cdot h^{-1} \cdot ℃^{-1}$</th><th colspan="2">特点</th></tr>
<tr><td>GLC1</td><td rowspan="6">0.63
1.0
1.6</td><td>0.4</td><td>0.6</td><td>0.8</td><td>1</td><td>1.2</td><td>—</td><td>—</td><td>—</td><td rowspan="11">油温
≤100
水温
≤40</td><td rowspan="11">≤1.6
(一般工作压力≤1)</td><td rowspan="6">1∶1</td><td rowspan="6">10~100</td><td rowspan="6">>350②</td><td rowspan="11">产品体积小、重量轻，冷却效果好，便于维护检修</td><td rowspan="6">换热管采用紫铜翅片管，水侧通道为双管程填料函浮动管板式</td></tr>
<tr><td>GLC2</td><td>1.3</td><td>1.7</td><td>2.1</td><td>2.6</td><td>3</td><td>3.5</td><td>—</td><td>—</td></tr>
<tr><td>GLC3</td><td>4</td><td>5</td><td>6</td><td>7</td><td>8</td><td>9</td><td>10</td><td>11</td></tr>
<tr><td>GLC4</td><td>13</td><td>15</td><td>17</td><td>19</td><td>21</td><td>23</td><td>25</td><td>27</td></tr>
<tr><td>GLC5</td><td>30</td><td>34</td><td>37</td><td>41</td><td>44</td><td>47</td><td>51</td><td>54</td></tr>
<tr><td>GLC6</td><td>55</td><td>60</td><td>65</td><td>70</td><td>75</td><td>80</td><td>85</td><td>90</td></tr>
<tr><td>GLL3</td><td rowspan="5">0.63
1.0
1.6</td><td>4</td><td>5</td><td>6</td><td>7</td><td>—</td><td>—</td><td>—</td><td>—</td><td rowspan="5">1∶1.5</td><td rowspan="5">10~460</td><td rowspan="5">>230②</td><td rowspan="5">换热管采用裸(光)管，水侧通道为双管程或四管程填料函浮动管板式</td></tr>
<tr><td>GLL4</td><td>12</td><td>16</td><td>20</td><td>24</td><td>28</td><td>—</td><td>—</td><td>—</td></tr>
<tr><td>GLL5</td><td>35</td><td>40</td><td>45</td><td>50</td><td>60</td><td>—</td><td>—</td><td>—</td></tr>
<tr><td>GLL6</td><td>80</td><td>100</td><td>120</td><td>—</td><td>—</td><td>—</td><td>—</td><td>—</td></tr>
<tr><td>GLL7</td><td>160</td><td>200</td><td>—</td><td>—</td><td>—</td><td>—</td><td>—</td><td>—</td></tr>
</table>

① 适用润滑油的黏度值。

② 当油黏度为 N68 时所得，黏度大时此数值将下降。

表 10-1-61　GLC 型列管式油冷却器型式与尺寸（只适用≤N100 的油黏度）　mm

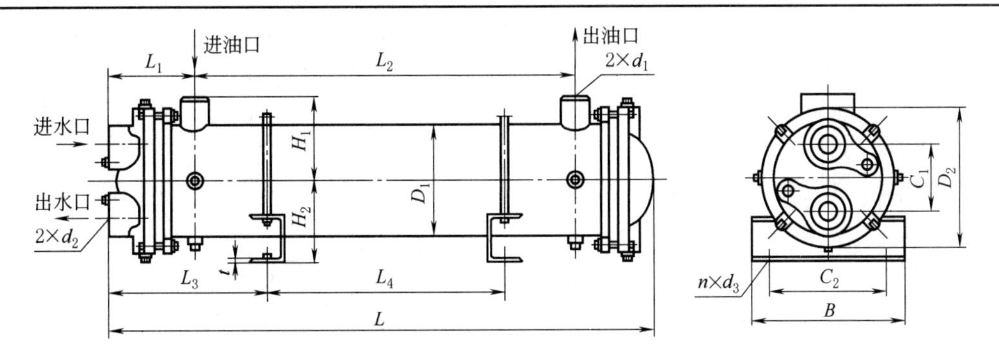

标记示例：公称冷却面积 0.3m^2，公称压力 1.0MPa，换热管型式为翅片管的列管式油冷却器，标记为

GLC1-0.3/1.0　冷却器　JB/T 7356—2016

型号	L	L_2	L_1	H_1	H_2	D_1	D_2	C_1	C_2	B	L_3	L_4	t	$n\times d_3$	d_1	d_2	质量/kg
GLC1-0.4/ *	370	240	67	60	68	78	92	52	102	132	115	145	2	4×ϕ11	G1	G¾	8
GLC1-0.6/ *	540	405										310					10
GLC1-0.8/ *	660	532										435					12
GLC1-1.0/ *	810	665										570					13
GLC1-1.2/ *	940	805										715					15
GLC2-1.3/ *	560	375	98	85	93	120	137	78	145	175	172	225	2	4×ϕ11	G1	G1	19
GLC2-1.7/ *	690	500										350					21
GLC2-2.1/ *	820	635										485					25
GLC2-2.6/ *	960	775										630					29
GLC2-3.0/ *	1110	925										780					32
GLC2-3.5/ *	1270	1085										935					36
GLC3-4.0/ *	840	570	152	125	158	168	238	110	170	210	245	380	10	4×ϕ15	G1½	G1¼	74
GLC3-5.0/ *	990	720										530					77
GLC3-6.0/ *	1140	870										680					85
GLC3-7.0/ *	1310	1040										850					90
GLC3-8.0/ *	1470	1200	152	125	158	168	238	110	170	210	245	1010	10	4×ϕ15	G2	G1½	96
GLC3-9.0/ *	1630	1360										1170					105
GLC3-10/ *	1800	1530										1340					110
GLC3-11/ *	1980	1710										1520					118
GLC4-13/ *	1340	985	197	160	208	219	305	140	270	320	318	745	12	4×ϕ19	G2	G2	152
GLC4-15/ *	1500	1145										905					164
GLC4-17/ *	1660	1305	197	160	208	219	305	140	270	320	318	1065	12	4×ϕ19	G2	G2	175
GLC4-19/ *	1830	1475										1235					188
GLC4-21/ *	2010	1655										1415					200
GLC4-23/ *	2180	1825										1585					213
GLC4-25/ *	2360	2005										1765					225
GLC4-27/ *	2530	2175										1935					238
GLC5-30/ *	1932	1570	202	200	234	273	355	180	280	320	327	1320	12	4×ϕ23	G2	G2½	—
GLC5-34/ *	2152	1790										1540					—
GLC5-37/ *	2322	1960										1710					—
GLC5-41/ *	2542	2180										1930					—
GLC5-44/ *	2712	2350										2100					—
GLC5-47/ *	2872	2510										2260					—
GLC5-51/ *	3092	2730										2480					—
GLC5-54/ *	3262	2900										2650					—

续表

型号	L	L_2	L_1	H_1	H_2	D_1	D_2	C_1	C_2	B	L_3	L_4	t	$n\times d_3$	d_1	d_2	质量/kg
GLC6-55/ *	2272	1860	227	230	284	325	410	200	300	390	362	1590	12	4×ϕ23	G2½	G3	—
GLC6-60/ *	2452	2040										1770					—
GLC6-65/ *	2632	2220										1950					—
GLC6-70/ *	2812	2400										2130					—
GLC6-75/ *	2992	2580										2310					—
GLC6-80/ *	3172	2760										2490					—
GLC6-85/ *	3352	2940										2670					—
GLC6-90/ *	3532	3120										2850					—

注：* 为标注公称压力值。

表 10-1-62　　GLL 型卧式列管式油冷却器型式与尺寸　　mm

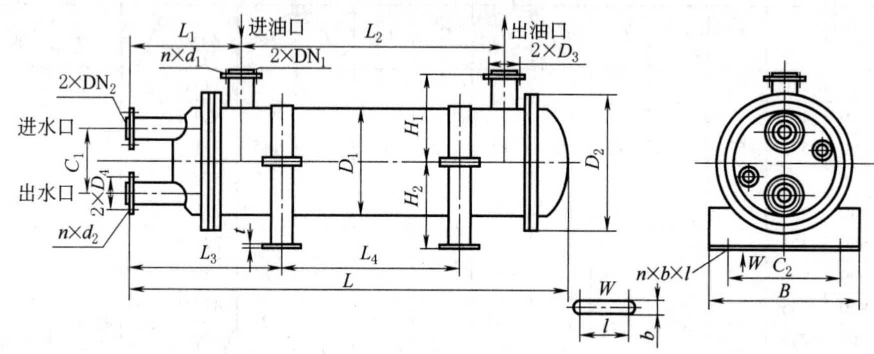

标记示例：

公称冷却面积 60m^2，公称压力 0.63MPa，换热管为裸管，水侧通道为四管程(S)的立式(L)列管式油冷却器，标记为

GLL5-60/0.63SL　冷却器　JB/T 7356—2016

型号	L	L_2	L_1	H_1	H_2	D_1	D_2	C_1	C_2	B	L_3	L_4	D_3	t	D_4	$n\times d_1$	$n\times d_2$	$n\times b\times l$	DN$_1$	DN$_2$	质量/kg
GLL3-4/ * *	1165	682	265	190	210	219	310	140	200	290	367	485	100	12	100	4×ϕ18	4×ϕ18	4×20×28	32	32	143
GLL3-5/ * *	1465	982										785									168
GLL3-6/ * *	1765	1282										1085	110						40		184
GLL3-7/ * *	2065	1512										1385									220
GLL4-12/ * *	1555	860	345	262	262	325	435	200	300	370	497	660	145		145	4×ϕ17.5	4×ϕ17.5	4×20×28	65	65	319
GLL4-16/ * *	1960	1365										1065									380
GLL4-20/ * *	2370	1775										1475									440
GLL4-24/ * *	2780	2175	350									1885	160			8×ϕ17.5			80		505
GLL4-28/ * *	3190	2585										2295									566
GLL5-35/ * *	2480	1692	500	315	313	426	535	235	300	520	730	1232	180		180		8×ϕ17.5	4×20×30	100	100	698
GLL5-40/ * *	2750	1962										1502									766
GLL5-45/ * *	3020	2202	515								725	1772	210						125		817
GLL5-50/ * *	3290	2472										2042									900
GLL5-60/ * *	3830	3012										2582									1027
GLL6-80/ * *	3160	2015	700	500	434	616	780	360	250	550	935	1555	295		295	8×ϕ22	8×ϕ22	4×25×32	200	200	1617
GLL6-100/ * *	3760	2615										2155									1890
GLL6-120/ * *	4360	3215										2755									2163

注：1. 第一个 * 为标注公称压力值，第二个 * 为标注水管程数（四管程标 S，二管程不标注）。表 10-1-63 同。

2. 法兰连接尺寸按 JB/T 81—2015《板式平焊钢制管法兰》的规定。

表 10-1-63　　**GLL型立式列管式油冷却器型式与尺寸**　　mm

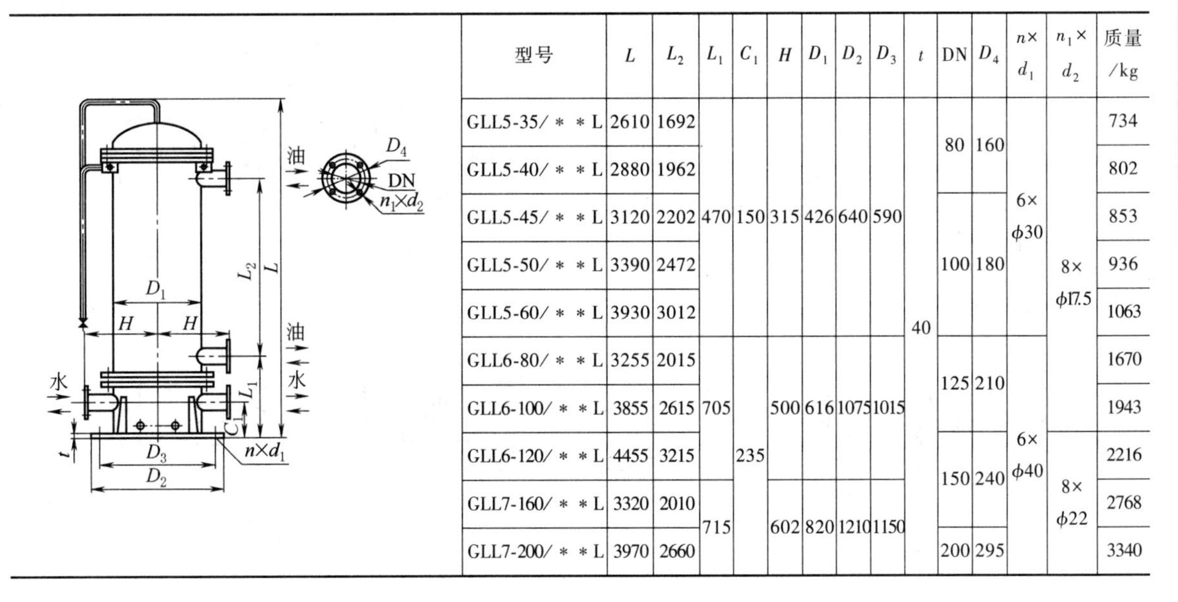

型号	L	L_2	L_1	C_1	H	D_1	D_2	D_3	t	DN	D_4	$n\times d_1$	$n_1\times d_2$	质量/kg
GLL5-35/＊＊L	2610	1692	470	150	315	426	640	590	40	80	160	6×φ30	8×φ17.5	734
GLL5-40/＊＊L	2880	1962												802
GLL5-45/＊＊L	3120	2202								100	180			853
GLL5-50/＊＊L	3390	2472												936
GLL5-60/＊＊L	3930	3012												1063
GLL6-80/＊＊L	3255	2015	705	235	500	616	1075	1015		125	210	6×φ40		1670
GLL6-100/＊＊L	3855	2615												1943
GLL6-120/＊＊L	4455	3215								150	240		8×φ22	2216
GLL7-160/＊＊L	3320	2010	715		602	820	1210	1150						2768
GLL7-200/＊＊L	3970	2660								200	295			3340

② 板式油冷却器（摘自 JB/ZQ 4593—2006）。

表 10-1-64　　**BRLQ型板式油冷却器基本参数**

型号	公称冷却面积/m^2	油流量/L·min^{-1} 50#机械油	油流量/L·min^{-1} 28#轧钢机油	进油温度/℃	出油温度/℃	油压降/MPa	进水温度/℃	水流量/L·min^{-1} 用50#机械油时	水流量/L·min^{-1} 用28#轧钢机油时	应用
BRLQ0.05-1.5	1.5	20	10	50	≤42	≤0.1	≤30	16	8	(1)适用于稀油润滑系统中冷却润滑油，其黏度值不大于460mm^2/s (2)板式油冷却器油和水流向应相反 (3)冷却水用工业用水，如用江河水需经过滤或沉淀 (4)工作压力小于1MPa (5)工作温度-20~150℃ (6)50#机械油相当于L-AN100全损耗系统用油或L-HL100液压油；28#轧钢机油行业标准已废除，可考虑使用LCKD460重载荷工业齿轮油
BRLQ0.05-2	2	32	16					25	13	
BRLQ0.05-2.5	2.5	50	25					40	20	
BRLQ0.1-3	3	80	40					64	32	
BRLQ0.1-5	5	125	63					100	50	
BRLQ0.1-7	7	200	100					100	80	
BRLQ0.1-10	10	250	125					200	100	
BRLQ0.2A-13	13	400	160					320	130	
BRLQ0.2A-18	18	500	250					400	200	
BRLQ0.2A-24	24	600	315					500	250	
BRLQ0.3A-30	30	650	400					520	320	
BRLQ0.3A-35	35	700	500					560	400	
BRLQ0.3A-40	40	950	630					800	500	
BRLQ0.5-60	60	1100	800					900	640	
BRLQ0.5-70	70	1300	1000					1050	800	
BRLQ0.5-80	80	2100	1600					1670	1280	
BRLQ0.5-120	120	3000	2100					2400	1600	
BRLQ1.0-50	50	1000	715					850	570	
BRLQ1.0-80	80	2100	1600					1670	1280	
BRLQ1.0-100	100	2500	1800					2040	1440	
BRLQ1.0-120	120	3000	2100					2400	1600	
BRLQ1.0-150	150	3500	2500					2950	2400	
BRLQ1.0-180	180	4000	2850					3500	2600	
BRLQ1.0-200	200	4500	3150					3800	3000	
BRLQ1.0-250	250	5000	3500					4400	3400	

表 10-1-65　　**BRLQ 型板式油冷却器**　　mm

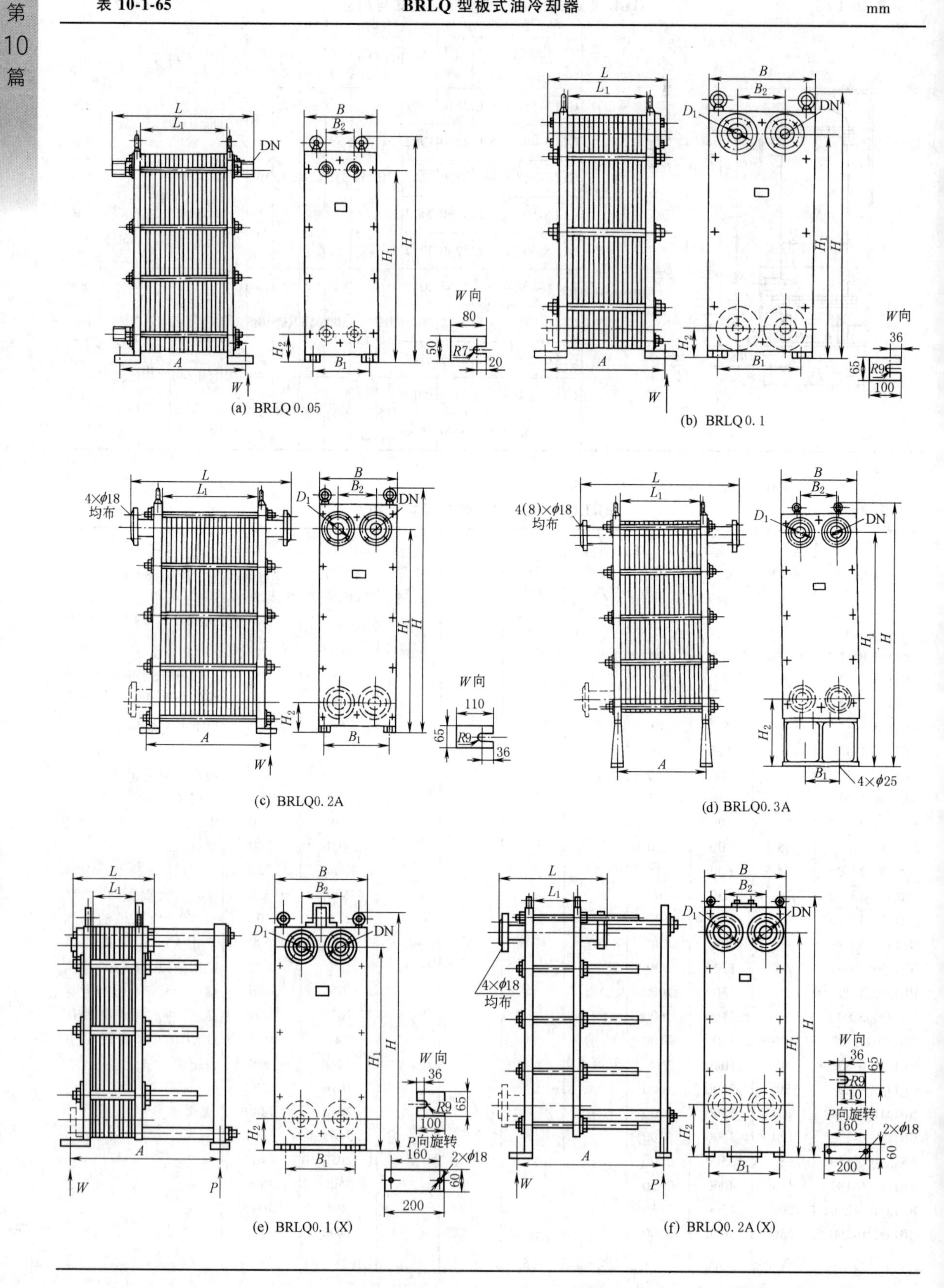

(a) BRLQ 0.05　(b) BRLQ 0.1　(c) BRLQ0.2A　(d) BRLQ0.3A　(e) BRLQ0.1(X)　(f) BRLQ0.2A(X)

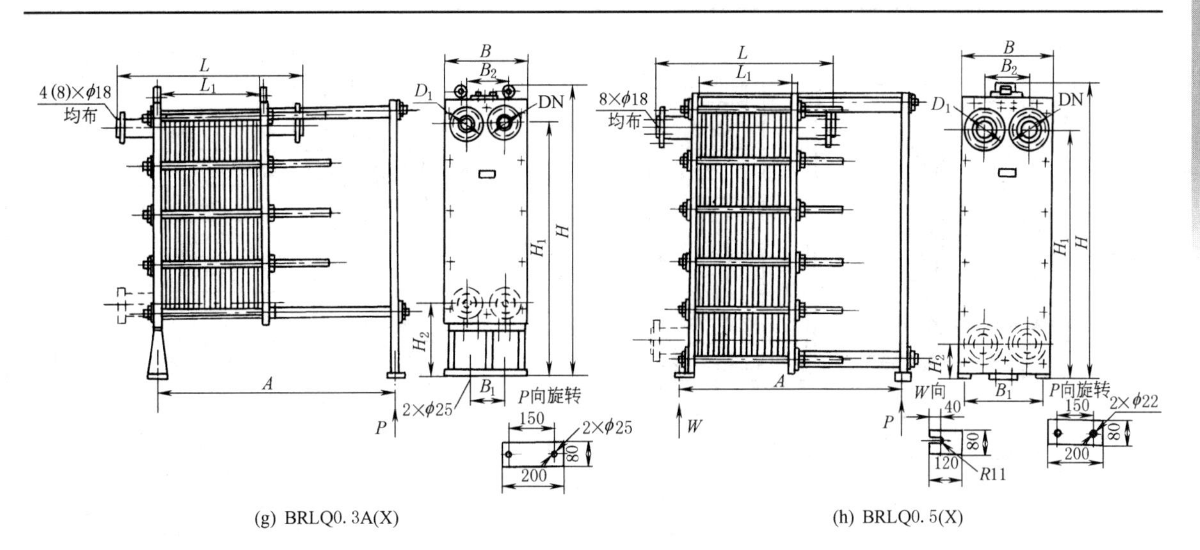

(g) BRLQ0.3A(X)　　　　(h) BRLQ0.5(X)

标记示例：单板冷却面积 0.3m²，公称面积 35m²，第一次改型的悬挂式板式油冷却器，标记为

BRLQ0.3A-35X　冷却器　JB/ZQ 4593—2006

<table>
<tr><td colspan="2" rowspan="2">板片规格</td><td colspan="3" rowspan="2">0.05</td><td colspan="4">0.1</td><td colspan="3">0.2A</td><td colspan="3">0.3A</td><td colspan="4" rowspan="2">0.5(X)</td></tr>
<tr><td colspan="4">0.1(X)</td><td colspan="3">0.2A(X)</td><td colspan="3">0.3A(X)</td></tr>
<tr><td colspan="2">公称冷却面积/m²</td><td>1.5</td><td>2</td><td>2.5</td><td>3</td><td>5</td><td>7</td><td>10</td><td>13</td><td>18</td><td>24</td><td>30</td><td>35</td><td>40</td><td>60</td><td>70</td><td>80</td><td>120</td></tr>
<tr><td rowspan="17">尺寸</td><td>$L_1\approx$</td><td colspan="3">3.8×n</td><td colspan="4">4.9×n</td><td colspan="3">6.5×n</td><td colspan="3">6.2×n</td><td colspan="4">4.8×n</td></tr>
<tr><td rowspan="2">A</td><td colspan="3" rowspan="2">L_1+120</td><td colspan="4">L_1+128</td><td colspan="3">L_1+150</td><td colspan="3">L_1+46</td><td colspan="4" rowspan="2">n×7+806</td></tr>
<tr><td colspan="4">n×7+410</td><td colspan="3">n×9+720</td><td colspan="3">n×10+600</td></tr>
<tr><td>B_1</td><td colspan="3">165</td><td colspan="4">250</td><td colspan="3">335</td><td colspan="3">200</td><td colspan="4">310</td></tr>
<tr><td rowspan="2">H_1</td><td colspan="3" rowspan="2">530</td><td colspan="4" rowspan="2">636.5</td><td colspan="3">980</td><td colspan="3" rowspan="2">1400</td><td colspan="4" rowspan="2">1563</td></tr>
<tr><td colspan="3">1062</td></tr>
<tr><td>$L\approx$</td><td colspan="3">L_1+180</td><td colspan="4">L_1+144</td><td colspan="3">L_1+312</td><td colspan="3">L_1+460</td><td colspan="4">L_1+500</td></tr>
<tr><td>B_2</td><td colspan="3">80</td><td colspan="4">142</td><td colspan="3">190</td><td colspan="3">218</td><td colspan="4">268</td></tr>
<tr><td rowspan="2">H_2</td><td colspan="3" rowspan="2">74</td><td colspan="4" rowspan="2">88.5</td><td colspan="3">140</td><td colspan="3" rowspan="2">415</td><td colspan="4" rowspan="2">230</td></tr>
<tr><td colspan="3">222</td></tr>
<tr><td rowspan="2">H</td><td colspan="3" rowspan="2">638</td><td colspan="4">760</td><td colspan="3">1164</td><td colspan="3" rowspan="2">1598</td><td colspan="4" rowspan="2">1840</td></tr>
<tr><td colspan="4">778</td><td colspan="3">1246</td></tr>
<tr><td>B</td><td colspan="3">215</td><td colspan="4">315</td><td colspan="3">400</td><td colspan="3">480</td><td colspan="4">590</td></tr>
<tr><td>DN</td><td colspan="3">G1¼B</td><td>32</td><td>10</td><td>50</td><td>60</td><td colspan="3">65</td><td colspan="3">80</td><td colspan="4">125</td></tr>
<tr><td>D_1</td><td colspan="3">—</td><td colspan="4">92</td><td colspan="3">145</td><td colspan="3">160</td><td colspan="4">210</td></tr>
<tr><td rowspan="2">质量≈/kg</td><td rowspan="2">73</td><td rowspan="2">80</td><td rowspan="2">86</td><td>160</td><td>200</td><td>270</td><td>320</td><td>500</td><td>700</td><td>930</td><td>965</td><td>1040</td><td>1115</td><td rowspan="2">1650</td><td rowspan="2">1790</td><td rowspan="2">1925</td><td rowspan="2">2450</td></tr>
<tr><td>170</td><td>210</td><td>280</td><td>330</td><td>530</td><td>730</td><td>965</td><td>985</td><td>1080</td><td>1160</td></tr>
</table>

注：1. 除 0.05、0.1 及 0.1（X）外，其余连接法兰的连接尺寸按 JB/T 81—2015《板式平焊钢制管法兰》的规定。

2. $n=\dfrac{\text{公称冷却面积}}{\text{单板冷却面积}}+1$，表示板片数。

3. 型号中 A 为改型标记，有“(X)”标记的为悬挂式，无“(X)”标记的为落地式。

表 10-1-66　　BRLQ1.0（X）型板式油冷却器尺寸　　mm

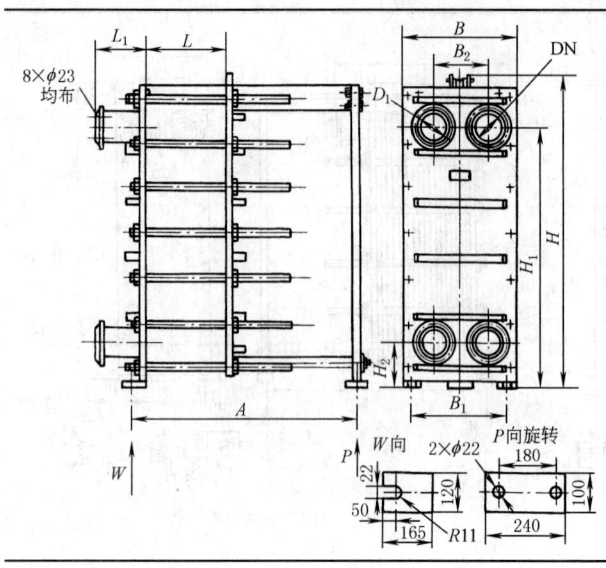

板片规格		1.0(X)							
公称冷却面积/m^2		50	80	100	120	150	180	200	250
尺寸	L	326	518	646	774	966	1158	1286	1606
	A	1340	1580	1750	1920	2180	2430	2600	3030
	B_1	740							
	H_1	1980.5							
	L_1	300							
	B_2	433							
	H_2	314.5							
	H	2325							
	B	860							
	DN	225							
	D_1	325							
质量/kg		2496	2870	3120	3370	3744	4118	4367	4990

（2）过滤器及过滤机

① SWQ 型双筒网式过滤器（摘自 JB/T 2302—2022）。适用于重型、矿山设备稀油润滑系统中过滤润滑油，分别由两组过滤筒和一个三位六通换向阀组成，工作时一组工作，另一组备用，可实现不停车切换过滤筒，达到润滑不间断的目的。如表 10-1-67 所示。

表 10-1-67　　SWQ 型双筒网式过滤器参数及外形尺寸　　mm

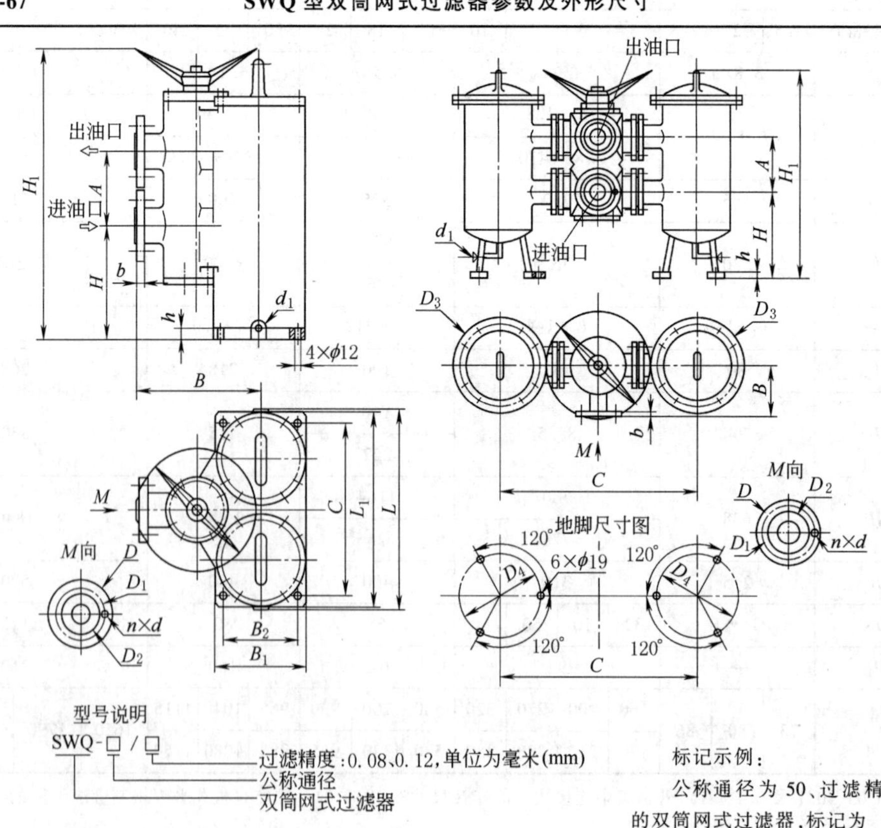

标记示例：

公称通径为 50、过滤精度为 0.08mm 的双筒网式过滤器，标记为

SWQ-50/0.08　JB/T 2302—2022

续表

型号	公称通径DN	公称压力/MPa	单筒过滤面积/m^2	运动黏度/cSt(40℃) 46		68		100		150		460		质量/kg
				过滤精度										
				0.08	0.12	0.08	0.12	0.08	0.12	0.08	0.12	0.08	0.12	
				通过能力/L·min^{-1}										
SWQ-32	32	0.63	0.08	130	310	120	212	63	151	29	69	19	49	82
SWQ-40	40		0.21	330	790	305	540	160	384	72	175	48	125	115
SWQ-50	50		0.31	485	1160	447	793	250	565	107	256	69	160	205
SWQ-65	65		0.52	820	1960	760	1340	400	955	180	434	106	250	288
SWQ-80	80		0.83	1320	3100	1200	2150	630	1533	288	695	170	400	345
SWQ-100	100		1.31	1990	4750	1840	3230	1000	2310	436	1050	267	630	468
SWQ-125	125		2.20	3340	8000	3100	5420	1680	3890	730	1770	450	1000	1040
SWQ-150	150	0.63	3.30	5000	12000	4650	8130	2520	5840	1094	2660	679	1600	1185

型号	公称通径DN	A	B	B_1	B_2	C	D_3	D_4	d_1	H	H_1
SWQ-32	32	140	250	186	154	344			G3/8	145	440
SWQ-40	40	165	265	222	184	410				180	515
SWQ-50	50	190	165			693	330	280	G1/2	355	800
SWQ-65	65	200	170			713	374	300		395	860
SWQ-80	80	220	202			830	374	320	G3/4	500	990
SWQ-100	100	250	202			895	442	400		610	1190
SWQ-125	125	260	240			1200	755	600	G1	640	1270
SWQ-150	150	300	240			1200	755	600		860	1530

型号	L	L_1	H	进、出油口法兰 D	D_1	D_2	b	d	n
SWQ-32	397	386	20	135	100	78	18	18	4
SWQ-40	480	447		145	110	85	18	18	
SWQ-50			20	160	125	100	20		
SWQ-65				180	145	120	20		
SWQ-80			20	195	160	135	22	18	8
SWQ-100			20	215	180	155	22	18	8
SWQ-125			30	245	210	185	24	18	8
SWQ-150			30	280	240	210	24	23	8

注：1. 法兰尺寸按 JB/T 79.1（PN=1.6MPa）的规定。

2. 在工作时过滤器进、出口初始压差小于等于 0.035MPa，工作后当压差≥0.15MPa 时，应立即进行换向清洗或更换过滤网。

3. 运动黏度按 GB/T 3141—1994《工业液体润滑剂 ISO 黏度分类》的规定。1cSt=$10^{-6}m^2/s$。

② SWCQ 型双筒网式磁芯过滤器（摘自 JB/ZQ 4592—2006）。适用于公称压力 0.63MPa 的稀油润滑系统中过滤润滑油。由于内部装有磁芯，因此还能吸附带磁性的微粒，避免机械摩擦副的过早磨损。除此以外，这种过滤器的结构特点与 SWQ 型双筒网式过滤器相似。

表 10-1-68　　双筒网式磁芯过滤器参数及外形尺寸　　mm

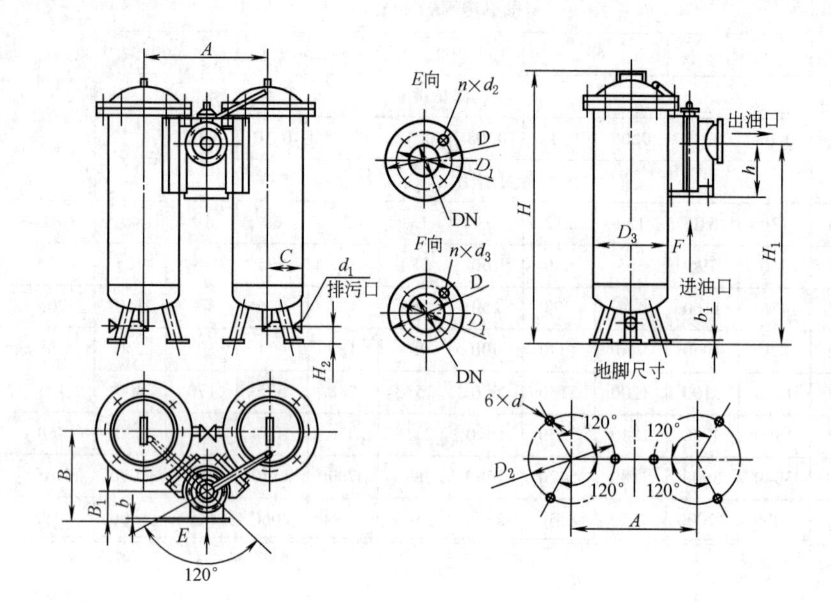

公称压力 0.63MPa，进、出口初始压差小于等于 0.03MPa，滤芯清洗压降小于等于 0.15MPa，滤芯破损时更换之；

适用于稀油润滑系统及液压传动系统中过滤润滑油或液压油，适用于黏度值 46~460mm²/s 的润滑油

标记示例：

公称通径为 50mm 的双筒网式磁芯过滤器，标记为

SWCQ-50 过滤器　JB/ZQ 4592—2006

型　号	公称通径 DN	过滤面积 /m²	运动黏度值/mm²·s⁻¹(40℃时)										质量/kg
			46		68		100		150		460		
			过滤精度										
			0.08	0.12	0.08	0.12	0.08	0.12	0.08	0.12	0.08	0.12	
			通过能力/L·min⁻¹										
SWCQ-50	50	0.31	485	1160	447	793	250	565	107	256	69	160	136
SWCQ-65	65	0.52	820	1960	760	1340	400	955	180	434	106	250	165
SWCQ-80	80	0.83	1320	3100	1200	2150	630	1533	288	695	170	400	220
SWCQ-100	100	1.31	1990	4750	1840	3230	1000	2310	436	1050	267	630	275
SWCQ-125	125	2.80	3340	8000	3100	5420	1686	3890	730	1710	450	1000	680
SWCQ-150	150	3.30	5000	12000	4650	8130	2520	5840	1094	2660	679	1600	818
SWCQ-200	200	6.00	9264	22140	8568	15114	4620	10788	2034	4908	1254	2898	1185
SWCQ-250	250	9.40	14513	34686	13423	23678	7238	16901	3186	7689	1964	4540	1422
SWCQ-300	300	13.50	20844	49815	19278	34006	10395	24273	4576	11043	2821	6520	2580

型号	公称通径 DN	A	B	B_1	b	b_1	C	D_2	D_3	H	H_1	H_2	h	d	d_1	进、出口法兰尺寸					
																DN	D	D_1	n	d_2	d_3
SWCQ-50	50	459	325	130	18	20	170	260	240	660	480	70	170	19	G½	50	160	125	4	18	M16
SWCQ-65	65	474	340	140	20	20	170	260	240	810	630	70	200	19	G½	65	180	145	4	18	M16
SWCQ-80	80	529	367	145	20	20	180	350	300	820	620	70	220	19	G½	80	195	160	4	18	M16
SWCQ-100	100	550	381	160	22	20	180	350	300	1000	780	70	250	19	G½	100	215	180	8	18	M16
SWCQ-125	125	779	494	165	24	20	220	600	550	1340	1060	100	300	19	G½	125	245	210	8	18	M16
SWCQ-150	150	817	533	190	24	30	220	600	550	1460	1120	100	340	24	G½	150	280	240	8	23	M20
SWCQ-200	200	938	613	230	24	30	260	650	600	1500	1120	120	420	24	G½	200	335	295	8	23	M20
SWCQ-250	250	1034	676	260	26	30	260	700	640	1600	1190	120	500	24	G½	250	390	350	12	23	M20
SWCQ-300	300	1288	814	290	28	30	260	1000	900	1720	1120	120	570	24	G½	300	440	400	12	23	M20

注：法兰连接尺寸按 JB/T 81—2015《板式平焊钢制管法兰》的规定。

③ SPL、DPL 型网片式油滤器（摘自 CB/T 3025—2008）。用于船用柴油机的燃油和润滑油的滤清，可滤除不溶于油的污物以提高油的清洁度。现常应用于冶金、电力、石化、建材、轻工等行业，它分为 SPL 双筒系列和 DPL 单筒系列，过滤元件为金属丝网制成的滤片，具有强度高、通油能力大、过滤可靠、便于清洗和维修、不需要其他动力源等特点。相关参数及图片见表 10-1-69～表 10-1-71。

表 10-1-69　　网片式油滤器的品种规格和性能参数

型号		公称通径 DN/mm	额定流量 /$m^3 \cdot h^{-1}$	滤片尺寸/mm		其他参数
双筒系列	单筒系列			内径	外径	
SPL 15	—	15	2	20	40	(1)最高工作温度 95℃ (2)最高工作压力 0.8MPa (3)油滤器在 1.1MPa 的压力下，不应出现渗漏现象 (4)滤芯在承受 0.35 MPa 压力时，不应损坏和变形 (5)油滤器原始压降不大于 0.08MPa 双筒安装型式：D—顶挂型；C—侧置型；X—下置型。压差发讯器为选配件，需要订货时应说明
SPL 25	DPL 25	25	5	30	65	
SPL 32	—	32	8			
SPL 40	DPL 40	40	12	45	90	
SPL 50	—	50	20	60	125	
SPL 65	DPL 65	65	30			
SPL 80	DPL 80	80	50	70	155	
SPL 100	—	100	80			
SPL 125	—	125	120	90	175	
SPL 150	DPL 150	150	180			
SPL 200	DPL 200	200	320			

表 10-1-70　　DPL 型单筒网片式油滤器的型式及基本尺寸　　mm

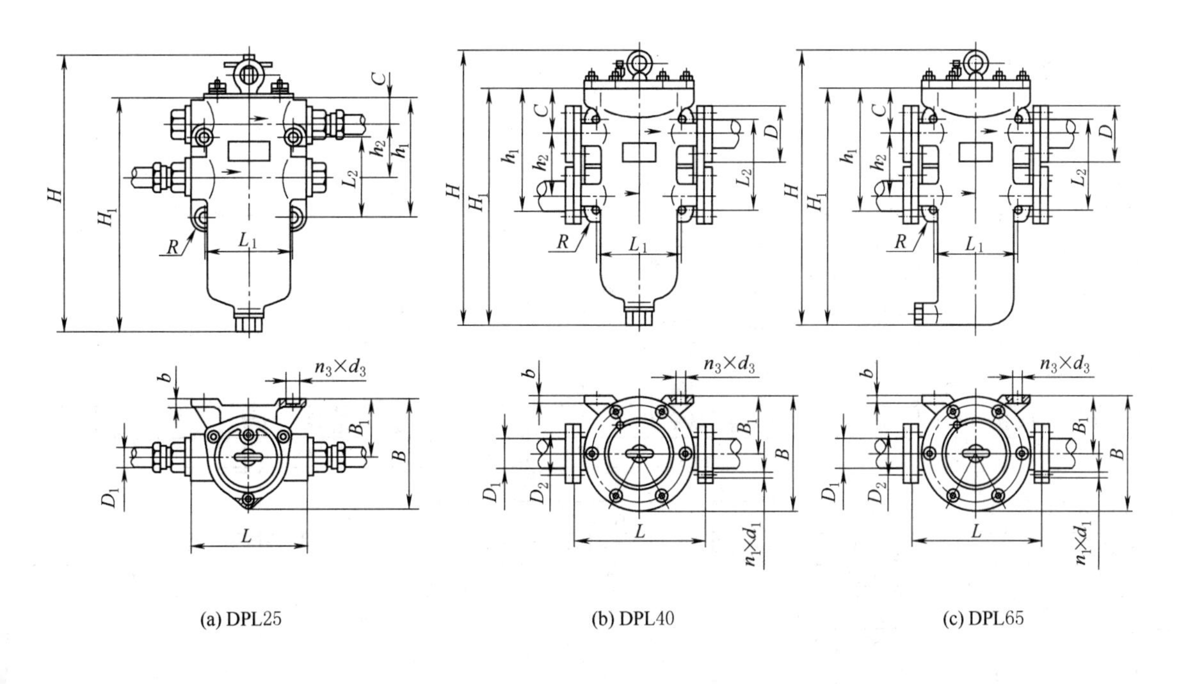

(a) DPL25　　(b) DPL40　　(c) DPL65

续表

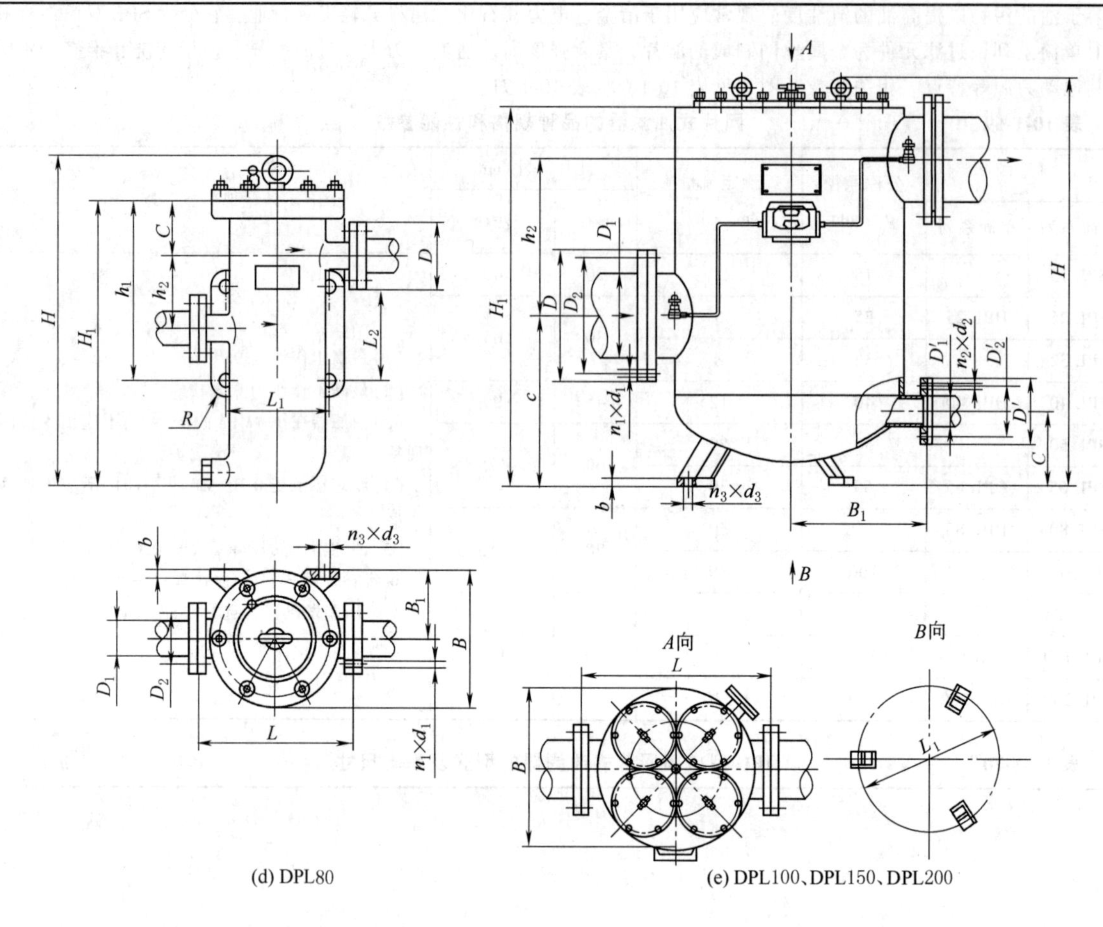

(d) DPL80　　(e) DPL100、DPL150、DPL200

标记示例：公称通径 150mm 的单筒滤清器，标记为：

滤清器　CB/T 3025—2008　DPL150

型号	外形尺寸			管路连接尺寸									
	B	H	L	D	D_1	D_2	d_2	n_1/个	D'	D'_1	D'_2	d_2	n_2/个
DPL25	130	315	135	M39×2	25		—		—				
DPL40	143	440	173	66×66	45	46×46	9	4					
DPL65	195	580	285	100×100	70	75×75	11						
DPL80	238	700	320	185	89	147	18	8					
DPL100	412	800	528	190	108	180							
DPL150	550	940	660	240	158	208	16	12	140	42	100	18	4
DPL200	612	1050	750	310	219	273	17		135	57	103	15	6

型号	管路安装尺寸					基座安装尺寸							质量/kg
	B_1	C	C'	H_1	h_2	b	d_3	h_1	L_1	L_2	R	n_3/个	
DPL25	70	34	—	264	60	12	16	139	100	90	15	4	6
DPL40	80	36		364	70	14	18	177	130	125	20		12
DPL65	105	79		517	105	18	22	261	165	150	25		25
DPL80	128	90		630	120			310	170	170			30
DPL100	264	290	150	734	360		18	—	335	—	—	3	115
DPL150	335	380	180	870	380	20	24		470				160
DPL200	368	438		980	400				550				210

表 10-1-71　　SPL 型双筒网片式油滤器的安装型式和基本尺寸　　mm

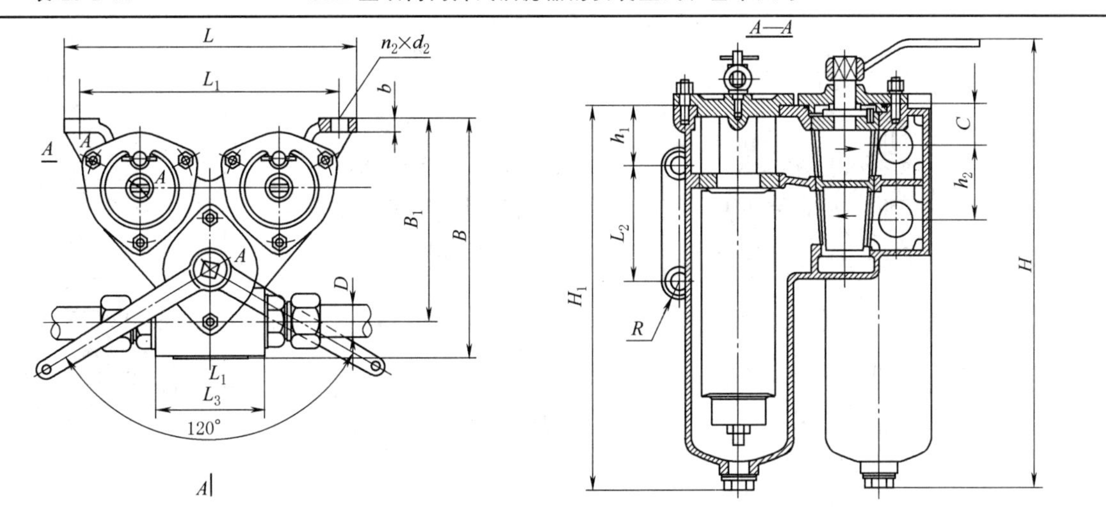

(a) SPL15C、SPL20C、SPL25C 双筒网片式油滤器示意图

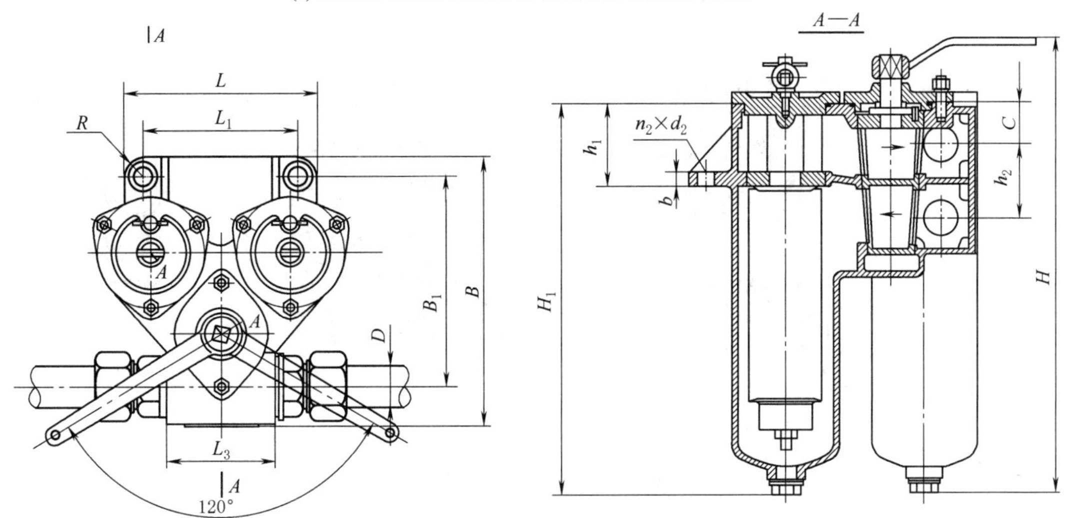

(b) SPL25D双筒网片式油滤器示意图

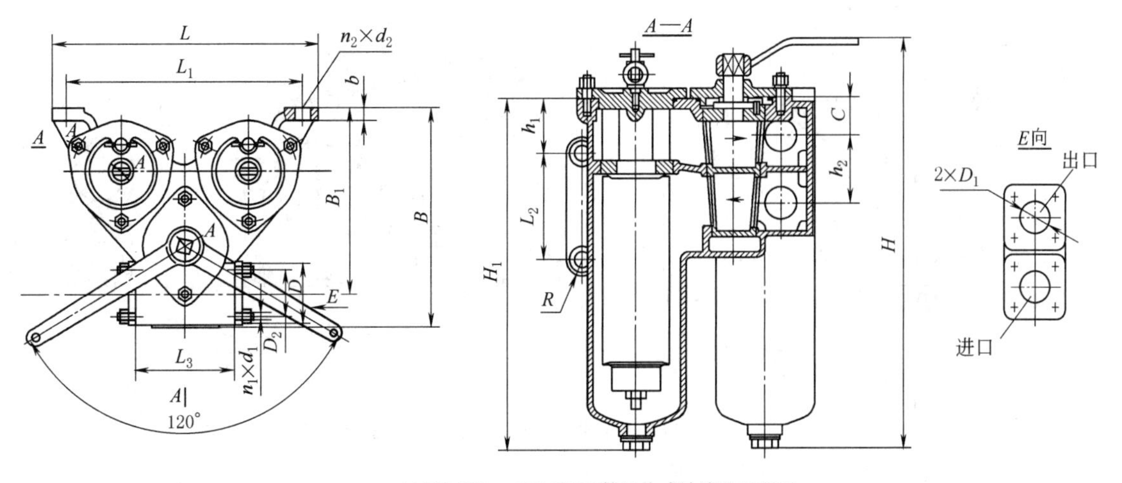

(c) SPL32C 、SPL40C 双筒网片式油滤器示意图

续表

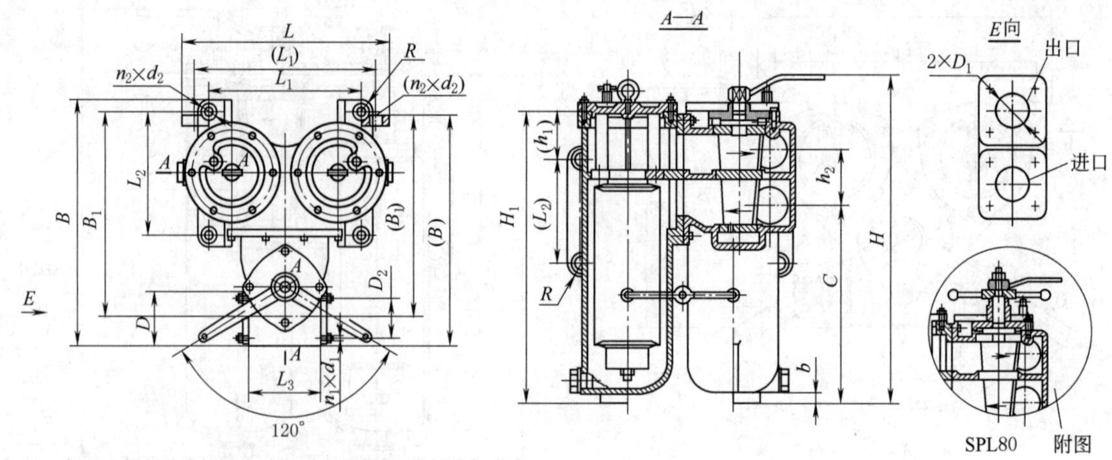

注：括号内的尺寸为侧置式双筒网片式油滤器的尺寸。

(d) SPL50、SPL65、SPL80双筒网片式油滤器示意图

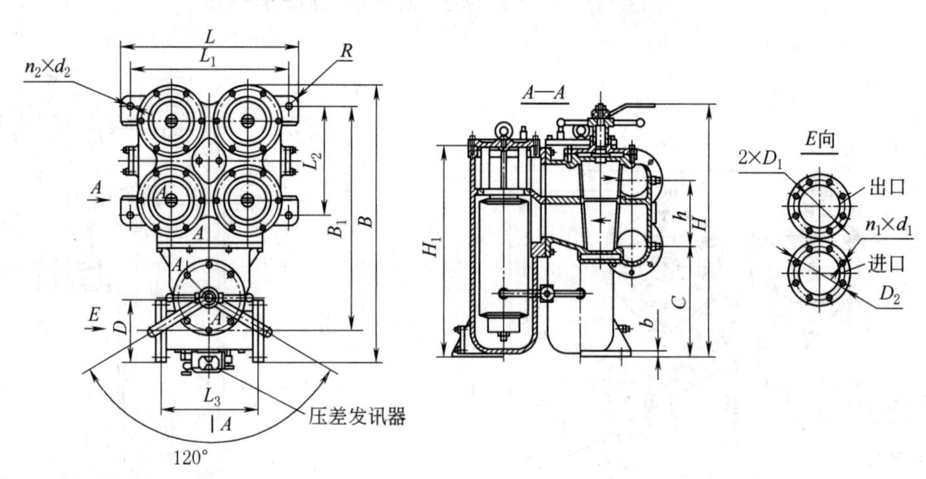

(e) SPL100X、SPL125X双筒网片式油滤器示意图

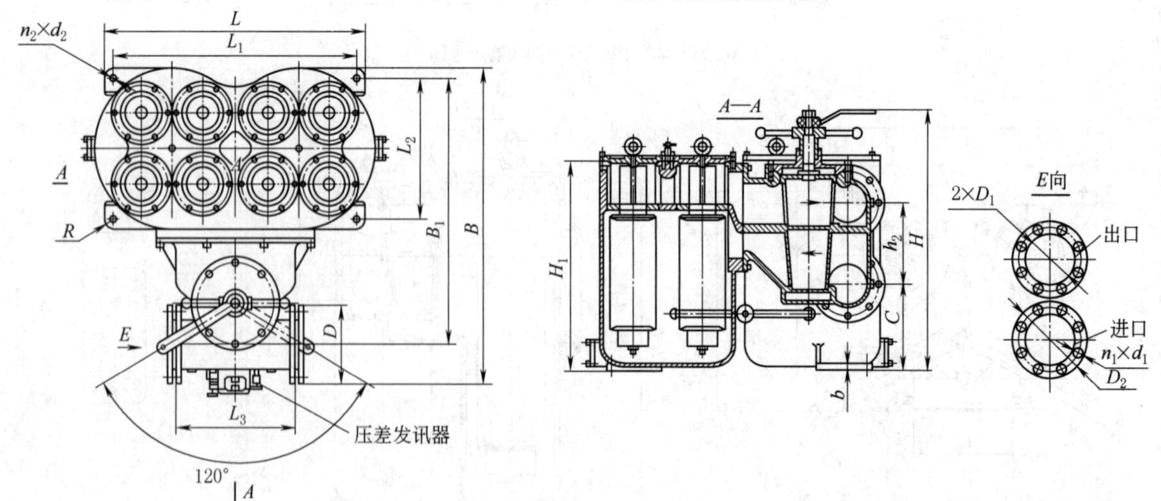

(f) SPL150X、SPL200X双筒网片式油滤器示意图

标记示例：公称通径 65mm 的侧置式双筒网片式油滤器，标记为：

滤清器 GB/T 3025—2008　SPL65C

续表

<table>
<tr><th rowspan="2">型号</th><th colspan="3">外形尺寸</th><th rowspan="2">安装型式</th><th colspan="5">管路连接尺寸</th></tr>
<tr><th>B</th><th>H</th><th>L</th><th>D</th><th>D_1</th><th>D_2</th><th>d_1</th><th>n_1/个</th></tr>
<tr><td>SPL15C</td><td>180</td><td>328</td><td>196</td><td>C</td><td>M30×2</td><td rowspan="4" colspan="5">—</td></tr>
<tr><td>SPL20C</td><td>207</td><td>310</td><td>260</td><td>C</td><td>M33×2</td></tr>
<tr><td>SPL25D</td><td>232</td><td rowspan="2">315</td><td>230</td><td>D</td><td rowspan="2">M39×2</td></tr>
<tr><td>SPL25C</td><td>205</td><td rowspan="2">260</td><td>C</td></tr>
<tr><td>SPL32C</td><td>207</td><td>380</td><td>C</td><td>60×60</td><td>38</td><td>44×44</td><td>9</td><td rowspan="7">4</td></tr>
<tr><td>SPL40C</td><td>261</td><td>462</td><td>314</td><td>C</td><td>66×66</td><td>45</td><td>46×46</td><td>9.5</td></tr>
<tr><td>SPL50X</td><td>425</td><td rowspan="2">447</td><td rowspan="4">410</td><td>X</td><td rowspan="2">86×86</td><td rowspan="2">57</td><td rowspan="2">64×64</td><td rowspan="4">11</td></tr>
<tr><td>SPL50C</td><td>400</td><td>C</td></tr>
<tr><td>SPL65X</td><td>453</td><td rowspan="2">580</td><td>X</td><td rowspan="2">100×100</td><td rowspan="2">70</td><td rowspan="2">75×75</td></tr>
<tr><td>SPL65C</td><td>423</td><td>C</td></tr>
<tr><td>SPL80X</td><td>541</td><td>780</td><td>492</td><td>X</td><td>116×116</td><td>89</td><td>92×92</td><td>13.5</td></tr>
<tr><td>SPL100X</td><td>847</td><td>765</td><td>560</td><td>X</td><td>190</td><td>108</td><td>158</td><td rowspan="4">15</td><td>8</td></tr>
<tr><td>SPL125X</td><td>900</td><td>850</td><td>605</td><td>X</td><td>215</td><td>133</td><td>183</td><td>10</td></tr>
<tr><td>SPL150X</td><td>1000</td><td>890</td><td>990</td><td>X</td><td>240</td><td>159</td><td>208</td><td rowspan="2">12</td></tr>
<tr><td>SPL200X</td><td>1155</td><td>1058</td><td>1180</td><td>X</td><td>310</td><td>219</td><td>273</td></tr>
</table>

<table>
<tr><th rowspan="2">型号</th><th colspan="5">管路安装尺寸</th><th colspan="7">基座安装尺寸</th><th rowspan="2">质量/kg</th></tr>
<tr><th>B_1</th><th>C</th><th>H_1</th><th>h_2</th><th>L_3</th><th>b</th><th>d_2</th><th>h_1</th><th>L_1</th><th>L_2</th><th>R</th><th>n_2/个</th></tr>
<tr><td>SPL15C</td><td>155</td><td>38</td><td>291</td><td>55</td><td>88</td><td rowspan="5">12</td><td>12</td><td>88</td><td>166</td><td>80</td><td>16</td><td rowspan="2">4</td><td>9.5</td></tr>
<tr><td>SPL20C</td><td>177</td><td rowspan="4">34</td><td>258</td><td>65</td><td rowspan="3">90</td><td>15</td><td rowspan="2">90</td><td>230</td><td>100</td><td rowspan="4">15</td><td>11.5</td></tr>
<tr><td>SPL25D</td><td>185</td><td rowspan="2">265</td><td rowspan="2">65</td><td rowspan="3">16.5</td><td>156</td><td>—</td><td>2</td><td rowspan="3">12</td></tr>
<tr><td>SPL25C</td><td>177</td><td>—</td><td rowspan="2">230</td><td rowspan="2">100</td><td rowspan="11">4</td></tr>
<tr><td>SPL32C</td><td>175</td><td>330</td><td>65</td><td>96</td><td>50</td></tr>
<tr><td>SPL40C</td><td>224</td><td>43</td><td>363</td><td>70</td><td>110</td><td>15</td><td>17</td><td>100</td><td>274</td><td>130</td><td>20</td><td>22</td></tr>
<tr><td>SPL50X</td><td rowspan="2">355</td><td rowspan="2">220</td><td>422</td><td rowspan="2">90</td><td rowspan="2">140</td><td rowspan="5">25</td><td rowspan="4">20</td><td>—</td><td>260</td><td>210</td><td rowspan="2">18</td><td rowspan="2">85</td></tr>
<tr><td>SPL50C</td><td>412</td><td>92</td><td>350</td><td>130</td></tr>
<tr><td>SPL65X</td><td>375</td><td rowspan="2">365</td><td>527</td><td rowspan="2">105</td><td rowspan="2">160</td><td>—</td><td>260</td><td>210</td><td rowspan="2">28</td><td rowspan="2">120</td></tr>
<tr><td>SPL65C</td><td>425</td><td>517</td><td>112</td><td rowspan="2">350</td><td>150</td></tr>
<tr><td>SPL80X</td><td>456</td><td>443</td><td>650</td><td>124</td><td>190</td><td rowspan="4">22</td><td rowspan="5">—</td><td>270</td><td>20</td><td>165</td></tr>
<tr><td>SPL100X</td><td>687</td><td>336</td><td>640</td><td>200</td><td>300</td><td rowspan="2">20</td><td>500</td><td>330</td><td rowspan="3">32</td><td>370</td></tr>
<tr><td>SPL125X</td><td>682</td><td>385</td><td>730</td><td>225</td><td>340</td><td>540</td><td>270</td><td>420</td></tr>
<tr><td>SPL150X</td><td>825</td><td>380</td><td>760</td><td>250</td><td>400</td><td rowspan="2">30</td><td>750</td><td>460</td><td>680</td></tr>
<tr><td>SPL200X</td><td>960</td><td>450</td><td>910</td><td>315</td><td>440</td><td>24</td><td>920</td><td>520</td><td>40</td><td>800</td></tr>
</table>

注：C—侧置式；D—顶挂式；X—下置式。

④ 平床过滤机（摘自 JB/ZQ 4601—2006）。平床过滤机的结构为箱式水平卧置过滤机；换纸机构型式为绕带式。适用于有色金属及黑色金属轧制工艺润滑系统，对工艺润滑冷却液及乳化液进行过滤。PGJ 型平床过滤机的基本参数、型号与尺寸见表 10-1-72。

表 10-1-72　　PGJ 型平床过滤机的基本参数、型号与尺寸　　mm

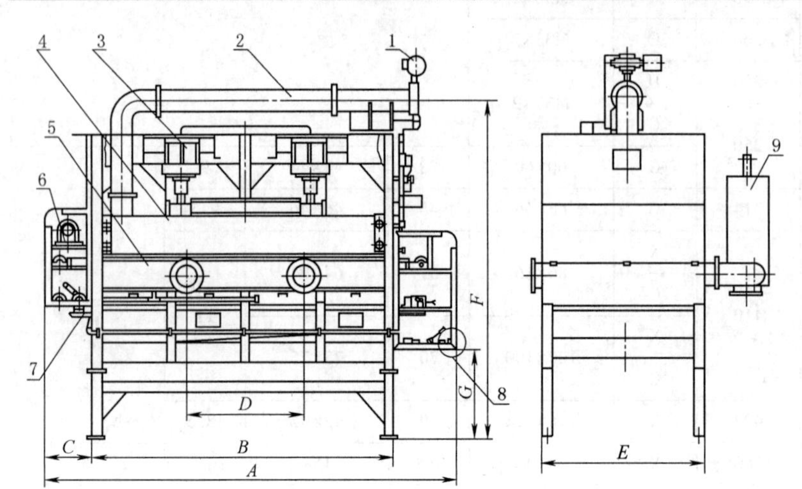

标记示例：

过滤面积 3.6m² 的平床过滤机，标记为

PGJ-3.6　平床过滤机　JB/ZQ 4601—2006

1—入口阀；2—软管；3—液压油缸；4—上室；5—下室；6—纸带输送装置；7—油盘；8—过滤纸；9—液位箱

型号	过滤能力/L·min⁻¹	工作压力/MPa	夹紧压力/MPa	过滤精度/μm	过滤面积/m²	换纸时间/min	油口尺寸 DN/mm 进	油口尺寸 DN/mm 出	地脚螺钉孔/mm	安装尺寸(长×宽)/mm×mm	质量/kg
PGJ-0.5	630	0.021	0.4~0.6	15	0.5	3	65	80	4×ϕ22	875×870	1260
PGJ-0.8	1000				0.8		80	100	4×ϕ22	1030×1250	1675
PGJ-1.25	1500				1.25		100	125	4×ϕ22	1480×1180	2560
PGJ-1.80	2000				1.80		125	150	4×ϕ22	1970×1500	3240
PGJ-2.50	3000				2.50		150	175	4×ϕ22	2240×1500	4500
PGJ-3.15	4000				3.15		200	250	4×ϕ22	2875×1500	5670
PGJ-3.60	4500				3.60		200	250	4×ϕ32	3400×1485	6210
PGJ-4.50	5500				4.50		250	300	4×ϕ32	4250×1500	7650
PGJ-5.00	6000				5.00		250	300	4×ϕ32	4711×1500	8200
PGJ-6.30	8000				6.30		300	335	8×ϕ32	6000×1500	10000
PGJ-8.00	10000				8.00		325	375	8×ϕ32	7175×1500	12000
PGJ-10	12500				10		375	425	8×ϕ32	6000×1500	14000
PGJ-12	15000				12		400	475	8×ϕ32	7100×2170	16000
PGJ-15	18000				15		450	500	8×ϕ32	9025×2170	18000

型号	A	B	C	D	E	F	G
PGJ-0.5	2100	930	560	610	935	2125	720
PGJ-0.8	2350	1235	510	610	1090	2185	670
PGJ-1.25	2810	1540	460	815	1240	2490	890
PGJ-1.80	3715	2030	765	915	1575	2540	200
PGJ-2.50	4175	2345	765	1070	1575	2540	200
PGJ-3.15	5085	2955	915	1220	1575	2620	200
PGJ-3.60	6010	3570	915	1525	1575	2620	200
PGJ-4.50	6930	4185	1220	1525	1575	2620	200
PGJ-5.00	7840	4791	1525	1525	1575	2620	200
PGJ-6.30	9080	6030	1525	1525	1575	2620	200
PGJ-8.00	10915	7255	1830	1830	1575	2670	200
PGJ-10	9300	6100	1830	1375	2290	2815	105
PGJ-12	10975	7315	1830	1830	2290	2815	105
PGJ-15	12805	9145	1830	1830	2290	2815	105

⑤ 精密过滤机（摘自 JB/ZQ 4085—2006）。用于在压力下过滤轧制工艺润滑用煤油，助滤剂为硅藻土的精密过滤机。精密过滤机用过滤纸（又名无纺布）进行过滤。JLJ 型精密过滤机型号、尺寸与基本参数见表 10-1-73。

表 10-1-73　　JLJ 型精密过滤机型号、尺寸与基本参数

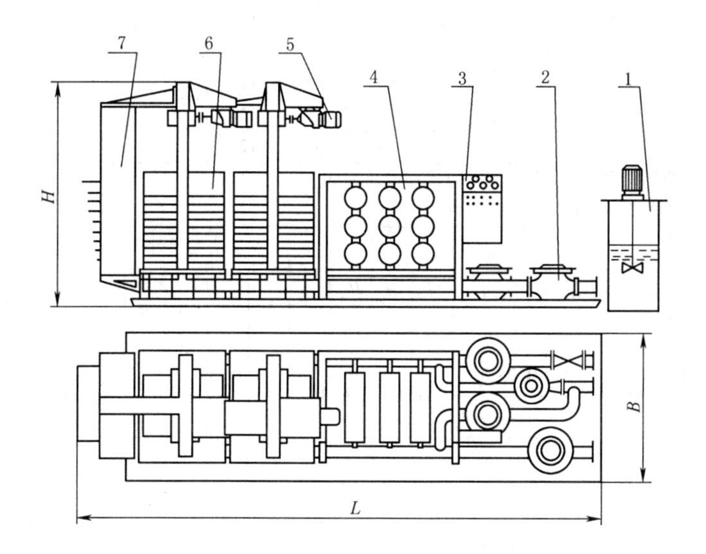

1—混合箱；2—过滤泵；3—控制箱；4—滤纸架；
5—提升夹紧机构；6—过滤箱；7—运纸机构

标记示例：
公称流量 630L/min 的精密过滤机，标记为
JLJ-630　精密过滤机　JB/ZQ 4085—2006

型　号	公称流量 /L·min^{-1}	公称通径 /mm	公称压力 /MPa	清洗换纸时间/min	公称过滤精度/μm	过滤的循环时间/h	过滤箱夹紧力/N	外形尺寸/mm			质量/kg
								L	B	H	
JLJ-630	630	65	0.4(C)	30	0.5~5	24	411×10^3	5710	2040	2250	7200
JLJ-1000	1000	85						5900	2040	2700	9200
JLJ-1500	1500	100						6310	2040	3150	11000
JLJ-2000	2000	125						6310	2100	3570	15000
JLJ-2500	2500	150						6310	2100	4000	16500
JLJ-3000	3000	150						7660	2100	3150	17700
JLJ-3500	3500	150						7660	2100	3450	19000
JLJ-4000	4000	200						8860	2300	3650	20500
JLJ-4500	4500	200						10210	2300	3210	25000
JLJ-5000	5000	200						8860	2300	4100	26500
JLJ-6300	6300	200						10210	2300	3650	32000
JLJ-8000	8000	250						10700	2500	4200	33000
JLJ-8500	8500	250						12000	2500	4200	41000
JLJ-10000	10000	300						12000	2700	4400	52000

(3) 其他元件

表 10-1-74　　安全阀型号、规格及尺寸　　mm

单向阀(JB/ZQ 4595—2006)

型号	公称通径 DN	公称压力 /MPa	d	D	H_1	H	A	质量 /kg
DXF-10	10	0.8 (E)	G3/8	40	30	100	35	1.2
DXF-15	15		G1/2	40	40	110	32	1.2
DXF-25	25		G1	50	45	115	40	1.8
DXF-32	32		G1¼	55	55	120	45	2.0
DXF-40	40		G1½	60	55	120	52	2.2
DXF-50	50		G2	75	65	128	68	3.4

(1)用于稀油润滑系统,防止油流反向流动的单向阀

(2)适用于黏度 22~460mm²/s 的润滑油

安全阀(JB/ZQ 4594—2006)

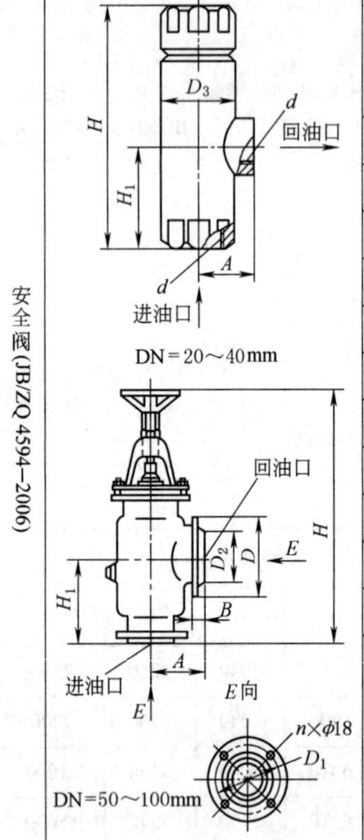

型号	公称通径 DN	公称压力 /MPa	工作压力 /MPa	d	H	H_1	A	法兰尺寸 D	法兰尺寸 D_1	法兰尺寸 D_2	法兰尺寸 B	法兰尺寸 n	D_3	质量 /kg
AF-E 20/0.5	20	0.8 (E)	0.2~0.5	G3/4	140	56	35.5	—	—	—	—	—	45	1.2
AF-E 20/0.8			0.4~0.8											
AF-E 25/0.5	25		0.2~0.5	G1	165	70	40	—	—	—	—	—	50	1.6
AF-E 25/0.8			0.4~0.8											
AF-E 32/0.5	32		0.2~0.5	G1¼	194	88	48	—	—	—	—	—	60	2.8
AF-E 32/0.8			0.4~0.8											
AF-E 40/0.5	40		0.2~0.5	G1½	194	88	52	—	—	—	—	—	60	2.8
AF-E 40/0.8			0.4~0.8											
AF-E 50/0.8	50		0.2~0.8	—	420	110	110	165	125	100	18	4	—	15
AF-E 80/0.8	80			—	485	125	125	200	160	135	18	8	—	23
AF-E 100/0.8	100			—	540	155	135	220	180	155	18	8	—	31

(1)用于稀油集中润滑系统,使系统压力不超过调定值

(2)适用于黏度 22~460mm²/s 的润滑油

(3)法兰连接尺寸按 JB/T 81—2015《板式平焊钢制管法兰》的规定

(4)标记示例:

公称压力 0.8MPa,公称通径 40mm,调节压力 0.2~0.5MPa 的安全阀,标记为

AF-E 40/0.5　安全阀　JB/ZQ 4594—2006

GZQ 型给油指示器(JB/ZQ 4597—2006)

型号	公称通径 DN	公称压力 /MPa	d	D	B	A_1	A	H	H_1	D_1	质量 /kg
GZQ-10	10	0.63 (D)	G3/8	65	58	35	32	142	45	32	1.4
GZQ-15	15		G1/2	65	58	35	32	142	45	32	1.4
GZQ-20	20		G3/4	50	60	28	38	150	60	41	2.2
GZQ-25	25		G1	50	60	28	38	150	60	41	2.2

(1)用于稀油润滑系统,观察向润滑点给油情况和调节油量的给油指示器

(2)适用于黏度 22~460mm²/s 的润滑油;与管路连接时尽量垂直安装

(3)标记示例:公称通径 15 的给油指示器,标记为

GZQ-15　给油指示器　JB/ZQ 4597—2006

续表

YXQ型油流信号器(JB/ZQ 4596—1997)

型号	公称通径 DN	公称压力 /MPa	连接螺纹 d	L	D	H ≈	h ≈	B	D_1	S	干簧管触点容量			质量 /kg
											电压 /V	电流 /A	功率 /W	
YXQ-10	10	0.4 (C)	G3/8	100	70	75	37	65	32	27	12	0.05	0.5	0.7
YXQ-15	15		G1/2	100	70	75	37	65	32	27				0.7
YXQ-20	20		G3/4	120	82	82	40	78	48	40				0.9
YXQ-25	25		G1	120	82	82	40	78	48	40				0.9
YXQ-40	40		G1½	150	110	106	53	106	68	60				1.1
YXQ-50	50		G2	150	110	106	53	106	68	75				1.2

(1)用于稀油润滑系统,通过指针观察油流情况,通过干簧管发出管路中油量不足或断油信号

(2)适用于黏度 22~460mm²/s 的润滑油

(3)标记示例:公称通径 10mm 的油流信号器,标记为

YXQ-10　信号器　JB/ZQ 4596—1997

JBQ型积水报警器(JB/ZQ 4708—2006)

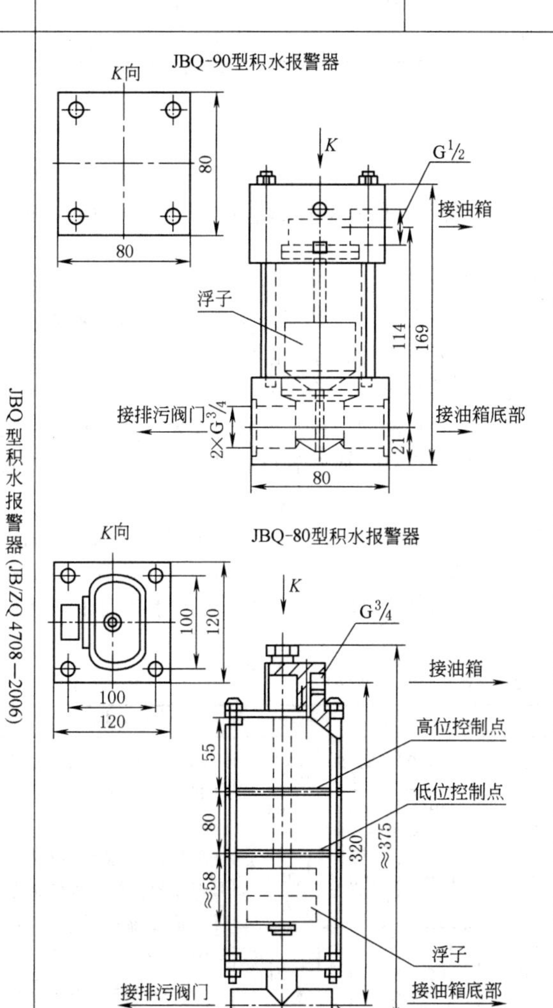

参数名称	型号	
	JBQ-80 型	JBQ-90 型
浮子中心与油水分界面偏差	±2	±1.5
发信号报警的水面高度误差	±2	±1.5
控制积水高度	80	90
排水阀开启的水面高度误差	±2	±2
适用油箱容积/m³	>10	≤10
电气参数	50Hz,220V,50V·A	
介质黏度/mm²·s⁻¹	22~460	
适用温度/℃	0~80	

(1)适用于稀油集中润滑系统,用来控制油箱中积水量,并能及时显示报警;使用时通过截止阀与油箱底部连通

(2)积水报警器与手动阀门配套时,报警器可发出报警信号,实现人工排水。积水报警器与排污电磁阀、电气控制箱等配套时,可以实现油箱积水的自动控制、自动放水和关闭排污电磁阀

(3)油箱中的油液切忌发生乳化,因一旦发生乳化本产品将不能正常工作,故应选用抗乳化性强的油品

(4)标记方法:控制积水高度 80mm 的积水报警器,标记为

JBQ-80 型积水报警器　JB/ZQ 4708—2006

续表

DRQ型电加热器(JB/ZQ 4599—2006)

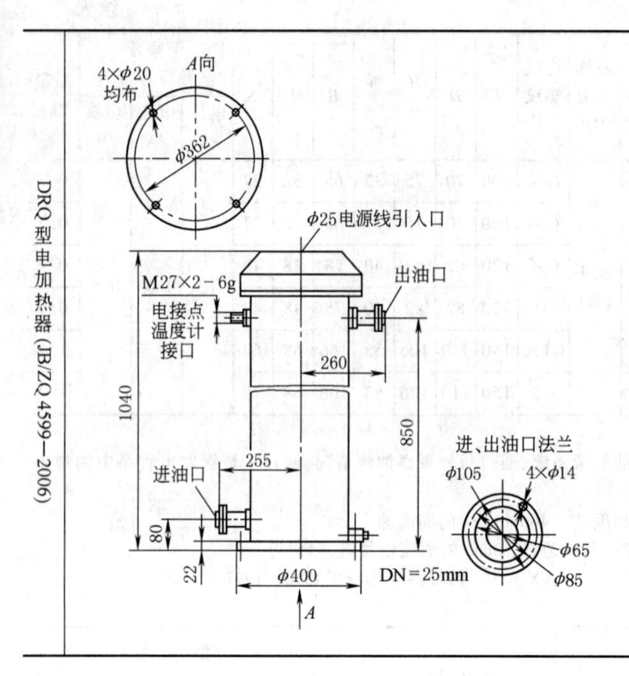

型号	总功率/kW	公称流量/L·min^{-1}	公称压力/MPa	温升/℃
DRQ-28	28	25	0.25(G)	≥35

型号	最高允许温度/℃	电加热器型号	电压/V	质量/kg
DRQ-28	90	GYY2-220/4	220	90

(1)进、出口法兰按 JB/T 81—2015《板式平焊钢制管法兰》的规定

(2)用于稀油集中润滑系统。在脏油进入净油机之前将其加热以降低油的黏度

(3)被加热油品的闪点应不低于 120℃

(4)标记示例:功率 28kW 的电加热器,标记为

DRQ-28　加热器　JB/ZQ 4599—2006

2.5.4 润滑油箱

(1) 通用润滑油箱

润滑油箱的用途是：储存润滑系统所需的足够的润滑油液；分离及沉积油液中的固体和液体沉淀污物以及消除泡沫；散热和冷却作用。

油箱常安装在设备下部，管路有 1∶10~1∶30 的倾斜度，以便让润滑油顺利流回油箱。在油箱最低处装设泄油或排污油塞（或阀），加油口设有粗滤网过滤油中的污染物。为增加润滑油的循环距离、扩大散热效果，并使油液中的气泡和杂质有充分的时间沉淀和分离，在油箱中加设挡板，以控制箱内的油流方向（使之改变 3~5 次），挡板高度为正常油位的 2/3，其下端有小的开口，另外要求吸油管和回油管的安装距离要尽可能远。回油管应装在略高于油面的上方，截面比吸油管大 3~4 倍，并通过一个有筛网的挡板减缓回油流速，减少喷溅和消除泡沫。而吸油管离箱底距离为管径 D 的 2 倍以上，距箱边距离不小于 $3D$。吸油管口有时设有滤油器，防止较大的磨屑进入油中。设时滤网精度应很低，以防吸油管堵塞而不能吸油；实际上一般都不设滤油器。

油箱一般还设有通风装置或空气过滤器，以排除湿气和挥发的酸性物质，也可以用风扇强制通风或设置油冷却器和加热器调节油温。在环境污染或沙尘环境工作时，应使用密封类型的油箱。此外，在油箱上均设有油面指示器、温度计和加热器等，在油箱内部应涂有耐油防锈涂料。油箱的基本参数、结构及尺寸见表 10-1-75~表 10-1-77。

表 10-1-75　　YX2 型油箱基本参数（摘自 JB/ZQ 4587—1997）

项目	型号									结构特点
	YX2-5	YX2-10	YX2-16	YX2-20	YX2-25	YX2-31.5	YX2-40	YX2-50	YX2-63	(1)最高液面和最低液面是指油站工作时,泵在运行中的液面最高极限和最低极限位置,用液位信号器发出油箱极限液面信号。信号器的触点容量:220V、0.2A (2)蒸汽耗量是指蒸汽压力为 0.2~0.4MPa 时的耗量
公称容积/m^3	5	10	16	20	25	31.5	40	50	63	
适用油泵排油量/L·min^{-1}	160/200	250/315	400/500	630	800	1000	1250	1600	2000	
加热器加热面积/m^2	2	3.5	5.5	7	9	10.5	14	18	21	
蒸汽耗量/kg·h^{-1}	40	65	90	120	140	180	220	260	310	

续表

项目	型号									结构特点
	YX2-5	YX2-10	YX2-16	YX2-20	YX2-25	YX2-31.5	YX2-40	YX2-50	YX2-63	
过滤面积/m²	0.48	0.56	0.58	0.63	0.75	0.8	0.88	0.96	1.1	(3)油箱有结构独特的消泡脱气装置,能够有效地消除油中夹杂的气泡,并将空气从油中排出 (4)油箱除设有精度为0.25mm的过滤装置外,还设有磁性过滤装置,用于吸收回油中的微细铁磁性杂质 (5)该油箱可与JB/ZQ 4586—2006《稀油润滑装置》配套
过滤精度/mm	0.25									
最高液面/mm	1190	1240	1440	1540	1640	1690	1890	2110	2290	
最低液面/mm	290	340	340	290	340	340	340	390	390	
质量/kg	2395	3290	4593	5264	6062	6467	7607	11006	13813	

表 10-1-76　　几种工业上常用的油箱结构

(a)带沉淀池的油箱	(b)常用机床油箱结构

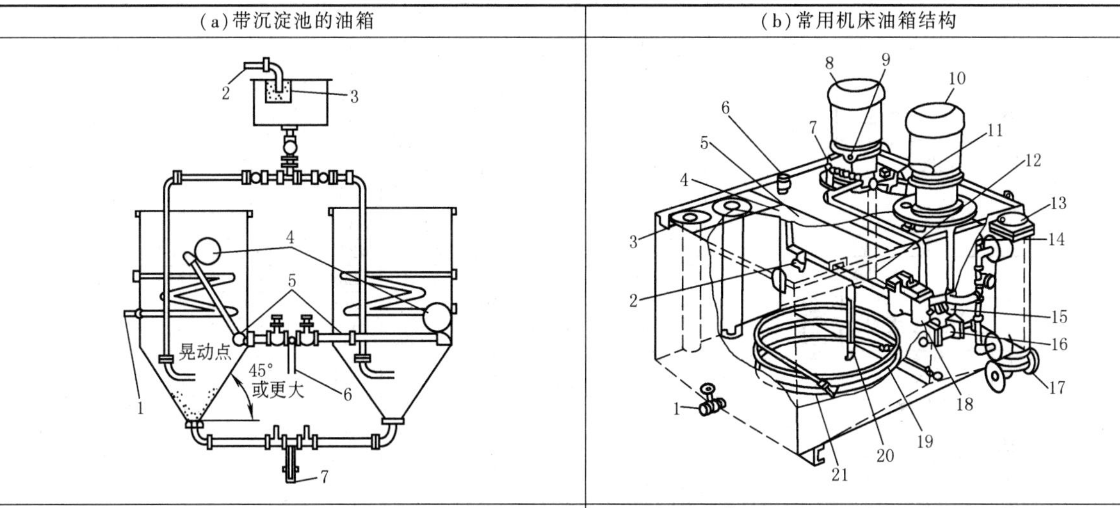

为一种带沉淀池的油箱,这种小型油箱的排污阀常安装在底部	容积约有0.9m³,这种油箱由于常有切削液或水等浸入,需经常清理保持清洁

(c)大型设备使用的油箱

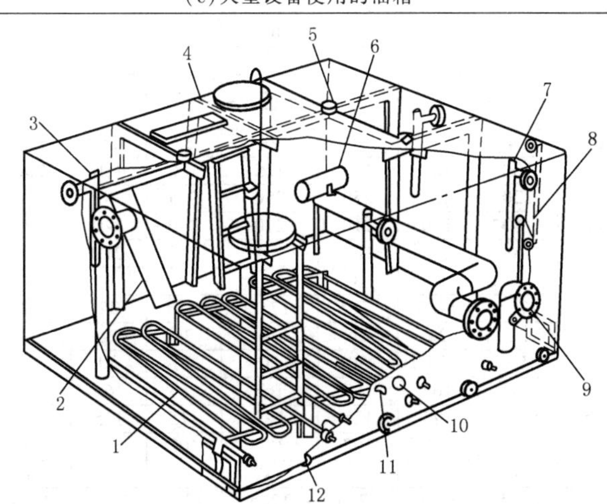

装有浮动的吸油管,可自动调节吸油口的高低,保证吸上部清洁油液

图 a、b、c 三种油箱的组成

图 a:1—加热盘管;2—旧油进口;3—粗滤器;4—浮标;5—摆动接头;6—净油进口;7—排油口

图 b:1—放油阀塞;2—呼吸器;3—回油接管;4—可卸盖;5—闸板和粗滤器;6—充油接管;7—逆止阀;8—润滑油主循环泵;9—关闭阀;10—润滑油备用循环泵;11—压力表;12—脚阀和吸油端粗滤器;13—冷油器;14—温度表;15—永磁放油塞;16—溢流阀;17—冷却水接头;18—双重过滤器;19—恒温控制器;20—油标;21—加热盘管

图 c:1—蒸汽加热盘管;2—主要回油;3—从净化器回油;4—蒸汽盘管回槽;5—通气孔;6—正常吸油管(浮动式);7—压力表(控制回油);8—油标;9—低吸口;10—温度表;11—温度控制器;12—净化器吸管接头

表 10-1-77　　　　YX2 型油箱外形及法兰尺寸　　　　mm

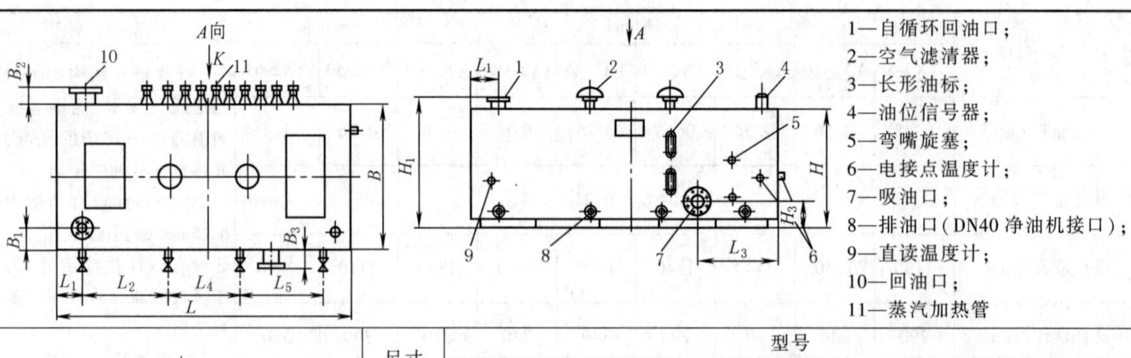

K向旋转(蒸汽管布置)

YX2-5

YX2-10、16、31.5、40

YX2-20、25

YX2-50

YX2-63

尺寸		YX2-5	YX2-10	YX2-16	YX2-20	YX2-25	YX2-31.5	YX2-40	YX2-50	YX2-63
外形尺寸	L	3840	5200	6100	6500	7000	7500	8100	8800	9700
	L_1	250	250	280	380	380	400	400	400	450
	L_2	1100	1110	1520	1870	1000	2030	1000	1930	1050
	L_3	966	700	800	700	1260	1400	1400	1400	1500
	L_4	1140	2500	2500	2000	4000	2550	4000	3800	5225
	L_5	1200	1200	1650	2000	1400	2200	2350	2270	2650
	L_6	250	300	690	300	300	910	985	300	300
	L_7	992	876	1560	1390	1536	1320	1495	2200	2580
	L_8	740	1016	990	906	976	1820	1970	952	1050
	H	1300	1350	1600	1700	1800	1900	2100	2320	2500
	H_1	1400	1450	1700	1800	1900	2000	2200	2440	2610
	H_2	150	150	200	230	230	300	300	350	350
	H_3	260	280	300	300	320	350	350	400	400
	H_4	250	220	250	250	300	300	300	320	320
	H_5	427.5	427.5	427.5	427.5	427.5	598.5	598.5	598.5	1088
	B	1700	1800	2000	2180	2360	2500	2750	3000	3080
	B_1	250	250	250	300	300	400	300	400	450
	B_2	90	100	90	100	100	90	90	90	70
	B_3	90	100	90	100	100	90	90	90	70
吸油口法兰	DN	100	125	150	150	200	200	250	250	300
	D	220	250	285	285	340	340	395	395	445
	D_1	180	210	240	240	295	295	350	350	400
	D_2	158	184	212	212	268	268	320	320	370
	n	8	8	8	8	8	8	12	12	12
	d	17.5	17.5	22	22	22	22	22	22	22
	b	22	24	24	24	24	24	26	26	28
回油口法兰	DN	125	150	200	250	250	300	300	350	400
	D	250	285	340	395	395	445	445	490	540
	D_1	210	240	295	350	350	400	400	445	495
	D_2	184	212	268	320	320	370	370	430	482
	n	8	8	8	12	12	12	12	12	16
	d	17.5	22	22	22	22	22	22	22	22
	b	24	24	24	26	26	28	28	28	28
自循环回油口法兰	DN	50	80	100	100	125	125	150	150	200
	D	165	200	220	220	250	250	285	285	340
	D_1	125	160	180	180	210	210	240	240	295
	D_2	102	133	158	158	184	184	212	212	268
	n	4	8	8	8	8	8	8	8	8
	d	17.5	17.5	17.5	17.5	17.5	17.5	22	22	22
	b	18	20	22	22	24	24	24	24	24
蒸汽加热管法兰	DN	50	50	50	50	50	50	50	50	50
	D	165	165	165	165	165	165	165	165	165
	D_1	125	125	125	125	125	125	125	125	125
	D_2	102	102	102	102	102	102	102	102	102
	n	4	4	4	4	4	4	4	4	4
	d	17.5	17.5	17.5	17.5	17.5	17.5	17.5	17.5	17.5
	b	18	18	18	18	18	18	18	18	18

注：表中尺寸 b 为法兰厚度，图中未予标注。

（2）磨床动静压支承润滑油箱（摘自 JB/T 8826—1998）

适用于供油流量 2.5～100L/min、油箱容量 10～500L、油液黏度 2～68mm^2/s 的磨床动静压支承润滑油箱。其他机床用润滑油箱也可参照采用。油箱的型式分为普通型、精密（M）型、温控（K）型和精密温控（MK）型等。油箱的参数及性能要求见表 10-1-78。根据油箱的结构和使用特点，其安装形式可分为悬置式（代号 1）和落地式（代号 2），见表 10-1-79。

表 10-1-78　磨床动静压支承润滑油箱参数及性能要求

参数：

最大流量 /L·min^{-1}	2.5	4	6	10	16	25	40	60	100
油箱容量 /L	10								
	16	16							
	25	25	25						
		40	40	40					
			63	63	63				
				100	100	100			
					160	160	160		
					250	250	250	250	
					315	315	315	315	315
							500	500	500
制冷电机功率/kW	0.75、1.5、2.2			2.2、4.0、5.5			5.5、7.5、11		
额定压力/MPa	2.5、6.3、10								

性能要求：

项目	性能指标		
供油压力	不小于 95%额定压力		
供油流量①	不小于 95%额定流量		
压力振摆 /MPa	额定压力		
	≤2.5	>2.5～6.3	>6.3～10.0
	0.1	0.2	0.3
耐压性	不小于 150%额定压力		
噪声 /dB(A)	≤10	>10～35	>35～100
	≤70	≤72	≤75
温升/℃	≤25		
温度/℃	≤50		

标记示例：

油泵最大流量 16L/min、油箱容量 100L、油液过滤精度 10μm 的精密温控型悬置式润滑油箱，标记为

MJYMK1-16/100-10 JB/T 8826—1998

①选用 N32 液压油，油温 40℃时进行检测。

表 10-1-79　悬置式和落地式油箱的布局形式和使用特点

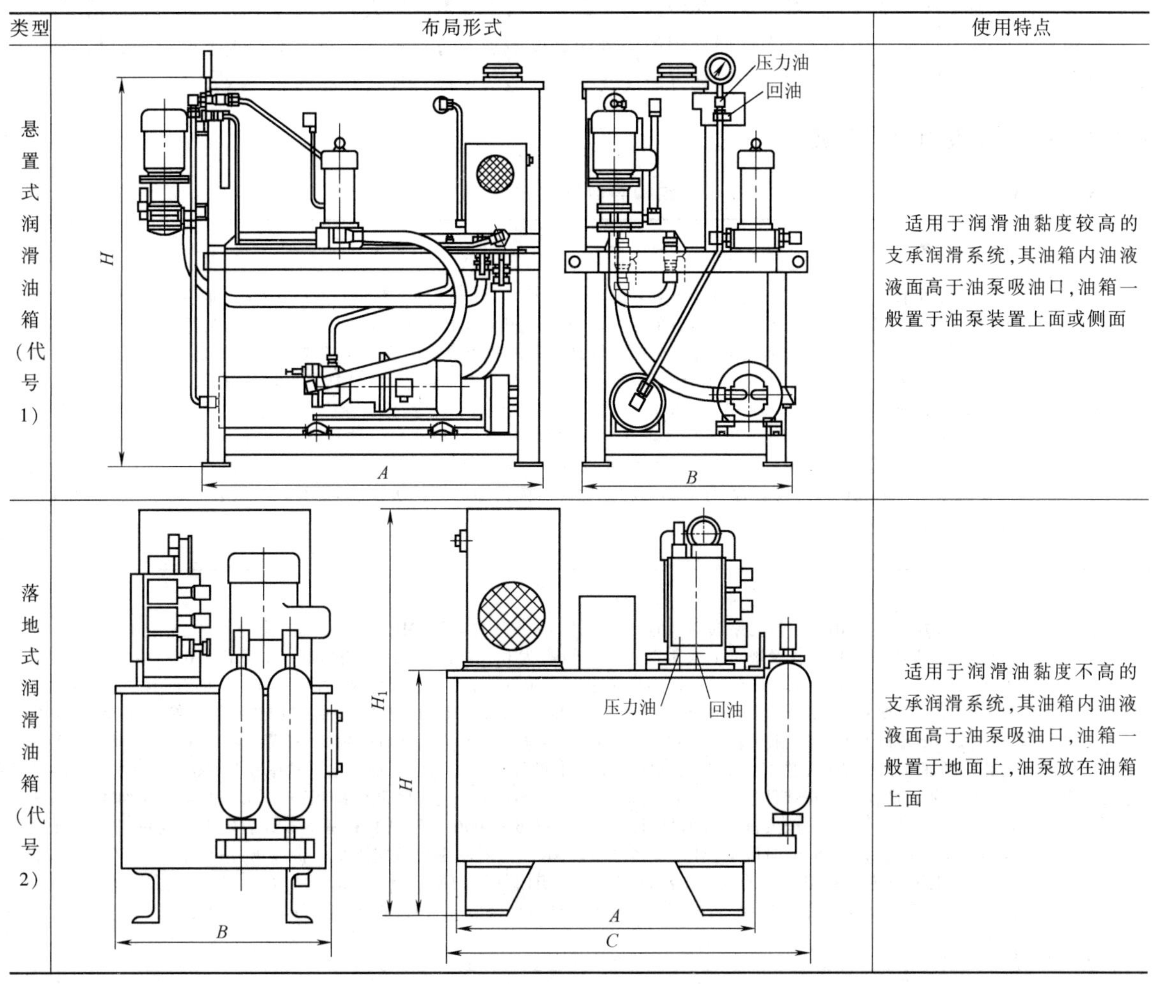

类型	布局形式	使用特点
悬置式润滑油箱（代号 1）	（见图）	适用于润滑油黏度较高的支承润滑系统，其油箱内油液液面高于油泵吸油口，油箱一般置于油泵装置上面或侧面
落地式润滑油箱（代号 2）	（见图）	适用于润滑油黏度不高的支承润滑系统，其油箱内油液液面高于油泵吸油口，油箱一般置于地面上，油泵放在油箱上面

2.6 高低压稀油润滑装置结构参数、自动控制和系列实例

高低压稀油润滑装置既有普通（低压）稀油润滑装置的性能，还有能产生高压使运动件浮起从而形成静压油膜的特点，因此它具有更大的综合应用性能。如果生产线上几台主机使用的润滑油牌号相同，只要集中使用一台大中型的高低压稀油润滑装置就可以满足数台主机的润滑，既能形成动压油膜和静压油膜，还能实现带出热量使摩擦副降温的目的。

它不但能产生低压（<1MPa）和高压（20~31.5MPa）两种压力的供油，还能解决高低两种压力流量的匹配问题和维持低压油可靠地向高压泵输送的合理压力范围。因此，可以说能进行高低压稀油润滑装置的设计就易于解决普通（低压）稀油润滑装置和高压稀油润滑装置的设计计算。因此本节内容为稀油润滑装置设计计算的范例，以高低压稀油润滑装置结构参数的确定说明实际设计中如何运用上述原理来从事稀油润滑装置的设计计算，以自动控制和安全技术作为运行和维修的前提条件，并以若干系列中的例子说明如何具体将这些技术融入高低压稀油润滑装置的设计中。

以工作和备用高压泵数量为主线的高低压稀油润滑装置的品种系列仍不能完全反映各种机械设备对润滑（特别是润滑油黏度）的多种多样的要求，如果加上环境条件（气温、周围气氛、冷却水温度等）和人们对事物认识的差异，使各种因素反映到稀油润滑装置上，从而对稀油润滑装置有了千差万别的要求，试图以一种模式适应各种情况确实很难做到。

为此在确定结构和技术参数时以“稳妥可靠”为前提并遵循“经济合理原则”，即针对大多数情况，依据标准上规定的工况来满足一般高低压稀油润滑装置的要求。即技术参数结合实际确保可靠并能满足大多数高低压稀油润滑装置的合理要求，结构则针对设备工况做到切实稳妥。技术参数高于表列数据一般是可以的，但低于表列数据要慎重考虑是否会影响装置的技术性能，例如润滑油黏度增加、过滤精度提高、冷却水温度增加，供油温度范围缩小、供油压力增加、油箱容积减小等都可能危及基本性能的保障；反之则有利。

2.6.1 结构参数的合理确定

表 10-1-80　　结构参数确定方法

项目	说明
低压供油及循环保障系统	低压泵装置承担向外低压供油和向高压泵入口供油两种功能，在流量较低（$Q \leqslant 125$L/min）时采用立式稀油润滑装置（LBZ型齿轮泵润滑装置）或流量接近的采用4~6极电机的GPA型内啮合齿轮单泵润滑装置最经济合理，因油泵和吸油管道都在油箱里面，离油面很近，对黏度较高的油能较可靠地吸入。当Q为160~500L/min，建议用JB/ZQ 4591—2006斜齿轮油泵装置，并采用分体式结构，让油泵吸油口在油面下面，这样可以保证润滑油的吸入。当Q为500~800L/min时，建议用JB/ZQ 4750—2006三螺杆泵装置，但需注意其基本参数表中的吸入高度为当介质黏度为75cSt时的吸入高度；油黏度高时，吸入高度将减少，同时噪声增加，为此尽可能将泵置于油面下或采用浸没式螺杆泵装置，如为高黏度油时应降低电机转速（用6~8极电机）或采用双螺杆泵装置。润滑回油采用重力自流方式，故回油管道不允许装有任何过滤装置，且根据油的黏度要保证足够的回油坡度，即油箱一般设在地面下；自流坡度不足时要设油泵压力回油
低压供油压力及电机功率	以极限压力为0.63MPa的齿轮泵润滑装置的低压供油压力为≤0.4MPa比较合适，同时又考虑到JB/T 8522和JB/ZQ 4586两种稀油润滑装置规定了低压供油压力最高为0.5MPa，故将低压供油压力规定为0.4~0.5MPa；实际供油压力>0.4MPa或油黏度较高时都不宜用齿轮泵润滑装置，而应考虑螺杆泵装置，这时表中的有关泵装置电机的数据将作相应改变；实际低压供油压力大部分≤0.4MPa，考虑冷却器、过滤器、少数有加热器及系统总压差后，按泵口压力最大不超过0.63MPa来计算泵的功率。目前仅螺杆泵考虑了黏度对电机功率的影响，齿轮泵、柱塞泵装置并未考虑实际油黏度的影响（功率会增加），从实际工作中可看到介质黏度增加时电机功率和装置的噪声都会增加，黏度较高、公称流量较大时宜选低速电机（但泵的实际流量相应减少），以降低泵的噪声。如供油压力>0.4MPa，低压泵电机功率应另行计算，一般要高于表列数值。JB/ZQ 4756—2006螺杆泵装置基本参数表中电机功率按泵口压力为1MPa和介质黏度为75cSt时确定，对一般润滑系统偏大；实际功率应按实际最大供油压力+供油口到泵口间的最大压差（考虑过滤器切换报警压差及冷却器、加热器、管道附件等均处于最大压差下）为泵口实际最大压力（若小于1MPa功率可减少），实际介质黏度（若黏度大于75cSt时功率稍增加）由螺杆泵功率计算法来确定

续表

项目	说明
油箱及加热装置	油箱的容积选择变化范围很大，现在根据标准稀油润滑装置规定的范围来确定油箱的容积，油箱不但起洁净润滑油的作用，还有稳定和调控温度的作用，温度决定了润滑油的实际黏度，合理黏度保证润滑减摩作用和降温。润滑油的正常循环首先取决于低压泵能连续吸入。对置于油箱上面的油泵装置，在油面位置确定后，泵的理论吸入高度和温度对应的润滑油黏度是决定因素，所以将润滑油温度升至接近供油温度十分重要，油箱上的加热装置是启动稀油润滑装置所必需的。现在广泛采用电加热装置来提高油温，因它是一种清洁方便的能源，在特定条件下也允许用蒸汽等其他能源 电加热时为了防止润滑油碳化变质，油黏度越高越需减小电加热器的表面热功率（$\leqslant 1W/cm^2$）；同时为了不停车更换内部的电加热元件，现广泛采用带保护套的电加热器，并使表面热功率进一步减小。电加热器的电压应采用380V，这样油箱上电加热器总数就不受“3”整数倍的限制。具体系列中建议的总功率数、保护套的长度和直径以及选用的表面功率决定了电加热器的总数，这个总数也是可以根据实际情况改变的。另一方面，如用黏度较高的润滑油，只要温度允许低压润滑泵能正常吸入时，就应该让油在自循环下进行加热，以促使润滑油在加热器表面流动
供油温度及冷却器	供油温度一般取40±3℃（若取40±5℃就需选用黏度稳定性较好的润滑油），最低温度靠油箱加热解决。当系统回油后，油温就逐步升高，如升到43~45℃，就要由冷却器来降温，冷却器可用列管式或板式，后者由本身技术性能及规格确定其换热面积，最好将换热面积 m^2 改为kW（kcal/h）。一般来说它的冷却效率较高，但维修量较大且介质黏度大时油程的压力损失较大，泵功率加大。在大中型稀油润滑装置中可适当选用，中小型稀油润滑站选用列管式的较多。JB/T 7356—2016列管式油冷却器标准中对热交换工况及热交换系数重新规定如下表

列管式油冷却器热交换技术性能参数

型号	介质黏度 $/mm^2 \cdot s^{-1}$	进油温度/℃	进水温度/℃	压力损失/MPa		油流量与水流量之比	热交换系数 $/J \cdot s^{-1} \cdot m^{-2} \cdot ℃^{-1}$
				油测	水测		
GLC	61.2~74.8	55±1	≤30~35	≤0.1	≤0.05	1∶1	≥350
GLL		50±1				1∶1.5	≥230

项目	说明
供油温度及冷却器（续）	另外，JB/T 7356—2016标准已把水温扩大到35℃，特别是油黏度偏离测试条件数值较高时（>61.2~74.8mm^2/s），热交换系数将会降低，在确定换热面积时必须考虑。GLC型翅片管式冷却器虽热交换系数高较多，且水耗量少，但它只适用于黏度100cSt以下的润滑介质。如果黏度高于100cSt时，实际热交换系数就会降低。黏度较高时，降低更多，故它实际上只适合少数低黏度润滑油。目前技术性能系列表参数中冷却器的热交换面积均为GLL型裸管（光管）冷却器的数据，水耗量亦为该型冷却器的。如选用时实际润滑油黏度确实低于100cSt用GLC型冷却器时，不但冷却面积可以减小一些，且水耗量也可按表列数据减少35%。冷却器方面存在以传热面积 m^2 作为基本参数的问题，有的生产厂以不起传热作用的所谓翅片面积作为热交换面积，使冷却器徒有冷却面积大的虚名而无实际传热效果，今后应以kW（kcal/h）数为基本参数，以反映冷却器的实际传热性能
过滤精度和过滤器	对低黏度润滑介质和要求供油清洁度较高者选用先冷却后过滤的润滑系统是最合理的；对大部分黏度较高的系统则采用先过滤后冷却的润滑工艺，其原因是有利于黏度较高介质在温度较高时（实际黏度可降低）通过过滤网，以减少过滤阻力，从而减少流动时的压差和电机功率。低压系统按标准规定高黏度时过滤精度为0.12mm，低黏度时为0.08mm，即低压系统的过滤精度为0.08~0.12mm，高压泵入口设置普通低压过滤器，过滤精度为0.04~0.025mm，由设计时选择确定（或由用户需要确定），系统均采用低压系统向高压泵入口强制压油，以保证黏度较高时仍能向高压泵连续供油。黏度高、过滤精度高和流量大时过滤器需有较大的过滤面积，否则压差会很快增加
高压泵吸入口允许的润滑油压力范围	我们设计的高低压稀油润滑装置是采用低压泵向高压泵入口强制供油的方式，原来高压泵吸入口的密封结构是适合负压结构的；现由低压泵出口向其压力供油时，由于低压泵的供油压力受低压泵向动压油膜供油系统压力损失（压差）的影响，低压泵供油压力在>0.4~0.5MPa，均远大于大气压力；高压泵吸入口密封结构受具体结构限制，高于某一压力值时，低压油将在高压泵吸入口处泄漏，就保证不了向高压泵的供油。例如采用R型径向高压柱塞泵的系统，这种泵的吸入口的润滑油压力（即低压泵供油压力到吸入口的压力）应在-0.03~0.1MPa的范围内，大于0.1MPa就会发生高压泵吸入口漏油的情况而导致回路破坏。根据这一情况，在高压泵吸入口之前配置一组油过滤器是合适的，这不但可以通过过滤器的压差来降低低压泵供油压力，而且可以用低压过滤器来保证进入高压泵的润滑油的清洁度的提高。上述压力范围（-0.03~0.1MPa）是针对R型径向高压柱塞泵（哈威泵）的，采用其他高压泵时，应根据具体高压泵的规格型号来确定进入高压泵吸入口的适宜压力范围，这由采用的具体高压泵吸入口的密封结构来确定。对哈威泵而言，若低压供油范围超过这一规定范围，订货时改为A型哈威泵，将该泵的一组密封圈反装，可稍提高低压泵的供油压力，而在高压泵吸入口不致造成泄漏；其他品种高压泵则应和制造厂具体联系其合适的进入吸入口的压力范围，并采取相应的技术措施以适应高压泵的吸入口压力
高压泵供油压力和其电机功率	以前的系列都按轴向柱塞泵的极限压力31.5MPa来计算泵的电机功率，但实际高压泵的供油压力（供油输出压力）一般都≤20MPa，故现在以实际供油压力为20MPa来计算电机的实际需要功率（为表列功率数值），以提高电机运行效率并减轻电机的重量，降低设备成本。若设备实际高压供油压力>20MPa或≤16MPa的则应根据实际供油压力重新计算高压泵的电机功率增加或减少表列数值，若黏度高时电机功率应适当增加些

续表

项目	说明
系列参数的制定原则和优越性	目前我国尚没有高低压稀油润滑装置的行业标准,有的公司制定了本企业的标准,如某润滑液压设备有限公司在2009年制定了NGDR型高低压稀油润滑站的系列企业标准。这是我国目前所见的较完整的系列,已作为样本推出,可作为各润滑企业公司参考 系列参数应根据高低压稀油润滑装置(公称)流量的优先数系列和高压泵和低压泵均系定量输出流量为依据而制定 其他系列参数则根据上述原则及设计计算方法而确定 R型径向高压柱塞泵(哈威泵),具有多排输出,且柱塞可由不同数量组合而输出不同流量,即同一台泵,也可以有不同的流量输出。另外输出管道也可组合成不同的形式,这样为各种设备需要不同流量和各种数量高压输出管道创造了极为有利的条件 高低压稀油润滑装置有高压和低压两种润滑油输出,为了高压泵启动时不致影响低压供油压力,原来高低压稀油润滑装置的低压(公称)流量远大于高压泵(公称)流量,这是必需的;但若设备仅需高压润滑油(如供静压轴承用),而不需低压润滑油输出时,则可将系列中低压泵(公称)流量减少到比高压泵总(公称)流量大一挡的(公称)流量优先数(在任何瞬时,低压泵实际流量必须大于高压泵实际总流量),而在低压管道上设置一泄油阀(一般高低压稀油润滑装置的低压管道上已有这种设置),将多余低压油泄去即可。这样高低压稀油润滑系统就可以改变为全高压稀油润滑系统了,也成为高低压稀油润滑装置的又一种延伸

2.6.2 自动控制和安全技术

保证润滑的必要条件是在摩擦副之间形成稳定可靠的油膜，瞬间的干摩擦都会造成运动副表面的损伤和破坏，造成主机寿命减少甚至运动失效。因此稀油润滑装置必须保证润滑全部表面在运转全过程中均处于油膜状态就成为十分重要的前提条件。为此，表10-1-81中的操作规程和报警、联锁等自动控制就是稀油润滑装置所必备的，在设计装置的操作运行中必须做到。也即，稀油润滑装置必须“备妥”后主机才能启动，而主机必须停妥后才能停润滑。

所谓“备妥”即稀油润滑装置运行时，油压、流量、油位、油温、油质及循环均正常，即符合装置设计所有技术参数后，才能考虑主机的启动。更应注意的是主机必须停稳后，也即停电后待主机运行惯性全部消失后，主机全部运行速度为零时才能关停润滑装置。

表10-1-81　自动控制和安全技术说明

项目	说明
油泵装置必须有备用	为了保证各润滑点均能可靠地润滑,而油泵装置若不能保证运行无任何故障,出现油泵性能下降不能保证压力或流量时,油膜的形成也就受到影响,故必须设有备用泵。待主泵压力下降到某一数值(比正常工作压力低到某一数值,而流量下降时,压力也会下降)时,备用泵应自动(联锁)启动,待压力恢复正常时,停备用泵(另一种方式为停原主泵,让备用泵作主泵运转,而寻找故障原因或检修主泵)
油位的报警和联锁控制	稀油润滑装置中所有部件的油位都必须处于正常位置,目测的要随时巡视,有联锁的则进行自动控制发出有关信号。润滑装置中最重要的是油箱的油位控制,均由相关的油位信号器发出有关信号或联锁控制。对一般小油箱而言,除有正常油位标示外还应有一高油位及低油位,即油箱充油时的最高油位,防止油溢出油箱,低油位防止油泵可能吸空,此时必须向油箱补充润滑油。这两个位置均应在主控室发出“油箱油位高”和“油箱油位低”的报警信号,以采取立即充油或停止充油(高油位报警时)的措施。对长的下油箱而言,箱体吸入段除以上“油位高”的报警外,下面低油位还分成“油位低”和“油位过低”两个报警信号。出现“油位低”信号时,必须立即向油箱充油。若未及时充油或系统有严重泄漏,导致油位降到“油位过低”时(此时已来不及使油位上升),则应立即停主机,再延时停润滑装置(电控联锁设置有关程序),此时注意不能先停润滑装置,应先停主机,必须待主机惯性运行结束后才能停润滑装置。而长大油箱的非吸入段如加热段就应根据实际需要一般二位控制就可以了,即控制“油位高”和“油位低”两个位置即可
油温的控制和联锁	油膜的形成必须是在压强作用下,对某黏度的润滑油进行温度控制,牌号不同的润滑油有其固有的黏温线,温度不同时,黏度也随之变化。例如针对实际摩擦副,其形成油膜的规定温度为40℃±3℃,供油温度范围小于37℃必须加热升温,大于43℃时必须降温冷却

续表

<table>
<tr><th colspan="2">项目</th><th>说明</th></tr>
<tr><td rowspan="4">油温的控制和联锁</td><td>油箱油温的控制</td><td>当油泵吸油时，特别是温度低黏度大时，其允许的吸入高度也是有限的。例如对齿轮泵而言，对黏度较低的（例如220cSt），其允许吸入悬空高为500mm（螺杆泵大些而柱塞泵则更小），所以为了保证不致吸空而抽不上油必须进行加热，这样首先要控制油箱中的油温，为此在油箱上设有各种加热装置，还有温度的自控装置。即要将油箱油温控制在所用泵能吸入的最低温度以上（必须达到所用润滑油能吸入的最低黏度），而低于供油的最低温度（如37℃），这时必须在油箱上设有温度的自控装置。例如当油箱温度低时，要进行加热[用单位面积热功率（W/cm^2）较高的加热装置加热时，特别是油的黏度又高时，要使油在循环状态下进行加热，以防止油在加热管上结炭而破坏润滑油的品质]。当加热温度达到泵保证能吸入且噪声也不超标时，就可以停止加热。为了保证这一最低温度，防止泵吸空，应设立油温和泵启动的联锁装置，即油温不达到规定值时，虽操作启动按钮开泵，泵却不能开动的联锁，以确保油温必须达到这一温度才能启动泵。否则将造成泵磨损而油流量又不足的严重故障，造成润滑油膜破坏。也要设计好当油箱油温升高到设定的温度（如<37℃的某值）时，要联锁自动停止加热，因为润滑油温度高会使润滑油很快变质而缩短润滑油的使用寿命</td></tr>
<tr><td>供油温度的控制</td><td>油泵启动的温度设定后，随着润滑装置的工作，回油温度会逐渐升高（这也是油箱温度加热到<37℃的原因之一），这时在供油口还应设有油温的自控联锁装置，此时若测出油温大于供油最高温度（如以上设为43℃），则应将油流经由冷却器并打开冷却器的进出水口（或其他冷却措施），令油温下降，可调整水量（有温度自控的不需要调整）直到满足设定的合适供油范围时，就维持稳定冷却器的工况；若外部条件变化致油温变化时，就再调整冷却器工况使其供油口温度在规定范围内；若油温降到37℃以下（如或在冬季）就可以发出信号或联锁冷却器让其停止工作</td></tr>
<tr><td>回油温度的控制</td><td>油温控制还应包括回油温度的控制，特别是用高黏度（如>320cSt）油时，在严寒的冬季，如果回油管道长，回油是非常困难的，以致不能保证润滑油顺畅地自流回油箱，这时就需对回油管道进行保温处理，甚至，例如用电伴热带进行回油的加热，以确保润滑油全流量返回油箱，实现完全的无损失的循环
所以润滑系统温度控制不但要保证油膜生成的质量，而且要充分保证润滑油全流量的循环，控制全流程的油温就是关键</td></tr>
<tr><td>硬齿面减（增）速器润滑时油温的控制</td><td>现在硬齿面减速器应用广泛，这种减速器效率（>0.90）虽高，但由于其传递总功率很大，摩擦功率还很大，会产生大量热能，使润滑油温度很快升高，所以在使用硬齿面减（增）速器的场合还要进行热平衡计算，要求润滑系统还应有足够的流量把这部分热量带走，即进行“冷却”，否则，油温会极大地升高，将会破坏油膜使润滑失效，导致主机传动系统寿命迅速降低</td></tr>
<tr><td colspan="2">油过滤器备用滤芯切换操作</td><td>前已述及，主机工作前润滑装置应先投入工作，并连续工作不能间断润滑，为了提高油的清洁度，润滑系统必须具有各种油过滤装置，随着润滑装置工作的延续，过滤器的滤网必然会被各种污垢逐渐堵塞，这样不但增加了过滤器的阻力，使过滤器的压差也逐渐增加，而且使泵口压力增大，泵的功率加大，过滤效率降低，因此在系统中应设置不停润滑但能切换过滤器或换其滤芯。以后者为例，较多的为在系统中采用双筒网片式过滤器，当工作过滤筒中的滤芯达到设定应清洗或更换的压差数值时，此时过滤器不但应显示其中滤芯的压差数值，还应发出报警信号，说明此时应进行切换工作滤芯到备用滤芯工作了（切换滤芯可以自动，但双筒网片式过滤器大部分采用手动操作切换）。此时应注意，切换操作全过程不能因切换而瞬间断流，一般双筒网片式过滤器在切换过程中先经双筒均有流后，再转换到备用滤芯所在筒单独通流，不断流是保证不破坏油膜所必需的。因此切换过滤器或滤芯时，保证切换全过程没有任何瞬间断流是最重要的</td></tr>
</table>

续表

<table>
<tr><th colspan="2">项目</th><th>说明</th></tr>
<tr><td rowspan="3">事故停电时的技术措施和其操作</td><td colspan="2">主机停电后不能马上(更不能先)停润滑,原因是电机或其他原动机仍在做惯性运行,停润滑即去掉了摩擦副间的油膜,将导致设备磨坏,所以润滑设备还应防止突然停电事故而造成惯性运转时失油导致的磨损问题,为此在润滑系统中还应设有高位油箱或压力罐</td></tr>
<tr><td>高位油箱</td><td>设置在润滑装置供油口上方数米高处,用位能变动能向供油口补油,高位油箱的特征为油箱油面上方压力为零,其有效容积取决于突然停电后主机惯性运行的总时间,即要求该时间内保证有润滑油向润滑点供油。高位(能)转变为供油压力,高位油箱距供油口每 1.2m 高产生接近 0.01MPa 压力,若供油压力为 0.1MPa,则油箱放置高度应距供油口大于 12m,故高位油箱只适合供油压力较小的场合,否则高位油箱放置很高位置有实际结构上的困难
因此如果供油压力要求较大,则要用所谓的“压力罐”
高位油箱和压力罐二者均有常开式和常闭式两种结构形式,常闭式为高位油箱储油后处于封闭状态,除非发生突然停电,否则润滑油被封闭在高位油箱中。当突然停电时,下流管上原封闭的阀门才会立即打开,高位油箱中的油依靠高处位能向供油口方向流动补充供油,管道中原油泵已停止供油。为满足突发停电时的补油需求,要求补充的油量除必须满足惯性运转期间的需要外,在压力、温度、安全可靠等方面的要求也必须满足。所以除必须保证高位油箱的有效排油总量和高位油箱离供油口的高度外,油箱中的润滑油(特别是常闭式的)平常停滞在高位油箱中,它会随环境温度变化,因此常闭式高位油箱中还应有油温控制,除必要的加热装置外,还有温度的自控装置,即温度也应在 40℃ 左右的规定范围内,大于最高温度而加热未停止和低于最低温度时均应报警。此时前者应令加热停止,而后者应使加热装置开启,二者的目的均应服从于使常闭式高位油箱中油温始终处于 40℃ 左右设计规定的范围内。另外还应关注高位油箱下放润滑油时管子周围的温度,若管子周围温度低时要注意该品牌润滑油在下流时因温度降低而黏度增加时会增加下流的困难。故环境温度低时还应保证油的畅通,必要时在下流管道上设置保温层甚至对下流管道进行加热等。常开式(高位油箱油处在不停的循环中)要注意溢油管的畅通。两种形式均应有足够的下流管径并防止插入感温元件后局部断面太小造成梗阻。常开式和常闭式都应有油位自动控制装置,以保证突然停电时,有足够的储油可以放出;高位油箱和压力罐中储油应保证突然停电后主机运行惯性的持续时间内有润滑油可从高位油箱或压力罐中供应,根据流量来确定其应有的储油有效容积,从而确定自流供油时间,有的资料定为 5min 并不十分确切</td></tr>
<tr><td>压力罐</td><td>设置在供油口附近的地面上,它利用油面上方的压气压力和罐中液面高于供油口的部分高度造成的压力和供油压力相平衡,比高位油箱相对供油压力可较大且容量也可较大。在高位油箱不能满足停电时仍保证一定时间内的供油要求时,就采用压力罐来解决。它也分为和供油口保持联通的常开式和正常供油时不通的常闭式二种。和高位油箱不同的是,它不是利用位能而是利用压力罐油面上的压气压力。在正常备用时,油面上压气占 1/3 体积,润滑油占 2/3 体积(指有效体积或容积),此为非全容积式;在最低液位上面全是润滑油而欲使油排出的压气在罐外管道内,压气并不占有压力罐容积的为全容积式,它靠在突然停电时用不间断电源开启压气阀门使压气不断推动液面下降,因此压力罐放油时保持压气压力不变,即供油压力不变。而非全容积式由于靠压气自身膨胀而推动润滑油(此时不再补充进气),因而压力罐放油过程中供油压力是逐渐变小的,此时应保证到压力罐放油极限位置时此供油压力也要不小于正常供油压力
常开式压力罐串接于供油管,一端承接油泵供油,另一端通向供油输出管,由于来油和排油是贯通的,因而供油温度和压力罐中油温保持一致。而常闭式压力罐用一常闭阀门和供油管道相通,当突发停电事故时,此常闭阀门和通压气的阀门同时用不间断电源的供电打开,压气推动润滑油代替油泵供油向外排油而满足惯性运转期的需要。由于压力罐排油均靠压气推动,而压气可能带水分,且润滑油中不允许有气泡,故压力罐排油到最低位置时,压气将停留在排油管之上,此时为排油终点(主机惯性运行结束后),应关闭供油阀门
根据以上结构原理,罐上应有最高、最低油位标示。常闭式压力罐必须有保温的加热系统和温度自控装置,以保持常闭式压力罐中油温永远处于备用的供油温度状态,随时准备迎接突发停电状况,温度仪表还需指示压力罐内任何时间的实际温度,罐身有关部分尚有各种压力表,在压力罐上还应有排压气装置,此外还装有排气阀,因此排压气的消声器也是必需的。压力罐应根据自身特点调整好油面位置,并保证各种阀门及仪表的正常良好的使用状态,其他一般油箱应具有的排污、清洗、检修用结构在压力罐上面也同样必须要有
由于压力罐内有压力油和压气,压力罐应由压力容器专业设计人员设计,并由压力容器制造合格商生产,并应附有设计制造合格证书及检验测试合格证书和压力罐实物,同时保存备查,这是必须严格遵循的
高位油箱和压力罐长期处于待用阶段,其上阀门等长期处于“停用”状态,不使用的部件极易发生“锈住”现象,故其涂装及防水等应特别注意。为了保证“突发停电时”的动作可靠,在润滑设备的安全操作规程中,尚应规定中修或大修时对其进行试运行,检查在“突发情况要马上用时”的动作是否可靠,不能成为“用时却不灵”的“摆设”</td></tr>
</table>

续表

项目	说明
润滑装置必须进行自动控制和安全联锁的总体试车	润滑设备的可靠运行和自动控制安全联锁密切相关,因此在润滑装置的使用(维护)说明书中要明确规定进行润滑装置的自动控制和安全联锁的总体试车,除了在主控室中有润滑装置“备妥”的有关数据的显示外,润滑装置和主机有关的联锁和自动控制数据也要在主控室有所反映,如油箱吸入段的油位有关报警和需先停主机的信号等 待润滑装置的供、回油管路经严格清洗符合要求后,供水、供气、供电就可以连接,确认润滑装置及系统洁净程度达到主机对润滑系统的清洁度要求后就可向稀油润滑装置注入规定牌号的润滑油(注油必须经过过滤精度符合要求的过滤小车),以使进行润滑装置的调试。调试项目及要求按润滑装置的使用(维护)说明书进行,必须对润滑装置进行自动控制和安全联锁的总体试车。为防止突然事故停电,高位油箱或压力罐也必须进行调试。在长期未使用时(特别是常闭式高位油箱和压力罐),也要定期做有关调试。特别是常闭式高位油箱最好能在冬季环境温度最低时进行事故停电时的放油试验,检测能否向供油管顺畅地供油。对冷却器检测则最好在夏季给水温度最高时进行

2.6.3 部分系列实例

(1) NGDR-B (5~160)/(40~800) 型高低压稀油润滑装置

表 10-1-82　NGDR-B (5~160)/(40~800) 型高低压稀油润滑装置说明

项目	说明
使用条件	本系列产品有两台高压泵,适用于装有双滑履动静压轴承的回转窑、电机、风机、磨机或其他需有双高压和低压输入的大型设备的稀油润滑系统中,其工作介质为N22~N460(相当于ISO VG22~VG460)的各种工业润滑油 本产品具有双高压即有两个高压油输出口,如不用于双滑履动静压轴承时,可变换成下列两种单出口使用情况:①令一台高压泵工作,另一台作为备用,即正常使用时仅有一台高压泵的流量输出;②将两台泵并联成一个出口供油,和单高压出口一样,但总流量为两台高压泵流量之和 本系列采用两台高压泵,最大泵口压力为31.5MPa,流量为2×(2.5~80)L/min。若采用其他型式高压泵时,高压允许压力范围可以根据性能变化 低压系统仍采用一用一备工作制,低压供油压力≤0.4MPa,流量为40~800L/min,两台低压润滑泵中有一台备用泵可确保低压供油的连续稳定 稀油润滑装置的低压系统过滤精度为0.08~0.12mm,高压泵入口精过滤精度为0.04~0.025mm(油黏度高时选大值);在润滑油介质黏度≤N100时可用GLC型翅片管式冷却器,>N100时用GLL型裸管冷却器;用GLC型翅片管式冷却器时水耗量应减少35%;在油箱上设有电加热器,在设备启动时,应将润滑油加热到接近35~37℃,以便油的吸入 从系列中选择高低压流量时,高压流量必须满足,低压流量一般不要小于表列流量,而加大则无妨。因低压流量过小时会影响低压供油压力和造成实际流量的减少,若这种减少对实际系统无妨则亦可行 稀油润滑装置尚有联锁、报警、自控等功能,本稀油润滑装置的技术性能参数见表10-1-84
工作原理与结构特点	本产品主要由油箱、两台低压泵装置、两台高压泵装置、两台过滤精度不同的双筒网片式过滤器、列管式油冷却器、各种控制阀门、仪表、电控柜等组成 本系列的低压油经过过滤和冷却后一部分直接向外供油,另一部分经一个较高精度的双筒网片式过滤器后进入高压泵入口,这种向高压泵压力输送润滑油的方式保证了较高黏度润滑油进入高压泵的可靠性,还提高了高压油的清洁度;但应注意低压泵的供油压力不能太大,需在所用高压泵入口密封所允许的范围内(经高压泵入口处过滤器压差损失后) 在主机启动前,先启动低压泵,当低压泵流量、供油压力、温度且回油也正常时,才能启动高压泵,向静压轴承供油,当高压油能使主轴浮起形成油膜时,才能启动主机,待主轴转速正常时才能停高压泵;主机欲停止或慢速运行时,也要使高压泵先供油且压力正常后才能让主轴减速运行直至停稳,然后才能停止润滑
原理图及明细表	NGDR-B(5~160)/(40~800)型高低压稀油润滑装置系统原理图见图10-1-10,装置明细见表10-1-83
技术性能	NGDR-B(5~160)/(40~800)型高低压稀油润滑装置技术性能参数见表10-1-84

表 10-1-83　NGDR-B (5~160)/(40~800) 型高低压稀油润滑装置明细

序号	名称	数量	技术规范及说明
1	油箱	1	容积按规定
2	磁网过滤装置		数量由低压总流量确定
3	双金属温度计	1	仪表显示测量范围-20~80℃
4	空气滤清器	1~2	规格数量由低压总流量确定
5	铂热电阻(双支三线制)	1	控制电加热器开、停及泵的启动
6	电加热器		电压380V,数量由总功率经计算确定
7	液位控制器	1	设三个液位控制点(低位、故障低位及高位)
8	液位显示器	1	需要时可和积水报警器连接
9	低压泵装置	2	一用一备

续表

序号	名称	数量	技术规范及说明
10	单向阀(低压)	2	规格由每台泵流量决定
11	安全阀(低压)	1	调压到 0.6~0.65MPa 溢油(当供油压力≤0.4MPa)
12	双筒网片式粗过滤器	1	过滤精度为 0.08~0.12mm,压差 ΔP≥0.15MPa 报警
13	高压泵装置	2	规格由表 10-1-84 确定(无备用)
14	DBD 型直动溢流阀	2	0~25MPa
15	单向阀(高压)	2	规格由高压泵流量决定
16	双筒网片式精过滤器	1	过滤精度为 0.04~0.025mm,压差 ΔP≥0.15MPa 报警
17	列管式油冷却器	1	主参数换热面积由计算确定,最好将 m^2 改为 kW(kcal/h)
18	双金属温度计	3	仪表显示测量范围-20~80℃
19	差压控制器	2	差压 ΔP≥0.15MPa 时报警
20	压力表(低压)	2	0~1MPa,1.5 级
21	压力控制器(低压)	1~3	设三个压力控制触点
22	铂热电阻(双支三线制)	1	设三个温度控制触点
23	压力控制器(高压)	2~4	每个测点至少要有压力正常和压力低两个发讯点
24	压力表	2	0~25MPa,1.5 级
25	压力表开关	4	和压力表配套
26	可视流量开关	1	规格由低压流量确定

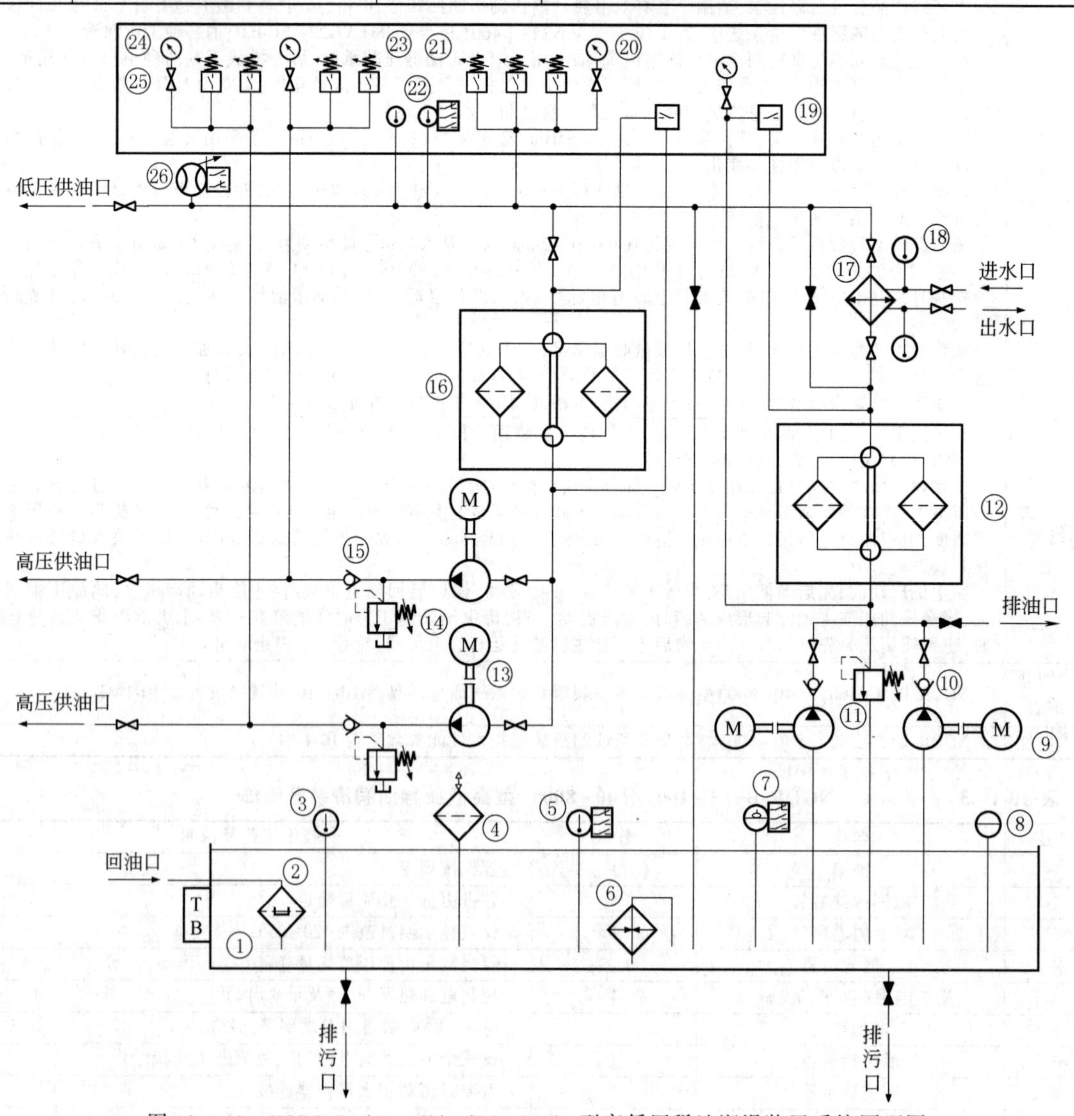

图 10-1-10　NGDR-B (5~160)/(40~800) 型高低压稀油润滑装置系统原理图

表 10-1-84 NGDR-B（5~160）/（40~800）型高低压稀油润滑装置技术性能参数

参数			型号规格													
			NGDR-B 2.5×2/ 40~100	NGDR-B 5×2/ 100	NGDR-B 10×2/ 100	NGDR-B 12.5×2/ 125	NGDR-B 16×2/ 160	NGDR-B 16×2/ 200	NGDR-B 25×2/ 250	NGDR-B 32×2/ 250	NGDR-B 40×2/ 315	NGDR-B 50×2/ 400	NGDR-B 50×2/ 500	NGDR-B 63×2/ 500	NGDR-B 63×2/ 630	NGDR-B 80×2/ 800
低压系统（一用一备）		公称流量/L·min^{-1}	40~100	100		125	160	200	250		315	400	500		630	800
		供油压力/MPa	≤0.4~0.5													
		供油温度/℃	40±3													
	电动机	型号	按 100~125L/min 为 Y112M-4(V1)				Y132S-4		Y132M-4		Y160M-4		Y160L-4			Y180L-4
		功率/kW	≤4				5.5		7.5		11		15			22
		转速/r·min^{-1}	≤1440	1440									1450			
油箱容积/m^3			按 100~125L/min 为 1.6				6.3				10				16	20
高压系统（两台泵）		油泵型号	2.5MCY 14-1B	5MCY 14-1B	10MCY 14-1B	13MCY 14-1B	16MCY 14-1B		25MCY 14-1B	32MCY 14-1B	40MCY 14-1B	32MCY 14-1B		63MCY 14-1B		80MCY 14-1B
		公称流量/L·min^{-1}	2.5	5	10	12.5	16		25	32	40	50		63		80
		供油压力/MPa	≤20													
	电动机	型号	Y90L-6	Y112M-6	Y132M2-6		Y132M-4		Y160L-6	Y180L-6	Y200L1-6	Y180L-4		Y225M-6		Y250M-6
		功率/kW	1.1	2.2	5.5		7.5		11	15	18.5	22		30		37
		转速/r·min^{-1}	910	940	960		1440		970			1460		980		
粗过滤精度/mm			0.08~0.12(低压系统)													
精过滤精度/mm			0.025~0.04(高压入口)													
冷却面积/$m^2$①			按 100~125L/min 为 6				11~12		23~24		34~35		50			70~80
冷却水耗量/m^3·h^{-1}			≤9	9		11.5	15	18	22.5		28	36	45		56	72
电加热功率/kW			12~18	18			24				36				45	54

① 冷却面积 m^2 最好改为热交换量 kW（kcal/h）。

(2) NGDR-C (5~80)/(40~630) 型高低压稀油润滑装置

表 10-1-85　　NGDR-C (5~80)/(40~630) 型高低压稀油润滑装置说明

项目	说明
使用条件	本系列产品有一用一备共两台高压泵,因此可用于高压供油管道压力不能丧失的重要场合,或用于重要的装有动静压轴承的稀油润滑系统中的启动、慢速和停止阶段也不能暂时失压的情况,如果工作高压泵有故障,备用高压泵可取而代之;其工作介质为 N22~N460(相当于 ISO VG22~VG460)的各种工业润滑油 本系列尚用于任何时间均需保持高压形成的油膜,高压的丧失要造成设备磨损的场合,稀油润滑装置采用国产轴向高压柱塞泵,最大泵口压力为 31.5MPa,高压供油压力≤20MPa,流量为 5~80L/min,若用其他型式高压泵时,高压流量及压力范围可根据泵性能做适当改变 稀油润滑装置的低压泵为两台,采用一用一备工作制,低压供油压力≤0.4~0.5MPa,流量为 40~630L/min,一用一备可以保证高压供油任何时间不致中断,保证整套稀油润滑装置的连续工作 稀油润滑装置的低压过滤精度为 0.12~0.08mm,高压泵入口过滤精度为 0.04~0.025mm,在润滑油介质黏度≤N100 时可用 GLC 型翅片管式冷却器,>N100 时用 GLL 型裸管冷却器。表 10-1-87 中为 GLL 型裸管冷却器水耗量,用 GLC 型时水耗量可比表 10-1-87 中数值减少 35%,在油箱上设有电加热器,在设备启动时,应将润滑油加热到接近 37℃以便油的吸入 可根据设备的不同要求来确定高低压的流量,一般低压可根据需要加大而无妨润滑系统的正常运行;但高压流量不能任意加大,因高压流量太大会导致低压降低和实际流量的减少 稀油润滑装置尚有联锁、报警、自控等功能;本稀油润滑装置的技术系统组成及性能参数应符合图 10-1-11 和表 10-1-87 的规定
工作原理与结构特点	本产品主要由油箱、两台高压泵装置、两台低压泵装置、两台过滤精度不同的双筒网片式过滤器、列管式油冷却器、各种控制阀门、仪表、电控柜等组成 本系列稀油润滑装置的低压油经过滤冷却后一部分外供,另一部分通过旁路再经过一个较高精度的双筒网片式过滤器后进入高压泵入口,这种向高压泵入口压力输送润滑油的方式保证了较高黏度润滑油进入高压泵的可靠性,同时还提高了高压油的清洁度等级,这对提高高压泵寿命是有益的,但应注意低压泵的实际供油压力减去高压泵入口处过滤器压差后的数值应小于高压泵入口处密封所允许的压力。低压供油压力小时,应尽量将高压入口处过滤器的过滤精度降低些(即选取过滤精度数值较大者) 设备主机运行前,先启动低压泵工作,当低压供油压力、温度、流量等均正常且回油也正常时,再试备用泵;其启动和停止也正常且能互换时,才能启动入口连接于低压出油管道上的高压泵进行试车,待高压供油流量、压力、温度(可达 50℃)均正常时,并试验备用高压泵;其控制也正常时,再传出高压系统正常信号后,就可以考虑主机的启动
原理图及明细表	NGDR-C(5~80)/(40~630)型高低压稀油润滑装置系统原理见图 10-1-11,装置明细见表 10-1-86
技术性能	NGDR-C(5~80)/(40~630)型高低压稀油润滑装置技术性能参数见表 10-1-87

表 10-1-86　　NGDR-C (5~80)/(40~630) 型高低压稀油润滑装置明细表

序号	名称	数量	技术规范及说明
1	油箱	1	容积按规定
2	磁网过滤装置		数量由低压总流量确定
3	双金属温度计	1	仪表显示测量范围-20~80℃
4	空气滤清器	1~2	规格数量由低压总流量确定
5	铂热电阻(双支三线制)	1	控制电加热器开、停及泵的启动
6	电加热器		电压 380V,数量由总功率经计算确定
7	液位控制器	1	设三个液位控制点(低位、故障低位及高位)
8	液位显示器	1	需要时可和积水报警器连接
9	低压泵装置	2	一用一备
10	安全阀(低压)	1	调压到 0.6~0.65MPa 溢油(当供油压力≤0.4MPa)
11	单向阀(低压)	2	规格由每台泵流量决定
12	双筒片式粗过滤器	1	过滤精度为 0.08~0.12mm,压差 $\Delta P \geqslant 0.15$MPa 报警
13	高压泵装置	2	规格由表 10-1-87 确定(一用一备)
14	DBD 型直动溢流阀	2	0~25MPa
15	单向阀(高压)	2	规格由高压泵流量决定
16	双筒网式精过滤器	2	过滤精度为 0.04~0.025mm,压差 $\Delta P \geqslant 0.15$MPa 报警

续表

序号	名称	数量	技术规范及说明
17	列管式油冷却器	1	主参数换热面积由计算确定，最好将 m^2 改为 kW(kcal/h)
18	双金属温度计	3	仪表显示测量范围-20~80℃
19	差压控制器(低压)	2	差压 $\Delta P \geqslant 0.15$MPa 时报警
20	压力表(低压)	2	0~1MPa，1.5 级
21	压力控制器(低压)	1~3	设三个压力控制触点
22	铂热电阻(双支三线制)	1	设三个温度控制触点
23	压力表	1	0~25MPa，1.5 级
24	压力表开关	3	和压力表配套
25	压力控制器(高压)	1~2	每个测点至少要有压力正常和压力低两个发讯点
26	可视流量开关	1	规格由低压流量确定

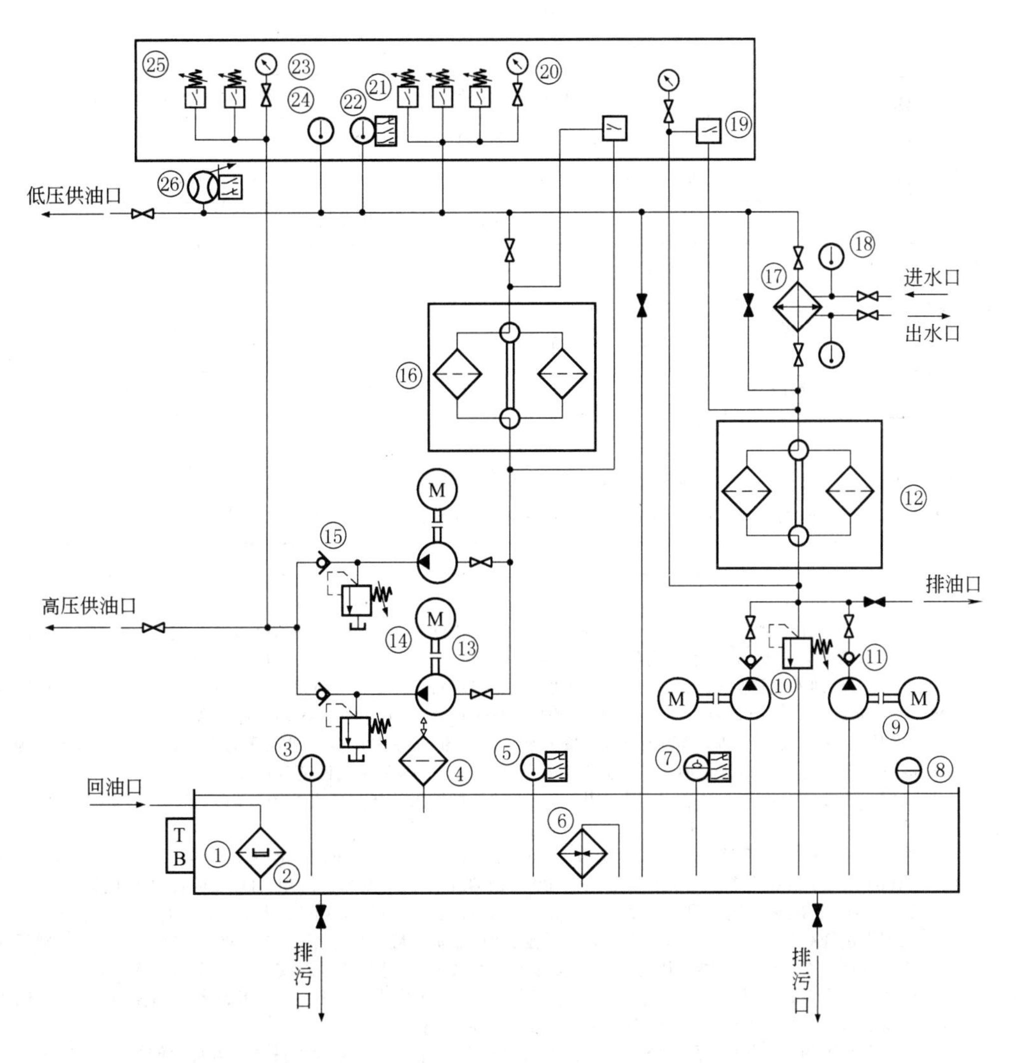

图 10-1-11　NGDR-C（5~80)/(40~630）型高低压稀油润滑装置系统原理图

表 10-1-87　NGDR-C (5~80)/(40~630) 型高低压稀油润滑装置技术性能参数表

<table>
<tr><td colspan="3" rowspan="2">参数</td><td colspan="10">型号规格</td></tr>
<tr><td>NGDR-C 5/40~63</td><td>NGDR-C 10/63</td><td>NGDR-C 12.5/100</td><td>NGDR-C 16/125</td><td>NGDR-C 25/160</td><td>NGDR-C 32/200</td><td>NGDR-C 40/250</td><td>NGDR-C 50/400</td><td>NGDR-C 63/500</td><td>NGDR-C 80/630</td></tr>
<tr><td rowspan="6">低压系统(一用一备)</td><td colspan="2">公称流量/L·min⁻¹</td><td>40~63</td><td>63</td><td>100</td><td>125</td><td>160</td><td>200</td><td>250</td><td>400</td><td>500</td><td>630</td></tr>
<tr><td colspan="2">供油压力/MPa</td><td colspan="10">≤0.4~0.5</td></tr>
<tr><td colspan="2">供油温度/℃</td><td colspan="10">40±3</td></tr>
<tr><td rowspan="3">电动机</td><td>型号</td><td colspan="2">63L/min 为 Y100L1-4(V1)</td><td colspan="2">Y112M-4(V1)</td><td colspan="2">Y132S-4</td><td>Y132M-4</td><td>Y160M-4</td><td colspan="2">Y160L-4</td></tr>
<tr><td>功率/kW</td><td colspan="2">≤2.2</td><td colspan="2">4</td><td colspan="2">5.5</td><td>7.5</td><td>11</td><td colspan="2">15</td></tr>
<tr><td>转速/r·min⁻¹</td><td colspan="2">≤1430</td><td colspan="6">1440</td><td colspan="2">1460</td></tr>
<tr><td colspan="3">油箱容积/m³</td><td colspan="2">按 63L/min 为 1</td><td colspan="2">1.6</td><td colspan="3">6.3</td><td colspan="2">10</td><td>16</td></tr>
<tr><td rowspan="6">高压系统(一用一备)</td><td colspan="2">油泵型号</td><td>5MCY 14-1B</td><td>10MCY 14-1B</td><td>13MCY 14-1B</td><td>16MCY 14-1B</td><td>25MCY 14-1B</td><td>32MCY 14-1B</td><td>40MCY 14-1B</td><td>32MCY 14-1B</td><td>63MCY 14-1B</td><td>80MCY 14-1B</td></tr>
<tr><td colspan="2">公称流量/L·min⁻¹</td><td>5</td><td>10</td><td>12.5</td><td>16</td><td>25</td><td>32</td><td>40</td><td>50</td><td>63</td><td>80</td></tr>
<tr><td colspan="2">供油压力/MPa</td><td colspan="10">≤20</td></tr>
<tr><td rowspan="3">电动机</td><td>型号</td><td>Y112M-6</td><td colspan="2">Y132M2-6</td><td>Y132M-4</td><td>Y160L-6</td><td>Y180L-6</td><td>Y200L1-6</td><td>Y180L-4</td><td>Y225M-6</td><td>Y250M-6</td></tr>
<tr><td>功率/kW</td><td>2.2</td><td colspan="2">5.5</td><td>7.5</td><td>11</td><td>15</td><td>18.5</td><td>22</td><td>30</td><td>37</td></tr>
<tr><td>转速/r·min⁻¹</td><td>940</td><td colspan="2">960</td><td>1440</td><td colspan="3">970</td><td>1460</td><td colspan="2">980</td></tr>
<tr><td colspan="3">粗过滤精度/mm</td><td colspan="10">0.08~0.12(低压系统)</td></tr>
<tr><td colspan="3">精过滤精度/mm</td><td colspan="10">0.025~0.04(高压入口)</td></tr>
<tr><td colspan="3">冷却面积/m²①</td><td colspan="2">按 63L/min 为 5</td><td colspan="2">6</td><td colspan="2">11~12</td><td>23~24</td><td>34~35</td><td colspan="2">50</td></tr>
<tr><td colspan="3">冷却水耗量/m³·h⁻¹</td><td>≤6</td><td>6</td><td>9</td><td>11.5</td><td>15</td><td>18</td><td>22.5</td><td>36</td><td>45</td><td>56</td></tr>
<tr><td colspan="3">电加热功率/kW</td><td colspan="2">12</td><td colspan="2">18</td><td colspan="3">24</td><td colspan="2">36</td><td>45</td></tr>
</table>

① 冷却面积 m² 最好改为热交换量 kW (kcal/h)。

(3) NGDR-D (25~160)/(160~800) 型高低压稀油润滑装置

表 10-1-88　NGDR-D (25~160)/(160~800) 型高低压稀油润滑装置说明

项目	说明
使用条件	本系列产品有两用一备共三台高压泵，因此比 NGDR-C 型系列产品多一个输出，共有两个高压出口，总的高压输出流量可为 NGDR-C 型产品的一倍。如果任何一台高压工作泵出故障时，备用泵可取而代之，保证高压泵的两个高压输出管道都不会失压，满足了备用的需要。因为两台高压泵一般不会同时损坏，因此它可以用于双滑履动静压轴承等重要场合，即不允许启动、慢速、停止时出现高压泵故障而导致失控的情况和双输出高压油不允许在高压管路暂时失压的情况，其工作介质为 N22~N460(相当于 ISO VG22~VG460)的各种工业润滑油 稀油润滑装置采用国产轴向高压柱塞泵，最大泵口压力为 31.5MPa，高压供油压力为≤20MPa，每台流量为 12.5~80L/min，若用其他型式高压泵时，高压流量及压力范围可以根据泵性能做适当改变 稀油润滑装置的低压泵为两台，采用一用一备工作制，低压供油压力≤0.4~0.5MPa，流量为 160~800L/min，一用一备可以保证高压供油源任何时间不致中断，保证整台稀油润滑装置的连续工作 稀油润滑装置的低压系统的过滤精度为 0.08~0.12mm，高压泵入口过滤精度为 0.04~0.025mm，在润滑油介质黏度≤N100 时可用 GLC 型翅片管式冷却器，>N100 时用 GLL 型裸管冷却器。用 GLC 型时冷却水耗量应比表 10-1-90 所列数值减少 35%；在油箱上设有电加热器，在设备启用时，应将润滑油加热到接近 37℃，以便油的吸入 从系列中选择高低压流量时，高压流量必须满足，低压流量一般不要小于表 10-1-90 所列流量，而加大则无妨。因低压流量过小时会影响低压供油压力和造成实际流量的减少，若这种减少对实际系统无妨则亦可行 低压供油最小流量为低压泵工作总(公称)流量-3×高压泵(公称)流量。这是考虑备用高压泵启动时，低压供油最小流量的情况，要考虑此流量是否能满足外供低压油流量的需要 稀油润滑装置尚有联锁、报警、自控等功能，本稀油润滑装置的系统原理见图 10-1-12，性能参数应符合表 10-1-90 的规定

续表

项目	说明
工作原理与结构特点	本产品主要由油箱、三台高压泵装置、两台低压泵装置、两台过滤精度不同的双筒网片式过滤器、列管式油冷却器、各种控制阀门、仪表、电控柜等组成 本系列的低压油经过过滤和冷却后一部分直接向外供油,另一部分经一个较高精度的低压双筒网片式过滤器过滤后进入高压泵入口,这种向高压泵入口压力输送润滑油的方式,保证了较高黏度润滑油进入高压泵的可靠性,还提高了油的清洁度,但应注意高压泵的入口允许的实际压力不能大于低压泵实际供油压力减去高压泵入口前装的过滤器压差后的数值。选用高压泵入口允许最大压力可咨询泵制造商或用实泵测定 在主机启动前,先启动低压泵,当低压泵流量、供油压力、温度等均正常且回油也正常时,才能启动高压泵。两台工作泵均正常时,再试备用泵,在启动、停止均正常时,才能向主机发出"备妥"信号,此时才能启动主机
原理图及明细表	NGDR-D(25~160)/(160~800)型高低压稀油润滑装置系统原理图见图10-1-12,装置明细见表10-1-89
技术性能参数	NGDR-D(25~160)/(160~800)型高低压稀油润滑装置技术性能参数见表10-1-90

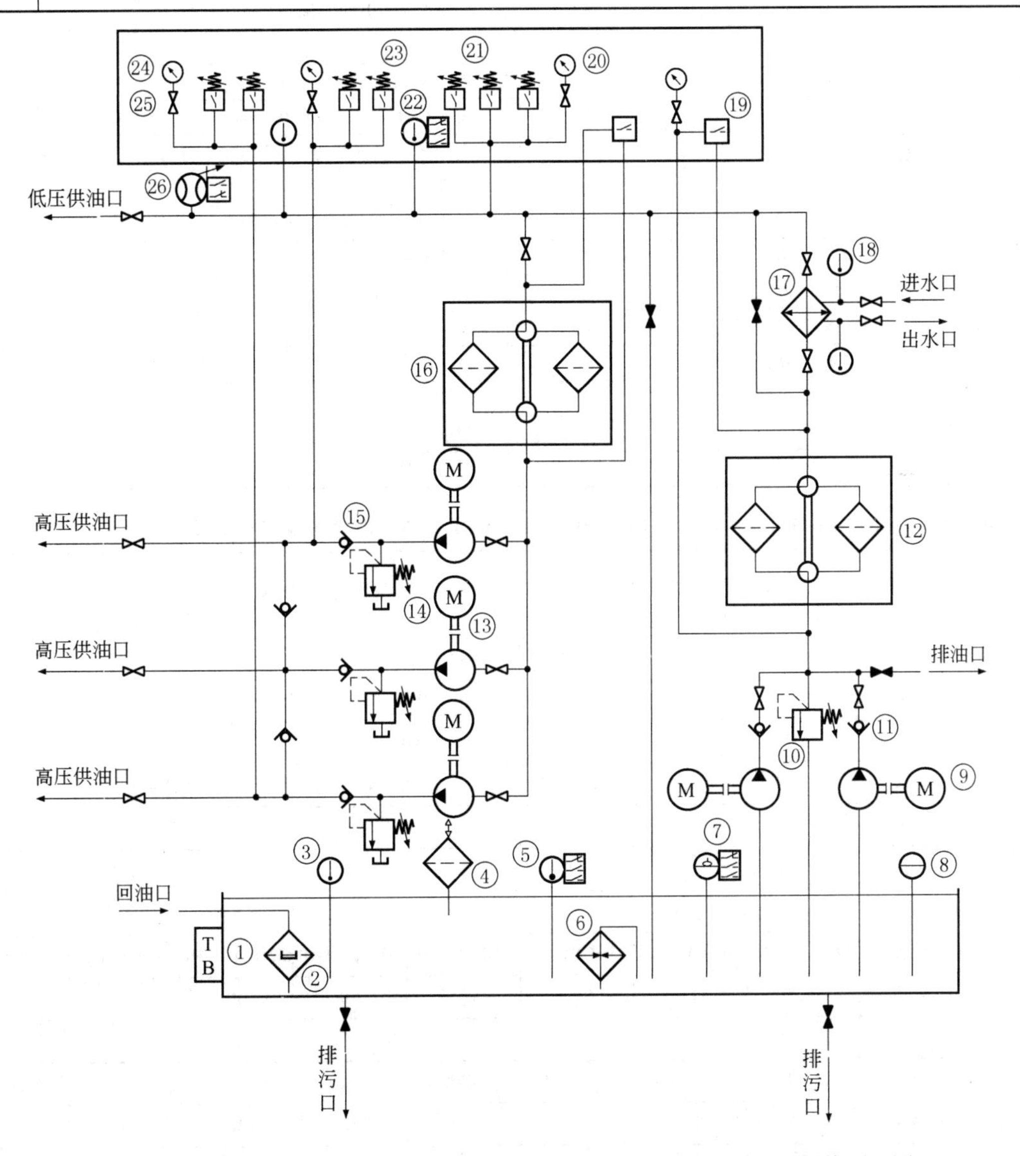

图 10-1-12 NGDR-D (25~160)/(160~800) 型高低压稀油润滑装置系统原理图

表 10-1-89　　NGDR-D（25~160）/（160~800）型高低压稀油润滑装置明细表

序号	名称	数量	技术规范及说明
1	油箱	1	容积按规定
2	磁网过滤装置		数量由低压总流量确定
3	双金属温度计	1	仪表显示测量范围-20~80℃
4	空气滤清器	1~2	规格数量由低压总流量确定
5	铂热电阻(双支三线制)	1	控制电加热器开、停及泵的启动
6	电加热器		电压380V,数量由总功率经计算确定
7	液位控制器	1	设三个液位控制点(低位、故障低位及高位)
8	液位显示器	1	需要时可和积水报警器连接
9	低压泵装置	2	一用一备
10	安全阀(低压)	1	调压到0.6~0.65MPa溢油(当供油压力≤0.4MPa)
11	单向阀(低压)	2	规格由每台泵流量决定
12	双筒网片式粗过滤器	1	过滤精度为0.08~0.12mm,压差ΔP≥0.15MPa报警
13	高压泵装置	3	规格由表10-1-90确定(两用一备)
14	DBD型直动溢流阀	3	0~25MPa
15	单向阀(高压)	5	规格由高压泵流量决定
16	双筒网片式精过滤器	2	过滤精度为0.04~0.025mm,压差ΔP≥0.15MPa报警
17	冷却器	1	主参数换热面积由计算确定,最好将m^2改为kW(kcal/h)
18	双金属温度计	3	仪表显示测量范围-20~80℃
19	差压控制器	2	差压ΔP=0.15MPa时报警
20	压力表(低压)	2	0~1MPa,1.5级
21	压力控制器(低压)	1~3	设三个压力控制触点
22	铂热电阻(双支三线制)	1	设三个温度控制触点
23	压力控制器(高压)	2~4	每个测点至少要有压力正常和压力低两个发讯点
24	压力表	2	0~25MPa,1.5级
25	压力表开关	4	和压力表配套
26	可视流量开关	1	规格由低压流量确定

表 10-1-90　　NGDR-D（25~160）/（160~800）型高低压稀油润滑装置技术性能参数表

<table>
<tr><td colspan="3" rowspan="2">参数</td><td colspan="8">型号规格</td></tr>
<tr><td>NGDR-D 12.5×2/160</td><td>NGDR-D 16×2/200</td><td>NGDR-D 25×2/250</td><td>NGDR-D 32×2/315</td><td>NGDR-D 40×2/400</td><td>NGDR-D 50×2/500</td><td>NGDR-D 63×2/630</td><td>NGDR-D 80×2/800</td></tr>
<tr><td rowspan="6">低压系统(一用一备)</td><td colspan="2">公称流量/L·min^{-1}</td><td>160</td><td>200</td><td>250</td><td>315</td><td>400</td><td>500</td><td>630</td><td>800</td></tr>
<tr><td colspan="2">供油压力/MPa</td><td colspan="8">≤0.4~0.5</td></tr>
<tr><td colspan="2">供油温度/℃</td><td colspan="8">40±3</td></tr>
<tr><td rowspan="3">电动机</td><td>型号</td><td colspan="2">Y132S-4</td><td>Y132M-4</td><td colspan="2">Y160M-4</td><td colspan="2">Y160L-4</td><td>Y180L-4</td></tr>
<tr><td>功率/kW</td><td colspan="2">5.5</td><td>7.5</td><td colspan="2">11</td><td colspan="2">15</td><td>22</td></tr>
<tr><td>转速/r·min^{-1}</td><td colspan="5">1440</td><td colspan="3">1460</td></tr>
<tr><td colspan="3">油箱容积/m^3</td><td colspan="3">6.3</td><td colspan="3">10</td><td>16</td><td>20</td></tr>
<tr><td rowspan="6">高压系统(两用一备)</td><td colspan="2">油泵型号</td><td>13MCY14-1B</td><td>16MCY14-1B</td><td>25MCY14-1B</td><td>32MCY14-1B</td><td>40MCY14-1B</td><td>32MCY14-1B</td><td>63MCY14-1B</td><td>80MCY14-1B</td></tr>
<tr><td colspan="2">公称流量/L·min^{-1}</td><td>12.5</td><td>16</td><td>25</td><td>32</td><td>40</td><td>50</td><td>63</td><td>80</td></tr>
<tr><td colspan="2">供油压力/MPa</td><td colspan="8">≤20</td></tr>
<tr><td rowspan="3">电动机</td><td>型号</td><td>Y132M2-6</td><td>Y132M-4</td><td>Y160L-6</td><td>Y180L-6</td><td>Y200L1-6</td><td>Y180L-4</td><td>Y225M-6</td><td>Y250M-6</td></tr>
<tr><td>功率/kW</td><td>5.5</td><td>7.5</td><td>11</td><td>15</td><td>18.5</td><td>22</td><td>30</td><td>37</td></tr>
<tr><td>转速/r·min^{-1}</td><td>960</td><td>1440</td><td colspan="3">970</td><td>1460</td><td colspan="2">980</td></tr>
</table>

续表

参数	型号规格							
	NGDR-D 12.5×2/160	NGDR-D 16×2/200	NGDR-D 25×2/250	NGDR-D 32×2/315	NGDR-D 40×2/400	NGDR-D 50×2/500	NGDR-D 63×2/630	NGDR-D 80×2/800
粗过滤精度/mm	0.08~0.12(低压系统)							
精过滤精度/mm	0.025~0.04(高压入口)							
冷却面积/$m^2$①	11~12		23~24	34~35		50		70~80
冷却水耗量/$m^3 \cdot h^{-1}$	15	18	22.5	28	36	45	56	72
电加热功率/kW	24			36			45	54

① 冷却面积 m^2 最好改为热交换量 kW(kcal/h)。

(4) NGDR-ER (64~320)/(400~1600) 型 (采用 R 型径向高压柱塞泵) 高低压稀油润滑装置。

表 10-1-91　　NGDR-ER (64~320)/(400~1600) 型高低压稀油润滑装置说明

项目	说明
使用条件	本系列产品采用 R 型径向高压柱塞泵。它适用于装有动静压轴承或静压止推轴承的磨机、风机、回转窑、电机等大型设备的稀油循环润滑系统中,除可代替 NGDR-A 型四台装置用于动静压轴承或 NGDR-B 型两台装置用于双滑履动静压轴承外,还可以以较多输出管道进入止推轴承的下部用以支承重量形成油膜,即起润滑静压轴承的作用,润滑介质黏度为 N22~N460(相当于 ISO VG22~VG460)的各种工业润滑油 润滑站(润滑系统)采用四台配有多个压力接口的 R 型和 RG 型径向高压柱塞泵为高压泵装置,泵口最大压力为 25~70MPa,高压供油压力≤20MPa,R 型径向高压柱塞泵输出的组合很多(包括一台泵甚至可以有不同流量输出组合),可以满足多种不同数量和不同流量的管道输出的要求,如和 NGDR-E 型对应每台泵应有 2、3、4、…个分管道输出。满足的方法很多,例如 2 和 4 个管道输出可采用 6012 系列双排泵和 6014 系列四排泵,以每排输出一个管道,而 3 个管道输出可采用 6016 系列六排泵分别两两相连成 3 个管道输出,即以每两排连接输出一个管道实现 3 个管道的输出,也可以用其他方法实现数根管道的同流量输出。本系列产品的高压最小流量还允许减少以满足不同需要 本系列采用四台工作高压泵,无备用泵,当有一台高压泵故障就不能保证设备的正常运行 稀油润滑站的低压泵为两台或三台,在低压总(公称)流量为≤630L/min 时为一用一备共两台低压泵,在低压总(公称)流量为≥1000L/min 时为两用一备共三台低压泵,即将低压总(公称)流量一分为二由两台低压泵共同供油,而一台备用泵的(公称)流量为总低压(公称)流量的一半,即两用一备共三台均为二分之一总(公称)流量的低压泵 稀油润滑站的低压系统过滤精度为 0.08~0.12mm,高压泵入口精过滤精度为 0.04~0.025mm,在润滑油介质黏度≤N100 时可用 GLC 型翅片管式冷却器,>N100 时用 GLL 型裸管冷却器,ER 型低压泵应具有与 GLL 型冷却水耗量相同的流量,若用 GLC 型时水耗量可减少 35%;在油箱上设有电加热器,在设备启动时,应将润滑油加热到 35~37℃以便油的吸入;可根据不同设备来选择高低压的流量,一般低压流量可任意加大而无妨润滑系统的正常运行;但高压流量不能任意加大,要考虑高压流量相对太大时会影响低压压力和造成实际流量的减少
工作原理与结构特点	本系列产品主要由油箱、四台 R 型径向高压柱塞泵、两台或三台低压泵装置、两台过滤精度不同的低压双筒网片式过滤器、列管式冷却器、各种控制阀门、仪表、电控柜等组成 由于采用四台 R 型径向高压柱塞泵,它在每台泵本体就分成 2、3、4、…个分管道,即在润滑站出口处已分为 8、12、16、…个高压输出管道。R 型径向高压柱塞泵分解成几个分管道时,每个管道的流量较准(同步性能好)而压力也互不干涉,可根据负载和泄漏情况自动调整。泵价格较高,但无压力补偿装置等附件,性能保证也较好,故可根据设备要求不同由用户或设计确定选型 本系列的低压油经过过滤冷却后一部分外供,另一部分通过旁路再经过一个较高精度的双筒网片式过滤器后进入高压泵入口,这种向高压泵入口压力输送润滑油的方式保证了较高黏度润滑油进入高压泵的可靠性,同时还提高了高压油的清洁度等级,这对提高高压泵寿命也是有益的。但应注意低压泵的实际供油压力减去高压泵入口处过滤器压差后的数值应在-0.03~0.15MPa 之间,若大于 0.15MPa,则此 R 型径向高压柱塞泵将不能用原型,在订货(包括设计图中)时说明改订"A 型","A 型"R 型径向高压柱塞泵出厂时要将泵入口处的一组密封反装,使此改型泵吸入口处允许压力可以大于 0.15MPa 在主机启动前,先试验低压泵,当低压供油压力、流量、温度等均正常且回油也正常时,再试备用泵,其启动也正常时,且 2~3 台低压泵互为工作和备用也正常时,启动工作低压泵后才能启动入口连接于低压供油管道上的四台 R 型径向高压柱塞泵,当观察全部"高压输出管道"的压力和流量均正常时,才能启动主机。若为动静压轴承,当主机欲停止或减速时,也要使 R 型径向高压柱塞泵先供油,且压力正常后才能停主机或降速。若要使 R 型径向高压柱塞泵供向静压轴承,在主机运行时,这种无备用高压泵的 ER 型高低压稀油润滑站是不允许高压泵任一管道失压的
原理图及明细表	当低压工作泵(公称)流量≤630L/min 时,NGDR-ER(64~160)/(400~630)型高低压稀油润滑装置系统原理图见图 10-1-13,装置明细见表 10-1-92 当低压工作泵(公称)流量≥1000L/min 时,NGDR-ER(200~320)/(1000~1600)型高低压稀油润滑装置系统原理图见图 10-1-13,装置明细见表 10-1-93

续表

<table>
<tr><th>项目</th><th>说明</th></tr>
<tr><td>技术性能</td><td>可参考某润滑液压设备有限公司 NGDR 型高低压稀油润滑站 2009 选型手册的用普通轴向柱塞泵为高压泵的 NGDR-E(64~320)/(400~1600)型高低压稀油润滑站技术参数性能参数表,但有如下改变或区别:
①高压系统的油泵型号要改为 R 型径向高压柱塞泵的型号,其每台的公称流量(L/min)由具体 R 型径向高压柱塞泵的规格确定,一般不会是 NGDR-E 型流量系列中的整倍值,而一般是××.×L/min,这个数值尽量接近 NGDR-E 型中的整倍值即可
②根据 R 型径向高压柱塞泵的具体流量及供油压力,按该型号泵计算功率的方法,得到电机所需最小功率,并靠上挡选择标准电机型号
③本系列原定 16L/min 左右的四台 R 型径向高压柱塞泵为最小流量,当实际需要更小流量 R 型径向高压柱塞泵时,建议可扩展到以下两个小流量规格
· NGDR-ER12.5×4/315 型(R 型径向高压柱塞泵每台流量在 12.5L/min 左右)
· NGDR-ER10×4/250 型(R 型径向高压柱塞泵每台流量在 10L/min 左右)
低压系统和其他技术性能参数将主要根据低压泵(公称)流量做相应变化</td></tr>
</table>

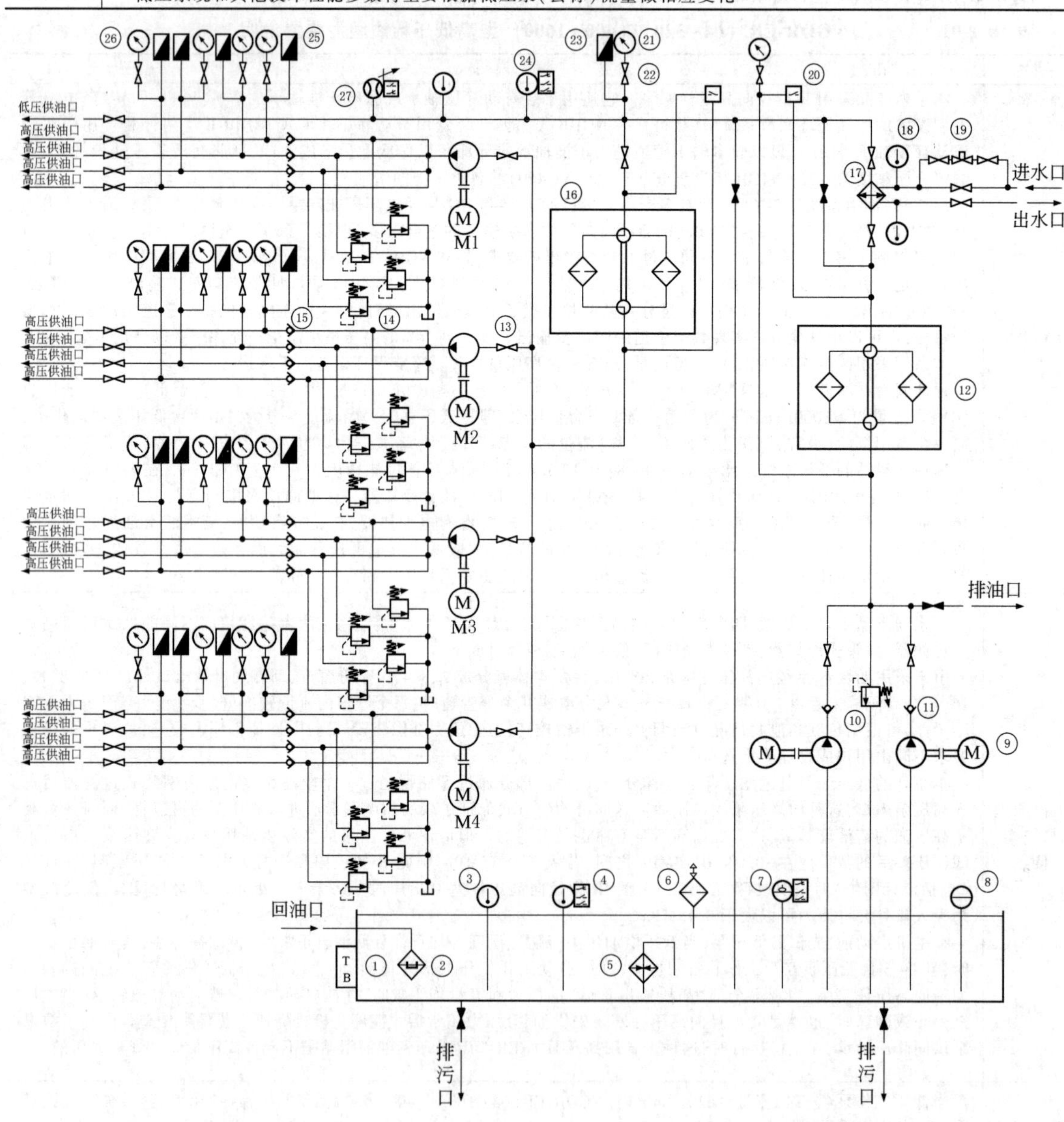

(a) 当低压工作泵(公称)流量≤630L/min时NGDR-ER(64～160)/(400～630)型高低压稀油润滑装置系统原理图

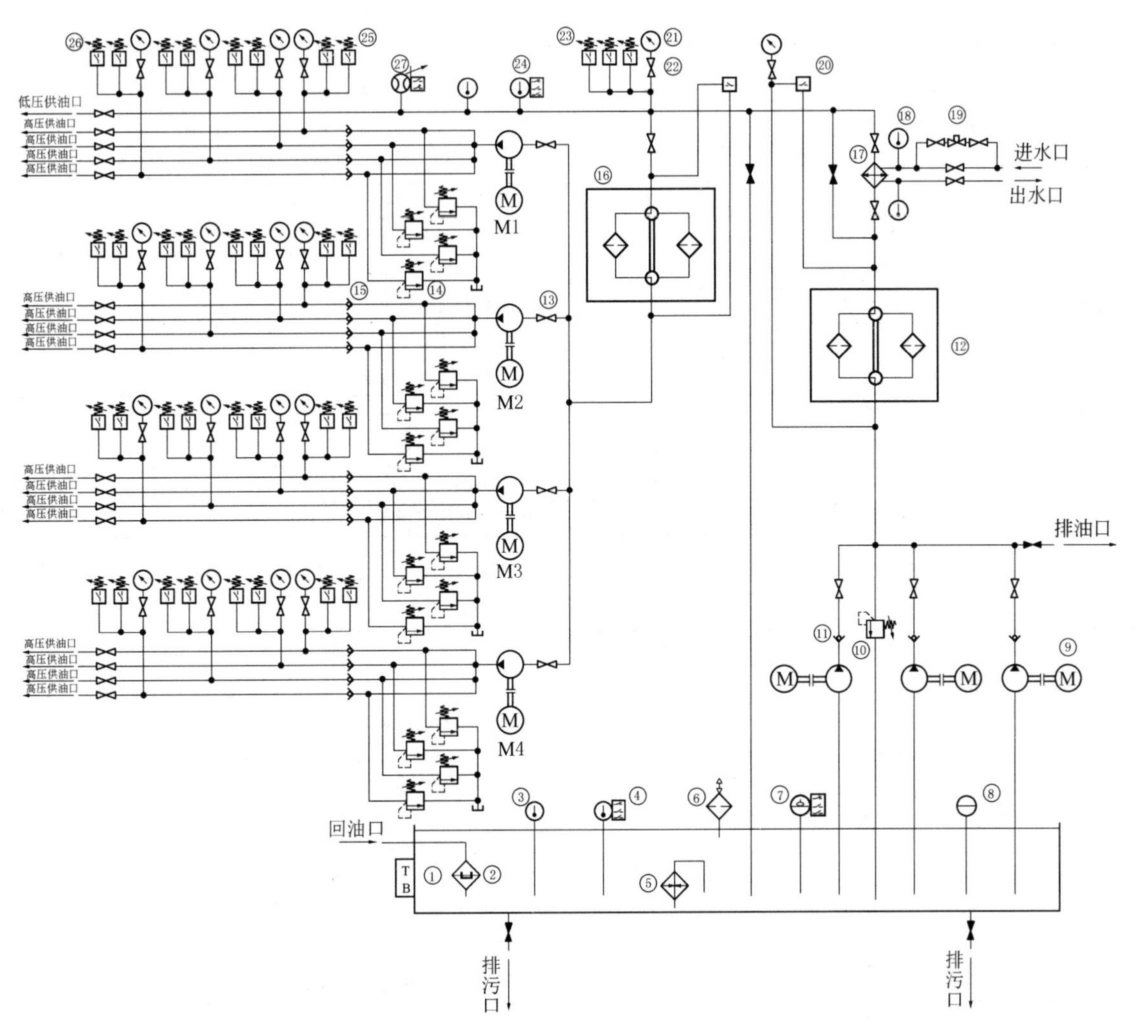

(b) 当低压工作泵(公称)流量≥1000L/min时NGDR-ER(200～320)/(1000～1600)型高低压稀油润滑装置系统原理图

图 10-1-13 NGDR-ER (64~320)/(400~1600) 型高低压稀油润滑装置系统原理图

表 10-1-92　　当低压工作泵（公称）流量≤630L/min 时 NGDR-ER（64~160）/（400~630）型高低压稀油润滑装置明细表

序号	名称	数量	技术规范及说明
1	油箱	1	容积按规定
2	磁网过滤装置		数量由低压总流量确定
3	双金属温度计	1	仪表显示测量范围-20~80℃
4	铂热电阻(双支三线制)	1	控制电加热器开、停及泵的启动
5	电加热器		电压380V,数量由总功率经计算确定
6	空气滤清器	1~2	规格数量由低压总流量确定
7	液位控制器	1	设三个液位控制点(低位、故障低位及高位)
8	液位显示器	1	需要时可和积水报警器连接
9	低压泵装置	2	一用一备
10	安全阀(低压)	1	调压到0.6~0.65MPa溢油(当供油压力≤0.4MPa)
11	单向阀(低压)	2	规格由每台泵流量决定
12	双筒网片式粗过滤器	1	过滤精度为0.08~0.12mm,压差ΔP≥0.15MPa报警
13	高压泵装置	4	规格由采用的R型径向高压柱塞泵确定
14	DBD型直动溢流阀	16	0~25MPa

续表

序号	名称	数量	技术规范及说明
15	单向阀(高压)	16	规格由每个管道的流量决定
16	双筒网片式精过滤器	1	过滤精度为0.04~0.025mm,压差$\Delta P \geqslant 0.15$MPa报警
17	列管式冷却器	1	主参数换热面积由计算确定,最好将m^2改为kW(kcal/h)
18	双金属温度计	3	仪表显示测量范围-20~80℃
19	电磁水阀	1	规格由冷却水流量确定
20	差压控制器(低压)	2	差压$\Delta P = 0.15$MPa时报警
21	压力表(低压)	2	0~1MPa,1.5级
22	压力表开关	18	和压力表配套
23	压力发送器(低压)	1	设三个压力控制触点
24	铂热电阻(双支三线制)	1	设三个温度控制触点
25	压力发送器(高压)	16	每个测点至少要有压力正常和压力低两个发讯点
26	压力表(高压)	16	0~25MPa,1.5级
27	可视流量开关	1	规格由低压流量确定

表10-1-93 当低压工作泵(公称)流量≥1000L/min时NGDR-ER(200~320)/(1000~1600)型高低压稀油润滑装置明细表

序号	名称	数量	技术规范及说明
1	油箱	1	容积按规定
2	磁网过滤装置		数量由低压总流量确定
3	双金属温度计	1	仪表显示测量范围-20~80℃
4	铂热电阻(双支三线制)	1	控制电加热器开、停及泵的启动
5	电加热器		电压380V,数量由总功率经计算确定
6	空气滤清器	1~2	规格数量由低压总流量确定
7	液位控制器	1	设三个液位控制点(低位、故障低位及高位)
8	液位显示器	1	需要时可和积水报警器连接
9	低压泵装置	3	两用一备(单泵流量为总流量之半)
10	安全阀(低压)	1	调压到0.6~0.65MPa溢油(当供油压力≤0.4MPa)
11	单向阀(低压)	3	规格由每台泵流量决定
12	双筒网片式粗过滤器	1	过滤精度为0.08~0.12mm,压差$\Delta P \geqslant 0.15$MPa报警
13	高压泵装置	4	规格由采用的R型径向高压柱塞泵确定
14	DBD型直动溢流阀	16	0~25MPa
15	单向阀(高压)	16	规格由每个管道的流量决定
16	双筒网片式精过滤器	1	过滤精度为0.04~0.025mm,压差$\Delta P \geqslant 0.15$MPa报警
17	列管式冷却器	1	主参数换热面积由计算确定,最好将m^2改为kW(kcal/h)
18	双金属温度计	3	仪表显示测量范围-20~80℃
19	电磁水阀	1	规格由冷却水流量确定
20	差压控制器(低压)	2	差压$\Delta P = 0.15$MPa时报警
21	压力表(低压)	2	0~1MPa,1.5级
22	压力表开关	18	和压力表配套
23	压力控制器(低压)	1~3	设三个压力控制触点
24	铂热电阻(双支三线制)	1	设三个温度控制触点
25	压力控制器(高压)	16~32	每个测点至少要有压力正常和压力低两个发讯点
26	压力表	16	0~25MPa,1.5级
27	可视流量开关	1	规格由低压流量确定

3　干油集中润滑系统

3.1　干油集中润滑系统的分类及组成

表 10-1-94　　干油集中润滑系统的分类及组成

分类		系统简图	特点及应用
单线式	终端式与环式	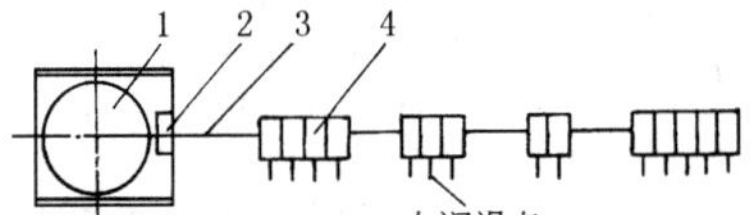 去润滑点 单线终端式干油集中润滑系统 1—干油泵站;2—操纵阀;3—输脂主管;4—分配器 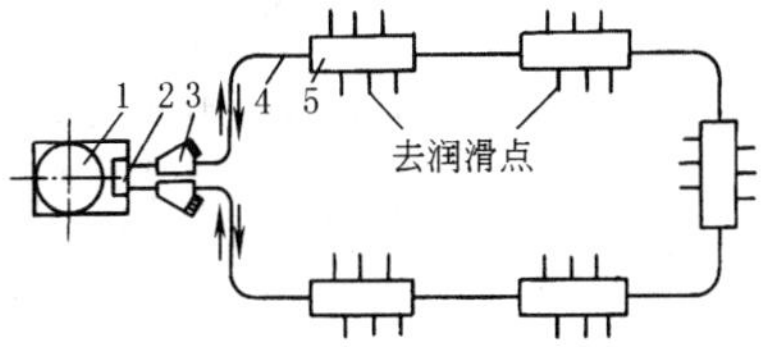 去润滑点 单线环式干油集中润滑系统 1—干油泵站;2—换向阀;3—过滤器;4—输脂主管;5—分配器	结构紧凑,体积小,重量轻,供脂管路简单,节省材料,但制造工艺性差,精度要求高,供脂距离比双线式短 主要用于润滑点不太多的单机设备 适用元件 ①QRB 型气动润滑泵(JB/ZQ 4548—1997) ②DPQ 型单线分配器(JB/ZQ 4581—1986) ③GGQ 型干油过滤器(JB/ZQ 4535—1997 或 JB/ZQ 4702—2006、JB/ZQ 4554—1997 等)
	递进式	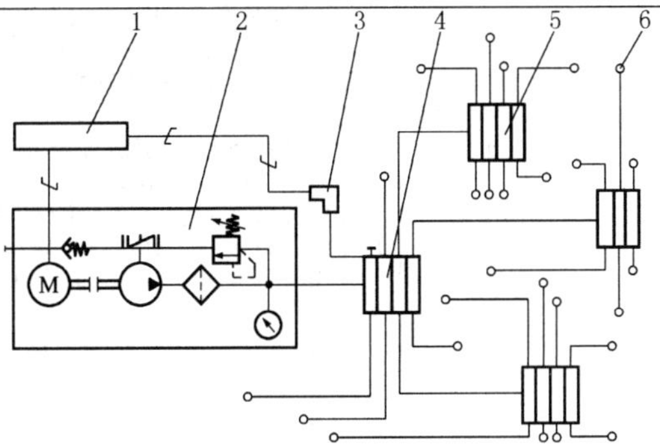 1—电控设备;2—电动润滑脂泵;3—脉冲开关(分配器自带); 4——次分配器;5—二次分配器(3 个);6—润滑点	可连续给油,分配器换向不需换向阀,分配器有故障可发出信号或警报,系统简单可靠,安装方便,节省材料,便于集中管理 广泛用于各种设备 适用元件 ①JPQ 型递进分配器(JB/T 8464—1996),工作压力 16MPa ②SRB 型手动油脂润滑泵(JB/T 8651.1—2011),工作压力 10MPa ③DRB 型电动润滑泵(JB/ZQ 4559—2006)或 DBJ 型微型电动油脂润滑泵(JB/T 8651.3—2011) ④JPQ 型递进分配器(JB/T 8464—1996)
双线式	手动终端式	线内为递进式系统 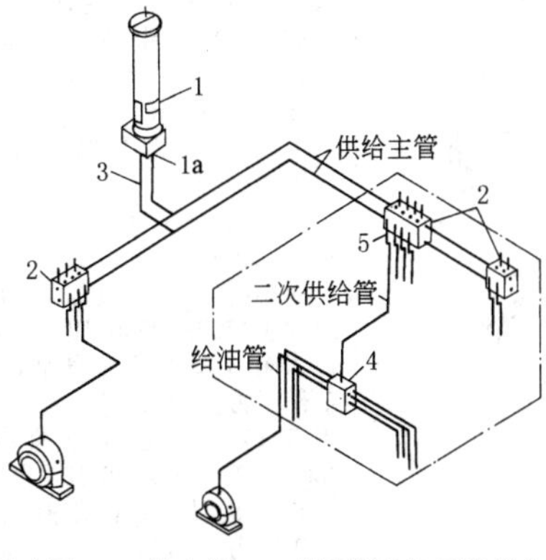 供给主管 二次供给管 给油管 1—手动泵;1a—换向阀;2—分配器(出口装单向阀); 3—过滤器;4—二次分配器;5—单向阀接口	系统简单,设备费用低,操作容易,润滑简便 用于给油间距较长的中等规模的机械或机组 适用元件 ①JPQ 型递进分配器(JB/T 8464—1996),工作压力 16MPa ②SGZ 型手动润滑泵(JB/ZQ 4087—1997),工作压力 6.3MPa ③SRB 型手动润滑泵(JB/ZQ 4557—2006),工作压力 10MPa、20MPa ④SGQ 型双线给油器(JB/ZQ 4089—1997),工作压力 10MPa ⑤DSPQ、SSPQ 型双线分配器(JB/ZQ 4560—2006),工作压力 20MPa ⑥GGQ 型干油过滤器(JB/ZQ 4535—1997 或 JB/ZQ 4702—2006、JB/ZQ 4554—1997 等)

续表

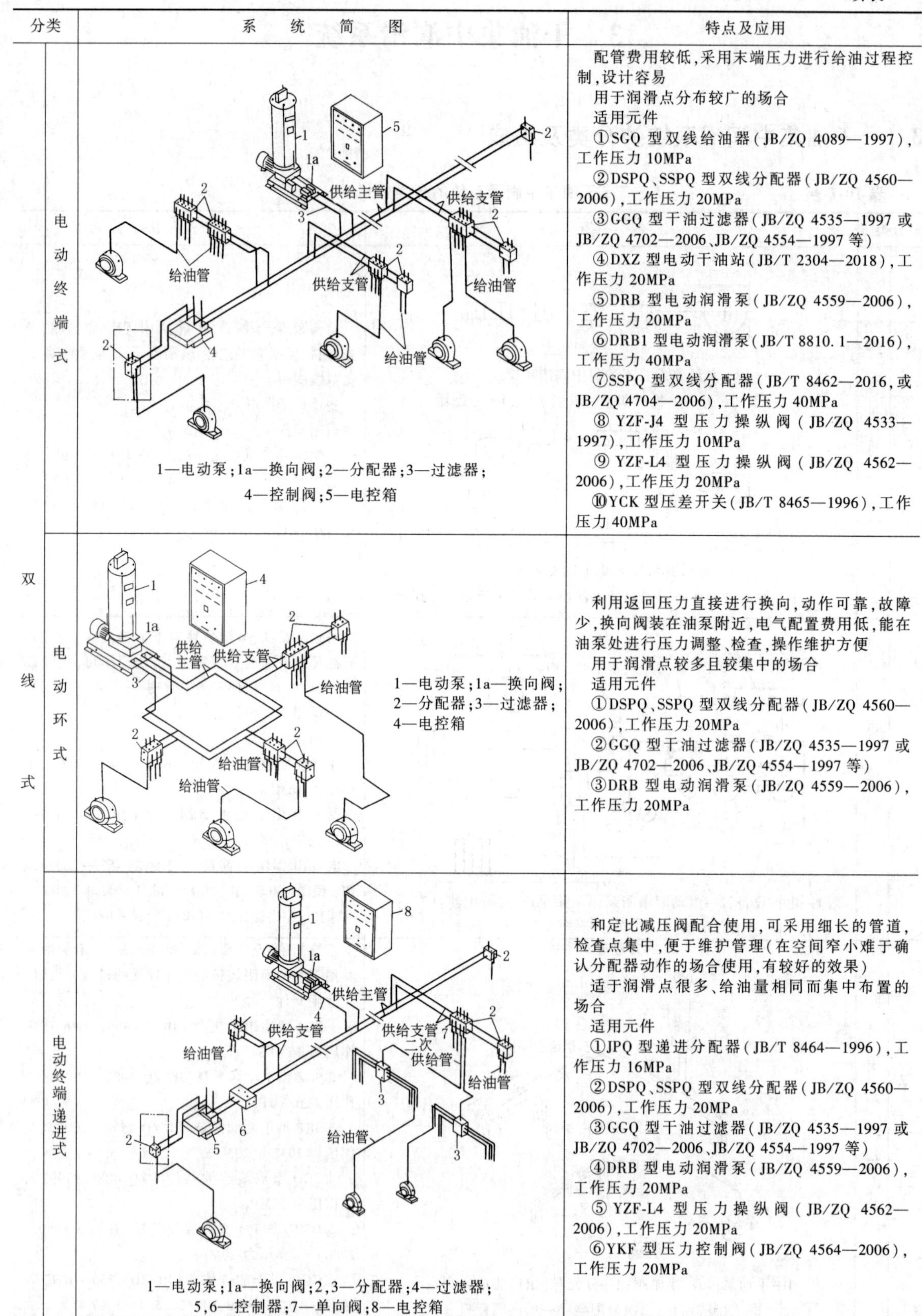

分类		系统简图	特点及应用
双线式	电动终端式	1—电动泵；1a—换向阀；2—分配器；3—过滤器；4—控制阀；5—电控箱	配管费用较低，采用末端压力进行给油过程控制，设计容易 用于润滑点分布较广的场合 适用元件 ①SGQ 型双线给油器（JB/ZQ 4089—1997），工作压力 10MPa ②DSPQ、SSPQ 型双线分配器（JB/ZQ 4560—2006），工作压力 20MPa ③GGQ 型干油过滤器（JB/ZQ 4535—1997 或 JB/ZQ 4702—2006、JB/ZQ 4554—1997 等） ④DXZ 型电动干油站（JB/T 2304—2018），工作压力 20MPa ⑤DRB 型电动润滑泵（JB/ZQ 4559—2006），工作压力 20MPa ⑥DRB1 型电动润滑泵（JB/T 8810.1—2016），工作压力 40MPa ⑦SSPQ 型双线分配器（JB/T 8462—2016，或 JB/ZQ 4704—2006），工作压力 40MPa ⑧ YZF-J4 型压力操纵阀（JB/ZQ 4533—1997），工作压力 10MPa ⑨ YZF-L4 型压力操纵阀（JB/ZQ 4562—2006），工作压力 20MPa ⑩YCK 型压差开关（JB/T 8465—1996），工作压力 40MPa
	电动环式	1—电动泵；1a—换向阀；2—分配器；3—过滤器；4—电控箱	利用返回压力直接进行换向，动作可靠，故障少，换向阀装在油泵附近，电气配置费用低，能在油泵处进行压力调整、检查，操作维护方便 用于润滑点较多且较集中的场合 适用元件 ①DSPQ、SSPQ 型双线分配器（JB/ZQ 4560—2006），工作压力 20MPa ②GGQ 型干油过滤器（JB/ZQ 4535—1997 或 JB/ZQ 4702—2006、JB/ZQ 4554—1997 等） ③DRB 型电动润滑泵（JB/ZQ 4559—2006），工作压力 20MPa
	电动终端递进式	1—电动泵；1a—换向阀；2，3—分配器；4—过滤器；5，6—控制器；7—单向阀；8—电控箱	和定比减压阀配合使用，可采用细长的管道，检查点集中，便于维护管理（在空间窄小难于确认分配器动作的场合使用，有较好的效果） 适于润滑点很多、给油量相同而集中布置的场合 适用元件 ①JPQ 型递进分配器（JB/T 8464—1996），工作压力 16MPa ②DSPQ、SSPQ 型双线分配器（JB/ZQ 4560—2006），工作压力 20MPa ③GGQ 型干油过滤器（JB/ZQ 4535—1997 或 JB/ZQ 4702—2006、JB/ZQ 4554—1997 等） ④DRB 型电动润滑泵（JB/ZQ 4559—2006），工作压力 20MPa ⑤ YZF-L4 型压力操纵阀（JB/ZQ 4562—2006），工作压力 20MPa ⑥YKF 型压力控制阀（JB/ZQ 4564—2006），工作压力 20MPa

续表

分类		系统简图	特点及应用
双线式	电动喷射式	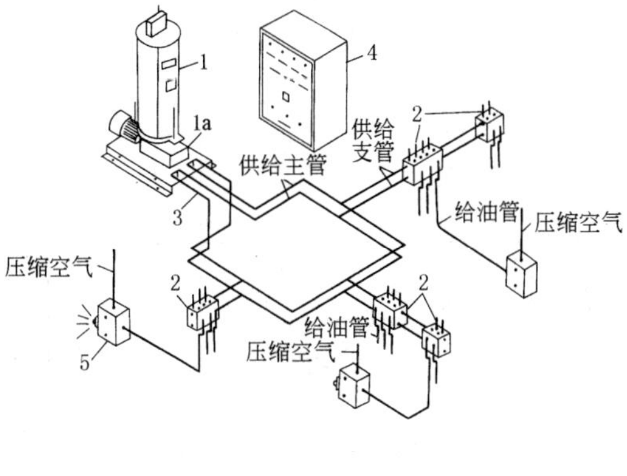 1—泵；1a—换向阀；2—分配器；3—过滤器；4—电控箱；5—喷射阀 喷射式系统可由手动终端式、电动终端式系统加喷射阀组成，其压缩空气入口处，须设置过滤器、减压阀、油雾器	可使用润滑脂、高黏度润滑油或加入挥发性添加剂的其他润滑材料，使用的压缩空气压力低，给油时间可调，可显示给油时间间隔、储油器无油、过负荷运转等故障 适于开式齿轮传动、支承辊轮、滑动导轨等摩擦部位的润滑 适用元件 ①DSPQ、SSPQ 型双线分配器（JB/ZQ 4560—2006），工作压力 20MPa ②DRB 型电动润滑泵（JB/ZQ 4559—2006），工作压力 20MPa ③PF 型干油喷射阀（JB/ZQ 4566—2006），工作压力 10MPa
单线多点式	经给油器供油式	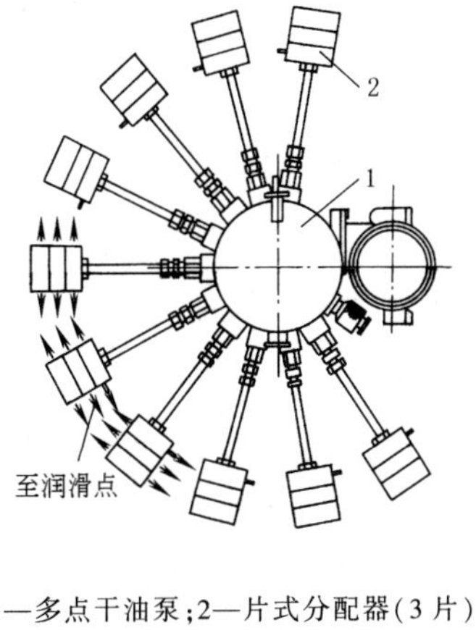 1—多点干油泵；2—片式分配器（3 片）	图是多点干油泵与片式分配器联合组成的单线多点式干油集中润滑系统，可增加润滑点数，如采用三片组合的片式分配器，则多点干油泵的每个供油孔（点）可供 6 个润滑点，10 个供油孔（点）可供 60 个润滑点 单线多点式供油管线较多，布置困难，安装、维护、检修不便。一般用于润滑点数不多，系统简单的小型机械上 适用元件 ①DDB 型多点干油泵（JB/ZQ 4088—2006），工作压力 10MPa ② DDRB 型多点润滑泵（JB/T 8810.3—2016），工作压力 31.5MPa
	经管线直接供油式	经管线直接供油式是采用多点干油泵，经输油管线直接与润滑点连接供油	

表 10-1-95　　集中供脂系统的类型

类型		简　图	运　转	驱动	适用的锥入度(25℃,150g)/(10mm)$^{-1}$	管路标准压力/MPa	调整与管长限度
直接供脂式	单独的活塞泵	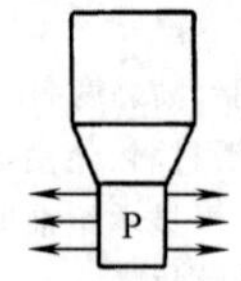	由凸轮或斜圆盘使各活塞泵P顺序工作	电动机 机械 手动	>265	0.7~2.0	在每个出口调整冲程9~15m
	阀分配系统		利用阀把一个活塞泵的输出量依次供给每条管路	电动机 机械 手动	>220 <265	0.7~2.0	由泵的速度控制输出25~60m
	分支系统	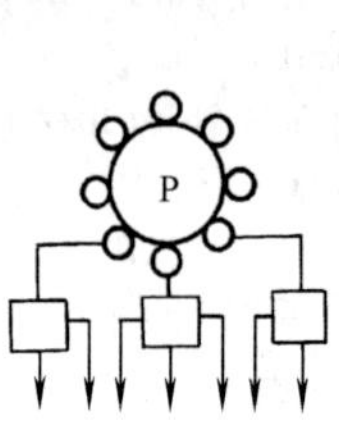	每个泵的输出量由分配器分至各处	电动机 机械	>220	0.7~2.8	在每个输出口调整或用分配阀组调整 泵到分配阀18~54m 分配阀到支承6~9m
间接供脂递进式	单线式	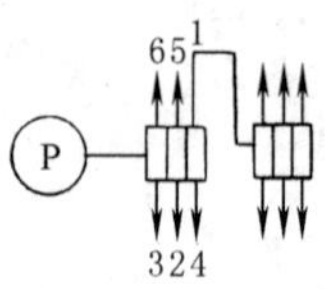	第一阀组按1、2、3、…顺序输出。其中的一个接口用来使第二阀组工作。以后的阀组照此顺序工作	电动机 机械 手动	>265	14.0~20.0	用不同容量的计量阀,否则靠循环时间调整 干线150mm(据脂和管子口径决定),到支承的支线6~9mm
	单线式反向	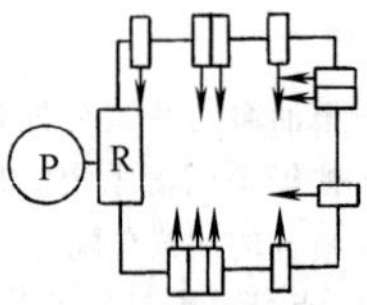	换向阀R每动作一次各阀依次工作			1.4~2.0	
	双线式	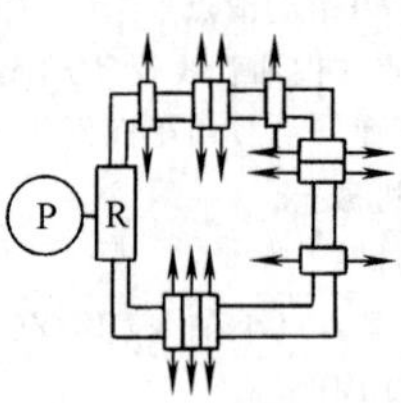	脂通过一条管路按顺序运送到占总数一半的出口。换向阀R随后动作,消除第一条管路压力,把脂送到另一条管路,供给其余出口				
间接供脂并列式	单线式	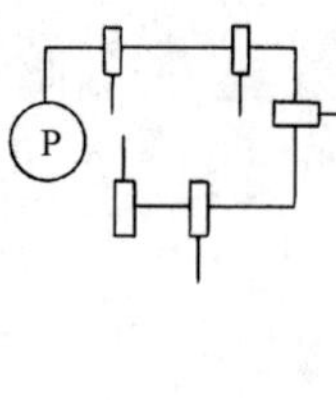	由泵上的装置使管路交替加压、卸压。有两种系统:一是利用管路压力作用在阀的活塞上射出脂;二是利用弹簧压力作用在阀的活塞上射出脂	电动机 手动	>310	约17.0 约8.0	工作频率能调整,输出量由脂的特性决定 120m

续表

<table>
<tr><th colspan="2">类型</th><th>简　图</th><th>运　转</th><th>驱动</th><th>适用的锥入度(25℃,150g)$/(10mm)^{-1}$</th><th>管路标准压力/MPa</th><th>调整与管长限度</th></tr>
<tr><td rowspan="2">间接供脂并列式</td><td>油或气调节的单线式</td><td>P
供油或空气</td><td>泵使管路或阀工作,用油压或气压操纵阀门</td><td>电动机</td><td>>220</td><td>约 40.0</td><td>用周期定时分配阀调整
600m</td></tr>
<tr><td>双线式</td><td>P R</td><td>润滑脂压力在一条管路上同时操纵占总数一半的排出口。然后换向阀 R 反向,消除此条管路压力,把脂导向另一条管路,使其余排出口工作</td><td>电动机
手动</td><td>>265</td><td>约 40.0</td><td>用周期定时分配阀调整
自动 120m
手动 60m</td></tr>
</table>

3.2　干油集中润滑系统的设计计算

3.2.1　润滑脂消耗量的计算

表 10-1-96　　润滑脂消耗量的计算方法

<table>
<tr><th>序号</th><th>部位</th><th colspan="9">公 式 及 数 据</th><th>单位</th><th>说　明</th></tr>
<tr><td rowspan="5">1
2
3</td><td rowspan="5">滑动轴承
滚动轴承
滑动平面</td><td colspan="9">$Q=0.025\pi DL(K_1+K_2)$
$Q=0.025\pi DN(K_1+K_2)$
$Q=0.025BL_1(K_1+K_2)$</td><td rowspan="6">mL/班
(每班 8h)</td><td rowspan="6">D——轴孔直径,cm
L——轴承长度,cm
N——系数,单列轴承 2.5,双列轴承 5
B——滑动平面的宽度,cm
L_1——滑动平面的长度,cm
b——小齿轮的齿宽,cm
d——小齿轮的节圆直径,cm</td></tr>
<tr><td colspan="2">转速/$r\cdot min^{-1}$</td><td>微动</td><td>20</td><td>50</td><td>100</td><td>200</td><td>300</td><td>400</td></tr>
<tr><td colspan="2">K_1</td><td>0.3</td><td>0.5</td><td>0.7</td><td>1.0</td><td colspan="2">1.8</td><td>2.5</td></tr>
<tr><td>工况条件</td><td>粉尘作业</td><td>室外作业</td><td colspan="3">高温(>80℃)</td><td colspan="3">气体及水污染</td></tr>
<tr><td>K_2</td><td colspan="2">0.3~1</td><td colspan="6">0.3~6</td></tr>
<tr><td>4</td><td>齿轮</td><td colspan="9">$Q=0.025bd$</td></tr>
</table>

3.2.2　润滑脂泵的选择计算

$$Q=\frac{Q_1+Q_2+Q_3+Q_4}{T} \tag{10-1-1}$$

式中　Q——润滑脂泵的最小流量，mL/min（电动泵）或 mL/每循环（手动泵）；

Q_1——全部分配器给脂量的总和，若单向出脂时为 Q_1，双向出脂时为$\frac{Q_1}{2}$，mL；

Q_2——全部分配器损失脂量❶的总和（见表 10-1-97），mL；

Q_3——液压换向阀或压力操纵阀的损失脂量（见表 10-1-98），mL；

Q_4——压力为 10MPa 或 20MPa 时，系统管路内润滑脂的压缩量，mL，见表 10-1-99；

T——润滑脂泵的工作时间，指全部分配器都工作完毕所需的时间。电动泵以 5min 为宜，最多不超过 8min；手动泵以 25 个循环为宜，最多不超过 30 个循环（电动泵用 min，手动泵用循环数）。

---

❶　损失脂量，是指分配器或阀件完成一个动作的同时，也将该元件中某一油腔中的润滑脂由原来那条供脂线中转移到另一条供脂线中或转移到管线以外，其量虽然不大，但也不可忽略。参考文献［17］给出的双向出脂时为$\frac{Q_1+Q_2}{2}$。

表 10-1-97　　分配器损失脂量

型号	公称压力/MPa	给油型式	每孔每次给油量/mL	每孔损失量/滴·min⁻¹	型号	公称压力/MPa	给油型式	每口每循环给油量/mL	损失量/mL
SGQ-※1	10	单向给油	0.1~0.5	4	※DSPQ-L1	20	单向给油	0.2~1.2	0.06
SGQ-※2			0.5~2.0	6	※DSPQ-L2			0.6~2.5	0.10
SGQ-※3			1.5~5.0	8	※DSPQ-L3			1.2~5.0	0.15
SGQ-※4			3.0~10.0	10	※DSPQ-L4			3.0~14.0	0.68
SGQ-※5			6.0~20.0	14	×SSPQ-L1		双向给油	0.15~0.6	0.17
SGQ-×1S		双向给油	0.1~0.5	4	×SSPQ-L2			0.2~1.2	0.20
SGQ-×2S			0.5~2.0	6	×SSPQ-L3			0.6~2.5	0.20
SGQ-×3S			1.5~5.0	8	×SSPQ-L4			1.2~5.0	0.20
SGQ-×4S			3.0~10.0	10					

注：1. 表中数据摘自 JB/ZQ 4089—1997 及 JB/ZQ 4560—2006；“※”依次为 1，2，3，4；“×”依次为 2，4，6，8。
2. 给油量是指活塞上、下行程给油量的算术平均值；损失量是指推动导向活塞需要的流量。

表 10-1-98　　阀件损失脂量

型　号	名　称	公称压力/MPa	调定压力/MPa	损失脂量/mL
YHF-L1	液压换向阀	20(L)	5	17.0
YHF-L2				2.7
YZF-L4	压力操纵阀		4	1.5
YZF-J4		10(J)		1.0

表 10-1-99　　管路内润滑脂单位压缩量　　mL·m⁻¹

公称直径/mm		8	10	15	20	25	32	40	50
公称压力/MPa	10	0.16	0.32	0.58	1.04	1.62	2.66	3.74	6.22
	20	0.29	0.57	1.06	1.88	2.95	4.82	6.80	11.32

3.2.3　系统工作压力的确定

系统的工作压力，主要用于克服主油管、给油管的压力损失和确保分配器所需的给油压力，以及压力控制元件所需的压力等。干油集中润滑系统主油管、给油管的压力损失见表 10-1-100，分配器的结构及所需的给油压力（以双线式分配器为例）见表 10-1-101。

考虑到干油集中润滑系统的工作条件随季节的更换而变化，且系统的压力损失也难以精确计算，因此，在确定系统的工作压力时，通常以不超过润滑脂泵额定工作压力的 85%为宜。

表 10-1-100　　主油管与给油管压力损失　　MPa·m⁻¹

	公称通径/mm	公称流量/mL·min⁻¹					公称流量/mL·循环⁻¹	
		600	300	200	100	60	3.5	8
主油管	10					0.32	0.33	0.41
	15			0.26	0.22	0.19	0.20	0.25
	20	0.21	0.18	0.15	0.13	0.11	0.12	0.14
	25	0.13	0.11	0.10	0.09	0.07		
	32	0.08	0.07	0.06	0.05	0.05		
	40	0.06	0.05	0.05				
	50	0.04	主油管所有数值在环境温度为0℃，使用 GB/T 7323—2019 中 1 号极压锂基润滑脂时测得，如用 0 号脂时为上列数值的 60%					

	公称通径/mm	公称流量(0℃时)/10mL·min⁻¹		最大配管长度/m
		1 号润滑脂	0 号润滑脂	
给油管	4	0.60	0.35	4
	6	0.32	0.20	7
	8	0.21	0.14	10

注：环境温度为-5℃、15℃、25℃时，相应数值分别为表中数值的 150%、50%、25%。

表 10-1-101　　分配器所需给油压力　　MPa

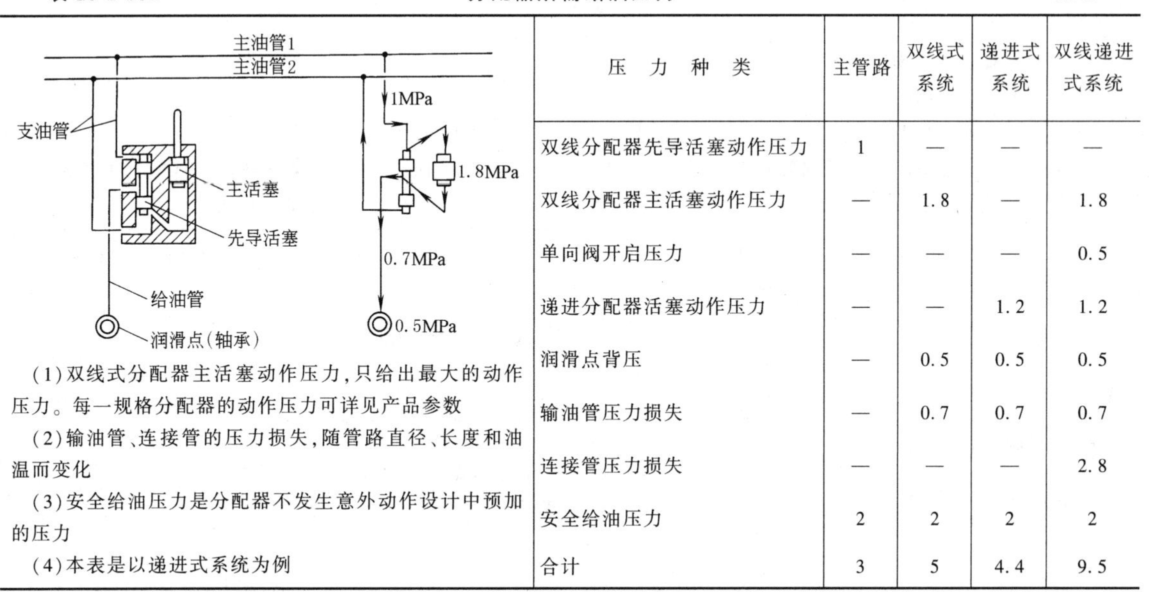

压力种类	主管路	双线式系统	递进式系统	双线递进式系统
双线分配器先导活塞动作压力	1	—	—	—
双线分配器主活塞动作压力	—	1.8	—	1.8
单向阀开启压力	—	—	—	0.5
递进分配器活塞动作压力	—	—	1.2	1.2
润滑点背压	—	0.5	0.5	0.5
输油管压力损失	—	0.7	0.7	0.7
连接管压力损失	—	—	—	2.8
安全给油压力	2	2	2	2
合计	3	5	4.4	9.5

(1)双线式分配器主活塞动作压力,只给出最大的动作压力。每一规格分配器的动作压力可详见产品参数

(2)输油管、连接管的压力损失,随管路直径、长度和油温而变化

(3)安全给油压力是分配器不发生意外动作设计中预加的压力

(4)本表是以递进式系统为例

3.2.4　滚动轴承润滑脂消耗量估算方法

滚动轴承润滑脂的消耗量，除了表 10-1-96 所列的计算方法外，一些国外滚动轴承公司，例如德国 FAG 公司，推荐了每周至每年添加润滑脂量 m_1 的估算方法，见下式。

$$m_1 = DBX \quad (\text{g})$$

式中　D——轴承外径，mm；

B——轴承宽度，mm；

X——系数，每周加一次时 $X=0.002$，每月加一次时 $X=0.003$，每年加一次时 $X=0.004$。

当环境条件不好时，系数 X 应有增量，增量值可参阅表 10-1-96 中的增量值 K_2。

另外，极短的再润滑间隔所添加的润滑脂量 m_2 为

$$m_2 = (0.5 \sim 20)V \quad (\text{kg/h})$$

$$V = (\pi/4) \times B \times (D^2 - d^2) \times 10^{-9} - (G/7800) \quad (\text{m}^3)$$

停用几年后启动前所添加的润滑脂量 m_3 为

$$m_3 = DB \times 0.01 \quad (\text{g})$$

式中　V——轴承里的自由空间；

d——轴承内孔直径，mm；

G——轴承质量，kg。

滚动轴承润滑脂使用寿命的计算值与润滑间隔，是根据失效可能性来考虑的。轴承的工作条件与环境条件差时，润滑间隔将减少。通常润滑脂的标准再润滑周期，是在环境温度最高为 70℃，平均轴承负荷 $P/C < 0.1$ 的情况下计算的。其中，P 为当量动载荷，单位为 N；C 为基本额定动载荷计算值，单位为 N。矿物油型锂基润滑脂在工作温度超过 70℃ 以后，每升温 15℃，润滑间隔将减半，此外，轴承类型、灰尘和水分、冲击负荷和振动、负荷高低、通过轴承的气流等都对润滑间隔有一定影响。图 10-1-14 是速度系数 $d_m n$ 值对再润滑间隔的影响，应用于失效可能性 10%～20%；k_f 为再润滑间隔校正因数，与轴承类型有关，承载能力较高的轴

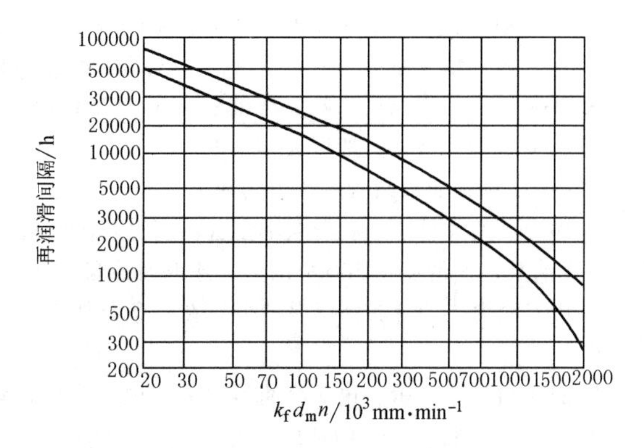

图 10-1-14　在正常环境条件下轴承的润滑间隔

承，k_f 值较高，参见表10-1-102。当工作条件与环境条件差时，减少的润滑间隔可由下式求出。

$$t_{fq}=f_1f_2f_3f_4f_5t_f$$

式中　t_{fq}——减少的润滑间隔；

t_f——润滑间隔；

f_1~f_5——工作条件与环境条件差时润滑间隔减少因数，参见表10-1-103。

表 10-1-102　轴承的再润滑间隔校正因数 k_f

轴承类型	形式	k_f
深沟球轴承	单列	0.9~1.1
	双列	1.5
角接触球轴承	单列	1.6
	双列	2
主轴轴承	α①=15°	0.75
	α=25°	0.9
四点接触球轴承		1.6
调心球轴承		1.3~1.6
推力球轴承		5~6
角接触推力球轴承	单列	1.4
圆柱滚子轴承	单列	3~3.5②
	双列	3.5
	满装	25
推力圆柱滚子轴承		90
滚针轴承		3.5
圆锥滚子轴承		4
中凸滚子轴承		10
无挡边球面滚子轴承(E型结构)		7~9
有中间挡边球面滚子轴承		9~12

① α 指轴承接触角。

② $k_f=2$，适用于径向负荷或增加止推负荷；$k_f=3$ 适用于恒定止推负荷。

注：再润滑过程中通常不可能去除用过的润滑脂。再润滑间隔必须降低30%~50%。一般采用的润滑脂量见表10-1-96。

表 10-1-103　工作条件与环境条件差时的润滑间隔减少因数

类型	强度	因数
灰尘和水分对轴承接触面的影响	中等	$f_1=0.7\sim0.9$
	强	$f_1=0.4\sim0.7$
	很强	$f_1=0.1\sim0.4$
冲击负荷和振动的影响	中等	$f_2=0.7\sim0.9$
	强	$f_2=0.4\sim0.7$
	很强	$f_2=0.1\sim0.4$
轴承温度高的影响	中等(最高75℃)	$f_3=0.7\sim0.9$
	强(75~85℃)	$f_3=0.4\sim0.7$
	很强(85~120℃)	$f_3=0.1\sim0.4$
高负荷的影响	$P/C=0.1\sim0.15$	$f_4=0.7\sim1.0$
	$P/C=0.15\sim0.25$	$f_4=0.4\sim0.7$
	$P/C=0.25\sim0.35$	$f_4=0.1\sim0.4$
通过轴承的气流的影响	轻气流	$f_5=0.5\sim0.7$
	重气流	$f_5=0.1\sim0.5$

在参考文献［21］中介绍了干油集中润滑系统设计步骤，分为：①计算润滑脂的消耗量并选择给油器的型号和大小；②根据计算出的 q（每小时每平方米摩擦表面所需的润滑脂量）值，计算各个润滑点在工作循环时间内所需的润滑脂总量；③选择润滑站的型号、大小和数量；④确定润滑制度。而给出的 q 计算公式为

$$q=11K_1K_2K_3K_4K_5$$

式中　q——每小时每平方米摩擦表面所需的润滑脂量，$cm^3/(m^2\cdot h)$；

11——轴承直径≤100mm，转速≤100r/min 的最低消耗定量，$cm^3/(m^2\cdot h)$；

K_1——轴承直径对润滑脂的影响系数，由参考文献［21］表8-75中选取；

K_2——轴承转速对润滑脂消耗系数的影响系数，由参考文献［21］表8-76中选取；

K_3——表面情况系数，一般取 $K_3=1.3$，表面光滑可取 $K_3=1.0\sim1.05$；

K_4——轴承工作温度系数，当轴承温度 $t<75$℃时取 $K_4=1$，当 t 为75~150℃时取 $K_4=1.2$；

K_5——负荷系数，一般取 $K_5=1.1$。

还给出了选择润滑站时应考虑的因素：

① 润滑点的数目。如润滑点不多，供脂量不大，润滑周期较长（如某些单机润滑）时，可采用手动润滑站或多点干油泵；润滑点在500个以上，或润滑点虽不多，但机器工作繁重时，应考虑采用自动润滑站。

② 机器润滑点的分布情况。若分布在一条直线上（如辊道），可采用流出式；若分布比较集中或邻近的，可采用环式。

③ 润滑脂的总容积。包括给油器的总容积和管道总容积。

④ 管路（输脂主管）的延伸长度。

参考文献［9］中也有以上相同的内容，分别为“润滑脂消耗量的计算”“润滑站选择的条件”。

3.3 干油集中润滑系统的主要设备

3.3.1 润滑脂泵及装置

(1) 手动润滑泵

表 10-1-104　　手动润滑泵介绍

类型	说明

SGZ型手动润滑泵(JB/ZQ 4087—1997)

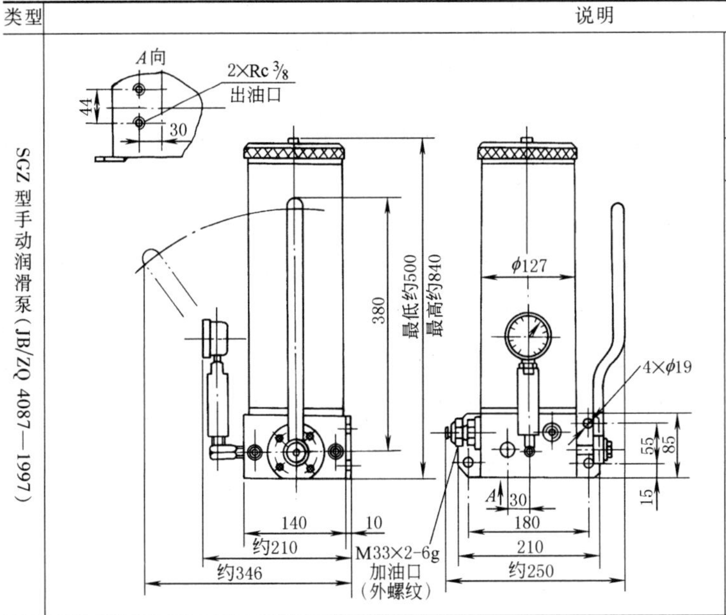

型号	给油量/mL·循环$^{-1}$	公称压力/MPa	储油筒容积/L	质量/kg
SGZ-8	8	6.3(Ⅰ)	3.5	24

(1)用于双线式和双线喷射式干油集中润滑系统,采用锥入度(25℃,150g)不低于265/10mm的润滑脂,环境温度为0~40℃

(2)标记示例:给油量为8mL/循环的手动润滑泵,标记为

SGZ-8　润滑泵　JB/ZQ 4087—1997

SRB型手动润滑泵(JB/ZQ 4557—2006)

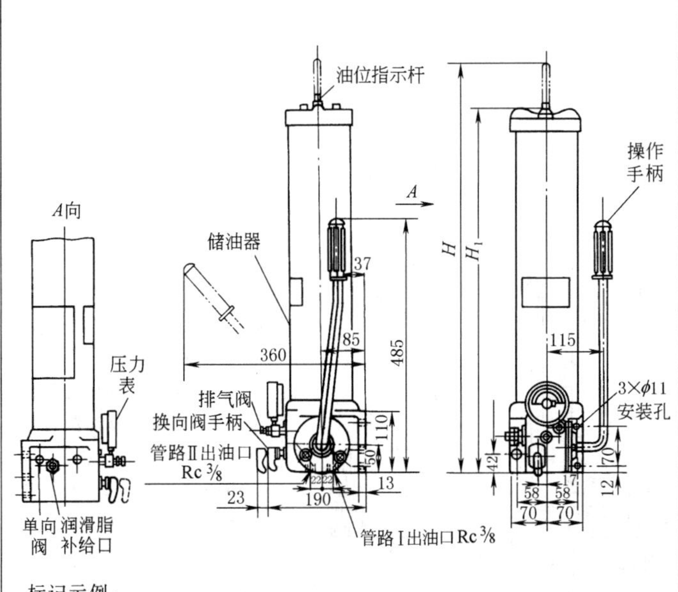

标记示例:

公称压力20MPa,给油量3.5mL/循环,使用介质为润滑脂,储油器容积5L的手动润滑泵,标记为

SRB-L3.5Z-5　润滑泵　JB/ZQ 4557—2006

型　号	给油量/mL·循环$^{-1}$	公称压力/MPa	储油筒容积/L	最多给油点数
SRB-J7Z-2	7	10	2	80
SRB-J7Z-5			5	
SRB-L3.5Z-2	3.5	20	2	50
SRB-L3.5Z-5			5	

型　号	配管通径/mm	配管长度/m	质量/kg
SRB-J7Z-2	20	50	18
SRB-J7Z-5			21
SRB-L3.5Z-2	12	50	18
SRB-L3.5Z-5			21

型　号	H/mm	H_1/mm
SRB-J7Z-2 SRB-L3.5Z-2	576	370
SRB-J7Z-5 SRB-L3.5Z-5	1196	680

(1)本泵与双线式分配器、喷射阀等组成双线式或双线喷射式干油集中润滑系统,用于给油频率较低的中小机械设备或单独的机器上。工作时间一般为2~3min,工作寿命可达50万个工作循环

(2)适用介质为锥入度(25℃,150g)310~385/10mm的润滑脂

续表

类型	说明
SNB-J 型手动润滑泵(JB/T 8651.1—2011)	(1)允许在 0~45℃ 的环境温度下工作,使用介质锥入度(25℃、150g)大于 295/10mm 的符合 GB/T 491—2008、GB 492—1989、GB/T 7324—2010 要求的润滑脂 (2)供油嘴的连接管若为 $\phi6\times1$,根据需要可特殊订货 标记示例:给油点数 5 个,每嘴出油容量 0.9mL/循环,储油器容积 1.37L 的手动润滑泵,标记为 5SNB-Ⅲ 润滑泵 JB/T 8651.1—2011

型号	1SNB-J			2SNB-J			5SNB-J			6SNB-J			8SNB-J		
主参数代号	Ⅰ	Ⅱ	Ⅲ	Ⅰ	Ⅱ	Ⅲ	Ⅰ	Ⅱ	Ⅲ	Ⅰ	Ⅱ	Ⅲ	Ⅰ	Ⅱ	Ⅲ
给油点数/个	1			2			5			6			8		
每嘴出油容量/mL·次$^{-1}$	4.50			2.25			0.90			0.75			0.56		
公称压力/MPa	10(J)														
储油器容积/L	0.42	0.75	1.37	0.42	0.75	1.37	0.42	0.75	1.37	0.42	0.75	1.37	0.42	0.75	1.37
供油嘴连接管/mm	$\phi8\times1$														

外形尺寸/mm	主参数代号	H_{max}	H_{min}	D	L	L_1	L_2	L_3	E	E_1	E_2	d	b
	Ⅰ	392	292	74	128	120	98	50	94	61	15	11.5	14
	Ⅱ	500	350	86	145								
	Ⅲ		360	114	175								

手动润滑泵(10MPa、20MPa)(JB/T 13321—2017)

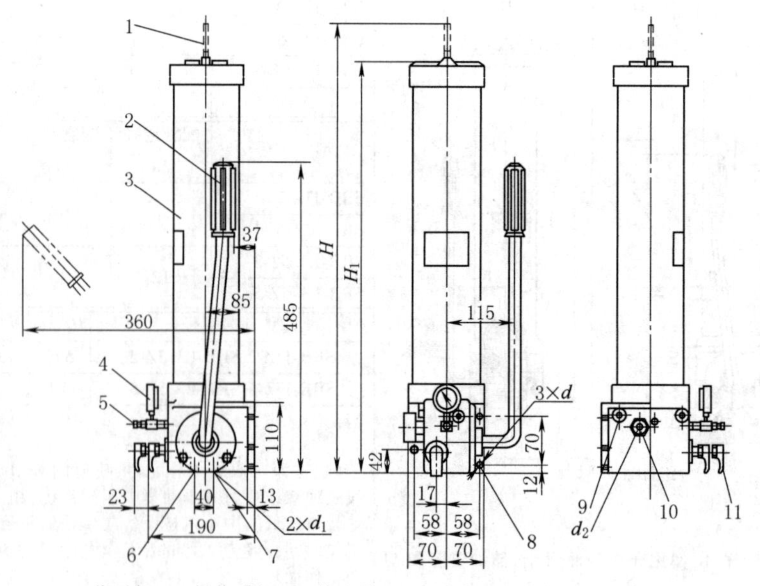

1—指示杆;2—操作手柄;3—储油器;4—压力表;5—排气阀;6—管路Ⅰ出油口;7—管路Ⅱ出油口;8—安装孔;9—单向阀;10—润滑脂补给口;11—换向阀手柄

(1)适用于输送锥入度(25℃,150g)为 265~385/10mm 的润滑脂的手动润滑泵(10MPa、20MPa)

(2)标记示例

公称压力为 20MPa,公称流量为 3.5mL/循环,储油器容积为 5L 的手动润滑泵,标记为

SRB-L3.5/5 手动润滑泵 JB/T 13321—2017

续表

<table>
<tr><td>类型</td><td colspan="6">说明</td></tr>
<tr><td rowspan="10">手动润滑泵(10MPa、20MPa)(JB/T 13321—2017)</td><td colspan="2">型号</td><td>SRB-J7/2</td><td>SRB-J7/5</td><td>SRB-L3.5/2</td><td>SRB-L3.5/5</td></tr>
<tr><td colspan="2">公称流量/mL·循环$^{-1}$</td><td>7</td><td>7</td><td>3.5</td><td>3.5</td></tr>
<tr><td colspan="2">公称压力/MPa</td><td>10</td><td>10</td><td>20</td><td>20</td></tr>
<tr><td colspan="2">储油器容积/L</td><td>2</td><td>5</td><td>2</td><td>5</td></tr>
<tr><td colspan="2">质量/kg</td><td>10</td><td>20</td><td>18</td><td>21</td></tr>
<tr><td rowspan="5">尺寸参数/mm</td><td>H</td><td>576</td><td>576</td><td>1196</td><td>1196</td></tr>
<tr><td>H_1</td><td>370</td><td>370</td><td>680</td><td>680</td></tr>
<tr><td>d</td><td>ϕ11</td><td>ϕ11</td><td>ϕ11</td><td>ϕ11</td></tr>
<tr><td>d_1</td><td>Rc3/8</td><td>Rc3/8</td><td>Rc3/8</td><td>Rc3/8</td></tr>
<tr><td>d_2</td><td>M32×3</td><td>M32×3</td><td>M32×3</td><td>M32×3</td></tr>
</table>

注："M32×3"不是液压相关标准规定的标准油口，而"M33×2"才是。

(2) 电动润滑泵及干油泵

表 10-1-105　　DB-J 型微型电动润滑泵（摘自 JB/T 8651.3—2011）

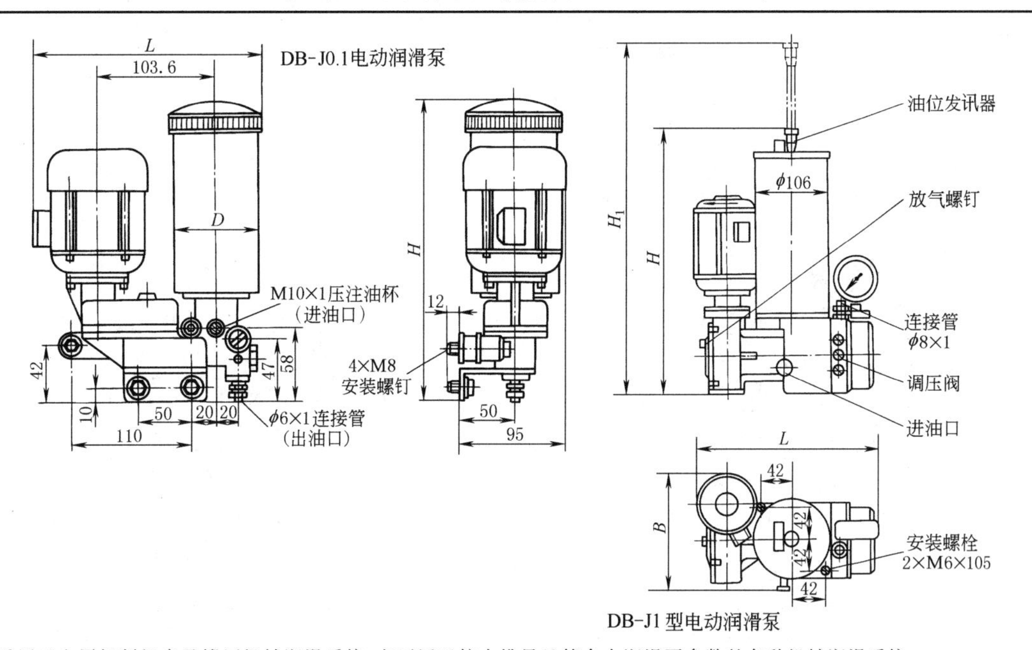

DB-J1 型电动润滑泵

1. 适用于金属切削机床及锻压机械润滑系统，亦可用于较小排量且符合本润滑泵参数的各种机械润滑系统。

2. 允许在 0~40℃的环境温度下工作，使用介质锥入度（25℃、150g）大于 295/10mm，且符合 GB/T 491—2008、GB 492—1989、GB/T 7324—2010 要求的润滑脂。

<table>
<tr><td rowspan="2">型　号</td><td rowspan="2">公称压力/MPa</td><td rowspan="2">冲程频率/次·min^{-1}</td><td rowspan="2">公称排量/mL·冲程$^{-1}$</td><td rowspan="2">储油器容积/L</td><td colspan="2">电动机</td><td colspan="5">外形及安装尺寸/mm</td></tr>
<tr><td>功率/W</td><td>电压/V</td><td>L</td><td>B</td><td>D</td><td>H</td><td>H_1</td></tr>
<tr><td>DB-J0.1/ⅠW</td><td rowspan="2">10</td><td rowspan="2">40</td><td rowspan="2">0.1</td><td>0.4</td><td rowspan="2">40</td><td rowspan="4">380</td><td>200</td><td>—</td><td>74</td><td>240</td><td>—</td></tr>
<tr><td>DB-J0.1/ⅡW</td><td>1.4</td><td>220</td><td>—</td><td>114</td><td>280</td><td>—</td></tr>
<tr><td>DB-J1/ⅢW</td><td>6.3</td><td rowspan="2">35</td><td rowspan="2">1</td><td>1.5</td><td>60</td><td>260</td><td>157</td><td rowspan="2">106</td><td>347</td><td>464</td></tr>
<tr><td>DB-J1/ⅣW</td><td>10</td><td>2.0</td><td>120</td><td>275</td><td>167</td><td>397</td><td>514</td></tr>
</table>

表 10-1-106　　DDB 型多点干油泵（10MPa）（摘自 JB/ZQ 4088—2006）

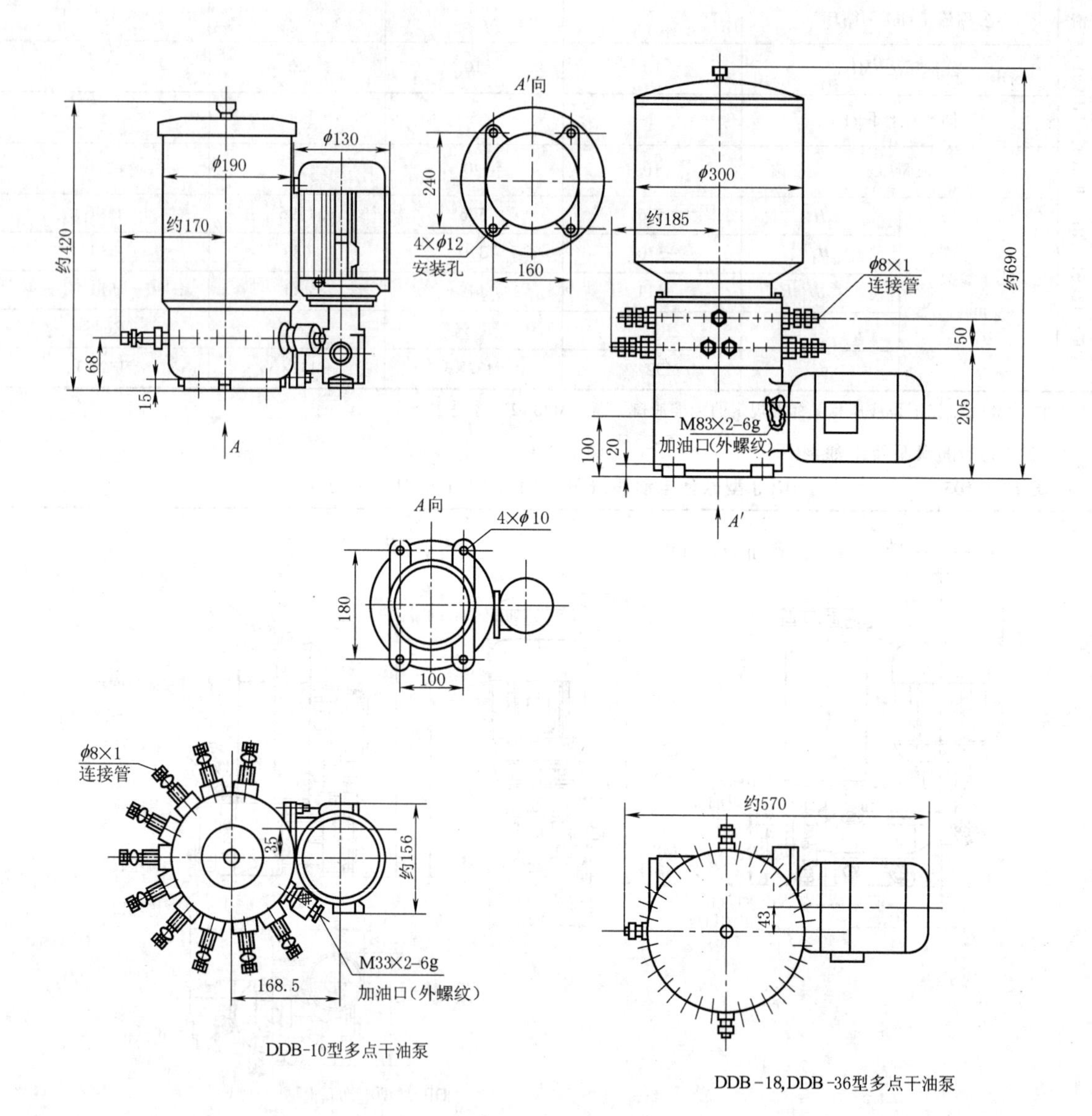

DDB-10型多点干油泵

DDB-18,DDB-36型多点干油泵

型号	出油点数/点	公称压力/MPa	每点给油量/mL·次$^{-1}$	给油次数/次·min^{-1}	储油器容积/L	电动机功率/kW	质量/kg
DDB-10	10	10 (J)	0~0.2	13	7	0.37	19
DDB-18	18				23	0.56	75
DDB-36	36						80

(1)工作环境温度 0~40℃

(2)适用于锥入度(25℃,150g)不低于 265/10mm 的润滑脂

标记示例:出油口为 10 个的多点干油泵,标记为

DDB-10　干油泵　JB/ZQ 4088—2006

表 10-1-107　　电动润滑泵（40MPa）型式与尺寸（摘自 JB/T 8810.1—2016）

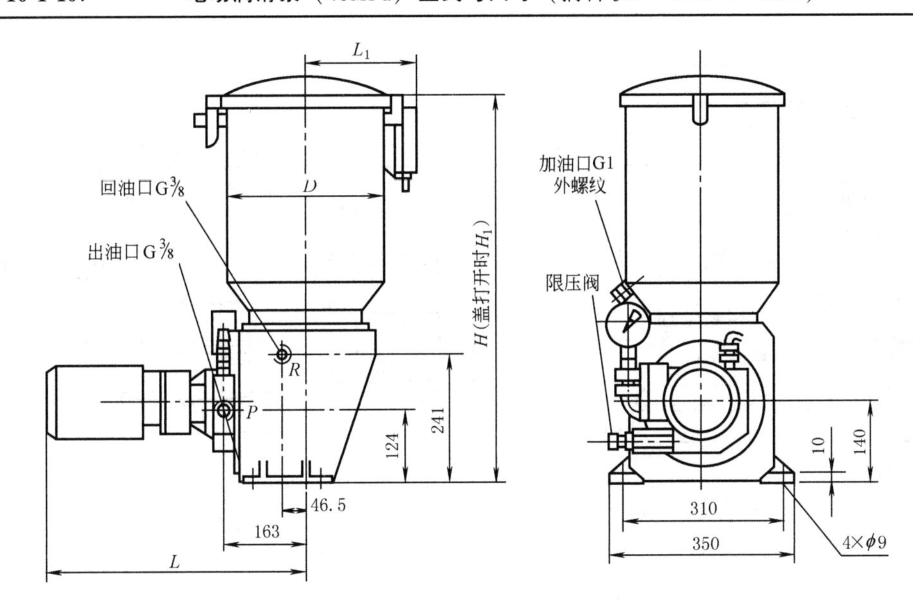

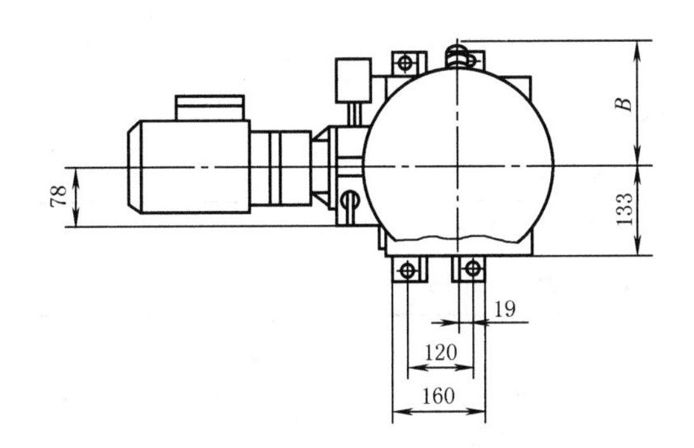

(1)适用于锥入度(25℃,150g)(220～385)/10mm 的润滑脂

(2)润滑泵为电动高压柱塞式,工作压力在公称压力范围内可任意调整,有双重过载保护

(3)储油器具有油位自动报警装置

标记示例:公称压力 40MPa,额定给油量 120mL/min,储油器容积 30L,减速电动机功率 0.75kW 的电动润滑泵,标记为

DRB2-P120　润滑泵　JB/T 8810.1—2016

规格		尺寸/mm					
		D	H	H_1	B	L	L_1
储油器	30L	310	760	1140	200	—	233
	60L	400	810	1190	230	—	278
	100L	500	920	1200	280	—	328
电动机	0.37kW,80r/min	—	—	—	—	500	—
	0.75kW,80r/min	—	—	—	—	563	—
	1.5kW,160r/min	—	—	—	—	575	—
	1.5kW,250r/min	—	—	—	—	575	—

型号	公称压力/MPa	额定给油量/mL·min^{-1}	储油器容积/L	减速电动机		环境温度/℃	质量/kg
				功率/kW	电压/V		
DRB1-P120Z	40	120	30	0.37	380	0～80	56
DRB2-P120Z				0.75		-20～80	64
DRB3-P120Z			60	0.37		0～80	60
DRB4-P120Z				0.75		-20～80	68
DRB5-P235Z		235	30	1.5		0～80	70
DRB6-P235Z			60				74
DRB7-P235Z			100				82
DRB8-P365Z		365	60				74
DRB9-P365Z			100				82

表 10-1-108　　电动润滑泵装置（20MPa）（摘自 JB/T 2304—2018） mm

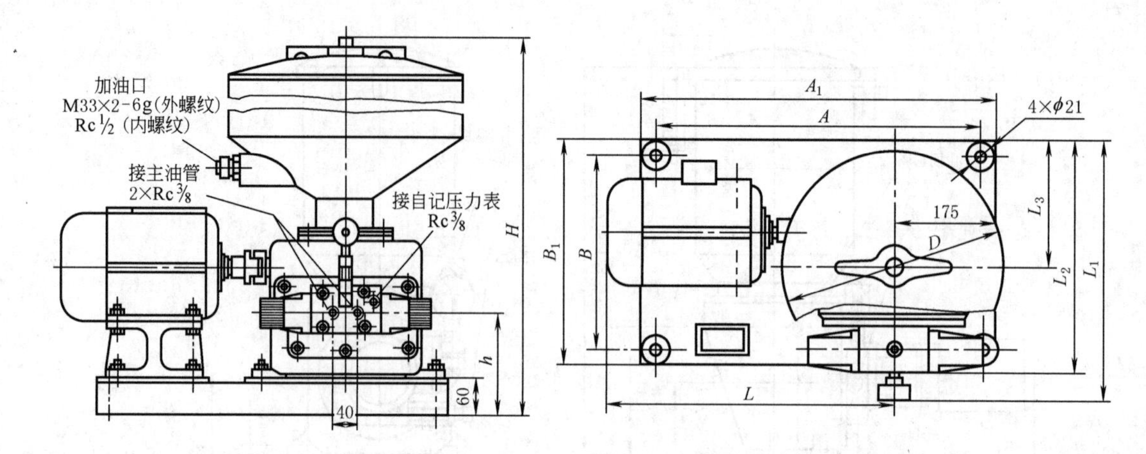

型号	给油能力 /mL·min^{-1}	公称压力 /MPa	储油器容积 /L	电动机 功率/kW	电动机 转速/r·min^{-1}	电磁铁电压 /V	质量 /kg
DRZ-L100	100	20	50	0.55	1390	220	191
DRZ-L315	315		75	1.1	1400		196
DRZ-L630	630		120	1.5	1400		240

型号	A	A_1	B	B_1	h	D	$L\approx$	$L_1\approx$	L_2	L_3	H_{max}
DRZ-L100	460	510	300	350	151	408	406	414	368	200	1330
DRZ-L315	550	600	315	365	167		474	434	392	210	1770
DRZ-L630						508	489				1820

注：电磁换向阀上留有连接螺纹为 Rc⅜的自记压力表接口，如不需要时可用螺塞堵住。

表 10-1-109　　DB 型单线干油泵装置参数（摘自 JB/T 2306—2018）

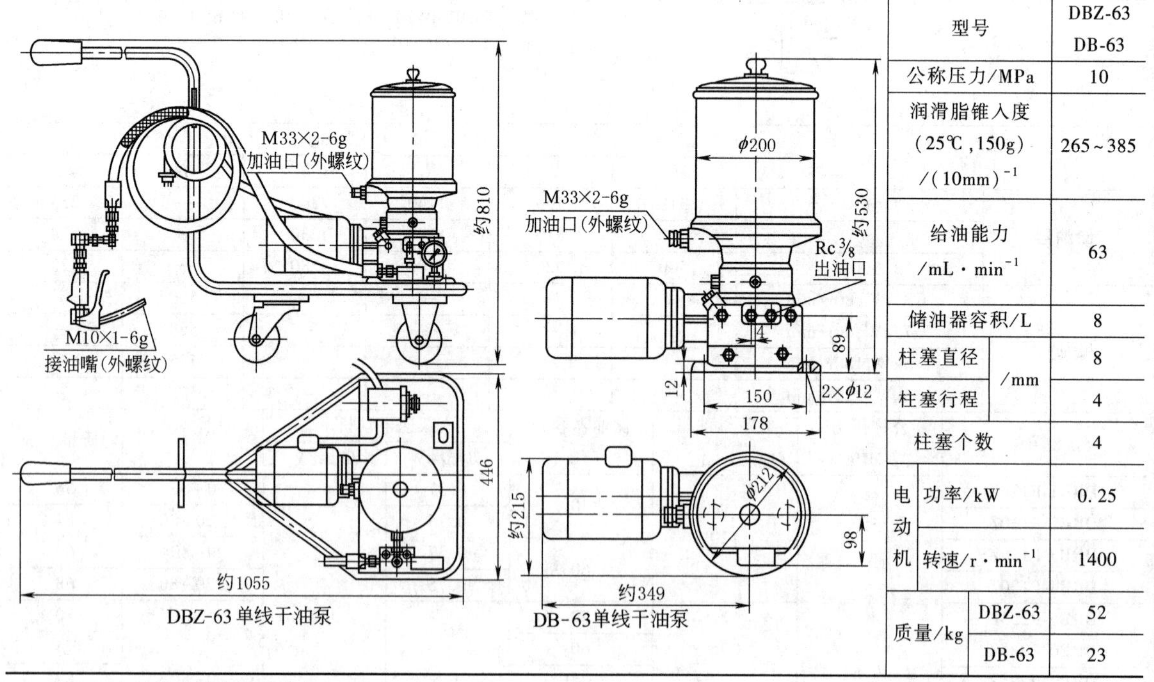

DBZ-63 单线干油泵　　DB-63单线干油泵

型号		DBZ-63 DB-63
公称压力/MPa		10
润滑脂锥入度 (25℃,150g)/(10mm)$^{-1}$		265～385
给油能力 /mL·min^{-1}		63
储油器容积/L		8
柱塞直径 /mm		8
柱塞行程 /mm		4
柱塞个数		4
电动机	功率/kW	0.25
电动机	转速/r·min^{-1}	1400
质量/kg	DBZ-63	52
质量/kg	DB-63	23

注：1. 电动机安装结构型式为 B5 型。
2. 润滑脂锥入度按 GB/T 7631.8—1990《润滑剂和有关产品（L类）的分类　第 8 部分：X 组（润滑脂）》的规定标记。
3. 标记示例：单线干油泵，DB-63 干油泵　JB/T 2306—2018；单线干油泵装置，DBZ-63 干油泵装置　JB/T 2306—2018。

表 10-1-110　DRB-L 型电动润滑泵（摘自 JB/ZQ 4559—2006）　mm

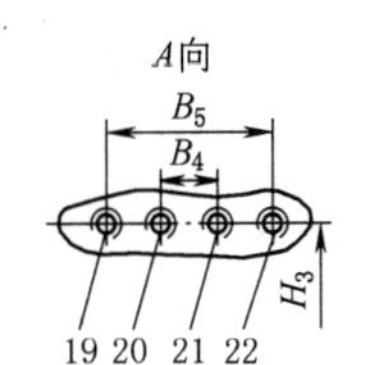

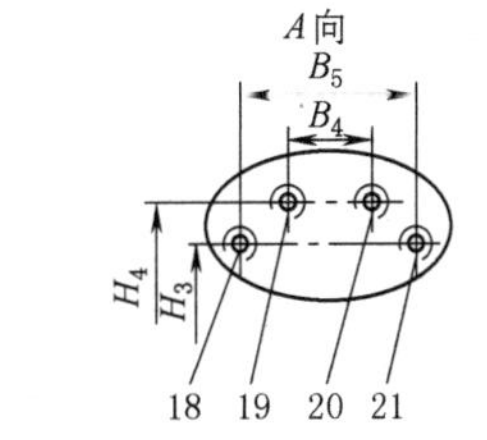

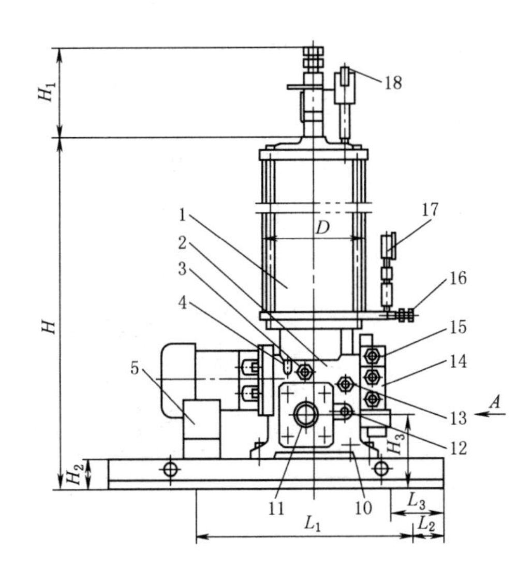

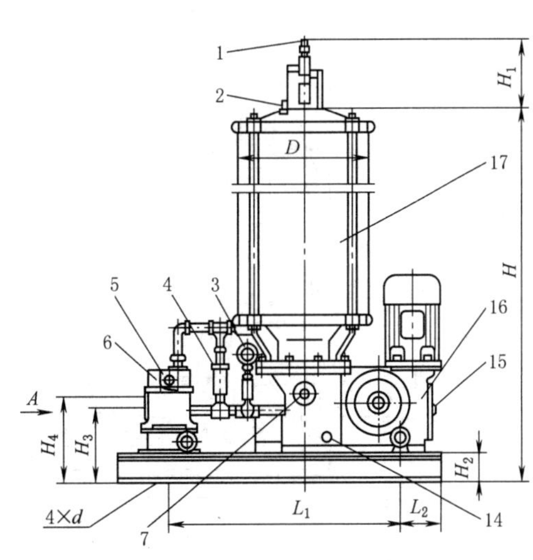

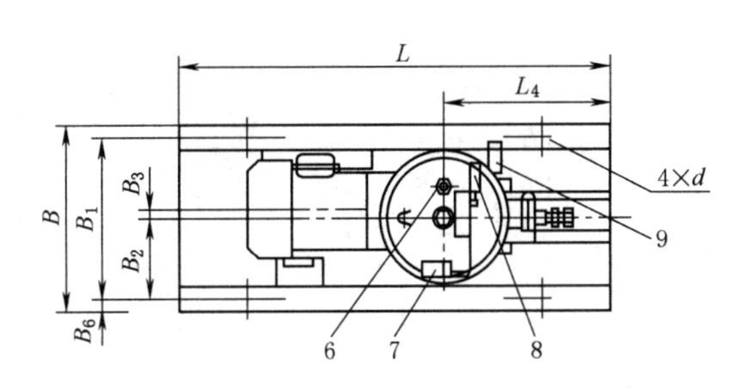

(a) DRB-L60Z-H、DRB-L195Z-H环式电动润滑泵

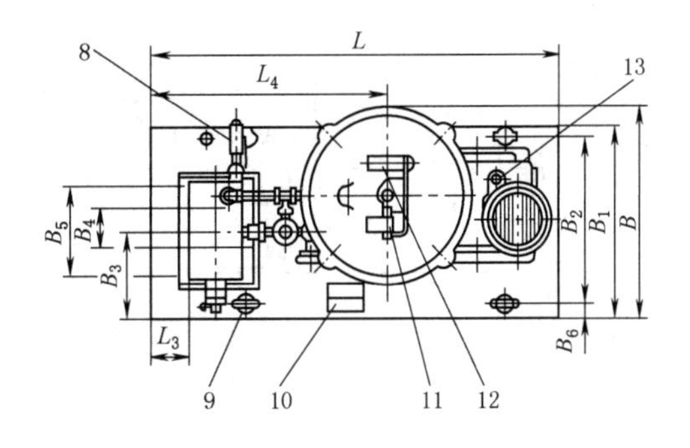

(b) DRB-L585Z-H环式电动润滑泵

1—储油器[17,图b中该零件号,下同];2—泵体(16);3—排气塞;4—润滑油注入口(13,润滑油注入口 Rc¾);5—接线盒(10);6—排气阀(储油器活塞下部空气)(1);7—储油器低位开关(11);8—储油器高位开关(12);9—液压换向限位开关(8);10—放油螺塞(14,放油螺塞 Rc½);11—油位计(15);12—润滑脂补给口 M33×2-6g(7);13—液压换向阀压力调节螺栓(6);14—液压换向阀(5);15—安全阀(4);16—排气阀(出油口);17—压力表(3);18—排气阀(储油器活塞上部空气)(2);19—管路Ⅰ出油口 Rc⅜(19,Rc½);20—管路Ⅰ回油口 Rc⅜(21,Rc½);21—管路Ⅱ回油口 Rc⅜(18,Rc½);22—管路Ⅱ出油口 Rc⅜(20,Rc½)

续表

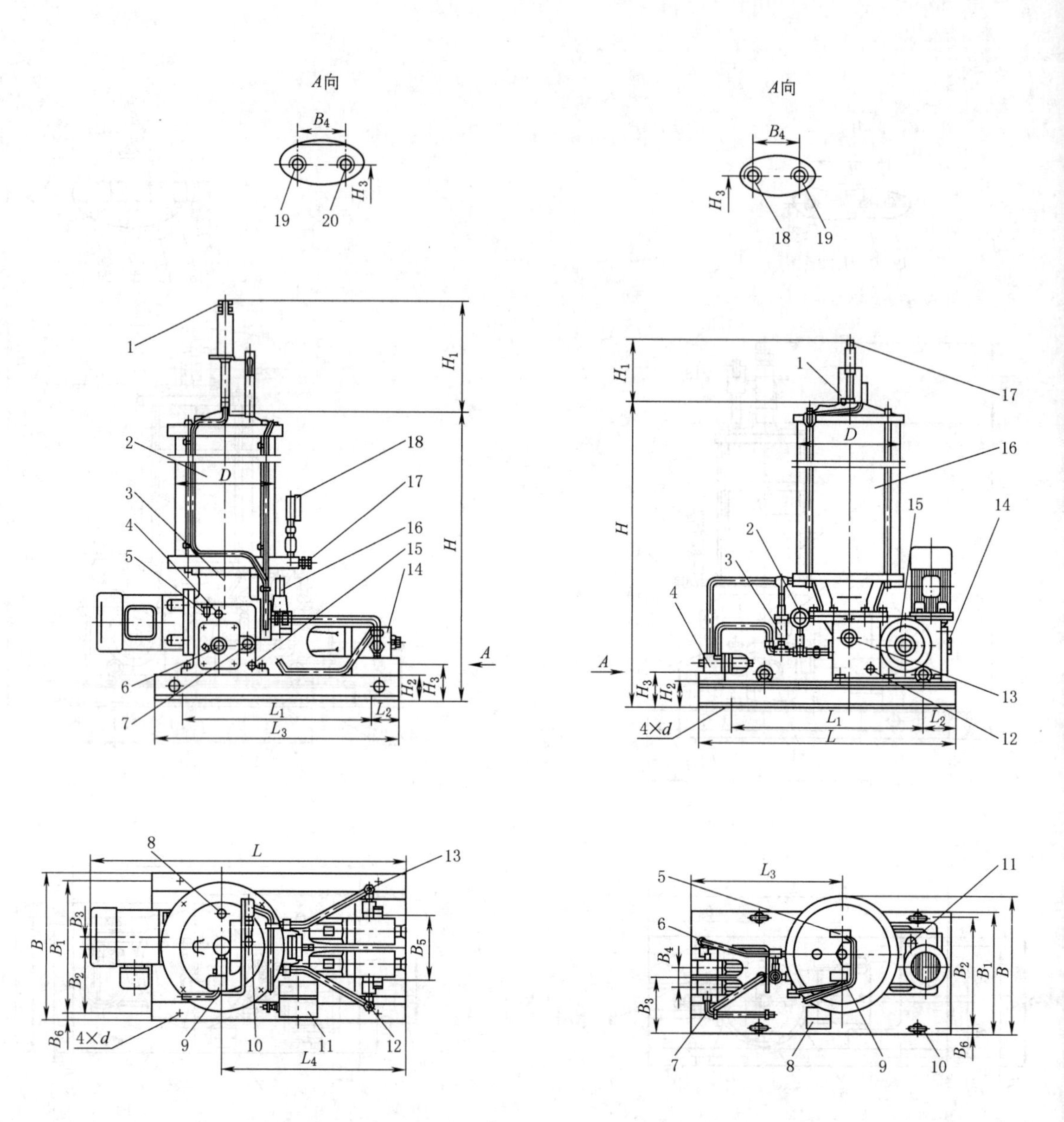

(c) DRB-L60Z-Z、DRB-L-195Z-Z 终端式电动润滑泵

(d) DRB-L585Z-Z 终端式电动润滑泵

1—排气阀(储油器活塞上部空气)[1,图 d 中该零件号,下同];2—储油器(16);3—泵体(15);4—排气塞;
5—润滑油注入口(11,润滑油补给口 Rc¾);6—油位计(14);7—润滑脂补给口 M33×2-6g(13);
8—排气阀(储油器活塞下部空气)(17);9—储油器低位开关(9);10—储油器高位开关(5);11—接线盒(8);
12—储油器接口(6);13—泵接口(7);14—电磁换向阀(4);15—放油螺塞(12,Rc½);
16—安全阀(3);17—排气阀(出油口);18—压力表(2);19—管路Ⅰ出油口 Rc½(18);
20—管路Ⅱ出油口 Rc½(19);[图 d 中,10—吊环]

续表

结构型式、工作原理

该型电动润滑泵由柱塞泵、(柱塞式定量容积泵)储油器、换向阀、电动机等部分组成。柱塞泵在电动机的驱动下,从储油器吸入润滑脂,压送到换向阀,通过换向阀交替地沿两个出油口输送润滑脂时,另一出油口与储油器接通卸荷

该型电动润滑泵可组成双线环式集中润滑系统,即系统的主管环状布置,由返回润滑泵的主管末端的系统压力来控制液压换向阀,使两条主管交替地供送润滑脂的集中润滑系统;也可组成双线终端式集中润滑系统,即由主管末端的压力操纵阀来控制电磁换向阀交替地使两条主管供送润滑脂的集中润滑系统

环式结构电动润滑泵配用液压换向阀,有4个接口,外接2根供油主管及2根分别由供油管引回的回油管,依靠回油管内油脂的油压推动换向阀换向

终端式结构电动润滑泵配用电磁换向阀,有2个接口,外接2根供油主管,依靠电磁铁的得失电实现换向供油

技术参数、外形尺寸

型号	公称流量 /L·min^{-1}	公称压力 /MPa	转速 /r·min^{-1}	储油器容积/L	减速器润滑油量/L	电动机功率 /kW	减速比	配管方式	润滑脂锥入度(25℃,150g) /(10mm)$^{-1}$	质量 /kg	L	B	H	L_1	L_2
DRB-L60Z-H	60	20(L)	100	20	1	0.37	1:15	环式	310~385	140	640	360	986	500	60
DRB-L60Z-Z								终端式		160	780				
DRB-L195Z-H	195		75	35	2	0.75	1:20	环式		210	800	452	1056	600	100
DRB-L195Z-Z								终端式		230	891				
DRB-L585Z-H	585			90	5	0.5		环式	265~385	456	1160	585	1335	860	150
DRB-L585Z-Z								终端式		416					

型号	L_3	L_4	B_1	B_2	B_3	B_4	B_5	B_6	H_1 最大	H_1 最小	H_2	H_3	H_4	D	d	地脚螺栓
DRB-L60Z-H	126	290	320	157	23	42	118	20	598	155	60	130	—	269	14	M12×200
DRB-L60Z-Z	640	450		200		160	—					85				
DRB-L195Z-H	125	300	420	226	39	42	118	16	687	167	83	164	—	319	18	M16×400
DRB-L195Z-Z	800	500				160	—					108				
DRB-L585Z-H	100	667	520	476	244	111	226	22	815	170	110	248	277	457	22	M20×500
DRB-L585Z-Z	667				239	160	—					135	—			

应用

DRB-L型电动润滑泵适用于润滑点多、分布范围广、给油频率高、公称压力20MPa的双线式干油集中润滑系统。通过双线分配器向润滑部位供送润滑脂

适用于锥入度(25℃、150g)250~350/10mm的润滑脂或黏度值为46~150mm^2/s的润滑油

表 10-1-111　　双列式电动润滑脂泵（31.5MPa）（摘自 JB/ZQ 4701—2006） mm

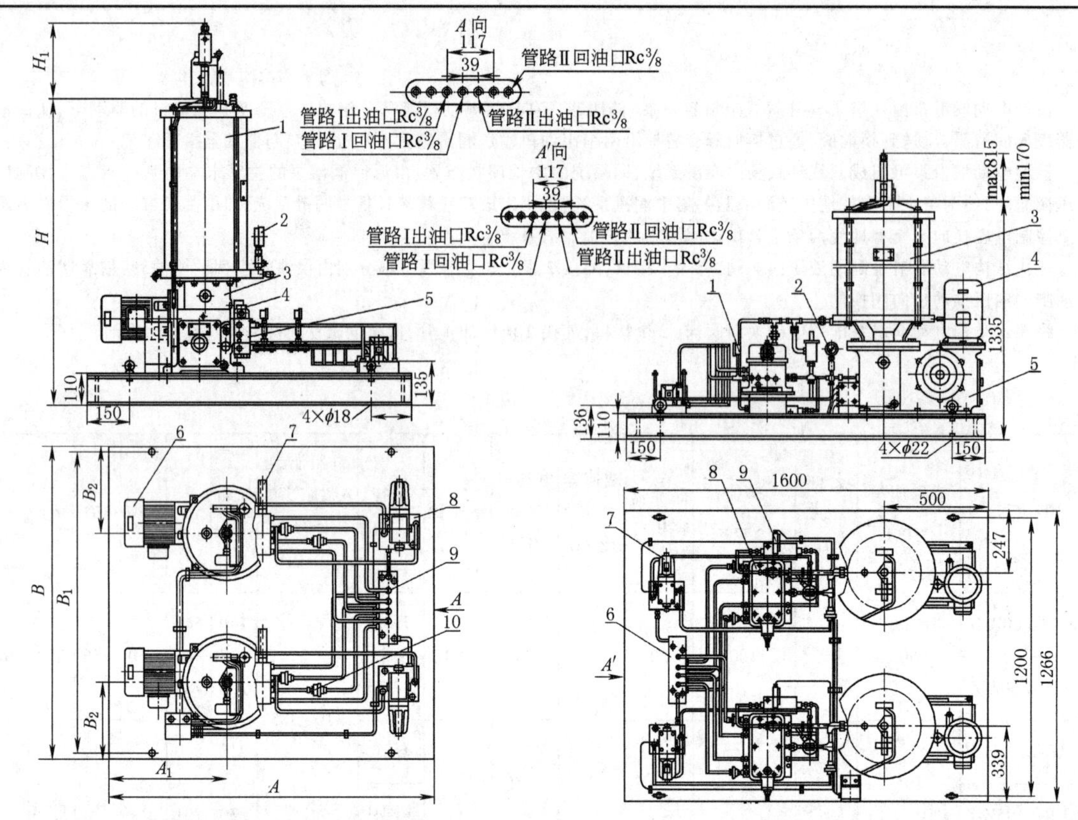

标记示例：公称压力 31.5MPa，公称流量 60mL/min，环式配管的双列式电动润滑脂泵，标记为

SDRB-N60H　双列式电动润滑脂泵　JB/ZQ 4701—2006

SDRB-N60H、SDRB-N195H 双列式电动润滑脂泵外形图

1—储油器；2，10—压力表；3—电动润滑脂泵；4—溢流阀；5，9—液压换向阀；6—电动机；7—限位开关；8—电磁换向阀

SDRB-N585H 双列式电动润滑脂泵外形图

1，2—压力表；3—储油器；4—电动机；5—电动润滑脂泵；6，8—液压换向阀；7—电磁换向阀；9—限位开关

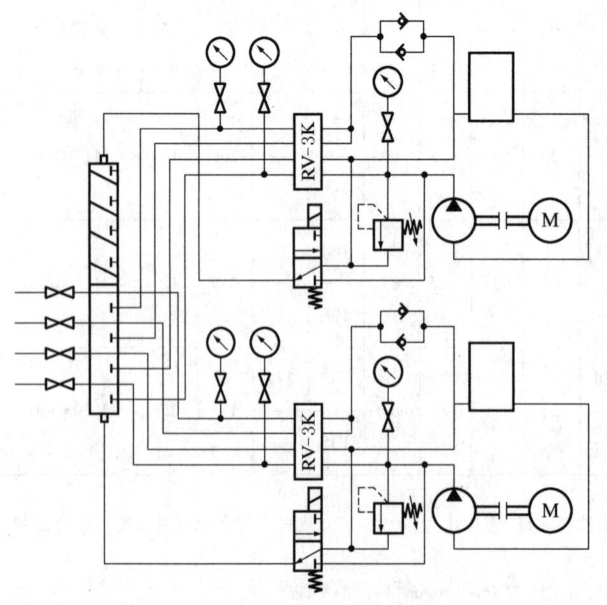

SDRB-N60H、SDRB-N195H 双列式电动润滑脂泵系统原理图

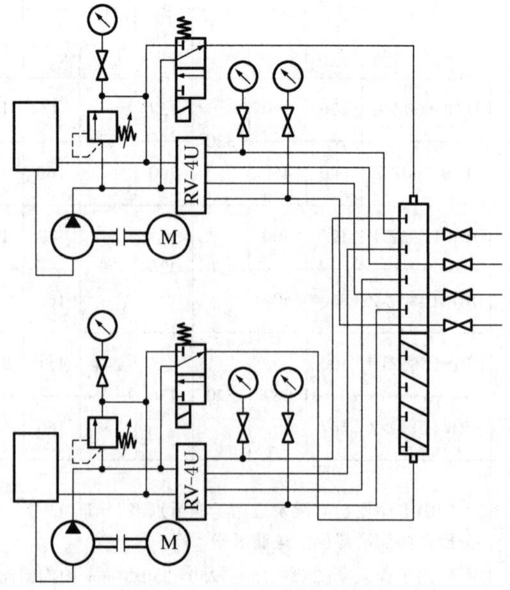

SDRB-N585H 双列式电动润滑脂泵系统原理图

续表

组成、工作原理	双列式电动润滑脂泵是由电动润滑脂泵、换向阀、管路附件等组成。在同一底座上装有两台电动润滑脂泵，一台常用、一台备用，双泵可以自动切换，通过换向阀接通运转着的泵的回路，不影响系统的正常工作，润滑脂泵的运转由电控系统操纵

技术参数、外形尺寸

型　号	公称流量 /mL·min^{-1}	公称压力 /MPa	储油器容积 /L	配管方式	电动机功率 /kW	润滑脂锥入度(25℃,150g) /(10mm)$^{-1}$	质量 /kg
SDRB-N60H	60	31.5(N)	20	环式	0.37	265～385	405
SDRB-N195H	195		35		0.75		512
SDRB-N585H	585		90		1.5		975

型　号	A	A_1	B	B_1	B_2	H	H_1
SDRB-N60H	1050	351	1100	1054	296	1036	598max
							155min
SDRB-N195H	1230	503.5	1150	1104	310	1083	670max
							170min

表 10-1-112　单线润滑泵（31.5MPa）型式、尺寸与基本参数（摘自 JB/T 8810.2—1998）

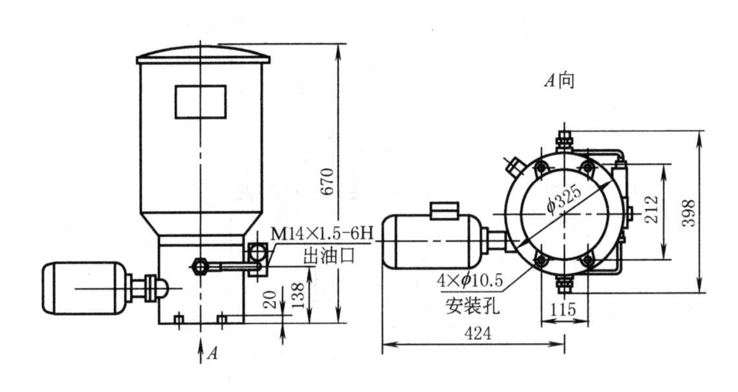

适用于锥入度(25℃,150g)不低于265/10mm的润滑脂或黏度值不小于68mm²/s的润滑油。工作环境温度-20～80℃

标记示例：公称压力为31.5MPa，额定给油量为0～50mL/min的单线润滑泵，标记为

DB-N50　单线泵　JB/T 8810.2—1998

型　号	公称压力 /MPa	额定给油量 /mL·min^{-1}	储油器容积/L	电动机 功率 /kW	电动机 电压 /V	质量 /kg
DB-N25	31.5(N)	0～25	30	0.37	380	37
DB-N45		0～45				39
DB-N50		0～50				37
DB-N90		0～90				39

DB-N系列的多点润滑泵适用于润滑频率较低、润滑点在50点以下、公称压力为31.5MPa的单线式中小型机械设备集中润滑系统中，直接或通过单线分配器向各润滑点供送润滑脂的输送供油装置

适用于冶金、矿山、运输、建筑等设备的干油润滑

表 10-1-113　多点润滑泵（31.5MPa）型式、尺寸与基本参数（JB/T 8810.3—2016）

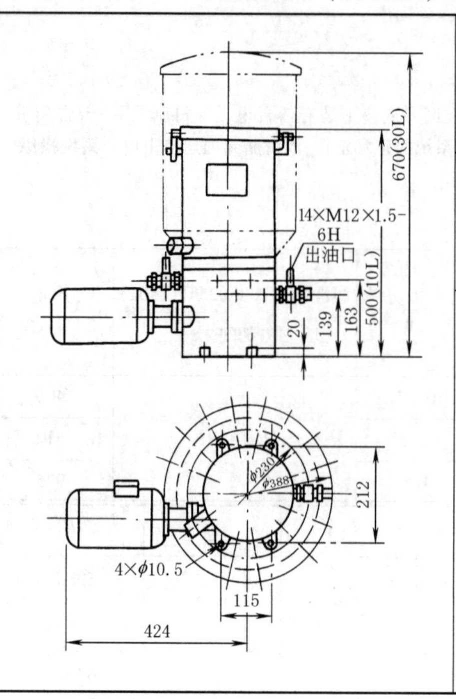

公称压力/MPa	给油口数	每给油口额定给油量/mL·min^{-1}	储油器容积/L	电动机		质量/kg
				功率/kW	电压/V	
31.5	1~14	0~1.8 0~3.5 0~5.8 0~10.5	10,30	0.18	380	42

(1)适用于锥入度(25℃,150g)(265~385)/10mm 的润滑脂或黏度值不小于 61.2mm^2/s 的润滑油。工作环境温度-20~80℃

(2)标记示例:公称压力 31.5MPa,给油口数 6 个,每给油口额定给油量 0~5.8mL/min,储油器容积 10L 的多点润滑泵,标记为

6DDRB-N5.8/10　多点泵　JB/T 8810.3—2016

(3) 气动润滑泵

表 10-1-114　FJZ 型风动加油装置

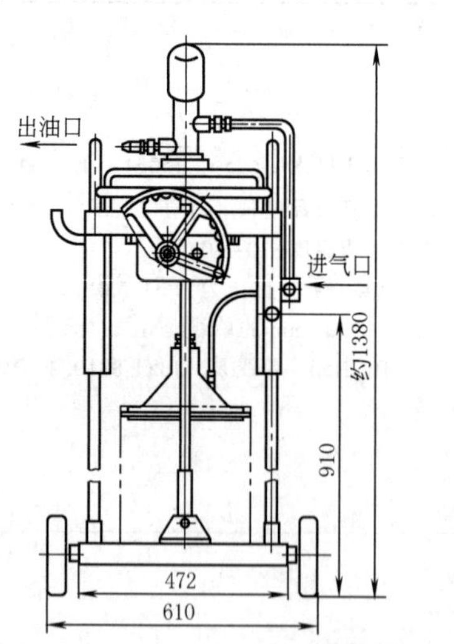

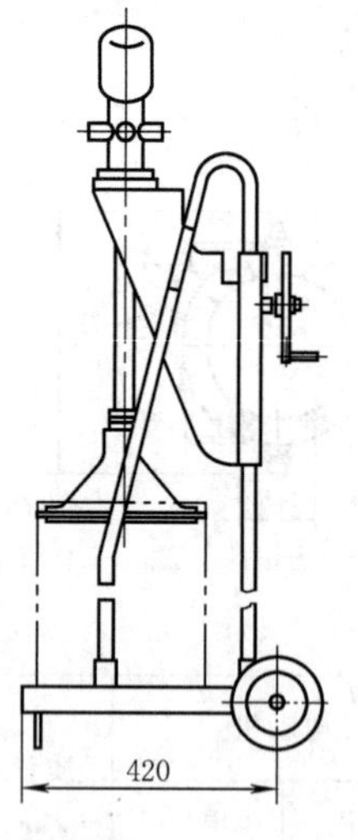

FJZ-M50、FJZ-K180 风动加油装置

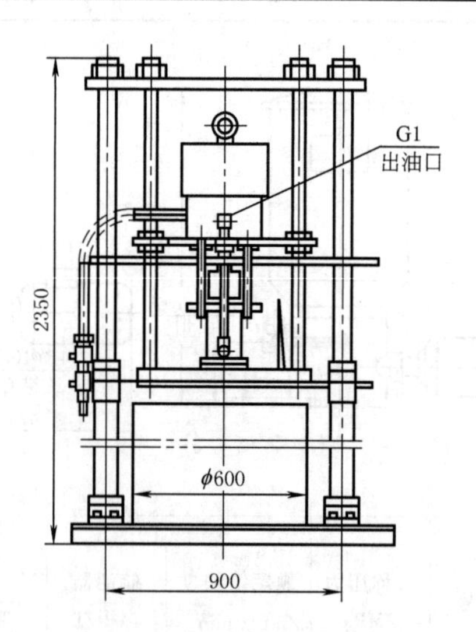

FJZ-J600、FJZ-H1200 风动加油装置

型号	加油能力/L·h^{-1}	储油器容积/L	空气压力/MPa	压送油压比	空气耗量/m^3·h^{-1}	每次往复排油量/mL	每分钟往复次数
FJZ-M50	50	17	0.4~0.6	1∶50	5	4.72	180
FJZ-K180	180			1∶35	80	50	60
FJZ-J600	600	180		1∶25	200	180	
FJZ-H1200	1200			1∶10	200	350	

适用于向干油站的储油器填充润滑脂,也可用于各种类型的润滑脂供应站

风动加油装置的主体为一风动柱塞式油泵。FJZ-M50 和 FJZ-K180 两种装置配上加油枪可以给润滑点直接供油,也可作为简单的单线润滑系统使用

风动加油装置输送润滑脂的锥入度(25℃,150g)为 265~385/10mm

注：参考文献［21］中也收录了此产品。

表 10-1-115　QRB 型气动润滑泵（16MPa）（摘自 JB/ZQ 4548—1997）

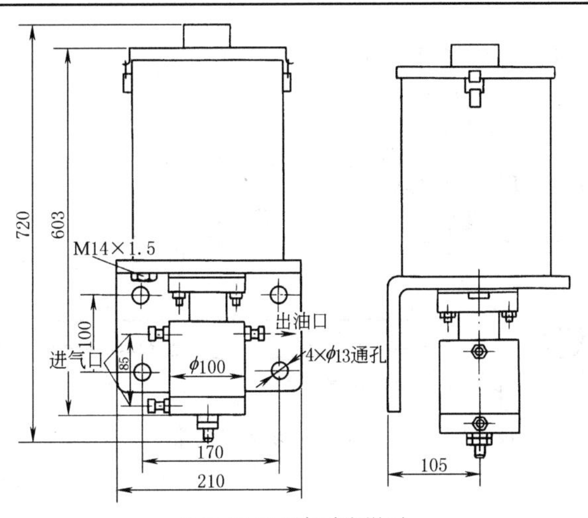

QRB-K10Z 型气动润滑泵

200×102
180
2×ϕ6.5
（安装孔）
457
357
出油口
进气口
85
ϕ100

QRB-K5Z 型
QRB-K5Y 型　气动润滑泵

参　数	QRB-K10Z	QRB-K5Z	QRB-K5Y
出油压力/MPa	16		
进气压力/MPa	0.63		
出油量（可调）/mL·次$^{-1}$	0~6		
储油器容积/L	10	5	
进气口螺纹	M10×1-6H		
出油口螺纹	M14×1.5-6H		
油位监控装置	有	无	
最大电源电压/V	220	—	—
最大允许电流/mA	500	—	—
润滑介质	润滑脂		润滑油
质量/kg	39.10	13.26	12.81

（1）适用于锥入度（25℃，150g）为 250~350/10mm 的润滑脂或黏度值 46~150mm^2/s 的润滑油

（2）标记示例：

a. 供油压力 16MPa，储油器容积 5L，使用介质为润滑脂的气动润滑泵，标记为

QRB-K5Z　润滑泵　JB/ZQ 4548—1997

b. 供油压力 16MPa，储油器容积 5L，使用介质为润滑油的气动润滑泵，标记为

QRB-K5Y　润滑泵　JB/ZQ 4548—1997

表 10-1-116　GSZ 型干油喷射润滑装置基本参数（摘自 JB/ZQ 4539—1997）

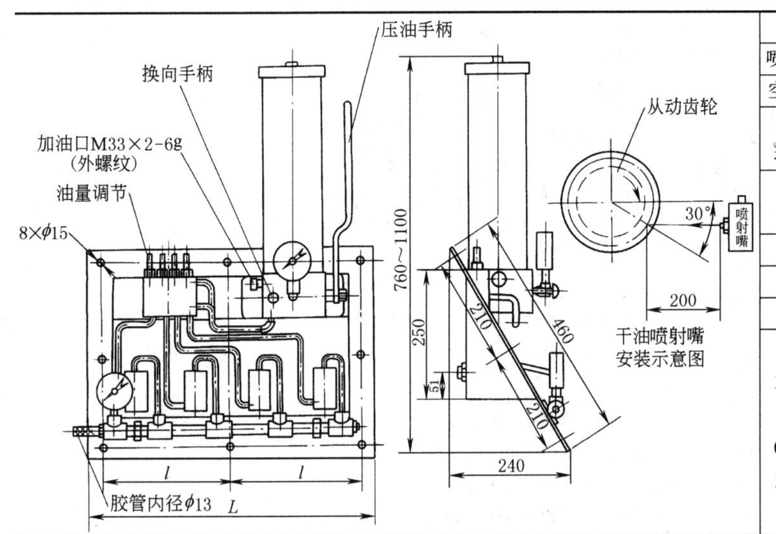

参　数	GSZ-2	GSZ-3	GSZ-4	GSZ-5
喷射嘴数量/个	2	3	4	5
空气压力/MPa	0.45~0.6			
给油器每循环给油量/mL	1.5~5			
喷射带（长×宽）/mm×mm	200×65	320×65	450×65	580×65
L/mm	520	560	600	730
l/mm	240	260	280	345
质量/kg	49	52	55	60

（1）适用于介质为锥入度（25℃，150g）不小于 300/10mm 的润滑脂

（2）标记示例：空气压力为 0.45~0.6MPa，喷射嘴为 3 个的干油喷射润滑装置，标记为

GSZ-3　喷射装置　JB/ZQ 4539—1997

3.3.2　分配器与喷射阀

分配器是把润滑剂按照要求的数量、周期可靠地供送到摩擦副的润滑元件。

根据各润滑点的耗油量，可确定每个摩擦副上安置几个润滑点，选用相应类型的润滑系统，然后选择相应的润滑泵及定量分配器。其中多线式系统是通过多点式或多头式润滑油泵的每个给油口直接向润滑点供油，而单线式、双线式及递进式润滑系统则用定量分配器供油。典型定量分配器线路见图 10-1-15。

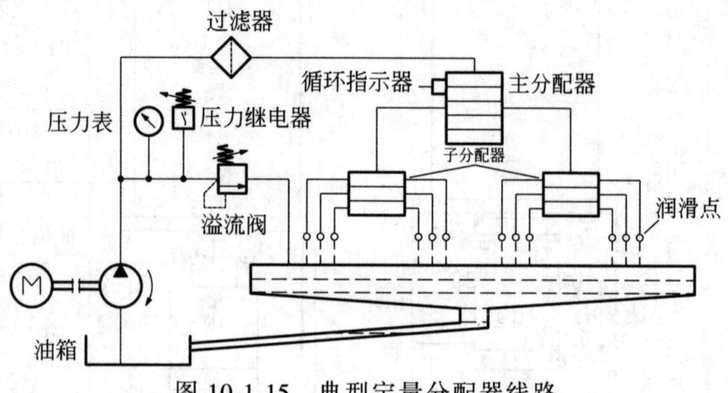

图 10-1-15　典型定量分配器线路

在设计时，首先按润滑点数量、集结程度遵循就近接管的原则将润滑系统划分为若干个润滑点群，每个润滑点群设置 1~2 个片组，按片组数初步确定分油级数。在最后 1 级分配器中，单位时间内所需循环次数 n_n 可按下式计算：

$$n_n=\frac{Q_1}{Q_n}$$

式中　Q_1——该分配器所供给的润滑点群中耗油量最小的润滑点的耗油量，mL/min；

Q_n——选定的合适的标准分配器每一循环的供油量，mL；

n_n——单位时间内所需循环数，一般在 20~60 循环/min 范围内。

在同一片组分配器中的一片的循环次数 n_1 确定后，则其他各片也按相同循环次数给油。对供油量大的润滑点，可选用大规格分配器或采用数个油口并联的方法。

每组分配器的流量必须相互平衡，这样才能连续供油。此外还须考虑阀件的间隙、油的可压缩性损耗（可估算为 1%容量）等。然后就可确定标准分配器的种类、型号、规格。几种常用的分配器介绍于后。

（1）10MPa SGQ 系列双线给油器（摘自 JB/ZQ 4089—1997）

表 10-1-117　　10MPa SGQ 系列双线给油器

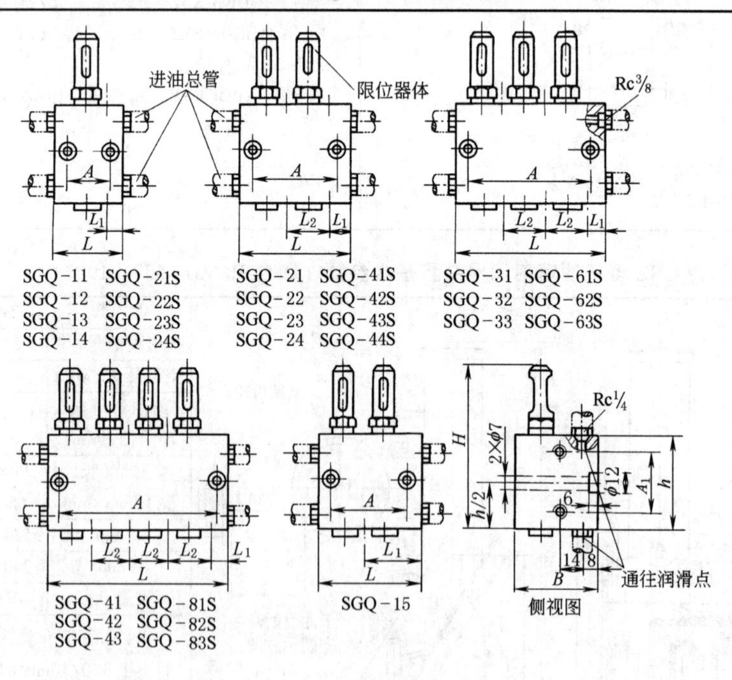

标记示例：

(a)双向出油,6 个给油孔,每孔每次最大给油量 2.0mL 的双线给油器,标记为

SGQ-62S　给油器　JB/ZQ 4089—1997

(b)单向出油,1 个给油孔,每孔每次最大给油量 0.5mL 的双线给油器,标记为

SGQ-11　给油器　JB/ZQ 4089—1997

续表

型　　号	给油孔数	公称压力/MPa	每孔每次给油量/mL			L	B	H	h	L_1	L_2	A	A_1	质量/kg
			系列	最小	最大	/mm								
SGQ-11	1	10(J)	1	0.1	0.5	54	44	85	56	20	23	40	34	1.0
SGQ-21	2					77						63		1.3
SGQ-31	3					100						86		1.8
SGQ-41	4					123						109		2.3
SGQ-21S	2					54						40		1.0
SGQ-41S	4					77						63		1.3
SGQ-61S	6					100						86		1.7
SGQ-81S	8					123						109		2.3
SGQ-12	1		2	0.5	2.0	55	47	99	62	20	25	41	40	1.1
SGQ-22	2					80						66		1.7
SGQ-32	3					105						91		2.3
SGQ-42	4					130						116		2.8
SGQ-22S	2					55						41		1.1
SGQ-42S	4					80						66		1.7
SGQ-62S	6					105						91		2.2
SGQ-82S	8					130						116		2.8
SGQ-13	1		3	1.5	5.0	55	53	105	65	20	25	41	40	1.4
SGQ-23	2					80						66		2.0
SGQ-33	3					105						91		2.7
SGQ-43	4					130						116		3.4
SGQ-23S	2					55						41		1.4
SGQ-43S	4					80						66		2.0
SGQ-63S	6					105						91		2.7
SGQ-83S	8					130						116		3.3
SGQ-14	1		4	3	10	58	57	123	77	20	30	44	52	1.8
SGQ-24	2					88						74		2.9
SGQ-24S	2					58						44		1.8
SGQ-44S	4					88						74		2.9
SGQ-15	1		5	6	20	88	57	123	77	50	—	74	52	2.9

注：1. 单向出油的给油器只有下给油孔，活塞正、反向排油时都由下给油孔供送润滑脂。

2. 双向出油的给油器有上、下给油孔，活塞正、反向排油时由上、下给油孔交替供送润滑脂。

3. 表中的给油量是指活塞上、下行程给油量之和的算术平均值。

（2）20MPa DSPQ 系列及 SSPQ 系列双线分配器（摘自 JB/ZQ 4560—2006）

表 10-1-118　　20MPa DSPQ 系列及 SSPQ 系列双线分配器基本参数

型　号	公称压力/MPa	动作压力/MPa	出油口数/个	每口每循环给油量/mL			损失量/mL	调整螺钉每转一圈的调整量/mL	质量/kg	适用介质
				系列	最大	最小				
1DSPQ-L1	20(L)	≤1.5	1	1	1.2	0.2	0.06	0.17	0.8	锥入度(25℃,150g)265~385/10mm的润滑脂
2DSPQ-L1			2						1.4	
3DSPQ-L1			3						1.8	
4DSPQ-L1			4						2.3	
1DSPQ-L2			1	2	2.5	0.6	0.10	0.20	1	
2DSPQ-L2			2						1.9	
3DSPQ-L2			3						2.7	
4DSPQ-L2			4						3.2	
1DSPQ-L3		≤1.2	1	3	5.0	1.2	0.15		1.4	
2DSPQ-L3			2						2.4	
3DSPQ-L3			3						3.5	
4DSPQ-L3			4						4.6	
1DSPQ-L4			1	4	14.0	3.0	0.68		2.4	
2DSPQ-L4			2						4.2	
2SSPQ-L1		≤1.8	2	1	0.6	0.15	0.17	0.04	0.5	
4SSPQ-L1			4						0.8	
6SSPQ-L1			6						1.1	
8SSPQ-L1			8						1.4	
2SSPQ-L2		≤1.5	2	2	1.2	0.2	0.20（损失量是指推动导向活塞需要的流量）	0.06		
4SSPQ-L2			4						2.4	
6SSPQ-L2			6						3.4	
8SSPQ-L2			8						4.4	
2SSPQ-L3			2	3	2.5	0.6		0.10	1.4	
4SSPQ-L3			4						2.4	
6SSPQ-L3			6						3.4	
8SSPQ-L3			8						4.4	
2SSPQ-L4		≤1.2	2	4	5.0	1.2		0.15	1.4	
4SSPQ-L4			4						2.4	
6SSPQ-L4			6						3.4	
8SSPQ-L4			8						4.4	

表 10-1-119　20MPa DSPQ 系列双线分配器的型式与尺寸（摘自 JB/ZQ 4560—2006）　mm

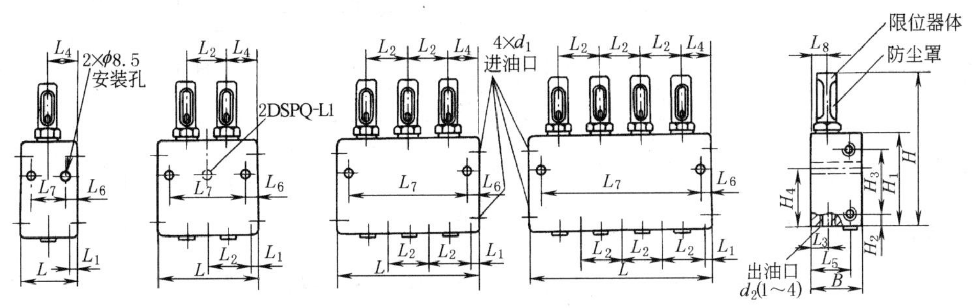

标记示例：公称压力 20MPa，4 个出油口，每口每循环给油量（最大）2.5mL 的单向出油的双线分配器，标记为

4DSPQ-L2.5　分配器　JB/ZQ 4560—2006

<table>
<tr><th>型号</th><th>L</th><th>B</th><th>H</th><th>L_1</th><th>L_2</th><th>L_3</th><th>L_4</th><th>L_5</th><th>L_6</th><th>L_7</th><th>L_8</th><th>H_1</th><th>H_2</th><th>H_3</th><th>H_4</th><th>d_1</th><th>d_2</th></tr>
<tr><td>1DSPQ-L1</td><td>44</td><td rowspan="4">38</td><td rowspan="4">104</td><td rowspan="4">8</td><td rowspan="4">29</td><td rowspan="8">11</td><td rowspan="4">22.5</td><td rowspan="4">27</td><td>10</td><td>24</td><td rowspan="8">11</td><td rowspan="4">64</td><td rowspan="8">11</td><td rowspan="4">42</td><td>39</td><td rowspan="14">Rc$\frac{3}{8}$</td><td rowspan="14">Rc$\frac{1}{4}$</td></tr>
<tr><td>2DSPQ-L1</td><td>73</td><td>—</td><td>—</td><td rowspan="3">41</td></tr>
<tr><td>3DSPQ-L1</td><td>102</td><td rowspan="12">10</td><td>82</td></tr>
<tr><td>4DSPQ-L1</td><td>131</td><td>111</td></tr>
<tr><td>1DSPQ-L2</td><td>50</td><td rowspan="4">40</td><td rowspan="4">125</td><td rowspan="6">9.5</td><td rowspan="4">31</td><td rowspan="4">25</td><td rowspan="4">29</td><td>30</td><td rowspan="4">76</td><td rowspan="4">54</td><td rowspan="4">48</td></tr>
<tr><td>2DSPQ-L2</td><td>81</td><td>61</td></tr>
<tr><td>3DSPQ-L2</td><td>112</td><td>92</td></tr>
<tr><td>4DSPQ-L2</td><td>143</td><td>123</td></tr>
<tr><td>1DSPQ-L3</td><td>53</td><td rowspan="4">45</td><td rowspan="4">138</td><td rowspan="4">37</td><td rowspan="4">14</td><td rowspan="4">28</td><td rowspan="4">34</td><td>33</td><td rowspan="4">14</td><td rowspan="4">83</td><td rowspan="4">13</td><td rowspan="6">57</td><td rowspan="4">53</td></tr>
<tr><td>2DSPQ-L3</td><td>90</td><td>70</td></tr>
<tr><td>3DSPQ-L3</td><td>127</td><td rowspan="4">10</td><td>107</td></tr>
<tr><td>4DSPQ-L3</td><td>164</td><td>144</td></tr>
<tr><td>1DSPQ-L4</td><td>62</td><td rowspan="2">57</td><td rowspan="2">149</td><td rowspan="2">46</td><td rowspan="2">29</td><td rowspan="2">33</td><td rowspan="2">45</td><td>42</td><td rowspan="2">20</td><td rowspan="2">89</td><td rowspan="2">16</td><td rowspan="2">56</td></tr>
<tr><td>2DSPQ-L4</td><td>108</td><td>88</td></tr>
</table>

注：DSPQ 型单向出油的双线分配器，只在下面有出油口，活塞正向、反向排油时都由下出油口供送润滑脂。

表 10-1-120　20MPa SSPQ 型双线分配器的型式与尺寸（摘自 JB/ZQ 4560—2006）　mm

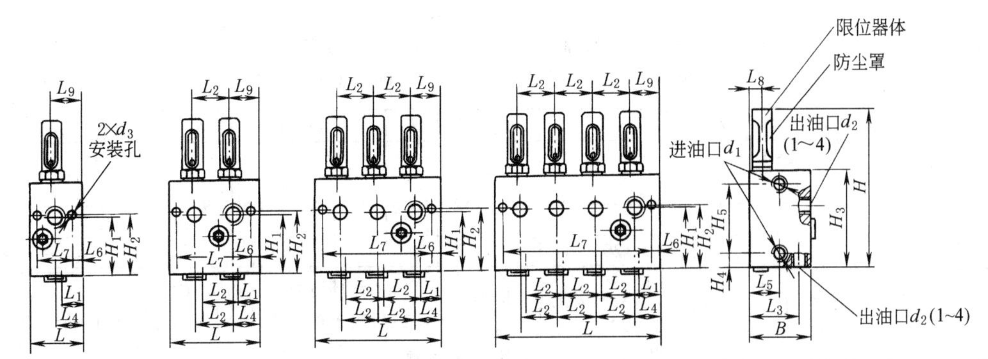

标记示例：公称压力 20MPa，4 个出油口，每口每循环给油量（最大）2.5mL 的双向出油的双线分配器，标记为

4SSPQ-L2.5　分配器　JB/ZQ 4560—2006

续表

型号	L	B	H	L_1	L_2	L_3	L_4	L_5	L_6	L_7	L_8	L_9	H_1	H_2	H_3	H_4	H_5	d_1	d_2	d_3
2SSPQ-L1	36	40	81	18	17	32.5	18	21	6	24	8	18	33	34	54	8.5	37	Rc¼	Rc⅛	7
4SSPQ-L1	53									41										
6SSPQ-L1	70									58										
8SSPQ-L1	87									75										
2SSPQ-L2	44	54	120		32	44	22	27	7	30	12	24	47	52	79	11	57	Rc⅜	Rc¼	9
4SSPQ-L2	76									62										
6SSPQ-L2	108									94										
8SSPQ-L2	140									126										
2SSPQ-L3	44		127							30										
4SSPQ-L3	76									62										
6SSPQ-L3	108									94										
8SSPQ-L3	140									126										
2SSPQ-L4	44		137							30										
4SSPQ-L4	76									62										
6SSPQ-L4	108									94										
8SSPQ-L4	140									126										

注：SSPQ 型双向出油的双线分配器，在正面和下面都有出油口，活塞正向、反向排油时，正面出油口和下面出油口交替供送润滑脂。

(3) 40MPa SSPQ 系列双线分配器（摘自 JB/ZQ 4704—2006）

表 10-1-121　　40MPa SSPQ 系列双线分配器型式与尺寸　　mm

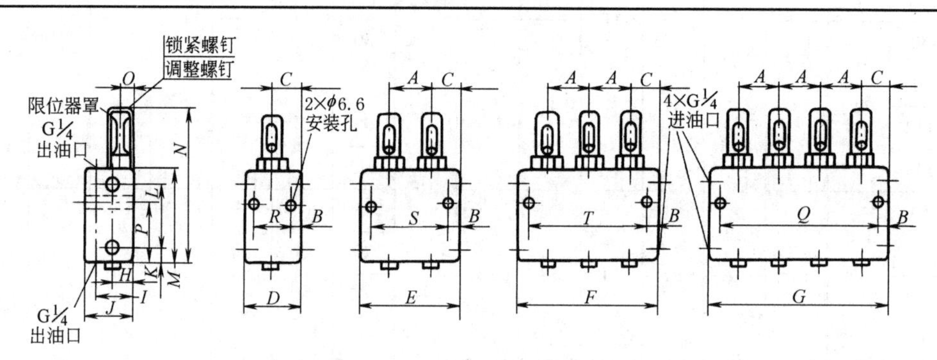

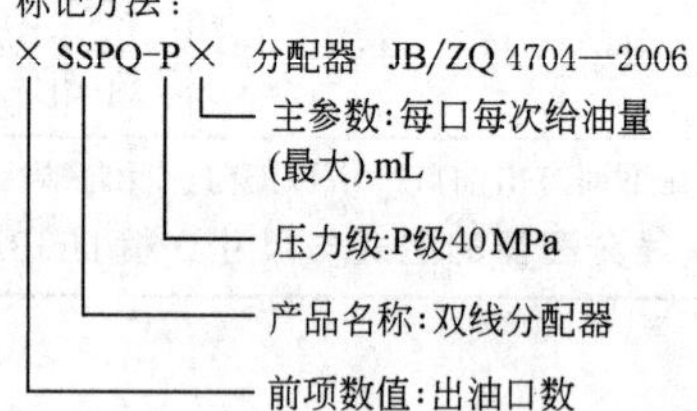

标记示例:公称压力 40MPa,6 个出油口,每口每次给油量(最大)1.15mL 的双线分配器,标记为

6SSPQ-P1.15　分配器　JB/ZQ 4704—2006

型号	A	B	C	D	E	F	G	H	I	J	K	L	M	N	O	P	R	S	T	Q
2SSPQ-P1.15	27	7	24	48	—	—	—	20	37	52	10.5	32	54	105	9	27	34	—	—	—
4SSPQ-P1.15				—	75	—	—										—	61	—	—
6SSPQ-P1.15				—	—	102	—										—	—	88	—
8SSPQ-P1.15				—	—	—	129										—	—	—	115

型号	启动压力/MPa	出油口数	每口每次给油量/mL max	每口每次给油量/mL min	损失量/mL	质量/kg
2SSPQ-P1.15	≤1.8	2	1.15	0.35	0.17	1.2
4SSPQ-P1.15		4				1.7
6SSPQ-P1.15	≤1.8	6	1.15	0.35	0.17	2.2
8SSPQ-P1.15		8				2.7

(1)工作环境温度-20~80℃

(2)适用于锥入度(25℃,150g)不小于 265/10mm 的润滑脂

(3)每个出油口均有带调整螺钉的限位器,旋动限位器上的调整螺钉,即可分别调节各出油口的给油量,满足不同润滑部位不同需油量的要求

表 10-1-122　　SSPQ 系列双线分配器基本参数

型号	公称压力/MPa	启动压力/MPa	控制活塞工作油量/mL	出油口每循环额定给油量/mL	给油口数	说明	(1)工作环境温度-20~80℃ (2)适用于锥入度(25℃,150g)不小于 220/10mm 的润滑脂或黏度值不小于 68mm²/s 的润滑油
×SSPQ×-P0.5	40(P)	≤1	0.3	0.5	1~8	配带装置	给油螺钉,运动指示调节装置
×SSPQ×-P1.5				1.5			给油螺钉,运动指示调节装置,行程开关调节装置
×SSPQ×-P3.0				3.0	1~4		运动指示调节装置

表 10-1-123　　SSPQ 系列双线分配器（摘自 JB/T 8462—2016）

项目	说明
具有各种不同配带装置的分配器外形尺寸图（以具有1~2个出油口的分配器为例）	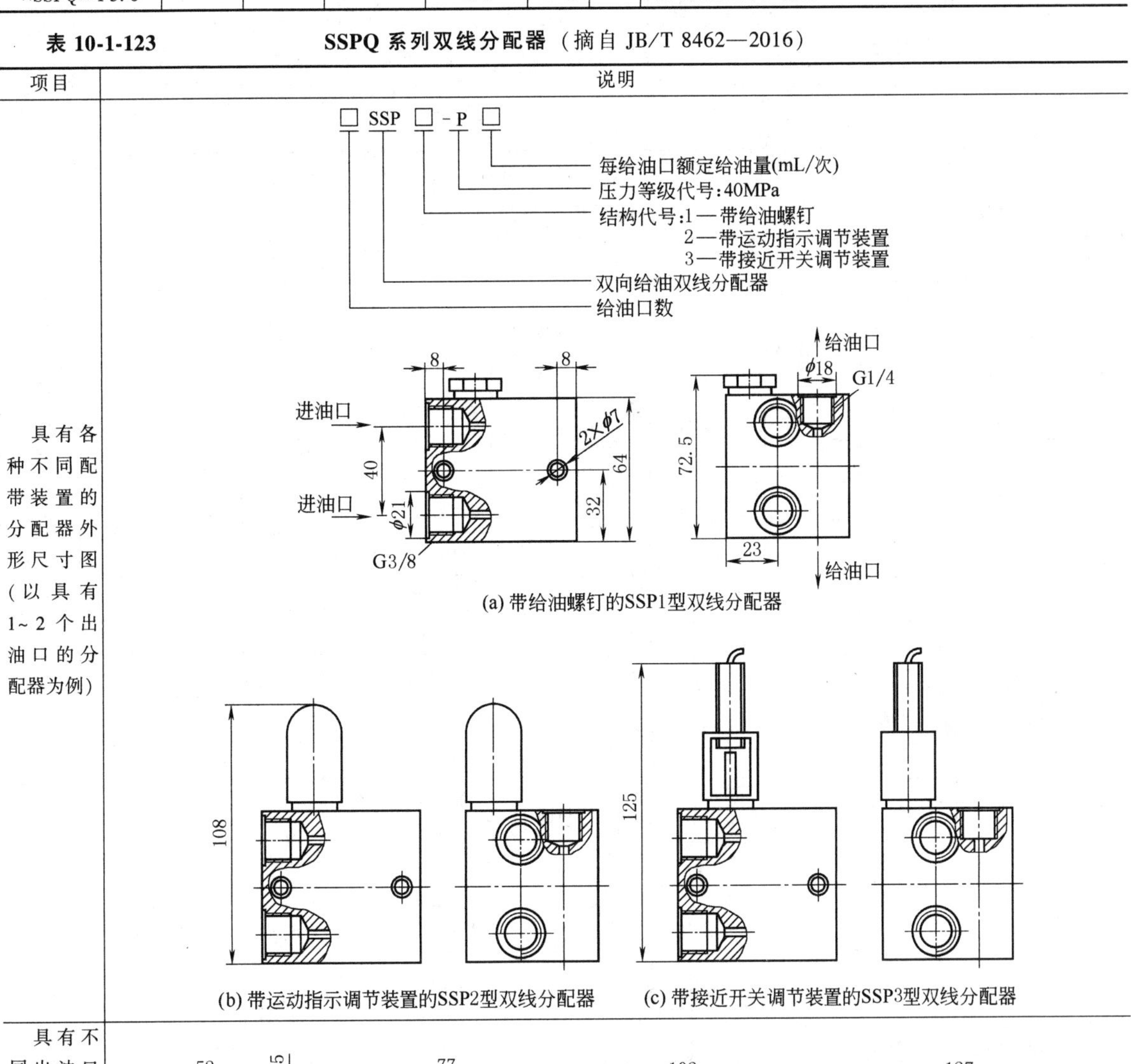 (a) 带给油螺钉的SSP1型双线分配器 (b) 带运动指示调节装置的SSP2型双线分配器　(c) 带接近开关调节装置的SSP3型双线分配器
具有不同出油口数的分配器外形尺寸图（以配带运动指示调节装置的双线分配器为例）	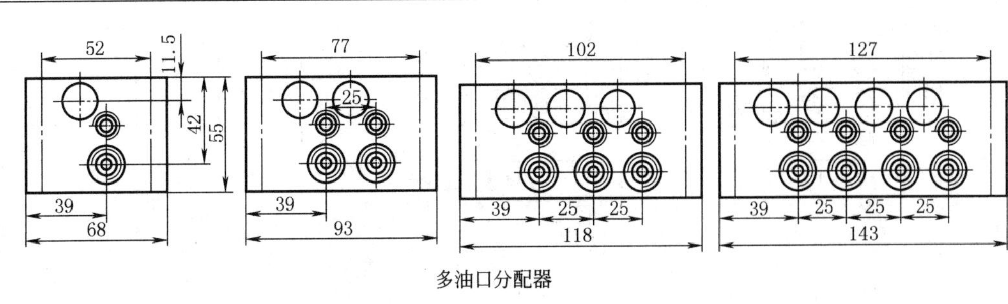 多油口分配器

标记示例:公称压力为 40MPa,给油口数为 4 个,每给油口额定给油量 1.5ml/次,带运动指示调节装置的双向给油双线分配器,标记为

4SSP2-P1.5　双线分配器　JB/T 8462—2016

（4）16MPa JPQ 系列递进分配器（摘自 JB/T 8464—1996）

每个出油口按步进顺序定量输油，出油口数根据分配器组合片数的不同而不同，有不同的出油量。适用于黏度不小于 $68mm^2/s$ 的润滑油或锥入度（25℃，150g）不小于 220/10mm 的润滑脂，工作环境温度 -20~80℃。其基本参数、型式与尺寸等见表 10-1-124~表 10-1-126。

表 10-1-124　　JPQ 系列递进分配器基本参数

型　号	公称压力/MPa	每循环每出油口额定给油量/mL	启动压力/MPa	组合片数	给油口数	
×JPQ1-K×	16(K)	0.07,0.1,0.2,0.3	≤1	3~12	6~24	JPQ1 型、JPQ2 型分配器在系统中串联使用 JPQ3 型、JPQ4 型分配器在系统中并联使用，根据需要可以安装超压指示器 JPQ4 型在组合时需有一片控制片，此片无给油口
×JPQ2-K×		0.5,1.2,2.0				
×JPQ3-K×		0.07,0.1,0.2,0.3				
×JPQ4-K×		0.5,1.2,2.0		4~8	6~14	

注：同种型式额定给油量不同的单片混合组合或多个出油口合并给油，订货时须另行说明。

表 10-1-125　　分配器型式与尺寸

型号	外形图	尺寸					
JPQ1型（无控制管路）、JPQ3型	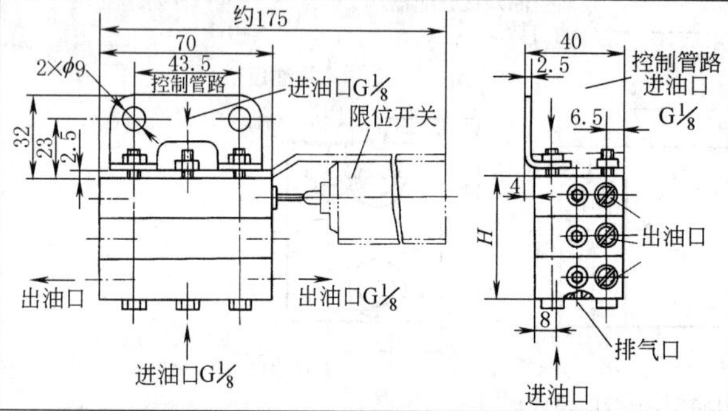	出油口数	6	8	10	12	14
		片数	3	4	5	6	7
		H/mm	48	64	80	96	112
		质量/kg	0.91	1.2	1.5	1.7	2.0
		出油口数	16	18	20	22	24
		片数	8	9	10	11	12
		H/mm	128	144	160	176	192
		质量/kg	2.3	2.5	2.8	3.1	3.3
JPQ2型	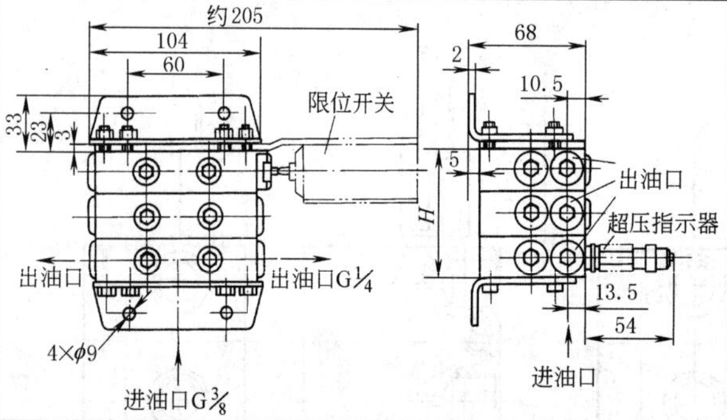	出油口数	6	8	10	12	14
		片数	3	4	5	6	7
		H/mm	75	100	125	150	175
		质量/kg	3.5	4.5	5.5	6.5	7.5
		出油口数	16	18	20	22	24
		片数	8	9	10	11	12
		H/mm	200	225	250	275	300
		质量/kg	8.5	9.5	10.5	11.5	12.5
JPQ4型	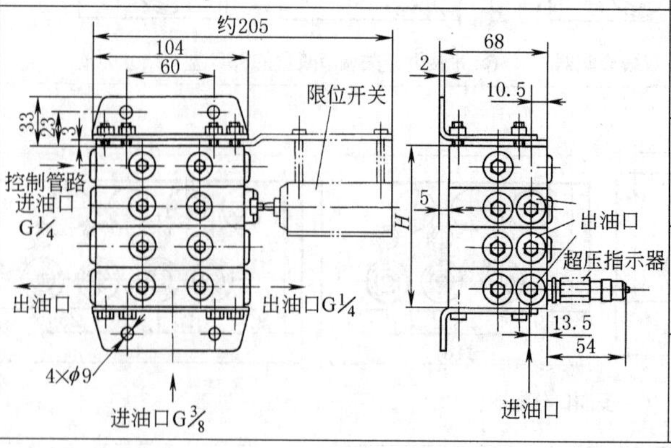	出油口数	8	10	12	14	16
		片数	4	5	6	7	8
		H/mm	100	125	150	175	200
		质量/kg	4.5	5.5	6.5	7.5	8.5

标记示例：公称压力 16MPa，6 个出油口，每出油口每一循环额定给油量为 2mL 的 JPQ2 型递进分配器，标记为

6JPQ2-K2　分配器　JB/T 8464—1996

表 10-1-126　　16MPa JPQ 系列递进分配器（摘自 JB/ZQ 4550—2006）

型号	中间片代号	公称压力/MPa	给油量/mL·次$^{-1}$	进油口管子外径/mm	出油口管子外径/mm	质量/kg	型号	中间片代号	公称压力/MPa	给油量/mL·次$^{-1}$	进油口管子外径/mm	出油口管子外径/mm	质量/kg
JPQS	M1	16(K)	0.10	10 8	8 6	0.486	JPQS	M4	16(K)	0.40	10,8	8,6	0.486
	M1.5		0.15				JPQD	M1		0.35	10	10 8	0.812
	M2		0.20					M1.5		0.55			
	M2.5		0.25					M2		0.75			
	M3		0.30					M3		1.00			

型号	L/mm	A/mm	H/mm	B/mm	A_1/mm	螺钉 d/mm
JPQS	(中间片数+2)×20	(中间片数+1)×20	55	45	22	M5×50
JPQD	(中间片数+2)×25	(中间片数+1)×25	80	60	34	M6×65

适用介质为锥入度(25℃，150g)250～350/10mm的润滑脂

递进分配器为单柱塞多片组合式结构，每片有两个给油口，用于公称压力 16MPa 的单线递进式干油集中润滑系统，把润滑剂定量地分配到各润滑点。

每种型式的分配器，一般按额定给油量相等的单片组合，需要时也可将额定给油量不同的单片混合组合。相邻的两个或两个以上的给油口可以合并成一个给油口给油，此给油口的给油量为所有被合并给油口的额定给油量之和。

分配器均装有一个运动指示杆，用以观察分配器工作情况，根据需要还可以安装限位开关，对润滑系统进行控制和监视。

递进分配器由首片 A、中间片 M、尾片 E 组成分油器组，中间片的件数可根据需要选择，最少 3 件，最多可达 10 件，每件中间片有两个出油口，因此每一分配器组的出油口在 6~20 个之间，也就是每一分配器组可供润滑 6~20 个润滑点，润滑所需供油量的多少，可按型号规格表列数据选用。如果某润滑点在一次循环供油中需要供油量较大或特大，可采用图 10-1-16 的方法，取出中间片内部的封闭螺钉，并在出油口增加一个螺堵，使两个出油口的油量合并到一个出油口。注意所合并的供油量是中间片排列中下一个中间片型号所规定的供油量，如果合并两个出油口的供油量仍然不满足需要，可采用图 10-1-17 的方法，增加三通或二通桥式接头，以汇集几个出油口的油量来满足需要。

递进分配器在使用时，可以施行监控，用户如果需要监控，可在标记后注明带触杆（或带监控器）。

递进分配器的组合按进油口元件首片 A、中间片 M 和尾片 E，从左到右排列，在队列下方出口称为左，在队列上方出口称为右。分配器组如图 10-1-18 所示。标记方法与示例：

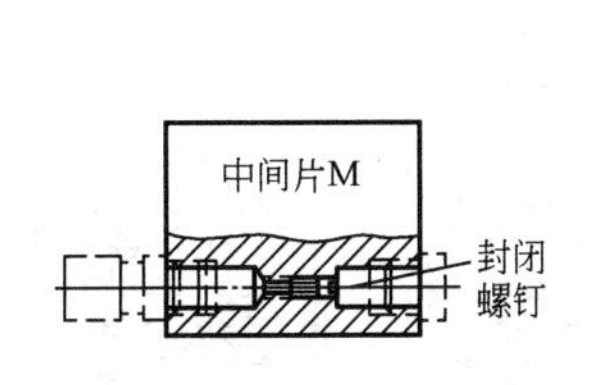

图 10-1-16　合并两个出油口

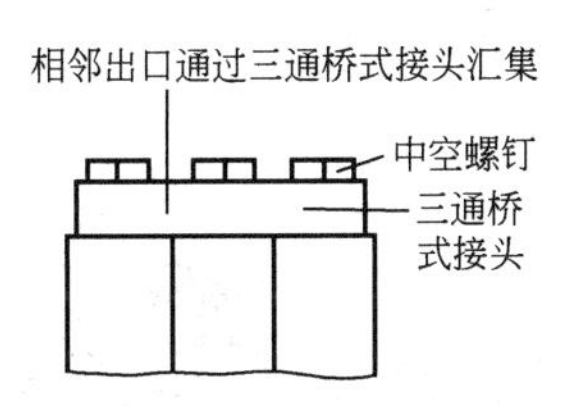

图 10-1-17　汇集几个出油口

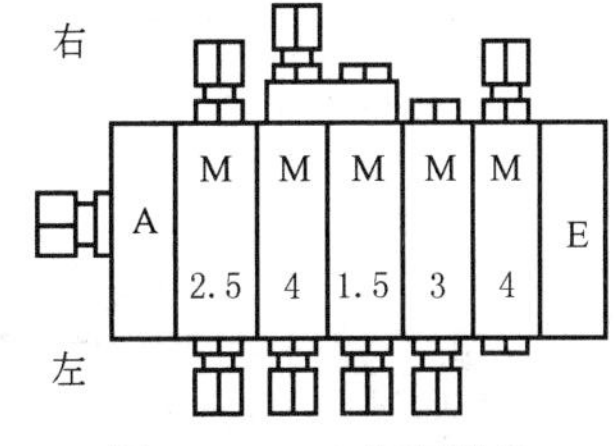

图 10-1-18　分配器组

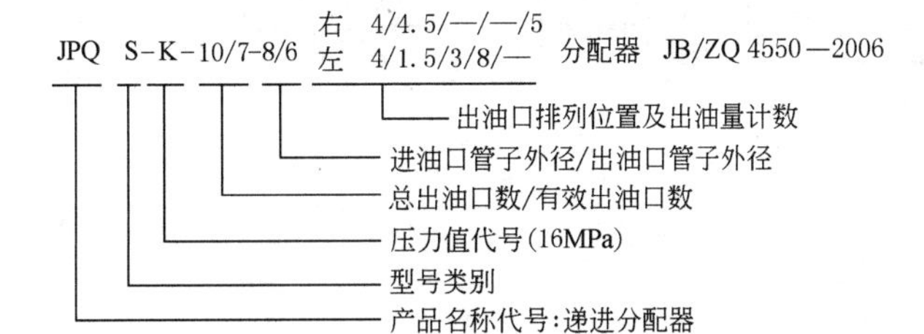

JPQS-K-10/7-8/6　右 4/4.5/—/—/5　左 4/1.5/3/8/—　分配器　JB/ZQ 4550—2006

20MPa JPQ1、2、3 系列递进分配器型式和参数见表 10-1-127，喷射阀及 40MPa YCK 型压差开关型式和参数见表 10-1-128、表 10-1-129。

表 10-1-127　20MPa JPQ1、2、3 系列递进分配器（摘自 JB/ZQ 4703—2006）

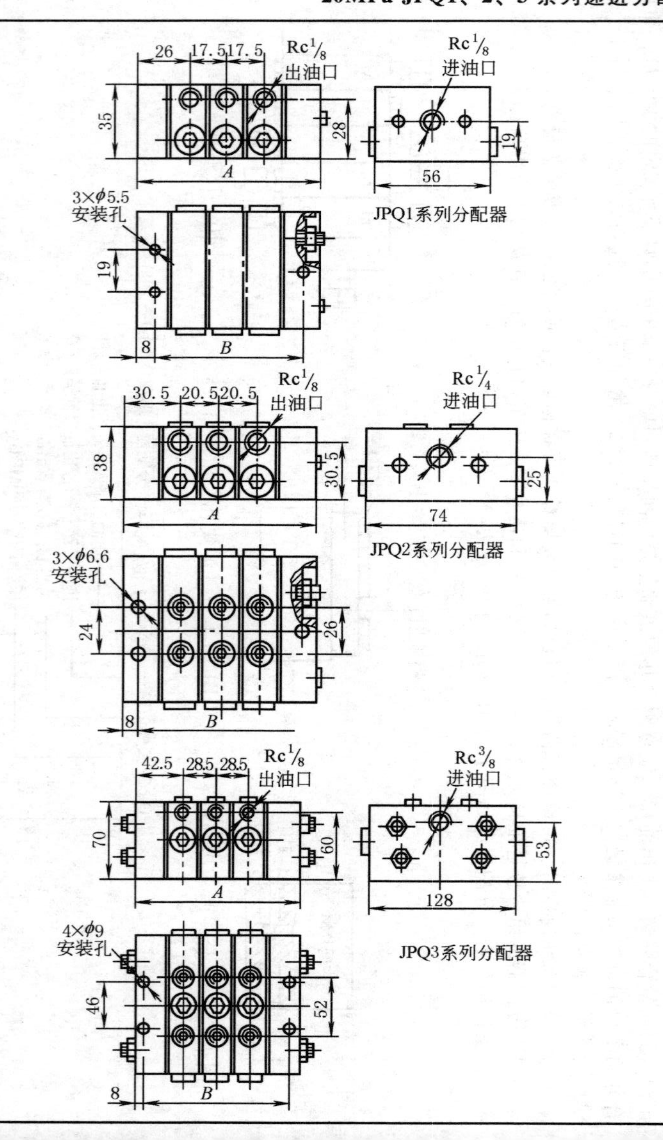

（1）适用于黏度不低于 17mm²/s、过滤精度不低于 25μm 的润滑油，或锥入度（25℃，150g）不低于 290/10mm、过滤精度不低于 100μm 的润滑脂

（2）分配器由首片、中间片、尾片组成，其中中间片为给油工作片。每台分配器至少组装 3 块，最多 8 块中间片，中间片的规格可以在该系列中任意选择，以组成指定出油口数和给油量的分配器

（3）每个系列的中间片除该系列中给油量最小的规格（含单出油口和双出油口）以外，其他规格都有带循环指示器的型式

（4）一块中间片的活塞往复一个双行程为一次循环，一台分配器的每块中间片均动作一次循环是该台分配器的一次循环，一台分配器的所有中间片在单位时间内的循环次数之和是该台分配器的动作频率

（5）标记示例：JPQ3-3 系列分配器，3 块中间片，第 1 块的规格为 80S，第 2 块的规格为 160T，第 3 块的规格为 200T，标记为

JPQ3-3　分配器（80S-160T-200T）　JB/ZQ 4703—2006

续表

分配器系列	公称压力/MPa	最小动作压力/MPa	允许最大动作频率/次·min⁻¹	中间片规格①	中间片数	A≈/mm	B≈/mm	质量/kg	中间片规格②	每口每循环给油量/mL	出油口数
JPQ1	20(L)	0.7	200	8T,8S	3	87	71	1.3	8T	0.08	2
				16T,16S	4	104.5	88.5	1.6	8S	0.16	1
				24T,24S	5	122	106	1.8	16T	0.16	2
					6	139.5	123.5	2.1	16S	0.32	1
					7	157	141	2.3	24T	0.24	2
					8	174.5	158.5	2.6	24S	0.28	1
									32T	0.32	2
									32S	0.64	1
JPQ2	20(L)	1.2		16T,16S	3	102	86	2.2	40T	0.40	2
				24T,24S	4	122.5	106.5	2.6	40S	0.80	1
				32T,32S	5	143	127	3.1	48T	0.48	2
				40T,40S	6	163.5	147.5	3.5	48S	0.96	1

分配器系列	公称压力/MPa	最小动作压力/MPa	允许最大动作频率/次·min⁻¹	中间片规格①	中间片数	A≈/mm	B≈/mm	质量/kg	中间片规格②	每口每循环给油量/mL	出油口数
JPQ2	20(L)	1.2	200	48T,48S	7	184	168	4.0	56T	0.56	2
				56T,56S	8	204.5	18.5	4.4	56S	1.12	1
JPQ3	20(L)	1.2	100	40T,40S	3	142	126	9.8	80T	0.80	2
				80T,80S	4	170.5	154.5	11.8	80S	1.60	1
				120T,120S	5	199	183	13.7	120T	1.20	2
				160T,160S	6	227.5	221.5	15.7	120S	2.40	1
				200T,200S	7	256	240	17.6	160T	1.60	2
				240T,240S	8	284.5	264.5	19.6	160S	3.20	1
									200T	2.00	2
									200S	4.00	1
									240T	2.40	2
									240S	4.80	1

① 此中间片规格对应中间片数、A 和 B 的取值、质量。

② 此中间片规格对应每口每循环给油量和出油口数。

表 10-1-128　　**10MPa 喷射阀**（摘自 JB/ZQ 4566—2006）

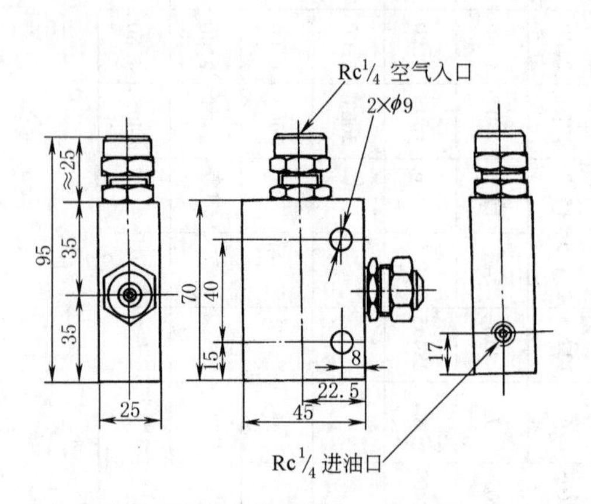

标记示例：公称压力 10MPa，额定喷射距离 200mm 的喷射阀，标记为

PF-200　喷射阀　JB/ZQ 4566—2006

型　　号	PF-200	型　　号	PF-200
公称压力/MPa	10(J)	空气压力/MPa	0.5
额定喷射距离/mm	200	空气用量/L·min^{-1}	380
额定喷射直径/mm	120	质量/kg	0.7

用于公称压力 10MPa 的干油喷射集中润滑系统，将润滑脂喷射到润滑点上。介质为锥入度（25℃，150g）265～385/10mm 的润滑脂或黏度不低于 120mm^2/s 的润滑油

表 10-1-129　　**40MPa YCK 型压差开关型式尺寸与参数**（摘自 JB/T 8465—1996）

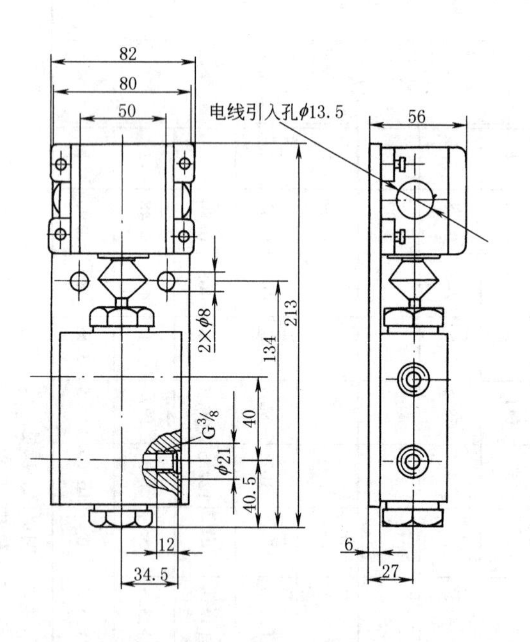

（1）适用于锥入度（25℃，150g）不小于 220/10mm 的润滑脂或黏度大于等于 68mm^2/s 的润滑油

（2）工作环境温度 -20～80℃

（3）标记示例：公称压力 40MPa，发讯压差 5MPa 的压差开关，标记为

YCK-P5　压差开关　JB/T 8465—1996

型　　号	公称压力/MPa	开关最大电压/V	开关最大电流/A	发讯压差/MPa	发讯油量/mL	质量/kg
YCK-P5	40(P)	约>500	15	5	0.7	3

3.3.3　其他辅助装置及元件

（1）手动加油泵及电动加油泵

表 10-1-130　　手动加油泵

SJB型手动加油泵

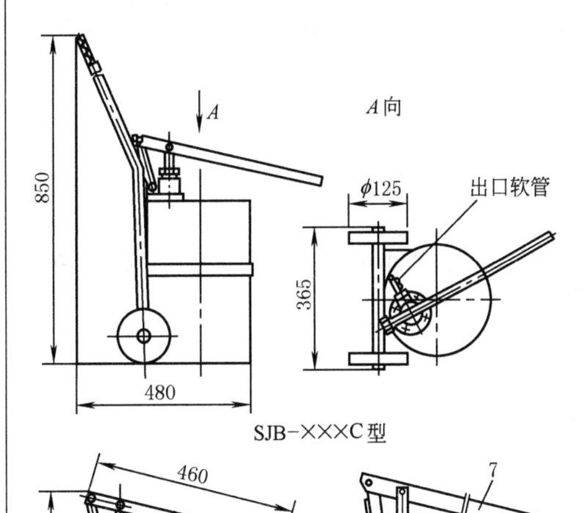

SJB-×××C型

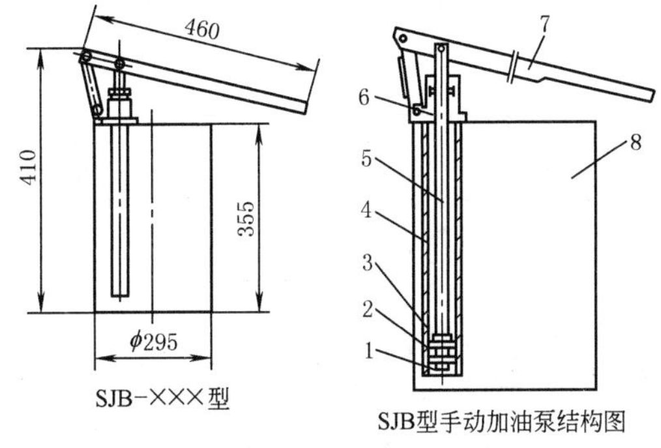

SJB-×××型　　SJB型手动加油泵结构图

1—吸油阀；
2—压油阀；
3—活塞；
4—缸筒；
5—活塞杆；
6—泵头；
7—手柄；
8—油筒出口软管（未标）

型号	每循环加油量/mL	工作压力/MPa	油筒容量/kg	手柄作用力（工作压力下）/N	质量/kg
SJB-J12	12.5	70	18（18.9L）	约 250	8
SJB-J12C					12
SJB-V25	25	3.15			8
SJB-V25C					12
SJB-D60	60	0.63			8
SJB-D60C					12

（1）按照不同的需要，用户可在出口软管末端自行装设快换接头及注油枪，油筒采用18kg标准润滑脂筒，将油泵盖直接安装在新打开的润滑脂筒上即可使用，摇动手柄润滑脂即被泵出。SJB-D100C1 型加油泵不带油筒，将打开的润滑脂筒放在小车上即可使用

（2）加油泵出口软管末端为 M18×1.5 接头螺母（J12、J12C、V25、V25C）、M33×2 接头螺母（D100、D100C）、R1/4 接头（D100C1）

（3）适用于锥入度（25℃，150g）265～385/10mm 的润滑脂

2.5MPa SJB-V型手动加油泵（JB/T 8811.2—1998）

标记示例：公称压力 2.5MPa，每一循环额定出油量 25mL 的手动加油泵，标记为

SJB-V25　加油泵　JB/T 8811.2—1998

公称压力/MPa	每循环额定出油量/mL	最大手柄力/N	储油器容积/L	质量/kg
2.5（G）	25	≤160	20	20

适用于锥入度（25℃、150g）为 220～385/10mm 的润滑脂或黏度不小于 $46mm^2/s$ 的润滑油

表 10-1-131　　电动加油泵

4MPa DJB-H型电动加油泵（JB/T 8811.1—1998）

公称压力/MPa	额定加油量/$L\cdot min^{-1}$	储油器容积/L	电动机功率/kW	质量/kg
4(H)	1.6	200	0.37	90

适用于锥入度(25℃,150g)不低于220/10mm润滑脂或黏度不小于$68mm^2/s$的润滑油

标记示例：公称压力4MPa，额定加油量1.6L/min的电动加油泵，标记为

DJB-H1.6　加油泵　JB/T 8811.1—1998

1MPa、2.5MPa DJB型电动加油泵（JB/ZQ 4543—2006）

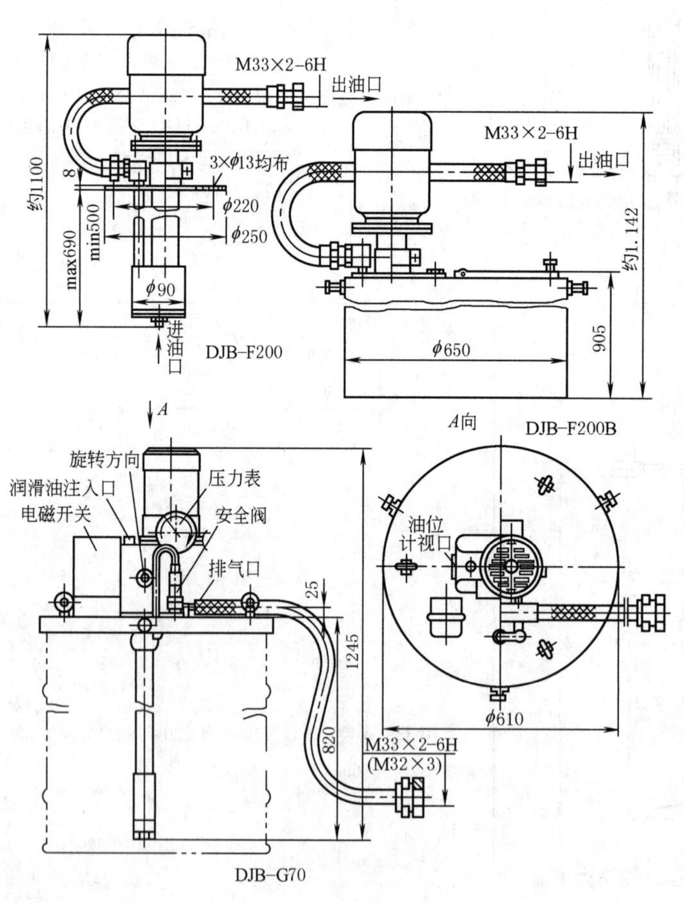

参数		DJB-F200	DJB-F200B	DJB-G70
公称压力/MPa		1(F)		2.5(G)
加油量/$L\cdot h^{-1}$		200		70
柱塞泵	转速/$r\cdot min^{-1}$	—		56
	减速比	—		1∶25
电动机	型号	Y90S-4-B_5		A02-7124
	转速/$r\cdot min^{-1}$	1400		
	功率/kW	1.1		0.37
储油器容积/L		—	270	—
减速器润滑油黏度/$mm^2\cdot s^{-1}$		—	—	>200
质量/kg		50	138	55

DJB-G70工作压力3.15MPa

标记示例：

公称压力1MPa，加油量200L/h，不带储油器的电动加油泵，标记为

DJB-F200　电动加油泵　JB/ZQ 4543—2006

（2）其他辅助装置

表 10-1-132　　其他辅助装置

10MPa YZF 型压力操纵阀（JB/ZQ 4533—1997）

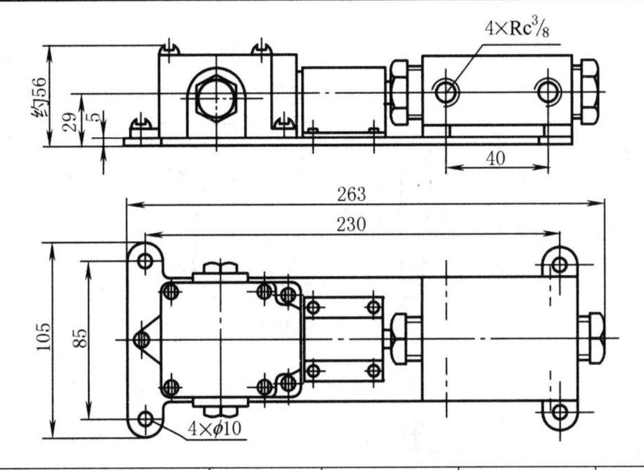

型号	公称压力/MPa	测定压力/MPa	压力调整范围/MPa	公称通径 DN/mm	行程开关	质量/kg
YZF-J4	10(J)	4	3.5～4.5	10	3SE3120—0B	2.7

（1）用于双线油脂集中润滑系统

（2）标记示例：公称压力 10MPa，调定压力 4MPa 的压力操纵阀，标记为

YZF-J4　操纵阀　JB/ZQ 4533—1997

16MPa DXF 型单向阀（JB/ZQ 4552—1997）

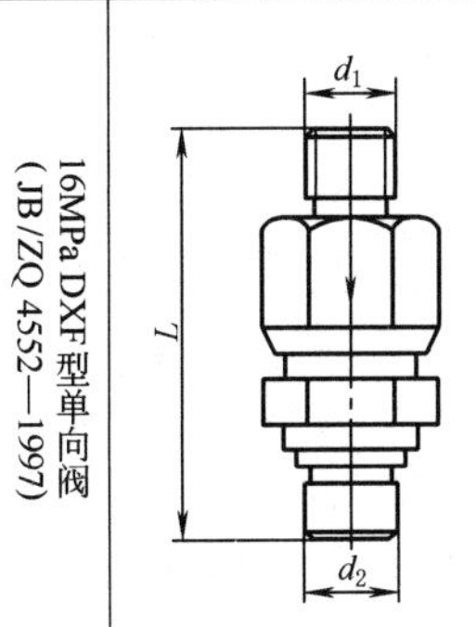

型号	管子外径	公称压力/MPa	d_1	d_2	L	质量/kg
DXF-K8	8	16(K)	M10×1-6g	M14×1.5-6g	34	0.15
DXF-K10	10		M14×1.5-6g	M16×1.5-6g	48	0.18
DXF-K12	12		M18×1.5-6g	M18×1.5-6g	60	0.24

（1）适用于锥入度（25℃，150g）250～350/10mm 润滑脂或黏度 46～150mm²/s 的润滑油

（2）标记示例：公称压力 16MPa，管子外径 8mm 的单向阀，标记为

DXF-K8　单向阀　JB/ZQ 4552—1997

16MPa AF 型安全阀（JB/ZQ 4553—1997）

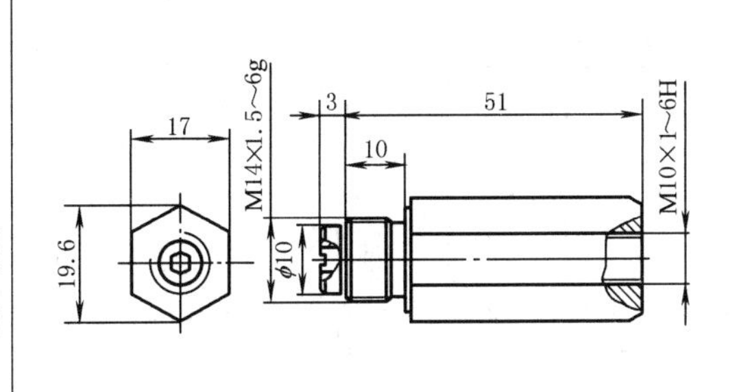

型号	公称压力/MPa	调定压力/MPa	质量/kg
AF-K10	16(K)	2～16	0.144

（1）适用于锥入度（25℃，150g）250～350/10mm 的润滑脂或黏度 45～150mm²/s 的润滑油

（2）标记示例：公称压力 16MPa，出油口螺纹直径 M10×1 的安全阀，标记为

AF-K10　安全阀　JB/ZQ 4553—1997

20MPa YZF 型压力操纵阀（JB/ZQ 4562—2006）

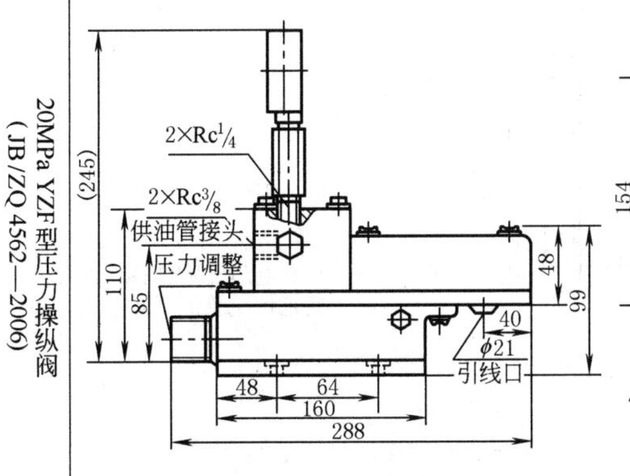

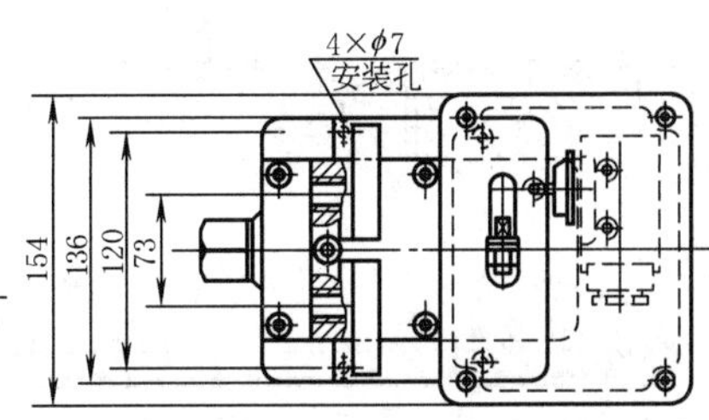

参　　数	YZF-L4
公称压力/MPa	20(L)
调定压力/MPa	4
压力调定范围/MPa	3～6
损失量/mL	1.5
质量/kg	8.2

标记示例：公称压力 20MPa，调定压力 4MPa 的压力操纵阀

YZF-L4　操纵阀　JB/ZQ 4562—2006

（1）用于双线终端式油脂集中润滑系统

（2）适用于锥入度（25℃，150g）310～385/10mm 的润滑脂

续表

20MPa YKF型压力控制阀（JB/ZQ 4564—2006）

功能：压力控制阀在双线式集中润滑系统中和液压换向阀或压力操纵阀组合使用，用以提高管路内的压力，可以使供油支管比较细长，分配器集中布置，动作可靠，扩大给油范围，同时使日常的检查工作方便。该阀更适用于二级分配的系统中，可提高一级分配器的给油压力，使其能够可靠地再进行二级分配

结构型式、技术参数：

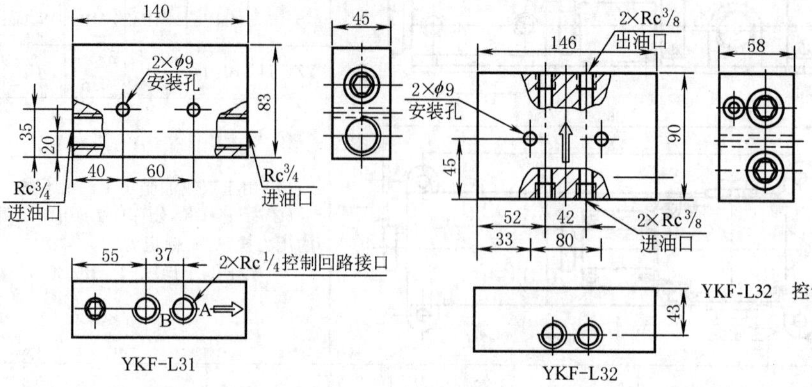

140 45 2×φ9 安装孔 83 35 20 40 60 Rc¾ 进油口 Rc¾ 进油口 55 37 2×Rc¼控制回路接口 B A YKF-L31

146 2×Rc⅜ 出油口 2×φ9 安装孔 90 45 52 42 33 80 2×Rc⅜ 进油口 58 43 YKF-L32

标记示例：

公称压力20MPa，进口压力与出口压力比值3∶1，2个进出油口的压力控制阀，标记为

YKF-L32 控制阀 JB/ZQ 4564—2006

型　号	公称压力 /MPa	压力比 （进口压力∶出口压力）	进出油口数量	损失量 /mL	质量 /kg
YKF-L31	20	3∶1	1	2	3.8
YKF-L32	20	3∶1	2	0.8	5.5

（1）用于双线式油脂集中润滑系统

（2）适用于锥入度（25℃，150g）310~385/10mm的润滑脂

（3）使用时按箭头方向在1m内用配管将出口和液压换向阀的回油口或压力操纵阀的进油口接通。将两个YKF-L31压力控制阀和一个YHF-L1液压换向阀组合使用时，应将其中的一个压力控制阀的控制管路接口A同另一个压力控制阀的控制管路接口B用配管接通

40MPa 24EJF型二位四通换向阀（JB/T 8463—2017）

功能：24EJF-M型二位四通换向阀是一种采用直流电机驱动阀芯移动，以开闭供油管路或转换供油方向的集成化换向控制装置，即使在恶劣的工作条件下（如低温或高黏度油脂），动作仍相当可靠

该阀适用于公称压力40MPa以下的干、稀油集中润滑系统以及液压系统的主、支管路中，同时也可作二位四通、二位三通和二位二通三种型式使用

结构型式、技术参数：

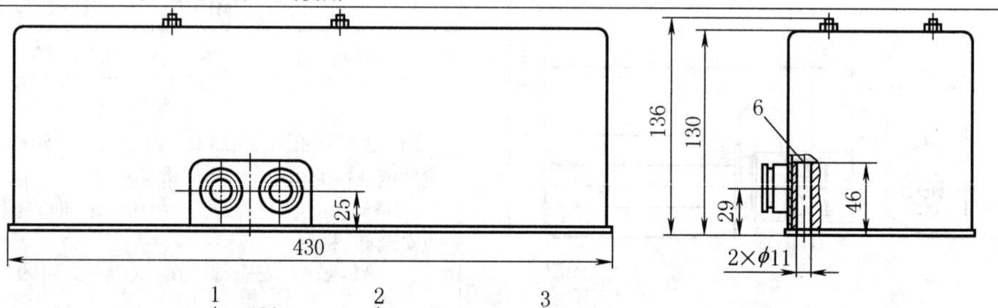

25 430 136 130 6 29 46 2×φ11

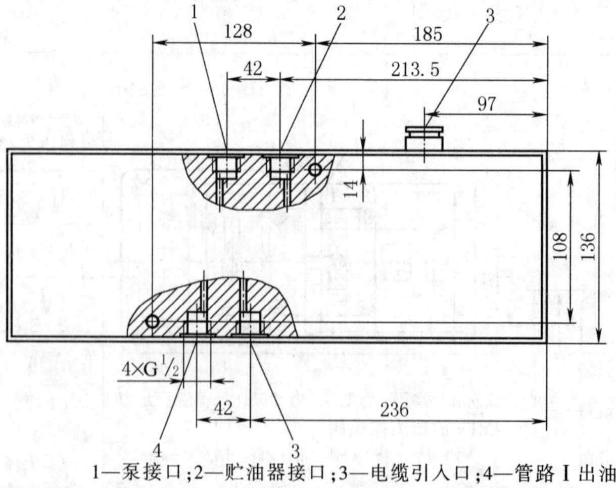

1 2 3 128 185 42 213.5 97 14 108 136 4×G½ 42 236 4 3

型号说明

24 EJ F - P

压力等级代号：P级，40MPa

阀的代号

直流电动机驱动(阀内部交流变直流电源供直流电动机)

二位四通

1—泵接口；2—贮油器接口；3—电缆引入口；4—管路Ⅰ出油口；5—管路Ⅱ出油口；6—安装孔

标记示例：公称压力40MPa，由直流电机驱动的二位四通换向阀，标记为

24EJF-P　换向阀　JB/T 8463—2017

续表

<table>
<tr><td rowspan="2">40MPa 24EJF型二位四通换向阀(JB/T 8463—2017)</td><td>结构型式、技术参数</td><td>型　号</td><td>公称压力/MPa</td><td>换向时间/s</td><td>电动机功率/W</td><td>工作电压(AC)/V</td><td>适应环境温度/℃</td></tr>
<tr><td></td><td>24EJF-P</td><td>40</td><td>0.5</td><td>40</td><td>220</td><td>-20~80</td></tr>
<tr><td></td><td></td><td colspan="6">(1)用于双线式油脂集中润滑系统
(2)适用于输送和控制锥入度为265~385(25℃,150g)1/10mm的润滑脂的润滑系统二位四通换向阀(40MPa)</td></tr>
<tr><td>20MPa 23DF型二位三通电磁换向阀(JB/ZQ 4563—2006)</td><td>结构型式、技术参数</td><td colspan="6">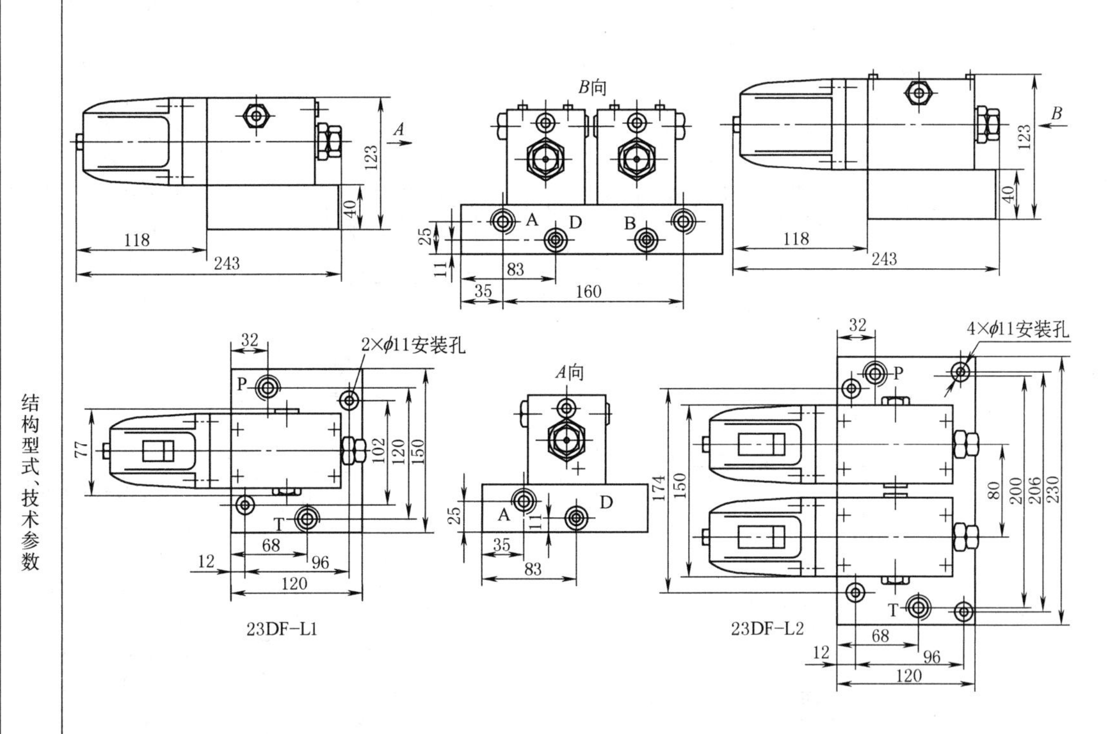
标记示例:公称压力20MPa二位三通,电磁铁数为1个的电磁换向阀,标记为
23DF-L1　换向阀　JB/ZQ 4563—2006
P—油泵接口Rc½;T—储油器接口Rc½;
A—出油口Rc½;D—泄油口Rc⅜
P—油泵接口Rc½;T—储油器接口Rc½;
B—出油口Rc½;D—泄油口Rc⅜;A—出油口Rc½</td></tr>
</table>

续表

20MPa 23DF 型二位三通电磁换向阀（JB/ZQ 4563—2006）

结构型式、技术参数

参数	23DF-L1	23DF-L2		参数	23DF-L1	23DF-L2
公称压力/MPa	20(L)		电磁铁	电源	AC220V,50Hz	
回油管路允许压力/MPa	10			功率/W	30	
最大流量/L·min^{-1}	3			电流/A	0.6	
允许切换频率/次·min^{-1}	30			瞬时电流/A	6.5	
环境温度/℃	0~50			允许电压波动	-15%~+10%	
弹簧形式	补偿式			相对湿度	0~95%	
通路个数	3	4		暂载率	100%	
进出油口	Rc½			绝缘等级	H	
质量/kg	10	17				

(1)适用于双线终端式油脂集中润滑系统

(2)适用于锥入度(25℃,150g)310~385/10mm 的润滑脂

20MPa YHF 型液压换向阀（JB/ZQ 4565—2006）

结构型式、技术参数

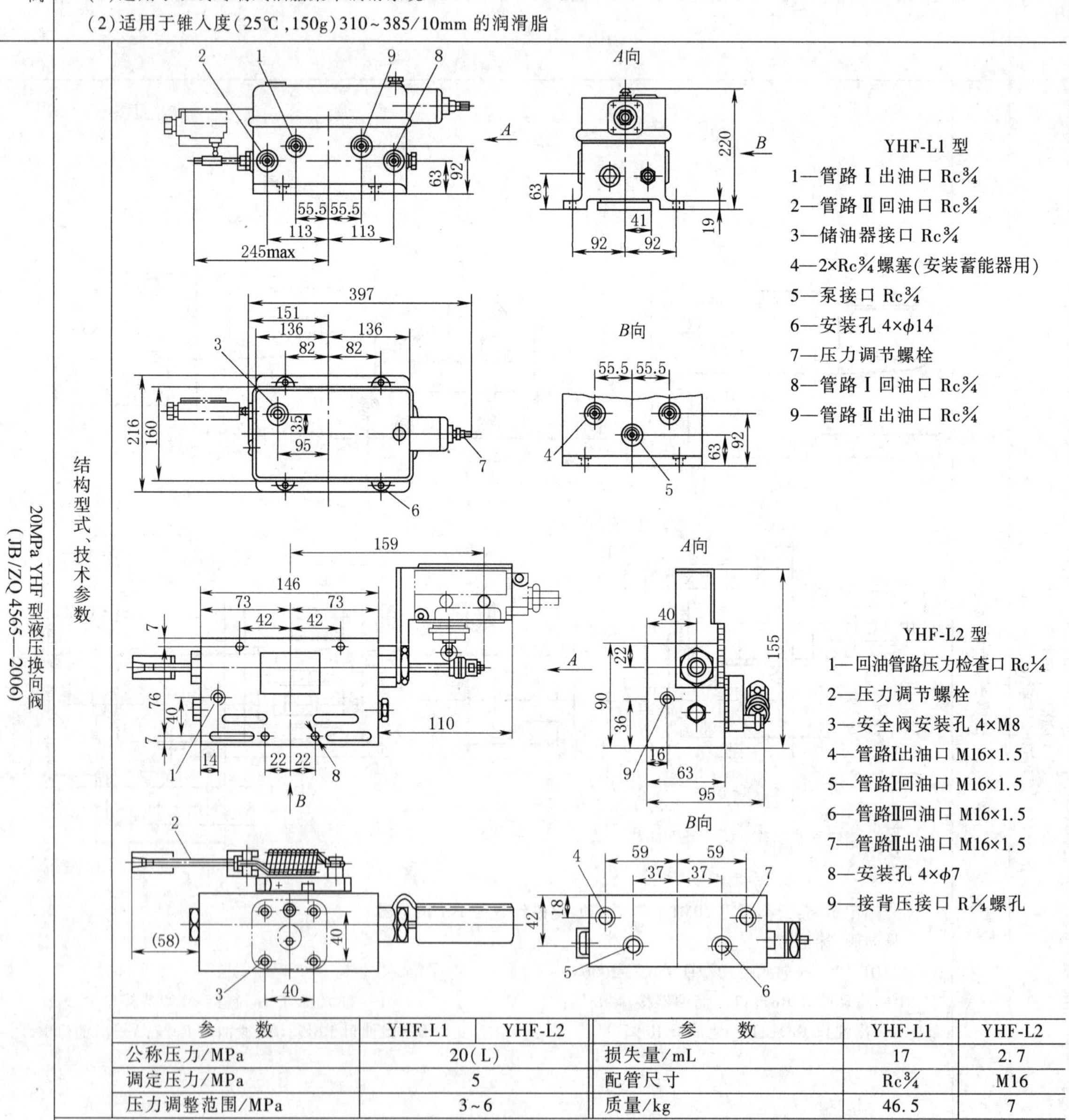

参数	YHF-L1	YHF-L2	参数	YHF-L1	YHF-L2
公称压力/MPa	20(L)		损失量/mL	17	2.7
调定压力/MPa	5		配管尺寸	Rc¾	M16
压力调整范围/MPa	3~6		质量/kg	46.5	7

(1)适用于锥入度(25℃,150g)265~385/10mm 的润滑脂

(2)标记示例:使用类型代号,1—用于 DRB-L585Z-H 润滑泵;2—用于 DRB-L60Z-H、DRB-L60Y-H、DRB-L195Z-H、DRB-L195Y-H 润滑泵。例如,公称压力 20MPa,使用类型代号为 1 的液压换向阀,标记为

YHF-L1　换向阀　JB/ZQ 4565—2006

续表

GQ型过滤器(JB/ZQ 4554—1997)

型号	公称压力/MPa	过滤介质	质量/kg
GQ-K10	16(K)	锥入度(25℃,150g)250~350/10mm的润滑脂或黏度为46~150mm²/s的润滑油	1.25

标记示例:

公称压力16MPa,进出油口管子外径10mm过滤器,标记为

GQ-K10 过滤器 JB/ZQ 4554—1997

40MPa GGQ型干油过滤器(JB/ZQ 4702—2006)

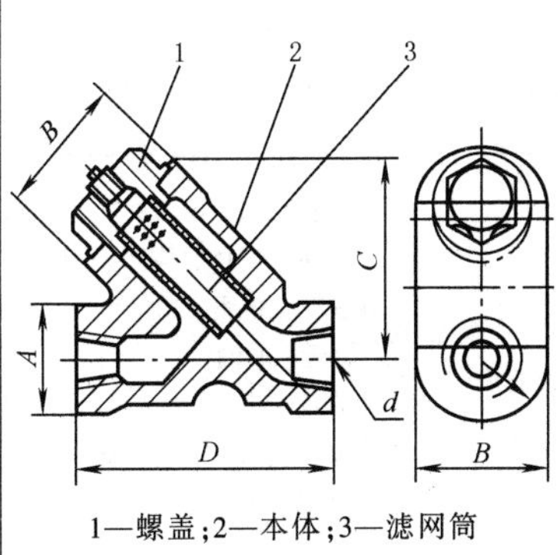

1—螺盖;2—本体;3—滤网筒

标记示例:公称压力40MPa,公称通径8的干油过滤器,标记为

GGQ-P8 过滤器 JB/ZQ 4702—2006

型号	公称通径/mm	d	公称压力/MPa	润滑脂锥入度(25℃,150g)/(10mm)$^{-1}$	过滤精度/μm	最高使用温度/℃	尺寸/mm A	B	C	D	质量/kg
GGQ-P8	8	G¼	40(P)	265~385	160	120	32	42	57	83	1.15
GGQ-P10	10	G⅜									1.10
GGQ-P15	15	G½					38	52	71	96	1.4
GGQ-P20	20	G¾					50	58	76	112	1.5
GGQ-P25	25	G1									1.6

用户可按实际需要自行选定过滤精度

16MPa UZQ型过压指示器(JB/ZQ 4555—2006)

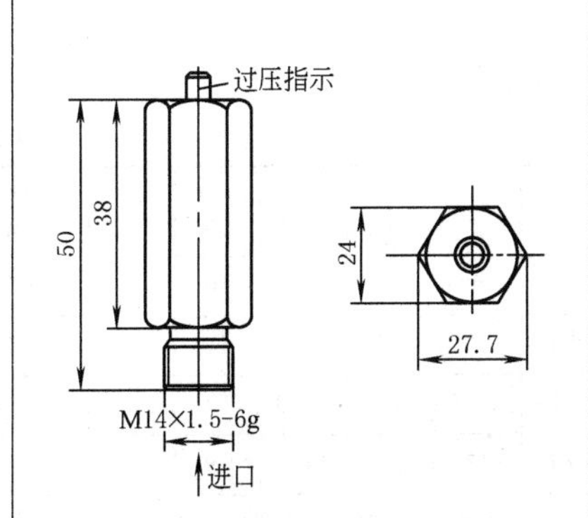

型号	公称压力/MPa	指示压力/MPa	质量/kg
UZQ-K13	16(K)	13	0.16

(1)用于管路中压力超过规定值时指示

(2)适用介质为锥入度(25℃,150g)250~350/10mm的润滑脂

(3)标记示例:公称压力16MPa,指示压力13MPa的过压指示器,标记为

UZQ-K13 过压指示器 JB/ZQ 4555—2006

3.4 干油集中润滑系统的管路附件

3.4.1 配管材料

表 10-1-133　　配管材料

类别	工作压力	规格尺寸										附件	材料	应用
管路系统用钢管	20MPa	公称通径	mm	8	10	15	20	25	32	40	50	螺纹连接用管径通常小于20mm	推荐用 GB/T 8163—2018《输送流体用无缝钢管》中的冷拔或冷轧品种，材料为10钢或20钢，尺寸偏差为普通级	用于油泵至分配器间的主管路及分配器至分配器间的支管路上
			in	¼	⅜	½	¾	1	1¼	1½	2			
		外径/mm		14	18	22	28	34	42	48	60			
		壁厚/mm	螺纹连接	3	3.5		4	—						
			插入焊接	2.5		3	4	4.5	5		5.5			
		容积/mL·m^{-1}	螺纹连接	50.2	78.5	176.7	314.2	—						
			插入焊接	63.6	132.7	201	314.2	490.9	804.2	1134	1962.5			
		质量/kg·m^{-1}	螺纹连接	0.814	1.25	1.60	2.37	—						
			插入焊接	0.709	0.956	1.41	2.37	3.27	4.56	4.34	6.78			
	40MPa	公称通径/mm		4	5	6	8	10	15	20		用卡套式管路附件	推荐用 GB/T 3639—2021《冷拔或冷轧精密无缝钢管》中的冷加工/软(R)品种，材料为10钢或20钢	用于油泵至分配器间的主管路及分配器至分配器间的支管路上
		外径/mm		6	8	10	14	18	22	28				
		壁厚/mm		1	1.5	2	3	4	4	5				
		容积/mL·m^{-1}		12.6	19.6	28.3	50.2	78.5	153.9	254.3				
		质量/kg·m^{-1}		0.123	0.240	0.395	0.814	1.38	1.77	2.84				
润滑管路用铜管	允许工作压力≤10MPa	公称通径/mm		4	6	8	10	由分配器到润滑点的这段管路通常称为“润滑管”，通常采用铜管 推荐用 GB/T 1527—2017《铜及铜合金拉制管》中的拉制或轧制铜管，牌号应不低于T3						
		外径/mm		6	8	10	14							
		壁厚/mm		1	1	1	2							
		容积/mL·m^{-1}		12.6	28.3	50.2	78.5							
		质量/kg·m^{-1}		0.14	0.19	0.24	0.65							

3.4.2 管路附件

表 10-1-134　　20MPa 管接头　　mm

直通管接头（JB/ZQ 4570—2006）

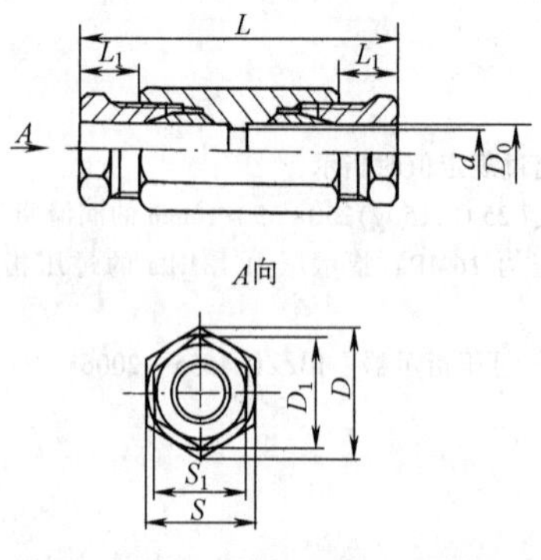

管子外径 D_0	d	L	L_1	S	D	S_1	D_1	质量/kg
6	4	40	6	14	16.2	10	11.2	0.043
8	6	50	7	17	19.2	14	16.2	0.078
10	8	52	8	19	21.9	17	19.2	0.11
14	10	70	13	24	27.7	19	21.9	0.18

(1)管子按 GB/T 1527—2017《铜及铜合金拉制管》选用

(2)适用于 20MPa 油脂润滑系统

(3)标记示例：管子外径 $D_0$6mm 的直通管接头，标记为

管接头　6　JB/ZQ 4570—2006

续表

管接头(JB/ZQ 4569—2006)

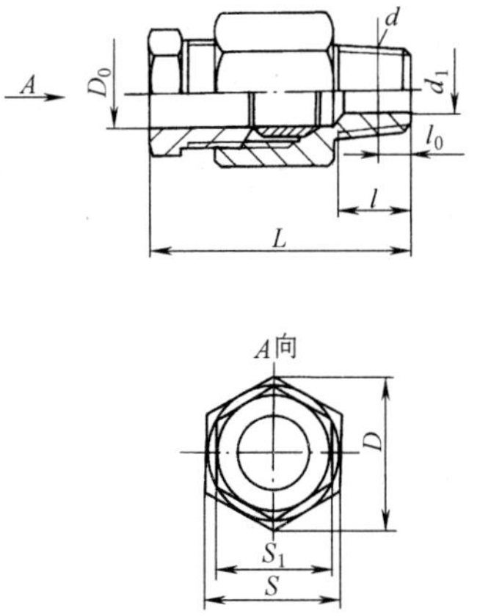

(1)管子按 GB/T 1527—2017《铜及铜合金拉制管》选用

(2)适用于 20MPa 油脂润滑系统

(3)标记示例:管子外径 $D_0$10mm,连接螺纹为 R¼的管接头,标记为

管接头 10-R¼ JB/ZQ 4569—2006

管子外径 D_0	d	d_1	L	l	l_0	S	D	S_1	质量/kg
6	R⅛	4	30	7	4	14	16.2	10	0.022
	R¼			10	6				0.028
	R⅜			12	6.4				0.046
8	R⅛		38	7	4	17	19.6	14	0.044
	R¼	6		10	6				0.045
	R⅜		34	12	6.4				0.051
	R½			14	8.2				0.081
10	R⅛	4	38	7	4	19	21.9	17	0.059
	R¼	6		10	6				0.058
	R⅜	8	36	12	6.4				0.058
	R½			14	8.2				0.083
14	R⅛	4	48	7	4	24	27.7	22	0.082
	R¼	6		10	6				0.096
	R⅜	8		12	6.4				0.1
	R½	10	46	14	8.2				0.098
	R¾	12		16	9.5	30	34.6		0.116

直角管接头(JB/ZQ 4571—2006)

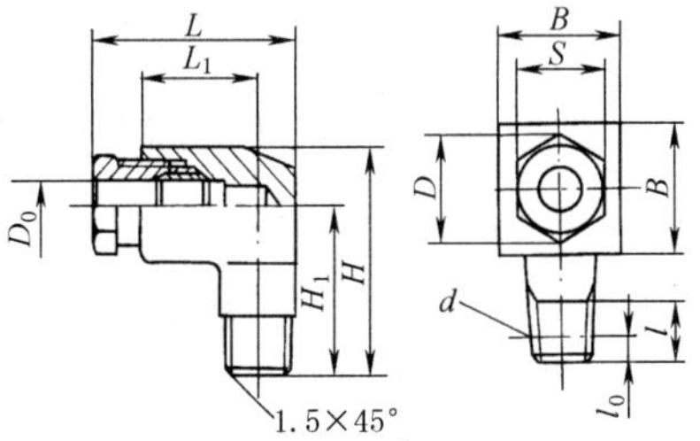

(1)管子按 GB/T 1527—2017《铜及铜合金拉制管》选用

(2)适用于 20MPa 油脂润滑系统

(3)标记示例:管子外径 $D_0$6mm,连接螺纹为 R¼的直角管接头,标记为

管接头 6-R¼ JB/ZQ 4571—2006

管子外径 D_0	d	L	B	H	L_1	H_1	l	l_0	S	D	质量/kg
6	R⅛	25	12	22	11	16	7	4	10	11.5	0.042
	R¼	33	14	28	18	21	10	6			0.046
8	R⅛	37	20	35		25	7	4	14	16.2	0.076
	R¼						10	6			0.086
	R⅜						12	6.4			0.096
10	R⅛	38					7	4	17	19.6	0.085
	R¼						10	6			0.095
	R⅜						12	6.4			0.105
14	R¼	48	24	45	28	35	10	6	24	27.7	0.13
	R⅜						12	6.4			0.15
	R½						14	8.2			0.16

等径直角螺纹接头(JB/ZQ 4572—2006)

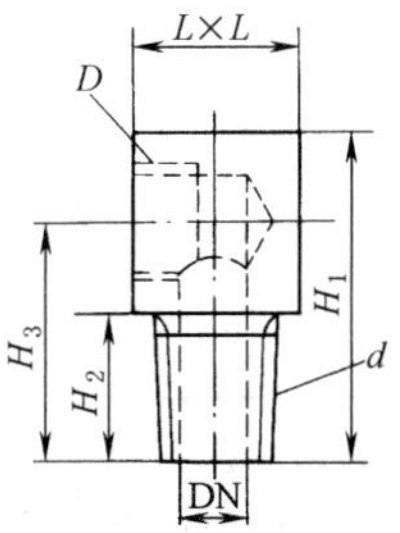

(1)适用于 20MPa 油脂润滑系统

(2)标记示例:公称通径 DN=6mm,连接螺纹为 R⅛的等径直角螺纹接头,标记为

直角接头 R⅛ JB/ZQ 4572—2006

公称通径 DN	D	d	H_1	H_2	H_3	L	质量/kg
6	Rc⅛	R⅛	30	14	22	16	0.03
8	Rc¼	R¼	41	19	30	22	0.07
10	Rc⅜	R⅜	46	22	34	24	0.11
15	Rc½	R½	55	25	40	30	0.17
20	Rc¾	R¾	60	32	44	32	0.23
25	Rc1	R1	72	40	52	40	0.32

续表

单向阀接头(JB/ZQ 4573—2006)

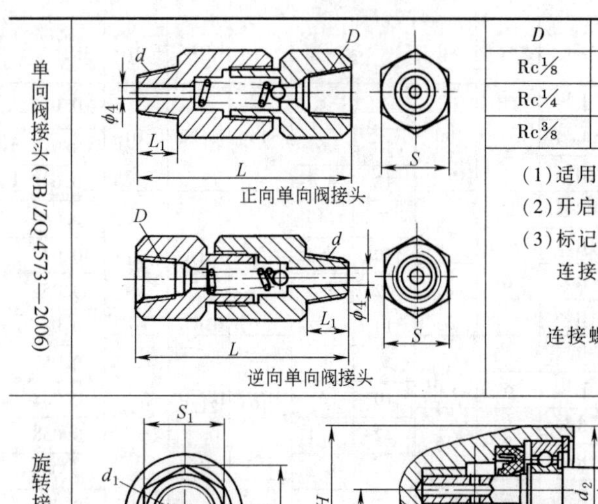

D	d	L	L_1	S	质量/kg
Rc⅛	R⅛	50	10	18	0.07
Rc¼	R¼	54	13	24	0.181
Rc⅜	R⅜	56			0.187

(1)适用于 20MPa 油脂润滑系统

(2)开启压力 0.4MPa

(3)标记示例:

连接螺纹为 R⅛的正向单向阀接头,标记为

单向阀接头　R⅛-Z　JB/ZQ 4573—2006

连接螺纹为 R⅛的逆向单向阀接头,标记为

单向阀接头　R⅛-N　JB/ZQ 4573—2006

旋转接头(JB/ZQ 4574—2006)

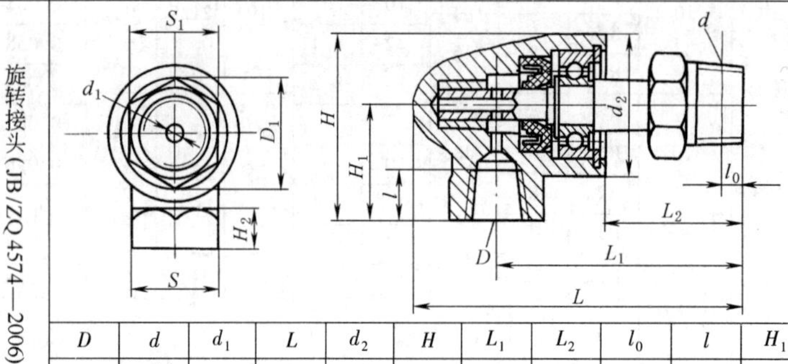

(1)适用于 20MPa 油脂润滑系统

(2)标记示例:连接螺纹直径为 R¼的旋转接头,标记为

旋转接头　R¼　JB/ZQ 4574—2006

D	d	d_1	L	d_2	H	L_1	L_2	l_0	l	H_1	H_2	S	S_1	D_1	质量/kg
Rc¼	R¼	3	69	29	38.5	52	29	6	11	24	8	19	14	16.2	0.17
	R⅜		71			54	31	6.4					17	19.6	0.19

可逆接头(JB/ZQ 4575—2006)

(1)适用于 20MPa 油脂润滑系统。开启压力为 0.45MPa

(2)标记示例:连接螺纹为 Rc⅜的可逆接头,标记为

可逆接头　Rc⅜　JB/ZQ 4575—2006

D	L	B	H	L_1	L_2	l	H_1	S	D_1	d	质量/kg
Rc⅜	154	28	47	110	80	12	30	24	27.6	9	1.1
Rc¾	210	40	76	154	120	16	50	34	39	11	1.74

表 10-1-135　　衬板与法兰　　mm

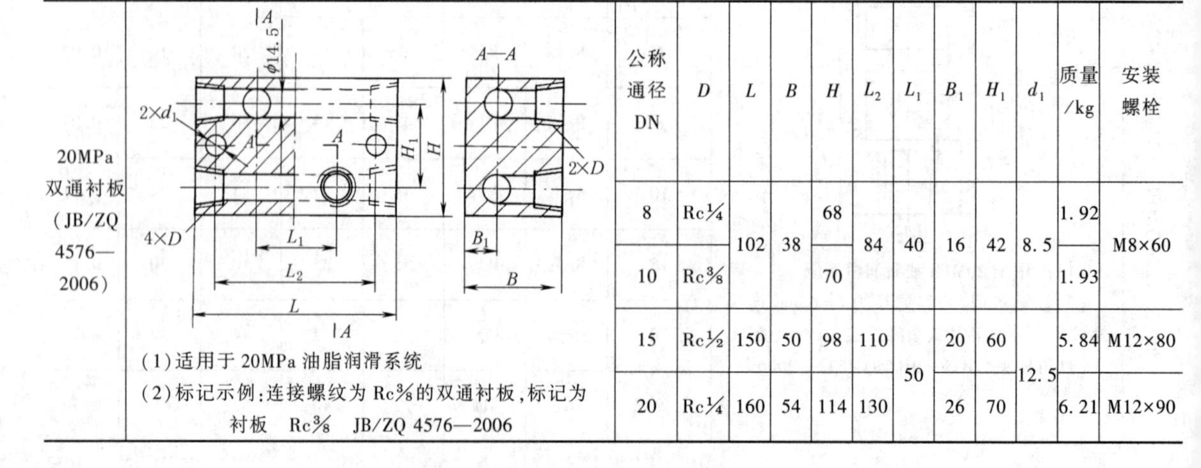

20MPa 双通衬板(JB/ZQ 4576—2006)

(1)适用于 20MPa 油脂润滑系统

(2)标记示例:连接螺纹为 Rc⅜的双通衬板,标记为

衬板　Rc⅜　JB/ZQ 4576—2006

公称通径 DN	D	L	B	H	L_2	L_1	B_1	H_1	d_1	质量/kg	安装螺栓
8	Rc¼	102	38	68	84	40	16	42	8.5	1.92	M8×60
10	Rc⅜			70						1.93	
15	Rc½	150	50	98	110	50	20	60	12.5	5.84	M12×80
20	Rc¼	160	54	114	130		26	70		6.21	M12×90

续表

20MPa直角法兰（JB/ZQ 4577—2006）

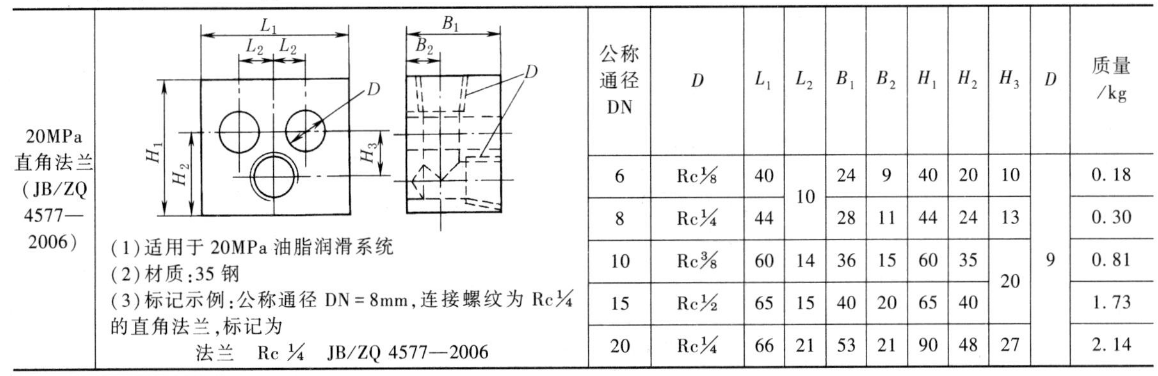

(1)适用于20MPa油脂润滑系统
(2)材质:35钢
(3)标记示例:公称通径DN=8mm,连接螺纹为Rc¼的直角法兰,标记为
法兰　Rc ¼　JB/ZQ 4577—2006

公称通径DN	D	L_1	L_2	B_1	B_2	H_1	H_2	H_3	D	质量/kg
6	Rc⅛	40	10	24	9	40	20	10	9	0.18
8	Rc¼	44		28	11	44	24	13		0.30
10	Rc⅜	60	14	36	15	60	35	20		0.81
15	Rc½	65	15	40	20	65	40			1.73
20	Rc¼	66	21	53	21	90	48	27		2.14

表 10-1-136　液压O形圈端面密封软管接头（摘自GB/T 9065.1—2015）

结构Ⅰ

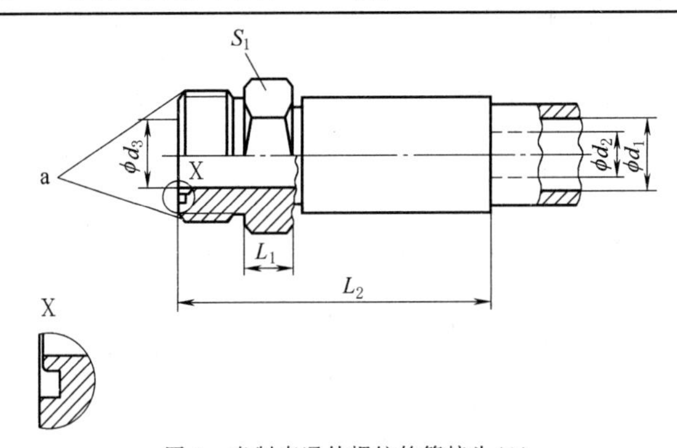

图1　米制直通外螺纹软管接头(S)

(1)参考ISO 8434-3:2005的接头细节和O形圈
(2)软管接头和软管之间的连接方法可以选择
(3)a表示螺纹,S_1表示对边宽度

尺寸Ⅰ

表1　米制直通外螺纹软管接头(S)尺寸　mm

软管接头规格	螺纹	管接头公称连接尺寸	软管公称内径 d_1	$d_2$①最小	$d_3$②最大	L_1最小	$L_2$③最大	$S_1$④
6×5	M12×1.25	6	5	2.5	3.2	6	55	14
6×6.3	M14×1.5	6	6.3	3	5.2	10	60	17
6×8	M14×1.5	6	8	5	5.2	10	65	17
10×8	M18×1.5	10	8	5	6.7	10	67	19
10×10	M18×1.5	10	10	6	6.7	10	70	19
12×10	M22×1.5	12	10	6	9.7	11	73	24
12×12.5	M22×1.5	12	12.5	8	9.7	11	80	24
16×12.5	M27×1.5	16	12.5	8	12.8	13	85	30
16×16	M27×1.5	16	16	11	12.8	13	90	30
20×16	M30×1.5	20	16	11	15.8	15	94	32
20×19	M30×1.5	20	19	14	15.8	15	95	32
25×19	M36×2	25	19	14	20.8	19	100	41
25×25	M36×2	25	25	19	20.8	19	100	41
30×25	M42×2	30	25	19	26.3	21	108	46
30×31.5	M42×2	30	31.5	25	26.3	21	120	46
38×31.5	M52×2	38	31.5	25	32.4	25	132	55
38×38	M52×2	38	38	31	32.4	25	150	55
50×51	M64×2	50	51	42	45	25	180	70

① 软管接头和软管组装之前，软管接头内孔任一截面上的最小直径，即软管接头芯内径；组装之后，该直径不应小于0.9d_2

② d_3尺寸符合ISO 8434-3：2005，且d_3的最小直径不应小于d_2。直径d_2（软管接头芯内径）和d_3（端面密封端通径）之间应设置过渡，以减小应力集中

③ L_2尺寸在组装之后进行测量

④ 符合GB/T 3103.1—2002的产品C级

续表

结构Ⅱ

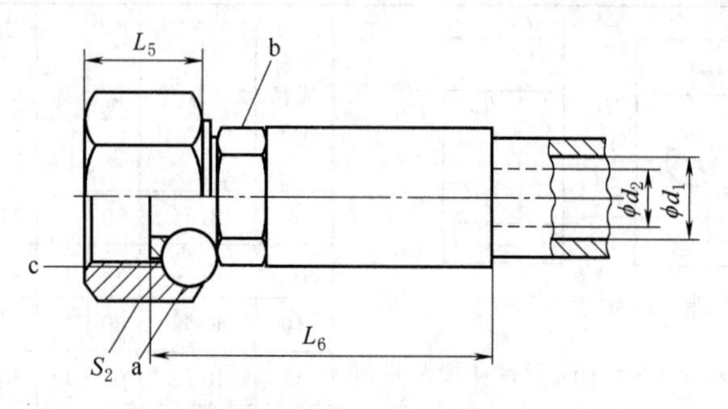

图2 米制直通内螺纹回转软管接头(SWS)

(1)软管接头和软管之间的连接方法可以选择

(2)a表示回转螺母的连接方法由制造商和用户协商确定,b表示需要六角时,其尺寸可以选择,c表示螺纹,S_2表示对边宽度

尺寸Ⅱ

表2 米制直通内螺纹回转软管接头(SWS)尺寸 mm

软管接头规格	螺纹	管接头公称连接尺寸	软管公称内径 d_1	$d_2$① 最小	$L_5$② 最小	$L_6$③ 最大	$S_2$④
6×5	M12×1.25	6	5	2.5	14	65	14
6×6.3	M14×1.5	6	6.3	3	15	70	17
6×8	M14×1.5	6	8	5	15	75	17
8×8	M16×1.5	8	8	5	15.5	75	19
10×8	M18×1.5	10	8	5	17	78	22
10×10	M18×1.5	10	10	6	17	80	22
12×10	M22×1.5	12	10	6	19	85	27
12×12.5	M22×1.5	12	12.5	8	19	90	27
16×12.5	M27×1.5	16	12.5	8	21	93	32
16×16	M27×1.5	16	16	11	21	95	32
20×16	M30×1.5	20	16	11	22	100	36
20×19	M30×1.5	20	19	14	22	100	36
25×19	M36×2	25	19	14	24	105	41
25×25	M36×2	25	25	19	24	105	41
28×25	M39×2	28	25	19	26	110	46
30×25	M42×2	30	25	19	27	115	50
30×31.5	M42×2	30	31.5	25	27	135	50
38×31.5	M52×2	38	31.5	25	30	135	60
38×38	M52×2	38	38	31	30	150	60
50×51	M64×2	50	51	42	37	180	75

① 软管接头和软管组装之前,软管接头内孔任一截面上的最小直径;组装之后,该直径不应小于0.9d_2

② 允许使用扣压式螺母

③ L_6尺寸在组装之后进行测量

④ 符合GB/T 3103.1—2002的产品C级

结构Ⅲ

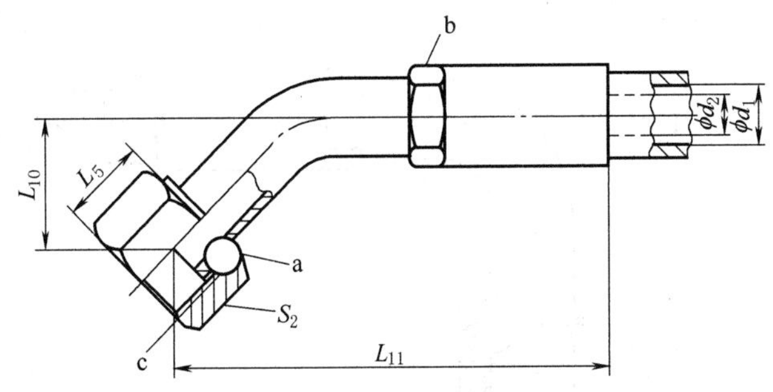

图3 米制45°弯曲内螺纹回转软管接头(SWE45)

(1)软管接头和软管之间的连接方法可以选择

(2)a表示回转螺母的连接方法由制造商和用户协商确定,b表示需要六角时,其尺寸可以选择,c表示螺纹,S_2表示对边宽度

尺寸Ⅲ

表3 米制45°弯曲内螺纹回转软管接头(SWE45)尺寸 mm

软管接头规格	螺纹	管接头公称连接尺寸	软管公称内径 d_1	$d_2$①最小	$L_5$②最小	L_{10} ±1.5	L_{11}③最大	$S_2$④
6×5	M12×1.25	6	5	2.5	14	18.5	90	14
6×6.3	M14×1.5	6	6.3	3	15	18.5	90	17
6×8	M14×1.5	6	8	5	15	19.5	95	17
8×8	M16×1.5	8	8	5	15.5	20	95	19
10×8	M18×1.5	10	8	5	17	20	98	22
10×10	M18×1.5	10	10	6	17	21.5	100	22
12×10	M22×1.5	12	10	6	19	21.5	105	27
12×12.5	M22×1.5	12	12.5	8	19	24	110	27
16×12.5	M27×1.5	16	12.5	8	21	24	118	32
16×16	M27×1.5	16	16	11	21	24	120	32
20×16	M30×1.5	20	16	11	22	24	124	36
20×19	M30×1.5	20	19	14	22	30	125	36
25×19	M36×2	25	19	14	24	30	130	41
25×25	M36×2	25	25	19	24	31.5	145	41
28×25	M39×2	28	25	19	26	31.5	150	46
30×25	M42×2	30	25	19	27	31.5	160	50
30×31.5	M42×2	30	31.5	25	27	35	170	50
38×31.5	M52×2	38	31.5	25	30	35	175	60
38×38	M52×2	38	38	31	30	38	190	60
50×51	M64×2	50	51	42	37	45	220	75

① 软管接头和软管组装之前，软管接头内孔任一截面上的最小直径；弯曲或组装之后，该直径不应小于$0.9d_2$

② 允许使用扣压式螺母

③ L_{11}尺寸在组装之后进行测量

④ 符合GB/T 3103.1—2002的产品C级

续表

结构Ⅳ

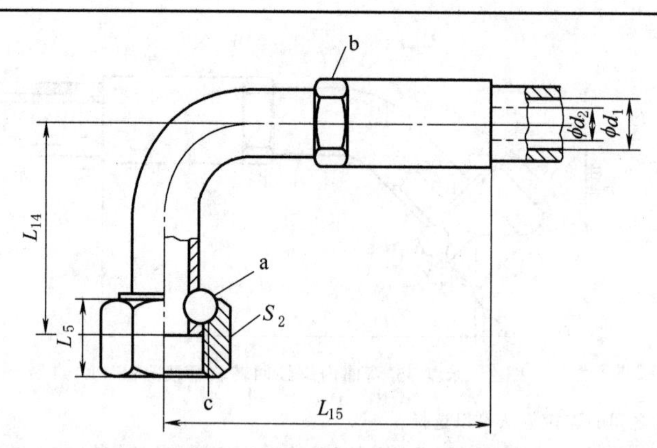

图4 米制90°弯曲内螺纹回转软管接头(SWE)

(1)软管接头和软管之间的连接方法可以选择

(2)a表示回转螺母的连接方法由制造商和用户协商确定,b表示需要六角时,其尺寸可以选择,c表示螺纹,d表示对边宽度

尺寸Ⅳ

表4 米制90°弯曲内螺纹回转软管接头(SWE)尺寸

mm

软管接头规格	螺纹	管接头公称连接尺寸	软管公称内径 d_1	$d_2$①最小	$L_5$②最小	L_{14} ±1.5	L_{15}③最大	$S_2$④
6×5	M12×1.25	6	5	2.5	14	34	90	14
6×6.3	M14×1.5	6	6.3	3	15	34	90	17
6×8	M14×1.5	6	8	5	15	37	95	17
8×8	M16×1.5	8	8	5	15.5	38	95	19
10×8	M18×1.5	10	8	5	17	38	98	22
10×10	M18×1.5	10	10	6	17	41	100	22
12×10	M22×1.5	12	10	6	19	41	105	27
12×12.5	M22×1.5	12	12.5	8	19	48	110	27
16×12.5	M27×1.5	16	12.5	8	21	48	118	32
16×16	M27×1.5	16	16	11	21	51	120	32
20×16	M30×1.5	20	16	11	22	51	124	36
20×19	M30×1.5	20	19	14	22	64	125	36
25×19	M36×2	25	19	14	24	64	130	41
25×25	M36×2	25	25	19	24	70	140	41
28×25	M39×2	28	25	19	26	70	150	46
30×25	M42×2	30	25	19	27	70	160	50
30×31.5	M42×2	30	31.5	25	27	80	170	50
38×31.5	M52×2	30	31.5	25	30	80	175	60
38×38	M52×2	38	38	31	30	92	190	60
50×51	M64×2	50	51	42	37	113	220	75

① 软管接头和软管组装之前，软管接头内孔任一截面上的最小直径；弯曲或组装之后，直径不得小于 $0.9d_2$

② 允许使用扣压式螺母

③ L_{15} 尺寸在组装之后测量

④ 符合 GB/T 3103.1—2002 的产品 C 级

注：1. 统一直通外螺纹软管接头（S）的型式和尺寸，统一直通内螺纹回转软管接头 A 型（SWSA）和 B 型（SWSB，密封面外露）的型式和尺寸，统一短 45°弯曲内螺纹回转软管接头（SWE45S）和中弯头（SWE45M）的型式和尺寸，统一短 90°弯曲内螺纹回转软管接头（SWES）、中弯头（SWEM）和长弯头（SWEL）的型式和尺寸，见 GB/T 9065.1—2015。

2. 软管总成的工作压力应取 ISO 8434-3：2005 中给定的相同规格的管接头压力和相同软管规格压力的最低值。

表 10-1-137　液压 37°扩口软管接头尺寸（摘自 GB/T 9065.5—2010）　mm

直通 S 和回转直通 SWS

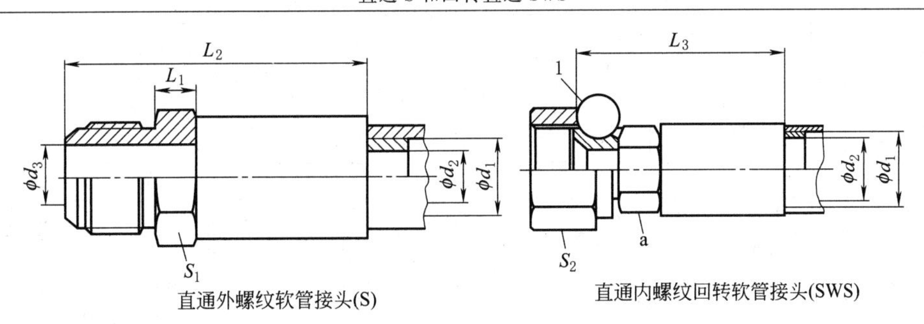

直通外螺纹软管接头(S)　　直通内螺纹回转软管接头(SWS)

(1)连接部位的细节符合 ISO 8434-2

(2)软管接头与软管之间的连接方法是可选的

(3)SWS 中:1 为旋转螺母,旋转螺母的连接方法由制造商选择

a 表示六角形(可选择的),S_2 表示六角形相对平面尺寸(扳手尺寸)

软管接头规格	直通 S 和回转直通 SWS					直通 S					回转直通 SWS		
	螺纹		管接头公称尺寸	公称软管内径 d_1	$d_2$① 最小	$d_3$② 最大	L_1 最小	$L_2$③ 最大	S_1		$L_3$③ 最大	$S_2$④	
	米制	ISO 12151-5							米制	ISO 12151-5		米制	ISO 标准
6×6.3	M14×1.5	7/16-20UNF	6	6.3	3	4.6	5.5	75	14	12	75	17	14
8×8	M16×1.5	½-20UNF	8	8	5	6.2	6	80	17	14	80	19	17
10×10	M18×1.5	9/16-18UNF	10	10	6	7.7	6.5	85	19	17	85	22	19
12×12.5	M22×1.5	¾-16UNF	12	12.5	8	10.1	7.5	100	22	19	100	27	22
16×16	M27×1.5	⅞-14UNF	16	16	11	12.6	9.5	110	27	24	110	32	27
20×19	M30×1.5	1 1/16-12UNF	20	19	14	15.8	10.5	120	32	27	115	36	32
25×25	M39×2	1 5/16-12UNF	25	25	19	21.8	13.5	135	41	36	140	46	41
32×31.5	M42×2	1 ⅝-12UNF	32	31.5	25	27.8	16	145	46	46	160	50	50
38×38	M52×2	1 ⅞-12UNF	38	38	31	33.4	17	160	55	50	175	60	60
50×51	M64×2	2 ½-12UNF	50	51	42	45.4	20	225	65	65	210	75	75

① d_2 为软管接头与软管装配前的接头尾芯的最小通径,装配后该尺寸不应该小于 $0.9d_2$

② d_3 的尺寸应符合 ISO 8434-2,且 d_3 的最小值不能小于 d_2,直径 d_2(软管接头芯的内径)和 d_3(37°扩口端的通径)之间应设置过渡,以减少应力集中

③ 尺寸 L_2、L_3 组装后测量

④ 尺寸 S_2 符合 GB/T 3103.1—2002,产品等级 C。S_1、S_2 尺寸为六角形相对平面尺寸(扳手尺寸)45°和 90°弯曲内螺纹回转[SWE45、SWE(S、M、L)]

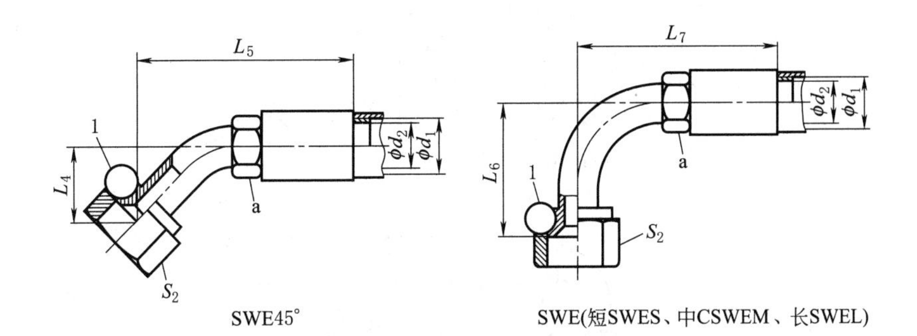

SWE45°　　SWE(短SWES、中CSWEM、长SWEL)

(1)连接部位的细节符合 ISO 8434-2

(2)软管接头与软管之间的连接方法是可选的

(3)1 为旋转螺母,a 为六角形(可选择的)。旋转螺母的连接方法由制造商选择

续表

软管接头规格	45°、90°弯曲内螺纹回转							SEW45°			SEW(S、M、L)			
	螺纹		管接头公称尺寸	公称软管内径 d_1	$d_2$① 最小	$S_2$②		L_4		$L_5$④ 最大	L_6			$L_7$④ 最大
	米制	ISO 标准螺纹				米制	ISO 标准	SWE45S ±1.5	SWE45M ±1.5		SWES⑤ ±1.5	SWEM⑥ ±1.5	SWEL⑦ ±1.5	
6×6.3	M14×1.5	7/16-20UNF	6	6.3	3	17	14	10	—	90	21	32	46	85
8×8	M16×1.5	1/2-20UNF	8	8	5	19	17	10	—	90	21	32	46	85
10×10	M18×1.5	9/16-18UNF	10	10	6	22	19	11	—	95	23	38	54	90
12×12.5	M22×1.5	3/4-16UNF	12	12.5	8	27	22	15	—	110	29	41	64	100
16×16	M27×1.5	7/8-14UNF	16	16	11	32	27	16	—	120	32	47	70	110
20×19	M30×1.5	1 1/16-12UNF	20	19	14	36	32	21	—	145	48	58	96	140
25×25	M39×2	1 5/16-12UNF	25	25	19	46	41	24	—	175	56	71	114	170
32×31.5	M42×2	1 5/8-12UNF	32	31.5	25	50	50	25③	32	200	64⑧	78	129	200
38×38	M52×2	1 7/8-12UNF	38	38	31	60	60	27③	42	240	69⑧	86	141	230
50×51	M64×2	2 1/2-12UNF	50	51	42	75	75	34	—	290	88	140	222	280

① d_2 为软管接头在弯曲或与软管装配前的最小通径，弯曲或装配后该尺寸不应该小于 $0.9d_2$

② S_2 尺寸为六角形相对平面尺寸（扳手尺寸），符合 GB/T 3103.1—2002，产品等级 C

③ 软管接头尺寸为（32×31.5）mm 和（38×38）mm 的短弯曲软管接头不适于在高压（尺寸 31.5mm 和 38mm 软管设计工作压力为 21MPa 或 17.5MPa）下与钢丝缠绕胶管一起使用。应优先使用中弯曲软管接头或咨询制造商

④ 尺寸 L_5、L_7 组装后测量

⑤ 短 90°弯曲内螺纹回转软管接头（SWES，简称短弯曲软管接头、短弯头）尺寸见注 4

⑥ 中 90°弯曲内螺纹回转软管接头（SWEM，简称中弯曲软管接头、中弯头）尺寸。中弯曲软管接头将越过而不碰到 ISO 8434-2 每一种 90°可调节的螺柱端弯头（SDE），见注 4

⑦ 长 90°弯曲内螺纹回转软管接头（SWEL，简称长弯曲软管接头、长弯头）尺寸。长弯曲软管接头将越过而不碰到短弯曲软管接头（SWES），见注 4

⑧ 软管接头尺寸为（32×31.5）mm 和（38×38）mm 的短弯曲软管接头不适于在高压（尺寸 31.5mm 和 38mm 软管的设计工作压力为 21MPa 或 17.5MPa）下与钢丝缠绕胶管一起使用。应优先使用中弯曲软管接头或咨询制造商

注：1. GB/T 9065.5—2010 系修改采用 ISO 12151-5：2007 代替原 GB/T 9065.1—1988，新标准 GB/T 9065.1—2015 为 O 形圈端面密封软管接头。

2. 普通螺纹基本尺寸按 GB/T 196 的规定。英制螺纹应符合 ISO 68-2 和 ISO 263 的规定。

3. 普通螺纹公差按 GB/T 197 的规定：内螺纹为 6H，外螺纹为 6f 或 6g。

4. 短、中、长弯头的应用说明

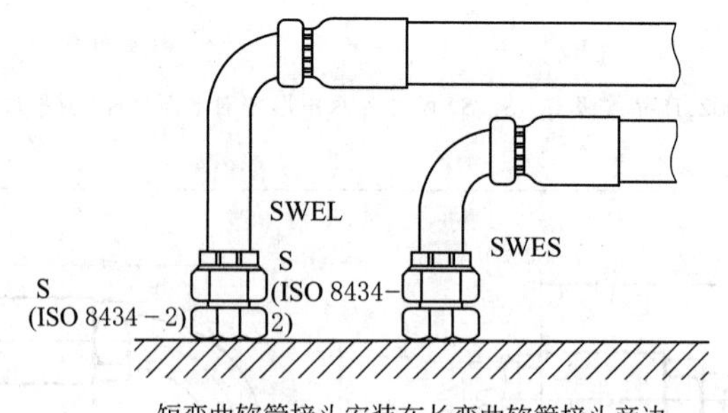

短弯曲软管接头安装在长弯曲软管接头旁边

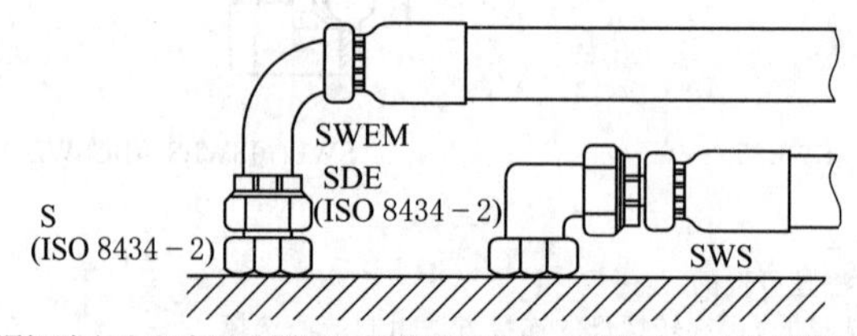

螺柱端弯头和直通内螺纹回转软管接头组合安装在中弯曲软管接头旁边

表 10-1-138　37°扩口软管接头的字母符号、接头示例及标记示例（摘自 GB/T 9065.5—2010）

字母符号	连接端类型	符号
	回转	SW
	形状	符号
	直通	S
	45°弯曲	E45
	90°弯曲-短	ES
	90°弯曲-中	EM
	90°弯曲-长	EL
	若管接头为外螺纹形式,应在代号中用文字注明	
扩口端接头的典型示例	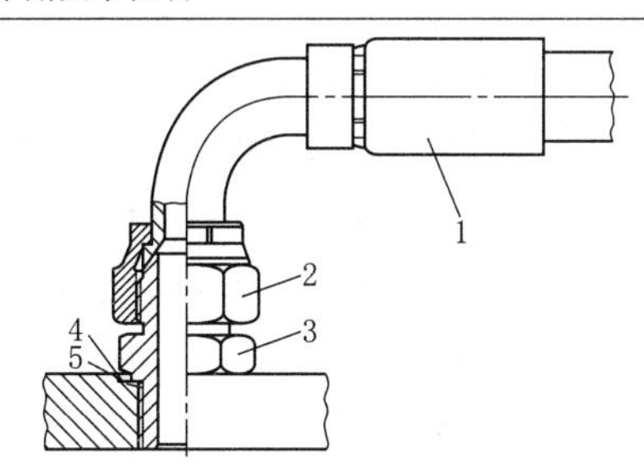 1—软管接头;2—螺母;3—直通螺柱端接头体(ISO 8434-2);4—油口(ISO 6149-1);5—O 形密封圈	
标记示例	示例:用于外径 12mm 硬管和内径 12.5mm 软管的 45°内螺纹回转弯头,标识如下: 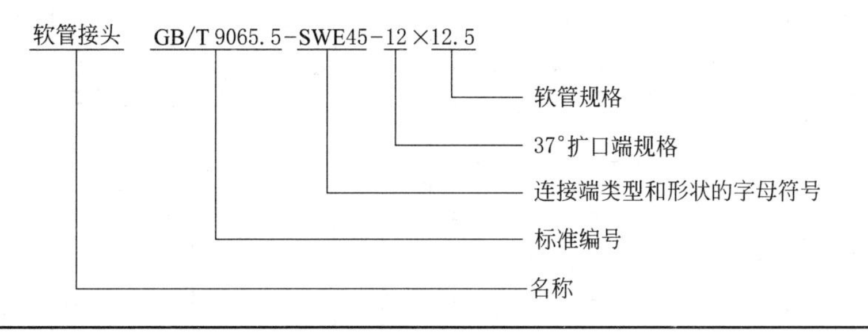	

表 10-1-139　24°锥密封液压内螺纹回转软管接头尺寸（摘自 GB/T 9065.2—2010）

[直通型（SWS）、**45°弯曲型**（SWE45）、**90°弯曲型**（SWE 型）**]**　mm

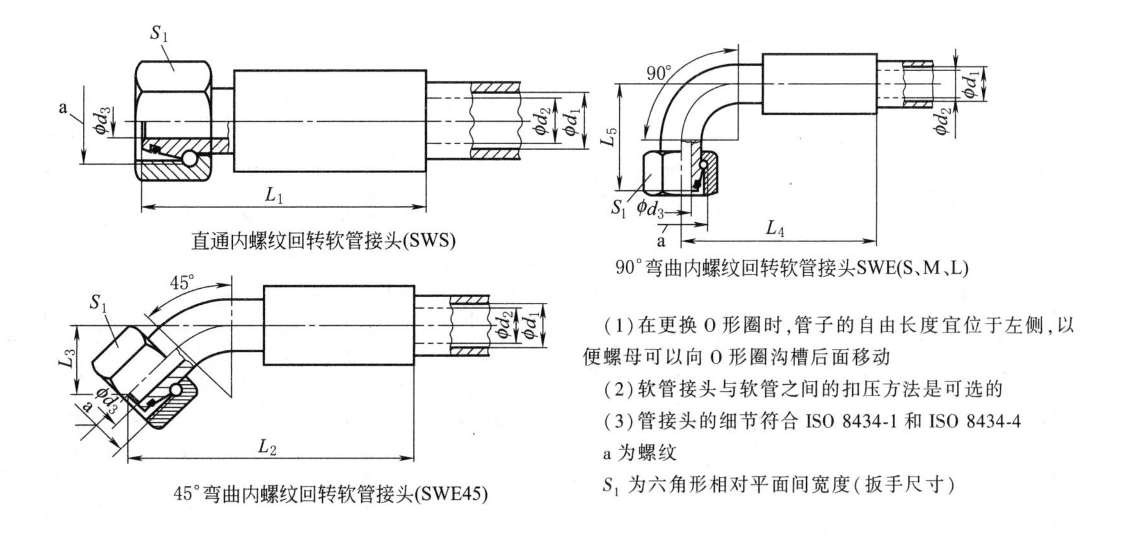

直通内螺纹回转软管接头(SWS)

90°弯曲内螺纹回转软管接头SWE(S、M、L)

45°弯曲内螺纹回转软管接头(SWE45)

(1)在更换 O 形圈时,管子的自由长度宜位于左侧,以便螺母可以向 O 形圈沟槽后面移动

(2)软管接头与软管之间的扣压方法是可选的

(3)管接头的细节符合 ISO 8434-1 和 ISO 8434-4

a 为螺纹

S_1 为六角形相对平面间宽度(扳手尺寸)

续表

系列	SWS、SWE45、SWE(S、M、L)						SWS、SWE45	SWE	SWS、SWE45、SWE(S、M、L)						
	软管接头规格	螺纹	接头公称尺寸	公称软管内径 $d_1$①	$d_2$②	$S_1$③	$d_3$④	$d_3$④	$L_1$⑤	$L_2$⑤	L_3		$L_4$⑤	L_5	
					最小	最小	最大	最大	最大	最大	标称	公差	最大	标称	公差
轻型系列(L)	6×5	M12×1.5	6	5	2.5	14	3.2	3.2	59	80	15	±3	65	30	±5
	8×6.3	M14×1.5	8	6.3	3	17	5.2	5.2	59	80	16	±4	65	30.5	±5
	10×8	M16×1.5	10	8	5	19	7.2	7.2	61	80	17	±4	75	33	±5
	12×10	M18×1.5	12	10	6	22	8.2	8.2	65	90	18.5	±4	85	36	±5
	15×12.5	M22×1.5	15	12.5	8	27	10.2	10.2	68	100	19.5	±4	90	40.5	±6
	18×16	M26×1.5	18	16	11	32	13.2	13.2	68	100	23.5	±6	95	51.5	±10
	22×19	M30×2	22	19	14	36	17.2	17.2	74	130	25.5	±6	100	56	±10
	28×25	M36×2	28	25	19	41	23.2	23.2	85	133	32	±6	120	68.5	±10
	35×31.5	M45×2	35	31.5	25	50	29.2	29.2	105	165	38	±7	147	78.5	±10
	42×38	M52×2	42	38	31	60	34.3	36.2	110	185	44.5	±10	170	95	±13
重型系列(S)	8×5	M16×1.5	8	5	2.5	19	4.2	4.2	59	75	17	±3	65	32	±4
	10×6.3	M18×1.5	10	6.3	3	22	6.2	6.2	67	75	17	±3	65	32	±6
	12×8	M20×1.5	12	8	5	24	8.2	8.2	68	85	18	±3	70	34	±6
	12×10	M20×1.5	12	10	6	24	8.2	8.2	72	90	18.5	±3	85	35.5	±6
	16×12.5	M24×1.5	16	12.5	8	30	11.2	11.2	80	110	21	±4	100	43	±8
	20×16	M30×2	20	16	11	36	14.2	14.2	93	115	25	±4	100	49.5	±8
	25×19	M36×2	25	19	14	46	18.2	19.2	102	135	30.5	±4	120	59	±8
	30×25	M42×2	30	25	19	50	23.2	24.2	112	145	35.5	±5	135	70	±8
	38×31.5	M52×2	38	31.5	25	60	30.3	32.2	126	195	42	±6	180	87	±11

① 符合 GB/T 2351

② 在与软管装配前，软管接头的最小通径。装配后，此通径不小于 $0.9d_2$

③ 直通内螺纹回转软管接头的六角形螺母选择

④ d_3 尺寸符合 ISO 8434-1，且 d_3 的最小值应不小于 d_2。在直径 d_2（软管接头尾芯的内径）和 d_3（管接头端的通径）之间应设置过渡，以减小应力集中

⑤ 尺寸 L_1、L_2、L_4 组装后测量

表 10-1-140　24°锥密封液压直通外螺纹（S）、卡套式（SWS）软管接头尺寸

（摘自 GB/T 9065.2—2010）　mm

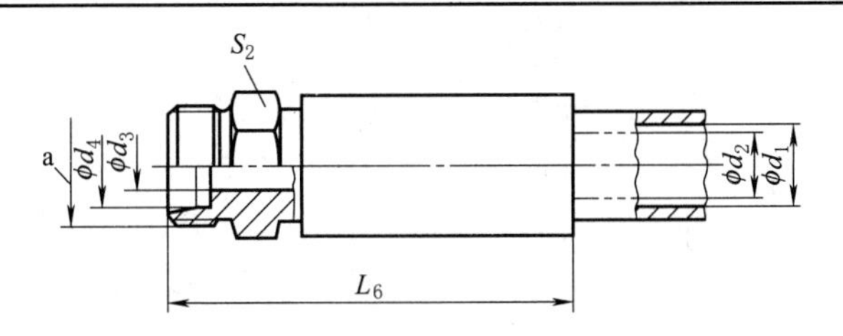

(1)软管接头与软管之间的扣压方法是可选的
(2)管接头的细节符合 ISO 8434-1 和 ISO 8434-4
a 为螺纹;S_2 为六角形相对平面间宽度(扳手尺寸)

直通外螺纹软管接头(S)

系列	管接头规格	螺纹	接头公称尺寸	公称软管内径 d_1[①]	d_2[②] 最小	d_3[③] 最大	d_4[④] B11	d_4[④] +0.1 0	S_2[⑤]	L_6[⑥] 最大
轻型系列(L)	6×5	M12×1.5	6	5	2.5	4.2	6	—	14	59
	8×6.3	M14×1.5	8	6.3	3	6.2	8	—	17	59
	10×8	M16×1.5	10	8	5	8.2	10	—	17	60
	12×10	M18×1.5	12	10	6	10.2	12	—	19	62
	15×12.5	M22×1.5	15	12.5	8	12.2	15	—	24	70
	18×16	M26×1.5	18	16	11	15.2	18	—	27	75
	22×19	M30×2	22	19	14	19.2	22	—	32	78
	28×25	M36×2	28	25	19	24.2	28	—	41	90
	35×31.5	M45×2	35	31.5	25	30.3	—	35.3	46	108
	42×38	M52×2	42	38	31	36.3	—	42.3	55	110
重型系列(S)	8×5	M16×1.5	8	5	2.5	5.1	8	—	17	62
	10×6.3	M18×1.5	10	6.3	3	7.2	10	—	19	65
	12×8	M20×1.5	12	8	5	8.2	12	—	22	66
	12×10	M20×1.5	12	10	6	8.2	14	—	22	68
	16×12.5	M24×1.5	16	12.5	8	12.2	16	—	27	76
	20×16	M30×2	20	16	11	16.2	20	—	32	82
	25×19	M36×2	25	19	14	20.2	25	—	41	97
	30×25	M42×2	30	25	19	25.2	30	—	46	108
	38×31.5	M52×2	38	31.5	25	32.3	—	38.3	55	120

① 符合 GB/T 2351
② 在与软管装配前,软管接头的最小通径。装配后,此通径不小于 $0.9d_2$
③ d_3 尺寸符合 ISO 8434-1,且 d_3 的最小值不应小于 d_2。在直径 d_2(软管 接头尾芯的内径)和 d_3(管接头端的通径)之间应设置过渡,以减小应力集中
④ 见 ISO 8434-1
⑤ 允许较小的六角形
⑥ 尺寸 L_6 组装后的测量

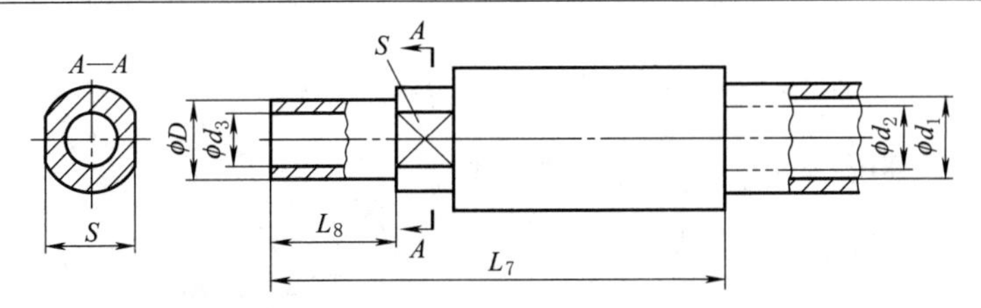

软管接头与软管之间的扣压方法是可选的
S 为相对平面尺寸(扳手尺寸)

直通卡套式软管接头(SWS)

续表

系列	软管接头规格	接头公称尺寸		公称软管内径	$d_2$②	$d_3$③	$L_7$④	L_8	S
		D	公差	$d_1$①	最小	最大			
轻型系列(L)	6×5	6	±0.060	5	2.5	3.2	59.5	22	8
	8×6.3	8	±0.075	6.3	3	5.2	61.5	23	10
	10×8	10	±0.075	8	5	7.2	63	23	12
	12×10	12	±0.090	10	6	8.2	63.5	24	14
	15×12.5	15	±0.090	12.5	8	10.2	68.5	25	17
	18×16	18	±0.090	16	11	13.2	74	26	20
	22×19	22	±0.105	19	14	17.2	81.5	28	24
	28×25	28	±0.105	25	19	23.2	92	30	30
	35×31.5	35	±0.125	31.5	25	29.2	107	36	38
	42×38	42	±0.125	38	31	34.3	128	40	46
重型系列(S)	8×5	8	±0.060	5	2.5	4.2	61.5	24	10
	10×6.3	10	±0.075	6.3	3	6.2	71.5	26	12
	12×8	12	±0.075	8	5	8.2	66.5	26	14
	12×10	14	±0.090	10	6	8.2	76.5	29	15
	16×12.5	16	±0.090	12.5	8	11.2	79.5	30	17
	20×16	20	±0.090	16	11	14.2	88	36	22
	25×19	25	±0.105	19	14	18.2	101.5	40	27
	30×25	30	±0.105	25	19	23.2	117.5	44	34
	38×31.5	38	±0.125	31.5	25	33	123.5	50	42

① 符合 GB/T 2351

② 在与软管装配前,软管接头的最小通径。装配后,此通径不小于 $0.9d_2$

③ d_3 尺寸符合 ISO 8434-1,除最小直径外,d_3 应不小于 d_2。在直径 d_2(软管接头尾芯的内径)和 d_3(管接头端的通径)之间应设置过渡,以减小应力集中

④ 尺寸 L_7 组装后测量

表 10-1-141　24°锥密封端软管接头的字母符号、接头示例及标记示例

(摘自 GB/T 9065.2—2010)

字母符号	连接端类型/符号	形状/符号
	回转/SW	直通/S
		90°弯头/E
		45°弯头/E45
	系列	符号
	轻型	L
	重型	S
锥密封端软管接头的示例	1—软管接头 2—O形圈 3—油口 4—管接头 5—螺母	性能要求 (1)按 GB/T 7939 测试时,软管总成应满足相应的软管规格所规定的性能要求,并无泄漏、无失效 (2)软管总成的工作压力应取 ISO 8434-1 中给定的相同规格的管接头压力和软管压力的最低值 (3)软管接头的工作压力应按 ISO 19879 进行试验检测。软管总成应按 GB/T 7939 进行测试。在循环耐久性试验过程中,软管总成应能承受相关的软管技术规范规定的循环次数
标记示例	示例:与外径 22mm 硬管和内径 19mm 软管配用的回转、直通、轻型系列软管接头,标识如下:	

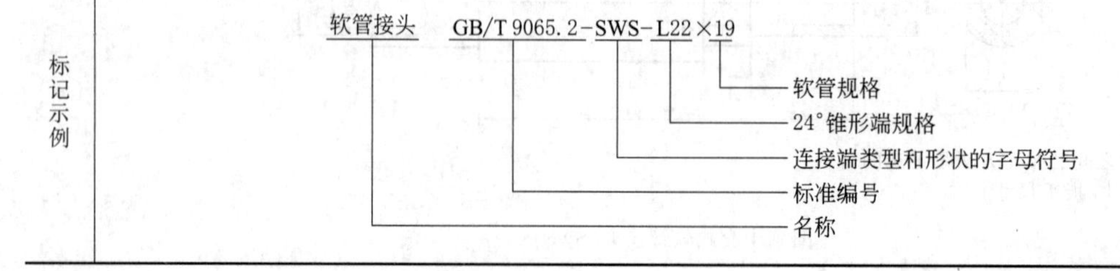

表 10-1-142　锥密封胶管总成锥接头（摘自 JB/T 6144.1~6144.5—2007） mm

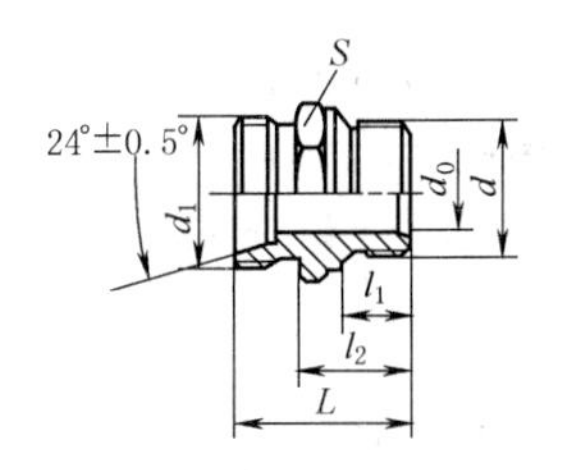

公制细牙螺纹锥接头
（JB/T 6144.1—2007）
圆柱管螺纹（G）锥接头
（JB/T 6144.2—2007）

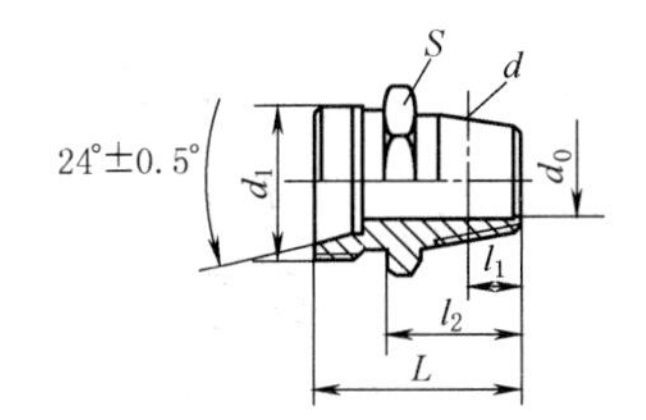

锥管螺纹（R）锥接头
（JB/T 6144.3—2007）
60°圆锥管螺纹（NPT）锥接头
（JB/T 6144.4—2007）

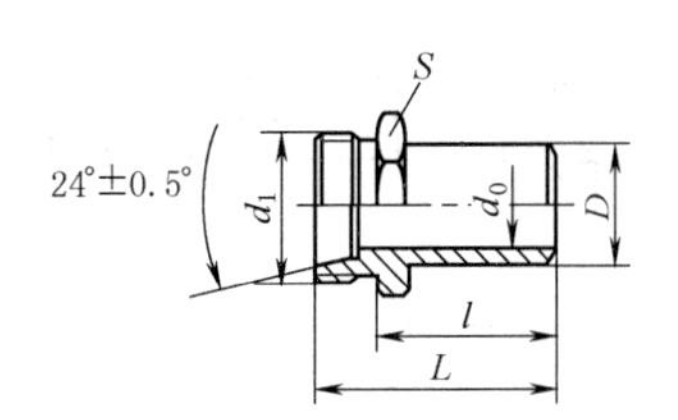

焊接锥接头
（JB/T 6144.5—2007）

公称通径 DN	d				d_1	d_0	D	S	l	l_1		
	JB/T 6144.1	JB/T 6144.2	JB/T 6144.3	JB/T 6144.4						JB/T 6144.1~6144.2	JB/T 6144.3	JB/T 6144.4
6	M10×1	G⅛	R⅛	NPT⅛	M18×1.5	3.5	8	18	28	12	4	4.102
8	M10×1	G⅛	R⅛	NPT⅛	M20×1.5	5	10	21	30	12	4	4.102
10	M14×1.5	G¼	R¼	NPT¼	M22×1.5	7	12	24	33	14	6	5.786
10	M18×1.5	G⅜	R⅜	NPT⅜	M24×1.5	8	14	27	36	14	6.4	6.096
15	M22×1.5	G½	R½	NPT½	M30×2	10	16	30	42	16	8.2	8.128

公称通径 DN	l_2			L				质量/kg	
	JB/T 6144.1~6144.2	JB/T 6144.3	JB/T 6144.4	JB/T 6144.1~6144.2	JB/T 6144.3	JB/T 6144.4	JB/T 6144.5	JB/T 6144.1~6144.4	JB/T 6144.5
6	20	17	17	32	29	29	40	0.04	0.04
8	20	18	18	32	30	30	42	0.06	0.05
10	22	22	22	34	34	34	45	0.08	0.06
10	24	24	24	38	38	38	49	0.10	0.07
15	28	27	27	44	43	43	58	0.14	0.10

注：1. 适用于以油、水为介质的与锥密封胶管总成配套使用的公制细牙螺纹、圆柱管螺纹（G）、锥管螺纹（R）、60°圆锥管螺纹（NPT）焊接锥接头。

2. 旋入机体端为公制细牙螺纹和圆柱管螺纹（G）者，推荐采用组合垫圈 GB/T 19674.2—2005。

3. 标记示例：

公称通径 DN6，连接螺纹 d_1=M18×1.5 的锥密封胶管总成旋入端为公制细牙螺纹的锥接头，标记为

锥接头　6-M18×1.5　JB/T 6144.1—2007

公称通径 DN6，连接螺纹 d_1=M18×1.5 的锥密封胶管总成旋入端为 G⅛圆柱管螺纹的锥接头，标记为

锥接头　6-M18×1.5（G⅛）　JB/T 6144.2—2007

公称通径 DN6，连接螺纹 d_1=M18×1.5 的锥密封胶管总成旋入端为 R⅛管螺纹的锥接头，标记为

锥接头　6-M18×1.5（R⅛）　JB/T 6144.3—2007

公称通径 DN6，连接螺纹 d_1=M18×1.5 的锥密封胶管总成旋入端为 NPT⅛60°圆锥管螺纹的锥接头，标记为

锥接头　6-M18×1.5（NPT⅛）　JB/T 6144.4—2007

公称通径 DN6，连接螺纹 d_1=M18×1.5 的锥密封胶管总成焊接锥接头，标记为

锥接头　6-M18×1.5　JB/T 6144.5—2007

4. 公称通径 DN4、DN20、DN25、DN32、DN40、DN50 本表没有选入，如需要可参阅本手册第 20 篇第 12 章。

表 10-1-143　　锥密封钢丝编织胶管总成（摘自 JB/T 6142.1~6142.4—2007）　　mm

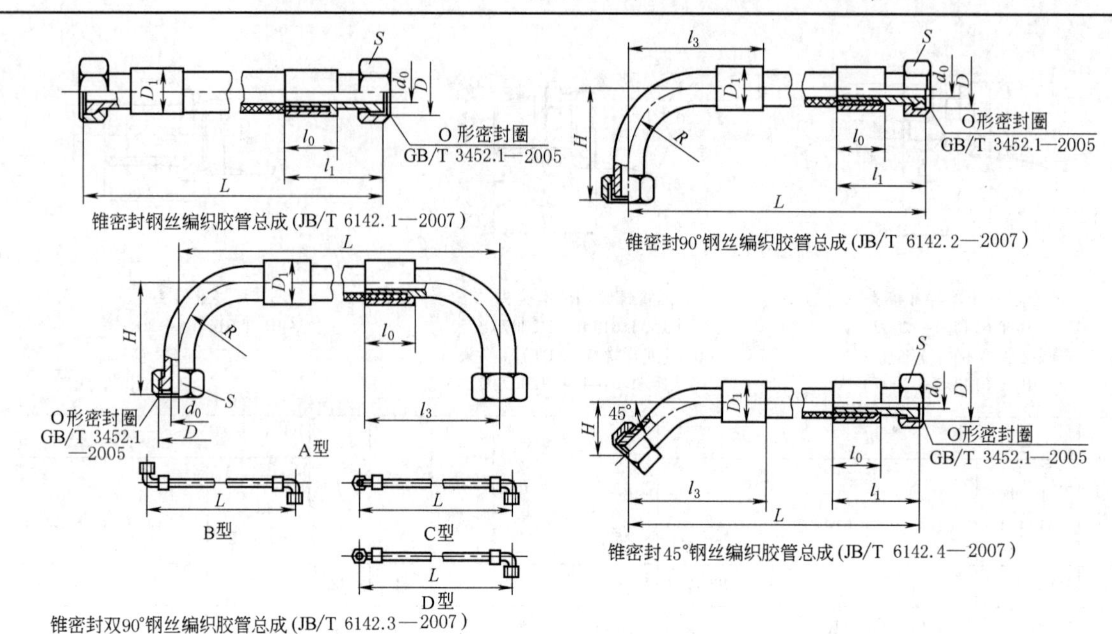

锥密封钢丝编织胶管总成（JB/T 6142.1—2007）

锥密封90°钢丝编织胶管总成（JB/T 6142.2—2007）

锥密封双90°钢丝编织胶管总成（JB/T 6142.3—2007）

锥密封45°钢丝编织胶管总成（JB/T 6142.4—2007）

适用于油、水介质，温度-40~100℃

胶管内径	公称通径DN	工作压力/MPa			扣压直径 D_1			d_0	D	S	l_0	l_1	l_3		R	H		O形密封圈（GB/T 3452.1—2005）
		Ⅰ	Ⅱ	Ⅲ	Ⅰ	Ⅱ	Ⅲ						90°胶管总成	45°胶管总成		90°胶管总成	45°胶管总成	
6.3	6	20	35	40	17	18.7	20.5	3.5	M18×1.5	24	37	65	70	74	20	50	26	8.5×1.8
8	8	17.5	30	33	19	20.7	22.5	5	M20×1.5	24	38	68	75	80	24	55	28	10.6×1.8
10	10	16	28	31	21	22.7	24.5	7	M22×1.5	27	38	69	80	83	28	60	30	12.5×1.8
12.5	10	14	25	27	25.2	28.0	29.5	8	M24×1.5	30	44	76	90	93	32	65	32	13.2×2.65
16	15	10.5	20	22	28.2	31	32.5	10	M30×2	36	44	82	105	108	45	85	40	17.0×2.65

两端质量/kg	胶管内径	钢丝编织胶管总成（JB/T 6142.1）			90°钢丝编织胶管总成（JB/T 6142.2）			双90°钢丝编织胶管总成（JB/T 6142.3）			45°钢丝编织胶管总成（JB/T 6142.4）		
		Ⅰ	Ⅱ	Ⅲ	Ⅰ	Ⅱ	Ⅲ	Ⅰ	Ⅱ	Ⅲ	Ⅰ	Ⅱ	Ⅲ
	6.3	0.20	0.22	0.24	0.18	0.20	0.22	0.28	0.30	0.32	0.16	0.18	0.20
	8	0.28	0.30	0.32	0.32	0.34	0.36	0.44	0.45	0.46	0.30	0.32	0.34
	10	0.34	0.36	0.38	0.44	0.45	0.46	0.58	0.63	0.65	0.42	0.43	0.45
	12.5	0.46	0.50	0.56	0.49	0.51	0.54	0.60	0.66	0.71	0.47	0.49	0.51
	16	0.60	0.64	0.68	0.60	0.62	0.64	0.74	0.75	0.82	0.58	0.60	0.62

胶管总成推荐长度/mm															
总成长度 L	500	560	630	710	800	900	1000	1120	1250	1400	1600	1800	2000	2240	2500
偏　差	$^{+20}_{0}$	$^{+25}_{0}$			$^{+30}_{0}$						$^{+40}_{0}$				

注：1. 本表只列入部分规格，全部内容详见本手册第 20 篇第 12 章。

2. 标记示例：

胶管内径 6.3mm，总成长度 L=1000mm 的锥密封Ⅲ层钢丝编织胶管总成，标记为

胶管总成　6.3Ⅲ-1000　JB/T 6142.1—2007

胶管内径 6.3mm，总成长度 L=1000mm 的锥密封 90°Ⅲ层钢丝编织胶管总成，标记为

胶管总成　6.3Ⅲ-1000　JB/T 6142.2—2007

胶管内径 6.3mm，总成长度 L=1000mm 的 A 型锥密封双 90°Ⅲ层钢丝编织胶管总成，标记为

胶管总成　6.3AⅢ-1000　JB/T 6142.3—2007

胶管内径 6.3mm，总成长度 L=1000mm 的锥密封 45°Ⅲ层钢丝编织胶管总成，标记为

胶管总成　6.3Ⅲ-1000　JB/T 6142.4—2007

表 10-1-144　　20MPa 螺纹连接式钢管管接头　　mm

三通

代号		公称通径 DN	d	D	L	L_1	质量/kg
QN126-1	H1. 1-1	8	Rc¼	23	46	23	0. 18
QN126-2	H1. 1-2	10	Rc⅜	25	50	25	0. 25
QN126-3	H1. 1-3	15	Rc½	33	58	29	0. 36
QN126-4	H1. 1-4	20	Rc¾	38	66	33	0. 47
QN126-5	H1. 1-5	25	Rc1	48	78	39	0. 61

异径三通

代号		公称通径 $DN \times DN_1 \times DN_2$	d	d_1	d_2	D	L	L_1	质量/kg
QN127-1	H1. 2-1	10×15×15	Rc⅜	Rc½	Rc½	33	58	29	0. 32
QN127-2	H1. 2-2	10×20×20	Rc⅜	Rc¾	Rc¾	38	66	32	0. 45

弯头

代号		公称通径 DN	d	D	L	质量/kg
QN128-1	H1. 3-1	8	Rc¼	23	23	0. 07
QN128-2	H1. 3-2	10	Rc⅜	25	25	0. 11
QN128-3	H1. 3-3	15	Rc½	33	29	0. 26
QN128-4	H1. 3-4	20	Rc¾	38	33	0. 39
QN128-5	H1. 3-5	25	Rc1	48	39	0. 66

外接头

代号		公称通径 DN	d	L	L_1	S	D	质量/kg
QN129-1	H1. 4-1	8	Rc¼	25	11	22	25. 4	0. 06
QN129-2	H1. 4-2	10	Rc⅜	30	12	27	31. 2	0. 1
QN129-3	H1. 4-3	15	Rc½	35	15	32	37	0. 16
QN129-4	H1. 4-4	20	Rc¾	40	17	36	41. 6	0. 19
QN129-5	H1. 4-5	25	Rc1	48	19	46	53. 1	0. 27

内接头

代号		公称通径 DN	d	d_1	L	L_1	S	D	质量/kg
QN130-1	H1. 5-1	8	R¼	8	34	13	17	19. 6	0. 02
QN130-2	H1. 5-2	10	R⅜	10	37	14	22	25. 4	0. 03
QN130-3	H1. 5-3	15	R½	15	48	18	27	31. 2	0. 09
QN130-4	H1. 5-4	20	R¾	20	52	20	32	37	0. 12
QN130-5	H1. 5-5	25	R1	25	62	30	36	41. 6	0. 23
QN130-6	H1. 5-6	8(长)	R¼	8	75	13	17	19. 6	0. 13
QN130-7	H1. 5-7	10(长)	R⅜	10	80	14	22	25. 4	0. 18

内外接头

代号	公称通径 DN×DN	d	d_1	d_2	L	L_1	D	S	质量/kg
QN131-1	10×8	R⅜	Rc¼	8	30	14	25. 4	22	0. 04
QN131-2	15×10	R½	Rc⅜	10	36	18	31. 2	27	0. 08
QN131-3	20×10	R¾	Rc⅜	10	36	20	37	32	0. 15
QN131-4	20×15	R¾	Rc½	15	42	20	37	32	0. 21
QN131-5	25×15	R1	Rc½	15	50	30	41. 6	36	0. 31

活接头

代号	公称通径 DN	d	L	D	S	S_1	质量/kg
QN106-1	8	Rc¼	38	36. 9	32	19	0. 16
QN106-2	10	Rc⅜	38	41. 6	36	22	0. 19
QN106-3	15	Rc½	44	53. 1	46	27	0. 33
QN106-4	20	Rc¾	50	62. 4	54	32	0. 51
QN106-5	25	Rc1	60	75	65	46	0. 81

续表

名称	代号	d	d_1	L	H	H_1	H_2	质量/kg
直角接头体	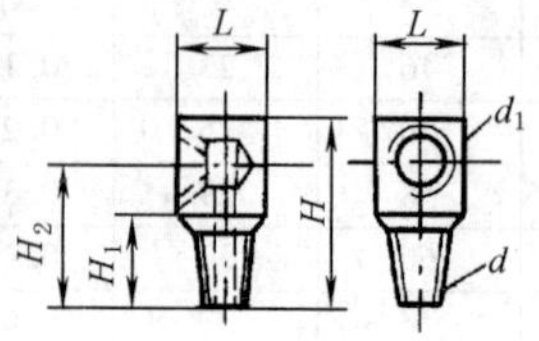 QN144-1	R1/8	Rc1/8	16	26	10	18.5	0.03
	QN144-2	R1/4	Rc1/4	22	41	19	30	0.07
	QN144-3	R3/8	Rc3/8	25.4	45	19.6	32.5	0.11
	QN144-4	R1/2	Rc1/2	30	54	24	40	0.17
	QN144-5	R3/4	Rc3/4	32	60	28	45	0.23
	QN144-6	R1	Rc1	40	72	32	52	0.32
直角接头体（长）	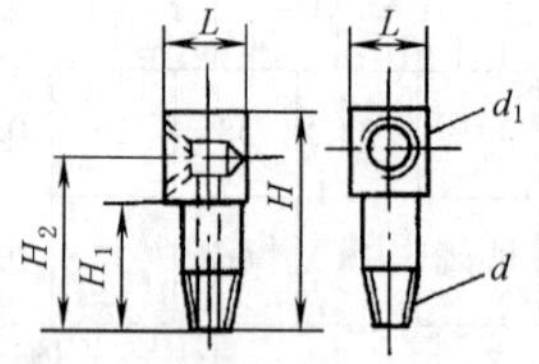 QN145-1	R1/8	Rc1/8	16	68	52	60	0.28
	QN145-2	R1/4	Rc1/4	22	83	61	72	0.30
	QN145-3	R3/8	Rc3/8	25.4	90	64.6	77.3	0.33
	QN145-4	R1/2	Rc1/2	30	98	68	83	0.38
	QN145-5	R3/4	Rc3/4	32	102	70	86	0.44

表 10-1-145　　20MPa 插入焊接式钢管管接头　　mm

名称	代号	管子外径	$D^{+0.2}_{+0.4}$	D_1	L	L_1	质量/kg
焊接三通	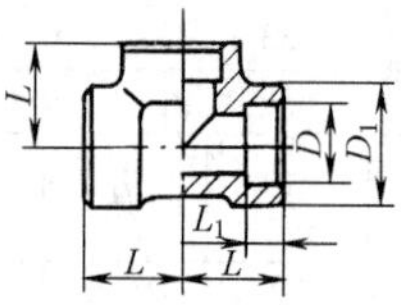 QN147-1	18	18.5	32	29	16	0.18
	QN147-2	22	22.5	36	35	21	0.27
	QN147-3	28	28.5	42	39	24	0.46
	QN147-4	34	34.5	50	45	29	0.59
	QN147-5	42	42.5	60	52	34	0.62
	QN147-6	48	48.5	66	61	41	1.35
	QN147-7	60	61	80	80	63	2.20
焊接弯头	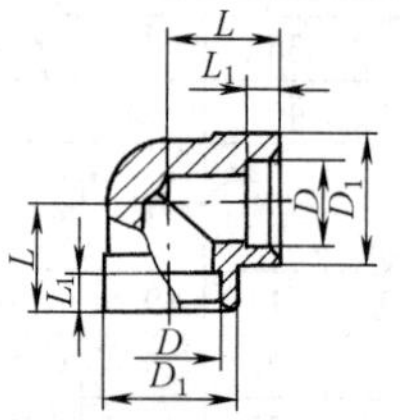 QN148-1	18	18.5	30	29	13	0.17
	QN148-2	22	22.5	36	35	16	0.27
	QN148-3	28	28.5	42	39	17	0.41
	QN148-4	34	34.5	50	45	18	0.68
	QN148-5	42	42.5	60	52	20	1.12
	QN148-6	48	48.5	66	61	23	1.26
	QN148-7	60	61	80	72	26	1.8
焊接直通	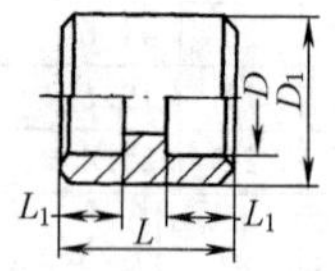 QN149-1	18	18.5	28			0.12
	QN149-2	22	22.5	33			0.19
	QN149-3	28	28.5	39			0.35
	QN149-4	34	34.5	47			0.41
	QN149-5	42	42.5	57			0.61
	QN149-6	48	48.5	63			0.72
	QN149-7	60	61	76			1.38

名称	代号	管子外径×内径	D	$D_1{}^{+0.2}_{+0.4}$	$D_2{}^{+0.2}_{+0.4}$	L	L_1	L_2	质量/kg
焊接变径直通	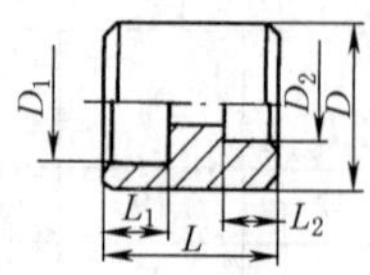 QN150-1	18×14	30	18.15	14.5	32	12	10	0.16
	QN150-2	22×18	35	22.5	18.5	36	13	12	0.20
	QN150-3	28×18	40	28.5	18.5	42	16	12	0.30
	QN150-4	28×22	40	28.5	22.5	42	16	13	0.28
	QN150-5	34×22	48	34.5	22.5	46	17	13	0.52
	QN150-6	34×28	48	34.5	28.5	46	17	16	0.48
	QN150-7	42×28	60	42.5	28.5	48	18	16	0.76
	QN150-8	42×34	60	42.5	34.5	48	18	17	0.69
	QN150-9	48×34	65	48.5	34.5	54	20	17	0.95
	QN150-10	48×42	65	48.5	42.5	54	20	18	1.17
	QN150-11	60×42	80	61	42.5	62	23	18	1.70

续表

名称	代号	管子外径×内径	$D^{+0.5}_{-0.5}$	$D_1{}^{+0.5}_{+0.4}$	L_1	L_2	L	质量/kg
焊接变径接头	QN152-1	22×18	22	18.5	11	17	34	0.07
	QN152-2	28×18	28	18.5	11	9	25	0.08
	QN152-3	34×18	34	18.5	11	9	25	0.15
	QN152-4	42×18	42	18.5	11	11	26	0.25
	QN152-5	48×18	48	18.5	12	13	29	0.41
	QN152-6	28×22	28	22.5	13	20	38	0.13
	QN152-7	34×22	34	22.5	13	9	25	0.13
	QN152-8	42×22	42	22.5	13	9	26	0.25
	QN152-9	48×22	48	22.5	14	11	29	0.31
	QN152-10	34×28	34	28.5	16	19	42	0.30
	QN152-11	42×28	42	28.5	16	12	48	0.34
	QN152-12	48×28	48	28.5	16	10	29	0.36

名称	代号	管子外径	$D^{+0.5}_{+0.4}$	D_1	D_2	L	L_1	L_2	S	D_3	C	质量/kg
活接头	QN107-1	14	14.5	22	24	38	18	10	32	36.9	21	0.152
	QN107-2	18	18.5	27	30	38	18	10	41	47.3	26	0.262
	QN107-3	22	22.5	32	35	44	20	10	50	57.7	32	0.367
	QN107-4	28	28.5	38	42	50	26	13	60	69.3	38	0.686
	QN107-5	34	34.5	47	52	50	26	13	70	80.8	46	1.02

注：GB/T 14383—2021 规定的锻制承插焊和螺纹管件见本手册第 20 篇第 12 章。

4 油雾润滑

油雾润滑是一种较先进的稀油集中润滑方式，已成功地应用于滚动轴承、滑动轴承、齿轮、蜗轮、链轮及滑动导轨等各种摩擦副。在冶金机械中有多种轧机的轴承采用油雾润滑，如带钢轧机的支承辊轴承、四辊冷轧机的工作辊和支承辊轴承，以及高速线材轧机的滚动导卫等的润滑。

油雾是指在高速空气喷射流中悬浮的油颗粒。油雾润滑系统是将由压缩空气引来的干燥压缩空气通入油雾发生器，利用文氏管或涡旋效应，借助压缩空气载体将润滑油雾化成悬浮在高速空气（约 6m/s，压力为 2.5~5kPa）喷射流中的微细油颗粒，形成干燥油雾，再利用润滑点附近的凝缩嘴，使油雾通过节流达到 0.1MPa 压力，速度提高到 40m/s 以上。形成的湿油雾直接引向各润滑点表面，形成润滑油膜，而空气则逸出大气中。油雾润滑系统的油雾颗粒尺寸一般为 1~3μm，空气管线压力为 0.3~0.5MPa，输送距离一般不超过 30m。

在 JB/T 7375—2013 中给出了术语“油雾器”的定义：“将一定数量（可控或不可控）润滑油以雾状注入工作介质的装置。”

4.1 油雾润滑工作原理、系统及装置

4.1.1 工作原理

油雾润滑装置工作原理如图 10-1-19a 所示，当电磁阀 5 通电接通后，压缩空气经分水滤气器 2 过滤，进入调压阀 3 减压，使压力达到工作压力，经减压后的压缩空气，经电磁阀 5、空气加热器 7 进入油雾发生器，如图 10-1-19b 所示。在发生器体内，沿喷嘴的进气孔进入喷嘴内腔，并经文氏管喷出高速气流，进入雾化室产生文氏效应，这时真空室内产生负压，并使润滑油经滤油器、喷油管吸入真空室，然后滴入文氏管中，油滴被气流喷碎成不均匀的油粒，再从喷雾罩的排雾孔进入储油器的上部，大的油粒在重力作用下落回到储油器下部的油中，只有小于 3μm 的微小油粒留在气体中形成油雾。油雾经油雾润滑装置出口排出，通过系统管路及凝缩嘴送至润滑点。

这种型式的油雾润滑装置配置有空气加热器，使油雾浓度大大提高，在空气压力过低，油雾压力过高的故障状态下可进行声光报警。

在油雾形成、输送、凝缩、润滑过程中，较佳参数如下：油雾颗粒的直径一般为1~3μm；空气管线压力为0.3~0.5MPa；油雾浓度（在标准状况下，每立方米油雾中的含油量）为3~12g/m^3；油雾在管路中的输送速度为5~7m/s；输送距离一般不超过30m；凝缩嘴根据摩擦副的不同，与摩擦副保持5~25mm的距离。

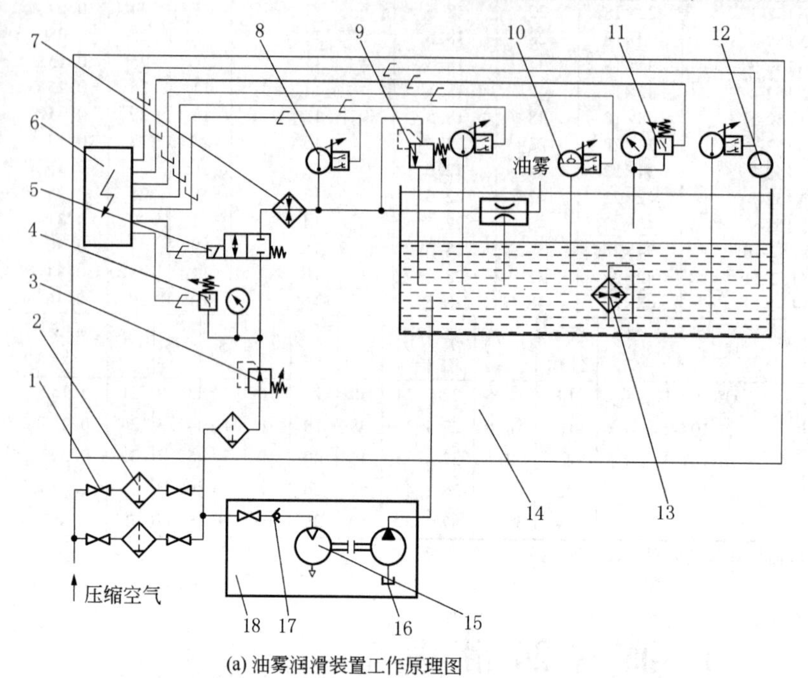

(a) 油雾润滑装置工作原理图

1—阀；2—分水滤气器；3—调压阀；4—气压控制器；5—电磁阀；6—电控箱；7—空气加热器；8—温度控制器；9—安全阀；10—油位控制器；11—雾压控制器；12—油位计；13—油加热器；14—油雾润滑装置；15—气动加油泵；16—储油器；17—单向阀；18—加油系统

油雾出口

进气口

(b) 油雾发生器的结构及原理

1—油雾发生器体；2—真空室；3—喷嘴；4—文氏管；5—雾化室；6—喷雾罩；7—喷油管；8—滤油器；9—储油器

图 10-1-19　油雾润滑装置工作原理图

4.1.2　油雾润滑系统和装置

油雾润滑系统由三部分组成，即油雾润滑装置、系统管道、凝缩嘴，如图10-1-20所示。

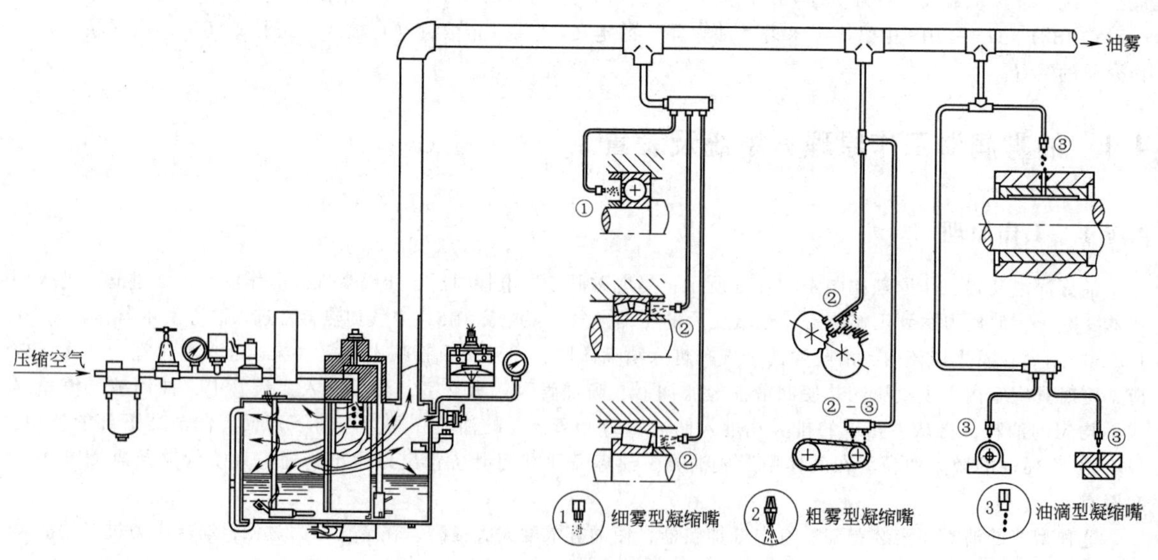

图 10-1-20　油雾润滑系统图

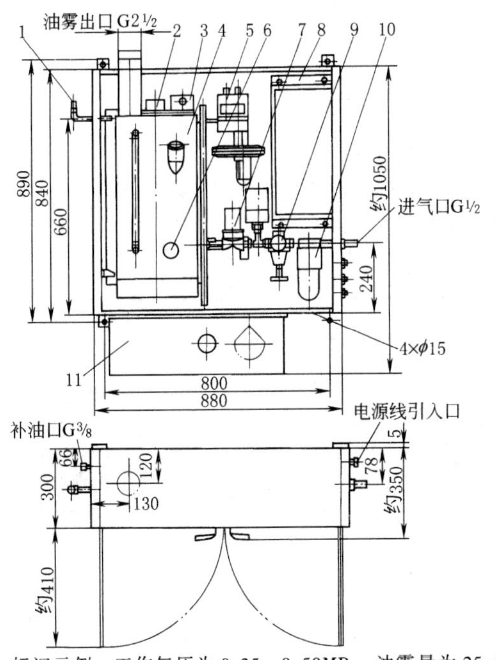

标记示例：工作气压为0.25～0.50MPa，油雾量为25m³/h的油雾润滑装置，标记为

WHZ4-25　油雾润滑装置　JB/ZQ 4710—2006

(a) WHZ4系列油雾润滑装置(摘自JB/ZQ 4710—2006)

1—安全阀；2—液位信号器；3—发生器；4—油箱；5—压力控制器；6—双金属温度计；7—电磁阀；8—电控箱；9—调压阀；10—分水滤气器；11—空气加热器

压缩空气　油雾　1　2　3

(b)三件组合式油雾润滑装置

1—分水滤气器；2—调压阀；3—油雾发生器

图 10-1-21　油雾润滑装置

油雾润滑装置有两种类型：一种是气动系统，用三件组合式润滑装置，如图10-1-21b所示，其性能尺寸见本手册气动篇，它是最简单的油雾装置，主要用于单台设备或小型机组；另一种是封闭式的油雾润滑装置，其性能及外形尺寸见表10-1-146。

表 10-1-146　　封闭式油雾润滑装置性能及外形尺寸

型　　号	公称压力/MPa	工作气压/MPa	油雾量/$m^3 \cdot h^{-1}$	耗气量/$m^3 \cdot h^{-1}$	油雾浓度/$g \cdot m^{-3}$	最高油温/℃	最高气温/℃	油箱容积/L	质量/kg	说　　明
WHZ4-C6	0.16	0.25～0.5	6	6	3～12	80	80	17	120	①油雾量是在工作气压0.3MPa,油温、气温均为20℃时测得的 ②油雾浓度是在工作气压0.3MPa,油温、气温均在20～80℃之间变化时测得的 ③电气参数:50Hz、220V、2.5kW ④适用于黏度22～1000mm²/s的润滑油 ⑤过滤精度不低于20μm ⑥本装置在空气压力过低、油雾压力过高的故障状态时可进行声光报警
WHZ4-C10			10	10						
WHZ4-C16			16	16						
WHZ4-C25			25	25						
WHZ4-C40			40	40						
WHZ4-C63			63	63						

4.2 油雾润滑系统的设计和计算

4.2.1 各摩擦副所需的油雾量

计算各摩擦副所需的油雾量，采用含有“润滑单位（LU）”的实验公式进行计算，其计算公式见表10-1-147。把所有零件的“润滑单位（LU）”相加，可得系统总润滑单位载荷量（LUL）。

表10-1-147　典型零件的润滑单位（LU）

零件名称	计算公式	零件名称	计算公式	说明
滚动轴承	$4dKi\times10^{-2}$	齿轮-齿条	$12d_1'b\times10^{-4}$	(1)如齿轮反向转动，按表中公式计算后加倍 (2)如齿轮副的齿数比大于2，则取 $d_2'=2d_1'$ (3)如链传动 $n<3\text{r/s}$，则取 $n=3\text{r/s}$
滚珠丝杠	$4d'[(i-1)+10]\times10^{-3}$	凸轮	$2Db\times10^{-4}$	
径向滑动轴承	$2dbK\times10^{-4}$	滑板-导轨	$8lb\times10^{-5}$	
齿轮系	$4b(d_1'+d_2'+\cdots+d_n')\times10^{-4}$	滚子链	$d'pin^{1.5}\times10^{-5}$	
齿轮副	$4b(d_1'+d_2')\times10^{-4}$	齿形链	$5d'bn^{1.5}\times10^{-5}$	
蜗轮蜗杆副	$4(d_1'b_1+d_2'b_2)\times10^{-4}$	输送链	$5b(25L+d')\times10^{-4}$	
式中符号意义	i——滚珠、滚子排数或链条排数；d——轴径，mm；D——凸轮最大直径，mm；n——转速，r/s；d'——齿轮、链轮、滚珠丝杠的节圆直径，mm；b——径向滑动轴承、齿轮、蜗轮、凸轮、链条的支承宽度，mm；l——滑板支承宽度，mm；L——链条长度，mm；p——链条节距，mm；K——载荷系数，由轴承类型及预加负荷程度而定，参看表10-1-148（F——轴承载荷，N）			

表10-1-148　载荷系数 K

项目		轴承类型						
		球轴承	螺旋滚子轴承	滚针轴承	短圆柱滚子轴承	调心滚子轴承	圆锥滚子轴承	径向滑动轴承
未加预加负荷		1	3	1	1	2	1	
已加预加负荷		2	3	3	3	2	3	
$\frac{F}{bd}$ /MPa	<0.7							1
	0.7~<1.5							2
	1.5~<3.0							4
	3.0~<3.5							8

4.2.2 凝缩嘴尺寸的选择

可根据每个零件计算出的定额润滑单位，参照图10-1-22选择标准的喷嘴装置或相当的喷嘴钻孔尺寸，其中标准凝缩嘴的润滑单位定额LU有1、2、4、8、14、20共6种。当润滑单位定额处在两标准钻头尺寸（钻头尺寸）之间时，选用较大的尺寸，当润滑单位定额超过20时，可采用多孔喷嘴。单个凝缩嘴能润滑的最大零件尺寸参看表10-1-149。当零件尺寸超出表10-1-149的极限尺寸时，可用多个较低润滑单位定额的凝缩嘴，凝缩嘴间保持适当的距离。

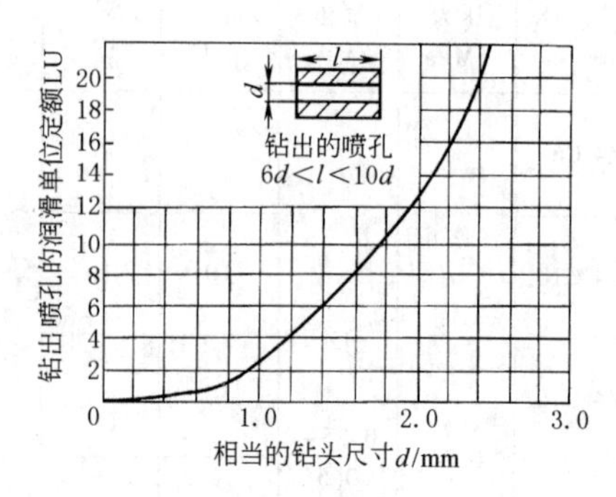

图10-1-22　喷孔润滑单位定额

表10-1-149　单个凝缩嘴能润滑的极限尺寸

项目	零件名称			
	支承面宽度	轴承	链	其他零件
极限尺寸/mm	$l=150$	$B=150$	$b=12$	$b=50$

凝缩嘴的结构及用途见表10-1-150。

表 10-1-150 凝缩嘴的结构及用途

名称	图示	结构	用途
油雾型		具有较短的发射孔，使空气通过时产生最少涡流，因而能保持均匀的雾状	适用于要求散热好的高速齿轮、链条、滚动轴承等的润滑
喷淋型		具有较长的小孔，能使空气有较小的涡流	适用于中速零件的润滑
凝结型		应用挡板在油气流中增加涡流，使油雾互相冲撞，凝聚成为较大的油粒，更多地滴落和附着在摩擦表面	适用于低速的滑动轴承和导轨

4.2.3 管道尺寸的选择

在确定了凝缩嘴尺寸后，即可将每段管道上实际凝缩嘴的定额润滑单位之和作为配管载荷，按表 10-1-151 选用相应尺寸的管子。

如油雾润滑装置的工作压力和需用风量已知，可由表 10-1-152 查得相应的管子规格。

表 10-1-151 管子尺寸 mm

管径	凝缩嘴载荷量(以润滑单位计)										
	10	15	30	50	75	100	200	300	500	650	1000
铜管(外径)	6	8	10	12	16	20	25	30	40	50	62
钢管(内径)	—	6	8	10	—	15	20	25	32	40	50

注：铜管按 GB/T 1527—2017、GB/T 1528—1997（已作废，仅供参考），钢管按 GB/T 3091—2008。

表 10-1-152 通过管子的允许最大流率 $m^3 \cdot s^{-1}$

压力/MPa	公称管径/in								
	⅛	¼	⅜	½	¾	1	1¼	1½	2
0.03	0.02	0.045	0.10	0.147	0.28	0.37	0.80	0.88	1.73
0.07	0.031	0.07	0.16	0.22	0.45	0.60	1.25	1.42	2.5
0.14	0.054	0.125	0.22	0.36	0.77	0.96	2.1	2.4	4.7
0.27	0.10	0.224	0.50	0.68	1.4	1.75	3.7	4.2	8.5
0.4	0.14	0.33	0.75	0.97	2.0	2.63	5.5	6.4	12.2
0.5	0.19	0.43	0.96	1.28	2.6	3.4	7.2	8.2	16.0
0.65	0.23	0.54	1.2	1.52	3.2	4.25	9.1	10.3	20.0
1.0	0.36	0.80	1.75	2.26	4.8	6.2	13.4	15	30.0
1.3	0.47	1.05	2.38	3.1	6.4	8.4	17.6	20	35.5
1.7	0.60	1.21	3.0	3.75	8.0	10.5	22.7	25	48.0

注：本表的数据系基于下列数据。

每 10m 长管子的压力降(Δp)	应用管径/in	每 10m 长管子的压力降(Δp)	应用管径/in
所加压力的 6.6%	⅛,¼,⅜	所加压力的 1.7%	1,1¼
所加压力的 3.3%	½,¾	所加压力的 1%	1½,2

4.2.4 空气和油的消耗量

(1) 空气消耗量 q_r

是油雾润滑系统总载荷量 NL 的函数。可按下式计算

$$q_r = 15NL \times 10^{-6} \quad (m^3/s)$$（体积是在一个大气压❶下自由空气的体积）

❶ 一个大气压(标准)等于 101325Pa。

(2) 总耗油量 Q_r

将各润滑点选定的凝缩嘴的润滑单位 LU 量相加，即可得到系统的总的润滑单位载荷量 LUL，然后根据此总载荷量算出总耗油量。

$$Q_r = 0.25\text{LUL} \quad (\text{cm}^3/\text{h})$$

根据总耗油量 Q_r，选用相应的油雾润滑装置，使其油雾发生能力等于或大于系统总耗油量 Q_r。

4.2.5 发生器的选择

将所有凝缩嘴装置和喷孔的定额润滑单位加起来，得到总的凝缩嘴载荷量（NL），然后根据此载荷量，选择适合于润滑单位定额的发生器，且一定要使发生器的最小定额小于凝缩嘴的载荷量。

4.2.6 润滑油的选择

油雾润滑用的润滑油，一般选用掺加部分防泡剂（每吨油要加入 5~10g 的二甲基硅油作为防泡剂，硅油加入前应用 9 倍的煤油稀释）和防腐剂（二硫化磷锌盐、硫酸烯烃钙盐、烷基酚锌盐、硫磷化脂肪醇锌盐等，一般摩擦副用 0.25%~1% 防腐剂，齿轮用 3%~5%）的精制矿物油。

表 10-1-153　油雾润滑用油黏度选用

润滑油黏度(40℃)/$\text{mm}^2 \cdot \text{s}^{-1}$	润滑部位类别
20~100	高速轻负荷滚动轴承
100~200	中等负荷滚动轴承
150~330	较高负荷滚动轴承
330~520	高负荷的大型滚动轴承、冷轧机轧辊辊颈轴承
440~520	热轧机轧辊辊颈轴承
440~650	低速重载滚子轴承、联轴器、滑板等
650~1300	连续运转的低速高负荷大齿轮及蜗轮传动

润滑油的黏度按表 10-1-153 选取。图 10-1-23 为润滑油工作温度和润滑油黏度的关系。当黏度值在曲线 A 以上、B 以下时，需将油加热；在 B 以上时，油及空气均需加热；在 A 以下时，空气和油均不加热。

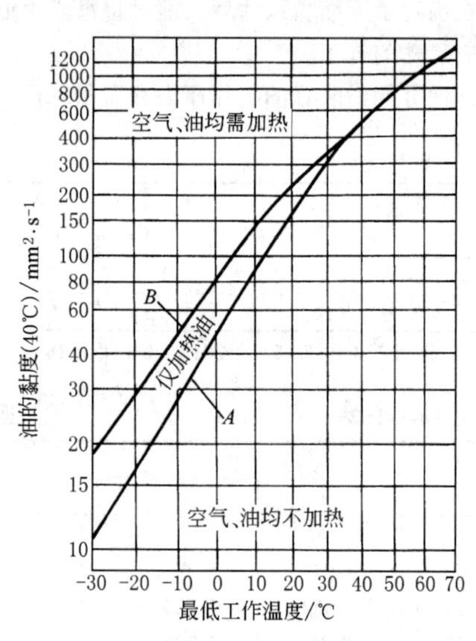

图 10-1-23　润滑油工作温度和黏度的关系

4.2.7 凝缩嘴的布置方法

表 10-1-154　凝缩嘴的布置方法

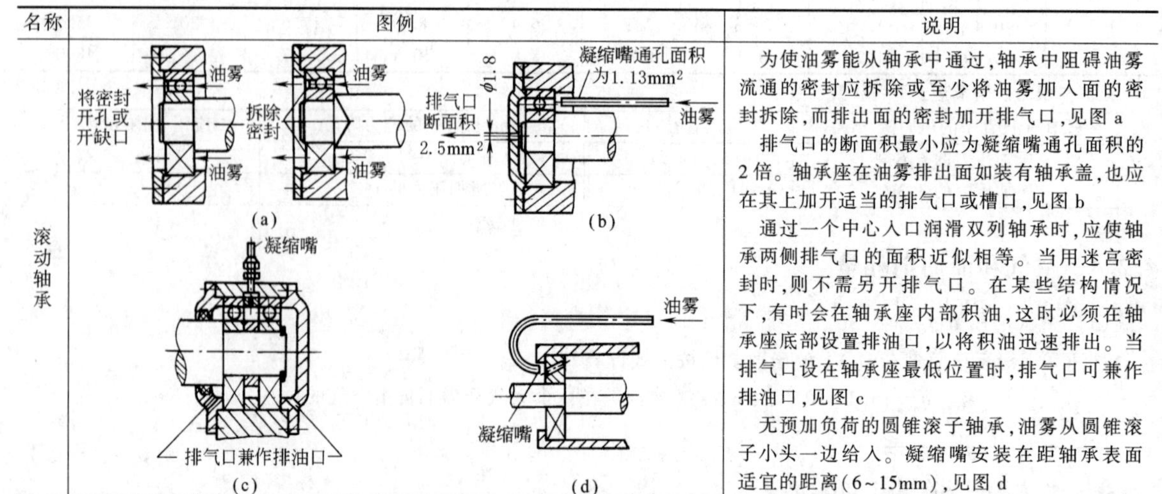

名称	图例	说明
滚动轴承	(a) (b) (c) (d)	为使油雾能从轴承中通过，轴承中阻碍油雾流通的密封应拆除或至少将油雾加入面的密封拆除，而排出面的密封加开排气口，见图 a 排气口的断面积最小应为凝缩嘴通孔面积的 2 倍。轴承座在油雾排出面如装有轴承盖，也应在其上加开适当的排气口或槽口，见图 b 通过一个中心入口润滑双列轴承时，应使轴承两侧排气口的面积近似相等。当用迷宫密封时，则不需另开排气口。在某些结构情况下，有时会在轴承座内部积油，这时必须在轴承座底部设置排油口，以将积油迅速排出。当排气口设在轴承座最低位置时，排气口可兼作排油口，见图 c 无预加负荷的圆锥滚子轴承，油雾从圆锥滚子小头一边给入。凝缩嘴安装在距轴承表面适宜的距离(6~15mm)，见图 d

续表

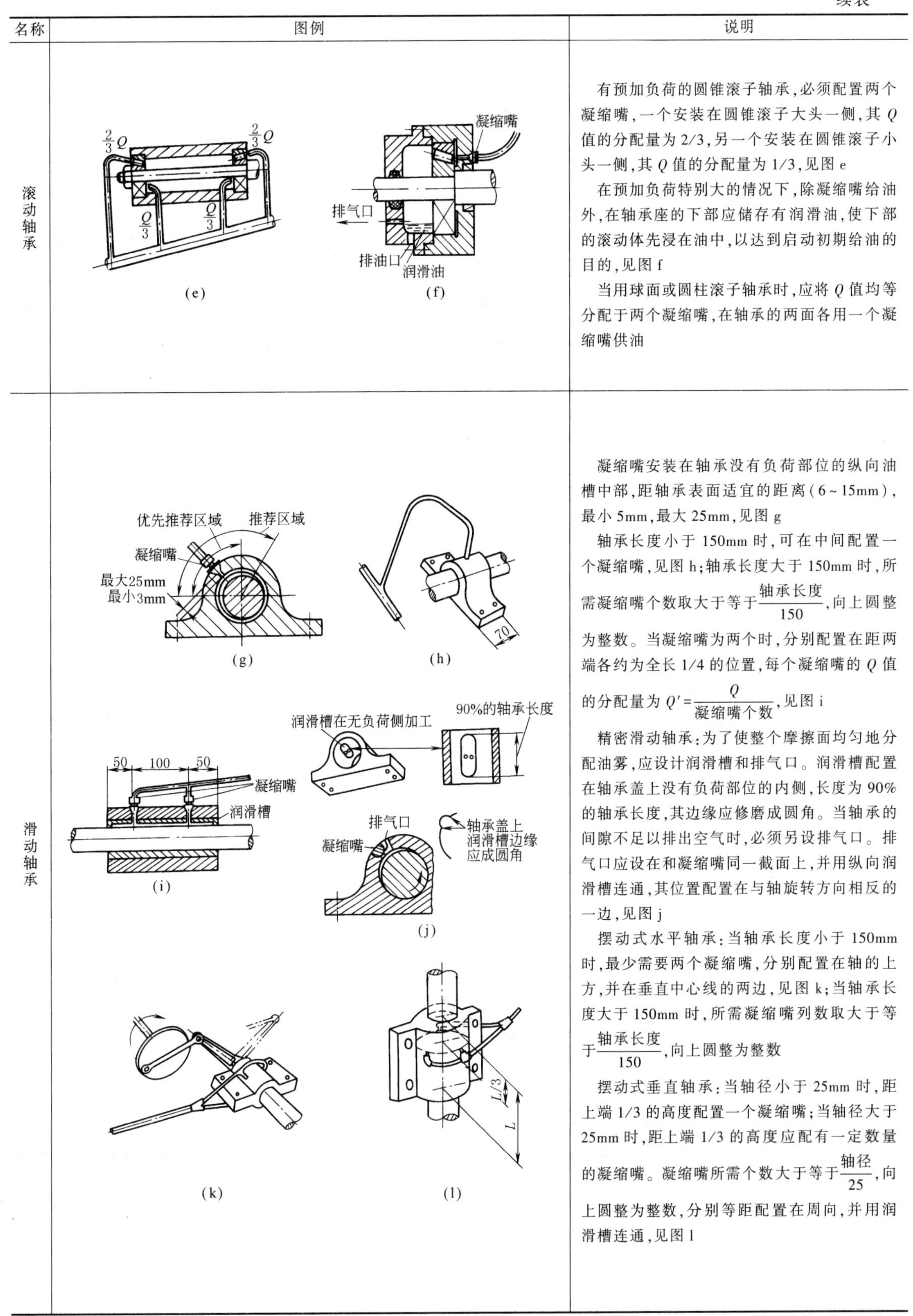

名称	图例	说明
滚动轴承	(e) (f)	有预加负荷的圆锥滚子轴承，必须配置两个凝缩嘴，一个安装在圆锥滚子大头一侧，其 Q 值的分配量为 2/3，另一个安装在圆锥滚子小头一侧，其 Q 值的分配量为 1/3，见图 e 在预加负荷特别大的情况下，除凝缩嘴给油外，在轴承座的下部应储存有润滑油，使下部的滚动体先浸在油中，以达到启动初期给油的目的，见图 f 当用球面或圆柱滚子轴承时，应将 Q 值均等分配于两个凝缩嘴，在轴承的两面各用一个凝缩嘴供油
滑动轴承	(g) (h) (i) (j) (k) (l)	凝缩嘴安装在轴承没有负荷部位的纵向油槽中部，距轴承表面适宜的距离（6~15mm），最小 5mm，最大 25mm，见图 g 轴承长度小于 150mm 时，可在中间配置一个凝缩嘴，见图 h；轴承长度大于 150mm 时，所需凝缩嘴个数取大于等于$\frac{轴承长度}{150}$，向上圆整为整数。当凝缩嘴为两个时，分别配置在距两端各约为全长 1/4 的位置，每个凝缩嘴的 Q 值的分配量为 $Q'=\frac{Q}{凝缩嘴个数}$，见图 i 精密滑动轴承：为了使整个摩擦面均匀地分配油雾，应设计润滑槽和排气口。润滑槽配置在轴承盖上没有负荷部位的内侧，长度为 90% 的轴承长度，其边缘应修磨成圆角。当轴承的间隙不足以排出空气时，必须另设排气口。排气口应设在和凝缩嘴同一截面上，并用纵向润滑槽连通，其位置配置在与轴旋转方向相反的一边，见图 j 摆动式水平轴承：当轴承长度小于 150mm 时，最少需要两个凝缩嘴，分别配置在轴的上方，并在垂直中心线的两边，见图 k；当轴承长度大于 150mm 时，所需凝缩嘴列数取大于等于$\frac{轴承长度}{150}$，向上圆整为整数 摆动式垂直轴承：当轴径小于 25mm 时，距上端 1/3 的高度配置一个凝缩嘴；当轴径大于 25mm 时，距上端 1/3 的高度应配有一定数量的凝缩嘴。凝缩嘴所需个数大于等于$\frac{轴径}{25}$，向上圆整为整数，分别等距配置在周向，并用润滑槽连通，见图 l

续表

名称	图例	说明
滑动导轨	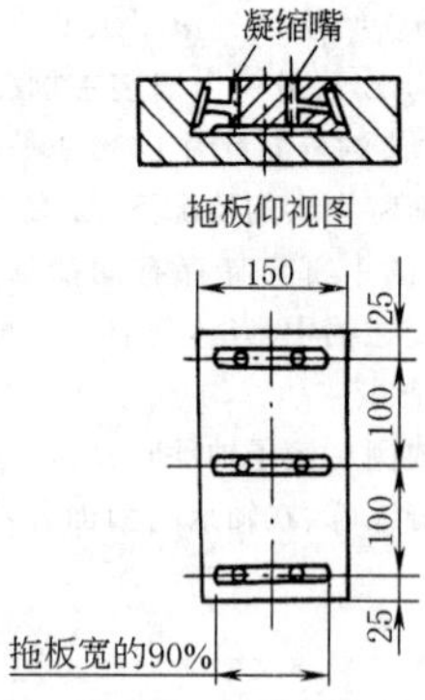 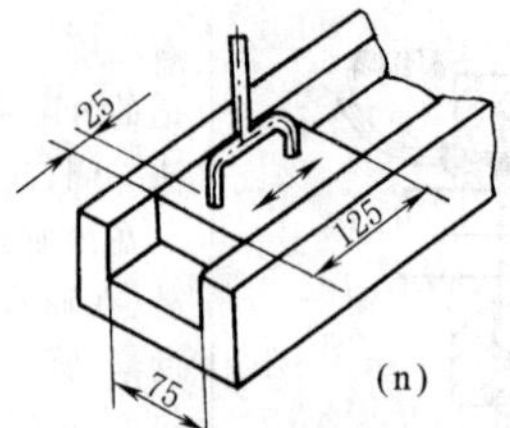 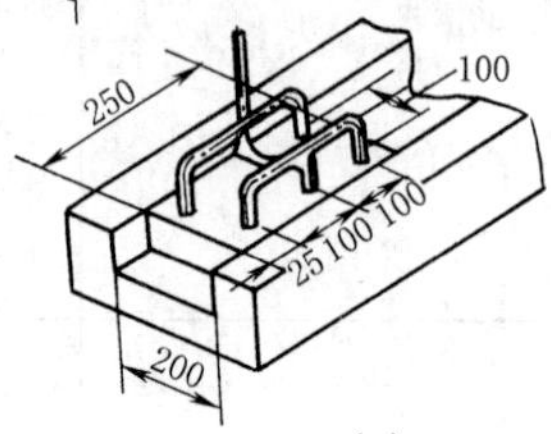 凝缩嘴 拖板仰视图 150 25 100 100 25 拖板宽的90% (m) 25 125 75 (n) 250 100 25 100 100 200 (o)	凝缩嘴安装在拖板上，且与运动呈垂直方向的润滑槽中。润滑槽的设计与滑动轴承相同。见图 m 拖板长度小于 100mm 时，只需配置一个凝缩嘴 拖板行程大于拖板长度时，应于拖板两端距边缘约 25mm 处各配置一个凝缩嘴；拖板行程小于拖板长度时，约每 100mm 配置一个凝缩嘴，端部的凝缩嘴配置在距首末两端各约 25mm 的位置，见图 n 拖板宽度小于 150mm 时，配置一列凝缩嘴；拖板宽度大于 150mm 时，所需凝缩嘴列数取大于等于$\frac{拖板宽度}{150}$，向上圆整为整数。当凝缩嘴为两列时，分别配置在距两端各约为全宽 1/4 的位置，见图 o 垂直方向的拖板，考虑到油向下流，在靠近拖板上部的位置安装凝缩嘴
凸轮		凸轮宽约每 50mm 配置一个凝缩嘴，从凸轮表面到凝缩嘴之间的适宜距离为 6～15mm，最小 3mm，最大 25mm
齿轮传动	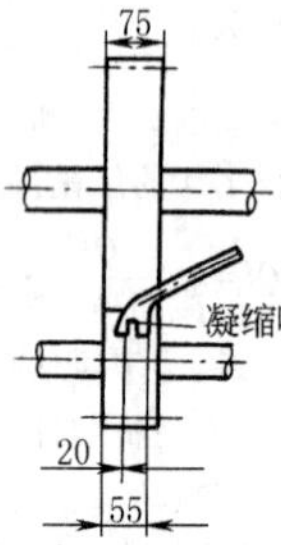 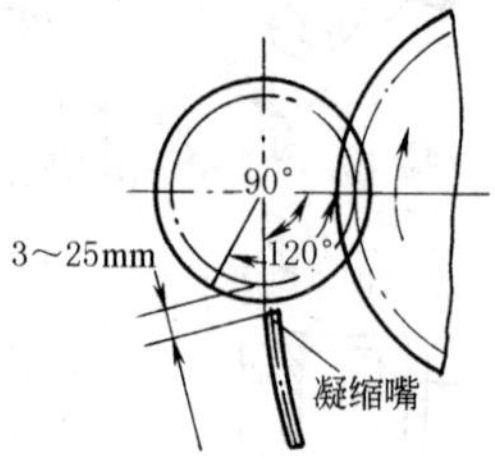 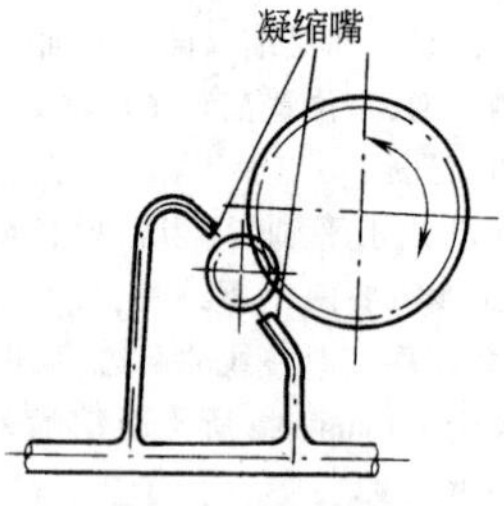 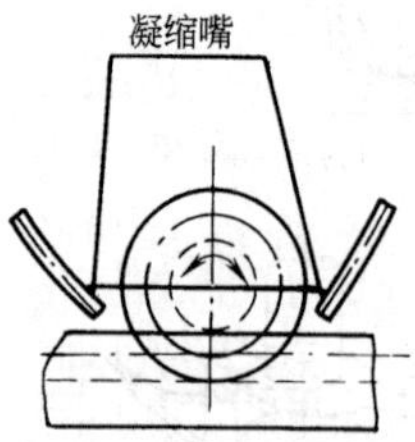 75 凝缩嘴 20 55 (p) 90° 120° 3～25mm 凝缩嘴 (q) 凝缩嘴 (r) 凝缩嘴 (s)	齿轮的齿宽小于 50mm 时，配置 1 个凝缩嘴；齿宽大于 50mm 时，所需凝缩嘴个数取大于等于$\frac{齿宽}{50}$，向上圆整为整数。当凝缩嘴为 2 个时，分别配置在距两端各约为全宽 1/4 的位置，每个凝缩嘴 Q 值的分配量为 $Q'=\frac{Q}{凝缩嘴个数}$，见图 p 对于所有齿轮传动，凝缩嘴安装的最佳位置是在啮合点前的 90°～120° 的方位，且应朝向主动齿轮的负荷侧，距齿面的适宜距离为 6～15mm，最小 3mm，最大 25mm，见图 q 齿轮、齿条与齿轮为可逆传动时，啮合点的两侧都应配置凝缩嘴，见图 r、图 s
蜗轮蜗杆传动	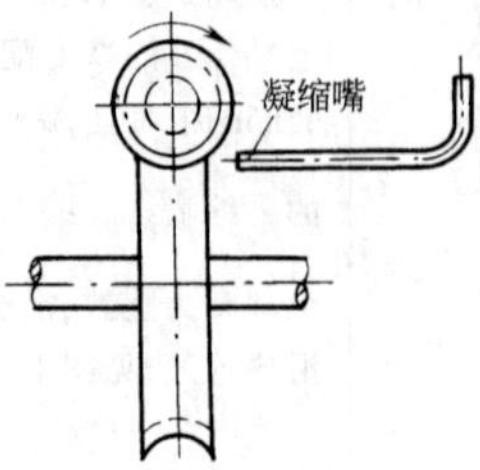 凝缩嘴 (t)	凝缩嘴安装的位置，应朝蜗轮蜗杆啮合进入方向的负荷侧，见图 t 蜗杆蜗轮为可逆传动时，啮合面的一侧都应配置凝缩嘴

续表

名称	图例	说明
链传动	凝缩嘴 主动轮 6～15mm (u)	单排滚子链，配置两个凝缩嘴，每个凝缩嘴对着链条两侧链板，其 Q 值的分配量为计算并经圆整后 Q 值的 1/2 两排或多排滚子链、中间板应比两侧板得到多 1 倍以上的润滑量，凝缩嘴应对着每侧链板安装，其 Q 值分配量如下：两侧链板，$Q'=\frac{Q}{2\times 排数}$；中间链板，$Q'=\frac{Q}{排数}$ 无论是哪种链传动，凝缩嘴喷油的方向，都应朝向链条运动的反方向，其安装位置是在刚刚离开主动轮的链条内侧。凝缩嘴距离链条的适宜高度为 6～15mm，最小 5mm，最大 25mm，见图 u

选用油雾润滑装置时应注意以下问题（摘自参考文献［11］）：

① 在排出的压缩空气中，含有少量的悬浮油粒，污染环境，对操作人员健康不利，所以需要增设抽风排雾装置。

② 不宜用在电动机轴承上。因为油雾侵入电动机绕组将会降低绝缘性能，缩短电动机使用寿命。

③ 油雾的输送距离不宜太长，一般在 30m 以内，最长不得超过 80m。

④ 必须具备一套压缩空气系统。

5 油气润滑

5.1 油气润滑工作原理、系统及装置

油气润滑是一种新型的气液两相流体冷却润滑技术，适用于高温、重载、高速、极低速以及有冷却水、污物和腐蚀性气体浸入润滑点的工况条件恶劣的场合。例如各类黑色和有色金属冷热轧机的工作辊、支承辊轴承，平整机、带钢轧机、连铸机、冷床、高速线材轧机和棒材轧机的滚动导卫和活套、轧辊轴承和托架、链条、行车轨道、机车轮缘、大型开式齿轮（磨煤机、球磨机和回转窑等）、铝板轧机拉伸弯曲矫直机工作辊的工艺润滑等。

油气润滑与油雾润滑都是属于气液两相流体冷却润滑技术，但在油气润滑中，油未被雾化，润滑油以与压缩空气分离的极其精细油滴连续喷射到润滑点，用油量比油雾润滑大大减少，而且润滑油不像油雾润滑那样挥发成油雾而对环境造成污染，对于高黏度的润滑油也不需加热，输送距离可达 100m 以上，一套油气润滑系统可以向多达 1600 个润滑点连续准确地供给润滑油。图 10-1-24 为一种油气润滑装置的原理图。此外，新型油气润滑装置配备有机外程序控制装置（PLC，可编程逻辑控制器），控制系统的最低空气压力、主油管的压力建立、储油器里的油位与间隔时间等。

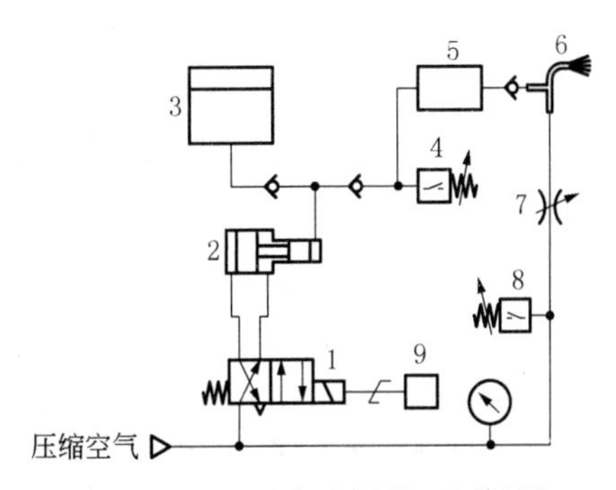

图 10-1-24　油气润滑装置原理图

1—电磁阀；2—泵；3—油箱；
4,8—压力继电器；5—定量柱塞式分配器；
6—喷嘴；7—节流阀；9—时间继电器

图 10-1-25 所示为四重式轧机轴承（均为四列圆锥滚子轴承）的油气润滑系统图。其中的关键部件，如油气润滑装置（包括油气分配器）和油气混合器等均已形成专业标准，如上面所介绍。

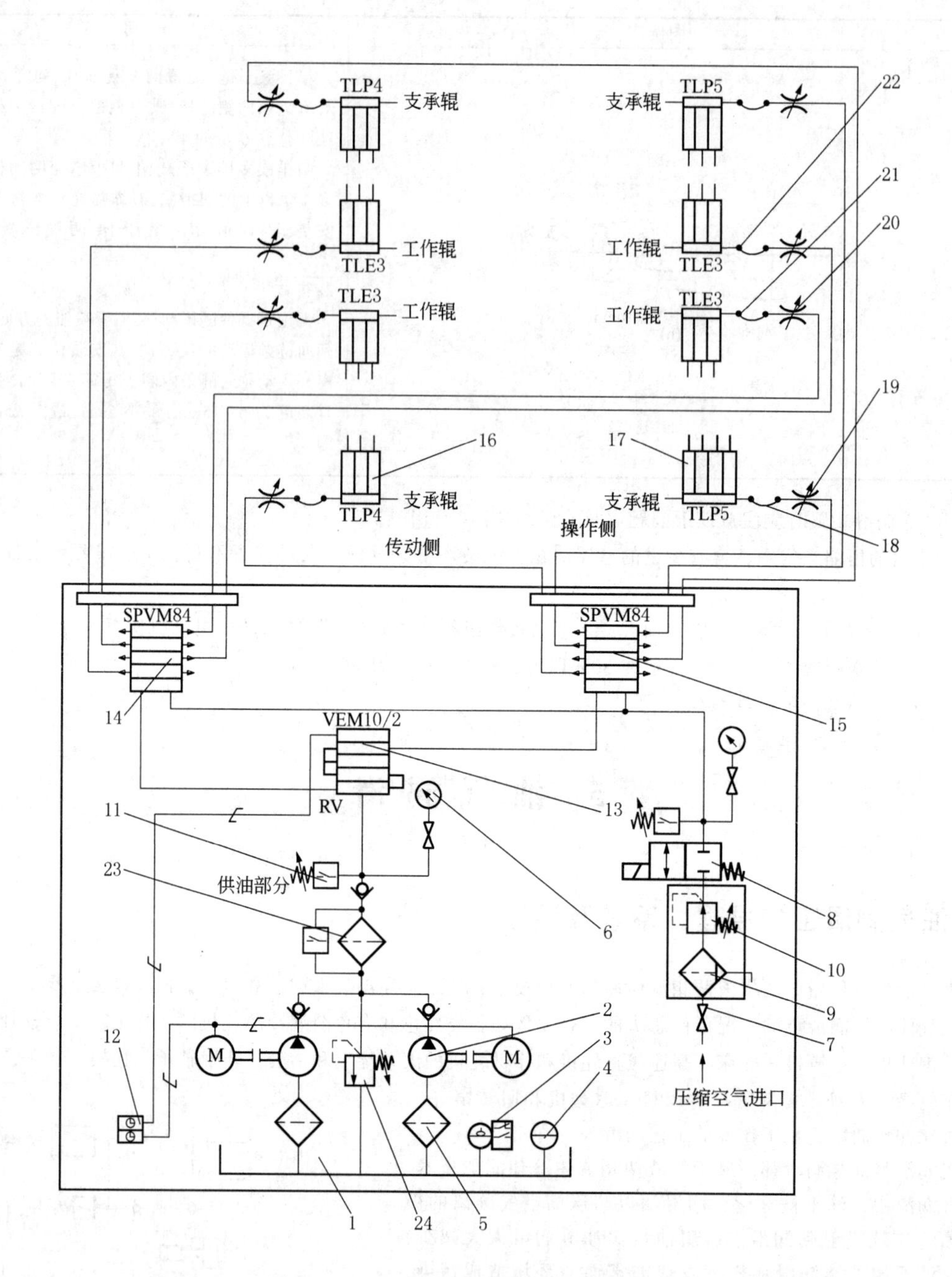

图 10-1-25　四重式轧机轴承油气润滑系统

1—油箱；2—油泵；3—油位控制器；4—油位计；5—过滤器；6—压力计；7—气动管路阀；8—电磁阀；9—过滤器；10—减压阀；11—压力控制器；12—电子监控装置；13—递进式给油器；14,15—油气混合器；16,17—油气分配器；18—软管；19,20—节流阀；21,22—软管接头；23—精过滤器；24—溢流阀

5.1.1　油气润滑装置（摘自 JB/ZQ 4711—2006）

油气润滑装置（JB/ZQ 4711—2006）分为气动式和电动式两种类型，如表 10-1-155 所示。润滑装置主要由气站、PLC 控制装置、JPQ2 或 JPQ3 主分配器、喷嘴及系统管路组成。

表 10-1-155　油气润滑装置的类型和基本参数（摘自 JB/ZQ 4711—2006）

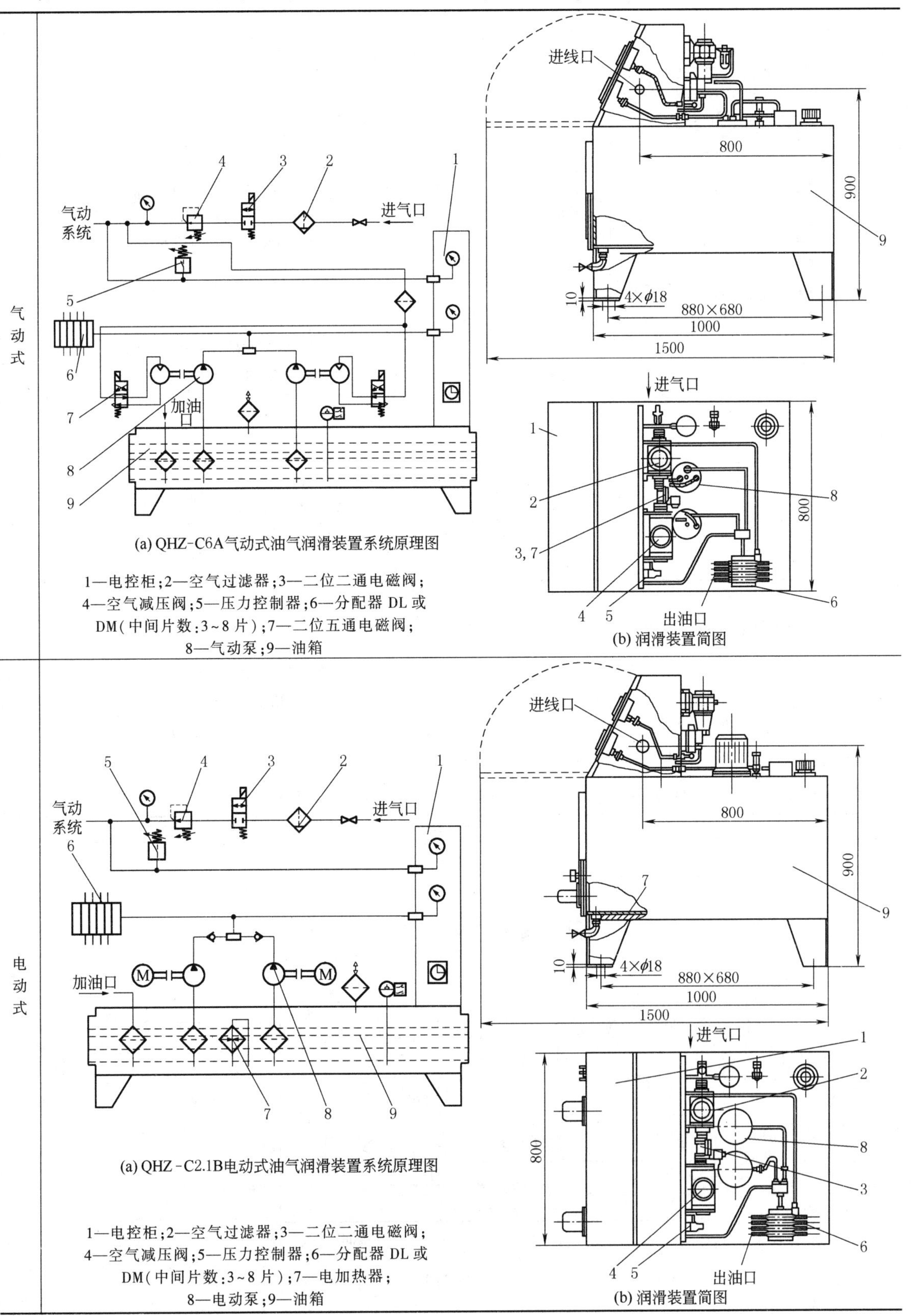

气动式：

(a) QHZ-C6A气动式油气润滑装置系统原理图

1—电控柜；2—空气过滤器；3—二位二通电磁阀；4—空气减压阀；5—压力控制器；6—分配器 DL 或 DM（中间片数：3～8片）；7—二位五通电磁阀；8—气动泵；9—油箱

(b) 润滑装置简图

电动式：

(a) QHZ-C2.1B电动式油气润滑装置系统原理图

1—电控柜；2—空气过滤器；3—二位二通电磁阀；4—空气减压阀；5—压力控制器；6—分配器 DL 或 DM（中间片数：3～8片）；7—电加热器；8—电动泵；9—油箱

(b) 润滑装置简图

续表

电控柜

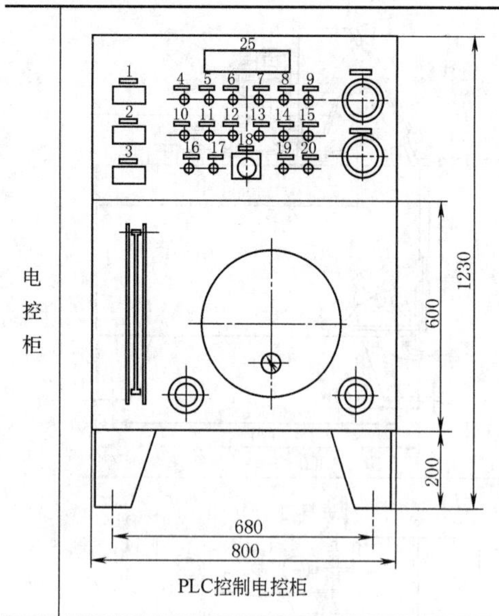

PLC控制电控柜

(1) 标记方法：

QHZ - × ×× × JB/ZQ 4711—2006

类型：A—气动式；B—电动式

主参数：供油量，气动式，mL/行程；电动式，L/min

压力级：空气压力C级，0.3～0.5MPa

产品名称：油气润滑系统

(2) 标记示例：

空气压力0.3～0.5MPa，供油量6mL/行程的气动式油气润滑装置，标记为

QHZ-C6A 油气润滑装置 JB/ZQ 4711—2006

基本参数	型号	公称压力/MPa	空气压力/MPa	油箱容积/L	压比（空压：油压）	供油量	电加热器
	QHZ-C6A	10(J)	0.3～0.5	450	1：25	6mL/行程	—
	QHZ-C2.1B		0.3～0.5	450	—	2.1L/min	2×3kW

5.1.2 油气润滑装置（摘自JB/ZQ 4738—2006）

油气润滑装置也分为气动式和电动式两种类型，其型式尺寸及基本参数见表10-1-156。气动式（MS1型）主要由油箱，润滑油的供给、计量和分配部分，压缩空气处理部分，油气混合和油气输出部分以及PLC电气控制装置等部分组成。电动式（MS2型）主要由油箱，润滑油的供给、控制和输出部分以及PLC电气控制装置等部分组成。MS1型用于200个润滑点以下的场合。

表10-1-156　油气润滑装置的类型和基本参数（摘自JB/ZQ 4738—2006）

类型	原理图及装置简图
气动式	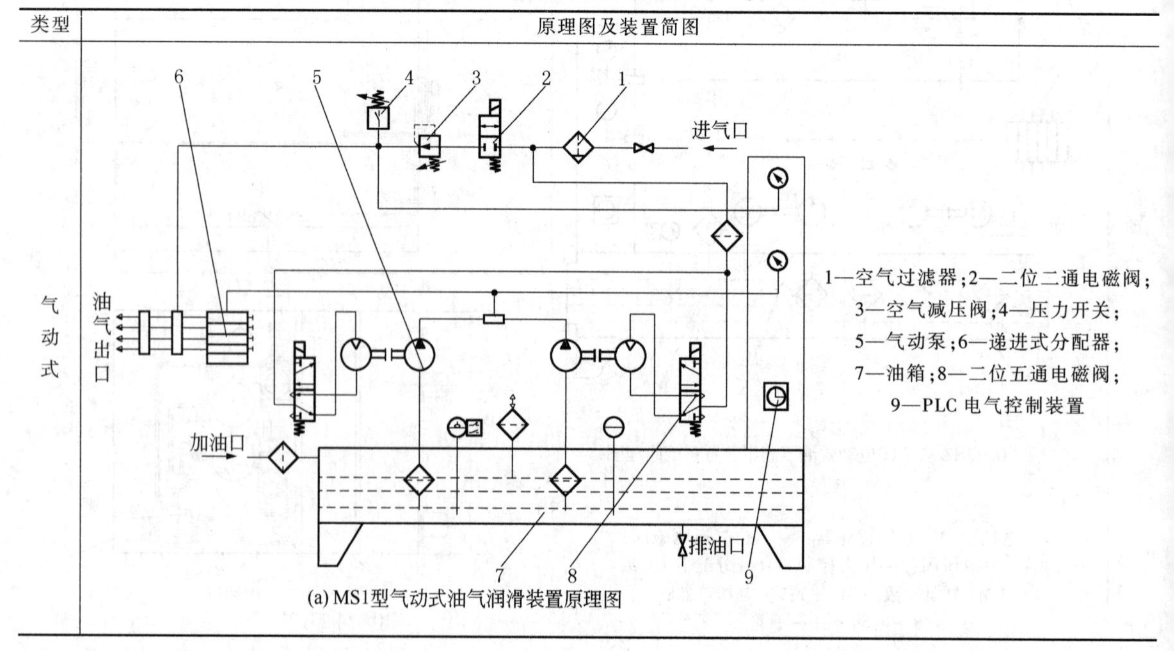

(a) MS1型气动式油气润滑装置原理图

续表

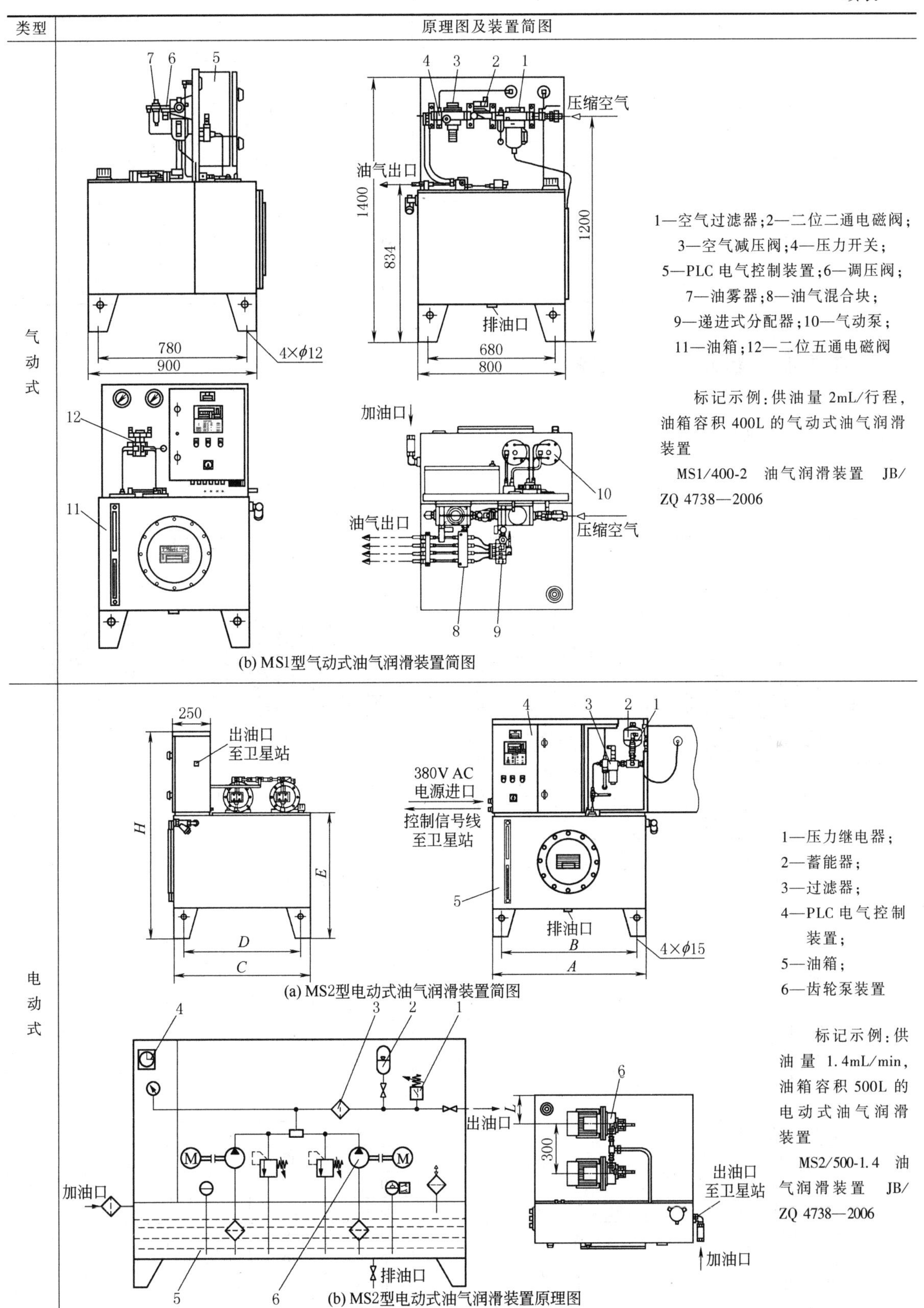

(b) MS1型气动式油气润滑装置简图

1—空气过滤器；2—二位二通电磁阀；3—空气减压阀；4—压力开关；5—PLC电气控制装置；6—调压阀；7—油雾器；8—油气混合块；9—递进式分配器；10—气动泵；11—油箱；12—二位五通电磁阀

标记示例：供油量2mL/行程，油箱容积400L的气动式油气润滑装置

MS1/400-2 油气润滑装置 JB/ZQ 4738—2006

(a) MS2型电动式油气润滑装置简图

(b) MS2型电动式油气润滑装置原理图

1—压力继电器；2—蓄能器；3—过滤器；4—PLC电气控制装置；5—油箱；6—齿轮泵装置

标记示例：供油量1.4mL/min，油箱容积500L的电动式油气润滑装置

MS2/500-1.4 油气润滑装置 JB/ZQ 4738—2006

续表

	型号	最大工作压力/MPa	油箱容积/L	供油量/L·min^{-1}	标记方法						
基本参数	MS2/500-1.4	10	500	1.4	×/×-× JB/ZQ 4738—2006 供油量 油箱容积：L 油气润滑装置 MS1：用于200个润滑点以下的场合 MS2：用于200个润滑点以上的场合						
	MS2/800-1.4		800								
	MS2/1000-1.4		1000								
	MS1/400-2	10 （空气压力为0.4MPa时，空气压力范围为0.4~0.6MPa）	400	2	*A*	*B*	*C*	*D*	*E*	*H*	*L*
	MS1/400-3			3							
	MS1/400-4			4	1000	880	900	780	807	1412	170
	MS1/400-5			5	1100	980	1100	980	907	1512	270
	MS1/400-6			6	1200	1080	1200	1080	1007	1680	320

5.2 油气混合器及油气分配器

5.2.1 QHQ 型油气混合器（摘自 JB/ZQ 4707—2006）

QHQ 型油气混合器主要由递进分配器和混合器组成，其分配器工作原理见表 10-1-157。

表 10-1-157　　油气混合器的基本参数和分配器工作原理图

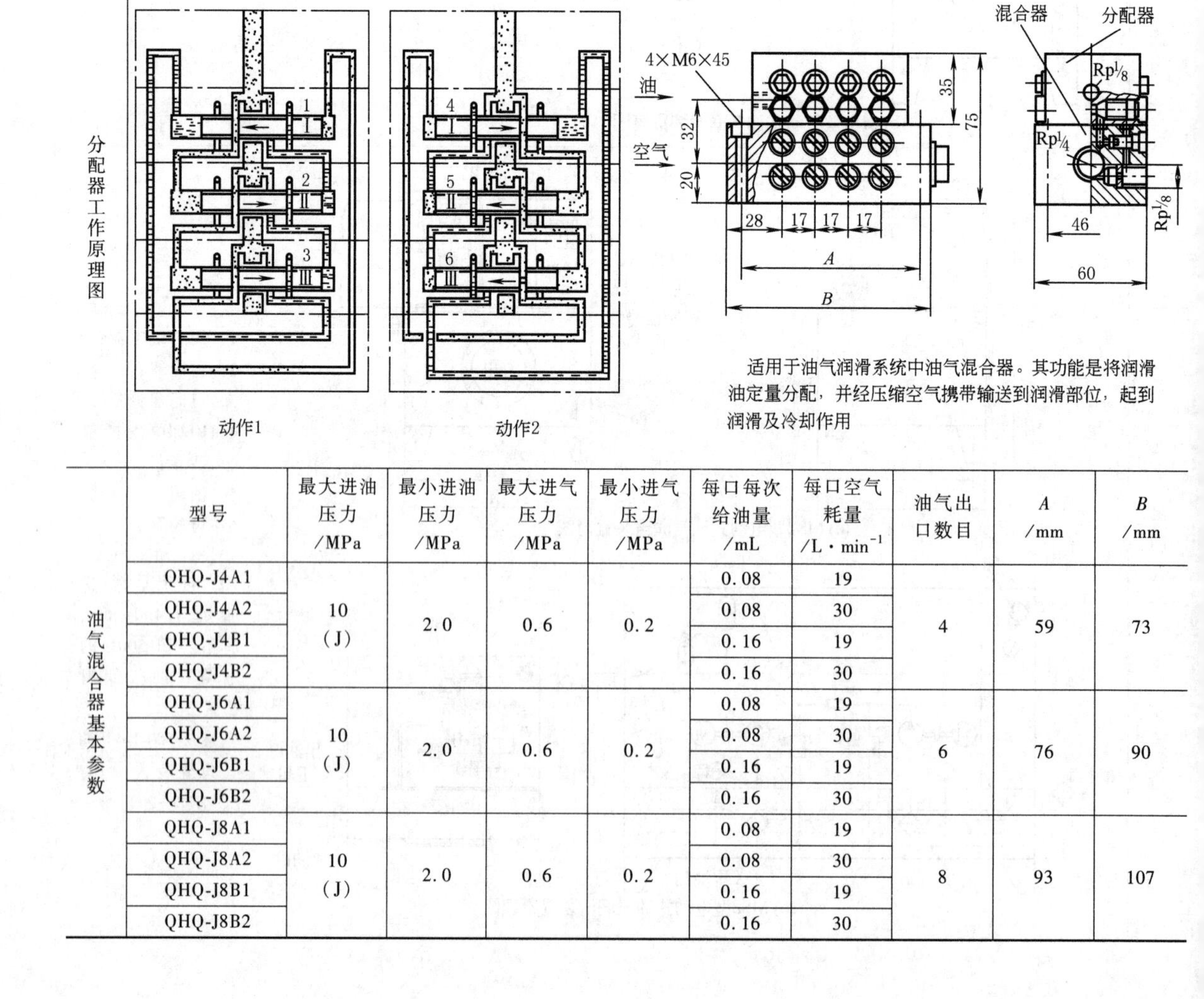

适用于油气润滑系统中油气混合器。其功能是将润滑油定量分配，并经压缩空气携带输送到润滑部位，起到润滑及冷却作用

	型号	最大进油压力/MPa	最小进油压力/MPa	最大进气压力/MPa	最小进气压力/MPa	每口每次给油量/mL	每口空气耗量/L·min^{-1}	油气出口数目	*A*/mm	*B*/mm
油气混合器基本参数	QHQ-J4A1	10（J）	2.0	0.6	0.2	0.08	19	4	59	73
	QHQ-J4A2					0.08	30			
	QHQ-J4B1					0.16	19			
	QHQ-J4B2					0.16	30			
	QHQ-J6A1	10（J）	2.0	0.6	0.2	0.08	19	6	76	90
	QHQ-J6A2					0.08	30			
	QHQ-J6B1					0.16	19			
	QHQ-J6B2					0.16	30			
	QHQ-J8A1	10（J）	2.0	0.6	0.2	0.08	19	8	93	107
	QHQ-J8A2					0.08	30			
	QHQ-J8B1					0.16	19			
	QHQ-J8B2					0.16	30			

续表

	型号	最大进油压力/MPa	最小进油压力/MPa	最大进气压力/MPa	最小进气压力/MPa	每口每次给油量/mL	每口空气耗量/L·min^{-1}	油气出口数目	A/mm	B/mm
油气混合器基本参数	QHQ-J10A1	10(J)	2.0	0.6	0.2	0.08	19	10	110	124
	QHQ-J10A2					0.08	30			
	QHQ-J10B1					0.16	19			
	QHQ-J10B2					0.16	30			
	QHQ-J12A1	10(J)	2.0	0.6	0.2	0.08	19	12	127	141
	QHQ-J12A2					0.08	30			
	QHQ-J12B1					0.16	19			
	QHQ-J12B2					0.16	30			

标记方法及示例

标记方法：

QHQ - × ×× × × 油气混合器 JB/ZQ 4707—2006

- 辅助代号：每口空气耗量，1—19L/min；2—30L/min
- 辅助代号：每口每次给油量，A—0.08mL；B—0.16mL
- 主参数：油气出口数目有 4、6、8、10、12
- 压力级：最大进油压力J级(10MPa)
- 产品名称：油气混合器

标记示例：

QHQ 型油气混合器、最大进油压力 10MPa，油气出口数目 12，每口每次给油量 0.08mL，每口空气耗量 19L/min，标记为

QHQ-J12A1 油气混合器 JB/ZQ 4707—2006

5.2.2 AHQ 型双线油气混合器

表 10-1-158 AHQ 型双线油气混合器

组成、功能	外形图	型号	AHQ(NFQ)
AHQ 型双线油气混合器由一个或多个双线分配器和一个混合块组成，油在分配器中定量分配后通过不间断压缩空气进入润滑点	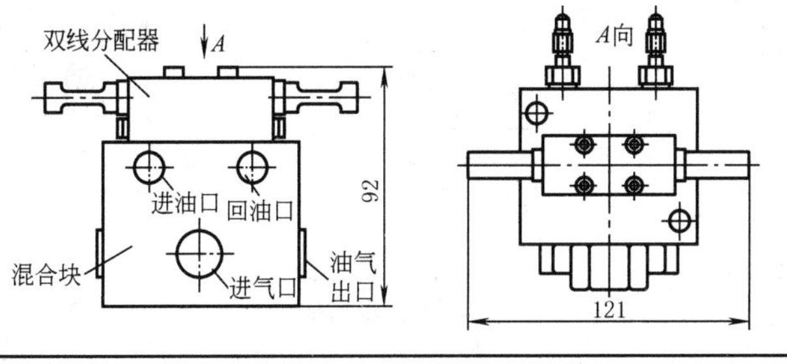	公称压力/MPa	3
		开启压力/MPa	0.8~0.9
		空气压力/MPa	0.3~0.5
		空气耗量/L·min^{-1}	20
		出油口数目	2,4,6,8

注：1. 双线油气混合器有两个油口，一个进油，另一个回油。使用时在其前面加电磁换向阀切换进油口和回油口。

2. 在参考文献［21］中给出的双线油气混合器的基本参数与上表相同。

5.2.3 MHQ 型单线油气混合器

表 10-1-159 MHQ 型单线油气混合器

组成、功能	外形图	型号	MHQ(YHQ)
MHQ 型单线油气混合器由两个或多个单线分配器和一个混合块组成，油在分配器中定量分配后，通过不间断压缩空气进入润滑点 适用于润滑点比较少或比较分散的场合	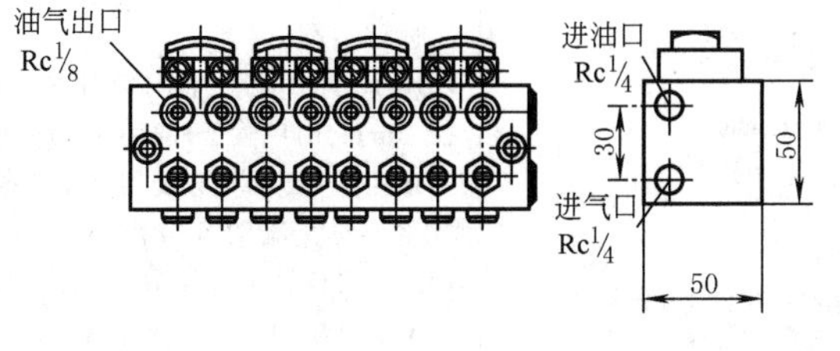	公称压力/MPa	6
		每口每次排油量/mL	0.12
		开启压力/MPa	1.5~2
		空气压力/MPa	0.3~0.5
		空气耗量/L·min^{-1}	20
		出油口数目	2,4,6,8,10

注：参考文献［21］中给出的单线油气混合器的基本参数与上表相同。

5.2.4 AJS 型、JS 型油气分配器（摘自 JB/ZQ 4749—2006）

表 10-1-160　　**油气分配器类型、基本参数和型式尺寸**

油气分配器类型

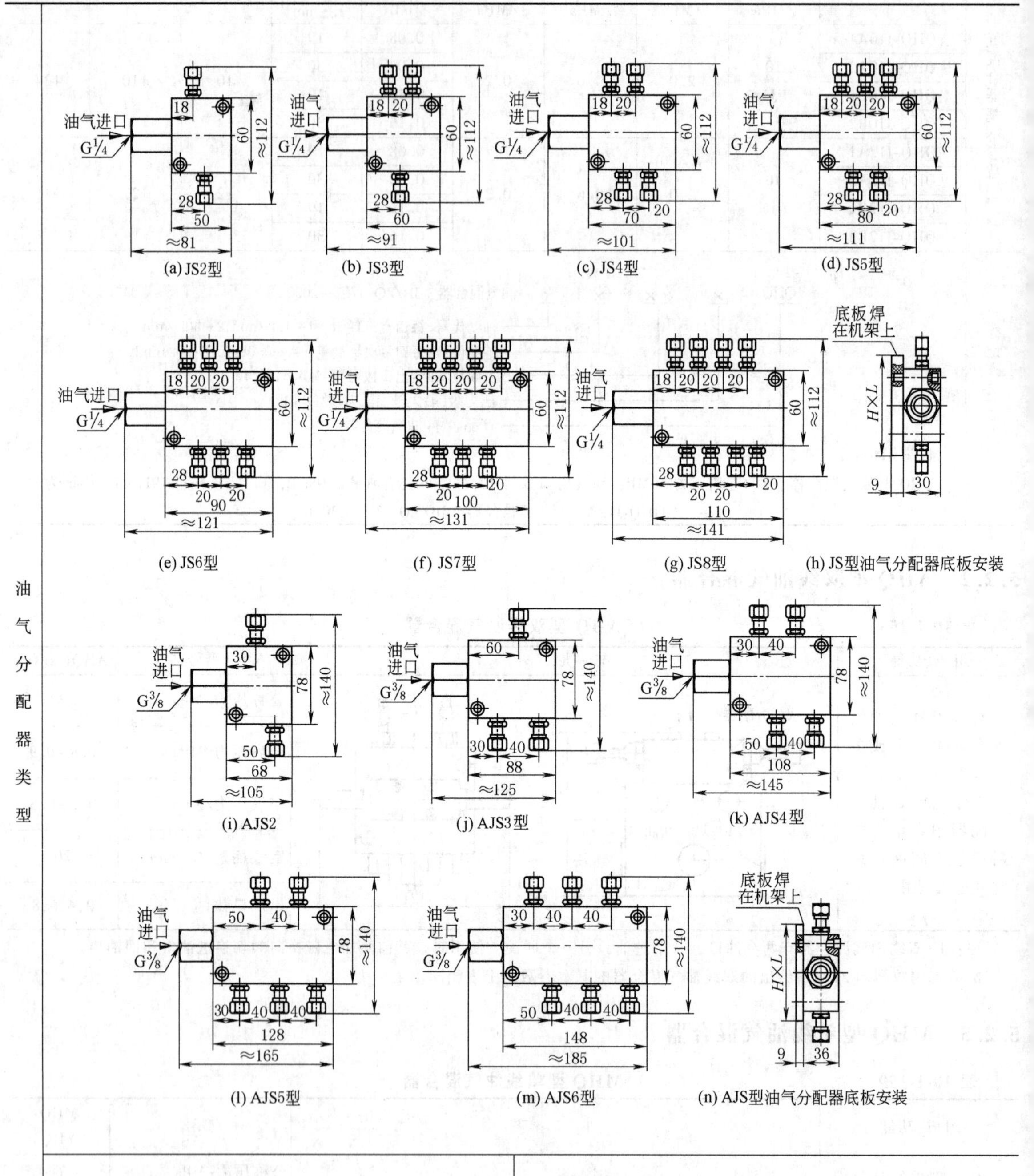

(a) JS2型　(b) JS3型　(c) JS4型　(d) JS5型

(e) JS6型　(f) JS7型　(g) JS8型　(h) JS型油气分配器底板安装

(i) AJS2　(j) AJS3型　(k) AJS4型

(l) AJS5型　(m) AJS6型　(n) AJS型油气分配器底板安装

标记方法

× ×-×/× JB/ZQ 4749 — 2006

- 油气出口管子外径，mm
- 油气进口管子外径，mm
- 油气出口数
- 油气分配器
  - JS型：用于到润滑点的油气流分配
  - AJS型：用于油气流的预分配

标记示例：

用于到润滑点的油气流分配，油气出口数 6 个，进口管子外径 10mm，出口管子外径 6mm 的油气分配器，标记为

JS6-10/6　油气分配器　JB/ZQ 4749—2006

用于油气流的预分配，油气出口数 4 个，进口管子外径 14mm，出口管子外径 10mm 的油气分配器，标记为

AJS4-14/10　油气分配器　JB/ZQ 4749—2006

续表

	型号	空气压力/MPa	油气出口数	油气进口管子外径	油气出口管子外径
				mm	
基本参数、型式尺寸	JS	0.3~0.6	2,3,4,5,6,7,8	8,10	6
	AJS		2,3,4,5,6	12,14,18	8,10

型号	*H*	*L*	型号	*H*	*L*	型号	*H*	*L*	型号	*H*	*L*
JS2	80	56	JS6	80	96	AJS2	100	74	AJS5	100	134
JS3		66	JS7		106	AJS3		94	AJS6		154
JS4		76	JS8		116	AJS4		114			
JS5		86									

应用：油气分配器用于在油气润滑系统中对油气流进行分配，其中 AJS 型用于油气流的预分配，JS 型用于到润滑点的油气流分配

5.3 专用油气润滑装置

5.3.1 油气喷射润滑装置（摘自 JB/ZQ 4732—2006）

表 10-1-161 **油气喷射润滑装置基本参数**

简图

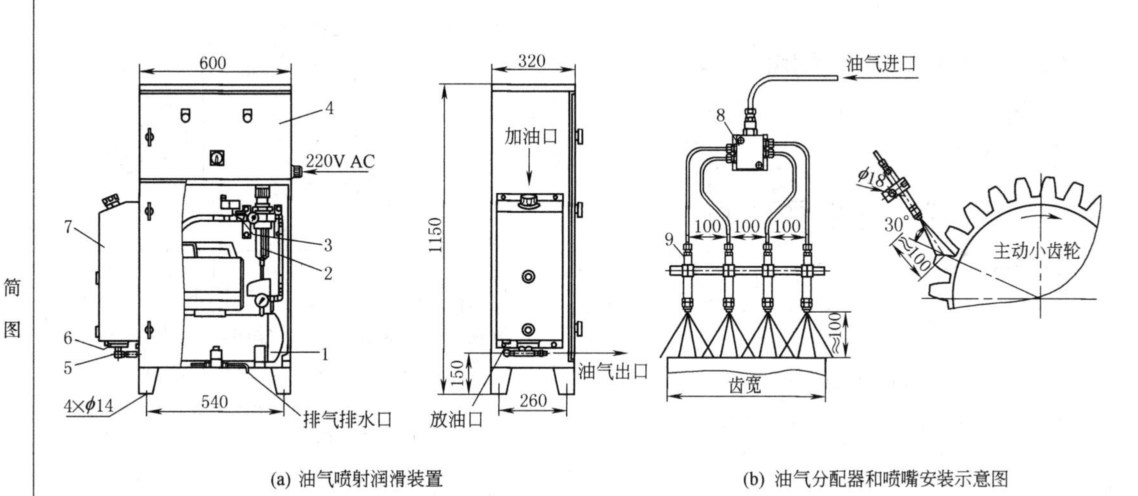

(a) 油气喷射润滑装置　　(b) 油气分配器和喷嘴安装示意图

1—空压机；2—过滤调压阀；3—电磁阀；4—PLC 电气控制装置；5—油气混合块；6—气动泵；7—油箱；8—油气分配器；9—喷嘴

标记

标记方法：

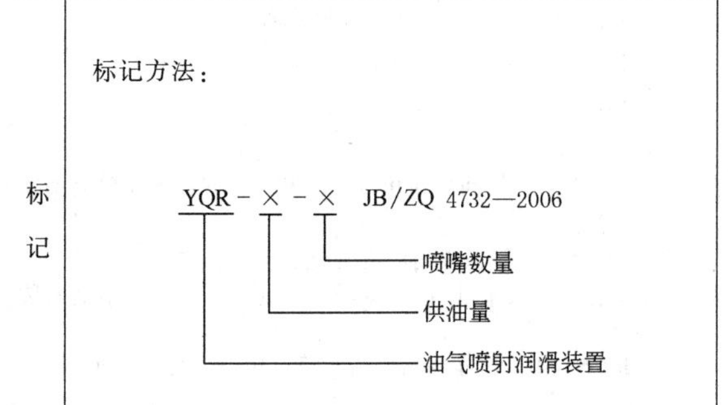

标记示例：

油箱容积 20L，供油量 0.5mL/行程，喷嘴数量为 4 的油气喷射润滑装置，标记为

YQR-0.5-4　油气喷射润滑装置　JB/ZQ 4732—2006

续表

	型号	最大工作压力/MPa	压缩空气压力/MPa	喷嘴数量	油箱容积/L	供油量/mL·行程$^{-1}$	电压(AC)/V
基本参数	YQR-0.25-3	5	0.4	3	20	0.25	220
	YQR-0.5-3					0.50	
	YQR-0.25-4			4		0.25	
	YQR-0.5-4					0.50	
	YQR-0.25-5			5		0.25	
	YQR-0.5-5					0.50	
	YQR-0.25-6			6		0.25	
	YQR-0.5-6					0.50	
应用	油气喷射润滑装置适用于在大型设备，如球磨机、磨煤机和回转窑等设备中，对大型开式齿轮等进行喷射润滑。润滑装置主要由主站（带PLC电气控制装置）、油气分配器和喷嘴等组成						

5.3.2 链条喷射润滑装置

（1）LTZ型链条喷射润滑装置（摘自JB/ZQ 4733—2006）

表 10-1-162　　链条喷射润滑装置基本参数

原理图、装置简图

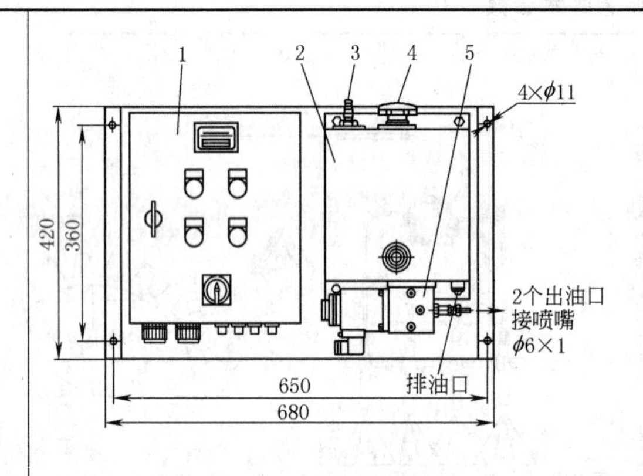

(a) A型链条喷射润滑装置

1—PLC电气控制装置；2—油箱；3—液位控制继电器；4—空气滤清器；5—电磁泵

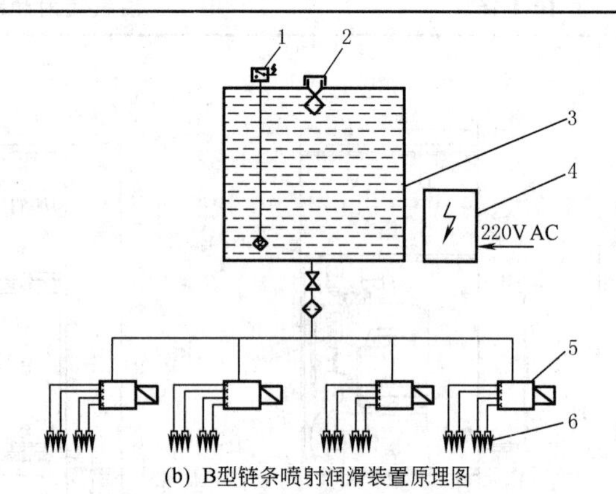

(b) B型链条喷射润滑装置原理图

1—空气滤清器；2—液位控制继电器；3—油箱；4—PLC电气控制装置；5—电磁泵；6—喷嘴

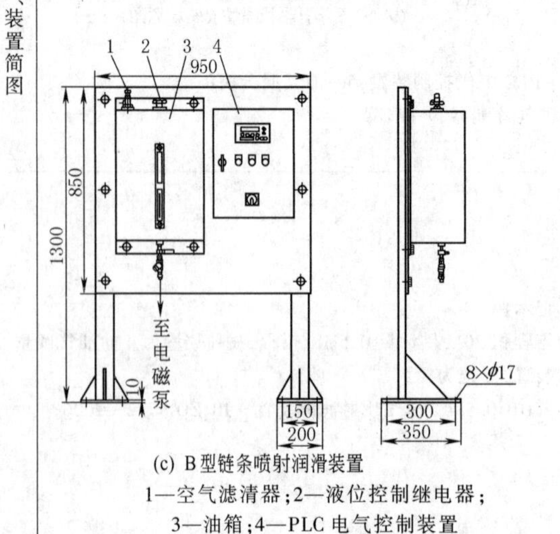

(c) B型链条喷射润滑装置

1—空气滤清器；2—液位控制继电器；3—油箱；4—PLC电气控制装置

标记方法：

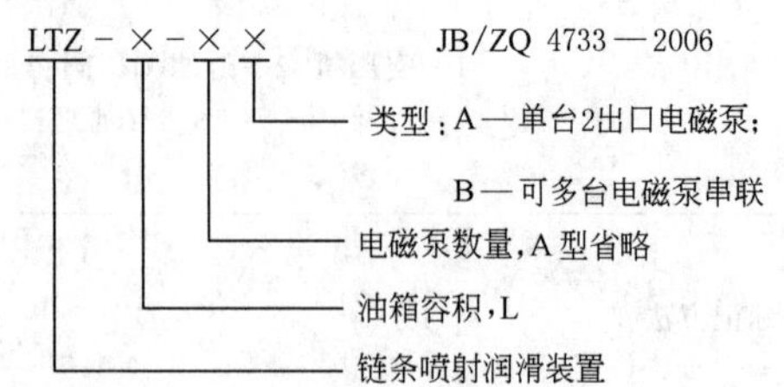

标记示例：

油箱容积5L，供油量0.05mL/行程的A型链条喷射润滑装置，标记为

LTZ-5-A　链条喷射润滑装置　JB/ZQ 4733—2006

油箱容积50L，供油量0.1mL/行程的B型链条喷射润滑装置，标记为

LTZ-50-4B　链条喷射润滑装置　JB/ZQ 4733—2006

续表

	型号	最大工作压力 /MPa	油箱容积 /L	每行程供油量 /mL	电磁泵数量	喷射频率 /次·s^{-1}	电压(AC) /V
基本参数	LTZ-5-A	4	5	0.05	1	≤2.5	220
	LTZ-50-×B		50	0.1	2~5		
应用	链条喷射润滑装置适用于对悬挂链和板式链的链销进行润滑。润滑装置主要由油箱、电磁泵、PLC电气控制装置和喷嘴等组成,分A型[图a]和B型[图c]两种类型,B型原理图见图b,其基本参数见本表						

(2) DXR型链条自动润滑装置

表 10-1-163　　DXR型链条自动润滑装置技术性能

原理图

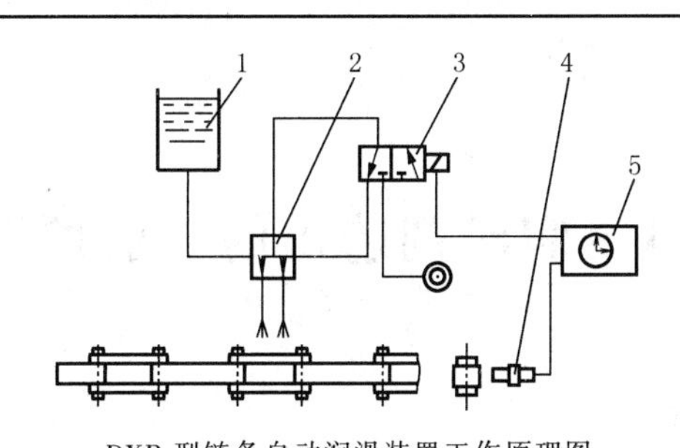

DXR型链条自动润滑装置工作原理图

1—油箱;2—气动泵;3—电磁空气阀;4—红外线光电开关;5—电控箱

	型号	适用速度范围 /m·min^{-1}	空气压力 /MPa	润滑油量 /mL·点$^{-1}$	润滑点数	油箱容积 /L	电气参数	质量 /kg
基本参数	DXR-12	0~18	0.4~0.7	0.17	2	8	AC,220V,50Hz	8
	DXR-13			0.12	3	8		8
	DXR-14			0.17	4	25		25
应用	链条自动润滑装置适用于对悬挂式、地面式输送系统的各个运动接点(链条、销轴、滚轮、轨道等)自动、定量进行润滑。润滑装置由油箱、气动泵等组成,参见上图。当光电开关发出信号时,电磁空气阀通电,气动泵工作,混合的油-空气喷向润滑点。系统工作时,红外线光电开关不断发出信号,使每个润滑点均可得到润滑							

5.3.3 行车轨道润滑装置(摘自JB/ZQ 4736—2006)

表 10-1-164　　行车轨道润滑装置基本参数

装置简图及其喷嘴安装图

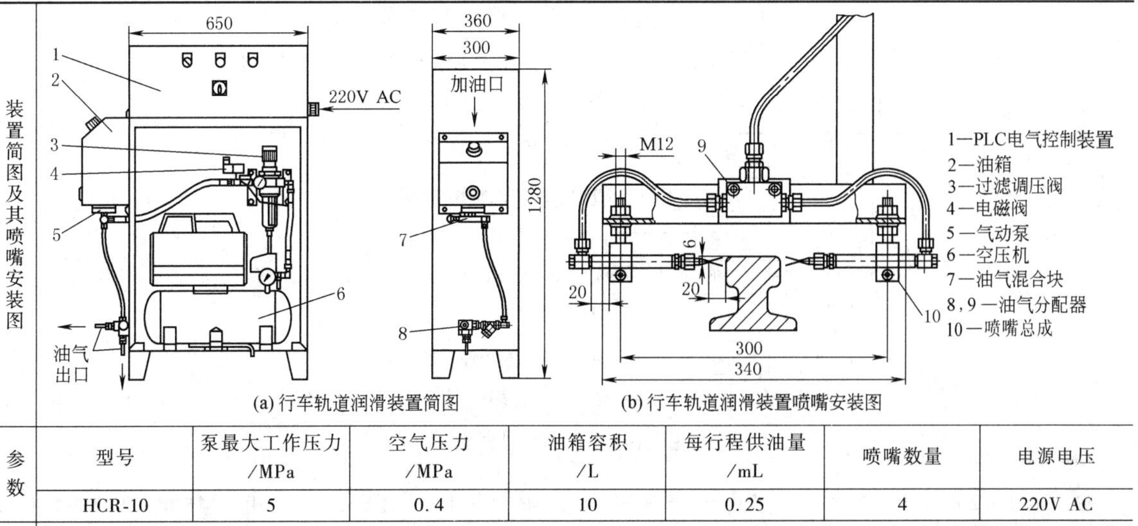

(a) 行车轨道润滑装置简图　　(b) 行车轨道润滑装置喷嘴安装图

	型号	泵最大工作压力 /MPa	空气压力 /MPa	油箱容积 /L	每行程供油量 /mL	喷嘴数量	电源电压
参数	HCR-10	5	0.4	10	0.25	4	220V AC
应用	行车轨道润滑装置适用于对行车轨道进行润滑。润滑装置主要由油箱、气动泵、油气分配器、PLC电气控制装置和喷嘴等组成						

注:油箱容积10L,供油量0.25mL/行程的行车轨道润滑装置,标记为:HCR-10　行车轨道润滑装置　JB/ZQ 4736—2006。

CHAPTER 2

第2章 润滑剂

1 润滑剂选用的一般原则

1.1 润滑剂的基本类型

在GB/T 4016—2019《石油产品术语》中给出的“润滑剂”的定义为：“置于两相对运动表面之间以减小表面摩擦、降低磨损的物质。”❶ 常用的润滑剂分类参见图10-2-1。GB/T 7631.1—2008《润滑剂、工业用油和有关产品（L类）的分类 第1部分：总分组》规定的15组（根据应用场合划分）润滑剂、工业用油和有关产品（L类❷）见表10-2-1。各类润滑剂的特性见表10-2-2。

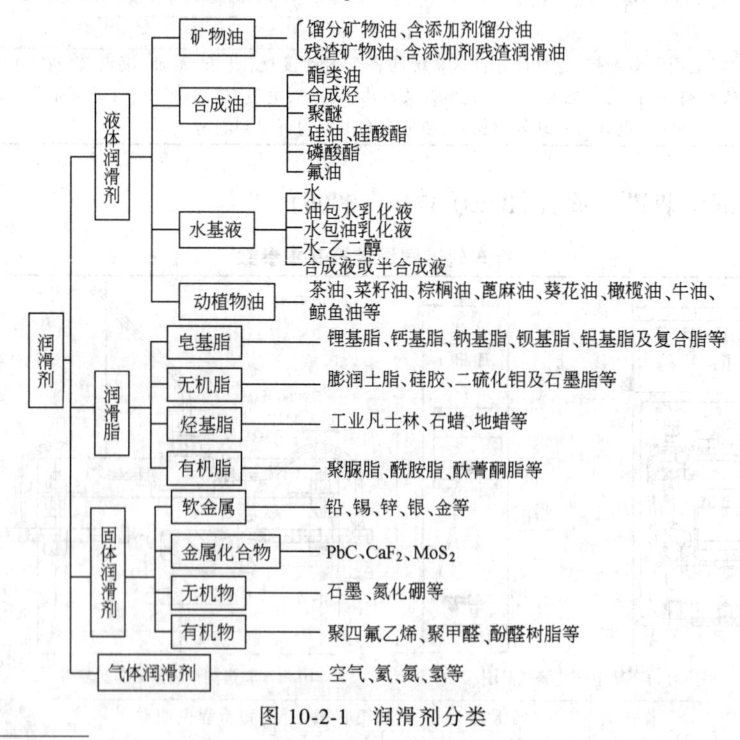

图10-2-1 润滑剂分类

❶ GB/T 38276—2019《润滑系统 术语和图形符号》中给出的“润滑剂”的定义也为：“用以降低摩擦副的摩擦阻力、减缓其磨损的润滑介质。”

❷ GB/T 498—2014《石油产品及润滑剂 分类方法和类别的确定》中规定的“L”类别的含义为“润滑剂、工业润滑油和有关产品”。

表 10-2-1　　润滑剂、工业用油和有关产品（L类）的分组

组别符号	应用场合	举例	
		符号组成	名称
A	全损耗系统	L-AN 32	L-AN 32 全损耗系统用油
C	齿轮	L-CKD320	L-CKD320 重负荷闭式工业齿轮油
D	压缩机（包括冷冻机和真空泵）	L-DRA/A32 L-DAB150	L-DRA/A32 冷冻机油 L-DAB150 空气压缩机油
E	内燃机	L-ECF-4 15W/40 L-ESJ 15W/40	CF-4 15W/40 柴油机油 SJ 15W/40 汽油机油
F	主轴、轴承和离合器	L-FC	L-FC 型轴承油
G	导轨	L-G	L-G 导轨油
H	液压系统	L-HM	L-HM68 号抗磨液压油
M	金属加工	L-MHA	金属加工用油
N	电器绝缘	L-N25	25 号变压器油
Q	热传导	L-QB	L-QB240 热传导油
T	汽轮机	L-TSA	L-TSA32 号防锈汽轮机油

注：1. 上表摘自参考文献［17］。按 GB/T 7631. 1—2008，其中缺组别为 P、应用场合为气动工具，组别为 R、应用场合为暂时保护防腐，组别为 U、应用场合为热处理，组别为 X、应用场合为用润滑脂的场合 4 组产品。

2. 按 GB/T 7631. 1—2008 和 GB/T 7631. 18—2017《润滑剂、工业用油和有关产品（L类）的分类　第 18 部分：Y 组（其他应用）》，其中还缺组别为 Y、应用场合为其他应用的 1 组产品。

表 10-2-2　　各类润滑剂的特性

润滑剂性能	液体润滑剂	润滑脂	固体润滑剂	气体润滑剂
流体动力润滑	优	一般	无	良
边界润滑	差至优	良至优	良至优	差
冷却散热	很好	差	无	一般
低摩擦	一般至良	一般	差	优
易于加入轴承	良	一般	差	良
保持在轴承中的能力	差	良	很好	很好
密封能力	差	很好	一般至良	很好
防大气腐蚀	一般至优	良至优	差至一般	差
温度范围	一般至优	良	很好	优
蒸发性	很高至低	通常低	低	很高
闪火性	很高至很低	通常低	通常低	取决于气体
相容性	很差至一般	一般	优	通常良好
润滑剂价格	低至高	相当高	相当高	通常很低
轴承设计复杂性	相当低	相当低	低至高	很高
决定寿命的因素	变质和污染	变质	磨损	保持气体供给能力

1.2　润滑剂选用的一般原则

润滑剂的选择，首先必须满足减少摩擦副相对运动表面间摩擦阻力和能源消耗、降低表面磨损的要求，可以延长设备使用寿命，保障设备正常运转，同时解决冷却、污染和腐蚀问题。在实际应用中，最好的润滑剂应当是在满足摩擦副工作需要的前提下，润滑系统简单，容易维护，资源容易取得，价格最便宜。具体选择时，根据机械设备系统的技术功能、周围环境和使用工况（如载荷或压力）、速度和工作温度（包括由摩擦所引起的温升）、工作时间以及摩擦因数、磨损率、振动数据等选用合适的润滑剂。润滑剂选用的一般原则见表 10-2-3。当选用的矿物润滑油不能满足要求时可考虑采取的解决方案见表 10-2-4。

表 10-2-3　　润滑剂选用的一般原则

考虑因素		选用原则
工作范围	运动速度	两摩擦面相对运动速度愈高，其形成油楔的作用愈强，故在高速的运动副上采用低黏度润滑油和锥入度较大（较软）的润滑脂；反之，应采用黏度较大的润滑油和锥入度较小的润滑脂
	载荷大小	运动副的载荷或压强愈大，愈应选用黏度大或油性好的润滑油；反之，载荷愈小，选用润滑油的黏度应愈小 各种润滑油均具有一定的承载能力，在低速、重载荷的运动副上，首先考虑润滑油的允许承载能力。在边界润滑的重载荷运动副上，应考虑润滑油的极压性能
	运动情况	冲击振动载荷将形成瞬时极大的压强，而往复与间歇运动对油膜的形成不利，故均应采用黏度较大的润滑油。有时宁可采用润滑脂（锥入度较小）或固体润滑剂，以保证可靠的润滑
周围环境	温度	环境温度低时，运动副应采用黏度较小、凝点低的润滑油和锥入度较大的润滑脂；反之，则采用黏度较大、闪点较高、油性好以及氧化安定性强的润滑油和滴点较高的润滑脂。温度升降变化大的，应选用黏温性能较好（即黏度变化比较小）的润滑油
	潮湿条件	在潮湿的工作环境，或者与水接触较多的工作条件下，一般润滑油容易变质或被水冲走，应选用抗乳化能力较强和油性、防锈蚀性能较好的润滑剂。润滑脂（特别钙基、锂基、钡基等）有较强的抗水能力，宜用于潮湿的条件。但不能选用钠基脂
	尘屑较多地方	密封有一定困难的场合，采用润滑脂可起到一定的隔离作用，防止尘屑的侵入。在系统密封较好的场合，可采用带有过滤装置的集中循环润滑方法。在化学气体比较严重的地方，最好采用有耐蚀性能的润滑油
摩擦副表面	间隙	间隙愈小，润滑油的黏度应愈低，因低黏度润滑油的流动和楔入能力强，能迅速进入间歇小的摩擦副起润滑作用
	加工精度	表面粗糙，要求使用黏度较大的润滑油或锥入度较小的润滑脂；反之，应选用黏度较小的润滑油或锥入度较大的润滑脂
	表面位置	在垂直导轨、丝杠上以及外露齿轮、链条、钢丝绳上润滑油容易流失，应选用黏度较大的润滑油。立式轴承宜选用润滑脂，这样可以减少流失，保证润滑
润滑装置的特点		在循环润滑系统以及油芯或毛毡滴油系统，要求润滑油具有较好的流动性，采用黏度较小的润滑油。对于循环润滑系统，还要求润滑油氧化安定性较高、机械杂质要少，以保证系统长期的清洁 在集中润滑系统中采用的润滑脂，其锥入度应该大些，便于输送 在飞溅及油雾润滑系统中，为减轻润滑油的氧化作用，应选用有抗氧化添加剂的润滑油 对人工间歇加油的装置，则应采用黏度大一些的润滑油，以免迅速流失

表 10-2-4　　当选用的矿物润滑油不能满足要求时可考虑的解决方法

问题	可考虑的解决方法
负荷太大	(1)采用黏度较大的油；(2)采用极压油；(3)采用润滑脂；(4)采用固体润滑剂
速度太高（可能使温度过高）	(1)增加润滑油量或油循环量；(2)采用黏度较小的油；(3)采用气体润滑
温度太高	(1)采用添加剂或合成油；(2)采用黏度较大的油；(3)增加油量或油循环量；(4)采用固体润滑剂
温度太低	(1)采用较低黏度的油；(2)采用合成油；(3)采用固体润滑剂；(4)采用气体润滑
太多磨屑	增加油量或油循环量
污染	(1)采用油循环系统；(2)采用润滑脂；(3)采用固体润滑剂
需要较长寿命	(1)采用黏度较大的油；(2)采用添加剂或合成油；(3)增加油量或油循环系统；(4)采用润滑脂

一些机械设备规定了润滑剂（油）的选用原则、方法，如 JB/T 7282—2016《拖拉机用润滑油品种、规格的选用》、GB 7632—1987《机床用润滑剂的选用》、JB/T 8831—2001《工业闭式齿轮的润滑油选用方法》、SH/T 0601—1994《建筑机械用润滑剂的选用》。

2 常用润滑油

2.1 润滑油及有关产品术语（摘自 GB/T 4016—2019）

表 10-2-5 润滑油及有关产品的术语和定义

序号	术语	定义
1.20.100	基础油	由石油加工得到的或合成基的,典型馏程范围在 390~600℃之间,通常在加入添加剂后用以生产润滑油的基础油品
1.20.002	矿物油	天然存在的或矿物原料经加工得到的,由烃类混合物组成的油品
1.20.007	润滑油	经精制的主要用于减小运动表面之间摩擦的油品
1.20.008	润滑剂	置于两相对运动表面之间以减小表面摩擦、降低磨损的物质
1.20.010	发动机油	用于内燃式发动机和其他类型发动机的润滑油的统称
1.20.011	多级发动机油	同时满足 SAE 低温黏度级别(数字后接字母 W)和 SAE 高温黏度级别,且两级别的数字不完全相同,也不连续(其差值至少为 15)的发动机油 例如:5W-20、10W-30 或 10W-40 多级发动机油
1.20.014	风冷二冲程汽油机油	用于风冷二冲程汽油机的润滑油
1.20.015	水冷二冲程汽油机油	用于水冷二冲程汽油机的润滑油
1.20.016	四冲程摩托车汽油机油	用于四冲程摩托车汽油机的润滑油
1.20.017	柴油机油	用于多种压燃式发动机(柴油发动机)的润滑油
1.20.018	农用柴油机油	适用于以单杠柴油机驱动的农用运输车和机具、小型拖拉机发动机及其他单缸柴油机小型农机具的发动机润滑油
1.20.019	航空润滑油	用于不同类型航空发动机的润滑油的统称
1.20.020	清净油	通常用于内燃式发动机的一种润滑油,油品含有适当添加剂,具有分散氧化物和污染物并使其保持悬浮的能力
1.20.021	齿轮油	用于润滑齿轮传动装置的润滑油
1.20.022	工业齿轮油	用于工业用齿轮传动装置的齿轮油
1.20.023	车辆齿轮油	用于汽车的传动装置和转向装置所采用的齿轮传动装置的齿轮油 根据使用条件不同,一般分为普通车辆齿轮油、中负荷车辆齿轮油和重负荷车辆齿轮油
1.20.024	开式齿轮油	适用于开式或半封闭式齿轮传动装置的齿轮油
1.20.025	闭式齿轮油	适用于闭式齿轮传动装置的齿轮油
1.20.026	准双曲面齿轮油	适用于准双曲面齿轮传动装置的齿轮油
1.20.027	蜗轮蜗杆油	适用于铜-钢配对结构的蜗轮传动系统的齿轮油 注:一般分复合型、挤压型和合成型
1.20.028	变速箱油(液)	用于车辆变速箱系统齿轮润滑、清洁以及提供液压动力的油(液)
1.20.029	手动变速箱油(液)	用于手动变速箱的变速箱油(液)
1.20.030	自动变速箱油(液)	用于自动变速箱的变速箱油(液)。可提供湿式离合器和行星齿轮的润滑和摩擦,在液力变矩器、液压控制单元起到传动介质的作用
1.20.031	压缩机油	用于压缩机活塞或螺杆等部件润滑或冷却的润滑油
1.20.032	空气压缩机油	用于空气压缩机气缸以及部件的润滑,并有防锈、防腐、密封和冷却作用的润滑油
1.20.033	真空泵油	用于各种容积式真空泵(机械真空泵)的密封和润滑的润滑油
1.20.034	冷冻机油	适用于制冷压缩机系统的低倾点润滑油 对某些类型的压缩机,油品在低温下与制冷剂的相容性也是一个基本特性
1.20.035	轴承油	用于轴承及离合器等机械设备部件润滑的油品
1.20.036	车轴油	用于润滑铁路机车及客货车辆轴承部件的润滑油
1.20.037	机械油	用于润滑中等温度下低负荷运转机械部件的润滑油
1.20.038	锭子油高速机械油	用于润滑高速低负荷机械部件的低黏度润滑油,最初用于纺织机锭子的润滑油
1.20.039	导轨油	用于机械设备导轨装置润滑的油品
1.20.040	全损耗系统用油	用于无循环润滑系统机械润滑的油品
1.20.041	液压油① 液压液	用于液压系统中,其作用为传输动力和提供润滑的石油或非石油液体

续表

序号	术语	定义
1.20.042	石油型液压油	以石油烃为主要成分的液压油,可含有其他添加组分
1.20.043	普通液压油	适用于具有一般要求的液压系统的液压油
1.20.044	抗磨液压油	适用于具有抗磨要求,压力较高的液压系统的液压油
1.20.045	低温液压油	适用于具有抗磨要求和低温环境液压系统的液压油
1.20.046	合成液压液	由高分子聚合物制得的液压油(液)
1.20.047	难燃液压液	难以点燃且火焰传播趋势极小的液压液
1.20.048	水基液压液	主要由水组成并含有有机物的液压液,其难溶性取决于水含量
1.20.049	乳化型液压液	由合适的矿物油和水、乳化剂及某些添加剂按一定比例调和成的、用于液压系统的乳化液
1.20.050	油包水乳化液	水在油的连续相中的稳定分散体。具有良好的阻燃性
1.20.051	水包油乳化液	油在水的连续相中的稳定分散体。具有良好的阻燃性和防锈性
1.20.052	水-乙二醇型难燃液压液	主要成分是水和乙二醇的液压液。具有优良的阻燃性和低温流动性
1.20.053	磷酸酯液压液	由磷酸酯组成的难燃液压液。这种液压液可含少量其他组分。其难燃性是由液体的分子结构所决定的
1.20.054	生物降解液压液	具有生物降解性能的液压液
1.20.055	聚乙二醇液压液	主要成分是水和一种或多种乙二醇或聚乙二醇的液体
1.20.056	航空液压油	用于飞机液压系统中传送动力和机件润滑的液压油
1.20.057	舰用液压油	适用于各种舰艇液压系统的液压油
1.20.058	液力传动液	用作液力传动系统中的工作介质
1.20.059	减振液	用于液压减振装置中,具有高黏度指数的液体
1.20.060	刹车液 制动液	用于汽车(机动车)液压制动系统中传递压力的液压介质
1.20.061	切削油	用于润滑和冷却金属加工机械和加工部件的可乳化或不可乳化润滑液
1.20.062	硫化油	用硫或某些硫化物和矿物油结合所得到的产物。它比单纯的矿物油具有更强的油膜强度和更高的承载能力。通常被用作切削油
1.20.063	轧制油	在轧制工艺过程中,作为润滑和冷却介质使用的润滑油
1.20.064	可溶性油	含有乳化剂并能在水中形成稳定的乳化液或胶体悬浮液的油品,主要用于金属加工中的润滑和冷却
1.20.065	拉拔润滑剂	用于金属拉拔或成形加工(如拉制金属线、棒等)过程中的润滑剂
1.20.066	绝缘油	用于电气设备中,具有良好的介电性能的油品
1.20.067	变压器油	用于变压器等充油电气设备中,起绝缘和冷却作用的低黏度绝缘油品
1.20.068	断路器油	用于断路器中起灭弧、散热和绝缘作用的绝缘油品
1.20.069	低温开关油	用于户外寒冷气候条件下使用的充油开关设备中,起绝缘和灭弧作用的绝缘油品
1.20.070	电容器油	用于电容器中起浸渍或隔潮作用的绝缘油品
1.20.071	电缆油	用于电缆绝缘油品 对于浸渍纸绝缘电缆,高黏度烃油可单独应用,或将其与其他物质相混合使用 对于空心注油电缆,具有适当性能的低黏度烃油或非烃合成液均可适用 参见:电缆油膏(1.20.072)
1.20.072	电缆油膏	用于电缆绝缘浸渍的矿物油与稠化剂(如石油脂、树脂、聚合物或沥青等)的混合物
1.20.073	有机热载体 热传导液 热载体油	作为传热介质使用的有机物质的统称 根据化学组成可分为矿物油型有机热载体和合成型有机热载体,根据沸程可分为气相有机热载体和液相有机热载体
1.20.074	矿物油型有机热载体	以石油为原料,经蒸馏和精制(包括溶剂精制和加氢精制)工艺得到的适当馏分生产的有机热载体产品
1.20.075	合成型有机热载体	以化学合成工艺生产的,具有一定化学结构和确定的化学名称的有机热载体产品
1.20.076	气相有机热载体	具有沸点或共沸点、可以在气相条件下使用的合成型有机热载体 气相有机热载体可以通过加压的方式在液相使用,又称为气相/液相有机热载体
1.20.077	液相有机热载体	具有一定馏程范围,只能在液相条件下使用的有机热载体
1.20.078	防锈油	用于暂时涂在金属部件表面以防止金属锈蚀的油品 通常含有添加剂
1.20.079	润滑油型防锈油	以石油润滑油馏分为基础材料的防锈油

续表

序号	术语	定义
1.20.080	除指纹型防锈油	能除去金属表面附着的指纹的防锈油
1.20.081	溶剂稀释型防锈油	将不挥发性材料溶解或分散到石油溶剂中的防锈油
1.20.082	气相防锈油	含有在常温下能气化的缓蚀剂的防锈油
1.20.083	脂型防锈油	以石油脂为基础材料,常温下呈半固体状态的防锈油
1.20.084	涡轮机油	以精制矿物油或合成基原料为基础油,加入适当添加剂制成的油品,适用于涡轮机(包括蒸汽轮机、水轮机、燃气轮机和具有公共润滑系统的燃气-蒸汽联合循环涡轮机)润滑和控制系统的润滑
1.20.085	汽轮机油	含有添加剂的深度精制油品,主要用于蒸汽涡轮机润滑,具有阻抗与水形成稳定乳化液的性质
1.20.086	抗氨汽轮机油	由深度精制基础油加入抗氧、防锈和抗泡等添加剂,即有较好抗氨稳定性的汽轮机油。适用于大型化肥装置离心式合成气压缩机、冷冻压缩机及汽轮机组的润滑和密封
1.20.087	舰用防锈汽轮机油	由原油减压馏分经深度精制和脱蜡制得的基础油,添加适当的添加剂调配的军舰用汽轮机油,具有良好的抗氧化和防锈性能
1.20.088	热处理油	在金属加工热处理淬火或回火等工艺中作为冷却介质的油品 参见:淬火油(1.20.089),回火油(1.20.090)
1.20.089	淬火油	用于金属部件加工中有控制地冷却金属的油品
1.20.090	回火油	在金属回火②操作中使用的高闪点和热稳定性好的重质油品
1.20.091	橡胶填充油	用于改善橡胶制品弹性和柔韧性等的石油类橡胶软化剂
1.20.092	橡胶加工油	在混炼橡胶配料时,为了增加橡胶的弹性、柔性、抗老化性能并减少其分子间摩擦力所加入的适量润滑油
1.20.093	汽缸油料	用来调制蒸汽机汽缸润滑油的高黏度基础油 参见:汽缸油(1.20.094)
1.20.094	汽缸油	用于润滑蒸汽机汽缸和活塞的高黏度、高闪点润滑油 参见:汽缸油料
1.20.095	过热汽缸油	适用于使用过热蒸汽的活塞式蒸汽机汽缸和活塞的汽缸油
1.20.096	饱和汽缸油	适用于使用饱和蒸汽的蒸汽机汽缸和活塞的汽缸油
1.20.097	合成汽缸油	用合成油制得的一种高压条件下使用的过热汽缸油
1.20.098	仪表油	适用于润滑仪器仪表轴承和摩擦部件的润滑油
1.20.099	纺织油	用于纺织工业中润滑纤维织物的油品
1.20.100	喷洒油	与润滑油类似的低黏度石油产品,单独或与其他组分混合用于动植物养殖中的害虫控制
1.20.101	苯洗涤油 苯吸收油	用于从煤气或焦炉气中清除并回收轻质芳烃的油品
1.20.102	白油	深度精制的、无色且硫含量及芳烃含量很低的油品。由基础油相近组分或基础油为原料,经进一步精制而得
1.20.103	轻质白油	经加氢精制及精密分馏而制得的馏程在120~320℃的白油。用于专用设备校检、金属加工、日用化学品等行业
1.20.104	工业白油	用作化纤、铝材加工、杀虫喷雾剂、橡胶增塑等,也用于纺织机械、精密仪器的润滑和压缩机密封用的白油
1.20.105	食品级白油	用于食品上光、防粘、脱模、消泡、密封、抛光和食品机械、手术器械的防锈、润滑等用白油
1.20.106	化妆用白油	用作化妆品工业原料的白油

① 根据GB/T 7631.2—2003《润滑剂、工业用油和相关产品(L类)的分类 第2部分:H组(液压系统)》的规定、GB 11118.1—2011《液压油(L-HL、L-HM、L-HV、L-HS、L-HG)》的规定,液压油包括在液压液中。

② 回火通常是在淬火之后进行的热处理操作,包括在低于奥氏化温度的给定温度下对金属进行加热。

注:表中序号为标准原文的序号。

2.2 润滑油的主要质量指标

2.2.1 黏度

在 GB/T 17446—2024 中给出了术语“黏度”的定义：“由内部摩擦造成的抵抗流体流动的特性。” 黏度是各种润滑油分类分级和评定产品质量的主要指标，对润滑油的选用有着重要意义。

（1）黏度的表示方法

通常润滑油的黏度大小可用动力黏度、运动黏度和条件黏度来表示。具体表示方法见表 10-2-6。

表 10-2-6　润滑油黏度表示方法

名称	定义	单位
动力黏度(η)	流体单位速度梯度下的切应力	Pa·s 或 mPa·s(厘泊) 1Pa·s=10^3mPa·s 一般常用 cP(mPa·s)
运动黏度(ν)	流体的动力黏度与流体质量密度之比	m^2/s 或 mm^2/s(厘斯)，$1m^2/s=10^6mm^2/s$
条件黏度	采用不同的特定黏度计所测得的黏度以条件黏度表示。较常用的有恩氏黏度、赛氏黏度和雷氏黏度等	°E、s、s

注：1. “动力黏度”和“运动黏度”定义摘自 GB/T 17446—2024。

2. GB/T 4016—2019 和 GB/T 17446—2024 中没有“条件黏度”这一术语。GB/T 4016—2019 中给出的术语“恩氏黏度”定义为：“在规定条件下，一定体积的试样从恩格勒黏度计中流出 200mL 所需要的时间（s）与该黏度计水值（s）之比。”“赛氏黏度”定义为：“一种商业上用的黏度。指一定体积的试样从赛波特黏度计中流出所需的时间。”“雷氏黏度”的定义为：“在规定条件下，一定体积的试样从雷德乌德黏度计中流出 50mL 所需要的时间。”“赛氏黏度”和“雷氏黏度”单位以秒（s）表示。

3. 根据 GB 265—1988 中“表 A1　运动黏度与恩氏黏度（条件度）换算表”，恩氏黏度可称为条件度。

（2）工业用润滑油（剂）黏度分类

润滑油的牌号大部分是以一定温度（通常是 40℃或 100℃）下的运动黏度范围的中心值来划分的，是选用润滑油的主要依据。工业液体润滑剂 ISO 黏度分类（摘自 GB/T 3141—1994）见表 10-2-7 和表 10-2-11。工业用润滑油产品新旧黏度对照见图 10-2-2。内燃机油黏度分类（摘自 GB/T 14906—2018）见表 10-2-8。SE、SF 质量等级汽油机油和 CC、CD 质量等级柴油机油以及农用柴油机油黏度分类（摘自 GB/T 14906—2018）见表 10-2-9。汽车齿轮润滑剂黏度分类（摘自 GB/T 17477—2012）见表 10-2-10。

在 GB/T 3141—1994 中规定：“每个黏度等级用最接近 40℃时中间点运动黏度的 mm^2/s 正数值来表示，每个黏度等级的运动黏度范围允许为中间点运动黏度的±10%。”

表 10-2-7　工业液体润滑剂 ISO 黏度分类（摘自 GB/T 3141—1994）

ISO 黏度等级	中间点运动黏度(40℃)/$mm^2\cdot s^{-1}$	运动黏度范围(40℃)/$mm\cdot s^{-1}$		ISO 黏度等级	中间点运动黏度(40℃)/$mm^2\cdot s^{-1}$	运动黏度范围(40℃)/$mm\cdot s^{-1}$	
		最小	最大			最小	最大
2	2.2	1.98	2.42	100	100	90.0	110
3	3.2	2.88	3.52	150	150	135	165
5	4.6	4.14	5.06	220	220	198	242
7	6.8	6.12	7.48	320	320	288	352
10	10	9.00	11.0	460	460	414	506
15	15	13.5	16.5	680	680	612	748
22	22	19.8	24.2	1000	1000	900	1100
32	32	28.8	35.2	1500	1500	1350	1650
46	46	41.4	50.6	2200	2200	1980	2420
68	68	61.2	74.8	3200	3200	2880	3520

注：1. 对于某些 40℃运动黏度等级大于 3200 的产品，如某些含高聚物或沥青的润滑剂，可以参照本分类表中的黏度等级设计，只要把运动黏度测定温度由 40℃改为 100℃，并在黏度等级后加后缀符号“H”即可。如黏度等级为 15H，则表示该黏度等级是采用 100℃运动黏度确定的，它在 100℃时的运动黏度范围应为 13.5~16.5mm^2/s。

2. 本黏度等级分类标准不适用于内燃机油和车辆齿轮油。

表 10-2-8　内燃机油黏度分类（摘自 GB/T 14906—2018）

黏度等级	低温起动黏度 /mPa·s 不大于	低温泵送黏度（无屈服应力时）/mPa·s 不大于	运动黏度（100℃）/$mm^2·s^{-1}$ 不小于	运动黏度（100℃）/$mm^2·s^{-1}$ 小于	高温高剪切黏度（150℃）/mPa·s 不小于
试验方法	GB/T 6538	NB/SH/T 0562	GB/T 265	GB/T 265	SH/T 0751①
0W	6200(在-35℃)	60000(在-40℃)	3.8	—	—
5W	6600(在-30℃)	60000(在-35℃)	3.8	—	—
10W	7000(在-25℃)	60000(在-30℃)	4.1	—	—
15W	7000(在-20℃)	60000(在-25℃)	5.6	—	—
20W	9500(在-15℃)	60000(在-20℃)	5.6	—	—
25W	13000(在-10℃)	60000(在-15℃)	9.3	—	—
8	—	—	4.0	6.1	1.7
12	—	—	5.0	7.1	2.0
16	—	—	6.1	8.2	2.3
20	—	—	6.9	9.3	2.6
30	—	—	9.3	12.5	2.9
40	—	—	12.5	16.3	3.5(0W-40,5W-40 和 10W-40 等级)
40	—	—	12.5	16.3	3.7(15W-40,20W-40,25W-40 和 40 等级)
50	—	—	16.3	21.9	3.7
60	—	—	21.9	26.1	3.7

① 也可采用 SH/T 0618、NB/SH/T 0703 方法，有争议时，以 SH/T 0751 为准。

表 10-2-9　SE、SF 质量等级汽油机油和 CC、CD 质量等级柴油机油以及农用柴油机油黏度分类（摘自 GB/T 14906—2018）

黏度等级	低温启动黏度 /mPa·s 不大于	边界泵送温度 /℃ 不高于	运动黏度(100℃时) /$mm^2·s^{-1}$ 不小于	运动黏度(100℃时) /$mm^2·s^{-1}$ 小于
试验方法	GB/T 6538	GB/T 9171	GB/T 265	GB/T 265
0W	3250(在-30℃)	-35	3.8	—
5W	3500(在-25℃)	-30	3.8	—
10W	3500(在-20℃)	-25	4.1	—
15W	3500(在-15℃)	-20	5.6	—
20W	4500(在-10℃)	-15	5.6	—
25W	6000(在-5℃)	-10	9.3	—
20	—	—	5.6	9.3
30	—	—	9.3	12.5
40	—	—	12.5	16.3
50	—	—	16.3	21.9
60	—	—	21.9	26.1

表 10-2-10　汽车齿轮润滑剂黏度分类（摘自 GB/T 17477—2012）

黏度等级	最高温度（黏度达 150000mPa·s）/℃	最低黏度(100℃) /$mm^2·s^{-1}$	最高黏度(100℃) /$mm^2·s^{-1}$
70W	-55	4.1	—
75W	-40	4.1	—
80W	-26	7.0	—
85W	-12	11.0	—
90	—	13.5	<24.0
140	—	24.0	<41.0
250	—	41.0	—

表 10-2-11　不同的黏度指数在各种温度下具有相应的运动黏度的ISO黏度分类（摘自 GB/T 3141—1994）　$mm^2 \cdot s^{-1}$

ISO黏度等级	运动黏度范围	不同的黏度指数在其他温度时运动黏度近似值								
		黏度指数(VI)=0			黏度指数(VI)=50			黏度指数(VI)=95		
	40℃	20℃	37.8℃	50℃	20℃	37.8℃	50℃	20℃	37.8℃	50℃
2	1.98~2.42	(2.82~3.67)	(2.05~2.52)	(1.69~2.03)	(2.87~3.69)	(2.05~2.52)	(1.69~2.03)	(2.92~3.71)	(2.06~2.52)	(1.69~2.03)
3	2.88~3.52	(4.60~5.99)	(3.02~3.71)	(2.37~2.83)	(4.59~5.92)	(3.02~3.70)	(2.38~2.84)	(4.58~5.83)	(3.01~3.69)	(2.39~2.86)
5	4.14~5.06	(7.39~9.60)	(4.38~5.38)	(3.27~3.91)	(7.25~9.35)	(4.37~5.37)	(3.29~3.95)	(7.09~9.03)	(4.36~5.35)	(3.32~3.99)
7	6.12~7.48	(12.3~16.0)	(6.55~8.05)	(4.63~5.52)	(11.9~15.3)	(6.52~8.01)	(4.68~5.61)	(11.4~14.4)	(6.50~7.98)	(4.76~5.72)
10	9.00~11.0	20.2~25.9	9.73~12.0	6.53~7.83	19.1~24.5	9.68~11.9	6.65~7.99	18.1~23.1	9.64~11.8	6.78~8.14
15	13.5~16.5	35.5~43.0	14.7~18.1	9.43~11.3	31.6~40.6	14.7~18.0	9.62~11.5	29.8~38.3	14.6~17.9	9.80~11.8
22	19.8~24.2	54.2~69.8	21.8~26.8	13.3~16.0	51.0~65.8	21.7~26.6	13.6~16.3	48.0~61.7	21.6~26.5	13.9~16.6
32	28.8~35.2	87.7~115	32.0~39.4	18.6~22.2	82.6~108	31.9~39.2	19.0~22.6	76.9~98.7	31.7~38.9	19.4~23.3
46	41.4~50.6	144~189	46.6~57.4	25.5~30.3	133~172	46.3~56.9	26.1~31.3	120~153	45.9~56.3	27.0~32.5
68	61.2~74.8	242~315	69.8~98.8	35.9~42.8	219~283	69.2~85.0	37.1~44.4	193~244	68.4~83.9	38.7~46.6
100	90.0~110	402~520	104~127	50.4~60.3	356~454	103~126	52.4~63.0	303~383	101~124	55.3~66.6
150	135~165	672~862	157~194	72.5~85.9	583~743	155~191	75.9~91.2	486~614	153~188	80.6~97.1
220	198~242	1080~1390	233~286	102~123	927~1180	230~282	108~129	761~964	226~277	115~138
320	288~352	1720~2210	341~419	144~172	1460~1870	337~414	151~182	1180~1500	331~406	163~196
460	414~506	2700~3480	495~608	199~239	2290~2930	488~599	210~252	1810~2300	478~587	228~274
680	612~748	4420~5680	739~908	283~339	3700~4740	728~894	300~360	2880~3650	712~874	326~393
1000	900~1100	7170~9230	1100~1350	400~479	5960~7640	1080~1330	425~509	4550~5780	1050~1290	466~560
1500	1350~1650	11900~15400	1600~2040	575~688	9850~12600	1640~2010	613~734	7390~9400	1590~1960	676~812
2200	1980~2420	19400~25200	2460~3020	810~970	15900~20400	2420~2970	865~1040	11710~15300	2350~2890	950~1150
3200	2880~3520	31180~40300	3610~4435	1130~1355	25360~32600	3350~4360	1210~1450	18450~24500	3450~4260	1350~1620

注：括号内数据为概略值。

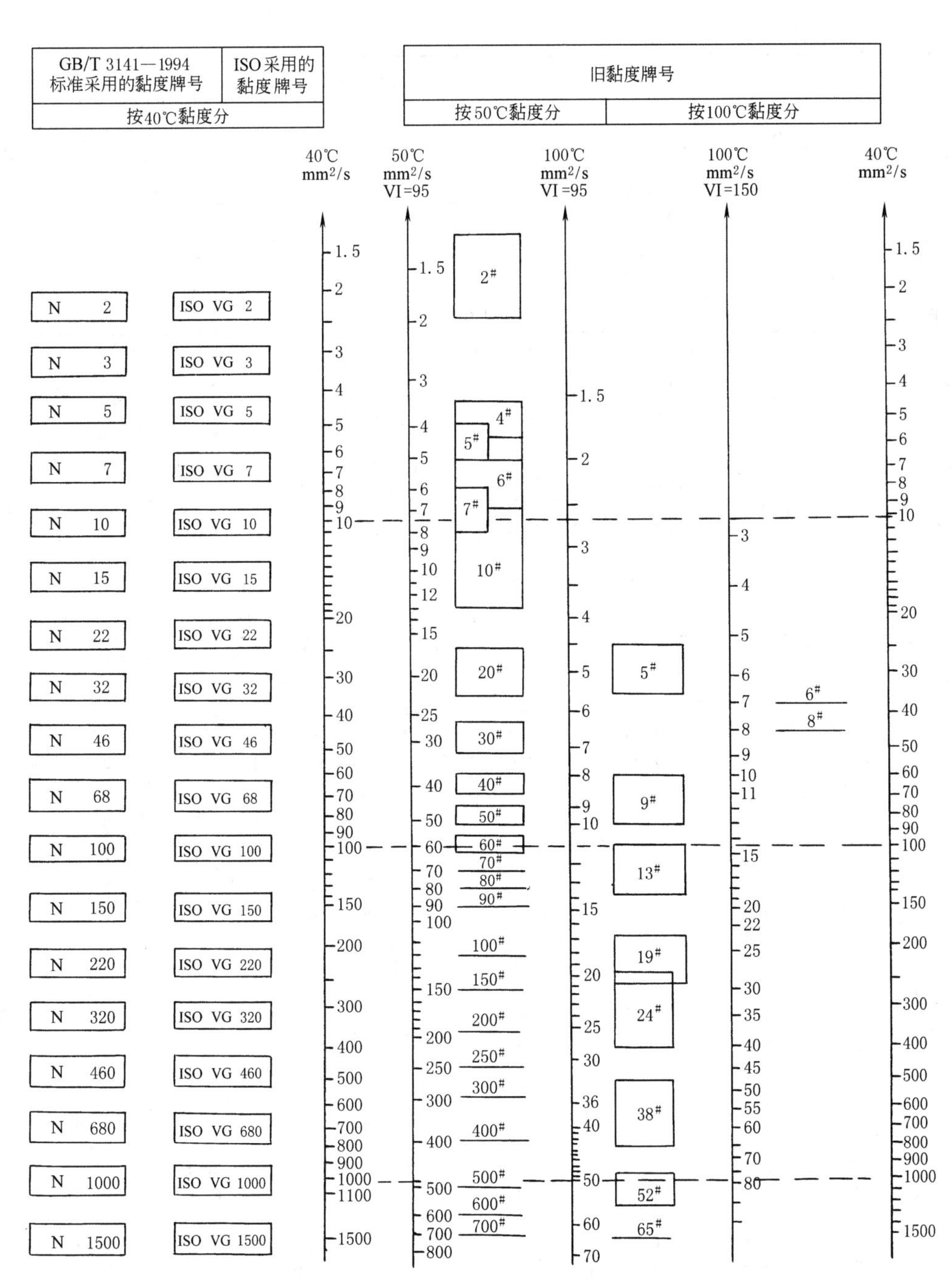

图 10-2-2　工业用润滑油新旧黏度牌号对照参考图

注：工业用润滑油产品中压缩机油、汽缸油、液力油等原系按 100℃运动黏度中心值分牌号，其他油原先按 50℃运动黏度中心值分牌号。

如相当于旧牌号为 20#（按 50℃运动黏度分牌号）的普通液压油，其新牌号为 N32。

(3) 黏度换算

表 10-2-12　　运动黏度单位换算

米²/秒 ($m^2 \cdot s^{-1}$)	厘米²/秒(斯)① ($cm^2 \cdot s^{-1}$)	毫米²/秒(厘斯) ($mm^2 \cdot s^{-1}$)	米²/时 ($m^2 \cdot h^{-1}$)	码²/秒 ($yd^2 \cdot s^{-1}$)	英尺²/秒 ($ft^2 \cdot s^{-1}$)	英尺²/时 ($ft^2 \cdot h^{-1}$)
1	10^4	10^6	3600	1.196	10.76	38.75×10^3
10^{-4}	1	100	0.36	119.6×10^{-6}	1.0706×10^{-3}	3.875

续表

米²/秒 ($m^2 \cdot s^{-1}$)	厘米²/秒(斯)① ($cm^2 \cdot s^{-1}$)	毫米²/秒(厘斯) ($mm^2 \cdot s^{-1}$)	米²/时 ($m^2 \cdot h^{-1}$)	码²/秒 ($yd^2 \cdot s^{-1}$)	英尺²/秒 ($ft^2 \cdot s^{-1}$)	英尺²/时 ($ft^2 \cdot h^{-1}$)
10^{-6}	0.01	1	3.6×10^{-3}	1.196×10^{-6}	10.76×10^{-6}	38.75×10^{-3}
277.8×10^{-6}	2.778	277.8	1	332×10^{-6}	2.99×10^{-3}	10.76
0.836	8.36×10^{3}	836×10^{3}	3010	1	9	32400
92.9×10^{-3}	929	92.9×10^{3}	334.57	0.111	1	3600
25.8×10^{-6}	0.258	25.8	92.9×10^{-3}	30.9×10^{-6}	278×10^{-6}	1

①“斯”是“斯托克斯”（厘米²/秒）的习惯称呼。

表 10-2-13　　动力黏度单位换算

千克力·秒/米² ($kgf \cdot s \cdot m^{-2}$)	帕·秒 ($Pa \cdot s$)	达因·秒/厘米² (泊)(P)	千克力·时/米² ($kgf \cdot h \cdot m^{-2}$)	牛·时/米² ($N \cdot h \cdot m^{-2}$)	磅力·秒/英尺² ($lbf \cdot s \cdot ft^{-2}$)	磅力·秒/英寸² ($lbf \cdot s \cdot in^{-2}$)
1	9.81	98.1	278×10^{-6}	2.73×10^{-3}	0.205	1.42×10^{-3}
0.102	1	10	28.3×10^{-6}	278×10^{-6}	20.9×10^{-3}	1.45×10^{-4}
10.2×10^{-3}	0.1	1	2.83×10^{-6}	27.8×10^{-6}	2.09×10^{-3}	1.45×10^{-5}
3600	35.3×10^{3}	353×10^{3}	1	9.81	738	5.12
367	3600	36×10^{3}	0.102	1	75.3	0.52
4.88	47.88	478.8	1.356×10^{-3}	13.3×10^{-3}	1	6.94×10^{-3}
703	6894.7	68947.6	0.195	1.91	144	1

表 10-2-14　　运动黏度与恩氏黏度换算（摘自 GB/T 265—1988）

运动黏度 /$mm^2 \cdot s^{-1}$	恩氏黏度 /°E	运动黏度 /$mm^2 \cdot s^{-1}$	恩氏黏度 /°E	运动黏度 /$mm^2 \cdot s^{-1}$	恩氏黏度 /°E	运动黏度 /$mm^2 \cdot s^{-1}$	恩氏黏度 /°E	运动黏度 /$mm^2 \cdot s^{-1}$	恩氏黏度 /°E
1.00	1.00	4.70	1.36	8.40	1.71	13.2	2.17	20.6	3.02
1.10	1.01	4.80	1.37	8.50	1.72	13.4	2.19	20.8	3.04
1.20	1.02	4.90	1.38	8.60	1.73	13.6	2.21	21.0	3.07
1.30	1.03	5.00	1.39	8.70	1.74	13.8	2.24	21.2	3.09
1.40	1.04	5.10	1.40	8.80	1.74	14.0	2.26	21.4	3.12
1.50	1.05	5.20	1.41	8.90	1.75	14.2	2.28	21.6	3.14
1.60	1.06	5.30	1.42	9.00	1.76	14.4	2.30	21.8	3.17
1.70	1.07	5.40	1.42	9.10	1.77	14.6	2.33	22.0	3.19
1.80	1.08	5.50	1.43	9.20	1.78	14.8	2.35	22.2	3.22
1.90	1.09	5.60	1.44	9.30	1.79	15.0	2.37	22.4	3.24
2.00	1.10	5.70	1.45	9.40	1.80	15.2	2.39	22.6	3.27
2.10	1.11	5.80	1.46	9.50	1.81	15.4	2.42	22.8	3.29
2.20	1.12	5.90	1.47	9.60	1.82	15.6	2.44	23.0	3.31
2.30	1.13	6.00	1.48	9.70	1.83	15.8	2.46	23.2	3.34
2.40	1.14	6.10	1.49	9.80	1.84	16.0	2.48	23.4	3.36
2.50	1.15	6.20	1.50	9.90	1.85	16.2	2.51	23.6	3.39
2.60	1.16	6.30	1.51	10.0	1.86	16.4	2.53	23.8	3.41
2.70	1.17	6.40	1.52	10.1	1.87	16.6	2.55	24.0	3.43
2.80	1.18	6.50	1.53	10.2	1.88	16.8	2.58	24.2	3.46
2.90	1.19	6.60	1.54	10.3	1.89	17.0	2.60	24.4	3.48
3.00	1.20	6.70	1.55	10.4	1.90	17.2	2.62	24.6	3.51
3.10	1.21	6.80	1.56	10.5	1.91	17.4	2.65	24.8	3.53
3.20	1.21	6.90	1.56	10.6	1.92	17.6	2.67	25.0	3.56
3.30	1.22	7.00	1.57	10.7	1.93	17.8	2.69	25.2	3.58
3.40	1.23	7.10	1.58	10.8	1.94	18.0	2.72	25.4	3.61
3.50	1.24	7.20	1.59	10.9	1.95	18.2	2.74	25.6	3.63
3.60	1.25	7.30	1.60	11.0	1.96	18.4	2.76	25.8	3.65
3.70	1.26	7.40	1.61	11.2	1.98	18.6	2.79	26.0	3.68
3.80	1.27	7.50	1.62	11.4	2.00	18.8	2.81	26.2	3.70
3.90	1.28	7.60	1.63	11.6	2.01	19.0	2.83	26.4	3.73
4.00	1.29	7.70	1.64	11.8	2.03	19.2	2.86	26.6	3.76
4.10	1.30	7.80	1.65	12.0	2.05	19.4	2.88	26.8	3.78
4.20	1.31	7.90	1.66	12.2	2.07	19.6	2.90	27.0	3.81
4.30	1.32	8.00	1.67	12.4	2.09	19.8	2.92	27.2	3.83
4.40	1.33	8.10	1.68	12.6	2.11	20.0	2.95	27.4	3.86
4.50	1.34	8.20	1.69	12.8	2.13	20.2	2.97	27.6	3.89
4.60	1.35	8.30	1.70	13.0	2.15	20.4	2.99	27.8	3.92

续表

运动黏度/mm²·s⁻¹	恩氏黏度/°E	运动黏度/mm²·s⁻¹	恩氏黏度/°E	运动黏度/mm²·s⁻¹	恩氏黏度/°E	运动黏度/mm²·s⁻¹	恩氏黏度/°E	运动黏度/mm²·s⁻¹	恩氏黏度/°E
28.0	3.95	37.8	5.21	47.6	6.49	57.4	7.78	67.2	9.08
28.2	3.97	38.0	5.24	47.8	6.52	57.6	7.81	67.4	9.11
28.4	4.00	38.2	5.26	48.0	6.55	57.8	7.83	67.6	9.14
28.6	4.02	38.4	5.29	48.2	6.57	58.0	7.86	67.8	9.17
28.8	4.05	38.6	5.31	48.4	6.60	58.2	7.88	68.0	9.20
29.0	4.07	38.8	5.34	48.6	6.62	58.4	7.91	68.2	9.22
29.2	4.10	39.0	5.37	48.8	6.65	58.6	7.94	68.4	9.25
29.4	4.12	39.2	5.39	49.0	6.68	58.8	7.97	68.6	9.28
29.6	4.15	39.4	5.42	49.2	6.70	59.0	8.00	68.8	9.31
29.8	4.17	39.6	5.44	49.4	6.73	59.2	8.02	69.0	9.34
30.0	4.20	39.8	5.47	49.6	6.76	59.4	8.05	69.2	9.36
30.2	4.22	40.0	5.50	49.8	6.78	59.6	8.08	69.4	9.39
30.4	4.25	40.2	5.52	50.0	6.81	59.8	8.10	69.6	9.42
30.6	4.27	40.4	5.54	50.2	6.83	60.0	8.13	69.8	9.45
30.8	4.30	40.6	5.57	50.4	6.86	60.2	8.15	70.0	9.48
31.0	4.33	40.8	5.60	50.6	6.89	60.4	8.18	70.2	9.50
31.2	4.35	41.0	5.63	50.8	6.91	60.6	8.21	70.4	9.53
31.4	4.38	41.2	5.65	51.0	6.94	60.8	8.23	70.6	9.55
31.6	4.41	41.4	5.68	51.2	6.96	61.0	8.26	70.8	9.58
31.8	4.43	41.6	5.70	51.4	6.99	61.2	8.28	71.0	9.61
32.0	4.46	41.8	5.73	51.6	7.02	61.4	8.31	71.2	9.63
32.2	4.48	42.0	5.76	51.8	7.04	61.6	8.34	71.4	9.66
32.4	4.51	42.2	5.78	52.0	7.07	61.8	8.37	71.6	9.69
32.6	4.54	42.4	5.81	52.2	7.09	62.0	8.40	71.8	9.72
32.8	4.56	42.6	5.84	52.4	7.12	62.2	8.42	72.0	9.75
33.0	4.59	42.8	5.86	52.6	7.15	62.4	8.45	72.2	9.77
33.2	4.61	43.0	5.89	52.8	7.17	62.6	8.48	72.4	9.80
33.4	4.64	43.2	5.92	53.0	7.20	62.8	8.50	72.6	9.82
33.6	4.66	43.4	5.95	53.2	7.22	63.0	8.53	72.8	9.85
33.8	4.69	43.6	5.97	53.4	7.25	63.2	8.55	73.0	9.88
34.0	4.72	43.8	6.00	53.6	7.28	63.4	8.58	73.2	9.90
34.2	4.74	44.0	6.02	53.8	7.30	63.6	8.60	73.4	9.93
34.4	4.77	44.2	6.05	54.0	7.33	63.8	8.63	73.6	9.95
34.6	4.79	44.4	6.08	54.2	7.35	64.0	8.66	73.8	9.98
34.8	4.82	44.6	6.10	54.4	7.38	64.2	8.68	74.0	10.01
35.0	4.85	44.8	6.13	54.6	7.41	64.4	8.71	74.2	10.03
35.2	4.87	45.0	6.16	54.8	7.44	64.6	8.74	74.4	10.06
35.4	4.90	45.2	6.18	55.0	7.47	64.8	8.77	74.6	10.09
35.6	4.92	45.4	6.21	55.2	7.49	65.0	8.80	74.8	10.12
35.8	4.95	45.6	6.23	55.4	7.52	65.2	8.82	75.0	10.15
36.0	4.98	45.8	6.26	55.6	7.55	65.4	8.85	76	10.3
36.2	5.00	46.0	6.28	55.8	7.57	65.6	8.87	77	10.4
36.4	5.03	46.2	6.31	56.0	7.60	65.8	8.90	78	10.5
36.6	5.05	46.4	6.34	56.2	7.62	66.0	8.93	79	10.7
36.8	5.08	46.6	6.36	56.4	7.65	66.2	8.95	80	10.8
37.0	5.11	46.8	6.39	56.6	7.68	66.4	8.98	81	10.9
37.2	5.13	47.0	6.42	56.8	7.70	66.6	9.00	82	11.1
37.4	5.16	47.2	6.44	57.0	7.73	66.8	9.03	83	11.2
37.6	5.18	47.4	6.47	57.2	7.75	67.0	9.06	84	11.4

续表

运动黏度 /$mm^2 \cdot s^{-1}$	恩氏黏度 /°E	运动黏度 /$mm^2 \cdot s^{-1}$	恩氏黏度 /°E	运动黏度 /$mm^2 \cdot s^{-1}$	恩氏黏度 /°E	运动黏度 /$mm^2 \cdot s^{-1}$	恩氏黏度 /°E	运动黏度 /$mm^2 \cdot s^{-1}$	恩氏黏度 /°E
85	11.5	93	12.6	101	13.6	109	14.7	117	15.8
86	11.6	94	12.7	102	13.8	110	14.9	118	16
87	11.8	95	12.8	103	13.9	111	15	119	16.1
88	11.9	96	13	104	14.1	112	15.1	120	16.2
89	12	97	13.1	105	14.2	113	15.3		
90	12.2	98	13.2	106	14.3	114	15.4		
91	12.3	99	13.4	107	14.5	115	15.6		
92	12.4	100	13.5	108	14.6	116	15.7		

注：当运动黏度 ν>120cSt 时，按下式换算：

$$E_t = 0.135\nu_t \quad \nu_t = 7.41E_t$$

式中 E_t——在温度 t 时的恩氏黏度，°E；

ν_t——在温度 t 时的运动黏度，mm^2/s。

表 10-2-15　各种黏度换算

运动黏度 /$mm^2 \cdot s^{-1}$	雷氏1号黏度 /s	赛氏-弗氏黏度(通用)/s	运动黏度 /$mm^2 \cdot s^{-1}$	雷氏1号黏度 /s	赛氏-弗氏黏度(通用)/s
(1.0)	28.5		15.5	70	79.2
(1.5)	30		16.0	71.5	81.1
(2.0)	31	32.6	16.5	73	83.1
(2.5)	32	34.4	17.0	75	85.1
(3.0)	33	36.0	17.5	77	87.1
(3.5)	34.5	37.6	18.0	78.5	89.2
(4.0)	35.5	39.1	18.5	80	91.2
(4.5)	37	40.7	19.0	82	93.3
(5.0)	38	42.3	19.5	84	95.4
(5.5)	39.5	43.9	20.0	86	97.5
(6.0)	41	45.5	20.5	88	99.6
(6.5)	42	47.1	21.0	90	101.7
(7.0)	43.5	48.7	21.5	92	103.9
(7.5)	45	50.3	22.0	93	106.0
(8.0)	46	52.0	22.5	95	108.2
(8.5)	47.5	53.7	23.0	97	110.3
(9.0)	49	55.4	23.5	99	112.4
(9.5)	50.5	57.1	24.0	101	114.6
10.0	52	58.8	24.5	103	116.8
10.2	52.5	59.5	25	105	118.9
10.4	53	60.2	26	109	123.2
10.6	53.5	60.9	27	113	127.7
10.8	54.5	61.6	28	117	132.1
11.0	55	62.3	29	121	136.5
11.4	56	63.7	30	125	140.9
11.8	57.5	65.2	31	129	145.3
12.2	59	66.6	32	133	149.7
12.6	60	68.1	33	136	154.2
13.0	61	69.6	34	140	158.7
13.5	63	71.5	35	144	163.2
14.0	64.5	73.4	36	148	167.7
14.5	66	75.3	37	152	172.2
15.0	68	77.2	38	156	176.7

续表

运动黏度/$mm^2 \cdot s^{-1}$	雷氏1号黏度/s	赛氏-弗氏黏度(通用)/s	运动黏度/$mm^2 \cdot s^{-1}$	雷氏1号黏度/s	赛氏-弗氏黏度(通用)/s
39	160	181.2	48	197	222.2
40	164	185.7	49	201	226.8
41	168	190.2	50	205	231.4
42	172	194.7	52	213	240.6
43	177	199.2	54	221	249.9
44	181	203.8	56	229	259.0
45	185	208.4	58	237	268.2
46	189	213.0	60	245	277.4
47	193	217.6	70	285	323.4

注：1. 表中带括号者，仅为运动黏度换算至雷氏或赛氏黏度，或者雷氏和赛氏黏度之间的换算。

2. 本表所列数值是在同温度下的换算值。

3. 超出本表以外的高黏度可用下列系数计算：

1运动黏度=0.247雷氏黏度；1运动黏度=0.216赛氏黏度；

1雷氏黏度=4.05运动黏度；1雷氏黏度=30.7恩氏黏度；1恩氏黏度=0.0326雷氏黏度；

1恩氏黏度=0.0285赛氏黏度；

1赛氏黏度=4.62运动黏度；1赛氏黏度=35.11恩氏黏度；1赛氏黏度=1.14雷氏黏度；

1雷氏黏度=0.887赛氏黏度。

举例：已知某润滑油的黏度50℃时为60mm^2/s，100℃时为10mm^2/s，机床工作温度60℃。问工作时润滑油的实际黏度是多少?

查图：按照图10-2-3，从温度50℃和100℃的两点引纵线，在黏度60mm^2/s和10mm^2/s的两点引横线，分别相交于*A*、*B*两点，再将*A*、*B*两点连一直线（这条线称为黏温线）。再从60℃的一点引垂线交*AB*线上于*C*，然后从*C*点引水平横线交于左边纵坐标线一点，即求出在温度60℃时的运动黏度为39mm^2/s。

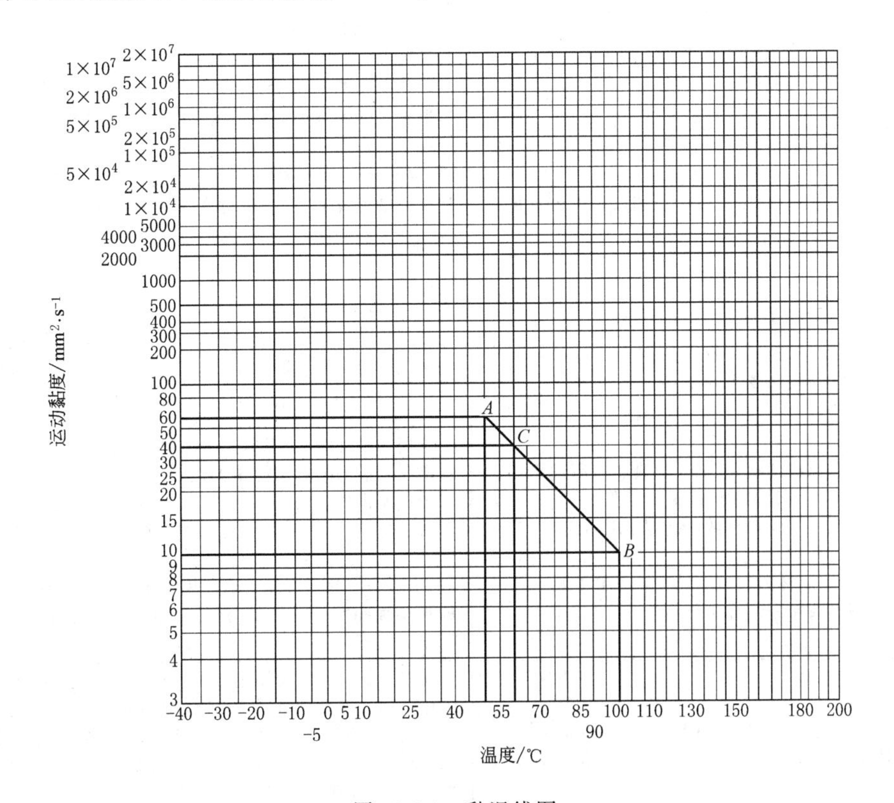

图10-2-3 黏温线图

表 10-2-16　　条件黏度换算成运动黏度的经验公式

黏度名称	符号	换算成运动黏度(mm^2/s)的公式
恩氏黏度/°E	E_t	$\nu_t=8.0E_t-\dfrac{8.64}{E_t}(E_t=1.35\sim3.2°E)$ $\nu_t=7.6E_t-\dfrac{4.0}{E_t}(E_t>3.2°E)$
赛氏(通用)黏度/s	SU_t	$\nu_t=0.226SU_t-195/SU_t(SU_t=32\sim100s)$ $\nu_t=0.220SU_t-135/SU_t(SU_t>100s)$
赛氏重油黏度/s	SF_t	$\nu_t=2.24SF_t-184/SF_t(SF_t=25\sim40s)$ $\nu_t=2.16SF_t-60/SF_t(SF_t>40s)$
雷氏 1 号黏度/s	R_t	$\nu_t=0.260R_t-179/R_t(R_t=34\sim100s)$ $\nu_t=0.247R_t-50/R_t(R_t>100s)$
雷氏 2 号黏度/s	RA_t	$\nu_t=2.46RA_t-100/RA_t(RA_t=32\sim90s)$ $\nu_t=2.45RA_t(RA_t>90s)$

2.2.2　润滑油的其他质量指标

除表 10-2-17 所列指标外，不同品种的润滑油，还有有关油品的润滑性、热（或温度）稳定性、化学稳定性、起泡性、抗乳化性、对各种介质和橡胶密封材料的相容性、耐蚀性、导热性以及毒性等。有些润滑油如内燃机油还有抗摩擦磨损性能或使用性能指标，包括模拟台架的程序试验以及实际使用试验的结果等，此处从略。

表 10-2-17　　润滑油的其他质量指标

指标	定义	说明
黏度指数	表示油品黏度随温度变化这个特性的一个约定量值。黏度指数高，表示油品的黏度随温度变化较小	它是油品黏度-温度特性的衡量指标。检验时将润滑油试样与一种黏温性能较好(黏度指数定为 100)及另一种黏温性能较差(黏度指数定为 0)的标准油进行比较所得黏度的温度变化的相对值(GB/T 1995—1998)
凝点	试样在规定条件下冷却至液面停止移动时的最高温度，以℃表示	表示润滑油的耐低温的性能。按 GB/T 510—2018 标准方法检验时，将润滑油装在规定的试管中，并冷却至预期温度，将试管倾斜至与水平成 45°静置 1min，观察液面是否移动，记录试管内液面不移动时的最高温度作为润滑油的凝点
倾点	在规定条件下，被冷却的试样能流动的最低温度，以℃表示	倾点和凝点都是表示油品低温流动性的指标。二者无原则差别，只是测定方法稍有不同，现在我国已逐步改用倾点来表示润滑油的低温性能。按 GB/T 3535—2006 标准方法检验时将润滑油放在试管中预热后，在规定速度下冷却，每间隔 3℃检查一次润滑油的流动性。观察到被冷却的润滑油能流动的最低温度作为倾点
黏度比	油品在两个规定温度下所测得较低温度下的运动黏度与较高温度下的运动黏度之比。黏度比越小表示油品黏度随温度变化越小	黏度比是用来评定成分相同的同牌号油在同一温度范围内的低温黏度与高温黏度的比值。一般润滑油规定以 40℃时的运动黏度与 100℃时的运动黏度的比值作为黏度比，用 ν_{40}/ν_{100} 表示
闪点	在标准试验条件下，加热油品所逸出的蒸气被火焰引燃发生闪火的最低温度，以℃表示。测定闪点有两种方法：开杯闪点(开口闪点)，用于测定闪点在 150℃以下的轻质油品；闭杯闪点(闭口闪点)，用于测定重质润滑油和深色石油产品	选用润滑油时，应根据使用温度考虑润滑油闪点的高低，一般要求润滑油的闪点比使用温度高 20～30℃，以保证使用安全和减少挥发损失。用开杯(GB/T 267—1988)闪点法测定开杯闪点时，把试样装入内坩埚到规定的刻线。首先迅速升高试样的温度，然后缓慢升温，当接近闪点时，恒速升温，在规定的温度间隔，用一个小的点火器火焰按规定速度通过试样表面，以点火器的火焰使试样表面上的蒸气发生闪火的最低温度，作为开杯闪点
酸值①	在指定溶剂中将试样滴定到指定终点时所使用的碱的量，以 KOH 计，单位为 mg/g	润滑油在储存和使用过程中被氧化变质时，酸值也逐渐增大，常用酸值的变化大小来衡量润滑油的氧化稳定性和储存稳定性，或作为换油指标之一。常用的润滑油酸值标准测定法有 GB/T 7304—2014(电位滴定位)、GB/T 4945—2002(颜色指示剂法)、SH/T 0163—1992(半微量颜色指示剂法)及 GB/T 264—1983(碱性蓝法)等

续表

指标	定义	说明
残炭	在规定的限氧(空气)条件下,石油产品发生受控热分解后形成的残余物	残炭值主要是内燃机油和空压机油等的质量指标之一。在这些机器工作时,其活塞环不断地将润滑油带入高温的缸内,部分分解氧化形成了积炭,在缸壁、活塞顶部的积炭会妨碍散热而使零件过热。积炭沉积在火花塞、阀门上会引起点火不灵及阀门开关不灵甚至烧坏。现行的残炭标准测定法有 GB 268—1987(康氏法)与 SH/T 0170—2000(电炉法)两种
灰分	是指试样在规定条件下被灼烧炭化后,所剩的残留物经煅烧所得的无机物,以质量分数表示。硫酸盐灰分是指试样炭化后剩余的残渣用硫酸处理,并加热至恒重的质量,以质量分数表示	对于不含添加剂的润滑油,灰分可以作为检查基础油精制是否正常的指标之一。灰分越少越好。灰分含量较多时,会促使油品加速氧化、生胶,增加机械的磨损。而对于含添加剂的润滑油,在未加添加剂前,灰分含量越小越好。但在加添加剂后,由于某些添加剂本身就是金属盐类,为保证油中加有足够的添加剂,又要求硫酸盐灰分不小于某一数值,以间接地表明添加剂的含量。按 GB/T 508—1985 及 GB/T 2433—2001 标准方法测定
机械杂质	是指存在于润滑油中不溶于汽油、乙醇和苯等溶剂的沉淀物或胶状悬浮物。来源于润滑油生产、储存和使用中的外界污染或机械本身磨损和腐蚀,大部分是砂石、铁屑和积炭类,以及添加剂带来的一些难溶于溶剂的有机金属盐	也是反映油品精制程度的质量指标。它的存在加速机械的磨损,严重时堵塞油路、油嘴和滤油器,破坏正常润滑。在使用前和使用中应对油进行必要的过滤。对于加有添加剂的油品,不应简单地用机械杂质含量的大小判断其好坏,而是应分析机械杂质的内容,因为这时杂质中含有加入添加剂后所引入的对使用无害的溶剂不溶物。机械杂质的测定按 GB/T 511—2010 标准方法进行
水分	存在于润滑油中的水含量称为水分。润滑油中水分一般以溶解水或以微滴状态悬浮于油中的混合水两种状态存在	润滑油中存在水分,会促使油品氧化变质,破坏润滑油形成的油膜,使润滑效果变差。水分还加速油中有机酸对金属的腐蚀作用,造成设备锈蚀,导致润滑油添加剂失效以及其他一些影响。因而润滑油中水分越少越好,用户必须在使用储存中注意保管油品。水分的测定按 GB/T 260—2016 标准方法进行,将一定量的试样与无水溶剂(二甲苯)混合,进行蒸馏,测定其水分含量
水溶性酸或碱	是指存在于润滑油中的可溶于水的酸性或碱性物质	新油中如有水溶性酸或碱,则可能是润滑油在酸碱精制过程中酸碱分离不好的结果。储存和使用过程中的油品如含有水溶性酸和碱,则表明润滑油被污染或氧化分解。润滑油酸和碱不合格将腐蚀机械零件,使汽轮机油的抗乳化性降低,变压器油的耐电压性能下降。水溶性酸或碱的测定按 GB 259—1988 标准方法进行
氧化安定性[②]	是指润滑油在加热和在金属的催化作用下抵抗氧化变质的能力	是反映油品在实际使用、储存和运输过程中氧化变质或老化倾向的重要特性。内燃机油的氧化安定性按 SH/T 0299—1992 标准方法测定;汽轮机油用 NB/SH/T 0193—2022 标准方法测定;变压器油用 SH/T 0124—2000 标准方法测定;极压润滑油用 SH/T 0123—1993、直馏和不含添加剂润滑油用 SH/T 0185—1992 标准方法测定
防腐性	是测定油品在一定温度下阻止与其相接触的金属被腐蚀的能力	在润滑油中引起金属腐蚀的物质,有可能是基础油和添加剂生产过程中所残留的,也可能源于油品的氧化产物和油品储运与使用过程中受到污染的产物。腐蚀试验一般按 GB/T 5096—2017 石油产品铜片腐蚀试验方法进行。此外,内燃机油对轴瓦(铅铜合金)等的腐蚀性,可按 GB/T 391—1977 发动机润滑油腐蚀度测定法进行
四球法	使用四球试验机测定润滑剂极压和磨损性能的试验方法	按 GB/T 12583—1998 标准方法,使用四球试验机测定润滑剂极压性能(承载能力)。该标准规定了三个指标:①最大无卡咬负荷 P_B,即在试验条件下不发生卡咬的最大负荷;②烧结负荷 P_D,即在试验条件下使钢球发生烧结的最小负荷;③综合磨损值 ZMZ,又称平均赫兹负荷或负荷磨损指标 LWI,是润滑剂抗极压能力的一个指数,它等于若干次校正负荷的平均值

续表

指标	定义	说明
梯姆肯法	借助梯姆肯(环块)极压试验机测定润滑油脂承压能力、抗摩擦和抗磨损性能的一种试验方法	按 SH/T 0532—1992 标准方法,使用梯姆肯极压试验机测定润滑油抗擦伤能力。该标准规定了两个指标:①OK 值,即用梯姆肯法测定润滑油承压能力过程中,没有引起刮伤或卡咬(又称咬黏)时所加负荷的最大值;②刮伤值,即用同一方法测定中出现刮伤或卡咬时所加负荷的最小值

① 在 GB/T 4016—2019 中给出的术语"酸值"定义为:"在规定条件下,滴定中和 1g 石油产品中所有酸性组分所需要的碱量。注:以每克油中相当的氢氧化钾的毫克数(mg/g)表示。"

② 在 GB/T 4016—2019 中给出的术语"氧化安定性"定义为:"石油产品抵抗大气(或氧气)的作用而保持其性能不发生本质变化的能力。"

2.3 常用润滑油的牌号、性能及应用

2.3.1 润滑油的分类和命名

按照现行中国国家标准 GB/T 7631.1 目前润滑油的分类有以下几个部分:

——GB/T 7631.2　第 2 部分:H 组(液压系统);

——GB/T 7631.4　第 4 部分:F 组(主轴、轴承和有关离合器);

——GB/T 7631.7　第 7 部分:C 组(齿轮);

——GB/T 7631.9　第 9 部分:D 组(压缩机);

——GB/T 7631.10　第 10 部分:T 组(涡轮机);

——GB/T 7631.11　第 11 部分:G 组(导轨);

——GB/T 7631.13　第 13 部分:A 组(全损耗系统);

——GB/T 7631.16　第 16 部分:P 组(气动工具);

——GB/T 7631.17　第 17 部分:E 组(内燃机油)。

GB/T 7631.15—1998 规定了润滑剂和有关产品(L类)中 N 组(绝缘液体)产品的详细分类。但如变压器油主要用途是作为绝缘和传热介质,润滑不是其主要作用。

GB 7631.5—1989 规定了 L 类(润滑剂和有关产品)中 M 组(金属加工)产品的详细分类。其应用于对润滑性有要求的加工工艺,如用于切削、研磨或放电等金属除去工艺,用于冲压、深拉、压延、强力旋压、拉拔、冷锻和热锻、挤压、模压、冷轧等金属成形工艺。

在 GB/T 7631.2—2003《润滑剂、工业用油和相关产品(L类)的分类　第 2 部分:H 组(液压系统)》中,与原 GB/T 7631.2—1987 相比,增加了环境可接受液压液 HETG(甘油三酸酯)、HEPG(聚乙二醇)、HEES(合成酯)及 HEPR(聚 α 烯烃和相关烃类产品),取消了对环境和健康有害的难燃液压液 HFDS(氯化烃无水合成液)和 HFDT(HFDS 和 HFDR 磷酸酯无水合成液的混合液)。GB/T 7631.2—2003 不包括汽车刹车液和航空液压液。液压流体见本手册第 20 篇第 4 章,且包括了航空液压油。

在 GB/T 7631.2—2003 中,液压系统包括流体静压系统和流体动力系统(自动传动系统、偶合器和变矩器),液压液包括液压油、液压液。

在 GB/T 7631.17—2014《润滑剂、工业用油和相关产品(L类)的分类 第 17 部分:E 组(内燃机油)》中增加了"四冲程摩托车汽油机油"品种;增加了"ISO 6743-15:2007 提供的四冲程摩托车汽油机油分类有关的背景和补充信息"。

在 GB/T 7631.1 分类体系中,产品以统一的方法命名的,例如,一个特定的产品可以按下面完整的型式命名,即 ISO-L-AN32,或用其简式,即:L-AN32,其中数字为 GB/T 3141 规定的黏度等级。产品名称的一般形式如下所示:

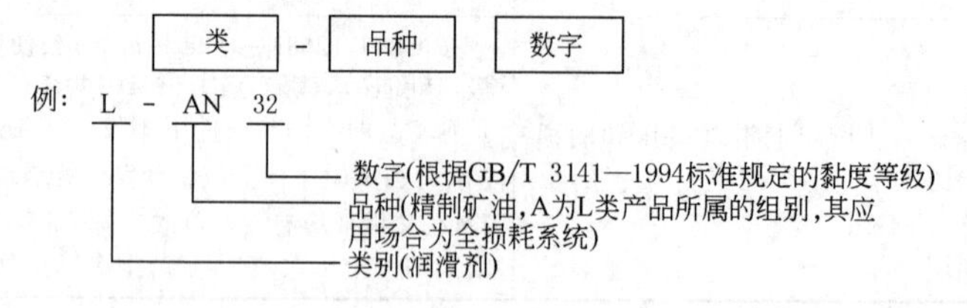

对于内燃机油，GB/T 28772—2012 中，每一个品种由两个大写字母及数字组成的代号表示。该代号的第一个字母为“S”时代表汽油机油，当代号第一个字母为“C”时代表柴油机油，第一个字母与第二个字母相结合代表质量等级，其后的数字 2 或 4 分别代表二冲程或四冲程柴油机。每个特定的品种代号应附有按 GB/T 14906 规定的黏度等级。在 GB/T 28772—2012 规定的分类体系中，产品以统一的方法命名。例如：一种特定的汽油机油可命名为 SE 30、GF-1 5W-30；一种特定的柴油机油可命名为 CF-4 15W-40；一种特定的汽油机/柴油机通用油可命名为 SJ/CF-4 15W-40 或柴油机/汽油机通用油可命名为 CF-4/SJ 15W-40。

2.3.2 润滑油标准

表 10-2-18 润滑油现行标准

序号	标准
1	GB 439—1990《航空喷气机润滑油》
2	GB 440—1977(1988)《20 号航空润滑油》
3	GB/T 443—1989《L-AN 全损耗系统用油》
4	GB 5903—2011《工业闭式齿轮油》*
5	GB 11120—2011《涡轮机油》
6	GB 11121—2006《汽油机油》*
7	GB 11122—2006《柴油机油》*
8	GB/T 12494—1990《食品机械专用白油》
9	GB/T 12691—2021《空气压缩机油》*
10	GB 13895—2018《重负荷车辆齿轮油(GL-5)》*
11	GB/T 16630—2012《冷冻机油》*
12	GB/T 17038—1997《内燃机车柴油机油》
13	GB 20419—2006《农用柴油机油》*
14	GB/T 20420—2006《润滑剂、工业用油和相关产品(L 类)-E 组(内燃机油)-二冲程汽油发动机油(EGB、EGC 和 EGD)》*
15	GB/T 33540.3—2017《风力发电机组专用润滑剂　第 3 部分:变速箱齿轮油》
16	GB/T 38049—2019《船用内燃机油》*
17	GB/T 40701—2021《动车组驱动齿轮箱润滑油》
18	NB/SH/T 0434—2013《4839 号抗化学润滑油》
19	NB/SH/T 0448—2013《4802 号抗化学润滑油》
20	NB/SH/T 0454—2018《特种精密仪表油规范》
21	NB/SH/T 0467—2010《合成工业齿轮油》
22	NB/SH/T 0849—2010《汽车空调合成冷冻机油》
23	NB/SH/T 6034—2021《农机传动系统用润滑油》
24	NB/SH/T 6040—2021《机器人用摆线针轮(RV)减速器润滑油》
25	NB/SH/T 6042—2021《纯电动汽车减速箱用油》
26	Q/CR 761—2020《机车车辆专用润滑油　制动阀用硅油》
27	QB/T 2766—2006《矿物油型造纸机循环润滑系统润滑油》
28	QB/T 2767—2006《合成型造纸机循环润滑系统润滑油》
29	SH/T 0010—1990《热定型机润滑油》
30	SH 0017—1990《轴承油》
31	SH/T 0094—1991《蜗轮蜗杆油》
32	SH/T 0138—1994《10 号仪表油》
33	SH 0139—1995《车轴油》
34	SH/T 0361—1998《导轨油》
35	SH/T 0362—1996《抗氨汽轮机油》
36	SH/T 0363—1992《普通开式齿轮油》
37	SH/T 0465—1992《4122 号高温仪表油》
38	SH/T 0528—1992《矿物油型真空泵油》

续表

序号	标准
39	SH/T 0676—2005《水冷二冲程汽油机油》
40	T/CAPE 12003—2021《油气润滑油》
41	TB/T 2956—2009《铁路内燃机车柴油机油》
42	TB/T 3257—2011《铁路机车空气压缩机油》

注：1. 后面标注了“＊”的标准，产品已在下面做了介绍。

2. 参考文献［16］给出的轴承油石化行业标准为 SH 0017—1990。

3. 没有包括 GB/T 7631. 5—1989 规定的 L 类（润滑剂和有关产品）中 M 组（金属加工）产品标准。

2. 3. 3 常用润滑油的牌号、性能及应用

（1）内燃机油

① 内燃机油分类（摘自 GB/T 28772—2012）。

表 10-2-19　内燃机油的分类

应用范围	品种代号	特性和使用场合
汽油机油	SE	用于轿车和某些货车的汽油机以及要求使用 API SE、SD[①] 级油的汽油机。此种油品的抗氧化性能及控制汽油机高温沉积物、锈蚀和腐蚀的性能优于 SD 或 SC[①]
	SF	用于轿车和某些货车的汽油机以及要求使用 API SF、SE 级油的汽油机。此种油品的抗氧化和抗磨损性能优于 SE,同时还具有控制汽油机沉积、锈蚀和腐蚀的性能,并可代替 SE
	SG	用于轿车、货车和轻型卡车的汽油机以及要求使用 API SG 级油的汽油机。SG 质量还包括 CC 或 CD 的使用性能。此种油品改进了 SF 级油控制发动机沉积物、磨损和油的氧化性能,同时还具有抗锈蚀和腐蚀的性能,并可代替 SF、SF/CD、SE 或 SE/CC
	SH、GF-1	用于轿车、货车和轻型卡车的汽油机以及要求使用 API SH 级油的汽油机。此种油品在控制发动机沉积物、油的氧化、磨损、锈蚀和腐蚀等方面的性能优于 SG,并可代替 SG GF-1 与 SH 相比,增加了对燃料经济性的要求
	SJ、GF-2	用于轿车、运动型多用途汽车、货车和轻型卡车的汽油机以及要求使用 API SJ 级油的汽油机。此种油品在挥发性、过滤性、高温泡沫性和高温沉积物控制等方面的性能优于 SH,可代替 SH,并可在 SH 以前的“S”系列等级中使用 GF-2 与 SJ 相比,增加了对燃料经济性的要求,GF-2 可代替 GF-1
	SL、GF-3	用于轿车、运动型多用途汽车、货车和轻型卡车的汽油机以及要求使用 API SL 级油的汽油机。此种油品在挥发性、过滤性、高温泡沫性和高温沉积物控制等方面的性能优于 SJ。可代替 SJ,并可在 SJ 以前的“S”系列等级中使用 GF-3 与 SL 相比,增加了对燃料经济性的要求,GF-3 可代替 GF-2
	SM、GF-4	用于轿车、运动型多用途汽车、货车和轻型卡车的汽油机以及要求使用 API SM 级油的汽油机。此种油品在高温氧化和清净性能、高温磨损性能以及高温沉积物控制等方面的性能优于 SL。可代替 SL,并可在 SL 以前的“S”系列等级中使用 GF-4 与 SM 相比,增加了对燃料经济性的要求,GF-4 可代替 GF-3
	SN、GF-5	用于轿车、运动型多用途汽车、货车和轻型卡车的汽油机以及要求使用 API SN 级油的汽油机。此种油品在高温氧化和清净性能、低温油泥以及高温沉积物控制等方面的性能优于 SM。可代替 SM,并可在 SM 以前的“S”系列等级中使用 对于资源节约型 SN 油品,除具有上述性能外,强调燃料经济性、对排放系统和涡轮增压器的保护以及与含乙醇最高达 85%的燃料的兼容性能 GF-5 与资源节约型 SN 相比,性能基本一致,GF-5 可代替 GF-4
柴油机油	CC	用于中负荷及重负荷下运行的自然吸气、涡轮增压和机械增压式柴油机以及一些重负荷汽油机。对于柴油机具有控制高温沉积物和轴瓦腐蚀的性能,对于汽油机具有控制锈蚀、腐蚀和高温沉积物的性能
	CD	用于需要高效控制磨损及沉积物或使用高硫燃料的自然吸气、涡轮增压和机械增压式柴油机以及要求使用 API CD 级油的柴油机,具有控制轴瓦腐蚀和高温沉积物的性能,并可代替 CC
	CF	用于非道路间接喷射式柴油机和其他柴油机,也可用于需有效控制活塞沉积物、磨损和含铜轴瓦腐蚀的自然吸气、涡轮增压和机械增压式柴油机。能够使用硫的质量分数大于 0.5%的高硫柴油燃料,并可代替 CD
	CF-2	用于需高效控制气缸、环表面胶合和沉积物的二冲程柴油机,并可代替 CD-Ⅱ[①]
	CF-4	用于高速、四冲程柴油机以及要求使用 API CF-4 级油的柴油机,特别适用于高速公路行驶的重负荷卡车。此种油品在机油消耗和活塞沉积物控制等方面的性能优于 CE[①],并可代替 CE、CD 和 CC

续表

应用范围	品种代号	特性和使用场合
柴油机油	CG-4	用于可在高速公路和非道路使用的高速、四冲程柴油机。能够使用硫的质量分数小于0.05%~0.5%的柴油燃料。此种油品可有效控制高温活塞沉积物、磨损、腐蚀、泡沫、氧化和烟炱的累积,并可代替CF-4、CE、CD和CC
	CH-4	用于高速、四冲程柴油机。能够使用硫的质量分数不大于0.5%的柴油燃料。即使在不利的应用场合,此种油品可凭借其在磨损控制、高温稳定性和烟炱控制方面的特性有效地保持柴油机的耐久性;对于非铁金属的腐蚀、氧化和不溶物的增稠、泡沫性以及由于剪切所造成的黏度损失可提供最佳的保护。其性能优于CG-4,并可代替CG-4、CF-4、CE、CD和CC
	CI-4	用于高速、四冲程柴油机。能够使用硫的质量分数不大于0.5%的柴油燃料。此种油品在装有废气再循环装置的系统里使用可保持柴油机的耐久性。对于腐蚀性和与烟炱有关的磨损倾向、活塞沉积物以及由于烟炱累积所引起的黏温性变差、氧化增稠、机油消耗、泡沫性、密封材料的适应性降低和由于剪切所造成的黏度损失可提供最佳的保护。其性能优于CH-4,并可代替CH-4、CG-4、CF-4、CE、CD和CC
	CJ-4	用于高速、四冲程柴油机。能够使用硫的质量分数不大于0.05%的柴油燃料。对于使用废气后处理系统的柴油机,如使用硫的质量分数大于0.0015%的燃料,可能会影响废气后处理系统的耐久性和/或机油的换油期。此种油品在装有微粒过滤器和其他后处理系统里使用可特别有效地保持排放控制系统的耐久性。对于催化剂中毒的控制、微粒过滤器的堵塞、发动机磨损、活塞沉积物、高低温稳定性、烟炱处理特性、氧化增稠、泡沫性和由于剪切所造成的黏度损失可提供最佳的保护。其性能优于CI-4,并可代替CI-4、CH-4、CG-4、CF-4、CE、CD和CC
农用柴油机油	—	用于以单缸柴油机为动力的三轮汽车(原三轮农用运输车)、手扶变型运输机、小型拖拉机,还可用于其他以单缸柴油机为动力的小型农机具,如抽水机、发电机等。具有一定的抗氧、抗磨性能和清净分散性能

① SD、SC、CD-Ⅱ和CE已经废止(见表10-2-20)。

表10-2-20　废止的内燃机油

应用范围	品种代号	特性和使用场合
汽油机油	SA	用于运行条件非常温和的老式发动机,该油品不含添加剂,对使用性能无特殊要求
	SB	用于缓和条件下工作的货车、客车或其他汽油机,也可用于要求使用API SB级油的汽油机。仅具有抗擦伤、抗氧化和抗轴承腐蚀性能
	SC	用于货车、客车或其他汽油机以及要求使用API SC级油的汽油机。可控制汽油机高低温沉积物及磨损、锈蚀和腐蚀
	SD	用于货车、客车和某些轿车的汽油机以及要求使用API SD、SC级油的汽油机。此种油品控制汽油机高、低温沉积
柴油机油	CA	用于使用优质燃料、在轻到中负荷下运行的柴油机以及要求使用API CA级油的发动机。有时也用于运行条件温和的汽油机。具有一定的高温清净性和抗氧抗腐性
	CB	用于燃料质量较低、在轻到中负荷下运行的柴油机以及要求使用API CB级油的发动机。有时也用于运行条件温和的汽油机。具有控制发动机高温沉积物和轴承腐蚀的性能
	CD-Ⅱ	用于要求高效控制磨损和沉积物的重负荷二冲程柴油机以及要求使用API CD-Ⅱ级油的发动机,同时也满足CD级油性能要求
	CE	用于在低速高负荷和高速高负荷条件下运行的低增压和增压式重负荷柴油机以及要求使用API CE级油的发动机,同时也满足CD级油性能要求

② 汽油机油(摘自GB/T 11121—2006)。

表10-2-21　汽油机油的黏温性能要求

项目		低温动力黏度 /mPa·s 不大于	边界泵送温度 /℃ 不大于	运动黏度(100℃) /$mm^2 \cdot s^{-1}$	黏度指数 不小于	倾点 /℃ 不高于
试验方法		GB/T 6538	GB 9171	GB/T 265	GB/T 1995、GB/T 2541	GB/T 3535
质量等级	黏度等级	—	—	—	—	—
SE、SF	0W-20	3250(-30℃)	-35	5.6~<9.3	—	-40
	0W-30	3250(-30℃)	-35	9.3~<12.5	—	

续表

项目		低温动力黏度/mPa·s 不大于	边界泵送温度/℃ 不大于	运动黏度(100℃)/$mm^2 \cdot s^{-1}$	黏度指数 不小于	倾点/℃ 不高于
试验方法		GB/T 6538	GB 9171	GB/T 265	GB/T 1995、GB/T 2541	GB/T 3535
质量等级	黏度等级	—	—	—	—	—
SE、SF	5W-20	3500(-25℃)	-30	5.6~<9.3	—	-35
	5W-30	3500(-25℃)	-30	9.3~<12.5	—	
	5W-40	3500(-25℃)	-30	12.5~<16.3	—	
	5W-50	3500(-25℃)	-30	16.3~<21.9	—	
	10W-30	3500(-20℃)	-25	9.3~<12.5	—	-30
	10W-40	3500(-20℃)	-25	12.5~<16.3	—	
	10W-50	3500(-20℃)	-25	16.3~<21.9	—	
	15W-30	3500(-15℃)	-20	9.3~<12.5	—	-23
	15W-40	3500(-15℃)	-20	12.5~<16.3	—	
	15W-50	3500(-15℃)	-20	16.3~<21.9	—	
	20W-40	4500(-10℃)	-15	12.5~<16.3	—	-18
	20W-50	4500(-10℃)	-15	16.3~<21.9	—	
	30	—	—	9.3~<12.5	75	-15
	40	—	—	12.5~<16.3	80	-10
	50	—	—	16.3~<21.9	80	-5

项目		低温动力黏度/mPa·s 不大于	低温泵送黏度/mPa·s 在无屈服应力时,不大于	运动黏度(100℃)/$mm^2 \cdot s^{-1}$	高温高剪切黏度(150℃,$10^6 s^{-1}$)/mPa·s 不小于	黏度指数 不小于	倾点/℃ 不高于
试验方法		GB/T 6538、ASTM D5293	NB/SH/T 0562	GB/T 265	SH/T 0618③、NB/SH/T 0703、SH/T 0751	GB/T 1995、GB/T 2541	GB/T 3535
质量等级	黏度等级	—	—	—	—	—	—
SG、SH、GF-1①、SJ、GF-2②、SL、GF-3	0W-20	6200(-35℃)	60000(-40℃)	5.6~<9.3	2.6	—	-40
	0W-30	6200(-35℃)	60000(-40℃)	9.3~<12.5	2.9	—	
	5W-20	6600(-30℃)	60000(-35℃)	5.6~<9.3	2.6	—	-35
	5W-30	6600(-30℃)	60000(-35℃)	9.3~<12.5	2.9	—	
	5W-40	6600(-30℃)	60000(-35℃)	12.5~<16.3	2.9	—	
	5W-50	6600(-30℃)	60000(-35℃)	16.3~<21.9	3.7	—	
	10W-30	7000(-25℃)	60000(-30℃)	9.3~<12.5	2.9	—	-30
	10W-40	7000(-25℃)	60000(-30℃)	12.5~<16.3	2.9	—	
	10W-50	7000(-25℃)	60000(-30℃)	16.3~<21.9	3.7	—	
	15W-30	7000(-20℃)	60000(-25℃)	9.3~<12.9	2.9	—	-25
	15W-40	7000(-20℃)	60000(-25℃)	12.5~<16.3	3.7	—	
	15W-50	7000(-20℃)	60000(-25℃)	16.3~<21.9	3.7	—	
	20W-40	9500(-15℃)	60000(-20℃)	12.5~<16.3	3.7	—	-20
	20W-50	9500(-15℃)	60000(-20℃)	16.3~<21.9	3.7	—	
	30	—	—	9.3~<12.5	—	75	-15
	40	—	—	12.5~<16.3	—	80	-10
	50	—	—	16.3~<21.9	—	80	-5

① 10W 黏度等级低温动力黏度和低温泵送黏度的试验温度均升高 5℃，指标分别为：不大于 3500mPa·s 和 30000mPa·s。
② 10W 黏度等级低温动力黏度的试验温度升高 5℃，指标为：不大于 3500mPa·s。
③ 为仲裁方法。

表 10-2-22　汽油机模拟性能和理化性能要求

项目	质量指标										试验方法
	SE	SF	SG	SH	GF-1		SJ		GF-2	SL、GF-3	
水分(体积分数)/%　不大于	痕迹										GB/T 260
泡沫性(泡沫倾向/泡沫稳定性)/mL·mL^{-1}											
24℃　不大于	25/0		10/0				10/0			10/0	GB/T 12579①
93.5℃　不大于	150/0		50/0				50/0			50/0	
后 24℃　不大于	25/0		10/0				10/0			10/0	
150℃　不大于			报告				200/50			100/0	SH/T 0722②
蒸发损失③(质量分数)/%　不大于		5W-30	10W-30	15W-40	0W 和 5W	所有其他多级油	0W-20、5W-20、5W-30、10W-30	所有其他多级油			
诺亚克法(250℃,1h)	—	25	20	18	25	20	22	20	22	15	NB/SH/T 0059
或											
气相色谱法(371℃馏出量)											
方法 1	—	20	17	15	20	17	—	—	—	—	NB/SH/T 0558
方法 2	—	—	—	—	—	—	17	15	17	—	SH/T 0695
方法 3	—	—	—	—	—	—	17	15	17	10	ASTM D6417
过滤性/%　不大于			5W-30 10W-30	15W-40							
EOFT 流量减少	—		50	无要求	50		50		50	50	ASTM D6795
EOWTT 流量减少											
用 0.6% H_2O	—		—		—		报告		—	50	ASTM D6794
用 1.0% H_2O	—		—		—		报告		—	50	
用 2.0% H_2O	—		—		—		报告		—	50	
用 3.0% H_2O	—		—		—		报告		—	50	
均匀性和混合性	—		与 SAE 参比油混合均匀								ASTM D6922
高温沉积物/mg　不大于											
TEOST	—		—		—		60		60	—	SH/T 0750
TEOST MHT	—		—		—		—		—	45	ASTM D7097
凝胶指数　不大于	—		—		—		12	无要求	12④	12④	SH/T 0732
机械杂质(质量分数)/%　不大于	0.01										GB/T 511
闪点(开口)/℃(黏度等级)　不低于	200(0W、5W 多级油);205(10W 多级油);215(15W、20W 多级油);220(30);225(40);230(50)										GB/T 3536
磷(质量分数)/%　不大于	见表注		0.12⑤		0.12		0.10⑥		0.10	0.10⑦	GB/T 17476⑧、SH/T 0296、SH/T 0631、SH/T 0749

① 对于 SG、SH、GF-1、SJ、GF-2、SL 和 GF-3，需首先进行 GB/T 12597 规定的步骤 A 试验。

② 为 1min 后测定稳定体积。对于 SL 和 GF-3 可根据需要确定是否首先进行步骤 A 试验。

③ 对于 SF、SG 和 SH，除规定了指标的 5W-30、10W-30 和 15W-40 之外的所有其他多级油均为“报告”。

④ 对于 GF-2 和 GF-3，凝胶指数试验是从-5℃开始降温直到黏度达到 40000mPa·s（40000cP）时的温度或温度达到-40℃时试验结束，任何一个结果先出现即视为试验结束。

⑤ 仅适用于 5W-30 和 10W-30 黏度等级。

⑥ 仅适用于 0W-20、5W-20、5W-30 和 10W-30 黏度等级。

⑦ 仅适用于 0W-20、5W-20、0W-30、5W-30 和 10W-30 黏度等级。

⑧ 仲裁方法。

注：1. 汽油机油理化性能要求见下表。

项目	质量指标		试验方法
	SE、SF	SG、SH、GF-1、SJ、GF-2、SL、GF-3	
碱值(以 KOH 计)/mg·g^{-1}	报告		SH/T 0251
硫酸盐灰分(质量分数)/%	报告		GB/T 2433
硫(质量分数)/%	报告		GB/T 387、GB/T 388、GB/T 11140、GB/T 17040、GB/T 17476、SH/T 0172、SH/T 0631、SH/T 0749
磷(质量分数)/%	报告	见表 10-2-22	GB/T 17476、SH/T 0296、SH/T 0631、SH/T 0749
氮(质量分数)/%	报告		GB/T 9170、NB/SH/T 0656、NB/SH/T 0704

2. 生产者在每批产品出厂时要向使用者或经销者报告碱值与几种质量分数的实测值，有争议时以发动机台架试验结果为准。

③ 柴油机油（摘自 GB 11122—2006）。

表 10-2-23　　柴油机油黏温性能要求

项目		低温动力黏度 /mPa·s 不大于	边界泵送温度 /℃ 不高于	运动黏度 (100℃) /mm^2·s^{-1}	高温高剪切黏度 (150℃,10^6s^{-1}) /mPa·s 不小于	黏度指数 不小于	倾点 /℃ 不高于
试验方法		GB/T 6538	GB 9171	GB/T 265	SH/T 0618②、NB/SH/T 0703、SH/T 0751	GB/T 1995、GB/T 2541	GB/T 3535
质量等级	黏度等级	—	—	—	—	—	—
CC①、CD	0W-20	3250(-30℃)	-35	5.6~<9.3	2.6	—	-40
	0W-30	3250(-30℃)	-35	9.3~<12.5	2.9	—	
	0W-40	3250(-30℃)	-35	12.5~<16.3	2.9	—	
	5W-20	3500(-25℃)	-30	5.6~<9.3	2.6	—	-35
	5W-30	3500(-25℃)	-30	9.3~<12.5	2.9	—	
	5W-40	3500(-25℃)	-30	12.5~<16.3	2.9	—	
	5W-50	3500(-25℃)	-30	16.3~<21.9	3.7	—	
	10W-30	3500(-20℃)	-25	9.3~<12.5	2.9	—	-30
	10W-40	3500(-20℃)	-25	12.5~<16.3	2.9	—	
	10W-50	3500(-20℃)	-25	16.3~<21.9	3.7	—	
	15W-30	3500(-15℃)	-20	9.3~<12.5	2.9	—	-23
	15W-40	3500(-15℃)	-20	12.5~<16.3	3.7	—	
	15W-50	3500(-15℃)	-20	16.3~<21.9	3.7	—	
	20W-40	4500(-10℃)	-15	12.5~<16.3	3.7	—	-18
	20W-50	4500(-10℃)	-15	16.3~<21.9	3.7	—	
	20W-60	4500(-10℃)	-15	21.9~<26.1	3.7	—	
	30	—	—	9.3~<12.5	—	75	-15
	40	—	—	12.5~<16.3	—	80	-10
	50	—	—	16.3~<21.9	—	80	-5
	60	—	—	21.9~<26.1	—	80	-5

续表

项目		低温动力黏度/mPa·s 不大于	低温泵送黏度/mPa·s 在无屈服应力时,不大于	运动黏度(100℃)/$mm^2 \cdot s^{-1}$	高温高剪切黏度(150℃,$10^6 s^{-1}$)/mPa·s 不小于	黏度指数 不小于	倾点/℃ 不高于
试验方法		GB/T 6538、ASTM D5293	NB/SH/T 0562	GB/T 265	SH/T 0618②、SH/T 0703、SH/T 0751	GB/T 1995 GB/T 2541	GB/T 3535
质量等级	黏度等级	—	—	—	—	—	—
	0W-20	6200(-35℃)	60000(-40℃)	5.6~<9.3	2.6	—	
	0W-30	6200(-35℃)	60000(-40℃)	9.3~<12.5	2.9	—	-40
	0W-40	6200(-35℃)	60000(-40℃)	12.5~<16.3	2.9	—	
	5W-20	6600(-30℃)	60000(-35℃)	5.6~<9.3	2.6	—	
	5W-30	6600(-30℃)	60000(-35℃)	9.3~<12.5	2.9	—	-35
	5W-40	6600(-30℃)	60000(-35℃)	12.5~<16.3	2.9	—	
	5W-50	6600(-30℃)	60000(-35℃)	16.3~<21.9	3.7	—	
	10W-30	7000(-25℃)	60000(-30℃)	9.3~<12.5	2.9	—	
CF、CF-4、CH-4、CI-4③	10W-40	7000(-25℃)	60000(-30℃)	12.5~<16.3	2.9	—	-30
	10W-50	7000(-25℃)	60000(-30℃)	16.3~<21.9	3.7	—	
	15W-30	7000(-20℃)	60000(-25℃)	9.3~<12.5	2.9	—	
	15W-40	7000(-20℃)	60000(-25℃)	12.5~<16.3	3.7	—	-25
	15W-50	7000(-20℃)	60000(-25℃)	16.3~<21.9	3.7	—	
	20W-40	9500(-15℃)	60000(-20℃)	12.5~<16.3	3.7	—	
	20W-50	9500(-15℃)	60000(-20℃)	16.3~<21.9	3.7	—	-20
	20W-60	9500(-15℃)	60000(-20℃)	21.9~<26.1	3.7	—	
	30	—	—	9.3~<12.5	—	75	-15
	40	—	—	12.5~<16.3	—	80	-10
	50	—	—	16.3~<21.9	—	80	-5
	60	—	—	21.9~<26.1	—	80	-5

① CC 不要求测定高温高剪切黏度。

② 为仲裁方法。

③ CI-4 所有黏度等级的高温高剪切黏度均为不小于 3.5mPa·s，但当 SAE J300 指标高于 3.5mPa·s 时，允许以 SAE J300 为准。

表 10-2-24　柴油机理化性能和模拟台架性能要求

项目		质量指标					试验方法
		CC CD	CF CF-4	CH-4		CI-4	
水分(体积分数)/%	不大于	痕迹	痕迹	痕迹		痕迹	GB/T 260
泡沫性(泡沫倾向/泡沫稳定性)/$mL \cdot mL^{-1}$							GB/T 12579①
24℃	不大于	25/0	20/0	10/0		10/0	
93.5℃	不大于	150/0	50/0	20/0		20/0	
后 24℃	不大于	25/0	20/0	10/0		10/0	
蒸发损失(质量分数)/%	不大于			10W-30	15W-40		
诺亚克法(250℃,1h)		—	—	20	18	15	NB/SH/T 0059
气相色谱法(371℃馏出量)		—	—	17	15	—	ASTM D6417
机械杂质(质量分数)/%	不大于	0.01					GB/T 511
闪点(开口)/℃(黏度等级)	不低于	200(0W、5W 多级油); 205(10W 多级油); 215(15W、20W 多级油); 220(30); 225(40); 230(50); 240(60)					GB/T 3536

续表

项目	质量指标				试验方法
	CC CD	CF CF-4	CH-4	CI-4	
碱值(以 KOH 计)②/mg · g^{-1}	报告				SH/T 0251
硫酸盐灰分②(质量分数)/%	报告				GB/T 2433
硫②(质量分数)/%	报告				GB/T 387、GB/T 388、GB/T 11140、GB/T 17040、GB/T 17476、SH/T 0172、SH/T 0631、SH/T 0749
磷②(质量分数)/%	报告				GB/T 17476、SH/T 0296、SH/T 0631、SH/T 0749
氮②(质量分数)/%	报告				GB/T 9170、NB/SH/T 0656、NB/SH/T 0704

① CH-4、CI-4 不允许使用步骤 A。

② 生产者在每批产品出厂时要向使用者或经销者报告该项目的实测值，有争议时以发动机台架试验结果为准。

表 10-2-25　　柴油机使用性能要求

品种代号	项目		质量指标			试验方法
CC	L-38 发动机试验					SH/T 0265
	轴瓦失重①/mg	不大于	50			
	活塞裙部漆膜评分	不小于	9.0			
	剪切安定性②		在本等级油黏度范围之内			SH/T 0265
	100℃运动黏度/mm^2 · s^{-1}		(适用于多级油)			GB/T 265
	高温清净性和抗磨试验(开特皮勒 1H2 法)					GB/T 9932
	顶环槽积炭填充体积(体积分数)/%	不大于	45			
	总缺点加权评分	不大于	140			
	活塞环侧间隙损失/mm	不大于	0.013			
CD	L-38 发动机试验					SH/T 0265
	轴瓦失重①/mg	不大于	50			
	活塞裙部漆膜评分	不小于	9.0			
	剪切安定性②		在本等级油黏度范围之内			SH/T 0265
	100℃运动黏度/mm^2 · s^{-1}		(适用于多级油)			GB/T 265
	高温清净性和抗磨试验(开特皮勒 1G2 法)					GB/T 9933
	顶环槽积炭填充体积(体积分数)/%	不大于	80			
	总缺点加权评分	不大于	300			
	活塞环侧间隙损失/mm	不大于	0.013			
CF	L-38 发动机试验		一次试验	二次试验平均	三次试验平均③	SH/T 0265
	轴瓦失重/mg	不大于	43.7	48.1	50.0	
	剪切安定性		在本等级油黏度范围之内			SH/T 0265
	100℃运动黏度/mm^2 · s^{-1}		(适用于多级油)			GB/T 265
	或					ASTM D6709
	程序Ⅶ发动机试验					
	轴瓦失重/mg	不大于	29.3	31.9	33.0	
	剪切安定性		在本等级油黏度范围之内			
	100℃运动黏度/mm^2 · s^{-1}		(适用于多级油)			
	开特皮勒 1M-PC 试验		二次试验平均	三次试验平均	四次试验平均	ASTM D6618
	总缺点加权评分(WTD)	不大于	240	MTAC④	MTAC	
	顶环槽充炭率(体积分数)(TGF)/%	不大于	70⑤			
	环侧间隙损失/mm	不大于	0.013			
	活塞环黏结		无			
	活塞、环和缸套擦伤		无			

续表

品种代号	项目		质量指标			试验方法
CF-4	L-38 发动机试验					SH/T 0265
	轴瓦失重/mg	不大于	50			
	剪切安定性		在本等级油黏度范围之内			SH/T 0265
	100℃运动黏度/$mm^2 \cdot s^{-1}$		(适用于多级油)			GB/T 265
	或					
	程序Ⅶ发动机试验					ASTM D6709
	轴瓦失重/mg	不大于	33.0			
	剪切安定性		在本等级油黏度范围之内			
	100℃运动黏度/$mm^2 \cdot s^{-1}$		(适用于多级油)			
	开特皮勒 1K 试验[6]		二次试验平均	三次试验平均	四次试验平均	SH/T 0782
	缺点加权评分(WDK)	不大于	332	339	342	
	顶环槽充炭率(体积分数)(TGF)/%	不大于	24	26	27	
	顶环台重炭率(TLHC)/%	不大于	4	4	5	
	平均油耗(0~252h)/$g \cdot kW^{-1} \cdot h^{-1}$	不大于	0.5	0.5	0.5	
	最终油耗(228~252h)/$g \cdot kW^{-1} \cdot h^{-1}$	不大于	0.27	0.27	0.27	
	活塞环黏结		无	无	无	
	活塞环和缸套擦伤		无	无	无	
	Mack T-6 试验					ASTM RR:
	优点评分	不小于	90			D-2-1219
	或					或
	MackT-9 试验					SH/T 0761
	平均顶环失重/mg	不大于	150			
	缸套磨损/mm	不大于	0.040			
	Mack T-7 试验					ASTM RR:
	后 50h 运动黏度平均增长率(100℃)/$mm^2 \cdot s^{-1} \cdot h^{-1}$	不大于	0.040			D-2-1220
	或					或
	Mack T-8 试验(T-8A)					SH/T 0760
	100~150h 运动黏度平均增长率(100℃)/$mm^2 \cdot s^{-1} \cdot h^{-1}$	不大于	0.20			
	腐蚀试验					
	铜浓度增加/$mg \cdot kg^{-1}$	不大于	20			
	铅浓度增加/$mg \cdot kg^{-1}$	不大于	60			
	锡浓度增加/$mg \cdot kg^{-1}$		报告			
	铜片腐蚀/级	不大于	3			GB/T 5096
CH-4	柴油喷嘴剪切试验		XW-30[7]		XW-40[7]	ASTM D6278
	剪切后的 100℃运动黏度/$mm^2 \cdot s^{-1}$	不小于	9.3		12.5	GB/T 265
	开特皮勒 1K 试验		一次试验	二次试验平均	三次试验平均	SH/T 0782
	缺点加权评分(WDK)	不大于	332	347	353	
	顶环槽充炭率(TGF)(体积分数)/%	不大于	24	27	29	
	顶环台重炭率(TLHC)/%	不大于	4	5	5	
	油耗(0~252h)/$g \cdot kW^{-1} \cdot h^{-1}$	不大于	0.5	0.5	0.5	
	活塞、环和缸套擦伤		无	无	无	
	开特皮勒 1P 试验		一次试验	二次试验平均	三次试验平均	ASTM D6681
	缺点加权评分(WDP)	不大于	350	378	390	
	顶环槽炭(TGC)缺点评分	不大于	36	39	41	
	顶环台炭(TLC)缺点评分	不大于	40	46	49	
	平均油耗(0~360h)/$g \cdot h^{-1}$	不大于	12.4	12.4	12.4	
	最终油耗(312~360h)/$g \cdot h^{-1}$	不大于	14.6	14.6	14.6	
	活塞、环和缸套擦伤		无	无	无	

续表

品种代号	项目		质量指标			试验方法
CH-4	Mack T-9 试验		一次试验	二次试验平均	三次试验平均	SH/T 0761
	修正到1.75%烟炱量的平均缸套磨损/mm	不大于	0.0254	0.0266	0.0271	
	平均顶环失重/mg	不大于	120	136	144	
	用过油铅变化量/mg·kg^{-1}	不大于	25	32	36	
	Mack T-8 试验(T-8E)		一次试验	二次试验平均	三次试验平均	SH/T 0760
	4.8%烟炱量的相对黏度(RV)⑧	不大于	2.1	2.2	2.3	
	3.8%烟炱量的黏度增长/mm^2·s^{-1}	不大于	11.5	12.5	13.0	
	滚轮随动件磨损试验(RFWT)		一次试验	二次试验平均	三次试验平均	ASTM D5966
	液压滚轮挺杆销平均磨损/mm	不大于	0.0076	0.0084	0.0091	
	康明斯 M11(HST)试验		一次试验	二次试验平均	三次试验平均	ASTM D6838
	修正到4.5%烟炱量的摇臂垫平均失重/mg	不大于	6.5	7.5	8.0	
	机油滤清器压差/kPa	不大于	79	93	100	
	平均发动机油泥,CRC 优点评分	不小于	8.7	8.6	8.5	
	程序ⅢE 发动机试验		一次试验	二次试验平均	三次试验平均	SH/T 0758
	黏度增长(40℃,64h)/%	不大于	200	200 (MTAC)	200 (MTAC)	
	或					
	程序ⅢF 发动机试验					ASTM D6984
	黏度增长(40℃,60h)/%	不大于	295	295 (MTAC)	295 (MTAC)	
	发动机油充气试验		一次试验	二次试验平均	三次试验平均	ASTM D6894
	空气卷入(体积分数)/%	不大于	8.0	8.0 (MTAC)	8.0 (MTAC)	
	高温腐蚀试验					SH/T 0754
	试后油铜浓度增加/mg·kg^{-1}	不大于		20		
	试后油铅浓度增加/mg·kg^{-1}	不大于		120		
	试后油锡浓度增加/mg·kg^{-1}	不大于		50		
	试后油铜片腐蚀/级	不大于		3		GB/T 5096
CI-4	柴油喷嘴剪切试验		XW-30⑦		XW-40⑦	ASTM D6278
	剪切后的100℃运动黏度/mm^2·s^{-1}	不小于	9.3		12.5	GB/T 265
	开特皮勒 1K 试验		一次试验	二次试验平均	三次试验平均	SH/T 0782
	缺点加权评分(WDK)	不大于	332	347	353	
	顶环槽充炭率(体积分数)(TGF)/%	不大于	24	27	29	
	顶环台重炭率(TLHC)/%	不大于	4	5	5	
	平均油耗(0~252h)/g·kW^{-1}·h^{-1}	不大于	0.5	0.5	0.5	
	活塞、环和缸套擦伤		无	无	无	
	开特皮勒 1R 试验		一次试验	二次试验平均	三次试验平均	ASTM D6923
	缺点加权评分(WDR)	不大于	382	396	402	
	顶环槽炭(TGC)缺点评分	不大于	52	57	59	
	顶环台炭(TLC)缺点评分	不大于	31	35	36	
	最初油耗(IOC)(0~252h 平均值)/g·h^{-1}	不大于	13.1	13.1	13.1	
	最终油耗(432~504h 平均值)/g·h^{-1}	不大于	IOC+1.8	IOC+1.8	IOC+1.8	
	活塞、环和缸套擦伤		无	无	无	
	环黏结		无	无	无	
	Mack T-10 试验		一次试验	二次试验平均	三次试验平均	ASTM D6987
	优点评分	不小于	1000	1000	1000	
	Mack T-8 试验(T-8E)		一次试验	二次试验平均	三次试验平均	SH/T 0760
	4.8%烟炱量的相对黏度(RV)⑧	不大于	1.8	1.9	2.0	
	滚轮随动件磨损试验(RFWT)		一次试验	二次试验平均	三次试验平均	ASTM D5966
	液压滚轮挺杆销平均磨损/mm	不大于	0.0076	0.0084	0.0091	

续表

品种代号	项目		质量指标			试验方法
CI-4	康明斯 M11(EGR)试验		一次试验	二次试验平均	三次试验平均	ASTM D6975
	气门搭桥平均失重/mg	不大于	20.0	21.8	22.6	
	顶环平均失重/mg	不大于	175	186	191	
	机油滤清器压差(250h)/kPa	不大于	275	320	341	
	平均发动机油泥,CRC 优点评分	不小于	7.8	7.6	7.5	
	程序ⅢF 发动机试验		一次试验	二次试验平均	三次试验平均	ASTM D6984
	黏度增长(40℃,80h)/%	不大于	275	275 (MTAC)	275 (MTAC)	
	发动机油充气试验		一次试验	二次试验平均	三次试验平均	ASTM D6894
	空气卷入(体积分数)/%	不大于	8.0	8.0 (MTAC)	8.0 (MTAC)	
	高温腐蚀试验			0W、5W、10W、15W		SH/T 0754
	试后油铜浓度增加/$mg \cdot kg^{-1}$	不大于		20		
	试后油铅浓度增加/$mg \cdot kg^{-1}$	不大于		120		
	试后油锡浓度增加/$mg \cdot kg^{-1}$	不大于		50		
	试后油铜片腐蚀/级	不大于		3		GB/T 5096
	低温泵送黏度			0W、5W、10W、15W		
	(Mack T-10 或 Mack T-10A 试验,75h 后试验油,-20℃)/mPa·s	不大于		25000		SH/T 0562
	如检测到屈服应力					ASTM D6896
	低温泵送黏度/mPa·s	不大于		25000		
	屈服应力/Pa	不大于		35(不含 35)		
	橡胶相容性					ASTM D11.15
	体积变化/%					
	丁腈橡胶			+5/-3		
	硅橡胶			+TMC 1006[⑨]/-3		
	聚丙烯酸酯			+5/-3		
	氟橡胶			+5/-2		
	硬度限值					
	丁腈橡胶			+7/-5		
	硅橡胶			+5/-TMC 1006		
	聚丙烯酸酯			+8/-5		
	氟橡胶			+7/-5		
	拉伸强度/%					
	丁腈橡胶			+10/-TMC 1006		
	硅橡胶			+10/-45		
	聚丙烯酸酯			+18/-15		
	氟橡胶			+10/-TMC 1006		
	延伸率/%					
	丁腈橡胶			+10/-TMC 1006		
	硅橡胶			+20/-30		
	聚丙烯酸酯			+10/-35		
	氟橡胶			+10/-TMC 1006		

① 亦可用 SH/T 0264 方法评定，指标为轴瓦失重不大于 25mg。

② 按 SH/T 0265 方法运转 10h 后取样，采用 GB/T 265 方法测定 100℃运动黏度。在用 SH/T 0264 评定轴瓦腐蚀时，剪切安定性用 SH/T 0505 和 GB/T 265 方法测定，指标不变。如有争议时，以 SH/T 0265 和 GB/T 265 方法为准。

③ 如进行 3 次试验，允许有 1 次试验结果偏离。确定试验结果是否偏离的依据是 ASTM E178。

④ MTAC 为“多次试验通过准则”的英文缩写。

⑤ 如进行 3 次或 3 次以上试验，一次完整的试验结果可以被舍弃。

⑥ 由于缺乏关键性试验部件，康明斯 NTC 400 不能再作为一个标定试验，在这一等级上需要使用一个两次的 1K 试验和模拟腐蚀试验取代康明斯 NTC 400。按照 ASTM D4485：1994 的规定，在过去标定的试验台架上运行康明斯 NTC 400 试验所获得的数据也可用以支持这一等级。

原始的康明斯 NTC 400 的限值为：

凸轮轴滚轮随动件销磨损：不大于 0.051mm；

顶环台（台）沉积物重炭率平均值（%）：不大于 15；

油耗（g/s）：试验油耗第二回归曲线应完全落在公布的平均值加上参考油标准偏差之内。

⑦ XW 代表表 1 中规定的低温黏度等级。

⑧ 相对黏度（RV）为达到 4.8%烟炱量的黏度与新油采用 ASTM D6278 剪切后的黏度之比。

⑨ TMC 1006 为一种标准油的代号。

注：1. 对于一个确定的柴油机油配方，不可随意更换基础油，也不可随意进行黏度等级的延伸。在基础油必须变更时，应按照 API 1509 附录 E“轿车发动机油和柴油机油 API 基础油互换准则”进行相关的试验并保留试验结果备查；在进行黏度等级延伸时，应按照 API 1509 附录 F“SAE 黏度等级发动机试验的 API 导则”进行相关的试验并保留试验结果备查。

2. 发动机台架试验的相关说明参见 ASTM D4485“C 发动机油类别”中的脚注。

④ 农用柴油机油（GB 20419—2006）。

表 10-2-26　　农用柴油机油的技术要求和试验方法

项目	质量指标						试验方法
黏度等级（按 GB/T 14906）	10W-30	15W-30	15W-40	30	40	50	
运动黏度（100℃）/$mm^2 \cdot s^{-1}$	9.3~<12.5	9.3~<12.5	12.5~<16.3	9.3~<12.5	12.5~<16.3	17.0~<21.9	GB/T 265
黏度指数　不小于	—			60			GB/T 1995 GB/T 2541
闪点（开口）/℃　不低于	195	200	205	210	215	220	GB/T 3536
倾点/℃　不高于	-30	-23	-23	-12	-3	0	GB/T 3535
低温动力黏度/mPa·s　不大于	3500（-20℃）	3500（-15℃）	3500（-15℃）	—	—	—	GB/T 6538
铜片腐蚀/级　不大于	1						GB/T 5096
机械杂质（质量分数）/%　不大于	0.01						GB/T 511
水分（体积分数）/%　不大于	痕迹						GB/T 260
泡沫性（泡沫倾向/泡沫稳定性）/$mL \cdot mL^{-1}$							GB/T 12579
24℃　不大于	25/0						
93.5℃　不大于	150/0						
后 24℃　不大于	25/0						
磷（质量分数）/%　不小于	0.04						GB/T 17476① SH/T 0296 SH/T 0631 SH/T 0749
碱值（以 KOH 计）/$mg \cdot g^{-1}$　不小于	2.0						SH/T 0251
抗磨性（四球机试验） 磨斑直径［392N/60min，75℃/（1200r/min）］/mm　不大于	0.55						SH/T 0189

① 仲裁方法。

（2）船用内燃机油（摘自 GB/T 38049—2019）。

以精制矿物油为基础油，加入多种功能添加剂（或复合剂）配合而成的船用内燃机油，适用于中、低速船舶内燃机及路用柴油发电机组。

① 船用气缸油。

表 10-2-27　　船用气缸油的技术要求和试验方法

项目	牌号					试验方法
	5025	5040	5070	5080	50100	
	碱值等级					
	25	40	70	80	100	
碱值（以 KOH 计）/$mg \cdot g^{-1}$	23~28	38~43	68~73	78~83	98~103	SH/T 0251
水分（体积分数）/%　不大于	0.06			0.12		GB/T 260
机械杂质（质量分数）/%　不大于	0.03					GB/T 511
运动黏度（100℃）/$mm^2 \cdot s^{-1}$	18.5~<21.9					GB/T 265
密度（15℃）/$kg \cdot m^{-3}$	报告					SH/T 0604
黏度指数　不小于	95					GB/T 1995①
闪点（开口）/℃　不低于	220					GB/T 3536
倾点/℃　不高于	-6					GB/T 3535
铜片腐蚀（100℃，3h）/级　不大于	1					GB/T 5096
硫酸盐灰分（质量分数）/%	报告					GB/T 2433
硫（质量分数）/%	报告					SH/T 0689 或 GB/T 17040 或 SH/T 0172
钙（质量分数）/%	报告					GB/T 17476 或 SH/T 0270 或 SH/T 0631
锌（质量分数）/%	报告					GB/T 17476 或 SH/T 0226 或 SH/T 0631

① 也可采用 GB/T 2541 方法，结果有争议时以 GB/T 1995 为仲裁方法。

② 船用系统油。

表 10-2-28　船用系统油的技术要求和试验方法

项目		牌号				试验方法
		3005	3008	4005	4008	
		碱值等级				
		5	8	5	8	
碱值(以 KOH 计)/mg·g^{-1}		5~<7	7~10	5~<7	7~10	SH/T 0251
运动黏度(100℃)/mm^2·s^{-1}		9.3~<12.5		12.5~<16.3		GB/T 265
密度(15℃)/kg·m^{-3}		报告				SH/T 0604
黏度指数　不小于		93				GB/T 1995①
闪点(开口)/℃　不低于		220				GB/T 3536
倾点/℃　不高于		-9				GB/T 3535
水分(体积分数)/%　不大于		0.06				GB/T 260
机械杂质(质量分数)/%　不大于		0.01				GB/T 511
泡沫性(泡沫倾向/泡沫稳定性)/mL·mL^{-1}　不大于	24℃	25/0				GB/T 12579
	93.5℃	50/0				
	后 24℃	25/0				
液相锈蚀(24h)		无锈				GB/T 11143(B 法)
硫酸盐灰分(质量分数)/%		报告				GB/T 2433
硫(质量分数)/%		报告				GB/T 17040 或 SH/T 0172 或 SH/T 0689
锌(质量分数)/%		报告				SH/T 0226 或 SH/T 0631 或 GB/T 17476
钙(质量分数)/%		报告				SH/T 0270 或 SH/T 0631 或 GB/T 17476
磷(质量分数)/%		报告				SH/T 0296 或 SH/T 0631 或 GB/T 17476
承载能力(FZG) 失效级　不小于		10				NB/SH/T 0306

① 也可采用 GB/T 2541 方法，结果有争议时以 GB/T 1995 为仲裁方法。

③ 船用中速筒状活塞柴油机油。

表 10-2-29　船用中速筒状活塞柴油机的技术要求和试验方法

项目		产品牌号												试验方法
		3012	3015	3020	3030	3040	3050	4012	4015	4020	4030	4040	4050	
		碱值等级												
		12	15	20	30	40	50	12	15	20	30	40	50	
碱值(以 KOH 计)/mg·g^{-1}		10~<14	14~<18	18~23	28~33	38~43	48~53	10~<14	14~<18	18~23	28~33	38~43	48~53	SH/T 0251
水分(体积分数)/%　不大于		0.06												GB/T 260
运动黏度/mm^2·s^{-1}		9.3~<12.5						12.5~<16.3						GB/T 265
密度(15℃)/kg·m^{-3}		报告												SH/T 0604
黏度指数　不小于		95												GB/T 1995①
闪点(开口)/℃　不低于		220												GB/T 3536
倾点/℃　不高于		-9												GB/T 3535
泡沫性(泡沫倾向/泡沫稳定性)/mL·mL^{-1}　不大于	24℃	150/0												GB/T 12579
	93.5℃	100/0												
	后 24℃	150/0												
液相锈蚀(24h)		无锈												GB/T 11143(B 法)
机械杂质(质量分数)/%　不大于		0.01												GB/T 511
硫酸盐灰分(质量分数)/%		报告												GB/T 2433
硫(质量分数)/%		报告												SH/T 0689 或 GB/T 17040 或 SH/T 0172
磷(质量分数)/%		报告												GB/T 17476 或 SH/T 0296 或 SH/T 0631
钙(质量分数)/%		报告												GB/T 17476 或 SH/T 0270 或 SH/T 0631

续表

项目	产品牌号												试验方法
	3012	3015	3020	3030	3040	3050	4012	4015	4020	4030	4040	4050	
	碱值等级												
	12	15	20	30	40	50	12	15	20	30	40	50	
锌(质量分数)/%	报告												GB/T 17476 或 SH/T 0226 或 SH/T 0631
承载能力(FZG) 失效级　不小于	11												NB/SH/T 0306
轴瓦腐蚀试验(L-38 法) 轴瓦失重/mg　不大于	50												SH/T 0265
或程序Ⅷ发动机试验 轴瓦失重/mg　不大于	33												SH/T 0788
高温清净性和抗磨试验(1M-PC 法) 总缺点加权评分(WTD)　不大于	240												SH/T 0786
顶环槽充炭率(体积分数)(TGF)/%　不大于	70												
环侧间隙损失/mm　不大于	0.013												
活塞环黏结	无												
活塞、环和缸套擦伤	无												

① 也可采用 GB/T 2541 方法，结果有争议时以 GB/T 1995 为仲裁方法。

（3）二冲程汽油发动机油（摘自 GB/T 20420—2006）

采用了高黏度指数基础油，加入多种添加剂制成的二冲程汽油发动机油，适用于具有曲轴箱扫气系统的二冲程点燃式汽油发动机并用于运输、休闲和其他用途的相关机具，如摩托车、雪橇和链锯等的润滑。

表 10-2-30　二冲程汽油发动机油的物（理）化性能要求和试验方法

项目		质量指标			试验方法
		EGB	EGC	EGD	
运动黏度(100℃)/$mm^2 \cdot s^{-1}$	不小于	6.5			GB/T 265
闪点(闭口)/℃	不小于	70			GB/T 261
水分(质量分数)/%	不大于	痕迹			GB/T 260
机械杂质(质量分数)/%	不大于	0.01			GB/T 511
倾点①/℃	不大于	-20			GB/T 3535
硫酸盐灰分(质量分数)/%	不大于	0.18			GB/T 2433

① 本项指标可由供需双方协商确定。

表 10-2-31　二冲程汽油发动机油使用性能要求和试验方法

项目		质量指标①			试验方法
		EGB	EGC	EGD	
润滑性指数	不小于	95	95	95	SH/T 0668
初始转矩指数	不小于	98	98	98	SH/T 0668
清净性指数	不小于	85	95	—	SH/T 0667
		—	—	125	SH/T 0710
活塞裙部漆膜指数	不小于	85	90	—	SH/T 0667
		—	—	95	SH/T 0710
排烟指数	不小于	45	85	85	SH/T 0646
排气系统堵塞指数	不小于	45	90	90	SH/T 0669

注：GB/T 20420—2006《润滑剂、工业用油和相关产品（L类）E 组（内燃机油）二冲程汽油发动机油（EGB、EGC 和 EGD)》规定的“二冲程汽油发动机油（EGB、EGC 和 EGD)”应属于润滑剂、工业用油和相关产品（L类)-E 组（内燃机油），但 GB/T 28772—2012 不包括“二冲程汽油发动机油”。

① 每个数值代表一个指数，把参比油 JATRE-1 的性能指数定为 100。

（4）重负荷车辆齿轮油（GL-5）（摘自 GB 13895—2018）

以精制矿物油、合成油或二者混合为基础油，加入多种添加剂调制的重负荷车辆齿轮油（GL-5），主要适用于汽车驱动桥，特别适用于高速冲击负荷、高速低扭矩和低速高扭矩工况下应用的双曲线齿轮。

表 10-2-32　　重负荷车辆齿轮油（GL-5）的技术要求和试验方法

分析项目	质量指标										试验方法
黏度等级	75W-90	80W-90	80W-110	80W-140	85W-90	85W-110	85W-140	90	110	140	
运动黏度(100℃)/$mm^2 \cdot s^{-1}$	13.5~<18.5	13.5~<18.5	18.5~<24.0	24.0~<32.5	13.5~<18.5	18.5~<24.0	24.0~<32.5	13.5~<18.5	18.5~<24.0	24.0~<32.5	GB/T 265
黏度指数	报告							不小于 90			GB/T 1995①
KRL 剪切安定性(20h) 剪切后 100℃运动黏度/$mm^2 \cdot s^{-1}$	在黏度等级范围内										NB/SH/T 0845
倾点/℃	报告	报告	报告	报告	报告	报告	报告	不高于 -12	不高于 -9	不高于 -6	GB/T 3535
表观黏度(-40℃)/mPa·s　不大于	150000	—	—	—	—	—	—	—	—	—	GB/T 11145
表观黏度(-26℃)/mPa·s　不大于	—	150000	150000	150000	—	—	—	—	—	—	GB/T 11145
表观黏度(-12℃)/mPa·s　不大于	—	—	—	—	150000	150000	150000	—	—	—	GB/T 11145
闪点(开口)/℃　不低于	170	180	180	180	180	180	180	180	180	200	GB/T 3536
泡沫性(泡沫倾向)/mL 24℃　不大于 93.5℃　不大于 后 24℃　不大于	 20 50 20										GB/T 12579
铜片腐蚀(121℃,3h)/级　不大于	3										GB/T 5096
机械杂质(质量分数)/%　不大于	0.05										GB/T 511
水分(质量分数)/%　不大于	痕迹										GB/T 260
戊烷不溶物(质量分数)/%	报告										GB/T 8926 A法
硫酸盐灰分(质量分数)/%	报告										GB/T 2433
硫(质量分数)/%	报告										GB/T 17040②
磷(质量分数)/%	报告										GB/T 17476③
氮(质量分数)/%	报告										NB/SH/T 0704④
钙(质量分数)/%	报告										GB/T 17476⑤
贮存稳定性 液体沉淀物(体积分数)/%　不大于 固体沉淀物(质量分数)/%　不大于	 0.5 0.25										SH/T 0037
锈蚀性试验 最终锈蚀性能评价　不小于	 9.0										NB/SH/T 0517
承载能力试验⑥ 驱动小齿轮和环形齿轮 螺脊　不小于 波纹　不小于 磨损　不小于 点蚀/剥落　不小于 擦伤　不小于	 8 8 5 9.3 10										NB/SH/T 0518
抗擦伤试验⑥	优于参比油或与参比油性能相当										SH/T 0519
热氧化稳定性 100℃运动黏度增长/%　不大于 戊烷不溶物(质量分数)/%　不大于 甲苯不溶物(质量分数)/%　不大于	 100 3 2										SH/T 0520⑦ GB/T 265 GB/T 8926 A法 GB/T 8926 A法

① 也可采用 GB/T 2541 方法进行，结果有争议时以 GB/T 1995 为仲裁方法。
② 也可采用 GB/T 11140、SH/T 0303 方法进行，结果有争议时以 GB/T 17040 为仲裁方法。
③ 也可采用 SH/T 0296、NB/SH/T 0822 方法进行，结果有争议时以 GB/T 17476 为仲裁方法。
④ 也可采用 GB/T 17674、SH/T 0224 方法进行，结果有争议时以 NB/SH/T 0704 为仲裁方法。
⑤ 也可采用 SH/T 0270、NB/SH/T 0822 方法进行，结果有争议时以 GB/T 17476 为仲裁方法。
⑥ 75W-90 黏度等级需要同时满足标准级和加拿大级的承载能力试验和抗擦伤试验。
⑦ 也可采用 SH/T 0755 方法进行，结果有争议时以 SH/T 0520 为仲裁方法。

(5) 空气压缩机油（摘自 GB/T 12691—2021）

矿物油型、半合成型和合成型空气压缩机油，适用于往复或滴油回转空气压缩机、喷油回转空气压缩机。

空气压缩机油 L-DAA 和 L-DAB 的技术要求和试验方法应符合表 10-2-33 的规定，L-DAG、L-DAH 和 L-DAJ 的技术要求和试验方法应符合表 10-2-34 的规定。

表 10-2-33　　L-DAA 和 L-DAB 的技术要求和试验方法

项目	质量指标												试验方法
	L-DAA						L-DAB						
黏度等级(GB/T 3141)	32	46	68	100	150	220	32	46	68	100	150	220	—
运动黏度(40℃)/$mm^2\cdot s^{-1}$	28.8~35.2	41.4~50.6	61.2~74.8	90.0~110	135~165	198~242	28.8~35.2	41.4~50.6	61.2~74.8	90.0~110	135~165	198~242	GB/T 265①
运动黏度(100℃)/$mm^2\cdot s^{-1}$	报告						报告						GB/T 265①
黏度指数	报告						报告						GB/T 1995②
倾点/℃　≤	-9				-3		-9				-3		GB/T 3535
闪点(开口)/℃　≥	175	185	195	205	215	240	175	185	195	205	215	240	GB/T 3536
铜片腐蚀(100℃,3h)/级　≤	1						1						GB/T 5096
抗乳化性③(乳化层达到 3mL 的时间)/min													GB/T 7305
54℃　≤	30			—			30			—			
82℃　≤	—			30			—			30			
液相锈蚀(24h)	合格						合格						GB/T 11143(A 法)
硫酸盐灰分/%	—						报告						GB/T 2433
老化特性④													GB/T 12709
a. 200℃,空气													
蒸发损失/%　≤	15			15									
残炭增值/%　≤	1.5			2.0									
b. 200℃,Fe_2O_3													
蒸发损失/%　≤	—			—			20						
残炭增值/%　≤	—			—			2.0						
减压蒸馏蒸除 80%后残留物性质⑤													GB/T 9168
a. 残炭/%　≤	—	0.5						0.6					GB/T 268⑥
b. 新旧油 40℃运动黏度之比　≤	—	5						5					GB/T 265
酸值/mg KOH · g^{-1}	报告	报告											GB/T 7304⑦
水溶性酸或碱	无	无											GB/T 259
水分　≤	痕迹	痕迹											GB/T 260⑧
机械杂质(质量分数)/%　≤	0.01	0.01											GB/T 511

① 也可采用 GB/T 30515 和 NB/SH/T 0870 方法测定，有争议时，以 GB/T 265 为仲裁方法。

② 也可采用 GB/T 2541 方法测定。

③ 不适用于添加清净剂的油，V 类合成油或含有 V 类合成油的空气压缩机油。抗乳化性指标可由供需双方协商确定。

④ 适用于矿物油型空气压缩机油，半合成型和合成型空气压缩机油氧化特性由供需双方协商确定。

⑤ 适用于矿物油型空气压缩机油。

⑥ 试验方法也可采用 GB/T 17144，有争议时，以 GB/T 268 为仲裁方法。

⑦ 试验方法也可采用 GB/T 4945。

⑧ 试验方法也可采用 GB/T 11133，当采用 GB/T 11133 方法测定时，水分质量分数应不大于 0.03%，有争议时，以 GB/T 260 为仲裁方法。V类合成油或含有V类合成油的空气压缩机油，水分指标可由供需双方协商确定。

注：需方如有要求，可与供方协商在购货合同中增加控制指标、对报告项目确定具体指标或增加产品检验频次。

表 10-2-34　　L-DAG、L-DAH 和 L-DAJ 的技术要求和试验方法

项目	质量指标									试验方法
	L-DAG			L-DAH			L-DAJ			
黏度等级(GB/T 3141)	32	46	68	32	46	68	32	46	68	—
运动黏度(40℃)/$mm^2 \cdot s^{-1}$	28.8~35.2	41.4~50.6	61.2~74.8	28.8~35.2	41.4~50.6	61.2~74.8	28.8~35.2	41.4~50.6	61.2~74.8	GB/T 265①
运动黏度(100℃)/$mm^2 \cdot s^{-1}$	报告			报告			报告			GB/T 265①
黏度指数　≥	90			90②			90②			GB/T 1995③
倾点/℃　≤	-9			-12		-9	-18	-15	-12	GB/T 3535
闪点(开口)/℃　≥	190	200	210	190	200	210	190	200	210	GB/T 3536
铜片腐蚀(100℃,3h)/级　≤	1			1			1			GB/T 5096
抗乳化性④(乳化层达到 3mL 的时间)/min 54℃　≤	30			30			30			GB/T 7305
泡沫性(泡沫倾向/泡沫稳定性)/$mL \cdot mL^{-1}$ 程序Ⅰ(24℃)　≤ 程序Ⅱ(93.5℃)　≤ 程序Ⅲ(后 24℃)　≤	50/0 30/0 50/0			50/0 30/0 50/0			50/0 30/0 50/0			GB/T 12579
液相锈蚀(24h)	合格			合格			合格			GB/T 11143(A 法)
氧化安定性(总酸值达到 2mg KOH/g 的时间)/h　≥	1000			报告⑤			报告⑤			GB/T 12581
旋转氧弹(150℃)/min	报告									SH/T 0193
残炭(加剂前)/%	报告			报告			报告			GB/T 268⑥
酸值/$mg\ KOH \cdot g^{-1}$	报告			报告			报告			GB/T 7304⑦
水溶性酸或碱	无			无			无			GB/T 259
水分　≤	痕迹			痕迹			痕迹			GB/T 260⑧
机械杂质(质量分数)/%　≤	0.01			0.01			0.01			GB/T 511

① 也可采用 GB/T 30515 和 NB/SH/T 0870 方法测定，有争议时，以 GB/T 265 为仲裁方法。
② Ⅴ类合成油或含有Ⅴ类合成油的空气压缩机油，指标可由供需双方协商确定。
③ 也可采用 GB/T 2541 方法测定，结果有争议时，以 GB/T 1995 为仲裁方法。
④ 不适用于添加清净剂的油，Ⅴ类合成油或含有Ⅴ类合成油的空气压缩机油，抗乳化性指标可由供需双方协商确定。
⑤ 此项目指标可由供应双方协商确定。
⑥ 试验方法也可采用 GB/T 17144，有争议时，以 GB/T 268 为仲裁方法。
⑦ 试验方法也可采用 GB/T 4945。
⑧ 试验方法也可采用 GB/T 11133，当采用 GB/T 11133 方法测定时，水分质量分数应不大于 0.03%，有争议时，以 GB/T 260 为仲裁方法。Ⅴ类合成油或含有Ⅴ类合成油的空气压缩机油，水分指标可由供需双方协商确定。
注：需方如有要求，可与供方协商在购货合同中增加控制指标、对报告项目确定具体指标或增加产品检验频次。

（6）冷冻机油（摘自 GB/T 16630—2012）

矿物油型、合成烃型和合成型冷冻机油，适用于以 NH_3、HCFCs、HFCs 和 HCs 为制冷剂的制冷压缩机。

L-DRA、L-DRB 和 L-DRD 冷冻机油技术要求和试验方法、L-DRE 和 L-DRG 冷冻机油技术要求和试验方法和其他技术要求见表 10-2-35~表 10-2-37。

（7）工业闭式齿轮油（摘自 GB 5903—2011）

以深度精制矿物油或合成油馏分为基础油，加入功能添加剂调制而成的 L-CKB、L-CKC 和 L-CKD 工业闭式齿轮油，适用于工业闭式齿轮传动装置。L-CKB 工业闭式齿轮油的技术要求和试验方法见表 10-2-38。

表 10-2-35　L-DRA、L-DRB 和 L-DRD 冷冻机油技术要求和试验方法

项目	质量指标																								试验方法
品种	L-DRA						L-DRB						L-DRD												
黏度等级(GB/T 3141)	15	22	32	46	68	100	22	32	46	68	100	150	7	10	15	22	32	46	68	100	150	220	320	460	
外观	清澈透明						清澈透明						清澈透明												目测①
运动黏度(40℃)/$mm^2 \cdot s^{-1}$	13.5~16.5	19.8~24.2	28.8~35.2	41.4~50.6	61.2~74.8	90.0~110	19.8~24.2	28.8~35.2	41.4~50.6	61.2~74.8	90.0~110	135~165	6.12~7.48	9.00~11.0	13.5~16.5	19.8~24.2	28.8~35.2	41.4~50.6	61.2~74.8	90.0~110	135~165	198~242	288~352	414~506	GB/T 265
倾点/℃　不高于	-39	-36	-33	-33	-27	-21	见②						-39	-39	-39	-39	-39	-39	-36	-33	-30	-21	-21	-21	GB/T 3535
闪点/℃　不低于	150		160		170		200						130		150		180		180		210				GB/T 3536
密度(20℃)/$kg \cdot m^{-3}$	报告						报告						报告												GB/T 1884③及GB/T 1885
酸值(以KOH计)/$mg \cdot g^{-1}$　不大于	0.02④						见②						0.10④												GB/T 4945⑤
灰分(质量分数)/%　不大于	0.005④						—						—												GB/T 508
水分/$mg \cdot kg^{-1}$　不大于	30⑥						350⑦						100⑧ 300⑦												ASTM D6304⑨
颜色/号　不大于	1	1	1	1.5	2.0	2.5	见②						见②												GB/T 6540
机械杂质(质量分数)/%	无						无						无												GB/T 511
泡沫性(泡沫倾向/泡沫稳定性,24℃)/$mL \cdot mL^{-1}$	报告						报告						报告												GB/T 12579
铜片腐蚀(T_2钢片,100℃,3h)/级　不大于	1						1						1												GB/T 5096
击穿电压/kV　不小于	见⑩						—						25												GB/T 507
化学稳定性(175℃,14d)	—						—						无沉淀												SH/T 0698
残炭(质量分数)/%　不大于	0.05④						—						—												GB/T 268
氧化安定性(140℃,14h) 氧化油酸值(以KOH计)/$mg \cdot g^{-1}$　不大于 氧化油沉淀(质量分数)/%　不大于	 0.2 0.02						见②						—												SH/T 0196

续表

项目	质量指标																								试验方法
品种	L-DRA						L-DRB						L-DRD												
黏度等级（GB/T 3141）	15	22	32	46	68	100	22	32	46	68	100	150	7	10	15	22	32	46	68	100	150	220	320	460	
极压性能（法莱克斯法）失效负荷/N	报告						报告						报告												SH/T 0187
压缩机台架试验⑪	通过						通过						通过												供需双方商定

① 将试样注入100mL玻璃量筒中，在20℃±3℃下观察，应透明、无不溶水及机械杂质。
② 指标由供需双方商定。
③ 试验方法也包括SH/T 0604。
④ 不适用于含有添加剂的冷冻机油。
⑤ 试验方法也包括GB/T 7304，有争议时，以GB/T 4945为仲裁方法。
⑥ 仅适用于交货时密封容器中的油，装于其他容器时的水含量由供需双方另订协议。
⑦ 仅适用于交货时密封容器中的聚（亚烷基）二醇油。装于其他容器时的水含量由供需双方另订协议。
⑧ 仅适用于交货时密封容器中的酯类油，装于其他容器时的水含量由供需双方另订协议。
⑨ 试验方法也包括GB/T 11133和NB/SH/T 0207，有争议时，以ASTM D6304为仲裁方法。
⑩ 该项目是否检测由供需双方商定，如果需要应不小于25kV。
⑪ 压缩机台架试验（包括寿命试验、结焦试验和与各种材料的相容性试验等）为本产品定型时和用油者首次选用本产品时必做的项目，当生产冷冻机油的原料和配方有变动时，或转厂生产时应重做台架试验。如果供油者提供的产品，其红外线谱图与通过压缩机台架试验的油样谱图相一致，又符合GB/T 16630—2012所规定的理化指标或供需双方另订的协议指标时，可以不再进行压缩机台架试验，红外线谱图可以采用ASTM E1421：1999（2009）方法测定。

表 10-2-36　L-DRE 和 L-DRG 冷冻机油技术要求和试验方法

项目	质量指标																							试验方法
品种	L-DRE						L-DRG																	
黏度等级（GB/T 3141）	15	22	32	46	56①	68	100	150	220	320	460	8①	10	15	22	32	46	68	100	150	220	320	460	
外观	清澈透明											清澈透明												目测②
运动黏度（40℃）/$mm^2 \cdot s^{-1}$	13.5～16.5	19.5～24.2	28.8～35.2	41.4～50.6	50.8～61.0	61.2～74.8	90.0～110	135～165	198～242	288～352	414～506	8.5～9.0	9.0～11.0	13.5～16.5	19.8～24.2	28.8～35.2	41.4～50.6	61.2～74.8	90.0～110	135～165	198～242	288～352	414～506	GB/T 265
倾点/℃　不高于	-39	-36	-36	-33	-30	-27	-24	-18	-15	-12	-9	-48	-45	-39	-36	-33	-33	-24	-24	-21	-15	-12	-9	GB/T 3535
闪点/℃　不低于	150		160		170		180	210		225		145	150			160		170		210			225	GB/T 3536
密度（20℃）/$kg \cdot m^{-3}$	报告											报告												GB/T 1884③ 及 GB/T 1885

续表

项目	质量指标																							试验方法
品种	L-DRE											L-DRG												
黏度等级（GB/T 3141）	15	22	32	46	56①	68	100	150	220	320	460	8①	10	15	22	32	46	68	100	150	220	320	460	
酸值(以 KOH 计)/mg·g⁻¹ 不大于	0.02④											0.02④												GB/T 494⑤
灰分(质量分数)/% 不大于	0.005④											—												GB/T 508
水分/mg·kg⁻¹ 不大于	30⑥											30⑥												ASTM D 6304⑦
颜色/号 不大于	0.5	1.0	1.0	1.5	2.0	2.0	见⑧					见⑧	见⑧	0.5	1.0	1.0	1.5	2.0	见⑧					GB/T 6540
泡沫性(泡沫倾向/泡沫稳定性,24℃)/mL·mL⁻¹	报告											报告												GB/T 12579
机械杂质(质量分数)/%	无											无												GB/T 511
铜片腐蚀(T_2 铜片 100℃,3h)/级 不大于	1											1												GB/T 5096
击穿电压/kV 不小于	25											25												GB/T 507
残炭(质量分数)/% 不大于	0.03④											0.03④												GB/T 268
絮凝点⑨/℃ 不高于	-45	-42	-42	-42	-42	-42	-35	-20				-42	-42	-42	-42	-42	-35	-35	-30	-25	-20			GB/T 12577
化学稳定性 (175℃,14d)	无沉淀											见⑩												SH/T 0968
极压性能(法莱克斯法)失效负荷/N	报告											报告												SH/T 0187
压缩机台架试验⑪	通过											通过												供需双方商定

① 不属于 ISO 黏度等级。

② 将试样注入 100mL 玻璃量筒中，在 20±3℃ 下观察，应透明，无不溶水及机械杂质。

③ 试验方法也包括 SH/T 0604。

④ 不适用于含有添加剂的冷冻机油。

⑤ 试验方法也包括 GB/T 7304，有争议时，以 GB/T 4945 为仲裁方法。

⑥ 仅适用于交货时密封容器中的油，装于其他容器时的水含量由供需双方另订协议。

⑦ 试验方法也包括 GB/T 11133 和 NB/SH/T 0207，有争议时，以 ASTM D6304 为仲裁方法。

⑧ 指标由供需双方商定。

⑨ 只适用于深度精制的矿物油或合成烃油。

⑩ 该项目是否检测由供需双方商定，如需要，应为无沉淀。

⑪ 压缩机台架试验（包括寿命试验、结焦试验和与各种材料的相容性试验等）为本产品定型时和用油者首次选用本产品时必做的项目。当生产冷冻机油的原料和配方有变动时，或转厂生产时应重做台架试验。如果供油者提供的每批产品，其红外线谱图与通过压缩机台架试验的油样谱图相一致，又符合 GB/T 16630—2012 所规定的理化指标或供需双方另订的协议指标时，可以不再进行压缩机台架试验，红外线谱图可以采用 ASTM E1421：1999（2009）方法测定。

表 10-2-37　　其他技术要求

项目	试验方法
皂化值①(以 KOH 计)/mg · g^{-1}	GB/T 8021
絮凝点②/℃	GB/T 12577
油/制冷剂混合物黏度①/mm^2 · s^{-1}	供需双方商定
冷冻机油与制冷剂相溶性③/℃	SH/T 0699
折射率①(η_D^{20})/%	SH/T 0205
苯胺点①/℃	GB/T 262

①该项目是否检测由供需双方商定。

②仅适用于 L-DRB，L-DRD 两个品种，该项目是否检测由供需双方商定。

③L-DRA 不规定该检测项目，对 L-DRB、L-DRD、L-DRE、L-DRG 四个品种，该项目检测，指标由供需双方商定。

表 10-2-38　　L-CKB 的技术要求和试验方法

项目	质量指标				试验方法
黏度等级(GB/T 3141)	100	150	220	320	
运动黏度(40℃)/mm^2 · s^{-1}	90.0~110	135~165	198~242	288~352	GB/T 265
黏度指数　不小于	90				GB/T 1995①
闪点(开口)/℃　不低于	180	200			GB/T 3536
倾点/℃　不高于	-8				GB/T 3535
水分(质量分数)/%　不大于	痕迹				GB/T 260
机械杂质(质量分数)/%　不大于	0.01				GB/T 511
铜片腐蚀(100℃,3h)/级　不大于	1				GB/T 5096
液相锈蚀(24h)	无锈				GB/T 11143(B 法)
氧化安定性 总酸值达 2.0mg KOH/g 的时间/h　不小于	750		500		GB/T 12581
旋转氧弹(150℃)/min	报告				SH/T 0193
泡沫性(泡沫倾向/泡沫稳定性)/mL · mL^{-1} 程序Ⅰ(24℃)　不大于 程序Ⅱ(93.5℃)　不大于 程序Ⅲ(后 24℃)　不大于	 75/10 75/10 75/10				GB/T 12579
抗乳化性(82℃) 油中水(体积分数)/%　不大于 乳化层/mL　不大于 总分离水/mL　不小于	 0.5 2.0 30.0				GB/T 8022

① 测定方法也包括 GB/T 2541。结果有争议时，以 GB/T 1995 为仲裁方法。

L-CKC 工业闭式齿轮油的技术要求和试验方法见表 10-2-39。

表 10-2-39　　L-CKC 的技术要求和试验方法

项目	质量指标											试验方法
黏度等级(GB/T 3141)	32	46	68	100	150	220	320	440	480	1000	1500	
运动黏度(40℃)/mm^2 · s^{-1}	28.8~35.2	41.4~50.6	61.2~74.8	90.0~110	135~165	198~242	288~352	414~506	612~748	900~1100	1350~1650	GB/T 265
外观	透明											目测①
运动黏度(100 ℃)/mm^2 · s^{-1}	报告											GB/T 265
黏度指数　不小于	90								85			GB/T 1995②
表观黏度达 150000mPa · s 时的温度/℃	见③											GB/T 11145
倾点/℃　不高于	-12				-9				-5			GB/T 3535
闪点(开口)/℃　不低于	180			200								GB/T 3536
水分(质量分数)/%　不大于	痕迹											GB/T 260
机械杂质(质量分数)/%　不大于	0.02											GB/T 511

续表

项目	质量指标											试验方法
黏度等级(GB/T 3141)	32	46	68	100	150	220	320	440	480	1000	1500	
泡沫性(泡沫倾向/泡沫稳定性)/mL·mL^{-1}												GB/T 12579
程序Ⅰ(24 ℃) 不大于	50/0									75/10		
程序Ⅱ(93.5℃) 不大于	50/0									75/10		
程序Ⅲ(后 24℃) 不大于	50/0									75/10		
铜片腐蚀(100 ℃,3h)/级 不大于	1											GB/T 5096
抗乳化性(82℃)												GB/T 8022
油中水(体积分数)/% 不大于	2.0							2.0				
乳化层/mL 不大于	1.0							4.0				
总分离水/mL 不小于	80.0							50.0				
液相锈蚀(24h)	无锈											GB/T 11143(B 法)
氧化安定性(95℃,312h)												SH/T 0123
100℃运动黏度增长/% 不大于	6											
沉淀值/mL 不大于	0.1											
极压性能(梯姆肯试验机法) OK 负荷值/N(lb) 不小于	200(45)											GB/T 11144
承载能力 齿轮机试验/失效级 不小于	10		12			>12						SH/T 0306
剪切安定性(齿轮机法) 剪切后 40℃运动黏度/mm^2·s^{-1}	在黏度等级范围内											SH/T 0200

① 取 30~50 mL 样品，倒入洁净的量筒中，室温下静置 10min 后，在常光下观察。
② 测定方法也包括 GB/T 2541，结果有争议时，以 GB/T 1995 为仲裁方法。
③ 此项目根据客户要求进行检测。

L-CKD 工业闭式齿轮油的技术要求和试验方法见表 10-2-40。

表 10-2-40　　L-CKD 的技术要求和试验方法

项目	质量指标								试验方法
黏度等级(GB/T 3141)	68	100	150	220	320	460	680	1000	
运动黏度(40 ℃)·mm^2·s^{-1}	61.2~74.8	90.0~110	135~165	198~242	288~352	414~506	611~748	900~1100	GB/T 265
外观	透明								目测①
运动黏度(100℃)/mm^2·s^{-1}	报告								GB/T 265
黏度指数 不小于	90								GB/T 1995②
表观黏度达 150000mPa·s 时的温度/℃	见③								GB/T 11145
倾点/℃ 不高于	−12		−9				−5		GB/T 3535
闪点(开口)/℃ 不低于	180	200							GB/T 3536
水分(质量分数)/% 不大于	痕迹								GB/T 260
机械杂质(质量分数)/% 不大于	0.02								GB/T 511
泡沫性(泡沫倾向/泡沫稳定性)/mL·mL^{-1}									GB/T 12579
程序Ⅰ(24℃) 不大于	50/0							75/10	
程序Ⅱ(93.5℃) 不大于	50/0							75/10	
程序Ⅲ(后 24℃) 不大于	50/0							75/10	
铜片腐蚀(100℃,3h)/级 不大于	1								GB/T 5096

续表

项目	质量指标								试验方法
黏度等级(GB/T 3141)	68	100	150	220	320	460	680	1000	
抗乳化性(82℃)									GB/T 8022
油中水(体积分数)/% 不大于	2.0							2.0	
乳化层/mL 不大于	1.0							4.0	
总分离水/mL 不小于	80.0							50.0	
液相锈蚀(24h)	无锈								GB/T 11143(B法)
氧化安定性(121℃,312h)									SH/T 0123
100℃运动黏度增长/% 不大于	6							报告	
沉淀值/mL 不大于	0.1							报告	
极压性能(梯姆肯试验机法) OK负荷值/N(lb) 不小于	267(60)								GB/T 11144
承载能力 齿轮机试验/失效级 不小于	12			>12					SH/T 0306
剪切安定性(齿轮机法) 剪切后40℃运动黏度/$mm^2\cdot s^{-1}$	在黏度等级范围内								SH/T 0200
四球机试验									
烧结负荷(P_D)/N(kgf) 不小于	2450(250)								GB/T 3142
综合磨损指数/N(kgf) 不小于	441(45)								
磨斑直径(196N,60min,54℃,1800r/min)/mm 不大于	0.35								SH/T 0189

① 取30~50mL样品，倒入洁净的量筒中，室温下静置10min后，在常光下观察。
② 测定方法也包括GB/T 2541。结果有争议时，以GB/T 1995为仲裁方法。
③ 此项目根据客户要求进行检测。

(8) 风力发电机组变速箱齿轮油（摘自GB/T 33540.3—2017）

以合成型油品为基础油，加入多种类型功能添加剂调制而成的风力发电机组变速箱齿轮油，适用于风力发电机组齿轮传动系统，齿轮传动系统包括主齿轮箱、偏航减速器、变桨减速器。风力发电机组变速箱齿轮油（合成型）的技术要求和试验方法见表10-2-41。

表10-2-41　风力发电机组变速箱齿轮油（合成型）的技术要求和试验方法

项目	质量指标 黏度等级(GB/T 3141)			试验方法
	150	220	320	
运动黏度/$mm^2\cdot s^{-1}$				GB/T 265或NB/SH/T 0870①
40℃	135~165	198~242	288~352	
100℃	报告	报告	报告	
黏度指数 不小于	140	150	150	GB/T 1995或GB/T 2541②
表观黏度(-30℃)/mPa·s 不高于	150000			GB/T 11145
倾点/℃ 不高于	-40	-40	-33	GB/T 3535
闪点(开口)/℃ 不低于	220			GB/T 3536
泡沫特性(泡沫倾向/泡沫稳定性)/$mL\cdot mL^{-1}$				GB/T 12579
程序Ⅰ(24℃) 不大于	50/0			
程序Ⅱ(93.5℃) 不大于	50/0			
程序Ⅲ(后24℃) 不大于	50/0			

续表

项目		质量指标			试验方法
		黏度等级(GB/T 3141)			
		150	220	320	
抗乳化性(82℃) 油中水(体积分数)/% 乳化液/mL 总分离水/mL	 不大于 不大于 不小于	 2.0 1.0 80.0			GB/T 8022
水分(质量分数)/%	不大于	痕迹			GB/T 260
液相锈蚀(24h)		无锈			GB/T 11143(B 法)
铜片腐蚀(100℃,3h)/级	不大于	1			GB/T 5096
氧化安定性(121℃,312h) 100℃运动黏度增长值/% 沉淀值增长值/mL	 不大于 不大于	 4 0.1			SH/T 0123
承载能力(四球法) 烧结负荷(P_D)/N(kgf) 综合磨损值 ZMZ/N(kgf)	 不小于 不小于	 2450(250) 441(45)			GB/T 3142
抗磨损性能(四球法) 磨斑直径(196N,60min,54℃,1800r/min)/mm	 不大于	0.35			SH/T 0189
抗微点蚀性能测试 失效等级/级 耐久试验	 不小于	 10 高级			FVA 54/Ⅰ-Ⅳ
FE8 轴承磨损试验(D-7.5/80-80) 滚柱磨损/mg 保持架磨损/mg	 不大于	30 报告			DIN 51819-3
承载能力(FZG 目测法)/通过级	大于	12			NB/SH/T 0306
剪切安定性(20h) 剪切后 40℃运动黏度/$mm^2 \cdot s^{-1}$		在黏度等级范围内			NB/SH/T 0845
清洁度③/级	不大于	8			DL/T 432
橡胶相容性④		报告			GB/T 1690

① 结果有争议时，以 GB/T 265 为仲裁方法。
② 结果有争议时，以 GB/T 1995 为仲裁方法。
③ 清洁度按照 DL/T 432 测定方法进行判定，在客户需要时，可同时提供按 GB/T 14039 的分级结果。
④ 根据客户提供的橡胶试验件，双方协商确定试验条件及指标。

（9）动车组驱动齿轮箱润滑油（摘自 GB/T 40701—2021）

以合成型油品为基础油，加入多种类型功能添加剂调制而成的动车组驱动齿轮箱润滑油，适用于动车组驱动齿轮箱，动车组驱动齿轮箱润滑油的技术要求和试验方法应符合表 10-2-42 的要求。

表 10-2-42　　动车组驱动齿轮箱润滑油的技术要求和试验方法

项目		质量指标		试验方法
黏度等级		75W-80	75W-90	
运动黏度(100℃)/$mm^2 \cdot s^{-1}$		7.0~<11.0	13.5~<18.5	GB/T 265①
运动黏度(40℃)/$mm^2 \cdot s^{-1}$		报告		GB/T 265①
黏度指数	不小于	135		GB/T 1995②
倾点/℃	不高于	-40		GB/T 3535
闪点(开口)/℃	不低于	180		GB/T 3536
表观黏度(-40℃)/mPa·s	不大于	150000		GB/T 11145
泡沫性(泡沫倾向/泡沫稳定性) 程序Ⅰ(24℃)/$mL \cdot mL^{-1}$ 程序Ⅱ(93.5℃)/$mL \cdot mL^{-1}$ 程序Ⅲ(后 24℃)/$mL \cdot mL^{-1}$	 不大于 不大于 不大于	 20/0 50/0 20/0		GB/T 12579

续表

项目		质量指标	试验方法
铜片腐蚀(121℃,3h)/级	不大于	3	GB/T 5096
机械杂质(质量分数)/%	不大于	0.05	GB/T 511
水分(质量分数)/%	不大于	痕迹	GB/T 260
四球机 P_B 值/N	不小于	980	GB/T 3142
承载能力(FZG 目测法)/通过级	不小于	12	NB/SH/T 0306
剪切安定性(100h) 100℃运动黏度/$mm^2 \cdot s^{-1}$		保持在黏度等级范围内	NB/SH/T 0845
FE8 轴承磨损试验(D-7.5/80-80) 滚柱磨损/mg	不大于	30	NB/SH/T 0944.1
动车组齿轮箱台架试验 油池温度/℃ 轴承温度/℃ 磁性油堵片状吸附物 磁性油堵块状颗粒吸附物 齿轮齿面点蚀 齿轮齿面剥落 齿轮齿面黏着 齿轮齿面裂纹 轴承擦伤 轴承剥落 轴承烧损 100℃运动黏度/$mm^2 \cdot s^{-1}$	 不高于 不高于	 120 135 无 无 无 无 无 无 无 无 无 保持在黏度等级范围内	TB/T 3134③

① 也可采用 GB/T 30515 进行，结果有争议时以 GB/T 265 为仲裁方法。
② 也可采用 GB/T 2541 方法进行，结果有争议时以 GB/T 1995 为仲裁方法。
③ 检验方法包括例行试验、空载试验、加载试验、温升试验、超负荷试验、倾斜试验、超速试验、耐久性试验、低温启动试验、解体检查。

(10) 机器人用摆线针轮（RV）减速器润滑油（摘自 NB/SH/T 6040—2021）

以合成型油等为基础油，加入功能添加剂调制而成的机器人用摆线针轮（RV）减速器润滑油，适用于机器人用摆线针轮（RV）减速器的润滑。机器人用摆线针轮（RV）减速器润滑油的技术要求和试验方法见表 10-2-43。

表 10-2-43　　机器人用摆线针轮（RV）减速器润滑油的技术要求和试验方法

试验项目		质量指标	试验方法
黏度等级		150	GB/T 3141
运动黏度(40℃)/$mm^2 \cdot s^{-1}$		135~165	GB/T 265
运动黏度(100℃)/$mm^2 \cdot s^{-1}$		报告	
黏度指数	不小于	130	GB/T 1995
倾点/℃	不高于	-36	GB/T 3535
闪点(开口)/℃	不低于	200	GB/T 3536
水分(质量分数)/% PAO 及极性相当的基础油产品 PAG、酯类油及极性相当的基础油产品	 不大于 不大于	 痕迹 0.1	GB/T 260
元素含量 硫/$mg \cdot kg^{-1}$ 磷/$mg \cdot kg^{-1}$ 硼/$mg \cdot kg^{-1}$		 报告 报告 报告	 GB/T I7040① GB/T 17476 GB/T 17476
清洁度/级	不大于	8	DL/T 432
泡沫性(泡沫倾向/泡沫稳定性)/$mL \cdot mL^{-1}$ 24℃ 93.5℃ 后 24℃	 不大于 不大于 不大于	 50/0 50/0 50/0	GB/T 12579

续表

试验项目		质量指标	试验方法
液相锈蚀(24h) 蒸馏水		无锈	GB/T 11143(A法)
氧化安定性(121℃,312h) 100℃运动黏度增长/% 沉淀值/mL	不大于 不大于	6 0.1	SH/T 0123
四球机试验 最大无卡咬负荷(P_b)/N(kgf) 综合磨损指数/N(kgf) 磨斑直径(392N,60min,75℃,1200r/min)/mm	不小于 不小于 不大于	784(80) 392(40) 0.50	GB/T 3142 NB/SH/T 0189
承载能力 齿轮机试验(FZG目测法)(A/8.3/90)失效级	不小于	12	NB/SH/T 0306
SRV摩擦磨损试验(300N,50℃,50Hz,2h,1mm) 磨斑直径/mm 平均摩擦系数	不大于	0.60 报告	NB/SH/T 0847
剪切安定性②(KRL法)(20h) 剪切后40℃运动黏度/$mm^2 \cdot s^{-1}$		135~165	NB/SH/T 0845
密封材料相容性试验 FPM(100℃,168h) 体积变化率/% 拉伸强度变化率/% 拉断伸长率变化率/% 硬度变化		报告 报告 报告 报告	NB/SH/T 0877
台架试验(E110减速器③) 减速器评价 油品酸值增加(以KOH计)/$mg \cdot g^{-1}$ 试验后油品40℃黏度/$mm^2 \cdot s^{-1}$	不大于	通过 1.0 135~165	GB/T 35089 GB/T 37718 GB/T 7304 GB/T 265

① 测试方法也包括GB/T 388、SH/T 0172，结果有争议时，以GB/T 17040为仲裁方法。

② 不加黏度指数改进剂的产品，不必进行剪切安定性测试。

③ 试验减速器满足GB/T 37718。

(11) 纯电动汽车减速箱用油（摘自NB/SH/T 6042—2021）

以精制矿物油、合成油或二者混合为基础油，加入多种添加剂调制而成的纯电动汽车减速箱润滑油，适用于纯电动乘用汽车一挡减速箱系统，也适用于增程式电动汽车一挡减速箱系统。水冷电机纯电动汽车减速箱用油的技术要求和试验方法符合表10-2-44的规定。

表10-2-44　　水冷电机纯电动汽车减速箱用油的技术要求和试验方法

项目		质量指标	试验方法
运动黏度(100℃)/$mm^2 \cdot s^{-1}$	不大于	7.0	GB/T 265
运动黏度(40℃)/$mm^2 \cdot s^{-1}$		报告	GB/T 265
黏度指数	不小于	120	GB/T 1995
闪点(开口)/℃	不低于	180	GB/T 3536
表观黏度(-40℃)/mPa·s	不大于	15000	GB/T 11145
倾点/℃	不高于	-40	GB/T 3535
泡沫性(泡沫倾向/泡沫稳定性)/$mL \cdot mL^{-1}$ 24℃ 93.5℃ 后24℃ 150℃	不大于 不大于 不大于 不大于	25/0 50/0 25/0 100/0	GB/T 12579 SH/T 0722
水分(质量分数)/%	不大于	痕迹	GB/T 260
KRL剪切安定性 20h剪切后100℃运动黏度下降率/% 192h剪切后100℃运动黏度下降率/%	不大于 不大于	10 15	NB/SH/T 0845

续表

项目		质量指标	试验方法
元素含量			
硫(质量分数)/%		报告	GB/T 17040
磷(质量分数)/%		报告	GB/T 17476
氮(质量分数)/%		报告	NB/SH/T 0704
铜片腐蚀(121℃,3h)/级	不大于	1	GB/T 5096
DKA 氧化稳定性(160℃,192h)			
100℃运动黏度变化率/%	不大于	10	
酸值变化(以 KOH 计)/mg·g^{-1}	不大于	3	
油泥评级	不大于	2	CEC L-48-00 B 法
FZG 齿轮试验机试验(A10,16.6R,90℃)			
失效级	不小于	6	CEC L-84-02
FE8 轴承试验(80℃,80kN,7.5r/min,80h)			
滚柱磨损/mg	不大于	50	NB/SH/T 0944.1
橡胶材料兼容性			
氟橡胶(150℃,168h)			
体积变化率/%		-5~10	NB/SH/T 0877
拉伸强度变化率/%		-40~10	
拉断伸长率变化率/%		-40~10	
硬度变化/(IRHD)		-5~5	

油冷电机纯电动汽车减速箱用油的技术要求和试验方法符合表 10-2-45 的规定。

表 10-2-45　　油冷电机纯电动汽车减速箱用油的技术要求和试验方法

项目		质量指标	试验方法
运动黏度(100℃)/mm^2·s^{-1}	不大于	7.0	GB/T 265
运动黏度(40℃)/mm^2·s^{-1}		报告	GB/T 265
黏度指数	不小于	120	GB/T 1995
闪点(开口)/℃	不低于	180	GB/T 3536
表观黏度(-40℃)/mPa·s	不大于	15000	GB/T 11145
倾点/℃	不高于	-40	GB/T 3535
泡沫性(泡沫倾向/泡沫稳定性)/mL·mL^{-1}			
24℃	不大于	25/0	GB/T 12579
93.5℃	不大于	50/0	
后 24℃	不大于	25/0	
150℃	不大于	100/0	SH/T 0722
水分(质量分数)/%	不大于	痕迹	GB/T 260
KRL 剪切安定性			
20h 剪切后 100℃运动黏度下降率/%	不大于	10	NB/SH/T 0845
192h 剪切后 100℃运动黏度下降率/%	不大于	15	
元素含量			
硫(质量分数)/%		报告	GB/T 17040
磷(质量分数)/%		报告	GB/T 17476
氮(质量分数)/%		报告	NB/SH/T 0704
铜片腐蚀(150℃,3h)/级	不大于	1	GB/T 5096
铜片腐蚀(150℃,168h)			
铜片评级/级		报告	GB/T 5096
试验后油品中铜元素含量(质量分数)/%	不大于	0.02	GB/T 17476
蒸发损失(200℃,1h)(质量分数)/%	不大于	10	NB/SH/T 0059
DKA 氧化稳定性(170℃,192h)			
100℃运动黏度变化率/%	不大于	15	
酸值变化(以 KOH 计)/mg·g^{-1}	不大于	5	
油泥评级	不大于	2	CEC L-48-00 B 法

续表

项目		质量指标	试验方法
FZG 齿轮试验机试验(A10/16.6R/90℃) 失效级	不小于	6	CEC L-84-02
FE8 轴承试验(80℃/80kN/7.5r/min/80h) 滚柱磨损/mg	不大于	50	NB/SH/T 0944.1
导热系数(20℃)/$W\cdot m^{-1}\cdot K^{-1}$	不小于	0.13	ASTM D7896
比热容(20℃)/$J\cdot g^{-1}\cdot K^{-1}$		报告	ASTM E1269
击穿电压(常温)/kV	不小于	45	GB/T 507
体积电阻率/MΩ·m 25℃ 80℃	 不小于 不小于	 100 10	GB/T 5654
橡胶材料兼容性 氟橡胶(150℃,168h) 体积变化率/% 拉伸强度变化率/% 拉断伸长率变化率/% 硬度变化/IRHD		 -5~10 -40~10 -40~10 -5~5	NB/SH/T 0877

注：本表所述油冷电机系统为电机与减速箱共用同一种润滑油的系统。

3 常用润滑脂

3.1 润滑脂术语（摘自 GB/T 4016—2019）

表 10-2-46　润滑脂的术语和定义

序号	术语	定义
1.25.001	润滑脂	由液体润滑剂和皂类或其他稠化剂的稳定混合物所组成的半固体或固体产品,可含有其他添加剂以赋予产品特殊的性质
1.25.002	皂化润滑脂	将金属皂稠化剂分散于基础油中所制成的润滑脂 锂皂、钙皂、钠皂和铝皂是润滑脂生产中所用的主要稠化剂
1.25.004	钙基润滑脂	以钙皂稠化剂制得的润滑剂
1.25.005	复合钙基润滑脂	以低分子有机酸钙复合的钙皂稠化剂制得的,其机械安定性和胶体安定性较好的一种高滴点润滑脂
1.25.006	复合磺酸钙基润滑脂	由高碱值非牛顿体磺酸钙,与脂肪酸钙皂和无机钙盐复合稠化基础油而制得的具有优良性能的润滑脂
1.25.007	石墨钙基润滑脂	加有鳞片石墨的钙基润滑脂
1.25.008	钙钠基润滑脂	以钙钠皂稠化剂制得的润滑脂
1.25.009	钠基润滑脂	以钠皂稠化剂制得的润滑脂
1.25.010	钡基润滑脂	以钡皂稠化剂制得的润滑脂
1.25.011	锂基润滑脂	以锂皂稠化剂制得的润滑脂
1.25.012	通用锂基润滑脂	以锂皂为稠化剂,并加入抗氧、防锈添加剂所制得的润滑脂,适用于高负荷机械设备轴承及齿轮润滑,也可用于集中润滑系统
1.25.013	汽车通用锂基润滑脂	以锂皂为稠化剂,并加入抗氧、防锈添加剂所制得的润滑脂,适用于汽车轮毂轴承、底盘、水泵和发电机等摩擦部位的润滑
1.25.014	极压锂基润滑脂	以锂皂为稠化剂,并加入抗氧、极压添加剂所制得的润滑脂
1.25.015	极压复合锂基润滑脂	以复合锂皂为稠化剂,并加入极压添加剂所制得的润滑脂
1.25.016	二硫化钼极压锂基润滑脂	以锂皂为稠化剂,并加入极压添加剂及二硫化钼所制得的润滑脂。适用于轧钢机械、矿山机械、重型起重机械等重负荷和轴承的润滑,以及冲击负荷部件的润滑

续表

序号	术语	定义
1.25.017	铝基润滑脂	以铝皂为稠化剂(所)制得的润滑脂
1.25.018	复合铝基润滑脂	以复合铝皂为稠化剂所制得的润滑脂
1.25.019	极压复合铝基润滑脂	以复合铝皂为稠化剂,并加入极压添加剂所制得的润滑脂
1.25.020	膨润土润滑脂	以有机膨润土为稠化剂并加有极压添加剂(所)制得的润滑脂
1.25.021	极压膨润土润滑脂	由有机膨润土为稠化剂,并加入极压、抗氧和防锈添加剂所制得的润滑脂
1.25.022	聚脲润滑脂	由分子中含有脲基的有机化合物稠化矿物基础油或合成基础油所制成的润滑脂
1.25.023	复合聚脲润滑脂	将有机脲和金属盐复合作为稠化剂,稠化矿物基础油或合成基础油所制成的润滑脂
1.25.024	极压聚脲润滑脂	由分子中含有脲基的有机化合物稠化矿物基础油或合成基础油,并加入极压添加剂所制成的润滑脂
1.25.025	复合钛基润滑脂	由复合钛皂为稠化剂、稠化矿物基础油或合成基础油所制得的润滑脂
1.25.026	防锈润滑脂	适用于暂时涂抹在金属部件表面以防止金属被锈蚀的润滑脂
1.25.027	弹药保护润滑脂	适用于涂抹在弹药的金属表面以防止锈蚀的润滑脂
1.25.028	炮用润滑脂	适用于涂抹在重武器各机件装置表面以防止锈蚀的润滑脂
1.25.029	汽车轮毂轴承润滑脂	在高温、高转速条件下,用于汽车轮毂轴承润滑的专用润滑脂
1.25.030	钢丝绳表面脂	由固体烃类稠化高黏度矿物油并加有添加剂制成的润滑脂。其具有良好的化学安定性、防锈性、抗水性和低温性能,适用于钢丝绳的封存,兼具润滑作用
1.25.031	钢丝绳麻芯脂	由固体烃类稠化高黏度矿物油并加有添加剂制成的润滑脂。其具有较好的防锈性、抗水性和化学安定性,适用于钢丝绳麻芯的浸渍和润滑
1.25.032	精密机床主轴润滑脂	由12-羟基硬脂酸锂皂稠化精制润滑油,并加入抗氧化等添加剂而制得的润滑脂。适用于精密机床和磨床的高速磨头主轴的长期润滑
1.25.033	精密仪表脂	适用于精密仪器、仪表轴承和摩擦部件润滑和保护的润滑脂
1.25.034	真空封脂	适用于高真空系统中活塞和接头密封用的润滑脂
1.25.035	食品机械润滑脂	用于食品机械的润滑脂,可能会偶尔接触食品

注：表中序号为标准中的序号。

3.2 润滑脂的组成及主要质量指标

3.2.1 润滑脂的组成

润滑脂是由液体润滑剂和皂类或其他稠化剂的稳定混合物所组成的半固体或固体产品。这种产品可以加入旨在改善某种特性的添加剂和填料。润滑脂的主要组成包括稠化剂、基础油以及添加剂和填料等，详见表10-2-47。

表10-2-47 润滑脂的组分

基础油		稠化剂				添加剂		
矿物油 合成烃油 双脂类油 硅油	磷酸酯 氟碳类油 氟硅类油 氯硅类油	钠皂 钙皂 锂皂 铝皂	钡皂 复合铝皂 复合锂皂 膨润土	硅类 石墨 聚脲 聚四氟乙烯	聚乙烯 阴丹士林染料	抗氧剂 抗磨剂 极压抗磨剂 抗腐蚀剂	摩擦改进剂 金属钝化剂 黏度指数改进剂	增稠剂 抗水剂 染料 结构改进剂

3.2.2 润滑脂的主要质量指标

表10-2-48 润滑脂的主要质量指标

指标	定义	说明
外观	是通过目测和感官检验质量的项目。如可以目测脂的颜色、透明度和均匀性等;可以用手摸和观察脂纤维状况、黏附性和软硬程度等	通常在玻璃板上抹1~2mm脂层,对光检验其外观,初步判断出润滑脂的质量和鉴别润滑脂的种类。例如钠基脂是纤维状结构,能拉出较长的丝,对金属的附着力也强。一般润滑脂的颜色、浓度均匀,没有硬块、颗粒,没有析油、析皂现象,表面没有硬皮层状和稀软糊层状等

续表

指标	定义	说明
滴点	在规定条件下,固体或半固体石油产品在试验过程中达到一定流动性的温度 单位以摄氏度(℃)表示	是衡量润滑脂耐热程度的一个指标,可用它鉴别润滑脂类型、粗略估计其最高使用温度,一般皂基脂的最高使用温度要比滴点低20~30℃。但对于复合皂基脂、膨润土脂、硅胶脂等,二者间没有直接关系 润滑脂滴点标准测定方法有2种:①GB/T 4929—1985,与国际标准ISO/DP 2176等效;②GB/T 3498—2008润滑脂宽温度范围滴点测定法
锥入度	在规定的时间、温度和负荷等条件下,标准锥体穿入固体或半固体石油(如润滑脂)试样的深度 单位以1/10mm表示	是鉴定润滑脂稠度即软硬程度的指标。锥入度越大表示润滑脂越软。为了节省试样,1/4锥入度和1/2锥入度其圆锥体和捣脂器的尺寸都缩小。1/4锥入度又称微锥入度,圆锥体和撞杆总质量为9.38g±0.025g。1/2锥入度的圆锥体和撞杆总质量为37.5g±0.05g 润滑脂锥入度根据GB/T 269—1991(等效采用国际标准ISO/DIS 2137:1982)规定的标准方法进行测定
水分	是指润滑脂的含水量,以质量分数表示	润滑脂中的水分有两种:一种是结合水,它是润滑脂中的稳定剂,对润滑脂结构的形成和性质都有重要的影响;另一种是游离的水分,是润滑脂中不希望有的,必须加以限制。因此,根据不同润滑脂提出不同含水量要求,例如钠基脂和钙基脂允许含很少量水分;钙基脂的水分依不同牌号脂的含皂量而规定某一范围,水分过多或过少均会影响脂的质量;一般锂基脂、铝基脂和烃基脂等均不允许含水 润滑脂水分按照GB/T 512—1965润滑脂水分测定法测定
皂分	是指润滑脂中作为稠化剂的脂肪酸皂组分的含量。非皂基脂没有皂分指标,但可规定一个稠化剂含量(只在生产过程控制)	测定润滑脂的皂分,可了解皂基润滑脂的其他物理性质是否和稠化剂的浓度相对应。同一牌号的皂基润滑脂,皂分高,则产品含油量少,在使用中就易产生硬化结块和干固现象,使用寿命缩短;皂分低,则骨架不强,机械安定性和胶体安定性会下降,易分离和流失 皂分按SH/T 0319—1992方法测定
机械杂质	是指稠化剂和固体添加剂以外的不溶于规定溶剂的固体物质,例如砂砾、尘土、铁锈、金属屑等	润滑脂中的机械杂质,会引起机械摩擦面的磨损并增大轴承噪声,金属屑或金属盐还会促进润滑脂氧化等 润滑脂的机械杂质测定法有4种:①酸分解法(GB/T 513—1977);②溶剂抽出法(SH/T 0330—2004);③显微镜法(SH/T 0336—1994);④有害粒子鉴定法(SH/T 0322—1992)
灰分	是指润滑脂试样经燃烧和煅烧所剩余的氧化物和以盐类形式存在的不燃烧组分,以质量分数表示	润滑脂灰分的主要来源是:稠化剂(如各种脂肪酸皂类)中的金属氧化物、原料中的杂质以及外界混入脂中的机械杂质等 润滑脂灰分按照SH/T 0327—1992的方法测定
胶体安定性	润滑脂在贮存中避免胶体分解、防止液体润滑油被析出的能力	润滑脂的分油量(即胶体安定性)是润滑脂的重要指标之一。如果润滑脂产品在储存期间大量析油,则说明其胶体安定性差,这种产品只能短期存放,否则会因变质而报废。胶体安定性好的润滑脂,即使在较高温度和载荷的部位使用,也不致因受压力、离心力及较高温度而发生严重析油 润滑脂胶体安定性的标准测定方法有2种:①压力分油法(GB/T 392—1977);②锥网分油(NB/SH/T 0324—2010)
氧化安定性①	是指润滑脂在储存和使用过程中抵抗氧化的能力	是润滑脂的重要性能之一。关系到其最高使用温度和寿命长短 润滑脂氧化安定性的标准测定可用氧弹法(SH/T 0325—1992)

① 在GB/T 4016—2019中给出的术语“氧化安定性”定义为:“石油产品抵抗大气(或氧气)的作用而保持其性能不发生本质变化的能力。”

3.3 润滑脂的分类

3.3.1 润滑剂和有关产品(L类)的X组(润滑脂)分类

润滑脂的分类标准(GB/T 7631.8—1990)等效采用国际标准ISO 6743/9:1987,适用于各种设备、机械部件、车辆等各种润滑脂,但不适用于特殊用途的润滑脂(例如接触食品、高真空、抗辐射等)。该分类标准是按照润滑脂应用时的操作条件进行分类的，在这个标准体系中，一种润滑脂只有一个代号，并应与该润滑脂在应用中的最严格操作条件（温度、水污染和载荷等）相对应，由5个大写英文字母组成，见表10-2-49；每个字母都有其特定含义，参见润滑脂的分类表10-2-50。润滑脂的稠度分为9个等级（即NLGI稠度等级），见表10-2-51。

表 10-2-49　　润滑脂标记的字母顺序

L	X(字母1)	字母2	字母3	字母4	字母5	稠度等级
润滑剂类	润滑脂组别	最低温度	最高温度	水污染 (抗水性、防锈性)	极压性	稠度号

表 10-2-50　　X组（润滑脂）的分类（摘自 GB/T 7631.8—1990）

代号字母（字母1）	总的用途	使用要求									标记示例
		操作温度范围				水污染(见表10-2-52)	字母4	载荷EP	字母5	稠度(见表10-2-51)	
		最低温度/℃	字母2	最高温度/℃	字母3						
X	用润滑脂的场合	0 -20 -30 -40 <-40 (设备启动或运转时，或者泵送润滑脂时，所经历的最低温度)	A B C D E	60 90 120 140 160 180 >180 (在使用时，被润滑部件的最高温度)	A B C D E F G	在水污染的条件下，润滑脂的润滑性、抗水性和防锈性	A B C D E F G H I	表示在高载荷或低载荷下，润滑脂的润滑性和极压性，用A表示非极压型脂；用B表示极压型脂	A B	可选用如下稠度号： 000 00 0 1 2 3 4 5 6	一种润滑脂，使用在下述操作条件 最低操作温度：-20℃ 字母B 最高操作温度：160℃ 字母E 环境条件：经受水洗 防锈性：不需要防锈 字母G 载荷条件：高载荷　字母B 稠度等级：00 应标记为 L-XBEGB 00

注：包含在这个分类体系范围里的所有润滑脂彼此相容是不可能的。而由于缺乏相容性，可能导致润滑脂性能水平的剧烈下降，因此，在允许不同的润滑脂相接触之前，应和产销部门协商。

表 10-2-51　　润滑脂稠度等级（NLGI）

稠度等级（稠度号）	锥入度(25℃,150g)/(10mm)$^{-1}$
000	445～475
00	400～430
0	355～385
1	310～340
2	265～295
3	220～250
4	175～205
5	130～160
6	85～115

表 10-2-52　　水污染的符号

环境条件		防锈性		字母4
干燥环境	L	不防锈	L	A B C D E F G H I
	L	淡水存在下的防锈性	M	
	L	盐水存在下的防锈性	H	
静态潮湿环境	M	L		
	M	M		
	M	H		
水洗	H	L		
	H	M		
	H	H		

3.3.2　车用润滑脂分类（摘自 GB/T 36990—2018）

在 GB/T 36990—2018《车用润滑脂分类》中，车用润滑脂分类是根据润滑脂在汽车上的主要应用场合要求的产品类型来确定的。每个车用润滑脂的类型由一组大写字母所组成的代号来表示，字母含义见表10-2-53。车用润滑脂的详细分类见表10-2-54。

表 10-2-53　车用润滑脂品种代号字母含义

字母	含义
A	对于底盘和轮毂轴承，为轻负荷
B	对于万向联轴器等底盘零部件，为中到重负荷对于轮毂轴承，为轻到中负荷
C	对于轮毂轴承，为中到重负荷
E	电性能
G	轮毂
L	底盘
O	摆动
P	辅件
R	旋转

表 10-2-54　车用润滑脂详细分类

品种代号	用途描述	性能描述
用于底盘的润滑脂		
LA	适用于在轻负荷以下工作的车辆（乘用车、商用车等）的万向联轴器和底盘零部件等。车辆使用中存在润滑周期短（乘用车的润滑周期小于3200km）的非关键部件应考虑为轻负荷	这类润滑脂具有抗氧化性和机械安定性、防腐蚀性和抗磨损性、橡胶相容性等 没有特殊温度要求 通常推荐稠度为$2^{\#}$的润滑脂，也可使用其他稠度等级的润滑脂
LB	适用于中、重负荷条件下乘用车、商用车和其他车辆的底盘和万向联轴器，车辆遇到润滑周期延长（乘用车的润滑周期大于3200km）、高负荷、严重的振动、暴露于水或其他污染等条件，应考虑为重负荷	这类润滑脂具有抗氧化性和机械安定性；在遇到水等杂质污染、重负荷等情况下，可以防止包括万向联轴器等底盘零件的腐蚀和磨损；而且橡胶相容性良好 使用温度范围为-40～120℃ 通常推荐使用稠度为$2^{\#}$的润滑脂，也可使用其他稠度等级的润滑脂
用于轮毂轴承的润滑脂		
GA	适用于工作在轻负荷下的乘用车、商用车和其他车辆的轮毂轴承，车辆使用中润滑周期短的非关键应用可考虑为轻负荷	这类润滑脂具有良好的橡胶相容性 除此之外，没有特定的性能要求 使用温度范围为-20～70℃
GB	适用于工作在轻到中等负荷下的乘用车、商用车和其他车辆的轮毂轴承。通常运行在城市、高速公路和非道路的大多数车辆应考虑为中等负荷	这类润滑脂具有抗氧化性、低挥发性、机械安定性等性能，可以防止轴承的腐蚀和磨损，而且橡胶相容性良好 使用温度范围为-40～120℃ 通常推荐稠度为$2^{\#}$的润滑脂，也可使用稠度为$1^{\#}$或$3^{\#}$的润滑脂
GC	适用于中、重负荷条件下乘用车、商用车和其他车辆的轮毂轴承，轴承温度较高应考虑为重负荷。这类车辆使用状况为： 频繁启动-停止（如公交车、出租车、城市警车等），或者强力制动（如拖车、重载车辆、山区行驶等）	这类润滑脂具有防止氧化、蒸发和稠度变稀的性能，可以避免轴承的腐蚀和磨损，而且橡胶相容性良好 使用温度范围为-40～160℃，偶尔会达到200℃ 通常推荐稠度为$2^{\#}$的润滑脂，也可使用稠度为$1^{\#}$或$3^{\#}$的润滑脂
底盘轮毂轴承通用润滑脂		
GC-LB	适用于中到重负荷条件下工作的公交车、出租车、城市警车、拖车、重载车辆、山区行驶等乘用车、卡车和其他车辆	这类润滑脂的性能同时达到LB类底盘润滑脂和GC类轮毂轴承润滑脂的性能
用于汽车辅件的润滑脂		
PR	适用于旋转的轴承，如：交流发电机轴承、离合器分离轴承、冷气装置用电磁离合器轴承、水泵轴承、发动机传动带张紧轮轴承	这类润滑脂具有长寿命、抗磨性、防锈性、低噪声、满足加速度很高的变速运转等特点 使用温度范围为-40～180℃ 转速最高可达18000r/min 通常推荐稠度为$2^{\#}$的润滑脂，也可使用其他稠度等级的润滑脂

续表

品种代号	用途描述	性能描述
PO	适用于往复运动或摆动的零部件,如:软轴、牵引鞍座、刹车装置	这类润滑脂具有良好的润滑防锈性、抗磨性、耐温性、抗水性能、塑料相容性等性能; 使用温度范围为-40~80℃,在特殊情况下最高使用温度可达到200℃; 可视情况选择适当稠度的润滑脂
PE	适用于电气开关等	根据具体应用,这类润滑脂具有电气性能、良好的润滑防锈性、抗磨性等; 通常推荐稠度为3#或2#润滑脂

3.4 常用润滑脂的命名、性质与用途

3.4.1 润滑脂标准

表 10-2-55　　润滑脂现行标准

序号	标准
1	GB/T 491—2008《钙基润滑脂》*
2	GB 492—1989《钠基润滑脂》
3	GB/T 5671—2014《汽车通用锂基润滑脂》
4	GB/T 7323—2019《极压锂基润滑脂》
5	GB/T 7324—2010《通用锂基润滑脂》*
6	GB 15179—1994《食品机械润滑脂》
7	GB/T 33540.1—2017《风力发电机组专用润滑剂　第1部分:轴承润滑脂》
8	GB/T 33540.2—2017《风力发电机组专用润滑剂　第2部分:开式齿轮润滑脂》
9	GB/T 33585—2017《复合磺酸钙基润滑脂》
10	JG/T 430—2014《无粘结预应力筋用防腐润滑脂》
11	NB/SH/T 0011—2020《耐油密封润滑脂》
12	NB/SH/T 0373—2013《铁道润滑脂(硬干油)》
13	NB/SH/T 0383—2017《炮用润滑脂》
14	NB/SH/T 0385—2017《3号仪表润滑脂》
15	NB/SH/T 0387—2014《钢丝绳用润滑脂》
16	NB/SH/T 0437—2014《7007、7008号通用航空润滑脂》
17	NB/SH/T 0459—2014《特221号润滑脂》
18	NB/SH/T 0535—2019《极压复合锂基润滑脂》
19	NB/SH/T 0587—2016《二硫化钼锂基润滑脂》
20	NB/SH/T 0851—2010《精密机械和光学仪器用润滑脂》
21	NB/SH/T 0948—2017《轧辊轴承润滑脂》
22	NB/SH/T 0949—2017《采棉机润滑脂》
23	NB/SH/T 0985—2019《工程机械用润滑脂》
24	NB/SH/T 6002—2020《中小型电机轴承润滑脂》
25	NB/SH/T 6019—2020《摩擦式提升机钢丝绳润滑脂和维护油》
26	NB/SH/T 6041—2021《机器人用摆线针轮(RV)减速器润滑脂》
27	Q/CR 762—2020《机车车辆专用润滑脂　机车牵引齿轮脂》
28	SH/T 0113—1992(2003年确认)《压延机用润滑脂》*
29	SH/T 0368—1992(2003年确认)《钙钠基润滑脂》*
30	SH/T 0369—1992《石墨钙基润滑脂》*
31	SH/T 0370—1995(2005年确认)《复合钙基润滑脂》*
32	SH/T 0371—1992《铝基润滑脂》*
33	SH 0375—1992《2号航空润滑脂》*
34	SH/T 0376—1992(2003年确认)《4号高温润滑脂(50号高温润滑脂)》*

续表

序号	标准
35	SH/T 0378—1992(2003 年确认)《复合铝基润滑脂》*
36	SH/T 0382—1992(2003 年确认)《精密机床主轴润滑脂》*
37	SH/T 0431—1992《7017-1 号高低温润脂》
38	SH/T 0442—1992(1998 年确认)《7105 号光学仪器极压脂》
39	SH/T 0443—1992《7106,7107 号光学仪器润滑脂》
40	SH/T 0445—1992《7112 号宽温航空润滑脂》
41	SH/T 0469—1994《7407 号齿轮润滑脂》
42	SH/T 0534—1993(2003 年确认)《极压复合铝基润滑脂》
43	SH/T 0536—1993(2003 年确认)《膨润土润滑脂》*
44	SH/T 0537—1993(2003 年确认)《极压膨润土润滑脂》*
45	SH/T 0789—2007《极压聚脲润滑脂》
46	TB/T 2548—2011《铁道车辆滚动轴承润滑脂》
47	TB/T 2788—1997《机车车辆制动缸 89D 润滑脂》*
48	TB/T 2955—1999《铁路机车轮对滚动轴承润滑脂》*
49	T/CBIAT 10005—2021 T/CAMET 04027—2021《城市轨道交通　滚动轴承地铁车辆轴箱轴承润滑脂》

注：后面标注了“*”的标准，产品已在“表 10-2-57 常用润滑脂的性质与用途”中做了介绍。

3.4.2 润滑脂命名（摘自 GB/T 34535—2017）

表 10-2-56　　润滑脂的命名方法

<table>
<tr><td colspan="2">范围</td><td>GB/T 34535—2017《润滑剂、工业用油和有关产品(L 类)X 组(润滑脂)规范》作为供应商、最终用户和设备制造商生产、采购和使用润滑油的指南
GB/T 7631.8—1990 中详细说明了属于 L 类(润滑剂和有关产品)中有关 X 组(润滑脂)的分类,按照此分类体系,一个润滑脂只能用一组代号表示。这组代号能够反映出在应用过程中润滑脂遇到的最严酷的温度、水污染和载荷等条件
虽然按照 GB/T 7631.8—1990 或按照 GB/T 34535—2017,两个润滑脂的分类和规格是相同的,但是它们并不一定能够相容。混合使用不相容的润滑脂,可能会造成设备的损坏,因此在更换润滑脂品质之前,建议向润滑脂供应商进行咨询
建议结合 GB/T 7631.8—1990 理解和使用 GB/T 34535—2017</td></tr>
<tr><td rowspan="2">技术要求</td><td colspan="2">润滑脂应该按照 GB 7631.8—1990《润滑剂和有关产品(L 类)的分类　第 8 部分:X 组(润滑脂)》标准所规定的体系进行分类,并根据下述方法命名
ISO-L-X 代号 1 代号 2 代号 3 代号 4NLGI 周度等级
其中　代号 1 表示最低使用温度,用字母 A~E 表示
代号 2 表示最高使用温度,用字母 A~G 表示
代号 3 表示水污染和防锈性能,用字母 A~I 表示
代号 4 表示润滑脂在高载荷条件下的润滑能力,用字母 A~B 表示
通过 GB/T 269 方法测定的润滑脂锥入度值,再按照 GB/T 7631.1 确定稠度等级
表 1~表 5 列出来与本分类系统使用的每一个代号所代表的润滑脂特性相应的试验方法和条件
为确立每个代号所代表的润滑脂特性,根据最相关的试验方法指定了限值</td></tr>
<tr><td>最低使用温度——代号 1</td><td>按照下面 3 个方法之一确定最低使用温度,根据选择的标准,在代号 1 后面加上带括弧的字母作为后缀,参见表 1
(1)启动和运转力矩,试验方法为 SH/T 0338。代号 1 后面加上后缀“(L)”
(2)流动压力,试验方法为 DIN 51805:1974,代号 1 后面加上后缀“(F)”
(3)低温锥入度,试验方法为 NB/SH/T 0858,代号 1 后面加上后缀“(P)”</td></tr>
</table>

表 1　最低使用温度——代号 1

<table>
<tr><td rowspan="3">最低使用温度/℃</td><td colspan="3">转动力矩/mN·m</td><td colspan="2" rowspan="2">流动压力/hPa</td><td colspan="2" rowspan="2">锥入度/0.1mm</td></tr>
<tr><td>启动力矩</td><td>运转力矩</td><td rowspan="2">代号 1</td></tr>
<tr><td>数值</td><td>数值</td><td>数值</td><td>代号 1</td><td>数值</td><td>代号 1</td></tr>
<tr><td>0</td><td rowspan="5">≤1000</td><td rowspan="5">≤100</td><td>A(L)</td><td rowspan="5">≤1400</td><td>A(F)</td><td>≥140</td><td>A(P)</td></tr>
<tr><td>-20</td><td>B(L)</td><td>B(F)</td><td>≥120</td><td>B(P)</td></tr>
<tr><td>-30</td><td>C(L)</td><td>C(F)</td><td>≥120</td><td>C(P)</td></tr>
<tr><td>-40</td><td>D(L)</td><td>D(F)</td><td>≥100</td><td>D(P)</td></tr>
<tr><td><-40</td><td>E(L)</td><td>E(F)</td><td>≥100</td><td>E(P)</td></tr>
<tr><td>—</td><td colspan="3">试验方法:SH/T 0338</td><td colspan="2">试验方法:DIN 51805:1974</td><td colspan="2">试验方法:NB/SH/T 0858</td></tr>
</table>

续表

技术要求

最高使用温度——代号 2

按照下面两种方法之一来确定润滑脂的最高使用温度，参见表 2

(1)滴点对应的代号 2 使用字母 A 或 B 表示

(2)轴承寿命采用 DIN 51821(全部)，对应代号 2 使用字母 C～G 表示

对于最高使用温度超过 120℃的润滑脂，其在最高使用温度下的 F_{50} 轴承寿命应超过 100h

按照 DIN 51821-1:1988 标准，6000r/min 的转速对于采用高黏度基础油制备的润滑脂可能太高，允许采用 3000r/min 的转速在 FAG FE9 试验机进行寿命试验，当采用 3000r/min 的转速评定润滑脂的最高使用温度时，应该在代号 2 后面加上后缀“(S)”

表 2　最高使用温度——代号 2

最高使用温度/℃	代号 2	滴点/℃	轴承寿命/h
60	A	≥90	无要求
80	B	≥130	
120	C	报告	在最高温度下 F_{50}>100h
140	D		
160	E		
180	F		
>180	G		
—	—	试验方法:GB/T 3498 或 GB 4929	试验方法:DIN 51821-1:1988,DIN 51821-2:1989，采用 FAG FE9 润滑脂试验机的 A/1500/6000 程序

水污染和防锈性能——代号 3

代号 3 表示润滑脂的抗水和防锈的综合性能，按照试验方法 SH/T 0109 测定润滑脂的水淋流失量；按照试验方法 SH /T 0700 测量润滑脂的防锈性能，参见表 3

从 A～D 的“代号 3”表示 38℃下润滑脂的水淋流失量；而从 E～G 的“代号 3”表示 79℃下润滑脂的水淋流失量

表 3　水污染和防锈性能——代号 3

代号 3	水淋流失量		防锈性能要求/级
	指标要求(质量分数)/%	温度/℃	
A	无	38	无
B	无	38	≤1,蒸馏水
C	无	38	≤2,盐水
D	<30	38	无
E	<30	79	≤1,蒸馏水
F	<30	79	≤2,盐水
G	<10	79	无
H	<10	报告	≤1,蒸馏水
1	<10	报告	≤2,盐水
—	试验方法:SH/T 0109		试验方法:SH/T 0700

高载荷条件下的润滑性能——代号 4

代号 4 表示润滑脂在高载荷条件下的润滑性能，即极压性

仅考虑采用四球试验的烧结负荷(P_D)评价润滑脂在高载荷条件下的润滑性能，并假设这样的试验方法对于存在的极压添加剂的响应是满意的，参见表 4

表 4　高载荷条件下的润滑性能——代号 4

代号 4	P_D 值/N	试验方法
A	无极压性	SH/T 0202
B	≥2452	

NLGI 稠度等级

按照标准 GB/T 269，用 25℃下，工作 60 次后测定的锥入度表示润滑脂的稠度。表 5 列出了稠度等级和锥入度的对应关系

在不同的稠度等级之间存在空缺，因此允许使用“非正式”的半号，例如，一个润滑脂的锥入度为 300(0.1mm)，即其稠度在 2#脂允许范围的最大值和 1#脂允许范围的最小值之间，所以其稠度好为 1.5#

续表

技术要求 | NLGI稠度等级

表5 NLGI稠度等级

NLGI稠度等级	锥入度(工作60次,25℃)/0.1mm	试验方法
000	445~475	GB/T 269
00	400~430	
0	355~385	
1	310~340	
2	265~295	
3	220~250	
4	175~205	
5	130~160	
6	85~115	

实例

为更好地理解和使用GB/T 34535—2017,举例如下

示例1:根据下列条件确定润滑脂的代号:最低使用温度-30℃,最高使用温度140℃,接触温度较高的水,且要求防锈性能,使用中存在冲击负荷,采用黄油枪补充润滑

根据本标准正文中各符合的条件,可将上述条件转换为如下的润滑脂类型

ISO-L-X C(L)DHB2

然后可以按照转化出来的润滑类型,选择适当的润滑脂产品

通过与本标准的对照发现,上述条件中缺乏明确的最低使用温度的应用条件,而且低温性能的验证条件也不明确,因此,按照本标准代号"C"的规定,可以通过在代号"C"后面的括弧中使用相应含义的字母,来确定最低使用温度的代号,最终得出的代号见表6

表6 对应代号的确定

最低使用温度的验证条件	应用条件	代号
转动力矩	主要用于轴承	ISO-L-X C(L)DHB2
流动压力	通过管线加注润滑脂	ISO-L-X C(F)DHB2
低温锥入度	任何应用	ISO-L-X C(P)DHB2

示例2:用代号表示符合表7质量指标的润滑脂的类型

表7 润滑脂的质量指标

项目		质量指标	试验方法
工作锥入度/(0.1mm)		265~295	GB/T 269
延长工作锥入度(100000次),变化率/%	不大于	20	GB/T 269
滴点/℃	不低于	180	GB/T 4929
防腐蚀性(168h)/级	不低于	1	SH/T 0700
腐蚀(T2铜片,100℃,24h)		铜片无绿色或黑色变化	GB/T 7325
水淋流失量(79℃,1h)/%	不大于	10.0	SH/T 0109
钢网分油(100℃,24h)/%	不大于	5.0	NB/SH/T 0324
氧化安定性(99℃,100h,758kPa),压力降/kPa	不大于	70	SH/T 0325
漏失量(104℃,6h)/g	不大于	5.0	SH/T 0326
游离碱含量(以折合的NaOH质量分数计)/%	不大于	0.15	SH/T 0329
低温转矩(-20℃,启动力矩)/mN·m	不大于	790	SH/T 0338
轴承寿命(120℃)/h	不小于	100	DIN 51821-1

根据表7分析如下:

(1)低温性能,采用SH/T 0338试验方法进行了低温转矩试验,对应本标准中的低温性能-20℃一栏,并且符合指标,因此选择代号B(L)

(2)高温性能,采用DIN 51821试验方法进行120℃下的寿命分析,且不低于100h,因此最高使用温度代号2选用"C"

(3)水污染和防锈性能,采用了SH/T 0109进行了润滑脂的抗水试验(试验条件为79℃),并且有防腐蚀性要求,在未注明试验介质的情况下,只考虑为蒸馏水,因此,应选择代号"H"

(4)极压性能,没有描述挤压性能的质量指标,因此选代号"A"

(5)稠度等级。工作锥入度范围恰好与2号润滑脂相符

由此可见,符合表7质量指标的润滑脂应采用的分类代号如下

ISO-L-X B(L)CHA2

3.4.3 常用润滑脂的性质与用途

表 10-2-57 常用润滑脂的性质与用途

名称与牌号	稠度等级(NLGI)	外观	滴点/℃不低于	锥入度(25℃,150g)/(10mm)$^{-1}$	水分/%不大于	特性及主要用途
钙基润滑脂(GB/T 491—2008)	1	淡黄色至暗褐色、均匀油膏	80	310~340	1.5	温度小于55℃、轻载荷和有自动给脂的轴承,以及汽车底盘和气温较低地区的小型机械
	2		85	265~295	2.0	中小型滚动轴承,以及冶金、运输、采矿设备中温度不高于55℃的轻载荷、高速机械的摩擦部位
	3		90	220~250	2.5	中型电机的滚动轴承,发电机及其他设备温度在60℃以下、中等载荷、中等转速的机械摩擦部位
	4		95	175~205	3.0	汽车、水泵的轴承,重载荷机械的轴承,发电机、纺织机及其他60℃以下重载荷低速的机械
石墨钙基润滑脂(SH/T 0369—1992)	—	黑色均匀油膏	80	—	2	压延机人字齿轮,汽车弹簧,起重机齿轮转盘,矿山机械,绞车和钢丝绳等高载荷、低转速的机械
合成钙基润滑脂	2	深黄色到暗褐色均匀油膏	80	≤350(50℃) 265~310(25℃) ≥230(0℃)	3	具有良好的润滑性能和抗水性,适用于工业、农业、交通运输等机械设备的润滑,使用温度不高于60℃
	3		90	≤300(50℃) 220~265(25℃) ≥200(0℃)	3	
复合钙基润滑脂(SH/T 0370—1995)	1	—	200	310~340	—	具有良好的抗水性、机械安定性和胶体安定性。适用于工作温度-10~150℃及潮湿条件下机械设备的润滑
	2		210	265~295	—	
	3		230	220~250	—	
合成复合钙基润滑脂	1	深褐色均匀软膏	180	310~340	痕迹	具有较好的机械安定性和胶体安定性,用于较高温度条件下摩擦部位的润滑
	2		200	265~295	痕迹	
	3		220	220~250	痕迹	
	4		240	175~205	痕迹	
钠基润滑脂(GB 492—1989)	2	—	160	265~295	—	适用于-10~110℃温度范围内一般中等载荷机械设备的润滑,不适用于与水相接触的润滑部位
	3		160	220~250	—	
4#高温润滑脂(50#高温润滑脂)(SH/T 0376—2003)	—	黑绿色均匀油性软膏	200	170~225	0.3	适用于在高温条件下工作的发动机摩擦部位、着陆轮轴承以及其他高温工作部位的润滑
钙钠基润滑脂(SH/T 0113—2003)	2	由黄色到深棕色的均匀软膏	120	250~290	0.7	耐溶、耐水、温度80~100℃(低温下不适用)。铁路机车和列车、小型电机和发电机以及其他高温轴承
	3		135	200~240	0.7	
压延机用润滑脂(SH/T 0113—2003)	1	由黄色至棕褐色的均匀软膏	80	310~355	0.5~2.0	适用于在集中输送润滑剂的压延机轴上使用
	2		85	250~295	0.5~2.0	
滚珠轴承润滑脂	—	黄色到深褐色均匀油膏	120	250~290	0.75	机车、货车的导杆滚珠轴承、汽车等的高温摩擦交点和电机轴承
食品机械润滑脂(GB 15179—1994)	—	白色光滑油膏,无异味	135	265~295		具有良好的抗水性、防锈性、润滑性,适用于与食品接触的加工、包装、输送设备的润滑,最高使用温度100℃

续表

名称与牌号	稠度等级(NLGI)	外 观	滴点/℃不低于	锥入度(25℃,150g)/(10mm)$^{-1}$	水分/%不大于	特性及主要用途
铁路制动缸润滑脂	—	浅黄色至浅褐色均匀油膏	100	280~320	—	具有较好的润滑、密封和黏温性能,并能保持制动橡胶密封件的耐寒性。适用于铁路机车车辆制动缸的润滑。使用温度-50~80℃
铁道润滑脂(硬干油)(NB/SH/T 0373—2013)	9	绿褐色到黑褐色	180	块锥入度 25℃ 20~35;75℃ 50~75	0.5	具有优良的抗压性能及润滑性能。适用于机车大轴摩擦部分及其他高速高压的摩擦界面的润滑
	8	半固体纤维状砖形油膏	180	块锥入度 25℃ 35~45;75℃ 75~100	0.5	
钡基润滑脂(SH/T 0379—2003)	—	黄色到暗褐色均质软膏	135	200~260	痕迹	具有耐水、耐温和一定的防护性能,适用于船舶推进器、抽水机的润滑
铝基润滑脂(SH/T 0371—1992)	—	淡黄色到暗褐色的光滑透明油膏	75	230~280	—	具有高度耐水性,适用于航运机器的摩擦部位及金属表面的防蚀
合成复合铝基润滑脂	1	浅褐色到暗褐色均匀软膏	180	310~340	痕迹	具有良好的抗水性及防护性和较好的机械安定性、胶体安定性,用于较高温度(120℃以下)和潮湿条件下的摩擦部位
	2		190	265~295	痕迹	
	3		200	220~250	痕迹	
	4		210	175~205	痕迹	
复合铝基润滑脂(SH/T 0378—2003)	0	—	235	355~385	—	适用于-20~160℃温度范围的各种机械设备及集中润滑系统
	1		235	310~340	—	
	2		235	265~295	—	
极压复合铝基润滑脂(SH/T 0534—2003)	0	—	235	355~385	—	适用于工作温度-20~160℃的高载荷机械设备及集中润滑系统
	1		235	310~340	—	
	2		235	265~295	—	
通用锂基润滑脂(GB/T 7324—2010)	1	浅黄色至褐色光滑油膏	170	310~340	—	具有良好的抗水性、机械安定性、耐蚀性和氧化安定性。适用于工作温度-20~120℃范围内各种机械设备的滚动轴承和滑动轴承及其他摩擦部位的润滑
	2		175	265~295	—	
	3		180	220~250	—	
汽车通用锂基润滑脂(GB/T 5671—2014)	—	—	180	265~295	—	具有良好的机械安定性、胶体安定性、防锈性、氧化安定性和抗水性,用于温度-30~120℃汽车轮毂轴承、底盘、水泵和发电机等部位的润滑
极压锂基润滑脂(GB/T 7323—2019)	00	—	165	400~430	—	适用于工作温度-20~120℃的高载荷机械设备轴承及齿轮润滑,也可用于集中润滑系统
	0		165	355~385	—	
	1		170	310~340	—	
	2		170	265~295	—	
合成锂基润滑脂	1	浅褐色至暗褐色均匀软膏	170	310~340	痕迹	具有一定的抗水性和较好的机械安定性,用于温度-20~120℃的机械设备的滚动和滑动摩擦部位
	2		175	265~295	痕迹	
	3		180	220~250	痕迹	
	4		185	175~205	痕迹	
极压复合锂基润滑脂(SH/T 0535—2003)	一等品 1	—	260	310~340	—	适用于工作温度-20~160℃的高载荷机械设备润滑
	一等品 2		260	265~295	—	
	一等品 3		260	220~250	—	
	合格品 1		250	310~340	—	
	合格品 2		260	265~295	—	
	合格品 3		260	220~250	—	

续表

名称与牌号	稠度等级(NLGI)	外观	滴点/℃不低于	锥入度(25℃,150g)/(10mm)$^{-1}$	水分/%不大于	特性及主要用途
二硫化钼极压锂基润滑脂	0	—	170	355~385	—	适用于工作温度-20~120℃的内轧钢机械、矿山机械、重型起重机械等重载荷齿轮和轴承的润滑,并能用于有冲击载荷的部件
	1		170	310~340	—	
	2		175	265~295	—	
3#仪表润滑脂(54#低温润滑脂)	—	均匀无块,凡士林状油膏	60	230~265	—	适用于润滑-60~55℃温度范围内工作的仪器
钢丝绳表面脂(SH/T 0387—2005)	—	褐色至深褐色均匀油膏	58	运动黏度(100℃)不小于20mm^2/s	痕迹	具有良好的化学安定性、防锈性、抗水性和低温性能。适用于钢丝绳的封存,同时具有润滑作用
钢丝绳麻芯脂(SH/T 0388—2005)	—	褐色至深褐色均匀油膏	45~55	运动黏度(100℃)不小于25mm^2/s	痕迹	具有较好的防锈性、抗水性、化学安定性和润滑性能,主要用于钢丝绳麻芯的浸渍和润滑
膨润土润滑脂(SH/T 0536—2003)	1	—	270	310~340	—	适用于工作温度在0~160℃范围的中低速机械设备润滑
	2		270	265~295	—	
	3		270	220~250	—	
极压膨润土润滑脂(SH/T 0537—2003)	1	—	270	310~340	—	适用于工作温度在-20~180℃范围内的高载荷机械设备润滑
	2		270	265~295	—	
2#航空润滑脂(202润滑脂)(SH/T 0375—1992)	—	黄色到浅褐色的均匀软膏	170	285~315	—	在较宽温度范围内工作的滚动轴承润滑
精密机床主轴润滑脂(SH/T 0382—2003)	2	—	180	265~295	痕迹	具有良好的抗氧化性、胶体安定性和机械安定性,用于精密机床和磨床的高速磨头主轴的长期润滑
	3		180	220~250	痕迹	
铁道车辆滚动轴承润滑脂(TB/T 2548—2011)	Ⅲ型	棕色均匀油膏	190	280~310	痕迹	Ⅲ型润滑脂适用于最高运行速度在160km/h及以下、轴重在18t及以下客车的铁道车辆轴承的润滑
	Ⅳ型	褐色至棕褐色均匀油膏	180	265~295	痕迹	对于客车,当最高运行速度在200km/h及以下时,Ⅳ型润滑脂适用于轴重在17t及以下客车的铁道车辆轴承的润滑;当最高运行速度在160km/h及以下时,Ⅳ型润滑脂适用于轴重在18t及以下客车的铁道车辆轴承的润滑 对于货车,当最高运行速度在160km/h及以下时,Ⅳ型润滑脂适用于轴重在21t及以下货车的铁道车辆轴承的润滑;当最高运行速度在140km/h及以下时,Ⅳ型润滑脂适用于轴重在25t及以下货车的铁道车辆轴承的润滑
机车轮对滚动轴承润滑脂(TB/T 2955—1999)		褐色至棕褐色软膏	170	265~295	痕迹	适用于速度在160km/h以下、轴重小于25t、工作温度-40~120℃的机车轮对滚动轴承的润滑
机车车辆制动缸润滑脂(TB/T 2788—1997)	89D	—	170	280~320	痕迹	适用于工作温度-50~120℃的机车车辆制动缸的润滑
机车牵引电机轴承润滑脂(企业标准)		—	187	315	—	具有优良的机械安定性、胶体安定性及良好的抗氧化性能。适用于机车牵引电机及辅机轴承的润滑

续表

名称与牌号	稠度等级(NLGI)	外观	滴点/℃不低于	锥入度(25℃,150g)/(10mm)$^{-1}$	水分/%不大于	特性及主要用途
地铁轮轨润滑脂(企业标准)		黑色均匀油膏	178	351	—	适用于地下铁道及城市轨道车辆车轮与轨部位的润滑。使用温度范围-20~100℃
聚脲润滑脂(企业标准,还可参见SH/T 0789—2007《极压聚脲润滑脂》)	0	淡黄色至浅褐色均匀油膏	240	355~385	—	具有良好的高、低温性能、抗水性、机械安定性、胶体安定性、化学安定性、防锈性、抗磨性、抗极压性、氧化安定性、黏附性、良好的润滑性,使用寿命长。适用于冶金行业连铸机、连轧机及其他行业超高温摩擦部位,如连铸设备的结晶器弧形辊道、弯曲辊道轴承的润滑
	1		260	310~340	—	
	2		260	265~295	—	

4 合成润滑剂

合成润滑剂是通过化学合成方法制备成的高分子化合物,再经过调配或进一步加工而成的润滑油、脂产品。合成润滑剂具有一定化学结构和预定的物理化学性质。在其化学组成中除了含碳、氢元素外,还分别含有氧、硅、磷、氟、氯等。与矿物润滑油相比,合成润滑油具有优良的黏温性和低温性,良好的高温性和热氧化稳定性,良好的润滑性和低挥发性,以及其他一些特殊性能如化学稳定性和耐辐射性等,因而能够满足矿物油所不能满足的使用要求。

4.1 合成润滑剂的分类及性能

目前获得工业应用的合成润滑剂分为下列6类:①有机酯类,包括双酯、多元醇酯及复酯等;②合成烃类,包括聚α-烯烃、烷基苯、聚异丁烯及合成环烷烃等;③聚醚类(又称聚烷撑醚),包括聚乙二醇醚、聚丙二醇醚或乙丙共聚醚等;④硅油和硅酸酯类(又称聚硅氧烷或硅酮),包括甲基硅油、乙基硅油、甲基苯基硅油、甲基氯苯基硅油、多硅醚等;⑤含氟油类,包括全氟烃、氟氯碳、全氟聚醚、氟硅油等;⑥磷酸酯类,包括烷基磷酸酯、芳基磷酸酯、烷基芳基磷酸酯等。合成润滑剂的种类及性能见表10-2-58。

表10-2-58　合成润滑剂的种类及性能(摘自参考文献[17])

种类		性能
酯类油	种类与结构	作为润滑油基础油的酯类油有双酯、多元醇酯和复酯几类,双酯是二元酸与一元醇或二元醇与一元酸反应的产物。常用的双酯如癸二酸双酯、壬二酸双酯和己二酸双酯等。其中癸二酸二(2-乙基己酯)酯(也称癸二酸二异辛酯)曾广泛用作喷气发动机润滑油的基础油 多元醇酯是分子中含有两个以上羟基的多元醇与直链脂肪酸反应的产物。常用的多元醇酯如三羟甲基甲烷酯、季戊四醇酯和新戊基多元醇酯等 复酯是二元酸与二元醇(或多元醇)缩聚形成的长链分子,端基再用一元酸或一元醇酯化得到的产物。按分子中心结构不同,复酯又分为以醇为中心的复酯和以酸为中心的复酯。复酯的平均分子量一般在800~1500
	主要性能	①较好的黏温特性或较高的黏度指数;②良好的低温性能和较低的凝点;③蒸发性远比矿物油小,常用于飞机发动机润滑;④由于酯类油分子中含有极性基团酯基,易吸附在摩擦表面形成边界油膜,因此酯类油的润滑性能优于矿物油;⑤酯类油的黏度随压力的变化小于矿物油,受温度的影响也小于矿物油;⑥由于酯类油具有极性,对添加剂的溶解能力较强,因此对添加剂的感受性较好,但是,酯类油的抗水解性较差,需要使用添加剂加以改善,另外酯类油对氯丁橡胶的溶胀性较为严重,因此使用酯类油宜采用氟橡胶或丁腈橡胶作为密封材料
聚醚		聚醚是环氧乙烷、环氧丙烷、环氧丁烷和四氢呋喃等单体发生开环均聚或共聚生成的线性化合物,具有以下特性: ①聚醚的黏度及黏度指数随其分子量的增加而增大,分子量和黏度相近的聚醚,其黏度指数顺序为双醚>单醚>双羟基醚>三羟基醚,环氧乙烷与环氧丙烷无规共聚醚比环氧丙烷均聚醚黏度指数高,并当环氧乙烷在共聚醚中占50%(质量)时黏度指数最高 ②聚醚的黏压系数基本由其化学结构和分子链长度决定,而且聚醚的黏压系数均小于矿物油 ③聚醚一般具有较低的凝点,在低温条件下具有良好的流动性 ④由于聚醚具有极性,几乎在所有润滑状态下都能形成非常稳定的具有很大吸附能力和承载能力的润滑膜,因此聚醚的润滑性能优于同黏度的矿物油、聚醚烃和双酯,但不如多元醇酯和磷酸酯

续表

<table>
<tr><th>种类</th><th colspan="2">性能</th></tr>
<tr><td>聚醚</td><td colspan="2">⑤在热和氧的作用下，聚醚容易断链，因此聚醚的热氧化稳定性不佳，但聚醚对抗氧剂有良好的感受性，加抗氧剂后聚醚的分解温度可提高到240℃
⑥根据聚醚中环氧烷的类型、比例和端基结构可分为水溶性、非水溶性及油溶性几类，环氧乙烷均聚物和环氧乙烷比例超过25%的环氧乙烷-环氧丙烷共聚物可溶于水，环氧丙烷均聚物不溶于水也不溶于油，环氧丙烷与四氢呋喃，环氧丁烷的共聚物是油溶性的
⑦一般聚醚的闪点在204～260℃之间，加入抗氧剂可使聚醚的闪点提高10～50℃
⑧聚醚产品在20℃下的蒸汽压均小于1.33Pa，是低挥发性合成油</td></tr>
<tr><td rowspan="4">合成烃油</td><td colspan="2">合成烃油是由化学合成方法制备的烃类润滑油，包括聚α烯烃（PAO）、聚丁烯、烷基苯与合成环烷烃。由于合成烃油也是碳氢化合物，所以具有与矿物油相似的性能，但又具备一些优于矿物油的特性，因此在工业上得到广泛应用。合成烃油约占合成油产量的1/3</td></tr>
<tr><td>聚α烯烃合成油</td><td>聚α烯烃比矿物油拥有更好的热稳定性、氧化安定性和水解安定性，而且与矿物油有良好的相溶性，由于α烯烃原料来源丰富，生产工艺简单，价格较为便宜，因此是一种很有发展前途的合成油品种</td></tr>
<tr><td>聚丁烯合成油</td><td>聚丁烯合成油是以异丁烯和少量正丁烯共聚的合成烃油。聚丁烯随着分子量的增加，由油状液体变成蜡状半固体，聚丁烯的特点是在不太高温度下会全部分解而不留残余物，因此适合做金属加工淬火油、高压压缩机油及二冲程发动机油。由于聚丁烯不含蜡状物质，因此具有较好的电气性能</td></tr>
<tr><td>烷基苯合成油</td><td>烷基苯合成油具有优良的低温性能，蒸发损失小，黏度指数高，能与矿物油以任意比例混合，是合成油中很有发展前途的品种，直链烷基苯比带支链的烷基苯倾点低，黏度指数高，其中带C_{14}烷链的二烷基苯最适合调制各种低温润滑油，如R_5和R_2为C_{10}～C_{15}的二烷基苯，40℃运动黏度为30～35mm^2/s，黏度指数为107～120，倾点为-56.7～-51.1℃</td></tr>
<tr><td>硅油和硅酸酯</td><td colspan="2">作为合成润滑材料的硅油主要有甲基硅油、乙基硅油，甲基苯基硅油和甲基氯苯基硅油等。硅油和硅酸酯具有无机聚合物和有机聚合物的许多特性，如耐高温性、耐老化、耐臭氧，电绝缘性好、疏水、难燃，低温流动性好，无腐蚀性以及黏温系数高等特点
硅油是无色，无味，无毒，不易挥发的透明液体，具有以下特性：
①在所有润滑油中，硅油和硅酸酯的黏温特性是最好的，其中又以甲基硅油为最好
②硅油具有良好的热稳定性和氧化稳定性，是高温润滑剂不可缺少的材料。甲基硅油的长期使用温度范围为-50～180℃。随着分子中苯基含量的增加，使用温度可再提高20～70℃。甲基硅油在200℃以上才缓慢被氧化。为进一步提高硅油的热氧化稳定性可加入某些稳定剂。硅油与矿物油混配可提高硅油的耐氧化稳定性，将少量硅油加入矿物油中也可以提高矿物油的氧化稳定性。硅酸酯的热稳定性也很好，热分解温度在300℃以上，它具有中等程度的氧化稳定性，由于对添加剂的稳定性良好，容易用添加剂来提高其氧化稳定性
③硅油具有良好的低温稳定性，甲基硅油的凝点低于-50℃，在甲基硅油中引入少量苯基，因破坏了其结构的对称性，凝点会进一步降低，苯基含量在5%左右时，甲基苯基硅油的凝点可达-75℃左右，但随着苯基含量的增加，聚合物有机性增强，凝点又会上升
④由于硅-氧链易曲挠，硅油具有较高的可压缩性，但黏度随压力的变化较小，利用硅油这种特性可做液体弹簧
⑤由于硅油侧链上的非极性烷基阻止水分子的进入，因此硅油具有疏水性，在常温下对水是稳定的。而硅酸酯较容易水解，水解后生成硅酸、醇或酚，最后形成硅胶-高温下生成二氧化硅会引起金属的磨损，使用时应注意。为改善硅酸酯的水解安定性，可加入芳胺类化合物
⑥与其他合成润滑油相比，硅油的润滑性能不好，尤其对铜-钢摩擦副的边界润滑性能不好。黏度较大的硅油适合做塑料、橡胶的润滑剂，为改善硅油的润滑性能常加入添加剂</td></tr>
<tr><td>氟油</td><td colspan="2">氟油是分子中含有氟元素的合成润滑油，主要有全氟烃油，氟氯碳油，全氟聚醚和氟硅油等。含氟硅油、全氟聚醚油都是无色，比矿物油重的难燃液体，具有以下特性：
①氟油的最大特点就是化学稳定性好，是矿物油与其他合成油无法相比的，在100℃温度下与强酸、强碱均不起反应，属于化学惰性物质
②全氟聚醚油具有极好的氧化稳定性，其分子结构受热，氧化作用很少，与氯气、过氧化氢，高锰酸钾等氧化剂也不起反应
③氟油与大部分金属、橡胶、塑料都有很好的相容性，与添加剂的相容性也很好
④氟油的润滑性比一般矿物油好，但氟油的溶解能力有限，很少能加入添加剂改善其性能</td></tr>
<tr><td>磷酸酯</td><td colspan="2">磷酸酯具有良好的抗燃性和润滑性，是重要的合成润滑油品种，具有以下特性：
①难燃性，这是磷酸酯最突出的性能，因此适合做高温条件下的液压油，其性能比水-乙二醇也更好
②磷酸酯具有良好的润滑性，适合做极压剂和抗磨剂
③磷酸酯的热氧化稳定性优于矿物油
④磷酸酯对许多有机化合物有极强的溶解能力，是一种很好的溶剂，但这一性能也容易造成对密封材料的溶胀侵蚀
⑤磷酸酯的水解安定性不好，易发生分解反应形成酸性物质
⑥磷酸酯的挥发性低，与矿物油相比，其挥发性只是与它黏度相当的烃类的1/5～1/10
⑦磷酸酯有一定的毒性，对皮肤和呼吸道有刺激作用</td></tr>
</table>

4.2 合成润滑剂的应用

由于我国润滑剂是根据应用场合划分的，每一类润滑剂中已考虑了应用合成液的品种，因此没有将合成润滑剂单独分类，而只有一些产品标准。一些合成润滑剂标准的编号与名称见表10-2-18和表10-2-55。合成润滑油的温度特性、与矿物油性能对比及合成润滑剂的用途见表10-2-59~表10-2-61。

表10-2-59　　合成润滑油的温度特性

类别	闪点/℃	自燃点/℃	热分解温度/℃	黏度指数	倾点/℃	最高使用温度/℃
矿物油	140~315	230~370	250~340	50~130	-45~-10	150
双酯	200~300	370~430	283	110~190	<-70~-40	220
多元醇酯	215~300	400~440	316	60~190	<-70~-15	230
聚α-烯烃	180~320	325~400	338	50~180	-70~-40	250
二烷基苯	130~230	—	—	105	-57	230
聚醚	190~340	335~400	279	90~280	-65~5	220
磷酸酯	230~260	425~650	194~421	30~60	<-50~-15	150
硅油	230~330	425~550	388	110~500	<-70~10	280
硅酸酯	180~210	435~645	340~450	110~300	<-60	200
卤碳化合物	200~280	>650	—	-200~10	<-70~65	300
聚苯醚	200~340	490~595	454	-100~10	-15~20	450

表10-2-60　　各种合成润滑油与矿物油性能对比①

类　　别	黏温性	与矿物油相容性	低温性能	热安定性	氧化安定性	水解安定性	抗燃性	耐负荷性	与油漆和涂料相容性	挥发性	抗辐射性	密度	相对价格②
矿物油	中	优	良	中	中	优	低	良	优	中	高	低	1
超精制矿物油	良	优	良	中	中	优	低	良	优	低	高	低	2
聚α-烯烃油	良	优	良	良	良	优	低	良	优	低	高	低	5
有机酯类	良	良	良	中	中	中	低	良	优	中	中	中	5
聚烷撑醚	良	差	良	中	中	良	低	良	良	低	中	中	5
聚苯醚	差	良	差	优	良	优	低	良	中	中	高	高	110
磷酸酯(烷基)	良	中	中	中	良	中	高	良	差	中	低	高	8
磷酸酯(苯基)	中	中	差	良	良	中	高	良	差	低	低	高	8
硅酸酯	优	差	优	良	中	差	低	中	中	中	低	中	10
硅油	优	差	优	良	良	良	低	差	中	低	低	中	10~50
全氟碳油	中	差	中	良	良	中	高	差	中	中	低	高	100
聚全氟烷基醚	中	差	良	良	良	良	高	良	中	中	低	高	100~125

① 评分标准为优、良、中、差或高、中、低。

② 相对价格以矿物油为1相对比较而得，无量纲。

表10-2-61　　合成润滑剂的用途

种类	用途
合成烃	燃气涡轮润滑油、航空液压油、齿轮油、车用发动机油、金属加工油、轧制油、冷冻机油、真空泵油、减振液、化妆精油、刹车油、纺丝机油、润滑脂基础油
酯类油	喷气发动机油、精密仪表油、高温液压油、真空泵油、自动变速机油、低温车用机油、刹车油、驻退液、金属加工油、轧制油、润滑脂基础油、压缩机油
磷酸酯	用于有抗燃要求的航空液压油、工业液压油、压缩机油、刹车油、大型轧制机油、连续铸造设备用油
聚乙二醇醚	液压油、刹车油、航空发动机油、真空泵油、制冷机油、金属加工油
硅酸酯	高温液压油、高温传热介质、极低温润滑脂基础油、航空液压油、导轨液压油
硅油	航空液压油、精密仪表油、压缩机油、扩散泵油、刹车油、陀螺油、减振液、绝缘油、光学用油、润滑脂基础油、介质冷却液、脱模剂、雾化润滑液

续表

种类	用途
聚苯醚	有关原子反应堆用润滑油、液压油、冷却介质、发动机油、润滑脂基础油
氟油	原子能工业用油、导弹用油、氧气压缩机油、陀螺油、减振液、绝缘油、润滑脂基础油

5 固体润滑剂

5.1 固体润滑剂的分类

表 10-2-62 常用固体润滑剂的分类

类别	固体润滑剂名称
层状晶体结构	二硫化钼，二硫化钨，二硫化铌，二硫化钽，二硒化钼，二硒化钨，石墨，氟化石墨，氮化硼，氮化硅
非层状无机物	二硫属化合物，金属氧化物（Fe_3O_4，Al_2O_3，PbO），金属卤化物（$CdCl_2$，CdI_2），氮化物（BN，SiN），硒化物（$NbSe_2$，WSe_2，$MoSe_2$）等
软金属薄膜	金、银、铜、锡、铅等
高分子材料	聚四氟乙烯，聚缩醛，尼龙，聚酰胺，聚酰亚胺，环氧树脂，酚醛树脂，硅树脂等
化学生成膜	磷酸盐膜
化学合成膜	如在镀钼的金属表面通以硫蒸汽生成二硫化钼膜

5.2 固体润滑剂的作用和特点

固体润滑剂是指能保护相对运动表面，起固体润滑作用的各种固体粉末或薄膜等。利用固体润滑剂能有效地解决高温、高负荷、超低温、超高真空、强辐射、强腐蚀性介质等特殊及苛刻环境工况条件下的摩擦、磨损和润滑等问题，简化润滑维修。正因为如此，固体润滑剂是航天、航空、核工业等高技术领域不可或缺的润滑剂。以下通过实例简要说明固体润滑剂的应用。

5.2.1 可代替润滑油脂[1]

在下列情况下，可以用固体润滑剂代替润滑油脂，对摩擦表面进行润滑。

① 特殊工况。在各种特殊工况（如高温、低温、真空和重载等）下，一般润滑油脂的性能无法适应，可以使用固体润滑剂进行润滑。在金属切削加工和压力加工中无法使用液体润滑的场合，可以使用固体润滑剂进行润滑。

② 易被污染的情况。在润滑油脂易被其他液体（如水、海水等）污染或冲走的场合、潮湿的环境及含有固体杂质（如泥沙、尘土等）的环境中，无法使用液体润滑剂，可以使用固体润滑剂进行润滑。

③ 供油困难的情况。有些构件和摩擦副无法连续供给润滑油脂，安装工作不易进行或装卸困难、无法定期维护保养的场合，如桥梁的支承轴承，可以使用固体润滑剂进行润滑。

5.2.2 增强或改善润滑油脂的性能

为了下列使用目的，可以在润滑油脂中添加固体润滑剂。

① 提高润滑油脂的承载能力。

② 增强润滑油脂的时效性能。

③ 改善润滑油脂的高温性能。

④ 使润滑油脂形成摩擦聚合膜（如添加有机钼化合物等）。

---

[1] 引自王海斗，徐滨士，刘家浚编写的《固体润滑膜层技术与应用》，北京：国防工业出版社，2009，3~5。

5.2.3 运行条件苛刻的场合

（1）宽温条件下的润滑

润滑油脂的使用温度范围为-60~350℃，而固体润滑剂能够适应-270~1000℃的工作温度范围。

超低温条件下的固体润滑将成为超低温技术成败的关键。固体润滑剂聚四氟乙烯和铅等在这种温度条件下仍具有润滑性能，也是最常用的基本润滑材料。

应用于高温条件下的润滑材料有：高分子材料聚酰亚胺，使用上限温度为350℃；氧化铅，最高工作温度可达650℃；氟化钙和氟化钡的混合物，最高使用温度为820℃。在热轧钢材时，工作温度可达1200℃以上，固体润滑剂石墨、玻璃和各种软金属薄膜能充当良好的润滑剂。

（2）宽速条件下的润滑

各类固体润滑膜能够适应摩擦副宽广的运动速度范围，如机床导轨的运动属于低速运动。用添加固体润滑剂的润滑油可以减少爬行，用高分子材料涂层形成的固体润滑干膜可减少磨损。而软金属铅膜可适用于低速运动的摩擦表面。适用于低速重载的轴承可用镶嵌型固体润滑材料制造，以减少摩擦和磨损。做高速运动的轴承，只要在其表面镀上2~5μm厚的碳化钛膜，即使在24000r/min的速度下运转25000h也很少磨损。

（3）重载条件下的润滑

一般润滑油脂的油膜，只能承受比较小的负荷。一旦负荷超过其所能承受的极限值，油膜破裂，摩擦表面将会发生咬合。而固体润滑膜可以承受平均负荷在10^8Pa以上的压力。如厚度为2.5μm的二硫化钼膜能承受2800MPa的接触压力，并可以实现40m/s的高速运动；聚四氟乙烯膜还能承受10^9Pa的赫兹压力；金属基复合材料的承载能力更高。在金属压力加工（如轧制、挤压、冲压等）中，摩擦表面的负荷很高，通常使用含有固体润滑剂的油基或水基润滑剂，或采用固体润滑干膜的形式进行润滑。

（4）真空条件下的润滑

在（高）真空条件下，一般润滑油脂的蒸发性较大，易破坏真空条件，并影响其他构件的工作性能。一般采用金属基复合材料和高分子基复合材料进行润滑。

（5）辐射条件下的润滑

在辐射条件下，一般液体润滑剂会发生聚合或分解，失去润滑性能。固体润滑剂的耐辐射性能较好。如用金属基复合材料和高分子基复合材料进行润滑。

（6）导电滑动面的润滑

电机电刷、导电滑块、在真空中工作的人造卫星上的太阳能集流环和滑动的电触点等导电滑动面的摩擦，可以采用碳石墨、金属基（银基）或金属与固体润滑剂组成的复合材料进行润滑。

5.2.4 环境条件很恶劣的场合

环境恶劣的场合，如运输机械、工程机械、冶金和钢铁工业设备、采矿机械等传动件处于尘土、泥沙、高温和潮湿等恶劣环境下工作，可以采用固体润滑剂进行润滑。

腐蚀环境的场合，如船舶机械、化工机械等传动件可能在水（蒸汽）、海水和酸、碱、盐等腐蚀介质下工作，要经受不同程度的化学腐蚀作用。处于这种场合下工作的摩擦副可以采用固体润滑剂润滑。

5.2.5 环境条件很洁净的场合

电子、纺织、食品、医药、造纸、印刷等机械中的传动件，照相机、录像机、复印机、众多家用电器的传动件，应避免污染，要求很洁净的环境场合，可以采用固体润滑剂进行润滑。

5.2.6 无须维护保养的场合

有些传动件无须维护保养，有些传动件为了节省费用开支，需要减少维护保养次数。这些场合，使用固体润滑剂既合理方便，又可节省开支。

（1）无人化和无须保养的场合

大中型桥梁的支承，高大重型设备的传动件，无法经常保养的场合，为了减少维护保养费用，延长机器设备的寿命（长寿命化），使其在无保养条件下延长有效运转期限，可以使用固体润滑剂进行润滑。长期储存、无须保养的枪炮，一旦取出即可使用的物件，应用固体润滑干膜既可防锈，又可起到润滑的作用。

（2）经常拆卸和无须保养的场合

紧固件螺钉、螺母等涂以固体润滑干膜后，易于装卸，并能防，止紧固件的微动磨损。

5.3 常用固体润滑剂的使用方法和特性

5.3.1 固体润滑剂的使用方法

表 10-2-63　　固体润滑剂的使用方法

类型	使用方法
固体润滑剂粉末	固体润滑剂粉末分散在气体、液体或胶体中 (1)固体润滑剂分散在润滑油(油剂或油膏)、切削液(油剂或水剂)及各种润滑脂中 (2)将固体润滑剂均匀分散在硬脂酸和蜂蜡、石蜡等内部,形成固体润滑蜡笔或润滑块 (3)运转时将固体润滑剂粉末随气流输送到摩擦面
固体润滑膜	借助于人力和机械力等将固体润滑剂涂抹到摩擦面上,构成固体润滑膜 将粉末与挥发性溶剂混合后,用喷涂或涂抹、机械加压等方法固定在摩擦面上
	用黏结剂将固体润滑剂粉末黏结在摩擦面上,构成固体润滑膜 用各种无机或有机的黏结剂、金属陶瓷黏结固体润滑剂,涂抹到摩擦面上
	用各种特殊方法形成固体润滑膜 (1)用真空沉积、溅射、火焰喷镀、离子喷镀、电泳、电沉积等方法形成固体润滑膜 (2)用化学反应法(供给适当的气体或液体,在一定温度和压力下使表面反应)形成固体润滑膜或原位形成摩擦聚合膜 (3)金属在高温下压力加工时用玻璃作为润滑剂,常温时为固体,使用时熔融而起润滑作用
自润滑复合材料	将固体润滑剂粉末与其他材料混合后压制烧结或浸渍,形成复合材料 (1)固体润滑剂与高分子材料混合,常温或高温压制,烧结为高分子复合自润滑材料 (2)固体润滑剂与金属粉末混合,常温或高温压制,烧结为金属基复合自润滑材料 (3)固体润滑剂与金属和高分子材料混合,压制、烧结在金属背衬上成为金属-塑料复合自润滑材料 (4)在多孔性材料中或增强纤维织物中浸渍固体润滑剂
	将固体润滑剂预埋在摩擦面上,长期提供固体润滑膜 (1)用烧结或浸渍的方法将固体润滑剂及其复合材料预埋在金属摩擦面上 (2)在金属铸造的同时将固体润滑剂及其复合材料设置在铸件的预设部位 (3)用机械镶嵌的办法将固体润滑剂及其复合材料固定在金属摩擦面上

5.3.2 粉状固体润滑剂特性

表 10-2-64　　二硫化钼粉剂

项目		质量指标			特性	检验方法	应用
		0#	1#	2#			
二硫化钼含量/%	不低于	99	99	98	摩擦因数很低,一般为0.03~0.09,且随滑动速度的增加或载荷的增加而降低,在超高压时,摩擦因数可达0.017。抗压性强,在2000MPa条件下仍可使用,3200MPa压力下,两金属面间仍不咬合和熔接。对黑色金属附着力强。对一般酸类不起作用(稳定),不溶于醇、醚、脂、油等。耐高温达399℃,低温-184℃仍能润滑。纯度高,有害杂质少	醋酸铅法	可制各种固体润滑膜,代替油脂。可添加到各种润滑剂中,提高抗压、减摩能力,也可添加在各种工程塑料制品和粉末冶金中,制成自润滑件,是抗压耐磨涂层不可缺少的原料之一 储存时,严防杂质侵入。受潮时,可在120℃烘干使用
二氧化硅含量/%	不大于	0.02	0.02	0.05		硅钼黄比色法	
铁含量/%	不大于	0.06	0.04	0.1		硫氢酸盐比色法	
腐蚀,黄铜片(100℃,3h)		合格	合格	合格		SH/T 0331—2004	
粒度/%						显微镜计数法	
≤1μm	不少于	80					
>1~2μm	不少于	10	90	25			
>2~5μm	不少于	17	7.2	55			
>5~7μm	不少于	3	2	15			
>7μm	不少于	无	0.8	5			

表 10-2-65　　二硫化钨粉剂

项目	质量指标			特性	检验方法	应用
	1#	2#	3#			
外观	黑灰色胶体粉末			由黑钨矿或白钨矿砂经化学处理、机械粉碎等方法制成的黑灰色、高纯度、微粒度胶体粉末，有金属光泽，手触之有滑腻感。不溶于水、油、醇、脂及其他有机溶剂，除氧化性很强的硝酸、氢氟酸、硝酸与盐酸的混合酸以外，对一般的酸、碱溶液也不溶。在大气中分解温度为510℃，593℃氧化迅速，在425℃以下可长期润滑，真空中可稳定到1150℃。大气中摩擦因数为0.025～0.06，比二硫化钼略低，抗极压强度为2100MPa，抗辐射性亦比石墨、二硫化钼强	目测	可制成各种固体润滑膜，代替油脂。可添加到各种油、脂、水中制成各种润滑剂，提高抗压减摩能力。也可直接擦抹在螺纹等连接件与装备件上，达到拆卸方便防止锈死的目的，更可添加到各种工程塑料制品和粉末冶金中，制成自润滑件，是抗压减摩涂层重要原料之一
二硫化钨(WS_2)含量/%　不小于	98	97	96		辛可宁重量法	
二氧化硅(SiO_2)含量/%　不大于	0.1	0.12	0.15		硅钼黄比色法	
铁(Fe)含量/%　不大于	0.04	0.08	0.1		硫氰酸盐比色法	
粒度/%					显微镜计数法	
≤2μm　不少于	90	90	90			
>2～10μm　不多于	10	10	10			
>10μm	无	无	无			

表 10-2-66　　二硫化钼 P 型成膜剂

项　目	质量指标	检验方法	特性、用途及使用说明
外观	灰色软膏	目测	以足量的二硫化钼粉剂为主要润滑减摩材料，添加化学成膜添加剂、附着增强剂等多种添加剂配制而成。具有优异的反应成膜、抗压、减摩、润滑等性能。适合于轻载荷、低转速、冲击力小、单向运转的齿轮，可实现无油润滑。如初轧厂的均热炉拉盖减速机，更适合要求无油污染的纺织行业和食品行业的小型齿轮以及转速低、载荷轻的润滑部位。亦可用于重载荷、冲击力大的齿轮上，作极压成膜的底膜用，特点是成膜快、膜牢固、寿命长。使用前，应先将齿面或其他润滑部位清洗干净，最好对润滑部位喷砂处理或用细砂纸打磨，效果更好。使用时用2.5倍(质量比)的无水乙醇稀释后，喷在齿面上，干燥后，即可装配运转。使用中应定期检查，膜破露出金属光泽要及时补膜。盖严，储存在阴凉干燥处，严禁杂物混入
附着性	合格	擦涂法	
MoS_2(粒度≤2μm)/%　不少于	90	显微镜计数法	

表 10-2-67　　胶体石墨粉

项　目	质量指标				主要用途
	No.1	No.2	No.3	特2	
颗粒度/μm	4	15	30	8～10	(1)耐高温润滑剂基料、耐蚀润滑剂基料 (2)精密铸件型砂 (3)橡胶、塑料的填充料，以提高塑料的耐磨抗压性能或制成导电材料 (4)金属合金原料及粉末冶金的碳素 (5)用于制作碳膜电阻、润滑与导电的干膜以及配制导电液 (6)用于高压蒸汽管道、高温管道连接器的垫圈涂料 (7)用于制作石墨阳极和催化剂的载体
石墨灰分/%　不大于	1.0	1.5	2	1.5	
灰分中不溶于盐酸的含量/%　不大于	0.8	1	1.5	1	
通过250目上的筛余/%　不大于	0.5	1.5	—	0.5	
通过230目上的筛余/%　不大于	—	—	5	—	
水分含量/%　不大于	0.5				
研磨性能	符合规定				

5.3.3　膏状固体润滑剂特性

表 10-2-68　　二硫化钼重型机床油膏

项目	质量指标	特性	检验方法	应用
外观	灰黑色均匀软膏	用二硫化钼粉与高黏度矿油等物质配制而成的灰色膏状物。具有抗极压(PB值为85kgf)、抗磨减摩、消振润滑等优良特性，并有较好机械安定性和氧化安定性。直接涂抹在重型机床导轨上，可减轻振动、防止爬行，提高加工件精度。使用温度为20～80℃	目测	适用于各式大型车床、镗床、铣床、磨床等设备的导轨和立式或卧式的水压机柱塞。安装机车大轴时，涂上本品，可防止拉毛。抹在机床丝杠上，能使运动件灵活 使用前应将设备清洗干净后再涂油膏，一般重型设备涂层0.05～0.2mm，精度较高的设备0.01～0.02mm即可，要防止杂质落上 储存中，严防砂土等杂质混入。长期存放，上部出现油层，经搅拌均匀后仍可使用
锥入度(25℃，150g，60次)/$(10mm)^{-1}$	300～350		GB/T 269—1991	
腐蚀(T2铜片，100℃，3h)	合格		SH/T 0331—1992	
游离碱(NaOH)/%　不大于	0.15		SH/T 0329—1992	
水分/%　不大于	痕迹		GB 512—1990	

表 10-2-69　　二硫化钼齿轮润滑油膏

项目	质量指标	特性	检验方法	应用
外观	灰褐色均匀软膏	由极压抗磨的二硫化钼粉剂再调制在高黏度矿油的油膏中，并添加增黏剂、抗氧防腐剂制成。本品具有很强的抗水性、黏着性、抗极压性(PB值为1200N)、抗磨减摩性以及良好的润滑性、机械安定性和胶体安定性	目测	适合中、轻型齿轮设备、各类型的推土机、挖掘机、卷扬机的齿轮与回转牙盘和各种球磨机、筒磨机的开式齿轮。使用前，先将齿轮清洗干净，然后在齿面上涂上一层油膏。涂膜不宜过厚，但要求涂层均匀无空白 使用中要定期检查油膜，露出齿面金属，立即补膜，补膜周期可逐渐延长到一个月或几个月一次
滴点/℃　　不低于	180		GB/T 3498—2008	
锥入度(25℃，150g，60次)/(10mm)$^{-1}$	300~350		GB/T 269—1991	
腐蚀(T2铜片，100℃，3h)	合格		SH/T 0331—2004	
游离碱(NaOH)/%　　不大于	0.15		SH/T 0329—2004	
水分/%　　不大于	痕迹		GB/T 512—1965	

表 10-2-70　　二硫化钼高温齿轮润滑油膏

项　目	质量指标	特　性	检验方法	应　用
外观	灰褐色均匀软膏	用极压抗磨的二硫化钼粉剂调制在耐高温高黏度矿油膏中，并添加增黏剂、抗氧防腐剂炼制而成，具有良好黏着性、抗极压性(PB值为800N)、抗磨减摩性、耐高温性(180℃下保持良好的润滑)、耐化学性(在酸、碱、水蒸气条件下，不失去优良的稳定性和润滑性)，在冲击载荷较大的设备上使用，润滑膜不破，机械安定性好	目测	适用于2#齿轮润滑油膏，不能用于有高温辐射的各式中小型减速器齿轮和开式齿轮上。亦可用于焦化厂的推焦机齿轮、轧钢厂的辊道减速器齿轮，以及造纸、印染行业的多酸、碱、水蒸气条件下润滑的齿轮。齿轮寿命可延长1.5倍。 使用前，先将齿轮清洗干净，然后把油膏涂在齿表面上，涂层不宜太厚，要求均匀 使用中要定期检查油膜，露出金属，立即补膜，补膜周期可逐渐延长到一个月或几个月一次
锥入度(25℃，150g，60次)/(10mm)$^{-1}$	310~350		GB/T 269—1991	
腐蚀(T2铜片，100℃，3h)	合格		SH/T 0331—2004	
游离碱(NaOH)/%　不大于	0.15		SH/T 0329—2004	
水分/%　　不大于	痕迹		GB/T 512—1990	

表 10-2-71　　特种二硫化钼油膏

项　目	质量指标	特　性	检验方法	应　用
外观	灰色均匀软膏	用多种特制的黏度添加剂、极压剂、防腐添加剂与二硫化钼粉剂、精制矿物油配制而成 具有极强的金属附着性、抗压性高(PB值达1200N以上)，在-20~120℃使用时具有良好的润滑性和胶体安定性，长期存放不分油、不干裂。机械安定性稳定，抗压，抗击，剪切性强。耐水性好，不乳化，在酸、碱介质下保持良好的润滑性和极好的附着性	目测	可用于各种中、重型减速器齿轮、开式齿轮，冲击大和往复频繁的挖掘机齿轮及回转大牙盘以及大型球磨机的开式齿轮 使用前，先将齿轮清洗干净，然后把油膏涂在齿面上，涂层不宜太厚，要求均匀无空白点。使用中要定期检查油膜，发现露出齿面金属，可立即补充涂膜。补膜周期可逐渐延长到一个月或几个月一次
锥入度(25℃，150g，60次)/(10mm)$^{-1}$	330~370		GB/T 269—1991	
腐蚀(T2铜片，100℃，3h)	合格		SH/T 0331—2004	
游离碱(NaOH)/%　不大于	0.15		SH/T 0329—2004	
水分/%　　不大于	痕迹		GB/T 512—1990	

表 10-2-72　　齿轮润滑用GM-1型成膜膏

项　目	质量指标	特　性	检验方法	应　用
外观	灰褐色细腻软膏	以固体润滑材料为主，采用矿物油锂皂稠化，并添加促进化学膜形成剂、固体膜极压增强剂、高分子黏度添加剂精制而成。具有良好的抗压性、抗金属咬合能力及抗磨性能，成膜快、附着力强、耐磨寿命长，可节油节能、延长齿轮寿命	目测	适用于临界负荷1000N、-20~120℃的减速器和各式开式齿轮以及挖掘机大牙盘等 使用前需将设备清洗干净后，均匀涂抹一层3~5μm厚的成膜层，不能有空白点。运转初期一周内要勤检查，发现齿面露出金属点，应及时补充成膜，一周后，补膜周期可适当延长。经挤压成膜后，可延长到1~6个月补膜一次
锥入度(25℃，150g，60次)/(10mm)$^{-1}$	300~350		GB/T 269—1991	
腐蚀(T2铜片，100℃、3h)	合格		SH/T 0331—2004	
游离碱(NaON)/%　　不大于	0.15		SH/T 0329—2004	
滴点/℃　　不低于	198		GB/T 3498—2008	
蒸发度(120℃，1h)	0.27~0.30		SH/T 0337—1992	
抗磨试验(D^{40}_{30})/mm　　不大于	0.59		GB/T 3142—2019	
临界载荷(P_B)/N　　不小于	1400		GB/T 3142—2019	
烧结载荷(P_D)/N　　不小于	6700		GB/T 3142—2019	

6 润滑油的换油指标、代用和掺配方法

6.1 润滑油的换油指标

6.1.1 常用润滑油的换油指标

表 10-2-73 常用润滑油的换油指标

检验项目	L-AN全损耗系统用油	普通车辆齿轮油	L-CKC工业闭式齿轮油	轻负荷喷油回转式空压机油	抗氨汽轮机油	化纤化肥工业用汽轮机油	L-TSA汽轮机油		汽车用汽油机油			汽车用柴油机油 CC，SD/CC，CD，SE/CC，SF/CD	拖拉机柴油机油	柴油机车柴油机油	内燃机车液力传动油
							32，46	68，100	SC	SD	SE，SF				
运动黏度变化率/% 40℃时 小于	±15		+15 -20	±10	±10	±10	±10								50℃时 <18 或 >27
运动黏度变化率/% 100℃时 小于 大于		+20 -10							±25			±25	+35 -25	17 9.5	
酸值(以 KOH 计)/mg·g^{-1} 大于	0.5				0.2	0.2	0.1						总碱值 1.0	pH 值 ≤4.5	
酸值增加值(以 KOH 计)/mg·g^{-1} 大于		0.5		0.2					2.0			2.0	2.0		
水分/% 小于	0.1	>1.0	>0.5		0.1	0.1			0.2			0.2	0.5	0.1	0.1
色度(比新油大)	3#														
铜片腐蚀(100℃，3h)			3b 级												
液相腐蚀试验[15 钢(棒)，24h 蒸馏水]					锈	锈	轻锈								
机械杂质/% 小于	0.2		0.5												

续表

检验项目	L-AN全损耗系统用油	普通车辆齿轮油	L-CKC工业闭式齿轮油	轻负荷喷油回转式空压机油	抗氨汽轮机油	化纤化肥工业用汽轮机油	L-TSA汽轮机油		汽车用汽油机油			汽车用柴油机油 CC，SD/CC，CD，SE/CC，SF/CD	拖拉机柴油机油	柴油机车柴油机油	内燃机车液力传动油
							32，46	68，100	SC	SD	SE，SF				
铁含量/10^{-4}% 小于	100	0.5							250	200	150	200 150 100 100 （固定式）			
外观			异常											斑点/级 4	泡沫倾向（93℃）>100mL
正戊烷不溶物/% 小于		2.0		0.2					1.5		2.0	3.0 1.5			
其他成分含量：闪点（开杯）/℃			梯姆肯OK值小于等于133.4N		比新油标准低8℃	比新油标准低8℃	170	185	单级165 多级150			单级油180 多级油160		170	160
其他成分含量：破乳化时间/min					80	60	40	60				碱值/mg(KOH)·g^{-1}小于新油的50%	石油醚不溶物>3%	石油醚不溶物>3.5%	
其他成分含量：氧化安定性/min				50	60	60	60						苯不溶物>1.5%		透光率（500nm）<5%
标准编号	GB 443—1989	SH/T 0475—2003	NB/SH/T 0586—2010	NB/SH/T 0538—2013	抗氨性能试验不合格 NB/SH/T 0137—2013		NB/SH/T 0636—2013		GB/T 8028—2010			GB/T 7607—2010			TB/T 2213—1991

6.1.2 重负荷车辆齿轮油（GL-5）换油指标（摘自 GB/T 30034—2013）

表 10-2-74　　重负荷车辆齿轮油换油指标的技术要求和试验方法

项目		换油指标	试验方法
100℃运动黏度变化率/%	>	+10～-15	GB/T 265 和 GB/T 30034—2013　3.3 条
酸值(变化值,以 KOH 计)/mg·g^{-1}	>	±1	GB/T 7304
正戊烷不溶物/%	>	1.0	GB/T 8926 B 法
水分(质量分数)/%	>	0.5	GB/T 260
铁含量/μg·g^{-1}	>	2000	GB/T 17476、ASTM D6595
铜含量/μg·g^{-1}	>	100	GB/T 17476、SH/T 0102 ASTM D6595

注：换油指标说明见 GB/T 30034—2013《重负荷车辆齿轮油（GL-5）换油指标》附录 A。

6.1.3 风力发电机组主齿轮箱润滑油换油指标（摘自 NB/SH/T 0973—2018）

表 10-2-75　　风力发电机组主齿轮箱润滑油换油指标的技术要求和试验方法

项目		换油指标	试验方法
外观		异常①	目测
运动黏度(40℃)变化率/%	>	±10	GB 11137②
水分/mg·kg^{-1}	>	600	GB/T 260③
铁含量/mg·kg^{-1}	>	150	GB/T 17476
铜含量/mg·kg^{-1}	>	50	GB/T 17476

①外观异常是指使用后油品中能观察到明显的浑浊、分层、油泥状物质或颗粒状物质；

②也可采用 GB/T 265 方法进行检测，结果有争议时，以 GB 11137 为仲裁方法；

③也可采用 GB/T 11133 步骤 A 方法进行检测，结果有争议时，以 GB/T 260 为仲裁方法。

6.1.4 风力发电机组润滑油/脂换油指标（摘自 NB/T 10111—2018）

（1）齿轮油

表 10-2-76　　新装或检修后主齿轮箱油的首次检测质量指标

序号	项目		质量指标	试验方法
1	外观		均匀、透明、无可见悬浮物	目测
2	运动黏度(40℃)/mm^2·s^{-1}		变化值不超过新油的±10%	GB/T 265 GB 11137
3	颗粒污染度 GB/T 14039 等级		不高于—/17/14	DL/T 432
4	酸值(以 KOH 计)/mg·g^{-1}		增加值不超过新油的 50%	GB/T 7304 GB/T 4945
5	水分/mg·kg^{-1}		≤500	GB/T 11133
6	泡沫特性/mL·mL^{-1}	24℃	≤500/200	GB/T 12579
		93.5℃	≤500/100	
		后 24℃	≤500/200	
7	铁含量/mg·kg^{-1}		≤50	GB/T 17476
8	铜含量/mg·kg^{-1}		≤10	
9	铬含量/mg·kg^{-1}		报告	
10	镍含量/mg·kg^{-1}		报告	
11	锰含量/mg·kg^{-1}		报告	
12	硅含量/mg·kg^{-1}		增加值不超过 20	
13	磷含量/mg·kg^{-1}		报告	GB/T 17040 GB/T 17476 GB/T 387
14	硫含量/mg·kg^{-1}		报告	

表 10-2-77　　主齿轮箱运行油的检测周期及质量指标

序号	项目	质量指标	检验周期	试验方法
1	外观	均匀、透明、无可见悬浮物	每三个月	目测
2	运动黏度(40℃)/$mm^2 \cdot s^{-1}$	变化值不超过新油的±10%	每年	GB/T 265 GB 11137
3	运动黏度(100℃)/$mm^2 \cdot s^{-1}$	报告	每年①	
4	颗粒污染度 GB/T 14039 等级	不高于—/19/16	每年	DL/T 432
5	酸值(以 KOH 计)/$mg \cdot g^{-1}$	增加值低于新油的 50%	每年	GB/T 7304 GB/T 4945
6	水分/$mg \cdot kg^{-1}$	≤500	每年	GB/T 11133
7	铁含量/$mg \cdot kg^{-1}$	≤70	每年	GB/T 17476
8	铜含量/$mg \cdot kg^{-1}$	≤10		
9	铬含量/$mg \cdot kg^{-1}$	报告		
10	镍含量/$mg \cdot kg^{-1}$	报告		
11	锰含量/$mg \cdot kg^{-1}$	报告		
12	硅含量/$mg \cdot kg^{-1}$	≤20		
13	磷含量/$mg \cdot kg^{-1}$	报告		
14	铜片腐蚀(100℃,3h)/级	≤2a	必要时②	GB/T 5096
15	倾点/℃	与新油原始值比不高于 9℃	必要时②	GB/T 3535
16	闪点(开口)/℃	≥185℃,且与新油原始值比不低于 15℃	必要时②	GB/T 3536
17	泡沫特性/$mL \cdot mL^{-1}$ 24℃	≤500/200	必要时②	GB/T 12579
	泡沫特性/$mL \cdot mL^{-1}$ 93.5℃	≤500/100		
	泡沫特性/$mL \cdot mL^{-1}$ 后 24℃	≤500/200		
18	硫含量/$mg \cdot kg^{-1}$	报告	必要时②	GB/T 17040 GB/T 17476 GB/T 387
19	烧结负荷(P_D)/N(kgf)	≥1961(200)	必要时②	GB/T 3142
20	液相锈蚀(B 法)	无锈	必要时②	GB/T 11143

① 100℃时的运动黏度各风场根据自身情况选做。

② 必要时是指齿轮油的外观或气味异常、乳化或出现故障需要进行原因分析时。

表 10-2-78　　偏航和变桨齿轮箱运行油的检测周期及质量指标

序号	项目	质量指标		检验周期	试验方法
		偏航	变桨		
1	外观	均匀、透明、无可见悬浮物		每三个月	目测
2	运动黏度(40℃)/$mm^2 \cdot s^{-1}$	变化率不超过新油的±10%		必要时①	GB/T 265 GB 11137
3	酸值(以 KOH 计)/$mg \cdot g^{-1}$	增加值低于新油的 100%		必要时①	GB/T 7304 GB/T 4945
4	水分/$mg \cdot kg^{-1}$	≤1000		必要时①	GB/T 11133
5	铁含量/$mg \cdot kg^{-1}$	≤200	≤600	必要时①	GB/T 17476
6	铜含量/$mg \cdot kg^{-1}$	≤20			
7	铬含量/$mg \cdot kg^{-1}$	报告			
8	镍含量/$mg \cdot kg^{-1}$	报告			
9	锰含量/$mg \cdot kg^{-1}$	报告			
10	硅含量/$mg \cdot kg^{-1}$	≤30			
11	磷含量/$mg \cdot kg^{-1}$	报告			
12	硫含量/$mg \cdot kg^{-1}$	报告		必要时①	GB/T 17040 GB/T 17476 GB/T 387

① 必要时是指齿轮油的外观或气味异常、乳化或出现故障需要进行原因分析时。

表 10-2-79　　主齿轮箱运行油油脂异常原因及处理措施

项目	原因解释	处理措施
外观	(1)油品乳化或游离水 (2)油中有固体颗粒	(1)脱水过滤处理 (2)进行其他测试以确认是否换油
闪点下降	油被污染或油温过高	查明原因,结合其他试验结果考虑换油
倾点上升	油被污染或油品氧化	
运动黏度(40℃)上升	(1)齿轮箱持续高温运行,冷却不良,油品长期高温运行发生氧化 (2)油品使用时间过长,轻组分过快蒸发 (3)过量水分污染导致油品乳化 (4)固体颗粒污染	(1)检查散热器、加热器工作是否正常,控制油温 (2)加强过滤净化,降低固体颗粒浓度 (3)缩短取样周期,关注趋势变化,并查明原因 (4)当增长值超过新油的15%时,考虑换油
运动黏度(40℃)下降	(1)油品在使用中增黏剂受剪切而发生高分子断链,造成黏度变小 (2)油品氧化生成了小分子组分,导致黏度下降 (3)受到低黏度油品的污染	(1)加测闪点,查找原因 (2)缩短取样周期,关注趋势变化 (3)当下降值超过新油的15%时,考虑换油
颗粒污染度上升	(1)粉尘、磨粒、锈蚀颗粒等污染 (2)过滤器失效 (3)密封失效	(1)检查在线过滤器是否破损、失效,更换滤芯 (2)检查呼吸器是否污染,视情况更换呼吸器 (3)检查油箱密封及系统部件是否有腐蚀磨损 (4)消除污染源,如条件允许可进行旁路过滤,必要时增加外置过滤系统过滤
酸值上升	(1)油温过高,导致油品氧化 (2)水分含量高,油品水解 (3)油被污染或抗氧化剂消耗	(1)检查散热器、加热器,控制油温 (2)检查呼吸器是否污染,干燥剂是否失效,过滤器是否破损失效,视情况更换呼吸器、干燥剂和滤芯 (3)缩短取样周期,关注趋势变化 (4)当增长值超过新油的100%时,考虑换油
水分上升	(1)齿轮箱呼吸口干燥剂失效 (2)密封不严,空气中水分进入	(1)更换呼吸器的干燥剂 (2)进行脱水处理 (3)结合油品外观及其他检测指标,视情况换油
液相锈蚀不合格	油中进水,导致防锈剂消耗	(1)分析查找确定原因,消除油中水分、湿度污染问题 (2)结合油品外观及其他检测指标,视情况换油
抗泡性下降	(1)水分或杂质污染 (2)抗泡剂消耗或被机械性脱除 (3)油品氧化	(1)更换滤芯和干燥剂,提高颗粒污染度,消除污染源 (2)向油品供应商咨询可能采取的抑制措施,如补加泡沫抑制剂等 (3)结合油品外观及其他检测指标,视情况换油
烧结负荷(P_D)下降	油氧化或极压抗磨添加剂消耗	结合磨损元素含量综合分析,视情况换油
铁、铬、镍、锰含量上升	齿轮、轴承的腐蚀或磨损	(1)加测磨粒分析进行综合判断,关注油温变化 (2)结合振动、噪声等其他监测手段,对齿轮箱进行全面监控 (3)加强油液的净化处理,必要时增加外置过滤设备进行循环过滤 (4)缩短取样周期,加强运行监控
铜含量上升	轴承保持架腐蚀或磨损	(1)加测铜片腐蚀及磨粒分析进行综合判断,关注轴承温度及振动变化 (2)加强油液的净化处理,必要时增加外置过滤设备进行循环过滤 (3)缩短取样周期,关注趋势变化,如有异常,及时安排检修
硅含量上升	粉尘污染	(1)检查在线过滤器是否破损、失效,视情况更换滤芯 (2)检查呼吸器是否污染,视情况更换呼吸器清器 (3)检查油箱密封,必要时采取外循环过滤处理
硫、磷含量下降	添加剂消耗	(1)缩短取样周期,关注趋势变化 (2)结合其他检测指标,视情况换油

（2）液压油

表 10-2-80　　运行中液压油的检测周期及质量指标

序号	项目	质量指标	检验周期	试验方法
1	外观	均匀、透明、无可见悬浮物	每三个月	目测
2	颗粒污染度 GB/T 14039 等级	不高于—/18/15	每半年	DL/T 432
3	运动黏度(40℃)/$mm^2 \cdot s^{-1}$	变化率不超过新油的±10%	必要时①	GB/T 265 GB 11137
4	酸值(以 KOH 计)/$mg \cdot g^{-1}$	增加值低于新油的 100%	必要时①	GB/T 7304 GB/T 4945
5	水分/$mg \cdot L^{-1}$	≤500	必要时①	GB/T 11133
6	铁含量/$mg \cdot kg^{-1}$	≤20	必要时①	GB/T 17476
7	铜含量/$mg \cdot kg^{-1}$	≤10		
8	铬含量/$mg \cdot kg^{-1}$	报告		
9	镍含量/$mg \cdot kg^{-1}$	报告		
10	锰含量/$mg \cdot kg^{-1}$	报告		
11	硅含量/$mg \cdot kg^{-1}$	≤10		
12	锌含量/$mg \cdot kg^{-1}$	报告		
13	磷含量/$mg \cdot kg^{-1}$	报告		

① 必要时是指液压油的外观或气味异常、乳化或出现故障需要进行原因分析时。

表 10-2-81　　液压油油质异常原因及处理措施

项目	原因解释	处理措施
外观	(1)油品乳化，颜色泛白，或游离水 (2)油中有固体污染物 (3)油品氧化，颜色发黑	考虑换油
颗粒污染度上升	(1)粉尘、磨粒、锈蚀颗粒等污染 (2)过滤器失效 (3)密封失效	(1)检查在线过滤器是否破损、失效，更换滤芯 (2)检查管路是否有渗漏，密封是否失效 (3)视情况换油
运动黏度(40℃) 上升或下降	油被污染或油品氧化	(1)缩短取样周期，加强跟踪监测 (2)当变化率超过新油的±15%时，建议换油
酸值上升	(1)油温过高，导致油品氧化 (2)水分含量高，油品水解 (3)油被污染或抗氧防腐剂消耗	(1)缩短取样周期，加强跟踪监测 (2)视情况换油
水分上升	(1)油箱呼吸口干燥剂失效 (2)密封不严，潮气进入	(1)更换呼吸器的干燥剂或采用外循环过滤器脱水处理 (2)视情况换油
铁含量上升	液压泵、活塞、液压缸磨损	(1)关注各部件壳体温度、油温变化，关注部件噪声变化 (2)缩短取样周期，加强运行监控 (3)视情况换油
铜含量上升	阀件、液压泵磨损	
硅含量上升	粉尘污染	(1)检查过滤器是否破损、失效，更换滤芯 (2)检查油箱密封 (3)检查呼吸器是否污染，视情况更换呼吸器清器 (4)视情况换油
锌、磷含量下降	添加剂消耗	换油，并更换滤芯

(3) 润滑脂

表 10-2-82　　　　运行中润滑脂的质量指标

序号	项目	质量指标	试验方法
1	外观	均匀油膏,无发白、变硬或析油现象,触摸无硬质颗粒	目测
2	工作锥入度	报告	GB/T 269
3	水分	报告	GB/T 512
4	滴点	报告	GB/T 3498
5	腐蚀	无绿色或黑色变化	GB/T 5096
6	烧结负荷	报告	SH/T 0202
7	铁含量/mg·kg^{-1}	≤1000	NB/SH/T 0864
8	铜含量/mg·kg^{-1}	≤500	
9	硅含量/mg·kg^{-1}	≤400	

表 10-2-83　　　　润滑脂异常原因及处理措施

项目	原因解释	处理措施
外观变硬,工作锥入度下降	(1)高温导致润滑油蒸发 (2)润滑脂劣化变质 (3)磨粒、粉尘等固体颗粒污染	加注新脂至旧脂排出
外观变稀,工作锥入度上升	(1)脂中进水乳化 (2)润滑脂皂基失效,基础油析出	
铁含量上升	滚动体、滚道磨损或腐蚀	(1)提高进脂频率 (2)关注轴承噪声、温度的变化 (3)缩短取样周期,加强运行监控
铜含量上升	铜质保持架磨损或腐蚀	
硅含量上升	粉尘污染	加注新脂并检查密封

6.1.5 电厂用磷酸酯抗燃油的换油指标（摘自 DL/T 571—2014）

表 10-2-84　　　　新磷酸酯抗燃油的质量标准

序号	项目		指标	试验方法
1	外观		透明,无杂质或悬浮物	DL/T 429.1
2	颜色		无色或淡黄	DL/T 429.2
3	密度(20℃)/kg·m^{-3}		1130~1170	GB/T 1884
4	运动黏度(40℃)/mm^{2}·s^{-1}	ISO VG32	28.8~35.2	GB/T 265
		ISO VG46	41.4~50.6	
5	倾点/℃		≤-18	GB/T 3535
6	闪点(开口)/℃		≥240	GB/T 3536
7	自燃点/℃		≥530	DL/T 706
8	颗粒污染度 SAE AS4059F 等级		≤6	DL/T 432
9	水分/mg·L^{-1}		≤600	GB/T 7600
10	酸值(以 KOH 计)/mg·g^{-1}		≤0.05	GB 264
11	氯含量/mg·kg^{-1}		≤50	DL/T 433 或 DL/T 1206
12	泡沫特性/mL·mL^{-1}	24℃	≤50/0	GB/T 12579
		93.5℃	≤10/0	
		后 24℃	≤50/0	
13	电阻率(20℃)/Ω·cm		≥1×10^{10}	DL/T 421
14	空气释放值(50℃)/min		≤6	SH/T 0308

续表

序号	项目		指标	试验方法
15	水解安定性(以 KOH 计)/mg·g^{-1}		≤0.5	EN 14833
16	氧化安定性	酸值(以 KOH 计)/mg·g^{-1}	≤1.5	EN 14832
		铁片质量变化/mg	≤1.0	
		铜片质量变化/mg	≤2.0	

表 10-2-85　运行中磷酸酯抗燃油的质量

序号	项目		指标	试验方法
1	外观		透明,无杂质或悬浮物	DL/T 429.1
2	颜色		橘红	DL/T 429.2
3	密度(20℃)/kg·m^{-3}		1130~1170	GB/T 1884
4	运动黏度(40℃)/mm^2·s^{-1}	ISO VG32	27.2~36.8	GB/T 265
		ISO VG46	39.1~52.9	
5	倾点/℃		≤-18	GB/T 3535
6	闪点(开口)/℃		≥235	GB/T 3536
7	自燃点/℃		≥530	DL/T 706
8	颗粒污染度 SAE AS4059F 等级		≤6	DL/T 432
9	水分/mg·L^{-1}		≤1000	GB/T 7600
10	酸值(以 KOH 计)/mg·g^{-1}		≤0.15	GB 264
11	氯含量/mg·kg^{-1}		≤100	DL/T 433
12	泡沫特性/mL·mL^{-1}	24℃	≤200/0	GB/T 12579
		93.5℃	≤40/0	
		后 24℃	≤200/0	
13	电阻率(20℃)/Ω·cm		≥6×10^{9}	DL/T 421
14	空气释放值(50℃)/min		≤10	SH/T 0308
15	矿物油含量/%(m/m)		≤4	DL/T 571 附录 C

表 10-2-86　运行中磷酸酯抗燃油油质异常原因及处理措施

项目	异常极限值	异常原因	处理措施
外观	混浊、有悬浮物	(1)油中进水 (2)被其他液体或杂质污染	(1)脱水过滤处理 (2)考虑换油
颜色	迅速加深	(1)油品严重劣化 (2)油温升高,局部过热 (3)磨损的密封材料污染	(1)更换旁路吸附再生滤芯或吸附剂 (2)采取措施控制油温 (3)消除油系统存在的过热点 (4)检修中对油动机等解体检查、更换密封圈
密度(20℃)/kg·m^{-3}	<1130 或 >1170	被矿物油或其他液体污染	换油
倾点/℃	>-15		
运动黏度(40℃)/mm^2·s^{-1}	与新油牌号代表的运动黏度中心值相差超过±20%		
矿物油含量/%	>4		
闪点/℃	<220		
自燃点/℃	<500		

续表

项目		异常极限值	异常原因	处理措施
酸值(以KOH计)/mg·g^{-1}		>0.15	(1)运行油温高,导致老化 (2)油系统存在局部过热 (3)油中含水量大,发生水解	(1)采取措施控制油温 (2)消除局部过热 (3)更换吸附再生滤芯,每隔48h取样分析,直至正常 (4)如果更换系统的旁路再生滤芯还不能解决问题,可考虑采用外接带再生功能的抗燃油滤油机滤油 (5)如果经处理仍不能合格,考虑换油
水分/mg·L^{-1}		>1000	(1)冷油器泄漏 (2)油箱呼吸器的干燥剂失效,空气中水分进入 (3)投用了离子交换树脂再生滤芯	(1)消除冷油器泄漏 (2)更换呼吸器的干燥剂 (3)进行脱水处理
氯含量/mg·kg^{-1}		>100	含氯杂质污染	(1)检查是否在检修或维护中用过含氯的材料或清洗剂等 (2)换油
电阻率(20℃)/Ω·cm		<6×10^{9}	(1)油质老化 (2)可导电物质污染	(1)更换旁路再生装置的再生滤芯或吸附剂 (2)如果更换系统的旁路再生滤芯还不能解决问题,可考虑采用外接带再生功能的抗燃油滤油机滤油 (3)换油
颗粒污染度 SAE AS4059F 等级		>6	(1)被机械杂质污染 (2)精密过滤器失效 (3)油系统部件有磨损	(1)检查精密过滤器是否破损、失效,必要时更换滤芯 (2)检修时检查油箱密封及系统部件是否有腐蚀磨损 (3)消除污染源,进行旁路过滤,必要时增加外置过滤系统过滤,直至合格
泡沫特性/mL·mL^{-1}	24℃	>250/50	(1)油老化或被污染 (2)添加剂不合适	(1)消除污染源 (2)更换旁路再生装置的再生滤芯或吸附剂 (3)添加消泡剂 (4)考虑换油
	93.5℃	>50/10		
	后24℃	>250/50		
空气释放值(50℃)/min		>10	(1)油质劣化 (2)油质污染	(1)更换旁路再生滤芯或吸附剂 (2)考虑换油

6.1.6 冶金设备用L-HM液压油换油指南(摘自YB/T 4629—2017)

表10-2-87　冶金设备液压系统L-HM液压油换油指标的技术限值和试验方法

项目		限值	试验方法
40℃运动黏度变化率[①]/%	超过	±10	GB 11137或 GB/T 265及YB/T 4629—2017 3.2条
水分[②](质量分数)/%	大于	0.10	GB/T 260或GB/T 11133
酸值[③]增加值(以KOH计)/mg·g^{-1}	大于	0.30	GB/T 7304或 GB 264及YB/T 4629—2017 3.3条

续表

项目		限值			试验方法
正戊烷不溶物[④]/%	大于	0.20			GB/T 8926
铜片腐蚀(100℃,3h)/级	大于	2a			GB/T 5096
清洁度[⑤]/级	大于	NAS 5（伺服系统）	NAS 7（比例系统）	NAS 9（一般系统）	DL/T 432 或 GJB 380.4A

① 结果有争议时，以 GB 11137 为仲裁方法。
② 结果有争议时，以 GB/T 260 为仲裁方法。
③ 结果有争议时，以 GB/T 7304 为仲裁方法。
④ 允许采用 GB/T 511 方法测定油样机械杂质，结果有争议时，以 GB/T 8926 为仲裁方法。
⑤ 客户需要时，可提供 GB/T 14039 的分级结果，结果有争议时，以 DL/T 432 为仲裁方法，清洁度限值可根据设备制造商或用户的使用要求进行调整。

6.2 润滑油代用的一般原则

首先必须强调，要正确选用润滑油，避免代用，更不允许盲目代用。当实际使用中，遇到一时买不到原设计时所选用的合适的润滑油，或者新试制（或引进）的设备所使用的相应新油品还未试制或生产时，才考虑代用。

润滑油代用的一般原则如下：

① 尽量用同类油品或性能相近、添加剂类型相似的油品。

② 黏度要相当，以不超过原用油黏度±25%为宜。在一般情况下，采用黏度稍大的润滑油代替。而精密机械用液压油、轴承油则应选用黏度低一些的油。

③ 油品质量以中、高档油代替低档油，即选用质量高一档的油品代用。这样对设备的润滑比较可靠，同时还可延长使用期，经济上也合算。以低档油代替中、高档油害处较多，往往满足不了使用要求。

④ 选择代用油时，要考虑环境温度与工作温度，对于工作温度变化大的机械设备，所选代用油的黏温性要好一些。对于低温工作的机械，所选代用油的倾点应低于工作温度 10℃以下；而对于高温工作的机械，则应选用闪点高一些的代用油。另外，氧化安定性也要满足使用要求。一般而言，代用油的质量指标也应符合被代用油的质量指标，才能保证在工作中可靠应用。

⑤ 国外进口设备推荐使用的润滑剂因生产的国家、厂家和年代的不同，所使用的润滑剂标准也不同，对润滑材料的国产化代用要十分慎重。可参照以下步骤进行：a. 要按照设备使用说明书所推荐的牌号和生产商，参考国内外相关油品对照表，查明润滑剂的类别和主要质量指标；b. 如有可能，要从油池中抽取残留润滑油液测定其理化性能指标；c. 结合设备润滑部位的摩擦性质、负荷大小、润滑方式和润滑装置的要求，以国产润滑剂的性能和主要质量指标与之对比分析，确定代用牌号；d. 一般黏度指标应与推荐用油的黏度（40℃时运动黏度）相符或略高于推荐用油黏度的 5%~15%；e. 油品中含有的添加剂一般使用单位无检验手段，尽可能参考要求性能选用添加剂类型相近的优质润滑剂；f. 要在使用过程中试用一段时间，注意设备性能的变化，发现问题，认真查清原因。

代用实例：

① L-AN 全损耗系统用油，可用黏度相当的 HL 液压油或汽轮机（透平）油代替。

② 汽油机油可用黏度相当、质量等级相近的柴油机油代替。

③ HL 液压油可用 HM 抗磨液压油或汽轮机（透平）油代替。

④ 相同牌号的导轨油和液压导轨油可以暂时互相代用。

⑤ 中载荷工业齿轮油、重载荷工业齿轮油可暂时用相等黏度的中载荷车辆齿轮油代替，但抗乳化性差。

6.3 润滑油的掺配方法

在无适当润滑油代用时，可采用两种不同黏度或不同种的润滑油来掺配代用。黏度不同的两种润滑油相混后，黏度不是简单的算术均值。已知两种油的黏度，要得到基于两者之间的黏度的混合油，其掺配比例可用下式进行计算，还可借助于润滑油掺配图（图 10-2-4）来确定。使用图 10-2-4 时，黏度必须在同温度下。

$$\lg N = V\lg\eta + V'\lg\eta'$$

式中　V，V'——A 油和 B 油的体积（以 1.0 代替 100%，即 $V+V'=1$）；

η，η'——A 油和 B 油在同一温度下的黏度，mm^2/s；

N——调配油同温下的黏度，mm^2/s。

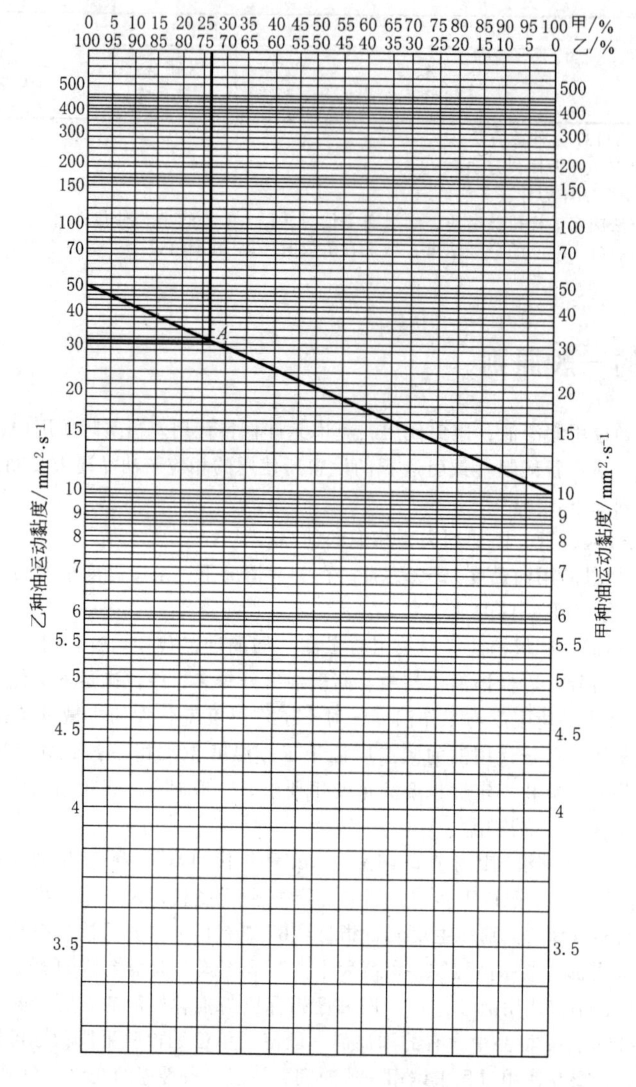

图 10-2-4　润滑油掺配图

图 10-2-4 使用举例：

库存 AN10 和 AN46 全损耗系统油，要掺配出 AN32 全损耗系统油。先在纵坐标右边标尺（甲）查出 AN10 油的黏度（$10mm^2/s$），然后在纵坐标左边标尺（乙）查出 AN46 全耗系统油黏度（$50mm^2/s$），两点连成一斜线。再从 $30mm^2/s$ 处引出一水平线交斜线于点 A，从 A 点作垂线交在横坐标比例尺上。在此点可见甲、乙两油的比例数为 26.5 和 73.5。这样，用 26.5%的 AN10 全损耗系统油和 73.5%的 AN46 全损耗系统油掺配，即可得到 AN32 全损耗系统油。

注意事项：

① 军用特种油、专用油料不宜与其他油混用。

② 内燃机油加入添加剂种类较多，性能不一，混用必须慎重（已知内燃机油用的烷基水杨酸盐清净分散剂与磺酸盐清净分散剂混合后会产生沉淀）。国内外都发生过不同内燃机油混合后产生沉淀，甚至发生事故的情况。

③ 有抗乳化要求的油品，不得与无抗乳化要求的油品相混。

④ 抗氨汽轮机油不得与其他汽轮机油（特别是加烯基丁二酸防锈剂的）相混。

⑤ 抗磨液压油不要与一般液压油等相混，含锌抗磨、抗银液压油等不能相混。

7 国内外液压工作介质和润滑油、脂的牌号对照

7.1 国内外液压工作介质产品对照

表 10-2-88 国内外液压油（HL）品对照

ISO 黏度等级	生产商												
	中国 HL 液压油	意大利石油 AGIP	英国石油 BP	加德士石油 CALTEX	英国嘉实多 CASTROL	法国爱尔菲 ELF	埃索标准油 ESSO		德国福斯矿物油 FUCHS	美孚石油 MOBIL	壳牌国际石油 SHELL	太阳石油 SUN	出光兴产
	GB 11118.1—2011	Acer	Energol HP,CS,CF,HL	Rando Oil	Hyspin, Perfecto T	Misola	Univis N	Teresso	Renolin DTA	DTE, Hydraulic Oil	Tellus Oil,R	Sunvis Oil	Daphne Hydraulic Fluid, Fluid T,Super Multi
15	15		15		15		15	15				15,915	
22	22	22			22		HP22				22,R22	22,922	
32	32	32	32	32	32	32	32 HP32	32	32	DTE Light Hydraulic Oil L	32,R32	32,932	32
46	46	46	46	46	46	46	46 HP46	46	46	DTE Medium Hydraulic Oil M	46,R46	46,946	46
68	68	68	68	68	68	68	68	68	(56)	DTE HM Hydraulic Oil HM	68,R68	68,968	68
100	100	100 (150)	100 (150)	100 (150)	100 (150)	100	100 HP100	100		DTE Heavy	100, R100	100, 9100	100 (150)

ISO 黏度等级	生产商									
	日本石油	柯士穆石油 COSMO	共同石油	三菱石油	三井石油	富士兴产	日本高润	松村石油	德国标准	俄罗斯
		Hydro RO Multi Super	Hydlux Hi-Multi	Diamond Lube RO	Hydic	Hydrol X	Niconic RO,H	Barrel Hydraulic Oil Hydol X	HL DIN 51524 Ptl	МГ
15					(10)	(10)			(10)	
22		22			22	22			22	
32	Hyrando ACT32 FBK Oil RO32	32	32	32	32	32	RO32 H32	32X	32	20
46	Hyrando ACT46 FBK Oil RO46	46	46	46	46	46	RO46 H46	46 46X	46	30
68	FBK Oil RO68	68	68	68	68	68	RO68	68 68X	68X	
100	FBK Oil RO100 (FBK Oil RO150)	100	100 (150)	100 (150)	100 (150)	100 (150)	RO100 (RO150)	100 100X (150X)	100	

表 10-2-89　国内外抗磨液压油（HM）品对照

ISO 黏度等级	生产商									
	中国 HM 抗磨液压油	意大利石油 AGIP	英国石油 BP		加德士石油 CALTEX	英国嘉实多 CASTROL	法国爱尔菲 ELF	埃索标准油 ESSO	德国福斯矿物油 FUCHS	美孚石油 MOBH
	GB 11118.1—2011	OSO Amica	Energol HLP，SHF	Bartran（无锌型）	Rando Oil HD，HDZ	Hyspin AWS	Hydrelf，Acantis Elfona DS，HMD	NUTO H，HP Unipower SQ，XL	Renolin B，MR	Mobil DTE Hydraulic Oil ZF，SHC
15	15	15	15	15	15	15		15	15	DTE21(10) SHC522
22	22	22	22	22	22	22	22	22 SQ22，XL22		DTE22
32	32	32	32	32	32	32	32 DS32，HMD32	32 SQ32，XL32	10 MR10	DTE24，ZF32 SHC524
46	46	46 P46	46	46	46	46	46 DS46，HMD46	46 SQ46，XL46	15 MR15	DTE25，ZF46 SHC525
68	68	68 P68	68	68	68	68	68 DS68，HMD68	68 SQ68	(18) 20	DTE26，ZF68 SHC526
100	100	100	100	100	100	100	100	100		DTE27
150	150	150	150	150	150	150	150			ZF150

续表

ISO 黏度等级	生产商														
	壳牌国际石油 SHELL		太阳石油 SUN	德士古 TEXACO	出光兴产	日本石油	柯士穆石油 COSMO	共同石油	三菱石油	三井石油	富士兴产	日本高润	松村石油	德国标准	俄罗斯标准
	Tellus Oil S,C,K	Tellus Super clean	Sunvis	Rando Oil HD	Daphne Super Hydro,LW,EX Super Fluid T	Super Hyrando	Hydro AW エポックES	Hydlux ES	Hydro Fluid EP	Hydic AW	Super Hydrol,P	Niconic AWH	Hydol AW	HLP DIN51524 pt Ⅱ	ИГС ГОСТ 17479.4—87
15	C5,C10				LW15			15			(10)			(10)	
22	C22,S22		722		22,LW22,EX22	22		22	22	22	22			22	22
32	C32,S32 K32	32	732 WR832	32	32,LW32 EX32,T32	32	AW32 ES32	32	32	32	32 (P32)	32	32	32	32
46	C46,S46 K46	46	746 WR846	46	46,LW46 EX46,T46	46	AW46 ES46	46	46	46	46 (P46)	46	46	46	46
68	C68,S68 K68	68	768 WR868	68	68,LW68 EX68,T68	68	AW68	68	68	68	68 (P68)	68	68	68X	68
100	C100,S100 K100		7100 WR8100	100	100,LW100 T100	100	AW100	100	100	100	100			100	100
150	C150		7150 WR8150	150	150	150		150			150				150

第10篇

表 10-2-90　国内外低温（HV）、低凝（HS）液压油以及数控机床液压油品对照

ISO 黏度等级	生产商							
	中　国	英国石油 BP	加德士石油 CALTEX	英国嘉实多 CASTROL	法国爱尔菲 ELF	埃索标准油 ESSO	美孚石油 MOBIL	壳牌国际石油 SHELL
	HV,HS GB 11118.1—2011	Energol SHF-LT,EHPM Baltran HV	Rond Oil HDZ, RPM Aviation Hyd. FL	Aero, Hyspin AWH, VG5	Visga	Unipower XL Univis J	DTE M,Aero, Hydraulic Oil K,SHC	Tellus T, KT
15	HS10,15 HV10,15	SHF15,SHF-LT15 HV15	HDZ15 RPM AHF A,E	VG5(NC) 15 Aero 585B,5540B		J13	DTE11M,K15 Aero HFA,HFE,HFS	T15
22	HS22,HV22	SHF22 HV22	HDZ22		22	XL22 J26		T22 KT22
32	HS32 HV32	SHF32　EHPM32 HV32（NC）	HDZ32	32	32	XL32 J32	DTE13M K32,SHC524	T32 KT32
46	HS46 HV46	SHF46 HV46	HDZ46	46	46	XL46	DTE15M K46,SHC525	T46 KT46
68	HV68	SHF68 HV68	HDZ68	68	68		DTE16M,SHC526	T68
100	HV100	SHF100 HV100		100			DTE18M	T100
150	HV150	HV150		150			DTE19M	T150

续表

ISO 黏度等级	生产商									
	太阳石油 SUN	出光兴产	日本石油	柯士穆石油 COSMO	共同石油	三菱石油	三井石油	富士兴产	松村石油	德国标准
	Low Temp Hydro	Super Hydro WR	Hyrando Wide, K	Hydro HV	Hydro W Hydlux LT	Hydro Fluid W	Hydic WR	Super Hydrol F NCF	Hydol D	HVLP DIN51524(Ⅲ)
15	15	15	15	(10) 15K	(W7) LT15			15	(8D)	15
22		22	22	22		22	NC oil 26 22	NCF20(NC) 22		
32		32	32	32	W32 LT32	32	32	32		32
46		46	46 K46	46		46	46	46		46
68		68		68	W68	68		68		68
100		100	100	100		100		100		100
150										

表 10-2-91　国内外液压-导轨油（HG）及导轨油（G）品对照

(1)液压-导轨油

ISO 黏度等级	生产商													
	中国 HG 液压导轨油	英国石油 BP	法国爱尔菲 ELF	埃索标准油 ESSO	美孚石油 MOBIL	太阳石油 SUN	出光兴产	日本石油	柯士穆石油 COSMO	三井石油	富士兴产	日本高润	松村石油	俄罗斯
	GB/T 11118.1—2011	Energol GHL	Hygliss	Unipower MP	Vacuoline	Sunlube Way	Daphne Multi way ER Super Multi Oil	Uniway D Mulpus	Multi Super	Slideway H	Lube Multi	Nico Way H	Hydol Way H	ИГНСП
15								(10)						
22								22			22			
32	32	32	32	32	1405	1706 32	32ER 32	D32 32	32	H32	32	H32		20
46				46			46ER 46	46	46		46			
68	68	68	68	68	1409	1754 68	68ER 68	D68 68	60	H68	68	H68	68X	40
100							100	100					100X	
150		(220)				150	150	150					150X	

续表

(2)导轨油(G)

ISO 黏度等级	生产商									
	中国 G 导轨油	意大利石油 AGIP	英国石油 BP	加德士石油 CALTEX	英国嘉实多 CASTROL	法国爱尔菲 ELF	埃索标准油 ESSO	德国福斯矿物油 FUCHS	美孚石油 MOBIL	壳牌国际石油 SHELL
	SH/T 0361—2007	Exidia	Maccurat, D Syncurat	Way Lubricant	Magna	Moglica	Febis K	Renep K	Vactra Oil Vactra Way Oil	Tonna Oil, T, S
15										
22										
32	32	32	32, D32	32	GC32		32		No. 1	32, S32, T32
46							46			
68	68	68	68, D68 Syncurat 68	68	BD68 BDX68	68	68	K2	No. 2 2S, 25LC	68, S68, T68
100	100		100, D100			100				
150	150	(220)	150, D150 (220, D220, Syncurat 220)	(220)	(CF220 CFX220)	150 (220)	(220)	K5(220)	No. 3 (No. 4)	(220, S220, T220)

续表

ISO 黏度等级	生产商									
	太阳石油 SUN	德士古 TEXACO	出光兴产	日本石油	柯士穆石油 COSMO	共同石油	三菱石油	三井石油	富士兴产	俄罗斯
	Way Lube	Way Lubricant	Multi way	Uniway	Dyna way	共石 Slidus	Slide way Tetrat	Slide way	Slide way	ИНСП
15										
22										
32			32C		32	32	32 Tetrat 32	E32	32	20
46						46	Tetrat 46			
68	80 1180	68	68C	CX68 68	68	68	68 Tetrat 68	E68	68	40
100										65
150	（90，1190）	（220）	150C （220C）	DX220 （220）	（220）	150 （220）	（220）	（220）	150 （220）	100

表 10-2-92　国内外抗燃性液压液（HFDR，HFB，HFC，HFAE，HFAS）品对照

类型	黏度等级	中　国	意大利石油 AGIP	英国石油 BP	英国嘉实多 GASTROL	EL	埃索标准油 ESSO	好富顿 HOUGHTON	美孚石油 MOBIL	壳牌国际石油 SHELL	德士古 TEXACO	日本石油	柯士穆石油 COSMO	共同石油	松村石油	加德士石油 CALTEX
磷酸酯类	22	4614			Anvol PE22											
	32				PE32									共石 Hydria P32		
	38	HP-38								RioLube HYD100			Firecol 220			

续表

类型	黏度等级	中国	意大利石油 AGIP	英国石油 BP	英国嘉实多 GASTROL	EL	埃索标准油 ESSO	好富顿 HOUGHTON	美孚石油 MOBIL	壳牌国际石油 SHELL	德士古 TEXACO	日本石油	柯士穆石油 COSMO	共同石油	松村石油	加德士石油 CALTEX
磷酸酯类	46	HP-46		Energol SF-D46	PE46HR RPM ER46	Pyrelf DR46	Imol S46	Safe 1120	Pyrogard 53,53T	SFR Hydraulic Fluid D46	Safety tex 46	Hyrando FRP46		共石 Hydria P46	Neolube 46	RPM FR Fluid 46
	68								Safe 1130							
	100												550			

类型	黏度等级	中国	意大利石油 AGIP	英国石油 BP	加德士石油 CALTEX	英国嘉实多 CASTROL	法国爱尔菲 ELF	埃索标准油 ESSO	德国福斯矿物油 FUCHS	好富顿 HOUGHTON	美孚石油 MOBIL	壳牌国际石油 SHELL
脂肪酸酯类	38											Polyole Eater Fluid 32
	46									Cosmolubric HF122		46
	56									HF130 (68)		56 56D

类型	黏度等级	德士古 TEXACO	出光兴产	日本石油	柯士穆石油 COSMO	共同石油	三菱石油	松村石油
脂肪酸酯类	38							
	46		Daphne First ES		Fluid E46	共石 Hydria F		
	56			Hyrando SS56	E56			

续表

类型	黏度等级	中国	意大利石油 AGIP	英国石油 BP	加德士石油 CALTEX	英国嘉实多 CASTROL	法国爱尔菲 ELF	埃索标准油 ESSO	德国福斯矿物油 FUCHS	好富顿 HOUGHTON	美孚石油 MOBIL
水-乙二醇类	32					(Anvol WG22)					
	38	WG38	Arnica 40/FR		Hydraulic Safe Fluid 38						Nyvac FR20 200D, 250T
	46	WG46		Energol SF C14	Hydraulic Safe Fluid 46	WG46 Hyspin AF-1	Pyrelf CM46	Iogard G46	Glycent 46	Safe 620, 273	Hydrofluid HFC46
	56		Arnica 104/PR	Energol SFC12						620H	

类型	黏度等级	壳牌国际石油 SHELL	德士古 TEXACO	出光兴产	日本石油	柯士穆石油 COSMO	共同石油	三菱石油	松村石油
水-乙二醇类	32	G-W Fluid 32			New Hyrando FRG32	Fluid HY32			Hydol HAW-32
	38	Irus Fluid C							H200
	46	C46 G-W Fluid 46	Safety Fluid 46	Daphae First G	FRG46	HQ46 GS46	共石 Hydria G, GP46	Diamond 不燃性作动油 G46	
	56								HAW

类型	黏度等级	中国	英国石油 BP	加德士石油 CALTEX	美国嘉实多 CASTROL	埃索标准油 ESSO	好富顿 HOUGHTON	美孚石油 MOBIL	壳牌国际石油 SHELL	出光兴产	日本石油	柯士穆石油 COSMO	共同石油	三菱石油
乳化液类	46			Fire Resist Hydra Fluid 46		Fire XX 95/5		Hydra sol A, B		Daphne Firgist WO46		Fluids		Diamond 乳化作动油 (N)
	56			56	Hydromul 68		Hydra VIS 1630		Dromus OIL B					
	68			68	Anvol WD 68	Iogard E68	Hydrolubric 120B		Irus Fluid BLT 68	WO68				
	83								SL0196(75)				共石 Hydria E400(83)	
	100	WOE-80 (60~100)	Energol SF-B13		Hydromul 100 WO 100	E100	Safe 5047-F	Pyrogard D	Irus Fluid BLT 100		Hyrand FRE100		E450(120)	

注：还可进一步参考表 10-2-97。

7.2 液压油/液及其代用油的中外油品对照

在刘延俊和薛刚编著的《液压系统维修与故障诊断》一书中给出了液压油/液及其代用油的中外油品对照表，见表10-2-93～表10-2-97。

表10-2-93　精制矿物液压油及其代用油的中外油品对照表

中外标准(生产商)		L-HH液压油(机械油替代)				
中国	黏度等级(GB/T 3141—1994)	15	32	46	68	100
英国	英国石油公司	Energol EM10	Energol CS32	Energol CS46	Energol CS68	Energol CS100
	卡斯特罗公司	Hyspin VG15	Hyspin VG32	Hyspin VG46	Hyspin VG68	Hyspin VG100
	壳牌公司	Vitrea 15	Vitrea 32	Vitrea 46	Vitrea 68	Vitrea 100
美国	美孚公司	Ambrex E	Ambrex Light	Ambrex medium	Ambrex 30	Ambrex 50
	埃索公司	Nuto H 10	Nuto A 32	Nuto 48	Nuto 53	Nuto 63
	海湾公司	Gulf Legion 16	Gulf Legion 32	Gulf Legion 46	Gulf Legion 68	Gulf Legion 100
	加德士公司	Spindura oil 15	Ursa oil P 32	Ursa oil P 46	Ursa oil P 68	Ursa oil P 100
	德士古公司	Rando oil 15	Rando oil 32	Rando oil 46	Rando oil 68	Rando oil 100
法国	爱尔菲公司	Spinelf 7	Albatros 34	Albatros 55	Albatros 55	Turbelf 100
	道达尔公司	Preslia 15	Preslia 32	Preslia 46	Preslia 68	Preslia 100
德国	克鲁勃公司	Crucolan 10				Lamora 47
意大利	意大利石油总公司	SIC 15	SIC 35	SIC 45	SIC 65	SIC 75
日本	日石公司		FBK oil 32		FBK oil 56	FBK oil 100
	出光公司		タフニーオイル 45		タフニーオイル 55	タフニーオイル 65
	丸善公司		ツバソEP 90 特タービソ油		ツバソEP 140 特タービソ油	
	大协公司	バイオルフオルバ 105	バイオルフオルバ 150	バイオルフオルバ 215	バイオルフオルバ 315	バイオルフオルバ 465

注：本表中部分公司名称为简称，表10-2-94～表10-2-97同见本表。

表10-2-94　抗氧防锈液压油及其代用油的中外油品对照表

中外标准(生产商)		L-HL液压油、汽轮机油			
中国	黏度等级(GB/T 3141—1994)	32	46	68	100
英国	英国石油公司	Energol HL 32	Energol HL 46	Energol HL 68	Energol HL 100
	卡斯特罗公司	Perfecto T 32	Perfecto 46	Perfecto 68	Perfecto 100
	壳牌公司	Turbo 32	Turbo 46	Turbo 68	Turbo 100
美国	美孚公司	D. T. E. oil light	D. T. E. oil modium	D. T. E. oil Heavy modium	D. T. E. extra Heavy(N80)
	埃索公司	Teresso 32	Teresso 46	Teresso 68	Teresso 100
	海湾公司	Gulf Harmony 32	Gulf Harmony 46	Gulf Harmony 68	Gulf Harmony 100
	加德士公司	Regal oil R&O 32	Regal oil R&O 46	Regal oil R&O 68	Regal oil R&O 100
	德士古公司	Regal oil R&O 32	Regal oil R&O 46	Regal oil R&O 68	Regal oil R&O 100

续表

中外标准(生产商)		L-HL 液压油、汽轮机油			
法国	爱尔菲公司	Eif Misola 32	Eif Misola 46	Eif Misola 68	Eif Misola 100
	道达尔公司	Tamarix 20	Tamarix 30	Tamarix 40	Tamarix 50
德国	克鲁勃公司	Forminol DS 23K			
意大利	意大利石油总公司	QRM 34	QRM 54	QRM 64	QRM 94
日本	日石公司	FBK 90L ターピソ油	FBK 120L ターピソ油	FBK 140L ターピソ油	FBK 180/200 L ターピソ油
	出光公司	ダフニータービン オイル44	ダフニータービン オイル52	ダフニータービン オイル57	ダフニータービン オイル60
	丸善公司	ツバソEP 90 特Aタービン油	ツバソEP 140 特Aタービン油	ツバソEP 180 特Aタービン油	ツバソEP 200 特Aタービン油
	大协公司	バイオタービン A 90	バイオタービン A 140	バイオタービン A 180	バイオタービン A 200
	三菱公司	ダイヤモンド110	ダイヤモンド120	ダイヤモンド130	ダイヤモンド140

表 10-2-95　抗氧、防锈、抗磨液压油及其代用油的中外油品对照表

中外标准(生产商)		L-HM 液压油(包括原普通液压油、抗磨液压油)					
中国	黏度等级(GB/T 3141—1994)	22	32	46	68	100	150
英国	英国石油公司	Energol HLP 22	Energol HLP 32	Energol HLP 46	Energol HLP 68	Energol HLP 100	Energol HLP 150
	卡斯特罗公司	Hyspin AWS 22	Hyspin AWS 32	Hyspin AWS 46	Hyspin AWS 68	Hyspin AWS 100	Hyspin AWS 160
	壳牌公司	Tellus 22	Tellus 32	Tellus 46	Tellus 68	Tellus 100	Tellus 150
美国	美孚公司	D. T. E. 22	D. T. E. 24	D. T. E. 25	D. T. E. 26	D. T. E. 27	
	埃索公司	Nuto H 22	Nuto H 32	Nuto H 46	Nuto H 68	Nuto H 100	Nuto H 150
	海湾公司	Harmony 22 AW	Harmony 32 AW	Harmony 46 AW	Harmony 68 AW	Harmony 100 AW	Harmony 150 AW
	加德士公司	Rando oil HD 22	Rando oil HD 32	Rando oil HD 46	Rando oil HD 68	Rando oil HD 100	Rando oil HD 150
	德士古公司	Rando oil HD 22	Rando oil HD 32	Rando oil HD 46	Rando oil HD 68	Rando oil HD 100	Rando oil HD 150
法国	爱尔菲公司	Acantis 22	Acantis 32	Acantis 46	Acantis 68	Acantis 100	Acantis 150
	道达尔公司	Azolla 22	Azolla 32	Azolla 46	Azolla 68	Azolla 100	Azolla 150
德国	克鲁勃公司	Forminol DS 6K		Lamora 46			
意大利	意大利石油总公司	I. P. Hydrus 22	I. P. Hydrus 32	I. P. Hydrus 46	I. P. Hydrus 68	I. P. Hydrus 100	I. P. Hydrus 150
日本	日石公司	Super Hyrando oil 22	Super Hyrando oil 32	Super Hyrando oil 46	Super Hyrando oil 68	Super Hyrando oil 100	Super Hyrando oil 150
	出光公司	Daphne Hydraulic Fluid 22	Daphne Hydraulic Fluid 32WR	Daphne Hydraulic Fluid 46WR	Daphne Hydraulic Fluid 68	Daphne Hydraulic Fluid 100	Daphne Hydraulic Fluid 150
	丸善公司	Swalube	Swalube HP 150	Swalube HP 200	Swalube HP 300	Swalube HP 500	
	大协公司		Pio Hydro 150	Pio Hydro 215	Pio Hydro 315	Pio Hydro 465	
	三菱公司	Diamond EP 22	Diamond EP 32	Diamond EP 46	Diamond EP 68	Diamond EP 100	Diamond EP 150

表 10-2-96　低温、低凝、高黏度指数液压油与液压-导轨润滑合用油的中外油品对照表

中外标准(生产商)		L-HV(低温、低凝)液压油				L-HV(高黏指数-数控)液压油	L-HG(液压-导轨润滑合用)液压油		
中国	黏度等级(GB/T 3141—1994)	22	32	46	68	32	32	68	160
英国	英国石油公司	Energol SHF 22	Energol SHF 32	Energol SHF 46	Energol SHF 68		Energol GHL 32	Energol GHL 68	Energol TXN 150
	卡斯特罗公司	Hyspin AWH 22	Hyspin AWH 32	Hyspin AWH 46	Hyspin AWH 68		Magna GC 32	SLO-FLO. 100	SLO-FLO. 160
	壳牌公司	Tellus T 22	Tellus T 32	Tellus T 46	Tellus 68	Shell oil NC 923	Tonna oil 32	Tonna oil 68	Tonna oil 160
美国	美孚公司	D. T. E. 11	D. T. E. 13	D. T. E. 15	D. T. E. 16	Mobil NC Systerm oil	Vactra 1	Vactra 2	Vactra 3
	埃索公司		Nuto H 32	Nuto H 46	Nuto H 68	Hydex 50;Univis j (32)	Powerlex DP 32;Teresso V 32	Pebisk 68;Powerlex DP 68	
	海湾公司	Paramo-unt 22	Paramo-unt 32	Paramo-unt 46	Paramo-unt 68		Gulfstone 10	Gulfstone 20	
	加德士公司		Rando oil AZ		Rando oil CZ		RPM Vistac oil 32X	RPM Vistac oil 100X	RPM Vistac oil 150X
	德士古公司		Rando oil HD A-32		Rando oil HD CZ68				Metel oil H150
法国	爱尔菲公司	Visga 22	Visga 32	Visga 46	Visga 68		Elf Hygliss 32	Elf Hygliss 68	
	道达尔公司		Equivis 32	Equivis 46	Equivis 68		Drosera MS 32	Drosera MS 68	Drosera MS 150
德国	克鲁勃公司		Isoflex PBP 44K		Alcpress HLP 36				
意大利	意大利石油总公司	Arnica 22		Arnica 46			APIG FL OLS 3	APIG OLS 5	
日本	日石公司	Hyrando S 15	Hyrando S 26	Hyrando 120	Hyrando 140	Hyrando PTF	Uni-Way H32 D32	Uni-Way D_{68}^{68}	
	出光公司	Daphne Hydraulic Fluid AV	Daphne Hydraulic Fluid 32WR 32SV		Daphne Hydraulic Fluid 68SV	Daphne Hydraulic Fluid NC 50	Daphne Multi $Way_{32}^{32}C$	Daphne Multi $Way_{68}^{68}C$	
	丸善公司	Swafluid 100	Swafluid 150	Swafluid 200	Swafluid 300	Swafluid NC	Swa Way H32	Swa Way H68 S68	
	大协公司	Pio-Lube Allpur A 105	Pio-Lube Allpur A 150	Pio-Lube Allpur A 215	Pio-Lube Allpur A 315	Pio-Lube Ace 150	Pio-Way 32	Pio-Way 68	
	三菱公司	Diamond 420	Diamond 430	Diamond 435	Diamond 440	PTF-A 26;PTF-B 26	Diamond Hydro-Way	Diamond Hydro-Way	

表 10-2-97　抗燃液压油/液的中外油品对照表

项目		L-HFAE	L-HFAS				L-HFB	L-HFC			L-HFDR				
名称		水包油乳化液	高水基液压油				油包水乳化液	水-乙二醇液			磷酸酯液				
中国液品	原牌号						WOE-80	WG-88	WG-46		4613-1	4614	HP-46		HP-14
中国液品	黏度等级（GB/T 3141—1994）		1.8（37.8℃）	1.0（37.8℃）	SUS280（37.8℃）	43（37.8℃）	60～100	32	46	68	22	32	46	68	100
英国	英国石油公司						Energol SF-B13	Energol SF-C12			Energol SF-DO 300	Energol SF-DO 301	Energol SF-D 46		
英国	卡斯特罗公司						Anvol WO 100	Anvol WG 22	Anvol WG 46		Anvol PE 22	Anvol PE 32	Anvol PE 46SC		
英国	壳牌公司	Dromus oil B					Irus Fluid B904		Irus Fluid C 504		SFR Hydraulic Fluid A	SFR Hydraulic Fluid B	SFR Hydraulic Fluid C	SFR Hydraulic Fluid D	SFR Hydraulic Fluid E
美国	美孚公司						Hydrogard D	Nyvsc. No. 20	Nyvsc. No. 30		Hydrogard 51	Hydrogard 52	Hydrogard 53		Hydrogard 55
美国	埃索公司						Imol		Imol 1959				Imol S46		
美国	加德士公司						Fire Resist Hydeafluid		Hydraulic Safety 200				RPM FR Fluid 10		RPM Fluid 20
美国	好富顿公司		Hydrolubric 120-B	Hydrolubric 142	Hydrolubric 1630	Hydrolubric 250	Houghton Safe 5046	Houghton Safe 105	Houghton Safe 620	Houghton Safe 630	Houghton Safe 1114LT	Houghton Safe 1117	Houghton Safe 1120		Houghton Safe 1055
美国	施多福公司								Fytguard 200 FR		Fyrquel 90	Fyrquel 150	Fyrquel 220	Fyrquel 300	Fyrquel 550E
美国	孟山都公司											Hydraul 29ELT	Hydraul 50E		Hydraul 115E

续表

项目		L-HFAE	L-HFAS				L-HFB	L-HFC			L-HFDR				
名称		水包油乳化液	高水基液压油				油包水乳化液	水-乙二醇液			磷酸酯液				
原牌号							WOE-80	WG-88	WG-46		4613-1	4614	HP-46		HP-14
日本	日本石油公司						Hyrando FRE100		Hyrando FRG 46				Hyrando FRP 46		
日本	出光公司						Daphne Firaproof 301E Daphne Fireproof 300E		Daphne Fireproof SG			Daphne Fireproof 220P	Daphne Fireproof 330P		Daphne Fireproof 470P
日本	丸善公司							Swafluid S	Swafluikl H		Fyrquel 90	Fyrquel 150	Fyrquel 220	Fyrquel 300	Fyrquel 550
日本	共同石油公司						Sonic Hydia E 400 Sonic Hydia E 450					Sonic Hydia P-10			
日本	昭和石油公司						昭石 E-H 100		G-W 46		Reolube HYD 35	Reolube HYD 70	Reolube HYD 110	Reolube HYD 240	Reolube HYD 350

7.3 国内外润滑油、脂品种对照

表 10-2-98 国内外车辆齿轮油品对照

API使用质量等级	中国使用质量等级	意大利石油 AGIP	英国石油 BP	加德士石油 CALTEX	英国嘉实多 CASTROL	法国爱尔菲 ELF	埃索标准油 ESSO	德国福斯矿物油 FUCHS	美孚石油 MOBIL	壳牌国际石油 SHELL	太阳石油 SUN	德士古 TEXACO	俄罗斯
GL-1		Service	Gear Oil	Thuban	ST/D		Gear Oil ST		Red Mobil Gear Oil Mobilube C	Dentax			TC-14. 5 AK-15
GL-2			Gear Oil WA										
GL-3	L-CLC 普通车辆齿轮油	Rotra	Gear Oil EP	Gear lubricant AIF			Spartan EP		Mobil Gear Oil 600	Macoma	Sunoco Gear Oil		
GL-4	L-CLD 中载荷车辆齿轮油	Rotra HY	Gear Oil EP	Universal Thuban	Hypoy Light Hypoy TAF-X	Reductelf SP Tranself EP	Gear Oil GP Standard Gear Oil	Titan Gear MP	Mobilube EP, GX Pegasus Gear Oil Fleetlubc 423J	Spirax EP Hypoid CT	Sunoco Multi-purpose Gear Lubricant		TCП
GL-5	L-CLE 重载荷车辆齿轮油	Rotra MP Rotra MP/S	Limslip 90-1 Super Gear EP Racing Gear Multigear EP Hypogear EP	Multipurpose Thuban EP Ultra Gear Lubricant	EPX Hypoy LS Hypoy B	Tranself B Tranself TRX	Gear Oil GX Standard super Gear Oil	Titan Renep 8090MC Titan Super-gear 8090MC Titan Gear HYP Titan 5 Speed Titan Supergears Renogear Super	Mobilube HD Mobilube SHC	Spirax HD	Sunoco GL-5 Multipurose Gear Lubricant Sunoco HP Gear Oil Sunfleet Gearlube	Syn-Star DE Syn-Star GL	TAД
GL-6	重载荷车辆齿轮油		X-5116							6140			
农机齿轮用油							Gear Oil GX	Titan Hydra MC Planto Hytrac Titan Hydra	Fleet 423J	Donax TD	Sunoco TH Fluid		

续表

API使用质量等级	中国使用质量等级	出光兴产	日本石油	柯士穆石油 COSMO	共同石油	三菱石油	三井石油	富士兴产	日本高润	松村石油	日本润滑脂 NIPPON GREASE
GL-1											
GL-2											
GL-3	L-CLC 普通车辆齿轮油	Apolloil Best Gear LW Apolloil Red Mission	Gearlube EP	Cosmo Gear GL-3 Cosmo 耐热 Mission Oil	共石耐热 Mission 共石 Elios G 共石 Elios M 共石 Elios W	Diamond EP Gear Oil		メビウス EP Gear Oil			Mission Gear Oil Nohki Gear Oil
GL-4	L-CLD 中载荷车辆齿轮油	Apolloil Gear HE	Gearlube SP ブルトンM	Cosmo Rio-Gear Mission Cosmo Rio-Gear GL-4	共石 21 Gear-4 共石 Elios U	Diamond Hypoid Gear Oil	三井 HP Gear	メビウス Hypoid Gear Oil Super Mission	Nicosol EP Gear Oil Nicosol EP Multi Gear Oil		Hypoid Gear Oil 1000 Series
GL-5	L-CLE 重载荷车辆齿轮油	Apolloil Gear HE-S Apolloil Best Mission Apolloil Wide Gear LW Apolloid Gear HE Multi Apolloil Gear Mission	Gearlube EHD PAN Gear GX ブルトンD	Cosmo Rio Gear Differential Cosmo 耐热 Dif gear Oil Cosmo Gear GL-5	共石 21Gear-5	Diamond Super HP Gear Oil オルビス Gear Oil	三井 MP Gear MP Gear Multi	メビウス MP Gear MP Gear Multi MP Gear LSD	Nicosol HP Gear Oil Nicosol HP Multi Gear Oil	Hypoid Gear Oil 5000 Series Barrel Multi Gear HP	Hypoid Gear Oil 5000 Series Multi Gear Oil
GL-6	重载荷车辆齿轮油	Apolloil Gear LSD Apolloil Gear Zex	Gearlube Extra		共石 21 Gear-6 LSD				Nicosol SHP Gear Oil		Hypoid Gear Oil Super
农机齿轮用油		Apolloil Gear TH Apolloil Gear TH Multi LW Apolloil TH Universal	Antol Super B	Cosmo Noki 80WB Cosmo Noki TF	共石 Elios U 共石 Elios W 共石 Elios M 共石 Elios G	Diamond Farm Gear Oil B Diamond Farm Universal Oil		丰作 Gear Oil 丰作 Mission 油压兼用油	Nicofarm T		

表 10-2-99　国内外工业齿轮油品对照

GB/T 3141 黏度等级	ISO 黏度等级	中国			美国齿轮制造商协会（AGMA）		意大利石油 AGIP	英国石油 BP		加德士石油 CALTEX			英国嘉实多 CASTROL	法国爱尔菲 ELF	埃索标准油 ESSO
		抗氧防锈工业齿轮油	中载荷工业闭式齿轮油	重载荷工业闭式齿轮油	R&O	EP/Comp	EP	R&O	EP	R&O	中载荷	重载荷	EP	EP	EP
		L-CKB	L-CKC GB 5903—2011	L-CKD GB 5903—2011			Blasia	Energd THB	Energol GR-XP	Rando Oil	Meropa	Ultra Gear	Alpha SP	Kassilla	Spartan EP
	VG32						32	32		32					
	VG46				1		46	46	46	46					
68	VG68	50	68		2	2EP	68	68	68	68	68	68	68		68
100	VG100	70	100	100	3	3EP	100	100	GR-XP 100 GRP 100	100	100		100		100
150	VG150	90	150	150	4	4EP	150	150	GR-XP 150 SG 150	150	150	150	150	150	150
220	VG220	120,150	220	220	5	5EP	220		GR-XP 220 SG,GRP 220	220	220	220	220	220	220
320	VG320	200	320	320	6	6EP	320		320	320	320	320	320	320	320
460	VG460	250	460	460	7	7EP 7Comp	460	460	GR-XP 460 GRP 460		460	460	460	460	460
680	VG680	300,350	680	680		8EP 8Comp	680		680		680		680	680	680
	VG1000					8AComp	P1000		1000		1000			1000	
	VG1500					9EP	P2200				1500				

续表

GB/T 3141 黏度等级	ISO 黏度等级	美孚石油 MOBIL		壳牌国际石油 SHELL		太阳石油 SUN		德士古 TEXACO	出光兴产	日本石油	
		R&O	EP	R&O	EP	R&O	EP	EP	EP	R&O	EP
		DTE	Mobil-Gear	Macoma Oil R	Omala	Sunvis	Sunep	Meropa	Super Gear Oil	FBK Oil RO	Bonnoc SP,M
	VG32	Oil light DTE 24				932				32	
	VG46	Oil Medium DTE 25				946				46	
68	VG68	Oil HM DTE 26	626	68	68	968	1068	68	68	68	68
100	VG100	Oil Heavy	627	100	100	9100	1100		100	100	100
150	VG150	Oil Extra Heavy	629 SHC 150	150	150	9150	1150	150	150	150	150
220	VG220	Oil BB	630 SHC 220	220	220	9220	1220	220	220	220	220
320	VG320	Oil AA	632 SHC 320	320	320	9320	1320	320	320	320	320
460	VG460	Oil HH	634 SHC 460	460	460		1460	460	460	460	460
680	VG680		636 SHC 680	680	680		1680	680	680		680
	VG1000		639	1000	1000			1000			
	VG1500				1500			1500	1500		(1800)

续表

GB/T 3141 黏度等级	ISO 黏度等级	中国			柯士穆石油 COSMO	共同石油		三菱石油		三井石油	富士兴产		日本高润	松村石油	日本润滑脂 NIPPON GREASE	德国 DIN 51517	俄罗斯
		抗氧防锈工业齿轮油	中载荷工业闭式齿轮油	重载荷工业闭式齿轮油	EP	R&O	EP	R&O	EP	EP	EP		EP	EP	EP	EP	EP
		L-CKB	L-CKC	L-CKD	Cosno Gear	Lathus	ES Gear G Reductus M	Diamond Lube RO	Super Gear Lube	Metal Gear EP	Metal EP Gear	Super FM Gear	Nico Gear SP	Hydol EP	Gear Oil SP	CLP	
	VG32					32		32									
	VG46					46		46									
68	VG68	50	68		SE68 MO68	68	68	68	SP68	68	68		68		68	68	ИРП-40
100	VG100	70	100	100	SE100 MO100	Lathus 100 Lubritus R100	100	100	SP100	100	100	100			100	100	
150	VG150	90	150	150	SE150 MO150	Lathus 150 Lubritus R150	150	150	SP150	150	150	150	150	150	150	150	ИРП-75
220	VG220	120,150	220	220	SE220 MO220	Lathus 220 Lubritus R220	220	220	SP220	220	220	220	220		220	220	ИРП-150
320	VG320	200	320	320	SE320 MO320	Lathus 320 Lubritus R320	320	320	SP320	320	320	320	320		320	320	ИРП-200
460	VG460	250	460	460	SE460	Lathus 460	460	460	SP460	460	460				460	460	
680	VG680	300,350	680	680	SE680		680		SP680		680				680	680	ИРП-300
	VG1000																
	VG1500								Gear Coupling Oil (1800,3800)								

第3章 密封

1 密封术语

1.1 橡胶密封制品术语（摘自 GB/T 5719—2006）

表 10-3-1 橡胶密封制品术语

序号	术语	定义
2.1.1	液压气动用橡胶密封制品	用于防止流体从密封装置中泄漏，并防止外界灰尘、泥沙以及空气（对于高真空而言）进入密封装置内部的橡胶零部件
2.1.2	O形橡胶密封圈	截面为O形的橡胶密封圈
2.1.3	D形橡胶密封圈	截面为D形的橡胶密封圈
2.1.4	X形橡胶密封圈	截面为X形的橡胶密封圈
2.1.5	W形橡胶密封圈	截面为W形的橡胶密封圈
2.1.6	U形橡胶密封圈	截面为U形的橡胶密封圈
2.1.7	V形橡胶密封圈	截面为V形的橡胶密封圈
2.1.8	Y形橡胶密封圈	截面为Y形的橡胶密封圈
2.1.9	L形橡胶密封圈	截面为L形的橡胶密封圈
2.1.10	J形橡胶密封圈	截面为J形的橡胶密封圈
2.1.11	矩形橡胶密封圈	截面为矩形的橡胶密封圈
2.1.12	橡胶防尘圈	用于防止外界灰尘等污染物进入密封装置内部的橡胶密封圈
2.1.13	蕾形橡胶密封圈	截面像花蕾形的橡胶密封圈
2.1.14	鼓形橡胶密封圈	截面为鼓形的橡胶密封圈
2.1.15	橡胶密封垫	用于两个静止表面间的片状橡胶密封件
2.1.16	印刷密封垫	在一种基材上用印刷工艺生产的橡胶密封垫
2.1.17	粘合密封件	金属圈或金属板孔内侧粘着一定截面形状的橡胶而构成的静态密封件
2.1.18	橡胶隔膜	由橡胶或橡胶与织物等增强材料制成的密封元件或敏感元件
2.1.19	橡胶皮碗	用于液压制动缸，起密封和传递压力作用的橡胶件
2.1.20	异形橡胶密封件	具有特殊截面形状的橡胶密封件
2.1.21	错位	密封圈截面分模面的横向位移使两半部分不重合
2.1.22	固定尺寸	模压制品中不受胶边厚度或上、下模之间错位的形变影响，由模型型腔尺寸及胶料收缩率所决定的密封件尺寸
2.1.23	封模尺寸	模压制品中随胶边厚度或上、下模模芯之间错位的形变影响而变化的密封件尺寸
2.1.24	腔体	安装密封件的空间
2.1.25	沟槽	安装密封件（不包括相对配合面）的槽穴
2.1.26	腔体高度	腔体内孔的轴向尺寸
2.1.27	腔体宽度	腔体内孔的径向尺寸
2.1.28	压缩率	密封件装配后，其压缩变形尺寸与原始尺寸之比

续表

序号	术语	定义
2.1.29	偏心量	腔体的中心线偏离轴线的径向距离
2.1.30	装配间隙	密封件装配后,密封装置中配偶件之间的间隙
2.2.1	密封条	与接触物体表面产生接触压力起密封作用的条形密封件。密封条主要起防尘、防水、隔音、隔热、减震和装饰等作用
2.2.2	橡胶密封条	以橡胶为主要材料制成的密封条
2.2.3	塑料密封条	以塑料为主要材料制成的密封条
2.2.4	橡塑密封条	由橡胶和塑料共混改性材料制成的密封条
2.2.5	植绒密封条	表面有植绒的密封条
2.2.6	涂层密封条	表面有涂层的密封条
2.3.1	旋转轴唇形密封圈	具有可变形截面,通常有金属骨架支撑,靠密封刃口施加的径向力起防止流体泄漏的密封圈
2.3.2	流体动力型旋转轴唇形密封圈	在密封唇的后表面上附加一种均匀的单向或双向螺旋形或漩涡形或其他形状的沟槽组成的密封装置,以改变密封圈与轴接触状态的方式来防止流体泄漏的密封圈
2.3.3	内包骨架旋转轴唇形密封圈	骨架完全被弹性体材料包覆并粘合到弹性体材料上的密封圈
2.3.4	外露骨架旋转轴唇形密封圈	密封元件粘合到金属骨架上,但金属骨架的外表面未包覆弹性体材料的密封圈
2.3.5	装配式旋转轴唇形密封圈	含有内、外金属骨架,密封唇粘合到其中一个金属内架上的密封圈
2.3.6	带副唇的内包骨架旋转轴唇形密封圈	带有副唇,骨架被包覆并粘合到弹性体材料上的密封圈
2.3.7	带副唇的外露骨架旋转轴唇形密封圈	带有副唇,密封元件粘合到金属骨架上,但金属骨架的外表面未包覆弹性体材料的密封圈
2.3.8	带副唇的装配式旋转轴唇形密封圈	带有副唇和内,外两个金属骨架,密封唇粘合到其中一个金属骨架上的密封圈
2.3.9	唇前角	密封唇的前唇面与轴的夹角
2.3.10	唇夹角	密封唇的前唇面与后唇面间的夹角,该角的顶点在唇接触点上
2.3.11	唇后角	密封圈的后唇面与轴的夹角
2.3.12	背面	靠近密封部位但不与被密封液体接触的区域
2.3.13	腔体内孔	腔体内安放密封圈的空间
2.3.14	骨架	密封圈的刚性部件,可用橡胶包覆
2.3.15	内骨架	安放在密封圈外骨架的内侧的一种杯形刚性部件
2.3.16	外骨架	包住密封圈内骨架的一种杯形刚性部件
2.3.17	后倒角	为了便于安装,位于密封圈后表面的外径上的外导角
2.3.18	前倒角	为了便于安装,位于密封圈前表面的外径上的外导角
2.3.19	导入倒角	为了便于安装,设在腔体内或轴端的导角
2.3.20	轴圆度	轴与真圆的偏差
2.3.21	密封唇轴向间距	骨架内表面与弹簧夹持唇前表面间的轴向距离
2.3.22	腔体内孔深度	腔体内孔的轴向尺寸
2.3.23	弹簧圈的螺旋直径	紧箍弹簧螺旋形线圈的外径
2.3.24	副唇直径	在自由状态下副唇的内径
2.3.25	腔体内孔直径	(见 GB/T 5719—2006 图 2 的 44)
2.3.26	内骨架内径	(见 GB/T 5719—2006 图 2 的 36)
2.3.27	外骨架内径	(见 GB/T 5719—2006 图 2 的 34)
2.3.28	密封圈外径	装有骨架的密封圈外径,通常指压配合直径
2.3.29	轴径	与密封唇接触的轴直径
2.3.30	钢丝直径	螺旋缠绕紧箍弹簧钢丝的直径
2.3.31	带弹簧的唇内径	安装弹簧后,在自由状态下测得的密封唇内径
2.3.32	无弹簧的唇内径	未安装弹簧,在自由状态下测得的密封唇内径
2.3.33	腔体内孔偏心量	腔体内孔的几何中心偏离旋转轴线的径向距离
2.3.34	轴偏心量	轴的几何中心偏离旋转线的径向距离
2.3.35	密封刃口	系密封唇的一部分,与密封接触区一起形成密封圈/轴接触面
2.3.36	弹簧伸展长度	同密封唇一起装配在轴上的紧箍弹簧的工作周长

续表

序号	术语	定义
2.3.37	密封圈后表面	不与密封流体接触，垂直于轴线的密封圈表面
2.3.38	密封圈前表面	面向密封流体的密封圈表面
2.3.39	密封唇后表面	密封唇斜截体的后表面，截体的最小直径终接在密封刃口处
2.3.40	密封唇前表面	密封唇斜截体的前表面，截体的最小直径终接在密封刃口处
2.3.41	密封唇弯曲部	与密封唇唇冠部和唇根相连的部分，其主要作用是使密封唇与骨架间有一定的相对运动
2.3.42	弹簧自由长度	紧箍弹簧不计末端搭接部分的总长度
2.3.43	密封圈前部	靠近密封部位并与密封流体接触的部分
2.3.44	弹簧沟槽	位于唇冠部的半圆形沟槽，用来容纳紧箍弹簧
2.3.45	唇冠部	通常指密封唇前、后表面及弹簧沟槽构成的唇形密封圈的那一部分
2.3.46	唇根部	粘合到骨架上，与密封唇后表面和密封唇弯曲部相连的部分
2.3.47	密封刃口高度	从密封唇口到密封圈后表面的轴向距离
2.3.48	弹簧初始张力	在缠绕紧箍弹簧时，弹簧圈中已形成的“预负荷”
2.3.49	金属嵌件	密封组件中被弹性材料包覆的骨架
2.3.50	外径过盈量	密封圈外径与腔体内孔内径之差
2.3.51	密封圈过盈量	带弹簧的唇内径与唇接触处的轴径之差
2.3.52	唇径过盈量	无弹簧的唇内径与唇接触处的轴径之差
2.3.53	腔体倒角长度	腔体倒角的轴向深度
2.3.54	副唇后侧	面向密封圈后表面的防尘副唇的那一部分
2.3.55	防尘副唇	位于密封圈后表面，保护轴及防止污染物侵入的短唇
2.3.56	副唇前侧	面向密封圈内侧的防尘副唇的那一部分
2.3.57	密封唇	顶在轴上起密封作用的柔性弹性体元件
2.3.58	弹簧护唇	位于唇冠部，从弹簧沟槽及密封唇前表面径向地向外延伸的唇部，起固定紧箍弹簧位置的作用
2.3.60	腔体内孔倒角	腔体内孔内拐角处的圆角
2.3.61	弹簧比率	把弹簧拉伸一单位距离所需的力，与初始张力无关
2.3.62	表面粗糙度	按 ISO 3274 和 ISO 4288 测得的表面轮廓不规则性
2.3.63	轴跳动量	用 FIM（指示器最大移动量）表示的双倍轴偏心度
2.3.64	轴密封接触区	同密封唇接触的经精加工的那部分轴表面
2.3.65	轴向密封空间	轴外径与腔体内孔内径间的径向距离
2.3.66	紧箍弹簧	首尾连接成环的螺旋缠绕钢丝弹簧，用于保持密封唇与轴之间的径向密封力
2.3.67	弹簧相对位置	密封唇刃口与弹簧沟槽中心线之间的轴向距离
2.3.68	外表面	密封圈的外表面，一般指压配合表面
2.3.69	密封圈总宽度	密封圈总的轴向尺寸
2.3.70	径向宽度	密封圈外表面与密封唇口间的径向距离
2.3.71	气泡	空心的表面隆起物
2.3.72	粘着失效	弹性体和骨架材料之间粘合力不足
2.3.73	龟裂	在金属或弹性体中的明显的裂纹或裂缝
2.3.74	割口	由尖锐的工具在密封圈材料上造成的相对较深的不连续的，材料未切掉的切口
2.3.75	形变	应力引起的形状或外形的变化
2.3.76	挤出	密封圈某一部分被挤入相邻的缝隙而产生的永久的或暂时的位移
2.3.77	填料凸出	未分散的填料从弹性体表面凸起
2.3.78	胶边	在模腔分模线或放气孔处由于挤出而形成的弹性体薄型伸出物
2.3.79	杂质	密封圈材料中所包含的杂物
2.3.80	修边不完全	没有把指定要除去的胶边完全除净的修整面
2.3.81	凹陷	因除去表面杂质或由于模腔内表面有硬沉积物所造成的缺陷
2.3.82	流动痕迹	在模制过程中由早期硫化引起的密封件的表面缺陷
2.3.83	润滑剂不足	密封圈接触面缺少润滑剂，从而导致的早期磨损
2.3.84	模压缺陷	由模型表面损伤引起的模制品缺陷
2.3.85	凹口	模压后由于缺损而造成的材料局部缺少

续表

序号	术语	定义
2.3.86	缺胶	由于胶料未完全充满模腔所引起的位置不定、形状不规则的表面缺陷
2.3.87	海绵体	橡胶中存在大量的微小孔洞
2.3.88	修边粗糙	在最靠近接触线的密封唇内、外表面上，修整面不平整
2.3.89	凹边	凹进的修整面
2.3.90	划痕	由于研磨物擦过表面而形成的浅而不连续的表面痕迹，但无材料迁移
2.3.91	螺旋形修边	呈螺旋形花纹的修整面
2.3.92	分裂	弹性体材料的拉伸破裂，常与流动痕迹有关
2.3.93	阶梯形修边	在唇口的接触线上，有阶梯形修整面
2.3.94	粘连的胶边	粘合到密封圈主体上胶边
2.3.95	表面杂质	在密封圈表面上的杂物
2.3.96	撕裂	弹性体材料上的剪切破裂，通常以局部分离的形式出现
2.3.97	未粘合胶边	预定要粘合而没有真正地粘合到相连材料上的胶边
2.3.98	安装垂直度	密封圈径向平面垂直于旋转轴线的垂直度
2.3.100	使用寿命	密封圈可有效使用的时间
2.3.101	贮存寿命	密封圈可安全存放的时间，并仍应符合规范要求和具有适宜的使用寿命
2.3.103	径向唇负荷	唇过盈及紧箍弹簧张力的综合作用结果，由唇对轴施加的径向力
2.3.104	动态跳动量轴跳动量	轴的中心线偏离旋转中心而产生的双倍距离，用TIR（指示器总读数）表示
2.3.107	泄漏量	密封装置中，被密封流体在规定条件下泄漏的体积或质量
2.3.108	摩擦扭矩	在转动条件下，轴和密封刃口接触带沿轴切线方向产生的摩擦力与轴半径之积
2.3.109	刃口接触宽度	密封唇口与轴接触的轴向长度

注：1. 在GB/T 5719—2006中给出的一些定义还可进一步见图。

2. 表中序号为标准原文中的序号。

1.2 机械密封术语（摘自GB/T 5894—2015）

表10-3-2　　机械密封术语

序号	术语	定义
2.1	机械密封 端面密封	由至少一对垂直于旋转轴线的端面（在流体压力和补偿机构弹力或磁力的作用以及辅助密封的配合下保持贴合并相对滑动），而构成的防止流体泄漏的装置
2.2	流体动压式机械密封	密封端面设计成特殊的几何形状，利用相对旋转自行产生流体动压效应的机械密封
2.3	切向作用流体动压式机械密封	能在切向形成流体动压分布的流体动压式机械密封
2.4	径向作用流体动压式机械密封	能在径向形成具有抵抗泄漏作用的流体动压分布的流体动压式机械密封
2.5	流体静压式机械密封	密封端面设计成特殊的几何形状，利用外部引入的压力流体或被密封介质本身通过密封界面的压力降产生流体静压效应的机械密封
2.6	外加压流体静压式机械密封	从外部引入压力流体的流体静压式机械密封
2.7	自加压流体静压式机械密封	以被密封介质本身作为压力流体的流体静压式机械密封
2.8	流体动静压组合式机械密封	在密封端面设计特殊的几何形状，既利用外部引入的压力流体通过密封界面的压力降产生流体静压效应，又利用相对旋转自行产生流体动压效应的机械密封
2.9	内装式机械密封	静止环装于密封端盖（或相当于密封端盖的零件）内侧（即面向主机工作腔的一侧）的机械密封
2.10	外装式机械密封	静止环装于密封端盖（或相当于密封端盖的零件）外侧（即背向主机工作腔的一侧）的机械密封。一般说来，对于这种密封可以直接监视器端面的泄漏情况
2.11	弹簧内置式机械密封	弹簧置于密封流体之内的机械密封
2.12	弹簧外置式机械密封	弹簧置于密封流体之外的机械密封

续表

序号	术语	定义
2.13	内流式机械密封	密封流体在密封端面间的泄漏方向与离心力方向相反的机械密封
2.14	外流式机械密封	密封流体在密封端面间的泄漏方向与离心力方向相同的机械密封
2.15	旋转式机械密封	弹性元件随轴旋转的机械密封
2.16	静止式机械密封	弹性元件不随轴旋转的机械密封
2.17	单弹簧式机械密封	补偿机构中只包含一个弹簧的机械密封
2.18	多弹簧式机械密封	补偿机构中含有多个弹簧的机械密封
2.19	非平衡型机械密封	平衡系数 $B\geqslant1$ 的机械密封
2.20	平衡型机械密封	平衡系数 $B<1$ 的机械密封
2.21	单端面机械密封	由一对密封端面组成的机械密封
2.22	双端面机械密封	由两对密封端面组成的机械密封
2.23	多端面机械密封	由三对或三对以上密封端面组成的机械密封
2.24	轴向双端面机械密封	沿轴向相对或相背布置的双端面机械密封
2.25	径向双端面机械密封	沿径向布置的双端面机械密封，如 GB/T 5894—2015 中图 1
2.26	背对背双端面机械密封	轴向双端面密封中，两个补偿元件装在两对密封环之间的双端面机械密封，如 GB/T 5894—2015 中图 2
2.27	面对面双端面机械密封	轴向双端面密封中，两对密封环装在两个补偿元件之间的双端面机械密封，如 GB/T 5894—2015 中图 3
2.28	面对背双端面(串联式)机械密封	轴向双端面密封中，两个补偿元件之间装有一对密封环，且一个补偿元件装在两对密封环之间的双端面机械密封，如 GB/T 5894—2015 中图 4
2.29	橡胶波纹管机械密封	补偿环的辅助密封为橡胶波纹管的机械密封
2.30	聚四氟乙烯波纹管机械密封	补偿环的辅助密封为聚四氟乙烯波纹管的机械密封
2.31	金属波纹管机械密封	补偿环的辅助密封为金属波纹管的机械密封
2.32	焊接金属波纹管机械密封	使用由波片焊接组合而成的金属波纹管的机械密封，如 GB/T 5894—2015 中图 5
2.33	压力成型金属波纹管机械密封	使用压力成型金属波纹管的机械密封，如 GB/T 5894—2015 中图 6
2.34	带中间环的机械密封	一个密封环被一个旋转环和一个静止环所夹持与其对磨并在径向能够浮动的机械密封
2.35	磁力机械密封	用磁力代替弹力起补偿作用的机械密封
2.36	接触式机械密封	靠弹性元件的弹力和密封流体的压力使密封端面紧密贴合的机械密封，通常密封端面处于边界润滑或混合润滑工况
2.37	非接触式机械密封	靠流体静压或动压作用，在密封端面间充满一层完整的流体膜，迫使密封端面彼此分离，不存在硬性固体接触的机械密封
2.38	抑制密封	面对背双端面(串联式)机械密封中，采用气体缓冲或者无缓冲流体时，外侧的密封为抑制密封，在内侧密封失效后，一定的时间内能够起密封作用
2.39	滑移式机械密封	辅助密封圈安装在补偿环上的密封环和轴(轴套)或密封端盖之间的机械密封，辅助密封圈可以沿轴向滑动以消除磨损和偏心的影响
2.40	非滑移式机械密封	补偿环支承在波纹管式辅助密封上，靠波纹管的伸长来实现补偿的机械密封
2.41	集装式机械密封	将密封环、补偿环、辅助密封圈、密封端盖和轴套等，在安装前组装在一起并调整好的机械密封
3.1	密封环	机械密封中其端面垂直于旋转轴线相互贴合并相对滑动的两个环形零件均称密封环
3.2	密封端面	密封环在工作时与另一个密封环相贴合的端面。该端面通常是研磨面
3.3	密封界面	一对相互贴合的密封端面之间的交界面
3.4	旋转环	随轴做旋转运动的密封环
3.5	静止环 静环	不随轴做旋转运动的密封环
3.6	补偿环	具有轴向补偿能力的密封环
3.7	非补偿环	不具有轴向补偿能力的密封环
3.8	补偿机构	由弹性元件和对弹性元件起定位、支撑、预紧、连接等作用的元件所组成的能起补偿作用的机构
3.9	补偿环组件	由补偿环弹性补偿元件和辅助密封等构成的组合件

续表

序号	术语	定义
3.10	辅助密封	阻止密封流体通过密封端面以外部位泄漏的元件，如O形圈、柔性石墨环、柔性石墨垫片、波纹管等
3.11	弹性元件	弹簧或波纹管之类的具有弹性的元件
3.12	波纹管	在补偿环组件中能在外力或自身弹力作用下伸缩并起辅助密封作用的波纹管形弹性元件
3.13	撑环	能够撑开V形圈等辅助密封圈使之起密封作用的零件
3.14	挡圈	防止辅助密封圈在轴向力作用下被挤到缝隙中的零件
3.15	补偿环座	用于装嵌补偿环的零件
3.16	非补偿环座	用于装嵌非补偿环的零件
3.17	弹簧座	用于定位弹簧的零件
3.18	波纹管座	轴向连接并定位波纹管的零件
3.19	传动元件	可传递扭矩，带动旋转环转动的零件。如传动螺钉、传动销、传动突耳、拨叉、传动座、并圈弹簧、键等
3.20	紧定螺钉	用于把弹簧座、传动座或其他零件固定于轴或轴套上的螺钉
3.21	卡环	对补偿环起轴向限位作用的零件
3.22	夹紧环	将橡胶或聚四氟乙烯波纹管夹紧固定在轴上的零件
3.23	防转元件	用于防止静止环转动或脱出，也可用作防止密封组件中相邻零件间发生相对转动的元件。如防转销、防转螺钉、压盖、挡圈、键等
3.24	密封腔	一般系指在需要安装密封处旋转轴与静止壳体之间的环状空间
3.25	密封端盖	与密封腔体连接并托撑静止环组件的零件
3.26	摩擦副	配对使用的一组密封环
3.27	驱动环	安装在集成式密封装置的外部零件，用于将扭矩传递给密封轴套，并阻止密封轴套相对于轴产生轴向位移
3.28	喉口衬套	用于在内部密封和叶轮之间的轴套（或轴）的周围形成较小间隙的装置
3.29	节流衬套	在机械密封端盖法兰外侧（或轴）的周围形成有限狭小间隙控制流体流量的装置
4.1	内循环	利用主机的压差或密封腔内泵效装置的压差，使主机内的被密封介质通过密封腔形成闭合回路以改善密封工作条件的方法。管路当中可以设置分离器、过滤器和冷却器
4.2	外循环	利用外加泵、密封腔内的泵效装置或热虹吸效应等使密封流体进行循环的一种方法
4.3	自循环	利用密封腔内泵效装置或热虹吸效应使密封流体形成闭合回路以改善密封工作条件的方法
4.4	冲洗方案	用于将冲洗流体引向密封端面的管路、仪表和控制设备的整体布置方式，也称为机械密封辅助系统方案，其辅助管路方案因应用场合、密封型式和密封装置的不同而不同
4.5	冲洗	利用主机的压差将被密封介质或从外部引入与被密封介质相容的流体，直接注入密封端面高压侧部位，以改善密封工作条件的方法
4.6	内冲洗	利用主机的压差将被密封介质，直接注入密封端面高压侧部位，以改善密封工作条件的方法
4.7	外冲洗	当被密封介质不宜作冲洗流体时，外部引入与被密封介质相容的流体，直接注入密封端面高压侧部位，以改善密封工作条件的方法
4.8	分布式冲洗系统	通过设置孔、通道及挡板，使密封端面周围冲洗流体的分布更平均
4.9	冲洗流体	起冲洗作用的流体
4.10	急冷	当用单端面机械密封来密封易结晶或危险介质时，在机械密封的外侧（大气侧）设置简单的密封（加节流衬套、填料密封、唇密封等）。在两种密封之间引入其压力稍高于大气压力的清洁中性流体，以便对密封进行冷却或加热并将泄漏出来的被密封介质及时带走以改善密封工作条件的一种方法
4.11	急冷流体	起阻封作用的外部流体，通常为水、蒸汽或氮气
4.12	隔离流体	在双端面机械密封或外加压流体静压式机械密封中，从外部引入的高于内侧密封腔压力，并与被密封介质相容的流体
4.13	缓冲流体	在面对背双端面（串联式）机械密封中，从外部引入的低于内侧密封腔压力的流体

续表

序号	术语	定义
4.14	冷却	通过夹套、蛇管、空心轴等方法，使调温流体采用外部循环，不与密封端面接触，以改善密封工作条件的一种方法
4.15	调温流体	不与密封端面接触的能使密封得到冷却或加热的外部循环流体
4.16	冷却流体	起冷却作用的调温流体
4.17	加热流体	起加热作用的调温流体
4.18	被密封介质	主机中需要被密封的工作介质
4.19	密封流体	密封端面直接接触的高压侧流体。它可以是被密封介质本身，经过分离或过滤的被密封介质、冲洗流体、缓冲流体或隔离流体
4.20	过滤器	利用滤网或磁环加滤网等方式除去流体中固体颗粒的，压差相对较低的器件
4.21	旋液分离器	利用离心沉降作用分离流体中固体颗粒的器件
4.22	限流孔板	通过中心钻孔来控制流量的器件
4.23	冷却器	用来冷却密封流体的器件
4.24	储罐	用来存储隔离流体或缓冲流体的容器
4.25	增压罐	借助自身带有的压差活塞维持与被密封介质的压差并存储隔离流体的压力容器
5.1	密封环带	摩擦副中较窄的那个密封端面外径 D_o 与内径 D_i 之间的环形区域
5.2	密封环带面积	密封环带的面积，如式(1) $$A=\frac{\pi}{4}(D_o^2-D_i^2) \quad (1)$$ 式中 A——密封环带面积，m^2 D_o——较窄密封环外径，m D_i——较窄密封环内径，m
5.3	弹簧比压	弹性元件施加到密封环带单位面积上的力
5.4	闭合力	由密封流体压力和弹性元件的弹力（或磁性元件的磁力）等引起的作用于补偿环上使之对于非补偿环趋于闭合的力
5.5	开启力	作用于补偿环上使之对于非补偿环趋于开启的力。该力一般是由密封端面间的流体膜的压力引起的
5.6	膜压系数 反压系数	密封端面见流体膜平均压力与密封流体压力差之比
5.7	平衡直径水力直径 D_b	密封流体压力在补偿环辅助密封处的有效作用直径。根据具体结构的不同，它或者是与辅助密封圈接触的内表面的直径，或者是与辅助密封圈接触的外表面的直径
5.8	平衡系数载荷系数 B	密封流体压力作用在补偿环上，使之对于非补偿环趋于闭合的有效作用面积 A_e 与密封环带面积 A 之比，对于外径处承受高压的机械密封按式(2)计算，内径处承受高压的机械密封按式(3)计算 $$B=(D_o^2-D_b^2)/(D_o^2-D_i^2) \quad (2)$$ $$B=(D_b^2-D_i^2)/(D_o^2-D_i^2) \quad (3)$$ 式中 B——平衡系数（载荷系数），无量纲量 D_o——较窄密封环外径，m D_b——平均直径，m D_i——较窄密封环内径，m
5.9	波纹管的有效直径 D_e	波纹管有效直径 D_e 相当于带辅助密封圈的机械密封中的平衡直径 D_b，分为波纹管外侧受压的有效直径 D_{eo}、内侧受压的有效直径 D_{ei}。波纹管有效直径通过试验来确定，大致在波纹管中径附近，随介质压力变化而变化
5.10	流体膜	机械密封端面间的流体薄膜
5.11	辅助密封摩擦力	补偿环在辅助密封处轴向移动时的摩擦力
5.12	端面比压 p_c	作用在密封环带上单位面积上净剩的闭合力 当忽略辅助密封摩擦力时，它等于闭合力与开启力之差除以密封环带面积，按式(4)计算 $$p_c=(F_c-F_o)/A \quad (4)$$ 式中 p_c——端面比压，Pa F_c——密封闭合力，N F_o——密封开启力，N A——密封环带面积，m^2

续表

序号	术语	定义
5.13	pv 值	密封流体压力 p 与密封端面平均滑动线速度 v 的乘积
5.14	极限 pv 值	密封达到失效时的 pv 值,它表示密封的水平
5.15	许用 pv 值	极限 pv 值除以安全系数
5.16	$p_c v$ 值	端面比压 p_c 与密封端面平均滑动线速度 v 的乘积
5.17	极限 $p_c v$ 值	密封达到失效时 $p_c v$ 值。它表示密封材料的工作能力
5.18	许用 $p_c v$ 值	极限 $p_c v$ 值除以安全系数
5.19	干摩擦	在密封端面间无流体润滑膜的摩擦状态(吸附的气体或蒸气除外)
5.20	边界摩擦 边界润滑	在密封端面间存在一层只有若干个分子层厚并且不连续的极薄的流体膜的摩擦状态。在这种摩擦状态下,局部发生固体接触,润滑膜的黏度对摩擦性质没有多大的影响,基本上测不出流体膜的压力
5.21	流体摩擦 流体膜润滑	密封端面完全被流体膜所隔开的摩擦状态
5.22	混合摩擦 混合膜润滑	在密封端面间同时存在流体摩擦和边界摩擦的摩擦状态
5.23	气穴现象 空化作用	在密封端面间局部产生汽(气)泡的一种现象。它通常发生在压力迅速减小的区域
5.24	闪蒸	在密封界面间液膜突然迅速汽化的一种现象。这种现象通常在摩擦热过大或者由于压降过大而使液体压力低于其饱和蒸气压的情况下发生
5.25	摩擦系数 f	密封端面摩擦力与净闭合力之比
5.26	端面摩擦扭矩 M_f	机械密封正常运转时由端面摩擦而引起的扭矩
5.27	搅拌扭矩 M_s	机械密封正常运转时由旋转组件对密封流体的搅拌作用引起的扭矩
5.28	启动扭矩 M_b	机械密封在启动时所需的最大扭矩
5.29	功率消耗 N	机械密封工作时由端面摩擦和旋转组件搅拌作用等各种因素所引起的总的功率消耗
5.30	泄漏率(量)Q	单位时间内通过主密封和辅助密封泄漏的流体总量
5.31	泄漏浓度	在密封周围的环境中所测量到的挥发性有机化合物或其他常规类排放物的浓度
5.32	跳动	由旋转环对旋转轴线的不同心引起的动态径向跳动或者由非补偿环端面对旋转轴线的不垂直引起的动态端面跳动
5.33	追随性	当机械密封存在跳动、振动、转轴的窜动和密封端面磨损时,补偿环对于非补偿环保持贴合的性能
5.34	磨损率(量)	单位时间内密封端面的磨损量
5.35	跑合	在密封开始工作的初期密封端面的摩擦系数、磨损率和泄漏率逐渐趋于稳定值的过程
5.36	跑合期	跑合过程所经历的时间
5.37	工作寿命	在选型合理和安装使用正确的前提下,机械密封从开始工作到失效累计运行的时间
5.38	统计寿命	一批机械密封其失效率达某一百分比时的工作寿命
5.39	使用期	机械密封从开始使用到失效所经历的日期
5.40	早期失效	选型或安装使用不当等原因造成的机械密封工作寿命远远低于统计寿命的失效情况
5.41	型式试验 鉴定试验	为判定机械密封是否满足技术规范的全部性能要求所进行的试验
5.42	工况	静态或动态条件下的密封工作参数(如最高或最低的温度、压力、转速)
5.43	额定动态密封压力	轴旋转时,最高许用温度工况下,密封或密封组件连续工作所能承受的最大压差
5.44	额定静态密封压力	轴不旋转时,最高许用温度工况下,密封或密封组件所能承受的最大压差
5.45	最高许用温度	在指定的工作流体及最高操作压力工况下,密封所能连续承受的最高温度
5.46	最高许用工作压力	在指定的工作流体及最高操作温度条件下,密封所能持续承受的最高压力
5.47	最高动态密封压力	在启动、停车及特定的操作条件下,密封所承受的最高压力
5.48	最高静态密封压力	泵在关闭时,除了水压测试以外,密封所承受的最高压力
5.49	最高操作温度	密封所能承受的最高温度
5.50	产品温度裕量	在密封腔压力下,流体的汽化温度和流体的实际温度之间的差值。对于单一流体,汽化温度指在密封腔压力下纯净流体的饱和温度。对于混合流体,汽化温度指在密封腔压力下混合流体的饱和温度

注:1. 在 GB/T 5894—2015 中给出的一些定义还可进一步见图。

2. 在 JB/T 8723—2022 中给出术语“焊接金属波纹管组件”的定义:“由金属波纹管与波纹管座及密封环座(带密封环)焊接而成的组合件。”

3. 表中序号为标准原文中的序号。

1.3 弹性体材料的旋转轴唇形密封圈术语（摘自 GB/T 13871.2—2015）

表 10-3-3　　弹性体材料的旋转轴唇形密封圈术语

序号	术语	定义
3.1	典型的密封圈	常用的密封圈类型
3.1.1	旋转轴唇形密封圈	具有可变截面、通常有金属骨架支撑、依靠密封唇口施加的向内或向外的径向力防止液体泄漏的密封圈
3.1.2	装配式旋转轴唇形密封圈	由内、外金属骨架装配而成且密封唇粘接在其中一个金属骨架上的密封圈
3.1.3	带防护唇的装配式旋转轴唇形密封圈	带有防护唇，由内、外金属骨架装配而成且密封唇粘接在其中一个金属骨架上的密封圈
3.1.4	液体动力型旋转轴唇形密封圈	以改变密封圈和轴间接触区域状态来防止液体泄漏，在密封唇的空气侧附加一种均匀的单向或双向的螺旋形、旋涡形或其他结构形状的沟槽组成附属的密封装置
3.1.5	外露骨架旋转轴唇形密封圈	密封元件粘接到金属骨架上，但金属骨架的外表面未包覆弹性材料的密封圈
3.1.6	带防护唇外露骨架旋转轴唇形密封圈	带有防护唇、密封元件粘接到金属骨架上，但金属骨架外表面没有包覆弹性体材料的密封圈
3.1.7	内包骨架旋转轴唇形密封圈	骨架的外表面完全被弹性体材料包覆并与弹性体材料粘接在一起的密封圈
3.1.8	带防护唇的内包骨架旋转轴唇形密封圈	带有防护唇、骨架外表面完全被包覆并与弹性体材料粘接在一起的密封圈
3.2.1	空气侧	紧邻密封圈但与被密封液体不接触的区域
3.2.2	空气侧倒角	为了便于安装，在密封圈外径上，位于空气侧的导入倒角
3.2.3	空气侧正面	与被密封液体不接触，垂直于轴线的密封圈表面
3.2.4	空气侧唇表面	密封唇空气侧的截头圆锥表面 最小直径位于密封唇口处
3.2.5	空气侧唇表面夹角	与被密封液体不接触的空气侧唇表面和密封圈轴线间的夹角
3.2.6	轴向宽度	密封圈总的轴向尺寸
3.2.7	骨架	密封圈的刚性部件
3.2.8	缠绕直径	紧箍弹簧螺旋缠绕圈的外径
3.2.9	唇腰部	密封唇冠部和密封唇根部之间使密封唇与骨架间能有一定的相对运动的部分
3.2.10	液体侧	紧邻密封圈并与被密封的液体相接触的区域
3.2.11	液体侧倒角	为了便于安装，在密封圈外径上、位于液体侧的导入倒角
3.2.12	液体侧正面	面向被密封液体的密封圈表面
3.2.13	液体侧唇表面	密封唇液体侧的截头圆锥表面处 其最小直径位于密封唇
3.2.14	液体侧唇表面夹角	与被密封的液体相接触的液体侧唇表面和密封圈轴线间的夹角
3.2.15	紧箍弹簧	伸张时用于保持唇形密封圈密封元件与轴之间的径向密封力，首尾相连成环的螺旋缠绕钢丝弹簧
3.2.16	唇冠部	液体侧唇表面、空气侧唇表面和弹簧槽之间围成的唇形密封圈的一部分
3.2.17	唇根部	黏附在密封圈骨架上，在唇弯曲部和空气侧正面之间的唇形密封圈的一部分
3.2.18	腔体内孔	安装密封件的腔体内部空间
3.2.19	腔体内孔深度	腔体内孔的轴向尺寸
3.2.20	腔体内孔直径	腔体内孔的内直径
3.2.21	腔体内孔偏心量	腔体内孔的几何中心偏离旋转轴线的径向距离
3.2.22	腔体内孔圆角	腔体内孔内拐角处的圆角
3.2.23	腔体倒角长度	腔体倒角的轴向深度
3.2.24	内骨架	安放在密封圈外骨架内侧的刚性杯形部件
3.2.25	内骨架内径	内骨架的内孔直径
3.2.26	导入倒角	腔体内孔或轴端处的倒角，以便于密封圈的安装
3.2.27	密封唇轴向间隙	骨架内表面与装有弹簧的密封唇液体侧正面之间的轴向最小距离

续表

序号	术语	定义
3.2.28	唇夹角	液体侧唇表面角和空气侧唇表面之间的夹角 其顶点在唇接触点上
3.2.29	唇过盈量	无弹簧时密封唇的内径与轴径之差
3.2.30	金属嵌件	密封圈组件中被弹性体材料包覆的骨架
3.2.31	外骨架	密封圈中包住内骨架的刚性杯形部件
3.2.32	外骨架内径	外骨架的内孔直径
3.2.33	密封圈外径	骨架装配式密封圈的外径 通常指压配合直径
3.2.34	外径过盈量	密封圈外径与腔体内孔内径之差
3.2.35	外表面	密封圈外部表面 通常指压配合表面
3.2.37	防护唇	用于保护轴并阻止污染物的浸入,位于密封圈空气侧的短唇
3.2.38	防护唇空气侧	防护唇面向密封圈空气侧的部分
3.2.39	防护唇直径	防护唇在自由状态下的直径
3.2.40	防护唇液体侧	防护唇面向密封圈液体侧的部分
3.2.41	径向宽度	密封圈外表面与密封唇口间的径向距离
3.2.42	弹簧相对位置	密封唇口和弹簧槽中心线间的轴向距离
3.2.43	密封圈过盈量	带弹簧的密封唇内径与轴径之差
3.2.44	轴密封接触区	同密封唇接触的轴表面
3.2.45	径向密封空间	轴外径和腔体内孔内径间的径向距离
3.2.46	密封唇口	与轴密封接触区一起形成密封圈/轴界面的密封唇的一部分
3.2.47	密封唇口高度	从密封唇口到密封圈空气侧正面的轴向距离
3.2.48	密封唇	套在轴上起密封作用的柔性弹性体部位
3.2.49	轴圆度	与轴旋转轴线相垂直的轴断面与真圆的偏差
3.2.50	轴径	与密封唇接触的轴直径
3.2.51	轴偏心量	轴的几何中心偏离旋转轴线的径向距离
3.2.52	轴跳动量	用 TIR(指示器总读数)表示的双倍轴偏心量
3.2.53	弹簧伸张长度	随同密封唇一起安装在轴上的紧箍弹簧的工作周长
3.2.54	弹簧自由长度	不包括搭接部分的紧箍弹簧的总长度
3.2.55	弹簧槽	位于密封圈唇冠部的沟槽
3.2.56	弹簧初始张力	紧箍弹簧在绕制过程中已形成的“预负荷”
3.2.57	弹簧比率	将弹簧拉伸单位距离所需的力
3.2.58	挡簧臂	限制紧箍弹簧位置的弹簧槽和液体侧唇表面径向向外延伸的唇冠部
3.2.61	带弹簧的唇内径	安装弹簧后,自由状态下测量的密封圈的唇内径
3.2.62	无弹簧的唇内径	未安装弹簧,自由状态下测得的密封圈的唇内径
3.3	外观缺陷	密封件表面的瑕疵和缺点
3.3.1	气泡	空心的表面凸起
3.3.2	粘接不牢	弹性体与增强材料间粘合不足
3.3.3	裂纹	在金属或弹性体中的明显的裂口或裂纹
3.3.4	割口	由尖锐的工具在密封圈材料上造成的相对较深的但材料并未切除的不连续切口
3.3.5	变形	应力引起的形状或外形的变化
3.3.6	挤出	密封圈的某一部分被挤入相邻的缝隙而产生的永久的或暂时的变形
3.3.7	填料凸出	未分散的填料从弹性体表面凸起
3.3.8	飞边	在模具分模线或排气孔处,弹性体由于被挤压而形成的伸出物
3.3.9	杂质	密封圈材料中包含的外部物质
3.3.10	修边不完整	没有把指定要除去的胶边完全除净的修整面
3.3.11	凹陷	因除去表面杂质或模具型腔表面有硬质沉淀物而造成的缺陷
3.3.12	流痕	在模制过程中由早期硫化引起的密封元件的表面瑕疵
3.3.13	润滑剂不足	密封圈接触面润滑剂缺乏
3.3.14	模具缺陷	由模具表面损伤引起的模压缺陷

续表

序号	术语	定义
3.3.15	缺口	模压硫化后由于损伤而造成的局部材料缺失
3.3.16	缺胶	由于胶料未完全充满模腔所引起的不同部位、形状不规则的表面缺陷
3.3.17	海绵体	弹性体中大量的微小孔洞
3.3.18	修边不平整	在最靠近接触线的密封唇表面内外侧出现的不规则的修整表面
3.3.19	修整过度	凹进的修整面
3.3.20	划痕	由于研磨物擦过表面而形成的浅而不连续的表面痕迹
3.3.21	螺旋形修边	呈螺旋形花纹的修整面
3.3.22	裂口	弹性体材料的拉伸破裂
3.3.23	阶梯形修边	在唇口的接触线上有阶梯形修整面
3.3.24	粘附的飞边	粘附在密封圈上的飞边
3.3.25	表面杂质	在密封圈表面上的外来物质
3.3.26	撕裂	通常以局部材料分离的形式出现的弹性体材料的剪切破裂
3.3.27	未粘合飞边	设计要粘合但没有真正粘合到相连材料上的飞边
3.4.1	安装垂直度	密封圈径向平面垂直于旋转轴线的垂直度
3.4.2	预润滑唇	使用前采用机油、润滑脂等润滑的密封唇
3.4.3	使用寿命	密封圈可有效使用的时间
3.4.4	贮存寿命	保持密封圈符合规范要求并具有适宜的使用寿命的可安全存放的时间
3.5.1	动态跳动量 轴跳动量	轴的中心线偏离旋转中心而产生的双倍距离 用TIR(指示器总读数)表示
3.5.2	唇径向负荷	唇过盈和紧箍弹簧张力共同作用下,由唇对轴施加的力(负荷)

注：1. 在GB/T 13871.2—2015中给出的一些定义还可进一步见图。

2. GB/T 13871.2—2015和GB/T 5719—2006有一些同义词，如“变形”与“形变”、“飞边”与“胶边”、“流痕”与“流动痕迹”、“裂口”与“分裂”、“唇径向负荷”与“径向唇负荷”等。

3. 表中序号为标准原文中的序号。

1.4 流体传动系统及元件密封及材料术语（摘自GB/T 17446—2024)

表10-3-4 流体传动系统及元件密封及材料术语

序号	术语	定义
3.9.1	密封件	用于防止泄漏、污染物侵入的元件
3.9.2	密封套件	用于特定元件上的密封件的套件
3.9.3	密封装置	由一个或多个密封件和配套件(例如抗挤压环、弹簧、金属壳等)组合成的装置
3.9.4	密封沟槽	容纳一个或多个密封件的空腔或沟槽
3.9.5	密封材料相容性	密封件材料抵御与流体发生化学反应的能力
3.9.6	密封件挤出	密封件的一部分或全部进入两个配合零件间隙中的不良位移 通常密封件挤出由间隙和压力的共同作用所致,通过采用抗挤压环可以防止和控制密封件挤出
3.9.7	静密封	用于没有相对运动的零件之间的密封
3.9.8	动密封	用在相对运动的零件之间的密封
3.9.9	往复密封	用于具有相对往复运动的零件之间的密封
3.9.10	旋转密封	用在具有相对旋转运动的零件之间的密封
3.9.11	径向密封	靠径向接触力实现密封的密封件、密封装置或密封型式
3.9.12	轴向密封	靠轴向接触力实现密封的密封件、密封装置或密封型式
3.9.13	唇形密封	具有一个挠性的密封凸起部分;作用于唇部一侧的流体压力保持唇部另一侧与相配表面接触贴紧形成的密封
3.9.14	垫片	由形状与相关配合表面相匹配的片状材料构成的密封件
3.9.15	防尘圈	用在往复运动杆上防止污染物侵入的密封件
3.9.16	防尘堵	用于孔口处以防止污染、损坏的可拆的凸状件
3.9.17	防尘帽	用以阻止污染、损坏的可拆的凹状件
3.9.18	粘合密封件	用弹性体材料粘接于刚性衬件所制成的密封件

续表

序号	术语	定义
3.9.19	组合垫圈	由一个扁平的金属垫圈与一个同心的弹性密封环粘接而成的静态垫片密封件
3.9.20	抗挤压环 挡环	防止密封件挤入被密封的两个配合零件之间的间隙中的环形件
3.9.21	O 形圈	在自由状态下横截面呈圆形的弹性体密封件
3.9.22	弹性体密封件	具有很大变形能力并在变形力去除后能迅速和基本恢复原形的橡胶或类橡胶材料制成的密封件
3.9.23	成型填料密封	由一个或多个相配的可变形件组成，通常承受可调整的轴向压缩以获得有效的径向密封的密封装置
3.9.24	复合密封	具有两种或多种不同材料单元的密封装置 示例：粘合密封件和旋转轴唇形密封
3.9.25	热塑性材料	在其使用温度下，能反复加热软化和反复冷却硬化，且在软化状态下能反复加工成型的材料 常用于制造密封垫、挡圈、防尘圈等
3.9.26	弹性体材料	应力释放后，由应力造成的显著变形能够迅速恢复到接近其初始尺寸和形状的橡胶或类橡胶材料 常用于制造 O 形圈、X 形圈、Y 形圈、防尘圈和缓冲垫等
3.9.27	聚四氟乙烯 （PTFE）	一种由碳和氟原子结合而成，以四氟乙烯作为单体聚合制得的聚合物 几乎不受化学侵蚀并可在很宽温度范围内使用，摩擦系数低，自润滑性好，但是柔性有限并且恢复能力仅为中等；添加适当的填料，如玻璃纤维、青铜、石墨等可改善其物理、力学性能；常用于制造密封垫、挡圈、导向环、支承环、耐磨环、隔膜等
3.9.28	聚酰胺 （PA）	一类主链上含有许多重复酰胺基团的热塑性聚合物 具有高强度和耐磨损特性，与大多数流体相容，密度小，但容易老化，容易吸水使强度降低，尺寸稳定性差。常用于制造挡圈、导向环、支承环、气管等
3.9.29	丁腈橡胶 （NBR）	由丁二烯和丙烯腈共聚制成的一种高分子弹性体材料 常用的耐油橡胶材料，对矿物油的耐受力随丙烯腈的含量而变化，丙烯腈的含量越高，耐油性越好，但是耐寒性变差。常用于制造 O 形圈、Y 形圈、防尘圈、V 形圈、旋转轴唇形密封、缓冲垫等
3.9.30	氟橡胶 （FKM）	主链或侧链的碳原子上含有氟原子的一种合成高分子弹性体材料 耐高温、耐油、耐真空、耐多种化学品、耐老化及耐臭氧等性能优异，但耐寒性差，不耐低分子量的醇、酮、醚及酯类极性溶剂。常用于制造 O 形圈、Y 形圈、防尘圈、V 形圈、旋转轴唇形密封等
3.9.31	硅橡胶 （FMQ）	一种分子主链由硅原子和氧原子交替组成的兼具无机和有机性质的高分子弹性体材料 耐高、低温性能好，使用温度范围大，耐氧、耐臭氧、耐老化性能优异，压缩永久变形小，但耐磨性差。适用于矿物油，尤其适用于动植物油，不耐汽油及低苯胺点的油类。常用于食品、医疗机械，用于制造 O 形圈、矩形圈等，不适用于往复运动密封
3.9.32	聚氨酯 （AU）	由聚酯二醇、二异氰酸酯和扩链交联剂反应制成的聚酯型弹性体材料 AU 具有高耐磨性并耐多种油类，但耐水性有限。常用于制造 O 形圈、Y 形圈、防尘圈、缓冲垫和气管等
3.9.33	聚氨酯 （EU）	由聚醚二醇、二异氰酸酯和扩链交联剂反应制成的聚醚型弹性体材料 EU 具有良好的耐水性，但是耐磨性和耐受其他类型流体较差。常用于制造蕾形圈、鼓形圈、山形圈、气管等
3.9.34	氯丁橡胶 （CR）	一种由氯丁二烯聚合成的弹性体材料 耐油性、耐臭氧性、耐气蚀性、耐燃、耐化学品腐蚀及粘合性良好，但贮存稳定性差。用于制造垫片、隔膜、唇形密封及门窗密封件等

注：表中序号为标准原文中的序号。

1.5 非金属密封垫片术语（摘自 GB/T 27971—2011）

表 10-3-5 非金属密封垫片术语

序号	术语	定义
2.1	法兰	密封组件中压紧垫片的部分
2.2	垫片	夹在两个面之间起静密封作用的材料。垫片可以用平板切割，或用模具制成所需的形状，也可以在装配中即时成型。包括以下结构：一种板材的单层或多层；不同材料的复合体；在装配时才以坨状或其他形状放到接合面的单面或双面上的材料
2.3	密封组件（法兰连接件）	用于两个分离物件之间起密封作用的所有构件的集合
2.4	应力	施于垫片材料单位面积上的力
2.5	应变	在施加的力或应力作用下垫片样品的变形
2.6	蠕变	当应力保持不变而应变仍在增加时的应力-应变状况（这种情形接近于平面密封连接中垫片可能产生的蠕变和螺栓伸长的关系）
2.7	圆环	按两个已知同心圆切割而成的垫片形状
2.8	横截面积	垫片宽度和厚度的乘积
2.9	泄漏	在垫片内或四周发生的界面或层间物质的穿透
2.12	分解	在给定的液体和/或环境中曝露后垫片材料解体成组件或碎片的过程
3.1	压缩厚度	垫片材料在已知应力下测得的垫片厚度
3.2	压缩率	在垫片材料的压缩回弹试验中，初载荷和全载荷下试样厚度差除以初载荷下的厚度，用百分数表示
3.3	回弹率	在垫片材料的压缩回弹试验中，试样的回弹厚度和全载荷厚度之差除以预载荷厚度和全载荷厚度之差，用百分数表示
3.4	变形量	由施加应力引起的在垫片厚度方向上材料的变形
3.5	变形率	垫片材料在应力下或应力卸载后变形的百分率
3.6	弹性变形率	在垫片材料的压缩回弹试验中，试样的回弹厚度和全载荷厚度之差除以全载荷厚度，用百分数表示
3.7	抗压强度/耐挤出性	不考虑泄漏，在特定温度下产生挤出前的最大应力
3.8	压缩屈服力	垫片材料产生的变形和施加的力之间的关系曲线拐点
3.9	蠕变松弛率	应变增加应力衰减时的应力应变状况。平面密封组件中存在的普遍现象。（螺栓存在一个相对大的伸长量）
3.10	应力松弛率	在应变保持恒定，应力衰减时的应力应变状况。（这种情况在槽面密封金属与金属接触时会遇到，这种情形也接近于当螺栓具有几乎无限刚性时的平面密封连接）
3.12	拉伸强度	在拉伸试样直至断裂期间所施加的最大拉伸应力
3.13	拉伸应力	施加的力与试样的原始截面积之比
3.14	最大载荷	垫片材料在发生拉伸失效前所能承受的最大应力
3.15	线性尺寸稳定性	垫片材料在特定的环境中曝露后在 x-y 平面上保持原尺寸的程度
3.16	粘附性	经加温或加压或加温加压后垫片材料对某一表面的吸附力或黏结力
3.17	耐久性	在给定的液体和/或环境中曝露后垫片材料抗分解的能力
3.18	柔软性	垫片材料在圆棒上弯曲 180°不产生裂纹时的圆棒直径与垫片材料厚度之比
3.19	密封性	在一定的流体内部压力和法兰压力下，对一定几何形状的垫片材料的泄漏速率的测量。通常以一定时间内流体的体积或质量损失报告并作为比较研究的方法
3.20	泄漏率	流体从垫片连接处流出的速度
4.1	平面接合	接头或法兰的接触面为平面
4.2	法兰歪斜	实际接触面与应接触面的偏离
4.3	（垫片）吹出	管路法兰受压垫片在内部压力突然释放时产生的。系统内部压力会引起垫片吹出，此压力称为吹出压力
4.4	垫片系数	提供在法兰紧固件中所需的残余应力，以便在接合部施加内压力后垫片能保持密封
4.5	产率因数（最小设计应力）	表示在没有内压力情况下，要求提供密封连接的垫片接触面上以兆帕（或磅每平方英寸）为单位的压力

注：表中序号为标准原文中的序号。

1.6 橡胶杂品术语（摘自 HG/T 3076—1988）

表 10-3-6 橡胶杂品术语

序号	术语	定义
2.9	橡胶轴承	以橡胶为主要构件的轴承
2.11	硬质橡胶	玻璃化转变温度处于室温以上，几乎不能拉伸的橡胶。由天然橡胶或合成橡胶，加入多量的硫磺（一般为橡胶质量的25%～50%）经过比较长时间的硫化而制得的橡胶
3.1	弹性模量	在符合胡克定律的变形和应力范围内，应力与变形之比
3.1.1	静态弹性模量	在平衡状态下测定的弹性模量
3.1.2	动态弹性模量	在强制振动、自由衰减振动和冲击的情况下测定的弹性模量
3.3	耐冲击性	承受机械冲击的能力
3.4	耐刺穿性	承受锋利物质刺破的能力

注：表中序号为标准原文中的序号。

1.7 静密封、填料密封术语（摘自 JB/T 6612—2008）

表 10-3-7 静密封、填料密封术语

序号	术语	定义
2.1	泄漏	通过密封的物质传递
2.2	泄漏率	单位时间内通过密封泄漏的被密封介质的质量
2.3	指标泄漏率	人为规定的泄漏率允许指标
2.4	静密封	相对静止的配合面间的密封
2.4.2	接触型密封	借密封力使密封件与配合面相互压紧甚至嵌入，以减小或消除间隙的密封
2.4.3	密封力 密封载荷	作用于接触型密封的密封件上的接触力
2.4.4	密封比压	作用于密封件单位面积上的密封力
2.4.5	线密封比压	作用于线接触密封件单位长度上的密封力
2.4.6	自紧效应	密封件受介质压力作用后产生自紧的现象
2.4.7	自紧密封	介质压力载荷使密封力增加的密封
2.5	填料密封	填料作密封件的密封
2.5.1	接触压力	填料密封摩擦面间受到的力
2.5.2	追随性	密封件能及时弥合因振摆而产生的密封间隙的性能，保持追随性的条件是恢复力大于干扰力
2.5.3	启动摩擦阻力①	机构启动时，抗拒摩擦面间相对运动的力
2.5.4	运动摩擦阻力	机构运动时，抗拒摩擦面间相对运动的力
3.1	垫片	置于配合面间几何形状符合要求的薄截面密封件
3.1.1	非金属垫片	非金属材料制成的垫片
3.1.1.1	纸质垫片	硬质纸板制成的垫片
3.1.1.2	石棉垫片	石棉经压缩处理后制成的垫片
3.1.1.3	橡胶垫片	橡胶制成的垫片
3.1.1.4	塑料垫片	塑料制成的垫片
3.1.1.5	聚四氟乙烯垫片	聚四氟乙烯制成的垫片
3.1.1.6	柔性石墨垫片	柔性石墨制成的垫片
3.1.2	金属垫片	金属材料制成的垫片
3.1.2.1	金属平垫片	密封面为平面的金属垫片
3.1.2.2	金属波形垫片	截面形状为波纹形的金属垫片
3.1.2.3	金属齿形垫片	金属平垫上下表面加工成有多道同心三角形沟槽，其截面呈锯齿形的垫片
3.2	环垫	置于配合面间几何形状符合要求的厚截面密封件
3.2.1	八角垫	截面为八角形的环垫
3.2.2	椭圆垫	截面为椭圆形的环垫

续表

序号	术语	定义
3.2.3	双锥垫	外侧上下均为锥形面的环垫
3.2.4	C形垫	截面为C形的环垫
3.2.5	B形垫	截面为B形的环垫
3.2.6	金属空心O形垫	截面为O形的空心金属环垫，由金属管焊成
3.2.7	透镜垫	上下密封面均为球形的环垫，其形状近似凸透镜
3.3	复合垫片	两种以上材料按需要复合而成的垫片
3.3.1	石棉橡胶垫片	石棉与橡胶复合制成的垫片
3.3.2	金属包覆垫片	金属薄板包覆非金属材料制成的垫片
3.3.3	聚四氟乙烯包覆垫片	表面有聚四氟乙烯包覆层的垫片
3.3.4	柔性石墨包覆垫片	表面有柔性石墨包覆层的垫片
3.3.5	缠绕垫片	成型的金属带与非金属带同轴线同平面交替螺旋缠绕制成的垫片
3.3.6	缠绕-金属包覆组合垫片	以有筋条的金属包覆垫为基体，在外圆周上再缠绕成缠绕垫的组合垫片，用于多层换热器
3.3.7	骨架式柔性石墨垫片	柔性石墨和骨架按特定工艺复合制成的垫片
3.3.8	包金属环石棉橡胶垫片	内周边包覆金属环的石棉橡胶垫片
3.3.9	金属增强垫片	金属起增强作用的垫片
3.3.10	编织垫片	密封材料编织而成的垫片
3.5	填料	在设备或机器上，装填在可动杆件和它所通过的孔之间，对介质起密封作用的零部件
3.5.1	压紧式填料[②]	质地柔软，在填料箱中经轴向压缩，产生径向弹塑变形以堵塞间隙的填料
3.5.1.1	油浸石棉填料	石棉线编结或扭制后经润滑油剂石墨粉浸渍而成的填料
3.5.1.2	油浸棉麻填料	麻棉线编结或扭制后经润滑油（牛油）浸渍而成的填料
3.5.1.3	橡胶石棉填料	以橡胶为黏结剂，用石棉布或石棉线卷制或编结而成的填料
3.5.1.4	浸氟石棉填料	被以聚四氟乙烯为主加润滑脂等的乳液浸渍过的石棉制成的填料
3.5.1.5	缓蚀石棉填料	经缓蚀剂或牺牲金属（如 $NaNO_2$ 和 Zn 粉）处理后的石棉制成的填料
3.5.1.6	酚醛纤维编织填料	酚醛纤维浸渍润滑剂后编织而成的填料
3.5.1.7	聚酰胺纤维编织填料	芳族聚酰胺纤维编织而成的填料
3.5.1.8	聚砜纤维编织填料	以聚砜纤维或润滑剂浸渍过的聚砜纤维编织而成的填料
3.5.1.9	无机纤维编织填料	以氧化铝、碳化硅、陶瓷、氮化硅等无机纤维编织而成的填料
3.5.1.10	玻璃纤维编织填料	以润滑油浸渍过的玻璃纤维编织或扭制而成的填料
3.5.1.11	碳化纤维编织填料	经预氧化和部分碳化的有机碳纤维编织而成的填料
3.5.1.12	氟塑料编织填料	聚四氟乙烯塑料编织而成的填料
3.5.1.13	复合编织填料	两种以上不同材质的材料编织而成的填料
3.5.1.14	柔性石墨填料	柔性石墨制成的填料
3.5.1.15	柔性石棉复合填料	柔性石墨为主按需要复合而成的填料
3.5.1.16	柔性石棉编织填料	柔性石墨为主编织而成的填料
3.5.1.17	缓蚀柔性石墨填料	加有缓蚀剂和牺牲金属（如 $NaNO_2$ 和 Zn 粉）的柔性石墨加工而成的填料
3.5.1.18	波形填料	非金属材料中夹有多层同心圆排列的金属波纹片的填料
3.5.1.19	金属软填料	软金属丝或箔编织或卷制而成的填料
3.5.2	异形填料	结构特殊，安装时即形成初始密封，受介质压力后，按自紧密封原理而自动增强密封效果，达到自动密封的填料
3.5.2.1	唇形填料	形式多样（V、U、L、Y形等），结构的特殊性就是具有密封唇，密封环（唇）与内外配合面之间均为过盈配合，装入后就形成初始密封，受介质压力后，密封唇就向外张开并与相应的配合面接触，压力升高时，由于自紧密封的原理而自动密封的填料
3.5.2.2	挤压形填料	由具有较好变形复原性的高弹性材料制成，形式多样（O、T、X形，方形和三角形），其结构之特殊性就是填料环的高度比其安装沟槽的深度大，而内径又比与之配合的沟槽直径小，因而安装时即受预压缩而形成初始密封，受介质压力后，即向沟槽之一面挤紧增大接触压力而自动密封的填料（见 JB/T 6612—2008 中图 11）
4.1.1	中、低压容器密封	工作压力小（于）或等于 10MPa 的压力容器的密封结构 在液压传动技术领域，通常以>0~2.5MPa 为低压、>2.5~8.0MPa 为中压
4.1.1.1	法兰连接密封	法兰连接，密封件置于法兰配合面间，靠拧紧螺栓压紧密封件的密封结构

续表

序号	术语	定义
4.1.1.2	平面法兰密封	法兰配合面为平面的密封结构
4.1.1.3	凹凸面法兰密封	法兰配合面为凹凸面的密封结构
4.1.1.4	榫槽面法兰密封	法兰配合面为榫槽面的密封结构
4.1.2	高压容器密封	工作压力大于10MPa的压力容器的密封结构
4.1.2.1	双锥垫密封	密封件为双锥垫,介质进入双锥环与顶盖的环形间隙后,使双锥垫向外扩张产生自紧作用的密封结构
4.1.2.2	B形垫密封	螺栓连接,靠B形垫的波峰和筒体端部与顶盖上相配的密封槽之间的过盈形成预紧,在介质压力作用下,B形垫向外扩张产生径向自紧力的密封结构
4.1.2.3	C形垫密封	密封件为C形垫,靠卡箍上斜面的作用使C形垫的高度(上下突出部表面间距离)被压缩,因而获得密封力,介质压力作用后,又使上下突出部向外扩张产生自紧力而提高密封力的密封结构
4.1.2.4	八角垫密封	螺柱连接,八角垫靠螺柱的力预紧,并受介质压力的作用而自紧的密封结构
4.1.2.5	椭圆垫密封	螺柱连接,椭圆垫靠螺栓的力预紧,并受介质压力的作用而自紧的密封结构
4.1.2.6	伍德密封	密封垫为弹性垫,在拉紧螺钉和牵制螺柱的调节下,通过顶盖与四合环的作用,使弹性压垫预紧,并在介质压力作用下,使浮动顶盖产生轴向自紧力的弹性垫轴向自紧密封结构
4.1.2.7	卡扎里密封	螺纹套筒连接,通过螺栓压紧压环,进而压紧三角垫的密封结构
4.1.2.8	楔形垫密封	塑性楔形垫受螺栓的力而预紧,浮动顶盖受介质压力产生轴向自紧力的密封结构
4.1.2.9	三角垫密封	螺栓连接,在介质压力(作用)下三角垫向外产生弯曲,其斜面与V形槽的两斜面贴合而自紧的密封结构
4.1.2.10	平垫自紧密封	螺纹套筒连接,旋紧螺纹套筒压紧金属平垫,浮动顶盖受介质压力作用使金属平垫受轴向自紧力而更加紧密的密封结构(见JB/T 6612—2008中图24)
4.1.3	真空容器密封	压力远低于标准大气压的容器的密封结构
4.1.3.1	低真空容器密封	压强大于133.322×10^{-3}Pa的真空容器的密封结构
4.1.3.2	高真空容器密封	压强为$133.322\times10^{-3}\sim133.322\times10^{-8}$Pa的真空容器的密封结构
4.1.3.3	超真空容器密封	压强小于133.322×10^{-8}Pa的真空容器的密封结构
4.1.4	管道连接密封	管道连接处的密封结构
4.1.4.1	螺纹连接密封	密封材料(麻填料、液体密封胶或聚四氟乙烯带)置于连接螺纹处,拧紧螺纹使之密封的结构
4.1.4.2	金属平垫密封	拧紧螺母产生轴向力以压紧高压(压力可达32MPa)管道连接处的金属平垫的密封结构
4.1.4.3	非金属平垫密封	拧紧螺母产生轴向力以压紧中低压(适用压力1.6MPa)管道接头体中的非金属平垫的密封结构
4.1.4.4	透镜垫密封	高压(适用压力32MPa)管道连接处用透镜垫作密封件的密封结构
4.1.5	金属空心O形垫密封	金属空心O形垫作密封件的密封结构
4.2.1	压紧式填料密封	以压紧式填料作密封件,置于填料箱内,拧紧压盖上的螺母使填料压紧以达到密封的结构(见JB/T 6612—2008中图30)
4.2.2	唇形填料密封	以唇形填料作密封件的密封结构。JB/T 6612—2008中图31所示为以L形填料环密封汽缸壁的结构。当介质压力p作用时,L形填料环的密封唇即被压紧使之紧贴在汽缸壁而自动密封
4.2.3	旋转轴填料密封	用于密封旋转运动的压紧式填料密封结构
4.2.4	往复轴填料密封	用于密封往复运动的轴或杆的压紧式填料密封结构
5.1	压缩率	加载时,材料的厚度压缩量与初始厚度之比
5.2	弹性	固体物质在应力作用下产生应变,应力消失及恢复原状的性能
5.3	回弹率	固体物质卸载时的回弹量与加载时的压缩量之比
5.4	耐磨性	两材料表面之间的相对运动引起的损耗程度,便是该材料的耐磨性
5.5	自润滑性	材料自身具有润滑性的性能
5.6	应力松弛	应变不变而应力衰减的一种过渡应力-应变状态
5.7	应力松弛率	应力松弛状态下应力衰减的百分数
5.8	浸渍剂含量	浸渍处理过的材料中,浸渍剂质量占总质量的百分数
5.9	热失量	物质在规定温度规定时间内灼烧后失去的质量分数

续表

序号	术语	定义
5.10	酸失量	材料在规定操作程序的酸溶液中处理后失去的质量分数
5.11	碱失量	材料在规定操作程序的碱溶液中处理后失去的质量分数
6.1.1	预紧密封比压	安装时,预紧螺栓达到密封状态时垫片所承受的压应力
6.1.2	操作密封比压	操作时,介质压力抵消了螺栓载荷作用于垫片上的部分应力后,还能保持密封的垫片上的压应力。它是垫片系数与介质压力的乘积
6.1.3	垫片系数(m)	操作密封比压与被密封介质压力之比
6.1.4	螺栓操作载荷	操作时,保持密封状态下螺栓承受的载荷。它是介质压力载荷与保持密封所需垫片压紧力之和
6.1.5	螺栓预紧载荷	安装时,螺栓为压紧垫片使之密封而承受的载荷。此时垫片上的压应力必须达到垫片的预紧密封比压
6.1.6	自紧载荷	介质压力产生的自紧力
6.1.7	回弹力	密封件为抵抗外力作用而产生的恢复原形的力
6.1.8	垫片几何宽度	垫片外直径与内直径之差的一半
6.1.9	垫片接触宽度	与法兰配合面可能接触的垫片宽度。它随配合面的形状不同而不同
6.1.10	垫片基本密封宽度	根据垫片接触宽度计算的用于确定垫片有效密封宽度的垫片宽度
6.1.11	垫片有效密封宽度	考虑到法兰偏转的影响,设计时根据垫片基本密封宽度按均方根计算的垫片宽度
6.1.12	压扁度	金属空心O形垫(管子)压扁后的高度与管子外径之比
6.2.1	填料压紧比压	阻止压紧式填料渗漏填料单位面积上所需的压紧力
6.2.2	填料压紧载荷	拧紧压盖螺母使压盖压紧填料以阻止渗漏所需要的填料压紧力
6.2.3	填料挤压载荷	压紧式填料密封中,阻止沿轴及填料箱壁的泄漏所需的载荷
6.2.4	螺栓载荷	计算时,取填料压紧载荷与填料挤压载荷中的大值为螺栓载荷,以确定压盖螺栓牙根之直径
6.2.5	轴向比压	螺栓载荷作用于填料单位面积上的轴向力
6.2.6	侧向比压	轴与填料的接触面上单位面积所受的力
6.2.7	侧向压力系数	压紧式填料密封中,侧向比压与轴向比压之比

① 根据 GB/T 17446—2024 中术语“起动时间”“起动压力”等，对液压缸而言宜采用“起动摩擦阻力”。

② 在 JB/T 6612—2008 中定义了油浸石棉填料、油浸棉麻填料、橡胶石棉填料、浸氟石棉填料、缓蚀石棉填料、酚醛纤维编织填料、聚酰胺纤维编织填料、聚砜纤维编织填料、无机纤维编织填料、玻璃纤维编织填料、碳化纤维编织填料、氟塑料编织填料、复合编织填料、柔性石墨填料、柔性石墨复合填料、柔性石墨编织填料、缓蚀柔性石墨填料、波形填料、金属软填料 19 种压紧式填料，其中含石棉的填料在一些场合已不用。

注：1. 在 JB/T 6612—2008 中给出的一些定义还可进一步见图。

2. 一些垫片（产品）标准见表 10-3-11；一些填料（产品）标准见表 10-3-14。

3. 表中序号为标准原文中的序号。

1.8 同轴密封件术语（摘自 JB/T 8241—1996）

表 10-3-8 同轴密封件术语

序号	术语	定义
2.1	同轴密封件	塑料圈与橡胶圈组合在一起并全部由塑料圈作摩擦密封面的组合密封件
2.2	塑料圈	在同轴密封件中作摩擦密封面的塑料密封圈
2.3	橡胶圈	在同轴密封件中提供密封压力并对塑料圈磨耗起补偿作用的橡胶密封圈
2.4	橡胶圈结构	橡胶圈截面的几何形状
2.5	沟槽尺寸	安置同轴密封件、支承环用沟槽的结构尺寸
2.6	橡胶材料	一种或几种橡胶为基本材料的弹性体材料
2.7	橡胶共混材料	橡胶和塑料在混炼时掺合在一起为基本原料的弹性材料
2.8	活塞密封	安装在活塞上,塑料圈与液压缸缸壁接触的密封形式
2.9	活塞杆密封	安装在活塞缸体上,塑料圈与活塞杆接触的密封形式
2.10	方形密封圈	截面呈方形的塑料圈与橡胶圈组合的同轴密封件
2.11	阶梯形密封圈	截面呈阶梯形的塑料圈与橡胶密封圈组合的同轴密封件
2.12	山形多件组合圈	由塑料圈与截面呈山形的橡胶件多件同轴组合,由中间的塑料圈作摩擦密封面的同轴密封件

续表

序号	术语	定义
2.13	齿形多件组合圈	由塑料圈与截面呈锯齿形的橡胶件多件同轴组合,由中间的塑料圈作摩擦密封面的同轴密封件
2.14	支承环	抗磨的塑料材料制成的环,用以避免活塞与缸体碰撞,起支承及导向作用
2.15	支承环宽度	支承环截面的轴向尺寸
2.16	支承环厚度	支承环截面的径向尺寸

注：1. 在 GB/T 15242.1—2017 中给出了术语“密封滑环”“弹性体”“挡圈”“孔用方形同轴密封件”“孔用组合同轴密封件”和“轴用阶梯形同轴密封件”和定义。

2. 表中序号为标准原文中的序号。

2　静密封的分类、特点及应用

表 10-3-9　静密封的分类、特点及应用

分类		原理、特点及简图	应用
法兰连接垫片密封		在两连接件(如法兰)的密封面之间垫上不同型式的密封垫片,如非金属、非金属与金属的复合垫片或金属垫片。然后将螺栓拧紧,拧紧力使垫片产生弹性和塑性变形,填塞密封面的不平处,达到密封的目的 密封垫的型式有平垫片、齿形垫片、透镜垫、金属丝垫等	密封压力和温度与连接件的型式、垫片的型式、材料有关。通常,法兰连接密封可用于温度范围为-70～600℃,压力大于 1.333kPa(绝压)、小于等于 35MPa。若采用特殊垫片,可用于更高的压力
自紧密封		压力　压力 (a)　(b) 密封元件不仅受外部连接件施加的力进行密封,而且还依靠介质的压力压紧密封元件进行密封,介质压力越高,对密封元件施加的压紧力就越大	图 a 为平垫自紧密封,介质压力作用在盖上并通过盖压紧垫片,用于介质压力 100MPa 以下,温度 350℃ 的高压容器、气包的手孔密封 图 b 为自紧密封环密封,介质压力直接作用在密封环上,利用密封环的弹性变形压紧在法兰的端面上,用于高压容器法兰的密封
研合面密封		靠两密封面的精密研配,消除密封面间的间隙,用外力压紧(如螺栓)来保证密封。实际使用中螺栓受力较大,密封面往往涂敷密封胶,以提高严密性	密封面粗糙度 $Ra2\sim5\mu m$。自由状态下,两密封面之间的间隙不大于 0.05mm。通常用于密封压力小于 100MPa 及 550℃ 介质的场合,如汽轮机、燃气轮机等气缸接合面
O形环密封	非金属O形环	O 形环装入密封沟槽后,其截面一般受到 15%～30% 的压缩变形。在介质压力作用下,移至沟槽的一边,封闭需密封的间隙,达到密封的目的	密封性能好,寿命长,结构紧凑,装拆方便。选择不同的密封圈材料,可在-100～260℃ 的温度范围使用,密封压力可达 100MPa。主要用于气缸、油缸的缸体密封

续表

分类		原理、特点及简图	应用
O形环密封	金属空心O形环	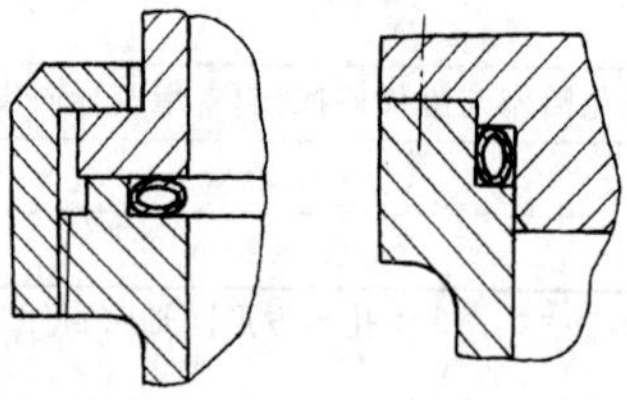 (a) (b) O形环的断面形状为长圆形。当环被压紧时,利用环的弹性变形进行密封。O形环用管材焊接而成,常用材料为不锈钢管,也可用低碳钢管、铝管和铜管等。为提高密封性能,O形环表面需镀覆或涂以金、银、铂、铜、氟塑料等。管子壁厚一般选取0.25~0.5mm,最大为1mm。密封气体或易挥发的液体,应选用较厚的管子;密封黏性液体,应选用较薄的管子	O形环分为充气式和自紧式两种。充气式是在封闭的O形环内充惰性气体,可增加环的回弹力,用于高温场合。自紧式是在环的内侧圆周上钻有若干小孔,因管内压力随同介质压力增高而增高,使环有自紧性能,用于高压场合 金属空心O形环密封适用于高温、高压、高真空、低温等条件,可用于直径达6000mm,压力280MPa,温度-250~600℃的场合 图a、图b表示O形环设置在不同的位置上
胶圈密封		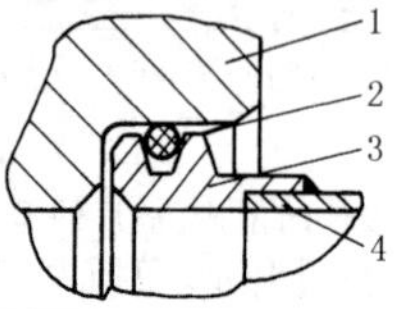 1—壳体;2—橡胶圈;3—V形槽;4—管子	结构简单,重量轻,密封可靠,适用于快速装拆的场合。O形环材料一般为橡胶,最高使用温度为200℃,工作压力0.4MPa,若压力较高或者为了密封更加可靠,可用两个O形环
填料密封		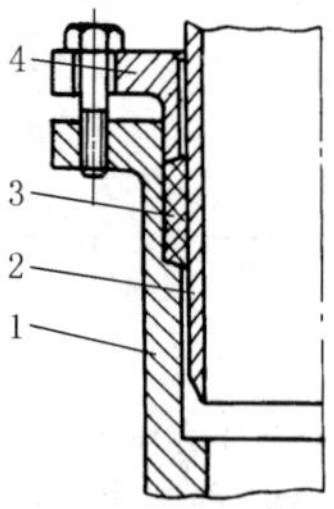 在钢管与壳体之间充以填料(俗称盘根),用压盖和螺钉压紧,以堵塞漏出的间隙,达到密封的目的 1—壳体;2—钢管;3—填料;4—压盖	多用于化学、石油、制药等工业设备可拆式内伸接管的密封。根据充填材料不同,可用于不同的温度和压力
螺纹连接垫片密封		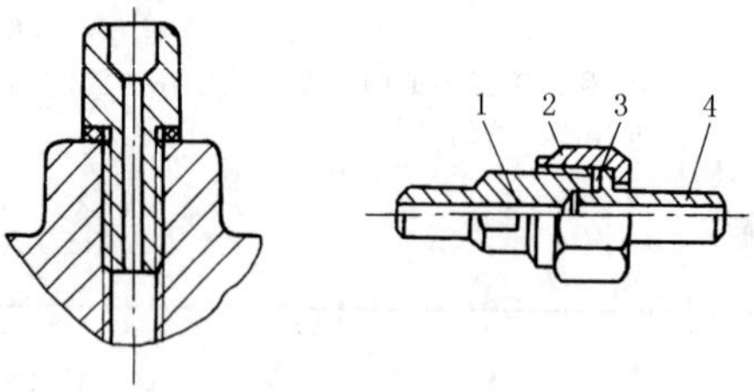 (a) (b) 1—接头体;2—螺母;3—金属平垫;4—接管	适用于小直径螺纹连接或管道连接的密封 图a中的垫片为非金属软垫片。在拧紧螺纹时,垫片不仅承受压紧力,而且还承受转矩,使垫片产生扭转变形,常用于介质压力不高的场合 图b所示采用金属平垫密封,又称“活接头”,结构紧凑,使用方便。垫片为金属垫,适用压力32MPa,管道公称直径DN≤32mm
螺纹连接密封		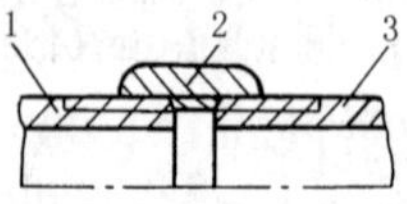 1—管子;2—接管套;3—管子 螺纹连接密封结构简单、加工方便	用于管道公称直径DN≤50mm的密封 由于螺纹间配合间隙较大,需在螺纹处放置密封材料,如麻、密封胶或聚四氟乙烯带等,最高使用压力1.6MPa
承插连接密封		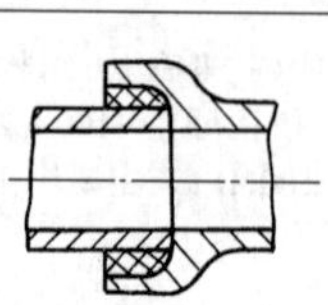	用于管子连接的密封。在管子连接处充填矿物纤维或植物纤维进行堵封,且需要耐介质的腐蚀,适用于常压、铸铁管材、陶瓷管材等不重要的管道连接密封

续表

分类	原理、特点及简图	应用
密封胶密封	(a) (b) 用刮涂、压注等方法将密封胶涂在要紧压的两个面上，靠胶的浸润性填满密封面凹凸不平处，形成一层薄膜，能有效地起到密封作用 图 a 所示为斜对接封口。由于斜面连接大大增加了密封面积，比对接封口承载能力大，受力情况好，但要求被密封件有一定厚度，封口锥度尺寸一般取 $l/t \geqslant 10$。图 b 为双搭接，承载能力大	密封胶密封主要用于管道密封。密封胶密封适用于非金属材料，如塑料、玻璃、皮革、橡胶以及金属材料制成的管道或其他零件的密封 密封牢固，结构简单，密封效果好，但耐温性差，通常用于 150℃ 以下，用于汽车、船舶、机车、压缩机、油泵、管道以及电动机、发动机等的平面法兰、研合面，螺纹连接、承插连接密封的胶封

注：关于“法兰连接垫片密封”可进一步参考 GB/T 20671.1—2020《非金属垫片材料分类体系及试验方法　第 1 部分：非金属垫片材料分类体系》、GB/T 27792—2011《层压复合垫片材料分类》、GB/T 41487—2022《复合型密封垫片材料》。

3　动密封的分类、特点及应用

表 10-3-10　　**动密封的分类、特点及应用**

分类			原理、特点及简图	应用
接触式密封	填料密封	毛毡密封	在壳体槽内填以毛毡圈，以堵塞泄漏间隙，达到密封的目的。毛毡具有天然弹性，呈松孔海绵状，可储存润滑油和防尘。轴旋转时，毛毡又将润滑油从轴上刮下反复自行润滑	一般用于低速、常温、常压的电机、齿轮箱等机械中，用以密封润滑脂、润滑油、黏度大的液体及防尘，但不宜用于气体密封。适用转速：粗毛毡，$v_c \leqslant 3\text{m/s}$；优质细毛毡、轴经过抛光处理，$v_c \leqslant 10\text{m/s}$。温度不超过 90℃；压力一般为常压
		软填料密封	在轴与壳体之间充填软填料(俗称盘根)，然后用压盖和螺钉压紧，以达到密封的目的。填料压紧力沿轴向分布不均匀，轴在靠近压盖处磨损最快。压力低时，轴转速可高，反之，转速要低	用于液体或气体介质往复运动和旋转运动的密封，广泛用于各种阀门、泵类，如水泵、真空泵等，泄漏速度 10~1000mL/h 选择适当填料材料及结构，可用于压力小于等于 35MPa、温度小于等于 600℃ 和速度小于等于 20m/s 的场合
		硬填料密封	弹簧　研磨　气流方向　1　2　密封盒　1　2 密封箱内装有若干密封盒，盒内装有一组硬填料的密封环，如图所示。分瓣密封环靠圈弹簧和介质压力差贴附于轴上。密封环在填料盒内有适当的轴向和径向间隙，使其能随轴自由浮动。填料箱上的压紧螺钉只压紧各级密封盒，而不作用在各级密封环上。密封环材料通常为青铜、巴氏合金、石墨等	适用于往复运动轴的密封，如往复式压缩机的活塞杆密封。为了能补偿密封环的磨损和追随轴的跳动，可采用分瓣环、开口环等 选择适当的密封结构和密封环型式，硬填料密封也适用于旋转轴的密封，如高压搅拌轴的密封 硬填料密封适用于介质压力 350MPa、线速度 12m/s、温度 -45~400℃ 的场合，但需要对密封进行冷却或加热

续表

分类			原理、特点及简图	应用
接触式密封	成型填料密封	挤压型密封	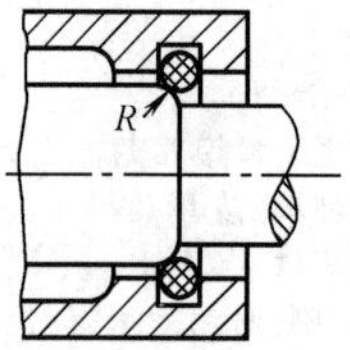 挤压型密封按密封圈截面形状分有O形、方形等，以O形应用最广 挤压型密封靠密封圈安装在槽内预先被挤压，产生压紧力，工作时，又靠介质压力挤压密封圈，产生压紧力，封闭密封间隙，达到密封的目的 结构紧凑，所占空间小，动摩擦阻力小，拆卸方便，成本低	用于往复及旋转运动。密封压力从1.33×10^{-5}Pa的真空到40MPa的高压，温度达$-60\sim200$℃，线速度小于等于$3\sim5$m/s
		唇形密封	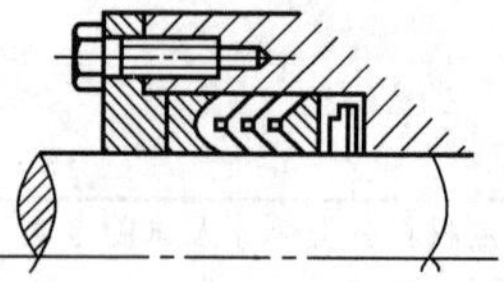 依靠密封唇的过盈量和工作介质压力所产生的径向压力即自紧作用，使密封件产生弹性变形，堵住漏出间隙，达到密封的目的。比挤压型密封有更显著的自紧作用 结构型式有Y、V、U、L、J形。与O形环密封相比，结构较复杂，体积大，摩擦阻力大，装填方便，更换迅速	在许多场合下，已被O形密封圈所代替，因此应用较少。现主要用于往复运动的密封，选用适当材料的唇形密封，可用于压力达100MPa的场合 常用材料有橡胶、皮革、聚四氟乙烯等
	油封密封		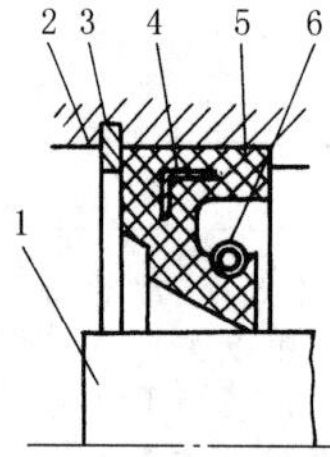 1—轴；2—壳体；3—卡圈；4—骨架；5—橡胶皮碗；6—弹簧 在自由状态下，油封内径比轴径小，即有一定的过盈量。油封装到轴上后，其刃口的压力和自紧弹簧的收缩力对密封轴产生一定的径向抱紧力，遮断泄漏间隙，达到密封的目的 油封分有骨架与无骨架型、有弹簧与无弹簧型。用作油封的旋转轴唇形密封圈，共有内包骨架、外露骨架和装配式三种结构型式，每种型式又分为有副唇和无副唇两种。油封安装位置小，轴向尺寸小，使机器紧凑；密封性能好，使用寿命较长。对机器的振动和主轴的偏心都有一定的适应性。拆卸容易、检修方便、价格便宜，但不能承受高压	常用于液体密封，广泛用于尺寸不大的旋转传动装置中密封润滑油，也用于封气或防尘 不同材料的油封适用情况： ①合成橡胶转轴线速度$v_c\leqslant20$m/s，常用于12m/s以下，温度小于等于150℃。此时，轴的表面粗糙度为：$v_c\leqslant3$m/s时，$Ra=3.2\mu m$；3m/s<$v_c\leqslant5$ m/s时，$Ra=0.8\mu m$；$v_c>5$m/s时，$Ra=0.2\mu m$ ②皮革$v_c\leqslant10$m/s，温度小于等于110℃ ③聚四氟乙烯用于磨损严重的场合，寿命约比橡胶高10倍，但成本高 以上各材料可使用压差$\Delta p=0.1\sim0.2$MPa，特殊可用于$\Delta p=0.5$MPa，寿命$500\sim2000$h
	涨圈密封		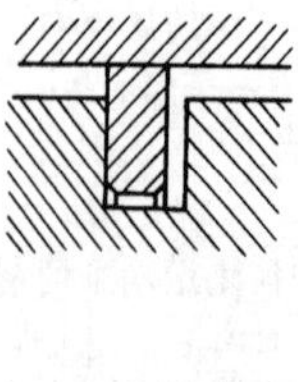 将带切口的弹性环放入槽中，由于涨圈本身的弹力，而使其外圆紧贴在壳体上，涨圈外径与壳体间无相对转动 由于介质压力的作用，涨圈一端面贴合在涨圈槽的一侧产生相对运动，用液体进行润滑和堵漏，从而达到密封的目的	一般用于液体介质密封（因涨圈密封必须以液体润滑） 广泛用于密封油的装置。用于气体密封时，要有油润滑摩擦面。工作温度小于等于200℃，$v_c\leqslant10$m/s。压力：往复运动，小于等于70MPa；旋转运动，小于等于1.5MPa 在参考文献[17]中介绍，用于往复运动的称为“活塞环密封”，用于旋转运动的称为“涨圈密封”
	机械密封		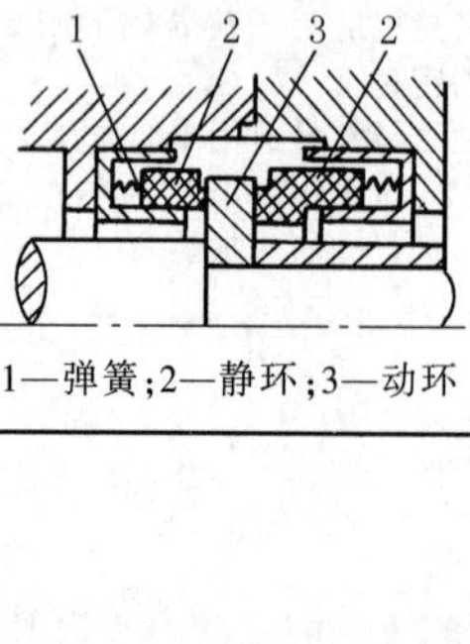 1—弹簧；2—静环；3—动环 光滑而平直的动环和静环的端面，靠弹性构件和密封介质的压力使其互相贴合并做相对转动，端面间维持一层极薄的液体膜而达到密封的目的	应用广泛，适合旋转轴的密封。用于密封各种不同黏度、有毒、易燃、易爆、强腐蚀性和含磨蚀性固体颗粒的介质，寿命可达25000h，一般不低于8000h 目前使用已达到如下技术指标：轴径$5\sim2000$mm；压力10^{-6}MPa，真空~45MPa；温度$-200\sim450$℃；速度150m/s

续表

分类		原理、特点及简图	应用
非接触式密封	浮动环密封	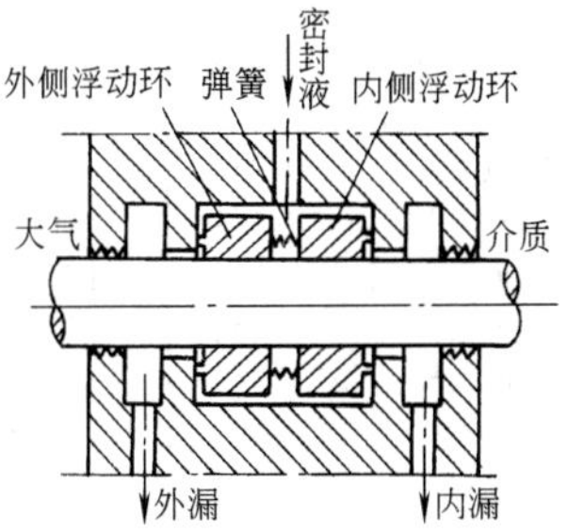 浮动环可以在轴上径向浮动，密封腔内通入比介质压力高的密封油。径向密封靠作用在浮动环上的弹簧力和密封油压力与隔离环贴合而达到；轴向密封靠浮动环与轴之间的狭小径向间隙对密封油产生节流来实现	结构简单，检修方便，但制造精度高，需采用复杂的自动化供油系统 适用于介质压力大于 10MPa、转速 10000~20000r/min、线速度 100m/s 以上的旋转式流体机械，如气体压缩机、泵类等轴封
	迷宫密封	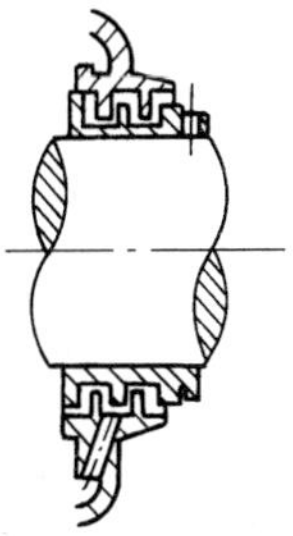 在旋转件和固定件之间形成很小的曲折间隙来实现密封。间隙内充以润滑脂	适用于高转速，但须注意在周速大于 5m/s 时可能使润滑脂由间隙中甩出
		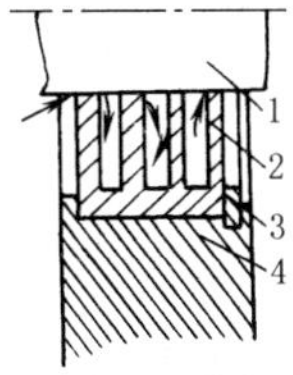 1—轴；2—箅齿；3—卡圈；4—壳体 流体经过许多节流间隙与膨胀空腔组成的通道，经过多次节流而产生很大的能量损耗，流体压头大为下降，使流体难以泄漏，以达到密封的目的	用于气体密封，若在箅齿及壳体下部设有回油孔，可用于液体密封
	离心密封	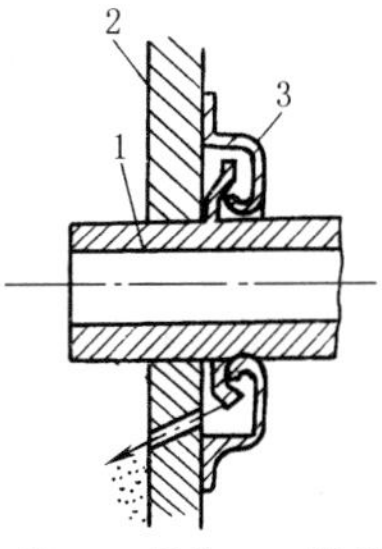 1—轴；2—壳体；3—密封盖 借离心力作用（甩油盘）将液体介质沿径向甩出，阻止液体进入泄漏间隙，从而达到密封的目的。转速愈高，密封效果愈好，转速太低或静止不动，则密封无效	结构简单，成本低，没有磨损，不需维护 用于润滑油及其他液体密封，不适用于气体介质。广泛用于高温、高速的各种传动装置以及压差为零或接近于零的场合
	螺旋密封	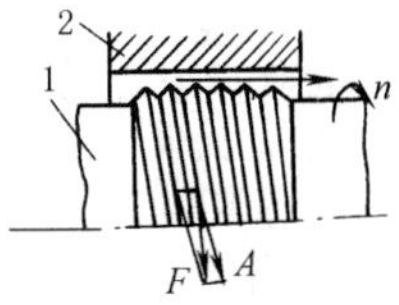 1—轴；2—壳体 利用螺杆泵原理，当液体介质沿泄漏间隙泄漏时，借螺旋作用而将液体介质赶回去，以保证密封 在设计螺旋密封装置时，对于螺旋赶油的方向要特别注意。设轴的旋转方向 n 从右向左看为顺时针方向，则液体介质与壳体的摩擦力 F 为逆时针方向，而摩擦力 F 在该右螺纹的螺旋线上的分力 A 向右，故液体介质被赶向右方	结构简单，制造、安装精度要求不高，维修方便，使用寿命长 适用于高温、高速下的液体密封，不适用于气体密封。低速密封性能差，需设停机密封

续表

分类		原理、特点及简图	应用
非接触式密封	气压密封	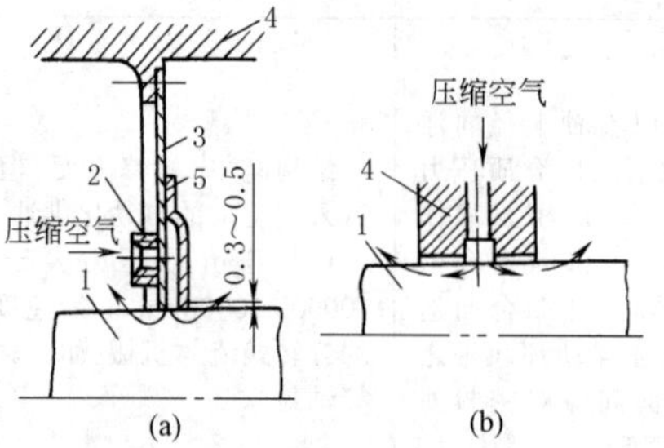 (a) (b) 1—轴;2—空气接头;3—隔板;4—壳体;5—密封唇 利用空气压力来堵住旋转轴的泄漏间隙,以保证密封。结构简单,但要有一定压力的气源供气。气源的空气压力比密封介质的压力大 0.03 ~ 0.05MPa。图 a、图 b 是最简单的气体密封结构,图 a 为板式结构,用在壳体与轴距离很大的情况下;图 b 在壳体 4 上加工环槽,并通入压缩空气,用以防止润滑油(特别是油雾)的泄漏,空气消耗量较大	不受速度、温度限制,一般用于压差不大的地方,如用以防止轴承腔的润滑油漏出。也用于气体的密封,如防止高温燃气漏入轴承腔内。气动密封往往与迷宫密封或螺旋密封组合使用
	喷射密封	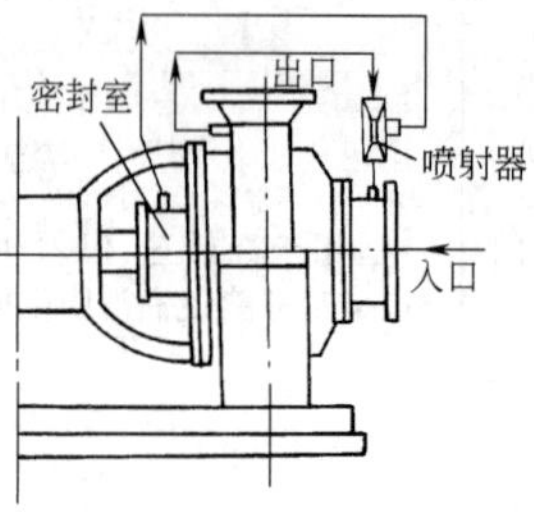 在泵的出口处引出高压流体高速通过喷射器,将密封腔内泄漏的流体吸入泵的入口处,达到密封的目的,但需设置停泵密封装置	结构简单,制造、安装方便,密封效果好,但容积效率低 适用于无固体颗粒、低温、低压、腐蚀性介质
	水力密封	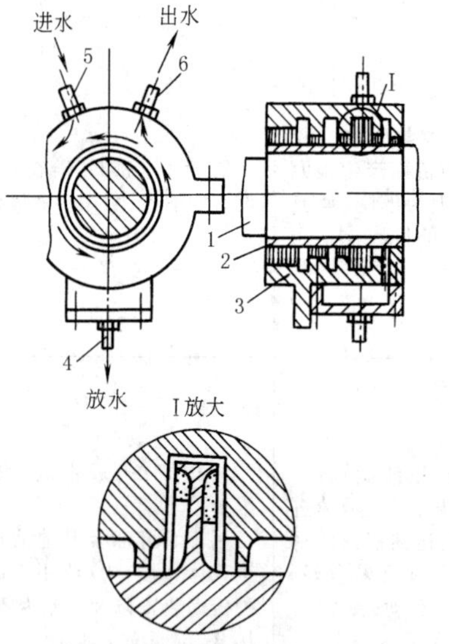 1—轴;2—密封套;3—壳体;4—放水管;5—进水管;6—出水管 利用旋转的液封盘将液体旋转产生离心压力来堵住泄漏间隙,以达到密封的目的 液封盘可制成光面(如图),也可以制成带有径向叶片,以增大水的离心力。为了减小水封盘两侧的压差,在封液盘的高压区设有迷宫密封	可用于气体或液体的密封,能达到完全不漏,故常用于对密封要求严格之处,如用于易燃、易爆或有毒气体的风机;在汽轮机上用以密封蒸汽 消耗功率大,温升高,为防止油品高温焦化,切向速度不宜超过50m/s
	磁流体密封	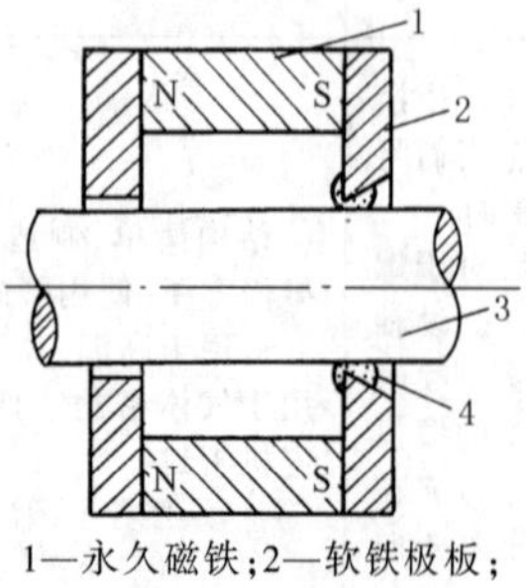 1—永久磁铁;2—软铁极板;3—导磁轴;4—铁磁流体 微小磁性颗粒如 Fe_3O_4 悬浮在甘油等载流体中形成铁磁流体,填充在密封腔内。壳体采用非磁性材料,转轴用磁性材料制成。磁极尖端磁通密度大,磁场强度高,与轴构成磁路,使铁磁流体集中而形成磁流体圆形环,起到密封作用	可达到无泄漏、无磨损,轴不需要高精度,不需外润滑系统,但不耐高温 适用于高真空、高速度的场合

续表

分类		原理、特点及简图	应用
无轴封密封	隔膜式	排出 柱塞 隔膜 吸入 在柱塞泵缸前加一隔膜使被输送介质与泵缸隔开。被输送介质的一侧无转动轴的动密封，仅有静密封，防止被输送介质在动密封处的泄漏。柱塞在缸内做往复运动，使缸内油产生压力，推动隔膜在隔膜腔内左右鼓动，达到吸排的目的	多用于压力小于50MPa的剧毒、易燃、易爆或贵重介质的场合，如隔膜计量泵、隔膜阀、隔膜压缩机等往复运动的机械，达到完全无泄漏
	屏蔽式	屏蔽套 转子 定子 冷却水 叶轮装在电机伸出轴上，泵送设备与电机组成一个整体。电机定子内腔和转子表面各有一层金属薄套保护，称屏蔽套，以防止被输送介质进入定子和转子，轴承靠被输送介质润滑 整台设备只有静密封，无转动轴的动密封	多用于剧毒、易燃、易爆或贵重介质的场合，如屏蔽泵、屏蔽压缩机、搅拌釜、制冷机等旋转机械，达到完全无泄漏
	磁力传动式	泵轴 N S 电机轴 泵体 密封套 内磁转子 外磁转子 内磁转子装在泵轴端，并用密封套封闭在泵体内部，使动密封转变成静密封。外磁转子装在电机轴端，套入密封套外侧，使内外磁转子处于完全偶合状态。内外转子间的磁场力透过密封套而相互作用，进行力矩的传递	多用于剧毒、易燃、易爆或贵重介质的场合，如磁力泵、搅拌器等旋转机械，达到完全无泄漏 目前常用于传递功率小于75kW的场合

注：1. 机械密封类型中也有非接触式结构，详见本章第9.10节。

2. JB/T 9102.6—2013《往复活塞压缩机　金属平面填料　第6部分：密封圈和刮油圈技术条件》规定的往复活塞压缩机金属平面填料密封圈和刮油圈或可称为“硬填料密封”。

4　垫片密封

4.1　垫片标准

表 10-3-11　　**垫片现行（产品）标准**

序号	标准
1	GB/T 9128—2003《钢制管法兰用金属环垫　尺寸》
2	GB/T 13403—2008《大直径钢制管法兰用垫片》
3	GB/T 13404—2008《管法兰用非金属聚四氟乙烯包覆垫片》
4	GB/T 15601—2013《管法兰用金属包覆垫片》
5	GB/T 17727—2017《船用法兰非金属垫片》
6	GB/T 19066.1—2020《管法兰用金属波齿复合垫片　第1部分:PN系列》
7	GB/T 19066.2—2020《管法兰用金属波齿复合垫片　第2部分:Class系列》
8	GB/T 19675.1—2005《管法兰用金属冲齿板柔性石墨复合垫片　尺寸》
9	GB/T 19675.2—2005《管法兰用金属冲齿板柔性石墨复合垫片技术条件》
10	GB/T 28719—2012《板式热交换器用橡胶密封垫片》
11	GB/T 29463—2023《管壳式热交换器用垫片》
12	GB/T 33836—2017《热能装置用平面密封垫片》
13	GB/T 39245.1—2020《管法兰用金属齿形组合垫片　第1部分:PN系列》
14	GB/T 39245.2—2020《管法兰用金属齿形组合垫片　第2部分:Class系列》
15	GB/T 4622.1—2022《管法兰用缠绕式垫片　第1部分:PN系列》

续表

序号	标准
16	GB/T 4622.2—2022《管法兰用缠绕式垫片　第2部分:Class系列》
17	GB/T 9126—2008《管法兰用非金属平垫片　尺寸》
18	GB/T 9129—2003《管法兰用非金属平垫片　技术条件》
19	CB/T 3589—1994《船用阀门非石棉材料垫片及填料》
20	CB/T 4367—2014《A类法兰用金属垫片》
21	FZ/T 92008—1991《油塞用垫片》
22	HG/T 2050—2019《搪玻璃设备　垫片》
23	HG/T 2480—1993《管法兰用金属包垫片》
24	HG/T 2944—2011《食品容器橡胶垫片》
25	HG/T 2947—2011《铝背水壶橡胶密封垫片》
26	JB/T 87—2015《管路法兰用非金属平垫片》
27	JB/T 88—2014《管路法兰用金属齿形垫片》
28	JB/T 90—2015《管路法兰用缠绕式垫片》
29	JB/T 6369—2005《柔性石墨金属缠绕垫片　技术条件》
30	JB/T 7762—2018《内燃机气缸盖垫片　技术条件》
31	JB/T 8559—2014《金属包垫片》
32	JB/T 10537—2005《冷冻空调设备用复合密封垫片》
33	JB/T 10688—2020《聚四氟乙烯垫片》
34	JB/T 11013—2010《通用小型汽油机用密封垫片　技术条件》
35	JB/T 12669—2016《非金属覆盖层波形金属垫片技术条件》
36	JB/T 12670—2016《非金属覆盖层齿形金属垫片技术条件》
37	JB/T 13620.6—2018《塑料注射模热流道系统　零部件　第6部分:承压垫片》
38	NB/T 10067—2018《承压设备用自紧式平面密封垫片》
39	NB/T 20010.15—2010《压水堆核电厂阀门　第15部分:柔性石墨金属缠绕垫片技术条件》
40	NB/T 20365—2015《核电厂用石墨密封垫片技术条件》
41	NB/T 47024—2012《非金属软垫片》
42	NB/T 47025—2012《缠绕垫片》
43	NB/T 47026—2012《金属包垫片》
44	QC/T 684—2013《摩托车和轻便摩托车发动机用密封垫片技术条件》
45	QC/T 1090—2017《汽车发动机用密封垫片技术条件》
46	QB/T 2072.10—1994《制糖机械压力容器通用零部件平焊法兰垫片》
47	SH/T 3401—2013《石油化工钢制管法兰用非金属平垫片》
48	SH/T 3402—2013《石油化工钢制管法兰用聚四氟乙烯包覆垫片》
49	SH/T 3407—2013《石油化工钢制管法兰用缠绕式垫片》
50	SH/T 3430—2018《石油化工管壳式换热器用柔性石墨波齿复合垫片》
51	TB/T 1251—1993《椭圆法兰垫片》
52	TB/T 1253—1993《三角法兰垫片》
53	TB/T 1256—1993《方法兰垫片》

4.2　常用垫片类型与应用

表 10-3-12　　常用垫片类型与应用

类型	名称及简图	材料	使用范围		特点与应用
			法兰公称压力/MPa	温度/℃	
管道法兰垫片	非金属平垫片(GB/T 9126—2008)	石棉橡胶	63	300*	寿命长,用于不常拆卸、更换周期长的部位。不宜用于苯及环氧乙烷介质。为防止石棉纤维混入油品,不宜用于航空汽油或航空煤油
	聚四氟乙烯 内衬材料 聚四氟乙烯包覆垫片(GB/T 13404—2008)	聚四氟乙烯+高压石棉橡胶板	63	450	耐蚀性优异,回弹性较好 广泛用于腐蚀性介质的密封
		聚四氟乙烯+中压石棉橡胶板		350	
		聚四氟乙烯+丁腈橡胶板		110	

续表

类型	名称及简图	材料	使用范围		特点与应用
			法兰公称压力/MPa	温度/℃	
管道法兰垫片	1—内环;2,4—金属带;3—填充带;5—定位环 缠绕式垫片(GB/T 4622.2—2022)	不锈钢带(或其他金属材料)+无石棉纤维填充带	Class150~Class1500	-29~200	压缩性、回弹性好,价格便宜,制造简单。以柔性石墨带为填料的垫片,密封性能好 适用于有松弛、温度和压力波动,以及有冲动和振动的条件。用于航空汽油或航空煤油时需用柔性石墨为填料
		不锈钢带(或其他金属材料)+柔性石墨填充带		-196~650(当用于氧化性介质时,抗氧化柔性石墨最高使用温度为650)	
		不锈钢带(或其他金属材料)+聚四氟乙烯填充带		-160~260	
	外包金属皮 填充物 垫片盖 金属包覆平面型(F型)垫片(GB/T 15601—2013) 标准中还有波纹型(C型)	包皮材料:铜、钛、铝、软钢、不锈钢、蒙乃尔合金等 填充物材料:石棉纸板、陶瓷纤维、聚四氟乙烯、柔性石墨、石棉橡胶板等	见标准,分PN标记与Class标记	视不同的包覆材料和填充材料而定,见标准中规定	适用于公称压力不大于PN63、公称尺寸不大于DN4000和公称压力不大于Class600、公称尺寸不大于DN1500(NSP60)的突面管法兰用垫片
	金属环垫片(GB/T 9128—2003)	08,10	420	450	密封接触面小,容易压紧,常用于高温、高压的场合 椭圆形金属垫安装方便,八角形金属垫加工较容易
		0Cr13		540	
		0Cr18Ni9		600	
	金属平垫片	紫铜、铝、铅、软钢、不锈钢、合金钢	20	600	适用介质:蒸汽、氢气、压缩空气、天然气、油品、溶剂、重油、丙烯、烧碱、酸、碱、液化气、水
其他连接用垫片	软钢纸垫	纸	0.4	120	由纸类经氯化锌及甘油、蓖麻油处理而成的软纤维板,用于需要确保间隙的连接,如齿轮泵侧面盖的密封垫
	橡胶垫片	丁腈橡胶	2	-30~110	耐油、耐热、耐磨、耐老化性能好
		氯丁橡胶		-40~100	耐老化、耐臭氧性能好
		氟橡胶		-50~200	耐油、耐热,机械强度大

注:1. * 表示标准中未规定垫片的使用范围,表中规定的使用温度范围供参考。

2. 进一步还可参考 CB/Z 281—2011《船舶管路系统用垫片和填料选用指南》、NB/T 47020—2012《压力容器法兰分类与技术条件》等。

3. 在 NB/T 47024—2012《非金属软垫片》中给出了注:"含石棉材料的使用应遵守相关法律和法规的规定,当生产和使用含有石棉材料垫片时,应采取防护措施,以确保不对人身健康构成危害。"以下同。

4.3 管道法兰垫片选择

表 10-3-13 管道法兰垫片

介质	法兰公称压力/MPa	工作温度/℃	法兰类型	垫片 名称	垫片 材料
油品、油气、丙烷、丙酮、苯、酚、糠醛、异丙醇和浓度小于30%的尿素等石油化工原料及产品	1.6	≤200	平焊(平面)	石棉橡胶板垫片	耐油石棉橡胶板
		201~250	对焊(平面)	缠绕式垫片	0Cr18Ni9 钢带+石棉带(柔性石墨带)
	2.5	≤200	平焊(平面)	石棉橡胶垫片	耐油石棉橡胶板
		201~350	对焊(平面)	缠绕式垫片	0Cr18Ni9 钢带+石棉带(柔性石墨带)
				金属包覆垫片	铝+石棉
		351~450	对焊(平面)	缠绕式垫片	0Cr18Ni9 钢带+石棉带(柔性石墨带)
				金属包覆垫片	0Cr13+石棉纸
		451~550	对焊(平面)	缠绕式垫片	0Cr13(0Cr18Ni9)钢带+石棉带(柔性石墨带)
				金属包覆垫片	0Cr13(0Cr18Ni9)+石棉纸
	4	≤40	对焊(凹凸)	石棉橡胶板垫片	耐油石棉橡胶板
		≤200	对焊(凹凸)	缠绕式垫片	0Cr18Ni9 钢带+石棉带(柔性石墨带)
		≤350	对焊(凹凸)	缠绕式垫片	0Cr18Ni9 钢带+石棉带(柔性石墨带)
				金属包覆垫片	0Cr18Ni9+石棉纸
		351~500	对焊(凹凸)	缠绕式垫片	0Cr13(0Cr18Ni9)钢带+石棉带(柔性石墨带)
				金属包覆垫片	0Cr13(0Cr18Ni9)+石棉纸
	6.4	≤350	对焊(梯形槽)	椭圆形、八角形垫片	08(10)
		351~450	对焊(梯形槽)	椭圆形、八角形垫片	08(10)、0Cr18Ni9、1Cr18Ni9Ti、0Cr13
压缩空气	1	≤150	平焊(平面)	石棉橡胶板垫片	石棉橡胶板
惰性气体	1	≤150	平焊(平面)	石棉橡胶板垫片	石棉橡胶板
	4	≤60	对焊(凹凸)	缠绕式垫片	0Cr18Ni9 带+石棉带(柔性石墨带)
	6.4	≤60	对焊(梯形槽)	椭圆形、八角形垫片	08(10)
液化石油气	1.6	≤50	对焊(凹凸)	石棉橡胶板垫片	耐油石棉橡胶板
	2.5			缠绕式垫片	0Cr13(0Cr18Ni9)+石棉带(柔性石墨带)
氢气、氢气和油气混合物	4	≤200	对焊(凹凸)	缠绕式垫片	08(15)钢带+石棉带(柔性石墨带)
		201~450	对焊(凹凸)	缠绕式垫片	0Cr13(0Cr18Ni9)钢带+石棉带(柔性石墨带)
		451~600	对焊(凹凸)	金属包覆垫片	0Cr13(0Cr18Ni9)+柔性石墨带
	6.4~20	≤260	对焊(梯形槽)	椭圆形、八角形垫片	08(10)
		261~420	对焊(梯形槽)	椭圆形、八角形垫片	0Cr13(0Cr18Ni9)
水蒸气 0.3MPa	1	140~450	平焊(平面) 对焊(平面)	石棉橡胶板垫片	石棉橡胶板
水蒸气 1MPa	1.6	280	对焊(平面)	缠绕式垫片	08(15、0Cr13)钢带+石棉带(柔性石墨带)

续表

介质		法兰公称压力/MPa	工作温度/℃	法兰类型	垫片	
					名称	材料
水蒸气	2.5MPa	4	300	对焊(平面,凹凸)	金属包覆垫片	镀锡薄铁皮+石棉纸
79%~98%硫酸			≤120	平焊(平面)	石棉橡胶板垫片	石棉橡胶板
氨		2.5	≤150	平焊(凹凸) 对焊(凹凸)	石棉橡胶板垫片	石棉橡胶板
水(≤0.6MPa)		0.6	<100	平焊(平面)	石棉橡胶板垫片	石棉橡胶板
联苯、联苯醚		1.6	≤200	平焊(凹凸)	平垫	铝、紫铜
盐水		1.6	≤60	平焊(平面)	橡胶垫片	橡胶板
			≤150	平焊(平面)	石棉橡胶板垫片	石棉橡胶板
液碱		1.6	≤60	平焊(平面)	石棉橡胶板垫片 橡胶垫片	石棉橡胶板 橡胶板

5 填料密封

5.1 填料标准

表 10-3-14 填料现行(产品)标准

序号	标准
1	CB/T 3589—1994《船用阀门非石棉材料垫片及填料》
2	FZ/T 92010—1991《油封毡圈》
3	JB/T 1712—2008《阀门零部件　填料和填料垫》
4	JB/T 6617—2016《柔性石墨填料环技术条件》
5	JB/T 6626—2011《聚四氟乙烯编织盘根》
6	JB/T 6627—2008《碳(化)纤维浸渍聚四氟乙烯　编织填料》
7	JB/T 7370—2014《柔性石墨编织填料》
8	JB/T 7759—2008《芳纶纤维、酚醛纤维编织填料　技术条件》
9	JB/T 8560—2013《碳化纤维/聚四氟乙烯编织填料》
10	JB/T 9102.1—2013《往复活塞压缩机　金属平面填料　第1部分:三斜口密封圈》
11	JB/T 9102.2—2013《往复活塞压缩机　金属平面填料　第2部分:三斜口刮油圈》
12	JB/T 9102.3—2013《往复活塞压缩机　金属平面填料　第3部分:三、六瓣密封圈》
13	JB/T 9102.4—2013《往复活塞压缩机　金属平面填料　第4部分:径向切口刮油圈》
14	JB/T 10819—2008《聚丙烯腈编织填料　技术条件》
15	JB/T 13036—2017《苎麻纤维编织填料》
16	JC/T 1019—2006《石棉密封填料》
17	JC/T 2053—2020《非金属密封填料》
18	NB/T 20010.14—2010《压水堆核电厂阀门　第14部分:柔性石墨填料技术条件》

注:1. JB/T 1712—2008 代替了 JB/T 1712—1991《石棉填料》、JB/T 1713—1991《填料垫(一)》、JB/T 1716—1991《填料垫(二)》和 JB/T 5209—1991《塑料填料》。

2. JC/T 2053—2020 适用于由不含石棉成分的非金属材料编制而成的密封填料和填料环。

5.2 油封毡圈密封

FZ/T 92010—1991 规定了油封毡圈的型式、尺寸及技术要求，适用于速度在 5m/s 以下的轴承油封毡圈。油封毡圈一些安装结构简图及其结构特点介绍见表 10-3-15。

表 10-3-15　　油封毡圈简图及结构特点

简　图	结构特点	简　图	结构特点	简　图	结构特点
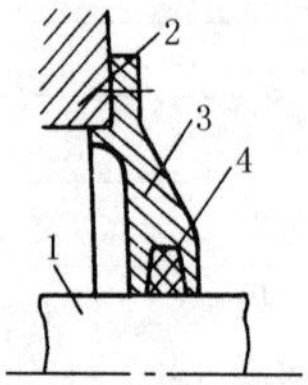 (a)	毛毡呈松孔海绵状，毛毡本身是自由放置的，无轴向压紧力，被密封的介质只能是黏度较大的油品	 (d)	有两道毛毡槽，一道槽装填毛毡，另一道槽充润滑油脂	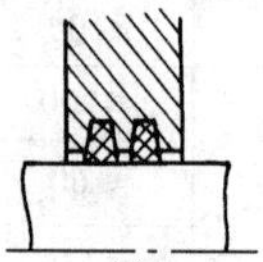 (g)	并排使用两道毛毡。靠近机器内部的毛毡，防止润滑油漏出；靠外的毛毡，防止灰尘进入
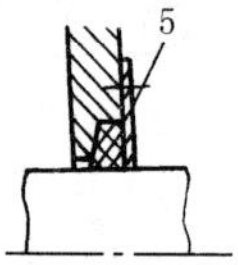 (b)	用压板 5 轴向压紧毛毡，与上述结构相比，有轴向压紧力	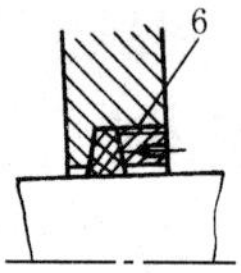 (e)	用压紧螺圈 6 代替图 b 的压板 5 压紧毛毡，其压紧力可调，如发现渗漏，可进一步拧紧压紧螺圈 6	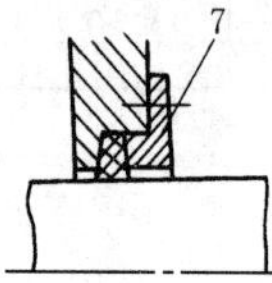 (h)	压紧件 7 是由两个半环组成，便于装卸，便于更换毛毡
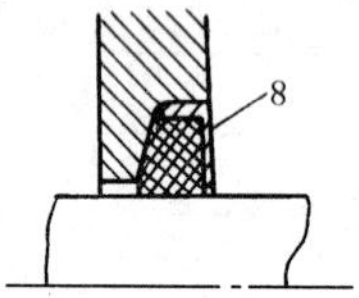 (c)	同图 b，但更紧凑、美观	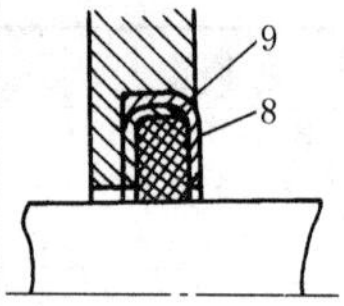 (f)	毛毡与前盖 8、后盖 9 装配成一个组件，在此组件中，毛毡已预受轴向压紧力。更换毛毡时，整个组件一起更换，适用大量生产	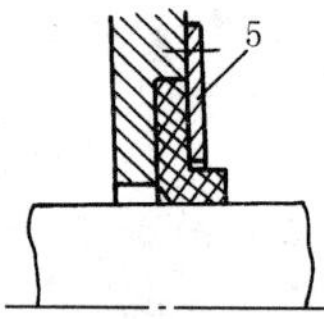 (i)	增大毛毡与轴的接触面积，增强密封效果
				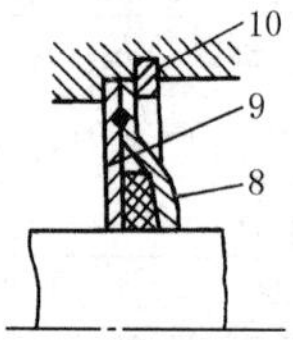 (j)	不用密封盖时，毛毡可装在成型的前盖 8 与后盖 9 之间的空腔中

注：1. 表中：1—轴；2—壳体；3—密封盖；4—毛毡；5—压板；6—压紧螺圈；7—压紧件；8—前盖；9—后盖；10—卡圈。

2. 因毛毡与轴摩擦力较大，不宜在需要转动灵活的场合中使用。

3. 毛毡在装设之前，应用热矿物油（80~90℃）浸渍。

5.3 软填料动密封

表 10-3-16　　软填料动密封类型及结构特点

类　型	简图	结构特点
简单填料箱	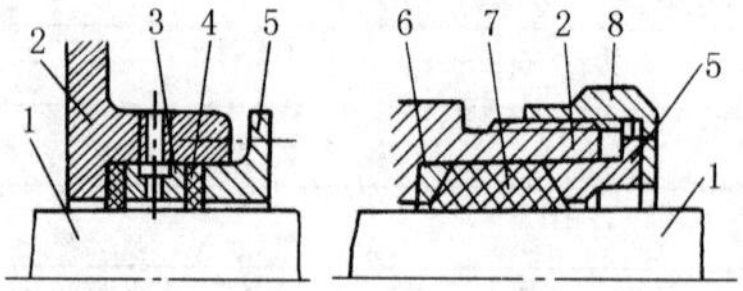 (a)　(b) 1—轴；2—壳体；3—孔环；4—橡胶环；5—压盖；6—垫圈；7—填料；8—螺母	图 a 用两个橡胶环 4 作为填料，结构简单，便于制造。图 b 为常用螺母旋紧的密封结构，也可用压盖压紧填料，填料 7 可用浸油石棉绳 这种密封结构未采用改善填料工况的辅助措施，如润滑、冲洗、冷却等措施，所以常用于不重要的场合，一般用于阀杆类开关的密封，因拧开关的转速极低，开关的密封压力可大于 15MPa。用于搅拌器转速较低，当密封压力小于 0.02MPa 时，使用温度可达 80~100℃

续表

类　型	简图	结构特点
封液填料箱	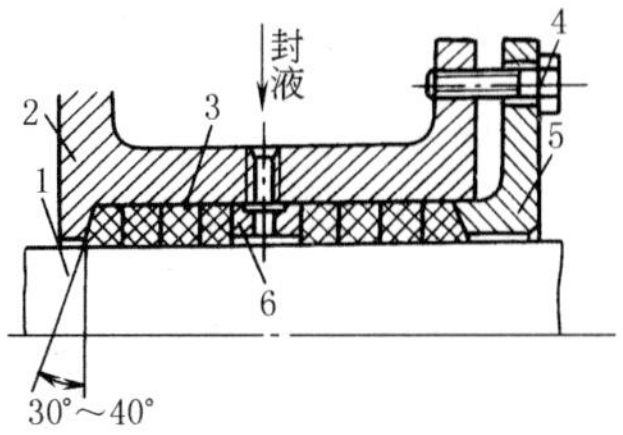 1—轴；2—壳体；3—填料；4—螺钉；5—压盖；6—封液环	典型的填料密封结构。压力沿轴向的分布不均匀，靠近压盖 5 的压力最高，远离压盖 5 的压力逐渐减小，因此填料磨损不均匀，靠近压盖处的填料易损坏 封液环 6 装在填料箱中部，可以改善填料压力沿轴向分布的不均匀性。在封液环处引入封液(每分钟几滴)进行润滑，减少填料的磨损，提高使用寿命 若在封液入口呈 180°的壳体 2 上开一封液出口，则为贯通冲洗，漏液在封液出口处被稀释带走，可用于易燃、易爆介质或压力低于 0.345MPa、温度小于 120℃的场合
封液冲洗填料箱	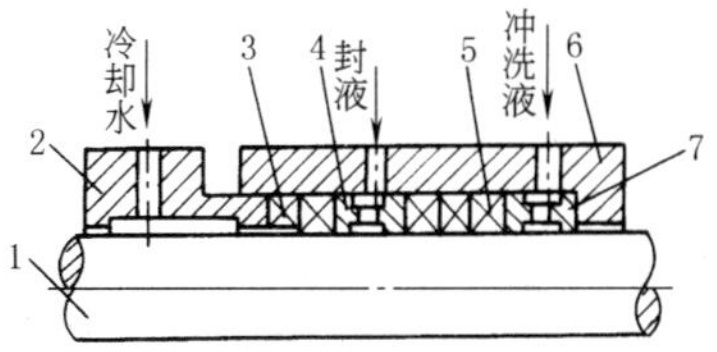 1—轴；2—压盖；3—外侧填料；4，7—封液环；5—内侧填料；6—箱体	在箱体 6 的底部装设封液环 7，并引入压力较介质压力高约 0.05MPa 的清洁液体作为冲洗液，阻止被密封介质中的磨蚀性颗粒进入填料摩擦面。在封液环 4 处引入封液每分钟数滴，对填料进行润滑。也可以不设封液环 4，直接由冲洗液流润滑。在压盖 2 处引入冷却水，带走漏液，冷却轴 1，并阻止环境中粉尘进入摩擦面
双重填料箱	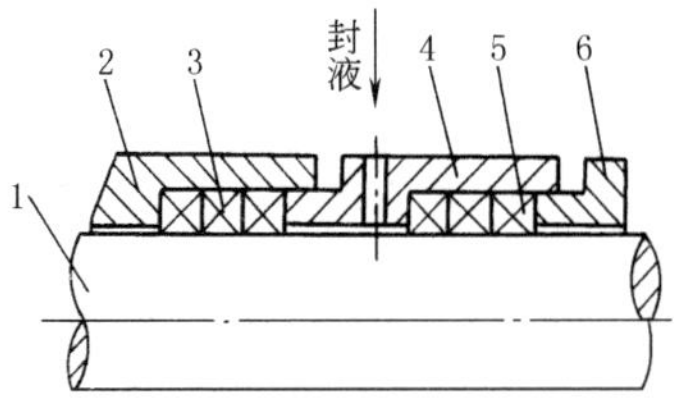 1—轴；2—内箱体；3—内侧填料；4—外箱体；5—外侧填料；6—压盖	两个填料箱叠加。外箱体 4 的底部兼作内箱体的填料压盖，通过螺钉压紧内侧填料 3。在外箱体 4 可引入封液，进行冲洗、冷却，并稀释漏液后排出。适用于密封易燃、易爆介质以及介质压力较高(高于 1.2MPa)的场合
改进型填料密封	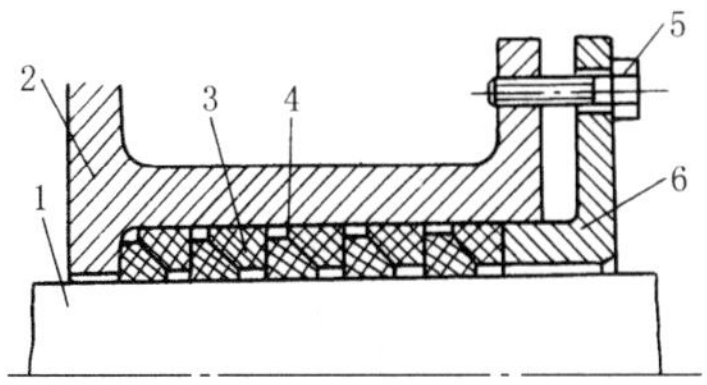 1—轴；2—壳体；3—上密封环；4—下密封环；5—螺钉；6—压盖	填料由橡胶或聚四氟乙烯制成的上密封环 3 和下密封环 4 组成，两者交替排列。上密封环与壳体接触，下密封环与轴接触，因此，填料与轴的接触面积约减小一半，两个下密封环之间有足够的空间储存润滑油，对轴的压力沿轴向分布较均匀，改善摩擦情况
填料旋转式填料箱	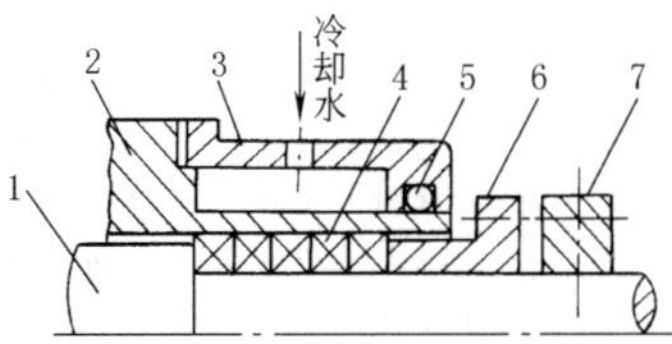 1—轴；2—箱体；3—夹套；4—填料；5—O 形环；6—压盖；7—传动环	填料 4 的支承面不是在箱体 2 上，而是在轴 1 的台肩上。压盖 6 上的螺钉与传动环 7 连接。填料靠传动环与轴台肩之间的压力产生的摩擦力随轴旋转，摩擦面位于填料外圆和箱体内侧表面，热量容易通过夹套 3 内的冷却水排除，可用于高速旋转设备，不磨损轴

续表

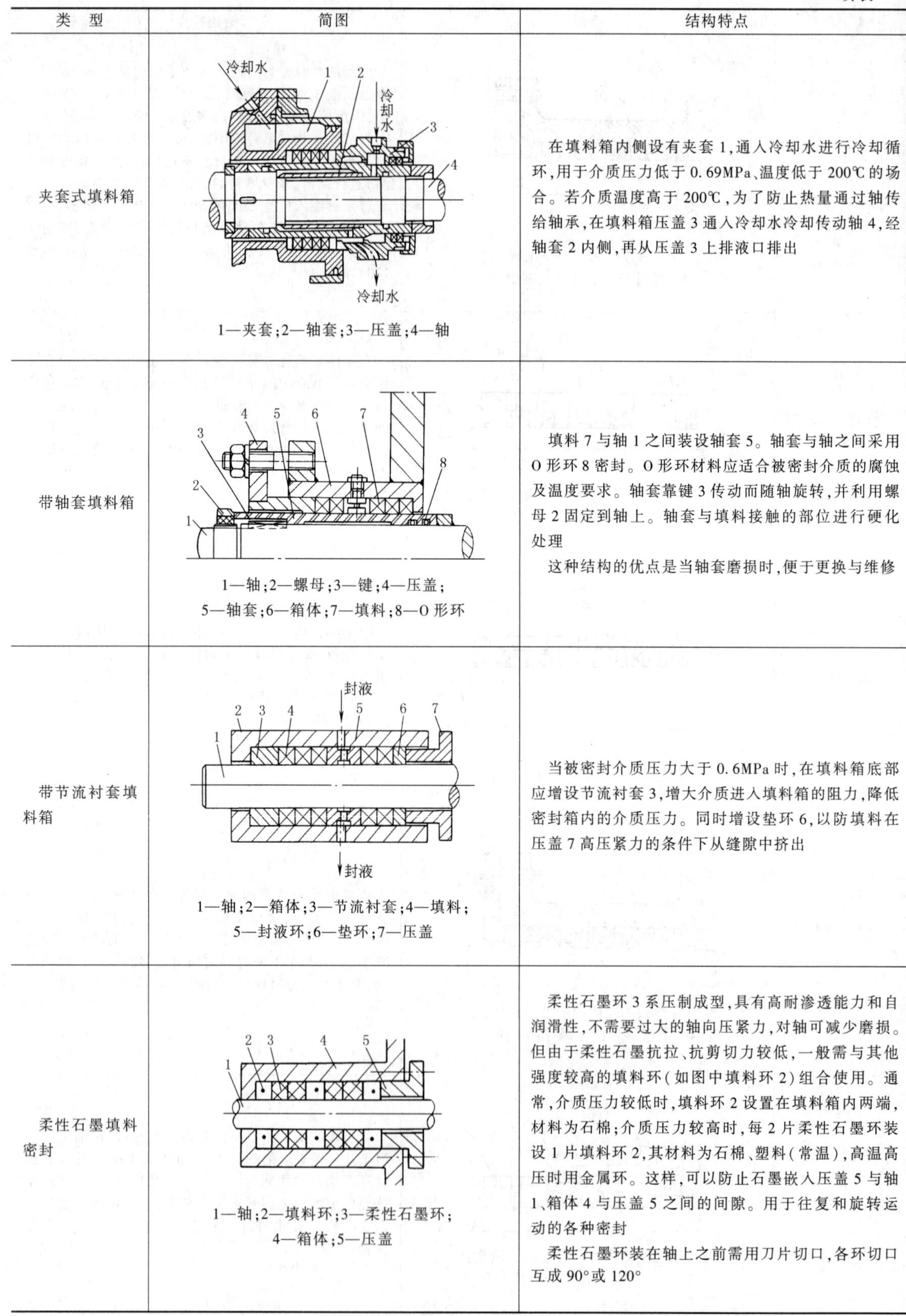

类型	简图	结构特点
夹套式填料箱	1—夹套;2—轴套;3—压盖;4—轴	在填料箱内侧设有夹套1,通入冷却水进行冷却循环,用于介质压力低于0.69MPa、温度低于200℃的场合。若介质温度高于200℃,为了防止热量通过轴传给轴承,在填料箱压盖3通入冷却水冷却传动轴4,经轴套2内侧,再从压盖3上排液口排出
带轴套填料箱	1—轴;2—螺母;3—键;4—压盖;5—轴套;6—箱体;7—填料;8—O形环	填料7与轴1之间装设轴套5。轴套与轴之间采用O形环8密封。O形环材料应适合被密封介质的腐蚀及温度要求。轴套靠键3传动而随轴旋转,并利用螺母2固定到轴上。轴套与填料接触的部位进行硬化处理 这种结构的优点是当轴套磨损时,便于更换与维修
带节流衬套填料箱	1—轴;2—箱体;3—节流衬套;4—填料;5—封液环;6—垫环;7—压盖	当被密封介质压力大于0.6MPa时,在填料箱底部应增设节流衬套3,增大介质进入填料箱的阻力,降低密封箱内的介质压力。同时增设垫环6,以防填料在压盖7高压紧力的条件下从缝隙中挤出
柔性石墨填料密封	1—轴;2—填料环;3—柔性石墨环;4—箱体;5—压盖	柔性石墨环3系压制成型,具有高耐渗透能力和自润滑性,不需要过大的轴向压紧力,对轴可减少磨损。但由于柔性石墨抗拉、抗剪切力较低,一般需与其他强度较高的填料环(如图中填料环2)组合使用。通常,介质压力较低时,填料环2设置在填料箱内两端,材料为石棉;介质压力较高时,每2片柔性石墨环装设1片填料环2,其材料为石棉、塑料(常温),高温高压时用金属环。这样,可以防止石墨嵌入压盖5与轴1、箱体4与压盖5之间的间隙。用于往复和旋转运动的各种密封 柔性石墨环装在轴上之前需用刀片切口,各环切口互成90°或120°

续表

类　型	简图	结构特点
弹簧压紧填料密封	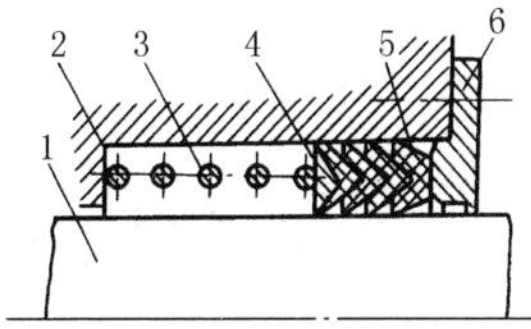 1—轴;2—壳体;3—弹簧;4—压圈;5—橡胶密封环;6—盖子	用弹簧压紧胶圈的密封,其压紧力为常数(取决于弹簧3)。常用于往复运动的密封,有时也用于旋转运动的密封。橡胶密封环5的锐边应指向被密封介质,被密封介质的压力将有助于自密封
弹簧压紧胶圈的水泵填料密封	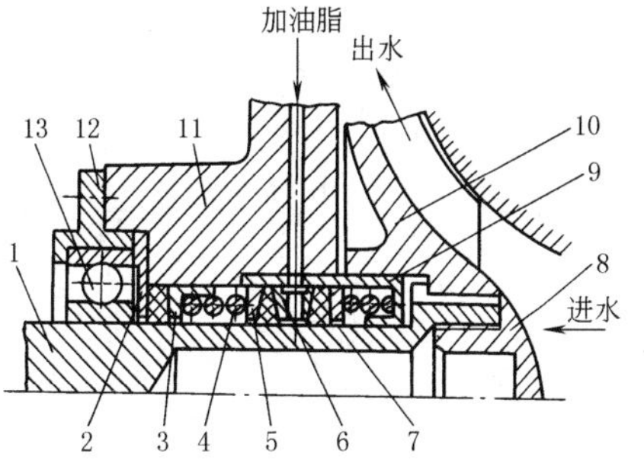 1—轴;2—挡板;3—压圈;4—弹簧;5—垫圈;6—孔环;7—橡胶密封件;8—螺母;9,13—轴承;10—叶轮;11—壳体;12—轴承盖	用弹簧压紧胶圈的水泵密封,轴1的左腔为润滑油腔,右腔为水腔,两腔之间装有3个橡胶密封件7,用两个弹簧4压紧封严,孔环6加入润滑脂来润滑橡胶密封件7的摩擦表面。这种结构可防止油腔与水腔互相渗漏
胶圈填料密封	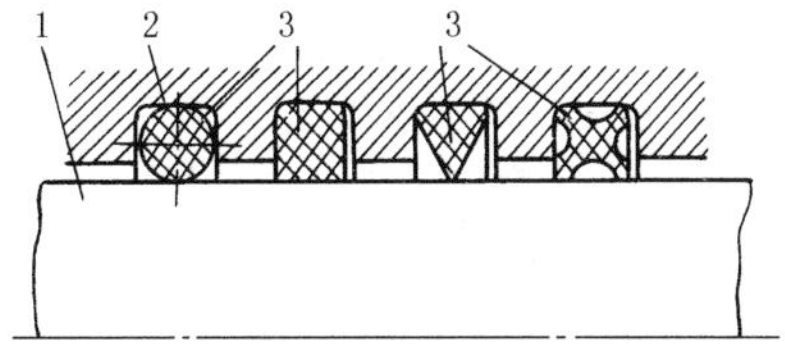 1—轴;2—壳体;3—橡胶圈	是最简单的填料密封,摩擦力小,成本低,所占空间小,但不能用于高速 胶圈密封用于旋转运动时,其尺寸设计完全不同于用于固定密封或往复运动密封,因为旋转轴与橡胶圈之间摩擦发热很大,而橡胶却有一种特殊的反常性能,即在拉伸应力状态下受热,橡胶会急剧地收缩,因此设计时,一般取橡胶圈外径的压缩量为橡胶圈直径的4%~5%,这个数值由橡胶圈外径大于相配槽的内径来保证 常用的是O形,但X形较理想 参见JB/T 6612—2008给出的术语“挤压形填料”及其定义

表 10-3-17　　填料材料

名称(标准号)	牌号	规格(正方形截面)/mm	使用范围			特性及应用	说明
			温度/℃	压力/MPa	线速度/m·s^{-1}		
油浸石棉填料	YS250	3,4,5,6,8,10,13,16,19,22,25,28,32,35,38,42,45,50	250	4.5	5	用于蒸汽、空气、工业用水、重质石油、弱酸液等介质	不宜用于食品工业
	YS350		350	4.5			
石棉浸四氟乙烯填料		3,4,5,6,8,10,13,16,19,22,25	-100~250	12	8	用于强酸、强碱及其他腐蚀性物质,如液化气(氧、氮等)、气态有机物、汽油、苯、甲苯、丙酮、乙烯、联苯、二苯醚、海水等介质	

续表

名称（标准号）	牌号	规格（正方形截面）/mm	使用范围 温度/℃	使用范围 压力/MPa	使用范围 线速度/m·s^{-1}	特性及应用	说明
聚四氟乙烯编织填料（JB/T 6626—1993） 聚四氟乙烯编织盘根（新标准 JB/T 6626—2011）名称代号如下（见下表）	SFW/260（NFS-1）	3，4，5，6，8，10，12，14，16，18，20，22，24，25	-200～260	10	8	耐蚀，耐磨，有较高机械强度，自润滑性好，摩擦因数小，但导热性差，线胀系数大。线速度高时，需加强冷却与润滑 用于硫酸、硝酸、氢氟酸、强碱等密封	表中牌号、使用范围均为旧标准，新标准无这些内容，旧标准内容仍供参考，新标准仅有物理机械性能如下（见下表）
				25	2.5		
				50	2		
	SFGS/260（NFS-2）			10	8		
				25	2		
				40	2		
	SFP/260（NFS-3）			2	8	耐磨，导热性好，易散热，自润滑性好，宜用于高速密封，使用寿命长 用于酸、碱强腐蚀介质的密封	
				15	1.5		
				25	1		
	SFPS/250（NFS-4）		-200～250	8	10	耐磨，自润滑性好，宜用于高速密封。但不宜用于液氧、纯硝酸介质	
				25	2		
				30	2		
碳素纤维编织填料	TCW-1	3，5，8，10，12，14，16，18，20，25	-200～250	5	25	耐热，耐蚀，导热性、自润滑性好。宜用于高速转动密封，使用寿命长。用于酸、碱的密封	不宜用于浓硝酸的密封
				20	5		
				25	2		
	TCW-2		-100～280	5	25	耐蚀，耐磨，导热性好。用于碱、盐酸、有机溶剂等介质	
				20	3		
				25	2		
石棉线浸渍聚四氟乙烯编织填料	YAB	3，5，8，10，12，14，16，18，20，25	-200～260	3	20	耐蚀，耐热，柔软，机械强度较高，摩擦因数小。用于弱酸、强碱、有机溶剂等介质	—
				15	2		
				20	2		
柔性石墨编织填料（JB/T 7370—2014）	RBT RBTN RBTW RBTH	RBT、RBTN、RBTW为编织填料，RBTH为柔性石墨编织填料模压环	-200～560	20		耐高温，耐低温，耐辐射，回弹性、润滑性、不渗透性优于石棉、橡胶等制品。用于醋酸、硼酸、盐酸、硫化氢、硝酸、硫酸、氯化钠、矿物油、汽油、二甲苯、四氯化碳等介质	—
碳化纤维浸渍聚四氟乙烯编织填料（JB/T 6627—2008）	T1101，T1102	3，4，5，6，8，10，12，14，16，18，20，22，24，25	345			介质为溶剂、酸、碱，pH=1～14	摩擦因数小于等于0.15 填料亦可模压成型 规格 内径4～200mm 外径10～250mm
	T2101，T2102		300				
	T3101，T3102		260			溶剂、弱酸、碱，pH=2～12	
柔性石墨填料	RUS	圆环形，截面为正方形，可切口安装。可按要求的规格供货。慈溪厂供货范围：最小内径 ϕ1.2mm，最大外径 ϕ500mm	在非氧化介质中为-200～+1600；在氧化介质中为400	20	1	耐高温，耐低温，耐辐射，回弹性、润滑性、不渗透性优于石棉、橡胶等制品。用于醋酸、硼酸、盐酸、硫化氢、硝酸、硫酸、氯化钠、矿物油、汽油、二甲苯、四氯化碳等介质	—

聚四氟乙烯编织盘根名称代号：

名称	代号
聚四氟乙烯生料带盘根	F_4SD
含油聚四氟乙烯生料带盘根	F_4SDY
聚四氟乙烯割裂丝盘根	F_4GS
含油聚四氟乙烯割裂丝盘根	F_4GSY
聚四氟乙烯填充石墨盘根	F_4SM
含油聚四氟乙烯填充石墨盘根	F_4SMY

新标准物理机械性能：

代号	体积密度/g·cm^{-3}	含油量/%	摩擦因数
F_4SD	≥1.20	—	≤0.2
F_4SDY	≥1.50	≤15	≤0.15
F_4GS	≥1.50	—	≤0.2
F_4GSY	≥1.70	≤15	≤0.15
F_4SM	≥1.20	—	≤0.2
F_4SMY	≥1.30	≤15	≤0.15

代号	磨耗量/g	压缩率/%	回弹率/%
F_4SD	≤0.5	15～50	≥7
F_4SDY	≤0.3	10～40	≥7
F_4GS	≤0.5	10～35	≥10
F_4GSY	≤0.3	10～35	≥10
F_4SM	≤0.3	10～30	≥12
F_4SMY	≤0.2	10～30	≥12

注：1. 牌号栏内，括号内的牌号表示生产厂的牌号。
2. 柔性石墨编织填料（JB/T 7370—2014）的使用温度来源于CB/Z 281—2011《船舶管路系统用垫片和填料选用指南》。

5.4 软填料密封计算

(1) 填料箱主要结构尺寸

表 10-3-18 **填料箱主要结构尺寸** mm

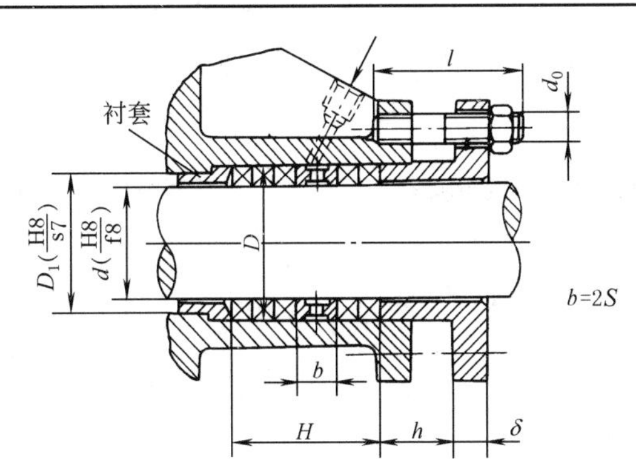

<table>
<tr><td rowspan="2">填料截面边宽（正方形）S</td><td colspan="2" rowspan="2">计算：$S=\frac{D-d}{2}=(1.4\sim2)\sqrt{d}$，或查右表，然后按填料规格尺寸圆整</td><td>轴径</td><td><20</td><td>20～<35</td><td>35～<50</td><td>50～<75</td><td>75～<110</td><td>110～<150</td><td>150～<200</td><td>≥200</td></tr>
<tr><td>边宽</td><td>5</td><td>6</td><td>10</td><td>13</td><td>16</td><td>19</td><td>22</td><td>25</td></tr>
<tr><td rowspan="5">填料高度 H</td><td rowspan="2">旋转
H=nS+b</td><td>压力/MPa</td><td>0.1</td><td colspan="2">0.5</td><td colspan="2">1</td><td colspan="4" rowspan="2">若压力较高，采用双填料箱</td></tr>
<tr><td>填料环数 n</td><td>3～4</td><td colspan="2">4～5</td><td colspan="2">5～7</td></tr>
<tr><td rowspan="2">往复
H=nS+b</td><td>压力/MPa</td><td><1</td><td colspan="2">1～<3.5</td><td colspan="2">3.5～<7</td><td colspan="2">7～<10</td><td colspan="2">≥10</td></tr>
<tr><td>填料环数 n</td><td>3～4</td><td colspan="2">4～5</td><td colspan="2">5～6</td><td colspan="2">6～7</td><td colspan="2">7～8 或更多</td></tr>
<tr><td>静止</td><td colspan="10">H=2S</td></tr>
<tr><td>填料压盖高度 h</td><td colspan="11">h=(2～4)S，压盖及箱体与填料接触的端面，与轴线垂直，亦可与轴线成60°</td></tr>
<tr><td>填料压盖法兰厚度 δ</td><td colspan="11">$\delta\geqslant0.75d_0$</td></tr>
<tr><td>压盖螺栓长度 l</td><td colspan="11">l 应保证即使填料箱装满填料也不需事先下压即可拉紧填料箱</td></tr>
<tr><td>压盖螺栓螺纹小径 d_0</td><td colspan="11">d_0 由压紧填料及达到密封所需的力来决定</td></tr>
</table>

(2) 压盖螺栓直径计算

压紧填料所需力 Q_1 按式（10-3-1）确定：

$$Q_1=0.785(D^2-d^2)y \quad (\mathrm{N}) \tag{10-3-1}$$

式中 y——压紧力，MPa，优质石棉填料，$y\approx4$MPa；黄麻、大麻填料，$y\approx2.5$MPa；柔性石墨填料，$y\approx3.5$MPa；

D——填料箱内壁直径，mm；

d——轴径，mm。

使填料箱达到密封所需的力 Q_2 按式（10-3-2）确定：

$$Q_2=2.356(D^2-d^2)p \quad (\mathrm{N}) \tag{10-3-2}$$

式中 p——介质压力，MPa。

由上述两式选取较大的 Q 值，计算螺栓直径，即：

$$Q_{max}\leqslant0.785d_0^2Z\sigma_p \quad (\mathrm{N}) \tag{10-3-3}$$

式中 Z——螺栓数目，一般取 2、3 或 4 个；

σ_p——螺栓许用应力，对于低碳钢取 20～35MPa；

d_0——螺栓螺纹小径，mm。

填料压盖和填料箱内壁的配合一般选用$\frac{H11}{c11}$。搅拌轴密封在填料箱底部设有衬套，轴与衬套之间的配合一般选用$\frac{H8}{f8}$，不允许把衬套当作轴承使用。因轴旋转时偏摆较大，衬套磨损严重，目前已很少采用。

(3) 摩擦功率

填料与转轴间的摩擦力 F_m 按式(10-3-4)计算:

$$F_m = \pi d H q \mu \quad (N) \tag{10-3-4}$$

式中 q——填料的侧压力,MPa,$q=K\dfrac{4Q_{max}}{\pi(D^2-d^2)}$;

K——侧压力系数,油浸天然纤维类 $K=0.6\sim0.8$,石棉类 $K=0.8\sim0.9$,柔性石墨编结填料 $K=0.9\sim1.0$;

μ——填料和转轴间的摩擦因数,$\mu=0.08\sim0.25$;

d——轴径,mm;

H——填料高度,mm。

在填料箱的整个填料高度内,侧压力的分布是不均匀的,从填料压盖起到衬套止的压力逐渐减小。因此,填料箱中的摩擦功率 P 可按式(10-3-5)近似计算:

$$P=\frac{F_m v}{100} \quad (kW) \tag{10-3-5}$$

式中 v——圆周速度,$v=\pi dn$,m/s;

n——轴的转速,r/s;

d——轴径,m。

(4) 泄漏量计算

当填料与轴间隙很小,可认为漏液作层流流动,泄漏可按式(10-3-6)近似计算:

$$Q=\frac{\pi d s^3}{12\eta L}\Delta p \quad (mm^3/s) \tag{10-3-6}$$

式中 d——轴径,mm;

s——填料与轴半径间隙,mm;

η——液体流动黏度,Pa·s;

L——填料与轴接触长度,mm;

Δp——填料两侧的压差,Pa。

经验证明,实际泄漏量小于式(10-3-6)计算的泄漏量。一般旋转轴用填料密封允许泄漏量见表10-3-19。

表 10-3-19 旋转轴用填料密封允许泄漏量 $mL \cdot min^{-1}$

时间	轴径/mm			
	25	40	50	60
启动30min内	24	30	58	60
正常运行	8	10	16	20

注:1. 允许泄漏量是在转速3600r/min,介质压力0.1~0.5MPa的条件下测得。
2. 1mL泄漏量约等于16~20滴液量。

(5) 对轴的要求

要求轴或轴套耐蚀;轴与填料环接触面的表面粗糙度 $Ra=1.6\mu m$,最好能达到 $Ra=0.8\sim0.4\mu m$,并要求轴表面有足够的硬度,如进行氮化处理,以提高耐磨性能,轴的偏摆量不大于0.07mm,或不大于 $\sqrt{d}/100$mm。

6 旋转轴唇形密封圈密封

6.1 旋转轴唇形密封圈标准

表 10-3-20 旋转轴唇形密封圈现行相关标准

序号	标准
1	GB/T 9877—2008《液压传动 旋转轴唇形密封圈设计规范》
2	GB/T 13871.1—2022《密封元件为弹性体材料的旋转轴唇形密封圈 第1部分:尺寸和公差》

续表

序号	标准
3	GB/T 13871.2—2015《密封元件为弹性体材料的旋转轴唇形密封圈 第2部分:词汇》
4	GB/T 13871.3—2008《密封件为弹性体材料的旋转轴唇形密封圈 第3部分:贮存、搬运和安装》
5	GB/T 13871.4—2007《密封件为弹性体材料的旋转轴唇形密封圈 第4部分:性能试验程序》
6	GB/T 13871.5—2015《密封元件为弹性体材料的旋转轴唇形密封圈 第5部分:外观缺陷的识别》
7	GB/T 13871.6—2022《密封元件为弹性体材料的旋转轴唇形密封圈 第6部分:弹性体材料规范》
8	GB/T 15326—1994《旋转轴唇形密封圈外观质量》
9	GB/T 21283.1—2007《密封件为热塑性材料的旋转轴唇形密封圈 第1部分:基本尺寸和公差》
10	GB/T 21283.2—2007《密封件为热塑性材料的旋转轴唇形密封圈 第2部分:词汇》
11	GB/T 21283.3—2008《密封件为热塑性材料的旋转轴唇形密封圈 第3部分:贮存、搬运和安装》
12	GB/T 21283.4—2008《密封件为热塑性材料的旋转轴唇形密封圈 第4部分:性能试验程序》
13	GB/T 21283.5—2008《密封件为热塑性材料的旋转轴唇形密封圈 第5部分 外观缺陷的识别》
14	GB/T 21283.6—2015《密封元件为热塑性材料的旋转轴唇形密封圈 第6部分:热塑性材料与弹性体包覆材料的性能要求》
15	GB/T 24795.1—2009《商用车车桥旋转轴唇形密封圈 第1部分:结构、尺寸和公差》
16	GB/T 24795.2—2011《商用车车桥旋转轴唇形密封圈 第2部分:性能试验方法》
17	GB/T 34888—2017《旋转轴唇形密封圈 装拆力的测定》
18	GB/T 34896—2017《旋转轴唇形密封圈 摩擦扭矩的测定》
19	HG/T 2811—1996《旋转轴唇形密封圈橡胶材料》
20	HG/T 3880—2006《耐正负压内包骨架旋转轴 唇形密封圈》
21	QC/T 1013—2015《转向器输入轴用旋转轴唇形密封圈技术要求和试验方法》

6.2 结构型式及特点

表10-3-21中给出旋转轴唇形密封圈的简图和结构特点，尽管其中一些结构型式已经不符合现行标准，但考虑到一些机器设备上还可能存有这些结构型式的旋转轴唇形密封圈（油封），表10-3-21仍具参考价值。

表10-3-21　　旋转轴唇形密封圈的简图和结构特点

简　图	结构特点	简　图	结构特点
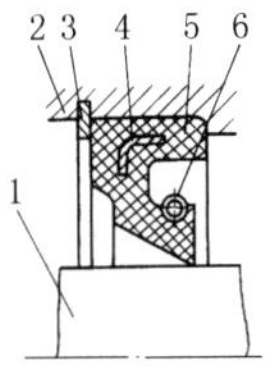 1—轴;2—壳体;3—卡圈;4—骨架;5—皮碗;6—弹簧	骨架4与皮碗5应牢固地结合为一体,唇口与轴的过盈一般可取1~2mm,油封外径与壳体的配合过盈宜取0.15~0.35mm	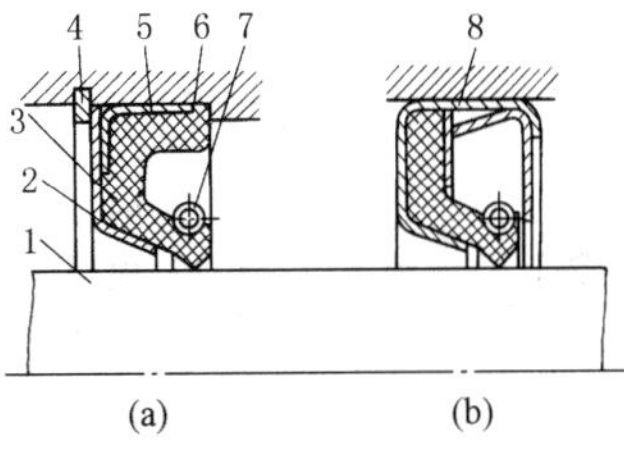 (a) (b) 1—轴;2—托架;3—皮碗;4—卡圈;5—骨架;6—壳体;7—弹簧;8—外罩	带托架的油封。在普通结构的皮碗上增设一个托架2,用于高压密封。托架可防止高压时唇口翻转。图b为将皮碗的外罩8同时兼作托架用,这类结构密封压力为几个大气压
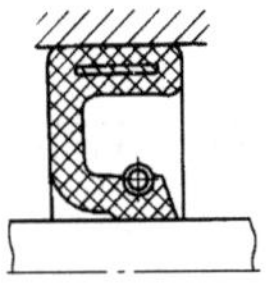	除利用介质压力帮助密封外,还增大了唇口与轴的接触面积。宜用于压差特大的场合,但速度要降低,油封使用寿命较短	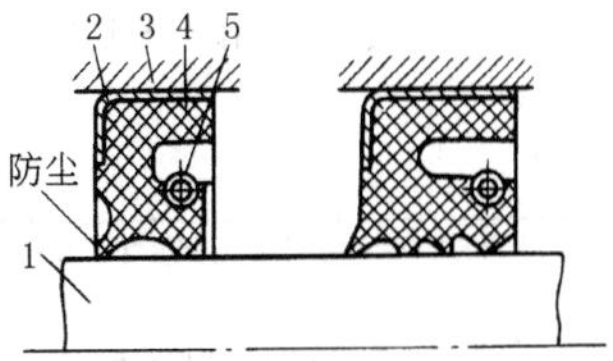 防尖 1—轴;2—骨架;3—壳体;4—皮碗;5—弹簧	多唇油封。弹簧压紧的唇口为主唇,其余为副唇。主唇靠内,用以防止液体漏出,副唇靠外,用以防止灰尘,副唇也可加设几个

续表

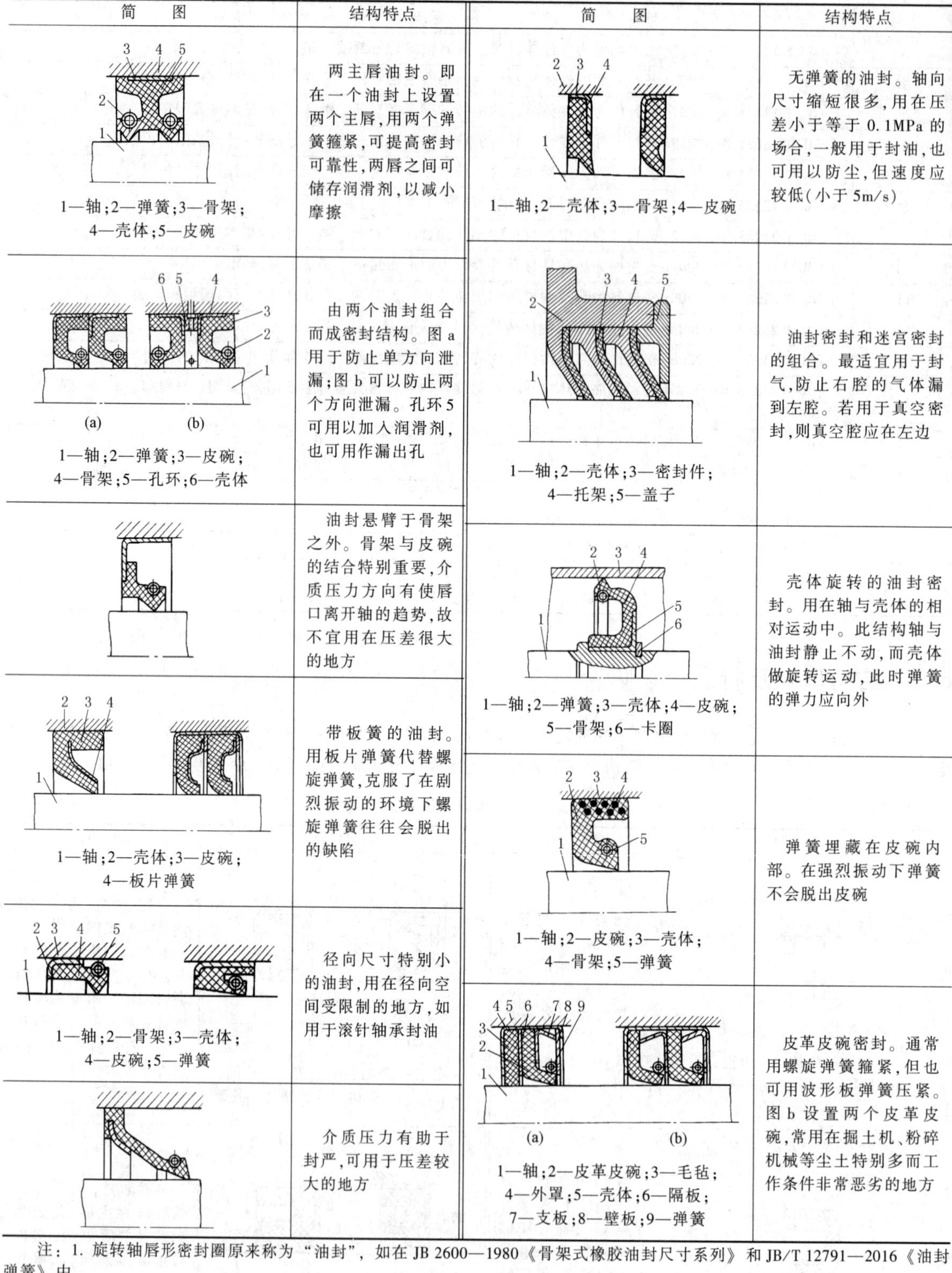

简图	结构特点	简图	结构特点
1—轴；2—弹簧；3—骨架；4—壳体；5—皮碗	两主唇油封。即在一个油封上设置两个主唇，用两个弹簧箍紧，可提高密封可靠性，两唇之间可储存润滑剂，以减小摩擦	1—轴；2—壳体；3—骨架；4—皮碗	无弹簧的油封。轴向尺寸缩短很多，用在压差小于等于 0.1MPa 的场合，一般用于封油，也可用以防尘，但速度应较低(小于 5m/s)
(a) (b) 1—轴；2—弹簧；3—皮碗；4—骨架；5—孔环；6—壳体	由两个油封组合而成密封结构。图 a 用于防止单方向泄漏；图 b 可以防止两个方向泄漏。孔环 5 可用以加入润滑剂，也可用作漏出孔	1—轴；2—壳体；3—密封件；4—托架；5—盖子	油封密封和迷宫密封的组合。最适宜用于封气，防止右腔的气体漏到左腔。若用于真空密封，则真空腔应在左边
	油封悬臂于骨架之外。骨架与皮碗的结合特别重要，介质压力方向有使唇口离开轴的趋势，故不宜用在压差很大的地方	1—轴；2—弹簧；3—壳体；4—皮碗；5—骨架；6—卡圈	壳体旋转的油封密封。用在轴与壳体的相对运动中。此结构轴与油封静止不动，而壳体做旋转运动，此时弹簧的弹力应向外
1—轴；2—壳体；3—皮碗；4—板片弹簧	带板簧的油封。用板片弹簧代替螺旋弹簧，克服了在剧烈振动的环境下螺旋弹簧往往会脱出的缺陷	1—轴；2—皮碗；3—壳体；4—骨架；5—弹簧	弹簧埋藏在皮碗内部。在强烈振动下弹簧不会脱出皮碗
1—轴；2—骨架；3—壳体；4—皮碗；5—弹簧	径向尺寸特别小的油封，用在径向空间受限制的地方，如用于滚针轴承封油	(a) (b) 1—轴；2—皮革皮碗；3—毛毡；4—外罩；5—壳体；6—隔板；7—支板；8—壁板；9—弹簧	皮革皮碗密封。通常用螺旋弹簧箍紧，但也可用波形板弹簧压紧。图 b 设置两个皮革皮碗，常用在掘土机、粉碎机械等尘土特别多而工作条件非常恶劣的地方
	介质压力有助于封严，可用于压差较大的地方		

注：1. 旋转轴唇形密封圈原来称为“油封”，如在 JB 2600—1980《骨架式橡胶油封尺寸系列》和 JB/T 12791—2016《油封弹簧》中。

2. 上表中的一些结构型式不符合 GB/T 9877—2008 和 GB/T 13871. 1—2022。GB/T 13871. 1—2022 给出的密封元件为弹性体材料的旋转轴唇形密封圈，结构型式见本篇第 4 章。

3. 上表的“多唇油封”中的“副唇”，在 GB/T 13871. 1—2022 和 GB/T 13871. 2—2015 中都称为“防护唇”，其是用于保护轴并阻止污染物的浸入，位于密封圈空气侧的短唇。

6.3 旋转轴唇形密封圈的设计（摘自 GB/T 9877—2008）

表 10-3-22　　旋转轴唇形密封圈设计规范

项目	说明
范围	GB/T 9877—2008《液压传动　旋转轴唇形密封圈设计规范》规定了旋转轴唇形密封圈结构设计的基本要求，包括基本尺寸符号 GB/T 13871.1—2022 的旋转轴唇形密封圈的装配支承部、主唇、副唇、骨架、弹簧等的设计要求及尺寸系列。此外，本标准还给出了常规设计的主要参数和特殊设计参数（如唇口回流形式设计等） 本标准适用于安装在设备中的旋转轴端，对液体或润滑脂起密封作用的旋转轴唇形密封圈，其密封腔压力不大于 0.05MPa

设计 — 装配支承部

①装配支承部典型结构有四种基本类型，如图 1 所示

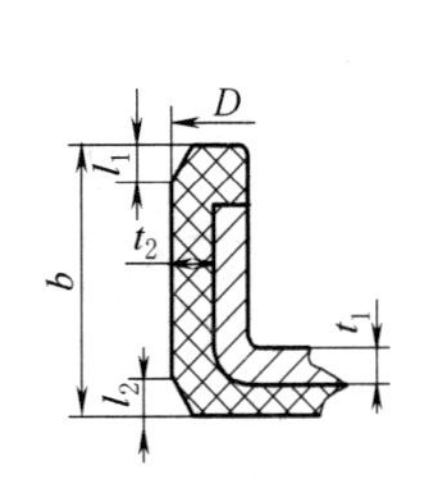

(a) 内包骨架基本型

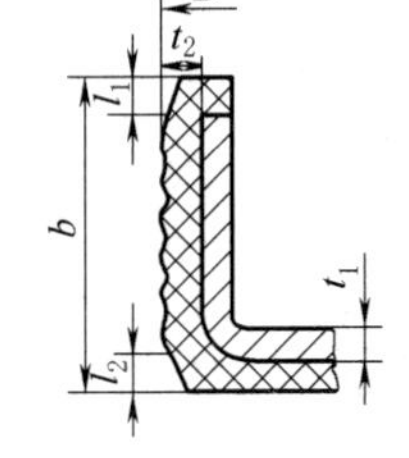

(b) 内包骨架波浪型

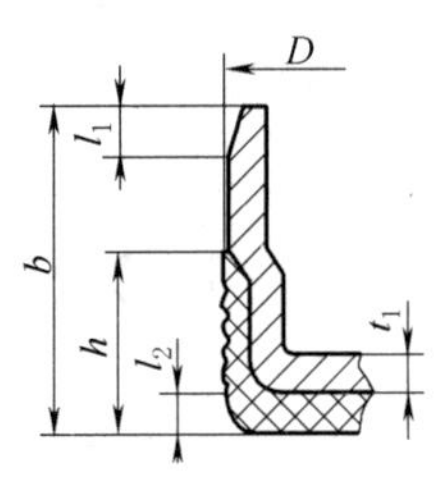

(c) 半外露骨架型

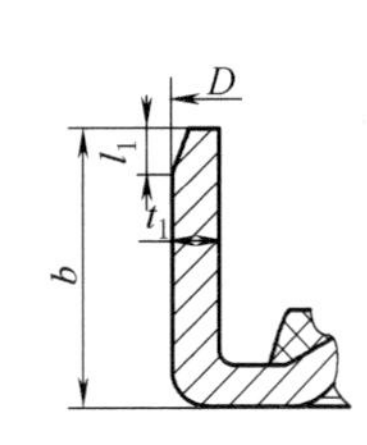

(d) 外露骨架型

图 1　装配支承部典型结构

GB/T 13871.1—2022 给出的“密封圈外径外圆结构的四种基本结构”与之不同

②密封圈公差如下

Ⅰ. 密封圈装配支承部基本外径公差按 GB/T 13871.1—2022 规定，密封圈基本直径及宽度公差见表 1

表 1　密封圈的外径及宽度公差　　mm

基本直径 D	基本直径公差		圆度公差 δ		宽度 b	
	外露骨架型	内包骨架型	外露骨架型	内包骨架型	$b<10$	$b\geqslant10$
$D\leqslant50$	+0.20 +0.08	+0.30 +0.15	0.18	0.25	±0.3	±0.4
$50<D\leqslant80$	+0.23 +0.09	+0.35 +0.20	0.25	0.35		
$80<D\leqslant120$	+0.25 +0.10	+0.35 +0.20	0.30	0.50		
$120<D\leqslant180$	+0.28 +0.12	+0.45 +0.25	0.40	0.65		
$180<D\leqslant300$	+0.35 +0.15	+0.45 +0.25	0.25%×D	0.80		
$300<D\leqslant440$	+0.45 +0.20	+0.55 +0.30	0.25%×D	1.00		

注：1. 圆度等于间距相同的 3 处或 3 处以上测得的最大直径和最小直径之差

2. 外径等于在相互垂直的两个方向上测得的尺寸的平均值

3. 上表与 GB/T 13871.1—2022 给出的“密封圈的轴向宽度公差”有所不同

Ⅱ. 内包骨架密封圈的基本外径表面允许为波浪型及半外露骨架型式，其外径公差可由需方和制造商商定

Ⅲ. 内包骨架密封圈采用除丁腈橡胶以外的其他材料时，可能会要求不同的公差，可由需方与制造商商定

③包胶层厚度 t_2 按表 2 选取

表 2　包胶层厚度参数　　mm

基本直径 D	t_2
$D\leqslant50$	0.55～1.0
$50<D\leqslant80$	0.55～1.3
$80<D\leqslant120$	0.55～1.3
$120<D\leqslant200$	0.55～1.5
$200<D\leqslant300$	0.75～1.5
$300<D\leqslant440$	1.20～1.50

续表

项目		说明
设计	装配支承部	④倒角宽度及角度按表3选取

表3 倒角宽度及角度参数

密封圈基本宽度 b/mm	l_1/mm	l_2/mm	θ_2/(°)	θ_4/(°)
$b \leqslant 4$	0.4~0.6	0.4~0.6	15~30	15~30
$4<b \leqslant 8$	0.6~1.2	0.6~1.2		
$8<b \leqslant 11$	1.0~2.0	1.0~2.0		
$11<b \leqslant 13$	1.5~2.5	1.5~2.5		
$13<b \leqslant 15$	2.0~3.0	2.0~3.0		
$b>15$	2.5~3.5	2.5~3.5		

注：l_1 为上倒角宽度，l_2 为下倒角宽度，θ_2 为上倒角，θ_4 为下倒角

项目		说明
设计	主唇	①主唇结构有两种基本型式，如图2所示

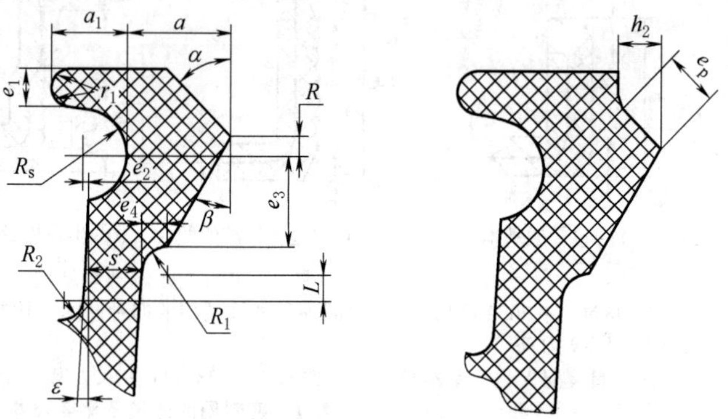

(a) 切削唇口　　(b) 模压唇口

图2 主唇型式

②弹簧槽半径 R_s 按表4选取

表4 弹簧槽参数

mm

轴径 d_1	$R_s=D_s/2$ 或 $R_s=D_s/2+0.05$
>5~30	0.6~0.8
>30~60	0.6~1.0
>60~80	0.8~1.5
>80~130	0.9~1.5
>130~250	1.0~1.8
>250~400	1.5~3.0

注：D_s 为弹簧外径

③主唇部位参数按表5~表10选取

表5 主唇口参数

轴径 d_1/mm	h_1/mm	a/mm	e_p/mm	e_3	α/(°)	β/(°)
橡胶种类：氟橡胶（FPM）				$e_3=0.51\times(D_s+a+0.05)$ 倒角到0.05	45±5	25±5
$d_1 \leqslant 70$	0.45	1.5	0.5			
$d_1>70$	0.60	2.0	0.7			
橡胶种类：丙烯酸酯胶（ACM），硅橡胶（MVQ），丁腈橡胶（NBR）						
$d_1 \leqslant 30$	0.60	2.0	0.7			
$30<d_1 \leqslant 50$	0.70	2.35	0.8			
$50<d_1 \leqslant 120$	0.75	2.5	0.9			
$d_1>120$	0.80	2.7	1.0			

注：h_1 为唇口宽，a 为唇口到弹簧槽底部距离，e_p 为模压前唇宽度，e_3 为弹簧槽中心到主唇口距离，α 为前唇角，β 为后唇角

续表

项目		说明
设计	主唇	见下列表 6~表 10

表 6　弹簧中心相对主唇口位置 R 参数　　mm

轴径 d_1	R
5~30	0.3~0.6
30~60	0.3~0.7
60~80	0.4~0.8
80~130	0.5~1.0
130~250	0.6~1.1
250~400	0.7~1.2

表 7　弹簧壁厚度参数　　mm

a	弹簧壁厚度 e_1	弹簧包箍壁宽度 a_1	弹簧壁圆角半径 r_3
≥1	$0.39\times a+0.07$	$0.72\times D_s+0.2$	$0\sim e_1/2$（$r_3=0$ 为直角）
<1	0.45		

表 8　腰部参数

唇口到弹簧槽底部距离 a/mm	s/mm	L/mm		e_2 /mm	半径/mm		ε/(°)
		正常	柔韧		R_2	R_1	
$a<1.3$	0.8	0.5~0.8	1.05	0.1	0.5~0.8	$\leqslant 1.2e_4$	≤10
$1.3\leqslant a<1.6$	0.9	0.6~0.9	1.15				
$1.6\leqslant a<1.9$	1.0	0.7~1	1.3				
$1.9\leqslant a<2.2$	1.1	0.8~1.1	1.45				
$2.2\leqslant a<2.5$	1.2	0.9~1.2	1.55				
$2.5\leqslant a<2.8$	1.4	1.1~1.4	1.8	0.2	0.8~1.2		
$2.8\leqslant a<3.3$	1.6	1.3~1.6	2.1				
$3.3\leqslant a<3.8$	1.8	1.5~1.8	2.35	0.3	1.0~1.5		
$3.8\leqslant a<4.3$	2.0	1.7~2	2.6	0.4			
$a\geqslant 4.3$	2.2	1.9~2.2	2.85	0.5			

注：1. 正常指较小的径向轴运动，柔韧指较大的径向轴运动

2. s 为腰部厚度，L 为 R_1 与 R_2 的中心距，e_2 为弹簧槽中心到腰部的距离，R_1 为唇冠部与腰部过渡圆角半径，R_2 为腰部与底部过渡圆角半径，ε 为腰部宽度，e_4 为主唇口下倾角与腰部距离

表 9　唇口过盈量 i 及极限偏差　　mm

轴径 d_1	i	极限偏差
5~30	0.7~1.0	+0.2 −0.3
30~60	1.0~1.2	+0.2 −0.6
60~80	1.2~1.4	+0.2 −0.6
80~130	1.4~1.8	+0.2 −0.8
130~250	1.8~2.4	+0.3 −0.9
250~400	2.4~3.0	+0.4 −1.0

注：上表与 GB/T 13871.1—2022 给出的“密封圈过盈量及直径公差”仅在 $250<d_1\leqslant 400$ 的直径尺寸公差和 $d_1>400$ 的直径尺寸公差有所不同

表 10　底部厚度参数　　mm

项目	参数
底部上胶层厚度 f_1	0.4~0.8
底部下胶层厚度 f_2	0.6~1
底部厚度 b_1	$t_1+f_1+f_2$

注：t_1 为骨架材料厚度

续表

项目		说明
设计	主唇	（见下文）

设计 — 主唇

④回流纹：在主唇口的后表面加工成螺纹线、波纹、三角凸块等规则花纹，使流体产生动压回流效应，改善密封性能

Ⅰ. 回流纹型式如下

单向回流纹，如图 3 的 A 型、B 型所示，但不局限于此

双向回流纹，如图 3 的 C 型、D 型、E 型所示，但不局限于此

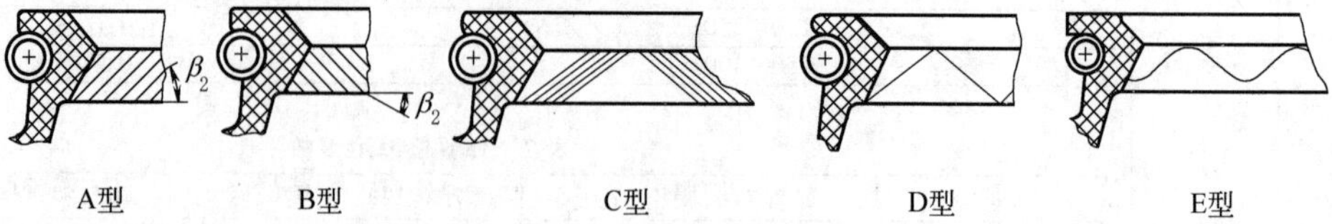

A型　B型　C型　D型　E型

图 3　回流纹型式

Ⅱ. 单向回流纹参数按图 4 及表 11 选取

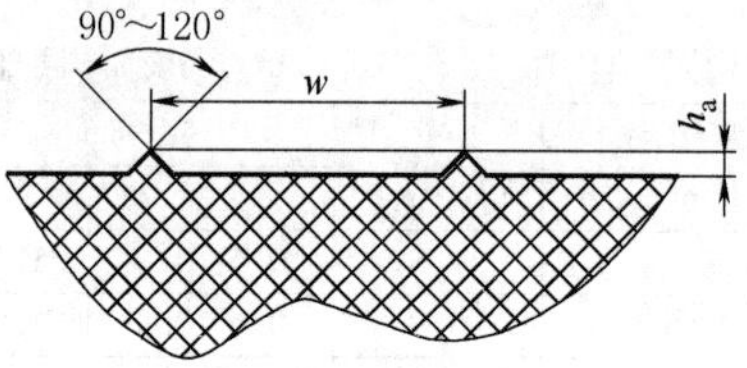

图 4　回流纹参数

表 11　回流纹参数

项目	参数
回流纹间距 w/mm	0.5~2.5
回流纹在唇口部的高度 h_a/mm	0.03~0.25
回流纹角度 β_2/(°)	18~30

设计 — 副唇

副唇是防尘唇，防止外部的杂质（如灰尘、泥浆和水）进入油封动密封区域。保证油封主唇得到更好的工作条件和延迟油封的使用寿命

副唇的过盈量设计应考虑产品的工作环境和转速等条件，在高速和大的轴跳动情况下，可以设计间隙配合来保证产品工作的可靠性

①副唇的型式：根据产品的不同使用工况，以及不同的加工工艺，副唇结构主要包括三种型式（但不限于此 3 种），如图 5 所示

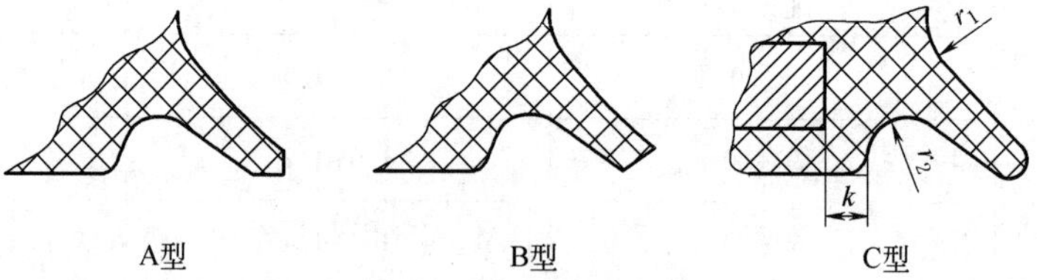

A型　B型　C型

图 5　副唇型式

②副唇的结构参数按表 12、表 13 选取

表 12　副唇口的过盈量 i_1 及极限偏差

轴径 d_1/mm	副唇宽 h_2/mm	副唇前角 α_1/(°)	副唇外角 θ_1/(°)	i_1/mm	极限偏差/mm
5~30	0.2~0.3	40~50	30~40	0.3	±0.15
30~60	0.3~0.4			0.4	±0.20
60~80	0.3~0.4			0.5	±0.25
80~130	0.4~0.5			0.6	±0.30
130~250	0.5~0.6			0.7	±0.35
250~400	0.6~0.7			0.9	±0.40
r_1、r_2、k	$r_1=0.5\sim2.5$，$r_2=0.25\sim0.8$，$k=0.3\sim0.8$				

注：r_1、r_2、k 分别为副唇根部与腰部圆角半径、与底部圆角半径、与骨架距离

根据橡胶种类和工况，副唇直径可参照表 13

续表

项目		说明
设计	副唇	表13（见下）
	骨架	见下文及表14～表18

表 13　副唇直径参考值　mm

橡胶种类	轴径 d_1	副唇直径
ACM	$d_1 \leqslant 25$	$(d_1+0.25)\pm0.20$
	$25<d_1\leqslant 80$	$(d_1+0.35)\pm0.30$
	$80<d_1\leqslant 100$	$(d_1+0.40)\pm0.35$
	$d_1>100$	$(d_1+0.45)\pm0.40$
FPM	$d_1 \leqslant 25$	$(d_1+0.30)\pm0.20$
	$25<d_1\leqslant 80$	$(d_1+0.40)\pm0.30$
	$80<d_1\leqslant 100$	$(d_1+0.45)\pm0.35$
	$d_1>100$	$(d_1+0.50)\pm0.40$

①骨架有三种基本结构型式，如图 6 所示

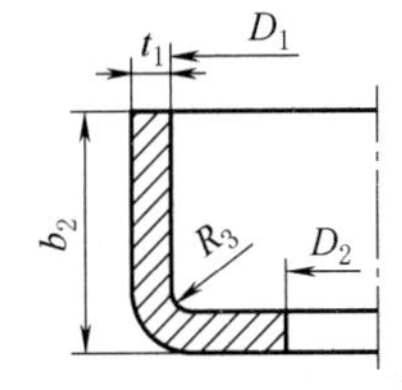

(a) 内包骨架型

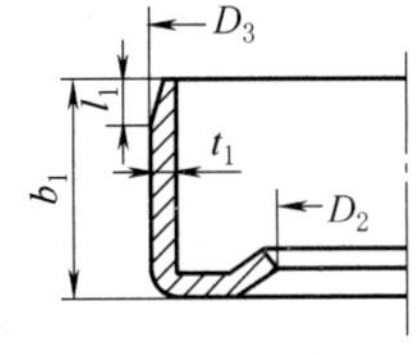

(b) 外露骨架型

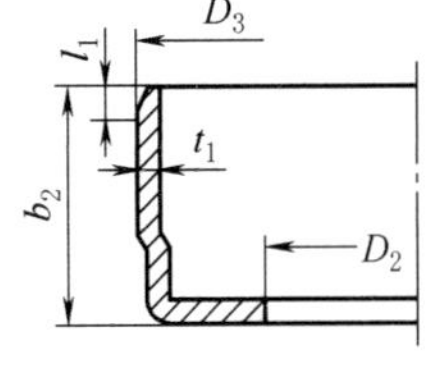

(c) 半包骨架型

图 6　骨架基本型式

在 GB/T 13871.1—2022 中还有“外露骨架装配型”，或见 GB/T 13871.2—2015 中给出的术语“装配式旋转轴唇形密封圈”及其定义

②参数如下

Ⅰ. 内包骨架型参数按表 14～表 19 选取

表 14　骨架材料厚度 t_1　mm

基本直径 D	$D\leqslant30$	$30<D\leqslant60$	$60<D\leqslant120$	$120<D\leqslant180$	$180<D\leqslant250$	$D>250$
材料厚度 t_1	0.5～0.8	0.8～1.0	1.0～1.2	1.2～1.5	1.5～1.8	2～2.2
厚度公差	$\pm t_1\times0.1$					
弯角 $R_3=0.3\sim0.5$						

表 15　骨架内径 D_1 尺寸　mm

基本直径 D	$D\leqslant19$	$19<D\leqslant30$	$30<D\leqslant60$	$60<D\leqslant120$	$120<D\leqslant180$	$D>180$
骨架内壁直径 D_1	$D-2.5$	$D-3.0$	$D-3.5$	$D-4.0$	$D-5.0$	$D-6.0$

表 16　骨架内径 D_1 尺寸公差　mm

内径 D_1	$D_1\leqslant10$	$10<D_1\leqslant50$	$50<D_1\leqslant180$	$D_1>180$
公差	$^{+0.05}_{0}$	$^{+0.1}_{0}$	$^{+0.15}_{0}$	$^{+0.2}_{0}$

表 17　骨架 D_2 尺寸　mm

轴径 d_1	$d_1\leqslant7$	$7<d_1\leqslant25$	$25<d_1\leqslant64$	$64<d_1\leqslant100$	$100<d_1\leqslant150$	$d_1>150$
内径 D_2	$d_1+3.5$	d_1+4	d_1+5	$d_1+5.5$	$d_1+6.5$	$d_1+7.5$

表 18　骨架 D_2 尺寸公差　mm

内径 D_2	$D_2\leqslant10$	$10<D_2\leqslant50$	$50<D_2\leqslant180$	$D_2>180$
公差	$^{+0.10}_{-0.05}$	$^{+0.2}_{-0.1}$	$^{+0.30}_{-0.15}$	$^{+0.4}_{-0.2}$

续表

项目		说明
设计	骨架	（见下列表 19～表 24 及说明）

表 19 骨架宽度 b_2 尺寸及公差 mm

密封圈基本宽度 b	4	5	6	7	8	9	10	11	12	13	14	15~20	>20
骨架宽度 b_2	2.5	3.5	4.0	5.0	6.0	7.0	8.0	8.5	9.5	10.5	11.5	$b-3$	$b-4$
直线度允差	0.08					0.10				0.12			
骨架宽度公差	$^{0}_{-0.2}$		$^{0}_{-0.3}$					$^{0}_{-0.4}$					

Ⅱ. 外露骨架型参数按表 20～表 24 选取

表 20 骨架材料厚度 t_1 mm

基本直径 D	$D\leqslant30$	$30<D\leqslant80$	$80<D\leqslant100$	$100<D\leqslant120$	$120<D\leqslant150$	$150<D\leqslant200$
材料厚度 t_1	0.8～1.0	1～1.2	1.2～1.8	1.2～2.0	1.5～2.5	2.0～3.0
材料厚度公差	$\pm t_1\times0.1$					

表 21 骨架宽度 b_2 直线度 mm

骨架宽度 b_2	$b_2\leqslant8$	$8<b_2\leqslant10$	$10<b_2\leqslant16$	$16<b_2\leqslant20$
直线度允差	0.05	0.08	0.1	0.12

表 22 骨架装配倒角 mm

骨架宽度 b_2	$b_2\leqslant6$	$6<b_2\leqslant8$	$8<b_2\leqslant12$	$b_2>12$
倒角 l_1	1.35～1.5	1.5～1.8	2～2.5	2.5～3.0

表 23 骨架宽度 b_2 公差 mm

骨架宽度 b_2	$b_2\leqslant10$	$b_2>10$
公差	$^{+0.3}_{0}$	$^{+0.4}_{0}$

表 24 骨架内径 D_2、外径 D_3 的圆度及同轴度 mm

基本直径 D	圆度	同轴度
$D<18$	0.08	0.1
$18\leqslant D<30$		
$30\leqslant D<50$	0.1	0.15
$50\leqslant D<80$		
$80\leqslant D<120$	0.2	0.2
$120\leqslant D<180$		
$180\leqslant D<250$	0.3	0.25
$250\leqslant D<315$		
$315\leqslant D<400$	0.4	0.3
$400\leqslant D<500$		

Ⅲ. 半包骨架型参数可根据工况，由制造商与用户协商确定

续表

项目		说明
设计	弹簧	①弹簧结构有三种基本型式，如图7所示 A型 B型 C型 图7　弹簧结构型式 在JB/T 12791—2016《油封弹簧》中仅给出了一种结构型式（B型） ②弹簧各参数按表25、表26选取

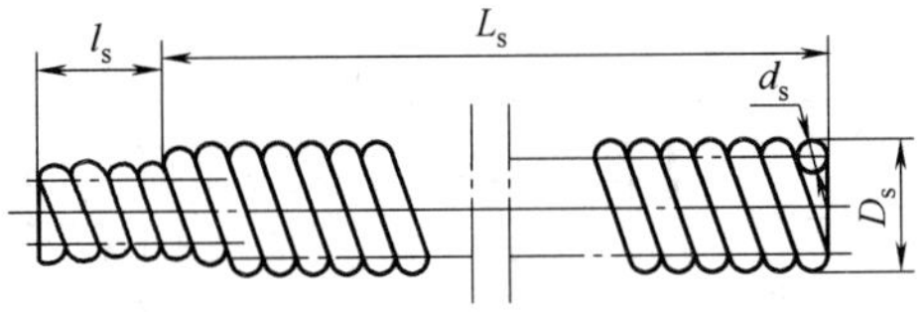

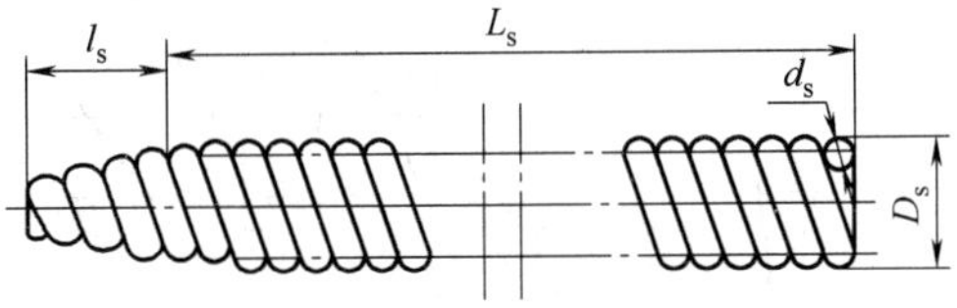

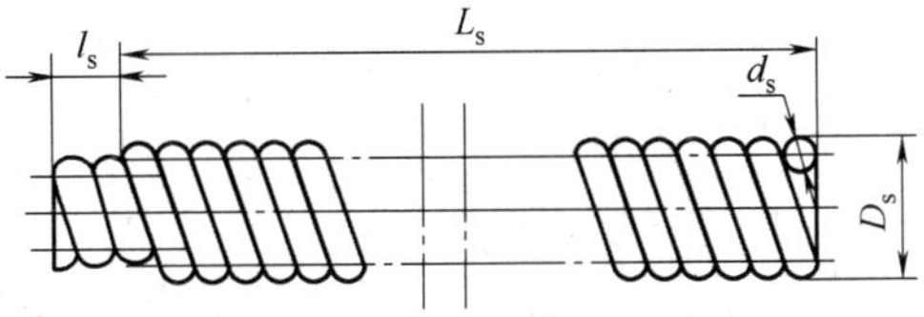

表25　紧箍弹簧基本尺寸

d_1/mm	d_s/mm	D_s/mm	L_s/mm	拉伸5%负荷/N
>5~30	0.2~0.25	1.2~1.6	$L_s\approx\pi$(2α+主唇口装弹簧后尺寸设计中值)	0.5~1.0
>30~60	0.3~0.4	1.5~2.0		1.5~2.0
>60~80	0.35~0.45	2.0~2.5		2.0~3.0
>80~130	0.4~0.50	2.5~3.0		2.0~3.0
>130~250	0.45~0.60	3.0~3.5		2.0~3.5
>250~400	0.55~0.80	3.5~4.0		9.0~12.0

表26　弹簧有效长度 L_s　　mm

弹簧丝直径	≤0.2	>0.2~0.3	>0.3~0.4	>0.4~0.5	>0.5~0.6	0.6	0.8
L_s 公差	±0.2	±0.3	±0.4	±0.5	±0.6	±0.8	±1

注：在JB/T 12791—2016中弹簧有效长度极限偏差是按弹簧有效长度范围给出的

③弹簧的设计和制造应符合以下规定

Ⅰ. 弹簧丝直径 d_s 依照密封圈唇部弹簧槽半径 R_s 大小而变化，一般弹簧的 D_s 与 d_s 之比应在5~6范围内

Ⅱ. 弹簧外径 D_s 应与旋转轴唇形密封圈弹簧槽直径相一致

Ⅲ. 弹簧材料应符合GB/T 4357要求，绕制成的弹簧应进行低温回火和防锈处理

Ⅳ. 将绕制成规定长度的弹簧首尾相连接，搭接部分 l_s 拧入尾部，要求连接牢固，不允许松动

Ⅴ. 需要时，可采用其他材料的紧箍弹簧，其要求由需方与制造商商定

在JB/T 12791—2016中规定：①一般采用GB/T 4357或GB/T 24588规定的材料。②接头区域（强度）、初拉力要求见JB/T 12791—2016的7.6和7.7条。③弹簧在成形之后需经去应力退火处理，其硬度不予考核。④采用GB/T 4357碳素弹簧钢丝材料的弹簧，应浸防锈油进行表面防锈处理，满足中性NSS盐雾试验3h后基体无红锈；采用GB/T 24588不锈弹簧钢材料的弹簧，表面不进行处理

项目	说明
基本尺寸与技术要求	①密封圈的基本尺寸应符合GB/T 13781.1—2022，非标尺寸可由需方与制造商商定 ②密封圈的技术要求可参照GB/T 9877—2008附录A，由需方与制造商商定 ③橡胶种类的选择与轴颈和转速的关系可参见图8

续表

项目	说明
基本尺寸与技术要求	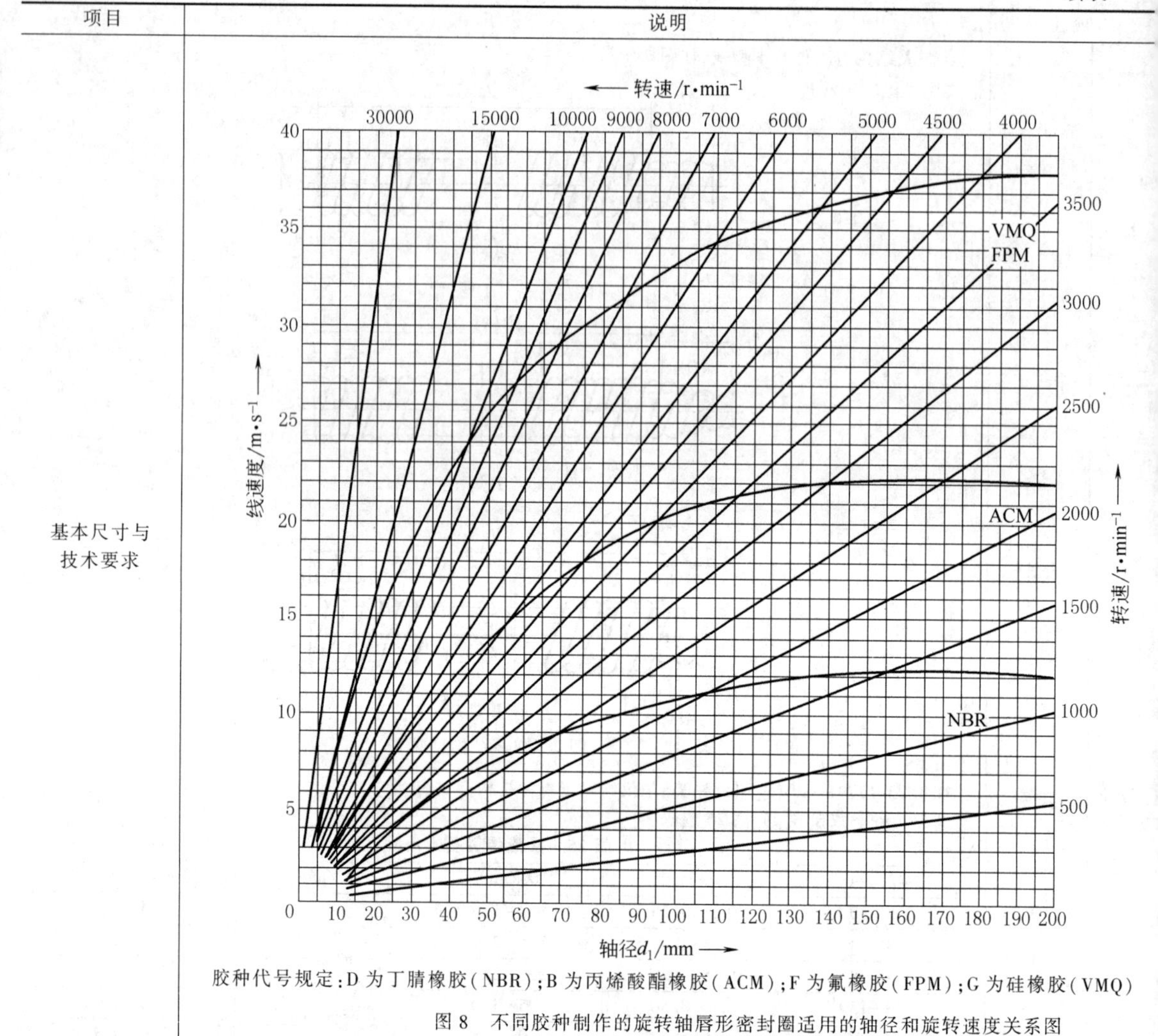 胶种代号规定:D 为丁腈橡胶(NBR);B 为丙烯酸酯橡胶(ACM);F 为氟橡胶(FPM);G 为硅橡胶(VMQ) 图 8 不同胶种制作的旋转轴唇形密封圈适用的轴径和旋转速度关系图

注：GB/T 13871.3—2008 中规定了密封元件为弹性体材料的旋转轴唇形密封圈在贮存、搬运和安装中的使用指南，提示了涉及的危害以及避免这些危害的方法。

表 10-3-23　　油封密封设计注意事项

注意事项	简　图	说　明
密封的沟槽尺寸和表面粗糙度	$Ra\,3.2$　I　不正确　$Ra\,1.6$　d_1　正确　D(H8)　$d+2$　d(f9)　15°～30°　正确　不正确　压力方向　c(≥1mm)　b(≥2～3mm)	在壳体上应钻有直径 d_1 = 3～6mm 的小孔 3～4 个,以便通过该小孔拆卸密封

续表

注意事项	简　图	说　明
加套筒的结构	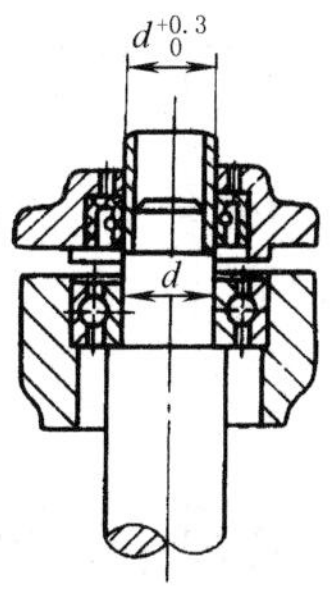 $d^{+0.3}_{0}$ d	为使密封便于安装和避免在安装时发生损伤，需在轴上倒角15°～30°。如因结构的原因不能倒角则装配时需用专门套筒
加垫圈支承密封两侧的压力差	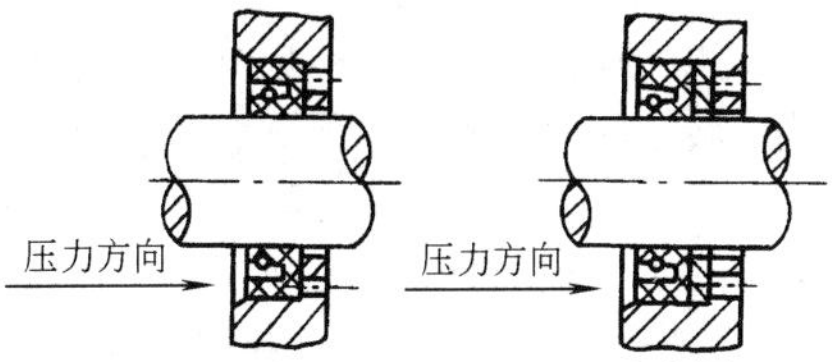 压力方向　不加垫圈　压力方向　加垫圈	当密封前后两面之间的压力差大于0.05MPa而小于0.3MPa时，需用垫圈来支承压力小的一面；没有压力差及压力差小于0.05MPa时可以不用垫圈
用于圆锥滚子轴承	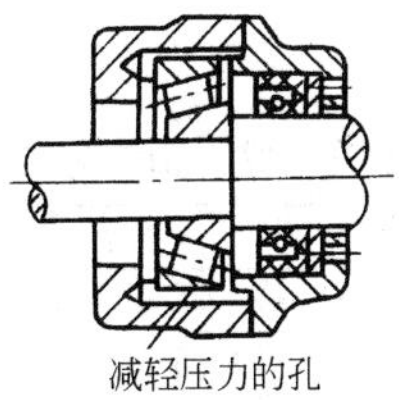 减轻压力的孔	密封用于圆锥滚子轴承部位时，在轴承外径配合处应钻有减轻压力的孔
外径配合面	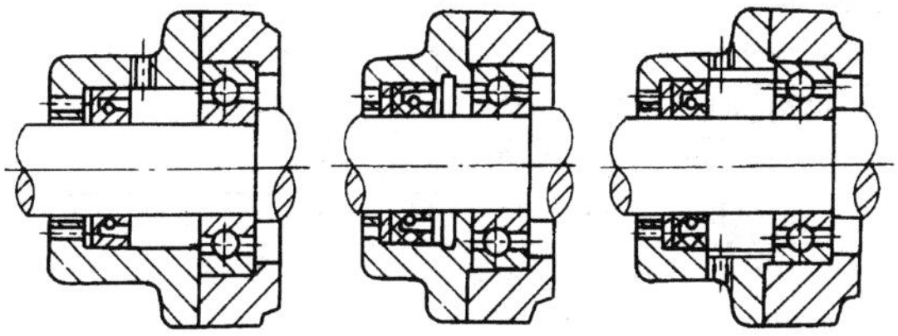 不正确　正确	密封外径的配合处不应有孔、槽等，以便在装入和取出密封时，外径不受损伤
挡油圈的安装位置	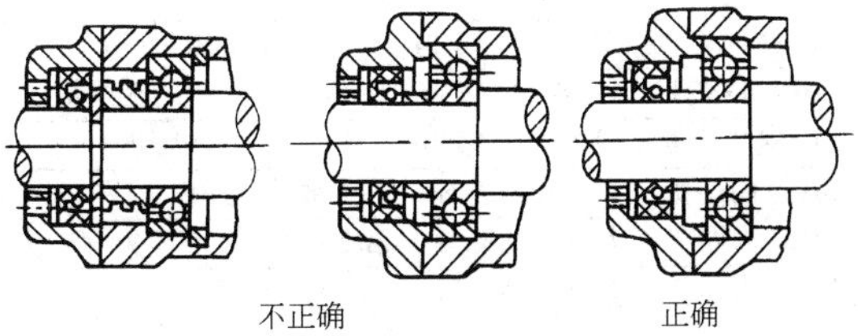 不正确　正确	应保证润滑油能流入密封部位，在密封前不得安装挡油圈

注：GB/T 13871.3—2008中规定：①轴的端部以及腔体内孔的开口处应有GB/T 13871.1—2022中规定的导入倒角。②安装配合表面应抛光，以避免使密封圈装偏。③如果密封元件要通过花键、键槽或孔时，应使用特殊的安装工具（见GB/T 13871.3—2008中图5），以防止密封唇的损坏。

6.4 旋转轴唇形密封圈摩擦功率的计算

油封摩擦力 F

$$F=\pi d_0 F_0 \quad (\mathrm{N}) \tag{10-3-7}$$

油封摩擦力矩 T $$T=F\times\frac{d_0}{2}=\frac{\pi d_0^2F_0}{2}\ (\text{N}\cdot\text{cm}) \tag{10-3-8}$$

油封摩擦功率 P $$P=\frac{Tn}{955000}=\frac{\pi d_0^2F_0n}{1910000}\ (\text{kW}) \tag{10-3-9}$$

式中 d_0——轴直径，cm；

F_0——轴圆周单位长度的摩擦力，N/cm，F_0 取决于摩擦面的表面质量、润滑条件、弹簧力等，估算时可取 $F_0=0.3\sim0.5$N/cm，密封压力较大者取上限；

n——轴的转速，r/min。

7 活塞环及涨圈密封

GB/T 1149.2—2010 中给出的术语“活塞环”的定义为：“一种具有较大向外扩张变形的金属弹性环。它被装配到剖面与其相应的环形槽内。往复和/或旋转运动的活塞环，依靠气体或液体的压力差，在环外圆面和气缸以及环和环槽的侧面之间形成密封。”

在参考文献［17］中介绍：“活塞环和涨圈密封件均为开口环，是金属自胀型密封环，用于活塞式机器中称为活塞环，用于旋转机器中称为涨圈，两者结构形式及密封原理基本相同。”

7.1 活塞环标准

表 10-3-24 活塞环（密封环）现行相关标准

序号	标准
1	GB/T 1149.1—2008《内燃机　活塞环　第1部分:通用规则》
2	GB/T 1149.2—2010《内燃机　活塞环　第2部分:术语》
3	GB/T 1149.3—2010《内燃机　活塞环　第3部分:材料规范》
4	GB/T 1149.4—2021《内燃机　活塞环　第4部分:质量要求》
5	GB/T 1149.5—2008《内燃机　活塞环　第5部分:检验方法》
6	GB/T 1149.6—2021《内燃机　活塞环　第6部分:铸铁刮环》
7	GB/T 1149.7—2010《内燃机　活塞环　第7部分:矩形铸铁环》
8	GB/T 1149.8—2022《内燃机　活塞环　第8部分:矩形钢环》
9	GB/T 1149.9—2008《内燃机　活塞环　第9部分:梯形铸铁环》
10	GB/T 1149.10—2013《内燃机　活塞环　第10部分:梯形钢环》
11	GB/T 1149.11—2010《内燃机　活塞环　第11部分:楔形铸铁环》
12	GB/T 1149.12—2013《内燃机　活塞环　第12部分:楔形钢环》
13	GB/T 1149.13—2008《内燃机　活塞环　第13部分:油环》
14	GB/T 1149.14—2008《内燃机　活塞环　第14部分:螺旋撑簧油环》
15	GB/T 1149.15—2017《内燃机　活塞环　第15部分:薄型铸铁螺旋撑簧油环》
16	GB/T 1149.16—2015《内燃机　活塞环　第16部分:钢带组合油环》
17	JB/T 13501.1—2018《内燃机　大缸径活塞环　第1部分:通用规则》
18	JB/T 13501.2—2018《内燃机　大缸径活塞环　第2部分:矩形环》
19	JB/T 13501.3—2018《内燃机　大缸径活塞环　第3部分:刮环》
20	JB/T 13501.4—2018《内燃机　大缸径活塞环　第4部分:油环》
21	JB/T 13501.5—2018《内燃机　大缸径活塞环　第5部分:螺旋撑簧油环》
22	JB/T 13632—2019《无油往复活塞压缩机用填充聚四氟乙烯活塞环》
23	JB/T 5447—2011《往复活塞压缩机铸铁活塞环》
24	QC/T 554—1999《汽车、摩托车发动机 活塞环技术条件》
25	QC/T 737—2005《轿车发动机铸铁活塞环技术条件》
26	GB/T 25364.1—2021《涡轮增压器密封环　第1部分:技术条件》
27	GB/T 25364.2—2021《涡轮增压器密封环　第2部分:检验方法》

注：“涨圈”已经没有现行标准，如 TB/T 1432—1982《蒸汽机车缸、汽室涨圈技术条件》、TB/T 2198—1991《前进型蒸汽机车粉末冶金汽缸涨圈（外瓣）的型式尺寸和技术条件》等标准都已作废，况且这些“涨圈”也不是用于旋转机器中的。

7.2 活塞环密封

活塞环是活塞式压缩机和活塞式发动机中主要易损件之一，其作用为密封气缸工作表面和活塞之间的间隙，防止气体从压缩容积的一侧漏向另一侧，并在活塞往复运动中，在气缸内起着“布油”和“导热”的作用。

这种密封形式的工作压力可达220MPa，最高线速度可达100m/s。本节内容摘自参考文献［17］。

（1）活塞环结构

表 10-3-25　几种常见的活塞环结构

简图	说明	简图	说明
	薄片活塞环，由三至四片装在同一环槽内，切口相互错开，良好的密封性，易与气缸镜面磨合，使气缸不致拉毛		在铸铁环上镶嵌轴承合金或青铜，青铜可是一条或两条，轴承合金则采用一条，在镶嵌的突出部分磨完之前，其实际比压增加。虽能避免拉毛气缸，使气缸镜面与活塞环易于磨合，但工艺复杂，应用不广泛
	在铸铁环上镶嵌填充PTFE，防止气缸拉毛，在高压级中采用	(1.5～2)×45°	低压空气压缩机中直径不大的活塞环，将内圆锐角加工成(1.5～2)×45°的倒角，减弱活塞环倒角侧的弹力

（2）密封设计

表 10-3-26　密封设计

<table>
<tr><th colspan="2">项目</th><th>内　　容</th></tr>
<tr><td colspan="2">活塞环数</td><td>压缩机用活塞环数常用下面经验公式估算
$$z=\sqrt{\frac{\Delta p}{98}} \quad (1)$$
式中　z——活塞环数
Δp——活塞两边最大压差，kPa
上述计算值应根据实际情况增减。如高转速，从泄漏考虑环数可少些；高压级中从寿命考虑环数可多些；对于易漏气体可多些；采用塑料活塞环时，因密封性能好，环数可比金属环少些
活塞环数还可参考下表选用
<table>
<tr><td rowspan="2">项目</td><td colspan="4">Δp/MPa</td></tr>
<tr><td><0.5</td><td>0.5～<3</td><td>3～<12</td><td>12～<24</td></tr>
<tr><td>z</td><td>2～3</td><td>3～5</td><td>5～10</td><td>12～20</td></tr>
</table></td></tr>
<tr><td rowspan="3">主要结构尺寸</td><td>径向厚度 t</td><td>活塞环的截面形状一般为矩形，其径向厚度 t 对于铸铁环通常取
$$t=\left(\frac{1}{36}\sim\frac{1}{22}\right)D \quad (2)$$
式中　t——活塞环径向厚度，mm
D——活塞环外径（即气缸内径），mm
对于大直径活塞环取下限；当 $D\leqslant 50$mm 时，可取
$$t=\left(\frac{1}{22}\sim\frac{1}{14}\right)D \quad (3)$$</td></tr>
<tr><td>轴向高度 h</td><td>轴向高度选取时，应考虑保证它在气体压力作用下具有足够的刚度，不至于发生弯曲和扭曲，而且为了能保持住油膜，轴向高度值也不能太小，一般应大于2～2.5mm；但为了减少摩擦功耗以及因活塞环质量过大而导致对环槽的冲击，又应尽量取小些。一般取
$$h=(0.4\sim1.4)t \quad (4)$$
式中　h——活塞环轴向高度，mm
t——活塞环径向高度，mm
其中较小值用于大直径活塞环，较大值用于压差较大的情况</td></tr>
<tr><td>开口间隙 δ</td><td>活塞环装入气缸后，开口处留有环受热膨胀后的开口间隙，又称热膨胀间隙。其值为
$$\delta=\pi D\alpha\Delta t \quad (5)$$
式中　δ——活塞环开口间隙，mm
D——活塞环外径（即气缸内径），mm
α——活塞环材料的线胀系数，铸铁的线胀系数 $\alpha=1.1\times10^{-5}$℃$^{-1}$
Δt——温差，通常取排气温度与室温之差，℃</td></tr>
</table>

续表

项目		内容
主要结构尺寸	自由开口宽度 A	其值可由下式计算 $$A=\frac{7.08D\left(\frac{D}{t}-1\right)^{2}p_{k}}{E} \quad (6)$$ 式中 A——活塞环自由开口宽度,mm D——活塞环外径(即气缸内径),mm t——活塞环径向厚度,mm p_k——活塞环因弹性作用而产生的预紧贴合比压,50mm<D≤150mm,p_k=0.1~0.14MPa;D>150mm,p_k=0.038~0.1MPa;小直径的高压级,p_k=0.2~0.3MPa;刮油环,p_k=0.03~0.05MPa E——密封环材料的弹性模量,MPa,可按下表选取

项目	灰铸铁			球墨铸铁	合金铸铁	青铜	不锈钢
	D≤70	70<D≤300	D>300				
弹性模量 E/MPa	0.95×10^5	1×10^5	1.05×10^5	$(1.5\sim1.65)\times10^5$	$(0.9\sim1.40)\times10^5$	$(0.85\sim0.95)\times10^5$	2.10×10^5

7.3 涨圈密封

(1) 结构型式及特点

表 10-3-27　　涨圈结构型式及特点

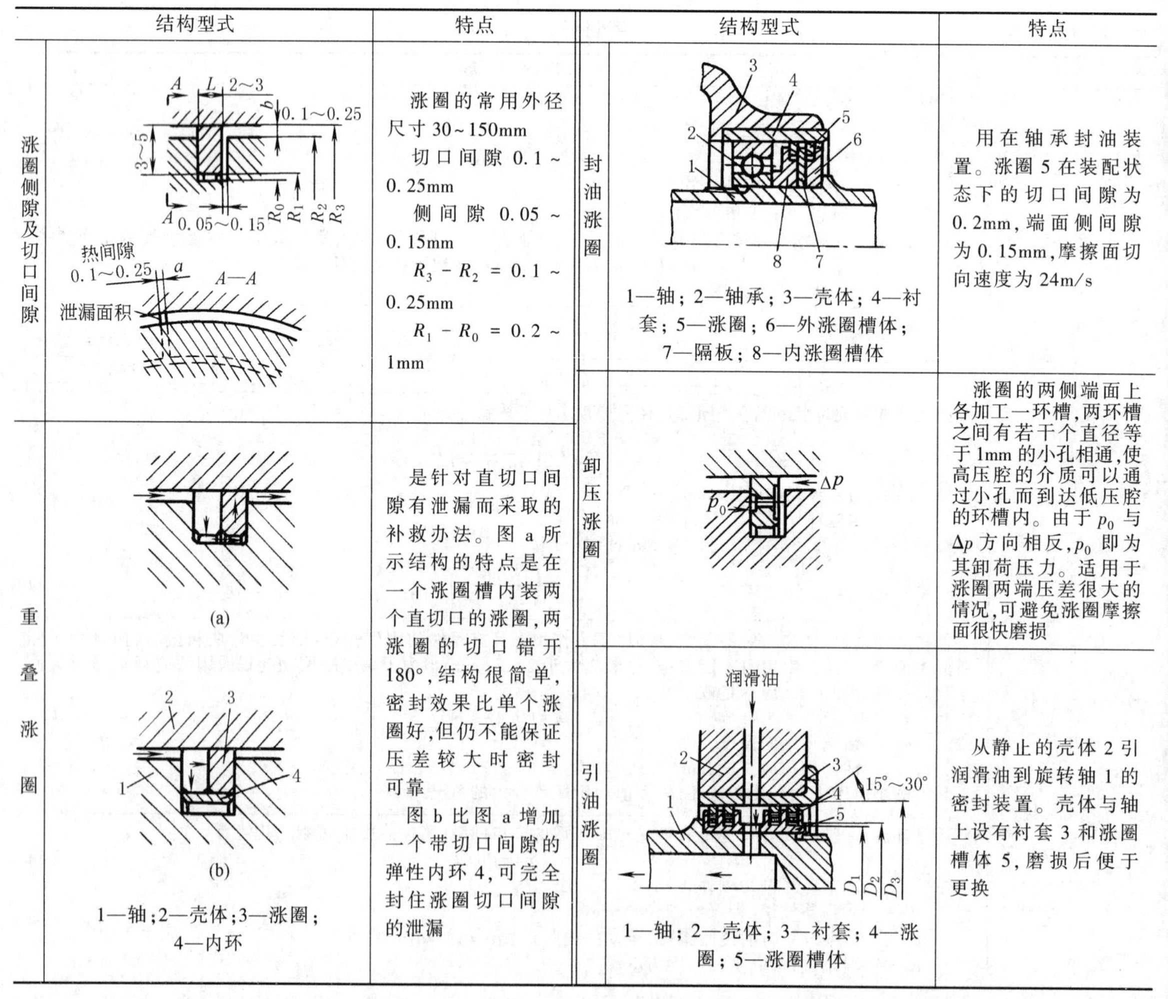

结构型式		特点
涨圈侧隙及切口间隙	图注:A、L、2~3、b、0.1~0.25、3~5、0.05~0.15、R_0、R_1、R_2、R_3;热间隙 0.1~0.25、a、A—A、泄漏面积	涨圈的常用外径尺寸30~150mm 切口间隙0.1~0.25mm 侧间隙0.05~0.15mm R_3-R_2=0.1~0.25mm R_1-R_0=0.2~1mm
重叠涨圈	(a) (b) 1—轴;2—壳体;3—涨圈;4—内环	是针对直切口间隙有泄漏而采取的补救办法。图a所示结构的特点是在一个涨圈槽内装两个直切口的涨圈,两涨圈的切口错开180°,结构很简单,密封效果比单个涨圈好,但仍不能保证压差较大时密封可靠 图b比图a增加一个带切口间隙的弹性内环4,可完全封住涨圈切口间隙的泄漏
封油涨圈	1—轴;2—轴承;3—壳体;4—衬套;5—涨圈;6—外涨圈槽体;7—隔板;8—内涨圈槽体	用在轴承封油装置。涨圈5在装配状态下的切口间隙为0.2mm,端面侧间隙为0.15mm,摩擦面切向速度为24m/s
卸压涨圈	图注:Δp、p_0	涨圈的两侧端面上各加工一环槽,两环槽之间有若干个直径等于1mm的小孔相通,使高压腔的介质可以通过小孔而到达低压腔的环槽内。由于p_0与Δp方向相反,p_0即为其卸荷压力。适用于涨圈两端压差很大的情况,可避免涨圈摩擦面很快磨损
引油涨圈	图注:润滑油、15°~30°、D_1、D_2、D_3 1—轴;2—壳体;3—衬套;4—涨圈;5—涨圈槽体	从静止的壳体2引润滑油到旋转轴1的密封装置。壳体与轴上设有衬套3和涨圈槽体5,磨损后便于更换

续表

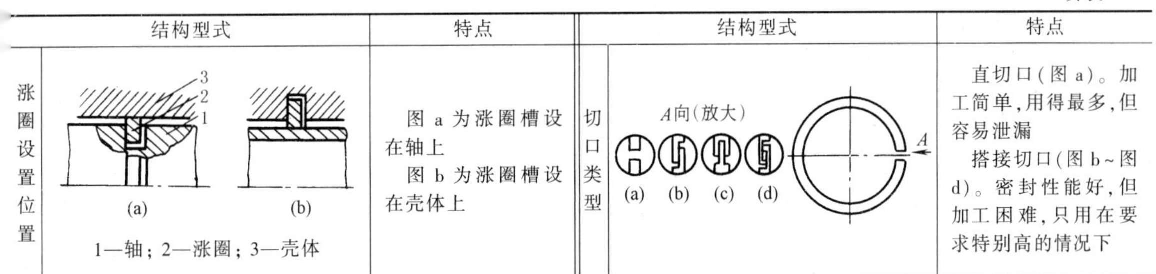

结构型式		特点	结构型式		特点
涨圈设置位置	(a) (b) 1—轴；2—涨圈；3—壳体	图 a 为涨圈槽设在轴上 图 b 为涨圈槽设在壳体上	切口类型	A向(放大) (a) (b) (c) (d)	直切口(图 a)。加工简单,用得最多,但容易泄漏 搭接切口(图 b~图 d)。密封性能好,但加工困难,只用在要求特别高的情况下

注：表中切口间隙数值为工作状态时的切口热间隙，由此推算室温装配时的切口冷间隙。

（2）涨圈弹力和摩擦功率的计算

表 10-3-28　　涨圈弹力和摩擦功率的计算

项　目	计算公式	说　明
端面摩擦力矩 T_1 /N·mm	$T_1=\frac{2}{3}\pi f_1\Delta p\frac{R_3^2-R_1^2}{R_2^2-R_1^2}(R_2^3-R_1^3)$	M_2 Δp M_1 dR B R_1 R R_2 R_3 f_1——端面摩擦因数,$f_1=0.01\sim0.05$ f_2——外圆摩擦因数 Δp——涨圈两端的压差,MPa E——弹性模量,MPa f_0——切口间隙与装配间隙之差,f_0 近似等于切口间隙,mm n——轴的转速,r/min R_1、R_2、R_3、B 见图,mm
外圆摩擦力矩 T_2 /N·mm	$T_2=2\pi f_2 p_2 BR_3^2$	
涨圈平均弹力 p_2/MPa	$p_2\geqslant\frac{0.4\Delta p}{B}\left(1-\frac{R_1^2}{R_3^2}\right)\frac{R_2^3-R_1^3}{R_2^2-R_1^2}$ 假设 $f_2=f_1$	
切口间隙 f_0/mm	$f_0=14.16p_2R_3\left(\frac{2R_3}{R_3-R_1}-1\right)\frac{1}{E}$	
摩擦功率 N/kW	$N=\frac{T_1 n}{9550000}=\frac{f_1\Delta pn}{456\times10^4}\times\frac{R_3^2-R_1^2}{R_2^2-R_1^2}(R_2^3-R_1^3)$	

注：1. 涨圈弹力设计应考虑当轴旋转时，涨圈应依靠自身弹力卡紧在壳体上，保证涨圈不随轴转动，即 $T_2\geqslant1.2T_1$。弹力 p_2 按此前提推算出。

2. 切口间隙是指自由状态下的切口间隙。

8　迷宫密封

JB/T 11289—2012《干气密封技术条件》中给出了术语“迷宫密封”的定义：“一种由一系列节流齿隙和齿间空腔构成的非接触式密封，主要用于密封气体介质。迷宫密封俗称梳齿密封。”

JB/T 11178—2011《迷宫活塞压缩机》中也给出了术语“迷宫密封”的定义：“采用迷宫结构的密封。”还给出注释：“迷宫密封是依靠气体通过密封槽产生节流效应的原理来实现密封的。”

以下摘自参考文献［17］。

8.1　迷宫密封方式、特点、结构及应用

表 10-3-29　　迷宫密封方式、特点、结构及应用

结构简图	密封方式	特点	应用
	直通型迷宫密封	有很大的直通效应,有很大部分动能未转变为热能,因此这种密封的密封效果较差,但结构简单	汽轮机叶片围带气封,压缩机、鼓风机级间气封

续表

结构简图	密封方式	特点	应用
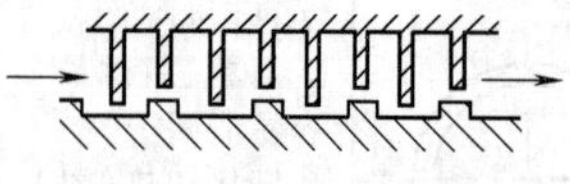	复合直通型迷宫密封	由台阶和梳齿复合组成,密封性能有所改进	压缩机、鼓风机平衡盘、轴端密封
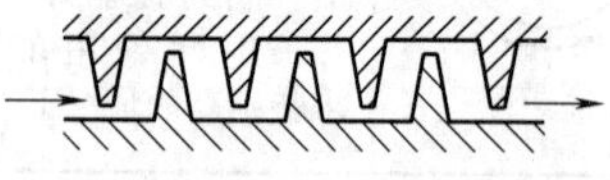	错列型迷宫密封	热力学性能比较完善,接近理想密封,密封效果较好,但结构复杂	燃气轮机轴封、轴流式压缩机轴封、离心式压缩机轴封、真空泵与真空装置轴封、级间密封、油封
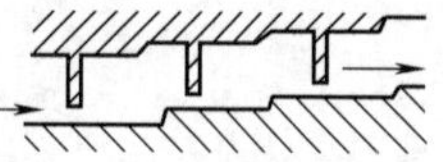	阶梯型迷宫密封	密封面呈阶梯状	压缩机、鼓风机轮盖密封
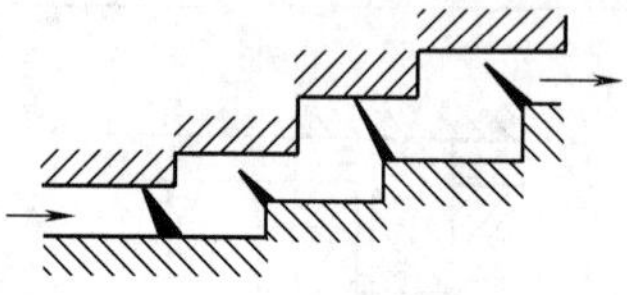	斜齿阶梯型迷宫密封	密封效果因斜齿面大为改善	压缩机、鼓风机轮盖密封
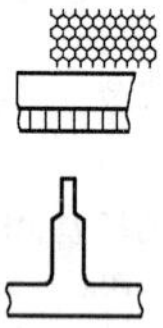	蜂窝密封与直通型迷宫密封组合的密封	采用蜂窝密封可以改善密封效果,提高转子的动力稳定性	压缩机平衡盘密封
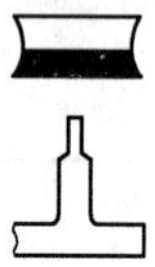	直通型迷宫与承磨衬套组合的迷宫密封	可以减小迷宫间隙,改善密封性能,节省能耗	小功率汽轮机轴端密封

注：JB/T 11289—2012 中图 A.8 即为“迷宫密封结构型式”。

8.2 迷宫密封设计

(1) 迷宫密封的型式

表 10-3-30　　迷宫密封的型式及用途

用途	介质种类	迷宫型式	备注
汽轮机轴封,级间密封	蒸汽	错列型为主	压力较高,旋转密封
燃气轮机轴封,级间密封	燃气	错列型,直通型	高温,小压差,高速旋转
轴流式压缩机轴封,级间密封	空气及其他气体	错列型,直通型	旋转密封
离心式压缩机轴封,叶轮密封	空气及其他气体	径向密封,错列型,直通型	旋转密封
平衡鼓密封		蜂窝密封	
真空泵与真空装置轴封	空气或稀有气体	错列型,直通型	旋转密封
罗茨鼓风机轴封,转子轴封	空气和其他气体	直通型	正交运动
无油润滑压缩机活塞、活塞杆密封	空气、氧气和其他气体	直通型	往复运动,压力周期变化
各种回转机器,油封	润滑油、脂	错列型,直通型	回转运动

(2) 迷宫密封的结构尺寸设计

表 10-3-31　　迷宫密封的结构尺寸设计　　mm

迷宫式密封槽

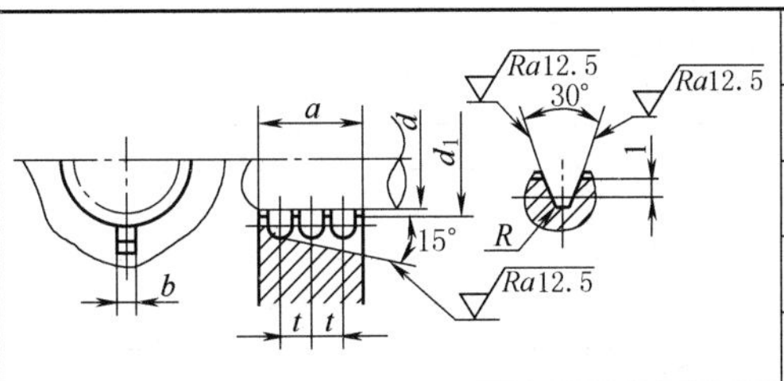

轴径 d	R	t	b	a_{min}	d_1	n(槽数)
25～80	1.5	4.5	4	$nt+R$	$d+1$	$n=2～4$
>80～120	2	6	5			
>120～180	2.5	7.5	6			
>180	3	9	7			

径向密封槽

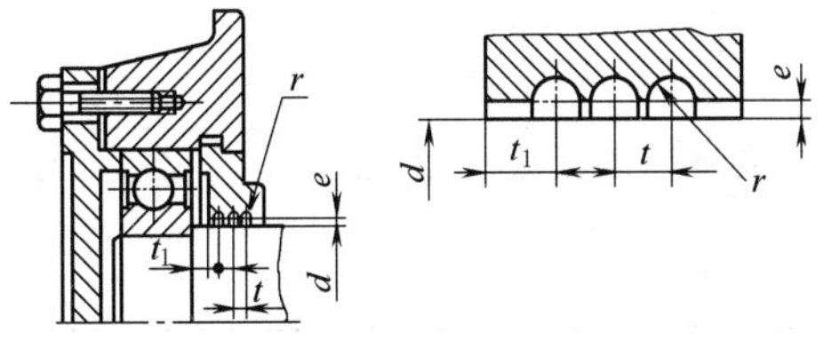

d	10～50	>50～80	>80～110	>110～180	>180
r	1	1.5	2	2.5	3
e	0.2	0.3	0.4	0.5	0.5
t	$t=3r$				
t_1	$t_1=2r$				

轴向密封槽

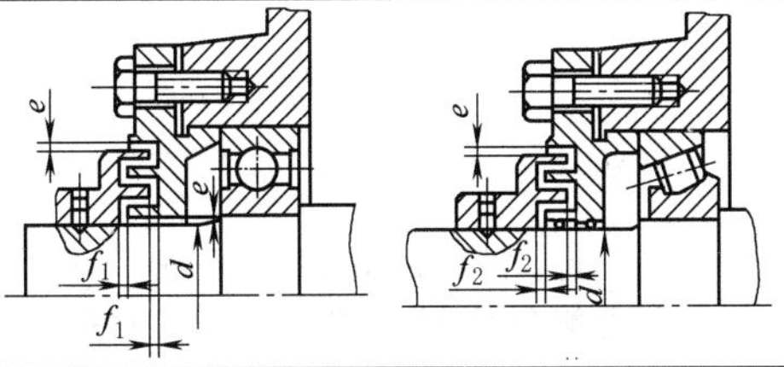

d	e	f_1	f_2
10～50	0.2	1	1.5
>50～80	0.3	1.5	2.5
>80～110	0.4	2	3
>110～180	0.5	2.5	3.5

注：“迷宫式密封槽”摘自 JB/ZQ 4245—2006。

(3) 迷宫密封设计的注意事项

① 尽量使气流的动能转化为热能，而不使余速进入下一个间隙。齿与齿之间应保持适当的距离，或用高-低齿强制改变气流方向。

② 密封齿要做得尽量薄且带锐角。齿尖厚度应小于 0.5mm。

③ 在密封易燃、易爆或有毒气体时要注意防止污染环境。采用充气式迷宫式密封，间隙内引入惰性气体，其压力稍大于被密封气压压力；如果介质不允许混入充气气体，则可以采用抽气式迷宫密封。

9 机械密封

9.1 机械密封标准

表 10-3-32　　机械密封现行（产品）标准

序号	标准
1	GB/T 24319—2009《釜用高压机械密封技术条件》*
2	GB/T 33509—2017《机械密封通用规范》*
3	CB/T 3345—2008《船用泵轴机械密封装置》
4	HG/T 2057—2017《搪玻璃搅拌容器用机械密封》
5	HG/T 2100—2020《液环式氯气泵用机械密封》
6	HG/T 21571—1995《搅拌传动装置—机械密封》
7	HG/T 2269—2020《釜用机械密封技术条件》*
8	HG/T 2477—2016《砂磨机用机械密封技术条件》
9	HG/T 2478—1993《搪玻璃泵用机械密封技术条件》
10	HG/T 3124—2020《焊接金属波纹管釜用机械密封技术条件》*

续表

序号	标准
11	HG/T 4114—2020《纸浆泵用机械密封技术条件》*
12	HG/T 4571—2013《医药搅拌设备用机械密封技术条件》
13	JB/T 11242—2011《汽车发动机冷却水泵用机械密封》
14	JB/T 11957—2014《食品制药机械用机械密封》
15	JB/T 12391—2015《烟气脱硫泵用机械密封技术条件》
16	JB/T 13387—2018《上游泵送液膜机械密封　技术条件》
17	JB/T 14224—2022《船用泵机械密封》*
18	JB/T 1472—2011《泵用机械密封》*
19	JB/T 4127.1—2013《机械密封　第1部分:技术条件》
20	JB/T 5966—2012《潜水电泵用机械密封》
21	JB/T 6614—2011《锅炉给水泵用机械密封技术条件》
22	JB/T 6616—2020《橡胶波纹管机械密封　技术条件》*
23	JB/T 6619.1—2018《轻型机械密封　第1部分:技术条件》*
24	JB/T 7371—2011《耐碱泵用机械密封》*
25	JB/T 7372—2011《耐酸泵用机械密封》*
26	JB/T 8723—2022《焊接金属波纹管机械密封》*

注：后缀有“*”的标准都进行了标准摘录，具体见本章“9.14　标准机械密封”。

9.2　接触式机械密封工作原理

机械密封（端面密封）是由至少一对垂直于旋转轴线的端面在流体压力和补偿机构弹力（或磁力）的作用以及辅助密封的配合下，保持端面贴合并相对滑动而构成的防止流体泄漏的装置。图10-3-1所示为其结构原理，它是靠弹性构件（如弹簧或波纹管，或波纹管及弹簧组合构件）和密封流体的压力在旋转的动环和不旋转的静环间的接触表面（端面）上产生适当的压紧力，使这两个端面紧密贴合，端面间维持一层极薄的液体膜而达到密封的目的。这层液体膜具有流体动压力与静压力，起着润滑和平衡压力的作用。

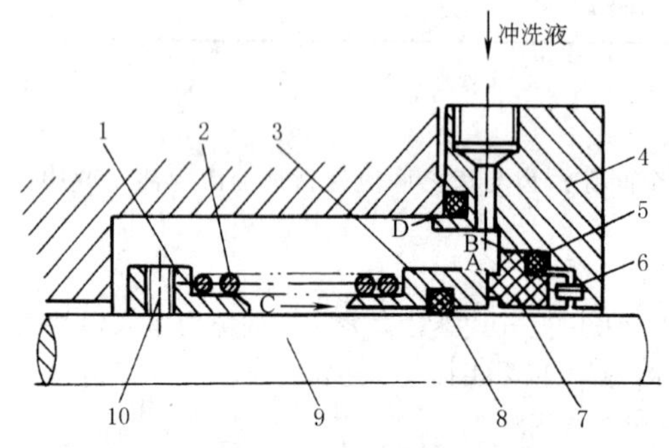

图10-3-1　机械密封结构原理

1—弹簧座；2—弹簧；3—旋转环（动环）；4—压盖；5—静环密封圈；6—防转销；7—静止环（静环）；8—动环密封圈；9—轴（或轴套）；10—紧定螺钉
A~D—密封部位（通道）

当轴9旋转时，通过紧定螺钉10和弹簧2带动动环3旋转。防转销6固定在静止的压盖4上，防止静环7转动。当密封端面磨损时，动环3连同动环密封圈8在弹簧2的推动下，沿轴向产生微小移动，达到一定的补偿能力，所以称补偿环。静环不具有补偿能力，所以称非补偿环。通过不同的结构设计，补偿环可由动环承担，也可由静环承担。由补偿环、弹性元件和副密封等构成的组件称补偿环组件。

机械密封一般有四个密封部位（通道），如图10-3-1中所示的A~D。A处为端面密封，又称主密封；B处为静环7与压盖4端面之间的密封；C处为动环3与轴（或轴套）9配合面之间的密封，因能随补偿环轴向移动并起密封作用，所以又称副密封；D处为压盖与泵壳端面之间的密封。B~D三处是静止密封，一般不易泄漏；A处为端面相对旋转密封，只要设计合理即可达到减少泄漏的目的。

9.3　常用机械密封分类及适用范围

JB/T 4127.2—2013《机械密封　第2部分：分类方法》规定了机械密封的分类方法，适用于旋转轴用机械密封。该标准是“按应用的主机分类”“按作用原理和结构分类”“按使用工况和参数分类”的。

在GB/T 6556—2016《机械密封的型式、主要尺寸、材料和识别标志》中规定了两种单端面机械密封的型式（U型和B型）、四种双端面机械密封的型式（UU型、BB型、UB型、BU型）。

在 GB/T 33509—2017 中规定了七种泵用机械密封基本型式（Ⅰ型、Ⅱ型、Ⅲ型、Ⅳ型、Ⅴ型、Ⅵ型、Ⅶ型）；三种釜用机械密封基本型式（单端面机械密封、径向双端面机械密封、轴向双端面机械密封），具体见本章第 9.14.1 节。

常用机械密封分类及适用范围见表 10-3-33。

表 10-3-33　　常用机械密封分类及适用范围

分类	结构简图及名称	特　点	应　用
按补偿环旋转或静止分	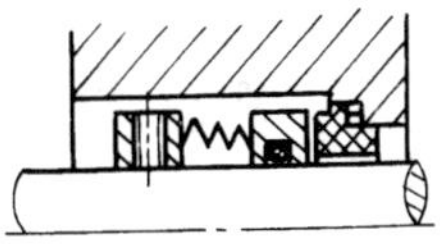 旋转式内装内流非平衡型单端面密封 简称：旋转式	补偿环组件随轴旋转，弹簧受离心力作用易变形，影响弹簧性能。结构简单，径向尺寸小	应用较广。多用于轴径较小、转速不高的场合（线速度 25m/s 以下）
	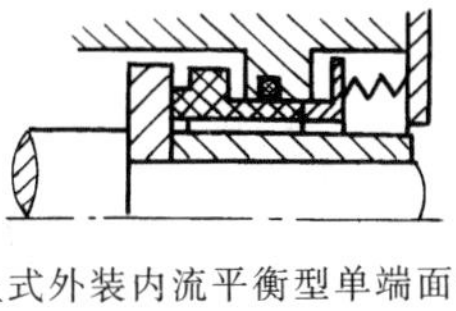 静止式外装内流平衡型单端面密封 简称：静止式	补偿环组件不随轴旋转，不受离心力的影响，性能稳定，对介质没有强烈搅动。结构复杂	用于轴径较大、线速度较高（大于 25m/s）及转动零件对介质强烈搅动后容易结晶的场合
按静环位于密封端盖内侧或外侧分	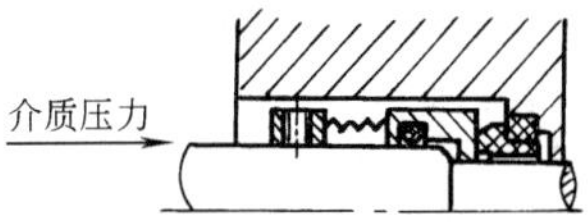 旋转式内装内流平衡型单端面密封 简称：内装式	静环装在密封端盖内侧，介质压力能作用在密封端面上，受力情况较好，端面比压随介质压力增大而增大，增加了密封的可靠性，一般情况下，介质泄漏方向与离心力方向相反而阻碍了介质的泄漏 不便于调节和检查，弹簧在介质中易腐蚀	应用广。常用于介质无强腐蚀性以及不影响弹簧机能的场合
	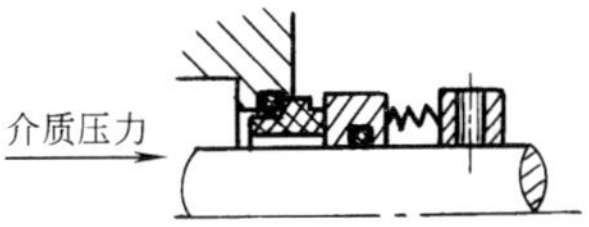 旋转式外装外流平衡型单端面密封 简称：外装式	静环装在密封端盖外侧，受力情况较差。介质作用力与弹簧力方向相反，欲达到一定的端面比压，须加大弹簧力。当介质压力波动时，会出现密封不稳定。低压启动时，摩擦副尚未形成液膜，易擦伤端面。一般情况下，介质泄漏方向与离心力方向相同，因而增加介质的泄漏。但因大部分零件不与介质接触，易解决材料耐蚀问题。便于观察、安装及维修	适用于强腐蚀性介质或用于易结晶而影响弹簧机能的场合 也适用于黏稠介质以及压力较低的场合
按密封介质泄漏方向分	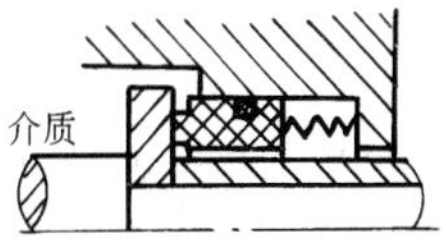 静止式内装内流非平衡型单端面密封 简称：内流式	密封介质在密封端面间的泄漏方向与离心力方向相反，泄漏量较外流式小	应用较广。多用于内装式密封，适用于含有固体悬浮颗粒介质的场合
	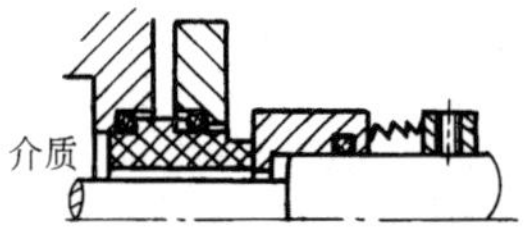 旋转式外装外流部分平衡型单端面密封 简称：外流式	密封介质在密封端面间的泄漏方向与离心力方向相同，泄漏量较内流式大	多用于外装式机械密封中，能加强密封端面的润滑，但介质压力不宜过高，一般小于 1MPa

续表

分类	结构简图及名称	特点	应用
按介质压力在端面引起的卸载情况分	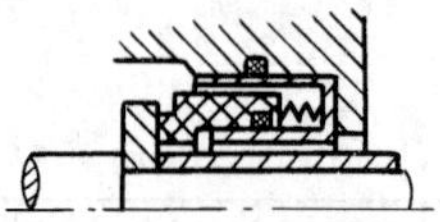 静止式内装内流平衡型单端面密封 简称:平衡式	介质压力在密封端面上引起卸载,即载荷系数 $K<1\left(K=\frac{载荷面积}{接触面积}\right)$,能全部平衡或部分平衡介质压力对端面的作用。端面比压随介质压力增高而缓慢增加,改善端面磨损情况	适用于介质压力较高的场合。对于一般介质可用于压力大于等于 0.7MPa;对于外装式密封$K=0.15\sim0.3$时,仅用于压力 0.2~0.3MPa;对于黏度较小、润滑性差的介质可用于介质压力大于等于 0.5MPa(或 pv 值小于 7)
	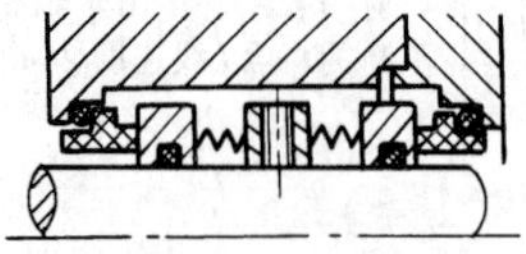 旋转式非平衡型双端面密封 简称:非平衡式	介质压力在密封端面上不能卸载,即载荷系数 $K\geqslant1$,端面比压随介质压力增加而迅速增加 在较高压力下,由于端面比压较大,易引起磨损加快。结构简单	适用于介质压力较低的场合,对于一般介质,可用于介质压力小于 0.7MPa;对于润滑性差及腐蚀性介质,可用于压力小于 0.5MPa(或 pv 值小于 7)
按密封端面的对数分	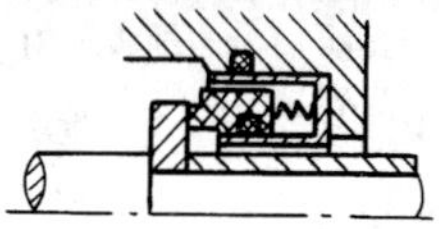 静止式内装内流非平衡型单端面密封 简称:单端面	由一对密封端面组成,制造、装拆方便。结构简单	应用广泛,适用于一般介质场合。与其他辅助密封并用时,可用于带悬浮颗粒、高温、高压等场合
	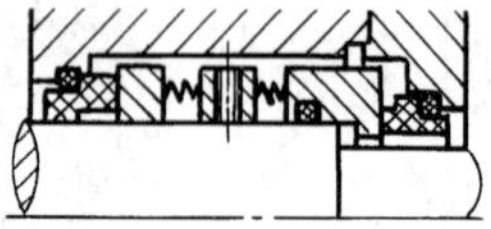 旋转型平衡式双端面密封 简称:双端面	由两对密封端面组成。在两密封端面之间通入流体的压力保持低于被密封介质的压力,这种密封型式称为非加压式双端面密封,该流体称为缓冲液;而通入流体的压力保持高于被密封介质的压力,这种密封型式称为加压式双端面密封,该流体称为隔离液。隔离液的压力比被密封介质的压力高 0.05~0.15MPa 结构复杂,密封可靠,但需注意有少量的隔离液漏到被密封介质内 隔离流体应选择不影响被密封介质的性能,又无毒、无腐蚀,润滑性能好、汽化温度高的介质	适用于强腐蚀、高温、带固体颗粒及纤维的介质、气体介质、易燃易爆、易挥发、低黏度的介质,以及高真空等场合

按弹簧的个数分

补偿环组件中含有一个弹簧,称为单弹簧式;补偿环组件中含有多个弹簧,称为多弹簧式,两者区别见下表

种类	比压均匀性	转速	弹簧力变化	缓冲性	腐蚀	脏物、结晶	弹簧力调整	制造	安装维修	空间
单弹簧式	端面上弹簧比压不均匀,轴径较大时更突出	转速增大时,离心力使弹簧变形和产生偏移,端面比压不稳定	压缩量变化时弹簧力变化小	摩擦副歪斜时,缓冲性能差	因弹簧丝径大,腐蚀对弹簧力影响小	脏物、结晶介质对弹簧性能影响较小	弹簧力不易调节	两平面平行度及对中心垂直度要求严格	安装简单,但更换弹簧时,需拆下密封装置	轴向尺寸大,径向尺寸小
多弹簧式	端面上弹簧比压均匀,轴径增大时不受影响	转速增大时端面比压稳定	压缩量变化时弹簧力变化较大	摩擦副歪斜时,缓冲性能好	因弹簧丝径小,腐蚀对弹簧力影响大	脏物、结晶介质会使弹簧性能丧失	可通过增减弹簧个数调节弹簧力	要求不严格,但弹簧高度及弹力应一致	安装烦琐,更换弹簧时,不需拆下密封装置	径向尺寸大,轴向尺寸小

应用:单弹簧式:适用于载荷较小、轴径较小、有强腐蚀性介质的场合,并需注意轴的旋转方向与弹簧旋向相同

多弹簧式:适用于载荷较大、轴径较大、条件较苛刻的场合

续表

分类	结构简图及名称	特　点	应　用
按弹性元件分	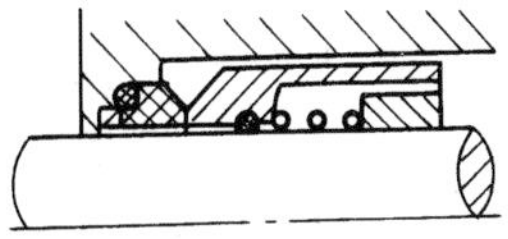 弹簧压紧式	用弹簧压紧密封端面，有时用弹簧传递转矩 由于端面磨损，使弹簧力在10%～20%范围内变化。制造简单，使用范围受辅助密封圈耐温限制	多数密封常用的型式，使用广泛
	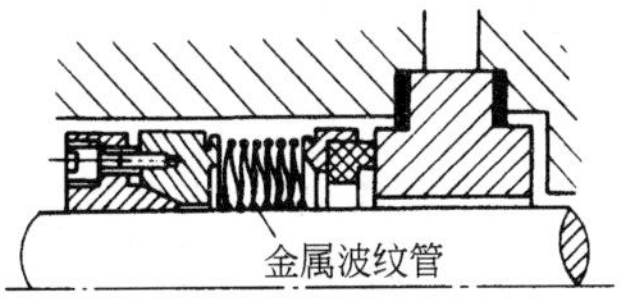 金属波纹管 波纹管式	用波纹管压紧密封端面 由于不需要辅助密封圈，所以使用温度不受辅助密封圈材质的限制	多用于高温或腐蚀介质等重要的场合
按非接触式机械密封结构分	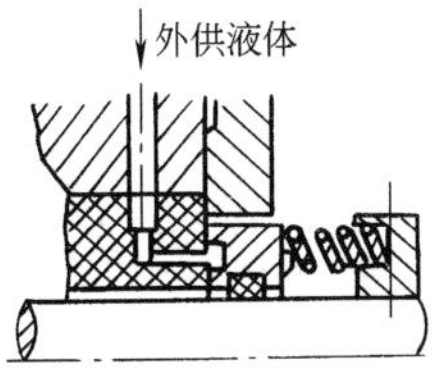 外供液体 流体静压式	在两个密封环之一的密封端面上开有环形沟槽和小孔，从外部引入比介质压力稍高的液体，保证端面润滑，并保证两端面间互不接触 通过调节外供液体压力控制泄漏、磨损和寿命 需设置另外一套外供液体系统，泄漏量较大	适用于高压介质和高速运转场合，往往与流体动压密封组合使用，但目前应用较少
	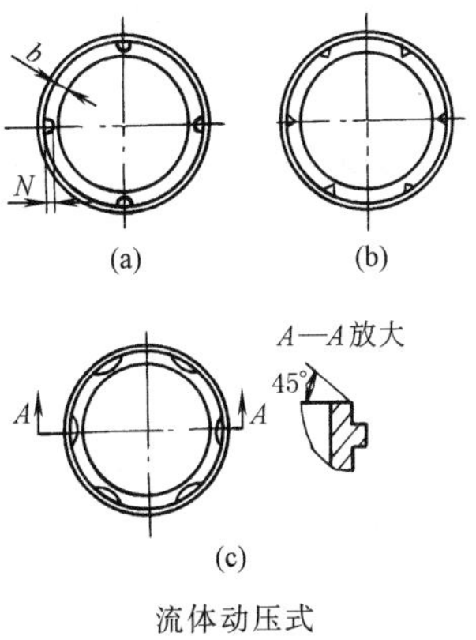 b　N　(a)　(b) A—A放大　45°　A　A　(c) 流体动压式	在两个密封环之一的密封端面开有各种沟槽，由于旋转而产生流体动力压力场，引入密封介质作为润滑剂并保证两端面间互不接触	适用于高压介质和高速运转的场合，$p_c v$值达270MPa·m/s，目前已在很多场合下使用，尤其是在重要的、条件比较苛刻的场合下使用
	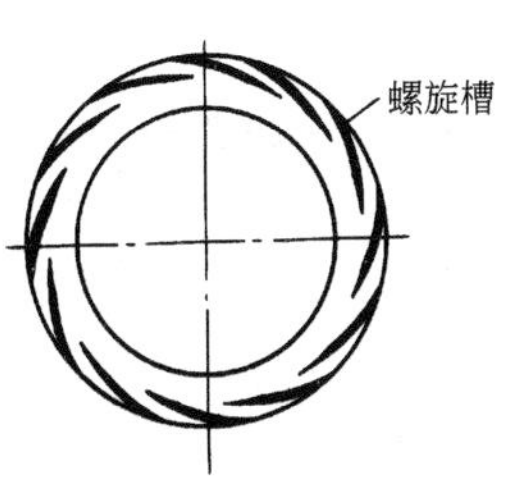 螺旋槽 干气密封	在两密封端面之一的端面上开设凹槽。当轴转动时，凹槽内的气体在凹槽泵送作用下使密封端面相互分离，从而实现非接触端面密封。因密封端面上只有气体，所以又称干气密封。凹槽型式有螺旋槽、圆弧槽、梯形槽、T形槽等 干气密封端面互不接触，寿命长、可靠性高、耗功低，节省密封液系统，但需供气系统	干气密封主要用于气体密封，如离心压缩机、螺杆压缩机，密封端面线速度可达150m/s，密封压力可达20MPa，使用温度达260℃ 干气密封亦可用于泵上，作为第二级密封与普通单端面密封组合成双端面密封

续表

分类		参数	名称
按机械密封工作参数分	按密封腔温度分	$t>150℃$	高温机械密封
		$80℃<t\leqslant150℃$	中温机械密封
		$-20℃\leqslant t\leqslant80℃$	普温机械密封
		$t<-20℃$	低温机械密封
	按密封腔压力分	$p>15\text{MPa}$	超高压机械密封
		$3\text{MPa}<p\leqslant15\text{MPa}$	高压机械密封
		$1\text{MPa}<p\leqslant3\text{MPa}$	中压机械密封
		常压$\leqslant p\leqslant1\text{MPa}$	低压机械密封
		负压	真空机械密封

分类	参数	名称
按密封端面速度分	$v>100\text{m/s}$	超高速机械密封
	$25\text{m/s}\leqslant v\leqslant100\text{m/s}$	高速机械密封
	$v<25\text{m/s}$	一般速度机械密封
按轴径尺寸分	$d>120\text{mm}$	大轴径机械密封
	$25\text{mm}\leqslant d\leqslant120\text{mm}$	一般轴径机械密封
	$d<25\text{mm}$	小轴径机械密封

分类	参数	名称
按工作参数分	满足下列条件之一： $p>3\text{MPa}$； $t<-20℃$ 或 $t>150℃$； $v\geqslant25\text{m/s}$； $d>120\text{mm}$	重型机械密封
	满足下列条件： $p<0.5\text{MPa}$； $0<t<80℃$； $v<10\text{m/s}$； $d\leqslant40\text{mm}$	轻型机械密封
	不满足重型和轻型使用条件的其他密封	中型机械密封

分类	参数	名称
按使用介质分	强酸、强碱及其他强腐蚀介质	耐强腐蚀介质机械密封
	油、水、有机溶剂及其他弱腐蚀介质	耐油、水及其他弱腐蚀介质机械密封
	含磨粒介质	耐磨粒介质机械密封

注：1. 上表与 JB/T 4127.2—2013 的“按密封流体在密封面间的泄漏方向与离心力方向分类”“按密封流体作用在密封端面上的压力分类”“按补偿机构中弹簧的个数分类”“按补偿弹性元件的特性分类”“按密封端面接触状态分类”不同。按照 JB/T 4127.2—2013“按作用原理和结构分类”，上表还缺“按密封流体所处的压力状态分类”“按弹簧是否置于密封流体之内分类”“按补偿环上离密封端面最远的背面是处于高压侧或低压侧分类”。

2. “按密封端面接触状态分类”分为“接触式机械密封”和“非接触式机械密封”。

3. “按使用工况和参数分类”分为“按密封腔不同温度分类”“按密封压力分类”“按适用密封端面线速度分类”“按对被密封介质含磨粒的适用性分类”“按对被密封介质腐蚀程度的耐用情况分类”“按轴径大小分类”“按参数和轴径分类”。

9.4 机械密封的识别标志

GB/T 6556—2016 规定了离心泵及类似旋转机械用机械密封的识别标志。

（1）单端面机械密封识别标志

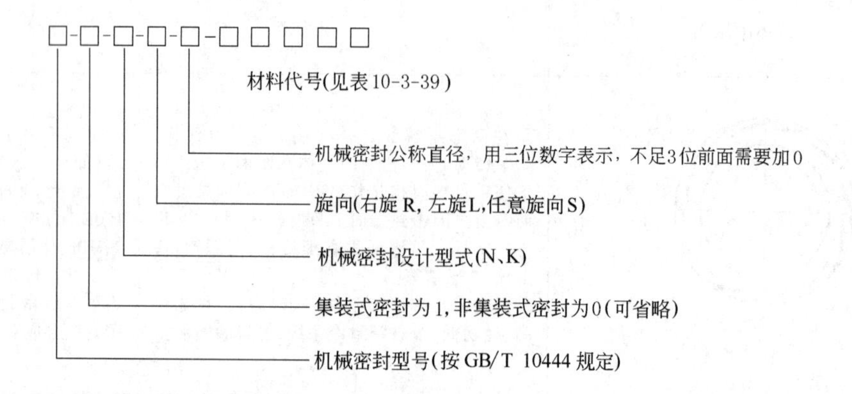

示例：108-0-N-R-055-QBPFF，表示108型单端面机械密封，非集装式密封（0），设计型式N型，右旋（R），公差直径 d_1 为55mm（055），旋转环材料为氮化硅（Q），静止环材料为石棉浸渍树脂（B），辅助密封圈材料为丁腈橡胶（P），弹簧材料为铬镍钢（F），其他结构件材料为铬镍钢（F）。

（2）双端面机械密封识别标志

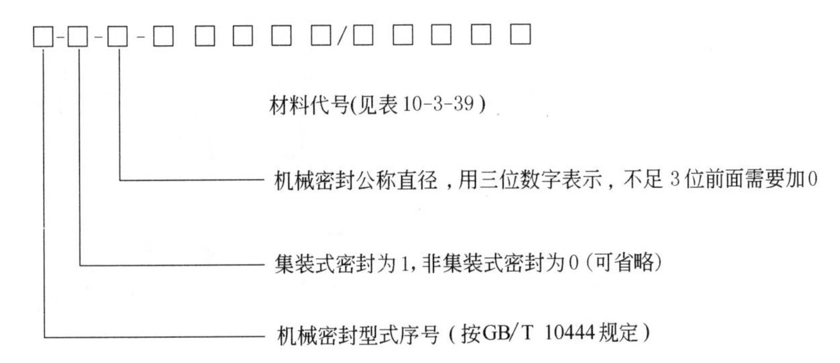

示例：UB191-0-080-UAVFF/UBPFF，表示UB191型双端面机械密封介质侧为非平衡型（U），大气侧为平衡型（B），非集装式密封（0），公差直径为80mm（080），介质侧材料：旋转环材料为钴基碳化钨（U），静止环材料为石墨浸渍金属（A），辅助密封圈材料为氟橡胶（V），弹簧材料为铬镍钢（F），其他结构件材料为铬镍钢（F）；大气侧材料：旋转环材料为钴基碳化钨（U），静止环材料为石墨浸渍树脂（B），辅助密封材料为丁腈橡胶（P），弹簧材料为铬镍钢（F），其他结构件材料为铬镍钢（F）。

9.5 机械密封的选用

表10-3-34 **机械密封的选用**

介质或使用条件		特　点	对密封要求	机械密封的选择
强腐蚀性介质	盐酸、铬酸、硫酸、醋酸等	密封件需承受腐蚀，密封面上的腐蚀速率通常为无摩擦作用表面腐蚀速率的10~50倍	密封环既耐蚀又耐磨，辅助密封圈的材料既要弹性好又要耐蚀、耐温 要求弹簧使用可靠	1—大弹簧；2—波纹管；3—静环；4—动环座 （1）参考表10-3-40选择与介质接触的材料 （2）采用外装式机械密封，加强冷却，防止温度升高 （3）如用内装式密封，弹簧加保护层，大弹簧外套塑料管，两端封住，或弹簧表面喷涂防腐层，如聚三氟氯乙烯、聚四氟乙烯、氯化聚醚等。应采用大弹簧，因丝径大，涂层不易剥落 （4）采用外装式波纹管密封。动环与波纹管制成一体，材料为聚四氟乙烯（玻璃纤维填充），静环为陶瓷；弹簧用塑料软管或涂层保护，与泄漏液隔离，如图所示 （5）外装式密封适用压力 $p \leqslant 0.5$MPa

续表

介质或使用条件		特点	对密封要求	机械密封的选择
易汽化介质	液化石油气、轻石脑油、乙醛、异丁烯、异丁烷、异丙烯	润滑性差，易使密封端面间液膜汽化，造成摩擦副干摩擦，降低密封使用寿命	要求摩擦因数低、导热性好的摩擦副材料 密封腔，尤其是密封端面要有充分冷却，防止泄漏液引起密封端面结冰（靠大气侧）	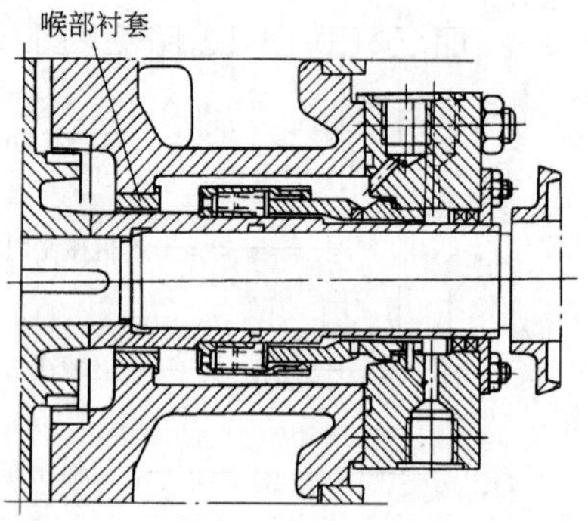 喉部衬套 (1)介质压力 $p\leqslant0.5\mathrm{MPa}$ 采用非平衡型密封；介质压力 $p>0.5\mathrm{MPa}$ 采用平衡型密封，降低端面比压 (2)采用非加压式双端面密封，从外部引入密封流体至密封腔（见表10-3-55密封方案52） (3)摩擦副材料建议采用碳化硅-石墨或碳化钨-石墨 (4)在泵的叶轮与密封之间装设喉部衬套，以保证密封腔内必要的压力，使密封端面间的液体温度比相应压力下的液体汽化温度低约14℃ (5)加强冷却与冲洗，以保证密封腔要求的温度 (6)采用加压式双端面密封，但需注意隔离液不能污染被密封介质，并保证隔离液压力高于被密封介质压力
高黏度介质	润滑脂、硫酸、齿轮油、汽缸油、苯乙烯、渣油、硅油	黏度高时润滑性能好，但过高会影响动环的浮动性，增加弹簧的传动力矩 黏度过高时，密封面之间不易形成液膜，润滑性能差，损坏密封环	摩擦副材料耐磨，弹簧要有足够的能力克服高黏度介质产生的阻力 避免密封腔温度过低而引起介质的黏度增高，要求密封腔保温或加热	(1)一般黏度的介质，当 $p\leqslant0.8\mathrm{MPa}$ 时，选用单端面非平衡型密封；当 $p>0.8\mathrm{MPa}$ 时，采用平衡型密封。当介质黏度为700～1600mPa·s时，需加大传动销和弹簧的设计，用以抵抗因黏度增加而增加的剪切力；大于1600mPa·s时，还需要加强润滑，如单端面密封通入外供冲洗液，或双端面密封通入隔离流体 (2)采用静止式双端面密封且带有加压式冲洗系统 (3)采用硬对硬摩擦副材料组合，如碳化硅-碳化硅，或碳化钨-碳化硅 (4)考虑保温结构，保证介质黏度不因温度降低而增高
含固体颗粒介质	塔底残油、油浆、原油	会引起密封环端面剧烈磨损。固体颗粒沉积在动环处会使动环失去浮动性，颗粒沉积在弹簧上会影响弹簧弹性	摩擦副耐磨，要能排除固体颗粒或防止固体颗粒沉淀	(1)采用加压式双端面密封，在密封腔内通入隔离流体。靠近介质侧的摩擦副采用碳化硅-碳化硅的材料组合 (2)若采用单端面密封，应从外部引入比被密封介质压力稍高的流体进行冲洗，当采用被密封介质进行冲洗时，在进入密封腔之前，把固体颗粒分离掉，且应采用大弹簧式密封结构

续表

介质或使用条件		特　点	对密封要求	机械密封的选择
气体	空气、乙烯气、丙烯气、氢气	润滑性能差，端面磨损大，渗透性强 用于搅拌设备时，多为立式，轴较长，摆动与振动较大，工艺条件变化较大，有时在高压下，有时在低压或真空下操作 用于压缩机时，转速高	石墨浸渍密封环孔隙率低、摩擦副材料耐磨 密封环浮动性能好，尤其是用于搅拌设备的密封 用于真空密封时，要注意外界空气漏入，注意密封的方向性	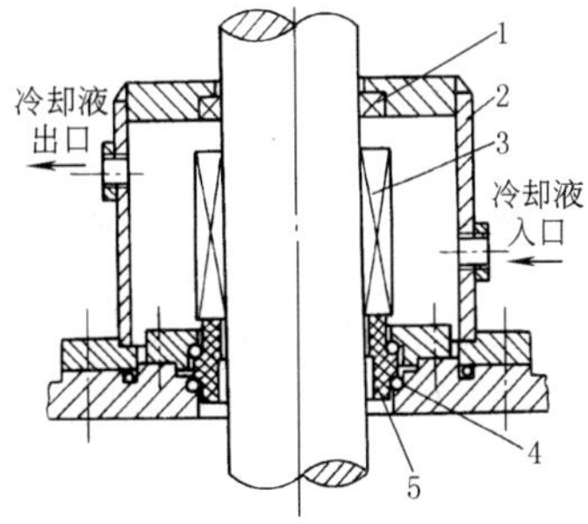 1—油封；2—冷却外壳；3—补偿动环组件；4—辅助密封圈；5—带有两个辅助密封圈的非补偿静环 (1)若用于搅拌设备的密封，当介质压力小于或等于0.6MPa时，可采用单端面密封(外装式)，并要求带有冷却外壳，如图所示。当介质压力大于0.6MPa时，或密封要求严格的场合，应采用加压式双端面密封 (2)用于真空密封时，多采用加压式双端面密封，通入真空油或难以挥发的液体作为隔离流体。用V形辅助密封圈需注意方向性 (3)用于压缩机密封，若转速较高，详见本表"高速"一栏。同时还要减小浸渍石墨环的孔隙率
高温	热油、热载体、油浆、苯酐、对苯二甲酸二甲酯(DMT)、熔盐、熔融硫	随着温度增高，加快密封材料的磨损和腐蚀，材料强度降低，介质易汽化，密封环易变形，橡胶老化，组合环配合松脱	密封材料耐高温，具有良好的导热性、低的摩擦因数和线胀系数 保证密封面间隙中液体温度低于介质汽化温度15～30℃	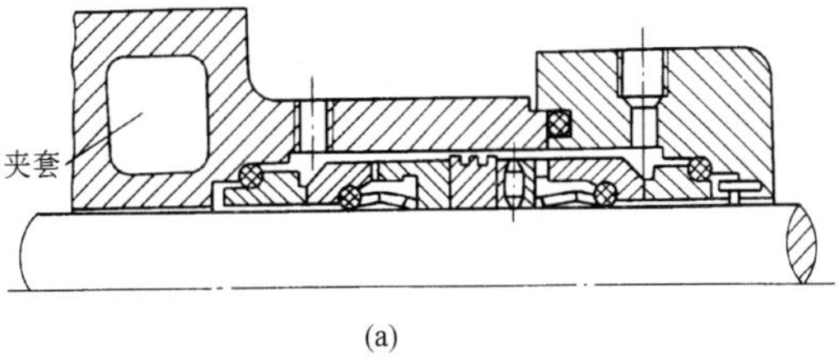 (a) 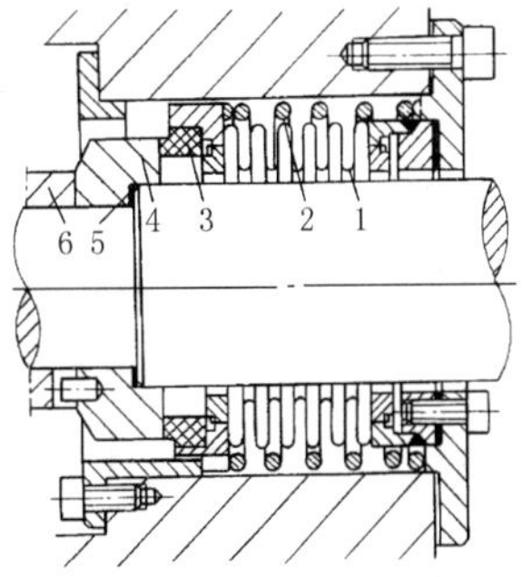 (b) 1—金属波纹管；2—压缩弹簧；3—压装的补偿静环；4—非补偿动环；5—垫片；6—轴套 (1)密封材料需进行稳定性热处理，消除残余应力，且线胀系数相近 (2)若采用单端面密封，端面宽度应尽量小，且需充分冷却和冲洗 (3)采用加压式双端面密封，外供隔离流体，为了提高辅助密封圈的寿命，在与介质接触侧的密封设置冷却夹套(见图a) (4)温度超过250℃时，采用金属波纹管式密封(见图b)。垫片5通过轴端螺母(图中未示)经轴套6压紧 (5)辅助密封圈材料使用温度范围见表10-3-36

续表

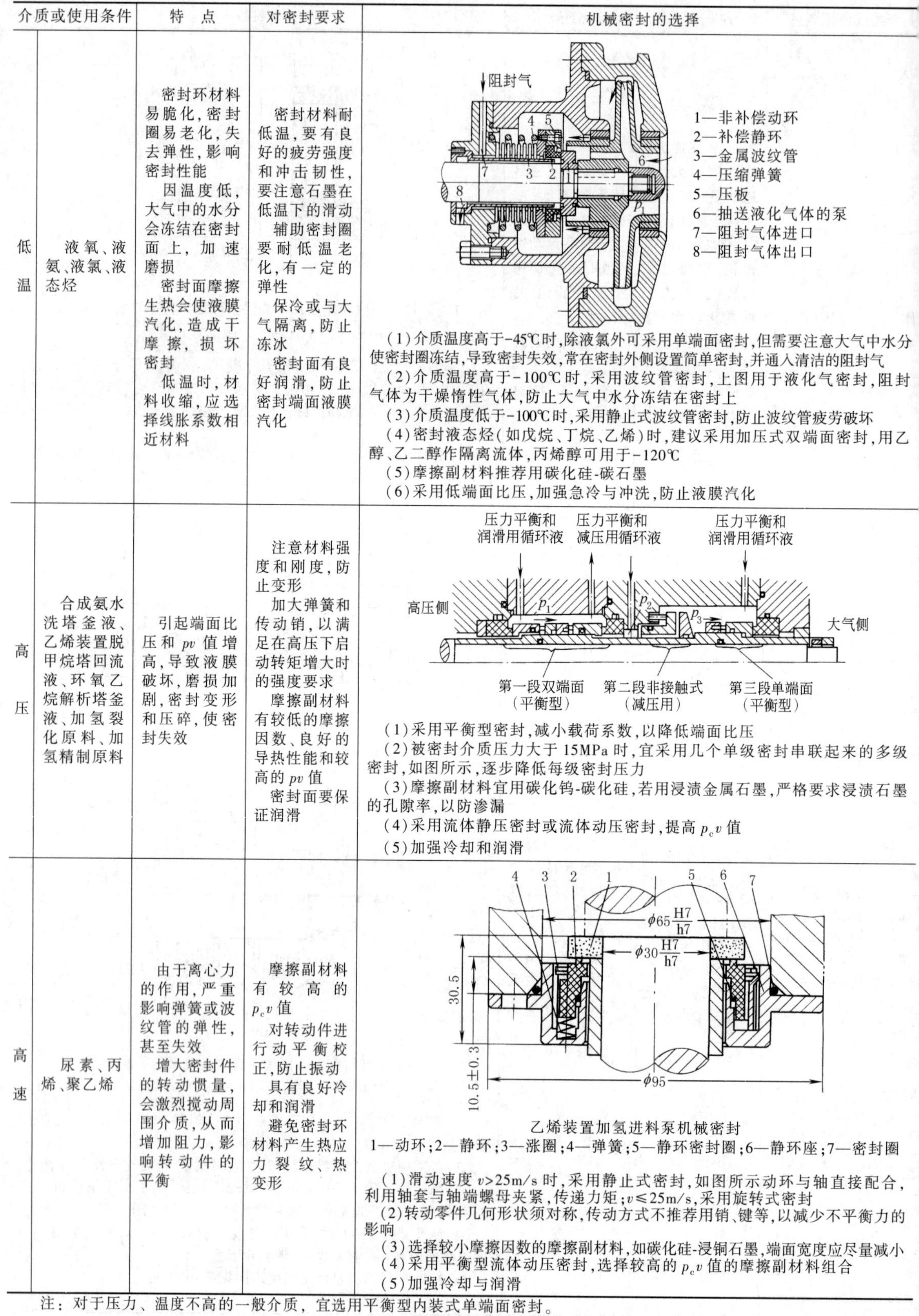

介质或使用条件		特　点	对密封要求	机械密封的选择
低温	液氧、液氨、液氯、液态烃	密封环材料易脆化，密封圈易老化，失去弹性，影响密封性能 因温度低，大气中的水分会冻结在密封面上，加速磨损 密封面摩擦生热会使液膜汽化，造成干摩擦，损坏密封 低温时，材料收缩，应选择线胀系数相近材料	密封材料耐低温，要有良好的疲劳强度和冲击韧性，要注意石墨在低温下的滑动 辅助密封圈要耐低温老化，有一定的弹性 保冷或与大气隔离，防止冻冰 密封面有良好润滑，防止密封端面液膜汽化	1—非补偿动环；2—补偿静环；3—金属波纹管；4—压缩弹簧；5—压板；6—抽送液化气体的泵；7—阻封气体进口；8—阻封气体出口 （1）介质温度高于-45℃时，除液氯外可采用单端面密封，但需要注意大气中水分使密封圈冻结，导致密封失效，常在密封外侧设置简单密封，并通入清洁的阻封气 （2）介质温度高于-100℃时，采用波纹管密封，上图用于液化气密封，阻封气体为干燥惰性气体，防止大气中水分冻结在密封上 （3）介质温度低于-100℃时，采用静止式波纹管密封，防止波纹管疲劳破坏 （4）密封液态烃（如戊烷、丁烷、乙烯）时，建议采用加压式双端面密封，用乙醇、乙二醇作隔离流体，丙烯醇可用于-120℃ （5）摩擦副材料推荐用碳化硅-碳石墨 （6）采用低端面比压，加强急冷与冲洗，防止液膜汽化
高压	合成氨水洗塔釜液、乙烯装置脱甲烷塔回流液、环氧乙烷解析塔釜液、加氢裂化原料、加氢精制原料	引起端面比压和 pv 值增高，导致液膜破坏，磨损加剧，密封变形和压碎，使密封失效	注意材料强度和刚度，防止变形 加大弹簧和传动销，以满足在高压下启动转矩增大时的强度要求 摩擦副材料有较低的摩擦因数、良好的导热性能和较高的 pv 值 密封面要保证润滑	（1）采用平衡型密封，减小载荷系数，以降低端面比压 （2）被密封介质压力大于15MPa时，宜采用几个单级密封串联起来的多级密封，如图所示，逐步降低每级密封压力 （3）摩擦副材料宜用碳化钨-碳化硅，若用浸渍金属石墨，严格要求浸渍石墨的孔隙率，以防渗漏 （4）采用流体静压密封或流体动压密封，提高 p_cv 值 （5）加强冷却和润滑
高速	尿素、丙烯、聚乙烯	由于离心力的作用，严重影响弹簧或波纹管的弹性，甚至失效 增大密封件的转动惯量，会激烈搅动周围介质，从而增加阻力，影响转动件的平衡	摩擦副材料有较高的 p_cv 值 对转动件进行动平衡校正，防止振动 具有良好冷却和润滑 避免密封环材料产生热应力裂纹、热变形	乙烯装置加氢进料泵机械密封 1—动环；2—静环；3—涨圈；4—弹簧；5—静环密封圈；6—静环座；7—密封圈 （1）滑动速度 v>25m/s 时，采用静止式密封，如图所示动环与轴直接配合，利用轴套与轴端螺母夹紧，传递力矩；v≤25m/s，采用旋转式密封 （2）转动零件几何形状须对称，传动方式不推荐用销、键等，以减少不平衡力的影响 （3）选择较小摩擦因数的摩擦副材料，如碳化硅-浸铜石墨，端面宽度应尽量减小 （4）采用平衡型流体动压密封，选择较高的 p_cv 值的摩擦副材料组合 （5）加强冷却与润滑

注：对于压力、温度不高的一般介质，宜选用平衡型内装式单端面密封。

9.6 常用机械密封材料

(1) 摩擦副材料

表 10-3-35　　摩擦副材料

材料		物理、力学性能								使用温度/℃	特点
		密度/g·cm^{-3}	硬度	热导率/W·m^{-1}·K^{-1}	线胀系数/10^{-6}℃$^{-1}$	抗压强度/MPa	抗弯强度/MPa	弹性模量/10^{5}MPa	孔隙率/%		
石墨	浸酚醛树脂	1.75~1.9	50~80HS	5~6	6.5	120~260	50~70		5	170	良好的润滑性和低的摩擦因数(f=0.04~0.05),热稳定性良好 良好的热导率和低的线胀系数 良好的耐蚀性,除了强氧化介质及卤素外,耐各种浓度的酸、碱、盐及有机化合物的腐蚀 使用广泛,但不适用于含固体颗粒的介质 浸渍酚醛石墨耐酸性好,浸渍环氧石墨耐碱性好,浸渍呋喃石墨耐酸、耐碱,浸渍金属石墨耐高温,提高$(p_c v)_p$值 强度低、弹性模量小,易发生残余变形
	浸呋喃树脂	1.6~1.8	75~85HS	4~6	4~6	80~150	35~70	1.4~1.6	2	170	
	浸环氧树脂	1.6~1.9	40~75HS	5~6	8~11	100~270	45~75	1.3~1.7	2	200	
	浸巴氏合金	2.2~3.0	45~90HS		6	90~200	50~80		2	200	
	浸青铜	2.2~3.0	60~90HS			120~180	45~70		4		
	浸聚四氟乙烯	1.6~1.9	80~100HS	0.41~0.48		140~180	40~60		8	250	
氧化铝陶瓷	含95%氧化铝	3.3	78~82HRA	16.75	5.8~7.5	2000	220~360	2.3	0		线胀系数小,有良好导热性 具有高硬度、优良的耐蚀性和耐磨性,但不耐氢氟酸、浓碱腐蚀 能耐一定的温度急变,脆性大,加工困难
	含99%氧化铝	3.9	85~90HRA	16.75	5.3	2100	340~540	3.5	0		
碳化硅	反应烧结碳化硅	3.05	92~93HRA	100~125	4.3~5		350~370	3.6~3.8	0.3	425	硬度极高,碳化硅与碳化硅摩擦副可用在含固体颗粒介质的密封 线胀系数小,导热性好耐蚀性好,但不耐氢氟酸、发烟硫酸、强碱等的腐蚀 有自润滑性,摩擦因数小(f=0.1) 耐热性好,抗振性好
	常压烧结碳化硅	3~3.1	93HRA	92	4.3~5		380~460	4	0.1		
	热压碳化硅	3.1~3.2	93~94HRA	84	4.5		450~550	4	0.1		
氮化硅	烧结氮化硅	2.5~2.6	80~85HRA	5	2.5	1200	180~220	1.67~2.16	13~16		耐温差剧变性好,线胀系数小(0.1) 强度高 耐磨性好,摩擦因数小,有自润滑性 耐蚀性好,但不耐氢氟酸腐蚀
	热压氮化硅	3.1~3.3	91~92HRA		2.7~2.8	1500	700~800	3	1		

续表

材料		物理、力学性能								使用温度/℃	特点
		密度/g·cm^{-3}	硬度	热导率/W·m^{-1}·K^{-1}	线胀系数/10^{-6}℃$^{-1}$	抗压强度/MPa	抗弯强度/MPa	弹性模量/10^5MPa	孔隙率/%		
碳化钨硬质合金	YG6	14.6~15	89.5HRA	79.6	4.5	4600	1400	5.6~6.2	0.1	400	具有极高的硬度和强度 有良好的耐磨性及抗颗粒冲刷性 热导率高，线胀系数小 具有一定的耐蚀性，但不耐盐酸和硝酸腐蚀 脆性大，机械加工困难，价格高
	YG8	14.4~14.8	89HRA	75.3	4.5~4.9	4470	1500				
	YG15	13.9~14.1	87HRA	58.62	5.3	3660	2100				
填充聚四氟乙烯	含20%石墨	2.16	40HS（横向）	0.48	1.46（100℃纵向）	16.4（抗拉）	24.9		吸水率+0.3	-180~250	摩擦因数小 具有优异的耐蚀性 耐温性好，使用温度范围广 根据要求，加入不同材料进行改性，如加石墨、二硫化钼可减小摩擦因数，加入玻璃纤维、青铜粉可减小磨损率
	含40%玻璃纤维	2.15	43.5HS（横向）	0.25	1.19（100℃纵向）	13.9（抗拉）	19.9		吸水率+0.47	-180~250	
	含40%玻璃纤维+5%石墨	2.26	37.6HS（横向）	0.43	1.20（100℃纵向）	11.2（抗拉）	20.1		吸水率-0.77	-180~250	
青铜	QSn6.5-0.4	8.82	160~200HB	50.24	19.1	686~785		1.12			具有良好的导热性、耐磨性 与碳化钨硬质合金配对使用，比石墨具有良好的耐磨性能和抗脆性 有较高的弹性模量，变形小 耐蚀性能较差，主要用于海水、油品等中性介质
	QSn10-1	7.76									
钢结硬质合金	R5	6.4	70~73HRC		9.16~11.13		1300	3.21			是一种以钢为粘接相，碳化钛为硬质相的硬质合金材料 具有较高的弹性模量、硬度、强度和低的摩擦因数，自配对 $f=0.04$（R5），$f=0.215$（R8） 具有较高的耐蚀性，如耐硝酸、氢氧化钠等，还具有良好的加工性
	R8	6.25	62~66HRC		7.58~10.6		1100				

注：1. 进一步参考表10-3-39。

2. GB/T 33509—2017 规定了“摩擦副组对材料”的材料要求，见本章第9.14.1节。

（2）辅助密封圈材料

表10-3-36 **辅助密封圈材料**

名称	代号	使用温度范围/℃	特点	应用
天然橡胶	NR	-50~120	弹性和低温性能好，但高温性能差，耐油性差，在空气中容易老化	用于水、醇类介质，不宜在燃料油中使用
丁苯橡胶	SBR	-30~120	耐动、植物油，对一般矿物油则膨胀大，耐老化性强，耐磨性比天然橡胶好	用于水、动植物油、酒精类介质，不可用于矿物油

续表

名称		代号	使用温度范围/℃	特点	应用
丁腈橡胶	中丙烯腈(丁腈-26)	NBR	-30~120	耐油、耐磨、耐老化性好。但不适用于磷酸、脂系液压油及含极压添加剂的齿轮油和酮类介质	应用广泛。适用于耐油性要求高的场合，如矿物油、汽油
	高丙烯腈(丁腈-40)		-20~120	耐燃料油、汽油及矿物油性能最好，丙烯腈含量高，耐油性能好，但耐寒性较差	
乙丙橡胶		EPDM	-50~150	耐热性、耐寒性、耐老化性、耐臭氧性、耐酸碱性、耐磨性好，但不耐一般矿物油(润滑油及液压油)	适用于要求耐热的场合，可用于过热蒸汽，但不可用于矿物油、液氨和氨水中
硅橡胶		MPVQ、MVQ	-70~250	耐热、耐寒性能和耐压缩永久变形极佳。但机械强度差，在汽油、苯等溶剂中膨胀大，在高压水蒸气中发生分解，在酸碱作用下发生离子型分解	用于高、低温下高速旋转的场合，如矿物油、弱酸、弱碱
氟橡胶		FKM	-20~200	耐油、耐热和耐酸、碱性能极佳，几乎耐所有润滑油、燃料油。耐真空性好。但耐寒性和耐压缩永久变形性不好，价格高	用于耐高温、耐腐蚀的场合，如丁烷、丙烷、乙烯，但对有机酸、酮、酯类溶剂不适用
聚硫橡胶		T	0~80	耐油、耐溶剂性能极佳，在汽油中几乎不膨胀。强度、撕裂性、耐磨性能差，使用温度狭窄	多用于在介质中不允许膨胀的静止密封
氯丁橡胶		CR	-40~130	耐老化性、耐臭氧性、耐热性比较好，耐燃性在通用橡胶中为最好，耐油性次于丁腈橡胶而优于其他橡胶，耐酸、碱、溶剂性能也较好	用于易燃性介质及酸、碱、溶剂等场合，但不能用于芳香烃及氯化烃油介质
填充聚四氟乙烯		PTFE	-260~260	耐磨性极佳，耐热、耐寒、耐溶剂、耐蚀性能好，具有低的透气性但弹性极差，线胀系数大	用于高温或低温条件下的酸、碱、盐、溶剂等强腐蚀性介质

注：1. 进一步参考表10-3-39。

2. GB/T 33509—2017规定了“辅助密封圈”的材料要求，见本章9.14.1节。

(3) 弹簧材料

表10-3-37　弹簧材料

材料种类	材料牌号	直径/mm	扭转极限应力 τ/MPa	许用扭转工作应力 τ/MPa	剪切弹性模量 G/MPa	使用温度范围/℃	说明
磷青铜	QSi3-1	0.3~6	$0.5\sigma_b$	$0.4\sigma_b$	392	-40~200	防磁性好，用于海水和油类介质中
	QSn4-3	0.3~6	$0.4\sigma_b$	$0.3\sigma_b$			
碳素弹簧钢	65Mn 60Si2Mn	5~10 5~10	4.9 7.3	3.9 5.8	785	-40~120	用于常温无腐蚀性介质中
	50CrVA	5~10	4.4	3.53	785	-40~400	用于高温无腐蚀性介质中
不锈钢	3Cr13 4Cr13	1~10	4.4	3.53	392	-40~400	用于弱腐蚀性介质中
	1Cr18Ni9Ti	0.5~8	3.92	3.2	784	-100~200	用于强腐蚀性介质中

注：1. 使用温度范围是指密封腔内介质温度。

2. 对弹簧材料的要求是耐介质的腐蚀，在长期工作条件下不减少或失去原有的弹性，在密封面磨损后仍能维持必要的压紧力。

3. 进一步参考表10-3-39。

4. GB/T 33509—2017规定了“弹簧”的材料要求，见本章9.14.1节。

(4) 波纹管材料

表 10-3-38　　波纹管材料

名　称	密度 /g·cm^{-3}	热导率 /W·cm^{-1}·℃$^{-1}$	线胀系数 /10^{-6}℃$^{-1}$	弹性模量 /10^{4}MPa	抗拉强度 /MPa	特点与应用
黄铜 (H80)	8.8	141	19.1	10.5	270	塑性、工艺性能好,弹性差。所制作的波纹管常与弹簧联合使用
不锈钢 (1Cr18Ni9Ti)	8.03		5.2 (0~100℃)	19	750 (半冷作硬化)	力学性能、耐蚀性能好。应用广泛,常用厚度 0.05~0.45mm
铍青铜 (QBe2)	8.3		5.2 (21℃)	13.1 (21℃)	1220	工艺性好,弹性、塑性较好,耐蚀性好,疲劳极限高,用于 180℃ 以下、要求较高的场合
海氏合金 C	8.94		3.9 (21~316℃)	20.5 (20℃)	885 (21℃)	耐蚀、抗氧化性能好,能耐多种酸(包括盐酸)及碱的腐蚀
聚四氟乙烯	2.2~2.35	0.0026	8~25		14~25	耐蚀、耐热、耐低温、耐水、韧性好,但导热性差,线胀系数大,冷流性大,需与弹簧组合使用

注：1. 进一步参考表 10-3-39。
2. GB/T 33509—2017 规定了“金属波纹管”的材料要求，见本章 9.14.1 节。

(5) 材料代号（摘自 GB/T 6556—2016）

表 10-3-39　　材料代号

旋转环、静止环材料	辅助密封圈材料	弹簧和其他结构
碳-石墨	弹性材料	D　碳钢
A　石墨浸渍金属	P　丁腈橡胶	E　铬钢
B　石墨浸渍树脂	N　氯丁橡胶	F　铬镍钢
C　其他碳石墨	B　丁基橡胶	G　铬镍钼钢
	E　乙丙橡胶	H　铬镍合金
金属	S　硅橡胶	M　高镍合金
D　碳钢	V　氟橡胶	N　青铜
E　铬钢	H　氢化丁腈	T　钛合金
F　铬镍钢	U　全氟化橡胶	Q　其他材料
G　铬镍钼钢	X　其他弹性材料	
H　铬镍钢合金		
K　铬镍钼钢合金	非弹性材料	
M　高镍合金	T　聚四氟乙烯	
N　青铜	A　浸渍石棉	
P　铸铁	F　石墨橡胶材料	
R　合金铸铁	C　柔性石墨	
S　铸造铬钢	Y　其他非弹性材料	
T　其他金属		
金属表面硬化处理	包覆弹性体	
I　金属表面堆焊	M　氟塑料全包覆橡胶	
J　金属表面喷涂		
氮化物		
Q　氮化硅		
碳化物		
U　碳化钨		
O　碳化硅		
L　其他碳化物		
金属氧化物		
V　氧化铝		
W　氧化铬		
X　其他金属氧化物		
塑料		
Y　增强聚四氟乙烯		
Z　其他工程塑料		

(6) 典型工况下机械密封材料选择

表 10-3-40　典型工况下机械密封材料

介质			材料			
名称	浓度/%	温度/℃	静环	动环	辅助密封圈	弹簧
硫酸	5~40	20	浸呋喃树脂石墨	氮化硅	聚四氟乙烯、氟橡胶	Cr13Ni25Mo3Cu3Si3Ti、哈氏合金B
	98	60	钢结硬质合金(R8)、氮化硅、氧化铝陶瓷	填充聚四氟乙烯		1Cr18Ni12Mo2Ti、4Cr13喷涂聚三氟氯乙烯
	40~80	60	浸呋喃树脂石墨	氮化硅	聚四氟乙烯、氟橡胶	Cr13Ni25Mo3Cu3Si3Ti、哈氏合金B
	98	70	钢结硬质合金(R8)、氮化硅、氧化铝陶瓷	填充聚四氟乙烯		1Cr18Ni12Mo2Ti、4Cr13喷涂聚三氟氯乙烯
硝酸	50~60	20~沸点	填充聚四氟乙烯	氮化硅	聚四氟乙烯、氟橡胶	
			氮化硅、氧化铝陶瓷	填充聚四氟乙烯	聚四氟乙烯	1Cr18Ni12Mo2Ti
	60~99	20~沸点	氧化铝陶瓷			
盐酸	2~37	20~70	氮化硅、氧化铝陶瓷	填充聚四氟乙烯	氟橡胶	哈氏合金B、钛钼合金(Ti32Mo)
			浸呋喃树脂石墨	氮化硅		
醋酸	5~100	沸点以下	浸呋喃树脂石墨	氮化硅	硅橡胶	1Cr18Ni12Mo2Ti
			氮化硅、氧化铝陶瓷	填充聚四氟乙烯		
磷酸	10~99	沸点以下	浸呋喃树脂石墨	氮化硅	氟橡胶、聚四氟乙烯	1Cr18Ni12Mo2Ti
			氮化硅、氧化铝陶瓷	填充聚四氟乙烯		
氨水	10~25	20~沸点	浸环氧树脂石墨	氮化硅 钢结硬质合金(R5)	硅橡胶	1Cr18Ni12Mo2Ti
氢氧化钾	10~40	90~120	浸呋喃树脂石墨	氮化硅、钢结硬质合金(R8)、碳化钨(WC)	氟橡胶、聚四氟乙烯	1Cr18Ni12Mo2Ti
	含有悬浮颗粒	20~120	氮化硅	氮化硅		
			钢结硬质合金(R8)	钢结硬质合金(R8)		
			碳化钨(WC)	碳化钨(WC)		
氢氧化钠	10~42	90~120	浸呋喃树脂石墨	氮化硅 钢结硬质合金(R8) 碳化钨(WC)	氟橡胶、聚四氟乙烯	1Cr18Ni12Mo2Ti
	含有悬浮颗粒	20~120	氮化硅	氮化硅		
			钢结硬质合金(R8)	钢结硬质合金(R8)		
			碳化钨(WC)	碳化钨(WC)		
氯化钠	5~20	20~沸点	浸环氧树脂石墨	氮化硅	氟橡胶、聚四氟乙烯	1Cr18Ni12Mo2Ti
硝酸铵	10~75	20~90	浸环氧树脂石墨	氮化硅	氟橡胶、聚四氟乙烯	1Cr18Ni12Mo2Ti
氯化铵	10	20~沸点	浸环氧树脂石墨	氮化硅	氟橡胶、聚四氟乙烯	1Cr18Ni12Mo2Ti

续表

<table>
<tr><th colspan="4">介　质</th><th colspan="4">材　料</th></tr>
<tr><th colspan="2">名　称</th><th>浓度/%</th><th>温度/℃</th><th>静　环</th><th>动　环</th><th>辅助密封圈</th><th>弹　簧</th></tr>
<tr><td colspan="2" rowspan="3">海水</td><td></td><td rowspan="3">常温</td><td>浸环氧树脂石墨
青铜</td><td>氮化硅
氧化铝陶瓷</td><td rowspan="3">氟橡胶、聚四氟乙烯</td><td rowspan="3">1Cr18Ni12Mo2Ti</td></tr>
<tr><td rowspan="2">含有泥沙</td><td>氮化硅</td><td>氮化硅</td></tr>
<tr><td>碳化钨</td><td>碳化钨</td></tr>
<tr><td colspan="2" rowspan="5">汽油、机油、液态烃等油类</td><td rowspan="2"></td><td>常温</td><td>浸树脂石墨</td><td>碳化钨
堆焊硬质合金</td><td>丁腈橡胶</td><td rowspan="5">3Cr13、4Cr13、65Mn、60Si2Mn、50CrV</td></tr>
<tr><td>高温
(>150)</td><td>浸青铜石墨
石墨浸渍巴氏合金</td><td>碳化钨、碳化硅、氮化硅</td><td>氟橡胶、聚四氟乙烯</td></tr>
<tr><td rowspan="3">含有悬浮颗粒</td><td rowspan="3"></td><td>碳化钨</td><td>碳化钨</td><td rowspan="3">丁腈橡胶</td></tr>
<tr><td>碳化硅</td><td>碳化硅</td></tr>
<tr><td>氮化硅</td><td>氮化硅</td></tr>
<tr><td rowspan="6">有机物</td><td>尿素</td><td>98.7</td><td>140</td><td>浸树脂石墨</td><td>碳化钨、碳化硅、氮化硅</td><td>聚四氟乙烯</td><td rowspan="6">3Cr13、4Cr13</td></tr>
<tr><td>苯</td><td>100 以下</td><td>沸点以下</td><td>浸酚醛树脂石墨
浸呋喃树脂石墨</td><td rowspan="5">碳化钨、45 钢、铸钢、碳化硅、氮化硅</td><td>聚硫橡胶、聚四氟乙烯</td></tr>
<tr><td>丙酮</td><td rowspan="4">95</td><td rowspan="4">沸点以下</td><td>浸呋喃树脂石墨</td><td>乙丙橡胶、聚硫橡胶、聚四氟乙烯</td></tr>
<tr><td>醇</td><td rowspan="3">浸树脂石墨
酚醛塑料、填充聚四氟乙烯</td><td>丁腈、氯丁、聚硫橡胶,乙丙、丁苯、氟橡胶,聚四氟乙烯</td></tr>
<tr><td>醛</td><td>乙丙橡胶、聚四氟乙烯</td></tr>
<tr><td>其他有机溶剂</td><td>聚四氟乙烯</td></tr>
</table>

注：本表所列材料仅供选用时参考。设计人员应根据具体的工况条件选择适当的密封材料。

9.7 机械密封的计算

(1) 端面比压与弹簧比压选择

表 10-3-41　　端面比压与弹簧比压

<table>
<tr><th>项目</th><th>选择原则</th><th colspan="2">介　质</th><th>p_c/MPa</th></tr>
<tr><td rowspan="5">端面比压
p_c</td><td rowspan="5">(1)端面比压(密封面上的单位压力)应始终是正值(即 $p_c>0$),且不能小于端面间液膜的反压力,使端面始终被压紧贴合
(2)端面比压应大于因摩擦使端面间温度升高时的介质饱和蒸气压,否则因介质蒸发而破坏端面间液膜
(3)控制端面比压数值,使端面间液膜在泄漏量尽可能小的条件下,还能保持端面间的润滑作用
(4)必须考虑到摩擦副线速度 v(密封端面平均线速度)的影响,使 $p_c v$ 值小于材料的允许 $(p_c v)_p$ 值</td><td rowspan="2">一般介质</td><td>内装式</td><td>0.3~0.6</td></tr>
<tr><td>外装式</td><td>0.15~0.4</td></tr>
<tr><td colspan="2">介质压力高,润滑性好,如柴油、润滑油等重质油(内装式密封)</td><td>0.5~0.7</td></tr>
<tr><td colspan="2">润滑性差,易挥发介质,如液态烃、丙烷、汽油、煤油(内装式密封)</td><td>0.3~0.45</td></tr>
<tr><td colspan="2">气体介质</td><td>0.1~0.3</td></tr>
</table>

续表

<table>
<tr><th>项目</th><th>选择原则</th><th>密封类型</th><th>介　质</th><th>p_c/MPa</th></tr>
<tr><td rowspan="7">弹簧比压 p_s</td><td rowspan="7">(1)弹簧比压(弹性元件在端面上产生的单位压力)应能保证密封低压操作、停车时的密封和克服密封圈与轴(轴套)的摩擦力
(2)辅助密封圈若采用橡胶材料,弹簧比压可低些;若采用聚四氟乙烯材料,弹簧比压应取得高些
(3)压力高、润滑性好的介质,弹簧比压可大些;反之,应取小些</td><td rowspan="4">内装式密封(平衡型与非平衡型)</td><td>介质与条件</td><td>p_s/MPa</td></tr>
<tr><td>一般介质,$v_{中}=10\sim30$m/s</td><td>0.15~0.25</td></tr>
<tr><td>低黏度介质,如液态烃 $v_{高}>30$m/s</td><td>0.14~0.16</td></tr>
<tr><td>$v_{低}<10$m/s</td><td>0.25</td></tr>
<tr><td rowspan="3">外装式密封</td><td>载荷系数 $K\leqslant0.3$</td><td>比被密封介质压力高 0.2~0.3</td></tr>
<tr><td>载荷系数 $K\geqslant0.65$</td><td>0.15~0.25</td></tr>
<tr><td>真空密封</td><td>0.2~0.3</td></tr>
</table>

(2) 端面比压及结构尺寸计算

表 10-3-42　　端面比压及结构尺寸

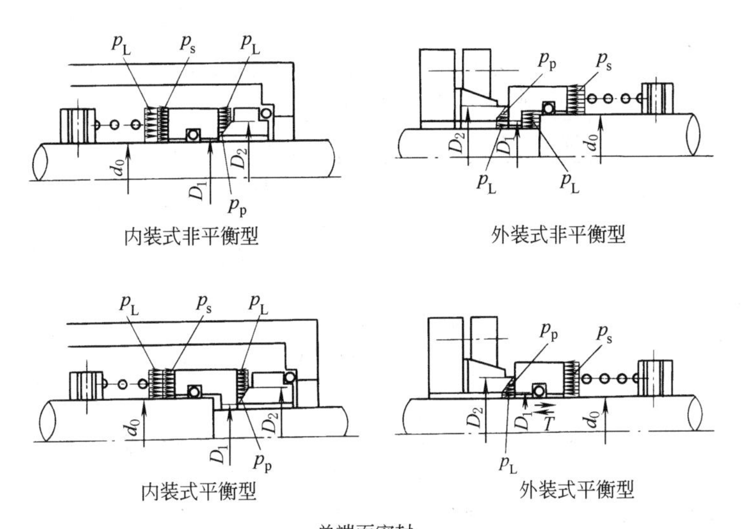

单端面密封

d_0—轴径,mm;D_1—密封环接触端面(密封端面)内径,mm;D_2—密封环接触端面外径,mm;p_L—密封腔介质压力,MPa;p_s—弹簧比压,MPa;p_p—密封环接触端面平均压力,MPa

<table>
<tr><th colspan="2">项　目</th><th>内装式密封</th><th>外装式密封</th></tr>
<tr><td rowspan="4">单端面密封端面比压计算</td><td>密封环接触端面平均压力 p_p/MPa</td><td colspan="2">$p_p=\lambda p_L$</td></tr>
<tr><td>密封环接触端面液膜推开力 R/N</td><td colspan="2">$R=\frac{\pi}{4}(D_2^2-D_1^2)p_p$</td></tr>
<tr><td>总的弹簧力 F_s/N</td><td colspan="2">$F_s=\frac{\pi}{4}(D_2^2-D_1^2)p_s$</td></tr>
<tr><td>密封腔内介质作用力 F_L/N</td><td>$F_L=\frac{\pi}{4}(D_2^2-d_0^2)p_L$</td><td>$F_L=\frac{\pi}{4}(d_0^2-D_1^2)p_L$</td></tr>
</table>

续表

	项目	内装式密封	外装式密封
单端面密封端面比压计算	动环所受的合力 F(由接触端面承受)/N	$F=F_s+F_L-R$	
	端面比压 p_c/MPa	$p_c=\dfrac{F}{\dfrac{\pi}{4}(D_2^2-D_1^2)}=p_s+p_L(K-\lambda)$ 式中 K 值:内装式密封用 K_1,外装式密封用 K_e 选择适当 K 值,使 p_c 及 p_cv 控制在表 10-3-41 及表 10-3-44 的范围内	
	载荷系数 K	$K_1=\dfrac{载荷面积}{接触面积}=\dfrac{D_2^2-d_0^2}{D_2^2-D_1^2}$ 通常:非平衡型 $K_1=1.15\sim1.3$ 平衡型 $K_1=0.55\sim0.85$ 丙烷、丁烷等低黏度：$K_1=0.5$ 水、水溶液、汽油：$K_1=0.58\sim0.6$ 油类高黏度介质：$K_1=0.6\sim0.7$	$K_e=\dfrac{载荷面积}{接触面积}=\dfrac{d_0^2-D_1^2}{D_2^2-D_1^2}$ 通常:非平衡型 $K_e=1.2\sim1.3$ 平衡型 $K_e=0.65\sim0.8$ $K_e\leqslant0$ 为全平衡型,表示介质作用力与弹簧力方向相反
		K 值大小与介质黏度、温度、汽化压力有关,黏度低取小值,但一般 $K\geqslant0.5$	
	反压力系数 $\lambda(\lambda_{sL})$	$\lambda=\dfrac{2D_2+D_1}{3(D_2+D_1)}$ λ 值不仅与密封端面尺寸有关,而且与介质黏度有关。低黏度介质(如液态烃、氨等)λ 值稍高,高黏度介质(如重润滑油等)λ 值稍低 介质：水 0.5；油 0.34；气 0.67；液化气 0.7	$\lambda=0.7$
	校验 p_cv 值	$p_cv\leqslant(p_cv)_p$ $v=\dfrac{\pi(D_2+D_1)n}{120}$ 式中 p_c——端面比压,MPa v——密封端面平均速度,m/s D_2,D_1——密封端面外径、内径,m n——动环转速,r/min $(p_cv)_p$——许用 p_cv 值,MPa·m/s,参照表 10-3-44 选取	
双端面密封端面比压计算	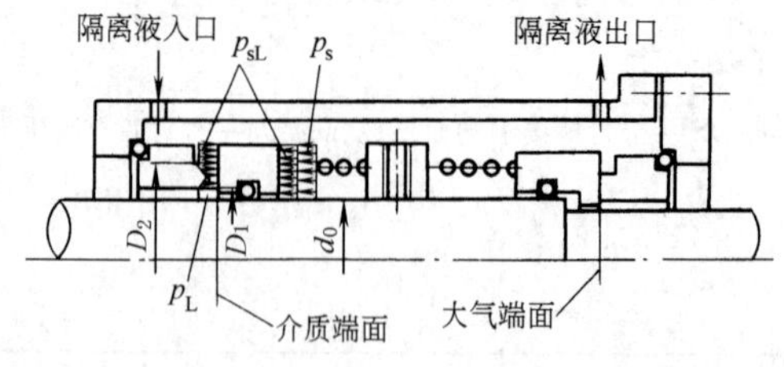 		p_{sL}——密封腔内隔离液压力,MPa 其他符号见本表单端面密封
	隔离流体作用力 F_{sL}/N	大气端密封：端面比压计算与内装式单端面密封相同 介质端密封：$F_{sL}=\dfrac{\pi}{4}(D_2^2-d_0^2)p_{sL}$	K_1、K_e 计算及 λ 值的选取见本表单端面密封
	密封环接触端面液膜推开力 R/N	介质端密封：$R=\dfrac{\pi}{4}(D_2^2-D_1^2)(p_L+p_{sL})\lambda$	
	总的弹簧力 F_s/N	介质端密封：$F_s=\dfrac{\pi}{4}(D_2^2-D_1^2)p_s$	
	密封介质作用力 F_L/N	介质端密封：$F_L=\dfrac{\pi}{4}(D_2^2-d_0^2)p_L$	

续表

<table>
<tr><th colspan="2">项　　目</th><th colspan="2">内装式密封</th><th colspan="2">外装式密封</th></tr>
<tr><td rowspan="3">双端面密封端面比压计算</td><td>动环所受的合力 F（由接触端面承受）/N</td><td rowspan="3">介质端密封</td><td colspan="2">$F=F_s+F_{sL}-F_L-R$</td><td rowspan="3">K_1、K_e 计算及 λ 值的选取见本表单端面密封</td></tr>
<tr><td>端面比压 p_c/MPa</td><td colspan="2">$p_c=\dfrac{F}{\dfrac{\pi}{4}(D_2^2-D_1^2)}=p_s+p_{sL}(K_1-\lambda)+p_L(K_e-\lambda)$</td></tr>
<tr><td>校验 p_cv 值</td><td colspan="2">$p_cv<(p_cv)_p$
其他见本表单端面密封</td></tr>
<tr><td rowspan="5">几何尺寸计算</td><td rowspan="2">接触端面内径 D_1/mm</td><td colspan="4">内装式密封：$D_1=-2b(1-K)+\sqrt{d_0^2-4b^2K(1-K)}$</td></tr>
<tr><td colspan="4">外装式密封：$D_1=-2bK+\sqrt{d_0^2-4b^2K(1-K)}$</td></tr>
<tr><td>接触端面外径 D_2/mm</td><td colspan="4">$D_2=D_1+2b$</td></tr>
<tr><td>接触端面宽度 b/mm</td><td colspan="4"><table>
<tr><td rowspan="2">材料组合</td><td colspan="7">轴　　径/mm</td><td rowspan="2">备注</td></tr>
<tr><td>16~28</td><td>30~40</td><td>45~55</td><td>60~65</td><td>66~70</td><td>75~85</td><td>90~120</td></tr>
<tr><td>软环/硬环</td><td>3</td><td>4</td><td>4.5</td><td colspan="2">5</td><td>5.5</td><td>6</td><td>硬环宽度比软环大 1~3mm</td></tr>
<tr><td>硬环/硬环</td><td colspan="4">2.5</td><td colspan="3">3</td><td>两环宽度相等</td></tr>
</table>
一般 $b=3\sim6$mm。对气相介质、易挥发介质及高速密封，以散发摩擦热为主，b 适当取小值；对高压或大直径密封，特别在压力有波动或存在振动的情况下，以强度与刚度为主，b 适当取大值</td></tr>
<tr><td>软环端面凸台高度</td><td colspan="4">根据材料强度、耐磨能力及寿命确定，通常取 2~3mm。端面内外径棱缘不允许有倒角</td></tr>
<tr><td rowspan="2">间隙</td><td>静环内径与轴的间隙 $(D-d)$</td><td colspan="4"><table>
<tr><td>轴径/mm</td><td>16~100（软环）</td><td>110~120（软环）</td><td>16~100（硬环）</td><td>110~120（硬环）</td></tr>
<tr><td>间隙/mm</td><td>1</td><td>2</td><td>2</td><td>3</td></tr>
</table></td></tr>
<tr><td>动环内径与轴的间隙</td><td colspan="4">根据轴径大小一般取 0.5~1mm，用以补偿静环的偏斜、轴的振动而造成摩擦副不贴合和比压不均匀
动环与轴的间隙不能过大，否则会造成 O 形密封圈卡入间隙而造成密封失效，尤其在高压时更要注意</td></tr>
</table>

（3）机械密封摩擦功率计算

机械密封的摩擦功率包括密封端面摩擦功率和旋转组件对介质的搅拌功率。一般情况下后者比前者小得多，而且也难准确计算，通常按式（10-3-10）计算密封端面摩擦功率。

$$P=f\pi d_m bp_cv\quad(\mathrm{W})\tag{10-3-10}$$

式中　d_m——密封端面平均直径，m，$d_m=\dfrac{D_1+D_2}{2}$；

D_1，D_2——密封环接触端面（密封端面）内径、外径，m；

b——密封环接触端面宽度，m，$b=\dfrac{D_2-D_1}{2}$；

p_c——密封端面比压，Pa；

v——密封环接触端面平均速度，m/s，$v=\dfrac{\pi d_m n}{60}$；

n——密封轴转速，r/min；

f——密封环接触端面摩擦因数，见表 10-3-43。

表 10-3-43　　密封环接触端面摩擦因数

项目	摩擦状态				
	干摩擦	半干摩擦	边界摩擦	半液摩擦	全液摩擦
摩擦因数 f	0.2~1.0 或更高	0.1~0.6	0.05~0.15	0.005~0.1	0.001~0.005

对于普通机械密封，端面间呈边界摩擦状态。

由式（10-3-10）可知，在密封端面尺寸和摩擦状态一定的情况下，摩擦功率主要取决于工作条件下的 p_cv 值。p_cv 值越大，端面摩擦功率也越大。此外，由于端面摩擦功率与摩擦因数和端面尺寸大小成正比，因此在 p_cv 值较高的情况下，应将端面宽度设计得窄些，并强化润滑措施，降低 f 值。

（4）常用摩擦副材料组合的许用 $(p_cv)_p$ 值

表 10-3-44　　常用摩擦副材料组合的许用 $(p_cv)_p$ 值　　$MPa \cdot m \cdot s^{-1}$

摩擦副材料组合		非平衡型			平衡型	
静　环	动　环	水	油	气	水	油
碳石墨	钨铬钴合金	3~9	4.5~11	1~4.5	8.5~10.5	58~70
	铬镍铁合金		20~30			
	碳化钨	7~15	9~20		26~42	122.5~150
	不锈钢	1.8~10	5.5~15			
	铅青铜	1.8				
	陶　瓷	3~7.5	8~15		21	42
	喷涂陶瓷	15	20		90	150
	氧化铬	7				
	铸　铁	5~10	9			
碳化硅	钨铬钴合金	8.5				
	碳化钨	12				
	碳石墨	180				
	碳化硅	14.5				
碳化钨	碳化钨	4.4	7.1		20	42
青　铜	铬镍铁合金		9~20			
	碳化钨	2	20			
	氧化铝陶瓷	1.5				
铸　铁	钨铬钴合金		6			
	铬镍铁合金		6			
陶　瓷	钨铬钴合金	0.5	1			
填充聚四氟乙烯	钨铬钴合金	3	0.5	0.06		
	不锈钢	3				
	高硅铸铁	3				

注：p_cv 值是密封端面比压 p_c 与密封端面平均线速度 v 的乘积，它表示密封材料的工作能力。极限 p_cv 值是密封失效时的 p_cv 值。许用 p_cv 值以 $(p_cv)_p$ 表示，它是极限 p_cv 值除以安全系数的数值，是密封设计的重要依据。需注意 p_cv 值与 pv 值概念上的不同。pv 值是密封流体压力 p 与密封端面平均线速度 v 的乘积，它表示密封的工作能力。极限 pv 值是密封失效时的 pv 值，它表示密封性能的水平。许用 pv 值以 $(pv)_p$ 表示，它是极限 pv 值除以安全系数的数值，是密封使用的重要依据。

9.8 机械密封结构设计

表 10-3-45 机械密封结构

项目		简图	特点与应用
密封环结构	整体结构	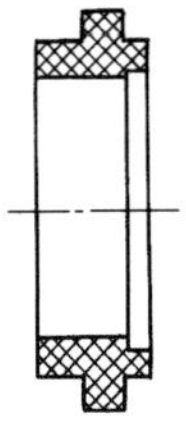	常用于石墨、塑料、青铜等材料制成的密封环，断面过渡部分应具有较大的过渡半径。用于高压时，需按厚壁空心无底圆筒计算强度。用于摆动和强烈振动设备时，需考虑材料的疲劳强度
	过盈连接	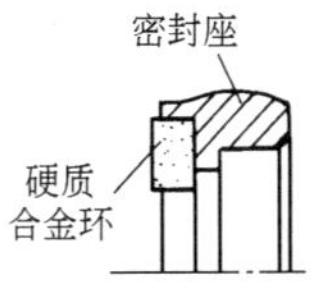 密封座 硬质合金环	常用于硬质合金、陶瓷等材料。用过盈方法装到密封座上，以便节省费用，但需要注意材料的许用应力不能超过允许极限。用于高温时，需要注意因温度影响而松动。为了使密封环装到密封座底部，密封座上需有退刀槽
	喷涂或烧结	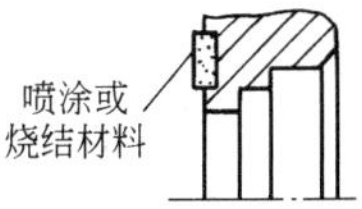 喷涂或烧结材料	常用于硬质合金、陶瓷材料。采用喷涂方法将耐磨材料敷到密封座上。克服了过盈连接时耐磨材料在密封座上的松动，但喷涂技术要求高，否则会因亲和力不够而产生剥离，影响密封效果
	堆焊	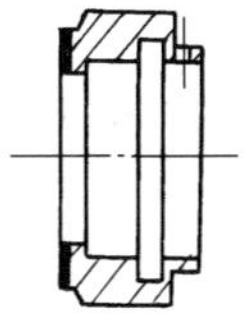	将耐磨材料堆焊到密封座上，厚度 2～3mm，但堆焊硬度不均匀，堆焊面易产生气孔和裂缝，设计和制造时需注意
动环传动方式	并圈弹簧传动	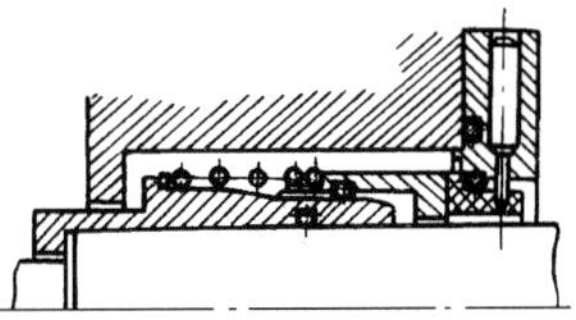	利用弹簧末圈与弹簧座之间的过盈来传递转矩，过盈量取 1～2mm(大直径者取大值)。弹簧两端各并 2 圈(即推荐弹簧总圈数=有效圈数+4 圈)，弹簧的旋向应与轴的旋转方向相同。并圈弹簧的其余尺寸与普通弹簧相同
	弹簧钩传动	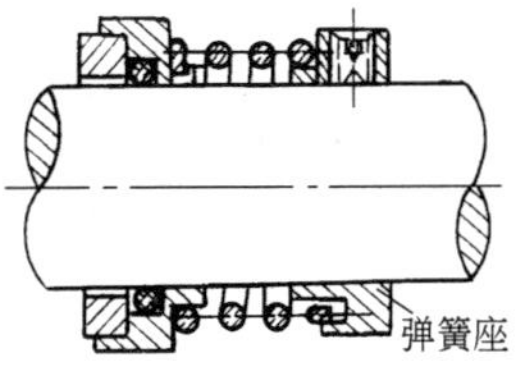 弹簧座	弹簧两端钢丝头部在径向或轴向弯曲成小钩，一头钩在弹簧座的槽中，另一头钩在动环的槽中，既能传递转矩，结构又比较紧凑。带钩弹簧的其余尺寸与普通弹簧相同。弹簧旋向应与轴的旋向相同
	传动套传动	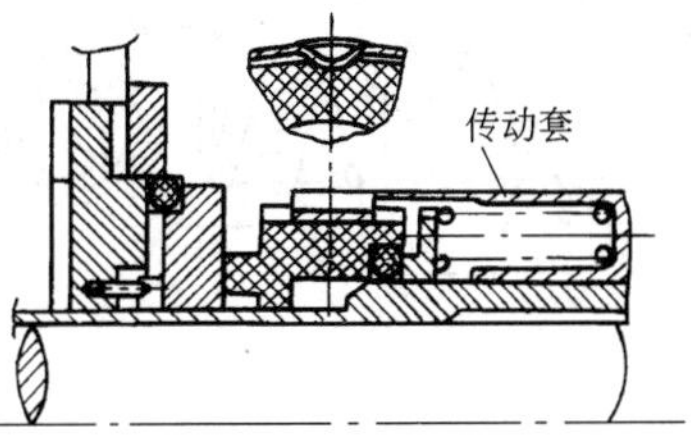 传动套	在弹簧座上，“延伸”出一薄壁圆筒(即传动套)，借以传递转矩。此结构工作稳定可靠，并可利用传动套把零件预装成一个组件而便于装拆。但耗费材料多，在含有悬浮颗粒的介质中使用，可能出现堵塞现象。 图中弹簧套冲成凹槽，在动环上开槽，二者配合传动

续表

项目		简　图	特点与应用
动环传动方式	传动销传动	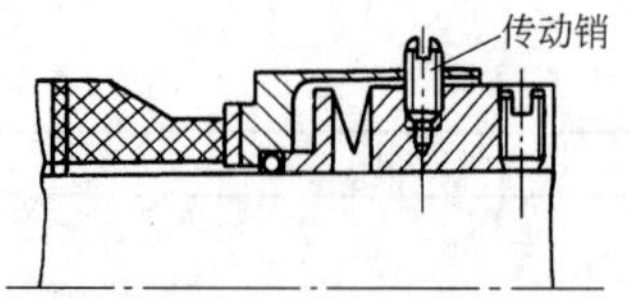 传动销	弹簧座固定于轴上，通过传动销把动环与弹簧座连成一体，使动环与静环做相对旋转运动。传动销传动主要用于多弹簧类型的密封
	拨叉传动	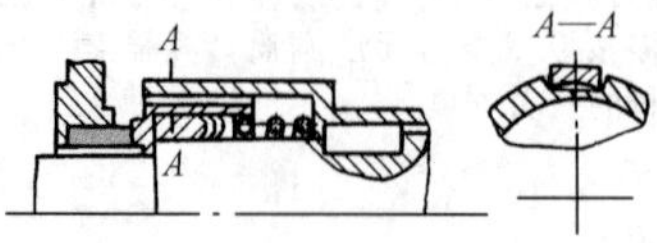 A A A—A	是一种金属与金属的凹凸传动方式。在动环及弹簧座上制出凹凸槽，借助于互相嵌合而传动。特别适用于复杂结构的机械密封，能保证传动的可靠性
	波纹管传动	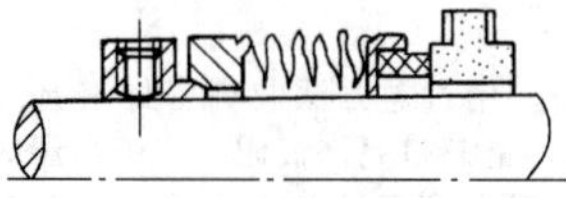	波纹管座利用螺钉固定在轴上，通过波纹管直接传动
	键或销钉传动	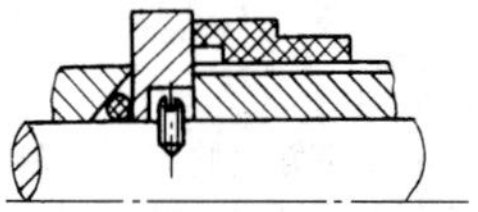	直接在轴上开键槽或销钉孔，然后装上键或销钉。这是一种可靠传动，常用于高速密封
静环固定方式	浮装式固定	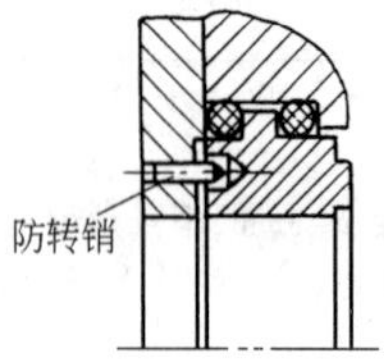 防转销	静环的台肩借助密封圈安装在压盖的台肩上，静环与压盖之间没有直接的硬接触面，利用密封圈的弹性变形使静环具有一定的补偿能力。因此，对压盖的制造和安装误差不敏感。是一种较常用的方法。浮装式固定需要安装防转销，以防止静环可能出现转动
	托装式固定	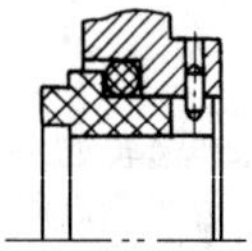	静环依托在压盖上，同时用密封圈封闭静环与压盖之间的间隙。这是坚实的固定方式，适用于高压密封。但静环的补偿能力降低，需相应提高压盖的制造和安装精度要求 托装式固定也需要安装防转销
	夹装式固定	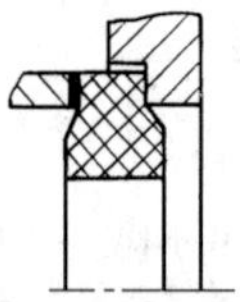	静环被夹紧在压盖与密封腔的止口之间，压盖、密封腔与静环之间的间隙用垫片密封。介质作用在静环上的压力被压盖或密封腔承受，不会产生静环位移而破坏密封的现象。因此，特别适用外装式密封。采用此固定方式，静环不需制出辅助密封圈安装槽，对陶瓷等硬脆材质的静环很适用 静环完全无补偿能力，对压盖的制造安装精度要求严格
螺旋弹簧的设计		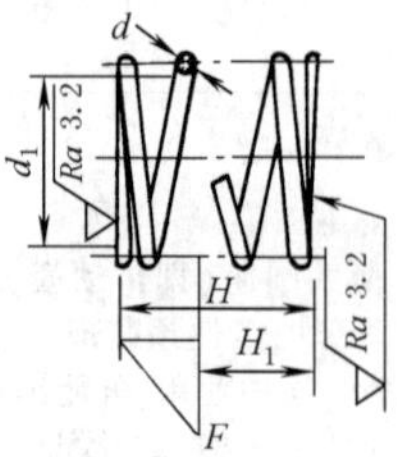 d　d_1　$Ra\ 3.2$　H　H_1　$Ra\ 3.2$　F 大弹簧 $\frac{t+d}{2}$　$\frac{t+d}{2}$　$d/4$　$d/4$　D　D_1　D_2　$3d/4$　t　d　$3d/4$　H 小弹簧	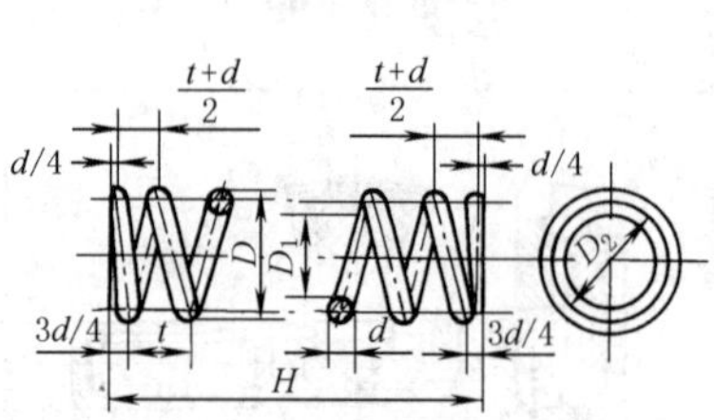

续表

项目	参数	特点与应用
螺旋弹簧的设计	轴径	大弹簧用于轴径65mm以下,小弹簧用于轴径大于35mm以上。小弹簧的个数随轴径的增大而增多
	弹簧丝直径和圈数	大弹簧的弹簧丝直径为2~8mm,有效圈数2~4圈,总圈数为3.5~5.5。小弹簧的弹簧丝直径0.8~1.5mm,有效圈数8~15圈,总圈数为9.5~16.5圈
		两端部各合并3/4圈(并圈弹簧传动时两端各并2圈)磨平后作为支承圈
	工作压缩量(工作变形量)	为极限压缩量(变形量)的2/3~3/4
	弹簧力下降	弹簧力的下降不得超过10%~20%
	技术要求	符合JB/T 11107—2011《机械密封用圆柱螺旋弹簧》标准中的规定

9.9 波纹管式机械密封

9.9.1 波纹管式机械密封型式

表10-3-46　　波纹管式机械密封型式

型式	简图	特点	应用
金属波纹管密封	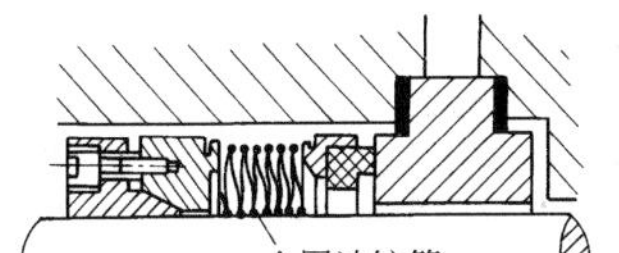 金属波纹管	金属波纹管作为弹性元件补偿,可缓冲动环因磨损、轴向窜动及振动等原因产生的轴向位移,且与轴之间的密封是静密封,不产生一般机械密封的辅助密封圈的微小移动。传动动环随轴旋转;波纹管的弹性力与密封流体压力一起在密封端面上产生端面比压,达到密封作用。具有耐高温、高压的性能	耐蚀性好,常用于一般辅助密封圈无法应用的高温和低温场合,如液态烃、液态氮、液态氢、氧。使用介质温度范围为-240~650℃,压力小于7.0MPa,端面线速度v<100m/s
聚四氟乙烯波纹管密封	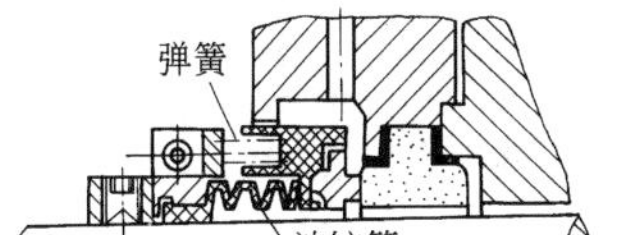 弹簧 波纹管	聚四氟乙烯波纹管因弹性小,需与弹簧组合使用。弹簧利用波纹管与强腐蚀性介质隔离,避免弹簧腐蚀。耐蚀性能好,但机械强度低	常用于除氢氟酸以外的强腐蚀性介质的密封。适用压力为0.3~0.5MPa
橡胶波纹管密封	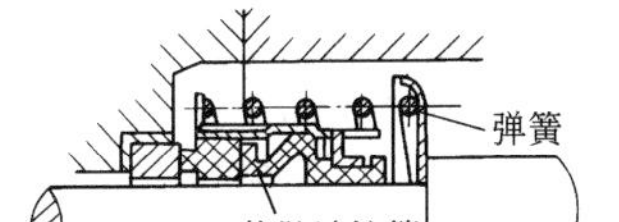 弹簧 橡胶波纹管	橡胶波纹管因弹性小,需与弹簧组合使用。弹簧利用波纹管与腐蚀性介质隔开。耐蚀性能视橡胶性能而定。价格便宜,但耐温性能差	用于适合于橡胶材料的化学腐蚀介质和中性介质中,工作压力为1~1.5MPa,温度通常为100℃以下
压力成形金属波纹管	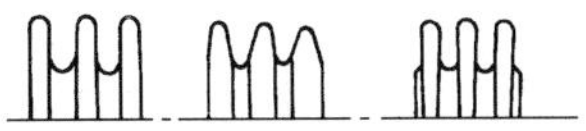 U形　C形　Ω形	用金属薄壁管在压力(液压)下成形,加工方便。轴向尺寸大,波厚不受成形特点的限制,内、外径应力集中	应用不多
焊接金属波纹管	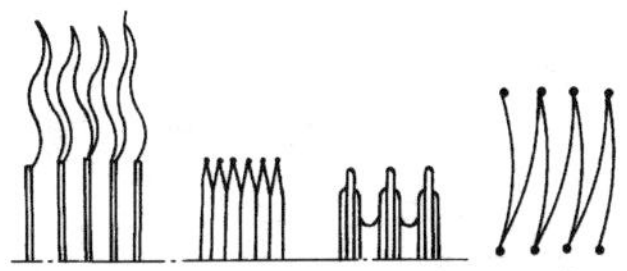 S形　V形　阶梯形　v形	利用一系列薄板或成形薄片焊接而成。可将一个波形隐含在另一波形内。轴向尺寸小,内外径无残余应力集中,允许有较大的弯曲挠度,材料选择范围广。S形波又称锯齿形波	应用较广,尤其适用于高载荷机械密封。S形使用最广
聚四氟乙烯波纹管	 U形　V形　⊔形	分压制、车制两种型式,车制波纹管表面光滑,强度高,质量比压制好 因聚四氟乙烯弹性差,因此波形多	⊔形应用较广,易加工,但应力分布不均匀

续表

型 式	简 图	特 点	应 用
橡胶波纹管	L形 Z形 U形	分注压法和模压法两种成形方法。注压法生产效率高,是一种新工艺。模压法生产设备简单,可变性大,故采用较广	U形应用较广

注：在 JB/T 8723—2022 中规定了焊接金属波纹管机械密封的四种基本型式（Ⅰ型密封、Ⅱ型密封、Ⅲ型密封、Ⅳ型密封），具体见本章 9.14.3 节。

9.9.2 波纹管式机械密封端面比压计算

表 10-3-47　　波纹管式机械密封端面比压

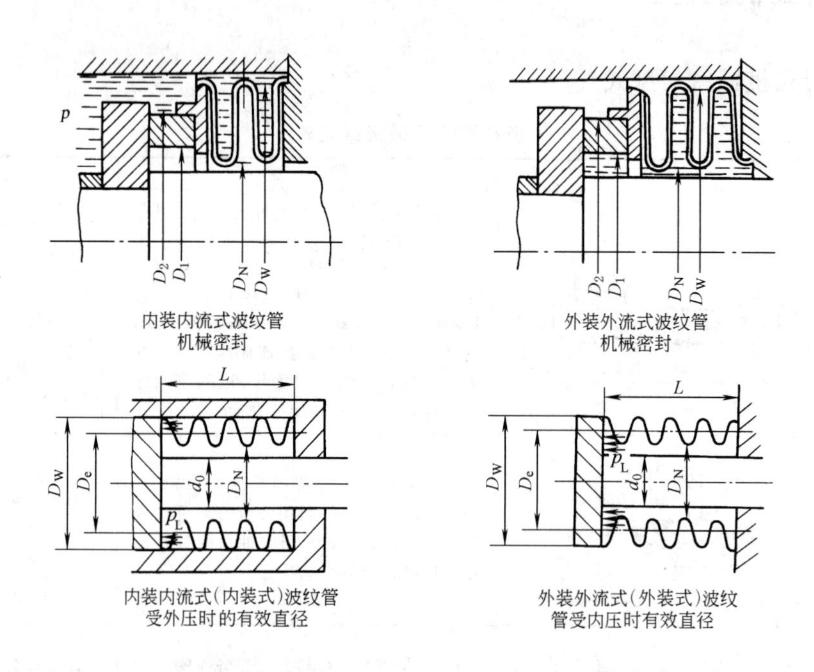

p_L—密封腔内介质压力,MPa;D_N—波纹管内径,mm;D_W—波纹管外径,mm;d_0—密封轴径,mm;D_1—密封端面内径,mm;D_2—密封端面外径,mm;D_e—波纹管有效直径,mm;L—波纹管长度,mm

项 目		内装内流式	外装外流式	说 明
介质压力作用在密封端面上产生的轴向力 F_b/N		$F_b=\frac{\pi}{4}(D_W^2-D_e^2)p_L$	$F_b=\frac{\pi}{4}(D_e^2-d_0^2)p_L$	d_0—轴径,mm
有效直径 D_e/mm	矩形波	$D_e=\sqrt{\frac{1}{2}(D_W^2+D_N^2)}$		车制聚四氟乙烯波纹管为矩形波
	锯齿形波	$D_e=\sqrt{\frac{1}{3}(D_W^2+D_N^2+D_W D_N)}$		焊接金属波纹管为锯齿形波
	U形波	$D_e=\sqrt{\frac{1}{8}(3D_W^2+3D_N^2+2D_W D_N)}$		压力成形金属波纹管为U形波

续表

项目	内装内流式	外装外流式	说明
载荷系数 K	$K_1=\dfrac{D_W^2-D_e^2}{D_2^2-D_1^2}$	$K_e=\dfrac{D_e^2-d_0^2}{D_2^2-D_1^2}$	
弹性元件的弹性力 F_d/N	$F_d=P'f'_n+P''f''_n=\dfrac{\pi}{4}(D_2^2-D_1^2)p_s$		
弹簧比压 p_s/MPa	$p_s=\dfrac{4F_d}{\pi(D_2^2-D_1^2)}$ 高速机械，$v>30$m/s 时，$p_s=0.05\sim0.2$MPa 中速机械，$v=10\sim30$m/s 时，$p_s=0.15\sim0.3$MPa 低速机械，$v<10$m/s 时，$p_s=0.15\sim0.6$MPa 搅拌釜，p_s 可取大些		P'——弹簧刚度，不采用弹簧时，$P'=0$，N/mm f'_n——弹簧压缩量，mm P''——波纹管刚度，N/mm f''_n——波纹管压缩量，mm p_p——密封端面平均压力，MPa $p_p=\lambda p_L$ λ——介质反压力系数，由表10-3-42选取
密封端面液膜推开力 R/N	$R=\dfrac{\pi}{4}(D_2^2-D_1^2)p_p$		
动环所受合力 F （由密封端面承受）/N	$F=F_b+F_d-R$		
端面比压 p_c/MPa	$p_c=p_s+(K_1-\lambda)p_L$ 选择适当 K 值，控制 p_c 及 p_cv 在表10-3-41及表10-3-44的范围内	$p_c=p_s+(K_e-\lambda)p_L$	

项目	大气侧（波纹管受外压）	介质侧（波纹管受内压）	说明
加压式双端面密封简图	隔离液压力 p_{sL} 介质端面 大气端面		
双端面密封 端面比压 p_c/MPa	$p_c=p_s+(K_e-\lambda)p_L$	$p_c=p_s+(K_1-\lambda)p_L+(K_e-\lambda_{sL})p_{sL}$	λ_{sL}——隔离液反压力系数，按表10-3-42选取 p_{sL}——隔离液压力，MPa

9.10 非接触式机械密封

9.10.1 非接触式机械密封与接触式机械密封比较

表10-3-48 **非接触式机械密封与接触式机械密封比较**

类别	特点应用
普通接触式机械密封	密封端面之间的间隙小于2μm。由于间隙很小，端面呈边界摩擦状态，密封端面之间的液膜很薄，压力很低，还存在部分液膜不连续，局部地方出现固体接触。端面的摩擦性能取决于膜的润滑性能和密封端面的材料。因此，在高的 pv 值（p 为密封流体压力，v 为密封端面平均线速度）条件下，端面间很难维持稳定而连续的液膜，往往由于润滑条件恶化造成端面过热和磨损，大大缩短密封使用寿命

续表

类别		特点应用
非接触式机械密封	液体静压式和动压式机械密封	结构与普通接触式机械密封类似，仅密封端面结构不同。利用这种结构对润滑液体产生的静压或动压效应，将密封端面分开，间隙一般大于2μm，使两端面间有足够的液膜，互不接触，达到完全液体摩擦，端面不易发生磨损。端面间摩擦因数通常小于0.005，密封发热量和磨损量都很小。因此，这两种机械密封能在高速、高压或密封气体的条件下长期可靠运行，但密封泄漏量较大。为使泄漏量尽可能小，在密封设计时又不希望密封间隙过大 主要用于密封端面平均线速度在30m/s以下长轴的气体密封，如搅拌釜用密封，或用于端面平均线速度在30~100m/s的液体、气体密封，如高速泵、离心机和压缩机的密封
	干气密封	密封端面上设计有特殊形状的沟槽，利用气体在沟槽中加压，将密封端面分开，形成非接触式机械密封。与液体动压式机械密封相比，使用范围更广，节省庞大的密封油系统且运转费用低，但一次性投资高 主要用于端面平均线速度小于150m/s的气体输送机械动密封，如离心压缩机、螺杆压缩机，也可以用于泵的密封

注：非接触式机械密封因端面有液膜或气膜，可以人为控制，所以又称为可控膜机械密封。

9.10.2 流体静压式机械密封

流体静压式机械密封用以平衡外部的压力，向密封端面输入液体或自身介质，建立一层端面静压液膜，对密封端面提供充分的润滑和冷却。

表 10-3-49　　流体静压式机械密封

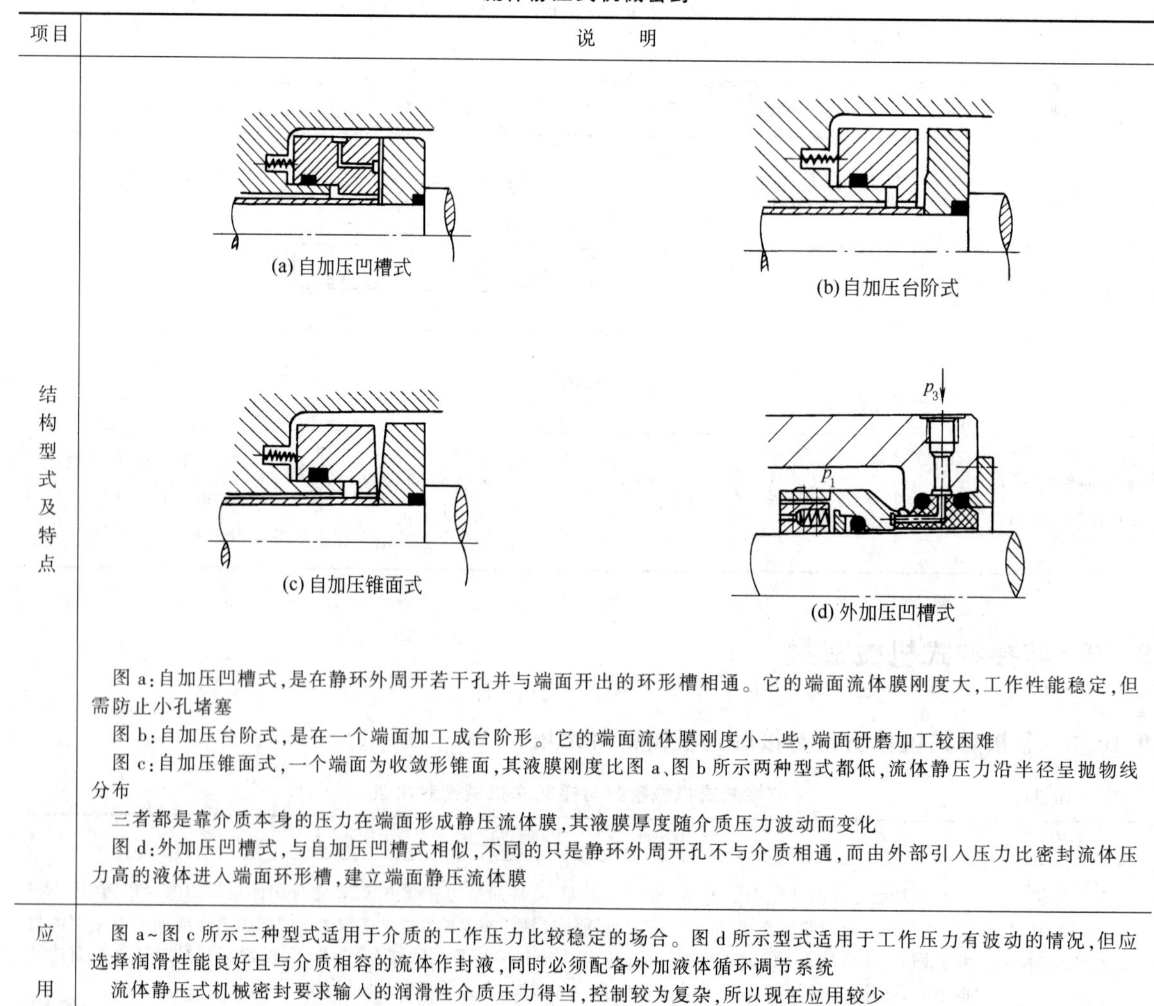

项目	说明
结构型式及特点	(a) 自加压凹槽式　(b) 自加压台阶式　(c) 自加压锥面式　(d) 外加压凹槽式 图a：自加压凹槽式，是在静环外周开若干孔并与端面开出的环形槽相通。它的端面流体膜刚度大，工作性能稳定，但需防止小孔堵塞 图b：自加压台阶式，是在一个端面加工成台阶形。它的端面流体膜刚度小一些，端面研磨加工较困难 图c：自加压锥面式，一个端面为收敛形锥面，其液膜刚度比图a、图b所示两种型式都低，流体静压力沿半径呈抛物线分布 三者都是靠介质本身的压力在端面形成静压流体膜，其液膜厚度随介质压力波动而变化 图d：外加压凹槽式，与自加压凹槽式相似，不同的只是静环外周开孔不与介质相通，而由外部引入压力比密封流体压力高的液体进入端面环形槽，建立端面静压流体膜
应用	图a~图c所示三种型式适用于介质的工作压力比较稳定的场合。图d所示型式适用于工作压力有波动的情况，但应选择润滑性能良好且与介质相容的流体作封液，同时必须配备外加液体循环调节系统 流体静压式机械密封要求输入的润滑性介质压力得当，控制较为复杂，所以现在应用较少

9.10.3　流体动压式机械密封

流体动压式机械密封是当密封轴旋转时，润滑液体在密封端面产生流体楔动压作用挤入端面之间，建立一层端面液膜，对密封端面提供充分润滑和冷却。槽可开在动环上，也可开在静环上，但最好开在两环中较耐磨的环上。为了避免杂质在槽内积存和进入密封缝隙中，如果泄漏液从内径流向外径，必须把槽开在静环上；相反，则应开在动环上。

表 10-3-50　　流体动压式机械密封

项目	说　明
结构型式及特点	(a)带有偏心结构　(b)带有椭圆形密封环结构　(c)带有径向槽结构 (d)带有循环槽结构(受外压作用时间)　(e)带有循环槽结构(受内压时用)　(f)带有螺旋槽结构 图 a:带有偏心结构的密封环是将动环或静环中某一个环的端面的中心线制成与轴线偏移一定距离 e(无论是动环或静环,偏心是对两环中较窄的端面宽度即有凸台的环而言的),使环在旋转时不断带入润滑液至滑动面间起润滑作用。缺点是尺寸比较大,作用在密封环上的载荷不对称 图 b:带椭圆形密封环的密封是将动环或静环中某一个环的端面制成椭圆形,由于润滑楔和切向流的作用,能在密封端面之间形成一个流体动力液膜。液体的循环和冷却十分有效地维持润滑楔的存在和稳定性。摩擦因数与介质内压以及端面之间关系的数据目前尚不清楚 图 c:带有径向槽结构密封环的径向槽形状有呈 45°斜面的矩形、三角形或其他形状的,密封端面之间的液膜压力由流体本身产生。径向槽结构在端面之间形成润滑和压力楔,能有效地减小摩擦面的接触压力、摩擦因数和摩擦副的温度,因而可以提高密封使用压力、速度极限和冷却效应。缺点是液体循环不足,槽边缘区冷却不佳,滞留在槽内的污物颗粒易进入密封端面间隙中 图 d、图 e:带有循环槽结构密封环的密封端面是弧形循环槽,由于它能抽吸液体,可使密封环外缘得到良好的冷却;它还具有排除杂质能力并且与转向无关,因而工作可靠。流体动力效应是在密封环本身形成的。密封环旋转时,槽能使液体相当强烈地冷却距它较远的密封端面。进行这种冷却时,在密封环初始端面上形成数量与槽数相等的流体动力楔和高压区,由于切向流和压力降,在每个槽后形成润滑楔 图 f:带有螺旋槽结构,适于单向旋转,流体膜刚度大,端面间隙大,温升小,但不适合双向旋转
参数设计	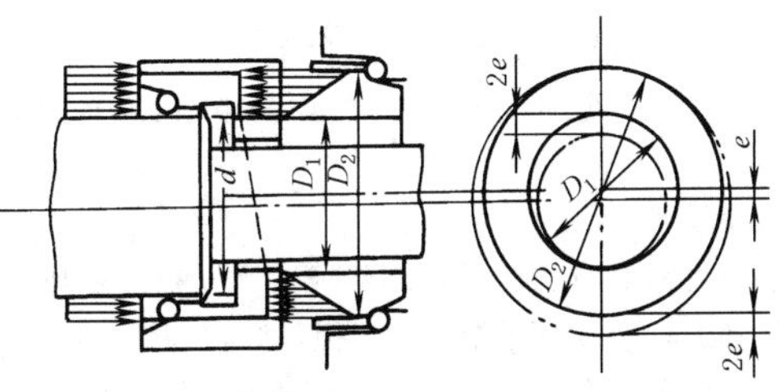 (g) 内装平衡型偏心端面上单位压力分布图 图 a 偏心结构密封环的偏心尺寸 e 如下 ①对于高压,偏心尺寸 e 不宜过大,否则端面比压产生显著的不均匀性,由图 g 可见,偏心环的偏心一侧容易受到磨损。同时,任意摩擦副内的环有某一偏移时,摩擦面宽度增加 $2e$ ②对于高转速密封,不宜用动环作为偏心环,以避免偏心离心力作用引起的不平衡 ③由偏心造成端面比压不均匀,其最大和最小端面比压值由式(1)表示

续表

<table>
<tr><th>项目</th><th>说　明</th></tr>
<tr><td>参数设计</td><td>$$p_{c(最大、最小)}'=p_c\pm\frac{2d^2p_Le}{(D_2+D_1)^2(D_2-D_1)}\quad(\mathrm{MPa})\tag{1}$$
式中　p_c——端面比压,MPa;
p_L——介质压力,MPa;
e——偏心距离,cm;
d,D_1,D_2——见图 g,cm
式(1)同样适用于内装非平衡型的计算。对于外装平衡型与非平衡型,偏移将不引起摩擦副内端面比压的不均匀性分布
图 c 带有径向槽结构的密封环径向槽:
槽的径向深度 N 与端面宽度 b 之比与平衡比$\frac{p_c}{p_L}$存在如下关系
$$\frac{N}{b}=0.25\frac{p_c}{p_L}\pm0.2\tag{2}$$
式中　$0<\frac{N}{b}<0.9$;
$0.8<\frac{p_c}{p_L}<3.6$;
"+"——对小的黏度或速度;
"-"——对大的黏度或速度
密封端面圆周上槽的距离为 25.4~63.5mm。如符合上述关系,在 $p_L>7\mathrm{MPa}$ 的高压下也可得到满意的密封效果。必须注意:
①$\frac{N}{b}$太大,槽数太多,则密封表面润滑很好,但压力楔使端面比压减小,于是泄漏损失急剧增加。相反,如果$\frac{N}{b}$太小,槽数太少,则流体动力润滑和压力楔将不足以承担高的工作载荷,从而发生过度热量和磨损。因此,在平衡比$\frac{p_c}{p_L}$增大的同时也应增大$\frac{N}{b}$,反之亦然
②槽的排列应该垂直于中心线,这样可以和轴的转动方向无关
③静环和动环都可开槽,但不能两者同时开槽,一般开在较耐磨的材料上,槽口对着液体一侧
④为了使污物和磨屑尽可能不进入摩擦面,对于外流式密封,槽应开在静环上,以避开离心力的作用将污物引入摩擦面。对于内流式密封,槽应开在动环上,离心力有助于将污物自槽中甩出
图 d、图 e 带有循环槽(受外压或内压作用)结构的密封环:
密封环端面宽度 b 最低为 6~7mm,否则,槽的宽度 e 不易加工且动压效果差。由于强度原因必须采用很宽的密封面,如密封环采用石墨-陶瓷时,密封设计可以通过端面间隙大小、润滑液膜和发热量确定密封的可靠性。槽距 W 宜在 55~75mm 范围内;槽径向深度 $N\approx0.4Kb$(K 为载荷系数)
这种密封结构单级密封压力达到 25MPa,端面滑动速度 100m/s,pv 值达 500MPa · m/s</td></tr>
<tr><td>应用</td><td>目前,应用广泛的密封端面是带有弧形循环槽结构(外压用和内压用)的密封环</td></tr>
</table>

9.10.4　干气密封

JB/T 11289—2012 中给出术语“干气密封”的定义：“气体润滑端面密封，属于非接触式气体润滑机械密封，简称干气密封。”

（1）结构和应用范围

干气密封系统主要由干气密封和干气密封供气系统两个部分组成，如图 10-3-2 所示；干气密封结构类似普通机械密封，如图 10-3-3 所示。干气密封通常在下列最大操作范围使用：每级密封压力 10MPa；轴速 150m/s；温度-60~230℃；轴径 25~250mm。

（2）密封原理

干气密封的密封环由一个端面受弹簧加载的静环和一个与之相对应的旋转动环组成。在动环或静环的密封端面上（或同时在两个环的密封端面上）开有特种槽（见图 10-3-4）。动环旋转时，端面槽对气体产生增压作用，气体压力分布由环外缘至槽的根部逐渐增加（见图 10-3-5），动环与静环端面之间形成气膜，使密封端面之间具有足够的开启力而脱离接触，间隙达 2μm 或以上，形成非接触式密封。密封端面宽度应比普通机械密封端面宽，因为端面上包括了带槽区和密封堰两个部分，见图 10-3-4a。密封堰主要作用是在主机停机时，在弹簧力作用下，

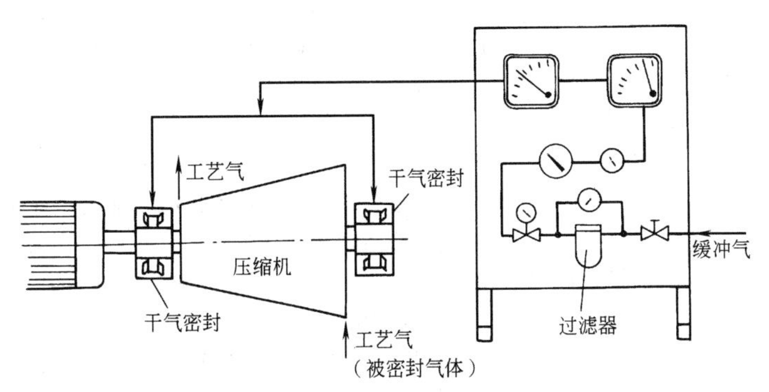

图 10-3-2　干气密封系统

将两个密封端面贴紧，保证停机密封。

密封端面上的槽形有螺旋槽、T 形槽、U 形槽、V 形槽、双 V 形槽，如图 10-3-4 所示。螺旋槽适用于单向旋转，气膜刚度大，端面间隙大，温升小，但不适合双向旋转。其他形式的槽适用于双向旋转，但气膜刚度低。

密封环旋转时，在弹簧力 F_t 和密封流体压力产生的气体力 F_p 作用下，始终将密封端面向贴紧方向加压，与加压产生的压紧力相对应的气体压力企图打开密封端面。在静止状态下，端面间的气体压力产生开启力 F_0，但槽不起增压作用，密封端面处于接触状态，在密封堰的平面上产生有效的密封（图 10-3-6）。在满足不泄漏的条件下，有效接触力 F_b 为：

$$F_c=F_t+F_p=F_0+F_b$$

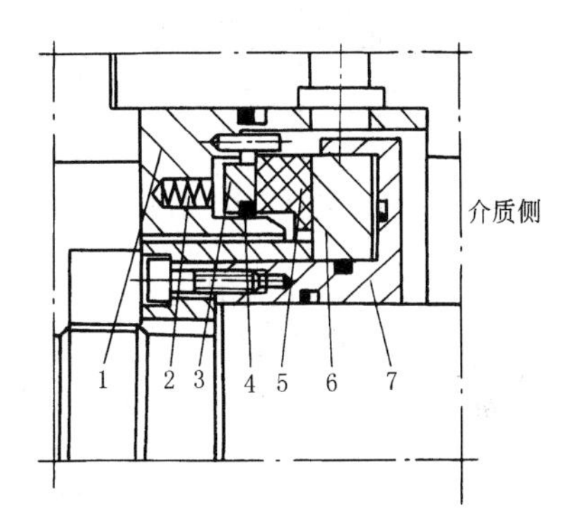

图 10-3-3　干气密封结构

1—密封壳体；2—弹簧；3—推力环；4—O 形环；5—静环；6—动环；7—轴套

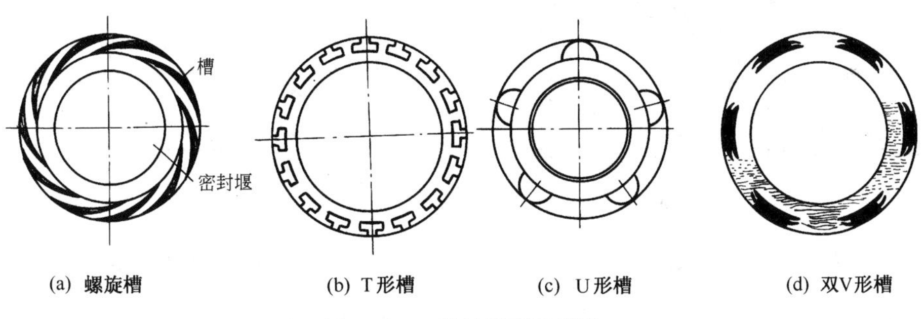

图 10-3-4　密封端面的槽形

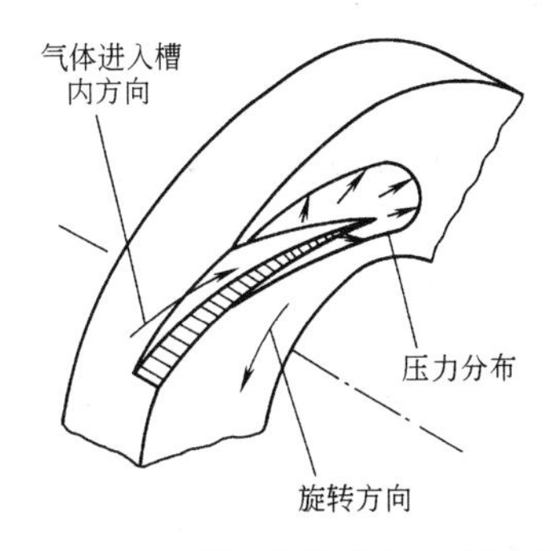

图 10-3-5　端面螺旋槽的工作原理

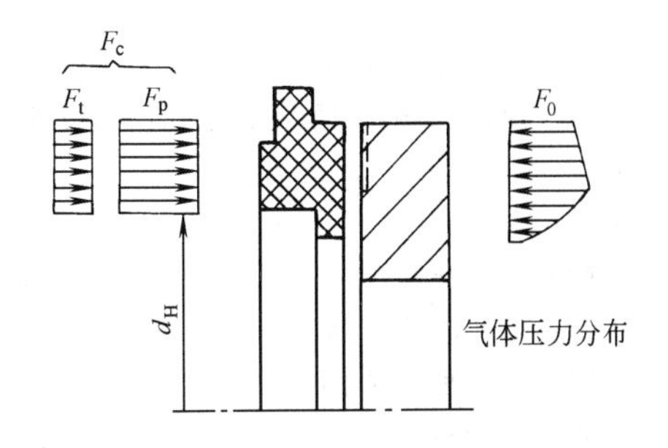

图 10-3-6　静止状态下平衡条件（$F_c=F_0+F_b$）

F_c—压紧力；F_t—弹簧力；F_p—气体力；F_0—开启力；F_b—接触力

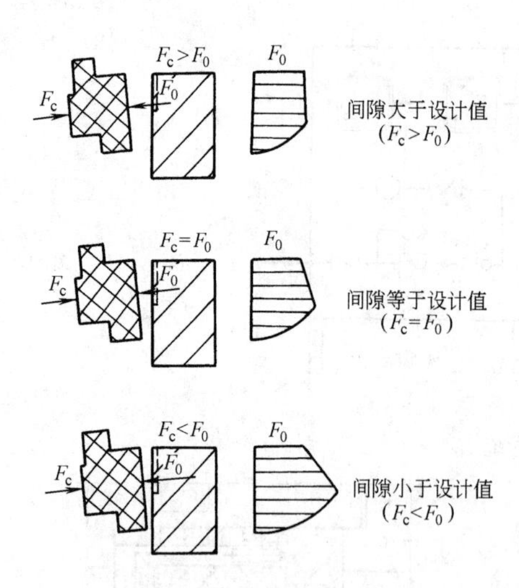

图 10-3-7 旋转状态下端面受力自身调节

在动环旋转时，动环端面上的槽将密封端面间隙内的气体进行增压，由此产生的气体动载的开启力打开密封端面，通常间隙大于 2μm，动环旋转而不接触。主机启动时作为密封开启阶段各力关系为：

$$F_c=F_t+F_p<F_0$$

密封端面螺旋槽经短时间加压，直到密封端面开始不接触，达到合适的端面间隙。此时，开启力 F_0 为：

$$F_c=F_t+F_p=F_0$$

端面间隙开启力 F_0 的大小取决于密封端面间隙的大小，不同的间隙会引起开启力 F_0 的改变。端面间隙增加，螺旋槽效应降低，则开启力 F_0 减小，端面间隙也随之减小。反之，间隙增大，这就意味着干气密封的端面间隙是稳定的（图 10-3-7），即 $F_c=F_0$。

当气体压力为零时，动环平均速度在 2m/s 左右能使密封环端面之间脱离接触，故要求主机在盘车时应具有足够的速度，避免密封端面接触而产生磨损。

（3）泄漏量与摩擦功率

干气密封因端面间隙较大，气体泄漏量较大，但与其他非接触式密封比较泄漏量是比较低的。干气密封泄漏量主要取决于被密封的气体压力、轴的转速和直径的大小。图 10-3-8 所示干气密封泄漏量（标准状态 0℃、0. 1MPa）是基于轴径 120mm 的条件下测得的，供参考。

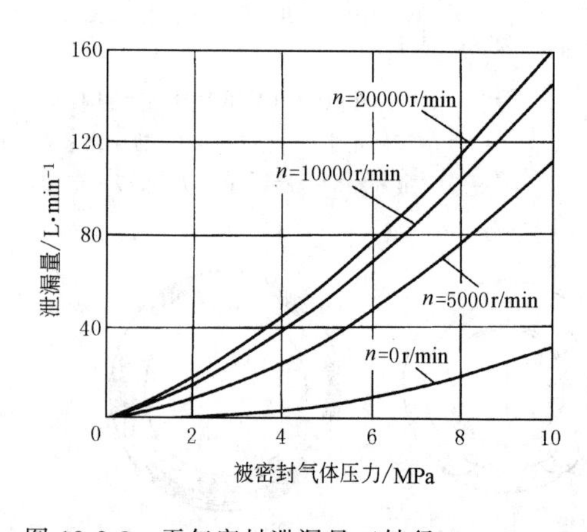

图 10-3-8 干气密封泄漏量（轴径 $d=120$mm）

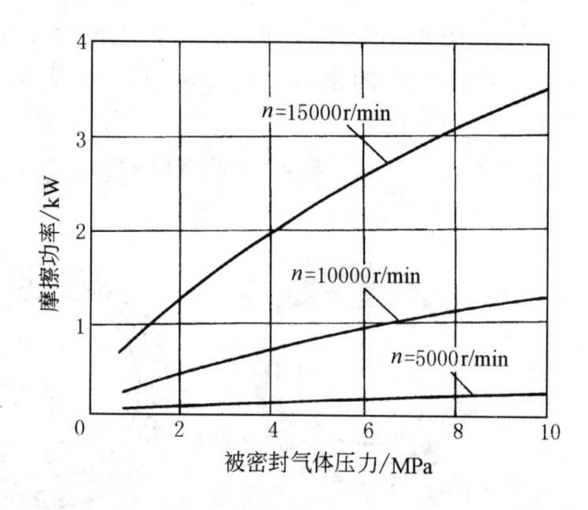

图 10-3-9 干气密封摩擦功率（轴径 $d=120$mm）

干气密封运转时因端面不接触，功率消耗在端面间气膜的剪切上，所以摩擦功率很小，约为油润滑普通机械密封的 5%。图 10-3-9 所示为轴径 120mm 条件下的干气密封摩擦功率。摩擦功率将转换为热量，使密封端面和密封腔温度升高。

（4）干气密封的类型

在 JB/T 11289—2012 中规定，根据使用设备和结构的不同，干气密封分为两大类、六种基本型式：

① 压缩机用干气密封：

a. 单端面干气密封；

b. 双端面干气密封；

c. 串联式干气密封；

d. 中间带迷宫密封的串联式干气密封。

② 泵用干气密封：

a. 双面干气密封；

b. 机械密封+干气密封。

表 10-3-51 中也给出了干气密封的类型，具有参考价值。

表 10-3-51　　干气密封的类型

类型	简图	特点及应用
单端面干气密封	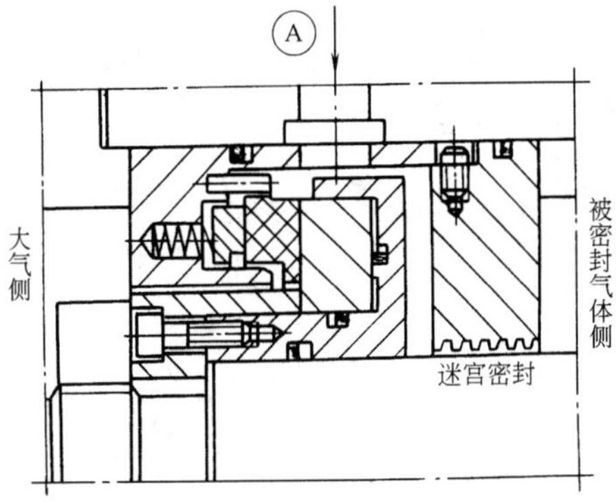 (a)	这种密封适合使用在被密封气体可以泄漏到大气而不会引起任何危险的场合，如空气压缩机、氮气压缩机和二氧化碳压缩机 当被密封气体比较脏时，应采用图中所示的迷宫密封。由压缩机出口引出高压被密封的气体，经过滤器后得到清洁的气体（称密封气），直接进入管口 A，其压力稍高于被密封气体，导致密封腔内的气体经迷宫密封朝向被密封气体方向流动，防止脏的被密封气体进入密封内，部分密封气通过密封端面的间隙漏到大气中
双端面干气密封	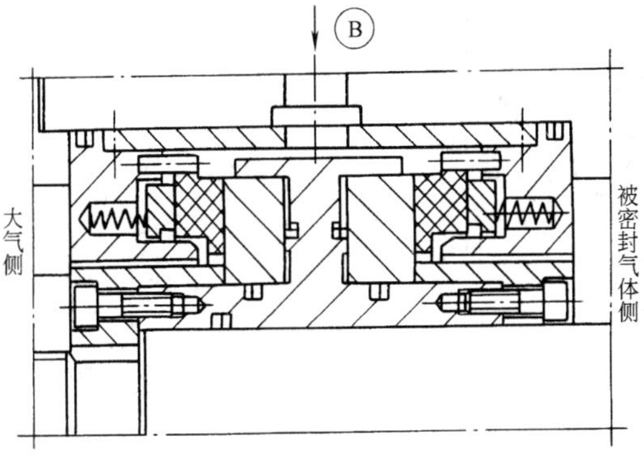 (b)	这种密封能防止被密封气体漏到大气中。在两个密封之间的管口 B 通入隔离气，如氮气，氮气压力应比被密封气体压力高。隔离气一部分通过外侧密封端面间隙漏到大气中，另一部分通过内侧密封端面间隙漏到被密封的气体中，适用于被密封气体不允许泄漏到大气及允许氮气泄漏到被密封气体的场合，如烃类气体及严禁泄漏到大气中的其他危险气体
串联干气密封	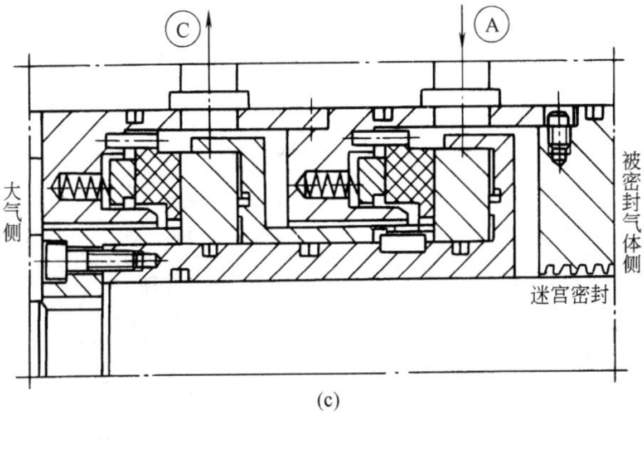 (c)	这种密封是将两个单端面密封串联起来使用，成为串联干气密封。被密封气体侧的密封承担全部压力差，大气侧的密封作为安全密封，实际上是在无压力条件下运转 压缩机出口引出的被密封的气体由管口 A 引入，经内侧密封端面外径向内径方向泄漏，泄漏的气体经管口 C 排向火炬。大气侧的密封端面仅仅承受密封火炬和大气之间很低的压力差，所以由大气侧密封外径向内径侧泄漏的气体是微量的。当被密封气体比较脏时，迷宫密封应装在被密封气体侧密封的前边。高压被密封的工艺气体经过滤后，通过管口 A 引入密封内，详见表 10-3-52 串联干气密封适用于允许微量被密封气体泄漏到大气中的场合，如石油化工生产用工艺气体压缩机

续表

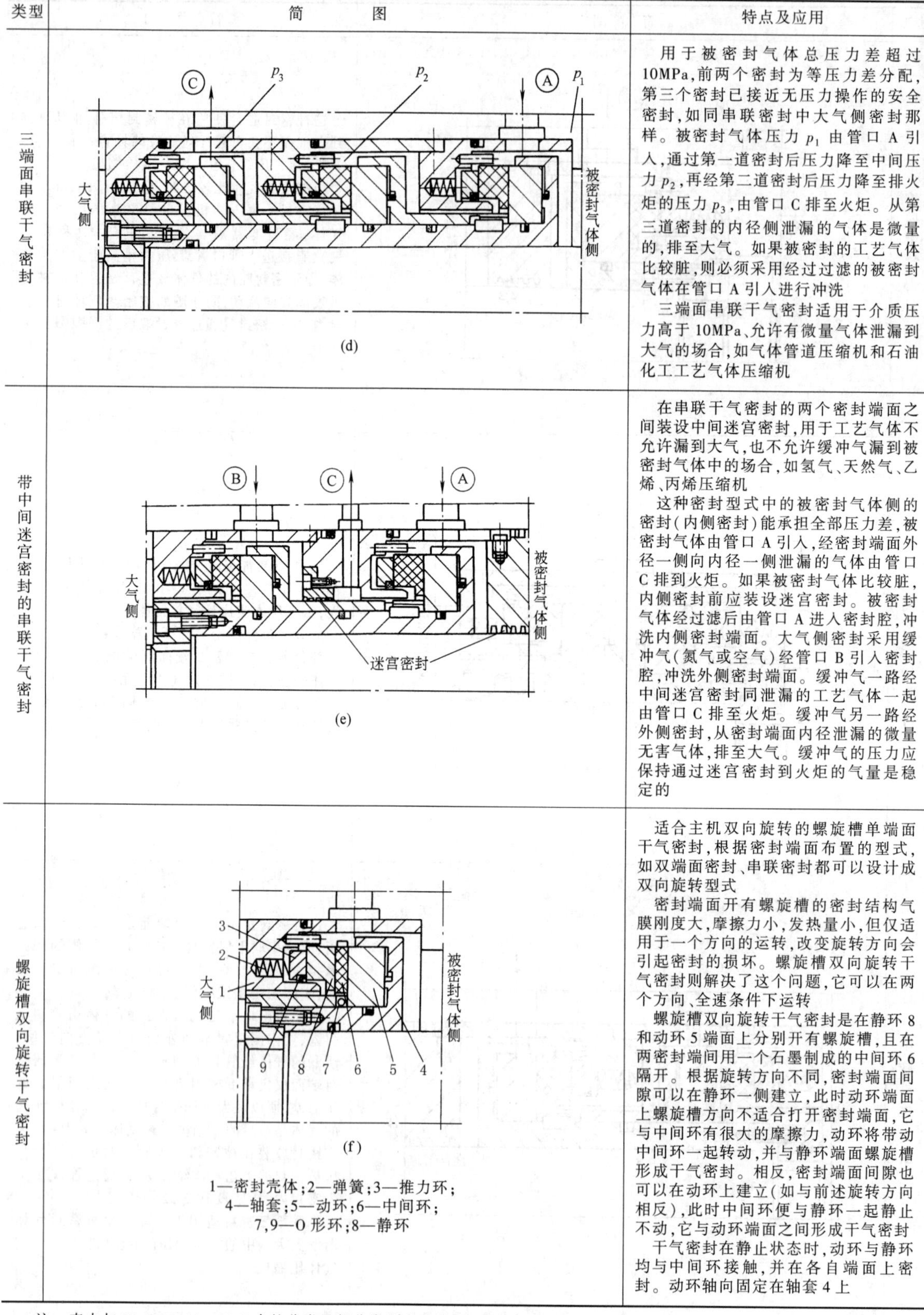

类型	简图	特点及应用
三端面串联干气密封	(d)	用于被密封气体总压力差超过10MPa，前两个密封为等压力差分配，第三个密封已接近无压力操作的安全密封，如同串联密封中大气侧密封那样。被密封气体压力 p_1 由管口A引入，通过第一道密封后压力降至中间压力 p_2，再经第二道密封后压力降至排火炬的压力 p_3，由管口C排至火炬。从第三道密封的内径侧泄漏的气体是微量的，排至大气。如果被密封的工艺气体比较脏，则必须采用经过过滤的被密封气体在管口A引入进行冲洗 三端面串联干气密封适用于介质压力高于10MPa、允许有微量气体泄漏到大气的场合，如气体管道压缩机和石油化工工艺气体压缩机
带中间迷宫密封的串联干气密封	(e)	在串联干气密封的两个密封端面之间装设中间迷宫密封，用于工艺气体不允许漏到大气，也不允许缓冲气漏到被密封气体中的场合，如氢气、天然气、乙烯、丙烯压缩机 这种密封型式中的被密封气体侧的密封（内侧密封）能承担全部压力差，被密封气体由管口A引入，经密封端面外径一侧向内径一侧泄漏的气体由管口C排到火炬。如果被密封气体比较脏，内侧密封前应装设迷宫密封。被密封气体经过滤后由管口A进入密封腔，冲洗内侧密封端面。大气侧密封采用缓冲气（氮气或空气）经管口B引入密封腔，冲洗外侧密封端面。缓冲气一路经中间迷宫密封同泄漏的工艺气体一起由管口C排至火炬。缓冲气另一路经外侧密封，从密封端面内径泄漏的微量无害气体，排至大气。缓冲气的压力应保持通过迷宫密封到火炬的气量是稳定的
螺旋槽双向旋转干气密封	(f) 1—密封壳体；2—弹簧；3—推力环；4—轴套；5—动环；6—中间环；7,9—O形环；8—静环	适合主机双向旋转的螺旋槽单端面干气密封，根据密封端面布置的型式，如双端面密封、串联密封都可以设计成双向旋转型式 密封端面开有螺旋槽的密封结构气膜刚度大，摩擦力小，发热量小，但仅适用于一个方向的运转，改变旋转方向会引起密封的损坏。螺旋槽双向旋转干气密封则解决了这个问题，它可以在两个方向、全速条件下运转 螺旋槽双向旋转干气密封是在静环8和动环5端面上分别开有螺旋槽，且在两密封端间用一个石墨制成的中间环6隔开。根据旋转方向不同，密封端面间隙可以在静环一侧建立，此时动环端面上螺旋槽方向不适合打开密封端面，它与中间环有很大的摩擦力，动环将带动中间环一起转动，并与静环端面螺旋槽形成干气密封。相反，密封端面间隙也可以在动环上建立（如与前述旋转方向相反），此时中间环便与静环一起静止不动，它与动环端面之间形成干气密封 干气密封在静止状态时，动环与静环均与中间环接触，并在各自端面上密封。动环轴向固定在轴套4上

注：表中与JB/T 11289—2012中的分类及部分类别名称有所不同。

(5) 密封供气系统

干气密封供气系统承担系统的控制、向密封提供缓冲气以及监测干气密封运转情况的工作，主要包括过滤器、切断阀、监测器、流量计、孔板等。为了显示出可能出现的故障，根据安全要求，密封系统应配备报警装置和停机继电器。如果需要定量监测，控制盘上应具有显示的功能。根据密封类型选用其供气方式，见表 10-3-52。

表 10-3-52　　密封供气系统

类型	系统图	说明
单端面干气密封的密封气系统	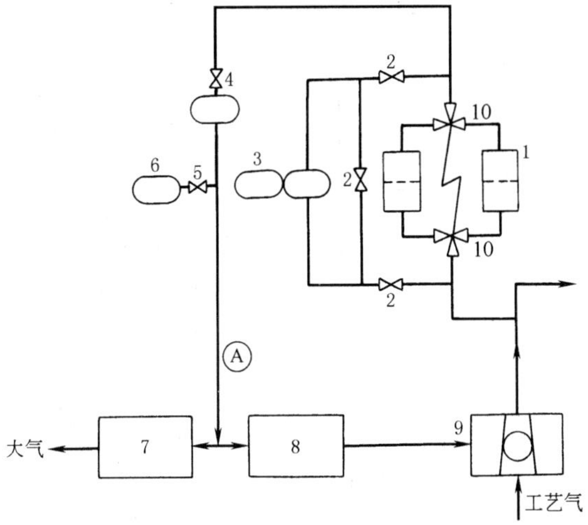 1—双过滤器；2—切断阀；3—带电触点的压差计；4—带针形阀的流量计；5—测量切断阀；6—带电触点的压力计；7—干气密封；8—迷宫密封；9—压缩机；10—换向阀	密封气为工艺气体，由压缩机 9 出口引出，通过过滤精度 2μm 的双过滤器 1（一台操作，一台备用），送至干气密封 7 的 A 口（表 10-3-51，图 a）。过滤器利用带电触点的压差计 3 监测过滤器阻力降。当压差升到一定值时，由电触点发出信号至控制室进行报警，人工转动换向阀 10 切换到另一台过滤器，该台过滤器便可以进行清理。密封气的流量由带针形阀的流量计 4 显示，并用针形阀调节。带电触点的压力计 6 显示并控制气体压力，监测密封泄漏情况，若密封失效时，气体外漏，带电触点的压力计 6 显示出压力过低，通过电触点发出信号报警
双端面干气密封的缓冲气系统	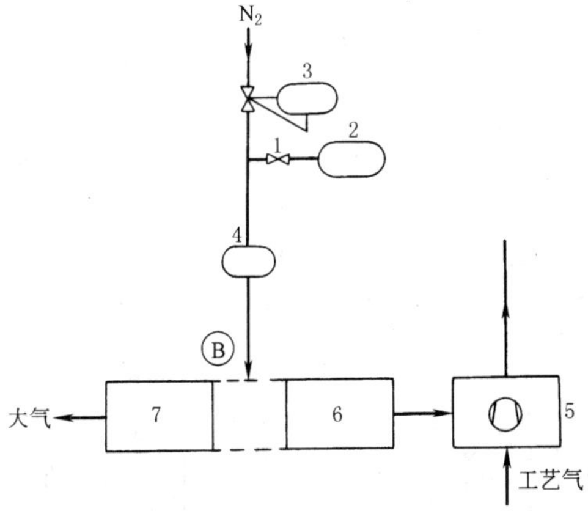 1—测量切断阀；2—带电触点的压力计；3—减压阀；4—带电触点的流量计；5—压缩机；6，7—干气密封	在双端面密封中间即大气侧密封和介质侧密封之间通入由外部提供的清洁隔离气，如氮气，由干气密封 B 口引入（表 10-3-51，图 b）。隔离气向密封两侧泄漏是微量的。隔离气的流量和压力由带电触点的流量计 4 和带电触点的压力计 2 显示和控制，并利用电触点发出信号至控制室，监测密封泄漏情况。若密封失效，泄漏量增大、隔离气压力降低，将发出信号报警。为了保证密封的使用寿命，隔离气也需经双过滤器（一台操作、一台备用）过滤，过滤精度 2μm

续表

类型	系统图	说明
串联干气密封的密封气系统	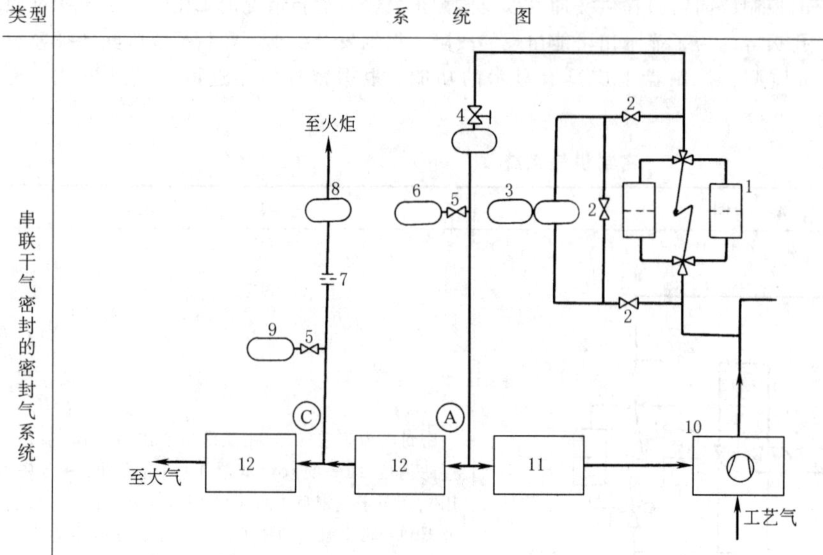 1—双过滤器；2—切断阀；3—带电触点的差压计；4—带针形阀的流量计；5—测量切断阀；6—带电触点的压力计；7—孔板；8—流量计；9—压力开关；10—压缩机；11—迷宫密封；12—串联干气密封	被密封气体侧的密封采用经过过滤的高压被密封气体由A口引入(见表10-3-51图c)进行冲洗，如同单端面干气密封的密封气系统那样，流量和压力差需要监测。泄漏的被密封气体集中在两个密封之间后由C口排至火炬 流量计8用于测量泄漏气体的流量。由压力开关9引出压力信号，监测密封泄漏情况。压力高或低都应报警。压力高，表示被密封气体侧密封失效；压力低，表示大气侧密封失效
带中间迷宫密封的串联干气密封的缓冲气系统	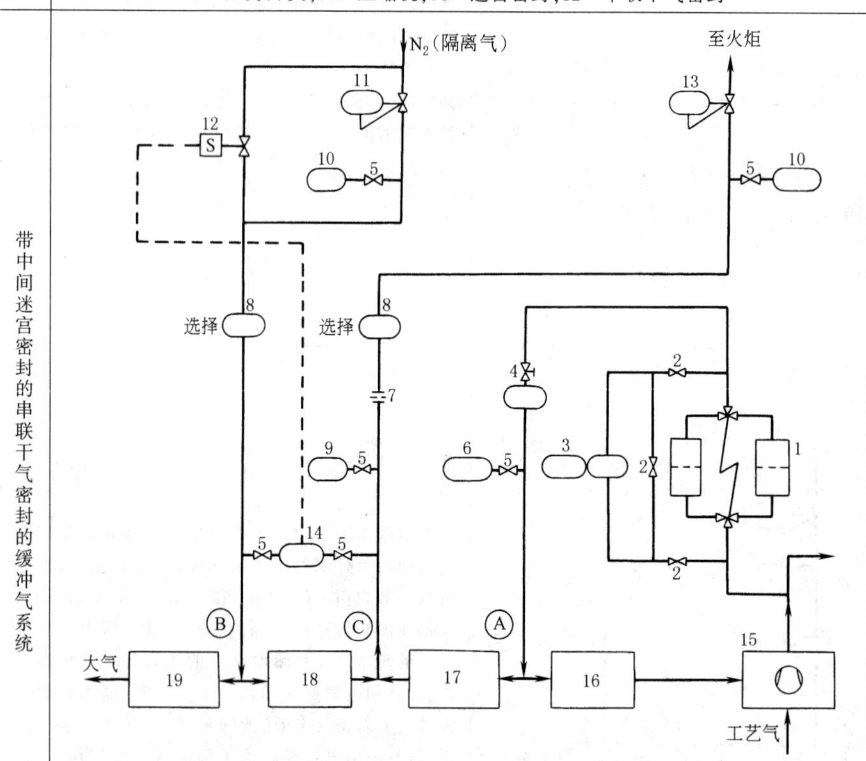 1—双过滤器；2—切断阀；3—带电触点的差压计；4—带针形阀的流量计；5—测量切断阀；6—带电触点的压力计；7—孔板；8—流量计；9—压力开关；10—压力计；11—减压计；12—电磁阀；13—流量调节阀；14—带电触点的差压计；15—压缩机；16，18—迷宫密封；17，19—干气密封	被密封气体侧的干气密封17采用经过过滤的被密封气体由管口A引入(见表10-3-51图e)，进行冲洗，如同单端面干气密封的密封气系统。从干气密封17泄漏的气体从管口C排至火炬 中间迷宫密封18装在去火炬管口C和隔离气供给管口B之间。外侧干气密封19用于防止隔离气泄漏到大气。利用带电触点的差压计14的电触点控制电磁阀12的开度，保证隔离气的压力始终高于去火炬的气体压力，以确保从中间迷宫密封泄漏的隔离气与泄漏的被密封气体一起由管口C排至火炬。若被密封气体侧干气密封17失效，由于泄漏的气体压力的影响，导致隔离气压力升高，压力开关9发出信号报警。中间迷宫密封18阻止泄漏气体漏到大气侧，泄漏的气体排至火炬。如果外侧密封失效，管口B、C差压过低，则发出信号报警 图中标有“选择”是选择项，根据需要确定是否采用

注：在JB/T 13407—2018《透平机械干气密封控制系统》规定了干气密封控制系统分为四种基本型式：①单端面干气密封控制系统；②双端面干气密封控制系统；③串联式干气密封控制系统；④带中间迷宫密封的串联式干气密封控制系统。还给出了“带中间迷宫密封的串联式干气密封控制系统（常规）”图、“带中间迷宫密封的串联式干气密封控制系统（高压）”图、“双端面干气密封控制系统（低压氮气作前置气）”图、“双端面干气密封控制系统（工艺气作前置气）”图和“单端面干气密封控制系统”图，可供参考。

.11 釜用机械密封

釜用机械密封与泵用机械密封的工作原理相同，但釜用机械密封有以下特点。

① 因搅拌釜很少有满釜操作，故釜用机械密封的被密封介质是气体，密封端面工作条件比较恶劣，往往处于干摩擦状态，端面磨损较大；由于气体渗透性强，对密封材料要求较高。为了对密封端面进行润滑和冷却，往往选择流体动压式双端面密封作为釜用密封，在两个密封端面之间通入润滑油或润滑良好的液体进行润滑、冷却。单端面密封仅用于压力比较低或不重要的场合。

② 搅拌轴比较长，且下端还有搅拌桨，所以轴的摆动和振动比较大，使动环和静环不能很好贴合，往往需要搅拌轴增设底轴承或中间轴承。为了减少轴的摆动和振动对密封的影响，靠近密封处增设轴承，还应考虑动环和静环有较好的浮动性。

③ 由于搅拌轴尺寸大，密封零件重，且有搅拌支架的影响，机械密封的拆装和更换比较困难。为了拆装密封方便，一般在搅拌轴与传动轴之间装设短节式联轴器，需要拆卸密封时，先将联轴器中的短节拆除，保持一定尺寸的空当，再将密封拆除。

④ 由于轴径大，在相同弹簧比压条件下弹簧压紧力大，机械密封装配和调节困难。为了保证装配质量，当前开发的釜用机械密封多数设计成卡盘式结构（或称集装式结构）。这种结构密封可以在密封制造厂或维修车间事先装配好，拿到现场装上即可，不需要熟练工人。

⑤ 搅拌轴转速低，pv 值（p 为密封介质压力，v 为密封端面平均线速度）低，对动环、静环材料选择比较容易。

釜用机械密封的类型见表 10-3-53。

表 10-3-53 釜用机械密封的类型

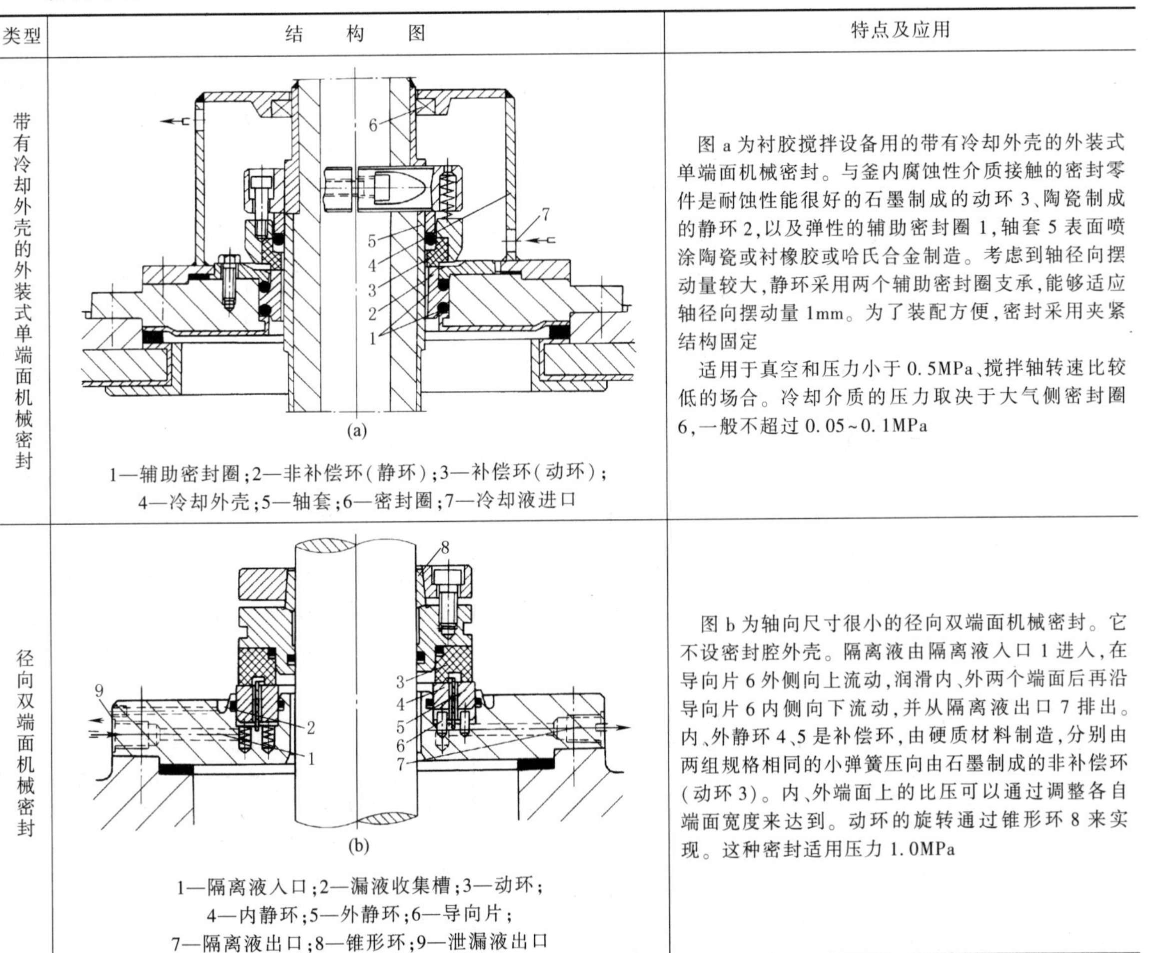

类型	结构图	特点及应用
带有冷却外壳的外装式单端面机械密封	(a) 1—辅助密封圈；2—非补偿环（静环）；3—补偿环（动环）；4—冷却外壳；5—轴套；6—密封圈；7—冷却液进口	图 a 为衬胶搅拌设备用的带有冷却外壳的外装式单端面机械密封。与釜内腐蚀性介质接触的密封零件是耐蚀性能很好的石墨制成的动环 3、陶瓷制成的静环 2，以及弹性的辅助密封圈 1，轴套 5 表面喷涂陶瓷或衬橡胶或哈氏合金制造。考虑到轴径向摆动量较大，静环采用两个辅助密封圈支承，能够适应轴径向摆动量 1mm。为了装配方便，密封采用夹紧结构固定 适用于真空和压力小于 0.5MPa、搅拌轴转速比较低的场合。冷却介质的压力取决于大气侧密封圈 6，一般不超过 0.05~0.1MPa
径向双端面机械密封	(b) 1—隔离液入口；2—漏液收集槽；3—动环；4—内静环；5—外静环；6—导向片；7—隔离液出口；8—锥形环；9—泄漏液出口	图 b 为轴向尺寸很小的径向双端面机械密封。它不设密封腔外壳。隔离液由隔离液入口 1 进入，在导向片 6 外侧向上流动，润滑内、外两个端面后再沿导向片 6 内侧向下流动，并从隔离液出口 7 排出。内、外静环 4、5 是补偿环，由硬质材料制造，分别由两组规格相同的小弹簧压向由石墨制成的非补偿环（动环 3）。内、外端面上的比压可以通过调整各自端面宽度来达到。动环的旋转通过锥形环 8 来实现。这种密封适用压力 1.0MPa

续表

类型	结构图	特点及应用
轴向尺寸小的双端面机械密封	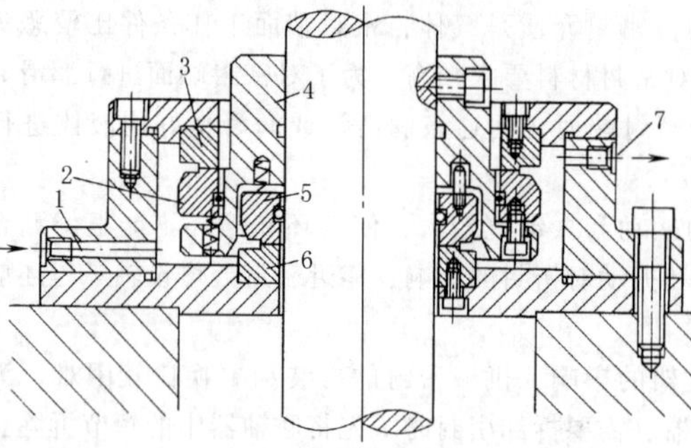 (c) 1—隔离液入口;2—动环;3—静环;4—传动轴套; 5—动环;6—静环;7—隔离液出口	图c为轴向尺寸小的双端面机械密封。它将下端面密封所属零件隐藏在上端面密封零件之内,因而增加了径向尺寸,缩小了轴向尺寸。由于这种密封的隔离液泄漏方向与离心力方向相反,故隔离液泄漏率比图b低。该密封适用于轴向尺寸受到限制的场合
带轴承和冷却腔的流体动压式釜用双端面机械密封	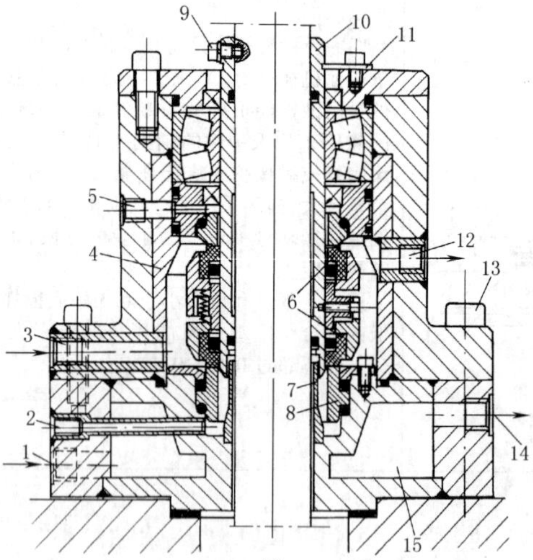 (d) 1—冷却水入口;2—接口;3—隔离液入口;4—防腐保护衬套; 5—排液口;6—补偿动环;7—衬套;8—静环; 9,13—螺钉;10—轴套;11—定位板;12—隔离液出口; 14—冷却水出口;15—冷却腔	图d两个端面密封采用非平衡型结构,用于密封压力为5MPa 密封端面上开有流体动压循环槽,形成润滑油压力楔,提高润滑性能,减小摩擦;提高密封使用压力、速度极限和冷却效应 密封组件及轴承箱座在冷却腔15上,腔内通冷却水冷却,隔离搅拌釜的温度传递,用于搅拌釜操作温度比较高的密封场合 静环8为非补偿环,采用弹性很大的两个密封圈支承,能很好适应搅拌轴的摆动和振动。上密封圈用压板压住,保证隔离液压力下降时,不会被釜内压力挤出 密封上部设有单独轴承腔。轴承采用油脂润滑。隔离液由上端面密封泄漏后经排液口5排出,不会进到轴承腔内,影响轴承运转。因此,密封腔内可以采用包括水在内的介质作为隔离液,但一般采用油或甘油作为隔离液,隔离液压力应保持比釜内压力高0.2~0.5MPa 从接口2向密封的下部引入适当的溶解剂和软化剂,可以防止聚合物沉积在密封的下部区域。此外,还能检查存在于衬套7内的磨损颗粒,并易于将磨损物和泄漏液排出 该密封为集装式结构,整个密封装在轴套10上。它可以在制造厂装配,并经检查合格后作为一个部件供货,非熟练工人也能安装。备用密封可以在检修车间检修并组装好,一旦需要更换密封时,在现场套在搅拌轴后拧紧螺钉9和螺钉13即可,可以缩短搅拌釜停车时间

续表

类型	结构图	特点及应用
带轴承流体动压式釜用双端面机械密封	(e) 1—下静环;2—隔离液入口;3—螺钉;4—排液口; 5—定位板;6—油封;7—轴套;8—上静环; 9—隔离液出口;10—动环	图 e 为带轴承流体动压式釜用双端面机械密封,图 f 为高压流体动压式釜用双端面机械密封,其腔内安装的机械密封结构与图 d 基本相同,仅在密封耐压程度(高压时,密封壳体、密封环的强度更坚固)、使用温度范围(高温时,密封下部设冷却腔)和防腐蚀要求(要求防腐时,密封壳体内衬保护衬套)等方面的要求不同。图 f 所示结构用于釜内介质压力 25MPa、温度 225℃;静环材料为硬质合金,动环材料为石墨 图 e 和图 f 所示结构均为卡盘式(集装式)结构,拆装方便
高压流体动压式釜用双端面机械密封	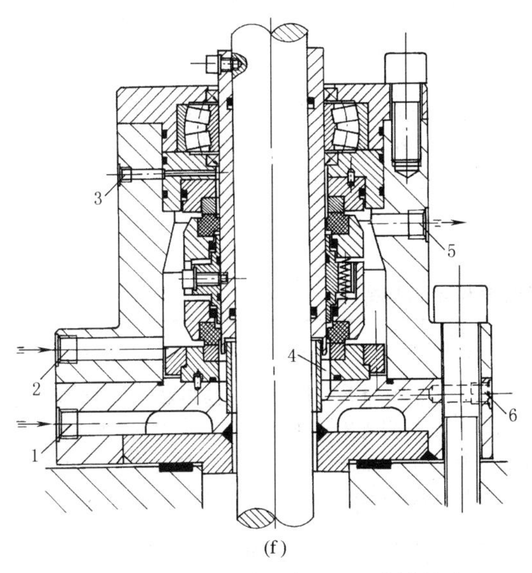 (f) 1—冷却液入口(图中未表示出口);2—隔离液入口; 3—排液口;4—封液和泄漏液积存杯; 5—隔离液出口;6—排液口	

续表

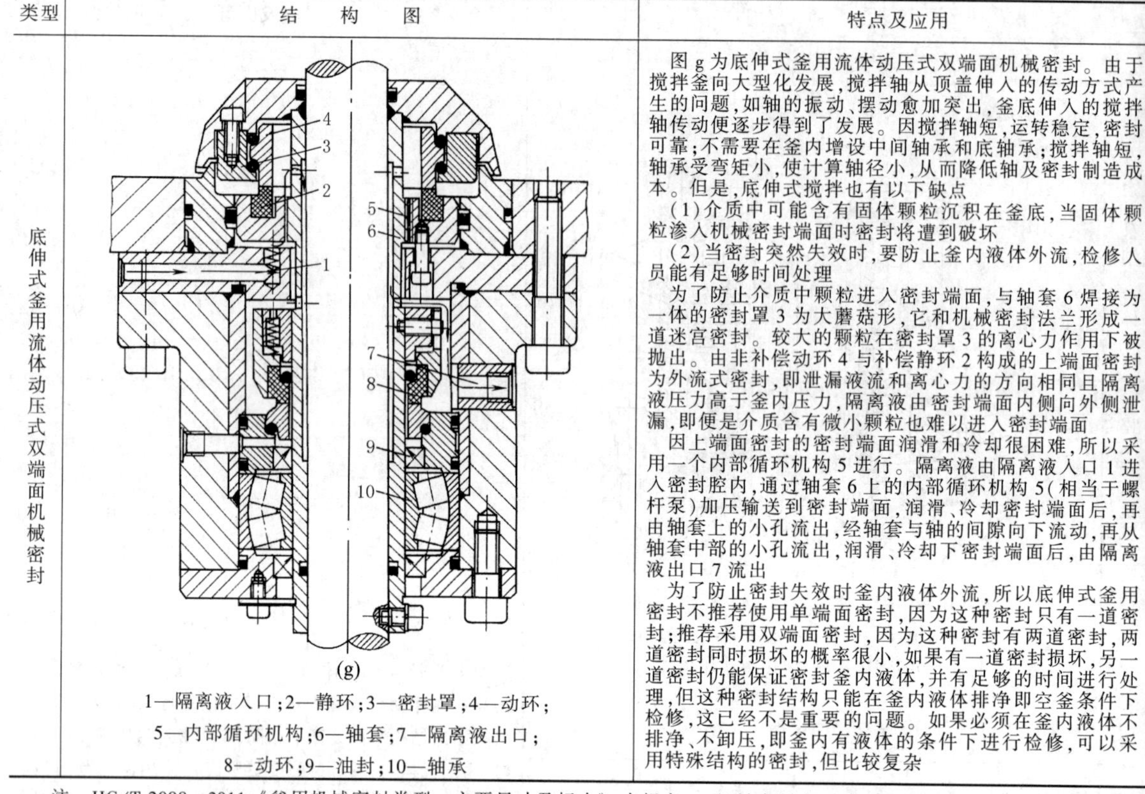

类型	结构图	特点及应用
底伸式釜用流体动压式双端面机械密封	(g) 1—隔离液入口；2—静环；3—密封罩；4—动环；5—内部循环机构；6—轴套；7—隔离液出口；8—动环；9—油封；10—轴承	图 g 为底伸式釜用流体动压式双端面机械密封。由于搅拌釜向大型化发展，搅拌轴从顶盖伸入的传动方式产生的问题，如轴的振动、摆动愈加突出，釜底伸入的搅拌轴传动便逐步得到了发展。因搅拌轴短，运转稳定，密封可靠；不需要在釜内增设中间轴承和底轴承；搅拌轴短，轴承受弯矩小，使计算轴径小，从而降低轴及密封制造成本。但是，底伸式搅拌也有以下缺点 (1)介质中可能含有固体颗粒沉积在釜底，当固体颗粒渗入机械密封端面时密封将遭到破坏 (2)当密封突然失效时，要防止釜内液体外流，检修人员能有足够时间处理 为了防止介质中颗粒进入密封端面，与轴套 6 焊接为一体的密封罩 3 为大蘑菇形，它和机械密封法兰形成一道迷宫密封。较大的颗粒在密封罩 3 的离心力作用下被抛出。由非补偿动环 4 与补偿静环 2 构成的上端面密封为外流式密封，即泄漏液流和离心力的方向相同且隔离液压力高于釜内压力，隔离液由密封端面内侧向外侧泄漏，即便是介质含有微小颗粒也难以进入密封端面 因上端面密封的密封端面润滑和冷却很困难，所以采用一个内部循环机构 5 进行。隔离液由隔离液入口 1 进入密封腔内，通过轴套 6 上的内部循环机构 5(相当于螺杆泵)加压输送到密封端面，润滑、冷却密封端面后，再由轴套上的小孔流出，经轴套与轴的间隙向下流动，再从轴套中部的小孔流出，润滑、冷却下密封端面后，由隔离液出口 7 流出 为了防止密封失效时釜内液体外流，所以底伸式釜用密封不推荐使用单端面密封，因为这种密封只有一道密封；推荐采用双端面密封，因为这种密封有两道密封，两道密封同时损坏的概率很小，如果有一道密封损坏，另一道密封仍能保证密封釜内液体，并有足够的时间进行处理，但这种密封结构只能在釜内液体排净即空釜条件下检修，这已经不是重要的问题。如果必须在釜内液体不排净、不卸压，即釜内有液体的条件下进行检修，可以采用特殊结构的密封，但比较复杂

注：HG/T 2098—2011《釜用机械密封类型、主要尺寸及标志》中规定：“机械密封主要分为单端面机械密封、轴向双端面机械密封和径向双端面机械密封三类。”

9.12 机械密封辅助系统

GB/T 33509—2017 中规定，泵用机械密封循环保护（支持）系统应符合 JB/T 6629—2015《机械密封循环保护系统及辅助装置》的规定。釜用机械密封循环保护（支持）系统应符合 HG/T 21572—1995《搅拌传动装置—机械密封循环保护系统》及 HG/T 2122—2020《釜用机械密封辅助装置》的规定。

9.12.1 泵用机械密封的冷却方式和要求

表 10-3-54 泵用机械密封的冷却方式和要求

名称		简图	特点	用途
冲洗冷却	自冲洗冷却	从泵出口引液冲洗	以被密封介质为冲洗液，由泵出口侧引出一小部分液体向密封端面的高压侧直接注入进行冲洗和冷却，然后流入泵腔内	适用密封腔内压力小于泵出口压力，大于泵进口压力，介质温度不高（温度小于等于 80℃），不含杂质的场合
	自冲洗加冷却器冷却	冷却水 自冲洗液 冷却器	冲洗液从泵出口引出，经冷却器后，向密封腔提供温度较低的冷却液 具有足够的压力差，流动效果好，但冷却水消耗大	用于介质温度超过 80℃ 的场合；也可以用于高凝固点介质，冷却器通蒸汽代替冷却水

续表

名称	简图	特点	用途
冲洗冷却 循环冲洗冷却	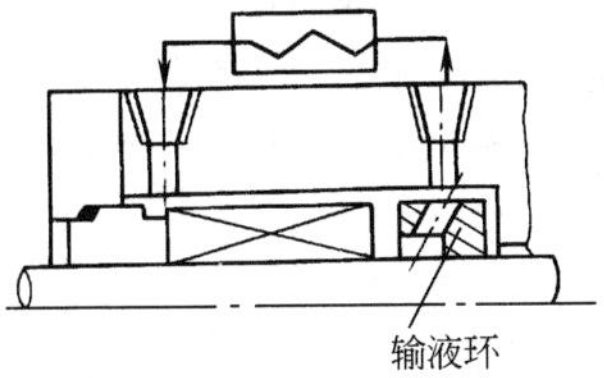 输液环	借助于密封腔内输液环使密封腔内的液体进行循环。带走的热量为机械密封产生的热量,与自冲洗加冷却器比较,冷却水消耗少。这是因为冷却器仅仅冷却密封面产生的热量加上密封从介质吸收的热量	基本与自冲洗加冷却器的方式相同
阻封冷却	向密封端面的低压侧注入液体或气体称“阻封”。目的是对密封端面进行冷却,用以隔绝空气或湿气,防止或清除沉淀物(其中包括冰)、润滑辅助密封、熄灭火花、稀释和回收泄漏的介质		
	阻封液(气) 辅助密封 阻封液(气)	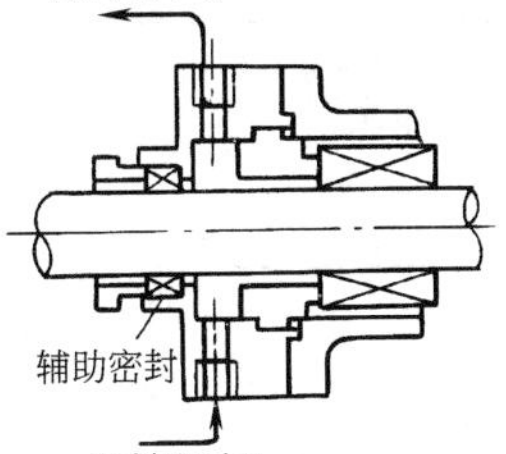 对密封端面低压侧直接冷却,冷却效果好,使动环、静环和密封圈得到良好冷却作用 为了防止注入液体的泄漏,需采用辅助密封,如衬套、油封或填料密封 阻封液一般用冷却水或蒸汽或氮气,但要注意冷却水的硬度,否则会产生无机物堆积到轴上	用于密封易燃易爆、贵重的介质,可以回收泄漏液 用于被密封介质易结晶和易汽化的场合,防止密封端面产生微量温升而导致端面形成干摩擦 阻封液压力通常为 0.02~0.05MPa,进出口温差控制在 3~5℃为宜
水冷却	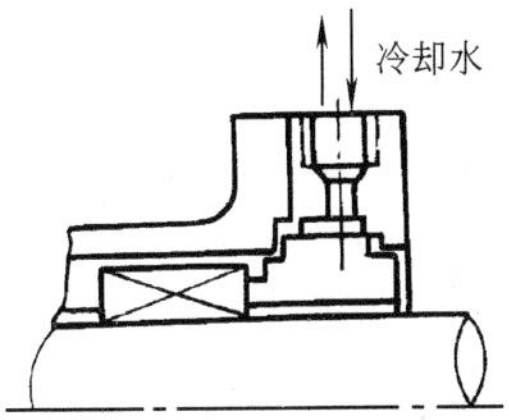 冷却水 (a) 静环外周冷却(静环背冷) 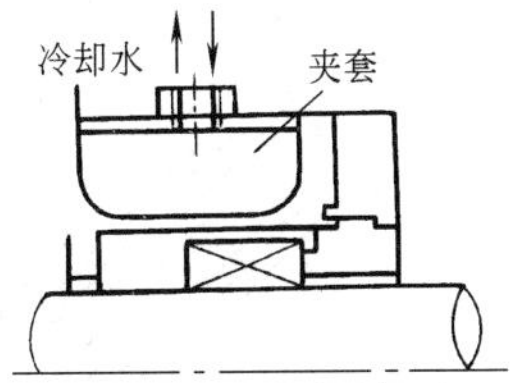 冷却水 夹套 (b) 密封腔夹套冷却 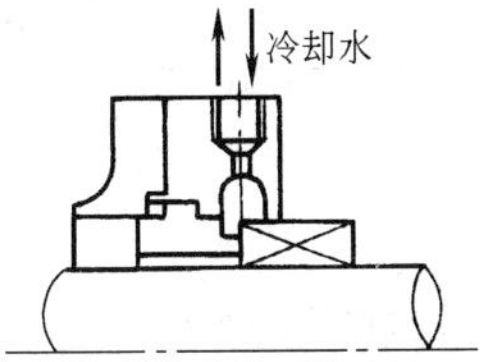 冷却水 (c) 直接冷却	水冷却(或加热)分静环外周冷却(静环背冷)、密封腔夹套冷却和直接冷却(仅用于外装式密封)三种类型。一般均属于间接冷却,效果比阻封冷却差 对冷却水质量要求不高 冷却面积大小必须使被密封介质的温度比该介质在外界气压下的饱和温度低 20~30℃,通常要使密封腔温度在 70℃以下 图 a、图 b 中冷却水不与介质直接接触,介质不会污染冷却水,冷却水可以循环使用 图 c 中冷却水因有可能被泄漏的介质污染,不推荐循环使用	冷却(或加热)被密封介质,防止温度过高而使密封面之间液体汽化产生干摩擦,或对被密封介质保温,防止介质凝固 通常,被密封介质温度超过 150℃(若用波纹管式密封介质温度超过 315℃)以及锅炉给水泵,或低闪点的介质都需要夹套
冷却水消耗量	机械密封冷却水消耗量可参考图 10-3-10 查取。如果采用其他介质冷却(或冲洗),消耗量需要进行换算。如果除机械密封外,泵体和支座还需要冷却时,冷却水消耗量是上述之和。消耗量大小需由泵厂提供		

续表

<table>
<tr><th>名称</th><th colspan="2">简　图</th><th colspan="2">特　点</th><th>用　途</th></tr>
<tr><td>冷却水质</td><td colspan="5">通常采用干净的新鲜水或循环水，但水的污垢系数要小于 0.35m²·K/kW[4×10⁻⁴m²·h·℃/kcal]，否则应采用软化水</td></tr>
<tr><td>冷却、润滑系统</td><td colspan="5">泵用机械密封冷却、润滑系统见表 10-3-55；釜用机械密封润滑和冷却系统见表 10-3-56</td></tr>
<tr><td rowspan="4">机械密封冷却措施</td><td rowspan="2">介质</td><td colspan="4">温度/℃</td></tr>
<tr><td>常温~<80</td><td colspan="2">80~<150</td><td>150~<200</td></tr>
<tr><td>润滑性好的油类</td><td>自冲洗冷却</td><td colspan="2">自冲洗冷却，静环背冷，密封腔夹套冷却</td><td>自冲洗加冷却器冷却，密封腔夹套冷却</td></tr>
<tr><td>其他</td><td><60℃，自冲洗冷却，60~80℃，自冲洗、静环背冷或阻封冷却</td><td colspan="3">自冲洗加冷却器冷却
密封腔夹套冷却</td></tr>
</table>

注：1. 经冲洗或冷却后，密封腔内流体温度应低于 60℃。

2. 密封易凝固或易结晶流体时，应通蒸汽进行保温。

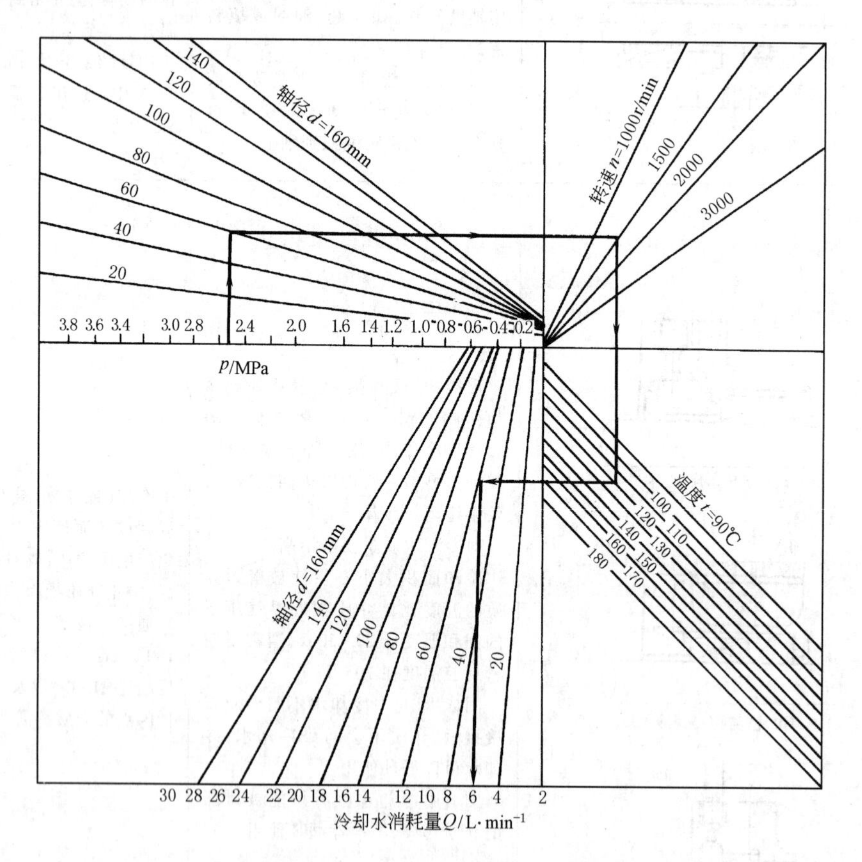

图 10-3-10　机械密封冷却水消耗量

例：冷却水出口温度不超过 30℃，介质压力 $p=2.5$MPa，密封轴径 $d=60$mm，泵轴转速 $n=1500$r/min，介质温度 $t=120$℃，则冷却水耗量 $Q=5.2$L/min

9.12.2　泵用机械密封冲洗系统

JB/T 6629—2015《机械密封循环保护系统及辅助装置》规定了机械密封循环保护（支持）系统的分类与构

成、冲洗冷却系统、急冷（吹扫）系统、冷却水系统、管道配置、辅助装置及检验，适用于工作温度-100~400℃，轴径不大于120mm，工作压力0~6.3MPa的泵用机械密封循环保护系统。

离心泵和旋转泵用机械密封冲洗系统见表10-3-55，表中方案号与美国石油学会标准API 682相同。

表10-3-55　　离心泵和旋转泵用机械密封冲洗系统

简　图	特点及说明	用　途
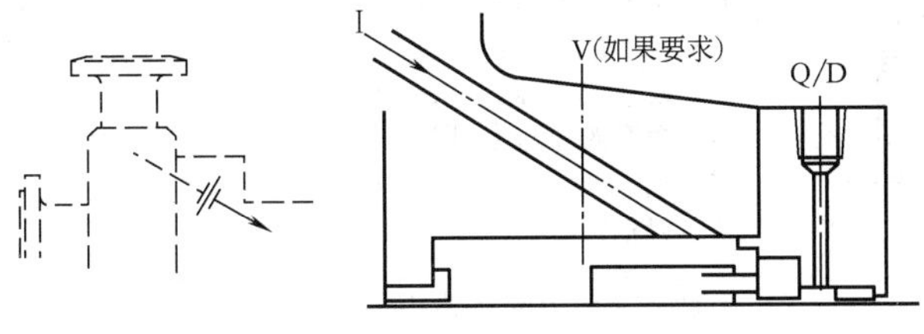 方案01	泵体内部循环，泵送介质从叶轮的背面靠近出口处的泵体上的冲洗孔内流向密封腔内。结构简单，但对系列泵灵活性小，如改用其他冲洗方式困难较大，一般不采用	推荐只用于清洁的介质。可用于介质在正常温度下变稠或凝固的场合，减少外部冲洗管内介质冻结的危险，但必须保证冲洗孔内有足够的内部循环量，维持稳定的密封面工作状态
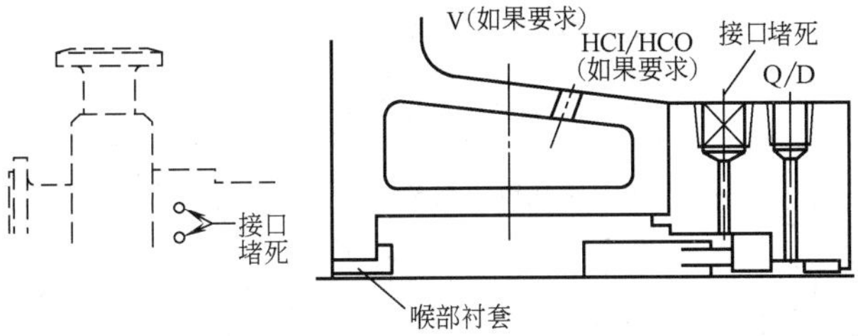 方案02	密封腔冲洗液出口堵死，不设循环冲洗液系统。密封腔内介质的压力和温度都很低。要考虑介质和蒸气压的大小，避免介质在密封腔内或密封面上汽化 介质是从叶轮背面经喉部衬套流向密封腔内的	是化学工业中应用较广的一种冲洗方式。用于温度低、清洁、高比热容的介质，如水，或不易汽化的介质以及低转速的泵上
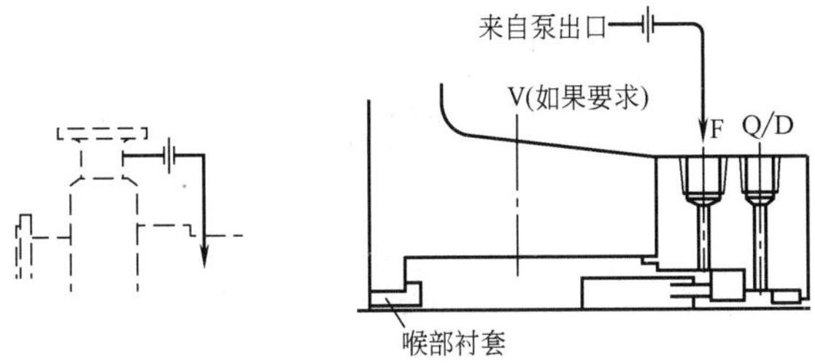 方案11	循环液从泵出口引出作为冲洗液，经流量控制孔板到达密封腔内，对机械密封进行冷却，且从密封腔V口排出空气和蒸气。然后，冲洗液从密封腔内侧的喉部衬套与轴的间隙返回到泵内	广泛用于清洁的一般介质的泵。若用于高扬程的泵，需要进行冲洗量的计算，以便确定合适的孔板和喉部衬套的尺寸，确保足够的密封冲洗量
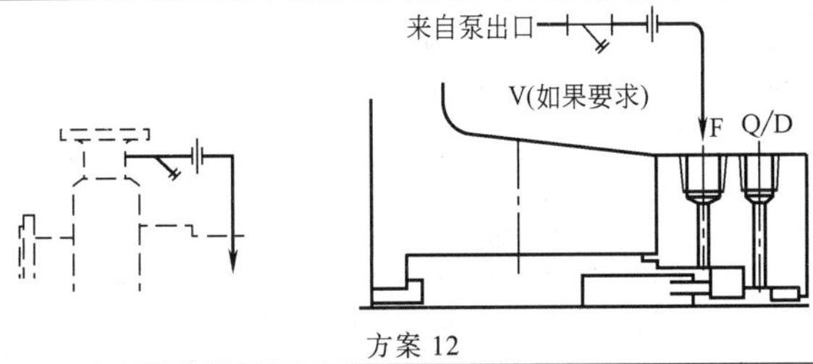 方案12	循环液从泵出口引出作为冲洗液，经过滤器和流量控制孔板到达密封腔内。该方案类似方案11，但增加一个过滤器，以除去介质中偶然出现的颗粒。通常不推荐使用过滤器，因为过滤器堵塞会引起密封失效	用于介质比较清洁的场合。目前，作为参考列在API 682标准中，但不能提供3年使用寿命的保证
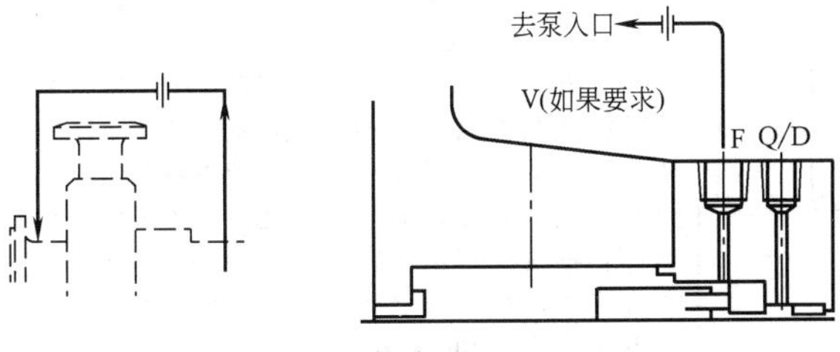 方案13	循环液作为冲洗液从泵的密封腔引出，经流量控制孔板返回到泵的吸入口。在密封腔的内侧不设置喉部衬套。立式泵的密封腔压力可认为泵出口压力，类似于方案11工作。冲洗液对密封进行冷却并随同冲洗液排出密封腔内的空气和蒸气	是立式泵的标准冲洗方案。方案01、11、12、21、23、31或方案41与方案13一起用于立式液下泵 本方案在立式管道泵上具有自排气的能力，提供的压差足够保证循环量和密封的压力，且能防止冲洗液汽化 也可用于高扬程泵，不宜用于低扬程泵，因密封腔和泵入口压差太小。通常需计算冲洗量和孔板尺寸，确定本方案的适用性

续表

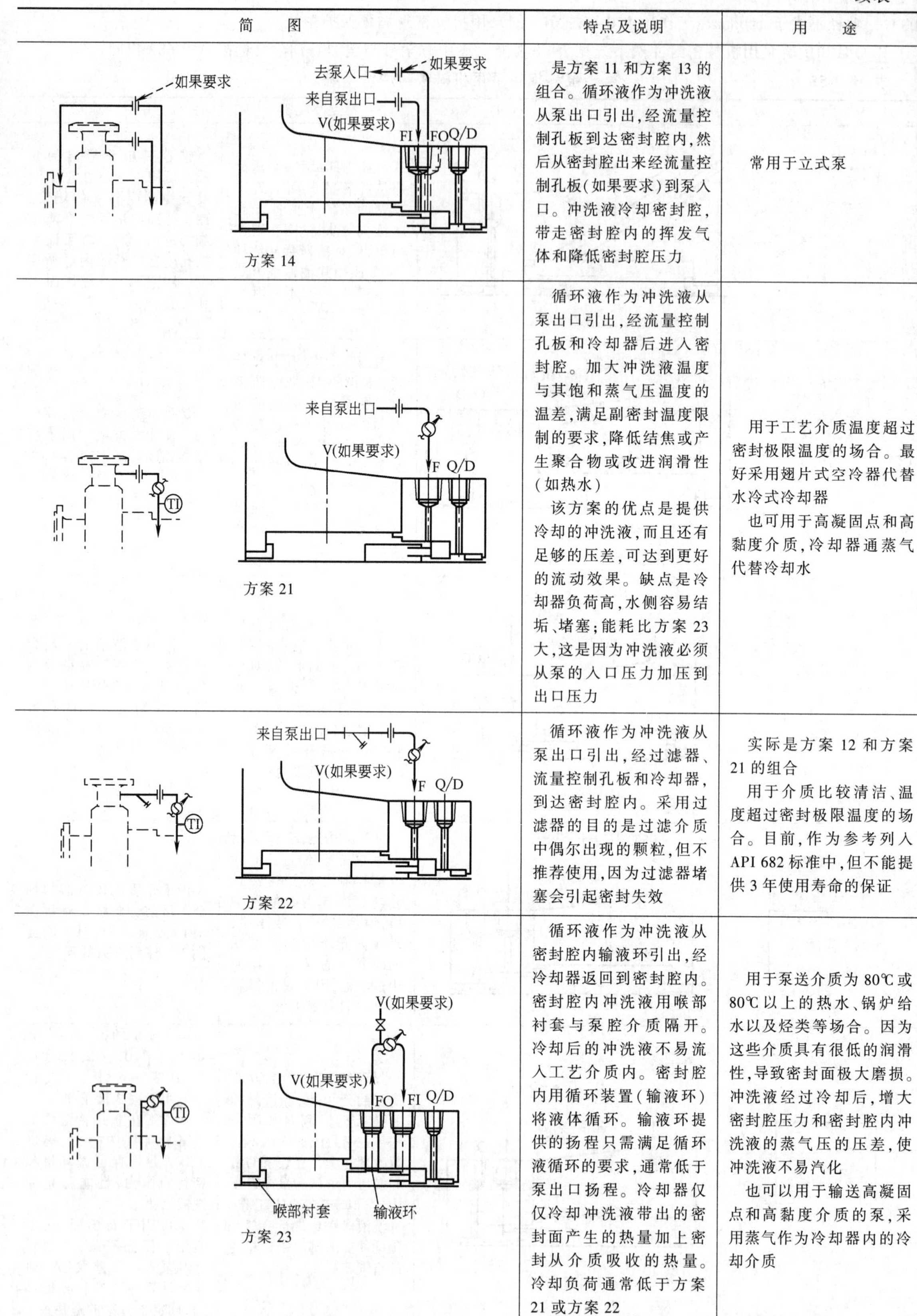

简　　图	特点及说明	用　　途
方案 14	是方案 11 和方案 13 的组合。循环液作为冲洗液从泵出口引出，经流量控制孔板到达密封腔内，然后从密封腔出来经流量控制孔板（如果要求）到泵入口。冲洗液冷却密封腔，带走密封腔内的挥发气体和降低密封腔压力	常用于立式泵
方案 21	循环液作为冲洗液从泵出口引出，经流量控制孔板和冷却器后进入密封腔。加大冲洗液温度与其饱和蒸气压温度的温差，满足副密封温度限制的要求，降低结焦或产生聚合物或改进润滑性（如热水） 该方案的优点是提供冷却的冲洗液，而且还有足够的压差，可达到更好的流动效果。缺点是冷却器负荷高，水侧容易结垢、堵塞；能耗比方案 23 大，这是因为冲洗液必须从泵的入口压力加压到出口压力	用于工艺介质温度超过密封极限温度的场合。最好采用翅片式空冷器代替水冷式冷却器 也可用于高凝固点和高黏度介质，冷却器通蒸气代替冷却水
方案 22	循环液作为冲洗液从泵出口引出，经过滤器、流量控制孔板和冷却器，到达密封腔内。采用过滤器的目的是过滤介质中偶尔出现的颗粒，但不推荐使用，因为过滤器堵塞会引起密封失效	实际是方案 12 和方案 21 的组合 用于介质比较清洁、温度超过密封极限温度的场合。目前，作为参考列入 API 682 标准中，但不能提供 3 年使用寿命的保证
方案 23	循环液作为冲洗液从密封腔内输液环引出，经冷却器返回到密封腔内。密封腔内冲洗液用喉部衬套与泵腔介质隔开。冷却后的冲洗液不易流入工艺介质内。密封腔内用循环装置（输液环）将液体循环。输液环提供的扬程只需满足循环液循环的要求，通常低于泵出口扬程。冷却器仅仅冷却冲洗液带出的密封面产生的热量加上密封从介质吸收的热量。冷却负荷通常低于方案 21 或方案 22	用于泵送介质为 80℃或 80℃以上的热水、锅炉给水以及烃类等场合。因为这些介质具有很低的润滑性，导致密封面极大磨损。冲洗液经过冷却后，增大密封腔压力和密封腔内冲洗液的蒸气压的压差，使冲洗液不易汽化 也可以用于输送高凝固点和高黏度介质的泵，采用蒸气作为冷却器内的冷却介质

续表

简图	特点及说明	用途
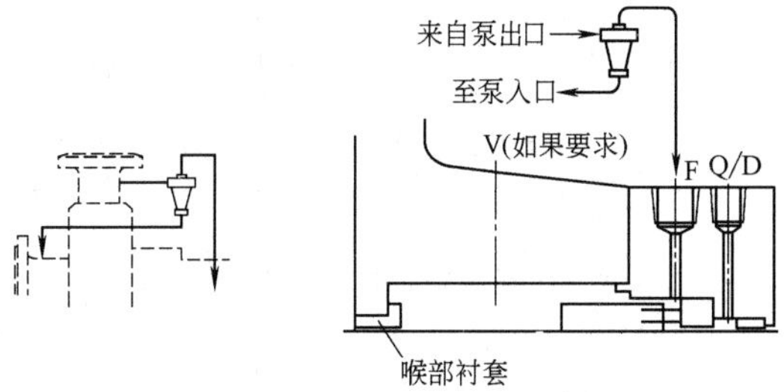 来自泵出口 至泵入口 V(如果要求) F Q/D 喉部衬套 方案 31	循环液作为冲洗液从泵出口引出,进入旋液分离器。固体颗粒从介质中分离后返回到泵入口。从旋液分离器出来的清洁冲洗液进入密封腔内。推荐设置喉部衬套	用于泵送介质中固体颗粒的相对密度是介质的2倍或2倍以上的场合,如输送水,在旋液分离器分离掉砂粒或管道中的熔渣 如果工艺介质非常脏或是浆液,本方案不适用或不推荐用
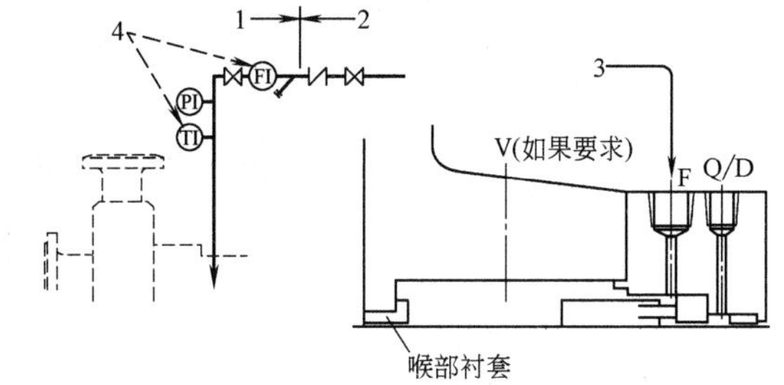 4 1 2 PI TI FI 3 V(如果要求) F Q/D 喉部衬套 方案 32 1—卖方供货范围;2—买方供货范围;3—外供冲洗液;4—选择项	冲洗液从外部引入密封腔内。密封腔内侧应装有与轴间隙很小的喉部衬套,维持腔内较高的压力,能将冲洗液与工艺介质隔开 外部冲洗液应是清洁、不易汽化、连续、可靠、压力高于密封腔压力,即使在非正常状态,如开停车也能保证使用。冲洗液还应与工艺介质相容,因为冲洗液会从喉部衬套与轴的间隙流进工艺介质内	用于泵送介质含有固体颗粒和污染物的场合。也可以用于降低液体汽化或空气通过密封面漏到密封腔(真空状态作用)的场合,因为提供的冲洗液有很低的蒸气压,或增高密封腔的压力,从而满足使用要求 不推荐用于冷却的场合,否则能耗太高
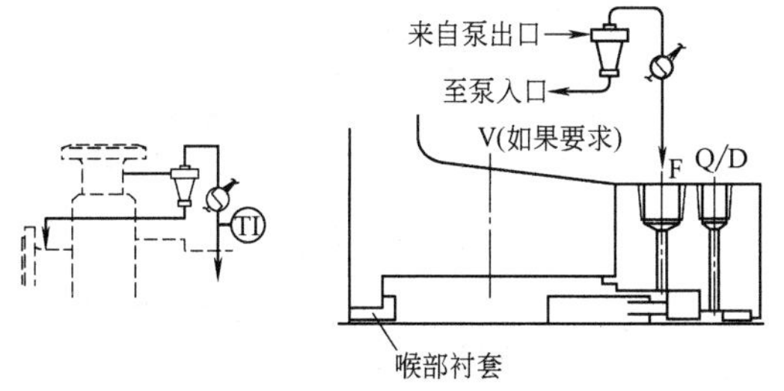 来自泵出口 至泵入口 TI V(如果要求) F Q/D 喉部衬套 方案 41	循环液作为冲洗液从泵出口引出,进入旋液分离器,分离出固体颗粒回到泵入口;清洁的液体进入冷却器,然后从冲洗液口F进入密封腔 经冷却的冲洗液温度低于它的饱和蒸气压的温度,满足副密封元件的温度限制,可减小工艺介质结焦、聚合或改善润滑性(如水) 推荐采用喉部衬套 其他优缺点详见方案21	由方案21和方案31组合而成。用于温度较高、介质中固体颗粒的相对密度是介质的2倍或2倍以上的场合。用于热水的密封,排除系统中的砂粒和管道中的熔渣 不适用或不推荐用于工艺介质非常脏或是悬浮液的场合
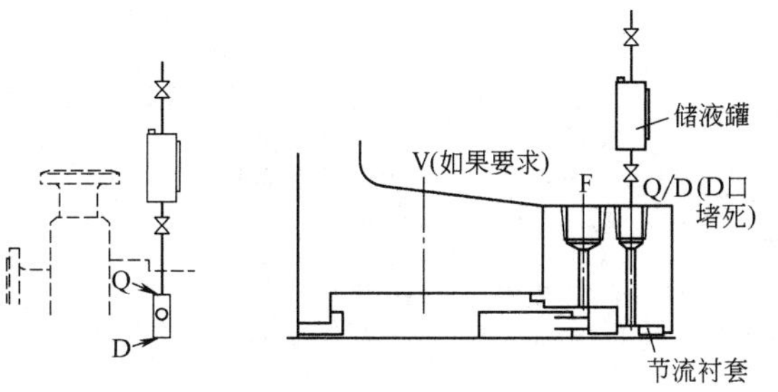 Q D 储液罐 V(如果要求) F Q/D(D口堵死) 节流衬套 方案 51	阻封液出口D堵住,外供清洁的阻封液倒入储液罐内,靠自重从Q口流入密封端面低压侧。阻封液只进不出,漏损后由储液罐补充。这种系统需在机械密封外侧装有简单的密封,如节流衬套、填料密封、唇式密封等	用于双端面密封和单端面密封的阻封,将泄漏的工艺介质与大气隔离,如输送易结晶介质时,阻封液可用蒸气或其他热介质,也可以通入甲醇,起到不冻结的作用

续表

简图	特点及说明	用途
方案 52 1—买方供货范围;2—卖方供货范围;3—去收集系统;4—正常运转时全开启;5—如果规定设置;6—储液罐;7—补充缓冲液入口	是非加压式双端面密封冲洗方案。外供储液罐6内的缓冲液,在正常运转期间通过腔内输液环进行循环。储液罐通常连续排出挥发性气体到收集系统,保持储液罐内的压力低于密封腔压力,接近大气压 当内侧密封失效时,外侧密封可以阻挡工艺介质不向外漏,此时储液罐内压力升高,通过压力开关PS的信号输出或通过储液罐上的液位开关高液位信号LSH报警,更换密封 当外侧密封失效时,储液罐上的液位开关低液位信号LSL报警,更换密封	向双端面密封的外侧密封提供缓冲液,可以认为是工艺介质无泄漏到大气的密封 用于清洁、无聚合物的介质,且蒸气压高于缓冲液的压力,如果工艺介质从内侧密封泄漏到密封腔内,工艺介质将在储液罐内闪蒸,逸出的蒸气排至收集系统。如果工艺介质的蒸气压低于缓冲液或储液罐内的压力,则泄漏的工艺介质残留并污染缓冲液 因为内侧密封的泄漏万一不能过早检测出,会使较重的工艺介质下沉,较轻的缓冲液上移,造成两个密封之间的区域内聚集工艺介质。在这种情况下,外侧密封的泄漏会导致工艺介质漏到大气中
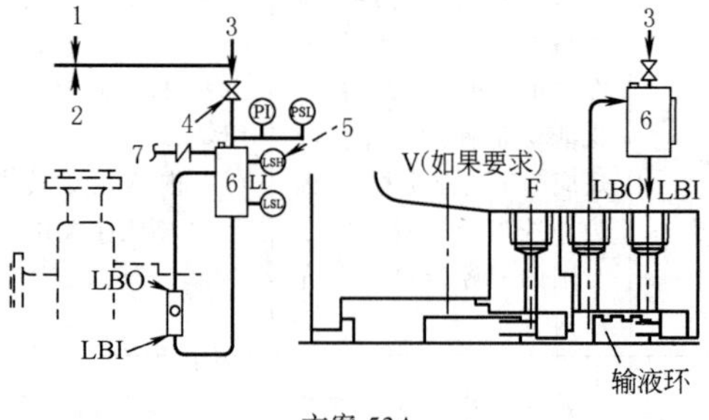 方案 53A 1—买方供货范围;2—卖方供货范围;3—外部压力源;4—切断阀,正常运转时全开启;5—如果规定;6—储液罐;7—补充隔离液入口 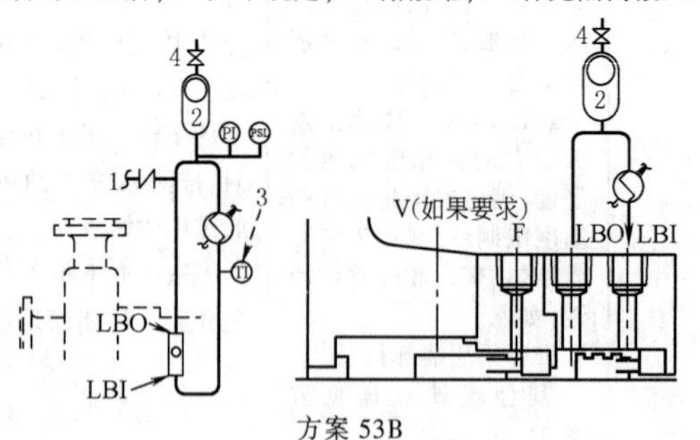 方案 53B 1—补充隔离液入口;2—气囊式蓄压器;3—如果规定设置;4—气囊充气口 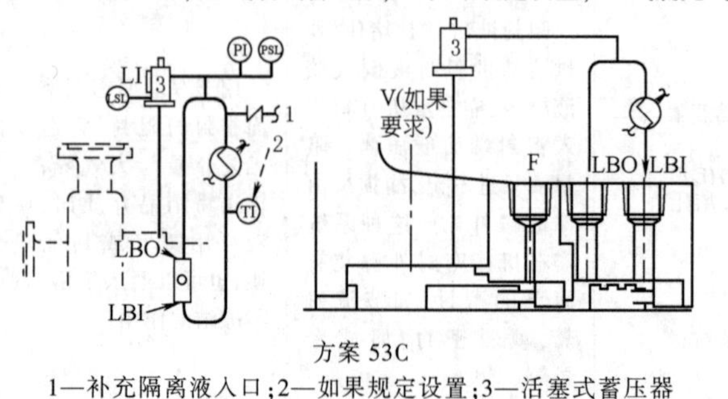 方案 53C 1—补充隔离液入口;2—如果规定设置;3—活塞式蓄压器	方案53A是加压式双端面密封冲洗方案。从外部提供的清洁、其压力比密封压力高0.15MPa的隔离液,经储液罐进入密封腔内,再通过机械密封上的输液环进行循环,保证循环流量 方案53B也是加压式双端面密封系统,与方案53A不同的是维持密封循环的隔离液的压力采用了气囊式蓄压器,它利用空冷式或水冷式冷却器从循环系统中带走热量 方案53C也是加压式双端面密封系统,与方案53A、53B不同的是利用活塞式蓄压器维持隔离液的压力大于密封腔的压力 隔离液的压力应大于泵密封腔压力约0.15MPa。内侧密封会有少量的隔离液漏到工艺介质内。如果密封腔内压力变化很大或压力超过3.5MPa时,外侧密封的压力可以通过采用控制差压调节阀的密封系统的设定压力比泵密封腔压力高0.14~0.17MPa来降低	用于加压式双端面密封,可以认为是工艺介质无泄漏到大气的密封 用于脏的、磨蚀或易聚合的介质,采用方案52会损坏密封端面或如果使用方案52,隔离液系统会产生问题的场合 需要注意隔离液少量漏进工艺介质时,不会对产品产生不良影响。泄漏到工艺介质中的隔离液量,可以通过监测储液罐的液位监测 还需注意储液罐的压力应维持在一定范围内。如果压力过低,该系统会像方案52或像非加压式密封系统那样运转,无法满足采用该方案时的要求。特别是内侧密封泄漏方向被改变而流向隔离液、污染隔离液,时间久了,增加密封失效的可能性

续表

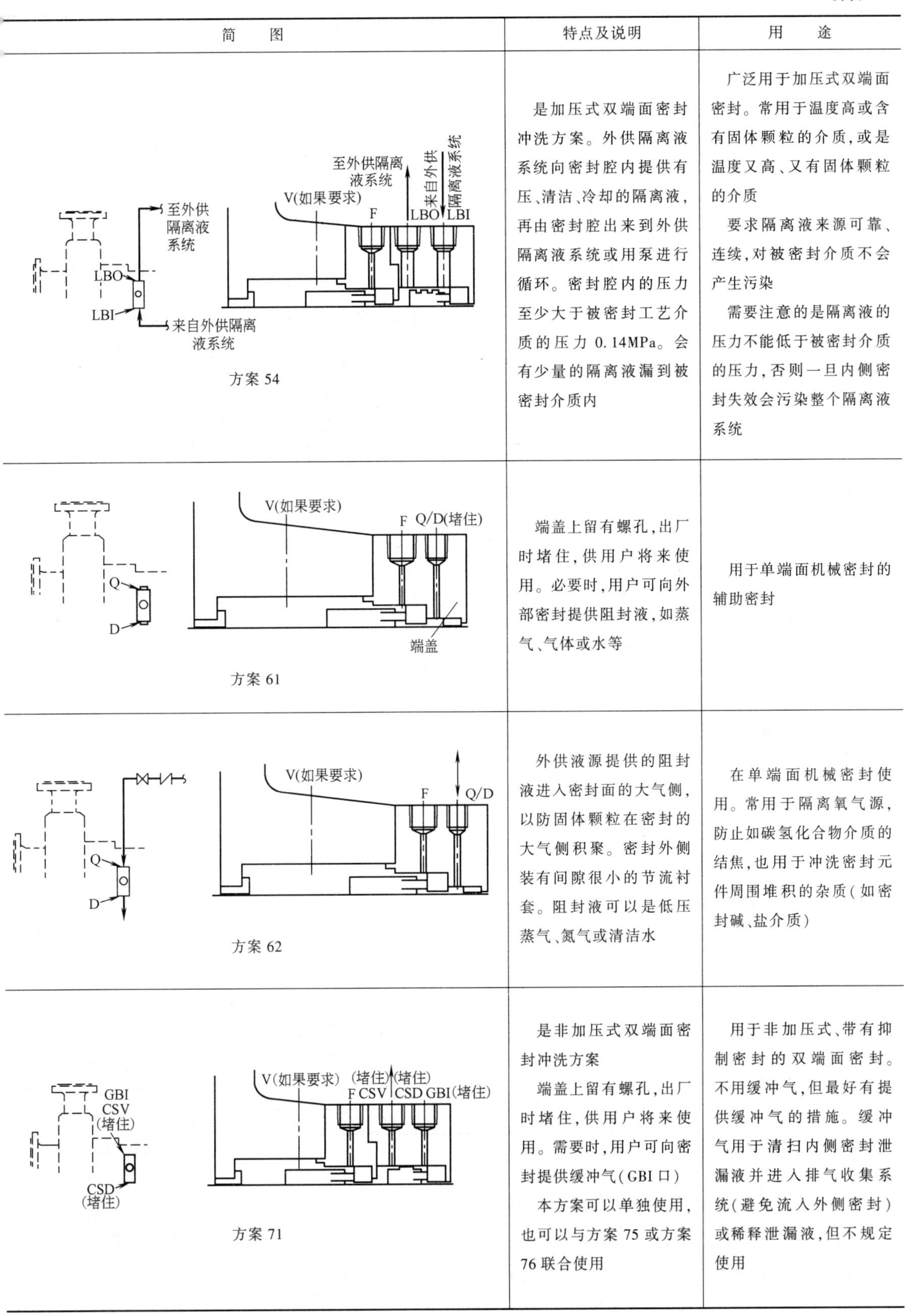

简　　图	特点及说明	用　　途
方案 54	是加压式双端面密封冲洗方案。外供隔离液系统向密封腔内提供有压、清洁、冷却的隔离液，再由密封腔出来到外供隔离液系统或用泵进行循环。密封腔内的压力至少大于被密封工艺介质的压力 0.14MPa。会有少量的隔离液漏到被密封介质内	广泛用于加压式双端面密封。常用于温度高或含有固体颗粒的介质，或是温度又高、又有固体颗粒的介质 要求隔离液来源可靠、连续，对被密封介质不会产生污染 需要注意的是隔离液的压力不能低于被密封介质的压力，否则一旦内侧密封失效会污染整个隔离液系统
方案 61	端盖上留有螺孔，出厂时堵住，供用户将来使用。必要时，用户可向外部密封提供阻封液，如蒸气、气体或水等	用于单端面机械密封的辅助密封
方案 62	外供液源提供的阻封液进入密封面的大气侧，以防固体颗粒在密封的大气侧积聚。密封外侧装有间隙很小的节流衬套。阻封液可以是低压蒸气、氮气或清洁水	在单端面机械密封使用。常用于隔离氧气源，防止如碳氢化合物介质的结焦，也用于冲洗密封元件周围堆积的杂质（如密封碱、盐介质）
方案 71	是非加压式双端面密封冲洗方案 端盖上留有螺孔，出厂时堵住，供用户将来使用。需要时，用户可向密封提供缓冲气（GBI 口） 本方案可以单独使用，也可以与方案 75 或方案 76 联合使用	用于非加压式、带有抑制密封的双端面密封。不用缓冲气，但最好有提供缓冲气的措施。缓冲气用于清扫内侧密封泄漏液并进入排气收集系统（避免流入外侧密封）或稀释泄漏液，但不规定使用

续表

简　图	特点及说明	用　途
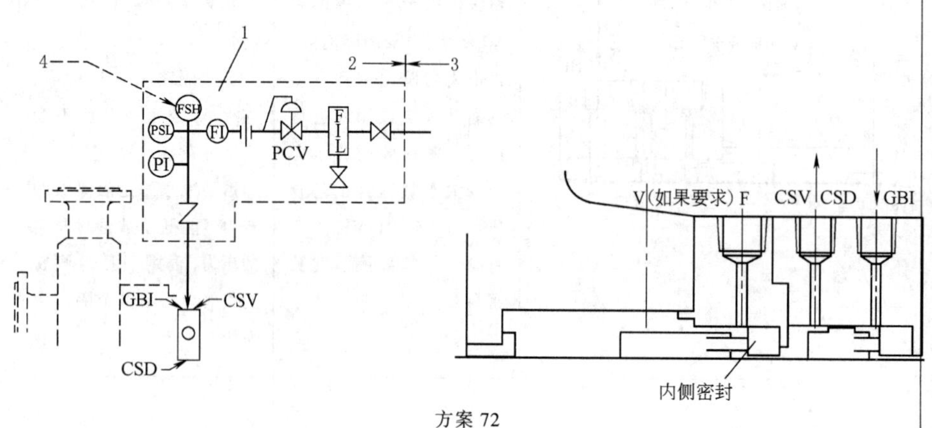 方案 72 1—缓冲气控制盘；2—卖方供货范围；3—买方供货范围；4—流量开关高报警(如果规定设置) 是非加压式双端面密封冲洗方案。外供缓冲气首先通过由买方供货的切断阀和逆止阀，进入本系统。本系统通常安装在由密封制造厂供货的控制板或控制盘 1 上。在控制盘上的入口切断阀之后装有 10μm 过滤精度的组合过滤器(如果规定)，除去任何有可能出现的颗粒与液滴。然后，气体通过设定压力为 0.05MPa(表压)的背压式压力调节阀(如果规定)。接着，气体通过孔板进行流量控制，并用流量计测量(有时，用户喜欢用针形阀或截止阀代替孔板便于流量调节)。使用的压力表应监测缓冲气的压力不超过密封腔压力。在盘上最后的元件是逆止阀和切断阀。然后缓冲气通过小管流到密封		用于非加压式、带有抑制密封的双端面密封 可以将抑制密封的排气口(CSV)和放净口(CSD)用堵头堵住，从 GBI 口通入的缓冲气仅用于稀释内侧密封的泄漏液，以减少泄漏液的外漏 该方案也可以与方案 75 或方案 76 联合使用，通入密封腔内的缓冲气用于带走内侧密封的泄漏液，直接进入方案 75 或方案 76 系统，避免流入外侧密封，以达到良好的密封效果 用于泵送危险性介质的密封，但必须能检测和报警内侧密封情况，要事先知道整个密封将要失效的信息，能按计划有序停车或修理 缓冲气的压力应小于内侧密封工艺介质的压力
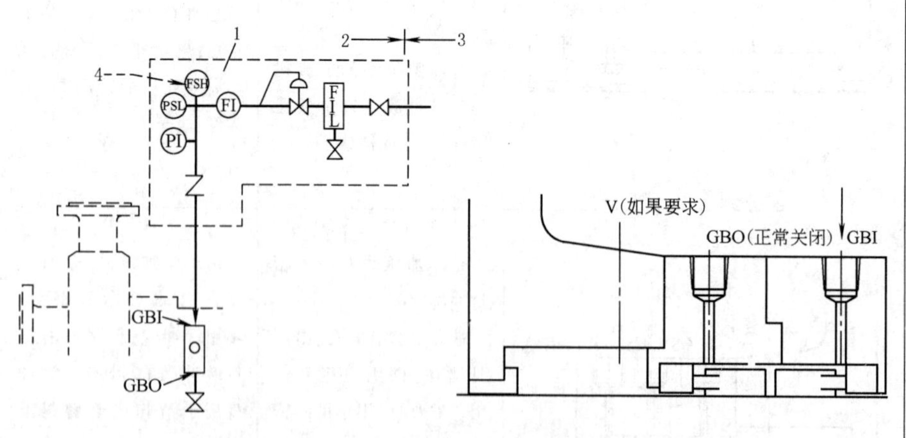 方案 74 1—隔离气控制盘；2—卖方供货范围；3—买方供货范围；4—(如果规定设置)流量开关(高)报警 是加压式双端面密封冲洗方案。外供隔离气首先通过由买方供货的切断阀和逆止阀，然后进入本系统。本系统通常安装在由密封制造厂供货的控制板或控制盘上。盘上入口切断阀之后装有 2~3μm 过滤精度的组合过滤器，除去任何有可能出现的颗粒和液滴。然后，气体流向设定压力至少大于内侧被		用于加压式双端面密封，常用氮气作为隔离气，会有少量气体泄漏到泵内，多数气体漏到大气 常用于温度不太高的介质(在橡胶元件允许使用温度范围内)，但能用于含有不允许外漏的毒性或危险性介质。在正常使用条件下，不可能有泄漏液漏到大气中 亦可用于密封可靠性要求高的场合，如含有固体颗粒或者可能引起密封失效的其他介质。在正常使用时因密封腔压力高，这些介质不可能进入密封端面

续表

<table>
<tr><th>简　图</th><th>特点及说明</th><th>用　途</th></tr>
<tr><td colspan="2">密封工艺介质压力 0.175MPa 的背压式压力调节阀(有时,用户喜欢在调节阀之后装一块孔板,限制隔离气用量,用于密封万一粘住而封不严的情况)。当压力计显示合适的压力时,调节阀之后的流量计显示出准确的流量。若隔离气用量过大或密封严重泄漏时,系统压力下降,降到一定值时,压力开关(PSL)开始报警。在盘上最后的元件是逆止阀和切断阀,隔离气再通过小管进入密封腔
隔离气出口(GBO)正常运转时关闭,仅在需要降压时开启
密封腔排气口(V)在开车或正常运转时应能排气,避免气体在泵内聚集</td><td>不推荐用于黏性或聚合物介质,或抽空除水引起的颗粒堆积的场合
特别需要注意的是隔离气的压力不能低于被密封介质的压力,否则工艺介质会污染整个隔离气系统</td></tr>
<tr><td colspan="2">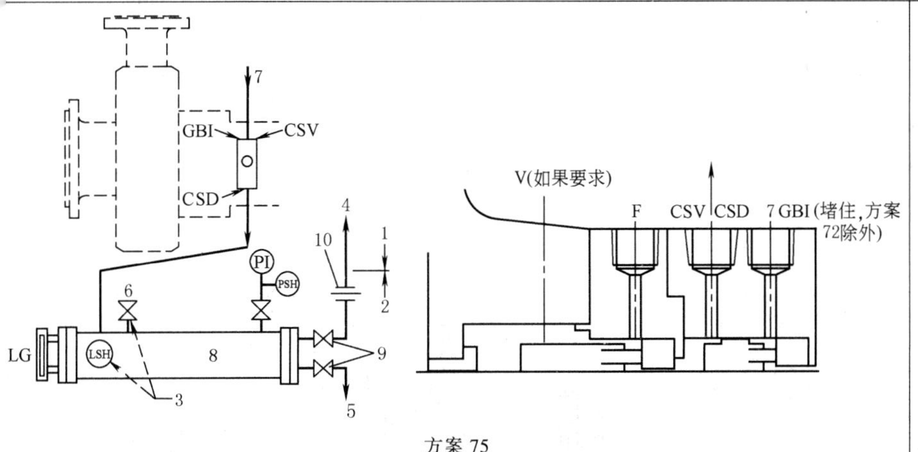

方案 75
1—买方供货范围;2—卖方供货范围;3—如果规定设置;4—去气体收集系统;5—去液体收集系统;6—试验用接口;7—来自外供气源;8—收集器;9—切断阀;10—孔板
是非加压式双端面密封冲洗方案。从缓冲气入口(GBI)进来的缓冲气带走内侧密封泄漏的介质,由放净口(CSD)排出,进入该系统
这种含有雾滴的气体在环境温度下被冷凝,收集在收集器 8 内。在收集器上装有液位计(LG),以便确定收集器 8 内液体何时必须放出。在收集器出气管上装有孔板 10,以限制气体排出量,这样,内侧密封泄漏量过大时,导致收集器压力升高,并触发设定压力为 0.07MPa(表压)压力开关高压的信号(PSH)。收集器出口上的切断阀 9 用于切断收集器向外排出,以便及时维修。将切断阀关闭还可用于试验内侧密封泄漏情况,而泵仍在运转,记下收集器内时间-压力相互关系的记录。如果规定,可以使用收集器上的试验用接口 6 注入氮气或其他气体,达到试验密封性能的目的</td><td>用于非加压式、带有抑制密封的双端面密封,从内侧密封泄漏的介质在环境温度下冷凝成液体的场合
注意,即使泵送介质在环境温度下不会产生冷凝液,用户也希望安装这个系统,因为收集系统可能会返流冷凝液
该方案是收集从内侧密封泄漏的介质,限制泵送介质漏到大气
该方案可与带有缓冲气的密封系统(方案72)组合使用;也可与不带缓冲气的密封系统(方案 71)组合使用,但需用堵头堵住 GBI 口</td></tr>
<tr><td colspan="2">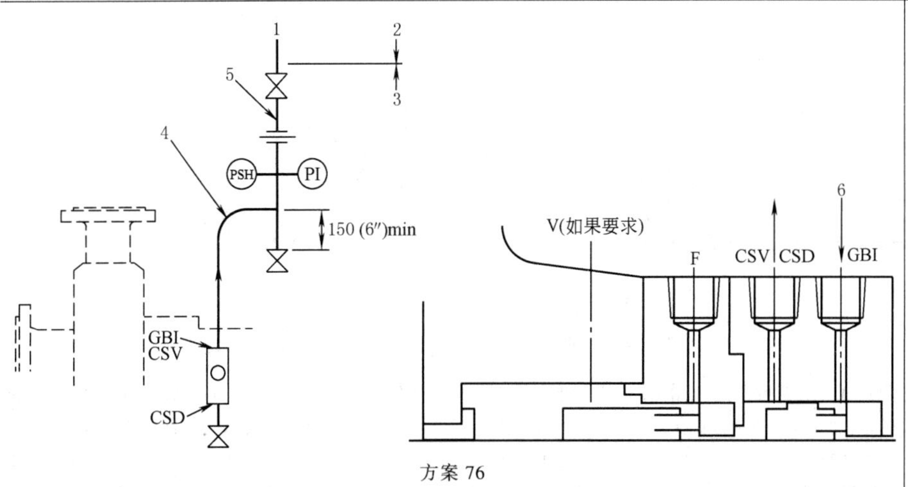

方案 76
1—去收集系统;2—买方供货范围;3—卖方供货范围;4—小管;5—管(收集管);6—外供气源
是非加压式双端面密封冲洗方案。从缓冲气入口(GBI)进来的缓冲气带走内侧密封泄漏的介质,由排气口(CSV)排出,进入该系统</td><td>用于非加压式、带有抑制密封的双端面密封,从内侧密封泄漏的介质在环境温度下不会被冷凝的场合
本方案收集从内侧密封泄漏的介质,限制泵送介质漏到大气。排除万一液体聚集在抑制密封腔内会产生过热,引起碳氢化合物结焦和密封失效的可能</td></tr>
</table>

续表

简　图	特点及说明	用　途
这种含有雾滴的气体在环境温度下雾滴不会被冷凝。在收集管的出口管上装有孔板，限制气体的排出量。这样，内侧密封泄漏量过大时，将会引起压力升高，并触发设定压力为0.07MPa(表压)压力开关高压的信号(PSH)。出口上的切断阀用于切断系统，以便于维修。亦可将切断阀关闭，试验内侧密封泄漏情况而泵仍在运转，记下收集管内时间-压力相互关系的记录。如果规定，可以使用装在管5上的放净口注入氮气或其他气体，达到试验密封性能和检查液体沉积情况的目的		本方案可与带有缓冲气的密封系统(方案72)组合使用；也可与不带缓冲气的密封系统(方案71)组合使用，但需用堵头堵住缓冲气入口(GBI)

注：1. 图例及符号说明

过滤器		L1 液位计	FS 流量开关	Q 阻封液
换热器（冷却器）	PS 压力开关　压力调节阀	LG 液位计	I 入口	D 放净
PI 压力表	旋液分离器　TI 切断阀　FI 逆止阀	FIL 成对过滤器	V 排气口	F 冲洗液
TI 温度计	FI 流量计			
FI 冲洗液入口	FO 冲洗液出口　孔板	LBI 缓冲液/隔离液入口	LBO 缓冲液/隔离液出口	GBI 缓冲气入口
CSV 抑制密封排气口	CSD 抑制密封放净口	I 入口	HCI 加热或冷却剂入口	HCO 加热或冷却剂出口

2. 表中提到的典型机械密封结构见图10-3-11。

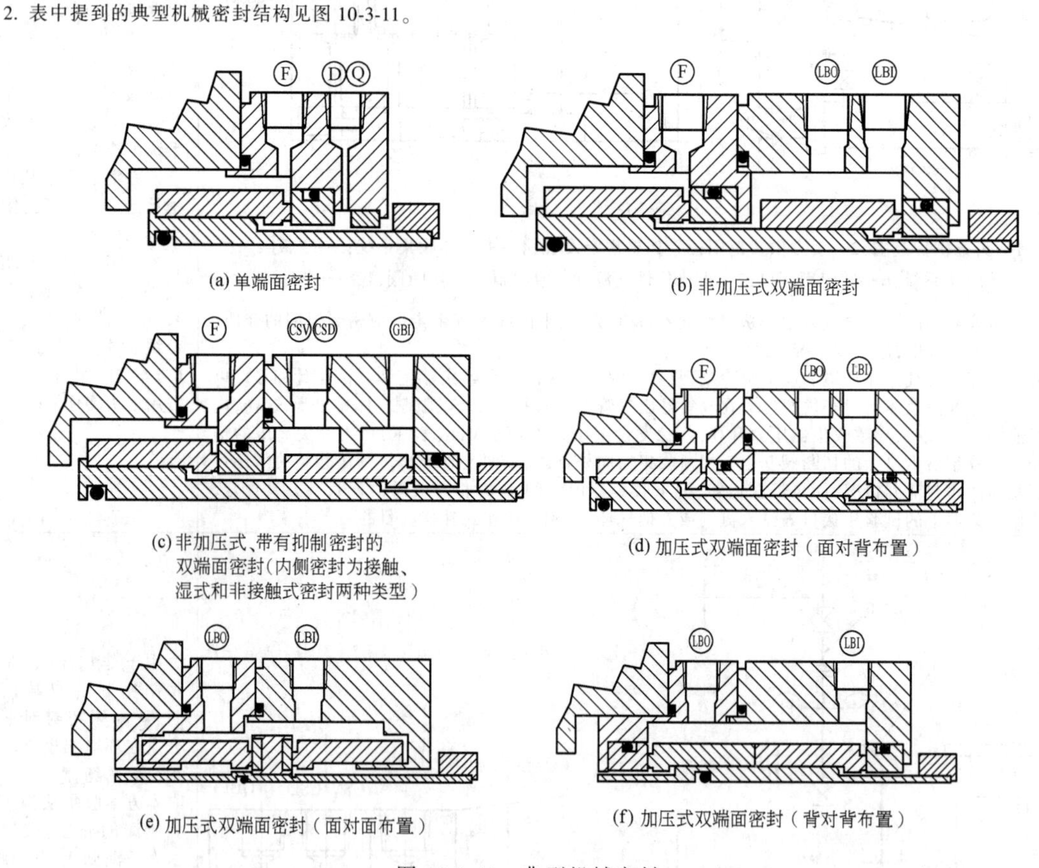

(a) 单端面密封　(b) 非加压式双端面密封　(c) 非加压式、带有抑制密封的双端面密封(内侧密封为接触、湿式和非接触式密封两种类型)　(d) 加压式双端面密封（面对背布置）　(e) 加压式双端面密封（面对面布置）　(f) 加压式双端面密封（背对背布置）

图10-3-11　典型机械密封

3. 在JB/T 6629—2015附录A（规范性附录）中给出了28种“机械密封冲洗布置方案”：“A.1　冲洗方案01”“A.2　冲洗方案02”“A.3　冲洗方案03”“A.4　冲洗方案11”“A.5　冲洗方案12”“A.6　冲洗方案13”“A.7　冲洗方案14”“A.8　冲洗方案21”“A.9　冲洗方案22”“A.10　冲洗方案23”“A.11　冲洗方案31”“A.12　冲洗方案32”“A.13　冲洗方案41”“A.14　冲洗方案51”“A.15　冲洗方案52”“A.16　冲洗方案53A、53B、53C”“A.17　冲洗方案54”“A.18　冲洗方案55”“A.19　冲洗方案61”“A.20　冲洗方案62”“A.21　冲洗方案65A、65B”“A.22　冲洗方案66A、66B”“A.23　冲洗方案71”“A.24　冲洗方案72”“A.25　冲洗方案74”“A.26　冲洗方案75”“A.27　冲洗方案76”“A.28　冲洗方案99”。

.12.3 釜用机械密封润滑和冷却系统

表 10-3-56　　釜用机械密封润滑和冷却系统

类型	系统简图	特点及应用
自动压力平衡系统	加隔离液口 储液罐 残液清理口 隔离液入口 冷却水出口 冷却水入口 气体介质 双端面密封（带水夹套） 搅拌釜 (a)	图 a 为立式搅拌轴上双端面密封自动压力平衡系统。加压方式是设置一个储液罐，罐顶有一个接口与搅拌釜顶部接口用管道连接，这样釜内压力直接加在储液罐内隔离液上，组成一个压力平衡系统。罐底隔离液出口与机械密封的隔离液入口用管道连接。因储液罐安装高度比机械密封安装高度高 2m 以上，所以隔离液利用自重流入密封腔内，并保证与釜内有必需的压力差，达到润滑机械密封的目的。为了防止隔离液中杂质进入密封腔，罐底隔离液出口管伸入罐内一定高度，使杂质沉积在罐底内。储液罐上装有液面计、加液口、残液清理口、压力计口和管道控制阀门等。如果需要，在储液罐上装设液位开关，当密封失效时，罐内隔离液液位下降，达到最低液位时，液位开关发出信号报警 密封腔隔离液入口应设在比密封上端面略高的位置，因为隔离液中有时含有从釜内漏出的气体以及端面间液膜汽化的气体，这些积累的气体通过隔离液入口管道排至储液罐内，这样可以避免密封上端面处于干摩擦运转状态。密封腔上方应开设放空口，以便在向储液罐内加注隔离液时把气体排除干净，然后把放空口堵住 这种密封系统中的隔离液与釜内被密封介质相混合，所以在选择隔离液时需要注意，隔离液与介质的性质应互不影响
氮气瓶加压密封系统	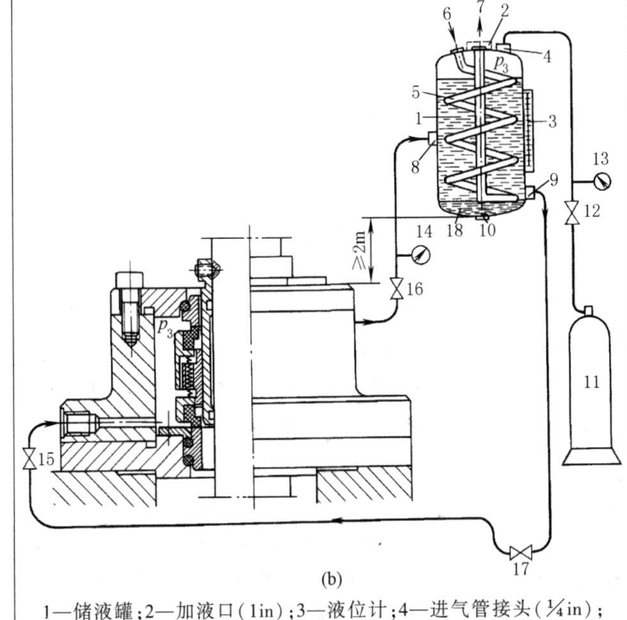 (b) 1—储液罐；2—加液口（1in）；3—液位计；4—进气管接头（¼in）；5—冷却盘管；6—冷却水进口；7—冷却水出口；8—隔离液进口（⅜in）；9—隔离液出口（⅜in）；10—排污口；11—氮气瓶；12—减压阀；13—压力表；14—温度计；15—进口阀；16—出口阀；17—排污旋塞；18—沉淀物	图 b 为氮气瓶加压密封系统，其压力源由氮气瓶供给，并利用热虹吸原理进行隔离液循环 储液罐 1 的压力源是氮气瓶 11。密封腔压力控制在比釜内最高工作压力高 0.1～0.2MPa，为了适应介质压力的变化，机械密封的下端面应采用与上端面相似的平衡型结构。这种装置是利用冷却盘管降温达到隔离液循环的目的。由于循环量较小，密封腔出口处的温度一般不应超过 60℃ 氮气瓶加压装置设计和操作应注意下列事项： ①储液罐容积为 5～15L ②储液罐内的隔离液不得高于罐高的 80%，以保证氮气所占的空间 ③调整减压阀 12 的压力，使密封腔的压力高于釜内压力 0.1～0.2MPa ④储液罐底部高出密封腔 2m 以上，有利于隔离液循环 ⑤管道和接头的内径要大些，并避免过量弯曲，以减小隔离液循环时的阻力

续表

类型	系统简图	特点及应用
氮气瓶加压密封系统	(c) 1—储液罐;2—加液口(1in);3—液位计;4—进气管接头(¼in);5—冷却盘管;6—冷却水进口;7—冷却水出口;8—隔离液进口(⅜in);9—隔离液出口(⅜in);10—排污口;11—储液罐(常压);12—下液位计;13—手动泵;14—安全阀;15—下排污口;16—输液管;17—带过滤器的加液口	⑥储液罐内的液面不得低于隔离液进口8,避免造成气隔使液流循环中断,并要经常检查、补充隔离液 ⑦补充隔离液时,应先停车,降压,然后再加隔离液。对于一般性介质(如无毒、无腐蚀、非易燃易爆),也可采用不停车加液的方法。但必须先关闭减压阀12、进口阀15和出口阀16,然后使储液罐卸压,进行加液。加到所需量后,将加液口2封严,接着依次缓慢打开减压阀、进口阀和出口阀。整个加液过程的时间要尽量缩短,不然,机械密封端面产生的摩擦热不能被带走,造成密封腔内隔离液温度升高,致使隔离液容积增加,这样会造成隔离液压力迅速上升,端面被打开或烧毁等不良后果 为方便加液过程,可将储液罐制成如图c所示的结构。在储液罐下部增设一个常压的储液罐11和手动泵13,加液时,用手动泵13将常压的储液罐内的隔离液直接打入储液罐。这种方法可以在不停车、不卸压的情况下进行
油泵加压隔离液循环系统	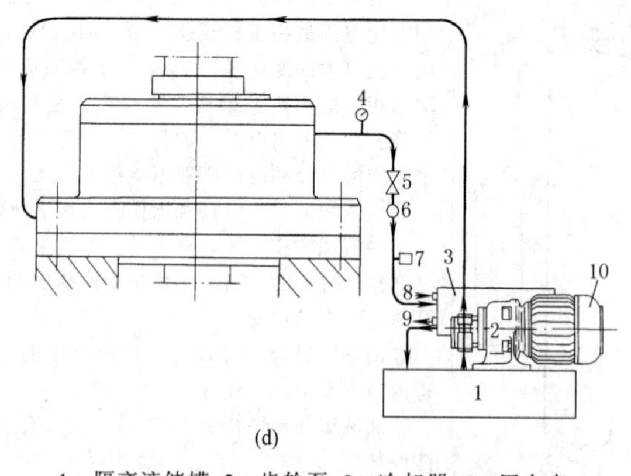 (d) 1—隔离液储槽;2—齿轮泵;3—冷却器;4—压力表;5—调节阀;6—温度表;7—磁性过滤器;8—冷却液进口;9—冷却液出口;10—电动机	在高温或高压运转的高载荷密封装置中,需要采用强制循环隔离液对密封端面进行润滑和冷却,达到长期稳定运转的目的。图d所示为油泵加压隔离液循环系统,用于双端面机械密封。隔离液压力由齿轮泵2供给,利用泵送压力迫使隔离液在密封腔、冷却器3、磁性过滤器7、调节阀5、隔离液储槽1之间循环流动,使隔离液得到充分冷却并将管道中的锈渣和污物清除掉,冷却效果好。正常条件下,隔离液温度可以控制在60℃以下 调节调节阀5,控制密封腔的压力比釜内介质压力高0.2~0.5MPa。隔离液一般应用工业白油

续表

类型	系统简图	特点及应用
自身压力增压系统	(e) 1—平衡罐；2—手动泵；3—压力表；4—釜内气体连通管；5—隔离液补充口；6—隔离液进密封腔；7—夹套冷却水进口；8—夹套冷却水出口；9—机械密封	搅拌釜用双端面机械密封自身压力增压系统，是将隔离液（润滑油或润滑介质）加到密封腔中，润滑密封端面，适用于釜内介质不能和隔离液相混合的场合 平衡罐1上部与密封腔用管道连接，下部用管道与釜内连通，使釜内的压力通过平衡活塞传递到密封腔。由于活塞上端的承压面积比活塞下端承压面积减少了一根活塞杆的横截面积，因此隔离液压力按两端承压面积反比例增加，从而保证了良好的密封条件。活塞用O形环与罐壁密封，且可沿轴向滑动。活塞既能传递压力，又能起到隔离液与釜内气体的隔离作用。设计活塞两端的承压面积之比时，应根据所要求的密封腔与釜内的压力差来计算，一般密封腔与釜内压力差在0.05～0.15MPa之间 在活塞杆上装上弹簧，调节好弹簧压缩量，使弹簧张力正好抵消活塞上O形环对罐壁的摩擦力，以减少压力差计算值与实际之间的误差（可用上、下两块压力表校准）。此外，活塞杆的升降还有指示平衡罐中液位的作用。当隔离液泄漏后需要补充时，用手动泵2加注
多釜合用隔离液系统	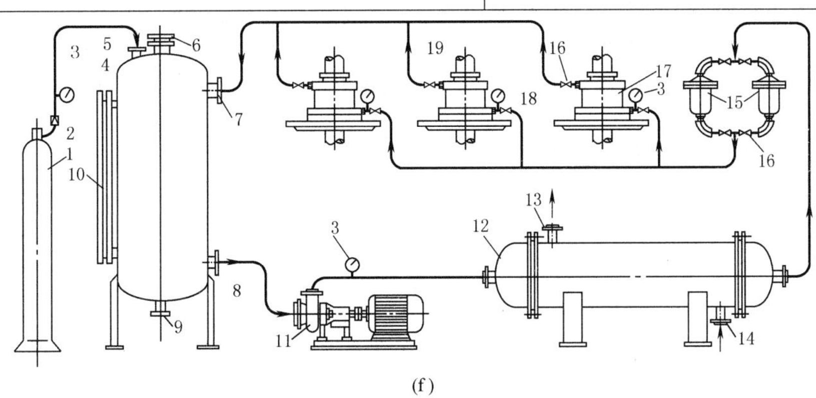 (f) 1—氮气瓶；2—减压阀；3—压力表；4—储液罐；5—氮气入口；6—加液口；7—回流液进口；8—回流液出口；9—排污口；10—液位视镜；11—泵及电动机；12—冷却器；13—冷却水出口；14—冷却水进口；15—过滤器；16—闸阀；17—机械密封；18—隔离液进口；19—隔离液出口 图f所示为多釜合用隔离液系统，主要设备包括氮气瓶1、储液罐4、泵及电动机11、冷却器12、过滤器15等。将氮气瓶中的氮气通入储液罐内，控制反应釜密封腔的隔离液压力；利用泵对隔离液进行强制循环，隔离液带走的密封热量经冷却器冷却，然后经两个可以相互切换的过滤器过滤，清洁的隔离液再进入密封腔内，润滑、冷却密封端面。这种系统适用于同一车间内很多反应釜密封条件相同或相近的双端面机械密封 隔离液系统的各部分压力应近似按下列要求进行设计：控制储液罐压力比反应釜压力低0.2MPa，经油泵加压后比储液罐高0.5MPa，即比反应釜压力高0.3MPa，冷却器和过滤器压力降约0.2MPa，则进入密封腔内的压力比釜内压力高0.1MPa，符合密封腔压力比反应釜工作压力高的要求 隔离液压力系统的设计和操作条件如下： ①要求机械密封的工作压力、温度、介质条件必须是相近的，按统一的隔离液压力来计算各密封端面的比压，以适应操作过程中的压力变化 ②由于各台釜的升压、降压时间并不一致，因而要求恒定不变的隔离液压力能够适应这种压力变化。为此，双端面机械密封的上、下两个端面都应制成平衡型结构，避免釜压低时下端面比压过大，造成端面磨损和发热 ③密封腔内的隔离液压力是由氮气压力、泵送压力以及系统中辅助设备及管道的阻力降决定的，通常是通过调节氮气瓶出口处的减压阀2来控制密封所需压力 ④反应釜停车时仍应保持隔离液循环畅通，如需闭阀停止循环，系统中阻力降发生变化，隔离液压力须重新进行调整 ⑤并联的双过滤器交替使用，定期清除过滤器中的污物	

9.13 杂质过滤和分离

若密封介质中带有杂质或输送介质的管道有铁锈等固体颗粒都会给机械密封带来极大危害，采用过滤或分离是一种积极措施。经过滤或分离后，介质中允许含有最大颗粒与主机的用途、运转条件有关。通常，泵用机械密封最大允许颗粒为25~100μm，高速运转压缩机为10~25μm。过滤和分离装置详见表10-3-57。

表10-3-57　杂质过滤和分离装置

名称	结构图	特点及应用
Y形过滤器	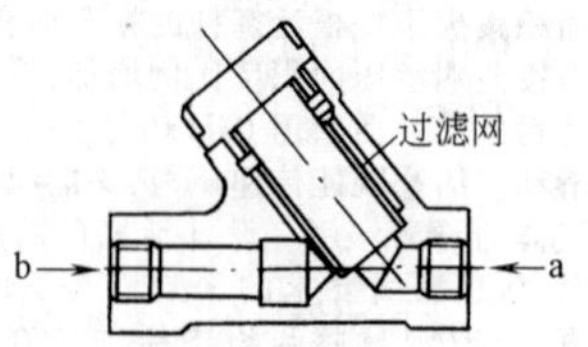 过滤网；a；b	Y形过滤器应用在冲洗或循环管道中，含有颗粒的介质从a端进入，由过滤网内侧通过过滤网，杂质被堵在过滤网内侧，清洁介质由过滤网外侧出来，从b端流出，达到清除杂质的目的
磁性过滤器	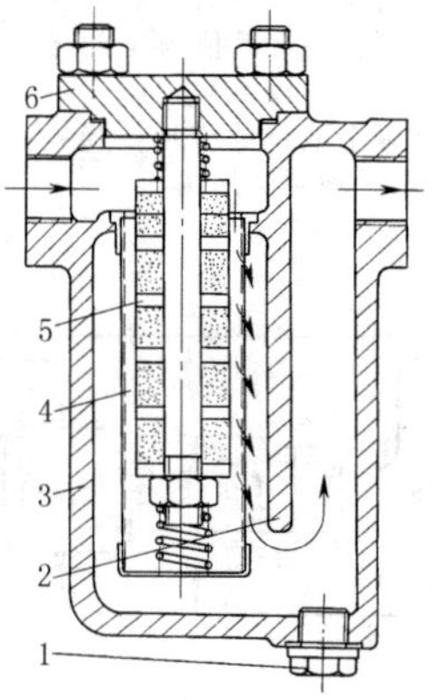 1—排液螺塞；2—导向板；3—壳体；4—过滤筛网；5—磁套；6—壳盖	磁性过滤器在冷却循环管道上使用。它不但可以把铁屑吸附在磁套5上，而且过滤筛网4还可以把其他杂质过滤并定期清理。通常，管道上需并联安装两个过滤器，进、出口管端需装设阀门，以便交替清理使用而不必停车。打开壳盖6便可以快速更换磁套和过滤筛网
液力旋流器（又称旋液分离器）	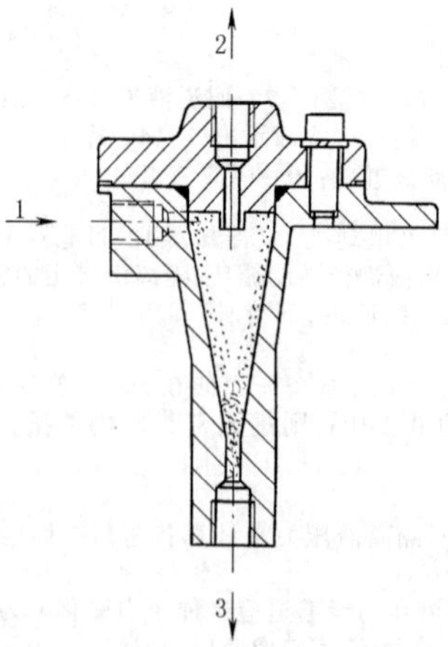 1—含杂质介质入口；2—清净介质出口；3—杂质出口	它的入口1布置在内锥体的切线位置，泥、砂、杂质在锥体中依靠旋涡和重力作用进行分离，清洁介质自上方清净介质出口2进入密封腔，杂质从下面杂质出口3排出。这种分离器通常可以分离出去95%~99.5%的杂质，例如在0.7MPa压力条件下，对含砂水进行分离，当粒度为0.25μm时，分离率为96%~99.2%

注：JB/T 6629—2015中规定了机械密封循环保护（支持）系统的辅助装置，包括“旋液分离器”“Y型过滤器”“GL型滤网式过滤器”和“GC型磁环加滤网过滤器”。

9.14 标准机械密封

9.14.1 机械密封通用规范（摘自 GB/T 33509—2017）

表 10-3-58 机械密封通用规范

<table>
<tr><th colspan="2">项目</th><th>说明</th></tr>
<tr><td colspan="2">范围</td><td>GB/T 33509—2017《机械密封通用规范》规定了机械密封术语和定义、密封结构、设计要求、材料要求、性能要求、循环保护（支持）系统、试验方法和包装、标志及贮存等，适用于泵用、釜用及类似旋转轴用机械密封</td></tr>
<tr><td>密封结构</td><td>泵用机械密封</td><td>①概述：泵用机械密封可分成七种基本型式，三种布置方式（1、2 和 3）。布置方式 2 和 3 又可分为三种组合方式：面对背、背对背和面对面
②密封基本型式及参数：泵用机械密封型式如下
——Ⅰ型密封为内装、弹簧、非平衡型，见图 1
——Ⅱ型密封为内装、弹簧、平衡型，见图 2
——Ⅲ型密封为内装、弹簧、选择式，橡胶波纹管，见图 3
——Ⅳ型密封为内装、弹簧、静止式，聚四氟乙烯波纹管，见图 4
——Ⅴ型密封为外装、弹簧、旋转式，聚四氟乙烯波纹管，见图 5
——Ⅵ型密封为内装、金属波纹管、集装式，辅助密封件为 O 形橡胶圈，见图 6
——Ⅶ型密封为内装、金属波纹管、集装式，辅助密封件为柔性石墨，见图 7 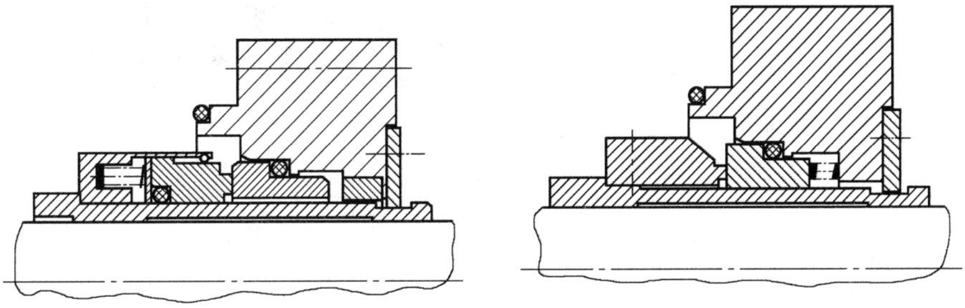

(a) 旋转式　(b) 静止式
图 1　Ⅰ型密封 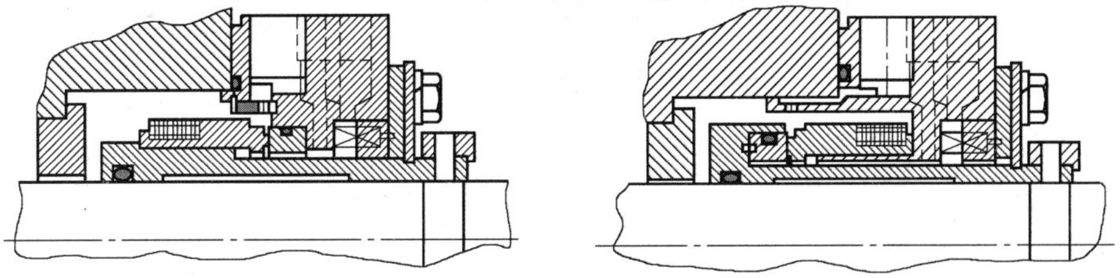

(a) 旋转式　(b) 静止式
图 2　Ⅱ型密封 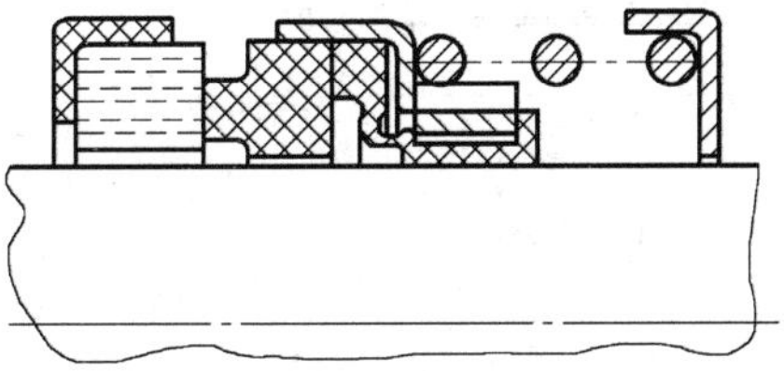

图 3　Ⅲ型密封</td></tr>
</table>

续表

项目		说明
密封结构	泵用机械密封	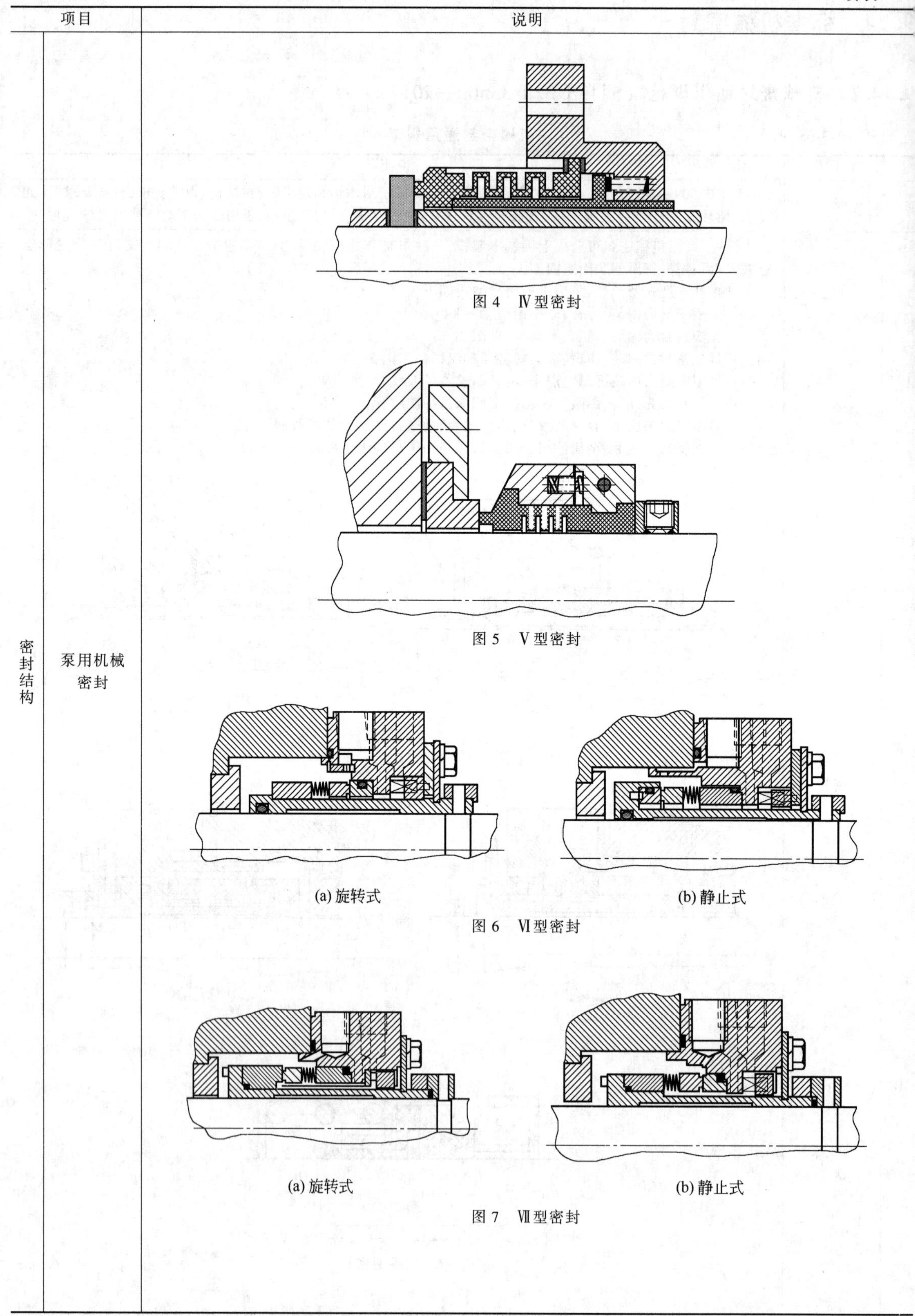 图4　Ⅳ型密封 图5　Ⅴ型密封 (a) 旋转式　(b) 静止式 图6　Ⅵ型密封 (a) 旋转式　(b) 静止式 图7　Ⅶ型密封

续表

项目		说明
密封结构	泵用机械密封	见下文

泵用机械密封基本参数见表1

表1　泵用机械密封基本参数

密封型式	密封介质压力/MPa	密封介质温度/℃	线速度/m·s⁻¹	轴径/mm	介质
Ⅰ	0~0.8	-40~176	≤30	10~120	水、油,有机溶剂及其他一般腐蚀性介质
Ⅱ	0~10.0	-40~176	≤30	10~120	
Ⅲ	0~0.8	-20~100	≤10	10~80	水、油类及其他弱腐蚀介质
Ⅳ	0~0.5	0~80	≤10	35~70	酸性介质(氢氟酸、发烟硝酸除外)
Ⅴ	0~0.5	0~80	≤10	30~70	强酸、强碱等强腐蚀介质
Ⅵ	≤4.0	-40~176	≤50	20~120	水、油、溶剂类及其他一般腐蚀性介质
Ⅶ	≤4.0	-40~400	≤50	20~120	

③布置方式:本标准规定了三种密封布置方式

——布置方式1:每套密封中有一对密封端面

——布置方式2:每套密封中有两对密封端面,且两对密封端面之间的压力低于被密封介质的压力

——布置方式3:每套密封中有两对密封端面,且两对密封端面之间的压力高于被密封介质的压力

④可选的技术设计和密封方法

接触湿式密封(CW):密封端面相互接触,密封端面不需要特意设计和加工能够产生流体动(静)压效应的结构来形成密封端面非接触间隙

非接触式密封(NC)(湿式或干式):密封端面特意地设计和加工能够产生流体动(静)压效应的结构,以保证所涉及的密封端面可控的非接触间隙

抑制密封(CS)(接触式或非接触式):包括一个补偿组件和成对安装在抑制密封腔中的密封摩擦副

⑤布置方式2和布置方式3可采用以下三种组合方式

——面对背式(FB):该种密封为双端面密封,两个补偿元件间装有一对密封环,而两对密封环之间装有一个补偿环

——背对背式(BB):该(种)密封为双端面密封,两个补偿元件均安装在两对密封环之间

——面对面式(FF):该(种)密封为双端面密封,两对密封环均安装在两个补偿元件之间

密封结构组合方式见图8,典型结构图见图9~图13

续表

项目		说明
密封结构	泵用机械密封	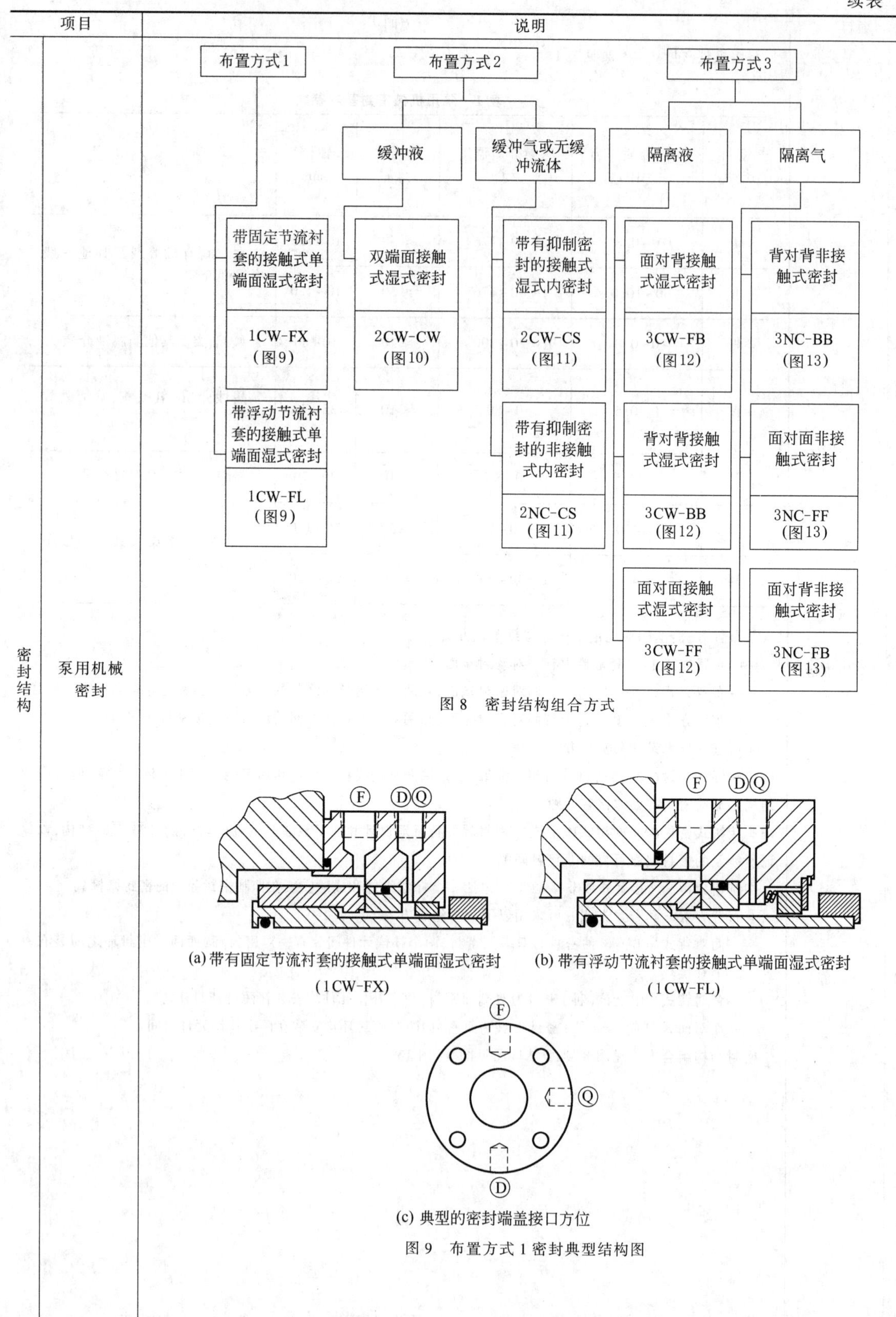

图8 密封结构组合方式

(a) 带有固定节流衬套的接触式单端面湿式密封 (1CW-FX)

(b) 带有浮动节流衬套的接触式单端面湿式密封 (1CW-FL)

(c) 典型的密封端盖接口方位

图9 布置方式1密封典型结构图

续表

项目		说明
密封结构	泵用机械密封	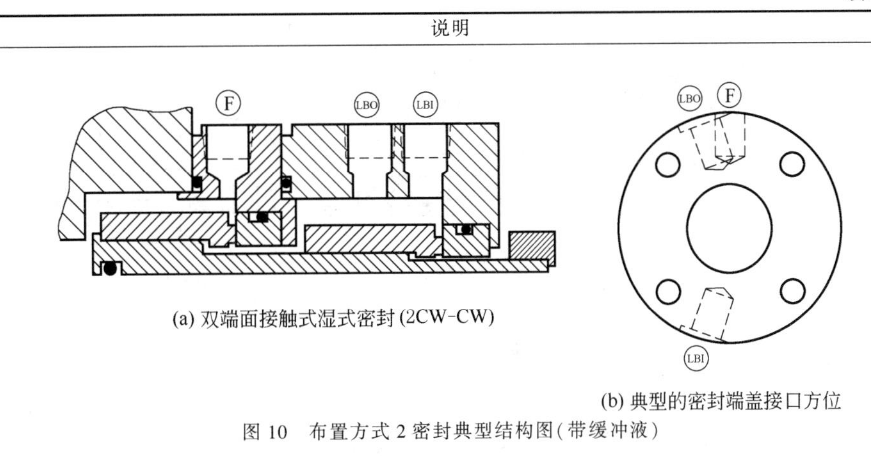 (a) 双端面接触式湿式密封 (2CW-CW) (b) 典型的密封端盖接口方位 图 10　布置方式 2 密封典型结构图(带缓冲液) 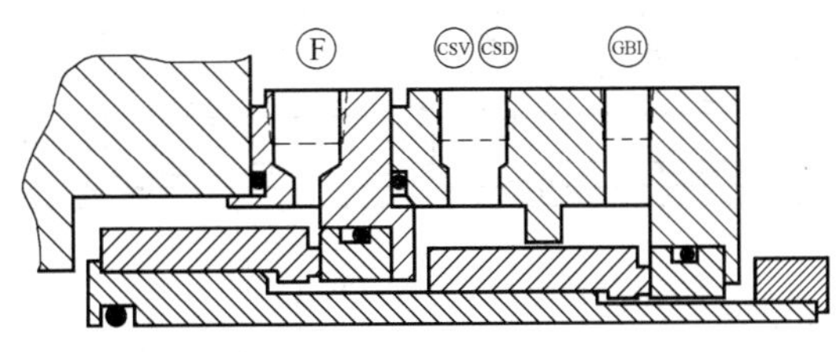 (a) 带有抑制密封的接触式湿式内密封 (2CW-CS) 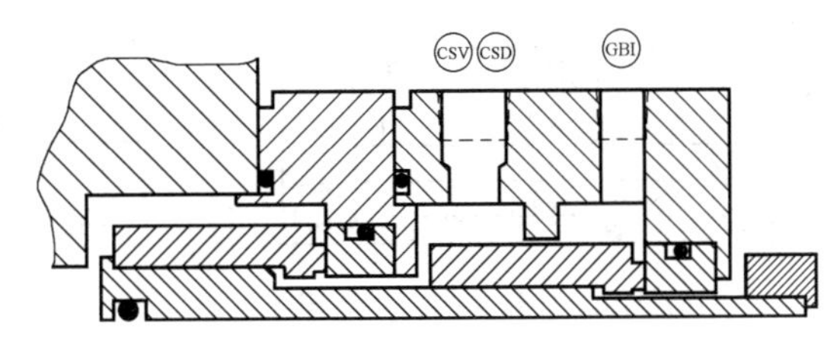 (b) 带有抑制密封的非接触式湿式内密封 (2NC-CS) 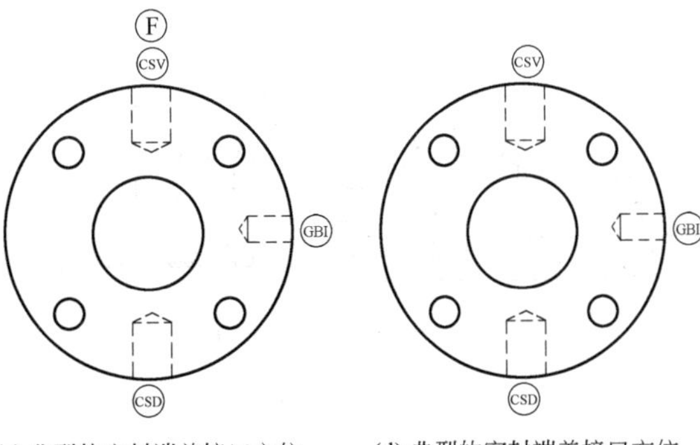 (c) 典型的密封端盖接口方位 (2CW-CS) (d) 典型的密封端盖接口方位 (2NC-CS) 图 11　布置方式 2 密封典型结构图(配有缓冲气或无缓冲流体)

续表

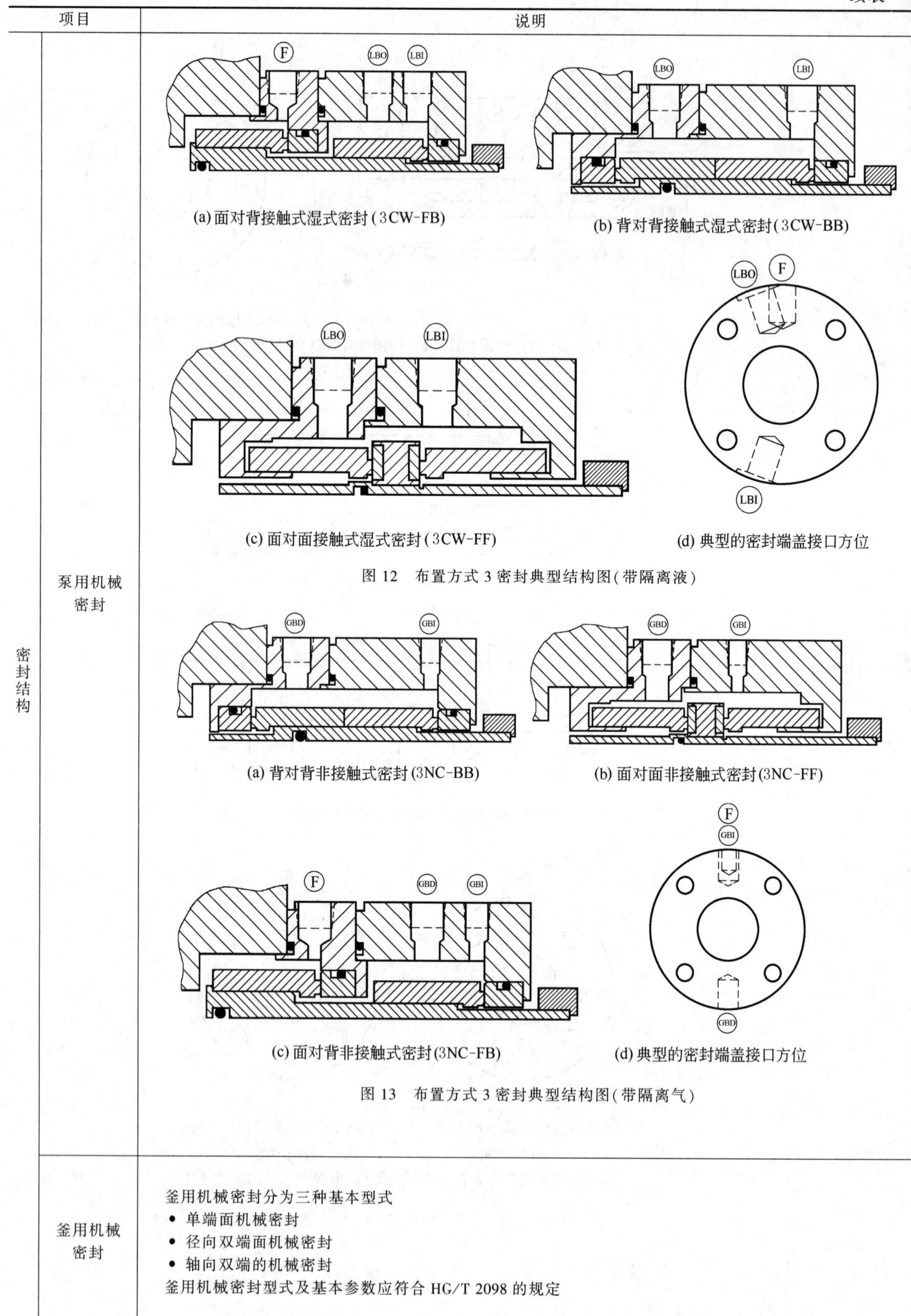

项目		说明
密封结构	泵用机械密封	(a) 面对背接触式湿式密封(3CW-FB) (b) 背对背接触式湿式密封(3CW-BB) (c) 面对面接触式湿式密封(3CW-FF) (d) 典型的密封端盖接口方位 图 12　布置方式 3 密封典型结构图(带隔离液) (a) 背对背非接触式密封(3NC-BB) (b) 面对面非接触式密封(3NC-FF) (c) 面对背非接触式密封(3NC-FB) (d) 典型的密封端盖接口方位 图 13　布置方式 3 密封典型结构图(带隔离气)
	釜用机械密封	釜用机械密封分为三种基本型式 • 单端面机械密封 • 径向双端面机械密封 • 轴向双端的机械密封 釜用机械密封型式及基本参数应符合 HG/T 2098 的规定

续表

项目		说明
设计要求	泵用机械密封	（见下文）

①通用要求如下

Ⅰ. 机械密封优先采用轴套内孔不带台肩的集装式结构

Ⅱ. 对于Ⅰ型、Ⅱ型、Ⅵ型密封优先采用旋转补偿元件结构，Ⅶ型密封优先采用静止补偿元件结构

Ⅲ. 密封端面平均直径处的线速度超过23m/s时，应采用静止补偿元件密封结构。此外，在下列情况下宜采用静止补偿元件

- 密封的平衡直径超过115mm
- 因管路载荷、热变形、压力变形等导致泵壳或密封端盖变形或偏心
- 密封腔安装表面不能与轴垂直时
- 密封腔端面跳动量大于0.5μm/mm

Ⅳ. 零部件的设计和选材应满足使用要求，所有元件的最大许用工作压力应不低于主机外壳的最大许用工作压力

Ⅴ. 应合理设计密封端面结构尺寸和平衡系数，在泄漏量指标不超标的同时使密封面产生的摩擦热量最小

Ⅵ. 密封应具有良好的追随性，能够补偿稳态或瞬态的微量轴向窜动

Ⅶ. 密封环与辅助密封圈密封接触部位的表面粗糙度应不大于 *Ra*1.6μm。安装静止O形圈所经过倒角的轴向长度应不小于1.5mm，安装滑动O形密封圈所经过倒角轴向长度应不小于3mm，倒角应不大于30°

Ⅷ. 当密封腔压力低于大气压时，对于布置方式3的内侧密封，静环组件都应设计限位结构，以防止大气压力或隔离介质压力导致静环移动，如图14所示。当泵停止运转时，机械密封应在真空下还能保持密封性

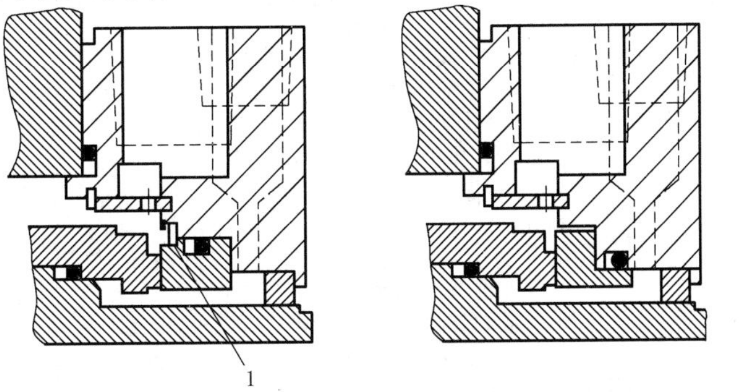

(a) 结构限位　　(b) 压力限位(L型非补偿密封环)

1—限位结构

图14　布置方式3　密封和真空工况下内侧密封的限位装置

Ⅸ. 密封腔和密封端盖上的接口符号和尺寸应符合表2中的规定。对卧式泵，0°表示垂直方向的上端；对于立式泵，冲洗孔(F)的位置定为0°，顺时针方向计算角度

表2　密封腔和密封端盖上接口的符号和尺寸要求

密封结构	标识	接口名称	方位/(°)	类型	规格①		是否必需②
					布置方式1	布置方式2、3	
1CW-FX 1CW-FL	F	冲洗口	0	介质侧	1/2③	1/2	是
	FI	冲洗进口(方案14、23)	180	介质侧	1/2③	1/2	WS
	FO	冲洗出口(方案14、23)	0	介质侧	1/2③④	1/2	WS
	D	排净口	180	大气侧	3/8⑤	3/8	是
	Q	急冷(吹扫)口	90	大气侧	3/8⑤	3/8	是
	H	加热口	—	视用途而定	1/2③	1/2	WS
	C	冷却口	—	视用途而定	1/2③	1/2	WS
	PIT	压力传感器口	90	仪器仪表	3/8	3/8	WS
2CW-CW	F	冲洗口(内侧密封)	0	介质侧	1/2③	1/2	是
	LBI	缓冲液进口	180	介质侧	1/2⑦	1/2⑦	是
	LBO	缓冲液出口	0	介质侧	1/2⑦	1/2⑦	是
	D	排净口(外侧密封)	180	大气侧⑥	3/8⑤	3/8	WS
	Q	急冷(吹扫)口(外侧密封)	90	大气侧⑥	3/8⑤	3/8	WS

续表

项目		说明
设计要求	泵用机械密封	(见下续表及说明)

续表

密封结构	标识	接口名称	方位/(°)	类型	规格[①] 布置方式1	规格[①] 布置方式2、3	是否必需[②]
2CW-CS	F	冲洗口(内侧密封)	0	介质侧	1/2	1/2	是
	FI	冲洗进口(方案23)	180	介质侧	1/2[③]	1/2	WS
	FO	冲洗出口(方案23)	0	介质侧	1/2[③④]	1/2	WS
	GBI	缓冲气进口	90	介质侧	1/4	1/4	WS
	CSV	隔离密封排气口	0	介质侧	1/2	1/2	是
	CSD	隔离密封排液口	180	介质侧	1/2	1/2	是
	D	排净口(外侧密封)	180	大气侧[⑥]	3/8[⑤]	3/8	WS
	Q	急冷(吹扫)口(外侧密封)	90	大气侧[⑥]	3/8[⑤]	3/8	WS
2NC-CS	GBI	缓冲气进口	90	介质侧	1/4	1/4	WS
	CSV	隔离密封排气口	0	介质侧	1/2	1/2	是
	CSD	隔离密封排液口	180	介质侧	1/2	1/2	是
	D	排净口(外侧密封)	180	大气侧[⑥]	3/8[⑤]	3/8	WS
	Q	急冷(吹扫)口(外侧密封)	90	大气侧[⑥]	3/8[⑤]	3/8	WS
3CW-FB 3CW-FF 3CW-BB	F	冲洗口(密封腔)	0	介质侧	1/2	1/2	WS
	LBI	隔离液进口	180	隔离液	1/2[⑦]	1/2[⑦]	是
	LBO	隔离液出口	0	隔离液	1/2[⑦]	1/2[⑦]	是
	D	排净口(外侧密封)	180	大气侧[⑥]	3/8[⑤]	3/8	WS
	Q	急冷(吹扫)口(外侧密封)	90	大气侧[⑥]	3/8[⑤]	3/8	WS
3NC-FF 3NC-BB 3NC-FB	F	冲洗口(密封腔)	0	介质侧	1/2	1/2	WS
	GBI	隔离气进口	0	隔离气体	1/4	1/4	是
	GBO	隔离气出口	180	隔离气体	1/2	1/2	是
	D	排净口(外侧密封)	180	大气侧[⑥]	3/8[⑤]	3/8	WS
	Q	急冷(吹扫)口(外侧密封)	90	大气侧[⑥]	3/8[⑤]	3/8	WS
		介质排气口	0	介质侧	1/2	1/2	WS

① 所有接口采用锥管螺纹

② WS为选用了某些特定的冲洗方案时，才需提供的接口

③ 由于空间局限，如不能采用½in（1in=0.0254m）的接口，则采用⅜in的接口

④ 出口处更适合用切向布置

⑤ 由于空间限制，如不能采用⅜in接口，则采用¼in接口

⑥ 此种连接很少采用，只有采用节流衬套时才使用。布置方式2和3不采用节流衬套

⑦ ½in适用于密封轴径不大于2.5in，¾in适用于更大轴径尺寸

②密封腔和密封端盖要求

Ⅰ. 除特殊要求外，旋转部件与密封腔或密封端盖的静止表面的径向间隙（直径）不应小于3mm

Ⅱ. 密封端盖还应满足如下要求

- 除特殊要求外，密封端盖应加工好与螺栓相匹配的孔（不允许采用槽）
- 密封端盖和密封腔的内径或外径配合面应与轴对中，总偏心量应不大于0.125mm，见图15。其配合公差为H7/f7

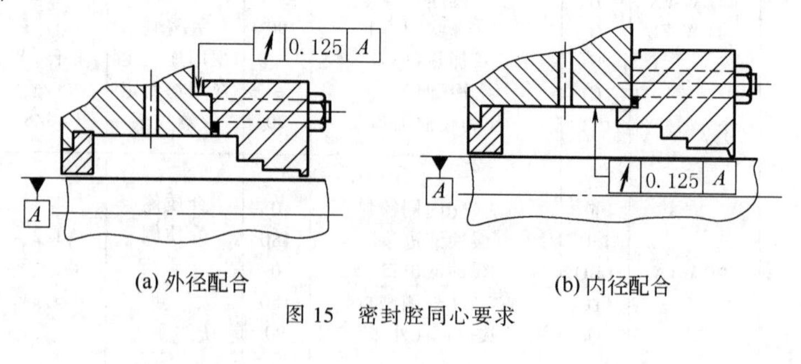

(a) 外径配合　　(b) 内径配合

图15　密封腔同心要求

续表

项目		说明
设计要求	泵用机械密封	（见下文）

- 为防止密封中的静止元件受到腔内压力而产生变形和移动，密封端盖应有不小于3mm厚的台肩，见图16

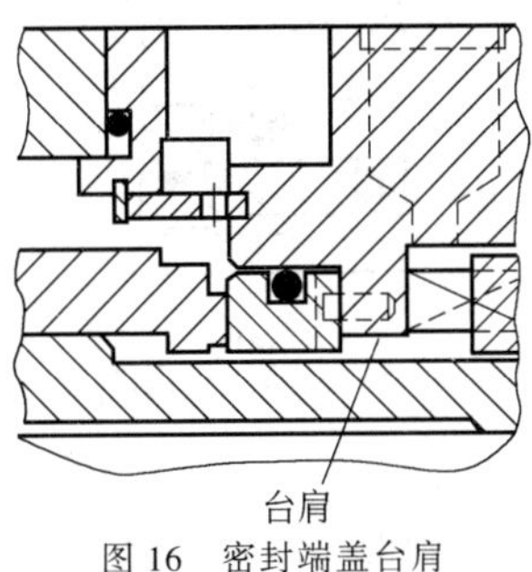

图16　密封端盖台肩

Ⅲ. 安装在泵壳上的任何材料的设计应力值不能超过泵外壳材料的应力

Ⅳ. 应减少受压部件上螺纹孔的使用。为防止机壳发生泄漏，除了腐蚀裕量外，在光孔和内螺纹孔的周围和底部应留有至少螺栓公称直径一半的金属厚度余量

Ⅴ. 除细轴泵和多级泵（多级细长轴）外，密封腔端面跳动量应不大于0.5μm/mm，见图17

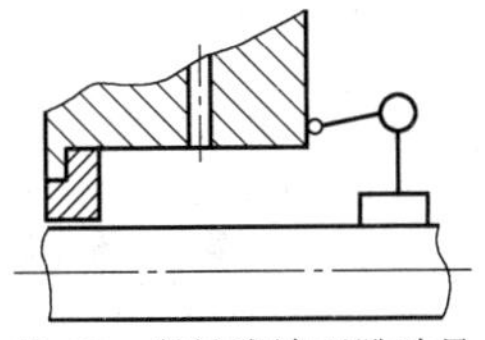

图17　密封腔端面跳动量

Ⅵ. 如果密封配有喉部衬套，衬套应设计成可以更换的，且保证其受到液体压力而不被推出。配合适当的冲洗方案，喉部衬套可以达到以下目的

- 升高或降低密封腔压力
- 隔离密封腔流体
- 控制进出密封腔的流量

Ⅶ. 螺纹接口需用螺塞堵住，螺塞材料要与密封端盖的材料一致。在螺纹上应采用厌氧性的润滑剂/密封剂，以确保螺纹的气密性。考虑对密封污染的问题，密封端盖接口处应慎用PTFE胶带、密封胶或抗磨合物

Ⅷ. 所有的管路连接都应满足密封腔或密封端盖的水压试验要求

Ⅸ. 接触式湿式密封的密封端盖和密封腔的设计，应保证在泵启动和操作时可以通过管路系统进行自动排气

Ⅹ. 密封冲洗孔直径应不小于5mm

Ⅺ. 当轴套直径小于50mm时，固定节流衬套与轴（轴套）间的最大径向（直径）间隙应不大于0.7mm，直径每增大25 mm，其最大径向间隙在原基础上增加0.127mm

Ⅻ. 浮动石墨节流衬套与轴（轴套）间的径向间隙（直径）应符合表3的规定

表3　浮动石墨节流衬套径向间隙　　mm

轴（轴套）直径	输送温度下的最大径向间隙
0~50	0.180
51~80	0.225
81~120	0.280

ⅩⅢ. 如有特殊要求，密封腔可安装加热夹套或加热元件

ⅩⅣ. 密封端盖、密封腔和泵壳之间连接处应采用承压辅助密封圈以防止泄漏，并采用金属与金属接触的连接方式以保证密封端面相对于轴的垂直度，如图18所示

ⅩⅤ. 对于高温或易挥发介质工况，如机械密封补偿机构为旋转式结构时，宜采用分布式冲洗方式

续表

项目		说明
设计要求	泵用机械密封	（见下文）

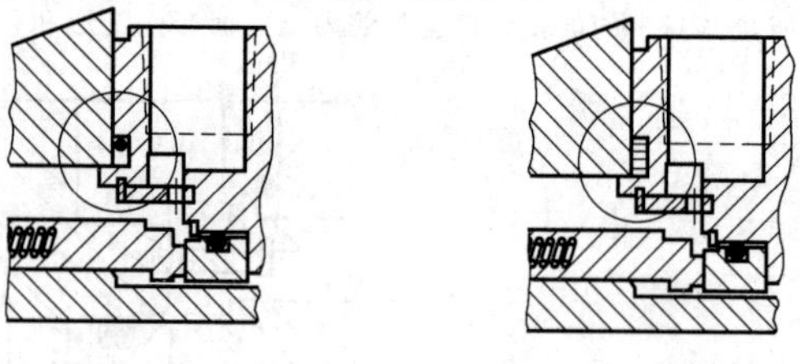

(a) (b)

图 18　密封端盖、密封腔等之间连接示意图

③集装式密封的轴套要求

Ⅰ. 轴套一端与泵轴之间应设置密封，密封轴套组件应伸出密封端盖的外端面

Ⅱ. 轴与轴套的径向配合公差为 F7/h6

Ⅲ. 轴套需要有一个（或多个）轴肩，以定位旋转补偿部件

Ⅳ. 轴与轴套间的密封宜采用 O 形密封圈（橡胶圈）或柔性石墨环，金属密封容易损坏轴，并且拆卸困难，通常不推荐使用

Ⅴ. 轴与轴套间的 O 形密封圈要安装在靠近叶轮的一端。对于 O 形密封圈需要穿过轴上螺纹的情况，螺纹外径与 O 形密封圈内径的径向（直径）间隙最小为 1.6mm，直径的过渡段处要倒圆或倒角（见①通用要求中的Ⅶ）以避免损坏 O 形密封圈

Ⅵ. 在轴套最薄截面处，轴套的最小径向厚度为 2.5mm。轴套外表面开设用于安装紧定螺钉的凹孔时，其深度应不大于 0.5mm，轴套上安装紧定螺钉部分的最小厚度应符合表 4 的规定

表 4　紧定螺钉部分的最小轴套厚度　　mm

轴直径	最小轴套厚度
<57	2.5
57~80	3.8
>80	5.0

Ⅶ. 轴套外径与轴配合内孔的同轴度应满足 GB/T 1184—1996 的 7 级精度

Ⅷ. 轴套应尽量设计成整体结构。对于布置 2 和布置 3 的集装式密封，为了方便密封元件的组装，也可设置一个辅助轴套，辅助轴套应采用轴肩与轴套轴向定位，并通过紧定螺钉传动，辅助轴套应和轴套同心安装，并不得超出轴套，如图 19 所示

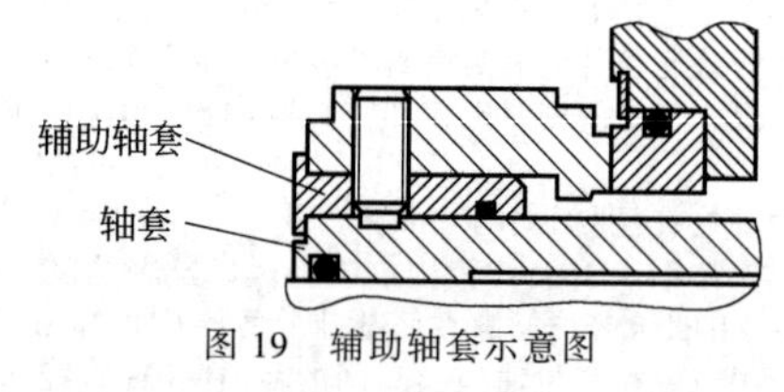

图 19　辅助轴套示意图

Ⅸ. 驱动环紧定螺钉不能通过轴套与轴有间隙的非配合表面

Ⅹ. 除采用紧定螺钉外，也可采用其他装置进行轴向定位或驱动轴套。例如胀紧联结套（见图 20）和安装在轴槽内的分半紧固环（见图 21）

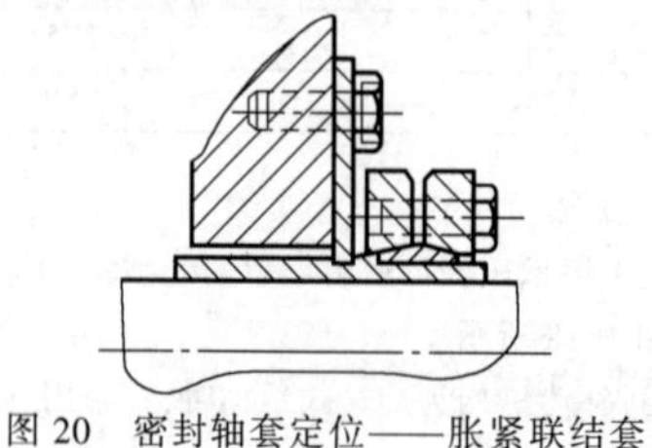

图 20　密封轴套定位——胀紧联结套

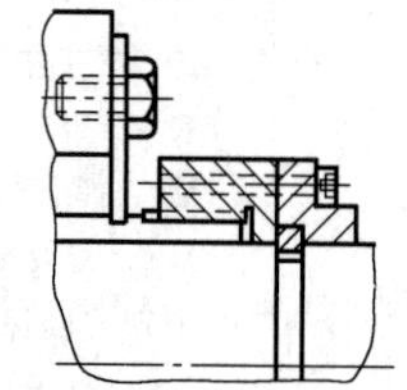

图 21　密封轴套定位——分半紧固环

④非补偿密封环的要求

Ⅰ. 防转机构的设计应考虑尽量减小密封面的变形。除非低压工况，不应采用夹持端面的方法来防止非补偿密封环转动，如图 22 所示

续表

	项目	说明
设计要求	泵用机械密封	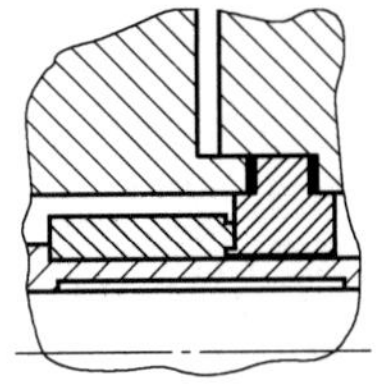 图22　夹持端面 Ⅱ. 非补偿密封环的布置方式及其在密封端盖上的安装方式,应保证便于密封环的冷却,避免热变形 ⑤弹簧的要求 Ⅰ. 在介质黏度高、含有固体颗粒、易结晶或强腐蚀的工况下,与介质接触的弹簧宜采用单弹簧结构 Ⅱ. 机械密封轴向尺寸需要设计紧凑的场合宜采用多弹簧结构 Ⅲ. 轴径大于 70 mm 时,宜采用多弹簧结构
	釜用机械密封	①釜用机械密封优先采用带轴承集装式结构 ②外流式釜用机械密封应设润滑液槽,以便润滑密封端面,提高密封效果 ③集装式机械密封的轴套应伸出密封端盖,其定位方式采用紧定螺钉或胀紧联结套(见图 20),伸出尺寸应满足定位要求 ④对易燃、易爆、有毒介质,应采用双端面机械密封。当安装密封部位的轴向尺寸较短时,宜采用径向双端面结构 ⑤高压机械密封应选用双端面或多端面结构 ⑥搅拌轴的径向跳动应不大于$\sqrt{d}/100$(d 为搅拌轴径)mm,搅拌轴与密封安装法兰平面的垂直度应不大于$\sqrt{d}/120$,轴向窜动量应不大于 0.5mm ⑦当搅拌轴偏摆量或窜动量较大时,应采用带轴承的密封结构 ⑧搅拌轴顶部插入式釜用机械密封,密封结构中增加轴承后搅拌轴偏摆或窜动仍较大时,应增设中间轴承或釜底支承 ⑨搅拌轴侧入式釜用机械密封,应采用双端面密封,在高温及温度变化较大的工况,应在密封壳体外设置补偿装置 ⑩搅拌轴底部插入式釜用机械密封,应采用双端面密封。当要求在不排除釜内物料情况下更换机械密封时,密封结构中应带有停车阻断物料泄漏的隔离密封
	机械密封设计计算	①平衡系数:密封流体压力作用在补偿环上,非补偿环趋于闭合的有效作用面积与密封环密封端面面积之比称为平衡系数。对于外径处承受高压的机械密封,如图 23a 所示,其平衡系数按式(1)计算;内径处承受高压的机械密封,如图 23b 所示,其平衡系数按式(2)计算 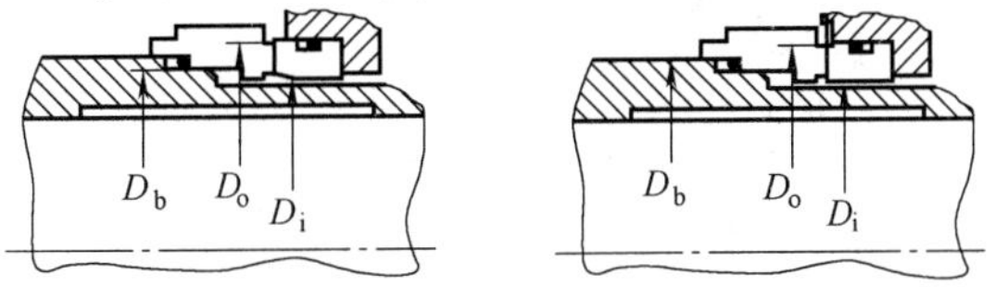 (a) 外径处承受高压的机械密封　(b) 内径处承受高压的机械密封 图23　外径处和内径处承受高压的机械密封 $$B=(D_o^2-D_b^2)/(D_o^2-D_i^2) \quad (1)$$ $$B=(D_b^2-D_i^2)/(D_o^2-D_i^2) \quad (2)$$ 式中　B——平衡系数,无量纲 D_o——较窄密封环外径,mm D_b——平衡直径,mm D_i——较窄密封环内径,mm ②弹簧比压:弹性元件施加到密封端面单位面积上的力称为弹簧比压,其数值按式(3)计算 $$p_s=\frac{F_s}{A} \quad (3)$$ 式中　p_s——弹簧比压,MPa F_s——弹性元件总弹力,N A——密封端面面积,mm^2

续表

项目		说明
设计要求	机械密封设计计算	③端面比压:作用在密封端面单位面积上净剩的闭合力称为端面比压,按式(4)计算 $p_c=(B-\lambda)\Delta p+p_s$ (4) 式中 p_c——端面比压,MPa B——平衡系数,无量纲 λ——反压系数,无量纲 Δp——密度端面内外径处压强差,MPa p_s——弹簧比压,MPa ④密封转矩:按式(5)计算 $T_r=p_c Af(D_m/2000)$ (5) 式中 T_r——密封转矩,N·m p_c——端面比压,MPa A——密封端面面积,mm^2 f——摩擦系数,无量纲 D_m——密封端面平均直径,$D_m=(D_o+D_i)$,mm ⑤摩擦功率 Q:摩擦功率按式(6)计算 $Q=\frac{T_r n}{9550}$ (6) 式中 Q——摩擦功率,kW T_r——密封转矩,N·m n——转速,r/min ⑥冲洗流量 q_{inj}:按式(7)计算 $q_{inj}=60000\times\frac{Q+Q_{hs}}{d\times\Delta T\times C_p}$ (7) 式中 q_{inj}——冲洗流量,L/min Q——摩擦功率,kW Q_{hs}——热传导功率,kW d——冲洗液相对密度,无量纲 ΔT——期望的温升,K[一般情况最小为5.6K(10℉)] C_p——冲洗液比热容,J/(kg·K) 如果没有关于泵的结构和泵送物料的相关数据,热传导率可按式(8)计算 $Q_{hs}=U\times A\times D_b\times\Delta T_{hs}$ (8) 式中 Q_{hs}——热传导功率,kW U——材料特性系数 A——传热面积 ($U\times A=0.00025$) D_b——机械密封平衡直径,mm ΔT_{hs}——泵温度与密封腔预期温度之差,K
材料要求	摩擦副组对材料	①耐清水、油及其他弱腐蚀性介质的机械密封宜采用硬对软密封面材料组对,常用组对材料有碳化硅对碳石墨、碳化钨对碳石墨 ②耐固体颗粒介质、高黏度介质的机械密封,宜采用硬对硬密封面材料组对,常用组对材料有碳化硅对碳化硅、碳化硅对碳化钨、碳化钨对碳化钨 ③耐强腐蚀性介质的机械密封,宜采用硬对软密封面材料组对,常用组对材料有氧化铝陶瓷对填充聚四氟乙烯、氮化硅对碳石墨、碳化钨对碳石墨(碱类)、碳化硅对碳石墨等
	密封轴套	除非另有指定,密封轴套应采用不锈钢材料
	弹簧	①清水、油类及一般性介质,宜采用铬钢、铬镍钢等 ②腐蚀性介质,易采用铬镍钢、铬镍钼钢、高镍合金、哈氏合金等
	金属波纹管	金属波纹管常用采用有哈氏合金、高镍合金、沉淀硬化型不锈钢、钛合金等,在-40~176℃时,推荐采用NS3304(C276),在-40~400℃时,推荐采用CH4169(Inconel718)
	辅助密封圈	①水、油及一般性介质,宜采用丁腈橡胶、氯丁橡胶、氢化丁腈橡胶等 ②酸性介质,宜采用聚四氟乙烯、氟塑料包覆橡胶、氟橡胶、乙丙橡胶、全氟化橡胶等 ③碱性介质,宜采用聚四氟乙烯、乙丙橡胶、全氟化橡胶等 ④烃类介质,宜采用氟橡胶、丁腈橡胶、全氟化橡胶、柔性石棉等 ⑤溶剂类介质,宜采用聚四氟乙烯,柔性石墨、氟塑料包覆橡胶、全氟化橡胶等
	其他金属结构件	除非另有规定,清水、油类及一般性介质,宜采用铬钢、铬镍钢等,腐蚀性介质宜采用铬镍钢、铬镍钼钢、高镍合金等

续表

项目		说明
性能要求	泄漏量	①泵用机械密封，密封流体为液体时，泄漏量应符合表5的规定；密封流体为气体(干气密封)时，静态泄漏量应符合表6的规定，动态泄漏量应符合表7的规定，或采用EPA21方法测量挥发性介质蒸气浓度应小于1000mL/m^3

表5　泄漏量　mL/h

工作压力 P/MPaG①	轴(或轴套)外径 d/mm	
	d≤50	50<d≤120
0<P≤5.0	≤3.0	≤5.0
5.0<P≤10.0	≤15.0	≤20.0

① G表示表压

表6　静态泄漏量　m^3/h

密封气压力 P/MPaG	轴径 d/mm		
	25≤D≤50	50<D≤80	80<D≤110
0<P≤0.5	≤0.005	≤0.01	≤0.015
0.5<P≤1.0	≤0.02	≤0.04	≤0.06
1.0<P≤1.5	≤0.03	≤0.06	≤0.09
1.5<P≤2.5	≤0.04	≤0.08	≤0.12

表7　动态泄漏量　m^3/h

密封气压力 P/MPaG	转速 /r·min^{-1}	密封轴径 d/mm		
		25≤d≤50	50<d≤80	80<d≤110
0<P≤0.5	0~1500	≤0.03	≤0.05	≤0.08
	>1500~3000	≤0.05	≤0.08	≤0.13
0.5<P≤1.0	0~1500	≤0.07	≤0.11	≤0.15
	>1500~3000	≤0.11	≤0.20	≤0.30
1.0<P≤1.5	0~1500	≤0.10	≤0.18	≤0.25
	>1500~3000	≤0.16	≤0.32	≤0.45
1.5<P≤2.5	0~1500	≤0.15	≤0.31	≤0.40
	>1500~3000	≤0.25	≤0.60	≤0.80

项目		说明
性能要求	泄漏量	②釜用机械密封，密封流体为液体时，泄漏量规定为：轴径不大于80mm时，泄漏量应不大于5mL/h；轴径大于80mm时，泄漏量应不大于8mL/h
	磨损量	①泵用机械密封，以清水为介质进行试验，运转100h软质材料的密封环磨损量不大于0.02mm ②釜用机械密封，以清水或20号机油为介质进行试验，试验100h软质材料的密封环磨损量不大于0.03mm
	使用期	在选型合理、安装使用正确的情况下，被密封介质为清水、油类及类似介质时，机械密封的使用期限不少于8000h。被密封介质为腐蚀性介质时，机械密封的使用期不少于4000h。使用条件苛刻时不受此限。泵用干气密封使用期不少于16000h
密封循环保护(支持)系统		①泵用机械密封循环保护(支持)系统应符合JB/T 6629的规定 ②釜用机械密封循环保护(支持)系统应符合HG/T 21572及HG/T 2122的规定
试验方法		①泵用机械密封试验方法执行GB/T 14211(见本篇第5章) ②釜用机械密封试验应符合HG/T 2099(见本篇第5章)及GB/T 24319的规定 ③其他产品按相应标准执行
包装、标志及贮存		①机械密封出厂时应附有制造厂质量检验部门和检验人员签章的合格证 ②包装箱内应附有产品使用说明书及装箱清单，包装箱外应标明：产品名称、型号与数量；制造厂名称与地址、生产许可证编号；毛重，kg；收货单位与地址；出厂日期；"防潮""小心轻放""怕压"等标志 ③机械密封应放在通风、干燥的仓库内，并远离火源、避免与酸、碱接触。在正常的保管条件下，制造厂应保证机械密封自出厂之日起12个月内不锈蚀或失效

9.14.2 轻型机械密封技术条件（摘自 JB/T 6619.1—2018）

表 10-3-59 轻型机械密封技术条件

项目		说明
范围		JB/T 6619.1—2018《轻型机械密封　第 1 部分：技术条件》规定了轻型机械密封结构、主要零部件技术要求、检验规定、试验方法、安装与使用要求、标志和包装，适用于小型（功率小于 7.5kW）的离心泵、旋涡泵、转子泵、喷射泵及其他类似旋转机械用轻型机械密封
轻型机械密封结构		JB/T 6619.1—2018 对轻型机械密封的结构不做具体规定，各制造厂可根据使用条件设计出不同结构的轻型机械密封。其工作参数一般为：密封腔压力为 0~0.5MPa；密封腔温度为 0~100℃；密封端面平均线速度不大于 10m/s；密封轴径不大于 40mm；介质为水、油类及一般弱腐蚀性液体
主要零部件技术要求	密封环	①密封环密封端面的平面度要求：轻型机械密封硬质材料密封环平面度误差应不大于 0.0006mm，软质材料密封环平面度误差不大于 0.0009mm ②密封环密封端面的表面粗糙度要求：汽车发动机冷却水泵用机械密封硬质材料密封环表面粗糙度 *Ra* 应不大于 0.2μm；软质材料密封环表面粗糙度 *Ra* 应不大于 0.4μm。其他轻型机械密封用硬质合金密封环表面粗糙度 *Ra* 应不大于 0.1μm，软质材料密封环表面粗糙度 *Ra* 应不大于 0.2μm ③密封环的密封端面不得有划痕和气孔、基体上不得有裂纹等缺陷 ④密封环与辅助密封接触的定位端面和密封端面的平行度按 GB/T 1184—1996 规定的 7 级公差等级 ⑤静止环密封端面对与静止环辅助密封接触的外圆或内孔的垂直度、旋转环密封端面对与旋转环辅助密封接触的外圆或内孔的垂直度，均按 GB/T 1184—1996 规定的 7 级公差等级 ⑥密封环与辅助密封接触的部位，表面粗糙度 *Ra* 应不大于 1.6μm ⑦硬质合金密封环、碳化硅密封环、碳石墨密封环、氧化铝陶瓷密封环分别按 JB/T 11959、JB/T 6374、JB/T 8872、JB/T 10874 ⑧补偿环组件沿轴线应活动自如，无阻滞现象
	弹簧	弹簧的尺寸、精度和工作负荷按 JB/T 11107 的规定。弹簧表面不允许有锈斑。有镀层的弹簧不允许镀层脱落
	橡胶波纹管	橡胶波纹管的设计应保证密封和传递扭矩的可靠性。橡胶波纹管及其余橡胶辅助密封件表面应光滑、平整，不得有气泡、夹渣、凸凹不平等缺陷，起密封作用的部位不允许有飞边。橡胶件胶料的物理化学性能及外观精度应符合 JB/T 7757.2[①] 的规定
	O 形橡胶圈	O 形橡胶圈的技术要求应符合 JB/T 7757.2[①] 的规定
	冲压件	冲压件不允许有毛刺、皱折和锈斑等，密封部位不得有纵向条纹。有镀层的冲压件不允许有镀层脱落
性能要求	泄漏量	气密性试验应无可见气泡 静压试验与运转试验泄漏量：小型潜水电泵用机械密封不大于 0.1mL/h，汽车发动机冷却水泵用机械密封应符合 JB/T 11242 的规定，其他泵用机械密封不大于 2mL/h
	磨损量	磨损量应能满足其工作寿命要求，以清水介质进行试验，运转 100h 后，软质材料的密封环磨损量不大于 0.02mm
	工作寿命	在选型合理、安装使用正确的情况下，轻型机械密封的工作寿命不低于 8000h，应用于特殊工况时，使用期由买卖双方协商确定
试验方法		轻型机械密封产品按 JB/T 6619.2 的规定进行鉴定检验或出厂检验
安装与使用要求		①安装轻型机械密封的轴（或轴套）按下列要求 • 安装轻型机械密封部位的轴（或轴套）的径向圆跳动公差应不大于 0.04mm • 安装辅助密封部位的轴（或轴套）表面粗糙度 *Ra* 应不大于 1.6μm。轴（或轴套）外径尺寸公差为 h6。安装旋转环辅助密封的轴（或轴套）的端部按图 1 所示倒角 ②安装密封环的座孔端部按图 2 所示倒角，与其辅助密封接触部位的表面粗糙度按图 2 的要求 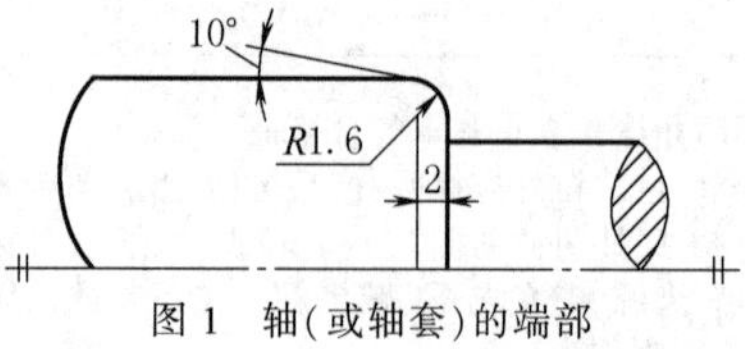 10°　*R*1.6　2 图 1　轴（或轴套）的端部 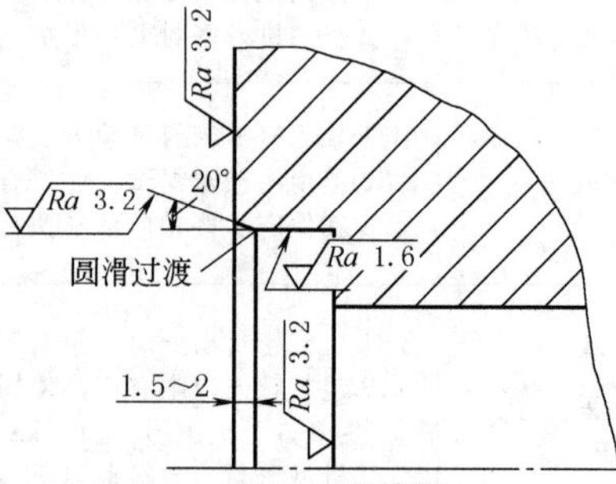 *Ra* 3.2　20°　*Ra* 3.2　圆滑过渡　*Ra* 1.6　*Ra* 3.2　1.5~2 图 2　座孔端部

续表

项目	说明
安装与使用要求	③安装轻型机械密封的转子的轴向窜动量不超过 0.1mm ④轻型机械密封在安装时，必须将密封本身、轴（或轴套）、密封腔体及其他零件清洗干净，防止任何杂质进入密封部位 ⑤轻型机械密封在安装时，应按产品说明书或产品样本，保证轻型机械密封的安装尺寸
标志和包装	①产品的包装应能防止在运输和贮存过程中的损伤和零件的遗失 ②产品上应打上制造厂的标志 ③产品出厂时，包装盒内应附有产品合格证。合格证上应有产品型号、名称、执行标准编号、数量、制造厂名称、检验部门和检验人员的签章及出厂日期 ④若干套轻型机械密封装一盒，盒外除（按）标明识别标志外，还应表明产品型号、名称、数量、制造厂名称和包装日期等 ⑤包装箱内应有产品样本或产品说明书、装箱清单等技术文件，箱外应注明“小心轻放”“防潮”等字样 ⑥产品验收后，应在温度-15～40℃、湿度不高于 70%的避光处存放，保存期不超过 1 年

① 表中 JB/T 7757.2 已被 JB/T 7757—2020 代替。

9.14.3 焊接金属波纹管机械密封（摘自 JB/T 8723—2022）

表 10-3-60　焊接金属波纹管机械密封

项目		说明
范围		JB/T 8723—2022《焊接金属波纹管机械密封》规定了焊接金属波纹管机械密封的术语和定义、基本型式、参数、材料代号及布置方式、要求、检验与试验方法、检验规定、安装与使用要求及标志与包装，适用于离心泵及类似旋转机械用焊接金属波纹管机械密封的制造
基本型式、参数、材料代号及布置方式	基本型式	①Ⅰ型密封：内装式，焊接金属波纹管组件为旋转型，辅助密封为O形圈，如图1所示 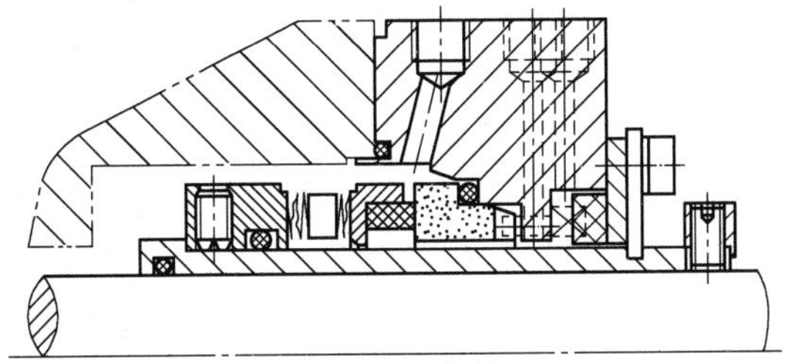 图1　Ⅰ型密封 ②Ⅱ型密封：内装式，焊接金属波纹管组件为旋转型，辅助密封为柔性石墨，如图2所示 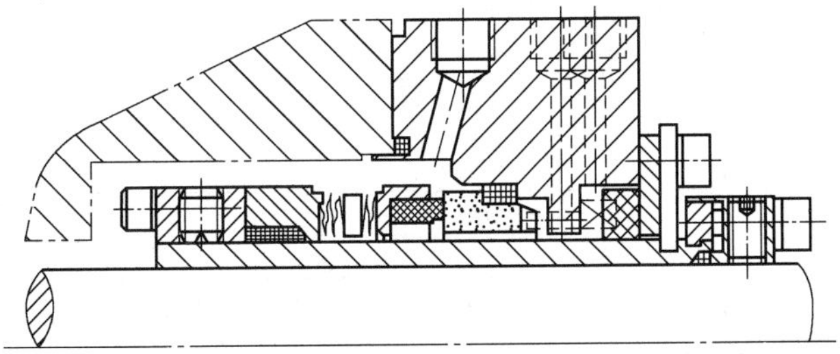 图2　Ⅱ型密封 ③Ⅲ型密封：内装式，焊接金属波纹管组件为静止型，辅助密封为O形圈，如图3所示 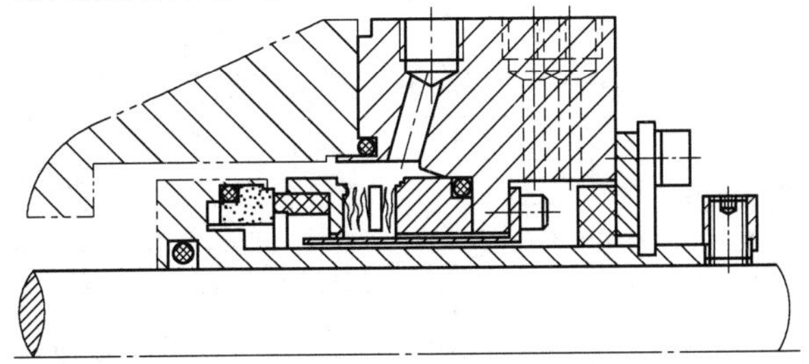 图3　Ⅲ型密封

续表

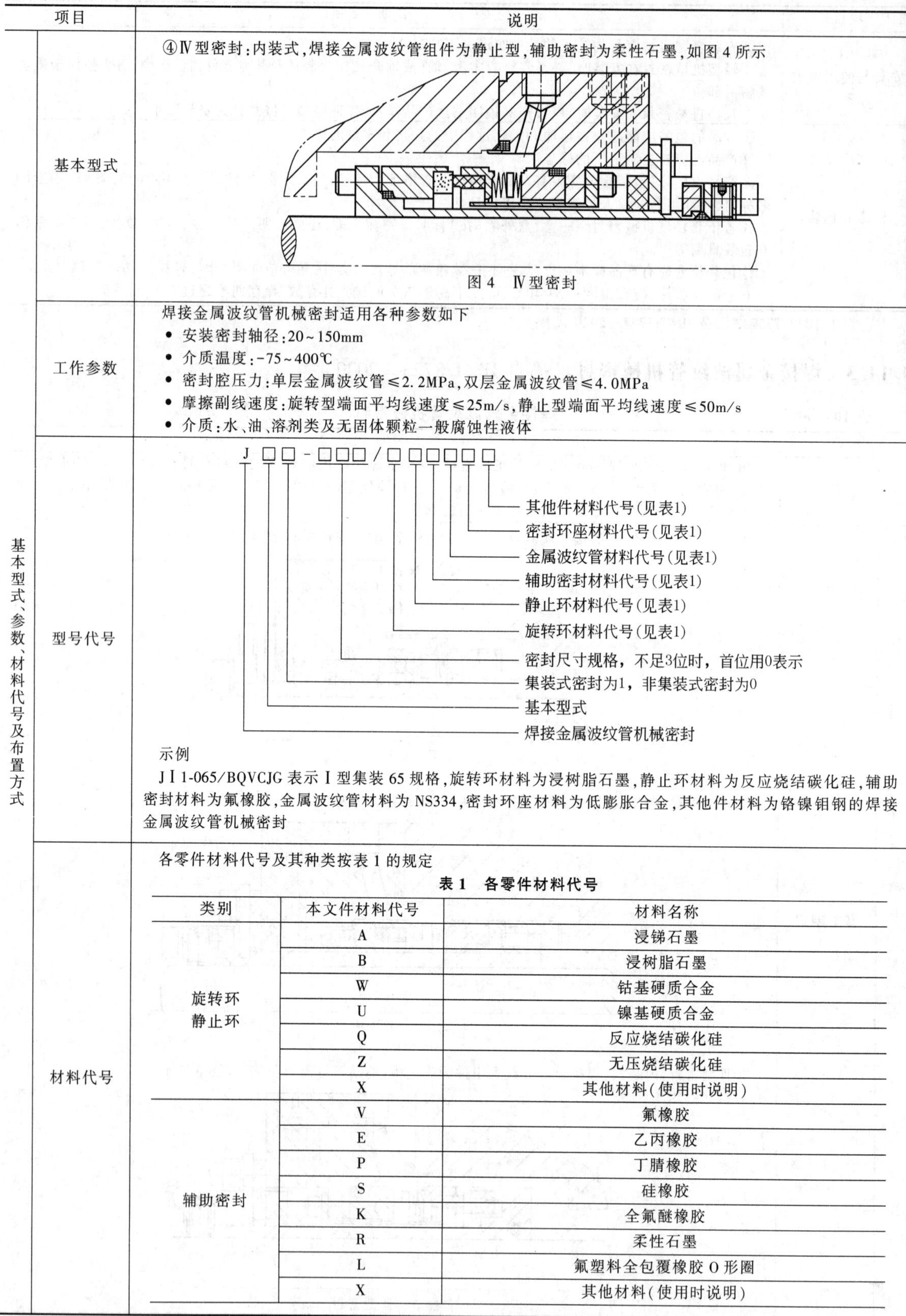

	项目	说明
基本型式、参数、材料代号及布置方式	基本型式	④Ⅳ型密封:内装式,焊接金属波纹管组件为静止型,辅助密封为柔性石墨,如图4所示 图4　Ⅳ型密封
	工作参数	焊接金属波纹管机械密封适用各种参数如下 • 安装密封轴径:20~150mm • 介质温度:-75~400℃ • 密封腔压力:单层金属波纹管≤2.2MPa,双层金属波纹管≤4.0MPa • 摩擦副线速度:旋转型端面平均线速度≤25m/s,静止型端面平均线速度≤50m/s • 介质:水、油、溶剂类及无固体颗粒一般腐蚀性液体
	型号代号	J □□-□□□/□□□□□□ 其他件材料代号(见表1) 密封环座材料代号(见表1) 金属波纹管材料代号(见表1) 辅助密封材料代号(见表1) 静止环材料代号(见表1) 旋转环材料代号(见表1) 密封尺寸规格，不足3位时，首位用0表示 集装式密封为1，非集装式密封为0 基本型式 焊接金属波纹管机械密封 示例 JⅠ1-065/BQVCJG 表示Ⅰ型集装65规格,旋转环材料为浸树脂石墨,静止环材料为反应烧结碳化硅,辅助密封材料为氟橡胶,金属波纹管材料为NS334,密封环座材料为低膨胀合金,其他件材料为铬镍钼钢的焊接金属波纹管机械密封
	材料代号	各零件材料代号及其种类按表1的规定

表1　各零件材料代号

类别	本文件材料代号	材料名称
旋转环 静止环	A	浸锑石墨
	B	浸树脂石墨
	W	钴基硬质合金
	U	镍基硬质合金
	Q	反应烧结碳化硅
	Z	无压烧结碳化硅
	X	其他材料(使用时说明)
辅助密封	V	氟橡胶
	E	乙丙橡胶
	P	丁腈橡胶
	S	硅橡胶
	K	全氟醚橡胶
	R	柔性石墨
	L	氟塑料全包覆橡胶O形圈
	X	其他材料(使用时说明)

续表

项目		说明
基本型式、参数、材料代号及布置方式	材料代号	见下表（续表）
	布置方式	焊接金属波纹管机械密封的布置方式按照 GB/T 33509—2017 中 4.1.3~4.1.5 的规定

续表

类别	本文件材料代号	材料名称
金属波纹管	C	NS334(C-276)
	H	GH4169(Inconel 718)
	Y	沉淀硬化型不锈钢
	T	钛合金
	M	NCu28-2.5-1.5(Monel)
	X	其他材料(使用时说明)
密封环座其他件	C	NS334(C-276)
	F	铬镍钢
	G	铬镍钼钢
	J	低膨胀合金
	T	钛合金
	H	GH4169(Inconel 718)
	X	其他材料(使用时说明)

要求 — 通用要求

①JB/T 8723—2022 所涉及的焊接金属波纹管机械密封宜采用集成式结构
②集装式密封的限位零件，应确保安装时密封端盖相对于轴套的定位精度，并且在安装后容易拆除
③密封端盖上的冲洗孔设计需有利于密封腔中气体排出；排液孔设计需有利于急冷液和泄漏液排出
④密封端盖在设计上应有便于拆卸的结构，密封端盖与密封腔间径向定位配合推荐 H8/f7
⑤设计时应充分考虑定位零部件和传动零部件的可靠性
⑥焊接金属波纹管机械密封的轴套推荐露出密封端盖不少于 3mm

要求 — 焊接金属波纹管组件

①当轴外径或轴套外径不大于 50mm 时，波纹管内孔与轴(或轴套)单边间隙应不小于 1mm，波纹管外径与密封腔内径单边间隙应不小于 3mm。当轴外径或轴套外径大于 50mm 时，波纹管内孔与轴(或轴套)单边间隙应不小于 2mm，波纹管外径与密封腔内径单边间隙应不小于 5mm
②外观质量：波距均匀，焊菇形状对称、均匀，不得有裂纹、气孔和焊接塌边等缺陷
③焊接金属波纹管组件压缩至工作高度时，弹力应符合设计值，其允差为±10%
④焊接金属波纹管组件自由高度允差为其工作压缩量的±10%
⑤焊接金属波纹管的最大可压缩量不小于波纹管自由长度的 40%
⑥焊接金属波纹管组件在自由状态下，两端环座的同轴度、平行度按表 2 的规定

表 2　同轴度、平行度　　mm

轴径	同轴度公差	平行度公差
≤50	0.25	0.25
50~120	0.30	0.30
>120	0.40	0.35

⑦波片硬度范围：经固溶+时效或时效等热处理处理的波片硬度为 $375\sim475HV_{0.2}$；其他未经热处理的冷轧波片硬度为 $255\sim330HV_{0.2}$

⑧焊菇形状、尺寸要求：焊菇形状如图 5 所示，焊菇两凸边 R 应对称；单、双层波片焊菇宽度 W 分别按式(1)和式(2)计算

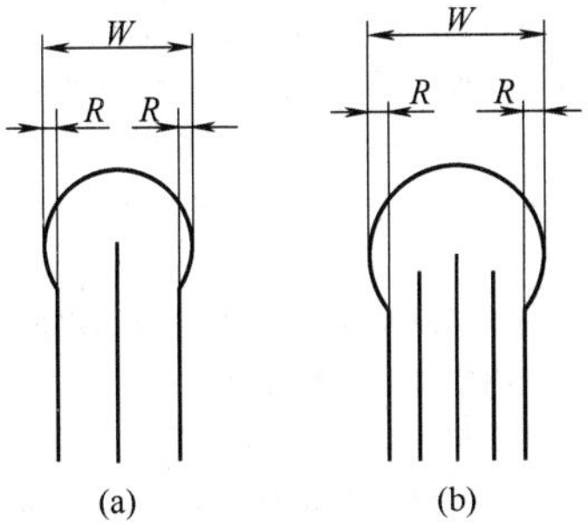

(a)　(b)

图 5　焊菇形状

续表

项目		说明
要求	焊接金属波纹管组件	$W=(2.2\sim3)\times$波片厚度　　(1) $W=(4.2\sim5)\times$波片平均厚度　　(2) ⑨气密性检查:检验方法按下面“检验与试验方法”⑤的规定,需全数检验
	材料要求	①碳化硅、硬质合金和碳石墨密封环应分别符合 JB/T 6374、JB/T 11959 和 JB/T 8872 的规定 ②O 形圈按 JB/T 7757 的规定 ③金属波纹管材料见表 1,使用温度为-40~176℃时推荐使用 NS334(C-276),使用温度为-100~400℃时推荐使用 GH4169(Inconel 718) ④辅助密封采用柔性石棉平垫密封结构时,密封垫应有夹钢带等加强结构
	其他主要零部件	①密封端面平面度误差应不大于 0.0009mm ②密封端面平面粗糙度要求:硬质材料密封环表面粗糙度 Ra 应不大于 0.2μm;软质材料密封环表面粗糙度 Ra 应不大于 0.4μm ③与辅助密封接触以及有重要配合部位的表面,其表面粗糙度 Ra 应不大于 1.6μm ④静止环和旋转环的密封端面对与辅助密封圈接触的端面平行度应符合 GB/T 1184—1996 的 7 级精度 ⑤焊接金属波纹管组件与轴套(轴)或密封端盖的径向配合为 F8/h7 或 H8/f7
	性能要求	①气密性试验:焊接金属波纹管机械密封气密性试验应符合 GB/T 14211 的规定 ②泄漏量要求如下 Ⅰ. 焊接金属波纹管机械密封动态的平均泄流量应符合表 3 的规定

表 3　焊接金属波纹管机械密封动态的平均泄漏量

轴径 d /mm	转速 n /r·min^{-1}	压力 p /MPa	动态试验平均泄漏量 Q /mL·h^{-1}
≤50	≤3000	$p\le2.0$	≤3
		$2.0<p\le4.0$	≤5
	>3000	$p\le2.0$	≤6
		$2.0<p\le4.0$	≤8
>50	≤3000	$p\le2.0$	≤5
		$2.0<p\le4.0$	≤6
	>3000	$p\le2.0$	≤8
		$2.0<p\le4.0$	≤12

项目		说明
要求	性能要求(续)	Ⅱ. 静压试验(静态试验)应无泄漏 ③磨损量:以清水或矿物油为介质进行试验,运转 100h,摩擦副任一密封端面磨损量应不大于 0.02mm ④使用期:在选型合理、安装使用正确、系统工作良好、设备运行平稳的情况下,使用期不少于 25000h,特殊工况除外
检验与试验方法		①焊菇外观质量及尺寸检查:用 5 倍以上放大镜目测,用千分尺测量尺寸 ②焊菇内部质量检测及焊菇形状尺寸检查:用 100 倍以上金相显微镜或金相分析仪,按 GB/T 6394 的规定检测焊菇的金相组织,晶粒度不低于 3 级为合格,同时测量焊菇形状尺寸应符合上文“焊接金属波纹管组件”中的“⑧焊菇形状、尺寸要求”的要求 ③弹力测量:用精度不大于 1%F.S(满量程)的弹簧拉压试验机测量 ④波片硬度测定:对热处理时随炉两块同批次试样波片按 GB/T 4340.1 进行硬度测定 ⑤焊接金属波纹管组件气密性检查可选用以下两种方法之一 • 利用氦质谱检漏仪,按 GB/T 36176 的规定采用喷吹法进行检验,泄漏量不大于 5×10^{-9}Pa·m^3/s • 焊接金属波纹管组件内部通入气压为 0.6~1.0MPa 的气体,将其浸没水中,持续 3min,其不允许有可见的气泡逸出 ⑥密封环的密封端面平面度应按 JB/T 7369 的规定进行检验 ⑦焊接金属波纹管组件自由高度用游标卡尺测量 ⑧两端环座的同轴度与平行度用百分表测量 ⑨密封环的表面粗糙度用表面粗糙度测量仪或样块比较法检查 ⑩焊接金属波纹管机械密封试验方法应按 GB/T 14211 的规定执行 ⑪密封的泄漏用精度不大于 0.5mL 的量器收集,收集时应包括雾状及汽化的泄漏物

续表

<table>
<tr><th>项目</th><th>说明</th></tr>
<tr><td>安装与使用要求</td><td>①安装焊接金属波纹管机械密封部位的轴或轴套应符合下列要求
• 轴或轴套表面对密封腔径向圆跳动公差应符合表4的规定
• 轴或轴套配合表面的表面粗糙度 Ra 应不大于1.6μm
• 轴或轴套有配合要求的外径尺寸公差不低于h6
• 安装焊接金属波纹管机械密封的轴、轴套、密封腔体的端部倒角应按JB/T 4127.1的要求执行
表4　圆跳动公差　mm
<table><tr><th>轴径</th><th>圆跳动公差</th></tr><tr><td>≤50</td><td>0.04</td></tr><tr><td>>50</td><td>0.06</td></tr></table>
②安装焊接金属波纹管机械密封主机的转子在运转时的轴向窜动量应不超过0.3mm
③密封腔体与密封端盖结合的定位端面对轴或轴套的轴向圆跳动公差应符合表4的规定
④密封端盖(或壳体)与辅助密封圈接触部位的表面粗糙度应按JB/T 4127.1的要求执行
⑤安装集成式焊接金属波纹管机械密封时,应将轴、密封腔体等与密封接触的部位清洗干净,并防止杂物进入密封部位
⑥当输送介质温度过高、过低,或输送介质含有杂质颗粒及易燃、易爆、有毒介质时,应采用JB/T 6629中的21、23或32冲洗方案降温,62方案蒸汽保温,12、31或41方案去除杂质颗粒,52、53或54方案等做双面密封保护等阻封措施,具体应按JB/T 6629的要求执行
⑦焊接金属波纹管机械密封在安装时,应按产品安装使用说明书或样本的要求步骤进行,并保证焊接金属波纹管机械密封的安装尺寸</td></tr>
<tr><td>标志与包装</td><td>①包装盒上应有识别标志,产品上应有制造厂标志
②产品包装应能防水、防潮、耐热、隔振,防止产品在运输和贮存过程中出现损伤和零件的遗失
③每套焊接金属波纹管机械密封出厂时都应附有合格证,合格证上应有产品型号、制造厂名称及地址、检验部门与检验人员的签章和日期
④制造厂应根据用户要求提供产品安装使用说明书</td></tr>
</table>

注：JB/T 8723—2022中还规定了“单层波片”“双层波片”“焊接金属波纹管组件”和“焊菇”四个术语和定义。

9.14.4　焊接金属波纹管釜用机械密封技术条件（摘自HG/T 3124—2020）

表10-3-61　　焊接金属波纹管釜用机械密封技术条件

<table>
<tr><th colspan="2">项目</th><th>说明</th></tr>
<tr><td colspan="2">范围</td><td>HG/T 3124—2020《焊接金属波纹管釜用机械密封技术条件》规定了焊接金属波纹管釜用机械密封的使用范围参数和主要尺寸、要求、试验、安装与使用、试验方法、标志与包装,适用于各种钢制釜搅拌轴及类似旋转轴的焊接金属波纹管釜用机械密封</td></tr>
<tr><td rowspan="2">使用范围参数和主要尺寸</td><td>使用范围参数</td><td>①密封介质为:水、油、无固体颗粒的各种一般腐蚀性流体
②工作参数为:单层波片使用介质压力不大于2.2MPa,双层波片使用介质压力不大于4.2MPa;介质温度为:-40~400℃;安装机械密封部位的轴(或轴套)外径30~220mm;转轴线速度不大于3m/s</td></tr>
<tr><td>主要尺寸</td><td>本标准釜用机械密封为顶部驱动集成式结构(其他结构可参考使用)、平衡型。常用焊接金属波纹管釜用机械密封连接尺寸参见表10-3-62</td></tr>
<tr><td>要求</td><td>设计要求</td><td>①波纹管材料在不大于176℃时宜使用NS3304(C-276),不大于400℃时宜使用GH4169(Inconel718),若采用其他材料,需特殊说明,并征得用户同意
②波纹管的内孔和外圆与其他密封件或密封腔内径的单边间隙应不小于1mm
③立式釜用焊接金属波纹管双端面密封,隔离液引入口高度不得低于密封上端面,如图1所示
④焊接金属波纹管双端面密封介质侧非补偿静环应加装防反压结构,如图2所示
 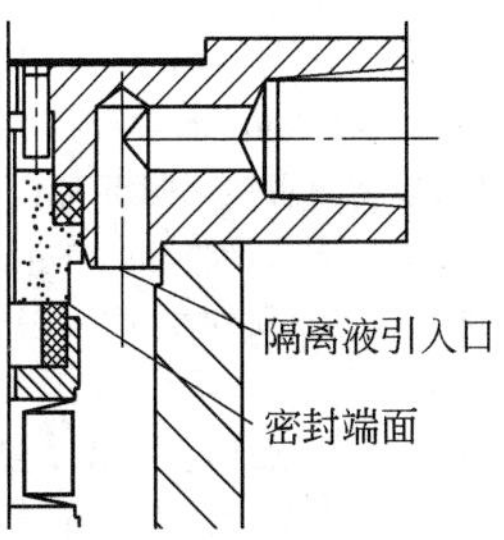
图1　隔离液引入口结构
 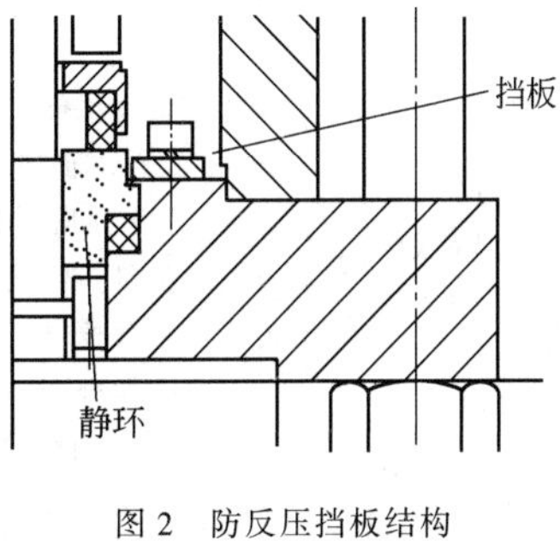
图2　防反压挡板结构</td></tr>
</table>

续表

项目		说明
要求	技术要求	①外观质量:波距均匀,焊菇形状对称、规则一致、表面光滑,不得有裂纹、气孔、杂质、凸起等任何缺陷 ②密封环的密封端面平面度要求:硬质材料密封环应不大于0.0006mm,软质材料密封环应不大于0.0009mm ③密封环的密封端面表面粗糙度要求:硬质材料密封环表面粗糙度 $Ra\leqslant 0.1\mu m$,软质材料密封环表面粗糙度 $Ra\leqslant 0.2\mu m$ ④密封环的密封端面不得有裂纹、划痕和气孔等缺陷 ⑤静止环密封端面对与静止环辅助密封接触的外圆或内孔的垂直度、旋转环密封端面对与旋转辅助密封接触的外圆或内孔的垂直度,均应符合GB/T 1184的7级精度的规定 ⑥硬质合金密封环、碳化硅密封环、碳石墨密封环、氧化铝陶瓷密封环应分别符合JB/T 11959、JB/T 6374、JB/T 8872、JB/T 10874的规定 ⑦波纹管组件压缩至工作长度时,弹力应符合设计值,其允差为±10% ⑧波纹管组件自由高度允差为其工作压缩量的±10% ⑨波纹管组件的全变形量不小于波纹管自由长度的50% ⑩波纹管组件在自由状态下,两端环座的同轴度、平行度应符合表1的规定

表1 波纹管组件两端环座的同轴度和平行度要求 mm

轴径	同轴度	平行度
≤80	0.25	0.25
80~130	0.30	0.30
>130	0.40	0.35

⑪波片硬度范围:经过热处理的波片显微硬度 $HV_{0.2}$ 为375~437.5;不经热处理的冷轧波片显微硬度 $HV_{0.2}$ 为255~330

⑫焊菇形状、尺寸要求:焊菇形状见图3,焊菇两凸边 R 应对称;单、双层波片焊菇宽度 W 分别按公式(1)和公式(2)计算

$$单层波片:W=(2.2\sim3)\times波片厚度 \tag{1}$$

$$双层波片:W=(4.2\sim5)\times波片平均厚度 \tag{2}$$

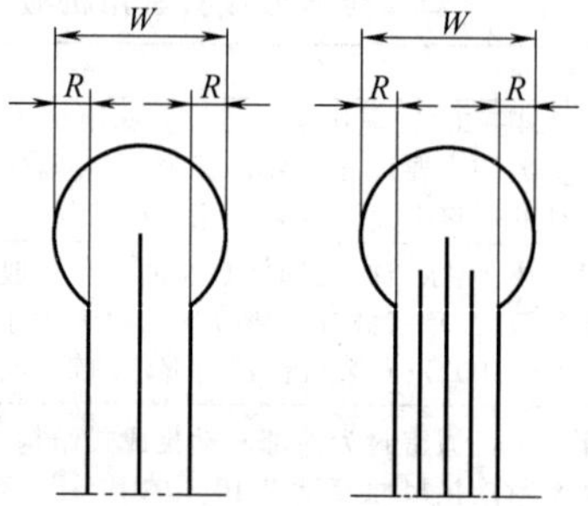

图3 焊菇形状

⑬气密性:组件气密性检查,不允许有任何泄漏

⑭其他主要零部件加工应符合HG/T 2269的规定

项目		说明
要求	性能要求	①泄漏量要求 Ⅰ.工作介质为液体时,机械密封泄漏量的测定方法应符合HG/T 2269的规定,其泄漏量为试验压力下的当量液体体积,轴径大于80mm时泄漏量应不大于8mL/h,轴径不大于80mm时泄漏量应不大于5mL/h。单端面密封结构只对泄漏做定性检查时,以肉眼观察无明显气泡为合格 Ⅱ.工作介质为有毒、易燃、易爆的气体时,机械密封泄漏量测试应符合HG/T 4113的规定 ②磨损量:端面磨损量的大小要满足釜用机械密封使用期的要求,一般情况下运转100h后软质材料的密封环磨损量应不大于0.03mm ③在结构合理、安装使用正确、设备运行稳定的情况下,焊接金属波纹管釜用机械密封的使用期一般为8000h。工作介质为较强腐蚀性或易挥发气体时,焊接金属波纹管釜用机械密封的使用期一般为4000h,特殊情况不受此限

续表

项目	说明
试验	①焊接金属波纹管釜用机械密封新产品必须进行型式试验，试验应符合 HG/T 2099 的规定 ②焊接金属波纹管釜用机械密封产品出厂前须进行出厂试验，试验应符合 HG/T 2099 的规定
安装与使用	①传动装置的安装与使用应符合 HG/T 21563 的规定，其他应符合 HG/T 2269 的规定 ②应按照产品使用说明书要求正确安装 ③单端面机械密封用隔离液和双端面机械密封用隔离液要求应符合 HG/T 2269 的规定 ④介质温度过高或过低、含有杂质颗粒、易燃易爆气体等特殊工况条件时，必须采取相应的阻封、冲洗、冷却等措施，具体应符合 HG/T 2122 的规定
检验方法	①波纹管焊菇外观质量检查：焊菇外观质量用 5 倍放大镜目测，或用其他放大检测设备检测 ②波纹管焊菇内部质量检测及焊菇形状尺寸检查：每批（每种轴径订货的数量为一批）抽检 1 件，用 100 倍以上金相显微镜或金相分析仪检测，焊菇的金相组织应符合 GB/T 6394 的规定，晶粒度不低于 7 级为合格，同时测量焊菇形状尺寸 ③波纹管组件弹力测量：波纹管组件弹力用精度 2%的弹簧拉压试验机测量 ④焊接金属波纹管组件自由高度测量：焊接金属波纹管组件自由高度测量用游标卡尺测量 ⑤波纹管组件两端环座的同轴度与平行度测量：波纹管组件两端环座的同轴度与平行度用百分表测量 ⑥波纹管波片硬度测定：在热处理后，随炉两块同批次试样波片硬度测定应符合 GB/T 4340.1 的规定 ⑦波纹管组件气密性检查：用专用检测胎具夹紧波纹管组件，在波纹管组件内部（按泄漏方向）通入气压 0.6MPa 的空气，浸没水中，持续 3min，不允许有可见的气泡逸出
标志与包装	①包装盒上应标明：产品型号、代号、出厂日期、制造厂名称、生产许可证编号 ②产品上应有制造厂标志 ③产品包装应能防水、防潮、耐热、隔振，防止产品在运输和贮存过程中出现损伤和零件遗失 ④每套焊接金属波纹管釜用机械密封出厂时都应附有合格证，合格证上应有产品型号、生产厂名、厂址、检验部门和检验人员的签章和日期 ⑤制造厂应根据用户要求提供产品安装使用说明书

表 10-3-62　常用焊接金属波纹管釜用机械密封连接外形尺寸

项目：常用焊接金属波纹管釜用机械密封连接外形尺寸

说明：

按照图 1 所示的釜用机械密封外形示意图，参照 HG 21571，按照压力等级为 PN16 形成连接外形尺寸见表 1；参照 HG/T 2098—2011 表 7，按照压力等级为 PN25 形成连接外形尺寸见表 2

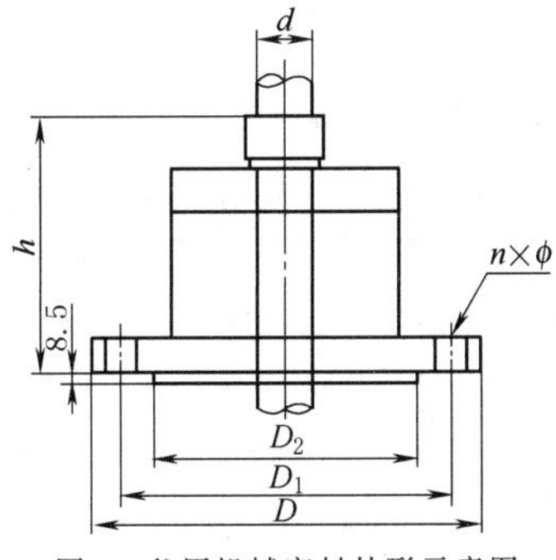

图 1　釜用机械密封外形示意图

表 1　焊接金属波纹管釜用机械密封连接外形尺寸（PN16）　mm

搅拌轴轴径	d(h7)	D	D_1	D_2(h5)	h ≤	$n\times\phi$
30,40	30,40	175	145	110	360	4×18
50,60,70	50,60,70	240	210	176	380	8×18
80	80	275	240	204	405	8×22
90,100	90,100	305	270	234	420	8×22
110	110	330	295	260	435	8×22
120	120	330	295	260	445	8×22
130	130	330	295	260	460	8×22
140	140	395	350	313	475	12×22

续表

项目	说明
常用焊接金属波纹管釜用机械密封连接外形尺寸	（见下表）

续表

搅拌轴轴径	d(h7)	D	D_1	D_2(h5)	h ≤	$n\times\phi$
160	160	395	350	313	495	12×22
180	180	445	400	364	515	12×22
200	200	445	400	364	535	12×22
220	220	505	460	422	565	16×22

表2　焊接金属波纹管釜用机械密封连接外形尺寸(PN25)　　mm

搅拌轴轴径	d(h7)	D	D_1	D_2	h ≤	$n\times\phi$
30	30	235	190	156	360	8×22
40	40	235	190	156	360	8×22
50	50	270	220	184	380	8×26
60	60	270	220	184	380	8×26
80	80	300	250	211	405	8×26
90	90	360	310	274	420	12×26
100	100	360	310	274	430	12×26
110	110	360	310	274	435	12×26
120	120	360	310	274	445	12×26
130	130	360	310	274	460	12×26
140	140	425	370	330	475	12×30
160	160	425	370	330	495	12×30
180	180	485	430	389	515	16×30
200	200	555	490	448	535	16×33
220	220	620	550	503	565	16×36

注：表中内容摘自 HG/T 3124—2020 附录 A（资料性附录）。

9.14.5　橡胶波纹管机械密封技术条件（摘自 JB/T 6616—2020）

表 10-3-63　　橡胶波纹管机械密封技术条件

项目		说明
范围		JB/T 6616—2020《橡胶波纹管机械密封　技术条件》规定了橡胶波纹管机械密封的基本型式及工作参数、技术要求、试验与检验方法、检验规定、安装与使用要求、标志、包装和贮存，适用于各种离心泵及类似旋转机械用橡胶波纹管机械密封
基本型式及工作参数	基本型式	橡胶波纹管机械密封的基本型式 Ⅰ型密封：全波橡胶波纹管机械密封，如图1所示 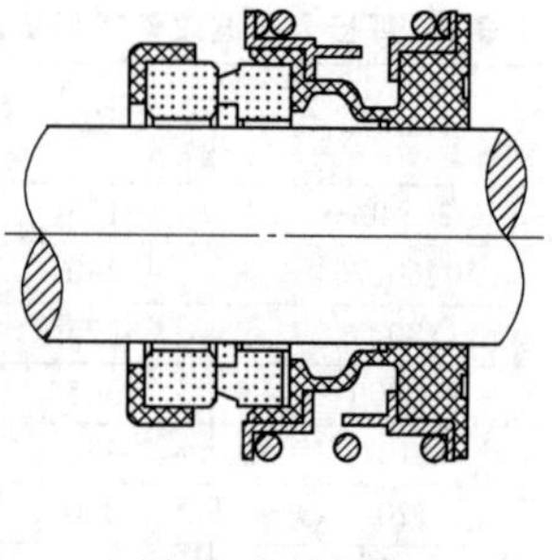 图1　Ⅰ型密封

续表

<table>
<tr><th colspan="2">项目</th><th>说明</th></tr>
<tr><td rowspan="2">基本型式及工作参数</td><td>基本型式</td><td>Ⅱ型密封:半波橡胶波纹管机械密封,如图2所示 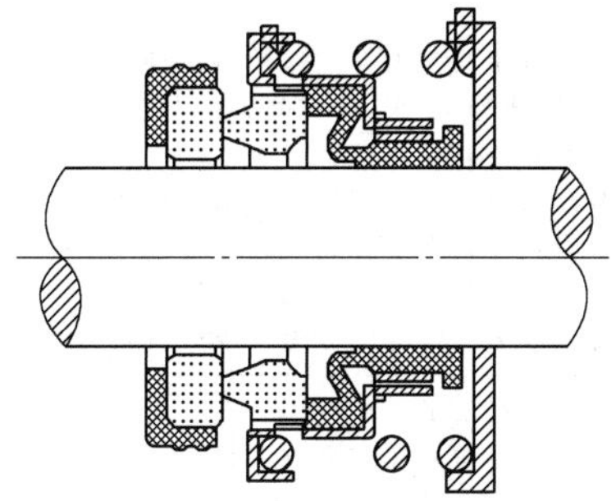

图2 Ⅱ型密封

Ⅲ型密封:无弹簧力补偿的橡胶波纹管机械密封,如图3所示 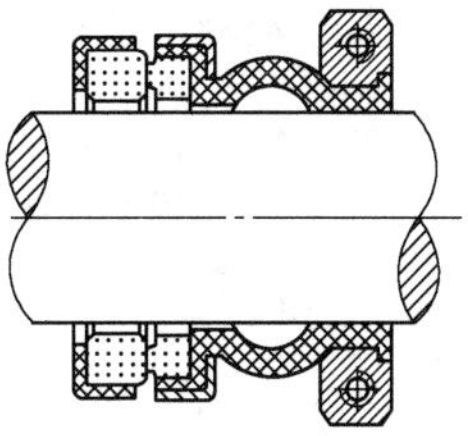

图3 Ⅲ型密封</td></tr>
<tr><td>工作参数</td><td>橡胶波纹管机械密封的工作参数见表1

表1 工作参数
<table>
<tr><th>密封型式</th><th>密封腔压力/MPa</th><th>密封腔温度/℃</th><th>线速度/m·s⁻¹</th><th>轴径/mm</th><th>介质</th></tr>
<tr><td>Ⅰ型</td><td>0~1.0</td><td>-30~150</td><td>≤10</td><td>≤120</td><td rowspan="2">油、水及pH值为6.5~8的污水</td></tr>
<tr><td>Ⅱ型</td><td>0~0.8</td><td>-30~150</td><td>≤10</td><td>≤80</td></tr>
<tr><td>Ⅲ型</td><td>0~0.4</td><td>-30~80</td><td>≤5</td><td>≤55</td><td>油、水、盐、弱碱、弱酸、有机溶剂</td></tr>
</table></td></tr>
<tr><td rowspan="3">技术要求</td><td>制造要求</td><td>橡胶波纹管机械密封应符合本标准的规定,并按经规定程序批准的图样及技术文件制造</td></tr>
<tr><td>材料要求</td><td>①材料代号应符合GB/T 6556的规定
②橡胶材料的物理性能应符合JB/T 7757的规定</td></tr>
<tr><td>主要零件技术要求</td><td>①密封环的密封端面平面度误差不大于0.0009mm,硬质和软质材料密封环的密封端面表面粗糙度Ra应分别不大于0.2μm和0.4μm
②密封环的密封端面对与辅助密封圈接触的端面平行度应符合GB/T 1184—1996中的7级公差要求
③密封环的密封端面对于辅助密封圈接触的外圆(或内孔)的垂直度应符合GB/T 1184—1996中的7级公差要求
④密封环与辅助密封圈接触部位的表面粗糙度Ra应不大于3.2μm
⑤密封环与辅助密封圈接触的外圆(或内孔)的尺寸公差带为h8(或H8)
⑥石墨环、橡胶波纹管以及组装密封环应做水压试验。试验压力为最高工作压力的1.25倍,持续10min,其不应有破裂、渗漏现象
⑦氮化硅、碳化硅和氧化铝陶瓷密封环应分别符合JB/T 8724、JB/T 6374和JB/T 10874的规定
⑧碳化钨、碳石墨密封环应分别符合JB/T 11959和JB/T 8872的规定
⑨弹簧的技术要求应符合JB/T 11107的规定
⑩O形橡胶圈的技术要求应符合JB/T 7757的规定
⑪弹簧座的内孔尺寸公差为F8,内孔表面粗糙度Ra应不大于3.2μm</td></tr>
</table>

续表

<table>
<tr><th colspan="2">项目</th><th>说明</th></tr>
<tr><td rowspan="2">技术要求</td><td>主要零件技术要求</td><td>⑫仅橡胶波纹管起弹力补偿作用时，橡胶波纹管在组装后应做弹性测试，将橡胶波纹管压缩至工作高度，测量其弹力值，并在此高度下保持24h，再测量其弹力值，连续两次弹力测量值均应在设计值±10%的范围内
⑬当弹簧其主要弹力补偿作用时，橡胶波纹管和弹簧在组装后应做弹性测试，将橡胶波纹管压缩至工作高度，连续压缩10次，并在此工作高度下保持5min，再测量其弹力值，连续两次弹力测量值均应在设计值±15%的范围内
⑭橡胶波纹管的设计应保证密封和传递扭矩的可靠性
⑮波纹管及其余橡胶辅助密封件（L垫、方形圈等）表面应光滑、平整、不得有气泡、夹渣、凹凸不平等缺陷，起密封作用的部位不允许有飞边
⑯零件未注公差尺寸的公差等级应符合GB/T 1804—2000规定的f（精密级）级要求</td></tr>
<tr><td>性能要求</td><td>①气密性试验应无可见气泡
②静压与运转试验泄漏量：轴（或轴套）外径大于50mm时，泄漏量不大于5mL/h；轴（或轴套）外径不大于50mm时，泄漏量不大于2mL/h
③磨损量：磨损量的大小应满足机械密封使用期的要求。通常以清水为介质进行试验，运转100h，任一密封环磨损量均不大于0.02mm
④使用期：在选型合理、安装正确的情况下，使用期不少于8000h，条件苛刻时不受此限</td></tr>
<tr><td colspan="2">试验与检验方法</td><td>①橡胶波纹管机械密封试验方法应按GB/T 14211的规定执行
②要求做气密性试验的橡胶波纹管机械密封，应在密封最高工作压力下做气密性试验，持续1min不得有可见气泡
③密封环的密封端面平面度采用Ⅰ级平面平晶和单色光源的干涉法或其他光学仪器进行检查
④密封环的表面粗糙度用表面粗糙度测量仪或表面粗糙度样块比较法检查
⑤橡胶件的表面质量用肉眼或五倍放大镜检查
⑥橡胶的硬度用邵尔硬度计检查</td></tr>
<tr><td colspan="2">安装与使用要求</td><td>①安装机械密封部位的轴（或轴套）应满足以下规定
• 径向跳动公差按表2的规定
• 表面粗糙度 Ra 应不大于1.6μm
• 外径尺寸公差带为h6
• 安装旋转环辅助密封圈（或橡胶波纹管）的轴（或轴套）的端部按图4的规定

表2　跳动公差　mm
<table><tr><th>轴（或轴套）外径 d</th><th>跳动公差</th></tr><tr><td>$d \leqslant 50$</td><td>≤0.04</td></tr><tr><td>$50 < d \leqslant 120$</td><td>≤0.06</td></tr></table>
②转子轴向窜动量不超过0.3mm
③密封腔体与密封端盖结合的定位面对轴（或轴套）表面的跳动公差按表2的要求
④密封端盖（或壳体）的要求
• 密封端盖（或壳体）与辅助密封圈接触部位的表面粗糙度 Ra 不大于3.2μm
• 安装静止环辅助密封圈的端盖（或壳体）的孔的端部按图5和表3的规定

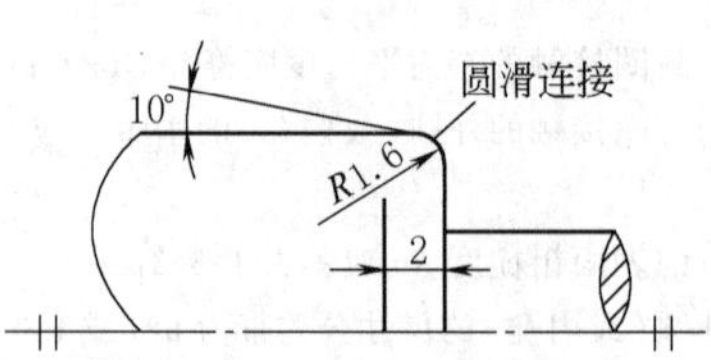

图4　轴（或轴套）的端部

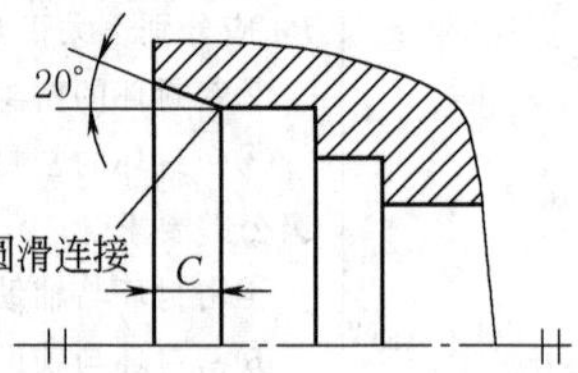

图5　端盖（或壳体）的孔的端部

表3　C 的选取　mm
<table><tr><th>轴（或轴套）外径 d</th><th>C</th></tr><tr><td>$d \leqslant 50$</td><td>2</td></tr><tr><td>$50 < d \leqslant 120$</td><td>2.5</td></tr></table></td></tr>
</table>

续表

项目	说明
安装与使用要求	⑤在安装前应检查主要密封件有无影响密封性能的损伤,并及时更换或修复 ⑥安装时必须将轴(或轴套)、密封腔体、密封端盖及密封件本身清洗干净,防止杂质进入密封部位。橡胶密封件不可随便清洗,见参考文献[24] ⑦安装时应按产品安装说明书或样本正确安装,保证安装尺寸
标志、包装和贮存	①产品上应有制造厂的标志 ②产品包装前应进行清洗和防锈处理 ③包装盒上应标明产品的名称、型号、规格、数量、制造厂名称 ④产品包装盒内应附有合格证,合格证内容应包括密封型号、规格、制造厂名称、技术(质量)检查的印记及日期 ⑤包装盒上应标明产品的名称、数量、重量、收货单位、制造厂名称及“防潮”“轻放”等字样 ⑥包装应能防止产品在运输和贮存过程中损伤和遗失 ⑦有关技术文件及使用说明书应装在防潮的袋内,并与产品一起放入包装箱内 ⑧产品验收后,应在温度为15~30℃、相对湿度不高于70%的避光处存放,贮存期不超过2年

9.14.6 泵用机械密封(摘自JB/T 1472—2011)

表10-3-64 **泵用机械密封**

项目		说明
范围		JB/T 1472—2011《泵用机械密封》规定了泵用机械密封的基本型式、尺寸、参数、型号和材料代号、技术要求、试验方法及包装、标志和贮存等内容,适用于离心泵、旋涡泵及其他类似泵的机械密封
基本型式、尺寸、参数、型号和材料代号	基本型式、尺寸	泵用机械密封分为七种基本型式 ①103型:内装单端面单弹簧非平衡型并圈弹簧传动的泵用机械密封,见图1,主要尺寸见表1 ②B103型:内装单端面单弹簧平衡型并圈弹簧传动的泵用机械密封,见图2,主要尺寸见表2 ③104型:内装单端面单弹簧非平衡型套传动的泵用机械密封,见图3,主要尺寸见表3;其派生型104a型见图4,主要尺寸见表4 ④B104型:内装单端面单弹簧平衡型套传动的泵用机械密封,见图5,主要尺寸见表5;其派生型B104a型见图6,主要尺寸见表6 ⑤105型:内装单端面多弹簧非平衡型螺钉传动的泵用机械密封,见图7,主要尺寸见表7 ⑥B105型:内装单端面多弹簧平衡型螺钉传动的泵用机械密封,见图8,主要尺寸见表8 ⑦114型:外装单端面单弹簧过平衡型拨叉传动的泵用机械密封,见图9,主要尺寸见表9;其派生型114a型见图10,主要尺寸见表10 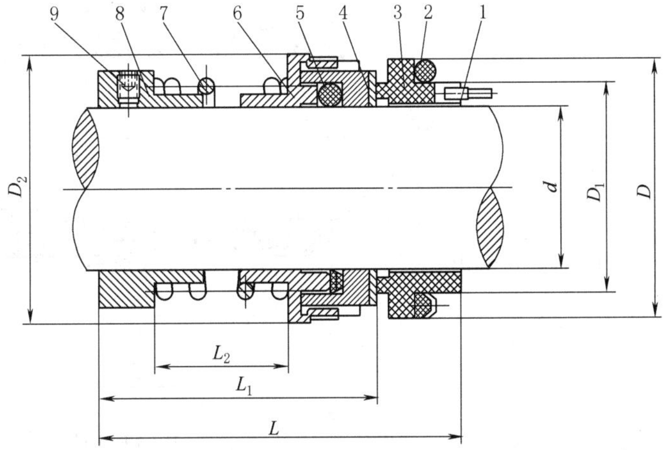 图1 103型机械密封 1—防转销;2,5—辅助密封圈;3—静止环;4—旋转环;6—推环;7—弹簧;8—弹簧座;9—紧定螺钉

续表

项目		说明
基本型式、尺寸、参数、型号和材料代号	基本型式、尺寸	

表1　103型机械密封主要尺寸　　mm

规格	d	D_2	D_1	D	L	L_1	L_2
16	16	33	25	33	56	40	12
18	18	35	28	36	60	44	16
20	20	37	30	40	63	44	16
22	22	39	32	42	67	48	20
25	25	42	35	45	67	48	20
28	28	45	38	48	69	50	22
30	30	52	40	50	75	56	22
35	35	57	45	55	79	60	26
40	40	62	50	60	83	64	30
45	45	67	55	65	90	71	36
50	50	72	60	70	94	75	40
55	55	77	65	75	96	77	42
60	60	82	70	80	96	77	42
65	65	92	80	90	111	89	50
70	70	97	85	97	116	91	52
75	75	102	90	102	116	91	52
80	80	107	95	107	123	98	59
85	85	112	100	112	125	100	59
90	90	117	105	117	126	101	60
95	95	122	110	122	126	101	60
100	100	127	115	127	126	101	60
110	110	141	130	142	153	126	80
120	120	151	140	152	153	126	80

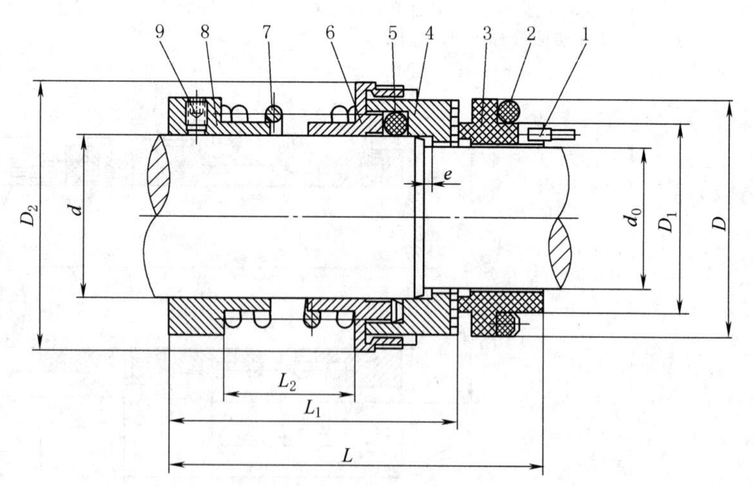

图2　B103型机械密封

1—防转销;2,5—辅助密封圈;3—静止环;4—旋转环;6—推环;7—弹簧;8—弹簧座;9—紧定螺钉

续表

项目		说明
基本型式、尺寸、参数、型号和材料代号	基本型式、尺寸	见下方的表 2 和图 3

表 2 B103 型机械密封主要尺寸 mm

规格	d	d_0	D_2	D_1	D	L	L_1	L_2	e
16	16	11	33	25	33	64	48	12	2
18	18	13	35	28	36	68	52	16	
20	20	15	37	30	40	71	52	16	
22	22	17	39	32	42	75	56	20	
25	25	20	42	35	45	75	56	20	
28	28	22	45	38	48	77	58	22	
30	30	25	52	40	50	84	65	22	3
35	35	28	57	45	55	89	70	26	
40	40	34	62	50	60	93	74	30	
45	45	38	67	55	65	100	81	36	
50	50	44	72	60	70	104	85	40	
55	55	48	77	65	75	106	87	42	
60	60	52	82	70	80	106	87	42	
65	65	58	92	80	90	118	96	50	
70	70	62	97	85	97	126	101	52	
75	75	66	102	90	102	126	101	52	
80	80	72	107	95	107	133	108	59	
85	85	76	112	100	112	135	110	59	
90	90	82	117	105	117	136	111	60	
95	95	85	122	110	122	136	111	60	
100	100	90	127	115	127	136	111	60	
110	110	100	141	130	142	165	138	80	
120	120	110	151	140	152	165	138	80	

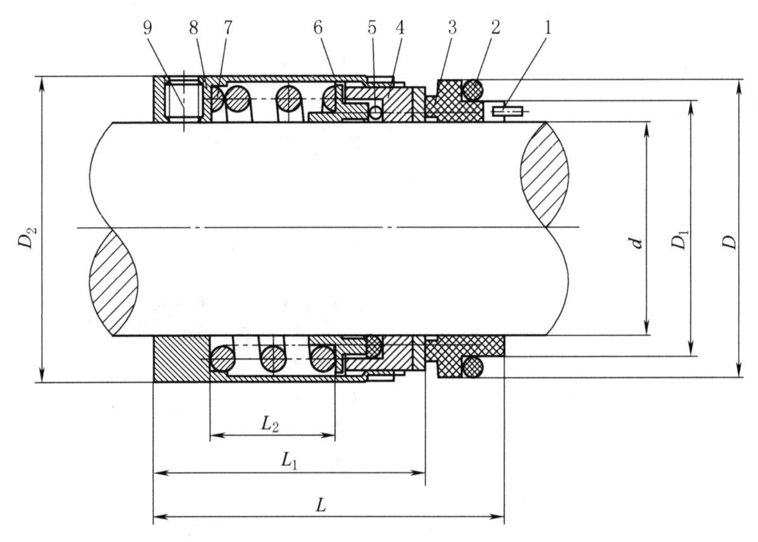

图 3 104 型机械密封

1—防转销；2，5—辅助密封圈；3—静止环；4—旋转环；6—推环；7—弹簧；8—弹簧座；9—紧定螺钉

续表

项目		说明
基本型式、尺寸、参数、型号和材料代号	基本型式、尺寸	表3 104型机械密封主要尺寸

表3 104型机械密封主要尺寸

mm

规格	d	D	D_1	D_2	L	L_1	L_2
16	16	33	25	33	53	37	8
18	18	36	28	35	56	40	11
20	20	40	30	37	59	40	11
22	22	42	32	39	62	43	14
25	25	45	35	42	62	43	14
28	28	48	38	45	63	44	15
30	30	50	40	52	68	49	15
35	35	55	45	57	70	51	17
40	40	60	50	62	73	54	20
45	45	65	55	67	79	60	25
50	50	70	60	72	82	63	28
55	55	75	65	77	84	65	30
60	60	80	70	82	84	65	30
65	65	90	80	92	96	74	35
70	70	97	85	97	101	76	37
75	75	102	90	102	101	76	37
80	80	107	95	107	106	81	42
85	85	112	100	112	107	82	42
90	90	117	105	117	108	83	43
95	95	122	110	122	108	83	43
100	100	127	115	127	108	83	43
110	110	142	130	141	132	105	60
120	120	152	140	151	132	105	60

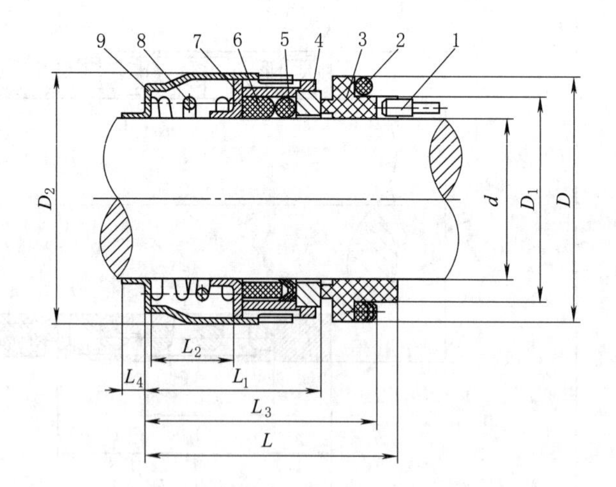

图4 104a型机械密封

1—防转销；2，5—辅助密封圈；3—静止环；4—旋转环；6—密封垫圈；7—推环；8—弹簧；9—传动座

续表

项目		说明
基本型式、尺寸、参数、型号和材料代号	基本型式、尺寸	表4　104a型机械密封主要尺寸 mm

规格	d	D	D_1	D_2	L	L_1	L_2	L_3	L_4
16	16	34	26	33	39.5	24.5	8	36	3.5
18	18	36	28	35	40.5	25.5	9	37	3.5
20	20	38	30	37	41.5	26.5	10	38	3.5
22	22	40	32	39	43.5	28.5	12	40	3.5
25	25	43	35	42	43.5	28.5	12	40	3.5
28	28	46	38	45	46.5	31.5	15	43	3.5
30	30	50	40	52	53	35	15	48	6
35	35	55	45	57	55	37	17	50	6
40	40	60	50	62	53	40	20	53	6
45	45	65	55	67	63	45	25	58	6
50	50	70	60	72	68	48	28	63	6
55	55	75	65	77	70	50	30	65	6
60	60	80	70	82	70	50	30	65	6
65	65	90	78	92	78	55	35	72	8
70	70	95	83	97	80	57	37	74	8
75	75	100	88	102	80	57	37	74	8
80	80	105	93	107	87	62	42	81	8
85	85	110	98	112	87	62	42	81	8
90	90	115	103	117	88	63	43	82	8
95	95	120	108	122	88	63	43	82	8
100	100	125	113	127	88	63	43	82	8

注：104a型机械密封即原GX型机械密封

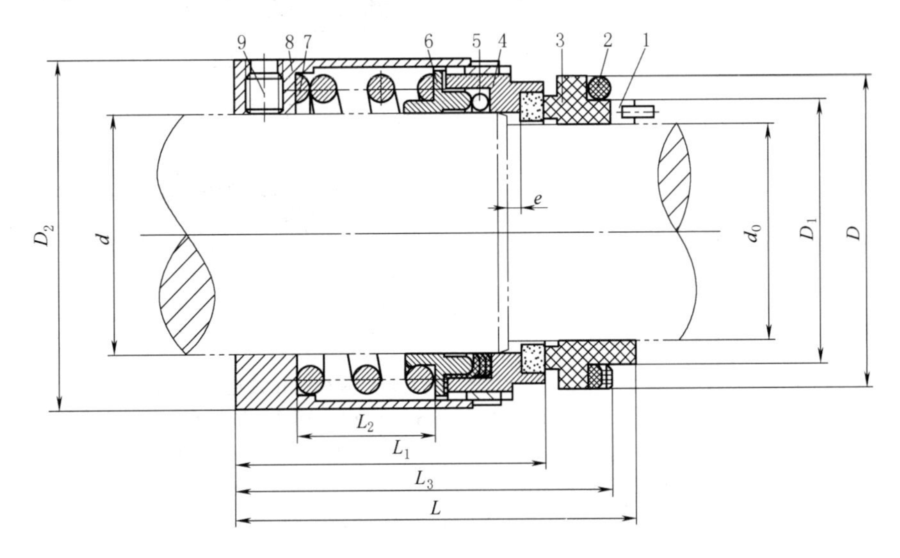

图5　B104型机械密封

1—防转销；2，5—辅助密封圈；3—静止环；4—旋转环；6—推环；7—弹簧；8—弹簧座；9—紧定螺钉

续表

项目		说明
基本型式、尺寸、参数、型号和材料代号	基本型式、尺寸	表5、图6（见下）

表 5　B104 型机械密封主要尺寸

mm

规格	d	d_0	D	D_1	D_2	L	L_1	L_2	L_3	e
16	16	11	33	25	33	61	45	8	57	2
18	18	13	36	28	35	64	48	11	60	
20	20	15	40	30	37	67	48	11	62	
22	22	17	42	32	39	70	51	14	65	
25	25	20	45	35	42	70	51	14	65	
28	28	22	48	38	45	71	52	15	66	
30	30	25	50	40	52	77	58	15	72	3
35	35	28	55	45	57	80	61	17	75	
40	40	34	60	50	62	83	64	20	78	
45	45	38	65	55	67	89	70	25	84	
50	50	44	70	60	72	92	73	28	87	
55	55	48	75	65	77	94	75	30	89	
60	60	52	80	70	82	94	75	30	89	
65	65	58	90	80	92	103	81	35	98	
70	70	62	97	85	97	111	86	37	105	
75	75	66	102	90	102	111	86	37	105	
80	80	72	107	95	107	116	91	42	110	
85	85	76	112	100	112	117	92	42	111	
90	90	82	117	105	117	118	93	43	112	
95	95	85	122	110	122	118	93	43	112	
100	100	90	127	115	127	118	93	43	112	
110	110	100	142	130	141	144	117	60	138	
120	120	110	152	140	151	144	117	60	138	

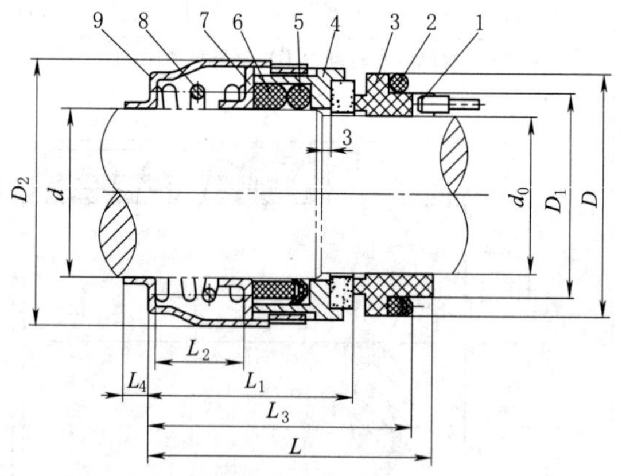

图 6　B104a 型机械密封

1—防转销；2，5—辅助密封圈；3—静止环；4—旋转环；6—密封垫圈；7—推环；8—弹簧；9—传动座

续表

项目		说明
基本型式、尺寸、参数、型号和材料代号	基本型式、尺寸	表6 B104a型机械密封主要尺寸（见下）

表6 B104a型机械密封主要尺寸 mm

规格	d	d_0	D	D_1	D_2	L	L_1	L_2	L_3	L_4
16	16	10	28	20	33	48.5	33.5	8	44.5	3.5
18	18	12	30	22	35	49.5	34.5	9	45.5	3.5
20	20	14	32	24	37	50.5	35.5	10	46.5	3.5
22	22	16	34	26	39	52.5	37.5	12	48.5	3.5
25	25	19	38	30	42	52.5	37.5	12	48.5	3.5
28	28	22	40	32	45	55.5	40.5	15	51.5	3.5
30	30	23	46	38	52	60	45	15	56	6
35	35	28	50	40	57	65	47	17	60	6
40	40	32	55	45	62	68	50	20	63	6
45	45	37	60	50	67	73	55	25	68	6
50	50	42	65	55	72	76	58	28	71	6
55	55	46	70	60	77	80	60	30	75	6
60	60	51	75	65	82	80	60	30	75	6
65	65	56	85	75	92	87	67	35	82	8
70	70	60	90	78	97	92	69	37	86	8
75	75	65	95	83	102	92	69	37	86	8
80	80	70	100	88	107	97	74	42	91	8
85	85	75	105	93	112	99	74	42	93	8
90	90	80	110	98	117	100	75	43	94	8
95	95	85	115	103	122	100	75	43	94	8
100	100	89	120	108	127	100	75	43	94	8

注：B104a型机械密封即原GY型机械密封

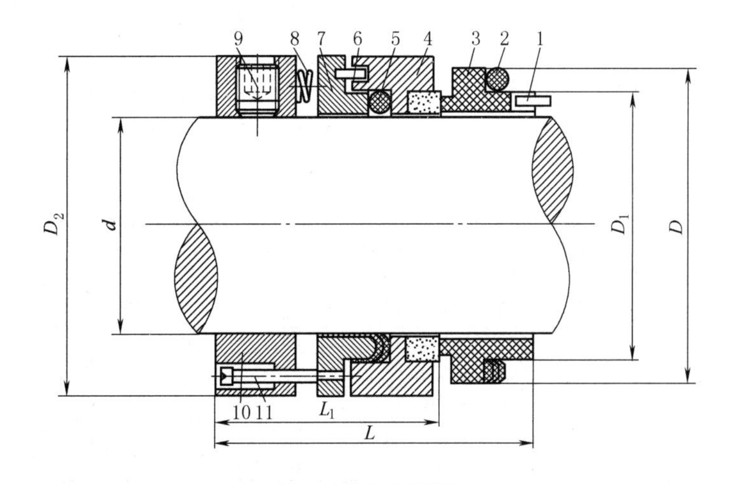

图7 105型机械密封

1—防转销；2,5—辅助密封圈；3—静止环；4—旋转环；6—传动销；7—推环；8—弹簧；9—紧定螺钉；10—弹簧座；11—传动螺钉

续表

项目		说明
基本型式、尺寸、参数、型号和材料代号	基本型式、尺寸	见下

表7　105型机械密封主要尺寸　mm

规格	d	D	D_1	D_2	L_1	L
35	35	55	45	57	38	57
40	40	60	50	62	38	57
45	45	65	55	67	39	58
50	50	70	60	72	39	58
55	55	75	65	77	39	58
60	60	80	70	82	39	58
65	65	90	80	91	44	66
70	70	97	85	96	44	69
75	75	102	90	101	44	69
80	80	107	95	106	44	69
85	85	112	100	111	46	71
90	90	117	105	116	46	71
95	95	122	110	121	46	71
100	100	127	115	126	46	71
110	110	142	130	140	51	78
120	120	152	140	150	51	78

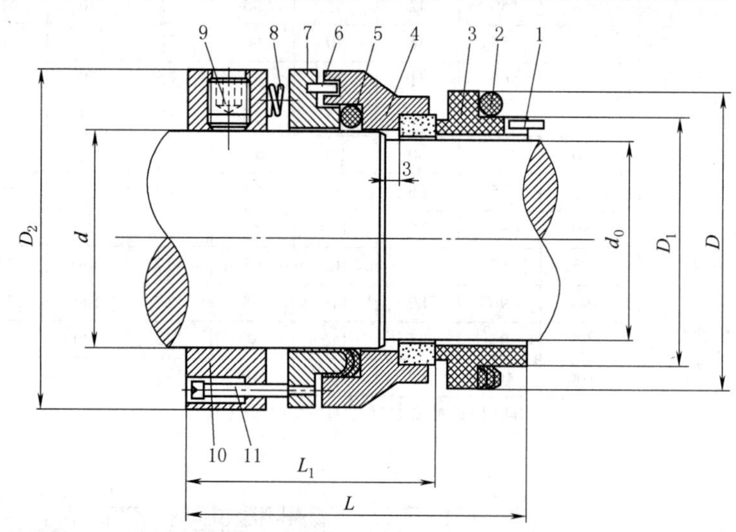

图8　B105型机械密封

1—防转销;2,5—辅助密封圈;3—静止环;4—旋转环;6—传动销;7—推环;8—弹簧;9—紧定螺钉;10—弹簧座;11—传动螺钉

表8　B105型机械密封主要尺寸　mm

规格	d	d_0	D	D_1	D_2	L_1	L
35	35	28	55	45	57	48	67
40	40	34	60	50	62	48	67
45	45	38	65	55	67	49	68
50	50	44	70	60	72	49	68
55	55	48	75	65	77	49	68
60	60	52	80	70	82	49	68
65	65	58	90	80	91	51	73
70	70	62	97	85	96	54	79
75	75	66	102	90	101	54	79
80	80	72	107	95	106	54	79
85	85	76	112	100	111	56	81
90	90	82	117	105	116	56	81
95	95	85	122	110	121	56	81
100	100	90	127	115	126	56	81
110	110	100	142	130	140	73	100
120	120	110	152	140	150	73	100

续表

项目		说明
基本型式、尺寸、参数、型号和材料代号	基本型式、尺寸	见下文图9、表9、图10

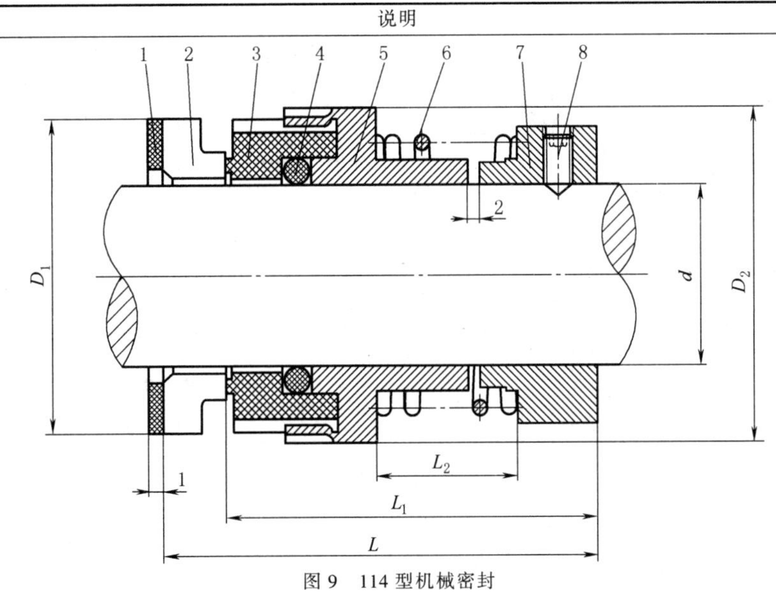

图 9　114 型机械密封

1—密封垫；2—静止环；3—旋转环；4—辅助密封圈；5—推环；6—弹簧；7—弹簧座；8—紧定螺钉

表 9　114 型机械密封主要尺寸　　mm

规格	d	D_1	D_2	L	L_1	L_2
16	16	34	40	55	44	11
18	18	36	42	55	44	11
20	20	38	44	58	47	14
22	22	40	46	60	49	16
25	25	43	49	64	53	20
28	28	46	52	64	53	20
30	30	53	64	73	62	22
35	35	58	69	76	65	25
40	40	63	74	81	70	30
45	45	68	79	89	75	34
50	50	73	84	89	75	34
55	55	78	89	89	75	34
60	60	83	94	97	83	42
65	65	92	103	100	86	42
70	70	97	110	100	86	42

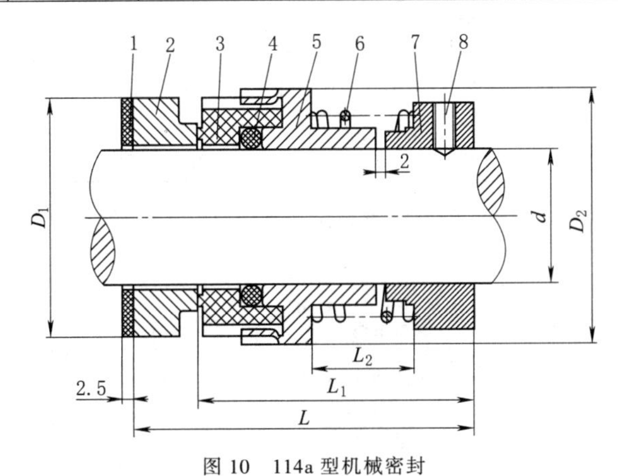

图 10　114a 型机械密封

1—密封垫；2—静止环；3—旋转环；4—辅助密封圈；5—推环；6—弹簧；7—弹簧座；8—紧定螺钉

续表

项目	说明

基本型式、尺寸、参数、型号和材料代号

基本型式、尺寸

表10　114a型机械密封主要尺寸　mm

规格	d	D_1	D_2	L	L_1	L_2
35	35	55	62	83	65	20
40	40	60	67	90	72	25
45	45	65	72	93	75	28
50	50	70	77	95	77	30
55	55	75	82	95	77	30
60	60	80	87	104	82	35
65	65	89	96	108	86	37
70	70	98	101	108	86	37

基本参数

七种基本型式的基本参数见表11

表11　基本参数

型号	压力/MPa	温度/℃	转速/$r \cdot min^{-1}$	轴径/mm	介质
103	0~0.8	-20~80	≤3000	16~120	汽油、煤油、柴油、蜡油、原油、重油、润滑油、丙酮、苯、酚、吡啶、醚、稀硝酸、浓硝酸、尿素、碱液、海水、水等
B103	0.6~3,0.3~3①				
104、104a	0~0.8				
B104、B104a	0.6~3,0.3~3①				
105	0~0.8			35~120	
B105	0.6~3,0.3~3①				
114、114a	0~0.2	0~60	≤3000	16~70	腐蚀性介质,如浓及稀硫酸、40%以下硝酸、30%以下盐酸、磷酸、碱等

① 对黏度较大、润滑性好的介质取0.6~3;对黏度较小、润滑性差的介质取0.3~3

型号

①型号表示方法:型号表示方法除应符合GB/T 10444的规定外,还应符合下列要求

□—□□□/□□□

- 密封圈的材料和形状,用拉丁字母表示(见表13)
- 静止环的材料和结构,用拉丁字母表示(见表12)
- 旋转环的材料和结构,用拉丁字母表示(见表12)
- 密封尺寸规格,不足三位时,首位用0表示
- 型式,用阿拉伯数字及拉丁字母表示(见"基本型式、尺寸")

②型号示例如下

a. 103-040/U_1B_1P

内装单端面单弹簧非平衡型并圈弹簧传动的泵用机械密封,轴(或轴套)外径40mm,旋转环为钴基硬质合金,静止环为浸渍酚醛碳石墨,密封圈为丁腈橡胶圈

b. B105-50/VB_3T

内装单端面多弹簧平衡型螺钉传动的泵用机械密封,轴(或轴套)外径50mm,旋转环为氧化铝陶瓷,静止环为浸渍呋喃碳石墨,密封圈为聚四氟乙烯V形圈

材料代号

①摩擦副常用材料代号见表12

表12　摩擦副常用材料

材料	代号	材料	代号
浸渍酚醛碳石墨	B_1	钴基硬质合金	U_1
热压酚醛碳石墨	B_2	镍基硬质合金	U_2
浸渍呋喃碳石墨	B_3	钢结硬质合金	L
浸渍环氧碳石墨	B_4	不锈钢喷涂非金属粉末	J_1
浸渍铜碳石墨	A_1	不锈钢喷焊金属粉末	J_2
浸渍巴氏合金碳石墨	A_2	填充聚四氟乙烯	Y
浸渍锑碳石墨	A_3		
氧化铝陶瓷	V	锡磷或锡锌青铜	N
金属陶瓷	X	硅铁	R_1
氮化硅	Q	耐磨铸铁	R_2
反应烧结碳化硅	O_1	整体不锈钢	F
无压烧结碳化硅	O_2	不锈钢堆焊硬质合金	I
热压烧结碳化硅	O_3		

续表

<table>
<tr><th colspan="2">项目</th><th>说明</th></tr>
<tr><td>基本型式、尺寸、参数、型号和材料代号</td><td>材料代号</td><td>②辅助密封圈材料代号见表13

表13　辅助密封圈材料
<table><tr><th>材料</th><th>形状</th><th>代号</th></tr><tr><td>丁腈橡胶</td><td>O形</td><td>P</td></tr><tr><td>氟橡胶</td><td>O形</td><td>V</td></tr><tr><td>硅橡胶</td><td>O形</td><td>S</td></tr><tr><td>乙丙橡胶</td><td>O形</td><td>E</td></tr><tr><td>聚四氟乙烯</td><td>V形</td><td>T</td></tr></table></td></tr>
<tr><td rowspan="3">技术要求</td><td>主要零件的技术要求</td><td>①密封端面的要求如下
a. 端面平面度不大于0.0009mm
b. 硬质材料表面粗糙度值 Ra 不大于0.2μm,软质材料表面粗糙度值 Ra 不大于0.4μm
c. 表面不应有裂纹、划伤、疏松等影响使用性能的缺陷
②静止环和旋转环的密封端面对与辅助密封圈接触的端面的平行度按GB/T 1184—1996的7级精度的规定
③静止环和旋转环与辅助密封圈接触部位的表面粗糙度值 Ra 不大于3.2μm,外圆或内孔尺寸公差为h8或H8
④静止环密封端面对与静止环辅助密封圈接触的外圆的垂直度、旋转环密封端面对与旋转环辅助密封圈接触的内孔的垂直度,均按GB/T 1184—1996的7级精度的规定
⑤石墨密封环应符合JB/T 8872的规定
⑥氮化硅密封环应符合JB/T 8724的规定
⑦氧化铝陶瓷密封环应符合JB/T 10874的规定
⑧硬质合金密封环应符合JB/T 8871[①]的规定
⑨填充聚四氟乙烯密封环应符合JB/T 8873的规定
⑩碳化硅密封环应符合JB/T 6374的规定
⑪弹簧应符合JB/T 11107的规定。选用弹簧旋向时,应注意轴的旋向,应使弹簧愈旋愈紧
⑫O形橡胶圈应符合JB/T 7757.2[②]的规定
⑬聚四氟乙烯辅助密封圈应符合有关技术文件要求
⑭弹簧座的内孔尺寸公差为F8,表面粗糙度值 Ra 不大于3.2μm
⑮石墨环镶嵌密封环应进行水压试验。试验压力为最高工作压力的1.25倍,持续10min不得有渗漏现象</td></tr>
<tr><td>性能要求</td><td>①泄漏量:泄漏量按表14的规定

表14　泄漏量
<table><tr><th>轴(或轴套)外径/mm</th><th>泄漏量/mL·h^{-1}</th></tr><tr><td>≤50</td><td>≤3</td></tr><tr><td>>50</td><td>≤5</td></tr></table>
②磨损量:以清水为介质进行试验,运转100h,密封环磨损量均不大于0.02mm
③使用期:在合理选型、正确安装使用的情况下,使用期一般为一年</td></tr>
<tr><td>安装与使用要求</td><td>安装机械密封部位的轴的轴向窜动量不大于0.3mm,其他安装使用要求按JB/T 4127.1的规定</td></tr>
</table>

续表

项目	说明
试验方法	试验方法按 GB/T 14211 的规定执行
包装、标志和贮存	①产品上应有制造厂的标志 ②产品包装前应进行清洗和防锈处理 ③包装盒上应标明产品的名称、型号、规格、数量、制造厂名称、生产许可证编号及 QS 标志 ④产品包装盒内应附有合格证,合格证内容应包括密封型号、规格、制造厂名称、质量检查的印记及日期 ⑤包装盒上应标明产品的名称、数量、重量、收货单位、制造厂名称及“防潮”“轻放”等字样 ⑥包装应能防止(产品)在运输和贮存过程中损伤、变形和锈蚀 ⑦有关技术文件及使用说明书应装在防潮的袋内,并与产品一起放入包装箱内 ⑧产品验收后,应在温度为-15~40℃、相对湿度不超过 70%的避光房间内存放,保存期不超过一年

① JB/T 8871 已被 JB/T 11959—2014 代替。
② JB/T 7757.2 已被 JB/T 7757—2020 代替。

9.14.7 船用泵机械密封（摘自 JB/T 14224—2022）

表 10-3-65 船用泵机械密封

项目		说明
范围		JB/T 14224—2022《船用泵机械密封》规定了船用机械密封的术语和定义、结构、要求、循环保护(支持)系统、检验及试验方法、检验规定、安装与使用、仪器、仪表及标志、包装和贮存,适用于船用离心泵、旋涡泵、回转式容积泵及其他类似旋转机械用机械密封(以下简称“机械密封”)的制造
结构	结构设计准则	①结构设计应满足泵组装和维修时快速安装、更换的要求 ②结构设计应满足泵随船倾斜、摇摆,泵受冲击、振动和盐雾等工况下的使用要求 ③应用于河水、海水、舱底水、污水等介质的机械密封应具有防止因泥沙等沉积堵塞而失效的结构 ④应用于立式泵的机械密封,应在密封腔最上端设置排气孔
	基本型式及参数	①基本型式:机械密封基本型式 • Ⅰ型密封为内装、多弹簧、旋转式非平衡型密封,如图 1 所示 • Ⅱ型密封为内装、单弹簧、旋转式非平衡型密封,如图 2 所示 • Ⅲ型密封为内装、多弹簧、平衡型密封,如图 3 所示 • Ⅳ型密封为内装、单弹簧、旋转式橡胶波纹管密封,如图 4 所示 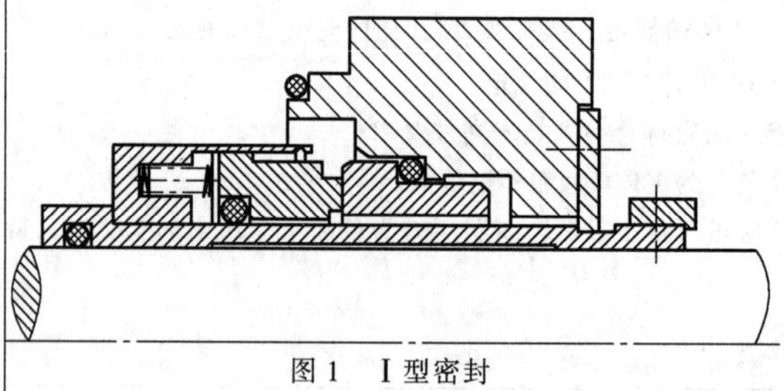 图 1 Ⅰ型密封 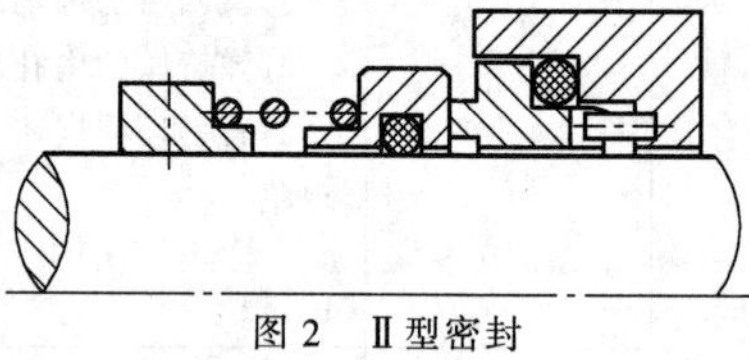 图 2 Ⅱ型密封 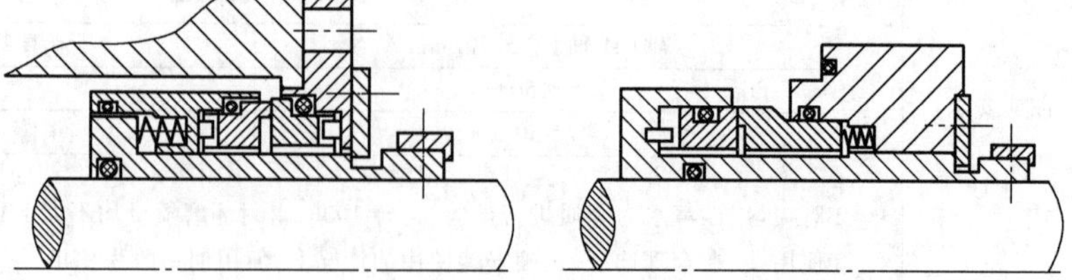 (a) 旋转式 (b) 静止式 图 3 Ⅲ型密封

续表

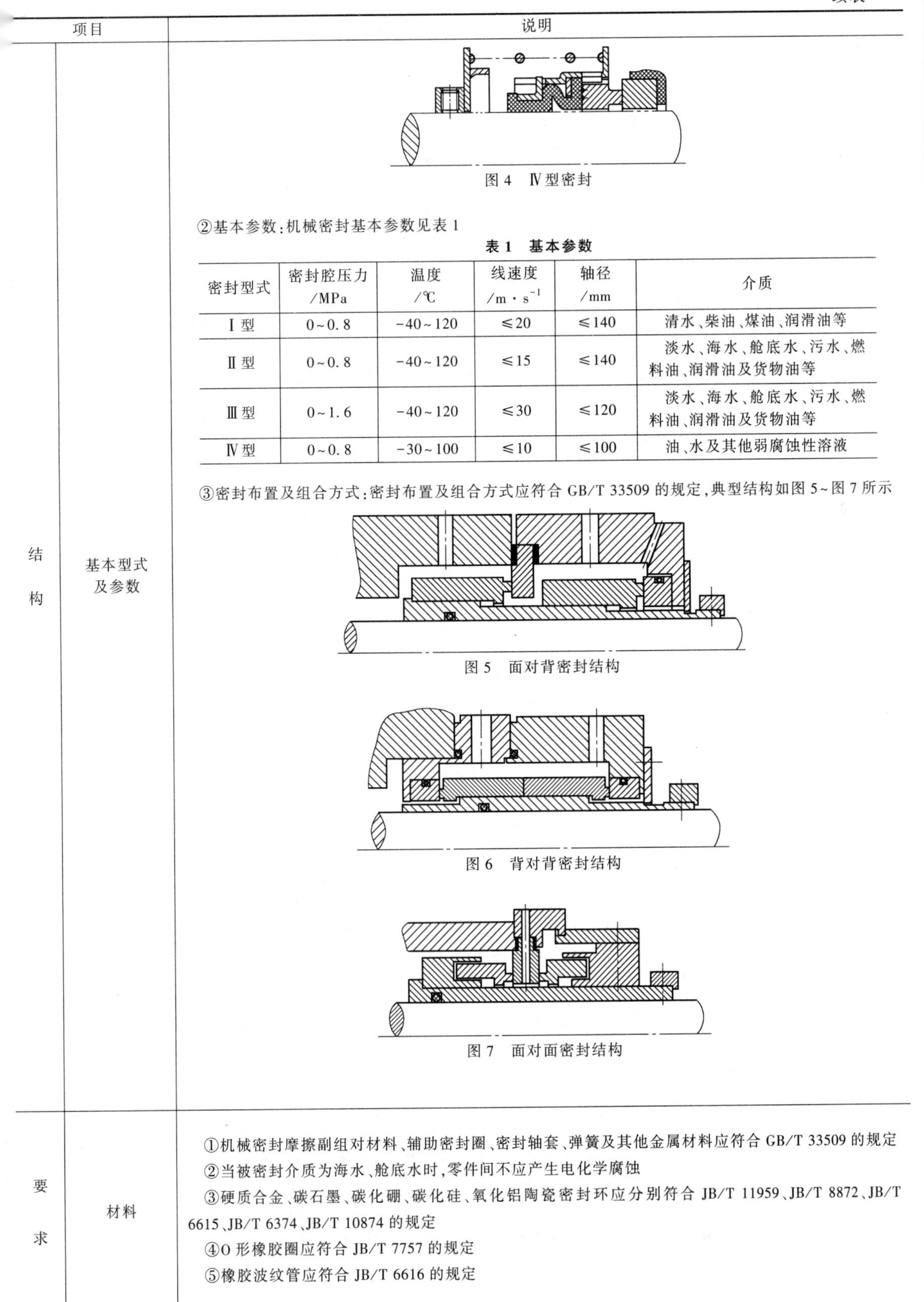

项目		说明
结构	基本型式及参数	图4　Ⅳ型密封 ②基本参数：机械密封基本参数见表1 ③密封布置及组合方式：密封布置及组合方式应符合 GB/T 33509 的规定，典型结构如图5~图7所示 图5　面对背密封结构 图6　背对背密封结构 图7　面对面密封结构
要求	材料	①机械密封摩擦副组对材料、辅助密封圈、密封轴套、弹簧及其他金属材料应符合 GB/T 33509 的规定 ②当被密封介质为海水、舱底水时，零件间不应产生电化学腐蚀 ③硬质合金、碳石墨、碳化硼、碳化硅、氧化铝陶瓷密封环应分别符合 JB/T 11959、JB/T 8872、JB/T 6615、JB/T 6374、JB/T 10874 的规定 ④O 形橡胶圈应符合 JB/T 7757 的规定 ⑤橡胶波纹管应符合 JB/T 6616 的规定

表1　基本参数

密封型式	密封腔压力 /MPa	温度 /℃	线速度 /m·s^{-1}	轴径 /mm	介质
Ⅰ型	0~0.8	-40~120	≤20	≤140	清水、柴油、煤油、润滑油等
Ⅱ型	0~0.8	-40~120	≤15	≤140	淡水、海水、舱底水、污水、燃料油、润滑油及货物油等
Ⅲ型	0~1.6	-40~120	≤30	≤120	淡水、海水、舱底水、污水、燃料油、润滑油及货物油等
Ⅳ型	0~0.8	-30~100	≤10	≤100	油、水及其他弱腐蚀性溶液

续表

项目		说明
要求	外观质量	①密封端面不应有裂纹、划痕、气孔等缺陷 ②其他零件不应有损伤、毛刺、变形、锈蚀等缺陷
	主要零件	①密封端面的平面度误差应不大于 0.9μm,硬质材料密封端面的表面粗糙度 Ra 应不大于 0.2μm,软质材料密封端面的表面粗糙度 Ra 应不大于 0.4μm ②旋转环和静止环与辅助密封圈接触部位的表面粗糙度 Ra 应不大于 1.6μm,外圆或内孔的尺寸公差为 h7 或 H7 ③旋转环和静止环的密封端面对与辅助密封圈接触的外圆或内孔的垂直度,旋转环和静止环的密封端面对与辅助密封圈接触的端面的平行度,均应按 GB/T 1184—1996 的 7 级公差 ④弹簧应符合 JB/T 11107 的规定,对于多弹簧的机械密封,同一套机械密封中各弹簧自由高度的差值应不大于 0.5mm ⑤碳石墨密封环及组装的旋转环、静止环应做水压试验,其检验压力为最高许用工作压力的 1.25 倍,持续 10min,其不应有渗漏 ⑥弹簧座、传动座的内孔尺寸公差为 F9,其表面粗糙度值 Ra 应不大于 3.2μm
	性能要求	①泄漏量:机械密封的平均泄漏量应满足以下规定 • 轴(或轴套)外径小于或等于 50mm 时,平均泄漏量应不大于 3mL/h • 轴(或轴套)外径大于 50mm 时,平均泄漏量应不大于 5mL/h ②磨损量:在要求的工作条件下,运转 100h,机械密封软质环端面的磨损量应不大于 0.02mm ③使用期:在选型合理、安装和使用正确的条件下,橡胶波纹管机械密封的使用期应不低于 4000h,其他机械密封的使用期应不低于 8000h
循环保护(支持)系统		①对于卧式泵用单端面密封,宜采用 JB/T 6629 中冲洗方案 11、12 或 21 ②对于立式泵用单端面密封,宜采用 JB/T 6629 中冲洗方案 13 或 14 ③对于布置方式 2 密封,宜采用 JB/T 6629 中冲洗方案 52 或 55 ④对于布置方式 3 密封,宜采用 JB/T 6629 中冲洗方案 53A 或 54
检验及试验方法	外观质量	目测检查
	主要零件检验	①密封端面平面度用Ⅰ级平面平晶和单色光源干涉法测量 ②密封环的密封端面的表面粗糙度用表面粗糙度测量仪或样块比较法检查 ③几何尺寸与几何公差用表 5 规定的仪器、仪表检查 ④弹簧应按 JB/T 11107 的规定进行检验 ⑤橡胶 O 形圈应按 JB/T 7757 的规定进行检验
	气密性试验	气密性试验方法应按 GB/T 14211 的规定执行
	静压试验	试验介质采用清水(若有特殊要求应另行商定试验介质),试验压力为 1.25 倍的最高许用工作压力,保压 15min,记录试验压力、温度及泄漏量
	出厂检验的运转试验	试验介质采用清水(若有特殊要求应另行商定试验介质),试验压力为最高许用工作压力,转速为设计转速,运转 5h,每隔 1h 记录一次试验压力、温度、转速、泄漏量
	型式检验的运转试验	试验介质采用清水(若有特殊要求应另行商定试验介质),试验压力为最高许用工作压力,转速为设计转速,累计运转时间为 100h,每隔 4h 记录一次试验压力、温度、转速、泄漏量
	启停试验	试验介质采用清水(若有特殊要求应另行商定试验介质),试验压力为最高许用工作压力,转速为设计转速,累计运转时间为 1h,在累计运转时间内启动、停止次数不少于 30 次,记录泄漏量

安装与使用

①安装机械密封部位的轴(或轴套)的径向圆跳动公差按表 2 的规定,表面粗糙度 Ra 应不大于 1.6μm,外径尺寸公差为 h6

表 2　圆跳动公差　mm

轴(或轴套)外径 d	圆跳动公差
$d \leqslant 50$	0.04
$50 < d \leqslant 100$	0.06
$100 < d \leqslant 140$	0.07

②安装旋转环辅助密封圈的轴(或轴套)的端部倒角应符合图 8 的要求

③安装机械密封的旋转轴在工作时其轴向窜动量应不大于 0.2mm

④密封腔体与密封端盖贴合的定位端面对轴(或轴套)的轴向圆跳动公差按表 2 的规定

⑤密封端盖上安装辅助密封圈部位的尺寸和表面粗糙度等应符合图 9 和表 3 的规定

续表

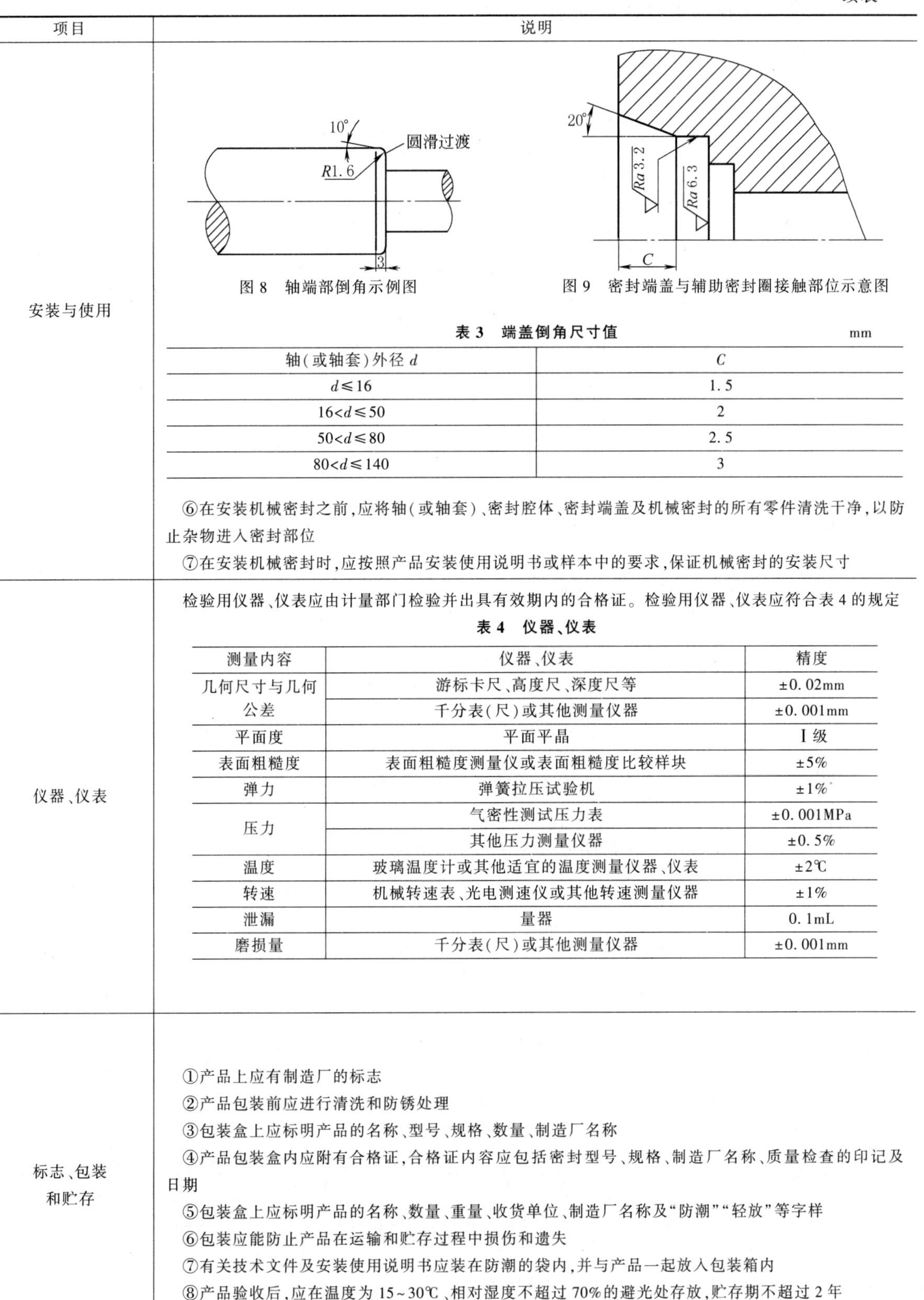

项目	说明

安装与使用

图8 轴端部倒角示例图

图9 密封端盖与辅助密封圈接触部位示意图

表3 端盖倒角尺寸值 mm

轴(或轴套)外径 d	C
$d \leqslant 16$	1.5
$16<d \leqslant 50$	2
$50<d \leqslant 80$	2.5
$80<d \leqslant 140$	3

⑥在安装机械密封之前,应将轴(或轴套)、密封腔体、密封端盖及机械密封的所有零件清洗干净,以防止杂物进入密封部位

⑦在安装机械密封时,应按照产品安装使用说明书或样本中的要求,保证机械密封的安装尺寸

仪器、仪表

检验用仪器、仪表应由计量部门检验并出具有效期内的合格证。检验用仪器、仪表应符合表4的规定

表4 仪器、仪表

测量内容	仪器、仪表	精度
几何尺寸与几何公差	游标卡尺、高度尺、深度尺等	±0.02mm
	千分表(尺)或其他测量仪器	±0.001mm
平面度	平面平晶	Ⅰ级
表面粗糙度	表面粗糙度测量仪或表面粗糙度比较样块	±5%
弹力	弹簧拉压试验机	±1%
压力	气密性测试压力表	±0.001MPa
	其他压力测量仪器	±0.5%
温度	玻璃温度计或其他适宜的温度测量仪器、仪表	±2℃
转速	机械转速表、光电测速仪或其他转速测量仪器	±1%
泄漏	量器	0.1mL
磨损量	千分表(尺)或其他测量仪器	±0.001mm

标志、包装和贮存

①产品上应有制造厂的标志

②产品包装前应进行清洗和防锈处理

③包装盒上应标明产品的名称、型号、规格、数量、制造厂名称

④产品包装盒内应附有合格证,合格证内容应包括密封型号、规格、制造厂名称、质量检查的印记及日期

⑤包装盒上应标明产品的名称、数量、重量、收货单位、制造厂名称及“防潮”“轻放”等字样

⑥包装应能防止产品在运输和贮存过程中损伤和遗失

⑦有关技术文件及安装使用说明书应装在防潮的袋内,并与产品一起放入包装箱内

⑧产品验收后,应在温度为15~30℃、相对湿度不超过70%的避光处存放,贮存期不超过2年

9.14.8 纸浆泵用机械密封技术条件（摘自 HG/T 4114—2020）

表 10-3-66 纸浆泵用机械密封技术条件

<table>
<tr><th colspan="2">项目</th><th>说明</th></tr>
<tr><td colspan="2">范围</td><td>HG/T 4114—2020《纸浆泵用机械密封技术条件》规定了纸浆泵用机械密封的要求、试验、标记与包装、成套供应和验收规则等，适用于造纸行业卧式纸浆泵用机械密封</td></tr>
<tr><td rowspan="7">要求</td><td>纸浆泵用机械密封使用工况</td><td>介质为纸浆类，浓度 0.1%～16%，pH 值 4～10，泵出口压力不大于 3.0MPa（表压）；介质温度不大于 150℃；轴径 30～120mm；转速不大于 3000r/min</td></tr>
<tr><td>结构设计</td><td>①纸浆泵用机械密封根据纸浆浓度及使用压力的不同可采用单端面结构或双端面结构，弹簧应与介质隔离以防阻塞，宜采用平衡型集装式结构
②纸浆泵用机械密封转动零件（如动环、传动座）在半径方向与密封腔体间隙见表 1
表 1 径向间隙 mm
<table>
<tr><td>泵轴轴径</td><td>30</td><td>40</td><td>50</td><td>60</td><td>70</td><td>80</td><td>90</td><td>100</td><td>110</td><td>120</td></tr>
<tr><td>径向间隙</td><td>8</td><td>10</td><td>12.5</td><td>12.5</td><td>12.5</td><td>14.5</td><td>16</td><td>16</td><td>25</td><td>25</td></tr>
</table>
③纸浆泵用双端面机械密封的密封腔结构应有利于排净系统内气体</td></tr>
<tr><td>材料</td><td>纸浆泵用机械密封采用应符合 GB/T 6556 的规定，摩擦副下游应选择碳化钨、碳化硅、高强度石墨等。选择旋转环、静止环、密封圈、焊接金属波纹管波片及弹簧使用的材料时，均应充分考虑介质 pH 值对材料的影响</td></tr>
<tr><td>制造</td><td>①动环、静环、静环座应采取消除加工应力措施
②动环、静环密封端面不应有划伤、气孔、凹陷等影响密封性能的缺陷，密封端面平面度检测应符合 JB/T 7369 的规定，平面度不大于 0.9μm，表面粗糙度 $Ra \leqslant 0.20\mu m$
③动环、静环密封圈接触端面与密封端面的平行度公差应符合 GB/T 1184—1996 附录 B 表 B.3 的 5 级公差的规定
④动环、静环与辅助密封圈接触部位的表面粗糙度 $Ra \leqslant 1.6\mu m$，外圆和内孔尺寸公差分别为 h8 和 H8
⑤动环密封端面与动环辅助密封圈接触的内孔垂直度及静环密封端面与静环辅助密封圈接触的外圆垂直度，应符合 GB/T 1184—1996 附录 B 表 B.3 的 6 级公差的规定
⑥弹簧内径、外径、自由高度、工作压力、弹簧中心线与两端面垂直度等公差值均应符合 GB/T 1239.2 2 级精度的规定①
⑦未注公差尺寸的极限偏差应符合 GB/T 1804 的 f 级公差的规定
⑧焊接金属波纹管组件加工应符合 JB/T 8723 的规定
⑨酸性介质纸浆泵用机械密封应符合 JB/T 7372 的规定
⑩碱性介质纸浆泵用机械密封应符合 JB/T 7371 的规定</td></tr>
<tr><td>泄漏量</td><td>泄漏量的测定方法应符合 GB/T 14211 的规定。轴径不大于 80mm 时，泄漏量不大于 5mL/h。轴径不大于 80mm 时，泄漏量不大于 8mL/h</td></tr>
<tr><td>使用期</td><td>在安装、使用正确的情况下，机械密封的使用期一般为 8000h；工作介质有较强腐蚀性时，机械密封的使用期一般为 4000h</td></tr>
<tr><td>安装、使用</td><td>①安装纸浆泵用机械密封部位的轴（或轴套）应满足下列要求
a. 不锈钢材料的泵轴（或轴套）的外径尺寸公差为 h7，表面粗糙度 $Ra \leqslant 1.6\mu m$
b. 纸浆泵泵轴径向跳动、轴向窜动、泵轴与密封腔体定位止口垂直度不大于表 2 的规定
表 2 纸浆泵泵轴的形位公差要求 mm
<table>
<tr><th rowspan="2">项目</th><th colspan="4">泵轴轴径</th></tr>
<tr><th>30～<60</th><th>60～<80</th><th>80～<100</th><th>100～120</th></tr>
<tr><td>径向跳动</td><td>0.078</td><td>0.089</td><td>0.100</td><td>0.109</td></tr>
<tr><td>轴向窜动</td><td>±0.10</td><td>±0.10</td><td>±0.10</td><td>±0.15</td></tr>
<tr><td>泵轴与密封腔体定位止口垂直度</td><td>0.065</td><td>0.075</td><td>0.083</td><td>0.091</td></tr>
</table>
②纸浆泵用机械密封工作时，配置辅助系统应符合 JB/T 6629 的规定
③隔离液过滤系统要经常检查，及时排除杂质以防堵塞
④介质温度高于 80℃时，应采用相应冷却措施，密封流体进出口温度差应不大于 15℃</td></tr>
</table>

续表

项目	说明
试验	①纸浆泵用机械密封产品出厂前应逐件进行静压试验:试验用流体为清水或类似流体,泄漏量按上面“泄漏量”要求 ②静压试验压力为设计压力的 1.25 倍,试验时间持续 15min ③根据合同要求可在制造厂进行运转试验,运转试验压力为最高使用压力,试验时间由使用单位与制造单位协商确定 ④运转试验记录应包括的主要内容:密封型号、规格、试验及安装情况、试验用流体进出口温度及流量、密封泄漏量等
标记与包装	①包装箱上应标明产品标记、出厂日期、制造厂名称 ②包装箱内附有产品合格证及出厂试验记录 ③制造厂应提供产品安装使用说明书

① 在 GB/T 1239.2—2009《冷卷圆柱螺旋弹簧技术条件　第 2 部分：压缩弹簧》中规定，弹簧尺寸与特性的极限偏差分为1、2、3 三个等级。

9.14.9 耐酸泵用机械密封（摘自 JB/T 7372—2011）

表 10-3-67　　耐酸泵用机械密封

项目		说明
范围		JB/T 7372—2011《耐酸泵用机械密封》规定了耐酸泵用机械密封的基本型式、主要尺寸、工作参数及材料代号、型号表示方法、技术要求、试验与检验方法、安装与使用要求、标志、包装与贮存等内容,适用于耐酸泵用机械密封
基本型式、主要尺寸、工作参数及材料代号	基本型式与主要尺寸	常用耐酸泵用机械密封主要有以下几种型式 ①151 型:外装、外流、单端面、单弹簧、聚四氟乙烯波纹管型,结构型式见图 1,主要尺寸见表 1 ②152 型:外装、外流、单端面、多弹簧、聚四氟乙烯波纹管型,结构型式见图 2,主要尺寸见表 2。152a 型结构型式见图 3,主要尺寸见表 2 ③153 型:内装、内流、单端面、多弹簧、聚四氟乙烯波纹管型,结构型式见图 4,主要尺寸见表 3。153a 型结构型式见图 5,主要尺寸见表 4 ④154 型:内装、内流、单端面、单弹簧、非平衡型,结构型式见图 6,主要尺寸见表 5。154a 型结构型式见图 7,主要尺寸见表 6 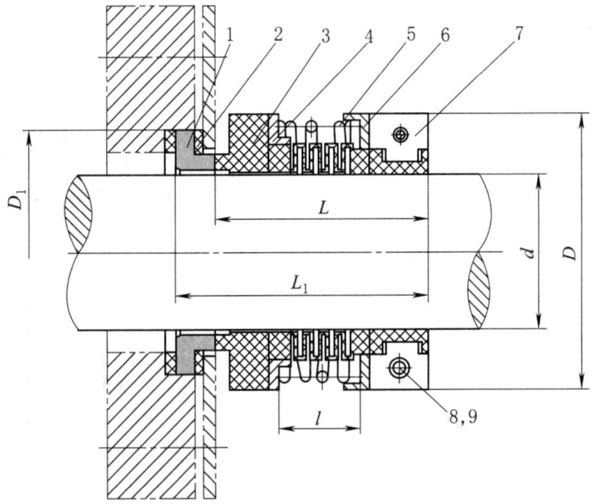 图 1　151 型机械密封 1—静止环;2—静止环垫;3—波纹管密封环;4—弹簧前座;5—弹簧;6—弹簧后座;7—夹紧环;8—螺钉;9—垫圈

续表

项目		说明
基本型式、主要尺寸、工作参数及材料代号	基本型式与主要尺寸	见下

表 1　151 型机械密封主要尺寸　　mm

公称尺寸	规格						
	30	35	40	45	50	55	60
d	30	35	40	45	50	55	60
D	65	70	75	80	88	93	98
D_1	53	58	63	68	73	78	83
l	31	34	36	37	44	46	47
L	63	66	68	69	76	78	79
L_1	74	77	79	83	90	92	93

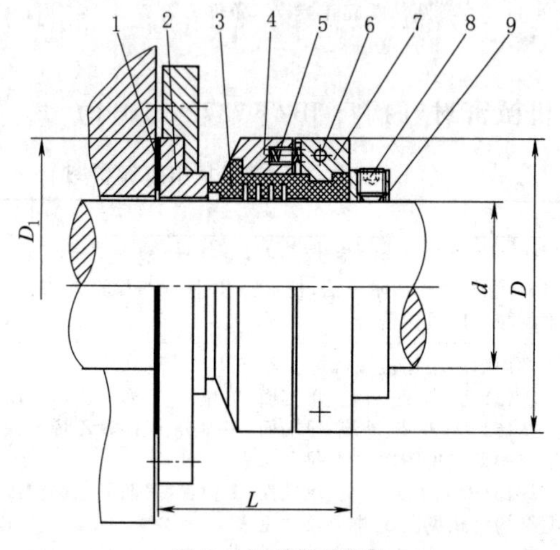

图 2　152 型机械密封

1—静止环密封垫；2—静止环；3—波纹管密封环；4—弹簧座；5—弹簧；6—内六角圆柱头螺钉；7—分半夹紧环；8—紧定螺钉；9—固定环

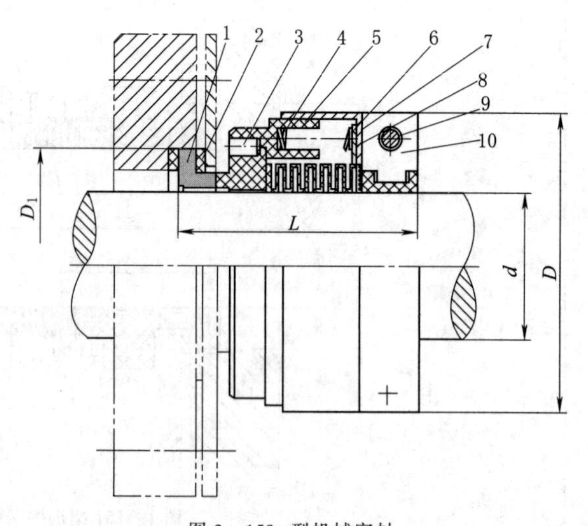

图 3　152a 型机械密封

1—静止环；2—静止环密封垫；3—防转销；4—波纹管密封环；5—弹簧座；6—弹簧；7—弹簧垫；8—L 套；9—内六角圆柱头螺钉；10—分半夹紧环

续表

项目		说明
基本型式、主要尺寸、工作参数及材料代号	基本型式与主要尺寸	见下文表2、图4、表3、图5

表 2　152、152a 型机械密封主要尺寸　mm

公称尺寸	规格								
	30	35	40	45	50	55	60	65	70
d	30	35	40	45	50	55	60	65	70
D	75	80	85	90	95	100	105	110	115
D_1	53	58	63	68	73	78	83	88	93
L	59			62					

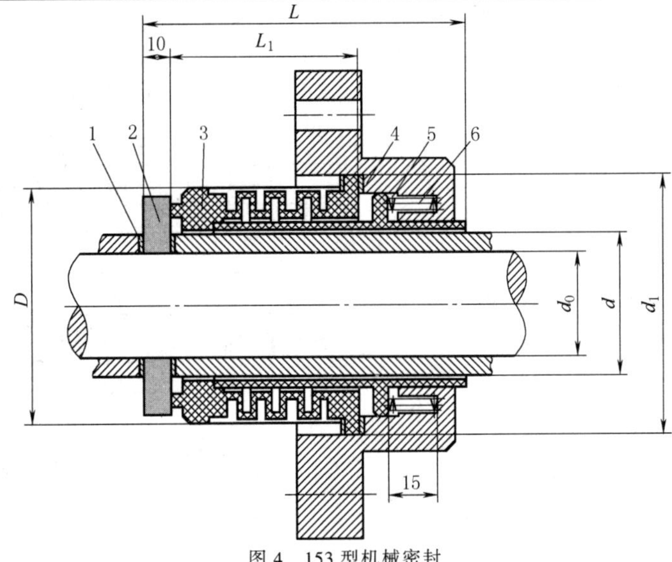

图 4　153 型机械密封

1,4—辅助密封圈;2—旋转环;3—填充聚四氟乙烯波纹管静止环;5—推套;6—弹簧

表 3　153 型机械密封主要尺寸　mm

规格	公称尺寸					
	d_0	d	d_1	D	L	L_1
153-35	25	35	70	60	88	48
153-40	30	40	75	65	91	51
153-45	35	45	80	70	91	51
153-50	40	50	85	75	91	51
153-55	45	55	90	80	91	51

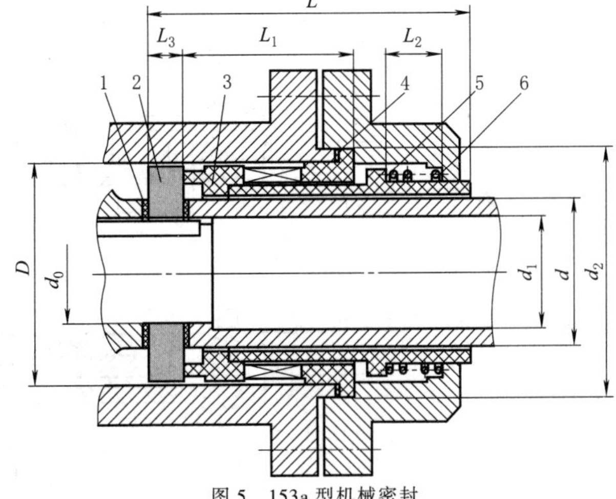

图 5　153a 型机械密封

1,4—辅助密封圈;2—旋转环;3—填充聚四氟乙烯波纹管静止环;5—推套;6—弹簧

续表

项目		说明
基本型式、主要尺寸、工作参数及材料代号	基本型式与主要尺寸	（见下）

表4　153a型机械密封主要尺寸　mm

规格	公称尺寸								
	d_0	d	d_1	d_2	D	L	L_1	L_2	L_3
153a-35	20	35	25	61	51	85	44.5	14.0	10
153a-40	25	40	30	70	60	86	44.0	14.5	10
153a-45	30	45	35	75	65	94	48.5	15.0	11
153a-50	30	50	35	80	70	97	48.5	18.0	11
153a-55	35	55	40	85	75	104	55.0	17.0	12
153a-60	40	60	45	95	85	108	55.0	21.0	12
153a-70	50	70	55	105	95	112	55.0	25.0	12

注：153a-55规格的公称尺寸 L_2 似有误。

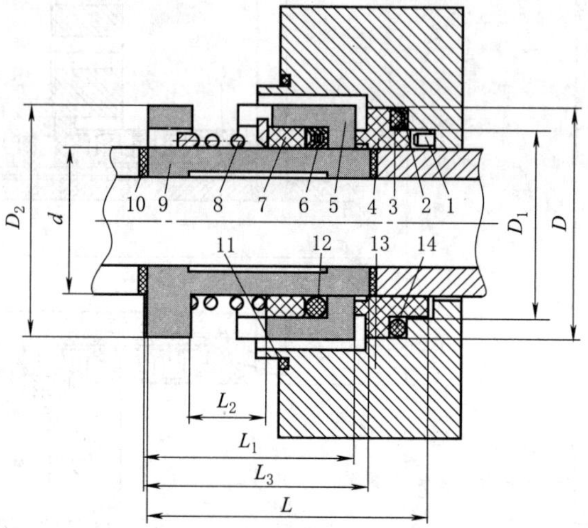

图6　154型机械密封

1—防转销；2，6，11，12，14—密封圈；3—撑环；4—静环；5—动环；7—推环；8—弹簧；9—轴套；10—密封垫；13—密封端盖

表5　154型机械密封主要尺寸　mm

公称尺寸	规格							
	35	40	45	50	55	60	65	70
d	35	40	45	50	55	60	65	70
D	55	60	65	70	75	80	90	97
D_1	45	50	55	60	65	70	80	85
D_2	57	62	67	72	77	82	87	92
L_1	49	52	57	65	67	67	77	79
L_2	17	20	25	28	30	30	35	37
L_3	54	57	62	70	72	72	82	84
L	68	71	76	84	86	86	99	102

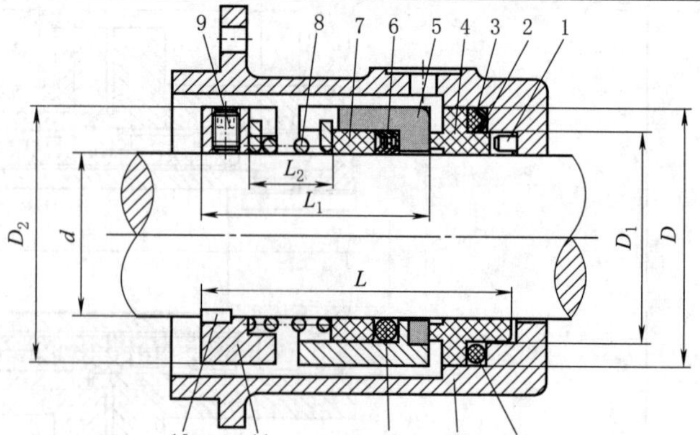

图7　154a型机械密封

1—防转销；2,6,12,14—密封圈；3—撑环；4—静环；5—动环；7—推环；8—弹簧；9—紧定螺钉；10—键；11—传动座；13—密封端盖

续表

项目		说明
基本型式、主要尺寸、工作参数及材料代号	基本型式与主要尺寸	见表6
	工作参数	工作参数见表7
	材料代号	耐酸泵用机械密封的材料及代号应符合 GB/T 6556 的规定，材料的种类见表8
型号	型号表示方法	除应符合 GB/T 10444 的规定外，还应符合下列要求
	标记示例	152型机械密封，公称直径为35mm(35)，旋转环材料为填充聚四氟乙烯(Y)，静止环材料为氧化铝(V)，辅助密封圈材料为聚四氟乙烯(T)，弹簧材料为铬镍钢(F)的耐酸泵用机械密封的标记为 152-35YVTF
技术要求	材料要求	①波纹管密封环波纹管段材料为聚四氟乙烯，前、后段材料应根据介质选用不同的填充聚四氟乙烯，其力学性能应符合 JB/T 8873 的规定 ②氮化硅密封环、氧化铝陶瓷密封环应分别符合 JB/T 8724、JB/T 10874 的规定 ③碳石墨密封环应符合 JB/T 8872 的规定 ④除本标准所规定的材料外，也可选用能满足使用要求的其他材料，其他材料应符合有关标准或技术文件的规定

表6　154a型机械密封主要尺寸　　mm

公称尺寸	规格							
	35	40	45	50	55	60	65	70
d	35	40	45	50	55	60	65	70
D	55	60	65	70	75	80	90	97
D_1	45	50	55	60	65	70	80	85
D_2	50	59	64	69	74	82	88	93
L_1	49	51.5	55.5	59.5	60.5	61.5	69.5	71.5
L_2	17.5	20	24	28	28.9	30	35	36
L	68	70.5	74.5	78.5	79.5	80.5	91.5	96.5

表7　工作参数

型号	压力/MPa	温度/℃	转速/$r \cdot min^{-1}$	轴径/mm	介质
151	0~0.5	0~80	≤3000	30~60	酸性液体
152				30~70	
152a				30~70	
153				35~55	酸性液体(氢氟酸、发烟硝酸除外)
153a				35~70	
154	0~0.6			35~70	
154a				35~70	

表8　材料种类

密封环材料	代号	辅助密封圈材料	代号	弹簧和其他结构件材料	代号
氧化铝	V	乙丙橡胶	E	铬镍钢	F
氮化硅	Q	氟橡胶	V	铬镍钼钢	G
碳化硅	O	橡胶外包覆聚四氟乙烯	M	高镍合金	M
填充聚四氟乙烯	Y	聚四氟乙烯	T		
浸渍树脂石墨	B				
碳-石墨	C				
碳化硼	L				

型号表示方法：□-□□□□□

- 型号
- 规格
- 旋转环材料
- 静止环材料
- 辅助密封圈材料
- 弹簧材料

续表

<table>
<tr><th colspan="2">项目</th><th>说明</th></tr>
<tr><td rowspan="2">技术要求</td><td>主要零件要求</td><td>①密封端面的平面度不大于 0.0009mm;硬质材料密封端面的表面粗糙度值 Ra 不大于 0.2μm,软质材料密封端面的表面粗糙度值 Ra 不大于 0.4μm
②密封环的密封端面对与辅助密封圈接触的端面的平行度按 GB/T 1184—1996 的 7 级精度要求
③密封环的密封端面对与辅助密封圈接触的外圆(或内孔)的垂直度按 GB/T 1184—1996 的 7 级精度要求
④密封环与辅助密封圈接触的外圆(或内孔)的尺寸公差带为 h8(或 H8)
⑤密封环与辅助密封圈接触部位的表面粗糙度值 Ra 不大于 3.2μm
⑥石墨环、填充聚四氟乙烯环及聚四氟乙烯波纹管都必须做静压试验。试验压力为最高工作压力的 1.25 倍,持续 10min 不应有渗漏
⑦弹簧的技术要求应符合 JB/T 11107 的规定。对于多弹簧机械密封,同一套机械密封中各弹簧之间的自由高度差不大于 0.5mm
⑧O 形橡胶圈的技术要求应符合 JB/T 7757 的规定
⑨聚四氟乙烯波纹管固定段与轴(或轴套)配合的内孔尺寸公差带为 H9,内孔表面粗糙度值 Ra 不大于 3.2μm
⑩零件未注公差尺寸的极限偏差按 GB/T 1804—2000 的 f 级规定</td></tr>
<tr><td>性能要求</td><td>①泄漏量:泄漏量不大于 3mL/h
②磨损量:磨损量的大小要满足机械密封使用期的要求。通常以清水为介质进行试验,运转 100h,任一密封环磨损量均不大于 0.03mm
③使用期:使用期不少于 4000h。条件苛刻时不受此限</td></tr>
<tr><td rowspan="2">试验与检验方法</td><td>试验方法</td><td>①新产品必须按 GB/T 14211 进行型式试验
②定型产品出厂前,应按 GB/T 14211 进行出厂试验</td></tr>
<tr><td>检验方法</td><td>①密封环的密封端面平面度采用Ⅰ级平面平晶和单色光源干涉法或其他光学仪器进行检查
②密封环的密封端面的表面粗糙度用表面粗糙度测量仪或样块比较法检查
③填充聚四氟乙烯密封环密封端面的平面度和表面粗糙度,用静压试验方法或研点法进行间接检查
④其他技术要求规定的检查项目按各有关标准规定的方法进行</td></tr>
<tr><td colspan="2">安装与使用要求</td><td>①安装机械密封部位的轴(或轴套)按下列要求
a. 径向圆跳动公差按表 9 的规定
表 9 圆跳动公差 mm<table><tr><th>轴(或轴套)外径</th><th>圆跳动公差</th></tr><tr><td>≤50</td><td>0.04</td></tr><tr><td>>50</td><td>0.06</td></tr></table>b. 表面粗糙度值 Ra 不大于 1.6μm
c. 外径尺寸公差带为 h6
d. 安装旋转环辅助密封圈(或聚四氟乙烯波纹管)的轴(或轴套)的端部按图 8 倒角
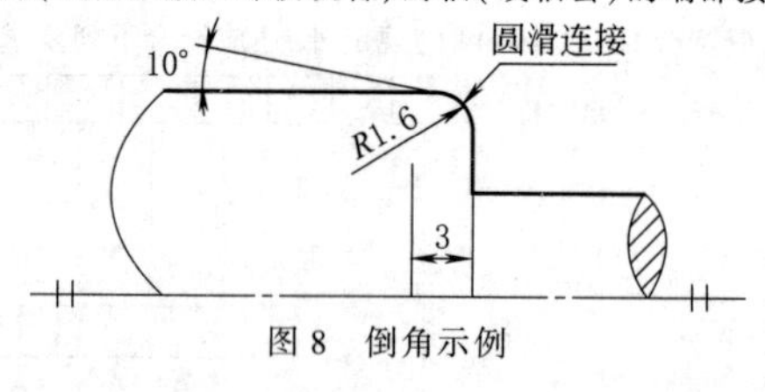
图 8 倒角示例
②转子轴向窜动量不大于 0.3mm
③密封腔体与密封端面结合的定位面对轴(或轴套)表面的圆跳动公差按表 9 的规定
④安装密封端盖(或壳体)应满足下列要求
a. 密封端盖(或壳体)与辅助密封圈接触部位的表面粗糙度值 Ra 不大于 3.2μm
b. 对内装式机械密封,安装静止环辅助密封圈的端盖(或壳体)的孔的端部按图 9 和表 10 的规定
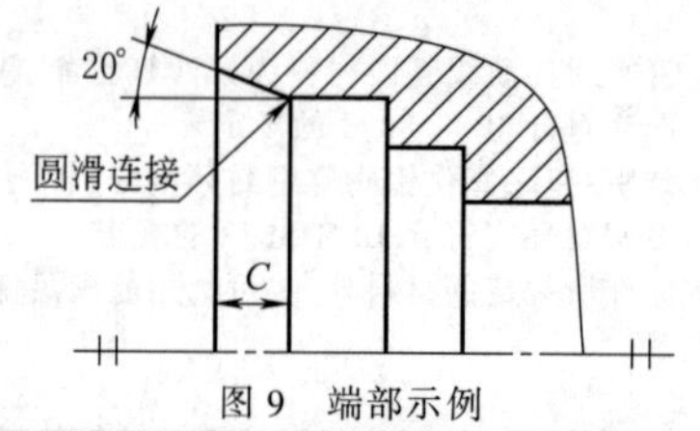
图 9 端部示例</td></tr>
</table>

续表

项目	说明
安装与使用要求	**表10 C的取值** mm 轴(或轴套)外径 / C：≤50 — 2；>50 — 2.5 ⑤机械密封在安装时,必须将轴(或轴套)、密封腔体、密封端盖及机械密封清洗干净,防止杂质进入密封部位 ⑥机械密封在安装时,应按产品安装使用说明书或样本,保证安装尺寸
标志、包装与贮存	①产品上应有制造厂的标志 ②产品包装前应进行清洗和防锈处理 ③包装盒上应标明产品的名称、型号、规格、数量、制造厂名称、生产许可证编号及QS标志 ④产品包装盒内应附有合格证,合格证内容应包括密封型号、规格、制造厂名称、质量检查的印记及日期 ⑤包装盒上应标明产品的名称、数量、重量、收货单位、制造厂名称及"防潮""轻放"等字样 ⑥包装应能防止产品在运输和贮存过程中损伤、变形和锈蚀 ⑦有关技术文件及使用说明书应装在防潮的袋内,并与产品一起放入包装箱内 ⑧产品验收后,应在温度为-15~40℃、相对湿度不超过70%的避光房间内存放,保存期不超过1年

表10 C的取值 (mm)

轴(或轴套)外径	C
≤50	2
>50	2.5

9.14.10 耐碱泵用机械密封(摘自JB/T 7371—2011)

表10-3-68 耐碱泵用机械密封

项目		说明
范围		JB/T 7371—2011《耐碱泵用机械密封》规定了耐碱泵用机械密封的型式、参数、尺寸及材料代号、型号表示方法、技术要求、试验与检验方法、安装与使用要求、标志、包装与贮存等内容,适用于耐碱泵用机械密封
型式、参数、尺寸及材料代号	型号代号	耐碱泵用机械密封基本型号为167(Ⅰ105)型、168型、169型
	工作参数与主要尺寸	①167(Ⅰ105)型:双端面、多弹簧、非平衡型,结构型式与工作参数见表1,主要尺寸见表2 ②168型:外装、单端面、单弹簧、聚四氟乙烯波纹管型,结构型式与工作参数见3,主要尺寸见表4 ③169型:外装、单端面、多弹簧、聚四氟乙烯波纹管型,结构型式与工作参数见5,主要尺寸见表6

表1 167型机械密封型式与工作参数

型式		双端面、多弹簧、非平衡型
简图		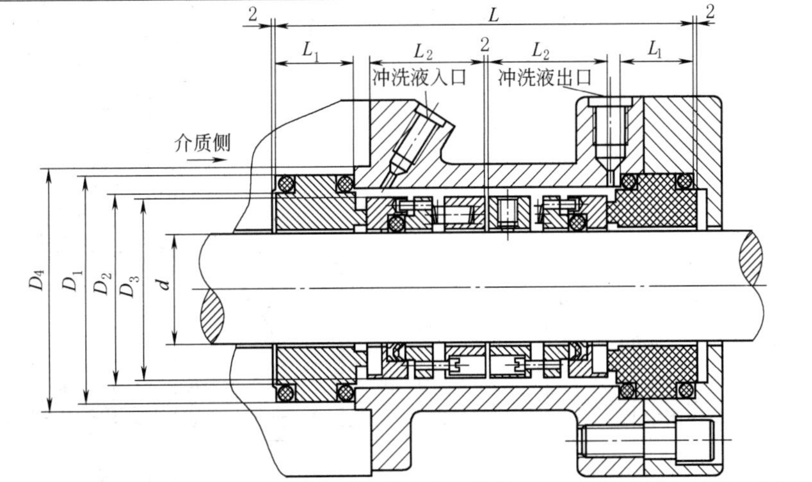 2 L 2 L_1 L_2 2 L_2 L_1 冲洗液入口 冲洗液出口 介质侧 D_4 D_1 D_2 D_3 d
工作参数	介质压力 p/MPa	0~0.5
	封液压力/MPa	p+(0.01~0.02)
	介质温度/℃	≤130
	封液温度/℃	≤80
	介质	碱性液体,含量≤42%,固相颗粒含量10%~20%
	封液	水或与介质相溶液体
	转速/r·min^{-1}	≤3000
	轴径/mm	28~85

续表

项目		说明
型式、参数、尺寸及材料代号	工作参数与主要尺寸	见下表2、表3

表2 167型机械密封主要尺寸

mm

规格	d h6	D_1 H8/a11	D_2 A11/h8	D_3	D_4 H8/f8	L	L_1	L_2 ±0.5
28	28	50	44	42	54	118	18	36
30	30	52	46	44	56			
32	32	54	48	46	58			
33	33	55	49	47	59			
35	35	57	51	49	61			
38	38	64	58	54	68	122	20	
40	40	66	60	56	70			
43	43	69	63	59	73			
45	45	71	65	61	75			
48	48	74	68	64	78			
50	50	76	70	67	80			
53	53	79	73	70	83	126	20	37
55	55	81	75	72	85			
58	58	89	83	78	93	130	22	
60	60	91	85	80	95			
63	63	94	88	83	98			
65	65	96	90	85	100			
68	68	99	93	88	103	134	24	
70	70	101	95	90	105			
75	75	110	104	99	114			
80	80	115	109	104	119	136	25	
85	85	120	114	109	124			

注：本系列大规格可达140mm

表3 168型机械密封型式与工作参数

型式	外装、单端面、单弹簧、聚四氟乙烯波纹管型
简图	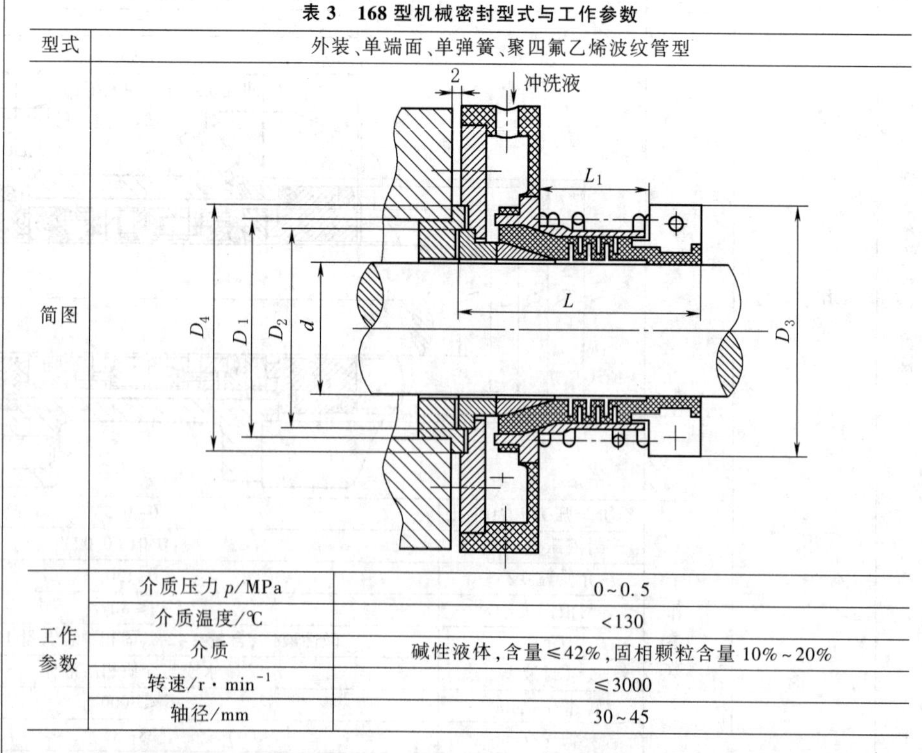

工作参数		
	介质压力 p/MPa	0~0.5
	介质温度/℃	<130
	介质	碱性液体，含量≤42%，固相颗粒含量10%~20%
	转速/r·min^{-1}	≤3000
	轴径/mm	30~45

续表

项目		说明
型式、参数、尺寸及材料代号	工作参数与主要尺寸	见表4～表6
	材料代号	常用材料代号见表7

表4　168型机械密封主要尺寸　　mm

规格	d R7/h6	D_1 e8	D_2 H8/f9	D_3	D_4 H11/b11	L	L_1 ±1.0
30	30	44	47	67	55	64.5	26.5
32	32	46	49	69	57		
35	35	49	52	72	60		29.5
38	38	54	55	75	63	65.5	31.5
40	40	56	57	77	65		
45	45	61	62	82	70		

表5　169型机械密封型式与工作参数

型式	外装、单端面、多弹簧、聚四氟乙烯波纹管型
简图	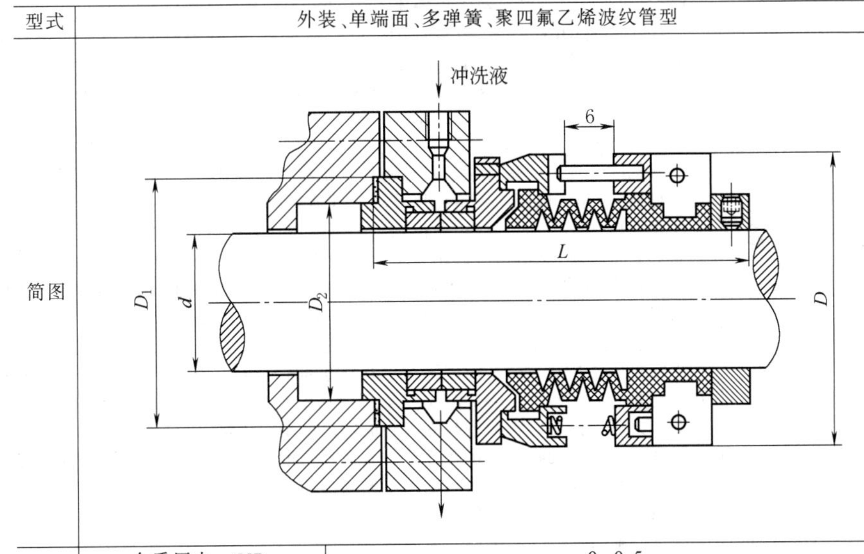

工作参数		
	介质压力 p/MPa	0～0.5
	介质温度/℃	<130
	介质	碱性液体，含量≤42%，固相颗粒含量10%～20%
	转速/r·min^{-1}	≤3000
	轴径/mm	30～60

表6　169型机械密封型式主要尺寸　　mm

规格	d R7/h6	D	D_1	D_2 H9/f9	L ±1.0
30	30	65	54	44	74.5
35	35	70	59	49	
38	38	75	63	54	
40	40	75	66	56	
45	45	82	71	61	
50	50	87	76	66	
55	55	92	81	71	
60	60	97	90	80	

常用材料代号见表7

表7　材料代号

密封环材料	代号	辅助密封材料	代号	弹簧和其他结构件材料	代号
碳化钨	U	乙丙橡胶	E	铬镍钢	F
碳化硅	O	聚四氟乙烯	T	铬镍钼钢	G
金属表面喷涂	J	丁腈橡胶	P		
浸渍树脂石墨	B				

续表

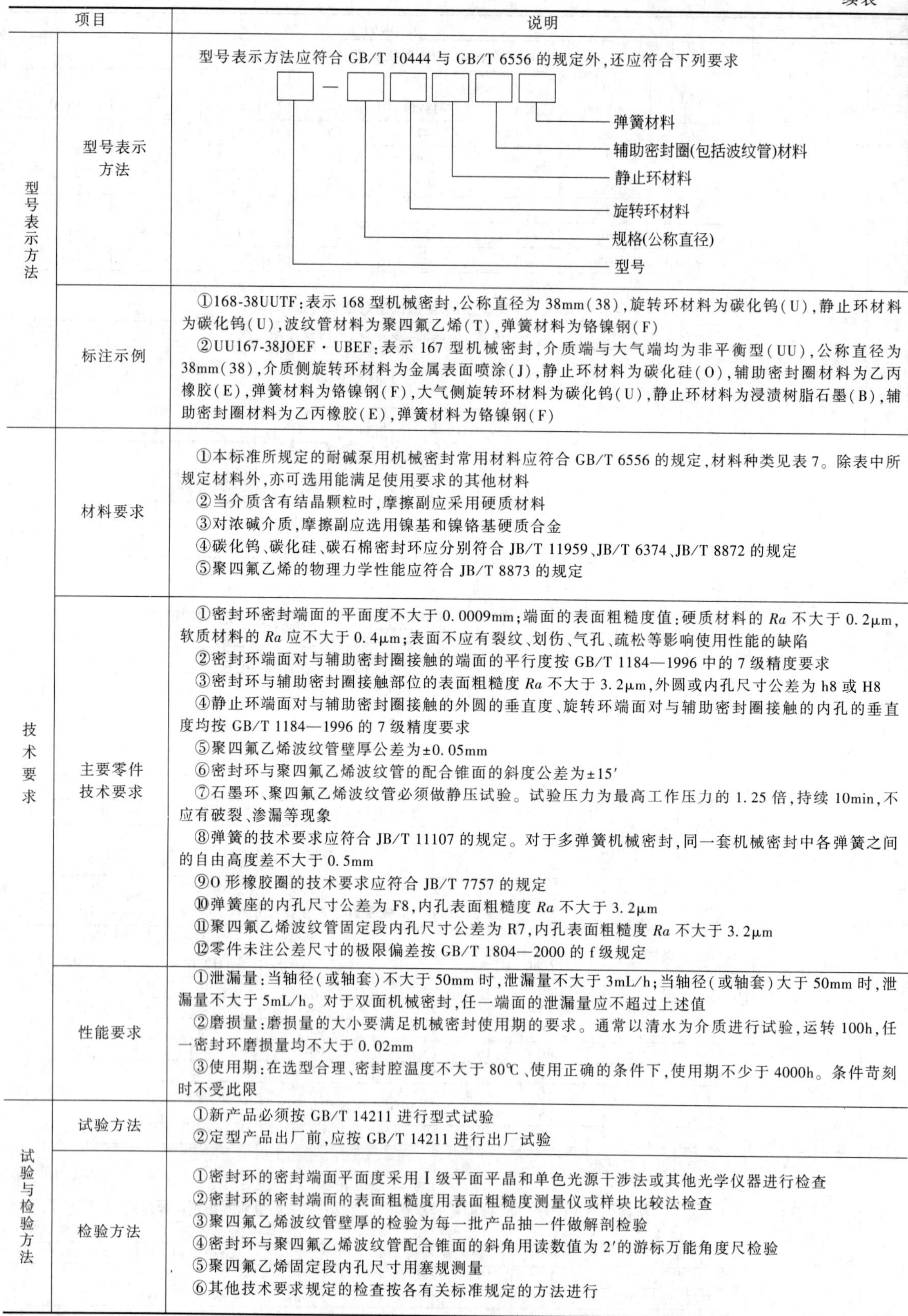

项目		说明
型号表示方法	型号表示方法	型号表示方法应符合 GB/T 10444 与 GB/T 6556 的规定外,还应符合下列要求 □—□□□□□ 弹簧材料 辅助密封圈(包括波纹管)材料 静止环材料 旋转环材料 规格(公称直径) 型号
	标注示例	①168-38UUTF:表示 168 型机械密封,公称直径为 38mm(38),旋转环材料为碳化钨(U),静止环材料为碳化钨(U),波纹管材料为聚四氟乙烯(T),弹簧材料为铬镍钢(F) ②UU167-38JOEF · UBEF:表示 167 型机械密封,介质端与大气端均为非平衡型(UU),公称直径为 38mm(38),介质侧旋转环材料为金属表面喷涂(J),静止环材料为碳化硅(O),辅助密封圈材料为乙丙橡胶(E),弹簧材料为铬镍钢(F),大气侧旋转环材料为碳化钨(U),静止环材料为浸渍树脂石墨(B),辅助密封圈材料为乙丙橡胶(E),弹簧材料为铬镍钢(F)
技术要求	材料要求	①本标准所规定的耐碱泵用机械密封常用材料应符合 GB/T 6556 的规定,材料种类见表 7。除表中所规定材料外,亦可选用能满足使用要求的其他材料 ②当介质含有结晶颗粒时,摩擦副应采用硬质材料 ③对浓碱介质,摩擦副应选用镍基和镍铬基硬质合金 ④碳化钨、碳化硅、碳石棉密封环应分别符合 JB/T 11959、JB/T 6374、JB/T 8872 的规定 ⑤聚四氟乙烯的物理力学性能应符合 JB/T 8873 的规定
	主要零件技术要求	①密封环密封端面的平面度不大于 0.0009mm;端面的表面粗糙度值:硬质材料的 *Ra* 不大于 0.2μm,软质材料的 *Ra* 应不大于 0.4μm;表面不应有裂纹、划伤、气孔、疏松等影响使用性能的缺陷 ②密封环端面对与辅助密封圈接触的端面的平行度按 GB/T 1184—1996 中的 7 级精度要求 ③密封环与辅助密封圈接触部位的表面粗糙度 *Ra* 不大于 3.2μm,外圆或内孔尺寸公差为 h8 或 H8 ④静止环端面对与辅助密封圈接触的外圆的垂直度、旋转环端面对与辅助密封圈接触的内孔的垂直度均按 GB/T 1184—1996 的 7 级精度要求 ⑤聚四氟乙烯波纹管壁厚公差为±0.05mm ⑥密封环与聚四氟乙烯波纹管的配合锥面的斜度公差为±15′ ⑦石墨环、聚四氟乙烯波纹管必须做静压试验。试验压力为最高工作压力的 1.25 倍,持续 10min,不应有破裂、渗漏等现象 ⑧弹簧的技术要求应符合 JB/T 11107 的规定。对于多弹簧机械密封,同一套机械密封中各弹簧之间的自由高度差不大于 0.5mm ⑨O 形橡胶圈的技术要求应符合 JB/T 7757 的规定 ⑩弹簧座的内孔尺寸公差为 F8,内孔表面粗糙度 *Ra* 不大于 3.2μm ⑪聚四氟乙烯波纹管固定段内孔尺寸公差为 R7,内孔表面粗糙度 *Ra* 不大于 3.2μm ⑫零件未注公差尺寸的极限偏差按 GB/T 1804—2000 的 f 级规定
	性能要求	①泄漏量:当轴径(或轴套)不大于 50mm 时,泄漏量不大于 3mL/h;当轴径(或轴套)大于 50mm 时,泄漏量不大于 5mL/h。对于双面机械密封,任一端面的泄漏量应不超过上述值 ②磨损量:磨损量的大小要满足机械密封使用期的要求。通常以清水为介质进行试验,运转 100h,任一密封环磨损量均不大于 0.02mm ③使用期:在选型合理、密封腔温度不大于 80℃、使用正确的条件下,使用期不少于 4000h。条件苛刻时不受此限
试验与检验方法	试验方法	①新产品必须按 GB/T 14211 进行型式试验 ②定型产品出厂前,应按 GB/T 14211 进行出厂试验
	检验方法	①密封环的密封端面平面度采用Ⅰ级平面平晶和单色光源干涉法或其他光学仪器进行检查 ②密封环的密封端面的表面粗糙度用表面粗糙度测量仪或样块比较法检查 ③聚四氟乙烯波纹管壁厚的检验为每一批产品抽一件做解剖检验 ④密封环与聚四氟乙烯波纹管配合锥面的斜角用读数值为 2′的游标万能角度尺检验 ⑤聚四氟乙烯固定段内孔尺寸用塞规测量 ⑥其他技术要求规定的检查按各有关标准规定的方法进行

续表

项目	说明
安装与使用要求	①安装机械密封部位的轴向窜动量不大于 0.3mm ②密封腔温度大于 80℃时，视需要采取冲洗冷却措施 ③其他安装使用要求按 JB/T 4127.1 的规定
标志、包装与贮存	①产品上应有制造厂的标志 ②产品包装前应进行清洗和防锈处理 ③包装盒上应标明产品的名称、型号、规格、数量、制造厂名称、生产许可证编号及 QS 标志 ④产品包装盒内应附有合格证，合格证内容包括密封型号、规格、制造厂名称、质量检查的印记及日期 ⑤包装盒上应标明产品的名称、数量、重量、收货单位、制造厂名称及“防潮”“轻放”等字样 ⑥包装应能防止产品在运输和贮存过程中损伤、变形和锈蚀 ⑦有关技术文件及使用说明书应装在防潮的袋内，并与产品一起放入包装箱内 ⑧产品验收后，应在温度为-15～40℃、相对湿度不超过 70%的避光房间内存放，保存期不超过 1 年

9.14.11 釜用机械密封技术条件（摘自 HG/T 2269—2020）

表 10-3-69 釜用机械密封技术条件

项目		说明
范围		HG/T 2269—2020《釜用机械密封技术条件》规定了釜用机械密封的类型和主要参数、要求、试验、标记和包装，适用于化工、石油化工装置以及其他类似装置中带有机械搅拌装置的釜用机械密封
类型和主要参数	类型	釜用机械密封的型式符合（但不限于）HG/T 2098 给出的产品类型。当 HG/T 2098 规定的产品类型和主要参数满足使用要求时，宜优先采用
	主要参数	釜用机械密封适用的主要参数为：介质压力 1.33×10^{-5}（绝压）～6.3MPa（表压）；介质温度不大于 350℃（当釜内温度大于 80℃时，应参照 HG/T 2122 增加辅助装置）；搅拌轴（或轴套）外径 30～220mm；线速度不大于 3m/s；介质种类为除强氧化性酸、高浓度碱以外的各种流体
要求	材料	①密封端面组对材料要求 Ⅰ.在选择密封端面组对材料时，宜优先按照 HG/T 2098 的规定选择，新材料或非标准材料的选用需经过试验验证 Ⅱ.密封端面组对材料应根据被密封流体（介质）选择。用于一般流体时，端面材料宜采用应对软组对；用于含固体颗粒及易结晶易聚合流体时，端面材料宜采用硬对硬组对；用于腐蚀性流体时，端面材料宜采用化学相容性好的材料组对 ②辅助密封圈材料要求 Ⅰ.用于水、油等无腐蚀性流体时，宜采用丁腈橡胶、氢化丁腈橡胶等材料。用于酸性流体时，宜采用氟橡胶、乙丙橡胶、全氟橡胶、聚四氟乙烯等材料。用于碱性流体时，宜采用乙丙橡胶、全氟橡胶、聚四氟乙烯等材料。用于溶剂类流体时，宜采用全氟橡胶、氟塑料包覆橡胶、聚四氟乙烯等材料 Ⅱ.用于食品、医药类的流体时，宜采用硅橡胶、全氟橡胶、聚四氟乙烯等材料 Ⅲ.用于流体（介质）温度大于 200℃时，以采用全氟橡胶、柔性石墨等 ③弹簧材料要求 Ⅰ.弹簧外置式结构或用于水、油及一般性流体时，弹簧材料宜采用铬钢、铬镍钢等材料 Ⅱ.弹簧内置式结构或用于腐蚀性流体时，弹簧材料宜采用铬镍钢、铬镍钼钢、高镍合金、哈氏合金等材料 ④其他金属部件结构材料要求 Ⅰ.用于水、油及一般性流体时，宜采用铬钢、铬镍钢等材料 Ⅱ.用于腐蚀性流体时，宜采用铬镍钢、铬镍钼钢、高镍合金、哈氏合金等材料
	结构设计	①釜用机械密封宜优先采用带内置轴承的集装式结构。当轴承设计以控制搅拌轴摆动为目的时，宜采用调心轴承，搅拌轴在设计中不宜作为一个支承点。当轴承作为搅拌轴的一个支承点设计时，轴承的受力和选型应与搅拌轴系整体设计统筹考虑 ②釜用机械密封推荐采用平衡式结构 ③单端面外装外流式釜用机械密封宜设置润滑液槽，润滑液应选用洁净机油，其液面应高出密封端面 50mm 以上 ④有清洁卫生无菌要求的釜用机械密封应设置泄漏液收集盛液盘，或采用其他符合要求的密封结构型式 ⑤用于毒性程度为中度危害及以上介质的釜用机械密封，应采用带隔离流体的双端面结构。隔离流体应与釜内物料的工艺性能相容，且润滑性能良好，不腐蚀密封零件，有较高的汽化温度和比热容。隔离流体压力应大于釜内压力 0.05～0.2MPa。压力供给装置应符合 HG/T 2122 的规定

续表

<table>
<tr><th colspan="2">项目</th><th>说明</th></tr>
<tr><td rowspan="3">要求</td><td>结构设计</td><td>⑥当密封腔流体温度大于 80℃时，釜用机械密封宜采取冷却措施。冷却方案应符合 HG/T 2122 的规定
⑦搅拌轴底入式釜用机械密封，宜采用双端面结构。用于介质含有固体颗粒工况时，介质端密封应采取隔离固体颗粒的措施。用于在不排除釜内物料情况下更换机械密封时，密封结构中应设置带有停车阻断物料泄漏的隔离密封结构
⑧搅拌轴侧入式釜用机械密封，宜采用双端面结构。卧式釜用机械密封，应在密封壳体外侧设置补偿调节装置
⑨釜用机械密封与釜口法兰连接的密封法兰，应与对应工况的压力容器法兰或管法兰的压力等级相一致，必要时应对密封法兰的主要尺寸进行校核计算，以确保安全性</td></tr>
<tr><td>主要零部件</td><td>①密封端面的平面度不大于 0.0009mm，硬质材料密封端面粗糙度 $Ra \leqslant 0.2\mu m$，软质材料密封端面粗糙度 $Ra \leqslant 0.4\mu m$
②静止环和旋转环密封端面与辅助密封圈接触的端面平行度应符合 GB/T 1184 的 7 级公差的规定
③静止环、旋转环与辅助密封圈接触部位的表面粗糙度 $Ra \leqslant 1.6\mu m$，外圆或内孔尺寸公差应符合 GB/T 1804 中 h7 或 H7 的规定
④静止环密封端面与静止环辅助密封圈接触的外圆的垂直度，旋转环密封端面与旋转环辅助密封圈的内孔的垂直度，均应符合 GB/T 1184 的 7 级公差的规定
⑤零件的未注公差尺寸的极限偏差应符合 GB/T 1804 的 IT12 级公差的规定
⑥弹簧线径、外径、自由高度、工作负荷、弹簧中心线与两端垂直度等要求及偏差值均应符合 JB/T 11107 的规定
⑦对于多弹簧机械密封，同一套机械密封中各弹簧之间的自由高度差不大于 0.5mm
⑧弹簧座、传动座的内孔尺寸公差应符合 GB/T 1804 的 F9 级公差的规定，表面粗糙度 $Ra \leqslant 3.2\mu m$
⑨O 形橡胶密封圈的尺寸系列及公差应符合 GB/T 3452.1 的规定，其技术条件按有关标准的规定
⑩有致密性要求的石墨环、填充聚四氟乙烯环及组装的旋转环、静止环，宜做气密性试验。试验压力为设计压力，持续 10min，不应有泄漏现象</td></tr>
<tr><td>安装和使用</td><td>①安装釜用机械密封部位的轴（或轴套）应满足下列要求
a. 搅拌轴（或轴套）的外径尺寸公差应符合 GB/T 1804 的 h7 级公差的规定，表面粗糙度 $Ra \leqslant 1.6\mu m$。搅拌轴径向跳动应不大于 $\sqrt{d}/100$（d 为搅拌轴径）mm，轴向窜动量不大于 0.5mm。当搅拌轴偏摆或窜动较大时，应考虑增设中间轴承或釜底支承结构
b. 安装旋转环辅助密封圈轴（或轴套）的端部及表面粗糙度按图 1 和表 1 的规定
c. 安装静止辅助密封圈部位孔端部及表面粗糙度按图 2 和表 1 的规定 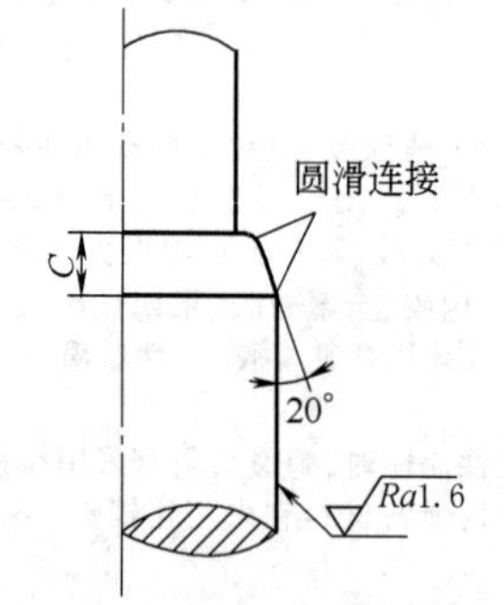

圆滑连接　C　20°　Ra1.6
图 1　轴（或轴套）端部要求 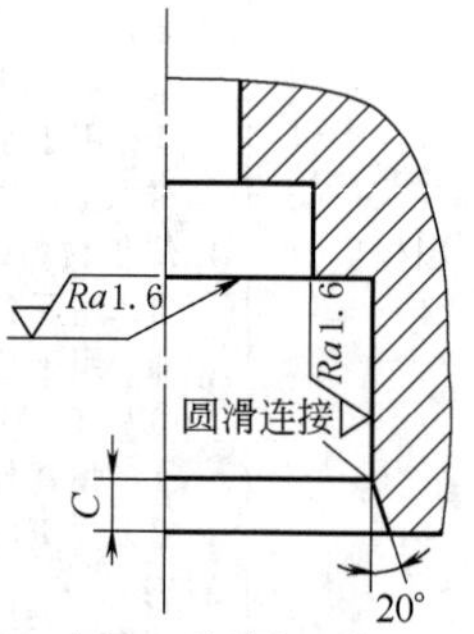

Ra1.6　Ra1.6　圆滑连接　C　20°
图 2　孔端部要求

表 1　倒角 C 要求　mm
<table><tr><th>轴径</th><th>C</th></tr><tr><td>20~80</td><td>2</td></tr><tr><td>90~130</td><td>3</td></tr><tr><td>140~220</td><td>4</td></tr></table>
②釜用机械密封安装前应检查主要密封元件有无影响密封性的损伤，并及时更换或修复
③安装时必须将轴（或轴套）、密封腔体、密封端盖及密封件本身清洗干净，防止任何杂质进入密封部位。橡胶密封件不可随便清洗，见参考文献[24]
④应按产品安装使用说明书要求进行安装</td></tr>
</table>

续表

项目		说明
要求	性能要求	①泄漏量:泄漏量的测定方法应符合 HG/T 2099 的规定。轴径大于 80mm 时,泄漏量应不大于 8mL/h;轴径不大于 80mm 时,泄漏量应不大于 5mL/h。单端面密封结构只对泄漏做定性检查时,以肉眼观察无明显气泡为合格。工作介质为有毒、易燃、易爆的气体时,其泄漏量应符合有关的安全规定 ②磨损量:磨损量应满足釜用机械密封使用期的要求。一般情况下,运转 100h 软质材料的密封环磨损量不大于 0.03mm ③使用期:在结构合理、安装使用正确的情况下,工作介质为中性或弱腐蚀性气体或液体时,釜用机械密封的使用期一般为 8000h;工作介质为较强腐蚀性或易挥发性气体时,釜用机械密封的使用期一般为 4000h。特殊情况不受此限
试验		釜用机械密封产品试验应符合 HG/T 2099 的规定
标记与包装		①包装盒上应标明产品识别标记、出厂日期、制造厂名称 ②包装盒内应附有产品合格证,合格证内容包括产品型号、规格、数量、制造厂名称、检验部门和检验人员的签章及日期 ③制造厂根据用户要求提供产品安装使用说明书

9.14.12 釜用高压机械密封技术条件(摘自 GB/T 24319—2009)

表 10-3-70 釜用高压机械密封技术条件

项目		说明
范围		GB/T 24319—2009《釜用高压机械密封技术条件》规定了釜用高压机械密封的结构类型、要求、标记与包装、成套供应和验收规则等,适用于碳钢、不锈钢制造的釜用立式搅拌轴高压机械密封。其工作参数:釜内压力为 6.3~10MPa(表压);釜内温度不大于 350℃;搅拌轴径 30~220mm;线速度不大于 3m/s
结构类型		①釜用高压机械密封应根据工况选用双端面或多端面结构,大气侧均应采用平衡结构 ②釜用高压机械密封可作为搅拌轴支点,如不作支点考虑搅拌轴定位轴承部位应尽量靠近机械密封端面。定位轴承、短轴、轴套、机械密封、冷却水套等组合成“反应釜搅拌密封装置”
要求	材料	釜用高压机械密封材料种类应符合 HG/T 2098 的规定。摩擦副材料应选用碳化钨、碳化硅、高强度石墨等。旋转环、静止环、辅助密封圈、弹簧使用的材料应有质量证明书。机械密封的密封液选择必须考虑与工艺的相容性
	制造	①密封腔体等承压锻件应按 JB 4726①、JB 4728②相应规定进行加工,并有检验报告 ②旋转环、静止环、静环座应采取消除加工应力措施 ③旋转环、静止环密封端面不应有划伤、气孔、凹陷等影响密封性能的缺陷,密封端面平面度按 JB/T 7369 进行检测,平面度不大于 0.9μm,表面粗糙度 $Ra \leqslant 0.20\mu m$ ④旋转环、静止环密封圈接触端面与密封圈端面的平行度公差按 GB/T 1184—1996 附录 B 表 B.3 的 5 级公差规定 ⑤密封腔体托装静止环平面部位进行研磨,用红丹粉涂色检查,其贴合率应大于 80% ⑥旋转环、静止环与辅助密封圈接触部位的表面粗糙度 $Ra \leqslant 1.6\mu m$,外圆或内孔尺寸公差分别为 h8 或 H8 ⑦旋转环密封端面与旋转环辅助密封圈接触的内孔垂直度及静止环密封端面与静止环辅助密封圈接触的外圆垂直度按 GB/T 1184—1996 附录 B 表 B.3 的 6 级公差规定 ⑧弹簧内径、外径、自由高度、工作压力、弹簧中心线与两端面垂直度等公差值均按 GB/T 1239.2—2009 的 2 级精度规定 ⑨未注公差尺寸的极限偏差按 GB/T 1804—2000 的 f 级公差规定
	泄漏量	①隔离流体为油品时泄漏量规定为:轴径不大于 80mm 时,泄漏量不大于 5mL/h;轴径大于 80mm 时,泄漏量不大于 8mL/h。泄漏量测量方法按照 HG/T 2099—2003③附录 B 的 B.2.2 规定进行 ②工作介质为有毒、易燃、易爆的气体时,其泄漏量参照有关安全规定
	试验及其方法	①釜用高压机械密封产品出厂前必须先进行气密性试验,试验压力为最高工作压力,保压时间不小于 15min,压力降应小于 10%工作压力。气密性试验合格后再进行静压试验及运转试验,泄漏量的规定按上面“泄漏量”要求 ②静压试验介质为油,试验压力为设计压力的 1.25 倍,保压时间不小于 15min,然后将试验压力缓慢降低至最高工作压力,并保压 6h ③运转试验压力为最高工作压力,运转试验时间由使用单位与制造单位协商确定 ④运转试验记录应包括的主要内容:密封型号、规格、试验及安装情况,试验时隔离流体进出口温度及流量,密封泄漏量,轴承温度,等

续表

项目		说明
要求	安装使用	①安装釜用高压机械密封部位的轴（或轴套）时，碳钢或不锈钢材料的搅拌轴（或轴套）的外径尺寸公差为 h6，表面粗糙度 $Ra\leqslant 1.6\mu m$ ②釜用高压机械密封为“反应釜搅拌密封装置”结构时，其技术要求见图 1 及表 1

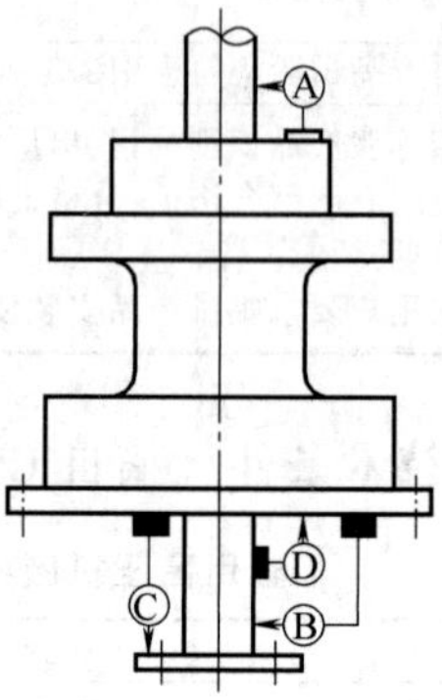

图 1　测定部位图

表 1　密封结构技术要求

mm

项目	测定部位	搅拌轴径				
		≤60	>60~<80	80~<100	100~<140	140~220
径向摆动量	A	0.08	0.08	0.10	0.15	0.20
径向摆动量	B	0.20	0.20	0.25	0.30	0.30
轴向窜动量	C	±0.10	±0.10	±0.10	±0.15	±0.2
垂直度	D	0.05	0.08	0.08	0.10	0.10

③釜用高压机械密封工作时，应按 HG/T 2122—2003④ 的规定配置辅助系统，其隔离流体压力应高于釜内工作压力 0.25~0.5MPa，隔离液体应循环冷却，其流量不小于 15L/min

④釜内介质温度高于 80℃时，必须采用相应冷却措施，隔离流体进出口温度差应不大于 30℃

⑤在安装使用正确的情况下，工作介质为中性或弱腐蚀性气体或液体时，机械密封的使用期一般为 8000h；工作介质为较强腐蚀性或挥发性气体时，机械密封的使用期一般为 4000h。特殊情况不受此限

项目	说明
标记与包装	①包装箱上应标明产品型号、代号、出厂日期、制造厂名称、产品生产许可证编号等 ②包装箱内附有产品合格证及试验记录 ③制造厂应提供产品安装使用说明书
成套供应和验收规则	①制造厂根据用户要求，成套供应或零件供应 ②用户有权按本标准规定对交货产品进行抽样检验

① JB 4726 现行标准为 NB/T 47008—2017。
② JB 4728 现行标准为 NB/T 47010—2017。
③ HG/T 2099—2003 现行标准为 HG/T 2099—2022。
④ HG/T 2122—2003 现行标准为 HG/T 2122—2020。

10 螺旋密封

10.1 螺旋密封方式、特点及应用

表 10-3-71 螺旋密封方式、特点及应用

密封方式	简图	原理及应用	特点及说明
利用被密封介质密封液体	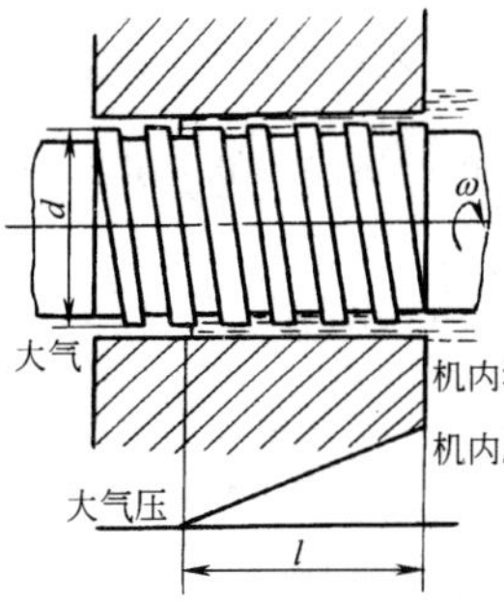	密封液采用被密封介质，螺旋槽为一段，单旋向。当轴旋转时，充满在槽内的液体产生泵送压头，在密封室内侧产生最高压力，与被密封介质压力相平衡，即压力差 $\Delta p=0$，从而阻止被密封介质外漏 用于密封液体或液气混合物，压力小于 2MPa，线速度小于 30m/s 的场合。如石油工业输送黏度较大的原油、渣油、重柴油、润滑油的各种离心泵上，以及核工业和宇航技术领域	①螺旋密封的轴表面开有螺旋槽，而孔为光滑表面。亦可反之 ②螺旋密封需采用高黏度液体作为密封液。真空密封是螺旋密封中的一种特殊型式，本节介绍的计算公式不适用 ③螺旋密封系无接触式密封，没有摩擦零件，故使用寿命长 ④要求安装精度低 ⑤特别适合于高温、深冷、腐蚀性和带有颗粒介质及苛刻条件下的密封 ⑥加工方便、结构简单，但需要停机密封，使结构复杂，尺寸加大 ⑦消耗功率小，发热量小。通常，被密封介质压力 $p<1.0$MPa 时需冷却夹套散热；$p>1.0$MPa 时需采用强制循环冷却 ⑧当圆周速度 $v>30$m/s 时，密封液将产生乳化，所以不推荐使用 ⑨需注意轴的旋转方向，螺旋赶油方向应与油泄漏方向相反
利用外供液体密封气体或密封真空	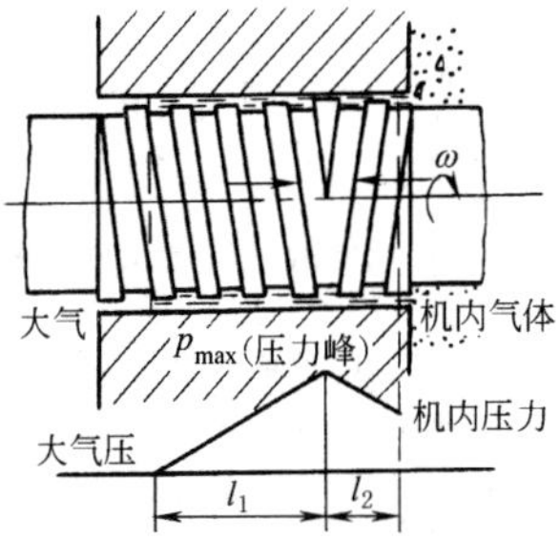	密封液需采用外部供给的高黏度液体。螺旋槽为两段，旋向相反。当轴旋转时，将密封液挤向中间，形成液封。液封的压力峰稍高于或等于被密封介质的压力。为保持液封工作的稳定，应在两段螺旋之间设有一定长度的光滑段 常用于密封气体或密封真空，能使泄漏量降到 $10^{-4}\sim10^{-5}$mL/s（标准状态下），如二氧化碳循环压缩机，被密封气体为放射性二氧化碳，压力为 0.8MPa	
形成真空陷阱密封真空	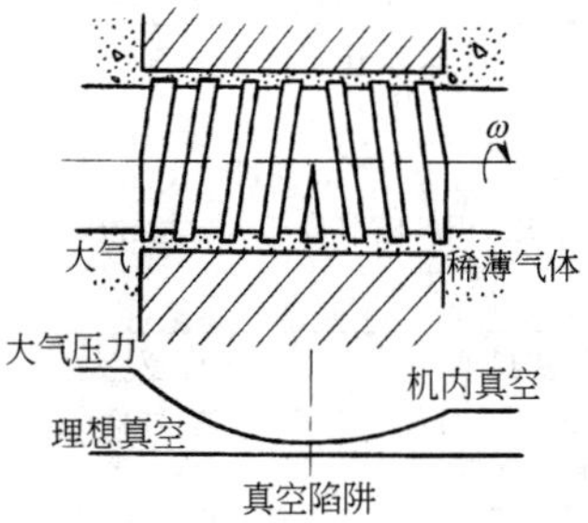	不需要密封液。螺旋槽为两段，旋向相反。轴在高速旋转时，两反向螺旋将中间部分的气体向两侧排出，中间形成真空陷阱，实现真空密封	

注：在参考文献［17］中，将螺旋密封方式分为“单向回流式螺旋密封”“双向增压式螺旋密封”和“双向抽空式螺旋密封”。

10.2 螺旋密封设计要点

表 10-3-72 螺旋密封设计要点

设计要点	说明
赶油方向	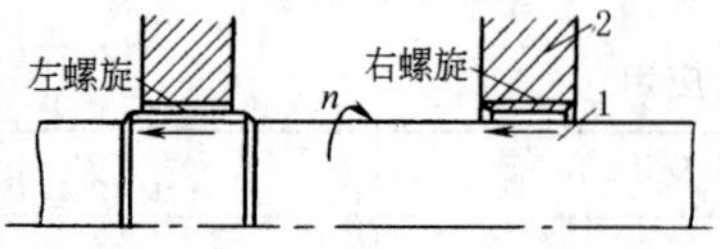 对于螺旋密封的赶油方向要特别注意，若把方向搞错，则不但不能密封，相反，却把液体赶向漏出方向，使泄漏量大为增加 图中表明了螺旋密封的赶油方向。设轴的旋转方向 n 从右向左看为顺时针方向。如欲使赶油方向向左，当螺纹加工于轴 1 上时，则应为左螺纹；当螺纹加工于壳体 2 的孔内时，则螺纹方向应与前者相反，为右螺纹
密封间隙	螺旋密封的间隙愈小，对密封愈有利。如果间隙大，则液体介质不能同时附着于轴与孔的表面上。若液体介质仅附着于孔壁而与轴分离，则螺旋密封不起赶油作用，即密封无效 为了尽可能减小此间隙，但又避免轴碰到壳体的孔壁而磨坏，在壳体的内孔表面涂一层石墨，这样万一轴变形而碰到壳体孔壁，将仅仅刮下一些石墨，而不致产生金属接触摩擦 通常，间隙 $c=(0.6/1000\sim2.6/1000)d$，或取 $c=0.2\text{mm}$，d 为密封轴径
螺纹型式	螺纹型式：有普通三角形螺纹、锯齿形螺纹、梯形螺纹、半圆形螺纹、矩形螺纹。螺纹的头数可以是单头，或多头，但对于转速较低的螺旋密封，最好选用多头螺纹 从提高密封压力角度考虑，选用三角形螺纹最好，梯形螺纹中等，矩形螺纹最差 从提高输油量角度考虑，选用梯形螺纹最好，三角形螺纹中等，矩形螺纹最差，但因矩形螺纹加工方便，所以应用仍较广

矩形螺纹尺寸					
轴直径/mm	10~18	>18~30	>30~50	>50~80	>80~120
直径间隙/mm	0.045~0.094	0.060~0.118	0.075~0.142	0.095~0.175	0.120~0.210
螺距/mm	3.5	7,10	7,10	10	16,24
螺纹头数	1	2	2	3	4
螺纹槽宽/mm	1	1	1.5,2	1.5	2
螺纹槽深/mm	0.5	0.5	1.0	1.0	1.0

设计要点	说明
矩形螺纹槽参数	螺旋角 α：加大 α 角，能使密封浸油长度减小。当 $\alpha=15°39'$ 时，浸油长度最小，如果螺旋角继续加大，浸油长度反而加大，所以一般选 $\alpha=7°\sim15°39'$ 螺纹槽形状比 w：对螺纹槽中液体流动情况有影响。为了保证层流状态，螺纹槽形状比 w 不小于 4 相对螺纹槽宽比 u：u 值大，使密封浸油长度加大，对密封不利，一般取 $u=0.5$ 或 $u=0.8$ 相对螺纹槽深 v：一般取 $v=4\sim8$ 当 $u=0.5$，$\alpha=8°41'$，$v=5$ 时，消耗功率最小，但随 α 增大或减小，消耗功率增大 当 $u=0.5$，$\alpha=15°39'$，$v=4$ 时，密封浸油长度最小，但 $\alpha>15°39'$ 时，浸油长度增大 输送油品的离心泵选取 $u=0.5$、$v=4$、$\alpha=15°39'$ 较为合适
密封轴线速度	在一定速度范围内，加大线速度能提高密封性能或减小密封浸油长度，但超过一定速度时，密封发热，使温度升高；由于轴的搅动，大气中的空气混入，降低密封性能，所以螺旋密封宜使用在线速度小于 24m/s 的场合
轴与轴孔的偏心	当偏心量微小时，对密封液层流状态影响不大；但偏心量较大时，螺纹与孔之间的间隙一边会很宽，另一边会很窄，造成流动阻力不同，泄漏会在宽间隙一侧产生，同时会降低密封的使用寿命
密封压差	密封压差主要由被密封介质压力决定。如果密封液就是机内被密封介质，则密封压差等于机内被密封介质压力与大气压力之差；如果被密封介质为气体，其压力为 p_1，则密封液压力 p_2 应略高于 p_1，密封压差 $\Delta p=p_2-p_1$，通常取 $\Delta p\approx0.05\sim0.1\text{MPa}$；如果机内为负压，则 p_2 应略高于大气压力
密封液	密封气体时，密封液的选择是很重要的。它应满足下列要求：密封液对被密封的气体必须是稳定的；密封液有较大的黏度和较平坦的黏度-温度曲线，必要时需设有冷却措施；密封液有较大的热导率、表面张力；密封液有较低的饱和蒸气压，对真空密封尤为重要；对被密封气体有较小的溶解度
停车密封	由于螺旋密封在低速和静止状态不能起密封作用，故设计既简单又可靠的停车密封是很重要的。停车密封有多种，如皮碗、骨架油封、滑阀式、端面式等

续表

设计要点	说明	
回油结构	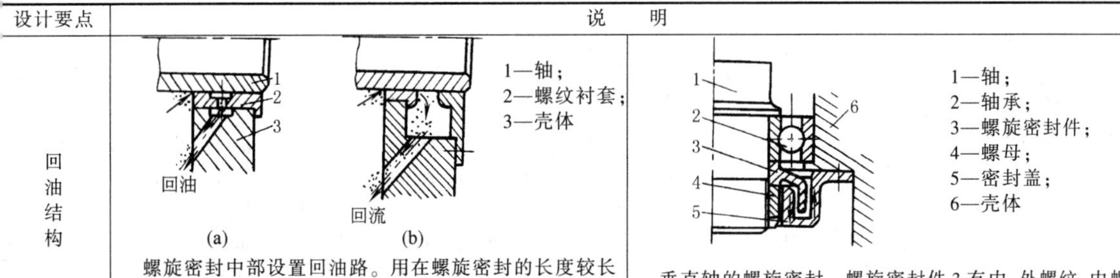 螺旋密封中部设置回油路。用在螺旋密封的长度较长的情况。图a是在螺纹衬套2的中部有环槽，通向回油孔。图b是将螺纹衬套分为两部分，两部分之间有很大的回油空间，以便回油，使密封效果更好	垂直轴的螺旋密封。螺旋密封件3有内、外螺纹，内螺纹将漏出的润滑脂往下赶回，外螺纹将润滑脂往上赶回，最后把润滑脂赶回到密封盖5与轴承之间的空间中

10.3 矩形螺纹的螺旋密封计算

表 10-3-73　　矩形螺纹的螺旋密封计算方法

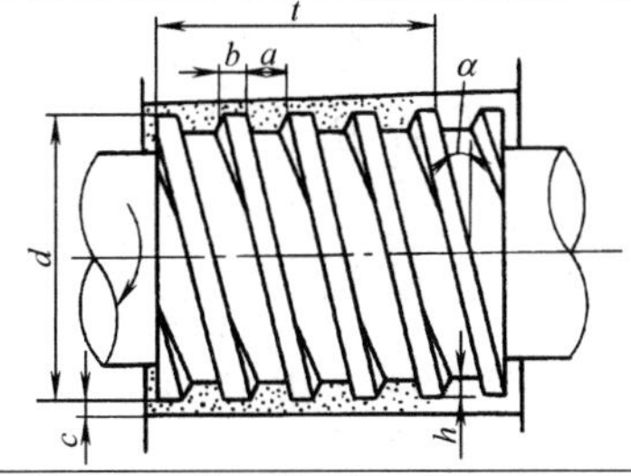

项　目	符号	计　算　公　式	说　明
螺纹导程/mm	S	$S=\pi d\tan\alpha$	d——密封轴径，m α——螺旋角，(°) w——螺纹槽形状比 u——相对螺纹槽宽，mm v——相对螺纹槽深，mm c——密封间隙，mm μ——密封液动力黏度，Pa·s ω——轴的角速度，s^{-1} $\omega=\frac{\pi n}{30}$ n——轴的转速，r/min Δp——密封压差，MPa $\Delta p=p_1-p_2$ p_1——密封腔压力，MPa p_2——密封腔外部压力，或大气压力，MPa U——密封轴线速度，m/s λ——密封油热导率，W/(m·℃) ρ——密封油密度，kg/m^3 T_1——环境温度，℃ ΔT——温升，℃
螺纹槽深/mm	h	$h=(v-1)c$	
螺纹头数	i	$i\geqslant\frac{2d}{l_1}$，浸油长度短时，需要螺纹头数多；反之，需要螺纹头数少。通常，根据轴径按表10-3-72选取	
螺纹槽宽/mm	a	$a=\frac{u\pi d\tan\alpha}{i}=\frac{uS}{i}$	
螺纹齿宽/mm	b	$b=(1-u)\frac{\pi d\tan\alpha}{i}=(1-u)\frac{S}{i}$	
螺纹槽形状比	w	$w\geqslant\frac{a}{h}$	
密封系数	$C_{\Delta p}$	$C_{\Delta p}=\frac{u(1-u)(v-1)(v^3-1)\tan\alpha}{(1+\tan^2\alpha)v^3+u(1-u)(v^3-1)^2\tan^2\alpha}$ 或查表10-3-74，得出$1/C_{\Delta p}$	
单位压差的浸油长度/mm·MPa^{-1}	$l/\Delta p$	$\frac{l}{\Delta p}=\frac{10^3c^2}{3\mu\omega d}\times\frac{1}{C_{\Delta p}}$	
密封螺纹浸油长度/mm	l	$l=(l/\Delta p)\times\Delta p$	
螺纹结构长度/mm	L	$L=l+a$	
功率消耗系数	C_P	$C_P=1-u+\frac{u}{v}+3\times\frac{\tan^2\alpha(1-u)(v-1)^2(1-u+uv^3)}{(1+\tan^2\alpha)v^3+(1-u)(v^3-1)^2\tan^2\alpha}$ 或查表10-3-75	
消耗功率/kW	P	$P=\frac{\pi\mu\omega^2d^3LC_P}{4080c}$	
螺纹工作温度/℃	T	$T=T_1+\Delta T=T_1+\frac{\mu U^2}{2\lambda}$	
雷诺数	Re	$Re=\frac{\omega dc\rho}{2u}\leqslant Re_c$	
临界雷诺数	Re_c	$Re_c=41.1\times\left[\frac{d/2}{(1-u)c+uvc}\right]^{1/2}$	

表 10-3-74　　**密封系数 $C_{\Delta p}$ 与螺旋参数（$\tan\alpha$、u、v）的关系**

螺旋参数		α									
		2°33′	3°17′	4°22′	5°6′	6°32′	8°41′	10°7′	15°39′	19°37′	21°17′
tanα		0.04456	0.0573	0.07639	0.08913	0.1146	0.1528	0.1783	0.2801	0.3565	0.5157
v	μ										
2	0.5	103.1	80.44	60.73	52.32	41.22	31.99	27.70	19.56	16.95	14.83
	0.7	122.7	95.69	72.19	62.17	48.91	37.52	32.74	22.91	19.70	16.97
	0.8	106.7	125.5	94.59	81.40	63.95	48.91	42.58	29.46	25.03	21.14
	0.9	285.9	222.7	174.2	144.2	111.6	86.11	74.73	50.85	42.64	34.78
3	0.5	46.21	37.11	28.34	24.65	19.85	15.90	14.34	11.64	11.20	11.80
	0.7	56.20	44.04	33.55	29.12	23.35	18.53	16.63	13.16	12.45	12.77
	0.8	73.55	57.57	43.72	37.86	30.18	23.72	21.10	16.14	14.89	14.07
	0.9	130.3	101.8	76.96	66.40	52.49	40.62	35.70	25.85	22.87	20.87
4	0.5	30.39	24.92	19.44	17.19	14.38	12.28	11.58	11.10	11.77	14.15
	0.7	37.20	29.44	22.84	20.11	16.66	14.01	13.08	12.09	12.58	14.79
	0.8	48.53	38.26	29.41	25.81	21.12	17.38	15.99	14.03	14.18	16.03
	0.9	85.53	67.08	51.15	44.42	35.67	28.41	25.52	20.37	19.38	20.07
6	0.5	19.99	16.54	13.87	12.92	12.03	11.95	12.32	15.14	17.87	22.18
	0.7	24.18	19.22	15.88	14.65	13.39	12.98	13.20	15.73	18.35	24.52
	0.8	30.15	24.45	19.82	18.03	16.03	14.98	14.93	16.88	19.30	25.26
	0.9	51.12	41.55	32.68	29.08	24.66	21.52	20.59	20.64	22.39	27.66
8	0.5	16.13	14.21	13.16	22.98	13.43	14.99	16.33	22.65	27.83	39.05
	0.7	18.53	16.12	14.55	14.21	14.39	15.72	16.96	23.07	28.18	39.32
	0.8	23.37	19.85	17.36	16.62	16.27	17.15	18.19	23.89	28.85	39.84
	0.9	39.01	32.03	26.52	24.49	22.43	21.81	22.22	26.57	31.05	41.55
10	0.5	14.95	14.15	14.34	14.92	16.65	19.94	22.37	32.8	40.98	
	0.7	16.85	15.63	15.45	15.88	17.40	20.51	22.86	33.13	41.25	
	0.8	20.58	18.53	17.63	17.75	18.87	21.62	23.81	33.77	41.77	
	0.9	32.73	28.00	24.75	23.87	23.64	25.24	26.94	35.85	43.48	
12	0.5	15.18	15.37	16.78	18.11	21.21	26.43	30.10	45.37	55.43	
	0.7	16.73	16.58	17.70	18.89	21.82	26.89	30.50	45.64	55.91	
	0.8	19.78	18.95	19.48	20.42	23.02	27.80	31.28	46.16	57.77	
	0.9	29.70	26.69	25.30	25.42	26.93	30.76	33.84	47.87	59.17	
14	0.5	16.32	17.48	20.15	22.29	26.90	34.30	39.40	60.29	76.14	
	0.7	17.64	18.50	20.94	22.95	27.42	34.69	39.74	60.51	76.38	
	0.8	20.21	20.51	22.45	24.24	28.43	35.46	40.40	60.95	76.74	
	0.9	28.59	27.06	27.37	28.47	31.74	37.97	42.57	62.39	77.92	

注：表中的 α 是按 $\alpha=\arctan t$ 求得的近似值（以下类推），$t=S/2d$。

表 10-3-75　　**功率消耗系数 C_P**

螺旋参数		α									
		2°33′	3°17′	4°22′	5°6′	6°32′	8°41′	10°7′	15°39′	19°37′	27°17′
tanα		0.04456	0.05730	0.07639	0.08913	0.1146	0.1528	0.1783	0.2801	0.3565	0.5157
v	u										
2	0.5	0.7508	0.7514	0.7524	0.7533	0.7554	0.7593	0.7624	0.7776	0.7906	0.8171
	0.7	0.6509	0.6515	0.6527	0.6536	0.6559	0.6603	0.6638	0.6809	0.6958	0.7268
	0.8	0.6008	0.6013	0.6023	0.6031	0.6051	0.6088	0.6118	0.6269	0.6402	0.6690
	0.9	0.5505	0.5508	0.5514	0.5519	0.5532	0.5556	0.5575	0.5672	0.5762	0.5964
3	0.5	0.6700	0.6720	0.6757	0.6787	0.6857	0.6981	0.7149	0.7448	0.7698	0.8082
	0.7	0.5368	0.5391	0.5436	0.5469	0.5530	0.5698	0.5808	0.6276	0.6602	0.7122
	0.8	0.4697	0.4717	0.4755	0.4785	0.4858	0.4991	0.5092	0.5540	0.5871	0.6435
	0.9	0.4019	0.4032	0.4056	0.4076	0.4123	0.4211	0.4281	0.4610	0.4878	0.5392
4	0.5	0.6316	0.6357	0.6432	0.6491	0.6620	0.6828	0.6965	0.7422	0.7556	0.7942
	0.7	0.4827	0.4875	0.4966	0.5038	0.5193	0.5453	0.5629	0.6243	0.6575	0.6997
	0.8	0.4067	0.6410	0.4190	0.4254	0.4398	0.4645	0.4815	0.5466	0.5846	0.6325
	0.9	0.3293	0.3320	0.3370	0.3415	0.3515	0.3693	0.3826	0.4384	0.4766	0.5368

续表

螺旋参数		α									
		2°33′	3°17′	4°22′	5°6′	6°32′	8°41′	10°7′	15°39′	19°37′	27°17′
tanα		0.04456	0.05730	0.07639	0.08913	0.1146	0.1528	0.1783	0.2801	0.3565	0.5157
v	u										
6	0.5	0.6002	0.6095	0.6250	0.6355	0.6554	0.6797	0.6929	0.7234	0.7343	0.7450
	0.7	0.4368	0.4482	0.4675	0.4810	0.5072	0.5411	0.5594	0.6049	0.6220	0.6625
	0.8	0.3511	0.3616	0.3798	0.3929	0.4196	0.4564	0.4774	0.5336	0.5562	0.5797
	0.9	0.2616	0.2687	0.2817	0.2916	0.3130	0.3463	0.3675	0.4341	0.4661	0.5030
8	0.5	0.5916	0.6050	0.6239	0.6349	0.6525	0.6699	0.6776	0.6928	0.6975	0.7017
	0.7	0.4228	0.4399	0.4649	0.4799	0.5049	0.5308	0.5425	0.5660	0.5740	0.5808
	0.8	0.3321	0.3486	0.3741	0.3903	0.4186	0.4501	0.4651	0.4976	0.5081	0.5180
	0.9	0.2341	0.2464	0.2659	0.2814	0.3093	0.3405	0.3645	0.4128	0.4300	0.4476
10	0.5	0.5903	0.6048	0.6221	0.6308	0.6431	0.6537	0.6578	0.6655	0.6677	
	0.7	0.4200	0.4394	0.4636	0.4760	0.4946	0.5110	0.5176	0.5300	0.5336	
	0.8	0.3268	0.3469	0.3737	0.3885	0.4114	0.4329	0.4419	0.4594	0.4646	
	0.9	0.2231	0.2398	0.2651	0.2808	0.3079	0.3373	0.3510	0.3801	0.3895	
12	0.5	0.5902	0.6033	0.6169	0.6230	0.6310	0.6372	0.6391	0.6437	0.6448	
	0.7	0.4198	0.4382	0.4581	0.4674	0.4797	0.4897	0.4935	0.5002	0.5020	
	0.8	0.3262	0.3466	0.3703	0.3820	0.3982	0.4119	0.4173	0.4270	0.4297	
	0.9	0.2195	0.2388	0.2647	0.2792	0.3014	0.3226	0.3316	0.3489	0.3541	
14	0.5	0.5890	0.5997	0.6696	0.6137	0.6188	0.6226	0.6240	0.6264	0.6270	
	0.7	0.4190	0.4346	0.4496	0.4561	0.4642	0.4703	0.4725	0.4764	0.4775	
	0.8	0.3259	0.3443	0.3633	0.3718	0.3829	0.3916	0.3948	0.4005	0.4021	
	0.9	0.2189	0.2386	0.2623	0.2742	0.2911	0.3056	0.3114	0.3216	0.3249	

例 一台离心泵，转速 $n=1450\text{r/min}$，密封腔压力 $p_1=0.2\text{MPa}$，密封轴径 $d=130\text{mm}$（0.13m，即螺纹直径），输送介质为原油，温度 $T_1=40℃$，黏度 $\mu=0.02041\text{Pa}\cdot\text{s}$，热导率 $\lambda=0.1373\text{W/(m}\cdot℃)$，密度 $\rho=855\text{kg/m}^3$。

（1）确定螺纹导程 S

考虑加工方便，确定采用矩形螺纹槽螺旋密封。根据表 10-3-72 选用螺旋角 $\alpha=15°39'$（$\tan\alpha=0.2801$），并根据已知条件计算螺纹导程：

$$S=\pi d\tan\alpha=3.1416\times130\times0.2801=114.4\ (\text{mm})$$

（2）确定相对螺纹槽深 v

根据表 10-3-72，取 $v=4$。

（3）计算螺纹槽深 h

根据表 10-3-72，取密封间隙 $c=0.2\text{mm}$，则螺纹槽深：

$$h=(v-1)c=(4-1)\times0.2=0.6\ (\text{mm})$$

（4）计算螺纹槽宽 a、齿宽 b

根据表 10-3-72，选用相对螺纹槽宽 $u=0.5$，螺纹头数 $i=4$。为了缩短螺纹浸油长度，现取 $i=6$，则

$$a=\frac{u\pi d\tan\alpha}{i}=\frac{uS}{i}=\frac{0.5\times114.4}{6}=9.53\ (\text{mm})$$

$$b=(1-u)\frac{\pi d\tan\alpha}{i}=(1-u)\frac{S}{i}=(1-0.5)\times\frac{114.4}{6}=9.53\ (\text{mm})$$

（5）核算螺纹槽形状比 w

$$w=\frac{a}{h}=\frac{9.53}{0.6}=15.88$$

$w>4$，符合要求。

（6）计算密封系数 $C_{\Delta p}$

$$C_{\Delta p}=\frac{u(1-u)(v-1)(v^3-1)\tan\alpha}{(1+\tan^2\alpha)v^3+\tan^2\alpha u(1-u)(v^3-1)^2}=\frac{0.5\times(1-0.5)(4-1)(4^3-1)\times0.2801}{(1+0.2801^2)\times4^3+0.2801^2\times0.5\times(1-0.5)(4^3-1)^2}=0.09$$

或查表 10-3-74，得 $1/C_{\Delta p}=11.1$。

(7) 计算单位压差的浸油长度 $l/\Delta p$

$$\text{轴角速度}\quad \omega=\frac{\pi n}{30}=\frac{3.14\times1450}{30}=151.8\ (\text{s}^{-1})$$

$$\frac{l}{\Delta p}=\frac{10^3c^2}{3\mu\omega d}\times\frac{1}{C_{\Delta p}}=\frac{10^3\times0.2^2\times11.1}{3\times0.02041\times151.8\times0.13}=367.5\ (\text{mm/MPa})$$

(8) 计算密封螺纹浸油长度 l

密封腔外的压力为大气压，即 $p_2=0$，所以密封压差 $\Delta p=p_1-p_2=0.2-0=0.2\text{MPa}$，则密封螺纹浸油长度

$$l=(l/\Delta p)\times\Delta p=367.5\times0.2=73.5\ (\text{mm})$$

(9) 计算螺纹结构长度 L

$$L=l_1+a=73.5+9.53=83.03\ (\text{mm})$$

取螺纹结构长度 $L=90\text{mm}$。

(10) 核算螺纹头数

$$i\geqslant\frac{2d}{l_1}=\frac{2\times130}{73.5}=3.54$$

现取 $i=6$，符合要求。

(11) 计算功率消耗系数 C_P

$$C_P=1-u+\frac{u}{v}+3\times\frac{\tan^2\alpha(1-u)(v-1)^2(1-u+uv^3)}{(1+\tan^2\alpha)v^3+(1-u)(v^3-1)^2\tan^2\alpha}$$

$$=0.5+\frac{0.5}{4}+3\times\frac{0.2801^2\times(1-0.5)(4-1)^2(1-0.5+0.5\times4^3)}{(1+0.2801^2)\times4^3+(1-0.5)(4^3-1)^2\times0.2801^2}=0.7422$$

(12)计算消耗功率 P

$$P=\frac{\pi\mu\omega^2d^2LC_P}{4080c}=\frac{3.14\times0.02041\times151.8^2\times0.13^2\times83.03\times0.7422}{4080\times0.2}=0.245\ (\text{kW})$$

(13)计算螺纹工作温度 T

密封轴线速度

$$U=\frac{\pi dn}{60}=\frac{3.14\times0.13\times1450}{60}=9.867\ (\text{m/s})$$

$$T=T_1+\Delta T=T_1+\frac{\mu U^2}{2\lambda}=40+\frac{0.02041\times9.867^2}{2\times0.1373}=40+7.2=47.2\ (^\circ\text{C})$$

(14)判别流态

螺纹段流体的雷诺数

$$Re=\frac{\omega dc\rho}{2\mu}=\frac{151.8\times0.13\times0.2\times10^{-3}\times855}{2\times0.02041}=82.7$$

螺纹段流体由层流转向紊流的临界雷诺数：

$$Re_c=41.1\times\left[\frac{d/2}{(1-u)c+uvc}\right]^{1/2}$$

$$=41.1\times\left[\frac{130/2}{(1-0.5)\times0.2+0.5\times4\times0.2}\right]^{1/2}=468.6$$

因 $Re<Re_c$，所以螺纹段流体处于层流工况，说明上述计算均适用。

第4章 密封件及其沟槽

1 圆橡胶、圆橡胶管密封（摘自 JB/ZQ 4609—2006）

表 10-4-1 圆橡胶、圆橡胶管密封 mm

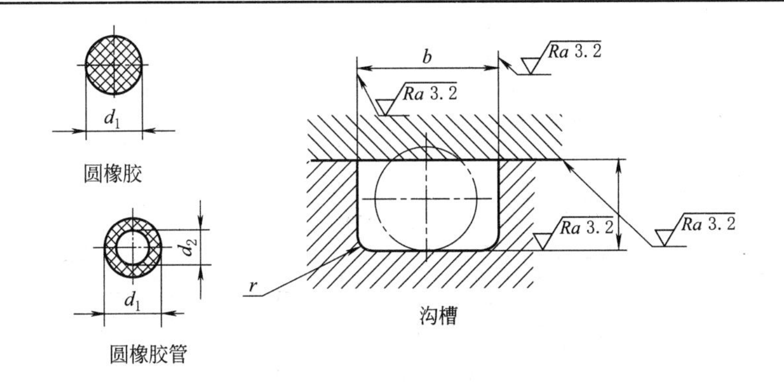

适用范围：用于密封没有工作压力或工作压力很小的场合

材料：可参考 GB/T 3452.5—2022 选择

标记示例：

(a)直径 $d_1=10$mm，长度 500mm 的圆橡胶，标记为

圆橡胶 A10×500 JB/ZQ 4609—2006

(b)直径 $d_1=10$mm，$d_2=5$mm，长度 500mm 的圆橡胶管，标记为

圆橡胶管 B10×5×500 JB/ZQ 4609—2006

公称直径	d_1	3	4	5	6	8	10	12	14	17	20
	d_2	—	—	—	3	5	5	6	6	6	8
	极限偏差	±0.3	±0.4			±0.5		±0.6			±0.8
沟槽	b	4	6	7	8	10	12	14	16	20	24
	r	0.6	0.6	0.6	0.6	1	1	1	1.6	1.6	1.6
	$t^{+0.1}_{0}$	2	3	4	4.8	6.6	8.6	10.5	12.4	15.3	18

注：1. 长度按照槽内边计算。

2. 圆橡胶和圆橡胶管的粘接形式见下图：

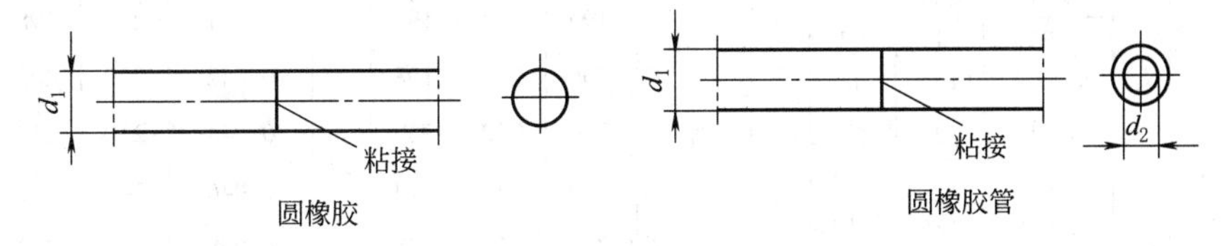

2　油封毡圈（摘自 FZ/T 92010—1991）

表 10-4-2　　**油封毡圈**　　mm

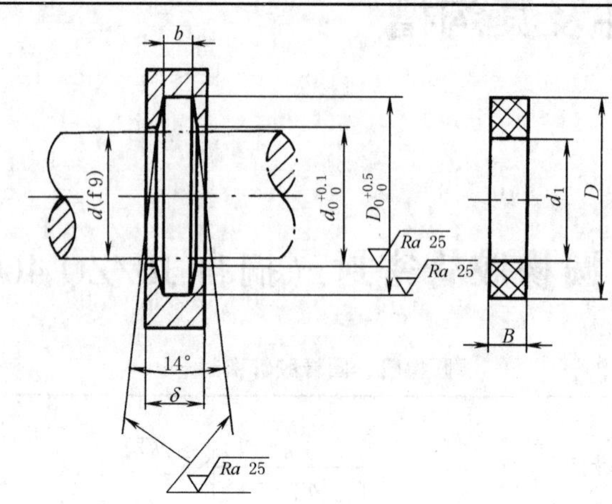

适用范围：适用于速度在 5m/s 以下的轴承油封毡圈

材料：毛毡

轴径 d_0 = 25mm 的油封毡圈的标记示例：

毡圈　25　FZ/T 92010—1991

轴径 d (f9)	毡圈				槽				
	D	d_1	B	质量/kg	D_0	d_0	b	δ_{min} 用于钢	δ_{min} 用于铸铁
15	29	14	6	0.0010	28	16	5	10	12
20	33	19		0.0012	32	21			
25	39	24	7	0.0018	38	26	6		
30	45	29		0.0023	44	31			
35	49	34		0.0023	48	36			
40	53	39		0.0026	52	41			
45	61	44	8	0.0040	60	46	7	12	15
50	69	49		0.0054	68	51			
55	74	53		0.0060	72	56			
60	80	58		0.0069	78	61			
65	84	63		0.0070	82	66			
70	90	68		0.0079	88	71			
75	94	73		0.0080	92	77			
80	102	78	9	0.011	100	82	8	15	18
85	107	83		0.012	105	87			
90	112	88		0.012	110	92			
95	117	93	10	0.014	115	97			
100	122	98		0.015	120	102			
105	127	103		0.016	125	107			
110	132	108	10	0.017	130	112	8	15	18
115	137	113		0.018	135	117			
120	142	118		0.018	140	122			
125	147	123		0.018	145	127			
130	152	128	12	0.030	150	132	10	18	20
135	157	133		0.030	155	137			
140	162	138		0.032	160	143			
145	167	143		0.033	165	148			
150	172	148		0.034	170	153			
155	177	153		0.035	175	158			
160	182	158		0.035	180	163			
165	187	163		0.037	185	168			
170	192	168		0.038	190	173			
175	197	173		0.038	195	178			
180	202	178		0.038	200	183			
185	207	182		0.039	205	188			
190	212	188		0.039	210	193			
195	217	193	14	0.041	215	198	12	20	22
200	222	198		0.042	220	203			
210	232	208		0.044	230	213			
220	242	218		0.046	240	223			
230	252	228		0.048	250	233			
240	262	238		0.051	260	243			

3 Z形橡胶油封（摘自JB/ZQ 4075—2006）

表 10-4-3 **Z形橡胶油封** mm

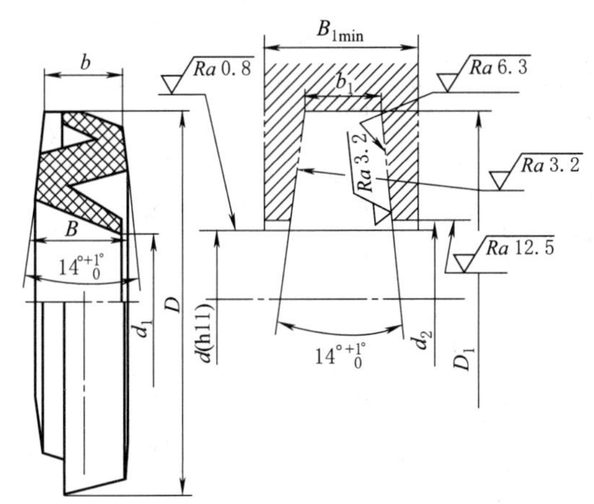

适用范围：用于轴速小于等于6m/s的滚动轴承及其他机械设备中。工作温度-25~80℃，起防尘和封油作用

材料：丁腈橡胶 XA Ⅰ 7453 HG/T 2811—1996

标记示例： d=100mm的Z形橡胶油封，标记为

油封 Z100 JB/ZQ 4075—2006

<table>
<tr><th rowspan="3">轴径
d
(h11)</th><th colspan="5">油封</th><th colspan="8">沟槽</th></tr>
<tr><th rowspan="2">D</th><th colspan="2">d_1</th><th rowspan="2">b</th><th rowspan="2">B</th><th colspan="2">D_1</th><th colspan="2">d_2</th><th colspan="2">b_1</th><th colspan="2">B_{1min}</th></tr>
<tr><th>基本尺寸</th><th>极限偏差</th><th>基本尺寸</th><th>极限偏差</th><th>基本尺寸</th><th>极限偏差</th><th>基本尺寸</th><th>极限偏差</th><th>用于钢</th><th>用于铸铁</th></tr>
<tr><td>10</td><td>21.5</td><td>9</td><td rowspan="11">+0.30
+0.15</td><td rowspan="5">3</td><td rowspan="5">3.8</td><td>21</td><td rowspan="4">+0.21
0</td><td>11</td><td rowspan="4">+0.18
0</td><td rowspan="5">3</td><td rowspan="5">+0.14
0</td><td rowspan="5">8</td><td rowspan="5">10</td></tr>
<tr><td>12</td><td>23.5</td><td>11</td><td>23</td><td>13</td></tr>
<tr><td>15</td><td>26.5</td><td>14</td><td>26</td><td>16</td></tr>
<tr><td>17</td><td>28.5</td><td>16</td><td>28</td><td>18</td></tr>
<tr><td>20</td><td>31.5</td><td>19</td><td>31</td><td rowspan="4">+0.25
0</td><td>21.5</td><td rowspan="2">+0.21
0</td></tr>
<tr><td>25</td><td>38.5</td><td>24</td><td rowspan="5">4</td><td rowspan="5">4.9</td><td>38</td><td>26.5</td><td rowspan="5">4</td><td rowspan="13">+0.18
0</td><td rowspan="9">10</td><td rowspan="9">12</td></tr>
<tr><td>30</td><td>43.5</td><td>29</td><td>43</td><td>31.5</td><td rowspan="4">+0.25
0</td></tr>
<tr><td>(35)</td><td>48.5</td><td>34</td><td>48</td><td>36.5</td></tr>
<tr><td>40</td><td>53.5</td><td>39</td><td>53</td><td rowspan="6">+0.30
0</td><td>41.5</td></tr>
<tr><td>45</td><td>58.5</td><td>44</td><td>58</td><td>46.5</td></tr>
<tr><td>50</td><td>68</td><td>49</td><td rowspan="4">5</td><td rowspan="4">6.2</td><td>67</td><td>51.5</td><td rowspan="6">+0.30
0</td><td rowspan="4">5</td></tr>
<tr><td>(55)</td><td>73</td><td>53</td><td rowspan="10">+0.30
+0.20</td><td>72</td><td>56.5</td></tr>
<tr><td>60</td><td>78</td><td>58</td><td>77</td><td>62</td></tr>
<tr><td>(65)</td><td>83</td><td>63</td><td>82</td><td>67</td></tr>
<tr><td>(70)</td><td>90</td><td>68</td><td rowspan="4">6</td><td rowspan="4">7.4</td><td>89</td><td rowspan="6">+0.35
0</td><td>72</td><td rowspan="4">6</td><td rowspan="6">12</td><td rowspan="6">15</td></tr>
<tr><td>75</td><td>95</td><td>73</td><td>94</td><td>77</td></tr>
<tr><td>80</td><td>100</td><td>78</td><td>99</td><td>82</td><td rowspan="5">+0.35
0</td></tr>
<tr><td>85</td><td>105</td><td>83</td><td>104</td><td>87</td></tr>
<tr><td>90</td><td>111</td><td>88</td><td rowspan="2">7</td><td rowspan="2">8.4</td><td>110</td><td>92</td><td rowspan="2">7</td><td rowspan="3">+0.22
0</td></tr>
<tr><td>95</td><td>117</td><td>93</td><td>116</td><td>97</td></tr>
<tr><td>100</td><td>126</td><td>98</td><td>8</td><td>9.7</td><td>125</td><td>+0.40
0</td><td>102</td><td>8</td><td>16</td><td>18</td></tr>
</table>

续表

轴径 d (h11)	油封					沟槽							
	D	d_1		b	B	D_1		d_2		b_1		B_{1min}	
		基本尺寸	极限偏差			基本尺寸	极限偏差	基本尺寸	极限偏差	基本尺寸	极限偏差	用于钢	用于铸铁
105	131	103	+0.30 +0.20	8	9.7	130	+0.40 0	107	+0.35 0	8	+0.22 0	16	18
110	136	108				135		113					
(115)	141	113				140		118					
120	150	118	+0.45 +0.25	9		149		123	+0.40 0	9			
125	155	123			11	154		128				18	20
130	160	128				159		133					
(135)	165	133				164		138					
140	174	138		10	12	173		143		10		20	22
145	179	143				178	+0.46 0	148					
150	184	148				183		153					
155	189	153				188		158					
160	194	158				193		163					
165	199	163				198		168					
170	204	168				203		173	+0.46 0				
175	209	173				208		178					
180	214	178				213		183					
185	219	183				218		188					
190	224	188				223		193					
195	229	193				228		198		11	+0.27 0	22	24
200	241	198				240		203					
210	251	208		11	14	250		213					
220	261	218	+0.55 +0.30			260	+0.52 0	223					
230	271	228		12	15	270		233		12		24	26
240	287	238				286		243					
250	297	248				296		253	+0.52 0				
260	307	258				306		263					
280	333	278		13	16	332	+0.57 0	283		13		26	28
300	353	298				352		303					
320	373	318				372		323	+0.57 0				
340	393	338				392		343					
360	413	358				412	+0.63 0	363					
380	433	378				432		383					

注：Z形橡胶油封在安装时，必须将与轴接触的唇边朝向所要进行防尘与油封的空腔内部。

4　O形橡胶密封圈及其沟槽

4.1　液压气动用O形橡胶密封圈及其沟槽

4.1.1　液压气动用O形橡胶密封圈尺寸系列及公差（摘自GB/T 3452.1—2005）

表10-4-4　一般应用的O形圈（O形橡胶密封圈）内径、截面直径尺寸和公差（G系列）　mm

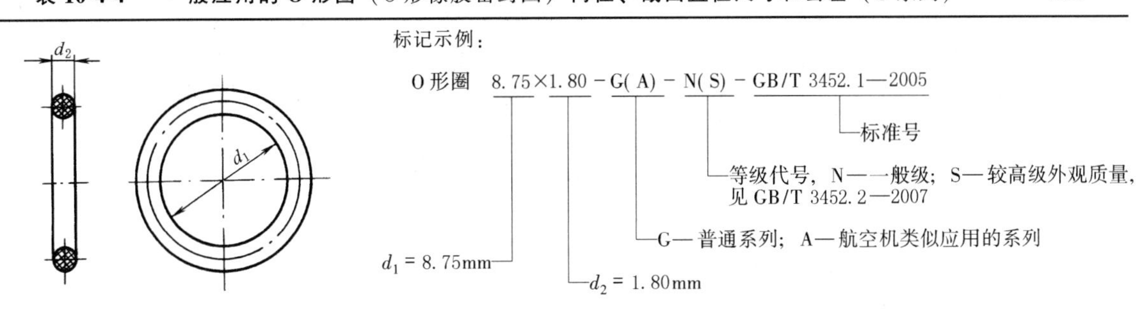

d_1		d_2				
尺寸	公差 ±	1.8 ±0.08	2.65 ±0.09	3.55 ±0.10	5.3 ±0.13	7 ±0.15
1.8	0.13	☆				
2	0.13	☆				
2.24	0.13	☆				
2.5	0.13	☆				
2.8	0.13	☆				
3.15	0.14	☆				
3.55	0.14	☆				
3.75	0.14	☆				
4	0.14	☆				
4.5	0.15	☆				
4.75	0.15	☆				
4.87	0.15	☆				
5	0.15	☆				
5.15	0.15	☆				
5.3	0.15	☆				
5.6	0.16	☆				
6	0.16	☆				
6.3	0.16	☆				
6.7	0.16	☆				
6.9	0.16	☆				
7.1	0.16	☆				
7.5	0.17	☆				
8	0.17	☆				
8.5	0.17	☆				
8.75	0.18	☆				
9	0.18	☆				
9.5	0.18	☆				
9.75	0.18	☆				
10	0.19	☆				
10.6	0.19	☆	☆			
11.2	0.20	☆	☆			
11.6	0.20	☆	☆			
11.8	0.19	☆	☆			
12.1	0.21	☆	☆			
12.5	0.21	☆	☆			
12.8	0.21	☆	☆			
13.2	0.21	☆	☆			
14	0.22	☆	☆			
14.5	0.22	☆	☆			
15	0.22	☆	☆			
15.5	0.23	☆	☆			
16	0.23	☆	☆			
17	0.24	☆	☆			
18	0.25	☆	☆	☆		
19	0.25	☆	☆	☆		
20	0.26	☆	☆	☆		
20.6	0.26	☆	☆	☆		
21.2	0.27	☆	☆	☆		
22.4	0.28	☆	☆	☆		
23	0.29	☆	☆	☆		
23.6	0.29	☆	☆	☆		
24.3	0.30	☆	☆	☆		
25	0.30	☆	☆	☆		
25.8	0.31	☆	☆	☆		
26.5	0.31	☆	☆	☆		
27.3	0.32	☆	☆	☆		
28	0.32	☆	☆	☆		
29	0.33	☆	☆	☆		
30	0.34	☆	☆	☆		
31.5	0.35	☆	☆	☆		
32.5	0.36	☆	☆	☆		
33.5	0.36	☆	☆	☆		
34.5	0.37	☆	☆	☆		
35.5	0.38	☆	☆	☆		
36.5	0.38	☆	☆	☆		
37.5	0.39	☆	☆	☆		
38.7	0.40	☆	☆	☆		
40	0.41	☆	☆	☆	☆	
41.2	0.42	☆	☆	☆	☆	
42.5	0.43	☆	☆	☆	☆	
43.7	0.44	☆	☆	☆	☆	
45	0.44	☆	☆	☆	☆	
46.2	0.45	☆	☆	☆	☆	
47.5	0.46	☆	☆	☆	☆	

续表

d_1		d_2					d_1		d_2				
尺寸	公差 ±	1.8 ±0.08	2.65 ±0.09	3.55 ±0.10	5.3 ±0.13	7 ±0.15	尺寸	公差 ±	1.8 ±0.08	2.65 ±0.09	3.55 ±0.10	5.3 ±0.13	7 ±0.15
48.7	0.47	☆	☆	☆	☆		167.5	1.28			☆	☆	☆
50	0.48	☆	☆	☆	☆		170	1.29			☆	☆	☆
51.5	0.49		☆	☆	☆		172.5	1.31			☆	☆	☆
53	0.50		☆	☆	☆		175	1.33			☆	☆	☆
54.5	0.51		☆	☆	☆		177.5	1.34			☆	☆	☆
56	0.52		☆	☆	☆		180	1.36			☆	☆	☆
58	0.54		☆	☆	☆		182.5	1.38			☆	☆	☆
60	0.55		☆	☆	☆		185	1.39			☆	☆	☆
61.5	0.56		☆	☆	☆		187.5	1.41			☆	☆	☆
63	0.57		☆	☆	☆		190	1.43			☆	☆	☆
65	0.58		☆	☆	☆		195	1.46			☆	☆	☆
67	0.60		☆	☆	☆		200	1.49			☆	☆	☆
69	0.61		☆	☆	☆		203	1.51				☆	☆
71	0.63		☆	☆	☆		206	1.53				☆	☆
73	0.64		☆	☆	☆		212	1.57				☆	☆
75	0.65		☆	☆	☆		218	1.61				☆	☆
77.5	0.67		☆	☆	☆		224	1.65				☆	☆
80	0.69		☆	☆	☆		227	1.67				☆	☆
82.5	0.71		☆	☆	☆		230	1.69				☆	☆
85	0.72		☆	☆	☆		236	1.73				☆	☆
87.5	0.74		☆	☆	☆		239	1.75				☆	☆
90	0.76		☆	☆	☆		243	1.77				☆	☆
92.5	0.77		☆	☆	☆		250	1.82				☆	☆
95	0.79		☆	☆	☆		254	1.84				☆	☆
97.5	0.81		☆	☆	☆		258	1.87				☆	☆
100	0.82		☆	☆	☆		261	1.89				☆	☆
103	0.85		☆	☆	☆		265	1.91				☆	☆
106	0.87		☆	☆	☆		268	1.92				☆	☆
109	0.89		☆	☆	☆	☆	272	1.96				☆	☆
112	0.91		☆	☆	☆	☆	276	1.98				☆	☆
115	0.93		☆	☆	☆	☆	280	2.01				☆	☆
118	0.95		☆	☆	☆	☆	283	2.03				☆	☆
122	0.97		☆	☆	☆	☆	286	2.05				☆	☆
125	0.99		☆	☆	☆	☆	290	2.08				☆	☆
128	1.01		☆	☆	☆	☆	295	2.11				☆	☆
132	1.04		☆	☆	☆	☆	300	2.14				☆	☆
136	1.07		☆	☆	☆	☆	303	2.16				☆	☆
140	1.09		☆	☆	☆	☆	307	2.19				☆	☆
142.5	1.11		☆	☆	☆	☆	311	2.21				☆	☆
145	1.13		☆	☆	☆	☆	315	2.24				☆	☆
147.5	1.14		☆	☆	☆	☆	320	2.27				☆	☆
150	1.16		☆	☆	☆	☆	325	2.30				☆	☆
152.5	1.18			☆	☆	☆	330	2.33				☆	☆
155	1.19			☆	☆	☆	335	2.36				☆	☆
157.5	1.21			☆	☆	☆	340	2.40				☆	☆
160	1.23			☆	☆	☆	345	2.43				☆	☆
162.5	1.24			☆	☆	☆	350	2.46				☆	☆
165	1.26			☆	☆	☆	355	2.49				☆	☆

续表

d_1		d_2					d_1		d_2				
尺寸	公差 ±	1.8 ±0.08	2.65 ±0.09	3.55 ±0.10	5.3 ±0.13	7 ±0.15	尺寸	公差 ±	1.8 ±0.08	2.65 ±0.09	3.55 ±0.10	5.3 ±0.13	7 ±0.15
360	2.52				☆	☆	483	3.30					☆
365	2.56				☆	☆	487	3.33					☆
370	2.59				☆	☆	493	3.36					☆
375	2.62				☆	☆	500	3.41					☆
379	2.64				☆	☆	508	3.46					☆
383	2.67				☆	☆	515	3.50					☆
387	2.70				☆	☆	523	3.55					☆
391	2.72				☆	☆	530	3.60					☆
395	2.75				☆	☆	538	3.65					☆
400	2.78				☆	☆	545	3.69					☆
406	2.82					☆	553	3.74					☆
412	2.85					☆	560	3.78					☆
418	2.89					☆	570	3.85					☆
425	2.93					☆	580	3.91					☆
429	2.96					☆	590	3.97					☆
433	2.99					☆	600	4.03					☆
437	3.01					☆	608	4.08					☆
443	3.05					☆	615	4.12					☆
450	3.09					☆	623	4.17					☆
456	3.13					☆	630	4.22					☆
462	3.17					☆	640	4.28					☆
466	3.19					☆	650	4.34					☆
470	3.22					☆	660	4.40					☆
475	3.25					☆	670	4.47					☆
479	3.28					☆							

注：1. "☆" 号表示本标准规定的规格。

2. 机械密封用 O 形橡胶密封圈，参见本章 4.4 节。

3. 航空及类似应用的 A 系列 O 形橡胶密封圈未列出。

4.1.2 液压气动用 O 形橡胶密封圈沟槽尺寸（摘自 GB/T 3452.3—2005）

(1) 液压活塞动密封沟槽尺寸

表 10-4-5　　液压活塞动密封沟槽尺寸　　mm

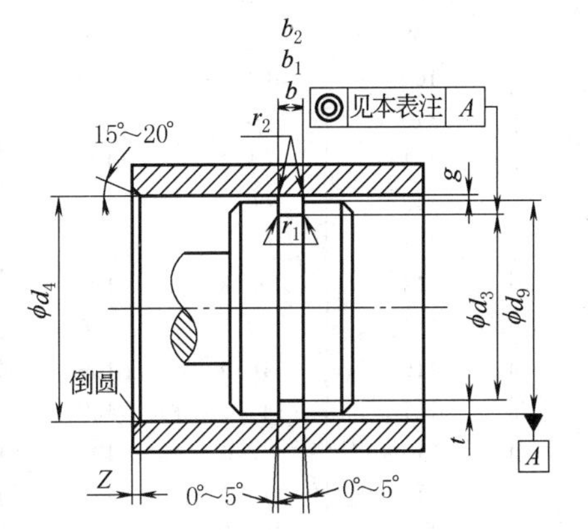

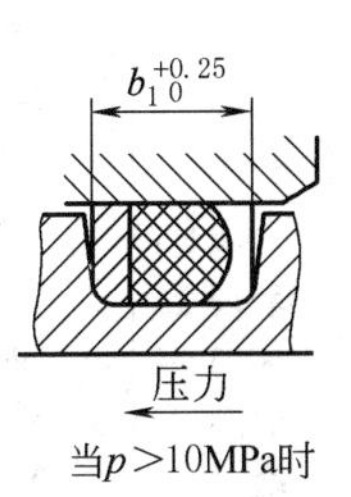

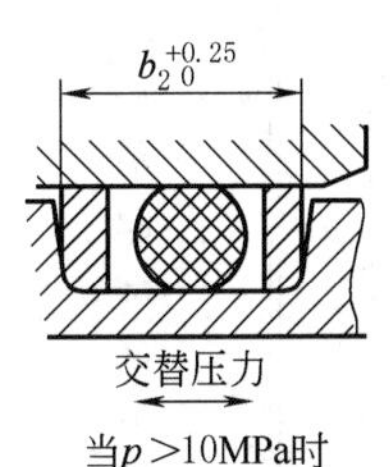

说明：

1. d_1——O 形圈（O 形橡胶密封圈）内径，mm

d_2——O 形圈截面直径，mm

d_3——活塞密封的沟槽槽底直径，mm

d_4——缸内径，mm

d_9——活塞直径（活塞密封），mm

g——单边径向间隙，mm

t——径向密封的 O 形圈沟槽深度，mm

2. b、b_1、b_2、Z、r_1、r_2 尺寸见表 10-4-13

3. 沟槽及配合表面的表面粗糙度见表 10-4-15

续表

d_4 H8	d_9 f7	d_3 h9	d_1
	$d_2=1.8$		
7		4.3	4
8		5.3	5
9		6.3	6
10		7.3	6.9
11		8.3	8
12		9.3	8.75
13		10.3	10
14		11.3	10.6
15		12.3	11.8
16		13.3	12.5
17		14.3	14
18		15.3	15
19		16.3	16
20		17.3	17
	$d_2=2.65$		
19		14.9	14.5
20		15.9	15.5
21		16.9	16
22		17.9	17
23		18.9	18
24		19.9	19
25		20.9	20
26		21.9	21.2
27		22.9	22.4
28		23.9	22.4
29		24.9	24.3
30		25.9	25
31		26.9	26.5
32		27.9	27.3
33		28.9	28
34		29.9	29
35		30.9	30
36		31.9	31.5
37		32.9	32.5
38		33.9	33.5
39		34.9	34.5
40		35.9	35.5
41		36.9	36.5
42		37.9	37.5
43		38.9	38.5
44		39.9	38.7

d_4 H8	d_9 f7	d_3 h9	d_1
	$d_2=3.55$		
24		18.3	18
25		19.3	19
26		20.3	20
27		21.3	20.6
28		22.3	21.2
29		23.3	22.4
30		24.3	23.6
31		25.3	25
32		26.3	25.8
33		27.3	26.5
34		28.3	27.3
35		29.3	28
36		30.3	30
37		31.3	30
38		32.3	31.5
39		33.3	32.5
40		34.3	33.5
41		35.3	34.5
42		36.3	35.5
43		37.3	36.5
44		38.3	37.5
45		39.3	38.7
46		40.3	38.7
47		41.3	40
48		42.3	41.2
49		43.3	42.5
50		44.3	43.7
51		45.3	43.7
52		46.3	45
53		47.3	46.2
54		48.3	47.5
55		49.3	48.7
56		50.3	48.7
57		51.3	50
58		52.3	51.5
59		53.3	51.5
60		54.3	53
61		55.3	53
62		56.3	54.5
63		57.3	56
64		58.3	56
65		59.3	58
66		60.3	58
67		61.3	60
68		62.3	61.5
69		63.3	61.5
70		64.3	63
71		65.3	63
72		66.3	65

d_4 H8	d_9 f7	d_3 h9	d_1
	$d_2=3.55$		
73		67.3	65
74		68.3	67
75		69.3	67
76		70.3	69
77		71.3	69
78		72.3	71
79		73.3	71
80		74.3	73
81		75.3	73
82		76.3	75
83		77.3	75
84		78.3	77.5
85		79.3	77.5
86		80.3	77.5
87		81.3	80
88		82.3	80
89		83.3	82.5
90		84.3	82.5
91		85.3	82.5
92		86.3	85
93		87.3	85
94		88.3	87.5
95		89.3	87.5
96		90.3	87.5
97		91.3	90
98		92.3	90
99		93.3	92.5
100		94.3	92.5
101		95.3	92.5
102		96.3	95
103		97.3	95
104		98.3	97.5
105		99.3	97.5
106		100.3	97.5
107		101.3	100
108		102.3	100
109		103.3	100
110		104.3	103
111		105.3	103
112		106.3	103
113		107.3	106
114		108.3	106
115		109.3	106
116		110.3	109
117		111.3	109
118		112.3	109
119		113.3	112
120		114.3	112
121		115.3	112

续表

d_4 H8	d_9 f7	d_3 h9	d_1
$d_2=3.55$			
122		116.3	115
123		117.3	115
124		118.3	115
125		119.3	118
126		120.3	118
127		121.3	118
128		122.3	118
129		123.3	122
130		124.3	122
131		125.3	122
132		126.3	125
133		127.3	125
134		128.3	125
135		129.3	128
136		130.3	128
137		131.3	128
138		132.3	128
139		133.3	132
140		134.3	132
141		135.3	132
142		136.3	132
143		137.3	132
144		138.3	136
145		139.3	136
146		140.3	136
147		141.3	140
148		142.3	140
149		143.3	140
150		144.3	142.5
151		145.3	142.5
152		146.3	145
153		147.3	145
154		148.3	147.5
155		149.3	147.5
156		150.3	147.5
157		151.3	150
158		152.3	150
159		153.3	152.5
160		154.3	152.5
161		155.3	152.5
162		156.3	155
163		157.3	155
164		158.3	157.5
165		159.3	157.5
166		160.3	157.5
167		161.3	160
168		162.3	160
169		163.3	162.5
170		164.3	162.5

d_4 H8	d_9 f7	d_3 h9	d_1
$d_2=3.55$			
171		165.3	162.5
172		166.3	165
173		167.3	165
174		168.3	167.5
175		169.3	167.5
176		170.3	167.5
177		171.3	170
178		172.3	170
179		173.3	172.5
180		174.3	172.5
181		175.3	172.5
182		176.3	175
183		177.3	175
184		178.3	177.5
185		179.3	177.5
186		180.3	177.5
187		181.3	180
188		182.3	180
189		183.3	182.5
190		184.3	182.5
191		185.3	182.5
192		186.3	185
193		187.3	185
194		188.3	187.5
195		189.3	187.5
196		190.3	187.5
197		191.3	190
198		192.3	190
199		193.3	190
200		194.3	190
201		195.3	190
202		196.3	195
203		197.3	195
204		198.3	195
205		199.3	195
206		200.3	195
207		201.3	200
208		202.3	200
209		203.3	200
210		204.3	200
211		205.3	200
212		206.3	200
213		207.3	200
$d_2=5.3$			
50		41.3	40
51		42.3	41.2
52		43.3	42.5
53		44.3	43.7
54		45.3	43.7

d_4 H8	d_9 f7	d_3 h9	d_1
$d_2=5.3$			
55		46.3	45
56		47.3	46.2
57		48.3	47.5
58		49.3	48.7
59		50.3	48.7
60		51.3	50
61		52.3	51.5
62		53.3	51.5
63		54.3	53
64		55.3	54.5
65		56.3	54.5
66		57.3	56
67		58.3	56
68		59.3	58
69		60.3	58
70		61.3	60
71		62.3	61.5
72		63.3	61.5
73		64.3	63
75		66.3	65
76		67.3	65
77		68.3	67
78		69.3	67
79		70.3	69
80		71.3	69
82		73.3	71
84		75.3	73
85		76.3	75
86		77.3	75
88		79.3	775
90		81.3	80
92		83.3	82.5
94		85.3	82.5
95		86.3	85
96		87.3	85
98		89.3	87.5
100		91.3	90
102		93.3	92.5
104		95.3	92.5
105		96.3	95
106		97.3	95
108		99.3	97.5
110		101.3	100
112		103.3	100
114		105.3	103
115		106.3	103
116		107.3	106
118		109.3	106
120		111.3	109
125		116.3	115

续表

d_4 H8	d_9 f7	d_3 h9	d_1
$d_2=5.3$			
130		121.3	118
135		126.3	125
140		131.3	128
145		136.3	132
150		141.3	140
155		146.3	145
160		151.3	150
165		156.3	155
170		161.3	160
175		166.3	165
180		171.3	167.5
185		176.3	172.5
190		181.3	177.5
195		186.3	182.5
200		191.3	187.5
205		196.3	190
210		201.3	195
215		206.3	203

d_4 H8	d_9 f7	d_3 h9	d_1
$d_2=5.3$			
220		211.3	206
225		216.3	212
230		221.3	218
240		226.3	224
245		236.3	230
250		241.3	236
255		246.3	243
260		251.3	243
265		256.3	254
$d_2=7$			
125		113.3	112
130		118.3	115
135		123.3	122
140		128.3	125
145		133.3	132
150		138.3	136
155		143.3	140
160		148.3	145

d_4 H8	d_9 f7	d_3 h9	d_1
$d_2=7$			
165		153.3	150
170		158.3	155
175		163.3	160
180		168.3	165
185		173.3	170
190		178.3	175
195		183.3	180
200		188.3	185
205		193.3	190
210		198.3	195
215		203.3	200
220		208.3	206
230		218.3	212
240		228.3	224
250		238.3	236
260		248.3	243

注：1. 表中规定的尺寸和公差适合于任何一种合成橡胶材料。沟槽尺寸是以硬度为70IRHD（国际橡胶硬度标准）的丁腈橡胶（NBR）为基准的。

2. 在可以选用几种截面O形圈的情况下，应优先选用较大截面的O形圈。

3. d_9 和 d_3 之间的同轴度公差：直径小于或等于50mm时，≤ϕ0.025mm；直径大于50mm时，≤ϕ0.05mm。

（2）气动活塞动密封沟槽尺寸

表10-4-6　　气动活塞动密封沟槽尺寸　　mm

d_4 H8	d_9 f7	d_3 h9	d_1
$d_2=1.8$			
7		4.2	4
8		5.2	5
9		6.2	6
10		7.2	6.9
11		8.2	8
12		9.2	8.75
13		10.2	10
14		11.2	10.6
15		12.2	11.8
16		13.2	12.8
17		14.2	14
18		15.2	15
$d_2=2.65$			
19		14.7	14.5
20		15.7	15.5
21		16.7	16
22		17.7	17
23		18.7	18
24		19.7	19
25		20.7	20
26		21.7	21.2
27		22.7	22.4

d_4 H8	d_9 f7	d_3 h9	d_1
$d_2=2.65$			
28		23.7	22.4
29		24.7	23.6
30		25.7	25
31		26.7	25.8
32		27.7	27.3
33		28.7	28
34		29.7	28
35		30.7	30
36		31.7	30
37		32.7	31.5
38		33.7	32.5
39		34.7	33.5
40		35.7	34.5
41		36.7	35.5
42		37.7	36.5
43		38.7	37.5
44		39.7	38.7
$d_2=3.55$			
24		18.1	17
25		19.1	18
26		20.1	19
27		21.1	20

d_4 H8	d_9 f7	d_3 h9	d_1
$d_2=3.55$			
28		22.1	21.2
29		23.1	22.4
30		24.1	23.6
31		25.1	24.3
32		26.1	25.8
33		27.1	26.5
34		28.1	27.3
35		29.1	28
36		30.1	29
37		31.1	30
38		32.1	31.5
39		33.1	32.5
40		34.1	33.5
41		35.1	34.5
42		36.1	35.5
43		37.1	36.5
44		38.1	37.5
45		39.1	38.7
46		40.1	38.7
47		41.1	40
48		42.1	41.2

续表

d_4 H8	d_9 f7	d_3 h9	d_1	d_4 H8	d_9 f7	d_3 h9	d_1	d_4 H8	d_9 f7	d_3 h9	d_1
$d_2=3.55$				$d_2=3.55$				$d_2=3.55$			
49		43.1	42.5	98		92.1	90	147		141.1	136
50		44.1	43.7	99		93.1	90	148		142.1	140
51		45.1	43.7	100		94.1	92.5	149		143.1	140
52		46.1	45	101		95.1	92.5	150		144.1	142.5
53		47.1	46.2	102		96.1	95	151		145.1	142.5
54		48.1	47.5	103		97.1	95	152		146.1	142.5
55		49.1	47.5	104		98.1	95	153		147.1	145
56		50.1	48.7	105		99.1	97.5	154		148.1	145
57		51.1	50	106		100.1	97.5	155		149.1	147.5
58		52.1	51.5	107		101.1	100	156		150.1	147.5
59		53.1	51.5	108		102.1	100	157		151.1	147.5
60		54.1	53	109		103.1	100	158		152.1	150
61		55.1	54.5	110		104.1	103	159		153.1	150
62		56.1	54.5	111		105.1	103	160		154.1	152.5
63		57.1	56	112		106.1	103	161		155.1	152.5
64		58.1	56	113		107.1	106	162		156.1	152.5
65		59.1	58	114		108.1	106	163		157.1	155
66		60.1	58	115		109.1	106	164		158.1	155
67		61.1	60	116		110.1	109	165		159.1	157.5
68		62.1	61.5	117		111.1	109	166		160.1	157.5
69		63.1	61.5	118		112.1	109	167		161.1	157.5
70		64.1	63	119		113.1	112	168		162.1	160
71		65.1	63	120		114.1	112	169		163.1	160
72		66.1	65	121		115.1	112	170		164.1	162.5
73		67.1	65	122		116.1	115	171		165.1	162.5
74		68.1	67	123		117.1	115	172		166.1	162.5
75		69.1	67	124		118.1	115	173		167.1	165
76		70.1	69	125		119.1	118	174		168.1	165
77		71.1	69	126		120.1	118	175		169.1	167.5
78		72.1	71	127		121.1	118	176		170.1	167.5
79		73.1	71	128		122.1	118	177		171.1	167.5
80		74.1	73	129		123.1	118	178		172.1	170
81		75.1	73	130		124.1	122	179		173.1	170
82		76.1	75	131		125.1	122	180		174.1	170
83		77.1	75	132		126.1	125	181		175.1	172.5
84		78.1	77.5	133		127.1	125	182		176.1	172.5
85		79.1	77.5	134		128.1	125	183		177.1	175
86		80.1	77.5	135		129.1	128	184		178.1	175
87		81.1	80	136		130.1	128	185		179.1	177.5
88		82.1	80	137		131.1	128	186		180.1	177.5
89		83.1	80	138		132.1	128	187		181.1	177.5
90		84.1	82.5	139		133.1	132	188		182.1	180
91		85.1	82.5	140		134.1	132	189		183.1	180
92		86.1	85	141		135.1	132	190		184.1	182.5
93		87.1	85	142		136.1	132	191		185.1	182.5
94		88.1	85	143		137.1	136	192		186.1	182.5
95		89.1	87.5	144		138.1	136	193		187.1	185
96		90.1	87.5	145		139.1	136	194		188.1	185
97		91.1	90	146		140.1	136	195		189.1	187.5

续表

d_4 H8	d_9 f7	d_3 h9	d_1
$d_2=3.55$			
196		190.1	187.5
197		191.1	187.5
198		192.1	190
199		193.1	190
200		194.1	190
$d_2=5.3$			
50		41	40
51		42	41.2
52		43	41.2
53		44	42.5
54		45	43.7
55		46	45
56		47	46.2
57		48	46.2
58		49	47.5
59		50	48.7
60		51	48.7
61		52	51.5
62		53	51.5
63		54	53
64		55	54.5
65		56	54.5
66		57	56
67		58	56
68		59	58
69		60	58
70		61	60
71		62	60
72		63	61.5
73		64	63
74		65	63
75		66	65
76		67	65
77		68	67
78		69	67
79		70	69
80		71	69
82		73	71
84		75	73

d_4 H8	d_9 f7	d_3 h9	d_1
$d_2=5.3$			
85		76	75
86		77	75
88		79	77.5
90		81	80
92		83	80
94		85	82.5
95		86	85
96		87	85
98		89	87.5
100		91	90
102		93	90
104		95	92.5
105		96	95
106		97	95
108		99	97.5
110		101	100
112		103	100
114		105	103
115		106	103
116		107	106
118		109	106
120		111	109
125		116	115
130		121	118
135		126	122
140		131	128
145		136	132
150		141	136
155		146	142.5
160		151	147.5
165		156	152.5
170		161	157.5
175		166	162.5
180		171	167.5
185		176	172.5
190		181	177.5
195		186	182.5
200		191	187.5
205		196	190

d_4 H8	d_9 f7	d_3 h9	d_1
$d_2=5.3$			
210		201	195
215		206	203
220		211	206
225		216	212
230		221	218
235		226	224
240		231	227
245		236	230
250		241	239
$d_2=7$			
125		112.8	109
130		117.8	115
135		122.8	118
140		127.8	125
145		132.8	128
150		137.8	136
155		142.8	140
160		147.8	145
165		152.8	150
170		157.8	155
175		162.8	160
180		167.8	165
185		172.8	170
190		177.8	175
195		182.8	180
200		187.8	185
205		192.8	190
210		197.8	195
215		202.8	200
220		207.8	206
225		212.8	206
230		217.8	212
235		222.8	216
240		227.8	224
245		232.8	230
250		237.8	236
255		242.8	239
260		247.8	243
265		252.8	250
270		257.8	254

注：1. 表中规定的尺寸和公差适于任何一种合成橡胶材料。沟槽尺寸是以硬度为70IRHD（国际橡胶硬度标准）的丁腈橡胶（NBR）为基准的。

2. 在可以选用几种截面O形圈的情况下，应优先选用较大截面的O形圈。

3. d_9 和 d_3 之间的同轴度公差：直径小于或等于50mm时，$\leqslant\phi 0.025$mm；直径大于50mm时，$\leqslant\phi 0.05$mm。

4. 表中尺寸的位置及说明参考表10-4-5中的图。

(3) 液压、气动活塞静密封沟槽尺寸

表 10-4-7 **液压、气动活塞静密封沟槽尺寸** mm

d_4 H8	d_9 f7	d_3 h11	d_1
$d_2=1.8$			
6		3.4	3.15
7		4.4	4
8		5.4	5.15
9		6.4	6
10		7.4	7.1
11		8.4	8
12		9.4	9
13		10.4	10
14		11.4	11.2
15		12.4	12.1
16		13.4	13.2
17		14.4	14
18		15.4	15
19		16.4	16
20		17.4	17
$d_2=2.65$			
19		15	14.5
20		16	15.5
21		17	16
22		18	17
23		19	18
24		20	19
25		21	20
26		22	21.2
27		23	22.4
28		24	23.6
29		25	24.3
30		26	25
31		27	26.5
32		28	27.3
33		29	28
34		30	28
35		31	30
36		32	31.5
37		33	32.5
38		34	33.5
39		35	34.5
40		36	35.5
41		37	36.5

d_4 H8	d_9 f7	d_3 h11	d_1
$d_2=2.65$			
42		38	37.5
43		39	37.5
44		40	38.7
$d_2=3.55$			
24		18.6	18
25		19.6	19
26		20.6	20
27		21.6	21.2
28		22.6	21.2
29		23.6	22.4
30		24.6	23.6
31		25.6	25
32		26.6	25.8
33		27.6	27.3
34		28.6	28
35		29.6	28
36		30.6	30
37		31.6	30
38		32.6	31.5
39		33.6	32.5
40		34.6	33.5
41		35.6	34.5
42		36.6	35.5
43		37.6	36.5
44		38.6	36.5
45		39.6	38.7
46		40.6	40
47		41.6	41.2
48		42.6	41.2
49		43.6	42.5
50		44.6	43.7
51		45.6	45
52		46.6	45
53		47.6	46.2
54		48.6	47.5
55		49.6	48.7
56		50.6	50
57		51.6	50
58		52.6	51.5

d_4 H8	d_9 f7	d_3 h11	d_1
$d_2=3.55$			
59		53.6	53
60		54.6	53
61		55.6	54.5
62		56.6	56
63		57.6	56
64		58.6	58
65		59.6	58
66		60.6	58
67		61.6	60
68		62.6	60
69		63.6	61.5
70		64.6	63
71		65.6	63
72		66.6	65
73		67.6	65
74		68.6	67
75		69.6	69
76		70.6	69
77		71.6	69
78		72.6	71
79		73.6	71
80		74.6	73
81		75.6	73
82		76.6	75
83		77.6	75
84		78.6	77.5
85		79.6	77.5
86		80.6	77.5
87		81.6	80
88		82.6	80
89		83.6	82.5
90		84.6	82.5
91		85.6	82.5
92		86.6	85
93		87.6	85
94		88.6	87.5
95		89.6	87.5
96		90.6	87.5
97		91.6	90

续表

d_4 H8	d_9 f7	d_3 h11	d_1
$d_2=3.55$			
98		92.6	90
99		93.6	92.5
100		94.6	92.5
101		95.6	92.5
102		96.6	95
103		97.6	95
104		98.6	95
105		99.6	97.5
106		100.6	97.5
107		101.6	100
108		102.6	100
109		103.6	100
110		104.6	103
111		105.6	103
112		106.6	103
113		107.6	106
114		108.6	106
115		109.6	106
116		110.6	109
117		111.6	109
118		112.6	109
119		113.6	112
120		114.6	112
121		115.6	112
122		116.6	115
123		117.6	115
124		118.6	115
125		119.6	118
126		120.6	118
127		121.6	118
128		122.6	118
129		123.6	122
130		124.6	122
131		125.6	122
132		126.6	125
133		127.6	125
134		128.6	125
135		129.6	128
136		130.6	128
137		131.6	128
138		132.6	128

d_4 H8	d_9 f7	d_3 h11	d_1
$d_2=3.55$			
139		133.6	132
140		134.6	132
141		135.6	132
142		136.6	132
143		137.6	136
144		138.6	136
145		139.6	136
146		140.6	136
147		141.6	140
148		142.6	140
149		143.6	142.5
150		144.6	142.5
151		145.6	142.5
152		146.6	145
153		147.6	145
154		148.6	145
155		149.6	147.5
156		150.6	147.5
157		151.6	150
158		152.6	150
159		153.6	150
160		154.6	152.5
161		155.6	152.5
162		156.6	155
163		157.6	155
164		158.6	155
165		159.6	157.5
166		160.6	157.5
167		161.6	160
168		162.6	160
169		163.6	160
170		164.6	162.5
171		165.6	162.5
172		166.6	165
173		167.6	165
174		168.6	165
175		169.6	167.5
176		170.6	167.5
177		171.6	167.5
178		172.6	170
179		173.6	170

d_4 H8	d_9 f7	d_3 h11	d_1
$d_2=3.55$			
180		174.6	172.5
181		175.6	172.5
182		176.6	172.5
183		177.6	175
184		178.6	175
185		179.6	177.5
186		180.6	177.5
187		181.6	177.5
188		182.6	180
189		183.6	180
190		184.6	182.5
191		185.6	182.5
192		186.6	182.5
193		187.6	185
194		188.6	185
195		189.6	187.5
196		190.6	187.5
197		191.6	187.5
198		192.6	190
199		193.6	190
200		194.6	190
201		195.6	190
202		196.6	190
203		197.6	195
204		198.6	195
205		199.6	195
206		200.6	195
207		201.6	195
208		202.6	200
209		203.6	200
210		204.6	200
211		205.6	200
212		206.6	200
213		207.6	200
$d_2=5.3$			
50		41.8	40
51		42.8	41.2
52		43.8	42.5
53		44.8	43
54		45.8	43.7

续表

d_4 H8 / d_9 f7	d_3 h11	d_1	d_4 H8 / d_9 f7	d_3 h11	d_1	d_4 H8 / d_9 f7	d_3 h11	d_1
$d_2=5.3$			$d_2=5.3$			$d_2=5.3$		
55	46.8	45	120	111.8	109	202	193.8	190
56	47.8	46.2	122	113.8	112	204	195.8	190
57	48.8	47.5	124	115.8	112	205	196.8	195
58	49.8	48.7	125	116.8	115	206	197.8	195
59	50.8	48.7	126	117.8	118	208	199.8	195
60	51.8	50	128	119.8	118	210	201.8	200
61	52.8	51.5	130	121.8	122	212	203.8	200
62	53.8	51.5	132	123.8	122	214	205.8	203
63	54.8	53	134	125.8	125	215	206.8	203
64	55.8	54.5	135	126.8	125	216	207.8	203
65	56.8	54.5	136	127.8	125	218	209.8	206
66	57.8	56	138	129.8	128	220	211.8	206
67	58.8	56	140	131.8	128	222	213.8	212
68	59.8	58	142	133.8	132	224	215.8	212
69	60.8	58	144	135.8	132	225	216.8	212
70	61.8	60	145	136.8	132	226	217.8	212
71	62.8	61.5	146	137.8	136	228	219.8	218
72	63.8	61.5	148	139.8	136	230	221.8	218
73	64.8	63	150	141.8	140	232	223.8	218
74	65.8	63	152	143.8	142.5	234	225.8	224
75	66.8	65	154	145.8	142.5	235	226.8	224
76	67.8	65	155	146.8	145	236	227.8	224
77	68.8	67	156	147.8	145	238	229.8	227
78	69.8	67	158	149.8	147.5	240	231.8	227
79	70.8	69	160	151.8	150	242	233.8	230
80	71.8	69	162	153.8	152.5	244	235.8	230
82	73.8	71	164	155.8	152.5	245	236.8	230
84	75.8	73	165	156.8	155	246	237.8	230
85	76.8	75	166	157.8	155	248	239.8	236
86	77.8	75	168	159.8	157.5	250	241.8	239
88	79.8	77.5	170	161.8	160	252	243.8	239
90	81.8	80	172	163.8	162.5	254	245.8	243
92	83.8	80	174	165.8	162.5	255	246.8	243
94	85.8	82.5	175	166.8	165	256	247.8	243
95	86.8	85	176	167.8	165	258	249.8	243
96	87.8	85	178	169.8	167.5	260	251.8	243
98	89.8	87.5	180	171.8	170	262	253.8	250
100	91.8	87.5	182	173.8	170	264	255.8	250
102	93.8	90	184	175.8	172.5	265	256.8	254
104	95.8	92.5	185	176.8	172.5	266	257.8	254
105	96.8	95	186	177.8	175	268	259.8	254
106	97.8	95	188	179.8	177.5	270	261.8	258
108	99.8	97.5	190	181.8	177.5	272	263.8	258
110	101.8	100	192	183.8	180	274	265.8	261
112	103.8	100	194	185.8	182.5	275	266.8	261
114	105.8	103	195	186.8	182.5	276	267.8	265
115	106.8	103	196	187.8	185	278	269.8	265
116	107.8	106	198	189.8	187.5	280	271.8	268
118	109.7	106	200	191.8	187.5	282	273.8	268

续表

d_4 H8 / d_9 f7	d_3 h11	d_1
$d_2=5.3$		
284	275.8	272
285	276.8	272
286	277.8	272
288	279.8	276
290	281.8	276
292	283.8	280
294	285.8	283
295	286.8	283
296	287.8	283
298	289.8	286
300	291.8	286
302	293.8	290
304	295.8	290
305	296.8	290
306	297.8	295
308	299.8	295
310	301.8	295
312	303.8	300
314	305.8	303
315	306.8	303
316	307.8	303
318	309.8	307
320	311.8	307
322	313.8	311
324	315.8	311
325	316.8	311
326	317.8	315
328	319.8	315
330	321.8	315
332	323.8	320
334	325.8	320
335	326.8	320
336	327.8	325
338	329.8	325
340	331.8	325
342	333.8	330
344	335.8	330
345	336.8	330
346	337.8	335
348	339.8	335
350	341.8	335
352	343.8	340
354	345.8	340
355	346.8	340
356	347.8	345
358	349.8	345
360	351.8	345
362	353.8	350
364	355.8	350

d_4 H8 / d_9 f7	d_3 h11	d_1
$d_2=5.3$		
365	356.8	350
366	357.8	355
368	359.8	355
370	361.8	355
372	363.8	360
374	365.8	360
375	365.8	360
376	367.8	365
378	369.8	355
380	371.8	365
382	373.8	370
384	375.8	370
385	376.8	370
386	377.8	375
388	379.8	375
390	381.8	375
392	383.8	375
394	385.8	383
395	386.8	383
396	387.8	383
398	389.8	387
400	391.8	387
402	393.8	387
404	395.8	391
405	396.8	391
410	401.8	395
415	406.8	400
420	411.8	400
$d_2=7$		
122	111	109
124	113	109
125	114	112
126	115	112
128	117	115
130	119	115
132	121	118
134	123	118
135	124	122
136	125	122
138	127	122
140	129	125
142	131	128
144	133	128
145	134	132
146	135	132
148	137	132
150	139	136
152	141	136
154	143	140

d_4 H8 / d_9 f7	d_3 h11	d_1
$d_2=7$		
155	144	142.5
156	145	142.5
158	147	145
160	149	147.5
162	151	147.5
164	153	150
165	154	152.5
166	155	152.5
168	157	155
170	159	155
172	161	157.5
174	163	160
175	164	160
176	165	162.5
178	167	165
180	169	165
182	171	167.5
184	173	170
185	174	170
186	175	172.5
188	177	175
190	179	175
192	181	177.5
194	183	180
195	184	180
196	185	182.5
198	187	185
200	189	185
202	191	187.5
204	193	190
205	194	190
206	195	190
208	197	190
210	199	195
212	201	195
214	203	200
215	204	200
216	205	203
218	207	203
220	209	203
222	211	206
224	213	206
225	214	212
226	215	212
228	217	212
230	219	212
232	221	218
234	223	218
235	224	218

续表

d_4 H8	d_9 f7	d_3 h11	d_1	d_4 H8	d_9 f7	d_3 h11	d_1	d_4 H8	d_9 f7	d_3 h11	d_1
$d_2=7$				$d_2=7$				$d_2=7$			
236		225	218	318		307	303	400		389	383
238		227	224	320		309	303	402		391	387
240		229	227	322		311	307	404		393	387
242		231	227	324		313	307	405		394	391
244		233	230	325		314	311	406		395	391
245		234	230	326		315	311	408		397	391
246		235	230	328		317	311	410		399	395
248		237	230	330		319	315	412		401	395
250		239	236	332		321	315	414		403	400
252		241	236	334		323	320	415		404	400
254		243	239	335		324	320	416		405	400
255		244	239	336		325	320	418		407	400
256		245	239	338		327	320	420		409	406
258		247	243	340		329	325	422		411	406
260		249	243	342		331	325	424		413	406
262		251	243	344		333	330	425		414	406
264		253	250	345		334	330	426		415	412
265		254	250	346		335	330	428		417	412
266		255	250	348		337	330	430		419	412
268		257	250	350		339	335	432		421	418
270		259	250	352		341	335	434		423	418
272		261	258	354		343	340	435		424	418
274		263	258	355		344	340	436		425	418
275		264	261	356		345	340	438		427	418
276		265	261	358		347	340	440		429	425
278		267	261	360		349	345	442		431	425
280		269	265	362		351	345	444		433	429
282		271	268	364		353	350	445		434	429
284		273	268	365		354	350	446		435	429
285		274	268	366		355	350	448		437	433
286		275	272	368		357	350	450		439	433
288		277	272	370		359	355	452		441	437
290		279	276	372		361	355	454		443	437
292		281	276	374		363	360	455		444	437
294		283	280	375		364	360	456		445	437
295		284	280	376		365	360	458		447	443
296		285	280	378		367	360	460		449	443
298		287	283	380		369	365	462		451	443
300		289	286	382		371	365	464		453	450
302		291	286	384		373	370	465		454	450
304		293	290	385		374	370	466		455	450
305		294	290	386		375	370	468		457	450
306		295	290	388		377	370	470		459	450
308		297	290	390		379	375	472		461	456
310		299	295	392		381	375	474		463	456
312		301	295	394		383	379	475		464	456
314		303	300	395		384	379	476		465	456
315		304	300	396		385	379	478		467	462
316		305	300	398		387	383	480		469	462

续表

d_4 H8	d_9 f7	d_3 h11	d_1	d_4 H8	d_9 f7	d_3 h11	d_1	d_4 H8	d_9 f7	d_3 h11	d_1
$d_2=7$				$d_2=7$				$d_2=7$			
482		471	466	552		541	530	622		611	600
484		473	466	554		543	538	624		613	608
485		474	466	555		544	538	625		614	608
486		475	466	556		545	538	626		615	608
488		477	466	558		547	538	628		617	608
490		479	475	560		549	545	630		619	608
492		481	475	562		551	545	632		621	615
494		483	475	564		553	545	634		623	615
495		484	479	565		554	545	635		624	615
496		485	479	566		555	545	636		625	615
498		487	483	568		557	553	638		627	615
500		489	483	570		559	553	640		629	623
502		491	487	572		561	553	642		631	623
504		493	487	574		563	553	644		633	623
505		494	487	575		564	560	645		634	623
506		495	487	576		565	560	546		635	630
508		497	493	578		567	560	648		637	630
510		499	493	580		569	560	650		639	630
512		501	493	582		571	560	652		641	630
514		503	493	584		573	560	654		643	630
515		504	500	585		574	570	655		644	630
516		505	500	586		575	570	656		645	640
518		507	500	588		577	570	658		647	640
520		509	500	590		579	570	660		649	640
522		511	500	592		581	570	662		651	640
524		513	508	594		583	570	664		653	640
525		514	508	595		584	580	665		654	640
526		515	508	596		585	580	666		655	650
528		517	508	598		587	580	668		657	650
530		519	515	600		589	580	670		659	650
532		521	515	602		591	580	672		661	650
534		523	515	604		593	580	674		663	650
535		524	515	605		594	590	675		664	650
536		525	515	606		595	590	676		665	660
538		527	523	608		597	590	678		667	660
540		529	523	610		599	590	680		669	660
542		531	523	612		601	590	682		671	660
544		533	523	614		603	590	684		673	660
545		534	530	615		604	600	685		674	670
546		535	530	616		605	600	686		675	670
548		537	530	618		607	600	688		677	670
550		539	530	620		609	600	690		679	670

注：1. 表中规定的尺寸和公差适合任何一种合成橡胶材料。沟槽尺寸是以硬度为70IRHD（国际橡胶硬度标准）的丁腈橡胶（NBR）为基准的。

2. 在可以选用几种截面O形圈的情况下，应优先选用较大截面的O形圈。

3. d_9 和 d_3 之间的同轴度公差：直径小于或等于50mm时，≤ϕ0.025mm；直径大于50mm时，≤ϕ0.05mm。

4. 表中尺寸的位置及说明参考表10-4-5中的图。

(4) 液压活塞杆动密封沟槽尺寸

表 10-4-8　　液压活塞杆动密封沟槽尺寸　　mm

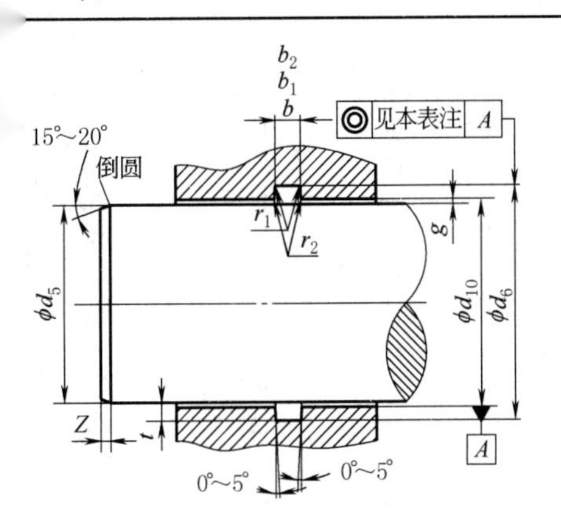

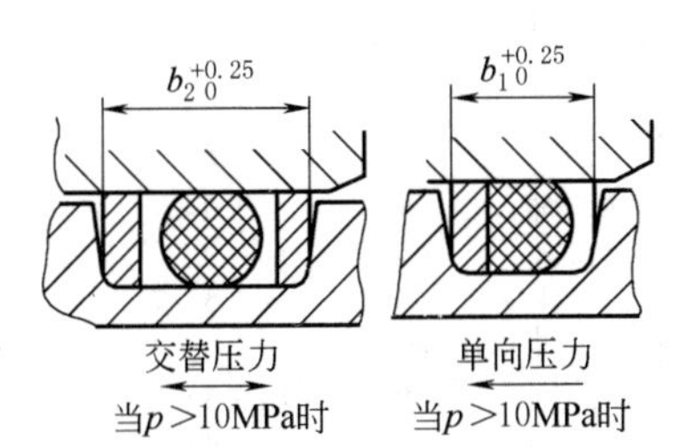

说明：

1. d_1——O 形圈内径，mm

d_2——O 形圈截面直径，mm

d_5——活塞杆直径，mm

d_6——活塞杆密封的沟槽槽底直径，mm

d_{10}——活塞杆配合孔直径（活塞杆密封），mm

t——径向密封的 O 形圈沟槽深度，mm

g—单边径向间隙，mm

2. b、b_1、b_2、Z、r_1、r_2 尺寸见表 10-4-13

3. 沟槽及配合表面的表面粗糙度见表 10-4-15

d_5 f7 / d_{10} H8	d_6 H9	d_1
$d_2=1.8$		
3	5.7	3.15
4	6.7	4
5	7.7	5.15
6	8.7	6
7	9.7	7.1
8	10.7	8
9	11.7	9
10	12.7	10
11	13.7	11.2
12	14.7	12.1
13	15.7	13.2
14	16.7	14
15	17.7	15
16	18.7	16
17	19.7	17
$d_2=2.65$		
14	18.1	14
15	19.1	15
16	20.1	16
17	21.1	17
18	22.1	18
19	23.1	19
20	24.1	20
21	25.1	21.2
22	26.1	22.4
23	27.1	23.6
24	28.1	24.3
25	29.1	25
26	30.1	26.5
27	31.1	27.3
28	32.1	28
29	33.1	30
30	34.1	30
31	35.1	31.5
32	36.1	32.5

d_5 f7 / d_{10} H8	d_6 H9	d_1
$d_2=2.65$		
33	37.1	33.5
34	38.1	34.5
35	39.1	35.5
36	40.1	36.5
37	41.1	37.5
38	42.1	38.7
$d_2=3.55$		
18	23.7	18
19	24.7	19
20	25.7	20.6
21	26.7	21.2
22	27.7	22.4
23	28.7	23.6
24	29.7	24.3
25	30.7	25
26	31.7	26.5
27	32.7	27.3
28	33.7	28
29	34.7	30
30	35.7	31.5
31	36.7	31.5
32	37.7	32.5
33	38.7	33.5
34	39.7	34.5
35	40.7	35.5
36	41.7	36.5
37	42.7	37.5
38	43.7	38.7
39	44.7	40
40	45.7	41.2
41	46.7	42.5
42	47.7	42.5
43	48.7	43.7
44	49.7	45
45	50.7	46.2

d_5 f7 / d_{10} H8	d_6 H9	d_1
$d_2=3.55$		
46	51.7	47.5
47	52.7	48.7
48	53.7	48.7
49	54.7	50
50	55.7	51.5
51	56.7	53
52	57.7	53
53	58.7	54.5
54	59.7	56
55	60.7	56
56	61.7	58
57	62.7	58
58	63.7	60
59	64.7	60
60	65.7	61.5
61	66.7	61.5
62	67.7	63
63	68.7	65
64	69.7	65
65	70.7	67
66	71.7	67
67	72.7	69
68	73.7	69
69	74.7	71
70	75.7	71
71	76.7	73
72	77.7	73
73	78.7	75
74	79.7	75
75	80.7	77.5
76	81.7	77.5
77	82.7	77.5
78	83.7	80
79	84.7	80
80	85.7	82.5

续表

d_5 f7	d_{10} H8	d_6 H9	d_1
$d_2=3.55$			
81		86.7	82.5
82		87.7	82.5
83		88.7	85
84		89.7	85
85		90.7	85
86		91.7	87.5
87		92.7	87.5
88		93.7	90
89		94.7	90
90		95.7	92
91		96.7	92
92		97.7	92.5
93		98.7	95
94		99.7	95
95		100.7	97.5
96		101.7	97.5
97		102.7	97.5
98		103.7	100
99		104.7	100
100		105.7	103
101		106.7	103
102		107.7	103
103		108.7	106
104		109.7	106
105		110.7	106
106		111.7	109
107		112.7	109
108		113.7	109
109		114.7	112
110		115.7	112
111		116.7	115
112		117.7	115
113		118.7	115
114		119.7	115
115		120.7	118
116		121.7	118
117		122.7	118
118		123.7	122
119		124.7	122
120		125.7	122
121		126.7	122
122		127.7	125
123		128.7	125
124		129.7	125
125		130.7	128

d_5 f7	d_{10} H8	d_6 H9	d_1
$d_2=5.3$			
39		47.7	40
40		48.7	41.2
41		49.7	41.2
42		50.7	42.5
43		51.7	43.7
44		52.7	45
45		53.7	45
46		54.7	46.2
47		55.7	47.5
48		56.7	48.7
49		57.7	50
50		58.7	51.5
51		59.7	51.5
52		60.7	53
53		61.7	53
54		62.7	54.5
55		63.7	56
56		64.7	58
57		65.7	58
58		66.7	60
59		67.7	60
60		68.7	61.5
61		69.7	61.5
62		70.7	63
63		71.7	65
64		72.7	65
65		73.7	67
66		74.7	67
67		75.7	69
68		76.7	69
69		77.7	71
70		78.7	71
71		79.7	73
72		80.7	73
73		81.7	75
74		82.7	75
75		83.7	77.5
76		84.7	77.5
77		85.7	77.5
78		86.7	80
79		87.7	80
80		88.7	82.5
82		90.7	82.5
84		92.7	85
85		93.7	87.5
86		94.7	87.5
88		96.7	90
90		98.7	92.5
92		100.7	95
94		102.7	95
95		103.7	97.5
96		104.7	97.5
98		106.7	100
100		108.7	103

d_5 f7	d_{10} H8	d_6 H9	d_1
$d_2=5.3$			
102		110.7	103
104		112.7	106
105		113.7	106
106		114.7	109
108		116.7	109
110		118.7	112
112		120.7	115
114		122.7	115
115		123.7	118
116		124.7	118
118		126.7	122
120		128.7	122
125		133.7	128
130		138.7	132
135		143.7	136
140		148.7	142.5
145		153.7	147.5
150		158.7	152.5
155		163.7	157.5
$d_2=7$			
105		116.7	106
110		121.7	112
115		126.7	118
120		131.7	122
125		136.7	128
130		141.7	132
135		146.7	136
140		151.7	142.5
145		156.7	147.5
150		161.7	152.5
155		166.7	157.5
160		171.7	162.5
165		176.7	167.5
170		181.7	172.5
175		186.7	177.5
180		191.7	182.5
185		196.7	187.5
190		201.7	195
195		206.7	200
200		211.7	203
205		216.7	206
210		221.7	212
215		226.7	218
220		231.7	224
225		236.7	227
230		241.7	236
235		246.7	236
240		251.7	243
245		256.7	250

注：1. d_{10} 和 d_6 之间的同轴度公差：直径小于或等于 50mm 时，≤ϕ0.025mm；直径大于 50mm 时，≤ϕ0.05mm。
2. 其他见表 10-4-5 中的注。

(5) 气动活塞杆动密封沟槽尺寸

表 10-4-9 气动活塞杆动密封沟槽尺寸 mm

d_5 f7	d_{10} H8	d_6 H9	d_1
$d_2=1.8$			
2		4.8	2
3		5.8	3.15
4		6.8	4
5		7.8	5
6		8.8	6
7		9.8	7.1
8		10.8	8
9		11.8	9
10		12.8	10
11		13.8	11.2
12		14.8	12.1
13		15.8	13.2
14		16.8	14
15		17.8	15
16		18.8	16
17		19.8	17
$d_2=2.65$			
14		18.3	14
15		19.3	15
16		20.3	16
17		21.3	17
18		22.3	18
19		23.3	19
20		24.3	20
21		25.3	21.2
22		26.3	22.4
23		27.3	23.6
24		28.3	25
25		29.3	25.8
26		30.3	26.5
27		31.3	28
28		32.3	28
29		33.3	30
30		34.3	30
31		35.3	31.5
32		36.3	32.5
33		37.3	33.5
34		38.3	34.5
35		39.3	35.5
36		40.3	36.5
37		41.3	37.5
38		42.3	38.7
$d_2=3.55$			
18		23.9	18
19		24.9	20
20		25.9	20
21		26.9	21.2
22		27.9	22.4
23		28.9	23.6
24		29.9	25
25		30.9	25
26		31.9	26.5
27		32.9	28
28		33.9	28
29		34.9	30
30		35.9	30
31		36.9	31.5
32		37.9	32.5
33		38.9	33.5
34		39.9	34.5
35		40.9	35.5
36		41.9	36.5
37		42.9	37.5
38		43.9	38.7
39		44.9	40
40		45.9	40
41		46.9	41.2
42		47.9	42.5
43		48.9	43.7
44		49.9	45
45		50.9	45
46		51.9	46.2
47		52.9	47.5
48		53.9	50
49		54.9	50
50		55.9	51.5
51		56.9	53
52		57.9	53
53		58.9	54.5
54		59.9	56
55		60.9	56
56		61.9	58
57		62.9	58
58		63.9	60
59		64.9	60
60		65.9	61.5
61		66.9	63
62		67.9	63
63		68.9	65
64		69.9	65
65		70.9	67
66		71.9	67
67		72.9	69
68		73.9	69
$d_2=3.55$			
69		74.9	71
70		75.9	71
71		76.9	73
72		77.9	73
73		78.9	75
74		79.9	75
75		80.9	77.5
76		81.9	77.5
77		82.9	77.5
78		83.9	80
79		84.9	80
80		85.9	82.5
81		86.9	82.5
82		87.9	85
83		88.9	85
84		89.9	85
85		90.9	87.5
86		91.9	87.5
87		92.9	90
88		93.9	90
89		94.9	90
90		95.9	92.5
91		96.9	92.5
92		97.9	95
93		98.9	95
94		99.9	95
95		100.9	97.5
96		101.9	97.5
97		102.9	100
98		103.9	100
99		104.9	100
100		105.9	103
101		106.9	103
102		107.9	103
103		108.9	106
104		109.9	106
105		110.9	109
106		111.9	109
107		112.9	109
108		113.9	112
109		114.9	112
110		115.9	112
111		116.9	115
112		117.9	115
113		118.9	115
114		119.9	118
115		120.9	118

续表

d_5 f7	d_{10} H8	d_6 H9	d_1	d_5 f7	d_{10} H8	d_6 H9	d_1	d_5 f7	d_{10} H8	d_6 H9	d_1
$d_2=3.55$				$d_2=5.3$				$d_2=5.3$			
116		121.9	118	65		74	67	116		125	118
117		122.9	118	66		75	67	118		127	122
118		123.9	122	67		76	69	120		129	125
119		124.9	122	68		77	69	125		134	128
120		125.9	122	69		78	71	130		139	132
121		126.9	125	70		79	71	135		144	136
122		127.9	125	71		80	73	$d_2=7$			
123		128.9	125	72		81	73	105		117.2	106
124		128.9	125	73		82	75	110		122.2	112
125		130.9	128	74		83	75	115		127.2	118
$d_2=5.3$				75		84	77.5	120		132.2	122
39		48	40	76		85	77.5	125		137.2	128
40		49	41.2	77		86	77.5	130		142.2	132
41		50	42.5	78		87	80	135		147.2	136
42		51	42.5	79		88	80	140		152.2	142.5
43		52	43.7	80		89	82.5	145		157.2	147.5
44		53	45	82		91	85	150		162.2	152.5
45		54	45	84		93	85	155		167.2	157.5
46		55	46.2	85		94	87.5	160		172.2	162.5
47		56	48	86		95	87.5	165		177.2	167.5
48		57	50	86		97	90	170		182.2	172.5
49		58	50	90		99	92.5	175		187.2	177.5
50		59	51.5	92		101	95	180		192.2	182.5
51		60	53	94		103	97.5	185		197.2	187.5
52		61	53	95		104	97.5	190		202.2	195
53		62	54.5	96		105	97.5	195		207.2	200
54		63	56	98		107	100	200		212.2	203
55		64	56	100		109	103	205		217.2	206
56		65	58	102		111	103	210		222.2	212
57		66	58	104		113	106	215		227.2	218
58		67	60	105		114	106	220		232.2	224
59		68	60	106		115	109	225		237.2	227
60		69	61.5	108		117	109	230		242.2	236
61		70	63	110		119	112	235		247.2	236
62		71	63	112		121	114	240		252.2	243
63		72	65	114		123	115	245		257.2	250
64		73	65	115		124	118	250		262.2	254

注：1. 见表 10-4-8 注。

2. 表中尺寸的位置及说明参考表 10-4-8 中的图。

(6) 液压、气动活塞杆静密封沟槽尺寸

表 10-4-10　　液压、气动活塞杆静密封沟槽尺寸　　mm

d_5 f7	d_{10} H8	d_6 H11	d_1	d_5 f7	d_{10} H8	d_6 H11	d_1	d_5 f7	d_{10} H8	d_6 H11	d_1
$d_2=1.8$				$d_2=1.8$				$d_2=1.8$			
3		5.6	3.15	6		8.6	6	9		11.6	9
4		6.6	4	7		9.6	7.1	10		12.6	10
5		7.6	5	8		10.6	8	11		13.6	11.2

续表

d_5 f7	d_{10} H8	d_6 H11	d_1
$d_2=1.8$			
12		14.6	12.1
13		15.6	13.1
14		16.6	14
15		17.6	15
16		18.6	16
17		19.6	17
$d_2=2.65$			
14		18	14
15		19	15
16		20	16
17		21	17
18		22	18
19		23	19
20		24	20
21		25	21.2
22		26	22.4
23		27	23.6
24		28	24.3
25		29	25
26		30	26.5
27		31	27.3
26		32	28
29		33	30
30		34	30
31		35	31.5
32		36	32.5
33		37	33.5
34		38	34.5
35		39	35.5
36		40	36.5
37		41	37.5
38		42	38.7
39		43	40
$d_2=3.55$			
18		23.4	18
19		24.4	19
20		25.4	20
21		26.4	21.2
22		27.4	22.4
23		28.4	23.6
24		29.4	24.3
25		30.4	25
26		31.4	26.5
27		32.4	27.3
28		33.4	28
29		34.4	30
30		35.4	30
31		36.4	31.5
$d_2=3.55$			
32		37.4	32.5
33		38.4	33.5
34		39.4	34.5
35		40.4	35.5
36		41.4	36.5
37		42.4	37.5
38		43.4	38.7
39		44.4	40
40		45.4	41.2
41		46.4	41.2
42		47.4	42.5
43		48.4	43.7
44		49.4	45
45		50.4	45
46		51.4	46.2
47		52.4	47.5
48		53.4	48.7
49		54.4	50
50		55.4	50
51		56.4	51.5
52		57.4	53
53		58.4	53
54		59.4	54.5
55		60.4	56
56		61.4	56
57		62.4	58
58		63.4	58
59		64.4	60
60		65.4	60
61		66.4	61.5
62		67.4	63
63		68.4	63
64		69.4	65
65		70.4	65
66		71.4	67
67		72.4	67
68		73.4	69
69		74.4	69
70		75.4	71
71		76.4	71
72		77.4	73
73		78.4	73
74		79.4	75
75		80.4	75
76		81.4	77.5
77		82.4	77.5
78		83.4	80
79		84.4	80
$d_2=3.55$			
80		85.4	80
81		86.4	82.5
82		87.4	82.5
83		88.4	85
84		89.4	85
85		90.4	87.5
86		91.4	87.5
87		92.4	87.5
88		93.4	90
89		94.4	90
90		95.4	92.5
91		96.4	92.5
92		97.4	92.5
93		98.4	95
94		99.4	95
95		100.4	97.5
96		101.4	97.5
97		102.4	100
98		103.4	100
99		104.4	100
100		105.4	103
101		106.4	103
102		107.4	103
103		108.4	106
104		109.4	106
105		110.4	106
106		111.4	109
107		112.4	109
108		113.4	109
109		114.4	112
110		115.4	112
111		116.4	112
112		117.4	115
113		118.4	115
114		119.4	115
115		120.4	115
116		121.4	118
117		122.4	118
118		123.4	122
119		124.4	122
120		125.4	122
121		126.4	125
122		127.4	125
123		128.4	125
124		129.4	125
125		130.4	125
126		131.4	128
127		132.4	128

续表

d_5 f7	d_{10} H8	d_6 H11	d_1
$d_2=3.55$			
128		133.4	128
129		134.4	132
130		135.4	132
131		136.4	132
132		137.4	132
133		138.4	136
134		139.4	136
135		140.4	136
136		141.4	136
137		142.4	140
138		143.4	140
139		144.4	140
140		145.4	140
141		146.4	142.5
142		147.4	145
143		148.4	145
144		149.4	145
145		150.4	147.5
146		151.4	147.5
147		152.4	150
148		153.4	150
149		154.4	150
150		155.4	152.5
151		156.4	152.5
152		157.4	155
153		158.4	155
154		159.4	155
155		160.4	157.5
156		161.4	157.5
157		162.4	160
158		163.4	160
159		164.4	160
160		165.4	162.5
161		166.4	162.5
162		167.4	165
163		168.4	165
164		169.4	165
165		170.4	167.5
166		171.4	167.5
167		172.4	170
168		173.4	170
169		174.4	170
170		175.4	172.5
171		176.4	172.5
172		177.4	175
173		178.4	175
174		179.4	175
175		180.4	177.5

d_5 f7	d_{10} H8	d_6 H11	d_1
$d_2=3.55$			
176		181.4	177.5
177		182.4	180
178		183.4	180
179		184.4	180
180		185.4	182.5
181		186.4	185
182		187.4	185
183		188.4	185
184		189.4	185
185		190.4	187.5
186		191.4	190
187		192.4	190
188		193.4	190
189		194.4	190
190		195.4	195
191		196.4	195
192		197.4	195
193		198.4	195
194		199.4	195
195		200.4	200
196		201.4	200
197		202.4	200
198		203.4	200
$d_2=5.3$			
40		48.2	40
41		49.2	41.2
42		50.2	42.5
43		51.2	43.7
44		52.2	45
45		53.2	46.2
46		54.2	47.2
47		55.2	47.5
48		56.2	48.7
49		57.2	50
50		58.2	51.5
51		59.2	51.5
52		60.2	53
53		61.2	54.5
54		62.2	54.5
55		63.2	56
56		64.2	56
57		65.2	58
58		66.2	58
59		67.2	60
60		68.2	60
61		69.2	61.5
62		70.2	63
63		71.2	63

d_5 f7	d_{10} H8	d_6 H11	d_1
$d_2=5.3$			
64		72.2	65
65		73.2	65
66		74.2	67
67		75.2	67
68		76.2	69
69		77.2	69
70		78.2	71
71		79.2	71
72		80.2	73
73		81.2	73
74		82.2	75
75		83.2	75
76		84.2	77.5
77		85.2	77.5
78		86.2	80
79		87.2	80
80		88.2	80
82		90.2	82.5
84		92.2	85
85		93.2	85
86		94.2	87.5
88		96.2	90
90		98.2	92.5
92		100.2	92.5
94		102.2	95
95		103.2	97.5
96		104.2	97.5
98		106.2	100
100		108.2	103
102		110.2	103
104		112.2	106
105		113.2	106
106		114.2	109
108		116.2	109
110		118.2	112
112		120.2	115
114		122.2	115
115		123.2	118
116		124.2	118
118		126.2	118
120		128.2	122
122		130.2	125
124		132.2	125
125		133.2	125
126		134.2	128
128		136.2	128
130		138.2	132
132		140.2	132

续表

d_5 f7 d_{10} H8	d_6 H11	d_1	d_5 f7 d_{10} H8	d_6 H11	d_1	d_5 f7 d_{10} H8	d_6 H11	d_1
$d_2=5.3$			$d_2=5.3$			$d_2=5.3$		
134	142.2	136	214	222.2	218	294	302.2	300
135	143.2	136	215	223.2	218	295	303.2	300
136	144.2	136	216	224.2	218	296	304.2	300
138	146.2	140	218	226.2	224	298	306.2	300
140	148.2	140	220	228.2	224	300	308.2	303
142	150.2	145	222	230.2	224	302	310.2	307
144	152.2	145	224	232.2	227	304	312.2	307
145	153.2	145	225	233.2	230	305	313.2	307
146	154.2	147.5	226	234.2	230	306	314.2	311
148	156.2	150	228	236.2	230	308	316.2	311
150	158.2	150	230	238.2	236	310	318.2	315
152	160.2	155	232	240.2	236	312	320.2	315
154	162.2	155	234	242.2	236	314	322.2	320
155	163.2	155	235	243.2	239	315	323.2	320
156	164.2	157.5	236	244.2	239	316	324.2	320
158	166.2	160	238	246.2	243	318	326.2	320
160	168.2	162.5	240	248.2	243	320	328.2	325
162	170.2	165	242	250.2	250	322	330.2	325
164	172.2	165	244	252.2	250	324	332.2	330
165	173.2	167.5	245	253.2	250	325	333.2	330
166	174.2	167.5	246	254.2	250	326	334.2	330
168	176.2	170	248	256.2	250	328	336.2	330
170	178.2	170	250	258.2	254	330	338.2	335
172	180.2	175	252	260.2	254	332	340.2	335
174	182.2	175	254	262.2	258	334	342.2	340
175	183.2	175	255	263.2	258	335	343.2	340
176	184.2	180	256	264.2	258	336	344.2	340
178	186.2	180	258	266.2	261	338	346.2	345
180	188.2	182.5	260	268.2	265	340	348.2	345
182	190.2	185	262	270.2	265	342	350.2	345
184	192.2	185	264	272.2	268	344	352.2	350
185	193.2	187.5	265	273.2	268	345	353.2	350
186	194.2	190	266	274.2	268	346	354.2	350
188	196.2	190	268	276.2	272	348	356.2	350
190	198.2	195	270	278.2	272	350	358.2	355
192	200.2	195	272	280.2	276	352	360.2	355
194	202.2	195	274	282.2	276	354	362.2	360
195	203.2	200	275	283.2	280	355	363.2	360
196	204.2	200	276	284.2	280	356	364.2	360
198	206.2	200	278	286.2	280	358	366.2	365
200	208.2	203	280	288.2	286	360	368.2	365
202	210.2	206	282	290.2	286	362	370.2	370
204	212.2	206	284	292.2	286	364	372.2	370
205	213.2	206	285	293.2	286	365	373.2	370
206	214.2	212	286	294.2	290	366	374.2	370
208	216.2	212	288	296.2	290	368	376.2	375
210	218.2	212	290	298.2	295	370	378.2	375
212	220.2	218	292	300.2	295	372	380.2	379

续表

d_5 f7	d_{10} H8	d_6 H11	d_1
$d_2=5.3$			
374		382.2	379
375		383.2	383
376		384.2	383
378		386.2	387
380		388.2	387
382		390.2	387
384		392.2	387
385		393.2	391
386		394.2	391
388		396.2	395
390		398.2	395
392		400.2	400
394		402.2	400
395		403.2	400
396		404.2	400
398		406.2	400
400		408.2	400
$d_2=7$			
106		117	109
108		119	109
110		121	112
112		123	115
114		125	115
115		126	118
116		127	118
118		129	122
120		131	122
122		133	125
124		135	125
125		136	128
126		137	128
128		139	132
130		141	132
132		143	136
134		145	136
135		146	136
136		147	140
138		149	140
140		151	142.5
142		153	145
144		155	145
145		156	147.5
146		157	147.5
148		159	150
150		161	152.5
152		163	155
154		165	155
155		166	157.5

d_5 f7	d_{10} H8	d_6 H11	d_1
$d_2=7$			
156		167	157.5
158		169	160
160		171	162.5
162		173	165
164		175	167.5
165		176	167.5
166		177	167.5
168		179	170
170		181	172.5
172		183	175
174		185	177.5
175		186	177.5
176		187	180
178		189	180
180		191	182.5
182		193	185
184		195	187.5
185		196	187.5
186		197	190
188		199	190
190		201	195
192		203	195
194		205	195
195		206	200
196		207	200
198		209	200
200		211	203
202		213	206
204		215	206
205		216	212
206		217	212
208		219	212
210		221	212
212		223	218
214		225	218
215		226	218
216		227	218
218		229	224
220		231	224
222		233	224
224		235	227
225		236	230
226		237	230
228		239	230
230		241	236
232		243	236
234		245	236
235		246	239

d_5 f7	d_{10} H8	d_6 H11	d_1
$d_2=7$			
236		247	239
238		249	243
240		251	243
242		253	250
244		255	250
245		256	250
246		257	250
248		259	250
250		261	254
252		263	254
254		265	258
255		266	258
256		267	258
258		269	261
260		271	265
262		273	265
264		275	268
265		276	268
266		277	268
268		279	272
270		281	272
272		283	276
274		285	276
275		286	280
276		287	280
278		289	280
280		291	283
282		293	286
284		295	286
285		296	290
286		297	290
288		299	295
290		301	295
292		303	295
294		305	300
295		306	300
296		307	300
298		309	300
300		311	303
302		313	307
304		315	307
305		316	307
306		317	311
308		319	311
310		321	315
312		323	315
314		325	320
315		326	320

续表

d_5 f7 / d_{10} H8	d_6 H11	d_1	d_5 f7 / d_{10} H8	d_6 H11	d_1	d_5 f7 / d_{10} H8	d_6 H11	d_1
$d_2=7$			$d_2=7$			$d_2=7$		
316	327	320	396	407	400	476	487	483
318	329	320	398	409	400	478	489	487
320	331	325	400	411	406	480	491	487
322	333	325	402	413	406	482	493	487
324	335	330	404	415	406	484	495	487
325	336	330	405	416	412	485	496	487
326	337	330	406	417	412	486	497	493
328	339	330	408	419	412	488	499	493
330	341	335	410	421	412	490	501	493
332	343	335	412	423	418	492	503	500
334	345	340	414	425	418	494	505	500
335	346	340	415	426	418	495	506	500
336	347	340	416	427	418	496	507	500
338	349	340	418	429	425	498	509	500
340	351	345	420	431	425	500	511	508
342	353	345	422	433	425	502	513	508
344	355	350	424	435	429	504	515	508
345	356	350	425	436	429	505	516	508
346	357	350	426	437	433	506	517	515
348	359	350	428	439	433	508	519	515
350	361	355	430	441	437	510	521	515
352	363	355	432	443	437	512	523	515
354	365	360	434	445	437	514	525	523
355	366	360	435	446	437	515	526	523
356	367	360	436	447	443	516	527	523
358	369	360	438	449	443	518	529	523
360	371	365	440	451	443	520	531	523
362	373	365	442	453	450	522	533	530
364	375	370	444	455	450	524	535	530
365	376	370	445	456	450	525	536	530
366	377	370	446	457	450	526	537	530
368	379	370	448	459	450	528	539	530
370	381	375	450	461	456	530	541	538
372	383	375	452	463	456	532	543	538
374	385	379	454	465	462	534	545	538
375	386	379	455	466	462	535	546	545
376	387	379	456	467	462	536	547	545
378	389	383	458	469	462	538	549	545
380	391	383	460	471	462	540	551	545
382	393	387	462	473	466	542	553	545
384	395	387	464	475	466	544	555	553
385	396	391	465	476	470	545	556	553
386	397	391	466	477	470	546	557	553
388	399	391	468	479	475	548	559	553
390	401	395	470	481	475	550	561	560
392	403	395	472	483	475	552	563	560
394	405	400	474	485	479	554	565	560
395	406	400	475	486	479	555	566	560

续表

d_5 f7	d_{10} H8	d_6 H11	d_1	d_5 f7	d_{10} H8	d_6 H11	d_1	d_5 f7	d_{10} H8	d_6 H11	d_1
$d_2=7$				$d_2=7$				$d_2=7$			
556		567	560	592		603	600	626		637	630
558		569	560	594		605	600	628		639	640
560		571	570	595		606	600	630		641	640
562		573	570	596		607	600	632		643	640
564		575	570	598		609	608	634		645	640
565		576	570	600		611	608	635		646	640
566		577	570	602		613	608	636		647	640
568		579	570	604		615	615	638		649	650
570		581	580	605		616	615	640		651	650
572		583	580	606		617	615	642		653	650
574		585	580	608		619	615	644		655	650
575		586	580	610		621	615	645		656	650
576		587	580	612		623	615	646		657	650
578		589	580	614		625	623	648		659	660
580		591	590	615		626	623	650		661	660
582		593	590	616		627	623	652		663	660
584		595	590	618		629	630	654		665	660
585		596	590	620		631	630	655		666	660
586		597	590	622		633	630	656		667	660
588		599	600	624		635	630	658		669	670
590		601	600	625		636	630	660		671	670

注：1. 见表 10-4-8 注。

2. 表中尺寸的位置及说明参考表 10-4-8 中的图。

(7) 受内部压力的轴向密封沟槽尺寸

表 10-4-11　　受内部压力的轴向密封沟槽尺寸　　mm

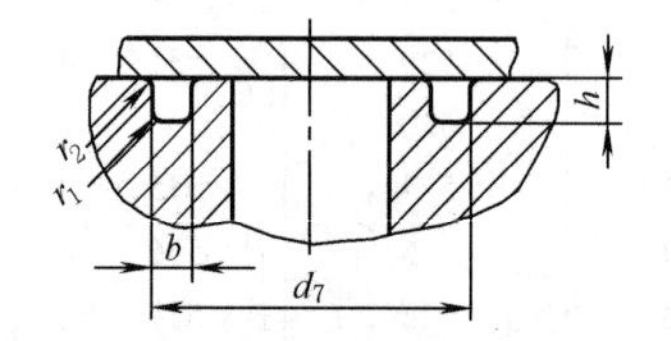

说明：

1. d_1——O 形圈内径，mm

　d_2——O 形圈截面直径，mm

　d_7——轴向密封的沟槽外径（受内压），mm

　h——轴向密封的 O 形圈沟槽深度，mm

2. h、b、r_1、r_2、d_7 尺寸见表 10-4-14

3. 沟槽表面粗糙度见表 10-4-15

d_7 H11	d_1	d_7 H11	d_1	d_7 H11	d_1	d_7 H11	d_1	d_7 H11	d_1	d_7 H11	d_1
$d_2=1.8$		$d_2=1.8$		$d_2=2.65$		$d_2=2.65$		$d_2=3.55$		$d_2=3.55$	
7.9	4.5	12.2	8.75	19	14	33	28	26	20	41.5	35.5
8.2	5	12.4	9	20	15	35	30	27	21.2	42.5	36.5
8.6	5.15	12.9	9.5	21	16	36.5	31.5	28	22.4	43.5	37.5
8.7	5.3	13.4	10	22	17	37.5	32.5	29.5	23.6	44.5	38.7
9	5.6	14	10.6	23	18	38.5	33.5	31	25	46.5	40
9.4	6	14.6	11.2	24	19	39.5	34.5	31.5	25.8	47.5	41.2
9.7	6.3	15.2	11.8	25	20	40.5	35.5	32.5	26.5	48.5	42.5
10.1	6.7	15.9	12.5	26.5	21.2	41.5	36.5	34	28	49.5	43.7
10.3	6.9	16.6	13.2	27.5	22.4	42.5	37.5	36	30	51	45
10.5	7.1	17.3	14	28.6	23.6	43.8	38.7	37.5	31.5	52	46.2
10.9	7.5	18.4	15	30	25	$d_2=3.55$		38.5	32.5	53.5	47.5
11.4	8	19.4	16	31	25.8	24	18	39.5	33.5	54.5	48.7
11.9	8.5	20.4	17	31.5	26.5	25	19	40.5	34.5	56	50

续表

d_7 H11	d_1	d_7 H11	d_1	d_7 H11	d_1	d_7 H11	d_1	d_7 H11	d_1	d_7 H11	d_1
$d_2=3.55$		$d_2=3.55$		$d_2=5.3$		$d_2=5.3$		$d_2=5.3$		$d_2=7$	
57.5	51.5	139	132	73	63	170	160	410	400	270	258
59	53	143	136	75	65	175	165	$d_2=7$		275	265
60.5	54.5	147	140	77	67	180	170	119	109	285	272
62	56	152	145	79	69	185	175	122	112	290	280
64	58	157	150	81	71	190	180	125	115	300	290
66	60	162	155	83	73	195	185	128	118	310	300
67	61.5	167	160	85	75	200	190	132	122	320	307
69	63	172	165	88	77.5	205	195	135	125	325	315
71	65	177	170	90	80	210	200	138	128	335	325
73	67	182	175	93	82.5	215	206	142	132	345	335
75	69	187	180	95	85	220	212	146	136	355	345
77	71	192	185	98	87.5	227	218	150	140	365	355
79	73	197	190	100	90	232	224	155	145	375	365
81	75	202	195	103	92.5	240	230	160	150	385	375
83	77.5	207	200	105	95	245	236	165	155	400	387
86	80	$d_2=5.3$		108	97.5	253	243	170	160	410	400
88	82.5	50	40	110	100	260	250	175	165	430	412
91	85	51	41.2	113	103	267	258	180	170	435	425
93	87.5	53	42.5	116	106	275	265	185	175	450	437
96	90	54	43.7	119	109	280	272	190	180	460	450
98.0	92.5	55	45	122	112	290	280	195	185	475	462
102	95	56	46.2	125	115	300	290	200	190	485	475
105	97.5	58	47.5	128	118	310	300	205	195	500	487
107	100	59	48.7	132	122	315	307	210	200	510	500
110	103	60	50	135	125	325	315	215	206	525	515
116	109	62	51.5	138	128	335	325	222	212	540	530
119	112	63	53	142	132	345	335	228	218	555	545
122	115	64	54.5	145	136	355	345	234	224	570	560
125	118	65	56	150	140	365	355	240	230	590	580
129	122	68	58	155	145	375	365	246	236	610	600
132	125	70	60	160	150	385	375	253	243	625	615
135	128	72	61.5	165	155	395	387	260	250	640	630

注：见表 10-4-5 注 1、2。

（8）受外部压力的轴向密封沟槽尺寸

表 10-4-12　　受外部压力的轴向密封沟槽尺寸　　mm

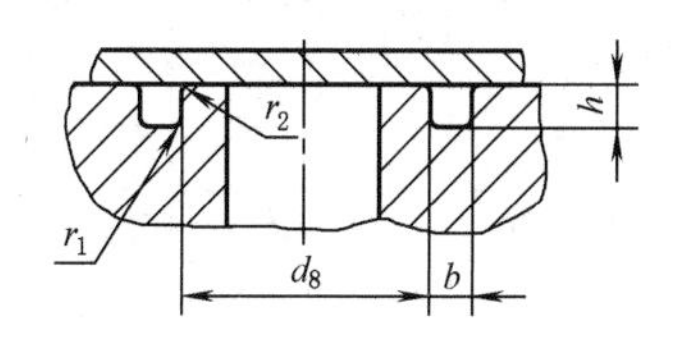

说明：

1. d_1——O 形圈内径，mm
   d_2——O 形圈截面直径，mm
   d_8——轴向密封的沟槽内径（受外压），mm
   h——轴向密封的 O 形圈沟槽深度，mm
2. h、b、r_1、r_2、d_8 尺寸见表 10-4-14
3. 沟槽表面粗糙度见表 10-4-15

续表

d_8 H11	d_1
$d_2=1.8$	
2	1.8
2.2	2
2.4	2.24
3	2.8
3.3	3.15
3.7	3.55
3.9	3.75
4.7	4.5
5.2	5
5.3	5.15
5.5	5.3
5.8	5.6
6.2	6
6.5	6.3
6.9	6.7
7.1	6.9
7.3	7.1
7.7	7.5
8.2	8
8.7	8.5
8.9	8.75
9.2	9
9.7	9.5
10.2	10
10.8	10.6
11.4	11.2
12	11.8
12.7	12.5
13.4	13.2
14.2	14
$d_2=2.65$	
14.2	14
15.2	15
16.2	16
17.2	17
18.2	18
19.2	19
20.2	20
21.4	21.2
22.6	22.4
23.8	23.6
25.2	25
26	25.8
26.7	26.5

d_8 H11	d_1
$d_2=2.65$	
28.2	28
30.2	30
31.7	31.5
32.7	32.5
33.7	33.5
34.7	34.5
35.7	35.5
36.7	36.5
37.7	37.5
38.9	38.7
$d_2=3.55$	
18.2	18
19.2	19
20.2	20
21.4	21.2
22.6	22.4
23.8	23.6
25.2	25
26.2	25.8
26.7	26.5
28.2	28
30.2	30
31.7	31.5
32.7	32.5
33.7	33.5
34.7	34.5
35.7	35.5
36.7	36.5
37.7	37.5
38.9	38.7
40.2	40
41.5	41.2
42.8	42.5
44.0	43.7
45.3	45
46.5	46.2
47.8	47.5
49	48.7
50.8	50
51.8	51.5
53.3	53
54.8	54.5
56.3	56
58.3	58
60.3	60
61.8	61.5
63.3	63

d_8 H11	d_1
$d_2=3.55$	
65.3	65
67.3	67
69.3	69
71.3	71
73.3	73
75.3	75
77.8	77.5
80.3	80
82.8	82.5
85.3	85
87.8	87.5
90.3	90
92.8	92.5
95.3	95
97.8	97.5
100.3	100
103.5	103
115.5	115
118.5	118
122.5	122
125.5	125
128.5	128
132.5	132
136.5	136
140.5	140
145.5	145
150.5	150
155.5	155
160.5	160
165.5	165
170.5	170
175.5	175
180.5	180
185.5	185
190.5	190
195.5	195
200.5	200
$d_2=5.3$	
40.3	40
41.5	41.2
42.8	42.5
44	43.7
45.3	45
46.5	46.2
47.8	47.5
50	48.7
50.3	50

d_8 H11	d_1
$d_2=5.3$	
51.8	51.5
53.3	53
54.8	54.5
56.3	56
58.3	58
60.3	60
61.8	61.5
63.3	63
65.3	65
67.3	67
69.3	69
71.3	71
73.3	73
75.3	75
77.8	77.5
80.3	80
82.8	82.5
85.3	85
87.8	87.5
90.3	90
92.8	92.5
95.3	95
97.8	97.5
100.5	100
103.5	103
106.5	106
109.5	109
112.5	112
115.5	115
118.5	118
122.5	122
125.5	125
128.5	128
132.5	132
136.5	136
140.5	140
145.5	145
150.5	150
155.5	155
160.5	160
165.5	165
170.5	170
175.5	175
180.5	180
185.5	185
190.5	190
195.5	195

d_8 H11	d_1
$d_2=5.3$	
201	200
207	206
213	212
219	218
225	224
231	230
237	266
244	243
251	250
259	258
266	265
273	272
281	280
291	290
301	300
308	307
316	315
326	325
336	335
346	345
356	355
366	365
376	375
388	387
401	400
$d_2=7$	
110	109
113	112
116	115
119	118
123	122
126	125
129	128
133	132
137	136
141	140
146	145
151	150
156	155
161	160
166	165
171	170
176	175
181	180
186	185
191	190
196	195

d_8 H11	d_1
$d_2=7$	
201	200
207	206
213	212
219	218
225	224
231	230
237	236
243	243
251	250
259	258
266	265
273	272
281	280
291	290
301	300
308	307
316	315
326	325
336	335
346	345
356	355
366	365
376	375
388	387
401	400
413	412
426	425
438	437
451	450
463	462
476	475
488	487
502	500
517	515
531	530
547	545
562	560
581	580
602	600
617	615
632	630
652	650
672	670

注：见表 10-4-5 注 1、2。

表 10-4-13　　径向密封沟槽尺寸　　mm

项目			O 形圈截面直径 d_2				
			1.80	2.65	3.55	5.30	7.00
沟槽宽度	气动动密封		2.2	3.4	4.6	6.9	9.3
	液压动密封或静密封	b	2.4	3.6	4.8	7.1	9.5
		b_1	3.8	5.0	6.2	9.0	12.3
		b_2	5.2	6.4	7.6	10.9	15.1

续表

项目			O形圈截面直径 d_2				
			1.80	2.65	3.55	5.30	7.00
沟槽深度 t	活塞密封（计算 d_3 用）	液压动密封	1.35	2.10	2.85	4.35	5.85
		气动动密封	1.40	2.15	2.95	4.5	6.1
		静密封	1.32	2.00	2.9	4.31	5.85
	活塞杆密封（计算 d_6 用）	液压动密封	1.35	2.10	2.85	4.35	5.85
		气动动密封	1.4	2.15	2.95	4.5	6.1
		静密封	1.32	2.0	2.9	4.31	5.85
最小导角长度 Z_{min}			1.1	1.5	1.8	2.7	3.6
沟槽底圆角半径 r_1			0.2～0.4		0.4～0.8		0.8～1.2
沟槽棱圆角半径 r_2			0.1～0.3				
活塞密封沟槽底直径 d_3			$d_{3max}=d_{4min}-2t$ d_4——缸直径				
活塞杆密封沟槽底直径 d_6			$d_{6min}=d_{5max}+2t$ d_5——活塞杆直径				

注：活塞密封的沟槽底直径 d_3 与缸内径 d_4 分别为活塞、缸筒上的尺寸，直接测量 t 困难［径向密封的O形圈沟槽深度 $t=(d_{4min}-d_{3max})/2$］；同样，活塞杆密封的沟槽底直径 d_6 与活塞杆直径 d_5 分别为导向套、活塞杆上的尺寸，直接测量 t 困难［径向密封的O形圈沟槽深度 $t=(d_{6min}-d_{5max})/2$］。

表 10-4-14　　轴向密封沟槽尺寸　　mm

项目	O形圈截面直径 d_2				
	1.80	2.65	3.55	5.30	7.00
沟槽宽度 b	2.6	3.8	5.0	7.3	9.7
沟槽深度 h	1.28	1.97	2.75	4.24	5.72
沟槽底圆角半径 r_1	0.2～0.4		0.4～0.8		0.8～1.2
沟槽棱圆角半径 r_2	0.1～0.3				
轴向密封时沟槽外径 d_7	d_7(基本尺寸)$\leq d_1$(基本尺寸)$+2d_2$(基本尺寸)				
轴向密封时沟槽内径 d_8	d_8(基本尺寸)$\geq d_1$(基本尺寸)				

表 10-4-15　　沟槽和配合偶件表面的表面粗糙度　　μm

表面	应用情况	压力状况	表面粗糙度	
			Ra	*Rz*
沟槽的底面和侧面	静密封	无交变、无脉冲	3.2(1.6)	12.5(6.3)
		交变或脉冲	1.6	6.3
	动密封		1.6(0.8)	6.3(3.2)
配合表面	静密封	无交变、无脉冲	1.6(0.8)	6.3(3.2)
		交变或脉冲	0.8	3.2
	动密封		0.4	1.6
倒角表面			3.2	12.5

注：括号内的数值在要求精度较高的场合应用。

4.2　耐高温润滑油O形橡胶密封圈（摘自HG/T 2021—2014）

(1) 分类

耐高温润滑油O形橡胶密封圈（以下简称O形圈）分为Ⅰ、Ⅱ、Ⅲ、Ⅳ四类：

· Ⅰ类主体材料是丁腈橡胶NBR，主要用于密封石油基润滑油，工作温度为-25～125℃，短期150℃；

· Ⅱ类主体材料是氟橡胶FKM，主要用于密封合成酯类润滑油，工作温度为-15～200℃，短期250℃；

· Ⅲ类主体材料是丙烯酸酯橡胶ACM和乙烯丙烯酸酯橡胶AEM，主要用于密封石油基润滑油，工作温度为-20～150℃，短期175℃；

· Ⅳ类主体材料是氢化丁腈橡胶HNBR，主要用于密封石油基润滑油，工作温度为-25～150℃，短期 160℃。

（2）外观

O 形圈外观用目视检验。当需要对缺陷进行定量检验时，按 GB/T 2941 的规定进行，应符合 GB/T 3452.2 的规定。

（3）尺寸公差

O 形圈尺寸按 GB/T 2941 的规定进行测量，应符合 GB/T 3452.1 的规定。

4.3 气动用 O 形橡胶密封圈（摘自 JB/T 6659—2007）

气动用 O 形橡胶密封圈（简称 O 形圈）的形状是圆环形的，如图 10-4-1 所示。

尺寸代号：

d_1——O 形圈内径；

d_2——O 形圈截面直径。

O 形圈尺寸及公差应符合表 10-4-16 的规定。

标记：

标记方式应符合 GB/T 3452.1—2005 中 3.2 的规定。

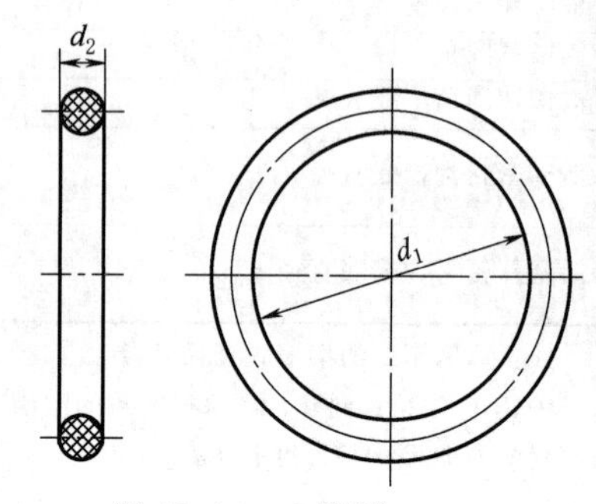

图 10-4-1 O 形圈

表 10-4-16 **O 形圈内径、截面直径尺寸及公差表** mm

d_1		d_2					
内径	极限偏差	1.00±0.05	1.22±0.06	1.50±0.06	1.80±0.06	2.00±0.08	2.65±0.09
1.50		*	*	*	*		
1.80		*	*	*	*		
2.00		*	*	*	*		
2.24		*	*	*	*		
2.50		*	*	*	*		
2.80	±0.10	*	*	*	*		
3.00		*	*	*	*		
3.15		*	*	*	*		
3.55		*	*	*	*		
3.75		*	*	*	*		
4.00		*	*	*	*		
4.50		*	*	*	*	*	
4.87		*	*	*	*	*	
5.00		*	*	*	*	*	
5.15	±0.13	*	*	*	*	*	
5.30		*	*	*	*	*	
5.60		*	*	*	*	*	
6.00		*	*	*	*	*	
6.30		*	*	*	*	*	
6.70		*	*	*	*	*	
6.90		*	*	*	*	*	
7.10		*	*	*	*	*	*
7.50		*	*	*	*	*	*
8.00	±0.14	*	*	*	*	*	*
8.50		*	*	*	*	*	*
8.75		*	*	*	*	*	*
9.00		*	*	*	*	*	*
9.50		*	*	*	*	*	*
10.0		*	*	*	*	*	*

续表

d_1		d_2					
内径	极限偏差	1.00±0.05	1.22±0.06	1.50±0.06	1.80±0.06	2.00±0.08	2.65±0.09
10.6	±0.17	*	*	*	*	*	*
11.2		*	*	*	*	*	*
11.8		*	*	*	*	*	*
12.5		*	*	*	*	*	*
13.2		*	*	*	*	*	*
14.0		*	*	*	*	*	*
15.0		*	*	*	*	*	*
16.0		*	*	*	*	*	*
17.0		*	*	*	*	*	*
18.0		*	*	*	*	*	*
19.0	±0.22	*	*	*	*	*	*
20.0		*	*	*	*	*	*
21.2		*	*	*	*	*	*
22.4		*	*	*	*	*	*
23.0		*	*	*	*	*	*
23.6				*	*	*	*
25.0				*	*	*	*
25.8				*	*	*	*
26.5				*	*	*	*
28.0				*	*	*	*
30.0				*	*	*	*
31.5	±0.30			*	*	*	*
32.5				*	*	*	*
33.5				*	*	*	*
34.5				*	*	*	*
35.5				*	*	*	*
36.5				*	*	*	*
37.5				*	*	*	*
38.7				*	*	*	*
40.0				*	*	*	*
41.2				*	*	*	*
42.5				*	*	*	*
43.7				*	*	*	*
45.0				*	*	*	*
46.2				*	*	*	*
47.5				*	*	*	*
48.7				*	*	*	*
50.0				*	*	*	*
51.5	±0.45					*	*
53.0						*	*
54.5						*	*
56.0						*	*
58.0						*	*
60.0						*	*
61.5						*	*
63.0						*	*
65.0						*	*
67.0						*	*
69.0						*	*
71.0						*	*
73.0						*	*
75.0						*	*
77.5							
80.0							*

续表

d_1		d_2					
内径	极限偏差	1.00±0.05	1.22±0.06	1.50±0.06	1.80±0.06	2.00±0.08	2.65±0.09
82.5	±0.65						
85.0							*
87.5							
90.0							*
92.5							
95.5							*
97.5							
100							*
103							
106							*
109							
112							*
115							
118							*
122	±0.90						
125							*
128							
132							*
136							
140							*
145	±0.90						
150							*
155							
160							*
165							
170							*
175							
180							*

注："*"为推荐使用O形圈的截面直径。

4.4 机械密封用O形橡胶圈（摘自JB/T 7757—2020）

表10-4-17　　机械密封用O形圈（O形橡胶圈）的尺寸和极限偏差　　mm

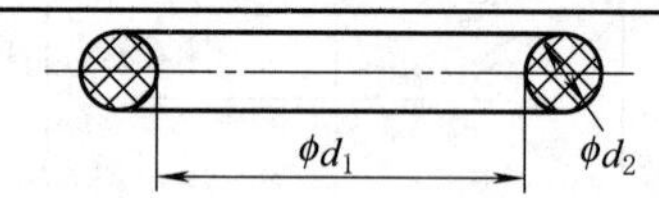

尺寸标记：

参照GB/T 3452.1，用"O形圈　$d_1 \times d_2$　JB/T 7757"标记

示例：

内圆直径 d_1 为18.0mm，截面直径 d_2 为2.65mm的O形圈，标记为：

O形圈　18×2.65　JB/T 7757

内圆直径 d_1		截面直径 d_2（公称值及其极限偏差）																
公称值	极限偏差	1.60	1.80	2.1	2.65	3.1	3.55	4.1	4.30	4.50	4.70	5.00	5.30	5.70	6.0	6.40	7.00	8.40	10.0
		±0.08			±0.09		±0.10					±0.13			±0.15				±0.20
6.00	±0.13	☆	☆	☆															
6.90	±0.14	☆	☆																
8.00		☆	☆	☆															
9.00		☆	☆																
10.0		☆	☆	☆															

续表

内圆直径 d_1		截面直径 d_2(公称值及其极限偏差)																	
公称值	极限偏差	1.60	1.80	2.1	2.65	3.1	3.55	4.1	4.30	4.50	4.70	5.00	5.30	5.70	6.0	6.40	7.00	8.40	10.0
		±0.08			±0.09		±0.10					±0.13			±0.15				±0.20
10.6	±0.17	☆	☆		☆														
11.8		☆	☆	☆	☆														
13.2		☆	☆	☆	☆														
15.0		☆	☆	☆	☆														
16.0		☆	☆		☆														
17.0		☆	☆		☆	☆													
18.0		☆	☆	☆	☆	☆	☆												
19.0	±0.22	☆	☆		☆	☆	☆												
20.0		☆	☆	☆	☆	☆	☆												
21.2		☆	☆		☆	☆	☆												
22.4		☆	☆	☆	☆	☆	☆												
23.6		☆	☆		☆	☆	☆												
25.0		☆	☆	☆	☆	☆	☆		☆										
25.8		☆	☆		☆	☆	☆		☆										
26.5		☆	☆		☆	☆	☆		☆										
28.0		☆	☆	☆	☆	☆	☆		☆			☆							
30.0		☆	☆	☆	☆	☆	☆		☆			☆	☆						
31.5	±0.30	☆	☆		☆	☆	☆		☆				☆						
32.5		☆	☆	☆	☆	☆	☆		☆			☆	☆						
34.5		☆	☆	☆	☆	☆	☆		☆			☆	☆						
37.5		☆	☆	☆	☆	☆	☆		☆			☆	☆						
38.7			☆	☆	☆	☆	☆		☆				☆						
40.0			☆	☆	☆	☆	☆		☆			☆	☆						
42.5	±0.36		☆		☆	☆	☆		☆				☆						
43.7			☆		☆	☆	☆		☆				☆						
45.0			☆		☆	☆	☆		☆	☆	☆	☆	☆		☆	☆			
47.5			☆		☆	☆	☆	☆	☆	☆	☆		☆		☆	☆			
48.7			☆		☆	☆	☆	☆	☆	☆	☆		☆		☆	☆			
50.0			☆		☆	☆	☆	☆	☆	☆	☆	☆	☆		☆	☆			
53.0	±0.44				☆	☆	☆	☆	☆	☆	☆		☆		☆	☆			
54.5					☆	☆	☆	☆	☆	☆	☆	☆	☆		☆	☆			
56.0					☆	☆	☆	☆	☆	☆	☆		☆		☆	☆			
58.0					☆		☆	☆	☆	☆	☆		☆		☆	☆			
60.0					☆	☆	☆	☆	☆	☆	☆	☆	☆		☆	☆			
61.5					☆		☆	☆	☆	☆	☆		☆		☆	☆			
63.0					☆		☆	☆	☆	☆	☆		☆		☆	☆			
65.0	±0.53				☆	☆	☆	☆	☆	☆	☆	☆	☆		☆	☆			
67.0					☆		☆	☆	☆	☆	☆		☆		☆	☆			
70.0					☆	☆	☆	☆	☆	☆	☆	☆	☆		☆	☆			
71.0							☆		☆	☆	☆		☆		☆	☆			
75.0					☆	☆	☆	☆	☆	☆	☆	☆	☆		☆	☆			
77.5							☆		☆	☆	☆		☆		☆	☆			
80.0					☆	☆	☆	☆	☆	☆	☆	☆	☆		☆	☆			
82.5	±0.65						☆		☆	☆	☆		☆		☆	☆			
85.0					☆	☆	☆	☆	☆	☆	☆		☆		☆	☆			
87.5							☆		☆	☆	☆		☆		☆	☆			
90.0					☆	☆	☆	☆	☆	☆	☆		☆	☆	☆	☆			
92.5							☆		☆	☆	☆		☆	☆	☆	☆			
95.0					☆	☆	☆	☆	☆	☆	☆		☆	☆	☆	☆			

续表

内圆直径 d_1		截面直径 d_2(公称值及其极限偏差)																	
公称值	极限偏差	1.60	1.80	2.1	2.65	3.1	3.55	4.1	4.30	4.50	4.70	5.00	5.30	5.70	6.0	6.40	7.00	8.40	10.0
			±0.08		±0.09				±0.10				±0.13			±0.15			±0.20
97.5	±0.65						☆		☆	☆	☆		☆	☆	☆	☆			
100.0					☆	☆	☆	☆	☆	☆	☆		☆	☆	☆	☆			
103.0							☆		☆	☆	☆		☆	☆	☆	☆			
105.0					☆	☆	☆	☆	☆	☆	☆		☆	☆	☆	☆			
110.0					☆	☆	☆	☆	☆	☆	☆		☆	☆	☆	☆	☆		
115.0					☆	☆	☆	☆	☆	☆	☆		☆	☆	☆	☆	☆		
120.0					☆	☆	☆	☆	☆	☆	☆		☆	☆	☆	☆	☆		
125.0	±0.90				☆	☆	☆		☆				☆	☆	☆	☆	☆		
130.0					☆	☆	☆		☆				☆	☆	☆	☆	☆		
135.0					☆	☆	☆						☆	☆	☆	☆	☆		
140.0					☆	☆	☆						☆	☆	☆	☆	☆		
145.0					☆	☆	☆						☆	☆	☆	☆	☆	☆	
150.0					☆		☆						☆	☆	☆	☆	☆	☆	
155.0							☆						☆	☆	☆	☆	☆	☆	
160.0							☆						☆	☆	☆	☆	☆	☆	
165.0							☆						☆	☆	☆	☆	☆	☆	
170.0							☆						☆	☆	☆	☆	☆	☆	
175.0							☆						☆	☆	☆	☆	☆	☆	
180.0							☆						☆	☆	☆	☆	☆	☆	
185.0	±1.20						☆						☆	☆	☆	☆	☆	☆	
190.0							☆						☆	☆	☆	☆	☆	☆	
195.0							☆						☆	☆	☆	☆	☆	☆	
200.0							☆						☆	☆	☆	☆	☆	☆	
205.0							☆						☆	☆	☆	☆	☆	☆	
210.0							☆						☆	☆	☆	☆	☆	☆	
215.0							☆						☆	☆	☆	☆	☆	☆	
220.0							☆						☆	☆	☆	☆	☆	☆	
225.0							☆						☆	☆	☆	☆	☆	☆	
230.0							☆						☆	☆	☆	☆	☆	☆	
235.0							☆						☆	☆	☆	☆	☆	☆	
240.0							☆						☆	☆	☆	☆	☆	☆	
245.0							☆						☆	☆	☆	☆	☆	☆	
250.0							☆						☆	☆	☆	☆	☆	☆	
258.0	±1.60						☆						☆	☆	☆	☆	☆	☆	
265.0							☆						☆		☆	☆	☆	☆	
272.0							☆						☆		☆	☆	☆	☆	
280.0							☆						☆		☆	☆	☆	☆	
290.0							☆						☆		☆	☆	☆	☆	
300.0							☆						☆		☆	☆	☆	☆	
307.0							☆						☆				☆	☆	
315.0							☆						☆				☆	☆	
325.0	±2.10						☆						☆				☆	☆	
335.0													☆				☆	☆	
345.0													☆				☆	☆	
355.0													☆				☆	☆	
375.0													☆				☆	☆	
387.0													☆				☆	☆	
400.0													☆				☆	☆	

续表

内圆直径 d_1		截面直径 d_2(公称值及其极限偏差)																	
公称值	极限偏差	1.60	1.80	2.1	2.65	3.1	3.55	4.1	4.30	4.50	4.70	5.00	5.30	5.70	6.0	6.40	7.00	8.40	10.0
		±0.08			±0.09		±0.10					±0.13			±0.15				±0.20
412.0	±2.60																☆		☆
425.0																	☆		☆
437.0																	☆		☆
450.0																	☆		☆
462.0																	☆		☆
475.0																	☆		☆
487.0																	☆		☆
500.0																	☆		☆
515.0	±3.20																☆		☆
530.0																	☆		☆
545.0																	☆		☆
560.0																	☆		☆

注：“☆”表示优先选用规格。

表 10-4-18　　O 形圈常用材料的主要特点及工作温度

项目	胶种									
	丁腈橡胶(NBR)		氢化丁腈橡胶(HNBR)		乙丙橡胶(EPDM)	硅橡胶(VMQ)	四丙氟橡胶(FEPM)	氟橡胶(FKM)		全氟醚橡胶(FFKM)
代号	N		H		E	S	A	V		K
亚胶种	中丙烯腈含量	高丙烯腈含量	中丙烯腈含量	高丙烯腈含量	三元	甲基乙烯基	—	26 型	246 型	—
工作温度/℃	-30~120		-30~150		-50~150	-60~220	-20~210	-20~200		0~315
主要特点	耐油		耐油、耐热、耐臭氧		耐放射性、耐酸碱、耐蒸汽	耐高低温	耐热、耐蒸汽、耐酸碱、耐放射性	耐油、耐热、耐酸		耐高温、耐酸碱、耐溶剂

4.5　机械密封用氟塑料全包覆橡胶 O 形圈[1]（摘自 JB/T 10706—2022）

机械密封用氟塑料全包覆橡胶 O 形圈尺寸及推荐用矩形槽的表面粗糙度见图 10-4-2。

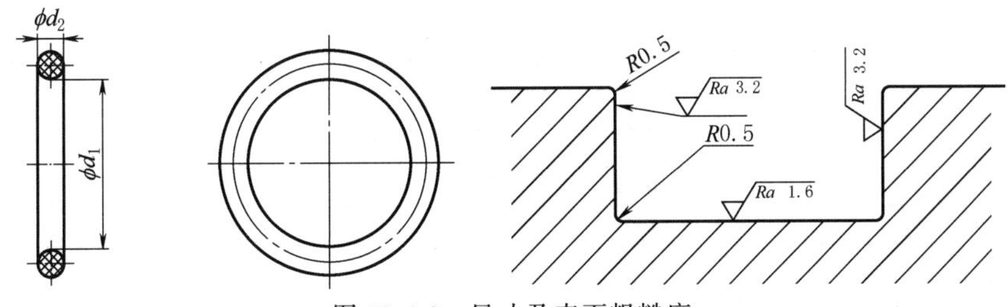

图 10-4-2　尺寸及表面粗糙度

材料：氟橡胶或硅橡胶内芯上全包覆聚全氟乙丙烯（FEP）或四氟乙烯与全氟烷基乙烯基醚的共聚物（PFA），并以特殊工艺复合而成的特殊橡胶。

应用：用于普通橡胶 O 形圈无法适应的某些化学介质环境中，弹性由橡胶内芯提供，而化学介质特性由无缝的 FEP 或 PFA 套管提供。它既有橡胶 O 形圈所具有的低压缩永久变形的性能，又具有氟塑料特有的耐热、耐

[1] O 形圈、O 形橡胶圈、O 形橡胶密封圈概念相同，4.1~4.5 节标题遵从标准原名，不做统一。

寒、耐油、耐磨、耐天候老化、耐化学腐蚀特性，但不适用于卤化物、熔融碱金属、氟碳化合物介质。

机械密封用氟塑料全包覆橡胶O形圈的使用温度范围见表10-4-19。

表10-4-19　使用温度范围

包覆层材料	橡胶材料	使用温度/℃	包覆层材料	橡胶材料	使用温度/℃
FEP	氟橡胶	-20~180	PFA	氟橡胶	-20~220
	硅橡胶	-60~180		硅橡胶	-60~220

尺寸标记：参照GB/T 3452.1第二种方法，机械密封用氟塑料全包覆橡胶O形圈用“包氟O形圈　$d_1 \times d_2$　JB/T 10706”方式表示。

示例：

内径 d_1 为18.0mm、截面直径 d_2 为2.65mm的机械密封用氟塑料全包覆橡胶O形圈，标记为：

包氟O形圈　18×2.65　JB/T 10706

尺寸系列和极限偏差应符合表10-4-20的规定。

表10-4-20　尺寸系列和极限偏差　mm

内径 d_1		截面直径 d_2													
公称尺寸	极限偏差	1.78 ±0.08	2.00 ±0.09	2.62 ±0.09	3.00 ±0.10	3.53 ±0.10	4.00 ±0.10	4.50 ±0.10	4.70 ±0.10	5.00 ±0.10	5.33 ±0.13	5.70 ±0.13	6.00 ±0.15	6.30 ±0.15	6.99 ±0.15
6.0	±0.15	☆	☆												
6.9		☆													
8.0		☆	☆												
9.0		☆													
10.0		☆	☆												
10.6		☆	☆	☆											
11.8		☆	☆	☆	☆										
12.5		☆	☆	☆	☆										
13.2		☆	☆	☆	☆										
14.0		☆	☆	☆	☆	☆									
15.0		☆	☆	☆	☆										
15.5		☆	☆	☆	☆	☆									
16.0		☆	☆	☆	☆										
17.0		☆	☆	☆	☆	☆									
18.0		☆	☆	☆	☆	☆	☆								
19.0		☆	☆	☆	☆	☆									
20.0		☆	☆	☆	☆	☆	☆								
21.2		☆	☆	☆	☆	☆									
22.4		☆	☆	☆	☆		☆								
23.0		☆	☆	☆	☆	☆									
23.6		☆	☆	☆	☆	☆	☆								
25.0		☆	☆	☆	☆	☆					☆				
25.8		☆	☆	☆	☆	☆	☆								
26.5		☆	☆	☆	☆	☆									
27.0		☆	☆	☆	☆										
28.0		☆	☆	☆	☆	☆	☆			☆					
29.0		☆	☆	☆	☆										
30.0		☆	☆	☆	☆	☆	☆			☆	☆				
31.5		☆	☆	☆	☆	☆					☆				
32.0		☆	☆	☆	☆		☆								
32.5		☆	☆	☆	☆	☆				☆	☆				
33.0		☆	☆	☆	☆	☆									
33.5		☆	☆	☆	☆										
34.0		☆	☆	☆	☆		☆								

续表

内径 d_1		截面直径 d_2													
公称尺寸	极限偏差	1.78 ±0.08	2.00 ±0.09	2.62 ±0.09	3.00 ±0.10	3.53 ±0.10	4.00 ±0.10	4.50 ±0.10	4.70 ±0.10	5.00 ±0.10	5.33 ±0.13	5.70 ±0.13	6.00 ±0.15	6.30 ±0.15	6.99 ±0.15
34.5	±0.15	☆	☆	☆	☆	☆		☆	☆	☆	☆				
36.0		☆	☆	☆	☆	☆	☆		☆						
37.5		☆	☆	☆	☆	☆		☆	☆	☆	☆				
38.0		☆	☆	☆	☆		☆		☆						
38.7		☆	☆	☆	☆	☆			☆		☆				
40.0	±0.25	☆	☆	☆	☆	☆		☆	☆	☆	☆				
41.0		☆	☆	☆	☆	☆	☆		☆		☆				
42.0		☆	☆	☆	☆			☆	☆	☆	☆				
42.5		☆	☆	☆	☆	☆			☆		☆				
43.7		☆	☆	☆	☆	☆	☆	☆	☆	☆	☆				
45.0		☆	☆	☆	☆	☆		☆	☆	☆	☆			☆	
46.0		☆	☆	☆	☆			☆	☆	☆					
47.5		☆	☆	☆	☆	☆	☆	☆	☆		☆	☆		☆	
48.0		☆	☆	☆	☆		☆	☆	☆	☆					
48.7		☆	☆	☆	☆	☆	☆	☆	☆		☆			☆	
50.0		☆	☆	☆	☆	☆	☆	☆	☆	☆	☆	☆		☆	
51.0			☆	☆	☆				☆						
52.0			☆	☆	☆		☆	☆	☆	☆		☆			
53.0			☆	☆	☆	☆	☆	☆	☆		☆	☆		☆	
53.7		☆	☆	☆	☆	☆	☆	☆	☆	☆					
54.5			☆	☆	☆	☆	☆	☆	☆	☆	☆	☆		☆	
55.3			☆	☆	☆				☆						
56.0			☆	☆	☆	☆	☆	☆	☆	☆	☆	☆		☆	
57.0		☆	☆	☆	☆	☆	☆		☆						
58.0			☆	☆	☆	☆	☆	☆	☆	☆	☆	☆		☆	
59.0			☆	☆	☆				☆						
60.0		☆	☆	☆	☆	☆	☆	☆	☆	☆	☆	☆	☆	☆	
61.5			☆	☆	☆	☆	☆	☆	☆		☆	☆	☆	☆	
63.0		☆	☆	☆	☆	☆	☆	☆	☆	☆	☆	☆		☆	
64.0			☆	☆	☆		☆	☆	☆	☆					
65.0			☆	☆	☆	☆	☆	☆	☆	☆	☆	☆	☆	☆	
66.0		☆	☆	☆	☆	☆			☆		☆				
67.0	±0.38		☆	☆	☆	☆	☆	☆	☆	☆	☆	☆		☆	
68.0			☆	☆	☆				☆						
69.0			☆	☆	☆	☆		☆	☆	☆	☆				
70.0		☆	☆	☆	☆	☆	☆	☆	☆	☆	☆	☆	☆	☆	
71.0			☆	☆	☆	☆		☆	☆		☆	☆		☆	
73.0		☆	☆	☆	☆	☆	☆		☆		☆				
75.0			☆	☆	☆	☆	☆	☆	☆	☆	☆	☆	☆	☆	
76.0		☆	☆	☆	☆	☆	☆	☆	☆	☆	☆				
77.5			☆		☆	☆		☆	☆		☆			☆	
78.7			☆		☆	☆	☆		☆		☆				
80.0			☆	☆	☆	☆	☆	☆	☆	☆	☆	☆	☆	☆	
82.5		☆	☆	☆	☆	☆	☆	☆	☆	☆	☆			☆	
84.0			☆		☆		☆		☆						
85.0			☆	☆	☆	☆	☆	☆	☆	☆	☆	☆	☆	☆	
86.0			☆		☆				☆						
87.5			☆		☆	☆	☆	☆	☆	☆	☆			☆	
89.0		☆	☆	☆	☆	☆			☆		☆				

续表

内径 d_1		截面直径 d_2													
公称尺寸	极限偏差	1.78 ±0.08	2.00 ±0.09	2.62 ±0.09	3.00 ±0.10	3.53 ±0.10	4.00 ±0.10	4.50 ±0.10	4.70 ±0.10	5.00 ±0.10	5.33 ±0.13	5.70 ±0.13	6.00 ±0.15	6.30 ±0.15	6.99 ±0.15
90.0			☆	☆	☆	☆	☆	☆	☆		☆	☆	☆	☆	
91.5			☆		☆	☆	☆	☆	☆	☆	☆				
92.5			☆		☆	☆		☆	☆		☆	☆		☆	
94.0			☆		☆		☆	☆	☆	☆					
95.0		☆	☆	☆	☆	☆	☆	☆	☆		☆	☆	☆	☆	
97.5			☆		☆	☆	☆	☆	☆	☆	☆	☆		☆	
99.0			☆		☆				☆						
100.0			☆	☆	☆	☆	☆	☆	☆	☆	☆	☆	☆	☆	
101.5		☆		☆	☆	☆			☆		☆	☆			
103.0					☆	☆		☆	☆		☆	☆		☆	
104.0					☆		☆		☆		☆				
105.0				☆	☆	☆	☆	☆	☆		☆	☆	☆	☆	
108.0		☆		☆	☆	☆	☆		☆		☆				
110.0				☆	☆	☆	☆	☆	☆		☆	☆	☆	☆	☆
112.0					☆		☆		☆			☆			
114.0	±0.38	☆		☆	☆	☆			☆		☆				☆
115.0				☆	☆	☆	☆	☆	☆		☆	☆	☆	☆	☆
117.0					☆	☆			☆		☆				☆
120.0		☆		☆	☆	☆	☆	☆	☆		☆	☆	☆	☆	☆
123.0					☆	☆			☆		☆				☆
125.0				☆	☆	☆	☆		☆		☆	☆	☆	☆	☆
127.0		☆		☆	☆	☆	☆		☆		☆				☆
130.0				☆	☆	☆			☆		☆	☆	☆	☆	☆
133.3		☆		☆	☆	☆	☆		☆		☆	☆			☆
135.0				☆	☆	☆	☆		☆		☆	☆	☆	☆	☆
137.0					☆	☆			☆						☆
140.0				☆	☆	☆	☆		☆		☆	☆	☆	☆	☆
143.0					☆	☆			☆		☆				☆
145.0				☆	☆	☆	☆		☆		☆	☆	☆	☆	☆
147.0					☆				☆						☆
150.0				☆	☆	☆	☆		☆		☆	☆	☆	☆	☆
155.0						☆			☆		☆	☆	☆	☆	☆
160.0	±0.58			☆		☆	☆		☆		☆	☆	☆	☆	☆
165.0				☆		☆	☆		☆		☆	☆	☆	☆	☆
170.0				☆		☆	☆		☆		☆	☆	☆	☆	☆
175.0						☆	☆		☆		☆	☆	☆	☆	☆
180.0				☆		☆	☆		☆		☆	☆	☆	☆	☆
185.0				☆		☆			☆		☆	☆	☆	☆	☆
190.0				☆		☆	☆		☆		☆	☆	☆	☆	☆
195.0				☆		☆			☆		☆	☆	☆	☆	☆
200.0						☆	☆		☆		☆	☆	☆	☆	☆
205.0				☆		☆	☆		☆		☆	☆	☆	☆	☆
210.0	±0.80			☆		☆			☆		☆	☆	☆	☆	☆
215.0				☆		☆	☆		☆		☆	☆	☆	☆	☆
220.0				☆		☆			☆		☆	☆	☆	☆	☆
225.0						☆	☆		☆		☆	☆	☆	☆	☆
230.0				☆		☆			☆		☆	☆	☆	☆	☆
235.0				☆		☆	☆		☆		☆	☆	☆	☆	☆
240.5				☆		☆			☆		☆	☆	☆	☆	☆

续表

内径 d_1		截面直径 d_2													
公称尺寸	极限偏差	1.78 ±0.08	2.00 ±0.09	2.62 ±0.09	3.00 ±0.10	3.53 ±0.10	4.00 ±0.10	4.50 ±0.10	4.70 ±0.10	5.00 ±0.10	5.33 ±0.13	5.70 ±0.13	6.00 ±0.15	6.30 ±0.15	6.99 ±0.15
245.0	±0.80			☆		☆	☆		☆		☆	☆	☆	☆	☆
250.0						☆			☆		☆	☆	☆	☆	☆
258.0						☆	☆		☆		☆	☆	☆	☆	☆
265.0						☆			☆		☆		☆	☆	☆
272.0						☆			☆		☆	☆	☆	☆	☆
280.0						☆			☆		☆	☆	☆	☆	☆
290.0						☆			☆		☆	☆	☆	☆	☆
300.0						☆			☆		☆	☆	☆	☆	☆
307.0						☆			☆		☆		☆	☆	☆
315.0						☆			☆		☆	☆	☆	☆	☆
325.0						☆			☆		☆		☆	☆	☆
335.0									☆		☆	☆	☆	☆	☆
345.0									☆		☆		☆	☆	☆
355.0						☆			☆		☆	☆	☆	☆	☆
365.0									☆				☆	☆	☆
375.0									☆		☆		☆	☆	☆
380.0						☆			☆		☆	☆	☆	☆	☆
387.0									☆		☆		☆	☆	☆
400.0						☆			☆		☆	☆	☆	☆	☆
412.0	±1.50								☆				☆	☆	☆
425.0						☆			☆		☆	☆	☆	☆	☆
437.0									☆			☆	☆	☆	☆
450.0						☆			☆		☆		☆	☆	☆
462.0									☆			☆	☆	☆	☆
475.0									☆		☆	☆	☆	☆	☆
487.0									☆				☆	☆	☆
500.0									☆		☆	☆	☆	☆	☆
515.0	±2.00								☆				☆	☆	☆
530.0									☆		☆		☆	☆	☆
545.0									☆				☆	☆	☆
560.0									☆		☆		☆	☆	☆
583.0									☆		☆		☆	☆	☆
608.0									☆		☆		☆	☆	☆
633.0									☆		☆		☆	☆	☆
658.0									☆		☆		☆	☆	☆

注：1. “☆”表示优先选用尺寸。

2. 安装或通过的部位要求光滑、无毛刺。对安装轴（或轴套）端部倒角及表面粗糙度、端盖（或壳体）孔端部倒角及表面粗糙度的要求应符合 JB/T 4127.1 的规定。

5 液压气动用 O 形橡胶密封圈的抗挤压环（挡环）（摘自 GB/T 3452.4—2020）

在 GB/T 3452.4—2020/ISO 3601-4：2008，MOD《液压气动用 O 形橡胶密封圈　第 4 部分：抗挤压环（挡环）》中规定了适用于 GB/T 3452.1 中规定的 O 形圈（O 形橡胶密封圈）的抗挤压环、GB/T 3452.3—2005 中规定的沟槽用活塞和活塞杆动密封 O 形圈的抗挤压环，以及径向静密封 O 形圈的抗挤压环（以下简称挡环）。

（1）各类型挡环的特点及使用场合

在 GB/T 3452.4—2020 中规定了以下 5 种类型的挡环：

① 螺旋型挡环（T1），结构型式见图 10-4-3。

② 矩形切口型挡环（T2），结构型式见图 10-4-4。

③ 矩形整体型挡环（T3），结构型式见图 10-4-5。

④ 凹面切口型挡环（T4），结构型式见图 10-4-6。

⑤ 凹面整体型挡环（T5），结构型式见图 10-4-7。

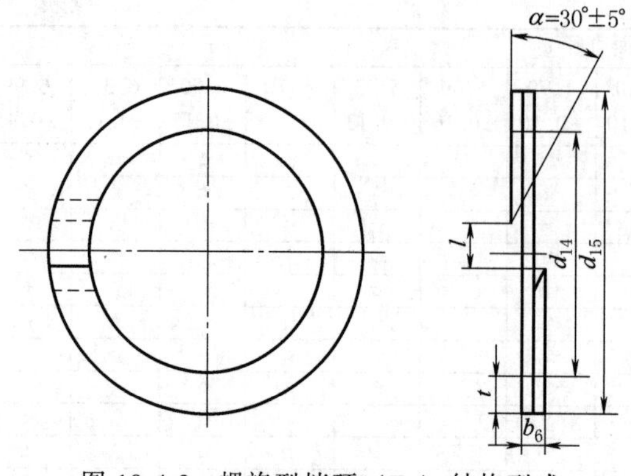

图 10-4-3 螺旋型挡环（T1）结构型式

注：螺旋的方向是可选择的。

当 d_{14} 小于 7.0mm 时，角 α 可增加到 45°±5°。

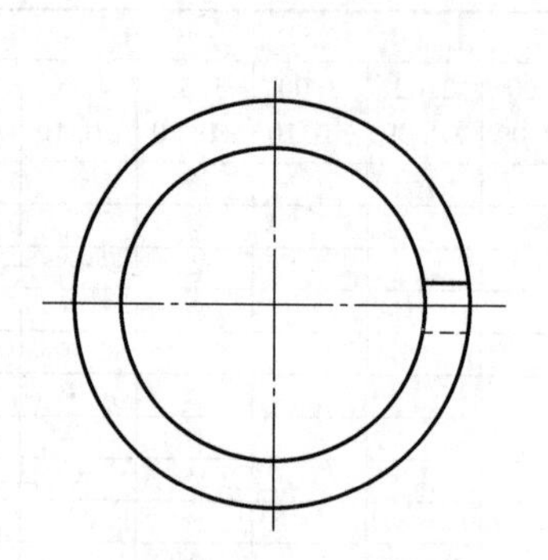
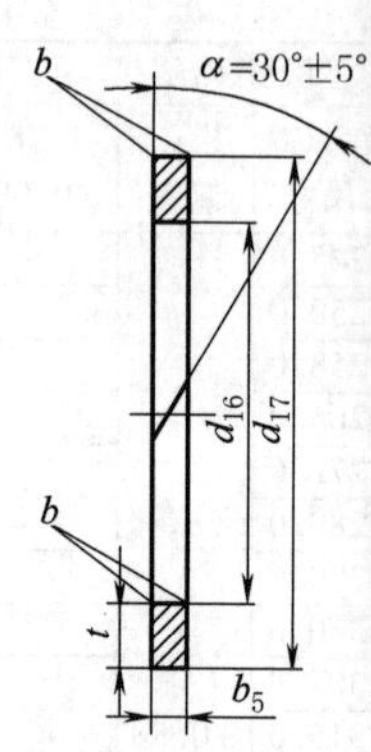

图 10-4-4 矩形切口型挡环（T2）结构型式

注：切口的方向是可选择的。

当 d_{16} 小于 10.0mm 时，角 α 可增加到 45°±5°。

尖角 b 0.2mm 范围内不应有毛刺。

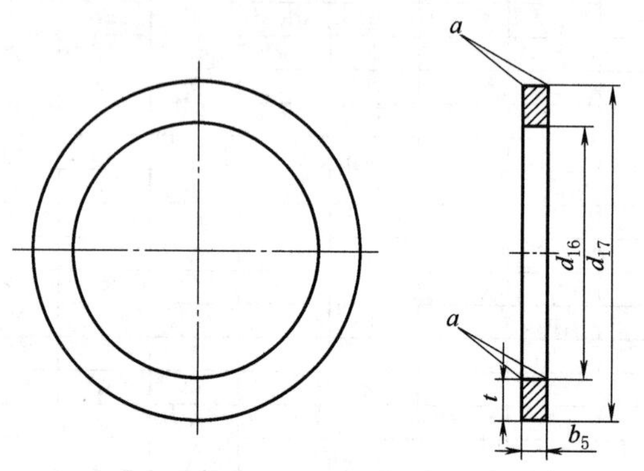

图 10-4-5 矩形整体型挡环（T3）结构型式

注：尖角 a 0.2mm 范围内不应有毛刺。

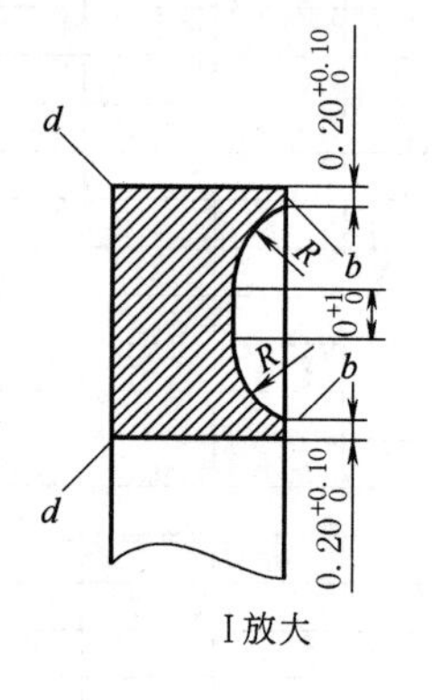

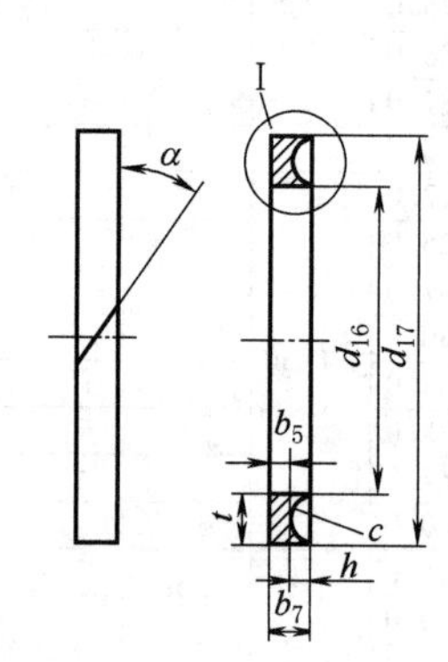

图 10-4-6 凹面切口型挡环（T4）结构型式

注：切口的方向是可选择的。

角 α 一般为 30°±5°，当 d_{16} 小于 10.0mm 时，该角度可增加到 45°±5°。

区域 b 不应有毛刺。

凹面 c 为放置 O 形圈的位置。

尖角 d 0.2mm 范围内不应有毛刺。

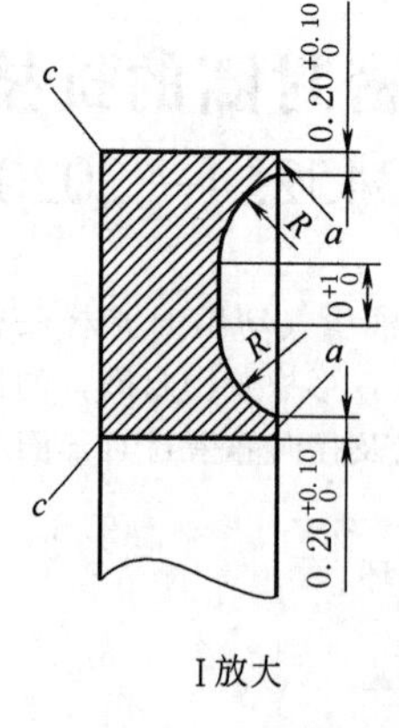

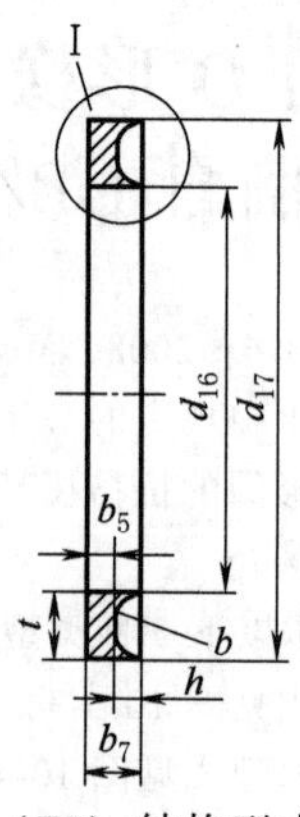

图 10-4-7 凹面整体型挡环（T5）结构型式

注：区域 a 不应有毛刺。

凹面 b 为放置 O 形圈的位置。

尖角 c 0.2mm 范围内不应有毛刺。

在超过100℃的温度下，即使（密封）压力低于10MPa，也有必要使用挡环。在一些特定的工作条件下，无论温度和压力是多少，都需要使用挡环。这种工作条件宜由密封件的使用者（密封装置或系统设计者）和供应商在设计阶段进行研讨，各种类型的挡环的特点及使用场合见表10-4-21。

表10-4-21　各种类型的挡环的特点及使用场合

挡环的类型	特点及使用场合
螺旋型(T1)	通常用于封闭的沟槽或因沟槽尺寸过小不便于安装且密封压力在10~20MPa的场合
矩形切口型(T2)	矩形切口型挡环(T2)比矩形整体型挡环(T3)易于安装，密封压力在15~20MPa的范围内，能够对O形圈提供较好的保护，甚至密封压力在20MPa以上，也能对O形圈提供较好的保护，因此矩形切口型挡环(T2)的应用最为广泛
矩形整体型(T3)	在尺寸较小或是封闭沟槽中安装困难，但在任何温度和压力下都能够对O形圈提供保护，在密封压力超过25MPa和温度高于135℃时，应选择矩形整体型挡环(T3)
凹面切口型(T4)	类似于矩形切口型挡环(T2)，具有一个容纳O形圈的凹面，在较高的压力下能够较好地保持O形圈的形状不变。在自动安装场合不宜使用这类挡环
凹面整体型(T5)	类似于矩形整体型挡环(T3)，具有一个容纳O形圈的凹面，在较高的压力下能够较好地保持O形圈的形状不变。在自动安装场合不宜使用这类挡环

（2）挡环材料

① 聚四氟乙烯及其填充材料。制造挡环最为常用的材料为非填充聚四氟乙烯（PTFE）。与其他塑料相比，聚四氟乙烯更为柔软，在密封压力的作用下，聚四氟乙烯受压变形将金属部件间的间隙封闭，从而防止O形圈被挤入间隙内。有时为了提高强度，也可在聚四氟乙烯中加入部分填充材料，如玻璃纤维（通常占材料质量的15%）、石墨（通常占材料质量的10%）、铜粉（通常占材料质量的40%~60%）或其他填充材料。

② 聚酰胺（尼龙）。非填充或填充的聚酰胺也被用作制造挡环，在某些工作条件下，这种挡环具有很好的性能。

③ 其他材料。其他硬质或软质的热塑性材料（如聚甲醛等）、聚氨酯，也可用来制造挡环，只要其作用是在工作条件下能够防止O形圈被挤入金属部件的间隙内，均可使用。

某公司在提出材料技术要求、选择最为合适的聚氨酯、制造符合ISO 3601-4：2008国际标准规定的液压径向静密封用O形圈的聚氨酯挡环等方面做了一些工作，并在仿真性能分析的基础上，对研制出的浇注型聚氨酯（CPU）挡环与国内外知名公司的非填充聚四氟乙烯（PTFE）、热塑性共聚酯（TPE-ET）挡环进行了密封件性能台架对比试验，仅评定抗挤出性能得出的结论是：CPU挡环>PTFE挡环>TPE-ET挡环。通过该公司已经销售的近300万件挡环的实际应用证明，在遵守安装使用条件的情况下，CPU挡环抗挤出性能优良、耐久性好、可靠性高，具有重要的推广应用价值。

（3）挡环尺寸和公差

① 螺旋型挡环（T1）的间隙l的尺寸和公差应符合表10-4-22的要求。

表10-4-22　螺旋型挡环（T1）的间隙l的尺寸和公差　mm

O形圈的截面直径d_2	d_{14}	l	
		尺寸	公差
1.80	$d_{14} \leq 10$	1.20	±0.40
	$10<d_{14} \leq 20$	1.40	±0.60
	$20<d_{14} \leq 60$	1.80	±0.60
	$d_{14}>60$	3.0	±1.50
2.65	$d_{14} \leq 20$	1.20	±0.40
	$20<d_{14} \leq 39$	1.80	±0.60
	$39<d_{14} \leq 170$	3.0	±1.50
	$d_{14}>170$	4.40	±2.0
3.55	$d_{14} \leq 19$	1.20	±0.40
	$19<d_{14} \leq 39$	1.40	±0.60
	$39<d_{14} \leq 76$	3.20	±1.60
	$76<d_{14} \leq 114$	4.40	±2.0

续表

O形圈的截面直径 d_2	d_{14}	l	
		尺寸	公差
3.55	$114<d_{14}\leqslant 393$	6.40	±1.60
	$d_{14}>393$	6.40	±2.0
5.30	$d_{14}\leqslant 26$	1.80	±0.60
	$26<d_{14}\leqslant 35$	3.0	±1.50
	$35<d_{14}\leqslant 60$	3.20	±1.60
	$60<d_{14}\leqslant 280$	4.40	±2.0
	$d_{14}>280$	6.40	±2.0
7.0	$d_{14}>100$	6.40	±2.0

② 挡环的轴向宽度 b_5、b_6 以及凹面挡环轴向总宽度 b_7、凹面部分的宽度 h 和凹面圆弧半径 R 的尺寸和公差均与O形圈的截面直径 d_2 有关，见表10-4-23。

表10-4-23　　挡环的轴向尺寸和公差　　mm

O形圈的截面直径 d_2	轴向尺寸和公差				
	b_5	b_6	b_7	h	R
1.80	1.40±0.10	1.40±0.10	1.70±0.10	0.30	1.20
2.65	1.40±0.10	1.40±0.10	1.80±0.10	0.40	1.60
3.55	1.40±0.10	1.40±0.10	2.0±0.10	0.60	2.0
5.30	1.80±0.10	1.80±0.10	2.80±0.10	1.10	3.0
7.0	2.60±0.10	2.60±0.10	4.10±0.10	1.60	4.0

③ 挡环的径向宽度 t 取决于沟槽的深度。液压用O形圈，动密封和静密封的沟槽深度是有差异的。液压动密封和静密封O形圈挡环的径向宽度 t 的尺寸和公差见表10-4-24。

表10-4-24　　液压动密封和静密封O形圈挡环的径向宽度 t 的尺寸和公差　　mm

O形圈的截面直径 d_2	径向宽度 t			
	液压动密封		液压静密封	
	尺寸	公差	尺寸	公差
1.8	1.35	0 -0.10	1.30	0 -0.10
2.65	2.05		2.0	
3.55	2.83		2.70	
5.30	4.35		4.10	
7.0	5.85		5.50	

④ 活塞用O形圈挡环的外径 d_{15} 或 d_{17} 应从GB/T 3452.3—2005的表6“液压活塞动密封沟槽尺寸”或表8“液压、气动活塞静密封沟槽尺寸”中给出的缸内径 d_4 中选取。

矩形切口型（T2）、矩形整体型（T3）、凹面切口型（T4）和凹面整体型（T5）的活塞用O形圈挡环外径 d_{17} 的公差见表10-4-25，其中切口型挡环（T2和T4）的外径 d_{17} 的公差是指挡环在无屑切口之前的公差。

无法给出螺旋型（T1）活塞用O形圈挡环的外径 d_{15} 的公差。

表10-4-25　　活塞用O形圈挡环的外径 d_{17} 的尺寸和公差　　mm

d_4	d_{17}	d_4	d_{17}
$d_4\leqslant 50$	$d_9{}^{+0.05}_{-0.10}$	$310<d_4\leqslant 400$	$d_9{}^{+0.22}_{-0.44}$
$50<d_4\leqslant 120$	$d_9{}^{+0.08}_{-0.16}$	$400<d_4\leqslant 500$	$d_9{}^{+0.30}_{-0.60}$
$120<d_4\leqslant 180$	$d_9{}^{+0.10}_{-0.20}$	$500<d_4\leqslant 600$	$d_9{}^{+0.38}_{-0.76}$
$180<d_4\leqslant 250$	$d_9{}^{+0.13}_{-0.26}$	$600<d_4\leqslant 700$	$d_9{}^{+0.48}_{-0.96}$
$250<d_4\leqslant 310$	$d_9{}^{+0.15}_{-0.30}$		

注：在GB/T 3452.3—2005的表6中，缸内径 d_4 和活塞直径 d_9 公称尺寸相同。

⑤ 活塞杆用O形圈挡环的内径 d_{14} 或 d_{16} 应从GB/T 3452.3—2005的表9“液压活塞杆动密封沟槽尺寸”或表11“液压、气动活塞杆静密封沟槽尺寸”中给出的活塞杆直径 d_5 中选取。

矩形切口型（T2）、矩形整体型（T3）、凹面切口型（T4）和凹面整体型（T5）的活塞杆用O形圈挡环内径 d_{16} 的公差见表10-4-26，其中切口型挡环（T2和T4）的内径 d_{16} 的公差是指挡环在无屑切口之前的公差。

无法给出螺旋型（T1）活塞杆用O形圈挡环的内径 d_{14} 的公差。

表10-4-26　　活塞杆用O形圈挡环的内径 d_{16} 尺寸和公差　　mm

d_5	d_{16}	d_5	d_{16}
$d_5 \leqslant 50$	$d_{10}{}^{+0.10}_{-0.05}$	$310<d_5 \leqslant 400$	$d_{10}{}^{+0.44}_{-0.22}$
$50<d_5 \leqslant 120$	$d_{10}{}^{+0.16}_{-0.08}$	$400<d_5 \leqslant 500$	$d_{10}{}^{+0.60}_{-0.30}$
$120<d_5 \leqslant 180$	$d_{10}{}^{+0.20}_{-0.10}$	$500<d_5 \leqslant 600$	$d_{10}{}^{+0.76}_{-0.38}$
$180<d_5 \leqslant 250$	$d_{10}{}^{+0.26}_{-0.13}$	$600<d_5 \leqslant 700$	$d_{10}{}^{+0.96}_{-0.48}$
$250<d_5 \leqslant 310$	$d_{10}{}^{+0.30}_{-0.15}$		

注：在GB/T 3452.3—2005的表9中，活塞杆直径 d_5 和活塞杆配合孔直径 d_{10} 公称尺寸相同。

注意以下几点：

① 在使用聚酰胺塑料PA06、PA1010（尼龙06、尼龙1010）等制作挡环时，可能因遇水或吸潮（湿）而挡环尺寸发生变化，所以要求在加工、保存、装配以及使用过程中防止挡环遇水和吸潮（湿），甚至要求严格控制液压油的含水量。

② 对于用于动密封的聚酰胺塑料挡环，因挡环和/或沟槽的加工等问题，其内径或外径可能与配合偶合件接触，使运动件摩擦力增大，甚至抱死。

③ 挡环的O形圈挤压面（接触面）不得倒角（倒圆）；而与沟槽槽底圆角接触处必须倒角或倒圆，避免挡环与沟槽槽底圆角干涉。

④ 按30°斜切挡环时，切口为0~0.15mm，绝对不可使与O形圈挤压面或挤出面上“缺肉”。

⑤ 不同沟槽棱圆角半径对带挡环的O形圈密封有较大影响，具体可参考相关论文。

6　密封元件为弹性体材料的旋转轴唇形密封圈（摘自GB/T 13871.1—2022）

GB/T 13871.1—2022/ISO 6194-1：2007，MOD《密封元件为弹性体材料的旋转轴唇形密封圈　第1部分：尺寸和公差》中规定了密封元件为弹性体材料的旋转轴唇形密封圈（以下简称密封圈）的型号、结构型式、使用压力、尺寸系列和公差、轴的要求、腔体的要求以及尺寸标识代码。

（1）结构型式

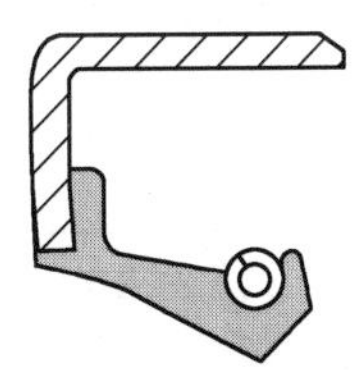

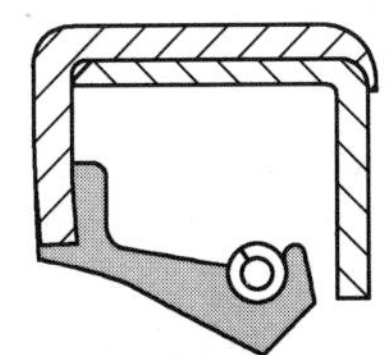

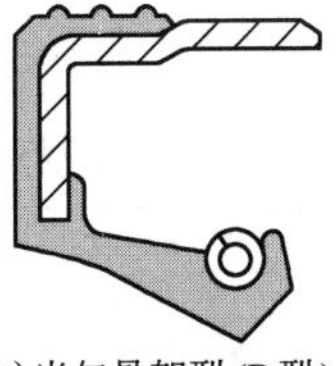

(a) 外露骨架型 (W型)　(b) 外露骨架装配型 (Z型)　(c) 半包骨架型 (B型)　(d) 内包骨架型 (B型)

图10-4-8　密封圈外径外圆结构的四种结构

（2）密封圈的结构代号

图10-4-8~图10-4-11的各种结构可相互组合应用，其结构代号有以下几种情况：

· 单个字母W、Z、B（见图10-4-8）表示无防护唇无回流纹的密封圈结构；

· 以F开头的两个字母FB、FW、FZ，表示有防护唇无回流纹的密封圈结构，F表示有防护唇，第2个字母表示外圆结构（见图10-4-8）；

· 不以F开头的两个字母WL、ZL、BL、WR、ZR、BR，表示无防护唇有回流纹的密封圈结构，第1个字母表示外圆结构（见图10-4-8），第2个字母表示回流纹方向（见图10-4-10）；

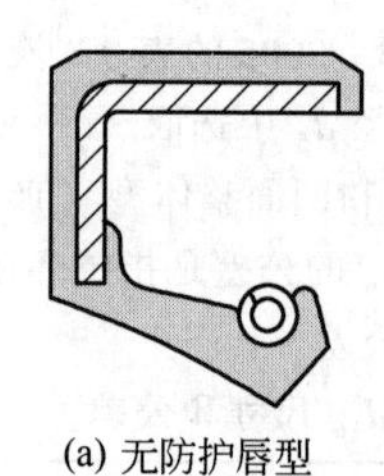

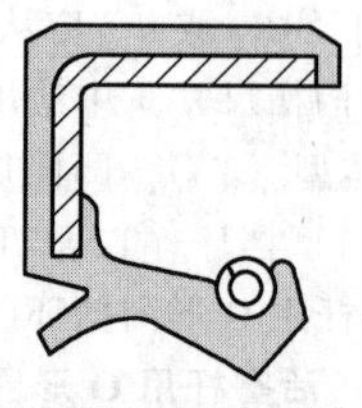

(a) 无防护唇型　　(b) 带防护唇型(F 型)

图 10-4-9　无防护唇及带防护唇的两种密封圈的结构

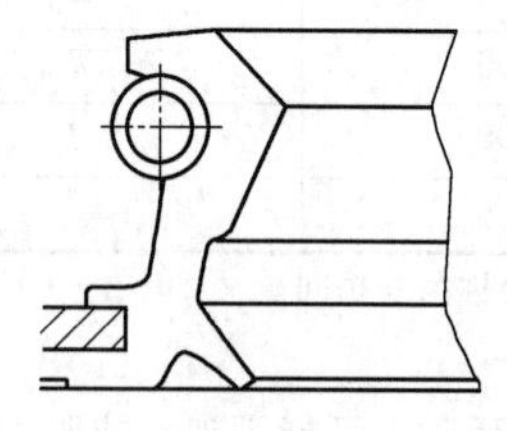

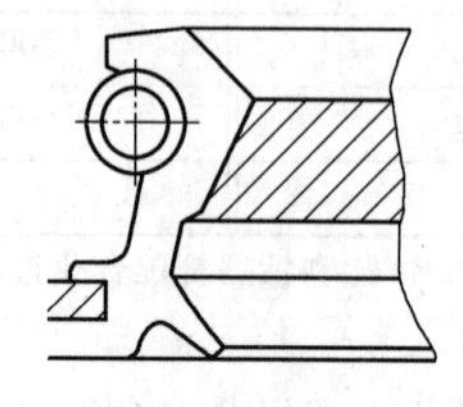

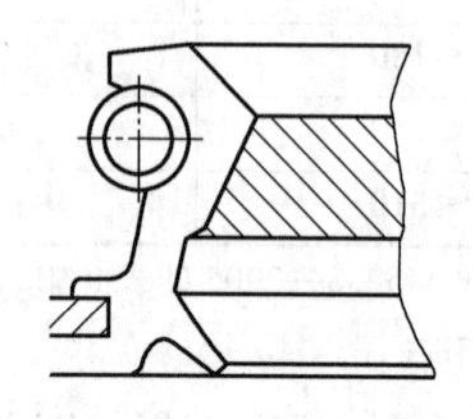

(a) 无回流纹型　　(b) 左旋回流纹型 (L型)　　(c) 右旋回流纹型 (R型)

图 10-4-10　密封唇空气侧表面的结构

· 三个字母 FBL、FWL、FZL、FBR、FWR、FZR，表示有防护唇有回流纹的密封圈结构，第 1 个字母 F 表示有防护唇，第 2 个字母表示外圆结构（见图 10-4-8），第 3 个字母表示回流纹方向（见图 10-4-10）。

密封唇的设计主要由制造商设计（保证密封），也可由制造商和买方双方商定。

所示的结构仅为基本类型的代表性示例，具体细节设计参考 GB/T 9877—2008。

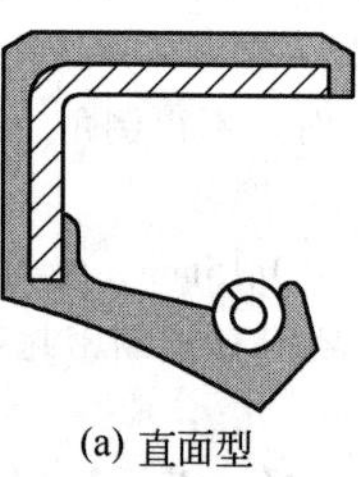

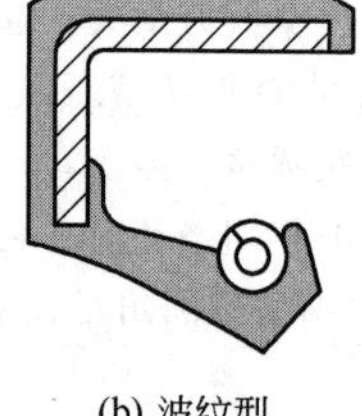

(a) 直面型　　(b) 波纹型

图 10-4-11　骨架包覆橡胶部分的结构

(3) 尺寸标识代码

尺寸标识代码由密封圈的结构代号、轴径、腔体孔径、密封圈轴向宽度组成，示例见表 10-4-27。

表 10-4-27　尺寸标识代码示例　mm

d_1	D	b	尺寸标识代码
6	16	7	FB00601607
70	90	10	FB07009010
400	440	20	FB40044020

(4) 使用压力、尺寸系列及公差

表 10-4-28　密封圈的尺寸系列　mm

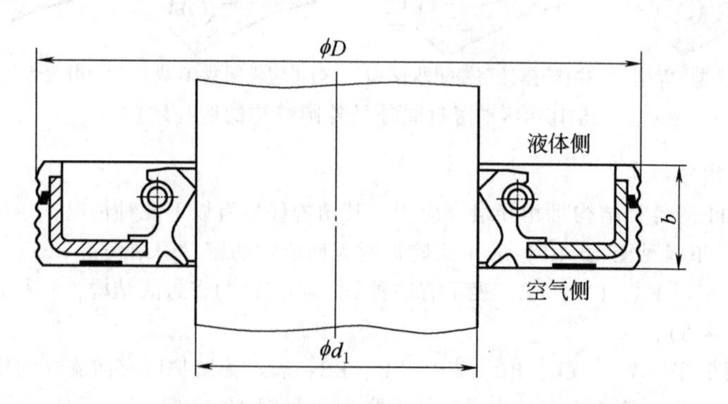

续表

d_1	D	b①	d_1	D	b①	d_1	D	b①	d_1	D	b①
6	16	7	25	40	7	45	62	8	110	140	12
6	22	7	25	47	7	45	65	8	120	150	12
7	22	7	25	52	7	50	68	8	130	160	12
8	22	7	28	40	7	50②	70	8	140	170	15
8	24	7	28	47	7	50	72	8	150	180	15
9	22	7	28	52	7	55	72	8	160	190	15
10	22	7	30	42	7	55②	75	8	170	200	15
10	25	7	30	47	7	55	80	8	180	210	15
12	24	7	30②	50	7	60	80	8	190	220	15
12	25	7	30	52	7	60	85	8	200	230	15
12	30	7	32	45	8	65	85	10	220	250	15
15	26	7	32	47	8	65	90	10	240	270	15
15	30	7	32	52	8	70	90	10	260	300	20
15	35	7	35	50	8	70	95	10	280	320	20
16	30	7	35	52	8	75	95	10	300	340	20
16②	35	7	35	55	8	75	100	10	320	360	20
18	30	7	38	55	8	80	100	10	340	380	20
18	35	7	38	58	8	80	110	10	360	400	20
20	35	7	38	62	8	85	110	12	380	420	20
20	40	7	40	55	8	85	120	12	400	440	20
20②	45	7	40②	60	8	90②	115	12	450	500	25
22	35	7	40	62	8	90	120	12	480	530	25
22	40	7	42	55	8	95	120	12			
22	47	7	42	62	8	100	125	12			

① 对于复杂的密封结构，b 可以适当增大。

② ISO 6194-1：2007 中没有该尺寸规格。

注：1. 密封圈通常在空气侧为大气压，液体侧高于大气压 0~50kPa 的条件下使用。在其他压力下使用时，用户应咨询密封圈制造商。

2. 表格中未包含的规格，由密封件制造商和用户根据实际的沟槽尺寸协商后确定。

表 10-4-29　　密封圈过盈量及直径公差　　mm

主唇直径 d_1	过盈量(装紧箍弹簧后)	直径尺寸公差
$d_1 \leqslant 30$	0.7~1.0	+0.20 -0.30
$30 < d_1 \leqslant 60$	1.0~1.2	+0.20 -0.60
$60 < d_1 \leqslant 80$	1.2~1.4	+0.20 -0.60
$80 < d_1 \leqslant 130$	1.4~1.8	+0.20 -0.80
$130 < d_1 \leqslant 250$	1.8~2.4	+0.30 -0.90

续表

主唇直径 d_1	过盈量(装紧箍弹簧后)	直径尺寸公差
$250<d_1\leqslant400$	2.4~3.0	+0.30 −1.00
$d_1>400$	根据密封圈制造商经验或与用户商讨确定	

表 10-4-30　　密封圈的轴向宽度公差　　mm

密封圈的轴向宽度 b	公差	密封圈的轴向宽度 b	公差
$b\leqslant10$	±0.3	$14<b\leqslant18$	±0.5
$10<b\leqslant14$	±0.4	$18<b\leqslant25$	±0.6

表 10-4-31　　密封圈的外径公差　　mm

外径 D	尺寸公差[1]		圆度公差[2]	
	外露骨架型	内包骨架型[3][4]	外露骨架型	内包骨架型
$D\leqslant50$	+0.2 +0.08	+0.30 +0.15	0.18	0.25
$50<D\leqslant80$	+0.23 +0.09	+0.35 +0.20	0.25	0.35
$80<D\leqslant120$	+0.25 +0.10	+0.35 +0.20	0.30	0.50
$120<D\leqslant180$	+0.28 +0.12	+0.45 +0.25	0.40	0.65
$180<D\leqslant300$	+0.35 +0.15	+0.45 +0.25	0.25%的外径	0.80
$D>300$	+0.45 +0.20	+0.55 +0.30	0.25%的外径	1.00

① 外径尺寸等于两点或多点直径方向上测得尺寸的平均值。

② 圆度公差等于三等分或多等分测得的最大直径与最小直径之差。

③ 内包骨架密封圈的外径表面呈波纹形的，其尺寸公差可由用户和密封圈制造商商定适当增大。

④ 内包骨架密封圈采用除丁腈橡胶以外的某些材料时，可能会要求不同的公差，可由生产商和用户商定。

注：上表给出的密封圈的外径公差，是为了在密封圈外表面和缸（腔体）内孔表面之间实现过盈配合而推荐的。上表的密封圈外径公差仅适用于黑色金属材料的安装腔体，如果用户的安装腔体采用有色金属材料，应告知密封圈制造商，以便供需双方确定合理的公差。

（5）轴的要求

轴的端部应设置导入倒角，尺寸要求见表 10-4-32。轴的端部应无毛刺、锋利边缘或粗加工痕迹。

安装工具参见 GB/T 13871.3，使用安装工具时应确保密封唇不被损坏。

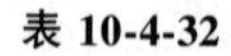

表 10-4-32　　轴的导入倒角　　mm

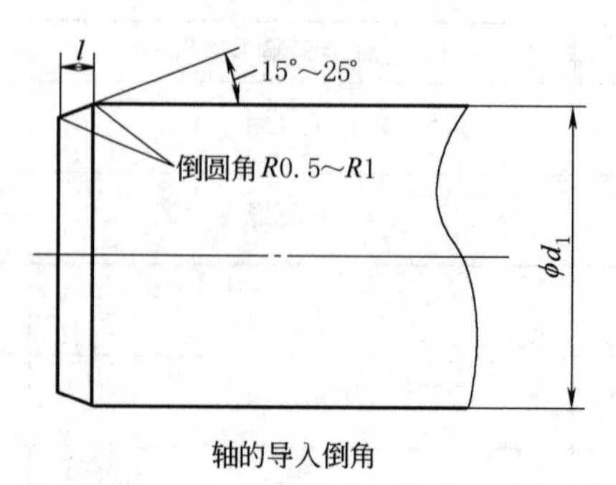

轴的导入倒角

续表

轴径 d_1	倒角长度 l	轴径 d_1	倒角长度 l
$d_1 \leqslant 10$	1.5	$50 < d_1 \leqslant 70$	4.0
$10 < d_1 \leqslant 20$	2.0	$70 < d_1 \leqslant 95$	4.5
$20 < d_1 \leqslant 30$	2.5	$95 < d_1 \leqslant 130$	5.0
$30 < d_1 \leqslant 40$	3.0	$130 < d_1 \leqslant 240$	6.0
$40 < d_1 \leqslant 50$	3.5	$d_1 > 240$	7.0

轴径公差不应大于 GB/T 1800.2—2020 中的 h11。

轴与密封圈的接触表面应采取靠磨的加工方法（不应有磨削加工导线），粗糙度应符合 GB/T 1031—2009 中 Ra0.2~0.8μm 或 Rz0.8~3.2μm。如果轴粗糙度值不在上述给出的极限值内，则应由用户和密封圈制造商协商确定。

轴的表面硬度至少应为 30HRC，如果轴的表面硬度小于 30HRC，则需用户和密封圈制造商协商确定。

（6）腔体的要求

腔体内孔应设置导入倒角并不应有毛刺，其尺寸见表 10-4-33。

表 10-4-33　　安装内孔尺寸　　mm

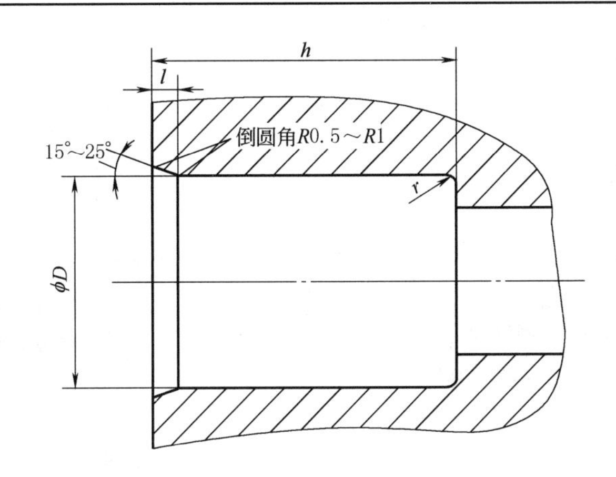

密封圈的轴向宽度 b	最小腔体内孔深度 h	腔体倒角长度 l	腔体内孔圆角最大半径 r
≤10	b+0.9	0.70~1.00	0.50
>10	b+1.2	1.20~1.50	0.75

注：如果腔体不是黑色金属材料件（如为有色金属或非金属材料、黑色金属或有色金属冲压件等），其尺寸、公差和倒角结构应由用户和密封圈制造商协商确定。

腔体孔径公差不应大于 GB/T 1800.2—2020 中的 H8。

腔体内孔的表面粗糙度应符合 GB/T 1031—2009 中 Ra1.6~3.2μm 或 Rz6.3~12.5μm。当采用外露骨架密封圈时，腔体内孔的表面粗糙度可能要求较低的值，可由用户和密封圈制造商协商确定。

7　密封元件为热塑性材料的旋转轴唇形密封圈（摘自 GB/T 21283.1—2007）

GB/T 21283.1—2007/ISO 16589-1：2001，MOD《密封元件为热塑性材料的旋转轴唇形密封圈　第 1 部分：基本尺寸和公差》中描述了密封元件为热塑性材料的旋转轴唇形密封圈，密封元件是以热塑性材料为基础，经适当配合制成的；规定了密封元件为热塑性材料的旋转轴唇形密封圈、旋转轴和腔体的基本尺寸和公差以及尺寸标识代码。与 GB/T 13871 互为补充，GB/T 13871 规定的是弹性体材料密封圈。

7.1 密封圈类型

表 10-4-34 密封圈类型

装配式外缘结构			黏结式外缘结构
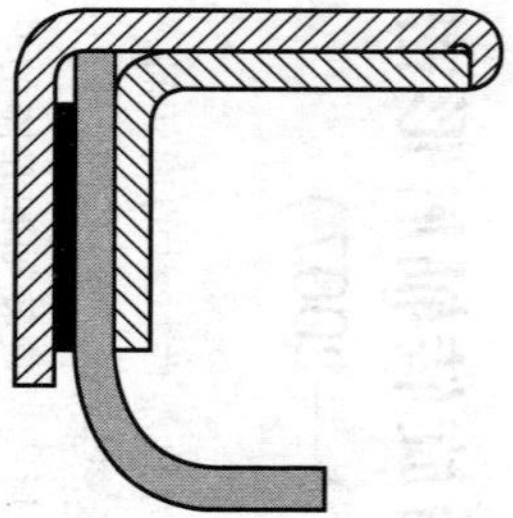 类型 1 金属骨架式	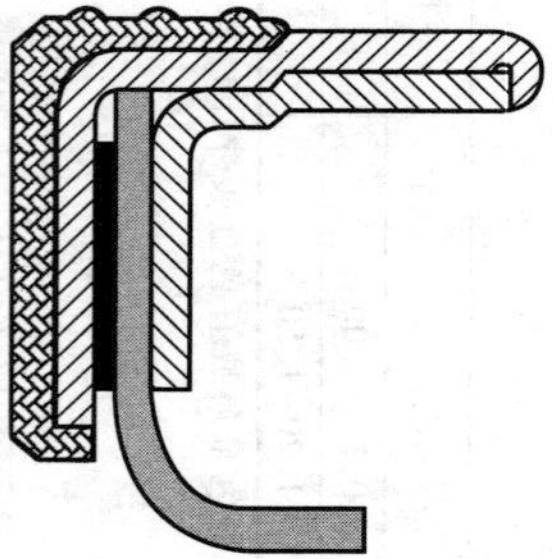 类型 2 金属骨架半橡胶包覆式	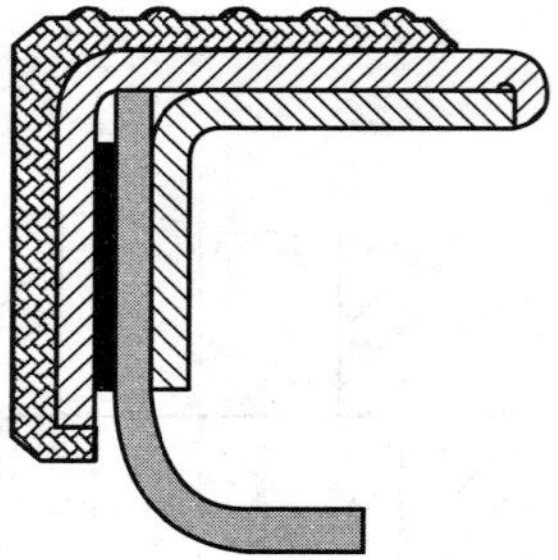 类型 3 金属骨架全橡胶包覆式	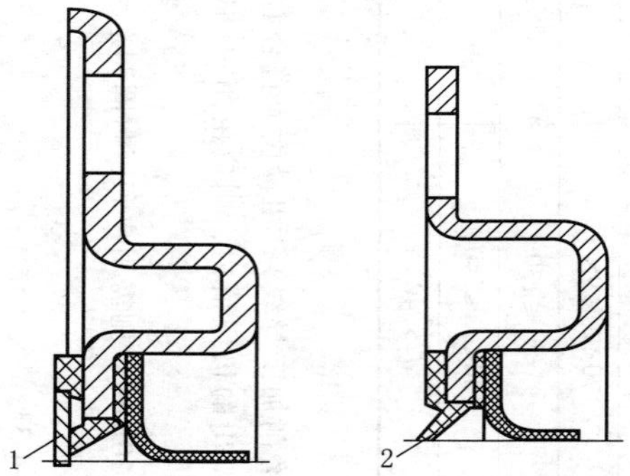 1—副唇为毛毡；2—副唇为橡胶 金属座式的外缘结构
密封唇排列（以装配式外缘为例）			说　明
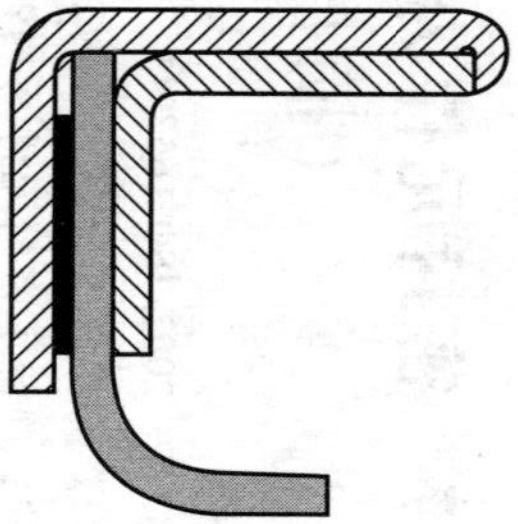 示例 1 单唇	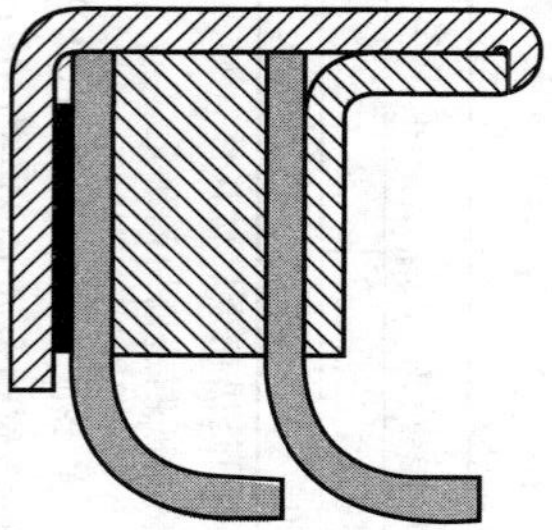 示例 2 双唇	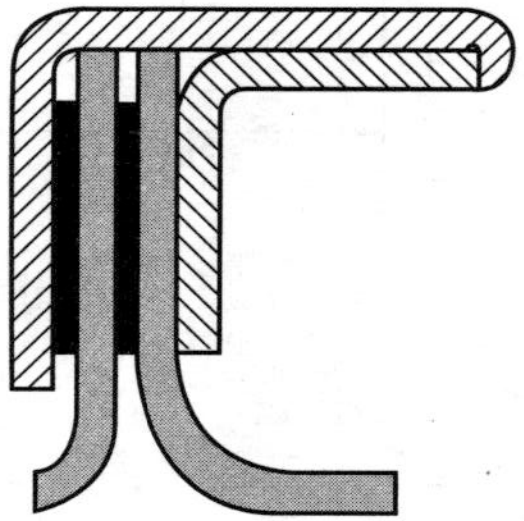 示例 3 带热塑性材料副唇的单唇	①密封唇排列可以与本表所示任何一种密封圈外缘结构一起使用 ②密封唇设计应由供需双方协商确定

7.2 密封圈基本尺寸

表 10-4-35　　　　密封圈基本尺寸　　　　mm

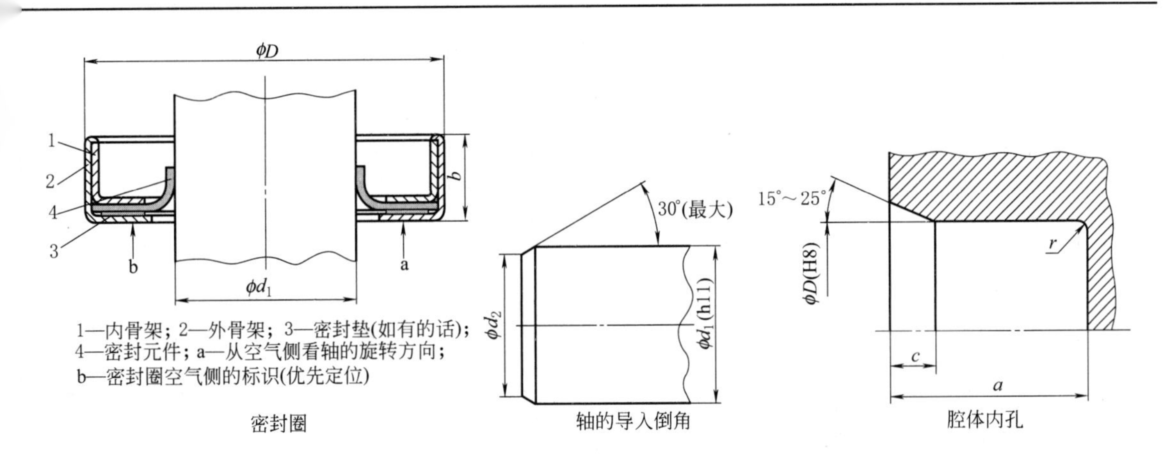

1—内骨架；2—外骨架；3—密封垫(如有的话)；4—密封元件；a—从空气侧看轴的旋转方向；b—密封圈空气侧的标识(优先定位)

密封圈　　轴的导入倒角　　腔体内孔

密封圈			轴	腔体内孔		
d_1	D	b	d_1-d_2	a_{min}	c	r_{max}
6	16	7	1.5	8.2	0.7~1	0.5
6	22	7				
7	22	7				
8	22	7				
8	24	7				
9	22	7				
10	22	7				
10	25	7				
12	24	7	2.0			
12	25	7				
12	30	7				
15	26	7				
15	30	7				
15	35	7				
16	30	7				
18	30	7				
18	35	7				
20	35	7				
20	40	7				
22	35	7	2.5			
22	40	7				
22	47	7				
25	40	7				
25	47	7				
25	52	8		9.2		
28	40	8				
28	47	8				
28	52	8				
30	42	8				
30	47	8				
30	52	8				
32	45	8	3.0	9.2	0.7~1	0.5
32	47	8				
32	52	8				
35	50	8				
35	52	8				
35	55	8				
38	55	8				
38	58	8				
38	62	8				
40	55	8				
40	62	8				
42	55	8	3.5			
42	62	8				
45	62	8				
45	65	8				
50	65	8				
50	72	8				
55	72	8	4.0			
55	80	8				
60	80	8				
60	85	8				
65	85	10		11.2		
65	90	10				
70	90	10				
70	95	10				
75	95	10	4.5			
75	100	10				
80	100	10				
80	110	10				
85	110	12		13.5	1~1.3	0.75
85	120	12				

续表

<table>
<tr><th colspan="3">密封圈</th><th>轴</th><th colspan="3">腔体内孔</th></tr>
<tr><th>d_1</th><th>D</th><th>b</th><th>d_1-d_2</th><th>a_{min}</th><th>c</th><th>r_{max}</th></tr>
<tr><td>90</td><td>120</td><td>12</td><td rowspan="2">4.5</td><td rowspan="6">13.5</td><td rowspan="13">1~1.3</td><td rowspan="13">0.75</td></tr>
<tr><td>95</td><td>120</td><td>12</td></tr>
<tr><td>100</td><td>125</td><td>12</td><td rowspan="4">5.5</td></tr>
<tr><td>110</td><td>140</td><td>12</td></tr>
<tr><td>120</td><td>150</td><td>12</td></tr>
<tr><td>130</td><td>160</td><td>12</td></tr>
<tr><td>140</td><td>170</td><td>15</td><td rowspan="7">7.0</td><td rowspan="7">16.5</td></tr>
<tr><td>150</td><td>180</td><td>15</td></tr>
<tr><td>160</td><td>190</td><td>15</td></tr>
<tr><td>170</td><td>200</td><td>15</td></tr>
<tr><td>180</td><td>210</td><td>15</td></tr>
<tr><td>190</td><td>220</td><td>15</td></tr>
<tr><td>200</td><td>230</td><td>15</td></tr>
</table>

<table>
<tr><th colspan="3">密封圈</th><th>轴</th><th colspan="3">腔体内孔</th></tr>
<tr><th>d_1</th><th>D</th><th>b</th><th>d_1-d_2</th><th>a_{min}</th><th>c</th><th>r_{max}</th></tr>
<tr><td>220</td><td>250</td><td>15</td><td rowspan="2">7.0</td><td>16.5</td><td rowspan="11">1~1.3</td><td rowspan="11">0.75</td></tr>
<tr><td>240</td><td>270</td><td>20</td><td rowspan="9">21.5</td></tr>
<tr><td>260</td><td>300</td><td>20</td><td rowspan="9">11.0</td></tr>
<tr><td>280</td><td>320</td><td>20</td></tr>
<tr><td>300</td><td>340</td><td>20</td></tr>
<tr><td>320</td><td>360</td><td>20</td></tr>
<tr><td>340</td><td>380</td><td>20</td></tr>
<tr><td>360</td><td>400</td><td>20</td></tr>
<tr><td>380</td><td>420</td><td>20</td></tr>
<tr><td>400</td><td>440</td><td>20</td></tr>
<tr><td>450</td><td>500</td><td>25</td><td rowspan="2">26.5</td></tr>
<tr><td>480</td><td>530</td><td>25</td></tr>
</table>

注：1. 金属座式密封圈的尺寸可由供需双方协商确定。

2. 为了便于结构更为复杂的密封圈的使用，宽度 b 可增加。

3. d_1 表面粗糙度 Ra 为 0.2~0.63μm，Rz 为 0.8~2.5μm。表面硬度应由供需双方协商确定。

4. 表中腔体内孔尺寸是由钢铁类金属整体加工成的刚性件，且腔体内孔表面粗糙度 Ra 应为 1.6~3.2μm，Rz 应为 6.3~12.5μm。如果腔体采用有色金属或非金属材料，黑色金属材料或有色金属材料冲压件，腔体尺寸、公差和导入结构应由供需双方协商确定。

5. 若轴端采用倒圆导入倒角，则倒圆的圆角半径不少于表中直径之差（d_1-d_2）的值。

7.3 密封圈尺寸标识代码及标注说明

（1）标识代码

密封圈尺寸标识代码应由旋转轴和腔体的基本尺寸组成，尺寸标识代码的示例见表 10-4-36。

表 10-4-36 尺寸标识代码示例

d_1	D	尺寸代码
6	16	006016
70	90	070090
400	440	400440

（2）标注说明

当遵守 GB/T 21283 的本部分时，建议生产厂家在试验报告、产品目录和销售文件上使用以下文字：

“密封圈”旋转轴和腔体的基本尺寸和公差符合 GB/T 21283.1—2007《密封元件为热塑性材料的旋转轴唇形密封圈　第 1 部分：基本尺寸和公差》（ISO 16589-1：2001，MOD）

7.4 密封圈的技术文件

密封圈技术文件主要包括以下两个部分：

① 为了方便用户和生产厂家，建议用户完成表 10-4-37 给出的表格，以便向生产厂家提供必要的信息，确保生产厂家生产的密封圈满足用户的使用要求。

② 同时也建议生产厂家完成表 10-4-38 给出的表格，给用户提供必要的信息，以确保密封圈满足设备的设计和使用要求，能够使用户对生产厂家提供的密封圈进行检验和质量控制。

表 10-4-37　　用户信息

用户:	标准号:
用途:	装配图:

1. 旋转轴信息
   a. 直径(d_1):最大________mm,最小________mm
   b. 材料:________
   c. 表面粗糙度:Ra________μm,Rz________μm
   d. 磨削形式:________
   e. 硬度:________
   f. 倒角信息:________
   g. 旋转:
      1)旋转方向(从空气侧面看的旋转方向)
         ——顺时针
         ——逆时针
         ——双向
      2)转速:________r/min
      3)旋转周期:(起始时间:________
                  终止时间:________)
   h. 旋转轴的其他运动(如有的话)
      1)轴向往复运动
         ——行程长度:________mm
         ——每分钟往复次数:________
         ——往复周期:(起始时间:________
                     终止时间:________)
      2)振动
         ——振幅:________
         ——每分钟的振动次数:________
         ——周期:(起始时间:________终止时间:________)
   i. 附加信息:(即花键、孔、键槽、轴导程等)
2. 腔体信息
   a. 内孔基本直径(D):最大________mm,最小________mm
   b. 内孔深度:最大________mm,最小________mm
   c. 材料:________
   d. 表面粗糙度:Ra________μm,Rz________μm
   e. 倒角信息:________
   f. 腔体的旋转(如有的话)
      1)旋转方向(从空气侧面看的旋转方向)
         ——顺时针
         ——逆时针
         ——双向
      2)转速:________r/min
3. 工作液信息
   a. 液体类型:________,等级:________
   b. 液体温度:常用温度:________℃,最高温度:________℃,最低温度________℃
   c. 温度循环:________
   d. 液位:________
   e. 液体压力:________kPa(________bar)
   f. 压力循环:________
4. 同心度
   a. 腔体的偏心量:________mm
   b. 轴跳动(TIR):________mm
5. 外部条件
   a. 外部压力:________kPa(________bar)
   b. 防止进入的物质(即灰尘、泥、水等):

表 10-4-38　　生产厂家信息

生产厂家：　　　　零件号：
更改号：　　　　日期：

密封圈技术要求：
类型：________公称轴径(d_1)：________
外径(D)：最大________mm，最小________mm
密封圈宽度(b)：最大________mm，最小________mm
内骨架直径(A)：最大________mm，最小________mm
密封唇的描述(不适用可删除)
普通型　　流体动力型
单向旋转　　双向旋转

密封唇材料：

骨架材料：
外骨架材料：________内骨架材料：________
外骨架厚度：________内骨架厚度：________
密封垫材料(如有的话)：________

外部橡胶包覆材料(如有的话)：

弹簧材料(如有的话)：

其他信息：

试验方法：

8　单向密封橡胶密封圈及其沟槽

8.1　单向密封橡胶密封圈结构尺寸系列（摘自 GB/T 10708.1—2000）

GB/T 10708.1—2000《往复运动橡胶密封圈结构尺寸系列　第1部分：单向密封橡胶密封圈》规定了往复运动用单向密封橡胶密封圈及其压环和支承环的结构型式、尺寸和公差，适用于安装在液压缸活塞和活塞杆上起单向密封作用的橡胶密封圈。

（1）符号

Y——Y 形橡胶密封圈（以下简称为 Y 形圈）；

L——蕾型橡胶密封圈（以下简称蕾形圈）；

V——V 形橡胶密封圈（以下简称 V 形圈）。

（2）标记

① 活塞用密封圈的标记方法以“密封圈代号 $D \times d \times L_1$（L_2、L_3） 制造厂代号”表示。

示例：密封沟槽外径（D）为 80mm，密封沟槽内径（d）为 65mm，密封沟槽轴向长度（L_1）为 9.5mm 的活塞用 Y 形圈，标记为：

Y80×65×9.5　××

② 活塞杆用密封圈的标记方法以“密封圈代号 $d \times D \times L_1$（L_2、L_3） 制造厂代号”表示。

示例：密封沟槽内径（d）为 70mm，密封沟槽外径（D）为 85mm，密封沟槽轴向长度（L_1）为 9.5mm 的活塞杆用 Y 形圈，标记为：

Y70×85×9.5　××

(3) 单向密封橡胶密封圈使用条件

表 10-4-39　　单向密封橡胶密封圈使用条件

密封圈结构型式	往复运动速度 /m·s^{-1}	间隙 f /mm	工作压力范围 /MPa
Y 形橡胶密封圈	0.5	0.2	0~15
		0.1	0~20
	0.15	0.2	
		0.1	0~25
蕾形橡胶密封圈	0.5	0.3	
		0.1	0~45
	0.15	0.3	0~30
		0.1	0~50
V 形组合密封圈	0.5	0.3	0~20
		0.1	0~40
	0.15	0.3	0~25
		0.1	0~60

(4) L_1 密封沟槽用 Y 形圈

① 活塞 L_1 密封沟槽的密封结构型式及 Y 形圈见图 10-4-12，尺寸和公差见表 10-4-40。

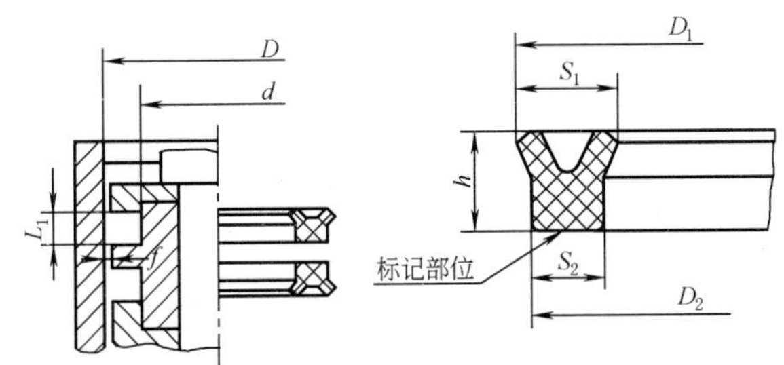

图 10-4-12　活塞 L_1 密封沟槽的密封结构型式及 Y 形圈

表 10-4-40　　活塞 L_1 密封沟槽用 Y 形圈尺寸和公差　　mm

D	d	L_1	外径			宽度			高度	
			D_1	D_2	极限偏差	S_1	S_2	极限偏差	h	极限偏差
12	4	5	13	11.5	±0.20	5	3.5	±0.15	4.4	±0.20
16	8		17	15.5						
20	12		21.1	19.4	±0.25					
25	17		26.1	24.4						
32	24		33.1	31.4						
40	32		41.1	39.4						
20	10	6.3	21.2	19.4		6.2	4.4		5.6	
25	15		26.2	24.4						
32	22		33.2	31.4						
40	30		41.2	39.4						
50	40		51.2	49.4	±0.35					
56	46		57.5	55.4						
63	53		64.2	62.4						
50	35	9.5	51.5	49.2		9	6.7		8.5	
56	41		57.5	55.2						
63	48		64.5	62.2						
70	65		71.5	69.2						
80	65		81.5	79.2						
90	75		91.5	89.2						
100	85		101.5	99.2						

续表

D	d	L_1	外径			宽度			高度	
			D_1	D_2	极限偏差	S_1	S_2	极限偏差	h	极限偏差
110	95	9.5	111.5	109.2	±0.35	9	6.7	±0.15	8.5	±0.20
70	50	12.5	71.8	69						
80	60		81.8	79		11.8	9		11.3	
90	70		91.8	89						
100	80		101.8	99						
110	90		111.8	109						
125	105		126.8	124	±0.45					
140	120		141.8	139						
160	140		161.8	159						
180	160		181.8	179	±0.60					
125	100	16	127.2	123.8	±0.45	14.7	11.3		14.8	
140	115		142.2	138.8						
160	135		162.2	158.8						
180	155		182.2	178.8	±0.60					
200	175		202.2	198.8						
220	195		222.2	218.8						
250	225		252.2	248.8						
200	170	20	202.8	198.5		17.8	13.5	±0.20	18.5	±0.25
220	190		222.8	218.5						
250	220		252.8	248.5						
280	250		282.8	278.5	±0.90					
320	290		322.8	318.5						
360	330		362.8	358.5						
400	360	25	403.5	398	±1.40	23.3	18		23	
450	410		453.5	448						
500	460		503.5	498						

② 活塞杆 L_1 密封沟槽的密封结构型式及 Y 形圈见图 10-4-13，尺寸和公差见表 10-4-41。

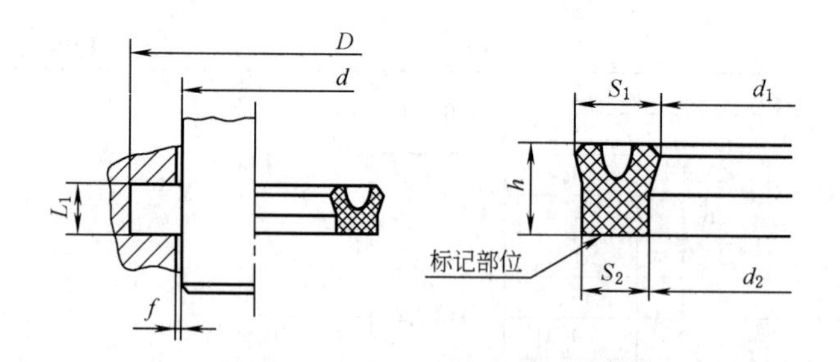

图 10-4-13 活塞杆 L_1 密封沟槽的密封结构型式及 Y 形圈

表 10-4-41 活塞杆 L_1 密封沟槽用 Y 形圈尺寸和公差 mm

d	D	L_1	内径			宽度			高度	
			d_1	d_2	极限偏差	S_1	S_2	极限偏差	h	极限偏差
6	14	5	5	6.5	±0.20	5	3.5	±0.15	4.6	±0.20
8	16		7	8.5						
10	18		9	10.5						
12	20		11	12.5						
14	22		13	14.5						
16	24		15	16.5	±0.25					
18	26		17	18.5						

续表

d	D	L_1	内径			宽度			高度	
			d_1	d_2	极限偏差	S_1	S_2	极限偏差	h	极限偏差
20	28	5	19	20.5	±0.25	5	3.5	±0.15	4.6	±0.20
22	30		21	22.5						
25	33		24	25.5						
28	38	6.3	26.8	28.6		6.2	4.4		5.6	
32	42		30.8	32.6						
36	46		34.8	36.6						
40	50		38.8	40.6						
45	55		43.8	45.6						
50	60		48.8	50.6						
56	71	9.5	54.5	56.8		9	0.7		8.0	
63	78		61.5	63.8						
70	85		68.5	70.8	±0.35					
80	95		78.5	80.8						
90	105		88.5	90.8						
100	120	12.5	98.2	101		11.8	9		11.3	
110	130		108.2	111	±0.45					
125	145		123.2	126						
140	160		138.2	141						
160	185	16	157.8	161.2		14.7	11.3		14.8	
180	205		177.8	181.2	±0.60					
200	225		197.8	201.2						
220	250	20	217.2	221.5		17.8	13.5		18.5	
250	280		247.2	251.5						
280	310		277.2	281.5	±0.90					
320	360	25	316.7	322		23.3	18	±0.20	23	±0.25
360	400		356.7	362						

(5) L_2 密封沟槽用 Y 形圈、蕾形圈

① 活塞 L_2 密封沟槽的密封结构型式及 Y 形圈、蕾形圈见图 10-4-14，尺寸和公差见表 10-4-42。

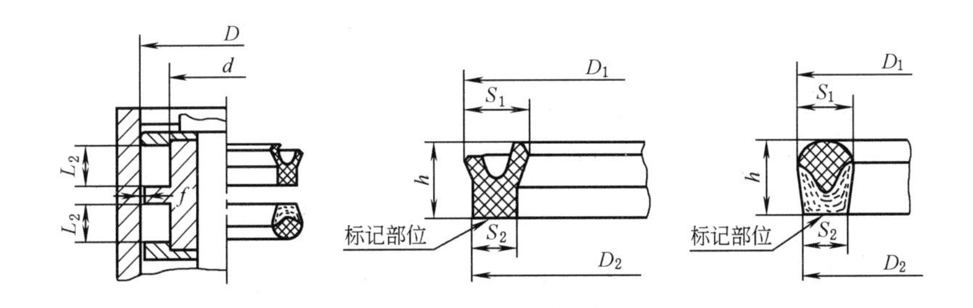

图 10-4-14 活塞 L_2 密封沟槽的密封结构型式及 Y 形圈、蕾形圈

表 10-4-42　　活塞 L_2 密封沟槽用 Y 形圈、蕾形圈尺寸和公差　　mm

D	d	L_2	Y 形圈								蕾形圈							
			外径			宽度			高度		外径			宽度			高度	
			D_1	D_2	极限偏差	S_1	S_2	极限偏差	h	极限偏差	D_1	D_2	极限偏差	S_1	S_2	极限偏差	h	极限偏差
12	4	6.3	13	11.5	±0.20	5	3.5	±0.15	5.8	±0.20	12.7	11.5	±0.18	4.7	3.5	±0.15	5.6	±0.20
16	8		17	15.5							16.7	15.5						
20	12		21	19.5	±0.25						20.7	19.5	±0.22					

续表

D	d	L_2	Y形圈								蕾形圈							
			外径			宽度			高度		外径			宽度			高度	
			D_1	D_2	极限偏差	S_1	S_2	极限偏差	h	极限偏差	D_1	D_2	极限偏差	S_1	S_2	极限偏差	h	极限偏差
25	17	6.3	26	24.5	±0.25	5	3.5	±0.15	5.8	±0.20	25.7	24.5	±0.22	4.7	3.5	±0.15	5.6	±0.20
32	24		33	31.5							32.7	31.5						
40	32		41	39.8							40.7	39.5						
20	10	8	21.2	19.4		6.2	4.4		7.3		20.8	19.4		5.8	4.4		7	
25	15		26.2	24.4							25.8	24.4						
32	22		33.2	31.4							32.8	31.4						
46	30		41.2	39.4							40.8	39.4						
50	40		51.2	49.4							50.8	49.4						
56	46		57.2	55.4							56.8	55.4						
63	53		64.2	62.4							63.8	62.4						
50	35	12.5	51.5	49.2		9	6.7		11.5		51	49.1		8.5	6.6		11.3	
56	41		57.5	55.2							57	55.1						
63	48		64.5	62.2							64	62.1						
70	55		71.5	69.2	±0.35						71	69.1	±0.28					
80	65		81.5	79.2							81	79.1						
90	75		91.5	89.2							91	89.1						
100	85		101.5	99.2							101	99.1						
110	95		111.5	109.2	±0.45						111	109.1	±0.35					
70	50	16	71.8	69	±0.35	11.8	9		15		71.2	68.6	±0.28	11.2	8.6		14.5	
80	60		81.8	79							81.2	78.6						
90	70		91.8	89							91.2	88.6						
100	80		101.8	99							101.2	98.6						
110	90		111.8	109	±0.45						111.2	108.6	±0.35					
125	105		126.8	124							126.2	123.6						
140	120		141.8	139							141.2	138.6						
160	140		161.8	159							161.2	158.6						
180	160		181.8	179	±0.60						181.2	178.6	±0.45					
125	100	20	127.2	123.8	±0.45	14.7	11.3		18.5		126.3	123.2	±0.35	13.8	10.7		18	
140	115		142.2	138.8							141.3	138.2						
160	135		162.2	158.8							161.3	158.2						
180	155		102.2	178.8	±0.60						161.3	178.2	±0.45					
200	175		202.2	198.8							201.3	198.2						
220	195		222.2	218.8							221.3	218.2						
250	225		252.2	248.8							251.3	248.2						
200	170	25	202.8	198.5		17.8	13.5	±0.20	23	±0.25	201.4	198		16.4	12.7	±0.20	22.5	±0.25
220	190		222.8	218.5							221.4	218						
250	220		252.8	248.5							251.4	248						
280	250		282.8	278.5	±0.90						281.4	278	±0.60					
320	290		322.8	318.5							321.4	318						
360	330		362.8	358.9							361.4	358						
400	360	32	403.3	398	±1.40	23.3	18		29		401.8	397	±0.90	21.8	17		28.5	
450	410		453.3	448							451.8	447						
500	460		503.3	498							501.8	497						

② 活塞杆 L_2 密封沟槽的密封结构型式及 Y 形圈、蕾形圈见图 10-4-15，尺寸和公差见表 10-4-43。

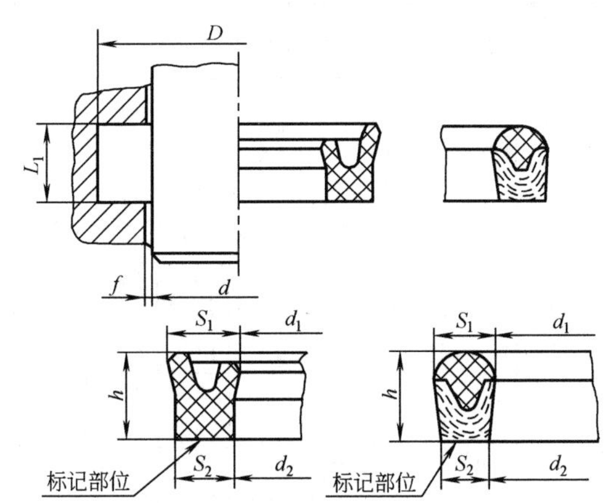

图 10-4-15　活塞杆 L_2 密封沟槽的密封结构型式及 Y 形圈、蕾形圈

表 10-4-43　　活塞杆 L_2 密封沟槽用 Y 形圈、蕾形圈尺寸和公差　　mm

d	D	L_2	Y 形圈								蕾形圈							
			内径			宽度			高度		内径			宽度			高度	
			d_1	d_2	极限偏差	S_1	S_2	极限偏差	h	极限偏差	d_1	d_2	极限偏差	S_1	S_2	极限偏差	h	极限偏差
6	14	6.3	5	6.5	±0.20	5	3.5	±0.15	5.8	±0.20	5.3	6.5	±0.18	4.7	3.5	±0.15	5.5	±0.20
8	16		7	8.5							7.3	8.5						
10	18		9	10.5							9.3	10.5						
12	20		11	12.5							11.3	12.5						
14	22		13	14.5							13.3	14.5						
16	24		15	16.5							15.3	16.5						
18	26		17	18.5							17.3	18.5						
20	28		19	20.5							19.3	20.5						
22	30		21	22.5	±0.25						21.3	22.5	±0.22					
25	33		24	25.5							24.3	25.5						
10	20	8	8.8	10.6	±0.20	6.2	4.4		7.3		9.2	10.6	±0.18	5.8	4.4		7	
12	22		10.8	12.6							11.2	12.6						
14	24		12.8	14.6							13.2	14.6						
16	26		14.8	16.6							15.2	16.6						
18	28		16.8	18.6							17.2	18.6						
20	30		18.8	20.6							19.2	20.6						
22	32		20.8	22.6	±0.25						21.2	22.6	±0.22					
25	35		23.8	25.6							24.2	25.6						
28	38		26.8	28.6							27.2	28.6						
32	42		30.8	32.6							31.2	32.6						
36	46		34.8	36.6							35.2	36.6						
40	50		38.8	40.6							39.2	40.6						
45	55		43.8	45.6							44.2	45.6						
50	60		48.8	50.6							49.2	50.6						
28	43	12.5	26.5	28.8		9	6.7		11.5		27	28.9		8.5	6.6		11.3	
32	47		30.5	32.8							31	32.9						
36	51		34.5	36.8							33	36.9						
40	55		38.5	40.8							39	40.9						
45	60		43.5	45.8							44	45.9						
50	65		48.5	50.8							49	50.9						
56	71		54.5	56.8							55	56.9						

续表

d	D	L_2	Y形圈								蕾形圈							
			内径			宽度			高度		内径			宽度			高度	
			d_1	d_2	极限偏差	S_1	S_2	极限偏差	h	极限偏差	d_1	d_2	极限偏差	S_1	S_2	极限偏差	h	极限偏差
63	78	12.5	61.5	63.8	±0.35	9	6.7	±0.15	11.5	±0.20	62	43.9	±0.28	8.5	6.6	±0.15	11.3	±0.20
70	85		68.5	70.8							69	70.9						
80	95		78.5	80.8							79	80.9						
90	105		88.5	90.8							89	90.9						
56	76	16	54.2	57	±0.25	11.8	9		15		54.8	57.4	±0.22	11.2	8.6		14.5	
63	83		61.2	64							61.8	64.4						
70	90		68.2	71	±0.35						68.8	71.4	±0.28					
80	100		78.2	81							78.8	81.4						
90	110		88.2	91							88.8	91.4						
100	120		98.2	101							98.8	101.4						
110	130		108.2	111	±0.45						108.8	111.4	±0.35					
125	145		123.2	126							123.8	126.4						
140	160		138.2	141							138.8	141.4						
100	125	20	97.8	101.2		14.7	11.3		18.5		98.7	101.8		13.8	10.7		18	
110	135		107.8	111.2							108.7	111.8						
125	150		122.8	126.2							123.7	126.8						
140	165		137.8	141.2							138.7	141.8						
160	185		157.8	161.2							158.7	161.8						
180	205		177.8	181.2	±0.60						178.7	181.8	±0.45					
200	225		197.8	201.2							198.7	201.8						
160	190	25	157.2	161.5		18.5	13.5	±0.20	23	±0.25	158.6	162		16.4	13	±0.20	22.5	±0.25
180	210		177.2	181.5							178.6	182						
200	230		197.2	201.5							195.6	202						
220	250		217.2	221.5							218.6	222						
250	280		247.2	251.5							248.6	252						
280	310		277.2	281.5	±0.90						278.6	282	±0.60					
320	360	32	317.7	322		23.3	18		29		318.2	323		21.8	17		28.5	
360	400		357.7	362							358.2	363						

（6）L_3 密封沟槽用V形组合密封圈

① 活塞 L_3 密封沟槽用V形组合密封圈由V形圈、压环和弹性圈组合而成，密封结构型式及V形圈、压环和弹性圈见图10-4-16，尺寸和公差见表10-4-44。

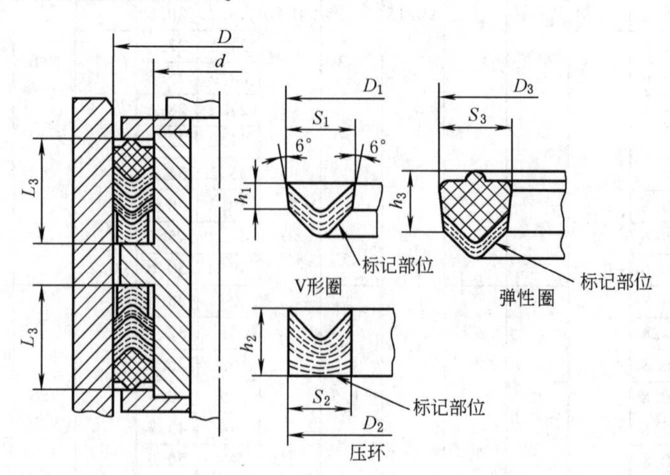

图10-4-16 活塞 L_3 密封沟槽的密封结构型式及V形圈、压环和弹性圈

表 10-4-44　活塞 L_3 密封沟槽用 V 形圈、压环和弹性圈尺寸和公差　mm

D	d	L_3	外径				宽度				高度				V 形圈数量
			D_1	D_2	D_3	极限偏差	S_1	S_2	S_3	极限偏差	h_1	h_2	h_3	极限偏差	
20	10		20.6	19.7	20.8										
25	15		25.6	24.7	25.8										
32	22		32.6	31.7	32.8										
40	30	16	40.6	39.7	40.8		5.6	4.7	5.8		3	6	6.5		1
50	40		50.6	49.7	50.8										
56	46		56.6	55.7	56.8	±0.22									
63	53		63.6	62.7	63.8										
50	35		50.7	49.5	51.1										
56	41		56.7	55.5	57.1										
63	48		63.7	62.5	64.1										
70	55	25	70.7	69.5	71.1		8.2	7	8.6		4.5	7.5	8		
80	65		80.7	79.5	81.1										
90	75		90.7	89.5	91.1										
100	85		100.7	99.5	101.1										
110	95		110.7	109.5	111.1	±0.28									
70	50		70.8	69.4	71.3										
80	60		80.8	79.4	81.3										
90	70		90.8	89.4	91.3										
100	80		100.8	99.4	101.3					±0.15				±0.20	2
110	90	32	110.8	109.4	111.3		10.8	9.4	11.3		5	10	11		
125	105		125.8	124.4	126.3										
140	120		140.8	139.4	141.3										
160	140		160.8	159.4	161.3										
180	160		180.8	179.4	181.3	±0.35									
125	100		126	124.4	126.6										
140	115		141	139.4	141.6										
160	135		161	169.4	161.6										
180	155	40	181	179.4	181.6		13.5	11.9	14.1		6		15		
200	175		201	199.4	201.6										
220	105		221	219.4	221.6										
250	225		251	249.4	251.6	±0.45						12			
200	170		201.3	199.2	201.9										
220	190		221.3	219.2	221.9										
250	220	50	251.3	249.2	251.9		16.3	14.2	16.8		6.5		17.5		
280	250		281.3	279.2	281.9										
320	290		321.3	319.2	321.9	±0.60									3
360	330		361.3	359.2	361.9										
400	360		401.6	399	402.1										
450	410	63	451.6	449	452.1	±0.90	21.6	19	22.1	±0.20	7	14	26.5	±0.25	
500	400		501.6	499	502.1										

② 活塞杆 L_3 密封沟槽用V形组合密封圈，由V形圈、压环和塑料支撑环组成，密封结构型式及V形圈、压环、支承环见图10-4-17，尺寸和公差见表10-4-45。

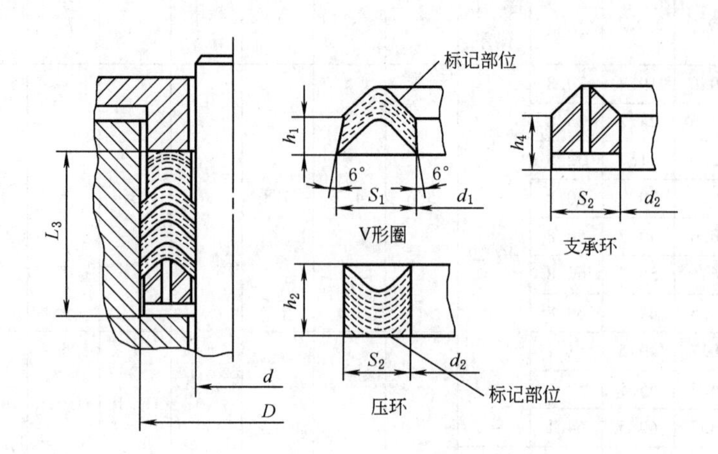

图10-4-17　活塞杆 L_3 密封沟槽的密封结构型式及V形圈、压环和支承环

表10-4-45　活塞杆 L_3 密封沟槽用V形圈、压环和支承环尺寸和公差　mm

<table>
<tr><th rowspan="2">d</th><th rowspan="2">D</th><th rowspan="2">L_3</th><th colspan="3">内径</th><th colspan="3">宽度</th><th colspan="4">高度</th><th rowspan="2">V形圈数量</th></tr>
<tr><th>d_1</th><th>d_2</th><th>极限偏差</th><th>S_1</th><th>S_2</th><th>极限偏差</th><th>h_1</th><th>h_2</th><th>h_4</th><th>极限偏差</th></tr>
<tr><td>6</td><td>14</td><td rowspan="10">14.5</td><td>5.5</td><td>6.3</td><td rowspan="6">±0.18</td><td rowspan="10">4.5</td><td rowspan="10">3.7</td><td rowspan="29">±0.15</td><td rowspan="10">2.5</td><td rowspan="10">6</td><td rowspan="29">3</td><td rowspan="29">±0.20</td><td rowspan="24">2</td></tr>
<tr><td>8</td><td>16</td><td>7.5</td><td>8.3</td></tr>
<tr><td>10</td><td>18</td><td>9.5</td><td>10.3</td></tr>
<tr><td>12</td><td>20</td><td>11.5</td><td>12.3</td></tr>
<tr><td>14</td><td>22</td><td>13.5</td><td>14.3</td></tr>
<tr><td>16</td><td>24</td><td>15.5</td><td>16.3</td></tr>
<tr><td>18</td><td>26</td><td>17.5</td><td>18.3</td><td rowspan="23">±0.22</td></tr>
<tr><td>20</td><td>28</td><td>19.5</td><td>20.3</td></tr>
<tr><td>22</td><td>30</td><td>21.5</td><td>22.3</td></tr>
<tr><td>25</td><td>33</td><td>24.5</td><td>25.3</td></tr>
<tr><td>10</td><td>20</td><td rowspan="14">16</td><td>9.4</td><td>10.3</td><td rowspan="14">5.6</td><td rowspan="14">4.7</td><td rowspan="14">3</td><td rowspan="14">6.5</td></tr>
<tr><td>12</td><td>22</td><td>11.4</td><td>12.3</td></tr>
<tr><td>14</td><td>24</td><td>13.4</td><td>14.3</td></tr>
<tr><td>16</td><td>26</td><td>15.4</td><td>16.3</td></tr>
<tr><td>18</td><td>28</td><td>17.4</td><td>18.3</td></tr>
<tr><td>20</td><td>30</td><td>19.4</td><td>20.3</td></tr>
<tr><td>22</td><td>32</td><td>21.4</td><td>22.3</td></tr>
<tr><td>25</td><td>35</td><td>24.4</td><td>25.3</td></tr>
<tr><td>28</td><td>38</td><td>27.4</td><td>28.3</td></tr>
<tr><td>32</td><td>42</td><td>31.4</td><td>32.3</td></tr>
<tr><td>36</td><td>46</td><td>35.4</td><td>36.3</td></tr>
<tr><td>40</td><td>50</td><td>39.4</td><td>40.3</td></tr>
<tr><td>45</td><td>55</td><td>44.4</td><td>45.3</td></tr>
<tr><td>50</td><td>60</td><td>49.4</td><td>50.3</td></tr>
<tr><td>28</td><td>43</td><td rowspan="5">25</td><td>27.3</td><td>28.5</td><td rowspan="5">8.2</td><td rowspan="5">7</td><td rowspan="5">4.5</td><td rowspan="5">8</td><td rowspan="5">3</td></tr>
<tr><td>32</td><td>47</td><td>31.3</td><td>32.5</td></tr>
<tr><td>30</td><td>51</td><td>35.3</td><td>36.5</td></tr>
<tr><td>40</td><td>55</td><td>39.3</td><td>40.5</td></tr>
<tr><td>45</td><td>60</td><td>44.3</td><td>45.5</td></tr>
</table>

续表

<table>
<tr><th rowspan="2">d</th><th rowspan="2">D</th><th rowspan="2">L_3</th><th colspan="3">内径</th><th colspan="3">宽度</th><th colspan="4">高度</th><th rowspan="2">V 形圈数量</th></tr>
<tr><th>d_1</th><th>d_2</th><th>极限偏差</th><th>S_1</th><th>S_2</th><th>极限偏差</th><th>h_1</th><th>h_2</th><th>h_4</th><th>极限偏差</th></tr>
<tr><td>50</td><td>65</td><td rowspan="6">25</td><td>49.3</td><td>50.5</td><td rowspan="3">±0.22</td><td rowspan="6">8.2</td><td rowspan="6">7</td><td rowspan="22">±0.15</td><td rowspan="6">4.5</td><td rowspan="6">8</td><td rowspan="28">3</td><td rowspan="22">±0.20</td><td rowspan="15">3</td></tr>
<tr><td>56</td><td>71</td><td>55.3</td><td>56.6</td></tr>
<tr><td>63</td><td>78</td><td>62.3</td><td>63.6</td></tr>
<tr><td>70</td><td>85</td><td>69.3</td><td>70.5</td><td rowspan="3">±0.28</td></tr>
<tr><td>80</td><td>95</td><td>79.3</td><td>80.5</td></tr>
<tr><td>90</td><td>105</td><td>89.3</td><td>90.5</td></tr>
<tr><td>56</td><td>76</td><td rowspan="9">32</td><td>55.2</td><td>56.6</td><td rowspan="2">±0.22</td><td rowspan="9">10.8</td><td rowspan="9">9.4</td><td rowspan="16">6</td><td rowspan="9">10</td></tr>
<tr><td>63</td><td>83</td><td>62.2</td><td>63.6</td></tr>
<tr><td>70</td><td>90</td><td>69.2</td><td>70.6</td><td rowspan="5">±0.28</td></tr>
<tr><td>80</td><td>100</td><td>79.2</td><td>80.6</td></tr>
<tr><td>90</td><td>110</td><td>89.2</td><td>90.6</td></tr>
<tr><td>100</td><td>120</td><td>99.2</td><td>100.6</td></tr>
<tr><td>110</td><td>130</td><td>109.2</td><td>110.6</td></tr>
<tr><td>125</td><td>145</td><td>124.2</td><td>125.6</td><td rowspan="7">±0.35</td></tr>
<tr><td>140</td><td>160</td><td>139.2</td><td>140.6</td></tr>
<tr><td>100</td><td>125</td><td rowspan="7">40</td><td>99</td><td>100.6</td><td rowspan="7">13.5</td><td rowspan="7">11.9</td><td rowspan="7">12</td><td rowspan="7">4</td></tr>
<tr><td>110</td><td>135</td><td>109</td><td>110.6</td></tr>
<tr><td>125</td><td>150</td><td>124</td><td>125.6</td></tr>
<tr><td>140</td><td>165</td><td>139</td><td>140.6</td></tr>
<tr><td>160</td><td>185</td><td>159</td><td>160.0</td></tr>
<tr><td>180</td><td>205</td><td>179</td><td>180.6</td><td rowspan="2">±0.45</td></tr>
<tr><td>200</td><td>225</td><td>199</td><td>200.6</td></tr>
<tr><td>160</td><td>190</td><td rowspan="6">50</td><td>158.8</td><td>160.8</td><td>±0.35</td><td rowspan="6">16.2</td><td rowspan="6">14.2</td><td rowspan="6">±0.20</td><td rowspan="6">6.5</td><td rowspan="6">14</td><td rowspan="8">±0.25</td><td rowspan="6">5</td></tr>
<tr><td>180</td><td>210</td><td>178.8</td><td>180.8</td><td rowspan="4">±0.45</td></tr>
<tr><td>200</td><td>230</td><td>198.8</td><td>200.8</td></tr>
<tr><td>220</td><td>250</td><td>218.8</td><td>220.8</td></tr>
<tr><td>250</td><td>280</td><td>248.8</td><td>250.8</td></tr>
<tr><td>280</td><td>310</td><td>278.8</td><td>280.8</td><td rowspan="3">±0.60</td></tr>
<tr><td>320</td><td>360</td><td rowspan="2">63</td><td>318.4</td><td>321</td><td rowspan="2">21.6</td><td rowspan="2">19</td><td rowspan="2">±0.25</td><td rowspan="2">7</td><td rowspan="2">15.5</td><td rowspan="2">4</td><td rowspan="2">6</td></tr>
<tr><td>360</td><td>400</td><td>358.4</td><td>361</td></tr>
</table>

8.2 往复运动活塞和活塞杆单向密封圈沟槽的尺寸和公差（摘自 GB/T 2879—2024）

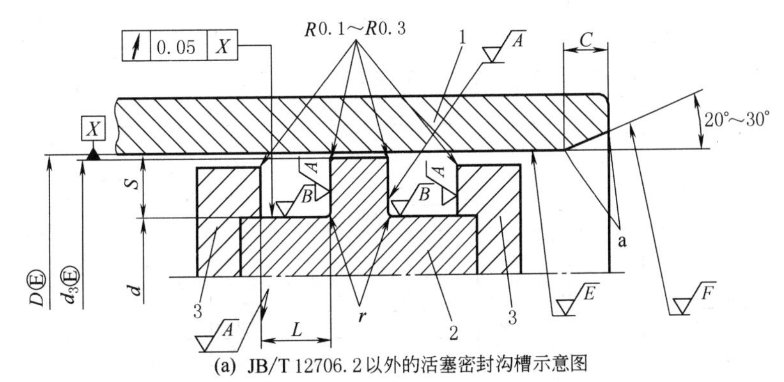

(a) JB/T 12706.2 以外的活塞密封沟槽示意图

1—缸体；2—活塞；3—压盖；a—倒圆角、去毛刺

（A、B、E 和 F 的值见表 10-4-51。C 的值见表 10-4-52。d、D、S、L 和 r 的值见表 10-4-46。）

图 10-4-18

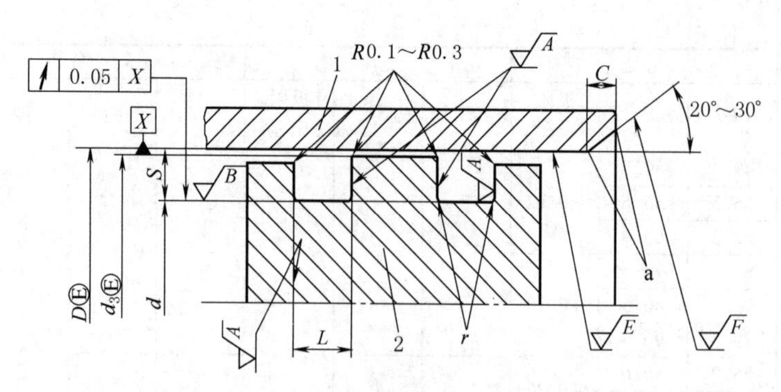

(b)符合JB/T 12706.2规定的液压缸活塞密封沟槽示意图

1—缸体；2—活塞；a—倒圆角、去毛刺

（A、B、E和F的值见表10-4-51。C的值见表10-4-52。d、D、S、L和r的值见表10-4-47）。

图 10-4-18　活塞密封沟槽示意图

表 10-4-46　　JB/T 12706.2 以外的活塞密封沟槽公称尺寸　　mm

D①	S	d	L②			r_{max}
			短	中	长	
16	4.0	8	5.0	6.3	—	0.4
20		12				
25		17				
25	5.0	15	6.3	8.0	16.0	
32	4.0	24	5.0	6.3	—	
	5.0	22	6.3	8.0	16.0	
40	4.0	32	5.0	6.3	—	
	5.0	30	6.3	8.0	16.0	
50	5.0	40	6.3	8.0	16.0	
	7.5	35	9.5	12.5	25.0	
60	5.0	50	6.3	8.0	16.0	
	7.5	45	9.5	12.5	25.0	
63	5.0	53	6.3	8.0	16.0	
	7.5	48	9.5	12.5	25.0	
80	7.5	65	9.5	12.5	25.0	
	10.0	60	12.5	16.0	32.0	0.6
90	7.5	75	9.5	12.5	25.0	0.4
	10.0	70	12.5	16.0	32.0	0.6
100	7.5	85	9.5	12.5	25.0	0.4
	10.0	80	12.5	16.0	32.0	0.6
110	7.5	95	9.5	12.5	25.0	0.4
	10.0	90	12.5	16.0	32.0	0.6
125	10.0	105	12.5	16.0	32.0	0.6
	12.5	100	16.0	20.0	40.0	0.8
140	10.0	120	12.5	16.0	32.0	0.6
	12.5	115	16.0	20.0	40.0	0.8
160	10.0	140	12.5	16.0	32.0	0.6
	12.5	135	16.0	20.0	40.0	0.8
180	10.0	160	12.5	16.0	32.0	0.6
	12.5	155	16.0	20.0	40.0	0.8
200	12.5	175	16.0	20.0	40.0	
	15.0	170	20.0	25.0	50.0	
220	12.5	195	16.0	20.0	40.0	
	15.0	190	20.0	25.0	50.0	
250	12.5	225	16.0	20.0	40.0	
	15.0	220	20.0	25.0	50.0	
280	15.0	250	20.0	25.0	50.0	
320		290				
360		330				

续表

D[①]	S	d	L[②]			r_{max}
			短	中	长	
400	20.0	360	25.0	32.0	63.0	1.0
450		410				
500		460				

① D 符合 GB/T 2348 的规定。

② L 是采用“短”“中”或“长”，取决于相应的工作条件。

表 10-4-47　　符合 JB/T 12706.2 规定的活塞密封沟槽公称尺寸　　mm

D[①]	S	d	L	r_{max}[②]
25	3.5	18	5.6	0.5
32		25		
40	4.0	32	6.3	
50		42		
63		55		
80	5.0	70	7.5	
100		90		
125	7.5	110		
160		145	10.6	
200		185		

① D 符合 JB/T 12706.2 的规定。

② 允许使用符合 GB/T 2079 的工具加工。

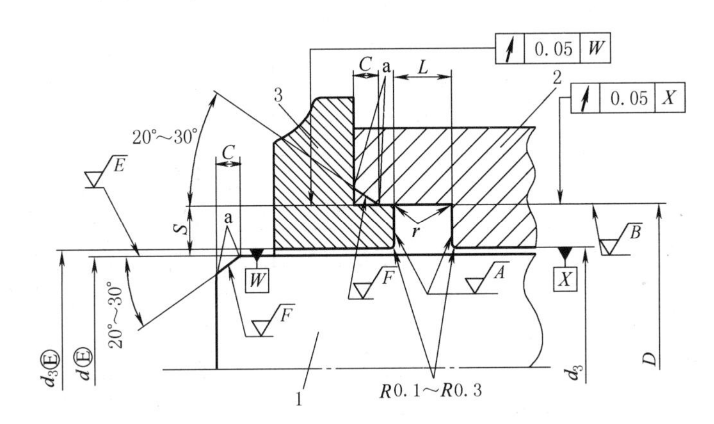

图 10-4-19　JB/T 12706.2 以外的活塞杆密封沟槽示意图

1—活塞杆；2—缸套；3—压盖；a—倒圆角，去毛刺

（A、B、E 和 F 的值见表 10-4-51。C 的值见表 10-4-52。d、D、S、L 和 r 的值见表 10-4-48。）

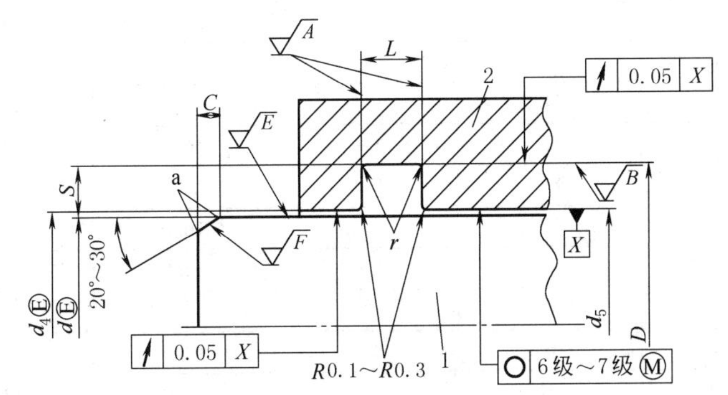

图 10-4-20　符合 JB/T 12706.2 规定的液压缸活塞杆密封沟槽示意图

1—活塞杆；2—缸套；a—倒圆角、去毛刺

（A、B、E 和 F 的值见表 10-4-51。C 的值见表 10-4-52。d、D、S、L 和 r 的值见表 10-4-49。）

表 10-4-48　JB/T 12706.2 以外的活塞杆密封沟槽公称尺寸　mm

d[1]	S	D	L[2]			r_{max}
			短	中	长	
6	4.0	14	5.0	6.3	14.5	0.4
8		16				
10		18				
	5.0	20	—	8.0	16.0	
12	4.0	20	5.0	6.3	14.5	
	5.0	22	—	8.0	16.0	
14	4.0	22	5.0	6.3	14.5	
	5.0	24	—	8.0	16.0	
16	4.0	24	5.0	6.3	14.5	
	5.0	26	—	8.0	16.0	
18	4.0	26	5.0	6.3	14.5	
	5.0	28	—	8.0	16.0	
20	4.0	28	5.0	6.3	14.5	
	5.0	30	—	8.0	16.0	
22	4.0	30	5.0	6.3	14.5	
	5.0	32	—	8.0	16.0	
25	4.0	33	5.0	6.3	14.5	
	5.0	35	—	8.0	16.0	
28	5.0	38	6.3	8.0	16.0	
	7.5	43	—	12.5	25.0	
32	5.0	42	6.3	8.0	16.0	
	7.5	47	—	12.5	25.0	
36	5.0	46	6.3	8.0	16.0	
	7.5	51	—	12.5	25.0	
40	5.0	50	6.3	8.0	16.0	
	7.5	55	—	12.5	25.0	
45	5.0	55	6.3	8.0	16.0	
	7.5	60	—	12.5	25.0	
50	5.0	60	6.3	8.0	16.0	
	7.5	65	—	12.5	25.0	
56	7.5	71	9.5	12.5	25.0	
	10.0	76	—	16.0	32.0	0.6
63	7.5	78	9.5	12.5	25.0	0.4
	10.0	83	—	16.0	32.0	0.6
70	7.5	85	9.5	12.5	25.0	0.4
	10.0	90	—	16.0	32.0	0.6
80	7.5	95	9.5	12.5	25.0	0.4
	10.0	100	—	16.0	32.0	0.6
90	7.5	105	9.5	12.5	25.0	0.4
	10.0	110	—	16.0	32.0	0.6
100	10.0	120	12.5	16.0	32.0	0.6
	12.5	125	—	20.0	40.0	0.8

续表

<table>
<tr><th rowspan="2">d①</th><th rowspan="2">S</th><th rowspan="2">D</th><th colspan="3">L②</th><th rowspan="2">r_{max}</th></tr>
<tr><th>短</th><th>中</th><th>长</th></tr>
<tr><td rowspan="2">110</td><td>10.0</td><td>130</td><td>12.5</td><td>16.0</td><td>32.0</td><td>0.6</td></tr>
<tr><td>12.5</td><td>135</td><td>—</td><td>20.0</td><td>40.0</td><td>0.8</td></tr>
<tr><td rowspan="2">125</td><td>10.0</td><td>145</td><td>12.5</td><td>16.0</td><td>32.0</td><td>0.6</td></tr>
<tr><td>12.5</td><td>150</td><td>—</td><td>20.0</td><td>40.0</td><td>0.8</td></tr>
<tr><td rowspan="2">140</td><td>10.0</td><td>160</td><td>12.5</td><td>16.0</td><td>32.0</td><td>0.6</td></tr>
<tr><td>12.5</td><td>165</td><td>—</td><td>20.0</td><td>40.0</td><td rowspan="10">0.8</td></tr>
<tr><td rowspan="2">160</td><td>12.5</td><td>185</td><td>16.0</td><td>20.0</td><td>40.0</td></tr>
<tr><td>15.0</td><td>190</td><td>—</td><td>25.0</td><td>50.0</td></tr>
<tr><td rowspan="2">180</td><td>12.5</td><td>205</td><td>16.0</td><td>20.0</td><td>40.0</td></tr>
<tr><td>15.0</td><td>210</td><td>—</td><td>25.0</td><td>50.0</td></tr>
<tr><td rowspan="2">200</td><td>12.5</td><td>225</td><td>16.0</td><td>20.0</td><td>40.0</td></tr>
<tr><td rowspan="4">15.0</td><td>230</td><td>—</td><td rowspan="4">25.0</td><td rowspan="4">50.0</td></tr>
<tr><td>220</td><td>250</td><td rowspan="3">20.0</td></tr>
<tr><td>250</td><td>280</td></tr>
<tr><td>280</td><td>310</td></tr>
<tr><td>320</td><td rowspan="4">20.0</td><td>360</td><td rowspan="4">25.0</td><td rowspan="4">32.0</td><td rowspan="4">63.0</td><td rowspan="4">1.0</td></tr>
<tr><td>360</td><td>400</td></tr>
<tr><td>400</td><td>440</td></tr>
<tr><td>450</td><td>490</td></tr>
</table>

① d 符合 GB/T 2348 的规定。

② L 是采用“短”“中”或“长”，取决于相应的工作条件。

表 10-4-49　　符合 JB/T 12706.2 规定的活塞杆密封沟槽公称尺寸　　mm

<table>
<tr><th>d①</th><th>S</th><th>D</th><th>L</th><th>r_{max}②</th></tr>
<tr><td>12</td><td rowspan="4">3.5</td><td>19</td><td rowspan="4">5.6</td><td rowspan="12">0.5</td></tr>
<tr><td>14</td><td>21</td></tr>
<tr><td>18</td><td>25</td></tr>
<tr><td>22</td><td>29</td></tr>
<tr><td>28</td><td rowspan="3">4.0</td><td>36</td><td rowspan="3">6.3</td></tr>
<tr><td>36</td><td>44</td></tr>
<tr><td>45</td><td>53</td></tr>
<tr><td>56</td><td rowspan="3">5.0</td><td>66</td><td rowspan="3">7.5</td></tr>
<tr><td>70</td><td>80</td></tr>
<tr><td>90</td><td>110</td></tr>
<tr><td>110</td><td rowspan="2">7.5</td><td>125</td><td rowspan="2">10.6</td></tr>
<tr><td>140</td><td>155</td></tr>
</table>

① d 符合 JB/T 12706.2 的规定。

② 允许使用符合 GB/T 2079 的工具加工。

表 10-4-50　　沟槽深度公差　　mm

S	公差	S	公差	S	公差	S	公差
3.5	+0.15 -0.05	5.0	+0.15 -0.05	10.0	+0.25 -0.10	15.0	+0.35 -0.20
4.0	+0.15 -0.05	7.5	+0.20 -0.10	12.5	+0.30 -0.15	20.0	+0.40 -0.20

注：1. 对于活塞，按式（1）和式（2）计算 d 的尺寸：

$$d_{\min}=2D_{\max}-d_{3\min}-2S_{\max} \tag{1}$$

$$d_{\max}=d_{3\min}-2S_{\max} \tag{2}$$

2. 对于活塞杆，按公式（3）和公式（4）计算 D 的尺寸：

$$D_{\min}=d_{5\max}+2S_{\min} \tag{3}$$

$$D_{\max}=2d_{\min}-d_{5\max}+2S_{\max} \tag{4}$$

3. 当以上公式和表中数值与 GB/T 1800.2 规定的权限值 DH9 和 d_3f8（对于活塞）或 df8 和 d_5H9（对于活塞杆）同时应用时，在大多数情况下，可以分别得到在 dh10 和 DH10 范围内的公差。

表 10-4-51　　活塞和活塞杆沟槽的表面粗糙度要求①　　μm（除另有说明外）

S/mm	表面粗糙度值②③④					最小测量长度(5倍单试样长度加2倍截距)/mm
	E⑤	B⑤		A	F	
		L≤5.6mm	L>5.6mm			
3.5	Ra 0.4 Rz 1.6	Ra4 1.6 Rz4 6.3	—	Ra2 1.6 Rz2 6.3	目视检查 Ra 4 或 目视检查 Rz 16	5.6
4		Ra4 1.6 Rz4 6.3	Ra 1.6 Rz 6.3			
5		—		Ra4 1.6 Rz4 6.3		
≥7.5				Ra 1.6 Rz 6.3		

① 表面粗糙度表示法符合 GB/T 131 的规定。

② 参见图 10-4-18~图 10-4-20。边缘和未定义形状的设计参见 GB/T 19096。

③ Ra4 1.6 或 Rz4 6.3 不是指表面粗糙度 Ra4 1.6 或 Rz4 6.3。根据 GB/T 131 和 GB/T 10610，它们表明了四个采样长度且粗糙度不超过 Ra 1.6 和 Rz 6.3。若测量的长度不小于 5.6mm 时，则只能测量 Ra 1.6 或 Rz 6.3 的值。

④ 特殊应用可能要求不同的表面粗糙度值。

⑤ 表面 B 和 E 不应有可视的表面缺陷（参见 GB/T 15757）。

表 10-4-52　　安装导入角轴向长度　　mm

S	C
3.5	2.0
4.0	2.0
5.0	2.5
7.5	4.0
10.0	5.0
12.5	6.5
15.0	7.5
20.0	10.0

9 V_D 形橡胶密封圈（摘自 JB/T 6994—2007）

表 10-4-53 V_D 形橡胶密封圈 mm

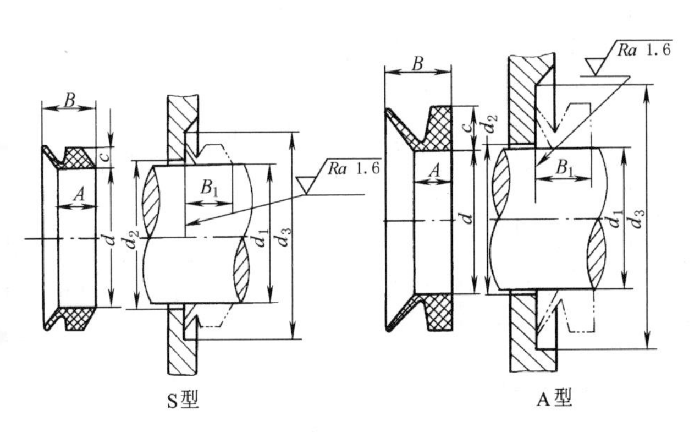

S型 A型

适用范围：工作介质为油、水、空气，轴速小于等于 19m/s 的机械设备，起端面密封和防尘作用。工作温度 -40～100℃，密封材料选用丁腈橡胶（代号 XAⅠ 7453）；-25～200℃，选用氟橡胶（代号 XDⅠ 7433）。橡胶材料性能见 HG/T 2811—1996

标记示例：

(a) 公称轴径 110mm，密封圈内径 $d=99$mm 的 S 型密封圈，标记为

密封圈 V_D110S JB/T 6994—2007

(b) 公称轴径 120mm，密封圈内径 $d=108$mm 的 A 型密封圈，标记为

密封圈 V_D120A JB/T 6994—2007

<table>
<tr><th>型式</th><th>密封圈代号</th><th>公称轴径</th><th>轴径 d_1</th><th>d</th><th>c</th><th>A</th><th>B</th><th>d_{2max}</th><th>d_{3min}</th><th>安装宽度 B_1</th></tr>
<tr><td rowspan="30">S 型</td><td>V_D5S</td><td>5</td><td>4.5～5.5</td><td>4</td><td rowspan="4">2</td><td rowspan="4">3.9</td><td rowspan="4">5.2</td><td rowspan="4">d_1+1</td><td rowspan="4">d_1+6</td><td rowspan="4">4.5±0.4</td></tr>
<tr><td>V_D6S</td><td>6</td><td>5.5～6.5</td><td>5</td></tr>
<tr><td>V_D7S</td><td>7</td><td>6.5～8.0</td><td>6</td></tr>
<tr><td>V_D8S</td><td>8</td><td>8.0～9.5</td><td>7</td></tr>
<tr><td>V_D10S</td><td>10</td><td>9.5～11.5</td><td>9</td><td rowspan="5">3</td><td rowspan="5">5.6</td><td rowspan="5">7.7</td><td rowspan="9">d_1+2</td><td rowspan="5">d_1+9</td><td rowspan="5">6.7±0.6</td></tr>
<tr><td>V_D12S</td><td>12</td><td>11.5～13.5</td><td>10.5</td></tr>
<tr><td>V_D14S</td><td>14</td><td>13.5～15.5</td><td>12.5</td></tr>
<tr><td>V_D16S</td><td>16</td><td>15.5～17.5</td><td>14</td></tr>
<tr><td>V_D18S</td><td>18</td><td>17.5～19.0</td><td>16</td></tr>
<tr><td>V_D20S</td><td>20</td><td>19～21</td><td>18</td><td rowspan="8">4</td><td rowspan="8">7.9</td><td rowspan="8">10.5</td><td rowspan="8">d_1+12</td><td rowspan="8">9.0±0.8</td></tr>
<tr><td>V_D22S</td><td>22</td><td>21～24</td><td>20</td></tr>
<tr><td>V_D25S</td><td>25</td><td>24～27</td><td>22</td></tr>
<tr><td>V_D28S</td><td>28</td><td>27～29</td><td>25</td><td rowspan="10">d_1+3</td></tr>
<tr><td>V_D30S</td><td>30</td><td>29～31</td><td>27</td></tr>
<tr><td>V_D32S</td><td>32</td><td>31～33</td><td>29</td></tr>
<tr><td>V_D36S</td><td>36</td><td>33～36</td><td>31</td></tr>
<tr><td>V_D38S</td><td>38</td><td>36～38</td><td>34</td></tr>
<tr><td>V_D40S</td><td>40</td><td>38～43</td><td>36</td><td rowspan="6">5</td><td rowspan="6">9.5</td><td rowspan="6">13.0</td><td rowspan="6">d_1+15</td><td rowspan="6">11.0±1.0</td></tr>
<tr><td>V_D45S</td><td>45</td><td>43～48</td><td>40</td></tr>
<tr><td>V_D50S</td><td>50</td><td>48～53</td><td>45</td></tr>
<tr><td>V_D56S</td><td>56</td><td>53～58</td><td>49</td></tr>
<tr><td>V_D60S</td><td>60</td><td>58～63</td><td>54</td></tr>
<tr><td>V_D63S</td><td>63</td><td>63～68</td><td>58</td></tr>
<tr><td>V_D71S</td><td>71</td><td>68～73</td><td>63</td><td rowspan="7">6</td><td rowspan="7">11.3</td><td rowspan="7">15.5</td><td rowspan="7">d_1+4</td><td rowspan="7">d_1+18</td><td rowspan="7">13.5±1.2</td></tr>
<tr><td>V_D75S</td><td>75</td><td>73～78</td><td>67</td></tr>
<tr><td>V_D80S</td><td>80</td><td>78～83</td><td>72</td></tr>
<tr><td>V_D85S</td><td>85</td><td>83～88</td><td>76</td></tr>
<tr><td>V_D90S</td><td>90</td><td>88～93</td><td>81</td></tr>
<tr><td>V_D95S</td><td>95</td><td>93～98</td><td>85</td></tr>
<tr><td>V_D100S</td><td>100</td><td>98～105</td><td>90</td></tr>
</table>

续表

型式	密封圈代号	公称轴径	轴径 d_1	d	c	A	B	d_{2max}	d_{3min}	安装宽度 B_1
S型	V_D110S	110	105~115	99	7　13.1	18.0　d_1+4	d_1+21　15.5±1.5	d_1+21	15.5±1.5	
	V_D120S	120	115~125	108						
	V_D130S	130	125~135	117						
	V_D140S	140	135~145	126						
	V_D150S	150	145~155	135						
	V_D160S	160	155~165	144	8　15.0	20.5　d_1+5	d_1+24　18.0±1.8	d_1+24	18.0±1.8	
	V_D170S	170	165~175	153						
	V_D180S	180	175~185	162						
	V_D190S	190	185~195	171						
	V_D200S	200	195~210	180						
A型	V_D3A	3	2.7~3.5	2.5	1.5	2.1	3.0	d_1+1	d_1+4	2.5±0.3
	V_D4A	4	3.5~4.5	3.2	2	2.4	3.7		d_1+6	3.0±0.4
	V_D5A	5	4.5~5.5	4						
	V_D6A	6	5.5~6.5	5						
	V_D7A	7	6.5~8.0	6						
	V_D8A	8	8.0~9.5	7						
	V_D10A	10	9.5~11.5	9	3	3.4	5.5	d_1+2	d_1+9	4.5±0.6
	V_D12A	12	11.5~12.5	10.5						
	V_D13A	13	12.5~13.5	11.7						
	V_D14A	14	13.5~15.5	12.5						
	V_D16A	16	15.5~17.5	14						
	V_D18A	18	17.5~19	16						
	V_D20A	20	19~21	18	4	4.7	7.5		d_1+12	6.0±0.8
	V_D22A	22	21~24	20						
	V_D25A	25	24~27	22						
	V_D28A	28	27~29	25				d_1+3		
	V_D30A	30	29~31	27						
	V_D32A	32	31~33	29						
	V_D36A	36	33~36	31						
	V_D38A	38	36~38	34						
	V_D40A	40	38~43	36	5	5.5	9.0		d_1+15	7.0±1.0
	V_D45A	45	43~48	40						
	V_D50A	50	48~53	45						
	V_D56A	56	53~58	49						
	V_D60A	60	58~63	54						
	V_D63A	63	63~68	58						
	V_D71A	71	68~73	63	6	6.8	11.0	d_1+4	d_1+18	9.0±1.2
	V_D75A	75	73~78	67						
	V_D80A	80	78~83	72						
	V_D85A	85	83~88	76						
	V_D90A	90	88~93	81						
	V_D95A	95	93~98	85						
	V_D100A	100	98~105	90						
	V_D110A	110	105~115	99	7	7.9	12.8		d_1+21	10.5±1.5
	V_D120A	120	115~125	108						
	V_D130A	130	125~135	117						
	V_D140A	140	135~145	126						
	V_D150A	150	145~155	135						

续表

型式	密封圈代号	公称轴径	轴径 d_1	d	c	A	B	d_{2max}	d_{3min}	安装宽度 B_1
A型	V_D160A	160	155~165	144	8	9.0	14.5	d_1+5	d_1+24	12.0±1.8
	V_D170A	170	165~175	153						
	V_D180A	180	175~185	162						
	V_D190A	190	185~195	171						
	V_D200A	200	195~210	180	15	14.3	25	d_1+10	d_1+45	20.0±4.0
	V_D224A	224	210~235	198						
	V_D250A	250	235~265	225						
	V_D280A	280	265~290	247						
	V_D300A	300	290~310	270						
	V_D320A	320	310~335	292						
	V_D355A	355	335~365	315						
	V_D375A	375	365~390	337						
	V_D400A	400	390~430	360						
	V_D450A	450	430~480	405						
	V_D500A	500	480~530	450						
	V_D560A	560	530~580	495						
	V_D600A	600	580~630	540						
	V_D630A	630	630~665	600						
	V_D670A	670	665~705	630						
	V_D710A	710	705~745	670						
	V_D750A	750	745~785	705						
	V_D800A	800	785~830	745						
	V_D850A	850	830~875	785						
	V_D900A	900	875~920	825						
	V_D950A	950	920~965	865						
	V_D1000A	1000	965~1015	910						
	V_D1060A	1060	1015~1065	955						
	V_D1100A	(1100)	1065~1115	1000						
	V_D1120A	1120	1115~1165	1045						
	V_D1200A	(1200)	1165~1215	1090						
	V_D1250A	1250	1215~1270	1135						
	V_D1320A	1320	1270~1320	1180						
	V_D1350A	(1350)	1320~1370	1225						
	V_D1400A	1400	1370~1420	1270						
	V_D1450A	(1450)	1420~1470	1315						
	V_D1500A	1500	1470~1520	1360						
	V_D1550A	(1550)	1520~1570	1405						
	V_D1600A	1600	1570~1620	1450						
	V_D1650A	(1650)	1620~1670	1495						
	V_D1700A	1700	1670~1720	1540						
	V_D1750A	(1750)	1720~1770	1585						
	V_D1800A	1800	1770~1820	1630						
	V_D1850A	(1850)	1820~1870	1675						
	V_D1900A	1900	1870~1920	1720						
	V_D1950A	(1950)	1920~1970	1765						
	V_D2000A	2000	1970~2020	1810						

注：带括弧的尺寸为非标准尺寸，尽量不采用。

10 双向密封橡胶密封圈及其沟槽

10.1 双向密封橡胶密封圈（摘自 GB/T 10708.2—2000）

GB/T 10708.2—2000《往复运动橡胶密封圈结构尺寸系列 第2部分：双向密封橡胶密封圈》规定了往复运动用双向密封橡胶密封圈及其塑料支承环的结构型式、尺寸和公差，适用于安装在液压缸活塞上起双向密封作用的橡胶密封圈。

（1）符号

G——鼓形橡胶密封圈（以下简称为鼓形圈）；

S——山形橡胶密封圈（以下简称为山形圈）。

（2）标记

橡胶密封圈的标记方法以“密封圈代号、$D \times d \times L$、制造厂代号”表示。

示例：液压缸内径（D）为100mm，密封沟槽内径（d）为85mm，密封沟槽轴向长度（L）为20mm的鼓形圈，标记为：

G100×80×20 ××

（3）双向密封橡胶密封圈使用条件

表 10-4-54 双向密封橡胶密封圈使用条件

密封圈结构型式	往复运动速度 /$m \cdot s^{-1}$	工作压力范围 /MPa
鼓形橡胶密封圈	0.5	0.10~40
	0.15	0.10~70
山形橡胶密封圈	0.5	0~20
	0.15	0~35

（4）密封结构型式

密封结构型式有两种（图10-4-21）：第1种由一个鼓形圈与两个L形支承环组成；第2种由一个山形圈与两个J形、两个矩形支承环组成。密封结构型式见图10-4-22。

（5）橡胶密封圈

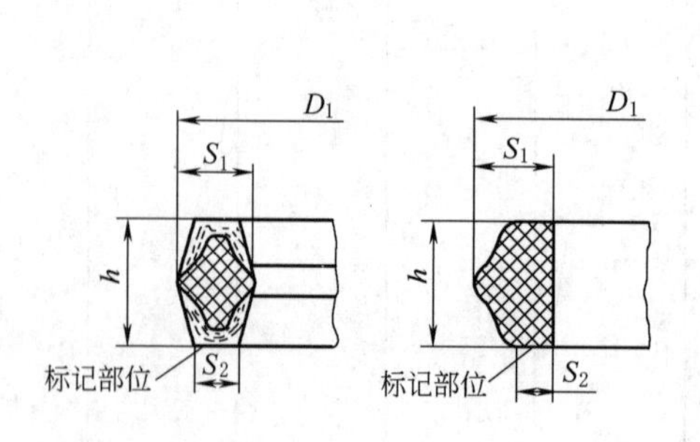

图 10-4-21 鼓形圈和山形圈

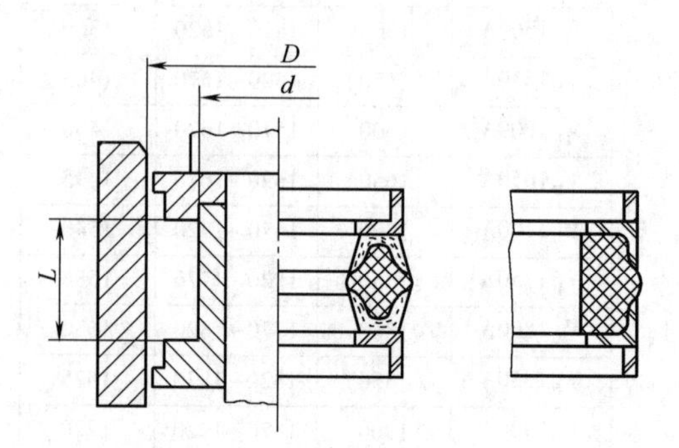

图 10-4-22 密封结构型式

表 10-4-55　　鼓形圈和山形圈的尺寸和公差　　mm

D	d	L	外径		高度		宽度					
							鼓形圈			山形圈		
			D_1	极限偏差	A	极限偏差	S_1	S_2	极限偏差	S_1	S_2	极限偏差
25	17	10	25.6	±0.22	6.5	±0.20	4.6	3.4	±0.15	4.7	2.5	±0.15
32	24		32.6									
40	32		40.6									
25	15	12.5	25.7		8.5		5.7	4.2		5.8	3.2	
32	22		32.7									
40	30		40.7									
50	40		50.7									
56	46		56.7									
63	53		63.7									
50	35	20	50.9	±0.28	14.5		8.4	6.5		8.5	4.5	
56	41		56.9									
63	48		63.9									
70	55		70.9									
80	65		80.9									
90	75		90.9									
100	85		100.9									
110	95		110.9									
80	60	25	81		18		11	8.7		11.2	5.5	
90	70		91									
100	80		101									
110	90		111	±0.35								
125	105		126									
140	120		141									
160	140		161									
180	160		181	±0.45								
125	100	32	126.3		24		13.7	10.8		13.9	7	
140	115		141.3									
160	135		161.3									
180	155		181.3									
200	170	36	201.5		28	±0.25	16.5	12.9	±0.20	16.7	8.6	±0.20
220	190		221.5									
250	220		251.5									
280	250		281.5	±0.60								
320	290		321.5									
360	330		361.5									
400	360	50	401.8	±0.90	40		21.8	17.5		22	12	
450	410		451.8									
500	460		501.8									

（6）塑料支承环

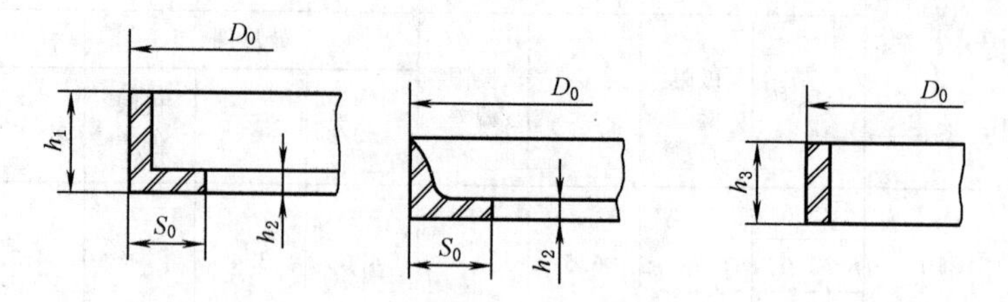

图 10-4-23　塑料支承环

表 10-4-56　　塑料支承环的尺寸和公差　　mm

<table>
<tr><th colspan="3" rowspan="2">沟槽尺寸</th><th colspan="9">塑料支承环尺寸</th></tr>
<tr><th colspan="2">外径</th><th colspan="2">宽度</th><th colspan="4">高度</th></tr>
<tr><th>D</th><th>d</th><th>L</th><th>D_0</th><th>极限偏差</th><th>S_0</th><th>极限偏差</th><th>h_1</th><th>h_2</th><th>h_3</th><th>极限偏差</th></tr>
<tr><td>25</td><td>17</td><td rowspan="3">10</td><td>25</td><td rowspan="3">0
-0.15</td><td rowspan="3">4</td><td rowspan="29">0
-0.10</td><td rowspan="9">5.5</td><td rowspan="17">1.5</td><td rowspan="9">4</td><td rowspan="29">+0.10
0</td></tr>
<tr><td>32</td><td>24</td><td>32</td></tr>
<tr><td>40</td><td>32</td><td>40</td></tr>
<tr><td>25</td><td>15</td><td rowspan="6">12.5</td><td>25</td><td rowspan="6">0
-0.18</td><td rowspan="6">5</td></tr>
<tr><td>32</td><td>22</td><td>32</td></tr>
<tr><td>40</td><td>30</td><td>40</td></tr>
<tr><td>50</td><td>40</td><td>50</td></tr>
<tr><td>56</td><td>46</td><td>56</td></tr>
<tr><td>63</td><td>53</td><td>63</td></tr>
<tr><td>50</td><td>35</td><td rowspan="8">20</td><td>50</td><td rowspan="8">0
-0.22</td><td rowspan="8">7.5</td><td rowspan="8">6.5</td><td rowspan="8">5</td></tr>
<tr><td>56</td><td>41</td><td>56</td></tr>
<tr><td>63</td><td>48</td><td>63</td></tr>
<tr><td>70</td><td>55</td><td>70</td></tr>
<tr><td>80</td><td>65</td><td>80</td></tr>
<tr><td>90</td><td>75</td><td>90</td></tr>
<tr><td>100</td><td>85</td><td>100</td></tr>
<tr><td>110</td><td>95</td><td>110</td></tr>
<tr><td>80</td><td>60</td><td rowspan="8">25</td><td>80</td><td rowspan="12">0
-0.26</td><td rowspan="8">10</td><td rowspan="8">8.3</td><td rowspan="8">2</td><td rowspan="8">6.3</td></tr>
<tr><td>90</td><td>70</td><td>90</td></tr>
<tr><td>100</td><td>80</td><td>100</td></tr>
<tr><td>110</td><td>90</td><td>110</td></tr>
<tr><td>125</td><td>105</td><td>125</td></tr>
<tr><td>140</td><td>120</td><td>140</td></tr>
<tr><td>160</td><td>140</td><td>160</td></tr>
<tr><td>180</td><td>160</td><td>180</td></tr>
<tr><td>125</td><td>110</td><td rowspan="4">32</td><td>125</td><td rowspan="4">12.5</td><td rowspan="4">13</td><td rowspan="10">3</td><td rowspan="4">10</td></tr>
<tr><td>140</td><td>115</td><td>140</td></tr>
<tr><td>160</td><td>135</td><td>160</td></tr>
<tr><td>180</td><td>155</td><td>180</td></tr>
<tr><td>200</td><td>170</td><td rowspan="6">36</td><td>200</td><td rowspan="6">0
-0.35</td><td rowspan="6">15</td><td rowspan="6">0
-0.12</td><td rowspan="6">15.5</td><td rowspan="6">12.5</td><td rowspan="6">+0.12
0</td></tr>
<tr><td>220</td><td>190</td><td>220</td></tr>
<tr><td>250</td><td>220</td><td>250</td></tr>
<tr><td>280</td><td>250</td><td>280</td></tr>
<tr><td>320</td><td>290</td><td>320</td></tr>
<tr><td>360</td><td>330</td><td>360</td></tr>
<tr><td>400</td><td>360</td><td rowspan="3">50</td><td>400</td><td rowspan="3">0
-0.50</td><td rowspan="3">20</td><td rowspan="3">0
-0.15</td><td rowspan="3">20</td><td rowspan="3">4</td><td rowspan="3">16</td><td rowspan="3">+0.15
0</td></tr>
<tr><td>450</td><td>410</td><td>450</td></tr>
<tr><td>500</td><td>450</td><td>500</td></tr>
</table>

10.2 液压缸活塞用带支承环密封沟槽型式、尺寸和公差（摘自 GB/T 6577—2021）

GB/T 6577—2021《液压缸活塞用带支承环密封沟槽型式、尺寸和公差》规定了液压缸活塞用带支承环组合密封沟槽的符号、型式、尺寸和公差，适用于安装在缸径 20~500mm 的往复运动液压缸活塞上起双向密封作用的带支承环组合密封（以下简称组合密封）。

GB/T 6577—2021 代替了 GB/T 6577—1986《液压缸活塞用带支承环密封沟槽型式、尺寸和公差》。

（1）沟槽型式

组合密封的沟槽型式有整体式和装配式两种，见图 10-4-24 和图 10-4-25。

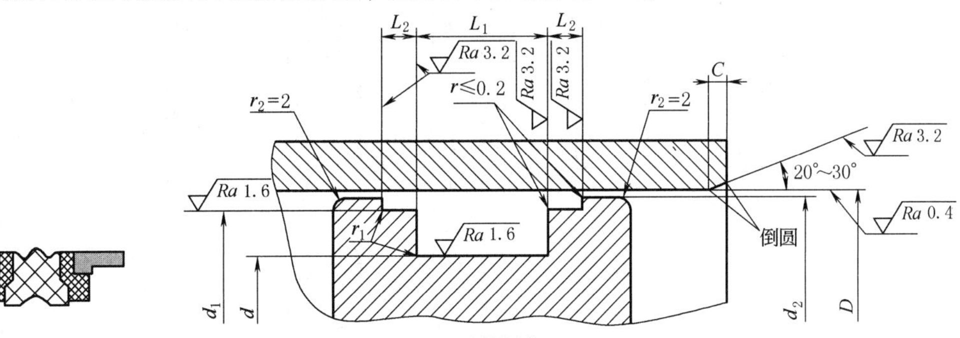

(a) 组合密封的截面示意图　　(b) 沟槽型式

图 10-4-24　组合密封的截面示意图及沟槽型式（整体式）

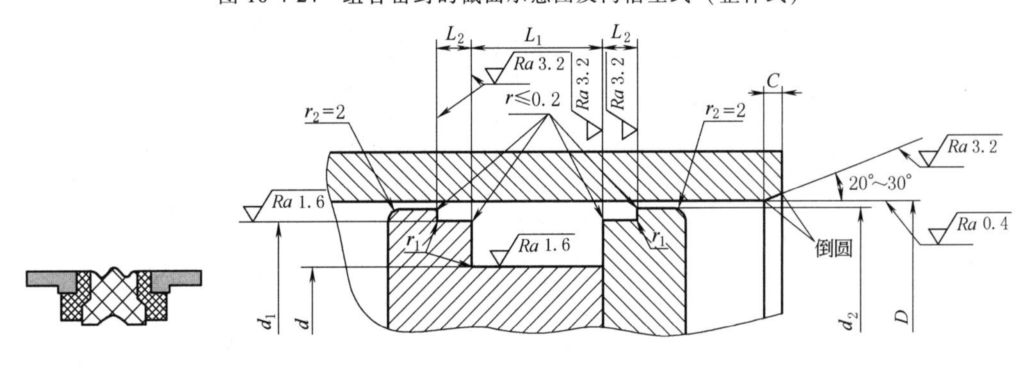

(a) 组合密封的截面示意图　　(b) 沟槽型式

图 10-4-25　组合密封的截面示意图及沟槽型式（装配式）

（2）尺寸和公差

组合密封的沟槽尺寸和公差应符合表 10-4-57 的规定。

表 10-4-57　　组合密封的沟槽尺寸和公差　　mm

序号	D		d		d_1		d_2		L_1		L_2		r_1	C
	尺寸	公差	尺寸	公差	尺寸	公差	尺寸	公差	尺寸	公差	尺寸	公差		
1	20	H9	11.0	h9	17.0	h9	19.0	h11	13.5	+0.2 0	2.10	+0.1 0	0.4	≥2.5
2	25		15.0		21.0		23.0		12.0		4.00			
3			15.0		22.0		24.0		12.5		4.00			
4			16.0		22.0		24.0		13.5		2.10			
5			17.0		22.0		24.0		10.0		4.00			
6	(30)		21.0		27.0		29.0		13.5		2.10			
7	32		22.0		28.0		31.0		15.5		2.60			
8			22.0		28.5		30.5		16.4		6.36			
9			22.0		29.0		31.0		12.5		4.00			
10			24.0		29.0		31.0		10.0		4.00			

续表

序号	D 尺寸	D 公差	d 尺寸	d 公差	d_1 尺寸	d_1 公差	d_2 尺寸	d_2 公差	L_1 尺寸	L_1 公差	L_2 尺寸	L_2 公差	r_1	C
11	(35)	H9	25.0	h9	31.0	h9	34.0	h11	15.5	+0.2 0	2.60	+0.1 0	0.4	≥2.5
12			25.0		31.4		33.5		16.4		6.35			
13	40		24.0		35.4		38.5		18.4		6.35			
14			26.0		36.0		39.0		15.5		2.60			
15			30.0		35.4		38.5		16.4		6.35			
16			30.0		36.0		38.0		12.5		4.00			
17			30.0		37.0		39.0		12.5		4.00			
18			32.0		37.0		39.0		10.0		4.00			
19	(45)		29.0		40.4		43.5		18.4		6.35			≥4.0
20			31.0		41.0		44.0		15.5		2.60			
21			35.0		40.4		43.5		16.4		6.35			
22	50		34.0		45.4		48.5		18.4		6.35			
23			34.0		46.0		49.0		20.4		3.10			
24			35.0		46.0		48.5		20.0		5.00			
25			40.0		47.0		49.0		12.5		4.00			
26	(55)		39.0		51.0		54.0		20.5		3.10			
27	(56)		40.0		52.0		55.0		20.5		3.10			
28			41.0		52.0		54.5		20.0		5.00			
29			46.0		53.0		55.0		12.5		4.00			
30	60		44.0		55.4		58.5		18.4		6.35			
31			44.0		56.0		59.0		20.5		3.10			
32	63		47.0		58.4		61.5		18.4		6.35			
33			47.0		58.4		61.5		19.4		6.35			
34			47.0		59.0		62.0		20.5		3.10			
35			48.0		59.0		61.5		20.0		5.00			
36			53.0		60.0		62.0		12.5		4.00			
37	(65)		49.0		61.0		64.0		20.5		3.10			≥5.0
38			50.0		60.4		63.5		18.4		6.35			
39	(70)		50.0		64.2		68.3		22.4		6.35			
40			50.0		65.0		68.0		25.0		6.30			
41			54.0		66.0		69.0		20.5		3.10			
42			55.0		66.0		68.5		20.0		5.00			
43	(75)		55.0		69.2		73.3		22.4		6.35			
44			59.0		71.0		74.0		20.5		3.10			
45	80		60.0		75.0		78.0		25.0		6.30			
46			62.0		76.0		79.0		22.5		3.60			
47			65.0		76.0		78.5		20.0		5.00			
48	90		70.0		85.0		88.0		25.0		6.30			
49			72.0		86.0		89.0		22.5		3.60			
50			75.0		86.0		88.5		20.0		5.00			
51	100		80.0		95.0		98.0		25.0		6.30			
52			82.0		96.0		99.0		22.5		3.60			
53			85.0		96.0		98.5		20.0		5.00			
54	(105)		80.0		98.1		103.0		22.4		6.35			
55	(110)		85.0		103.1		108.0		22.4		6.35			
56			90.0		105.0		108.0		25.0		6.30			
57			92.0		106.0		109.0		22.5		3.60			
58			95.0		106.0		108.5		20.0		5.00			
59	(115)		90.0		108.1		113.0		22.4		6.35			≥6.5
60			97.0		111.0		114.0		22.5		3.60			
61	(120)		95.0		113.1		118.0		22.4		6.35		0.8	

续表

序号	D		d		d_1		d_2		L_1		L_2		r_1	C
	尺寸	公差	尺寸	公差	尺寸	公差	尺寸	公差	尺寸	公差	尺寸	公差		
62	125	H9	100.0	h9	118.1	h9	123.0	h11	25.4	+0.2 0	6.35	+0.1 0	0.8	≥6.5
63			100.0		119.0		123.0		32.0		10.0			
64			103.0		121.0		124.0		26.5		5.10			
65			105.0		120.0		123.0		25.0		6.30			
66	(130)		105.0		122.6		127.5		25.4		9.50			
67			105.0		123.1		128.0		25.4		6.35			
68	(135)		110.0		127.6		132.5		25.4		9.50			
69			110.0		128.1		133.0		25.4		6.35			
70	140		115.0		132.6		137.5		25.4		9.50			
71			115.0		133.0		138.0		25.4		6.35			
72			115.0		134.0		138.0		32.0		10.0			
73			118.0		136.0		139.0		26.5		5.10			
74			120.0		135.0		138.0		25.0		6.30			
75	(145)		120.0		137.6		142.5		25.4		9.50			
76			120.0		138.3		143.0		25.4		6.35			
77	(150)		125.0		142.6		147.5		25.4		9.50			
78			125.0		143.0		148.0		25.4		6.35			
79			128.0		146.0		149.0		26.5		5.10			
80	(155)		130.0		147.6		152.5		25.4		9.50			
81			130.0		148.0		153.0		25.4		6.35			
82	160		130.0		152.6		157.5		25.4		9.50			
83			130.0		153.0		157.5		25.4		6.35			
84			135.0		152.6		157.5		25.4		9.50			
85			135.0		154.0		158.0		32.0		10.0			
86			138.0		156.0		159.0		26.5		5.10			
87			140.0		155.0		158.0		25.0		6.30			
88	(165)		140.0		157.6		162.5		25.4		9.50			
89	(170)		145.0		161.7		167.1		25.4		12.7			
90			148.0		166.0		169.0		26.5		5.10			
91	(175)		150.0		166.7		172.1		25.4		12.7			
92	(180)		155.0		171.7		177.0		25.4		12.7			
93			155.0		174.0		178.0		32.0		10.0			
94			160.0		175.0		178.0		25.0		6.30			
95	(185)		160.0		176.7		182.1		25.4		12.7			≥7.5
96	(190)		165.0		181.7		187.0		25.4		12.7			
97	(195)		170.0		186.7		192.0		25.4		12.7			
98	200		170.0		192.0		197.0		36.0		12.5			
99			175.0		191.6		197.0		25.4		12.7			
100	(210)		185.0		201.6		207.0		25.4		12.7			
101	220		190.0		212.0		217.0		36.0		12.5			
102			190.0		212.7		217.9		35.4		6.35			
103			195.0		211.6		217.0		25.4		12.7			
104	(230)		205.0		221.6		227.0		25.4		12.7			
105	(240)		215.0		231.6		237.0		25.4		12.7			
106	250		220.0		242.0		247.0		36.0		12.5			
107			225.0		241.6		247.0		25.4		12.7			
108	280		250.0		272.0		277.0		36.0		12.5			
109	320		290.0		312.0		317.0		36.0		12.5			
110	(360)		330.0		352.0		357.0		36.0		12.5			
111	400		360.0		392.0		397.0		50.0		16.0		1.2	≥10
112	(450)		410.0		442.0		447.0		50.0		16.0			
113	500		460.0		492.0		497.0		50.0		16.0			

注：带“(　)”的缸径为非优先选用。

11 往复运动用橡胶防尘密封圈及其沟槽

11.1 往复运动用橡胶防尘密封圈结构尺寸系列（摘自 GB/T 10708.3—2000）

GB/T 10708.3—2000《往复运动橡胶密封圈结构尺寸系列 第3部分：橡胶防尘密封圈》规定了往复运动用橡胶防尘密封圈的类型、尺寸和公差，适用于安装在往复运动液压缸活塞杆导向套上起防尘和密封作用的橡胶防尘密封圈（以下简称防尘圈）。

（1）分类

GB/T 10708.3—2000 规定的防尘圈按其结构和用途分三种基本类型：

· A 型防尘圈，是一种单唇无骨架橡胶密封圈，适于在 A 型密封结构型式内安装，起防尘作用；

· B 型防尘圈，是一种单唇带骨架橡胶密封圈，适于在 B 型密封结构型式内安装，起防尘作用；

· C 型防尘圈，是一种双唇橡胶密封圈，适于在 C 型密封结构型式内安装，起防尘和辅助密封作用。

（2）符号

GB/T 10708.3—2000 所用符号规定如下：

FA——A 型防尘圈；

FB——B 型防尘圈；

FC——C 型防尘圈。

（3）形状、尺寸和公差

① A 型防尘圈的形状如图 10-4-26 所示，尺寸和公差见表 10-4-58。

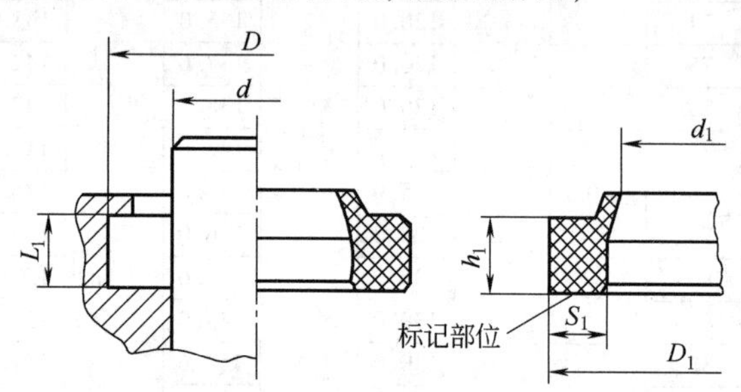

图 10-4-26 A 型密封结构型式及 A 型防尘圈

表 10-4-58 **A 型防尘圈的尺寸和公差** mm

<table>
<tr><th rowspan="2">d</th><th rowspan="2">D</th><th rowspan="2">L₁</th><th colspan="2">d₁</th><th colspan="2">D₁</th><th colspan="2">S₁</th><th colspan="2">h₁</th></tr>
<tr><th>基本尺寸</th><th>极限偏差</th><th>基本尺寸</th><th>极限偏差</th><th>基本尺寸</th><th>极限偏差</th><th>基本尺寸</th><th>极限偏差</th></tr>
<tr><td>6</td><td>14</td><td rowspan="16">5</td><td>4.6</td><td rowspan="4">±0.15</td><td>14</td><td rowspan="16">±0.15</td><td rowspan="16">3.5</td><td rowspan="22">±0.15</td><td rowspan="16">5</td><td rowspan="22">-0.30
0</td></tr>
<tr><td>8</td><td>16</td><td>6.6</td><td>16</td></tr>
<tr><td>10</td><td>18</td><td>8.6</td><td>18</td></tr>
<tr><td>12</td><td>20</td><td>10.6</td><td>20</td></tr>
<tr><td>14</td><td>22</td><td>12.5</td><td rowspan="16">±0.25</td><td>22</td></tr>
<tr><td>16</td><td>24</td><td>14.5</td><td>24</td></tr>
<tr><td>18</td><td>26</td><td>16.5</td><td>26</td></tr>
<tr><td>20</td><td>28</td><td>18.5</td><td>28</td></tr>
<tr><td>22</td><td>30</td><td>20.5</td><td>30</td></tr>
<tr><td>25</td><td>33</td><td>23.5</td><td>33</td></tr>
<tr><td>28</td><td>36</td><td>26.5</td><td>36</td></tr>
<tr><td>32</td><td>40</td><td>30.5</td><td>40</td></tr>
<tr><td>36</td><td>44</td><td>34.5</td><td>44</td></tr>
<tr><td>40</td><td>48</td><td>38.5</td><td>48</td></tr>
<tr><td>45</td><td>53</td><td>43.5</td><td>53</td></tr>
<tr><td>50</td><td>58</td><td>48.5</td><td>58</td></tr>
<tr><td>56</td><td>66</td><td rowspan="6">6.3</td><td>54</td><td>66</td><td rowspan="6">±0.35</td><td rowspan="6">4.3</td><td rowspan="6">6.3</td></tr>
<tr><td>60</td><td>70</td><td>58</td><td>70</td></tr>
<tr><td>63</td><td>73</td><td>61</td><td>73</td></tr>
<tr><td>70</td><td>80</td><td>68</td><td>80</td></tr>
<tr><td>80</td><td>90</td><td>78</td><td rowspan="2">±0.35</td><td>90</td></tr>
<tr><td>90</td><td>100</td><td>88</td><td>100</td></tr>
</table>

续表

d	D	L_1	d_1		D_1		S_1		h_1	
			基本尺寸	极限偏差	基本尺寸	极限偏差	基本尺寸	极限偏差	基本尺寸	极限偏差
100	115		97.5		115					
110	125		107.5		125					
125	140		122.5	±0.45	140	±0.45				
140	155	9.5	137.5		155		6.5		9.5	
160	175		157.5		175					
180	195		167.5		195					-0.30 0
200	215		197.5	±0.60	215	±0.60		±0.15		
220	240		217		240					
250	270		247		270					
280	300	12.5	277		300		8.7		12.5	
320	340		317	±0.90	340	±0.90				
360	380		357		380					

② B 型防尘圈的形状如图 10-4-27 所示，尺寸和公差见表 10-4-59。

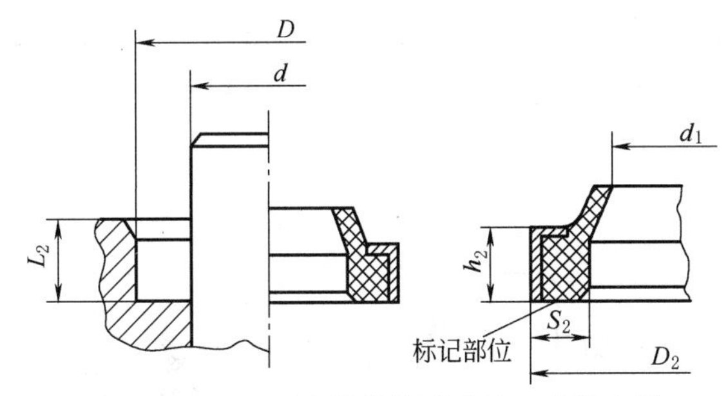

图 10-4-27　B 型密封结构型式及 B 型防尘圈

表 10-4-59　　**B 型防尘圈的尺寸和公差**　　mm

d	D	L_2	d_1		D_2		S_2		h_2	
			基本尺寸	极限偏差	基本尺寸	极限偏差	基本尺寸	极限偏差	基本尺寸	极限偏差
6	14		4.6		14					
8	16	5	6.6	±0.15	16		3.5		5	
10	18		8.6		18					
12	22		10.5		22					
14	24		12.5		24					
16	26		14.5		26					
18	28		16.5		28					
20	30		18.5		30					
22	32		20.5		32					
25	35		23.5		35	S_7		±0.15		-0.30 0
28	38		26.5		38					
32	42	7	30	±0.25	42		4.3		7	
36	46		34		46					
40	50		38		50					
45	55		43		55					
50	60		48		60					
56	66		54		66					
60	70		58		70					
63	73		61		73					

续表

d	D	L_2	d_1 基本尺寸	d_1 极限偏差	D_2 基本尺寸	D_2 极限偏差	S_2 基本尺寸	S_2 极限偏差	h_2 基本尺寸	h_2 极限偏差
70	80		68		80					
80	90	7	78	±0.35	90		4.3		7	-0.30 0
90	100		88		100					
100	115		97.5		115					
110	125		107.5		125					
125	140		122.5	±0.45	140					
140	155	9	137.5		155		6.5		9	-0.35 0
160	175		157.5		175	S_7		±0.15		
180	195		177.5		195					
200	215		197.5		215					
220	240		217	±0.60	240					
250	270		247		270					
280	300	12	277		300		8.7		12	-0.40 0
320	340		317	±0.90	340					
360	380		357		380					

③ C型防尘圈的形状如图10-4-28所示，尺寸和公差见表10-4-60。

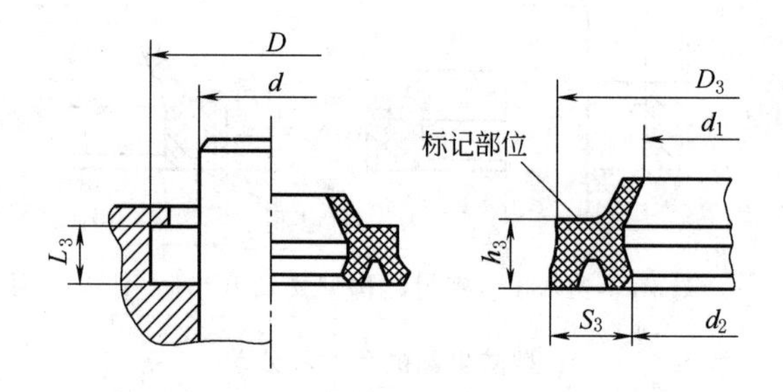

图10-4-28　C型密封结构型式及C型防尘圈

表10-4-60　　C型防尘圈的尺寸和公差　　mm

d	D	L_3	d_1 和 d_2：d_1	d_1 和 d_2：d_2	d_1, d_2 极限偏差	D_3 基本尺寸	D_3 极限偏差	S_3 基本尺寸	S_3 极限偏差	h_3 基本尺寸	h_3 极限偏差
6	12		4.8	5.2		12					
8	14		6.8	7.2		14					
10	16		8.8	9.2		16					
12	18		10.8	11.2		18					
14	20	4	12.8	13.2	±0.20	20	+0.10 -0.25	4.2		4	
16	22		14.8	15.2		22					
18	24		16.8	17.2		24					
20	26		18.8	19.2		26					
22	28		20.8	21.2		28			±0.15		-0.30 0
25	33		23.5	24		33					
28	36		26.5	27		36					
32	40		30.5	31		40					
36	44	5	34.5	35	±0.25	44	+0.10 -0.35	5.5		5	
40	48		38.5	39		48					
45	53		43.5	44		53					
50	58		48.5	49		58					

续表

d	D	L_3	d_1 和 d_2			D_3		S_3		h_3	
			d_1	d_2	d_1，d_2 极限偏差	基本尺寸	极限偏差	基本尺寸	极限偏差	基本尺寸	极限偏差
56	66	6	54.2	54.8	±0.25	66	+0.10 -0.35	6.8	±0.15	6	-0.30 0
60	70		58.2	58.8		70					
63	73		61.2	61.8		73					
70	80		68.2	68.8	±0.35	80	+0.10 -0.40				
80	90		78.2	78.8		90					
90	100		88.2	88.8		100					
100	115	8.5	97.8	98.4	±0.45	115	+0.10 -0.50	9.8		8.5	
110	125		107.8	108.4		125					
125	140		122.8	123.4		140					
140	155		137.8	138.4		155					
160	175		157.8	158.4		175					
180	195		177.8	178.4	±0.60	195	+0.10 -0.65				
200	215		197.8	198.4		215					
220	240	11	217.4	218.2		240		13.2		11	
250	270		247.4	248.2		270					
280	300		277.4	278.2	±0.90	300	+0.20 -0.90				
320	340		317.4	318.2		340					
360	380		357.4	358.2		380					

11.2 往复运动活塞杆防尘圈沟槽的尺寸和公差（摘自 GB/T 6578—2024）

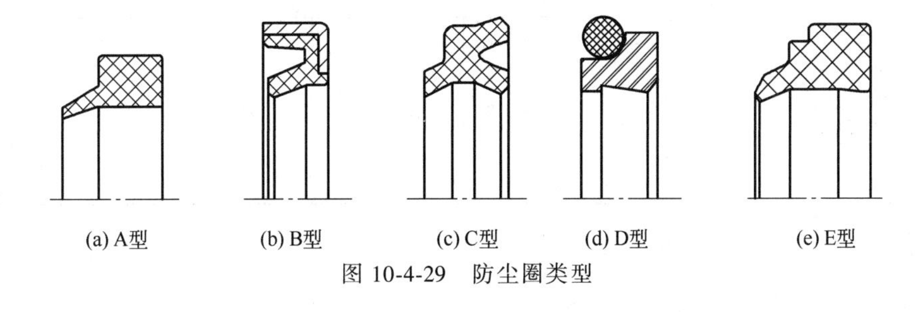

图 10-4-29　防尘圈类型

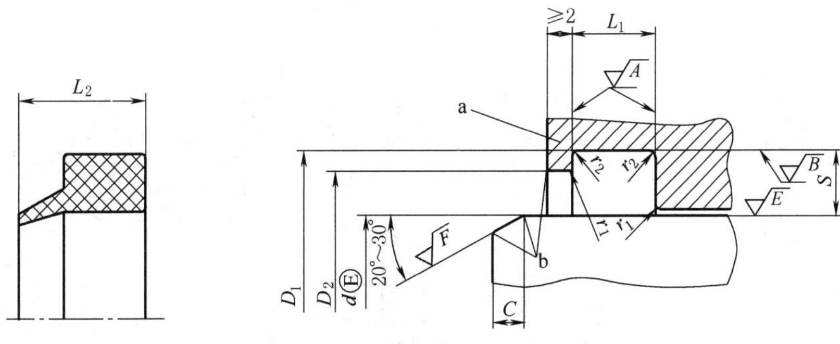

图 10-4-30　A 型沟槽及防尘圈示意图

注：a 可以是整体式，也可以是可分离压盖式。

b 表示倒圆角、去毛刺。

C 尺寸见表 10-4-66。

A、*B*、*F* 和 *E* 值见表 10-4-67。

表 10-4-61　　A 型防尘圈沟槽尺寸　　mm

d[①②]	D_1 H11[③]	D_2 H11[③]	S	L_1	L_2 max	r_1 max	r_2[④] max
4.0	12.0	9.5	4.0	$5.0^{+0.2}_{0}$	8.0	0.3	0.5
5.0	13.0	10.5					
6.0	14.0	11.5					
8.0	16.0	13.5					
10.0	18.0	15.5					
12.0	20.0	17.5					
14.0	22.0	19.5					
16.0	24.0	21.5					
18.0	26.0	23.5					
20.0	28.0	25.5					
22.0	30.0	27.5					
25.0	33.0	30.5					
28.0	36.0	33.5					
32.0	40.0	37.5					
36.0	44.0	41.5					
40.0	48.0	45.5					
45.0	53.0	50.5					
50.0	58.0	55.5					
56.0	66.0	63.0	5.0	$6.3^{+0.2}_{0}$	10.0	0.4	
63.0	73.0	70.0					
70.0	80.0	77.0					
80.0	90.0	87.0					
90.0	100.0	97.0					
100.0	115.0	110.0	7.5	$9.5^{+0.3}_{0}$	14.0	0.6	
110.0	125.0	120.0					
125.0	140.0	135.0					
140.0	155.0	150.0					
160.0	175.0	170.0					
180.0	195.0	190.0					
200.0	215.0	210.0					
220.0	240.0	233.5	10.0	$12.5^{+0.3}_{0}$	18.0	0.8	0.9
250.0	270.0	263.5					
280.0	300.0	293.5					
320.0	340.0	333.5					
360.0	380.0	373.5					
400.0	420.0	413.5					
450.0	470.0	463.5					

① d 见 GB/T 2348 和 GB/T 2879。
② 整体式沟槽可用于直径大于 14mm 的活塞杆。
③ 公差和配合符合 GB/T 1800.2 的规定。
④ 这些特定的尺寸允许使用符合 GB/T 2079 规定的工具加工。

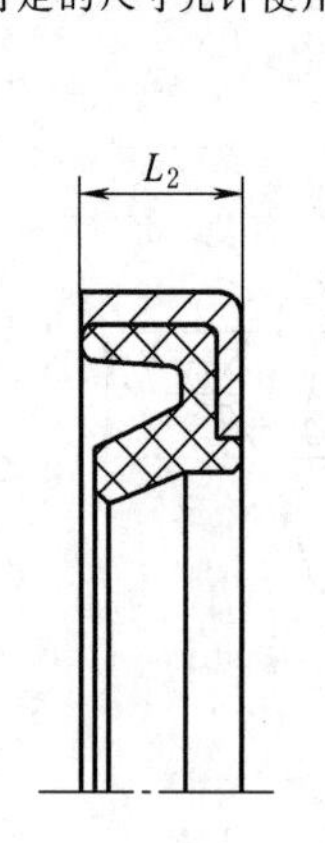

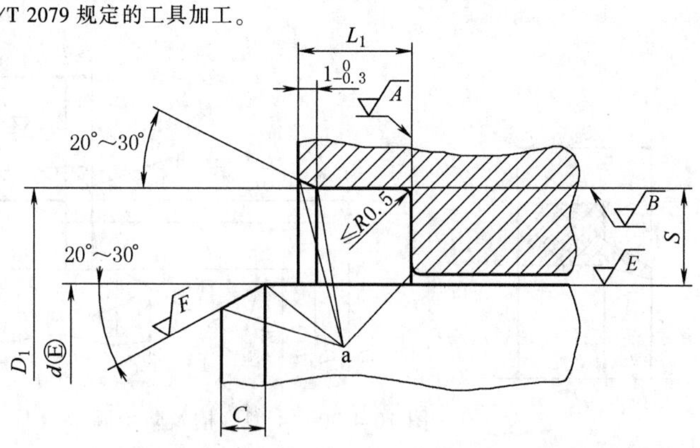

图 10-4-31　B 型沟槽及防尘圈示意图

注：a 表示倒圆角、去毛刺。

C 的尺寸见表 10-4-66。

A、B、F 和 E 值见表 10-4-67。

表 10-4-62　　B 型防尘圈沟槽尺寸　　mm

d[1]	D_1 H8[2]	S	L_1	L_2 max
4.0	12.0	4.0	$5.0^{+0.5}_{0}$	8.0
5.0	13.0			
6.0	14.0			
8.0	16.0			
10.0	18.0			
12.0	22.0	5.0	$7.0^{+0.5}_{0}$	11.0
14.0	24.0			
16.0	26.0			
18.0	28.0			
20.0	30.0			
22.0	32.0			
25.0	35.0			
28.0	38.0			
32.0	42.0			
36.0	46.0			
40.0	50.0			
45.0	55.0			
50.0	60.0			
56.0	66.0			
63.0	73.0			
70.0	80.0			
80.0	90.0			
90.0	100.0			
100.0	115.0	7.5	$9.0^{+0.5}_{0}$	13.0
110.0	125.0			
125.0	140.0			
140.0	155.0			
160.0	175.0			
180.0	195.0			
200.0	215.0			
220.0	240.0	10.0	$12.0^{+0.5}_{0}$	16.0
250.0	270.0			
280.0	300.0			
320.0	340.0			
360.0	380.0			
400.0	420.0			
450.0	470.0			

① d 见 GB/T 2348 和 GB/T 2879。
② 公差和配合符合 GB/T 1800.2 的规定。

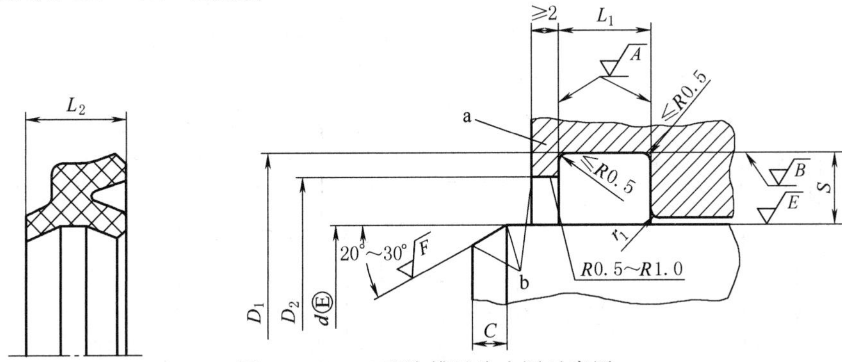

图 10-4-32　C 型沟槽及防尘圈示意图

注：a 可以是整体的，也可以是可分离压盖式。

b 表示倒圆角、去毛刺。

C 尺寸见表 10-4-66。

A、B、F 和 E 值见表 10-4-67。

表 10-4-63 **C 型防尘圈沟槽尺寸** mm

d①②	D_1 H11⑤	D_2 H11⑤	S	L_1	L_2 max	r_1 max
4.0	10.0	6.5	3.0	$4.0^{+0.2}_{0}$	7.0	0.3
5.0	11.0	7.5				
6.0	12.0	8.5				
8.0	14.0	10.5				
10.0	16.0	12.5				
12.0③	18.0	14.5				
14.0③	20.0	16.5				
16.0	22.0	18.5				
18.0③	24.0	20.5				
20.0	26.0	22.5				
22.0③	28.0	24.5				
25.0	31.0	27.5				
28.0③	36.0	31.0	4.0	$5.0^{+0.2}_{0}$	8.0	
32.0	40.0	35.0				
36.0③	44.0	39.0				
40.0	48.0	43.0				
45.0③	53.0	48.0				
50.0	58.0	53.0				
56.0③	66.0	59.0	5.0	$6.0^{+0.2}_{0}$	9.7	
63.0	73.0	66.0				
70.0③	80.0	73.0				
80.0	90.0	83.0				
90.0③	100.0	93.0				
100.0	110.0	103.0				
110.0③	125.0	114.0	7.5	$8.5^{+0.3}_{0}$	13.0	0.4
125.0	140.0	129.0				
140.0③④	155.0	144.0				
160.0	175.0	164.0				
180.0④	195.0	184.0				
200.0	215.0	204.0				
220.0④	240.0	226.0	10.0	$12.0^{+0.3}_{0}$	18.0	0.6
250.0④	270.0	256.0				
280.0④	300.0	286.0				
320.0	340.0	326.0				
360.0④	380.0	366.0				
400.0	420.0	406.0				
450.0	470.0	456.0				

① d 见 GB/T 2348 和 GB/T 2879。
② 可分离压盖式沟槽可用于 d 不大于 18mm 的液压缸。
③ 这些规格推荐用于符合 JB/T 12706.2 和 JB/T 13800 规定的液压缸。
④ 这些规格推荐用于符合 GB/T 38205.3 规定的液压缸。
⑤ 公差和配合符合 GB/T 1800.2 的规定。

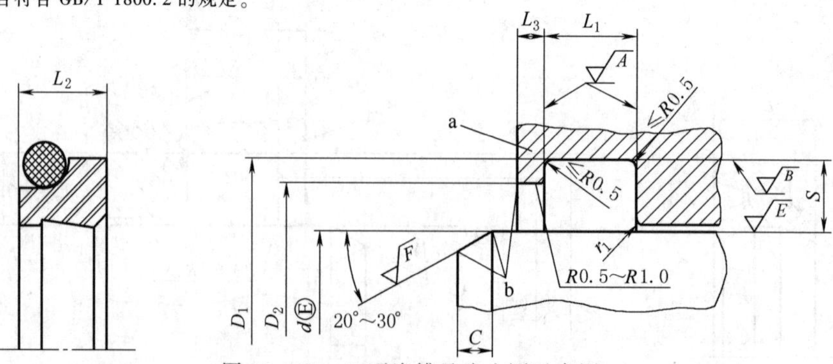

图 10-4-33 D 型沟槽及防尘圈示意图

注：a 可以是整体的，也可以是可分离压盖式。

b 表示倒圆角、去毛刺。

C 尺寸见表 10-4-66。

A、B、F 和 E 值见表 10-4-67。

表 10-4-64　　D 型防尘圈沟槽尺寸　　mm

d①②③	D_1 H9④	D_2 H11④	S	L_1	L_3 min	r_1 max
4.0	8.8	5.5	2.4	$3.7^{+0.2}_{0}$	2.0	0.4
5.0	9.8	6.5				
6.0	10.8	7.5				
8.0	12.8	9.5				
10.0	14.8	11.5				
12.0	18.8	13.5	3.4	$5.0^{+0.2}_{0}$		0.8
14.0	20.8	15.5				
16.0	22.8	17.5				
18.0	24.8	19.5				
20.0	26.8	21.5				
22.0	28.8	23.5				
25.0	31.8	26.5				
28.0	34.8	29.5				
32.0	38.8	33.5				
36.0	42.8	37.5				
40.0③	46.8	41.5	3.4	$5.0^{+0.2}_{0}$	2.0	
	48.8	41.5	4.4	$6.3^{+0.2}_{0}$	3.0	
45.0	51.8	46.5	3.4	$5.0^{+0.2}_{0}$	2.0	
	53.8	46.5	4.4	$6.3^{+0.2}_{0}$	3.0	
50.0	56.8	51.5	3.4	$5.0^{+0.2}_{0}$	2.0	
	58.8	51.5	4.4	$6.3^{+0.2}_{0}$	3.0	
56.0	62.8	57.5	3.4	$5.0^{+0.2}_{0}$	2.0	
	64.8	57.5	4.4	$6.3^{+0.2}_{0}$	3.0	
63.0	69.8	64.5	3.4	$5.0^{+0.2}_{0}$	2.0	
	71.8	64.5	4.4	$6.3^{+0.2}_{0}$	3.0	
70.0	78.8	71.5	4.4	$6.3^{+0.2}_{0}$	3.0	1.0
	82.2	72.0	6.1	$8.1^{+0.2}_{0}$	4.0	
80.0	88.8	81.5	4.4	$6.3^{+0.2}_{0}$	3.0	
	92.2	82.0	6.1	$8.1^{+0.2}_{0}$	4.0	
90.0	98.8	91.5	4.4	$6.3^{+0.2}_{0}$	3.0	
	102.2	92.0	6.1	$8.1^{+0.2}_{0}$	4.0	
100.0	108.8	101.5	4.4	$6.3^{+0.2}_{0}$	3.0	
	112.2	102.0	6.1	$8.1^{+0.2}_{0}$	4.0	
110.0	118.8	111.5	4.4	$6.3^{+0.2}_{0}$	3.0	
	122.2	112.0	6.1	$8.1^{+0.2}_{0}$	4.0	
125.0	133.8	126.5	4.4	$6.3^{+0.2}_{0}$	3.0	
	137.2	127.0	6.1	$8.1^{+0.2}_{0}$	4.0	
140.0	152.2	142.0	6.1	$8.1^{+0.2}_{0}$	4.0	
	156.0	142.5	8.0	$9.5^{+0.2}_{0}$	5.0	1.5
160.0	172.2	162.0	6.1	$8.1^{+0.2}_{0}$	4.0	1.0
	176.0	162.5	8.0	$9.5^{+0.2}_{0}$	5.0	1.5
180.0	192.2	182.0	6.1	$8.1^{+0.2}_{0}$	4.0	1.0
	196.0	182.5	8.0	$9.5^{+0.2}_{0}$	5.0	1.5
200.0	212.2	202.0	6.1	$8.1^{+0.2}_{0}$	4.0	1.0
	216.0	202.5	8.0	$9.5^{+0.2}_{0}$	5.0	1.5
220.0	232.2	222.0	6.1	$8.1^{+0.2}_{0}$	4.0	1.0
	236.0	222.5	8.0	$9.5^{+0.2}_{0}$	5.0	1.5
250.0	262.2	252.0	6.1	$8.1^{+0.2}_{0}$	4.0	1.0
	266.0	252.5	8.0	$9.5^{+0.2}_{0}$	5.0	1.5

续表

d①②③	D_1 H9④	D_2 H11④	S	L_1	L_2 min	r_1 max
280.0	292.2	282.0	6.1	$8.1^{+0.2}_{0}$	4.0	1.5
	296.0	282.5	8.0	$9.5^{+0.2}_{0}$	5.0	
320.0	332.2	322.0	6.1	$8.1^{+0.2}_{0}$	4.0	
	336.0	322.5	8.0	$9.5^{+0.2}_{0}$	5.0	
360.0	372.2	362.0	6.1	$8.1^{+0.2}_{0}$	4.0	
	376.0	362.5	8.0	$9.5^{+0.2}_{0}$	5.0	
400.0	424.0	402.5	12.0	$14.0^{+0.2}_{0}$	8.0	
450.0	474.0	452.5	12.0			

① d 见 GB/T 2348 和 GB/T 2879。
② 可分离压盖式沟槽可用于 d 不大于 28mm 的液压缸。
③ d 大于 40mm 的规格，截面径向深度较小的防尘圈推荐用于轻型应用，截面径向深度较大的防尘圈推荐用于重型应用。
④ 公差和配合符合 GB/T 1800.2 的规定。

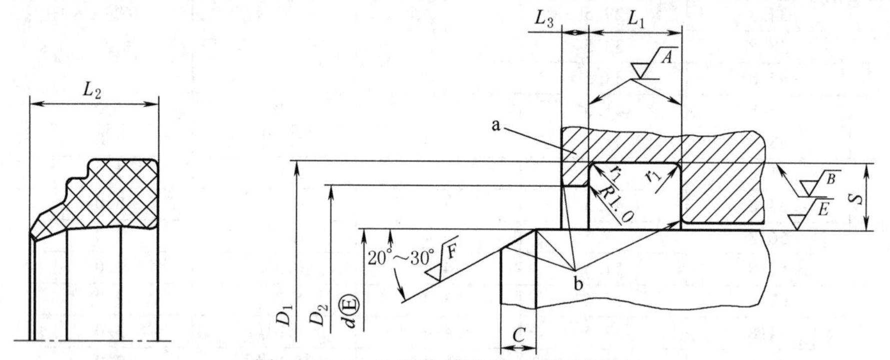

图 10-4-34　E 型沟槽及防尘圈示意图

注：a 可以是整体的，也可以是可分离压盖式。
b 表示倒圆角、去毛刺。
C 尺寸见表 10-4-66。
A、B、F 和 E 值见表 10-4-67。

表 10-4-65　E 型防尘圈沟槽尺寸　mm

d①② f8③	D_1 H11③	D_2 H11③	S	L_1	L_2 max	L_3 min	r_1 max
8.0	16.0	14.0	4.0	$4.0^{+0.15}_{0}$	7.0	1.0	0.2
10.0	18.0	16.0					
12.0	20.0	18.0					
14.0	22.0	20.0					
16.0	24.0	22.0					
18.0	26.0	24.0					
20.0	28.0	26.0					
22.0	30.0	28.0					
25.0	33.0	31.0					
28.0	36.0	34.0					
32.0	40.0	38.0					
36.0	44.0	42.0					
40.0	48.0	46.0					
45.0	53.0	51.0					
50.0	58.0	56.0					
56.0	64.0	62.0					
63.0	71.0	69.0					

续表

d①② f8③	D_1 H11③	D_2 H11③	S	L_1	L_2 max	L_3 min	r_1 max
70.0	78.0	76.0	4.0	$4.0^{+0.15}_{0}$	7.0	1.0	0.2
80.0	88.0	86.0					
90.0	102.0	99.0	6.0	$5.5^{+0.15}_{0}$	10.0	1.5	0.3
100.0	112.0	109.0					
110.0	122.0	119.0					
125.0	137.0	134.0					
140.0	152.0	149.0					
160.0	172.2	169.0					
180.0	192.0	189.0					
200.0	212.0	209.0					
220.0	235.0	231.0	7.5	$6.5^{+0.15}_{0}$	13.0	2.0	0.5
250.0	265.0	261.0					
280.0	295.0	291.0					
320.0	335.0	331.0					
360.0	375.0	371.0					
400.0	415.0	411.0					
450.0	465.0	461.0					

①d 见 GB/T 2348 和 GB/T 2879。

② 整体式沟槽可用于直径大于 14mm 的活塞杆。

③ 公差和配合符合 GB/T 1800.2 的规定。

表 10-4-66　　安装导入角轴向长度　　mm

S	C_{min}	S	C_{min}
$S<4.0$	2.0	$7.0 \leqslant S<9.0$	4.0
$4.0 \leqslant S<5.5$	2.5	$9.0 \leqslant S \leqslant 12.0$	5.0
$5.5 \leqslant S<7.0$	3.0		

表 10-4-67　　防尘圈沟槽的表面粗糙度①　　μm（除另有说明外）

S/mm	表面粗糙度值②③④							最小测量长度/mm（5倍单试样长度加2倍截距）
	E⑤	B				A	F	
		$L_1<4$mm	4mm$\leqslant L_1<5$mm	5mm$\leqslant L_1<6$mm	$L_1 \geqslant 6$mm			
$S<3.4$	Ra 0.4 Rz 1.6	目视检查 Ra 1.6 目视检查 Rz 6.3	Ra2 1.6 Rz2 6.3	Ra4 1.6 Rz4 6.3	—	目视检查 Ra 1.6 目视检查 Rz 6.3	目视检查 Ra 4 目视检查 Rz 16	5.6
$3.4 \leqslant S<5$		—	Ra2 1.6 Rz2 6.3	Ra4 1.6 Rz4 6.3	Ra 1.6 Rz 6.3	Ra 2 1.6 Rz 2 6.3		
$5 \leqslant S<6$		—	—	—	Ra 1.6 Rz 6.3	Ra4 1.6 Rz4 6.3		
$S \geqslant 6$		—	—	Ra4 1.6 Rz4 6.3	Ra 1.6 Rz 6.3	Ra 1.6 Rz 6.3		

①表面粗糙度的表示法符合 GB/T 131 的规定。

② 参见图 10-4-30~图 10-4-34。边缘和未定义形状的设计参见 GB/T 19096。

③ Ra4 1.6 或 Rz4 6.3 不是指表面粗糙度 Ra41.6 或 Rz46.3，而是指在四个取样长度上测量的粗糙度值 $Ra \leqslant 1.6\mu m$ 和 $Rz \leqslant 6.3\mu m$（见 GB/T 131 和 GB/T 10610）。若测量的长度不小于 5.6mm，则粗糙度值为 Ra1.6 或 Rz6.3。

④特殊应用可能要求不同的表面粗糙度值。

⑤表面 B 和 E 不应有可视的表面缺陷（见 GB/T 15757）。

12 同轴密封件及其沟槽

12.1 同轴密封件尺寸系列和公差（摘自 GB/T 15242.1—2017）

GB/T 15242.1—2017《液压缸活塞和活塞杆动密封装置尺寸系列 第1部分：同轴密封件尺寸系列和公差》规定了液压缸活塞和活塞杆动密封装置中活塞用同轴密封件、活塞杆用同轴密封件的术语和定义、字母代号、标记、尺寸系列和公差，适用于以水基或油基为传动介质的液压缸活塞和活塞杆动密封装置用往复运动同轴密封件。

（1）符号

TF——孔用方形同轴密封件；

TJ——轴用阶梯形同轴密封件；

TZ——孔用组合同轴密封件。

（2）标记

① 孔用方形同轴密封件的标记方法如下：

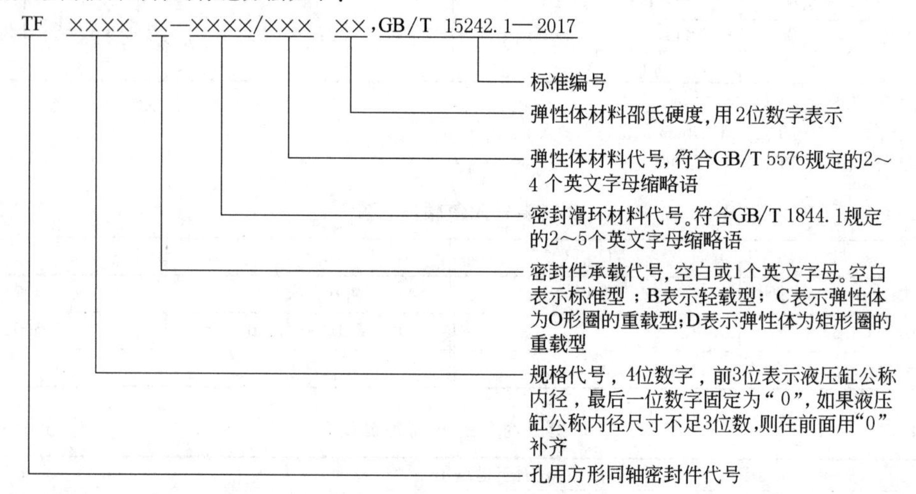

示例：液压缸缸径（公称内径）为100mm的轻载型孔用方形同轴密封件，密封滑环材料为填充聚四氟乙烯；弹性体材料为丁腈橡胶，邵氏硬度为70，标记为：

TF1000B—PTFE/NBR70,GB/T 15242.1—2017

标记的前三项（即孔用方形同轴密封件代号、规格代号、密封件承载代号）为规格代码，见表10-4-68。

② 孔用组合同轴密封件的标记方法如下：

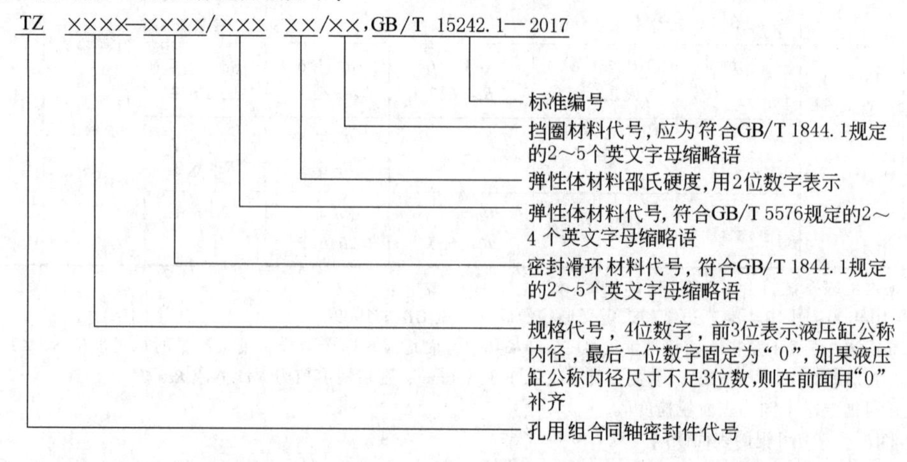

示例：液压缸缸径为100mm的孔用组合同轴密封件，密封滑环材料为填充聚四氟乙烯，弹性体材料为丁腈橡胶，邵氏硬度为80，挡圈材料为尼龙PA，标记为：

TZ1000—PTFE/NBR 80/PA,GB/T 15242.1—2017

标记的前两项（即孔用组合同轴密封件代号和规格代号）为规格代码，见表10-4-69。

③ 轴用阶梯形同轴密封件的标记方法如下：

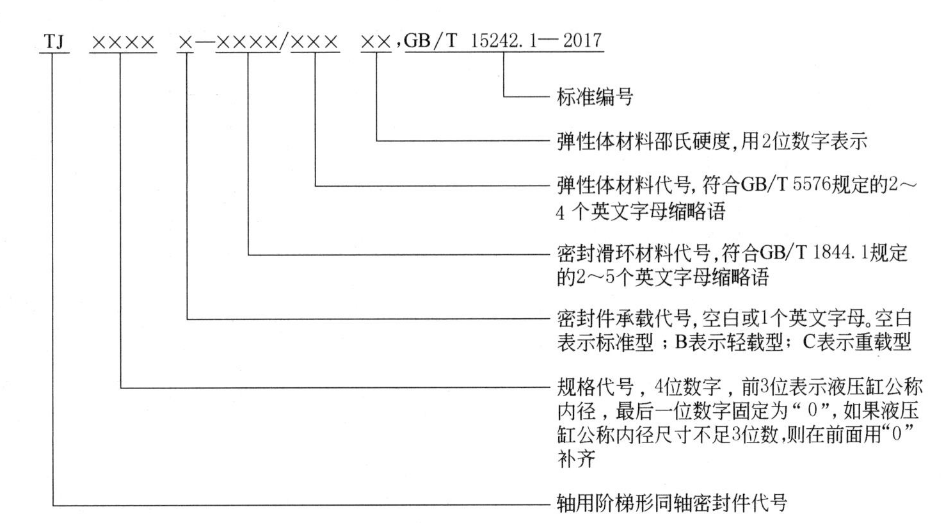

示例：液压缸公称内径为100mm的标准型轴用阶梯形同轴密封件，密封滑环材料为填充聚四氟乙烯，弹性体材料为丁腈橡胶，邵氏硬度为70，标记为：

TJ1000—PTFE/NBR70,GB/T 15242.1—2017

标记的前两项（即轴用阶梯形同轴密封件代号和规格代号）为规格代码，见表10-4-70。

（3）孔用方形同轴密封件

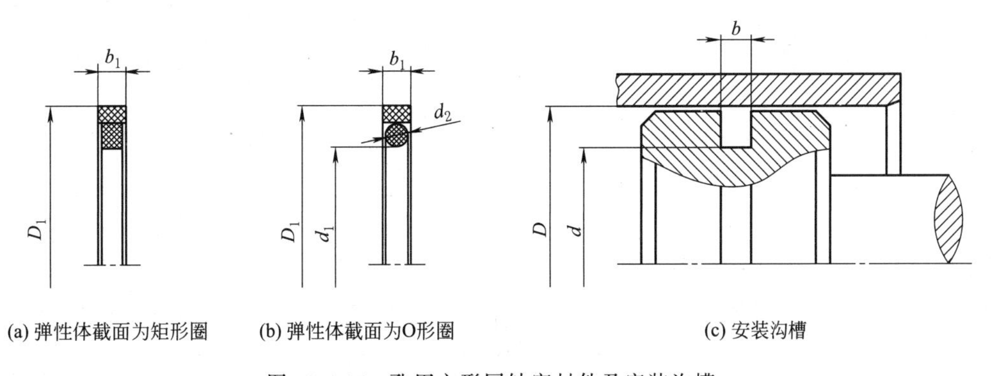

(a) 弹性体截面为矩形圈　(b) 弹性体截面为O形圈　(c) 安装沟槽

图10-4-35　孔用方形同轴密封件及安装沟槽

表10-4-68　　孔用方形同轴密封件尺寸系列和公差　　mm

规格代码	D	d	D_1		$b^{+0.2}_{0}$	$b_1\pm0.1$	配套弹性体规格
	H9	h9	公称尺寸	公差			$d_1\times d_2$
TF0160	16	8.5	16	+0.63 +0.20	3.2	3.0	8.0×2.65
TF0160B		11.1			2.2	2.0	10.6×1.8
TF0200	20	12.5	20	+0.77 +0.25	3.2	3.0	12.5×2.65
TF0200B		15.1			2.2	2.0	15×1.8
TF0250	25	17.5	25		3.2	3.0	17×2.65
TF0250B		20.1			2.2	2.0	20×1.8
TF0250C		14.0			4.2	4.0	14×3.55

续表

规格代码	D	d	D_1		$b^{+0.2}_{0}$	b_1±0.1	配套弹性体规格
	H9	h9	公称尺寸	公差			$d_1 \times d_2$
TF0320	32	24.5	32	+0.92 +0.30	3.2	3.0	24.3×2.65
TF0320B		27.1			2.2	2.0	26.5×1.8
TF0320C		21.0			4.2	4.0	20.6×3.55
TF0400	40	29.0	40		4.2	4.0	28×3.55
TF0400B		32.5			3.2	3.0	32.5×2.65
TF0500	50	39.0	50		4.2	4.0	38.7×3.55
TF0500B		42.5			3.2	3.0	42.5×2.65
TF0500C		34.5			6.3	5.9	34.5×5.3
TF0560	56	45.0	56	+1.09 +0.35	4.2	4.0	45×3.55
TF0560B		48.5			3.2	3.0	47.5×2.65
TF0560C		40.5			6.3	5.9	40×5.3
TF0630	63	52.0	63		4.2	4.0	51.5×3.55
TF0630B		55.5			3.2	3.0	54.5×2.65
TF0630C		47.5			6.3	5.9	47.5×5.3
TF0700	70	59.0	70		4.2	4.0	58×3.55
TF0700B		62.5			3.2	3.0	61.5×2.65
TF0700C		54.5			6.3	5.9	54.5×5.3
TF0700D		55.0			7.5	7.2	△
TF0800	80	64.5	80		6.3	5.9	63×5.3
TF0800B		69.0			4.2	4.0	69×3.55
TF0800C		59.0			8.1	7.7	58×7
TF0800D		60.0			10	9.6	△
TF1000	100	84.5	100	+1.27 +0.40	6.3	5.9	82.5×5.3
TF1000B		89.0			4.2	4.0	87.5×3.55
TF1000C		79.0			8.1	7.7	77.5×7
TF1000D		80.0			10	9.6	△
TF1100	110	94.5	110		6.3	5.9	92.5×5.3
TF1100B		99.0			4.2	4.0	97.5×3.55
TF1100D		90.0			10	9.6	△
TF1250	125	109.5	125	+1.45 +0.45	6.3	5.9	109×5.3
TF1250B		114.0			4.2	4.0	112×3.55
TF1250C		104.0			8.1	7.7	103×7
TF1250D		105.0			10	9.6	△
TF1400	140	119.0	140		8.1	7.7	118×7
TF1400B		124.5			6.3	5.9	122×5.3
TF1400D		120.0			10	9.6	△
TF1600	160	139.0	160		8.1	7.7	136×7
TF1600B		144.4			6.3	5.9	142.5×5.3
TF1600D		135.0			12.5	12.1	△
TF1800	180	159.0	180		8.1	7.7	157.5×7
TF1800B		164.5			6.3	5.9	162.5×5.3
TF1800D		155.0			12.5	12.1	△
TF2000	200	179.0	200	+1.65 +0.50	8.1	7.7	177.5×7
TF2000B		184.5			6.3	5.9	182.5×5.3
TF2000D		175.0			12.5	12.1	△
TF2200	220	199.0	220		8.1	7.7	195×7
TF2200B		204.5			6.3	5.9	203×5.3
TF2200D		195.0			12.5	12.1	△
TF2500	250	229.0	250		8.1	7.7	227×7
TF2500C		225.6			8.1	7.7	224×7
TF2500D		220.0			15	14.5	△

续表

规格代码	D	d	D_1		$b^{+0.2}_{0}$	$b_1\pm0.1$	配套弹性体规格 $d_1\times d_2$
	H9	h9	公称尺寸	公差			
TF2800	280	259.0	280	+1.85 +0.55	8.1	7.7	258×7
TF2800C		255.5			8.1	7.7	254×7
TF2800D		250.0			15	14.5	△
TF3000	300	279.0	300		8.1	7.7	276×7
TF3000C		275.5			8.1	7.7	272×7
TF3000D		270.0			15	14.5	△
TF3200	320	299.0	320	+2.00 +0.60	8.1	7.7	295×7
TF3200C		295.5			8.1	7.7	295×7
TF3200D		290.0			15	14.5	△
TF3600	360	335.5	360		8.1	7.7	335×7
TF3600B		339.0			8.1	7.7	335×7
TF3600D		330.0			15	14.5	△
TF4000	400	375.5	400		8.1	7.7	375×7
TF4000D		370.0			15	14.5	△
TF4500	450	425.5	450	+2.20 +0.65	8.1	7.7	425×7
TF4500D		420.0			15.0	14.5	△
TF5000	500	475.5	500		8.1	7.7	475×7
TF5000D		465			17.5	17.0	△
TF5500	550	525.5	550	+2.45 +0.70	8.1	7.7	523×7
TF5500D		515.0			17.5	17.0	△
TF6000	600	575.5	600		8.1	7.7	570×7
TF6000D		565.0			17.5	17.0	△
TF6600	660	635.5	660	+2.75 +0.75	8.1	7.7	630×7
TF6600D		625.0			17.5	17.0	△
TF7000	700	672.0	700		9.5	9.0	670×8.4
TF7000D		665.0			17.5	17.0	△
TF8000	800	772.0	800		9.5	9.0	770×8.4
TF8000D		760.0			17.5	19.5	△

注："△"表示弹性体截面为矩形圈，矩形圈规格尺寸由用户与生产厂家协商而定。除"△"外，给出尺寸的均为O形圈规格。

（4）孔用组合同轴密封件

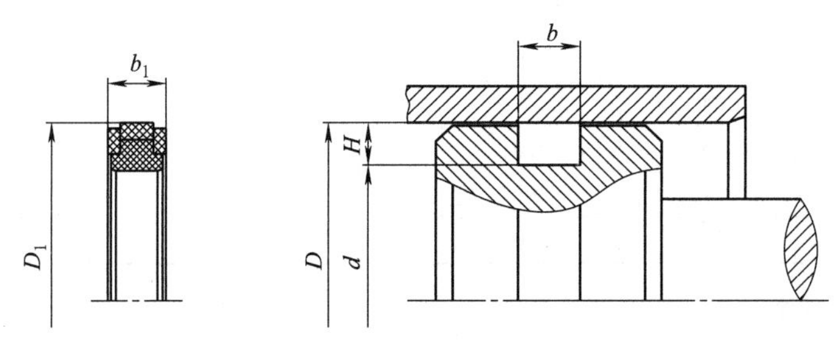

(a) 孔用组合同轴密封件　　(b) 安装沟槽

图 10-4-36　孔用组合同轴密封件（适用于活塞密封）及安装沟槽

表 10-4-69　　**孔用组合同轴密封件的尺寸系列和公差**　　mm

规格代码	D	d	D_1		H	$b^{+0.2}_{0}$	$b_1\pm0.2$
	H9	h9	公称尺寸	公差			
TZ0500	50	36	50	+1.09 +0.35	7	9	8.5
TZ0600	60	46	60				
TZ0630	63	48	63		7.5	11	10.5
TZ0650	65	50	65				

续表

规格代码	D	d	D_1		H	$b^{+0.2}_{0}$	$b_1\pm0.2$
	H9	h9	公称尺寸	公差			
TZ0700	70	55	70	+1.09 +0.35	7.5	11	10.5
TZ0750	75	60	75				
TZ0800	80	65	80				
TZ0850	85	70	85	+1.27 +0.40			
TZ0900	90	75	90				
TZ0950	95	80	95			12.5	12
TZ1000	100	85	100				
TZ1050	105	90	105				
TZ1100	110	95	110				
TZ1150	115	100	115				
TZ1200	120	105	120	+1.45 +0.45	11.5	16	15.5
TZ1250	125	102	125				
TZ1300	130	107	130				
TZ1350	135	112	135				
TZ1400	140	117	140				
TZ1450	145	122	145				
TZ1500	150	127	150				
TZ1600	160	137	160				
TZ1700	170	147	170				
TZ1800	180	157	180				
TZ1900	190	167	190	+1.65 +0.50			
TZ2000	200	177	200				
TZ2100	210	187	210				
TZ2200	220	197	220				
TZ2300	230	207	230				
TZ2400	240	217	240				
TZ2500	250	222	250		14	17.5	17
TZ2600	260	232	260	+1.85 +0.55			
TZ2700	270	242	270				
TZ2800	280	252	280				
TZ3000	300	272	300				
TZ3200	320	292	320				

（5）轴用梯形同轴密封件

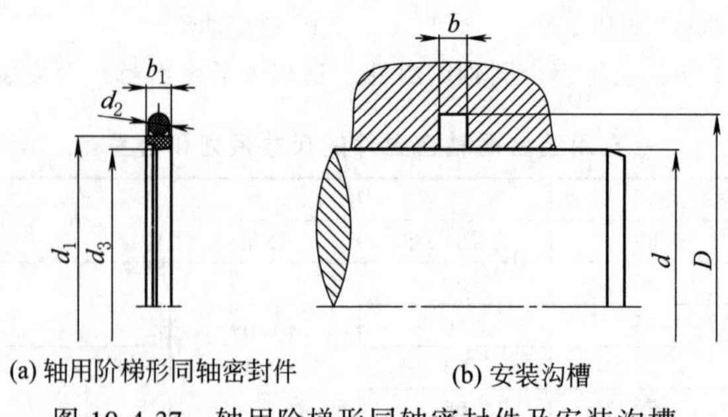

图 10-4-37　轴用阶梯形同轴密封件及安装沟槽

表 10-4-70　轴用阶梯形同轴密封件的尺寸系列和公差　mm

规格代码	d	D	d_3		$b^{+0.2}_{0}$	$b_1\pm0.1$	配套弹性体规格
	f8	H9	公称尺寸	公差			$d_1\times d_2$
TJ0060	6	10.9	6	-0.15 -0.45	2.2	2.0	7.5×1.8
TJ0080	8	15.3	8	-0.15 -0.51	3.2	3.0	10.6×2.65
TJ0080B		12.9			2.2	2.0	9.5×1.8
TJ0100	10	17.3	10		3.2	3.0	12.8×2.65
TJ0100B		14.9			2.2	2.0	11.6×1.8
TJ0120	12	19.3	12	-0.20 -0.63	3.2	3.0	14.5×2.65
TJ0120B		16.9			2.2	2.0	14.0×1.8
TJ0140	14	21.3	14		3.2	3.0	17.0×2.65
TJ0140B		18.9			2.2	2.0	16.0×1.8
TJ0160	16	23.3	16		3.2	3.0	19.0×2.65
TJ0160B		20.9			2.2	2.0	18.0×1.8
TJ0180	18	25.3	18		3.2	3.0	20.6×2.65
TJ0180B		22.9			2.2	2.0	20.0×1.8
TJ0200	20	30.7	20	-0.25 -0.77	4.2	4.0	25.0×3.55
TJ0200B		27.3			3.2	3.0	23.0×2.65
TJ0220	22	32.7	22		4.2	4.0	26.5×3.55
TJ0220B		29.3			3.2	3.0	25.0×2.65
TJ0250	25	35.7	25		4.2	4.0	30.0×3.55
TJ0250B		32.3			3.2	3.0	28.0×2.65
TJ0280	28	38.7	28		4.2	4.0	32.5×3.55
TJ0280B		35.3			3.2	3.0	30.0×2.65
TJ0300	(30)	40.7	30		4.2	4.0	34.5×3.55
TJ0300B		37.3			3.2	3.0	32.5×2.65
TJ0320	32	42.7	32	-0.30 -0.92	4.2	4.0	36.5×3.55
TJ0320B		39.3			3.2	3.0	34.5×2.65
TJ0360	36	46.7	36		4.2	4.0	41.2×3.55
TJ0360B		43.3			3.2	3.0	38.7×2.65
TJ0400	40	55.1	40		6.3	5.9	46.2×5.3
TJ0400B		50.7			4.2	4.0	45.0×3.55
TJ0450	45	60.1	45		6.3	5.9	51.5×5.3
TJ0450B		55.7			4.2	4.0	50×3.55
TJ0500	50	65.1	50		6.3	5.9	56.0×5.3
TJ0500B		60.7			4.2	4.0	54.5×3.55
TJ0560	56	71.1	56	-0.35 -1.09	6.3	5.9	61.5×5.3
TJ0560B		66.7			4.2	4.0	60.0×3.55
TJ0600	(60)	75.1	60		6.3	5.9	65.0×5.3
TJ0600B		70.7			4.2	4.0	65.0×3.55
TJ0630	63	78.1	63		6.3	5.9	69.0×5.3
TJ0630B		73.7			4.2	4.0	67.0×3.55
TJ0700	70	85.1	70		6.3	5.9	75.0×5.3
TJ0700B		80.7			4.2	4.0	75.0×3.55
TJ0800	80	95.1	80		6.3	5.9	85.0×5.3
TJ0800B		90.7			4.2	4.0	85.0×3.55
TJ0900	90	105.1	90	-0.40 -1.27	6.3	5.9	95.0×5.3
TJ0900B		100.7			4.2	4.0	92.5×3.55
TJ0900C		110.5			8.1	7.7	97.5×7

续表

规格代码	d	D	d_3		$b^{+0.2}_{0}$	$b_1 \pm 0.1$	配套弹性体规格
	f8	H9	公称尺寸	公差			$d_1 \times d_2$
TJ1000	100	115.1	100	-0.40 -1.27	6.3	5.9	106.0×5.3
TJ1000B		110.7			4.2	4.0	103.0×3.55
TJ1000C		120.5			8.1	7.7	109.0×7
TJ1100	110	125.1	110		6.3	5.9	115.0×5.3
TJ1100B		120.7			4.2	4.0	112.0×3.55
TJ1100C		130.5			8.1	7.7	118.0×7
TJ1200	(120)	135.1	120		6.3	5.9	125.0×5.3
TJ1200B		130.7			4.2	4.0	122.0×3.55
TJ1200C		140.5			8.1	7.7	128.0×7
TJ1250	125	140.1	125	-0.45 -1.45	6.3	5.9	132.0×5.3
TJ1250B		135.7			4.2	3.9	128.0×3.55
TJ1250C		145.5			8.1	7.7	132.0×7
TJ1300	(130)	145.1	130		6.3	5.9	136.0×5.3
TJ1300B		140.7			4.2	3.9	132.0×3.55
TJ1300C		150.5			8.1	7.7	136.0×7
TJ1400	140	155.1	140		6.3	5.9	145.0×5.3
TJ1400B		150.7			4.2	3.9	142.5×3.55
TJ1400C		160.5			8.1	7.7	147.5×7
TJ1500	(150)	165.1	150		6.3	5.9	155.0×5.3
TJ1500C		170.5			8.1	7.7	157.5×7
TJ1600	160	175.1	160		6.3	5.9	165.0×5.3
TJ1600C		180.5			8.1	7.7	167.5×7
TJ1700	(170)	185.1	170		6.3	5.9	175.0×5.3
TJ1700C		190.5			8.1	7.7	177.5×7
TJ1800	180	195.1	180		6.3	5.9	185.0×5.3
TJ1800C		200.5			8.1	7.7	187.5×7
TJ1900	(190)	205.1	190	-0.50 -1.65	6.3	5.9	195.0×5.3
TJ1900C		210.5			8.1	7.7	195.0×7
TJ2000	200	220.5	200				206.0×7
TJ2000C		224.0					212.0×7
TJ2100	(210)	230.5	210				218.0×7
TJ2200	220	240.5	220				227.0×7
TJ2400	240	260.5	240				250.0×7
TJ2500	250	270.5	250				258.0×7
TJ2800	280	304.0	280	-0.55 -1.85			290.0×7
TJ2900	290	314.0	290				300.0×7
TJ3000	300	324.0	300				311.0×7
TJ3200	320	344.0	320	-0.60 -2.00			330.0×7
TJ3600	360	384.0	360				370.0×7
TJ4000	400	424.0	400				412.0×7
TJ4200	420	444.0	420	-0.65 -2.20			429.0×7
TJ4500	450	474.0	450				462.0×7
TJ4900	490	514.0	490				500.0×7
TJ5000	500	524.0	500				508.0×7
TJ5600	560	584.0	560	-0.70 -2.45			570.0×7
TJ6000	600	624.0	600				608.0×7
TJ7000	700	727.3	700	-0.75 -2.75	9.5	8.7	710.0×8.4
TJ8000	800	827.3	800				810.0×8.4

注：1. 带“( )”的杆径为非优先选用。

2. 阶梯形同轴密封件是单向密封件，安装时注意方向。

12.2 同轴密封件沟槽尺寸系列和公差（摘自 GB/T 15242.3—2021）

GB/T 15242.3—2021《液压缸活塞和活塞杆动密封装置尺寸系列 第3部分：同轴密封件沟槽尺寸系列和公差》规定了液压缸活塞和活塞杆用同轴密封件安装沟槽的符号、型式、尺寸系列和公差、安装导入角的轴向长度、间隙，适用于安装在往复运动液压缸活塞和活塞杆中起密封作用的孔用方形同轴密封件、孔用组合同轴密封件、轴用阶梯形同轴密封件。

引用标准：GB/T 15242.1《液压缸活塞和活塞杆动密封装置尺寸系列　第1部分：同轴密封件尺寸系列和公差》。

（1）符号

TF——孔用方形同轴密封件；

TJ——轴用阶梯形同轴密封件；

TZ——孔用组合同轴密封件。

（2）孔用方形同轴密封件沟槽

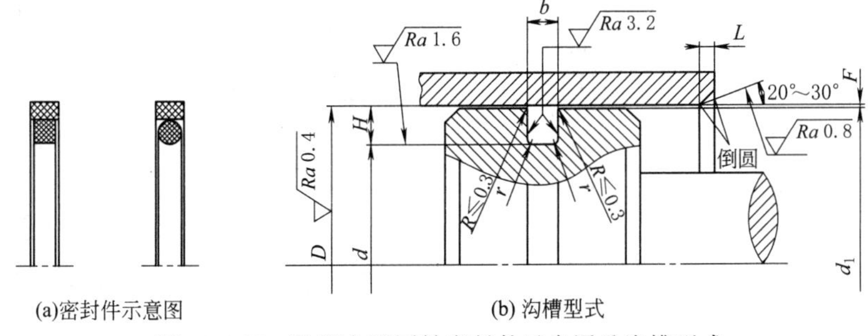

图 10-4-38　孔用方形同轴密封件示意图及沟槽型式

表 10-4-71　　孔用方形同轴密封件沟槽尺寸系列和公差　　mm

规格代号	D 公称尺寸	D 公差	d 公称尺寸	d 公差	b 公称尺寸	b 公差	H	r
TF0160	16	H9	8.5	h9	3.2	+0.2 0	3.75	0.6
TF0160B			11.1		2.2		2.45	0.4
TF0200	20		12.5		3.2		3.75	0.6
TF0200B			15.1		2.2		2.45	0.4
TF0250	25		17.5		3.2		3.75	0.6
TF0250B			20.1		2.2		2.45	0.4
TF0250C			14.0		4.2		5.50	1.0
TF0320	32		24.5		3.2		3.75	0.6
TF0320B			27.1		2.2		2.45	0.4
TF0320C			21.0		4.2		5.50	1.0
TF0400	40		29.0		4.2		5.50	1.0
TF0400B			32.5		3.2		3.75	0.6
TF0500	50		39.0		4.2		5.50	1.0
TF0500B			42.5		3.2		3.75	0.6
TF0500C			34.5		6.3		7.75	1.3
TF0560	56		45.0		4.2		5.50	1.0
TF0560B			48.5		3.2		3.75	0.6
TF0560C			40.5		6.3		7.75	1.3
TF0630	63		52.0		4.2		5.50	1.0
TF0630B			55.5		3.2		3.75	0.6
TF0630C			47.5		6.3		7.75	1.3
TF0700	70		59.0		4.2		5.50	1.0
TF0700B			62.5		3.2		3.75	0.6

续表

规格代号	D		d		b		H	r
	公称尺寸	公差	公称尺寸	公差	公称尺寸	公差		
TF0700C	70		54.5		6.3		7.75	1.3
TF0700D			55.0		7.5		7.50	0.4
TF0800	80		64.5		6.3		7.75	1.3
TF0800B			69.0		4.2		5.50	1.0
TF0800C			59.0		8.1		10.50	1.8
TF0800D			60.0		10.0		10.0	0.4
TF1000	100		84.5		6.3		7.75	1.3
TF1000B			89.0		4.2		5.50	1.0
TF1000C			79.0		8.1		10.50	1.8
TF1000D			80.0		10.0		10.0	0.4
TF1100	110		94.5		6.3		7.75	1.3
TF1100B			99.0		4.2		5.50	1.0
TF1100D			90.0		10.0		10.0	0.4
TF1250	125		109.5		6.3		7.75	1.3
TF1250B			114.0		4.2		5.50	1.0
TF1250C			104.0		8.1		10.50	1.8
TF1250D			105.0		10.0		10.0	0.4
TF1400	140		119.0		8.1		10.50	1.8
TF1400B			124.5		6.3		7.75	1.3
TF1400D			120.0		10.0		10.0	0.4
TF1600	160		139.0		8.1		10.50	1.8
TF1600B			144.5		6.3		7.75	1.3
TF1600D			135.0		12.5		12.50	0.4
TF1800	180		159.0		8.1		10.50	1.8
TF1800B		H9	164.5	h9	6.3	+0.2 0	7.75	1.3
TF1800D			155.0		12.5		12.50	0.4
TF2000	200		179.0		8.1		10.50	1.8
TF2000B			184.5		6.3		7.75	1.3
TF2000D			175.0		12.5		12.50	0.4
TF2200	220		199.0		8.1		10.50	1.8
TF2200B			204.5		6.3		7.75	1.3
TF2200D			195.0		12.5		12.50	0.4
TF2500	250		229.0		8.1		10.50	1.8
TF2500C			225.5		8.1		12.25	1.8
TF2500D			220.0		15.0		15.0	0.8
TF2800	280		259.0		8.1		10.50	1.8
TF2800C			255.5		8.1		12.25	1.8
TF2800D			250.0		15.0		15.0	0.8
TF3000	300		279.0		8.1		10.5	1.8
TF3000C			275.5		8.1		12.25	1.8
TF3000D			270.0		15.0		15.0	0.8
TF3200	320		299.0		8.1		10.50	1.8
TF3200C			295.5		8.1		12.25	1.8
TF3200D			290.0		15.0		15.0	0.8
TF3600	360		335.5		8.1		12.25	1.8
TF3600B			339.0		8.1		10.50	1.8
TF3600D			330.0		15.0		15.0	0.8
TF4000	400		375.5		8.1		12.25	1.8
TF4000D			370.0		15.0		15.0	0.8
TF4500	450		425.5		8.1		12.25	1.8

续表

规格代号	D		d		b		H	r
	公称尺寸	公差	公称尺寸	公差	公称尺寸	公差		
TF4500D	450	H9	420.0	h9	15.0	+0.2 0	15.0	0.8
TF5000	500		475.5		8.1		12.25	1.8
TF5000D			465		15.0		17.50	1.2
TF5500	550		525.5		8.1		12.25	1.8
TF5500D			515.0		17.5		17.50	1.2
TF6000	600		575.5		8.1		12.25	1.8
TF6000D			565.0		17.5		17.50	1.2
TF6600	660		635.5		8.1		12.25	1.8
TF6600D			625.0		17.5		17.50	1.2
TF7000	700		672.0		9.5		14.0	2.5
TF7000D			665.0		17.5		17.50	1.2
TF8000	800		772.0		9.5		14.0	2.5
TF8000D			760.0		20.0		20.0	1.2

注：1. 规格代码应符合 GB/T 15242.1 的规定。

2. 规格代码后无字母标注者为标准规格代码；标注有字母“B”者为轻载型规格代码；标注有字母“C”者为重载型规格代码；标注有字母“D”的，表示所用弹性体截面为矩形。

（3）孔用组合同轴密封件沟槽

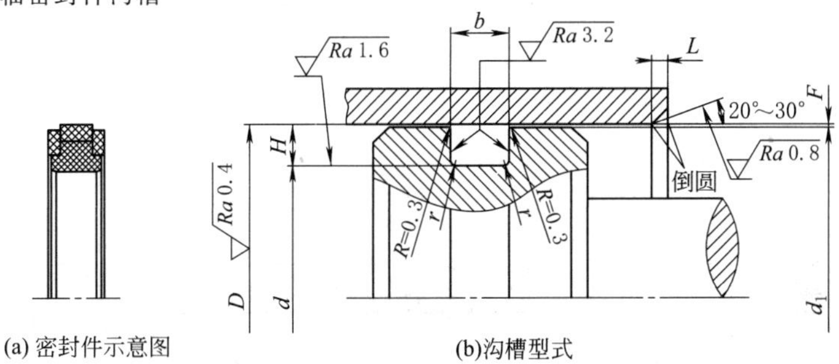

(a) 密封件示意图　(b)沟槽型式

图 10-4-39　孔用组合同轴密封件示意图及沟槽型式

表 10-4-72　孔用组合同轴密封件沟槽尺寸系列和公差　mm

规格代号	D		d		b		H	d_1
	公称尺寸	公差	公称尺寸	公差	公称尺寸	公差		
TZ0500	50	H9	36	h9	9	+0.2 0	7.0	49.5
TZ0600	60		46					59.5
TZ0630	63		48		11		7.50	62.5
TZ0650	65		50					64.5
TZ0700	70		55					69.5
TZ0750	75		60					74.5
TZ0800	80		65					79.5
TZ0850	85		70					84.5
TZ0900	90		75					89.5
TZ0950	95		80		12.5			94.5
TZ1000	100		85					99.5
TZ1050	105		90					104.5
TZ1100	110		95					109.5
TZ1150	115		100					114.5
TZ1200	120		105					119.5
TZ1250	125		102		16		11.50	124.3
TZ1300	130		107					129.3
TZ1350	135		112					134.3
TZ1400	140		117					139.3

续表

规格代号	D		d		b		H	d_1
	公称尺寸	公差	公称尺寸	公差	公称尺寸	公差		
TZ1450	145	H9	122	h9	16	+0.2 0	11.50	144.3
TZ1500	150		127					149.3
TZ1600	160		137					159.3
TZ1700	170		147					169.3
TZ1800	180		157					179.3
TZ1900	190		167					189.3
TZ2000	200		177					199
TZ2100	210		187					209
TZ2200	220		197					219
TZ2300	230		207					229
TZ2400	240		217					239
TZ2500	250		222		17.5		14.0	249
TZ2600	260		232					259
TZ2700	270		242					269
TZ2800	280		252					279
TZ3000	300		272					299
TZ3200	320		292					329

注：1. 规格代码应符合 GB/T 15242.1 的规定。
2. 在 GB/T 15242.3—2021 的表 2 中缺“r”尺寸。

（4）轴用阶梯形同轴密封件沟槽

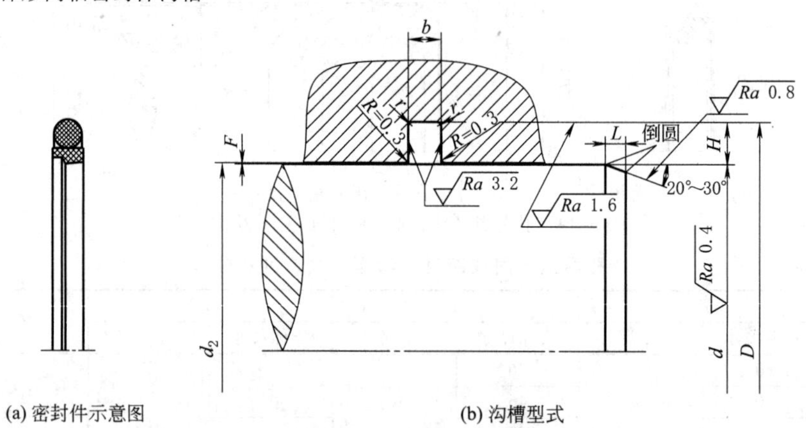

(a) 密封件示意图　　(b) 沟槽型式

图 10-4-40　轴用阶梯形同轴密封件示意图及沟槽型式

表 10-4-73　　轴用阶梯形同轴密封件沟槽尺寸系列和公差　　mm

规格代号	d		D		b		H	r
	公称尺寸	公差	公称尺寸	公差	公称尺寸	公差		
TJ0060	6	h9	10.9	H9	2.2	+0.2 0	2.45	0.4
TJ0080	8		15.3		3.2		3.65	0.6
TJ0080B			12.9		2.2		2.45	0.4
TJ0100	10		17.3		3.2		3.65	0.6
TJ0100B			14.9		2.2		2.45	0.4
TJ0120	12		19.3		3.2		3.65	0.6
TJ0120B			16.9		2.2		2.45	0.4
TJ0140	14		21.3		3.2		3.65	0.6
TJ0140B			18.9		2.2		2.45	0.4
TJ0160	16		23.3		3.2		3.65	0.6
TJ0160B			20.9		2.2		2.45	0.4

续表

规格代号	d		D		b		H	r
	公称尺寸	公差	公称尺寸	公差	公称尺寸	公差		
TJ0180	18	h9	25.3	H9	3.2	+0.2 0	3.65	0.6
TJ0180B			22.9		2.2		2.45	0.4
TJ0200	20		30.7		4.2		5.35	1.0
TJ0200B			27.3		3.2		3.65	0.6
TJ0220	22		32.7		4.2		5.35	1.0
TJ0220B			29.3		3.2		3.65	0.6
TJ0250	25		35.7		4.2		5.35	1.0
TJ0250B			32.3		3.2		3.65	0.6
TJ0280	28		38.7		4.2		5.35	1.0
TJ0280B			35.3		3.2		3.65	0.6
TJ0300	(30)		40.7		4.2		5.35	1.0
TJ0300B			37.3		3.2		3.65	0.6
TJ0320	32		42.7		4.2		5.35	1.0
TJ0320B			39.3		3.2		3.65	0.6
TJ0360	36		46.7		4.2		5.35	1.0
TJ0360B			43.3		3.2		3.65	0.6
TJ0400	40		55.1		6.3		7.55	1.3
TJ0400B			50.7		4.2		5.35	1.0
TJ0450	45		60.1		6.3		7.55	1.3
TJ0450B			55.7		4.2		5.35	1.0
TJ0500	50		65.1		6.3		7.55	1.3
TJ0500B			60.7		4.2		5.35	1.0
TJ0560	56		71.1		6.3		7.55	1.3
TJ0560B			66.7		4.2		5.35	1.0
TJ0600	(60)		75.1		6.3		7.55	1.3
TJ0600B			70.7		4.2		5.35	1.0
TJ0630	63		78.1		6.3		7.55	1.3
TJ0630B			73.7		4.2		5.35	1.0
TJ0700	70		85.1		6.3		7.55	1.3
TJ0700B			80.7		4.2		5.35	1.0
TJ0800	80		95.1		6.3		7.55	1.3
TJ0800B			90.7		4.2		5.35	1.0
TJ0900	90		105.1		6.3		7.55	1.3
TJ0900B			100.7		4.2		5.35	1.0
TJ0900C			110.5		8.1		10.25	1.8
TJ1000	100		115.1		6.3		7.55	1.3
TJ1000B			110.7		4.2		5.35	1.0
TJ1000C			120.5		8.1		10.25	1.8
TJ1100	110		125.1		6.3		7.55	1.3
TJ1100B			120.7		4.2		5.35	1.0
TJ1100C			130.5		8.1		10.25	1.8
TJ1200	(120)		135.1		6.3		7.55	1.3
TJ1200B			130.7		4.2		5.35	1.0
TJ1200C			140.5		8.1		10.25	1.8
TJ1250	125		140.1		6.3		7.55	1.3
TJ1250B			135.7		4.2		5.35	1.0
TJ1250C			145.5		8.1		10.25	1.8
TJ1300	(130)		145.1		6.3		7.55	1.3
TJ1300B			140.7		4.2		5.35	1.0
TJ1300C			150.5		8.1		10.25	1.8

续表

规格代号	d		D		b		H	r
	公称尺寸	公差	公称尺寸	公差	公称尺寸	公差		
TJ1400	140	h9	155.1	H9	6.3	$^{+0.2}_{0}$	7.55	1.3
TJ1400B			150.7		4.2		5.35	1.0
TJ1400C			160.5		8.1		10.25	1.8
TJ1500	(150)		165.1		6.3		7.55	1.3
TJ1500C			170.5		8.1		10.25	1.8
TJ1600	160		175.1		6.3		7.55	1.3
TJ1600C			180.5		8.1		10.25	1.8
TJ1700	(170)		185.1		6.3		7.55	1.3
TJ1700C			190.5		8.1		10.25	1.8
TJ1800	180		195.1		6.3		7.55	1.3
TJ1800C			200.5		8.1		10.25	1.8
TJ1900	(190)		205.1		6.3		7.55	1.3
TJ1900C			210.5		8.1		10.25	1.8
TJ2000	200		220.5		8.1		10.25	1.8
TJ2000C			224.0		8.1		10.25	1.8
TJ2100	(210)		230.5		8.1		10.25	1.8
TJ2200	220		240.5		8.1		10.25	1.8
TJ2400	240		260.5		8.1		10.25	1.8
TJ2500	250		270.5		8.1		10.25	1.8
TJ2800	280		304.0		8.1		10.25	1.8
TJ2900	290		314.0		8.1		10.25	1.8
TJ3000	300		324.0		8.1		10.25	1.8
TJ3200	320		344.0		8.1		10.25	1.8
TJ3600	360		384.0		8.1		10.25	1.8
TJ4000	400		424.0		8.1		10.25	1.8
TJ4200	420		444.0		8.1		10.25	1.8
TJ4500	450		474.0		8.1		10.25	1.8
TJ4900	490		514.0		8.1		10.25	1.8
TJ5000	500		524.0		8.1		10.25	1.8
TJ5600	560		584.0		8.1		10.25	1.8
TJ6000	600		624.0		8.1		10.25	1.8
TJ7000	700		727.3		9.5		13.65	2.5
TJ8000	800		827.3		9.5		13.65	2.5

注：1. 规格代码应符合 GB/T 15242.1 的规定。
2. 规格代码后无字母标注者为标准规格代码；标注有字母“B”者为轻载型规格代码；标注有字母“C”者为重载型规格代码。
3. 带“(　)”的活塞杆直径为非优先选用。

（5）安装导入角的轴向长度

安装导入角的轴向长度 L 见表 10-4-74。安装导入角处应平滑，不应有毛刺、尖角。

表 10-4-74　安装导入角的轴向长度　mm

H	L	H	L
2.45	≥2.0	11.50/12.0/12.25/12.50	≥7.0
3.65/3.75	≥2.50	13.65/14.0/15.0	≥8.0
5.35/5.50	≥3.0	17.50	≥10.0
7.0/7.50/7.55/7.75	≥4.50	20.0	≥11.0
10.0/12.25/10.50	≥5.50		

（6）单边间隙

表 10-4-75　单边间隙　mm

H	F		
	$p\leqslant10$MPa	10MPa$<p\leqslant20$MPa	20MPa$<p\leqslant40$MPa
2.45	≤0.3	≤0.20	≤0.15
3.65/3.75	≤0.4	≤0.25	≤0.15
5.35/5.50	≤0.4	≤0.25	≤0.20
7.0/7.50/7.55/7.75	≤0.5	≤0.30	≤0.20
10.0/10.25/10.50/11.50/12.0/12.25/12.50	≤0.6	≤0.35	≤0.25
13.65/14.0/15.0	≤0.7	≤0.50	≤0.30
17.50/20.0	≤1.0	≤0.75	≤0.50

注：p 为密封压力。

13 气缸用密封圈（摘自 JB/T 6657—1993）

JB/T 6657—1993《气缸用密封圈尺寸系列和公差》规定了气缸用 QY 型、C 型、CK 型、J 型、ZHM 型聚氨酯密封圈及 QH 型外露骨架橡胶缓冲密封圈的基本结构、尺寸系列及公差。其中 C 型和 CK 型适用于无油润滑气缸的活塞和活塞杆的双向密封，ZHM 型（适）用于活塞杆的防尘密封，其他见以下内容。

13.1 气缸活塞密封用 QY 型密封圈

表 10-4-76　　气缸活塞密封用 QY 型密封圈　　mm

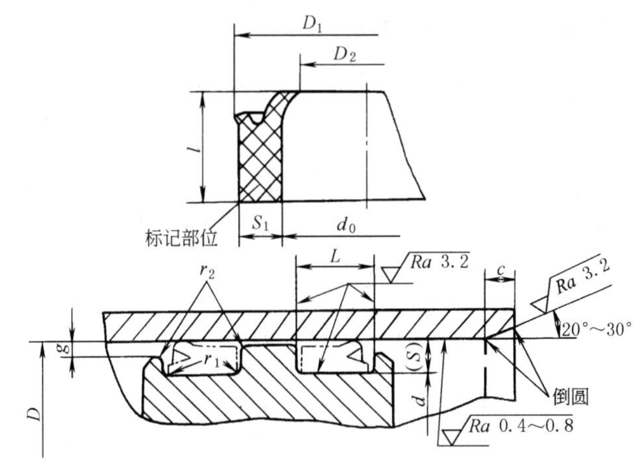

适用范围：以压缩空气为介质、温度-20～80℃、压力小于等于 1.6MPa 的气缸

材料：聚氨酯橡胶（HG/T 2810Ⅱ类材料）

标记示例：D=100mm，d=90mm，S=5mm 的气缸用 QY 型密封圈，标记为

密封圈　QY100×90×5　JB/T 6657—1993

D (H10)	密封圈										沟槽							
	d_0		S_1		D_1		D_2		l		S	d		$L_{0}^{+0.25}$	c ≥	r_1 ≤	r_2 ≤	g
	基本尺寸	极限偏差	基本尺寸	极限偏差	基本尺寸	极限偏差	基本尺寸	极限偏差	基本尺寸	极限偏差		基本尺寸	极限偏差					
40	31	+0.10 -0.30	4	-0.05 -0.30	41.2	+0.40 0	30	0 -0.40	8	+0.20 -0.10	4	32	+0.06 -0.11	9	2	0.3	0.3	0.5
50	41				51.2		40					42						
63	52	+0.20 -0.50	5	-0.08 -0.30	64.4	+0.50 0	51	0 -0.50	12	+0.30 -0.15	5	53	+0.11 -0.14	13	2.5	0.4	0.4	1
80	69				81.4		68					70						
90	79				91.4		78					80						
100	89				101.4		88					90						
110	99				111.4		98					100						
125	114				126.4	+0.60 0	113					115						
140	129				141.4		128					130						
160	149				161.4		148					150						
180	164	+0.20 -0.30	7.5	-0.10 -0.30	181.6	+0.70 0	162	0 -0.70	16	+0.40 -0.20	7.5	165	+0.14 -0.17	17	4	0.6	0.6	1.5
200	184				201.6		182					185						
220	204				221.6		202					205						
250	234				251.6		232					235						
320	304				321.6		302					305						
400	379	+0.20 -1.20	10	-0.12 -0.36	402	+0.80 0	377	0 -0.80	20	+0.60 -0.20	10	380	+0.17 -0.20	21	5	0.8	0.8	2
500	479				502		477					480						
630	609				632		607					610						

13.2 气缸活塞杆密封用 QY 型密封圈

表 10-4-77 **气缸活塞杆密封用 QY 型密封圈** mm

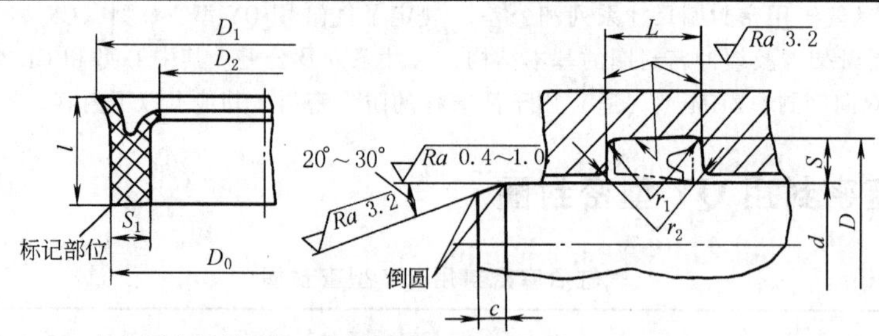

适用范围、材料见“13.1 气缸活塞密封用 QY 型密封圈”

标记示例：d=50mm，D=60mm，S=5mm 的活塞杆用 QY 型密封圈，标记为

密封圈 QY50×60×5 JB/T 6657—1993

d (f9)	密封圈 D_0 基本尺寸	D_0 极限偏差	S_1 基本尺寸	S_1 极限偏差	D_1 基本尺寸	D_1 极限偏差	D_2 基本尺寸	D_2 极限偏差	l 基本尺寸	l 极限偏差	沟槽 S	D 基本尺寸	D 极限偏差	$L^{+0.25}_{0}$	c ≥	r_1 ≤	r_2 ≤
6	12.1	+0.20 0	3	-0.06 -0.21	13.3	+0.30 0	5.2	0 -0.30	6	+0.20 -0.10	3	12	+0.11 -0.03	7	2	0.3	0.3
8	14.1				15.3		7.2					14					
10	16.1				17.3		9.2					16					
12	18.1				19.3		11.2					18					
14	20.1				21.3		13.2					20					
16	22.1	+0.20 0	3	-0.06 -0.21	23.3	+0.30 0	15.2	0 -0.30	6	+0.20 -0.10	3	22	+0.11 -0.03	7	2	0.3	0.3
18	24.1				25.3		17.2					24					
20	26.1				27.3		19.2					26					
22	28.1				29.3		21.2					28					
25	31.1				32.3		24.2					31					
28	36.1	+0.30 0	4		37.3	+0.40 0	26.8	0 -0.40	8		4	36	+0.11 -0.06	9			
32	40.1				41.3		30.8					40					
36	44.1				45.3		34.8					44					
40	48.1				49.3		38.8					48					
45	53.1				54.3		43.8					53					
50	60.2	+0.50 0	5	-0.08 -0.30	61.6	+0.50 0	48.6	0 -0.50	12	+0.30 -0.15	5	60	+0.14 -0.11	13	2.5	0.4	0.4
56	66.2				67.6		54.6					66					
63	73.2				74.6		61.6					73					
70	80.2				81.6		68.6					80					
80	90.2				91.6		78.6					90					
90	100.2				101.6		88.6					100					
100	110.2				111.6		98.6					110					
110	120.2				121.6		108.6					120					
125	135.2				136.6		123.6					135					
140	150.2				151.6		138.6					150					
160	175.2	+0.80 0	7.5	-0.10 -0.30	176.8	+0.70 0	158.4	0 -0.70	16	+0.40 -0.20	7.5	175	+0.17 -0.14	17	4	0.6	0.6
180	195.2				196.8		178.4					195					
200	215.2				216.8		198.4					215					
220	235.2				236.8		218.4					235					
250	265.2				266.8		248.4					265					
280	295.2				296.8		278.4					295					
320	335.2				336.8		318.4					335					
360	380.3	+1.20 0	10	-0.12 -0.36	382.3	+0.80 0	358	0 -0.80	20	+0.60 -0.20	10	380	+0.20 -0.17	21	5		
400	420.3				422.3		398					420					

13.3 气缸活塞杆用 J 型防尘圈

表 10-4-78　　气缸活塞杆用 J 型防尘圈　　mm

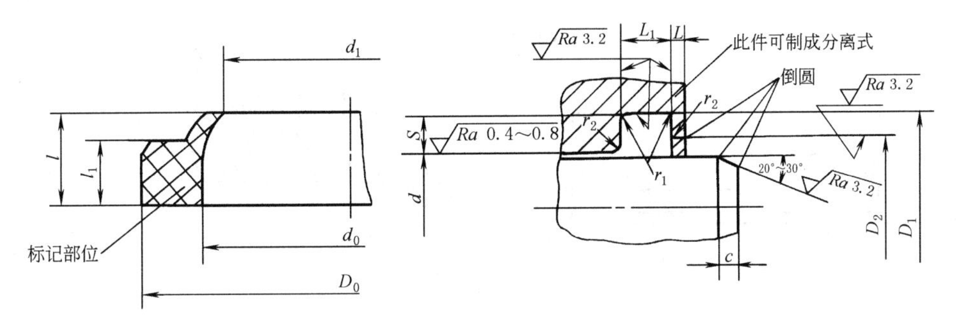

适用范围及材料见"13.1　气缸活塞密封用 QY 型密封圈"

标记示例：d = 50mm，D_1 = 60.5mm，L_1 = 6mm 的 J 型防尘圈，标记为

防尘圈　J50×60.5×6　JB/T 6657—1993

<table>
<tr><th rowspan="3">d
(f9)</th><th colspan="10">防　尘　圈</th><th colspan="8">沟　　槽</th></tr>
<tr><th colspan="2">D_0</th><th colspan="2">d_0</th><th colspan="2">d_1</th><th colspan="2">l</th><th colspan="2">l_1</th><th colspan="2">D_1</th><th rowspan="2">$D_2{}^{+0.20}_{0}$</th><th rowspan="2">$L_1{}^{+0.20}_{0}$</th><th rowspan="2">L
≥</th><th rowspan="2">S</th><th rowspan="2">c
≥</th><th rowspan="2">r_1,r_2
≤</th></tr>
<tr><th>基本尺寸</th><th>极限偏差</th><th>基本尺寸</th><th>极限偏差</th><th>基本尺寸</th><th>极限偏差</th><th>基本尺寸</th><th>极限偏差</th><th>基本尺寸</th><th>极限偏差</th><th>基本尺寸</th><th>极限偏差</th></tr>
<tr><td>6</td><td>14.5</td><td rowspan="16">+0.30
0</td><td>7</td><td rowspan="28">±0.30</td><td>5.4</td><td rowspan="28">0
-0.50</td><td rowspan="5">7</td><td rowspan="28">±0.40</td><td rowspan="5">4</td><td rowspan="28">0
-0.20</td><td>14.5</td><td rowspan="3">+0.11
0</td><td>11</td><td rowspan="5">4</td><td rowspan="16">3</td><td rowspan="5">4</td><td rowspan="16">2</td><td rowspan="16">0.3</td></tr>
<tr><td>8</td><td>16.5</td><td>9</td><td>7.4</td><td>16.5</td><td>13</td></tr>
<tr><td>10</td><td>18.5</td><td>11</td><td>9.4</td><td>18.5</td><td>15</td></tr>
<tr><td>12</td><td>20.5</td><td>13</td><td>11.4</td><td>20.5</td><td rowspan="5">+0.13
0</td><td>17</td></tr>
<tr><td>14</td><td>22.5</td><td>15</td><td>13.4</td><td>22.5</td><td>19</td></tr>
<tr><td>16</td><td>26.5</td><td>17</td><td>15.4</td><td rowspan="6">9</td><td rowspan="6">5</td><td>26.5</td><td>21</td><td rowspan="6">5</td><td rowspan="7">5</td></tr>
<tr><td>18</td><td>28.5</td><td>19</td><td>17.4</td><td>28.5</td><td>23</td></tr>
<tr><td>20</td><td>30.5</td><td>21</td><td>19.4</td><td>30.5</td><td>25</td></tr>
<tr><td>22</td><td>32.5</td><td>23</td><td>21.4</td><td>32.5</td><td rowspan="6">+0.16
0</td><td>27</td></tr>
<tr><td>25</td><td>35.5</td><td>26</td><td>24.4</td><td>35.5</td><td>30</td></tr>
<tr><td>28</td><td>38.5</td><td>29</td><td>27.4</td><td>38.5</td><td>33</td></tr>
<tr><td>32</td><td>42.5</td><td>33</td><td>31</td><td rowspan="5">10</td><td rowspan="5">6</td><td>42.5</td><td>38</td><td rowspan="5">6</td></tr>
<tr><td>36</td><td>46.5</td><td>37</td><td>35</td><td>46.5</td><td>42</td><td rowspan="4">4.9</td></tr>
<tr><td>40</td><td>50.5</td><td>41</td><td>39</td><td>50.5</td><td>46</td></tr>
<tr><td>45</td><td>55.5</td><td>46</td><td>44</td><td>55.5</td><td rowspan="4">+0.19
0</td><td>51</td></tr>
<tr><td>50</td><td>60.5</td><td>51</td><td>49</td><td>60.5</td><td>56</td></tr>
<tr><td>56</td><td>68.5</td><td rowspan="6">+0.40
0</td><td>57</td><td>54.5</td><td rowspan="6">11</td><td rowspan="6">7</td><td>68.5</td><td>62</td><td rowspan="6">7</td><td rowspan="6">3.5</td><td rowspan="6">5.9</td><td rowspan="6">2.5</td><td rowspan="6">0.4</td></tr>
<tr><td>63</td><td>75.5</td><td>64</td><td>61.4</td><td>75.5</td><td>69</td></tr>
<tr><td>70</td><td>82.5</td><td>71</td><td>68.5</td><td>82.5</td><td rowspan="4">+0.22
0</td><td>76</td></tr>
<tr><td>80</td><td>92.5</td><td>81</td><td>78.5</td><td>92.5</td><td>86</td></tr>
<tr><td>90</td><td>102.5</td><td>91</td><td>88.3</td><td>102.5</td><td>96</td></tr>
<tr><td>100</td><td>112.5</td><td>101</td><td>98.3</td><td>112.5</td><td>106</td></tr>
<tr><td>110</td><td>124.5</td><td rowspan="6">+0.50
0</td><td>111</td><td>108.3</td><td rowspan="2">12</td><td rowspan="2">8</td><td>124.5</td><td rowspan="4">+0.25
0</td><td>117</td><td rowspan="2">8</td><td rowspan="6">4</td><td rowspan="2">6.8</td><td rowspan="6">4</td><td rowspan="6">0.6</td></tr>
<tr><td>125</td><td>139.5</td><td>126</td><td>123.3</td><td>139.5</td><td>132</td></tr>
<tr><td>140</td><td>158.5</td><td>141</td><td>128.3</td><td rowspan="4">14</td><td rowspan="4">9</td><td>158.5</td><td>147</td><td rowspan="4">9</td><td rowspan="4">8.8</td></tr>
<tr><td>160</td><td>178.5</td><td>161</td><td>158.3</td><td>178.5</td><td>167</td></tr>
<tr><td>180</td><td>198.5</td><td>181</td><td>178.3</td><td>198.5</td><td rowspan="2">+0.29
0</td><td>187</td></tr>
<tr><td>200</td><td>218.5</td><td>201</td><td>198.3</td><td>218.5</td><td>207</td></tr>
</table>

13.4 气缸用 QH 型外露骨架橡胶缓冲密封圈

表 10-4-79 气缸用 QH 型外露骨架橡胶缓冲密封圈 mm

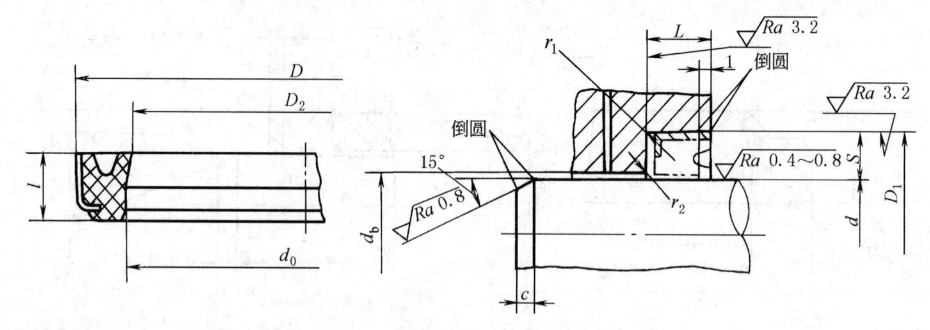

适用范围及材料见“13.1 气缸活塞密封用 QY 型密封圈”

标记示例：$d=50$mm，$D_1=62$mm，$L=7$mm 的 QH 型外露骨架橡胶缓冲密封圈，标记为

密封圈 QH50×62×7 JB/T 6657—1993

d (f9)	密封圈								沟槽						
	D		D_2		d_0		l		D_1		$L_{0}^{+0.20}$	$d_{b}{}_{0}^{+0.10}$	S	c ≥	r_1, r_2 ≤
	基本尺寸	极限偏差	基本尺寸	极限偏差	基本尺寸	极限偏差	基本尺寸	极限偏差	基本尺寸	极限偏差					
16	24	+0.10 +0.05	15.5	0 -0.50	16.6	+0.10 0	5	±0.50	24	+0.021 0	5	17	4	3	0.3
18	26		17.5		18.6				26			19			
20	28		19.5		20.6				28			21			
22	30		21.5		22.6				30			23			
24	32		23.5		24.6				32	+0.025 0		25			
28	36		27.5		28.6				36			29			
30	40		29.5		30.8		6		40		6	31	5		
35	45		34.5		35.8				45			36			
38	48		37.5		38.8				48			39			
40	50		39.1		40.8				50			41		4	
45	55		44.1		45.8				55	+0.03 0		46			
50	62		49.1		51		7		62		7	51.5	6		
55	67		54.1		56				67			56.5			
65	77		64.1		66				77			66.5			

14 Yx 型密封圈

14.1 孔用 Yx 型密封圈（摘自 JB/ZQ 4264—2006）

表 10-4-80　　孔用 Yx 型密封圈　　mm

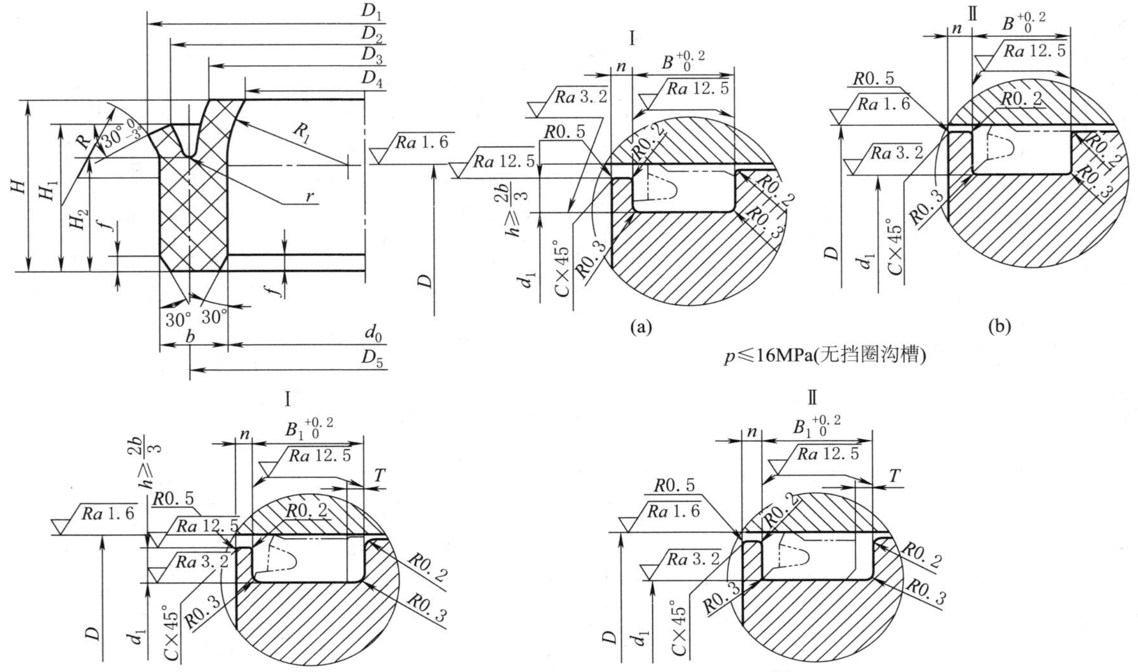

(a)

(b)

p≤16MPa(无挡圈沟槽)

(a)

(b)

p>16MPa(有挡圈沟槽)

适用范围：以空气、矿物油为介质的各种机械设备中，温度-40～80℃，工作压力 p≤31.5MPa

材料：按 HG/T 2810—2008 选用，或见表 10-5-22

标记示例：公称外径 D=50mm 的孔用 Yx 型密封圈，标记为

密封圈　Yx D50　JB/ZQ 4264—2006

续表

公称外径 D	密封圈																	沟槽				
	d_0		b		D_1		D_2	D_3	D_4		D_5	H	H_1	H_2	R	R_1	r	f	d_1	B	B_1	n	C
	基本尺寸	极限偏差	基本尺寸	极限偏差	基本尺寸	极限偏差			基本尺寸	极限偏差													
16	9.8	0 −0.4	3	−0.06 −0.18	17.3	+0.36 −0.12	15.9	10.7	8.6	+0.1 −0.3	13	8	7	4.6	5	14	0.3	0.7	10	9	10.5	4	0.5
18	11.8				19.3	+0.42 −0.14	17.9	12.7	10.6	+0.12 −0.36	15								12				
20	13.8				21.3		19.9	14.7	12.6		17								14				
22	15.8				23.3		21.9	16.7	14.6		19								16				
25	18.8				26.3		24.9	19.7	17.6		22								19				
28	21.8				29.3		27.9	22.7	20.6	+0.14 −0.42	25								22				
30	21.8		4	−0.08 −0.24	31.9	+0.50 −0.17	30	23.2	20		26.1	10	9	6	6	15	0.5	1	22	12	13.5		
32	23.8				33.9		32	25.2	22		28.1								24				
35	26.8				36.9		35	28.2	25		31.1								27				
36	27.8				37.9		36	29.2	26		32.1								28				
40	31.8	0 −0.6			41.9		40	33.2	30		36.1								32				
45	36.8				46.9		45	38.2	35	+0.17 −0.50	41.1								37				
50	41.8				51.9	+0.60 −0.20	50	43.2	40		46.1								42				
55	46.8				56.9		55	48.2	45		51.1								47				
56	47.8				57.9		56	49.2	46		52.1								48				
60	47.7		6		62.6		59.4	50.3	45.3		54.2	14	12.5	8.5	8	22	0.7	1.5	48	16	18	5	1
63	50.7				65.6		62.4	53.3	48.3		57.2								51				
65	52.7				67.6		64.4	55.3	50.3	+0.20 −0.60	59.2								53				
70	57.7				72.6		69.4	60.3	55.3		64.2								58				
75	62.7				77.6		74.4	65.3	60.3		69.2								63				
80	67.7				82.6	+0.70 −0.23	79.4	70.3	65.3		74.2								68				
85	72.7				87.6		84.4	75.3	70.3		79.2								73				
90	77.7				92.6		89.4	80.3	75.3	+0.23 −0.70	84.2								78				
95	82.7	0 −1.0			97.6		94.4	85.3	80.3		89.2								83				
100	87.7				102.6		99.4	90.3	85.3		94.2								88				
105	92.7				107.6		104.4	95.3	90.3		99.2								93				
110	97.7				112.6		109.4	100.3	95.3		104.2								98				
115	102.7				117.6	+0.80 −0.26	114.4	105.3	100.3		109.2								103				
120	107.7				122.6		119.4	110.3	105.3		114.2								108				
125	112.7				127.6		124.4	115.3	110.3		119.2								113				

续表

公称外径 D	密封圈											沟槽												
	d_0		b		D_1		D_2	D_3	D_4		D_5	H	H_1	H_2	R	R_1	r	f	d_1	B	B_1	n	C
	基本尺寸	极限偏差	基本尺寸	极限偏差	基本尺寸	极限偏差			基本尺寸	极限偏差													
130	117.7	0 -1.0	6	-0.08 -0.24	132.6	+0.80 -0.26	129.4	120.3	115.3	+0.23 -0.70	124.2	14	12.5	8.5	8	22	0.7	1.5	118	16	18	5	1
140	127.7				142.6		139.4	130.3	125.3	+0.26 -0.80	134.2								128				
150	137.7				152.6		149.4	140.3	135.3		144.2								138				
160	147.7				162.6		159.4	150.3	145.3		154.2								148				
170	153.6		8	-0.10 -0.30	173.6		169.5	156.8	150.3		162.3	18	16	10.5	10	26	1	2	154	20	22.5	8	1.5
180	163.6				183.6		179.5	166.8	160.3		172.3								164				
190	173.6				193.6		189.5	176.8	170.3		182.3								174				
200	183.6				203.6	+0.90 -0.30	199.5	186.8	180.3	+0.3 -0.9	192.3								184				
220	203.6	0 -1.5			223.6		219.5	206.8	200.3		212.3								204				
230	213.6				233.6		229.5	216.8	210.3		222.3								214				
240	223.6				243.6		239.5	226.8	220.3	+0.34 -1.00	232.3								224			6	
250	233.6				253.6		249.5	236.8	230.3		242.3								234				
265	248.6				268.6	+1.00 -0.34	264.5	251.8	245.3		257.3								249				
280	263.6				283.6		279.5	266.8	260.3		272.3								264				
300	283.6				303.6		299.5	286.8	280.3		292.3								284				
320	295.5		12	-0.12 -0.36	325.2		318.7	300.7	290.7		308.4	24	22	14	14	32	1.5	2.5	296	26.5	30	7	2
340	315.5				345.2		338.7	320.7	310.7		328.4								316				
360	335.5				365.2	+0.10 -0.38	358.7	340.7	330.7		348.4								336				
380	355.5				385.2		378.7	360.7	350.7	+0.38 -1.10	368.4								356				
400	375.5				405.2		398.7	380.7	370.7		388.4								376				
420	395.5				425.2		418.7	400.7	390.7		408.4								396				
450	425.5	0 -2.0			455.2		448.7	430.7	420.7		438.4								426				
480	455.5				485.2		478.7	460.7	450.7		468.4								456				
500	475.5				505.2	+1.35 -0.45	498.7	480.7	470.7		488.4								476				
530	505.5				535.2		528.7	510.7	500.7	+0.45 -1.35	518.4								506				
560	535.5				565.2		558.7	540.7	530.7		548.4								536				
600	575.5				605.2		598.7	580.7	570.7		588.4								576				
630	605.5				635.2	+1.5 -0.5	628.7	610.7	600.7		618.4								606				
650	625.5				655.2		648.7	630.7	620.7		638.4								626				

注：1. 沟槽 d_1 的公差推荐按 h9 或 h10 选取。

2. 孔用 Yx 型密封圈用挡圈尺寸见表 10-4-81。

表 10-4-81 孔用 Yx 型密封圈用挡圈的尺寸 mm

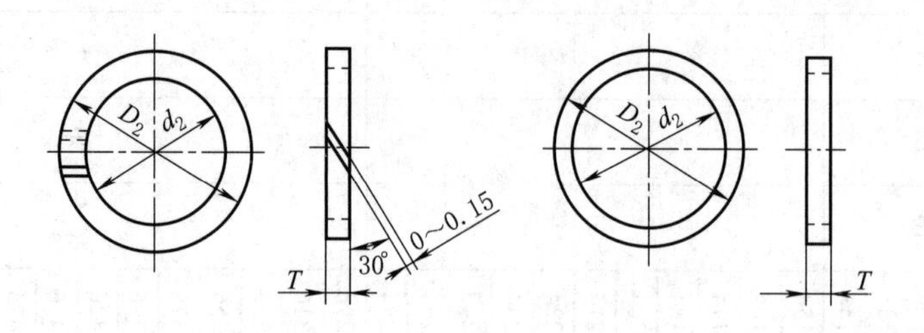

A型:切口式　　　　B型:整体式

孔用Yx型密封圈公称外径 D	挡圈					
	D_2		d_2		T	
	基本尺寸	极限偏差	基本尺寸	极限偏差	基本尺寸	极限偏差
16	16	-0.020 -0.070	10	+0.030 0	1.5	±0.1
18	18		12	+0.035 0		
20	20	-0.025 -0.085	14			
22	22		16			
25	25		19	+0.045 0		
28	28		22			
30	30		22			
32	32	-0.032 -0.100	24			
35	35		27			
36	36		28			
40	40		32	+0.050 0		
45	45		37			
50	50		42			
55	55	-0.040 -0.120	47			
56	56		48		2	±0.15
60	60		48			
63	63		51	+0.06 0		
65	65		53			
70	70		58			
75	75		63			
80	80		68			
85	85	-0.050 -0.140	73			
90	90		78			
95	95		83	+0.07 0		
100	100		88			
105	105		93			
110	110		98			
115	115		103			
120	120		108			
125	125	-0.060 -0.165	113			

孔用Yx型密封圈公称外径 D	挡圈					
	D_2		d_2		T	
	基本尺寸	极限偏差	基本尺寸	极限偏差	基本尺寸	极限偏差
130	130	-0.060 -0.165	118	+0.08 0	2	±0.15
140	140		128			
150	150		138			
160	160		148			
170	170		154		2.5	
180	180		164			
190	190	-0.075 -0.195	174			
200	200		184	+0.09 0		
220	220		204			
230	230		214			
240	240		224			
250	250		234			
265	265	-0.090 -0.225	249			
280	280		264	+0.10 0		
300	300		284			
320	320		296		3	±0.20
340	340		316			
360	360		336			
380	380	-0.105 -0.255	356			
400	400		376	+0.12 0		
420	420		396			
450	450		426			
480	480		456			
500	500		476			
530	530	-0.120 -0.260	506	+0.14 0		
560	560		536			
600	600		576			
630	630		606			
650	650	-0.130 -0.280	626			

注：使用孔用 Yx 型密封圈时，一般不设置挡圈，当工作压力大于 16MPa 时，或运动副有较大偏心、间隙较大的情况下，在密封圈支承面设置一个挡圈，以防止密封圈被挤入间隙。挡圈材料可选聚四氟乙烯、尼龙 6 或尼龙 1010，其硬度应大于或等于 90HS。

14.2 轴用 Yx 型密封圈（摘自 JB/ZQ 4265—2006）

表 10-4-82　　　　轴用 Yx 型密封圈　　　　mm

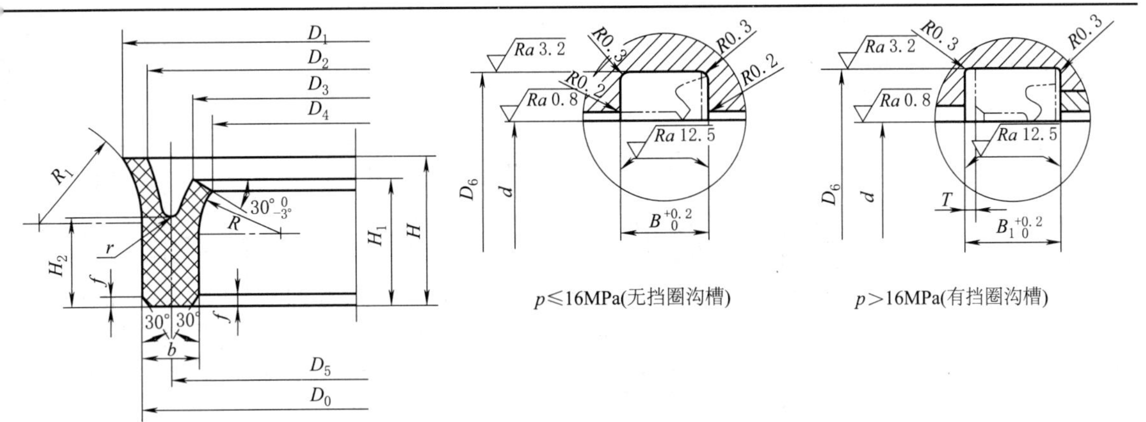

适用范围：以空气、矿物油为介质的各种机械设备中，温度-20~80℃，工作压力 $p\leq31.5$MPa

材料：按 HG/T 2810—2008 选用，或见表 10-5-22

标记示例：公称内径 $d=50$mm 的轴用 Yx 型密封圈，标记为

密封圈　Yx d50　JB/ZQ 4265—2006

公称内径 d	密封圈																	沟槽			
	D_0		b		D_1		D_2	D_3	D_4		D_5	H	H_1	H_2	R	R_1	r	f	D_6	B	B_1
	基本尺寸	极限偏差	基本尺寸	极限偏差	基本尺寸	极限偏差			基本尺寸	极限偏差											
8	14.2	+0.4 0	3	-0.06 -0.18	15.4	+0.36 -0.12	13.3	8.1	6.7	+0.10 -0.30	11	8	7	4.6	5	14	0.3	0.7	14	9	10.5
10	16.2				17.4		15.3	10.1	8.7		13								16		
12	18.2				19.4	+0.42 -0.14	17.3	12.1	10.7	+0.12 -0.36	15								18		
14	20.2				21.4		19.3	14.1	12.7		17								20		
16	22.2				23.4		21.3	16.1	14.7		19								22		
18	24.2				25.4		23.3	18.1	16.7		21								24		
20	26.2				27.4		25.3	20.1	18.7	+0.14 -0.42	23								26		
22	28.2				29.4		27.3	22.1	20.7		25								28		
25	31.2	+0.6 0			32.4	+0.50 -0.17	30.3	25.1	23.7		28								31		
28	34.2				35.4		33.3	28.1	26.7		31								34		
30	38.2		4	-0.08 -0.24	40		36.8	30	28.1		33.9	10	9	6	6	15	0.5	1	38	12	13.5
32	40.2				42		38.8	32	30.1	+0.17 -0.50	35.9								40		
35	43.2				45		41.8	35	33.1		38.9								43		
36	44.2				46		42.8	36	34.1		39.9								44		
40	48.2				50		46.8	40	38.1		43.9								48		
45	53.2				55	+0.60 -0.20	51.8	45	43.1		48.9								53		
50	58.2				60		56.8	50	48.1	+0.20 -0.60	53.9								58		
55	63.2				65		61.8	55	53.1		58.9								63		
56	64.2				66		62.8	56	54.1		59.9								64		
60	72.3		6		74.7		69.7	60.6	57.4		65.8	14	12.5	8.5	8	22	0.7	1.5	72	16	18
63	75.3				77.7		72.7	63.6	60.4		68.8								75		
65	77.3				79.7		74.7	65.6	62.4		70.8								77		

续表

公称内径 d	密封圈																		沟槽		
	D_0		b		D_1		D_2	D_3	D_4		D_5	H	H_1	H_2	R	R_1	r	f	D_6	B	B_1
	基本尺寸	极限偏差	基本尺寸	极限偏差	基本尺寸	极限偏差			基本尺寸	极限偏差											
70	82.3	+1.0 0	6	-0.08 -0.24	84.7	+0.70 -0.23	79.7	70.6	67.4	+0.20 -0.60	75.8	14	12.5	8.5	8	22	0.7	1.5	82	16	18
75	87.3				89.7		84.7	75.6	72.4		80.8								87		
80	92.3				94.7		89.7	80.6	77.4		85.8								92		
85	97.3				99.7		94.7	85.6	82.4	+0.23 -0.70	90.8								97		
90	102.3				104.7		99.7	90.6	87.4		95.8								102		
95	107.3				109.7		104.7	95.6	92.4		100.8								107		
100	112.3				114.7		109.7	100.6	97.4		105.8								112		
105	117.3				119.7		114.7	105.6	102.4		110.8								117		
110	122.3				124.7	+0.80 -0.26	119.7	110.6	107.4		115.8								122		
120	132.3				134.7		129.7	120.6	117.4		125.8								132		
125	137.3				139.7		134.7	125.6	122.4	+0.26 -0.80	130.8								137		
130	142.8				144.7		139.7	130.6	127.4		135.8								142		
140	152.3				154.7		149.7	140.6	137.4		145.8								152		
150	162.3				164.7		159.7	150.6	147.4		155.8								162		
160	172.3				174.7		169.7	160.6	157.4		165.8								172		
170	186.4		8	-0.10 -0.30	189.7	+0.90 -0.30	183.2	170.5	166.4		177.7	18	16	10.5	10	26	1	2	186	20	22.5
180	196.4				199.7		193.2	180.5	176.4		187.7								196		
190	206.4	+1.5 0			209.7		203.2	190.5	186.4	+0.30 -0.90	197.7								206		
200	216.4				219.7		213.2	200.5	196.4		207.7								216		
220	236.4				239.7		233.2	220.5	216.4		227.7								236		
250	266.4				269.7	+1.00 -0.34	263.2	250.5	246.4		257.7								266		
280	296.4				299.7		293.2	280.5	276.4	+0.34 -1.00	287.7								296		
300	316.4				319.7		313.2	300.5	296.4		307.7								316		
320	344.5		12	-0.12 -0.35	349.3	+1.10 -0.38	339.3	321.3	314.8		331.6	24	22	14	14	32	1.5	2.5	344	26.5	30
340	364.5				369.3		359.3	341.3	334.8		351.6								364		
360	384.5				389.3		379.3	361.3	354.8		371.6								384		
380	404.5	+2.0 0			409.3		399.3	381.3	374.8	+0.38 -1.10	391.6								404		
400	424.5				429.3		419.3	401.3	394.8		411.6								424		
420	444.5				449.3		439.3	421.3	414.8		431.6								444		
450	474.5				479.3		469.3	451.3	444.8		461.6								474		
480	504.5				509.3	+1.35 -0.45	499.3	481.3	474.8		491.6								504		
500	524.5				529.3		519.3	501.3	494.8		511.6								524		
530	554.5				559.3		549.3	531.3	524.8	+0.45 -1.35	541.6								554		
560	584.5				589.3		579.3	561.3	554.8		571.6								584		
600	624.5				629.3		619.3	601.3	594.8		611.6								624		
680	654.5				659.3	+1.5 -0.5	649.3	631.3	624.8		641.6								654		
650	674.5				679.3		669.3	651.3	644.8	+0.50 -1.50	661.6								674		

注：1. 沟槽 D_6 的公差推荐按 H9 或 H10 选取。

2. 轴用 Yx 型密封圈用挡圈尺寸见表 10-4-83。

表 10-4-83　　轴用 Yx 型密封圈用挡圈的型式与尺寸　　mm

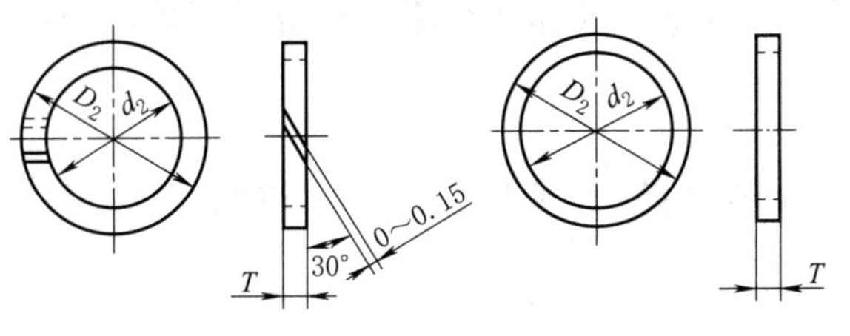

A型:切口式　　B型:整体式

轴用Yx型密封圈公称内径 d	挡圈					
	d_2		D_2		T	
	基本尺寸	极限偏差	基本尺寸	极限偏差	基本尺寸	极限偏差
8	8	+0.030 0	14	-0.020 -0.070	1.5	±0.1
10	10		16			
12	12	+0.035 0	18			
14	14		20	-0.025 -0.085		
16	16		22			
18	18		24			
20	20	+0.045 0	26			
22	22		28			
25	25		31	-0.032 -0.100		
28	28		34			
30	30		38			
32	32	+0.050 0	40			
35	35		43			
36	36		44			
40	40		48			
45	45		53	-0.040 -0.120		
50	50		58			
55	55	+0.060 0	63			
56	56		64			
60	60		72		2	±0.15
63	63		75			
65	65		77			
70	70		82	-0.050 -0.140		
75	75		87			
80	80		92			
85	85	+0.070 0	97			
90	90		102			
95	95		107			
100	100		112			
105	105		117			
110	110		122	-0.060 -0.165		
120	120		132			
125	125	+0.08 0	137			
130	130		142			
140	140	+0.08 0	152	-0.060 -0.165	2	±0.15
150	150		162			
160	160		172			
170	170		186	-0.075 -0.195	2.5	
180	180		196			
190	190	+0.09 0	206			
200	200		216			
220	220		236			
250	250		266	-0.090 -0.225		
280	280	+0.10 0	296			
300	300		316			
320	320		344		3	±0.2
340	340		364	-0.105 -0.225		
360	360		384			
380	380	+0.12 0	404			
400	400		424			
420	420		444			
450	450		474			
480	480		504	-0.120 -0.260		
500	500		524			
530	530	+0.14 0	554			
560	560		584			
600	600		624			
630	630		654	-0.130 -0.280		
650	650	+0.15 0	674			

注：使用轴用 Yx 型密封圈时，一般不设置挡圈。当工作压力大于 16MPa 时，或运动副有较大偏心及间隙较大的情况下，在密封圈支承面放置一个挡圈，以防止密封圈被挤入间隙。挡圈材料可选聚四氟乙烯、尼龙 6 或尼龙 1010，其硬度应大于或等于 90HS。

15　液压缸活塞和活塞杆密封用支承环及其安装沟槽

15.1　支承环尺寸系列和公差（摘自 GB/T 15242.2—2017）

GB/T 15242.2—2017《液压缸活塞和活塞杆动密封装置尺寸系列　第2部分：支承环尺寸系列和公差》规定了液压缸活塞和活塞杆动密封装置用支承环的术语和定义、代号、系列号、标记、尺寸系列和公差，适用于以水基或油基为传动介质的液压缸密封装置中采用的聚甲醛支承环、酚醛树脂夹织物支承环和填充聚四氟乙烯（PTFE）支承环，使用温度范围分别为-30~100℃、-60~120℃、-60~150℃。

（1）代号

SD——活塞用支承环；

GD——活塞杆用支承环；

Ⅰ——填充聚四氟乙烯（PTFE）材料；

Ⅱ——酚醛树脂夹织物材料；

Ⅲ——聚甲醛材料。

（2）标记

① 活塞用支承环的标记方法如下：

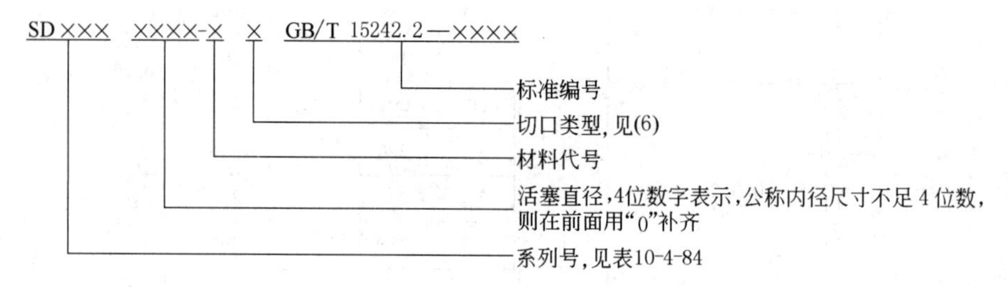

示例：活塞直径为160mm，支承环安装沟槽宽度 b 为9.7mm，支承环的截面厚度 δ 为2.5mm，材料为填充PTFE，切开类型为A的支承环，标记为：

SD097 0160-Ⅰ A　GB/T 15242.2—2017

② 活塞杆用支承环的标记方法如下：

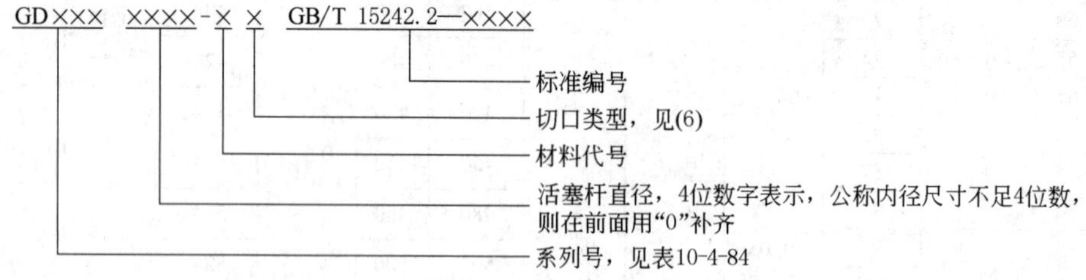

示例：活塞杆直径为50mm，支承环安装沟槽宽度 b 为9.7mm，支承环的截面厚度 δ 为2.5mm，材料为酚醛树脂夹织物，切开类型为C，标记为：

GD097 0050-Ⅱ C　GB/T 15242.2—2017

（3）支承环系列号

表 10-4-84　**支承环系列号**　mm

活塞用支承环	活塞杆用支承环	支承环安装沟槽宽度 b	支承环的截面厚度 δ
SD025	GD025	2.5	1.55
SD040	GD040	4.0	1.55
SD056	GD056	5.6	2.5
SD063	GD063	6.3	2.5

续表

活塞用支承环	活塞杆用支承环	支承环安装沟槽宽度 b	支承环的截面厚度 δ
SD081	GD081	8.1	2.5
SD097	GD097	9.7	2.5
SD097A	GD097A	9.7	3.0
SD150	GD150	15	2.5
SD150A	GD150A	15	3.0
SD200	GD200	20	2.5
SD200A	GD200A	20	3.0
SD200B	GD200B	20	4.0
SD250	GD250	25	2.5
SD250B	GD250B	25	4.0
SD300	GD300	30	2.5
SD300B	GD300B	30	4.0

（4）活塞用支承环

活塞用支承环及安装沟槽见图 10-4-41。活塞用支承环的规格代号采用系列号及活塞直径表示，其尺寸系列和公差见表 10-4-85。

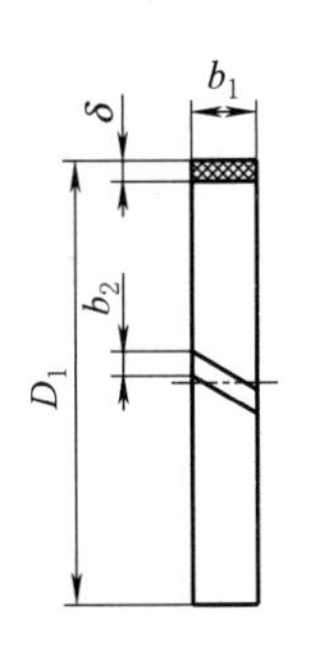

(a) 活塞用支承环

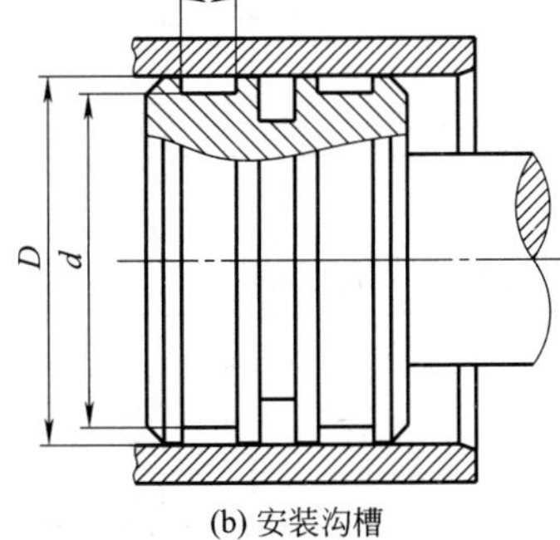

(b) 安装沟槽

图 10-4-41 活塞用支承环及安装沟槽

表 10-4-85 **活塞用支承环尺寸系列和公差** mm

规格代号	D H9	d h8	$b^{+0.2}_{0}$	D_1	$b_1{}^{0}_{-0.15}$	$\delta^{0}_{-0.05}$	b_2
SD0250008	8	4.9	2.5	8	2.4	1.55	1.0~1.5
SD0250010	10	6.9	2.5	10	2.4		
SD0400012	12	8.9	4.0	12	3.8		
SD0400016	16	12.9	4.0	16	3.8		
SD0560016		11.0	5.6		5.4	2.5	
SD0400020	20	16.9	4.0	16	3.8	1.55	
SD0560020		15	5.6		5.4	2.5	
SD0400025	25	21.9	4.0	25	3.8	1.55	
SD0560025		20	5.6		5.4	2.5	
SD0630025			6.3		6.1		
SD0400032	32	28.9	4.0	32	3.8	1.55	1.5~2.0
SD0560032		27	5.6		5.4	2.5	
SD0630032			6.3		6.1		
SD0970032			9.7		9.5		
SD0400040	40	36.9	4.0	40	3.8	1.55	
SD0560040		35	5.6		5.4	2.5	
SD0630040			6.3		6.1		
SD0810040			8.1		7.9		
SD0970040			9.7		9.5		

续表

规格代号	D H9	d h8	$b^{+0.2}_{0}$	D_1	$b_{1\ -0.15}^{\ 0}$	$\delta^{\ 0}_{-0.05}$	b_2
SD0400050	50	46.9	4.0	50	3.8	1.55	2.0~3.5
SD0560050		45	5.6		5.4	2.5	
SD0630050			6.3		6.1		
SD0810050			8.1		7.9		
SD0970050			9.7		9.5		
SD0560060	60	55	5.6	60	5.4	2.5	
SD0970060			9.7		9.5		
SD1500060			15.0		14.8		
SD097A0060		54	9.7		9.5	3.0	
SD0560063	63	58	5.6	63	5.4	2.5	
SD0630063			6.3		6.1		
SD0810063			8.1		7.9		
SD0970063			9.7		9.5		
SD1500063			15.0		14.8		
SD097A0063		57	9.7		9.5	3.0	
SD0630070	(70)	65	6.3	70	6.1	2.5	
SD0810070			8.1		7.9		
SD0970070			9.7		9.5		
SD0560080	80	75	5.6	80	5.4	2.5	
SD0630080			6.3		6.1		
SD0810080			8.1		7.9		
SD0970080			9.7		9.5		
SD1500080			15.0		14.8		
SD097A0080		74	9.7		9.5	3.0	
SD0560085	(85)	80	5.6	85	5.4	2.5	
SD0630085			6.3		6.1		
SD0810085			8.1		7.9		
SD0970085			9.7		9.5		
SD1500085			15.0		14.8		
SD097A0085		79	9.7		9.5	3.0	
SD0560090	(90)	85	5.6	90	5.4	2.5	3.5~5.0
SD0810090			8.1		7.9		
SD0970090			9.7		9.5		
SD1500090			15.0		14.8		
SD097A0090		84	9.7		9.5	3.0	
SD150A0090			15.0		14.8		
SD0560100	100	95	5.6	100	5.4	2.5	
SD0810100			8.1		7.9		
SD0970100			9.7		9.5		
SD1500100			15.0		14.8		
SD097A0100		94	9.7		9.5	3.0	
SD150A0100			15.0		14.8		
SD0560110	110	105	5.6	110	5.4	2.5	
SD0810110			8.1		7.9		
SD0970110			9.7		9.5		
SD1500110			15.0		14.8		
SD097A0110		104	9.7		9.5	3.0	
SD150A0110			15.0		14.8		

续表

规格代号	D H9	d h8	$b^{+0.2}_{0}$	D_1	$b_{1}{}^{0}_{-0.15}$	$\delta^{0}_{-0.05}$	b_2
SD0560115	115	110	5.6	115	5.4	2.5	3.5~5.0
SD0810115			8.1		7.9		
SD0970115			9.7		9.5		
SD1500115			15.0		14.8		
SD097A0115		109	9.7		9.5	3.0	
SD150A0115			15.0		14.8		
SD0810125	125	120	8.1	125	7.9	2.5	
SD0970125			9.7		9.5		
SD1500125			15.0		14.8		
SD2000125			20.0		19.5		
SD2500125			25.0		24.5		
SD097A0125		119	9.7		9.5	3.0	
SD150A0125			15.0		14.8		
SD200A0125			20.0		19.5		
SD0810135	135	130	8.1	135	7.9	2.5	
SD0970135			9.7		9.5		
SD1500135			15.0		14.8		
SD2000135			20.0		19.5		
SD2500135			25.0		24.5		
SD097A0135		129	9.7		9.5	3.0	
SD150A0135			15.0		14.8		
SD200A0135			20.0		19.5		
SD0810140	(140)	135	8.1	140	7.9	2.5	
SD0970140			9.7		9.5		
SD1500140			15.0		14.8		
SD2000140			20.0		19.5		
SD2500140			25.0		24.5		
SD097A0140		134	9.7		9.5	3.0	
SD150A0140			15.0		14.8		
SD200A0140			20.0		19.5		
SD0810145	145	140	8.1	145	7.9	2.5	
SD0970145			9.7		9.5		
SD1500145			15.0		14.8		
SD2000145			20.0		19.5		
SD2500145			25.0		24.5		
SD097A0145		139	9.7		9.5	3.0	
SD150A0145			15.0		14.8		
SD200A0145			20.0		19.5		
SD0810160	160	155	8.1	160	7.9	2.5	
SD0970160			9.7		9.5		
SD1500160			15.0		14.8		
SD2000160			20.0		19.5		
SD2500160			25.0		24.5		
SD097A0160		154	9.7		9.5	3.0	
SD150A0160			15.0		14.8		
SD200A0160			20.0		19.5		
SD0810180	180	175	8.1	180	7.9	2.5	
SD0970180			9.7		9.5		
SD1500180			15.0		14.8		
SD2000180			20.0		19.5		

续表

规格代号	D H9	d h8	$b^{+0.2}_{0}$	D_1	$b_{1}{}^{0}_{-0.15}$	$\delta^{0}_{-0.05}$	b_2
SD2500180	180	175	25.0	180	24.5	2.5	3.5~5.0
SD097A0180		174	9.7		9.5	3.0	
SD150A0180			15.0		14.8		
SD200A0180			20.0		19.5		
SD0810200	200	195	8.1	200	7.9	2.5	
SD0970200			9.7		9.5		
SD1500200			15.0		14.8		
SD2000200			20.0		19.5		
SD2500200			25.0		24.5		
SD097A0200		194	9.7		9.5	3.0	
SD150A0200			15.0		14.8		
SD200A0200			20.0		19.5		
SD0810220	(220)	215	8.1	220	7.9	2.5	
SD0970220			9.7		9.5		
SD1500220			15.0		14.8		
SD2000220			20.0		19.5		
SD2500220			25.0		24.5		
SD097A0220		214	9.7		9.5	3.0	
SD150A0220			15.0		14.8		
SD200A0220			20.0		19.5		
SD0810250	250	245	8.1	250	7.9	2.5	
SD0970250			9.7		9.5		
SD1500250			15.0		14.8		
SD2000250			20.0		19.5		
SD2500250			25.0		24.5		
SD097A0250		244	9.7		9.5	3.0	
SD150A0250			15.0		14.8		
SD200A0250			20.0		19.5		
SD0810270	270	265	8.1	270	7.9	2.5	5.0~6.0
SD0970270			9.7		9.5		
SD1500270			15.0		14.8		
SD2000270			20.0		19.5		
SD2500270			25.0		24.5		
SD097A0270		264	9.7		9.5	3.0	
SD150A0270			15.0		14.8		
SD200A0270			20.0		19.5		
SD0810280	(280)	275	8.1	280	7.9	2.5	
SD1500280			15.0		14.8		
SD2000280			20.0		19.5		
SD2500280			25.0		24.5		
SD150A0280		274	15.0		14.8	3.0	
SD200A0280			20.0		19.5		
SD200B0280		272	20.0		19.5	4.0	
SD250B0280			25.0		24.5		
SD0810290	290	285	8.1	290	7.9	2.5	
SD1500290			15.0		14.8		
SD2000290			20.0		19.5		
SD2500290			25.0		24.5		
SD150A0290		284	15.0		14.8	3.0	
SD200A0290			20.0		19.5		

续表

规格代号	D H9	d h8	$b^{+0.2}_{0}$	D_1	$b_{1\,-0.15}^{\,0}$	$\delta^{0}_{-0.05}$	b_2
SD200B0290	290	282	20.0	290	19.5	4.0	5.0~6.0
SD250B0290			25.0		24.5		
SD0810300	300	295	8.1	300	7.9	2.5	
SD1500300			15.0		14.8		
SD2000300			20.0		19.5		
SD2500300			25.0		24.5		
SD150A0300		294	15.0		14.8	3.0	
SD200A0300			20.0		19.5		
SD200B0300		292	20.0		19.5	4.0	
SD250B0300			25.0		24.5		
SD1500320	320	315	15.0	320	14.8	2.5	
SD2000320			20.0		19.5		
SD2500320			25.0		24.5		
SD150A0320		314	15.0		14.8	3.0	
SD200A0320			20.0		19.5		
SD200B0320		312	20.0		19.5	4.0	
SD250B0320			25.0		24.5		
SD1500350	350	345	15.0	350	14.8	2.5	6.0~8.0
SD2000350			20.0		19.5		
SD2500350			25.0		24.5		
SD150A0350		344	15.0		14.8	3.0	
SD200A0350			20.0		19.5		
SD200B0350		342	20.0		19.5	4.0	
SD250B0350			25.0		24.5		
SD1500360	(360)	355	15.0	360	14.8	2.5	
SD2000360			20.0		19.5		
SD2500360			25.0		24.5		
SD3000360			30.0		29.5		
SD150A0360		354	15.0		14.8	3.0	
SD200A0360			20.0		19.5		
SD200B0360	360	352	20.0		19.5	4.0	
SD250B0360			25.0		24.5		
SD300B0360			30.0		29.5		
SD1500400	400	395	15.0	400	14.8	2.5	
SD2000400			20.0		19.5		
SD2500400			25.0		24.5		
SD3000400			30.0		29.5		
SD150A0400		394	15.0		14.8	3.0	
SD200A0400			20.0		19.5		
SD200B0400		392	20.0		19.5	4.0	
SD250B0400			25.0		24.5		
SD300B0400			30.0		29.5		
SD1500450	(450)	445	15.0	450	14.8	2.5	
SD2000450			20.0		19.5		
SD2500450			25.0		24.5		
SD3000450			30.0		29.5		
SD150A0450		444	15.0		14.8	3.0	
SD200A0400			20.0		19.5		
SD200B0400		442	20.0		19.5	4.0	
SD250B0400			25.0		24.5		

续表

规格代号	D H9	d h8	$b^{+0.2}_{0}$	D_1	$b_{1\,-0.15}^{\ 0}$	$\delta^{0}_{-0.05}$	b_2
SD300B0400	(450)	442	30.0	450	29.5	4.0	6.0~8.0
SD1500500	500	495	15.0	500	14.8	2.5	
SD2000500			20.0		19.5		
SD2500500			25.0		24.5		
SD3000500			30.0		29.5		
SD150A0500		494	15.0		14.8	3.0	
SD200A0500			20.0		19.5		
SD200B0500		492	20.0		19.5	4.0	
SD250B0500			25.0		24.5		
SD300B0500			30.0		29.5		
SD2000540	(540)	535	20.0	540	19.5	2.5	
SD2500540			25.0		24.5		
SD3000540			30.0		29.5		
SD200A0540		534	20.0		19.5	3.0	
SD200B0540		532	20.0		19.5	4.0	
SD250B0540			25.0		24.5		
SD300B0540			30.0		29.5		
SD2000560	(560)	555	20.0	560	19.5	2.5	
SD2500560			25.0		24.5		
SD3000560			30.0		29.5		
SD200A0560		554	20.0		19.5	3.0	
SD200B0560		552	20.0		19.5	4.0	
SD250B0560			25.0		245		
SD300B0560			30.0		29.5		
SD2000600	(600)	595	20.0	600	19.5	2.5	
SD2500600			25.0		24.5		
SD3000600			30.0		29.5		
SD200A0600		594	20.0		19.5	3.0	
SD200B0600		592	20.0		19.5	4.0	
SD250B0600			25.0		24.5		
SD300B0600			30.0		29.5		
SD2000620	(620)	615	20.0	620	19.5	2.5	
SD2500620			25.0		24.5		
SD3000620			30.0		29.5		
SD200A0620		614	20.0		19.5	3.0	
SD200B0620		612	20.0		19.5	4.0	
SD250B0620			25.0		24.5		
SD300B0620			30.0		29.5		
SD2000850	(850)	845	20.0	850	19.5	2.5	8.0~10.0
SD2500850			25.0		24.5		
SD3000850			30.0		29.5		
SD200A0850		844	20.0		19.5	3.0	
SD200B0850		842	20.0		19.5	4.0	
SD250B0850			25.0		24.5		
SD300B0850			30.0		29.5		
SD2501000	1 000	995	25.0	1 000	24.5	2.5	10~15
SD2501700	1 700	1 695	25.0	1 700	24.5		
SD2503200	3 200	3 195	25.0	3 200	24.5		

注：带“( )”的缸径为非优先选用。

（5）活塞杆用支承环

活塞杆用支承环及安装沟槽见图 10-4-42。活塞杆用支承环的规格代号采用系列号及活塞杆直径表示，其尺寸系列和公差见表 10-4-86。

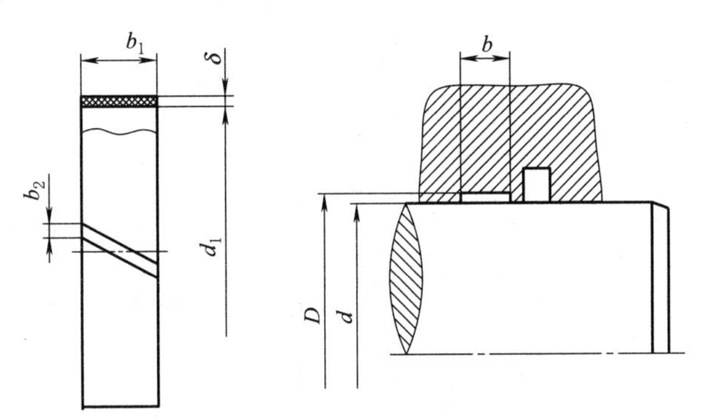

(a) 活塞杆用支承环　　(b) 安装沟槽

图 10-4-42　活塞杆用支承环及安装沟槽

表 10-4-86　　活塞杆用支承环尺寸系列和公差　　mm

规格代号	d f8	D H8	$b^{+0.2}_{0}$	d_1	$b_{1\ -0.15}^{\ 0}$	$\delta^{\ 0}_{-0.05}$	b_2
GD0250004	4	7.1	2.5	4	2.4	1.55	1.0~1.5
GD0250005	5	8.1		5			
GD0250006	6	9.1		6			
GD0250008	8	11.1		8			
GD0250010	10	13.1		10			
GD0400012	12	15.1	4.0	12	3.8		
GD0400014	14	17.1		14			
GD0400016	16	19.1		16			
GD0400018	18	21.1		18			
GD0400020	20	23.1		20			
GD0400022	22	25.1	4.0	22	3.8	1.55	1.5~2.0
GD0560022		27	5.6		5.4	2.5	
GD0620022			6.3		6.1		
GD0400025	25	28.1	4.0	25	3.8		
GD0560025		30	5.6		5.4		
GD0630025			6.3		6.1		
GD0970025			9.7		9.5		
GD0400028	28	31.1	4.0	28	3.8	1.55	
GD0560028		33	5.6		5.4	2.5	
GD0630028			6.3		6.1		
GD0970028			9.7		9.5		
GD0560030	(30)	35	5.6	30	5.4		
GD0630030			6.3		6.1		
GD0970030			9.7		9.5		
GD1500030			15.0		14.8		
GD0560032	32	37	5.6	32	5.4		
GD0630032			6.3		6.1		
GD0970032			9.7		9.5		
GD1500032			15.0		14.8		
GD0560036	36	41	5.6	36	5.4		2.0~3.5
GD0630036			6.3		6.1		
GD0970036			9.7		9.5		
GD1500036			15.0		14.8		

续表

规格代号	d f8	D H8	$b^{+0.2}_{0}$	d_1	$b_{1}{}^{0}_{-0.15}$	$\delta^{0}_{-0.05}$	b_2
GD0560040	40	45	5.6	40	5.4	2.5	2.0~3.5
GD0810040			8.1		7.9		
GD0970040			9.7		9.5		
GD1500040			15.0		14.8		
GD0560045	45	50	5.6	45	5.4		
GD0810045			8.1		7.9		
GD0970045			9.7		9.5		
GD1500045			15.0		14.8		
GD0560050	50	55	5.6	50	5.4		
GD0810050			8.1		7.9		
GD0970050			9.7		9.5		
GD1500050			15.0		14.8		
GD097A0050		56	9.7		9.5	3.0	
GD150A0050			15.0		14.8		
GD0560056	56	61	5.6	56	5.4	2.5	
GD0810056			8.1		7.9		
GD0970056			9.7		9.5		
GD1500056			15.0		14.8		
GD097A0056		62	9.7		9.5	3.0	
GD150A0056			15.0		14.8		
GD0810060	(60)	65	8.1	60	7.9	2.5	
GD0970060			9.7		9.5		
GD0560063	63	68	5.6	63	5.4	2.5	
GD0810063			8.1		7.9		
GD0970063			9.7		9.5		
GD1500063			15.0		14.8		
GD097A0063		69	9.7		9.5	3.0	
GD150A0063			15.0		14.8		
GD0560070	70	75	5.6	70	5.4	2.5	
GD0810070			8.1		7.9		
GD0970070			9.7		9.5		
GD1500070			15.0		14.8		
GD097A0070		76	9.7		9.5	3.0	
GD150A0070			15.0		14.8		
GD0810080	80	85	8.1	80	7.9	2.5	3.5~5.0
GD0970080			9.7		9.5		
GD1500080			15.0		14.8		
GD2000080			20.0		19.5		
GD2500080			25.0		24.5		
GD097A0080		86	9.7		9.5	3.0	
GD150A0080			15.0		14.8		
GD200A0080			20.0		19.5		
GD0810090	90	95	8.1	90	7.9	2.5	
GD0970090			9.7		9.5		
GD1500090			15.0		14.8		
GD2000090			20.0		19.5		
GD2500090			25.0		24.5		
GD097A0090		96	9.7		9.5	3.0	
GD150A0090			15.0		14.8		
GD200A0090			20.0		19.5		

续表

规格代号	d f8	D H8	$b^{+0.2}_{0}$	d_1	$b_{1\ -0.15}^{\ 0}$	$\delta^{\ 0}_{-0.05}$	b_2
GD0810100	100	105	8.1	100	7.9	2.5	3.5~5.0
GD0970100			9.7		9.5		
GD1500100			15.0		14.8		
GD2000100			20.0		19.5		
GD2500100			25.0		24.5		
GD097A0100		106	9.7		9.5	3.0	
GD150A0100			15.0		14.8		
GD200A0100			20.0		19.5		
GD0810110	110	115	8.1	110	7.9	2.5	
GD0970110			9.7		9.5		
GD1500110			15.0		14.8		
GD2000110			20.0		19.5		
GD2500110			25.0		24.5		
GD097A0110		116	9.7		9.5	3.0	
GD150A0110			15.0		14.8		
GD200A0110			20.0		19.5		
GD0810120	(120)	125	8.1	120	7.9	2.5	
GD0970120			9.7		9.5		
GD1500120			15.0		14.8		
GD2000120			20.0		19.5		
GD2500120			25.0		24.5		
GD097A0120		126	9.7		9.5	3.0	
GD150A0120			15.0		14.8		
GD200A0120			20.0		19.5		
GD0810125	125	130	8.1	125	7.9	2.5	
GD0970125			9.7		9.5		
GD1500125			15.0		14.8		
GD2000125			20.0		19.5		
GD2500125			25.0		24.5		
GD097A0125		131	9.7		9.5	3.0	
GD150A0125			15.0		14.8		
GD200A0125			20.0		19.5		
GD0810130	130	135	8.1	130	7.9	2.5	
GD0970130			9.7		9.5		
GD1500130			15.0		14.8		
GD2000130			20.0		19.5		
GD2500130			25.0		24.5		
GD097A0130		136	9.7		9.5	3.0	
GD150A0130			15.0		14.8		
GD200A0130			20.0		19.5		
GD0810140	140	145	8.1	140	7.9	2.5	
GD0970140			9.7		9.5		
GD1500140			15.0		14.8		
GD2000140			20.0		19.5		
GD2500140			25.0		24.5		
GD097A0140		146	9.7		9.5	3.0	
GD150A0140			15.0		14.8		
GD200A0140			20.0		19.5		
GD0810150	150	155	8.1	150	7.9	2.5	
GD0970150			9.7		9.5		

续表

规格代号	d f8	D H8	$b^{+0.2}_{0}$	d_1	$b_{1}{}^{0}_{-0.15}$	$\delta^{0}_{-0.05}$	b_2
GD1500150	150	155	15.0	150	14.8	2.5	3.5~5.0
GD2000150			20.0		19.5		
GD2500150			25.0		24.5		
GD097A0150		156	9.7		9.5	3.0	
GD150A0150			15.0		14.8		
GD200A0150			20.0		19.5		
GD0810160	160	165	8.1	160	7.9	2.5	
GD0970160			9.7		9.5		
GD1500160			15.0		14.8		
GD2000160			20.0		19.5		
GD2500160			25.0		24.5		
GD097A0160		166	9.7		9.5	3.0	
GD150A0160			15.0		14.8		
GD200A0160			20.0		19.5		
GD0810170	170	175	8.1	170	7.9	2.5	
GD0970170			9.7		9.5		
GD1500170			15.0		14.8		
GD2000170			20.0		19.5		
GD2500170			25.0		24.5		
GD097A0170		176	9.7		9.5	3.0	
GD150A0170			15.0		14.8		
GD200A0170			20.0		19.5		
GD0810180	180	185	8.1	180	7.9	2.5	
GD0970180			9.7		9.5		
GD1500180			15.0		14.8		
GD2000180			20.0		19.5		
GD2500180			25.0		24.5		
GD097A0180		186	9.7		9.5	3.0	
GD150A0180			15.0		14.8		
GD200A0180			20.0		19.5		
GD0810190	190	195	8.1	190	7.9	2.5	
GD0970190			9.7		9.5		
GD1500190			15.0		14.8		
GD2000190			20.0		19.5		
GD2500190			25.0		24.5		
GD097A0190		196	9.7		9.5	3.0	
GD150A0190			15.0		14.8		
GD200A0190			20.0		19.5		
GD0810200	200	205	8.1	200	7.9	2.5	
GD0970200			9.7		9.5		
GD1500200			15.0		14.8		
GD2000200			20.0		19.5		
GD2500200			25.0		24.5		
GD097A0200		206	9.7		9.5	3.0	
GD150A0200			15.0		14.8		
GD200A0200			20.0		19.5		
GD0810210	(210)	215	8.1	210	7.9	2.5	
GD0970210			9.7		9.5		
GD1500210			15.0		14.8		
GD2000210			20.0		19.5		

续表

规格代号	d f8	D H8	$b^{+0.2}_{0}$	d_1	$b_{1\,-0.15}^{\;0}$	$\delta^{\;0}_{-0.05}$	b_2
GD2500210	(210)	215	25.0	210	24.5	2.5	3.5~5.0
GD097A0210		216	9.7		9.5	3.0	
GD150A0210			15.0		14.8		
GD200A0210			20.0		19.5		
GD0810220	220	225	8.1	220	7.9	2.5	
GD0970220			9.7		9.5		
GD1500220			15.0		14.8		
GD2000220			20.0		19.5		
GD2500220			25.0		24.5		
GD097A0220		226	9.7		9.5	3.0	
GD150A0220			15.0		14.8		
GD200A0220			20.0		19.5		
GD0810240	240	245	8.1	240	7.9	2.5	
GD0970240			9.7		9.5		
GD1500240			15.0		14.8		
GD2000240			20.0		19.5		
GD2500240			25.0		24.5		
GD097A0240		246	9.7		9.5	3.0	
GD150A0240			15.0		14.8		
GD200A0240			20.0		19.5		
GD0810250	250	255	8.1	250	7.9	2.5	
GD0970250			9.7		9.5		
GD1500250			15.0		14.8		
GD2000250			20.0		19.5		
GD2500250			25.0		24.5		
GD097A0250		256	9.7		9.5	3.0	
GD150A0250			15.0		14.8		
GD200A0250			20.0		19.5		
GD0810280	280	285	8.1	280	7.9	2.5	5.0~6.0
GD0970280			9.7		9.5		
GD1500280			15.0		14.8		
GD2000280			20.0		19.5		
GD2500280			25.0		24.5		
GD097A0280		286	9.7		9.5	3.0	
GD150A0280			15.0		14.8		
GD200A0280			20.0		19.5		
GD200B0280		288	20.0		19.5	4.0	
GD250B0280			25.0		24.5		
GD0970290	290	295	9.7	290	9.5	2.5	
GD1500290			15.0		14.8		
GD2000290			20.0		19.5		
GD2500290			25.0		24.5		
GD097A0290		296	9.7		9.5	3.0	
GD150A0290			15.0		14.8		
GD200A0290			20.0		19.5		
GD200B0290		298	20.0		19.5	4.0	
GD250B0290			25.0		24.5		
GD1500320	320	325	15.0	320	14.8	2.5	
GD2000320			20.0		19.5		
GD2500320			25.0		24.5		

续表

规格代号	d f8	D H8	$b^{+0.2}_{0}$	d_1	$b_{1}{}^{0}_{-0.15}$	$\delta^{0}_{-0.05}$	b_2
GD150A0320	320	326	15.0	320	14.8	3.0	5.0~6.0
GD200A0320			20.0		19.5		
GD200B0320		328	20.0		19.5	4.0	
GD250B0320			25.0		24.5		
GD1500360	360	365	15.0	360	14.8	2.5	
GD2000360			20.0		19.5		
GD2500360			25.0		24.5		
GD150A0360		366	15.0		14.8	3.0	
GD200A0360			20.0		19.5		
GD200B0360		368	20.0		19.5	4.0	
GD250B0360			25.0		24.5		
GD2500400	400	405	25.0	400	24.5	2.5	6.0~8.0
GD3000400			30.0		29.5		
GD250B0400		408	25.0		24.5	4.0	
GD300B0400			30.0		29.5		
GD2500450	450	455	25.0	450	24.5	2.5	
GD3000450			30.0		29.5		
GD250B0450		458	25.0		24.5	4.0	
GD300B0450			30.0		29.5		
GD2500490	(490)	495	25.0	490	24.5	2.5	
GD3000490			30.0		29.5		
GD250B0490		498	25.0		24.5	4.0	
GD300B0490			30.0		29.5		
GD2500500	500	505	25.0	500	24.5	2.5	
GD3000500			30.0		29.5		
GD250B0500		508	25.0		24.5	4.0	
GD300B0500			30.0		29.5		
GD2500800	800	805	25.0	800	24.5	2.5	8.0~10.0
GD3000800			30.0		29.5		
GD250B0800		808	25.0		24.5	4.0	
GD300B0800			30.0		29.5		
GD25001000	1000	1005	25.0	1000	24.5	2.5	
GD30001000			30.0		29.5		
GD250B01000		1008	25.0		24.5	4.0	
GD300B01000			30.0		29.5		
GD2502500	2500	2505	25.0	2500	24.5	2.5	
GD2503200	3200	3205	25.0	3200	24.5	2.5	10~15

注：带“( )”的活塞杆径为非优先选用。

(6) 支承环的切开类型及切割长度的计算

切口类型分A型（斜切口）、B型（直切口）和C型（搭接口），如图10-4-43所示。

活塞用支承环切割长度L按下式计算：

$$L=\pi(D-\delta)-b_2$$

活塞杆用支承环切割长度L按下式计算：

$$L=\pi(D+\delta)-b_2$$

式中　L——支承环切割长度；

D——液压缸缸径或活塞杆支承环沟槽底径；

δ——支承环的截面厚度；

b_2——支承环的切开宽度。

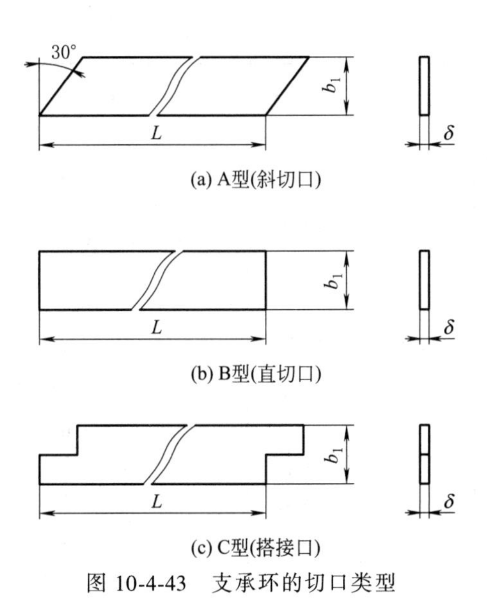

图 10-4-43　支承环的切口类型

15.2　支承环安装沟槽尺寸系列和公差（摘自 GB/T 15242.4—2021）

GB/T 15242.4—2021/ISO 10766：2014，NEQ《液压缸活塞和活塞杆动密封装置尺寸系列　第 4 部分：支承环安装沟槽尺寸系列和公差》规定了液压缸活塞和活塞杆动密封装置用支承环安装沟槽的符号、系列号、型式、尺寸系列和公差、间隙，适用于往复运动液压缸活塞和活塞杆用支承环安装沟槽。

引用标准：GB/T 15242.2《液压缸活塞和活塞杆动密封装置尺寸系列　第 2 部分：支承环尺寸系列和公差》。

（1）符号、系列号

符号、系列号见 GB/T 15242.2 或上节。

（2）活塞用支承环沟槽

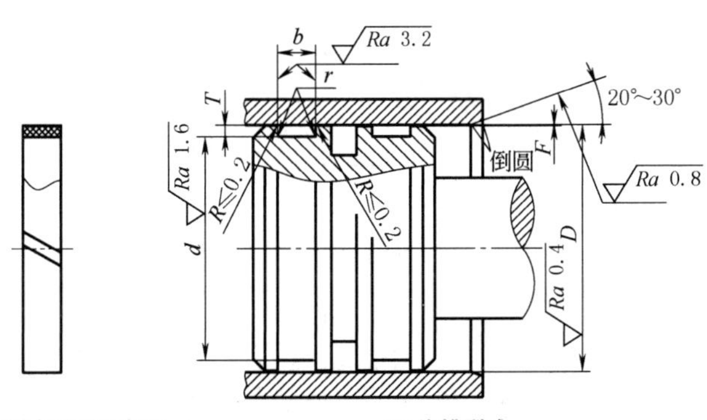

图 10-4-44　活塞用支承环示意图及沟槽型式

表 10-4-87　　**活塞用支承环沟槽尺寸系列和公差**　　mm

规格代号	D		d		b		T	R
	尺寸	公差	尺寸	公差	尺寸	公差		
SD0250008	8	H9	4.9	h8	2.5	+0.2 0	1.55	≤0.2
SD0250010	10		6.9		2.5		1.55	
SD0400012	12		8.9		4.0		1.55	
SD0400016	16		12.9		4.0		1.55	
SD0560016			11.0		5.6		2.50	
SD0400020	20		16.9		4.0		1.55	

续表

规格代号	D		d		b		T	R
	尺寸	公差	尺寸	公差	尺寸	公差		
SD0560020	20	H9	15.0	h8	5.6	+0.2 0	2.50	≤0.2
SD0400025	25		21.9		4.0		1.55	
SD0560025			20.0		5.6		2.50	
SD0630025					6.3			
SD0400032	32		28.9		4.0		1.55	
SD0560032			27.0		5.6		2.50	
SD0630032					6.3			
SD0970032					9.7			
SD0400040	40		36.9		4.0		1.55	
SD0560040			35.0		5.6		2.50	
SD0630040					6.3			
SD0810040					8.1			
SD0970040					9.7			
SD0400050	50		46.9		4.0		1.55	
SD0560050			45.0		5.6		2.50	
SD0630050					6.3			
SD0810050					8.1			
SD0970050					9.7			
SD0560060	60		55.0		5.6		2.50	
SD0970060					9.7			
SD1500060					15.0			
SD097A0060			54.0		9.7		3.0	
SD0560063	63		58.0		5.6		2.50	
SD0630063					6.3			
SD0810063					8.1			
SD0970063					9.7			
SD1500063					15.0			
SD097A0063			57.0		9.7		3.0	
SD0630070	(70)		65.0		6.3		2.50	
SD0810070					8.1			
SD0970070					9.7			
SD0560080	80		75.0		5.6		2.50	
SD0630080					6.3			
SD0810080					8.1			
SD0970080					9.7			
SD1500080					15.0			
SD097A0080			74.0		9.7		3.0	
SD0560085	(85)		80.0		5.6		2.50	
SD0630085					6.3			
SD0810085					8.1			
SD0970085					9.7			
SD1500085					15.0			
SD097A0085			79.0		9.7		3.0	
SD0560090	90		85.0		5.6		2.50	
SD0810090					8.1			
SD0970090					9.7			
SD1500090					15.0			
SD097A0090			84.0		9.7		3.0	
SD150A0090					15.0			

续表

规格代号	D		d		b		T	R
	尺寸	公差	尺寸	公差	尺寸	公差		
SD0560100	100	H9	95.0	h8	5.6	+0.2 0	2.50	≤0.2
SD0810100					8.1			
SD0970100					9.7			
SD1500100					15.0			
SD097A0100			94.0		9.7		3.0	
SD150A0100					15.0			
SD0560110	(110)		105.0		5.6		2.50	
SD0810110					8.1			
SD0970110					9.7			
SD1500110					15.0			
SD097A0110			104.0		9.7		3.0	
SD150A0110					15.0			
SD0560115	115		110.0		5.6		2.50	
SD0810115					8.1			
SD0970115					9.7			
SD1500115					15.0			
SD097A0115			109.0		9.7		3.0	
SD150A0115					15.0			
SD0810125	125		120.0		8.1		2.50	
SD0970125					9.7			
SD1500125					15.0			
SD2000125					20.0			
SD2500125					25.0			
SD097A0125			119.0		9.7		3.0	
SD150A0125					15.0			
SD200A0125					20.0			
SD0810135	135		130.0		8.1		2.50	
SD0970135					9.7			
SD1500135					15.0		2.50	
SD2000135					20.0			
SD2500135					25.0			
SD097A0135			129.0		9.7		3.0	
SD150A0135					15.0			
SD200A0135					20.0			
SD0810140	140		135.0		8.1		2.50	
SD0970140					9.7			
SD1500140					15.0			
SD2000140					20.0			
SD2500140					25.0			
SD097A0140			134.0		9.7		3.0	
SD150A0140					15.0			
SD200A0140					20.0			
SD0810145	145		140.0		8.1		2.50	
SD0970145					9.7			
SD1500145					15.0			
SD2000145					20.0			
SD2500145					25.0			
SD097A0145			139.0		9.7		3.0	
SD150A0145					15.0			
SD200A0145					20.0			

续表

规格代号	D		d		b		T	R
	尺寸	公差	尺寸	公差	尺寸	公差		
SD0810160	160	H9	155.0	h8	8.1	+0.2 0	2.50	≤0.2
SD0970160					9.7			
SD1500160					15.0			
SD2000160					20.0			
SD2500160					25.0			
SD097A0160			154.0		9.7		3.0	
SD150A0160					15.0			
SD200A0160					20.0			
SD0810180	180		175.0		8.1		2.50	
SD0970180					9.7			
SD1500180					15.0			
SD2000180					20.0			
SD2500180					25.0			
SD097A0180			174.0		9.7		3.0	
SD150A0180					15.0			
SD200A0180					20.0			
SD0810200	200		195.0		8.1		2.50	
SD0970200					9.7			
SD1500200					15.0			
SD2000200					20.0			
SD2500200					25.0			
SD097A0200			194.0		9.7		3.0	
SD150A0200					15.0			
SD200A0200					20.0			
SD0810220	220		215.0		8.1		2.50	
SD0970220					9.7			
SD1500220					15.0			
SD2000220					20.0			
SD2500220					25.0			
SD097A0220			214.0		9.7		3.0	
SD150A0220					15.0			
SD200A0220					20.0			
SD0810250	250		245.0		8.1		2.50	
SD0970250					9.7			
SD1500250					15.0			
SD2000250					20.0			
SD2500250					25.0			
SD097A0250			244.0		9.7		3.0	
SD150A0250					15.0			
SD200A0250					20.0			
SD0810270	270		265.0		8.1		2.50	
SD0970270					9.7			
SD1500270					15.0			
SD2000270					20.0			
SD2500270					25.0			
SD097A0270			264.0		9.7		3.0	
SD150A0270					15.0			
SD200A0270					20.0			
SD0810280	280		275.0		8.1		2.50	
SD1500280					15.0			

续表

规格代号	D		d		b		T	R
	尺寸	公差	尺寸	公差	尺寸	公差		
SD2000280	280	H9	275.0	h8	20.0	+0.2 0	2.50	≤0.4
SD2500280					25.0			
SD150A0280			274.0		15.0		3.0	
SD200A0280					20.0			
SD200B0280			272.0		20.0		4.0	
SD250B0280					25.0			
SD0810290	290		285.0		8.1		2.50	
SD1500290					15.0			
SD2000290					20.0			
SD2500290					25.0			
SD150A0290			284.0		15.0		3.0	
SD200A0290					20.0			
SD200B0290			282.0		20.0		4.0	
SD250B0290					25.0			
SD0810300	300		295.0		8.1		2.50	
SD1500300					15.0			
SD2000300					20.0			
SD2500300					25.0			
SD150A0300			294.0		15.0		3.0	
SD200A0300					20.0			
SD200B0300			292.0		20.0		4.0	
SD250B0300					25.0			
SD1500320	320		315.0		15.0		2.50	
SD2000320					20.0			
SD2500320					25.0			
SD150A0320			314.0		15.0		3.0	
SD200A0320					20.0			
SD200B0320			312.0		20.0		4.0	
SD250B0320					25.0			
SD1500350	350		345.0		15.0		2.50	
SD2000350					20.0			
SD2500350					25.0			
SD150A0350			344.0		15.0		3.0	
SD200A0350					20.0			
SD200B0350			342.0		20.0		4.0	
SD250B0350					25.0			
SD1500360	(360)		355.0		15.0		2.50	
SD2000360					20.0			
SD2500360					25.0			
SD3000360					30.0			
SD150A0360			354.0		15.0		3.0	
SD200A0360					20.0			
SD200B0360			352.0		20.0		4.0	
SD250B0360					25.0			
SD300B0360					30.0			
SD1500400	400		395.0		15.0		2.50	
SD2000400					20.0			
SD2500400					25.0			
SD3000400					30.0			
SD150A0400			394.0		15.0		3.0	

续表

规格代号	D		d		b		T	R
	尺寸	公差	尺寸	公差	尺寸	公差		
SD200A0400	400	H9	394.0	h8	20.0	+0.2 0	3.0	≤0.4
SD200B0400			392.0		20.0		4.0	
SD250B0400					25.0			
SD300B0400					30.0			
SD1500450	(450)		445.0		15.0		2.50	
SD2000450					20.0			
SD2500450					25.0			
SD3000450					30.0		2.50	
SD150A0450			444.0		15.0		3.0	
SD200A0400					20.0			
SD200B0400			442.0		20.0		4.0	
SD250B0400					25.0			
SD300B0400					30.0			
SD1500500	500		495.0		15.0		2.50	
SD2000500					20.0			
SD2500500					25.0			
SD3000500					30.0			
SD150A0500			494.0		15.0		3.0	
SD200A0500					20.0			
SD200B0500			492.0		20.0		4.0	
SD250B0500					25.0			
SD300B0500					30.0			
SD2000540	(540)		535.0		20.0		2.50	
SD2500540					25.0			
SD3000540					30.0			
SD200A0540			534.0		20.0		3.0	
SD200B0540			532.0		20.0		4.0	
SD250B0540					25.0			
SD300B0540					30.0			
SD2000560	(560)		555.0		20.0		2.50	
SD2500560					25.0			
SD3000560					30.0			
SD200A0560			554.0		20.0		3.0	
SD200B0560			552.0		20.0		4.0	
SD250B0560					25.0			
SD300B0560					30.0			
SD2000600	(600)		595.0		20.0		2.50	
SD2500600					25.0			
SD3000600					30.0			
SD200A0600			594.0		20.0		3.0	
SD200B0600			592.0		20.0		4.0	
SD250B0600					25.0			
SD300B0600					30.0			
SD2000620	(620)		615.0		20.0		2.5	
SD2500620					25.0			
SD3000620					30.0			
SD200A0620			614.0		20.0		3.0	
SD200B0620			612.0		20.0		4.0	
SD250B0620					25.0			
SD300B0620					30.0			

续表

规格代号	D		d		b		T	R
	尺寸	公差	尺寸	公差	尺寸	公差		
SD2000850	(850)	H9	845	h8	20.0	+0.2 0	2.50	≤0.4
SD2500850					25.0			
SD3000850					30.0			
SD200A0850			844		20.0		3.0	
SD200B0850			842		20.0		4.0	
SD250B0850					25.0			
SD300B0850					30.0			
SD2501000	1000		995		25.0		2.50	
SD2501700	1700		1695		25.0			
SD2503200	3200		3195		25.0			

注：1. 规格代码应符合 GB/T 15242.2 的规格代码。
2. 带“( )”的缸径为非优先选用。

（3）活塞杆用支承环沟槽

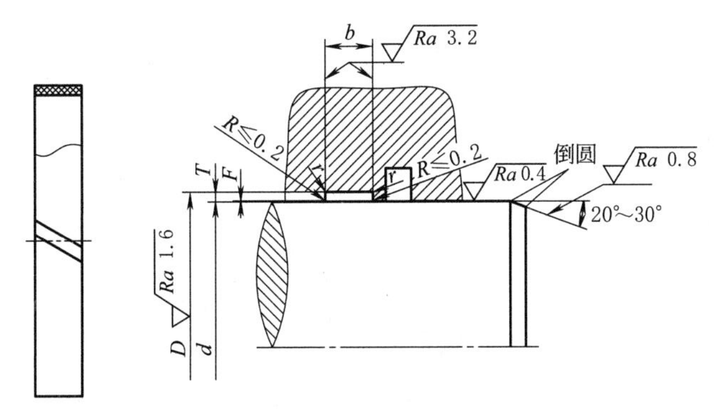

(a) 活塞杆用支承环示意图 (b) 沟槽型式

图 10-4-45 活塞杆用支承环示意图及沟槽型式

表 10-4-88 **活塞杆用支承环沟槽尺寸系列和公差** mm

规格代号	d		D		b		T	R
	尺寸	公差	尺寸	公差	尺寸	公差		
GD0250004	4	f8	7.1	H8	2.5	+0.2 0	1.55	≤0.2
GD0250005	5		8.1					
GD0250006	6		9.1					
GD0250008	8		11.1					
GD0250010	10		13.1					
GD0400012	12		15.1		4.0			
GD0400014	14		17.1					
GD0400016	16		19.1					
GD0400018	18		21.1					
GD0400020	20		23.1					
GD0400022	22		25.1		4.0			
GD0560022			27.0		5.6		2.50	
GD0620022					6.3			
GD0400025	25		28.1		4.0		1.55	
GD0560025			30.0		5.6		2.50	
GD0630025					6.3			
GD0970025					9.7			
GD0400028	28		31.1		4.0		1.55	

续表

规格代号	*d*		*D*		*b*		*T*	*R*
	尺寸	公差	尺寸	公差	尺寸	公差		
GD0560028	28	f8	33.0	H8	5.6	$^{+0.2}_{0}$	2.50	≤0.2
GD0630028					6.3			
GD0970028					9.7			
GD0560030	(30)		(35.0)		5.6			
GD0630030					6.3			
GD0970030					9.7			
GD1500030					15.0			
GD0560032	32		37.0		5.6			
GD0630032					6.3			
GD0970032					9.7			
GD1500032					15.0			
GD0560036	36		41.0		5.6			
GD0630036					6.3			
GD0970036					9.7			
GD1500036					15.0			
GD0560040	40		45.0		5.6			
GD0810040					8.1			
GD0970040					9.7			
GD1500040					15.0			
GD0560045	45		50.0		5.6			
GD0810045					8.1			
GD0970045					9.7			
GD1500045					15.0			
GD0560050	50		55.0		5.6			
GD0810050					8.1			
GD0970050					9.7			
GD1500050					15.0			
GD097A0050			56.0		9.7		3.0	
GD150A0050					15.0			
GD0560056	56		61.0		5.6		2.50	
GD0810056					8.1			
GD0970056					9.7			
GD1500056					15.0			
GD097A0056			62.0		9.7		3.0	
GD150A0056					15.0			
GD0810060	(60)		65.0		8.1		2.50	
GD0970060					9.7			
GD0560063	63		68.0		5.6			
GD0810063					8.1			
GD0970063					9.7			
GD1500063					15.0			
GD097A0063			69.0		9.7		3.0	
GD150A0063					15.0			
GD0560070	70		75.0		5.6		2.50	
GD0810070					8.1			
GD0970070					9.7			
GD1500070					15.0			
GD097A0070			76.0		9.7		3.0	
GD150A0070					15.0			

续表

规格代号	d		D		b		T	R
	尺寸	公差	尺寸	公差	尺寸	公差		
GD0810080	80	f8	85.0	H8	8.1	$^{+0.2}_{0}$	2.50	≤0.2
GD0970080					9.7			
GD1500080					15.0			
GD2000080					20.0			
GD2500080					25.0			
GD097A0080			86.0		9.7		3.0	
GD150A0080					15.0			
GD200A0080					20.0			
GD0810090	90		95.0		8.1		2.50	
GD0970090					9.7			
GD1500090					15.0			
GD2000090					20.0			
GD2500090					25.0			
GD097A0090			96.0		9.7		3.0	
GD150A0090					15.0			
GD200A0090					20.0			
GD0810100	100		105.0		8.1		2.50	
GD0970100					9.7			
GD1500100					15.0			
GD2000100					20.0			
GD2500100					25.0			
GD097A0100			106.0		9.7		3.0	
GD150A0100					15.0			
GD200A0100					20.0			
GD0810110	110		115.0		8.1		2.50	
GD0970110					9.7			
GD1500110					15.0			
GD2000110					20.0			
GD2500110					25.0			
GD097A0110			116.0		9.7		3.0	
GD150A0110					15.0			
GD200A0110					20.0			
GD0810120	(120)		125.0		8.1		2.50	
GD0970120					9.7			
GD1500120					15.0			
GD2000120					20.0			
GD2500120					25.0			
GD097A0120			126.0		9.7		3.0	
GD150A0120					15.0			
GD200A0120					20.0			
GD0810125	125		130.0		8.1		2.50	
GD0970125					9.7			
GD1500125					15.0			
GD2000125					20.0			
GD2500125					25.0			
GD097A0125			131.0		9.7		3.0	
GD150A0125					15.0			
GD200A0125					20.0			
GD0810130	130		135.0		8.1		2.50	
GD0970130					9.7			

续表

规格代号	d 尺寸	d 公差	D 尺寸	D 公差	b 尺寸	b 公差	T	R
GD1500130	130	f8	135.0	H8	15.0	+0.2 0	2.50	≤0.2
GD2000130	130	f8	135.0	H8	20.0	+0.2 0	2.50	≤0.2
GD2500130	130	f8	135.0	H8	25.0	+0.2 0	2.50	≤0.2
GD097A0130	130	f8	136.0	H8	9.7	+0.2 0	3.0	≤0.2
GD150A0130	130	f8	136.0	H8	15.0	+0.2 0	3.0	≤0.2
GD200A0130	130	f8	136.0	H8	20.0	+0.2 0	3.0	≤0.2
GD0810140	140	f8	145.0	H8	8.1	+0.2 0	2.50	≤0.2
GD0970140	140	f8	145.0	H8	9.7	+0.2 0	2.50	≤0.2
GD1500140	140	f8	145.0	H8	15.0	+0.2 0	2.50	≤0.2
GD2000140	140	f8	145.0	H8	20.0	+0.2 0	2.50	≤0.2
GD2500140	140	f8	145.0	H8	25.0	+0.2 0	2.50	≤0.2
GD097A0140	140	f8	146.0	H8	9.7	+0.2 0	3.0	≤0.2
GD150A0140	140	f8	146.0	H8	15.0	+0.2 0	3.0	≤0.2
GD200A0140	140	f8	146.0	H8	20.0	+0.2 0	3.0	≤0.2
GD0810150	150	f8	155.0	H8	8.1	+0.2 0	2.50	≤0.2
GD0970150	150	f8	155.0	H8	9.7	+0.2 0	2.50	≤0.2
GD1500150	150	f8	155.0	H8	15.0	+0.2 0	2.50	≤0.2
GD2000150	150	f8	155.0	H8	20.0	+0.2 0	2.50	≤0.2
GD2500150	150	f8	155.0	H8	25.0	+0.2 0	2.50	≤0.2
GD097A0150	150	f8	156.0	H8	9.7	+0.2 0	3.0	≤0.2
GD150A0150	150	f8	156.0	H8	15.0	+0.2 0	3.0	≤0.2
GD200A0150	150	f8	156.0	H8	20.0	+0.2 0	3.0	≤0.2
GD0810160	160	f8	165.0	H8	8.1	+0.2 0	2.50	≤0.2
GD0970160	160	f8	165.0	H8	9.7	+0.2 0	2.50	≤0.2
GD1500160	160	f8	165.0	H8	15.0	+0.2 0	2.50	≤0.2
GD2000160	160	f8	165.0	H8	20.0	+0.2 0	2.50	≤0.2
GD2500160	160	f8	165.0	H8	25.0	+0.2 0	2.50	≤0.2
GD097A0160	160	f8	166.0	H8	9.7	+0.2 0	3.0	≤0.2
GD150A0160	160	f8	166.0	H8	15.0	+0.2 0	3.0	≤0.2
GD200A0160	160	f8	166.0	H8	20.0	+0.2 0	3.0	≤0.2
GD0810170	170	f8	175.0	H8	8.1	+0.2 0	2.50	≤0.2
GD0970170	170	f8	175.0	H8	9.7	+0.2 0	2.50	≤0.2
GD1500170	170	f8	175.0	H8	15.0	+0.2 0	2.50	≤0.2
GD2000170	170	f8	175.0	H8	20.0	+0.2 0	2.50	≤0.2
GD2500170	170	f8	175.0	H8	25.0	+0.2 0	2.50	≤0.2
GD097A0170	170	f8	176.0	H8	9.7	+0.2 0	3.0	≤0.2
GD150A0170	170	f8	176.0	H8	15.0	+0.2 0	3.0	≤0.2
GD200A0170	170	f8	176.0	H8	20.0	+0.2 0	3.0	≤0.2
GD0810180	180	f8	185.0	H8	8.1	+0.2 0	2.50	≤0.2
GD0970180	180	f8	185.0	H8	9.7	+0.2 0	2.50	≤0.2
GD1500180	180	f8	185.0	H8	15.0	+0.2 0	2.50	≤0.2
GD2000180	180	f8	185.0	H8	20.0	+0.2 0	2.50	≤0.2
GD2500180	180	f8	185.0	H8	25.0	+0.2 0	2.50	≤0.2
GD097A0180	180	f8	186.0	H8	9.7	+0.2 0	3.0	≤0.2
GD150A0180	180	f8	186.0	H8	15.0	+0.2 0	3.0	≤0.2
GD200A0180	180	f8	186.0	H8	20.0	+0.2 0	3.0	≤0.2
GD0810190	190	f8	195.0	H8	8.1	+0.2 0	2.50	≤0.2
GD0970190	190	f8	195.0	H8	9.7	+0.2 0	2.50	≤0.2
GD1500190	190	f8	195.0	H8	15.0	+0.2 0	2.50	≤0.2
GD2000190	190	f8	195.0	H8	20.0	+0.2 0	2.50	≤0.2

续表

规格代号	d		D		b		T	R
	尺寸	公差	尺寸	公差	尺寸	公差		
GD2500190	190	f8	195.0	H8	25.0	$^{+0.2}_{0}$	2.50	≤0.2
GD097A0190			196.0		9.7		3.0	
GD150A0190					15.0			
GD200A0190					20.0			
GD0810200	200		205.0		8.1		2.50	
GD0970200					9.7			
GD1500200					15.0			
GD2000200					20.0			
GD2500200					25.0			
GD097A0200			206.0		9.7		3.0	
GD150A0200					15.0			
GD200A0200					20.0			
GD0810210	(210)		215.0		8.1		2.50	
GD0970210					9.7			
GD1500210					15.0			
GD2000210					20.0			
GD2500210					25.0			
GD097A0210			216		9.7		3.0	
GD150A0210					15.0			
GD200A0210					20.0			
GD0810220	220		225.0		8.1		2.50	
GD0970220					9.7			
GD1500220					15.0			
GD2000220					20.0			
GD2500220					25.0			
GD097A0220			226.0		9.7		3.0	
GD150A0220					15.0			
GD200A0220					20.0			
GD0810240	240		245.0		8.1		2.50	
GD0970240					9.7			
GD1500240					15.0			
GD2000240					20.0			
GD2500240					25.0			
GD097A0240			246.0		9.7		3.0	
GD150A0240					15.0			
GD200A0240					20.0			
GD0810250	250		255.0		8.1		2.50	
GD0970250					9.7			
GD1500250					15.0			
GD2000250					20.0			
GD2500250					25.0			
GD097A0250			256.0		9.7		3.0	
GD150A0250					15.0			
GD200A0250					20.0			
GD0810280	280		285.0		8.1		2.50	≤0.4
GD0970280					9.7			
GD1500280					15.0			
GD2000280					20.0			
GD2500280					25.0			

续表

规格代号	d		D		b		T	R
	尺寸	公差	尺寸	公差	尺寸	公差		
GD097A0280	280	f8	286.0	H8	9.7	$^{+0.2}_{0}$	3.0	≤0.4
GD150A0280					15.0			
GD200A0280					20.0			
GD200B0280			288.0		20.0		4.0	
GD250B0280					25.0			
GD0970290	290		295.0		9.7		2.50	
GD1500290					15.0			
GD2000290					20.0			
GD2500290					25.0			
GD097A0290			296.0		9.7		3.0	
GD150A0290					15.0			
GD200A0290					20.0			
GD200B0290			298.0		20.0		4.0	
GD250B0290					25.0			
GD1500320	320		325.0		15.0		2.50	
GD2000320					20.0			
GD2500320					25.0			
GD150A0320			326.0		15.0		3.0	
GD200A0320					20.0			
GD200B0320			328		20.0		4.0	
GD250B0320					25.0			
GD1500360	360		365		15.0		2.50	
GD2000360					20.0			
GD2500360					25.0			
GD150A0360			366		15.0		3.0	
GD200A0360					20.0			
GD200B0360			368		20.0		4.0	
GD250B0360					25.0			
GD2500400	400		405		25.0		2.50	
GD3000400					30.0			
GD250B0400			408		25.0		4.0	
GD300B0400					30.0			
GD2500450	450		455		25.0		2.50	
GD3000450					30.0			
GD250B0450			458		25.0		4.0	
GD300B0450					30.0			
GD2500490	(490)		495		25.0		2.50	
GD3000490					30.0			
GD250B0490			498		25.0		4.0	
GD300B0490					30.0			
GD2500500	500		505		25.0		2.50	
GD3000500					30.0			
GD250B0500			508		25.0		4.0	
GD300B0500					30.0			
GD2500800	800		805		25.0		2.50	
GD3000800					30.0			
GD250B0800			808		25.0		4.0	
GD300B0800					30.0			
GD25001000	100		1005		25.0		2.50	
GD30001000					30.0			
GD250B01000			1008		25.0		4.0	
GD300B01000					30.0			
GD2502500	2500		2505		25.0		2.50	
GD2503200	3200		3205		25.0			

注：1. 规格代码应符合 GB/T 15242.2 的规格代码。

2. 带“( )”的缸径为非优先选用。

（4）单边间隙

表 10-4-89　活塞及活塞杆安装单边间隙　mm

缸径 D/活塞杆直径 d	F	缸径 D/活塞杆直径 d	F
8~20	0.20~0.30	251~500	0.40~0.80
21~100	0.25~0.40	501~1000	0.50~1.10
101~250	0.30~0.60	≥1001	0.60~1.20

16　聚氨酯活塞往复运动密封圈（摘自 GB/T 36520.1—2018）

GB/T 36520.1—2018《液压传动　聚氨酯密封件尺寸系列　第1部分：活塞往复运动密封圈的尺寸和公差》规定了液压传动系统中活塞往复运动聚氨酯密封圈的术语和定义、符号、结构型式、尺寸和公差、标识，适用于液压缸中的活塞往复运动聚氨酯密封圈。

（1）符号

U——活塞往复运动聚氨酯单体U形密封圈代号，简称活塞单体U形密封圈；

Y×D——活塞往复运动聚氨酯单体Y×D密封圈代号，简称活塞单体Y×D密封圈；

G——活塞往复运动聚氨酯单体鼓形圈代号，简称活塞单体鼓形圈；

SH——活塞往复运动聚氨酯单体山形圈代号，简称活塞单体山形圈；

GZ——活塞往复运动聚氨酯组合鼓形圈代号，简称活塞组合鼓形圈。

（2）标识

① 活塞单体U形密封圈的标识如下：

活塞单体U形密封圈以代表活塞单体U形圈的字母“U”、名义尺寸（$D×d×L$）及本部分标准编号进行标识。

示例：

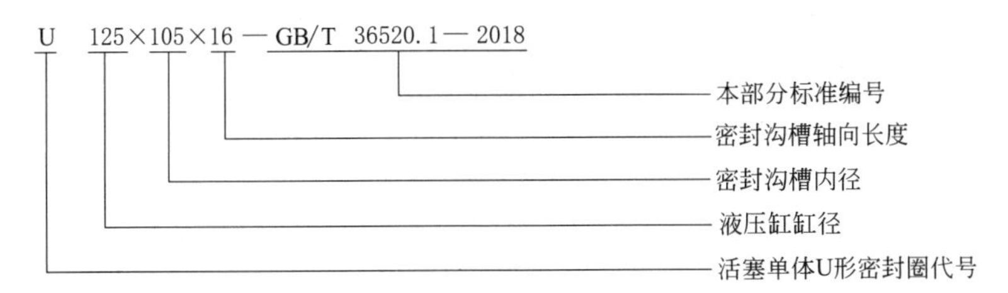

② 活塞单体Y×D密封圈的标识如下：

活塞单体Y×D密封圈以代表活塞单体Y×D密封圈的字母“Y×D”、名义尺寸（$D×d×L$）及本部分标准编号进行标识。

示例：

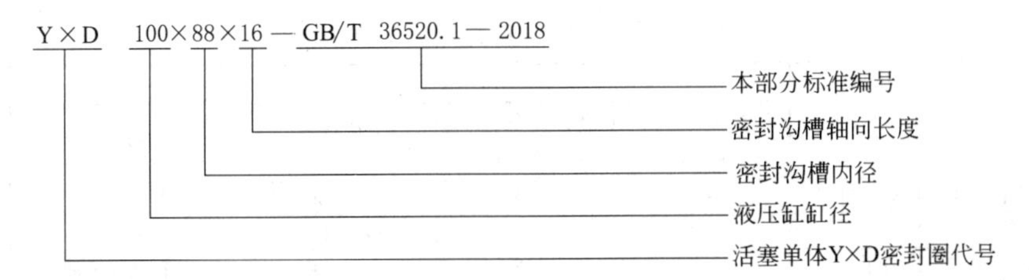

③ 单体鼓形圈的标识如下：

活塞单体鼓形圈以代表活塞单体鼓形圈的字母“G”、名义尺寸（$D×d×L$）及本部分标准编号进行标识。

示例：

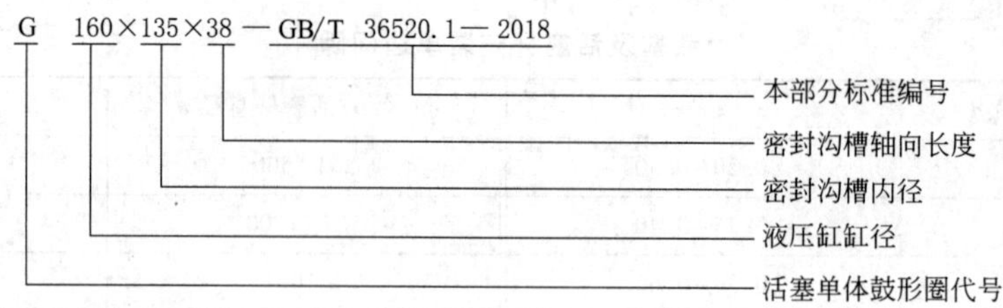

④ 活塞单体山形圈的标识如下：

活塞单体山形圈以代表活塞单体山形圈的字母“SH”、名义尺寸（$D×d×L$）及本部分标准编号进行标识。

示例：

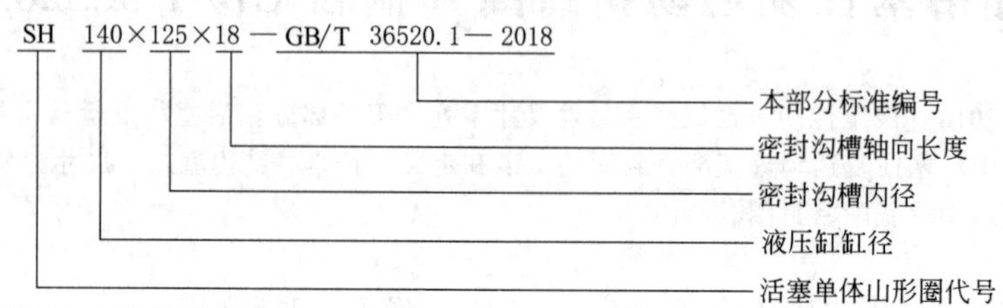

⑤ 活塞T形沟槽组合鼓形圈的标识如下：

活塞T形沟槽组合鼓形圈以代表活塞T形沟槽组合鼓形圈的字母“GZ”、名义尺寸（$D×d×L×L_0$）及本部分标准编号进行标识。

示例：

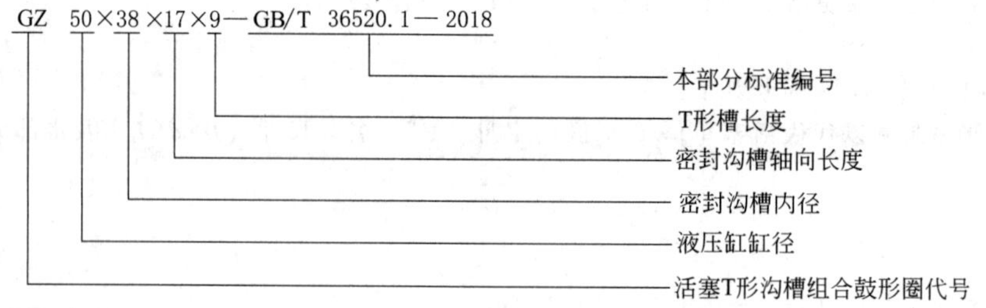

⑥ 活塞直沟槽组合鼓形圈的标识如下：

活塞直沟槽组合鼓形圈以代表活塞直沟槽组合鼓形圈的字母“GZ”、名义尺寸（$D×d×L$）及本部分标准编号进行标识。

示例：

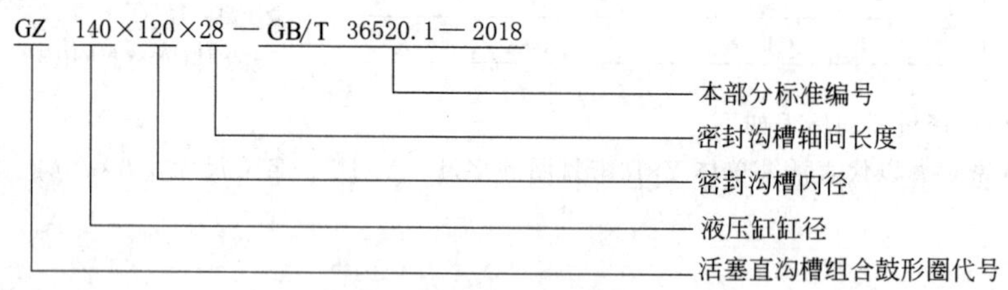

（3）使用条件

表 10-4-90　各种结构活塞往复运动密封圈的使用条件

序号	类别	使用条件				
		往复速度 /m·s^{-1}	最大工作压力 /MPa	使用温度 /℃	介质	领域
1	活塞单向U形密封圈	0.5	35	-40~80	矿物油	工程缸
2	活塞单向Y×D密封圈	0.5	35	-40~80	矿物油	工程缸
3	活塞单体鼓形圈	0.5	45	-40~80	水加乳化液(油)	液压支架
4	活塞单体山形圈	0.5	45	-40~80	水加乳化液(油)	液压支架
5	活塞T形沟槽组合鼓形圈	0.5	90	-40~80	水加乳化液(油)	液压支架
6	活塞直沟槽组合鼓形圈	0.5	90	-40~80	水加乳化液(油)	液压支架

（4）活塞单体U形密封圈（单体单向密封圈）

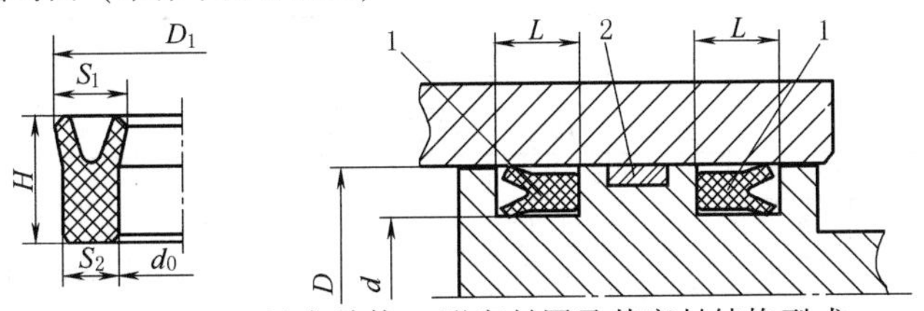

图 10-4-46　活塞单体U形密封圈及其密封结构型式

1—活塞单体U形密封圈；2—导向环

表 10-4-91　　活塞单体U形密封圈的尺寸和公差　　mm

<table>
<tr><th colspan="3">密封沟槽尺寸</th><th colspan="10">尺寸和公差</th></tr>
<tr><th rowspan="2">D</th><th rowspan="2">d</th><th rowspan="2">L</th><th colspan="2">D_1</th><th colspan="2">d_0</th><th colspan="2">S_1</th><th colspan="2">S_2</th><th colspan="2">H</th></tr>
<tr><th>尺寸</th><th>公差</th><th>尺寸</th><th>公差</th><th>尺寸</th><th>公差</th><th>尺寸</th><th>公差</th><th>尺寸</th><th>公差</th></tr>
<tr><td>20</td><td>10</td><td>8</td><td>21.5</td><td rowspan="7">±0.20</td><td>9.8</td><td rowspan="7">±0.20</td><td rowspan="7">6.6</td><td rowspan="16">±0.20</td><td rowspan="7">4.8</td><td rowspan="16">±0.10</td><td rowspan="7">7.2</td><td rowspan="7">±0.15</td></tr>
<tr><td>25</td><td>15</td><td>8</td><td>26.5</td><td>14.8</td></tr>
<tr><td>36</td><td>26</td><td>8</td><td>37.5</td><td>25.8</td></tr>
<tr><td>40</td><td>30</td><td>8</td><td>41.5</td><td>29.8</td></tr>
<tr><td>50</td><td>40</td><td>8</td><td>51.5</td><td>39.8</td></tr>
<tr><td>56</td><td>46</td><td>8</td><td>57.5</td><td>45.8</td></tr>
<tr><td>63</td><td>53</td><td>8</td><td>64.5</td><td>52.8</td></tr>
<tr><td>70</td><td>55</td><td>12.5</td><td>72.1</td><td rowspan="3">±0.35</td><td>54.8</td><td rowspan="6">±0.35</td><td rowspan="5">9.7</td><td rowspan="5">7.3</td><td rowspan="5">11.5</td><td rowspan="13">±0.20</td></tr>
<tr><td>80</td><td>65</td><td>12.5</td><td>82.1</td><td>64.8</td></tr>
<tr><td>90</td><td>75</td><td>12.5</td><td>92.1</td><td>74.8</td></tr>
<tr><td>100</td><td>85</td><td>12.5</td><td>102.3</td><td rowspan="5">±0.45</td><td>84.8</td></tr>
<tr><td>110</td><td>95</td><td>12.5</td><td>112.3</td><td>94.8</td></tr>
<tr><td>125</td><td>105</td><td>16</td><td>127.7</td><td>104.7</td><td rowspan="4">12.7</td><td rowspan="4">9.7</td><td rowspan="4">14.8</td></tr>
<tr><td>140</td><td>120</td><td>16</td><td>142.7</td><td>119.6</td><td rowspan="6">±0.45</td></tr>
<tr><td>160</td><td>140</td><td>16</td><td>162.7</td><td>139.6</td></tr>
<tr><td>180</td><td>160</td><td>16</td><td>182.7</td><td rowspan="6">±0.60</td><td>159.6</td></tr>
<tr><td>200</td><td>175</td><td>20</td><td>203.5</td><td>174.5</td><td rowspan="4">15.9</td><td rowspan="11">±0.25</td><td rowspan="4">12.2</td><td rowspan="11">±0.15</td><td rowspan="4">18.5</td></tr>
<tr><td>220</td><td>195</td><td>20</td><td>223.5</td><td>194.5</td></tr>
<tr><td>230</td><td>205</td><td>20</td><td>233.5</td><td>204.5</td></tr>
<tr><td>250</td><td>225</td><td>20</td><td>253.8</td><td>224.5</td><td rowspan="3">±0.60</td></tr>
<tr><td>280</td><td>250</td><td>25</td><td>284.1</td><td>249.4</td><td rowspan="3">18.9</td><td rowspan="3">14.5</td><td rowspan="3">23.5</td><td rowspan="7">±0.30</td></tr>
<tr><td>320</td><td>290</td><td>25</td><td>324.1</td><td rowspan="4">±0.90</td><td>289.4</td></tr>
<tr><td>360</td><td>330</td><td>25</td><td>364.5</td><td>329.4</td><td rowspan="4">±0.90</td></tr>
<tr><td>400</td><td>360</td><td>32</td><td>404.8</td><td>359.4</td><td rowspan="4">24.5</td><td rowspan="4">19.5</td><td rowspan="4">30.2</td></tr>
<tr><td>450</td><td>410</td><td>32</td><td>454.8</td><td>409.4</td></tr>
<tr><td>500</td><td>460</td><td>32</td><td>504.8</td><td>±1.20</td><td>459.4</td></tr>
<tr><td>600</td><td>560</td><td>32</td><td>604.8</td><td>±1.50</td><td>559.5</td><td>±1.20</td></tr>
</table>

注：1. 建议密封沟槽尺寸和公差按 DH9、dh9、$L^{+0.2}_{0}$ 确定。

2. 两个活塞单体U形密封圈背向安装实现活塞往复运动的双向密封，如果密封圈不带泄压槽，则可能损伤密封唇口。

（5）活塞单体Y×D密封圈（单体单向密封圈）

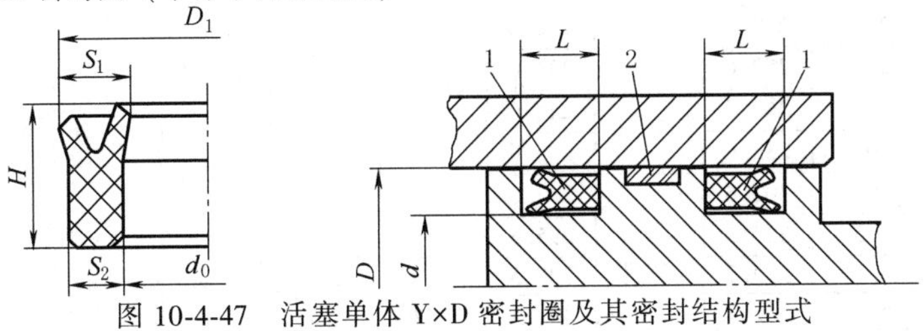

图 10-4-47　活塞单体Y×D密封圈及其密封结构型式

1—活塞单体Y×D密封圈；2—导向环

表 10-4-92　活塞单体 Y×D 密封圈的尺寸和公差 mm

密封沟槽公称尺寸			尺寸和公差									
D	d	L	D_1		d_0		S_1		S_2		H	
			尺寸	公差	尺寸	公差	尺寸	公差	尺寸	公差	尺寸	公差
16	10	9	16.90	±0.20	9.80	±0.20	3.90	±0.15	2.85	±0.08	8.00	±0.15
18	12	9	18.90		11.80							
20	14	9	20.90		13.80							
25	19	9	25.90		18.80							
28	22	9	28.90		21.80							
30	22	12	31.10		21.80		5.20		3.80		11.0	
35	27	12	36.10		26.80							
36	28	12	37.10		27.80							
38	30	12	39.10		29.80							
40	32	12	41.10		31.80							
45	37	12	46.10		36.80							
50	42	12	51.10		41.80							
55	47	12	56.10	±0.35	46.80	±0.35						
60	48	16	61.60		47.80		7.70	±0.20	5.80	±0.10	15.0	
63	51	16	64.60		50.80							
65	53	16	66.60		52.80							
70	58	16	71.60		57.80							
75	63	16	76.60		62.80							
80	68	16	81.60		67.80							
85	73	16	86.60		72.80							
90	78	16	91.60		77.80							
95	83	16	96.60		82.80							
100	88	16	101.8	±0.45	87.80		7.80					
105	93	16	106.8		92.80							
110	98	16	111.8		97.80							
115	103	16	116.8		114.8	±0.45						
120	104	16	122.2		103.7		10.20		7.80		14.80	
125	109	16	127.2		108.7							
127	111	16	129.2		110.7							
130	114	16	132.2		113.7							
140	124	16	142.2		123.7							
150	134	16	152.2		133.7							
160	144	16	162.2		143.7							
170	154	20	172.2		153.7						18.50	±0.20
180	164	20	182.4	±0.60	163.7		10.30					
190	174	20	192.4		173.7							
200	184	20	202.4		183.7							
210	194	20	212.4		193.7							
220	204	20	222.4		203.6	±0.60						
230	214	20	232.4		213.6							
240	224	20	242.4		232.6							
250	234	20	252.6		233.6		10.40					
260	244	20	262.6		243.6							
280	264	20	282.6		263.6							
300	284	20	302.6		283.6							
320	296	26.5	323.2	±0.90	295.6		15.20					
330	306	26.5	333.2		305.5	±0.90						
350	326	26.5	353.2		325.5							
360	336	26.5	363.2		335.5							

续表

密封沟槽公称尺寸			尺寸和公差									
D	d	L	D_1		d_0		S_1		S_2		H	
			尺寸	公差	尺寸	公差	尺寸	公差	尺寸	公差	尺寸	公差
380	356	26.5	383.2	±0.90	355.5	±0.90	15.20	±0.25	11.70	±0.15	25.0	±0.30
400	376	26.5	403.2		375.5							
420	396	26.5	423.3		395.5							
450	426	26.5	453.5		425.5		15.40					
480	456	26.5	483.5		455.5							
500	476	26.5	503.5	±1.20	475.5							
550	526	26.5	553.5		525.5	±1.20						
580	556	26.5	583.5		555.5							
600	576	26.5	604.0	±1.50	575.5		15.50					
630	606	26.5	634.0		605.5	±1.50						
650	626	26.5	654.0		625.5							

（6）活塞单体鼓形圈（单体双向密封圈）

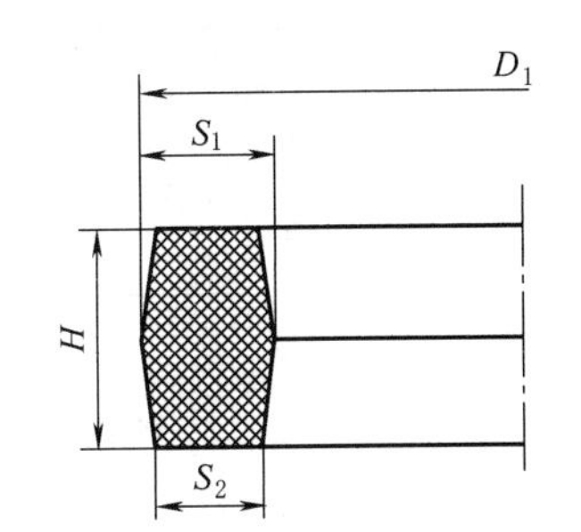

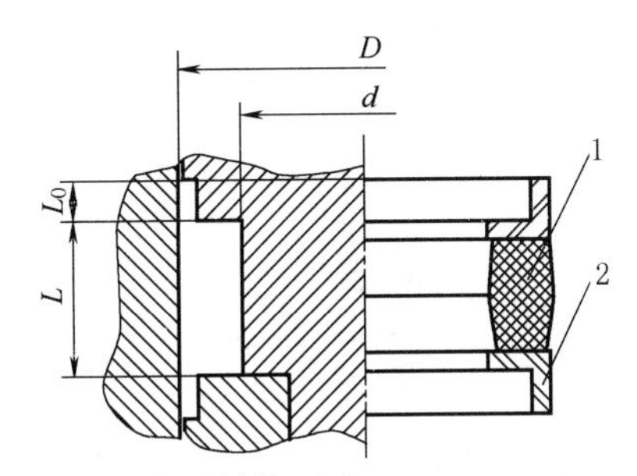

图 10-4-48 活塞单体鼓形圈及其密封结构型式

1—活塞单体鼓形圈；2—塑料支承环

表 10-4-93 **活塞单体鼓形圈的尺寸和公差** mm

密封沟槽公称尺寸				尺寸和公差							
D	d	L	L_0	D_1		H		S_1		S_2	
				尺寸	公差	尺寸	公差	尺寸	公差	尺寸	公差
50	34	28	9	51.00	±0.25	20.50	±0.2	9.00	±0.15	7.00	±0.15
63	47	28	9	63.80							
80	64	28	9	80.80							
100	80	34	9	101.20		26.50		11.20	±0.2	8.70	
105	85	34	9	106.20							
110	90	34	9	111.20							
125	105	34	9	125.90	±0.35						
140	120	34	9	140.90							
160	135	38	9	161.30		30.50		13.90		10.80	±0.20
180	155	38	9	181.00	±0.45						
200	175	38	9	201.00							
210	185	38	9	211.00							
220	195	38	9	221.00							
230	205	38	9	231.00	±0.65						
250	225	38	9	251.00							
280	255	38	9	281.00							
320	295	38	9	321.00							
360	330	38	9	361.00	±0.90	30.00		16.50		12.90	
380	350	38	9	381.00							

(7) 活塞单体山形圈 (单体双向密封圈)

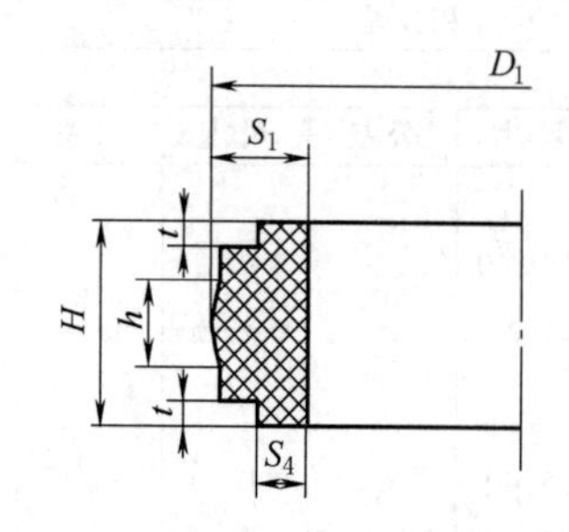

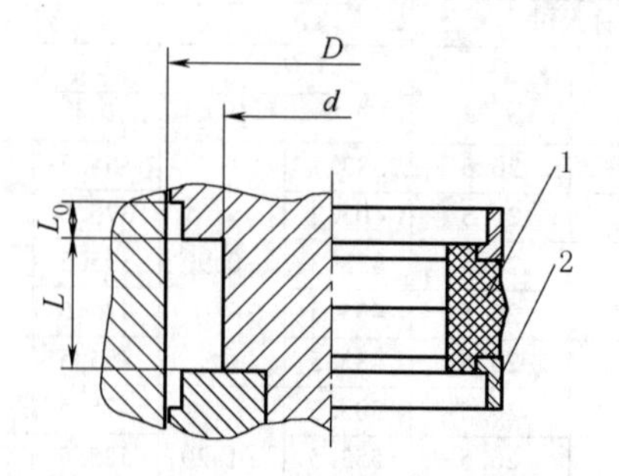

图 10-4-49 活塞单体山形圈及其密封结构型式

1—活塞单体山形圈；2—塑料支承环

表 10-4-94 **活塞单体山形圈的尺寸和公差** mm

<table>
<tr><th colspan="4">密封沟槽公称尺寸</th><th colspan="12">尺寸和公差</th></tr>
<tr><th rowspan="2">D</th><th rowspan="2">d</th><th rowspan="2">L</th><th rowspan="2">L_0</th><th colspan="2">D_1</th><th colspan="2">H</th><th colspan="2">S_1</th><th colspan="2">S_2</th><th colspan="2">h</th><th colspan="2">t</th></tr>
<tr><th>尺寸</th><th>公差</th><th>尺寸</th><th>公差</th><th>尺寸</th><th>公差</th><th>尺寸</th><th>公差</th><th>尺寸</th><th>公差</th><th>尺寸</th><th>公差</th></tr>
<tr><td>50</td><td>38</td><td>17</td><td>9</td><td>50. 60</td><td rowspan="9">±0. 25</td><td rowspan="3">16. 00</td><td rowspan="14">±0. 20</td><td rowspan="3">6. 80</td><td rowspan="10">±0. 15</td><td rowspan="3">2. 40</td><td rowspan="14">-0. 20</td><td rowspan="3">7. 00</td><td rowspan="14">±0. 10</td><td rowspan="14">3. 00</td><td rowspan="14">±0. 10</td></tr>
<tr><td>63</td><td>51</td><td>17</td><td>9</td><td>63. 60</td></tr>
<tr><td>80</td><td>68</td><td>17</td><td>9</td><td>80. 60</td></tr>
<tr><td>100</td><td>87</td><td>18</td><td>9</td><td>100. 80</td><td rowspan="4">17. 00</td><td rowspan="4">7. 50</td><td rowspan="4">2. 60</td><td rowspan="4">8. 00</td></tr>
<tr><td>105</td><td>92</td><td>18</td><td>9</td><td>105. 80</td></tr>
<tr><td>110</td><td>97</td><td>18</td><td>9</td><td>110. 80</td></tr>
<tr><td>125</td><td>112</td><td>18</td><td>9</td><td>125. 80</td></tr>
<tr><td>140</td><td>125</td><td>21</td><td>9</td><td>141. 50</td><td rowspan="3">20. 00</td><td rowspan="3">9. 00</td><td rowspan="3">3. 00</td><td rowspan="3">10. 00</td></tr>
<tr><td>160</td><td>145</td><td>21</td><td>9</td><td>161. 50</td></tr>
<tr><td>180</td><td>165</td><td>21</td><td>9</td><td>181. 20</td><td rowspan="3">±0. 45</td></tr>
<tr><td>200</td><td>182</td><td>25</td><td>9</td><td>201. 80</td><td rowspan="4">23. 50</td><td rowspan="4">10. 80</td><td rowspan="4">±0. 20</td><td rowspan="4">3. 60</td><td rowspan="4">11. 50</td></tr>
<tr><td>210</td><td>192</td><td>25</td><td>9</td><td>211. 80</td></tr>
<tr><td>230</td><td>212</td><td>25</td><td>9</td><td>231. 80</td><td rowspan="2">±0. 65</td></tr>
<tr><td>250</td><td>232</td><td>25</td><td>9</td><td>251. 80</td></tr>
</table>

(8) 活塞 T 形沟槽组合鼓形圈 (双向组合鼓形圈)

活塞 T 形沟槽组合鼓形圈的密封结构型式见图 10-4-50。T 形沟槽尺寸分为Ⅰ系列和Ⅱ系列，活塞Ⅰ系列 T 形沟槽组合鼓形圈的尺寸和公差见表 10-4-95，活塞Ⅱ系列 T 形沟槽组合鼓形圈的尺寸和公差见表 10-4-96。

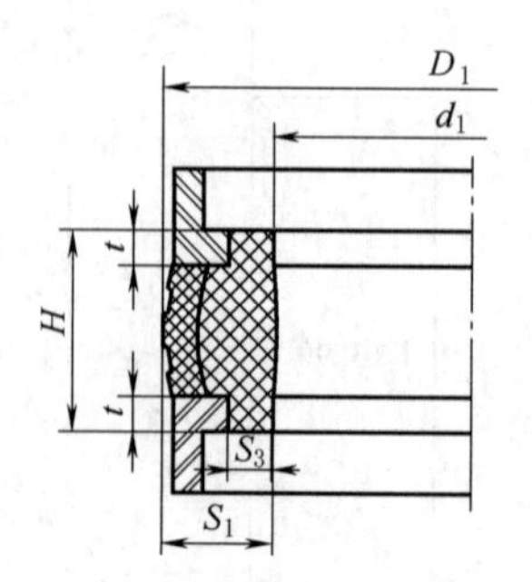

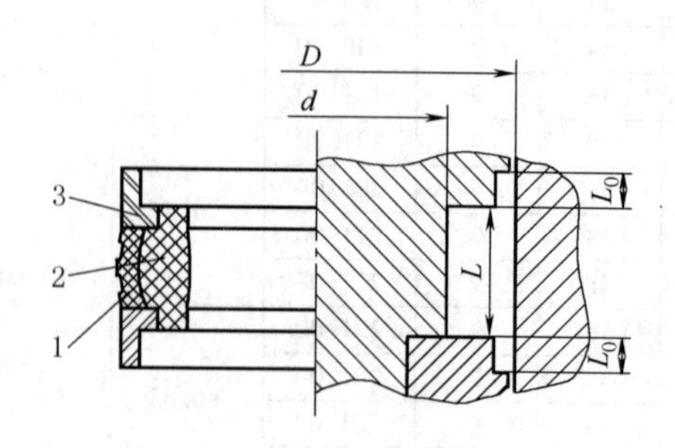

图 10-4-50 活塞 T 形沟槽组合鼓形圈的密封结构型式

1—聚氨酯耐磨环；2—橡胶弹性圈；3—塑料支承环

表 10-4-95　　活塞Ⅰ系列T形沟槽组合鼓形圈的尺寸和公差　　mm

密封沟槽公称尺寸				尺寸和公差											
D	d	L	L_0	D_1		d_1		H		S_1		S_3		t	
				尺寸	公差	尺寸	公差	尺寸	公差	尺寸	公差	尺寸	公差	尺寸	公差
50	38	17	9	50.30	±0.25	37.00	±0.25	16.00	±0.20	6.80	±0.15	2.40	±0.10	3.00	±0.10
63	51	17	9	63.30		50.00									
80	68	17	9	80.30		66.80									
100	87	18	9	100.40	±0.35	85.80		17.00		7.40		2.60			
105	92	18	9	105.40		90.80									
110	97	18	9	110.40		95.80									
125	112	18	9	125.40		110.50	±0.35					3.00			
140	125	21	9	140.40		123.50									
160	145	21	9	160.50	±0.45	143.50		20.00		8.50					
180	165	21	9	180.5		163.20	±0.45								
200	182	25	9	200.5		180.20		24.00		10.10	±0.20	3.60		5.00	
210	192	25	9	210.5	±0.65	190.20									
230	212	25	9	230.5		210.20	±0.65								
250	232	25	9	250.5		230.20									

表 10-4-96　　活塞Ⅱ系列T形沟槽组合鼓形圈的尺寸和公差　　mm

密封沟槽公称尺寸				尺寸和公差											
D	d	L	L_0	D_1		d_1		H		S_1		S_3		t	
				尺寸	公差	尺寸	公差	尺寸	公差	尺寸	公差	尺寸	公差	尺寸	公差
50	34	28	9	50.30	±0.25	33.00	±0.25	27.00	±0.20	9.00	±0.15	3.20	±0.10	3.00	±0.10
63	47	28	9	63.30		45.80									
80	64	28	9	80.30		62.80									
100	80	34	9	100.40	±0.35	78.80		33.00		11.20	±0.20	4.00		5.00	
105	85	34	9	105.40		83.80									
110	90	34	9	110.40		88.80									
125	105	34	9	125.40		103.50	±0.35								
140	120	34	9	140.40		118.50									
160	135	38	9	160.50	±0.45	133.50		36.80		13.90		5.00		6.00	
180	155	38	9	180.50		153.20	±0.45								
200	175	38	9	200.50	±0.65	173.20									
210	185	38	9	210.50		183.20									
220	195	38	9	220.50		193.20									
230	205	38	9	230.50		203.20	±0.65								
250	225	38	9	250.50		223.20									
280	255	38	9	280.50	±0.90	253.00									
320	295	38	9	320.50		293.00									
360	330	38	9	360.50		328.00	±0.90	36.50		16.50		6.00			
380	350	38	9	380.50		348.00									

(9) 活塞直沟槽组合鼓形圈（双向组合鼓形圈）

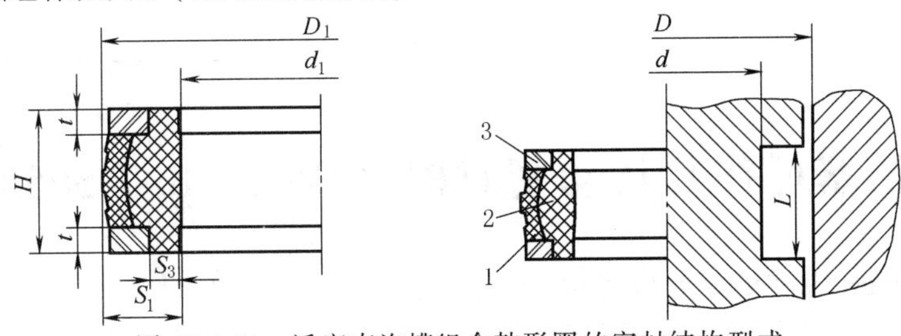

图 10-4-51　活塞直沟槽组合鼓形圈的密封结构型式

1—聚氨酯耐磨环；2—橡胶弹性圈；3—塑料支承环

表 10-4-97　活塞直沟槽组合鼓形圈的尺寸和公差

mm

密封沟槽公称尺寸			尺寸和公差											
D	d	L	D_1		d_1		H		S_1		S_3		t	
			尺寸	公差	尺寸	公差	尺寸	公差	尺寸	公差	尺寸	公差	尺寸	公差
63	47	22	63.30	±0.25	45.80	±0.25	21.00	±0.20	9.00	±0.15	3.20	±0.10	3.00	±0.10
80	64	28	80.30		62.80		27.00							
100	80	28	100.40		78.80				11.20	±0.20	4.00		5.00	
110	90	28	110.40	±0.35	88.80									
120	100	28	120.40		98.50									
125	105	28	125.40		103.50	±0.35								
130	110	28	130.40		108.50									
140	120	28	140.40		118.50									
150	130	28	150.40	±0.45	128.50									
160	135	28	160.50		133.50				13.90		5.00		6.00	
170	145	28	170.50		143.50									
175	150	28	175.50	±0.45	148.50	±0.45		±0.20	13.90	±0.20	5.00	±0.10	6.00	±0.10
180	155	28	180.50		153.20									
200	175	31	200.50	±0.65	173.20		29.80							
210	185	31	210.50		183.20									
220	195	31	220.50		193.20									
230	205	31	230.50		203.20	±0.65								
240	215	31	240.50		213.20									
250	225	31	250.50		223.20									
260	235	31	260.50		233.20									
270	245	51	270.50		243.20									
280	255	31	280.50		253.00									
290	265	31	290.50		263.00									
300	275	31	300.50	±0.90	273.00									
320	295	31	320.50		293.00									
330	300	35	330.50		298.00	±0.90	33.50	±0.25	16.50		6.00			
340	310	35	340.50		308.00									
350	320	35	350.50		318.00									
360	330	35	360.50		328.00									
380	350	35	380.50		348.00									
400	370	35	400.50	±1.20	368.00									
420	390	35	420.50		388.00	±1.20	36.50		19.20		7.00		7.00	
440	410	35	440.50		407.50									
460	430	35	460.50		427.50									
420	385	38	420.50		382.50									
440	405	38	440.50		402.50									
460	425	38	460.50		422.50									
480	445	38	480.50		442.50									
500	465	38	500.5		462.50									
530	495	38	530.5		492.50									

17　聚氨酯活塞杆往复运动密封圈（摘自 GB/T 36520.2—2018）

GB/T 36520.2—2018《液压传动　聚氨酯密封件尺寸系列 第 2 部分：活塞杆往复运动密封圈的尺寸和公差》规定了液压传动系统中活塞杆往复运动聚氨酯密封圈的术语和定义、符号、结构型式、尺寸和公差、标识，适用于液压缸中的活塞杆往复运动聚氨酯密封圈。

（1）符号

NL——活塞杆往复运动聚氨酯单体蕾形密封圈，简称活塞杆单体蕾形圈；

Y×d——活塞杆往复运动聚氨酯单体 Y×d 密封圈，简称活塞杆单体 Y×d 密封圈；

U——活塞杆往复运动聚氨酯单体 U 形密封圈，简称活塞杆单体 U 形密封圈；

NZ——活塞杆往复运动聚氨酯组合蕾形密封圈，简称活塞杆组合蕾形圈。

（2）标识

① 活塞杆单体蕾形圈的标识如下：

活塞杆单体蕾形圈以代表活塞杆单体蕾形圈的字母“NL”、公称尺寸（$d \times D \times L$）及本部分标准编号进行标识。

示例：

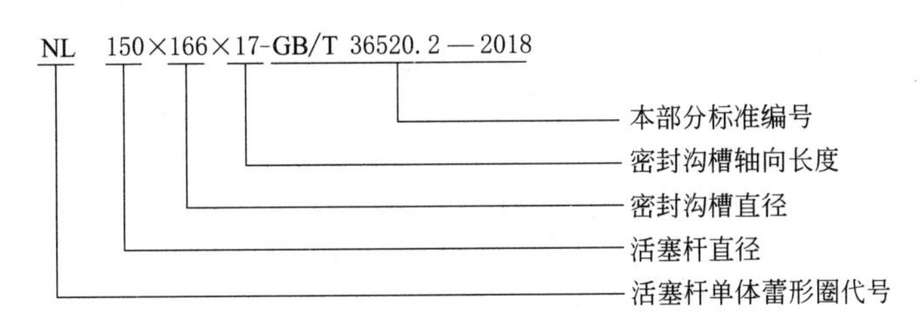

② 活塞杆单体 Y×d 密封圈的标识如下：

活塞杆单体 Y×d 密封圈以代表活塞杆单体 Y×d 密封圈的字母“Y×d”、公称尺寸（$d \times D \times L$）及本部分标准编号进行标识。

示例：

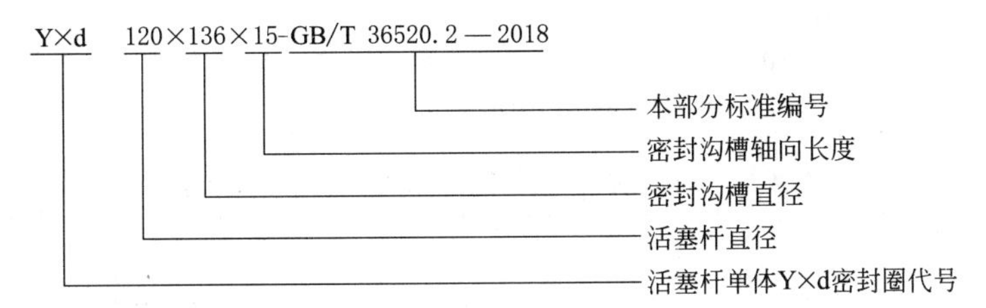

③ 活塞杆单体 U 形密封圈的标识如下：

活塞杆单体 U 形密封圈以代表活塞杆单体 U 形密封圈的字母“U”、公差尺寸（$d \times D \times L$）及本部分标准编号进行标识。

示例：

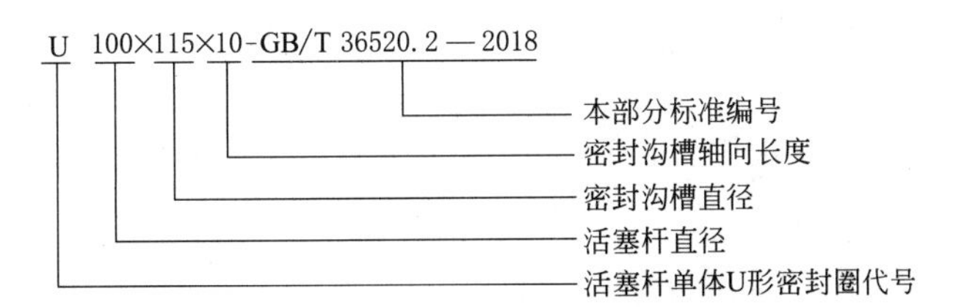

④ 活塞杆组合蕾形圈的标识如下：

活塞杆组合蕾形圈应以代表活塞杆组合蕾形圈的字母“NZ”、公称尺寸（$d \times D \times L$）及本部分标准编号进行标识。

示例：

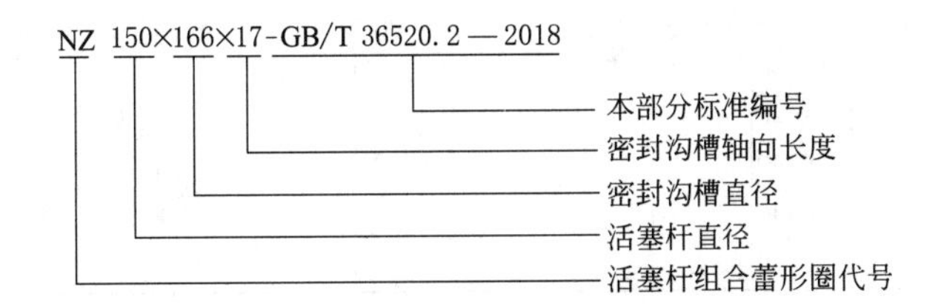

（3）使用条件

表 10-4-98　　各种结构活塞杆往复运动密封圈的使用条件

序号	类别	使用条件				
		往复速度 /m·s^{-1}	最大工作压力 /MPa	使用温度 /℃	介质	应用领域
1	活塞杆单体蕾形圈	0.5	45	-40~80	水加乳化液(油)	液压支架
2	活塞杆单体 Y×d 密封圈	0.5	35	-40~80	矿物油	工程缸
3	活塞杆单体 U 形密封圈	0.5	35	-40~80	矿物油	工程缸
4	活塞杆组合蕾形圈	0.5	60	-40~80	水加乳化液(油)	液压支架

（4）活塞杆单体蕾形圈（单体密封圈）

活塞杆单体蕾形圈及其密封结构型式见图 10-4-52，活塞杆单体蕾形圈密封沟槽尺寸分为Ⅰ系列和Ⅱ系列。活塞杆Ⅰ系列密封沟槽单体蕾形圈的尺寸和公差见表 10-4-99，活塞杆Ⅱ系列密封沟槽单体蕾形圈的尺寸和公差见表 10-4-100。

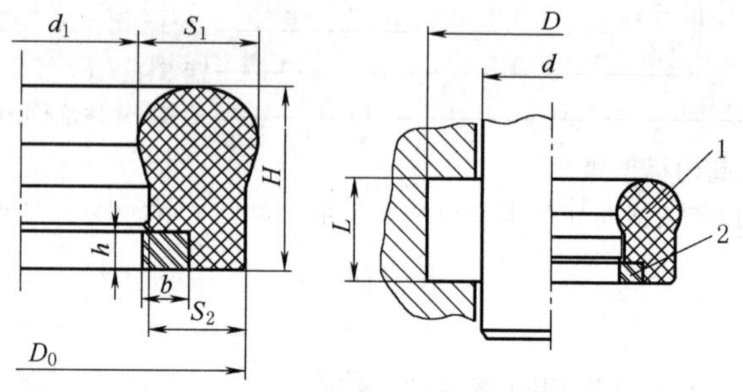

图 10-4-52　活塞杆单体蕾形圈及其密封结构型式

1—活塞杆单体蕾形圈；2—塑料挡圈

表 10-4-99　　活塞杆Ⅰ系列密封沟槽单体蕾形圈的尺寸和公差　　mm

<table>
<tr><th colspan="3">密封沟槽公称尺寸</th><th colspan="14">尺寸和公差</th></tr>
<tr><th rowspan="2">d</th><th rowspan="2">D</th><th rowspan="2">L</th><th colspan="2">d_1</th><th colspan="2">D_0</th><th colspan="2">S_1</th><th colspan="2">S_2</th><th colspan="2">H</th><th colspan="2">b</th><th colspan="2">h</th></tr>
<tr><th>尺寸</th><th>公差</th><th>尺寸</th><th>公差</th><th>尺寸</th><th>公差</th><th>尺寸</th><th>公差</th><th>尺寸</th><th>公差</th><th>尺寸</th><th>公差</th><th>尺寸</th><th>公差</th></tr>
<tr><td>30</td><td>38</td><td>9.5</td><td>29.20</td><td rowspan="11">±0.30</td><td>38.20</td><td rowspan="11">±0.30</td><td rowspan="2">4.90</td><td rowspan="22">±0.15</td><td rowspan="2">3.80</td><td rowspan="22">±0.10</td><td rowspan="2">8.60</td><td rowspan="11">±0.15</td><td rowspan="2">1.90</td><td rowspan="22">±0.10</td><td rowspan="2">2.20</td><td rowspan="22">±0.10</td></tr>
<tr><td>32</td><td>40</td><td>9.5</td><td>31.20</td><td>40.20</td></tr>
<tr><td>45</td><td>57</td><td>13</td><td>43.80</td><td>57.30</td><td rowspan="9">7.40</td><td rowspan="9">5.70</td><td rowspan="9">12.00</td><td rowspan="9">2.80</td><td rowspan="9">2.40</td></tr>
<tr><td>50</td><td>62</td><td>13</td><td>48.80</td><td>62.30</td></tr>
<tr><td>55</td><td>67</td><td>13</td><td>53.80</td><td>67.30</td></tr>
<tr><td>60</td><td>72</td><td>13</td><td>58.80</td><td>72.30</td></tr>
<tr><td>70</td><td>82</td><td>13</td><td>68.80</td><td>82.30</td></tr>
<tr><td>80</td><td>92</td><td>13</td><td>78.80</td><td>92.30</td></tr>
<tr><td>85</td><td>97</td><td>13</td><td>83.80</td><td>97.30</td></tr>
<tr><td>90</td><td>102</td><td>13</td><td>88.80</td><td>102.30</td></tr>
<tr><td>95</td><td>107</td><td>13</td><td>93.80</td><td>107.30</td></tr>
<tr><td>100</td><td>116</td><td>17</td><td>98.50</td><td rowspan="11">±0.45</td><td>116.40</td><td rowspan="11">±0.45</td><td rowspan="11">9.60</td><td rowspan="11">7.70</td><td rowspan="11">16</td><td rowspan="11">±0.20</td><td rowspan="11">3.80</td><td rowspan="11">3.00</td></tr>
<tr><td>105</td><td>121</td><td>17</td><td>103.50</td><td>121.40</td></tr>
<tr><td>110</td><td>126</td><td>17</td><td>108.50</td><td>126.40</td></tr>
<tr><td>115</td><td>131</td><td>17</td><td>113.50</td><td>131.40</td></tr>
<tr><td>120</td><td>136</td><td>17</td><td>118.50</td><td>136.40</td></tr>
<tr><td>130</td><td>146</td><td>17</td><td>128.50</td><td>146.40</td></tr>
<tr><td>140</td><td>156</td><td>17</td><td>138.50</td><td>156.40</td></tr>
<tr><td>150</td><td>166</td><td>17</td><td>148.50</td><td>166.40</td></tr>
<tr><td>160</td><td>176</td><td>17</td><td>158.50</td><td>176.40</td></tr>
<tr><td>170</td><td>186</td><td>17</td><td>168.50</td><td>186.40</td></tr>
<tr><td>185</td><td>201</td><td>17</td><td>183.50</td><td>201.40</td></tr>
</table>

续表

密封沟槽公称尺寸			尺寸和公差													
d	D	L	d_1		D_0		S_1		S_2		H		b		h	
			尺寸	公差	尺寸	公差	尺寸	公差	尺寸	公差	尺寸	公差	尺寸	公差	尺寸	公差
160	180	20.5	158.20	±0.45	180.60	±0.45	11.80	±0.20	9.60	±0.10	19.00	±0.20	4.80	±0.10	3.50	±0.10
170	190	20.5	168.20		190.60											
185	205	20.5	183.20		205.60											
190	210	20.5	188.20		210.60											
200	220	20.5	198.20	±0.65	220.60	±0.65										
210	230	20.5	208.20		230.60											
220	240	20.5	218.20		240.60											
230	250	20.5	228.20		250.60											
240	260	20.5	238.20		260.80											
260	284	24	258.00		284.60		14.20		11.60	±0.15	22.50		4.80		3.50	
280	304	24	278.00		304.60											
290	314	24	288.00		314.60											
300	324	24	298.00		324.60											
320	344	24	318.00		344.60											
340	364	24	338.00		364.60											
355	379	24	353.00	±0.90	379.80	±0.90										
360	384	24	358.00		384.80											
380	404	24	378.00		404.80											
395	419	24	393.00		419.80											
400	424	24	398.00		424.80											
415	439	24	413.00		439.80											
435	459	24	433.00		459.80											
455	479	24	453.00		479.80											
475	499	24	473.00		499.80											
500	524	24	498.00		524.80	±1.20										

表 10-4-100　活塞杆Ⅱ系列密封沟槽单体蕾形圈的尺寸和公差 mm

密封沟槽公称尺寸			尺寸和公差													
d	D	L	d_1		D_0		S_1		S_2		H		b		h	
			尺寸	公差	尺寸	公差	尺寸	公差	尺寸	公差	尺寸	公差	尺寸	公差	尺寸	公差
45	55	8	44.00	±0.30	55.20	±0.30	6.00	±0.15	4.70	±0.10	7.20	±0.15	2.40	±0.10	2.20	±0.10
60	70	12.3	59.00		70.20						11.50					
50	62	9.6	49.00		62.30		7.20		5.70		8.80		2.80		2.40	
63	75	9.6	62.00		75.30											
70	82	9.6	69.00		82.30											
85	97	9.6	84.00		97.30											
60	75	13	59.00		75.30		8.70		7.20		12.00		3.80		3.00	
80	95	16	79.00		95.30						15.00					
85	100	14	84.00		100.30	±0.45					13.00					
100	115	16	98.80		115.40						15.00					
105	120	16	103.80	±0.45	120.40											
115	130	16	113.80		130.40											
120	135	16	118.80		135.40											
130	145	16	128.80		145.40											
140	155	16	138.80		155.40											
140	160	16	138.20		160.40		11.80	±0.20	9.60				4.80		3.50	
160	180	16	158.20		180.60											
180	200	16	178.20		200.60											

续表

密封沟槽公称尺寸			尺寸和公差															
d	D	L	d_1		D_0		S_1		S_2		H		b		h	
			尺寸	公差	尺寸	公差	尺寸	公差	尺寸	公差	尺寸	公差	尺寸	公差	尺寸	公差
210	230	16	208.20	±0.65	230.60	±0.65	11.80	±0.20	9.60	±0.10	15.00	±0.15	4.80	±0.10	3.50	±0.10
230	250	16	228.20		250.60											
230	250	20	228.20		250.60						18.80	±0.20				
235	255	16	233.20		255.60						14.80	±0.15				
240	260	16	238.20		260.60											
260	280	18	258.20		280.60						16.80	±0.20				
275	295	16	273.20		295.60						14.80	±0.15				
295	315	18	293.20		315.60						16.80	±0.20				
295	315	20.5	293.20		315.60						19.00					
320	340	18	318.20		340.60						16.80					
330	350	16	328.20		350.60						14.80	±0.15				
340	360	21.5	338.20		360.60						20.00	±0.20				
340	365	20	337.50		365.80		14.80		12.10	±0.15	18.50					
355	380	20	352.50	±0.90	380.80	±0.90										
380	405	20	377.50		405.80											
395	420	20	392.50		420.80											
450	475	20	447.50		475.80											
470	495	20	467.50		495.80											

（5）活塞杆单体 Y×d 密封圈

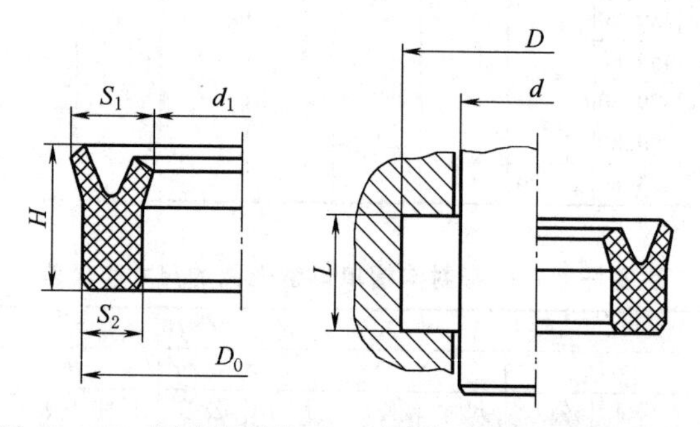

图 10-4-53　活塞杆单体 Y×d 密封圈及其密封结构型式

表 10-4-101　　**活塞杆单体 Y×d 密封圈的尺寸和公差**　　mm

密封沟槽公称尺寸			尺寸和公差									
d	D	L	d_1		D_0		S_1		S_2		H	
			尺寸	公差	尺寸	公差	尺寸	公差	尺寸	公差	尺寸	公差
16	22	9	15.10	±0.20	22.20	±0.20	3.90	±0.15	2.85	±0.08	8.00	±0.15
18	24	9	17.10		24.20							
20	28	9	18.90		28.20		5.20		3.80			
25	33	9	23.90		33.20							
28	36	9	26.90		36.20							
30	38	11	28.90		38.20						10.00	
35	43	11	33.89		43.20							
36	44	11	34.80		44.20							
38	46	11	36.80		46.20							
40	48	11	38.80		48.20							
45	53	11	43.80		53.20	±0.35						
50	58	11	48.80		58.20							

续表

<table>
<tr><th colspan="3">密封沟槽公称尺寸</th><th colspan="10">尺寸和公差</th></tr>
<tr><th rowspan="2">d</th><th rowspan="2">D</th><th rowspan="2">L</th><th colspan="2">d_1</th><th colspan="2">D_0</th><th colspan="2">S_1</th><th colspan="2">S_2</th><th colspan="2">H</th></tr>
<tr><th>尺寸</th><th>公差</th><th>尺寸</th><th>公差</th><th>尺寸</th><th>公差</th><th>尺寸</th><th>公差</th><th>尺寸</th><th>公差</th></tr>
<tr><td>55</td><td>63</td><td>11</td><td>53.80</td><td rowspan="11">±0.35</td><td>63.20</td><td rowspan="8">±0.35</td><td>5.20</td><td>±0.15</td><td>3.80</td><td>±0.08</td><td>0.00</td><td>±0.15</td></tr>
<tr><td>60</td><td>72</td><td>15</td><td>58.50</td><td>72.20</td><td rowspan="7">7.70</td><td rowspan="32">±0.20</td><td rowspan="10">5.80</td><td rowspan="32">±0.10</td><td rowspan="20">14.0</td><td rowspan="7">±0.20</td></tr>
<tr><td>63</td><td>75</td><td>15</td><td>61.50</td><td>75.20</td></tr>
<tr><td>65</td><td>77</td><td>15</td><td>63.50</td><td>77.20</td></tr>
<tr><td>70</td><td>82</td><td>15</td><td>68.50</td><td>82.20</td></tr>
<tr><td>75</td><td>87</td><td>15</td><td>73.50</td><td>87.20</td></tr>
<tr><td>80</td><td>92</td><td>15</td><td>78.50</td><td>92.20</td></tr>
<tr><td>85</td><td>97</td><td>15</td><td>83.20</td><td>97.20</td></tr>
<tr><td>90</td><td>102</td><td>15</td><td>88.20</td><td>102.3</td><td rowspan="13">±0.45</td><td rowspan="3">7.80</td><td rowspan="13">±0.15</td></tr>
<tr><td>95</td><td>107</td><td>15</td><td>93.20</td><td>107.3</td></tr>
<tr><td>100</td><td>112</td><td>15</td><td>98.20</td><td>112.3</td></tr>
<tr><td>105</td><td>121</td><td>15</td><td>102.8</td><td rowspan="12">±0.45</td><td>121.3</td><td rowspan="12">10.20</td><td rowspan="22">7.80</td></tr>
<tr><td>110</td><td>126</td><td>15</td><td>107.8</td><td>126.3</td></tr>
<tr><td>115</td><td>131</td><td>15</td><td>112.8</td><td>131.3</td></tr>
<tr><td>120</td><td>136</td><td>15</td><td>117.8</td><td>136.3</td></tr>
<tr><td>125</td><td>141</td><td>15</td><td>122.8</td><td>141.3</td></tr>
<tr><td>127</td><td>143</td><td>15</td><td>124.8</td><td>143.3</td></tr>
<tr><td>130</td><td>146</td><td>15</td><td>127.8</td><td>146.3</td></tr>
<tr><td>140</td><td>156</td><td>15</td><td>137.8</td><td>156.3</td></tr>
<tr><td>150</td><td>166</td><td>15</td><td>147.8</td><td>166.3</td></tr>
<tr><td>160</td><td>176</td><td>15</td><td>157.8</td><td>176.3</td></tr>
<tr><td>170</td><td>186</td><td>19</td><td>167.8</td><td>186.3</td><td rowspan="12">±0.60</td><td rowspan="12">18.00</td><td rowspan="27">±0.20</td></tr>
<tr><td>180</td><td>196</td><td>19</td><td>177.8</td><td>196.3</td></tr>
<tr><td>190</td><td>206</td><td>19</td><td>187.8</td><td rowspan="10">±0.60</td><td>206.4</td><td rowspan="10">10.40</td></tr>
<tr><td>200</td><td>216</td><td>19</td><td>197.8</td><td>216.4</td></tr>
<tr><td>210</td><td>226</td><td>19</td><td>207.5</td><td>226.4</td></tr>
<tr><td>220</td><td>236</td><td>19</td><td>217.5</td><td>236.4</td></tr>
<tr><td>230</td><td>246</td><td>19</td><td>227.5</td><td>246.4</td></tr>
<tr><td>240</td><td>256</td><td>19</td><td>237.5</td><td>256.4</td></tr>
<tr><td>250</td><td>266</td><td>19</td><td>247.5</td><td>266.4</td></tr>
<tr><td>260</td><td>276</td><td>19</td><td>257.5</td><td>276.4</td></tr>
<tr><td>280</td><td>296</td><td>19</td><td>277.5</td><td>296.4</td></tr>
<tr><td>300</td><td>316</td><td>19</td><td>297.5</td><td>316.5</td></tr>
<tr><td>320</td><td>344</td><td>25</td><td>316.7</td><td rowspan="10">±0.90</td><td>344.5</td><td rowspan="8">±0.90</td><td rowspan="5">15.20</td><td rowspan="15">±0.25</td><td rowspan="15">11.70</td><td rowspan="15">±0.15</td><td rowspan="15">23.50</td></tr>
<tr><td>330</td><td>354</td><td>25</td><td>326.7</td><td>354.5</td></tr>
<tr><td>350</td><td>374</td><td>25</td><td>346.7</td><td>374.5</td></tr>
<tr><td>360</td><td>384</td><td>25</td><td>356.7</td><td>384.5</td></tr>
<tr><td>380</td><td>404</td><td>25</td><td>376.7</td><td>404.5</td></tr>
<tr><td>400</td><td>424</td><td>25</td><td>396.5</td><td>424.5</td><td rowspan="7">15.40</td></tr>
<tr><td>420</td><td>444</td><td>25</td><td>416.5</td><td>444.5</td></tr>
<tr><td>450</td><td>474</td><td>25</td><td>446.5</td><td>474.5</td></tr>
<tr><td>480</td><td>504</td><td>25</td><td>476.5</td><td>504.5</td><td rowspan="7">±1.20</td></tr>
<tr><td>500</td><td>524</td><td>25</td><td>496.5</td><td>524.5</td></tr>
<tr><td>550</td><td>574</td><td>25</td><td>546.5</td><td rowspan="5">±1.20</td><td>574.5</td></tr>
<tr><td>580</td><td>604</td><td>25</td><td>576.5</td><td>604.5</td></tr>
<tr><td>600</td><td>624</td><td>25</td><td>596.0</td><td>624.5</td><td rowspan="3">15.50</td></tr>
<tr><td>630</td><td>654</td><td>25</td><td>626.0</td><td>654.5</td></tr>
<tr><td>650</td><td>674</td><td>25</td><td>646.0</td><td>674.5</td></tr>
</table>

(6) 活塞杆单体U形密封圈（单体密封圈）

活塞杆单体U形密封圈及其密封结构型式见图10-4-54。活塞杆单体U形密封圈密封沟槽尺寸分为Ⅰ系列和Ⅱ系列。活塞杆Ⅰ系列密封沟槽单体U形密封圈的尺寸和公差见表10-4-102，活塞杆Ⅱ系列密封沟槽单体U形密封圈的尺寸和公差见表10-4-103。

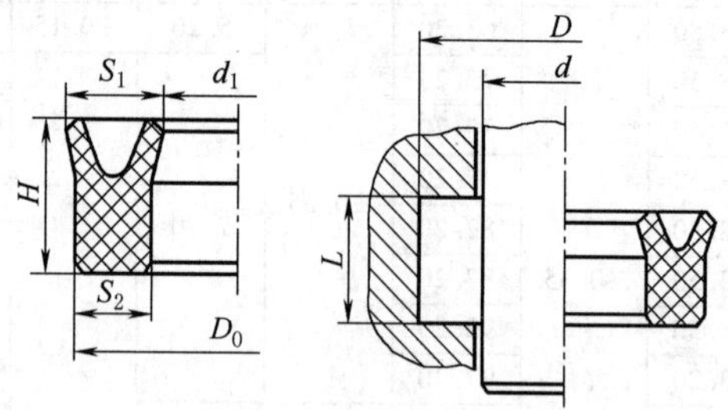

图10-4-54　活塞杆单体U形密封圈及其密封结构型式

表10-4-102　活塞杆Ⅰ系列密封沟槽单体U形密封圈的尺寸和公差　mm

密封沟槽公称尺寸			尺寸和公差									
d	D	L	d_1		D_0		S_1		S_2		H	
			尺寸	公差	尺寸	公差	尺寸	公差	尺寸	公差	尺寸	公差
20	30	8	18.6	±0.20	30.2	±0.20	6.4	±0.15	4.8	±0.08	7.2	±0.15
22	32	8	20.6		32.2							
25	35	8	23.6		35.2							
28	38	8	26.6		38.2							
36	46	8	34.6		46.2							
40	50	8	38.6		50.2	±0.35						
45	55	8	43.6		55.2							
50	60	8	48.6		60.2							
56	71	12.5	53.6	±0.35	71.2		9.7	±0.20	7.3	±0.10	11.5	
63	78	12.5	61.6		78.2							
70	85	12.5	68.6		85.2							
80	95	12.5	78.6		95.2							
90	105	12.5	88.6		105.3							
100	120	16	97.3		120.3	±0.45	12.7		9.7		15	
110	130	16	107.3	±0.45	130.3							
125	135	16	122.3		135.2							
140	160	16	137.3		160.3							
160	185	20	157.2		185.3	±0.60	15.9	±0.25	12.2	±0.15	19	±0.20
180	205	20	177.2		205.3							
200	225	20	197.2	±0.60	225.3							
220	250	25	216.2		250.3		18.9		14.7		23.5	
250	280	25	246.2		280.3							
280	310	25	276.2		310.4	±0.90						
320	360	32	315.5	±0.90	360.4		24.5		19.5		30.5	
360	400	32	355.5		400.5							

注：1. 建议密封沟槽尺寸和公差按 df8、DH9、$L^{+0.2}_{0}$ 确定，以下同。
2. 上表中涂有底色的数据有疑。

表10-4-103　活塞杆Ⅱ系列密封沟槽单体U形密封圈的尺寸和公差　mm

密封沟槽公称尺寸			尺寸和公差									
d	D	L	d_1		D_0		S_1		S_2		H	
			尺寸	公差	尺寸	公差	尺寸	公差	尺寸	公差	尺寸	公差
14	22	5.7	12.9	±0.20	22.2	±0.20	5.2	±0.15	3.8	±0.08	5	±0.15
16	24	5.7	14.9		24.2							
18	26	5.7	16.9		26.2							
20	28	5.7	18.9		28.2							
22	30	5.7	20.9		30.2							

续表

密封沟槽公称尺寸			尺寸和公差									
			d_1		D_0		S_1		S_2		H	
d	D	L	尺寸	公差	尺寸	公差	尺寸	公差	尺寸	公差	尺寸	公差
25	33	5.7	23.9		33.2		5.2		3.8		5	
28	36	5.7	26.9		36.2							
30	40	7	28.6		40.2	±0.20						
32	42	7	30.6		42.2							
35	45	7	33.8	±0.20	45.2							
38	48	7	36.8		48.2							
40	50	7	38.8		50.2							
45	55	7	43.8		55.2							
50	60	7	48.8		60.2							
55	65	7	53.8		65.2			±0.15		±0.08		
56	66	7	54.8		66.2		6.4		4.8		6	
58	68	7	56.8		68.2							
60	70	7	58.8		70.2	±0.35						
63	73	7	61.5		73.2							
65	75	7	63.5		75.2							
70	80	7	68.5		80.2							
75	85	7	73.5	±0.35	85.2							
80	90	7	78.5		90.2							
85	95	7	83.5		95.2							±0.15
85	100	10	83.2		100.2							
90	105	10	88.2		105.3							
95	110	10	93.2		110.3							
100	115	10	98.2		115.3							
105	120	10	102.3		120.3							
110	125	10	107.3		125.3							
115	130	10	112.3		130.3							
120	135	10	117.3		135.3	±0.45						
125	140	10	122.3		140.3		9.7		7.3		9	
130	145	10	127.3		145.3							
135	150	10	132.3		150.3							
140	155	10	137.3	±0.45	155.3							
145	160	10	142.3		160.3							
150	165	10	147.3		165.3			±0.20		±0.10		
155	170	10	152.3		170.3							
160	175	10	157.3		175.3							
165	180	10	162.3		180.3							
175	190	10	172.3		190.3							
180	200	13	177		200.3							
190	210	13	187		210.3	±0.60						
200	220	13	197		220.3							
210	230	13	207		230.3							
220	240	13	217		240.3		12.7		9.7		12	
230	250	13	227		250.3							±0.20
235	255	13	232		255.3							
240	260	13	237		260.3							
250	270	13	247		270.3							
260	290	13	256.2		290.4							
280	310	13	276.2		310.4	±0.90	18.9	±0.25	14.7	±0.15	14	
295	325	13	292.2		325.4							

18 聚氨酯防尘圈（摘自 GB/T 36520.3—2019）

GB/T 36520.3—2019《液压传动 聚氨酯密封件尺寸系列 第3部分：防尘圈的尺寸和公差》规定了液压传动系统中聚氨酯防尘圈的符号、结构型式、尺寸和公差、标识，适用于安装在液压缸导向套上起防尘作用的聚氨酯密封圈（简称防尘圈）。

（1）符号

F——聚氨酯防尘圈代号。

（2）标识

防尘圈以代表防尘圈的字母“F”、名义尺寸（$d \times D \times D_0 \times L/L_1$）及本部分标准编号进行标识。

示例：

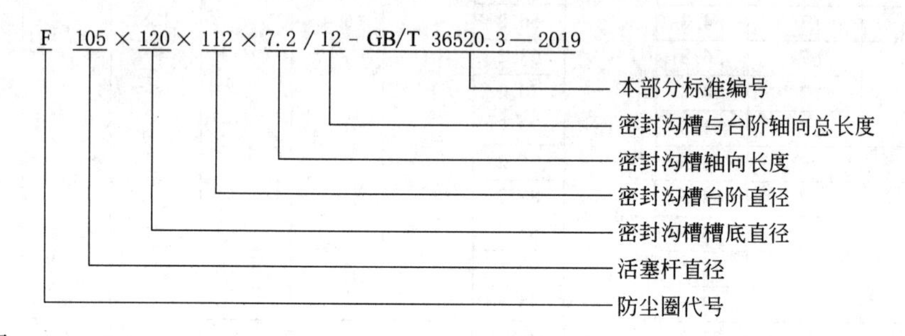

（3）防尘圈

防尘圈及其密封结构型式见图 10-4-55。防尘圈的尺寸系列分为五个：Ⅰ、Ⅱ、Ⅲ、Ⅳ、Ⅴ，防尘圈的尺寸和公差见表 10-4-104~表 10-4-108。

Ⅰ、Ⅱ系列防尘圈适用于煤炭行业液压支架的密封沟槽；Ⅲ、Ⅳ、Ⅴ系列聚氨酯防尘圈适用于工程机械或其他行业液压缸的密封沟槽。

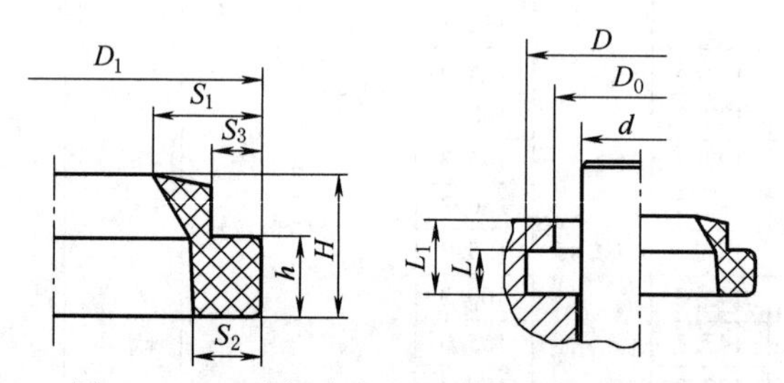

图 10-4-55 聚氨酯防尘圈及其密封结构型式

表 10-4-104 **Ⅰ系列聚氨酯防尘圈的尺寸和公差** mm

密封沟槽公称尺寸					尺寸和公差											
d	D	D_0	L	L_1	D_1		S_1		S_2		S_3		h		H	
					尺寸	公差	尺寸	公差	尺寸	公差	尺寸	公差	尺寸	公差	尺寸	公差
40	56	45	6.5	9	56.80	±0.30	9.00	±0.15	7.00	±0.15	5.90	±0.15	6.30	±0.15	9.50	±0.15
45	61	50	6.5	9	61.80											
50	66	55	6.5	9	66.80											
55	71	60	6.5	9	71.80											
60	76	65	6.5	9	76.80											
65	81	70	6.5	9	81.80											
70	86	75	6.5	9	86.80											
75	91	80	6.5	9	91.80											
80	96	85	6.5	9	96.80											
85	101	90	6.5	9	102.00											

续表

密封沟槽公称尺寸					尺寸和公差											
d	D	D_0	L	L_1	D_1		S_1		S_2		S_3		h		H	
					尺寸	公差	尺寸	公差	尺寸	公差	尺寸	公差	尺寸	公差	尺寸	公差
90	106	95	6.5	9	107.00	±0.30	9.00	±0.15	7.00	±0.15	5.90	±0.15	6.30	±0.15	9.50	±0.15
95	111	100	6.5	9	112.00											
100	120	106	8	11	121.00	±0.45	11.30	±0.20	8.80		7.50		7.80		11.50	±0.20
105	125	111	8	11	126.00											
110	130	116	8	11	131.00											
115	135	121	8	11	136.00											
120	140	126	8	11	141.00											
130	150	136	8	11	151.00											
140	160	146	8	11	161.00											
150	170	156	8	11	171.00											
160	184	167	9	13	185.20		13.50		10.60		9.10		8.80		13.50	
165	189	172	9	13	190.20											
170	194	177	9	13	195.20	±0.65										
180	204	187	9	13	205.20											
185	209	192	9	13	210.20											
190	214	197	9	13	215.20											
195	219	202	9	13	220.20											
200	224	207	9	13	225.20											
205	229	212	9	13	230.20											
210	234	217	9	13	235.20											
220	244	227	9	13	245.20											
225	249	232	9	13	250.20											
230	254	237	9	13	255.50											
235	259	242	9	13	260.50											
260	284	267	9	13	285.50											
270	294	277	9	13	295.50											
275	299	282	9	13	300.50											
280	304	287	9	13	305.50											
290	314	297	9	13	315.50											
300	324	307	9	14	325.80	±0.90	13.60				9.30				14.50	
310	334	317	9	14	335.80											
315	339	322	9	14	340.80											
320	344	327	9	14	345.80											
335	359	342	9	14	360.80											
340	364	347	9	14	365.80											
355	379	363	10	15	380.80		13.70				8.80		9.80		15.50	
360	384	368	10	15	385.80											
380	404	388	10	15	401.80	±1.20					8.00				18.50	
395	419	405	10	18	420.80											
400	424	410	10	18	426.00											
415	439	425	10	18	441.00											
420	444	430	10	18	446.00											
435	459	445	10	18	461.00											
455	479	465	10	18	481.00											
475	499	485	10	18	501.00											
500	524	510	10	18	526.00											

表 10-4-105　　Ⅱ系列聚氨酯防尘圈的尺寸和公差 mm

密封沟槽公称尺寸					尺寸和公差											
d	D	D_0	L	L_1	D_1		S_1		S_2		S_3		h		H	
					尺寸	公差	尺寸	公差	尺寸	公差	尺寸	公差	尺寸	公差	尺寸	公差
45	55.6	48	5.3	7	56.40	±0.30	6.20	±0.15	4.60	±0.15	4.20	±0.15	5.10	±0.15	7.50	±0.15
50	60.6	53	5.3	7	61.40											
60	70.6	63	5.3	7	71.40											
63	73.6	66	5.3	7	74.40											
70	82.2	76	7.2	12	83.00		7.10		5.40		3.80		7.00		12.50	±0.20
80	92.2	86	7.2	12	93.00											
90	102.2	96	7.2	12	103.20	±0.45										
100	112.2	106	7.2	12	113.20											
105	120	112	7.2	12	121.00		8.70		6.70		4.5					
115	127.2	121	7.2	12	128.20		7.10		5.40		3.80					
120	132.2	126	7.2	12	133.20											
130	142.2	136	7.2	12	143.20											
140	152.2	146	7.7	12	153.20								7.50			
160	172.2	166	7.7	12	173.20											
170	182.2	176	7.7	12	183.20											
185	200	192.5	10.2	16	201.20	±0.65	8.70		6.70		4.50		10.00	±0.20	16.50	
210	225	220	10.2	16	226.20						3.20					
220	235	227.6	10.2	16	236.20						4.50					
230	250	240	10.2	18	251.50		11.50	±0.20	8.80		5.70				18.50	
235	255	245	10.2	18	256.50											
240	260	250	10.2	18	261.50											
260	280	270	10.2	18	281.50											
270	290	280	10.2	18	291.50											
275	295	285	10.2	18	296.50											
320	340	330	10.2	18	341.80	±0.90										
340	360	350	10.2	18	361.80											
355	375	365	10.2	18	376.80											
360	380	370	10.2	18	381.80											
395	415	405	10.2	18	416.80											
455	475	465	10.2	18	477.00	±1.20										
470	490	480	10.2	18	492.00											
260	280	272.5	12.5	18	281.50	±0.65					4.50		12.20			
295	315	308.5	12.5	18	316.50						4.00					
380	400	393.5	12.5	18	401.80	±0.90										
390	410	403.5	12.5	18	411.80											
400	420	413.5	12.5	18	422.00											
420	440	433.5	12.5	18	442.00											
450	470	463.5	12.5	18	472.00	±1.20										

表 10-4-106　　Ⅲ系列聚氨酯防尘圈的尺寸和公差　　mm

<table>
<tr><th colspan="5">密封沟槽公称尺寸</th><th colspan="12">尺寸和公差</th></tr>
<tr><th rowspan="2">d</th><th rowspan="2">D</th><th rowspan="2">D₀</th><th rowspan="2">L</th><th rowspan="2">L₁</th><th colspan="2">D₁</th><th colspan="2">S₁</th><th colspan="2">S₂</th><th colspan="2">S₃</th><th colspan="2">h</th><th colspan="2">H</th></tr>
<tr><th>尺寸</th><th>公差</th><th>尺寸</th><th>公差</th><th>尺寸</th><th>公差</th><th>尺寸</th><th>公差</th><th>尺寸</th><th>公差</th><th>尺寸</th><th>公差</th></tr>
<tr><td>16</td><td>24</td><td>19.5</td><td>6</td><td>8</td><td>24.20</td><td rowspan="8">±0.15</td><td rowspan="8">4.40</td><td rowspan="21">±0.10</td><td rowspan="21">3.50</td><td rowspan="21">±0.10</td><td rowspan="21">2.60</td><td rowspan="38">±0.10</td><td rowspan="21">5.80</td><td rowspan="38">±0.15</td><td rowspan="21">8.50</td><td rowspan="21">±0.15</td></tr>
<tr><td>18</td><td>26</td><td>21.5</td><td>6</td><td>8</td><td>26.20</td></tr>
<tr><td>20</td><td>28</td><td>23.5</td><td>6</td><td>8</td><td>28.20</td></tr>
<tr><td>22</td><td>30</td><td>25.5</td><td>6</td><td>8</td><td>30.20</td></tr>
<tr><td>25</td><td>33</td><td>28.5</td><td>6</td><td>8</td><td>33.20</td></tr>
<tr><td>28</td><td>36</td><td>31.5</td><td>6</td><td>8</td><td>36.20</td></tr>
<tr><td>30</td><td>38</td><td>33.5</td><td>6</td><td>8</td><td>38.20</td></tr>
<tr><td>35</td><td>43</td><td>38.5</td><td>6</td><td>8</td><td>43.20</td></tr>
<tr><td>40</td><td>48</td><td>43.5</td><td>6</td><td>8</td><td>48.50</td><td rowspan="12">±0.30</td><td rowspan="13">4.60</td></tr>
<tr><td>45</td><td>53</td><td>48.5</td><td>6</td><td>8</td><td>53.50</td></tr>
<tr><td>50</td><td>58</td><td>53.5</td><td>6</td><td>8</td><td>58.50</td></tr>
<tr><td>55</td><td>63</td><td>58.5</td><td>6</td><td>8</td><td>63.50</td></tr>
<tr><td>60</td><td>68</td><td>63.5</td><td>6</td><td>8</td><td>68.50</td></tr>
<tr><td>63</td><td>71</td><td>66.5</td><td>6</td><td>8</td><td>71.50</td></tr>
<tr><td>65</td><td>73</td><td>68.5</td><td>6</td><td>8</td><td>73.80</td></tr>
<tr><td>70</td><td>78</td><td>73.5</td><td>6</td><td>8</td><td>78.80</td></tr>
<tr><td>75</td><td>83</td><td>78.5</td><td>6</td><td>8</td><td>83.80</td></tr>
<tr><td>80</td><td>88</td><td>83.5</td><td>6</td><td>8</td><td>88.80</td></tr>
<tr><td>85</td><td>93</td><td>88.5</td><td>6</td><td>8</td><td>93.80</td></tr>
<tr><td>90</td><td>98</td><td>93.5</td><td>6</td><td>8</td><td>98.80</td></tr>
<tr><td>100</td><td>108</td><td>103.5</td><td>6</td><td>8</td><td>109.0</td><td rowspan="10">±0.45</td></tr>
<tr><td>105</td><td>117</td><td>110</td><td>8.2</td><td>11.2</td><td>118.0</td><td rowspan="9">6.90</td><td rowspan="17">±0.15</td><td rowspan="13">5.30</td><td rowspan="17">±0.15</td><td rowspan="13">3.90</td><td rowspan="13">8.0</td><td rowspan="13">11.80</td><td rowspan="17">±0.20</td></tr>
<tr><td>110</td><td>122</td><td>115</td><td>8.2</td><td>11.2</td><td>123.0</td></tr>
<tr><td>115</td><td>127</td><td>120</td><td>8.2</td><td>11.2</td><td>128.0</td></tr>
<tr><td>120</td><td>132</td><td>125</td><td>8.2</td><td>11.2</td><td>133.0</td></tr>
<tr><td>125</td><td>137</td><td>130</td><td>8.2</td><td>11.2</td><td>138.0</td></tr>
<tr><td>130</td><td>142</td><td>135</td><td>8.2</td><td>11.2</td><td>143.0</td></tr>
<tr><td>140</td><td>152</td><td>145</td><td>8.2</td><td>11.2</td><td>153.0</td></tr>
<tr><td>150</td><td>162</td><td>155</td><td>8.2</td><td>11.2</td><td>162.0</td></tr>
<tr><td>160</td><td>172</td><td>165</td><td>8.2</td><td>11.2</td><td>173.0</td></tr>
<tr><td>170</td><td>182</td><td>175</td><td>8.2</td><td>11.2</td><td>183.20</td><td rowspan="8">±0.65</td><td rowspan="4">7.0</td></tr>
<tr><td>180</td><td>192</td><td>185</td><td>8.2</td><td>11.2</td><td>193.20</td></tr>
<tr><td>190</td><td>202</td><td>195</td><td>8.2</td><td>11.2</td><td>203.20</td></tr>
<tr><td>200</td><td>212</td><td>205</td><td>8.2</td><td>11.2</td><td>213.20</td></tr>
<tr><td>220</td><td>235</td><td>227</td><td>9.5</td><td>12.5</td><td>236.20</td><td rowspan="4">8.70</td><td rowspan="4">6.50</td><td rowspan="4">4.50</td><td rowspan="4">9.30</td><td rowspan="4">13.50</td></tr>
<tr><td>240</td><td>255</td><td>247</td><td>9.5</td><td>12.5</td><td>248.50</td></tr>
<tr><td>260</td><td>275</td><td>267</td><td>9.5</td><td>12.5</td><td>276.50</td></tr>
<tr><td>280</td><td>295</td><td>287</td><td>9.5</td><td>12.5</td><td>296.50</td></tr>
</table>

续表

密封沟槽公称尺寸					尺寸和公差											
d	D	D_0	L	L_1	D_1		S_1		S_2		S_3		h		H	
					尺寸	公差	尺寸	公差	尺寸	公差	尺寸	公差	尺寸	公差	尺寸	公差
300	315	307	9.5	12.5	316.80											
310	325	317	9.5	12.5	326.80											
320	335	327	9.5	12.5	336.80											
340	355	347	9.5	12.5	356.80											
360	375	367	9.5	12.5	376.80	±0.90										
380	395	387	9.5	12.5	396.80											
400	415	407	9.5	12.5	417.0		8.70				4.80					
420	435	427	9.5	12.5	437.0											
425	440	432	9.5	12.5	442.0											
440	455	447	9.5	12.5	457.0											
450	465	457	9.5	12.5	467.0											
460	475	467	9.5	12.5	477.0											
480	495	487	9.5	12.5	497.0											
500	515	507	9.5	12.5	517.50	±1.20		±0.15	6.50	±0.15		±0.15	9.30	±0.15	13.50	±0.20
540	555	547	9.5	12.5	557.50											
550	565	557	9.5	12.5	567.50		8.90				5.10					
560	575	567	9.5	12.5	577.50											
580	595	587	9.5	12.5	597.50											
600	615	607	9.5	12.5	618.0											
630	645	637	9.5	12.5	648.0											
650	665	657	9.5	12.5	668.0											
660	675	667	9.5	12.5	678.0											
680	695	687	9.5	12.5	689.0	±1.50	9.10				5.40					
710	725	717	9.5	12.5	728.0											
750	765	757	9.5	12.5	768.0											
800	815	807	9.5	12.5	818.0											
900	915	907	9.5	12.5	918.50											

表 10-4-107　Ⅳ系列聚氨酯防尘圈的尺寸和公差　mm

密封沟槽公称尺寸					尺寸和公差											
d	D	D_0	L	L_1	D_1		S_1		S_2		S_3		h		H	
					尺寸	公差	尺寸	公差	尺寸	公差	尺寸	公差	尺寸	公差	尺寸	公差
4	8.8	5.5	3.7	5.7	9.00											
5	9.8	6.5	3.7	5.7	10.00											
6	10.8	7.5	3.7	5.7	11.00		2.70		2.10		1.80		3.50		6.00	
8	12.8	9.5	3.7	5.7	13.00											
10	14.8	11.5	3.7	5.7	15.00											
12	18.8	13.5	5	7	19.00											
14	20.8	15.5	5	7	21.00											
16	22.8	17.5	5	7	23.00	±0.15		±0.10		±0.10		±0.10		±0.15		±0.20
18	24.8	19.5	5	7	25.00											
20	26.8	21.5	5	7	27.00											
22	28.8	23.5	5	7	29.00		3.80		3.00		2.80		4.80		7.20	
25	31.8	26.5	5	7	32.00											
28	34.8	29.5	5	7	35.00											
32	38.8	33.5	5	7	39.00											
36	42.8	37.5	5	7	43.00											

续表

<table>
<tr><th colspan="5">密封沟槽公称尺寸</th><th colspan="12">尺寸和公差</th></tr>
<tr><th rowspan="2">d</th><th rowspan="2">D</th><th rowspan="2">D_0</th><th rowspan="2">L</th><th rowspan="2">L_1</th><th colspan="2">D_1</th><th colspan="2">S_1</th><th colspan="2">S_2</th><th colspan="2">S_3</th><th colspan="2">h</th><th colspan="2">H</th></tr>
<tr><th>尺寸</th><th>公差</th><th>尺寸</th><th>公差</th><th>尺寸</th><th>公差</th><th>尺寸</th><th>公差</th><th>尺寸</th><th>公差</th><th>尺寸</th><th>公差</th></tr>
<tr><td>40</td><td>46.8</td><td>41.5</td><td>5</td><td>7</td><td>47.00</td><td rowspan="7">±0.30</td><td rowspan="5">3.80</td><td rowspan="5">±0.10</td><td rowspan="5">3.00</td><td rowspan="11">±0.10</td><td rowspan="5">2.80</td><td rowspan="20">±0.10</td><td rowspan="5">4.80</td><td rowspan="20">±0.15</td><td rowspan="5">7.20</td><td rowspan="20">±0.20</td></tr>
<tr><td>45</td><td>51.8</td><td>46.5</td><td>5</td><td>7</td><td>52.00</td></tr>
<tr><td>50</td><td>56.8</td><td>51.5</td><td>5</td><td>7</td><td>57.00</td></tr>
<tr><td>56</td><td>62.8</td><td>57.5</td><td>5</td><td>7</td><td>63.00</td></tr>
<tr><td>63</td><td>69.8</td><td>64.5</td><td>5</td><td>7</td><td>70.00</td></tr>
<tr><td>70</td><td>78.8</td><td>71.5</td><td>6.3</td><td>9.3</td><td>79.30</td><td rowspan="6">5.00</td><td rowspan="15">±0.15</td><td rowspan="6">3.80</td><td rowspan="6">4.00</td><td rowspan="6">6.10</td><td rowspan="6">9.50</td></tr>
<tr><td>80</td><td>88.8</td><td>81.5</td><td>6.3</td><td>9.3</td><td>89.30</td></tr>
<tr><td>90</td><td>98.8</td><td>91.5</td><td>6.3</td><td>9.3</td><td>99.30</td><td rowspan="7">±0.45</td></tr>
<tr><td>100</td><td>108.8</td><td>101.5</td><td>6.3</td><td>9.3</td><td>109.30</td></tr>
<tr><td>110</td><td>118.8</td><td>111.5</td><td>6.3</td><td>9.3</td><td>119.30</td></tr>
<tr><td>125</td><td>133.8</td><td>126.5</td><td>6.3</td><td>9.3</td><td>134.30</td></tr>
<tr><td>140</td><td>152.2</td><td>142</td><td>8.1</td><td>12.1</td><td>153.00</td><td rowspan="9">7.10</td><td rowspan="9">5.40</td><td rowspan="9">±0.15</td><td rowspan="9">5.80</td><td rowspan="9">7.90</td><td rowspan="9">12.50</td></tr>
<tr><td>160</td><td>172.2</td><td>162</td><td>8.1</td><td>12.1</td><td>173.00</td></tr>
<tr><td>180</td><td>192.2</td><td>182</td><td>8.1</td><td>12.1</td><td>193.00</td></tr>
<tr><td>200</td><td>212.2</td><td>202</td><td>8.1</td><td>12.1</td><td>213.00</td><td rowspan="4">±0.60</td></tr>
<tr><td>220</td><td>232.2</td><td>222</td><td>8.1</td><td>12.1</td><td>233.00</td></tr>
<tr><td>250</td><td>262.2</td><td>252</td><td>8.1</td><td>12.1</td><td>263.00</td></tr>
<tr><td>280</td><td>292.2</td><td>282</td><td>8.1</td><td>12.1</td><td>293.00</td></tr>
<tr><td>320</td><td>332.2</td><td>322</td><td>8.1</td><td>12.1</td><td>333.00</td><td rowspan="2">±0.90</td></tr>
<tr><td>360</td><td>372.2</td><td>362</td><td>8.1</td><td>12.1</td><td>373.00</td></tr>
</table>

表 10-4-108　V系列聚氨酯防尘圈的尺寸和公差　mm

<table>
<tr><th colspan="5">密封沟槽公称尺寸</th><th colspan="12">尺寸和公差</th></tr>
<tr><th rowspan="2">d</th><th rowspan="2">D</th><th rowspan="2">D_0</th><th rowspan="2">L</th><th rowspan="2">L_1</th><th colspan="2">D_1</th><th colspan="2">S_1</th><th colspan="2">S_2</th><th colspan="2">S_3</th><th colspan="2">h</th><th colspan="2">H</th></tr>
<tr><th>尺寸</th><th>公差</th><th>尺寸</th><th>公差</th><th>尺寸</th><th>公差</th><th>尺寸</th><th>公差</th><th>尺寸</th><th>公差</th><th>尺寸</th><th>公差</th></tr>
<tr><td>40</td><td>48.8</td><td>41.5</td><td>6.3</td><td>9.3</td><td>49.00</td><td rowspan="7">±0.30</td><td rowspan="5">5.10</td><td rowspan="20">±0.15</td><td rowspan="5">4.00</td><td rowspan="20">±0.15</td><td rowspan="5">4.10</td><td rowspan="20">±0.15</td><td rowspan="5">6.10</td><td rowspan="20">±0.15</td><td rowspan="5">9.5</td><td rowspan="20">±0.20</td></tr>
<tr><td>45</td><td>53.8</td><td>46.5</td><td>6.3</td><td>9.3</td><td>54.00</td></tr>
<tr><td>50</td><td>58.8</td><td>51.5</td><td>6.3</td><td>9.3</td><td>59.00</td></tr>
<tr><td>56</td><td>64.8</td><td>57.5</td><td>6.3</td><td>9.3</td><td>65.00</td></tr>
<tr><td>63</td><td>71.8</td><td>64.5</td><td>6.3</td><td>9.3</td><td>72.00</td></tr>
<tr><td>70</td><td>82.2</td><td>72</td><td>8.1</td><td>12.1</td><td>82.70</td><td rowspan="6">7.00</td><td rowspan="6">5.40</td><td rowspan="6">5.80</td><td rowspan="6">7.90</td><td rowspan="6">12.50</td></tr>
<tr><td>80</td><td>92.2</td><td>82</td><td>8.1</td><td>12.1</td><td>92.70</td></tr>
<tr><td>90</td><td>102.2</td><td>92</td><td>8.1</td><td>12.1</td><td>102.70</td><td rowspan="7">±0.45</td></tr>
<tr><td>100</td><td>112.2</td><td>102</td><td>8.1</td><td>12.1</td><td>112.70</td></tr>
<tr><td>110</td><td>122.2</td><td>112</td><td>8.1</td><td>12.1</td><td>122.70</td></tr>
<tr><td>125</td><td>137.2</td><td>127</td><td>8.1</td><td>12.1</td><td>137.70</td></tr>
<tr><td>140</td><td>156</td><td>142.5</td><td>9.5</td><td>14.5</td><td>156.80</td><td rowspan="9">9.00</td><td rowspan="9">7.10</td><td rowspan="9">7.20</td><td rowspan="9">9.30</td><td rowspan="9">15.00</td></tr>
<tr><td>160</td><td>176</td><td>162.5</td><td>9.5</td><td>14.5</td><td>176.80</td></tr>
<tr><td>180</td><td>196</td><td>182.5</td><td>9.5</td><td>14.5</td><td>196.80</td></tr>
<tr><td>200</td><td>216</td><td>202.5</td><td>9.5</td><td>14.5</td><td>216.80</td><td rowspan="4">±0.60</td></tr>
<tr><td>220</td><td>236</td><td>222.5</td><td>9.5</td><td>14.5</td><td>236.80</td></tr>
<tr><td>250</td><td>266</td><td>252.5</td><td>9.5</td><td>14.5</td><td>266.80</td></tr>
<tr><td>280</td><td>296</td><td>282.5</td><td>9.5</td><td>14.5</td><td>296.80</td></tr>
<tr><td>320</td><td>336</td><td>322.5</td><td>9.5</td><td>14.5</td><td>336.80</td><td rowspan="2">±0.90</td></tr>
<tr><td>360</td><td>376</td><td>362.5</td><td>9.5</td><td>14.5</td><td>376.80</td></tr>
</table>

19 聚氨酯缸口密封圈（摘自 GB/T 36520.4—2019）

GB/T 36520.4—2019《液压传动　聚氨酯密封件尺寸系列　第4部分：缸口密封圈的尺寸和公差》规定了液压传动系统中聚氨酯缸口密封圈的符号、结构型式、尺寸和公差、标识，适用于安装在液压缸导向套上起静密封作用的聚氨酯密封圈（简称缸口密封圈）。

（1）符号

WL——缸口聚氨酯蕾形密封圈代号（简称缸口蕾形圈）；

Y——缸口Y形聚氨酯密封圈代号（简称缸口Y形圈）。

（2）标识

① 缸口Y形圈的标识如下：

缸口Y形圈以代表缸口Y形圈的字母“Y”、名义尺寸（$D\times d\times L$）及本部分标准编号进行标识。

示例：

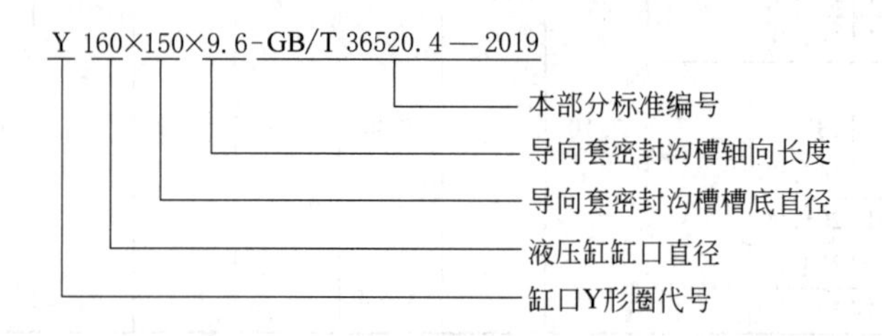

② 缸口蕾形圈的标识如下：

缸口蕾形圈应以代表缸口蕾形圈的字母“WL”、名义尺寸（$D\times d\times L$）及本部分标准编号进行标识。

示例：

（3）缸口Y形圈

缸口Y形圈及其密封结构型式见图10-4-56。缸口Y形圈分为Ⅰ和Ⅱ两个系列，Ⅰ系列缸口Y形圈的尺寸和公差见表10-4-109，Ⅱ系列缸口Y形圈的尺寸和公差见表10-4-110。

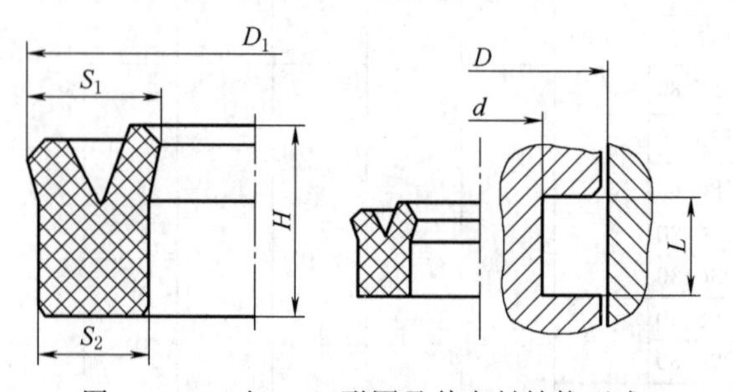

图10-4-56　缸口Y形圈及其密封结构型式

表 10-4-109　　I 系列缸口 Y 形圈的尺寸和公差　　mm

密封沟槽公称尺寸			尺寸和公差							
D	d	L	D_1		S_1		S_2		H	
			尺寸	公差	尺寸	公差	尺寸	公差	尺寸	公差
160	150	9.6	158.50	±0.65	6.90	±0.15	4.80	±0.15	8.80	±0.15
180	170	9.6	178.50							
185	175	9.6	183.50							
195	185	9.6	193.50							
200	190	9.6	198.00	±0.90						
220	210	9.6	218.00							
225	215	9.6	223.00							
235	225	9.6	233.00							
240	230	9.6	238.00							
245	235	9.6	243.00							
250	240	9.6	248.00							
260	250	9.6	258.00							
280	270	9.6	278.00							
290	280	9.6	287.50							
335	325	9.6	332.50	±1.50						
182	170	13	180.50	±0.65	8.20		5.80		12.00	±0.20
190	178	13	188.50							
202	190	13	200.00	±0.90						
215	203	13	213.00							
225	213	13	223.00							
230	218	13	228.00							
240	228	13	238.00							
260	248	13	258.00							
265	253	13	263.00							
275	263	13	273.00							
280	268	13	278.00							
290	278	13	287.50							
295	283	13	292.50							
310	298	13	307.50	±1.50						
330	318	13	327.50							
340	328	13	337.50							
350	338	13.5	347.00						12.50	
360	348	13.5	357.00							
370	358	13.5	367.00							
375	363	13.5	372.00							
395	383	13.5	392.00							
400	388	13.5	397.00							
405	393	13.5	401.50							
415	403	13.5	411.50							
425	413	13.5	421.50							
465	453	13.5	461.50							
485	473	13.5	481.00							
505	493	13.5	501.00	±2.00						
525	513	13.5	521.00							
555	541	16	550.50		9.50		6.80		14.80	

表 10-4-110　　　　Ⅱ系列缸口 Y 形圈的尺寸和公差　　　　mm

密封沟槽公称尺寸			尺寸和公差							
D	d	L	D_1		S_1		S_2		H	
			尺寸	公差	尺寸	公差	尺寸	公差	尺寸	公差
72	64	8.2	71.00	±0.30	5.60	±0.15	3.80	±0.15	7.40	±0.15
92	84	8.2	91.00							
100	92	8.2	99.00							
102	94	8.2	101.00	±0.45						
110	102	8.2	109.00							
112	104	8.2	111.00							
126	118	8.2	125.00							
127	119	8.2	126.00							
137	129	8.2	135.50							
140	132	8.2	138.50							
142	134	8.2	140.50							
145	137	8.2	143.50							
151	143	8.2	149.50							
154	146	8.2	152.50							
160	152	8.2	158.50	±0.65						
161	153	8.2	159.50							
162	154	8.2	160.50							
165	157	8.2	163.50							
167	159	8.2	165.50							
175	167	8.2	173.50							
180	172	8.2	178.50							
182	174	8.2	180.50							
184	176	8.2	182.50							
188	180	8.2	186.50							
190	182	8.2	188.50							
195	187	8.2	193.50							
198	190	8.2	196.50							
200	192	8.2	198.00	±0.90						
202	194	8.2	200.00							
205	197	8.2	203.00							
250	242	8.2	248.00							
230	218.8	11.2	228.00		7.60		5.40		10.20	±0.20
232	220.8	11.2	230.00							
242	230.8	11.2	240.00							
258	246.8	11.2	256.00							
274	262.8	11.2	272.00							
275	263.8	11.2	273.00							
290	278.8	11.2	287.50							
300	288.8	11.2	297.50	±1.50						
320	308.8	11.2	317.50							
355	343.8	11.2	352.00							
370	358.8	11.2	367.00							
375	363.8	11.2	372.00							
395	383.8	11.2	392.00							
420	406.4	15	416.50		9.10		6.60		13.80	
425	411.4	15	421.50							
435	421.4	15	431.50							
445	431.4	15	441.50							
450	436.4	15	446.50							
520	506.4	15	516.00	±2.00						

(4) 缸口蕾形圈

缸口蕾形圈及其密封结构型式见图 10-4-57。缸口蕾形圈分为Ⅰ和Ⅱ两个系列，Ⅰ系列缸口蕾形圈的尺寸和公差见表 10-4-111，Ⅱ系列缸口蕾形圈的尺寸和公差见表 10-4-112。

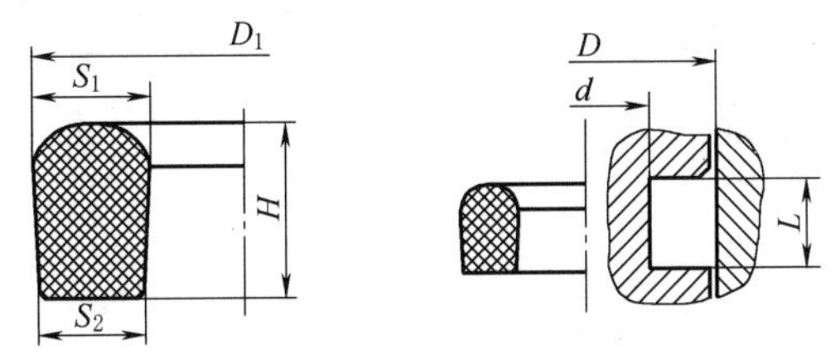

图 10-4-57　缸口蕾形圈及其密封结构型式

表 10-4-111　　**Ⅰ系列缸口蕾形圈的尺寸和公差**　　mm

密封沟槽公称尺寸			尺寸和公差							
D	d	L	D_1		S_1		S_2		H	
			尺寸	公差	尺寸	公差	尺寸	公差	尺寸	公差
100	90	9.6	99.00							
110	100	9.6	109.00							
120	110	9.6	119.00	±0.45						
125	115	9.6	124.00							
140	130	9.6	138.50							
160	150	9.6	158.50							
180	170	9.6	178.50	±0.65						
185	175	9.6	183.50							
195	185	9.6	193.50							
200	190	9.6	198.00		6.00		4.80		8.80	±0.15
220	210	9.6	218.00							
225	215	9.6	223.00							
235	225	9.6	233.00							
240	230	9.6	238.00	±0.90						
245	235	9.6	243.00							
250	240	9.6	248.00							
260	250	9.6	258.00							
280	270	9.6	278.00							
290	280	9.6	287.50			±0.10		±0.15		
335	325	9.6	332.50	±1.50						
182	170	13	180.50	±0.65						
190	178	13	188.50							
202	190	13	200.00							
215	203	18	213.00							
225	213	13	223.00							
230	218	13	228.00							
240	228	13	238.00							
260	248	13	258.00						12.00	
265	253	13	263.00	±0.90	7.10		5.80			±0.20
275	263	13	273.00							
280	268	13	278.00							
290	278	13	287.50							
295	283	13	292.50							
310	298	13	307.50							
330	318	13	327.50							
340	328	13	337.50							
350	338	13.5	347.00	±1.50					12.50	

续表

密封沟槽公称尺寸			尺寸和公差							
D	d	L	D_1		S_1		S_2		H	
			尺寸	公差	尺寸	公差	尺寸	公差	尺寸	公差
360	348	13.5	357.00	±1.50	7.10	±0.10	5.80	±0.15	12.50	±0.20
370	358	13.5	367.00							
375	363	13.5	372.00							
395	383	13.5	392.00							
400	388	13.5	397.00							
405	393	13.5	401.50							
415	403	13.5	411.50							
425	413	13.5	421.50							
465	453	13.5	461.50							
485	473	13.5	481.00							
505	493	13.5	501.00	±2.00						
525	513	13.5	521.00							
555	541	16	550.50		8.30		6.80		14.80	

表 10-4-112　Ⅱ系列缸口蕾形圈的尺寸和公差　mm

密封沟槽公称尺寸			尺寸和公差							
D	d	L	D_1		S_1		S_2		H	
			尺寸	公差	尺寸	公差	尺寸	公差	尺寸	公差
72	64	8.2	71.00	±0.30	4.70	±0.10	3.80	±0.15	7.40	±0.15
92	84	8.2	91.00							
100	92	8.2	99.00							
102	94	8.2	101.00	±0.45						
110	102	8.2	109.00							
112	104	8.2	111.00							
126	118	8.2	125.00							
127	119	8.2	126.00							
137	129	8.2	135.50							
140	132	8.2	138.50							
142	134	8.2	140.50							
145	137	8.2	143.50							
151	143	8.2	149.50							
154	146	8.2	152.50							
160	152	8.2	158.50	±0.65						
161	153	8.2	159.50							
162	154	8.2	160.50							
165	157	8.2	163.50							
167	159	8.2	165.50							
175	167	8.2	173.50							
180	172	8.2	178.50							
182	174	8.2	180.50							
184	176	8.2	182.50							
188	180	8.2	186.50							
190	182	8.2	188.50							
195	187	8.2	193.50							
198	190	8.2	196.50							
200	192	8.2	198.00	±0.90						
202	194	8.2	200.00							
205	197	8.2	203.00							
250	242	8.2	248.00							

续表

密封沟槽公称尺寸			尺寸和公差							
D	d	L	D_1		S_1		S_2		H	
			尺寸	公差	尺寸	公差	尺寸	公差	尺寸	公差
230	218.8	11.2	228.00	±0.90	6.70	±0.10	5.40	±0.15	10.20	±0.20
232	220.8	11.2	230.00							
242	230.8	11.2	240.00							
258	246.8	11.2	256.00							
274	262.8	11.2	272.00							
275	263.8	11.2	273.00							
290	278.8	11.2	287.50							
300	288.8	11.2	297.50	±1.50						
320	308.8	11.2	317.50							
355	343.8	11.2	352.00							
370	358.8	11.2	367.00							
375	363.8	11.2	372.00							
395	383.8	11.2	392.00							
420	406.4	15	416.50		8.10		6.60		13.80	
425	411.4	15	421.50							
435	421.4	15	431.50							
445	431.4	15	441.50							
450	436.4	15	446.50							
520	506.4	15	516.00	±2.00						

20　重载（S系列）A型柱端用填料密封圈（组合密封垫圈）（摘自GB/T 19674.2—2005）

GB/T 19674.2—2005/ISO 9974-2：1996《液压管接头用螺纹油口和柱端　填料密封柱端（A型和E型）》规定了带GB/T 193螺纹和用填料密封的重载（S系列）和轻载（L系列）柱端的尺寸、性能要求和试验方法，还规定了这些柱端和填料密封的标记。GB/T 19674.2—2005的带A型或E型密封的重载（S系列）柱端适用的最高工作压力为63MPa。GB/T 19674.2—2005的带A型或E型密封的轻载（L系列）柱端适用的最高工作压力为25MPa。许用工作压力应根据柱端的尺寸、材料、工艺、工况、用途等来确定。

（1）标记

填料密封的标注内容应包括：

①“填料密封”；

②标准编号；

③带有填料密封的柱端的螺纹规格；

④柱端的型式（A型或E型）。

示例：

填料密封　GB/T 19674.2-M 12×1.5A

（2）填料密封

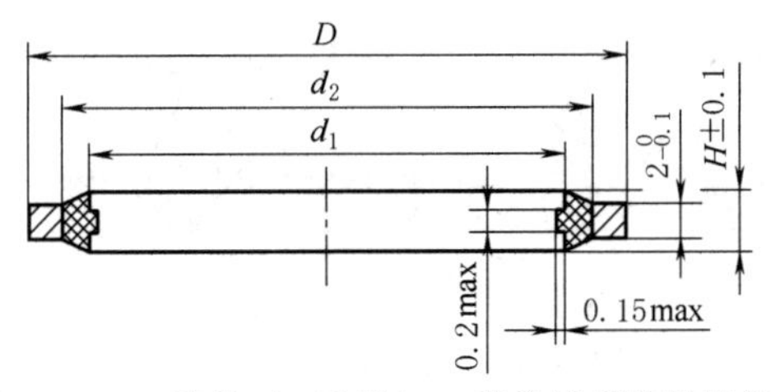

图10-4-58　重载（S系列）A型柱端用填料密封圈

表 10-4-113　重载（S系列）A型柱端用填料密封圈尺寸　mm

系列	螺纹规格 d		d_1		d_2		D		H
	M[1]	G[2]	公称	公差	公称	公差	公称	公差	
S	M10×1	G1/8	10.3	±0.12	12	+0.24 0	16	0 -0.24	2.7
	M12×1.5		12.4		14		18		
		G1/4	13.5		15.1		19	0 -0.28	
	M14×1.5		14.4		16		20		
	M16×1.5		16.4		18		22		
		G3/8	17.1		18.7	+0.28 0	23		
	M18×1.5		18.4		20		25		
	M20×1.5[3]		20.5	±0.14	23		28		
		G1/2	21.4		23.9		29		
	M22×1.5		22.5		25		30		
	M26×1.5		26.5		29		34	0 -0.34	
		G3/4	26.9		29.4		34.5		
	M27×2		27.5		30		35		
	M33×2	G1	33.5	±0.17	36	+0.34 0	42		2.9
	M42×2	G1¼	42.6		46		53	0 -0.40	
	M48×2	G1½	48.7		52		60		

① 米制螺纹。
② 圆柱管螺纹。
③ 用于测量。

21　全断面隧道掘进机用橡胶密封件（摘自 GB/T 36879—2018）

GB/T 36879—2018《全断面隧道掘进机用橡胶密封件》规定了全断面隧道掘进机主驱密封件、铰接密封件、气囊密封件的术语和定义、要求、试验方法、检验规则及标志、包装、运输、贮存，适用于全断面隧道掘进机用主驱密封件、铰接密封件和气囊密封件（以下统称密封件）。

（1）结构

① 主驱密封件和铰接密封件截面结构见图 10-4-59 和图 10-4-60。

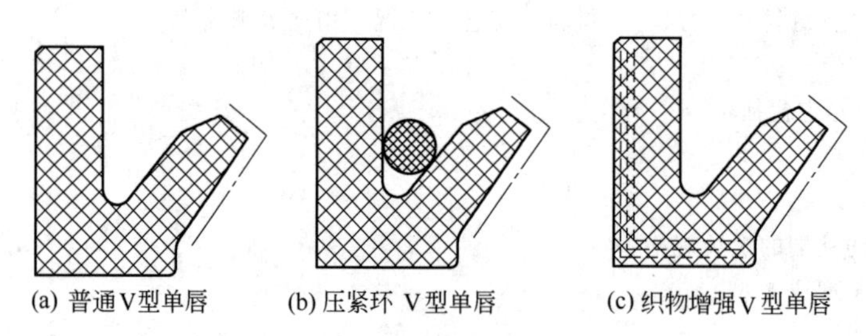

图 10-4-59　V 型单唇密封件截面结构

注：点画线处为工作面。

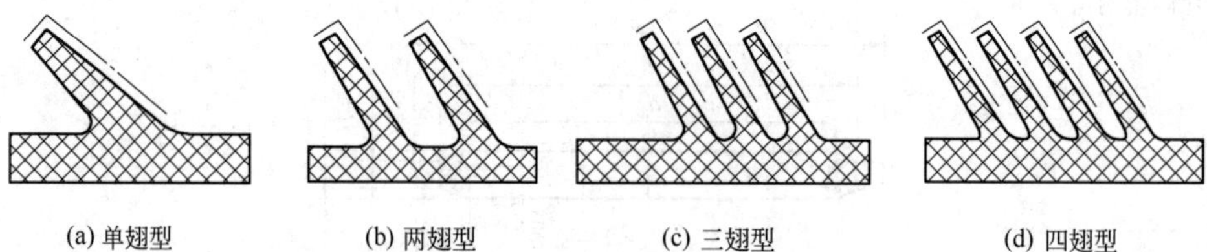

图 10-4-60　翅型密封件截面结构

注：点画线处为工作面。

(a) 普通U型气囊

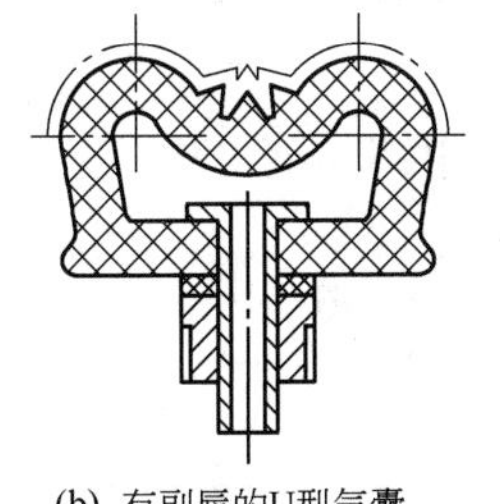

(b) 有副唇的U型气囊

图 10-4-61 气囊密封件截面结构

注：点画线处为工作面。

② 气囊密封件截面结构见图 10-4-61。

(2) 材料

主驱和铰接 V 型单唇密封件采用丁腈橡胶或聚氨酯弹性体制造，主驱和铰接翅型密封件采用聚氨酯弹性体制造，气囊密封件采用三元乙丙橡胶制造。

(3) 尺寸

密封件截面的尺寸和公差应符合图样的要求；如图样未注公差，主驱密封件和铰接密封件的断面公差应符合 GB/T 3672.1 中 M2 级要求，气囊的断面公差应符合 GB/T 3672.1 中 E2 级要求。

密封件直径公差见表 10-4-114。

表 10-4-114　　密封件直径公差

序号	名称种类	示意图	公差
1	V 型单唇外密封件	D	(−0.8%～−1.3%)×D
2	V 型单唇内密封件	D	(+0.05%～+0.55%)×D
3	V 型单唇平面密封件	D　D	(−0.15%～+0.15%)×D
4	多翅型外唇密封件	D	(−0.70%～−1.05%)×D
5	多翅型内唇密封件	D	(−0.35%～−0.75%)×D
6	两翅铰接密封件	D	(−0.70%～−0.95%)×D
7	多翅平面密封件	D　D	(−0.25%～−0.70%)×D

续表

序号	名称种类	示意图	公差
8	气囊密封件	D	$(-1.1\% \sim -1.8\%)\times D$

注：1. 多翅型密封件指三翅以上（含三翅型）的翅型密封件。

2. 图中 D 为直径。

22　风力发电机组主传动链系统橡胶密封圈（摘自 GB/T 37995—2019）

GB/T 37995—2019《风力发电机组主传动链系统橡胶密封圈》规定了风力发电机组主传动链系统橡胶密封圈的术语和定义、符号、结构型式及安装沟槽、要求、试验方法、检验规则、标记、包装、贮存和运输，适用于轴径 400~3920mm、相配合的腔体孔径 444~4000mm 的风力发电机组主传动链系统用的无防护唇旋转轴唇形密封圈、带防护唇旋转轴唇形密封圈、异形防尘圈、单体型端面 V 形圈和装配型端面 V 形圈（以下统称为密封圈）。

（1）结构型式及安装沟槽

① NPL-RSLS 的结构型式见图 10-4-62a 和图 10-4-62b，安装沟槽示意图见图 10-4-62c。

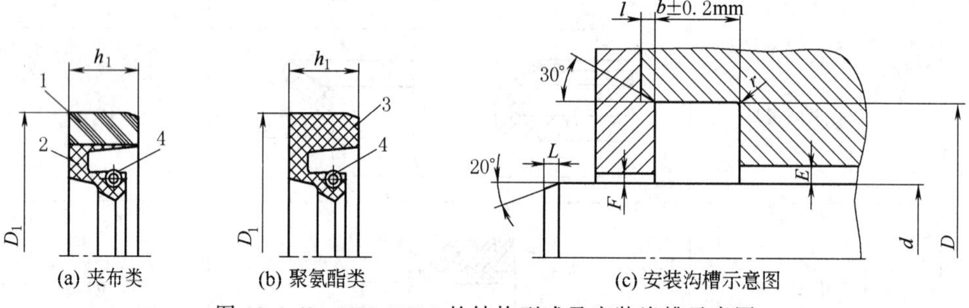

图 10-4-62　NPL-RSLS 的结构型式及安装沟槽示意图

1—涂覆棉织物胶布；2—氢化丁腈橡胶；3—聚氨酯橡胶；4—弹簧

② PL-RSLS 的结构型式见图 10-4-63a 和图 10-4-63b，安装沟槽示意图见图 10-4-63c。

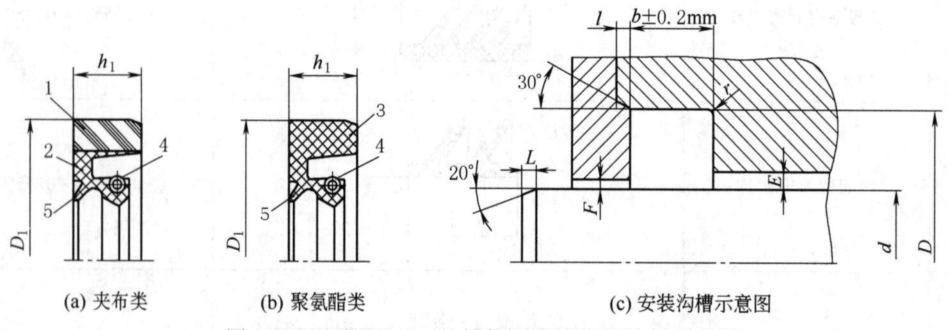

图 10-4-63　PL-RSLS 的结构型式及安装沟槽示意图

1—涂覆棉织物胶布；2—氢化丁腈橡胶；3—聚氨酯橡胶；4—弹簧；5—防护唇

③ SWR 的结构型式见图 10-4-64a 和图 10-4-64b，SWR 与 NPL-RSLS 组合配套使用，组合示意图见图 10-4-64c，组合安装沟槽示意图见图 10-4-64d。

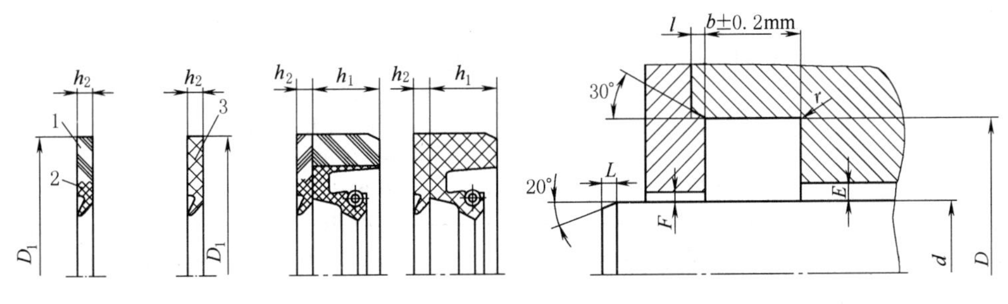

(a) 夹布类　(b) 聚氨酯类　(c) 组合示意图　(d) 安装沟槽示意图

图 10-4-64　SWR 的结构型式、组合示意图及安装沟槽示意图

1—涂覆棉织物胶布；2—氢化丁腈橡胶；3—聚氨酯橡胶

④ SFV 的结构型式见图 10-4-65a，安装沟槽示意图见图 10-4-65b。

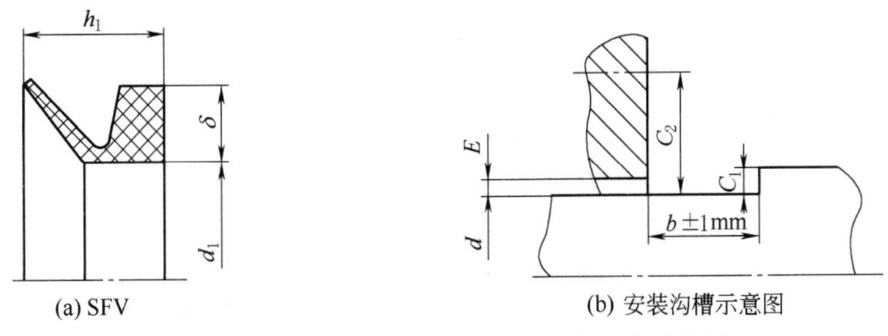

(a) SFV　(b) 安装沟槽示意图

图 10-4-65　SFV 的结构型式及安装沟槽示意图

⑤ AFV 的结构型式见图 10-4-66a，与喉箍配套使用，组合示意图见图 10-4-66b，安装沟槽示意图见图 10-4-66c。

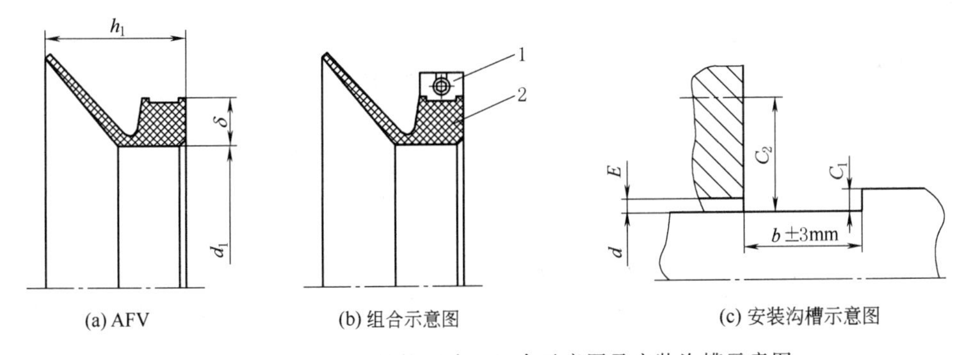

(a) AFV　(b) 组合示意图　(c) 安装沟槽示意图

图 10-4-66　AFV 的结构型式、组合示意图及安装沟槽示意图

1—喉箍；2—AFV

(2) 标记

① NPL-RSLS 和 PL-RSLS 采用本标准编号、密封圈的结构型式符号、轴径 d、腔体孔径 D、沟槽宽度 b 五个部分进行标记，各部分之间用“-”相隔。

示例 1：

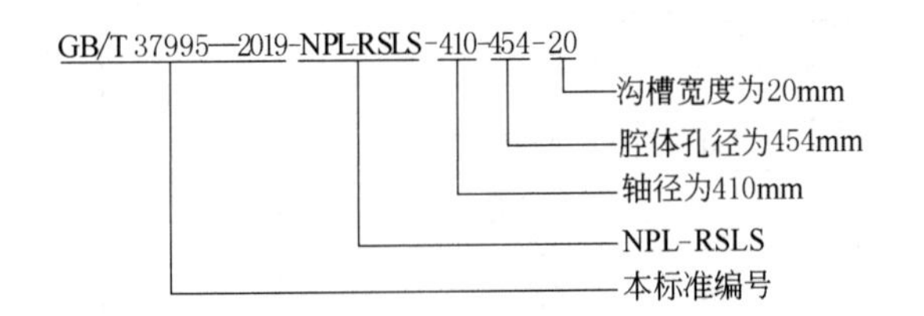

示例 2：

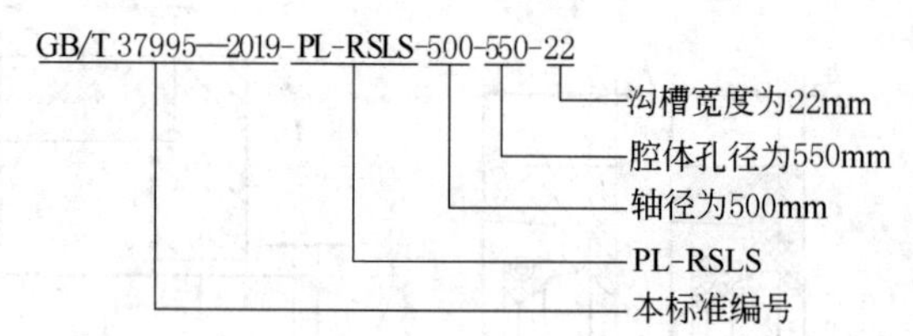

② SWR 采用本标准编号、密封圈的结构型式符号、轴径 d、腔体孔径 D、密封圈高度 h_2 五个部分进行标记，各部分之间用“-”相隔。

示例 3：

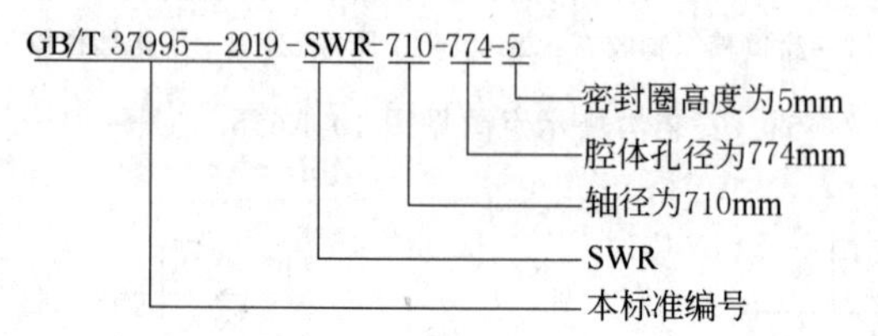

③ SFV 和 AFV 采用本标准编号、密封圈的结构型式符号、密封圈内径 d_1、密封圈截面厚度 δ、密封圈高度 h_1 五个部分进行标记，各部分之间用“-”相隔。

示例 4：

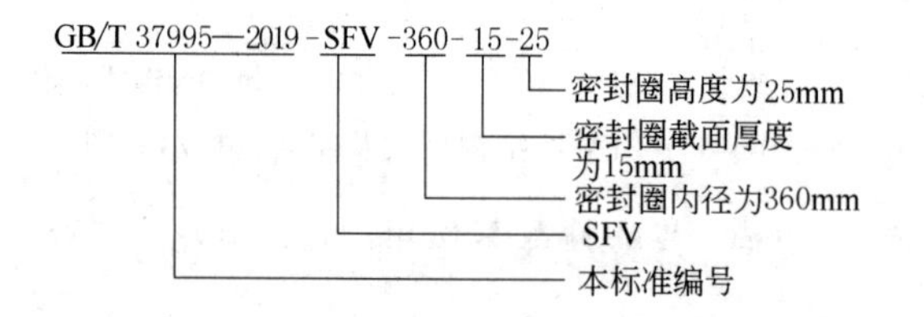

示例 5：

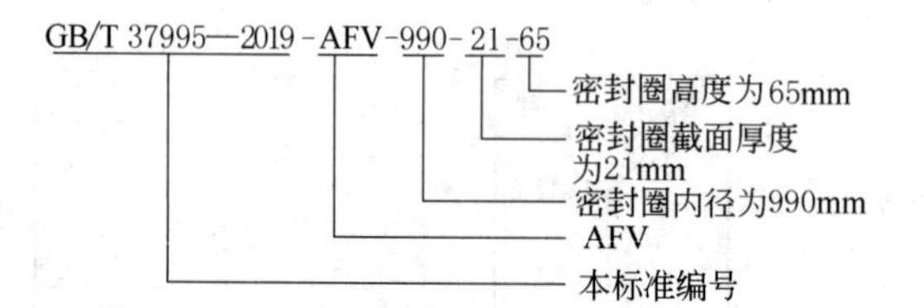

（3）尺寸和公差

密封圈的外径 D_1 或内径 d_1 小于或等于 3000mm，采用分度值为 0.05mm 的 π 尺测量；密封圈的外径 D_1 大于 3000mm，采用分度值为 1mm 的卷尺测量周长，再换算成直径尺寸；密封圈的高度 h_1、h_2 分别采用分度值为 0.02mm 的游标卡尺测量。

① NPL-RSLS 和 PL-RSLS 的尺寸系列见表 10-4-115。

表 10-4-115　　NPL-RSLS 和 PL-RSLS 的尺寸系列　　mm

<table>
<tr><th>d</th><th>D</th><th>b</th><th>D₁</th><th>h₁</th><th>E</th><th>F</th><th>L</th><th>l</th><th>r</th></tr>
<tr><td>400</td><td>444</td><td>20</td><td>444</td><td>20</td><td rowspan="10">11</td><td rowspan="10">7</td><td rowspan="6">10</td><td rowspan="10">2.5</td><td rowspan="10">0.5</td></tr>
<tr><td>410</td><td>454</td><td>20</td><td>454</td><td>20</td></tr>
<tr><td>420</td><td>464</td><td>20</td><td>464</td><td>20</td></tr>
<tr><td>450</td><td>500</td><td>22</td><td>500</td><td>22</td></tr>
<tr><td>480</td><td>530</td><td>22</td><td>530</td><td>22</td></tr>
<tr><td>500</td><td>550</td><td>22</td><td>550</td><td>22</td></tr>
<tr><td>510</td><td>560</td><td>22</td><td>560</td><td>22</td><td rowspan="4">13</td></tr>
<tr><td>520</td><td>570</td><td>22</td><td>570</td><td>22</td></tr>
<tr><td>525</td><td>575</td><td>22</td><td>575</td><td>22</td></tr>
<tr><td>530</td><td>580</td><td>22</td><td>580</td><td>22</td></tr>
</table>

续表

<table>
<tr><th>d</th><th>D</th><th>b</th><th>D_1</th><th>h_1</th><th>E</th><th>F</th><th>L</th><th>l</th><th>r</th></tr>
<tr><td>535</td><td>585</td><td>22</td><td>585</td><td>22</td><td rowspan="9">11</td><td rowspan="9">7</td><td rowspan="14">13</td><td rowspan="9">2.5</td><td rowspan="28">0.5</td></tr>
<tr><td>540</td><td>590</td><td>22</td><td>590</td><td>22</td></tr>
<tr><td>560</td><td>610</td><td>22</td><td>610</td><td>22</td></tr>
<tr><td>565</td><td>615</td><td>22</td><td>615</td><td>22</td></tr>
<tr><td>570</td><td>620</td><td>22</td><td>620</td><td>22</td></tr>
<tr><td>580</td><td>630</td><td>22</td><td>630</td><td>22</td></tr>
<tr><td>585</td><td>635</td><td>22</td><td>635</td><td>22</td></tr>
<tr><td>590</td><td>640</td><td>25</td><td>640</td><td>25</td></tr>
<tr><td>600</td><td>650</td><td>22</td><td>650</td><td>22</td></tr>
<tr><td>630</td><td>694</td><td>25</td><td>694</td><td>25</td><td rowspan="31">14</td><td rowspan="31">8</td><td rowspan="19">3.2</td></tr>
<tr><td>650</td><td>690</td><td>20</td><td>690</td><td>20</td></tr>
<tr><td>710</td><td>774</td><td>25</td><td>774</td><td>25</td></tr>
<tr><td>744</td><td>808</td><td>25</td><td>808</td><td>25</td></tr>
<tr><td>780</td><td>844</td><td>25</td><td>844</td><td>25</td></tr>
<tr><td>805</td><td>869</td><td>25</td><td>869</td><td>25</td><td rowspan="18">16</td></tr>
<tr><td>810</td><td>874</td><td>22</td><td>874</td><td>22</td></tr>
<tr><td>830</td><td>894</td><td>25</td><td>894</td><td>25</td></tr>
<tr><td>835</td><td>899</td><td>25</td><td>899</td><td>25</td></tr>
<tr><td>840</td><td>904</td><td>25</td><td>904</td><td>25</td></tr>
<tr><td>860</td><td>924</td><td>25</td><td>924</td><td>25</td></tr>
<tr><td>870</td><td>920</td><td>20</td><td>920</td><td>20</td></tr>
<tr><td>875</td><td>939</td><td>25</td><td>939</td><td>25</td></tr>
<tr><td>880</td><td>944</td><td>25</td><td>944</td><td>25</td></tr>
<tr><td>890</td><td>954</td><td>25</td><td>954</td><td>25</td></tr>
<tr><td>920</td><td>970</td><td>25</td><td>970</td><td>25</td></tr>
<tr><td>955</td><td>1019</td><td>25</td><td>1019</td><td>25</td></tr>
<tr><td>970</td><td>1034</td><td>25</td><td>1034</td><td>25</td></tr>
<tr><td>1000</td><td>1064</td><td>25</td><td>1064</td><td>25</td></tr>
<tr><td>1020</td><td>1084</td><td>25</td><td>1084</td><td>25</td><td rowspan="12">4.0</td><td rowspan="21">0.75</td></tr>
<tr><td>1060</td><td>1124</td><td>25</td><td>1124</td><td>25</td></tr>
<tr><td>1130</td><td>1194</td><td>25</td><td>1194</td><td>25</td></tr>
<tr><td>1200</td><td>1264</td><td>25</td><td>1264</td><td>25</td></tr>
<tr><td>1318</td><td>1368</td><td>22</td><td>1368</td><td>22</td><td rowspan="8">20</td></tr>
<tr><td>1400</td><td>1464</td><td>30</td><td>1464</td><td>30</td></tr>
<tr><td>1410</td><td>1474</td><td>25</td><td>1474</td><td>25</td></tr>
<tr><td>1435</td><td>1499</td><td>25</td><td>1499</td><td>25</td></tr>
<tr><td>1480</td><td>1544</td><td>25</td><td>1544</td><td>25</td></tr>
<tr><td>1610</td><td>1670</td><td>20</td><td>1670</td><td>20</td></tr>
<tr><td>1650</td><td>1714</td><td>25</td><td>1714</td><td>25</td></tr>
<tr><td>1740</td><td>1800</td><td>20</td><td>1800</td><td>20</td></tr>
<tr><td>2040</td><td>2104</td><td>25</td><td>2104</td><td>25</td><td rowspan="9">18</td><td rowspan="9">9</td><td rowspan="9">25</td><td rowspan="9">5.0</td></tr>
<tr><td>2183</td><td>2247</td><td>25</td><td>2247</td><td>25</td></tr>
<tr><td>2355</td><td>2419</td><td>25</td><td>2419</td><td>25</td></tr>
<tr><td>2480</td><td>2544</td><td>30</td><td>2544</td><td>30</td></tr>
<tr><td>2500</td><td>2564</td><td>25</td><td>2564</td><td>25</td></tr>
<tr><td>2578</td><td>2642</td><td>25</td><td>2642</td><td>25</td></tr>
<tr><td>3170</td><td>3234</td><td>35</td><td>3234</td><td>35</td></tr>
<tr><td>3820</td><td>3890</td><td>35</td><td>3890</td><td>35</td></tr>
<tr><td>3920</td><td>4000</td><td>35</td><td>4000</td><td>35</td></tr>
</table>

② SWR 的尺寸系列见表 10-4-116。

表 10-4-116　　SWR 的尺寸系列　　mm

<table>
<tr><th>d</th><th>D</th><th>b</th><th>D1</th><th>h2</th><th>h1</th><th>E</th><th>F</th><th>L</th><th>l</th><th>r</th></tr>
<tr><td>400</td><td>444</td><td>25</td><td>444</td><td rowspan="47">5</td><td>20</td><td rowspan="19">11</td><td rowspan="19">7</td><td rowspan="6">10</td><td rowspan="19">2.5</td><td rowspan="38">0.5</td></tr>
<tr><td>410</td><td>454</td><td>25</td><td>454</td><td>20</td></tr>
<tr><td>420</td><td>464</td><td>25</td><td>464</td><td>20</td></tr>
<tr><td>450</td><td>500</td><td>27</td><td>500</td><td>22</td></tr>
<tr><td>480</td><td>530</td><td>27</td><td>530</td><td>22</td></tr>
<tr><td>500</td><td>550</td><td>27</td><td>550</td><td>22</td></tr>
<tr><td>510</td><td>560</td><td>27</td><td>560</td><td>22</td><td rowspan="19">13</td></tr>
<tr><td>520</td><td>570</td><td>27</td><td>570</td><td>22</td></tr>
<tr><td>525</td><td>575</td><td>27</td><td>575</td><td>22</td></tr>
<tr><td>530</td><td>580</td><td>27</td><td>580</td><td>22</td></tr>
<tr><td>535</td><td>585</td><td>27</td><td>585</td><td>22</td></tr>
<tr><td>540</td><td>590</td><td>27</td><td>590</td><td>22</td></tr>
<tr><td>560</td><td>610</td><td>27</td><td>610</td><td>22</td></tr>
<tr><td>565</td><td>615</td><td>27</td><td>615</td><td>22</td></tr>
<tr><td>570</td><td>620</td><td>27</td><td>620</td><td>22</td></tr>
<tr><td>580</td><td>630</td><td>27</td><td>630</td><td>22</td></tr>
<tr><td>585</td><td>635</td><td>27</td><td>635</td><td>22</td></tr>
<tr><td>590</td><td>640</td><td>30</td><td>640</td><td>25</td></tr>
<tr><td>600</td><td>650</td><td>27</td><td>650</td><td>22</td></tr>
<tr><td>630</td><td>694</td><td>30</td><td>694</td><td>25</td><td rowspan="28">14</td><td rowspan="28">8</td><td rowspan="19">3.2</td></tr>
<tr><td>650</td><td>690</td><td>25</td><td>690</td><td>20</td></tr>
<tr><td>710</td><td>774</td><td>30</td><td>774</td><td>25</td></tr>
<tr><td>744</td><td>808</td><td>30</td><td>808</td><td>25</td></tr>
<tr><td>780</td><td>844</td><td>30</td><td>844</td><td>25</td></tr>
<tr><td>805</td><td>869</td><td>30</td><td>869</td><td>25</td><td rowspan="18">16</td></tr>
<tr><td>810</td><td>874</td><td>27</td><td>874</td><td>22</td></tr>
<tr><td>830</td><td>894</td><td>30</td><td>894</td><td>25</td></tr>
<tr><td>835</td><td>899</td><td>30</td><td>899</td><td>25</td></tr>
<tr><td>840</td><td>904</td><td>30</td><td>904</td><td>25</td></tr>
<tr><td>860</td><td>924</td><td>30</td><td>924</td><td>25</td></tr>
<tr><td>870</td><td>920</td><td>25</td><td>920</td><td>20</td></tr>
<tr><td>875</td><td>939</td><td>30</td><td>939</td><td>25</td></tr>
<tr><td>880</td><td>944</td><td>30</td><td>944</td><td>25</td></tr>
<tr><td>890</td><td>954</td><td>30</td><td>954</td><td>25</td></tr>
<tr><td>920</td><td>970</td><td>30</td><td>970</td><td>25</td></tr>
<tr><td>955</td><td>1019</td><td>30</td><td>1019</td><td>25</td></tr>
<tr><td>970</td><td>1034</td><td>30</td><td>1034</td><td>25</td></tr>
<tr><td>1000</td><td>1064</td><td>30</td><td>1064</td><td>25</td></tr>
<tr><td>1020</td><td>1084</td><td>30</td><td>1084</td><td>25</td><td rowspan="9">4.0</td><td rowspan="9">0.75</td></tr>
<tr><td>1060</td><td>1124</td><td>30</td><td>1124</td><td>25</td></tr>
<tr><td>1130</td><td>1194</td><td>30</td><td>1194</td><td>25</td></tr>
<tr><td>1200</td><td>1264</td><td>30</td><td>1264</td><td>25</td></tr>
<tr><td>1318</td><td>1368</td><td>27</td><td>1368</td><td>22</td><td rowspan="5">20</td></tr>
<tr><td>1400</td><td>1464</td><td>35</td><td>1464</td><td>30</td></tr>
<tr><td>1410</td><td>1474</td><td>30</td><td>1474</td><td>25</td></tr>
<tr><td>1435</td><td>1499</td><td>30</td><td>1499</td><td>25</td></tr>
<tr><td>1480</td><td>1544</td><td>30</td><td>1544</td><td>25</td></tr>
</table>

续表

d	D	b	D_1	h_2	h_1	E	F	L	l	r
1610	1670	28	1670	8	20	14	8	20	4.0	0.75
1650	1714	33	1714		25					
1740	1800	28	1800		20					
2040	2104	33	2104		25	18	9	25	5.0	
2183	2247	33	2247		25					
2355	2419	33	2419		25					
2480	2544	38	2544		30					
2500	2564	33	2564		25					
2578	2642	35	2642	10	25					
3170	3234	45	3234		35					
3820	3890	45	3890		35					
3920	4000	45	4000		35					

③ SFV 的尺寸系列见表 10-4-117。

表 10-4-117　SFV 的尺寸系列　mm

d	d_1	δ	h_1	b	C_1	C_2	E
400~430	360	15	25	20	5	22.5	5
430~480	405						
480~530	450						
580~630	540						
630~665	600						
665~705	630						
705~745	670						
745~785	705						
785~830	745						
830~875	785						
875~920	825						
920~965	865						
965~1015	910						

④ AFV 的尺寸系列见表 10-4-118。

表 10-4-118　AFV 的尺寸系列　mm

d	d_1	δ	h_1	b	C_1	C_2	E
1010~1025	973	21	65	50	10	57.5	12
1025~1045	990						
1045~1065	1008						
1065~1085	1027						
1085~1105	1045						
1105~1125	1065						
1125~1145	1084						
1145~1165	1103						
1165~1185	1121						
1185~1205	1139						
1205~1225	1157						
1225~1245	1176						
1245~1270	1195						
1270~1295	1218						
1295~1315	1240						
1315~1340	1259						

续表

d	d_1	δ	h_1	b	C_1	C_2	E
1340~1365	1281	21	65	50	10	57.5	12
1365~1390	1305						
1390~1415	1328						
1415~1440	1350						
1440~1465	1374						
1465~1490	1397						
1490~1515	1419						
1515~1540	1443						
1540~1570	1467						
1570~1600	1495						
1600~1640	1524						
1640~1680	1559						
1680~1720	1596						
1720~1765	1632						
1765~1810	1671						
1810~1855	1714						
1855~1905	1753						
1905~1955	1794						
1955~2010	1844						

⑤ 密封圈的外径 D_1 或内径 d_1 的公差由供需双方协商确定。密封圈高度 h_1、h_2 的公差见表 10-4-119。

表 10-4-119　　密封圈的公差　　mm

密封圈类型	h_1 或 h_2	
	公称尺寸	公差
NPL-RSLS、PL-RSLS	20	+0.6 0
	22	+0.8 0
	25	
	30	+1.2 0
	35	+1.5 0
SWR	5	±0.2
	8	±0.3
	10	
SFV、AFV	25	±1
	65	±3

23　动力锂电池用橡胶密封件（摘自 GB/T 37996—2019）

GB/T 37996—2019《动力锂电池用橡胶密封件》规定了动力锂电池用橡胶密封件的术语和定义、要求、试验方法、检验规则以及标志、包装、运输、贮存，适用于动力锂电池用橡胶密封件（以下简称密封件）。

（1）橡胶材料

密封件采用乙丙橡胶或氟橡胶为基材制造。

（2）规格尺寸

O 形圈的尺寸和公差符合 GB/T 3452.1 中 G 系列的规定；矩形圈的尺寸和公差符合 GB/T 3672.1 中 M2 级的规定。

(3) 绝缘电阻

电阻指标由制造厂与用户商定，试验方法见 GB/T 37996—2019。

24 气弹簧用密封圈（摘自 HG/T 5839—2021）

HG/T 5839—2021《气弹簧用密封圈》规定了气弹簧用密封圈的术语和定义、结构型式、要求、试验方法、检验规则、包装、运输、贮存，适用于安装在气弹簧活塞杆与缸筒之间起密封作用的橡胶密封圈（以下简称密封圈）。

(1) 结构型式

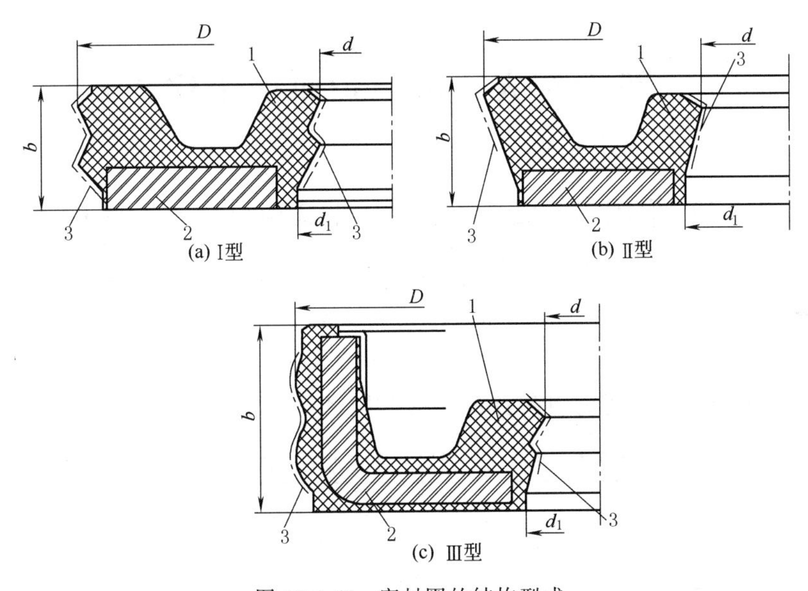

图 10-4-67 密封圈的结构型式

1—橡胶材料；2—金属骨架；3—工作面（点画线处）；d—密封圈内径；D—密封圈外径；b—密封圈厚度；d_1—密封圈底部内径

(2) 尺寸公差

① 密封圈内径公差见表 10-4-120。

表 10-4-120 密封圈内径公差 mm

密封圈内径 d	公差
$5 \leqslant d \leqslant 10$	±0.15
$10 < d \leqslant 20$	±0.20

② 密封圈外径公差见表 10-4-121。

表 10-4-121 密封圈外径公差 mm

密封圈外径 D	公差	
	Ⅰ型、Ⅱ型结构	Ⅲ型结构
$10 \leqslant D \leqslant 20$	±0.15	$D_{+0.10}^{+0.25}$
$20 < D \leqslant 30$	±0.20	$D_{+0.15}^{+0.30}$

③ 密封圈厚度 b 的范围为 $3 \leqslant b \leqslant 6$mm，厚度公差为±0.10mm。

④ 密封圈底部内径公差见表 10-4-122。

表 10-4-122　　密封圈底部内径公差　　mm

密封圈底部内径 d_1	公差
$5 \leqslant d_1 \leqslant 10$	±0.10
$10 < d_1 \leqslant 20$	±0.15

(3) 橡胶材料

密封圈橡胶材料以丁腈橡胶为主体，按邵氏硬度分为分 75 度级、85 度级两种级别，材料的物理性能符合 HG/T 5839—2021 表 5 的要求。

苏州美福瑞新材料科技有限公司研发的主要应用于冲压模具行业的氮气弹簧专用密封圈，是由特种聚氨酯碳纳米管复合增强的 TPU 制造的。

25　管法兰用非金属平垫片

25.1　公称压力用 PN 标记的管法兰用垫片的型式与尺寸（摘自 GB/T 9126—2008）

注：已于 2023-09-07 发布、2024-04-01 实施的 GB/T 9126.1—2023《管法兰用非金属平垫片　第 1 部分：PN 系列》和 GB/T 9126.2—2023《管法兰用非金属平垫片　第 2 部分：Class 系列》分别部分代替 GB/T 9126—2008。

25.1.1　全平面（FF 型）管法兰用垫片的型式与尺寸

表 10-4-123　　全平面（FF 型）管法兰用垫片的型式与尺寸　　mm

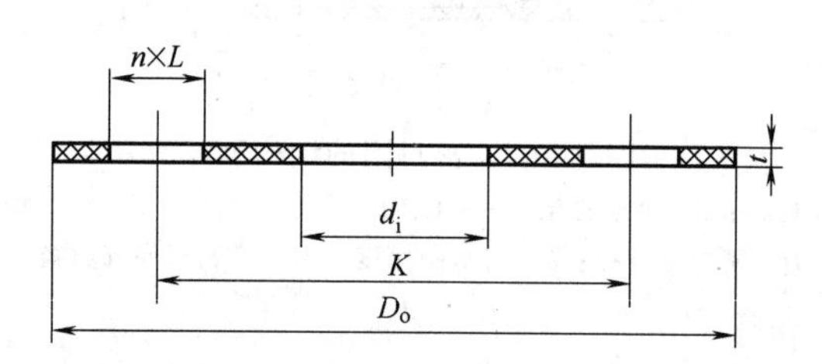

垫片材料及技术条件见 GB/T 9129—2003 或表 10-4-128

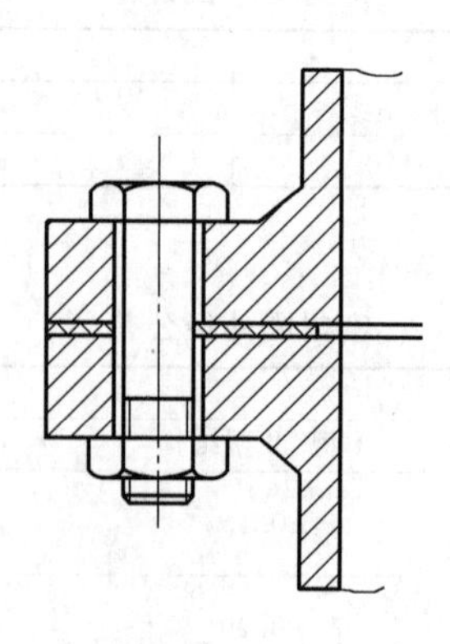

全平面(FF 型)管法兰密封面及适用的垫片

续表

标记方式

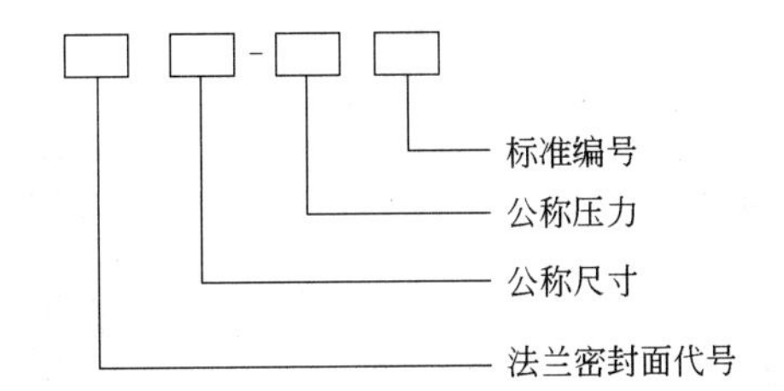

标记示例

公称尺寸 DN50,公称压力 PN10 的全平面管法兰用非金属平垫片,其标记为:

非金属平垫片 FF DN50-PN10 GB/T 9126—2008

公称尺寸 DN	垫片内径 d_i	公称压力																								垫片厚度 t
		PN2.5				PN6				PN10				PN16				PN25				PN40				
		D_o	K	L	n	D_o	K	L	n	D_o	K	L	n	D_o	K	L	n	D_o	K	L	n	D_o	K	L	n	
10	18	使用PN6的尺寸				75	50	11	4	使用PN40的尺寸				使用PN40的尺寸				使用PN40的尺寸				90	60	14	4	0.8~3.0
15	22					80	55	11	4													95	65	14	4	
20	27					90	65	11	4													105	75	14	4	
25	34					100	75	11	4													115	85	14	4	
32	43					120	90	14	4													140	100	18	4	
40	49					130	100	14	4													150	110	18	4	
50	61					140	110	14	4													165	125	18	4	
65	77					160	130	14	4													185	145	18	8	
80	89					190	150	18	4													200	160	18	8	
100	115					210	170	18	4	使用PN16的尺寸				220	180	18	8					235	190	22	8	
125	141					240	200	18	8					250	210	18	8					270	220	26	8	
150	169					265	225	18	8					285	240	22	8					300	250	26	8	
200	220					320	280	18	8	340	295	22	8	340	295	22	12	360	310	26	12	375	320	30	12	
250	273					375	335	18	12	395	350	22	12	405	355	26	12	425	370	30	12	450	385	33	12	
300	324					440	395	22	12	445	400	22	12	460	410	26	12	485	430	30	16	515	450	33	16	
350	356					490	445	22	12	505	460	22	16	520	470	26	16	555	490	33	16	580	510	36	16	
400	407					540	495	22	16	565	515	26	16	580	525	30	16	620	550	36	16	660	585	39	16	
450	458					595	550	22	16	615	565	26	20	640	585	30	20	670	600	36	20	685	610	39	20	
500	508					645	600	22	20	670	620	26	20	715	650	33	20	730	660	36	20	755	670	42	20	
600	610					755	705	26	20	780	725	30	22	840	770	36	20	845	770	39	20	890	795	48	20	
700	712	—				—				895	840	30	24	910	840	36	24	960	875	42	24	—				
800	813									1015	950	33	24	1025	950	39	24	1085	990	48	24					
900	915									1115	1050	33	28	1125	1050	39	28	1185	1090	48	28					
1000	1016									1230	1160	36	28	1255	1170	42	28	1320	1210	56	28					
1200	1220									1455	1380	39	32	1485	1390	48	32	1530	1420	56	32					
1400	1420									1675	1590	42	36	1685	1590	48	36	1755	1640	62	36					
1600	1620									1915	1820	48	40	1930	1820	56	40	1975	1860	62	40					
1800	1820									2115	2020	48	44	2130	2020	55	44	2195	2070	70	44					
2000	2020									2325	2230	48	48	2345	2230	60	48	2425	2300	70	48					

25.1.2 突面（RF型）管法兰用垫片的型式与尺寸

表 10-4-124 突面（RF型）管法兰用垫片的型式与尺寸 mm

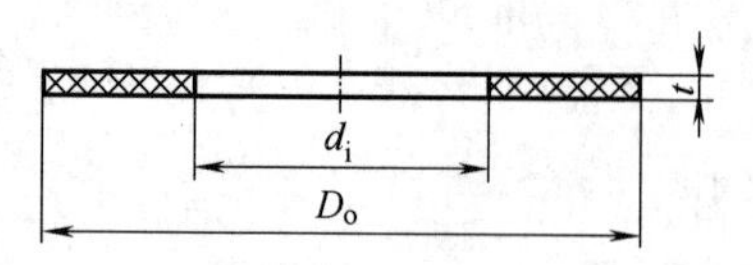

标记方式见表 10-4-123
垫片材料及技术条件见 GB/T 9129—2003 或表 10-4-128

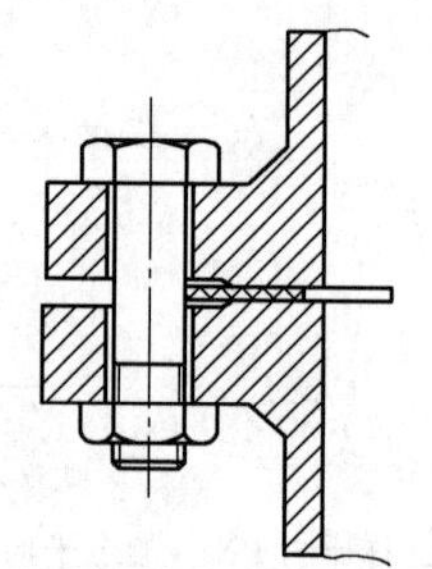

突面(RF型)管法兰密封面及适用的垫片

公称尺寸 DN	垫片内径 d_i	公称压力						垫片厚度 t
		PN2.5	PN6	PN10	PN16	PN25	PN40	
		垫片外径 D_o						
10	18	使用PN6的尺寸	39	使用PN40的尺寸	使用PN40的尺寸	使用PN40的尺寸	46	0.8~3.0
15	22		44				51	
20	27		54				61	
25	34		64				71	
32	43		76				82	
40	49		86				92	
50	61		96				107	
65	77		116				127	
80	89		132				142	
100	115		152	162	162		168	
125	141		182	192	192		194	
150	169		207	218	218		224	
175*	141		182	192	192	194	—	
200	220		262	273	273	284	290	
225*	194		237	248	248	254	—	
250	273		317	328	329	340	352	
300	324		373	378	384	400	417	
350	356		423	438	444	457	474	
400	407		473	489	495	514	546	
450	458		528	539	555	564	571	
500	508		578	594	617	624	628	
600	610		679	695	734	731	747	
700	712		784	810	804	833	—	
800	813		890	917	911	942		
900	915		990	1017	1011	1042		
1000	1016		1090	1124	1128	1154		
1200	1220	1290	1307	1341	1342	1364		
1400	1420	1490	1524	1548	1542	1578		
1600	1620	1700	1724	1772	1764	1798		
1800	1820	1900	1931	1972	1964	2000		
2000	2020	2100	2138	2182	2168	2030		
2200	2220	2307	2348	2384	—	—		
2400	2420	2507	2558	2594				
2600	2620	2707	2762	2794				
2800	2820	2924	2972	3014				
3000	3020	3124	3172	3228				
3200	3220	3324	3382	—				
3400	3420	3524	3592	—				
3600	3620	3734	3804	—				
3800	3820	3931	—	—				
4000	4020	4131	—	—				

注：* 为船舶法兰用垫片尺寸。

25.1.3 凹凸面（MF型）管法兰和榫槽面（TG型）管法兰用垫片的型式与尺寸

表 10-4-125　凹凸面（MF型）管法兰和榫槽面（TG型）管法兰用垫片的型式与尺寸　mm

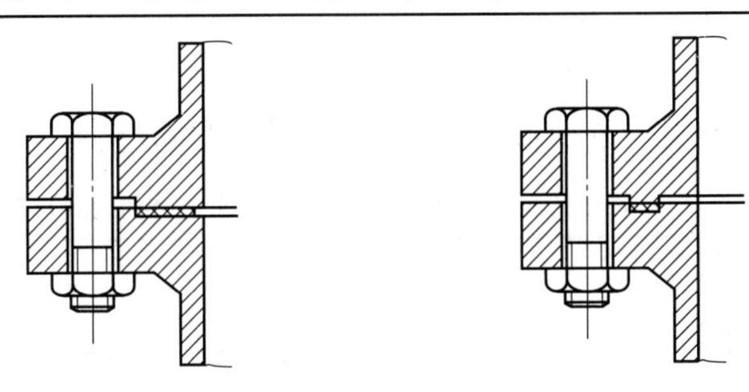

凹凸面(MF型)管法兰密封面及适用的垫片　榫槽面(TG型)管法兰密封面及适用的垫片

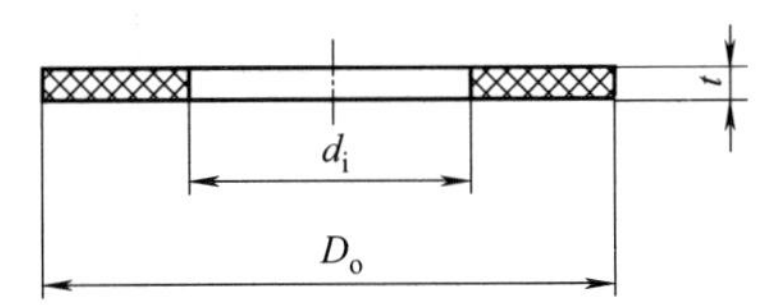

标记方式见表 10-4-123

垫片材料及技术条件见 GB/T 9129—2003 或表 10-4-128

凹凸面(MF型)管法兰用垫片尺寸

公称尺寸 DN	垫片内径 d_i	公称压力 PN10	PN16	PN25	PN40	PN63	垫片厚度 t
		垫片外径 D_o					
10	18	34	34	34	34	34	0.8~3.0
15	22	39	39	39	39	39	
20	27	50	50	50	50	50	
25	34	57	57	57	57	57	
32	43	65	65	65	65	65	
40	49	75	75	75	75	75	
50	61	87	87	87	87	87	
65	77	109	109	109	109	109	
80	89	120	120	120	120	120	
100	115	149	149	149	149	149	
125	141	175	175	175	175	175	
150	169	203	203	203	203	203	
175*	194	—	—	—	—	233	
200	220	259	259	259	259	259	
225*	245	—	—	—	—	286	
250	273	312	312	312	312	312	
300	324	363	363	363	363	363	
350	356	421	421	421	421	421	
400	407	473	473	473	473	473	
450	458	523	523	523	523	523	
500	508	575	575	575	575	575	
600	610	675	675	675	675		
700	712	777	777	777	—	—	1.5~3.0
800	813	882	882	882			
900	915	987	987	987			
1000	1016	1092	1092	1092			

榫槽面(TG型)管法兰用垫片尺寸

公称尺寸 DN	垫片内径 d_i	公称压力 PN10	PN16	PN25	PN40	PN63	垫片厚度 t
		垫片外径 D_o					
10	24	34	34	34	34	34	0.8~3.0
15	29	39	39	39	39	39	
20	36	50	50	50	50	50	
25	43	57	57	57	57	57	
32	51	65	65	65	65	65	
40	61	75	75	75	75	75	
50	73	87	87	87	87	87	
65	95	109	109	109	109	109	
80	106	120	120	120	120	120	
100	129	149	149	149	149	149	
125	155	175	175	175	175	175	
150	183	203	203	203	203	203	
200	239	259	259	259	259	259	
250	292	312	312	312	312	312	
300	343	363	363	363	363	363	
350	395	421	421	421	421	421	
400	447	473	473	473	473	473	
450	497	523	523	523	523	—	
500	549	575	575	575	575		
600	649	675	675	675	675		
700	751	777	777	777			1.5~3.0
800	856	882	882	882	—		
900	961	987	987	987			
1000	1061	1092	1092	1092			

注：＊为船舶法兰专用垫片尺寸。

25.2 公称压力用 Class 标记的管法兰用垫片的型式与尺寸（摘自 GB/T 9126—2008）

作者注：已于 2023-09-07 发布、2024-04-01 实施的 GB/T 9126.1—2023《管法兰用非金属平垫片 第 1 部分：PN 系列》和 GB/T 9126.2—2023《管法兰用非金属平垫片 第 2 部分：Class 系列》分别部分代替 GB/T 9126—2008。

25.2.1 全平面（FF 型）管法兰和突面（RF 型）管法兰用垫片的型式与尺寸

表 10-4-126 全平面（FF 型）管法兰和突面（RF 型）管法兰用垫片的型式与尺寸 mm

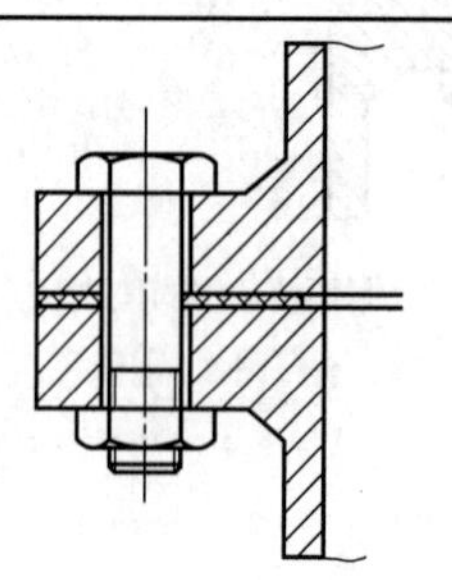

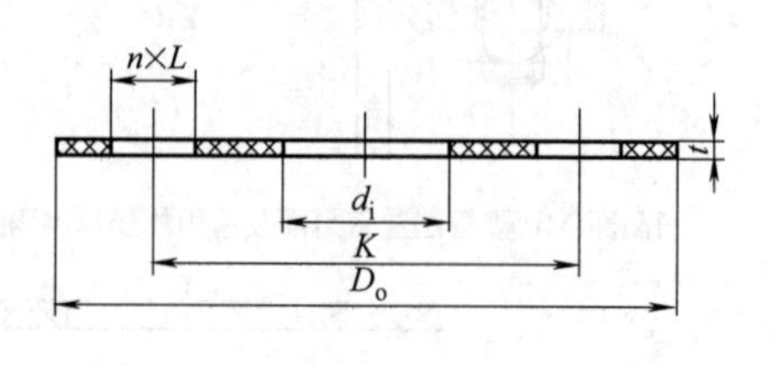

全平面(FF型)管法兰密封面及适用的垫片

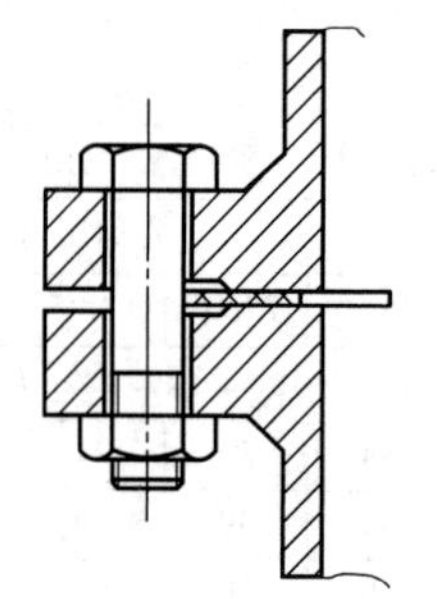

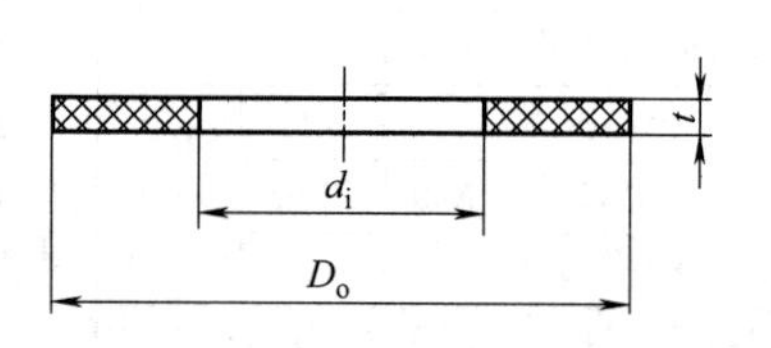

突面(RF型)管法兰密封面及适用的垫片

标记方式见表 10-4-123

垫片材料及技术条件见 GB/T 9129—2003 或表 10-4-128

全平面(FF 型)管法兰用垫片尺寸

公称尺寸		公称压力 Class150(PN20)					
NPS	DN	垫片内径 d_i	垫片外径 D_o	螺栓孔数 n	螺栓孔直径 L	螺栓孔中心圆直径 K	垫片厚度 t
½	15	22	89	4	16	60.3	
¾	20	27	98	4	16	69.9	
1	25	34	108	4	16	79.4	
1¼	32	43	117	4	16	88.9	
1½	40	49	127	4	16	98.4	
2	50	61	152	4	18	120.7	
2½	65	73	178	4	18	139.7	
3	80	89	191	4	18	152.4	
4	100	115	229	8	18	190.5	
5	125	141	254	8	22	215.9	1.5~3.0
6	150	169	279	8	22	241.3	
8	200	220	343	8	22	298.5	
10	250	273	406	12	26	362.0	
12	300	324	483	12	26	431.8	
14	350	356	533	12	29	476.3	
16	400	407	597	16	29	539.8	
18	450	458	635	16	32	577.9	
20	500	508	699	20	32	635.0	
24	600	610	813	20	35	749.3	

突面(RF 型)管法兰用垫片尺寸

公称尺寸		垫片内径 d_i	公称压力 垫片外径 D_o Class150(PN20)	公称压力 垫片外径 D_o Class300(PN50)	垫片厚度 t
NPS	DN				
½	15	22	47.5	54.0	
¾	20	27	57.0	66.5	
1	25	34	66.5	73.0	
1¼	32	43	76.0	82.5	
1½	40	49	85.5	95.0	
2	50	61	104.5	111.0	
2½	65	73	124.0	130.0	
3	80	89	136.5	149.0	
4	100	115	174.5	181.0	
5	125	141	196.5	216.0	1.5~3.0
6	150	169	222.0	251.0	
8	200	220	279.0	308.0	
10	250	273	339.5	362.0	
12	300	324	409.5	422.0	
14	350	356	450.5	485.5	
16	400	407	514.0	539.5	
18	450	458	549.0	597.0	
20	500	508	606.5	654.0	
24	600	610	717.5	774.5	

25.2.2 凹凸面（MF 型）管法兰和榫槽面（TG 型）管法兰用垫片的型式与尺寸

表 10-4-127　　凹凸面（MF 型）管法兰和榫槽面（TG 型）管法兰用垫片的型式与尺寸　　mm

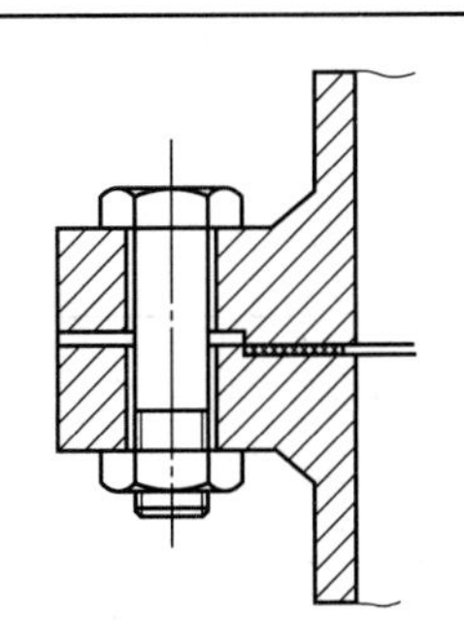

凹凸面(MF型)管法兰密封面及适用的垫片

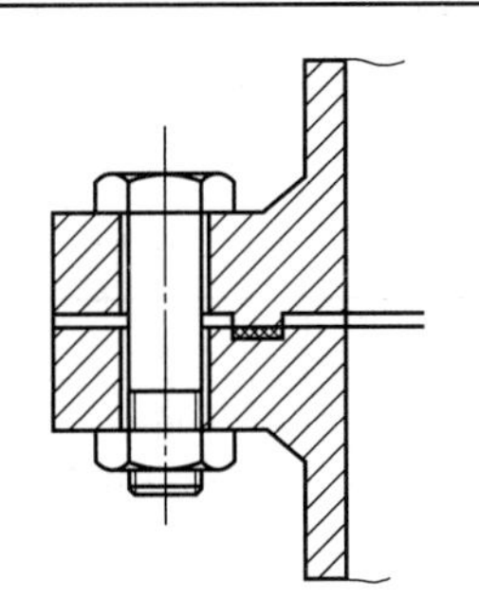

榫槽面(TG型)管法兰密封面及适用的垫片

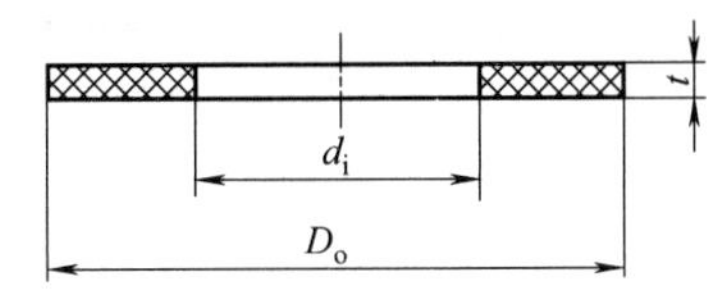

标记方式见表 10-4-123

垫片材料及技术条件见 GB/T 9129—2003 或表 10-4-128

凹凸面(MF 型)管法兰用垫片尺寸					榫槽面(TG 型)管法兰用垫片尺寸				
公称尺寸		公称压力			公称尺寸		公称压力		
		Class300(PN50)					Class300(PN50)		
NPS	DN	垫片内径 d_i	垫片外径 D_o	垫片厚度 t	NPS	DN	垫片内径 d_i	垫片外径 D_o	垫片厚度 t
½	15	22	35.0		½	15	25.5	35.0	
¾	20	27	43.0		¾	20	33.5	43.0	
1	25	34	51.0		1	25	38.0	51.0	
1¼	32	43	64.0		1¼	32	47.5	63.5	
1½	40	49	73.0		1½	40	54.0	73.0	
2	50	61	92.0		2	50	73.0	92.0	
2½	65	73	105.0		2½	65	85.5	105.0	
3	80	89	127.0		3	80	108.0	127.0	
4	100	115	157.0		4	100	132.0	157.0	
5	125	141	186.0	0.8~3.0	5	125	160.5	186.0	0.8~3.0
6	150	169	216.0		6	150	190.5	216.0	
8	200	220	270.0		8	200	238.0	270.0	
10	250	273	324.0		10	250	286.0	324.0	
12	300	324	381.0		12	300	343.0	381.0	
14	350	356	413.0		14	350	374.5	413.0	
16	400	407	470.0		16	400	425.5	470.0	
18	450	458	533.0		18	450	489.0	533.0	
20	500	508	584.0		20	500	533.5	584.0	
24	600	610	692.0		24	600	641.5	692.0	

25.3 管法兰用非金属平垫片技术条件（摘自 GB/T 9129—2003）

注：已于 2023-09-07 发布、2024-04-01 实施的 GB/T 9126.1—2023《管法兰用非金属平垫片　第 1 部分：PN 系列》和 GB/T 9126.2—2023《管法兰用非金属平垫片　第 2 部分：Class 系列》分别部分代替 GB/T 9129—2003。

表 10-4-128　　管法兰用非金属平垫片技术条件

项目		垫片类型				试验条件
		非石棉纤维橡胶垫片	石棉橡胶垫片	聚四氟乙烯垫片	橡胶垫片	
横向抗拉强度/MPa		≥7	化学成分和物理、力学性能应符合有关材料标准的规定			
柔软性		不允许有横向裂纹				
密度/g·cm^{-3}		1.7±0.2				
耐油性	厚度增加率/%	≤15				
	质量增加率/%	≤15				
压缩率/%	试样规格：ϕ109mm×ϕ61mm×1.6mm	12±5	12±5	20±5	25±10	橡胶垫片预紧比压为 7.0MPa 其他垫片预紧比压为 35MPa
回弹率/%		≥45	≥47	≥15	≥18	
应力松弛率/%	试样规格：ϕ75mm×ϕ55mm×1.6mm	≤40	≤35			试验温度：300±5℃ 预紧比压：40.8MPa
泄漏率/cm^3·s^{-1}	试样规格：ϕ109mm×ϕ61mm×1.6mm	≤1.0×10^{-3}	≤8.0×10^{-3}	≤1.0×10^{-3}	≤5.0×10^{-4}	试验介质：99.9%氮气 试验压力：橡胶垫片，1.0MPa 其他垫片，4.0MPa 预紧比压：石棉橡胶垫片，48.5MPa 橡胶垫片，7.0MPa 其他垫片，35MPa

注：国标没有规定垫片的适用温度范围。对于石棉橡胶垫片，设计人员选用时可参考下图。

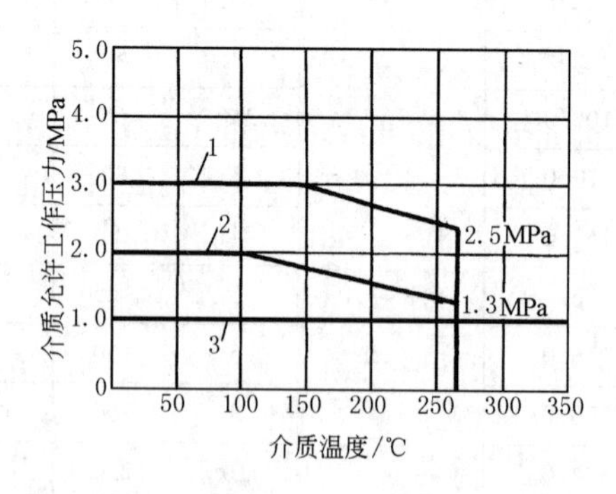

曲线 1——用于水、空气、氮气、水蒸气及不属于 A、B、C 级的工艺介质。

曲线 2——用于 B、C 级的液体介质，选用 1.5mm 厚的Ⅰ型或Ⅱ型垫片。

曲线 3——用于 B、C 级的气体介质及其他会危及操作人员人身安全的有毒气体介质，应选用Ⅱ型垫片与 PN＝5.0MPa 的法兰配套。

A 级介质——（1）剧毒介质；（2）设计压力大于等于 9.81MPa 的易燃、可燃介质。

B 级介质——（1）介质闪点低于 28℃的易燃介质；（2）爆炸下限低于 5.5%的介质；（3）操作温度高于或等于自燃点的 C 级介质。

C 级介质——（1）介质闪点 28～60℃的易燃、可燃介质；（2）爆炸下限大于或等于 5.5%的介质。

26 钢制管法兰用金属环垫（摘自 GB/T 9128—2003）

注：已于 2023-09-07 发布、2024-04-01 实施的 GB/T 9128.1—2023《钢制管法兰用金属环垫　第 1 部分：PN 系列》和 GB/T 9128.2—2023《钢制管法兰用金属环垫　第 2 部分：Class 系列》分别部分代替 GB/T 9128—2003。

表 10-4-129　　钢制管法兰用金属环垫尺寸　　mm

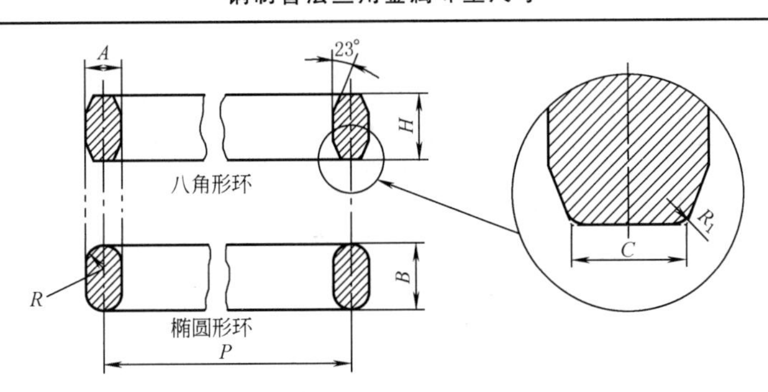

$R=A/2$

$R_1=1.6\text{mm}(A\leqslant 22.3\text{mm})$

$R_1=2.4\text{mm}(A>22.3\text{mm})$

标记示例：环号为 20，材料为 0Cr19Ni9 的八角形金属环垫片，标记为

八角垫　R.20-0Cr19Ni9　GB/T 9128—2003

公称通径 DN					环号	平均节径 P	环宽 A	环高		八角形环的平面宽度 C
公称压力 PN/MPa								椭圆形 B	八角形 H	
20	20,110	150	260	420						
—	15	—	—	—	R.11	34.13	6.35	11.11	9.53	4.32
—	—	15	15	—	R.12	39.69	7.94	14.29	12.70	5.23
—	20	—	—	15	R.13	42.86	7.94	14.29	12.70	5.23
—	—	20	20	—	R.14	44.45	7.94	14.29	12.70	5.23
25	—	—	—	—	R.15	47.63	7.94	14.29	12.70	5.23
—	25	25	25	20	R.16	50.80	7.94	14.29	12.70	5.23
32	—	—	—	—	R.17	57.15	7.94	14.29	12.70	5.23
—	32	32	32	25	R.18	60.33	7.94	14.29	12.70	5.23
40	—	—	—	—	R.19	65.09	7.94	14.29	12.70	5.23
—	40	40	40	—	R.20	68.26	7.94	14.29	12.70	5.23
—	—	—	—	32	R.21	72.24	11.11	17.46	15.88	7.75
50	—	—	—	—	R.22	82.55	7.94	14.29	12.70	5.23
—	50	—	—	40	R.23	82.55	11.11	17.46	15.88	7.75
—	—	50	50	—	R.24	95.25	11.11	17.46	15.88	7.75
65	—	—	—	—	R.25	101.60	7.94	14.29	12.70	5.23
—	65	—	—	50	R.26	101.60	11.11	17.46	15.88	7.75
—	—	65	65	—	R.27	107.95	11.11	17.46	15.88	7.75
—	—	—	—	65	R.28	111.13	12.70	19.05	17.47	8.66
80	—	—	—	—	R.29	114.30	7.94	14.29	12.70	5.23
—	80①	—	—	—	R.30	117.48	11.11	17.46	15.88	7.75
—	80②	80	—	—	R.31	123.83	11.11	17.46	15.88	7.75

续表

公称通径 DN					环号	平均节径 P	环宽 A	环高		八角形环的平面宽度 C
公称压力 PN/MPa								椭圆形 B	八角形 H	
20	20,110	150	260	420						
—	—	—	—	80	R. 32	127. 00	12. 70	19. 05	17. 46	8. 66
—	—	—	80	—	R. 35	136. 53	11. 11	17. 46	15. 88	7. 75
100	—	—	—	—	R. 36	149. 23	7. 94	14. 29	12. 70	5. 23
—	100	100	—	—	R. 37	149. 23	11. 11	17. 46	15. 88	7. 75
—	—	—	—	100	R. 38	157. 16	15. 88	22. 23	20. 64	10. 49
—	—	—	100	—	R. 39	161. 93	11. 11	17. 46	15. 88	7. 75
125	—	—	—	—	R. 40	171. 45	7. 94	14. 29	12. 70	5. 23
—	125	125	—	—	R. 41	180. 98	11. 11	17. 46	15. 88	7. 75
—	—	—	—	125	R. 42	190. 50	19. 05	25. 40	23. 81	12. 32
150	—	—	—	—	R. 43	193. 68	7. 94	14. 29	12. 70	5. 23
—	—	—	125	—	R. 44	193. 68	11. 11	17. 46	15. 88	7. 75
—	150	150	—	—	R. 45	211. 14	11. 11	17. 46	15. 88	7. 75
—	—	—	150	—	R. 46	211. 14	12. 70	19. 05	17. 46	8. 66
—	—	—	—	150	R. 47	228. 60	19. 05	25. 40	23. 81	12. 32
200	—	—	—	—	R. 48	247. 65	7. 94	14. 29	12. 70	5. 23
—	200	200	—	—	R. 49	269. 88	11. 11	17. 46	15. 88	7. 75
—	—	—	200	—	R. 50	269. 88	15. 88	22. 23	20. 64	10. 49
—	—	—	—	200	R. 51	279. 40	22. 23	28. 58	26. 99	14. 81
250	—	—	—	—	R. 52	304. 80	7. 94	14. 29	12. 70	5. 23
—	250	250	—	—	R. 53	323. 85	11. 11	17. 46	15. 88	7. 75
—	—	—	250	—	R. 54	323. 85	15. 88	22. 23	20. 64	10. 49
—	—	—	—	250	R. 55	342. 90	28. 58	36. 51	34. 93	19. 81
300	—	—	—	—	R. 56	381. 00	7. 94	14. 29	12. 70	5. 23
—	300	300	—	—	R. 57	381. 00	11. 11	17. 46	15. 88	7. 75
—	—	—	300	—	R. 58	381. 00	22. 23	28. 58	26. 99	14. 81
350	—	—	—	—	R. 59	396. 88	7. 94	14. 29	12. 70	5. 23
—	—	—	—	300	R. 60	406. 40	31. 75	39. 69	38. 10	22. 33
—	350	—	—	—	R. 61	419. 10	11. 11	17. 46	15. 88	7. 75
—	—	350	—	—	R. 62	419. 10	15. 88	22. 23	20. 64	10. 49
—	—	—	350	—	R. 63	419. 10	25. 40	33. 34	31. 75	17. 30
400	—	—	—	—	R. 64	454. 03	7. 94	14. 29	12. 70	5. 23
—	400	—	—	—	R. 65	469. 90	11. 11	17. 46	15. 88	7. 75
—	—	400	—	—	R. 66	469. 90	15. 88	22. 23	20. 64	10. 49
—	—	—	400	—	R. 67	469. 90	28. 58	36. 51	34. 93	19. 81
450	—	—	—	—	R. 68	517. 53	7. 94	14. 29	12. 70	5. 23
—	450	—	—	—	R. 69	533. 40	11. 11	17. 46	15. 88	7. 75
—	—	450	—	—	R. 70	533. 40	19. 05	25. 40	23. 81	12. 32
—	—	—	450	—	R. 71	533. 40	28. 58	36. 51	34. 93	19. 81

续表

公称通径 DN					环号	平均节径 P	环宽 A	环高		八角形环的平面宽度 C
公称压力 PN/MPa								椭圆形 B	八角形 H	
20	20,110	150	260	420						
500	—	—	—	—	R. 72	558. 80	7. 94	14. 29	12. 70	5. 23
—	500	—	—	—	R. 73	584. 20	12. 70	19. 05	17. 46	8. 66
—	—	500	—	—	R. 74	584. 20	19. 05	25. 40	23. 81	12. 32
—	—	—	500	—	R. 75	584. 20	31. 75	36. 69	38. 10	22. 33
—	550	—	—	—	R. 81	635. 00	14. 29	—	19. 10	9. 60
—	650	—	—	—	R. 93	749. 30	19. 10	—	23. 80	12. 30
—	700	—	—	—	R. 94	800. 10	19. 10	—	23. 80	12. 30
—	750	—	—	—	R. 95	857. 25	19. 10	—	23. 80	12. 30
—	800	—	—	—	R. 96	914. 40	22. 20	—	27. 00	14. 80
—	850	—	—	—	R. 97	965. 20	22. 20	—	27. 00	14. 80
—	900	—	—	—	R. 98	1022. 35	22. 20	—	27. 00	14. 80
—	—	—	—	—	R. 100	749. 30	28. 60	—	34. 90	19. 80
—	—	650	—	—	R. 101	800. 10	31. 70	—	38. 10	22. 30
—	—	700	—	—	R. 102	857. 25	31. 70	—	38. 10	22. 30
—	—	750	—	—	R. 103	914. 40	31. 70	—	38. 10	22. 30
—	—	800	—	—	R. 104	965. 20	34. 90	—	41. 30	24. 80
—	—	850	—	—	R. 105	1022. 35	34. 90	—	41. 30	24. 80
600	—	900	—	—	R. 76	673. 10	7. 94	14. 29	12. 70	5. 23
—	600	—	—	—	R. 77	692. 15	15. 88	22. 23	20. 64	10. 49
—	—	600	—	—	R. 78	692. 15	25. 40	33. 34	31. 75	17. 30
—	—	—	600	—	R. 79	692. 15	34. 93	44. 45	41. 28	24. 82

① 仅适用于环连接密封面对焊环带颈松套钢法兰。

② 用于除对焊环带颈松套钢法兰以外的其他法兰。

注：1. 环垫材料及适用范围如下：

材料牌号	软铁	08 或 10	0Cr13	00Cr17Ni14Mo2	0Cr19Ni9
最高使用温度/℃	450	450	540	450	600

2. 软铁的化学成分（质量分数）如下：

C	Si	Mn	P	S
<0. 05%	<0. 04%	<0. 6%	<0. 35%	<0. 04%

3. 环垫的材料硬度值应比法兰材料硬度值低 30~40HBS，其最高硬度值如下：

环垫材料	软铁	08 或 10	0Cr13	00Cr17Ni14Mo2	0Cr19Ni9
最软硬度值（HBS）	90	120	160	150	160

4. 环垫尺寸的极限偏差如下：

代号	*P*	*A*	*H*	*C*	角度 23°	*r*
极限偏差	±0. 18mm	±0. 2mm	±0. 4mm	±0. 2mm	±0. 5°	±0. 4mm

只要环垫的任意两点的高度差不超过 0. 4mm，环垫高度 *H* 或 *B* 的上极限偏差可为+1. 2mm。

5. 环垫密封面（八角形垫的斜面、椭圆垫圆弧面）的表面粗糙度不大于 *Ra*1. 6μm。

27 管法兰用缠绕式垫片

27.1 公称压力用 PN 标记的管法兰用缠绕式垫片（摘自 GB/T 4622.1—2022）

GB/T 4622.1—2022《管法兰用缠绕式垫片 第1部分：PN 系列》规定了 PN 标识的管法兰用缠绕式垫片（以下简称“垫片”）的型式与代号、尺寸、技术要求、检验方法、检验规则、标记、标志、订货信息、包装和贮运，适用于 GB/T 9124.1 规定的公称压力为 PN10～PN250、公称尺寸为 DN10～DN3000 的管法兰用缠绕式垫片。

(1) 代号

① 垫片型式代号见表 10-4-130。

表 10-4-130 型式代号

型式	代号	适用的法兰密封面型式
基本型	A	榫槽面
带内环型	B	凹凸面
带定位环型	C	平面，突面
带内环和定位环型	D	平面，突面

② 垫片常用金属材料及代号见表 10-4-131。

表 10-4-131 常用金属材料及代号

名称/牌号	代号	名称/牌号	代号
碳素钢	CRS	NS3306	INC625
06Cr19Ni10	304	NS1101	IN800
022Cr19Ni10	304L	NS1402	IN825
06Cr25Ni20	310	NS1403	A-20
06Cr17Ni12Mo2	316	NS3202	HAST B2
022Cr17Ni12Mo2	316L	NS3304	HAST C276
022Cr19Ni13Mo	317L	NCu30	MON
06Cr18Ni11Ti	321	钛	TI
06Cr18Ni11Nb	347	锆	ZIRC
022Cr23Ni5Mo3N	2205	其他	对应代号
NS3102	INC600		

③ 填充带材料代号及推荐使用温度见表 10-4-132。

表 10-4-132 填充带材料代号及推荐使用温度

名称	代号	推荐使用温度/℃
柔性石墨①	FG	-196～650
聚四氟乙烯	PTFE	-160～260
无石棉纤维	NA	-29～200
陶瓷基复合材料	CER	300～700
耐高温层状硅酸盐复合材料②	LSI	300～900
云母基复合材料	MICA	300～700
其他	对应代号	按相关规定

① 当用于氧化性介质时，普通柔性石墨最高使用温度为450℃；抗氧化柔性石墨最高使用温度为650℃，材料应满足670℃，4h试验条件下平均热失重不大于每小时4%的要求。

② 耐高温层状硅酸盐复合材料，宜用于高温环境密封。

(2) 型式、尺寸和偏差

① 缠绕式垫片的典型结构见图 10-4-68。

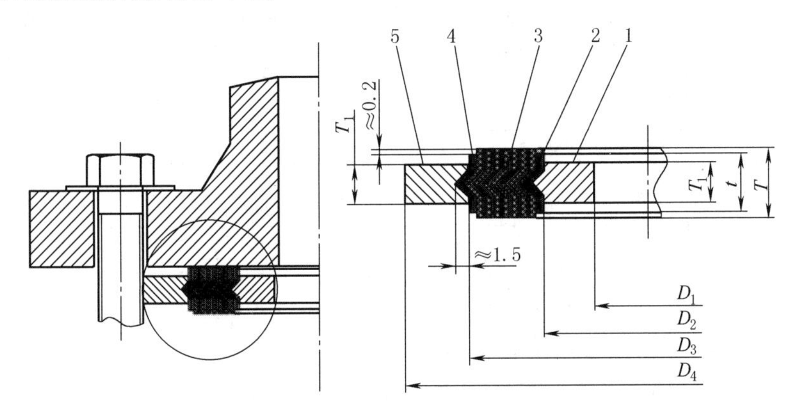

图 10-4-68 缠绕式垫片典型结构

1—内环；2—金属带；3—填充带；4—金属带；5—定位环；D_1—内环内径；D_2—密封元件内径；D_3—密封元件外径；D_4—定位环外径；T—密封元件厚度；T_1—内环/定位环厚度；t—不包含填充带的密封元件厚度

② 榫槽面法兰用基本型缠绕式垫片的型式见图 10-4-69，尺寸见表 10-4-133。

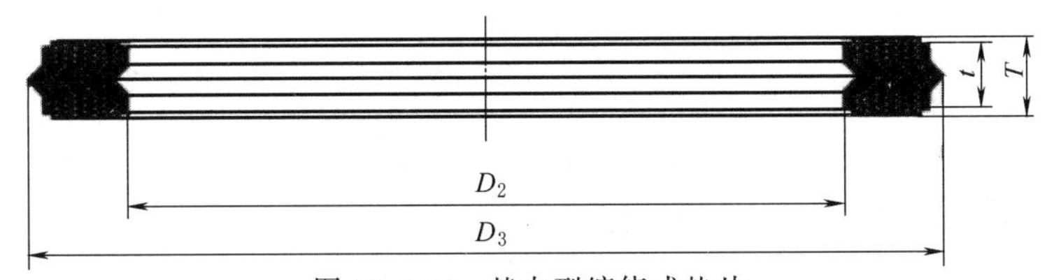

图 10-4-69 基本型缠绕式垫片

D_2—密封元件内径；D_3—密封元件外径；T—密封元件厚度；t—不包含填充带的密封元件厚度

表 10-4-133 榫槽面法兰用基本型缠绕式垫片（A 型）尺寸 mm

公称尺寸 DN	公称压力 PN16,PN25,PN40,PN63,PN100,PN160,PN250		密封元件厚度 T
	密封元件内径 D_2	密封元件外径 D_3	
10	23.5	34.5	2.5 或 3.2
15	28.5	39.5	
20	35.5	50.5	
32	50.5	65.5	
40	60.5	75.5	
50	72.5	87.5	
65	94.5	109.5	
80	105.5	120.5	
100	128.5	149.5	3.2
125	154.5	175.5	
150	182.5	203.5	
200	238.5	259.5	
250	291.5	312.5	
300	342.5	363.5	
350	394.5	421.5	4.5
400	446.5	473.5	
450	496.5	523.5	
500	548.5	575.5	
600	648.5	675.5	

续表

公称尺寸 DN	公称压力		密封元件厚度 T
	PN16,PN25,PN40,PN63,PN100,PN160,PN250		
	密封元件内径 D_2	密封元件外径 D_3	
700	750.5	777.5	4.5
800	855.5	882.5	
900	960.5	987.5	
1000	1060.5	1093.5	
1200	1260.5	1293.5	
1400	1460.5	1493.5	
1600	1660.5	1693.5	
1800	1860.5	1893.5	
2000	2060.5	2093.5	

③ 凹凸面法兰用带内环型缠绕式垫片的型式见图 10-4-70，尺寸见表 10-4-134。

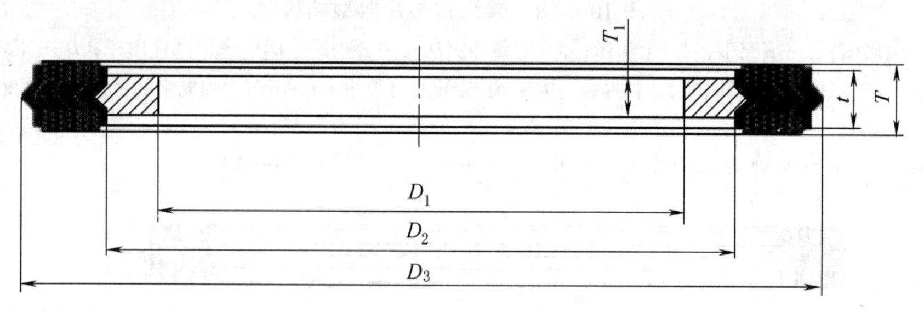

图 10-4-70　带内环型缠绕式垫片

D_1—内环内径；D_2—密封元件内径；D_3—密封元件外径；T—密封元件厚度；

T_1—内环/定位环厚度；t—不包含填充带的密封元件厚度

表 10-4-134　凹凸面法兰用带内环型缠绕式垫片（B 型）尺寸　mm

公称尺寸 DN	公称压力			内环厚度 T_1	密封元件厚度 T
	PN16,PN25,PN40,PN63,PN100,PN160,PN250				
	内环内径 D_1	密封元件内径 D_2	密封元件外径 D_3		
10	18	23.5	34.5	2	3.2
15	23	28.5	39.5		
20	28	35.5	50.5		
25	35	42.5	57.5		
32	43	50.5	65.5		
40	50	60.5	75.5		
50	61	72.5	87.5		
65	77	94.5	109.5		
80	90	105.5	120.5		
100	115	128.5	149.5	2.0 或 3.0	3.2 或 4.5
125	140	154.5	175.5		
150	167	182.5	203.5		
200	216	238.5	259.5		
250	267	291.5	312.5		
300	318	342.5	363.5		
350	360	394.5	421.5	3	4.5
400	410	446.5	473.5		
450	471	496.5	523.5		
500	510	548.5	575.5		

续表

公称尺寸 DN	公称压力			内环厚度 T_1	密封元件厚度 T
	PN16, PN25, PN40, PN63, PN100, PN160, PN250				
	内环内径 D_1	密封元件内径 D_2	密封元件外径 D_3		
600	610	648.5	675.5	3	4.5
700	710	750.5	777.5		
800	810	855.5	882.5		
900	910	960.5	987.5		
1000	1010	1060.5	1093.5		
1200	1240	1260.5	1293.5		
1400	1430	1460.5	1493.5		
1600	1630	1660.5	1693.5		
1800	1830	1860.5	1893.5		
2000	2030	2060.5	2093.5		

④ 平面和突面法兰用带定位环型缠绕式垫片的型式见图 10-4-71，尺寸见表 10-4-135。

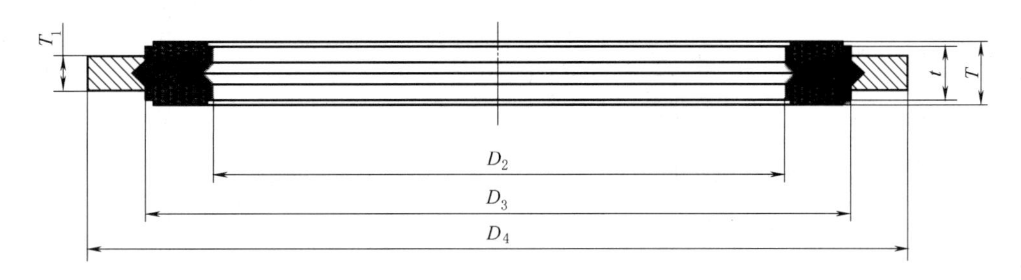

图 10-4-71　带定位环型缠绕式垫片

D_2—密封元件内径；D_3—密封元件外径；D_4—定位环外径；T—密封元件厚度；

T_1—内环/定位环厚度；t—不包含填充带的密封元件厚度

表 10-4-135　平面和突面法兰用带定位环型缠绕式垫片（C 型）尺寸　mm

公称尺寸 DN	公称压力												T_1	T
	PN10			PN16			PN25			PN40				
	D_2	D_3	D_4	D_2	D_3	D_4	D_2	D_3	D_4	D_2	D_3	D_4		
10	24	34	46	24	34	46	24	34	46	24	34	46	3.0	4.5
15	29	39	51	29	39	51	29	39	51	29	39	51		
20	34	46	61	34	46	61	34	46	61	34	46	61		
25	41	53	71	41	53	71	41	53	71	41	53	71		
32	49	61	82	49	61	82	49	61	82	49	61	82		
40	56	68	92	56	68	92	56	68	92	56	68	92		
50	70	86	107	70	86	107	70	86	107	70	86	107		
65	86	102	127	86	102	127	86	102	127	86	102	127		
80	99	115	142	99	115	142	99	115	142	99	115	142		
100	127	143	162	127	143	162	127	143	168	127	143	168		
125	152	172	192	152	172	192	152	172	194	152	172	194		

续表

公称尺寸DN	公称压力												T_1	T
	PN10			PN16			PN25			PN40				
	D_2	D_3	D_4	D_2	D_3	D_4	D_2	D_3	D_4	D_2	D_3	D_4		
150	179	199	218	179	199	218	179	199	224	179	199	224	3.0	4.5
200	228	248	273	228	248	273	228	248	284	228	248	290		
250	279	303	328	279	303	329	279	303	340	279	303	352		
300	330	354	378	330	354	384	330	354	400	330	354	417		
350	376	400	438	376	400	444	376	400	457	376	400	474	3.0或5.0	4.5或6.5
400	422	450	489	422	450	495	422	450	514	422	450	546		
450	488	516	539	488	516	555	488	516	564	488	516	571		
500	522	550	594	522	550	617	522	550	624	522	550	628		
600	622	650	695	622	650	734	622	650	731	622	650	747		
700	722	756	810	722	756	804	722	756	833	—	—	—		
800	830	864	917	830	864	911	830	864	942	—	—	—		
900	930	964	1017	930	964	1011	930	964	1042	—	—	—		
1000	1030	1074	1124	1030	1074	1128	1030	1074	1154	—	—	—		
1200	1240	1290	1341	1240	1290	1342	1240	1290	1365	—	—	—		
1400	1450	1510	1548	1450	1510	1542	—	—	—	—	—	—		
1600	1660	1720	1772	1660	1720	1764	—	—	—	—	—	—		
1800	1860	1920	1972	1860	1920	1964	—	—	—	—	—	—		
2000	2060	2130	2182	2060	2130	2168	—	—	—	—	—	—		
2200	2260	2330	2384	—	—	—	—	—	—	—	—	—		
2400	2480	2530	2594	—	—	—	—	—	—	—	—	—		
2600	2660	2730	2794	—	—	—	—	—	—	—	—	—		
2800	2860	2930	3014	—	—	—	—	—	—	—	—	—		
3000	3060	3130	3228	—	—	—	—	—	—	—	—	—		

注：填充带为聚四氟乙烯的垫片不应采用带定位环型。

⑤ 平面和突面法兰用带内环和定位环型缠绕式垫片的型式见图 10-4-72，尺寸见表 10-4-136。

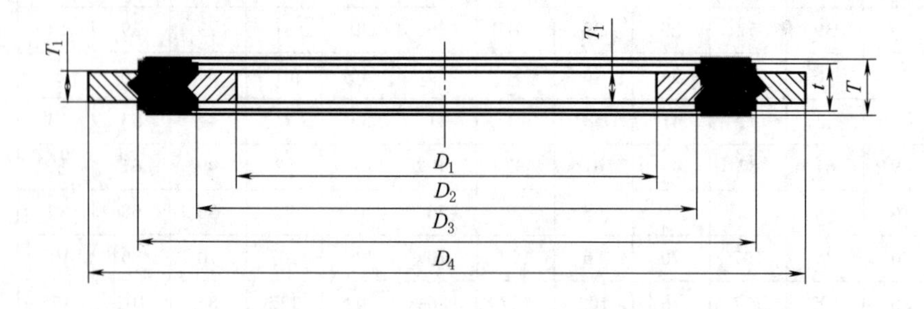

图 10-4-72　带内环和定位环型缠绕式垫片

D_1—内环内径；D_2—密封元件内径；D_3—密封元件外径；D_4—定位环外径；
T—密封元件厚度；T_1—内环/定位环厚度；t—不包含填充带的密封元件厚度

表 10-4-136　　平面和突面法兰用带内环和定位环型缠绕式垫片（D 型）尺寸　　mm

公称尺寸 DN	公称压力 PN10 D_1	D_2	D_3	D_4	PN16 D_1	D_2	D_3	D_4	PN25 D_1	D_2	D_3	D_4	PN40 D_1	D_2	D_3	D_4	PN63 D_1	D_2	D_3	D_4	PN100 D_1	D_2	D_3	D_4	PN160 D_1	D_2	D_3	D_4	PN250 D_1	D_2	D_3	D_4	T_1	T
10	18	24	34	46	18	24	34	46	18	24	34	46	18	24	34	46	18	24	34	56	18	24	34	56	18	24	34	56	18	24	34	67		
15	23	29	39	51	23	29	39	51	23	29	39	51	23	29	39	51	23	29	39	61	23	29	39	61	23	29	39	61	23	29	39	72		
20	28	34	46	61	28	34	46	61	28	34	46	61	28	34	46	61	28	34	46	72	28	34	46	72	28	34	46	72	28	34	46	77		
25	35	41	53	71	35	41	53	71	35	41	53	71	35	41	53	71	35	41	53	82	35	41	53	82	35	41	53	82	35	41	53	83		
32	43	49	61	82	43	49	61	82	43	49	61	82	43	49	61	82	43	49	61	88	43	49	61	88	43	49	61	88	43	49	61	98		
40	50	56	68	92	50	56	68	92	50	56	68	92	50	56	68	92	50	56	68	103	50	56	68	103	50	56	68	103	50	56	68	109		
50	61	70	86	107	61	70	86	107	61	70	86	107	61	70	86	107	61	70	86	113	61	70	86	119	61	70	86	119	61	70	86	124		
65	77	86	102	127	77	86	102	127	77	86	102	127	77	86	102	127	77	86	106	138	77	86	106	144	77	86	106	144	77	86	106	154	3.0	4.5
80	90	99	115	142	90	99	115	142	90	99	115	142	90	99	115	142	90	99	119	148	90	99	119	154	90	99	119	154	90	99	119	170		
100	115	127	143	162	115	127	143	162	115	127	143	168	115	127	143	168	115	127	147	174	115	127	147	180	115	127	147	180	115	127	147	202		
125	140	152	172	192	140	152	172	192	140	152	172	194	140	152	172	194	140	152	176	210	140	152	176	217	140	152	176	217	140	152	176	242		
150	167	179	199	218	167	179	199	218	167	179	199	224	167	179	199	224	167	179	203	247	167	179	203	257	167	179	203	257	167	179	203	284		
200	216	228	248	273	216	228	248	273	216	228	248	284	216	228	248	290	216	228	252	309	216	228	252	324	216	228	252	324	216	228	252	358		
250	267	279	303	328	267	279	303	329	267	279	303	340	267	279	303	352	267	279	307	364	267	279	307	391	267	279	307	388	267	279	307	442		
300	318	330	354	378	318	330	354	384	318	330	354	400	318	330	354	417	318	330	358	424	318	330	358	458	318	330	358	458	—	—	—	—		
350	360	376	400	438	360	376	400	444	360	376	400	457	360	376	400	474	360	376	404	486	360	376	404	512	—	—	—	—	—	—	—	—		
400	410	422	450	489	410	422	450	495	410	422	450	514	410	422	450	546	410	422	456	543	—	—	—	—	—	—	—	—	—	—	—	—		
450	471	488	516	539	471	488	516	555	471	488	516	564	471	488	516	571	—	—	—	—	—	—	—	—	—	—	—	—	—	—	—	—		
500	510	522	550	594	510	522	550	617	510	522	550	624	510	522	550	628	—	—	—	—	—	—	—	—	—	—	—	—	—	—	—	—		
600	610	622	650	695	610	622	650	734	610	622	650	731	610	622	650	747	—	—	—	—	—	—	—	—	—	—	—	—	—	—	—	—		
700	710	722	756	810	710	722	756	804	710	722	756	833	—	—	—	—	—	—	—	—	—	—	—	—	—	—	—	—	—	—	—	—		
800	810	830	864	917	810	830	864	911	810	830	864	942	—	—	—	—	—	—	—	—	—	—	—	—	—	—	—	—	—	—	—	—		
900	910	930	964	1017	910	930	964	1011	910	930	964	1042	—	—	—	—	—	—	—	—	—	—	—	—	—	—	—	—	—	—	—	—		
1000	1010	1030	1074	1124	1010	1030	1074	1128	1010	1030	1074	1154	—	—	—	—	—	—	—	—	—	—	—	—	—	—	—	—	—	—	—	—	3.0或4.5	4.5或6.5
1200	1220	1240	1290	1341	1220	1240	1290	1342	1220	1240	1290	1365	—	—	—	—	—	—	—	—	—	—	—	—	—	—	—	—	—	—	—	—		
1400	1420	1450	1510	1548	1420	1450	1510	1542	—	—	—	—	—	—	—	—	—	—	—	—	—	—	—	—	—	—	—	—	—	—	—	—		
1600	1630	1660	1720	1772	1630	1660	1720	1764	—	—	—	—	—	—	—	—	—	—	—	—	—	—	—	—	—	—	—	—	—	—	—	—		
1800	1830	1860	1920	1972	1830	1860	1920	1964	—	—	—	—	—	—	—	—	—	—	—	—	—	—	—	—	—	—	—	—	—	—	—	—		
2000	2030	2060	2130	2182	2030	2060	2130	2168	—	—	—	—	—	—	—	—	—	—	—	—	—	—	—	—	—	—	—	—	—	—	—	—		
2200	2230	2260	2330	2384	—	—	—	—	—	—	—	—	—	—	—	—	—	—	—	—	—	—	—	—	—	—	—	—	—	—	—	—		
2400	2430	2480	2530	2594	—	—	—	—	—	—	—	—	—	—	—	—	—	—	—	—	—	—	—	—	—	—	—	—	—	—	—	—		
2600	2630	2660	2730	2794	—	—	—	—	—	—	—	—	—	—	—	—	—	—	—	—	—	—	—	—	—	—	—	—	—	—	—	—		
2800	2830	2860	2930	3014	—	—	—	—	—	—	—	—	—	—	—	—	—	—	—	—	—	—	—	—	—	—	—	—	—	—	—	—		
3000	3030	3060	3130	3228	—	—	—	—	—	—	—	—	—	—	—	—	—	—	—	—	—	—	—	—	—	—	—	—	—	—	—	—		

⑥ 密封元件和内环、定位环的内外径尺寸偏差见表 10-4-137；厚度偏差见表 10-4-138。

表 10-4-137　　密封元件和内环、定位环的内外径尺寸偏差　　mm

公称尺寸 DN	密封元件		内环、定位环	
	D_2 ①	D_3 ①	D_1	D_4
≤200	±0.5	±0.8	±0.5	0 -0.8
250~600	±0.8	±1.3	±0.8	0 -1.3
650~1200	±1.5	±2.0	±1.5	0 -2.0
1300~3000	±2.0	±2.5	±2.0	0 -2.5

① 基本型和带内环型垫片 D_3 不应为正偏差，基本型垫片 D_2 不应为负偏差。

表 10-4-138　　密封元件和内环、定位环的厚度偏差　　mm

密封元件		内环、定位环	
T	极限偏差	T_1	极限偏差
2.5	+0.3 0	1.6	±0.15
3.2	+0.3 0	2.0	±0.17
4.5	+0.5 -0.2	3.0	+0.33 -0.03
6.5	+0.4 0	5.0	±0.40

27.2　公称压力用 Class 标记的管法兰用缠绕式垫片（摘自 GB/T 4622.2—2022）

GB/T 4622.2—2022《管法兰用缠绕式垫片　第 2 部分：Class 系列》规定了 Class 标识的管法兰用缠绕式垫片（以下简称为“垫片”）的型式与代号、尺寸、技术要求、检验方法、检验规则、标记、标志、订货信息、包装和贮运，适用于 GB/T 9124.2 规定的公称压力为 Class150~Class1500、公称尺寸为 DN15~DN600（NPS1/2~NPS24）的管法兰用缠绕式垫片。

（1）代号

见本章第 27.1 节。

（2）型式、尺寸和偏差

① 缠绕式垫片的典型结构见本章第 27.1 节。

② 榫槽面法兰用基本型缠绕式垫片的型式见本章第 27.1 节，尺寸见表 10-4-139。

表 10-4-139　　榫槽面法兰用基本型缠绕式垫片尺寸　　mm

公称尺寸		公称压力		
DN	NPS	Class300,Class600,Class900,Class1500		
		D_2	D_3	T
15	½	25.4	34.9	3.2 或 4.5
20	¾	33.3	42.9	
25	1	38.1	50.8	
32	1¼	47.6	63.5	
40	1½	54.0	73.0	
50	2	73.0	92.1	
65	2½	85.7	104.8	
80	3	108.0	127.0	

续表

公称尺寸		公称压力		
		Class300,Class600,Class900,Class1500		
DN	NPS	D_2	D_3	T
100	4	131.8	157.2	3.2或4.5
125	5	160.3	185.7	
150	6	190.5	215.9	
200	8	238.1	269.9	
250	10	285.8	323.8	
300	12	342.9	381.0	
350	14	374.6	412.8	
400	16	425.4	469.9	
450	18	489.0	533.4	
500	20	533.4	584.2	
600	24	641.4	692.2	

③ 凹凸面法兰用带内环型缠绕式垫片的型式见本章27.1节，尺寸见表10-4-140。

表10-4-140　　凹凸面法兰用带内环型缠绕式垫片尺寸　　mm

公称尺寸		公称压力			T_1	T
		Class300,Class600,Class900,Class1500				
DN	NPS	D_1	D_2	D_3		
15	½	14.2	25.4	34.9	2.0或3.0	3.2或4.5
20	¾	20.6	33.3	42.9		
25	1	26.9	38.1	50.8		
32	1¼	38.1	47.6	63.5		
40	1½	44.5	54.0	73.0		
50	2	55.6	73.0	92.1		
65	2½	66.5	85.7	104.8		
80	3	81.0	108.0	127.0		
100	4	106.4	131.8	157.2		
125	5	131.8	160.3	185.7		
150	6	157.2	190.5	215.9		
200	8	215.9	238.1	269.9		
250	10	268.2	285.8	323.8		
300	12	317.5	342.9	381.0		
350	14	349.3	374.6	412.8		
400	16	400.1	425.4	469.9		
450	18	449.3	489.0	533.4		
500	20	500.1	533.4	584.2		
600	24	603.3	641.4	692.2		

④ 平面和突面法兰用带定位环型缠绕式垫片的型式见本章27.1节，尺寸见表10-4-141。

表10-4-141　　平面和突面法兰用带定位环型缠绕式垫片尺寸　　mm

公称尺寸		公称压力						T_1	T
		Class150			Class300				
DN	NPS	D_2	D_3	D_4	D_2	D_3	D_4		
15	½	19.1	31.8	46.3	19.1	31.8	52.7	3	4.5
20	¾	25.4	39.6	55.9	25.4	39.6	66.6		
25	1	31.8	47.8	65.4	31.8	47.8	72.9		
32	1¼	47.8	60.5	74.9	47.8	60.5	82.4		
40	1½	54.1	69.9	84.4	54.1	69.9	94.3		

续表

公称尺寸		公称压力						T_1	T
DN	NPS	Class150			Class300				
		D_2	D_3	D_4	D_2	D_3	D_4		
50	2	69.9	85.9	104.7	69.9	85.9	111.0	3	4.5
65	2½	82.6	98.6	123.7	82.6	98.6	129.2		
80	3	101.6	120.7	136.4	101.6	120.7	148.3		
100	4	127.0	149.4	174.5	127.0	149.4	180.0		
125	5	155.7	177.8	195.9	155.7	177.8	215.0		
150	6	182.6	209.6	221.3	182.6	209.6	249.9		
200	8	233.4	263.7	278.5	233.4	263.7	306.2		
250	10	287.3	317.5	338.0	287.3	317.5	360.4		
300	12	339.9	374.7	407.8	339.9	374.7	420.8		
350	14	371.6	406.4	449.3	371.6	406.4	484.4		
400	16	422.4	463.6	512.8	422.4	463.6	538.5		
450	18	474.7	527.1	547.9	474.7	527.1	595.6		
500	20	525.5	577.9	605	525.5	577.9	652.8		
550	22	585.0	631.0	659.2	585.0	631.0	704.0		
600	24	628.7	685.8	716.3	628.7	685.8	773.8		

注：填充带为聚四氟乙烯的垫片不应采用带定位环型。

⑤ 平面和突面法兰用带内环和定位环型缠绕式垫片的型式见本章27.1节，尺寸见表10-4-142。

表 10-4-142　平面和突面法兰用带内环和定位环型缠绕式垫片尺寸　mm

公称尺寸		公称压力																				T_1	T
DN	NPS	Class150				Class300				Class600				Class900				Class1500					
		D_1	D_2	D_3	D_4	D_1	D_2	D_3	D_4	D_1	D_2	D_3	D_4	D_1	D_2	D_3	D_4	D_1	D_2	D_3	D_4		
15	½	14.2	19.1	31.8	46.3	14.2	19.1	31.8	52.7	14.2	19.1	31.8	52.7	14.2	19.1	31.8	62.6	14.2	19.1	31.8	62.6	3.0	4.5
20	¾	20.6	25.4	39.6	55.9	20.6	25.4	39.6	66.6	20.6	25.4	39.6	66.6	20.6	25.4	39.6	68.9	20.6	25.4	39.6	68.9		
25	1	26.9	31.8	47.8	65.4	26.9	31.8	47.8	72.9	26.9	31.8	47.8	72.9	26.9	31.8	47.8	77.6	26.9	31.8	47.8	77.6		
32	1¼	38.1	47.8	60.5	74.9	38.1	47.8	60.5	82.4	38.1	47.8	60.5	82.4	33.3	39.6	60.5	87.1	33.3	39.6	60.5	87.1		
40	1½	44.5	54.1	69.9	84.4	44.5	54.1	69.9	94.3	44.5	54.1	69.9	94.3	41.4	47.8	69.9	96.8	41.4	47.8	69.9	96.8		
50	2	55.6	69.9	85.9	104.7	55.6	69.9	85.9	111.0	55.6	69.9	85.9	111.0	52.3	58.7	85.9	141.1	52.3	58.7	85.9	141.1		
65	2½	66.5	82.6	98.6	123.7	66.5	82.6	98.6	129.2	66.5	82.6	98.6	129.2	63.5	69.9	98.6	163.5	63.5	69.9	98.6	163.5		
80	3	81.0	101.6	120.7	136.4	81.0	101.6	120.7	148.3	81.0	101.6	120.7	148.3	78.7	95.3	120.7	166.5	78.7	92.2	120.7	173.2		
100	4	106.4	127.0	149.4	174.5	106.4	127.0	149.4	180.0	102.6	120.7	149.4	191.9	102.6	120.7	149.4	205	97.8	117.6	149.4	208.3		
125	5	131.8	155.7	177.8	195.9	131.8	155.7	177.8	215.0	128.3	147.6	177.8	239.7	128.3	147.6	177.8	246.4	124.5	143.0	177.8	253.1		
150	6	157.2	182.6	209.6	221.3	157.2	182.6	209.6	249.9	154.9	174.8	209.6	265.1	154.9	174.8	209.6	287.5	147.3	171.5	209.6	281.5		
200	8	215.9	233.4	263.7	278.5	215.9	233.4	263.7	306.2	205.7	225.6	263.7	319.2	196.9	222.3	257.3	357.7	196.9	215.9	257.3	351.7		
250	10	268.2	287.3	317.5	338.0	268.2	287.3	317.5	360.4	255.3	274.6	317.5	398.8	246.1	276.4	311.2	433.9	246.1	266.7	311.2	434.6		
300	12	317.5	339.9	374.7	407.8	317.5	339.9	374.7	420.8	307.3	327.2	374.7	456.0	292.1	323.9	368.3	497.4	292.1	323.9	368.3	519.5		
350	14	349.3	371.6	406.4	449.3	349.3	371.6	406.4	484.4	342.9	362.0	406.4	491.0	320.8	355.6	400.1	519.8	320.8	362.0	400.1	579.0		
400	16	400.1	422.4	463.6	512.8	400.1	422.4	463.6	538.5	389.9	412.8	463.6	564.2	374.7	412.8	457.2	574	368.3	406.4	457.2	640.8		
450	18	449.3	474.7	527.1	547.9	449.3	474.7	527.1	595.6	438.2	469.9	527.1	612	425.5	463.6	520.7	637.8	425.5	463.6	520.7	704.7		
500	20	500.1	525.5	577.9	605.0	500.1	525.5	577.9	652.8	489.0	520.7	577.9	681.9	482.6	520.7	571.5	697.3	476.3	514.4	571.5	755.8		
550	22	541.0	585.0	631.0	659.2	541.0	585.0	631.0	704.0	541.0	577.0	631.0	732.7	—	—	—	—	—	—	—	—		
600	24	603.2	628.7	685.8	716.3	603.3	628.7	685.8	773.8	590.6	628.7	685.8	790.2	590.6	628.7	679.5	837.7	577.9	616.0	679.5	900.6		

⑥ 密封元件和内环、定位环的内外尺寸偏差见表 10-4-143；厚度偏差见表 10-4-144。

表 10-4-143　　密封元件和内环、定位环的内外尺寸偏差　　mm

公称尺寸		密封元件		内环、定位环	
DN	NPS	D_2 ①	D_3 ①	D_1	D_4
≤200	≤8	±0.5	±0.8	±0.5	0 -0.8
250~600	10~24	±0.8	±1.3	±0.8	0 -1.3

① 基本型和带内环型垫片 D_3 不应为正偏差，基本型垫片 D_2 不应为负偏差。

表 10-4-144　　密封元件和内环、定位环的厚度偏差　　mm

密封元件		内环、定位环	
T	极限偏差	T_1	极限偏差
3.2	+0.3 0	2.0	±0.17
4.5	+0.5 -0.2	3.0	+0.33 -0.03

28　管法兰用非金属聚四氟乙烯包覆垫片
（摘自 GB/T 13404—2008）

28.1　公称压力用 PN 标记的管法兰用垫片尺寸

表 10-4-145　　公称压力用 PN 标记的管法兰用垫片尺寸　　mm

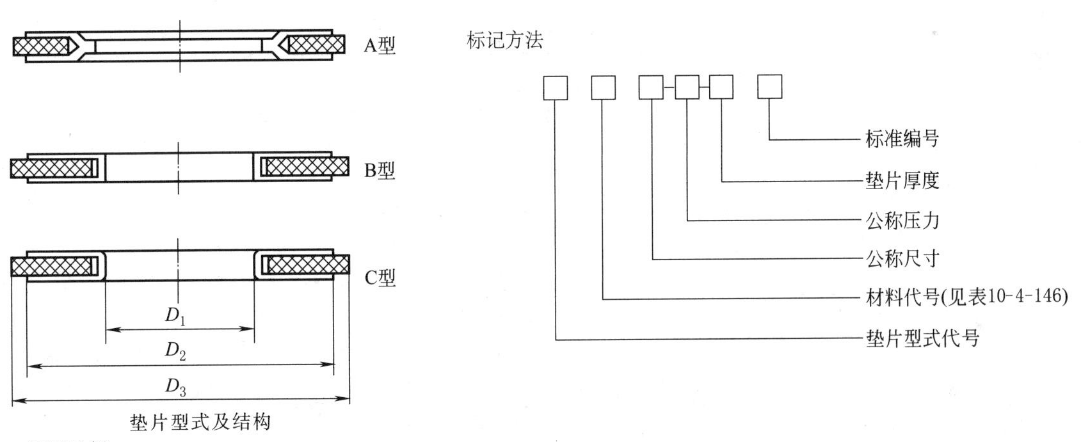

垫片型式及结构

标记示例

公称尺寸 DN50,公称压力 PN10,厚度 3.0mm 的 A 型中压石棉橡胶聚四氟乙烯包覆垫片,标记为

中压石棉橡胶聚四氟乙烯包覆垫片　A　XB350　DN50-PN10-3.0　GB/T 13404

公称尺寸 DN	包覆层内径 D_1	包覆层外径 D_2	垫片外径 D_3						垫片型式
			PN6	PN10	PN16	PN25	PN40	PN63	
10	18	36	39	46	46	46	46	56	A 型和 B 型
15	22	40	44	51	51	51	51	61	
20	27	50	54	61	61	61	61	72	
25	34	60	64	71	71	71	71	82	

续表

公称尺寸 DN	包覆层内径 D_1	包覆层外径 D_2	垫片外径 D_3						垫片型式
			PN6	PN10	PN16	PN25	PN40	PN63	
32	43	70	76	82	82	82	82	88	A 型和 B 型
40	49	80	86	92	92	92	92	103	
50	61	92	96	107	107	107	107	113	
65	77	110	116	127	127	127	127	138	
80	89	126	132	142	142	142	142	148	
100	115	151	152	162	162	168	168	174	
125	141	178	182	192	192	194	194	210	
150	169	206	207	218	218	224	224	247	
200	220	260	262	273	273	284	290	309	A 型、B 型和 C 型
250	273	314	317	328	329	340	352	364	
300	324	365	373	378	384	400	417	424	
350	356	412	423	438	444	457	474	486	
400	407	469	473	489	495	514	546	543	C 型
450	458	528	528	539	555	564	571	—	
500	508	578	578	594	617	624	628	—	
600	610	679	679	695	734	731	747	—	

注：1. 顾客有要求时 D_2 可以等于 D_3。
2. 聚四氟乙烯包覆层的厚度为 0.5mm，嵌入物的厚度为 2.0mm。若另有要求，供需双方协商确定。

28.2 公称压力用 Class 标记的管法兰用垫片尺寸

垫片型式、结构及标记方法见本章第 28.1 节，尺寸见表 10-4-146。

表 10-4-146 公称压力用 Class 标记的管法兰用垫片尺寸 mm

公称尺寸		包覆层内径 D_1	包覆层外径 D_2	垫片外径 D_3		垫片型式
NPS	DN			Class150(PN20)	Class300(PN50)	
½	15	22	40	47.5	54.0	A 型和 B 型
¾	20	27	50	57.0	66.5	
1	25	34	60	66.5	73.0	
1¼	32	43	70	76.0	82.5	
1½	40	49	80	85.5	95.0	
2	50	61	92	104.5	111.0	
2½	65	73	110	124.0	130.0	
3	80	89	126	136.5	149.0	
4	100	115	151	174.5	181.0	
5	125	141	178	196.5	216.0	
6	150	169	206	222.0	251.0	
8	200	220	260	279.0	308.0	A 型、B 型和 C 型
10	250	273	314	339.5	362.0	
12	300	324	365	409.5	422.0	
14	350	356	412	450.5	485.5	

续表

公称尺寸		包覆层内径	包覆层外径	垫片外径 D_3		垫片型式
NPS	DN	D_1	D_2	Class150(PN20)	Class300(PN50)	
16	400	407	469	514.0	539.5	C型
18	450	458	528	549.0	597.0	
20	500	508	578	606.5	654.0	
24	600	610	679	717.5	774.5	

注：1. 顾客有要求时 D_2 可以等于 D_3。
2. 聚四氟乙烯包覆层的厚度为0.5mm，嵌入物的厚度为2.0mm。若另有要求，供需双方协商确定。

28.3 聚四氟乙烯包覆垫片的性能

表 10-4-147　　常用夹嵌层材料的代号和推荐使用温度

项目	材料名称					
	高压石棉橡胶板	中压石棉橡胶板	5110非石棉橡胶板	氟橡胶板	丁腈橡胶板	三元乙丙橡胶板
材料代号	XB450	XB350	NASB 5110	FKM	NBR	EPDM
推荐使用温度/℃	<450	<350	<200	<220	<110	<200

注：供需双方协商，允许采用表中之外的夹嵌层材料。

表 10-4-148　　垫片的性能指标

垫片压缩率、回弹率的试验条件和指标

产品类型	试验条件			指标	
	试样规格/mm	试验温度/℃	预紧比压/MPa	压缩率/%	回弹率/%
石棉橡胶聚四氟乙烯包覆垫片	$\phi89\times\phi132\times3$(B型)	18~28	35.0	7~13	≥30
非石棉纤维橡胶聚四氟乙烯包覆垫片				7~13	≥30
橡胶聚四氟乙烯包覆垫片			15.0	20~30	≥10

垫片密封性能的试验条件和指标

产品类型	试验条件				指标	
	试样规格/mm	试验温度/℃	试验介质	预紧比压/MPa	试验压力	泄漏率/$cm^3\cdot s^{-1}$
石棉橡胶聚四氟乙烯包覆垫片	$\phi89\times\phi132\times3$(B型)	18~28	99.9%氮气	35.0	公称压力的1.1倍	$<1.0\times10^{-3}$
非石棉纤维橡胶聚四氟乙烯包覆垫片						
橡胶聚四氟乙烯包覆垫片				15.0		$<1.0\times10^{-2}$

垫片应力松弛的试验条件和指标

产品类型	试样规格/mm	预紧应力/MPa	试验温度/℃	试验时间/h	指标
					应力松弛率/%
石棉橡胶聚四氟乙烯包覆垫片	$\phi73\times\phi34\times3$	35	150	16	≤45
非石棉纤维橡胶聚四氟乙烯包覆垫片					

29 管法兰用金属包覆垫片（摘自 GB/T 15601—2013）

表 10-4-149 **管法兰用金属包覆垫片型式及 PN 标注的垫片尺寸** mm

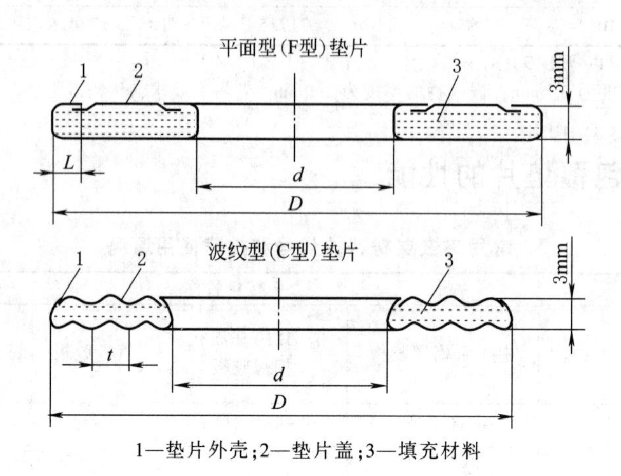

1—垫片外壳；2—垫片盖；3—填充材料

适用范围：

用于公称压力不大于 PN63、公称尺寸不大于 DN4000 和公称压力不大于 Class600、公称尺寸不大于 DN1500(NSP60)的突面管法兰用金属包覆垫片(简称管法兰用垫片)。垫片的最高使用温度应低于包覆金属层金属材料最高使用温度中的较低值。包覆金属材料的硬度应低于法兰硬度

标记示例：

示例 1：

平面型、公称尺寸 DN 300、公称压力 PN 25、包履层材料为 06Cr19Ni10、填充材料为柔性石墨的垫片，其标记为：

金属包覆垫片 DN 300-PN 25 304/FG GB/T 15601

示例 2：

波纹型、DN 80(NPS 3)、Class 150、包履层材料为 06Cr19Ni10、填充材料为柔性石墨的垫片，其标记为：

金属包覆垫片 C 型 3″(或 DN 80)-CL150 304/FG GB/T 15601

公称尺寸 DN	垫片内径 d	垫片外径 D							公称尺寸 DN	垫片内径 d	垫片外径 D						
		PN2.5	PN6	PN10	PN16	PN25	PN40	PN63			PN2.5	PN6	PN10	PN16	PN25	PN40	PN63
10	18	39	39	46	46	46	46	56	150	169	207	207	218	218	224	224	247
15	22	44	44	51	51	51	51	61	200	220	262	262	273	273	284	290	309
20	27	54	54	61	61	61	61	72	250	273	317	317	328	329	340	352	364
25	34	64	64	71	71	71	71	82	300	324	373	373	378	384	400	417	424
32	43	76	76	82	82	82	82	88	350	377	423	423	438	444	457	474	486
40	49	86	86	92	92	92	92	103	400	426	473	473	489	495	514	546	543
50	61	96	96	107	107	107	107	113	450	480	528	528	539	555	564	571	—
65	77	116	116	127	127	127	127	138	500	530	578	578	594	617	624	628	—
80	89	132	132	142	142	142	142	148	600	630	679	679	695	734	731	747	—
100	115	152	152	162	162	168	168	174	700	727	784	784	810	804	833	—	—
125	141	182	182	192	192	194	194	210	800	826	890	890	917	911	942	—	—

续表

公称尺寸DN	垫片内径 d	垫片外径 D							公称尺寸DN	垫片内径 d	垫片外径 D						
		PN2.5	PN6	PN10	PN16	PN25	PN40	PN63			PN2.5	PN6	PN10	PN16	PN25	PN40	PN63
900	924	990	990	1017	1011	1042	—	—	2600	2626	2707	2762	2794	—	—	—	—
1000	1020	1090	1090	1124	1128	1154	—	—	2800	2828	2924	2972	3014	—	—	—	—
1200	1222	1290	1307	1341	1342	1364	—	—	3000	3028	3124	3172	3228	—	—	—	—
1400	1422	1490	1524	1548	1542	1578	—	—	3200	3228	3324	3382	—	—	—	—	—
1600	1626	1700	1724	1772	1764	1798	—	—	3400	3428	3524	3592	—	—	—	—	—
1800	1827	1900	1931	1972	1964	2000	—	—	3600	3634	3734	3804	—	—	—	—	—
2000	2028	2100	2138	2182	2168	2230	—	—	3800	3834	3931	—	—	—	—	—	—
2200	2231	2307	2348	2384	—	—	—	—	4000	4034	4131	—	—	—	—	—	—
2400	2434	2507	2558	2594	—	—	—	—									

表 10-4-150　Class 标记的管法兰用垫片的尺寸　mm

公称尺寸			垫片内径 d	垫片外径 D			公称尺寸			垫片内径 d	垫片外径 D		
NPS		DN		Class150	Class300	Class600	NPS		DN		Class150	Class300	Class600
小直径系列	1/2	15	22.4	44.5	50.8	50.8	大直径系列（A系列）	44	1100	1130.3	1273.3	1216.2	1267.0
	3/4	20	28.7	54.1	63.5	63.5		46	1150	1181.1	1324.1	1270.0	1324.1
	1	25	38.1	63.5	69.9	69.9		48	1200	1231.9	1381.3	1320.8	1387.6
	1¼	32	47.8	73.2	79.5	79.5		50	1250	1282.7	1432.1	1374.9	1444.8
	1½	40	54.1	82.6	92.2	92.2		52	1300	1333.5	1489.2	1425.7	1495.6
	2	50	73.2	101.6	108.0	108.0		54	1350	1384.3	1546.4	1489.2	1552.7
	2½	65	85.9	120.7	127.0	127.0		56	1400	1435.1	1603.5	1540.0	1603.5
	3	80	108.0	133.4	146.1	146.1		58	1450	1485.9	1660.7	1590.8	1660.7
	4	100	131.8	171.5	177.8	190.5		60	1500	1536.7	1711.5	1641.6	1730.5
	5	125	152.4	193.8	212.9	238.3	大直径系列（B系列）	26	650	673.1	722.4	768.4	762.0
	6	150	190.5	219.2	247.7	263.7		28	700	723.9	773.2	822.5	816.1
	8	200	238.3	276.4	304.8	317.5		30	750	774.7	824.0	882.7	876.3
	10	250	285.8	336.6	358.9	397.0		32	800	825.5	877.8	936.8	930.4
	12	300	342.9	406.4	419.1	454.2		34	850	876.3	931.9	990.6	993.9
	14	350	374.7	447.8	482.6	489.0		36	900	927.1	984.3	1044.7	1044.7
	16	400	425.5	511.3	536.7	562.1		38	950	977.9	1041.4	1095.5	1101.9
	18	450	489.0	546.1	593.9	609.6		40	1000	1028.7	1092.2	1146.3	1152.7
	20	500	533.4	603.3	651.0	679.5		42	1050	1079.5	1143.0	1197.1	1216.2
	24	600	641.4	714.5	771.7	787.4		44	1100	1130.3	1193.8	1247.9	1267.0
大直径系列（A系列）	26	650	673.1	771.7	831.9	863.6		46	1150	1181.1	1252.5	1314.5	1324.1
	28	700	723.9	828.8	895.4	911.4		48	1200	1231.9	1303.3	1365.3	1387.6
	30	750	774.7	879.6	949.5	968.5		50	1250	1282.7	1354.1	1416.1	1444.8
	32	800	825.5	936.8	1003.3	1019.3		52	1300	1333.5	1404.9	1466.9	1495.6
	34	850	876.3	987.6	1054.1	1070.1		54	1350	1384.3	1460.5	1527.3	1552.7
	36	900	927.1	1044.7	1114.6	1127.3		56	1400	1435.1	1511.3	1590.8	1603.5
	38	950	977.9	1108.2	1051.1	1101.9		58	1450	1485.9	1576.3	1652.5	1660.7
	40	1000	1028.7	1159.0	1111.3	1152.7		60	1500	1536.7	1627.1	1703.3	1730.5
	42	1050	1079.5	1216.2	1162.1	1216.2							

注：1. 当公称尺寸≤DN150 时，波纹型（C 型）垫片的波纹节距 t≤4mm；公称尺寸在 DN 200 及以上时，t=3.2~6.4mm。
2. 除本标准规定的垫片厚度外，可根据用户要求采用其他厚度，但不应影响垫片的使用性能。

表 10-4-151　　垫片的包覆层金属材料及填充材料的执行标准、代号及推荐的最高工作温度

	名称或牌号	标准编号	代号	最高工作温度/℃		名称或牌号	标准编号	代号	最高工作温度/℃
包覆层金属材料	铜板	GB/T 2040	Cu	315	包覆层金属材料	NS111	YB/T 5354	IN 800	600
	钛板	GB/T 3621	Ti2	350		NS334	YB/T 5354	HAST C	980
	铝板	GB/T 3880.1	Al	400		NS312	YB/T 5354	INC 600	980
	镀锡钢板(马口铁)	GB/T 2520	St	450		NS336	YB/T 5354	INC 625	980
	软铁	GB/T 6983	D	450	填充材料	陶瓷纤维板	GB/T 3003	CER	800
	低碳钢	GB/T 700	CS	450		石棉纸板	JC/T 69	ASB	400
	022Cr17Ni12Mo2	GB/T 3280	316L	450		柔性石墨板	JB/T 7758.2	FG	650①
	022Cr18Ni10	GB/T 3280	304L	450		柔性石墨复合增强板	JB/T 6628	ZQB	600
	022Cr19Ni13Mo3	GB/T 3280	317L	450		石棉橡胶板	GB/T 3985	XB	300
	NCu30	GB/T 5235	MON	500		耐油石棉橡胶板	GB/T 539	NY	300
	0Cr13	GB/T 3280	410	540		非石棉纤维橡胶板	JC/T 2052	NAS	有机纤维 200 无机纤维 290
	06Cr19Ni10	GB/T 3280	304	600					
	06Cr18Ni11Ti	GB/T 3280	321	600		聚四氟乙烯板	QB/T 5257	PTFE	260

① 柔性石墨类材料用于氧化介质时最高使用温度为450℃。

表 10-4-152　　垫片的性能指标

试样规格	低碳钢+石墨			低碳钢+非石棉		
	压缩率/%	回弹率/%	泄漏率/$cm^3 \cdot s^{-1}$	压缩率/%	回弹率/%	泄漏率/$cm^3 \cdot s^{-1}$
DN 80、PN 20,厚 3.0mm	25~35	≥10	$\leqslant 1.0 \times 10^{-2}$	15~25	≥10	$\leqslant 1.0 \times 10^{-2}$

30　U形内骨架橡胶密封圈（摘自 JB/T 6997—2007）

表 10-4-153　　密封圈的型式参数和主要尺寸　　mm

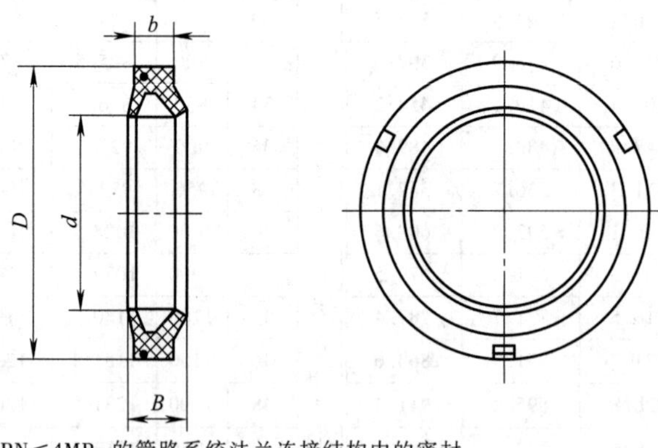

适用范围:用于工作压力 PN≤4MPa 的管路系统法兰连接结构中的密封
常用材料:见表 10-4-154
安装沟槽尺寸:见表 10-4-155
标记方法:

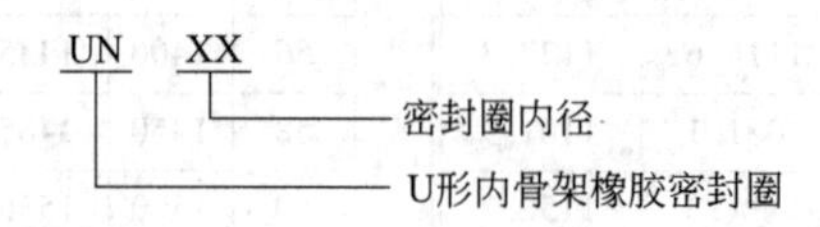

示例:
内径 d=25mm,材质为 XA7453 橡胶的 U 形内骨架橡胶密封圈,标记方法为:
密封圈　UN50　XA7453　JB/T 6997—2007

续表

型式代号	公称通径	d		D		b		B		质量 /(kg/100件)
		基本尺寸	极限偏差	基本尺寸	极限偏差	基本尺寸	极限偏差	基本尺寸	极限偏差	
UN25	25	25	+0.30 +0.10	50	+0.30 +0.15	9.5	0 -0.20	14.5	0 -0.30	2.7
UN32	32	32		57	+0.35 +0.20					3.0
UN40	40	40		65						3.5
UN50	50	50		75						4.1
UN65	65	65		90						4.9
UN80	80	80	+0.40 +0.15	105	+0.30 +0.15	9.5	0 -0.20	14.5	0 -0.30	7.6
UN100	100	100		125	+0.45 +0.25					9.2
UN125	125	125		150						11.1
UN150	150	150		175						13.1
UN175	175	175	+0.50 +0.20	200						15.0
UN200	200	200		225						17.0
UN225	225	225		250						18.9
UN250	250	250		275	+0.55 +0.30					20.9
UN300	300	300		325						24.8

表 10-4-154　　密封圈材料特性与使用范围

胶料材质	胶料特性	工作压力 /MPa	工作温度 /℃	工作介质
丁腈橡胶 XA7453	耐油	≤4	-40～100	矿物油、水-乙二醇、空气、水
氟橡胶 XD7433	耐油、耐高温		-25～200	空气、水、矿物油

注：密封圈材料的物理性能应符合 HG/T 2811—1996 的规定。

表 10-4-155　　密封圈安装部位及沟槽尺寸　　mm

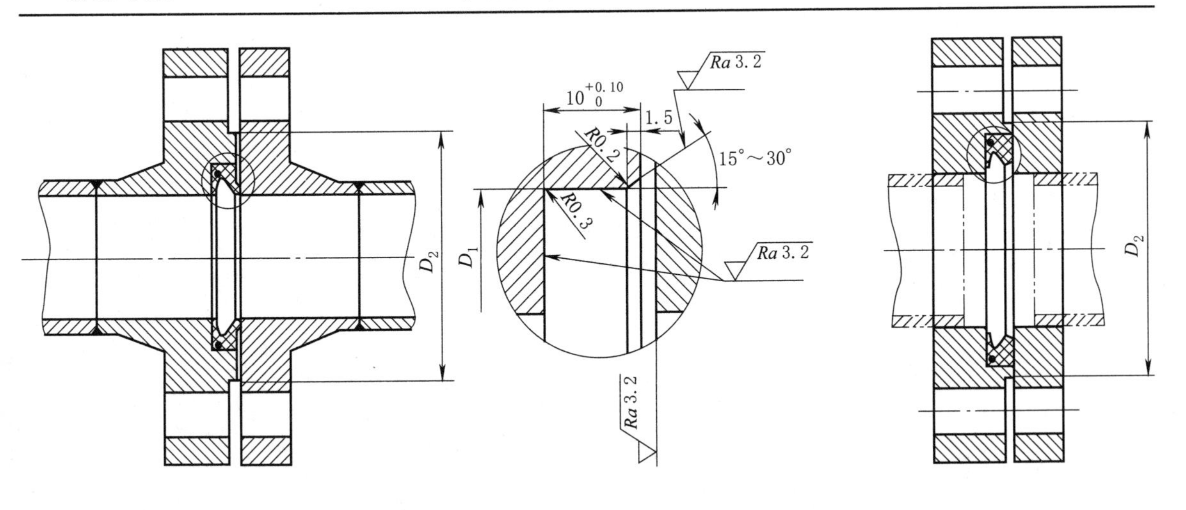

密封圈安装在对焊法兰中　　　　密封圈安装在平焊法兰中

续表

密封圈安装部位	型式代号	公称通径	D_1(H8)		D_2
			基本尺寸	极限偏差	
装在对焊法兰中	UN25	25	50	+0.039	65
	UN32	32	57	+0.046	76
	UN40	40	65		84
	UN50	50	75		99
	UN65	65	90	+0.054	118
	UN80	80	105		132
	UN100	100	125	+0.063	156
	UN125	125	150		184
	UN150	150	175		211
	UN200	200	225	+0.072	284
	UN250	250	275		345
	UN300	300	325	+0.089	409
装在平焊法兰中	UN50	40	65	+0.046	84
	UN65	50	75		99
	UN80	65	90	+0.054	118
	UN100	80	105		132
	UN125	100	125	+0.063	156
	UN150	125	150		184
	UN175	150	175		211
	UN225	200	225	+0.072	284
	UN300	250	275		345

注：密封圈安装在平焊法兰中时，应根据法兰通径和凸台 D_2 尺寸选择大一挡的密封圈，如表中所示。

第5章 密封圈（件）材料和密封性能的试验方法

1 密封圈（件）材料

1.1 液压气动用O形橡胶密封圈弹性体材料规范（摘自GB/T 3452.5—2022）

表10-5-1 NBR材料的性能指标及试验方法

序号	性能		各硬度级别指标			试验方法
			70	80	90	
1	硬度,IRHD或Shore A		66～75	76～85	86～95	GB/T 6031中微型试验或GB/T 531.1
2	拉伸强度/MPa	最小	12	11	10	GB/T 528—2009中1型试样
3	拉断伸长率/%	最小	250	200	125	GB/T 528—2009中1型试样
4	压缩永久变形/% ①100℃,72h ②100℃,168h	最大	 30 35	 30 35	 35 40	GB/T 7759.1—2015中B型试样
5	热空气老化 ①100℃,72h 硬度变化 拉伸强度变化率/% 拉断伸长率变化率/% ②100℃,168h 硬度变化 拉伸强度变化率/% 拉断伸长率变化率/%	 最大 最大	 +8 ±20 ±30 +10 ±25 ±40	 +8 ±20 ±30 +10 ±25 ±40	 +8 ±30 ±30 +10 ±25 ±40	GB/T 3512
6	耐IRM1号油,100℃,72h 硬度变化 体积变化/%		 -6～+10 -10～+5	 -5～+8 -10～+5	 -5～+8 -10～+5	GB/T 1690—2010中Ⅱ型试样
7	耐IRM3号油,100℃,72h 硬度变化 体积变化/%		 -10～+5 0～+15	 -10～+5 0～+15	 -10～+5 0～+15	GB/T 1690—2010中Ⅱ型试样
8	温度回缩TR10/℃	不高于	-20	-19	-18	GB/T 7758

注：1. GB/T 3452.5—2022适用于液压气动用O形橡胶密封圈（简称O形圈），也适用于其他场合使用的截面直径不大于7mm的O形橡胶密封圈。

2. 采用O形圈试样的NBR材料性能指标见GB/T 3452.5—2022附录C（规范性）。

表 10-5-2　　HNBR 材料的性能指标及试验方法

序号	性能		各硬度级别指标		试验方法
			75	85	
1	硬度,IRHD 或 Shore A		71~80	81~90	GB/T 6031 中微型试验或 GB/T 531.1
2	拉伸强度/MPa	最小	16	16	GB/T 528—2009 中 1 型试样
3	拉断伸长率/%	最小	200	125	
4	压缩永久变形/% ①150℃,72h ②150℃,168h	最大	 40 45	 45 55	GB/T 7759.1—2015 中 B 型试样
5	热空气老化 ①150℃,72h 硬度变化 拉伸强度变化率/% 拉断伸长率变化率/% ②150℃,168h 硬度变化 拉伸强度变化率/% 拉断伸长率变化率/%	 最大 最大	 +8 ±20 ±30 +10 ±25 ±30	 +8 ±25 ±35 +10 ±30 ±40	GB/T 3512
6	耐 IRM901 号油,150℃,72h 硬度变化 体积变化/%		 -5~+8 -8~+5	 -5~+8 -8~+5	GB/T 1690—2010 中Ⅱ型试样
7	耐 IRM903 号油,150℃,72h 硬度变化 体积变化/%		 -15~+5 0~+25	 -15~+5 0~+20	
8	温度回缩 TR10/℃	不高于	-18	-15	GB/T 7758

注：1. 见表 10-5-1 下注 1。

2. 采用 O 形圈试样的 HNBR 材料性能指标见 GB/T 3452.5—2022 附录 C（规范性）。

表 10-5-3　　FKM 材料的性能指标及试验方法

序号	性能		各硬度级别指标			试验方法
			70	80	90	
1	硬度,IRHD 或 Shore A		66~75	76~85	86~95	GB/T 6031 中微型试验或 GB/T 531.1
2	拉伸强度/MPa	最小	10	10	10	GB/T 528—2009 中 1 型试样
3	拉断伸长率/%	最小	150	125	100	
4	压缩永久变形/% ①200℃,72h ②200℃,168h	最大	 25 40	 25 40	 30 45	GB/T 7759.1—2015 中 B 型试样
5	热空气老化 ①200℃,72h 硬度变化 拉伸强度变化率/% 拉断伸长率变化率/% ②200℃,168h 硬度变化 拉伸强度变化率/% 拉断伸长率变化率/%		 ±5 ±10 ±25 ±6 ±15 ±25	 ±5 ±10 ±25 ±6 ±15 ±25	 -5~+3 ±15 ±30 ±6 ±20 ±30	GB/T 3512
6	耐异辛烷/甲苯:50/50,23℃,72h 硬度变化 体积变化/%		 ±5 0~+10	 ±5 0~+10	 ±5 0~+10	GB/T 1690—2010 中Ⅱ型试样
7	耐 IRM903 号油,150℃,72h 硬度变化 体积变化/%		 ±5 0~+5	 ±5 0~+5	 ±5 0~+5	
8	温度回缩 TR10/℃	不高于	-12	-12	-12	GB/T 7758

注：1. 见表 10-5-1 下注 1。

2. 采用 O 形圈试样的 FKM 材料性能指标见 GB/T 3452.5—2022 附录 C（规范性）。

表 10-5-4　VMQ 材料的性能指标及试验方法

序号	性能		70 硬度级别指标	试验方法
1	硬度,IRHD 或 Shore A		66~75	GB/T 6031 中微型试验或 GB/T 531.1
2	拉伸强度/MPa	最小	6	GB/T 528—2009 中 1 型试样
3	拉断伸长率/%	最小	150	
4	压缩永久变形/% ①200℃,72h ②200℃,168h	最大	 35 45	GB/T 7759.1—2015 中 B 型试样
5	热空气老化 ①200℃,72h 硬度变化 拉伸强度变化率/% 拉断伸长率变化率/% ②200℃,168h 硬度变化 拉伸强度变化率/% 拉断伸长率变化率/%		 ±5 ±15 ±25 ±6 ±25 ±35	GB/T 3512
6	耐 IRM901 号油,100℃,72h 硬度变化 体积变化/%		 ±8 -5~+10	GB/T 1690—2010 中Ⅱ型试样
7	耐 IRM903 号油,100℃,72h 硬度变化 体积变化/%		 -35~0 0~+60	
8	温度回缩 TR10/℃	不高于	-40	GB/T 7758

注：1. 对于类似于 IRM903 的高闪点的油类，硅橡胶材料仅适用于在耐压较小的静密封条件下使用。

2. 见表 10-5-1 下注 1。

3. 采用 O 形圈试样的 VMQ 材料性能指标见 GB/T 3452.5—2022 附录 C（规范性）。

表 10-5-5　EPDM 材料的性能指标及试验方法

序号	性能		各硬度级别指标		试验方法
			70	80	
1	硬度,IRHD 或 Shore A		66~75	76~85	GB/T 6031 中微型试验或 GB/T 531.1
2	拉伸强度/MPa	最小	10	10	GB/T 528—2009 中 1 型试样
3	拉断伸长率/%	最小	150	120	
4	压缩永久变形/% ①150℃,72h ②150℃,168h	最大	 25 40	 25 40	GB/T 7759.1—2015 中 B 型试样
5	热空气老化 ①150℃,72h 硬度变化 拉伸强度变化率/% 拉断伸长率变化率/% ②150℃,168h 硬度变化 拉伸强度变化率/% 拉断伸长率变化率/%	 最大 最大	 +8 ±25 ±35 +12 ±40 ±50	 +8 ±25 ±35 +10 ±40 ±50	GB/T 3512
6	耐制动液,150℃,168h 硬度变化 拉伸强度变化率/% 拉断伸长率变化率/% 体积变化/%	 最大	 -10~0 -25 -30 0~+15	 -15~0 -25 -30 0~+15	GB/T 1690—2010 中Ⅱ型试样
7	温度回缩 TR10/℃	不高于	-40	-40	GB/T 7758

注：1. 见表 10-5-1 下注 1。

2. 采用 O 形圈试样的 EPDM 材料性能指标见 GB/T 3452.5—2022 附录 C（规范性）。

表 10-5-6 **ACM 材料的性能指标及试验方法**

序号	性能		70 硬度级别指标	试验方法
1	硬度,IRHD 或 Shore A		66~75	GB/T 6031 中微型试验或 GB/T 531.1
2	拉伸强度/MPa	最小	8	GB/T 528—2009 中 1 型试样
3	拉断伸长率/%	最小	150	
4	压缩永久变形/% ①150℃,72h ②150℃,168h	最大	 40 50	GB/T 7759.1—2015 中 B 型试样
5	热空气老化 ①150℃,72h 硬度变化 拉伸强度变化率/% 拉断伸长率变化率/% ②150℃,168h 硬度变化 拉伸强度变化率/% 拉断伸长率变化率/%	 最大 最大	 +8 ±20 ±25 +10 ±25 ±30	GB/T 3512
6	耐 IRM901 号油,150℃,72h 硬度变化 体积变化/%		 0~+10 -10~0	GB/T 1690—2010 中Ⅱ型试样
7	耐 IRM903 号油,150℃,72h 硬度变化 体积变化/%		 -15~0 0~+25	
8	温度回缩 TR10/℃	不高于	-10	GB/T 7758

注：1. 见表 10-5-1 下注 1。

2. 采用 O 形圈试样的 ACM 材料性能指标见 GB/T 3452.5—2022 附录 C（规范性）。

表 10-5-7 **AEM 材料的性能指标及试验方法**

序号	性能		70 硬度级别指标	试验方法
1	硬度,IRHD 或 Shore A		66~75	GB/T 6031 中微型试验或 GB/T 531.1
2	拉伸强度/MPa	最小	10	GB/T 528—2009 中 1 型试样
3	拉断伸长率/%	最小	175	
4	压缩永久变形/% ①150℃,72h ②150℃,168h	最大	 40 50	GB/T 7759.1—2015 中 B 型试样
5	热空气老化 ①150℃,72h 硬度变化 拉伸强度变化率/% 拉断伸长率变化率/% ②150℃,168h 硬度变化 拉伸强度变化率/% 拉断伸长率变化率/%	 最大 最大	 +8 ±20 ±25 +10 ±25 ±30	GB/T 3512
6	耐 IRM901 号油,150℃,72h 硬度变化 体积变化/%		 0~+10 -10~0	GB/T 1690—2010 中Ⅱ型试样
7	耐 IRM903 号油,150℃,72h 硬度变化 体积变化/%		 -25~0 0~+40	
8	温度回缩 TR10/℃	不高于	-25	GB/T 7758

注：1. 见表 10-5-1 下注 1。

2. 采用 O 形圈试样的 AEM 材料性能指标见 GB/T 3452.5—2022 附录 C（规范性）。

表 10-5-8　　**AU 材料的性能指标及试验方法**

序号	性能		90 硬度级别指标	试验方法
1	硬度,IRHD 或 Shore A		86~95	GB/T 6031 中微型试验或 GB/T 531.1
2	拉伸强度/MPa	最小	45	GB/T 528—2009 中 1 型试样
3	拉断伸长率/%	最小	400	
4	撕裂强度/kN·m^{-1}	最小	90	GB/T 529 中无割口直角试样
5	压缩永久变形/% ①70℃,24h ②70℃,72h	最大	 35 40	GB/T 7759.1—2015 中 B 型试样
6	热空气老化,70℃,72h 硬度变化 拉伸强度变化率/% 拉断伸长率变化率/%		 ±5 -20 -20	GB/T 3512
7	耐 IRM901 号油,70℃,72h 硬度变化 体积变化/%		 -5~+5 -5~+5	GB/T 1690—2010 中Ⅱ型试样
8	耐 IRM903 号油,70℃,72h 硬度变化 体积变化/%		 -10~0 0~+10	

注：见表 10-5-1 下注 1。

表 10-5-9　　**EU 材料的性能指标及试验方法**

序号	性能		90 硬度级别指标	试验方法
1	硬度,IRHD 或 Shore A		86~98	GB/T 6031 中微型试验或 GB/T 531.1
2	拉伸强度/MPa	最小	45	GB/T 528—2009 中 1 型试样
3	拉断伸长率/%	最小	350	
4	撕裂强度/kN·m^{-1}	最小	90	GB/T 529 中无割口直角试样
5	压缩永久变形/% ①70℃,24h ②70℃,72h	最大	 35 40	GB/T 7759.1—2015 中 B 型试样
6	热空气老化,72℃,24h 硬度变化 拉伸强度变化率/% 拉断伸长率变化率/%		 ±5 -20 -20	GB/T 3512
7	耐机油,70℃,24h 体积变化/%		 -5~+10	GB/T 1690—2010 中Ⅱ型试样
8	耐 5% M-10 乳化液,70℃,24h 体积变化/%		 -5~+10	

注：见表 10-5-1 下注 1。

1.2　密封元件为弹性体材料的旋转轴唇形密封圈弹性体材料规范（摘自 GB/T 13871.6—2022）

表 10-5-10　　**NBR 材料的性能要求和试验方法对应的章条号**

序号	性能及试验条件		各硬度级别指标			试验方法对应的章条号
			70A	70	80	
1	硬度,IRHD 或邵尔 A 型		66~75	66~75	76~85	5.2.1
2	拉伸强度/MPa	最小	11	11	11	5.2.2
3	拉断伸长率/%	最小	200	250	200	
4	压缩永久变形/% ①100℃,24h ②120℃,24h	最大	 40	 35	 35	5.2.3

续表

序号	性能及试验条件	各硬度级别指标			试验方法对应的章条号
		70A	70	80	
5	热空气老化 ①100℃,72h 硬度变化 拉伸强度变化率/%　最大 拉断伸长率变化率/%　最大 ②120℃,72h 硬度变化,IRHD 或邵尔 A 型 拉伸强度变化率/%　最大 拉断伸长率变化率/%　最大	 0~+10 -20 -40	 0~+15 -20 -40	 0~+15 -20 -40	5.2.4
6	耐 IRM901 ①100℃,72h 硬度变化 体积变化/% ②120℃,70h 硬度变化 体积变化/%	 -6~+10 -8~+5	 -5~+8 -10~+5	 -5~+8 -8~+5	5.2.5
7	耐 IRM903 ①100℃,72h 硬度变化 体积变化/% ②120℃,72h 硬度变化 体积变化/%	 -10~+5 0~+25	 -10~+5 0~+25	 -10~+5 0~+25	5.2.5
8	温度回缩,TR10/℃　不高于	-20	-30	-30	5.2.6

注：1. GB/T 13871.6—2022 适用于低压条件下使用的密封元件为弹性体材料的旋转轴唇形密封圈。

2. 试验方法对应的章条号见 GB/T 13871.6—2022 中“5　试验方法”。

表 10-5-11　　HNBR 材料的性能要求和试验方法对应的章条号

序号	性能及试验条件	各硬度级别指标			试验方法对应的章条号
		60	70	80	
1	硬度,IRHD 或邵尔 A 型	56~65	66~75	76~85	5.2.1
2	拉伸强度/MPa　最小	13	15	15	5.2.2
3	拉断伸长率/%　最小	250	200	150	
4	压缩永久变形(150℃,72h)/%　最大	55	55	55	5.2.3
5	热空气老化(150℃,72h) 硬度变化,IRHD 或邵尔 A 型 拉伸强度变化率/%　最大 拉断伸长率变化率/%　最大	 -5~+10 -25 -30	 -5~+10 -25 -30	 -5~+10 -25 -30	5.2.4
6	耐 IRM901(150℃,72h) 硬度变化 体积变化/%	 -5~+10 -8~+6	 -5~+10 -8~+6	 -5~+10 -8~+6	5.2.5
7	耐 IRM903(150℃,72h) 硬度变化 体积变化/%	 -15~+5 0~+25	 -15~+5 0~+25	 -15~+5 0~+20	5.2.5
8	温度回缩,TR10/℃　不高于	-15	-15	-15	5.2.6

注：1. 见表 10-5-10 下注 1。

2. 试验方法对应的章条号见 GB/T 13871.6—2022 中“5　试验方法”。

表 10-5-12　　ACM 材料的性能要求和试验方法对应的章条号

序号	性能及试验条件		70 硬度级别指标	试验方法对应的章条号
1	硬度,IRHD 或邵尔 A 型		66~75	5.2.1
2	拉伸强度/MPa	最小	8	5.2.2
3	拉断伸长率/%	最小	150	
4	压缩永久变形(150℃,72h)/%	最大	40	5.2.3
5	热空气老化(150℃,72h) 硬度变化,IRHD 或邵尔 A 型 拉伸强度变化率/% 拉断伸长率变化率/%	 最大 最大	 0~+10 -25 -40	5.2.4
6	耐 IRM901(150℃,72h) 硬度变化 体积变化/%		 -10~+10 -10~0	5.2.5
7	耐 IRM903(150℃,72h) 硬度变化 体积变化/%		 -20~0 0~+30	
8	温度回缩,TR10/℃	不高于	-20	5.2.6

注：1. 见表 10-5-10 下注 1。
2. 试验方法对应的章条号见 GB/T 13871.6—2022 中“5　试验方法”。

表 10-5-13　　FKM 材料的性能要求和试验方法对应的章条号

序号	性能及试验条件		各硬度级别指标		试验方法对应的章条号
			70	80	
1	硬度,IRHD 或邵尔 A 型		66~75	76~85	5.2.1
2	拉伸强度/MPa	最小	10	15	5.2.2
3	拉断伸长率/%	最小	200	150	
4	压缩永久变形(200℃,72h)/%	最大	40	40	5.2.3
5	热空气老化(200℃,72h) 硬度变化,IRHD 或邵尔 A 型 拉伸强度变化率/% 拉断伸长率变化率/%	 最大 最大	 0~+10 -20 -30	 0~+10 -20 -30	5.2.4
6	耐 IRM901(150℃,72h) 硬度变化 体积变化/%		 -5~+5 -3~+5	 -5~+5 -3~+5	5.2.5
7	耐 IRM903(150℃,72h) 硬度变化 体积变化/%		 -5~+5 0~+8	 -5~+5 0~+8	5.2.5
8	温度回缩,TR10/℃	不高于	-12	-12	5.2.6

注：1. 见表 10-5-10 下注 1。
2. 试验方法对应的章条号见 GB/T 13871.6—2022 中“5　试验方法”。

表 10-5-14　　VMQ 材料的性能要求和试验方法对应的章条号

序号	性能及试验条件		70 硬度级别指标	试验方法对应的章条号
1	硬度,IRHD 或邵尔 A 型		66~75	5.2.1
2	拉伸强度/MPa	最小	7	5.2.2
3	拉断伸长率/%	最小	220	
4	压缩永久变形(200℃,72h)/%	最大	50	5.2.3
5	热空气老化(200℃,72h) 硬度变化,IRHD 或邵尔 A 型 拉伸强度变化率/% 拉断伸长率变化率/%	 最大 最大	 -5~+10 -20 -30	5.2.4

续表

序号	性能及试验条件	70 硬度级别指标	试验方法对应的章条号
6	耐 IRM901(150℃,72h) 硬度变化 体积变化/%	-10~0 -5~+10	5.2.5
7	温度回缩,TR10/% 不高于	-40	5.2.6

注：1. 对于类似于 IRM903 的高闪点的油类，硅橡胶材料不适用。

2. 见表 10-5-10 下注 1。

3. 试验方法对应的章条号见 GB/T 13871.6—2022 中“5 试验方法”。

1.3 耐高温润滑油 O 形橡胶密封圈材料（摘自 HG/T 2021—2014）

表 10-5-15　Ⅰ类 O 形橡胶密封圈性能要求和试验方法

序号	项目		指标				试验方法
1	硬度(IRHD)		60±5	70±5	80±5	88±4	GB/T 6031
2	拉伸强度/MPa	最小	10	11	11	11	GB/T 5720 或 GB/T 528(1 型试样)
3	拉断伸长率/%	最小	300	250	150	120	
4	压缩永久变形(125℃,22h)/%	最大	45	40	40	45	GB/T 5720 或 GB/T 7759①(B 型试样)
5	1#标准油中(150℃,70h) 硬度变化(IRHD) 体积变化率/%		-5~+10 -8~+6	-5~+10 -8~+6	-5~+10 -8~+6	-5~+10 -8~+6	GB/T 5720 或 GB/T 1690
6	热空气老化(125℃,70h) 硬度变化(IRHD) 拉伸强度变化率/% 拉断伸长率变化率/%	 最大 最大	0~+10 -15 -35	0~+10 -15 -35	0~+10 -15 -35	0~+10 -15 -35	GB/T 5720 或 GB/T 3512
7	低温脆性②/℃	不高于	-25	-25	-25	-25	GB/T 1682

① GB/T 7759 现行标准为 GB/T 7759.1—2015。

② 若需更低的低温脆性，可由供需双方商定。

注：1. HG/T 2021—2014 适用于耐高温润滑油用 O 形橡胶密封圈。

2. HG/T 2021—2014 规定的Ⅰ类主体材料是丁腈橡胶 NBR，主要用于密封石油基润滑油，工作温度为-25~125℃，短期 150℃。

表 10-5-16　Ⅱ类 O 形橡胶密封圈性能要求和试验方法

序号	项目		指标				试验方法
1	硬度(IRHD)		60±5	70±5	80±5	88±4	GB/T 6031
2	拉伸强度/MPa	最小	10	10	11	11	GB/T 5720 或 GB/T 528(1 型试样)
3	拉断伸长率/%	最小	200	150	125	100	
4	压缩永久变形(200℃,22h)/%	最大	30	30	35	45	GB/T 5720 或 GB/T 7759①(B 型试样)
5	101 工作液(癸二酸二辛酯与吩噻嗪的质量比为 99.5：0.5)中(200℃,70h) 硬度变化(IRHD) 体积变化/%		-10~+5 0~+20	-10~+5 0~+20	-10~+5 0~+20	-10~+5 0~+20	GB/T 5720 或 GB/T 1690
6	热空气老化(250℃,70h) 硬度变化(IRHD) 拉伸强度变化率/% 拉断伸长率变化率/%	 最大 最大	-5~+10 -25 -25	-5~+10 -30 -20	-5~+10 -30 -20	-5~+10 -35 -20	GB/T 5720 或 GB/T 3512
7	低温脆性②/℃	不高于	-15	-15	-15	-15	GB/T 1682

① GB/T 7759 现行标准为 GB/T 7759.1—2015。

② 若需更低的低温脆性，可由供需双方商定。

注：1. 见表 10-5-15 下注 1。

2. HG/T 2021—2014 规定的Ⅱ类主体材料是氟橡胶 FKM，主要用于密封合成酯类润滑油，工作温度为-15~200℃，短期 250℃。

表 10-5-17　　Ⅲ类 O 形橡胶密封圈性能要求和试验方法

序号	项目		指标			试验方法
1	硬度(IRHD)		60±5	70±5	80±5	GB/T 6031
2	拉伸强度/MPa	最小	8	8	8	GB/T 5720 或 GB/T 528(1 型试样)
3	拉断伸长率/%	最小	150	150	100	
4	压缩永久变形(175℃,22h)/%	最大	50	50	50	GB/T 5720 或 GB/T 7759①(B 型试样)
5	1#标准油中(150℃,70h) 硬度变化(IRHD) 体积变化/%		 -10~+10 -10~+10	 -10~+10 -10~+10	 -10~+10 -10~+10	GB/T 5720 或 GB/T 1690
6	热空气老化(175℃,70h) 硬度变化(IRHD) 拉伸强度变化率/% 拉断伸长率变化率/%	 最大 最大	 -5~+10 -30 -50	 -5~+10 -30 -50	 -5~+10 -30 -50	GB/T 5720 或 GB/T 3512
7	低温脆性②/℃	不高于	-20	-20	-20	GB/T 1682

① GB/T 7759 现行标准为 GB/T 7759.1—2015。

② 若需更低的低温脆性，可由供需双方商定。

注：1. 见表 10-5-15 下注 1。

2. HG/T 2021—2014 规定的Ⅲ类主体材料是丙烯酸酯橡胶 ACM 和乙烯丙烯酸橡胶 AEM，主要用于密封石油基润滑油，工作温度为-20~150℃，短期 175℃。

表 10-5-18　　Ⅳ类 O 形橡胶密封圈性能要求和试验方法

序号	项目		指标				试验方法
1	硬度(IRHD)		60±5	70±5	80±5	90±5	GB/T 6031
2	拉伸强度/MPa	最小	13	15	15	15	GB/T 5720 或 GB/T 528(1 型试样)
3	拉断伸长率/%	最小	250	200	150	100	
4	压缩永久变形(150℃,22h)/%	最大	35	35	35	35	GB/T 5720 或 GB/T 7759①(B 型试样)
5	1#标准油中(150℃,70h) 硬度变化(IRHD) 体积变化/%		 -5~+10 -8~+6	 -5~+10 -8~+6	 -5~+10 -8~+6	 -5~+10 -8~+6	GB/T 5720 或 GB/T 1690
6	热空气老化(150℃,70h) 硬度变化(IRHD) 拉伸强度变化率/% 拉断伸长率变化率/%	 最大 最大	 -5~+10 -25 -30	 -5~+10 -25 -30	 -5~+10 -25 -30	 -5~+10 -25 -30	GB/T 5720 或 GB/T 3512
7	低温脆性②/℃	不高于	-25	-25	-25	-25	GB/T 1682

① GB/T 7759 现行标准为 GB/T 7759.1—2015。

② 若需更低的低温脆性，可由供需双方商定。

注：1. 见表 10-5-15 下注 1。

2. HG/T 2021—2014 规定的Ⅳ类主体材料是氢化丁腈橡胶 HNBR，主要用于密封石油基润滑油，工作温度为-25~150℃，短期 160℃。

表 10-5-19　　弹性体材料的使用温度和适用液体

材料代号	使用温度/℃	适用液体
NBR	-40~+125	各种油类(液压油、滑油、发动机油等)
HNBR	-40~+150	各种油类(液压油、滑油、发动机油、变速箱油、冷却液等)
FKM	-10~+250	各种油类(液压油、滑油、发动机油、燃油等)
VMQ	-60~+200	不耐油,但耐化学药品,包括耐醇、酸、强碱、氧化剂、洗涤剂等
EPDM	-50~+150	不耐油,耐冷却液、制动液、水
ACM	-35~+165	各种油类(液压油、滑油、发动机油、变速箱油等)
AEM	-40~+170	各种油类(液压油、滑油、发动机油、变速箱油等)
AU	-15~+110	液压油
EU	-35~+100	水、乳化液

注：在 GB/T 3452.5—2022 附录 B（资料性）中给出的“弹性体材料的使用温度和适用液体”与 HG/T 2021—2014 的规定并不一致。本表摘自 GB/T 3452.5—2022。

1.4 耐酸碱橡胶密封件材料（摘自 HG/T 2181—2009）

表 10-5-20　耐酸碱橡胶密封件材料

物理性能		A类橡胶材料				B类橡胶材料	
		指标				指标	
硬度等级		40	50	60	70	60	70
硬度(邵尔 A 型)		36~45	46~55	56~65	66~75	56~65	66~75
拉伸强度/MPa	最小	11	11	9	9	7	9
拉断伸长率/%	最小	450	400	300	250	250	180
压缩永久变形/%	最大	B 型试样,70℃①×22h,压缩 25%				B 型试样,125℃③×22h,压缩 25%	
		50	50	45	45	40	40
耐热性		70℃①×70h				125℃③×70h	
硬度变化(邵尔 A 型)		+10	+10	+10	+10	+15	+15
拉伸强度变化/%	最大	-20	-20	-20	-20	-25	-30
拉断伸长率变化/%	最大	-25	-25	-25	-25	-30	-30
耐酸性能		20%硫酸②,23℃×6d				40%硫酸②,70℃×6d	
硬度变化(邵尔 A 型)		-6~+4	-6~+4	-6~+4	-6~+4	-6~+4	-6~+4
拉伸强度变化/%		±15	±15	±15	±15	-15	-10
拉断伸长率变化/%		±15	±15	±15	±15	-20	-15
体积变化/%		±5	±5	±5	±5	±5	±5
		20%盐酸②,23℃×6d				20%盐酸②,70℃×6d	
硬度变化(邵尔 A 型)		-6~+4	-6~+4	-6~+4	-6~+4	-6~+4	-6~+4
拉伸强度变化/%		±15	±15	±15	±15	-25	-20
拉断伸长率变化/%		±20	±20	±20	±20	-30	-25
体积变化/%		±5	±5	±5	±5	±15	±15
						40%硝酸②,23℃×6d	
硬度变化(邵尔 A 型)						-6~+4	-6~+4
拉伸强度变化(最大)/%						-20	-15
拉断伸长率变化(最大)/%						-20	-15
体积变化/%						±5	±5
耐碱性能②		20%氢氧化钠或氢氧化钾,23℃×6d				40%氢氧化钠或氢氧化钾,70℃×6d	
硬度变化(邵尔 A 型)		-6~+4	-6~+4	-6~+4	-6~+4	-6~+4	-6~+4
拉伸强度变化/%		±15	±15	±15	±15	-10	-10
拉断伸长率变化/%		±15	±15	±15	±15	-15	-15
体积变化/%		±5	±5	±5	±5	±5	±5
低温脆性(-30℃)		不裂				不裂④	

① 也可根据所选的胶种采用 100℃，一般为 70℃。

② 如果密封件接触的介质仅为单纯的酸（或碱），则只需进行本表中的耐酸（或耐碱）性能试验，并应在标记的用途中加以说明。

③ 对于氟橡胶采用 200℃。

④ 对于氟橡胶，低温脆性为-20℃不裂。

1.5 真空用 O 形圈橡胶材料（摘自 HG/T 2333—1992）

表 10-5-21　真空用 O 形圈橡胶材料

物理性能		B类胶料				A类胶料
		B-1	B-2	B-3	B-4	
硬度(邵尔 A 型或 IRHD)		60±5	60±5	70±5	60±5	50±5
拉伸强度/MPa	≥	12	10	10	10	4
拉断伸长率/%	≥	300	200	130	300	200
压缩永久变形(B 法)/%	≤					
70℃×70h		40	—	—	—	—
100℃×70h		—	40	—	—	—
125℃×70h		—	—	—	40	—
200℃×22h		—	—	40	—	≥40

续表

物理性能	B类胶料				A类胶料
	B-1	B-2	B-3	B-4	
密度变化/$mg \cdot m^{-3}$	±0.04	±0.04	±0.04	±0.04	±0.04
低温脆性	-50℃不裂	-35℃不裂	-20℃不裂	-30℃不裂	-60℃不断裂
在凡士林中(70℃×24h)体积变化/%	—	-2~+6	-2~+6	—	—
热空气老化 硬度变化(邵尔A型或IRHD) 拉伸强度变化率降低/% ≤ 拉断伸长率变化率降低/% ≤	70℃×70h -5~+10 30 40	100℃×70h -5~+10 30 40	250℃×70h 0~+10 25 25	125℃×70h -5~+10 25 35	250℃×70h ±10 30 40
出气速率(30min)/$Pa \cdot L \cdot s^{-1} \cdot cm^{-2}$ ≤	1.5×10^{-3}	1.5×10^{-3}	7.5×10^{-4}	2×10^{-4}	4×10^{-3}
适用真空度范围/Pa	$>10^{-3}$				$\leqslant 10^{-3}$
使用温度范围/℃	-50~80 耐油较差, 如天然橡胶	-35~100 耐油较好, 如丁腈橡胶	-20~250 耐油好, 如氟橡胶	-30~140 耐油较差, 如丁基、乙丙橡胶	-60~250 如硅橡胶

注:橡胶材料按在真空状态下放出气量的大小可分为A、B两类。

1.6 往复运动橡胶密封圈材料(摘自HG/T 2810—2008)

表10-5-22 往复运动橡胶密封圈材料

物理性能		A类橡胶(丁腈橡胶)					B类橡胶(浇注型聚氨酯橡胶)			
		WA7443	WA8533	WA9523	WA9530	WA7453	WB6884	WB7874	WB8974	WB9974
硬度(IRHD或邵尔A型)		70±5	80±5	88^{+5}_{-4}	88^{+5}_{-4}	70±5	60±5	70±5	80±5	88^{+5}_{-4}
拉伸强度/MPa	最小	12	14	15	14	10	25	30	40	45
拉断伸长率/%	最小	220	150	140	150	250	500	450	400	400
压缩永久变形(B型试样)/%		100℃×70h					70℃×70h			
	最大	50	50	50	—	50	40	40	35	35
撕裂强度/$kN \cdot m^{-1}$	最小	30	30	35	35	—	40	60	80	90
黏合强度(25mm)/$kN \cdot m^{-1}$	最小	—	—	—	—	3	—	—	—	—
热空气老化		100℃×70h					70℃×70h			
硬度变化(IRHD) 拉伸强度变化率/% 拉断伸长率变化率/%	最大 最大 最大	+10 -20 -50	+10 -20 -50	+10 -20 -50	+10 -20 -50	+10 -20 -50	±5 -20 -20	±5 -20 -20	±5 -20 -20	±5 -20 -20
耐液体		100℃×70h					70℃×70h			
1#标准油 硬度变化(IRHD) 体积变化率/% 3#标准油 硬度变化(IRHD) 体积变化率/%		 -5~+10 -10~+5 -10~+5 0~+20	 -5~+10 -10~+5 -10~+5 0~+20	 -5~+10 -10~+5 -10~+5 0~+20	 -5~+10 -10~+5 -10~+5 0~+20	 -5~+10 -10~+5 -10~+5 0~+20	 — -5~+10 — 0~+10	 — -5~+10 — 0~+10	 — -5~+10 — 0~+10	 — -5~+10 — 0~+10
脆性温度/℃	≤	-35	-35	-35	-35	-35	-50	-50	-50	-45

注:1. 本标准适用于在普通液压系统耐石油基液压油和润滑油中使用的往复运动橡胶密封圈材料。
2. WA9530为防尘密封圈橡胶材料;WA7453为涂覆织物橡胶材料。
3. 本标准规定的橡胶材料不适用于O形圈。
4. 本标准规定的往复运动橡胶密封圈材料,其工作温度范围为-30~100℃(A类橡胶)和-40~80℃(B类橡胶)。

1.7 燃油用O形橡胶密封圈[1]材料(摘自HG/T 3089—2001)

表10-5-23 燃油用O形橡胶密封圈材料

序号	项目		指标			
			F6364	F7445	F8435	F9424
1	硬度(邵尔A型)		60±5	70±5	80±5	88^{+5}_{-4}
2	拉伸强度/MPa	不小于	9	10	11	11

[1] HG/T 3089—2001的标准名称中为"O型橡胶密封圈",此处改为"O形橡胶密封圈",与其他处统一。

续表

序号	项目		指标			
			F6364	F7445	F8435	F9424
3	拉断伸长率/%	不小于	300	220	150	100
4	压缩永久变形(B 型试样 100℃,24h)/%	不大于	35	30	30	35
5	热空气老化(100℃,24h)					
	硬度变化(邵尔 A 型)		0~10	0~8	0~8	0~8
	拉伸强度变化率/%	不小于	-10	-10	-10	-10
	拉断伸长率变化率/%	不小于	-30	-30	-30	-30
6	耐液体					
	燃油 B(常温,72h)					
	硬度变化(邵尔 A 型)		-25~0	-20~0	-20~0	-15~0
	体积变化率/%	不小于	35	35	30	30
	燃油 B(常温,72h 浸泡后再经 100℃,24h 干燥)					
	体积变化率/%	不小于	-12	-10	-8	-5
7	脆性温度/℃	不高于	-40	-40	-35	-30

注：HG/T 3089—2001 适用于在石油基燃油系统、-40~100℃下使用的 O 形橡胶密封圈材料。

1.8 采煤综合机械化设备橡胶密封件用胶料（摘自 HG/T 3326—2007）

表 10-5-24　胶料的物理性能

序号	项目		指标							
			ML171	ML281	ML391	ML491	ML571	ML691	ML782	ML892
1	硬度(邵尔 A 型)		75±5	80±5	88±5	88±5	70±5	90±5	82±5	93±5
2	拉伸强度/MPa	不小于	16	18	15	18	15	15	35	35
3	拉断伸长率/%	不小于	200	150	150	140	250	250	400	350
4	撕裂强度/(kN·m^{-1})	不小于	30	30	55	35	—	60	90	90
5	压缩永久变形/%									
	B 型试样 100℃,22h	不大于	30	30	—	30	—	—	—	—
	B 型试样 70℃,22h	不大于	—	—	—	—	—	—	45	45
6	热空气老化									
	①100℃,24h									
	拉断伸长率变化率/%	不大于	-25	-25	35	-30	—	-40	—	—
	②70℃,24h									
	拉断伸长率变化率/%	不大于	—	—	—	—	—	—	-20	-20
7	耐 32#机油									
	100℃,24h 体积变化率/%		-6~+6	-6~+6	-6~+6	-6~+6	-2~+8	-6~+6		
	70℃,24h 体积变化率/%		—	—	—	—	—	—	-5~+10	-5~+10
8	耐 5%M-10 乳化液									
	70℃,24h 体积变化率/%		-4~+8	-4~+8	-4~+8	-4~+8	0~+10	-4~+8	-5~+10	-5~+10

注：1. HG/T 3326—2007 规定的材料适用于制造采煤综合机械化设备中液压支架及单体支柱液压系统用橡胶密封件。

2. HG/T 3326—2007 规定的材料分为八种类型，分别用识别代码表示，见表 10-5-25。识别代码由字母和数字表示：字母 ML 表示采煤综合机械化设备用橡胶密封件用胶料，第一个数字表示胶料序号，第二个数字表示胶料的硬度级别，第三个数字表示材料类型（1 表示丁腈橡胶材料，2 表示聚氨酯材料）。

表 10-5-25　胶料的识别代码及适用的橡胶密封件类型

识别代码	橡胶密封件类型	识别代码	橡胶密封件类型
ML171	O 形圈、鼓形圈、蕾形圈软胶部分	ML571	涂覆材料
ML281	O 形圈、黏合密封件等	ML691	阀垫
ML391	防尘圈	ML782	鼓形圈、蕾形圈、防尘圈、Y 形圈等
ML491	Y 形圈等	ML892	鼓形圈、蕾形圈、防尘圈、Y 形圈等

2 密封性能的试验方法

2.1 机械密封试验方法（摘自 GB/T 14211—2019）

表 10-5-26　　机械密封试验方法

项目		说明
范围		GB/T 14211—2019《机械密封试验方法》规定了机械密封产品性能的试验分类、出厂试验、型式试验、试验报告、试验装置及仪器仪表等，适用于离心泵及类似旋转机械的机械密封
试验分类		①型式试验：为判定机械密封是否满足技术规范的全部性能要求所进行的试验 ②出厂试验：对经过型式试验已合格的机械密封产品在出厂时应进行的试验
试验装置	气密性试验装置	①试验装置应按下面“气密性试验”的规定，具有能够独立的模拟密封腔、隔离密封腔、缓冲密封腔或抑制密封腔 ②试验装置应有充气和加压系统，该系统能从正在试验的模拟密封腔、隔离密封腔、缓冲密封腔或抑制密封腔隔离开来 ③用于试验的压力表应具有合适的量程，使 0.17MPa 位于全量程中间位置附近
	性能试验装置	①试验装置的设计应满足机械密封的使用方式、试验工况及安装要求，该装置应设有排气口 ②试验装置应采用稳压措施，压力值的极限偏差应为规定值的±2% ③试验装置轴的转速允差为规定值的±5% ④试验装置应能保证模拟密封腔内温度稳定、均匀。模拟密封腔内温度应保持在规定试验温度的±2.5℃范围内 ⑤应备有适当的装置收集并测量机械密封处漏出的全部试验密封流体 ⑥机械密封的安装部位及安装过程按相应机械密封产品标准中的有关规定 ⑦除密封腔体及系统附件应能承受试验密封流体压力外，试验台架应具有足够的刚性和稳定性 ⑧应在密封腔体或可反映试验密封流体温度的适当位置，正确装设测量试验密封流体温度的传感元件
出厂试验	概述	①密封型式及布置方式应符合 GB/T 33509 的规定 ②对于布置方式 1、布置方式 2 和采用隔离液的布置方式 3（3CW-FB、3CW-FF、3CW-BB）密封，出厂试验分为气密性试验、静压试验和动态试验，其中气密性试验为必检项目，静压试验和动态试验为可选检验项目 ③对于采用隔离气的布置方式 3（3NC-FB、3NC-FF、3NC-BB）密封，按 JB/T 11289 的规定
	气密性试验	①试验条件 Ⅰ. 试验介质为常温氮气或空气 Ⅱ. 被试密封腔中气体体积最大为 28L Ⅲ. 被试密封的密封端面不得涂抹任何润滑油、润滑脂 Ⅳ. 应对布置方式 2 和布置方式 3 双端面密封中的每个密封端面进行单独试验 ②试验步骤 Ⅰ. 分别向测试的模拟密封腔、隔离密封腔、缓冲密封腔或抑制密封腔中单独充入洁净的气体，加压到 0.17MPa Ⅱ. 当加压至规定值后，切断压力源，保压 5min，记录压力值，压力降应不大于 0.014MPa
	静压试验	①试验条件 Ⅰ. 试验介质、隔离流体和缓冲流体按表 1 的规定选用

表 1　试验介质、隔离流体和缓冲流体的选用 1

输送介质	试验介质	隔离/缓冲流体	
		液体	气体
非烃类	水	水	氮气或空气
非闪蒸烃类	矿物油	矿物油	氮气
闪蒸烃类	水	水	氮气或空气

续表

<table>
<tr><th colspan="2">项目</th><th>说明</th></tr>
<tr><td rowspan="2">出厂试验</td><td>静压试验</td><td>Ⅱ. 试验参数如下
压力:试验介质压力为产品最高许用工作压力的 1.25 倍;隔离液压力高于试验介质压力 0.14MPa 及以上;缓冲液或缓冲气压力为 0.07MPa
转速:0r/min
温度:适用于闪蒸烃类介质的机械密封试验介质温度为 80℃,其他的试验介质温度为常温至 80℃以下
②试验步骤
Ⅰ. 对于布置方式 1 密封,试验步骤如下
a. 将模拟密封腔中充满试验介质
b. 将试验介质的压力和温度调至规定值后,开始记录试验时间,并收集泄漏液,保压 15min,记录压力、温度、泄漏量
Ⅱ. 对于采用缓冲液的布置方式 2(2CW-CW)密封,试验步骤如下
a. 按上面Ⅰ的规定对内侧密封进行单独试验(外侧密封不通入缓冲液)
b. 保持模拟密封腔中试验介质的压力和温度不变,将缓冲密封腔中充满缓冲液
c. 将缓冲液的压力调至规定值后,开始记录试验时间,并收集外侧密封泄漏液,保压 15min,记录压力、温度、泄漏量
Ⅲ. 对于布置方式 2(2CW -CS 、2NC-CS)密封,试验步骤如下
a. 按上面Ⅰ的规定对内侧密封进行单独试验(外侧密封不通入缓冲气)
b. 保持模拟密封腔中试验介质的压力和温度不变,将抑制密封腔中充满缓冲气
c. 将缓冲气的压力调至规定值后,开始记录试验时间,保压 15min,每隔 5min 记录一次压力、温度、气体泄漏量
Ⅳ. 对于采用隔离液的布置方式 3(3CW-FB、3CW-FF、3CW-BB)密封,试验步骤如下
a. 将模拟密封腔中充满试验介质,隔离密封腔中充满隔离液
b. 依次将隔离液压力、试验介质的压力和温度调至规定值后,开始记录试验时间,并收集泄漏液,保压 15min,记录压力、温度、泄漏量</td></tr>
<tr><td>动态试验</td><td>①试验条件
Ⅰ. 试验介质、隔离流体和缓冲流体按表 1 的规定
Ⅱ. 试验参数如下
压力:试验介质压力为产品最高许用工作压力的 1.25 倍;隔离液压力为设计值;缓冲液或缓冲气压力为 0.07MPa
转速:产品的设计转速
温度:见“静压试验”
②试验步骤
Ⅰ. 对于布置方式 1 密封,试验步骤如下
a. 将模拟密封腔中充满试验介质
b. 启动试验装置,将试验介质的压力和温度、转速调至规定值后,开始记录试验时间并收集泄漏液
c. 连续运转 5h,每隔 1h 测量并记录一次试验压力、温度、转速、泄漏量和功率消耗
Ⅱ. 对于采用缓冲液的布置方式 2(2CW-CW)密封,试验步骤如下
a. 将模拟密封腔中充满试验介质,缓冲密封腔中充满缓冲液
b. 启动试验装置,依次将试验介质的压力和温度、缓冲液压力、转速调至规定值后,开始记录试验时间并收集泄漏液
c. 连续运转 5h,每隔 1h 测量并记录一次试验压力、温度、转速、泄漏量和功率消耗
Ⅲ. 对于布置方式 2(2NC-CS)密封,试验步骤如下
a. 将模拟密封腔中充满试验介质,抑制密封腔中无缓冲气
b. 启动试验装置,将试验介质的压力和温度、转速调至规定值后,开始记录试验时间并收集泄漏液
d. 连续运转 5h,每隔 1h 测量并记录一次试验压力、温度、转速、液体泄漏量和功率消耗
Ⅳ. 对于布置方式 2(2CW-CS)密封,试验步骤如下
a. 将模拟密封腔中充满试验介质,抑制密封腔中充入缓冲气
b. 起动试验装置,依次将试验介质的压力和温度、缓冲气压力、转速调至规定值后,开始记录试验时间并收集泄漏液,观察气体泄漏量
c. 连续运转 1h,每 5min 记录一次试验压力、温度、转速、气体泄漏量,试验结束后测量液体泄漏量
Ⅴ. 对于采用隔离液的布置方式 3(3CW-BB、3CW-FF、3CW-FB)密封,试验步骤如下
a. 将模拟密封腔中充满试验介质,隔离密封腔中充满隔离液
b. 启动试验装置,依次将隔离液压力、试验介质的压力和温度、转速调至规定值后,计算试验时间并收集泄漏液
c. 连续运转 5h,每隔 1h 测量并记录一次试验压力、温度、转速、泄漏量和功率消耗</td></tr>
</table>

续表

项目		说明
型式试验	概述	①应用于特定输送介质和工况条件下的机械密封，选择相应的试验介质、隔离流体及缓冲流体进行试验，见表2

表2　试验介质、隔离流体和缓冲流体的选用2

输送介质和工况条件		试验介质	隔离/缓冲流体	
			液体	气体
非烃类	水(>80℃)	水(80℃)	水	氮气或空气
	其他介质	水(常温~<80℃)	水	氮气或空气
非闪蒸烃类	≤176℃	矿物油(常温~90℃)	柴油	氮气
	176~400℃	矿物油(150~260℃)	矿物油	氮气
闪蒸烃类	≤176℃	水(80℃)	水	氮气或空气
		丙烷	柴油	缓冲气：丙烷 隔离气：氮气
	176~400℃	矿物油(150~260℃)	矿物油	氮气

项目		说明
型式试验	概述	②非烃类介质用机械密封型式试验包括动态试验、静态试验和启停试验。烃类介质用机械密封型式试验包括动态试验、静态试验和循环试验 ③对于采用隔离气的布置方式3(3NC-FB、3NC-FF、3NC-BB)密封，应符合JB/T 11289的规定
	非烃类介质用机械密封型式试验	①试验参数 压力：试验介质压力为产品最高许用工作压力，隔离液压力为设计值，缓冲液和缓冲气压力为0.07MPa 转速：静态试验为0r/min，动态试验为产品的设计转速 温度：按表2的规定 ②试验内容 Ⅰ. 对于布置方式1的密封，按照下面③试验步骤Ⅱ~Ⅳ所述进行试验 Ⅱ. 对于采用缓冲液的布置方式2(2CW-CW)密封，按如下进行试验 a. 按下面③试验步骤Ⅱ~Ⅳ的规定，测试内侧密封的性能，无外侧密封和缓冲液 b. 按下面③试验步骤Ⅱ~Ⅳ的规定，测试该布置方式密封的性能，有外侧密封和缓冲液 Ⅲ. 对于布置方式2(2NC-CS)密封，按如下进行试验 a. 按下面③试验步骤Ⅱ~Ⅳ的规定，测试该布置方式密封的性能，有抑制密封无缓冲气 b. 保持试验介质的压力和温度不变，向抑制密封腔中通入0.07MPa的缓冲气，连续运转2h，每10min记录一次试验压力、温度、转速、气体泄漏量，试验结束后测量液体泄漏量 Ⅳ. 对于布置方式2(2CW-CS)密封，按如下进行试验 a. 按下面③试验步骤Ⅱ~Ⅳ的规定，测试内侧密封的性能，无抑制密封和缓冲气 b. 按JB/T 11289的规定，测试该布置方式密封的性能，有抑制密封和缓冲气 Ⅴ. 对于采用隔离液的布置方式3(3CW-BB、3CW-FF)密封，按下面③试验步骤Ⅱ~Ⅳ的规定，测试该布置方式密封的性能，有外侧密封和隔离液 Ⅵ. 对于采用隔离液的布置方式3(3CW-FB)密封，按如下进行试验 a. 按下面③试验步骤Ⅱ~Ⅳ的规定，测试内侧密封的性能，无外侧密封和隔离液 b. 按下面③试验步骤Ⅱ~Ⅳ的规定，测试该布置方式密封的性能，有外侧密封和隔离液 ③试验步骤 Ⅰ. 动态试验、静态试验和启停试验应连续进行，中途不得拆卸密封 Ⅱ. 动态试验如下 a. 将模拟密封腔中充满试验介质 b. 启动试验装置，将试验介质的压力和温度、转速调至规定值后，开始记录试验时间并收集泄漏液 c. 连续运转100h，每隔4h测量并记录一次试验压力、温度、转速、泄漏量和功率消耗 Ⅲ. 静态试验：在上面①试验参数规定的条件下保持4h，每隔1h测量并记录一次试验压力、温度和泄漏量 Ⅳ. 启停试验：在停机状态下将试验压力降至0MPa，启动试验装置，转速增至设计转速、试验压力增至最高许用工作压力，运转10min后再停机2min。如此连续完成5次启停，记录泄漏量 Ⅴ. 试验结束后，测量密封环磨损量，密封端面的磨损量应根据测量前后端面高度差的平均值来计算。测量应在密封端面周围4个大致均布的点上进行

续表

项目		说明
型式试验	烃类介质用机械密封型式试验	①试验参数：试验介质参数见表3，隔离液压力高于试验介质基点压力0.14MPa及以上，缓冲液和缓冲气压力为0.07MPa

表3 试验介质参数

试验介质	基点条件		循环试验	
	动态和静态试验			
	压力/MPa	温度/℃	压力/MPa	温度/℃
矿物油（20~90℃）	0.7	常温	0~1.6（补偿元件为焊接金属波纹管） 0~3.4（补偿元件为弹簧）	常温~90
矿物油（150~260℃）	0.7	260	0~1.6（补偿元件为焊接金属波纹管） 0~3.4（补偿元件为弹簧）	150~260
水（80℃）	0.3	80	0~0.3	80
丙烷	1.7	30	1.0~1.7	30

②试验内容

Ⅰ. 对于布置方式1的密封，按照下面③试验步骤Ⅱ~Ⅳ所述进行试验

Ⅱ. 对于采用缓冲液的布置方式2(2CW-CW)密封，按如下进行试验

a. 按下面③试验步骤Ⅱ~Ⅳ的规定，测试内侧密封的性能，无外侧密封和缓冲液

b. 按下面③试验步骤Ⅱ~Ⅳ的规定，测试该布置方式密封的性能，有外侧密封和缓冲液

Ⅲ. 对于布置方式2(2NC-CS)密封，按如下进行试验

a. 按下面③试验步骤Ⅱ~Ⅳ的规定，测试该布置方式的性能，有抑制密封，用150~260℃矿物油进行试验时，应采用气体吹扫，其余无气体吹扫

b. 按下面③试验步骤Ⅴ的规定测试抑制密封的性能

Ⅳ. 对于布置方式2(2CW-CS)密封，按如下进行试验

a. 按下面③试验步骤Ⅱ~Ⅳ的规定，测试内侧密封的性能，无抑制密封，无气体吹扫

b. 按下面③试验步骤Ⅴ的规定测试抑制密封的性能

Ⅴ. 对于采用隔离液的布置方式3(3CW-FF、3CW-BB)密封，按下面③试验步骤Ⅱ~Ⅳ的规定，测试该布置方式密封的性能，有外侧密封和隔离液

Ⅵ. 对于采用隔离液的布置方式3(3CW-FB)密封，按如下进行试验

a. 按下面③试验步骤Ⅱ~Ⅳ的规定，测试内侧密封的性能，无外侧密封和隔离液

b. 按下面③试验步骤Ⅱ~Ⅳ的规定，测试该布置方式密封的性能，有外侧密封和隔离液

③试验步骤

Ⅰ. 动态试验、静态试验和循环试验应连续进行，如图1所示，中途不得拆卸密封

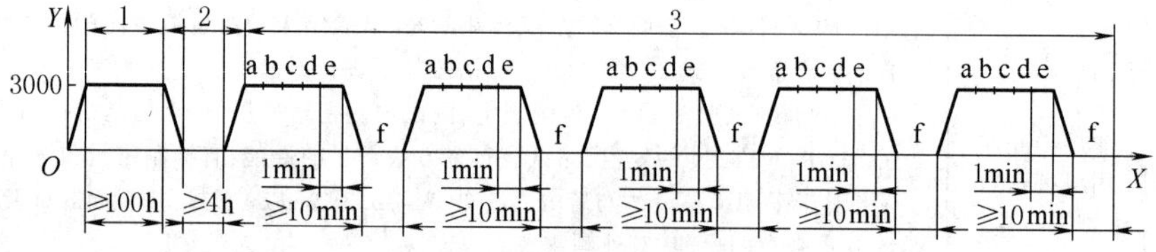

图1 试验步骤

X—时间；Y—转速，r/min；1—动态试验；2—静态试验；
3—循环试验；a、b、c、d、e、f—下面③试验步骤Ⅳ中对应试验步骤

Ⅱ. 动态试验应在表3规定的基点条件和3000r/min转速下连续运转100h，每隔4h测量并记录一次试验压力、温度、转速、泄漏量和功率消耗

Ⅲ. 静态试验应在表3规定的基点条件和零转速下保持4h，每隔1h测量并记录一次试验压力、温度和泄漏量

Ⅳ. 循环试验应在表3规定的温度和压力下，按如下步骤进行

a. 密封在基点温度和压力下，以3000r/min的转速运行，直至平稳

b. 将密封腔里的液体压力降至表3规定的循环试验最低压力，然后重新建立基点压力

c. 将密封腔里的液体温度降到表3规定的循环试验最低温度，平稳运行至少10min，重新建立基点条件

d. 将密封腔里的液体温度提高到表3规定的循环试验最高温度，平稳运行至少10min，重新建立基点温度。试验介质为矿物油时，当达到基点条件后，将密封腔压力提高至表3规定的循环试验最高压力，平稳运行至少10min，重新建立基点条件

e. 如果可行，密封停止冲洗1min

f. 试验停止运行(0r/min)至少10min，记录泄漏量

续表

项目		说明
型式试验	烃类介质用机械密封型式试验	g. 重复 a~f 4 次,共循环 5 次 Ⅴ. 对于配有抑制密封的布置方式 2 密封,除按照上面Ⅱ~Ⅳ试验外,应在不拆解密封且内侧密封处于基点条件的情况下,对抑制密封进行如下试验 a. 向抑制密封腔中通入 0.07MPa 的缓冲气,保持转速为 3000r/min,运转 2h,每 10min 记录一次试验压力、温度、转速、气体泄漏量 b. 在完成 a 步后,向抑制密封腔中注入如表 2 规定的缓冲液,试验温度在表 3 中的循环温度范围内,压力为 0.28MPa。重新启动,保持压力并在 3000r/min 转速下运转 8h,每隔 1h 测量并记录一次试验压力、温度、泄漏量和功率消耗 c. 在完成 b 步后,采用如表 2 规定的缓冲液对密封进行静态试验,试验压力为 1.7MPa,保压 1h,记录试验压力、温度和泄漏量 Ⅵ. 试验结束后,测量密封环磨损量,密封端面的磨损量应根据测量前后端面高度差的平均值来计算。测量应在密封端面周围 4 个大致均布的点上进行
试验报告		试验结束后,将试验介质/隔离流体/缓冲流体名称、压力、温度、试验转速、试验时间、泄漏量、磨损量等数据填入试验报告,并对密封端面组对材料、试验后密封端面和其他零件的外观形状及试验中的现象加以说明

注：GB/T 14211—2019 的规范性引用文件分别为 GB/T 33509—2017《机械密封通用规范》和 JB/T 11289—2012《干气密封技术条件》。

2.2 轻型机械密封试验方法（摘自 JB/T 6619.2—2018）

表 10-5-27　　轻型机械密封试验方法

项目	说明
范围	JB/T 6619.2—2018《轻型机械密封　第 2 部分:试验方法》规定了轻型机械密封产品检验分类、试验方法、试验条件、试验装置、安装和仪器仪表,适用于小型(功率小于 7.5kW)的离心泵、旋涡泵、转子泵、喷射泵及其他类似旋转机械用轻型机械密封
试验分类	①鉴定检验:为判定轻型机械密封是否具有规定的性能而进行的检验。汽车发动机冷却水泵用机械密封产品鉴定检验内容按 JB/T 11242 的规定,其他产品鉴定检验项目包括静压试验、运转试验和气密性试验 ②出厂检验:为确认鉴定检验合格的轻型机械密封产品出厂时是否达到鉴定检验时所具有的密封性能而进行的检验。汽车发动机冷却水泵用机械密封产品出厂检验内容按 JB/T 11242 的规定,其他轻型机械密封产品检验项目包括静压试验、运转试验和气密性试验
试验条件	①试验介质:静压试验和运转试验原则上用清水作为试验介质;气密性试验原则上用空气作为试验介质,如有特殊要求应另行商定 ②试验参数满足以下条件 ——压力:潜水电泵用机械密封气密性试验参数按 JB/T 5966 的规定,其他轻型机械密封产品气密性试验压力为 0.2MPa。静压试验压力为产品最高工作压力的 1.25 倍;运转试验压力为产品的最高工作压力 ——转速:按产品的设计转速 ——温度:0~80℃。如有特殊要求另行商定
试验装置	①轻型机械密封试验装置除应符合下述各项规定外,其他细节设计不受限制。液体介质静压试验和运转试验可以共用一套装置,也可各用一套装置;运转试验和气密性试验应在专用的试验装置上进行 ②试验装置的设计应满足轻型机械密封的使用方式、试验工况及安装要求,液体介质的静压试验和运转试验装置的腔体顶部应设有排气口,底部应有排水口 ③试验装置应具有稳压功能,以使其压力波动能控制在规定值±5%范围内 ④试验装置应能保证密封腔内温度稳定、均匀。密封腔内温度应保持在规定试验温度±10℃的范围内 ⑤液体介质的试验装置应备有适当的装置收集并测量轻型机械密封处漏出的全部试验介质 ⑥安装轻型机械密封有关部位的尺寸、加工精度和转轴的轴向窜动、径向圆跳动以及密封腔端面对轴线的垂直度满足 JB/T 6619.1 的规定 ⑦试验系统应能承受试验介质压力,试验台架应具有足够的刚性和稳固性,以免产生过大的振动 ⑧应在密封腔体和可反映试验介质温度的适当位置正确装设测量介质温度的传感元件 ⑨试验装置应由耐水腐蚀的材料制造

续表

<table>
<tr><th colspan="2">项目</th><th>说明</th></tr>
<tr><td colspan="2">安装</td><td>①在安装轻型机械密封时必须将轴(或轴套)、密封腔体、密封端盖及试验用轻型机械密封清洗干净,防止杂质进入密封部位
②应按轻型机械密封产品说明书或样本的规定,保证被试轻型机械密封正确安装在试验装置上</td></tr>
<tr><td colspan="2">仪器仪表</td><td>检验用仪器仪表应由计量部门检验并出具有效期内的合格证。汽车发动机冷却水泵用机械密封产品检验用仪器仪表应符合 JB/T 11242 的规定,其他轻型机械密封产品检验用仪器仪表应符合表 1 的规定
表 1　轻型机械密封产品检验用仪器仪表
<table>
<tr><th>测量内容</th><th>仪器仪表</th><th>精度</th></tr>
<tr><td>压力</td><td>指针式压力表或其他压力测量仪器</td><td>±1%</td></tr>
<tr><td>温度</td><td>玻璃温度计或其他温度测量仪器</td><td>±1℃</td></tr>
<tr><td>转速</td><td>机械转速表、光电测速仪或其他转速测量仪器</td><td>±1%</td></tr>
<tr><td rowspan="2">泄漏量</td><td>量筒、滴定管等量器</td><td>0.1mL</td></tr>
<tr><td>精密天平(感量)</td><td>≤0.01g</td></tr>
<tr><td>转矩</td><td>转矩转速仪或其他测量仪器</td><td>±1%</td></tr>
<tr><td>磨损量</td><td>千分表(尺)或其他测量仪器</td><td>0.001mm</td></tr>
<tr><td>时间</td><td>秒表或其他计量仪器</td><td>1s</td></tr>
</table></td></tr>
<tr><td rowspan="4">试验方法</td><td>汽车发动机冷却水泵用机械密封</td><td>汽车发动机冷却水泵用机械密封产品按 JB/T 11242 的规定试验。其他轻型机械密封产品按下面“静压试验”“运转试验”和“气密性试验”的规定试验</td></tr>
<tr><td>静压试验</td><td>①试验前应正确调装试验件,做好安装、检测记录。系统内应充满试验介质
②从系统压力达到规定值时开始计算试验时间和泄漏量。静压试验的保压时间不少于 15min</td></tr>
<tr><td>运转试验</td><td>①应用静压试验合格的轻型机械密封进行运转试验。轻型机械密封在安装前,应由计量人员测量并记录轴向高度
②试验系统内各部位应充满相应的介质
③启动试验装置,从压力、温度、转速稳定在规定值时开始计算试验时间,并收集泄漏流体
④试验时间按以下规定
——鉴定检验时间应不少于 100h,每隔 4h 测量并记录一次试验压力、温度、转速、泄漏量和功率消耗。如对试验时间和启动、停机次数有特殊要求,可按有关产品的要求进行
——出厂检验时间应不少于 5h,每隔 1h 测量并记录一次试验压力、温度、转速、泄漏量和功率消耗
⑤在达到鉴定检验规定的运转时间后,停机测量端面磨损量。该项测量应由专职检验人员进行
⑥在试验稳定进行时,通过测量轻型机械密封工作扭矩或测量电功率求得轻型机械密封的功率消耗(扣除空载时的轴承摩擦力矩)。该项检验是否进行根据协商而定</td></tr>
<tr><td>气密性试验</td><td>①潜水电泵用机械密封产品气密性试验按 JB/T 5966 的规定,其他轻型机械密封产品按下面②、③的规定进行试验
②被试轻型机械密封产品应按安装要求装于试验装置上,然后将该装置置于水槽中,参照图 1
水
压力表
被试轻型机械密封
压缩空气
图 1　气密性试验装置和方法
③将压缩空气按规定的压力通入工作容积,并使压力维持在规定范围内,同时开始记录试验时间。试验时间为 1min,在此期间观察轻型机械密封各部位泄漏情况并记录气泡个数</td></tr>
<tr><td colspan="2">试验报告</td><td>试验结束后将有关数据填入试验报告,参见 JB/T 6619.2—2018 表 B.1 或表 B.2,并对试验后密封面和其他零件的外观状况以及试验中的现象加以说明</td></tr>
</table>

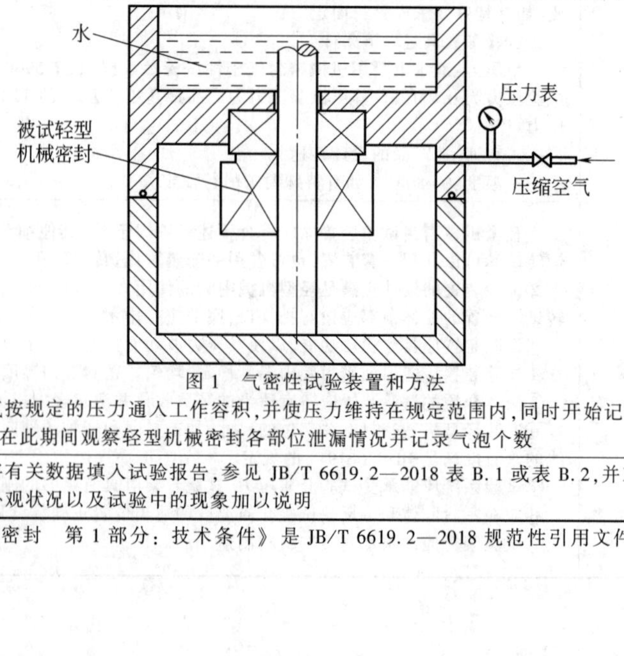

注：JB/T 6619.1—2018《轻型机械密封　第 1 部分：技术条件》是 JB/T 6619.2—2018 规范性引用文件之一，但不包括 GB/T 14211。

2.3 釜用机械密封试验规范（摘自 HG/T 2099—2020）

表 10-5-28 釜用机械密封试验规范

<table>
<tr><th colspan="2">项目</th><th>说明</th></tr>
<tr><td colspan="2">范围</td><td>HG/T 2099—2020《釜用机械密封试验规范》规定了釜用机械密封产品性能试验的试验类型和主要参数、型式试验、出厂试验、检验规则、试验装置、试验用仪器仪表和试验报告等，适用于化工、石油化工装置以及其他类似装置中带有机械搅拌装置的釜用机械密封</td></tr>
<tr><td colspan="2">试验装置</td><td>①试验装置应满足型式试验和出厂试验所需要的配置
②应有压力稳定措施，试验时压力值的极限偏差为规定值的±5%
③轴的转速允差为规定值的±5%
④应备有适当的装置，收集并测量通过机械密封泄漏的液体
⑤机械密封的安装部位及安装过程应符合 HG/T 2269 的规定
⑥除密封腔体及系统附件应能承受流体压力外，试验台架应有足够的刚性和稳定性
⑦应装设测定试验密封液体温度的传感元件，以保持密封腔内温度符合规定要求</td></tr>
<tr><td colspan="2">试验用仪器仪表</td><td>①试验用仪器仪表应有计量部门的计量检定或校准证书
②用于气压试验的压力表应具有合适的量程，使 0.17MPa 位于全量程中间位置附件；测试压降的压力表准确度为±0.001MPa
③试验用仪器仪表及其精度符合表 1 的规定
表 1　试验用仪器仪表及其精度
<table>
<tr><th>测量内容</th><th>仪器仪表</th><th>精度</th></tr>
<tr><td rowspan="2">压力</td><td>指针式压力表</td><td>不低于 0.4 级</td></tr>
<tr><td>其他未要求的压力测量仪器</td><td>±0.01MPa</td></tr>
<tr><td>温度</td><td>适宜的测温仪器仪表</td><td>±1℃</td></tr>
<tr><td>转速</td><td>各种速度表或人工计数</td><td>±5r/min</td></tr>
<tr><td>泄漏量</td><td>体积量器</td><td>±0.2mL</td></tr>
<tr><td>磨损量</td><td>千分表、尺或其他测量仪器</td><td>0.001mm</td></tr>
</table></td></tr>
<tr><td rowspan="3">试验类型和主要参数</td><td>型式试验</td><td>为判定釜用机械密封是否满足技术规范的全部性能要求所进行的试验</td></tr>
<tr><td>出厂试验</td><td>对经过型式试验已合格的釜用机械密封产品在出厂时应进行的试验</td></tr>
<tr><td>主要参数</td><td>被试釜用机械密封的主要工作参数应符合 HG/T 2269 的规定</td></tr>
<tr><td rowspan="2">型式试验</td><td>试验项目</td><td>型式试验包括气压试验、静压试验和运转试验</td></tr>
<tr><td>气压试验</td><td>①试验条件
Ⅰ. 试验介质为氮气或空气
Ⅱ. 装配时应检查和清洗密封端面，使其没有润滑油脂存在
Ⅲ. 被试密封腔中的气体体积最大应为 28L
Ⅳ. 被试釜用机械密封工作参数为：搅拌轴（或轴套）外径 30～220mm；线速度不大于 2m/s；工作介质压力 1.33×10^{-5}（绝对）～6.3（表压）MPa；工作介质温度不大于 350℃；工作介质为除强氧化性酸、高浓度碱以外的各种流体
②试验步骤
Ⅰ. 向被试密封腔中充入洁净气体，加压至 0.17MPa
Ⅱ. 切断与压力源通路，保压 5min
Ⅲ. 压力降应不大于 0.014MPa。被试密封腔中的气体体积小于 28L 时，压力降与被试腔室体积成反比，如表 2 所示
表 2　体积与压力降
<table>
<tr><th>体积/L</th><th>压力降/MPa</th></tr>
<tr><td>28</td><td>0.014</td></tr>
<tr><td>24</td><td>0.016</td></tr>
<tr><td>20</td><td>0.020</td></tr>
<tr><td>16</td><td>0.025</td></tr>
</table></td></tr>
</table>

续表

项目		说明
型式试验	静压试验	①试验条件 Ⅰ. 试验系统隔离液采用清水或20号机油 Ⅱ. 除非另有规定，隔离液温度为室温 Ⅲ. 被试釜用机械密封工作参数应符合上面气压试验①试验条件Ⅳ ②保压时间：静压试验的保压时间不少于15min ③试验压力：静压试验的试验压力为产品设计压力的1.25倍 ④泄漏量：静压试验的测量泄漏量应符合HG/T 2269的规定
	运转试验	①试验条件：运转试验的试验条件(应)符合上面静压试验① ②试验压力：运转试验的试验压力为最高工作压力 ③试验步骤：首先缓慢升压至规定值，然后启动密封轴，至设计转速后开始记录时间和泄漏量。前24h每隔1h测量并记录一次，此后每隔2h测量并记录，连续运转100h后停机，拆下密封环，测量端面磨损量 ④运转试验的泄漏量应符合上面静压试验④ ⑤磨损量：测量软质材料的密封环磨损量，应符合HG/T 2269的规定
出厂试验	试验项目	出厂试验包括气压试验和静压试验 除非另有规定，不可进行运转试验
	气压试验	气压试验应符合上面“气压试验”的规定
	静压试验	静压试验应符合上面“静压试验”的规定
试验报告		试验结束后，将有关数据填入试验报告，包括试验项目及其试验条件和试验结果，并做出必要的过程说明

注：HG/T 2099—2020的唯一规范性引用文件为HG/T 2269—2020《釜用机械密封技术条件》。

2.4 釜用机械密封气体泄漏测试方法（摘自HG/T 4113—2020）

表10-5-29　　釜用机械密封气体泄漏测试方法

项目		说明
范围		HG/T 4113—2020《釜用机械密封气体泄漏测试方法》规定了釜用机械密封气体泄漏测试分类、泄漏测试要求、泄漏测试方法，适用于密封泄漏介质为气体的釜用机械密封气体泄漏测试
泄漏测试分类	气体静压泄漏测试	釜用机械密封装配应符合HG/T 2269的规定，按照下面“气体静压泄漏测试方法”的要求用空气(或氮气)对机械密封进行气体泄漏测试
	安装泄漏测试	釜用机械密封在现场安装完毕后，按照下面“安装泄漏测试方法”的要求进行气体泄漏测试
	运转泄漏测试	釜用机械密封在运转过程中，按照下面“运转泄漏测试方法”的要求进行气体泄漏测试。其他排放量应符合当地大气污染物排放法规要求
泄漏测试要求		①气体静压泄漏测试时，每对密封面的最大压力降应小于0.014MPa ②运转泄漏测试时，密封安装处气体浓度应小于1000μmol/mol(1000ppm)。如另有规定，应满足更高要求
泄漏测试方法	气体静压泄漏测试方法	①釜用机械密封装配完成后，应在试验台上进行气体静压泄漏测试。试验台应配有一个模拟的密封腔，并安装阀门和仪表，使用连接法兰可满足不同尺寸的密封测试 ②试验台须配有一个加压系统(或压力源)，该系统应与试验密封腔隔离 ③用于加压试验的密封腔体积为28L ④试验台的压力表要有合适的量程范围，使0.17MPa位于全量程的50%~75%处位置，精度0.001MPa ⑤密封腔加压后，切断密封腔与压力源的通路，保压5min。最大测试压力降应小于0.014MPa ⑥通过气体静压泄漏测试的釜用机械密封不可拆卸。应在机械密封外壳上贴“密封制造厂气体静压泄漏测试合格”字样的标签，注明试验日期和检验人员姓名
	安装泄漏测试方法	①采用单端面机械密封时，应在釜体注水达到80%容积后进行安装泄漏测试，并确保与釜体相连接管口的静密封无泄漏情况。向釜体上部密封空间充入压缩空气进行气体泄漏测试，试验方法应符合上面“气体静压泄漏测试方法”的要求 ②采用双端面机械密封时，在密封腔不加隔离液情况下，向密封腔充入压缩空气进行气体泄漏测试。测试压力按最高使用压力，保压15min，压力降不大于最高使用压力的15%
	运转泄漏测试方法	①釜使用单位在机械密封使用过程中进行运转泄漏测试，泄漏检测应符合GB 31571—2015中5.3的规定，泄漏检测认定值为500μmol/mol(500ppm) ②进行运转泄漏测试时，泄漏检测仪器应符合GB 12358的规定 ③执行国外环保要求对釜用机械密封进行气体泄漏测试时，可参照HG/T 4113—2020附录A

注：1. HG/T 2269—2020《釜用机械密封技术条件》为HG/T 4113—2020规范性引用文件之一。
2. 在HG/T 2269—2020中规定：“介质种类为除强氧化性酸、高浓度碱以外的各种流体。”

.5 管法兰用垫片密封性能试验方法（摘自GB/T 12385—2008）

表10-5-30　管法兰用垫片密封性能试验方法

<table>
<tr><th colspan="2">项目</th><th>说明</th></tr>
<tr><td colspan="2">范围</td><td>GB/T 12385—2008《管法兰用垫片密封性能试验方法》规定了管法兰用垫片密封性能的A、B两种试验方法。本标准的两种试验方法均适用于石棉橡胶垫片，非石棉橡胶垫片，橡胶垫片，聚四氟乙烯垫片，膨胀或改性聚四氟乙烯垫片，柔性石墨复合垫片，缠绕式垫片，金属包覆垫片，聚四氟乙烯包覆垫片，具有非金属覆盖层的齿形金属、波形金属和波齿形金属垫片等。金属平垫片亦可参照该方法进行</td></tr>
<tr><td rowspan="2">试验方法A</td><td>试验装置</td><td>①试验在专用的垫片综合性能试验装置上进行。试验装置由垫片加载系统、介质供给系统、测漏系统及试验法兰等组成，如图1所示 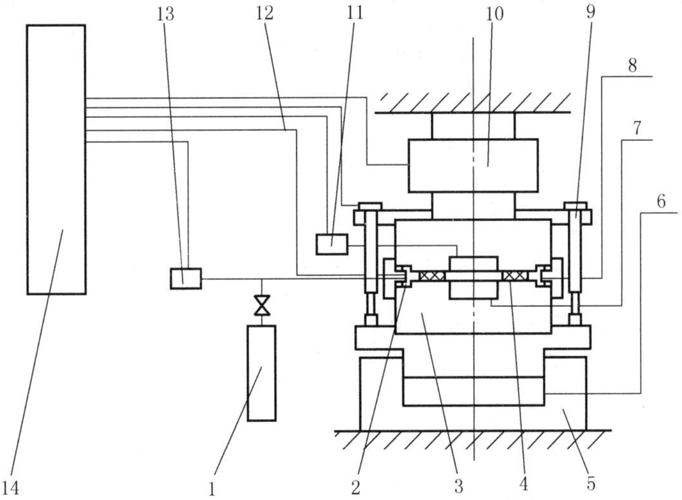

13　12　11　10　9　8　7　6　14　1　2　3　4　5

图1　适用于试验方法A的垫片密封性能试验装置
1—标准容器；2—测漏空腔；3—模拟法兰；4—垫片；5—油缸；6—压力源；7—试验介质；8—标定气源；9—位移传感器；10—载荷传感器；11—压力传感器；12—温度传感器；13—微压力传感器；14—数据采集系统

②垫片加载系统应能提供规定的垫片预紧应力并能控制恒定的加载、卸载速度。试验过程中垫片预紧应力的波动应在规定值的±2%范围之内。当垫片预紧应力不大于35MPa时，加载、卸载速度为0.2MPa/s；当垫片预紧应力大于35MPa时，加载、卸载速度为0.5MPa/s
③试验介质供给系统应能提供规定的试验介质压力。试验过程中介质压力的波动应在规定值的±2%范围之内
④泄漏率测量采用测漏空腔增压法，泄漏率计算基于理想气体定律。在垫片外侧、上下法兰面间设置一个密闭的环形测漏空腔，测漏空腔的容积 V_c 应经严格标定。测漏系统分辨率应不低于 $10^{-5}cm^3/s$
⑤试验法兰采用模拟法兰，密封面为平面，法兰厚度与直径之比应不小于1/3，法兰材料的弹性模量应为195～210GPa，密封面硬度应为40～50HRC，密封面表面粗糙度 Ra 应在3.2～6.3μm范围内
⑥测量试验介质压力的压力传感器的量程应不大于10MPa，误差不大于全量程的0.5%，分辨率不低于1kPa
⑦测量测漏空腔温度的温度传感器量程应不大于32℃，误差不大于全量程的0.5%，分辨率不低于0.01℃
⑧测量测漏空腔内微压力的压力传感器的量程应不大于5kPa，误差不大于全量程的0.5%，分辨率不低于0.5Pa</td></tr>
<tr><td>试样</td><td>①试样选取后应在温度21～30℃，相对湿度(50±6)%的环境下放置至少48h
②除另有规定外，试样的公称直径为DN80，公称压力不大于PN50</td></tr>
</table>

续表

<table>
<tr><th colspan="2">项目</th><th>说明</th></tr>
<tr><td rowspan="4">试验方法 A</td><td>试验条件</td><td>
除另有规定外，试验条件按表 1 的规定

表 1　试验条件

<table>
<tr><th>试样名称</th><th>垫片预紧应力/MPa</th><th>试验温度/℃</th><th>试验介质</th><th>试验介质压力/MPa</th></tr>
<tr><td>石棉橡胶垫片</td><td>40</td><td rowspan="10">23±5</td><td rowspan="10">99.9%的工业氮气</td><td>4.0</td></tr>
<tr><td>非石棉橡胶垫片
聚四氟乙烯垫片和改性聚四氟乙烯垫片</td><td>35</td><td>4.0</td></tr>
<tr><td>膨胀聚四氟乙烯垫片</td><td>25</td><td>4.0</td></tr>
<tr><td>橡胶垫片</td><td>7</td><td>1.0</td></tr>
<tr><td>柔性石墨复合垫片</td><td>35</td><td>1.1 倍公称压力</td></tr>
<tr><td>具有非金属覆盖层的齿形金属，波形金属和波齿形金属垫片</td><td>45</td><td>1.1 倍公称压力</td></tr>
<tr><td>金属包覆垫片</td><td>60</td><td>1.1 倍公称压力</td></tr>
<tr><td>聚四氟乙烯包覆垫片</td><td>35</td><td>1.1 倍公称压力</td></tr>
<tr><td>缠绕式垫片</td><td>70</td><td>1.1 倍公称压力</td></tr>
</table>
</td></tr>
<tr><td>试验程序</td><td>
①用溶剂（如丙酮）仔细清洗法兰密封面，垫片对中安装
②按表 1 的规定，对垫片施加预紧应力，达到规定值后保持 15min
③标定测漏空腔的容积
Ⅰ. 测漏空腔容积按式(1)标定

$$V_c = V_B\left(\frac{p_{2v}-p_B}{p_c-p_{2v}}\right) \tag{1}$$

式中　V_c——测漏空腔的容积，cm^3
V_B——标准容器的容积，cm^3
p_B——标准容器中的初始绝对压力，Pa
p_c——测漏空腔中导入的试验介质的绝对压力，Pa
p_{2v}——标准容器与测漏空腔连通后的绝对压力，Pa
Ⅱ. 上述标定应重复三次，以三次测得的 V_c 值的算术平均值作为测漏空腔的容积，各次测得的 V_c 值对平均值的偏差不应大于 3%
④按表 1 的规定，通入试验介质，当介质压力达到规定值后保持 10min
⑤开始测漏，记录测漏开始时测漏空腔内的压力 p_1 和温度 T_1，并开始记（计）时，记录测量结束时测漏空腔内的压力 p_2 和温度 T_2。测漏时间视泄漏率大小而定，通常为 2~10min
</td></tr>
<tr><td>试验次数</td><td>从同一样本中选取若干试样，并随机抽取不少于三个试样进行试验</td></tr>
<tr><td>泄漏率计算和试验结果</td><td>
①泄漏率按式(2)计算

$$L_v = \frac{T_{st}}{p_{st}} \times \frac{V_c}{t}\left(\frac{p_2}{T_2}-\frac{p_1}{T_1}\right) \tag{2}$$

式中　L_v——体积泄漏率，cm^3/s（标准）
p_{st}——标准状况下大气压力，101325Pa
T_{st}——标准状况下大气绝对温度，273.16K
p_1——测漏开始时测漏空腔内的绝对压力，Pa
p_2——测漏结束时测漏空腔内的绝对压力，Pa
T_1——测漏开始时测漏空腔的绝对温度，K
T_2——测漏结束时测漏空腔的绝对温度，K
V_c——测漏空腔的容积，cm^3
t——测漏时间，s
②取全部试验的平均值作为最终的试验结果，取两位有效数字
</td></tr>
</table>

续表

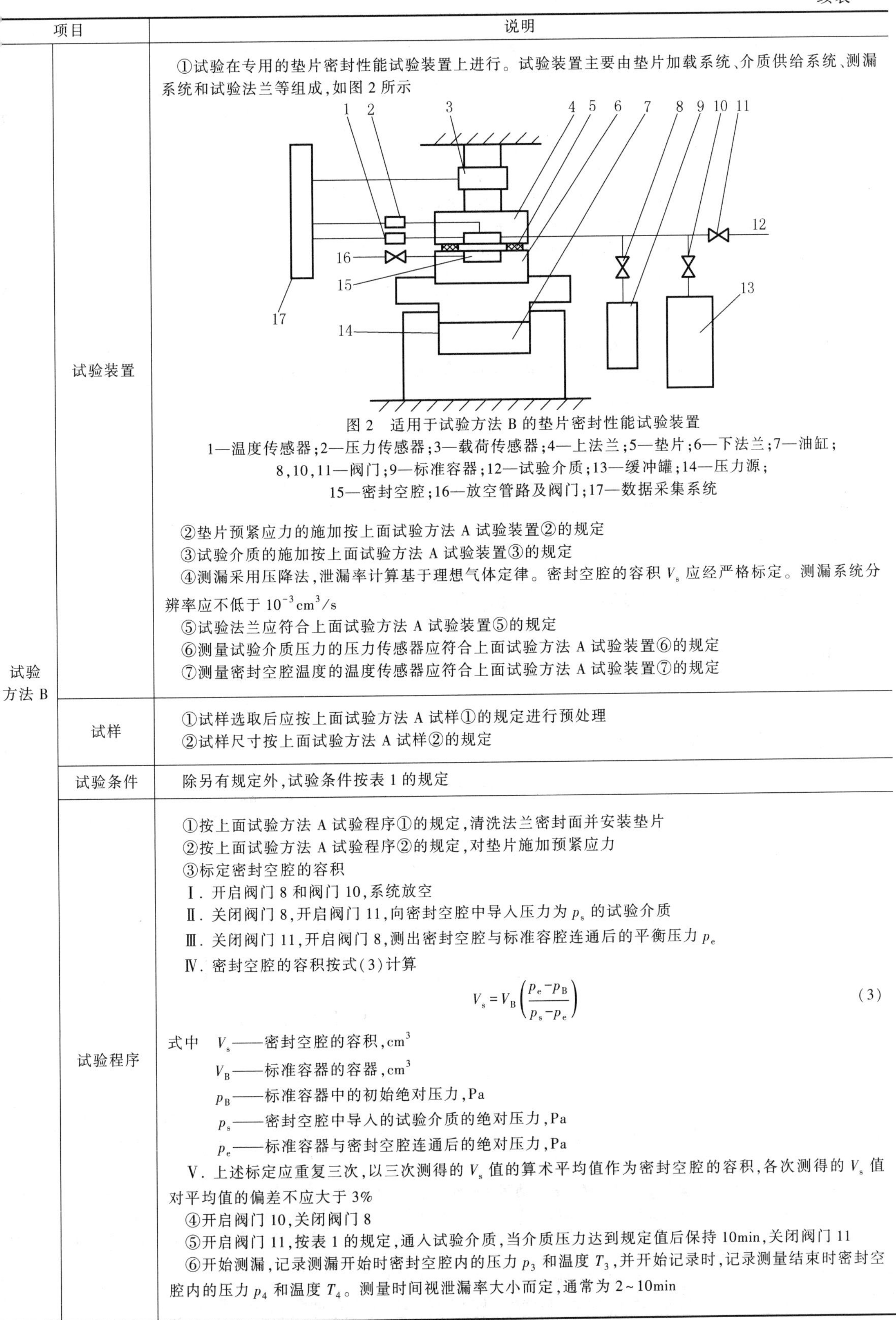

项目		说明
试验方法B	试验装置	①试验在专用的垫片密封性能试验装置上进行。试验装置主要由垫片加载系统、介质供给系统、测漏系统和试验法兰等组成,如图2所示 图2 适用于试验方法B的垫片密封性能试验装置 1—温度传感器;2—压力传感器;3—载荷传感器;4—上法兰;5—垫片;6—下法兰;7—油缸;8,10,11—阀门;9—标准容器;12—试验介质;13—缓冲罐;14—压力源;15—密封空腔;16—放空管路及阀门;17—数据采集系统 ②垫片预紧应力的施加按上面试验方法A试验装置②的规定 ③试验介质的施加按上面试验方法A试验装置③的规定 ④测漏采用压降法,泄漏率计算基于理想气体定律。密封空腔的容积 V_s 应经严格标定。测漏系统分辨率应不低于 $10^{-3}cm^3/s$ ⑤试验法兰应符合上面试验方法A试验装置⑤的规定 ⑥测量试验介质压力的压力传感器应符合上面试验方法A试验装置⑥的规定 ⑦测量密封空腔温度的温度传感器应符合上面试验方法A试验装置⑦的规定
	试样	①试样选取后应按上面试验方法A试样①的规定进行预处理 ②试样尺寸按上面试验方法A试样②的规定
	试验条件	除另有规定外,试验条件按表1的规定
	试验程序	①按上面试验方法A试验程序①的规定,清洗法兰密封面并安装垫片 ②按上面试验方法A试验程序②的规定,对垫片施加预紧应力 ③标定密封空腔的容积 Ⅰ. 开启阀门8和阀门10,系统放空 Ⅱ. 关闭阀门8,开启阀门11,向密封空腔中导入压力为 p_s 的试验介质 Ⅲ. 关闭阀门11,开启阀门8,测出密封空腔与标准容腔连通后的平衡压力 p_e Ⅳ. 密封空腔的容积按式(3)计算 $V_s=V_B\left(\frac{p_e-p_B}{p_s-p_e}\right)$ (3) 式中 V_s——密封空腔的容积,cm^3 V_B——标准容器的容器,cm^3 p_B——标准容器中的初始绝对压力,Pa p_s——密封空腔中导入的试验介质的绝对压力,Pa p_e——标准容器与密封空腔连通后的绝对压力,Pa Ⅴ. 上述标定应重复三次,以三次测得的 V_s 值的算术平均值作为密封空腔的容积,各次测得的 V_s 值对平均值的偏差不应大于3% ④开启阀门10,关闭阀门8 ⑤开启阀门11,按表1的规定,通入试验介质,当介质压力达到规定值后保持10min,关闭阀门11 ⑥开始测漏,记录测漏开始时密封空腔内的压力 p_3 和温度 T_3,并开始记录时,记录测量结束时密封空腔内的压力 p_4 和温度 T_4。测量时间视泄漏率大小而定,通常为2~10min

续表

项目		说明
试验方法 B	试验次数	从同一样本中选取若干个试样,并随机抽取不少于三个试样进行试验
	泄漏率计算和试验结果	①泄漏率按式(4)计算 $$L_v=\frac{T_{st}}{p_{st}}\times\frac{V_s}{t}\left(\frac{p_3}{T_3}-\frac{p_4}{T_4}\right) \quad (4)$$ 式中 L_v——体积泄漏率,cm^3/s(标准) p_{st}——标准状况下大气压力,101325Pa T_{st}——标准状况下大气绝对温度,273.16K p_3——测漏开始时密封空腔内的绝对压力,Pa p_4——测漏结束时密封空腔内的绝对压力,Pa T_3——测漏开始时密封空腔内的绝对温度,K T_4——测漏结束时密封空腔内的绝对温度,K V_s——密封空腔的容积,cm^3 t——测漏时间,s ②取全部试验的平均值作为最终的试验结果,取两位有效数字
试验报告		试验报告应包括以下内容 ——本试验方法的标准号和采用的试验方法(方法 A 或方法 B) ——试验垫片的名称、材料、尺寸、标记 ——试样编号、数量 ——试验条件(垫片预紧应力、试验温度、试验介质和压力、试验时间) ——试验结果(每个试样的泄漏率值及该样品的平均值) ——试验人员、日期

2.6 阀门填料密封试验规范(摘自 JB/T 7760—2008)

表 10-5-31　阀门填料密封试验规范

项目	说明
范围	JB/T 7760—2008《阀门填料密封　试验规范》规定了通用阀门填料常规密封试验的方法和对试验装置的要求,适用于阀杆往复式运动的阀门填料密封性能试验。阀杆旋转式运动的阀门填料密封性能试验也可参照使用
试验装置	密封试验在专用的填料密封试验装置上进行。试验装置主要由填料压盖力加载及测量系统、阀杆往复运动驱动系统、介质给定及控制系统、介质加热及温度控制系统、测漏系统及模拟阀门填料函组成,装置系统示意图如图 1。装置的设计和制造按下述各项规定 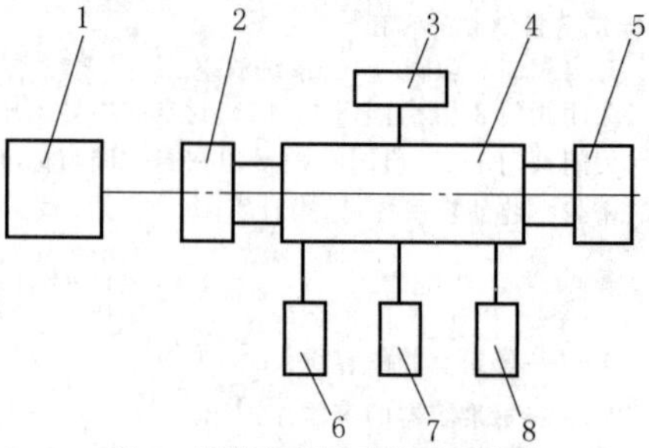 1 2 3 4 5 6 7 8 图 1　填料密封试验装置系统图 1—阀杆往复运动驱动系统;2,5—填料压盖力加载及测量系统;3—介质加热及温度控制系统;4—模拟阀门填料函;6,8—测漏系统;7—介质给定及控制系统 ①填料压盖压紧力的测漏精度不低于 1% ②试验装置中阀杆往复运动驱动系统应能保证阀杆的运动平稳、匀速 ③试验装置中应有介质稳压装置,使介质压力波动值在试验介质压力规定值的±2%范围内 ④试验装置中的介质加热及温度控制系统应能保证密封腔内介质温度稳定、均匀,并能使密封腔内介质温度保持在试验规定温度的±10℃范围内 ⑤试验装置中应有泄漏介质的收集及测量装置 ⑥试验装置中模拟阀门填料函、阀杆的尺寸公差及表面粗糙度按有关阀门标准的规定

续表

项目	说明
试验条件	①试验用介质:试验介质采用清水。若有特殊要求,另行商定 ②试验介质压力:试验介质压力推荐采用1.6,2.5,4.0,6.4,10.0,16.0,25.0MPa七个压力等级。特殊情况另行商定 ③试验介质温度:试验介质温度推荐采用常温、150、250、350、450、550℃六个等级。特殊情况另行商定 ④填料压盖预紧力:填料压盖预紧力根据填料种类和介质压力、温度选择确定 ⑤允许泄漏率:填料允许泄漏率 $L_R \leqslant 5mL/h$。若有特殊情况,可另行商定 ⑥阀杆开启频率:阀杆开启频率不少于每分钟两次 ⑦阀杆运动行程:阀杆运动行程等于各圈试验填料高度总和
试验程序	①正确地将填料装入干净的填料函内,记录填料的种类、圈数和填料烘干后的质量。组合安装时,还应记录组合形式 ②均匀、平稳地拧紧压盖螺母,使压盖压紧力达到选定的预紧力 ③输入介质,开启介质加热装置,使介质温度、压力达到试验选定值。 ④开启阀杆往复运动驱动装置,使阀杆均匀、平稳地运动,记录此时的压盖压紧力、介质温度、介质压力、阀杆开启频率,阀杆开启次数开始计数 ⑤每隔30min记录一次压盖压紧力、介质压力、介质温度、阀杆开启次数和该段时间内的泄漏率 ⑥当介质泄漏率超过规定值时,拧紧压盖螺母。10min后计量该时间内的泄漏率,若泄漏率不超过规定值,则按上面⑤继续进行试验,阀杆开启次数重新开始计数;若泄漏超过规定值,则继续拧紧压力螺母,直至泄漏率不超过规定值 ⑦当填料密封失效时,结束试验,记录此时的试验数据,记录项目同上面⑤ ⑧试验结束后,待介质压力、温度降至常压、常温后,仔细地将填料取出,烘干后称重
试验结果及计算	①填料试验寿命的确定如下 Ⅰ.泄漏率第一次超过规定值时的阀杆开启次数为填料一次压紧试验寿命 Ⅱ.泄漏率第二次超过规定值时的阀杆开启次数为填料二次压紧试验寿命。以此类推 Ⅲ.填料试验寿命为填料密封失效前各次压紧试验寿命总和 ②填料磨耗量按式(1)计算 $W_N = W_1 - W_2$ (1) 式中 W_N——阀杆开启 N 次后填料磨耗量,g W_1——试验前填料质量,g W_2——试验后填料质量,g
试验报告	试验报告应包括下列内容 ①注明按照本标准进行 ②填料函、阀杆尺寸 ③填料种类、规格、牌号、生产厂 ④填料装配结构型式 ⑤试验条件 ⑥试验结果(填料试验寿命次数、磨耗量、密封失效时的压盖压紧力) ⑦试验日期、人员

2.7 评定液压往复运动密封件性能的试验方法（摘自GB/T 32217—2015）

如果缺乏对影响往复密封安装和运行的关键变量的控制，往复密封的试验结果将具有不可预测性。为了获得往复密封性能的对比数据，为密封件的设计和选用提供依据，密封件的试验应严格控制这些关键变量，并规定严格的试验条件。

影响密封性能的因素包括：

(1) 安装

① 密封系统，例如：支承环、密封件和防尘圈的设计；

② 安装公差，包括密封沟槽、活塞杆和支承环挤出间隙；

③ 活塞杆的材质和硬度；

④ 活塞杆的表面粗糙度，活塞杆的表面粗糙度在 Ra 0.08~0.15μm 之外或是大于 Rt 1.5μm 都会严重影响密封的性能。最佳表面粗糙度的选择随着密封件材料的不同而不同；

⑤ 沟槽的表面粗糙度，为了避免静态泄漏和压力循环时密封件的磨损，表面粗糙度应小于 Ra 0.8μm；

⑥ 支承环的材质，包括对活塞杆纹理和边界层的影响。

（2）运行

① 流体介质，例如：黏度、润滑性、与密封材料及添加剂的相容性，以及污染等级；

② 压力，包括压力循环；

③ 速度，特别是速度循环；

④ 速度/压力循环，例如：起动-停止条件；

⑤ 行程，特别是会阻止油膜形成的短行程（密封接触宽度的2倍及以下宽度）；

⑥ 温度，例如：对黏度和密封材料性能的影响；

⑦ 外部环境。

在应用密封件标准试验结果预测密封件实际应用的性能时，需要考虑以上所有因素及它们对密封件性能的潜在影响。具体试验方法见表10-5-32。

表10-5-32　　评定液压往复运动密封件性能的试验方法

项目		说明
范围		GB/T 32217—2015《液压传动　密封装置　评定液压往复运动密封件性能的试验方法》中规定了评定液压往复运动密封件性能的试验条件和方法，适用于以液压油液为传动介质的液压往复运动密封件性能的评定
试验装置	概述	①试验装置示意图见图1，装配要求见图2 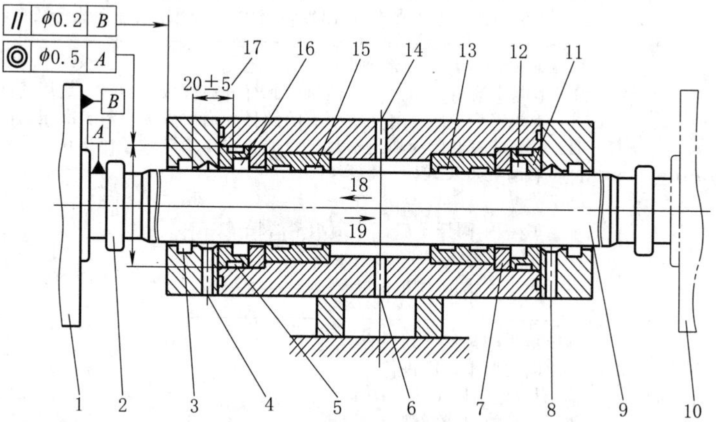 图1　试验装置示意图 1—线性驱动器；2—测力传感器；3—防尘圈；4—泄漏测量口Ⅰ；5—静密封O形圈和挡圈；6—流体入口；7—隔离套；8—泄漏测量口Ⅱ；9—试验活塞杆；10—可选的驱动器和测力传感器位置；11—试验密封件槽体；12—试验密封件B；13，15—支承环；14—流体出口；16—试验密封件A；17—泄漏收集区（见图5）；18—前进行程；19—返回行程 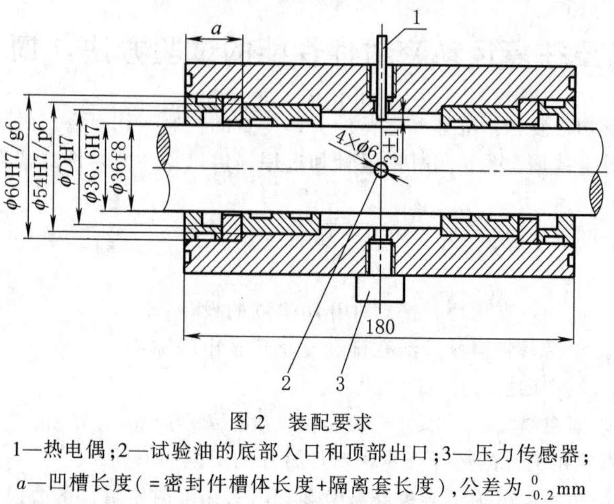 图2　装配要求 1—热电偶；2—试验油的底部入口和顶部出口；3—压力传感器； a—凹槽长度（=密封件槽体长度+隔离套长度），公差为$^{0}_{-0.2}$mm

续表

项目		说明

试验装置 — 概述

②支承环沟槽和隔离套应满足图3和图4要求，支承环槽体材料为钢材，隔离套材料为磷青铜。支承环材料为聚酯织物/聚酯材料，不应含有玻璃、陶瓷、金属或其他会造成磨损的填料，支承环应符合GB/T 15242.2的要求

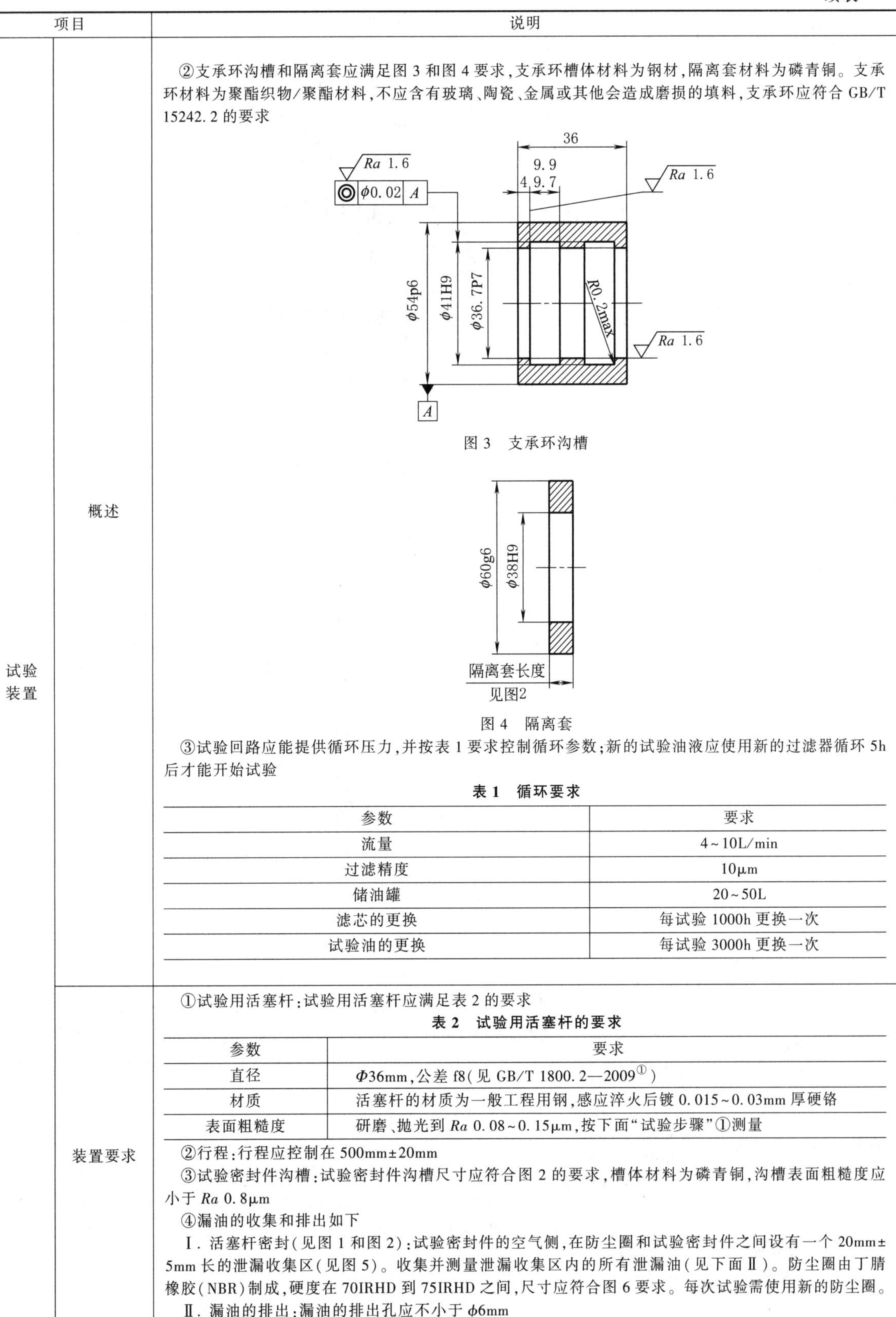

图3　支承环沟槽

图4　隔离套

③试验回路应能提供循环压力，并按表1要求控制循环参数；新的试验油液应使用新的过滤器循环5h后才能开始试验

表1　循环要求

参数	要求
流量	4~10L/min
过滤精度	10μm
储油罐	20~50L
滤芯的更换	每试验1000h更换一次
试验油的更换	每试验3000h更换一次

试验装置 — 装置要求

①试验用活塞杆：试验用活塞杆应满足表2的要求

表2　试验用活塞杆的要求

参数	要求
直径	Φ36mm，公差f8(见GB/T 1800.2—2009[①])
材质	活塞杆的材质为一般工程用钢，感应淬火后镀0.015~0.03mm厚硬铬
表面粗糙度	研磨、抛光到 *Ra* 0.08~0.15μm，按下面“试验步骤”①测量

②行程：行程应控制在500mm±20mm

③试验密封件沟槽：试验密封件沟槽尺寸应符合图2的要求，槽体材料为磷青铜，沟槽表面粗糙度应小于 *Ra* 0.8μm

④漏油的收集和排出如下

Ⅰ．活塞杆密封(见图1和图2)：试验密封件的空气侧，在防尘圈和试验密封件之间设有一个20mm±5mm长的泄漏收集区(见图5)。收集并测量泄漏收集区内的所有泄漏油(见下面Ⅱ)。防尘圈由丁腈橡胶(NBR)制成，硬度在70IRHD到75IRHD之间，尺寸应符合图6要求。每次试验需使用新的防尘圈。

Ⅱ．漏油的排出：漏油的排出孔应不小于 ϕ6mm

续表

项目		说明
试验装置	装置要求	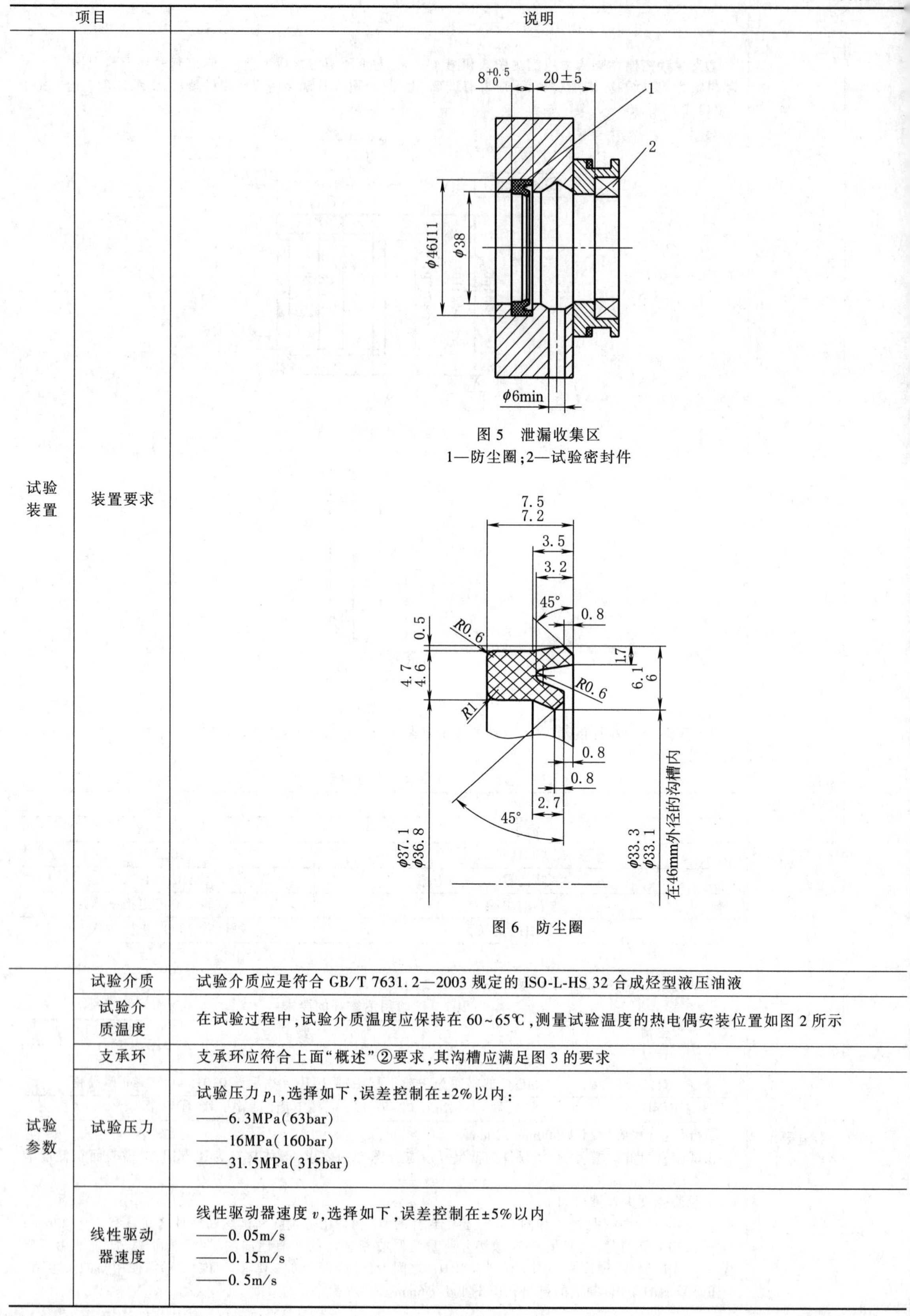 图5 泄漏收集区 1—防尘圈;2—试验密封件 图6 防尘圈
试验参数	试验介质	试验介质应是符合 GB/T 7631.2—2003 规定的 ISO-L-HS 32 合成烃型液压油液
	试验介质温度	在试验过程中,试验介质温度应保持在60~65℃,测量试验温度的热电偶安装位置如图2所示
	支承环	支承环应符合上面"概述"②要求,其沟槽应满足图3的要求
	试验压力	试验压力 p_1,选择如下,误差控制在±2%以内: ——6.3MPa(63bar) ——16MPa(160bar) ——31.5MPa(315bar)
	线性驱动器速度	线性驱动器速度 v,选择如下,误差控制在±5%以内 ——0.05m/s ——0.15m/s ——0.5m/s

续表

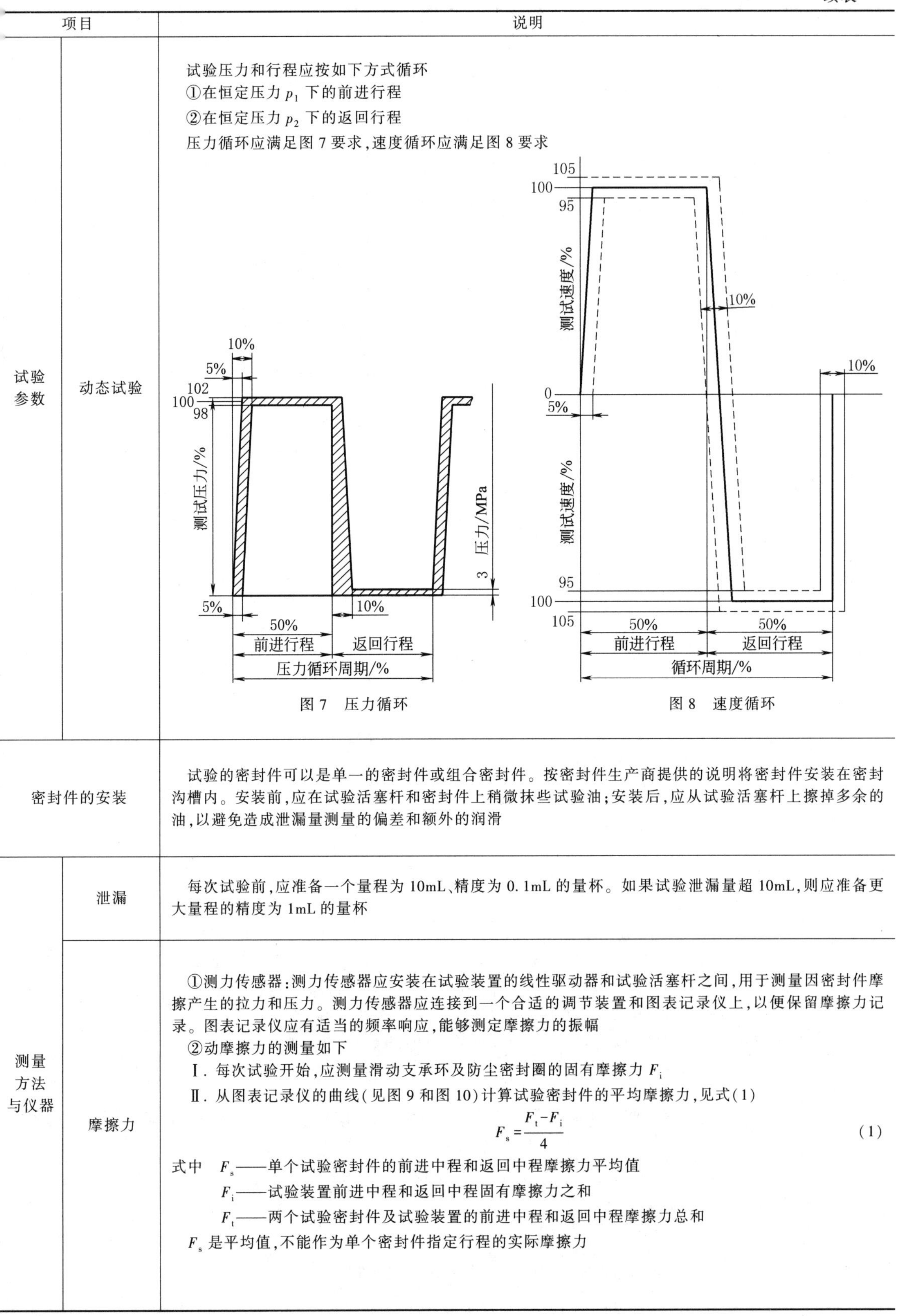

项目		说明
试验参数	动态试验	试验压力和行程应按如下方式循环 ①在恒定压力 p_1 下的前进行程 ②在恒定压力 p_2 下的返回行程 压力循环应满足图 7 要求,速度循环应满足图 8 要求 图 7　压力循环　　图 8　速度循环
密封件的安装		试验的密封件可以是单一的密封件或组合密封件。按密封件生产商提供的说明将密封件安装在密封沟槽内。安装前,应在试验活塞杆和密封件上稍微抹些试验油;安装后,应从试验活塞杆上擦掉多余的油,以避免造成泄漏量测量的偏差和额外的润滑
测量方法与仪器	泄漏	每次试验前,应准备一个量程为 10mL、精度为 0.1mL 的量杯。如果试验泄漏量超 10mL,则应准备更大量程的精度为 1mL 的量杯
	摩擦力	①测力传感器:测力传感器应安装在试验装置的线性驱动器和试验活塞杆之间,用于测量因密封件摩擦产生的拉力和压力。测力传感器应连接到一个合适的调节装置和图表记录仪上,以便保留摩擦力记录。图表记录仪应有适当的频率响应,能够测定摩擦力的振幅 ②动摩擦力的测量如下 Ⅰ. 每次试验开始,应测量滑动支承环及防尘密封圈的固有摩擦力 F_i Ⅱ. 从图表记录仪的曲线(见图 9 和图 10)计算试验密封件的平均摩擦力,见式(1) $$F_s=\frac{F_t-F_i}{4} \quad (1)$$ 式中　F_s——单个试验密封件的前进中程和返回中程摩擦力平均值 F_i——试验装置前进中程和返回中程固有摩擦力之和 F_t——两个试验密封件及试验装置的前进中程和返回中程摩擦力总和 F_s 是平均值,不能作为单个密封件指定行程的实际摩擦力

续表

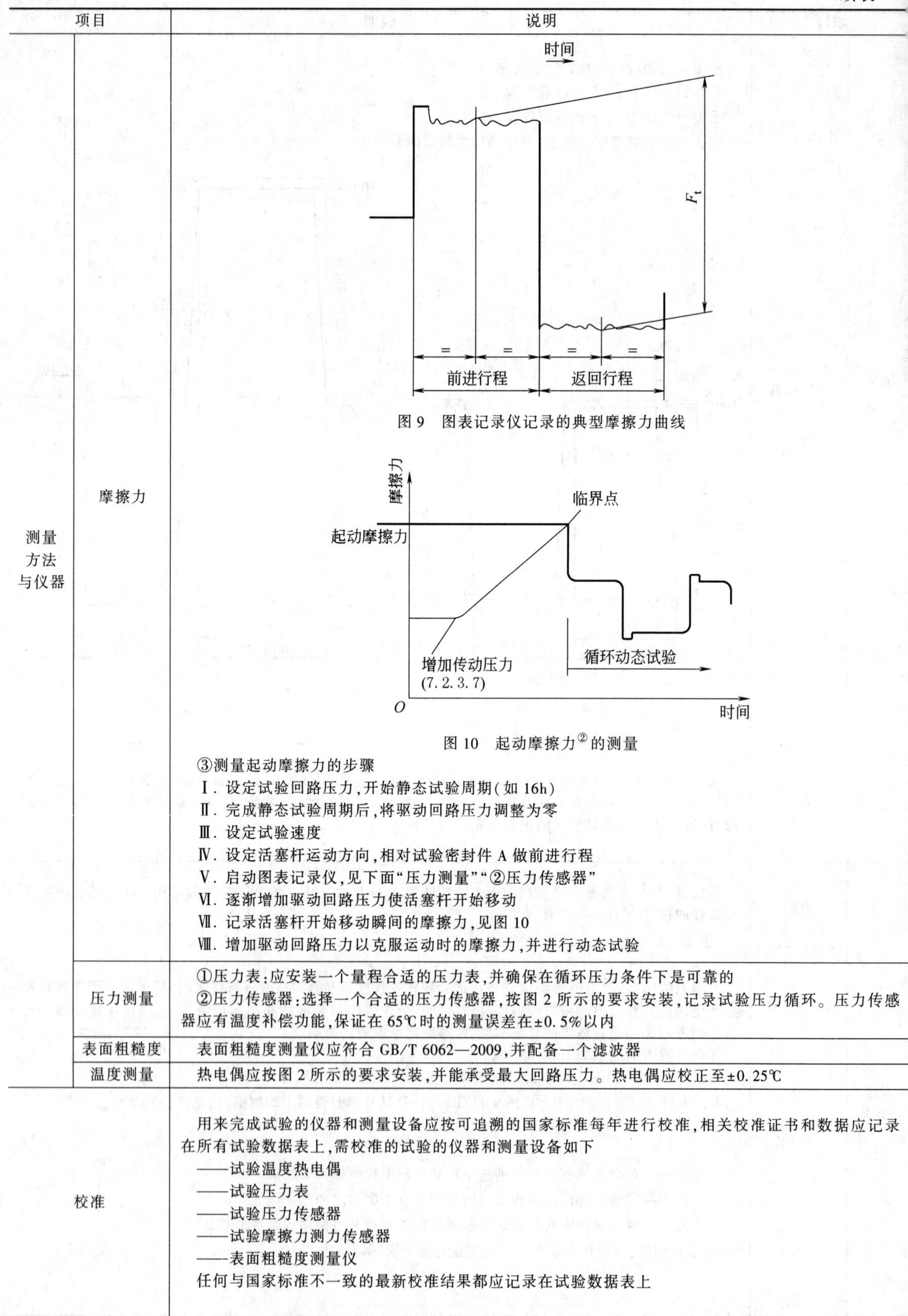

项目		说明
测量方法与仪器	摩擦力	图9　图表记录仪记录的典型摩擦力曲线 图10　起动摩擦力②的测量 ③测量起动摩擦力的步骤 Ⅰ. 设定试验回路压力,开始静态试验周期(如16h) Ⅱ. 完成静态试验周期后,将驱动回路压力调整为零 Ⅲ. 设定试验速度 Ⅳ. 设定活塞杆运动方向,相对试验密封件A做前进行程 Ⅴ. 启动图表记录仪,见下面“压力测量”“②压力传感器” Ⅵ. 逐渐增加驱动回路压力使活塞杆开始移动 Ⅶ. 记录活塞杆开始移动瞬间的摩擦力,见图10 Ⅷ. 增加驱动回路压力以克服运动时的摩擦力,并进行动态试验
	压力测量	①压力表:应安装一个量程合适的压力表,并确保在循环压力条件下是可靠的 ②压力传感器:选择一个合适的压力传感器,按图2所示的要求安装,记录试验压力循环。压力传感器应有温度补偿功能,保证在65℃时的测量误差在±0.5%以内
	表面粗糙度	表面粗糙度测量仪应符合GB/T 6062—2009,并配备一个滤波器
	温度测量	热电偶应按图2所示的要求安装,并能承受最大回路压力。热电偶应校正至±0.25℃
校准		用来完成试验的仪器和测量设备应按可追溯的国家标准每年进行校准,相关校准证书和数据应记录在所有试验数据表上,需校准的试验的仪器和测量设备如下 ——试验温度热电偶 ——试验压力表 ——试验压力传感器 ——试验摩擦力测力传感器 ——表面粗糙度测量仪 任何与国家标准不一致的最新校准结果都应记录在试验数据表上

续表

项目		说明
试验程序	试验步骤	①按 GB/T 10610—2009 沿着活塞杆轴向测量活塞杆表面粗糙度 Ra 和 Rt,每次取样长度 0.8mm,评价长度 4mm ②使用分辨率为 0.02mm 的非接触测量仪器测量新试验密封件尺寸:d_1、d_2、S_1、S_2 和 h ③安装新试验密封件和 2 个新的泄漏集油防尘圈 ④将油温升到试验温度 ⑤试验装置以线速度 v、稳定介质压力 p_1 往复运动 1h ⑥在往复运动结束前,记录至少一个循环的摩擦力曲线,并记录摩擦力 F_t ⑦停止往复运动,维持试验压力 p_1 和试验温度 16h ⑧按上面"测量起动摩擦力的步骤"测量起动摩擦力 ⑨试验装置继续以线速度 v 按上面"动态试验"的循环要求往复运动,压力在前进行程 p_1 和返回行程 p_2 之间交替 ⑩完成 200000 次不间断循环(线速度为 0.05m/s 时,完成 60000 次循环)。如果循环中断,忽略重新起动至达到平稳状态时的泄漏 ⑪在不间断循环过程中,每试验 24h 后和完成 200000 次循环后,收集、测量并记录每个密封件的泄漏量 ⑫完成不间断循环后,按"试验步骤"⑤和⑥测量恒定压力下的摩擦力 ⑬继续按"试验步骤"⑨的要求进行往复运动 ⑭不间断完成总计 300000 次循环。速度为 0.05m/s 时完成总计 100000 次循环 ⑮完成不间断循环后,按"试验步骤"⑤和⑥测量恒定压力下的摩擦力 ⑯按"试验步骤"⑦和⑧再次测量起动摩擦力 ⑰停止试验 ⑱按"试验步骤"②测量拆下的试验密封件,并对密封件的状况进行拍照和记录
	试验次数	为了获得合理的数据,每一类型密封件应至少进行 6 次试验
试验记录		按上面"试验步骤"得到的每次试验结果应按如下方式进行记录 ——应记录密封件和密封件沟槽的尺寸,见 GB/T 32217—2015 附录 A 的表 A.1 和表 A.2 ——应记录每个密封件的试验结果,见 GB/T 32217—2015 附录 B 的表 B.1 ——每种类型密封件的试验报告应按 GB/T 32217—2015 附录 C 进行编制

① GB/T 1800.2—2009 现行标准为 GB/T 1800.2—2020。
② GB/T 32217—2015 中为"启动摩擦力",为与 JB/T 10205—2010 中的"起动压力"对应,改为"起动摩擦力"。
注:表中涉及的代号、定义和单位见 GB/T 32217—2015 中表 1。

说明:

① 在 GB/T 32217—2015 中仅给出了液压缸活塞杆动密封试验装置示意图(见原标准图 1),而没有给出液压缸活塞动密封试验装置示意图,即缺少评定液压缸活塞动密封装置(或密封件)的试验装置,亦即该标准缺少了评定液压往复运动活塞密封件这部分所应有的内容。由此《液压传动　密封装置　评定液压往复运动密封件性能的试验方法》这个标准名称也有问题。

② 在 GB/T 32217—2015 中规定的试验介质温度仅有一个 60~65℃温度范围,没有给出在 GB/T 32217—2015 引言中所谓的"系列标准值",且与一些液压缸标准规定的不一致,如 JB/T 10205—2010 规定,除特殊规定外,(液压缸)型式试验应在 50℃±2℃下进行,出厂试验应在 50℃±4℃下进行。这将导致按此标准得出的试验结果不能在液压缸实际应用该种密封件时作为参考,也就失去了该试验所应具有的工程意义,或表述为:该试验不能"为密封件的设计与选用提供依据"。

同样,在 GB/T 32217—2015 中也没有给出(活塞杆)表面粗糙度的"系列标准值"。

③ 在 GB/T 32217—2015 中规定的起动摩擦力试验与一般标准规定的液压缸起动压力特性试验还有不同之处,如在 JB/T 10205—2010 中规定:"使无杆腔(双杆液压缸,两腔均可)压力逐渐升高,至液压缸起动时,记录下的起动压力即为最低起动压力",其密封件受到了逐渐增大的压力作用,而不是"维持试验压力 p_1"测量起动摩擦力。在 JB/T 10205—2010 中规定的"起动压力特性"试验与液压缸实际应用的工况基本相同,而在 GB/T 32217—2015 中规定的由外力驱动的测量起动摩擦力的步骤与液压缸的实际工况不符,且两者试验结果的一致性无法评价,其试验也可能无法"为密封件的设计与选用提供依据"。

④ 由在 GB/T 32217—2015 中给出的图 5 可以确定,所谓防尘圈(防尘圈见原标准图 6)根本不具有"用在往复运动杆上防止污染物侵入的装置"的结构特征,因为其没有防止污染物侵入的密封唇,其结构形状与现行

标准规定的 Y 形或 U 形一致，且密封的是试验介质外泄漏。一般液压缸都应具有防尘装置，不含有防尘密封圈的活塞杆密封系统或装置不具有实际应用价值。不具有防尘装置的试验装置在试验中也是很危险的，况且，该标准也没有对试验环境的清洁度作出规定。

⑤ 从在 GB/T 32217—2015 中规定的试验步骤来看，有一些问题影响试验的具体操作：

a. 在“试验装置以线速度 v，稳定介质压力 p_1 往复运动 1h”中没有规定 v 和 p_1 具体值，因此不好操作，也容易产生争议。

b. 根据在 GB/T 32217—2015 中规定的试验步骤，试验主要分为三段：往复运动 1h，维持试验压力 p_1，试验温度 16℃，测量起动摩擦力为第一段；完成 200000 次不间断循环（线速度为 0.05m/s 时，完成 60000 次循环）为第二段；不间断完成总计 300000 次循环（线速度为 0.05m/s 时，完成 100000 次循环）为第三段。这里存在一个问题，除线速度 0.05m/s 外，速度系列标准值中还有 0.15m/s 和 0.5m/s 两种速度，在后两段试验中应如何选择速度是个问题。

c. 在以上三个段试验都分别记录或测量了（恒定压力下的）摩擦力，但这三个摩擦力值究竟应该如何处理，在 GB/T 32217—2015 附录 B（规范性附录）试验结果中也没有明确规定。

d. 同样，在第一、第三段试验中都进行了起动摩擦力测量，这两个起动摩擦力值究竟应该如何处理是个问题。

⑥ 该标准中还有一些说法、算法或做法值得商榷：

a. 在该标准引言中提出了“关键变量”，且要求“密封件的试验应严格控制这些关键变量”，但下文中却没有给出什么是关键变量。

b. 在“每次试验开始，应测量滑动支承环及防尘密封圈的固有摩擦力 F_1”中的“滑动支承环”“固有摩擦力 F_1”，不知出于哪项标准，其中如何测量固有摩擦力 F_1 也不清楚。

c. 因“固有摩擦力 F_1”的问题，试验密封件的平均摩擦力计算式（1）也就有问题了。当然，计算结果（试验密封件的平均摩擦力）就值得商榷了。

d. 在“F_s——单个试验密封件的前进中程和返回中程摩擦力平均值”中的“前进中程”和“返回中程”不知出于哪项标准，或理解为“前进行程”中间和“返回行程”中间。

e. 在测量起动摩擦力的步骤中的“驱动回路压力”不知所指，因为在试验装置示意图（原标准图 1）中没有驱动回路，仅有“线性驱动器”。

f. 因该标准中有起动摩擦力和动摩擦力，所以原标准式（1）应是计算试验件的平均动摩擦力，而不应是“计算试验件的平均摩擦力”。其他地方也有“动摩擦力”与“摩擦力”混用情况。

参考文献

[1] 黄迷梅. 液压气动密封与泄漏防治 [M]. 北京：机械工业出版社，2004.

[2] 蔡仁良，顾伯勤，宋鹏云. 过程装备密封技术 [M]. 2版. 北京：化学工业出版社，2006.

[3] 林峥. 实用密封手册 [M]. 上海：上海科学技术出版社，2008.

[4] 付平，常德功. 密封设计手册 [M]. 北京：化学工业出版社，2009.

[5] 崔建昆. 密封设计与实用数据速查 [M]. 北京：机械工业出版社，2010.

[6] 侯文英. 摩擦磨损与润滑 [M]. 北京：机械工业出版社，2012.

[7] 吴晓玲，袁丽娟. 密封设计入门 [M]. 北京：化学工业出版社，2013.

[8] 成大先. 机械设计手册 [M]. 6版. 北京：化学工业出版社，2016.

[9] 汪建业，王明智. 机械润滑设计手册与图集 [M]. 北京：机械工业出版社，2016.

[10] 孙开元，郝振洁. 机械密封结构图例及应用 [M]. 北京：化学工业出版社，2017.

[11] 闻邦椿. 机械设计手册 [M]. 6版. 北京：机械工业出版社，2017.

[12] 王之栎，沈心敏. 摩擦学设计基础 [M]. 北京：北京航空航天大学出版社. 2018.

[13] 李新华. 密封元件选用手册 [M]. 2版. 北京：机械工业出版社，2018.

[14] 赵振杰. 联接与密封 [M]. 北京：中国水利水电出版社，2018.

[15] 温诗铸，黄平，等. 摩擦学原理 [M]. 5版. 北京：清华大学出版社，2018.

[16] 王先会. 中国石油产品大全 [M]. 北京：中国石化出版社，2019.

[17] 秦大同，谢里阳. 现代机械设计手册 [M]. 2版. 北京：化学工业出版社，2019.

[18] 魏龙. 密封技术 [M]. 3版. 北京：化学工业出版社，2019.

[19] 朱文昊. 机械设备摩擦学设计及典型实效案例分析 [M]. 成都：西南交通大学出版社，2019.

[20] 吴笛. 密封技术及其应用 [M]. 北京：化学工业出版社，2019.

[21] 黄兴，林亨耀. 润滑技术手册 [M]. 北京：机械工业出版社，2020.

[22] 郑津洋，桑芝富. 过程设备设计 [M]. 5版. 北京：化学工业出版社，2020.

[23] 林亨耀. 先进润滑技术及应用 [M]. 北京：机械工业出版社，2023.

[24] 唐颖达，潘玉迅. 液压缸密封技术及其应用 [M]. 2版. 北京：机械工业出版社，2023.

HANDBOOK

OF

第11篇
弹簧

篇主编
敖宏瑞
孙鹏飞
姜洪源

撰稿
敖宏瑞
孙鹏飞
姜洪源
李胜波
姜天一

审稿
唐颖达

MECHANICAL

DESIGN

修订说明

本篇对机械工业中各类常用弹簧的设计要求、设计方法、设计过程及工程应用等进行了介绍，方便读者在设计和选用弹簧时参考。

与第六版相比，主要修订和新增内容如下：

（1）全面更新了相关国家标准等技术标准和资料。

（2）对各类型弹簧的定义进行了规范；增加了弹簧设计与计算的主要术语。

（3）增加了不锈弹簧钢丝、高应力液压件圆柱螺旋压缩弹簧、截锥螺旋弹簧结构形式、非接触型平面涡卷弹簧、动负荷作用下碟簧的疲劳极限等内容；针对弹簧产品的制造工艺技术优化，增加了“弹簧的表面处理”等内容；针对弹簧产品市场影响及产品规范性等，删除了德国CONTI空气弹簧系列等内容。

本篇由哈尔滨工业大学敖宏瑞、厦门理工学院孙鹏飞、哈尔滨工业大学姜洪源主编。参加编写的还有：厦门理工学院李胜波，哈尔滨工业大学姜天一等。

本篇由苏州美福瑞新材料科技有限公司唐颖达审稿。

第1章 弹簧的类型、性能与应用

弹簧的类型繁多，其分类方法也颇多，表 11-1-1 中所列弹簧类型是按结构形状来分类的。

表 11-1-1 弹簧的类型及其性能与应用

类型		结构图	特性线	性能与应用
圆柱螺旋弹簧	圆截面材料弹簧	(a) 右旋弹簧 (b) 左旋弹簧 1—中径；2—自由长度； 3—旋角;4—节距;5—间隙		特性线呈线性，刚度稳定，结构简单，制造方便，应用较广，在机械设备中多用作缓冲、减振以及储能和控制运动等
	矩形截面材料螺旋弹簧			在同样的空间条件下，矩形截面材料螺旋弹簧比圆截面材料弹簧的刚度大，吸收能量多，特性线更接近于直线，刚度更接近于常数
	卵形截面材料螺旋弹簧	1—材料截面的重力中心； 2—钢丝的重力中心的弹簧中径； 3—钢丝截面宽度；4—钢丝横截面厚度； 5—材料横截面		与圆截面材料弹簧比较，储存能量大，压并高度低，压缩量大，因此被广泛用于发动机阀门机构、离合器和自动变速器等安装空间比较小的装置上
	组合弹簧			由两个或三个压缩弹簧组合而成，通常成套使用

续表

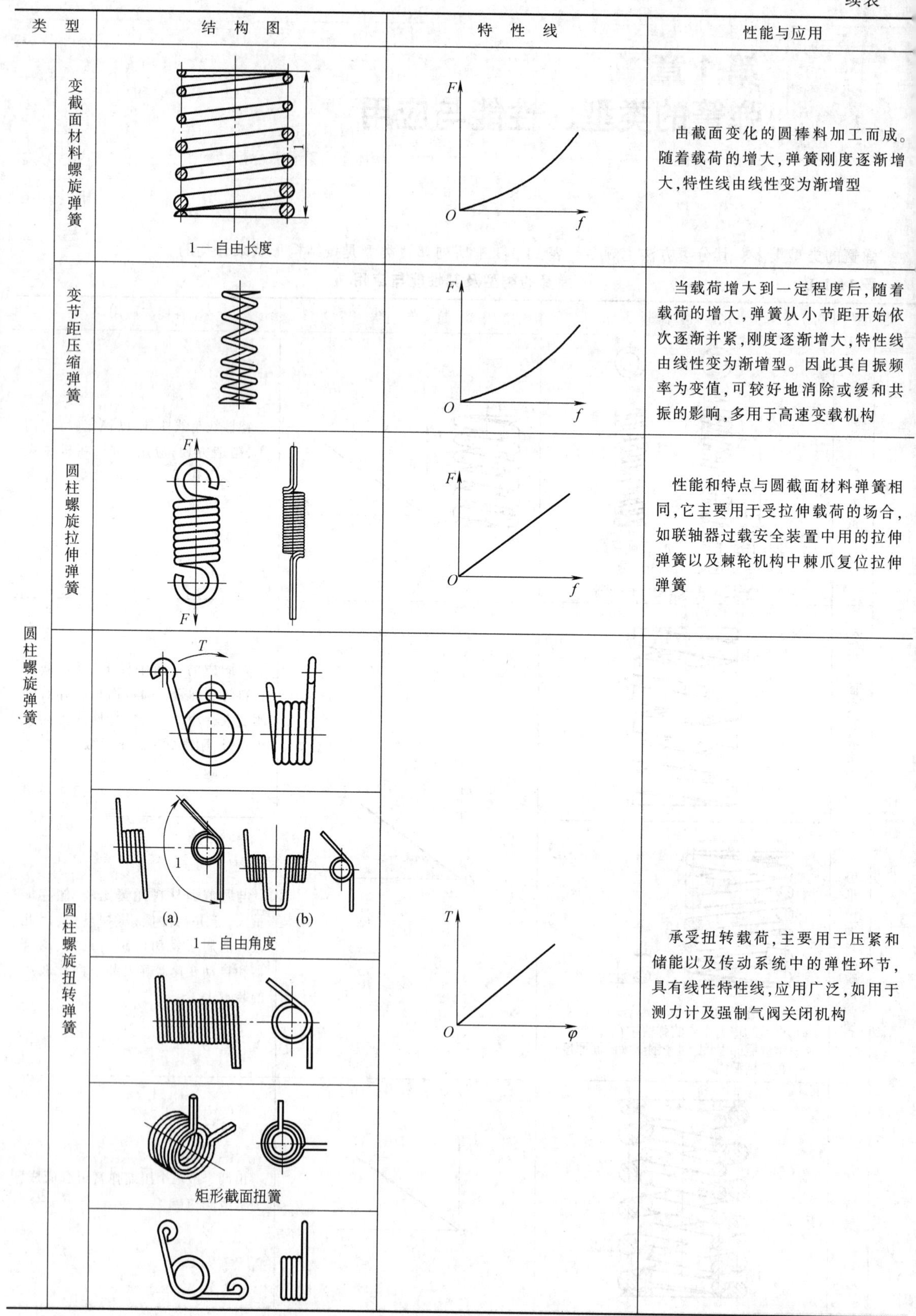

类型		结构图	特性线	性能与应用
圆柱螺旋弹簧	变截面材料螺旋弹簧	1—自由长度		由截面变化的圆棒料加工而成。随着载荷的增大，弹簧刚度逐渐增大，特性线由线性变为渐增型
	变节距压缩弹簧			当载荷增大到一定程度后，随着载荷的增大，弹簧从小节距开始依次逐渐并紧，刚度逐渐增大，特性线由线性变为渐增型。因此其自振频率为变值，可较好地消除或缓和共振的影响，多用于高速变载机构
	圆柱螺旋拉伸弹簧			性能和特点与圆截面材料弹簧相同，它主要用于受拉伸载荷的场合，如联轴器过载安全装置中用的拉伸弹簧以及棘轮机构中棘爪复位拉伸弹簧
	圆柱螺旋扭转弹簧	(a) (b) 1—自由角度 矩形截面扭簧		承受扭转载荷，主要用于压紧和储能以及传动系统中的弹性环节，具有线性特性线，应用广泛，如用于测力计及强制气阀关闭机构

续表

类型		结构图	特性线	性能与应用
截锥弹簧	变节距螺旋压缩弹簧	 F	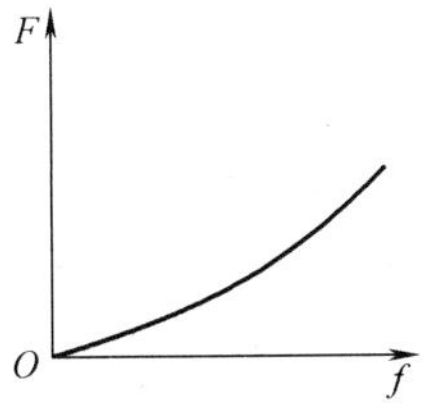 F, O, f	载荷达到一定程度后，弹簧从大圈到小圈依次逐渐并紧，簧圈开始接触后，特性线为非线性，刚度逐渐增大，自振频率为变值，有利于消除或缓和共振，防共振能力较等节距压缩弹簧强。这种弹簧结构紧凑，稳定性好，多用于承受较大载荷和减振，如应用于重型振动筛的悬挂弹簧及东风型汽车变速器
	截锥涡卷弹簧	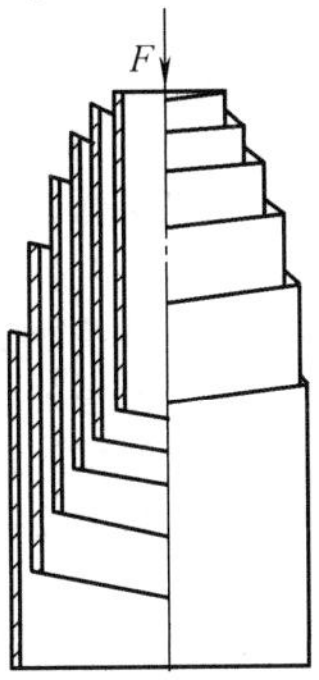 F	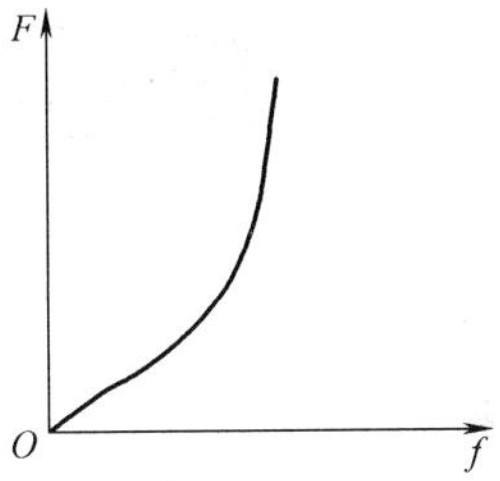 F, O, f	涡卷弹簧和其他弹簧相比较，在相同的空间内可以吸收较大的能量，而且可利用其板间存在的摩擦来衰减振动。常用于需要吸收热膨胀变形而又需要阻尼振动的管道系统或与管道系统相连的部件中，例如火力发电厂汽、水管道系统中。其缺点是板间间隙小，淬火困难，也不能进行喷丸处理，此外制造精度也不够高
中凹形弹簧		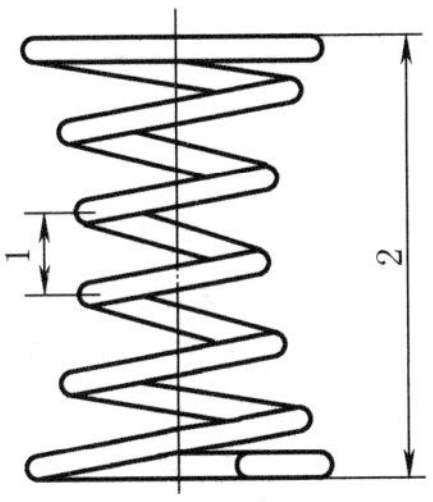 1, 2 1—节距；2—自由长度	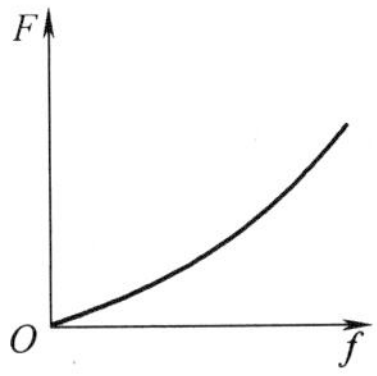 F, O, f	腰形或沙漏形状的螺旋弹簧 载荷达到一定程度后，弹簧从大圈到小圈依次逐渐并紧，簧圈开始接触后，特性线为非线性，刚度逐渐增大，有利于消除或缓和共振
中凸形弹簧		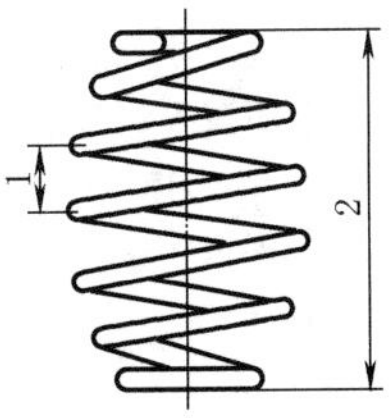 1, 2 1—节距；2—自由长度	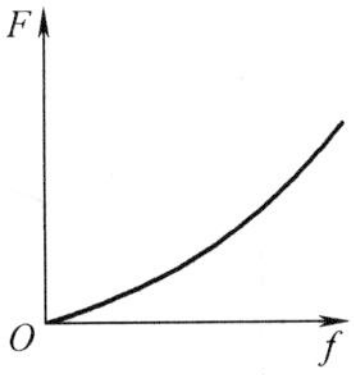 F, O, f	由材料直径恒定或变化的线材制成的变节距的鼓形状的螺旋弹簧 其力学特性与中凹形弹簧类似
扭杆弹簧		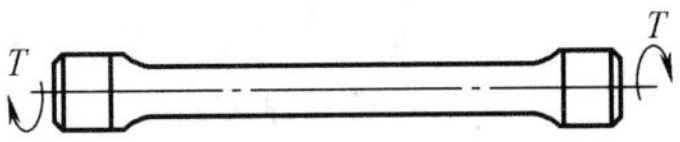 T, T	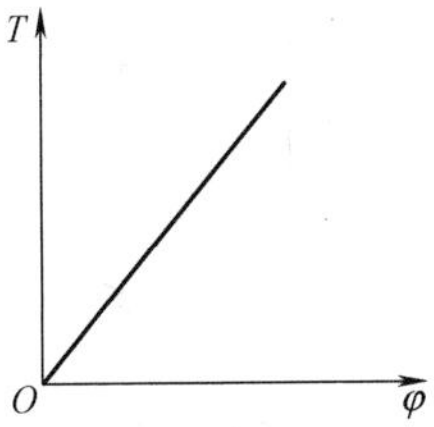 T, O, φ	结构简单，但材料和制造精度要求高。主要用作轿车和小型车辆的悬挂弹簧，内燃机中气门辅助弹簧，以及空气弹簧，稳压器的辅助弹簧

续表

类　型	结 构 图	特 性 线	性能与应用
多股螺旋弹簧	 F	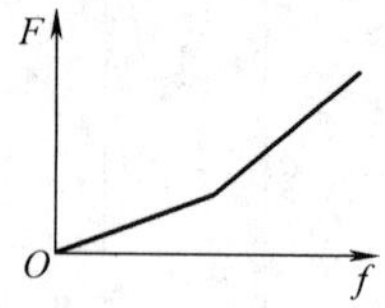 F O f	材料为细钢丝拧成的钢丝绳。在未受载荷时，钢丝绳各根钢丝之间的接触比较松，当外载荷达到一定程度时，接触紧密起来，这时弹簧刚性增大，因此多股螺旋弹簧的特性线有折点。比相同截面材料的普通圆柱螺旋弹簧强度高，减振作用大。在武器和航空发动机中常有应用
碟形弹簧	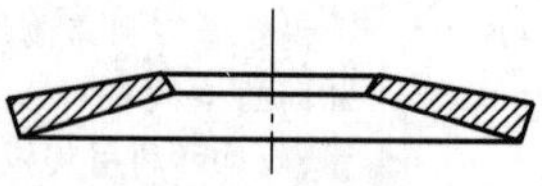 单片碟形弹簧 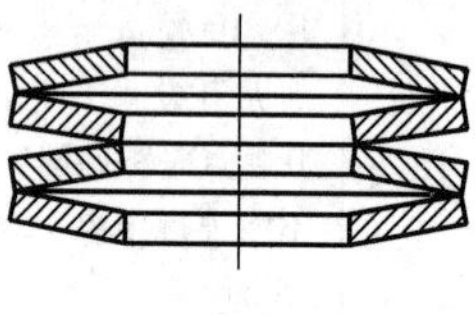 组合碟形弹簧	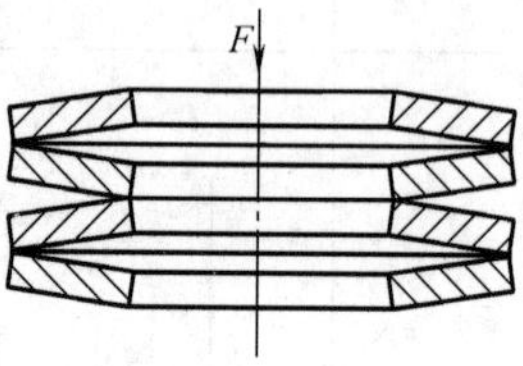 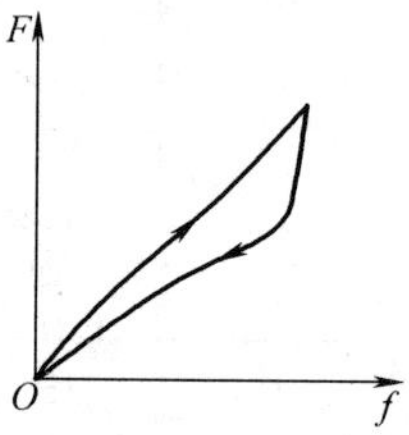 F F O f	此类弹簧经常以对合、叠合形式堆叠组合使用 承载缓冲和减振能力强。采用不同的组合可以得到不同的特性线。可用于压力安全阀、自动转换装置、复位装置、离合器等
膜片弹簧	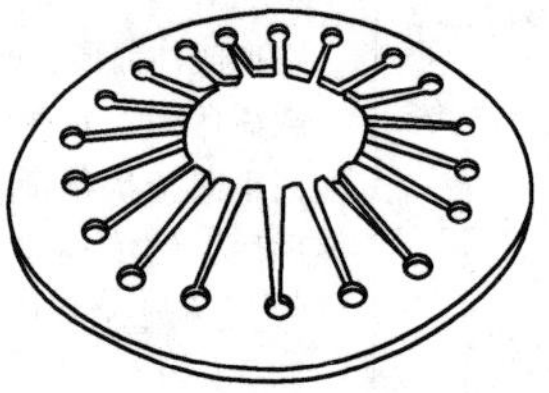	见表 11-8-1	在碟簧的内侧形成面向中心的若干舌片，工作时以其外周及舌片根部为支点起弹簧作用
环形弹簧	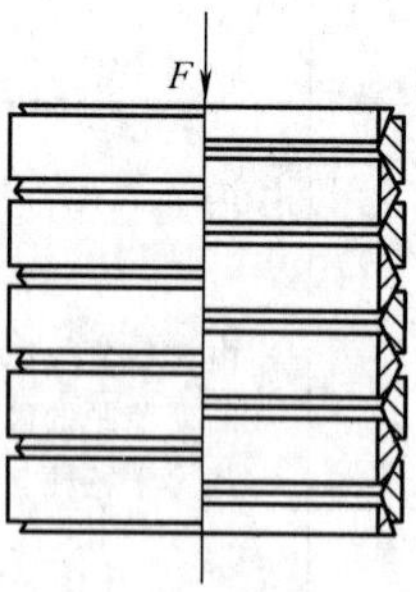 F	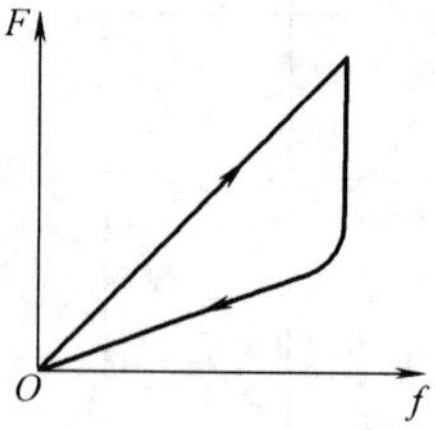 F O f	广泛应用于需要吸收大能量但空间尺寸受到限制的场合，如机车牵引装置弹簧，起重机和大炮的缓冲弹簧，锻锤的减振弹簧，飞机的制动弹簧等
平面涡卷弹簧	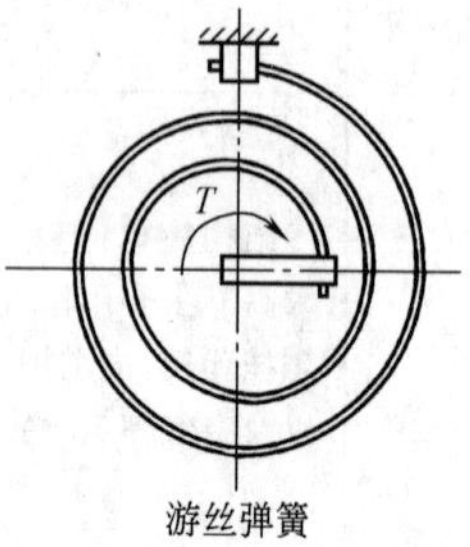 T 游丝弹簧	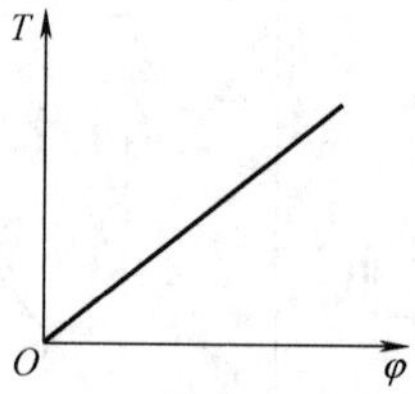 T O φ	游丝弹簧是小尺寸金属带盘绕而成的平面涡卷弹簧。可用作测量元件（测量游丝弹簧）或压紧元件（接触游丝弹簧）

续表

类型	结构图	特性线	性能与应用
平面涡卷弹簧	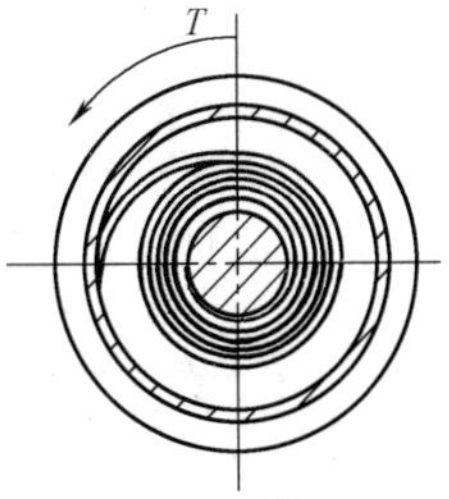 T 发条弹簧	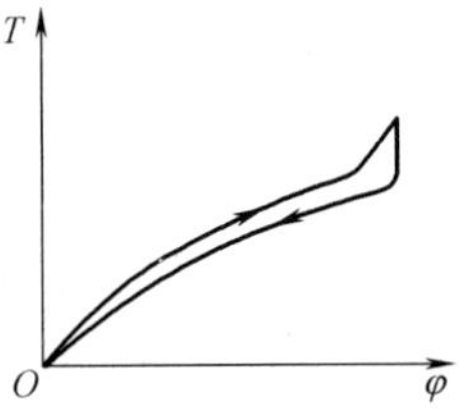 T O φ	发条弹簧主要用作储能元件。发条弹簧工作可靠、维护简单，被广泛用于计时仪器和时控装置中，如钟表、记录仪器、家用电器等，用于机动玩具中作为动力源
片弹簧	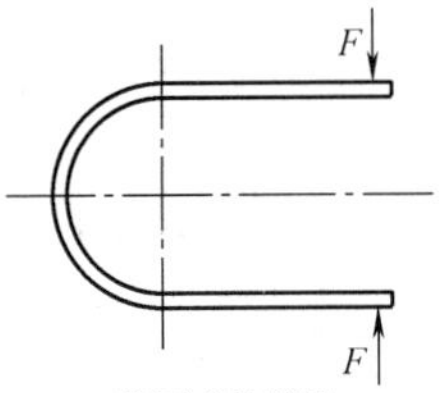 F F 等刚度片弹簧 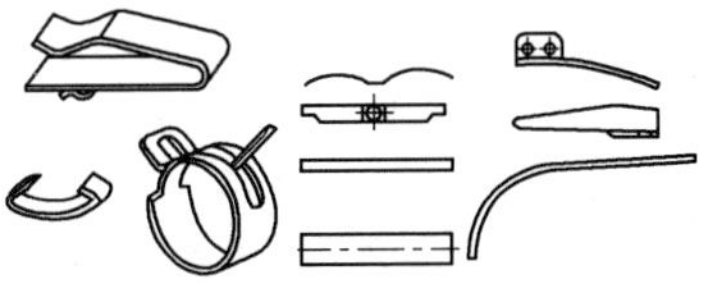 变刚度片弹簧	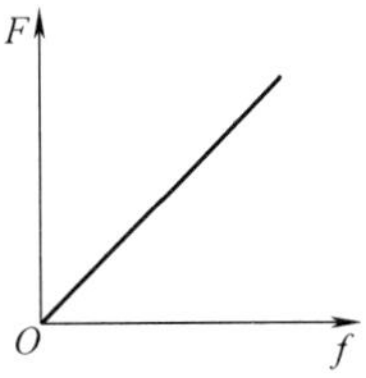 F O f	片弹簧是一种矩形截面的金属片，主要用于载荷和变形都不大的场合。可用作检测仪表或自动装置中的敏感元件，电接触点、棘轮机构棘爪、定位器等压紧弹簧及支承或导轨等
线成形弹簧	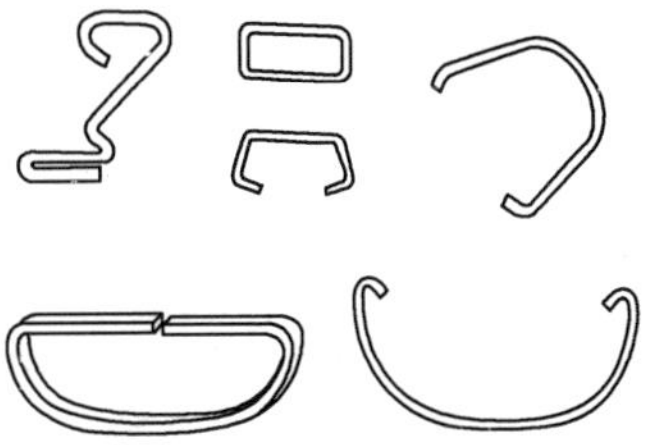	—	线成形弹簧是由金属线材弯折而成，具有不同形状并具备一定的弹簧功能的弹性元件。该种弹簧可以起到紧固作用，也可以组装在一起起到复位作用，还可以设计成各种小配件
钢板弹簧	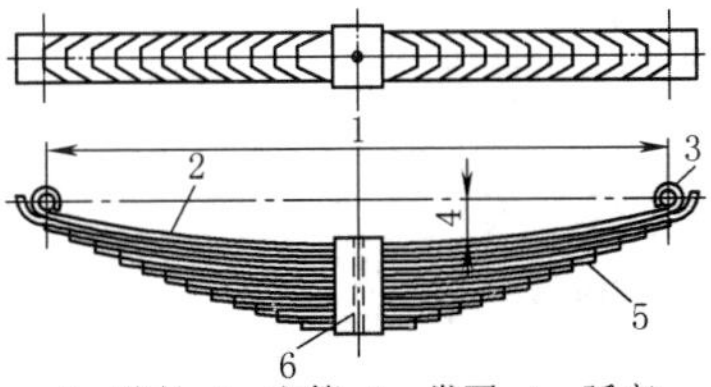 1 2 3 4 5 6 1—弦长；2—主簧；3—卷耳；4—弧高；5—副簧；6—中心螺栓	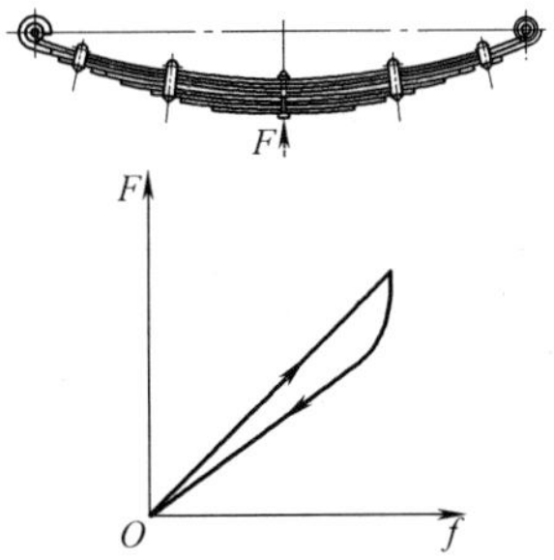 F F O f	钢板弹簧由多片弹簧钢板叠合组成。广泛应用于汽车、拖拉机、火车中作悬挂装置，起缓冲和减振作用，也用于各种机械产品中作减振装置，具有较高的刚度
橡胶弹簧	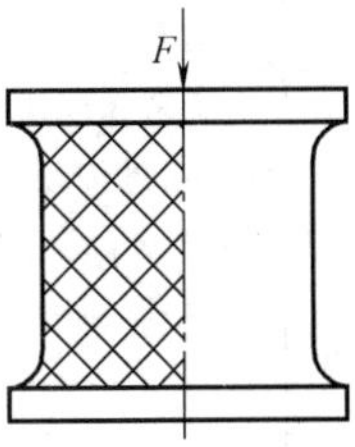 F	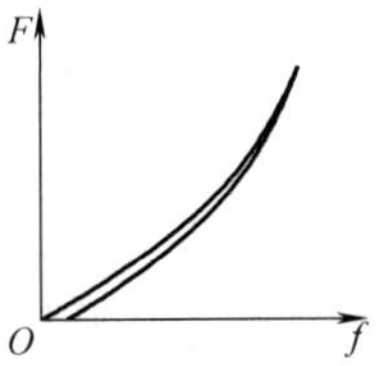 F O f	橡胶弹簧因弹性模量较小，可以得到较大的弹性变形，容易实现所需要的非线性特性。形状不受限制，各个方向的刚度可根据设计要求自由选择。同一橡胶弹簧能同时承受多方向载荷，因而可使系统的结构简化。橡胶弹簧在机械设备上的应用正在日益扩展

续表

类　型		结 构 图	特 性 线	性能与应用
橡胶-金属弹簧		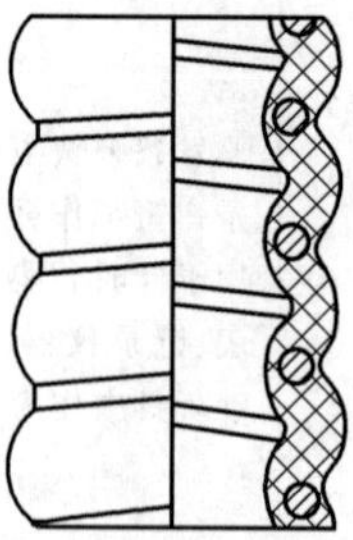	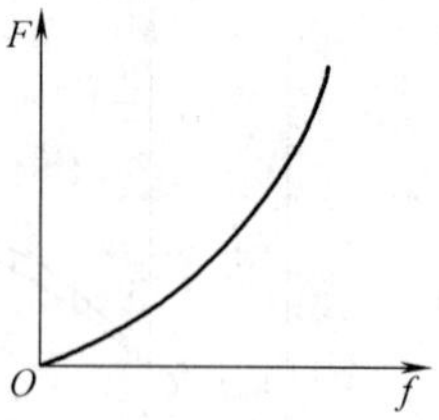 F, O, f	特性线为渐增型。此种橡胶-金属弹簧与橡胶弹簧相比有较大的刚性,与金属弹簧相比有较大的阻尼性。因此,它具有承载能力大、减振性强、耐磨损等优点。适用于矿山机械和重型车辆的悬架结构等
空气弹簧		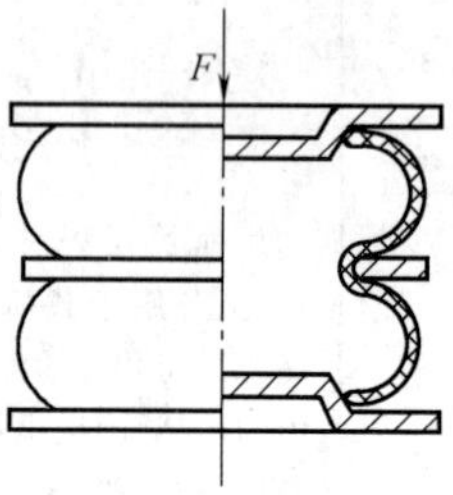 F	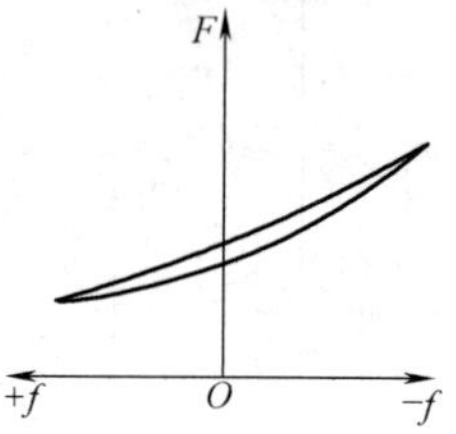 F, $+f$, O, $-f$	空气弹簧是利用空气的可压缩性实现弹性作用的一种非金属弹簧。用在车辆悬挂装置中可以大大改善车辆的动力性能,从而显著提高其运行舒适度,所以空气弹簧在汽车和火车上得到广泛应用
膜片及膜盒	波纹膜片	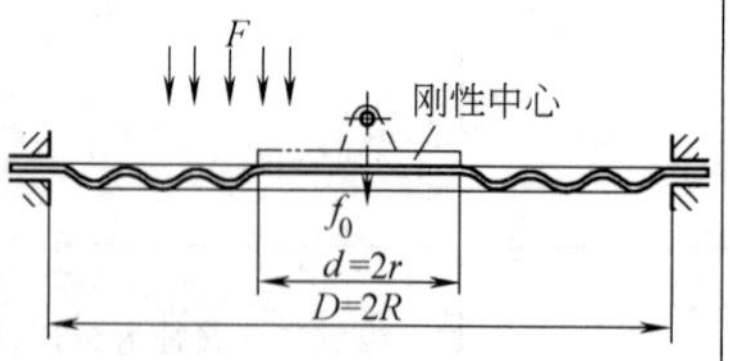 F, 刚性中心, f_0, $d=2r$, $D=2R$	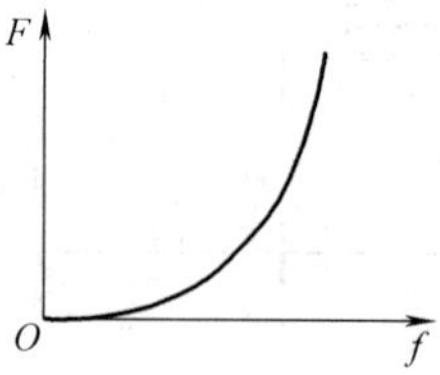 F, O, f	用于测量与压力成非线性的各种量值,如管道中液体或气体流量,飞机的飞行速度和高度等
	平膜片	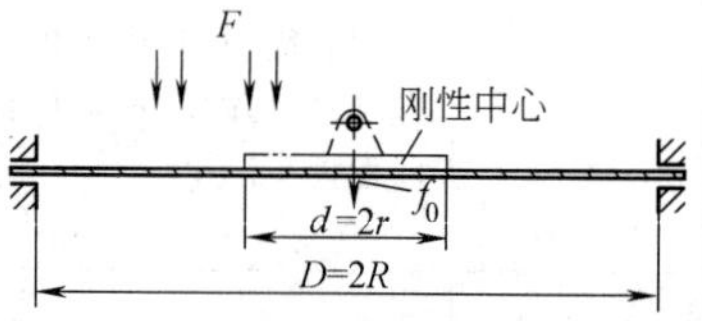 F, 刚性中心, f_0, $d=2r$, $D=2R$	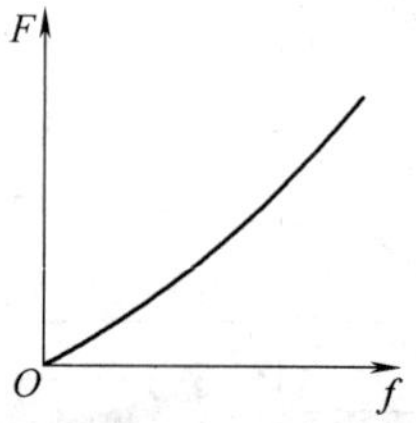 F, O, f	用作仪表的敏感元件,并能起隔离两种不同介质的作用,如因压力或真空产生变形的柔性密封装置等
	膜盒	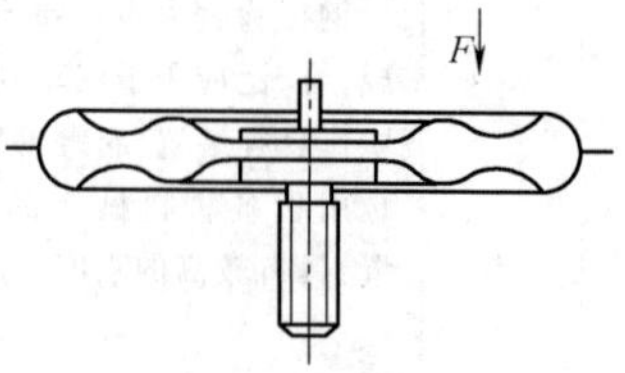 F	特性线随波纹数密度、深度而变化	为了便于安装,将两个相同的膜片沿周边连接成盒状
压力弹簧管		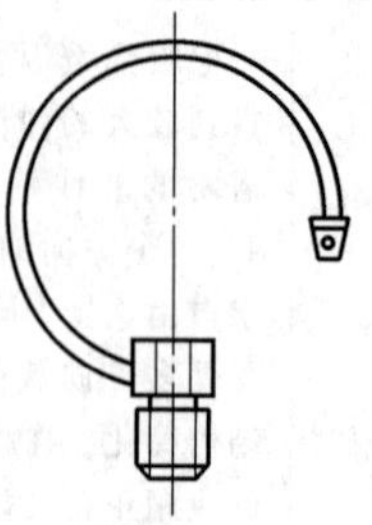	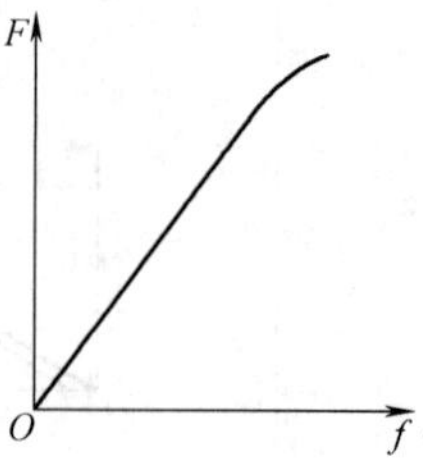 F, O, f	在流体的压力作用下末端产生位移,通过传动机构将位移传递到针上,用于压力计、温度计、真空计、液位计、流量计等

本篇中有关弹簧设计与计算的主要术语见表 11-1-2。

表 11-1-2　　弹簧设计与计算的主要术语

术语	释义
弹簧特性	弹簧负荷(力矩)与变形(扭转角)之间的关系
力	施加于弹簧或由弹簧产生的反作用力,以保持力系统的平衡
负荷	弹簧拉伸或压缩至某一指定长度时,施加于弹簧或由弹簧产生的力
额定负荷(公称负荷、名义负荷)	设计或用户根据用途指定的弹簧负荷
初始负荷	在不施加其他外力时,由系统的安装而施加于弹簧的负荷
最大负荷	施加于弹簧的最大力
轴向负荷	施加于簧圈轴线方向上的力
横向负荷	施加于弹簧,与弹簧使用方向垂直的负荷。在板簧中,指施加于簧片宽度方向的负荷
偏心负荷	在螺旋弹簧轴向施加的与弹簧轴线偏离的负荷
扭矩(力矩)	当外力作用于螺旋扭转弹簧或扭杆弹簧上时,沿卷绕轴或轴产生的力矩
预负荷	为提高使用过程中弹簧抗应力松弛的能力,对其进行预处理的负荷
变形	当施加负荷或力矩时,沿负荷方向或力矩方向产生的相对位移或扭转角
全变形量	弹簧从自由位置至最大工作位置之间的变化量
预置长度	施加预负荷时弹簧的长度
线性特性	负荷与变形之间的关系为线性的弹簧特性
非线性特性	负荷与变形之间的关系为非线性的弹簧特性
变形点	在非线性特性弹簧负荷-变形图中,将第一段与第二段的直线部分延长相交得到的点,作为设计假想点使用,见下图 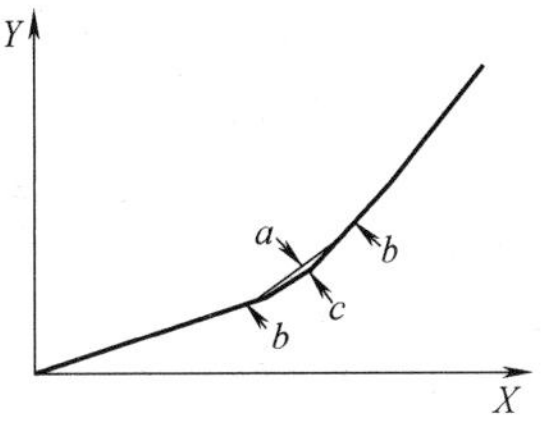 标引序号说明 X—变形 Y—负荷 a—特性的过渡区 b—特性线拐点 c—变形点
特性线拐点	非线性特性弹簧的特性变化的点,为非线性特性弹簧的负荷-变形图中直线与曲线的交点,见上图
弹簧刚度	使弹簧产生单位变形或角度所需的负荷或扭矩
动态弹簧刚度	弹簧承受动态负荷时的刚度。表明弹簧在实际连续振动条件下的弹簧特性。见下图 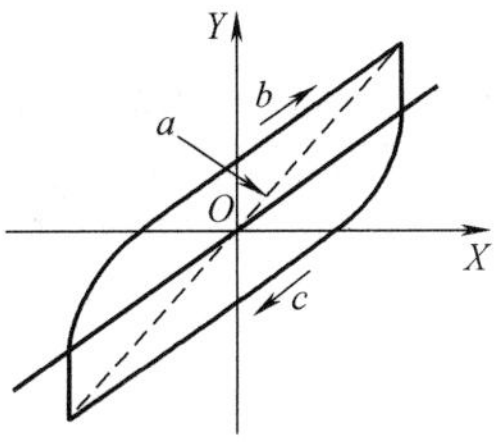 标引序号说明 X—变形 Y—负荷 a—动刚度 b—加载 c—卸载
固有振动频率	在两端固定且无阻尼情况下,测得的共振频率
迟滞	由于弹簧本身或弹簧与相邻部件之间的摩擦阻力导致的弹簧特性在加载和卸载时路径不同的现象,见上图
弹性模量(杨氏模量)	棒料横截面轴线方向上产生的应力与应变之比。此定义适用各向同性材料

续表

术语	释义
剪切模量(刚性模量)	弹性极限范围内剪切应力与剪切应变之比。此定义适用于各向同性材料
负荷-变形图	表示负荷与变形关系的弹簧特性图。弹簧特性存在线性与非线性,直线为线性,曲线为非线性
弹簧安全系数	引起弹簧失效(松弛或断裂)的应力与拟定使用应力之比
疲劳强度	弹簧可以承受无限循环次数的最大应力水平
屈曲	螺旋弹簧的轴线在无负荷状态下弯曲或轴线在施加负荷情况下的弯曲现象 屈曲是由一系列原因引起的,包括弹簧的几何特性、制造时的初始弯曲、固定端的相对位置、偏心负荷以及固定端的倾斜程度
共振频率	弹簧受到正弦波激发时,对应于最大振幅时的频率 共振频率根据安装条件的不同而变化
喘振	当弹簧的固有频率与外界负荷频率相同时产生的共振 注:当螺旋弹簧受喘振时,扭转冲击波沿簧丝双向传播
蠕变	弹簧在恒温、恒载荷的条件下保持一定的时间,缓慢地产生塑性变形的现象
应力修正系数	用于说明材料横截面上的扭转应力分布不对称的参数 本系数一般是簧圈内侧高于簧圈外侧
螺旋弹簧的展开长度	螺旋弹簧材料的中心线在展开成平面状态下的长度
自由长度	弹簧在无负荷状态下的总长度
自由角度	螺旋扭转弹簧在无负荷状态下两扭臂间的相对角度
压并长度	压缩弹簧所有簧圈被完全压缩后的总长度
弹簧中径	螺旋弹簧圈的弹簧内径与弹簧外径的平均值,用于弹簧的设计计算
弹簧外径	螺旋弹簧圈的外侧直径
弹簧内径	螺旋弹簧圈的内侧直径
簧圈重心的等效直径	通过材料截面的重力中心线测算得到的簧圈直径
总圈数	压缩弹簧簧圈的总数,包括两端的非有效圈
有效圈数	除两端非有效圈外的总的圈数。这是用于计算弹簧总变形量中所用的弹簧圈数
支承圈	螺旋压缩弹簧中不起弹性作用的端圈
弹簧节距	弹簧在自由状态时,两相邻有效圈截面中心线之间的轴向距离
螺旋角	螺旋弹簧材料的中心线和与螺旋弹簧的中心线相垂直的平面间形成的角度
变节距	螺旋弹簧不均匀的节距,以使螺旋弹簧产生非线性特性
(螺旋间)间距	相邻两簧圈之间轴向间隙,在轴线方向上测量
间隙系数	有效圈数的间距与材料直径之比
旋绕比(弹性指数)	由圆形材料制成的弹簧中径与材料直径的比值,或由非圆形材料制成的弹簧中径与半径方向线宽的比值
螺旋弹簧高径比	螺旋弹簧的自由长度与弹簧中径的比值
无效圈	涡卷弹簧卷曲时,最大圈数与实际使用的极限圈数之差
余圈	涡卷弹簧卷曲时,从自由状态的圈数至最低极限状态的圈数

第2章 圆柱螺旋弹簧

1 圆柱螺旋弹簧的形式、代号及常用参数

表 11-2-1　　圆柱螺旋弹簧的形式、代号及应用

类型	代号	简图	端部结构形式	应用
冷卷压缩弹簧	YⅠ		两端圈并紧并磨平，支承圈数，$n_z=1\sim2.5$	适用于冷卷，材料直径 $d\geqslant0.5$mm，不适合用作特殊用途的弹簧
	YⅡ		两端圈并紧不磨，$n_z=1.5\sim2$	同YⅠ，多用于钢丝直径较细，旋绕比较大的情况，各圈受力不均匀
	YⅢ		两端圈不并紧，$n_z=0\sim1$	适用于冷卷，$d\geqslant0.5$mm，旋绕比大，而不太重要的弹簧
热卷压缩弹簧	RYⅠ		两端圈并紧并磨平，$n_z=1.5\sim2.5$	适用于热卷，不适用于特殊性能的弹簧
	RYⅡ		两端圈制扁并紧不磨或磨平，$n_z=1.5\sim2.5$	
冷卷拉伸弹簧	LⅠ		半圆钩环	适用于冷卷，材料直径 $d\geqslant0.5$mm，钩环形式视装配要求而定，常见的为半圆钩环、圆钩环与圆钩环压中心几种。钩环弯折处应力较大，易折断，一般多用于拉力不太大的情况
	LⅡ		圆钩环	
	LⅢ		圆钩环压中心	

续表

类型	代号	简图	端部结构形式	应用
冷卷拉伸弹簧	LⅣ	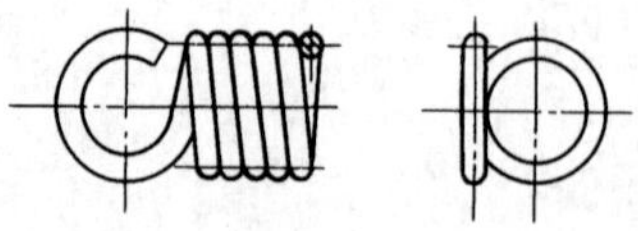	偏心圆钩环	适用于冷卷,材料直径 $d \geqslant 0.5$mm,钩环形式视装配要求而定,常见的为半圆钩环、圆钩环与圆钩环压中心几种。钩环弯折处应力较大,易折断,一般多用于拉力不太大的情况
	LⅤ	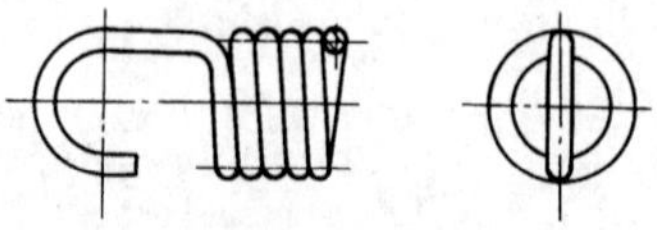	长臂半圆钩环	
	LⅥ	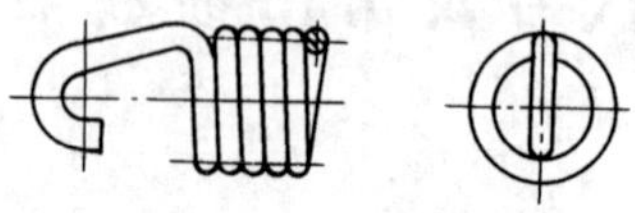	长臂小圆钩环	
	LⅦ	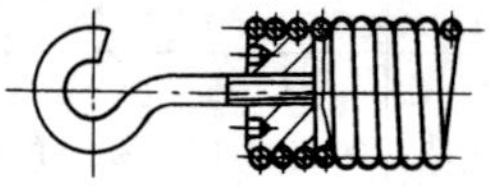	可调式拉簧	适用于冷卷,一般多用于受力较大、钢丝直径较粗($d>5$mm)的弹簧,可以调节长度
	LⅧ	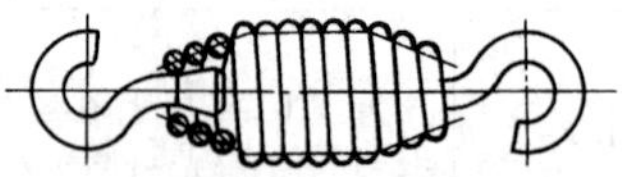	两端具有可转钩环	适用于冷卷,弹簧不弯钩环,强度不被削弱
热卷拉伸弹簧	RLⅠ	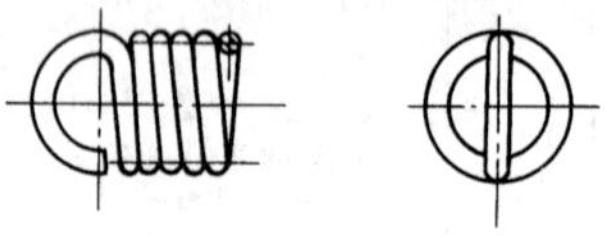	半圆钩环	适用于热卷,不适合用作特殊性能的弹簧
	RLⅡ	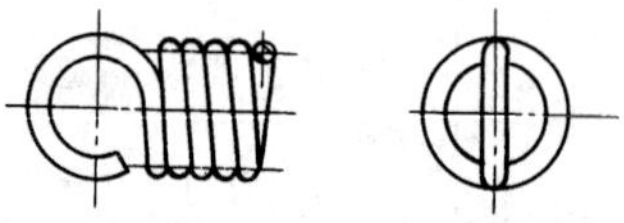	圆钩环	
	RLⅢ	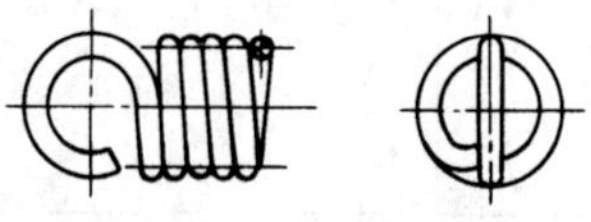	圆钩环压中心	
扭转弹簧	NⅠ	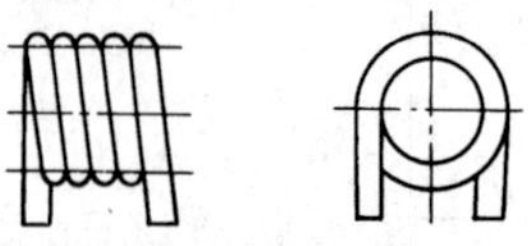	外臂扭转弹簧	端部结构形式视装配要求而定 适于普通冷卷圆柱扭转弹簧,钢丝直径 $d \geqslant 0.5$mm
	NⅡ	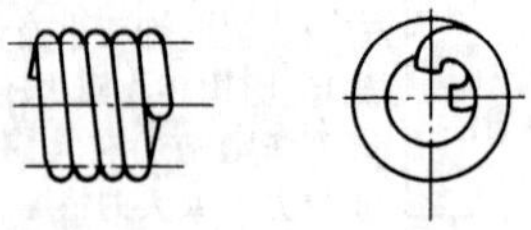	内臂扭转弹簧	
	NⅢ	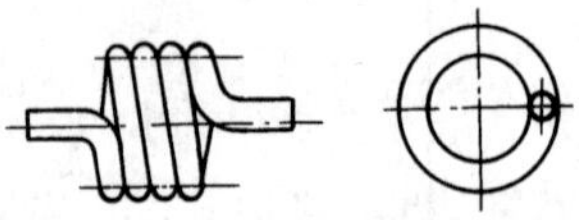	中心臂扭转弹簧	

第11篇

续表

类型	代号	简图	端部结构形式	应用
扭转弹簧	NⅣ	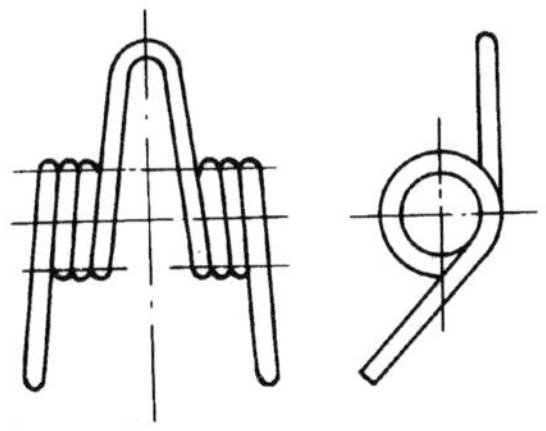	平列双扭弹簧	端部结构形式视装配要求而定 适于普通冷卷圆柱扭转弹簧，钢丝直径 $d \geqslant 0.5\text{mm}$
	NⅤ	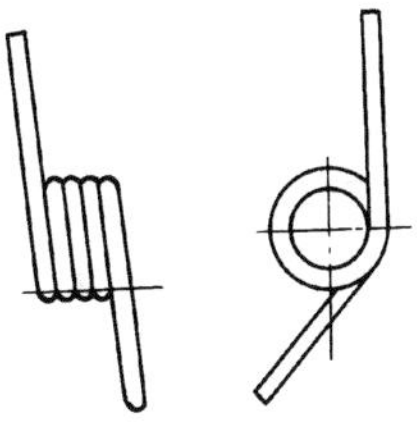	直臂扭转弹簧	
	NⅥ	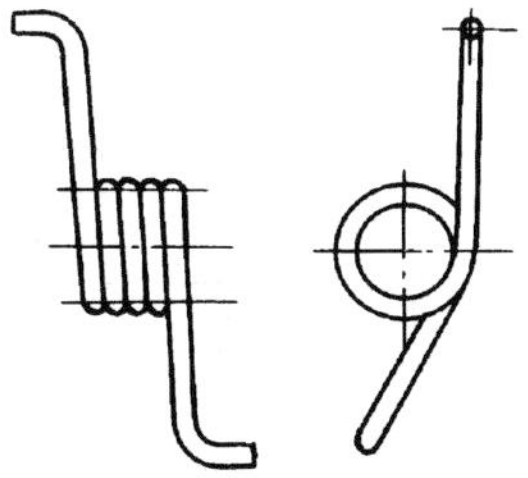	单臂弯曲扭转弹簧	

表 11-2-2　圆柱螺旋弹簧常用参数

参数名称	代号	单位
材料直径	d	mm
弹簧内径	D_1	mm
弹簧外径	D_2	mm
弹簧中径	D	mm
总圈数	n_1	圈
支承圈数	n_z	圈
有效圈数	n	圈
自由高度(自由长度)	H_0	mm
工作高度(工作长度)	$H_{1,2,\cdots,n}$	mm
压并高度	H_b	mm
节距	t	mm
负荷	$F_{1,2,\cdots,n}$	N
稳定性临界负荷	F_c	N
变形量	f	mm
刚度	F'	N/mm

续表

参数名称	代号	单位
旋绕比	C	—
曲度系数	K	—
高径比	b	—
稳定系数	C_B	—
螺旋角	α	(°)
中径变化量	ΔD	mm
余隙	δ_1	mm
材料切变模量	G	MPa
工作切应力	$\tau_{1,2,\cdots,n}$	MPa
试验切应力	τ_s	MPa
脉动疲劳极限应力	τ_{u0}	MPa
许用切应力	$[\tau]$	MPa
初切应力	τ_0	MPa
初拉力	F_0	N
钩长尺寸	h_1	mm
开口尺寸	h_2	mm
材料弹性模量	E	MPa
弯曲应力	σ	MPa
扭转弹簧扭臂长度	l_1、l_2	mm
试验弯曲应力	σ_s	MPa
许用弯曲应力	$[\sigma]$	MPa
扭矩	$T_{1,2,\cdots,n}$	N · mm
弹簧的扭转角度	$\varphi_{1,2,\cdots,n}$	rad 或(°)
扭转刚度	T'	N · mm/rad 或 N · mm/(°)
弯曲应力曲度系数	K_b	—
材料单位体积的质量(密度)	ρ	kg/mm^3
弹簧质量	m	kg
循环特征	γ	—
循环次数	N	次
强迫振动频率	f_r	Hz
自振频率	f_e	Hz
抗拉强度	R_m	MPa
变形能	U	N · mm
安全系数	S	—
最小安全系数	S_{min}	—

2　弹簧材料及许用应力

选择弹簧材料主要根据弹簧的工作条件，弹簧承受的载荷类型，是否受冲击载荷以及弹簧材料的许用应力等因素确定，同时也应考虑弹簧制造的工艺性。弹簧常用材料见表 11-2-3，其中部分弹簧钢丝及青铜线的抗拉极限强度 R_m 见表 11-2-4～表 11-2-6。弹簧许用应力见表 11-2-7。

表 11-2-3　　弹簧常用材料

<table>
<tr><th>材料名称</th><th colspan="2">代号/牌号</th><th>直径规格/mm</th><th>剪切模量（也称切变模量）G /GPa</th><th>弹性模量 E/GPa</th><th>推荐硬度范围 HRC</th><th>推荐温度范围 /℃</th><th>性　能</th></tr>
<tr><td>冷拉碳素弹簧钢丝，GB/T 4357—2022</td><td colspan="2">65Mn，70
72A，72B
82A，82B</td><td>SL 级：1～10.0
SM 级：0.3～13.0
SH 级：0.3～13.0
DM 级：0.08～13
DH 级：0.05～13</td><td rowspan="2">79</td><td rowspan="2">206</td><td rowspan="2">—</td><td rowspan="2">-40～130</td><td>强度高，性能好，S 级适用静载荷，D 级以动载荷为主，SL 级用于低应力弹簧，SM、DM 级用于中等应力弹簧，SH、DH 级用于高应力弹簧</td></tr>
<tr><td>重要用途碳素弹簧钢丝，YB/T 5311—2010</td><td colspan="2">65Mn，70
T8MnA
T9A</td><td>E 组：0.1～7.00
F 组：0.1～7.00
G 组：1.00～7.00</td><td>强度和弹性均优于碳素弹簧钢丝，用于重要的弹簧，F 组强度较高、E 组强度略低、G 组较低</td></tr>
<tr><td rowspan="9">淬火-回火弹簧钢丝 GB/T 18983—2017</td><td rowspan="2">FDC
TDC
VDC</td><td rowspan="2">65
70
65Mn</td><td>0.5～18.0</td><td rowspan="4">78</td><td rowspan="4">200</td><td rowspan="9"></td><td rowspan="4">-40～150</td><td rowspan="9">FD 适用于静状态下的一般弹簧
TD 用于中疲劳强度下的弹簧，例如离合器，悬架弹簧等，B 级材料比 A 级抗拉强度更高一些
VD 耐高疲劳强度，耐高温，用于较高温度的高应力内燃机阀门等弹簧</td></tr>
<tr><td>0.5～10.0</td></tr>
<tr><td rowspan="2">FDCrV
TDCrV
VDCrV</td><td rowspan="2">50CrV</td><td>0.5～18.0</td></tr>
<tr><td>0.5～10.0</td></tr>
<tr><td>FDSiMn
TDSiMn</td><td>60Si2Mn</td><td rowspan="2">0.5～18.0</td><td>78</td><td>200</td><td>-40～200</td></tr>
<tr><td rowspan="3">FDSiCr
TDSiCr-A
TDSiCr-B
TDSiCr-C
VDSiCr</td><td rowspan="3">55CrSi</td><td colspan="2" rowspan="4">78
200</td><td rowspan="4">-40～250</td></tr>
<tr><td>8～18.0</td></tr>
<tr><td rowspan="2">0.5～10.0</td></tr>
<tr><td>VDSiCrV</td><td>65Si2CrV</td></tr>
<tr><td>硅锰弹簧钢丝，YB/T 5138—2010</td><td colspan="2">60Si2MnA</td><td>0.5～14.0</td><td rowspan="4">79</td><td rowspan="4">206</td><td rowspan="4">45～50</td><td>-40～200</td><td>强度高，弹性较好，易脱碳，用于普通机械的较大弹簧</td></tr>
<tr><td>铬钒弹簧钢丝，YB/T 5138—2010</td><td colspan="2">50CrVA</td><td>0.5～14.0</td><td rowspan="2">-40～210</td><td rowspan="2">高温时强度性能稳定，用于较高工作温度下的弹簧，如内燃机阀门弹簧等</td></tr>
<tr><td>阀门用铬钒弹簧钢丝，YB/T 5138—2010</td><td colspan="2">50CrVA</td><td>0.5～14.0</td></tr>
<tr><td>铬硅弹簧钢丝，YB/T 5138—2010</td><td colspan="2">55CrSiA</td><td>0.5～14.0</td><td>-40～250</td><td>高温时性能稳定，用于较高工作温度下的高应力弹簧</td></tr>
</table>

第11篇

续表

材料名称	代号/牌号	直径规格/mm	剪切模量(也称切变模量)G/GPa	弹性模量E/GPa	推荐硬度范围HRC	推荐温度范围/℃	性能
不锈弹簧钢丝,GB/T 24588—2017	A组 06Cr19Ni10 07Cr19Ni10 12Cr18Ni9 06Cr17Ni12Mo2 12Cr18Mn9Ni5N 06Cr18Ni11Ti 12Cr18Mn12Ni2N 04Cr12Ni8Cu22i\b B组 07Cr19Ni10 12Cr18Ni9 06Cr19Ni10N 12Cr18Mn9Ni5N C组 07Cr17Ni7Al D组 12Cr16Mn8Ni3Cu3N* (D组不宜在耐蚀性要求较高的环境中使用)	A组 0.20~10.0 B组 0.20~12.0 C组 0.20~10.0 D组 0.20~6.00	71	193	—	-200~300	耐腐蚀,耐高、低温,用于腐蚀或高、低温工作条件下的小弹簧
硅青铜线,GB/T 21652—2017	QSi3-1	0.1~18	41			-40~120	有较高的耐腐蚀和防磁性能,用于机械或仪表等用弹性元件
锡青铜线,GB/T 21652—2017	QSn4-3 QSn5-0.2 QSn4-0.3 QSn6.5-0.1 QSn6.5-0.4 QSn7-0.2 QSn8-0.3 QSn4-0.3	0.1~8.5	40	93.2	90~100HB	-250~120	有较高的耐磨损、耐腐蚀和防磁性能,用于机械或仪表等用弹性元件
	QSn4-4-4 QSn15-1-1	0.1~6.0					
铍青铜线,YS/T 571—2009	QBe1.9 QBe2 C17200 C17300	0.03~6.0	44	129.5	37~40	-200~120	耐磨损、耐腐蚀、防磁和导电性能均较好,用于机械或仪表等用精密弹性元件
热轧弹簧钢,GB 1222—2016	65Mn	5~80	78	196	45~50	-40~120	弹性好,用于普通机械用弹簧
	55Si2Mn 55Si2Mn8 60Si2Mn 60Si2MnA					-40~200	较高的疲劳强度,弹性好,广泛用于各种机械、交通工具等用弹簧
	50CrMnA 60CrMnA				47~52	-40~250	强度高,抗高温,用于承受较重载荷的较大弹簧
	50CrVA				45~50	-40~210	疲劳性能好,抗高温,用于较高工作温度下的较大弹簧

表 11-2-4　　　　弹簧钢丝的抗拉极限强度 R_m　　　　MPa

钢丝直径 /mm	碳素弹簧钢丝 (摘自 GB 4537—2022)			琴钢丝 (摘自 YB/T 5101—2010)			不锈弹簧钢丝 (摘自 GB/T 24588—2019)			
	SL 级	SM 级	DM 级	E 组	F 组	G 组	A 组	B 组	C 组	D 组
0.08			2780	—	—					
0.09			2740	—	—					
0.10			2710	2440	2900					
0.12			2660	2440	2870					
0.14			2620	2440	2850					
0.16			2570	2440	2850					
0.18			2530	2390	2780					
0.20			2500	2390	2760		1700~2050	2050~2400	≥1970	1750~2050
0.22			2470	2370	2730		1700~2050	2050~2400	≥1950	1750~2050
0.23			—	—	—		1700~2050	2050~2400	≥1950	1750~2050
0.25			2420	2340	2700		1700~2050	2050~2400	≥1950	1750~2050
0.26			—	—	—		1650~1950	1950~2300	≥1950	1720~2000
0.28			2390	2310	2670		1650~1950	1950~2300	≥1950	1720~2000
0.29			—	—	—		1650~1950	1950~2300	≥1950	1720~2000
0.30		2370	2370	2290	2650		1650~1950	1950~2300	≥1950	1720~2000
0.32		2350	2350	2270	2630		1650~1950	1950~2300	≥1920	1680~1950
0.35		—	—	2250	2610		1650~1950	1950~2300	≥1920	1680~1950
0.40		2270	2270	2250	2690		1650~1950	1950~2300	≥1920	1680~1950
0.45		2240	2240	2210	2570		1600~1900	1900~2200	≥1900	1680~1950
0.50		2200	2200	2190	2550		1600~1900	1900~2200	≥1900	1650~1900
0.55		—	—	2170	2530		1600~1900	1900~2200	≥1850	1650~1900
0.60		2140	2140	2150	2510		1600~1900	1900~2200	≥1850	1650~1900
0.65		2120	2120	—	—		1550~1850	1850~2150	≥1820	1650~1900
0.70		2090	2090	2100	2470		1550~1850	1850~2150	≥1820	1650~1900
0.80		2050	2050	2080	2440		1550~1850	1850~2150	≥1820	1620~1870
0.90		2010	2010	2070	2410		1550~1850	1850~2150	≥1800	1620~1870
1.0	1720	1980	1980	2020	2360	1850	1550~1850	1850~2150	≥1800	1620~1870
1.2	1670	1920	1920	1940	2280	1820	1450~1750	1750~2050	≥1750	1580~1830
1.4	1620	1870	1870	1880	2210	1780	1450~1750	1750~2050	≥1700	1580~1830
1.6	1590	1830	1830	1820	2150	1750	1400~1650	1650~1900	≥1650	1550~1800
1.8	1550	1790	1790	1800	2060	1700	1400~1650	1650~1900	≥1600	1550~1800
2.0	1520	1760	1760	1790	1970	1670	1400~1650	1650~1900	≥1600	1550~1800
2.2	—	—	—	1700	1870	—	1320~1570	1550~1800	≥1550	1550~1800
2.3	—	—	—	—	—	1620	1320~1570	1550~1800	≥1550	1510~1760
2.5	1460	1690	1690	1680	1830	1620	1320~1570	1550~1800	≥1550	1510~1760
2.6	1450	1670	1670	—	—	—	1230~1480	1450~1700	≥1500	1510~1760
2.8	1420	1650	1650	1630	1810	1570	1230~1480	1450~1700	≥1500	1510~1760
2.9	—	—	—	—	—	—	1230~1480	1450~1700	≥1500	1510~1760
3.0	1410	1630	1630	1610	1780	1570	1230~1480	1450~1700	≥1500	1510~1760
3.2	1390	1610	1610	1560	1760	1570	1230~1480	1450~1700	≥1450	1480~1730
3.5	1360	1580	1580	1500	1710	1470	1230~1480	1450~1700	≥1450	1480~1730
4.0	1320	1530	1530	1470	1680	1470	1230~1480	1450~1700	≥1400	1480~1730
4.5	1290	1500	1500	1420	1630	1470	1100~1350	1350~1600	≥1350	1400~1650
5.0	1260	1460	1460	1400	1580	1420	1100~1350	1350~1600	≥1350	1330~1580
5.5	—	—	—	1370	1550	1400	1100~1350	1350~1600	≥1300	1330~1580
6.0	1210	1400	1400	1350	1520	1350	1100~1350	1350~1600	≥1300	1230~1480
6.5	1180	1380	1380	1320	1490	1350	1020~1270	1270~1520	≥1250	—
7.0	1160	1350	1350	1300	1460	1300	1020~1270	1270~1520	≥1250	—
8.0	1120	1310	1310				1020~1270	1270~1520	≥1200	—
9.0	1090	1270	1270				1000~1250	1150~1400	≥1150	—
10.0	1060	1240	1240				1000~1250	1000~1250	≥1150	—
11.0		1210	1220				—	1000~1250	—	—
12.0		1180	1180				—	1000~1250	—	—
13.0		1160	1160				—	—	—	—

注：1. 表中 R_m 均为下限值。

2. 碳素弹簧钢丝用 25~80，40Mn~70Mn 钢制造；琴钢丝用 60~80，60Mn~70Mn 钢制造；不锈弹簧钢丝用所用牌号见表1-2-3。

表 11-2-5　　淬火-回火弹簧钢丝力学性能（摘自 GB/T 18983—2017）

	直径范围/mm	抗拉强度 R_m/MPa						断面收缩率 Z/% ≥	
		FDC TDC	FDCrV-A TDCrV-A	FDSiMn TDSiMn	FDSiCr TDSiCr-A	TDSiCr-B	TDSiCr-C	FD	TD
静态级、中疲劳级	0.5~0.8	1800~2100	1800~2100	1850~2100	2000~2250	—	—	—	
	>0.8~1.0	1800~2060	1780~2080	1850~2100	2000~2250	—	—	—	
	>1.0~1.3	1800~2010	1750~2010	1850~2100	2000~2250	—	—	45	45
	>1.3~1.4	1750~1950	1750~1990	1850~2100	2000~2250	—	—	45	45
	>1.4~1.6	1740~1890	1710~1950	1850~2100	2000~2250	—	—	45	45
	>1.6~2.0	1720~1890	1710~1890	1820~2000	2000~2250	—	—	45	45
	>2.0~2.5	1670~1820	1670~1830	1800~1950	1970~2140	—	—	45	45
	>2.5~2.7	1640~1790	1660~1820	1780~1930	1950~2120	—	—	45	45
	>2.7~3.0	1620~1770	1630~1780	1760~1910	1930~2100	—	—	45	45
	>3.0~3.2	1600~1750	1610~1760	1720~1870	1900~2060	—	—	40	45
	>3.2~3.5	1580~1730	1600~1750	1720~1870	1900~2060	—	—	40	45
	>3.5~4.0	1550~1700	1560~1710	1710~1860	1870~2030	—	—	40	45
	>4.0~4.2	1540~1690	1540~1690	1700~1850	1860~2020	—	—	40	45
	>4.2~4.5	1520~1670	1520~1670	1690~1840	1850~2000	—	—	40	45
	>4.5~4.7	1510~1660	1510~1660	1680~1830	1840~1990	—	—	40	45
	>4.7~5.0	1500~1650	1500~1650	1670~1820	1830~1980	—	—	40	45
	>5.0~5.6	1470~1620	1460~1610	1660~1810	1800~1950	—	—	35	40
	>5.6~6.0	1460~1610	1440~1590	1650~1800	1780~1930	—	—	35	40
	>6.0~6.5	1440~1590	1420~1570	1640~1790	1760~1910	—	—	35	40
	>6.5~7.0	1430~1580	1400~1550	1630~1780	1740~1890	—	—	35	40
	>7.0~8.0	1400~1550	1380~1530	1620~1770	1710~1860	—	—	35	40
	>8.0~9.0	1380~1530	1370~1520	1610~1760	1700~1850	1750~1850	1850~1950	30	35
	>9.0~10.0	1360~1510	1350~1500	1600~1750	1660~1810	1750~1850	1850~1950	30	35
	>10.0~12.0	1320~1470	1320~1470	1580~1730	1660~1510	1750~1850	1850~1950	30	35
	>12.0~14.0	1280~1430	1300~1450	1560~1710	1620~1770	1750~1850	1850~1950	30	35
	>14.0~15.0	1270~1420	1290~1440	1550~1700	1620~1770	1750~1850	1850~1950	35	35
	>15.0~17.0	1250~1400	1270~1420	1540~1690	1580~1730	1750~1850	1850~1950	35	35

	直径范围/mm	抗拉强度 R_m/MPa				断面收缩率 Z/% ≥
		VDC	VDCrV-A	VDSiCr	VDSiCrV	
高疲劳级	0.5~0.8	1700~2000	1750~1950	2080~2230	2230~2380	—
	>0.8~1.0	1700~1950	1730~1930	2080~2230	2230~2380	—
	>1.0~1.3	1700~1900	1700~1900	2080~2230	2230~2380	45
	>1.3~1.4	1700~1850	1680~1860	2080~2230	2210~2360	45
	>1.4~1.6	1670~1820	1660~1860	2050~2180	2210~2360	45
	>1.6~2.0	1650~1800	1640~1800	2010~2110	2160~2310	45
	>2.0~2.5	1630~1780	1620~1770	1960~2060	2100~2250	45
	>2.5~2.7	1610~1760	1610~1760	1940~2040	2060~2210	45
	>2.7~3.0	1590~1740	1600~1750	1930~2030	2060~2210	45
	>3.0~3.2	1570~1720	1580~1730	1920~2020	2060~2210	45
	>3.2~3.5	1550~1700	1560~1710	1910~2010	2010~2160	45
	>3.5~4.0	1530~1680	1540~1690	1890~1990	2010~2160	45
	>4.0~4.2	1510~1660	1520~1670	1860~1960	1960~2110	45

续表

	直径范围/mm	抗拉强度 R_m/MPa				断面收缩率 Z/%≥
		VDC	VDCrV-A	VDSiCr	VDSiCrV	
高疲劳级	>4.2~4.5	1510~1660	1520~1670	1860~1960	1960~2110	45
	>4.5~4.7	1490~1640	1500~1650	1830~1930	1960~2110	45
	>4.7~5.0	1490~1640	1500~1650	1830~1930	1960~2110	45
	>5.0~5.6	1470~1620	1480~1630	1800~1900	1910~2060	40
	>5.6~6.0	1450~1600	1470~1620	1790~1890	1910~2060	40
	>6.0~6.5	1420~1570	1440~1590	1760~1860	1910~2060	40
	>6.5~7.0	1400~1550	1420~1570	1740~1840	1860~2010	40
	>7.0~8.0	1370~1520	1410~1560	1710~1810	1860~2010	40
	>8.0~9.0	1350~1500	1390~1540	1690~1790	1810~1960	35
	>9.0~10.0	1340~1490	1370~1520	1670~1770	1810~1960	35

注：1. FDSiMn 和 TDSiMn 直径不大于 5.00mm 时，断面收缩率不应小于 35%；直径大于 5.00mm 至 14.00mm 时，断面收缩率不应小于 30%。

2. 一盘或一轴内钢丝抗拉强度允许的波动范围为：①VD 级钢丝不应超过 50MPa；②TD 级钢丝不应超过 60MPa；③FD 级钢丝不应超过 70MPa。

表 11-2-6　　青铜线的抗拉极限强度 R_m　　MPa

<table>
<tr><td>材料</td><td colspan="5">硅青铜线（摘自 GB/T 21652—2017）</td><td colspan="5">锡青铜线（摘自 GB/T 21652—2017）</td><td colspan="3">铍青铜线（摘自 YS/T 571—2009）</td></tr>
<tr><td rowspan="2">线材直径/mm</td><td rowspan="2">0.1~1.0</td><td rowspan="2">>1.0~2.0</td><td rowspan="2">>2.0~4.0</td><td rowspan="2">>4.0~6.0</td><td rowspan="2">>6.0~8.5</td><td rowspan="2">0.1~1.0</td><td rowspan="2">>1.0~2.0</td><td rowspan="2">>2.0~4.0</td><td rowspan="2">>4.0~6.0</td><td rowspan="2">>6.0~8.5</td><td>状态</td><td>硬化调质前 HB</td><td>硬化调质后 HB</td></tr>
<tr><td>软</td><td>400~580</td><td>1050~1380</td></tr>
<tr><td rowspan="2">抗拉强度 R_m</td><td rowspan="2">750</td><td rowspan="2">730</td><td rowspan="2">710</td><td rowspan="2">690</td><td rowspan="2">640</td><td rowspan="2">750</td><td rowspan="2">730</td><td rowspan="2">710</td><td rowspan="2">690</td><td rowspan="2">640</td><td>1/2 硬</td><td>710~930</td><td>1200~1480</td></tr>
<tr><td>硬</td><td>915~1140</td><td>1300~1580</td></tr>
</table>

注：表中 R_m 为下限值。

按照工作特点螺旋弹簧所受载荷可以分：

① 静负荷

a. 恒定不变的负荷（Ⅲ类载荷）；

b. 负荷有变化，但作用次数 N 小于 10^4（Ⅲ类载荷）。

② 动负荷　负荷有变化，作用次数 N 大于 10^4。根据作用次数动负荷可以分为：

a. 有限疲劳寿命：冷卷弹簧作用次数 $N \geqslant 10^4 \sim 10^6$ 次（Ⅱ类载荷）；热卷弹簧作用次数 $N \geqslant 10^4 \sim 10^5$ 次；

b. 无限疲劳寿命：冷卷弹簧作用次数 $N \geqslant 10^7$ 次（Ⅰ类载荷）；热卷弹簧作用次数 $N \geqslant 2\times10^6$ 次；

c. 当冷卷弹簧作用次数 N 介于 $10^6 \sim 10^7$ 次，热卷弹簧作用次数 N 介于 $10^5 \sim 2\times10^6$ 次时，可以根据使用情况，参照有限或无限疲劳寿命设计。

表 11-2-7　　压缩、拉伸、扭转弹簧材料的许用应力值　　MPa

钢丝类型			油淬火-回火弹簧钢丝	碳素弹簧钢丝 重要用途碳素弹簧钢丝	弹簧用不锈钢丝	青铜线 铍青铜线 （时效后）	60Si2Mn、60Si2MnA 50CrA、55CrSiA 60CrMnA、60CrMnBA 60Si2Cra、60Si2Crva
压缩弹簧	试验应力		$0.55R_m$	$0.50R_m$	$0.45R_m$	$0.40R_m$	710~890
	静负荷许用应力		$0.50R_m$	$0.45R_m$	$0.40R_m$	$0.36R_m$	
	动负荷许用切应力	有限疲劳寿命	$(0.40\sim0.50)R_m$	$(0.38\sim0.45)R_m$	$(0.34\sim0.40)R_m$	$(0.33\sim0.36)R_m$	568~712
		无限疲劳寿命	$(0.35\sim0.40)R_m$	$(0.33\sim0.38)R_m$	$(0.30\sim0.36)R_m$	$(0.30\sim0.33)R_m$	426~534
拉伸弹簧	试验切应力		$0.44R_m$	$0.40R_m$	$0.38R_m$	$0.32R_m$	475~596
	静负荷许用应力		$0.40R_m$	$0.36R_m$	$0.32R_m$	$0.30R_m$	
	动负荷许用切应力	有限疲劳寿命	$(0.32\sim0.40)R_m$	$(0.30\sim0.36)R_m$	$(0.27\sim0.32)R_m$	$(0.26\sim0.29)R_m$	405~507
		无限疲劳寿命	$(0.28\sim0.32)R_m$	$(0.27\sim0.30)R_m$	$(0.24\sim0.30)R_m$	$(0.24\sim0.28)R_m$	356~447

续表

钢丝类型			油淬火-回火弹簧钢丝	碳素弹簧钢丝 重要用途碳素弹簧钢丝	弹簧用不锈钢丝	青铜线 铍青铜线 （时效后）	60Si2Mn、60Si2MnA 50CrA、55CrSiA 60CrMnA、60CrMnB、 60Si2Cra、60Si2Crva
扭转弹簧	试验弯曲应力		$0.80R_m$	$0.78R_m$	$0.75R_m$	$0.75R_m$	994~1232
	静负荷许用弯曲应力		$0.72R_m$	$0.70R_m$	$0.68R_m$	$0.68R_m$	
	动负荷许用弯曲应力	有限疲劳寿命	$(0.60\sim0.68)R_m$	$(0.58\sim0.66)R_m$	$(0.55\sim0.65)R_m$	$(0.55\sim0.65)R_m$	795~986
		无限疲劳寿命	$(0.50\sim0.60)R_m$	$(0.49\sim0.58)R_m$	$(0.45\sim0.55)R_m$	$(0.45\sim0.55)R_m$	636~788

注：1. R_m 分别取表 11-2-4、表 11-2-5 中抗拉强度的中间值和表 11-2-5 中的值。
2. 材料直径 $d<1.0$mm 的弹簧，试验切应力为表中数值的 90%。
3. 热卷弹簧成形后，热处理的硬度为 42~52HRC，硬度为上限时，则取表中的上限值。

在选取材料和确定许用应力时应注意以下几点：

① 对重要的弹簧，其损坏对整个机械有重大影响时，许用应力应适当降低；

② 经强压处理的弹簧，能提高疲劳极限，对改善载荷下的松弛有明显效果，可适当提高许用应力；

③ 经喷丸处理的弹簧，也能提高疲劳强度或疲劳寿命，其许用应力可提高 20%；

④ 当工作温度超过 60℃时，应对剪切模量 G 进行修正，其修正公式为

$$G_t = K_t G$$

式中　G——常温下的剪切模量；

G_t——工作温度下的剪切模量；

K_t——温度修正系数，其值从表 11-2-8 查取。

表 11-2-8　　温度修正系数

材　料	工作温度/℃				材　料	工作温度/℃			
	≤60	150	200	250		≤60	150	200	250
	K_t					K_t			
50CrVA	1	0.96	0.95	0.94	1Cr17Ni7Al	1	0.95	0.94	0.92
60Si2Mn	1	0.99	0.98	0.98	QBe2	1	0.95	0.94	0.92
1Cr18Ni9Ti	1	0.98	0.94	0.9					

3　圆柱螺旋压缩弹簧

3.1　圆柱螺旋压缩弹簧计算公式

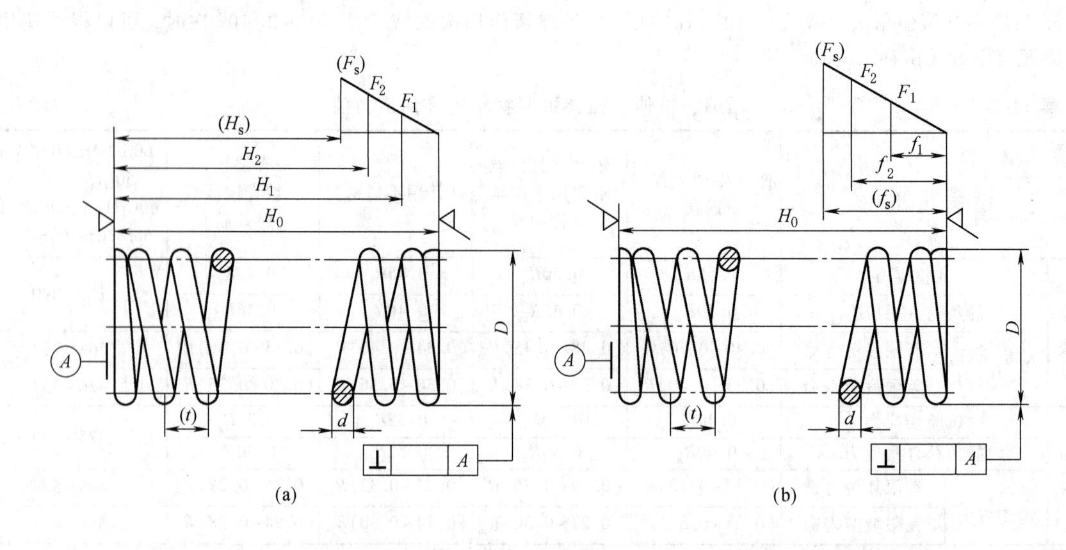

表 11-2-9　　圆柱螺旋压缩弹簧计算公式

	项　　目	单　位	公　式　及　数　据
主要计算公式	材料直径 d	mm	$d \geqslant \sqrt[3]{\dfrac{8KDF}{\pi[\tau]}}$ 或 $d \geqslant \sqrt{\dfrac{8KCF}{\pi[\tau]}}$ 式中，$[\tau]$为根据设计情况确定的许用切应力
	有效圈数 n	圈	$n=\dfrac{Gd^4}{8D^3F}f$
	弹簧刚度 F'	N/mm	$F'=\dfrac{F}{f}=\dfrac{Gd^4}{8D^3n}$
几何尺寸计算	弹簧中径 D	mm	$D=Cd$
	弹簧内径 D_1	mm	$D_1=D-d$
	弹簧外径 D_2	mm	$D_2=D+d$
	支承圈数 n_z	圈	按结构形式选取，见表 11-2-15
	总圈数 n_1	圈	$n_1=n+n_z$，按表 11-2-15 选取
	节距 t	mm	两端圈并紧磨平 $t=\dfrac{H_0-(1\sim2)d}{n}$
	间距 δ	mm	$\delta=t-d$
	自由高度 H_0	mm	见表 11-2-15
	工作高度 $H_{1,2,\cdots,n}$	mm	$H_{1,2,\cdots,n}=H_0-f_{1,2,\cdots,n}$
	压并高度 H_b	mm	弹簧的压并高度原则上不规定 对端面磨削 3/4 圈的弹簧，当需要规定压并高度时，按下式计算 $H_b \leqslant n_1 d_{max}$ 对两端不磨的弹簧，当需要规定压并高度时，按下式计算 $H_b \leqslant (n_1+1.5)d_{max}$ 式中： d_{max}——材料最大直径（材料直径+极限偏差的最大值），mm，或见表 11-2-15
	螺旋角 α	(°)	$\alpha=\arctan\dfrac{t}{\pi D}$ 对压缩弹簧推荐　$\alpha=5°\sim9°$
	弹簧展开长度 L	mm	$L=\dfrac{\pi D n_1}{\cos\alpha}$

3.2 圆柱螺旋弹簧参数选择

优先采用的第一系列。

（1）弹簧中径 D 系列尺寸

表 11-2-10　　弹簧中径 D 系列尺寸　　mm

0.3	0.4	0.5	0.6	0.7	0.8	0.9	1	1.2	1.4
1.6	1.8	2	2.2	2.5	2.8	3	3.2	3.5	3.8
4	4.2	4.5	4.8	5	5.5	6	6.5	7	7.5
8	8.5	9	10	12	14	16	18	20	22
25	28	30	32	38	42	45	48	50	52
55	58	60	65	70	75	80	85	90	95
100	105	110	115	120	125	130	135	140	145
150	160	170	180	190	200	210	220	230	240
250	260	270	280	290	300	320	340	360	380
400	450	500	550	600					

（2）压缩弹簧有效圈数 n

表 11-2-11　　压缩弹簧有效圈数 n

2	2.25	2.5	2.75	3	3.25	3.5	3.75	4	4.25	4.5	4.75
5	5.5	6	6.5	7	7.5	8	8.5	9	9.5	10	10.5
11.5	12.5	13.5	14.5	15	16	18	20	22	25	28	30

（3）拉伸弹簧有效圈数 n

表 11-2-12　　拉伸弹簧有效圈数 n

2	3	4	5	6	7	8	9	10	11	12	13
14	15	16	17	18	19	20	22	25	28	30	35
40	45	50	55	60	65	70	80	90	100		

（4）压缩弹簧自由高度 H_0 尺寸

表 11-2-13　　压缩弹簧自由高度 H_0 尺寸　　mm

2	3	4	5	6	7	8	9	10	11	12	13
14	15	16	17	18	19	20	22	24	26	28	30
32	35	38	40	42	45	48	50	52	55	58	60
65	70	75	80	85	90	95	100	105	110	115	120
130	140	150	160	170	180	190	200	220	240	260	280
300	320	340	360	380	400	420	450	480500	520	550	580
600	620	650	680	700	720	750	780	800	850	900	950
1000											

（5）圆柱螺旋弹簧极限应力与极限载荷

表 11-2-14　　工作极限应力与工作极限载荷计算公式

工作载荷种类	压缩、拉伸弹簧		扭转弹簧
	工作极限切应力 τ_s	工作极限载荷 F_s	工作极限弯曲应力 σ_s
Ⅰ类	$\leqslant 1.67\tau_p$		
Ⅱ类	$\leqslant 1.25\tau_p$	$\geqslant 1.25F_n$	$0.625R_m$
Ⅲ类	$\leqslant 1.12\tau_p$	$\geqslant F_n$	$0.8R_m$

注：F_n—最大工作载荷；

τ_p—弹簧材料的许用应力，见表 11-2-7；

R_m—弹簧材料的抗拉强度，见表 11-2-5。

3.3 压缩弹簧端部形式与高度、总圈数等的公式

表 11-2-15 总圈数 n_1、自由高度 H_0、压并高度 H_b 计算公式

结构形式		总圈数 n_1	自由高度 H_0	压并高度 H_b
端部不并紧不磨平	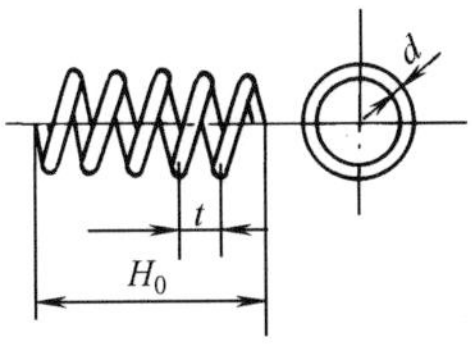	n	$nt+d$	$(n+1)d$
端部不并紧磨平 1/4 圈	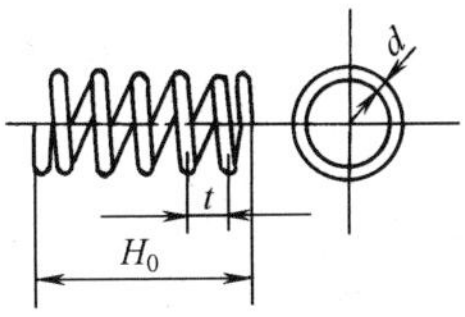	$n+\frac{1}{2}$	nt	$(n+1)d$
端部并紧不磨平，支承圈为1圈	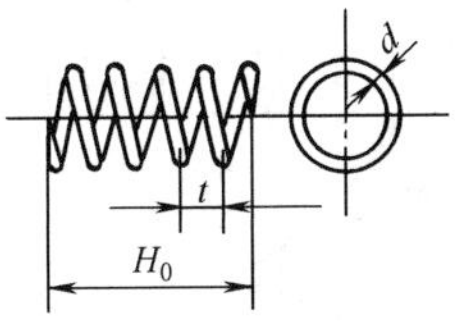	$n+2$	$nt+3d$	$(n+3)d$
端部不并紧磨平，支承圈为3/4 圈	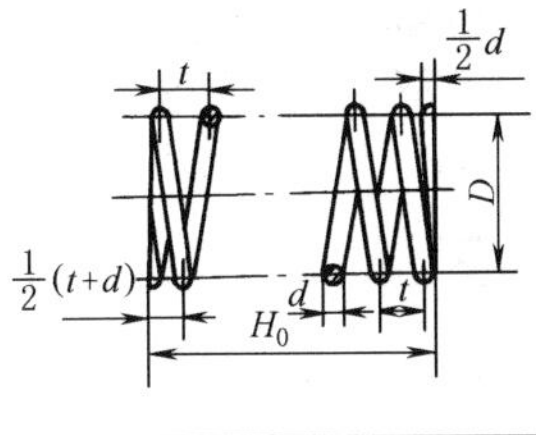 一般用于d>8mm	$n+1.5$	$nt+d$	$(n+1)d$
端部并紧磨平，支承圈为1圈	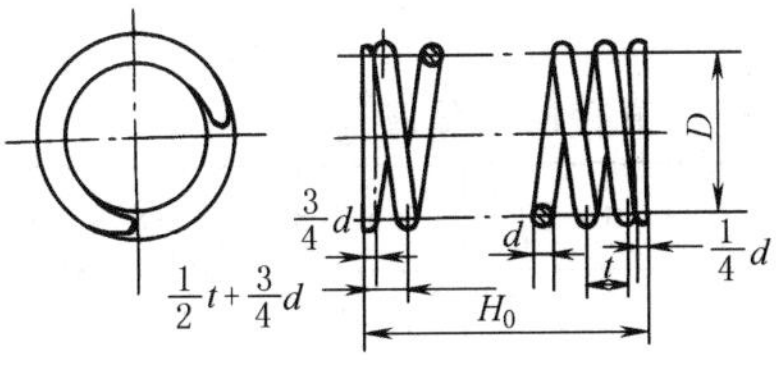 一般用于$d \leqslant$8mm	$n+2$	$nt+1.5d$	$(n+1.5)d$
端部并紧磨平，支承圈为1¼圈	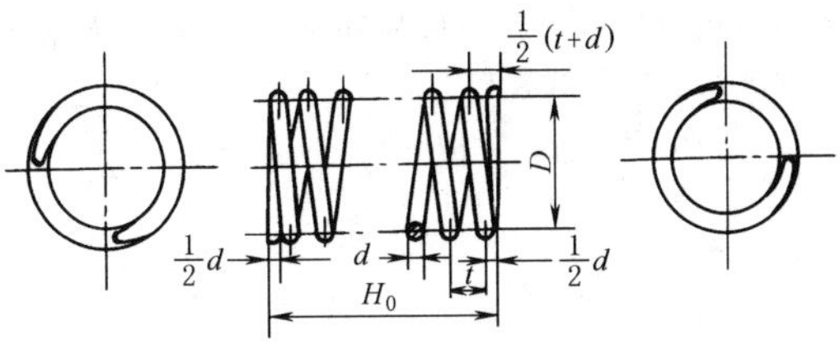	$n+2.5$	$nt+2d$	$(n+2)d$

3.4 螺旋弹簧的稳定性、强度和共振的验算

(1) 压缩弹簧稳定性验算

高径比 b ($b=H_0/D$) 较大的压缩弹簧，当轴向载荷达到一定值时就会产生侧向弯曲而失去稳定性。为了保证使用稳定，高径比 b 应满足下列要求：

两端固定　　$b\leqslant 5.3$

一端固定另一端回转　　$b\leqslant 3.7$

两端回转　　$b\leqslant 2.6$

当高径比 b 大于上述数值时，要按照下式进行验算

$$F_c=C_B F'H_0$$

式中　F_c——弹簧的临界载荷，N；

C_B——稳定系数，从图 11-2-1 中查取；

F'——弹簧刚度，N/mm。

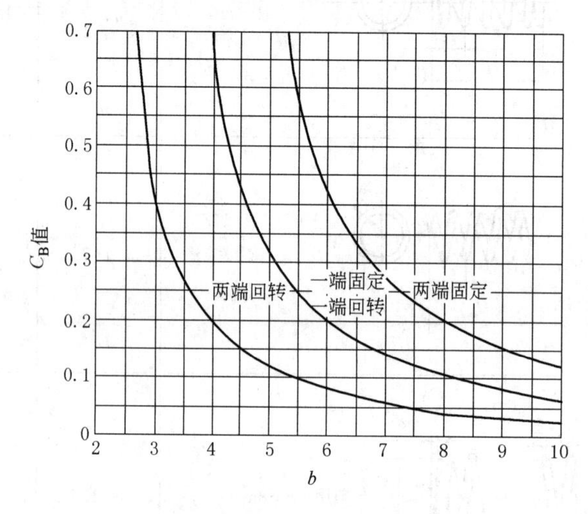

图 11-2-1　不稳定系数

如不满足上式，应重新选取参数、改变 b 值、提高 F_c 值以保证弹簧的稳定性。如设计结构受限制、不能改变参数时，应设置导杆或导套。导杆（导套）与弹簧的间隙（直径差）按表 11-2-16 查取。

为了保证弹簧的特性，弹簧的高径比应大于 0.8。

表 11-2-16　　导杆、导套与弹簧内（外）直径的间隙值　　mm

D	≤5	>5~10	>10~18	>18~30	>30~50	>50~80	>80~120	>120~150
间隙	0.6	1	2	3	4	5	6	7

(2) 强度验算

受动负荷的重要弹簧，应进行疲劳强度校核。进行校核时要考虑循环特征 $\gamma=F_{min}/F_{max}=\tau_{min}/\tau_{max}$ 和循环次数 N，以及材料表面状态等影响疲劳强度的各种因素，按下式校核。

$$S=\frac{\tau_{u0}+0.75\tau_{min}}{\tau_{max}}\geqslant S_{min}$$

式中　τ_{u0}——脉动疲劳极限应力，其值见表 11-2-17；

S——疲劳安全系数；

S_{min}——最小安全系数，$S_{min}=1.1\sim1.3$。

表 11-2-17 **脉动疲劳极限应力** MPa

负荷循环次数 N	10^4	10^5	10^6	10^7
脉动疲劳极限 τ_{u0}	$0.45R_m$①	$0.35R_m$	$0.32R_m$	$0.30R_m$

① 弹簧用不锈钢丝和硅青铜线，此值取 $0.35R_m$。

注：本表适用于重要用途碳素弹簧钢丝、油淬火-退火弹簧钢丝、弹簧用不锈钢丝和铍青铜线。

对于重要用途碳素弹簧钢丝、高疲劳级油淬火-退火弹簧钢丝等优质钢丝制作的弹簧，在不进行喷丸强化的情况下，其疲劳寿命按图 11-2-2 校核。

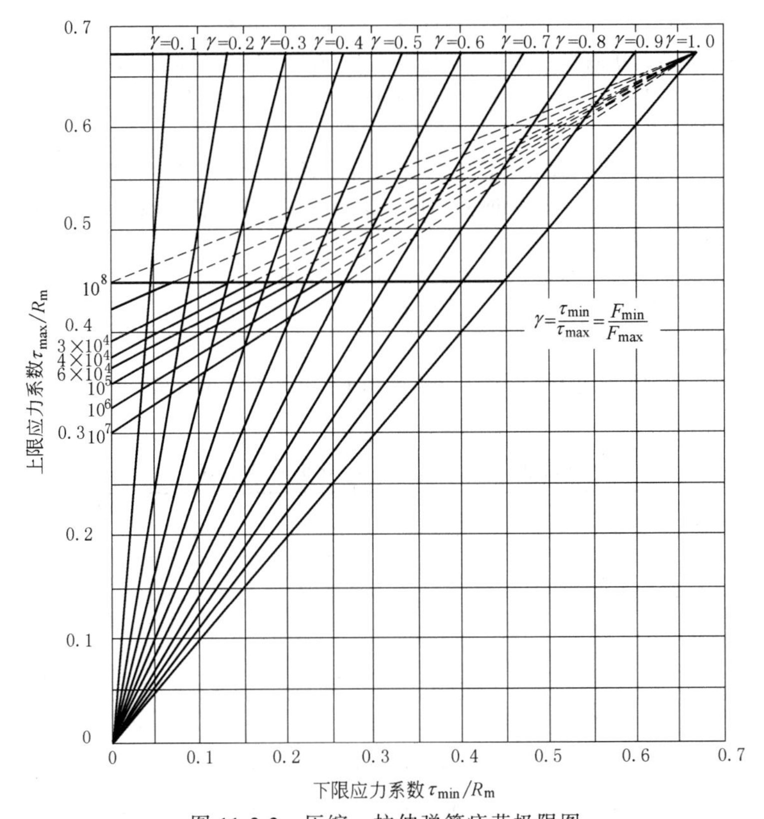

图 11-2-2 压缩、拉伸弹簧疲劳极限图

注：适用于未经喷丸处理的具有较好的耐疲劳性能的钢丝，如重要用途碳素弹簧钢丝、高疲劳级油淬火-退火弹簧钢丝。

(3) 共振验算

对高速运转中承受循环载荷的弹簧，需进行共振验算。其验算公式为

$$f_e=3.56\times10^5\frac{d}{nD^2}>10f_r$$

式中 f_e——弹簧的自振频率，Hz；

f_r——强迫振动频率，Hz；

d——弹簧材料直径，mm；

D——弹簧中径，mm；

n——弹簧有效圈数。

对于减振弹簧，按下式进行验算

$$f_e=\frac{1}{2\pi}\sqrt{\frac{F'g}{W}}\leqslant0.5f_r$$

式中　g——重力加速度，$g=9800\text{mm/s}^2$；

F'——弹簧刚度，N/mm；

W——载荷，N。

3.5　圆柱螺旋压缩弹簧计算表

由于螺旋弹簧计算起来比较麻烦，有条件的可以采用计算机将有关计算公式编制成各种程序进行设计计算另外，为了能快速简捷地确定弹簧的尺寸和参数，特编制了本计算表。设计者可根据弹簧的工作条件，直接从表中查出与设计相接近的弹簧。本表包括了弹簧材料直径≤13mm 时，用碳素弹簧钢丝 C 级；材料直径>13mm 时用 60Si2Mn 冷卷制成的Ⅲ类载荷压缩弹簧的主要参数和尺寸。既适用于受变载荷 10^3 次以下，也适用于受变载荷在 $10^3\sim10^5$ 次或冲击载荷的圆柱螺旋压缩弹簧。对于拉伸弹簧，其 F_s 和 f_d 值为表中值的 80%，材料直径≤13mm。

表中的工作极限载荷 F_s 和工作极限载荷下的单圈变形 f_d 以及单圈刚度 F'_d等的公式见表 11-2-18。

当材料的抗拉强度 R_m 不同于表 11-2-19 的 R'_m值时，要对工作极限载荷 F_s 及工作极限载荷下的单圈变形 f_d 进行修正，其修正系数见表 11-2-19。

如果已知最大工作载荷 F_n，用下式求出不同载荷类别的极限载荷 F_s

$$F_s=K_1F_n$$

式中　K_1——载荷类别系数。

由于表 11-2-20 中给出的弹簧尺寸及参数尚未完全考虑Ⅰ类载荷弹簧的性能，因此计算Ⅰ类弹簧除查用本计算表外，尚需进行有关的验算。

表 11-2-18　F_s，f_d，F'_d，τ_p，τ_s 及 G 的计算公式

适用范围	工作极限载荷 F_s/N	工作极限载荷下单圈变形 f_d/mm	单圈弹簧刚度 F'_d/N·mm^{-1}	许用切应力 τ_p /MPa		工作极限应力 τ_s /MPa		切变模量 G/N·mm^{-2}
				压簧	拉簧	压簧	拉簧	
变载荷作用次数<10^3	$\dfrac{\pi d^3 n_s}{8DK}$	$\dfrac{\pi D^2\tau_s}{KGd}$ 或者$\dfrac{F_s}{F'_d}$	$\dfrac{Gd^4}{8D^3}$	$0.5R_m$	$0.4R_m$	$\tau_s\leqslant1.12\tau_p$ 取 $\tau_s=\tau_p$		79000
						$0.5R_m$	$0.4R_m$	

表 11-2-19　材料的抗拉强度 R_m 不同于 R'_m 时，F_s 和 f_d 的修正系数

材料直径 d/mm	0.5	0.6	0.7	0.8~0.9	1.0	1.2	1.4	1.6	1.8	2.0
R'_m/MPa	2200	2100	2060	2010	1960	1910	1860	1810	1760	1710
F_s 的修正系数	$\frac{R_m}{2200}$	$\frac{R_m}{2100}$	$\frac{R_m}{2060}$	$\frac{R_m}{2010}$	$\frac{R_m}{1960}$	$\frac{R_m}{1910}$	$\frac{R_m}{1860}$	$\frac{R_m}{1810}$	$\frac{R_m}{1760}$	$\frac{R_m}{1710}$
f_d 的修正系数	$\frac{36R_m}{G}$	$\frac{38R_m}{G}$	$\frac{39R_m}{G}$	$\frac{40R_m}{G}$	$\frac{41R_m}{G}$	$\frac{42R_m}{G}$	$\frac{43R_m}{G}$	$\frac{44R_m}{G}$	$\frac{45R_m}{G}$	$\frac{47R_m}{G}$
材料直径 d/mm	2.5	3	3.5	4~4.5	5	6	8	10	12	14~45
R'_m/MPa	1660	1570	1570	1520	1470	1420	1370	1320	1270	1480
F_s 的修正系数	$\frac{R_m}{1660}$	$\frac{R_m}{1570}$	$\frac{R_m}{1570}$	$\frac{R_m}{1520}$	$\frac{R_m}{1470}$	$\frac{R_m}{1420}$	$\frac{R_m}{1370}$	$\frac{R_m}{1320}$	$\frac{R_m}{1270}$	$\frac{R_m}{1480}$
f_d 的修正系数	$\frac{48R_m}{G}$	$\frac{51R_m}{G}$	$\frac{51R_m}{G}$	$\frac{53R_m}{G}$	$\frac{54R_m}{G}$	$\frac{56R_m}{G}$	$\frac{58R_m}{G}$	$\frac{61R_m}{G}$	$\frac{63R_m}{G}$	$\frac{54R_m}{G}$

注：表中的 R_m 及 G 分别为被采用材料的抗拉强度和切变模量。

表 11-2-20　　圆柱螺旋压缩弹簧计算表

材料直径 d/mm	弹簧中径 D/mm	许用应力 τ_p/MPa	工作极限载荷 F_s/N	工作极限载荷下的单圈变形量 f_d/mm	单圈刚度 F'_d /N · mm^{-1}	最大心轴直径 D_{Xmax}/mm	最小套筒直径 D_{Tmin}/mm	初拉力 F_0（用于拉伸弹簧）/N
0.5	3	1100	14.36	0.627	22.9	1.9	4.1	1.64
	3.5		12.72	0.883	14.4	2.4	4.6	1.2
	4		11.39	1.181	9.64	2.9	5.1	0.92
	4.5		10.32	1.524	6.77	3.4	5.6	—
	5		9.43	1.912	4.93	3.9	6.1	0.589
	6		8.04	2.812	2.86	4.5	7.5	0.409
	7		7.00	3.888	1.80	5.5	8.5	—
0.6	3	1055	22.75	0.480	47.4	1.8	4.2	3.39
	3.5		20.28	0.680	29.8	2.3	4.7	2.49
	4		18.26	0.913	20.0	2.8	5.2	1.91
	4.5		16.62	1.183	14.0	3.3	5.7	—
	5		15.22	1.486	10.2	3.8	6.2	1.22
	6		13.03	2.197	5.93	4.4	7.6	0.843
	7		11.38	3.051	3.73	5.4	8.6	0.622
	8		10.11	4.042	2.50	6.4	9.6	—
[0.7]	3.5	1030	30.23	0.547	55.3	2.2	4.8	—
	4		27.37	0.739	37.0	2.7	5.3	
	4.5		24.98	0.960	26.0	3.2	5.8	
	5		22.97	1.211	19.0	3.7	6.3	
	6		19.74	1.799	11.0	4.3	7.7	
	7		17.31	2.504	6.91	5.3	8.7	
	8		15.40	3.325	4.63	6.3	9.7	
	9		13.88	4.266	3.25	7.3	10.7	
0.8	4	1005	38.54	0.609	63.2	2.6	5.4	6.03
	4.5		35.30	0.796	44.4	3.1	5.9	—
	5		32.55	1.006	32.4	3.6	6.4	3.87
	6		28.14	1.502	18.7	4.2	7.8	2.68
	7		24.74	2.098	11.8	5.2	8.8	1.97
	8		22.06	2.792	7.90	6.2	9.8	1.51
	9		19.90	3.588	5.55	7.2	10.8	1.19
	10		18.14	4.485	4.04	8.2	11.8	—
[0.9]	4	1005	53.05	0.524	101	2.5	5.5	—
	4.5		48.77	0.686	71.1	3	6	
	5		45.13	0.871	51.8	3.5	6.5	
	6		39.14	1.305	30.0	4.1	7.9	
	7		34.54	1.829	18.9	5.1	8.9	
	8		30.89	2.442	12.7	6.1	9.9	
	9		27.92	3.141	8.89	7.1	10.9	
	10		25.46	3.930	6.48	8.1	11.9	
1.0	4.5	980	63.30	0.584	108	2.9	6.1	—
	5		58.73	0.743	79.0	3.4	6.6	9.42
	6		51.19	1.120	45.7	4	8	6.54
	7		45.33	1.575	28.8	5	9	4.81
	8		40.63	2.106	19.3	6	10	3.68
	9		36.80	2.717	13.5	7	11	2.91
	10		33.62	3.403	9.88	8	12	2.36

续表

材料直径 d/mm	弹簧中径 D/mm	许用应力 τ_p/MPa	工作极限载荷 F_s/N	工作极限载荷下的单圈变形量 f_d/mm	单圈刚度 F'_d /N · mm^{-1}	最大心轴直径 D_{Xmax}/mm	最小套筒直径 D_{Tmin}/mm	初拉力 F_0（用于拉伸弹簧）/N
1. 0	12	980	28. 66	5. 019	5. 71	9	15	1. 64
	14		24. 95	6. 931	3. 60	11	17	—
1. 2	6	955	82. 38	0. 869	94. 8	3. 8	8. 2	13. 57
	7		73. 42	1. 230	59. 7	4. 8	9. 2	9. 97
	8		66. 13	1. 653	40. 0	5. 8	10. 2	7. 63
	9		60. 16	2. 141	28. 1	6. 8	11. 2	6. 03
	10		55. 10	2. 691	20. 5	7. 8	12. 2	4. 89
	12		47. 16	3. 980	11. 9	8. 8	15. 2	3. 39
	14		41. 22	5. 524	7. 46	10. 8	17. 2	2. 49
	16		36. 59	7. 319	5. 00	12. 8	19. 2	—
[1. 4]	7	930	109. 23	0. 987	111	4. 6	9. 4	—
	8		98. 90	1. 335	74. 1	5. 6	10. 4	
	9		90. 19	1. 734	52. 0	6. 6	11. 4	
	10		82. 94	2. 187	37. 9	7. 6	12. 4	
	12		71. 32	2. 634	22. 0	8. 6	15. 4	
	14		62. 52	4. 522	13. 8	10. 6	17. 4	
	16		55. 62	6. 006	9. 26	12. 6	19. 4	
	18		50. 11	7. 704	6. 50	14. 6	21. 4	
	20		45. 55	9. 609	4. 74	15. 6	24. 4	
1. 6	8	905	138. 82	1. 098	126	5. 4	10. 6	24. 1
	9		127. 12	1. 432	88. 8	6. 4	11. 6	19. 1
	10		117. 32	1. 812	64. 7	7. 4	12. 6	15. 4
	12		101. 33	2. 706	37. 5	8. 4	15. 6	10. 7
	14		89. 12	3. 778	23. 6	10. 4	17. 6	7. 87
	16		79. 46	5. 029	15. 8	12. 4	19. 6	6. 03
	18		71. 69	6. 461	11. 1	14. 4	21. 6	4. 77
	20		65. 33	8. 076	8. 09	15. 4	23. 6	—
	22		59. 94	9. 864	6. 08	17. 4	26. 6	—
[1. 8]	9	680	170. 78	1. 201	142	6. 2	11. 8	—
	10		157. 80	1. 522	104	7. 2	12. 8	
	12		137. 06	2. 286	60. 0	8. 2	15. 8	
	14		120. 92	3. 203	37. 8	10. 2	17. 8	
	16		108. 34	4. 279	25. 3	12. 2	19. 8	
	18		97. 82	5. 501	17. 8	14. 2	21. 8	
	20		89. 20	6. 882	13. 0	15. 2	24. 8	
	22		82. 01	8. 424	9. 74	17. 2	26. 8	
	25		73. 16	11. 03	6. 63	20. 2	29. 8	
2. 0	10	855	204. 88	1. 297	158	7	13	37. 7
	12		178. 61	1. 954	91. 4	8	16	26. 2
	14		158. 20	1. 923	57. 6	10	18	19. 2
	16		141. 80	3. 676	38. 6	12	20	14. 7
	18		128. 40	4. 740	27. 1	14	22	11. 6
	20		117. 29	5. 939	19. 8	15	25	9. 42
	22		107. 96	7. 275	14. 9	17	27	7. 79
	25		96. 41	9. 542	10. 1	20	30	—
	28		87. 05	12. 10	7. 20	23	33	—
2. 5	12	830	320. 30	1. 435	223	7. 5	16. 5	63. 9
	14		285. 78	2. 033	141	9. 5	18. 5	47
	16		257. 73	2. 733	94. 2	11. 5	20. 5	36
	18		234. 58	3. 547	66. 1	13. 5	22. 5	28. 4

续表

材料直径 d/mm	弹簧中径 D/mm	许用应力 τ_p/MPa	工作极限载荷 F_s/N	工作极限载荷下的单圈变形量 f_d/mm	单圈刚度 F'_d /N·mm^{-1}	最大心轴直径 D_{Xmax}/mm	最小套筒直径 D_{Tmin}/mm	初拉力 F_0（用于拉伸弹簧）/N
2.5	20	830	215.03	4.460	48.2	14.5	25.5	23
	22		198.54	5.480	36.2	16.5	27.5	19
	25		177.90	7.206	24.7	19.5	30.5	14.7
	28		161.26	9.175	17.6	22.5	33.5	—
	30		151.74	10.62	14.3	24.5	35.5	—
	32		143.16	12.16	11.8	25.5	38.5	—
3.0	14	785	444.99	1.527	291	9	19	97.4
	16		403.88	2.068	195	11	21	74.6
	18		369.03	2.690	137	13	23	58.9
	20		339.76	3.398	100	14	26	47.7
	22		314.73	4.190	75.1	16	28	39.4
	25		283.08	5.531	51.2	19	31	30.5
	28		264.50	7.258	36.4	22	34	24.3
	30		242.27	8.179	29.6	24	36	—
	32		229.16	9.392	24.4	25	39	—
	35		211.75	11.35	18.7	28	42	—
	38		196.77	13.50	14.6	31	45	—
3.5	16	785	614.66	1.699	362	10.5	21.5	—
	18		564.41	2.221	254	12.5	23.5	109
	20		521.63	2.816	185	13.5	26.5	88.5
	22		484.52	3.481	139	15.5	28.5	73.1
	25		437.67	4.614	94.8	18.5	31.5	56.6
	28		398.65	5.906	67.5	21.5	34.5	45.1
	30		376.26	6.855	54.9	23.5	36.5	—
	32		356.30	7.880	45.2	24.5	39.5	34.5
	35		329.78	9.546	34.6	27.5	42.5	28.9
	38		306.97	11.37	27.0	30.5	45.5	—
	40		293.40	12.67	23.2	32.5	47.5	22.1
4	20	760	728.45	2.305	316	13	27	151
	22		679.34	2.861	237	15	29	125
	25		615.63	3.804	162	18	32	96.5
	28		562.40	4.884	115	21	35	76.9
	30		531.91	5.680	93.6	23	37	—
	32		504.14	6.535	77.1	24	40	58.9
	35		467.6	7.931	59.0	27	43	49.2
	38		435.9	9.462	46.1	30	46	—
	40		417.0	10.56	39.5	32	48	37.7
	45		376.3	13.56	27.7	37	53	29.8
	50		342.9	16.96	20.2	42	58	—
4.5	22	760	937.0	2.464	380	14.5	29.5	200
	25		853.3	3.293	259	17.5	32.5	155
	28		782.04	4.234	184	20.5	35.5	123
	30		740	4.935	150	22.5	37.5	—
	32		702.9	5.688	124	23.5	40.5	94.5
	35		652.9	6.913	94.4	26.5	43.5	78.9
	38		609.6	8.261	73.8	29.5	46.5	—
	40		584.1	9.235	63.3	41.5	48.5	60.4
	45		527.8	11.88	44.4	36.5	53.5	47.7

续表

材料直径 d/mm	弹簧中径 D/mm	许用应力 τ_p/MPa	工作极限载荷 F_s/N	工作极限载荷下的单圈变形量 f_d/mm	单圈刚度 F'_d /N·mm^{-1}	最大心轴直径 D_{Xmax}/mm	最小套筒直径 D_{Tmin}/mm	初拉力 F_0（用于拉伸弹簧）/N
4.5	50	760	481.3	14.86	32.4	41.5	58.5	38.6
	55		442.7	18.19	24.3	45.5	64.5	31.9
5	25	735	1100.6	2.787	395	17	33	236
	28		1012.5	3.60	281	20	36	188
	30		960	4.199	229	22	38	164
	32		912.6	4.847	188	23	41	144
	35		850	5.903	144	26	44	120
	38		794.6	7.046	112	29	47	—
	40		761.8	7.900	96.4	31	49	92
	45		690	10.19	67.7	36	54	72.7
	50		630.2	12.76	49.4	41	59	58.9
	55		580	15.63	37.1	45	65	48.7
	60		537.3	18.80	28.6	50	70	40.9
6	30	710	1530.9	3.230	471	21	39	339
	32		1461.1	3.741	391	22	42	298
	35		1364.8	4.572	298	25	45	249
	38		1280.3	5.489	233	28	48	—
	40		1209.6	6.047	200	30	50	191
	45		1117.8	7.901	140	35	55	151
	50		1023.8	10.00	102	40	60	122
	55		944.78	12.28	76.9	44	66	101
	60		876.9	14.79	59.3	49	71	84.8
	65		817.7	17.55	46.6	54	76	72.3
	70		766.1	20.53	37.3	59	81	62.3
8	32	685	3065.5	2.484	1234	20	44	—
	35		2887	3.060	943	23	47	—
	38		2726.9	3.700	737	26	50	—
	40		2626.2	4.156	632	28	52	603
	45		2408.3	5.425	444	33	57	477
	50		2220	6.860	324	38	62	386
	55		2057.5	8.463	243	42	68	319
	60		1917.3	10.24	187	47	73	268
	65		1794.2	12.18	147	52	78	228
	70		1686.4	14.29	118	57	83	197
	75		1589.6	16.58	95.9	62	88	—
	80		1504	19.03	79.0	67	93	151
	85		1422	21.60	65.9	71	99	—
	90		1356	24.36	55.5	76	104	—
10	40	660	4615	2.991	1543	26	54	1470
	45		4264	3.934	1084	31	59	1163
	50		3954	5.005	790	36	64	942
	55		3687	6.212	593	40	70	779
	60		3448	7.541	457	45	75	654
	65		3239	9.01	360	50	80	557
	70		3053	10.60	288	55	85	481
	75		2887	12.33	234	60	90	419
	80		2736	14.19	193	65	95	368
	85		2602	16.16	161	69	101	326

续表

材料直径 d/mm	弹簧中径 D/mm	许用应力 τ_p/MPa	工作极限载荷 F_s/N	工作极限载荷下的单圈变形量 f_d/mm	单圈刚度 F'_d /N·mm^{-1}	最大心轴直径 D_{Xmax}/mm	最小套筒直径 D_{Tmin}/mm	初拉力 F_0（用于拉伸弹簧）/N
10	90	660	2479	18.30	135	74	106	291
	95		2366	20.55	115	79	111	261
	100		2264	22.93	98.8	84	116	236
12	50	635	6227	3.801	1638	34	66	1953
	55		5833	4.740	1231	38	72	1614
	60		5478	5.779	948	43	77	1356
	65		5147	6.930	746	48	82	1156
	70		4882	8.176	597	53	87	997
	75		4629	9.541	485	58	92	868
	80		4397	11.00	400	63	97	763
	85		4189	12.56	333	67	103	676
	90		4000	14.24	281	72	108	603
	95		3825	16.01	239	77	113	541
	100		3664	17.89	205	82	118	488
	110		3383	21.99	154	92	128	404
	120		3136	26.46	119	102	138	339
14	60	740	9693.7	5.590	1734	41	79	
	65		9162	6.718	1364	46	84	
	70		8689	7.96	1092	51	89	
	75		8261	9.31	888	56	94	
	80		7867	10.76	732	61	99	
	85		7511	12.31	610	65	105	
	90		7180	13.97	514	70	110	
	95		6880	15.75	437	75	115	
	100		6601	18.99	348	80	120	
	110		6102	21.68	281	90	130	
	120		5675	26.18	217	100	140	
	130		5302	31.10	170	109	151	
16	65	740	13117	5.64	2327	44	86	
	70		12475	6.70	1863	49	91	
	75		11888	7.85	1515	54	96	
	80		11349	9.09	1248	59	101	
	85		10855	10.43	1040	63	107	
	90		10405	11.87	877	68	112	
	95		9983	13.39	745	73	117	
	100		9591	15.01	639	78	122	
	110		8481	18.52	480	88	132	
	120		8287	22.40	370	98	142	
	130		7753	26.66	291	107	153	
	140		7285	31.29	233	117	163	
	150		6870	36.28	189	127	173	
18	75	740	16327	6.75	2426	52	98	
	80		15623	7.82	1999	57	103	
	85		14968	8.98	1667	61	109	
	90		14364	10.23	1404	66	114	
	95		13808	11.56	1194	71	119	
	100		13292	12.99	1024	76	124	
	110		12355	16.07	769	86	134	

续表

材料直径 d/mm	弹簧中径 D/mm	许用应力 τ_p/MPa	工作极限载荷 F_s/N	工作极限载荷下的单圈变形量 f_d/mm	单圈刚度 F'_d /N·mm^{-1}	最大心轴直径 D_{Xmax}/mm	最小套筒直径 D_{Tmin}/mm	初拉力 F_0(用于拉伸弹簧)/N
18	120	740	11529	19.46	592	96	144	
	130		10819	23.22	466	105	155	
	140		10172	27.27	373	115	165	
	150		9607	31.68	303	125	175	
	160		9100	36.42	250	134	186	
	170		8639	41.46	208	143	197	
20	80	740	20698	6.79	3047	55	105	
	85		19891	7.83	2540	59	111	
	90		19120	8.93	2140	64	116	
	95		18413	10.12	1820	69	121	
	100		17733	11.37	1560	74	126	
	110		16537	14.11	1172	84	136	
	120		15461	17.13	903	94	146	
	130		14527	20.46	710	103	157	
	140		13690	24.08	569	113	167	
	150		12949	28.01	462	123	177	
	160		12271	32.22	381	132	188	
	170		11658	36.72	318	141	199	
	180		11114	41.55	267	151	209	
	190		10612	46.66	227	160	220	
25	100	740	32340	8.49	3809	69	131	
	110		30351	10.61	2861	79	141	
	120		28557	12.96	2204	89	151	
	130		26930	15.54	1734	98	162	
	140		25478	18.36	1388	108	172	
	150		24159	21.40	1128	118	182	
	160		22979	24.71	930	127	193	
	170		21893	28.24	775	136	204	
	180		20916	32.03	653	146	214	
	190		19998	36.01	555	155	225	
	200		19175	40.28	476	165	235	
	220		17700	49.49	358	184	256	
30	120	740	46570	10.10	4570	84	156	
	130		44137	12.28	3595	93	167	
	140		41949	14.57	2878	103	177	
	150		39899	17.05	2340	113	187	
	160		38073	19.74	1928	122	198	
	170		36370	22.62	1607	131	209	
	180		34788	25.69	1354	141	219	
	190		33356	28.97	1151	150	230	
	200		32025	32.44	987	160	240	
	220		29670	40.00	742	179	261	
	240		27611	48.34	571	198	282	
	260		25814	57.45	499	217	303	
35	140	740	63386	11.89	5332	98	182	
	150		60585	13.98	4335	108	192	
	160		57897	16.20	3572	117	203	
	170		55481	18.63	2978	126	214	

续表

材料直径 d/mm	弹簧中径 D/mm	许用应力 τ_p/MPa	工作极限载荷 F_s/N	工作极限载荷下的单圈变形量 f_d/mm	单圈刚度 F'_d /N · mm^{-1}	最大心轴直径 D_{Xmax}/mm	最小套筒直径 D_{Tmin}/mm	初拉力 F_0 (用于拉伸弹簧)/N
35	180	740	53204	21.21	2509	136	224	
	190		51111	23.96	2133	145	235	
	200		49168	26.88	1829	155	245	
	220		45672	33.24	1374	174	266	
	240		42622	40.27	1058	193	287	
	260		39967	48.02	832	212	308	
	280		37583	56.39	667	231	329	
	300		35467	65.45	542	250	350	
40	160	740	82791	13.59	6093	112	208	
	170		79564	15.66	5080	121	219	
	180		76479	17.87	4280	131	229	
	190		73653	20.24	3639	140	240	
	200		70931	22.73	3120	150	250	
	220		66148	28.22	2344	169	271	
	240		61840	34.25	1806	188	292	
	260		58109	40.92	1420	207	313	
	280		54758	48.16	1137	226	334	
	300		51791	56.02	924	245	355	
	320		49088	64.44	762	264	376	
45	180	740	104782	15.41	6855	126	234	
	190		101141	17.35	5829	135	245	
	200		97642	19.54	4998	145	255	
	220		91325	24.32	3755	164	276	
	240		85665	29.62	2892	183	297	
	260		80640	35.45	2275	202	318	
	280		76147	41.81	1821	221	339	
	300		72056	48.66	1481	240	360	
	320		68447	56.10	1220	259	381	
	340		65120	64.02	1017	278	402	
50	200	740	129361	16.98	7617	140	260	
	220		121406	21.21	5723	159	281	
	240		112781	25.59	4408	178	302	
	260		107718	31.07	3467	197	323	
	280		101909	36.71	2776	216	344	
	300		96634	42.82	2257	235	365	
	320		91915	49.43	1860	254	386	
	340		87571	56.48	1550	273	407	

3.6 圆柱螺旋弹簧计算用系数 C, K, K_1, $\frac{8}{\pi}KC^3$

表 11-2-21　　圆柱螺旋弹簧计算用系数

C	K	K_1	$\frac{8}{\pi}KC^3$	C	K	K_1	$\frac{8}{\pi}KC^3$
2.5	1.746		69.46	6.9	1.216		1017.1
2.6	1.705		76.31	7	1.213	1.13	1059.5
2.7	1.669		83.64	7.1	1.21		1102.6
2.8	1.636		91.44	7.2	1.206		1146.1
2.9	1.607		99.8	7.3	1.203		1191.6
3	1.58		108.63	7.4	1.2		1238
3.1	1.556		118.02	7.5	1.197	1.12	1285.9
3.2	1.533		127.9	7.6	1.195		1335.5
3.3	1.512		138.34	7.7	1.192		1385.7
3.4	1.493		149.42	7.8	1.189		1436.6
3.5	1.476		161.14	7.9	1.187		1490.2
3.6	1.459		173.34	8	1.184	1.11	1543.5
3.7	1.444		186.24	8.1	1.182		1599.4
3.8	1.43		199.78	8.2	1.179		1655
3.9	1.416		213.88	8.3	1.177		1713.5
4	1.404	1.25	228.81	8.4	1.175		1773.4
4.1	1.392		244.26	8.5	1.172	1.1	1832.5
4.2	1.381		260.49	8.6	1.17		1894.9
4.3	1.37		277.32	8.7	1.168		1958.1
4.4	1.36		295.01	8.8	1.166		2023.2
4.5	1.351	1.2	313.47	8.9	1.164		2089.5
4.6	1.342		332.63	9	1.162	1.09	2156.7
4.7	1.334		352.66	9.1	1.16		2225.7
4.8	1.325		373.09	9.2	1.158		2296.2
4.9	1.318		394.83	9.3	1.157		2369.3
5	1.311	1.19	417.3	9.4	1.155		2442.6
5.1	1.304		440.4	9.5	1.153		2517.3
5.2	1.297		464.34	9.6	1.151		2592.6
5.3	1.29		489.03	9.7	1.15		2672.3
5.4	1.284		514.84	9.8	1.147		2751.3
5.5	1.279	1.17	541.85	9.9	1.146		2830.9
5.6	1.273		569.27	10	1.145	1.08	2915.2
5.7	1.267		579.36	10.1	1.143		2998.6
5.8	1.262		627.01	10.2	1.142		3086
5.9	1.257		657.38	10.3	1.14		3171.5
6	1.253	1.15	689.13	10.4	1.139		3262.1
6.1	1.248		721.25	10.5	1.138		3354.3
6.2	1.243		754.26	10.6	1.136		3444.4
6.3	1.239		788.74	10.7	1.135		3539.9
6.4	1.235		824.39	10.8	1.133		3634
6.5	1.231	1.14	861.46	10.9	1.132		3732.8
6.6	1.227		898.14	11	1.131		3833.2
6.7	1.223		936.45	11.1	1.13		3934.4
6.8	1.22		976.75	11.2	1.128		4034.9

续表

C	K	K_1	$\frac{8}{\pi}KC^3$	C	K	K_1	$\frac{8}{\pi}KC^3$
11.3	1.127		4140.5	13.7	1.104		7228.6
11.4	1.126		4247.9	13.8	1.103		7379.6
11.5	1.125		4355.8	13.9	1.102		7534.8
11.6	1.124		4466.6	14	1.102	1.06	7698.6
11.7	1.123		4579.3	14.1	1.101		7858
11.8	1.122		4693.8	14.2	1.1		8019.5
11.9	1.121		4810.1	14.3	1.099		8183.1
12	1.12	1.07	4928.3	14.4	1.099		8360
12.1	1.118		5042.6	14.5	1.098		8523.9
12.2	1.117		5164.3	14.6	1.097		8691.6
12.3	1.116		5287.8	14.7	1.097		8871.4
12.4	1.115		5413.3	14.8	1.096		9045.9
12.5	1.114		5539.1	14.9	1.095		9222.6
12.6	1.114		5673.1	15	1.095		9406.5
12.7	1.113		5804.3	15.1	1.094		9590.7
12.8	1.112		5937.4	15.2	1.093		9774.1
12.9	1.111		6072.5	15.3	1.093		9968.2
13	1.11		6210.6	15.4	1.092		10153.3
13.1	1.109		6348.6	15.5	1.091		10344.9
13.2	1.108		6487.7	15.6	1.091		10546.4
13.3	1.107		6630.7	15.7	1.09		10742
13.4	1.106		6775.5	15.8	1.09		10949.4
13.5	1.106		6928.4	15.9	1.089		11146.5
13.6	1.105		7077.5	16	1.088	1.05	11345.9

3.7 圆柱螺旋压缩弹簧计算示例

表 11-2-22 圆柱螺旋压缩弹簧计算示例之一

<table>
<tr><th colspan="2">项　目</th><th>单位</th><th>公 式 及 数 据</th></tr>
<tr><td rowspan="7">原始条件</td><td>最小工作载荷 F_1</td><td>N</td><td>$F_1=60$</td></tr>
<tr><td>最大工作载荷 F_n</td><td>N</td><td>$F_n=240$</td></tr>
<tr><td>工作行程 h</td><td>mm</td><td>$h=36\pm1$</td></tr>
<tr><td>弹簧外径 D_2</td><td>mm</td><td>$D_2\leqslant45$</td></tr>
<tr><td>弹簧类别</td><td></td><td>$N=10^3\sim10^6$ 次</td></tr>
<tr><td>端部结构</td><td></td><td>端部并紧、磨平，两端支承圈各 1 圈</td></tr>
<tr><td>弹簧材料</td><td></td><td>碳素弹簧钢丝 C 级</td></tr>
<tr><td rowspan="3">参数计算</td><td>初算弹簧刚度 F'</td><td>N/mm</td><td>$$F'=\frac{F_n-F_1}{h}=\frac{240-60}{36}=5$$</td></tr>
<tr><td>工作极限载荷 F_s</td><td>N</td><td>因是Ⅱ类载荷：$F_s\geqslant1.25F_n$
故 $F_s=1.25\times240=300$</td></tr>
<tr><td>弹簧材料直径 d 及弹簧中径 D 与有关参数</td><td></td><td>根据 F_s 与 D 条件从表 11-2-20 得：<table><tr><th>d</th><th>D</th><th>F_s</th><th>f_d</th><th>F'_d</th></tr><tr><td>3.5</td><td>38</td><td>306.97</td><td>11.37</td><td>27</td></tr></table></td></tr>
</table>

续表

	项目	单位	公式及数据
参数计算	有效圈数 n	圈	$n=\frac{F'_d}{F'}=\frac{27}{5}=5.4$ 按照表 11-2-11 取标准值 $n=5.5$
	总圈数 n_1	圈	$n_1=n+2=5.5+2=7.5$
	弹簧刚度 F'	N/mm	$F'=\frac{F'_d}{n}=\frac{27}{5.5}=4.9$
	工作极限载荷下的变形量 f_s	mm	$f_s=nf_d=5.5\times11.37\approx63$
	节距 t	mm	$t=\frac{f_s}{n}+d=\frac{63}{5.5}+3.5=14.95$
	自由高度 H_0	mm	$H_0=nt+1.5d=5.5\times14.95+1.5\times3.5=87.47$　取标准值 $H_0=90$
	弹簧外径 D_2	mm	$D_2=D+d=38+3.5=41.5$
	弹簧内径 D_1	mm	$D_1=D-d=38-3.5=34.5$
	螺旋角 α	(°)	$\alpha=\arctan\frac{t}{\pi D}=\arctan\frac{14.95}{\pi\times38}=7.14$
	展开长度 L	mm	$L=\frac{\pi Dn_1}{\cos\alpha}=\frac{\pi\times38\times7.5}{\cos7.14}=902$
验算	最小载荷时的高度 H_1	mm	$H_1=H_0-\frac{F_1}{F'}=90-\frac{60}{4.9}=77.76$
	最大载荷时的高度 H_n	mm	$H_n=H_0-\frac{F_n}{F'}=90-\frac{240}{4.9}=41.02$
	极限载荷时的高度 H_s	mm	$H_s=H_0-\frac{F_s}{F'}=90-\frac{306.97}{4.9}=27.35$
	实际工作行程 h	mm	$h=H_1-H_n=77.76-41.02=36.74\approx36\pm1$
	工作区范围		$\frac{F_1}{F_s}=\frac{60}{306.97}\approx0.2$；$\frac{F_n}{F_s}=\frac{240}{306.97}\approx0.8$
	高径比 b		$b=\frac{H_0}{D}=\frac{90}{38}=2.37<2.6$ $b<2.6$ 不必进行稳定性验算
工作图	F_s=300N　F_n=240N　F_1=60N　27.35　41.02　77.76　90　ϕ41.5　Ra12.5　14.95　ϕ3.5　Ra12.5		技术要求 1. 旋向：右旋 2. 有效圈 $n=5.5$、总圈数 $n_1=7.5$ 3. 展开长度 $L=902$mm 4. 未注精度要求按 GB 1239.2-2 级 5. 弹簧做消应力回火处理

表 11-2-23　　圆柱螺旋压缩弹簧计算示例之二

	项　目	单位	公 式 及 数 据
原始条件	最大工作载荷 F_n	N	$F_n=420$
	最小工作载荷 F_1	N	$F_1=200$
	弹簧中径 D	mm	$D=32$
	工作行程 h	mm	$h=10$
	弹簧类别——气门弹簧		Ⅱ类弹簧，$N=10^3\sim10^6$ 次
	凸轮轴转速 n_{max}	r/min	1400
	材料		阀门用油淬火回火碳素弹簧钢丝
	端部结构		两端并紧且磨平，支承圈数为 1 圈
参数计算	许用应力 τ_p	MPa	根据表 11-2-5 $R_m=1422$　故 $\tau_p=0.4R_m=568.8$
	初定 C 和 K		根据公式 $\frac{8}{\pi}KC^3=\frac{\tau_p D^2}{F_n}=\frac{568.8\times32^2}{420}=1386.7$ 查表 11-2-21 $C=7.7$　$K=1.192$
	材料直径 d	mm	$d=\frac{D}{C}=\frac{32}{7.7}=4.16$ 取 $d=4.5$
	确定旋绕比 C		$C=\frac{D}{d}=\frac{32}{4.5}=7.1$
	确定曲度系数 K		$K=\frac{4C-1}{4C-4}+\frac{0.615}{C}$ 或查表 11-2-21 $K=1.21$
	弹簧刚度 F'	N/mm	$F'=\frac{F_n-F_1}{h}=\frac{420-200}{10}=22$
	最小工作载荷下的变形量 f_1	mm	$f_1=\frac{F_1}{F'}=\frac{200}{22}=9.1$
	最大工作载荷下的变形量 f_n	mm	$f_n=\frac{F_n}{F'}=\frac{420}{22}=19.1$
	压并时变形量 f_b	mm	根据弹簧的工作区应在全变形量的 20%～80% 的规定，取 $f_n=0.65f_b$ 故　$f_b=\frac{f_n}{0.65}=\frac{19.1}{0.65}=29.4$
	压并载荷 F_b	N	根据上项的同样规定 $F_b=\frac{F_n}{0.65}=\frac{420}{0.65}=646$
	有效圈数 n	圈	$n=\frac{Gd^4f_n}{8F_nD^3}=\frac{7900\times4.5^4\times19.1}{8\times420\times32^3}=5.63$ 按标准取 $n=6$
	总圈数 n_1	圈	根据表 11-2-15 $n_1=n+2=6+2=8$
	压并高度 H_b	mm	根据表 11-2-15 $H_b=(n+1.5)d=(6+1.5)\times4.5=33.75$
	自由高度 H_0	mm	$H_0=H_b+f_b=33.75+29.4=63.15$ 按标准取 $H_0=65$

续表

项目		单位	公式及数据
参数计算	节距 t	mm	根据表 11-2-9 $t=\frac{H_0-1.5d}{n}=\frac{65-1.5\times4.5}{6}=9.71$
	螺旋角 α	(°)	$\alpha=\arctan\frac{t}{\pi D}=\arctan\frac{9.71}{3.14\times32}=5.52°$
	展开长度 L	mm	$L=\frac{\pi Dn_1}{\cos\alpha}=\frac{3.14\times32\times8}{\cos5.52°}=808$
	脉动疲劳极限应力 τ_{u0}	MPa	根据表 11-2-17 $N=10^7$ 时： $\tau_{u0}=0.3R_m=0.3\times1422=420$
	最小切应力 τ_{min}	MPa	$\tau_{min}=\frac{8KDF_1}{\pi d^3}=\frac{8\times1.21\times32\times200}{3.14\times4.5^3}=216$
	最大切应力 τ_{max}	MPa	$\tau_{max}=\frac{8KDF_n}{\pi d^3}=\frac{8\times1.21\times32\times420}{3.14\times4.5^3}=454$
	疲劳安全系数 S		$S=\frac{\tau_0+0.75\tau_{min}}{\tau_{max}}=\frac{420+0.75\times216}{454}=1.28$ $S\approx S_p=1.3\sim1.7$
	弹簧自振频率 f_e	1/s	$f_e=3.56\times10^5\times\frac{d}{nD^2}$ $=3.56\times10^5\times\frac{4.5}{6\times32^2}$ $=260.7$
	强迫振动频率 f_r	1/s	$f_r=\frac{n_{max}}{60}=\frac{1400}{60}=23.3$
	共振验算		$f>10f_r$ 即 $260.7>10\times23.3$

3.8 组合弹簧的设计计算

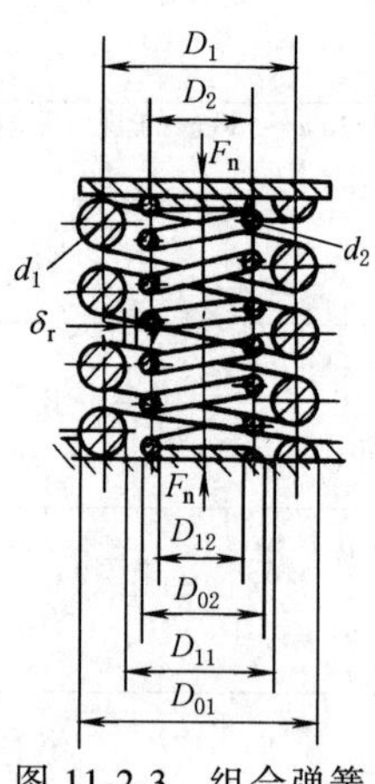

图 11-2-3　组合弹簧

当设计承受载荷较大，且安装空间受限制的圆柱螺旋压缩弹簧时，可采用组合弹簧（图 11-2-3）。这种弹簧比普通弹簧轻，钢丝直径较小，制造也方便。

设计组合弹簧时，应注意下列事项：

1）内、外弹簧的强度要接近相等，经推算有下列关系

$$\frac{d_1}{d_2}=\frac{D_1}{D_2}=\sqrt{\frac{F_{n1}}{F_{n2}}}\quad 及\quad F_n=F_{n1}+F_{n2}$$

一般组合弹簧的 F_{n1}（外弹簧最大工作载荷）和 F_{n2}（内弹簧最大工作载荷）之比为 5∶2。设计时，先按此比值分配外、内弹簧的载荷，然后按单个弹簧的设计步骤进行。

2）内、外弹簧的变形量应接近相等，其中一个弹簧在最大工作载荷下的变形量 f_n 不应大于另一个弹簧的工作极限变形量 f_s，实际所产生的变形差可用垫片调整。

3）为保证组合弹簧的同心关系，防止内、外弹簧产生歪斜，两个弹簧的旋向应相反，一个右旋，另一个左旋。

4）组合弹簧的径向间隙 δ_r 要满足下列关系

$$\delta_r=\frac{D_{11}-D_{02}}{2}\geqslant\frac{d_1-d_2}{2}$$

5）弹簧端部的支承面结构应能防止内、外弹簧在工作中的偏移。

3.9 组合弹簧的计算示例

表 11-2-24

<table>
<tr><th colspan="2">项　目</th><th>单　位</th><th>公 式 及 数 据</th></tr>
<tr><td rowspan="7">原始条件</td><td>最小工作载荷 F_1</td><td>N</td><td>$F_1=340$</td></tr>
<tr><td>最大工作载荷 F_n</td><td>N</td><td>$F_n=900$</td></tr>
<tr><td>工作行程 h</td><td>mm</td><td>$h=10$</td></tr>
<tr><td>载荷性质</td><td></td><td>冲击载荷</td></tr>
<tr><td>弹簧类别</td><td></td><td>Ⅱ类</td></tr>
<tr><td>端部结构</td><td></td><td>两端圈并紧并磨平</td></tr>
<tr><td>弹簧材料</td><td></td><td>碳素弹簧钢丝 C 级</td></tr>
<tr><td rowspan="8">参数计算</td><td>外、内弹簧的最大工作载荷 F_{n1},F_{n2}</td><td>N</td><td>$F_{n1}=\frac{5}{7}F_n=\frac{5}{7}\times900=643$
$F_{n2}=F_n-F_{n1}=900-643=257$</td></tr>
<tr><td>外、内弹簧的最小工作载荷 F_{11},F_{12}</td><td>N</td><td>$F_{11}=\frac{5}{7}F_1=\frac{5}{7}\times340=243$
$F_{12}=F_1-F_{11}=340-243=97$</td></tr>
<tr><td>外、内弹簧要求的刚度 F'</td><td>N/mm</td><td>$F'_1=\frac{F_{n1}-F_{11}}{h}=\frac{643-243}{10}=40$
$F'_2=\frac{F_{n2}-F_{12}}{h}=\frac{257-97}{10}=16$
$F'=F'_1+F'_2=40+16=56$</td></tr>
<tr><td>要求的工作极限载荷 F_s</td><td>N</td><td>$F_{s1}=1.25F_{n1}=1.25\times643=803.75$
$F_{s2}=1.25F_{n2}=1.25\times257=321.25$</td></tr>
<tr><td>初选材料直径 d 及中径 D</td><td>mm</td><td>根据 F_{s1} 及 F_{s2} 值,从表 11-2-20 中选取,其有关参数如下:
<table><tr><th>簧别</th><th>d</th><th>D</th><th>F_s</th><th>f_d</th><th>F'_d</th></tr><tr><td>外簧</td><td>5</td><td>35</td><td>850</td><td>5.903</td><td>144</td></tr><tr><td>内簧</td><td>3</td><td>20</td><td>339.76</td><td>3.398</td><td>100</td></tr></table></td></tr>
<tr><td>外、内弹簧径向间隙 δ_r</td><td>mm</td><td>$\delta_r=\frac{D_{11}-D_{02}}{2}\geqslant\frac{d_1-d_2}{2}$
$\delta_r=\frac{(35-5)-(20+3)}{2}\geqslant\frac{5-3}{2}$
$=3.5>1$</td></tr>
<tr><td>最大工作载荷下的变形量 f_n</td><td>mm</td><td>$f_n=\frac{F_n\times h}{F_n-F_1}=\frac{900\times10}{900-340}=16$
又 $f_{n1}=f_{n2}=f_n=16$</td></tr>
</table>

续表

	项　目	单　位	公 式 及 数 据
参数计算	选用弹簧的最大工作载荷 F_n	N	$F_{n1} \leqslant 0.8 \times F_s \leqslant 0.8 \times 850 \leqslant 680$ $F_{n2} \leqslant 0.8 \times F_s \leqslant 0.8 \times 339.76 \leqslant 272$
	选用弹簧的最小工作载荷 F_1	N	$F_{11} = \dfrac{F_{n1}(f_{n1}-h)}{f_{n1}} = \dfrac{680 \times (16-10)}{16} = 255$ $F_{12} = \dfrac{F_{n2}(f_{n2}-h)}{f_{n2}} = \dfrac{272 \times (16-10)}{16} = 102$
	验算工作载荷 F	N	最大工作载荷($F_n = 900$) $F_{n1} + F_{n2} = 680 + 272 = 952 > 900$ 最小工作载荷($F_1 = 340$) $F_{11} + F_{12} = 255 + 102 = 357 > 340$
	最大工作载荷下的单圈变形量 f_{dn}	mm	$f_{dn1} = 0.8 f_d = 0.8 \times 5.903 = 4.72$ $f_{dn2} = 0.8 f_d = 0.8 \times 3.398 = 2.72$
	有效圈数 n	圈	$n_{01} = \dfrac{f_{n1}}{f_{dn1}} = \dfrac{16}{4.72} = 3.39$　取 $n = 3.5$ $n_{02} = \dfrac{f_{n2}}{f_{dn2}} = \dfrac{16}{2.72} = 5.58$　取 $n = 6$
	总圈数 n_1	圈	外 $n_1 = n_{01} + 2 = 3.5 + 2 = 5.5$ 内 $n_1 = n_{02} + 2 = 6 + 2 = 8$
	最大工作载荷下的实际变形量 f_n	mm	$f_{n1} = n f_{dn1} = 3.5 \times 4.72 = 16.52$ $f_{n2} = n f_{dn2} = 6 \times 2.72 = 16.32$
	最小工作载荷下的实际变形量 f_1	mm	$f_{11} = f_{n1} \dfrac{F_{11}}{F_{n1}} = 16.52 \times \dfrac{255}{680} = 6.19$ $f_{12} = f_{n2} \dfrac{F_{12}}{F_{n2}} = 16.32 \times \dfrac{102}{272} = 6.12$
	极限工作载荷下的变形量 f_s	mm	$f_{s1} = n f_d = 3.5 \times 5.903 = 20.65$ $f_{s2} = n f_d = 6 \times 3.398 = 20.40$
	节距 t	mm	$t_1 = d + f_d = 5 + 5.903 = 10.9$ $t_2 = d + f_d = 3 + 3.398 = 6.4$
	自由高度 H_0	mm	$H_{01} = n t_1 + 1.5d = 3.5 \times 10.9 + 1.5 \times 5 = 46$ $H_{02} = n t_2 + 1.5d = 6 \times 6.4 + 1.5 \times 3 = 38$ 内簧需加垫　厚度 = 46−38 = 8mm
	弹簧实际刚度 F'	N/mm	$F'_1 = \dfrac{F'_d}{n_{01}} = \dfrac{144}{3.5} = 41$ $F'_2 = \dfrac{F'_d}{n_{02}} = \dfrac{100}{6} = 16$ $F'_1 + F'_2 = 41 + 16 = 57 \approx F'(56)$
	旋绕比 C		$C_1 = \dfrac{D}{d} = \dfrac{35}{5} = 7$ $C_2 = \dfrac{D}{d} = \dfrac{20}{3} = 6.7$

.10 圆柱螺旋压缩弹簧的压力调整结构

表 11-2-25　　压力调整的典型结构

结构类型	使用说明
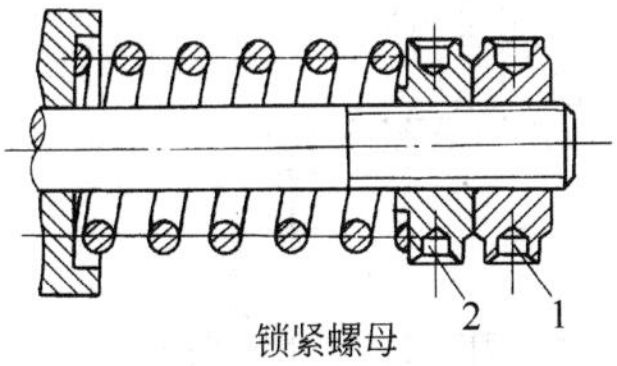 锁紧螺母	调整时,松动螺母1,将螺母2也就是支承座旋到所要求位置,然后再锁紧螺母1
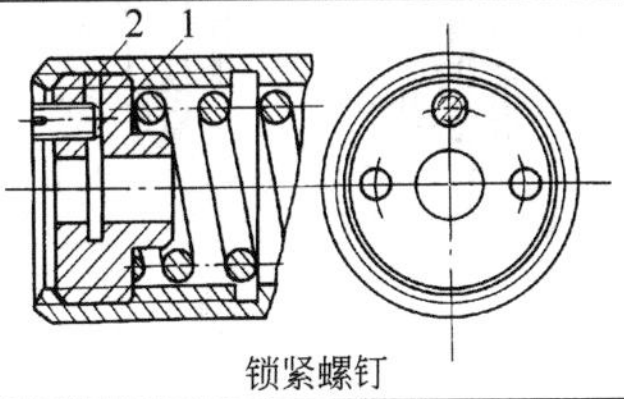 锁紧螺钉	调整时,将锁紧螺钉2旋松,然后调整支承座1,旋到合适位置后,再将锁紧螺钉2拧紧
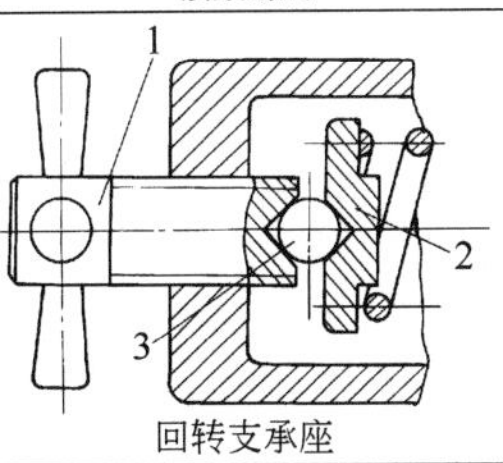 回转支承座	在调整螺旋1和支承座2之间嵌入钢球3,这样调整螺旋就可以随着弹簧作用力的改变而自由回转
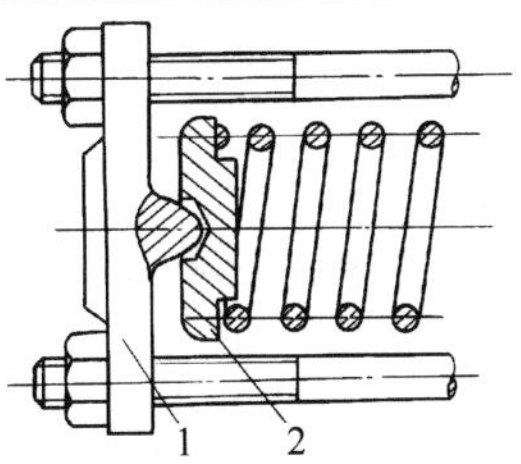 对心顶支承弹簧座	与回转支承座调整结构类似,弹簧座2可绕对心顶1回转,适用于大型弹簧
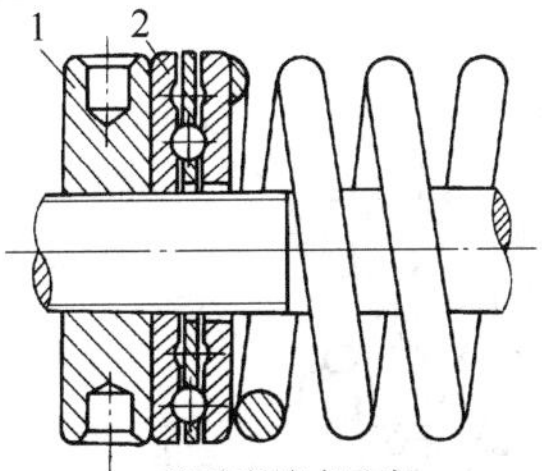 滚动摩擦支承座	滚动支承2结构,可避免支承座1带动弹簧端圈扭转而使弹簧承受附加的转矩,适用于需要经常调整压缩力的大型弹簧

3.11 圆柱螺旋压缩弹簧的应用实例

1）图 11-2-4 为矿井单绳提升罐笼齿爪式防坠器。矿井罐笼上下升降正常工作时，弹簧 2 受到压缩，齿爪 10 总是张开的，当与主吊杆相连的钢绳或主吊杆本身破断时，被压缩的弹簧自动伸张，将能量释放驱动横担 6，带动齿爪 10 转动，使齿爪卡入罐道木 11，在罐笼载荷作用下，齿爪卡入罐道木的深度逐渐加深，直至罐笼被制动悬挂在罐道木上。这是利用弹簧被压缩时储存的能量驱动机构的应用。

2）图 11-2-5 是组合弹簧在汽车喷油泵的机械离心式全速调速器中的应用。内弹簧安装时略有预紧力，以适应低转速时调速的需要，故称怠速弹簧 8。中弹簧安装呈自由状态，在端头留有 2~3mm 的间隙，柴油机高速运转时，内弹簧和中弹簧一起作用，因此中弹簧称作高速弹簧 9。外弹簧在柴油机启动时，起着加浓油量的作用，有利于启动，故称作启动弹簧 10。柴油机启动时，首先是启动弹簧起作用，使油量加浓，利于启动。低速运转时，外弹簧和内弹簧同时起作用。在高速运转时，三根弹簧同时起作用，由于中弹簧的弹簧力最大，高速运转时，主要是中弹簧起作用。

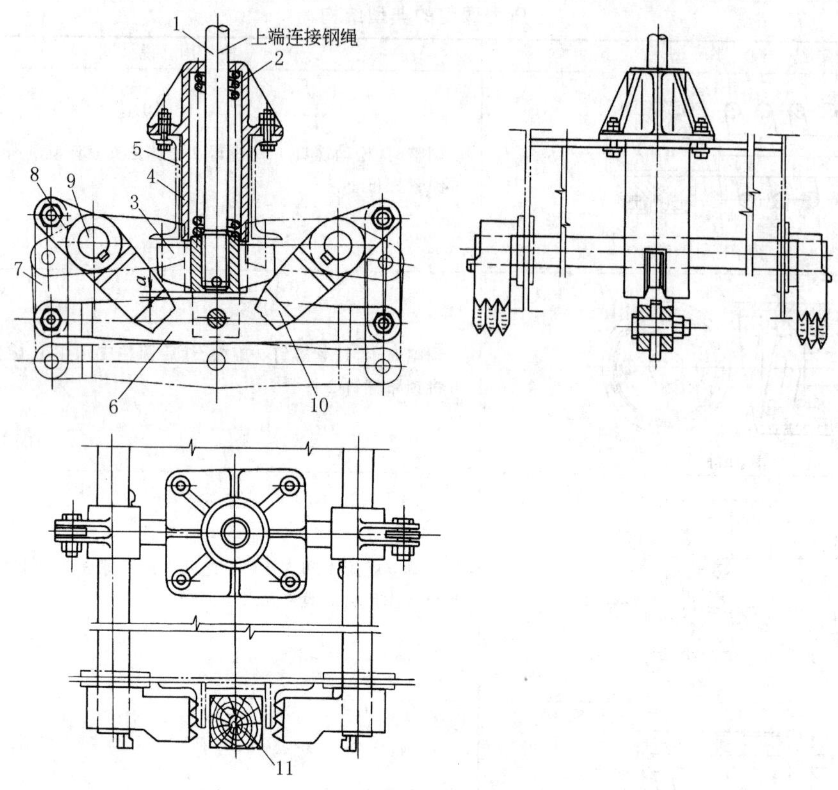

图 11-2-4　矿井单绳提升罐笼齿爪式防坠器

1—主吊杆；2—弹簧；3—支承翼板；4—弹簧套筒；5—罐笼主梁；6—横担；7—连杆；8—杠杆；9—轴；10—齿爪；11—罐道木

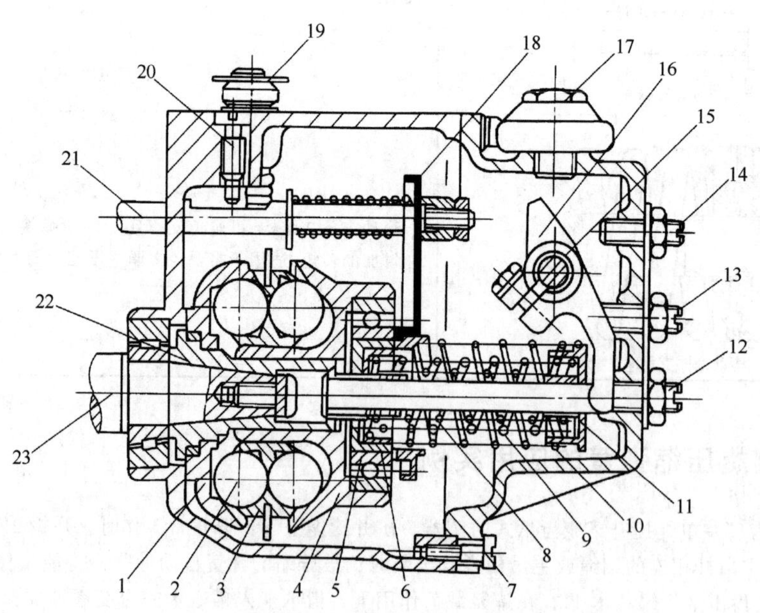

图 11-2-5　组合弹簧在机械离心式全速调速器中的应用

1—传动斜盘；2—飞球；3—球座；4—推力盘；5—轴承座；6—前弹簧座；7—放油螺钉；8—怠速弹簧；9—高速弹簧；10—启动弹簧；11—后弹簧座；12—调节杆；13,14—调节螺钉；15—轴；16—调速叉；17—螺塞；18—传动板；19—手柄；20—限位螺钉；21—供油杆；22—传动轴套；23—喷油泵凸轮轴

4 圆柱螺旋拉伸弹簧

拉伸弹簧的拉力、变形和强度计算与压缩弹簧基本相同，两者只是受力、变形和应力的方向相反。因此，压缩弹簧的基本计算公式同样可以应用于拉伸弹簧。

密圈螺旋拉伸弹簧在冷卷时形成的内力，其值为弹簧开始产生拉伸变形时所需要加的作用力，为拉伸弹簧的初拉力。初拉力与材料的种类、性能、直径和弹簧的旋绕比、耳环的形式、长短以及弹簧的加工方法都有直接的关系，用冷拔成形并经过强化处理的钢丝且经冷卷成形后的拉伸密圈弹簧，都有一定的初拉力。不锈弹簧钢丝与碳素弹簧钢丝制成的弹簧比较，初拉力要小12%左右；弹簧消应力回火处理的温度越高，初拉力越小；制成弹簧需要经热处理淬火的拉伸弹簧就没有初拉力。

初拉力
$$F_0=\tau_0\frac{\pi d^3}{8D}$$

式中，τ_0 是拉伸弹簧的初切应力。初切应力是一个与弹簧的旋绕比有关系的值，可以在图 11-2-6 中查取。

拉伸弹簧在拉伸时，钩环在 A、B 处（图 11-2-7）承受最大弯曲应力及初应力。对重要的拉伸弹簧，其应力可按下式分别计算：

$$\sigma_{\max}=\frac{32F_nR}{\pi d^3}\times\frac{r_1}{r_3}\leqslant[\sigma]$$

$$\tau_{\max}=\frac{16F_nR}{\pi d^3}\times\frac{r_2}{r_4}\leqslant\tau_p$$

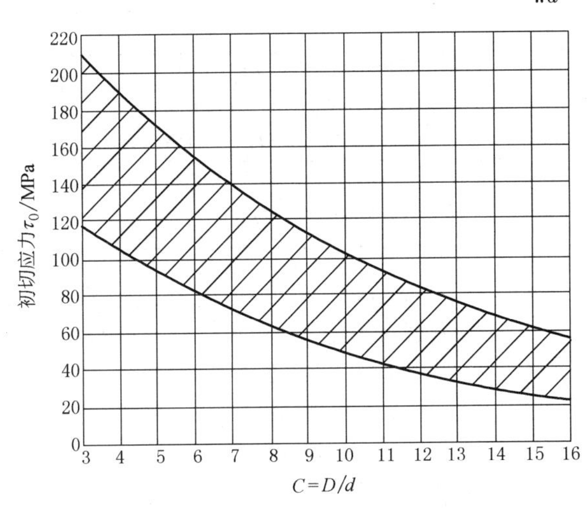

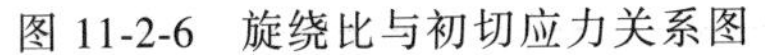
图 11-2-6 旋绕比与初切应力关系图

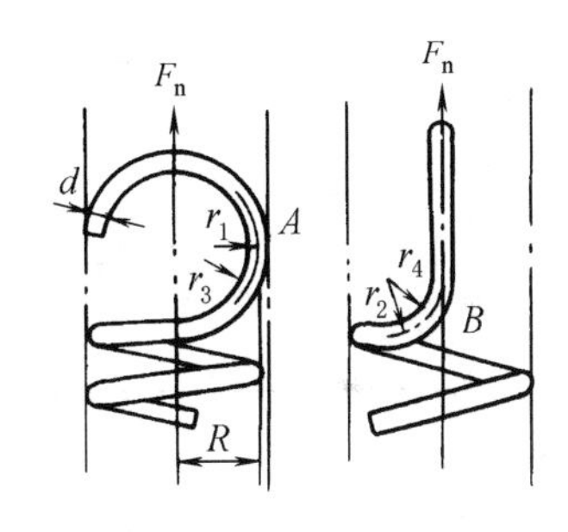

图 11-2-7 拉簧钩环受力图

4.1 圆柱螺旋拉伸弹簧计算公式

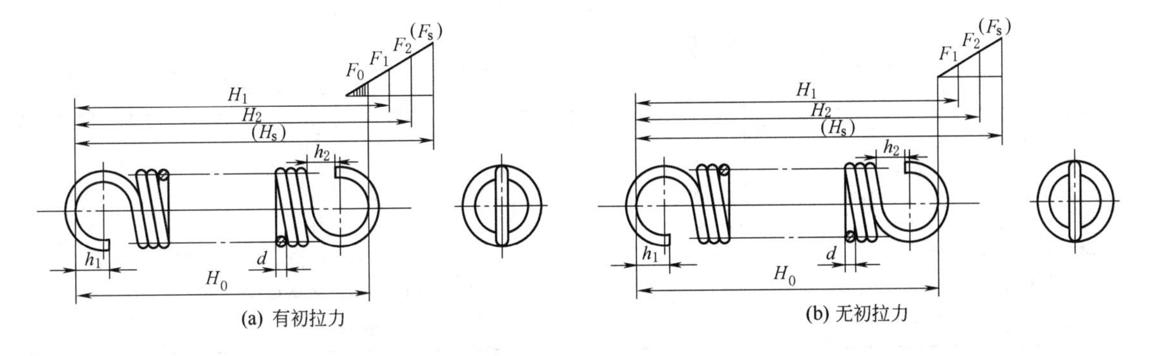

(a) 有初拉力　　(b) 无初拉力

表 11-2-26

项目		单位	公式及数据
主要计算公式	材料直径 d	mm	$d \geqslant \sqrt[3]{\frac{8KDF}{\pi[\tau]}}$ 或 $d \geqslant \sqrt{\frac{8KCF}{\pi[\tau]}}$ 式中,$[\tau]$为根据设计情况确定的许用切应力
	有效圈数 n	圈	$n=\frac{Gd^4}{8D^3F}f$
	弹簧刚度 F'	N/mm	$F'=\frac{Gd^4}{8D^3n}=\frac{F-F_0}{f}$
	弹簧中径 D	mm	$D=Cd$,根据结构要求估计,再取标准值
	弹簧内径 D_1	mm	$D_1=D-d$
	弹簧外径 D_2	mm	$D_2=D+d$
	总圈数 n_1	圈	$n_1=n$,当$n>20$时圆整为整数 $n<20$时圆整为半圈
	节距 t	mm	$t=d+\delta$,对密卷弹簧取$\delta=0$
	间距 δ	mm	$\delta=t-d$
	自由长度 H_0	mm	半圆钩环型 $H_0=(n+1)d+D_1$ 圆钩环型 $H_0=(n+1)d+2D_1$ 圆钩环压中心型 $H_0=(n+1.5)d+2D_1$
	最小载荷下的长度 H_1	mm	$H_1=H_0+f_1$, $f_1=\frac{8F_1C^4n}{GD}-f_0$
	最大载荷下的长度 H_n	mm	$H_n=H_0+f_n$, $f_n=\frac{8F_nC^4n}{GD}-f_0$
	极限载荷下的长度 H_s	mm	$H_s=H_0+f_s$, $f_s=\frac{8F_sC^4n}{GD}-f_0$
	螺旋角 α	(°)	$\alpha=\arctan\frac{t}{\pi D}$
	弹簧展开长度 L	mm	$L\approx\pi Dn_1$+钩环展开长度

4.2 圆柱螺旋拉伸弹簧计算示例

表 11-2-27 圆柱螺旋拉伸弹簧计算示例之一

项目		单位	公式及数据
原始条件	最大拉力 F_n	N	350
	最小拉力 F_1	N	176
	工作行程 h	mm	12
	弹簧外径 D_2	mm	≤18
	载荷作用次数 N		$N<10^3$ 次
	弹簧材料		碳素弹簧钢丝 C 级
	端部结构		圆钩环压中心

续表

项目		单位	公式及数据
参数计算	初算弹簧刚度 F'	N/mm	$F'=\dfrac{F_n-F_1}{h}=\dfrac{350-176}{12}=14.5$
	工作极限载荷 F_s	N	因是Ⅲ类载荷，$F_s \geqslant F_n$ 考虑为拉伸弹簧，应将表 11-2-20 中的 F_s 乘以 0.8。为了直接查表，改为 F_n 除以 0.8 即 $F_s=F_n\times\dfrac{1}{0.8}=350\times\dfrac{1}{0.8}=440$
	材料直径 d 及弹簧中径 D	mm	查表 11-2-20，选取 $d=3,D=14,F_s=444.99$ $f_d=1.527,F'_d=291,F_0=97.4$
	有效圈数 n	圈	$n=\dfrac{F'_d}{F'}=\dfrac{291}{14.5}=20.06$ 取 $n=20$
	弹簧刚度 F'	N/mm	$F'=\dfrac{F'_d}{n}=\dfrac{291}{20}=14.55$
	最小载荷下的变形量 f_1	mm	$f_1=\dfrac{F_1-F_0}{F'}=\dfrac{176-97.4}{14.55}=5.4$
	最大载荷下的变形量 f_n	mm	$f_n=\dfrac{F_n-F_0}{F'}=\dfrac{350-97.4}{14.55}=17.36$
	极限载荷下的变形量 f_s	mm	$f_s=f_d n\times0.8=1.527\times20\times0.8=24.43$
	弹簧外径 D_2	mm	$D_2=D+d=14+3=17$
	弹簧内径 D_1	mm	$D_1=D-d=14-3=11$
	自由长度 H_0	mm	$H_0=(n+1.5)d+2D$ $=(20+1.5)d+2\times14=92.5$
	最小载荷下的长度 H_1	mm	$H_1=H_0+f_1=92.5+5.4=97.9$
	最大载荷下的长度 H_n	mm	$H_n=H_0+f_2=92.5+17.36=109.86$
	工作极限载荷下的长度 H_s	mm	$H_s=H_0+f_s=92.5+24.43$ $=116.93$
	展开长度 L	mm	$L=\pi Dn+2\pi D=3.14\times14\times20+2\times3.14\times14=967.12$
验算	实际极限变形量	mm	$f_n+\dfrac{F_0}{F'}=17.36+\dfrac{97.4}{14.55}=20.05<f_s(24.43)$
	实际极限载荷	N	$F_s\times0.8=444.99\times0.8=356>F_n(350)$

表 11-2-28　　圆柱螺旋拉伸弹簧计算示例之二

	项　目	单　位	公 式 及 数 据
原始条件	最大拉力 F_n	N	340
	最小拉力 F_1	N	180
	工作行程 h	mm	11
	弹簧外径 D_2	mm	≤22
	载荷作用次数	次	$10^3 \sim 10^5$
	弹簧材料		油淬火回火碳素弹簧钢丝 B 类
	端部结构		圆钩型
参数计算	初定弹簧刚度 F'	N/mm	$F'=\frac{F_n-F_1}{h}=\frac{340-180}{11}=14.5$
	工作极限载荷 F_s	N	因是Ⅱ类载荷，$F_s \geqslant 1.25F_n$，取 $F_s=1.25F_n=1.25\times340=425$，但考虑到拉伸弹簧，应将表 11-2-20 中 F_s 值乘以 0.8，为了直接查表，今将 425 除以 0.8 则 $F_s=425\times\frac{1}{0.8}=531.25$
	材料直径 d 及弹簧中径 D	mm	查表 11-2-20，选取 $d=3.5$，$D=18$，$F_s=564.41$，$f_d=2.221$，$F'_d=254$，$F_0=109$。由于弹簧材料为油淬火回火碳素弹簧钢丝 B 类，所以其 $R_m=1569$ 现将从表 11-2-20 中查得的 $F_s=564.41$ 及 $f_d=2.221$ 按表 11-2-19 进行修正 $F_s=\frac{1569}{1570}\times564.41=564$ $f_d=\frac{51\times1569}{0.79\times10^5}\times2.221=2.250$
	有效圈数 n	圈	$n=\frac{F'_d}{F'}=\frac{254}{14.5}=17.5$　现取 18
	弹簧刚度 F'	N/mm	$F'=\frac{F'_d}{n}=\frac{254}{18}=14.11$
	最小载荷下的变形量 f_1	mm	$f_1=\frac{F_1-F_0}{F'}=\frac{180-109}{14.11}=5.03$
	最大载荷下的变形量 f_n	mm	$f_n=\frac{F_n-F_0}{F'}=\frac{340-109}{14.11}=16.37$
	极限载荷下的变形量 f_s	mm	$f_s=f_d\times n\times0.8$ $=2.250\times18\times0.8=32.4$
	弹簧外径 D_2	mm	$D_2=D+d=18+3.5=21.5$
	弹簧内径 D_1	mm	$D_1=D-d=18-3.5=14.5$
	自由长度 H_0	mm	$H_0=(n+1)d+2D$ $=(18+1)\times3.5+2\times18=102.5$
	最小工作载荷下的长度 H_1	mm	$H_1=H_0+f_1=102.5+5.03$ $=107.53$
	最大工作载荷下的长度 H_n	mm	$H_n=H_0+f_n=102.5+16.37$ $=118.87$
	工作极限载荷下的长度 H_s	mm	$H_s=H_0+f_s=102.5+32.4$ $=134.9$
	螺旋角 α	(°)	$\alpha=\arctan\frac{t}{\pi D}=\frac{3.5}{3.14\times18}=3.54$ 因为节距 $t=d=3.5\text{mm}$
	展开长度 L	mm	$L=\pi Dn+2\pi D\times\frac{3}{4}$ $=3.14\times18\times18+2\times3.14\times18\times\frac{3}{4}$ $=1102$

续表

项目		单位	公式及数据
弹性特性验算	实际极限变形量	mm	$\left(\dfrac{F_0}{F'}+f_n\right)\times1.25=\left(\dfrac{109}{14.11}+16.37\right)\times1.25$ $=30.11<f_s(32.4)$
	最大工作载荷 F_n	N	$F_n=F_0+F'f_n=109+14.11\times16.37$ $=339.9\approx340$
	实际极限载荷 F_s	N	$F_s\times0.8=564\times0.8=451.53>1.25\times340$ 即 $451.53>425$
工作图			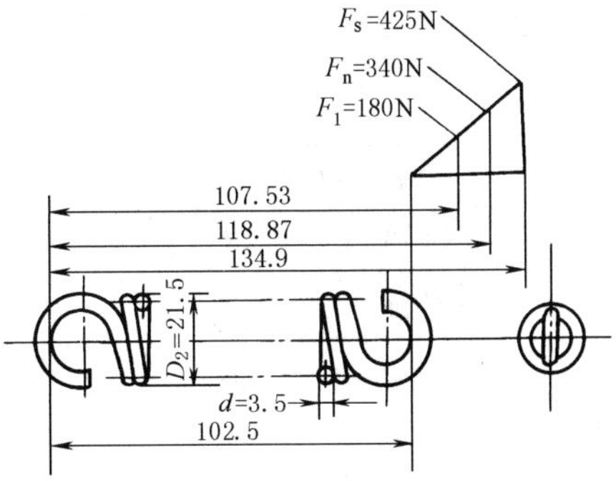

4.3 圆柱螺旋拉伸弹簧的拉力调整结构

表 11-2-29　　拉力的调整典型结构

结构类型	使用说明
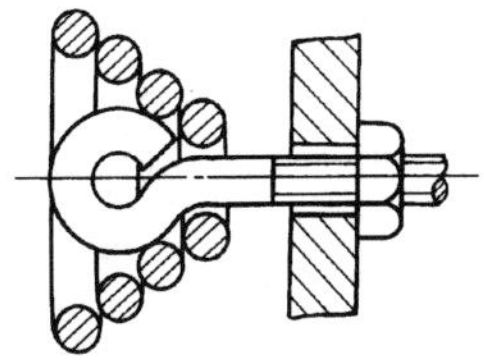 螺杆调整拉力的结构	弹簧端部做成圆锥闭合形，插入带环的螺杆，旋转螺母即可调整弹簧的拉力
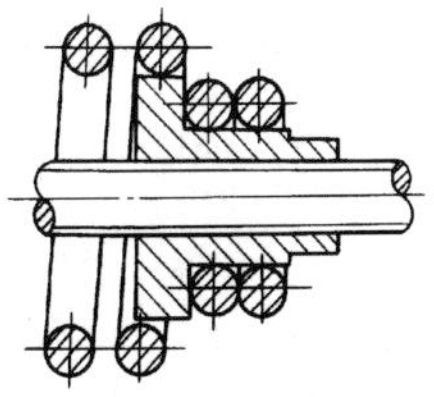 支承座为螺母的调整拉力的结构	弹簧安装在带有凸肩的螺母上，弹簧端部两圈的直径比正常直径小，以便固定，旋转螺母即可调整弹簧的拉力
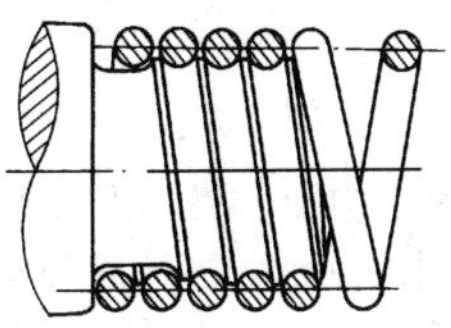 旋塞式调整结构	在螺旋拉杆上加工有螺旋槽，将拉杆旋入弹簧端部，转动拉杆即可调整弹簧的拉力

续表

结构类型	使用说明
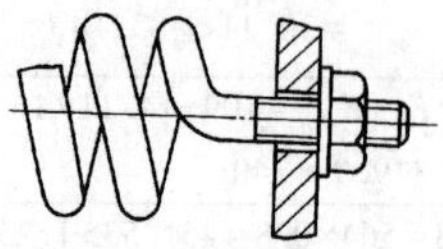 直尾式调整结构	将弹簧端做成直的,并加工出螺纹形成螺杆,旋转螺杆端的螺母即可调整弹簧的拉力
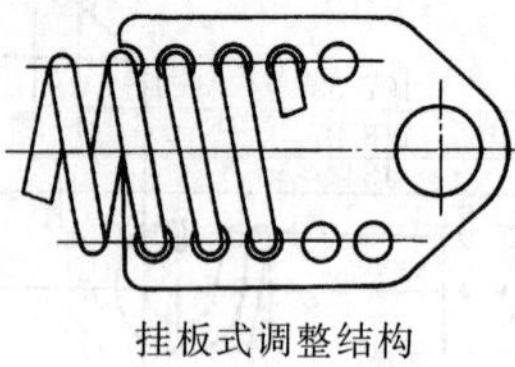 挂板式调整结构	在钢板上钻有孔,弹簧端部旋入孔内3~4圈,靠旋入孔内圈数多少来调整弹簧的拉力
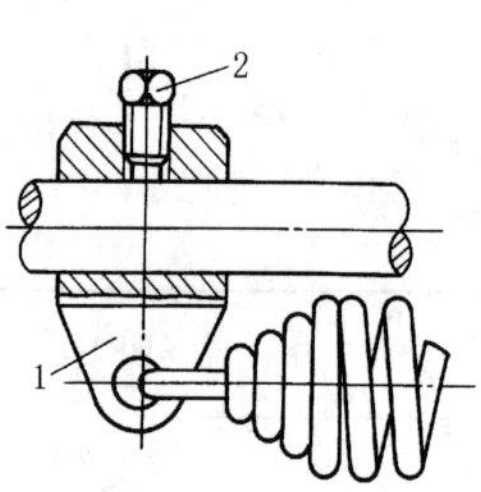 2 1 滑块式调整结构	弹簧端部挂在滑块1的孔内,滑块可沿导杆移动,并用紧固螺钉2将其固定,调整滑块的位置就可以调整弹簧的拉力
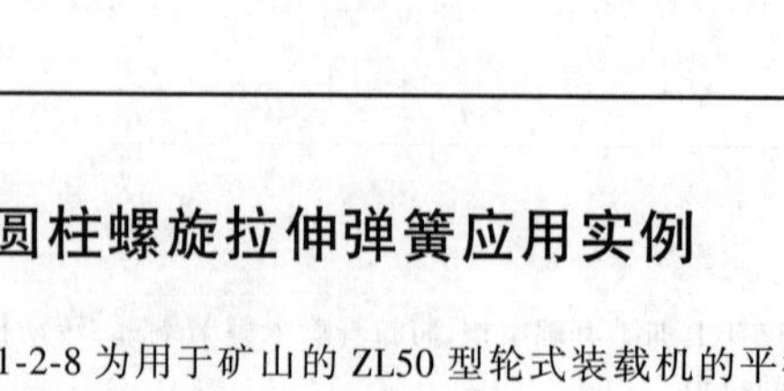 1 2 复式调整结构	螺钉2调整支座1的位置,以调整弹簧的拉力,根据需要,调整弹簧的工作圈数,是一种较好的调整结构,但比较复杂

4.4 圆柱螺旋拉伸弹簧应用实例

图11-2-8为用于矿山的ZL50型轮式装载机的平衡式蹄式制动器。图a为结构图，图b为受力简图。制动时制动缸2的活塞在油压作用下向外推出，使两制动蹄1压在制动鼓上（图上未表示），当解除制动时，制动缸2中的油压释放，制动蹄1在拉伸弹簧7的作用下拉回复位。由于两侧制动蹄受力平衡，轮毂轴承不受任何附加载荷，摩擦衬片的磨损也比较均匀。

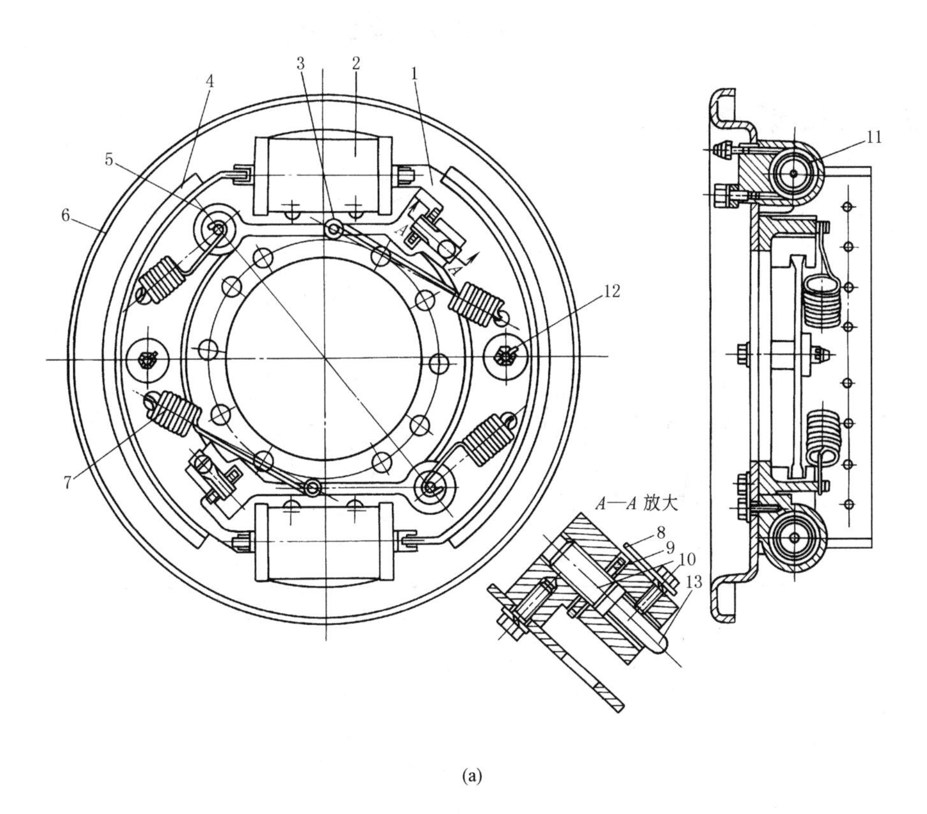

(a)

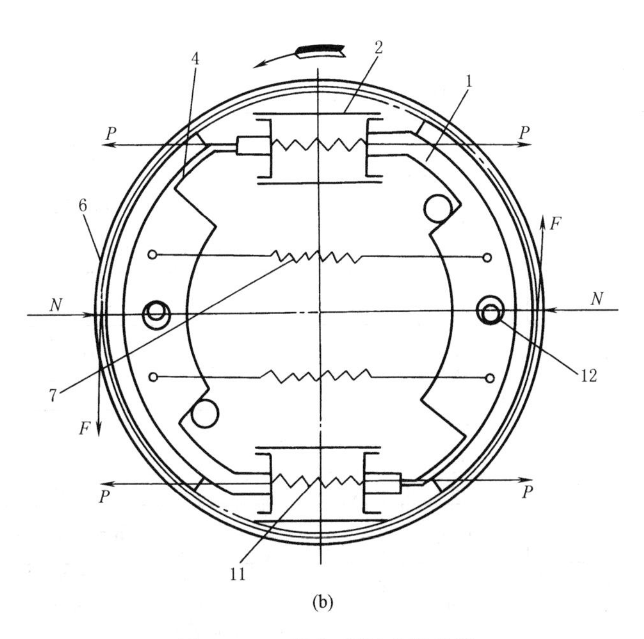

(b)

图 11-2-8　平衡式蹄式制动器

1,4—制动蹄；2—制动缸；3—簧座；5—支承板；6—底板；
7—拉伸弹簧；8—簧片；9—轮；10—杆；11—弹簧；12,13—销

5 圆柱螺旋扭转弹簧

5.1 圆柱螺旋扭转弹簧计算公式

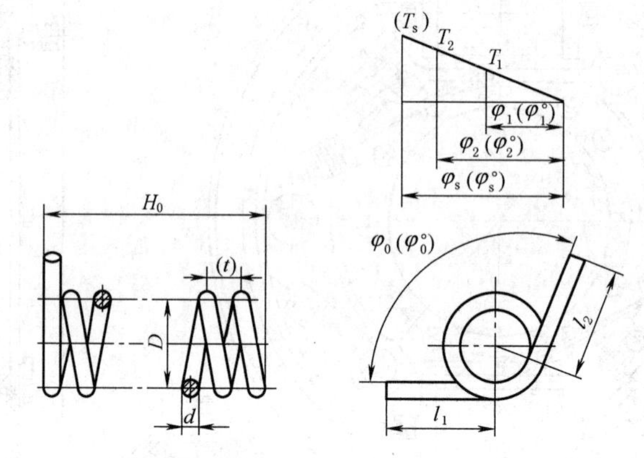

表 11-2-30

项　　目	单位	公式及数据
材料直径 d	mm	$d \geqslant \sqrt[3]{\dfrac{10.2K_b T}{[\sigma]}}$ 式中　$K_b=\dfrac{4C^2-C-1}{4C^2(C-1)}$，$K_b$ 为曲度系数，当顺旋向扭转时，$K_b=1$
有效圈数 n	圈	$n=\dfrac{Ed^4\varphi}{64TD}$　或　$n=\dfrac{Ed^4\varphi^\circ}{3667TD}$
刚度 T'	N·mm/rad 或 N·mm/(°)	$T'=\dfrac{Ed^4}{64Dn}$(N·mm/rad)　或　$T'=\dfrac{Ed^4}{3667Dn}$ N·mm/(°) $T'=\dfrac{T}{\varphi}=\dfrac{T_2-T_1}{\varphi_2-\varphi_1}$　或　$T'=\dfrac{T}{\varphi^\circ}=\dfrac{T_2-T_1}{\varphi_2^\circ-\varphi_1^\circ}$
最小工作扭矩 T_1	N·mm	$T_1=T'\varphi_1$
最大工作扭矩时扭转角 φ_n	(°)	$\varphi_n=\dfrac{T_n}{T'}$
工作极限扭矩 T_s	N·mm	$T_s=\dfrac{\pi d^3}{32}\sigma_s$ 式中，σ_s 为试验弯曲应力
工作极限扭转角 φ_s	(°)	$\varphi_s=\dfrac{T_s}{T'}$
工作极限扭转角下的弹簧内径 D_1'	mm	$D_1'=D\dfrac{n}{n+\dfrac{\varphi_s}{360}}-d$
间距 δ	mm	无特殊要求 $\delta=0.5$
节距 t	mm	$t=d+\delta$
自由长度 H_0	mm	$H_0=nt+d$
螺旋角 α	(°)	$\alpha=\arctan\dfrac{t}{\pi D}$
弹簧展开长度 L	mm	$L=\dfrac{\pi Dn}{\cos\alpha}+L_0$ 式中　L_0——伸臂长度
稳定性指标 $n>n_{min}$	圈	$n_{min}=\left(\dfrac{\varphi_s}{123.1}\right)^4<n$ 若极限扭转变形角 $\varphi_s<123°$，本项可不计算

5.2 圆柱螺旋扭转弹簧计算示例

表 11-2-31

	项目	单位	公式及数据
原始条件	最小工作扭矩 T_1	N·mm	2000
	最大工作扭矩 T_n	N·mm	6000
	工作扭转角 φ	(°)	40
	弹簧类别		$N<10^3$
	端部结构		外臂扭转
	自由角度	(°)	120
参数计算	选择材料及许用弯曲应力[σ]	MPa	根据设计要求为Ⅲ类弹簧,选用碳素弹簧钢丝C级,初步假设钢丝直径 $d=4\sim5.5$mm,根据表11-2-4,查得 $R_m=1520\sim1470$MPa 取 $R_m=1500$MPa 根据表11-2-7,则 许用弯曲应力 $[\sigma]=0.8R_m=0.8\times1500=1200$
	初选旋绕比 C		为使结构紧凑,暂定 $C=6$
	曲度系数 K_b		$K_b=\frac{4C-1}{4C-4}=\frac{4\times6-1}{4\times6-4}=1.15$
	钢丝直径 d	mm	$d=\sqrt[3]{\frac{10.2T_nK_b}{[\sigma]}}=\sqrt[3]{\frac{10.2\times6000\times1.15}{1200}}$ $=3.88$ 取标准值 $d=4$ 对照表11-2-4,$d=4$,C级,则 $R_m=1520$MPa,大于原暂定值,故安全
	弹簧中径 D 及旋绕比 C	mm	$D=C\times d=6\times4=24$ 取标准值 $D=25$ 则 $C=\frac{D}{d}=\frac{25}{4}=6.25$
	弹簧圈数 n	圈	$n=\frac{Ed^4\varphi}{3667D(T_n-T_1)}=\frac{206\times10^3\times4^4\times40}{3667\times25\times(6000-2000)}$ $=5.75$ 取整数值 $n=6$
	弹簧刚度 T'	N·mm/(°)	$T'=\frac{Ed^4}{3667Dn}=\frac{206\times10^3\times4^4}{3667\times25\times6}=95.87$
	最大工作扭矩时的扭转角 φ_n	(°)	$\varphi_n=\frac{T_n}{T'}=\frac{6000}{95.87}=62.58$
	最小工作扭矩时的扭转角 φ_1 实际最小工作扭矩 T_1 工作极限弯曲应力 σ_s	(°) N·mm MPa	$\varphi_1=\varphi_n-\varphi=62.58-40=22.58$ $T_1=T'\varphi_1=95.87\times22.58=2164.7$ $\sigma_s=0.8\times R_m=0.8\times1520=1216$
	工作极限扭矩 T_s	N·mm	$T_s=\frac{\pi d^3\sigma_s}{32K_b}=\frac{3.14\times4^3\times1216}{32\times1.15}=6640.4$
	工作极限扭转角 φ_s	(°)	$\varphi_s=\frac{T_s}{T'}=\frac{6640.4}{95.87}=69.26$
	弹簧节距 t	mm	$t=d+\delta$,无特殊要求 $\delta=0.5$ $t=4+0.5=4.5$

续表

	项目	单位	公式及数据
参数计算	自由长度 H_0	mm	$H_0=nt+d=6\times4.5+4=31$
	螺旋角 α	(°)	$\alpha=\arctan\dfrac{t}{\pi D}=\arctan\dfrac{4.5}{3.14\times25}=3.28$
	展开长度 L	mm	$L=\dfrac{\pi Dn}{\cos\alpha}+L_0=\dfrac{3.14\times25\times6}{\cos3.28}+L_0=471.9+L_0$
	最小稳定性指标 $n_{\min}$		$n_{\min}=\left(\dfrac{\varphi_s}{123.1}\right)^4=\left(\dfrac{69.26}{123.1}\right)^4=0.1<6(n)$
工作图	T_S=6640.4N·mm T_n=6000N·mm T_1=2000N·mm 22.58° 62.58° 69.26° 31 4.5 ϕ=29 d=4 120°±0.5° 15±0.7 15±0.7		技术要求 1. 有效圈数 $n=6$ 2. 旋向为右旋 3. 展开长度 $L=472+L_0$ 4. 硬度 45~50HRC

5.3 圆柱螺旋扭转弹簧安装及结构示例

有关螺旋扭转弹簧的安装和结构示例见表 11-2-32，其中除已注明为内臂结构外，其余均为外臂结构。

表 11-2-32 **扭转弹簧安装和结构示例**

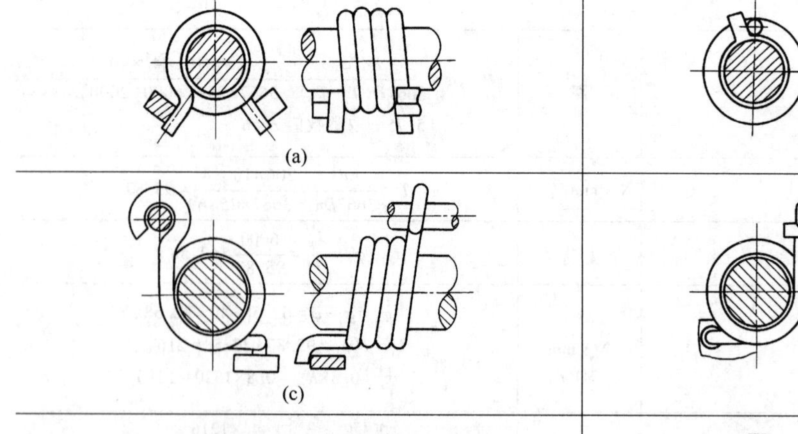

(a) (c) (e)

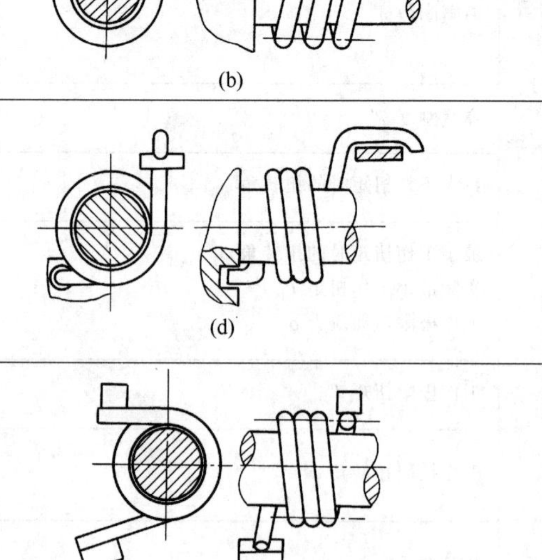

(b) (d) (f)

续表

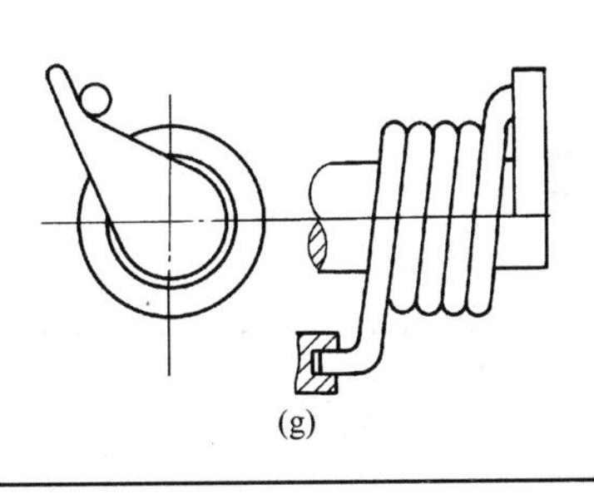
(g)

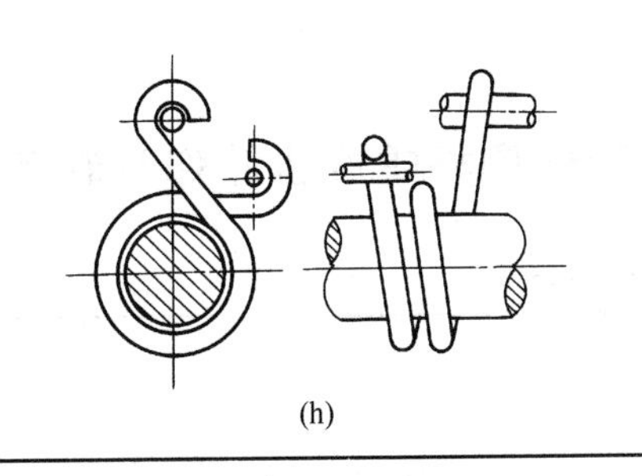
(h)

5.4 圆柱螺旋扭转弹簧应用实例

1）图 11-2-9 为扭转弹簧在机电测力计中的应用。当被测力 F 对转轴 O-O 的转矩 M_F 与扭转弹簧的弹簧力矩 M_2 平衡时，即可测得被测力 F 的大小，并用电压 U 的相应变动值大小来表示。

2）图 11-2-10 中的制动力调节装置是由两个扭簧 4 并联构成的，负载弹簧的两端分别与传力框架和汽车后轴相联系，由于汽车实际装载量的改变和制动时轴载荷转移所引起的后悬架挠度的改变都将导致扭簧力矩的变化，从而改变对比例阀的控制力，以起到自动调节起始点的作用。

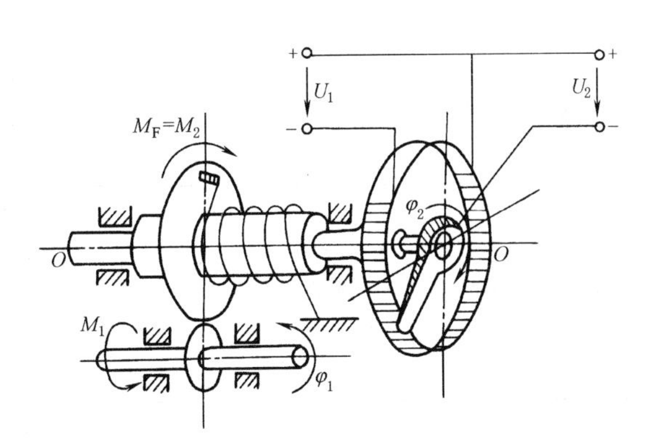

图 11-2-9　测力计

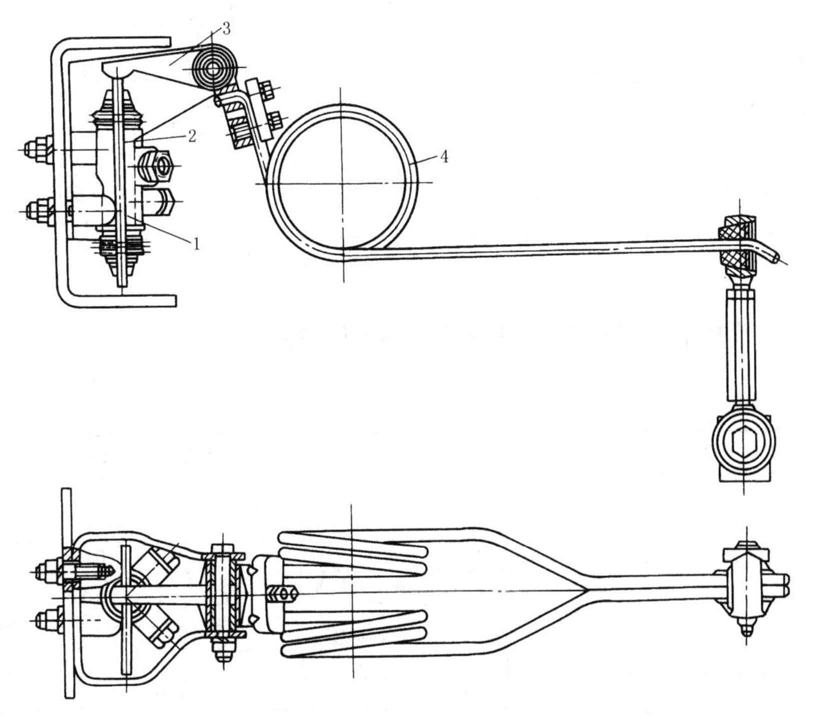

图 11-2-10　扭簧在货车用制动力调节装置上的应用

1—感应比例阀；2—传力框架；3—杠杆；4—扭簧

6 圆柱螺旋弹簧制造精度、极限偏差及技术要求

6.1 冷卷圆柱螺旋压缩弹簧制造精度及极限偏差

表 11-2-33

项目	弹簧制造精度及极限偏差				
指定高度时载荷 F 的极限偏差 ΔF/N	有效圈数 n		≥3~10	>10	
	精度等级	1	±0.05F	±0.04F	
		2	±0.10F	±0.08F	
		3	±0.15F	±0.12F	
弹簧刚度 F' 的极限偏差 $\Delta F'$/N·mm^{-1}	有效圈数 n		≥3~10	>10	
	精度等级	1	±0.05F'	±0.04F'	
		2	±0.10F'	±0.08F'	
		3	±0.15F'	±0.12F'	
弹簧外径 D_2 或内径 D_1 的极限偏差/mm	旋绕比 C		3~8	>8~15	>15~22
	精度等级	1	±0.01D 最小±0.15	±0.015D 最小±0.2	±0.02D 最小±0.3
		2	±0.015D 最小±0.2	±0.02D 最小±0.3	±0.03D 最小±0.5
		3	±0.025D 最小±0.4	±0.03D 最小±0.50	±0.04D 最小±0.7
弹簧自由高度 H_0 的极限偏差/mm	旋绕比 C		3~8	>8~15	>15~22
	精度等级	1	±0.01H_0 最小±0.2	±0.015H_0 最小±0.5	±0.02H_0 最小±0.6
		2	±0.02H_0 最小±0.5	±0.03H_0 最小±0.7	±0.04H_0 最小±0.8
		3	±0.03H_0 最小±0.7	±0.04H_0 最小±0.8	±0.06H_0 最小±1
总圈数的极限偏差 Δn_1	总圈数 n_1 极限偏差 Δn_1		≤10 ±0.25	>10~20 ±0.5	>20~50 ±1.0
两端经磨削的弹簧轴心线对端面的垂直度/mm	精度等级		1	2	3
	垂直度偏差		0.02H_0 (1.15°)	0.05H_0 (2.9°)	0.08H_0 (4.6°)

注：当高径比 b≥5（$b=H_0/D$）宜考核直线度，直线度要求按理论垂直度要求之半。

6.2 冷卷圆柱螺旋拉伸弹簧制造精度及极限偏差

表 11-2-34

项目	弹簧制造精度及极限偏差				
指定长度时，载荷 F 的极限偏差 ΔF/N（有效圈数大于3时）	±[初拉力×α+(指定长度时载荷-初拉力)×β]				
	精度等级		1	2	3
	α		0.10	0.15	0.20
	β	有效圈数 n 3~10	0.05	0.10	0.15
		有效圈数 n >10	0.04	0.08	0.12
弹簧刚度 F' 的极限偏差 $\Delta F'$/N·mm^{-1}	有效圈数 n		≥3~10	>10	
	精度等级	1	±0.05F'	±0.04F'	
		2	±0.10F'	±0.08F'	
		3	±0.15F'	±0.12F'	

续表

项　　目	弹簧制造精度及极限偏差				
弹簧外径 D_2 或内径 D_1 的极限偏差/mm	旋绕比 C		4~8	>8~15	>15~22
	精度等级	1	±0.010D 最小±0.15	±0.015D 最小±0.2	±0.020D 最小±0.3
		2	±0.015D 最小±0.2	±0.02D 最小±0.3	±0.03D 最小±0.5
		3	±0.025D 最小±0.4	±0.03D 最小±0.5	±0.04D 最小±0.7
弹簧自由长度 H_0 的极限偏差 ΔH_0/mm（对于无初拉力的弹簧，其偏差由供需双方确定）	旋绕比 C		4~8	>8~15	>15~22
	精度等级	1	±0.01H_0 最小±0.2	±0.015H_0 最小±0.5	±0.02H_0 最小±0.6
		2	±0.02H_0 最小±0.5	±0.03H_0 最小±0.7	±0.04H_0 最小±0.8
		3	±0.03H_0 最小±0.6	±0.04H_0 最小±0.8	±0.06H_0 最小±1

项　　目			
弹簧两钩环相对角度的公差 Δ/(°)	弹簧中径 D/mm	角度公差 Δ/(°)	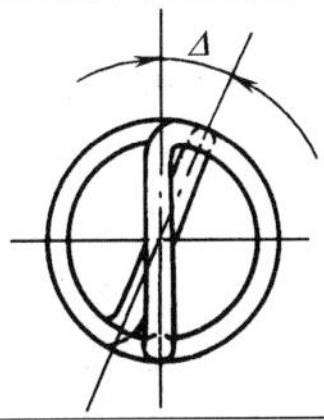
	≤10	35	
	>10~25	25	
	>25~55	20	
	>55	15	
钩环中心面与弹簧轴心线位置度 Δ（适于半钩环、圆钩环、压中心圆钩环，其他钩环的位置度公差由供需双方商定）	弹簧中径 D/mm	角度公差 Δ/(°)	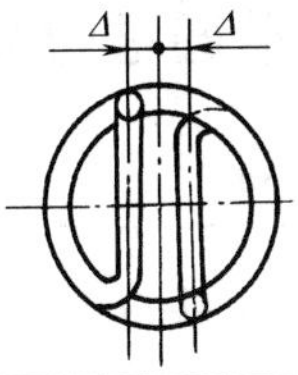
	>3~6	0.5	
	>6~10	1	
	>10~18	1.5	
	>18~30	2	
	>30~50	2.5	
	>50~120	3	
弹簧钩环部长度及其极限偏差/mm	钩环部长度 h/mm	极限偏差/mm	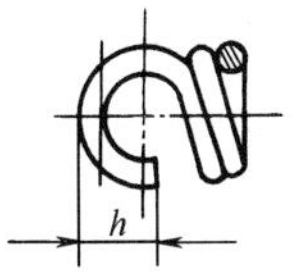
	≤15	±1	
	>15~30	±2	
	>30~50	±3	
	>50	±4	

6.3 热卷圆柱螺旋弹簧制造精度及极限偏差

表 11-2-35

项　　目	弹簧制造精度及极限偏差			
指定载荷时高度的极限偏差 ΔH/mm	按照下表选取，同一级别下极限偏差应取计算值与最小值间绝对值较大者：			
	等级	1 级	2 级	3 级
	极限偏差	±0.05f 最小值±2.5	±0.10f 最小值±5.0	±0.15f 最小值±7.5
指定高度时载荷的极限偏差 ΔF/N	按照下表选取，同一级别下极限偏差应取计算值与最小值间绝对值较大者：			
	等级	1 级	2 级	3 级
	极限偏差	±0.05F 最小值±0.05fF'	±0.10F 最小值±0.05fF'	±0.15F 最小值±0.05fF'

续表

<table>
<tr><th>项　目</th><th>弹簧制造精度及极限偏差</th></tr>
<tr><td>弹簧刚度的极限偏差 $\Delta F'/\mathrm{N}\cdot\mathrm{mm}^{-1}$</td><td>一般为±(10%F'),对精度有特殊要求的弹簧可选±(10%F')
当规定弹簧刚度极限偏差时,一般不再规定指定负荷下高度极限偏差或指定高度下负荷极限偏差</td></tr>
<tr><td>弹簧外径 D_2(或内径 D_1)的极限偏差 ΔD/mm</td><td>按照下表选取,同一级别下应取表中计算值与最小值间绝对值较大者:<table><tr><td>等级</td><td>1级</td><td>2级</td><td>3级</td></tr><tr><td>极限偏差</td><td>±1.25%D
最小值±2.0</td><td>±2.0%D
最小值±2.5</td><td>±2.75%D
最小值±3.0</td></tr></table></td></tr>
<tr><td>弹簧的自由高度 H_0(长度)的极限偏差/mm</td><td>按照下表选取,同一级别下应取表中计算值与最小值间绝对值较大者:<table><tr><td>等级</td><td>1级</td><td>2级</td><td>3级</td></tr><tr><td>极限偏差</td><td>±1.5%H_0
最小值±2.0</td><td>±2%H_0
最小值±3.0</td><td>±3%H_0
最小值±4.0</td></tr></table></td></tr>
<tr><td>总圈数的极限偏差/mm</td><td>当规定弹簧特性时,弹簧总圈数仅作参考
当不规定弹簧特性时,总圈数的极限偏差为±圈</td></tr>
<tr><td>两端制扁或磨平弹簧轴心线对两端面的垂直度/mm</td><td>可考核两端垂直度或考核一端为基准的垂直或平行度。当任何一端为检测基准时:<table><tr><td>等级</td><td>1级</td><td>2级</td><td>3级</td></tr><tr><td>$H_0\leqslant500$</td><td>2.6%H_0</td><td>3.5%H_0</td><td>5.0%H_0</td></tr><tr><td>$H_0>500$</td><td>3.5%H_0</td><td>5.0%H_0</td><td>7.0%H_0</td></tr></table></td></tr>
<tr><td>直线度极限偏差</td><td>不超过垂直度公差之半　|　—</td></tr>
</table>

注:等级1,f=2.5mm;等级2,f=5mm;等级3,f=7.5mm。

6.4 冷卷圆柱螺旋扭转弹簧制造精度及极限偏差

表 11-2-36

<table>
<tr><th>项　目</th><th colspan="14">弹簧制造精度及极限偏差</th></tr>
<tr><td rowspan="5">扭矩的极限偏差 $\Delta T/\mathrm{N}\cdot\mathrm{mm}$</td><td colspan="14">±(计算扭转角×β_1×β_2)×T'</td></tr>
<tr><td colspan="2">精度等级</td><td colspan="4">1</td><td colspan="4">2</td><td colspan="4">3</td></tr>
<tr><td colspan="2">β_1</td><td colspan="4">0.03</td><td colspan="4">0.05</td><td colspan="4">0.08</td></tr>
<tr><td colspan="2">圈数</td><td colspan="4">>3~10</td><td colspan="4">>10~20</td><td colspan="4">>20~30</td></tr>
<tr><td colspan="2">β_2/(°)</td><td colspan="4">10</td><td colspan="4">15</td><td colspan="4">20</td></tr>
<tr><td rowspan="4">弹簧外径 D_2 的极限偏差 ΔD_2/mm</td><td colspan="2">旋绕比 C</td><td colspan="4">4~8</td><td colspan="4">>8~15</td><td colspan="4">>15~22</td></tr>
<tr><td rowspan="3">精度等级</td><td>1</td><td colspan="4">±0.01D
最小±0.15</td><td colspan="4">±0.015D
最小±0.2</td><td colspan="4">±0.02D
最小±0.3</td></tr>
<tr><td>2</td><td colspan="4">±0.015D
最小±0.2</td><td colspan="4">±0.02D
最小±0.3</td><td colspan="4">±0.03D
最小±0.5</td></tr>
<tr><td>3</td><td colspan="4">±0.025D
最小±0.4</td><td colspan="4">±0.03D
最小±0.5</td><td colspan="4">±0.04D
最小±0.7</td></tr>
<tr><td rowspan="4">自由角度的极限偏差/(°)</td><td colspan="2">圈数</td><td colspan="3">≤3</td><td colspan="3">>3~10</td><td colspan="3">>10~20</td><td colspan="3">>20~30</td></tr>
<tr><td rowspan="3">精度等级</td><td>1</td><td colspan="3">±8</td><td colspan="3">±10</td><td colspan="3">±15</td><td colspan="3">±20</td></tr>
<tr><td>2</td><td colspan="3">±10</td><td colspan="3">±15</td><td colspan="3">±20</td><td colspan="3">±30</td></tr>
<tr><td>3</td><td colspan="3">±15</td><td colspan="3">±20</td><td colspan="3">±30</td><td colspan="3">±40</td></tr>
<tr><td rowspan="4">自由长度 H_0 的极限偏差/mm</td><td colspan="2">旋绕比 C</td><td colspan="4">≥4~8</td><td colspan="4">>8~15</td><td colspan="4">>15~22</td></tr>
<tr><td rowspan="3">精度等级</td><td>1</td><td colspan="4">±0.015H_0
最小±0.3</td><td colspan="4">±0.02H_0
最小±0.4</td><td colspan="4">±0.03H_0
最小±0.6</td></tr>
<tr><td>2</td><td colspan="4">±0.03H_0
最小±0.6</td><td colspan="4">±0.04H_0
最小±0.8</td><td colspan="4">±0.06H_0
最小±1.2</td></tr>
<tr><td>3</td><td colspan="4">±0.05H_0
最小±1</td><td colspan="4">±0.07H_0
最小±1.4</td><td colspan="4">±0.09H_0
最小±1.8</td></tr>
</table>

续表

<table>
<tr><td>项　　目</td><td colspan="7">弹簧制造精度及极限偏差</td></tr>
<tr><td rowspan="4">扭臂长度的极限偏差/mm</td><td colspan="3">材料直径 d</td><td>≥0.5~1</td><td>>1~2</td><td>>2~4</td><td>>4</td></tr>
<tr><td rowspan="3"></td><td rowspan="3">精度等级</td><td>1</td><td>±0.02$L(L_1)$
最小±0.5</td><td>±0.02$L(L_1)$
最小±0.7</td><td>±0.02$L(L_1)$
最小±1.0</td><td>±0.02$L(L_1)$
最小±1.5</td></tr>
<tr><td>2</td><td>±0.03$L(L_1)$
最小±0.7</td><td>±0.03$L(L_1)$
最小±1.0</td><td>±0.03$L(L_1)$
最小±1.5</td><td>±0.03$L(L_1)$
最小±2.0</td></tr>
<tr><td>3</td><td>±0.04$L(L_1)$
最小±1.5</td><td>±0.04$L(L_1)$
最小±2.0</td><td>±0.04$L(L_1)$
最小±3.0</td><td>±0.04$L(L_1)$
最小±4.0</td></tr>
<tr><td rowspan="2">扭臂的弯曲角度 α 的极限偏差/(°)</td><td colspan="3">精度等级</td><td colspan="2">1</td><td>2</td><td>3</td></tr>
<tr><td colspan="3"></td><td colspan="2">±5</td><td>±10</td><td>±15</td></tr>
</table>

注：1. 螺旋弹簧制造精度及极限偏差适用线材截面直径≥0.5mm。
2. 弹簧载荷、弹簧刚度和弹簧尺寸的极限偏差允许不对称使用，但其公差不变。
3. 总圈数的极限偏差作为参考值，当钩环位置有要求时，应保证钩环位置。
4. 拉伸弹簧的自由长度，指其两钩环内侧之间的长度。
5. 将弹簧用允许承受的最大载荷压缩 3 次后，其永久变形不得大于自由高度的 3%。
6. 等节距的压缩弹簧在压缩到全变形量的 80%时，其圈间不得接触。

6.5　圆柱螺旋弹簧的技术要求

弹簧一般采用表 11-2-37 所规定的材料，若需用其他材料时，由供需双方商定。

表 11-2-37

序号	标准号	标准名称
1	GB/T 4357—2022	冷拉碳素弹簧钢丝
2	GB/T 21652—2017	铜及铜合金线材
3	GB/T 18983—2017	淬火-回火弹簧钢丝
4	YB(T) 11—1983	弹簧用不锈钢丝
5	YB/T 5311—2010	重要用途碳素弹簧钢丝
6	YS/T 571—2009	铍青铜圆形线材

注：目前 YB（T）11—1983 已经作废，GB/T 24588—2019 已替代。

圆柱螺旋弹簧的技术要求如下：

1）选择冷拉钢丝经铅浴淬火并且采用冷卷成形的弹簧，一般都应该进行消应力回火处理，消应力回火处理规范见表 11-15-4。

2）用退火材料成形或热卷成形（材料直径、厚度较大），热弯成形的弹簧应进行淬火和回火处理。常用弹簧材料淬火和回火处理的规范可参考表 11-15-9。

3）不锈弹簧钢制造弹簧的热处理的方法见第 15 章 1.6 节。

4）选择铜合金材料成形的弹簧，应该根据不同材料分别进行相应的热处理或者时效处理。铜合金材料的热处理规范见第 15 章 1.8 节。

5）弹簧表面镀层为锌、铬与镉时，电镀后应及时进行除氢处理，方法是在 180~200℃的温度中进行 6~24h 的除氢处理。

6）可以根据需要进行立定处理、强压处理、加温强压处理或喷丸处理。

7）弹簧的表面不得有肉眼可见的有害缺陷。

8）有特殊技术要求（疲劳寿命等）时，由供需双方商定。

7 矩形截面圆柱螺旋压缩弹簧

矩形截面圆柱螺旋压缩弹簧与圆形截面圆柱螺旋压缩弹簧相比，在同样的空间，它的截面积大，因此吸收的能量大，可用作重型的要求刚度大的弹簧。另一方面，矩形截面圆柱螺旋压缩弹簧的特性曲线更接近于直线，即弹簧的刚度更接近固定的常数，因此，这种弹簧通常用于特定用途的计量器械上。其形状如图 11-2-11 所示，图中 a 和 b 分别是和螺旋中心线垂直边和平行边的长度，其余符号和上节相同。

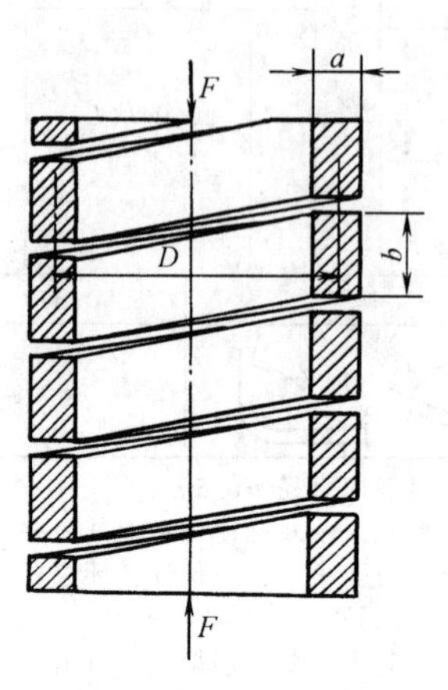

图 11-2-11 矩形截面圆柱螺旋压缩弹簧

7.1 矩形截面圆柱螺旋压缩弹簧计算公式

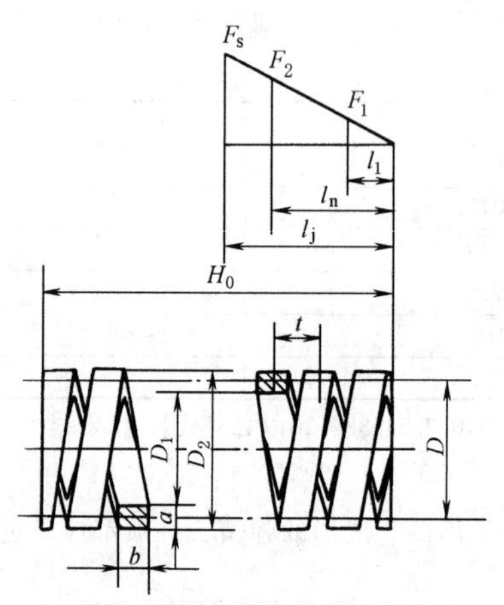

矩形截面压缩弹簧载荷-变形图

表 11-2-38 矩形截面圆柱螺旋压缩弹簧计算公式

项 目	单位	公 式 及 数 据
最大工作载荷 F_n	N	$F_n=\dfrac{ab\sqrt{ab}}{\beta D}\tau_p=\dfrac{b\sqrt{ab}}{\beta C}\tau_p$ 式中 $C=\dfrac{D}{a}$，由表 11-2-39 查取 β——系数，由图 11-2-13 查取 $a=\dfrac{D}{C}=\dfrac{D_2}{C+1}$，$D_2$ 根据空间确定 $b=\left(\dfrac{b}{a}\right)a$，$\dfrac{b}{a}$由表 11-2-39 查取，$\tau_p$ 由表 11-2-7 查取

续表

项　目	单位	公 式 及 数 据	
最大工作载荷下的变形 f_n	mm	$f_n=\gamma\dfrac{F_nD^3n}{Ga^2b^2}=\gamma\dfrac{F_nC^2nD}{Gb^2}$ 式中　γ——系数,由图 11-2-12 查取 n——有效圈数	
应力 τ	MPa	$\tau=\beta\dfrac{F_nD}{ab\sqrt{ab}}=\beta\dfrac{F_nC}{b\sqrt{ab}}$,若 $\tau>\tau_p$,需重新计算 式中　β——系数,由图 11-2-13 查取	
有效圈数 n	圈	$n=\dfrac{Ga^2b^2f_n}{\gamma FD^3}=\dfrac{Gf_na\left(\dfrac{b}{a}\right)^2}{\gamma F_nC^3}$	
弹簧刚度 F'	N/mm	$F'=\dfrac{Ga^2b^2}{\gamma D^3n}$	
工作极限载荷 F_s	N	$F_s=\dfrac{ab\sqrt{ab}}{\beta D}\tau_s$　Ⅰ类载荷:$\tau_s\leqslant1.67\tau_p$ Ⅱ类载荷:$\tau_s\leqslant1.26\tau_p$ Ⅲ类载荷:$\tau_s\leqslant1.12\tau_p$	
工作极限载荷下变形 f_s	mm	$f_s=\dfrac{F_s}{F'}$	
最小工作载荷 F_1	N	$F_1=\left(\dfrac{1}{3}\sim\dfrac{1}{2}\right)F_s$	
最小工作载荷下变形 f_1	mm	$f_1=\dfrac{F_1}{F'}$	
弹簧外径 D_2 弹簧中径 D 弹簧内径 D_1	mm	D_2 根据实际空间要求设定 $D=D_2-a$ $D_1=D_2-2a$	
端部结构		端部并紧、磨平,支承圈为 1 圈	端部并紧、不磨平,支承圈为 1 圈
总圈数 n_1	圈	$n_1=n+2$	$n_1=n+2$
自由高度 H_0	mm	$H_0=nt+1.5b$	$H_0=nt+3b$
压并高度 H_b	mm	$H_b=(n+1.5)b$	$H_b=(n+3)b$
节距 t	mm	一般取 $t=(0.28\sim0.5)D_2$	
间距 δ	mm	$\delta=t-b$	
工作行程 h	mm	$h=f_n-f_1$	
螺旋角 α	(°)	$\alpha=\arctan\dfrac{t}{\pi D}$	
展开长度 L	mm	$L=n_1\pi D$	

7.2 矩形截面圆柱螺旋压缩弹簧有关参数的选择

表 11-2-39

项　目	公 式 及 数 据
旋绕比 C	$C=\dfrac{D}{a}$,其中 a 为矩形截面材料垂直于弹簧轴线的边长

a	0.2~0.4	0.5~1	1.1~2.4	2.5~6	7~16	18~50
C	4~7	5~12	5~10	4~9	4~8	4~6

项　目	公 式 及 数 据
b/a 及 a/b 的值	当 $b>a$ 时,$b/a<4$,及当 $a>b$ 时,$a/b>4$ 的矩形截面圆柱螺旋压缩弹簧,由于制造困难,内应力过大,建议不要使用 因此推荐如下 当 $b>a$ 时,选取 $b/a>4$ 的值 当 $a>b$ 时,选取 $a/b<4$ 的值

续表

项　目	公 式 及 数 据
工作极限应力 τ_s	Ⅰ类载荷：$\tau_s \leqslant 1.67\tau_p$ Ⅱ类载荷：$\tau_s \leqslant 1.26\tau_p$ Ⅲ类载荷：$\tau_s \leqslant 1.12\tau_p$

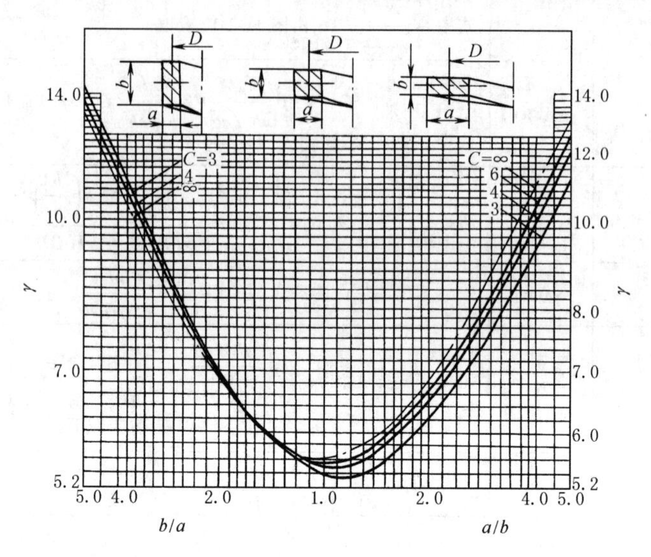

图 11-2-12　系数 γ 值

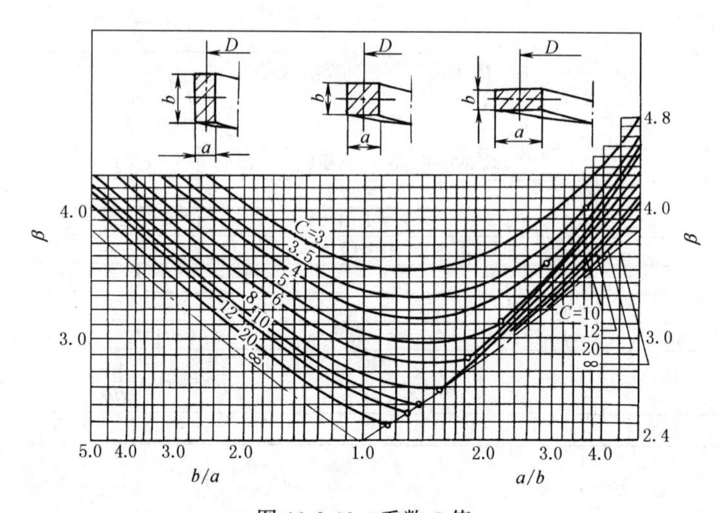

图 11-2-13　系数 β 值

7.3　矩形截面圆柱螺旋压缩弹簧计算示例

表 11-2-40

项　目		单位	公 式 及 数 据
原始条件	外径 D_2	mm	48
	最大工作载荷 F_n	N	1500
	最大工作载荷下的变形 f_n	mm	35.2
	载荷类别		Ⅱ类
	端部结构		弹簧端部并紧，磨平，支承圈为 1 圈

续表

	项　　目	单位	公 式 及 数 据
计算项目	选取材料及许用应力 τ_p	MPa	选取材料 60Si2Mn，根据Ⅱ类载荷，查表 11-2-3 得：$G=79\times10^3$MPa 由表 11-2-7 查得，$\tau_p=590$MPa
	选择旋绕比 C		选 $C=5$
	计算边长 a 及边长 b	mm	取 $a>b$，则选$\frac{a}{b}=1.25$，即$\frac{b}{a}=0.8$ $a=\frac{D_2}{C+1}=\frac{48}{5+1}=8$ $b=\frac{b}{a}\times a=0.8\times8=6.4$
	弹簧中径 D 弹簧内径 D_1		$D=D_2-a=48-8=40$ $D_1=D_2-2a=48-2\times8=32$
	验算切应力 τ	MPa	由图 11-2-13，据$\frac{a}{b}=1.25$ 和 $C=5$，查得 β 值为 2.9 则 $\tau=\beta\frac{F_nD}{ab\sqrt{ab}}=2.9\times\frac{1500\times40}{8\times6.4\times\sqrt{8\times6.4}}=475<\tau_p=590$ 说明是合乎要求的
	有效圈数 n	圈	由图 11-2-12，据$\frac{a}{b}=1.25$ 和 $C=5$，查得 $\gamma=5.6$ 则 $n=\frac{Ga^2b^2f_n}{\gamma F_nD^3}=\frac{7.9\times10^4\times8^2\times6.4^2\times35.2}{5.6\times1500\times40^3}=13.59$ 取　$n=13.60$
	总圈数 n_1	圈	查表 11-2-38 得，$n_1=n+2=13.6+2=15.6$
	弹簧刚度 F'	N/mm	$F'=\frac{Ga^2b^2}{\gamma D^3n}=\frac{79\times10^3\times8^2\times6.4^2}{5.6\times40^3\times13.6}=42.5$
	工作极限载荷 F_s	N	查表 11-2-38，取 $\tau_s=1.25\tau_p$ 则　$F_s=\frac{ab\sqrt{ab}}{\beta D}\tau_s=\frac{8\times6.4\sqrt{8\times6.4}}{2.9\times40}\times1.25\times590=2347$
	工作极限载荷下变形 f_s	mm	$f_s=\frac{F_s}{F'}=\frac{2347}{42.5}=55.22$
	最小工作载荷 F_1	N	$F_1=\frac{1}{3}F_s=\frac{1}{3}\times2347=782$
	最小工作载荷下的变形 f_1	mm	$f_1=\frac{F_1}{F'}=\frac{782}{42.5}=18.4$
	工作行程 h	mm	$h=f_n-f_1=35.2-18.4=16.8$
	节距 t	mm	取　$t=0.3D=0.3\times40=12$
	间距 δ	mm	$\delta=t-b=12-6.4=5.6$
	自由高度 H_0	mm	查表 11-2-38 得 $H_0=nt+1.5b=13.6\times12+1.5\times6.4=172.8$
	压并高度 H_b	mm	查表 11-2-38 得 $H_b=(n+1.5)b$ $=(13.6+1.5)\times6.4=97$
	螺旋角 α	(°)	$\alpha=\arctan\frac{t}{\pi D}$ $=\arctan\frac{12}{3.14\times40}$ $=5.46°=5°28'$
	展开长度 L	mm	$L=n_1\pi D=15.6\times3.14\times40=1959$

8 高应力液压件圆柱螺旋压缩弹簧

表 11-2-41　　典型高应力液压件圆柱螺旋压缩弹簧的分类、负荷特性及应用

类组		负荷特性/工况类型		已知条件	结构举例	应用场合
甲	1	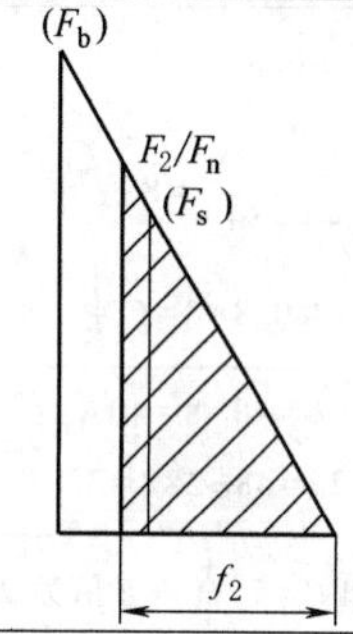 (F_b) F_2/F_n (F_s) f_2	工作负荷 F_1 至 F_2，F_1 为零 负荷性质属动负荷有限疲劳寿命	F_2 f_2 F_n	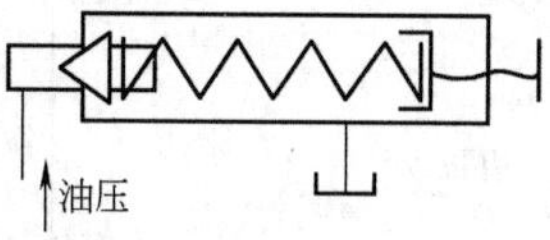 油压	用于阀芯为锥形的调压弹簧
	2				油压	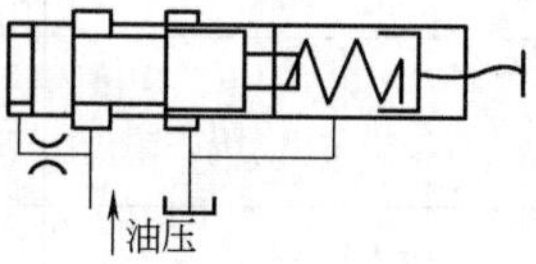 用于阀芯为圆柱形的调压弹簧
乙	1	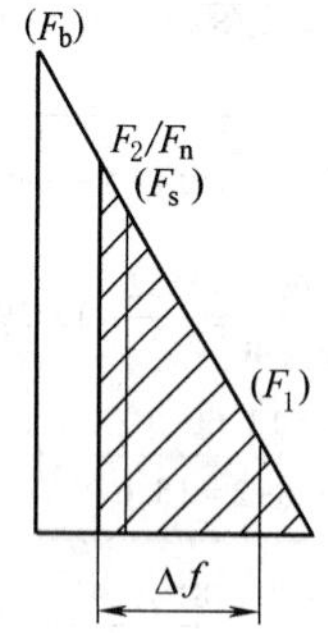 (F_b) F_2/F_n (F_s) (F_1) Δf	F_1 为安装预压负荷；工作负荷经常在 F_1 至小于 F_2 的某一值，F_2 为可能出现的最大负荷，负荷性质属静负荷类	F_1 F_2 Δf F_n	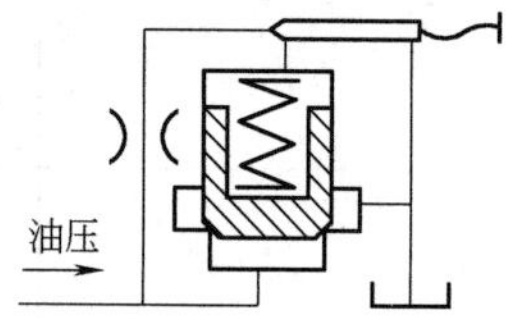 油压	用于先导型压力阀的主阀复位弹簧、调速弹簧和单向阀弹簧等
	2		F_1 为安装预压负荷；工作负荷不是 F_1 便是 F_2，均为定值 负荷性质属动负荷无限疲劳寿命类		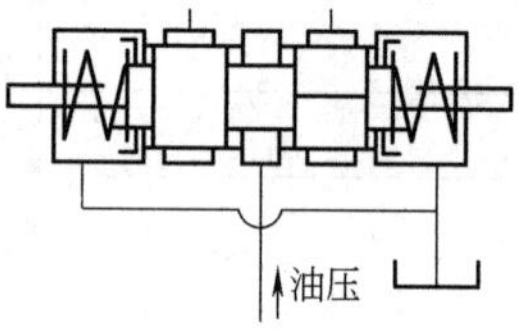 油压	用于换向阀和柱塞泵的柱塞复位弹簧等
丙		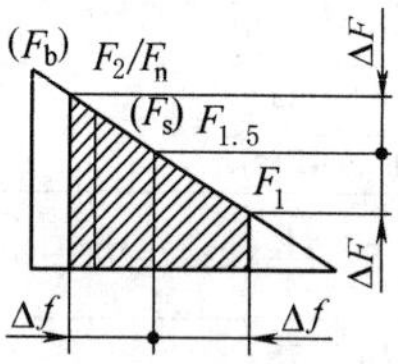 (F_b) F_2/F_n (F_s) $F_{1.5}$ F_1 ΔF ΔF Δf Δf	工作负荷在大于 F_1 小于 F_2 之间，$F_{1.5}$ 为安装负荷。要求弹簧特性线性度好 负荷性质属动负荷类(包括有限疲劳寿命和无限疲劳寿命)	ΔF Δf F_n	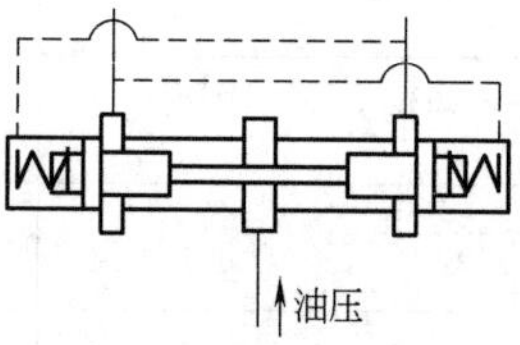 油压	比例换向阀、限压阀

注：$F_2 \leqslant F_n$，$F_2 > F_s$。

表 11-2-42　　高应力弹簧常用材料

标准号	材料名称	牌号/组别/型	使用状态	试验切应力
GB/T 4357	冷拉碳素弹簧钢丝	SH 型	静负荷	$0.50R_m$①
		DH 型	动负荷	
YB/T 5311	重要用途碳素弹簧钢丝	F 组、G 组	动负荷	
GB/T 18983	淬火-回火弹簧钢丝	FDSiCr	静负荷	$0.55R_m$①
		TDSiCr-A、VDSiCr	动负荷	
		TDSiCrV、VDSiCrV	动负荷	
GB/T 24588	不锈弹簧钢丝	12Cr18Ni9、06Cr19Ni10	静/动负荷	$0.45R_m$①②
		07Cr17Ni7Al		

① 抗拉强度 R_m 选取材料标准下限值，当材料直径 d 小于 1mm 的弹簧，试验切应力为表列值的 90%。

② 对于沉淀不锈钢试验切应力应按时效处理后的 R_m 值计算。

第3章 截锥螺旋弹簧

1 截锥螺旋弹簧的结构形式及特性

圆锥形状的螺旋弹簧称为截锥螺旋弹簧，一般截锥螺旋弹簧为压缩弹簧。它的结构和特性线见图 11-3-1。

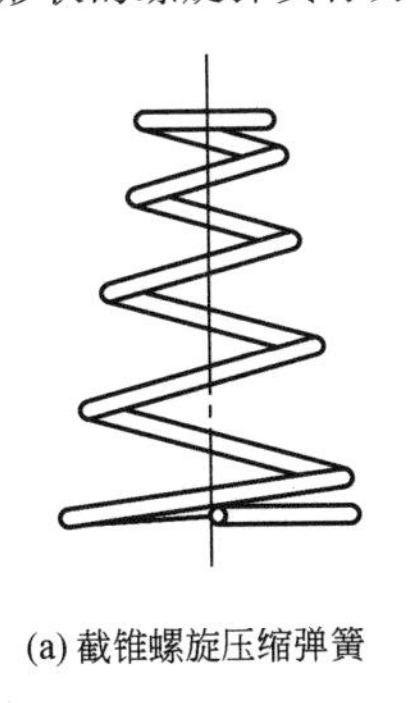

(a) 截锥螺旋压缩弹簧

(b) 截锥涡卷弹簧

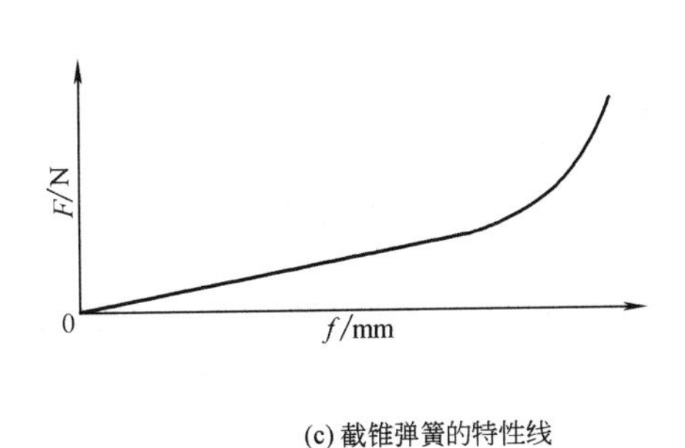

(c) 截锥弹簧的特性线

图 11-3-1 截锥螺旋弹簧的结构和特性线

截锥螺旋弹簧承受载荷时，在簧圈接触前，力与变形成正比，在 F-f 图上特性线段为直线区段；当负荷逐渐增加时，弹簧圈从大端开始出现并死，随着并死圈增多，有效圈数相应减少，弹簧刚度也渐渐增大，直到弹簧圈完全压并，这一阶段力与变形的关系呈非线性，在 F-f 图上特性线段为渐增型。

截锥螺旋弹簧的刚度为变值，其圆锥角 θ 越大，弹簧的自振频率的变化率越高，对于缓和或消除共振有利。与圆柱螺旋弹簧相比较，在相同的外廓尺寸情况下它能承受较大的载荷，并可以产生较大的变形，而且全压缩高度比较小，如果圆锥角 θ 大到能使弹簧大端半径 R_2 与小端半径 R_1 的差即（R_2-R_1）$\geqslant nd$，则弹簧压并时，所有弹簧圈都能落在支承座上，它的压并高度 $H_b=d$。另外，它在受力时的稳定性能也比较好，所以它与圆柱螺旋压缩弹簧比较，具有较大的横向稳定性。

2 截锥螺旋弹簧的分类

截锥螺旋弹簧可以分成等节距型和等螺旋升角型两种。它们材料的截面为圆形。

（1）等节距截锥螺旋弹簧（图 11-3-2）

它的弹簧丝轴线是一条空间螺旋线，这条螺旋线在与其形成的圆锥中心线相垂直的支承面上的投影是一条阿基米德螺旋线，其数学表达式为：

$$R=R_1+(R_2-R_1)\frac{\theta}{2\pi n} \text{或} R=R_1+(R_2-R_1)\frac{i}{n}$$

式中 R——弹簧丝上任意一点的曲率半径；

R_1——弹簧丝小端头的曲率半径；

R_2——弹簧丝大端头的曲率半径；

θ——由弹簧丝小端头 R_1 处为起始点到该弹簧丝上任意一点之间所夹的角度（弧度）；

i——从小端算起任意圈的圈数序列；

n——弹簧的工作圈数。

（2）等螺旋升角截锥螺旋弹簧（图 11-3-3）

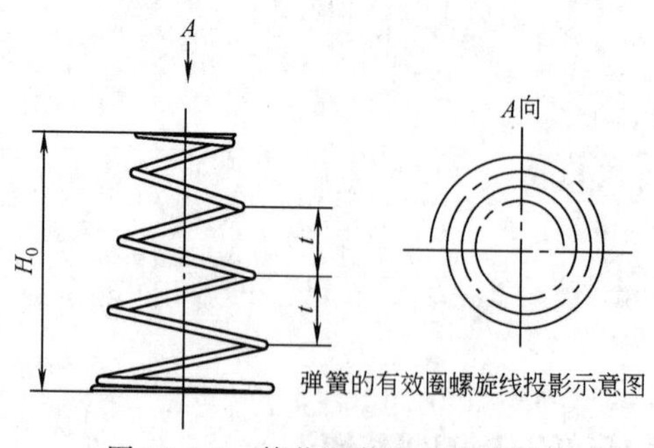

图 11-3-2　等节距截锥螺旋弹簧

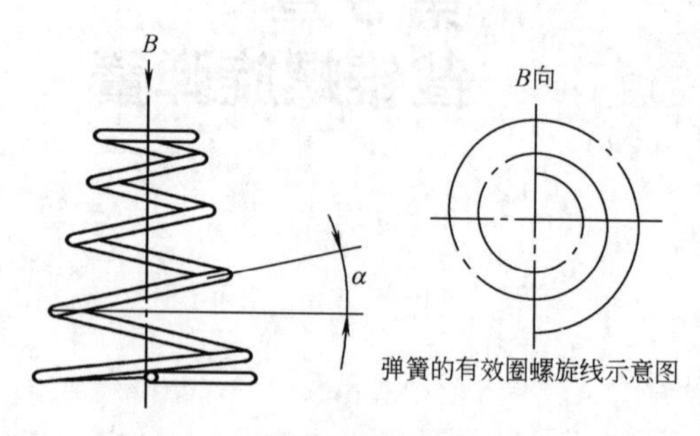

图 11-3-3　等螺旋升角截锥螺旋弹簧

它的弹簧丝轴线是一条空间螺旋线，这条螺旋线在与其形成的圆锥中心线相垂直的支承面上的投影是一条对数螺旋线，其数学表达式为：

$$R=R_1 e^{m\theta} \quad 或 \quad R=R_1 e^{2\pi m i}$$

$$m=\ln\frac{R_2}{R_1}\times\frac{1}{2\pi n}$$

式中　R——弹簧丝上任意一点的曲率半径；

R_1——弹簧丝小端头的曲率半径；

R_2——弹簧丝大端头的曲率半径；

θ——由弹簧丝小端头 R_1 处到该弹簧丝上任意一点之间所夹的角度（弧度）；

i——从小端算起任意圈的圈数序列；

n——弹簧的工作圈数。

等螺旋升角截锥形弹簧的螺旋升角是一个常量，各弹簧圈的螺距是一个变量。其弹簧丝绕弹簧轴心线旋转所形成的面是一个圆锥面。

3　截锥螺旋弹簧的计算公式

（1）等节距截锥螺旋弹簧的计算公式（见表 11-3-1）

表 11-3-1　　等节距截锥螺旋弹簧的计算公式

所求项目	代号	单位	计算公式	
			等节距 t=常数	
			$R_2-R_1\geqslant nd$	$R_2-R_1<nd$
弹簧丝上任意圈的曲率半径	R	mm	$R=R_1+(R_2-R_1)\theta/(2\pi n)$	
自由高度	H_0	mm	$H_0=nt$	
节距	t	mm	$t=(H_0-d)/n$	
弹簧丝有效圈的展开长度	L	mm	$L=n\pi(R_2+R_1)$	
钢丝直径	d	mm	$d=\sqrt[3]{\dfrac{16R_2F}{\pi[\tau]}}$	
压并时高度	H_b	mm	$H_b=d$	$H_b=\sqrt{(nd)^2-(R_2-R_1)^2}$
大端开始触合时的负荷	F_c	N	$F_c=\dfrac{Gd^4H_0}{64R_2^3n}$	$F_c=\dfrac{Gd^4}{64R_2^3n}\left[H_0-\sqrt{(nd)^2-(R_2-R_1)^2}\right]$

续表

所求项目	代号	单位	计算公式	
			等节距 t=常数	
			$R_2-R_1 \geqslant nd$	$R_2-R_1<nd$
弹簧完全压并时的极限负荷	F_s	N	$F_s=\dfrac{Gd^4 H_0}{64R_1^3 n}$	$F_s=\dfrac{Gd^4}{64R_1^3 n}\left[H_0-\sqrt{(nd)^2-(R_2-R_1)^2}\right]$
在 $0<F\leqslant F_c$ 阶段时的变形量	f_c	mm	$f_c=\dfrac{16Fn(R_2^2+R_1^2)(R_2+R_1)}{Gd^4}$	
在 $0<F\leqslant F_c$ 阶段时的刚度	F'	N/mm	$F'=\dfrac{Gd^4}{16n(R_2^2+R_1^2)(R_2+R_1)}$	
在 $F_c<F\leqslant F_s$ 阶段时的变形量	f_s	mm	$f_s=\dfrac{H_0}{4\left(1-\dfrac{R_1}{R_2}\right)}\left[4-3\sqrt[3]{\dfrac{F_c}{F}}-\dfrac{F}{F_c}\left(\dfrac{R_1}{R_2}\right)^4\right]$	$f_s=\dfrac{H_0-\sqrt{(nd)^2(R_2-R_1)^2}}{4\left(1-\dfrac{R_1}{R_2}\right)}\left[4-3\sqrt[3]{\dfrac{F_c}{F}}-\dfrac{F}{F_c}\left(\dfrac{R_1}{R_2}\right)^4\right]$
强度校核剪切应力	τ	MPa	在 $0<F\leqslant F_c$ 时 $\tau=\dfrac{16FR_2}{\pi d^3}K$ 在 $F_c<F\leqslant F_s$ 时 $\tau=\dfrac{16FR_2\sqrt[3]{\dfrac{F_c}{F}}}{\pi d^3}K$	
曲度系数	K		$K=\dfrac{4C-1}{4C-3}+\dfrac{0.615}{C}$	
指数	C		$C=\dfrac{2R_n}{d}, R_n=R_2\sqrt{\dfrac{F_c}{F}}$	

(2) 等螺旋升角截锥螺旋弹簧的计算公式(见表11-3-2)

表 11-3-2　等螺旋升角截锥螺旋弹簧的计算公式

所求项目	代号	单位	计算公式	
			等螺旋升角 α=常数	
			$R_2-R_1 \geqslant nd$	$R_2-R_1<nd$
弹簧丝上任意圈的曲率半径	R	mm	$R=R_1 e^{m\theta}$　　$m=\ln\dfrac{R_2}{R_1}\times\dfrac{1}{2\pi n}$	
自由高度	H_0	mm	$H_0=L\sin\alpha$	
螺旋升角	α	rad	$\alpha=\arcsin\dfrac{H_0}{L}$	
节距	t	mm	—	
弹簧丝有效圈的展开长度	L	mm	$L=\dfrac{R_2-R_1}{m}$	
钢丝直径	d	mm	$d=\sqrt[3]{\dfrac{16R_2F}{\pi[\tau]}}$	
压并高度	H_b	mm	$H_b=d$	—
大端圈开始触合时的负荷	F_c	N	$F_c=\dfrac{H_0 m\pi Gd^4}{32R_2^2(R_2-R_1)}$	

续表

所求项目	代号	单位	计算公式	
			等螺旋升角 α=常数	
			$R_2-R_1 \geqslant nd$	$R_2-R_1<nd$
弹簧完全压并时的极限负荷	F_s	N	$F_s=\dfrac{H_0 m\pi Gd^4}{32R_1^2(R_2-R_1)}$	$F_s=\dfrac{m\pi Gd^4}{32R_1^2}\left[\dfrac{H_0}{R_2-R_1}-\sqrt{\left(\dfrac{d}{2\pi mR_1}\right)^2-1}\right]$
在 $0<F\leqslant F_c$ 阶段的变形量	f_c	mm	$f_c=\dfrac{32F}{m\pi Gd^4}\times\dfrac{R_2^3-R_1^3}{3}$	
在 $F_c<F\leqslant F_s$ 阶段的变形量	f_s	mm	$f_s=\dfrac{32F}{m\pi Gd^4}\times\dfrac{\left(R_2\sqrt{\dfrac{F_c}{F}}\right)^3-R_1^3}{3}+\dfrac{H_0\left(R_2-R_2\sqrt{\dfrac{F_c}{F}}\right)}{R_2-R_1}$	—
强度校核剪切应力	τ	MPa	在 $0<F\leqslant F_c$ 时 $\tau=\dfrac{16FR_2}{\pi d^3}K$ 在 $F_c<F\leqslant F_s$ 时 $\tau=\dfrac{16R_2\sqrt{F_cF}}{\pi d^3}K$	—
曲度系数	K		$K=\dfrac{4C-1}{4C-3}+\dfrac{0.615}{C}$	
指数	C		$C=\dfrac{2R_n}{d}, R_n=R_2\sqrt{\dfrac{F_c}{F}}$	

4 截锥螺旋弹簧的计算示例

表 11-3-3

项目		单位	公式或数据	
已知条件	弹簧类型		等节距截锥螺旋弹簧的计算	等螺旋升角截锥螺旋弹簧的计算
	弹簧钢丝直径 d	mm	$d=2$mm	$d=2$mm
	大端圈半径 R_2	mm	$R_2=20$mm	$R_2=20$mm
	小端圈半径 R_1	mm	$R_1=10$mm	$R_1=10$mm
	弹簧的自由高度 H_0	mm	$H_0=25$mm	$H_0=25$mm
	节距 t 或螺旋升角	mm 或(°)	$t=5.4$mm	3°43′
	有效圈数 n	圈	$n=4.25$ 圈	$n=4.25$ 圈
参数计算	大端圈开始触合前的刚度 F'	N/mm	$F'=\dfrac{Gd^4}{16n(R_2^2+R_1^2)(R_2+R_1)}$ $F'=1.23$N/mm	—
	大端圈开始触合时的负荷 F_c	N	$F_c=\dfrac{Gd^4H_0}{64R_2^3n}$ $F_c=14.43$N	$F_c=\dfrac{H_0 m\pi Gd^4}{32R_2^2(R_2-R_1)}$ $F_c=20.38$N

续表

项　　目		单位	公式或数据	
参数计算	大端圈开始触合时的变形 f_c	mm	$f_c=\dfrac{16Fn(R_2^2+R_1^2)(R_2+R_1)}{Gd^4}$ $f_c=11.72\text{mm}$	$f_c=\dfrac{32F}{m\pi Gd^4}\times\dfrac{R_2^3-R_1^3}{3}$ $f_c=14.58\text{mm}$
	弹簧完全压并时的负荷 F_s	N	$F_s=\dfrac{Gd^4H_0}{64R_1^3n}$ $F_s=115.45\text{N}$	$F_s=\dfrac{H_0m\pi Gd^4}{32R_1^2(R_2-R_1)}$ $F_s=81.54\text{N}$
	弹簧完全压并时的应力 τ	MPa	$\tau=\dfrac{16FR_2\sqrt[3]{\dfrac{F_c}{F}}}{\pi d^3}K$ $\tau=855.88\text{MPa}$	$\tau=\dfrac{16R_2\sqrt{F_cF}}{\pi d^3}K$ $\tau=593.25\text{MPa}$
	弹簧丝有效圈的展开长度 L	mm	$L=n\pi(R_2+R_1)$ $L=400.55\text{mm}$	$L=\dfrac{R_2-R_1}{m}$ $L=385\text{mm}$

5　截锥螺旋弹簧应用实例

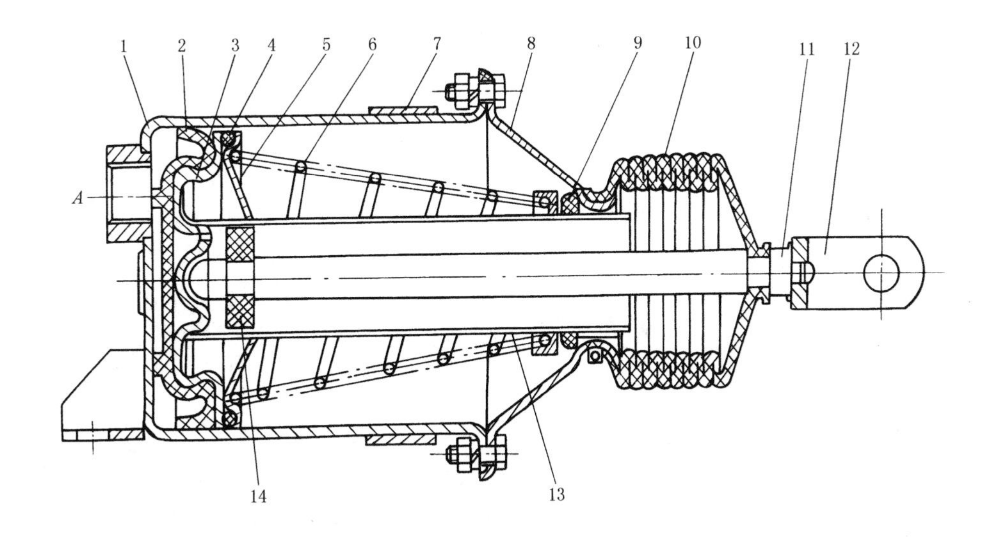

图 11-3-4　在汽车活塞式制动室的应用

1—壳体；2—橡胶皮碗；3—活塞体；4—密封圈；5—弹簧座；6—弹簧；7—气室固定卡箍；8—盖；9—毡垫；10—防护套；11—推杆；12—连接叉；13—导向套筒；14—密封垫

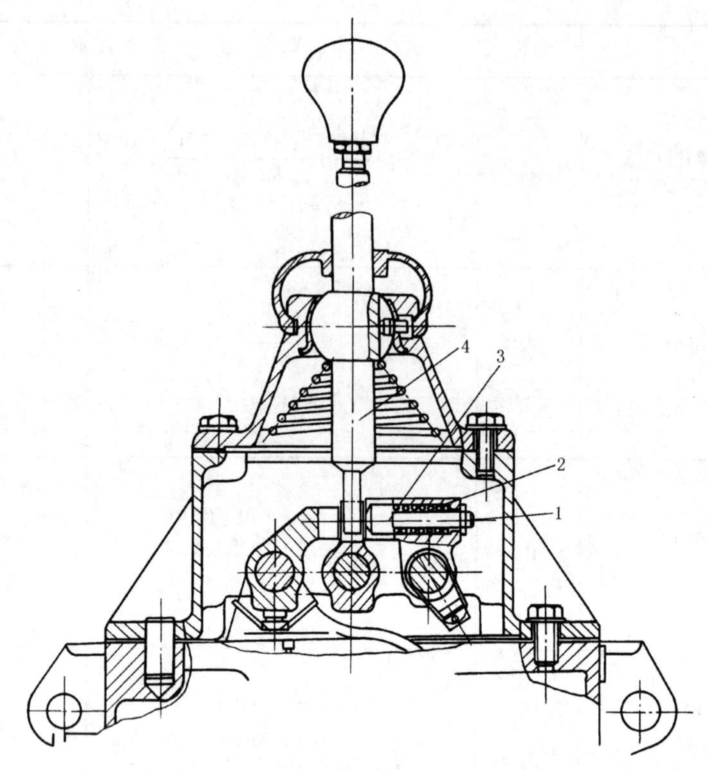

图 11-3-5　东风 EQ140 型汽车变速器倒挡锁

1—倒挡锁销；2—倒挡销弹簧；3—倒挡拨块；4—变速杆

第4章 涡卷螺旋弹簧

涡卷螺旋弹簧是将长方形截面的板材卷绕成圆锥状的弹簧，有时也称为宝塔弹簧或竹笋弹簧。

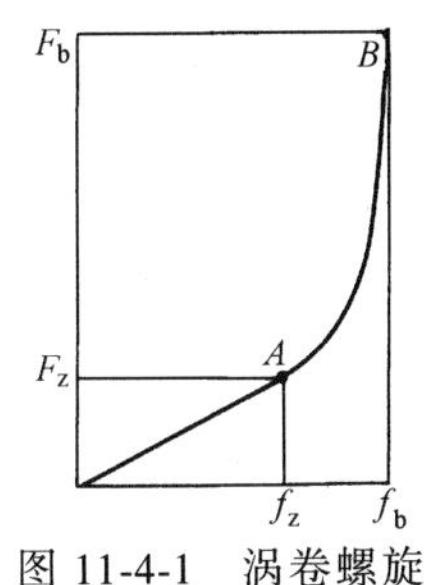

图 11-4-1 涡卷螺旋弹簧的特性曲线图

1 涡卷螺旋弹簧的特性曲线

涡卷螺旋弹簧的特性曲线是非线性的，如图 11-4-1 所示。由原点至 A 点是直线段，当载荷再增加时，则有效圈开始与坐垫的支承面顺次接触，从而使弹簧刚度逐渐增加，于是 AB 间也成为逐渐变陡的曲线。

在相同的空间容积内，这种弹簧与其他弹簧相比可以吸收较大的能量，而且其板间存在的摩擦可用来衰减振动。因此，常将其用于需要吸收热胀变形而又需阻尼振动的管道系统或与管道系统相连的部件中，例如用于火力发电厂的汽、水管道系统及用于汽轮发电机组的主、辅机的系统，也常用于易受相连管道影响的阀门类部件的支持装置中。

其缺点是比一般弹簧工艺复杂，成本高，且由于弹簧圈之间的间隙小，热处理比较困难，也不能进行喷丸处理。

2 涡卷螺旋弹簧的材料及许用应力

涡卷螺旋弹簧一般采用热卷成形，小型的也可冷卷。材料多用热轧硅锰弹簧钢板，也可用铬钒钢，在不太重要的地方还可用碳素弹簧钢或锰弹簧钢。

坯料两端应加热辗薄，如无条件，也可以刨削。热卷时，要用特制的芯棒在卷簧机上成形，手工卷制难以保证间隙，质量差。因弹簧间隙小，在油淬火时，最好采用热风循环炉加热，延长保温时间及喷油冷却等措施来保证质量。

当上述材料经热处理后的硬度达到或超过 47HRC 时，则其许用应力依照表 11-4-1 选取。

表 11-4-1 涡卷弹簧的许用应力

使用条件	许用应力/MPa	使用条件	许用应力/MPa
只压缩使用,或变载荷作用次数很少时	1330	作为悬架弹簧使用时	1120
只压缩使用,或变载荷作用次数较多时	770	当载荷为压缩和拉伸的交变载荷时	380

3 涡卷螺旋弹簧的计算公式

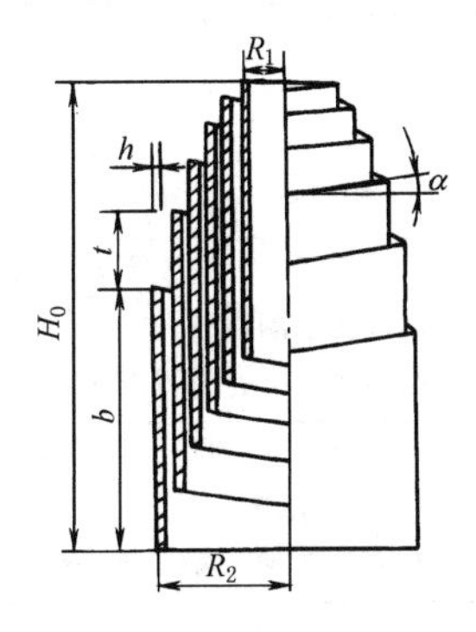

表 11-4-2

	项　目	公 式 及 数 据		
		螺旋角 α=常数	节距 t=常数	应力 τ=常数
弹簧圈开始接触前	从大端工作圈数起的任意圈 n_i 的半径 R_i/mm	$R_i=R_2-(R_2-R_1)\dfrac{n_i}{n}$ 式中　R_2——大端工作弹簧圈半径，mm R_1——小端工作弹簧圈半径，mm		
	变形 f/mm	$f=\dfrac{\pi nF}{2\xi_1 Gbh^3}\left(\dfrac{R_2^4-R_1^4}{R_2-R_1}\right)$ 式中　ξ_1——系数，其值可查表 11-4-3 b——弹簧材料的宽度，mm h——弹簧材料的厚度，mm F——载荷，N		
	应力 τ/MPa	$\tau=K\dfrac{FR_2}{\xi_2 bh^2}$ 式中　K——曲度系数，其值 $K=1+\dfrac{h}{2R_2}$ ξ_2——系数，其值可查表 11-4-3		
	刚度 F'/N · mm^{-1}	$F'=\dfrac{2\xi_1 Gbh^3}{n\pi}\left(\dfrac{R_2-R_1}{R_2^4-R_1^4}\right)$		
弹簧圈开始接触后	弹簧圈 n_i 接触时的载荷 F_i/N	$F_i=\dfrac{\xi_1 Gbh^3\alpha}{R_i^2}$ 式中　α——螺旋角，(°) $\alpha=\dfrac{F_iR_i^2}{\xi_1 Gbh^3}$ =常数	$F_i=\dfrac{\xi_1 Gbh^3 t}{2\pi R_i^3}$ 式中　t——节距，mm	$F_i=\dfrac{\xi_1 Gbh^3\alpha_2}{R_2R_i}$ 式中　α_2——弹簧大端的螺旋角，(°) $\alpha_2=\dfrac{\alpha_iR_2}{R_i}$ α_i——弹簧圈 n_i 的螺旋角，(°) $\alpha_i=\alpha_2\dfrac{R_i}{R_2}$
	弹簧圈 n_i 接触时的变形 f_i/mm	$f_i=\dfrac{n\pi}{R_2-R_1}\left[(R_2^2-R_i^2)\alpha+\left(\dfrac{R_i^4-R_1^4}{2\xi_1 Gbh^3}\right)F_i\right]$	$f_i=\dfrac{n\pi}{R_2-R_1}\left[(R_2-R_i)\dfrac{t}{\pi}+\left(\dfrac{R_i^4-R_1^4}{2\xi_1 Gbh^3}\right)F_i\right]$	$f_i=\dfrac{n\pi}{R_2-R_1}\left[\dfrac{2\alpha_2}{3R_2}(R_2^3-R_i^3)+\left(\dfrac{R_i^4-R_1^4}{2\xi_1 Gbh^3}\right)F_i\right]$
	弹簧圈 n_i 接触时的应力 τ_i/MPa	$\tau_i=K\dfrac{F_iR_i}{\xi_2 bh^2}$ 式中　$K=1+\dfrac{h}{R_i}$		
	从大端数起到弹簧圈 n_i 的自由高度 H_i/mm	$H_i=n\pi\alpha\left(\dfrac{R_2^2-R_i^2}{R_2-R_1}\right)+b$	$H_i=nt\left(\dfrac{R_2-R_i}{R_2-R_1}\right)+b$	$H_i=\dfrac{2n\pi\alpha_2}{3R_2}\left(\dfrac{R_2^3-R_i^3}{R_2-R_1}\right)+b$
	弹簧工作圈的自由高度 H_0/mm	$H_0=n\pi\alpha(R_2+R_1)+b$	$H_0=nt+b$	$H_0=\dfrac{2n\pi\alpha_2}{3R_2}[(R_2+R_1)^2-R_2R_1]+b$
	由大端到弹簧圈 n_i 的有效工作圈的扁钢的长度 l_i/mm	$l_i=n\pi\left(\dfrac{R_2^2-R_i^2}{R_2-R_1}\right)$		
	大端支承圈的扁钢长度 l'_2/mm	$l'_2=\pi n'_2(R'_2+R_2)$ 式中　n'_2——大端支承圈数 R'_2——大端支承圈的最大外半径，mm		
	小端支承圈的扁钢长度 l'_1/mm	$l'_1=\pi n'_1(R'_1+R_1)$ 式中　n'_1——小端支承圈数 R'_1——小端支承圈的最小内半径，mm		

表 11-4-3　　ξ_1和 ξ_2之数值

b/h	ξ_1	ξ_2	b/h	ξ_1	ξ_2
1	0. 1406	0. 2082	2. 25	0. 2401	0. 2520
1. 05	0. 1474	0. 2112	2. 5	0. 2494	0. 2576
1. 1	0. 1540	0. 2139	2. 75	0. 2570	0. 2626
1. 15	0. 1602	0. 2165	3	0. 2633	0. 2672
1. 2	0. 1661	0. 2189	3. 5	0. 2733	0. 2751
1. 25	0. 1717	0. 2212	4	0. 2808	0. 2817
1. 3	0. 1717	0. 2236	4. 5	0. 2866	0. 2870
1. 35	0. 1821	0. 2254	5	0. 2914	0. 2915
1. 4	0. 1869	0. 2273	6	0. 2983	0. 2984
1. 45	0. 1914	0. 2289	7	0. 3033	0. 3033
1. 5	0. 1958	0. 2310	8	0. 3071	0. 3071
1. 6	0. 2037	0. 2343	9	0. 3100	0. 3100
1. 7	0. 2109	0. 2375	10	0. 3123	0. 3123
1. 75	0. 2143	0. 2390	20	0. 3228	0. 3228
1. 8	0. 2174	0. 2404	50	0. 3291	0. 3291
1. 9	0. 2233	0. 2432	100	0. 3312	0. 3312
2	0. 2287	0. 2459	∞	0. 3333	0. 3333

4　涡卷螺旋弹簧的计算示例

4.1　等螺旋角涡卷螺旋弹簧的计算

表 11-4-4

	项　　目	单位	公 式 及 数 据
原始条件	弹簧类型		等螺旋角的涡卷螺旋弹簧
	板宽 b	mm	28
	板厚 h	mm	4
	大端工作弹簧圈半径 R_2	mm	43
	小端工作弹簧圈半径 R_1	mm	14
	弹簧圈开始接触前的刚度 F'	N/mm	48
	弹簧圈开始接触时的载荷 F_b	N	1260
	大端支承圈数 n_2'	圈	3/4
	小端支承圈数 n_1'	圈	3/4
	弹簧材料		60Si2MnA
	热处理后硬度	HRC	≥47
参数计算	弹簧的工作圈数 n	圈	$n=\dfrac{2\xi_1 Gbh^3}{\pi F'}\times\dfrac{R_2-R_1}{R_2^4-R_1^4}$ $=\dfrac{2\times0.3033\times80000\times28\times4^3}{3.14\times48}\times\dfrac{43-14}{43^4-14^4}$ $=4.947$ 取 $n=5$
	弹簧的螺旋角 α	(°)	$\alpha=\dfrac{F_b R_2^2}{\xi_1 Gbh^3}$ $=\dfrac{1260\times43^2}{0.3033\times80000\times28\times4^3}$ $=0.05358\text{rad}=3.06°$
	弹簧圈 n_i 的半径 R_i	mm	$R_i=R_2-(R_2-R_1)\dfrac{n_i}{n}=43-(43-14)\times\dfrac{n_i}{5}$ $=43-5.8n_i$
	从大端到弹簧圈 n_i 的自由高度 H_i	mm	$H_i=n\pi\alpha\left(\dfrac{R_2^2-R_i^2}{R_2-R_1}\right)+b$ $=5\pi\times0.05358\times\left[\dfrac{43^2-(43-5.8n_i)^2}{43-14}\right]+28$ $=0.3367n_i\times(43-2.9n_i)+28$

续表

项目		单位	公式及数据
参数计算	弹簧扁钢的长度 l_i	mm	$l_i=n\pi\left(\frac{R_2^2-R_i^2}{R_2-R_1}\right)$ $=5\pi\times\left[\frac{43^2-(43-5.8n_i)^2}{43-14}\right]$ $=6.283n_i\times(43-2.9n_i)$
	大端支承圈的扁钢长度 l_2'	mm	$l_2'=\pi n_2'(R_2'+R_2)$ $=\frac{3\pi}{4}\times(45+43)$ $=207.3$
	小端支承圈的扁钢长度 l_1'	mm	$l_1'=\pi n_1'(R_1'+R_1)$ $=\frac{3\pi}{4}\times(12+14)=61.3$
	弹簧圈 n_i 开始接触时弹簧所受的载荷 F_i	N	$F_i=\frac{\xi_1 Gbh^3\alpha}{R_i^2}$ $=\frac{0.3033\times80000\times28\times4^3\times0.05358}{R_i^2}$ $=\frac{2.330\times10^6}{R_i^2}$
	弹簧圈 n_i 开始接触后弹簧的变形 f_i	mm	$f_i=\frac{n\pi}{R_2-R_1}\left[(R_2^2-R_i^2)\alpha+\left(\frac{R_i^4-R_1^4}{2\xi_1 Gbh^3}\right)F_i\right]$ $=\frac{5\pi}{43-14}\left[(43^2-R_i^2)0.05358+\left(\frac{R_i^4-14^4}{2\times0.3033\times80000\times28\times4^3}\right)F_i\right]$ $=2.9\times10^{-2}(1.849\times10^3-R_i^2)+6.229\times10^{-8}(R_i^4-3.8416\times10^3)F_i$
	弹簧圈 n_i 开始接触后弹簧圈 n_i 的应力 τ_i	MPa	$K=1+\frac{h}{R_i}=1+\frac{4}{R_i}=1+\frac{4}{43-5.8n_i}$ $\tau_i=K\frac{F_iR_i}{\xi_2 bh^2}$ $=\left(1+\frac{4}{R_i}\right)\frac{R_i}{0.3033\times28\times4^2}F_i$ $=7.36\times10^{-3}\left(1+\frac{4}{43-5.8n_i}\right)R_iF_i$

将上列各式计算所得等螺旋角涡卷螺旋弹簧的主要几何尺寸、载荷、应力列于表 11-4-5。

图 11-4-2 是根据表 11-4-5 所列数值绘制的等螺旋角涡卷螺旋弹簧的几何尺寸（图 a）和材料尺寸（图 b），图 11-4-3 是所设计弹簧的特性曲线及载荷 F 与应力 τ 的关系曲线。

表 11-4-5

n_i	R_i/mm	H_i/mm	l_i/mm	F_i/N	f_i/mm	τ_i/MPa
0	43.0	28	0	1260	26.5	417
0.5	40.1	35	130.5			
1.0	37.2	41.5	251.9	1684	33.2	486
1.5	34.3	47.5	364.3			
2.0	31.4	53.1	462.1	2363	38.8	580
2.5	28.5	58.1	561.6			
3.0	25.6	62.7	646.6	3555	43.3	722
3.5	22.7	66.7	722.5			
4.0	19.8	70.3	789.3	5943	46.6	954
4.5	16.9	73.4	846.9			1400
5.0	14.0	76	895.4	11890	48.0	

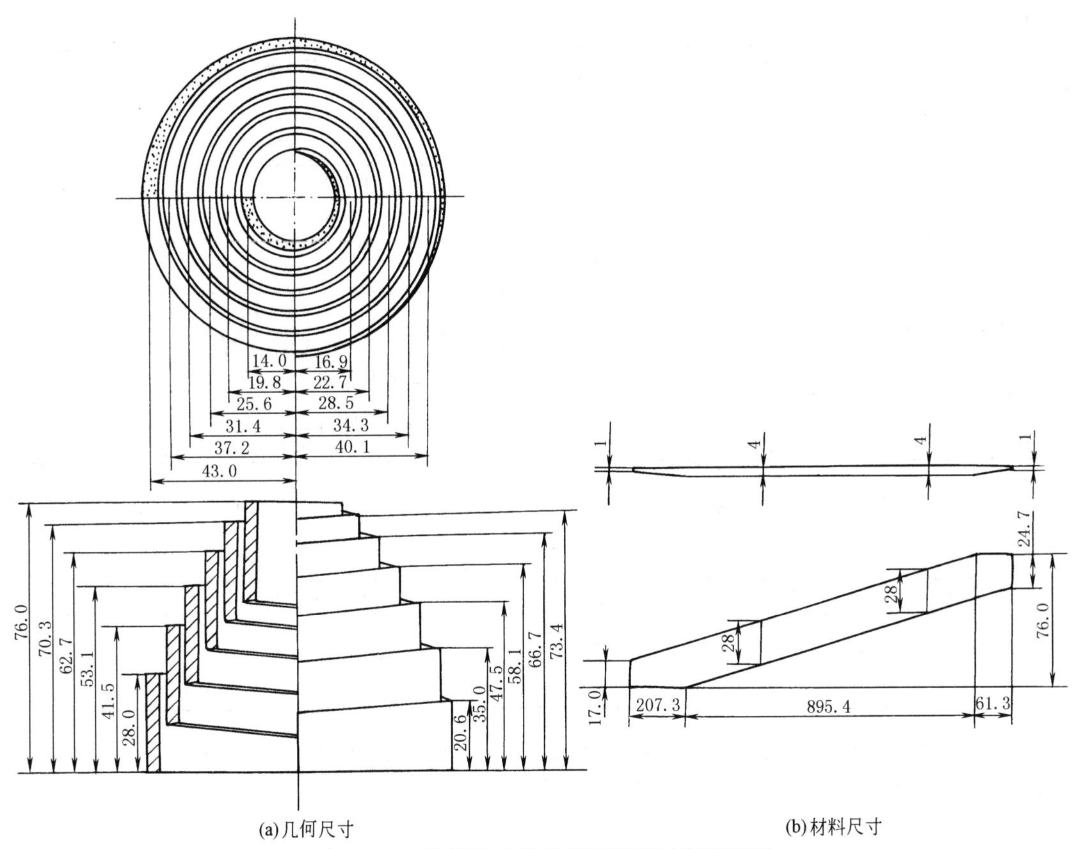

图 11-4-2　等螺旋角涡卷螺旋弹簧计算例题图

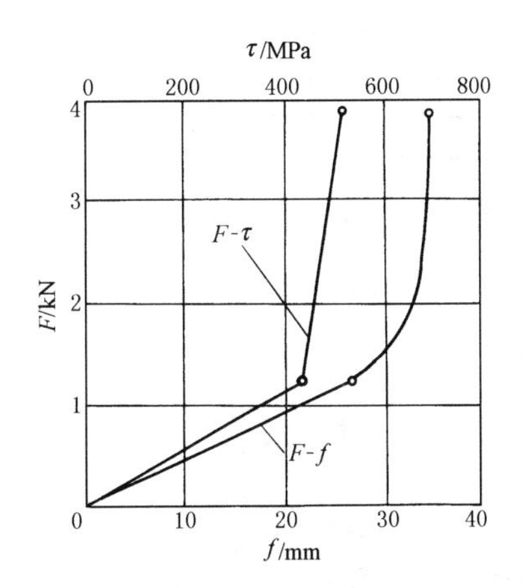

图 11-4-3　弹簧的特性曲线
及载荷和应力关系曲线

4.2　等节距涡卷螺旋弹簧的计算

试设计原始条件 b、h、R_2、R_1、F' 的数值与前例（等螺旋角涡卷螺旋弹簧）完全一致的等节距（$t=9.6\text{mm}$）涡卷螺旋弹簧。这里，令弹簧两端的支承圈各为 3/4 圈。

由于 ξ_1、ξ_2、n、R_i、R_2'、R_1'、l_i，l_2'，l_1' 诸值在前例中已求出，其值与本例相同，现仅就 H_i、F_i、f_i、τ_i 等尚需重新计算的项目列入表 11-4-6 中。

第11篇

表 11-4-6

	项　目	单位	公 式 及 数 据
参数计算	从大端到弹簧圈 n_i 的自由高度 H_i	mm	$H_i=nt\left(\dfrac{R_2-R_i}{R_2-R_1}\right)+b$ $=9.6n_i+28$
	弹簧圈 n_i 开始接触时弹簧所受的载荷 F_i	N	$F_i=\dfrac{\xi_1 Gbh^3 t}{2\pi R_i^3}$ $=\dfrac{6.643\times10^7}{R_i^3}$
	弹簧圈 n_i 接触后弹簧的变形 f_i	mm	$f_i=\dfrac{n\pi}{R_2-R_1}\left[(R_2-R_i)\dfrac{t}{\pi}+\left(\dfrac{R_i^4-R_1^4}{2\xi_1 Gbh^3}\right)F_i\right]$ $=9.6n_i+6.229\times10^{-8}(R_i^4-3.8416\times10^3)F_i$
	弹簧圈 n_i 接触后的应力 τ_i	MPa	$\tau_i=7.36\times10^{-3}\left(1+\dfrac{2}{R_i}\right)R_iF_i$

从表 11-4-6 中所得的等节距涡卷螺旋弹簧的主要几何尺寸、载荷、变形和应力等列于表 11-4-7。

表 11-4-7

n_i	R_i/mm	H_i/mm	F_i/N	f_i/mm	τ_i/MPa	n_i	R_i/mm	H_i/mm	F_i/N	f_i/mm	τ_i/MPa
0	43.0	28	836	17.6	227	3	25.6	56.8	3960	38.5	804
1	37.2	37.6	1290	24.7	373	4	19.8	66.4	8558	44.6	1373
2	31.4	47.2	2146	31.7	527	5	14.0	76	24210	48.0	2852

图 11-4-4 是根据表 11-4-7 所列数值绘制的等节距涡卷螺旋弹簧的几何尺寸（图 a）和材料尺寸（图 b），图 11-4-5 为所设计弹簧的特性曲线及载荷与应力的关系曲线。

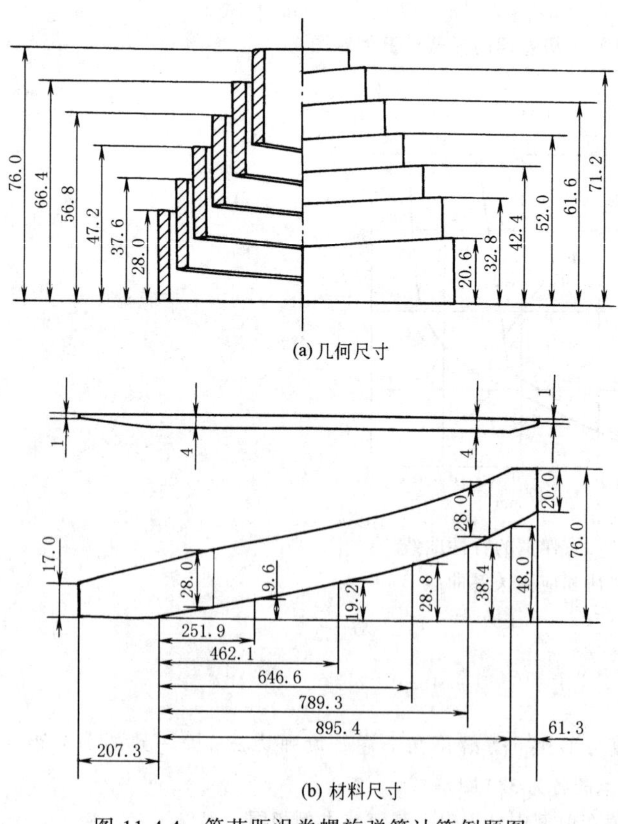

图 11-4-4　等节距涡卷螺旋弹簧计算例题图

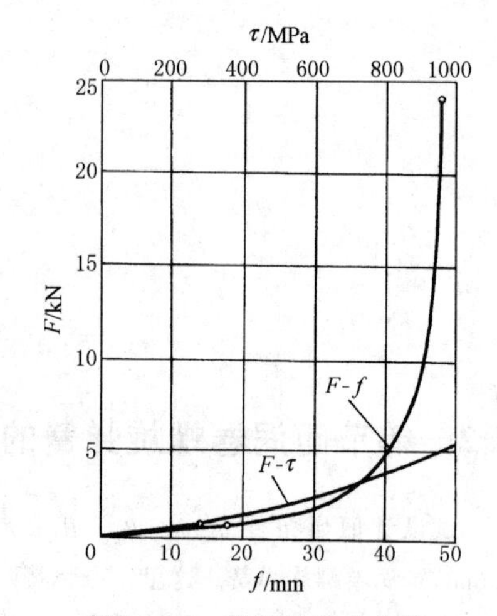

图 11-4-5　弹簧的特性曲线及载荷和应力关系曲线

.3 等应力涡卷螺旋弹簧的计算

试设计原始条件 b、h、R_2、R_1、F'的数值与前两例完全一致的等应力涡卷螺旋弹簧。这里，令弹簧两端的支承圈各为3/4圈。

由于 ξ_1、ξ_2、n、R_i、R_2'、R_1'、l_i、l_2'、l_1' 诸值在等螺旋角涡卷螺旋弹簧计算中已经求出，其值与本例相同，现仅就 α_i、H_i、F_i、τ_i、f_i 等尚需重新计算的项目列入表 11-4-8 中。

表 11-4-8

	项　　目	单位	公 式 及 数 据
参数计算	弹簧圈 n_i 的螺旋角 α_i	(°)	$\alpha_i=\alpha_2\dfrac{R_i}{R_2}=1.246\times10^{-3}R_i$ 式中　$\alpha_2=0.05358\ \text{rad}=3.06°$
	从大端到弹簧圈 n_i 的自由高度 H_i	mm	$H_i=\dfrac{2\pi n\alpha_2}{3R_2}\left(\dfrac{R_2^3-R_i^3}{R_2-R_1}\right)+b$ $=4.5\times10^{-4}\times(7.9507\times10^4-R_i^3)+28$
	弹簧圈 n_i 开始接触时弹簧所受的载荷 F_i	N	$F_i=\dfrac{\xi_1 Gbh^3\alpha_2}{R_2R_i}=\dfrac{5.418\times10^3}{R_i}$
	弹簧圈 n_i 接触后弹簧的变形 f_i	mm	$f_i=\dfrac{n\pi}{R_2-R_1}\left[\dfrac{2\alpha_2}{3R_2}(R_2^3-R_i^3)+\left(\dfrac{R_i^4-R_1^4}{2\xi_1 Gbh^3}\right)F_i\right]$ $=4.5\times10^{-4}\times(7.9507\times10^4-R_i^3)+6.229\times10^{-8}\times(R_i^4-3.8416\times10^4)F_i$
	弹簧圈 n_i 接触后的应力 τ_i	MPa	$\tau_i=7.36\times10^{-3}\left(1+\dfrac{2}{R_i}\right)R_iF_i$

根据表 11-4-8 所得等应力涡卷螺旋弹簧的主要尺寸、载荷、变形和应力列于表 11-4-9。

表 11-4-9

n_i	R_i/mm	H_i/mm	F_i/N	f_i/mm	τ_i/MPa	n_i	R_i/mm	H_i/mm	F_i/N	f_i/mm	τ_i/MPa
0	43.0	28	1260	26.5	417	3.0	25.6	56.2	2116	33.4	430
0.5	40.1	34.8				3.5	22.7	58.5			
1.0	37.2	40.6	1456	29.6	420	4.0	19.8	60.3	2736	34.3	439
1.5	34.3	45.6				4.5	16.9	61.6			
2.0	31.4	49.9	1725	31.9	424	5.0	14.0	62.5	3870	34.5	456
2.5	28.5	53.4									

图 11-4-6 是根据表 11-4-9 所列数值绘制的等应力涡卷螺旋弹簧的几何尺寸（图 a）、弹簧材料尺寸（图 b），图 11-4-7 为所设计弹簧的特性曲线及载荷与应力的关系曲线。

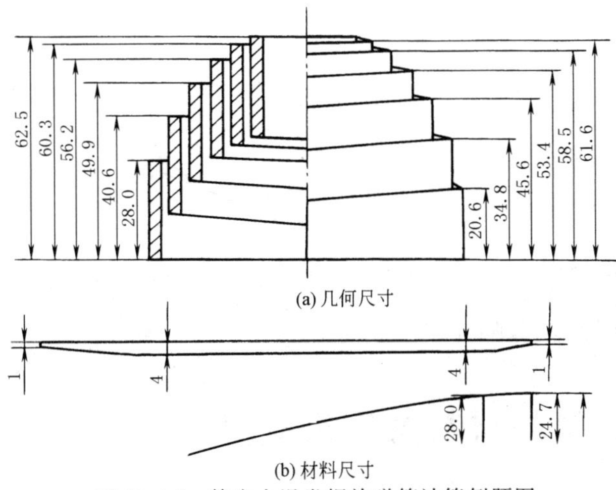

图 11-4-6　等应力涡卷螺旋弹簧计算例题图

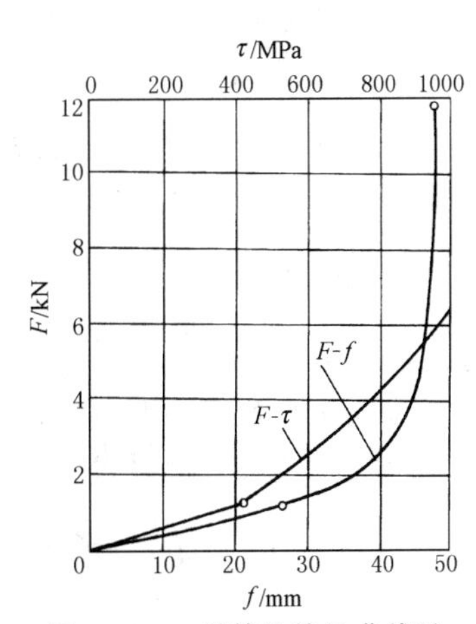

图 11-4-7　弹簧的特性曲线及载荷和应力的关系曲线

CHAPTER 5

第5章 多股螺旋弹簧

1 多股螺旋弹簧的结构、特性及用途

多股螺旋弹簧是由多股线材制造的螺旋弹簧，如图11-5-1所示。组成钢索的钢丝一般为2~7根。多股螺旋弹簧钢索中的各股钢丝，一般情况下相互接触不紧密，在初受载荷时多股螺旋弹簧相当于若干根单股螺旋弹簧各自发生变形。对于压缩弹簧，钢索与弹簧的旋向相反，随着载荷的增大，钢索越拧越紧。当载荷达到一定值 F_K 后，钢索被拧紧，刚度增大，在表示载荷与变形关系的特性线上出现折点 A，同时由于变形时钢索中相邻钢丝间有摩擦力存在，因而多股螺旋弹簧的特性线如图11-5-2所示。

在卸载过程中，多股螺旋弹簧所释放的力一部分用于克服钢丝间的摩擦力，使在卸载初期载荷降低而变形量并不发生变化，出现 B 至 C 的直线段，同时使刚度小于加载阶段，此时的载荷 F_0 称为开始恢复变形时对应的载荷。

由于多股螺旋弹簧所用钢丝比同等功能的单股螺旋弹簧所用钢丝细，材料强度高，同时多股螺旋弹簧在变形时各股钢丝间产生的摩擦可以吸收能量，兼有缓冲作用，且多股螺旋弹簧每股钢丝的刚度都比同功能的单股螺旋弹簧小，在动载荷作用下寿命多有提高。因此多股螺旋弹簧常用于大口径自动武器如高射机枪和航空自动炮的复进簧，以及航空发动机的气门簧。

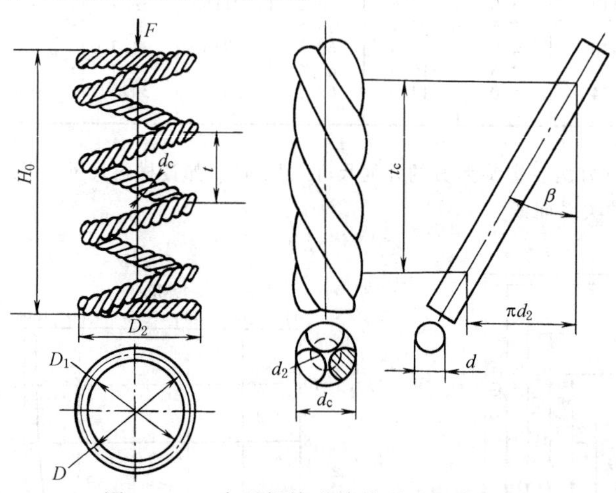

图11-5-1 多股螺旋弹簧外形及钢索结构

D_2—多股螺旋弹簧外径；D—多股螺旋弹簧中径；D_1—多股螺旋弹簧内径；d—钢丝直径；d_c—钢索外径；d_2—通过各钢丝中心圆的直径；β—钢索的拧角；t_c—钢索的索距；t—弹簧节距；H_0—自由高度

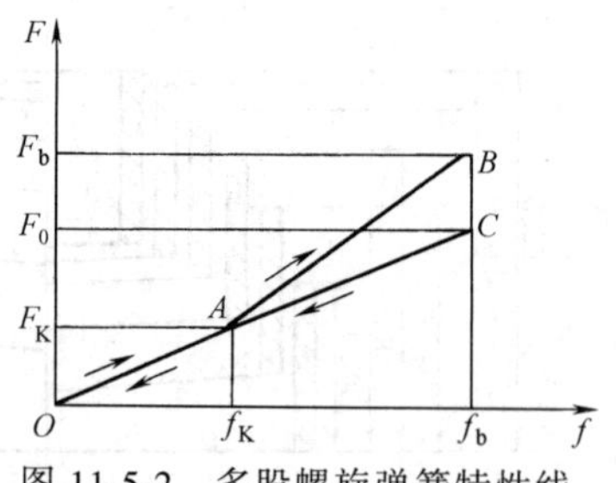

图11-5-2 多股螺旋弹簧特性线

2 多股螺旋弹簧的材料及许用应力

多股螺旋弹簧一般采用碳素弹簧钢丝或特殊用途弹簧钢丝，有关它们的力学性能可参见第1卷材料篇。两种

不同工况下材料的许用应力如表 11-5-1 所示。

表 11-5-1　　MPa

项　　目	压缩弹簧 τ_p	拉伸弹簧 R_m
受变载荷，作用次数在 $10^4 \sim 10^5$ 之间，或受静载荷而重要的弹簧	$\tau_p = 0.3R_m$	$\sigma_p = 0.5R_m$
受静载荷，或作用次数 $<10^4$ 的变载荷	$\tau_p = 0.5R_m$	

由于多股螺旋弹簧钢丝之间相互磨损较大，所以当载荷作用次数超过 10^6，即要求弹簧具有无限寿命时，不宜采用多股弹簧。

3　多股螺旋弹簧的参数选择

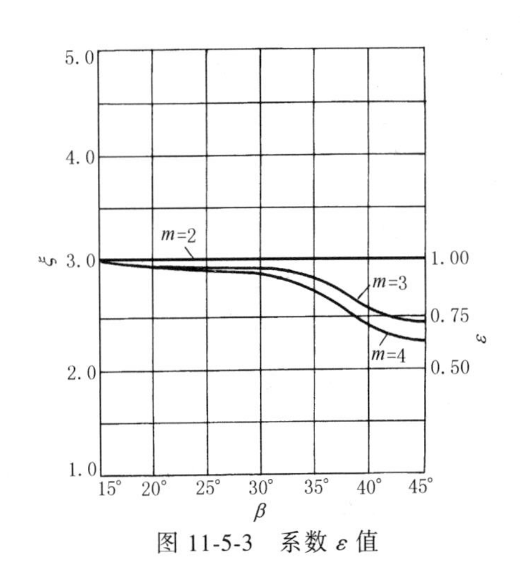

图 11-5-3　系数 ε 值

1）钢丝直径 d，一般在 0.5～3mm 范围内选取。

2）钢丝股数 m，一般为 2～4，最好不少于 3。

3）弹簧旋绕比 $C=\dfrac{D}{d_c}$，可取为 3.5～5，一般不小于 4。

4）钢索拧角 β 的选择与弹簧的性能有关，一般取 $\beta \approx 25° \sim 30°$。当要求弹簧的特性曲线有较大范围的线性关系时，取 $\beta \approx 22° \sim 25°$。拧角 β 与拧距 t_c 及直径 d_c 的关系如表 11-5-2 所示。

5）F_K/F 比值，即对应于特性曲线折点的载荷 F_K（钢索拧紧时的载荷）与最大工作载荷之比（它决定着特性曲线的折点位置）一般取为 1/4～1/3。

6）$\varepsilon=\dfrac{F_0}{F_b}$值，即多股螺旋弹簧在卸载过程中开始恢复变形时对应的载荷与压并载荷之比，其值可由图 11-5-3 查得。

表 11-5-2

$m=3$	t_c/d	8	9	10	11	12	13	14
	β	24.97°	22.37°	20.25°	18.49°	17.00°	15.74°	14.64°
	d_c/d	2.19	2.18	2.17	2.17	2.17	2.17	2.16
$m=4$	t_c/d	8	9	10	11	12		
	β	31.13°	27.78°	25.08°	22.85°	20.99°		
	d_c/d	2.54	2.51	2.49	2.48	2.47		

注：m 为股数。

4　多股螺旋压缩、拉伸弹簧设计主要公式

表 11-5-3

<table>
<tr><th>项　　目</th><th>单位</th><th>公　式　及　数　据</th></tr>
<tr><td>钢索拧紧前多股螺旋弹簧的变形 f_1</td><td>mm</td><td>$$f_1=\frac{8FD^3n}{i'Gd^4m}$$
式中　i'——钢索拧紧前捻索系数，$i'=\dfrac{(1+\mu)\cos\beta}{1+\mu\cos^2\beta}$
也可根据拧角 β 按下表选取
<table><tr><td>β</td><td>15°</td><td>20°</td><td>25°</td><td>30°</td><td>35°</td></tr><tr><td>i'</td><td>0.98</td><td>0.97</td><td>0.95</td><td>0.92</td><td>0.89</td></tr></table>
F——载荷，N
n——有效圈数
m——股数</td></tr>
</table>

续表

<table>
<tr><th>项　　目</th><th>单位</th><th>公 式 及 数 据</th></tr>
<tr><td>钢索拧紧前多股螺旋弹簧的刚度 F_1'</td><td>N/mm</td><td>$$F_1'=\frac{F}{f}\times\frac{i'Gd^4m}{8D^3n}$$</td></tr>
<tr><td>钢索拧紧时多股螺旋弹簧的变形 f_K</td><td>mm</td><td>$$f_K=\frac{8F_KD^3n}{i'Gd^4m}$$
式中　F_K——拧紧载荷，N
其他符号同前</td></tr>
<tr><td>钢索拧紧后多股螺旋的续加变形 f_c</td><td>mm</td><td>$$f_c=\frac{8(F-F_K)D^3n}{i''Gd^4m}$$
式中　i''——钢索拧紧后续加变形阶段捻索系数
$$i''=\frac{\cos\beta}{\cos^2\gamma}[1+\mu\sin^2(\beta+\gamma)]$$
其中 γ 与 β 的关系根据 m 不同如以下两表所示
当股数 $m=3$ 时
<table>
<tr><td>β</td><td>15°</td><td>20°</td><td>25°</td><td>30°</td><td>35°</td></tr>
<tr><td>γ</td><td>15.31°</td><td>20.84°</td><td>27.00°</td><td>34.43°</td><td>44.40°</td></tr>
</table>
当股数 $m=4$ 时
<table>
<tr><td>β</td><td>15°</td><td>20°</td><td>25°</td><td>30°</td><td>35°</td></tr>
<tr><td>γ</td><td>15.59°</td><td>21.56°</td><td>28.51°</td><td>37.61°</td><td>48.78°</td></tr>
</table>
i''也可根据不同 m 按以下两表选取
当股数 $m=3$ 时
<table>
<tr><td>β</td><td>15°</td><td>20°</td><td>25°</td><td>30°</td><td>35°</td></tr>
<tr><td>i''</td><td>1.12</td><td>1.21</td><td>1.35</td><td>1.58</td><td>2.07</td></tr>
</table>
当股数 $m=4$ 时
<table>
<tr><td>β</td><td>15°</td><td>20°</td><td>25°</td><td>30°</td><td>35°</td></tr>
<tr><td>i''</td><td>1.12</td><td>1.23</td><td>1.40</td><td>1.73</td><td>2.45</td></tr>
</table></td></tr>
<tr><td>多股螺旋弹簧总的变形 f</td><td>mm</td><td>$$f=f_K+f_c=\frac{8FD^3n}{iGd^4m}$$
式中　i——综合捻索系数，$i=\frac{F_K}{i'F}+\frac{1}{i''}(1-F_K/F)$
i 也可根据 β 及 F_K/F 按下图选取
 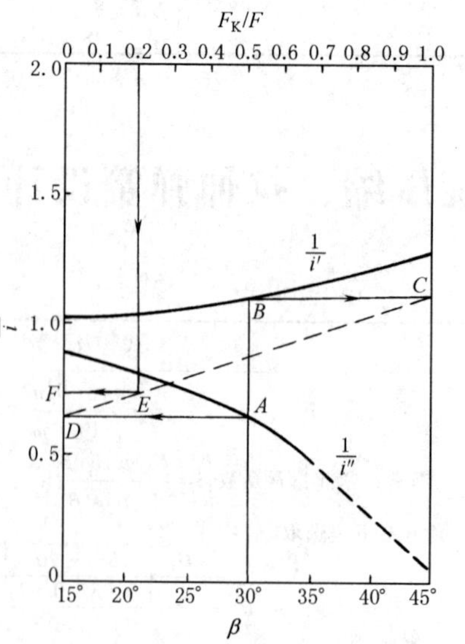系数$\frac{1}{i}$值
例如查 $F_K/F=0.2$，$\beta=30°$时$\frac{1}{i}$值。从 $\beta=30°$处向上作垂线与$\frac{1}{i'}$和$\frac{1}{i''}$分别交于 A 点和 B 点，过 A 点和 B 点分别作横坐标的平行线与两边纵坐标轴分别交于 C 点和 D 点。连接 C 和 D，从上部横坐标 $F_K/F=0.2$ 处向下作垂线与 CD 线处交于 E。过 E 点作横坐标平行线与纵坐标轴$\frac{1}{i}$交于 F，此 F 点即为所求$\frac{1}{i}=0.75$</td></tr>
</table>

续表

项　　目	单位	公 式 及 数 据
钢索拧紧后多股螺旋弹簧的刚度 F'	N/mm	$$F'=\frac{iGd^4m}{8D^3n}$$
应力 τ	MPa	$$\tau=K\frac{8FD}{m\pi d^3}$$ 式中 $$K=\sqrt{\gamma_T^2+\gamma_B^2}$$ 其中 $$\gamma_T=\frac{F_K}{F}\cos\beta+\gamma_t\left(1-\frac{F_K}{F}\right)$$ $$\gamma_B=\frac{F_K}{F}\sin\beta+\gamma_b\left(1-\frac{F_K}{F}\right)$$ 而 γ_t 及 γ_b 可根据 β 及 m 按下图选取： 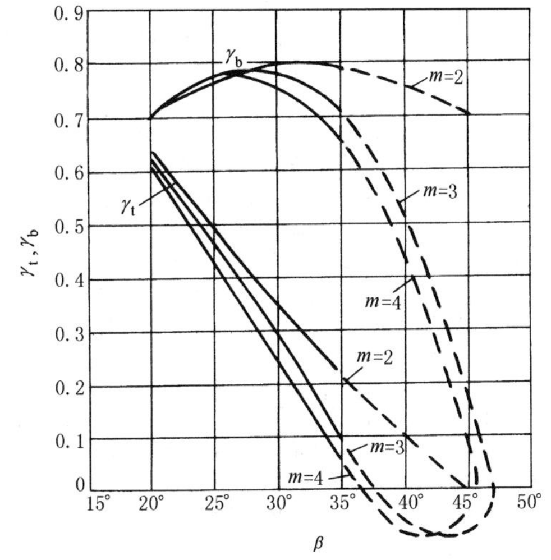 系数 γ_b 和 γ_t 值

5　多股螺旋压缩、拉伸弹簧几何尺寸计算

表 11-5-4

<table>
<tr><th>项　　目</th><th>单　位</th><th>公 式 及 数 据</th></tr>
<tr><td>钢丝直径 d</td><td>mm</td><td>可从 0.5~3mm 范围内选定</td></tr>
<tr><td>钢索直径 d_c</td><td>mm</td><td>$$d_c=d_2+d$$
式中　d_2——各股钢丝断面中心的圆周直径，mm
而 d_2 与拧角 β 及 d 的关系可根据 m 不同按下两表选取
当股数 $m=3$ 时
<table>
<tr><td>β</td><td>15°</td><td>20°</td><td>25°</td><td>30°</td><td>35°</td></tr>
<tr><td>d_2/d</td><td>1.17</td><td>1.18</td><td>1.19</td><td>1.21</td><td>1.25</td></tr>
</table>
当股数 $m=4$ 时
<table>
<tr><td>β</td><td>15°</td><td>20°</td><td>25°</td><td>30°</td><td>35°</td></tr>
<tr><td>d_2/d</td><td>1.44</td><td>1.46</td><td>1.50</td><td>1.55</td><td>1.61</td></tr>
</table>
</td></tr>
</table>

续表

项目	单位	公式及数据
多股螺旋弹簧的外径 D_2	mm	$D_2=D+d_c$ 式中 D——弹簧中径,mm
多股螺旋弹簧的内径 D_1	mm	$D_1=D-d_c$
钢索拧距 t_c	mm	$t_c=\frac{\pi d_c}{\tan\beta}$
多股螺旋弹簧的有效圈数 n	圈	$n=\frac{iGd^4mf}{8FD^3}$
多股螺旋弹簧的总圈数 n_1	圈	压缩弹簧 $n_1=n+(2\sim2.5)$ 拉伸弹簧 $n_1=n$ n_1 尾数为 1/4,1/2,3/4 及整圈
多股螺旋弹簧节距 t	mm	$t=d_c+\frac{f_b}{n}$ 式中 f_b——压并载荷下变形,mm $f_b=H_0-H_b$ 式中 H_0——自由高度,mm
多股螺旋弹簧自由高度 H_0	mm	压缩弹簧,两端磨平 当 $n_1=n+1.5$ 时 $H_0=tn+d$ 当 $n_1=n+2$ 时 $H_0=tn+1.5d$ 当 $n_1=n+2.5$ 时 $H_0=tn+2d$ 拉伸弹簧 LⅠ型 $H_0=(n+1)d+D_1$ LⅡ型 $H_0=(n+1)d+2D_1$ LⅢ型 $H_0=(n+1.5)d+2D_1$
多股螺旋压缩弹簧的压并高度 H_b	mm	端部不并紧,两端磨平,支承圈为 3/4 圈时 $H_b=(n+1)d_c$ 端部并紧,磨平,支承圈为 1 圈时 $H_b=(n+1.5)d_c$
钢索长度 l	mm	$l\approx\pi Dn_1$
每股钢丝长度 L	mm	$L=\frac{l}{\cos\beta}$

6 多股螺旋压缩弹簧计算示例

表 11-5-5

项目		单位	公式及数据
原始条件	多股螺旋压缩弹簧中径 D	mm	16
	工作行程 h	mm	20
	安装载荷 F_1	N	150
	最大工作载荷 F_2	N	450
参数计算	钢丝直径 d	mm	初选 $d=2$
	钢丝材料		A 组碳素弹簧钢丝
	剪切模量 G	MPa	80000
	钢索股数 m		4

续表

项　　目		单位	公 式 及 数 据
参数计算	验算多股螺旋弹簧强度 τ	MPa	取$\frac{F_K}{F}=0.2, \beta=25°$ 由表 11-5-3 中求 γ_t 及 γ_b 系数值的图查得 $\gamma_t=0.43; \gamma_b=0.77$ 将 γ_t 及 γ_b 值代入以下两式 $\gamma_T=\frac{F_K}{F}\cos\beta+\gamma_t\left(1-\frac{F_K}{F}\right)$ $=0.2\cos25°+0.43\times(1-0.2)=0.53$ $\gamma_B=\frac{F_K}{F}\sin\beta+\gamma_b\left(1-\frac{F_K}{F}\right)$ $=0.2\times\sin25°+0.77\times(1-0.2)=0.70$ 从而得 $K=\sqrt{\gamma_T^2+\gamma_B^2}$ $=\sqrt{0.53^2+0.70^2}=0.87$ 代入右式 $\tau=K\frac{8F_2D}{m\pi d^3}$ $=0.87\times\frac{8\times450\times16}{4\times3.14\times2^3}=498.7\text{MPa}$ $\tau<\tau_b=0.3R_m=0.3\times2000=600\text{MPa}$
	有效圈数 n	圈	$n=\frac{mGd^4fi}{8FD^3}$,查 $i=0.125$ 故 $n=\frac{4\times80000\times2^4\times20\times0.125}{8\times(450-150)\times16^3}=13$
	弹簧总圈数 n_1	圈	两端各取 1 圈支承圈,故总的圈数 n_1 $n_1=n+2=13+2=15$
	钢索直径 d_c	mm	$d_c=d_2+d$ 从表 11-5-4,根据股数 $m=4$ 及 $\beta=25°$求出 $d_2/d=1.5$　　故 $d_2=1.5\times d=1.5\times2=3$ 代入 d_c 式 $d_c=3+2=5$
	钢索的节距 t_c	mm	$t_c=\frac{\pi d_c}{\tan\beta}$ $=\frac{3.14\times5}{\tan25°}=33.69$
	多股螺旋压缩弹簧的节距 t	mm	$F'=\frac{F_2-F_1}{f_2-f_1}=\frac{450-150}{20}=15\text{N/mm}$ 从而得　$f_2=\frac{F_2}{F'}=\frac{450}{15}=30\text{mm}$ 取弹簧的压并变形 $f_b=\frac{f_2}{0.8}=\frac{30}{0.8}=37.5\text{mm}$ 故节距　$t\approx d_c+\frac{f_b}{n}=5+\frac{37.5}{13}=7.9\text{mm}$
	螺旋角 α	(°)	$\alpha=\arctan\frac{t}{\pi D}=\arctan\frac{8}{3.14\times16}=9°3'$
	压并高度 H_b	mm	$H_b=(n+1.5)d_c$ $=(13+1.5)\times5=72.5$
	自由高度 H_0	mm	$H_0=H_b+F_b=72.5+37.5=110$

续表

项　目		单位	公式及数据
参数计算	弹簧外径 D_2	mm	$D_2=D+d_c=16+5=21$
	弹簧内径 D_1	mm	$D_1=D-d_c=16-5=11$
	钢索长度 l	mm	$l\approx\pi D n_1=3.14\times16\times15=754$
	每股钢丝长度 L	mm	$L=\dfrac{l}{\cos\beta}=\dfrac{754}{\cos25^\circ}=832$

第6章 碟形弹簧

1 碟形弹簧的特点与应用

碟形弹簧是用恒定厚度的材料制成圆锤、圆台形状的压缩弹簧。

碟形弹簧的特点是：

1）刚度大，缓冲吸振能力强，能以小变形承受大载荷，适合于轴向空间要求小的场合。

2）具有变刚度特性，可通过适当选择碟形弹簧的压平时变形量 h_0 和厚度 t 之比，得到不同的特性曲线。其特性曲线可以呈直线形、渐增型、渐减型或是它们的组合，这种弹簧具有很广范围的非线性特性。

3）用同样的碟形弹簧采用不同的组合方式，能使弹簧特性在很大范围内变化。此类弹簧经常以对合、叠合形式堆叠组合使用。

当叠合时，相对于同一变形，弹簧数越多则载荷越大。当对合时，对于同一载荷，弹簧数越多则变形越大。

碟形弹簧在机械产品中的应用越来越广，在很大范围内，碟形弹簧正在取代圆柱螺旋弹簧。常用于重型机械（如压力机）和大炮、飞机等武器中，作为强力缓冲和减振弹簧，用作汽车和拖拉机离合器及安全阀或减压阀中的压紧弹簧，以及用作机动器的储能元件，将机械能转换为变形能储存起来。

但是，碟形弹簧的高度和板厚在制造中如出现即使不大的误差，其特性也会有较大的偏差。因此这种弹簧需要由高的制造精度来保证载荷偏差在允许范围内。和其他弹簧相比，这是它的缺点。

2 碟簧（普通碟簧）的分类及系列

普通碟形弹簧是机械产品中应用最广的一种，已标准化，标准代号为 GB/T 1972.1—2023 和 GB/T 1972.2—2023，其结构形式、产品分类及尺寸系列如下。

（1）结构形式

碟形弹簧根据厚度分为无支承面碟簧和有支承面碟簧，见图 11-6-1 和表 11-6-1，相关符号、参数名称和单位见表 11-6-2。

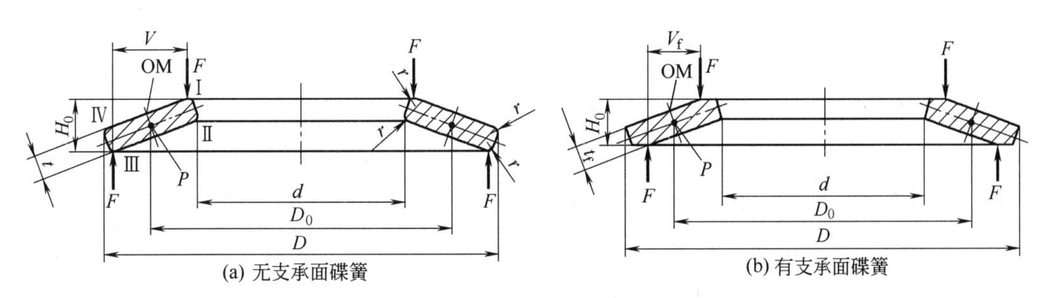

图 11-6-1 单个碟簧及计算应力的截面位置

(2) 产品分类

碟形弹簧根据工艺方法分为 1、2、3 三类，每个类别的形式、碟簧厚度和工艺方法见表 11-6-1，根据 D/t 及 h_0/t 的比值不同分为 A、B、C 三个系列，每个系列的比值范围见表 11-6-1。

表 11-6-1

	组别	形式	碟簧厚度 t/mm	工 艺 方 法
产品分组	1	无支承面	$0.2 \leqslant t < 1.25$	冲压→冷成形或热成形→边缘倒圆①，或一次成形→边缘倒圆①，或精冲②→冷成形或热成形→边缘倒圆①
	2		$1.25 \leqslant t \leqslant 6.0$	冲压→冷成形或热成形→内外径机加工→边缘倒圆，或精冲②→冷成形或热成形→边缘倒圆，或冲压→内外径机加工→边缘倒圆→冷成形或热成形
	3	有支承面	$6.0 < t \leqslant 14.0$	冷成形或热成形→所有面机加工→边缘倒圆，或冲压→内外径机加工→边缘倒圆→冷成形或热成形，或精冲②→冷成形或热成形→边缘倒圆

	系列	比 值			备 注
		D/t	h_0/t	t_f/t	
尺寸系列	A	≈18	≈0.40	≈0.94	材料弹性模量 $E=206000\mathrm{MPa}$ 泊松比 $\mu=0.3$
	B	≈28	≈0.75	≈0.94	
	C	≈40	≈1.30	≈0.96	

① 倒圆角或光饰处理。

② 精冲截面有要求，可参见 GB/T 1972.2—2023。

表 11-6-2　　符号、参数名称和单位

符号	参数名称	单位
D	外径	mm
D_0	中性径	mm
d	内径	mm
E	材料的弹性模量	MPa
F	单片碟簧的负荷	N
F_c	单片碟簧在压平位置时的计算负荷	N
F_G	组合碟形弹簧(以下简称组合碟簧)的负荷	N
F_t	检测负荷(在 H_t 位置时的负荷)	N
H_t	检测负荷对应的高度($H_1=H_0-0.75h_0$)	mm
H_0	单片碟簧的自由高度	mm
h_0	无支承面碟簧压平时变形量的计算值($h_0=H_0-t$)，简称内锥高	mm
$h_{0,f}$	有支承面碟簧压平时变形量的计算值($h_{0,f}=H_0-t_f$)	mm
i	对合组合碟簧中对合碟簧片数或叠合组合碟簧中叠合碟簧组数	—
L_0	组合碟簧的自由高度	mm
N	碟簧失效的循环次数	次
N_R	碟簧要求的循环次数	次
n	叠合组合碟簧的叠合片数	片
OM	碛簧上表面与 P 点中心线垂直的交点	—
P	碟簧横截面理论旋转中心点	—
R	刚度	N/mm
r	边缘倒圆半径	mm
s	单片碟簧的变形量	mm
s_G	不考虑摩擦力时组合碟簧的变形量	mm
s_P	碟簧预压缩变形量	mm
t	厚度	mm
t_f	碟簧减薄后厚度(以下简称减薄后厚度)	mm
V	无支承面碟簧杠杆臂长度	mm

续表

符号	参数名称	单位
V_f	有支承面碟簧杠杆臂长度	mm
ΔF	碟簧负荷的减少量	N
Δh_0	内锥高的减少量	mm
ν	材料的泊松比	—
σ_{OM}	位置 OM 处的计算应力	MPa
σ_{max}	变负荷作用时计算上限应力	MPa
σ_{min}	变负荷作用时计算下限应力	MPa
$\sigma_{Ⅰ}$	位置Ⅰ处的计算应力	MPa
$\sigma_{Ⅱ}$	位置Ⅱ处的计算应力	MPa
$\sigma_{Ⅲ}$	位置Ⅲ处的计算应力	MPa
$\sigma_{Ⅳ}$	位置Ⅳ处的计算应力	MPa

注：$1MPa=1N/mm^2$。

(3) 系列尺寸（根据 GB/T 1972.2—2023）

标准碟形弹簧系列尺寸分别见表 11-6-3、表 11-6-4 和表 11-6-5。

表 11-6-3　　系列 A，$\dfrac{D}{t}\approx 18$；$\dfrac{h_0}{t}\approx 0.4$；$E=206000MPa$；$\nu=0.3$

组别	D /mm	d /mm	t 或 t_f[①] /mm	h_0 /mm	H_0 /mm	F_t /N	H_t /mm	$\sigma_{Ⅱ}$ /MPa	σ_{OM} /MPa
						$s\approx 0.75h_0$			$s\approx h_0$
1	8	4.2	0.4	0.2	0.6	210	0.45	1218	-1605[③]
	10	5.2	0.5	0.25	0.75	325	0.56	1218	-1595
	12.5	6.2	0.7	0.3	1	660	0.77	1382	-1666[③]
	14	7.2	0.8	0.3	1.1	797	0.87	1308	-1551
	16	8.2	0.9	0.35	1.25	1013	0.99	1301	-1555
	18	9.2	1	0.4	1.4	1254	1.1	1295	-1558
	20	10.2	1.1	0.45	1.55	1521	1.21	1290	-1560
2	22.5	11.2	1.25	0.5	1.75	1929	1.37	1296	-1534
	25	12.2	1.5	0.55	2.05	2926	1.64	1419	-1622[③]
	28	14.2	1.5	0.65	2.15	2841	1.66	1274	-1562
	31.5	16.3	1.75	0.7	2.45	3871	1.92	1296	-1570
	35.5	18.3	2	0.8	2.8	5187	2.2	1332	-1611[③]
	40	20.4	2.25	0.9	3.15	6500	2.47	1328	-1595
	45	22.4	2.5	1	3.5	7716	2.75	1296	-1534
	50	25.4	3	1.1	4.1	11976	3.27	1418	-1659[③]
	56	28.5	3	1.3	4.3	11388	3.32	1274	-1565
	63	31	3.5	1.4	4.9	15025	3.85	1296	-1524
	71	36	4	1.6	5.6	20535	4.4	1332	-1594
	80	41	5	1.7	6.7	33559	5.42	1453	-1679[③]
	90	46	5	2	7	31354	5.5	1295	-1558
	100	51	6	2.2	8.2	48022	6.55	1418	-1663[③]
	112	57	6	2.5	8.5	43707	6.62	1239	-1505
3	125	64	8(7.5)	2.6	10.6	85926	8.65	1326	-1708[③]
	140	72	8(7.5)	3.2	11.2	85251	8.8	1284[②]	-1675[③]
	160	82	10(9.4)	3.5	13.5	138331	10.87	1338	-1753[③]
	180	92	10(9.4)	4	14	125417	11	1201[②]	-1576
	200	102	12(11.25)	4.2	16.2	183020	13.05	1227	-1611[③]
	225	112	12(11.25)	5	17	171016	13.25	1137[②]	-1489
	250	127	14(13.1)	5.6	19.6	248828	15.4	1221[②]	-1596

① t 的值为标称值。对于减薄型碟簧，减薄后碟簧的检测负荷 F_t 减少，为补偿这部分的负荷损失，增加了支承面以减少碟簧杠杆臂的长度以满足碟簧的检测负荷 F_t，减薄后碟簧的厚度为 t_f（即表中括号内数字）、尺寸系列 A 和 B，$t_f\approx 0.94\times t$；尺寸系列 C，$t_f\approx 0.96\times t$。

② 这个值是位置Ⅲ处的最大计算拉应力。

③ 当 σ_{OM} 大于 1600MPa 时，应按 GB/T 1972.1—2023 中 8.2 的规定，其 $\sigma_{Ⅰ}$ 应小于 3000MPa。

表 11-6-4 系列 B，$\frac{D}{t}\approx 28$；$\frac{h_0}{t}\approx 0.75$；$E=206000\text{MPa}$；$\nu=0.3$

组别	D /mm	d /mm	t 或 t_f① /mm	h_0 /mm	H_0 /mm	F_t /N	H_t /mm	σ_{II} /MPa	σ_{OM} /MPa
						$s\approx 0.75h_0$			$s\approx h_0$
1	8	4.2	0.3	0.25	0.55	118	0.36	1312	-1505
	10	5.2	0.4	0.3	0.7	209	0.47	1281	-1531
	12.5	6.2	0.5	0.35	0.85	294	0.59	1114	-1388
	14	7.2	0.5	0.4	0.9	279	0.6	1101	-1293
	16	8.2	0.6	0.45	1.05	410	0.71	1109	-1333
	18	9.2	0.7	0.5	1.2	566	0.82	1114	-1363
	20	10.2	0.8	0.55	1.35	748	0.94	1118	-1386
	22.5	11.2	0.8	0.65	1.45	707	0.96	1079	-1276
	25	12.2	0.9	0.7	1.6	862	1.07	1023	-1238
	28	14.2	1	0.8	1.8	1107	1.2	1086	-1282
2	31.5	16.3	1.25	0.9	2.15	1913	1.47	1187	-1442
	35.5	18.3	1.25	1	2.25	1699	1.5	1073	-1258
	40	20.4	1.5	1.15	2.65	2622	1.79	1136	-1359
	45	22.4	1.75	1.3	3.05	3646	2.07	1144	-1396
	50	25.4	2	1.4	3.4	4762	2.35	1140	-1408
	56	28.5	2	1.6	3.6	4438	2.4	1092	-1284
	63	31	2.5	1.75	4.25	7189	2.94	1088	-1360
	71	36	2.5	2	4.5	6725	3	1055	-1246
	80	41	3	2.3	5.3	10518	3.57	1142	-1363
	90	46	3.5	2.5	6	14161	4.12	1114	-1363
	100	51	3.5	2.8	6.3	13070	4.2	1049	-1235
	112	57	4	3.2	7.2	17752	4.8	1090	-1284
	125	64	5	3.5	8.5	29908	5.87	1149	-1415
	140	72	5	4	9	27920	6	1101	-1293
	160	82	6	4.5	10.5	41108	7.12	1109	-1333
	180	92	6	5.1	11.1	37502	7.27	1035	-1192
3	220	102	8(7.5)	5.6	13.6	76378	9.4	1254	-1409
	225	112	8(7.5)	6.5	14.5	70749	9.62	1176	-1267
	250	127	10(9.4)	7	17	119050	11.75	1244	-1406

① t 的值为标称值。对于减薄型碟簧，减薄后碟簧的检测负荷 F_t 减少，为补偿这部分的负荷损失，增加了支承面以减少碟簧杠杆臂的长度以满足碟簧的检测负荷 F_t，减薄后碟簧的厚度为 t_f（即表中括号内数字）。尺寸系列 A 和 B，$t_f\approx 0.94\times t$；尺寸系列 C，$t_f\approx 0.96\times t$。

表 11-6-5 系列 C，$\frac{D}{t}\approx 40$；$\frac{h_0}{t}\approx 1.3$；$E=206000\text{MPa}$；$\nu=0.3$

组别	D /mm	d /mm	t 或 t_f① /mm	h_0 /mm	H_0 /mm	F_t /N	H_t /mm	σ_{II} /MPa	σ_{OM} /MPa
						$s\approx 0.75h_0$			$s\approx h_0$
1	8	4.2	0.2	0.25	0.45	38	0.26	1034	-1003
	10	5.2	0.25	0.3	0.55	58	0.32	965	-957
	12.5	6.2	0.35	0.45	0.8	151	0.46	1278	-1250
	14	7.2	0.35	0.45	0.8	123	0.46	1055	-1018
	16	8.2	0.4	0.5	0.9	154	0.52	1009	-988
	18	9.2	0.45	0.6	1.05	214	0.6	1106	-1052
	20	10.2	0.5	0.65	1.15	254	0.66	1063	-1024
	22.5	11.2	0.6	0.8	1.4	246	0.8	1227	-1178
	25	12.2	0.7	0.9	1.6	600	0.92	1259	-1238
	28	14.2	0.8	1	1.8	801	1.05	1304	-1282
	31.5	16.3	0.8	1.05	1.85	687	1.06	1130	-1077
	35.5	18.3	0.9	1.15	2.05	832	1.19	1078	-1042
	40	20.4	1	1.3	2.3	1017	1.32	1063	-1024

续表

组别	D /mm	d /mm	t 或 t_1[1] /mm	h_0 /mm	H_0 /mm	F_t /N	H_t /mm	σ_{II} /MPa	σ_{OM} /MPa
						$s\approx0.75h_0$			$s\approx h_0$
2	45	22.4	1.25	1.6	2.85	1891	1.65	1253	-1227
	50	25.4	1.25	1.6	2.85	1550	1.65	1035	-1006
	56	28.5	1.5	1.95	3.45	2662	1.99	1218	-1174
	63	31	1.8	2.36	4.15	4238	2.39	1351	-1315
	71	36	2	2.6	4.6	5144	2.65	1342	-1295
	80	41	2.25	2.95	5.2	6613	2.99	1370	-1311
	90	46	2.5	3.2	5.7	7684	3.3	1286	-1246
	100	51	2.7	3.5	6.2	8609	3.57	1235	-1191
	112	57	3	3.9	6.9	10489	3.97	1218	-1174
	125	64	3.5	4.5	8	15416	4.62	1318	-1273
	140	72	3.8	4.9	8.7	17195	5.02	1249	-1203
	160	82	4.3	5.6	9.9	21843	5.7	1238	-1189
	180	92	4.8	6.2	11	26442	6.35	1201	-1159
	200	102	5.5	7	12.5	36111	7.25	1247	-1213
3	225	112	6.5(6.2)	7.1	13.6	44580	8.27	1137	-1119
	250	127	7(6.7)	7.8	14.8	50466	8.95	1116	-1086

① t 的值为标称值。对于减薄型碟簧，减薄后碟簧的检测负荷 F_t 减少，为补偿这部分的负荷损失，增加了支承面以减少碟簧杠杆臂的长度以满足碟簧的检测负荷 F_t，减薄后碟簧的厚度为 t_f（即表中括号内数字）。尺寸系列 A 和 B，$t_f\approx0.94\times t$；尺寸系列 C，$t_f\approx0.96\times t$。

3 碟形弹簧的计算（摘自 GB/T 1972.1—2023）

3.1 单片碟形弹簧的计算公式

单片碟形弹簧的计算公式列于表 11-6-6，适用于 $16<D/t<40$、$1.8<D/d<2.5$ 的有支承面或无支承面单片碟簧。

表 11-6-6

项目	单位	公式及数据
碟形弹簧载荷 F	N	有支承面碟簧的负荷： $F=\frac{4E}{1-\nu^2}\times\frac{t^4}{C_1\times D^2}\times C_4^2\times\frac{s}{t}\times\left[C_4^2\times\left(\frac{h_0}{t}-\frac{s}{t}\right)\times\left(\frac{h_0}{t}-\frac{s}{2t}\right)+1\right]$ 有支承面碟簧在压平位置时的计算负荷： $F_c=\frac{4E}{1-\nu^2}\times\frac{h_0\times t^3}{C_1\times D^2}\times C_4^2$ 无支承面碟簧的负荷： $F=\frac{D-d}{(D-d)-3r}\times\frac{4E}{1-\nu^2}\times\frac{t^3}{C_1\times D^2}\times s\times\left[\left(\frac{h_0}{t}-\frac{s}{t}\right)\times\left(\frac{h_0}{t}-\frac{s}{2t}\right)+1\right]$ 无支承面碟簧在压平位置时的计算负荷： $F_c=\frac{D-d}{(D-d)-3r}\times\frac{4E}{1-\nu^2}\times\frac{h_0\times t^3}{C_1\times D^2}$

第11篇

续表

项目	单位	公 式 及 数 据
计算应力 σ_{OM}、$\sigma_{Ⅰ}$，$\sigma_{Ⅱ}$，$\sigma_{Ⅲ}$，$\sigma_{Ⅳ}$	MPa	计算应力是正值时为拉应力，负值为压应力 $\sigma_{OM}=-\frac{4E}{1-\nu^2}\times\frac{t}{C_1\times D^2}\times C_4\times s\times\frac{3}{\pi}$ $\sigma_{Ⅰ}=\frac{4E}{1-\nu^2}\times\frac{t}{C_1\times D^2}\times C_4\times s\times\left[-C_4\times C_2\times\left(\frac{h_0}{t}-\frac{s}{2t}\right)-C_3\right]$ $\sigma_{Ⅱ}=\frac{4E}{1-\nu^2}\times\frac{t}{C_1\times D^2}\times C_4\times s\times\left[-C_4\times C_2\times\left(\frac{h_0}{t}-\frac{s}{2t}\right)+C_3\right]$ $\sigma_{Ⅲ}=\frac{4E}{1-\nu^2}\times\frac{t}{\alpha\times C_1\times D^2}\times C_4\times s\times\left[C_4\times(2C_3-C_2)\times\left(\frac{h_0}{t}-\frac{s}{2t}\right)+C_3\right]$ $\sigma_{Ⅳ}=\frac{4E}{1-\nu^2}\times\frac{t}{\alpha\times C_1\times D^2}\times C_4\times s\times\left[C_4\times(2C_3-C_2)\times\left(\frac{h_0}{t}-\frac{s}{2t}\right)-C_3\right]$
碟形弹簧刚度 R	N/mm	有支承面碟簧刚度： $R=\frac{dF}{ds}=\frac{4E}{1-\nu^2}\times\frac{t^3}{C_1\times D^2}\times C_4^2\times\left\{C_4^2\times\left[\left(\frac{h_0}{t}\right)^2-3\frac{h_0}{t}\times\frac{s}{t}+\frac{3}{2}\left(\frac{s}{t}\right)^2\right]+1\right\}$ 无支承面碟簧刚度： $R=\frac{dF}{ds}=\frac{D-d}{(D-d)-3r}\times\frac{4E}{1-\nu^2}\times\frac{t^3}{C_1\times D^2}\times\left[\left(\frac{h_0}{t}\right)^2-3\frac{h_0}{t}\times\frac{s}{t}+\frac{3}{2}\left(\frac{s}{t}\right)^2+1\right]$
碟形弹簧变形能 W	N·mm	$W=\int_0^s F\times ds=\frac{2E}{1-\nu^2}\times\frac{t^5}{C_1\times D^2}\times C_4^2\times\left(\frac{s}{t}\right)^2\times\left[C_4^2\times\left(\frac{h_0}{t}-\frac{s}{2t}\right)^2+1\right]$
计算系数 C_1、C_2、C_3、C_4		$\alpha=\frac{D}{d}$ $C_1=\frac{1}{\pi}\times\frac{\left(\frac{\alpha-1}{\alpha}\right)^2}{\frac{\alpha+1}{\alpha-1}-\frac{2}{\ln\alpha}}$ $C_2=\frac{1}{\pi}\times\frac{6}{\ln\alpha}\times\left(\frac{\alpha-1}{\ln\alpha}-1\right)$ $C_3=\frac{3}{\pi}\times\frac{\alpha-1}{\ln\alpha}$ $C_4=\sqrt{-\frac{k_1}{2}+\sqrt{\left(\frac{k_1}{2}\right)^2+k_2}}$ $k_1=\frac{\left(\frac{t_f}{t}\right)^2}{\left(\frac{1}{4}\times\frac{H_0}{t}-\frac{t_f}{t}+\frac{3}{4}\right)\left(\frac{5}{8}\times\frac{H_0}{t}-\frac{t_f}{t}+\frac{3}{8}\right)}$ $k_2=\frac{k_1}{\left(\frac{t_f}{t}\right)^3}\left[\frac{5}{32}\left(\frac{H_0}{t}-1\right)^2+1\right]$ 在计算碟簧的负荷、计算应力、刚度和变形能时，应遵循：无支承面碟簧时，$C_4=1$；有支承面碟簧时，C_4 按上式计算，同时，计算公式中用 t_f 替换 t，用 $h_{0,f}$ 替换 h_0 不同尺寸系列碟簧的减薄后厚度与厚度的比值推荐值见表 11-6-1

3.2 单片碟形弹簧的特性曲线

图 11-6-2 所示为按不同 h_0/t 或 $C_4\frac{h_{0,f}}{t_f}$ 计算的碟形弹簧特性曲线。

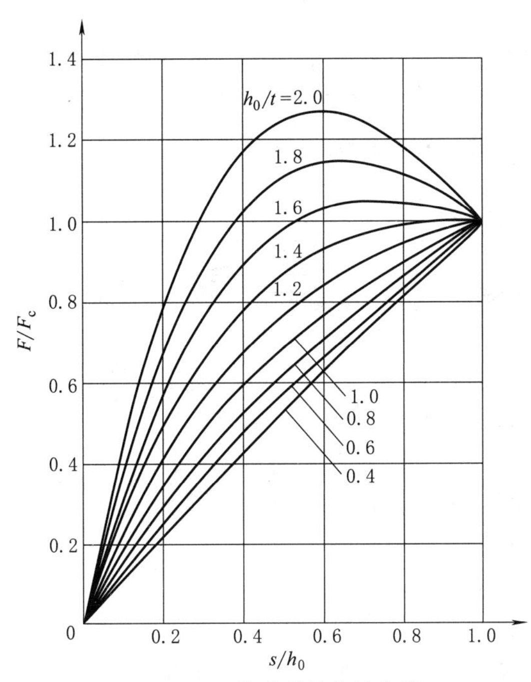

图 11-6-2　单片碟簧特性曲线

3.3　组合碟形弹簧的计算公式

使用单片碟形弹簧时，由于变形量和载荷值往往不能满足要求，故常用若干碟形弹簧以不同形式组合，以满足不同的使用要求。表 11-6-7 为碟形弹簧典型的组合形式。

表 11-6-7　**组合碟形弹簧形式与计算公式**

组合形式	简图及特性曲线	计算公式	说　　明
叠合组合（由 n 个同方向、同规格的一组碟簧组成）	F_G—组合碟簧的负荷；F_c—单片碟簧在压平位置时的计算负荷；H_0—单片碟簧的自由高度；h_0—无支承面碟簧压平时变形量的计算值；L_0—组合碟簧的自由高度；n—叠合组合碟簧的叠合片数；s_G—不考虑摩擦力时组合碟簧的变形量；t—厚度	$F_G=n\times F$ $s_G=s$ $L_0=H_0+(n-1)\times t$	F_G、s_G、L_0 为组合碟簧的载荷、变形量和自由高度

续表

组合形式	简图及特性曲线	计算公式	说　明
对合组合(由 i 个相向同规格的一组碟簧组成)	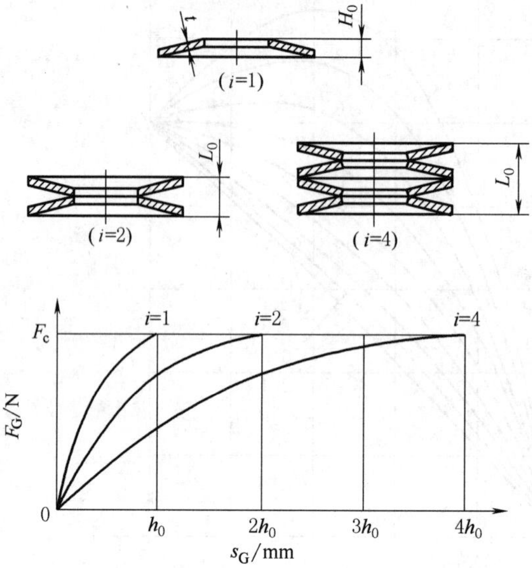 t　H_0　(i=1) L_0　(i=2)　L_0　(i=4) F_G/N　F_c　i=1　i=2　i=4　0　h_0　$2h_0$　$3h_0$　$4h_0$　s_G/mm F_G—组合碟簧的负荷;F_c—单片碟簧在压平位置时的计算负荷;H_0—单片碟簧的自由高度;h_0—无支承面碟簧压平时变形量的计算值;i—对合组合碟簧中对合碟簧片数或叠合组合碟簧中叠合碟簧组数;L_0—组合碟簧的自由高度;s_G—不考虑摩擦力时组合碟簧的变形量;t—厚度	$F_G=F$ $s_G=i\times s$ $L_0=i\times H_0$	F_G、s_G、L_0 为组合碟簧的载荷、变形量和自由高度
复合组合(由叠合与对合组成)	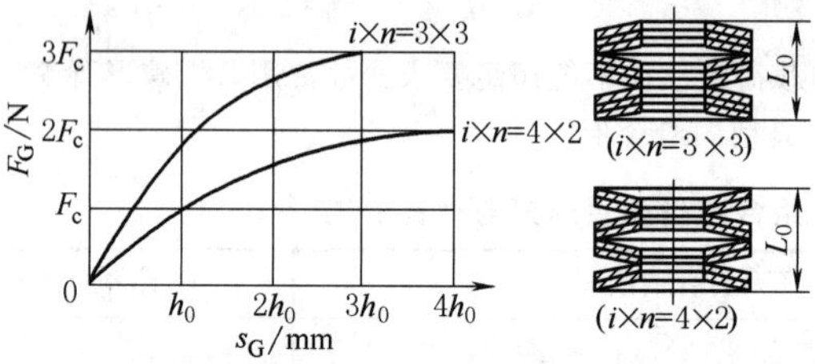 F_G/N　$3F_c$　$2F_c$　F_c　0　h_0　$2h_0$　$3h_0$　$4h_0$　s_G/mm　i×n=3×3　i×n=4×2 L_0　(i×n=3×3)　L_0　(i×n=4×2) F_G—组合碟簧的负荷;F_c—单片碟簧在压平位置时的计算负荷;h_0—无支承面碟簧压平时变形量的计算值;i—对合组合碟簧中对合碟簧片数或叠合组合碟簧中叠合碟簧组数;n—叠合组合碟簧的叠合片数;$i\times n$—复合组合碟簧的组合方式;叠合碟簧组数为 i,叠合片数为 n;L_0—组合碟簧的自由高度;s_G—不考虑摩擦力时组合碟簧的变形量	$F_G=n\times F$ $s_G=i\times s$ $L_0=[H_0+(n-1)\times t]\times i$	F_G、s、H_0 为单片碟簧的载荷、变形量和高度
由不同厚度碟簧组成的组合弹簧	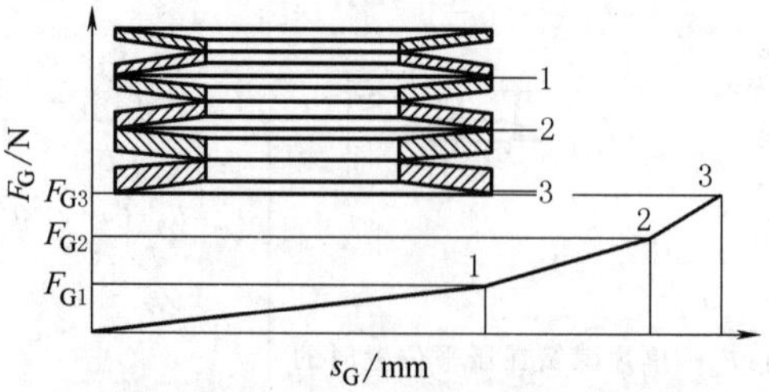 1　2　3 F_G/N　F_{G3}　F_{G2}　F_{G1}　1　2　3　s_G/mm 1—其他组合碟簧 1 以上部分压并时对应负荷-变形图中的拐点 1,组合碟簧的负荷为 F_{G1};2—其他组合碟簧 2 以上部分压并时对应负荷-变形图中的拐点 2,组合碟簧的负荷为 F_{G2};3—其他组合碟簧 3 以上部分压并时对应负荷-变形图中的拐点 3,组合碟簧的负荷为 F_{G3};s_G—不考虑摩擦力时组合碟簧的变形量;F_G—组合碟簧的负荷	—	

第11篇

续表

组合形式	简图及特性曲线	计算公式	说　明
由尺寸相同但各组片数逐渐增加的碟簧组成的组合	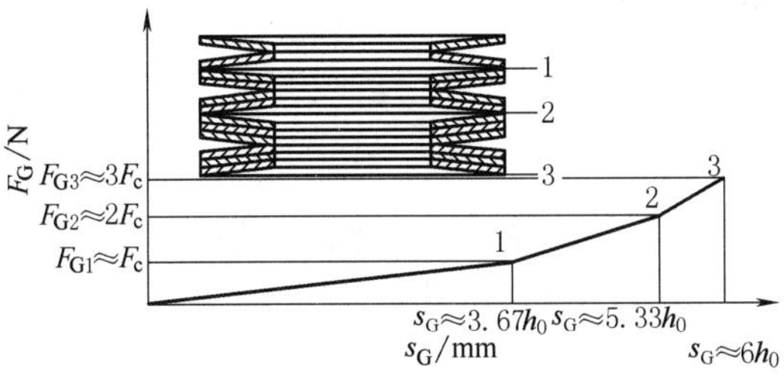 1—其他组合碟簧1以上部分压并时对应负荷-变形图中的拐点1，此时组合碟簧的变形量约为3.67h_G，负荷约为F_c；2—其他组合碟簧2以上部分压并时对应负荷-变形图中的拐点2，此时组合碟簧的变形量约为5.33h_0，负荷约为2F_c；3—其他组合碟簧3以上部分压并时对应负荷-变形图中的拐点3，此时组合碟簧的变形量约为6h_0，负荷约为3F_c；s_G—不考虑摩擦力时组合碟簧的变形量；F_G—组合碟簧的负荷	—	F_G、s、H_0为单片碟簧的载荷、变形量和高度

使用组合碟簧时，必须考虑摩擦力对特性曲线的影响。摩擦力与组合碟簧的组数、每个叠层的片数有关，也与碟簧表面质量和润滑情况有关。由于摩擦力的阻尼作用，叠合组合碟簧的刚性比理论计算值大，对合组合碟簧的各片变形量将依次递减。在冲击载荷下使用组合碟簧，外力的传递对各片也依次递减。所以组合碟簧的片数不宜用得过多，应尽可能采用直径较大、片数减小的组合弹簧。

叠合组合碟簧，摩擦力存在于碟簧接触锥面和支承处，加载时使弹簧负荷增大，卸载时则使弹簧负荷减小。考虑摩擦力影响时的碟簧负荷，按下式计算：

$$F_G = F\times\frac{n}{1\pm f_M(n-1)\pm f_R}$$

式中　f_M——碟簧锥面间的摩擦因数，见表11-6-8；

f_R——碟簧承载边缘处的摩擦因数，见表11-6-8。

上式用于加载时取-号，卸载时取+号。

复合组合碟簧即由多组叠合碟簧对合组成的复合碟簧。仅考虑叠合表面间的摩擦时，可按下式计算：

$$F_G = F\times\frac{n}{1\pm f_M(n-1)}$$

表 11-6-8　　**组合碟簧接触处的摩擦因数**

系列	f_M	f_R	系列	f_M	f_R
A	0.005~0.03	0.03~0.05	C	0.002~0.015	0.01~0.03
B	0.003~0.02	0.02~0.04			

4　碟形弹簧的材料及许用应力

4.1　碟形弹簧的材料

碟形弹簧的材料应具有高的弹性极限、屈服极限、耐冲击性能和足够大的塑性变形性能。碟簧的材料牌号应为 50CrV、51CrMnV 和 60Si2Mn，其化学成分应符合 GB/T 1222 的规定。碟簧的材料应采用 GB/T 3279 及 YB/T 5058 中规定的带、板材或符合 GB/T 1222 要求的锻造材料（锻造比不应小于 2）制造。

4.2 许用应力及极限应力曲线

4.2.1 载荷类型

许用应力与载荷性质有关。按载荷性质不同，可分为静负荷与动负荷两类。

1）静负荷　作用于碟簧上的载荷不变，或在长时间内只有偶然变化，在规定寿命内变化次数 $N\leqslant 1\times10^4$ 次。

2）动负荷　作用于碟簧上的载荷在预加载荷和工作载荷之间循环变化，在规定寿命内变化次数 $N\geqslant 1\times10^4$ 次。

4.2.2 静负荷作用下碟簧的许用应力

静负荷作用下的碟簧应通过校验 σ_{OM} 或 σ_{I} 来保证自由高度 H_0 的稳定。压簧压平时，σ_{OM} 不宜超过 1600MPa。当 σ_{OM} 大于 1600MPa 时，应按 GB/T 1972.1—2023 中 8.2 的规定，其 σ_{I} 不宜超过 3000MPa。

4.2.3 动负荷作用下碟簧的疲劳极限

为确保碟簧要求的循环次数，碟簧需要一个最小的预压缩变形量来避免断裂。由于位置Ⅰ（见图 11-6-1）在立定（强压）处理过程产生了残余应力，所以受动负荷影响的碟簧在设计和安装时应使预压缩变形量为 $0.15h_0\sim0.20h_0$，以避免在位置Ⅰ处开裂。

要确定碟簧失效的循环次数，首先计算最大和最小负荷下 σ_{II} 和 σ_{III} 的拉伸应力。位置Ⅱ和Ⅲ的循环次数中以较低的循环次数为准。

图 11-6-3 显示了碟簧未经喷丸处理时在动负荷作用下失效的循环次数。σ_{min} 为变负荷作用时计算下限应力，σ_{max} 为变负荷作用时计算上限应力。根据图 11-6-3 来确定三个不同的交变应力，这三个不同的交变应力所对应的碟簧失效的循环次数分别为 1×10^5 次、5×10^5 次和 2×10^6 次。

可基于该信息估算其他失效的循环次数的中间值。

在实验室使用疲劳测试设备和加载正弦波进行循环试验，得到图 11-6-3 中给出的信息，以获得 99% 概率碟簧的失效循次数的统计数据。这些数据适用于单片碟簧和对合组合碟簧，其中对合组合碟簧的片数应不大于 10 片。测试条件是：室温，碟簧的预压缩变形量为 $0.15h_0\sim0.20h_0$，导向件表面硬化处理和精加工。

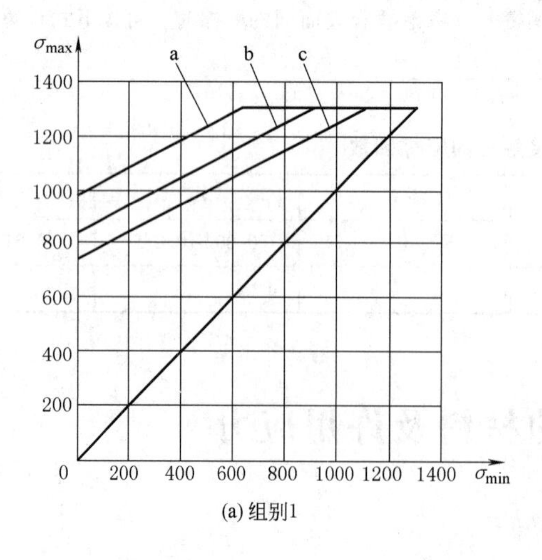

(a) 组别1

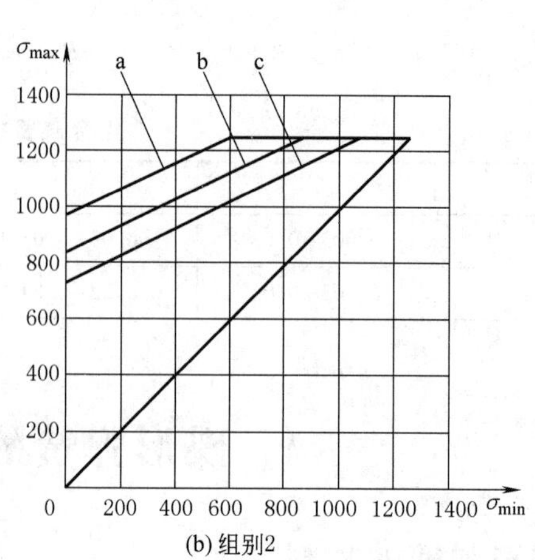

(b) 组别2

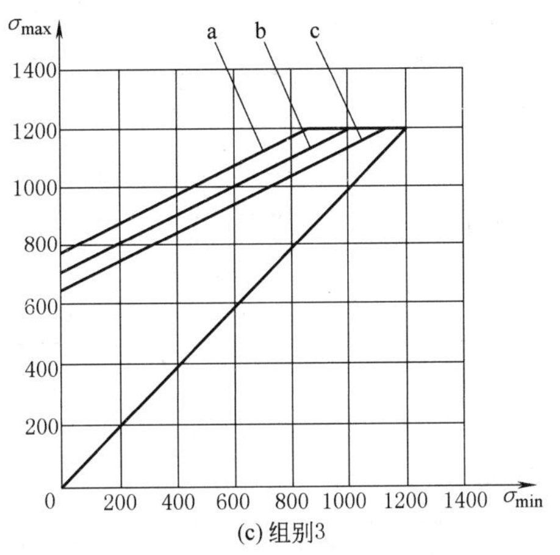

图 11-6-3　未经喷丸处理碟簧失效的循环次数图

a—$N=1\times10^5$ 次循环；b—$N=5\times10^5$ 次循环；c—$N=1\times10^6$ 次循环；
σ_{min}—变负荷作用时计算下限应力；σ_{max}—变负荷作用时计算上限应力

5　碟形弹簧的技术要求

5.1　导向件

碟簧的导向采用导杆（内导向）或导套（外导向）。导向件与碟簧之间的间隙推荐采用表 11-6-9 的数值。碟簧的导向应该优先采用内导向。

表 11-6-9　　mm

d 或 *D*	间隙	*d* 或 *D*	间隙	*d* 或 *D*	间隙	*d* 或 *D*	间隙
≤15	0.2	>20~26	0.4	>31.5~45	0.6	>75~140	1
>15~20	0.3	>26~31.5	0.5	>45~75	0.8	>140~250	1.6

导向杆表面的硬度不小于 55HRC，导向表面粗糙度 $Ra<3.2\mu m$。

5.2　碟簧参数的公差和偏差

表 11-6-10　　碟簧参数的公差及偏差

项　目	偏　差									
外径、内径公差	*D*	>3~6	>6~10	>10~18	>18~30	>30~50	>50~80	>80~120	>120~180	>180~250
	一级精度	0 -0.12	0 -0.15	0 -0.18	0 -0.21	0 -0.25	0 -0.30	0 -0.35	0 -0.40	0 -0.46
	二级精度	0 -0.18	0 -0.22	0 -0.27	0 -0.33	0 -0.39	0 -0.46	0 -0.54	0 -0.63	0 -0.72
	d	>3~6	>6~10	>10~18	>18~30	>30~50	>50~80	>80~120	>120~180	>180~250
	一级精度	+0.12 0	+0.15 0	+0.18 0	+0.21 0	+0.25 -	+0.30 0	+0.35 0	+0.40 0	+0.46 0
	二级精度	+0.18 0	+0.22 0	+0.27 0	+0.33 0	+0.39 0	+0.46 0	+0.54 0	+0.63 0	+0.72 0

项　目		偏　差				
t(*t′*)极限偏差/mm	*t*(*t′*)/mm	0.2~0.6	>0.6~<1.25	1.25~3.8	>3.8~6	>6~16
	一、二级精度	+0.03 -0.06	+0.06 -0.09	+0.09 -0.12	+0.10 -0.15	±0.15

续表

项目		偏差				
H_0 极限偏差/mm	t/mm	$0.2\leqslant t<1.25$	$1.25\leqslant t\leqslant 2$	$2<t\leqslant 3$	$3<t\leqslant 6$	$6<t\leqslant 14$
	一、二级精度	+0.10 -0.05	+0.15 -0.08	+0.20 -0.10	+0.30 -0.15	±0.30
$f=0.75h_0$ 时，P 的波动范围/%	t/mm	$0.2\leqslant t<1.25$		$1.25\leqslant t\leqslant 3$	$3<t\leqslant 6$	$6<t\leqslant 14$
	一级精度	+25 -7.5		+15 -7.5	+10 -5	±5
	二级精度	+30 -10		+20 -10	+15 -7.5	±10

注：在保证载荷偏差的条件下，厚度极限偏差在制造中可进行适当调整，但其公差带不得超出表中规定的范围。

5.3 碟簧的表面粗糙度

表 11-6-11 **碟簧的表面粗糙度**

类别	基本制造方法	表面粗糙度 Ra/μm	
		上、下表面	内、外圆
1	冷成形，边缘倒圆角	3.2	12.5
2	冷成形或热成形，切削内、外圆或平面，边缘倒圆角	6.3	6.3
	冷成形或热成形，精冲，边缘倒圆角	6.3	3.2
3	冷成形或热成形，加工所有表面，边缘倒圆角	12.5	12.5

5.4 碟簧成形后的处理

1）碟簧表面不允许有对使用有害的毛刺、裂纹、伤痕等缺陷。

2）碟簧成形后，必须进行淬火、回火处理，淬火次数不得超过两次。碟簧淬回火后的硬度必须在 42～52HRC 范围内。

3）经热处理的碟簧，其单边脱碳层深度：1 类碟簧，不应超过其厚度的 5%；2、3 类碟簧，不应超过其厚度的 3%（最大不超过 0.15mm）。

4）碟簧应该进行强压处理，处理方法为：用不小于两倍的 $F=0.75h_0$ 时的负荷压缩碟簧，持续时间不少于 12h，或短时压缩，压缩次数不少于 5 次。碟簧经强压处理后，自由高度尺寸应稳定，在规定的试验条件下，其自由高度应在表 11-6-10 规定的范围内。

5）对于承受变载荷的碟簧，推荐进行表面强化处理，例如喷丸处理等。

6）碟簧表面应根据需要进行防腐处理（如氧化、磷化、电镀等），经电镀处理后的碟簧必须及时进行除氢处理。

6 碟形弹簧计算示例

例 1 设计一组合碟形弹簧，其承受静载荷为 9000N 时的变形量要求为 4.5～5mm，导杆最大直径为 25mm。计算过程见表 11-6-12。

表 11-6-12

计算项目	公式及数据
选择碟簧系列及组合形式	据导杆尺寸，从表 11-6-3～表 11-6-5 中选取 $d=25.4\text{mm}$ 的碟簧三种，尺寸如下

尺寸	D /mm	d /mm	t /mm	h_0 /mm	H_0 /mm	F_t /N	H_t /mm	σ_{II} /MPa	σ_{OM} /MPa
A 系列	50	25.4	3	1.1	4.1	11976	3.27	1418	-1659
B 系列	50	25.4	2	1.4	3.4	4762	2.35	1140	-1408
C 系列	50	25.4	1.25	1.6	2.85	1550	1.65	1035	-1006

由上表，采用单片碟簧不能满足要求。采用组合弹簧时，可以有两种方案，一是用 A 系列碟簧对合组合，二是用 B 系列碟簧复合组合

压平碟簧时的载荷 F_c	A 系列 $D=50\text{mm}$，对合组合 $F_c=\dfrac{4E}{1-\nu^2}\times\dfrac{t^3h_0}{C_1D^2}C_4^2$ 式中 $E=2.06\times10^5\text{MPa}$ $\nu=0.3$ $C_4=1$，无支承面 $\alpha=2$，则 $C_1=\dfrac{1}{\pi}\times\dfrac{\left(\dfrac{\alpha-1}{\alpha}\right)^2}{\dfrac{\alpha+1}{\alpha-1}-\dfrac{2}{\ln\alpha}}=0.69$ $t=3\text{mm}$ $h_0=1.1\text{mm}$ 代入公式得 $F_c=15590\text{N}$	B 系列 $D=50\text{mm}$，复合组合 $F_c=\dfrac{4E}{1-\nu^2}\times\dfrac{t^3h_0}{C_1D^2}C_4^2$ 式中 $E=2.06\times10^5\text{MPa}$ $\nu=0.3$ $C_4=1$，无支承面 $\alpha=2$，则 $C_1=\dfrac{1}{\pi}\times\dfrac{\left(\dfrac{\alpha-1}{\alpha}\right)^2}{\dfrac{\alpha+1}{\alpha-1}-\dfrac{2}{\ln\alpha}}=0.69$ $t=2\text{mm}$ $h_0=1.4\text{mm}$ 代入公式得 $F_c=5880\text{N}$
$\dfrac{F}{F_c}$	因是对合组合，单个弹簧载荷 $F=9000\text{N}$ $\dfrac{F}{F_c}=\dfrac{9000}{15590}=0.577$	因是复合组合，单个碟簧载荷 $F=\dfrac{9000}{2}=4500\text{N}$ $\dfrac{F}{F_c}=\dfrac{4500}{5880}=0.765$
$\dfrac{s}{h_0}$	由图 11-6-2 查得 A 系列，$\dfrac{h_0}{t}=0.4$ 及 $\dfrac{F}{F_c}=0.577$ 时，$\dfrac{s}{h_0}=0.555$	由图 11-6-2 查得 B 系列，$\dfrac{h_0}{t}=0.7$ 及 $\dfrac{F}{F_c}=0.765$ 时，$\dfrac{s}{h_0}=0.69$
s	$s=0.555\times h_0=0.555\times1.1=0.61\text{mm}$	$s=0.69\times h_0=0.69\times1.4=0.97\text{mm}$
对合组合的片数及复合组合的组数	$i=\dfrac{s_G}{s}=\dfrac{5}{0.61}=8.19$ 取 8 片	$i=\dfrac{s_G}{s}=\dfrac{5}{0.97}=5.15$ 取 5 组，共 10 片
未受载荷时的自由高度 L_0	$L_0=iH_0=8\times4.10=32.8\text{mm}$	$L_0=i[H_0+(n-1)t]$ $=5\times[3.4+(2-1)\times2]=27\text{mm}$
受 9000N 载荷作用时变形量 s_G	$s_G=i\times s=8\times0.61=4.88\text{mm}$	$s_G=i\times s=5\times0.97=4.85\text{mm}$

续表

<table>
<tr><th>计算项目</th><th colspan="2">公 式 及 数 据</th></tr>
<tr><td>碟簧压平时，OM点的应力 σ_{OM}</td><td>$\sigma_{OM}=-\frac{4E}{1-\nu^2}\times\frac{t}{C_1\times D^2}\times C_4\times s\times\frac{3}{\pi}$
$=-\frac{4\times2.06\times10^5}{1-0.3^2}\times\frac{3}{0.69\times50^2}\times1\times0.61\times\frac{3}{\pi}$
$=-974\text{MPa}$</td><td>$\sigma_{OM}=-\frac{4E}{1-\nu^2}\times\frac{6}{C_1\times D^2}\times C_4\times s\times\frac{3}{\pi}$
$=\frac{4\times2.06\times10^5}{1-0.3^2}\times\frac{2}{0.69\times50^2}\times1\times0.97\times\frac{3}{\pi}$
$=-973\text{MPa}$</td></tr>
<tr><td>弹簧的刚度 R</td><td>$R=\frac{4E}{1-\nu^2}\times\frac{t^3}{C_1D^2}C_4^2$
$\times\left\{C_4^2\left[\left(\frac{h_0}{t}\right)^2-3\frac{h_0}{t}\times\frac{s}{t}+\frac{3}{2}\left(\frac{s}{t}\right)^2\right]+1\right\}$
代入数据后得
$R=7447.1\text{N/mm}$</td><td>$R=\frac{4E}{1-\nu^2}\times\frac{t^3}{C_1D^2}C_4^2$
$\times\left\{C_4^2\left[\left(\frac{h_0}{t}\right)^2-3\frac{h_0}{t}\times\frac{s}{t}+\frac{3}{2}\left(\frac{s}{t}\right)^2\right]+1\right\}$
代入数据后得
$R=3461.7\text{N/mm}$</td></tr>
<tr><td>最终确定方案</td><td colspan="2">从上面计算结果表明，A系列对合组合、B系列复合组合，均能满足要求</td></tr>
</table>

例2 一碟形弹簧 $D=40\text{mm}$，$d=20.4\text{mm}$，$t=2.25\text{mm}$，$h_0=0.9\text{mm}$，$H_0=3.15\text{mm}$，在 $F_1=1950\text{N}$ 和 $F_2=4000\text{N}$ 之间循环工作。试校核其寿命是否在持久寿命范围内。计算过程见表 11-6-13。

表 11-6-13

计算项目	公 式 及 数 据
计算 F_c 及 $\frac{F_1}{F_c}$ 和 $\frac{F_2}{F_c}$	$F_c=\frac{4E}{1-\nu^2}\times\frac{t^3h_0}{C_1D^2}C_4^2=\frac{4\times2.06\times10^5}{1-0.3^2}\times\frac{2.25^3\times0.9}{0.69\times40^2}\times1=8410\text{N}$ 所以 $\frac{F_1}{F_c}=\frac{1950}{8410}=0.23$；$\frac{F_2}{F_c}=\frac{4000}{8410}=0.476$
计算 s_1 和 s_2	据已知数据算出 $\frac{h_0}{t}=\frac{0.9}{2.25}=0.4$ 据 $\frac{h_0}{t}$ 及 $\frac{F_1}{F_c}$ 和 $\frac{F_2}{F_c}$，从图 11-6-2 查出 $\frac{s_1}{h_0}=0.22$，$\frac{s_2}{h_0}=0.45$ 代入 h_0 求出 $s_1=0.198\text{mm}$，$s_2=0.405\text{mm}$
确定疲劳破坏关键部，并计算 σ_{II} 应力和应力幅 σ_a	由 $\alpha=\frac{D}{d}=\frac{40}{20}=2$，$\frac{h_0}{t}=\frac{0.9}{2.25}=0.4$，从图 11-6-3 上确定疲劳关键部位为Ⅱ处 计算 $\sigma_{\text{II}}=-\frac{4E}{1-\nu^2}\times\frac{t^2}{C_1D^2}C_4\frac{s}{t}\left[C_4C_2\left(\frac{h_0}{t}-\frac{s}{2t}\right)-C_3\right]$ 式中 $C_1=\frac{1}{\pi}\times\frac{\left(\frac{\alpha-1}{\alpha}\right)^2}{\frac{\alpha+1}{\alpha-1}-\frac{2}{\ln\alpha}}=\frac{1}{3.14}\times\frac{\left(\frac{2-1}{2}\right)^2}{\frac{2+1}{2-1}-\frac{2}{\ln2}}=0.698$ $C_2=\frac{6}{\pi}\times\frac{\frac{\alpha-1}{\ln\alpha}-1}{\ln\alpha}=\frac{6}{3.14}\times\frac{\frac{2-1}{\ln2}-1}{\ln2}=1.221$ $C_3=\frac{3}{\pi}\times\frac{\alpha-1}{\ln\alpha}=\frac{3}{3.14}\times\frac{2-1}{\ln2}=1.378$ $C_4=1$ 因为是无支承面，代入上式得 $s_1=0.198\text{mm}$ 时，$\sigma_{\text{II}}=342\text{MPa}=\sigma_{min}$ $s_2=0.405\text{mm}$ 时，$\sigma_{\text{II}}=742\text{MPa}=\sigma_{max}$ 应力幅 $\sigma_a=\sigma_{max}-\sigma_{min}=400\text{MPa}$
校验持久寿命范围	根据 $\sigma_{min}=342\text{MPa}$，从图 11-6-3 查得 $N\geqslant2\times10^6$ 时的 $\sigma_{max}=870\text{MPa}$ 疲劳应力幅 $\sigma_{ra}=870-342=528>\sigma_a$ 所以此碟簧能持久工作

7　碟形弹簧应用实例

图 11-6-4 为 JCS-013 型自动换刀数控卧式镗铣床主轴箱利用碟簧夹紧刀具的结构。图示位置为刀具夹紧状态，此时活塞 1 在右端，碟簧 2 以 10000N 使拉杆 3 向右移动，通过钢球 4 夹紧刀柄。活塞 1 向左移动，并推动拉杆 3 也向左移动，使钢球 4 在导套 5 大直径处时，喷头 6 将刀具顶松，刀具即被取走。同时压缩空气经活塞 1 和拉杆 3 的中心孔从喷头 6 喷出清洁主轴 7 锥孔及刀柄，活塞 1 向右移，碟簧 2 又重新夹紧刀柄。

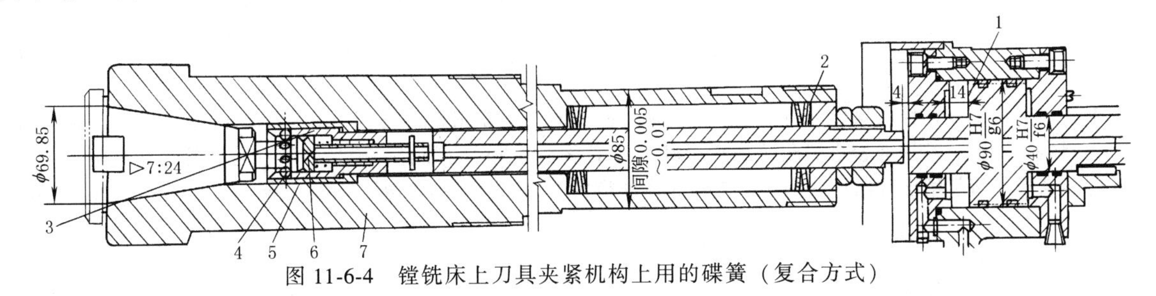

图 11-6-4　镗铣床上刀具夹紧机构上用的碟簧（复合方式）

图 11-6-5 为旅游架空索道上的双人吊椅，其上抱索器 3 是吊椅上的关键部件，要求抱索器对钢绳有足够的夹紧力，使其与钢绳形成的摩擦力能防止吊椅在钢绳上滑动，即使钢绳与悬垂的吊椅成 45°角度时，也有足够的防滑安全系数。

图 11-6-6 为图 11-6-5 中的抱索器 3。从图 11-6-8 可以看出，要保持抱索器安全可靠，除内、外卡（图中件 2、1）外，碟形弹簧 3 也是很重要的零件。一方面要求碟形弹簧提供足够的压紧力，另一方面要求弹性稳定耐久，簧片不易损坏。

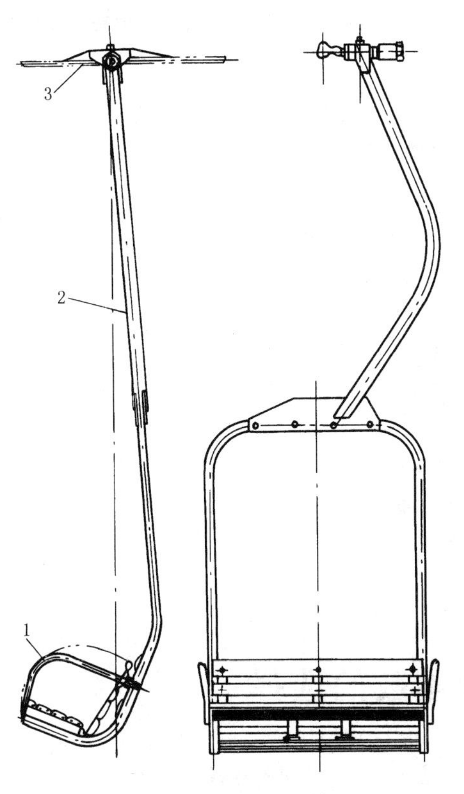

图 11-6-5　双人吊椅

1—座椅；2—吊架杆；3—抱索器

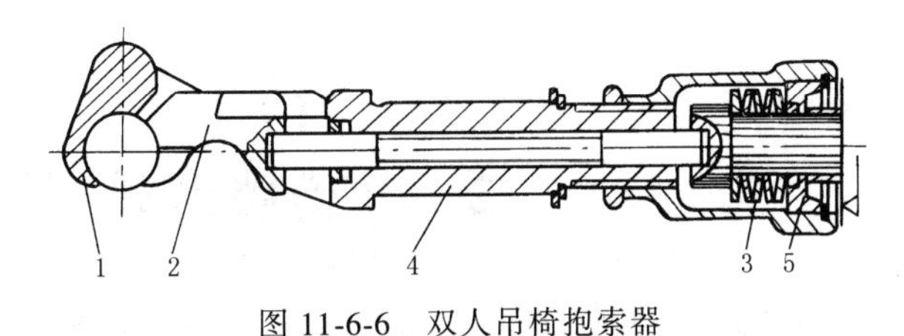

图 11-6-6　双人吊椅抱索器

1—外抱卡；2—内抱卡；3—碟形弹簧；4—与吊架杆相连的套筒（此套筒与外抱卡 1 是同一整体）；5—螺母

第7章 开槽碟形弹簧

开槽碟形弹簧是在普通碟形弹簧上开出由内向外的径向沟槽制成的。与相应直径的普通碟形弹簧（即不开槽碟形弹簧）相比，它能在较小的载荷下产生较大的变形。因此，它综合了碟形弹簧和悬臂片簧两者的一些优点。开槽碟形弹簧常用于轴向尺寸受到限制而允许外径较大的场合，如离合器以及需要具有渐减形载荷-变形特性曲线的场合。

1　开槽碟形弹簧的特性曲线

图11-7-1所示为开槽碟形弹簧的载荷F与变形f的关系曲线。

根据比值H/t（开槽碟形弹簧圆锥高度H与板料厚度t之比）看，这种特性曲线属于比值H/t中等时，即$\sqrt{2}<\frac{H}{t}<2\sqrt{2}$的情况，包括有负刚度的区段。从图中可以明显地看出，当载荷减小时，变形量反而增大。也就是说，弹簧具有不稳定工况的区段。正因为如此，这种特性的弹簧适用于拖拉机离合器，当从动盘摩擦片磨损量很大时，使变形有很大变化，但仍可以保持压紧力的变化不大。

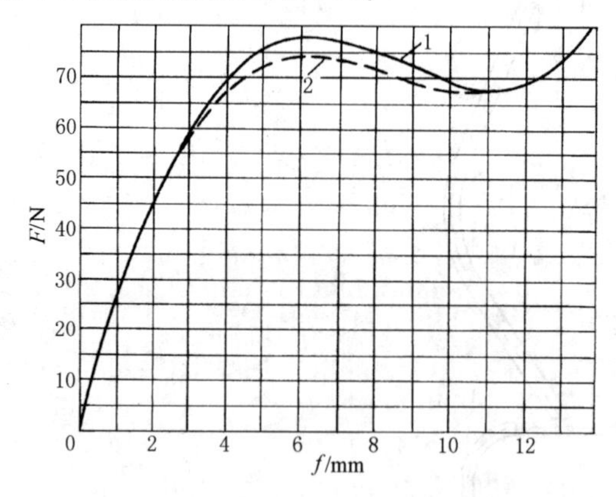

图11-7-1　开槽碟形弹簧特性曲线

1—实验曲线；2—计算曲线

2　开槽碟形弹簧设计参数的选择

为了确定开槽碟形弹簧的几何尺寸如图11-7-2所示，可利用下述比值与数值进行选择。

(1) 比值D/d

比值$D/d=1.8$；2.0；2.5；3.0。应根据具体结构上的要求进行选择。

(2) 比值 D/D_m

比值 $D/D_m=1.15$；1.20；1.3；1.4；1.5。该比值越小，则 D 与 D_m 的尺寸精度对载荷—变形特性的影响越大，同时应力也越大。

(3) 比值 D/t

比值 $D/t=70$；100；>100。该比值越大，则设计应力越小，但弹簧尺寸也越大。

(4) 比值 H/t

比值 $H/t=1.3$；1.4；1.8；2.2。该比值与普通碟形弹簧完全一样，它决定了载荷—变形特性曲线的非线性程度。对于 $H/t>1.4$ 的情况，在普通碟形弹簧中通常是不推荐采用的（因为它会产生跃变）。但当开槽碟形弹簧不是多片串联而是单片使用时，则可以采用。

(5) 舌片数 Z

舌片数 $Z=8$；12；16；20。舌片数越多，则舌片与封闭环部分连接处的应力分布就越均匀，疲劳性能也就越好。

图 11-7-2　开槽碟形弹簧

(6) 舌片根部半径 R

舌片根部半径 $R=t$；$2t$；$>2t$。该半径越大，则应力集中越小。

(7) 大端处内锥高 H 和小端处内锥高 L

未受载荷作用时舌片大端部分（D_m 处）内锥高 H 与舌片小端部分（d 处）内锥高 L 的关系为

$$H=\frac{1-\dfrac{D_m}{D}}{1-\dfrac{d}{D}}L$$

(8) 舌片大端宽度 b_2 与舌片小端宽度 b_1 的关系

$$b_2=(D_m/d)b_1$$

(9) 对 f_2 的考虑

如果需要确定新尺寸，则舌片变形量 f_2 在第一次近似计算时可以忽略，因为 f_2 约占总变形量的 10%或更小。为了考虑到 f_2 的因素，将计算得到的尺寸稍加修正即可。

3　开槽碟形弹簧的计算公式

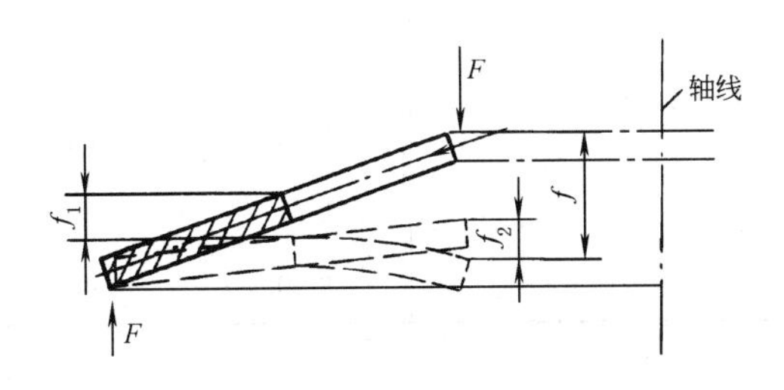

表 11-7-1

项目	单位	公 式 及 数 据
计算载荷 F	N	$F=\frac{E}{1-\mu^2}\times\frac{t^3}{D^2}K_1f_1\left[1+\left(\frac{H}{t}-\frac{f_1}{t}\right)\left(\frac{H}{t}-\frac{f_1}{2t}\right)\right]\left[\left(1-\frac{D_m}{D}\right)\Big/\left(1-\frac{d}{D}\right)\right]$ 式中　E——弹性模量，MPa； μ——泊松比，$\mu=0.3$； K_1——系数，$K_1=\frac{2}{3}\pi\frac{(D/D_m)^2\ln(D/D_m)}{[(D/D_m)-1]^2}$ K_1 可按 D/D_m 从表 11-7-3 查得

续表

项目	单位	公式及数据
变形量 f	mm	总变形量 $f=\left[\left(1-\frac{d}{D}\right)\Big/\left(1-\frac{D_m}{D}\right)\right]f_1+f_2$ 式中 f_1——封闭环部分在直径 D_m 处的变形量,mm f_2——舌片的变形量,mm $f_2=\frac{C(D_m-d)^3(1-\mu^2)F}{2Et^3b_2Z}$ 式中 C——系数,可根据 b_1/b_2 值从表 11-7-2 查得
应力 σ	MPa	$\sigma=\frac{E}{1-\mu^2}\times\frac{t}{D^2}\times\frac{D_m}{D}K_2f_1\left[1+K_3\left(\frac{H}{t}-\frac{f_1}{2t}\right)\right]$ 式中 K_2——系数 $K_2=\frac{2(D/D_m)^2}{(D/D_m)-1}$ K_3——系数 $K_3=2-2\left[\frac{1}{\ln(D/D_m)}-\frac{1}{(D/D_m)-1}\right]$

表 11-7-2 系数 C 值

b_1/b_2	0.2	0.3	0.4	0.5	0.6	0.7	0.8	0.9	1.0
C	1.31	1.25	1.20	1.16	1.12	1.08	1.05	1.03	1.0

表 11-7-3 系数 K_1、K_2、K_3 值

D/D_m	K_1	K_2	K_3	D/D_m	K_1	K_2	K_3
1.10	24.2	24.2	1.016	1.40	8.63	9.80	1.050
1.15	17.2	17.6	1.023	1.45	8.08	9.35	1.061
1.20	13.7	14.4	1.030	1.50	7.64	9.00	1.066
1.25	11.6	12.5	1.037	1.55	7.29	8.75	1.072
1.30	10.3	11.3	1.044	1.60	7.00	8.53	1.078
1.35	9.35	10.4	1.044				

4 开槽碟形弹簧计算示例

表 11-7-4

原始条件	$D=152\text{mm}$,$D_m=132\text{mm}$,$d=76\text{mm}$,$t=2\text{mm}$,$L_0=12.7\text{mm}$,$L=10.7\text{mm}$,$b_1=9\text{mm}$,$Z=12$ 材料:60Si2MnA,开槽形状:径向梯形

续表

确定主要比值与尺寸、系数	d/D	$d/D=76/152=0.5$
	D_m/d	$D_m/d=132/76=1.73$
	D_m/D	$D_m/D=132/152=0.867$
	D/D_m	$D/D_m=152/132=1.154$
	$\dfrac{1-(D_m/D)}{1-(d/D)}$	$\dfrac{1-(D_m/D)}{1-(d/D)}=\dfrac{1-(132/152)}{1-(76/152)}=0.267$
	$\dfrac{1-(d/D)}{1-(D_m/D)}$	$\dfrac{1-(d/D)}{1-(D_m/D)}=\dfrac{1-(76/152)}{1-(132/152)}=3.75$
	H	$H=\dfrac{1-(D_m/D)}{1-(d/D)}L=0.267\times10.7=2.84\text{mm}$
	H/t	$H/t=2.84/2=1.42$
	b_2	$b_2=(D_m/d)b_1=1.73\times9\approx15\text{mm}$
	b_1/b_2	$b_1/b_2=9/15=0.6$
	K_1 K_2 K_3 C	从表 11-7-2 与表 11-7-3 查得： $K_1=16.8, K_2=17.3, K_3=1.024, C=1.12$
不同变形量时的载荷	F_H $F_{0.25H}$ $F_{0.5H}$ $F_{0.75H}$	确定封闭环在压到水平位置时的载荷 $f_1=H=2.84\text{mm}$ $F_H=\dfrac{E}{1-\mu^2}\times\dfrac{t^3}{D^2}K_1f_1\left[1+\left(\dfrac{H}{t}-\dfrac{f_1}{t}\right)\left(\dfrac{H}{t}-\dfrac{f_1}{2t}\right)\right]\times\left[\left(1-\dfrac{D_m}{D}\right)\bigg/\left(1-\dfrac{d}{D}\right)\right]$ $=\dfrac{21\times10^4}{0.91}\times\dfrac{2^3}{152^2}\times16.8\times2.84\times(1+0)\times0.267$ $=1018\text{N}$ 用类似方法可确定在不同变形量 f_1 时的载荷 $f_1=0.25H=0.71\text{mm}, F_{0.25H}=590\text{N}$ $f_1=0.5H=1.42\text{mm}, F_{0.5H}=896\text{N}$ $f_1=0.75H=2.13\text{mm}, F_{0.75H}=1004\text{N}$
不同载荷时的舌片变形	f_2	根据公式 $f_2=C\dfrac{(D_m-d)^3(1-\mu^2)}{2Et^3b_2Z}F$ $=1.12\times\dfrac{(132-76)^3(1-0.3^2)}{2\times21\times10^4\times2^3\times15\times12}F$ $=0.29\times10^{-3}F$ 故　$F=590\text{N}$　　$f_2=0.17\text{mm}$ 　　$F=896\text{N}$　　$f_2=0.26\text{mm}$ 　　$F=1004\text{N}$　　$f_2=0.29\text{mm}$ 　　$F=1018\text{N}$　　$f_2=0.295\text{mm}$

第11篇

续表

<table>
<tr><td>不同载荷下的各种变形量</td><td>f</td><td>因 $f=3.75f_1+f_2$
故 $F=590\text{N},f_2=0.17\text{mm},3.75f_1=2.6\text{mm},f=2.8\text{mm}$
$F=896\text{N},f_2=0.26\text{mm},3.75f_1=5.3\text{mm},f=5.6\text{mm}$
$F=1004\text{N},f_2=0.29\text{mm},3.75f_1=8.0\text{mm},f=8.3\text{mm}$
$F=1018\text{N},f_2=0.295\text{mm},3.75f_1=10.6\text{mm},f=11\text{mm}$</td></tr>
<tr><td>应力校核</td><td>σ</td><td>封闭环部分在水平位置时($f_1=H=2.84\text{mm}$)的应力
$\sigma=\frac{E}{1-\mu^2}\times\frac{t}{D^2}\times\frac{D_m}{D}K_2f_1\left[1+K_3\left(\frac{H}{t}-\frac{f_1}{2t}\right)\right]$
$=\frac{21\times10^4}{0.91}\times\frac{2}{152^2}\times0.867\times17.3\times2.84\times\left[1+1.024\times\left(\frac{2.84}{2}-\frac{2.84}{2\times2}\right)\right]$
$\approx1470\text{MPa}$
这一应力虽然较大,但仍可以采用</td></tr>
<tr><td>特性曲线</td><td colspan="2"> 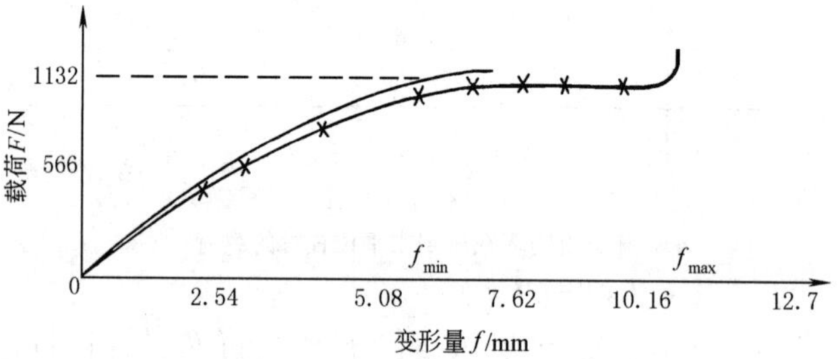1132
566
载荷F/N
0
2.54 5.08 7.62 10.16 12.7
f_{min} f_{max}
变形量f/mm
开槽碟形弹簧的载荷—变形特性曲线
———实测曲线;×××理论计算</td></tr>
</table>

第8章 膜片弹簧

1 膜片弹簧的特点及用途

膜片弹簧是在碟簧的内侧形成面向中心的若干舌片，工作时以其外周及舌片根部为支点起弹簧作用的弹簧。它广泛用于车辆的离合器中作压紧元件，如图11-8-1所示。

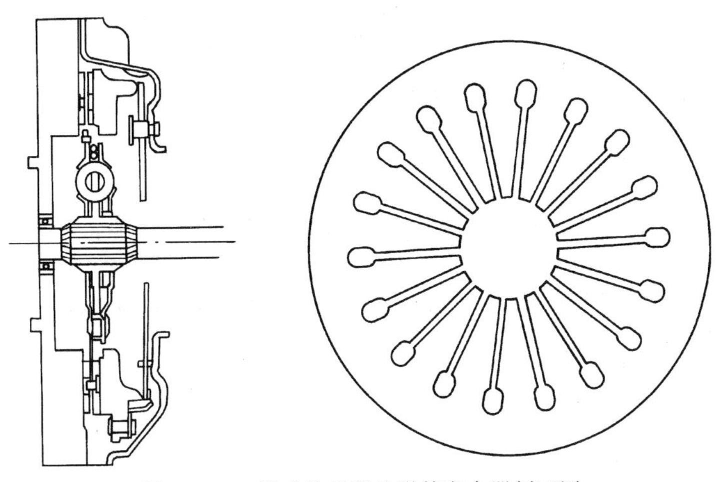

图11-8-1 干式单片膜片弹簧离合器剖面图

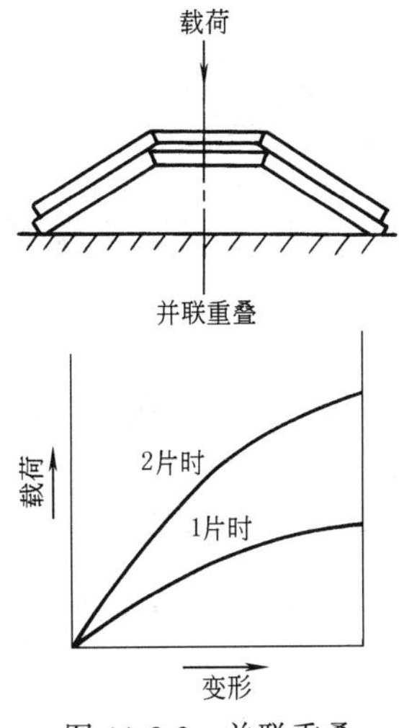

图11-8-2 并联重叠

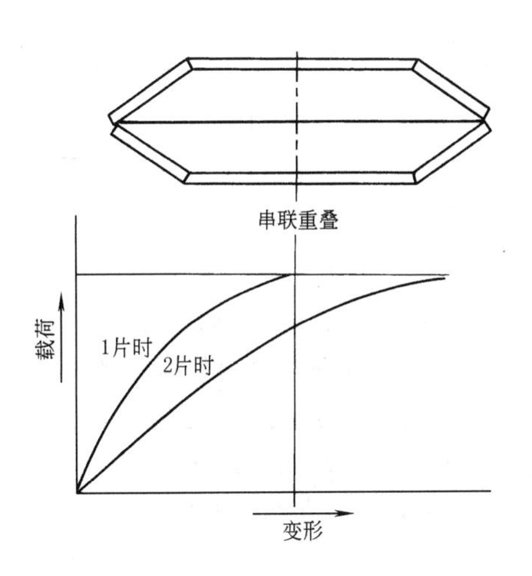

图11-8-3 串联重叠

通常膜片弹簧都是单片使用的，但也可以把几片叠成一组使用。例如如图 11-8-2 所示，在同一方向上重叠叫做并联重叠（叠合组合）。对于同一变形量来说，载荷与重叠片数成正比。

还有一种重叠的方法，如图 11-8-3 所示，是将两片弹簧面对面地重叠，叫做串联重叠（对合组合），这时的变形量与重叠的片数成正比。除此之外，还有串联重叠组合型（复合组合），用于高载荷、大位移的场合。

2　膜片弹簧参数的选择

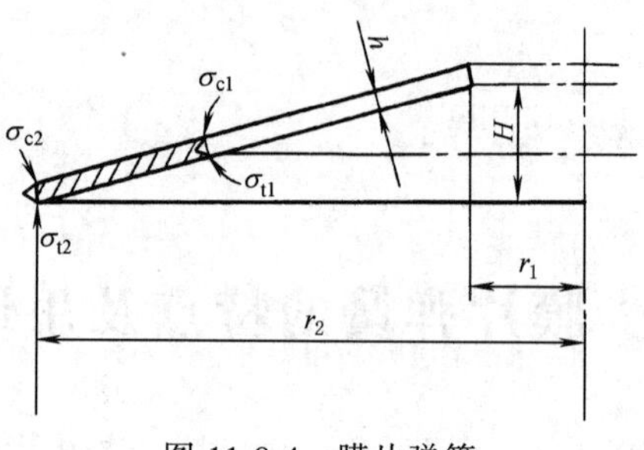

图 11-8-4　膜片弹簧

表 11-8-1　　**膜片弹簧有关参数的选择**

项　目	数　据　及　说　明
确定膜片弹簧的最大外径 D_2	(1)飞轮安装螺栓的节圆直径 根据这个尺寸的大小来决定离合器的结构尺寸，从而决定膜片弹簧可以外伸的最大直径 (2)承受的载荷 (3)磨损量 (4)必要的分离行程 根据许用应力的大小，由(2)、(3)、(4)三条确定的外径值如果在由(1)条确定的最大外径值范围内，则对于离合器来说，这个外径值是可行的
选择 $\frac{H}{h}$ 值	膜片弹簧的特性曲线如下图所示，它随 H 和 h 的比值变化而改变。至 $H/h \geqslant 3.0$ 时，波谷处的载荷为负值，这时膜片弹簧就失去了可恢复性 对于 H/h 值，设计时最好选在 1.7~2.0 范围内 膜片弹簧特性曲线
选择 $\frac{r_2}{r_1}$ 值	外径 r_2 与内径 r_1 的比值即 r_2/r_1 值，由于杠杆比而受限制，最好取 $r_2/r_1=1.3$ 左右。当比值取得较小时，由于制造上的误差，膜片弹簧强度将有较大的离散性
膜片弹簧许用应力 σ_{cp}	膜片弹簧一般采用优质弹簧钢，其许用应力应根据使用条件来确定 一般取最大压应力 $\sigma_{cp}=1450\text{MPa}$ 最大拉应力 $\sigma_{tp}=700\text{MPa}$

3　膜片弹簧的基本计算公式

表 11-8-2

项　目	单位	公 式 及 数 据
膜片弹簧载荷 F	N	$$F=\frac{C_1CEh^4}{r_2^2}$$ 式中 $C_1=\frac{f}{\left(1-\frac{1}{\mu^2}\right)h}\left[\left(\frac{H}{h}-\frac{f}{h}\right)\left(\frac{H}{h}-\frac{f}{2h}\right)+1\right]$ f——变形量,mm μ——泊松比,$\mu=0.3$ $C=\left(\frac{\alpha+1}{\alpha-1}-\frac{2}{\lg\alpha}\right)\pi\left(\frac{\alpha}{\alpha-1}\right)^2$ $\alpha=\frac{r_2}{r_1}$ H、h、r_1、r_2 同前
板材厚 h	mm	$$h=4\sqrt{\frac{Fr_2^2}{C_1CE}}$$ 用上式即可以求得 h。但要注意一点,那就是如前所述,C_1 值是随 H/h 的变化而变化的,所以在求 h 值之前,必须先假定 H/h 的值
膜片的应力 σ	MPa	膜片弹簧的应力如图 11-8-4 所示,上缘产生压应力,下缘产生拉应力 $$\sigma_{c1}=-K_{c1}\frac{Eh^2}{r_2^2}\quad \sigma_{c2}=K_{c2}\frac{Eh^2}{r_2^2}\quad \sigma_{t1}=-K_{t1}\frac{Eh^2}{r_2^2}\quad \sigma_{t2}=K_{t2}\frac{Eh^2}{r_2^2}$$ 式中 $K_{c1}=\frac{C}{1-\mu^2}\times\frac{f}{h}\times\left[C_2\left(\frac{H}{h}-\frac{f}{2h}\right)+C_3\right]$ $K_{c2}=\frac{C}{1-\mu^2}\times\frac{f}{h}\times\left[C_4\left(\frac{H}{h}-\frac{f}{2h}\right)-C_5\right]$ $K_{t1}=\frac{C}{1-\mu^2}\times\frac{f}{h}\times\left[C_2\left(\frac{H}{h}-\frac{f}{2h}\right)-C_3\right]$ $K_{t2}=\frac{C}{1-\mu^2}\times\frac{f}{h}\times\left[C_4\left(\frac{H}{h}-\frac{f}{2h}\right)+C_5\right]$ 其中 $C_2=\left(\frac{\alpha-1}{\lg\alpha}-1\right)\times\frac{6}{\pi\lg\alpha}$ $C_3=\frac{3(\alpha-1)}{\pi\lg\alpha}$ $C_4=\left(\alpha-\frac{\alpha-1}{\lg\alpha}\right)\times\frac{6}{\pi\alpha\lg\alpha}$ $C_5=\frac{3(\alpha-1)}{\alpha\pi\lg\alpha}=\frac{C_3}{\alpha}$ 膜片弹簧的损坏通常发生在拉应力一侧(内外圆周的下缘),除去 H/h 很大的情形外,多是从内圆周下端开始破坏。对于同样的分离行程来说,应力 σ_{t1} 随 H/h 的减少而增大;相反,应力 σ_{t2} 随 H/h 的增大而增大。所以,只要进行应力 σ_{t1} 和 σ_{t2} 校核就可以了

4 膜片弹簧的计算方法

膜片弹簧的设计与计算非常繁琐。为了满足所要求的特性，需要进行反复计算来确定各部分的尺寸、H/h的值等。上述计算式是膜片弹簧的基本设计计算式，而热处理条件、喷丸处理条件、弹簧尺寸以及离合器的装配条件等都不会完全相同，因此，实际上还要做若干修正。

5 膜片弹簧的技术条件

关于膜片弹簧的技术条件至今没有国家标准，仅列以下几条作为参考。

1）材料使用优质弹簧钢，并进行热处理。特别要注意表面不能有伤痕，哪怕是很小的伤痕。为了避免应力集中，在内圆周部位的下面要进行倒圆，倒圆的半径取为$R=1\sim2$mm。

2）为了减少弹簧的离散性，同时为了控制支承点处的间隙，要求板厚有较高的精度。

3）为了防止膜片弹簧在循环载荷的作用下使弹簧产生弹力衰减（疲劳变形），一般采取下面方法处理：①强压处理；②加温强压处理；③喷丸处理。

第9章 环形弹簧

环形弹簧是由内、外环组成的弹簧，其有压缩弹簧功能，内环具有外部倾斜摩擦表面，外环具有内部倾斜摩擦表面。承受轴向力 P 后，各圆环沿圆锥面相对运动产生轴向变形而起弹簧作用，如图 11-9-1 所示。

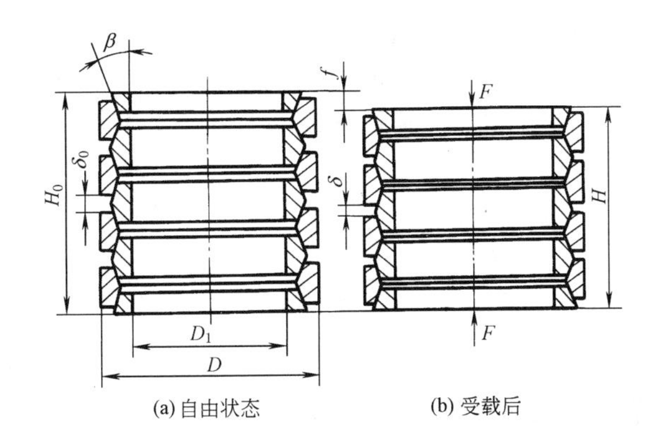

图 11-9-1　环形弹簧的受力和变形

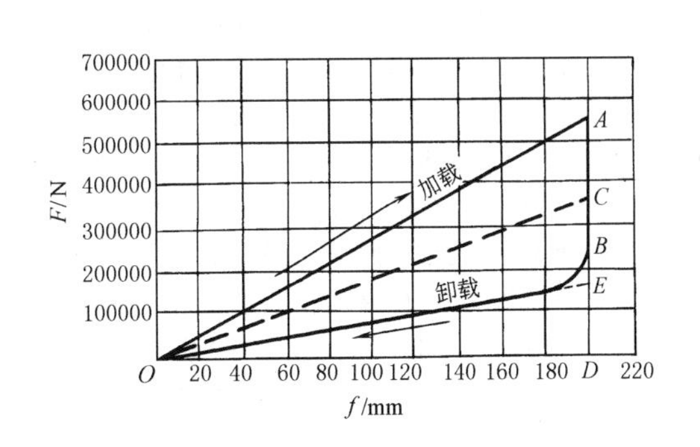

图 11-9-2　环形弹簧的特性曲线

1　环形弹簧的特性曲线

环形弹簧的特性曲线如图 11-9-2 所示。由于外圆环和内圆环沿配合圆锥相对滑动时，接触表面具有很大的摩擦力，环形弹簧在一个加载和卸载循环中的特性曲线为 $OABO$，如果没有摩擦力的作用，则应为 OC。卸载时，特性曲线由 B 点开始，而不是由 E 点，这是由弹簧弹性滞后引起的。

由环形弹簧的特性曲线可以清楚看出，面积 $OABO$ 部分即为在加载和卸载循环中，由摩擦力转化为热能所消耗的功，其大小几乎可达加载过程所做功（$OADO$）的 60%～70%。因此，环形弹簧的缓冲减振能力很高，单位体积材料的能量耗散能力比其他类型弹簧大。

为防止横向失稳，环形弹簧一般安装在导向圆筒或导向心轴上，弹簧和导向装置间应留有一定间隙，其数值可取为内圆环孔径的 2%左右。

环形弹簧用于空间尺寸受限制而又需吸收大量的能量，以及需要相当大的衰减力即要求强力缓冲的场合，其轴向载荷大多在 2t 至 100t。例如用于铁道车辆的连接部分，受强大冲击的机械缓冲装置，大型管道的吊架，大容量电流遮断器的固定端支承以及大炮的缓冲弹簧和飞机的制动弹簧等。

在承受特别巨大冲击载荷的地方，还可采用由两套不同直径同心安装的组合环形弹簧，或是由环形弹簧与圆柱螺旋弹簧组成的组合弹簧。

为防止圆锥面的磨损、擦伤，一般都在接触面上涂布石墨润滑脂。

2　环形弹簧的材料和许用应力

环形弹簧常用的材料有 60Si2MnA 和 50CrMn 等弹簧钢。

环形弹簧常用材料的许用应力如表 11-9-1。

表 11-9-1　　**环形弹簧常用材料的许用应力**　　MPa

加工与使用条件	外环许用应力 σ_{1p}	内环许用应力 σ_{2p}
对于一般的寿命要求	800	1200
对于短的寿命要求(未经精加工的表面)	1000	1300
对于短的寿命要求(经精加工的表面)	1200	1500

3　环形弹簧设计参数选择

1）圆锥面斜角　当圆锥面斜角 β 选取较小时，弹簧刚度较小，若 $\beta<\rho$（ρ 为摩擦角），则卸载时将产生自锁，即不能回弹。β 角选取过大时，则弹性变形恢复时的载荷 F_R 较大，使环形弹簧缓冲吸振能力降低。设计时可取 $\beta=12°\sim20°$，圆锥面加工精度较高时，可取 $\beta=12°$；加工精度一般时，常取 $\beta=14.04°$；润滑条件较差，摩擦因数较大时，β 应取得大一些，以免发生自锁。

2）摩擦角 ρ 和摩擦因数 μ　可按下列条件选定：

接触面未经精加工的重载工作条件　$\rho\approx9°$　$\mu\approx0.16$

接触面经精加工的重载工作条件　$\rho\approx8.5°$　$\mu\approx0.15$

接触面经精加工的轻载工作条件　$\rho\approx7°$　$\mu\approx0.12$

4　环形弹簧计算公式

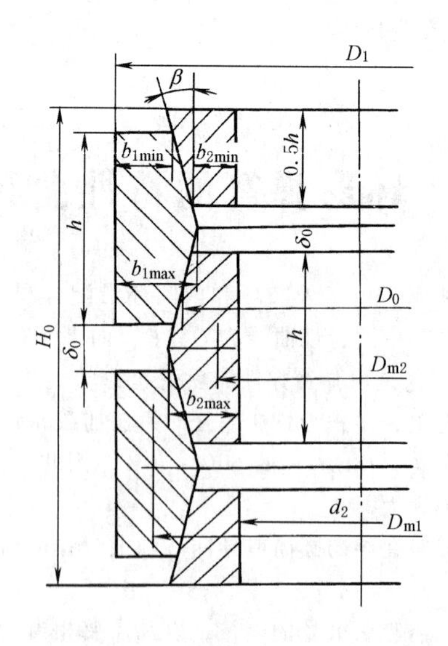

表 11-9-2

项　目	单位	公式及数据
内外环高度 h	mm	$h=\left(\frac{1}{6}\sim\frac{1}{5}\right)D_1$
内外环最小厚度 b_{min}	mm	$b_{2min}=\left(\frac{1}{5}\sim\frac{1}{3}\right)h$
		$b_{1min}=1.3b_{2min}$

续表

项　目	单位	公 式 及 数 据
无载时内外环的轴向间隙 δ_0	mm	$\delta_0=0.25h$
内外环最大厚度 b_{max}	mm	$b_{2max}=b_{2min}+\frac{h}{2}\tan\beta$
		$b_{1max}=b_{1min}+\frac{h}{2}\tan\beta$
内外环截面积 A	mm^2	$A_2=hb_{2min}+\frac{h^2}{4}\tan\beta$
		$A_1=hb_{1min}+\frac{h^2}{4}\tan\beta$
内环内径 d_2	mm	$d_2=D_1-2(b_{1min}+b_{2min})-(h-\delta_0)\tan\beta$
系数 K_C、K_D		$K_C=\tan(\beta+\rho)$ $K_D=\tan(\beta-\rho)$
圆锥接触面平均直径 D_0	mm	$D_0=\frac{1}{2}[(D_1-2b_{1min})+(d_2+2b_{2min})]$
内外环截面中心直径 D_m	mm	$D_{m2}=d_2+1.3b_{2min}$
		$D_{m1}=D_1-1.3b_{1min}$
加载时外环的拉应力 σ_1 内环的压应力 σ_2	N/mm^2	$\sigma_1=\frac{F}{\pi A_1K_C}<\sigma_{1p}$
		$\sigma_2=\frac{F}{\pi A_2K_D}<\sigma_{2p}$
加载时外环的径向变形量 γ_1 内环的径向变形量 γ_2	mm	$\gamma_1=\frac{\sigma_1D_{m1}}{2E}$　$\gamma_2=\frac{\sigma_2D_{m2}}{2E}$　$E=2.1\times10^5$ MPa
加载时一对内外环的轴向变形量 f_d	mm	$f_d=\frac{\gamma_1+\gamma_2}{\tan\beta}$
内外环对数 n_0	对	$n_0=\frac{f}{f_d}$，f 为环形弹簧轴向变形量
内外环个数 n	个	$n_1=n_2=\frac{n_0}{2}$
加载后内外环间的轴向间隙 δ	mm	$\delta=\delta_0-2f_d>1$
环簧自由高度 H_0	mm	$H_0=\frac{n_0}{2}(h+\delta_0)$
加载后环簧高度 H	mm	$H=H_0-n_0f_d$
环簧的工作极限变形量 f_s	mm	$f_s=\frac{n_0}{2}(\delta_0-\delta)>f$
环簧的工作极限载荷 F_s	N	$F_s=\frac{2\pi EK_Cf_s\tan\beta}{n_0\left(\frac{D_{m1}}{A_1}+\frac{D_{m2}}{A_2}\right)}>F$
环簧弹性变形开始恢复时的轴向载荷 F_R	N	$F_R=F\frac{K_D}{K_C}$
加载时外环接触面的最大应力 σ_{1max}	MPa	$\sigma_{1max}=\sigma_1\left[1+\frac{2A_1}{\mu D_0(h-\delta_0)(1-\mu\tan\beta)}\right]<\sigma_{1p}$ 式中　μ——泊松比，$\mu=0.3$

5 环形弹簧计算示例

表 11-9-3

	项目	单位	公式及数据
原始条件	最大轴向工作载荷 F	N	$F=275000$
	弹簧外环外径 D_1	mm	$D_1\leqslant 220$
	轴向变形量 f	mm	$f=50$
	圆锥面斜角 β	(°)	$\beta=14$
	摩擦角 ρ	(°)	$\rho=7$(摩擦因数 $\mu=0.12$)
	材料		60Si2MnA
参数计算	内外环高度 h	mm	$h=0.18D_1=0.18\times220\approx40$
	内外环最小厚度 b_{min}	mm	$b_{2min}=0.25h=0.25\times40=10$
			$b_{1min}=1.3b_{2min}=1.30\times10=13$
	无载时内外环的轴向间隙 δ_0	mm	$\delta_0=0.25h=0.25\times40=10$
	内外环最大厚度 b_{max}	mm	$b_{2max}=b_{2min}+\frac{h}{2}\tan\beta=10+\frac{40}{2}\tan14°=15$
			$b_{1max}=b_{1min}+\frac{h}{2}\tan\beta=13+\frac{40}{2}\tan14°=18$
	内外环截面积 A	mm^2	$A_2=hb_{2min}+\frac{h^2}{4}\tan\beta=40\times10+\frac{40^2}{2}\tan14°=599.46$
			$A_1=hb_{1min}+\frac{h^2}{4}\tan\beta=40\times13+\frac{40^2}{2}\tan14°=719.46$
	内环内径 d_2	mm	$d_2=D_1-2(b_{1min}+b_{2min})-(h-\delta_0)\tan\beta$ $=220-2\times(13+10)-(40-10)\tan14°=166.5$
	系数 K_C、K_D		$K_C=\tan(\beta+\rho)=\tan(14°+7°)=0.384$
			$K_D=\tan(\beta-\rho)=\tan(14°-7°)=0.123$
	圆锥接触面平均直径 D_0	mm	$D_0=\frac{1}{2}[(D_1-2b_{1min})+(d_2+2b_{2min})]$ $=\frac{1}{2}\times[(220-2\times13)+(166.5+2\times10)]=190.25$
	内外环截面中心直径 D_m	mm	$D_{m2}=d_2+1.3b_{2min}=166.5+1.3\times10=179.5$
			$D_{m1}=D_1-1.3b_{1min}=220-1.3\times13=203.1$
	加载时内外环的应力 σ	MPa	$\sigma_2=\frac{F}{\pi A_2K_D}=\frac{275000}{\pi\times599.46\times0.123}=1187<\sigma_{2p}$(许用应力,取 $\sigma_{2p}=1200$)
			$\sigma_1=\frac{F}{\pi A_1K_C}=\frac{275000}{\pi\times719.46\times0.384}=317$
	加载时内外环的径向变形量 γ	mm	$\gamma_2=\frac{\sigma_2D_{m2}}{2E}=\frac{1187\times179.5}{2\times2.1\times10^5}=0.51$
			$\gamma_1=\frac{\sigma_1D_{m1}}{2E}=\frac{317\times203.1}{2\times2.1\times10^5}=0.153$
	加载时一对内外环的轴向变形量 f_d	mm	$f_d=\frac{\gamma_1+\gamma_2}{\tan\beta}=\frac{0.153+0.51}{\tan14°}=2.66$
	内外环对数 n_0	个	$n_0=\frac{f}{f_d}=\frac{50}{2.66}=18.79$ 取 20
	内外环个数 n	个	$n_1=n_2=\frac{n_0}{2}=\frac{20}{2}=10$ 两端的两个半环作为一个环计算
	加载后内外环间的轴向间隙 δ	mm	$\delta=\delta_0-2f_d=10-2\times2.66=4.68>1$
	环簧自由高度 H_0	mm	$H_0=\frac{n_0}{2}(h+\delta_0)=\frac{20}{2}(40+10)=500$

续表

项目		单位	公式及数据
参数计算	加载后环簧高度 H	mm	$H=H_0-n_0f_d=500-20\times2.66=446.8$
	环簧的工作极限变形量 f_s	mm	$f_s=\frac{n_0}{2}(\delta_0-\delta)=\frac{20}{2}\times(10-4.68)=53.2$
	环簧的工作极限载荷 F_s	N	$F_s=\frac{2\pi EK_Cf_s\tan\beta}{n_0\left(\frac{D_{m1}}{A_1}+\frac{D_{m2}}{A_2}\right)}$ $=\frac{2\pi\times2.1\times10^5\times0.384\times53.2\times\tan14°}{20\times\left(\frac{203.1}{719.46}+\frac{179.5}{599.46}\right)}=576898>F$
	环簧弹性变形开始恢复时的轴向载荷 F_R	N	$F_R=F\times\frac{K_D}{K_C}=275000\times\frac{0.123}{0.384}=88085$
	加载时外环接触面的最大应力 σ_{1max}	MPa	$\sigma_{1max}=\sigma_1\left[1+\frac{2A_1}{\mu D_0(h-\delta_0)(1-\mu\tan\beta)}\right]$ $=317\times\left[1+\frac{2\times719.46}{0.3\times190.25\times(40-10)\times(1-0.3\tan14°)}\right]$ $=604$ 根据表 11-9-1，$\sigma_{1p}=800MPa$　$\sigma_{1max}<\sigma_{1p}$

6　环形弹簧应用实例

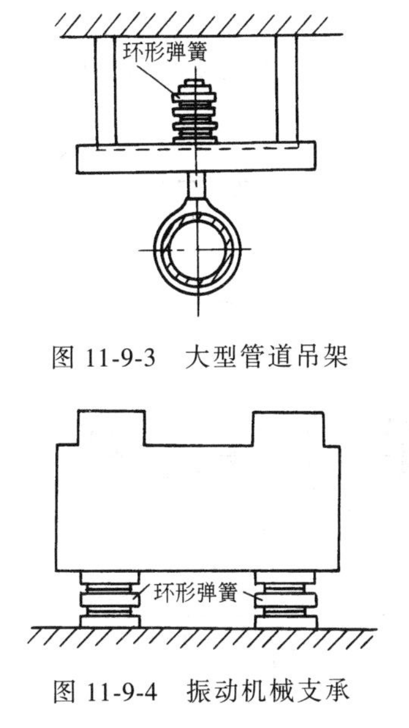

图 11-9-3　大型管道吊架

图 11-9-4　振动机械支承

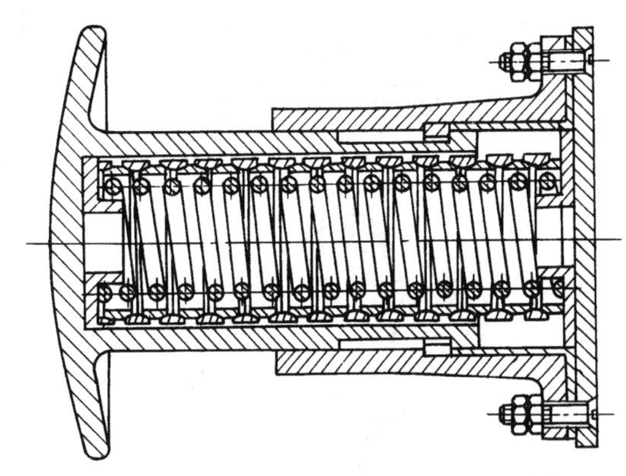

图 11-9-5　用环形弹簧与圆柱螺旋弹簧组成的缓冲器

7　环形弹簧的技术要求

大量生产的环形弹簧，其内、外环的毛坯可以用钢管下料，再用专用套圈轧机轧制成品形状和尺寸，经检验合格后再进行热处理。

少量生产的环形弹簧，其毛坯采用自由锻造经机械加工得到成品形状和尺寸，然后进行热处理。必要时，在热处理后再磨削接触表面。一般圆锥接触表面粗糙度要求为 $Ra1.6\sim0.4\mu m$，热处理后表面硬度为 40~46HRC。

由于圆环厚度较小，制造中应特别注意不要使圆环产生扭曲。为保证装配时各圆环具有互换性，要求每个圆环的斜角和自由高度尺寸在公差范围内。

环形弹簧的零件图上，应注明载荷与相应变形的大小。

CHAPTER 10

第10章 片弹簧

1 片弹簧的结构与用途

片弹簧是由带材或矩形截面材料制造的弹簧，变形方式与悬臂梁或支撑臂相同。

片弹簧因用途不同而有各种形状和结构，按外形可分为直片弹簧和弯片弹簧两类，按板片的形状则可以分为长方形、梯形、三角形和阶段形等。

片弹簧的特点是，只在一个方向——最小刚度平面上容易弯曲，而在另一个方向上具有大的拉伸刚度及弯曲刚度。因此，片弹簧很适宜用来作检测仪表或自动装置中的敏感元件、弹性支承、定位装置、挠性连接等，如图11-10-1所示。由片弹簧制作的弹性支承和定位装置，实际上没有摩擦和间隙，不需要经常润滑，同时比刃形支承具有更高的可靠性。

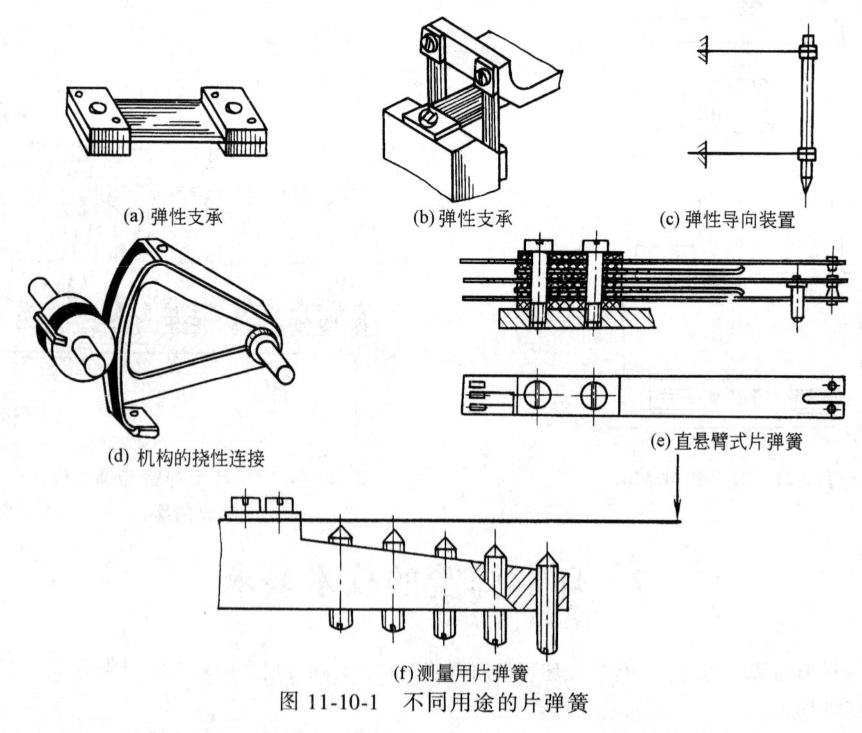

图 11-10-1　不同用途的片弹簧

片弹簧广泛用于电力接触装置中（图11-10-1），而用得最多的是形状最简单的直悬臂式片弹簧。接触片的电阻必须小，因此用青铜制造（参见表11-10-2）。

测量用片弹簧的作用是转变力或者位移。如果固定结构和承载方式能保证弹簧的工作长度不变，则片弹簧的刚度在小变形范围是恒定的，必要时也可以得到非线性特性，例如将弹簧压落在限位板或调整螺钉上，改变其工作长度即可（图 11-10-1f）。

片弹簧一般用螺钉固定，有时也采用铆钉。图 11-10-2a 为最常见的固定方法，采用两个螺钉可以防止片弹簧产生转动。如果长度受结构限制时，也可以采用图 11-10-2b 所示的螺钉布置形式。片弹簧固定部分的宽度大于板宽度时，过渡部分应以圆弧平滑过渡，以减小应力集中。螺钉（或铆钉）孔应有一定的距离，图 11-10-2a 中的各项尺寸可参见表 11-10-1。

表 11-10-1　片弹簧尺寸

尺寸	铆　接	螺钉连接
d	$0.3b_1$	$0.5b_1$
a	$(3\sim4)d$	$(3\sim4)d$
c	$0.5b_1$	$0.5b_1$

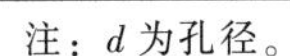
注：d 为孔径。

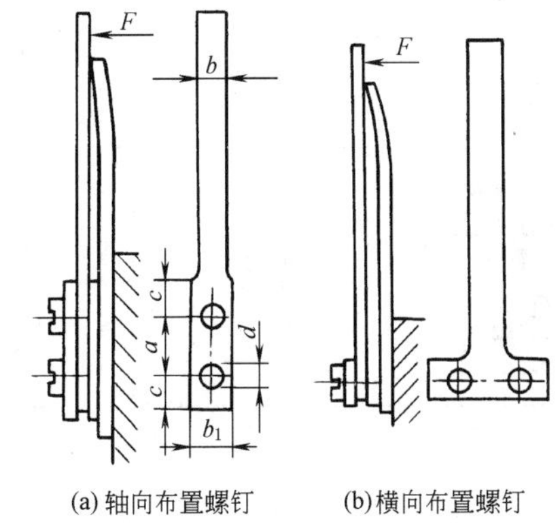

(a) 轴向布置螺钉　(b) 横向布置螺钉

图 11-10-2　片弹簧的结构

第
11
篇

2　片弹簧材料及许用应力

在仪表及自动装置中采用铜合金较多，机械设备中则以弹簧钢为主。常用铜合金材料及许用应力如表 11-10-2 所示。

表 11-10-2　片弹簧常用铜合金材料及许用应力

材　料	代　号	弹性模量 E/MPa	许用应力/MPa	
			动载荷	静载荷
锡青铜	QSn4-3	119952	166.6~196.0	249.9~298.9
锌白铜	BZn15~20	124264	176.4~215.6	269.5~318.5
铍青铜	QBe2	114954	196~245	294.0~367.5
硅锰钢	60Si2Mn	205800	412.4	637.0

3　片弹簧计算公式

表 11-10-3 是矩形截面片弹簧的计算公式，对圆形截面也可适用，但要改变抗弯截面系数 W 和截面惯性矩 J（其值见表注）。

表 11-10-3　矩形截面片弹簧计算公式

弹簧名称	工作载荷 F/N	工作变形 f/mm	片簧宽度 b/mm	片簧厚度 h/mm
悬臂片弹簧 L f h F b	$F=\dfrac{W\sigma_p}{L}=\dfrac{bh^2}{6L}\sigma_p$	$f=\dfrac{FL^3}{3EJ}=\dfrac{4FL^3}{Ebh^3}=\dfrac{2L^2\sigma_p}{3Eh}$	$b=\dfrac{6FL}{h^2\sigma_p}$	$h=\dfrac{2L^2\sigma_p}{3Ef}$
悬臂三角形片弹簧 l f h F b	$F=\dfrac{W\sigma_p}{L}=\dfrac{bh^2}{6L}\sigma_p$	$f=\dfrac{FL^3}{2EJ}=\dfrac{6FL^3}{Ebh^3}=\dfrac{L^2\sigma_p}{Eh}$	$b=\dfrac{6FL}{h^2\sigma_p}$	$h=\dfrac{L^2\sigma_p}{Ef}$

续表

弹簧名称	工作载荷 F/N	工作变形 f/mm	片簧宽度 b/mm	片簧厚度 h/mm
悬臂叠加片弹簧 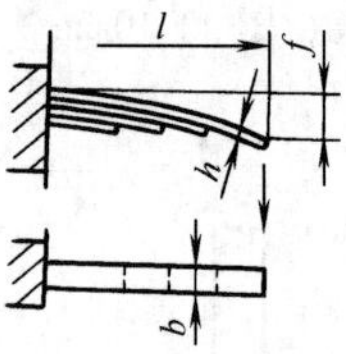	$F=\frac{Wn\sigma_p}{L}$ $=\frac{bh^2}{6L}n\sigma_p$ 式中 n——簧片数	$f=\frac{FL^2}{2EJn}=\frac{6FL^3}{Ebh^3n}$ $=\frac{L^2\sigma_p}{Eh}$	$b=\frac{6FL}{h^2n\sigma_p}$	$h=\frac{L^2\sigma_p}{Efn}$
成形片弹簧 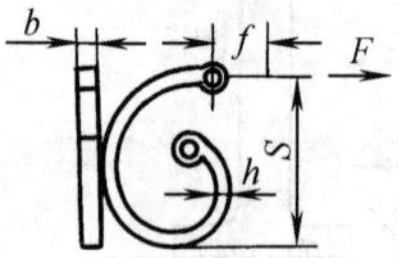	$F=\frac{W\sigma_p}{h}$ $=\frac{bh^2\sigma_p}{6S}$	$f=\frac{3FS^3}{2EJ}=\frac{18FS^3}{Ebh^3}$ $=\frac{3S^2\sigma_p}{Eh}$	$b=\frac{6FS}{h^2\sigma_p}$	$h=\frac{3S^2\sigma_p}{Ef}$
$\frac{1}{4}$圆形片弹簧 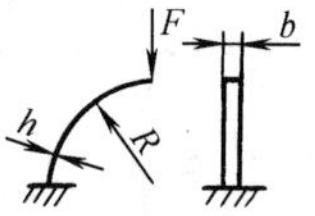	$F=\frac{W\sigma_p}{R}$ $=\frac{bh^2\sigma_p}{6R}$	垂直方向变形 $f_y=\frac{47FR^3}{60EJ}=9.4\times\frac{FR^3}{Ebh^3}$ $=\frac{1.57R^2\sigma_p}{Eh}$ 水平方向变形 $f_x=\frac{FR^3}{2EJ}=\frac{6FR^3}{Ebh^3}$ $=\frac{R^2\sigma_p}{Eh}$	$b=\frac{6FR}{h^2\sigma_p}$	$h=\frac{1.57R^2\sigma_p}{Ef_y}$
$\frac{1}{4}$圆形片弹簧 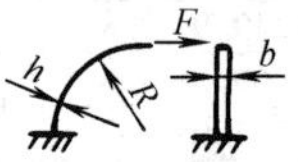	$F=\frac{W\sigma_p}{R}$ $=\frac{bh^2\sigma_p}{6R}$	水平方向变形 $f_x=\frac{4.27FR^3}{12EJ}$ $=\frac{4.27FR^3}{Ebh^3}$ $=\frac{0.71R^2\sigma_p}{Eh}$	$b=\frac{6FR}{h^2\sigma_p}$	$h=\frac{0.71R^2\sigma_p}{Ef_x}$
半圆形片弹簧 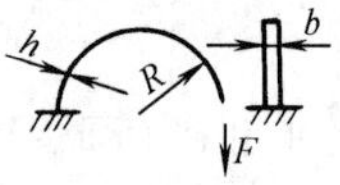	$F=\frac{W\sigma_p}{2R}$ $=\frac{bh^2\sigma_p}{12R}$	垂直方向变形 $f_y=\frac{113FR^3}{24EJ}$ $=\frac{56.5FR^3}{Ebh^3}$ $=\frac{4.71R^2\sigma_p}{Eh}$	$b=\frac{12FR}{h^2\sigma_p}$	$h=\frac{4.71R^2\sigma_p}{Ef_y}$
半圆形片弹簧 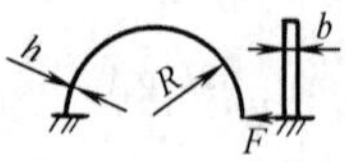	$F=\frac{W\sigma_p}{R}$ $=\frac{bh^2\sigma_p}{6R}$	水平方向变形 $f_x=\frac{18.8FR^3}{12EJ}$ $=\frac{18.8FR^3}{Ebh^3}$ $=\frac{\pi R^2\sigma_p}{Eh}$	$b=\frac{6FR}{h^2\sigma_p}$	$h=\frac{\pi R^2\sigma_p}{Ef_x}$
成形片弹簧 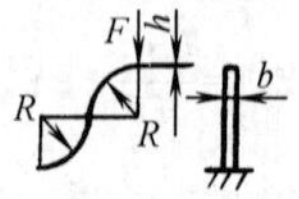	$F=\frac{W\sigma_p}{2R}$ $=\frac{bh^2\sigma_p}{12R}$	垂直方向变形 $f_y=\frac{113FR^3}{24EJ}=\frac{56.5FR^3}{Ebh^3}$ $=\frac{4.71R^2\sigma_p}{Eh}$	$b=\frac{12FR}{h^2\sigma_p}$	$h=\frac{4.71R^2\sigma_p}{Ef_y}$

续表

弹簧名称	工作载荷 F/N	工作变形 f/mm	片簧宽度 b/mm	片簧厚度 h/mm
成形片弹簧	$F=\frac{W\sigma_p}{2R}=\frac{bh^2\sigma_p}{12R}$	受力后两端靠近的距离 $f_x=\frac{113FR^3}{12EJ}=\frac{113FR^3}{Ebh^3}=\frac{9.42R^2\sigma_p}{Eh}$	$b=\frac{12FR}{h^2\sigma_p}$	$h=\frac{9.42R^2\sigma_p}{Ef_x}$
成形片弹簧	$F=\frac{W\sigma_p}{L+R}=\frac{bh^2\sigma_p}{6(L+R)}$	受力后两端靠近的距离 $f=\frac{288F}{EJ}\left[\frac{J^3}{3}+R\times\left(\frac{\pi}{2}-L^2+\frac{\pi}{4}R^2+2LR\right)\right]$ $=\frac{24F}{Ebh^3}\left[\frac{L^3}{3}+R\times\left(\frac{\pi}{2}L^2+\frac{\pi}{4}R^2+2LR\right)\right]$ $=\frac{4\sigma_p}{(L+R)Eh}\left[\frac{L^3}{3}+R\left(\frac{\pi}{2}L^2+\frac{\pi}{4}R^2+2LR\right)\right]$	$b=\frac{6F(L+R)}{h^2\sigma_p}$	$h=\frac{4\sigma_p}{(L+R)Ef}\times\left[\frac{L^3}{3}+R\left(\frac{\pi}{2}L^2+\frac{\pi}{4}R^2+2LR\right)\right]$

注：矩形截面抗弯截面系数 $W=\frac{bh^2}{6}$；

圆形截面抗弯截面系数 $W=\frac{\pi}{32}d^3$；

矩形截面惯性矩 $J=\frac{bh^3}{12}$；

圆形截面惯性矩 $J=\frac{\pi d^4}{64}$。式中，d 为直径。

4 片弹簧计算示例

已知条件：

$L=26\text{mm}, L_1=21\text{mm}, L_2=13\text{mm}, a=1.5\text{mm}, c=2.5\text{mm}, b=5\text{mm}, h=0.3\text{mm}$。

材料为 QSn4-3，其 $E=119952\text{MPa}$，$\sigma_p=250\text{MPa}$。

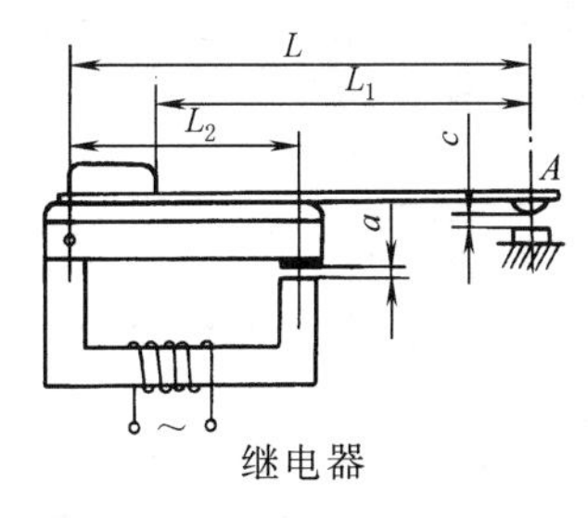

继电器

表 11-10-4　　试计算触点的压力并验算片弹簧应力

项目		单位	公式及数据
计算项目	触头自由位移 C_0	mm	$C_0=\frac{L}{L_2}a=\frac{26}{13}\times1.5=3$
	片簧 A 点的挠度 f_A	mm	$f_A=C_0-c=3-2.5=0.5$
	触头压力 T	N	查表 11-10-3 得 F 及 f $T=\frac{F}{f}\times f_A=\frac{bh^2\sigma_p}{6L_1}\Big/\frac{2L_1^2\sigma_p}{3Eh}\times f_A=\frac{Ebh^3}{4L_1^3}f_A$ $=\frac{119952\times5\times0.3^3}{4\times21^3}\times0.5=0.22$

续表

项目		单位	公式及数据
计算项目	最大应力 σ_{max}	MPa	$\sigma_{max}=\frac{M_{max}}{W}=\frac{6TL_1}{bh^2}$ $=\frac{6\times0.22\times21}{5\times0.3^2}=61.6<250$，符合要求

5 片弹簧技术要求

1）弯曲加工部分的半径。片弹簧在成形时，大多数要进行弯曲加工。若弯曲部分的曲率半径相对较小，则这些部分要产生很大的应力。因此，如要避免弯曲部分产生较大的应力，则设计时应使弯曲半径至少是板厚的5倍。

2）缺口处或孔部位的应力集中。片弹簧常会有阶梯部分以及开孔，在尺寸急剧变化的阶梯处，将产生应力集中。孔的直径越小，板宽越大，则这一应力集中系数越大。

当安装片弹簧时，常在安装部分开孔用螺栓固定，而安装部分大多是产生最大应力处，这样就意味着在最大应力处还要叠加开孔产生的应力集中，从而使该处成为最易产生损坏的薄弱部位。特别是螺栓未紧牢固时，开孔处又承受往复载荷而更易产生损坏。因此为了使计算值和实际弹簧的载荷与变形间的关系相一致，应要求将固定部位紧牢固。

3）弹簧形状和尺寸公差。片弹簧多用冲压加工，在设计时要考虑选择适宜冲压加工的形状和尺寸，同时，还要充分考虑弹簧在弯曲加工时的回弹及热处理时产生的变形等尺寸误差，不应提出过高的精度要求，以免提高成本和增加制造难度。板厚的公差按相应国家标准或行业标准规定。

4）应该根据使用性能要求提出对弹簧进行热处理的要求，热处理后的硬度一般可以在36~52HRC之间确定。

6 片弹簧应用实例

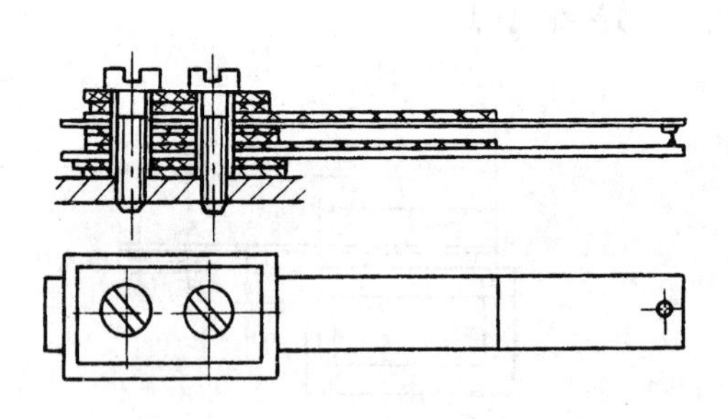

图 11-10-3 接触器中的触点直片簧

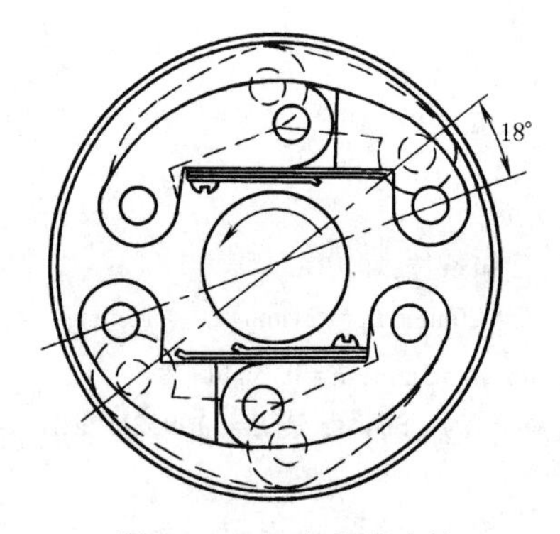

图 11-10-4 离合器片簧

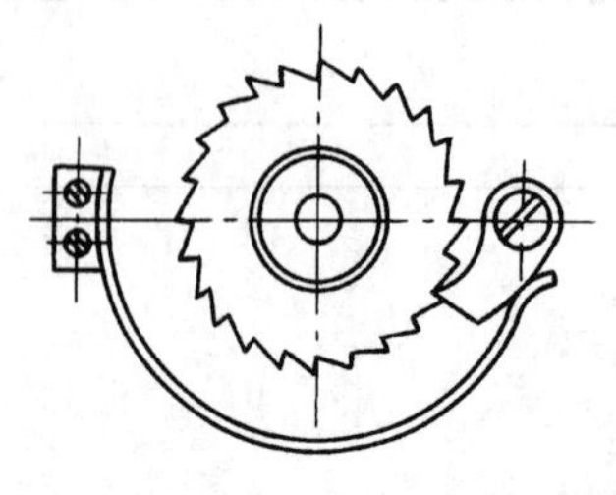

图 11-10-5 单向机构中的曲片簧

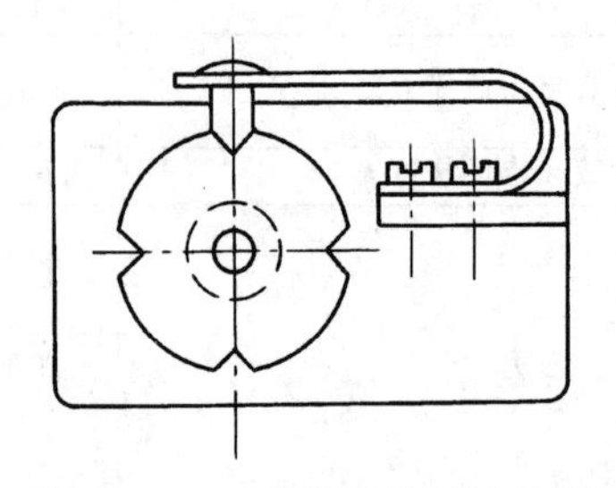

图 11-10-6 定位机构用的片簧

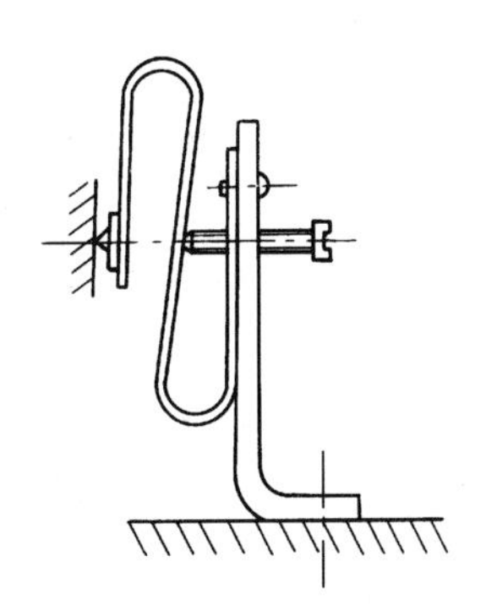

图 11-10-7　检波器弯片簧

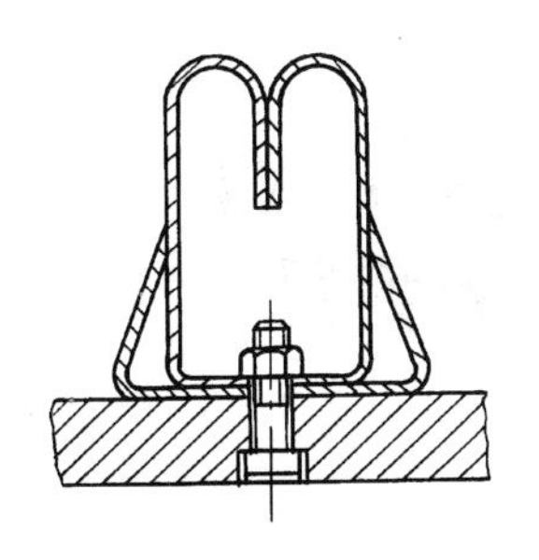

图 11-10-8　插座用片簧

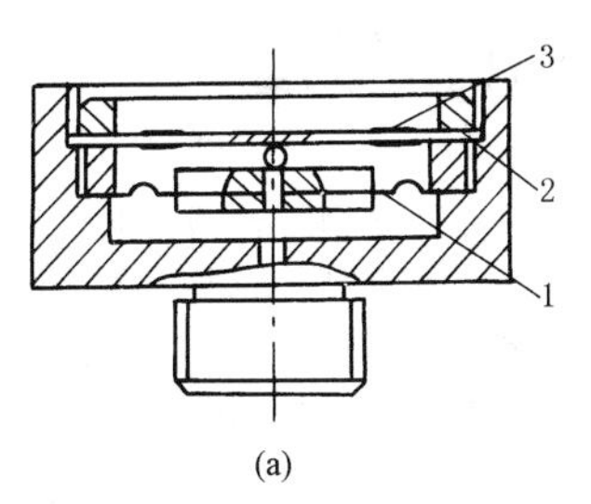

(a)

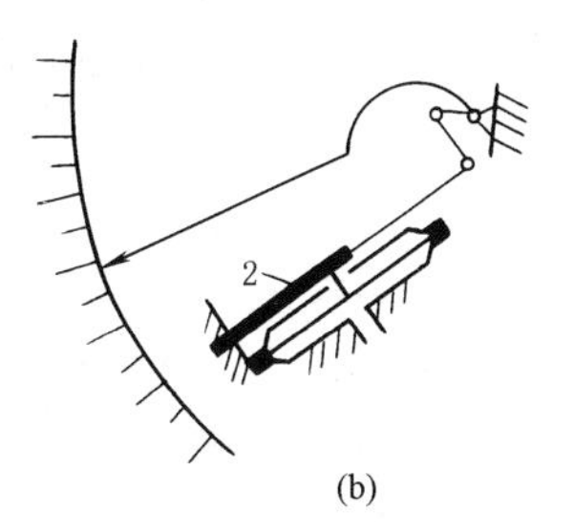

(b)

图 11-10-9　用作测量仪表中的敏感元件

1—膜片；2—簧片；3—应变片

CHAPTER 11

第 11 章 板弹簧

1 板弹簧的类型和用途

钢板弹簧，又称板簧，是由单片或多片等截面或变截面板材（弹簧钢）制成的弹簧。板弹簧主要用于汽车、拖拉机以及铁道车辆等的弹性悬架装置，起缓冲和减振的作用，一般用钢板组成。根据形状和传递载荷方式的不同，板弹簧可分为椭圆形、半椭圆形、悬臂式半椭圆形、四分之一椭圆形等几种，如图 11-11-1 所示。在椭圆形板弹簧中，根据悬架装置的需要，可以做成对称式或不对称式两种结构。半椭圆形板弹簧在汽车中应用得最广，椭圆形板弹簧主要用于铁道车辆。

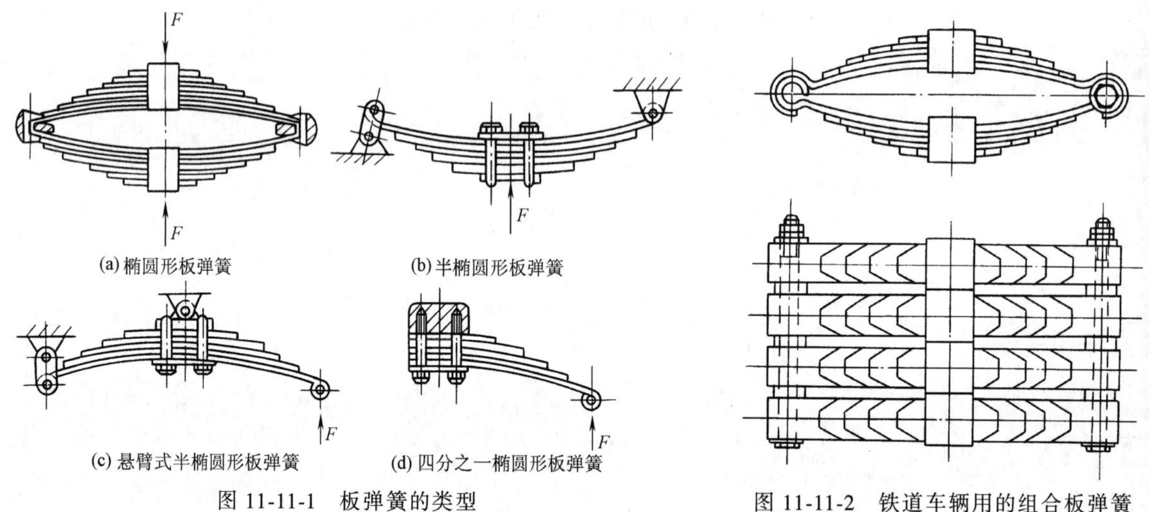

图 11-11-1 板弹簧的类型

图 11-11-2 铁道车辆用的组合板弹簧

由于所受载荷大小的不同，板弹簧的片数亦不同，如小轿车用半椭圆形板弹簧的片数可少至 1~3 片；而载重车辆的板弹簧除主簧外还增设副簧以增大刚度（见图 11-11-2），这种组合式板弹簧具有非线性特性，在主弹簧达到某一变形时，副弹簧接触，开始承受载荷。

2 板弹簧的结构

图 11-11-3 所示为载重汽车悬架用板弹簧的典型结构，由主板簧和副板簧两部分组成，主要零件有主板、副板、弹簧卡和 U 形螺栓等。

2.1 弹簧钢板的截面形状

常用弹簧钢板的截面形状如图 11-11-4 所示。在汽车和铁道车辆中以矩形截面（图 a）应用最多；为了防止

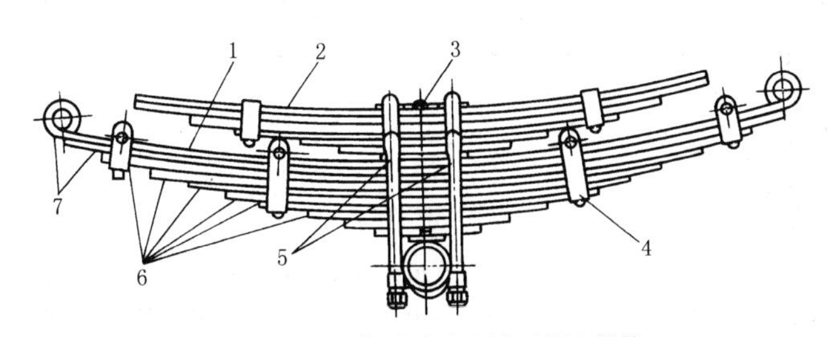

图 11-11-3　载重汽车悬架用板弹簧

1—主弹簧；2—副弹簧；3—中心螺栓；4—弹簧卡；5—U 形螺栓；6—副板；7—主板

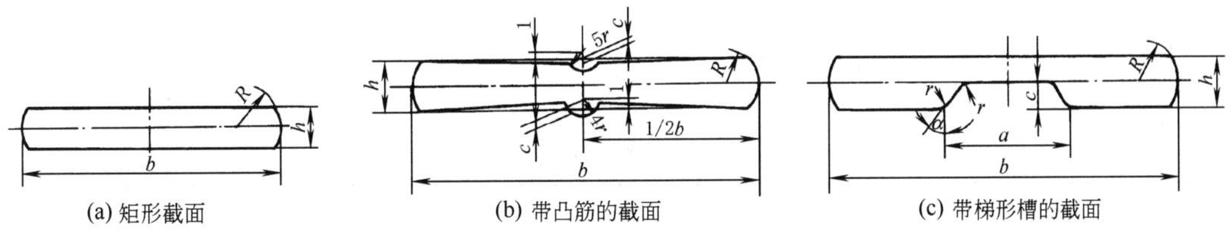

(a) 矩形截面　(b) 带凸筋的截面　(c) 带梯形槽的截面

图 11-11-4　常用弹簧钢板的截面形状

板片侧向滑移，有时采用带凸筋的钢板（图 b）；另外，为延长使用寿命，减少钢板消耗（约 10%），也可以用带梯形槽的钢板（图 c），槽可制成单槽或双槽。

在使用带梯形槽的截面时，应将梯形槽开在承载时产生压缩应力的一侧，从而可减轻拉伸应力，提高使用寿命。这种截面的惯性矩 I 和断面系数 W，当槽宽 $a=b/3$（b—板宽），槽深 $c=h/2$（h—板厚），槽两侧的倾角 $\alpha=30°$时，可按下式进行计算：

$$I=0.067bh^3,\quad W=0.15bh^2$$

在设计时应注意，弹簧板的截面尺寸不能任意选取，因为截面尺寸的种类受轧制工艺装备的限制，不能随意增加新的轧辊，所以应按一定的尺寸系列规范选用截面尺寸。表 11-11-1 是矩形截面的尺寸系列规范。

表 11-11-1　**矩形截面弹簧板的主要尺寸**　mm

板　宽	板厚															
	5	6	7	8	9	10	11	12	13	14	16	18	20	22	25	30
45	○	○					○									
50	○	○	○	○	○	○	○	○	○							
60	○	○	○	○	○	○	○	○	○		○					
70		○	○	○	○	○	○	○	○	○	○	○	○	○		
80			○	○	○	○	○	○	○	○	○	○	○			
90					○	○	○	○	○	○	○	○	○	○	○	
100							○	○	○	○	○	○	○	○	○	
150											○		○		○	○

2.2　主板端部结构

主板端部结构有卷耳和不用卷耳两种，分别如表 11-11-2 和表 11-11-3 所示。

表 11-11-2　**主板端部的卷耳结构**

卷耳形式	简　图	特　点　及　说　明
上卷耳	(a)	这种结构最为常用，制造简单
下卷耳	(b)	为了保证弹簧运动轨迹和转向机构协调的需要，以及降低车身高度位置采用。在载荷作用下，卷耳易张开
平卷耳	(c)	平卷耳可以减少卷耳内的应力，因为纵向力作用方向和弹簧主片断面的中线重合，但制造较复杂

续表

卷耳形式	简　图	特 点 及 说 明
加强卷耳	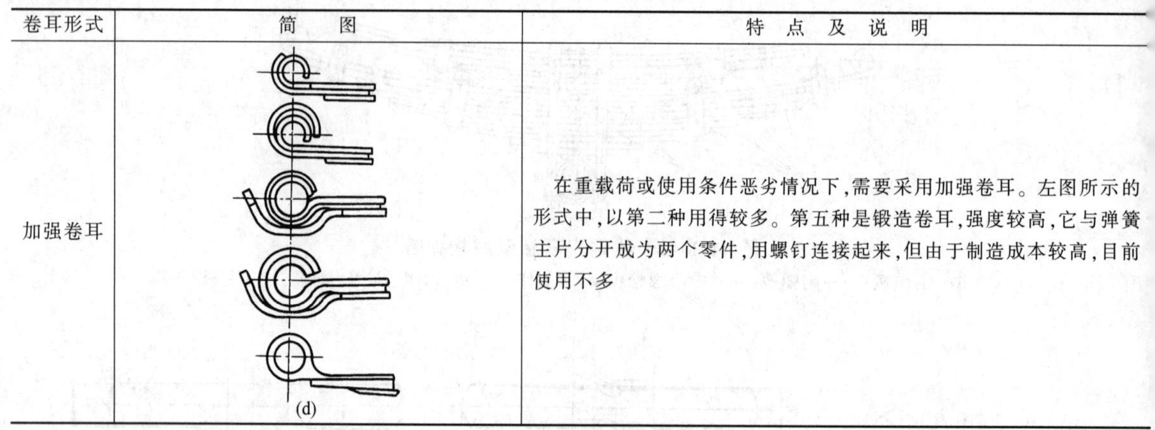 (d)	在重载荷或使用条件恶劣情况下,需要采用加强卷耳。左图所示的形式中,以第二种用得较多。第五种是锻造卷耳,强度较高,它与弹簧主片分开成为两个零件,用螺钉连接起来,但由于制造成本较高,目前使用不多

表 11-11-3　　不用卷耳的板端结构

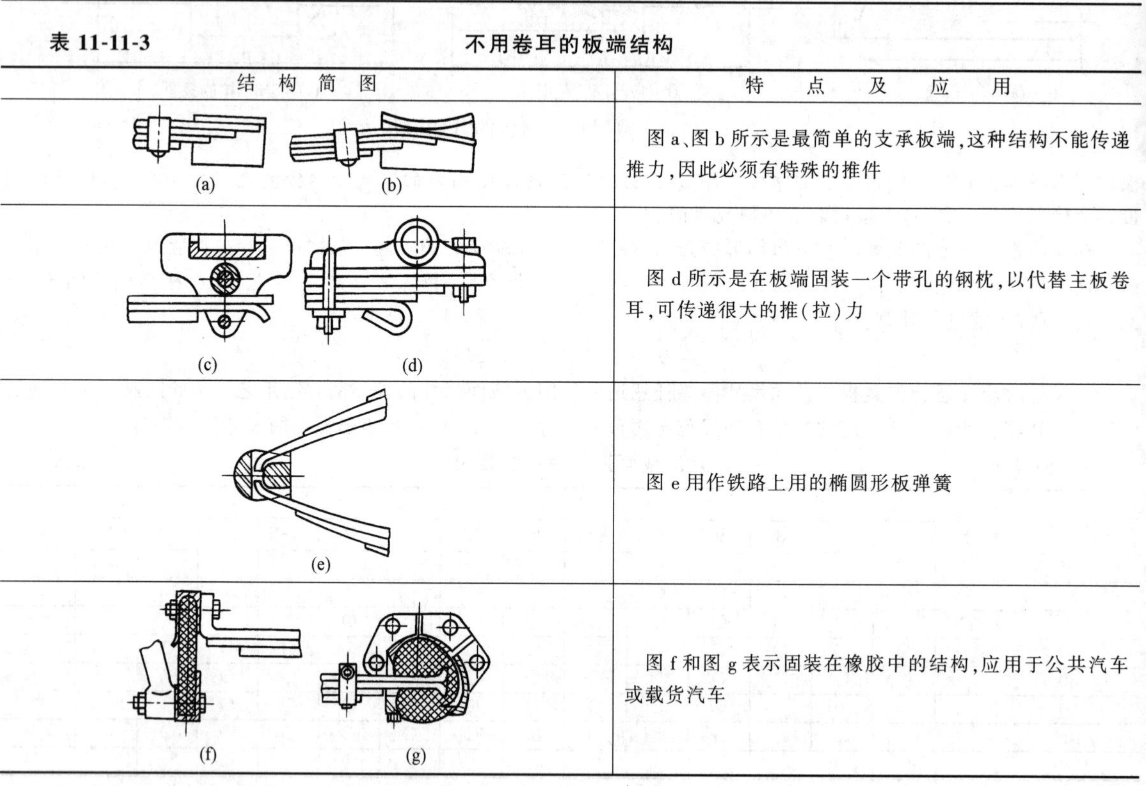

结 构 简 图	特　点　及　应　用
(a)　(b)	图 a、图 b 所示是最简单的支承板端,这种结构不能传递推力,因此必须有特殊的推件
(c)　(d)	图 d 所示是在板端固装一个带孔的钢枕,以代替主板卷耳,可传递很大的推(拉)力
(e)	图 e 用作铁路上用的椭圆形板弹簧
(f)　(g)	图 f 和图 g 表示固装在橡胶中的结构,应用于公共汽车或载货汽车

2.3　副板端部结构

表 11-11-4　　副板端部结构

端部形状	结构简图	特　点　及　应　用
矩形		端部为矩形(直角形),制造简单,但板端形状会引起板间压力集中,使磨损加快
梯形		改善了压力分布,接近于等应力梁,材料得到充分利用。目前载货汽车大多用这种弹簧

续表

端部形状	结构简图	特 点 及 应 用
椭圆形		按等应力原则压延其端部，取得变截面形状（宽度、厚度均变），应力分布合理，且增加了片端弹性，减少了板间摩擦。小轿车中应用较多
压延板端	约 $\frac{h}{2}$　h	板端压延成斜面，有利于改善压力分布，减少板间摩擦。压装板片时应使纯面与上板片相贴
衬垫板端		除板端压延成斜面外，在板间加有衬垫，可防止板间磨损。在小轿车中使用

2.4 板弹簧中部的固定结构

对于汽车板弹簧，其中部除了用高强度中心螺栓定位外，还用骑马螺栓紧固。火车用板弹簧常采用簧箍紧固，如图 11-11-5 所示。

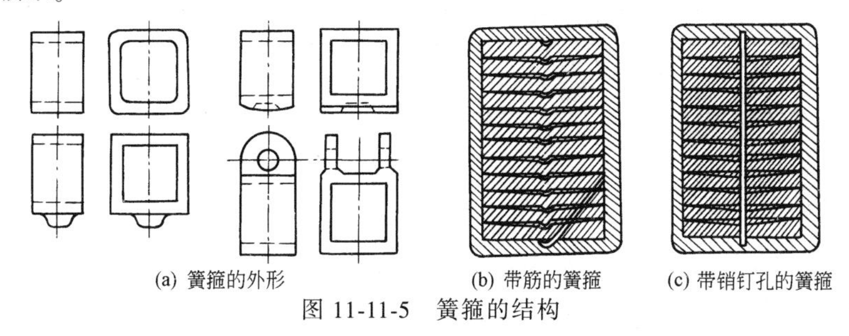

(a) 簧箍的外形　(b) 带筋的簧箍　(c) 带销钉孔的簧箍

图 11-11-5　簧箍的结构

2.5 板弹簧两侧的固定结构

为了消除弹簧钢板侧向位移，并将作用力传递给较多的簧片，以保护主板，在板弹簧两侧装有若干簧卡，其结构如表 11-11-5 所示。

表 11-11-5　　**簧卡结构**

形 式	结 构	特 点 及 应 用
带螺栓的 U 形卡	A　A　A—A	用于小客车和小轿车中
不带螺栓的 U 形卡	A　A　A—A　A　A　A—A	用于载重汽车中

续表

形　　式	结　　构	特　点　及　应　用
封闭形卡	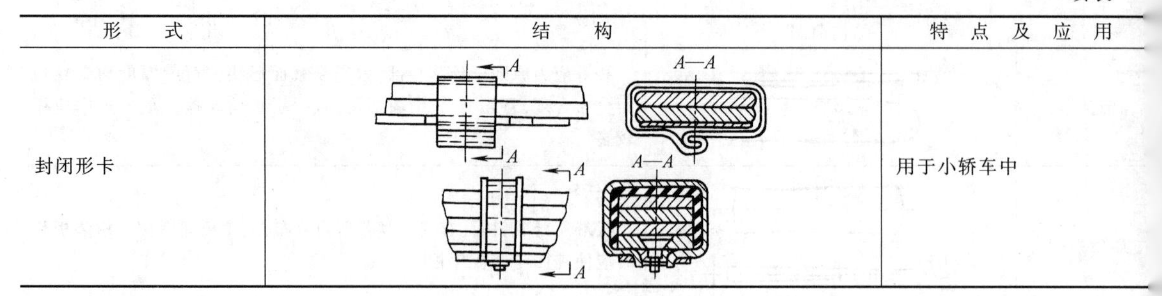	用于小轿车中

3　板弹簧材料及许用应力

3.1　板弹簧材料及力学性能

用于汽车、拖拉机，铁路运输车辆和其他机械的板弹簧材料有几种热轧弹簧扁钢，如表 11-11-6 所示。

表 11-11-6　　**板弹簧材料及力学性能**（GB/T 33164.1—2016）

材料	规定塑性延伸长度 $R_{p0.2}$/MPa	抗拉强度 R_m/MPa	断后伸长率 $A_{11.3}$/%	断后收缩率 Z/%	使用范围
28SiMnB	1200	1300	5	25	
60Si2Mn	1200	1300	5	25	一般在厚度<9.5mm 时采用
55SiMnVB	1250	1400	5	30	一般在厚度为 10~14mm 时采用
55SiMnMoV	1300	1450	6	35	一般在厚度为 16~25mm 时采用

3.2　许用弯曲应力

应根据所要求的寿命及使用条件决定。如果没有试验资料，对于合金钢的板弹簧，可按表 11-11-7 选用，但表列数值未考虑预应力。

表 11-11-7　　**板弹簧的许用应力**

板弹簧种类	许用弯曲应力 σ_p/MPa	板弹簧种类	许用弯曲应力 σ_p/MPa
机车、货车、电车等的板簧	441~490	载重汽车的前板簧	343~441
轻型汽车的前板簧	441~490	载重汽车、拖车的后板簧	441~490
轻型汽车的后板簧	490~588	缓冲器板簧	294~392

4　板弹簧设计与计算

4.1　板弹簧的近似计算公式

表 11-11-8　　**板弹簧的近似计算公式**

板弹簧的类型		静挠度 f_c/mm	刚度 F'/N · mm^{-1}	最大应力 σ/MPa	
				按静刚度	按载荷
半椭圆式	对称式	(Ⅰ) $f_c=\delta\dfrac{FL^3}{48E(\sum I_k)}$ (Ⅱ) $f_c=\delta\dfrac{FL^3}{4Enbh^3}$	$F'=\dfrac{1}{\delta}\times\dfrac{4E(\sum I_k)}{L^3}$ $F'=\dfrac{1}{\delta}\times\dfrac{4Enbh^3}{L^3}$	$\sigma=\dfrac{1}{\delta}\times\dfrac{12EI_k f_c}{L^2W_k}$ $\sigma=\dfrac{1}{\delta}\times\dfrac{6Ehf_c}{L^2}$	$\sigma=\dfrac{FLI_k}{4(\sum I_k)W_k}$ $\sigma=\dfrac{3FL}{2nbh^2}$

续表

板弹簧的类型		静挠度 f_c/mm	刚度 F'/N·mm^{-1}	最大应力 σ/MPa	
				按静刚度	按载荷
半椭圆式	不对称式 L L' L'' F	(Ⅰ)$f_c=\delta\dfrac{FL'^2L''^2}{3EL(\sum I_k)}$ (Ⅱ)$f_c=\delta\dfrac{4FL'^2L''^2}{ELnbh^3}$	$F'=\dfrac{1}{\delta}\times\dfrac{3ELnbh^3}{L'^2L''^2}$ $F'=\dfrac{1}{\delta}\times\dfrac{ELnh^3}{4L'^2L''^2}$	$\sigma=\dfrac{1}{\delta}\times\dfrac{3EI_kf_c}{L'L''W_k}$ $\sigma=\dfrac{1}{\delta}\times\dfrac{3Ehf_c}{2L'L''}$	$\sigma=\dfrac{FL'L''W_k}{L(\sum I_k)W_k}$ $\sigma=\dfrac{6FL'L''}{Lnbh^2}$
悬臂式	对称式 L F	(Ⅰ)$f_c=\delta\dfrac{FL^3}{12E(\sum I_k)}$ (Ⅱ)$f_c=\delta\dfrac{FL^3}{Enbh^3}$	$F'=\dfrac{1}{\delta}\times\dfrac{12E(\sum I_k)}{L^3}$ $F'=\dfrac{1}{\delta}\times\dfrac{Enbh^3}{L^3}$	$\sigma=\dfrac{1}{\delta}\times\dfrac{6EI_kf_c}{L^2W_k}$ $\sigma=\dfrac{1}{\delta}\times\dfrac{3Ehf_c}{L^2}$	$\sigma=\dfrac{FLI_k}{2(\sum I_k)W_k}$ $\sigma=\dfrac{3FL}{nbh^2}$
	不对称式 F L' L'' F	(Ⅰ)$f_c=\delta\dfrac{FL''^2(L'+L'')}{3E(\sum I_k)}$ (Ⅱ)$f_c=\delta\dfrac{4FL''^2(L'+L'')}{Enbh^3}$	$F'=\dfrac{1}{\delta}\times\dfrac{3E(\sum I_k)}{L''^2(L'+L'')}$ $F'=\dfrac{1}{\delta}\times\dfrac{Enbh^3}{4L''^2(L'+L'')}$	$\sigma=\dfrac{1}{\delta}\times\dfrac{3EI_kf_c}{L''(L'+L'')W_k}$ $\sigma=\dfrac{1}{\delta}\times\dfrac{3Ehf_c}{2L''(L'+L'')}$	$\sigma=\dfrac{FL''W_k}{(\sum I_k)W_k}$ $\sigma=\dfrac{6FL''}{nbh^2}$
1/4椭圆式	L F	(Ⅰ)$f_c=\delta\dfrac{FL^3}{3E(\sum I_k)}$ (Ⅱ)$f_c=\delta\dfrac{4FL^3}{Enbh^3}$	$F'=\dfrac{1}{\delta}\times\dfrac{3E(\sum I_k)}{L^3}$ $F'=\dfrac{1}{\delta}\times\dfrac{Enbh^3}{4L^3}$	$\sigma=\dfrac{1}{\delta}\times\dfrac{3EI_kf_c}{L^2W_k}$ $\sigma=\dfrac{1}{\delta}\times\dfrac{3Ehf_c}{2L^2}$	$\sigma=\dfrac{FLI_k}{(\sum I_k)W_k}$ $\sigma=\dfrac{6FL}{nbh^2}$
备注	F—载荷,N;L—板弹簧的伸直长度,mm;I_k—板弹簧第 k 片的断面惯性矩,mm^4;W_k—板弹簧第 k 片的断面模数,mm^3;δ—挠度增大系数;E—弹性模量,MPa;b—簧片宽度,mm;h—簧片厚度,mm;n—簧片数目;L'、L''—中部固定处到两端的长度,mm;(Ⅰ)—簧片任意截面;(Ⅱ)—簧片为矩形截面				

4.2 板弹簧的设计计算公式

本节只重点介绍对称式半椭圆形板弹簧（这是汽车板弹簧的最广泛的典型结构）的设计与计算公式，至于其他结构的板弹簧，可将整个弹簧看成是两个不同长度的四分之一式弹簧，也可用同一方法进行计算。但在遇到簧片截面不同时，要采用不同的公式。

在计算板弹簧时，一般是把它看成等强度梁。也就是说，当梁的自由端承受载荷时，在梁的各个截面中就产生与该截面到固定端的距离成比例的弯曲应力。实际上，由于结构与使用的要求，真实弹簧的性能与强度梁并不相同。为了简化计算，一般仍利用等强度梁中载荷与变形的关系，但采用了一些修正系数，以使计算更为精确。

在设计板弹簧时，应着重考虑板弹簧的下述主要参数。

1）板弹簧的静挠度（即静载荷下的变形）　前后弹簧的静挠度值都直接影响汽车的行驶性能。为了防止汽车在行驶过程中产生剧烈的颠簸（纵向角振动），应力求使前后弹簧的静挠度比值接近于1。此外，适当地增大静挠度也可降低汽车的振动频率，以提高汽车的舒适性。但静挠度不能无限制地增加（一般不超过24cm），因为挠度过大（也就是频率过低）也同样会使人感到不舒适，产生晕车的感觉。同时，从弹簧的必需理论重量 $W=k\dfrac{Ff_c}{\sigma_c^2}$ 一式可以看出，如果载荷与许用应力不变而过分增大静挠度，就会增加弹簧的重量，也就是增加材料的消耗。此外，在前轮为非独立悬挂的情况下，挠度过大还会使汽车的操纵性变坏。一般汽车弹簧的静挠度值通常在表11-11-9所列范围内。

2）板弹簧的伸直长度　适当地加长弹簧的长度不仅能改善转向系的工作和提高汽车的行驶性能，而且还提高了加厚主片的可能性（加厚主片就可以加强弹簧卷耳的强度，以便承受推力与刹车力等）。此外，在同样的变形下，对于加长后的弹簧，还可以减小应力的幅度，从而延长弹簧的使用寿命。但是，弹簧长度受到汽车总布置的限制，因为一般弹簧的伸直长度都与汽车的轴距有一定的关系。根据统计资料，弹簧伸直长度如表11-11-10所示。

至于组合板弹簧中的副弹簧的伸直长度，一般约为轴距的25%。

表 11-11-9　　静挠度 f_c　　mm

应用场合	前弹簧	后弹簧
轻型汽车	60~90	90~115
公共汽车	100~180	125~190
载货汽车	50~100	90~150

表 11-11-10　　板弹簧的伸直长度 L

应用场合	前弹簧	后弹簧
轻型汽车	33%轴距	45%轴距
载货汽车	25%~35%轴距	30%~40%轴距

4.2.1 簧片厚度、宽度及数目的计算

表 11-11-11

<table>
<tr><th colspan="2">项　目</th><th>计 算 公 式</th><th>参数名称及单位</th></tr>
<tr><td rowspan="2">主片厚度 h</td><td>对称式</td><td>$$h=\frac{L_c^2\delta\sigma_p}{6Ef_c}$$ $$L_c=L-0.5S$$</td><td rowspan="5">L_c——有效长度,cm
L——伸直长度,cm
S——U 形螺栓中心距,cm
δ——挠度增大系数,见表 11-11-12
σ_p——许用应力,N/cm^2
E——弹性模量,N/cm^2
f_c——静挠度,mm,见表 11-11-9
L'_c——前半段有效长度,cm
L''_c——后半段有效长度,cm
$\sum I_k$——板弹簧的总惯性矩,cm^4
I_k——一个簧片的惯性矩,cm^4
I——各组簧片惯性矩之和,即板弹簧的总惯性矩,cm^4
$I_1,I_2,\cdots,I_k$——各组簧片惯性矩之和,cm^4
$n_1,n_2,\cdots,n_k$——一组的簧片数目</td></tr>
<tr><td>不对称式</td><td>$$h=\frac{2\delta L'_c L''_c\sigma_p}{3Ef_c}$$ $$L=L'_c-0.25S$$ $$L''_c=L''-0.25S$$</td></tr>
<tr><td colspan="2">簧片宽度 b</td><td>如果簧片的宽度 b 在任务书中未做规定,则推荐按下述关系进行选择,也可参考同类型结构来决定:$$6<\frac{b}{h}<12$$</td></tr>
<tr><td rowspan="2">簧片数目 n</td><td>簧片厚度相同时</td><td>(1)先求出板弹簧所需的总惯性矩
对称式:$\sum I_k=\delta\frac{FL_c^3}{48Ef_c}$
不对称式:$\sum I_k=\delta\frac{FL'^2_cL''^2_c}{3EL_cf_c}$
根据 $\sum I_k$ 求 n:$n=\frac{\sum I_k}{I_k}$
(2)或按下面公式求出
对称式:$n=\delta\frac{FL_c^3}{4Ebh^3f_c}$
不对称式:$n=\delta\frac{4FL'^2_cL''^2_c}{EL_cbh^3f_c}$</td></tr>
<tr><td>簧片厚度不同时</td><td>当弹簧是由 n 组厚度不同的簧片(一般不超过 3 组)组成时,则可利用各组簧片的惯性矩之和等于弹簧的总惯性矩的原理来确定弹簧的总片数与簧片的厚度。设各组簧片惯性矩之和分别为 I_1,I_2,…,I_k,则$$\sum I=I_1+I_2+\cdots+I_k$$式中 $I_1=\frac{n_1bh_1^3}{12}$,$I_2=\frac{n_2bh_2^3}{12}$,$I_k=\frac{n_kbh_k^3}{12}$
其余依此类推,上式左右两端的差异最好不超过 5%,而且右端必须大于左端</td></tr>
</table>

注:汽车板弹簧簧片,一般取 6~14 片。如果片数太少,片端又未进行修切或压延时,就会使弹簧的重量增大。如果片数过多,则会使片与片间的摩擦加大,并增加制造上的复杂性和产品的成本。

表 11-11-12　　挠度增大系数 δ

弹 簧 的 形 式	系数 δ
等强度梁(理想的弹簧)	1.50
与等强度梁近似的簧片端部做成特殊形状的弹簧	1.45~1.40
簧片端部为直角形的弹簧,其第 2 片与第 1 片的长度相同,在第 1 片上面有一片反跳簧片	1.35
簧片端部为直角形的弹簧,但有 2~3 片与第 1 片的长度相同,在第 1 片上面有数片反跳簧片	1.30
有若干与第 1 片长度相同的特重型弹簧	1.25

注:1. 挠度增大系数为实际板弹簧(近似的等应力梁)的挠度比理论等截面梁挠度的增大倍数。

2. 反跳簧片是板弹簧主片受反向载荷时起保护作用的簧片。

4.2.2 各簧片长度的计算

假定弹簧为等强度梁来确定各簧片长度的方法应用十分普遍。不过,只有当弹簧各簧片的厚度相同,片端做

表 11-11-13 叶片长度的计算公式

片号 k	片厚 h/cm	I_k /cm^4	$0.5\frac{I_k}{I_{k-1}}$	$1+\frac{I_k}{I_{k-1}}+\left[\frac{w(L_k-L_{k+1})^3}{l_k^3}\right]$	$\frac{0.5}{\left(\frac{L_k}{L_{k+1}}\right)^3}=\frac{0.5}{\text{下一排的⑪}}$	$⑥\times\left(3\times\frac{L_k}{L_{k+1}}-1\right)=$ ⑥×下一排的⑨	⑤—⑦	$3\times\frac{L_{k-1}}{L_k}-1=\frac{⑧}{④}$	$\frac{⑨+1}{3}=\frac{L_{k-1}}{L_k}$	$⑩^3=\left(\frac{L_{k-1}}{L_k}\right)^3$	$L_k=\frac{L_{k-1}}{⑩}$ /cm	$L_k'=L_c+\frac{S}{2}$ /cm	实际长度之半 L_k /cm
①	②	③	④	⑤	⑥	⑦	⑧	⑨	⑩	⑪	⑫	⑬	⑭
1	0.9	0.729									49.6	55	55
2	0.9	0.729	0.5	2	0.190	0.596	1.404	2.808	1.269	2.048	39.1	44.5	55
3	0.9	0.729	0.5	2	0.107	0.432	1.568	3.136	1.379	2.628	28.3	33.7	48
4	0.9	0.729	0.5	2	0	0	2	4	1.667	4.632	17.0	22.4	41

注：1. 如片端经压延时，第⑤项方括号内数值要计入（此外方括号内数值没计入）。

2. $L_c=\frac{1}{2}$有效长度（即减去 U 形螺栓中心距后的板簧长度）；

$L_k'=\frac{1}{2}$理论长度（即根据计算所得的板簧长度）；

$L_k=\frac{1}{2}$实际长度（即根据计算所得的理论长度，再考虑结构要求最后确定的长度）；

$S=10.8$cm（U 形螺栓中心距离）；

w—簧片末端形状系数，见表 11-11-14。

成三角形以及没有与主片长度相同的其他簧片的条件下，采用这种方法才能获得满意的结果。实际上，在设计与制造中，这些条件是很难同时实现的，因此，基于上述假设所设计的簧片厚度不同的弹簧就不是等强度梁。

为了克服这个缺点以提高弹簧的使用寿命，本节所推荐的各簧片长度计算法是以所谓集中载荷的假定为依据的。这一假定的实质就是认为当弹簧工作时，载荷仅由各簧片的末端来传递，而簧片的其余各点并不互相接触，即其变形是自由的。

为了使整个运算过程易于掌握并节约计算时间，现将全部计算公式列成表格形式（表 11-11-13）。

计算时先填好第①~⑤纵行，然后从最下一横排开始按箭头所示依次计算，待第⑪纵行前的各行计算完毕后，即可从第 1 片起依次计算出各簧片的长度。

表 11-11-14 **簧片末端形状系数 w**

形 式	公 式 及 数 据
(图：h, F, L_c, b, b_1)	$w=\frac{3}{\beta}\left[\frac{3}{2}-\frac{1}{\beta}-\left(\frac{1-\beta^2}{\beta}\right)\lg(1-\beta)\right]-1$
(图：h, F, h_1, L_c, b)	$w=\frac{3}{\beta}\left[-\frac{1}{2}-\frac{1}{\beta}-\frac{1}{\beta^2}\lg(1-\beta)\right]-1$ $\beta=1-\frac{h_1}{h}$
(图：h, h_1, L_c, b, b_1)	$w=\frac{1}{1-\beta}-1$ $\beta=1-\frac{b_1}{b}$

4.2.3 板弹簧的刚度计算

利用表 11-11-8 的公式来计算板弹簧的刚度时，只能得到近似的数值，在某些情况下，计算结果同实际情况会有较大的差异。为了比较准确地计算出弹簧的刚度，可以采用下式

$$F'=\frac{\xi 6E}{\sum_{k=1}^{n}a_{k+1}^{3}(Y_k-Y_{k+1})}\quad(\text{N/cm})$$

式中 $\xi=0.87\sim0.83$——修正系数，轻型汽车采用上限，载重汽车采用下限；

$Y_k=\frac{1}{I_k}$；

$Y_{k+1}=\frac{1}{I_{k+1}}$；

$\sum_{k=1}^{n}a_{k+1}^{3}(Y_k-Y_{k+1})$ 的数值可按表 11-11-15 计算。

表 11-11-15

片号 k	L_k /cm	$a_{k+1}=L_1-L_{k+1}$ /cm	I_k /cm^4	$Y_k=\frac{1}{I_k}$ /cm^{-4}	Y_k-Y_{k+1} /cm^{-4}	a_{k+1}^3 /cm^3	$a_{k+1}^3(Y_k-Y_{k+1})$ /cm^{-1}

注：L_1—第一片伸直长度之半。

应该指出，当弹簧装上汽车后，由于 U 形螺栓的紧固，使弹簧的有效长度减小，这时弹簧的刚性就会发生变化。因此，在计算板弹簧刚度时，应分为两部分进行：按全长计算出供生产检验用的刚度；按有效长度（即减去 U 形螺栓间距后的板弹簧长度）计算板弹簧的实际刚度，并根据实际刚度计算板弹簧的振动频率。

.2.4 板弹簧在自由状态下弧高及曲率半径的计算

板弹簧总成在自由状态下的弧高 H 决定于板弹簧的静挠度 f_c、板弹簧在静载荷下的弧高 H_0 以及在预压缩时残余变形量 Δ，故

$$H=H_0+f_c+\Delta$$

式中 H_0——在现代的汽车板弹簧中，该值一般为 1~2cm；

Δ——一般取 $\Delta=(0.05\sim0.06)f_c$（手工制造的板弹簧 $\Delta=0.07f_c$）；

$f_c=\dfrac{L^2}{Ah}$——板弹簧在预压缩时的挠度，cm；

h——板弹簧最厚片（一般为主片）的厚度，cm；

A——材料系数，对于铬钢与硅钢 $A=800$。

板弹簧在自由状态下的曲率半径：

$$R_0=\frac{L^2}{8H}\quad(\text{cm})$$

式中 L——板弹簧的伸直长度，cm。

4.2.5 簧片在自由状态下曲率半径及弧高的计算

板弹簧的所有簧片通常冲压成不同的曲率半径。组装时，用中心螺栓或簧箍将簧片夹紧在一起，致使所有簧片的曲率半径均发生变化。由于组装夹紧时各簧片曲率半径的变化，使各簧片在未受外载荷作用之前就产生了预应力。

如簧片为矩形截面，则

$$\sigma_{0k}=\frac{Eh_k}{2}\left(\frac{1}{R_k}-\frac{1}{R_0}\right)$$

式中 R_0——第 k 片在组装后的曲率半径；

R_k——第 k 片在自由状态下的曲率半径。

当各簧片的预应力值给定后，便可以求出簧片在自由状态下的曲率半径 R_k。

在预定预应力时，应使主板的预应力为负值，而使短板的预应力为正值，其他簧片取中间值。根据资料指出，对于等厚度簧片的板弹簧，设计时一般取第一、二主簧片的预应力为-(80~150)MPa，最后几片预应力为+(20~60)MPa；对于不等厚度簧片的板弹簧，为了保证各簧片有相近的使用寿命，组装预应力的选择应按疲劳曲线确定。

在确定预应力时，对于矩形簧片还应满足下述条件

$$\sigma_{01}h_1^2+\sigma_{02}h_2^2+\cdots+\sigma_{0k}h_k^2=0$$

在满足上式的情况下，试行分配确定各簧片中的预应力，然后按下式求出各簧片在自由状态下的曲率半径 R_k 及弧高 H_k：

曲率半径 R_k $\quad\dfrac{1}{R_k}=\dfrac{1}{R_0}+\dfrac{2\sigma_{0k}}{Eh_k}$

弧高 H_k $\quad H_k=\dfrac{L_k^2}{8R_k}$

4.2.6 装配后的板弹簧总成弧高的计算

簧片在自由状态的曲率半径是根据预应力确定的，由于选择预应力的关系，装配后板弹簧总成弧高不一定和 4.2.4 节所述公式的结果一致，因此，还需要按表 11-11-16 再计算一次装配后总成弧高。如两者接近便认为合适，否则要调整各片预应力，重新进行计算。

4.2.7 板弹簧元件的强度验算

板弹簧的簧片、卷耳、销和衬套等元件的强度按表 11-11-17 中的公式验算。

表 11-11-16

片号 k	I_k /cm⁴	$\sum I_k$ /cm⁴	L_k /cm	Ll_k^2 /cm²	L_k^3 /cm³	R_k /cm	$\frac{④}{2\times⑥}=H_k=\frac{L_k^2}{2R_k}$ /cm	$\frac{④}{2\times⑭}=H_k'=\frac{L_k^2}{2R_{1+(k-1)}}$ /cm	⑦−⑧ = H_k-H_k' /cm	$\frac{①}{②}=\frac{I_k}{\sum I_k}$	⑩×⑨ = $Z_k=\frac{I_k(H_k-H_k')}{\sum I_k}$ /cm	$\frac{1}{2}\left(\frac{3L_1}{L_k}-1\right)$	$Z_{1-k}=Z_{1-(k-1)}+Z_k\frac{1}{2}\left(\frac{3L_1}{L_k}-1\right)$ /cm	$R_{1-k}=\frac{L_k^2}{2(H_k'+Z_k)}$ /cm
	①	②	③	④	⑤	⑥	⑦	⑧	⑨	⑩	⑪	⑫	⑬	⑭
1	0.729	0.729	55	3025	166375	125	12.1	$\overrightarrow{12.10}$	$\overrightarrow{0}$	$\overrightarrow{1}$	$\overrightarrow{0}$	$\overrightarrow{1}$	$\overrightarrow{12.10}$	$\overrightarrow{125}$
2	0.729	1.458	55	3025	166375	115	13.15	$\overrightarrow{12.10}$	$\overrightarrow{1.05}$	$\overrightarrow{0.5}$	$\overrightarrow{0.525}$	$\overrightarrow{1}$	$\overrightarrow{12.625}$	$\overrightarrow{120}$
3	0.729	2.187	48	2304	110592	110	10.47	9.60	0.87	0.33	0.287	1.22	12.975	116.5
4	0.729	2.916	41	1681	68921	100	8.41	7.21	1.20	0.25	0.30	1.51	13.425	112

注：H_k—第 k 片簧片在自由状态下的弧高，cm；

H_k'—第 k 片簧片在贴合到上一簧片后的弧高，cm；

Z_k—当第 k 片簧片贴合于上一簧片后，使上一簧片的弧高增大的数值，cm；

Z_{1-k}—当第 k 片簧片贴合后弹簧的弧高（即装配后板弹簧的弧高），cm；

R_{1-k}—第 k 片簧片贴合于上一簧片后的曲率半径，包括簧片本身的厚度，cm；

表中其他符号同前。

表 11-11-17

验算项目	公 式 及 数 据	备 注
簧片应力 σ_k	满载负荷的实际应力 σ_k $\sigma_k=\sigma_{0k}+\sigma_{kc}$ 式中 $\sigma_{kc}=T_{kc}/W_k$ $T_{kc}=T_c I_k/\sum I_k$ $T_c=qL_c$	σ_{0k}——簧片预应力，N/cm² σ_{kc}——由 T_c 引起的簧片应力，N/cm² T_c——满载静负荷的最大弯矩，N · cm L_c——板弹簧有效长度之半，cm T_{kc}——分配到各簧片上的弯矩，N · cm q——板弹簧每端满载静负荷，N A——簧片的截面积，cm² d——卷耳孔直径，cm W_k——主片的断面模数，如卷耳由数片在一起时 $\sum W$，cm³ F_H——水平作用力，N F——板弹簧端部载荷，N d_1——板弹簧销直径，cm
卷耳部分的强度	$\sigma=\dfrac{F_H(d+h)}{2W_k}+\dfrac{F_H}{A}<35000\text{N/cm}^2$	
板弹簧销及衬套的挤压应力 σ	$\sigma=\dfrac{F}{2bd_1}<300\sim400\text{N/cm}^2$	

5 板弹簧的技术要求

1）簧片经处理后硬度应达到 41～48HRC，并在其凹面进行喷丸处理，以提高其使用寿命。

2）组成的板弹簧都应进行强压处理。强压处理时，加载所引起的变形值一般要达到使用时静挠度的 2～3 倍，使整个板弹簧产生的剩余变形为 6～12mm；在第二次用同样载荷加载之后，剩余变形将减少为 1～2mm；第三次加载之后，制造较好的板弹簧就不再有显著的剩余变形。大量生产时，往往只做一次强压处理，处理后的板弹簧在作用力比强压力小 500～1000N 的情况下，不应再产生剩余变形。

3）簧片的横向扭曲量。以安装中心为基准，从两头测量，其偏差不大于钢板宽度的 0.8%。

4）簧片纵向波折量，在 75mm 长度内不大于 0.5mm。

5）主片装入支架内的侧面弯曲不应大于 1.5mm/m，其他簧片不大于 3mm/m。

6）板弹簧加夹后，簧片应均匀相贴，不得有强弯，总成在自由状态下相邻两片横向穿通间隙应小于短片全长的$\dfrac{1}{4}$（叶片间加有垫片者除外），长度小于 75mm 时的间隙值不大于表 11-11-18 所示的值。

7）板弹簧总成夹紧后，在 U 形螺栓及支架滑动范围内的总宽度应符合表 11-11-19 规定。

表 11-11-18 簧片间隙允许值 mm

簧 片 厚 度	最大间隙允许值
≤8	1.2
>8～12	1.5
>12	2.0

表 11-11-19 板弹簧总成宽度 mm

簧 片 厚 度	总成的总宽度
≤100	$<b+2.5$
>100	$<b+3$

8）板弹簧总成放入支架滑动范围内后，其中心线应与钢板底层基面中心线在同一直线上，其偏差不大于 1.5mm/m。

9）板弹簧总成在静载荷下的弧高偏差应不大于±7mm，重型汽车板弹簧小于±8mm。

10）簧片表面不应有过烧、过热、裂纹、氧化皮、麻点、损伤等缺陷，表面脱碳层（包括铁素体和过渡层）深度不能超过表 11-11-20 的规定。

11）弹簧永久变形应不大于 0.05mm。

12）在应力幅 323.6MPa、最大应力 833.5MPa 的条件下，弹簧的疲劳寿命应不低于 10 万次。

13）当需要进行润滑处理时，弹簧簧片的接触表面应涂以润滑剂。

14）弹簧应当按照图样的要求进行表面防腐处理。

表 11-11-20　　簧片表面脱碳层允许深度

簧 片 厚 度	脱 碳 层 深 度
≤8mm	3%簧片厚
>8~15mm	2.5%簧片厚
>15mm	1%簧片厚+0.15mm

汽车板弹簧的制造技术要求见 QCn 29035—1991。铁道车辆板弹簧技术条件见 TB 1024—1991。汽车钢板弹簧喷丸处理规程见 QC/T 274—1999。

6　板弹簧计算示例

已知板弹簧满载载荷 $F=20825$N，每端满载载荷 $q=10412.5$N，静挠度 $f_c=9.7$cm，伸直长度 $L=121$cm，骑马螺栓中心距 $S=6$cm，有效长度 $L_c=115$cm。设计计算板弹簧的其他参数。

6.1　簧片厚度、宽度及数目的计算

表 11-11-21

项　目			单位	公 式 及 数 据
弹簧簧片材料				选择 60Si2MnA
许用弯曲应力 σ_p			MPa	由表 11-11-7 选定　$\sigma_p=588$
挠度增大系数 δ				由表 11-11-12 选定　$\delta=1.3$
主片厚度 h			cm	$h=\dfrac{L_c^2\delta\sigma_p}{6Ef_c}=\dfrac{115^2\times1.3\times588}{6\times205800\times9.7}=0.84$　取 $h=0.9$
簧片宽度 b			cm	$6<b/h<12$　取 $b/h=11$ $b=11h=9.9$　取 $b=10$
总惯性矩 $\sum I_k$			cm^4	$\sum I_k=\dfrac{\delta FL_c^3}{48Ef_c}=\dfrac{1.3\times20825\times115^3}{48\times205800\times9.7}=4.30$
板弹簧由三组不同的簧片组成	第一组	簧片数目 n_1		1
		簧片厚度 h_1	cm	0.9
	第二组	簧片数目 n_2		5
		簧片厚度 h_2	cm	0.8
	第三组	簧片数目 n_3		7
		簧片厚度 h_3	cm	0.65
各簧片的惯性矩	第一组	I_1	cm^4	$I_1=\dfrac{n_1bh_1^3}{12}=\dfrac{1\times10\times0.9^3}{12}=0.608$
	第二组	I_2	cm^4	$I_2=\dfrac{n_2bh_2^3}{12}=\dfrac{5\times10\times0.8^3}{12}=2.133$
	第三组	I_3	cm^4	$I_3=\dfrac{n_3bh_3^3}{12}=\dfrac{7\times10\times0.65^3}{12}=1.602$
总惯性矩		$\sum I_k$	cm^4	$\sum I_k=I_1+I_2+I_3\approx4.34$

6.2 叶片长度的计算

表 11-11-22

片号 k	片厚 h_k /cm	I_k /cm^4	$0.5\frac{I_k}{I_{k-1}}$	$1+\frac{I_k}{I_{k-1}}+\left[\frac{w(L_k-L_{k+1})^3}{L_k^3}\right]$①	$\frac{0.5}{(L_k/L_{k+1})^3}$	⑥×$\left(3\times\frac{L_k}{L_{k+1}}-1\right)$	⑤—⑦	$3\times\frac{L_{k-1}}{L_k}-1=\frac{⑧}{④}$	$\frac{⑨+1}{3}=\frac{L_{k-1}}{L_k}$	⑩$^3=\left(\frac{L_{k-1}}{L_k}\right)^3$	$L_c=\frac{L_{k-1}}{⑩}$ /cm	$L'_{ck}=L_c+\frac{S}{2}$ /cm	实际长度之半 L_k /cm
①	②	③	④	⑤	⑥	⑦	⑧	⑨	⑩	⑪	⑫	⑬	⑭
1	0.9	0.6080									57.5	60.5	60.5
2	0.8	0.4266									57.5	60.5	60.5
3	0.8	0.4266									57.5	60.5	60.5
4	0.8	0.4266	0.5	2	0.5/1.545=0.324	0.324/2.468=0.800	1.200	2.400	1.133	1.454	57.5/1.133=50.75	53.75	55.5
5	0.8	0.4266	0.5	2	0.299	0.766	1.234	2.468	1.156	1.545	43.9	46.9	50.7
6	0.8	0.4266	0.5	2	0.266	0.719	1.281	2.562	1.187	1.672	37.0	40.0	45.9
7	0.65	0.2290	0.2684	1.5368	0.333	0.8112	0.7256	2.703	1.234	1.879	30.0	33.0	41.1
8	0.65	0.2290	0.5	2	0.312	0.782	1.218	2.436	1.145	1.501	26.2	29.2	36.3
9	0.65	0.2290	0.5	2	0.283	0.744	1.256	2.512	1.171	1.606	22.4	25.4	31.5
10	0.65	0.2290	0.5	2	0.244	0.686	1.314	2.628	1.200	1.767	18.5	21.5	26.7
11	0.65	0.2290	0.5	2	0.190	0.596	1.404	2.808	1.270	2.048	14.6	17.6	21.9
12	0.65	0.2290	0.5	2	0.5/4.632=0.108	0.108×4=0.432	1.568	3.136	1.380	2.628	10.6	13.6	17.1
13	0.65	0.2290	0.5	2	0	0	2	4	1.667	4.632	6.4	9.4	12.3

① 因非压延，故方括号不计算。

6.3 板弹簧的刚度

表 11-11-23

片号 k	实际长度 L_k/cm	$a_{k+1}=L_1-L_{k+1}$ /cm	$\sum I_k$ /cm^4	$Y_k=\frac{1}{\sum I_k}$ /cm^{-4}	Y_k-Y_{k+1} /cm^{-4}	a_{k+1}^3 /cm^3	$a_{k+1}^3(Y_k-Y_{k+1})$ /cm^{-1}
1	60.5	—	0.608	1.645	—	—	—
2	60.5	0	1.0346	0.9665	0.6785	0	0
3	60.5	0	1.4612	0.6844	0.2821	0	0
4	55.5	5	1.888	0.5297	0.1547	125	19.4
5	50.7	9.8	2.314	0.4322	0.0975	941	91.8
6	45.9	14.6	2.741	0.3648	0.0674	3112	210
7	41.1	19.4	2.970	0.3367	0.0281	7301	205
8	36.3	24.2	3.199	0.3126	0.0241	14172	341
9	31.5	29.0	3.428	0.2917	0.0209	24389	510
10	26.7	33.8	3.657	0.2734	0.0183	38614	707
11	21.9	38.6	3.886	0.2573	0.0161	57512	926
12	17.1	43.4	4.115	0.2430	0.0143	81746	1169
13	12.3	48.2	4.344	0.2302	0.0128	111980	1433
		60.5			0.2302	221445	50976
		57.5			0.2302	190109	43763

检验刚度 $F'=6aE/[\sum a_{k+1}^3(Y_k-Y_{k+1})]$

$$=\frac{6\times0.85\times20580000}{19.4+91.8+210+205+341+510+707+926+1169+1433+50976}=1855\text{N/cm}$$

装配刚度 $F'=6aE/[\sum a_{k+1}^3(Y_k-Y_{k+1})]$

$$=\frac{6\times0.85\times20580000}{19.4+91.8+210+205+341+510+707+926+1169+1433+43763}=2126\text{N/cm}$$

6.4 板弹簧总成在自由状态下的弧高及曲率半径

表 11-11-24

项　目	单位	公 式 及 数 据
板弹簧总成在自由状态下的弧高 H	cm	$H=H_0+f_c+\Delta$ 式中 $H_0=1.8$；$f_c=9.7$；$\Delta=0.06f_0$ 而 $f_0=\frac{L^2}{Ah}=\frac{121^2}{800\times0.9}=20.33$ 所以 $\Delta=0.06f_0=0.06\times20.33=1.22$ 故 $H=1.8+9.7+1.22=12.72$
板弹簧总成在自由状态下的曲率半径 R_0	cm	$R_0=\frac{L^2}{8H}=\frac{121^2}{8\times12.72}=143$

6.5 簧片预应力的确定

表 11-11-25

片号 k	1	2	3	4	5	6	7	8	9	10	11	12	13
预应力 σ_{0k} /MPa	-296.35	-222.26	-168.75	-107.02	-35.37	-29.59	85.85	136.42	184.24	210.99	232.55	232.55	232.55
片厚 h_k/mm	9	8	8	8	8	8	6.5	6.5	6.5	6.5	6.5	6.5	6.5
h_k^2	81	64	64	64	64	64	42.25	42.25	42.25	42.25	42.25	42.25	42.25
$\sigma_{0k}h_k^2$	-24004.4	-14224.6	-10800	-6849.3	-2263.7	1893.7	3627.2	5763.7	7784.1	8914.3	9825.2	9825.2	9825.2

$\sum\sigma_{0k}h_k^2=-24004.4-14224.6-10800-6849.3-2263.7+1893.7+3627.2+5763.7+7784.1+8914.3+3\times9825.2$
$=-683.4$

按规定$\sum\sigma_{0k}h_k^2=0$，相对误差$\frac{683.4}{57458.6}=1.12\%<5\%$，在允许范围内。

6.6 装配后板弹簧总成弧高及曲率半径的计算

表 11-11-26

片号 k	I_k /cm^4	$\sum I_k$ /cm^4	L_k /cm	L_k^2 /cm^2	L_k^3 /cm^3	R_k /cm	$H_k=\frac{L_k^2}{2R_k}=\frac{④}{2\times⑥}$ /cm	$H'_k=\frac{L_k^2}{2R_{1+(k-1)}}=\frac{④}{2\times⑭}$ /cm	$H_k-H'_k$ =⑦-⑧ /cm	$\frac{I_k}{\sum I_k}=\frac{①}{②}$	$Z_k=\frac{I_k(H_k-H'_k)}{\sum I_k}$ =⑩×⑨ /cm	$\frac{1}{2}\left(\frac{3L_1}{L_k}-1\right)$	$Z_{1-k}=Z_{1-(k-1)}+Z_k\frac{1}{2}\left(\frac{3L_1}{L_k}-1\right)$ /cm	$R_{1-k}=\frac{L_k^2}{2(H'_k+Z_k)}$ /cm
	①	②	③	④	⑤	⑥	⑦	⑧	⑨	⑩	⑪	⑫	⑬	⑭
1	0.608	0.608	60.5	3660	221445	260	7.04	7.04	0	1.000	0	1	7.04	260
2	0.427	1.035	60.5	3660	221445	230	7.96	7.04	0.92	0.412	0.379	1	7.42	246
3	0.427	1.462	60.5	3660	221445	200	9.15	7.45	1.70	0.292	0.496	1	7.92	231
4	0.427	1.889	55.5	3080	170954	174	8.85	6.67	2.18	0.226	0.493	1.13	8.48	215
5	0.427	2.316	50.7	2570	130324	151	8.51	5.98	2.53	0.184	0.466	1.29	9.08	199
6	0.427	2.743	45.9	2107	96703	135	7.80	5.29	2.51	0.155	0.389	1.48	9.66	185
7	0.229	2.972	41.1	1689	69427	120	7.03	4.56	2.47	0.077	0.190	1.71	9.98	178
8	0.229	3.201	36.3	1318	47832	110	5.99	3.70	2.29	0.072	0.165	2.00	10.31	170
9	0.229	3.430	31.5	992	31256	102	4.86	2.92	1.94	0.067	0.130	2.38	10.62	163
10	0.229	3.659	26.7	713	19034	98	3.64	2.19	1.45	0.063	0.091	2.90	10.88	156
11	0.229	3.888	21.9	480	10503	95	2.53	1.54	0.99	0.059	0.058	3.64	11.09	150
12	0.229	4.117	17.1	292	5000	95	1.54	0.97	0.57	0.056	0.032	4.81	11.24	145
13	0.229	4.346	12.3	151	1861	95	0.80	0.52	0.28	0.053	0.015	6.88	11.34	141

6.7 板弹簧各簧片应力的计算

表 11-11-27

片号 k	簧片惯性矩 I_k/cm^4	簧片断面模数 W_k/cm^3	簧片预应力 $\sigma_{0k}/\mathrm{N\cdot cm^{-2}}$	分配到各簧片上的弯矩 $T_{kc}/\mathrm{N\cdot cm}$	T_c 引起的各簧片上的应力 $\sigma_{kc}/\mathrm{N\cdot cm^{-2}}$	各簧片实际应力 $\sigma_k/\mathrm{N\cdot cm^{-2}}$
1	0.608	1.35	-29635.2	83800	62171	32536
2	0.4226	1.067	-22226.4	58800	55105	32879
3	0.4226	1.067	-16876	58800	55105	38230
4	0.4226	1.067	-10702	58800	55105	44404
5	0.4226	1.067	-3537.8	58800	55105	51568
6	0.4226	1.067	2959.6	58800	55105	58165
7	0.229	0.704	8584.8	31556	44826	53410
8	0.229	0.704	13641	31556	44826	58467
9	0.229	0.704	18424	31556	44826	63249
10	0.229	0.704	21099	31556	44826	65925
11	0.229	0.704	23255	31556	44826	68081
12	0.229	0.704	23255	31556	44826	68081
13	0.229	0.704	23255	31556	44826	68081

注：1. 各簧片实际应力均小于 $\sigma_b\times60\%=156800\times0.6=94080\mathrm{N/cm^2}$，故安全。

2. 簧片实际应力 $\sigma_k=\sigma_{0k}+\sigma_{kc}$。式中，$\sigma_{kc}=M_{kc}/W_k$；$M_{kc}=M_cI_k/\sum I_k$，而 $M_c=qL_c=10412.5\times57.5=598718.75\mathrm{N\cdot cm}$；$\sum I_k=4.35\mathrm{cm^4}$。

6.8 板弹簧工作图

表 11-11-28　　各簧片的数据　　mm

片号 k	片厚 h_k	长度 (±0.3)	卷耳中心(或一端)至中心螺栓距离	热处理后	
				弧高 H_k	曲率半径 R_k
1	9	1330	605	70.3	2600
2	8	1315	609	79.6	2300
3	8	1330	620	91.5	2000
4	8	1110	555	88.5	1740
5	8	1014	507	85	1510
6	8	918	459	78	1350
7	6.5	822	411	70.3	1200
8	6.5	726	363	59.9	1100
9	6.5	630	315	48.6	1020
10	6.5	534	267	36.4	980
11	6.5	438	219	25.2	950
12	6.5	342	171	15.3	950
13	6.5	246	123	8.0	950

总成预压测量	
预压次数	预压载荷
三次	30380N

F　Z　605　605

预压后测量		
载荷 P	弧高 Z	变形量
0	113.4±8	0
0	63.4±5	50

注：第 1、2 两片的尺寸长度为卷耳中心至末端尺寸。

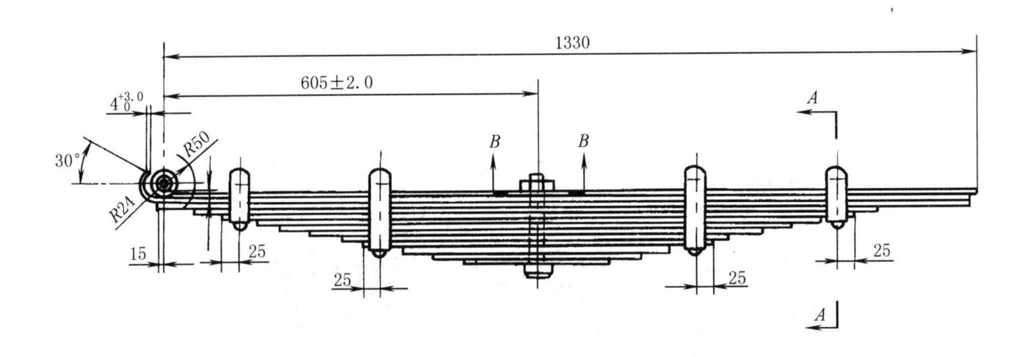

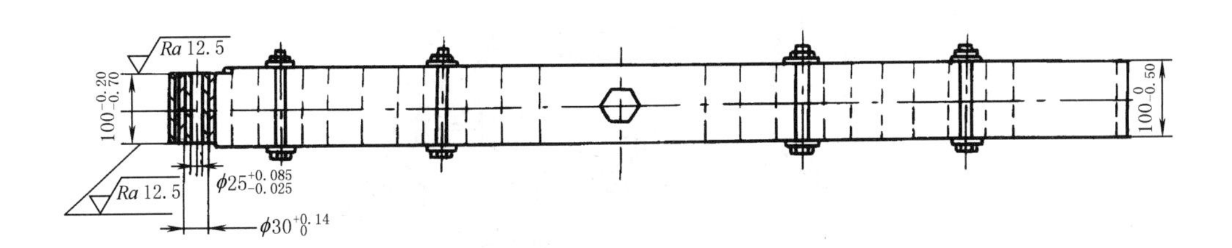

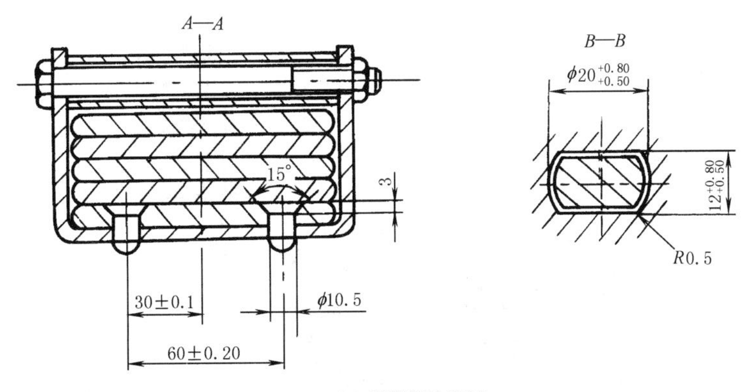

(a) 板弹簧结构图

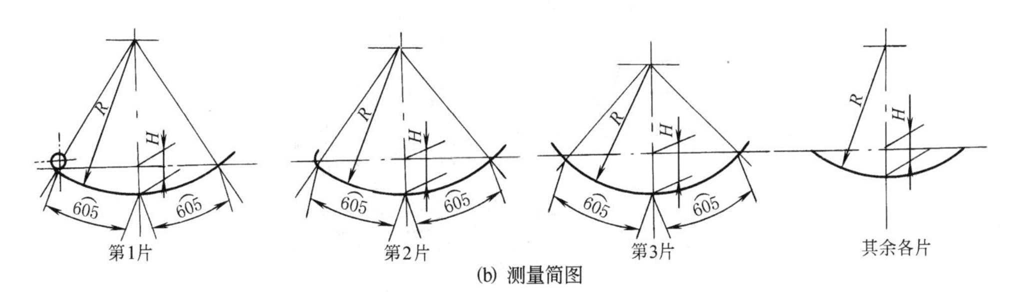

(b) 测量简图

图 11-11-6　板弹簧工作图

7　板弹簧应用实例

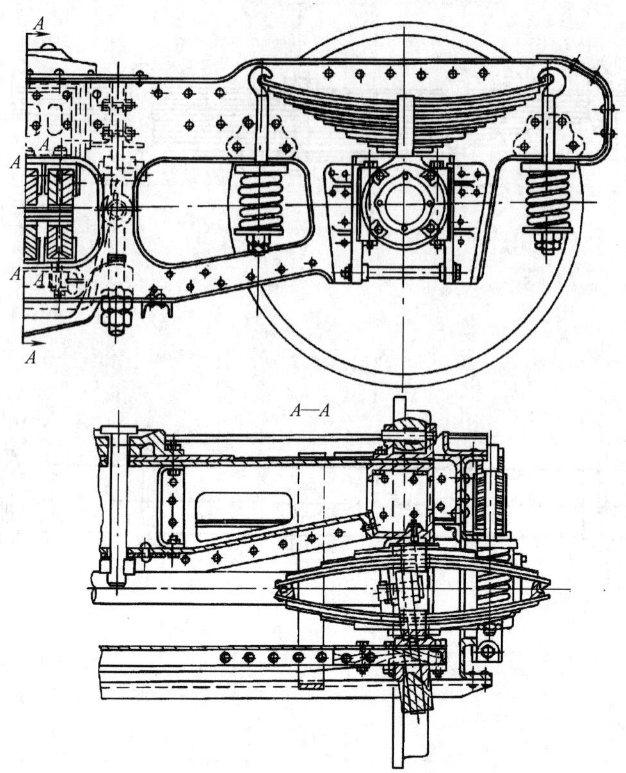

图 11-11-7　电力车辆所用的三处悬置的双轴车架

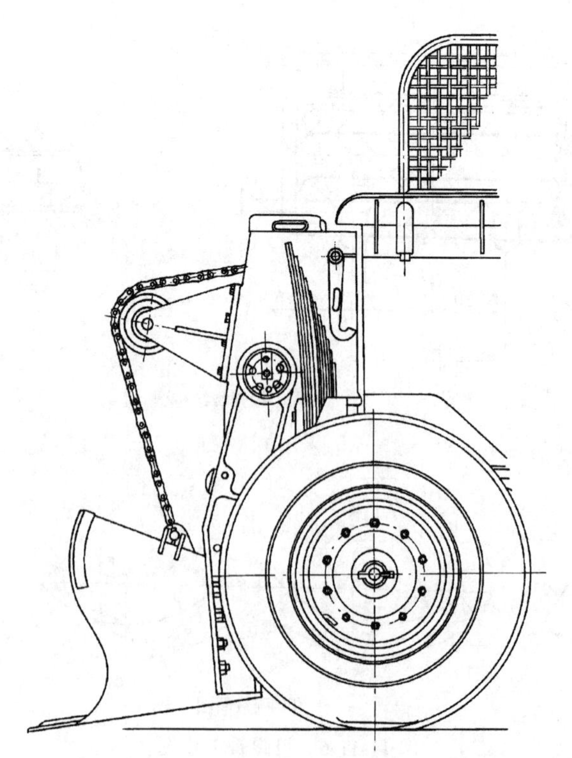

图 11-11-8　矿运机铲斗提升缓冲板弹簧

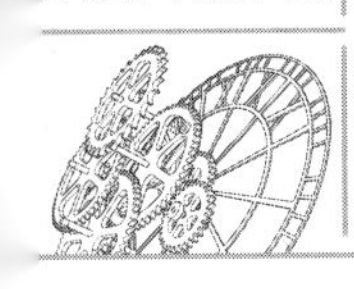

第 12 章 发条弹簧（接触式涡卷弹簧）

1 发条弹簧的类型、结构及应用

发条弹簧是用带料绕成平面涡卷形、簧圈彼此接触的涡卷弹簧。发条弹簧可以在垂直于轴的平面内形成转动力矩，借以储存能量。

当外界对发条弹簧做功（即外力矩上紧发条）后，这部分的功就转换为发条的弹性变形能。当发条工作时，发条的变形能又逐渐释放，驱动机构运转而做功。

发条弹簧在自由状态时占有相当大的体积，常常是它在轴上完全上紧时所占体积的 10 倍甚至更大些。所以在使用发条时，通常将它装在发条盒内，使带有发条弹簧的仪器仪表结构能够获得小的外形尺寸。此外，利用发条盒还可以使发条弹簧具有比较完善的外端固定方法，以改善其工作状况，同时还便于保存润滑油。

发条弹簧工作可靠，维护简单，防潮，防爆，广泛应用于计时仪器和时控装置中，如钟表、记录仪器、家用电器等，也广泛应用于机动玩具中作为动力源。发条弹簧的类型及结构与应用见表 11-11-1 所示。

表 11-12-1　　发条弹簧的类型及结构与应用

形式及简图		应　用
类型	螺旋形	机械设备中用的发条弹簧,作为动力源
	S 形	钟表中应用的发条弹簧,作为动力源
外端固定结构	铰式固定	铰式固定。由于圈间摩擦较大,输出力矩降低很多,并且力矩曲线很不平稳,因而在精密和特别重要的机构中不宜采用这种固定方法
	销式固定	销式固定介于刚性固定和铰式固定之间。圈间摩擦仍很大,但比铰式固定低一些。常用于尺寸较大的发条弹簧

续表

	形式及简图	应　用
外端固定结构	V 形固定 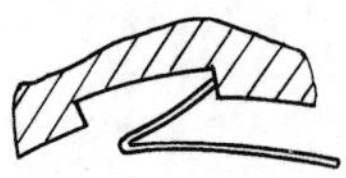	V 形固定能使外端有一定的近似径向移动，圈间摩擦较前两种小。此外，结构较简单，通用于尺寸较小的发条弹簧，其缺点是弯曲处很容易断裂
	衬片固定 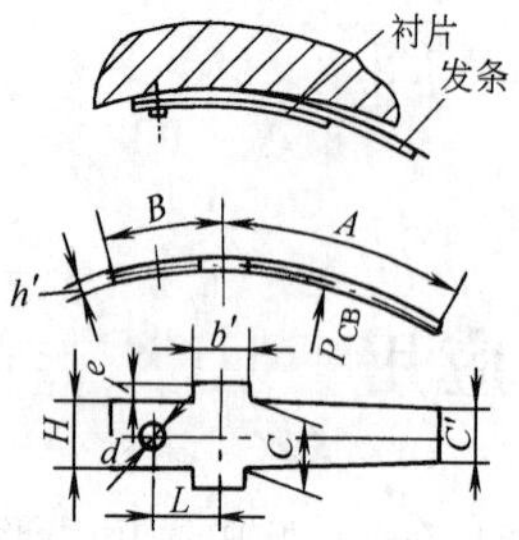 $A=(0.25\sim0.40)\pi R$ $B=(0.5\sim0.6)A$ $h'=h, b'=(6\sim8)h'$，h 为发条厚度 $L=(0.5\sim0.6)B$ $C=H=(0.93\sim0.97)b$ b 为发条弹簧的宽度，图中未标出 $C'=(0.65\sim0.75)b$ $e=(6\sim8)h, d=0.3H$	弹性衬片和发条的外端用铆钉铆在一起，而衬片两侧的两个凸耳分别入条盒底和盖的长方孔中。当上紧发条弹簧时，衬片端部将逐步产生径向移动，并且凸耳和方孔固定又能产生相当大的支承力矩，故可使发条弹簧各圈同心分布。这样将使圈间压力大为降低，从而减小了圈间摩擦。采用这种固定方法时输出力矩降低很小，力矩曲线也很平稳，因而是比较合理的一种固定方法
内端固定结构	V 形槽固定 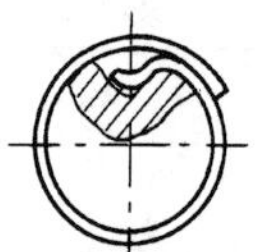	这种固定结构可用于大型原动机中，用于大心轴直径的发条弹簧
	弯钩固定 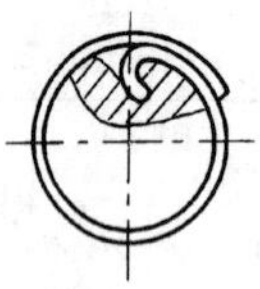	适用于材料较厚的发条弹簧
	齿式固定 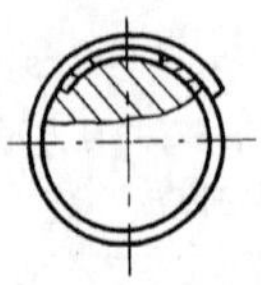	将心轴表面制成螺旋线形状，用弯钩将弹簧端部加以固定。适用于重要和精密机构中的发条弹簧
	销式固定 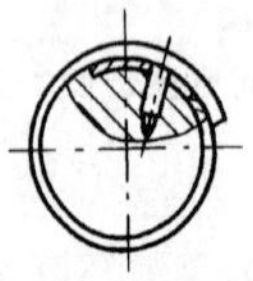	结构简单，适用于不太重要机构中的发条弹簧。销子端将使发条弹簧材料产生较大应力集中

2 螺旋形发条弹簧

2.1 发条弹簧的工作特性

置于发条盒内的发条弹簧，其工作特性如图 11-12-1 所示。A 点相当于绕制前的状态。B 点相当于绕制后的自由状态，其圈数用 n_z 表示。当发条处于自由状态时，其力矩为零。C 点相当于发条弹簧放入发条盒后完全放松的状态，此时发条各圈压到盒壁上。发条弹簧放入发条盒并完全放松时的圈数用 n_s 表示。在这种状态时，发条材料中虽然具有一定的应力，但由于受到条盒的限制，不可能继续放开，因而其实际能发出的力矩等于零。

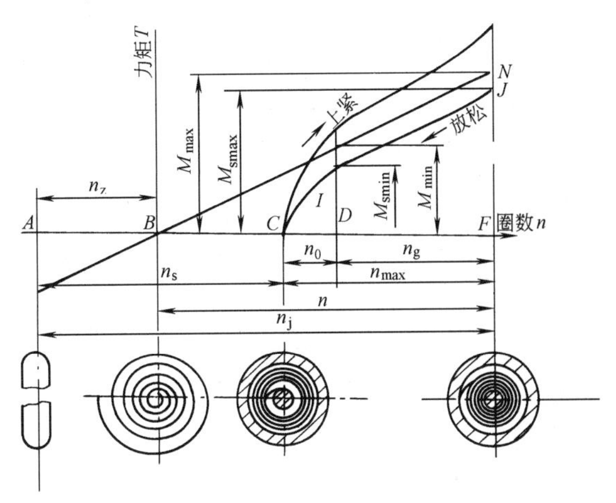

图 11-12-1 带盒发条的工作特性

由放松状态把发条逐渐上紧时，压到条盒内壁的各圈上的各圈发条将逐渐离开内壁并彼此分开而分布在条盒内。D 点相当于发条各圈已分布在条盒内，但最外一圈尚未离开条盒壁的时刻。这时，发条弹簧各圈处于同心状态。继续上紧到最外一圈也离开条盒后，发条弹簧各圈或者保持同心，或者变成彼此不同心，这主要依发条弹簧外端的固定方法而定。发条弹簧各圈的不同心分布，会使其发生圈间摩擦。F 点相当于发条弹簧完全上紧的时刻，这时发条弹簧紧绕在条轴上。

曲线 CIJ 表示发条弹簧输出力矩与发条弹簧圈数（发条盒转数）的关系。它说明驱动仪表机构运转的输出力矩及其变化情况。曲线 CI 段（其转数用 n_0 表示）力矩变化大，不能利用，其数值与发条的长度和厚度有关。直线 BN 是发条弹簧的理论力矩曲线。理论力矩曲线与横坐标所包围的面积表示储存在发条内的能量，输出力矩曲线与坐标所包围的面积 $CIJF$ 表示发条输出的能量。

面积 BNF 与面积 $CIJF$ 之间的差值，说明条盒发条虽然减小了发条占有的空间，但是发条储存的部分能量却受到条盒的限制而不能输出。输出力矩曲线和理论力矩曲线间距离（即力矩差）的大小主要决定于发条外端的固定方式。

2.2 螺旋形发条弹簧的计算公式

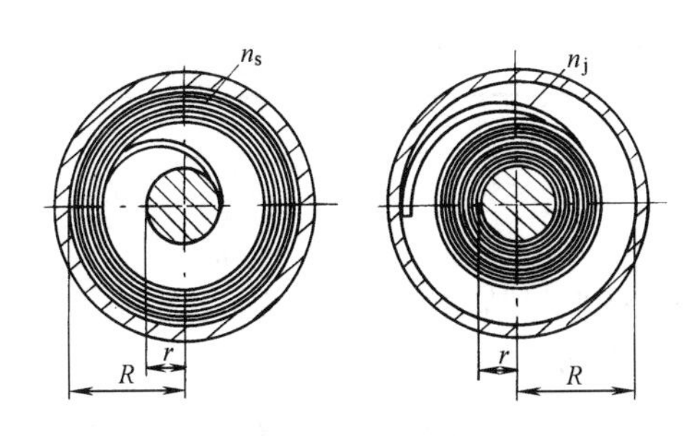

表 11-12-2

项　　目	单　位	公　式　及　数　据
发条弹簧最大理论力矩 T_{max}	N · mm	$T_{max}=0.9\times R_m\times Z_p$ 式中　$Z_p=\dfrac{bh^2}{4}$——塑性截面系数，mm^3； b、h——发条带宽度与厚度，mm； R_m——发条材料抗拉强度（见表 11-12-6）

续表

项　目	单 位	公 式 及 数 据
发条弹簧最大输出力矩 $T_{s\max}$	N · mm	$T_{s\max}=KT_{\max}$ $=K\times0.9\times R_m\times Z_p$ $=K\times0.9\times R_m\times\frac{bh^2}{4}$ 式中　K——修正系数,见表 11-12-7
发条弹簧最小输出力矩 $T_{s\min}$	N · mm	一般取　$\frac{T_{s\max}}{T_{s\min}}=1.4\sim2$ 故　$T_{s\min}=(0.5\sim0.71)T_{s\max}$
发条弹簧厚度 h	mm	$h=\sqrt{\frac{T_{\max}}{0.225\times R_m b}}$
发条弹簧轴半径 r	mm	$r=mh$　式中　m—强度系数,一般取 $m=15\sim16$
发条弹簧带的工作长度 L_g	mm	$L_g=\frac{n_g EhT_{s\max}}{0.43R_m(T_{s\max}-T_{s\min})}$ 一般对 $T_7\sim T_{12}$ 取 $E=205800$MPa,对其他弹簧钢材料,参见表 11-2-3
条盒内半径 R	mm	$R=\sqrt{\frac{2L_g h}{\pi}+r^2}$
发条弹簧内端退火部分长度 L_n	mm	$L_n=3\pi r$
发条弹簧外端退火部分长度 L_w	mm	$L_w=1.5\pi r$
发条弹簧带总长度 L	mm	$L=L_g+L_n+L_w$
发条弹簧最大圈数 $n_{\max}$	圈	$n_{\max}=\frac{\sqrt{2(R^2+r^2)}-(R+r)}{h}$
发条弹簧空圈数 n_0	圈	$n_0=n_{\max}-n_g$　一般取 $n_0=1\sim3.5$ 圈
发条弹簧的工作圈数 n_g	圈	$n_g=n_{\max}-n_0$ $=\frac{\sqrt{2(R^2+r^2)}-(R+r)}{h}-n_0$
发条上紧时的圈数 n_j	圈	$n_j=\frac{1}{2h}\left(\sqrt{d^2+\frac{4}{\pi}hL_g}-d\right)$ 式中　d——条轴直径,mm
发条弹簧从自由状态至上紧时圈数 n	圈	$n=0.43\frac{R_m L_g}{Eh}$
发条弹簧自由状态时的圈数 n_z	圈	$n_z=n_j-n$ $=\frac{1}{2h}\left(\sqrt{d^2+\frac{4}{\pi}hL_g}-d\right)-0.43\frac{R_m L_g}{Eh}$
发条弹簧放松时的圈数 n_s	圈	$n_s=\frac{1}{2h}\left(D-\sqrt{D^2-\frac{4}{\pi}L_g h}\right)$ 式中　D——条盒内直径,mm

2.3　发条弹簧材料

1） 发条弹簧一般采用表 11-12-3 所列材料制造。

2） 材料的厚度尺寸系列见表 11-12-4。

表 11-12-3　　**发条弹簧的材料**

材 料 名 称	牌　号
弹簧钢、工具钢冷轧钢带	65Mn、T7A、T8A、T9A、T10A、T12A、T13A、Cr06、50CrVA、65Si2MnWA、60Si2Mn、60Si2MnA、70Si2CrA
热处理弹簧钢带	65Mn、T7A、T8A、T9A、T10A、60Si2MnA、70Si2CrA
汽车车身附件用异形钢丝	65Mn、50CrVA、1Cr18Ni9
弹簧用不锈钢冷轧钢带	1Cr17Ni7、0Cr19Ni9、3Cr13、0Cr17NiAl

表 11-12-4　　　　厚度尺寸系列　　　　mm

0.5	0.55	0.60	0.70	0.80	0.90	1.00	1.10	1.20	1.40	1.50	1.60	1.80	2.0	2.2	2.5	2.8	3.0	3.2	3.5	3.8	4.0

3）材料的宽度尺寸系列见表 11-12-5。

表 11-12-5　　　　宽度尺寸系列　　　　mm

5	5.5	6	7	8	9	10	12	14	16	18	20	22	25	28	30	32	35	40	45	50	60	70	80

4）热处理弹簧钢带的硬度和强度见表 11-12-6。

表 11-12-6　　　　热处理弹簧钢带材料的硬度和强度

钢带的强度级别	硬度		抗拉强度 R_m/MPa
	HV	HRC	
Ⅰ	375～485	40～48	1275～1600
Ⅱ	486～600	48～55	1579～1863
Ⅲ	>600	>55	>1863

注：1. Ⅱ级钢带厚度不大于 1.0mm。

2. Ⅲ级钢带厚度不大于 0.8mm。

其他发条弹簧的材料硬度和强度可以按照需要另行确定。

2.4　发条弹簧设计参数的选取

（1）修正系数 K

当发条弹簧的表面粗糙度和润滑情况一定时，输出力矩与理论力矩的差值主要决定于发条弹簧的外端固定形式，其修正系数 K 值见表 11-12-7。

表 11-12-7　　　　修正系数 K 值

固定形式	K 值	固定形式	K 值
铰式固定	0.65～0.70	V 形固定	0.80～0.85
销式固定	0.72～0.78	衬片固定	0.90～0.95

（2）发条弹簧宽度 b

由于设计带盒发条时，需要确定的几何尺寸数目常常超过已知关系式数目，因此，在设计时往往需选定一些尺寸和参数。通常在满足力矩要求的条件下，按照机构的轴向尺寸尽可能选择较大的发条弹簧宽度 b，而减少发条弹簧厚度 h。这样，一方面可缩小径向尺寸，另一方面，发条弹簧的力矩变化也比较小。

（3）发条弹簧强度系数 m

m 值选小一些，可以使条轴直径减小，在条盒外廓尺寸一定的条件下，可以有更多的空间容纳发条，以增加发条所能储存的能量。但是 m 值过小，则会因发条内圈卷绕曲率半径小而使应变增大，并且在内端有较大的应力集中而造成发条损坏。m 值过大，使得条轴直径增大，从而引起发条的变形圈数减少而使输出力矩减少。一般推荐 $m=15～16$。

（4）输出力矩 T_s

发条弹簧应具有足够的输出力矩 T_s，输出力矩小，将不能带动机构工作。

发条弹簧在全部上紧时，输出力矩达到最大，在工作过程中，发条弹簧逐渐放松，输出力矩也逐渐减小。力矩的变化将使机构工作轴的转数产生变化。因此，输出力矩 T_s 的变化应尽可能小，一般推荐：

$$\frac{T_{s\,max}}{T_{s\,min}}=1.4\sim2$$

2.5　螺旋形发条弹簧计算示例

设计一储能用螺旋形发条弹簧，要求最小输出力矩 $T_{s\,min}=840\text{N}\cdot\text{mm}$，最大输出力矩 $T_{s\,max}=1680\text{N}\cdot\text{mm}$，工作圈数 $n_g=8$ 圈。材料为Ⅱ级热处理弹簧钢带，其硬度不小于 48～55HRC，外端为 V 形固定。

第11篇

表 12-12-8

项　目	单　位	公式及数据
最大理论力矩 T_{max}	N·mm	$T_{max}=\frac{T_{s\,max}}{K}=\frac{1680}{0.8}=2100$
发条弹簧厚度 h	mm	取发条宽度 $b=14$mm 查表 11-12-6，$R_m=1863$MPa $h=\sqrt{\frac{T_{max}}{0.225bR_m}}=\sqrt{\frac{2100}{0.225\times14\times1863}}=0.6$
发条弹簧轴半径 r	mm	取　$m=15$　$r=mh=15\times0.6=9$
发条弹簧带的工作长度 L_g	mm	$L_g=\frac{n_gEhT_{s\,max}}{0.43R_m(T_{s\,max}-T_{s\,min})}$ $=\frac{8\times205800\times0.6\times1680}{0.43\times1863\times(1680-840)}=2466$
发条弹簧内端退火部分长度 L_n	mm	$L_n=3\pi r=3\times3.14\times9=85$
发条弹簧外端退火部分长度 L_w	mm	$L_w=1.5\pi r=1.5\times3.14\times9=42.5$
发条弹簧带总长度 L	mm	$L=L_g+L_n+L_w=2466+85+42.5\approx2594$
条盒内半径 R	mm	$R=\sqrt{\frac{2L_gh}{\pi}+r^2}=\sqrt{\frac{2\times2466\times0.6}{3.14}+9^2}=31.99\approx32$
发条弹簧最大圈数 n_{max}	圈	$n_{max}=\frac{\sqrt{2(R^2+r^2)}-(R+r)}{h}=\frac{\sqrt{2(32^2+9^2)}-(32+9)}{0.6}=10$
发条弹簧上紧时的圈数 n_j	圈	$n_j=\frac{1}{2h}\left(\sqrt{d^2+\frac{4}{\pi}L_gh}-d\right)$ $=\frac{1}{2\times0.6}\left(\sqrt{18^2+\frac{4}{3.14}\times2466\times0.6}-18\right)=24.2$
发条弹簧从自由状态至上紧时的圈数 n	圈	$n=0.43\frac{R_mL_g}{Eh}=0.43\times\frac{1863\times2466}{205800\times0.6}=16$
发条弹簧自由状态时的圈数 n_z	圈	$n_z=\frac{1}{2h}\left(\sqrt{d^2+\frac{4}{\pi}hL_g}-d\right)-0.43\frac{R_mL_g}{Eh}$ $=24.2-16=8.2$
发条弹簧放松时的圈数 n_s	圈	$n_s=\frac{1}{2h}\left(D-\sqrt{D^2-\frac{4}{\pi}L_gh}\right)$ $=\frac{1}{2\times0.6}\left(2\times32-\sqrt{64^2-\frac{4}{3.14}\times2466\times0.6}\right)=17$

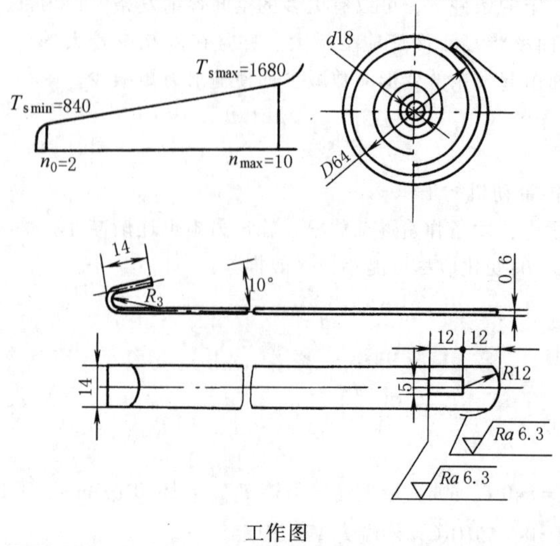

工作图

技术要求

1. 材料为Ⅱ级强度热处理钢带，48~55HRC
2. 弹簧自由状态时圈数 $n_z=8.2$ 圈
3. 弹簧的工作圈数 $n_g=8$ 圈
4. 弹簧带总长度 $L=2594$mm
5. 表面处理：氧化后涂防锈油

.6 带盒螺旋形发条弹簧典型结构及应用实例

表 11-12-9　　典型结构及应用实例

发条盒转动	发条轴转动
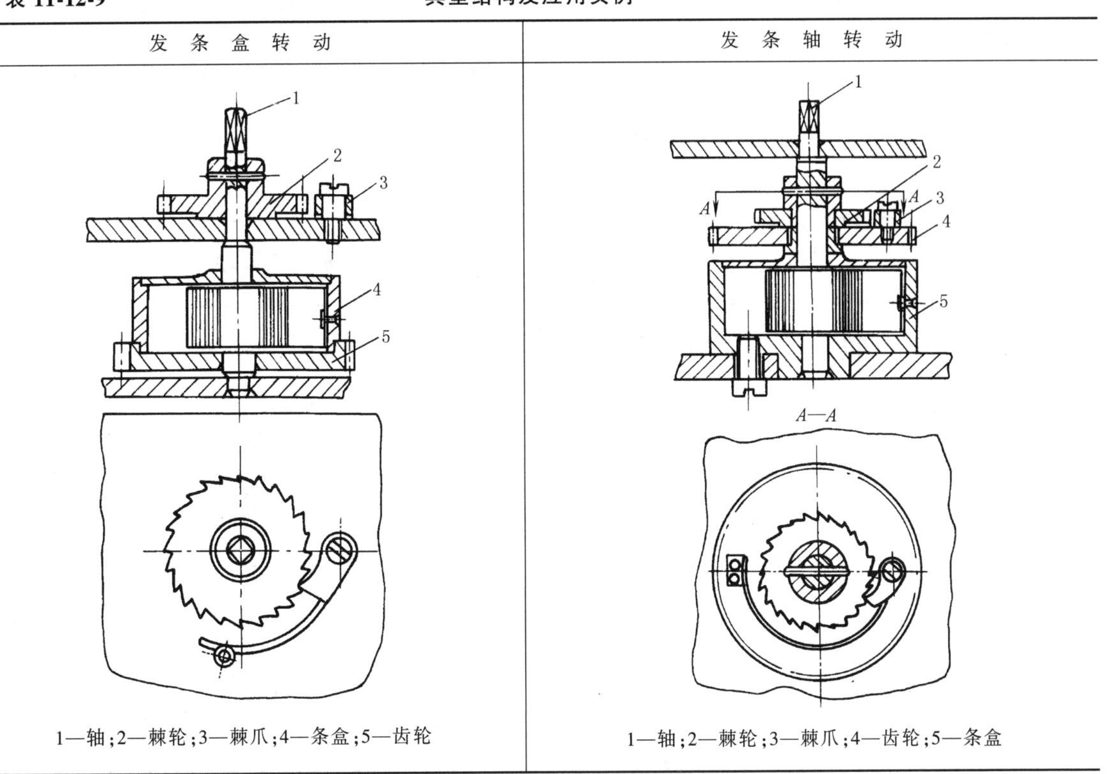	
1—轴;2—棘轮;3—棘爪;4—条盒;5—齿轮	1—轴;2—棘轮;3—棘爪;4—齿轮;5—条盒

3 S形发条弹簧

为了准确而方便地计算发条的力矩，下面推荐一种工程计算法。这种方法计算简便，通用性广，适用于钟表工业的S形发条弹簧及螺旋形发条弹簧的设计计算。

3.1 S形发条弹簧计算公式

表 11-12-10

项　目	单　位	公式及数据
最大理论力矩 T_{max}	N·mm	$T_{max}=\frac{bh^2}{6}\sigma_p$ 式中　b——发条的宽度,mm h——发条的厚度,mm σ_p——材料的比例极限,MPa
最大输出力矩 $T_{s\,max}$	N·mm	$T_{s\,max}=\frac{bh^2}{6}K\sigma_p$ 式中,$K\sigma_p$ 值是直接用发条做试验测出的数据,通常称为 $K\sigma_p$ 试验数据。用 $K\sigma_p$ 值计算发条,可以提高精确度,见表 11-12-11

续表

项　　目	单　位	公 式 及 数 据
最小输出力矩 $T_{s\,min}$	N・mm	$T_{s\,min}=(0.5\sim0.71)T_{s\,max}$
力矩变动率 B		$B=\frac{\pi n_g h}{L_g}\times\frac{E}{\sigma_p}$ 根据实验,硅锰弹簧钢的 E/σ_p 值在 90~110 之间
发条厚度 h	mm	$h=\sqrt{\frac{6T_{s\,max}}{bK\sigma_p}}$
发条弹簧轴半径 r	mm	$r=mh$　　一般取　$m=15\sim16$
条盒内半径 R	mm	$R=\sqrt{\frac{2L_g h}{\pi}+r^2}$
发条工作长度 L_g	mm	$L_g=\frac{\pi}{2h}(R^2-r^2)$
发条弹簧内端退火部分长度 L_n	mm	$L_n=2.5\pi r$
发条弹簧外端退火部分长度 L_w	mm	$L_w=0.5L_n$
发条弹簧总长度 L	mm	$L=L_g+L_n+L_w$
发条最大圈数 n_{max}	圈	标准带盒发条 $n_{max}=\frac{\sqrt{2(R^2+r^2)}-(R+r)}{h}$ 非标准带盒发条 $n_{max}=\frac{1}{h}\left(\sqrt{\frac{h}{\pi}L_g+r^2}+\sqrt{R^2-\frac{h}{\pi}L_g}-R-r\right)$
实际工作圈数 n_g	圈	$n_g=0.9n_{max}$

表 11-12-11　　　　$K\sigma_p$ 的试验数据

材　料　及　规　格	外端固定方法	$K\sigma_p$/MPa
19-9Mo($h=0.1\sim0.25$mm)	V 形固定	2800
硅锰弹簧钢($h=0.25\sim0.4$mm)	铰式固定	2200
硅锰弹簧钢($h=0.4\sim0.8$mm)	销式固定	1800

3.2　S 形发条弹簧计算示例

设计手表用 S 形发条。已知 $R=5.28$mm，要求其工作圈数 $n_g>7$ 圈，最大输出力矩 $T_{s\,max}=8.82$N・mm，材料为 19-9Mo，放松 4 圈后力矩变动率 $B\leqslant0.2$。

表 11-12-12

项　　目	单　位	公 式 及 数 据
发条厚度 h	mm	外端选用 V 形固定,由表 11-12-11 查得 $K\sigma_p=2800$MPa,选用 $b=1.3$mm $h=\sqrt{\frac{6T_{s\,max}}{bK\sigma_p}}=\sqrt{\frac{6\times8.82}{1.3\times2800}}=0.1205$　　取 $h=0.12$ 从表 11-12-11 可以看出,h 在选用 $K\sigma_p$ 的厚度范围内,故 $K\sigma_p$ 选用合适

续表

项　目	单　位	公 式 及 数 据
发条轴半径 r	mm	$r=mh$，选 $m=11.5$ $r=mh=11.5\times0.12=1.38\approx1.4$
发条最大圈数 n_{max}	圈	采用标准带盒发条，其最大工作转数 n_{max} $n_{max}=\dfrac{\sqrt{2(R^2+r^2)}-(R+r)}{h}$ $=\dfrac{\sqrt{2(5.28^2+1.4^2)}-(5.28+1.4)}{0.12}=8.5$
实际工作圈数 n_g	圈	$n_g=0.9\times n_{max}=0.9\times8.5=7.65>7$
发条工作长度 L_g	mm	$L_g=\dfrac{\pi}{2h}(R^2-r^2)=\dfrac{3.14}{2\times0.12}\times(5.28^2-1.4^2)=333$
力矩变动率校验 B		$B=\dfrac{\pi n_g h}{L_g}\times\dfrac{E}{\sigma_p}=\dfrac{3.14\times7.65\times0.12}{333}\times24.76=0.213>0.2$ 其值略大于要求值，可将 L_g 略加大解决，以 $B=0.2$ 代入，求得 $L_g=355$
根据修正后的 L_g 校验工作圈数 n_g	圈	此时已是非标准带盒发条 $n_{max}=\dfrac{1}{h}\left(\sqrt{\dfrac{h}{\pi}L_g+r^2}+\sqrt{R^2-\dfrac{h}{\pi}L_g}-R-r\right)=8.44$ 实际工作圈数 $n_g=0.9\times n_{max}$ $=0.9\times8.44$ $=7.6>7$
发条弹簧内端退火部分长度 L_n 发条弹簧外端退火部分长度 L_w	mm	$L_n=2.5\pi r=2.5\times3.14\times1.4\approx11$ $L_w=0.5L_n=0.5\times11=5.5$
发条总长度 L	mm	$L=L_g+L_n+L_w=355+11+5.5\approx372$

CHAPTER 13

第13章 游丝弹簧

1 游丝弹簧的类型及用途

游丝弹簧是用于仪表上精密的非接触式涡卷弹簧，是利用青铜合金或不锈钢等金属带材卷绕成阿基米德螺旋线形状，用来承受转矩后产生弹性恢复力矩的一种弹性元件。其类型如图11-13-1所示。

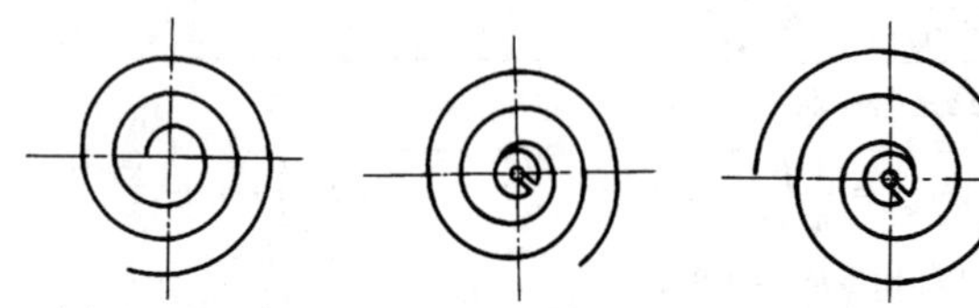

(a) 不带座游丝弹簧 (b) 带座正型游丝弹簧 (c) 带座反型游丝弹簧

图11-13-1 游丝弹簧的类型

游丝弹簧按其用途可分为以下两种。

1）测量游丝弹簧 电工测量仪表中产生反作用力矩的游丝弹簧和钟表机构中产生振荡系统恢复力矩的游丝弹簧，都属于这一类。这一类游丝弹簧是测量链的组成部分，因此，在实现给定的特性方面有较高的要求。

2）接触游丝弹簧 百分表、压力表中的游丝弹簧属于这一类。接触游丝弹簧利用产生的力矩，使传动机构中各零件相互接触。所以这一类游丝弹簧对其特性的要求不严。

一般地讲，游丝弹簧应能满足下面几项要求：

① 应能实现给定的弹性特性；

② 滞后和后效现象应较小；

③ 特性应不随温度变化而改变；

④ 具有好的防磁性能和抗蚀性；

⑤ 游丝弹簧的重心应位于几何中心上；

⑥ 游丝弹簧的圈间螺距应相等，在工作过程中没有碰圈现象；

⑦ 若兼作导电元件时，则游丝弹簧材料应有较小的电阻系数。

2 游丝弹簧的材料

制造游丝弹簧最常用的材料是锡锌青铜（QSn4-3）和恒弹性合金（Ni42CrTiAlMoCu）。锡锌青铜有良好的加工性，较高的导电性，而且熔炼容易，成本低，因此成为电工仪表和机械仪表中游丝弹簧的主要材料。在钟表机构中，考虑到减小环境温度对特性的影响，所以采用恒弹性合金作为制造游丝弹簧的材料。铍青铜（QBe2）具有较高的强度，用铍青铜制造的游丝弹簧，可以在实现给定刚度的条件下减轻其重量，使游丝弹簧在振动条件下具有较好的振动稳定性。游丝弹簧材料及性能如表11-13-1所示。

表11-13-1 游丝弹簧材料及性能

材料	弹性模量 E/MPa	抗拉强度 R_m/MPa	线胀系数 α/℃$^{-1}$	弹性模量温度系数 γ_E/℃$^{-1}$	伸长率 A/%
QSn4-3	98000	784	-4.8×10^{-4}	15.5×10^{-6}	
QBe2	133500	1323	-3.1×10^{-4}	15.4×10^{-6}	30~35

续表

材　　料	弹性模量 E/MPa	抗拉强度 R_m/MPa	线胀系数 α/℃$^{-1}$	弹性模量温度系数 γ_E/℃$^{-1}$	伸长率 A/%
1Cr18Ni9Ti	198900	539	-3.5×10^{-4}	16.1×10^{-6}	
3J58	186200	1372	$\leqslant\pm5\times10^{-6}$	$\leqslant8\times10^{-6}$	
Ni42CrTiAlMoCu	202000	1372	0.6×10^{-6}	$\leqslant7\times10^{-6}$	

3　游丝弹簧的计算公式

表 11-13-2

<table>
<tr><th>项　　目</th><th>单　位</th><th>公　式　及　数　据</th><th>备　　注</th></tr>
<tr><td>扭矩 T</td><td>N·mm</td><td>$T=\dfrac{E\left(\dfrac{b}{h}\right)h^4}{12L}\varphi$
$T_{90^\circ}=\dfrac{\pi Ebh^3}{24L}$</td><td>$T_{90^\circ}$——$\varphi=90^\circ$时的扭矩,N·mm
φ——在扭矩 T 作用下游丝末端角位移,rad</td></tr>
<tr><td>最大弯曲应力 σ_w</td><td>MPa</td><td>$\sigma_w=\dfrac{6M}{bh^2}\leqslant\sigma_p$</td><td rowspan="5">$D_1$——游丝弹簧外径,mm
D_2——游丝弹簧内径,mm
σ_p——许用弯曲应力,MPa
$\sigma_p=\dfrac{R_m}{S_\sigma}$
式中　R_m——抗拉强度,MPa
S_σ——安全系数,其值如下表:<table><tr><th>载荷性质</th><th>S_σ</th></tr><tr><td>静 载 荷</td><td>2~2.5</td></tr><tr><td>变 载 荷</td><td>3~4</td></tr></table></td></tr>
<tr><td>游丝弹簧长度 L</td><td>mm</td><td>$L=\dfrac{\pi(D_1^2-D_2^2)}{4t}$
$L=\dfrac{(D_1+D_2)}{2}n\pi$</td></tr>
<tr><td>游丝弹簧厚度 h</td><td>mm</td><td>$h=\sqrt[4]{\dfrac{12LM}{\left(\dfrac{b}{h}\right)E\varphi}}$</td></tr>
<tr><td>游丝弹簧宽度 b</td><td>mm</td><td>b 根据表 11-13-3 中 $\dfrac{b}{h}$ 值确定
或　$b=\dfrac{6T}{\sigma_w h^2}$</td></tr>
<tr><td>游丝弹簧螺距 t</td><td></td><td>$t=Sh$</td></tr>
<tr><td>螺距系数 S</td><td></td><td>$S=\dfrac{D_1-D_2}{2nh}$</td><td>n—游丝弹簧圈数</td></tr>
</table>

4　游丝弹簧参数的选择

(1) 游丝弹簧圈数 n

通常游丝弹簧的内端是随轴一起旋转的，外端是固定不动的。因此，其内端的转角 φ 与转轴转角相同，假设转轴转动后游丝弹簧每一圈的扭转角相等，则各圈转角的总和等于转轴的转角。显然，游丝弹簧的圈数越多，或转轴的转角越小，则游丝弹簧每一圈转角就越小，同时由于游丝弹簧外端固定方法的不完善，使其在扭转后各圈间产生偏心现象。这种偏心现象随着每圈扭转角的加大而增大，从而对转轴产生侧向力。这个侧向力对游丝弹簧正常工作是有害的，所以游丝弹簧转角较大时其圈数 n 也应增多，以使其每圈转角减小，推荐如表 11-13-3 所示。当其转角（工作角）在 300°以上时，圈数 n 取 10~14；转角（工作角）在 90°左右时，圈数 n 取 5~10。

(2) 游丝弹簧宽厚比 b/h

从扭矩 T 公式可以看出，当游丝弹簧长度 L 不变时，其厚度 h 稍有减小。为了满足游丝弹簧的基本特性扭矩 T 的要求，其宽度应明显增大。由此可见，宽厚比的加大会使游丝弹簧的截面面积增大。

游丝弹簧截面面积增大，表示其材料内部的应力值将减小，弹性滞后和后效也随之减小。因此，对滞后和后效要求很高的游丝弹簧一般都选择具有较大的宽厚比。例如，对于电工仪表上的游丝弹簧，其宽厚比通常选在 8~15。具有较大宽厚比 b/h 的游丝弹簧，其缺点是制造上较为复杂，由于把线材轧成宽而薄的金属带，势必增加轧制次数。对滞后和后效没有要求的，宽厚比通常在 4~8，较小宽厚比可以使制造简单，截面面积小，重量减轻，因此在振动条件下工作的游丝弹簧，其宽厚比应选取较小的数值。例如，手表游丝弹簧的宽厚比常常选取 3.5，航空仪表和汽车拖拉机仪表上的游丝弹簧也应选取较小的宽厚比，见表 11-13-3。

(3) 游丝弹簧长厚比 L/h

按游丝弹簧转角为90°时应力小于 $R_m/10$，求得几种常用材料测量游丝弹簧的长宽比 L/h 列于表 11-13-4，在相同转角时，L/h 值越大则应力越小。接触游丝弹簧按表中数据 1/3~1/4 选取。

表 11-13-3　　游丝弹簧宽厚比和圈数

使　用　条　件	b/h	n/圈
电表测量游丝弹簧(工作角约 90°)	8~15	5~10
机械表接触游丝弹簧(工作角 300°以上)	4~8	10~14
手表振荡条件下使用的游丝弹簧	3.5	14 左右

表 11-13-4　　测量游丝弹簧长厚比

材料	QSn4-3	Ni42CrTi	QBe2
L/h	>2500	>2000	>1500

(4) 螺距系数 S

一般取 $S \geqslant 3$，否则易出现碰圈现象。

5　游丝弹簧的尺寸系列

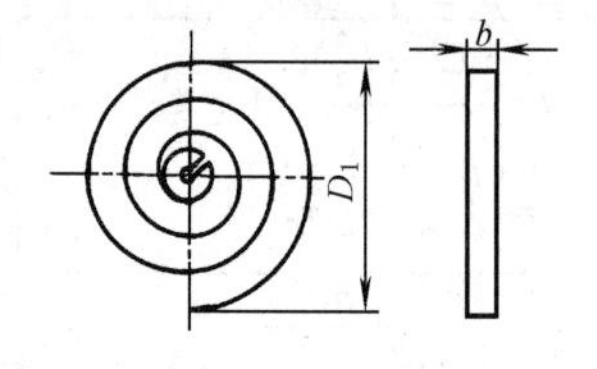

表 11-13-5

扭矩 T /(10^{-5}mN·m/90°)	外径 D_1 /mm	游丝弹簧座外径 D/mm	宽度 b /mm	圈数 n /圈
245.25	9	3	0.33	6~7
294.3			0.34	
392.4			0.36	
490.5			0.38	
196.2	11 (10.5)	4	0.38	8~9
245.25			0.40	
294.3			0.41	
392.4			0.42	
490.5			0.43	
588.6			0.44	
784.8			0.45	10~11
981			0.46	
1177.2			0.47	
1569.6			0.48	
1962			0.50	
981	14	4.5	0.44	
1177.2			0.45	
1373.4			0.47	
1765.8			0.48	
1962			0.49	
2158.2			0.50	
2452			0.51	8~9
2746			0.52	
3139			0.53	
3433			0.54	
3924			0.55	
4414			0.56	
4905			0.58	
6180			0.60	
7848			0.62	
8829			0.67	
9810			0.68	

扭矩 T /(10^{-5}mN·m/90°)	外径 D_1 /mm	游丝弹簧座外径 D/mm	宽度 b /mm	圈数 n /圈
12262	14	4.5	0.70	8~9
13734			0.72	
15696			0.74	
19620			0.84	
24526			1.14	
27468			1.15	
29430			1.16	
1177	18 (17)	5	0.46	9~10
1373			0.53	
1569			0.55	
2452			0.60	
3139			0.61	
3924			0.62	
4905			0.64	
6180			0.68	
7848			0.71	
9810			0.76	
12262			0.80	8~9
15696			0.86	
2943	22	6	0.90	
3924			0.92	
4905			0.94	
5886			0.97	
7848			1.00	
9810			1.02	
11772			1.04	7~8
15696			1.06	
19620			1.10	
24525			1.16	
27468			1.18	
29430			1.20	
39240			1.24	
49050			1.26	

注：1. 游丝弹簧宽度 b 的偏差应不大于 b 的±10%。

2. 括号内的尺寸不推荐使用。

6　游丝弹簧座的尺寸系列

表 11-13-6　　游丝弹簧座的尺寸系列

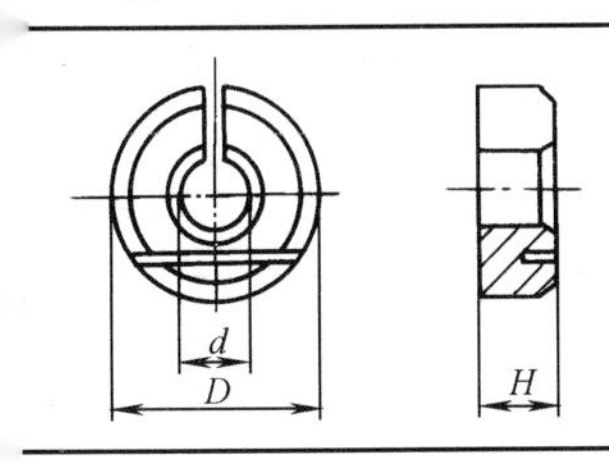

游丝弹簧座孔径 d/mm		外径 D/mm	高度 H/mm
标准尺寸	偏差		
0.8,1.0,1.2,1.4,(1.5)	±0.05	3	1
1.6,1.8,(1.9),2.0		4	(1.5)
2.2,(2.3),2.4,2.5		4.5	1.8(1.9)
2.6,2.8,3.0		5	2

7　游丝弹簧的技术要求

① 游丝弹簧的扭矩偏差为±8%。

② 游丝弹簧形状应为阿基米德螺旋线，各圈均在垂直于螺旋中心线的平面上，螺距应均匀一致。

③ 游丝弹簧表面粗糙度 $Ra \leqslant 0.08\mu m$，侧面表面粗糙度 $Ra \leqslant 1.25\mu m$。游丝弹簧座孔内表面粗糙度 $Ra \leqslant 1.25\mu m$，其余表面粗糙度 $Ra > 2.5 \sim 5\mu m$。

游丝弹簧表面应无明显划痕，无严重的氧化斑点，无毛刷、发霉等缺陷。

8　游丝弹簧端部固定形式

游丝弹簧内外端固定形式如图 11-13-2 所示。游丝弹簧的外端固定，常采用可拆连接，如图 11-13-2h 形式；也可用夹片夹紧，如图 11-13-2g 形式，以便调节游丝弹簧的长度，获得给定的特性。内端固定常采用冲铆的方法铆住，如图 11-13-2a 形式。

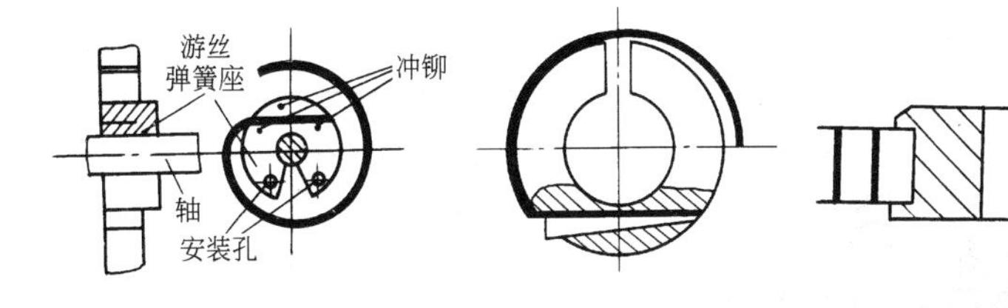

(a) 内端冲铆在游丝弹簧座上　(b) 内部锁紧在游丝弹簧座上　(c) 内端被游丝弹簧座收口固定

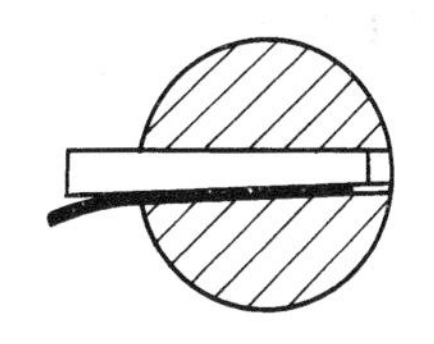

(d) 内端直接锁紧在轴上

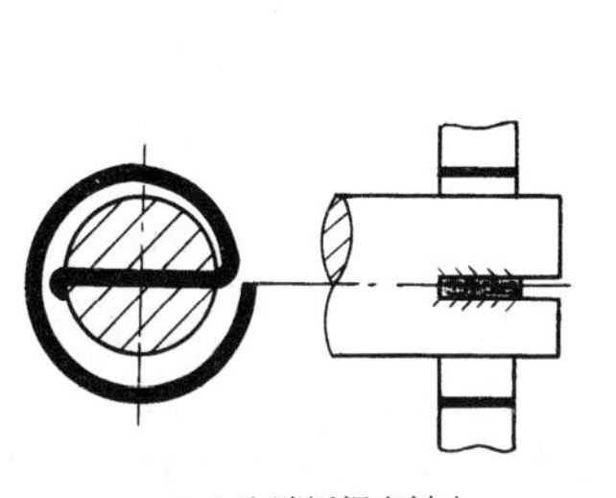

(e) 内端钎焊在轴上

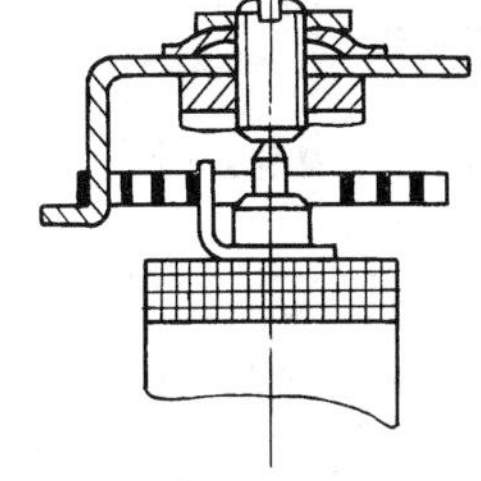

(f) 内端钎焊在焊片上

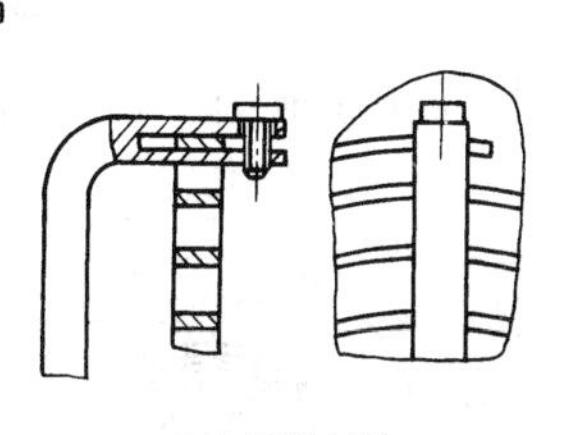

(g) 外端夹紧

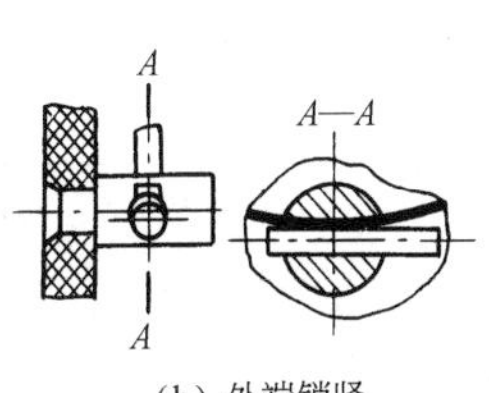

(h) 外端锁紧

图 11-13-2　游丝弹簧端部固定形式

在电工仪表中，游丝弹簧除了用作测量元件外，常常又是导电元件，为了减少连接处的电阻，其端部固定常用钎焊的方法。

9 游丝弹簧计算示例

设计百分表用的接触游丝弹簧。已知总转角 $\varphi_{max}=450°$，为使接触游丝弹簧可靠地保持结构的力封闭，游丝弹簧在初转角 90°所产生的力矩 $T_{min}=54\times10^{-3}$N·mm。根据游丝弹簧的安装空间选定 $D_1=18$mm，$D_2=4$mm，游丝弹簧材料为铍青铜 QBe2。

表 11-13-7　　游丝弹簧设计计算

	项　　目	单　位	公　式　及　数　据
参数计算	圈数 n	圈	由于游丝弹簧的转角较大,选取 $n=12$
	宽厚比 b/h		考虑接触游丝弹簧对滞后和后效的要求较低,b/h 值选取 7.5
	长度 L	mm	$L=\frac{D_1+D_2}{2}\pi n=\frac{18+4}{2}\times3.14\times12\approx415$
	厚度 h	mm	$h=\sqrt[4]{\frac{12LT_{min}}{\left(\frac{b}{h}\right)E\varphi_{min}}}=\sqrt[4]{\frac{12\times415\times54\times10^{-3}}{7.5\times133500\times\frac{\pi}{2}}}=0.114$ 圆整后取　$h=0.12$
	螺距 t	mm	$t=Sh$,但　$S=\frac{D_1-D_2}{2nh}=\frac{18-4}{2\times12\times0.12}=4.86$ 所以　$t=4.86\times0.12=0.58$
验算	L/h 值		转角为 $\pi/2$ 时, $\frac{L}{h}=\frac{415}{0.12}=3458>\frac{1500}{3}=500$
	S 值		$S=\frac{t}{h}=\frac{0.58}{0.12}=4.83>3$ 结论:游丝弹簧尺寸参数是合理的

10 游丝弹簧的应用实例

表 11-13-8

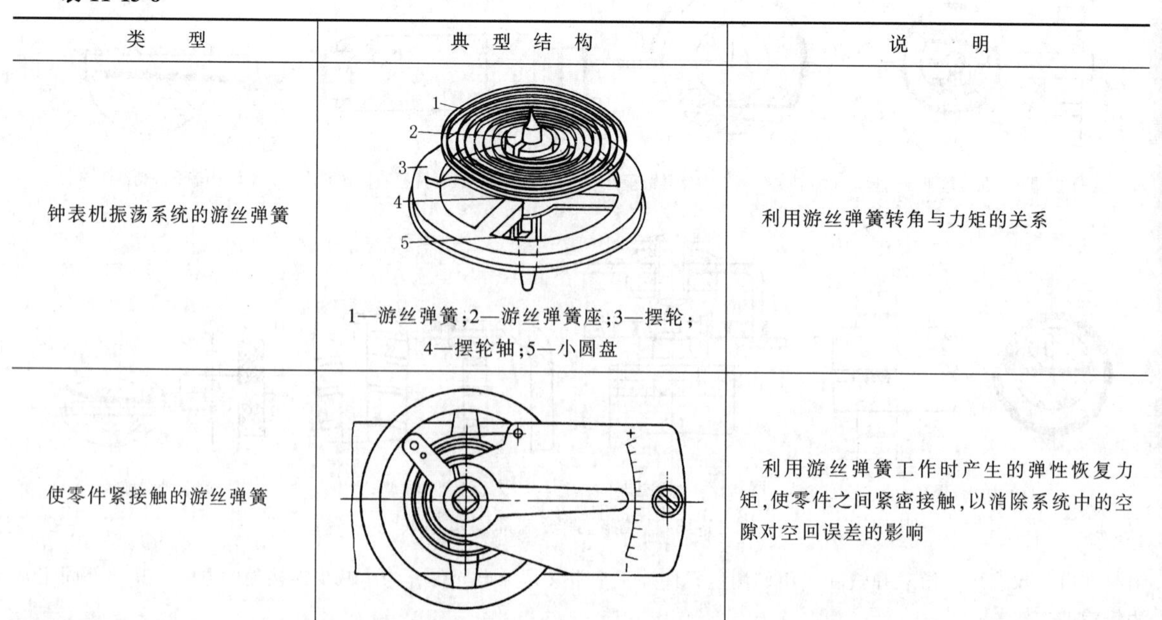

类　　型	典　型　结　构	说　　明
钟表机振荡系统的游丝弹簧	1—游丝弹簧;2—游丝弹簧座;3—摆轮;4—摆轮轴;5—小圆盘	利用游丝弹簧转角与力矩的关系
使零件紧接触的游丝弹簧		利用游丝弹簧工作时产生的弹性恢复力矩,使零件之间紧密接触,以消除系统中的空隙对空回误差的影响

续表

类　型	典型结构	说　明
电表中的测量游丝弹簧	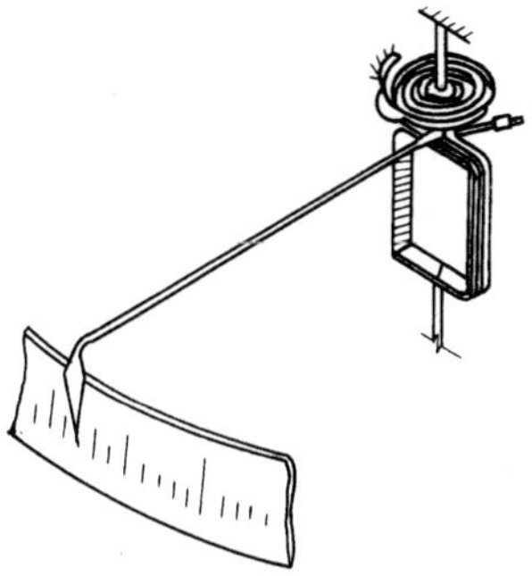	
百分表中作接触的游丝弹簧	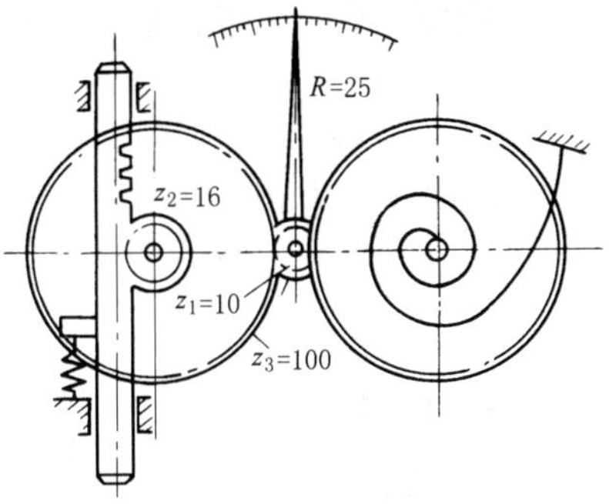 $R=25$ $z_2=16$ $z_1=10$ $z_3=100$	

第14章 扭杆弹簧

1 扭杆弹簧的结构、类型及应用

扭杆弹簧是用棒料制成杆状并承受扭矩的弹簧。扭杆弹簧的主体为一直杆，如图11-14-1所示，利用杆的扭转变形起弹簧作用。小型车辆上用的稳压器是一种将柄和本体做成一体的扭杆（图11-14-2），其装配部分多是用孔（图a）和螺栓（图b）来固定的，支承于C、D两点，A、B两处受与纸面垂直、大小相等、方向相反的力。

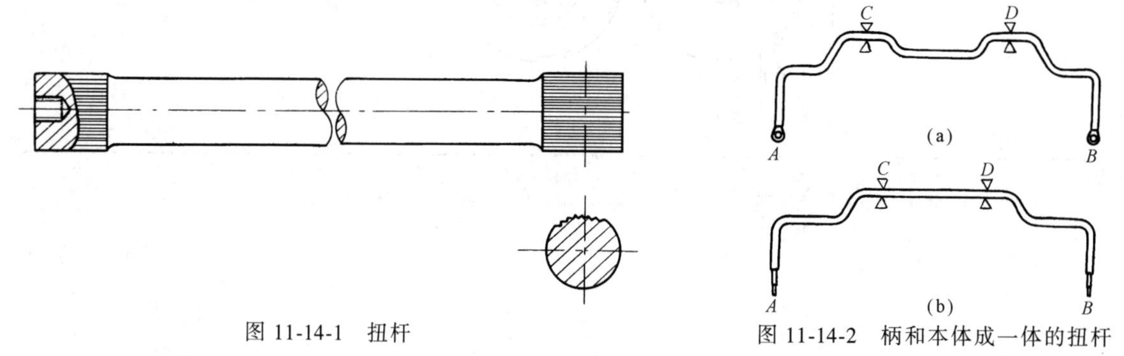

图11-14-1 扭杆

图11-14-2 柄和本体成一体的扭杆

大部分扭杆是圆截面，也有空心圆、长方形截面。扭杆弹簧的特点是重量轻，结构简单，占空间小，其缺点是需要精选材料，端部加工麻烦。

扭杆弹簧主要用于：

① 轿车和小型车辆的悬挂弹簧；

② 由于扭杆在承受高频振动载荷时，不会像螺旋弹簧那样产生振颤，所以在高速内燃机中可用扭杆作阀门弹簧；

③ 在驱动轴中插入扭杆，用以缓和扭矩的变化；

④ 在使用空气弹簧缓冲的铁道车辆和汽车上，采用大型扭杆弹簧作稳压器；

⑤ 小型车辆上用的稳压器，多采用柄和杆为一体的扭杆弹簧，其形状较复杂，而且其中尚有兼作拉杆用的；

⑥ 在汽车驾驶室的扭杆式翻转及锁止机构中，扭杆还可作为蓄能元件。

图11-14-3为扭杆的组合形式，图a为串联式，图b为并联式。扭杆的组合是为了保证机构的刚度。

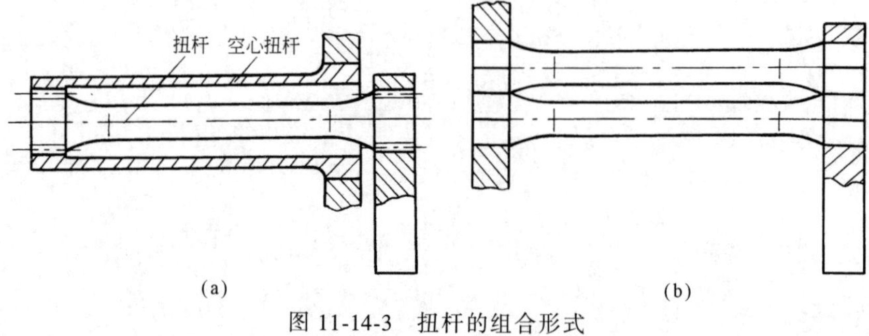

图11-14-3 扭杆的组合形式

2　扭杆弹簧的材料和许用应力

扭杆弹簧一般采用热轧弹簧钢制造，材料应具有良好的淬透性和加工性，经热处理后硬度应达到 50HRC 左右。常用材料为硅锰和铬镍钼等合金钢，例如 60Si2MnA 和 45CrNiMoVA 等。

表 11-14-1

材　　料	屈服点 R_{eL}/MPa	疲劳强度 σ_{-1} /MPa	剪切疲劳强度 τ_{-1} /MPa	许用剪切应力 τ_p /MPa	弹性模量 E /MPa	切变模量 G /MPa
45CrNiMoVA	1270～1370	800	440	810～890		76000
50CrVA	1078	510		735	207760	
60Si2MnA	1372	529		785	196000	

3　扭杆弹簧的计算公式

图 11-14-4 为悬架装置扭杆弹簧的机构图。当作用在杆臂上的力 P 处于垂直位置时，此机构弹簧刚度不是定值，而是随力臂的安装角度和变形角度而变化。因此在计算杆体所承受的扭矩 T 时，必须考虑力臂长度和位置。其计算公式如表 11-14-2 所示。

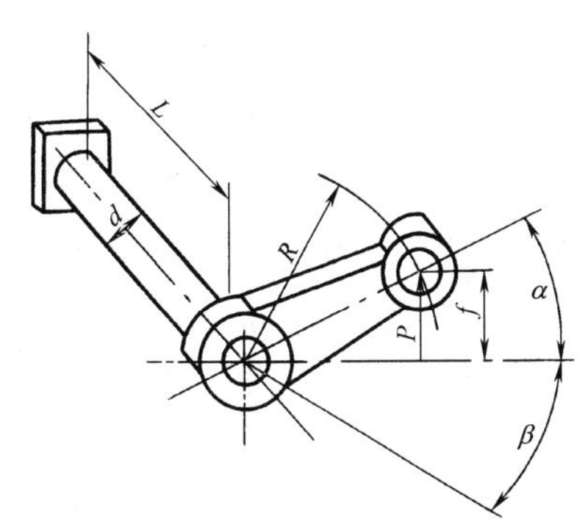

图 11-14-4　悬架装置扭杆弹簧机构图

表 11-14-2　　**扭杆弹簧计算**

项　　目	单　位	公式及数据	备　　注
作用于转臂端垂直方向的载荷 F	N	$F=\dfrac{T'\varphi}{R\cos\alpha}=\dfrac{T'(\alpha+\beta)}{R\cos\alpha}=\dfrac{T'}{R}C_1$	α、β——受载和卸载时力臂中心线与水平线夹角，rad $\varphi=\alpha+\beta$ $C_1=\dfrac{\alpha+\beta}{\cos\alpha}$或查图 11-14-5 $C_2=\dfrac{1+(\alpha+\beta)\tan\alpha}{\cos^2\alpha}$或查图 11-14-6 $C_3=\dfrac{\cos\alpha}{\dfrac{1}{\alpha+\beta}+\tan\alpha}$或查图 11-14-7 Z_t——抗扭截面系数，mm^3，见表 11-14-3 I_p——极惯性矩，mm^4 G——剪切弹性模数，MPa g——重力加速度，$g=9800mm/s^2$
臂端垂直方向的扭杆弹簧刚度 F'	N/mm	$F'=\dfrac{dF}{df}=T'[1+(\alpha+\beta)\tan\alpha]\times\dfrac{1}{R^2\cos^2\alpha}=\dfrac{T'}{R^2}C_2$	
扭杆弹簧的扭矩 T	N·mm	$T=FR\cos\alpha$	
扭角刚度 T'	N·mm/rad	$T'=\dfrac{T}{\varphi}=\dfrac{T}{\alpha+\beta}=\dfrac{F'R^2}{C_2}$	
静变形 f_s	mm	$f_s=\dfrac{F}{F'}=\dfrac{R\cos\alpha}{\dfrac{1}{\alpha+\beta}+\tan\alpha}=RC_3$	
扭转切应力 τ	MPa	$\tau=\dfrac{T}{Z_t}$	
扭杆有效长度 L		$L=\dfrac{GI_p}{T'}$	
扭杆的自振频率 v	Hz	$v=\dfrac{1}{2\pi}\sqrt{\dfrac{g}{f_s}}$	

表 11-14-3 常用截面扭杆弹簧的有关计算公式

截面形状	极惯性矩 I_p/mm^4	抗扭截面系数 Z_t/mm^3	变形角 φ $\varphi=\frac{TL}{GI_p}$/rad	扭转切应力 $\tau=\frac{T}{Z_t}$/MPa	扭角刚度 $T'=\frac{T}{\varphi}$ /N·mm·rad^{-1}	载荷作用点刚度 $F'=\frac{dF}{df}$ /N·mm^{-1}	变形能 $U=\frac{T\varphi}{2}$ /N·mm
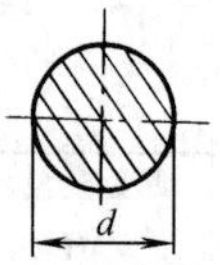 实心圆 d	$I_p=\frac{\pi d^4}{32}$	$Z_t=\frac{\pi d^3}{16}$	$\varphi=\frac{32TL}{\pi d^4 G}=\frac{2\tau L}{dG}$	$\tau=\frac{16T}{\pi d^3}=\frac{\varphi dG}{2L}$	$T'=\frac{\pi d^4 G}{32L}$	$F'=\frac{\pi d^4 G}{32LR^2}$	$U=\frac{\tau^2 V}{4G}$
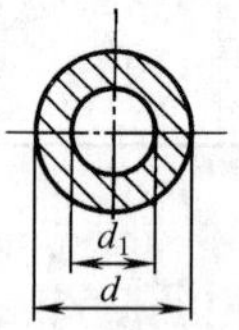 空心圆 d_1、d	$I_p=\frac{\pi(d^4-d_1^4)}{32}$	$Z_t=\frac{\pi(d^4-d_1^4)}{16d}$	$\varphi=\frac{32TL}{\pi(d^4-d_1^4)G}=\frac{2\tau L}{dG}$	$\tau=\frac{16Td}{\pi(d^4-d_1^4)}=\frac{\varphi dG}{2L}$	$T'=\frac{\pi(d^4-d_1^4)G}{32L}$	$F'=\frac{\pi(d^4-d_1^4)G}{32LR^2}$	$U=\frac{\tau^2(d^2+d_1^2)V}{4d^2G}$
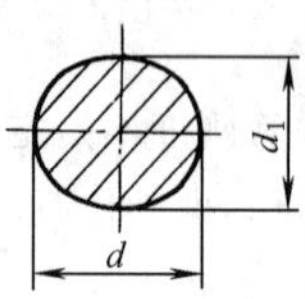 椭圆 d、d_1	$I_p=\frac{\pi d^3 d_1^3}{16(d^2+d_1^2)}$	$Z_t=\frac{\pi d d_1^2}{16}$	$\varphi=\frac{16TL(d^2+d_1^2)}{\pi d^3 d_1^3 G}=\frac{\tau L(d^2+d_1^2)}{d^2 d_1^2 G}$	$\tau=\frac{16T}{\pi d d_1^2}=\frac{\varphi d^2 d_1 G}{L(d^2+d_1^2)}$	$T'=\frac{\pi d^3 d_1^3 G}{16L(d^2+d_1^2)}$	$F'=\frac{\pi d^3 d_1^3 G}{16LR^2(d^2+d_1^2)}$	$U=\frac{\tau^2(d^2+d_1^2)V}{8d^2G}$
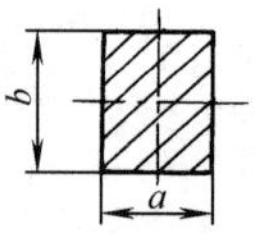 矩形 a、b	$I_p=k_1a^3b$	$Z_t=k_2a^2b$	$\varphi=\frac{TL}{k_1a^3bG}=\frac{k_2\tau L}{k_1aG}$	$\tau=\frac{T}{k_2a^2b}=\frac{k_1}{k_2}\times\frac{\varphi aG}{L}$	$T'=\frac{k_1a^3bG}{L}$	$F'=\frac{k_1a^3bG}{LR^2}$	$U=\frac{k_2^2}{k_1^2}\times\frac{\tau^2V}{2G}$
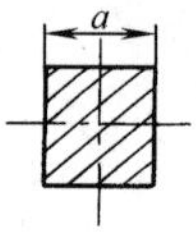 正方形 a	$I_p=0.141a^4$	$Z_t=0.208a^3$	$\varphi=\frac{TL}{0.141a^4G}=\frac{1.482\tau L}{aG}$	$\tau=\frac{T}{0.208a^3}=\frac{0.675\varphi aG}{L}$	$T'=\frac{0.141a^4G}{L}$	$F'=\frac{0.141a^4G}{LR^2}$	$U=\frac{\tau^2V}{6.48G}$
 正三角形 a	$I_p=0.0216a^4$	$Z_t=0.05a^3$	$\varphi=\frac{TL}{0.0216a^4G}=\frac{2.31\tau L}{aG}$	$\tau=\frac{20T}{a^3}=\frac{0.43\varphi aG}{L}$	$T'=\frac{a^4G}{46.2L}$	$F'=\frac{a^4G}{46.2LR^2}$	$U=\frac{\tau^2V}{7.5G}$

表 11-14-4 矩形截面扭杆计算公式中的系数

$\frac{b}{a}\left(或\frac{a}{b}\right)$	k_1	k_2	k_3	$\frac{b}{a}\left(或\frac{a}{b}\right)$	k_1	k_2	k_3
1.00	0.1406	0.2082	1.0000	1.75	0.2143	0.2390	0.8207
1.05	0.1474	0.2112		1.80	0.2174	0.2404	
1.10	0.1540	0.2139		1.90	0.2233	0.2432	
1.15	0.1602	0.2165		2.00	0.2287	0.2459	0.7951
1.20	0.1661	0.2189		2.25	0.2401	0.2520	
1.25	0.1717	0.2212	0.9160	2.50	0.2494	0.2576	0.7663
1.30	0.1771	0.2236		2.75	0.2570	0.2626	
1.35	0.1821	0.2254		3.00	0.2633	0.2672	
1.40	0.1869	0.2273		3.50	0.2733	0.2751	
1.45	0.1914	0.2289		4.00	0.2808	0.2817	0.7447
1.50	0.1958	0.2310	0.8590	4.50	0.2866	0.2870	
1.60	0.2037	0.2343	0.8418	5.00	0.2914	0.2915	0.7430
1.70	0.2109	0.2375		10.00	0.3123	0.3123	

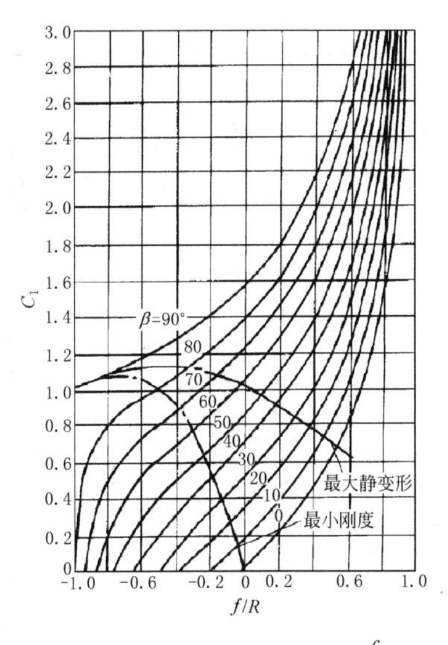

图 11-14-5　系数 C_1 值与 $\frac{f}{R}$ 和 β 的关系

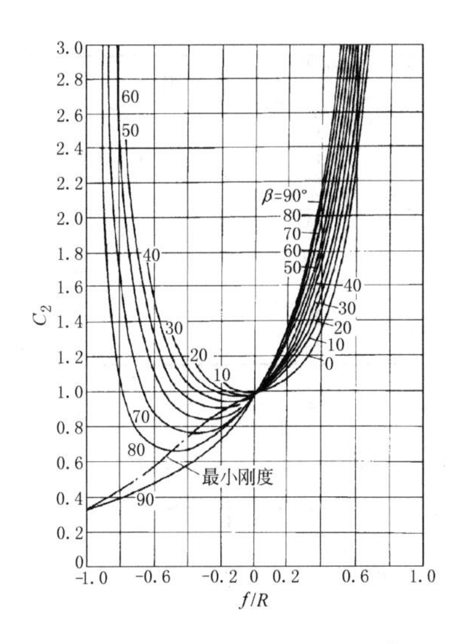

图 11-14-6　系数 C_2 值与 $\frac{f}{R}$ 和 β 的关系

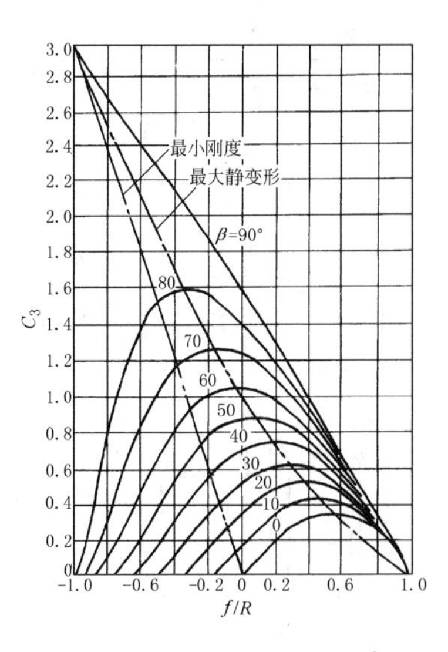

图 11-14-7　系数 C_3 值与 $\frac{f}{R}$ 和 β 的关系

4　扭杆弹簧的端部结构和有效长度

4.1　扭杆弹簧的端部结构

扭杆是具有一定截面的直杆，其端部（安装连接部分）的形状如图 11-14-8 所示，常用的有花键形、细齿形和六角形。

花键形有矩形花键和渐开线花键两种。由于渐开线花键具有自动定心作用，各齿力均匀，强度高，寿命长，故采用较多。细齿形实质上是模数较小、齿数较多的渐开线花键形。六角形传递扭矩效率不高，端部材料不能充分利用，但制造方便。目前细齿形应用最广。

矩形和渐开线形花键的尺寸，根据扭杆直径由 GB 1144—2001 和 GB 3478. 1—2008 确定。

细齿形扭杆端部几何尺寸可参照表 11-14-5。

细齿形外径为扭杆直径的 1. 15 ~ 1. 25 倍，长度为扭杆直径的 0. 5 ~ 0. 7 倍。

端部为六角形时，其对边距离约为扭杆直径的 1. 2 倍，长度可取扭杆直径的 1. 0 倍。

为了减轻扭杆与端部交界处的应力集中，采用了圆弧或圆锥过渡。圆弧过渡时，圆弧半径应大于扭杆直径的 3 ~ 5 倍；圆锥过渡时，锥顶角 2β 可取 30°左右，如图 11-14-9 所示。为了防止疲劳破坏，齿根处应有足够的圆角半径，并在整个宽度上啮合，以保证受力均匀。如扭杆构件刚性不足，会出现弯曲载荷，造成扭杆折损。为此，在扭杆的一端或两端加橡胶垫。

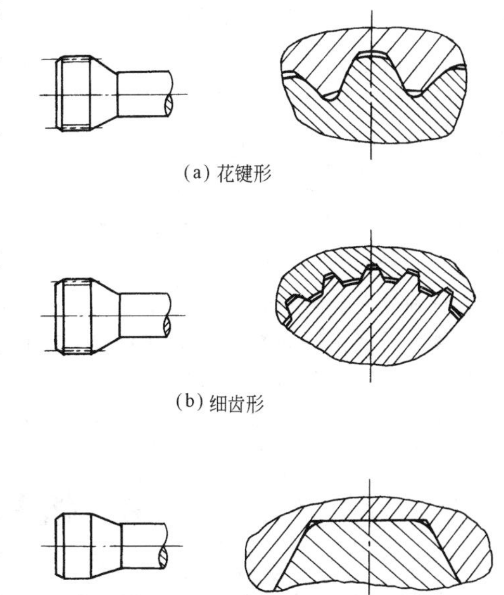

图 11-14-8　扭杆弹簧的端部结构

表 11-14-5

模数/mm	齿数	齿顶圆直径/mm	齿根圆直径(>杆径)/mm	模数/mm	齿数	齿顶圆直径/mm	齿根圆直径(>杆径)/mm
0.75	10	15.00	13.50	0.75	43	23.00	31.50
	22	17.25	15.75		46	35.25	33.75
	25	19.50	18.00		49	37.50	36.00
	28	21.75	20.25	1.0	38	39.00	37.00
	31	24.00	22.50		40	41.00	39.00
	34	26.25	24.75		43	44.00	42.00
	37	28.50	27.00		46	47.00	45.00
	40	30.75	29.25		49	50.00	48.00

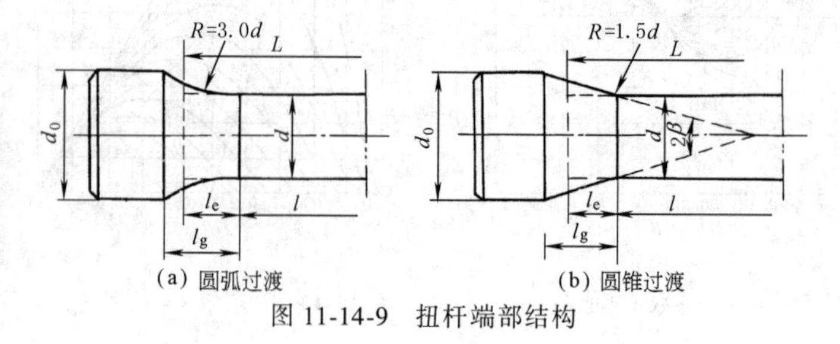

(a) 圆弧过渡　(b) 圆锥过渡

图 11-14-9　扭杆端部结构

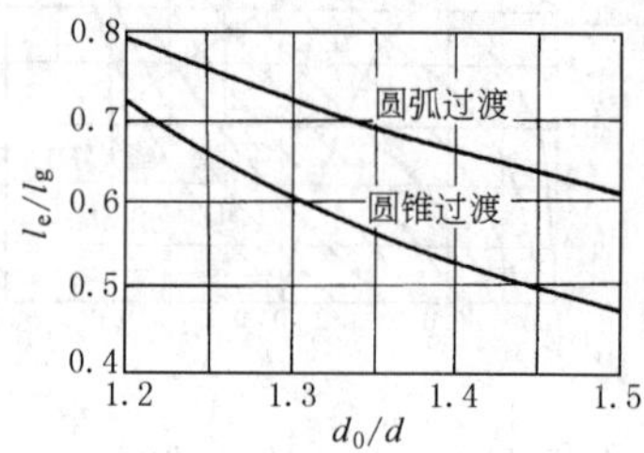

图 11-14-10　过渡部分当量长度 l_e

4.2　扭杆弹簧的有效工作长度

扭杆弹簧工作时，由于扭杆与端部过渡部分也发生扭转变形。因此，在设计时应将两端过渡部分换算成当量长度。圆形截面扭杆过渡部分的当量长度可从图 11-14-10 查得，扭杆的有效工作长度应是杆体长度加上两端过渡部分的当量长度：

$$L=l+2l_e$$

5　扭杆弹簧的技术要求

1）直径尺寸的偏差　扭杆弹簧直径允许偏差及直线度偏差如表 11-14-6 所示。

表 11-14-6　扭杆弹簧直径允许偏差及直线度偏差

直径允许偏差/mm			扭杆直线度偏差/mm		
直径允许偏差/mm	$d=6\sim12$	±0.06	扭杆直线度偏差/mm	$L\leqslant1000$	<1.5
	$d=13\sim25$	±0.08		$1000<L\leqslant1500$	<2.0
	$d=26\sim45$	±0.10		$L>1500$	<2.5
	$d=46\sim80$	±0.15			

2）表面质量

① 表面应进行强化处理。

② 要求硬度：合金钢 47～51HRC；高碳钢 48～55HRC。

③ 表面粗糙度 $Ra<0.63\sim1.25\mu m$。

④ 表面不应有裂纹、伤痕、锈蚀和氧化等缺陷。

6　扭杆弹簧计算示例

设计一悬挂装置用转臂与圆形截面扭杆组成的扭杆弹簧。其常用工作载荷为 $F=2000N$，转臂长度 $R=300mm$，常用工作载荷作用点与水平位置的距离 $f=-20mm$，最大变形时 $f_{max}=80mm$，常用工作载荷作用下扭杆的自振频率 $v=66.5min^{-1}$。扭杆弹簧机构及所用计算符号参见图 11-14-4。

表 11-14-7

项　　目	单　位	公式及数据
常用工作载荷作用下扭杆的线性静变形 f_s	mm	$f_s=\frac{g}{(2\pi v)^2}=\frac{0.9\times10^6}{v^2}=\frac{0.9\times10^6}{66.5^2}=204$
常用工作载荷作用点的扭杆刚度 F'	N/mm	$F'=\frac{F}{f_s}=\frac{2000}{204}=9.8$
计算 C_3 值		根据 f_s 计算 C_3　　$C_3=\frac{f_s}{R}=\frac{204}{300}=0.68$
计算 β 角	(°)	根据 $\frac{f}{R}=\frac{-20}{300}=-0.066, C_3=0.68$　　查图 11-14-7　得 $\beta=40$
计算 C_2 值		查图 11-14-6　得 $C_2=0.95$
扭杆的扭角刚度	N·mm/(°)	$T'=\frac{F'R^2}{C_2}=\frac{9.8\times300^2}{0.95}=9.28\times10^5\text{N}\cdot\text{mm/rad}=1.62\times10^4$
转臂在最大变形时的夹角 α_{max}	(°)	$\alpha_{max}=\arcsin\frac{f_{max}}{R}=\arcsin\frac{80}{300}=15.45$
扭杆的最大扭转角 φ_{max}	(°)	$\varphi_{max}=\alpha_{max}+\beta=15.45+40=55.45$
扭杆的最大扭矩 T_{max}	N·mm	$T_{max}=T'\times\varphi_{max}=1.62\times10^4\times55.45°=8.96\times10^5$
扭杆直径 d	mm	取 $\tau_p=900\text{MPa}$　　$d\geqslant\sqrt[3]{\frac{16T}{\pi\tau_p}}=\sqrt[3]{\frac{16\times8.96\times10^5}{3.14\times900}}=17.2$
扭杆的所需有效长度 L	mm	取 $G=76000$　　$L=\frac{\pi d^4G}{32T'}=\frac{3.14\times18^4\times76000}{32\times9.28\times10^5}=844$

7　扭杆弹簧应用实例

图 11-14-11a 为采用扭杆弹簧的汽车悬架。扭杆弹簧的一端固定于车身，另一端与悬架控制臂连接。车轮上、下运动时，扭杆便发生扭曲，起弹簧作用。

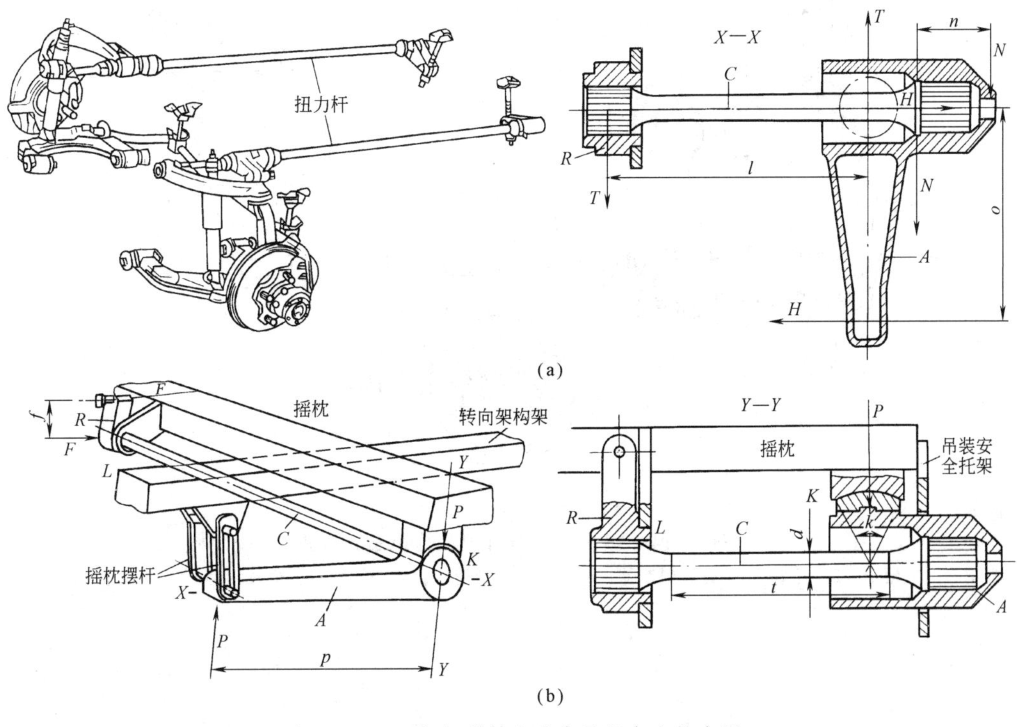

图 11-14-11　扭杆弹簧在汽车及机车上的应用

图 11-14-11b 是扭杆弹簧作为摇枕装置装在转向架上的情况。扭杆部件由扭杆臂或摆动臂 A、扭杆 C 及固定臂（或反作用臂）组成。摆动臂作为扭杆的转动端，固定臂作为扭杆的固定端，扭杆及各臂间大多采用齿形连接。根据实际情况，固定臂既可以布置在图中所示的位置，也可以处于任意一个其他的位置。机车重量在摆动臂端部产生反作用力 P，该力以作用力矩 Pp 作用于扭杆。扭杆将此力矩传到固定杆（这时的力矩用 Ff 表示），并在固定臂端部产生作用力 F。如果在 K 及 L 处加上由支承点作用于弹性部件（摆动臂-扭杆-固定臂）的力 P 及 F，系统就处于平衡状态。

图 11-14-12 是拖拉牵引机的悬挂结构，其悬挂装置是特殊的扭力轴，并沿机器全宽布置，轮子 1 的钢质平衡杆 5 为冲压制成，杆中有孔以减轻重量。各轮的平衡杆是可换的，杆端装有环 4 和托架 2，环 4 用来装缓冲器，托架 2 则是行程限制器 3 的支梁。平衡杆以两个塑料套筒 7 装于机架内，机架端部装有扭力轴 8，为圆柱体，端部较粗且带有花键，扭力轴由合金钢制成。通过加载处理，分成左、右两根扭力轴。

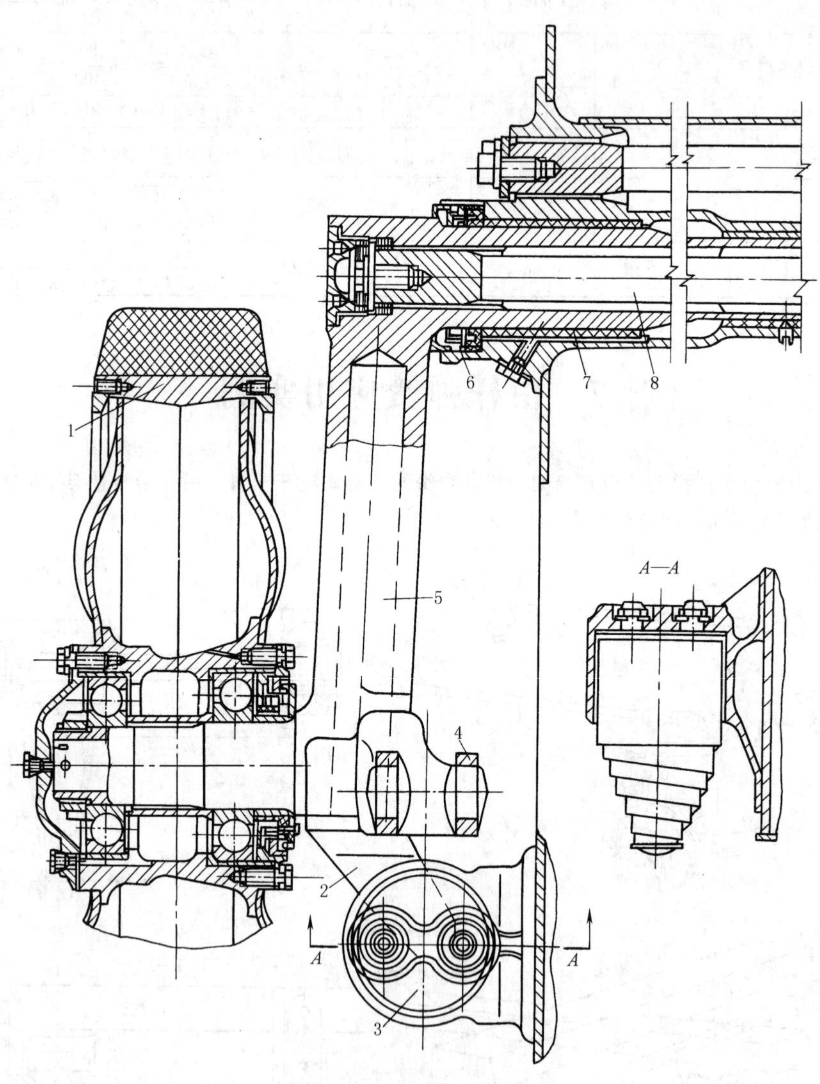

图 11-14-12　采用扭杆弹簧的拖机悬挂装置

1—轮子；2—托架；3—行程限制器；4—环；5—平衡杆；6—密封；7—塑料套筒；8—扭力轴

第15章 金属弹簧的热处理、强化处理与表面处理

1 弹簧的热处理

1.1 弹簧热处理目的、要求和方法

弹簧在加工过程中都要进行热处理，对于各种不同类型、不同材料和用不同方法加工出来的弹簧，其热处理的目的、要求和方法是不同的。可以通过不同的热处理方法来满足弹簧设计的要求。螺旋弹簧热处理的基本目的、要求和方法见表11-15-1。

表11-15-1　　螺旋弹簧热处理的基本目的、要求和方法

热处理目的	基本要求	热处理名称	适用材料的种类
预备热处理(软化组织)	(1)均匀组织 (2)提高塑性,方便加工 (3)强化前的组织准备	正火 完全退火 不完全退火	淬火马氏体钢、淬火马氏体不锈钢、铜合金
		固溶处理	奥氏体不锈钢、马氏体时效不锈钢、铍青铜、高温合金、精密合金
强化处理(强化组织)	获得较好的强度、韧性和弹性	淬火+回火	用退火材料或热卷成形的弹簧都应进行淬火和回火处理
		时效	马氏体时效不锈钢、铍青铜、精密合金
	时效前的初步强化	冷处理	马氏体时效不锈钢
稳定化处理	消除冷加工应力,稳定弹簧的形状尺寸和弹性性能	消应力回火	冷拔成形并经过强化处理的材料,又在冷状态下加工成形的弹簧,以及时效处理后又经变形加工的弹性元件

1.2 预备热处理

常用碳素弹簧钢和合金弹簧钢的预备热处理工艺见表11-15-2。

表11-15-2　　常用碳素弹簧钢和合金弹簧钢的预备热处理工艺

材料牌号	正火	完全(或等温)退火①		低温退火
	加热温度/℃	加热温度/℃	布氏硬度压痕直径/mm	加热温度/℃
65、70、85钢	810~830	770②	≥4.4	690~710
65Mn	800~820	810	≥3.7	680~700
60Si2MnA	850~870	860	≥3.5	680~700
50CrVA	850~870	860	3.8~4.8	680~700

① 完全退火时，应该将炉温冷却至650℃以下出炉空冷。
② 退火时也可以在(770±10)℃保温后，随炉冷至620~640℃并保持1~2h，然后出炉空冷。

不锈弹簧钢的预备热处理工艺可以参考本章1.6节。铜合金弹簧材料预备热处理工艺可以参考本章1.7节。

1.3 消应力回火

冷拔成形并经过强化处理的材料，在冷状态下加工成弹簧，或时效处理后又经过变形加工的弹性元件，都应该进行消应力回火处理。处理的规范按材料的种类和规格决定，达到既要消除加工应力，又要保证材料的强度、硬度和韧性等。常用弹簧钢材料消应力回火处理规范见表 11-15-3。

表 11-15-3　　常用弹簧钢材料消应力回火处理规范

材料牌号		直径/mm	回火温度/℃	保温时间/min	冷却方式	备注
碳素弹簧钢丝 B、C、D 级，重要用途碳素弹簧钢丝 E、F、G 级		<2	240~300	>20	空气或水	①回火温度可以根据弹簧的使用要求在规定范围内确定 ②保温时间可以根据弹簧丝的直径和装炉数量进行适当的调整 ③由于弹簧加工的需要，消应力回火有时要进行多次，为防止材料强度降低，应注意以后的每次回火温度都要比第一次的回火温度低 20~50℃，保温时间也可以较前一次略短些 ④进行消应力回火处理的弹簧，其硬度不予考核
		2~4	260~320	20~60		
		>4	280~350	30~80		
油淬火回火钢丝	50CrVA	≤2	360~380	20~30		
		>2	380~400	30~40		
	60Si2MnA	≤2	380~400	20~30		
		>2	400~420	30~40		
	65Si2MnA 70Si2MnA	≤2	420~440	20~40		
		>2	440~460	30~40		
	55CrSiA	≤2	380~400	20~40		
		>2	380~400	40~80		
奥氏体不锈钢丝	1Cr18Ni9 0Cr19Ni10 0Cr17Ni12Mo2 0Cr18Ni10 0Cr17Ni8Al	≤2 2~4 4~6	320~380 320~420 350~440	20~40 30~60 40~60	空气或水	

消应力回火温度对各种材料弹簧力学性能的影响是客观存在的。可以用回火温度对碳素弹簧钢丝、油淬火回火钢丝和 1Cr18Ni9 弹簧材料力学性能的影响加以说明，见表 11-15-4~表 11-15-6。

表 11-15-4　　回火温度对碳素弹簧钢丝材料弹簧的力学性能的影响

钢丝直径/mm	材料供应状态	各种回火温度处理 30min 后的 R_m（也可用 σ_b 表示）、R_{eL}、σ_e/MPa					
		温度	100℃	200℃	260℃	300℃	400℃
2.0	冷拉	R_m	1760	1850	1850	1750	1625
		R_{eL}	1350	1500	1600	1380	1300
		σ_e	1050	1350	1350	1200	1060

碳素弹簧钢丝在经过 280℃、20min 的回火处理后，硬度可以提高 3~4HRC。

表 11-15-5　　回火温度对油淬火回火钢丝材料弹簧的力学性能的影响

钢丝直径/mm	材料供应状态	各种回火温度处理 30min 后的 R_m（也可用 σ_b 表示）、R_{eL}、σ_e/MPa					
		温度	100℃	200℃	300℃	400℃	500℃
2.0	冷拉	R_m	1520	1550	1600	1600	1350
		R_{eL}	1400	1400	1400	1380	1200
		σ_e	1300	1300	1280	1260	1150

表 11-15-6　　回火温度对 1Cr18Ni9 材料弹簧力学性能（硬度）的影响

钢丝直径/mm	材料供应状态	用各种回火温度处理 1h 后的硬度 HRC				
		300℃	350℃	400℃	450℃	500℃
4	冷拉	46.6	48.2	48.2	48.5	47.6
6		44.0	45.5	45.1	45.3	44.9

根据试验：大多数冷加工的奥氏体不锈钢，在经过 320~440℃ 回火处理 10~60min 后，力学性能、弹性、疲劳强度和松弛性能都会得到不同的提高，其抗拉强度可以增加 10% 左右。这是因为在回火过程中有一种细微的碳化物 M23C6 在原子晶格结构中析出，使材料可以增加抗拉强度。另外，弹簧成形后通过回火处理可以减少因

为加工成形而引起的内应力，提高了耐疲劳强度。

消应力回火对拉伸弹簧的初拉力是有影响的，回火温度低，保温时间短，保留的初拉力较大，反之初拉力保留得小。表 11-15-7 列出了回火温度、时间对拉伸弹簧初拉力的残存百分比试验值。

表 11-15-7　　回火温度、时间对拉伸弹簧初拉力的残存百分比试验值

材料	回火前/%	消应力回火的参数/%				
		150℃	200℃	250℃	300℃	350℃
		15min				25min
碳素弹簧钢丝	100	88	77	68	49	32
不锈弹簧钢丝	100	94	92	88	80	74

可以根据拉伸弹簧所需要的初拉力大小，对消应力回火温度与保温时间进行调整。根据弹簧加工的需要，消应力回火有时要进行多次，为了防止材料强度降低，应注意以后的每次回火温度都要比第一次的回火温度低 20～50℃。

1.4　淬火和回火

用退火材料成形或热卷成形（材料直径、厚度较大）、热弯成形的弹簧，为了确保弹簧的强度和性能，应进行淬火和回火处理。常用弹簧材料淬火和回火处理规范可参考表 11-15-8。

表 11-15-8　　常用弹簧材料淬火和回火处理规范

牌号	淬火处理			回火处理		
	加热温度/℃	冷却介质	硬度 HRC	加热温度/℃	冷却介质	硬度 HRC
65、70、75	780～830	水或油	58	400～500	空气	42～46
T8A、T9A	780～800	水或油	60	360～400	空气	42～48
65Mn	800～830	油	60	360～420	空气	42～48
60Si2MnA	850～870	油	60	380～420	水	42～48
65Si2MnWA	840～860	油	62	430～460	水	47～51
50CrVA	840～860	油	58	370～420	水	45～51
60Si2CrVA	850～870	油	60	430～480	水	45～52
70Si3MnA	840～860	油	62	420～480	水	47～52
55CRSiA	850～880	油	58	420～460	水	45～52
3Cr13	1000～1040	油	54	480～520	水	40～46
4Cr13	1000～1040	油	54	430～480	水	45～52

注：根据弹簧性能要求和材料直径（厚度）不同，可以在表中规定的范围内选择不同的回火温度并确定回火时间。弹簧回火后的硬度一般不能超过表中的上限。

弹簧的淬火应在保护气氛炉、真空炉或盐炉中进行。回火可以在空气炉、硝盐炉或真空炉内进行。对有回火脆性的材料，例如锰钢、硅锰钢、铬硅钢等，在回火后应迅速在水或油中冷却，并立即补充进行低于 200℃ 的低温回火，以消除冷却应力。

由于合金弹簧钢含碳量比较高，又含一定的合金元素，淬火后内应力较大，容易形成淬火裂纹和放置裂纹，所以淬火后应该尽快回火。如不能及时回火，应先在低于回火温度下保持一段时间。

1.5　等温淬火

等温淬火的目的：使弹簧在获得良好的综合性能的前提下，提高微量塑性变形抗力和抗松弛性能，并减少淬火变形，可采用贝氏体等温淬火、马氏体等温淬火等方法，其中马氏体等温淬火在弹性零件中应用较多。

等温淬火后一般不需要进行回火处理，如进行补充回火，可以进一步提高弹性性能，改善综合性能。

表 11-15-9 所示为 60Si2MnA 钢等温淬火与普通淬火回火力学性能比较。

表 11-15-9　60Si2MnA 钢等温淬火与普通淬火回火力学性能比较

热处理工艺	抗拉强度 R_m/MPa	屈服强度 R_{eL}/MPa	弹性极限 σ_p/MPa	伸长率 A/%	断面收缩率 Z/%	冲击韧度 a_k/kJ·m^{-2}
290℃、450min 等温淬火	2050	1717	1373	11.0	40	49
290℃、450min 等温淬火 150℃、1h 回火	1982	1766	1570	12.0	46	59
290℃、450min 等温淬火 290℃、1h 回火	1937	1815	1648	12.5	50	49
290℃、450min 等温淬火 400℃、1h 回火	1776	1717	1570	13.5	40	37
普通油淬火后 420℃、40min 回火	1776	1648	1521	11.0	48	34

常用弹簧钢的等温淬火工艺见表 11-15-10。

表 11-15-10　常用弹簧钢的等温淬火工艺

材料牌号	淬火温度/℃	等温温度/℃	等温停留时间/min	处理后硬度 HRC
60Si2MnA	870±10	280~320	30	48~52
65Si2MnWA	870±10	280~320	30	48~52
50CrVA	850±10	300~320	30	48~52

1.6　不锈弹簧钢的热处理

1.6.1　不锈钢热处理的方法与选择

表 11-15-11　不锈钢热处理的方法与选择

不锈钢类型	热处理方法	热处理的目的
热处理可强化的钢[马氏体不锈钢、马氏体和半奥氏体(或半马氏体)沉淀硬化不锈钢，马氏体时效不锈钢等]	淬火+回火处理 淬火+中温回火处理 淬火+高温回火处理 退火处理 预备热处理(正火+高温回火) 调整热处理(固溶+时效、固溶+深冷处理或者冷变形+时效等)	提高强度、硬度和耐腐蚀性能 获得较高强度和弹性极限，对耐腐蚀性能要求不高 获得良好的力学性能和一般的耐腐蚀性能 消除加工应力、降低硬度和提高塑性 改善内部原始组织 要求得到所需要的良好的力学性能和耐腐蚀性能(沉淀硬化型不锈钢)
热处理不可强化的钢(奥氏体不锈钢、铁素体不锈钢、奥氏体-铁素体双相不锈钢)	固溶热处理 消应力回火 稳定化回火处理	消除冷作硬化，提高塑性和耐腐蚀性能 对于零件形状复杂、不适宜作固溶热处理的 对于含钛(Ti)或铌(Nb)的不锈钢，可以达到稳定的耐腐蚀性能

注：1. 固溶处理是将合金加热到高温单相区恒温保持，使过剩相充分溶解到固体中后，快速冷却，以得到过饱和固溶体的一种工艺。

2. 稳定化处理是稳定组织，消除残余应力，使零件形状和尺寸变化保持在规定的范围内而进行的一种热处理工艺。

3. 时效处理是合金零件经过固溶热处理后在室温（自然时效）或者高于室温（人工时效）下保温，以达到沉淀硬化的目的。

1.6.2　不锈弹簧钢的固溶热处理

不锈钢弹簧材料的固溶热处理温度及其力学性能和特点参见不锈钢的力学性能与用途。

1.6.3　奥氏体不锈弹簧钢稳定化回火处理

部分奥氏体不锈弹簧钢稳定化回火处理规范及设备见表 11-15-12。

表 11-15-12　　部分奥氏体不锈弹簧钢稳定化回火处理规范及设备

材料牌号	处理温度/℃	保温时间/h	设　备	作　用
1Cr18Ni9	420~450	1~2	真空回火炉或时效炉	消除应力,稳定弹簧的外形尺寸,经过稳定回火后的弹簧可以在<350℃的条件下使用
1Cr18Ni9Ti				
0Cr17Ni14Mo2	400~450	1~2		
0Cr18Ni12Mo2Ti				
1Cr18Ni12Mo2Ti				

1.6.4　马氏体不锈弹簧钢的热处理

(1) 马氏体不锈弹簧钢的预备热处理

马氏体不锈弹簧钢属于马氏体相变强化钢，其预备热处理工艺参数见表 11-15-13。

表 11-15-13　　马氏体不锈弹簧钢的预备热处理工艺

材料牌号	不完全退火			低温退火		
	加热温度/℃	冷却介质	布氏硬度压痕/mm	加热温度/℃	冷却介质	布氏硬度压痕/mm
3Cr13	800~900	随炉冷却至 600℃后出炉空气冷却	≥4.2	730~780	空气	≥4.0
4Cr13			≥4.0	730~780		≥4.0

(2) 马氏体不锈弹簧钢的淬火、回火处理

马氏体不锈弹簧钢制成弹簧后的最终热处理是淬火、回火。几种常用马氏体不锈弹簧钢的最终热处理工艺见表 11-15-14。

表 11-15-14　　常用马氏体不锈弹簧钢的最终热处理工艺

材料牌号	淬火		回火		达到的硬度 HRC
	加热温度/℃	冷却介质	加热温度/℃	冷却介质	
3Cr13	980~1050	油或空气	按需要的强度选择 200~620	油、水或者空气	48~44
4Cr13	1000~1050	油或空气	按需要的强度选择 200~640	油、水或者空气	48~52

1.6.5　沉淀硬化不锈弹簧钢的热处理

沉淀硬化不锈弹簧钢是通过马氏体相变强化和沉淀析出强化两者综合强化的，所以基本热处理工艺为固溶处理和时效处理。对于半奥氏体型钢，固溶处理后在室温下得到不稳定的奥氏体，没有完成马氏体转变，没有充分强化，因此在固溶处理的时效处理之间，增加一个调整处理，使不稳定奥氏体转变为马氏体。常用调整处理有调节处理（T 处理）、冷处理（L 处理）、塑性处理（C 处理）三种方法。

常用沉淀硬化不锈弹簧钢热处理工艺见表 11-15-15。

表 11-15-15　　常用沉淀硬化不锈弹簧钢热处理工艺

类　别	材料牌号	固溶处理		调整处理	时效处理	
		加热温度/℃	冷却介质		加热温度/℃	冷却介质
半奥氏体沉淀强化型	0Cr17Ni7Al	1040~1060	水或空气	750~770℃空冷	555~545	空气
				940~960℃空冷 -78℃冷处理	500~520	
				冷变形	470~490	
	0Cr15Ni7Mo2Al	1050~1080	空气或水	750~770℃空冷	555~547	空气
				940~960℃空冷 -78℃冷处理	500~520	
				冷变形	470~490	
	0Cr12Mn5Ni4Mo3Al	1040~1060	空气	750~770℃空冷	450~490	空气
				-78℃冷处理	510~530 550~570	

续表

类别	材料牌号	固溶处理		调整处理	时效处理	
		加热温度/℃	冷却介质		加热温度/℃	冷却介质
半奥氏体沉淀强化型	0Cr12Mn5Ni4Mo3Al	1040~1060	空气	冷变形	340~360 510~570 550~570	空气
马氏体沉淀强化型	0Cr17Ni4Cu4Nb	1020~1060	空气		450~550	空气

1.7 合金弹簧钢的热处理

当弹簧材料的截面较大或使用条件较苛刻时，碳素钢已不能满足使用要求，这类弹簧必须使用合金弹簧钢制造。在合金弹簧钢中由于添加了合金元素，不仅使淬透性增加，而且具有碳素钢所没有的宝贵性能。下面介绍常用合金弹簧钢的热处理规范。

(1) 硅锰钢的热处理

由于我国硅锰合金元素资源丰富，硅锰钢是弹簧钢应用广泛的材料之一。这类钢材具有成本低，淬透性好，抗拉强度、屈服点、弹性极限高，回火稳定性好等优点。但硅锰钢为本质粗晶粒钢，过热敏感、脱碳倾向大、易产生石墨化，所以在热处理时淬火温度不宜过高，保温时间不宜过长，以防止晶粒粗大和脱碳。常用硅锰弹簧钢的热处理工艺及力学性能见表11-15-16，不同回火温度下的硬度值见表11-15-17。

表11-15-16　常用硅锰弹簧钢的热处理工艺及力学性能

材料	淬火温度/℃	冷却剂	硬度HRC	回火温度/℃	硬度HRC	抗拉强度 R_m/MPa	屈服点 R_{eL}/MPa	断面收缩率 Z/%	伸长率 A/%
55Si2Mn	860~880	油	>58	440	47	1340	1180	>40	10
60Si2Mn	850~870	油	>60	440	48	1680	1470	44	11
60Si2MnA	850~870	油	>60	440	48	1680	1470	44	11
70Si3MnA	850~870	油	>62	430	52	1810	1620	20	5

表11-15-17　不同回火温度下的硬度值　HRC

材料	温度/℃							
	200	250	300	350	400	450	500	550
55Si2Mn	56	55	54	52	50	43	40	37
60Si2Mn	58	57	56	54	51	45	40	38
60Si2MnA	59	58	57	54	52	46	41	39

注：试件 d=8mm，硝盐炉，保温60min，±2HRC。

(2) 铬钒钢和铬锰钢的热处理

制造弹簧的铬钒钢和铬锰钢常用的有：50CrVA、50CrMn、50CrMnA、60Si2CrA、60Si2CrVA等。由于钢中含有Cr、V等元素，使钢的淬透性得到了显著的改善。同时V和Cr都是强碳化元素，它们的碳化物存在于晶界附近，能有效地阻止晶粒长大。这类钢材虽然碳含量不高，强度稍低一些，但具有很好的韧性、特别优良的疲劳性能。因此，要求高疲劳性能的弹簧，如气门弹簧、调压弹簧、安全阀弹簧多选用50CrVA。表11-15-18是50CrVA和50CrMn的热处理工艺规范和力学性能。

表11-15-18　50CrVA和50CrMn的热处理工艺规范和力学性能

钢号	淬火温度/℃	冷却剂	硬度HRC	回火温度/℃	硬度HRC	抗拉强度 R_m/MPa	屈服点 R_{eL}/MPa	断面收缩率 Z/%	伸长率 A/%
50CrVA	860~900	油	>54	380~400	45~50	>1470	>1274	>40	>8
50CrMn	840~860	油	>56	380~400	45~50	>1470	>1274	>40	>8

(3) 高强度弹簧钢的热处理

这类弹簧钢的特点是强度高、淬透性好，在油中的淬透直径都在50mm以上，用于制造工作温度在250℃以下的高应力弹簧，如气门弹簧、油泵弹簧、汽车悬架弹簧等。这类弹簧在较高温度下回火仍保持较高的强度。为获得高的强度，硬度一般在48~52HRC之间选取。高强度弹簧钢的钢号名称及热处理规范和不同回火温度下的力学性能见表11-15-19。

表11-15-19　　高强度弹簧钢热处理工艺规范和力学性能

钢号	淬火温度/℃	冷却剂	硬度HRC	回火温度/℃	硬度HRC	抗拉强度R_m/MPa	屈服点R_{eL}/MPa	断面收缩率Z/%	伸长率A/%
60Si2CrA	840~870	油	>62	430~450	48~52	>1800	>1600	>20	>8
60Si2CrVA	840~870	油	>62	430~450	48~52	>1800	>1600	>20	>8
65Si2MnWA	840~870	油	>62	430~450	51~52	>1800	≥1700	>17	>5

（4）硅锰新钢种的热处理

这类钢是在硅锰钢的基础上，结合我国的资源情况，在钢中加入了硼、钼、钒、铌等合金元素，淬透性比硅锰钢有较大的提高，直径50mm以下在油中都能淬透，脱碳和过热的倾向比硅锰钢低，韧性和疲劳性能则优于硅锰钢。现主要用于制造汽车钢板弹簧。常用的牌号有55SiMnVB、55SiMnMoV、55SiMnMoVNb。其热处理规范和力学性能见表11-15-20。

表11-15-20　　弹簧钢新钢种热处理规范及力学性能

钢号	淬火温度/℃	冷却剂	硬度HRC	回火温度/℃	硬度HRC	抗拉强度R_m/MPa	屈服强度R_{eL}/MPa	伸长率A/%	断率面收缩Z/%	冲击韧度a_k/J·cm^{-2}
55SiMnVB	860~900	油	>60	460	44~49	≥1400	≥1250	≥5	≥30	≥30
	880	油	>60	450	—	1460	1390	8	45	41
	880	油	>60	500	—	1330	1230	9	42.5	43
55SiMnMoV	860~900	油	>62	480~500	44~49	1530	1480	7.5	38	—
	880	油	>62	450	—	1505~1550	1440~1490	7.8~8.8	46.3~53.5	49~59
	880	油	>62	500	—	1408~1450	1340~1400	8.5~10	40~53	54~62
55SiMnMoVNb	860~900	油	>62	460~480	44~49	1560	1410	7	45	—
	880	油	>62	450	—	1648	1553	7	39.3	38
	880	油	>62	500	—	1535	1448	7.8	38.1	44

（5）耐热弹簧钢的热处理

这类钢的牌号有45CrMoV和30W4Cr2V等，主要用于制造汽轮机及锅炉中高温下工作的弹簧。这类材料的淬火和加热温度较高，热导率低，在高温加热之前要经过预热，一般预热温度在820~870℃，预热保温系数为0.5min/mm，在高温炉中的加热时间不宜取得过长，否则容易引起弹簧表面的氧化和脱碳。一般取10~20s/mm。45CrMoV可用于制造工作温度在450℃以下的弹簧，30W4Cr2V则可制造工作温度在500℃以下的弹簧。45CrMoV和30W4Cr2V的热处理规范及力学性能见表11-15-21。

表11-15-21　　45CrMoV和30W4Cr2V的热处理规范及力学性能

钢号	热处理状态	抗拉强度R_m/MPa	屈服点R_{eL}/MPa	伸长率A/%	断面收缩率Z/%	冲击韧度a_k/J·cm^{-2}
45CrMoV	930~960℃ 油冷 550℃ 回火	1000~1600	1460~1490	9~10	39~47	48~61
30W4Cr2V	100预热850℃ 0~1050℃ 油冷 600℃ 回火	1750~1770	1600~1610	10	39~46	74~100

（6）高速弹簧钢的热处理

在450~600℃高温条件下工作的弹簧一般用W18Cr4V高速钢来制造。这种弹簧材料以退火状态供应，卷制成形后需要淬火与回火处理。其热处理工艺是：820~850℃预热，预热的时间是加热时间的2倍，在1270~1290℃的温度加热，在580~620℃低温盐浴中分级冷却或油冷，然后在600℃进行二次回火，每次1h，或者第二次回火加热到700℃，保温2h，以提高弹簧的疲劳强度，热处理硬度为52~60HRC。

1.8 铜合金弹簧材料的热处理

1.8.1 锡青铜的热处理

锡青铜不能经热处理强化，而要通过冷却变形来提高强度和弹性性能，主要方式如下。

1）完全退火　用于中间软化工序，以保证后续工序大变形量加工的塑性变形性能。

2）不完全退火　用于弹性元件成形前得到与后续工序成形相一致的塑性，以保证后续工序一定的成形变形量，并使弹簧达到使用性能。

3）稳定退火　用于弹簧成形后的最终热处理，以消除冷加工应力，稳定弹簧的外形尺寸及弹性性能。

表 11-15-22 列出了锡青铜弹簧材料的退火规范。

表 11-15-22　　锡青铜弹簧材料的退火规范

材料牌号	完全退火		不完全退火①		稳定退火	
	温度/℃	时间/h	温度/℃	时间/h	温度/℃	时间/h
QSn4-0.3	500~650	1~2	350~450	1~2	150~280	1~3
QSn4-3	500~600	1~2	350~450	1~2	150~260	1~3
QSn6.5-0.4	500~630	1~2	320~430	1~2	150~280	1~3
QSn6.5-0.4	550~620	1~2	360~420	1~2	200~300	1~3

①不完全退火的规范可以根据弹簧后续成形的变形量来调整。

1.8.2 铍青铜的热处理

铍青铜的热处理可以分成退火处理、固溶处理和固溶处理以后的时效处理。主要方式如下：

1）中间软化退火　可以用来做加工中间的软化工序。

2）消除应力退火　用于消除机械加工和校正时产生的加工应力。

3）稳定化退火　用于消除精密弹簧和校正时所产生的加工应力，稳定外形尺寸。

表 11-15-23 列出了铍青铜弹簧材料的退火规范。

表 11-15-23　　铍青铜弹簧材料的退火规范

材料牌号	中间化退火		消除应力回火		稳定化回火(时效处理)	
	温度/℃	时间/h	温度/℃	时间/h	温度/℃	时间/h
QBe1.7	540~570	2~4	200~260	1~2	110~130	4~6
QBe1.9	540~570	2~4	200~260	1~2	110~130	4~6
QBe2	540~570	2~4	200~260	1~2	110~130	4~6
QBe2.15	540~570	2~4	200~260	1~2	110~130	4~6

表 11-15-24 列出了铍青铜弹簧材料固溶处理和时效处理的规范。

表 11-15-24　　铍青铜弹簧材料固溶处理和时效处理的规范

牌号	固溶处理		处理目的及使用范围	时效处理	
	温度/℃	厚度/时间		温度/℃	时间/h
QBe1.7	800±10	0.1~1.0mm/5~9min	晶粒易长大，适合于较厚、直径比较粗的材料	板、带、丝 315±5 直径 5~30 320±5	Y 态:1~2
QBe1.9	780±10	1.0~5.0mm/12~30min	综合性能好，用于软化处理和时效前的组织准备		Y2 态:2
QBe02.0 QBe2.15	760±10	5.0~10mm/25~30min	获得细小的晶粒组织，有利于提高弹簧的疲劳强度		C 态:2~3

注：固溶处理的保温时间对材料的晶粒度和沉淀硬化后的性能影响很大，应该按材料的直径和厚度并通过试验来确定。时效处理保温时间结束后可以在空气中冷却。

.8.3 硅青铜线的热处理

硅青铜是一种 Cu-Si-Mn 三元合金，有较好的强度、硬度、弹性、塑性和耐磨性，它的冷热加工性能也比较子。它不能热处理强化，只能在退火和加工硬化状态下使用。弹簧成形后只需要进行 200~280℃ 消应力回火处理。

1.9 高温弹性合金及钛合金的热处理

（1）高温弹性合金的热处理

高温下使用的弹性合金有铁基和镍基两大类。

① 铁基高温合金 用来制作弹簧的有 GH135、GH132 等。其中铬的作用主要是使金属表面形成一层致密的氧化膜，镍的作用是使基体保持奥氏体组织（因为在高温时奥氏体钢比铁素体钢具有更高的热强性），并与钛、铝等元素形成具有强烈沉淀强化作用的金属间化合物 γ′相 Ni3（TiAl）和 Ni3（AlTi）。钨和钼主要起固溶强化的作用，硼的作用是净化晶界，提高抗蠕变的能力。GH132、GH135 的热处理规范及不同温度下的力学性能见表 11-15-25。

表 11-15-25　GH132、GH135 的热处理规范及不同温度下的力学性能

钢号	热处理状态	试验温度/℃	动态弹性模量 E_0/MPa	抗拉强度 R_m/MPa	伸长率 A/%
GH132	985℃、8~10min 空冷 700℃、16h 空冷 （1.5~2.0mm 板材）	20	20170	1130~1230	26~29
		400	17500	1020~1100	16~20
		500	16650	1020~1100	18~19
		600	16050	920	24~26
		700	15200	—	27~37
GH135	1030℃、7min 空冷 750℃、16h 空冷 （1.5~2.0mm 板材）	20	20065	1190~1210	21~23
		400	—	1190~1270	16~19
		500	17300	1260~1270	19~20
		600	16460	1130~1150	21~24
		700	15550	87~89	13~14

② 镍基高温合金 常用的 GH169、GH145 这类材料比铁基高温合金有更高的耐热性能和耐腐蚀性能，其热处理工艺及力学性能见表 11-15-26。

高温合金主要用于制造在较高温度下使用的弹簧，高温下服役的弹簧除会发生通常的蠕变和松弛等现象外，还会由于分子热运动的加剧而导致原子间结合力下降。材料的弹性模量 E 和剪切模量 G 的数值从本质上来看是反映原子间的结合力，因此温度升高，原子间距增大，必然导致 E 和 G 值的下降。一般钢温度每升高 100℃，E 和 G 值下降 3% ~5%。因为弹簧的弹性力和转矩都与材料的弹性模量成正比，所以在高温下即使弹簧的几何尺寸不发生变化，但弹性力和转矩要低于常温时的数值。在计算时 G 值可参照表 11-15-27 进行估算。

表 11-15-26　GH169 和 GH145 的热处理工艺及力学性能

合金	热处理方法	抗拉强度 R_m /MPa	屈服强度 $R_{p0.2}$ /MPa	断面收缩率 Z /%	伸长率 A /%	硬度 HV
GH169（Inconel-718）	1000℃固溶+30%冷变形+720℃，8h；620℃，8h	1750	1650	44	11	460
GH145（Inconel-X-750）	固溶+冷拔 730℃，16h+650℃，2h（试样为 ϕ2mm 冷拔钢丝）	1770~1800	—	2~3（弯曲次数）	5.5（扭转次数）	—

表 11-15-27　不同温度下高温合金的剪切模量

温度/℃	20	100	200	300	400	500	600	700
剪切模量 G/MPa	80500	77500	74800	72400	70200	68300	65100	61900

（2）钛合金的热处理

钛合金的特点是密度小（ρ=4.4~4.6g/cm^3）、比强度高、耐腐蚀性能强，以及有较好的热强性和低温性能。

有些类型的钛合金能通过热处理时效进行强化。钛合金主要用于制造特殊用途的弹簧。常用的钛合金是 TC3（Ti-5Al-4V）和 TC4（Ti-6Al-4V）。TC3 的固溶温度为 800~850℃，TC4 的固溶温度为 900~950℃，保温时间可按下列经验公式计算：

$$T=3d+(5\sim8)\min$$

式中　d——弹簧钢丝的直径，mm。

1.10　热处理对弹簧外形尺寸的影响

经过热处理后弹簧的直径、圈数和高度都会发生变化，变化量与弹簧的材料、旋绕比和热处理的方式、温度都有密切的关系。因此在设计和制造弹簧时应该考虑这些因素。下面给出了铅淬冷拔重要用途碳素钢丝类圆柱弹簧直径收缩量 ΔD 随旋绕比 C 和回火温度 t 的变化而发生变化的经验公式：

$$\Delta D=mD \text{ 或 } \Delta D=K_t CDt$$

式中　ΔD——弹簧外径收缩量，mm；

D——弹簧外径，mm；

m——收缩量系数，按表 11-15-28 选取；

C——弹簧的旋绕比；

t——消应力回火温度，℃；

K_t——变形修正系数，按表 11-15-28 选取。

表 11-15-28 列出了碳素弹簧钢丝圆柱弹簧经过（270±10）℃回火后的缩小量系数 m 及变形修正系数 K_t 参考值。

表 11-15-28　碳素弹簧钢丝圆柱弹簧在（270±10）℃回火后的缩小量系数 m 及变形修正系数 K_t

C	4	5	6	7	8	9	10	12	14	16	18	20
m	0.004	0.006	0.008	0.010	0.012	0.016	0.018	0.021	0.024	0.028	0.032	0.030
K_t	0.003					0.0024					0.0016	

2　弹簧的强化处理

2.1　弹簧的稳定化

弹簧在理想的情况下应符合胡克定律，但由于实际弹簧钢是多相多晶体材料，必然存在成分、组织、弹性等的不一致性，在弹性范围内应力和应变偏离线性关系，产生弹性失效、弹性滞后、应力松弛、弹性模量降低等现象。弹簧回火后进行稳定化处理，可以减少这些现象的发生。

在弹簧使用前，对弹簧施加超过最大工作负荷或力矩，使其产生一定程度的永久变形以提高应力松弛抗力和耐久性的操作，叫立定处理。

弹簧立定处理的另外一种方法是：将弹簧压缩（拉伸、扭转）到试验负荷（转矩）下的高度（长度、扭转变形角）并迅速卸载，循环进行 3~8 次。弹簧的试验负荷（或试验转矩）可以按照弹簧设计的相关计算公式计算。

在应用中，一般只对有精度要求或用在比较重要场合的弹簧做立定处理。

这里介绍压缩、拉伸弹簧的试验负荷 F_s 和扭转弹簧的试验转矩 M_s 的计算方法：

① 试验负荷

$$F_s=\frac{\pi d^3}{8}\tau_s D \quad (\mathrm{N})$$

式中　τ_s——弹簧的许用试验应力，一般碳素弹簧钢丝制造的压缩弹簧的许用试验应力为（0.5~0.55）R_m；一般碳素弹簧钢丝制造的拉伸弹簧的许用试验应力为（0.4~0.45）R_m。

② 试验转矩

$$T_s=\frac{\pi d^3}{32}\sigma_s\times10^3\quad(\mathrm{N\cdot m})$$

式中　σ_s——扭转弹簧的扭转许用试验应力，一般碳素弹簧钢丝制造的压缩弹簧的许用试验应力为 $0.8R_m$。

对于压缩弹簧，当试验负荷计算值大于压并负荷时，应以压并负荷作为试验负荷。

立定处理也可以作为检查弹簧质量的一种方法。经过立定处理后的弹簧，在经过运输或者长期储存后，其尺寸可能会产生部分回弹，可在弹簧成品检查前再做一次立定处理。

在高于弹簧工作温度下的立定处理叫加温立定处理。它能保证弹簧在高温下正常工作。各种弹簧加温立定处理时的高度（扭转角）、温度和时间都应该根据弹簧的使用条件专门设定，并且要求经过反复认真的试验才能确定。

经过立定处理后，弹簧的初拉力会减少或消失，所以对于有初拉力的拉伸弹簧一般不能做加温立定处理。

2.2　强压（扭）处理

(1) 强压（扭）处理

将弹簧压缩（扭转）至弹簧材料表层产生有益的与工作应力反向的残余应力，以达到提高弹簧承载能力和稳定几何尺寸的目的，这种方法叫强压（扭）处理。

通过强压（拉、扭）处理来提高弹簧的承载能力是有条件的。在强压处理过程中，只有使弹簧材料表层产生有益的与工作应力反向的残余应力，才能获得强压的效果，并且只有在强压（拉、扭）处理时，使弹簧材料产生的残余应力及塑性变形越大，弹簧材料的弹性极限提高得越大。但是一旦超过材料的弹性极限，材料不仅会产生塑性变形，各种材料屈服极限值也有差异，许多弹簧在强压（拉）到材料的 $(0.6\sim0.8)R_m$ 就已经“完全屈服”变形了。因此必须先对弹簧进行强压设计，以确定该弹簧是否适合做强压（扭）处理。

对圆形截面材料的螺旋弹簧强压（扭）处理的应力 τ_{0Y} 或者 σ_{0Y}，应该满足以下计算式的要求：

$$\tau_{0Y}=\frac{8DF_{0Y}}{\pi d^3}>\tau_s$$

$$\sigma_{0Y}=3.2\times10^4\times\frac{T_{0Y}}{\pi d^3}>\sigma_s$$

式中　F_{0Y}——强压处理时的负荷，N；

T_{0Y}——强扭处理时的转矩，N·m。

当 $\tau_{0Y}/R_m\leqslant0.5$ 时，弹簧的强压效果很微小，弹簧的变形也很小，这种强压处理不能提高它的承载能力，仅仅起到稳定弹簧几何尺寸的作用。

当 $\tau_{0Y}/R_m>0.85$ 时，也不能取得理想的强化效果，反而使材料出现某种程度的损伤，甚至出现裂纹。因此，进行强压处理时的压（扭）应力应推荐为：

$$\tau_{0Y}=(0.50\sim0.85)R_m$$

$$\sigma_{0Y}=(0.85\sim1.10)R_m$$

强压（扭）的时间应该根据弹簧的重要程度、强压处理后要求弹簧达到的负荷大小来确定。一般情况下，τ_{0Y}/R_m 值越大、弹簧的重要程度较大、弹簧工作时承受负荷的时间越长，强压（扭）的时间也应该越长。针对一种弹簧产品，可根据试验结果来最终确定其强压（扭）时间。

为了达到弹簧的设计尺寸，在强压处理前要预先留出弹簧在强压处理时的永久变形量。影响强压处理永久变形的因素很多，例如材料的抗拉强度和弹簧的旋绕比等，所以弹簧强压处理的预制高度很难计算，可以根据经验公式进行初步估算后，再进行小批量试验，以便最后确定预制高度。

强压（扭）处理一般都安排在表面处理前的最后一道工序。

应注意的是，对于各种具有变刚度特性的弹簧，不可采用强压处理来提高其承载能力。

（2）加温强压（扭）处理

加温强压（扭）处理是指在高于弹簧工作温度条件下进行强压（扭）处理的方法。该种处理方法可以稳定弹簧的几何尺寸，并使弹簧能在高温下正常工作。各种弹簧加温强压（扭）处理时的高度（扭转角）、温度和时间都应该根据弹簧的使用条件，结合常温弹簧的强压（扭）处理方法专门设定，并且要经过反复认真的试验后才能确定。对于比较重要的、长时间在恶劣环境条件下工作的弹簧，如安全阀、航空航天器上工作的弹簧都可以采用热强压的方法来获得弹簧使用时的稳定性。

2.3 弹簧的喷丸处理

表 11-15-29　　弹簧的喷丸处理

<table>
<tr><td colspan="2">目的</td><td>弹簧喷丸处理又称喷丸强化,它是以高速运动的弹丸向弹簧表面喷射,使弹簧表面产生压缩应力,以提高弹簧的疲劳强度,改善弹簧的松弛性能,延长弹簧的使用寿命并改善弹簧耐应力腐蚀性能的一种工艺手段。另外,弹簧在制造过程中出现的一些不可避免的轻微划伤、压痕或比较轻微的脱碳等,也可在喷丸处理中得到消除或改善,从而消除或减少了疲劳源。对重要的、工作应力较高的拉伸弹簧钩环转接处进行喷丸处理,可以提高它的使用寿命</td></tr>
<tr><td rowspan="4">喷丸设备及弹丸</td><td>喷丸设备</td><td>喷丸设备主要可以分为气压式、机械离心式和机械液体式三种,其中气压式和离心式工作原理和特点见下表
喷丸设备工作原理及特点
<table>
<tr><th>类型</th><th>工作原理</th><th>用途和特点</th></tr>
<tr><td>气压式</td><td>用压缩空气喷射弹丸,气压 0.2~0.5MPa</td><td>喷丸集中,适用于形状复杂的零件,效率低</td></tr>
<tr><td>离心式</td><td>用离心力推进弹丸,转轮速度为 2200~3500r/min</td><td>适用于形状简单的零件,效率高</td></tr>
</table></td></tr>
<tr><td>弹丸</td><td>弹丸的种类有铸钢丸、铸铁丸、钢丝丸和玻璃丸,弹丸的规格为直径 0.05~0.35mm,可以根据不同的要求选择弹丸的种类和规格</td></tr>
<tr><td>试片</td><td>试片是检验喷丸质量的必要试样。试片的材料采用 70 钢或 65Mn 冷轧钢带制造。试片应经过热处理,其硬度为 44~50HRC。试片分为 N 和 AX 型两种,外形尺寸和精度可以按 JB/Z 255 的规定</td></tr>
<tr><td>支承夹具</td><td>试片支承夹具用碳素结构钢经调质制造,其外形可以按 JB/Z 255 的规定制造。支承夹具应定期检查,发现损坏要及时更换</td></tr>
<tr><td>弹丸种类及喷丸强度</td><td colspan="2">可以根据不同的弹簧钢丝直径来选择弹丸种类及喷丸强度,弹丸种类及喷丸强度按下表的规定
弹簧钢丝直径、弹丸种类及喷丸强度
<table>
<tr><th>钢丝直径/mm</th><th>弹丸种类</th><th>弹丸直径/mm</th><th>弹丸强度①f_1</th><th>说明</th></tr>
<tr><td><2</td><td>玻璃丸</td><td>0.1~0.35</td><td>0.1~0.35</td><td rowspan="4">弹簧间隙应大于 3 倍的弹丸直径
弹簧钢丝直径小于 1.2mm 及弹簧间隙比较小时,可以用湿吹砂代替喷丸</td></tr>
<tr><td>2~4</td><td>铸钢丸或钢丝丸</td><td>0.4~0.8</td><td>0.3~0.45</td></tr>
<tr><td>4~8</td><td>铸钢丸或钢丝丸</td><td>0.8~1.2</td><td>0.4~0.6</td></tr>
<tr><td>>8</td><td>铸钢丸</td><td>1.0~1.5</td><td>0.4~0.6</td></tr>
</table>
①喷丸强度 f_1 定义为弧高度曲线上饱和点处的弧高度,它是喷丸工艺参数(弹丸直径、速度、流量等)的函数</td></tr>
<tr><td>喷丸处理后的回火</td><td colspan="2">经过喷丸处理后的弹簧由于表面残余应力的存在,使自由高度变得不太稳定,另外喷丸处理后的弹簧直接进行立定处理,其变形量也比较大,所以对于精度要求较高的经过喷丸处理后的弹簧,在立定处理前可以增加一次(200±10)℃、20~30min 的低温应力回火处理,以稳定弹簧的几何尺寸</td></tr>
<tr><td>喷丸处理对弹簧其他性能的影响</td><td colspan="2">a. 经过喷丸处理后,弹簧钢丝直径产生变化,使弹簧自由高度和特性呈现下降趋势,应通过首批试验加以分析并控制
b. 喷丸处理过程中,若钢丝直径较细、弹簧外径较大,弹簧刚度较低,会产生弹簧歪斜现象,使弹簧的垂直度和直线度产生一定程度的破坏,如用修正和磨削端面来校正,会削弱喷丸强化的效果。所以,喷丸处理不适合垂直度和直线度要求比较高的弹簧
c. 在热状态下工作的弹簧不适合做喷丸处理,这是因为经过喷丸处理所产生的表面压缩强化残余应力在热温度情况下会逐渐消除,并且随着温度的升高而全部消失
d. 经过喷丸处理后,对弹簧再进行表面氧化处理,可使弹簧的疲劳循环次数比不氧化处理的弹簧显著减少,所以要合理地采用喷丸处理</td></tr>
</table>

3 弹簧的表面处理

弹簧的腐蚀是由于弹簧表面的金属原子变化或电子得失变成离子状态。为了防止弹簧在制造、存放、使用等过程中遭到周围介质的腐蚀，需要对弹簧进行防腐蚀处理，以保证弹簧的稳定性和使用寿命。

弹簧的腐蚀分类可参考表 11-15-30。

为了防止弹簧的腐蚀破坏，一般应对弹簧实行表面处理，即在弹簧表面覆盖一层保护层。表 11-15-31 列出了工程中常用的保护层。

弹簧的表面处理，不管其保护层的类型如何，都应该包括两个工序：表面处理前的预处理和表面处理。

表 11-15-30　弹簧腐蚀分类

类型		作用机理	常见的表现形式
按照反应类型	化学腐蚀	弹簧表面金属只单纯与周围介质发生化学反应,致使弹簧腐蚀	例如弹簧在大气中因为氧化作用而在其表面生成氧化膜,以及弹簧在非电解质液体中与该液体或该液体中的杂质发生化学变化等,都属于化学腐蚀
	电化学腐蚀	弹簧与电解质溶液接触,由于微电池的作用而产生的腐蚀	弹簧与酸性或盐性电解质溶液接触,在弹簧表面形成电位差不同的电极以致弹簧不断受到电解腐蚀;若弹簧处在潮湿大气中,大气中的腐蚀性气体(如二氧化硫、硫化氢等)溶解于弹簧表面上的水膜或水珠中形成电解质,再加上弹簧金属的杂质或缺陷亦可以形成电位差不同的电极,弹簧亦产生电解腐蚀
按照工作环境	介质腐蚀	由于弹簧与电极电位不同的金属长期接触,而引起的腐蚀	是一种局部腐蚀
	接触腐蚀	弹簧端部与其他金属相接触部分的腐蚀	在接触部分产生腐蚀
	应力腐蚀	是在应力和腐蚀介质联合作用下产生的一种腐蚀	往往在拉应力较大的截面产生裂纹并逐渐扩展,而导致弹簧断裂。应力腐蚀的程度与弹簧材料及其周围介质的种类关系很大

表 11-15-31　工程中常用的弹簧保护层

保护层名称	获得方法	作用	常用保护层
化学保护层	利用化学反应的方法	使弹簧表面生成一层致密的保护膜,以防止弹簧腐蚀	表面氧化处理(也称发蓝或发黑)和磷化处理
金属保护层	一般用电镀方法获得	电镀保护层不但可以保护弹簧不受腐蚀,同时还能起装饰作用。有些电镀金属保护层还能改善弹簧的工作性能,如提高表面硬度、增加耐磨能力、提高热稳定性、防止射线腐蚀等	镀锌层和镀铬层
非金属保护层	在弹簧表面浸涂或喷涂一层有机物或矿物质	防止弹簧产生锈蚀或其他腐蚀	油漆、沥青、涂料、润滑油、塑料、石蜡等
暂时性保护层	在加工过程中或存放过程中获得	防止弹簧在加工过程中的工序间或仓库存放时被腐蚀	浸蜡、涂防锈水、包防锈纸或可剥性塑料等

3.1 表面预处理

弹簧表面预处理的目的是清洁弹簧表面，保证产品外观及保护层与弹簧表面金属的牢固结合。弹簧表面预处理的质量，对于保证弹簧表面处理的质量及保护层的质量，都是至关重要的。

弹簧表面预处理一般包括去污和去铜两个方面。

（1）弹簧表面的去污处理

在弹簧表面存在的油污或锈斑会影响表面保护层与基体金属的结合力，尤其对电镀覆盖层影响更大，会造
镀层结合不牢；油污或锈斑还会污染电解液，影响镀层结构。因此，必须在表面处理之前进行去油或去锈处理
常用的方法如下：

1）化学清洗　应用非常广泛，利用此法可以有效地清除弹簧表面的油脂、氧化物及其他污垢。化学清洗
为化学去油和化学去锈。前者是利用有机溶剂或碱性溶液将油污清洗干净；后者则是通过酸的腐蚀作用来清除
锈及其他污垢。

2）弹簧表面的机械清除　常用的机械去污法包括喷砂、滚光、刷光等。

（2）弹簧表面的去铜处理

冷拔弹簧钢丝，其表面往往有一层接触铜，这层铜层与钢丝表面接触不牢，妨碍表面处理的保护层与钢丝
面的牢固结合。因此，在表面处理前，应该进行去铜处理。去铜时，一般在室温下采用下列溶液：

铬酸（或铬酐）　250~300g/L

硫酸铵（或硫酸）　80~100g/L

弹簧表面去铜处理工艺可参照表 11-15-32 中的方案 2 进行。

表 11-15-32　化学清洗的原理、方法及程序

<table>
<tr><td rowspan="3">化学去油</td><td>原理</td><td>工业上的油脂按其来源可分为动、植物油和矿物油。动、植物油又称皂化油，矿物油又称非皂化油。这两类油脂只能用有机溶剂（煤油、汽油、酒精等）或碱性溶液清洗掉。工厂中常用的有机溶剂为汽油，碱性溶液的去油原理有两方面：皂化作用和乳化作用
皂化作用是指皂化油（动、植物油）在碱液作用下分解，生成易溶于水的肥皂和甘油，因而油污被去除
乳化作用是指非皂化油在弹簧表面形成的油膜，当浸入碱性溶液时，就破裂而成为不连续的油滴，黏附在弹簧表面。溶液中的乳化剂起着降低油、水界面张力的作用，减少了油滴对弹簧的亲和力，因而使油滴进入溶液中。同时，乳化剂在油滴进入溶液时，吸附在油脂小滴的表面，不使油滴重新聚集再污染弹簧表面
加温和搅拌会加速上述过程，增强脱脂效果</td></tr>
<tr><td>化学脱脂溶液</td><td>化学脱脂溶液的成分含量允许变化范围较宽，一般无严格要求。苛性钠的含量太低会使脱脂效率低，太高会使肥皂的溶解度减小，也会降低脂脱效果。对钢弹簧来说，苛性钠的含量一般都应控制在 50~100g/L；对于铜及铜合金弹簧，考虑到腐蚀性，一般都控制在 20g/L 以下。为了稳定溶液，控制苛性钠的含量变化，一般都加有磷酸钠和碳酸钠等盐类。它们水解生成碱，可补充苛性钠的含量，其含量都比较高，大多在 50g/L 以上。为了使油脂便于从弹簧表面掉下来，在脱脂溶质溶液中添加表面活性物，即乳化剂。可用的乳化剂有水玻璃、肥皂、糊精、明胶、水胶等，常用的大多为水玻璃。但乳化剂的含量也不宜太高，否则，若清洗不净，会在酸液中形成不易去除的硅胶，影响镀层质量。推荐的脱脂溶液成分见下表
化学去油配方及工艺条件
<table>
<tr><td rowspan="2">溶液成分及工艺条件</td><td colspan="2">含量/$g \cdot L^{-1}$</td></tr>
<tr><td>对于钢弹簧</td><td>对于铜及铜合金弹簧</td></tr>
<tr><td>苛性钠（NaOH）</td><td>30~50</td><td>10~15</td></tr>
<tr><td>碳酸钠（Na_2CO_3）</td><td>20~30</td><td>20~50</td></tr>
<tr><td>磷酸钠（Na_3PO_4）</td><td>50~70</td><td>50~70</td></tr>
<tr><td>水玻璃（Na_2SiO_3）</td><td>10~15</td><td>5~10</td></tr>
<tr><td>OP 乳化剂</td><td>—</td><td>50~70</td></tr>
<tr><td>温度/℃</td><td>80~100</td><td>70~90</td></tr>
<tr><td>时间（除净为止）/min</td><td>20~40</td><td>15~30</td></tr>
</table></td></tr>
<tr><td>方法</td><td>如果弹簧表面既有皂化油污，也有非皂化油污，则去油溶液可不加乳化剂，因为碱和动、植物油起皂化反应时生成的肥皂本身就是乳化剂
对于小型螺旋弹簧（如材料直径从 0.2~1.5mm），最好使用汽油等有机溶剂进行脱脂处理。否则，如果有矿物油时，仅用碱性溶液就不大容易把油脂除干净
对于材料截面较大的螺旋弹簧，可以使用比例适当的热脱脂溶液进行脱脂处理
脱脂后，应把残余的污染物、肥皂液和乳化剂彻底地从弹簧表面清洗掉。这时可把弹簧先放在流动的热水中，然后放在流动的冷水中进行清洗。对于非皂化油，需用热水将脱脂后留下来的乳化油完全清除干净</td></tr>
</table>

续表

<table>
<tr><td>化学去锈</td><td>酸洗法的原理是:利用酸的腐蚀作用,将弹簧表面的锈皮溶解和剥离掉,酸的浓度因金属而异。一般采用硫酸或盐酸进行酸洗去锈。去锈往往在脱脂之后进行
硫酸或盐酸在与所处理的金属表面起作用时,会同时发生两种化学溶解,即在氧化铁溶解时,所清洗的金属基体也会部分溶解;同时会产生氢,扩散到金属表面
一般来说,在相同的条件下,利用低浓度的酸进行酸洗时,氧化铁在硫酸中较易溶解,而氧化铁和金属本身,则在盐酸中较易溶解。但是,随着浓度的提高,氧化铁在盐酸中的溶解度又比在硫酸中高。相反,金属本身在盐酸中的溶解度又比在硫酸中低。因此,最好在盐酸中进行酸洗,以免金属在酸蚀后脆化
酸洗去锈的时间取决于酸性溶解液的温度及酸洗的条件。随着酸性溶液温度的提高,酸洗时间相应减少。但切勿随意提高酸液温度,因为在高温之下,会使酸性的弹簧材料大量损耗,并产生大量氢气。盐酸的温度一般不超过 40℃,硫酸的温度为 50~60℃
有时,为了清除金属氧化物,可使用硫酸氢钠溶液,其酸洗的速度比硫酸溶液慢一些。在实际使用中,硫酸氢盐能很好地与氧化物起反应并使之溶解,但是会产生弹簧的氢脆现象,特别是对于用高强度钢丝卷制的小型弹簧(如截面直径 1mm 左右),氢脆现象更为显著。为了防止产生氢脆和过腐蚀现象,往往在酸性液中加入缓蚀剂,以隔离酸性液与金属的接触,防止发生过腐蚀和氢脆现象;另外,缓蚀剂不在氧化皮上吸附,故不会妨碍去锈过程。缓蚀剂一般为有机化合物及其磺化产物,例如:食盐、乌洛托品、石油磺酸等。缓蚀剂的加入量一般都很少;使用缓蚀剂需要注意其使用范围和使用温度等
用硫酸或者盐酸对弹簧进行酸洗时,应以金属氧化物被溶解,而且放出的氢最少为目的。为了避免弹簧渗氢,不论是否加缓蚀剂,都应避免弹簧在高浓度的酸洗液中清洗。对截面较小的弹簧,一般只在所用酸的浓度不大及持续时间短暂时进行酸洗</td></tr>
<tr><td>弱酸洗</td><td>在弹簧表面预处理的工序之间,难免在空气中的氧气和其他氧化剂的作用下,又形成微薄的氧化层,因此,在表面处理之前,往往经过一道弱酸洗工序
与普通酸洗相比,弱酸洗的酸洗浓度以及处理时间稍有不同。一般弹簧的弱酸洗是用化学方法在弱酸性溶液中进行的,持续时间往往不到 1min
弱酸洗后,先将弹簧放在微弱的温水中清洗,并在流动的冷水中清洗,随后应及时进行电镀处理或其他表面处理</td></tr>
<tr><td>化学处理程序</td><td>弹簧表面预处理的质量,不仅取决于清洗的仔细程度,而且在很大程度上取决于清洗用水的纯度。在实际工作中,有时出现这样一种情况,即由于清洗用的水被少量油质或小的有机物微粒所污染,结果镀层发生脱落,使弹簧报废
如果是脱脂后的弹簧,则最好把弹簧放在 80~100℃ 的干净热水中清洗,这将有利于溶解并清除油脂及溶剂
如果是酸洗去锈后的弹簧,则其后的清洗可在流动的冷水中进行。因为一般来说,只有使用碱性溶液处理后,才可用热水进行迅速清洗
用水清洗的次数,可根据具体情况确定,但不得少于三次。清洗的水应可流动,并按规定时间予以更换:冷水每小时换三次,热水每小时换两次
最后一个水池中的水,应严格控制其纯度,并应抽样检查。检查时可用酚酞试验,此时不得出杂色
下表是实际中常采用的三种弹簧表面的预处理程序,可根据实际情况选用
<table>
<tr><th>序号</th><th>方案 1</th><th>方案 2</th><th>方案 3</th></tr>
<tr><td>1</td><td>弹簧装框</td><td>弹簧装框</td><td>弹簧装框</td></tr>
<tr><td>2</td><td>在汽油中脱脂两次</td><td>在碱溶液中脱脂</td><td>在汽油中脱脂两次</td></tr>
<tr><td>3</td><td>在碱灰溶液中清洗</td><td>在水中清洗两次</td><td>在碱灰溶液中清洗</td></tr>
<tr><td>4</td><td>在水中清洗两次</td><td>在铬酐(CrO_3)和硫酸溶液中去铜</td><td>在 60~100℃ 的热水中清洗</td></tr>
<tr><td>5</td><td>在盐酸溶液中弱酸洗</td><td>在碱溶液中脱脂</td><td>在硫酸氢钠溶液中进行弱酸洗</td></tr>
<tr><td>6</td><td>在水中清洗两次</td><td>在水中清洗两次</td><td>在水中清洗两次</td></tr>
<tr><td>7</td><td></td><td>在盐酸溶液中弱酸洗</td><td>在维也纳石灰溶液中清洗</td></tr>
<tr><td>8</td><td></td><td>在水中清洗两次</td><td>在水中清洗两次</td></tr>
<tr><td>9</td><td></td><td></td><td>在盐酸及硫酸中进行弱酸洗</td></tr>
<tr><td>10</td><td></td><td></td><td>在水中清洗两次</td></tr>
</table></td></tr>
</table>

表 11-15-33　常用的机械去污法

方法	说明
喷砂处理	喷砂处理是指利用专门设备,在压缩空气的压力下,将硅以很大的速度从喷嘴中射向弹簧表面。所用的砂粒直径和空气压力视具体的弹簧材料和大小而定。当砂粒有力地撞击弹簧表面时,可将全部污物清除掉,并形成很均匀的粗糙表面。这种均匀的粗糙表面对喷漆和磷酸盐处理(磷化)很有帮助,因为它使保护层与基体金属结合得更牢

续表

方法	说明
喷砂处理	喷砂处理对清除大型弹簧的铁锈、毛刺、尘土及黏附的其他颗粒等颇有效果。一般用于经过淬火处理的弹簧的除污处理。但是需要注意的是,对于大多数弹簧(特别是小型弹簧),最好不用喷砂的方法进行清洗。因为使用这种方法时,会使弹簧表面的一些地方脱落,从而减少了弹簧材料的截面尺寸。此外,喷砂处理是在 0.196~0.392MPa 的气流压力作用下,将砂粒喷射到弹簧表面,它会引起弹簧形状的改变,并使砂粒嵌在弹簧圈的间隙处,难以获得高质量的保护层 经过喷砂处理的弹簧,应及时进行表面处理。不能及时进行表面处理时,要采取临时性防护措施,可放在碳酸钠或亚硝酸钠溶液中保存
滚光处理	滚光处理是把弹簧放入盛有磨料和脱脂溶液的多边形滚筒内,利用滚筒转动时弹簧与磨料之间的摩擦,进行磨削、整平和去掉弹簧表面上的毛刺及锈垢。该处理方法特别适合于经过淬火处理的小型弹簧(如片弹簧等)。滚光有干法和湿法之分。干法滚光时,常使用砂子、金刚砂、木屑及皮革等。湿法滚光时,常用锯末、硅、苏打水、肥皂水或煤油等 与其他机械零件不同,弹簧易于变形,故弹簧的滚光配料成分一般软状材料的比重大些,如有的弹簧厂对小弹簧的滚光料为棉籽 60%~80%,锯末(或谷壳、皮革角料)15%~18%,油酸 1%~2%及少量其他成分 滚筒的转速一般为 15~50r/min。转速太高时,由于离心力大,弹簧随着滚筒转动,不能与磨料充分摩擦,起不到滚光效果;转速过低则导致效率低。滚光时间视弹簧类型、装料多少、滚筒转速及磨料成分而定,一般应以达到滚光要求为原则
刷光处理	刷光处理是在装有刷光轮子的抛光机上进行的。利用弹性很好的金属丝的端面侧峰切刮弹簧表面的锈皮、污垢等。它适合于对片类弹簧的清理。常用的刷光轮一般由钢丝、黄铜丝、青铜丝等材料制成。刷光轮的转速一般在 1200~2800r/min。对于某些大型弹簧,也可由人工用钢丝刷子来进行污垢等的清除工作

3.2 弹簧表面的氧化处理

弹簧的氧化处理(又称为发蓝、发黑、煮黑等)主要用来防止弹簧腐蚀,同时也使弹簧外观光亮。氧化处理方法有:碱性氧化法、无碱氧化法和电解氧化法。

弹簧的氧化处理常为碱性氧化处理,是在含有氧化剂(如亚硝酸钠等)的苛性钠溶液中进行的。当溶液接近沸点时,弹簧表面的铁被溶解,并生成铁酸钠和亚铁酸钠,再由亚铁酸钠与铁酸钠相互作用生成磁性氧化铁(Fe_3O_4),即氧化膜,厚度为 0.5~1.5μm。氧化膜的颜色取决于弹簧材料的种类及弹簧表面的状态,一般呈黑色、蓝黑色或棕褐色。碳钢制造的弹簧黑色较浓,而硅锰钢弹簧则呈棕褐色。

氧化膜的色泽美观,有较大的弹性及润滑性能,可用肥皂液浸渍和进行涂油处理。

(1) 氧化处理溶液的配方和配制

碱性氧化物处理一般分一次氧化处理和两次氧化处理。碱性氧化处理的配方和工艺条件见表 11-15-34。配制溶液时,首先按照氧化槽的容积,将应配的苛性钠(氢氧化钠)捣成碎块,加入氧化槽中,加入约 2/3 容积,并搅拌至溶解。再将所需的亚硝酸钠慢慢加入槽中,搅拌促其溶解,并加水至要求容积。

表 11-15-34　碱性氧化处理的溶液配方和工艺条件

溶液成分或工艺参数	一次氧化处理/$g \cdot L^{-1}$	两次氧化处理/$g \cdot L^{-1}$	
		第一次	第二次
苛性钠(NaOH)	550~560	550~600	700~800
亚硝酸钠($NaNO_2$)	100~150	80~100	150~200
温度/℃	135~142	130~150	140~150
时间/min	30~60	10~15	30~45

(2) 弹簧表面碱性氧化处理的工艺规范

为了提高氧化膜的抗蚀能力,通常将氧化过的弹簧浸入肥皂或重铬酸盐溶液里进行填充,使氧化膜松孔填充或钝化,然后用机油、锭子油、变压器油等,将松孔填满。氧化过的弹簧常用 5%~10%的肥皂溶液进行处理,温度为 80~90℃,时间为 3~5min,也不发生氢脆现象,且价廉、生产效率高,故广泛可采用重铬酸钾质量分数为 3%~5%的溶液进行处理用作弹簧的表面保护层。

由于氧化膜的抗蚀性能和耐磨性能比其他化学膜低,为了提高氧化膜的抗蚀能力和润滑性能,可在氧化处理后增加磷酸盐处理,或将氧化处理后的弹簧在 90~95℃中保温 10~15min。

钝化或皂化的弹簧须用温水洗净，吹干或烘干，然后浸入105~110℃的锭子油中处理5~10min，取出停放0~15min。

碱性氧化处理的工艺规范见表11-15-35。

表11-15-35　　碱性氧化处理的工艺规范

工序号	工序名称	溶液组成		工艺条件		备注
		成分	含量/g·L^{-1}	温度/℃	时间/min	
1	化学脱脂	苛性钠 碳酸钠 水玻璃	90~100 20~30 10~20	80~100	15~25	
2	热水洗	—	—	80~90	—	
3	酸洗	硫酸 盐酸	100~200 50~100	室温 —	根据表面 状态决定	表面清洁无锈蚀的弹簧可以不酸洗
4	冷水清洗	—	—			
5	化学退铜	铬酐 硫酸铵	250~300 80~100	室温	铜层去净为止	无铜层的零件不进行清洗
6	冷水清洗	—	—	—	—	
7	中和	碳酸钠	20~30	60~80	—	
8	冷水清洗	—	—	—	—	
9	氧化处理	苛性钠 亚硝酸钠	见表11-15-34	见表11-15-34	见表11-15-34	
10	回收	—	—	—	—	
11	热水洗	—	—	80~90	—	
12	皂化	肥皂	10~20	60~80	1~2	
13	检查	—	—	—	—	按检验规程
14	浸油	AN32	—	110~120	5~10	
15	排油	—	—	—	—	

注：在进行氧化处理时，为保证表面质量，应注意如下事项：

① 弹簧在进行氧化处理前，必须将表面的油污、氧化皮及热处理盐渣等去除干净。

② 弹簧表面的接触镀铜层，必须事先在去铜槽中将铜去除并清洗干净，方可进入氧化槽。

③ 铜及铜合金弹簧不能进入氧化槽。

④ 氧化处理用的吊筐或挂钩不准用铜及铜合金材料制作，亦不准用铜焊。

⑤ 弹簧在浸油前必须换专用浸油筐，并通过检查确认弹簧合格后浸油。

⑥ 为使弹簧表面的氧化膜均匀，在可能的情况下应将弹簧按一定规则（最好是垂直位置）装筐，或者在氧化过程中，在换筐槽倒筐1~2次，以消除弹簧相互接触处无氧化膜或氧化膜很薄的弊病。

⑦ 浸油槽应在规定的油温下进行的，并须在泡沫基本消除后方可出槽。

⑧ 皂化槽应及时补加肥皂，并注意不使溶液泡沫基本消除后方可出槽。

⑨ 清洗用水最好是流动的水，并应该保持液面稳定及规定时间换水。

（3）弹簧表面氧化处理常见问题的分析

虽然碱性氧化处理工艺配方简单，但是在弹簧的生产实践中，往往出现氧化膜质量不稳定的现象，现将有关问题综述如下：

1）碱性氧化处理是在较高温度下进行的，同时一般都在溶液沸腾的状态下，溶液沸点温度的高低主要取决于苛性钠的含量，因此测量溶液温度基本上掌握了苛性钠的浓度。一般在操作中待溶液沸腾后首先测量温度，温度符合要求时零件方可下槽。

2）苛性钠的浓度基本上用测量温度的方法加以控制，而氧化剂（亚硝酸钠或硝酸钠）含量的多少是根据下槽后氧化膜的现象来调整的，如氧化膜呈黄绿色则证明氧化剂过多，如氧化膜薄或发花则表示应稍补加氧化剂。一般不应使氧化剂过量，这样容易调整。

3）要获得质量优良的氧化膜，先决条件是氧化处理前去铜、酸洗、脱脂等工序必须进行彻底，须将弹簧零件表面锈蚀、氧化皮、油污、热处理的盐渣、表面接触铜层彻底清理干净，因此酸洗等溶液应经常调整更换。

4）槽底沉渣必须及时打捞出槽以免沉聚于弹簧表面，形成红色挂霜。

5）有些厂在氧化溶液中添加黄血盐（亚铁氰化钾）以消除氧化膜发红现象，这种的办法虽然有立竿见影的效果，但并未从根本上解决问题，工作1~2槽后氧化膜颜色仍然出现发红现象，而且氰化物对环境造成污染建议不使用。

6）氧化槽不应由槽底加热，这样容易将槽底沉渣浮起，使氧化膜质量变坏，建议采用管状电加热器，或蛇形蒸汽管（蒸汽压力不小于0.588MPa）安装于氧化槽的两壁或四壁，而且加热管下端至少距离槽底100mm左右，这样不容易使沉渣浮起。弹簧氧化处理常见缺陷及消除方法见表11-15-36。

表11-15-36　弹簧氧化处理常见缺陷及消除方法

缺陷现象	产生原因	消除方法
氧化膜色泽不均、发花	①酸洗不彻底，部分表面有氧化皮 ②碱含量低，温度低 ③氧化时间短 ④表面铜层未除尽	①继续酸洗 ②补加碱，升高温度 ③延长时间 ④退除氧化膜后再去铜
表面有红色挂霜	①碱含量高 ②温度过高 ③槽底沉积多 ④零件氧化皮未酸洗干净	①加水稀释溶液 ②降低温度 ③打捞沉渣 ④退除后重新酸洗
表面发绿	①亚硝酸钠含量高 ②亚硝酸钠与碱的比例失调	①稀释溶液补加碱 ②调整比例
抗蚀性达不到要求	①溶液浓度低 ②溶液温度低	①浓缩溶液 ②升温
氧化膜表面有白霜	①肥皂水质硬 ②氧化液清洗不净	①更换肥皂液 ②加强清洗

（4）弹簧表面的常温氧化处理

传统的氧化处理是需要加温进行的。近年来，有些厂家使用常温氧化剂，它克服了传统工艺的缺陷，节约了大量能源。

氧化剂为蓝绿色的均匀清晰溶液，不易燃、无臭。工作液由原液和自来水组成，钢弹簧发黑常用的稀释比为(1∶5)~(1∶7)。

氧化处理的装置较简单，少量工件发黑时，可用塑料桶，大量工件发黑时，可用玻璃纤维或塑料制的槽，吊装工作用的滚桶、吊篮等也应用塑料制成，优先采用聚丙烯塑料。上封闭剂的槽可用钢板制成。

采用氧化剂进行发黑处理的工艺大体上分为三部分：预处理、发黑处理和封闭处理（后处理），见表11-15-37。

表11-15-37　发黑处理的工艺过程

工艺	说明
预处理	预处理的方法与常规氧化处理的预处理相同，但预处理的好坏是常温发黑质量得以保证的关键，一定要彻底去油、除锈、清洗干净
发黑处理	常温氧化时间为2~5min，将工件浸入已配置的工作液中，在工件表面有一种自动催化的连续沉积反应，溶液中黑色金属成分被还原和沉积在表面上。为了使槽也能连续使用，氧化液还不断地循环过滤，以除去在氧化过程中产生的不溶性副产品。氧化过程中，要注意不断补充新鲜的原液，每次补充的量为开始投入量的1/4~1/3
封闭处理	封闭处理是将已发黑并用冷水充分清洗的工件浸入脱水防锈油1min，浸入时要抖工件，以使脱水充分，浸油均匀

脱水防锈油能去除金属表面的水膜，并在其表面附着一层防锈油膜而保护金属不受腐蚀。除作上述封闭处理外，也可用于工序间防锈等。

常温氧化处理后的工件表面能产生一层可以擦去的黑色粉末状薄膜，这并不影响氧化质量。一般除了检查需要外，这层粉末薄膜并不要求擦去，内层发黑膜的牢固度和致密性也随着存放时间而增加。工件发黑后经水洗和封闭处理，在3~4天内，不要用手去擦拭。

氧化膜的质量检查大致与常规方法相同。两者之间的抗蚀性能比较，还需要经不断的实践后，作出客观的评价。

（5）弹簧表面氧化处理的质量检验

弹簧表面氧化处理的质量检验，除对各槽液成分及氧化工序进行检验外，还要检查弹簧的外观和氧化膜的抗腐蚀能力。

外观检查及抗蚀性检查应在皂化后浸油前同时进行。一般对每筐（或挂）弹簧均匀抽样检查。两项检查合格后，方能允许浸油。

外观检查应在光线充足的条件下进行（用眼睛观察）。氧化膜应符合下列要求：

1）氧化膜应呈均匀的黑色或蓝黑色（但弹簧垫圈氧化膜的颜色允许呈黑灰色）。

2）不允许有红色挂霜。

3）不允许有发花及没有氧化膜部位。

4）不允许有未清洗干净的盐迹。

在外观检查时，如果只有不多于2%的弹簧不合乎上述要求，可准予通过。

抗蚀性检查可采用浸泡法或滴液法。

有时，在进行弹簧氧化膜抗蚀性检查的同时，还应再进行中和性检查，即检查弹簧表面是否有未洗掉的碱液。检查的方法是：先把弹簧放在蒸馏水中煮10~12min，然后在煮过弹簧的水溶液中加上酚酞溶液，如果未出现粉红色，就表明弹簧是中性的，即没有残余碱性成分。这说明弹簧的清洗质量好。

为保证氧化膜的质量，应定期对氧化槽的溶液成分进行化学分析，以保持应有的成分比例。

对于不合格的氧化层，可用质量分数为10%~15%的硫酸或盐酸溶液来清除，但切忌产生过腐蚀现象。

3.3 弹簧表面的磷化处理

弹簧在含有锰、铁、锌的磷酸盐溶液中进行化学处理，使表面生成一层磷酸盐或磷酸氢盐的结晶膜层的方法，称为磷化处理。

经过磷酸盐处理后，弹簧表面就生成了具有晶粒结构的磷酸盐保护层。保护层的外形、构造与性质，取决于磷酸盐处理溶液的酸度及其温度。如果温度低或酸度较高，则所得的磷酸盐保护层将是粗糙而不光滑的，即是粗晶结构的保护层。相反，在磷酸盐处理过程中，如果酸度较弱，而且把溶液温度严格控制在一定范围（96~99℃）内，则由于铁盐在溶液中的浓度比较低，这时得到的保护层就具有微晶结构，摸起来是光滑的，但不具有光泽。

磷化膜的外观呈暗灰色或灰色，不甚美观。但是，它具有显微孔隙，对油漆及油类有很好的附着力。所以，为了提高磷化处理保护层的抗蚀能力，弹簧表面在磷化处理后，一般应再涂上各种各样的油漆、涂料或黄油，也可为了美观，涂一定的着色剂。

磷化膜的厚度远远超过了氧化膜的厚度，其抗蚀能力为氧化膜的2~10倍以上。磷化膜的厚度与磷化溶液的成分和规范有很大的关系。它的厚度一般为5~15μm，但是对改变弹簧材料的截面尺寸影响甚微，因为在磷化膜生成的同时，基体金属表面也部分溶解在磷化溶液中。

磷化膜在一般大气条件下以及动、植物、矿物油类中均较稳定，在某些有机溶剂中（如苯、甲苯等），也较稳定。因此，在上述介质中工作的弹簧，也可采用磷化膜做保护层。但是，磷化膜在酸、碱、海水、氨水及蒸汽的侵蚀下，不能防止基体金属的锈蚀，若在磷化表面浸漆、浸油后则抗蚀能力会大大提高。

磷化膜在400~500℃的温度下，可经受短时间的烘烤。过高的温度可以使磷化膜的抗蚀能力降低。因此，某些在高温下工作的弹簧（如炮弹发射部分的弹簧）都采用磷化处理。

磷化膜的缺点是硬度低，机械强度弱、有脆性。经磷化处理的钢片，弯曲变形180°时，常常有细小裂纹出现。另外，在磷化处理中会产生大量氢气，因此，经磷化处理后的弹簧具有氢脆现象，一般应经过去氢处理。

磷化处理所需的设备简单、操作方便、成本低、生产效率高，再加上磷化膜的上述特点，因此，它也是弹簧表面处理的常见方法之一。

（1）磷化溶液的配方及工艺条件（表11-15-38）

表11-15-38　常用的高温和中温磷化液的配方及工艺条件

名称	高温磷化			中温磷化		
	1	2	3	1	2	3
磷酸二氢锰铁盐/$g \cdot L^{-1}$	30~40	—	30~40	30~45	—	30~40
磷酸二氢锌/$g \cdot L^{-1}$	—	30~40	—	—	30~40	—

续表

名称	高温磷化			中温磷化		
	1	2	3	1	2	3
硝酸锰/g·L⁻¹	15~25	—	—	20~30	—	—
硝酸锌/g·L⁻¹	—	55~65	30~50	100~130	80~100	80~100
亚硝酸钠/g·L⁻¹	—	—	—	—	—	1~2
溶液温度/℃	94~98	88~95	92~98	55~70	60~70	50~70
处理时间/min	15~20	8~15	10~15	10~15	10~15	10~15
总酸度/点①	36~50	40~58	48~62	85~110	60~80	60~80
游离酸度/点①	3.5~5	6~9	10~14	6~9	5~7.5	4~7

①总酸度和游离酸度的“点”，是分析总酸度与游离酸度时，消耗0.1mol/L氢氧化钠溶液的毫升数，即中和磷化溶液酸度需要多少毫升的0.1mol/L氢氧化钠溶液，就是酸度的点数。

（2）弹簧表面磷化处理的工艺规范

磷化处理的工艺规程由三大部分组成：预处理、磷化处理和补充处理。

磷化处理的预处理，除必须进行脱脂、去锈外，对于不需要去铜的弹簧还需进行铬酸酸洗，并在磷化处理前，经中和处理。

铬酸酸洗也叫铬酸去渣。因钢弹簧用硫酸清洗后，使金属表面附上碳化物和杂质。因此可在质量分数为20%~25%的铬酸、质量分数为1%~2%的食盐和质量分数为1%~3%的硫酸混合溶液中除去渣子及碳化物。在铬酸中去渣后，会使金属表面形成钝化层，必须在质量分数为12%~18%的盐酸溶液中进行弱腐蚀，以除去金属表面的钝化层。

中和处理的目的是中和掉经酸洗后，留在金属表面的残酸。可在质量分数为1.5%~3%的碳酸钠和质量分数为0.5%~1%的肥皂溶液中进行处理。同时，在处理中，弹簧表面吸附一层脂肪皂化膜，它有利于生成细小的晶核，促使磷化膜变得致密均匀。磷化后，这层皂化膜仍伏在磷化膜的松孔里，可提高磷化膜的抗蚀能力。当溶液里碳酸钠含量和温度高时，皂化膜变薄，肥皂含量高时，皂化膜变厚。磷化处理的工艺规范可参考表11-15-39。

磷化后的弹簧，应进行补充处理，补充处理应根据弹簧的使用环境而定。如为了提高磷化膜的抗蚀能力，可将弹簧用净水洗后，放置在温度为80~95℃、质量分数为0.2%~0.4%的碳酸钠和质量分数为3%~5%的重铬酸钠的混合溶液中处理10~15min，或浸入温度为80℃以上的质量分数为3%~5%的肥皂溶液里处理3~4min。经皂化处理后的弹簧，需用压缩空气将其表面吹干或用其他方法烘干，以使磷化膜的孔隙得到密封，增强磷化膜的抗蚀能力。

若要求磷化膜耐腐蚀能力较强，可将具有磷化膜的弹簧放置在温度为105~110℃的锭子油中，处理5~10min，使表面的残余锭子油沥干。

磷化后需要浸漆的弹簧，应在重铬酸钾溶液中处理干燥后浸漆；如需要电泳涂漆，则磷化时间缩短2min，可直接去电泳涂漆。

表11-15-39　　磷化处理的工艺规范

序号	工序名称	溶液组成		工艺条件	
		成分	含量/g·L⁻¹	温度/℃	时间/min
1	化学脱脂	苛性钠 碳酸钠 水玻璃	90~100 20~30 10~20	80~100	15~25
2	热水清洗	—	—	80~90	—
3	酸洗	硫酸 盐酸	100~200	室温	根据表面状态决定
4	冷水清洗	—	—	—	—
5	化学退铜	铬酐 硫酸铵	—	—	—
6	冷水清洗	—	—	—	—

续表

序号	工序名称	溶液组成		工艺条件	
		成分	含量/g·L^{-1}	温度/℃	时间/min
7	中和	碳酸钠	20~30	60~80	—
8	冷水清洗	—	—	—	—
9	皂化	肥皂	10~20	60~80	
10	磷化处理	磷酸锰铁盐 硝酸盐	见表 11-15-38	见表 11-15-38	见表 11-15-38
11	冷水清洗	—	—	—	—
12	皂化	肥皂	10~20	60~80	—
13	检查	—	—	—	—
14	浸油	L-AN22		110~120	5~10
15	排油	—	—	—	—

(3) 弹簧表面磷化处理常见问题的分析（表 11-15-40）

表 11-15-40　　弹簧表面磷化故障及排除方法

故障现象	产生原因	排除方法
磷化膜结晶粗大	亚铁离子含量过高 溶液中硝酸不足 零件表面过腐蚀 零件表面有残酸 溶液中硫酸根含量高 游离酸高	升高或用双氧水降铁 添加硝酸锌 控制酸的浓度和时间 加强中和及水洗 添加碳酸 加硝酸锌
磷化膜薄	磷化时间短 总酸度过高 亚铁含量过低 温度太低	延长磷化时间 加水或加磷酸盐 加磷酸二氢铁 提高温度
磷化膜不均、发花	表面清理不好 磷化温度低	加强前处理 提高磷化温度
磷化膜抗蚀能力低	游离酸度过高 溶液中磷酸盐少 零件表面过蚀 零件表面残痕	补充硝酸锌 加磷酸盐 控制磷化反复次数 加强水洗

(4) 弹簧表面磷化膜的质量检验

1) 外观检验磷化膜结晶应致密、牢固完整，颜色为灰色或暗灰色，不允许有没磷化膜的部分。

2) 抗腐蚀能力检验用盐水浸泡法将磷化后的零件浸泡在质量分数为3%的盐水溶液里，15min后取出，用水洗净，放在空气中晾干30min，不出现黄锈即为合格。

磷化不合格的零件，可在酸洗溶液里浸1~1.5min退掉磷化膜。

3.4　弹簧表面的金属防护层

金属保护层种类很多，就弹簧而言，一般是用电镀的方法以获得金属保护层。常用的为锌镀层和镉镀层，还有镀铜、镀铬、镀镍、镀锡、镀银、镀锌钛合金等，弹簧设计者可根据弹簧工作的场合选择镀层。

(1) 弹簧表面常用电镀层的性质

1) 电镀锌层　锌在干燥的空气中较安定，几乎不发生变化，不易变色。在潮湿的空气中会生成一层氧化锌或碳式碳酸锌的白色薄膜。这层致密的薄膜可阻止内部金属继续遭受腐蚀。因此镀锌层用于弹簧在一般大气条件下的防腐蚀保护层。凡与硫酸、盐酸、苛性钠等溶液相接触，以及在三氧化硫的气氛和潮湿空气中工作的弹簧，均不宜用镀锌层。

一般镀锌层镀后经钝化处理，钝化可提高镀锌层的保护性能和提高表面美观度。

2）电镀镉层　在海洋性或高温的大气中，以及与海水接触的弹簧，在70℃热水中使用的弹簧，一般电镀镉层，镉比较安定，耐腐蚀性能较强。镉镀层比锌镀层光亮美观、质软，可塑性比锌好，镀层氢脆性小，最适宜做弹簧保护层。但镉稀少、价昂贵且镉盐毒性大，对环境污染很厉害。因此，在使用上受到限制，大多数只在航空、航海及电子工业中使用的弹簧才使用镀镉层做保护层。

为了提高镀镉层的防蚀性能，可在镀后进行钝化处理。

锌与镉镀层的厚度决定着保护能力的高低，厚度的大小一般应根据使用时工作环境来选择，镀锌层厚度推荐在6~24μm范围内选取；镀铬层厚度推荐在6~12μm范围内选取。

（2）弹簧表面电镀锌工艺规范

弹簧表面电镀锌工艺规范列于表11-15-41。电镀镉工艺规范也可参照此规范执行。

（3）去氢和钝化处理

弹簧的镀锌和镀镉是在氰化电解液中进行的。在电镀过程中，除镀上锌或镉外，还有一部分还原的氢渗入到镀层和基体金属的晶格中去，造成内应力，使弹簧上的镀层和弹簧变脆，也叫氢脆。由于弹簧材料的强度很高，再加上弹簧成形时的变形很大，因此，对氢脆特别敏感，如不及时去氢，往往会造成弹簧的断裂。为了消除电镀过程中产生的一些缺陷，改善弹簧的物理化学性能，延长弹簧的使用寿命，提高镀层的抗蚀能力，必须进行镀后处理，即除氢处理。除氢处理是在电镀后，立即或者在几小时之内进行。将电镀后的弹簧在200~215℃的温度中，加热1~2h（或2h以上），即可达到除氢的目的。

表11-15-41　　电镀锌工艺规范

序号	工序名称	溶液组成		工艺条件		备注
		成分	含量/g·L^{-1}	温度/℃	时间/min	
1	化学脱脂	苛性钠 碳酸钠 水玻璃	90~100 20~30 10~20	80~100	15~25	
2	热水清洗	—	—		—	
3	酸洗	硫酸 盐酸	100~200 50~100	室温	由表面状态决定	
4	冷水清洗	—	—	—	—	
5	化学退铜	铬酐 硫酸铵	250~800 80~100	室温	铜层去净为止	无铜可不进行
6	冷水清洗	—	—	—	—	
7	中和	碳酸钠	20~30	60~80	—	
8	冷水清洗	—	—	—	—	
9	镀锌	氢化锌 苛性钠 DPE-3添加剂	12~17	15~45	—	电流密度 1.5~2.0A/dm^3
10	冷水清洗	—	—	—	—	
11	热水清洗	—	—	80~90	—	
12	厚度检查	—	—	—	—	按规程
13	出光	硝酸	30	室温	2~4s	
14	冷水清洗	—	—	—	—	
15	钝化	铬酐 硫酸 硝酸	5 3mL/L 4mL/L	室温	3~7s	
16	冷水清洗	—	—	—	—	
17	热水清洗	—	—	80~90	—	
18	吹干后去氢	—	—	130~200	120~240	
19	外观检查	—	—	—	—	按检验规程

除氢一般在烘箱中进行。除氢效果与温度、时间、电镀后的停留时间等有关。一般来说，温度高，加热时间长，镀后停留时间短，其除氢效果就好，故弹簧除氢温度可选得高一些。

镀后的钝化处理是为了提高镀锌层的抗蚀能力，在铬酸或铬酸盐溶液中，提高锌镀层的防护性能和提高表面美观度。

钝化膜的形成过程，实际上是溶解与生成过程。在开始阶段，主要是锌的溶解，这是成膜的必要条件，只有当锌的溶解速度大于溶液的扩散速度才能形成钝化膜，否则就不能形成，但溶解速度也不能过大。

(4) 锌铬涂层（达克罗）工艺规范

达克罗是一种用浸、涂等处理方法使具有防腐性能的金属附着于工件表面，经特别处理后形成含锌、铝的转化膜层的工艺。在整个生产过程中不用酸洗，不产生大量含酸、铬、锌的废水，全过程无废水排放，因而对环境无污染，是一种清洁生产工艺和新技术，可以取代钢铁件的电镀锌、锌基合金、热镀锌、热喷锌和机械镀锌。

锌铬涂层与传统的电镀锌性能相比，其耐腐蚀性是镀锌的7~10倍，无氢脆性，特别适用于高强度受力件，高耐热性、耐热温度300℃，尤其适用于汽车、摩托车发动机部件的高强度构件，高渗透性、高附着性、高减摩性、高耐候性、高耐化学品稳定性、无污染性。达克罗技术的基体材料有钢铁制品及有色金属，如铝、镁及其合金，铜、镍、锌等及其合金。达克罗工艺流程为：脱脂、除锈、涂覆、预热、固化、冷却（可重复以上涂覆和固化工艺），见表11-15-42。

表11-15-42　　达克罗工艺流程

工艺流程	注意事项
脱脂	方法一般有三种：有机溶剂脱脂、水基脱脂剂脱脂、高温碳化脱脂。带有油脂的工件表面必须进行脱脂，脱脂是否彻底有效，将直接影响涂层的附着力及耐腐蚀性
除锈除毛刺	凡是有锈或有毛刺的工件必须通过除锈、去毛刺工序，此工序最好使用机械方法，避免酸洗，以防氢脆
涂覆	经过除油锈的清洁工件必须尽快通过浸涂或喷涂，或刷涂的方式进行表面涂覆。工件涂覆加工时，涂液的密度、pH值、黏度、涂液的温度及流动状况等将直接影响涂层的各项性能。所以涂覆过程中要调整好温度、溶液指标以及浸涂中离心机转速三者之间的关系
预烘	达克罗湿膜工件必须尽快在(120±20)℃的温度下，预烘10~15min(根据工件吸热量定)，使涂液水分蒸发。
烧结	在300℃左右的高温下烧结，烧结时间为20~40min(根据工件的吸热量定)，使涂液水分蒸发
冷却	工件烧结后，必须经过冷却系统充分冷却后进行后续处理或成品检验

3.5 弹簧表面的非金属防护层

非金属保护层是在弹簧表面浸涂或喷涂一层有机物质，如油漆、沥青、塑料等，以保护弹簧免遭腐蚀。

非金属防护层的膜层较厚，化学稳定性好，有较好的机械防腐作用，但硬度降低，同时膜层有老化现象。

(1) 弹簧表面用油漆的种类

在一般情况下，油漆层既可以单独使用，又可以作为磷化后的着色剂。有时，有些弹簧为了按负载分成等级，也喷涂不同颜色的油漆来加以区分。具体选用何种类型及牌号的油漆，应根据工作环境而定。必要时，应在弹簧图样中注明。常用的弹簧油漆涂层见表11-15-43。

表11-15-43　　常用的弹簧油漆层

油漆层种类	特性
沥青漆	沥青漆具有良好的耐水、防潮、耐蚀性，特别是有优异的耐酸性和良好的耐碱性，但附着力、机械强度、装饰性能差
酚醛漆	酚醛漆分为底漆与面漆两种，酚醛底漆附着力强，防锈性能好，但漆膜机械强度及光泽性差。酚醛面漆漆膜坚硬，光泽性好，但耐气候性较差，漆膜易变黄
醇酸漆	醇酸漆漆膜坚韧，附着力强，力学性能好，有极好的光泽、良好的耐久性并具有一定的耐油、绝缘性能。其缺点是表面干结快而粘手时间长，易起皱、不耐水、不耐碱
环氧漆	环氧漆附着力极强，硬度高，且韧性好，耐曲挠、耐冲击、硬而不脆，对水、酸、碱及许多有机溶剂都有极好的抵抗力，特别是耐碱性更为突出。其缺点是表面粉化快，溶剂选择性大。水溶性环氧漆用于电泳涂漆

(2) 弹簧表面油漆的方法(表 11-15-44)

表 11-15-44 弹簧表面油漆的方法

油漆方法	工艺过程	工艺特性
浸涂法	浸涂法是将弹簧放入油槽中浸渍,然后取出,让表面多余的油漆液自然滴落,经过干燥后再在弹簧表面覆盖一层漆膜	生产效率高,适用于机械化、自动化生产,而且技术简单、操作方便。但油漆挥发较快,含有重质颜色的油漆以及双组分漆料(氨固化环氧漆、聚氨酯漆等)均不宜采用。浸涂法的漆膜不够平整,易产生上薄下厚、边缘流挂的现象
喷涂法	喷涂法是利用喷枪将油漆喷成雾状微粒在弹簧表面均匀沉积一层漆膜	喷涂法功效高,施工方便,适应性强,而且漆膜厚薄比较均匀、平整、光滑。但喷涂法对油漆的有效利用率仅为70%~80%,同时比其他方法需要更多的溶剂,这些溶剂又将全部挥发而耗损太大。另外,由于油漆雾粒扩散弥漫及溶剂的挥发,易造成环境污染,影响工人健康
静电喷涂法	热固性粉末通过喷腔口时的一瞬间,感应上负电荷,在压缩空气的作用下,将塑粉均匀地涂敷于弹簧的表面,然后将喷涂好的弹簧经 150~180℃温度在烘箱中加热保温(塑化),形成一种光洁牢固的表面保护层,一般保温时间为 40~60min	
其他方法	将弹簧的表面防蚀处理改为在弹簧清洗后涂上特殊防锈油(脂)来替代传统的氧化或涂层处理,以提高其使用寿命	

(3) 弹簧表面常用的浸漆工艺和涂层检验(表 11-15-45)

表 11-15-45 弹簧表面常用的浸漆工艺和涂层检验

浸漆工艺	弹簧表面清理	浸漆前,必须对弹簧表面进行清理,把表面的氧化皮、锈、油污清除干净,有些弹簧在浸漆前应进行喷丸或喷砂处理,把锈及氧化皮除掉
	浸漆工艺规范	在 80~90℃的碱水或清洗剂中清洗弹簧,然后在 80~90℃的热水中进行 1~2 次清洗、吹干或烘干弹簧表面的水分将弹簧放入浸漆槽进行浸漆,然后沥干余漆,进行烘干;油漆的黏度要用涂-4 黏度计检验
检验	油漆膜的检验	油漆膜的颜色为黑色、表面平整光滑、不露底、不得有明显的油污,允许有不严重的挂流痕。漆膜厚度不小于 20μm,柔韧性 1mm,冲击强度 500J/cm^3,耐水性试验:浸于 25℃的水中检验时,用酒精将弹簧表面擦拭干净,待酒精挥发后,即在弹簧表面滴上述点滴液,同时开动秒表,记下溶液由天蓝色变成土黄色或土红色的时间(在室温 15~20℃的条件下进行),即为磷化膜的抗蚀能力。一般以 3min 为合格,若要求磷化膜的抗蚀能力高,则在 5min 以上为好 浸泡液一般是质量分数为 2%的硫酸铜溶液或 3%的食盐溶液 对于氧化膜,浸泡在质量分数为 2%的硫酸铜溶液中,在室温下保持 20s 后将弹簧取出,用水洗净表面,没有红色接触点者为合格。如果是浸泡在质量分数为 3%的食盐溶液里,15min 后取出,没有锈迹为合格 对于磷化膜,浸泡在质量分数为 2%的硫酸铜溶液里,在室温下保持 3min 后将弹簧取出,用水洗净后,没有红色接触点为合格。如果是浸泡在质量分数为 3%的食盐溶液中,2h 后取出,没有锈迹为合格。也可以在质量分数为 3%的食盐溶液里浸泡 15min 后,取出洗净,放置于空气中晾干 30min,不出现黄锈者即为合格
	结合力检验	保护层的结合力(也称结合强度)是指镀层与基体或中间层相结合的牢固程度。弹簧材料直径较小时,可用同样的钢丝与弹簧一起,随槽表面处理取样。料径 d<1mm 时,将钢丝试样绕在相当料径 3 倍(=3d)的轴上;料径 d≥1mm 时,则将钢丝试样绕在与料径等径的轴上,平绕 5~10 圈,不得有起皮或脱落现象 弹簧材料直径较大时,可用锉刀沿保护层 45°方向锉动,或用钢针(或刀片)在镀层上交叉划割,观察交叉处或锉动处有无起皮、脱落现象 镀锌或镀镉弹簧,判断镀层的结合力,可将弹簧抽样,在电阻炉中加热到 180~200℃,经 1h 后,观察镀层是否突起脱落
	氢脆性检验	弹簧材料的强度很高,再加上弯曲变形严重,故对氢脆性特别敏感(特别是曲率半径较小的小螺旋弹簧或片弹簧)。实际生产中,常因氢脆造成大批弹簧报废 检查弹簧氢脆的方法较为简单,对螺旋弹簧,可施行相应的强压(或强拉、强扭)处理;对片弹簧,也可根据具体情况进行施力变形,经过一定的时间(如 24h),观察是否有裂缝或断裂。如果是弹簧断裂,再把断了的弹簧夹在虎钳上,用钳子夹住外伸部分用力弯曲,氢脆的弹簧常在 45°~90°的弯曲角度内,很脆地发生断裂

续表

<table>
<tr><td>检验</td><td>镀层厚度检验</td><td>为了保证保护层的抗蚀能力，镀层应有足够的厚度。镀层厚度可用千分尺、塞规、螺纹环规等检查，也可用化学方法或金相方法测量
化学方法常为点滴法。测量时，将溶液用吸管滴在测量部位，每滴溶液保持1min后用药棉擦去，再滴第二滴，直至暴露出基体金属为止。最后，根据总滴数来计算镀层厚度
不同的镀层，其点滴液的成分或配方不同。例如镀锌层点滴液的配方为：
碘化钾 KI　200g/L
碘 I_2　100g/L
溶液用蒸馏水配制，每滴溶液在不同温度下所除去的镀层厚度见下表
每滴溶液所除去的镀层厚度
<table>
<tr><td>温度/℃</td><td>10</td><td>15</td><td>20</td><td>25</td><td>30</td><td>35</td></tr>
<tr><td>除去厚度/μm</td><td>0.78</td><td>1.01</td><td>1.24</td><td>1.45</td><td>1.63</td><td>1.77</td></tr>
</table>
</td></tr>
</table>

CHAPTER 16

第16章 橡胶弹簧

1 橡胶弹簧的特点与应用

橡胶弹簧是利用橡胶的弹性起缓冲、减振作用的弹簧，由于它具有以下优点，所以在机械工程中应用日益广泛。

1）可设计性强。各个方向的刚度可以根据设计要求自由选择，改变弹簧的结构形状可达到不同大小的刚度要求。

2）弹性模量远比金属小。可得到较大的弹性变形，容易实现理想的非线性特性。

3）具有较大的阻尼。对于突然冲击和高频振动的吸收以及隔音具有良好的效果。

4）橡胶弹簧能同时承受多方向载荷。对简化车辆悬挂系统的结构具有显著优点。

5）安装和拆卸方便。不需要润滑，有利于维修和保养。

它的缺点是耐高低温性和耐油性比金属弹簧差。但随着橡胶工业的发展，这一缺点会逐步得到改善。

工程中用的橡胶弹簧，由于不是纯弹性体，而是属于黏弹性材料，其力学特性比较复杂，所以要精确计算其弹性特性相当困难。

2 橡胶弹簧材料

为便于设计人员选用和比较，在表11-16-1中列出普通橡胶和耐油橡胶材料的力学性能，同时给出了几种聚氨酯橡胶材料的力学性能。

表11-16-1

类　型	牌号	扯断应力 /MPa	相对伸长率 /% >	邵氏硬度A	类　型	牌号	扯断应力 /MPa	相对伸长率 /% >	邵氏硬度A
普通橡胶	1120	3	250	60~75	聚氨酯橡胶	8290	9	450	90±3
	1130	6	300	60~75		8280	8	450	83±5
	1140	8	350	55~70		8295	10	400	95±3
	1250	13	400	50~65		8270	7	500	75±5
	1260	15	500	45~60		8260	5	550	63±5
耐油橡胶	3001	7	250	60~75					
	3002	9	250	60~75					

随着橡胶工业的迅速发展，橡胶弹簧的材料也由普通橡胶向高强度、耐磨、耐油和耐老化的聚氨酯橡胶发展。聚氨酯橡胶是聚氨基甲酸酯橡胶的简称，它是一种性能介于橡胶与塑料之间的弹性体，与环氧塑料一样，是一种高分子材料。

与氯丁橡胶比较，聚氨酯橡胶材料主要具有以下优点。

1）硬度范围大。调整不同配方，可以获得邵氏硬度20~80A以上，因此对不同要求的弹簧有着广泛的可选性。

2）耐磨性可提高 5~10 倍。

3）强度为氯丁橡胶的 1~4 倍，可达到 600kgf/cm^2（1kgf=9.8N）。

4）弹性高，残余变形小，相对伸长率达 600%时，残余变形仅为 2%~4%。

5）耐油性能好，其耐矿物油的能力优于丁腈橡胶，为天然橡胶的 5~6 倍。

除此之外，它具有耐老化、耐臭氧、耐辐射等良好性能，同时还具有理想的机加工性能。

2.1 橡胶材料的剪切特性

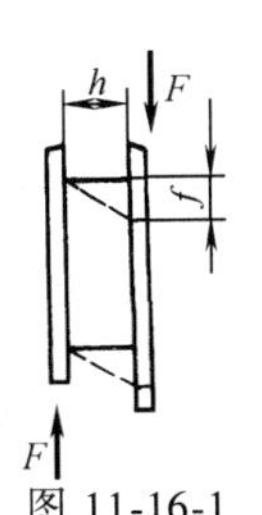

图 11-16-1

橡胶试样在剪力作用下其自由表面相对变形不超过 100%时，剪切载荷与变形关系符合胡克定律（见图 11-16-1）。

因此，在承受剪切载荷时，橡胶材料载荷与变形的关系通常采用下式表示

$$F=GA_L\frac{f}{h}\ \ (\text{N})$$

式中 A_L——承载面积，mm^2；

G——剪切模量，MPa。

第11篇

2.2 橡胶材料的拉压特性

橡胶材料在拉伸或压缩载荷下（图 11-16-2），载荷与变形的关系是非线性的。对受拉压的弹簧而言，只有在相对变形不超过 15%的情况下才近似符合胡克定律。

在工程中从橡胶弹簧的疲劳程度考虑，通常将其相对变形控制在<15%。所以在一般情况下，橡胶弹簧在拉伸与压缩时的变形与载荷的关系，也可以近似地用下式表示

$$F=EA_L\frac{f}{h}$$

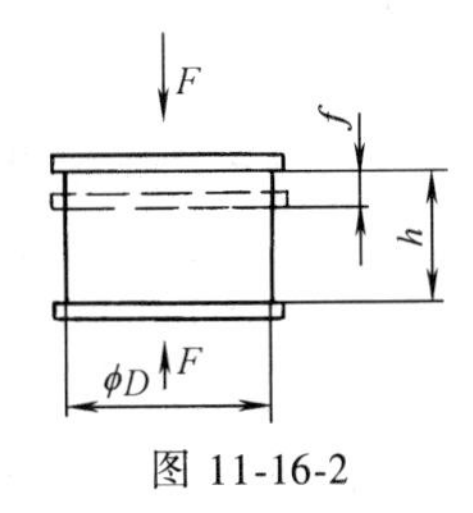

图 11-16-2

2.3 橡胶材料的剪切模量 G 及弹性模量 E

橡胶材料的剪切模量 G，主要取决于橡胶材料的硬度（图 11-16-3），不因橡胶种类或成分的不同而有明显的变化。对于成分不同而硬度相同的橡胶，其 G 值之差不超过 10%。在实用范围内，G 和 E 的关系可用下面公式计算：

$$G=0.117e^{0.03\text{HS}}\ \ (\text{MPa})$$

式中 HS——橡胶的肖氏硬度。

$$E=3G$$

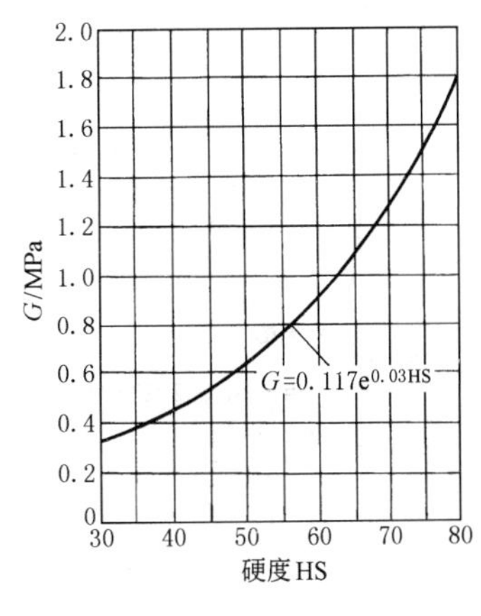

图 11-16-3

2.4 橡胶弹簧的表观弹性模量 E_a

对于拉伸橡胶弹簧 $E_a\approx E=3G$。

对于压缩橡胶弹簧，其表观弹性模量不仅取决于橡胶材料本身，而且与弹簧的形状、结构尺寸等有很大关系。

通常压缩橡胶弹簧的表观弹性模量用下式表示：

$$E_a=iG$$

式中 i——几何形状影响系数：

圆柱形橡胶弹簧 $i=3.6(1+1.65S^2)$

圆环形橡胶弹簧 $i=3.6(1+1.65S^2)$

矩形橡胶弹簧 $i=3.6(1+2.22S^2)$

S=橡胶弹簧承载面积 A_L 与自由面积 A_F 之比，具体计算公式见表 11-16-3。

3　橡胶弹簧的许用应力及许用应变

表 11-16-2

变形形式	许用应力 σ/MPa		许用应变 ε/%	
	静载荷	变载荷	静载荷	变载荷
压缩	3	1.0	15	5
剪切	1.5	0.4	25	8
扭转	2	0.7	—	—

4　橡胶弹簧的计算公式

4.1　橡胶压缩弹簧计算公式

表 11-16-3

形式及简图	变形 f/mm	刚度 F'/N·mm^{-1}	备注
圆柱形	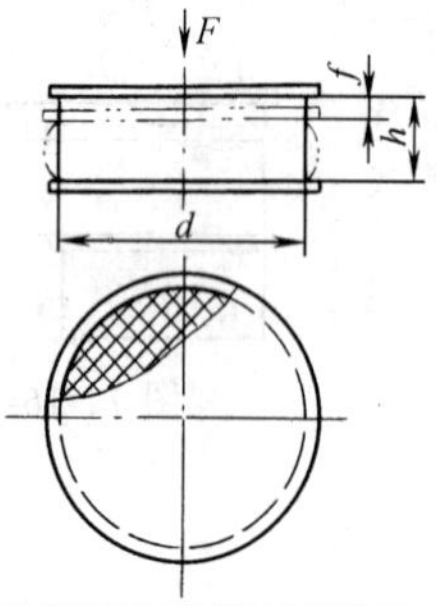 $f=\dfrac{4Fh}{E_a\pi d^2}$	$F'=E_a\dfrac{\pi d^2}{4h}$	$E_a=iG$ $i=3.6(1+1.65S^2)$ $S=\dfrac{d}{4h}$ F——载荷,N
圆环形	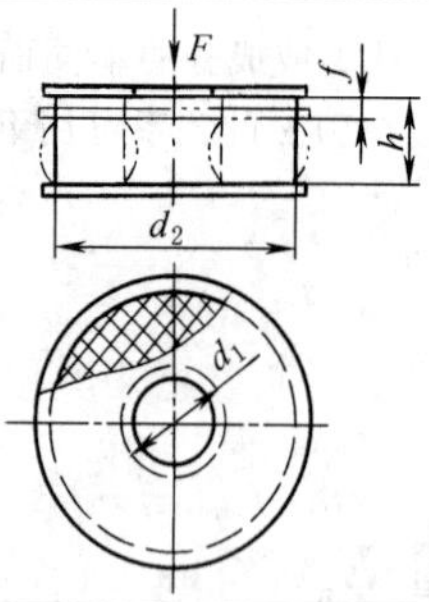 $f=\dfrac{4Fh}{E_a\pi(d_2^2-d_1^2)}$	$F'=E_a\dfrac{\pi(d_2^2-d_1^2)}{4h}$	$E_a=iG$ $i=3.6(1+1.65S^2)$ $S=\dfrac{d_2-d_1}{4h}$
矩　形	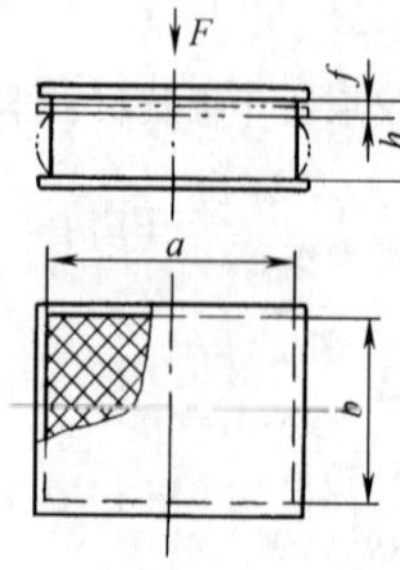 $f=\dfrac{Fh}{E_a ab}$	$F'=E_a\dfrac{ab}{h}$	$E_a=iG$ $i=3.6(1+2.22S^2)$ $S=\dfrac{ab}{2(a+b)h}$

4.2 橡胶压缩弹簧的稳定性计算公式

表 11-16-4

结构形式	细长比	备注
圆柱形橡胶弹簧	$\frac{1}{4} \leqslant \frac{h}{d} \leqslant \frac{3}{4}$	h——高度,mm d——直径,mm d_2、d_1——外径和内径,mm b——矩形短边,mm
圆环形橡胶弹簧	$\frac{2h}{d_2-d_1} \leqslant 1.5$	
矩形橡胶弹簧	$\frac{1}{4} \leqslant \frac{h}{b} \leqslant \frac{3}{4}$	

4.3 橡胶剪切弹簧计算公式

表 11-16-5

形式及简图	变形 f_r/mm	刚度 F'_r/N·mm^{-1}	备注
圆柱形	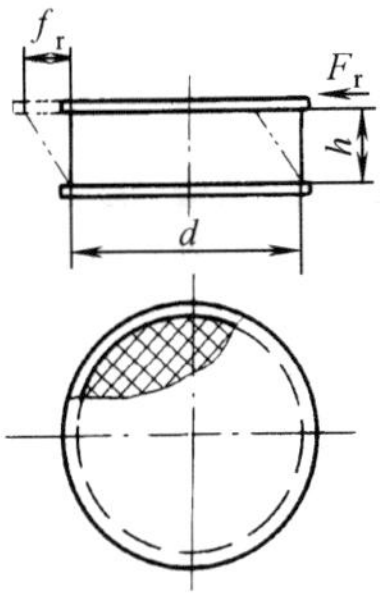 $f_r=\frac{4F_rh}{G\pi d^2}$	$F'_r=G\frac{\pi d^2}{4h}$	F_r——载荷,N d——直径,mm h——高度,mm
圆环形	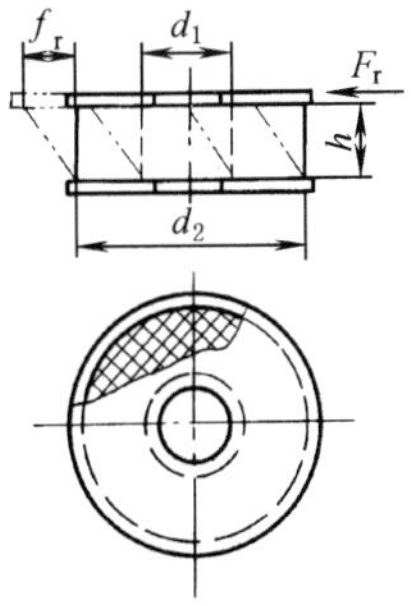 $f_r=\frac{4F_rh}{G\pi(d_2^2-d_1^2)}$	$F'_r=G\frac{\pi(d_2^2-d_1^2)}{4h}$	d_2——外径,mm d_1——内径,mm
矩形	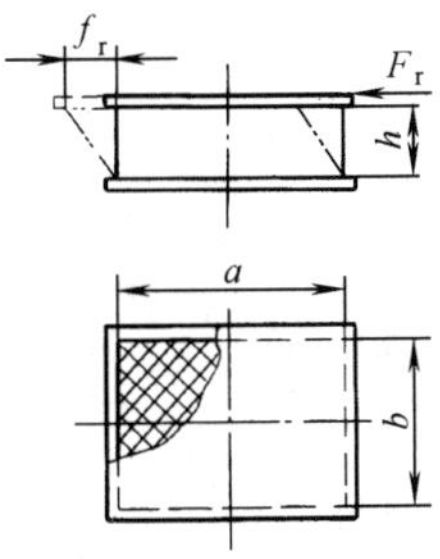 $f_r=\frac{F_rh}{Gab}$	$F'_r=G\frac{ab}{h}$	a——矩形长边,mm b——矩形短边,mm

续表

形式及简图	变形 f_r/mm	刚度 F'_r/N·mm^{-1}	备　注
圆截锥 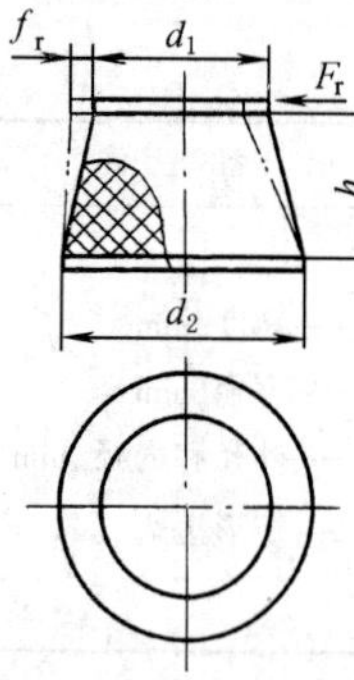	$f_r=\dfrac{4F_r h}{G\pi d_1 d_2}$	$F'_r=G\dfrac{\pi d_1 d_2}{4h}$	d_1——小端直径,mm d_2——大端直径,mm
角截锥 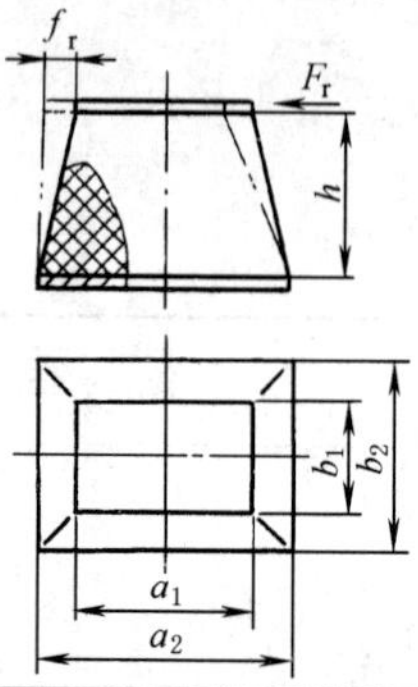	有公共锥顶 $f_r=\dfrac{F_r h}{G a_2 b_1}$ 无公共锥顶 $f_r=\dfrac{F_r h\ln\dfrac{a_1 b_2}{a_2 b_1}}{G(a_1 b_2-a_2 b_1)}$	有公共锥顶 $F'_r=G\dfrac{a_2 b_1}{h}$ 无公共锥顶 $F'_r=G\dfrac{a_1 b_2-a_2 b_1}{h\ln\dfrac{a_1 b_2}{a_2 b_1}}$	a_1、b_1——小端长边及短边,mm a_2、b_2——大端长边及短边,mm

4.4　橡胶扭转弹簧计算公式

表 11-16-6

形式及简图	扭转角 φ/rad	刚度 T'/N·mm·rad^{-1}	备　注
圆柱形	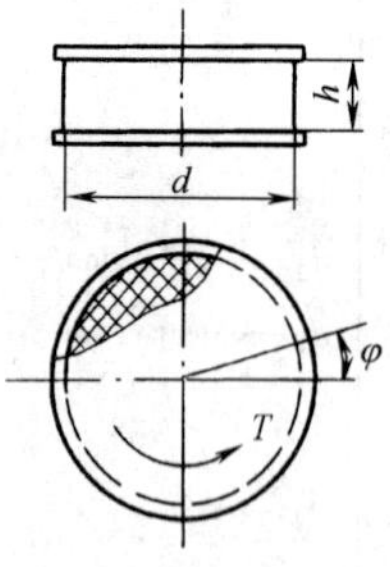 $\varphi=\dfrac{32Th}{G\pi d^4}$	$T'=G\dfrac{\pi d^4}{32h}$	T——扭矩,N·mm
圆环形	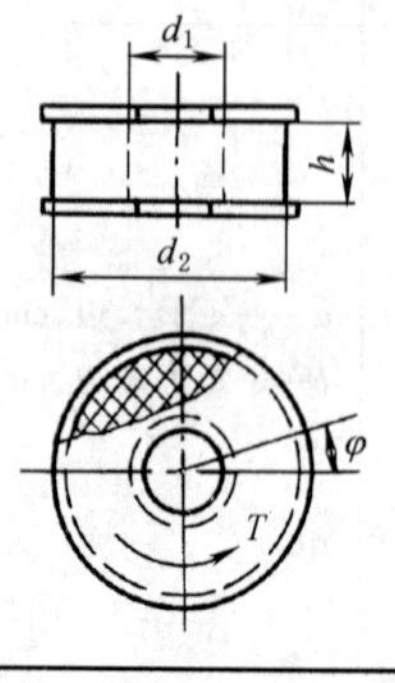 $\varphi=\dfrac{32Th}{G\pi(d_2^4-d_1^4)}$	$T'=G\dfrac{\pi(d_2^4-d_1^4)}{32h}$	

续表

形式及简图		扭转角 φ/rad	刚度 T'/N·mm·rad^{-1}	备注
矩形	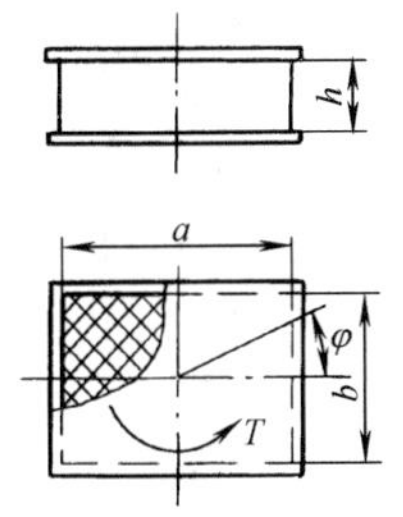	$\varphi=\dfrac{12Th}{G(a^2+b^2)}$	$T'=G\dfrac{ab(a^2+b^2)}{12h}$	T——扭矩,N·mm
圆截锥	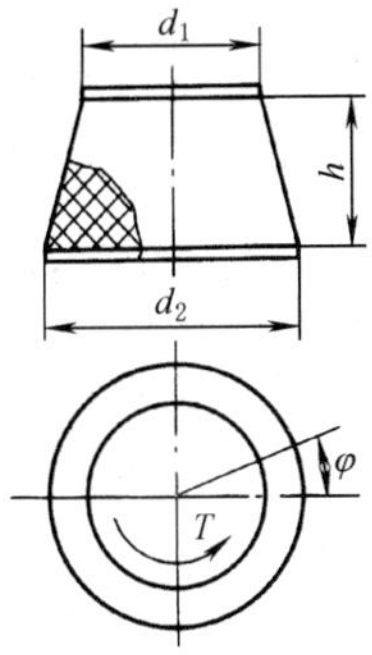	$\varphi=\dfrac{32Th(d_1^2+d_1d_2+d_2^2)}{3\pi Gd_1^3d_2^3}$	$T'=\left(\dfrac{3\pi G}{32h}\right)\times\left(\dfrac{d_1^3d_2^3}{d_1^2+d_1d_2+d_2^2}\right)$	
衬套式	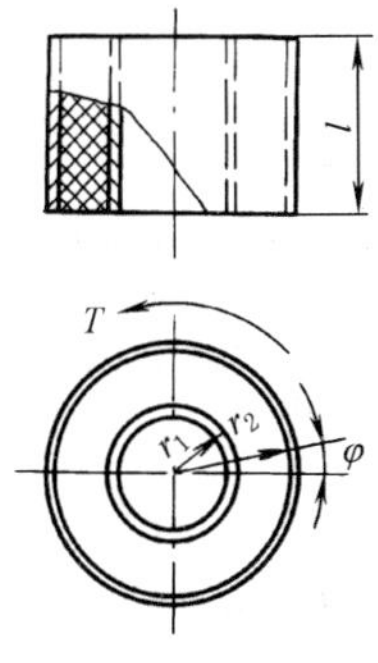	$\varphi=\dfrac{T\left(\dfrac{1}{r_1^2}-\dfrac{1}{r_2^2}\right)}{4\pi hG}$	$T'=4\pi hG\left(\dfrac{1}{r_1^2}-\dfrac{1}{r_2^2}\right)^{-1}$	

4.5 橡胶弯曲弹簧计算公式

表 11-16-7

形式及简图		扭转角 α/rad	刚度 T'/N·mm·rad^{-1}	备注
圆柱形	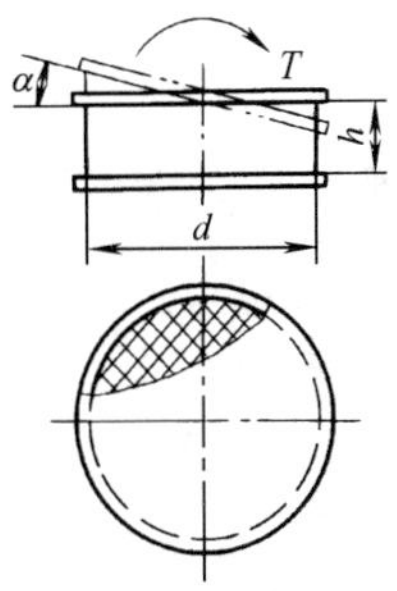	$\alpha=\dfrac{64Th}{E_a\pi d^4}$	$T'=E_a\dfrac{\pi d^4}{64h}$	$E_a=iG$ $i=3.6(1+1.65S^2)$ $S=\dfrac{d}{4h}$

续表

形式及简图		扭转角 α/rad	刚度 T'/N·mm·rad^{-1}	备注
圆环形	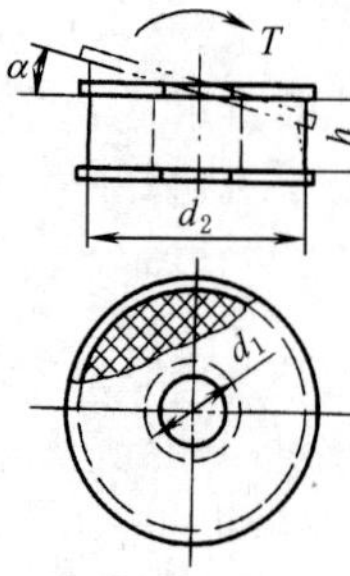	$\alpha=\dfrac{64Th}{E_a\pi(d_2^4-d_1^4)}$	$T'=E_a\dfrac{\pi(d_2^4-d_1^4)}{64h}$	$E_a=iG$ $i=3.6(1+1.65S^2)$ $S=\dfrac{d_2-d_1}{4h}$
矩形	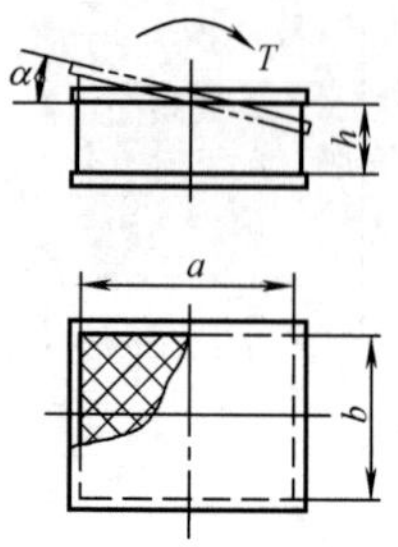	$\alpha=\dfrac{12Th}{E_a a^3 b}$	$T'=E_a\dfrac{a^3b}{12h}$	$E_a=iG$ $i=3.6(1+2.22S^2)$ $S=\dfrac{ab}{2(a+b)h}$

4.6 橡胶组合弹簧计算公式

表 11-16-8

类别及简图		变形 f,f_r/mm	刚度 F',F'_r/N·mm^{-1}	备注
压缩	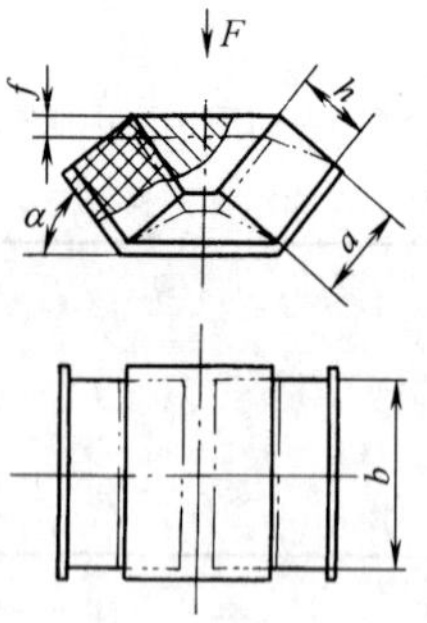	$f=\dfrac{Fh}{2ab}\times\dfrac{1}{E_a\sin^2\alpha+G\cos^2\alpha}$	$F'=\dfrac{2ab}{h}\times(E_a\sin^2\alpha+G\cos^2\alpha)$	$E_a=iG$ $i=3.6(1+1.65S^2)$ $S=\dfrac{ab}{2(a+b)h}$ a,b——宽度和长度,mm
剪切	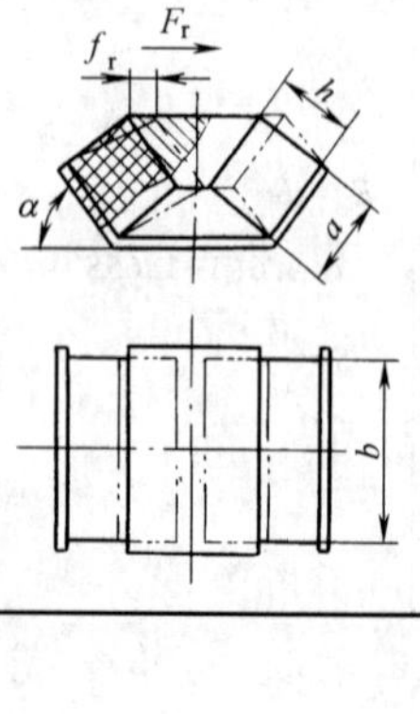	$f_r=\dfrac{F_rh}{2ab}\times\dfrac{1}{E_a\sin^2\alpha+G\cos^2\alpha}$	$F'_r=\dfrac{2ab}{h}\times(E_a\sin^2\alpha+G\cos^2\alpha)$	$E_a=iG$

续表

类别及简图		变形 f, f_r/mm	刚度 F', F'_r/N·mm^{-1}	备注
剪切		$f_r=\frac{F_r h}{2abG}\times\left[1+\left(\frac{t}{h}\right)^2\right]$	$F'_r=\frac{2abG}{h}\times\left[1+\left(\frac{t}{h}\right)^2\right]^{-1}$	符号见图
		$f_r=\frac{F_r h\ln\frac{a}{a_1}}{2aG(a_2-a_1)}\approx\frac{F_r h}{bG(a_1-a_2)}$	$F'_r=\frac{2aG(a_2-a_1)}{h\ln\frac{a_2}{a_1}}\approx\frac{bG(a_1-a_2)}{h}$	符号见图

4.7 橡胶弹簧不同组合形式的刚度计算

表 11-16-9

组合形式及简图	总刚度 F'	备注
串联	$F'=\frac{F'_1\times F'_2}{F'_1+F'_2}$ 当 $F'_1=F'_2$ 则 $F'=\frac{F'_1}{2}$	串联后总刚度小于原来的每一弹簧刚度。当 $F'_1=F'_2$ 时，为原来弹簧刚度的一半
并联	$F'=\frac{(L_1+L_2)^2}{\frac{L_1^2}{F'_1}+\frac{L_2^2}{F'_2}}$ 当 $F'_1=F'_2, L_1=L_2$ 时 $F'=2F'_1$	并联时总刚度大于原来的每一弹簧的刚度。当 $F'_1=F'_2, L_1=L_2$ 时，比原弹簧刚度大一倍
反联	$F'=F'_1+F'_2$ 当 $F'_1=F'_2$ 时 $F'=2F'_1$	反联后总刚度大于原来的每一个弹簧的刚度。当 $F'_1=F'_2$ 时，比原来弹簧大一倍

5 橡胶弹簧的计算示例

计算矿车轴箱用人字形橡胶组合弹簧，其结构尺寸及载荷如图 11-16-4 所示。弹簧计算见表 11-16-10。

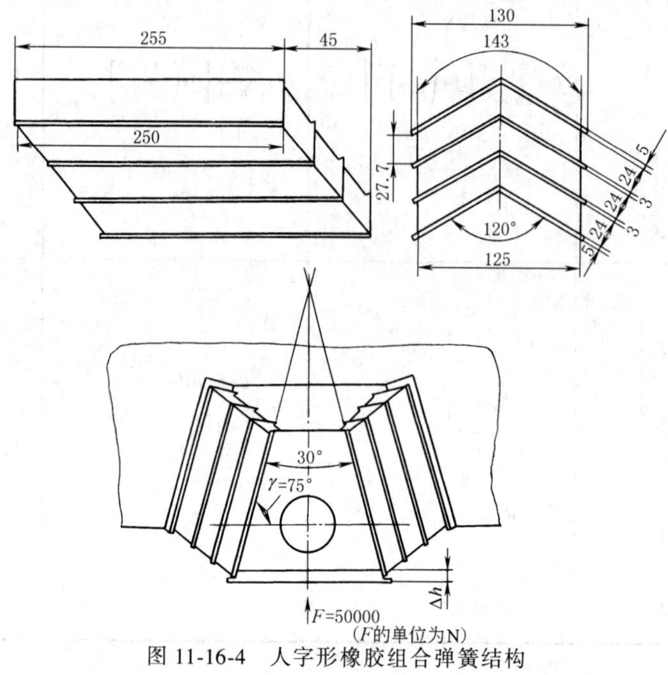

图 11-16-4 人字形橡胶组合弹簧结构

表 11-16-10

项 目		单位	公式及数据
原始条件	静载荷 F	N	50000
	承载面积 A_L	mm²	$A_L=250\times143=35750$
	一层橡胶高度 h	mm	24
	橡胶硬度	HS	60
	安装角 α	(°)	15
	橡胶宽度 a	mm	143
	橡胶长度 b	mm	250
计算项目	自由面积 A_F	mm²	$A_F=2(a+b)\times h$ $=2\times(143+250)\times27.7=21772$
	面积比 S		$S=\dfrac{A_L}{A_F}=\dfrac{35750}{21772}=1.64$
	表征几何形状影响系数 i		$i=3.6(1+2.22S^2)$ $=3.6\times(1+2.22\times1.64^2)$ $=25$
	切变模量 G	MPa	由硬度 HS 查图 11-16-3,取 G 近似值为 0.9
	表观弹性模量 E_a	MPa	$E_a=iG=25\times0.9=22.5$
	一层橡胶的压缩刚度 F_I'	N/mm	$F_I'=\dfrac{A_LE_a}{h}=\dfrac{E_aab}{h}=\dfrac{22.5\times35750}{24}=33516$
	三层橡胶串联的压缩刚度 F_{III}'	N/mm	$F_{III}'=\dfrac{F_I'}{3}=\dfrac{33156}{3}=11172$

续表

项目		单位	公式及数据
计算项目	一层橡胶的剪切刚度 $F'_{r\mathrm{I}}$	N/mm	$F'_{r\mathrm{I}}=\dfrac{A_L G}{h}=\dfrac{abG}{h}$ $=\dfrac{35750\times0.9}{24}=1341$
	三层橡胶串联的剪切刚度 $F'_{r\mathrm{III}}$	N/mm	$F'_{r\mathrm{III}}=\dfrac{F'_{r\mathrm{I}}}{3}$ $=\dfrac{1341}{3}=447$
	两个弹簧按30°角组成人字形的橡胶弹簧的垂直总刚度 F'	N/mm	因为表11-16-8所列的复合式(人字形)橡胶弹簧的计算公式是一层橡胶的公式。如为三层橡胶时(即串联方式),其刚度公式为 $F'=\dfrac{2ab}{3h}(E_a\sin^2\alpha+G\cos^2\alpha)$ $=\dfrac{2\times35750}{3\times24}\times(22.5\times\sin^2 15°+0.9\times\cos^2 15°)$ $=2321$
	静变形 f	mm	$f=\dfrac{F}{F'}=\dfrac{50000}{2321}$ $=21.5$
	压缩方向的变形 $f_{\perp}$ 剪切方向的变形 $f_{/\!/}$	mm mm	$f_{\perp}=f\times\sin15°=21.5\times0.258=5.5$ $f_{/\!/}=f\times\cos15°=21.5\times0.965=21$
	压缩方向的应变 $\varepsilon_{\perp}$	%	$\varepsilon_{\perp}=\dfrac{f_{\perp}}{3\times h}=\dfrac{5.5}{3\times24}=0.075$ $=7.6\%<\varepsilon_p=15\%$
	剪切方向的应变 $\varepsilon_{/\!/}$	%	$\varepsilon_{/\!/}=\dfrac{f_{/\!/}}{3\times h}=\dfrac{21}{3\times24}=0.29$ $=29\%>\varepsilon_p=25\%$ 稍大
	压缩方向的力 $F_{\perp}$ 剪切方向的力 $F_{/\!/}$ 压应力 σ 剪应力 τ	N N MPa MPa	$F_{\perp}=F'_{\mathrm{III}}\times f_{\perp}$ $=11172\times5.5=61446$ $F_{/\!/}=F'_{r\mathrm{III}}\times f_{/\!/}$ $=447\times21=9387$ $\sigma=\dfrac{F_{\perp}}{A_L}=\dfrac{61446}{35750}$ $=1.72<\sigma_p=3$ $\tau=\dfrac{F_{/\!/}}{A_L}=\dfrac{9387}{35750}$ $=0.26<\tau_p=1.5$ 故满足设计要求
工作图	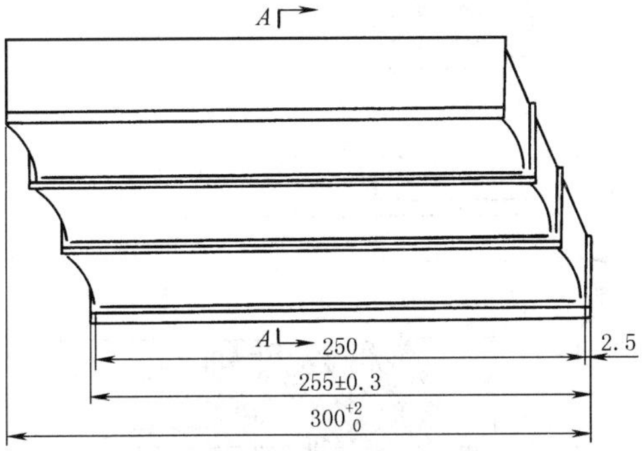	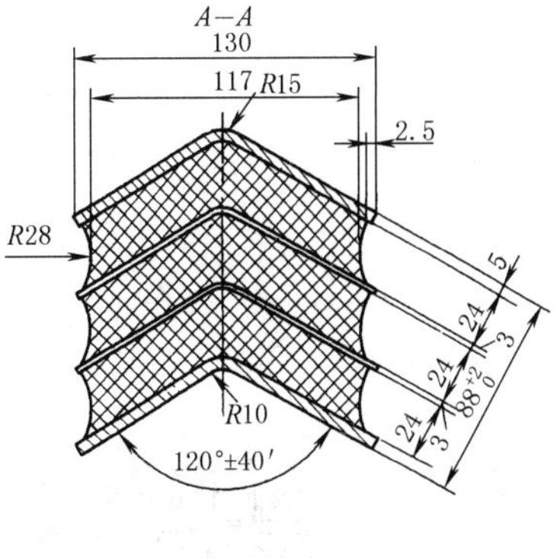	橡胶材料:氯丁橡胶

技术条件如下。

① 橡胶表面不许有损伤、缺陷,粘接处不许有脱胶现象。

② 橡胶与钢板粘接处应有圆角过渡,$R=3\sim5$mm。

③ 橡胶与钢板连接处强度不小于3MPa。

④ 弹簧工作温度：-30~45℃。

⑤ 橡胶常温性能应满足：抗拉强度不小于 20MPa，邵氏硬度 60HS，耐老化、抗蠕变性能良好，耐油性能好。

⑥ 单个弹簧的压缩静刚度 $F'=11172\mathrm{N/mm}$，剪切静刚度 $F'_{r\mathrm{III}}=447\mathrm{N/mm}$，两个弹簧成 30°角安装后组合静刚度 $F'=2321\mathrm{N/mm}$（F 力方向），最大载荷 50000N 时静变形量 $f=21.5\mathrm{mm}$，刚度允许误差+20%。首先应保证刚度要求，如不满足要求，可适当调整橡胶硬度。

⑦ 应保证外形尺寸和稳定的制造质量，产品出厂应有合格证。

⑧ 弹簧应做疲劳强度试验，使寿命不低于三年。

6　橡胶弹簧的应用实例

图 11-16-5 所示的 $6\mathrm{m}^3$ 底侧卸式矿车中应用了两种形式的橡胶弹簧。其轮对轴箱支承采用人字形橡胶弹簧。

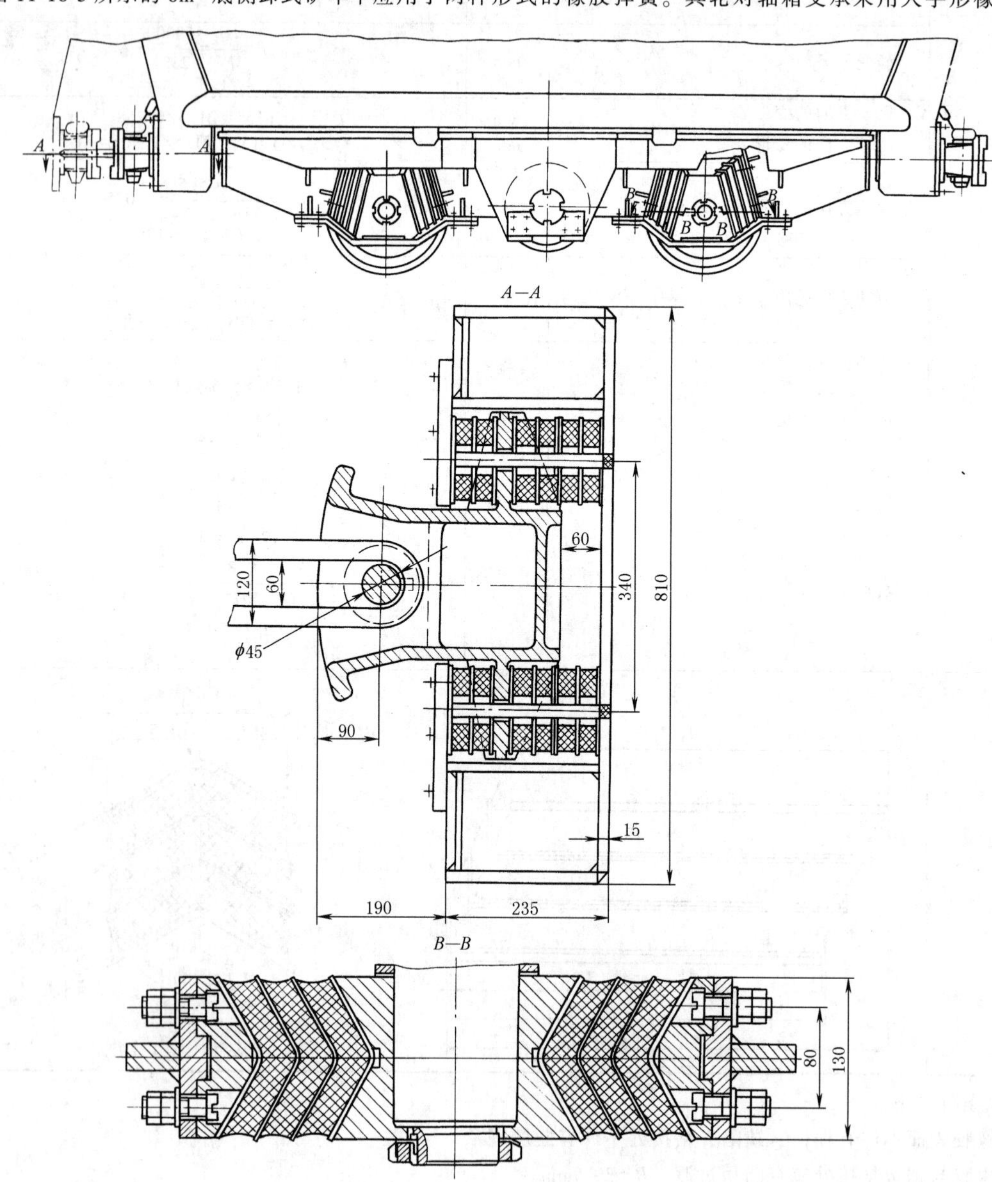

图 11-16-5　橡胶弹簧在底侧卸式矿车上的应用

这种橡胶弹簧已成功地应用于国外某些铁道车辆转向架上，用它来连接摇枕（或轴箱）和转向架构架，以代替一般转向架中的复杂悬挂系统。国内亦已应用在矿车及工矿电机车、斜井箕斗等运输设备上，并取得了良好效果。这种人字形橡胶弹簧同时能起垂直、横向和纵向三个方向的减振作用，对于简化车辆结构，减轻重量，减少车辆零部件的损坏和钢轨的磨损，以及改善和提高车辆动力性能与运行性能都有良好的效果。在该车车钩缓冲器的中心带孔上还应用了圆柱形多片组合的橡胶弹簧（见图 11-16-5 剖面）。其中心孔直径 $d=40$mm，外径 $D=110$mm，单个弹簧由双层橡皮和钢板粘接、硫化而成，每层橡皮的厚度为 30mm，车钩缓冲器允许承受的最大载荷为 37700N。这种有橡胶元件的缓冲器与一般钢弹簧缓冲器相比，尺寸小，重量轻，结构简单、紧凑，前后两个方向均可起到减振作用，衰减抖振的性能良好。

图 11-16-6 为摩托车摇动部分的结构示意及橡胶弹簧工作原理图。摩托车转弯时，乘者身体倾斜，使座前的车体部分也倾斜，同时摆轴也倾斜，这时装在凸轮四周的四块橡胶弹簧被四棱凸轮压缩。转弯结束时，橡胶的反力作为恢复力，使身体轻松地恢复到直立状态。但是这一复原特性对于摆轴来说是非线性的。倾斜角小时反力小，倾斜角大时反力也大，所以使人感到既轻快又稳定。

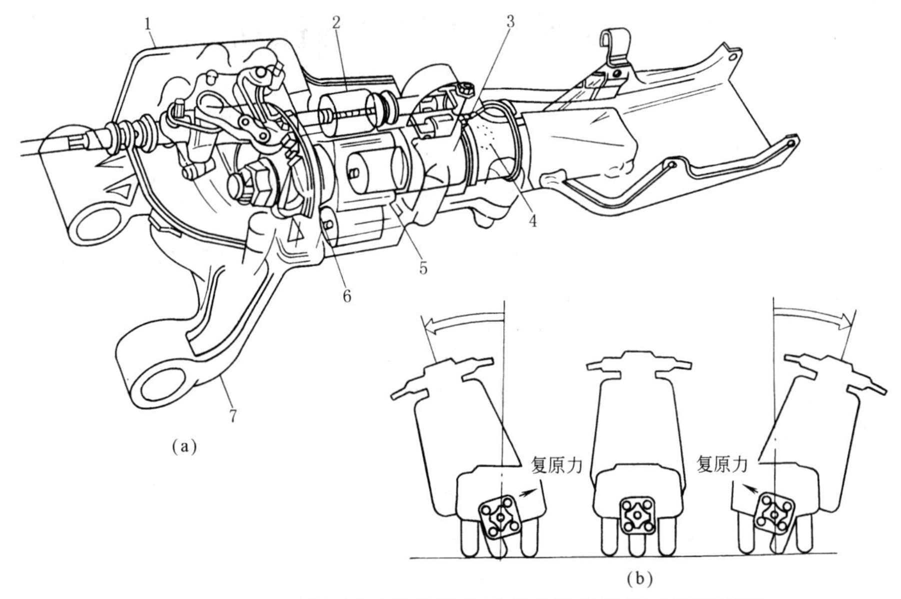

图 11-16-6 摩托车摇动部分结构示意及橡胶弹簧工作原理图

1—上壳体；2—橡胶弹簧；3—摆动连接轴；4—无油轴瓦；
5—四棱凸轮；6—滚动轴承；7—下壳体

第17章 橡胶-金属弹簧

1　橡胶-金属弹簧的优点

橡胶-金属弹簧是在金属螺旋弹簧周围包裹一层橡胶材料复合而成的一种弹簧，广泛应用于铁路车辆和公路车辆、振动筛、振动输料机及其他机械的支承隔振设备上。

橡胶-金属弹簧既具有橡胶弹簧的非线性和结构阻尼的特性，又具有金属螺旋弹簧大变形的特性，其稳定性能优于橡胶弹簧，结构比空气弹簧简单，使用在振动设备上有下列优点。

1）由于橡胶的结构阻尼大，采用复合弹簧作减振系统后可取消阻尼器。对于在共振点以上工作的振动设备而言，设备通过共振区时较平稳且时间短。

2）由于橡胶有黏弹性的特征，故能消除高频振动。

3）一般情况下具有柔性弹簧的特点，大位移振动时能起到消振器的作用，缓和冲击，且噪声远远低于金属弹簧。

4）弹簧的特性是非线性的，载荷变化时固有振动频率几乎不变。

5）在化学物质和潮湿的环境中，该弹簧有防腐蚀作用，也可以防尘。

6）结构简单，不需修理，保养方便。

7）安全性高。即使在非常使用条件下发生内部弹簧断裂，也不会发生设备事故，而只对振幅略有影响。

该种弹簧适用于常温条件，超过80℃时应采取防护措施。

2　橡胶-金属弹簧的结构形式

橡胶-金属弹簧的代号、名称、结构形式见表11-17-1。

表11-17-1　　橡胶-金属弹簧的代号、名称、结构形式

代　号	名　　称	结　　构　　形　　式
FA	直筒型	金属螺旋弹簧内外均被光滑筒型的橡胶所包裹
FB	外螺内直型	金属螺旋弹簧外表面被螺旋型的橡胶所包裹,金属弹簧内表面被光滑筒型的橡胶所包裹

续表

代　号	名　　称	结　　构　　形　　式
FC	内外螺旋型	金属螺旋弹簧内外均被螺旋型的橡胶所包裹
FD	外直内螺型	金属螺旋弹簧内表面被螺旋型的橡胶所包裹,金属螺旋弹簧外表面被光滑筒型的橡胶所包裹
FTA	带铁板直筒型	代号为 FA 的橡胶-金属弹簧的两端或一端硫化有铁板
FTB	带铁板外螺内直型	代号为 FB 的橡胶-金属弹簧的两端或一端硫化有铁板
FTC	带铁板内外螺旋型	代号为 FC 的橡胶-金属弹簧的两端或一端硫化有铁板
FTD	带铁板外直内螺型	代号为 FD 的橡胶-金属弹簧的两端或一端硫化有铁板

3　橡胶-金属弹簧的设计

3.1　模具设计

橡胶-金属弹簧的模具设计与制造难度比较大。首先必须考虑定位的导向问题，这是保证产品形状正确与否的关键；其次是考虑橡胶硫化收缩率，该收缩受到复合弹簧内金属螺旋弹簧的限制。模具内腔尺寸要比实际复合弹簧尺寸略大一些，并且模具一定要有足够大的跳胶槽，使剩余胶料和空气易于排出模具外，从而避免形成气孔和夹皮。模具如图 11-17-1 所示。

3.2 金属螺旋弹簧设计

金属螺旋弹簧设计可参见本篇第 2 章圆柱螺旋弹簧。

橡胶-金属螺旋复合弹簧中的金属弹簧，一般都是等螺距圆柱螺旋压缩弹簧，只有表 11-17-1 中代号为 FC 及 FTC 的金属弹簧为等螺距开端形状，如图 11-17-2 所示。

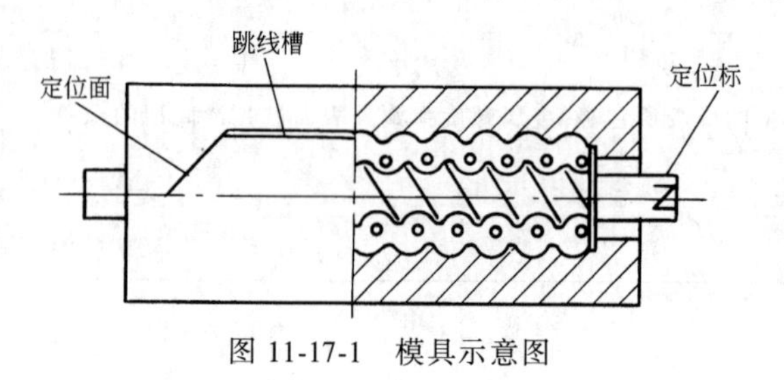

图 11-17-1　模具示意图

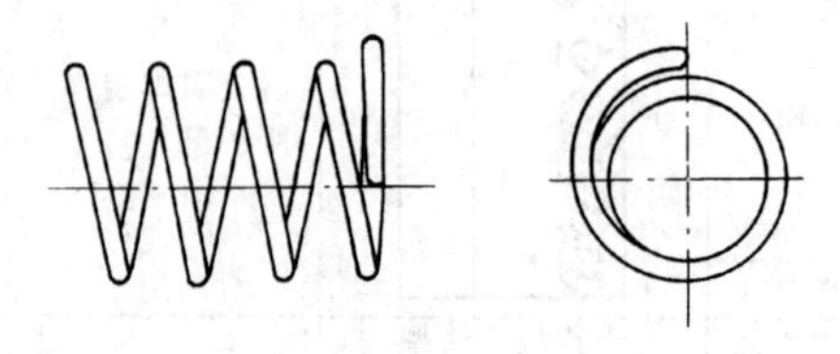

图 11-17-2　等螺距开端螺旋弹簧

3.3 橡胶弹簧设计

橡胶弹簧设计可参见本篇第 16 章橡胶弹簧。

橡胶的材料及配方必须根据相应的使用目的、环境、条件等适当选择。选择配方的原则首先是保证具有良好的弹性和较高的减振效果，其次是较高的橡胶与金属黏合强度，再就是较长的使用寿命和较低的成本。从橡胶的隔振效果来看，邵氏硬度 40~50HS 为最佳。橡胶的滞后和结构阻尼特性通常用损失系数 r 表示，r 与硬度的变化有关。硬度为 30HS、50HS、70HS 时的 r 分别为 3%、10%、20%，一般共振放大因子以 $1/r$ 表示。另外 r 值越大，阻尼性能就越好，但也意味着产生热量大，使用寿命短。

4　橡胶-金属弹簧的主要计算公式

表 11-17-2　　橡胶-金属弹簧主要计算公式

项　目	公 式 及 数 据
弹簧刚度	橡胶-金属弹簧的静刚度计算是一种近似计算。其实际值与计算值的差异必须通过修正系数加以修正，修正系数是由试验对比得出的 其计算公式 $$T'=k(P'+F')$$ 式中　T'——橡胶-金属弹簧的刚度，N/mm $P'=\dfrac{Gd^4}{8D^3n}$——金属弹簧的刚度，N/mm d——弹簧丝直径，mm D——弹簧中径，mm n——有效圈数，圈 G——剪切弹性模量，MPa k——修正系数，k 值只在相同尺寸模具做出的橡胶-金属弹簧上才为恒定值；若模具有变化，则 k 值需重做试验得出 F'——橡胶弹簧的静刚度，采用日本的服部-武井的计算公式计算 $$F'=\left[3+4.953\left(\frac{D_2-D_1}{4H_0}\right)^2\right]\times\frac{\pi(D_2^2-D_1^2)}{4H_0}G$$ D_2——橡胶弹簧外径，mm D_1——橡胶弹簧内径，mm H_0——橡胶弹簧自由高度，mm

续表

项　目	公　式　及　数　据
固有频率	橡胶-金属弹簧的固有频率 f_n 可按下式计算 $$f_n=\left(1.4\times980\times\frac{P'}{P}\right)^{1/2}\times\frac{1}{2\pi}$$ 式中　f_n——橡胶-金属弹簧的固有频率，Hz P'——橡胶-金属弹簧的刚度，N/mm P——静载荷，N
振动传递率	橡胶-金属弹簧的振动传递率可按下式计算 $$t=\frac{f_n}{f-f_n}\times100\%$$ 式中　t——振动传递率，% f——振动机械强制频率，Hz f_n——固有频率，Hz

第11篇

5　橡胶-金属弹簧尺寸系列

表 11-17-3　　橡胶-金属弹簧尺寸系列

序号	产品代号	外径 D_2 /mm	内径 D_1 /mm	自由高度 H_0 /mm	最大外径 D_m /mm	静载荷 T /N	静刚度 T' /N·mm^{-1}
1	FB52	52	25	120	62	980	78
2	FB85	85	85	120	92	3530	196
3		85	85	150	92	3720	167
4		85	85	150	108	1860	59
5	FC102	102	60	255	120	980	52
6		102	60	255	120	1470	64
7		102	60	255	120	1960	74
8		102	60	255	120	2450	98
9		102	60	255	120	2940	123
10	FA135	135	60	150	150	1960	74
11		135	60	150	150	2550	98
12	FC148	148	100	270	170	6370	1270
13		148	100	270	170	4410	147
14		148	100	270	170	8820	176
15		148	80	270	170	7840	196
16		148	80	270	170	2450	245
17		148	92	270	170	20090	342
18	FC155	155	62	290	180	6270	157
19		155	62	290	180	7450	186
20		155	62	290	180	8330	206
21		155	62	290	180	9800	235
22		155	62	290	180	10780	265
23		155	62	290	180	11760	294
24	FA196	196	80	290	220	9800	372
25		196	90	270	220	11760	392
26		196	100	250	220	13720	412
27	FC260	260	120	429	310	12740	230
28		260	120	429	310	14700	284
29		260	120	429	310	19600	392
30	FC310	310	150	400	370	29400	588

注：D_m 为橡胶-金属弹簧压缩时的最大外径。

6 橡胶-金属弹簧的选用

表 11-17-3 所列的橡胶-金属弹簧的尺寸系列摘自机械行业标准 JB/T 8584—1997，可根据下列事项进行选用：

① 所承受的静载荷和空间尺寸。

② 静载荷是指安装在振动机械上的每只弹簧的许用静载荷。

③ 静刚度是指垂直方向的静刚度。

选用时设备实际载荷应在许用值±15%以内，水平方向刚度是垂直方向刚度的 1/3～1/5。

7 橡胶-金属弹簧的技术要求

橡胶-金属弹簧的技术要求摘自机械行业标准 JB/T 8584—1997（其中引用的标准按现行标准更新）。

① 产品使用冷卷圆柱螺旋压缩弹簧时，金属螺旋弹簧应符合 GB 1239. 2—2009 第 4 章的规定。

② 产品使用热卷圆柱螺旋压缩弹簧时，金属螺旋弹簧应符合 GB/T 23934—2015 第 4 章的规定。

③ 产品的橡胶材料性能应符合 HG/T 3080—2009 的规定。

④ 尺寸的极限偏差及有关数值见表 11-17-4。

表 11-17-4　　尺寸的极限偏差及有关数值

项　　目	数　　值		
复合弹簧的外径 D_2(或内径 D_1)的极限偏差/mm	±3.5%D_2(或 D_1)		
复合弹簧的自由高度 H_0 的极限偏差/mm	±3.5%H_0		
静载荷 T 极限偏差/N	精度等级		
	1 级	2 级	3 级
	±5%T	±10%T	±15%T
静刚度 T'极限偏差/N·mm^{-1}	±5%T'	±10%T'	±15%T'
复合弹簧的垂直度公差/mm	5%H_0		
金属弹簧与橡胶的黏合强度/MPa	4.0		

8 橡胶-金属弹簧应用实例

图 11-17-3 是利用一种标准的摇枕结构作为布置在车体底架与转向架之间的车体弹性减振装置，包括螺旋弹簧、液压减振器、摇枕槽，端部为链环形的吊杆及横向拉杆。摇枕磨耗板直接压在摇枕弹簧上，摇枕中部的下凹部分有一个中心销支座，转向架可以通过橡胶金属弹性元件实现弹性及无摩擦的回转运动。

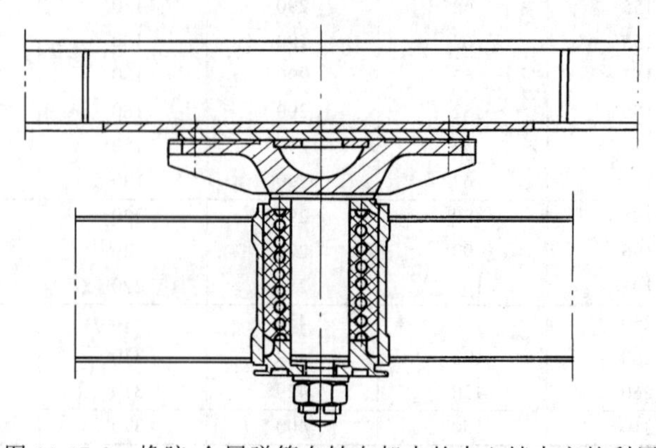

图 11-17-3　橡胶-金属弹簧在转向架中的中心销支座的利用

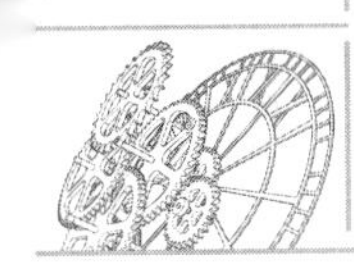

第18章 空气弹簧

1 空气弹簧的特点

空气弹簧是以空气为弹性介质的弹簧，利用空气的可压缩性实现弹性作用。由于它和普通钢制弹簧比较有许多优点，所以目前被广泛应用于压力机、剪切机、压缩机、离心机、振动运输机、振动筛、空气锤、铸造机械和纺织机械中作为隔振元件；也用于电子显微镜、激光仪器、集成电路及其他物理化学分析精密仪器等作支承元件，以隔离地基的振动。空气弹簧特别适用于车辆悬挂装置中，可以大大改善车辆的动力性能，从而显著提高其运行舒适度。

空气弹簧具有以下特点。

1）空气弹簧具有非线性特性，可以根据需要将它的特性线设计成比较理想的曲线。

2）空气弹簧的刚度随载荷而变，因而在任何载荷下其自振频率几乎保持不变，从而使弹簧装置具有几乎不变的特性。

3）空气弹簧能同时承受轴向和径向载荷，也能传递转矩。通过内压力的调整，还可以得到不同的承载能力，因此能适应多种载荷的需要。

4）在空气弹簧本体和附加空气室之间设一节流孔，能起到阻尼作用。

5）与钢制弹簧比较，空气弹簧的重量轻，承受剧烈的振动载荷时，空气弹簧的寿命较长。

6）吸收高频振动和隔音的性能好。

空气弹簧的缺点是所需附件较多，成本较高。

2 空气弹簧的类型

空气弹簧大致可分为囊式和膜式两类。囊式空气弹簧可根据需要设计成单曲的、双曲的和多曲的；膜式空气弹簧则有约束膜式和自由膜式两类。

此外，空气弹簧还有混合式（由囊式和膜式串联组合）、活塞式（由工作缸和活塞构成密闭容器）等形式。

2.1 囊式空气弹簧

其优点是寿命长，制造工艺简单。缺点是刚度大，振动频率高，要得到比较柔软的特性，需要另加较大的附加空气室。

理论上讲，在相同的容积下，曲数越多则刚度越低，但考虑多曲空气弹簧的制造工艺比较复杂，而且弹性稳定性也比较差，因此曲数一般不超过4曲。我国铁道车辆上用的囊式空气弹簧是双曲的，图11-18-1所示为“东风号”客车上装用的双曲囊式空气弹簧。

2.2 约束膜式空气弹簧

其优点是刚度小，振动频率低，特性曲线的形状容易控制。缺点是由于橡胶囊的工作情况较为复杂，耐久性

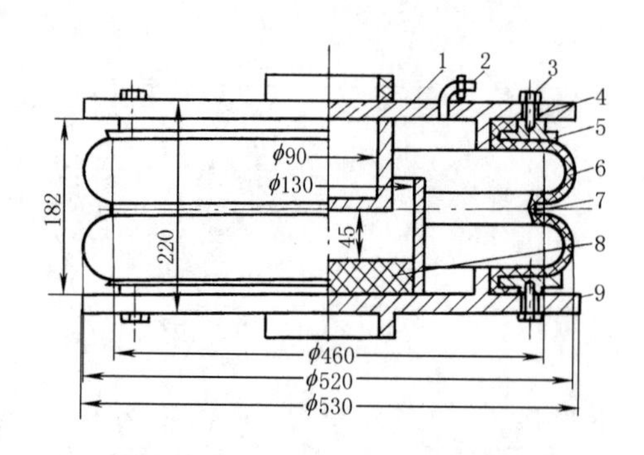

图 11-18-1　囊式空气弹簧结构

1—上盖板；2—气嘴；3—螺钉；4—钢丝圈；5—压环；6—橡胶囊；7—腰环；8—橡胶垫；9—下盖板

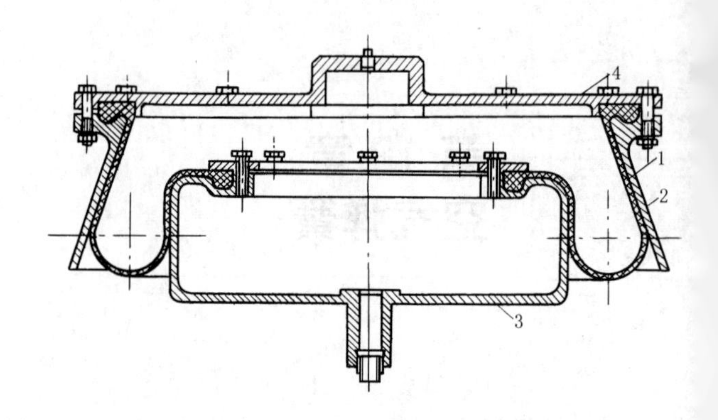

图 11-18-2　斜筒约束膜式空气弹簧结构

1—橡胶囊；2—外环；3—内压环；4—上盖板

比囊式空气弹簧差。

约束膜式空气弹簧有一个约束裙（或外筒），以限制橡胶囊向外扩张，使它的挠曲部分集中在约束裙和活塞（即内筒）之间变化。

图 11-18-2 所示为我国铁道车辆用的斜筒约束膜式空气弹簧。

这种空气弹簧亦由内筒、外筒和橡胶囊部分组成。由于约束裙是向下扩展的圆锥筒（圆锥角为 20°），当活塞向上移动而弹簧压缩时其有效面积减小，所以这种结构可使弹簧刚度减小。但是，如果采用直筒的约束裙，而活塞做成向下收缩的圆锥筒，也可以获得类似的结果。

2.3　自由膜式空气弹簧

其主要特点是没有约束橡胶囊变形的内外约束筒，这样可以减少橡胶囊的磨损，因而寿命可以提高；采用自密式结构，组装和检修工艺比较简单，而且重量很轻；安装高度可以设计得很低，可大大降低车辆地面高度；此外，它的弹性特性（垂直和横向刚度）很容易控制和确定，同一橡胶囊选用不同的上盖板包角 θ，就可以调节到需要的弹性特性。图 11-18-3 是我国地铁列车上采用的自由膜式空气弹簧。

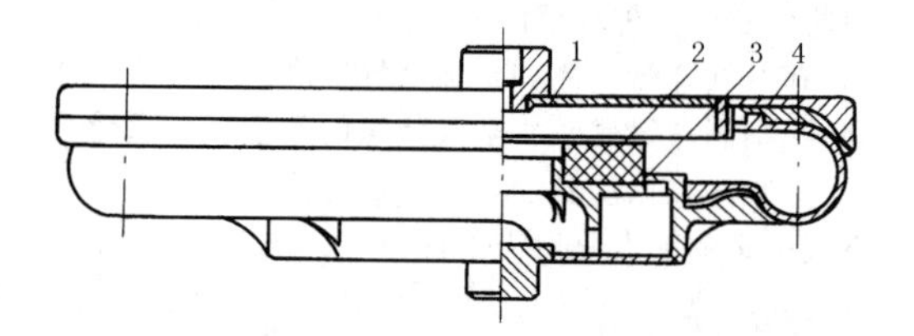

图 11-18-3　自由膜式空气弹簧结构

1—上盖板；2—橡胶垫；3—活塞；4—橡胶囊

3　空气弹簧的刚度计算

空气弹簧的主要设计参数是有效面积 A。如图 11-18-4 所示，作一平面 T-T 切于空气囊的表面，且垂直空气囊的轴线。因为空气囊是柔软的橡胶薄膜，根据薄膜理论的基本假设，空气囊不能传递弯矩和横向力，因此在通过空气囊切点处只传递平面 T-T 中的力，而平面 T-T 有效面积为 A，有效半径为 R。

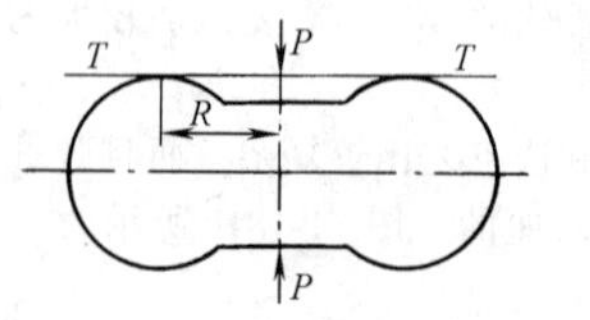

图 11-18-4　有效面积的定义

$$A=\pi R^2$$

弹簧所受的载荷 P

$$P=Ap=\pi R^2 p$$

式中　p——空气弹簧的内压力，N/cm^2。

8.1 空气弹簧垂直刚度计算

表 11-18-1

类型及变形简图		公式及数据	备注
囊式弹簧		$P'=m(p+p_a)\dfrac{A^2}{V}+apA$ 式中 $a=\dfrac{1}{nR}\times\dfrac{\cos\theta+\theta\sin\theta}{\sin\theta-\theta\cos\theta}$	A——有效面积,mm² p——空气弹簧的内压力,MPa p_a——大气压力,MPa V——空气弹簧有效容积,mm³ m——多变指数,等温过程中(如计算静刚度时)$m=1$,绝热过程中 $m=1.4$,一般动态过程 $1<m<1.4$ n——空气弹簧的曲数(图中只画出一曲) P'——垂直刚度,N/mm a——形状系数
自由膜式弹簧		$P'=m(p+p_a)\dfrac{A^2}{V}+apA$ 式中,系数 a 可按下式计算或由图 11-18-5 求出 $a=\dfrac{1}{R}\times\dfrac{\sin\theta\cos\theta+\theta(\sin^2\theta-\cos^2\varphi)}{\sin\theta(\sin\theta-\theta\cos\theta)}$	
约束膜式弹簧	(a) (b)	$P'=m(p+p_a)\dfrac{A^2}{V}+apA$ 式中,系数 a 可按下式计算或由图 11-18-6 求出 $a=-\dfrac{1}{R}\times\dfrac{\sin(\alpha+\beta)+(\pi+\alpha+\beta)\sin\beta}{1+\cos(\alpha+\beta)+\dfrac{1}{2}(\pi+\alpha+\beta)\sin(\alpha+\beta)}$	

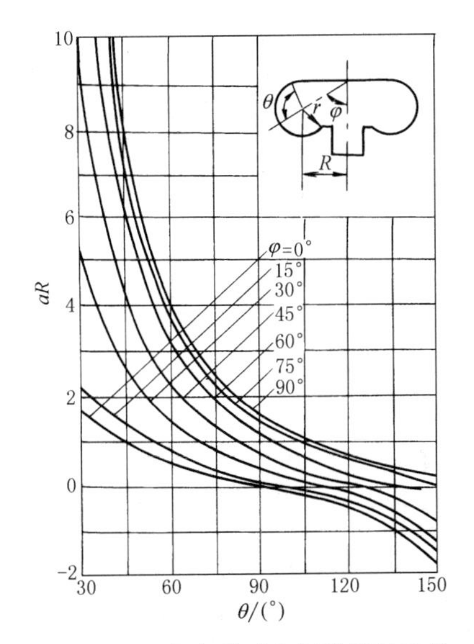

图 11-18-5 自由膜式空气弹簧的系数 a

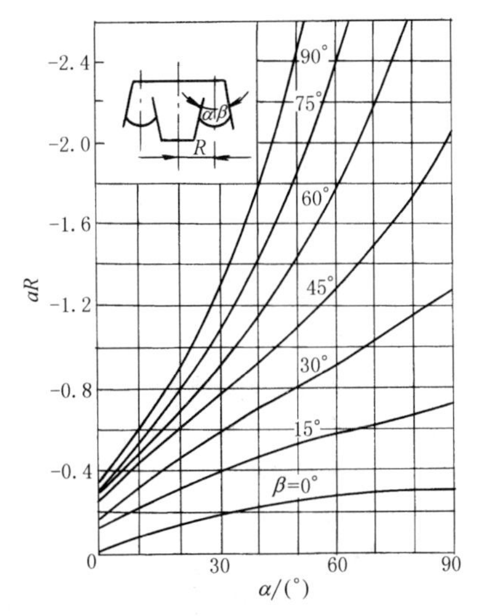

图 11-18-6 约束膜式空气弹簧的系数 a

3.2 空气弹簧横向刚度计算

3.2.1 囊式空气弹簧

一般囊式空气弹簧在横向载荷作用下的变形，是弯曲和剪切作用的合成变形，如图 11-18-7 所示。

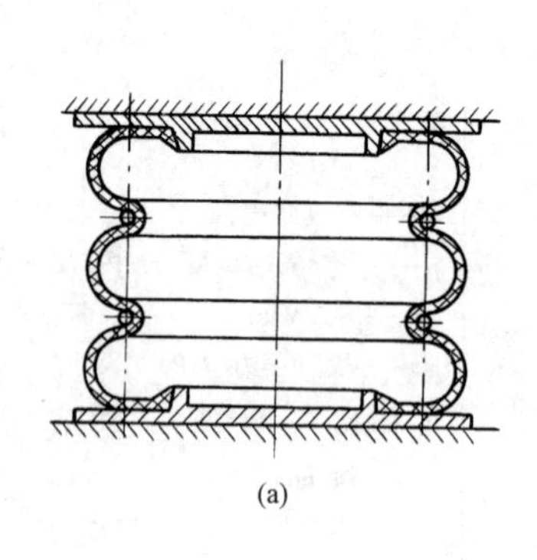

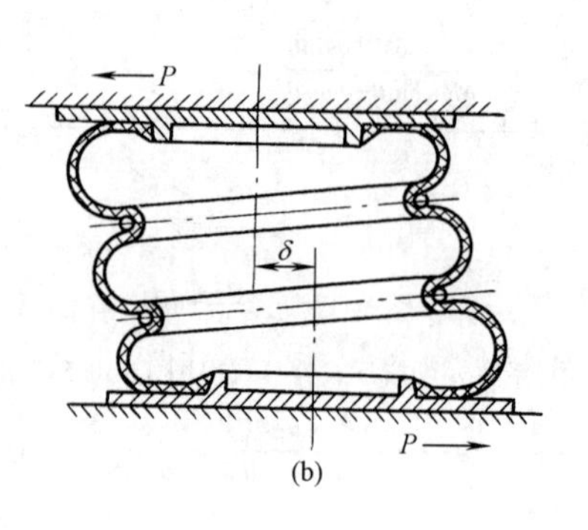

图 11-18-7 橡胶囊在横向载荷作用下的变形

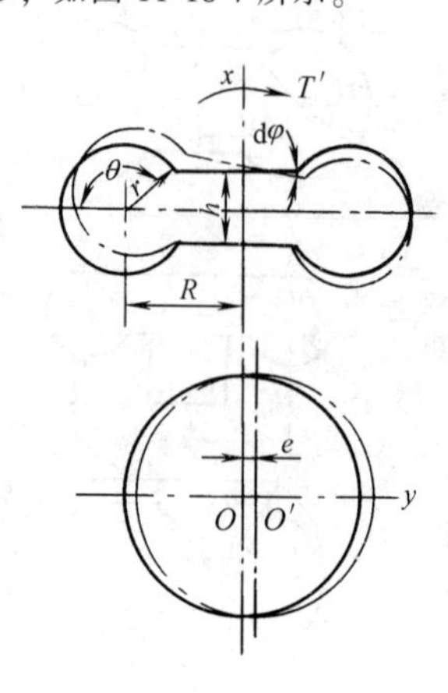

图 11-18-8 空气弹簧的弯曲变形

(1) 单曲囊式空气弹簧的弯曲刚度 T'（图 11-18-8）

$$T'=\frac{1}{2}a\pi pR^3(R+r\cos\theta)$$

式中 a——囊式空气弹簧的垂直特性形状系数，可由表 11-18-1 中的有关公式确定。

(2) 单曲囊式空气弹簧的剪切刚度 P'_{1r}（图 11-18-9）

$$P'_{1r}=\frac{\pi}{8r\theta}\rho iE_f(R+r\cos\theta)\sin^2(2\varphi)$$

式中 ρ——帘线的密度；

i——帘线的层数；

E_f——一根帘线的截面积与其纵向弹性模量的积；

φ——帘线相对纬线的角度。

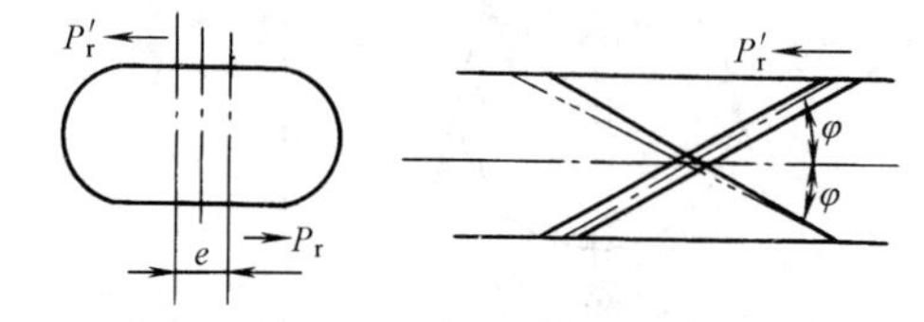

图 11-18-9 空气弹簧的剪切变形

对于多曲囊式空气弹簧，横断面受弯曲和剪切载荷而发生的变形，可以利用力和力矩的平衡，将各曲的变形叠加起来而得到。若横断面总的变形很小时，则多曲囊式空气弹簧的横向刚度 P'_r 可由下式求得：

$$P'_r=\left\{\frac{n}{P'_{1r}}+\frac{\left[(n-1)\left(h+h'+\frac{P}{P'_{1r}}\right)\right]^2}{\left(2T'+\frac{1}{2}\frac{P^2}{P'_{1r}}\right)-F(n-1)\left(h+h'+\frac{P}{P'_{1r}}\right)}\right\}^{-1}$$

式中 h——一曲橡胶囊的高度；

h'——中间腰环的高度；

P——空气弹簧所受垂直载荷；

F——空气弹簧承受的轴向载荷；

n——空气弹簧的曲数；

T'——弯曲刚度；

P'_{1r}——剪切刚度。

由上式可以看出，空气弹簧的曲数越多，则其横向刚度越小。实际上 4 曲以上的空气弹簧，由于其弹性不稳定现象，已不适于承受横向载荷的场合。

.2.2 膜式空气弹簧

表 11-18-2

类型及变形简图		公式及数据	备注
自由膜式空气弹簧		$P'_r=bpA+P'_0$ 式中，b 可按下式计算或查图 11-18-10 $b=\dfrac{1}{2R}\times\dfrac{\sin\theta\cos\theta+\theta(\sin^2\theta-\sin^2\varphi)}{\sin\theta(\sin\theta-\theta\cos\theta)}$	b——横向变形系数 P'_0——橡胶-帘线膜本身的横向刚度 p——空气弹簧的内压力 A——空气弹簧的有效面积
约束膜式空气弹簧		$P'_r=bpA+P'_0$ 式中，b 可按下式计算或查图 11-18-11 $b=\dfrac{1}{2R}\times\dfrac{-\sin(\alpha+\beta)+(\pi+\alpha+\beta)\cos\alpha\cos\beta}{1+\cos(\alpha+\beta)+\dfrac{1}{2}(\pi+\alpha+\beta)\sin(\alpha+\beta)}$	

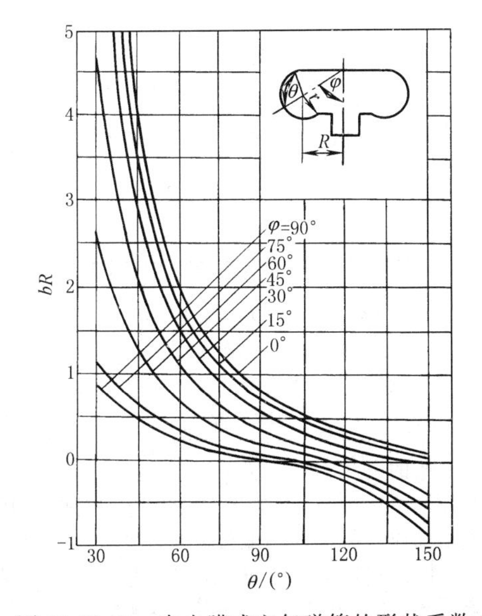

图 11-18-10　自由膜式空气弹簧的形状系数 b

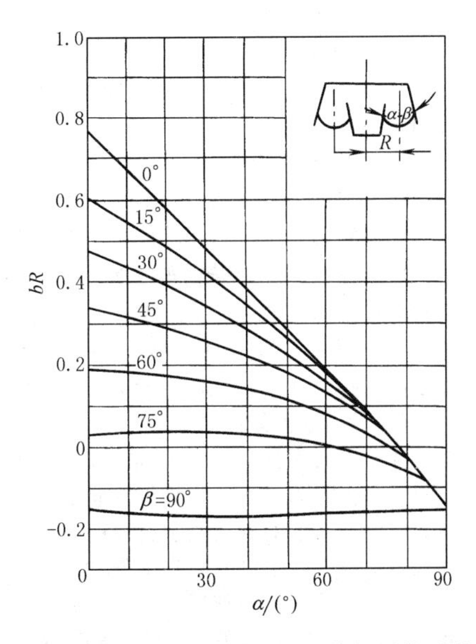

图 11-18-11　约束膜式空气弹簧的形状系数 b

4　空气弹簧计算示例

表 11-18-3

	项　　目	单位	公 式 及 数 据
已知条件	直筒约束膜式 KZ_2 型转向架		
	空气弹簧有效直径 D	mm	500
	空气弹簧的内容积 V_1	mm^3	2.8×10^7
	附加空气室的容积 V_2	mm^3	6.2×10^7
	空气弹簧的内压力 p	MPa	0.5
	大气压力 p_a	MPa	0.098
	角度 α	(°)	0
	角度 β	(°)	0
	m		1.33
计算项目	形状系数 a		$a=-\frac{1}{R}\times\frac{\sin(\alpha+\beta)+(\pi+\alpha+\beta)\sin\beta}{1+\cos(\alpha+\beta)+\frac{1}{2}(\pi+\alpha+\beta)\sin(\alpha+\beta)}=0$
	垂直刚度 P'	N/mm	$P'=m(p+p_a)\frac{A^2}{V}+apA$ 式中　$A=\frac{\pi D^2}{4}=\frac{3.14\times500^2}{4}=1.963\times10^5\,mm^2$ $V=V_1+V_2=2.8\times10^7+6.2\times10^7$ $=9.0\times10^7\,mm^3$ $P'=m(p+p_a)\frac{A^2}{V}+apA$ $=1.33\times(0.5+0.098)\times\frac{(1.963\times10^5)^2}{9\times10^7}+0$ $=340.5$

5　空气弹簧的应用实例

以空气弹簧在车辆悬挂装置中的应用为例。

图 11-18-12 为车辆悬挂装置中的空气弹簧应用简图。空气弹簧悬挂系统主要由空气弹簧本体、空气弹簧悬挂的减振阻尼和高度控制阀系统三部分组成。其工作原理为：车体 1 和转向架 2 之间的空气弹簧 4，通过节流孔 5 与附加空气室 3 沟通。用风管将附加空气室与高度控制阀 8 连接。高度控制阀固定在车体上，并通过杠杆 6 和拉杆 7 与转向架 2 连接，空气经主气缸引至高度控制阀。

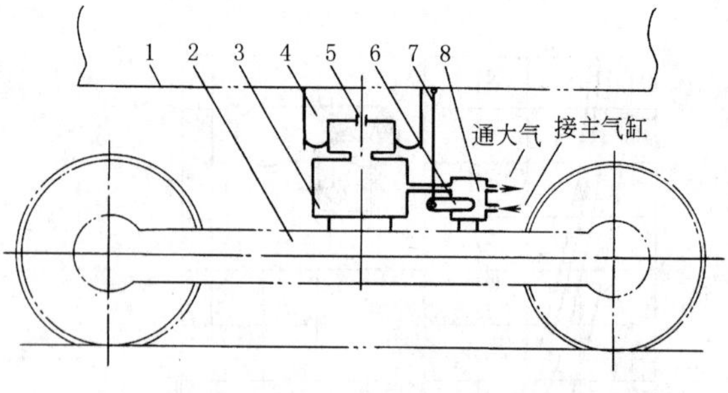

图 11-18-12　空气弹簧在车辆悬挂装置中的应用
1—车体；2—转向架；3—附加空气室；
4—空气弹簧；5—节流孔；6—杠杆；
7—拉杆；8—高度控制阀

假如空气弹簧上的载荷增加，这时车体将下降，并且高度控制阀的杠杆在拉杆的作用下按顺时针方向转动，因此与主气缸连接的高度控制阀的进气阀打开，空气开始流入附加空气室和空气弹簧，一直到车体升高到原来位置为止。于是杠杆恢复到原来水平位置，并且高度控制阀的进气阀被关闭。

假如空气弹簧上的载荷减少，这时车体将上升，而高度控制阀的杠杆按反时针方向转动，通大气的高度控制阀的排气阀被打开，空气从空气弹簧和附加空气室排出，一直到车体降到原来的位置，排气阀被关闭。

所以在高度控制阀的作用下，空气弹簧的高度可以保持不变。如果阀中再设置一个油压减振器和一个缓冲弹簧，起滞后作用，则可以使高度控制阀对动载荷没有反应，只在静载荷变化时才起作用。这样可以避免车辆在运行时空气的消耗。

第19章 膜片

1 膜片的类型与用途

膜片是用金属或非金属薄片制成的弹性元件，一般呈圆形，可制成平片（图 11-19-1a）或波纹状（图 11-19-1b）。膜片在边缘固定，因此在气体或液体的压力差和在集中力的作用下，膜片将产生变形，使刚性中心产生位移 w_0，然后传递给指针或执行机构，供测量或控制使用。

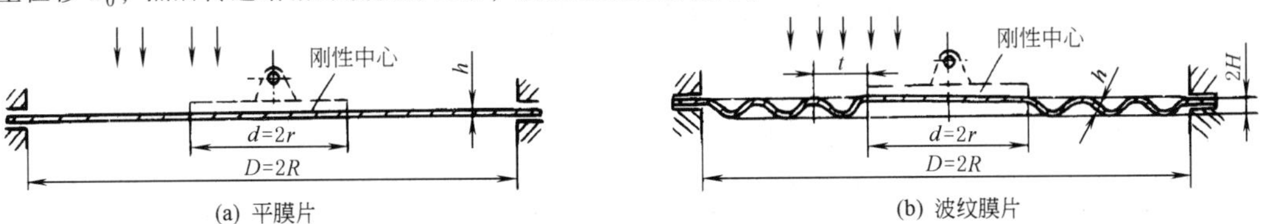

图 11-19-1 膜片

平膜片的位移较小，尤其是线性范围更小，只有膜片厚度的1/4～1/3，在线性范围内灵敏度较高。超出线性范围后，随位移加大，特性衰减很快。一般应用于电容式、感应式和应变式传感器中；也可进行压力变换，组成压电传感器、磁致伸缩传感器等。

波纹膜片具有相当大的位移，且可利用改变波纹形状，取得不同的特性。通常情况下，为了提高膜片的灵敏度，增大位移量，常将膜片组成膜盒使用，如膜式压力计、气压计，飞机上使用的空速表、高度表、升降速度表等。除此之外，还可用作两种介质的隔离元件或挠性密封元件等。

膜盒按连接形式可分为4类，如图 11-19-2 所示。

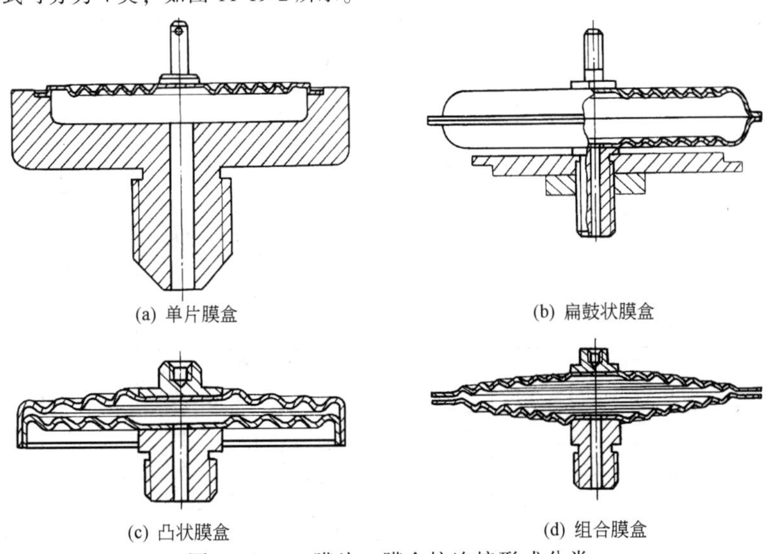

图 11-19-2 膜片、膜盒按连接形式分类

2　膜片常用材料

表 11-19-1　　**膜片常用材料**（摘自 JB/T 7485—2007）

序号	材料名称	材料牌号	材料标准
1	锡青铜	QSn6. 5-0. 1 QSn6. 5-0. 4	GB/T 2059—2017
2	铍青铜	QBe1. 9 QBe2	YS/T 323—2019
3	不锈钢	1Cr8Ni9Ti	GB/T 3280—2015 和 GB/T 4238—2015
4	精密弹性合金	Ni36CrTiAl Ni42CrTi	GB/T 15006—2009
5	耐腐弹性合金	0Cr15Ni40MoCuTiAlB 00Cr15Ni60Mo16W4 00Ni70Mo28V 0Cr18Ni12Mo2Ti	JB/T 5329. 1~5329. 3—2015

3　膜片基本参数及尺寸

膜片基本参数及尺寸应符合表 11-19-2 的规定。

表 11-19-2　　**膜片基本参数及尺寸**（摘自 JB/T 7485—2007）

<table>
<tr><th rowspan="2">序号</th><th rowspan="2">工作直径
D
/mm</th><th rowspan="2">外径
D_1
/mm</th><th rowspan="2">平中心直径
d
/mm</th><th rowspan="2">有效面积
A_e
/cm²</th><th rowspan="2">片厚
h
/mm</th><th colspan="5">推荐</th><th rowspan="2">工作压力
p
/kPa</th><th rowspan="2">失效压力
p'
/kPa</th><th rowspan="2">灵敏度
δ/mm · kPa^{-1}</th><th rowspan="2">非线性
η
/%</th><th rowspan="2">迟滞
ξ
/%</th><th rowspan="2">重复性
ε
/%</th></tr>
<tr><th>边波高
H_1
/mm</th><th>中间波高
H_2
/mm</th><th>波型</th><th>波纹数
n</th><th>材料</th></tr>
<tr><td>1</td><td>10</td><td>14</td><td>3</td><td>0. 36</td><td></td><td></td><td></td><td></td><td></td><td></td><td></td><td></td><td></td><td></td><td></td><td></td></tr>
<tr><td>2</td><td>12</td><td>16</td><td>3</td><td>0. 49</td><td>0. 05~
0. 30</td><td>1. 0</td><td>0. 4</td><td>Y、T</td><td>2. 0~2. 5</td><td rowspan="8">铍青铜</td><td>100~
5000</td><td></td><td>0. 00099~
0. 00005</td><td>≤1. 0
≤1. 5
≤3. 0</td><td>≤0. 8
≤1. 2
≤2. 5</td><td>≤0. 5
≤1. 0
≤2. 0</td></tr>
<tr><td rowspan="3">3</td><td rowspan="3">16</td><td rowspan="3">20</td><td rowspan="3">4</td><td rowspan="3">0. 88</td><td>0. 30</td><td rowspan="3">1. 5</td><td rowspan="3">0. 8</td><td rowspan="3">Y</td><td>2. 0~2. 5</td><td>2000</td><td>3960</td><td>0. 00015</td><td rowspan="3">≤0. 5
≤1. 0
≤1. 5
≤3. 0</td><td rowspan="3">≤0. 4
≤0. 8
≤1. 2
≤2. 5</td><td rowspan="3">≤0. 25
≤0. 5
≤1. 0
≤2. 0</td></tr>
<tr><td>0. 35</td><td>2. 0~2. 5</td><td>3500</td><td></td><td>0. 00009</td></tr>
<tr><td>0. 45</td><td>2. 0~3. 5</td><td>7500</td><td></td><td>0. 00004</td></tr>
<tr><td rowspan="5">4</td><td rowspan="5">20</td><td rowspan="5">24</td><td rowspan="5">4</td><td rowspan="5">1. 3</td><td>0. 07</td><td rowspan="4">1. 2</td><td rowspan="5">1. 0</td><td rowspan="3">Y</td><td>2. 5~3. 5</td><td>100</td><td>320</td><td>0. 0040</td><td rowspan="4">≤1. 0
≤1. 5
≤3. 0</td><td rowspan="4">≤0. 8
≤1. 2
≤2. 5</td><td rowspan="4">≤0. 5
≤1. 0
≤2. 0</td></tr>
<tr><td>0. 10</td><td>2. 5~3. 0</td><td>200</td><td>500</td><td>0. 0018</td></tr>
<tr><td>0. 14</td><td>2. 0~2. 5</td><td>300</td><td>730</td><td>0. 0006</td></tr>
<tr><td>0. 25</td><td>T</td><td>2. 5</td><td>400</td><td>1470</td><td>0. 0003</td></tr>
<tr><td>0. 35</td><td>1. 9</td><td>Y</td><td>2. 5</td><td>弹性合金</td><td>3500</td><td></td><td>0. 0001</td><td></td><td></td><td></td></tr>
<tr><td rowspan="4">5</td><td rowspan="4">25</td><td rowspan="4">30</td><td rowspan="4">5</td><td rowspan="4">2. 03</td><td>0. 06</td><td>1. 5</td><td>1. 2</td><td>Y、T</td><td>3. 0~4. 0</td><td rowspan="2">铍青铜</td><td>100</td><td>210</td><td>0. 0050</td><td rowspan="9">≤0. 5
≤1. 0
≤1. 5
≤3. 0</td><td rowspan="9">≤0. 4
≤0. 8
≤1. 2
≤2. 5</td><td rowspan="9">≤0. 25
≤0. 5
≤1. 0
≤2. 0</td></tr>
<tr><td>0. 08</td><td>1. 6</td><td>0. 6</td><td>T</td><td rowspan="3">3. 0</td><td>100</td><td>290</td><td>0. 0045</td></tr>
<tr><td>0. 10</td><td>1. 6</td><td>0. 6</td><td>T</td><td>弹性合金</td><td>280</td><td></td><td>0. 0025</td></tr>
<tr><td>0. 12</td><td>1. 5</td><td>0. 5</td><td>Y</td><td rowspan="6">铍青铜</td><td>90</td><td>470</td><td>0. 0019</td></tr>
<tr><td rowspan="5">6</td><td rowspan="5">32</td><td rowspan="5">36</td><td rowspan="5">6</td><td rowspan="5">3. 28</td><td>0. 06</td><td>1. 5</td><td>1. 2</td><td>S</td><td>6. 0</td><td>15</td><td>150</td><td>0. 0333</td></tr>
<tr><td>0. 08</td><td>1. 5</td><td>1. 2</td><td>T</td><td>5. 0</td><td>100</td><td>220</td><td>0. 0080</td></tr>
<tr><td>0. 12</td><td>2. 0</td><td>0. 8</td><td>T</td><td>3. 0</td><td>180</td><td>350</td><td>0. 0042</td></tr>
<tr><td>0. 16</td><td>1. 5</td><td>0. 8</td><td>Y</td><td>2. 5</td><td>150</td><td>490</td><td>0. 0025</td></tr>
<tr><td>0. 2</td><td>1. 5</td><td>0. 8</td><td>Y</td><td>2. 0~2. 5</td><td>200</td><td>640</td><td>0. 0015</td></tr>
</table>

续表

序号	工作直径 D /mm	外径 D_1 /mm	平中心直径 d /mm	有效面积 A_e /cm^2	片厚 h /mm	推荐					工作压力 p /kPa	失效压力 p' /kPa	灵敏度 δ/mm·kPa^{-1}	非线性 η /%	迟滞 ξ /%	重复性 ε /%
						边波高 H_1 /mm	中间波高 H_2 /mm	波型	波纹数 n	材料						
7	40	44	8	5.19	0.06	2.5	1.0	T	3.0~4.0	铍青铜	15	120	0.0200	≤0.5 ≤1.0 ≤1.5 ≤3.0	≤0.4 ≤0.8 ≤1.2 ≤2.5	≤0.25 ≤0.5 ≤1.0 ≤2.0
					0.08						30	170	0.0167			
					0.10				3.0		56	220	0.0089			
					0.12						90	270	0.0072			
					0.14						140	320	0.0054			
					0.16						220	370	0.0045			
					0.20	2.2	1.1	Y	3.0~3.5		200	490	0.0033			
8	45	50	9	6.57	0.07	2.0	1.0	Y	3.0~3.5		40	120	0.0175			
					0.10						70	190	0.0111			
					0.14	2.2	1.1				100	280	0.0075			
					0.20	2.3	1.2				150	430	0.0040			
9	50	54	10	8.12	0.10	2.2	1.1	Y、T	3.0~4.0		60	160	0.0108			
					0.14						100	250	0.0065			
					0.18			T	3.0		200	330	0.0050			
					0.20			Y、T	3.0~4.0		120	380	0.0054			
					0.25	3.3	1.8	T	3.0	锡青铜	110	240	0.0046			
10	55	60	11	9.82	0.08	2.7	1.3	T	4.0~5.0	铍青铜	30	110	0.0400			
					0.10						50	140	0.0240			
					0.12		1.4		4.0		80	180	0.0150			
					0.16				4.0		100	250	0.0120			
					0.20		1.8				120	380	0.0086			
					0.25	2.8	1.4	Y	2.5		200	430	0.0038			
					0.30				2.0~2.5		300	540	0.0025			
11	60	64	12	11.69	0.08	3.72	1.52	T	3.5~4.0	铍青铜	14	100	0.0357			
					0.10	2.65	1.20		4.0~~4.5	弹性合金	27	140	0.0222			
					0.14	3.60	2.00				60	200	0.0166			
					0.16	2.54	1.64	Y			100	230	0.0110			
					0.20						160	330	0.0069			
					0.25				4.0		250	400	0.0044			
					0.35						400	600	0.0035			
					0.45	3.67	2.47				600	800	0.0023			
					0.60						1000		0.0014			
					0.80						1600		0.0009			
					1.00			T			2500		0.0006			
12	66	70	14	14.34	0.05	4.40	1.40	Y、T	5.0~6.0		4.0	50	0.0750			
					0.08	4.60	1.50				8.6	90	0.0467			
					0.12						20	150	0.0254			
					0.16						45	210	0.0113			
					0.20						63	280	0.0095			
13	72	76	16	17.26	0.08	4.50	2.40	T	5.0	铍青铜	12	80	0.0625			
					0.10						14	110	0.0393			
					0.12				4.0		19	130	0.0316			
					0.14						29	160	0.0241			
					0.16						40	190	0.0200			
					0.18						55	220	0.0173			
					0.20						25	240	0.0167			

第11篇

续表

序号	工作直径 D /mm	外径 D_1 /mm	平中心直径 d /mm	有效面积 A_e /cm^2	片厚 h /mm	推荐 边波高 H_1 /mm	推荐 中间波高 H_2 /mm	推荐 波型	推荐 波纹数 n	推荐 材料	工作压力 p /kPa	失效压力 p' /kPa	灵敏度 δ/mm·kPa^{-1}	非线性 η /%	迟滞 ξ /%	重复性 ε /%
13	72	76	16	17.26	0.22	4.50	2.40	T	3.0	铍青铜	95	270	0.0126			
					0.25						150	320	0.0097			
					0.30						290	400	0.0074			
14	78	82	18	20.45	0.18	4.00	1.00	S	5.0~5.5	铍青铜	16	200	0.0313			
					0.20				5.0	锡青铜	16	110	0.0313			
					0.22					铍青铜	25	250	0.0200			
					0.25					锡青铜	25	140	0.0200			
					0.30				4.0~5.0		40	170	0.0125			
15	84	88	20	23.92	0.10	4.25	1.50	S	5.0~8.5		4	43	0.2500			
					0.14						6	64	0.1670			
					0.18				5.0~8.0		10	87	0.1000			
					0.22				5.0~7.5		16	110	0.0630			
16	90	94	22	27.66	0.05	3.00	0.80	Y、T	8.0~9.5		1.2	17	0.7080			
					0.07				8.0~9.0		2	26	0.4250			
					0.10						3	40	0.2830			
					0.12	3.50	1.00		7.0~8.0		5	49	0.1700			
					0.16						8	70	0.1250			
					0.22						12	100	0.0833	≤0.5 ≤1.0 ≤1.5 ≤3.0	≤0.4 ≤0.8 ≤1.2 ≤2.5	≤0.25 ≤0.5 ≤1.0 ≤2.0
					0.30	3.84	1.80		5.0~6.0		30	150	0.0333			
					0.40						40	210	0.0250			
17	100	104	24	33.97	0.08	4.00	1.00	S	5.0~8.5	铍青铜	1.6	55	0.3130			
					0.10				5.0~8.0		2.5	70	0.2900			
					0.12				5.0~6.0		4	90	0.1250			
					0.16						6	120	0.0830			
					0.18	4.50		Y、S	5.0		10	150	0.0500			
					0.20	4.00		S		锡青铜	10	80	0.0500			
18	120	124	26	47.64	0.05	4.00	1.00	S	5.0~11.0	锡青铜	0.16	12	3.1300			
					0.06				5.0~10.5		0.25	15	2.0000			
					0.08				5.0~10.0		0.40	22	1.2500			
					0.12						0.60	35	0.8340			
					0.16						1	46	0.5000			
19	150	154	30	73.04	0.06	4.50	2.00	S	9.0~10.0		0.6	12	2.0800			
					0.08						1.0	17	1.2500			
					0.10				9.0		1.6	22	0.7810			
					0.12						2.5	27	0.5000	≤1.5 ≤3.0	≤1.2 ≤2.5	≤1.0 ≤2.0
20	200	204	40	129.85	0.08	3.5	1.50	Y、S	9.5~11.0	铍青铜	0.675	24	4.74	≤1.0 ≤1.5 ≤3.0	≤0.8 ≤1.2 ≤2.5	≤0.5 ≤1.0 ≤2.0

续表

序号	工作直径 D /mm	外径 D_1 /mm	平中心直径 d /mm	有效面积 A_e /cm^2	片厚 h /mm	推荐					工作压力 p /kPa	失效压力 p' /kPa	灵敏度 $\delta/mm \cdot kPa^{-1}$	非线性 η /%	迟滞 ξ /%	重复性 ε /%
						边波高 H_1 /mm	中间波高 H_2 /mm	波型	波纹数 n	材料						
20	200	204	40	129.85	0.09	6.0	1.00	Y	11.0	铍青铜	0.680	28	3.68	≤1.5 ≤3.0	≤1.2 ≤2.5	≤1.0 ≤2.0
					0.10	1.50	1.50	S	9.5~11.0		0.675	32	4.74	≤1.0	≤0.8	≤0.5
21	250	254	50	202.89	0.16	3.50	1.50	S	11.0~15.0		0.675	39	4.03	≤1.5 ≤3.0	≤1.2 ≤2.5	≤1.0 ≤2.0

注：当采用的材料与表中材料不同时，失效压力按下式修正：

$$p_{s实}=\frac{p_s}{\sigma_s}\times\sigma_{s实}$$

式中 $p_{s实}$——按实际采用材料计算的失效压力，kPa；
p_s——表中材料膜片的失效压力，kPa；
σ_s——表中推荐材料的屈服点，MPa；
$\sigma_{s实}$——膜片实际采用材料的屈服点，MPa。

4 平膜片的设计计算

4.1 小位移平膜片的计算公式

小位移平膜片是指其刚性工作中心位移量远小于自身厚度的薄片，它常应用于力平衡式仪表和应变式的传感器中。周边刚性固定小位移平膜片计算公式列于表 11-19-3。

表 11-19-3

项目	单位	公式及数据		
		无硬心，受均布力	有硬心，受均布力	有硬心，受集中力
位移 w_0	mm	(a) $\frac{pR^4}{Eh^4}=\frac{16}{3(1-\mu^2)}\times\frac{w_0}{h}=5.86\frac{w_0}{h}$ 式中 $\mu=0.3$ $w_0=\frac{pR^4}{5.86Eh^3}$	(b) $w_0=A_p\frac{pR^4}{Eh^3}$ 式中 $A_p=\frac{3(1-\mu^2)}{16}\times\left(\frac{C^4-1-4C^2\ln C}{C^4}\right)$	(c) $w_0=A_Q\frac{QR^2}{Eh^3}$ 式中 $A_Q=\frac{3(1-\mu^2)}{\pi}\times\left(\frac{C^2-1}{4C^2}-\frac{\ln^2 C}{C^2-1}\right)$
最大应力 σ	MPa	$\sigma=\frac{3}{4}\times\frac{pR^2}{h^2}\sqrt{1-\mu+\mu^2}=0.667\frac{pR^2}{h^2}$ 式中 $\mu=0.3$	$\sigma_r=\pm B_p\frac{Ehw_0}{R^2}$ 式中 $B_p=\frac{4}{1-\mu^2}\times\frac{C^2(C^2-1)}{C^4-1-4C^2\ln C}$ $\sigma_t=\mu\sigma_r$ $\sigma=\sqrt{\sigma_r^2+\sigma_t^2-\sigma_r\sigma_t}$	$\sigma_{rw}=\pm B_{Qw}\frac{Ehw_0}{R^2}$ $\sigma_{rn}=\pm B_{Qn}\frac{Ehw_0}{R^2}$ 式中 $B_{Qw}=\frac{2}{1-\mu^2}\times\frac{C^2(C^2-1-2\ln C)}{(C^2-1)^2-4C^2\ln^2 C}$ $B_{Qn}=\frac{2}{1-\mu^2}\times\frac{C^2(2C^2\ln C-C^2+1)}{(C^2-1)^2-4C^2\ln^2 C}$ $\sigma_t=\mu\sigma_r$ $\sigma=\sqrt{\sigma_r^2+\sigma_t^2-\sigma_r\sigma_t}$

续表

项目	单位	公式及数据	
最大允许载荷 p_{max} 或 Q	MPa 或 N	$p_{max}=1.5\dfrac{h^2}{R^2}\sigma_p$	有硬心,受均布力 p 和集中力 Q,将位移公式代入应力公式,并使 $\sigma=\sigma_p$,即可求出
最大允许位移 w_{max}	mm	$w_0=0.256\sigma_p\dfrac{R^2}{Eh}$	有硬心，受均布力 p 和集中力 Q，将 p_{max} 或 Q_{max} 代入位移方程，即可求得
有效面积 F_e	mm^2	$F_e=\dfrac{\pi}{16}(D+d)^2$	
备注	p—作用于膜片上的压力,MPa;R—膜片工作半径,mm;h—膜片厚度,mm;E—弹性模量,MPa;μ—泊松比,$\mu=0.3$;C—系数,$C=R/r_0$;r_0—硬心半径,mm;Q—作用于膜片中心的集中力,N;σ_r—径向应力,MPa;σ_t—切向应力,MPa;σ_{rw}—外表面径向应力,MPa;σ_{rn}—内表面径向应力,MPa;σ_p—许用应力,MPa;D—膜片工作直径,mm;d—硬心直径,mm		

4.2 大位移平膜片的计算公式

大位移平膜片是指其刚性工作中心的位移量是厚度的几倍甚至几十倍的膜片，大位移平膜片应用于位移式仪表中。周边夹紧并受均布力 p 的大位移平膜片计算公式列于表 11-19-4，相关量之间的特性曲线关系见图 11-19-3~图 11-19-6。

表 11-19-4

项目	参数的无量纲公式	
	无硬心,受均布力	有硬心,受均布力
位移 $\overline{w}$	$\overline{w}=\dfrac{w_0}{h}$ 式中 w_0——膜片中心位移,mm h——膜片厚度,mm	
压力 $\overline{p}$	$\overline{p}=\dfrac{pR^4}{Eh^4}$ 式中 p——膜片上的压力,MPa R——膜片厚度,mm E——弹性模量,MPa	
应力 $\overline{\sigma}$	$\overline{\sigma}=\dfrac{\sigma R^2}{Eh^2}$ 式中 σ——最大应力,MPa	
容积 $\overline{v}$	$\overline{v}=\dfrac{V}{\pi R^2 h}$ 式中 V——膜片位移时所包含的容积,mm^3	
硬心无量纲半径 ρ_0		$\rho_0=\dfrac{r_0}{R}$ 式中 r_0——硬心半径,mm
相对有效面积 f_0		$f_0=\dfrac{F_e}{\pi R^2}$ 式中 F_e——有效面积,mm^2

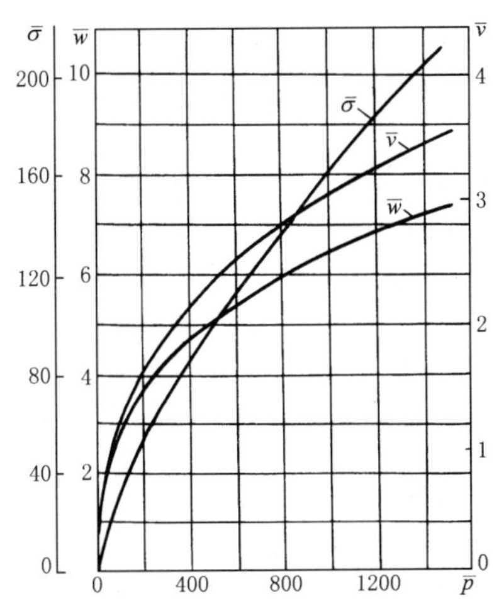

图 11-19-3 与压力参数 $\bar{p}$ 有关的位移 $\bar{w}$、应力 $\bar{\sigma}$ 及容积 $\bar{v}$ 的无量纲值

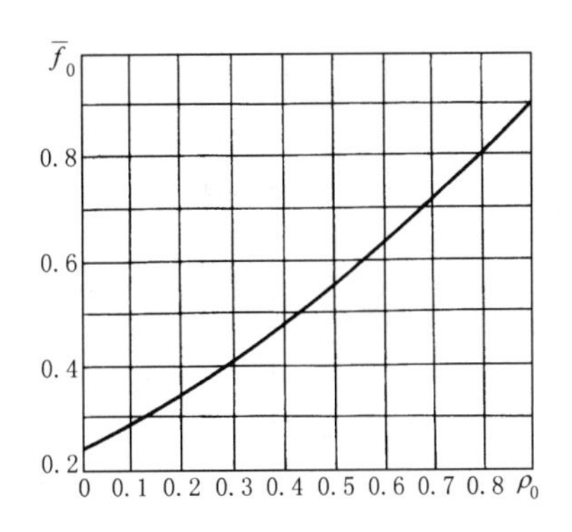

图 11-19-4 相对初始有效面积 $\bar{f}_0$

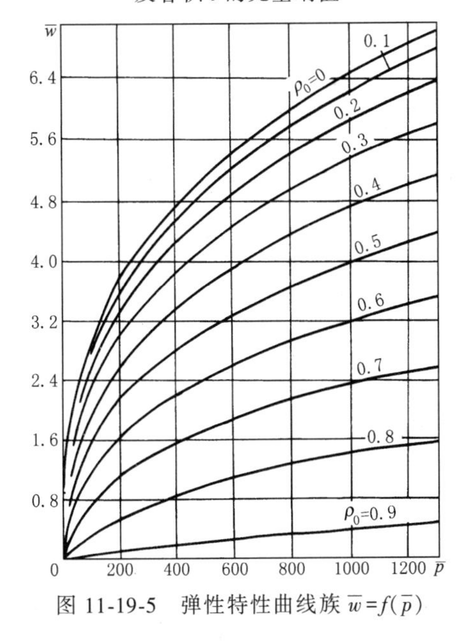

图 11-19-5 弹性特性曲线族 $\bar{w}=f(\bar{p})$

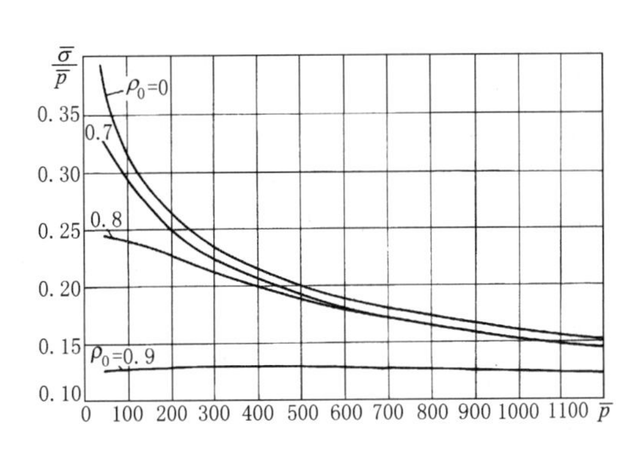

图 11-19-6 无量纲应力线族 $\frac{\bar{\sigma}}{\bar{p}}=f(\bar{p})$

5 平膜片计算示例

例 1 求无硬心平膜片在已知工作压力 $p=0.04$MPa 时的位移、容积变化和安全系数。膜片的材料为 3J1，$E=210000$MPa，屈服极限 $\sigma_s=882$MPa，膜片的工作半径 $R=100$mm，厚度 $h=0.4$mm。

表 11-19-5

项　　目	单位	公　式　及　数　据
确定无量纲压力参数 $\bar{p}$		为了确定是大位移、还是小位移膜片，首先计算其位移 w_0： $w_0=\frac{pR^4}{5.86Eh^3}=\frac{0.04\times100^4}{5.86\times210000\times0.4^3}=50.8$mm 因为 $w_0\gg h$，为此要应用图 11-19-3 的线图，无量纲压力参数 $\bar{p}=\frac{pR^4}{Eh^4}=\frac{0.04\times100^4}{210000\times0.4^4}=744$

续表

项　　目	单位	公 式 及 数 据
求 $\overline{w},\overline{v},\overline{\sigma}$		根据 $\overline{p}=744$ 时,按图 11-19-3 查出: $\overline{w}=5.75;\overline{v}=2.7;\overline{\sigma}=130$
位移 w_0	mm	根据 $\overline{w}=\frac{w_0}{h}=5.75$ 所以 $w_0=5.75h=5.75\times0.4=2.3$
有效容积 V	mm^3	$V=\overline{v}\pi R^2h=2.7\times3.14\times100^2\times0.4=33900$
最大应力 σ	N/mm^2	$\sigma=\overline{\sigma}\times\frac{Eh^2}{R^2}=130\times\frac{210000\times0.4^2}{100^2}=437$
安全系数 n		$n=\frac{\sigma_s}{\sigma}=\frac{882}{437}=2.01$

例 2　膜片尺寸 $R=125$mm，$h=0.5$mm，压力 $p=0.02$MPa，材料为 QBe2，$E=1.35\times10^5$MPa，屈服极限 $\sigma_s=960$MPa，求硬心半径 r_0，如果膜片的有效面积 $F_e=3.14\times10^4mm^2$，再求出膜片中心的位移和膜片的安全系数。

表 11-19-6

项　　目	单位	公 式 及 数 据
相对有效面积 $\overline{f}_0$		$\overline{f}_0=\frac{F_e}{\pi R^2}=\frac{3.14\times10^4}{3.14\times125^2}=0.64$
硬心半径 r_0	mm	根据图 11-19-4,找出相应于 $\overline{f}_0=0.64$ 的硬心无量纲半径 $\rho_0=\frac{r_0}{R}=0.6$ 因此,硬心半径 $r_0=0.6\times125=75$
位移 w_0	mm	根据图 11-19-5,由 $\overline{p}=\frac{pR^4}{Eh^4}=\frac{0.02\times125^4}{1.35\times10^5\times0.5^4}=580$ 与 $\rho_0=0.6$ 时的图线,找到 $\overline{w}=\frac{w_0}{h}=2.6$ 由此,位移 $w_0=2.6\times h=2.6\times0.5=1.3$
最大应力 σ	MPa	根据图 11-19-6,由 $\overline{p}=580$ 与 $\rho_0=0.6$ 的图线,找到 $\frac{\overline{\sigma}}{\overline{p}}=0.19$ 所以 $\overline{\sigma}=0.19\times\overline{p}=0.19\times580=110$ 根据公式 $\overline{\sigma}=\frac{\sigma R^2}{Eh^2}$,则 $\sigma=\frac{\overline{\sigma}Eh^2}{R^2}=\frac{110\times1.35\times10^5\times0.5^2}{125^2}=240$
安全系数 n		$n=\frac{\sigma_s}{\sigma}=\frac{960}{240}=4$

6　波纹膜片的计算公式

表 11-19-7

项　　目	公 式 及 数 据	说　　明
弹性特性方程	$\frac{pR^4}{Eh^4}=a\frac{w_0}{h}+b\frac{w_0^3}{h^3}$ 式中 $a=\frac{2(3+\alpha)(1-\alpha)}{3k_1\left(1-\frac{\mu^2}{\alpha^2}\right)}$ $b=\frac{32k_1}{\alpha^2-9}\left[\frac{1}{6}-\frac{3-\mu}{(\alpha+3)(\alpha-\mu)}\right]$	此弹性特性方程不仅适用于无硬心波纹膜片,而且也适用于小波纹$\left(\frac{H}{h}<4\sim6\right)$、相对半径 $\rho_0=\frac{r_0}{R}<0.2\sim0.3$ 和大波纹$\left(\frac{H}{h}\geqslant8\sim10\right)$、相对半径 $\rho_0\leqslant0.4\sim0.5$ 的有硬心波纹膜片

续表

项　　目	公 式 及 数 据	说　　明
弹性特性的非线性度 γ	$\gamma=\dfrac{\Delta}{w_{0\max}}\times100\%$	p——压力，MPa R、h——膜片工作半径、厚度，mm α——系数，$\alpha=\sqrt{k_1k_2}$ k_1，k_2——按表 11-19-8 查 Δ——连接坐标原点与特性曲线工作段终点的直线同非线性特性曲线间挠度的最大误差 w_0——位移，mm σ——最大应力，MPa
位移 $\overline{w}$/mm	$\overline{w}=\dfrac{w_0}{h}$	
压力 $\overline{p}$/MPa	$\overline{p}=\dfrac{pR^4}{Eh^4}$	
刚度 $\dfrac{\overline{p}}{\overline{w}}$	$\dfrac{\overline{p}}{\overline{w}}=\dfrac{p}{E}\times\left(\dfrac{R}{h}\right)^3\times\dfrac{R}{w_0}$	
$\dfrac{\overline{\sigma}}{\overline{p}}$ 值	$\dfrac{\overline{\sigma}}{\overline{p}}=\dfrac{\sigma h^2}{pR^2}$	
初始有效面积 f_0/mm^2	$f_0=\dfrac{F_e}{\pi R^2}$	

表 11-19-8

膜片型面	k_1	k_2
锯齿形	$\dfrac{1}{\cos\theta_0}$	$\dfrac{H^2}{h\cos\theta_0}+\theta_0$
梯形	$\dfrac{1-\dfrac{2a}{l}}{\cos\theta_0}+\dfrac{2a}{l}$	$\dfrac{H^2}{h^2}\left(\dfrac{1-\dfrac{2a}{l}}{\cos\theta_0}+\dfrac{6a}{l}\right)+\left(1-\dfrac{2a}{l}\right)\cos\theta_0+\dfrac{2a}{l}$
正弦形$\left(\dfrac{H}{l}<B\right)$	1	$\dfrac{3}{2}\times\dfrac{H^2}{h^2}+1$

7　波纹膜片计算示例

例 1　绘制波纹膜盒的弹性特性曲线、膜盒由两个相同的锯齿形膜片组成，膜片的尺寸：$R=36.7$mm，$r_0=7$mm，$H=1.02$mm，$h=0.125$mm；材料为 QBe2，弹性模量 $E=1.35\times10^5$N/mm^2，$n=3$。

表 11-19-9

项　　目	单位	公 式 及 数 据
确定波长 l	mm	$l=\dfrac{R-r_0}{n}=\dfrac{36.7-7}{3}=9.9$
倾角 θ_0	(°)	$\theta_0=\arctan\dfrac{H}{l}=\arctan\dfrac{1.02}{9.9}\approx6$
求系数 a 及 b		根据图 11-19-7，当$\dfrac{H}{h}=\dfrac{1.02}{0.125}=8.16$，$\theta_0=6°$时　求出系数 $a=69$；$b=0.073$

续表

项目	单位	公式及数据
弹性特性曲线方程式		将系数 a 及 b 代入弹性特性方程，则得其特性曲线方程式 $p=\frac{Eh}{R^4}(ah^2w_0+bw_0^3)=0.00977w_0+0.000661w_0^3$
波纹膜盒的特性曲线		w_0/mm；p/MPa；$R=36.7$；$r_0=7$；$h=0.125$；$H=1.02$ 特性曲线(考虑到膜盒的位移比一个膜片的大一倍)

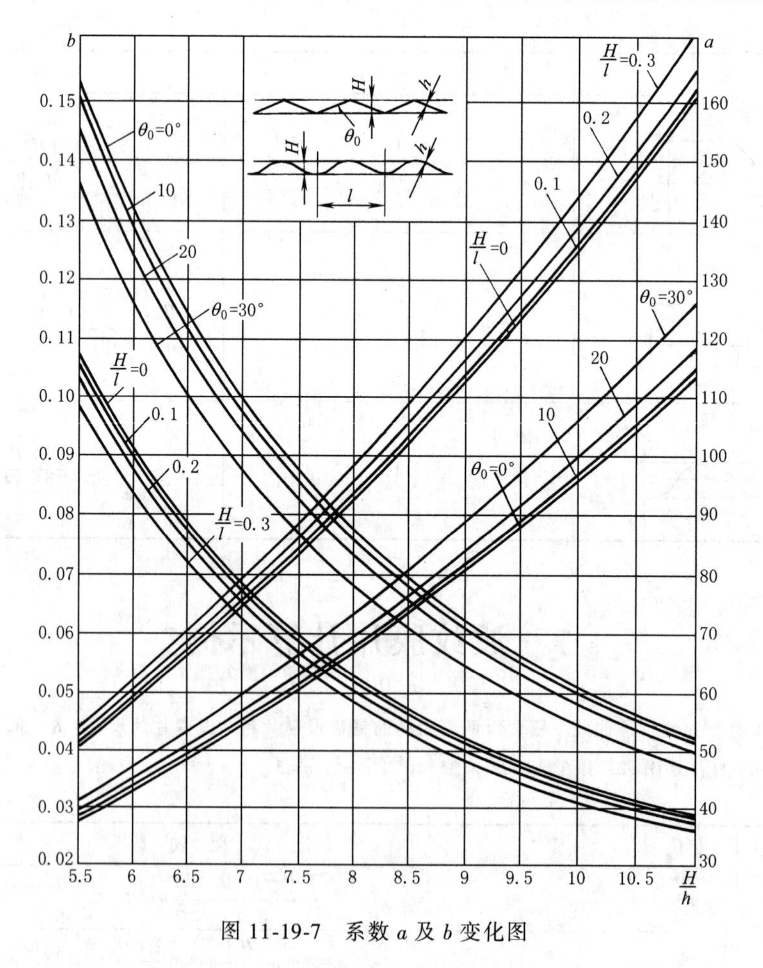

图 11-19-7　系数 a 及 b 变化图

例 2　求均等正弦曲线形膜片的位移、有效面积、安全系数和膜片特性曲线的非线性度。材料为 QBe2，弹性模量 $1.35\times10^5\text{N/mm}^2$，屈服极限 $\sigma_s=960\text{MPa}$，膜片承受正压力 $p=0.16\text{MPa}$，膜片尺寸 $R=25\text{mm}$，$H=1\text{mm}$，$h=0.2\text{mm}$，断面深度的不均匀系数采用 $\alpha=1.2$。

表 11-19-10

项　　目	单位	公　式　及　数　据
确定 $\frac{\bar{p}}{\bar{w}}$，$\frac{\bar{\sigma}}{\bar{p}}$ 及 f_0 值		根据深度比 $\frac{H}{h}=\frac{1}{0.2}=5$，按图 11-19-8 的曲线，确定当 $\alpha=0$ 时的无量纲参数值 $\frac{\bar{p}}{\bar{w}}=48$，$\frac{\bar{\sigma}}{\bar{p}}=0.23$，$f_0=0.417$
位移 w_0	mm	$w_0=\frac{pR}{E}\left(\frac{R}{h}\right)^3\frac{\bar{w}}{\bar{p}}=\frac{0.16\times25}{1.35\times10^5}\times\left(\frac{25}{0.2}\right)^3\times\frac{1}{48}=1.24$
最大应力 σ	MPa	$\sigma=p\frac{\bar{\sigma}}{\bar{p}}\times\left(\frac{R}{h}\right)^2=0.16\times0.23\times\left(\frac{25}{0.2}\right)^2=574$
有效面积 F_e	mm^2	$F_e=f_0\pi R^2=0.417\times3.14\times25^2=818$
安全系数 n		$n=\frac{\sigma_s}{\sigma}=\frac{960}{574}=1.67$
弹性特性曲线的非线性度 γ		首先计算 $\bar{p}=\frac{pR^4}{Eh^4}=\frac{0.16\times25^4}{1.35\times10^5\times0.2^4}=297$ 根据图 11-19-10，由 $\bar{p}=297$，$\frac{H}{h}=5$，求得特性曲线的非线性度 $\gamma\approx-2\%$

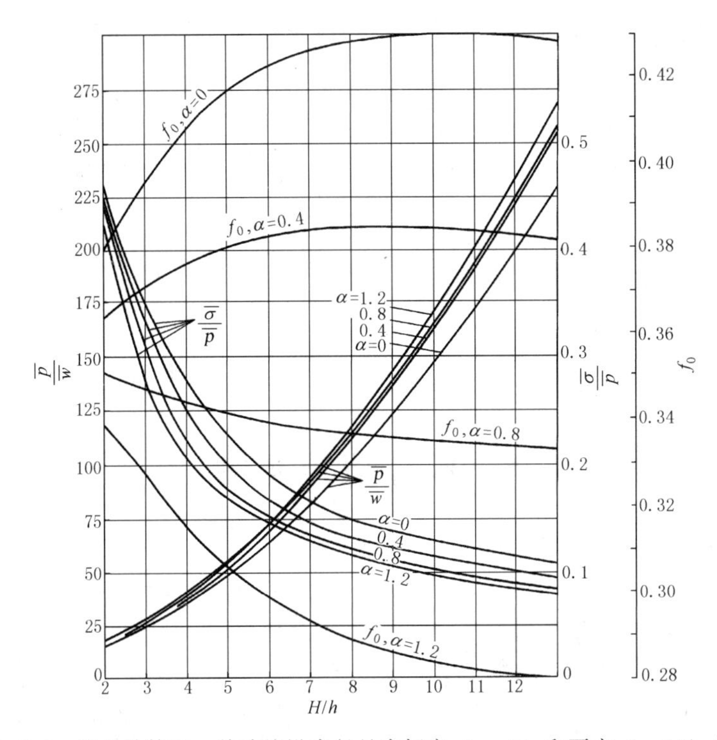

图 11-19-8　膜片计算图，其波纹沿半径具有恒定（$\alpha=0$）和可变（$\alpha\neq0$）的深度

α—断面深度的不均匀系数　$\alpha=\frac{H_3-H_1}{H_2}$

H_1、H_2、H_3 如图 11-19-9 所示

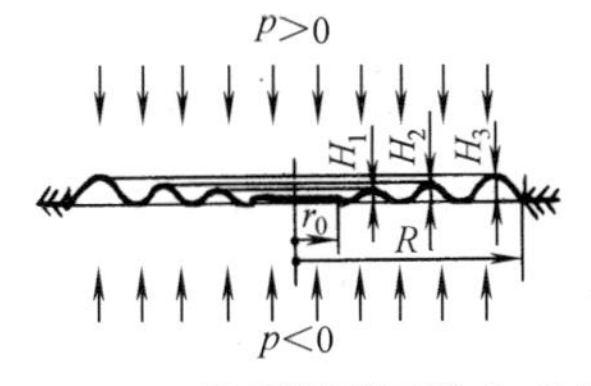

图 11-19-9　断面深度不均匀的膜片

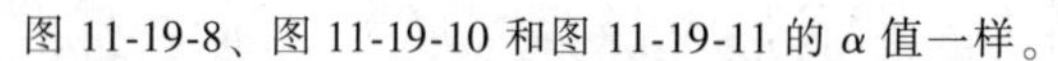

图 11-19-8、图 11-19-10 和图 11-19-11 的 α 值一样。

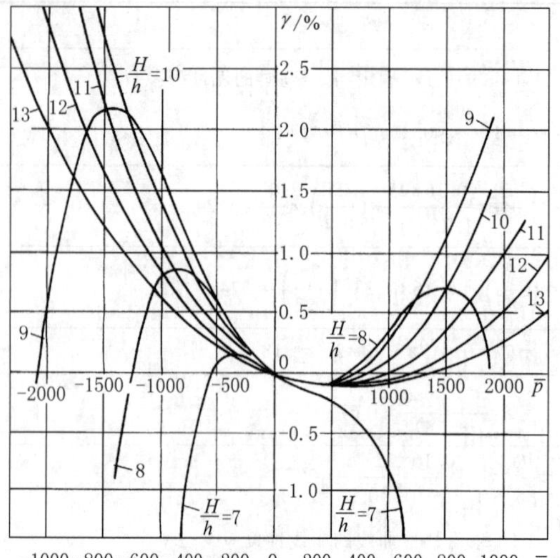

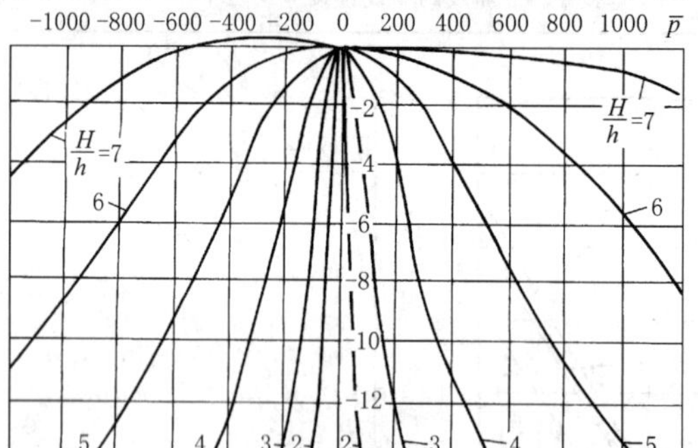

图 11-19-10　具有周期变化断面（$\alpha=0$）膜片的非线性特性 $\gamma=f(\overline{p})$

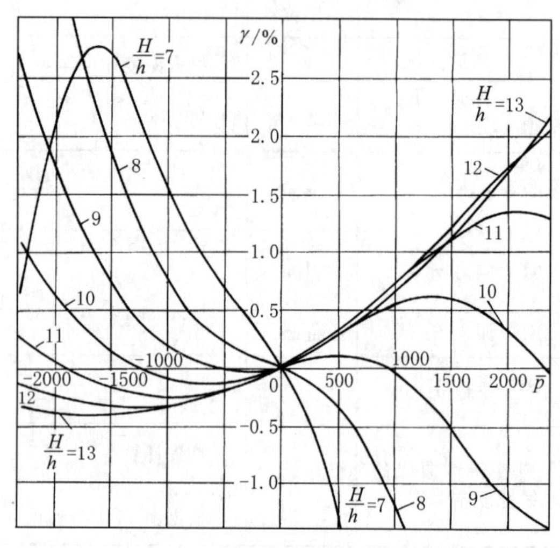

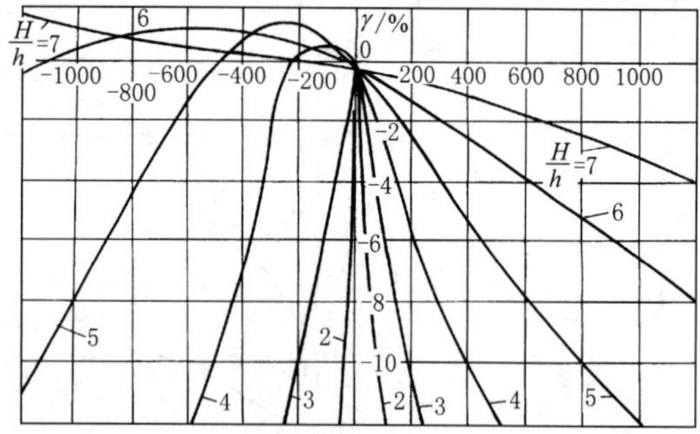

图 11-19-11　波纹深度可变的膜片（$\alpha=1.2$）的非线性度 $\gamma=f(\overline{p})$ 的线图

8　膜片应用实例

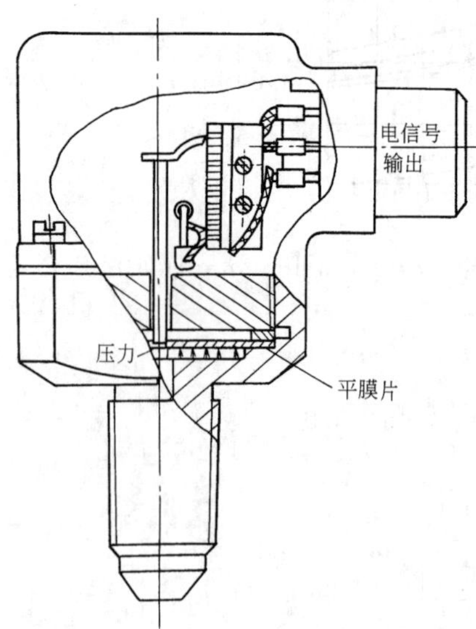

(a) 平膜片在压力传感器中应用

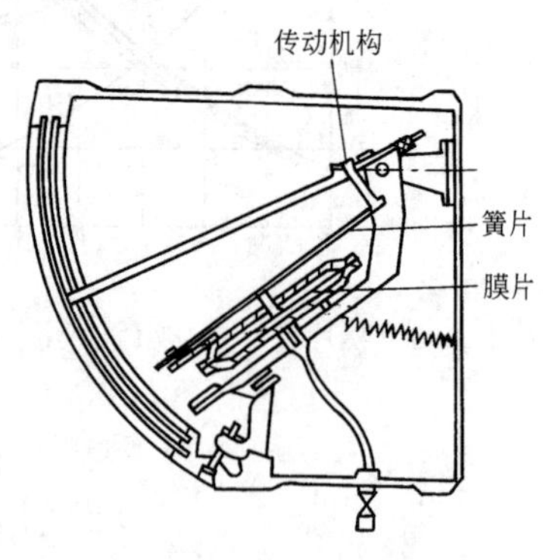

(b) 膜片式侧面压力计

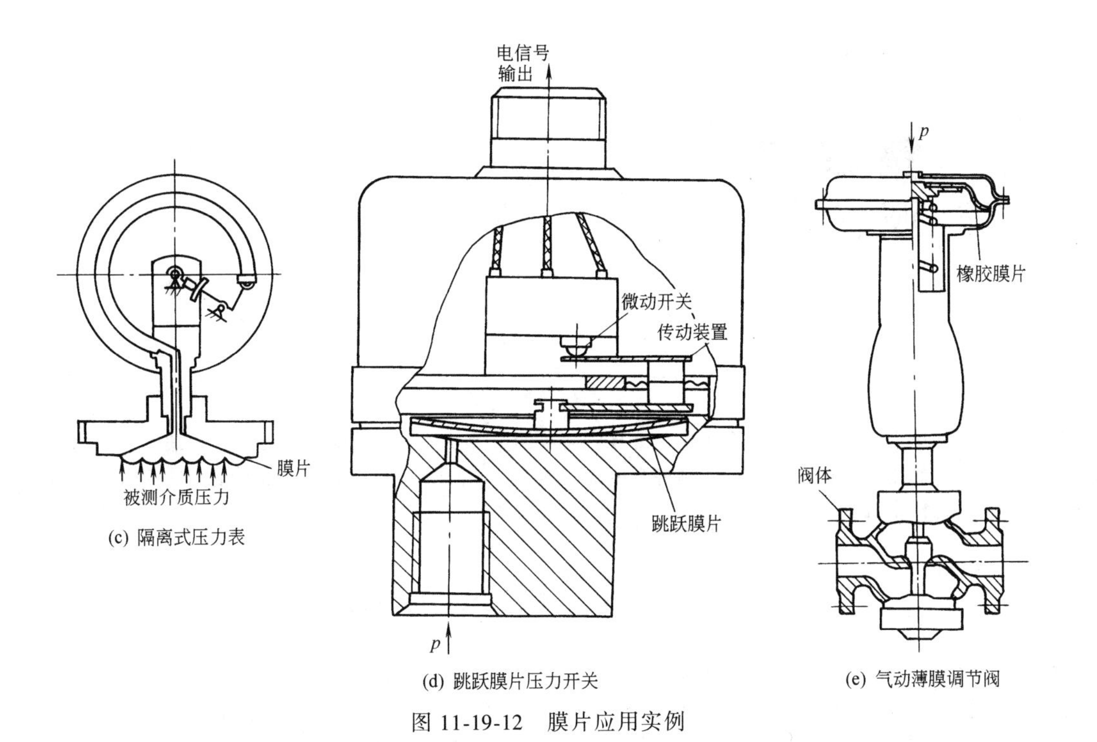

(c) 隔离式压力表

(d) 跳跃膜片压力开关

(e) 气动薄膜调节阀

图 11-19-12 膜片应用实例

CHAPTER 20

第 20 章 波纹管

波纹管是一种压力弹性元件，其形状是一个具有波纹的金属薄管。工作时，一般将开口端固定，内壁在受压力或集中力或弯矩的作用后，封闭的自由端将产生轴向伸长、缩短或弯曲。波纹管具有很高的灵敏度和多种使用功能，广泛应用在精密机械与仪器仪表中。

1 波纹管的类型与用途

波纹管大体上可分为无缝波纹管和焊接波纹管。

无缝波纹管如图 11-20-1 所示，按截面形状可分为 U 形、C 形、Ω 形、V 形和阶梯形。U 形、C 形波纹管在液压成形后一般不需要经过整形或稍加整形后即可使用，其刚度大，灵敏度低，非线性误差大，故多用作隔离元件或挠性接头；Ω 形多用不锈钢材料制造；V 形波纹节距小，波数多，在获得同样位移情况下，所占体积小，故常用作体积补偿元件；阶梯形制造复杂，应用较少。

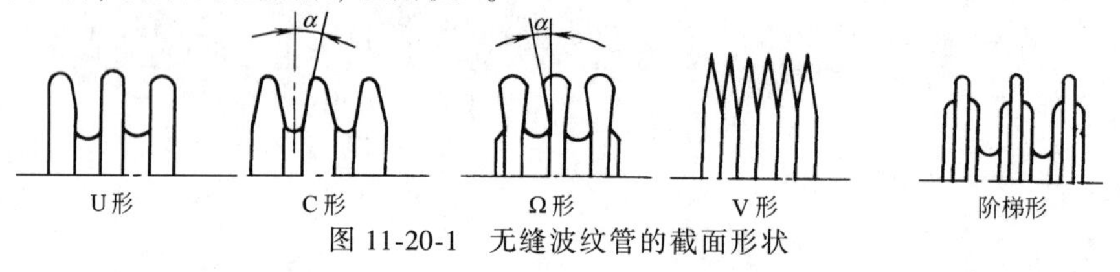

图 11-20-1 无缝波纹管的截面形状

无缝波纹管多采用液压成形方法制造，少数采用电沉积和化学沉积方法制造。后两种方法制造的波纹管一般尺寸较小，刚度较小。

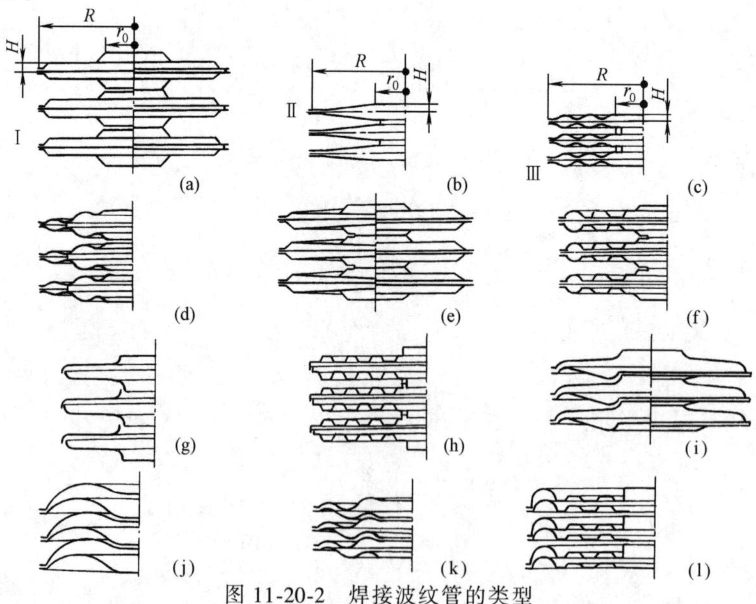

图 11-20-2 焊接波纹管的类型

焊接波纹管是用板材膜片冲压成形，然后沿其内外轮廓焊接而成的。焊接波纹管的膜片可以有很多种结构形式，如图 11-20-2 所示。

焊接波纹管可以分为两大类：对称截面波纹管（图 11-20-2a～h）和重叠波纹管（图 11-20-2i～l）。

焊接波纹管主要有下列用途：

① 作为压力敏感元件。例如在压力式温度变送中作敏感元件，在气动遥控测量机构中作测量元件。

② 作为补偿元件，利用波纹管的体积可变性，补偿仪器的温度误差。例如在浮子陀螺仪中作液体热膨胀补偿器。

③ 作密封、隔离元件。例如在远距离压力计中作隔离元件，或作支承的隔离密封。

2　波纹管的形式与材料

波纹管端口有五种形式：

1）内配合用 N 表示；

2）外配合用 W 表示；

3）封闭底用 D 表示；

4）没有直壁段在波谷处切断用 Q_d 表示；

5）没有直壁段在波峰处切断或没有直壁段在波谷处切断，并将端波挤扁用于焊接连接的用 Q_D 表示。

以上五种形式组合成多种接口形式，部分见图 11-20-3 所示。

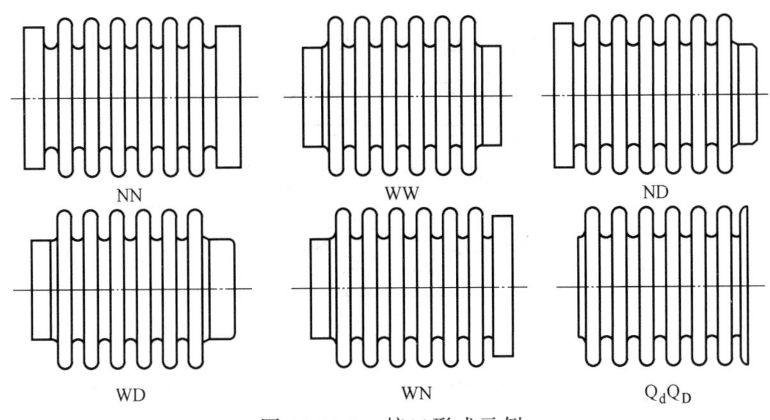

图 11-20-3　接口形式示例

通用类波纹管多采用 WW 接口形式，但实际使用时，亦可作为内配合使用。

波纹管的使用性能与波纹管制造材料有很大的关系，常见材料见表 11-20-1。

表 11-20-1　　**波纹管常用材料**

序号	材料种类	材料名称	牌号	材料标准
1	铜合金	黄铜	H80	GB/T 2059
		锡青铜	QSn6. 5-0. 1	
			QSn6. 5-0. 4	
		铍青铜	QBe2	YS/T 323
			QBe1. 9	
		镍铜	NiCu28-25-1. 5	JB/T 10078
2	不锈耐酸钢	奥氏体	1Cr18Ni9Ti 0Cr18Ni9 0Cr18Ni10Ti 0Cr17Ni12Mo2 00Cr17Ni14Mo2 00Cr19Ni10	GB/T 4237 GB/T 3280 GB/T 3089
3	碳素钢	优质碳素钢	20、08F	GB/T 699 GB/T 912
		普通碳素钢	Q235	

续表

序号	材料种类	材料名称	牌号	材料标准
4	合金钢	低合金钢	16Mn	GB/T 3274
		高合金钢	GH6169	GB/T 14992
			NS111	GB/T 15010
			NS321	
			Ni68Cu28Fe	
			00Cr16Ni75Mo2Ti	
5	高弹性合金	铁基精密弹性合金	Ni36CrTiAl（3J1）	YB/T 5256
		恒弹性合金	3J53	

常见材料的工作温度范围见表 11-20-2。

表 11-20-2　　波纹管常用材料工作温度范围　　℃

材料	H80、QSn6.5-0.1	Qbe2	不锈钢类 1Cr18Ni9Ti	弹性合金 3J 类	碳素钢类	高温合金、耐腐蚀合金
工作温度	-60~100	-60~150	-196~450	-60~200	-196~350	>550

3　无缝波纹管计算公式

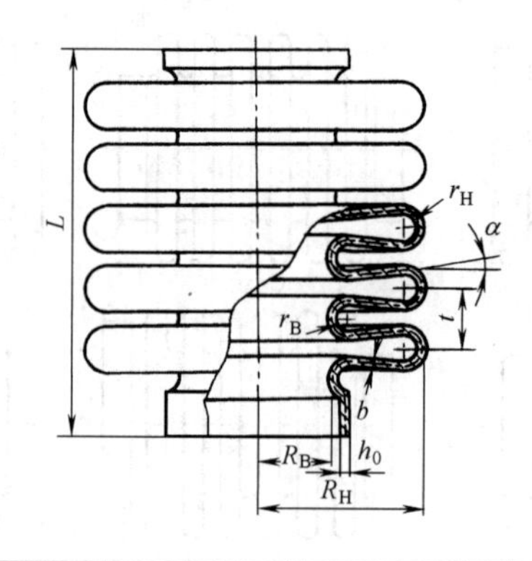

表 11-20-3

项　　目	单位	公 式 及 数 据	说　　明
位移 W	mm	$W=P\dfrac{1-\mu^2}{Eh}\times\dfrac{n}{A_0-\alpha A_1+\alpha^2A_2+B_0\dfrac{h_0^2}{R_H^2}}$ 式中　$\alpha=\dfrac{4r_B-t}{2(R_H-R_B-2r_B)}$ A_0、A_1、A_2、B_0 是与 $k=\dfrac{R_H}{R_B}$ 和 $m=\dfrac{r_B}{R_B}$ 有关的参数，其值查图 11-20-4	P——作用于波纹管上的轴向力，N μ——泊松比 h_0——波纹管厚度，mm R_B——波纹管内半径，mm R_H——波纹管外半径，mm t——波距，mm α——波纹紧密角，(°) r_H——波纹外径，mm r_B——波纹内径，mm σ_{1w}——径向弯曲应力，MPa σ_{2w}——周向弯曲应力，MPa 在极值截面内： $\sigma_{2w}=\mu\sigma_{1w}$ σ_{10}——径向应力，在各点均小，一般不计，MPa σ_{20}——周向应力，MPa δ——相对厚度，用以查图 11-20-6~图 11-20-13
波纹管刚度 K_Q	N/mm	$K_Q=\dfrac{Eh_0}{n(1-\mu^2)}\left(A_0-\alpha A_1+\alpha^2A_2+B_0\dfrac{h_0^2}{R_H^2}\right)$	
波纹管危险点的当量应力 σ_d	MPa	$\sigma_d=\sqrt{\sigma_1^2+\sigma_2^2-\sigma_1\sigma_2}$ 式中，σ_1、σ_2 为内表面及外表面诸点的主应力： $\sigma_i^{B_0/H}=\sigma_{i0}\pm\sigma_{iw}\ (i=1,2)$	
有效面积 F_e	mm²	$F_e=\pi R_H^2f_0$ 式中　f_0——相对有效面积，从图 11-20-5 查取 经验公式 $F_e=\pi\left(\dfrac{R_H+R_B}{2}\right)^2$	

续表

项　　目	单位	公 式 及 数 据	说　　明
无量纲刚度 $\overline{K}_Q$		$\overline{K}_Q=\frac{K_Q R_H^2 n}{\pi E h_0^3}$	同上
自由位移时无量纲应力 $\overline{\sigma}_w$		$\overline{\sigma}_w=\frac{\sigma_w R_H^2 n}{E h_0 W}$	
力平衡时无量纲应力 $\overline{\sigma}_p$		$\overline{\sigma}_p=\frac{\sigma_p h_0^2}{P R_H^2}$	
相对厚度 δ		$\delta=\frac{h_0}{R_B}$	

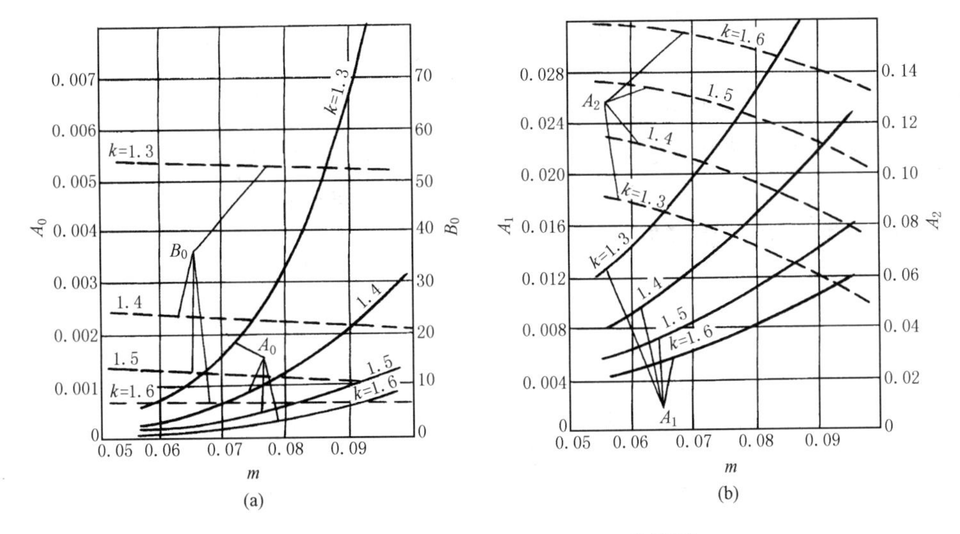

图 11-20-4　系数 A_0、A_1、A_2、B_0 的线图

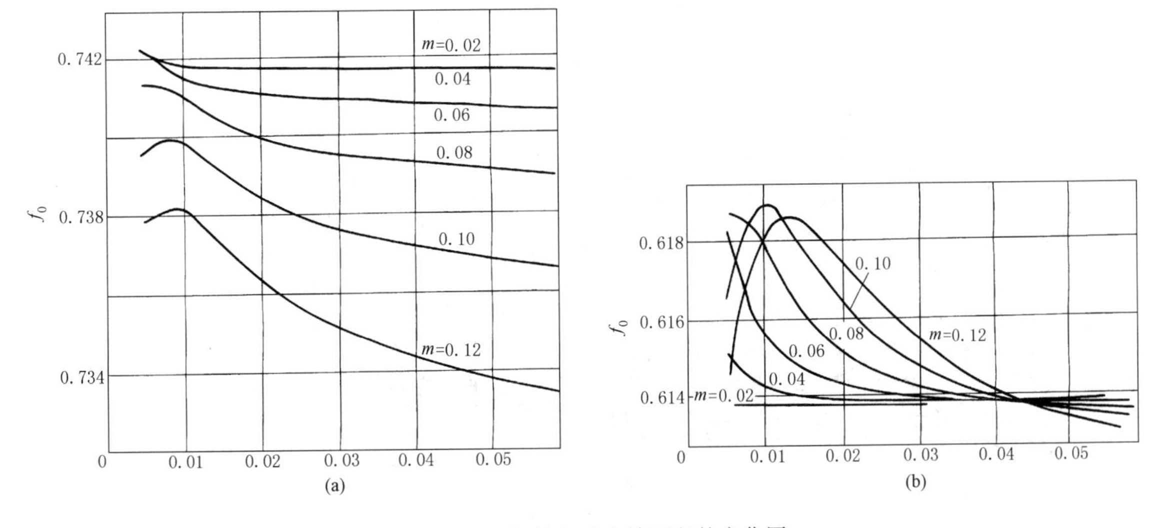

图 11-20-5　初始相对有效面积的变化图

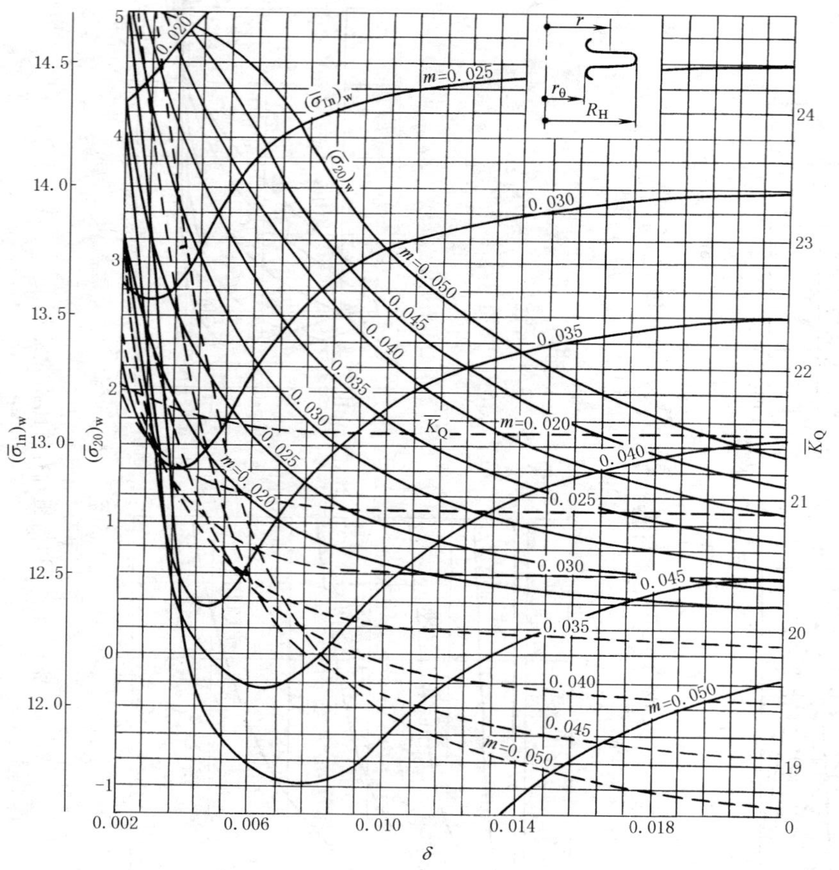

图 11-20-6　波纹管计算诺模图

$k=1.4$，$r=R_B$，$P=0$，$W\neq0$

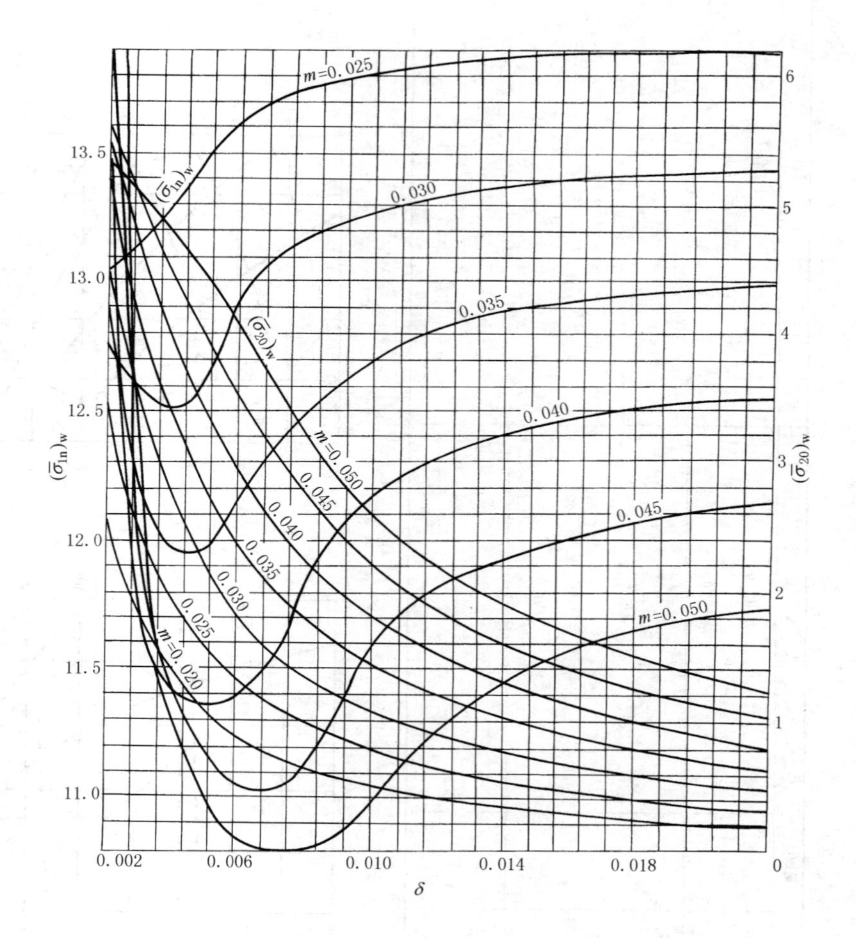

图 11-20-7　波纹管计算诺模图

$k=1.4$，$r=R_H$，$P=0$，$W\neq0$

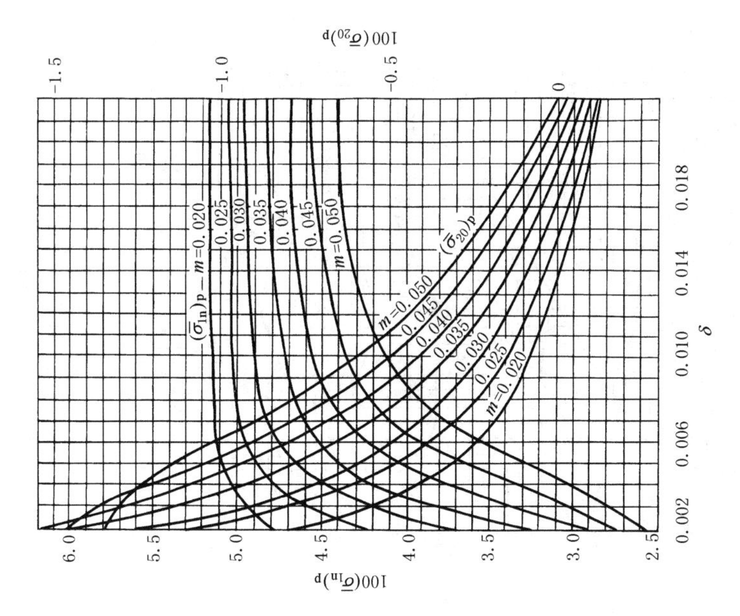

图 11-20-9　波纹管计算诺模图

$k=1.4$，$r=R_H$，$P\neq0$，$W=0$

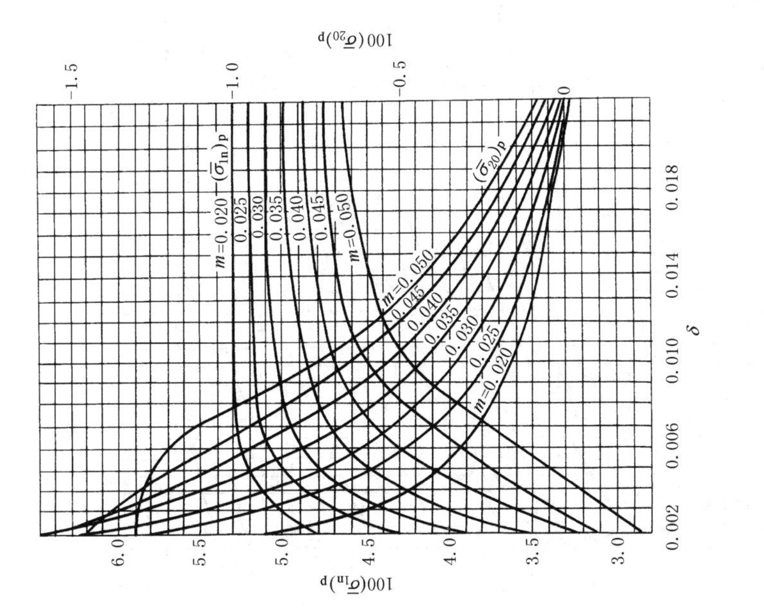

图 11-20-8　波纹管计算诺模图

$k=1.4$，$r=R_B$，$P\neq0$，$W=0$

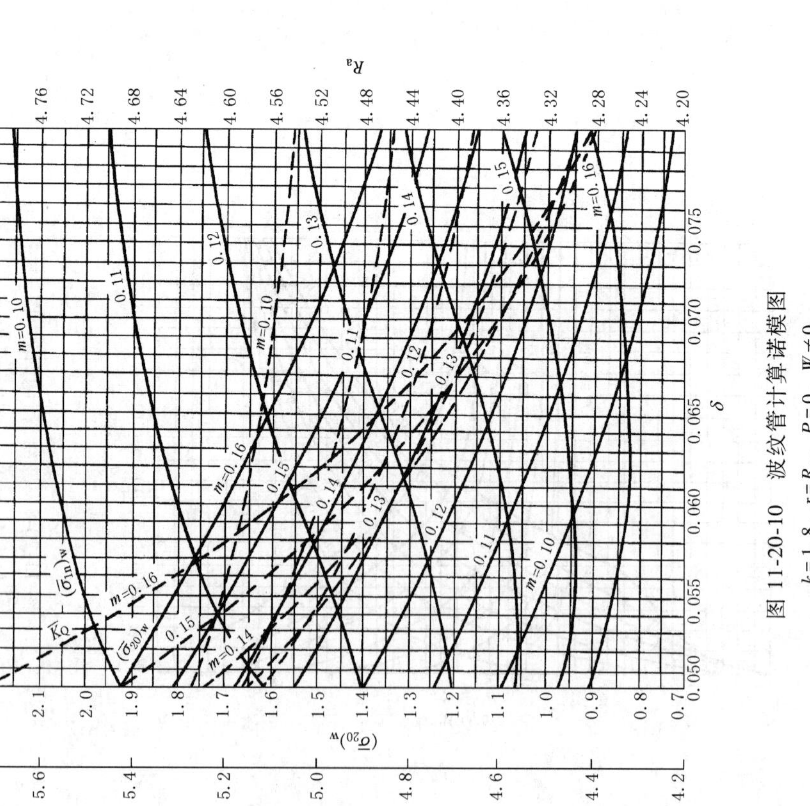

图 11-20-10 波纹管计算诺模图

$k=1.8$，$r=R_B$，$P=0$，$W\neq 0$

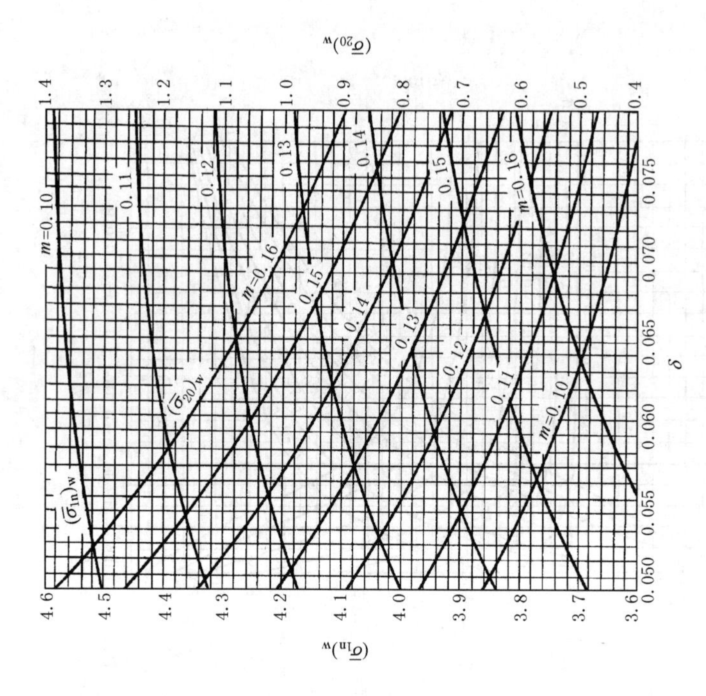

图 11-20-11 波纹管计算诺模图

$k=1.8$，$r=R_H$，$P=0$，$W\neq 0$

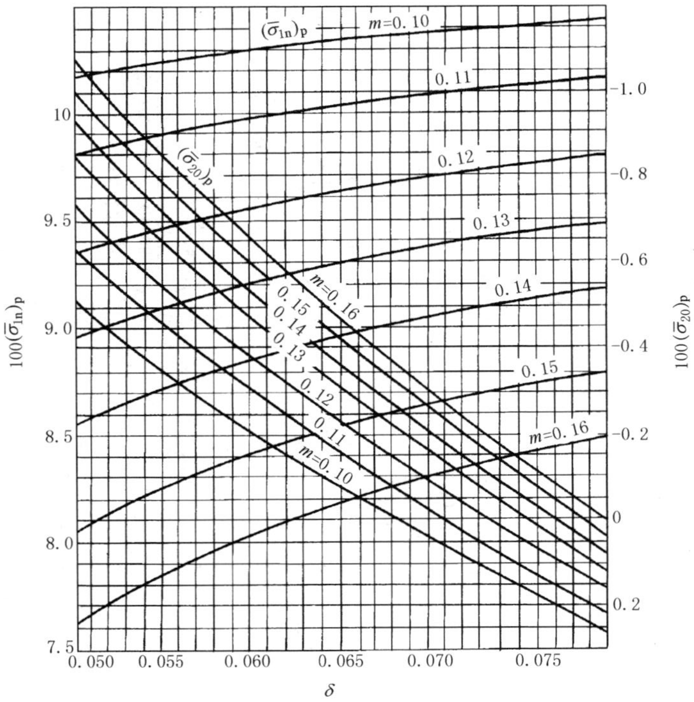

($\bar{\sigma}_{1n}$)p
m=0.10
0.11
0.12
0.13
0.14
0.15
m=0.16
($\bar{\sigma}_{20}$)p
m=0.16
0.15
0.14
0.13
0.12
0.11
m=0.10
10
9.5
9.0
8.5
8.0
7.5
100($\bar{\sigma}_{1n}$)p
-1.0
-0.8
-0.6
-0.4
-0.2
0
0.2
100($\bar{\sigma}_{20}$)p
0.050
0.055
0.060
0.065
0.070
0.075
δ

图 11-20-12 波纹管计算诺模图

$k=1.8$，$r=R_B$，$P=0$，$W=0$

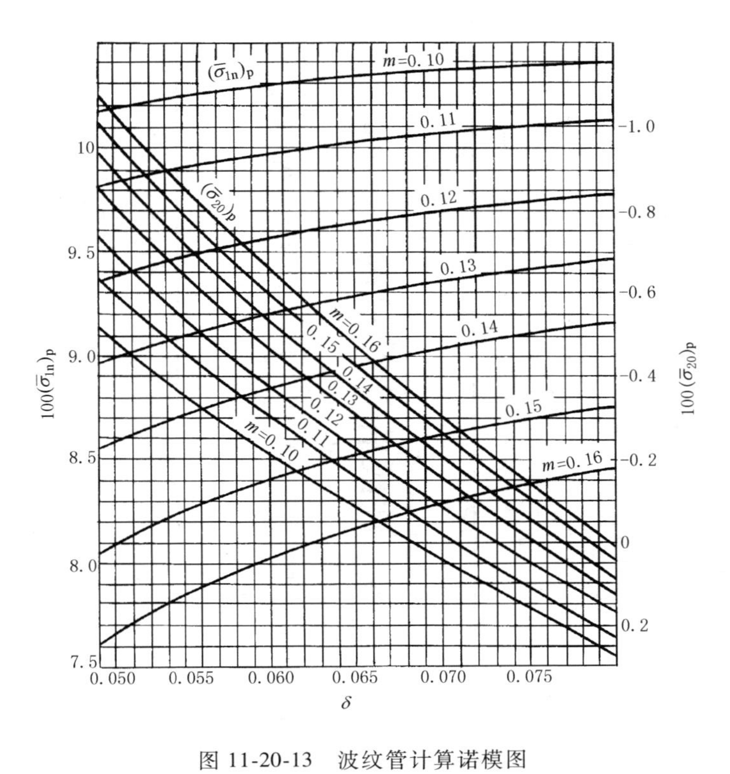

图 11-20-13 波纹管计算诺模图

$k=1.8$，$r=R_H$，$P\neq0$，$W=0$

表 11-20-4　　波纹管危险点及应力符号

波纹管的危险点

应力	应力符号				载荷	
	A	B	C	D	压力	位移
σ_{1w}、σ_{2w}	−	+	−	+	$P>0$（内压力）	$W=0$
σ_{10}	−	−	+	+		
σ_{20}	−	−	−	−		
σ_{1w}、σ_{2w}	+	−	−	+	$P=0$	$W>0$（拉力）
σ_{10}	+	+	+	+		
σ_{20}	+	+	−	−		

4　波纹管计算示例

求波纹管被拉力拉伸到 $W=3\text{mm}$ 时的刚度和最大当量应力。波纹管尺寸 $D_H=2R_H=35.4\text{mm}$，$D_B=2R_B=25.2\text{mm}$，$h_0=0.126\text{mm}$，$r_H=r_B=0.57\text{mm}$，$n=5$，材料 $E=2.1\times10^5\text{MPa}$。

表 11-20-5

项　目	单位	公式及数据
计算无量纲参数 k、δ、m		$k=\dfrac{R_H}{R_B}=\dfrac{17.7}{12.6}=14$ $\delta=\dfrac{h_0}{R_B}=\dfrac{0.126}{12.6}=0.01$ $m=\dfrac{r_B}{R_B}=\dfrac{0.57}{12.6}=0.045$
计算应力 σ_{1w}、σ_{20}、σ_{2w}	MPa	根据 k、δ、m 在图 11-20-6 中找到谷部处（$r=R_B$）的 $(\overline{\sigma}_{1w})_w$ 和 $(\overline{\sigma}_{20})_w$，同时按图 11-20-7 找出谷峰处（$r=R_H$）的 $(\overline{\sigma}_{1w})_w$ 和 $(\overline{\sigma}_{20})_w$ 当 $r=R_B$ 时，$(\overline{\sigma}_{1w})_w=11.87$，$(\overline{\sigma}_{20})_w=2.65$ 当 $r=R_H$ 时，$(\overline{\sigma}_{1w})_w=11.6$，$(\overline{\sigma}_{20})_w=2.22$ 根据公式 $\overline{\sigma}_w=\dfrac{\sigma_w R_H^2 n}{Eh_0 W}$ 计算径向应力 σ_{1w} 和周向应力 σ_{20} 当 $r=R_H$ 时，$\sigma_{1w}=600\text{MPa}$，$\sigma_{20}=134\text{MPa}$ 当 $r=R_B$ 时，周向弯曲应力 $\sigma_{2w}=\mu\sigma_{1w}=0.3\times600=180\text{MPa}$
计算当量应力 σ_d	MPa	在谷部点 A 和点 B 的应力符号，当 $W>0$ 时，按表 11-20-4 确定 主应力按公式：$\sigma_i^{B/H}=\sigma_{i0}\pm\sigma_{iw}(i=1,2)$ 计算。此时，$\sigma_{10}\ll\sigma_{1w}$，故应力 σ_{10} 可以不考虑 对于点 A $\sigma_1\approx\sigma_{1w}=-600\text{MPa}$ $\sigma_2=\sigma_{20}+\sigma_{2w}=134+180=314\text{MPa}$ 对于点 B $\sigma_1\approx-\sigma_{1w}=-600\text{MPa}$ $\sigma_2=\sigma_{20}-\sigma_{2w}=134-180=-46\text{MPa}$ 根据公式求当量应力 $\sigma_d^A=\sqrt{\sigma_1^2+\sigma_2^2-\sigma_1\sigma_2}$ $=\sqrt{(600)^2+(314)^2-600\times314}=520\text{MPa}$ 而　$\sigma_d^B=624\text{MPa}$
波纹管刚度 K_Q	N/mm	根据图 11-20-6 查出 $\overline{K}_Q=19.5$，波纹管刚度 K_Q $K_Q=\overline{K}_Q\dfrac{\pi Eh_0^3}{R_H^2 n}=\dfrac{19.5\times3.14\times2.1\times10^5\times(0.126)^3}{(17.7)^2\times5}$ $=16.42\text{N/mm}$

5　波纹管尺寸系列

本尺寸系列适用于工业仪表中作为普通敏感元件、补偿元件以及密封、连接用的金属环形单层波纹管。其尺寸标注见图 11-20-14，其尺寸和基本参数见表 11-20-6，基本性能和参数见表 11-20-7。

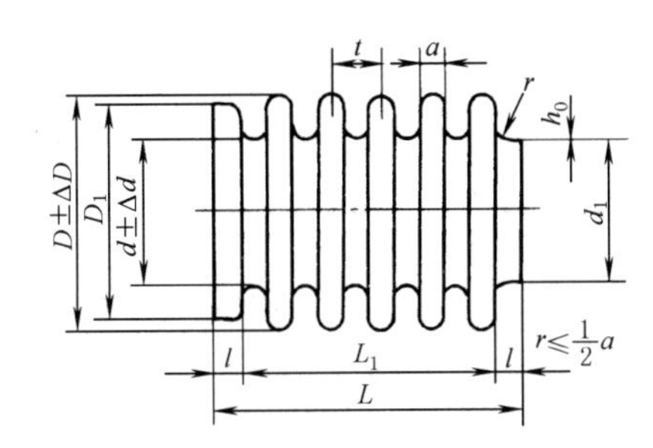

图 11-20-14　波纹管尺寸标注

表 11-20-6　　波纹管尺寸和基本参数

内　径		外　径		波　距	波　厚	两端配合部分				有效面积
d	Δd	D	ΔD	t	a	D_1	d_1	l		$F=\frac{\pi}{16}(D+d)^2$
								铜合金	不锈钢	
/mm										/cm²
4	+0.3	6	±0.4	0.8	0.48	5	$4+2h_0$	3		0.20
5	+0.3	8	±0.5	0.8	0.55	7	$5+2h_0$	3		0.33
6(6.2)	+0.4	10	±0.5	1.0	0.65	8	$6+2h_0$	3		0.50
8(7.5)	+0.4	12	±0.6	1.2	0.75	10	$8+2h_0$	3	3.5	0.79
10(9.5)	+0.4	15	±0.6	1.8	1.10	13	$10+2h_0$	3	3.5	1.23
11(11.5)	+0.4	18	±0.6	2.0	1.15	16	$11+2h_0$	3	3.5	1.65
12(12.5)	+0.4	20	±0.7	2.1	1.20	18	$12+2h_0$	3	3.5	2.01
14(14.5)	+0.4	22	±0.7	2.2	1.30	20	$14+2h_0$	3.5	4	2.54
16(16.5)	+0.4	25	±0.7	2.3	1.35	22	$16+2h_0$	3.5	4	3.30
18(18.5)	+0.5	28	±0.7	2.6	1.50	25	$18+2h_0$	3.5	4	4.15
22(21.5)	+0.5	32	±0.8	3.0	1.70	28	$22+2h_0$	3.5	4	5.73
24(24.5)	+0.5	36	±0.8	3.2	1.80	32	$24+2h_0$	3.5	4	7.07
25(25.5)	+0.5	38	±0.8	3.2	1.80	34	$25+2h_0$	3.5	4	7.79
28(27.5)	+0.5	40	±0.8	3.4	2.00	36	$28+2h_0$	4	5	9.08
32(31)	+0.6	46	±0.8	3.6	2.10	40	$32+2h_0$	4	5	11.82
35	+0.6	50	±0.8	3.8	2.20	45	$35+2h_0$	4	5	14.16
37	+0.6	55	±1.0	4.2	2.40	50	$37+2h_0$	4	5	16.62
40(41)	+0.6	60	±1.0	4.5	2.50	55	$40+2h_0$	4	5	19.64
48(47)	±0.6	70	±1.0	5.0	2.80	(65)	$48+2h_0$	4.5	6	27.34
55(54)	+0.7	80	±1.0	5.4	3.00	(75)	$55+2h_0$	4.5	6	35.78
65(64)	+0.7	90	±1.1	5.8	3.50	(85)	$65+2h_0$	5	7	47.17
75	+0.7	100	±1.1	6.0	3.60	(95)	$75+2h_0$	5	7	60.13
95(94)	+0.9	125	±1.3	7.5	4.50	(115)	$95+2h_0$	6	8	95.03
120(119)	+0.9	160	±1.3	10.0	6.00	(150)	$120+2h_0$	6	8	153.94
150(149)	+1.0	200	±1.3	12.0	7.00	(185)	$150+2h_0$	6	8	240.53

表 11-20-7 波纹基本性能及参数

内径	厚度	一个波纹的刚度				一个波纹的最大允许位移				最大耐压力			
d	h_0	H80	QSn6.5-0.1	QBe2, QBe1.9	1Cr18Ni9Ti	H80	QSn6.5-0.1	QBe2, QBe1.9	1Cr18Ni9Ti	H80	QSn6.5-0.1	QBe2, QBe1.9	1Cr18Ni9Ti
/mm		/N·mm^{-1}				/mm				/10^4Pa			
4	0.06	71.41	68.86	71.02	—	0.07	0.08	0.13	—	138.3	164.8	315.8	—
4	0.08	153.03	147.1	107.9	—	0.05	0.06	0.10	—	176.5	209.9	402.2	—
5	0.08	69.06	66.70	148.1	—	0.10	0.13	0.20	—	115.7	137.3	264.8	—
5	0.10	135.18	130.6	30.41	—	0.08	0.10	0.16	—	139.3	165.7	317.8	—
6	0.08	42.18	40.71	49.05	—	0.16	0.20	0.30	—	90.25	106.9	206.0	—
6	0.10	84.16	81.22	75.04	—	0.13	0.16	0.25	—	107.9	127.5	245.2	—
6	0.12	139.3	139.3	109.8	—	0.10	0.13	0.20	—	125.5	149.1	286.4	—
8	0.08	32.37	31.39	33.15	55.91	0.23	0.28	0.40	0.19	72.59	86.32	166.7	225.6
8	0.10	60.42	58.36	54.44	104.1	0.18	0.22	0.35	0.15	88.29	103.0	196.2	269.7
8	0.12	103.0	99.57	84.36	177.5	0.15	0.18	0.29	0.12	103.0	122.6	235.4	318.8
8	0.14	162.84	156.9	124.7	280.5	0.12	0.15	0.24	0.10	112.8	137.3	264.8	358.0
10	0.10	46.59	45.12	27.95	80.04	0.29	0.35	0.58	0.24	82.4	98.1	189.3	255.0
10	0.12	76.51	74.06	46.10	121.6	0.25	0.30	0.50	0.21	99.08	117.7	225.6	304.1
10	0.14	117.7	113.7	72.59	201.5	0.17	0.21	0.34	0.14	115.7	138.3	264.8	358.0
10	0.16	172.6	166.7	109.6	297.2	0.10	0.12	0.20	0.08	131.4	156.9	302.1	410.0
11	0.10	34.33	33.35	21.97	58.86	0.39	0.48	0.78	0.32	62.7	75.53	147.1	196.2
11	0.12	60.82	82.99	58.86	104.9	0.33	0.40	0.66	0.28	74.55	88.29	170.6	231.5
11	0.14	93.19	177.5	89.76	160.3	0.23	0.28	0.46	0.20	85.34	101.0	194.2	262.9
11	0.16	135.3	80.44	130.96	233.4	0.14	0.17	0.28	0.12	96.13	114.7	220.7	298.2
12	0.10	25.99	157.3	25.01	44.63	0.50	0.62	0.80	0.42	52.97	63.76	122.6	166.7
12	0.12	42.18	49.05	40.71	72.59	0.41	0.51	0.80	0.34	62.78	74.55	143.2	196.2
12	0.14	64.25	97.90	62.29	110.8	0.35	0.42	0.69	0.29	72.59	86.32	166.7	227.5
12	0.16	94.66	167.9	91.23	162.8	0.31	0.38	0.60	0.26	80.44	96.13	186.3	255.0

续表

内径	厚度	一个波纹的刚度				一个波纹的最大允许位移				最大耐压力			
d	h_0	H80	QSn6.5-0.1	QBe2，QBe1.9	1Cr18Ni9Ti	H80	QSn6.5-0.1	QBe2，QBe1.9	1Cr18Ni9Ti	H80	QSn6.5-0.1	QBe2，QBe1.9	1Cr18Ni9Ti
/mm		/N·mm^{-1}				/mm				/10^4Pa			
14	0.10	28.44	37.76	27.46	49.05	0.50	0.61	0.80	0.41	49.05	56.89	109.8	151.0
14	0.12	46.69	70.43	45.32	80.44	0.41	0.50	0.80	0.34	56.89	66.7	129.4	176.5
14	0.14	72.59	119.6	69.84	125.0	0.35	0.43	0.68	0.29	64.74	78.48	149.1	204.0
14	0.16	107.1	189.3	103.4	184.8	0.30	0.37	0.59	0.25	73.57	88.29	168.7	229.5
16	0.10	24.03	54.44	23.34	41.39	0.62	0.76	0.86	0.51	38.25	46.1	88.29	121.6
16	0.12	39.73	89.27	38.25	68.17	0.51	0.62	0.86	0.42	46.10	54.93	105.9	143.2
16	0.14	62.58	136.8	60.33	107.4	0.43	0.52	0.83	0.35	51.99	60.82	119.6	162.8
16	0.16	90.84	201.1	91.23	162.2	0.37	0.46	0.73	0.31	58.86	68.67	133.4	184.4
18	0.10	18.83	40.22	18.83	32.37	0.77	0.94	1.00	0.60	34.33	41.2	18.48	107.9
18	0.12	30.901	29.921	36.101	53.366	0.63	0.78	1.00	0.53	41.202	49.05	94.176	127.53
18	0.14	48.560	46.696	59.056	83.189	0.54	0.66	1.00	0.45	47.088	54.936	107.91	147.15
18	0.16	71.613	69.161	83.390	123.116	0.47	0.58	0.92	0.39	52.974	62.784	121.64	164.81
22	0.10	17.462	16.873	20.210	30.51	0.94	1.15	1.17	0.78	29.43	34.335	68.67	93.20
22	0.12	29.921	29.136	34.924	57.19	0.78	0.96	1.17	0.65	35.316	43.164	82.404	112.82
22	0.14	47.579	46.107	55.427	83.58	0.66	0.81	1.17	0.55	41.202	49.05	94.176	127.53
22	0.16	71.221	69.161	82.993	125.176	0.58	0.71	1.12	0.48	46.107	54.936	105.95	145.19
22	0.18	101.04	98.1	117.72	177.56	0.51	0.62	0.99	0.42	51.012	60.822	117.72	160.88
24	0.10	16.481	15.892	19.129	28.449	1.08	1.26	1.26	0.90	24.525	29.43	56.90	78.48
24	0.12	26.978	26.291	31.392	46.107	0.94	1.15	1.26	0.78	29.43	35.316	68.67	93.195
24	0.14	41.594	40.221	48.265	71.613	0.76	0.94	1.26	0.63	34.335	41.202	80.44	107.91
24	0.16	61.313	59.252	71.123	105.46	0.67	0.82	1.26	0.55	39.24	45.126	88.20	122.63
24	0.18	86.819	83.876	101.04	149.65	0.58	0.72	1.14	0.48	43.164	52.974	100.06	135.38
25	0.12	18.443	17.854	21.58	31.85	1.04	1.26	1.26	0.86	27.468	31.392	60.82	83.39
25	0.14	28.940	27.959	33.85	49.54	0.88	1.08	1.26	0.73	31.392	37.278	70.63	96.14
25	0.16	42.674	41.202	49.835	73.58	0.77	0.95	1.26	0.64	35.316	43.164	80.44	109.87

续表

内径	厚度	一个波纹的刚度				一个波纹的最大允许位移				最大耐压力			
d	h_0	H80	QSn6.5-0.1	QBe2,QBe1.9	1Cr18Ni9Ti	H80	QSn6.5-0.1	QBe2,QBe1.9	1Cr18Ni9Ti	H80	QSn6.5-0.1	QBe2,QBe1.9	1Cr18Ni9Ti
/mm		/N·mm^{-1}				/mm				/10^4Pa			
25	0.18	60.822	58.86	71.024	104.97	0.68	0.84	1.26	0.56	39.24	47.088	90.25	122.63
25	0.20	84.366	81.42	98.1	145.19	0.61	0.74	1.18	0.50	43.164	51.012	98.1	135.38
28	0.12	32.367	21.58	25.997	38.259	1.08	1.26	1.26	0.90	27.468	31.392	62.78	84.37
28	0.14	34.335	33.354	40.221	59.351	0.92	1.13	1.26	0.76	31.392	37.278	70.63	98.1
28	0.16	50.522	49.05	58.86	87.113	0.80	0.98	1.26	0.66	35.316	43.164	82.404	111.83
28	0.18	71.123	68.67	82.895	122.63	0.71	0.87	1.26	0.58	39.24	47.088	92.214	123.61
28	0.20	98.1	94.67	113.80	168.54	0.63	0.78	1.23	0.53	41.202	49.05	98.1	132.44
32	0.12	16.677	15.696	19.62	29.43	1.28	1.35	1.35	1.06	21.582	24.525	50.03	68.67
32	0.14	25.702	24.721	29.92	45.32	1.09	1.34	1.35	0.90	23.544	29.43	58.86	80.44
32	0.16	39.24	37.278	44.93	67.297	0.96	1.17	1.35	0.79	29.43	35.32	68.67	92.214
32	0.18	54.936	52.974	63.96	95.942	0.84	1.04	1.35	0.70	33.354	39.24	74.56	103.99
32	0.20	76.322	73.675	88.88	132.44	0.76	0.93	1.35	0.63	36.297	43.16	83.39	113.80
35	0.12	15.50	14.911	18.05	26.68	1.42	1.44	1.44	1.18	19.62	23.54	45.13	60.82
35	0.14	24.329	23.348	28.25	41.69	1.21	1.44	1.44	1.00	21.582	26.49	51.01	68.67
35	0.16	35.905	34.531	41.79	61.803	1.05	1.29	1.44	0.87	24.525	29.43	57.88	78.48
35	0.18	50.62	48.854	58.86	87.31	0.93	1.14	1.44	0.77	27.468	33.35	64.75	88.29
35	0.20	69.259	66.904	80.64	119.49	0.84	1.03	1.44	0.69	32.18	37.278	70.63	98.1
37	0.14	15.206	14.715	17.66	26.09	1.51	1.62	1.62	1.25	19.62	23.544	47.09	62.78
37	0.16	22.56	21.19	25.51	37.769	1.32	1.62	1.62	1.10	23.54	27.468	52.97	72.59
37	0.18	31.196	30.02	36.297	53.96	1.16	1.42	1.62	0.96	25.51	31.392	58.86	80.44
37	0.20	43.16	41.70	50.03	74.066	1.04	1.28	1.62	0.86	27.47	33.354	64.75	88.29
40	0.14	14.323	13.94	16.677	25.114	1.80	1.80	1.80	1.59	17.66	21.582	41.20	56.90
40	0.16	21.39	20.80	25.02	37.67	1.66	1.80	1.80	1.37	19.62	23.544	47.09	62.78
40	0.18	30.41	29.43	35.32	53.37	1.47	1.80	1.80	1.22	21.58	27.468	51.01	70.63
40	0.20	41.59	40.417	48.46	73.085	1.22	1.62	1.80	1.10	24.53	29.43	56.90	78.48

续表

内径	厚度	一个波纹的刚度				一个波纹的最大允许位移				最大耐压力			
d	h_0	H80	QSn6. 5-0. 1	QBe2，QBe1. 9	1Cr18Ni9Ti	H80	QSn6. 5-0. 1	QBe2，QBe1. 9	1Cr18Ni9Ti	H80	QSn6. 5-0. 1	QBe2，QBe1. 9	1Cr18Ni9Ti
/mm		/N · mm^{-1}				/mm				/10^4Pa			
48	0. 16	15. 01	14. 52	17. 462	25. 80	2. 00	2. 00	2. 00	2. 00	16. 68	19. 62	37. 28	51. 01
48	0. 18	21. 09	20. 31	24. 53	36. 30	2. 00	2. 00	2. 00	1. 80	17. 66	21. 58	43. 16	58. 86
48	0. 20	28. 45	27. 47	33. 158	49. 05	1. 94	2. 00	2. 00	1. 61	19. 62	23. 54	47. 09	62. 78
48	0. 22	37. 47	36. 30	43. 95	64. 75	1. 75	2. 00	2. 00	1. 45	21. 58	27. 468	51. 01	70. 63
55	0. 16	13. 73	13. 24	16. 187	23. 54	2. 16	2. 00	2. 16	2. 16	13. 74	16. 677	31. 39	43. 16
55	0. 18	19. 13	18. 15	22. 07	32. 37	2. 16	2. 16	2. 16	2. 16	15. 70	17. 66	34. 34	47. 09
55	0. 20	25. 51	24. 53	29. 43	43. 65	2. 16	2. 16	2. 16	1. 98	17. 66	19. 62	39. 24	52. 97
55	0. 22	32. 96	31. 88	38. 75	56. 90	2. 16	2. 16	2. 16	1. 80	17. 66	21. 58	41. 20	56. 90
65	0. 16	13. 93	13. 44	16. 09	23. 94	2. 05	2. 05	2. 05	2. 05	11. 77	15. 70	29. 43	39. 24
65	0. 18	18. 84	18. 149	21. 97	32. 57	2. 05	2. 05	2. 05	2. 05	13. 73	17. 66	33. 35	44. 145
65	0. 20	25. 99	24. 92	30. 02	44. 64	2. 05	2. 05	2. 05	2. 04	15. 70	17. 66	35. 32	49. 05
65	0. 25	48. 07	46. 598	55. 92	82. 89	1. 95	2. 05	2. 05	1. 62	19. 62	23. 54	45. 13	60. 82
75	0. 16	25. 99	25. 51	30. 607	45. 32	2. 16	2. 16	2. 16	2. 16	9. 81	11. 77	23. 54	31. 39
75	0. 20	42. 67	41. 202	49. 54	73. 58	2. 16	2. 16	2. 16	1. 74	13. 734	14. 715	29. 43	39. 24
75	0. 25	76. 03	73. 58	88. 29	130. 96	1. 65	2. 03	2. 16	1. 37	15. 696	19. 62	34. 34	49. 05
75	0. 30	121. 15	116. 74	140. 77	208. 46	1. 38	1. 70	2. 16	1. 14	19. 62	23. 54	44. 15	58. 86
95	0. 30	85. 84	—	—	148. 13	2. 15	—	—	1. 80	14. 72	—	—	49. 05
95	0. 40	182. 47	—	—	314. 41	1. 60	—	—	1. 30	19. 62	—	—	60. 82
95	0. 50	337. 46	—	—	581. 73	1. 26	—	—	1. 05	24. 53	—	—	78. 48
120	0. 30	57. 88	—	—	100. 06	3. 60	—	—	3. 25	11. 772	—	—	39. 24
120	0. 40	117. 82	—	—	203. 06	2. 92	—	—	2. 42	17. 658	—	—	53. 96
120	0. 50	214. 84	—	—	369. 84	2. 31	—	—	1. 92	19. 62	—	—	63. 77
150	0. 30	44. 15	—	—	76. 028	4. 50	—	—	4. 50	9. 81	—	—	29. 43
150	0. 50	146. 66	—	—	252. 61	3. 28	—	—	2. 72	14. 715	—	—	49. 05

6 波纹管应用实例

图 11-20-15 是一些波纹管的应用实例。

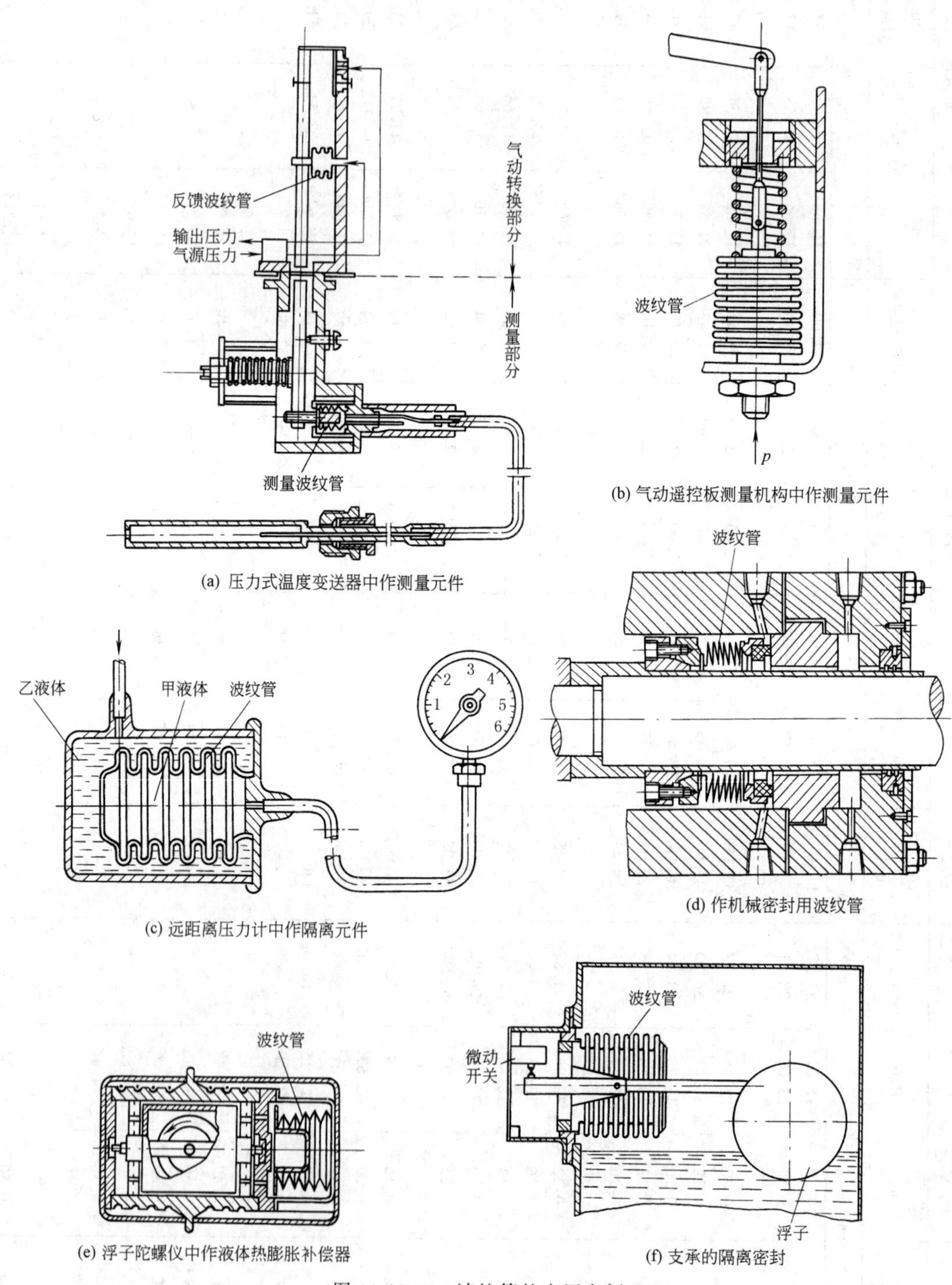

(a) 压力式温度变送器中作测量元件

(b) 气动遥控板测量机构中作测量元件

(c) 远距离压力计中作隔离元件

(d) 作机械密封用波纹管

(e) 浮子陀螺仪中作液体热膨胀补偿器

(f) 支承的隔离密封

图 11-20-15 波纹管的应用实例

参 考 文 献

[1] ［苏］波诺马廖夫．C. Д，等．机器及仪表弹性元件的计算．王鸿翔，译．北京：化学工业出版社，1987.
[2] 全国弹簧标准化技术委员会．中国机械工业标准汇编·弹簧卷．北京：中国标准出版社，1999.
[3] 张英会，刘辉航，王德成．弹簧手册．北京：机械工业出版社，1997.
[4] 辛一行．现代机械设备设计手册．北京：机械工业出版社，1996.
[5] 郑国伟．机修手册．北京：机械工业出版社，1993.
[6] 徐灏．新编机械设计师手册．北京：机械工业出版社，1995.
[7] 航空制造工程手册总编委．航空制造工程手册．北京：航空工业出版社，1994.
[8] 朱炎．引导伞圆锥形弹簧的计算方法．厦门：第二届全国航空安全救生学术讨论会，1984.
[9] 朱琪．等螺旋升角截锥形弹簧的计算机辅助设计．无锡：第八届全国弹簧学术会，2000.
[10] ［日本］ばれ技术研究会．ばれ．3版．东京：丸善株式会社，1982.
[11] 重型机械标准编写委员会．重型机械标准（2021）．第2卷．北京：中国标准出版社，2021.
[12] 张英会，刘辉航，王德成．弹簧手册．北京：机械工业出版社，2017.
[13] 中国机械工程学会热处理分会，徐跃明．热处理手册．第2卷．5版．北京：机械工业出版社，2023.

参考文献

HANDBOOK

OF

第12篇
齿轮传动

篇主编	撰稿			审稿
魏　静	陈兵奎	黄一展	魏冰阳	刘忠明
	陈永洪	李朝阳	魏　静	
	樊世耀	李俊阳		
	郭爱贵	石照耀		
	黄　海	王延忠		

MECHANICAL

DESIGN

修订说明

为适应新形势下齿轮传动技术的发展，本篇内容进行了全面更新与修改。包括：渐开线圆柱齿轮传动、圆弧圆柱齿轮传动、锥齿轮传动、蜗杆传动、渐开线行星齿轮传动、渐开线少齿差行星齿轮传动、摆线针轮行星传动、谐波齿轮传动、活齿传动、点线啮合圆柱齿轮传动、面齿轮传动、塑料齿轮、对构齿轮传动共13章内容。

与第六版相比，主要修订和新增内容如下：

（1）全面更新了相关国家标准等技术标准和资料。

（2）为适应新技术的发展，增加了摆线针轮行星传动、谐波齿轮传动、面齿轮传动、对构齿轮传动等内容。

（3）在“渐开线圆柱齿轮传动”部分，新增了圆柱齿轮传动的啮合质量指标、圆柱齿轮精度、齿条精度、渐开线圆柱齿轮承载能力计算、渐开线圆柱齿轮修形计算、齿轮材料、圆柱齿轮结构、圆柱齿轮零件工作图等内容。

（4）在“圆弧圆柱齿轮传动”部分，新增了圆弧圆柱齿轮的起源内容。

（5）在“锥齿轮传动”部分，新增了锥齿轮的轮体、支承与装配质量检验，锥齿轮齿面的加工方法等内容；为适应数字化设计与制造的特点，新增了锥齿轮的数字化设计与仿真内容，包括差曲面 ease-off 分析与反调修正、轮齿接触分析 TCA/LTCA 等内容。

（6）在“蜗杆传动”部分，按照最新国家标准修改了圆柱蜗杆传动的几何尺寸计算、承载能力计算、精度与公差、结构设计等内容，增加双导程圆柱蜗杆传动、平面包络环面蜗杆传动两种新型蜗杆传动的相关内容。

（7）在“渐开线圆柱齿轮行星传动”部分，新增了渐开线行星齿轮传动热功率计算内容，并根据 GB/T 33923—2017《行星齿轮传动设计方法》相关内容，增加了行星齿轮传动齿轮设计方法。

本篇由重庆大学魏静主编，参加编写的有：重庆大学魏静、陈兵奎、李俊阳、李朝阳、陈永洪、张录合，北京工业大学石照耀，北京航空航天大学王延忠、黄一展，河南科技大学魏冰阳，武汉理工大学黄海，重庆大学郭爱贵，山西平遥减速机有限公司樊世耀等。本篇由郑机所（郑州）传动科技有限公司刘忠明审稿。

1　本篇主要代号表

代号	意义	单位
A	锥齿轮安装距	mm
A_k	外锥高	mm
A_a	冠顶距	mm
a	中心距，标准齿轮及高度变位齿轮的中心距	mm
$a_w(a')$	角度变位齿轮的中心距	mm
b	齿宽	mm
b_{cal}	计算齿宽	mm
b_{eH}	锥齿轮接触强度计算的有效齿宽	mm
b_{eF}	锥齿轮弯曲强度计算的有效齿宽	mm
C	节点；传动精度系数；系数	
C_B	基本齿廓系数	
C_Q	轮坯结构系数	
C_a	齿顶修缘量	μm
C_{ay}	由跑合产生的齿顶修缘量	μm
c	顶隙	mm
c_γ	轮齿单位齿宽总刚度平均值（啮合刚度）	N/(mm·μm)
c'	一对轮齿的单位齿宽的最大刚度（单对齿刚度）	N/(mm·μm)
c^*	顶隙系数	
d	直径、分度圆直径	mm
d_1, d_2	小轮、大轮的分度圆直径	mm
d_{a1}, d_{a2}	小轮、大轮的齿顶圆直径	mm
d_{b1}, d_{b2}	小轮、大轮的基圆直径	mm
d_{f1}, d_{f2}	小轮、大轮的齿根圆直径	mm
$d_w(d')$	节圆直径	mm
$D_M(d_p)$	量柱（球）直径	mm
E	弹性模量（杨氏模量）	N/mm^2
e	辅助量	
F_{bn}	法面基圆圆周上的名义切向力	N
F_{bt}	端面基圆圆周上的名义切向力	N
F_t	端面分度圆圆周上的名义切向力	N
F_{tm}	齿宽中点处分度圆上切向力	N
F_{tH}	计算 $K_{H\alpha}$ 时的切向力	N
F_n	法向力	N
F_r	径向力	N
F_x	轴向力	N
G	切变模量	N/mm^2
g_{va}	锥齿轮啮合线当量长度	
HB	布氏硬度	
HRC	洛氏硬度	
HV1	$F=9.8N$ 时的维氏硬度	
HV10	$F=98.1N$ 时的维氏硬度	
h	齿高	mm
$h_w(h')$	工作齿高	mm
h'_a	锥齿轮节圆齿顶高	mm
h'_f	锥齿轮节圆齿根高	mm
h_{Fa}	载荷作用于齿顶时的弯曲力臂	mm
h_{Fe}	载荷作用于单对齿啮合区外界点时的弯曲力臂	mm

续表

代号	意义	单位
h_a	齿顶高	mm
$\bar{h}_{anm}$	锥齿轮中点法向弦齿高	mm
h_{aP},h_{fP}	刀具基本齿廓齿顶高和齿根高	mm
h_a^*	齿顶高系数	
h_{an}^*	法面齿顶高系数	
h_{at}^*	端面齿顶高系数	
$\bar{h}_{cn}$	斜齿轮固定弦齿高	mm
$\bar{h}_n$	斜齿轮分度圆弦齿高	mm
h_{a0}	刀具齿顶高	mm
h_{a0}^*	刀具齿顶高系数	
h_f	齿根高	mm
$\bar{h}$	分度圆弦齿高	mm
$\bar{h}_c$	固定弦齿高	mm
h_{f0}	刀具齿根高	mm
i	传动比	
$\mathrm{inv}\alpha$	α 角的渐开线函数	
j	侧隙	mm
K	载荷系数	
K_A	使用系数	
$K_{F\alpha}$	弯曲强度计算的齿间载荷分配系数	
$K_{F\beta}$	弯曲强度计算的螺旋线载荷分布系数	
$K_{H\alpha}$	接触强度计算的齿间载荷分配系数	
$K_{H\beta}$	接触强度计算的螺旋线载荷分布系数	
K_m	开式齿轮传动磨损系数	
K_v	动载系数	
k	跨越齿数,跨越槽数(用于内齿轮)	
L	长度	mm
M	弯矩、量柱测量距	N·m
m	模数;当量质量	mm;kg/mm
m_{nm}	锥齿轮中点法向模数	mm
m_n	法向模数	mm
m_p	行星轮的当量质量	kg/mm
m_{red}	诱导质量	kg/mm
m_s	太阳轮的当量质量	kg/mm
m_t	端面模数	mm
N	临界转速比;指数	
N_c	持久寿命时循环次数	
N_L	应力循环次数	
N_0	静强度最大循环次数	
n	转速	r/min
n_1,n_2	小轮、大轮的转速	r/min
n_E	临界转速	r/min
n_{E1}	小轮的临界转速	r/min
n_p	轮系的行星轮数	
P	功率	kW
p	齿距,分度圆齿距	mm
p_b	基圆齿距	mm
p_{ba}	法向基圆齿距(法向基节)	mm
p_{bt}	端面基圆齿距(端面基节,基节)	mm
p_n	法向齿距	mm
p_t	端面齿距	mm

续表

代号	意义	单位
q	辅助系数,蜗杆直径系数	
	单位齿宽柔度	μm · mm/N
q_s	齿根圆角参数	
R	锥距	mm
Ra	轮廓表面算术平均偏差	μm
R'	节锥距	mm
R_i	小端锥距	mm
R_m	中心锥距	mm
R_x	任意点锥距	mm
Rz	表面微观不平度 10 点高度	μm
r	半径,分度圆半径	mm
r_a	齿顶圆弧半径	mm
r_b	基圆半径	mm
r_f	齿根圆半径	mm
S_F	弯曲强度的计算安全系数	
$S_{F\ min}$	弯曲强度的最小安全系数	
S_H	接触强度的计算安全系数	
$S_{H\ min}$	接触强度的最小安全系数	
s	齿厚;分度圆齿厚	mm
s_a	齿顶厚	mm
s_f	齿根厚	mm
s_n	法向齿厚	mm
s_t	端面齿厚	mm
$\bar{s}_n$	斜齿轮分度圆弦齿厚	mm
$\bar{s}_{nm}$	锥齿轮中点法向弦齿厚	mm
$\bar{s}_{cn}$	斜齿轮固定弦齿厚	mm
s_0	刀具齿厚	mm
$\bar{s}$	弦齿厚,分度圆弦齿厚	mm
$\bar{s}_c$	固定弦齿厚	mm
s_{Fn}	危险截面上的齿厚	mm
T_1,T_2	小轮、大轮的名义转矩	N · m
u	齿数比 $u=z_2/z_1>1$	
v	线速度,分度圆圆周速度	m/s
W、W_k	公法线长度(跨距)	mm
W^*	$m=1$ 时公法线长度(跨距)	mm
w_m	单位齿宽平均载荷	N/mm
w_{max}	单位齿宽最大载荷	N/mm
x	径向变位系数	
x_1,x_2	小轮、大轮变位系数	
x_Σ	总变位系数	
x_t	齿厚变动系数,端面变位系数(切向变位系数)	
x_n	法向变位系数	
x_β	齿向跑合系数	
Y_F	载荷作用于单对齿啮合区外界点时的齿廓系数	
Y_{Fa}	载荷作用于齿顶时的齿廓系数	
Y_{Fs}	复合齿廓系数	
Y_K	弯曲强度计算的锥齿轮系数	
Y_{NT}	弯曲强度计算的寿命系数	
$Y_{R\ rel\ T}$	相对齿根表面状况系数	
Y_S	载荷作用于单对齿啮合区外界点时的应力修正系数	
Y_{Sa}	载荷作用于齿顶时的应力修正系数	

续表

代号	意义	单位
Y_{ST}	试验齿轮的应力修正系数	
Y_X	弯曲强度计算的尺寸系数	
Y_β	弯曲强度计算的螺旋角系数	
$Y_{\delta\ rel\ T}$	相对齿根圆角敏感系数	
Y_ε	弯曲强度计算的重合度系数	
y	中心距变动系数	
y_0	切齿时中心距变动系数	
y_α	齿廓跑合量	μm
y_β	螺旋线跑合量	μm
Δy	齿顶高变动系数	
Z_B,Z_D	小轮、大轮单对齿啮合系数	
Z_E	弹性系数	$\sqrt{N/mm^2}$
Z_H	节点区域系数	
Z_K	接触强度计算的锥齿轮系数	
Z_L	润滑剂系数	
Z_{NT}	接触强度计算的寿命系数	
Z_R	粗糙度系数	
Z_v	速度系数	
Z_W	齿面工作硬化系数	
Z_X	接触强度计算的尺寸系数	
Z_β	接触强度计算的螺旋角系数	
Z_ε	接触强度计算的重合度系数	
z	齿数	
z_1,z_2	小轮、大轮的齿数	
z_n,z_v	斜齿轮的当量齿数	
z_{vm}	锥齿轮副的平均当量齿数	
z_p	平面齿轮齿数	
z_0	刀具齿数	
z_v	当量齿数	
α	压力角,齿廓角	(°),rad
α_{Fan}	齿顶法向载荷作用角	(°),rad
α_{Fat}	齿顶端面载荷作用角	(°),rad
α_{Fen}	单对齿啮合区外界点处法向载荷作用角	(°),rad
α_{Fet}	单对齿啮合区外界点处端面载荷作用角	(°),rad
α_M	量柱(球)中心在渐开线上的压力角	(°),rad
α_A	齿顶圆压力角	(°),rad
α_{an}	齿顶法向压力角	(°),rad
α_{at}	齿顶端面压力角	(°),rad
α_{en}	单对齿啮合区外界点处的法向压力角	(°),rad
α_{et}	单对齿啮合区外界点处的端面压力角	(°),rad
α_m	锥齿轮中点当量齿轮分度圆压力角	(°),rad
α'_m	中点当量齿轮啮合角	(°),rad
α_n	法向分度圆压力角	(°),rad
α_t	端面分度圆压力角	(°),rad
α'	啮合角	(°),rad
α'_t	端面分度圆啮合角	(°),rad
α_y	任意点 y 的压力角	(°)
α_0	刀具齿廓角,锥齿轮的齿廓角	(°)
α'_0	切齿时啮合角	(°),rad
β	分度圆螺旋角,端面齿廓角	(°),rad
β_b	基圆螺旋角	(°),rad

续表

代号	意义	单位
β_e	单对齿啮合区外界点处螺旋角	(°),rad
γ	辅助角	(°),rad
δ	节(分)锥角	(°),rad
δ_a	顶锥角	(°),rad
δ_f	根锥角	(°),rad
ε_α	端面重合度	
ε_β	纵向重合度,齿线重合度	
ε_γ	总重合度	
η	滑动率,效率	
$\Theta_{1,2}$	小轮、大轮的转动惯量	kg·mm^2
θ_a	齿顶角	(°),rad
θ_f	齿根角	(°),rad
θ'_f	锥齿轮节锥齿根高	
ν	润滑油运动黏度	mm^2/s(cSt)
	泊松比	
ρ	密度,曲率半径	kg/mm^3,mm
ρ_{fp}	基本齿条齿根过渡圆角半径	mm
ρ_F	危险截面处齿根圆角半径	mm
ρ_f	齿根圆角半径	mm
Σ	轴交角	(°),rad
σ_b(现多用 R_m 表示)	抗拉伸强度	N/mm^2
σ_F	计算齿根应力	N/mm^2
σ_{F0}	计算齿根应力基本值	N/mm^2
σ_{FE}	齿轮材料弯曲疲劳强度的基本值	N/mm^2
σ_{FG}	计算齿轮的弯曲极限应力	N/mm^2
σ_{FP}	许用齿根应力	N/mm^2
$\sigma_{F\,lim}$	试验齿轮的弯曲疲劳极限	N/mm^2
σ_H	计算接触应力	N/mm^2
σ_{HG}	计算齿轮的接触极限应力	N/mm^2
σ_{H0}	计算接触应力基本值	N/mm^2
σ_{Hp}	许用接触应力	N/mm^2
$\sigma_{H\,lim}$	试验齿轮的接触疲劳极限	N/mm^2
ψ	几何压力系数,齿厚半角	
ψ_a	对中心距的齿宽系数	
ψ_d	对分度圆直径的齿宽系数	
角标		
A	太阳轮的	
B	内齿轮的	
C	行星轮的	
v,n	当量的	
X	行星架的	
0	刀具的	
1	小齿轮的,蜗杆的	
2	大齿轮的,蜗轮的	
Ⅰ	高速级的	
Ⅱ	低速级的	

注：1. 本表中齿轮几何要素代号是根据 GB/T 2821—2003 和 ISO 701：1998 标准而确定的。

2. 有关齿轮精度的代号基本上未编入。

3. 蜗杆传动、销齿传动及活齿传动等章的代号未编入。

4. 代号的中文名称（意义）和后文中名称存在些许差异，但所表示的几何要素一致。

2 齿轮传动总览表

名称		主要特点	适用范围			
			传动比	传动功率	速度	应用举例
渐开线圆柱齿轮传动		传动的速度和功率范围很大;传动效率高,一对齿轮可达 0.98~0.995;精度愈高,润滑愈好,效率愈高;对中心距的敏感性小,互换性好;装配和维修方便;可以进行变位切削及各种修形、修缘,从而提高传动质量;易于进行精密加工,是齿轮传动中应用最广的传动	单级: 7.1(软齿面) 6.3(硬齿面) 两级: 50(软齿面) 28(硬齿面) 三级: 315(软齿面) 180(硬齿面)	低速重载可达 10MW 以上 高速传动可达 100MW 以上	线速度最高可达 200m/s	用于高速船用透平齿轮,大型轧机齿轮,矿山、轻工、化工和建材机械齿轮等
摆线针轮传动		有外啮合(外摆线)、内啮合(内摆线)和齿条啮合(渐开线)三种形式。适用于低速、重载的机械传动和粉尘多、润滑条件差等工作环境恶劣的场合,传动效率 $\eta=0.9\sim0.93$(无润滑油时)或 $\eta=0.93\sim0.95$(有润滑油时)。与一般齿轮相比,结构简单、加工容易、造价低、拆修方便	一般 5~30		0.05~0.5m/s	用于起重机的回转机构,球磨机的传动机构,磷肥工业用的回转化成室,翻盘式真空过滤机的底部传动机构,工业加热炉用的台车拖曳机构。化工行业广为应用
圆弧圆柱齿轮传动	单圆弧齿轮传动	接触强度比渐开线齿轮高;弯曲强度比渐开线齿轮低;跑合性能好;没有根切现象;只能做成斜齿,不能做成直齿;中心距的敏感性比渐开线齿轮大;互换性比渐开线齿轮差;噪声稍大	同渐开线圆柱齿轮	低速重载传动可达 3700kW 以上;高速传动可达 6000kW	>100m/s	用于 3700kW 初轧机,输出轴转矩 $T=14\times10^5$N·m 的轧机主减速器,矿井卷扬机减速齿轮,鼓风机、制氧机、压缩机减速器,3000~6000kW 汽轮发电机齿轮,等等
	双圆弧齿轮传动	除具有单圆弧齿轮的优点外,弯曲强度比单圆弧齿轮高(一般高 40%~60%),可用同一把滚刀加工一对互相啮合的齿轮,比单圆弧齿轮传动平稳,噪声和振动比单圆弧齿轮小				
非圆齿轮传动		非圆齿轮可以实现特殊的运动和实现函数运算,对机构的运动特性很有利,可以提高机构的性能,改善机构的运动条件 如应用在自动机器中,可使机器的工作机构和控制机构具有变速运动,可以协调平行工作的机构的循环时间;用非圆齿轮带动铰链连杆机构的主动件时,使铰链连杆机构的运动特性具有所需的形式	瞬时传动比是变化的,平均传动比是大小轮的转速之比			广泛用于自动机器仪器仪表及解算装置中,辊筒式平板印刷机的自动送纸装置,双色印刷机中的非圆-圆的扇形齿轮,纺织机械中绕线托架机构偏心圆齿轮和卵形齿轮,纸板机的横切机构中的椭圆齿轮,链传送带传动装置中的非圆齿轮,带有椭圆齿轮传动机构的摆动式传送机,连续线绕函数电位计中的非圆齿轮,仪器中的卵形齿轮流量计,大转矩液压马达

续表

名称		主要特点	适用范围			
			传动比	传动功率	速度	应用举例
锥齿轮传动	直齿锥齿轮传动	比曲线齿锥齿轮的轴向力小，制造也比曲线齿锥齿轮容易	1~8	<370kW	<5m/s	用于机床、汽车、拖拉机及其他机械中轴线相交的传动
	斜齿锥齿轮传动	比直齿锥齿轮总重合度大，噪声较低	1~8	较直齿锥齿轮高	较直齿锥齿轮高，经磨齿后 v<50m/s	用于机床、汽车行业的机械设备中
	曲线齿锥齿轮传动	比直齿锥齿轮传动平稳，噪声小，承载能力大，但由于螺旋角而产生轴向力较大	1~8	<750kW	一般 v>5m/s；磨齿后 v>40m/s	用于汽车驱动桥传动，以及拖拉机和机床等传动
准双曲面齿轮传动		比曲线齿锥齿轮传动更平稳，利用偏置距增大小轮直径，因而可以增加小轮刚性，实现两端支承，沿齿长方向有滑动，传动效率比直齿锥齿轮低，需用准双曲面齿轮油	一般1~10；用于代替蜗杆传动时，可达50~100	一般<750kW	>5m/s	最广泛用于越野及小客车，也用于卡车，可用以代替蜗杆传动
交错轴斜齿轮传动		是由两个螺旋角不等（或螺旋角相等，旋向也相同）的斜齿齿轮组成的齿轮副，两齿轮的轴线可以成任意角度。缺点是齿面为点接触，齿面间的滑动速度大，所以承载能力和传动效率比较低，故只能用于轻载或传递运动的场合				用于空间（在任意方向转向）传动机构
蜗杆传动	普通圆柱蜗杆传动（阿基米德螺旋线蜗杆、渐开线蜗杆及延长渐开线蜗杆）	传动比大，工作平稳，噪声较小，结构紧凑，在一定条件下有自锁性，效率低	8~80	<200kW	15~35m/s	多用于中、小负荷间歇工作的情况下，如轧钢机压下装置、小型转炉倾动机构等
	圆弧圆柱蜗杆传动（ZC蜗杆）	接触线形状有利于形成油膜，主平面共轭齿面为凸凹齿啮合，传动效率及承载能力均高于普通圆柱蜗杆传动	8~80	<200kW	15~35m/s	用于中、小负荷间歇工作的情况，如轧钢机压下装置
	环面蜗杆传动（平面包络环面蜗杆、直廓环面蜗杆、锥面包络环面蜗杆、渐开面包络环面蜗杆等）	接触线和相对速度夹角接近于90°，有利于形成油膜；同时接触齿数多，当量曲率半径大，因而承载能力大，一般比普通圆柱蜗杆传动大2~3倍。但制造工艺一般比普通圆柱蜗杆要复杂	5~100	<4500kW	15~35m/s	用于轧机压下装置，各种绞车、冷挤压机、转炉、军工产品，以及其他冶金矿山设备等
锥面蜗杆传动		同时接触齿数多，齿面可得到比较充分的润滑和冷却，易于形成油膜，传动比较平稳，效率比普通圆柱蜗杆传动高，设计计算和制造比较麻烦	10~358			适用于结构要求比较紧凑的场合

续表

名称	主要特点	适用范围			
		传动比	传动功率	速度	应用举例
普通渐开线齿轮行星传动	体积小,重量轻,承载能力大,效率高,工作平稳。NGW型行星齿轮减速器与普通圆柱齿轮减速器比较,体积和重量可减小30%~50%,效率可稍提高,但结构比较复杂,制造成本比较高	NGW型 单级: 2.8~12.5 两级: 14~160 三级: 100~2000	NGW型达10MW以上	高低速均可	NGW型主要用于冶金、矿山、起重运输等低速重载机械设备;也用于压缩机、制氧机,风电、船舶等高速及大功率传动
少齿差传动:渐开线少齿差传动	内外圆柱齿轮的齿廓皆采用渐开线,因而可用普通的齿轮机床加工,结构较简单,生产价格也较低,但转臂轴承受径向力较大。这种传动与通用渐开线圆柱齿轮传动(或蜗杆传动)相比,具有传动比大、体积小、重量轻、结构紧凑等特点 其承受过载荷冲击能力较强,寿命较长,传动效率一般为$\eta=0.8\sim0.9$,但也有达到0.9以上的实例。由于内齿轮采用软齿面,故承载能力略低于摆线针轮行星传动	单级: 10~100 可多级串联,取得更大的传动比	最大: 100kW 常用: ≤55kW	一般高速轴转速小于3000r/min	用于电工、机械、起重、运输、轻工、化工、食品、粮油、农机、仪表、机床与附件及工程机械等
少齿差传动:摆线少齿差传动(亦称摆线针轮行星传动)	它以外摆线作为行星轮齿的齿廓曲线,在少齿差传动中应用最广,其效率$\eta=0.9\sim0.98$(单级传动时);多齿啮合承载能力高,运转平稳,故障少,寿命长;与电动机直连的减速器,结构紧凑,但制造成本较高,主要零部件加工精度要求高,齿形检测困难,大直径摆线轮加工困难	单级: 11~87 两级: 121~5133	常用: <100kW 最大: 220kW		广泛用于冶金、石油、化工、轻工、食品、纺织、印染、国防、起重、运输等各类机械中
少齿差传动:圆弧少齿差传动(又称圆弧针齿行星传动)	其结构形式与摆线少齿差传动基本相同,其特点在于:行星轮的齿廓曲线改用凹圆弧代替摆线,轮齿与针齿形成凹凸两圆的内啮合,且曲率半径相差很小,从而提高了接触强度	单级: 11~71	0.2~30kW	高速轴转速<3000r/min	用于矿山运输、轻工、纺织印染机械中
少齿差传动:活齿少齿差传动(又称活齿传动、滑齿传动、滚道传动、密切圆传动)	其特点是固定齿圈上的齿形制成圆弧或其他曲线,行星轮上的各轮齿用单个的活动构件(如滚珠)代替,当主动偏心盘驱动时,它们将在输出轴盘上的径向槽孔中活动,故称为活齿。其效率为$\eta=0.86\sim0.87$	单级: 20~80	<18kW	高速轴转速<3000r/min	用于矿山、冶金机械中

续表

名称		主要特点	适用范围			
			传动比	传动功率	速度	应用举例
少齿差传动	锥齿少齿差传动（又称锥齿轮谐波传动、章动传动）	它采用一对少齿差的锥齿轮，以轴线运动的锥轮与另一固定锥轮啮合产生摆转运动代替了原来行星轮的平面运动	单级：≤200			用于矿山机械中
谐波齿轮传动		传动比大、范围宽；元件少、体积小、重量轻；在相同的条件下可比一般减速器的元件少一半，体积和重量可减少 20%～50%；同时啮合的齿数多，双波传动在受载情况下同时啮合齿数可达总数的 20%～40%，故承载能力高；误差可相互补偿，故运动精度高；可采用调整波发生器达到无侧隙啮合；运转平稳、噪声低，可通过密封壁传递运动，传动效率也比较高，$i=100$ 时，$\eta=0.69\sim0.90$，$i=400$ 时，$\eta=0.80$，且传动比大时，效率并不显著下降。但主要零件——柔轮的制造工艺比较复杂	单级：1.002～1.02（波发生器固定，柔轮主动时）；50～500（柔轮或刚轮固定，波发生器主动时）；150～4000（用行星波发生器）；2×10^{3}（采用复波）	几瓦到几十千瓦		主要用于航空、航天飞行器原子能、雷达系统等，也用于造船、汽车、坦克、机床、仪表、纺织、冶金、起重运输、医疗器械等，如机床进给分度机构、自动控制系统中的执行机构和数据传递装置、光学机械中的精密传动；用于化工设备、大型绞盘；用于高压、高真空的密封式传动；用于工业机器人、武器系统和无线电跟踪系统

CHAPTER 1

第1章 渐开线圆柱齿轮传动

在过去的几年里，国际上的齿轮标准和国内齿轮标准都进行了不同程度的更新，除了体现最新的研究成果，标准也朝着更国际化、统一化、精细化和人性化的方向发展。

ISO 于 2007 年发布了标准 ISO 21771：2007《齿轮 渐开线圆柱齿轮与齿轮副 概念与几何学》，该标准大量借鉴了德国国家标准 DIN 3960—1987，主要解决了 DIN 体系中内齿轮直径等参数均为负数的问题，发挥了其外齿轮和内齿轮采用一套公式的优势，体现了标准的人性化。ISO 21771 在齿轮啮合与齿厚系统等方面也体现了新的研究成果，一些公式考虑的情况也更加细致，DIN 标准里的近似公式也更改为精确公式。ISO 21771 标准发布不久，英国即将该标准确定为国家标准 BS ISO 21771：2007。德国也于 2014 年 8 月发布了 DIN ISO 21771：2014 标准草案，此前发布的标准还有 DIN 21772—2012 和 DIN 21773—2012，这三个标准将一起替代使用了二十多年的 DIN 3960—1987。齿轮概念与几何学标准朝着国际化、统一化的方向迈进了一步。ISO 21771 在借鉴 DIN 3960 的同时，也采用了与之相同的变位系数符号规定。追本溯源，ISO 早在 1999 年 ISO 1122-1：1998《齿轮 术语和定义 第 1 部分：几何学定义》的技术勘误里就更改变位系数符号的规定，与 DIN 标准统一。在运用不同计算系统下的公式计算齿轮参数时，务必先弄清变位系数符号的规定。

ISO/TC60/WG2 于 20 世纪中叶启动 ISO 1328 的制定，经过近二十年的磋商、讨论和验证，最后于 1975 年通过了正式标准 ISO 1328：1975。此版标准为许多国家等同或等效采用；但由于美国、德国、英国、日本等工业发达国家没有采用该标准，导致世界齿轮精度标准事实上的不统一。

20 世纪 80 年代，ISO/TC60 秘书处搬到美国齿轮制造业协会（AGMA），由 AGMA 主持对 ISO 1328：1975 标准的修订工作。历经 20 年，完成了齿轮精度的系列化成套技术标准制定，包括：

（1）ISO 1328-1：1995《圆柱齿轮 精度制 第 1 部分：轮齿同侧齿面偏差的定义和允许值》

（2）ISO 1328-2：1997《圆柱齿轮 精度制 第 2 部分：径向综合偏差与径向跳动的定义和允许值》

（3）ISO/TR 10064-1：1992《圆柱齿轮 检验实施规范 第 1 部分：轮齿同侧齿面的检验》

（4）ISO/TR 10064-2：1996《圆柱齿轮 检验实施规范 第 2 部分：径向综合偏差、径向跳动、齿厚和侧隙的检验》

（5）ISO/TR 10064-3：1996《圆柱齿轮 检验实施规范 第 3 部分：齿轮坯、轴中心距和轴线平行度》

（6）ISO/TR 10064-4：1998《圆柱齿轮 检验实施规范 第 4 部分：表面结构和轮齿接触斑点检验》

（7）ISO 18653：2003《齿轮 齿轮测量仪的评价》

（8）ISO/TR 10064-5：2005《圆柱齿轮 检验实施规范 第 5 部分：齿轮测量仪评价》

（9）ISO 17485：2006《锥齿轮 精度制》

（10）ISO/TR 10064-6：2009《检验实施规范 第 6 部分：锥齿轮测量》

这套 ISO 齿轮精度标准颁布后，几乎为各国等同或等效采用，让世界齿轮行业显示了和谐化的可能性。

ISO/TC60/WG2 于 2008 年启动 ISO 1328-1 的修订工作。历时 5 年，新版齿轮精度国际标准 ISO 1328-1：2013 于 2013 年 9 月 1 日由国际标准化组织（ISO）在全球正式发布。ISO 1328-1：2013 对 ISO 1328-1：1995 进行了大幅的改进，并吸收了 AGMA 和 DIN 标准中的优点。一份更加完善、更易被各国接受的精度标准出炉，世界齿轮精度标准进入新一轮的更新换代期。齿轮精度国际标准 ISO 1328-1：2013 颁布后，工业发达国家基本采纳了这个标准。中国、英国、法国、日本等众多国家都等同采用。美国等同采用并根据本国特点制定了 ANSI/AGMA 2015-1-A01 和 ANSI/AGMA 2015-2-A06 替代了 ISO 1328-1 和 ISO 1328-2 两个标准。

中国 GB/T 10095.1—2022 等同采用 ISO 1328-1：2013。中国 GB/T 10095.2—2023 等同采用 ISO 1328-2：

2020。随着 GB/T 10095.1—2022 和 GB/T 10095.2—2023 实施，必将促使一系列其他相关标准的修订。齿轮精度国际标准也朝着国际化、统一化的方向迈进了一大步。

宏观上，进入新世纪后，世界范围内齿轮技术及相关技术得到了快速发展，齿轮行业的整体技术水平大幅提升。最显著的表现在：①齿轮精细设计；②齿轮材料及硬齿面的发展；③加工工艺与齿轮装备的数控化。产生的技术要求和难题为：①精准表征齿面及误差；②在目前的制造水平下，加工误差总体上越来越小、越来越稳定，而测量结果受测量仪器的影响越来越大。齿轮精度标准是基础性标准，齿轮领域上述宏观上的变化，必然要求对这个基础标准及时修订。内在上，齿轮精度标准也存在一些问题，如 ISO 1328-1：1995：①表格的数值比公式计算具有优先权；②等级之间的分段很小并且小模数齿轮的公差很小；③计算机控制的数据采集和数据滤波并没有考虑；④形状和斜率误差是非强制性的。

ISO 1328-1：2013 相对于 ISO 1328-1：1995 的主要变化有：

① 标准的覆盖范围扩大了。

② 精度等级的数量有变化。ISO 1328-1：2013 按照公差从小到大的顺序定义了 11 个齿面公差等级（1~11 级），最高精度等级为 1 级。

③ 对术语和符号进行了修订。

④ 增加了新概念，定义了新参数。

⑤ 公差值的表格全部取消，根据具体齿轮的模数、分度圆直径、齿数等参数和所给定的精度等级完全由计算公式得到相应的公差值。

⑥ 各个精度指标公差值的计算公式有变化。

我国近年来发布的关于渐开线圆柱齿轮标准有：GB/T 1357—2008《通用机械和重型机械用圆柱齿轮　模数》、GB/T 3374.1—2010 和 GB/T 3374.2—2011《齿轮　术语和定义》、GB/T 6467—2010《齿轮渐开线样板》、GB/T 6468—2010《齿轮螺旋线样板》、GB/T 10095.1—2022 和 GB/T 10095.2—2023《圆柱齿轮　ISO 齿面公差分级制》等。

齿轮强度标准 ISO 6336 系列也在 2019 年进行了重大更新，淘汰了很多近似和简化算法，随着计算机技术的发展，计算的准确性需求越来越强烈，近似算法和简化算法已无优势。ISO 还发布了 ISO/TR 18792：2008 等标准。

GB/T 3480《直齿轮和斜齿轮承载能力计算》共 7 部分组成，近期都分别进行了更新，等同采用 ISO 相应标准。

GB/T 3480.1—2019　第 1 部分：基本原理、概述及通用影响系数；

GB/T 3480.2—2021　第 2 部分：齿面接触强度（点蚀）计算；

GB/T 3480.3—2021　第 3 部分：轮齿弯曲强度计算；

GB/T 3480.5—2021　第 5 部分：材料的强度和质量；

GB/T 3480.6—2018　第 6 部分：变载荷条件下的使用寿命计算；

GB/Z 3480.4—2024　第 4 部分：齿面断裂承载能力计算；

GB/Z 3480.22—2024　第 22 部分：微点蚀承载能力计算。

1　渐开线圆柱齿轮的基本齿廓和模数系列（摘自 GB/T 1356—2001）

1.1　渐开线圆柱齿轮的基本齿廓（摘自 GB/T 1356—2001）

表 12-1-1　代号和单位

符号	意义	单位
c_P	标准基本齿条轮齿与相啮标准基本齿条轮齿之间的顶隙	mm
e_P	标准基本齿条轮齿齿槽宽	mm

续表

符号	意义	单位
h_{aP}	标准基本齿条轮齿齿顶高	mm
h_{fP}	标准基本齿条轮齿齿根高	mm
h_{FfP}	标准基本齿条轮齿齿根直线部分的高度	mm
h_P	标准基本齿条的齿高	mm
h_{wP}	标准基本齿条和相啮标准基本齿条轮齿的有效齿高	mm
m	模数	mm
p	齿距	mm
s_P	标准基本齿条轮齿的齿厚	mm
u_{FP}	挖根量	mm
α_{FP}	挖根角	(°)
α_P	压力角	(°)
ρ_{fP}	标准基本齿条的齿根圆角半径	mm

表 12-1-2　　标准基本齿条齿廓的几何参数

项目	标准基本齿条齿廓的几何参数值	项目	标准基本齿条齿廓的几何参数值
α_P	20°	h_{fP}	1.25m
h_{aP}	1m	ρ_{fP}	0.38m
c_P	0.25m		

1.1.1 范围

规定了通用机械和重型机械用渐开线圆柱齿轮（外齿或内齿）的标准基本齿条齿廓的几何参数。

适用于 GB/T 1357 规定的标准模数。

规定的齿廓没有考虑内齿轮齿高可能进行的修正，内齿轮对不同的情况应分别计算。

为了确定渐开线类齿轮的轮齿尺寸，在本标准中，标准基本齿条的齿廓仅给出了渐开线类齿轮齿廓的几何参数。它不包括对刀具的定义，但为了获得合适的齿廓，可以根据本标准基本齿条的齿廓规定刀具的参数。

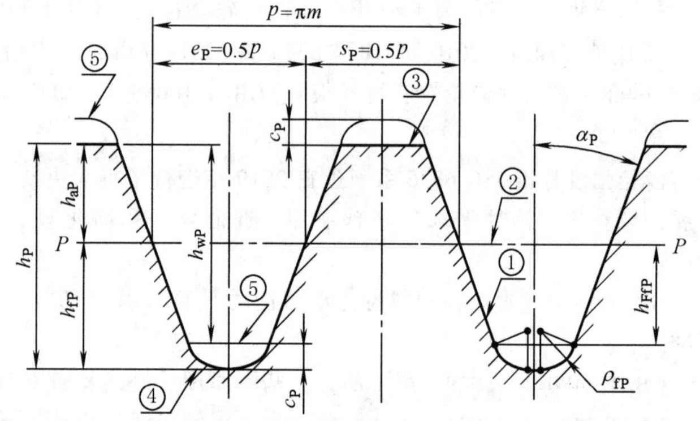

图 12-1-1　标准基本齿条齿廓和相啮标准基本齿条齿廓
①标准基本齿条齿廓；②基准线；③齿顶线；④齿根线；⑤相啮标准基本齿条齿廓

1.1.2 标准基本齿条齿廓

1）标准基本齿条齿廓的几何参数见图 12-1-1 和表 12-1-2，对于不同使用场合所推荐的基本齿条见 1.1.3 节。

2）标准基本齿条齿廓的齿距为 $p=\pi m$。

3）在 h_{aP} 加 h_{FfP} 高度上，标准基本齿条齿廓的齿侧面为直线。

4）P—P 线上的齿厚等于齿槽宽，即齿距的一半。

$$s_P = e_P = \frac{p}{2} = \frac{\pi m}{2} \tag{12-1-1}$$

式中　s_P——标准基本齿条轮齿的齿厚；

e_P——标准基本齿条轮齿的齿槽宽；

p——齿距；

m——模数。

5）标准基本齿条齿廓的齿侧面与基准线的垂线之间的夹角为压力角 α_P。

6）齿顶线和齿根线分别平行于基准线 P—P，且距 P—P 线之间的距离分别为 h_{aP} 和 h_{fP}。

7）标准基本齿条齿廓和相啮标准基本齿条齿廓的有效齿高 h_{wP} 等于 $2h_{aP}$。

8）标准基本齿条齿廓的参数用 $P—P$ 线作为基准。

9）标准基本齿条的齿根圆角半径 ρ_{fP} 由标准顶隙 c_P 确定。

对于 $\alpha_P=20°$、$c_P \leqslant 0.295m$、$h_{FfP}=1m$ 的基本齿条：

$$\rho_{fP\max}=\frac{c_P}{1-\sin\alpha_P} \tag{12-1-2}$$

式中 $\rho_{fP\max}$——标准基本齿条的最大齿根圆角半径；

c_P——标准基本齿条轮齿和相啮标准基本齿条轮齿的顶隙；

α_P——压力角。

对于 $\alpha_P=20°$、$0.295m<c_P \leqslant 0.396m$ 的基本齿条：

$$\rho_{fP\max}=\frac{\pi m/4-h_{fP}\tan\alpha_P}{\tan[(90°-\alpha_P)/2]} \tag{12-1-3}$$

式中 h_{fP}——标准基本齿条轮齿的齿根高。

$\rho_{fP\max}$ 的中心在齿条齿槽的中心线上。

应该注意，实际齿根圆角（在有效齿廓以外）会随一些影响因素的不同而变化，如制造方法、齿廓修形、齿数。

10）标准基本齿条齿廓的参数 c_P、h_{aP}、h_{fP} 和 h_{wP} 也可以表示为模数 m 的倍数，即相对于 $m=1\text{mm}$ 时的值可加一个星号表明，例如：

$$h_{fP}=h_{fP}^{*}m$$

1.1.3 不同使用场合下推荐的基本齿条

（1）基本齿条型式的应用

A 型标准基本齿条齿廓推荐用于传递大转矩的齿轮。

根据不同的使用要求可以使用替代的基本齿条齿廓：B 型和 C 型基本齿条齿廓推荐用于通常的使用场合。用一些标准滚刀加工时，可以用 C 型。

D 型基本齿条齿廓的齿根圆角为单圆弧齿根圆角。当保持最大齿根圆角半径时，增大的齿根高（$h_{fP}=1.4m$，齿根圆角半径 $\rho_{fP}=0.39m$）使得精加工刀具能在没有干涉的情况下工作。这种齿廓推荐用于高精度、传递大转矩的齿轮，因此，齿廓精加工用磨齿或剃齿。在精加工时，要小心避免齿根圆角处产生凹痕，凹痕会导致应力集中。

几种类型基本齿条齿廓的几何参数见表 12-1-3。

（2）具有挖根的基本齿条齿廓

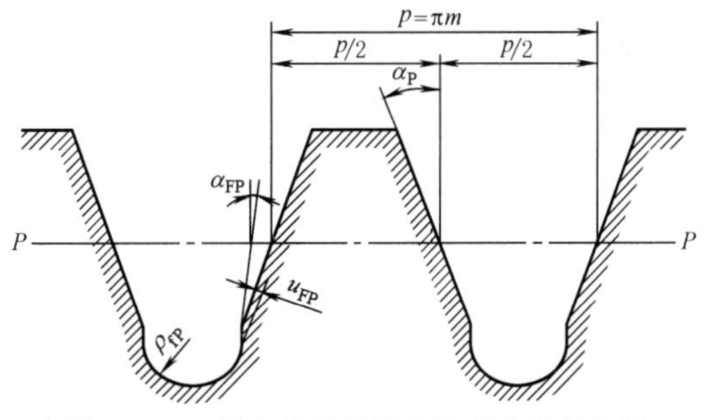

图 12-1-2 具有给定挖根量的基本齿条齿廓

使用具有给定的挖根量 u_{FP} 和挖根角 α_{FP} 的基本齿条齿廓时，用带凸台的刀具切齿并用磨齿或剃齿精加工齿轮，见图 12-1-2。u_{FP} 和 α_{FP} 的具体值取决于一些影响因素，如加工方法，在本标准中没有说明加工方法。基本齿条齿廓的取值见表 12-1-3。

表 12-1-3 **基本齿条齿廓**

项目	基本齿条齿廓类型			
	A	B	C	D
α_P	20°	20°	20°	20°
h_{aP}	$1m$	$1m$	$1m$	$1m$
c_P	$0.25m$	$0.25m$	$0.25m$	$0.4m$
h_{fP}	$1.25m$	$1.25m$	$1.25m$	$1.4m$
ρ_{fP}	$0.38m$	$0.3m$	$0.25m$	$0.39m$

1.1.4 GB/T 1356 所做的修改

① 标准基本齿条齿廓：standard basic rack tooth profile。

这是 ISO 1122-1 中新出现的术语，现在正式译为“标准基本齿条齿廓”。

原标准题目是“基本齿廓”。

② ρ_{fP}——基本齿条的齿根圆角半径，原标准只有一个圆角半径 $\rho_{fP}\approx 0.38$mm。

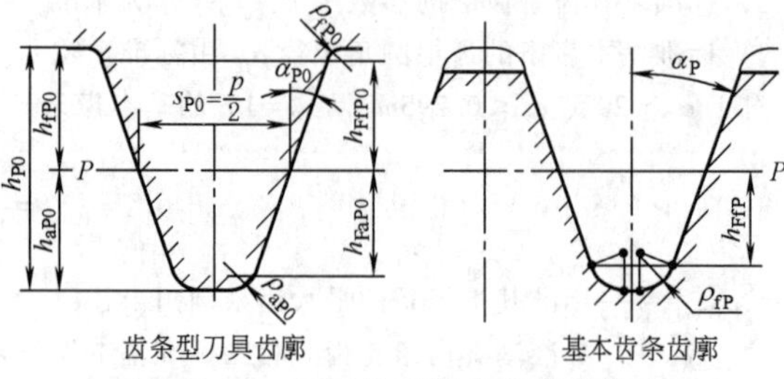

图 12-1-3 DIN 的刀具与齿条的齿廓

在 DIN 867 中的说明如下：基本齿条的齿根圆角半径 ρ_{fP} 决定了刀具基本齿条的齿顶圆角半径 ρ_{aP0}（见图 12-1-3），圆柱齿轮上加工的齿根圆的曲率半径等于或者大于刀具的齿顶圆角半径，这取决于齿数和齿廓变位。

③ 新代号 h_{FfP} 最早出现在 DIN 867 中。

$$h_{FfP}=h_{fP}-\rho_{fP}(1-\sin\alpha_P)$$

大多数情况下，将基本齿条齿廓的齿槽作为齿条型刀具的齿廓。h_{FfP} 与齿条型刀具 h_{FfP0} 是对应关系，即 $h_{FfP}=h_{FfP0}$。不根切的最小变位系数 x_{min}、展成切削的渐开线起始点的直径 d_{Ff} 计算公式都是采用 h_{FfP0}。

德国的 DIN 3960—1987、美国的 AGMA 913-A98 标准，都采用了 h_{FfP0} 计算不根切的最小变位和渐开线起始圆直径。图 12-1-4 是 DIN 3960—1987 相关部分。对于零侧隙计算，$x_{Emin}=x_{min}$。

传统的计算公式都将 h_{FaP0} 这个数值用了 $h_a(h_{aP})$，这样替代只有在标准基本齿条齿廓下是正确的，即 $h_{aP}^*=1$、$h_{fP}^*=1.25$、$\rho_{fP}^*\approx 0.38$（较为精确的近似值为 0.379951）、$\alpha=20°$，这时 $h_{aP}^*=h_{FaP0}^*$。

苏联李特文的《齿轮啮合原理》和日本仙波正庄的《变位齿轮》讲解了变模数、变压力角的啮合。

必要条件是：$m_1\cos\alpha_1=m_2\cos\alpha_2$。就是正确啮合的基本条件是基节相等。这个原理已应用到齿轮刀具，变模数变压力角的滚刀设计已经较为广泛地应用在一些特定的专业领域。

图 12-1-5 是一个例子，用不同齿形角的齿条刀具可以加工出来一样渐开线齿廓。在齿条刀具相同的齿顶圆弧情况下，可以得到不同的渐开线起始圆。这时变位系数也需要计算，较小的压力角对应较大变位系数。目前应用的大变位齿轮实质就是大压力角、较短的齿顶高的传

$$x_{Emin}=\frac{h_{FaP0}}{m_n}-\frac{z\sin^2\alpha_t}{2\cos\beta}\quad\text{(DIN 3960—1987 3.6.06)}$$

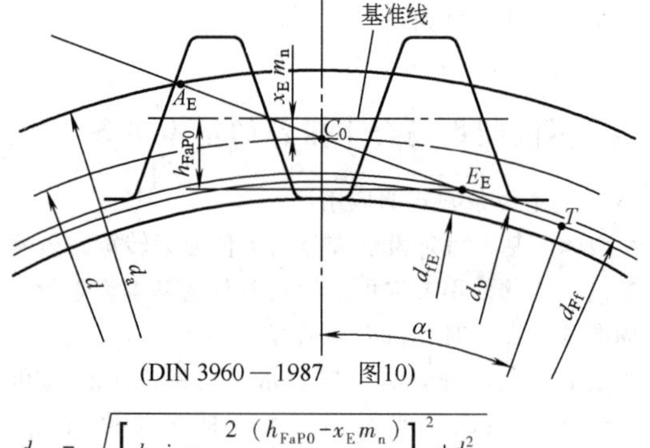

$$d_{Ff1}=\sqrt{\left[d_1\sin\alpha_t-\frac{2(h_{FaP0}-x_E m_n)}{\sin\alpha_t}\right]^2+d_{b1}^2}$$

$$=\sqrt{[d_1-2(h_{FaP0}-x_E m_n)]^2+4(h_{FaP0}-x_E m_n)^2\cot^2\alpha_t}$$

(DIN 3960—1987 3.6.08)

图 12-1-4 DIN 齿廓图

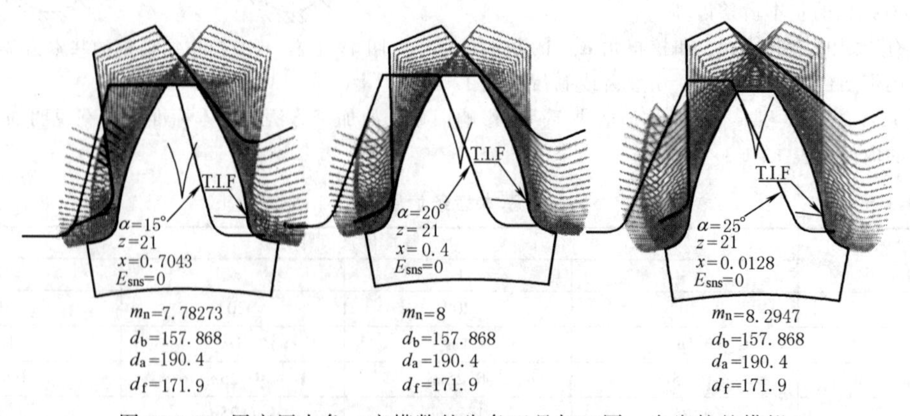

图 12-1-5 用变压力角、变模数的齿条刀具加工同一个齿轮的模拟

E_{sns}—齿厚上偏差；T. I. F—渐开线的起点

动。问题是齿轮承载能力计算中，例如轮齿刚度 C_γ 的计算，标准中明确规定，该公式的适用范围是 $-0.5\leqslant x_1+x_2\leqslant 2$（GB/T 19406—2003，GB/T 3480.1—2019），标准中多个公式用到这个参数，超过这个范围就等于没有了计算依据。

DIN 867—1987 给出了一个附图，论述了 $\alpha_P=20°$、$h_{aP}^*=1$ 时，ρ_{fP}^* 的计算公式就是 GB/T 1356—2001（2）、（3）两个式子［即式（12-1-2）和式（12-1-3）］。两条直线方程相交于 $h_{fP}^*=1.295$（准确的近似值）。ρ_{fP}^* 必须在阴影区域内。图 12-1-6 补充了 $h_{aP}^*=0.8$ 和 $h_{aP}^*=1.2$ 的对应关系，同时增加了对应的 h_{FfP}^*。表 12-1-4 列出常见的基本齿条齿廓对应数值。

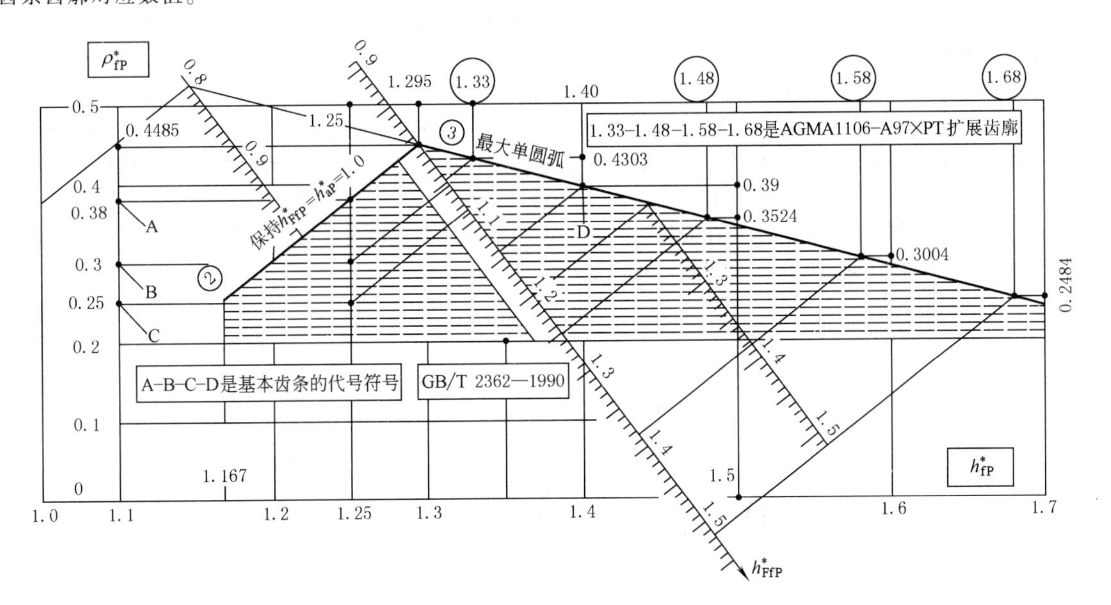

图 12-1-6 $\alpha_P=20°$时 h_{fP}^*-ρ_{fP}^*-h_{FfP}^* 关系

表 12-1-4 **GB、AGMA、ISO 齿廓参数**

齿廓标准	齿廓参数						
	α_P	h_{aP}^*	h_{fP}^*	c_P^*	ρ_{fP}^*	h_{FfP}^*	不根切的最少齿数 z_{min}
GB/T 1356-A	20°	1	1.25	0.25	0.38	1.0	17.09
GB/T 1356-B	20°	1	1.25	0.25	0.3	1.0526	17.997
GB/T 1356-C	20°	1	1.25	0.25	0.25	1.0855	18.559
GB/T 1356-D	20°	1	1.4	0.40	0.39	1.1434	19.549
GB/T 2362—1990	20°	1	1.35	0.35	0.2	1.2184	20.831
AGMA 1106 PT	20°	1	1.33	0.33	0.4303	1.0469	17.899
AGMA XPT-2	20°	1.15	1.48	0.33	0.3524	1.248	21.337
AGMA XPT-3	20°	1.25	1.58	0.33	0.3004	1.382	23.628
AGMA XPT-4	20°	1.35	1.68	0.33	0.2484	1.517	25.937
……	14.5°	1	1.25	0.25	0.30	1.025	32.704
ISO 53-A	20°	1	1.25	0.25	0.38	1.0	17.09
ISO 53-B	20°	1	1.25	0.25	0.3	1.0526	17.997
ISO 53-C	20°	1	1.25	0.25	0.25	1.0855	18.559
ISO 53-D	20°	1	1.4	0.40	0.39	1.1434	19.549

注：1. AGMA PT & XPT 是 AGMA 1106-A97 塑料齿轮扩展齿廓（PGT TOOTH FORM）。

2. GB/T 1356-A（B/C/D）是该标准提供的数据。

3. ISO 53-A（B/C/D）是该标准提供的数据。

对于大多数应用场合，利用 GB/T 1356—2001 标准基本齿条齿廓和有目的地选择变位，就可以得到合适的、能经受使用考验的啮合。

在特殊情况下，可以不执行标准，当需要较大的端面重合度时，可以选择较小的齿廓角 α_P，例如在印刷机

械中常常是 $\alpha_P = 15°$。

对于重载齿轮传动，有时优先采用 $\alpha_P = 22.5°$ 或 $\alpha_P = 25°$。这样虽然提高了齿轮的承载能力，但是会使端面重合度变小，齿顶变得更尖一些，在渗碳淬火处理时，可能产生齿顶淬透，在受载时产生崩齿的危险。

通常的啮合 $h_{wP} = 2$，现在有的 $h_{wP} = 2.25$ 或 $h_{wP} = 2.5$ 所谓“高齿啮合”，可以得到特别平稳的传动。但是由于啮合时齿面滑动速度较高，胶合危险增加，齿顶变得更尖也需要注意。这种高齿啮合似乎有扩大的趋势，例如 AGMA 1106-A97 中已经采用 $h_{wP} = 2.3$、2.5、2.7 的齿廓（见 AGMA 1106-A97）。

如果将基本齿廓做得与直边梯形不尽一样，就可以达到齿廓修形（也就是说，有意识地与渐开线有所差异）的目的。但是，图 12-1-7a 所示的这类刀具的应用范围是有限的，这是因为，在齿轮上所做的修形的位置及大小还与齿轮的齿数及端面变位量有关。

齿根圆角（对应刀具齿顶上的 ρ_{a0}）较丰满的基本齿廓可以得到较高的齿根疲劳强度。带突起的刀具基本齿廓（图 12-1-7b）使齿根受到过切，这样，在进行后续的符合啮合原理的磨削工序时，可以避免在齿根产生缺口。但是，在用于较大的齿数范围时，必须检验一下，由于（有意识的）过切，齿轮齿根部分的有效齿廓将被缩短多少，在齿数少和齿顶高变位量小时尤其要注意。

能进行齿顶棱角倒钝的刀具齿廓，在滚切时，它可以将轮齿的齿顶棱角进行倒钝（即可以省去手工倒钝）。由于它是为专用齿廓设计的，因此只适用于件数较多的场合。

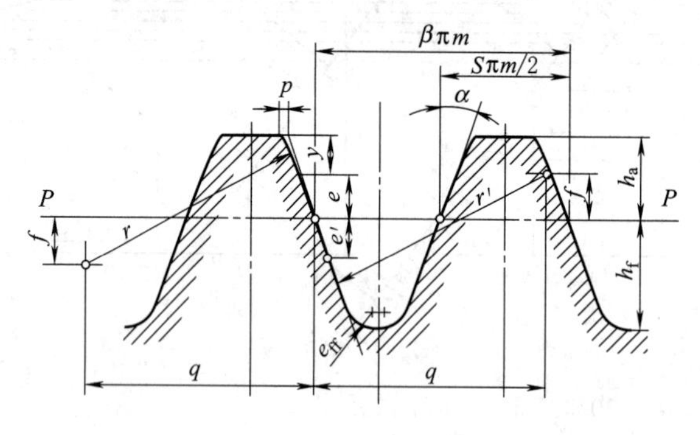

(a) 引自ISO 53:1974,有齿顶修形与齿根修形

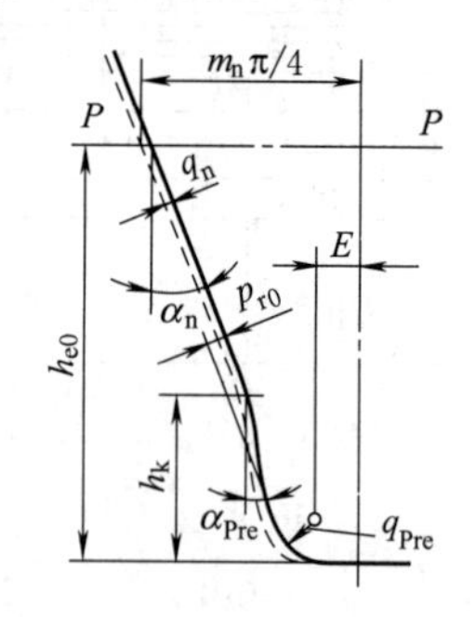

(b) 带剃前突起量的刀具基本齿廓，q_n 为每侧齿廓的刀具余量

图 12-1-7　特种基本齿廓

1.2　渐开线圆柱齿轮模数

1.2.1　模数（摘自 GB/T 1357—2008）

GB/T 1357—2008 等同采用了 ISO 54：1996，规定了通用机械和重型机械用直齿和斜齿渐开线圆柱齿轮的法向模数。

模数是齿距（mm）除以圆周率 π 所得的商，或分度圆直径（mm）除以齿数所得的商。

法向模数定义在基本齿条（见 1.1 节）的法截面上。

优先采用表 12-1-5 中给出的第Ⅰ系列法向模数，应避免采用第Ⅱ系列中的法向模数 6.5。

表 12-1-5　　**渐开线圆柱齿轮模数**

系列		系列		系列	
Ⅰ	Ⅱ	Ⅰ	Ⅱ	Ⅰ	Ⅱ
1 1.25 1.5 2 2.5 3 4	1.125 1.375 1.75 2.25 2.75 3.5	5 6 8 10 12	4.5 5.5 (6.5) 7 9 11	16 20 25 32 40 50	14 18 22 28 36 45

GB/T 1357—2008 与 GB/T 1357—1987 相比：

① 取消了 GB/T 1357—1987 中 1 以下的模数值，其中第Ⅰ系列有 0.1、0.12、0.15、0.2、0.25、0.3、0.4、0.5、0.6、0.8，第Ⅱ系列有 0.35、0.7 和 0.9；

② 第Ⅱ系列中，增加了 1.125 和 1.375；

③ 第Ⅱ系列中，取消了 3.25 和 3.75。

1.2.2 径节

以径节 P 为齿轮几何尺寸量度单位的齿轮称“径节制齿轮”。径节制齿轮多用于采用英制单位的国家中。这些国家把径节定义为：齿轮齿数除以分度圆直径（in❶）所得的商。这时模数和径节的关系为 $P=25.4/m$。

1.2.3 双模数制齿轮与双径节齿轮

用两种模数作为齿轮几何尺寸的计算单位，这种齿轮称双模数制齿轮。

在某种场合下，为了获得较短的轮齿，又不使中心距过小，在采用短齿时不能满足要求的条件下，需要采用双模数制齿轮。亦即采用差值不大的两种模数计算齿轮几何尺寸，一般情况下，用小模数计算齿高，用大模数计算分度圆直径与齿厚等，其他尺寸可相应求得，双模数和双径节齿轮一般用于花键连接。

双径节齿轮，其概念与齿轮几何尺寸的计算方法与双模数制齿轮相同。

2 渐开线圆柱齿轮传动的参数选择

通过合理的齿轮参数设计，可以降低齿轮噪声，提高齿轮的强度和寿命，也可以减小齿轮箱的体积，从而达到理想的经济效益。合理的参数选择，还可以改善齿轮加工的可行性和经济性。因此，齿轮参数的选择对齿轮的生产与使用都显得尤为重要。需要设计的主要齿轮参数包括：中心距、齿数比、基本齿条齿廓（包括压力角）、模数、齿数、分度圆螺旋角、变位系数和齿宽等。除此以外，对齿轮性能有重要影响的因素还有：齿轮精度、齿轮材料、热处理和加工方法。设计时，也会根据期望的齿轮性能评价参数来设计齿轮参数，如：根据重合度设计齿顶高系数，根据滑动率来分配变位系数等。

为了满足结构和更经济的要求，设计时期望齿轮更小一点；为了安全性，又期望轮齿强度更高一些，尺寸也会更大一些。直齿轮便于制造，对于高速齿轮，噪声会大一些；斜齿轮在相同的情况下，噪声会比直齿轮更小，但制造相对直齿轮麻烦些，产生轴向力，也影响轴承使用工况和增加成本。

“当产生疑问时，压力角应取为20°。”这个公理，在齿轮制造者和使用者之间是熟知的。可是，对于特定的齿轮设计来说，它不是最佳的解，选择加大压力角或者减小压力角适合不同的应用。

由此可见，齿轮的各个参数是密切相关和相互制约的，很难说某一个参数取一个定值就是最佳值。通常选取参数时，都是在寻找一种经过平衡的、能够满足使用和经济性需求的齿轮参数的组合。渐开线圆柱齿轮传动的参数选择如表 12-1-6 所示。

表 12-1-6　　渐开线圆柱齿轮传动的参数选择

项目	代号	选择原则和数值
中心距	a	(1)较大的中心距,可以获得更大的模数、更多的齿数,齿轮啮合性能可以得到提升,但同时也增加了体积,提高了成本。因此,在设计中,在能满足使用要求的前提下,应尽可能取较小的中心距 (2)中心距的初选,可参照本章 8.3.1 齿面接触强度计算取值
齿数比与传动比	u	(1) $u=\frac{z_2}{z_1}=\frac{n_1}{n_2}$,按转速比的要求选取 (2)一般的齿数比范围是 外啮合:直齿轮 1~10,斜齿轮(或人字齿轮)1~15;硬齿面 1~6.3 内啮合:直齿轮 1.5~10,斜齿轮(或人字齿轮)2~15,常用 1.5~5;螺旋齿轮:1~10

❶ 1in=25.4mm。

续表

项目		代号	选择原则和数值
齿数比与传动比		u	（3）总传动比在传动装置各级的分配，在高速级（转矩较小）选择较大的传动比通常比较经济。对于常用的传动装置 单级：总传动比 i 至 6（有时至 8，极限达 18） 双级：总传动比 i 至 35（有时至 45，极限达 60） 三级：总传动比 i 至 150（有时至 200，极限达 300） （4）对于增速传动则大致为 i 的倒数值 （5）多级传动速比分配可参照本手册第 16 篇
基本齿条齿廓	压力角	α_P	（1）一般取标准值 $\alpha_P=20°$，当产生疑问时，压力角取为 20° （2）对于重载齿轮传动，有时优先采用 $\alpha_P=22.5°$ 或 25°，国外，也有采用 $\alpha_P=24°$；对于航空齿轮，可以取 $\alpha_P=25°$、28°或 30° （3）为获得较大的端面重合度，可取较小的压力角，14.5°或 15°，可以配合“高齿啮合”一同使用 （4）对于 $\alpha_P>20°$ 的齿轮特性： ①齿根厚度和渐开线部分的曲率半径较大，过渡曲线的长度、过渡曲线的曲率半径和齿顶圆的齿厚较小。而且应力集中系数较大，但其齿根强度大，齿面强度也增大 ②齿数越少则齿根强度越大 ③齿形曲线在节点处的综合曲率半径随齿数比的增大而显著地增大 ④增大齿数比，则啮合角就能增大，因此，可使齿面应力和齿根应力减小 ⑤法向压力角在 18°～24°之间，如果在此范围内取大的压力角，则端面重合度就急剧地减小 ⑥不根切的标准齿轮的最小齿数随压力角的增大而减少，$h_{FfP}=1$，当 α_P 从 14.5°变到 30°时，其最小不根切齿数从 32 变到 8，为原来的四分之一 ⑦齿轮装置的尺寸和传递的转矩相同时，加于轮齿上的径向载荷与轮齿上的法向载荷将增加 ⑧因为齿面的滑动速度减小，所以不易发生胶合 ⑨齿槽振摆相同时，由于齿的侧隙增大，所以在要求高精度转角的齿轮中，推荐采用 $\alpha_P<20°$（例如齿轮机床分度机构的齿轮） ⑩齿圈的刚度对承载能力的影响较大。压力角增大，则齿的刚度也增大，所以，有必要通过减小齿圈的刚度来补偿 ⑪在斜齿轮中，由于接触线总长度减小，所以为了不降低承载能力，不推荐采用 $\alpha_P>25°$ ⑫因为齿顶厚减小，故正变位的范围缩小了 ⑬啮合角相等时，大压力角的标准齿轮也比 $\alpha_P=20°$ 而啮合角相等的正变位齿轮的传动装置尺寸（中心距）要小 （5）对于 $\alpha_P<20°$ 的齿轮特性： ①如果减小压力角，则轮齿的刚度减小，啮合开始和终止时的动载荷亦减小，因此，一般认为如果减小压力角，则由误差引起的载荷变动就可能减小，可以达到减小噪声的效果 ②如果精度高，压力角小的齿轮，其齿根强度也未必小 （6）端面压力角和法向压力角换算关系为：$\tan\alpha_t=\dfrac{\tan\alpha_n}{\cos\beta}$
	齿顶高系数	h_{aP}^*	（1）一般取标准值 $h_{aP}^*=1$，可以根据渐开线圆柱齿轮的基本齿廓标准选取 （2）对于期望得到较大端面重合度的齿轮（高齿啮合），可取 1.2，甚至更高，需注意齿顶变尖与齿面滑动速度较高产生的胶合风险 （3）为避免齿顶干涉或其他原因，可以采用短齿高 0.8（或 0.9） （4）近年来，高齿啮合使用范围越来越广，短齿制使用较少 （5）端面齿顶高系数和法向齿顶高系数的换算关系为：$h_{at}^*=h_{an}^*\cos\beta$
	顶隙系数	c_P^*	（1）一般取标准值 $c_P^*=0.25$，可以根据渐开线圆柱齿轮的基本齿廓标准选取 （2）对渗碳淬火磨齿的齿轮取 0.4（$\alpha_P=20°$）、0.35（$\alpha_P=25°$） （3）端面顶隙系数和法向顶隙系数的换算关系为：$c_t^*=c_n^*\cos\beta$
	齿根圆角系数	ρ_{fP}^*	（1）一般取标准值 $\rho_{fP}^*=0.38$ 或 0.25 等值，可以根据渐开线圆柱齿轮的基本齿廓标准选取 （2）齿根圆角对应于刀具的齿顶圆角，刀具齿顶加工齿轮时将产生齿根过渡曲线，齿根过渡曲线对齿轮的弯曲强度有着重要的影响。在保证齿轮刀具使用寿命的前提下，为取得更好的弯曲强度，通常尽可能地取较大的齿根圆角系数，甚至是齿根为单圆弧 （3）过大的齿根圆角系数会导致有效的渐开线段减少，造成重合度降低，甚至是产生啮合干涉，此时应适当减小齿根圆角系数

续表

项目	代号	选择原则和数值
模数	m	(1)模数 m(或 m_n)由强度计算或结构设计确定,并应按表12-1-5选取标准值 (2)在强度和结构允许的条件下,一般应选取较小的模数,对于选用大模数设计,主要考虑较大的断齿风险 (3)对软齿面(HB≤350)外啮合的闭式传动,可按下式初选模数 m(或 m_n): $m=(0.007\sim0.02)a$ 当中心距较大、载荷平稳、转速较高时,可取小值;否则取大值 对硬齿面(HB>350)的外啮合闭式传动,可按下式初选模数 m(或 m_n): $m=(0.016\sim0.0315)a$ 高速、连续运转、过载较小时,取小值;中速、冲击载荷大、过载大、短时间歇运转时,取大值 (4)在一般动力传动中,模数 m(或 m_n)不应小于2mm (5)在分度圆直径相同的情况下,对于高精度齿轮,模数越大,噪声越小。但是,在低精度齿轮或载荷较大时,由于轮齿变形使有效误差增大,则得出相反的结果。这是因为模数大的齿轮,啮合开始时从动齿轮齿顶的尖角冲击主动齿轮齿根的速度大。但对于高速齿轮传动,一般选小模数多齿数设计,增大重合度 (6)当中心距和传动比给定后,模数和齿数成反比关系,具体影响可查看齿数第6条 (7)端面模数和法向模数的换算关系为:$m_t=\dfrac{m_n}{\cos\beta}$
齿数	z	(1)当中心距(或分度圆直径)一定时,应选用较多的齿数,可以提高重合度,使传动平稳,减小噪声;模数的减小,还可以减小齿轮重量和切削量,提高抗胶合性能 (2)选择齿数时,应保证齿数 z 大于发生根切的最少齿数 z_{min},对内啮合齿轮传动还要避免干涉(见表12-1-17) (3)当中心距 a(或分度圆直径 d_1)、模数 m_n、螺旋角 β 确定之后,可以按 $z_1=\dfrac{2a\cos\beta}{m_n(u\pm1)}$(外啮合用+,内啮合用-)计算齿数,若算得的值为小数,应予圆整,并按 $\cos\beta=\dfrac{z_1m_n(u\pm1)}{2a}$ 最终确定 β (4)在满足传动要求的前提下,应尽量使 z_1、z_2 互质,以便分散和消除齿轮制造误差对传动的影响 (5)当齿数 z_2>100时,为便于加工,应尽量使 z_2 不是质数 (6)当中心距和传动比给定后,传动装置的承载能力和工作特性将随齿数的增长做如下的变化: ①齿根承载能力下降(模数及齿厚变小) ②点蚀承载能力(赫兹压力)大致保持不变(啮合角变化很小) ③抗胶合承载能力增加(齿顶与齿根处的滑动速度变小) ④噪声与振动特性改善(从总体上看) (7)高速齿轮通常在满足齿根弯曲强度的条件下尽可能取较多的齿数、大重合度设计;对于低速重载齿轮传动一般优选大模数小齿数设计,以提高弯曲强度,减少断齿风险
分度圆螺旋角	β	(1)增大螺旋角 β,可以增大纵向重合度 ε_β,使传动平稳,但轴向力随之增大(指斜齿轮),一般斜齿轮:$\beta=8°\sim20°$;人字齿轮:$\beta=20°\sim40°$ 小功率、高速取小值;大功率、低速取大值;兼顾轴承寿命设计 (2)可适当选取 β,使中心距 a 具有圆整的数值 (3)外啮合:$\beta_1=\beta_2$,旋向相反 内啮合:$\beta_1=\beta_2$,旋向相同 (4)用插齿刀切制的斜齿轮应选用标准刀具的螺旋角 螺旋齿轮:可根据需要确定 β_1 和 β_2 (5)在多级工业用传动装置中经常如下选择 第一级(高速级):螺旋角 β 为10°~15°(高速级对噪声级有决定性的影响,但圆周力小,因此轴承的轴向力也小) 第二级:螺旋角 β 为9°~12° 第三级(低速级):螺旋角 β 为8°~10°或采用直齿(噪声成分减小,轮齿啮合频率低,但圆周力变大,若用斜齿将产生较大的轴向力) 螺旋角大小选择要综合考虑齿轮啮合总重合度和轴向力对轴承寿命的影响 (6)在轿车齿轮中,经常取螺旋角 β 为30°左右 (7)界限:$v\approx20$m/s以下时,纵向重合度 $\varepsilon_\beta>1.0(0.9)$,总重合度 $\varepsilon_\gamma=\varepsilon_\alpha+\varepsilon_\beta\geqslant2.2$,这里要注意齿顶倒棱对 ε_α 的影响;当 $v\approx40$m/s以上时,重合系数 $\varepsilon_\beta>1.2$,$\varepsilon_\gamma>2.6$;当圆周速度较高时,较小的螺旋角将导致润滑油从齿间的挤出速度加剧(这意味着发热加剧) (8)螺旋方向应选择受径向力较小的轴承来承受轴向力。当一根轴上有2个齿轮时,尽可能使轴向力平衡

续表

项目	代号	选择原则和数值
变位系数	x	可参照变位齿轮传动和变位系数的选择
齿宽	b	(1)为取得比较合理的经济性,总是尽量采用较大的 b/d_1 值(d_1 为小齿轮的分度圆直径)。但是和窄齿轮相比,齿轮(小齿轮)越宽,b/d_1 越大,沿齿宽方向的载荷分布受啮合误差和变形的影响就越大 (2)在功率传动装置中应给定一最小齿宽,以保证齿轮在轴向具有足够的刚度,斜齿啮合时要考虑具有所需要的纵向重合度 (3)b/d_1 概略值参见表 12-1-7 (4)参数 b/a 用于具有给定中心距的标准组合传动装置。表 12-1-8 列出了有关的概略值,并给出了与 b/d_1 的关系。如果规定不得超过表 12-1-7 中列出的 b/d_1 值,则将某一传动级里的传动比压缩得愈小,该级的 b/a 值也就可能愈大。因此在一定的情况下,可以在具有较小分传动比的第二级中选用比第一级大的 b/a 值 (5)综合参考本表、表 12-1-7、表 12-1-8、表 12-1-9 内容要求,选取推荐的齿宽系数 ψ_b

表 12-1-6 提供的推荐意见很多是通过实验获得的,在某一个实验条件改变的情况下,往往会得到截然相反的结论,故上述推荐经验需结合具体的齿轮设计因素,进行综合权衡使用。

表 12-1-7　固定于刚性基础的圆柱齿轮传动 b/d_1 的最大值

支承	条件	b/d_1
两侧对称支承	正火(HB≤180)	$b/d_1 \leq 1.6$
	调质(HB≥200)	$b/d_1 \leq 1.4$
	渗碳或表面淬火	$b/d_1 \leq 1.2$
	氮化	$b/d_1 \leq 0.8$
	双斜齿啮合(人字齿)	$b/d_1 \leq$ 上述 b/d_1 值的 1.8 倍
两侧非对称支承	齿轮(小齿轮或齿轮轴)与大齿轮尺寸相差较大	对称支承的 80%
	齿轮(小齿轮或齿轮轴)与大齿轮尺寸相同	对称支承的 120%
自由支承,悬臂支承		对称支承的 50%

注:钢制轻型结构约取上述值的 60%,采用齿向修形齿轮时齿宽可取较大值。

表 12-1-8　标准组合传动装置的 b/a 的最大值及其相应的 b/d_1

固定的传动装置在刚性地基上

调质:$b/a=0.5$(极限 0.7)

渗碳或表面淬火:$b/a=0.4$(极限 0.5)

氮化:$b/a=0.3$(极限 0.45)

在钢架基础上的轻型结构

约该 b/a 值的 60%

b/a 及齿数比[①] u 对 b/d_1 的影响

$b/d_1=(b/a)(u+1)/2$

b/d_1

u	b/a				
	0.3	0.4	0.5	0.6	0.7
1	0.3	0.4	0.5	0.6	0.7
2				0.9	1.05
2.5					1.22 例:最大 $b/d_1 \approx 1.2$
3	0.6	0.8	1.0	1.2	1.4
4			1.25	1.5	
5	0.9	1.2	1.5		
6	1.05	1.4			
7	1.2	1.6			

每一级可能接受的最大传动比

① 在减速传动中:齿数比 u=传动比 i。

表 12-1-9　　保证轴向刚度的最小齿轮宽度 b

啮合方式	直齿啮合	斜齿啮合
轮齿的轴向刚度	$b>6m$	$b>6m_n$
齿轮的轴向刚度	$b>d_{a2}/12$	$b>d_{a2}(1+\tan\beta)/12$

3　变位齿轮传动和变位系数的选择

3.1　齿轮变位的定义

（1）我国现行标准

我国于 2010 年颁布 GB/T 3374.1—2010《齿轮　术语和定义　第 1 部分：几何学定义》，等同采用 ISO 1122-1：1998，部分替代 GB/T 3374—1992。

以下两条定义摘自 GB/T 3374.1—2010：

① 3.1.8.6　齿廓变位量（profile shift）：

当齿轮与齿条紧密贴合，即齿轮的一个轮齿的两侧齿面与基本齿条齿槽的两侧齿面相切时，齿轮的分度圆柱面与基本齿条的基准平面之间沿公垂线度量的距离（图 12-1-8）。

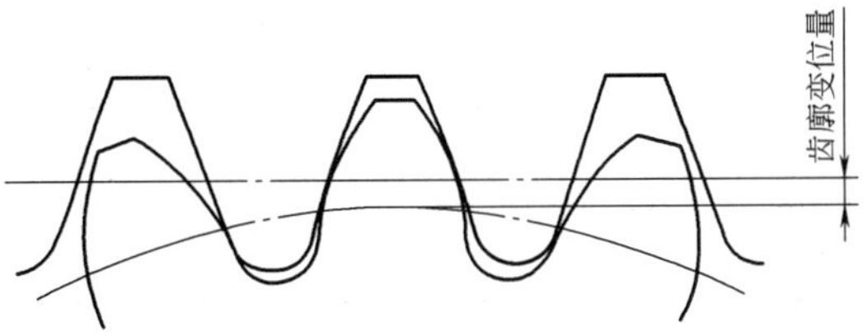

图 12-1-8　齿廓变位量

通常，当基准平面与分度圆柱面分离时，变位量取正值；基准平面与分度圆柱面相割时，变位量取负值。这个定义对内、外齿轮均适用，对于内齿轮齿廓是指齿槽的两侧齿廓。

② 3.1.8.8　齿廓变位系数（profile shift coefficient）：

齿廓变位量（mm）除以法向模数所得到的商为齿廓变位系数。

GB/T 3374.1—2010 对比 GB/T 3374—1992 有以下变化：

a. 变位系数（modification coefficients）改为齿廓变位系数（profile shift coefficient）；

b. 变位量（径向变位量）[addendum modification（for external gears），dedendum modification（for internal gears）] 统一改为齿廓变位量（profile shift）。

（2）各标准齿廓变位系数的符号规定

在此处，以我国现行标准为基准，说明各标准在齿廓变位系数符号定义的不同，详见表 12-1-10。

表 12-1-10　　各标准对齿廓变位系数符号的规定

标准代号	外齿	内齿	齿廓变位系数符号规定摘录
ISO 1122-1:1998	相同	相同	2.1.8.6　Profile shift distance measured along a common normal between the reference cylinder of the gear and the datum plane of the basic rack, when the rack and the gear are superposed so that the flanks of a tooth of one are tangent to those of the other NOTES 1　By convention, the profile shift is positive when the datum plane is external to the cylinder and negative when it cuts it 2　This definition is valid for both external and internal gears. For internal gears, tooth profiles are considered to be those of the tooth spaces 齿廓变位量是沿着齿轮的参考圆柱体和基本齿条的基准面之间一个法线测量距离。当齿条和齿轮重叠在一起，齿轮的一个齿的侧面与齿条的一个齿的侧面相切时进行测量 注：1. 按照惯例，当基准面位于圆柱体轮廓外时变位量为正，而当基准面与圆柱体轮廓相交时变位量为负 2. 这个定义对外齿轮和内齿轮都有效。对于内齿轮，齿形被视为轮齿槽的形状

续表

标准代号	外齿	内齿	齿廓变位系数符号规定摘录
ISO 1122-1:1998 /Cor. 1:1999 技术勘误 1	相同	相反	Replace notes 1 and 2 with the following NOTES 1 For external gears, the profile shift is positive if the datum line of the basic rack is shifted away from the axis of the gear For internal gears, the profile shift is positive if the datum line of the basic rack is shifted towards the axis of the gear Consequently, the nominal tooth, thickness increases in both cases 2 for internal gears, tooth profiles are considered as being those of the tooth spaces 用以下内容代替上述注 1 和注 2 注:1. 对于外齿轮,如果基本齿条的基准线偏离齿轮轴线,则变位量为正 对于内齿轮,如果基本齿条的基准线移向齿轮的轴线,则变位量为正 因此,在这两种情况下,名义齿厚增加 2. 对于内齿轮,齿廓被认为是齿槽侧面
DIN 3960-1987	相同	相反	3.5.4 An addendum modification is positive: if the datum line is displaced from the reference circle towards the tip circle; as a result, the tooth thickness in the reference circle is greater than for zero addendum modification negative: if the datum line is displaced from the reference circle towards the root circle; as a result, the tooth thickness in the reference circle is smaller than with zero addendum modification 一项补充修改是 正:如果基准线从参考圆移到齿顶圆,则参考圆中的齿厚变大,变位系数为正 负:如果基准线从参考圆向齿根圆偏移,则参考圆中的齿厚变小,变位系数为负
AGMA 913-A98	相同	相同	3.6 Profile shift Profile shift, y, can be either plus or minus depending on whether the profile shift is to the outside or to the inside of the reference diameter 齿廓变位量 y,可以是正的或负的,取决于参考圆与剖面移动是向外还是向内

通过表 12-1-10 可以清楚地了解世界主要标准对于变位系数符号的规定，值得注意的是 ISO 1122-1：1998/Cor. 1：1999 技术勘误 1 修改了 ISO 1122-1：1998 规定的变位系数的符号。用户在采用不同的标准进行计算时，需注意变位系数符号规定的不同。

ISO 21771：2007 及 DIN 3960—1987 外齿轮和内齿轮变位系数如图 12-1-9 和图 12-1-10 所示。

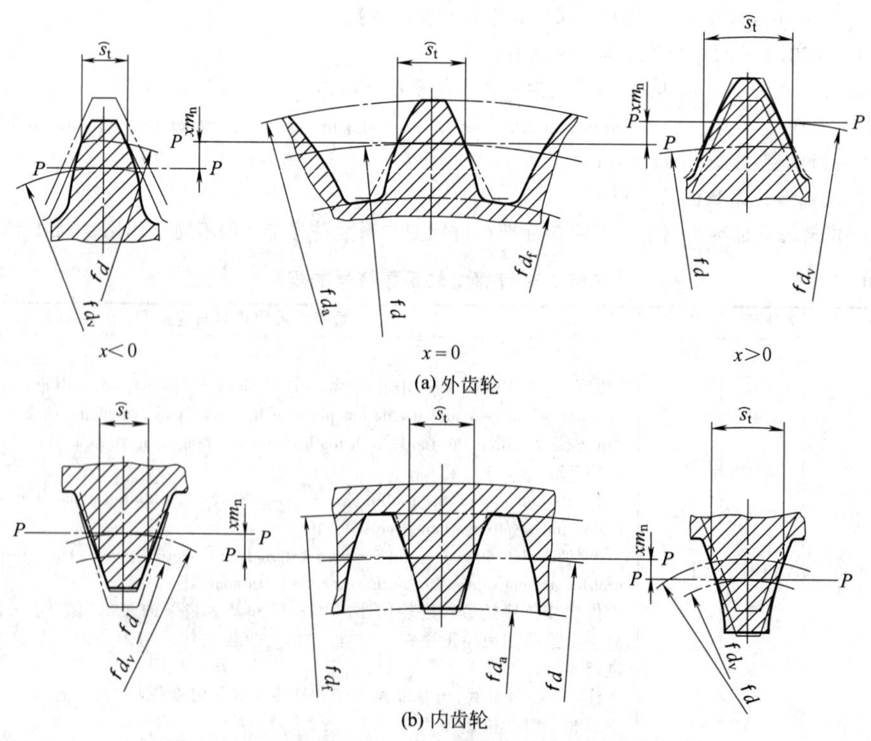

图 12-1-9　ISO 21771：2007 外齿轮和内齿轮变位系数

（⌒代表弧长，P-P 为基本齿条基准线）

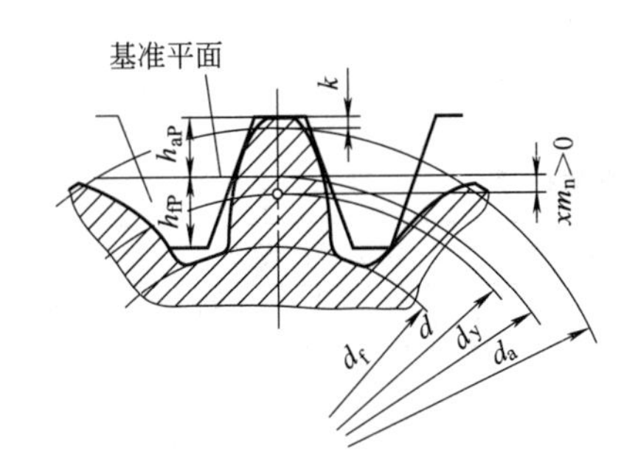

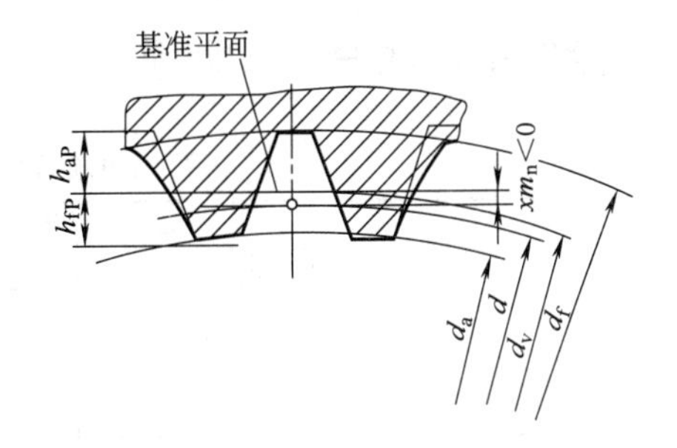

图 12-1-10　DIN 3960—1987 外齿轮和内齿轮变位系数

3.2　变位齿轮原理

用展成法加工渐开线齿轮时，当齿条刀的基准线与齿轮坯的分度圆相切时，则加工出来的齿轮为标准齿轮；当齿条刀的基准线与轮坯的分度圆不相切时，则加工出来的齿轮为变位齿轮，如图 12-1-11 和图 12-1-12 所示。刀具的基准线和轮坯的分度圆之间的距离称为变位量，用 xm 表示，x 称为变位系数。当刀具离开轮坯中心时（如图 12-1-11），x 取正值（称为正变位）；反之（如图 12-1-12）x 取负值（称为负变位）。

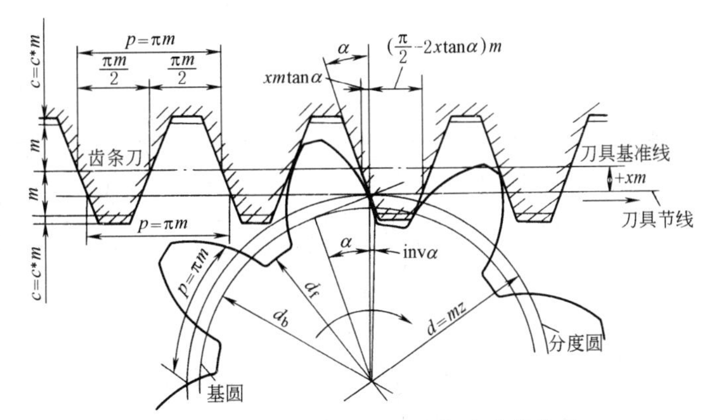

图 12-1-11　用齿条型刀具滚切变位外齿轮

对斜齿轮，端面变位系数和法向变位系数之间的关系为：$x_t = x_n \cos\beta$。

齿轮经变位后，其齿形与标准齿轮同属一条渐开线，但其应用的区段却不相同（见图 12-1-13）。利用这一特点，通过选择变位系数 x，可以得到有利的渐开线区段，使齿轮传动性能得到改善。应用变位齿轮可以避免根切，提高齿面接触强度和齿根弯曲强度，提高齿面的抗胶合能力和耐磨损性能，此外变位齿轮还可用于配凑中心距和修复被磨损的旧齿轮。

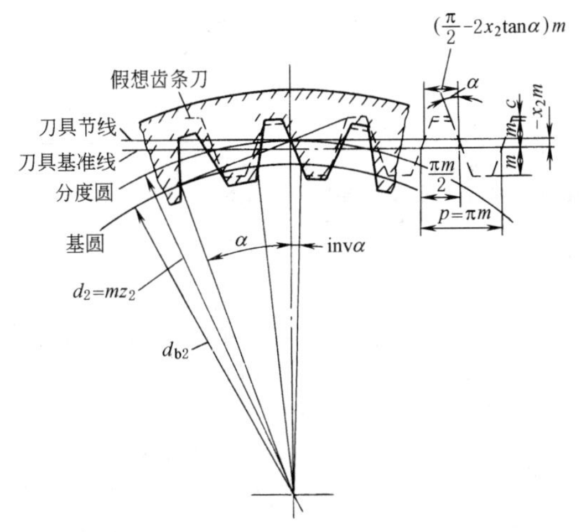

图 12-1-12　用假想齿条型刀具滚切变位内齿轮

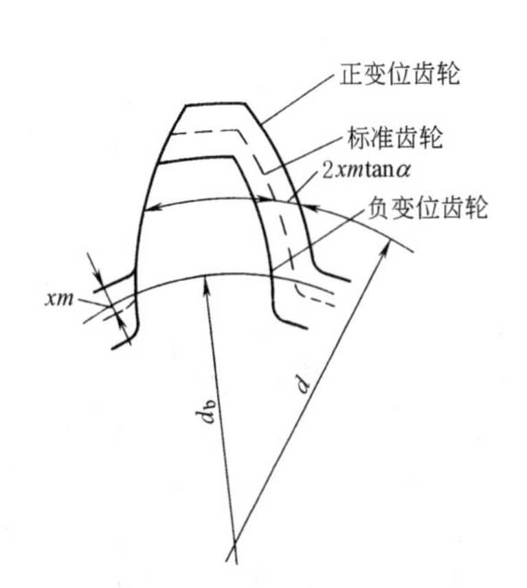

图 12-1-13　变位齿轮的齿廓

3.3 变位齿轮传动的分类和性质

表 12-1-11　变位齿轮传动的分类和性质

		标准齿轮传动 $x_{n1}=x_{n2}=0$	变位齿轮传动 高变位 $x_{n2}\pm x_{n1}=0$ $(x_{n1}\neq 0)$	变位齿轮传动 角变位 $x_{n2}\pm x_{n1}\neq 0$ 正传动 $x_{n2}\pm x_{n1}>0$	变位齿轮传动 角变位 $x_{n2}\pm x_{n1}\neq 0$ 负传动 $x_{n2}\pm x_{n1}<0$
类别		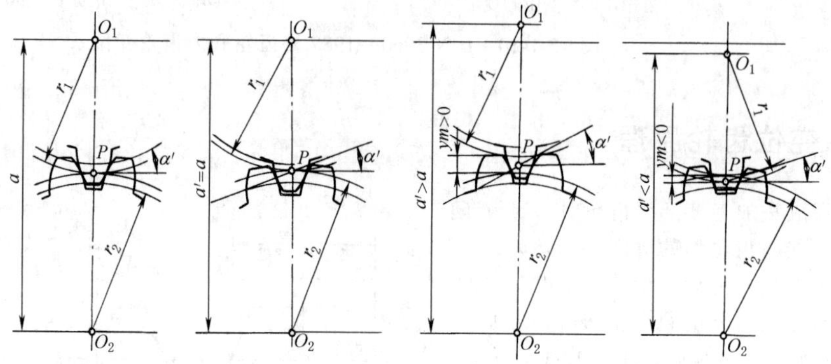 (a) $x_{n1}=x_{n2}=0$	(b) $x_{n1}\pm x_{n2}=0$	(c) $x_{n2}\pm x_{n1}>0$	(d) $x_{n2}\pm x_{n1}<0$
主要几何尺寸	分度圆直径	$d=m_t z$	不变		
	基圆直径	$d_b=d\cos\alpha_t$	不变		
	齿距	$p_t=\pi m_t$	不变		
	啮合角	$\alpha_t'=\alpha_t$	不变	增大	减小
	节圆直径	$d'=d$	不变	增大	减小
	中心距	$a=\frac{1}{2}m_t(z_2\pm z_1)$	不变	增大	减小
	分度圆齿厚	$s_t=\frac{1}{2}\pi m_t$	外齿轮：正变位，增大；负变位，减小 内齿轮：正变位，减小；负变位，增大		
	齿顶圆齿厚	$s_{at}=d_a\left(\frac{\pi}{2z}\pm\mathrm{inv}\alpha_t\mp\mathrm{inv}\alpha_{at}\right)$	正变位，减小；负变位，增大		
	齿根圆齿厚	$s_{ft}=d_f\left(\frac{\pi}{2z}\pm\mathrm{inv}\alpha_t\mp\mathrm{inv}\alpha_{ft}\right)$	正变位，增大；负变位，减小		
	齿顶高	$h_a=h_{an}^*m_n$ （内齿轮应减去 $\Delta h_{an}^*m_n$）	外齿轮：正变位，增大（一般情况）；负变位，减小 内齿轮：正变位，减小（一般情况）；负变位，增大		
	齿根高	$h_f=(h_{an}^*+c_n^*)m_n$	外齿轮：正变位，减小；负变位，增大 内齿轮：正变位，增大；负变位，减小		
	齿高	$h=h_a+h_f$	不变(不计入内齿轮,为避免过渡曲线干涉而将齿顶高减小的部分变化)	外啮合:略减 内啮合:略增	
传动质量指标	端面重合度 ε_α	对 $\alpha=20°$, $h_a^*=1$ 的直齿轮： 外啮合：$1.4<\varepsilon_\alpha<2$ 内啮合：$1.7<\varepsilon_\alpha<2.2$ 对斜齿轮 ε_α 低于上述值	略减	减少	增加
	滑动率 η	小齿轮齿根有较大的 η_{1max}	η_{1max} 减小,且可使 $\eta_{1max}=\eta_{2max}$		η_{1max} 和 η_{2max} 都增大
	几何压力系数,齿厚半角 ψ	小齿轮齿根有较大的 ψ_{1max}	ψ_{1max} 减小,且可使 $\psi_{1max}=\psi_{2max}$		ψ_{1max} 和 ψ_{2max} 都增大

续表

类别		标准齿轮传动 $x_{n1}=x_{n2}=0$	变位齿轮传动		
			高变位 $x_{n2}\pm x_{n1}=0$ ($x_{n1}\neq 0$)	角变位 $x_{n2}\pm x_{n1}\neq 0$	
				正传动 $x_{n2}\pm x_{n1}>0$	负传动 $x_{n2}\pm x_{n1}<0$
		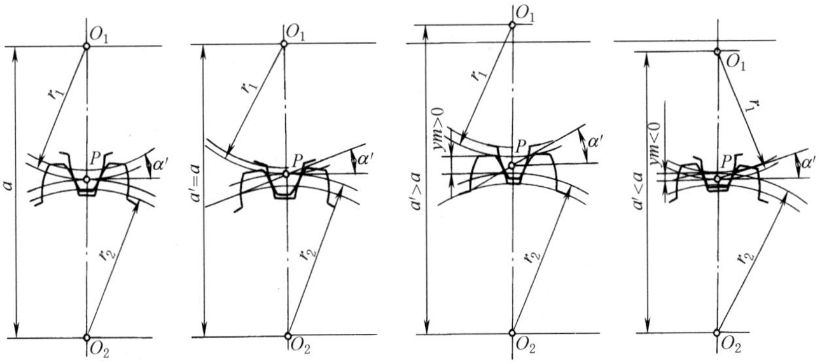 (a) $x_{n1}=x_{n2}=0$	(b) $x_{n1}\pm x_{n2}=0$	(c) $x_{n2}\pm x_{n1}>0$	(d) $x_{n2}\pm x_{n1}<0$
对强度的影响	接触强度		只有当节点处于双齿对啮合区时，才能提高接触强度	对直齿轮，承载能力近似与 $\sin(2\alpha')/\sin(2\alpha)$ 成正比，因此接触强度随着 x_Σ 的增加而提高；当节点位于双齿对啮合区时，对接触强度更为有利。但是增加 x_Σ 对接触强度的有益影响将因 ε_α 的降低而有所抵消，这对斜齿轮更为显著	
	弯曲强度		对外齿轮，当齿数少时，弯曲强度随变位系数的增加而提高；当齿数多时，变位对强度的影响不显著；对高精度齿轮，当增大变位系数时，由于重合度的降低，削弱了变位对提高强度的作用		
齿数限制		$z_1>z_{min}, z_2>z_{min}$	$z_1+z_2\geqslant 2z_{min}$	z_1+z_2 可以 $<2z_{min}$	$z_1+z_2>2z_{min}$
效率			提　　高		降　　低
互换性		较　　大	较　　小		
应用		广泛用于各种传动中	1. 用于结构紧凑，要求与标准齿轮的中心距相同的传动中 2. 为不过多地降低大齿轮（负变位）的强度和避免根切，多用于 $z_2\pm z_1$ 较大的场合 3. 用于希望提高齿轮强度，均衡大小齿轮的弯曲强度和滑动率，而又不希望 ε_α 下降很多的场合	1. 多用于结构紧凑，$z_2\pm z_1$ 比较小的场合 2. 用于希望提高并均衡大小齿轮的强度和滑动率，而又允许 ε_α 降低的传动 3. 用于配凑中心距 4. 对斜齿轮一般用于配凑中心距和优化传动质量	应用较少，一般仅用于配凑中心距或要求具有较大的 ε_α 的场合

注：1. 有“±”或“∓”号处，上面的符号用于外啮合，下面的符号用于内啮合。

2. 对直齿轮，应将表中的代号去掉下角 t 或 n。

3.4 选择外啮合齿轮变位系数的限制条件

表 12-1-12 限制条件及校验公式

限制条件	校验公式	说明
加工时不根切	1. 用齿条型刀具加工时 $z_{min}=2h_a^*/\sin^2\alpha$ （见表 12-1-13） $x_{min}=h_a^*\dfrac{z_{min}-z}{z_{min}}=h_a^*-\dfrac{z\sin^2\alpha}{2}$ （见表 12-1-13） 2. 用插齿刀加工时 $z'_{min}=\sqrt{z_0^2+\dfrac{4h_{a0}^*}{\sin^2\alpha}(z_0+h_{a0}^*)}-z_0$ （见表 12-1-14） $x_{min}=\dfrac{1}{2}\left[\sqrt{(z_0+2h_{a0}^*)^2+(z^2+2zz_0)\cos^2\alpha}-(z_0+z)\right]$ （见表 12-1-13）	齿数太少（$z<z_{min}$）或变位系数太小（$x<x_{min}$）或负变位系数过大时，都会产生根切 h_a^*——齿轮的齿顶高系数 z——被加工齿轮的齿数 α——插齿刀或齿轮的分度圆压力角 z_0——插齿刀齿数 h_{a0}^*——插齿刀的齿顶高系数
加工时不顶切	用插齿刀加工标准齿轮时 $z_{max}=\dfrac{z_0^2\sin^2\alpha-4h_a^{*2}}{4h_a^*-2z_0\sin^2\alpha}$ （见表 12-1-15）	当被加工齿轮的齿顶圆超过刀具的极限啮合点时，将产生“顶切”
齿顶不过薄	$s_a=d_a\left(\dfrac{\pi}{2z}+\dfrac{2x\tan\alpha}{z}+\mathrm{inv}\alpha-\mathrm{inv}\alpha_a\right)\geqslant(0.25\sim0.4)m$ 一般要求齿顶厚 $s_a\geqslant0.25m$ 对于表面淬火的齿轮，要求 $s_a>0.4m$	正变位的变位系数过大（特别是齿数较少）时，就可能发生齿顶过薄 d_a——齿轮的齿顶圆直径 α——齿轮的分度圆压力角 α_a——齿轮的齿顶压力角 $\alpha_a=\arccos(d_b/d_a)$
保证一定的重合度	$\varepsilon_\alpha=\dfrac{1}{2\pi}[z_1(\tan\alpha_{a1}-\tan\alpha')+z_2(\tan\alpha_{a2}-\tan\alpha')]\geqslant1.2$ （$\alpha=20°$时，可用图 12-1-14 校验）	变位齿轮传动的重合度 ε，却随着啮合角 α' 的增大而减小 α'——齿轮传动的啮合角 α_{a1},α_{a2}——齿轮 z_1 和齿轮 z_2 的齿顶压力角
不产生过渡曲线干涉	1. 用齿条型刀具加工的齿轮啮合时 （1）小齿轮齿根与大齿轮齿顶不产生干涉的条件 $\tan\alpha'-\dfrac{z_2}{z_1}(\tan\alpha_{a2}-\tan\alpha')\geqslant\tan\alpha-\dfrac{4(h_a^*-x_1)}{z_1\sin2\alpha}$ （2）大齿轮齿根与小齿轮齿顶不产生干涉的条件 $\tan\alpha'-\dfrac{z_1}{z_2}(\tan\alpha_{a1}-\tan\alpha')\geqslant\tan\alpha-\dfrac{4(h_a^*-x_2)}{z_2\sin2\alpha}$ 2. 用插齿刀加工的齿轮啮合时 （1）小齿轮齿根与大齿轮齿顶不产生干涉的条件 $\tan\alpha'-\dfrac{z_2}{z_1}(\tan\alpha_{a2}-\tan\alpha')\geqslant\tan\alpha'_{01}-\dfrac{z_0}{z_1}(\tan\alpha_{a0}-\tan\alpha'_{01})$ （2）大齿轮齿根与小齿轮齿顶不产生干涉的条件 $\tan\alpha'-\dfrac{z_1}{z_2}(\tan\alpha_{a1}-\tan\alpha')\geqslant\tan\alpha'_{02}-\dfrac{z_0}{z_2}(\tan\alpha_{a0}-\tan\alpha'_{02})$	当一齿轮的齿顶与另一齿轮根部的过渡曲线接触时，不能保证其传动比为常数，此种情况称为过渡曲线干涉 当所选的变位系数的绝对值过大时，就可能发生这种干涉 用插齿刀加工的齿轮比用齿条型刀具加工的齿轮容易产生这种干涉 α——齿轮 z_1、z_2 的分度圆压力角 α'——该对齿轮的啮合角 α_{a1},α_{a2}——齿轮 z_1、z_2 的齿顶压力角 x_1,x_2——齿轮 z_1、z_2 的变位系数

注：本表给出的是直齿轮的公式，对斜齿轮，可用其端面参数按本表计算。

表 12-1-13 最小齿数 z_{min} 及最小变位系数 x_{min}

α	20°	20°	14.5°	15°	25°
h_a^*	1	0.8	1	1	1
z_{min}	17	14	32	30	12
x_{min}	$\dfrac{17-z}{17}$	$\dfrac{14-z}{17.5}$	$\dfrac{32-z}{32}$	$\dfrac{30-z}{30}$	$\dfrac{12-z}{12}$

表 12-1-14　　加工标准外齿直齿轮不根切的最小齿数

z_0	12～16	17～22	24～30	31～38	40～60	68～100
h_{a0}^*	1.3	1.3	1.3	1.25	1.25	1.25
z'_{min}	16	17	18	18	19	20

注：本表中数值是按 $\alpha=20°$，刀具变位系数 $x_0=0$ 时算出的，若 $x_0>0$，z'_{min} 将略小于表中数值，若 $x_0<0$，z'_{min} 将略大于表中值。

表 12-1-15　　不产生顶切的最大齿数

z_0	10	11	12	13	14	15	16	17
z_{max}	5	7	11	16	26	45	101	∞

3.5　外啮合齿轮变位系数的选择

3.5.1　变位系数的选择方法

表 12-1-16　　变位系数的选择方法

齿轮种类	变位的目的	应用条件	选择变位系数的原则	选择变位系数的方法
直齿轮	避免根切	用于齿数少的齿轮	对不允许削弱齿根强度的齿轮，不能产生根切；对允许削弱齿根强度的齿轮，可以产生少量根切	按表 12-1-12 中选择外啮合齿轮变位系数的限制条件和公式或表 12-1-13 和表 12-1-14 进行校验 对可以产生少量根切的齿轮，用下式校验 $x_{min}=\dfrac{14-z}{17}$
	提高接触强度	多用于软齿面（≤350HB）的齿轮	应适当选择较大的总变位系数 x_Σ，以增大啮合角，加大齿面当量曲率半径，减小齿面接触应力 还可以通过变位，使节点位于双齿对啮合区，以降低节点处的单齿载荷。这种方法对精度为 7 级以上的重载齿轮尤为适宜	可以根据使用条件按图 12-1-14 选择变位系数
	提高弯曲强度	多用于硬齿面（>350HB）齿轮	应尽量减小齿形系数和齿根应力集中，并尽量使两齿轮的弯曲强度趋于均衡	可以根据使用条件按图 12-1-14 选择变位系数
	提高抗胶合能力	多用于高速、重载齿轮	应选择较大的总变位系数 x_Σ，以减小齿面接触应力，并应使两齿根的最大滑动率相等	可以根据使用条件按图 12-1-14 选择变位系数
	提高耐磨损性能	多用于低速、重载、软齿面齿轮或开式齿轮		
	配凑中心距	中心距给定时	按给定中心距计算总变位系数 x_Σ，然后进行分配	一般情况可按图 12-1-14 分配总变位系数 x_Σ
斜齿轮	斜齿轮的变位系数基本上可以参照直齿轮的选择原则和方法选择，但使用图表时要用当量齿数 $z_v=z/\cos^3\beta$ 代替 z，所求出的是法向变位系数 x_n。对角变位的斜齿轮传动，当总变位系数增加时，虽然可以增加齿面的当量曲率半径和齿根圆齿厚，但其接触线长度将缩短，故对承载能力的提高没有显著的效果，应选择合适的变位系数，以改善传动质量			

3.5.2　选择变位系数的线图

图 12-1-14 是由哈尔滨工业大学提出的变位系数选择线图，本线图用于小齿轮齿数 $z_1\geqslant12$。其右侧部分线图的横坐标表示一对啮合齿轮的齿数和 z_Σ，纵坐标表示总变位系数 x_Σ，图中阴影线以内为许用区，许用区内各射

线为同一啮合角（如19°，20°，…，24°，25°，等）时总变位系数 x_Σ 与齿数和 z_Σ 的函数关系。应用时，可根据所设计的一对齿轮的齿数和 z_Σ 的大小及其他具体要求，在该线图的许用区内选择总变位系数 x_Σ。对于同一 z_Σ，当所选的 x_Σ 越大（即啮合角 α'越大）时，其传动的重合度 ε 就越小（即越接近于 $\varepsilon=1.2$）。

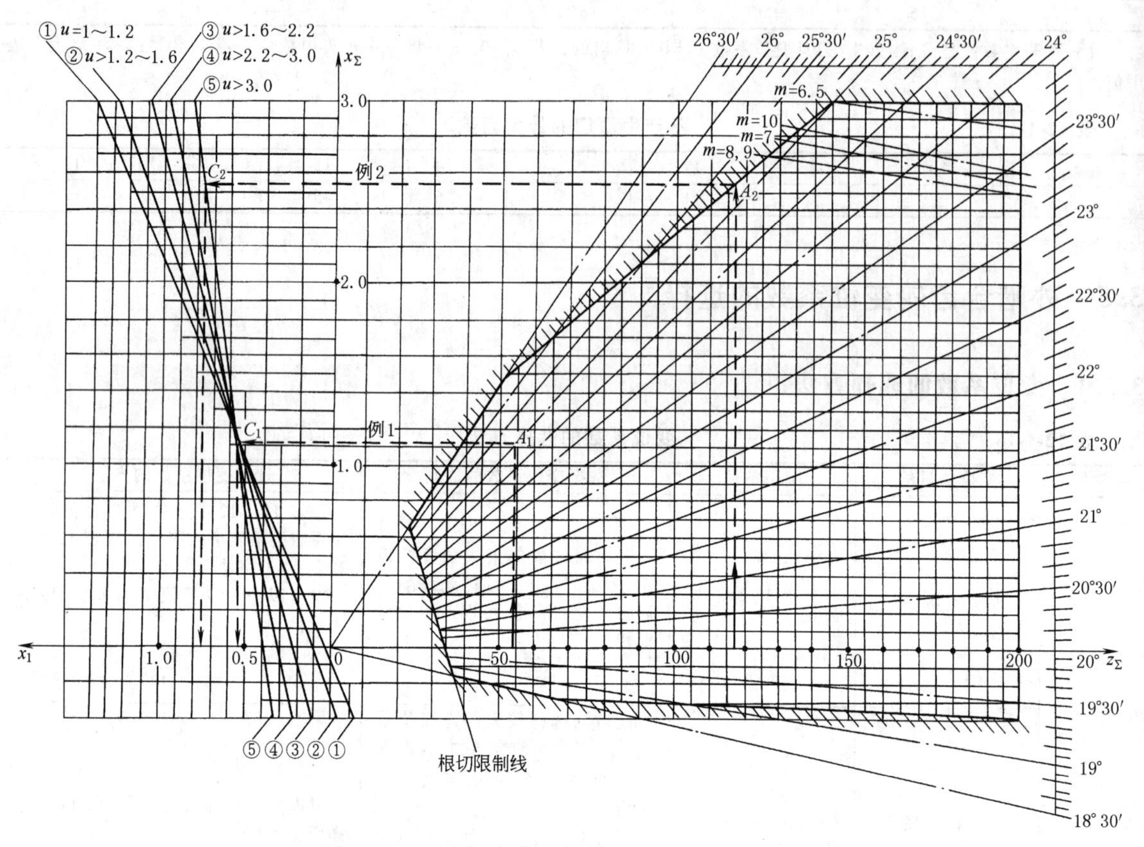

图 12-1-14 选择变位系数线图（$h_a^*=1$，$\alpha=20°$）

在确定总变位系数 x_Σ 之后，再按照该线图左侧的五条斜线分配变位系数 x_1 和 x_2。该部分线图的纵坐标仍表示总变位系数 x_Σ，而其横坐标则表示小齿轮 z_1 的变位系数 x_1（从坐标原点0向左 x_1 为正值，反之 x_1 为负值）。根据 x_Σ 及齿数比 $u=z_2/z_1$，即可确定 x_1，从而得 $x_2=x_\Sigma-x_1$。

按此线图选取并分配变位系数，可以保证：

① 齿轮加工时不根切（在根切限制线上选取 x_Σ，也能保证齿廓工作段不根切）；

② 齿顶厚 $s_a>0.4m$（个别情况下 $s_a<0.4m$ 但大于 $0.25m$）；

③ 重合度 $\varepsilon\geqslant1.2$（在线图上方边界线上选取 x_Σ，也只有少数情况 $\varepsilon=1.1\sim1.2$）；

④ 齿轮啮合不干涉；

⑤ 两齿轮最大滑动率接近或相等（$\eta_1\approx\eta_2$）；

⑥ 在模数限制线（图中 $m=6.5$，$m=7$，…，$m=10$ 等线）下方选取变位系数时，用标准滚刀加工该模数的齿轮不会产生不完全切削现象。该模数限制线是按齿轮刀具“机标（草案）”规定的滚刀长度计算的，若使用旧厂标的滚刀时，可按下式核算滚刀螺纹部分长度 l 是否够用。

$$l\geqslant d_a\sin(\alpha_a-\alpha)+\frac{1}{2}\pi m$$

式中 d_a——被加工齿轮的齿顶圆直径；

α_a——被加工齿轮的齿顶压力角；

α——被加工齿轮的分度圆压力角。

例1 已知某机床变速箱中的一对齿轮，$z_1=21$，$z_2=33$，$m=2.5\text{mm}$，$\alpha=20°$，$h_a^*=1$，中心距 $a'=70\text{mm}$，试确定变位

系数。

解 ① 根据给定的中心距 a' 求啮合角 α'：

$$\cos\alpha'=\frac{m}{2a'}(z_1+z_2)\cos\alpha=\frac{2.5}{2\times70}(21+33)\times0.93969=0.90613$$

故 $\alpha'=25°1'25''$。

② 在图 12-1-14 中，由 0 点按 $\alpha'=25°1'25''$ 作射线，与 $z_\Sigma=z_1+z_2=21+33=54$ 处向上引的垂线相交于 A_1 点，A_1 点的纵坐标值即为所求的总变位系数 x_Σ（见图中例 1，$x_\Sigma=1.125$），A_1 点在线图的许用区内，故可用。

③ 根据齿数比 $u=\frac{z_2}{z_1}=\frac{33}{21}=1.57$，故应按线图左侧的斜线②分配变位系数 x_1。自 A_1 点作水平线与斜线②交于 C_1 点，C_1 点的横坐标 x_1 即为所求的 x_1 值，图中的 $x_1=0.55$。故 $x_2=x_\Sigma-x_1=1.125-0.55=0.575$。

例 2 一对齿轮的齿数 $z_1=17$，$z_2=100$，$\alpha=20°$，$h_a^*=1$，要求尽可能地提高接触强度，试选择变位系数。

解 为提高接触强度，应按最大啮合角选取总变位系数 x_Σ。在图 12-1-14 中，自 $z_\Sigma=z_1+z_2=17+100=117$ 处向上引垂线，与线图的上边界交于 A_2 点，A_2 点处的啮合角值，即为 $z_\Sigma=117$ 时的最大许用啮合角。

A_2 点的纵坐标值即为所求的总变位系数 $x_\Sigma=2.54$（若须圆整中心距，可以适当调整总变位系数）。

由于齿数比 $u=z_2/z_1=100/17=5.9>3.0$，故应按斜线⑤分配变位系数。自 A_2 点作水平线与斜线⑤交于 C_2 点，则 C_2 点的横坐标值即为 x_1，得 $x_1=0.77$。

故 $x_2=x_\Sigma-x_1=2.54-0.77=1.77$。

例 3 已知齿轮的齿数 $z_1=15$，$z_2=28$，$\alpha=20°$，$h_a^*=1$，试确定高度变位系数。

解 高度变位时，啮合角 $\alpha'=\alpha=20°$，总变位系数 $x_\Sigma=x_1+x_2=0$，变位系数 x_1 可按齿数比 u 的大小，由图 12-1-14 左侧的五条斜线与 $x_\Sigma=0$ 的水平线（即横坐标轴）的交点来确定。

齿数比 $u=z_2/z_1=\frac{28}{15}=1.87$，故应按斜线③与横坐标轴的交点来确定 x_1，得

$$x_1=0.23$$

故 $x_2=x_\Sigma-x_1=0-0.23=-0.23$。

3.5.3 选择变位系数的线图（摘自 DIN 3992 德国标准）

利用图 12-1-15 可以按对承载能力和传动平稳性的不同要求选取变位系数。图 12-1-15 适用于 $z>10$ 的外啮合齿轮。当所选的变位系数落在图 b 或图 c 的阴影区内时，要校验过渡曲线干涉；除此之外，干涉条件已满足，不需要验算。图 b 中的 *L*1～*L*17 线和图 c 中的 *S*1～*S*13 线是按两齿轮的齿根强度相等、主动轮齿顶的滑动速度稍大于从动轮齿顶的滑动速度、滑动率不太大的条件，综合考虑做出的。

图 12-1-15 的使用方法如下。

① 按照变位的目的，根据齿数和（z_1+z_2），在图 a 中选出适宜的总变位系数 x_Σ。

② 利用图 b（减速齿轮）或图 c（增速齿轮）分配 x_Σ；按 $\frac{z_1+z_2}{2}$（可直接由图 a 垂直引下）和 $\frac{x_\Sigma}{2}$ 决定坐标点；过该点引与它相邻的 *L* 线或 *S* 线相应的射线；过 z_1 和 z_2 作垂线，与所引射线交点的纵坐标即为 x_1 和 x_2。

③ 当大齿轮的齿数 $z_2>150$ 时，可按 $z_2=150$ 查线图。

④ 斜齿轮按 $z_v=z/\cos^3\beta$ 查线图，求出的是 x_n。

例 1 已知齿轮减速装置，$z_1=32$、$z_2=64$、$m=3$，该装置传递动力较小，要求运转平稳，求其变位系数。

解 由图 a，按运转平稳的要求，选用重合度较大的 *P*2，按 $z_1+z_2=96$，得出 $x_\Sigma=-0.20$（图中 *A* 点）。按表 12-1-25 算得 $a=143.39$mm，若把中心距圆整为 $a=143.5$mm，则按表 12-1-25 可算得 $x_\Sigma=-0.164$。由 *A* 点向下引垂线，在图 b 上找出 $\frac{x_\Sigma}{2}=-0.082$ 的点 *B*。过 *B* 点引与 *L*9 和 *L*10 相应的射线，由 $z_1=32$，得出 $x_1=0.06$，则 $x_2=x_\Sigma-x_1=-0.224$。由图 12-1-27 查出 $\varepsilon_\alpha=1.79$，可以满足要求。

例 2 已知增速齿轮装置，$z_1=14$、$z_2=37$、$m_n=5$、$\beta=12°$，要求小齿轮不产生根切，且具有良好的综合性能，求其变位系数。

解 由表 12-1-25 算出 $z_{v1}=15$、$z_{v2}=39.5$。因为要求综合性能比较好，因此选用图 a 中的 *P*4，按 $z_{v1}+z_{v2}=54.5$，求出 $x_{n\Sigma}=0.3$（图中 *D* 点）。按表 12-1-25 算得 $a=131.79$mm，若把中心距圆整为 $a=132$mm，则按表 12-1-25 可算得 $x_{n\Sigma}=0.345$。过 *D* 点向下引垂线，在图 c 中找出 $\frac{x_{n\Sigma}}{2}=0.173$ 的点 *E*。过 *E* 点引与 *S*6、*S*7 相应的射线，由 $z_{v2}=39.5$ 得出 $x_{n2}=0.19$，则 $x_{n1}=x_{n\Sigma}-x_{n2}=0.155$。因为由 z_{v1} 和 x_{n1} 确定的点落在不根切线的右侧，所以不产生根切，可以满足要求。

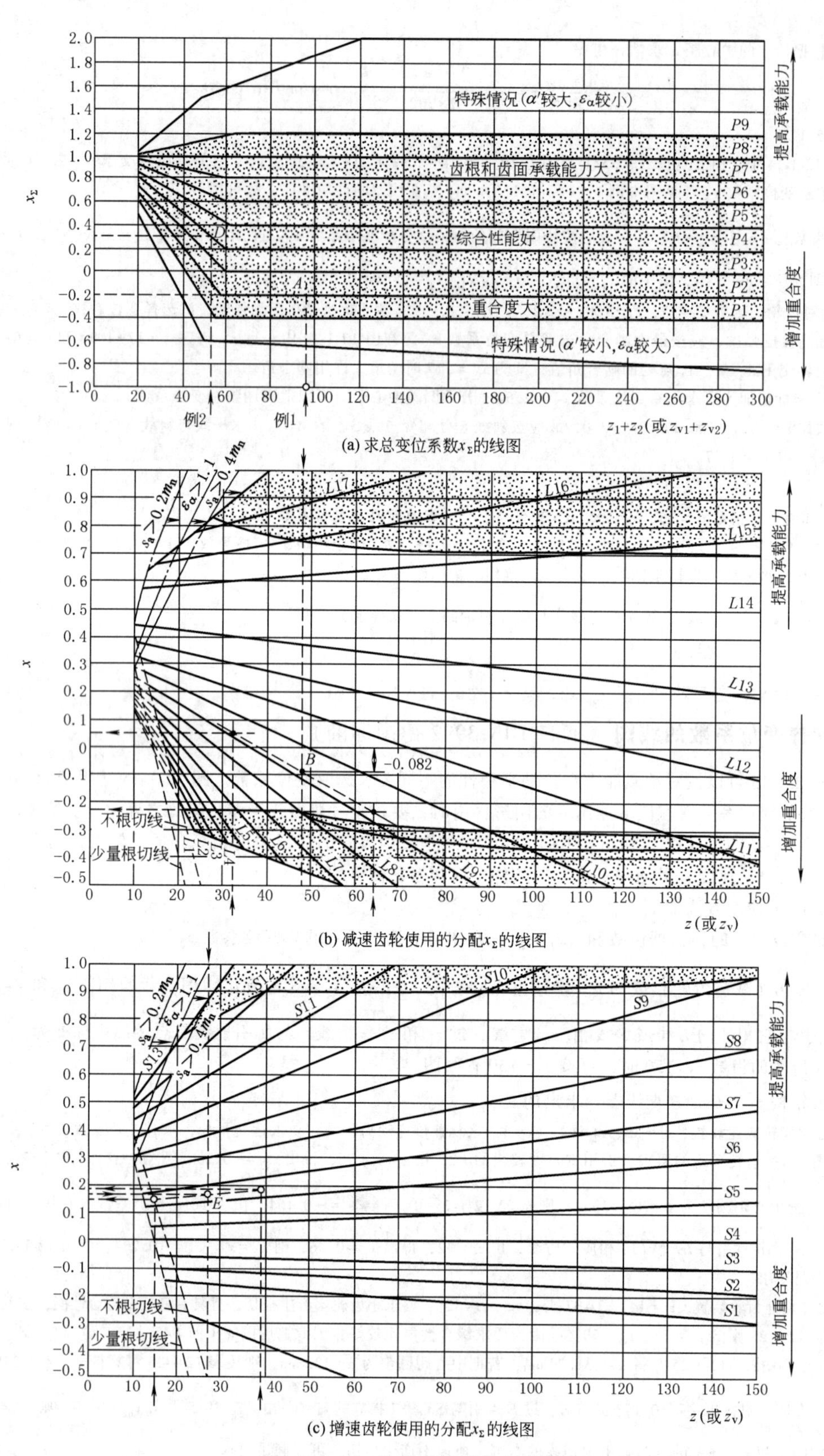

图 12-1-15 选择变位系数的线图

例 3 （本例题取自 DIN 3992—1964 例 2）$m_n=4.5$、$z_1=14$、$z_2=33$、$a_w=115$、$\beta=18°$。按照已知中心距可知总变位 0.935684，分别求 x_1 和 x_2。

解 求解步骤：

① 用 $(z_1+z_2)/2=47/2 \rightarrow z_v=1.1483\times47/2=53.97/2$，1.1483 是 $\beta=18°$的当量折算系数；$0.935684/2=0.467842$，按 $z_v=27$ 在增速图（图 12-1-15c）中取点，设此点为 B，此点在 $S9$ 和 $S10$ 之间。

② $S9$ 和 $S10$ 延长交于点 C，连接 CB 并延长。

③ 在 $z_{v1}=14\times1.1483=16.0762$ 处作 z_v 轴的垂线交于 A 点。

④ 由 A 点作 Y 轴的垂线，得 $x_1=0.397\approx0.4$。

⑤ $x_2=0.935684-0.4=0.535684\approx0.5357$。

3.5.4 等滑动率的计算

G. Nimann & H. Winter 在《机械零件》一书中指出，在啮合几何参数中，最重要的影响量为相对滑动速度。因此，在有胶合危险时，应当把齿形选择得使啮合线上的啮出段与啮入段的长度差不多一样长（由于有不利的啮入冲击——推滑，啮合线上啮入段要稍微短一些）。

大部分有关齿轮的手册都有滑动率计算公式，大小齿轮齿顶与对应齿轮啮合位置是滑动率最大的地方，对于高速传动，基本计算最大滑动率大致相等去分配总变位系数。外啮合的最大滑动率的计算公式如下：

$$\eta_{1\max}=\frac{(z_1+z_2)(\tan\alpha_{at2}-\tan\alpha_{wt})}{(z_1+z_2)\tan\alpha_{wt}-z_2\tan\alpha_{at2}}$$

$$\eta_{2\max}=\frac{(z_1+z_2)(\tan\alpha_{at1}-\tan\alpha_{wt})}{(z_1+z_2)\tan\alpha_{wt}-z_1\tan\alpha_{at1}}$$

这组公式只是在现有参数下计算出 $\eta_{1\max}$ 和 $\eta_{2\max}$，想要 $\eta_{1\max}\approx\eta_{2\max}$ 还需要在控制一定需要精度下迭代运算（见等滑动率变位系数分配程序）。美国标准 AGMA 913-A98 中，不仅有外啮合的等滑动率的计算，也有内啮合的计算，这样就弥补了内啮合变位分配问题。

这里有几个重要代号：SAP、LPSTC、HPSTC、EAP。

SAP（start of the active profile）——齿廓啮合起始点；

EAP（end of the active profile）——齿廓啮合终止点；

LPSTC（HPSTC）（The lowest and highest point of single-tooth-pair contact）——单对齿啮合的内（外）界点。

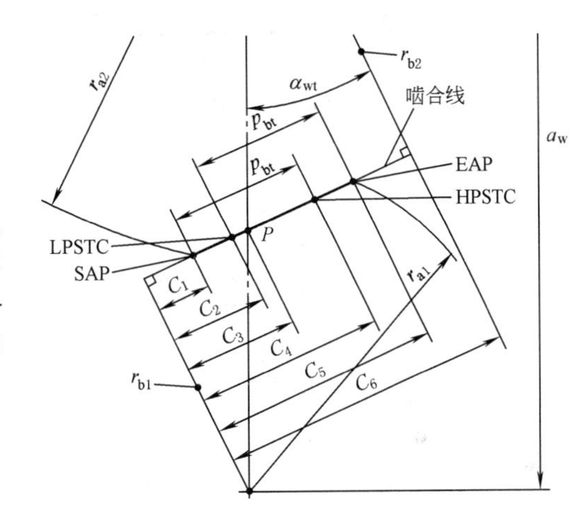

图 12-1-16 AGMA 913-A98 外齿轮副沿啮合线的几个特征点的距离

AGMA 913-A98 给出了内、外齿轮副等滑动的条件，下面是外啮合的计算（参见图 12-1-16）。

$$\left(\frac{C_6}{C_1}-1\right)\left(\frac{C_6}{C_5}-1\right)=u^2$$

$$C_6=(r_{b1}+r_{b2})\tan\alpha_{wt}=a_w\sin\alpha_{wt}$$

$$C_1=C_6-\sqrt{r_{a2}^2-r_{b2}^2}$$

$$C_5=\sqrt{r_{a1}^2-r_{b1}^2}$$

$$C_2=C_5-p_{bt}$$

$$C_3=r_{b1}\tan\alpha_{wt}$$

$$C_4=C_1+p_{bt}$$

对 AGMA 913-A98 的算法与本手册增加的等滑动率方法进行反复对比，结果两者在相同控制精度内是完全一样的（见图 12-1-17）。外啮合确认后，就扩展到内啮合（见图 12-1-18），这就补充了国内没有的等滑动的内啮合计算方法。

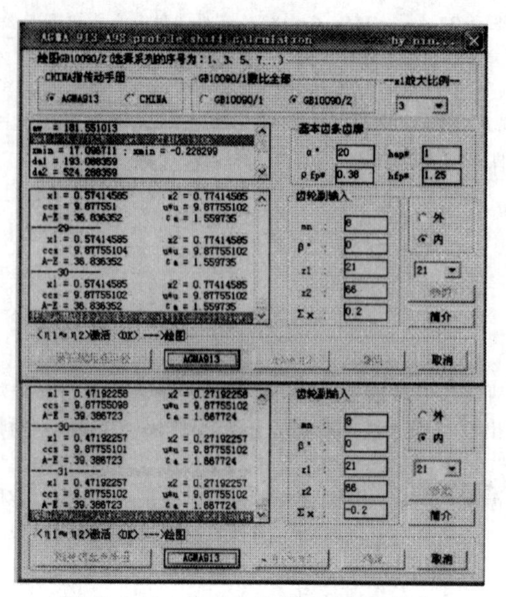

图 12-1-17　外啮合的等滑动率计算与 AGMA 913-A98 的比较

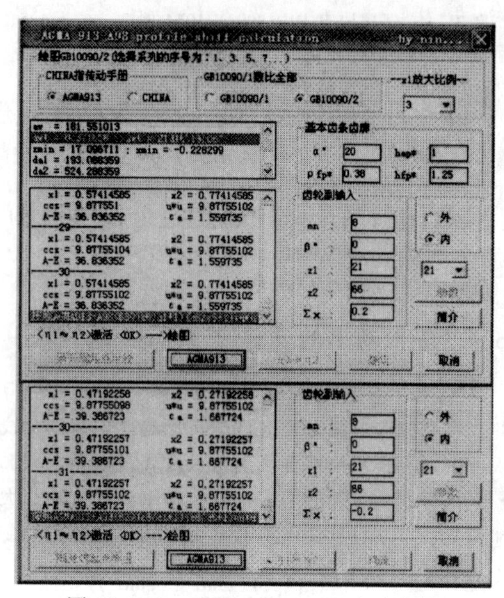

图 12-1-18　AGMA 913-A98 内啮合等滑动率的计算

下面就是内啮合的情况（见图 12-1-19）。

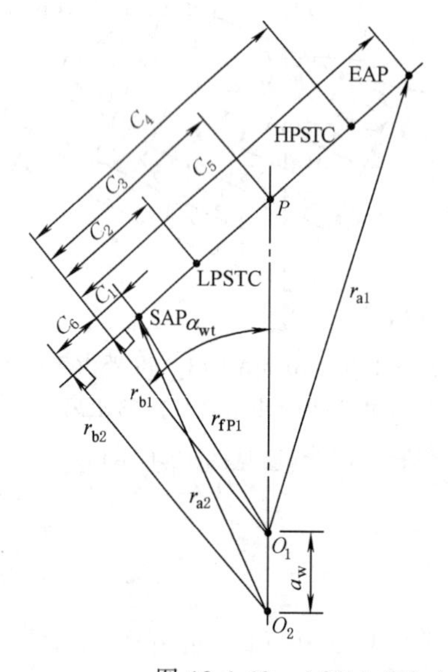

$$\left(\frac{C_6}{C_1}+1\right)\left(\frac{C_6}{C_5}+1\right)=u^2$$

$$C_6=(r_{b2}-r_{b1})\tan\alpha_{wt}=a_w\sin\alpha_{wt}$$

$$C_1=\sqrt{r_{a2}^2-r_{b2}^2}-C_6$$

$$C_5=\sqrt{r_{a1}^2-r_{b1}^2}$$

$$C_2=C_5-p_{bt}$$

$$C_3=r_{b1}\tan\alpha_{wt}$$

$$C_4=C_1+p_{bt}$$

图 12-1-19　AGMA 913-A98 内齿轮副沿啮合线的几个特征点间的距离

经过大量运算，作出图 12-1-20。

每一个 $u(z_2/z_1)$，从总变位−0.4 开始到总变位 3，每次按照 0.05 增量，计算出等滑动率的 x_1，用（$\sum x$，x_1）在图中描绘出一个点，每个 u 由 70 个点连接。连续作出全部规定的数值。

同图 12-1-14 左侧图形比较，图 12-1-20 考虑了如下情况。

① 同样的齿数比 u（z_2/z_1），对于不同的小齿数 z_1，左面曲线密集区位置（如图 12-1-20 中 $\sum x$0.8～1.0 之间）有很大变化。图 12-1-20 是按 $z_1=21$ 计算的。

② 对于一级（多级也是单个的组合）的 u，规定如下：1.25、1.4、1.6、1.8、2.0、2.24、2.5、2.8、3.15、3.55、4.0、4.5、5.0、5.6、6.3、7.1。

计算过程可以采用全部 u，为了图形清晰，有的 u 被忽略了。

按照这个比值，$u\geqslant3$，还有多个组别，图上的 $u=3.15$ 为界限的图形。

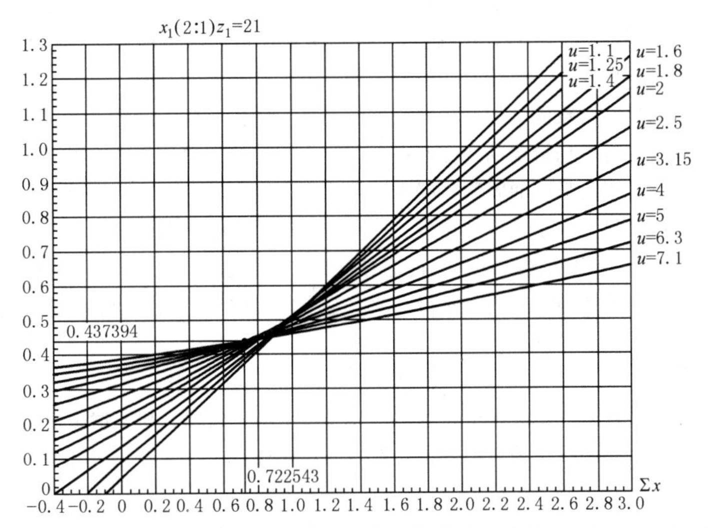

图 12-1-20　小齿轮 $z_1=21$ 对应各种齿数比等滑动率曲线，对于 $z\pm2$ 也适用

③ 适当增大 x_1 的比例，可以看得清楚一些。

即便是这样放大了的图形，对于 $\sum x=0.5\sim1$ 这个范围，还是很难获得准确的选择点，大多数情况又是这个范围（例如德国西马克就明文规定，这个范围就是他的设计规范）。

为了等滑动系数分配，可以按 $z_1=15\sim40$，每个齿绘制一张上述的图片，每张按照间隔齿数 3，即 $z_1=15$、18、21、24、27、30、33、36、39、42 做成 10 张上述图形，基本上也可以得到近似的分配，就如同封闭图那样，不过这个数量很少。

美国 AGMA 913-A98 将等滑动率计算和等闪温计算并列，说明两者对胶合计算还是有差别的。

更详细而简捷的计算，请参阅有关设计标准和采用相关齿轮专业设计软件，如 KISSsoft 或郑州机械研究所齿轮设计软件。

3.5.5　AGMA 913-A98 关于变位系数选取

变位的选择要考虑以下因素：

① 避免根切；

② 避免齿顶过窄；

③ 平衡滑动率；

④ 平衡闪温；

⑤ 平衡弯曲疲劳寿命。

变位不应该太小以防止根切，同时也不应该太大以避免齿顶过窄。通常来说，平衡滑动率、平衡闪温和平衡弯曲疲劳寿命的变位是不相同的。因此，变位系数的值应该根据产品具体应用中最重要的因素来选择。

图 12-1-21 展示了不同齿数和不同变位系数对齿形的影响，任何一列都可以看出齿数对齿形的影响。对于齿数较少的齿轮，轮齿的曲率较大，并且齿顶的齿厚较小，随着齿数的增加，齿顶厚增大，齿廓的曲率减小。对于具有直线齿廓和理论上齿数为无穷大的齿条来说，齿顶齿厚达到最大。

图中每一行显示了不同变位的齿形，顶部几行可以看出，齿数较少的齿轮，齿形受变位系数的影响比较大。对于齿数少的齿轮来说，变位的敏感性限制了变位系数的选择，因为变位太小将导致根切，相反变位系数太大，将导致齿顶

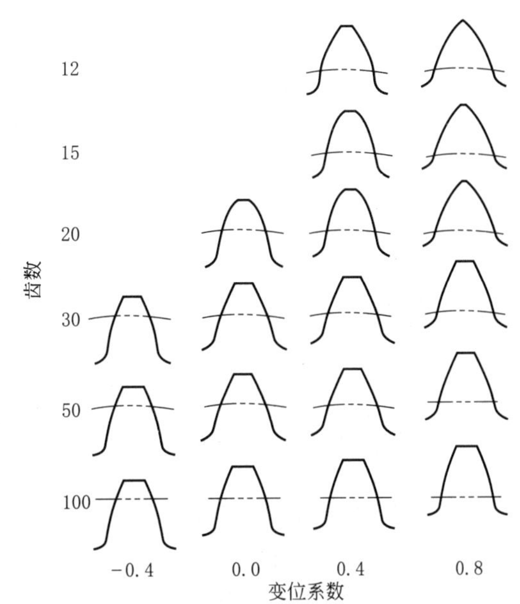

图 12-1-21　变位对渐开线齿廓的影响

过窄。例如，对于 12 个齿的齿轮来说，可接受的变位系数范围为 0.4 到 0.44，$x=0.4$ 时，接近根切，$x=0.44$ 时，齿顶厚等于 0.3 个模数。相反，图 12-1-21 底部几行，显示了多齿数齿轮的齿形受变位影响的敏感性降低。也就是说，当为齿数比较多的齿轮选择变位时，齿轮的设计人员有较大的空间。

通常来说，齿轮的性能随着齿数的增加和最佳变位的选择而增强。对于已经确定了直径的齿轮来说，除了弯曲强度外，承载能力随齿数的增加和恰当的变位而提高。抗点蚀、胶合和划伤能力得到改进，通常齿轮运转也会更加平稳。另外，最大齿数受弯曲强度的限制，因为齿数越多，轮齿越小，弯曲应力越高。因此，为了保证足够的弯曲强度，齿轮设计人员必须限制小齿轮的齿数。在平衡点蚀和齿轮副弯曲强度的情况下，承载能力可能达到最大（见 AGMA 901-A92）。一个平衡的设计，小齿轮有相对较多的齿，这使得齿轮副对变位相对不敏感，从而允许设计人员为小齿轮和大齿轮选择能实现最小滑动率、最小闪温或平衡弯曲疲劳寿命的变位。

3.5.6 齿根过渡曲线

对于展成加工的齿轮，过渡曲线是加工中自动形成的。由于塑料齿轮、粉末冶金齿轮应用的扩展，这类齿轮是由模具形成的，齿根过渡曲线如果处理得不好，会影响啮合性能。

（1）过渡曲线的类型

用齿条型刀具加工的时候，齿根过渡曲线随变位系数、刀具齿顶圆弧的变化而变化。图 12-1-22 是在刀具齿顶圆弧固定时，不同变位系数的情况。图 12-1-22a 是齿条刀具参数。

刀具齿顶圆弧中心轨迹如下：

① 当 $x<h_{\mathrm{fP}}-\rho_{\mathrm{fP}}$ 时，齿根过渡曲线是延伸渐开线的等距线，见图 12-1-22b、c；

② 当 $x=h_{\mathrm{fP}}-\rho_{\mathrm{fP}}$ 时，齿根过渡曲线的曲率半径恰好等于齿条刀具齿顶圆弧半径，见图 12-1-22d；

③ 当 $x>h_{\mathrm{fP}}-\rho_{\mathrm{fP}}$ 时，齿根过渡曲线是缩短渐开线的等距线，见图 12-1-22e。

将齿条刀具变成齿轮型刀具，延伸渐开线变成延伸外摆线。

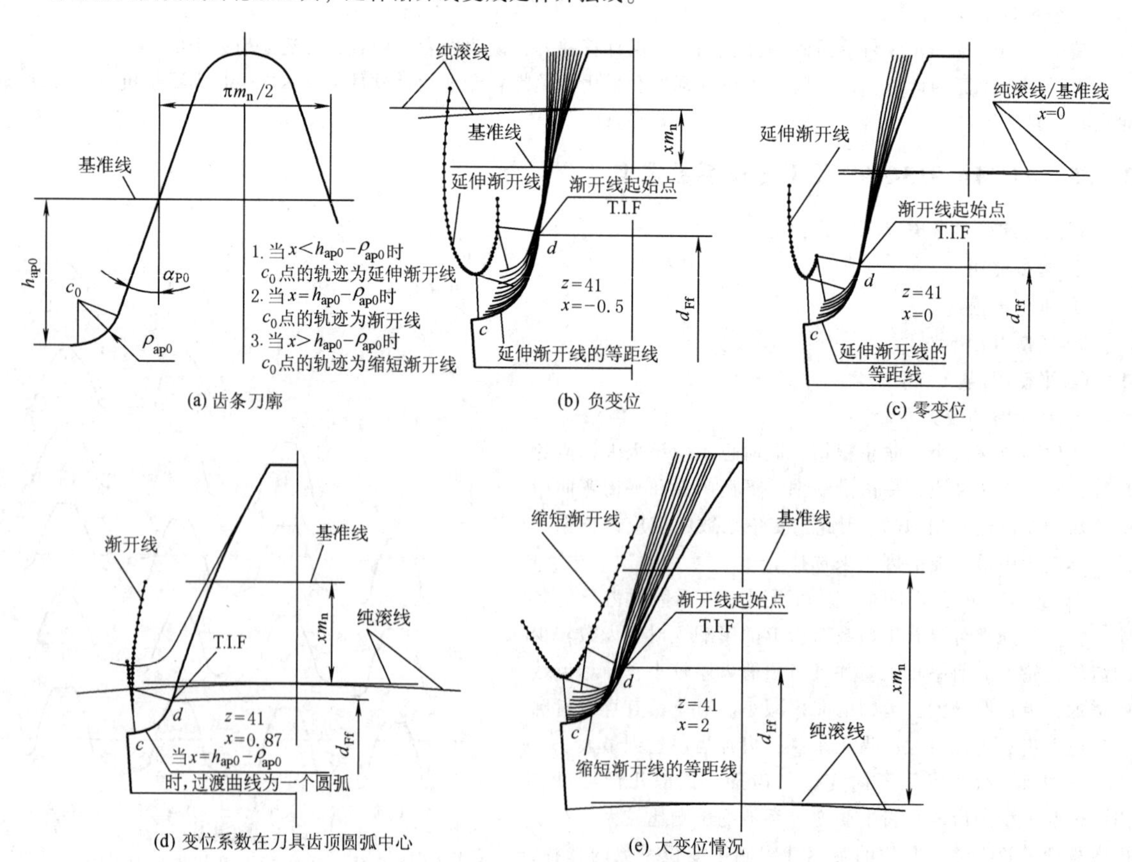

图 12-1-22 齿根过渡曲线与变位系数的关系

图 12-1-22d 的过渡曲线，在理论上是一个与刀具齿顶圆弧一样的圆弧，但是由于刀具是有限齿槽，不可能正好在那个位置有刀刃切削，可能由 1~2 个刀刃切出来。

(2) 过渡曲线与啮合干涉

在 AGMA 相关标准和 DIN 3960 标准中，都十分注意一对齿轮啮合状况的图形。在 ISO 1328-1：2013 和我国 GB/T 10095.1—2022 和 GB/Z 18620—2008 中，也引入了这方面的概念。图 12-1-23 中 A-B-C-D-E 的符号已经规范，T_1、T_2 分别表示啮合线与小齿轮和大齿轮的基圆的切点，DIN 3960—1987 又增加了 F_1 和 F_2 两个点，表示小齿轮与大齿轮渐开线的起点，这个起始点直径在 DIN 3960—1987 中用 d_{Ff} 表示（与基本齿条齿廓中的 h_{FfP} 符号的表示有关）。在一些国外图纸中，用“T. I. F”表示这个点。

F_1、F_2 点的位置与加工刀具有关，用滚刀、插齿刀最后加工为成品与磨齿是有差异的。对齿轮 1，进啮点 A 是磨齿时的最大极限直径位置。对于没有根切的齿轮，用各点在啮合线上的位置表示，可以清楚看出啮合关系。

在 DIN 标准中，重视各点的直径大小；在 AGMA 中，重视 T_1 点到各点的距离和各点的“滚动角”。按照 AGMA 2101-C95 的定义，滚动角就是该点到切点 T_1 的距离（C_i）与基圆半径（R_{b}）的关系：$\varepsilon_i = C_i/R_{\mathrm{b1}}$。

将图 12-1-23 转化到真实齿轮的啮合关系得图 12-1-24，图中将 $d_{\mathrm{Fa1(2)}}$ 与 $d_{\mathrm{Na1(2)}}$ 都按 $d_{\mathrm{a1(2)}}$ 处理。图中给出了原始参数，齿轮相关参数用对应公式算出。着重分析啮合线上各点，国际上已经通用了的 T_1-F_1-A-B-C-D-E-F_2。在 GB/T 10095.1 中，将 AF_2 定义为“可用长度”，AE 定义为“有效长度”，这些参数在齿轮精度和齿轮修形都是不可少的。

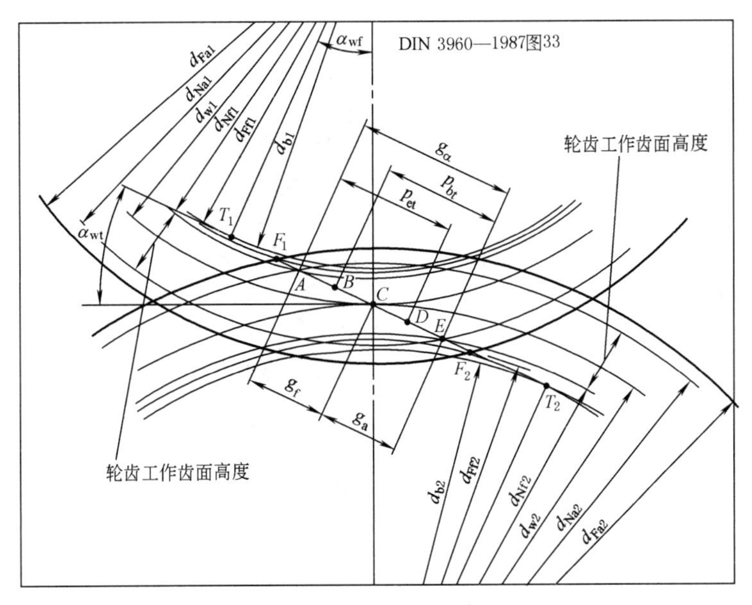

图 12-1-23　齿轮的啮合线

$T_{1(2)}$ —小（大）齿轮基圆与啮合线的切点，对应 $d_{\mathrm{b1(2)}}$；

$F_{1(2)}$—小（大）齿轮渐开线起始点与啮合线的交点，对应 $d_{\mathrm{Ff1(2)}}$；

A—进啮点，大齿轮有效齿顶圆 d_{Na2} 与啮合线的切点，对应小齿 d_{Nf1}；

E—出啮点，小齿轮有效齿顶圆 d_{Na1} 与啮合线的切点，对应大齿 d_{Nf2}；

AE—啮合线长度，符号 g_{a}。$\varepsilon_\alpha = g_{\mathrm{a}}/p_{\mathrm{bt}}$；$AD = BE = p_{\mathrm{et}} = p_{\mathrm{bt}}$ [DIN 3960—1987（3.4.12）]；

AC—进啮点到节点的长度；CE—节点到出啮点的长度；

$d_{\mathrm{Fa1(2)}}$—小（大）齿轮与啮合线上的点 $F_{2(1)}$ 的直径

(3) 齿条刀具齿根过渡曲线的图解与计算

齿轮啮合干涉见图 12-1-24，齿轮齿根过渡曲线计算图解见图 12-1-25。

图 12-1-25 的解释如下。

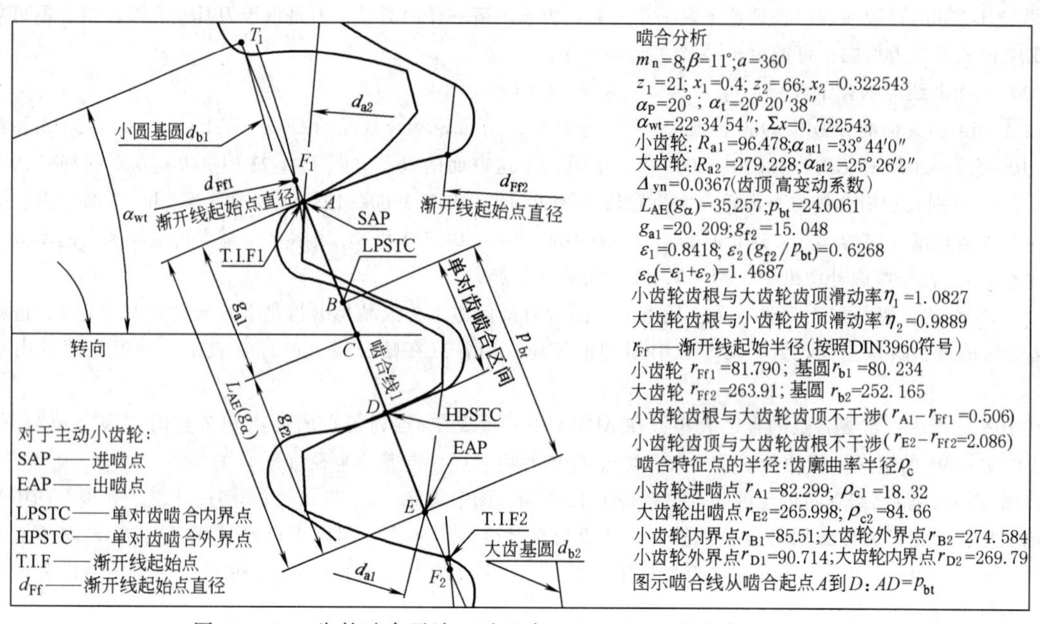

图 12-1-24　齿轮啮合干涉（啮入点，$d_{Ff1}<d_{A1}$；啮出点，$d_{Ff2}<d_{E2}$）

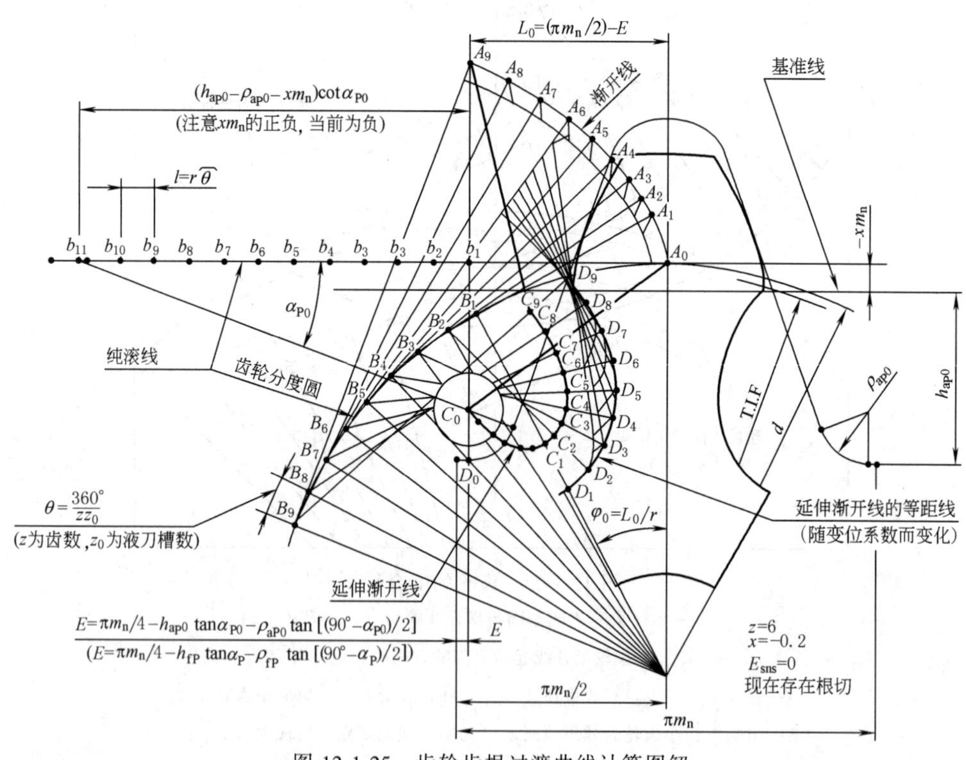

图 12-1-25　齿轮齿根过渡曲线计算图解

① $D_1\sim D_n$ 是齿根过渡曲线，它是 $C_1\sim C_n$ 的等距线；

② $B_1\sim B_n$ 与 $b_1\sim b_n$ 是对应的纯滚关系，即 B_1B_2 的弧长等于 b_1b_2 直线长度；

③ A_0C_0 是刀槽纯滚点到滚刀齿顶圆弧中心的距离，这个距离随变位系数而改变，但是确定了 x 后，这个数值就是确定的了；

④ $A_1C_1=A_2C_2=A_3C_3=\cdots=A_0C_0$，这个可以视作是刚体连接；

⑤ $B_1C_1 \to D_1$、$B_2C_2 \to D_2$、$B_3C_3 \to D_3$、…、$B_nC_n \to D_n$，这个是图解法的核心，就是啮合基本定理，即共轭齿廓接触点的法线应当通过啮合节点；

⑥ 以展开角 φ 作自变量，按照纯滚动关系，很容易求得上述各点。

上面过程看起来很复杂，掌握了要领用程序实现起来是很容易的。

(4) 对于齿根圆弧替代注意事项

齿轮齿根圆角对于齿廓系数 $Y_F(Y_{Fa})$、齿廓修正系数 Y_S(Y_{Sa})有重要影响，对于传动载荷的传动中，在允许条件下，尽量将刀具齿顶圆弧做大。塑料齿轮也逐渐从运动传递到传递载荷发展，加大齿轮齿根圆角还有助于注塑过程液体的流畅，有利于成形。

对于少齿数的齿轮，流行的处理方法是从渐开线基圆生成点作向心线，如图 12-1-26 所示，配对齿轮与替代直线产生了干涉。产生这种情况后，啮合噪声增大，一般靠适当加大中心距，但从设计角度是不合适的，应在刀具选择和齿根设计时避免产生齿根过渡曲线啮合干涉。

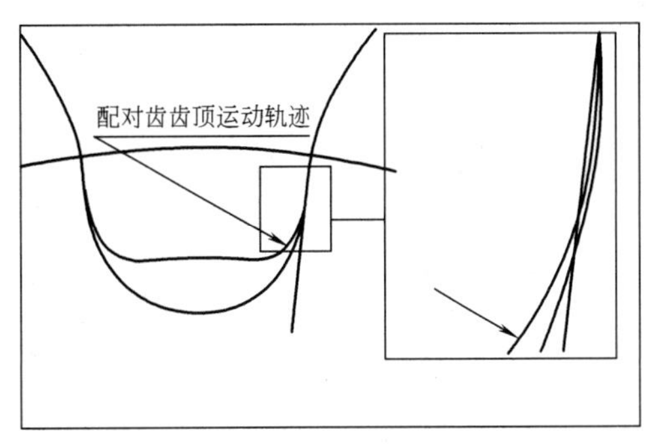

图 12-1-26 齿根过渡曲线用直线、圆弧替代的干涉问题

3.6 内啮合齿轮的干涉

表 12-1-17 **内啮合齿轮的干涉现象和防止干涉的条件**

名称	简图	定义	不产生干涉的条件	防止干涉的措施	说明
渐开线干涉		当实际啮合线的端点 B_2 落在理论啮合线的极限点 N_1 的左侧时，便发生渐开线干涉	$\frac{z_{02}}{z_2} \geqslant 1-\frac{\tan\alpha_{a2}}{\tan\alpha'_{02}}$ 对标准齿轮($x_1=x_2=0$) $z_2 \geqslant \frac{z_1^2\sin^2\alpha-4(h_{a2}/m)^2}{2z_1\sin^2\alpha-4(h_{a2}/m)}$	1. 加大齿廓角 2. 加大内齿轮和小齿轮的变位系数	用插齿刀加工内齿轮时，在这种干涉下，内齿轮产生展成顶切。不产生顶切的插齿刀最少齿数见表 12-1-18、表 12-1-19 和表 12-1-20
齿廓重叠干涉		结束啮合的小齿轮的齿顶在退出内齿轮齿槽时，与内齿轮齿顶发生的重叠干涉称为齿廓重叠干涉	$z_1(\text{inv}\alpha_{a1}+\delta_1)-z_2(\text{inv}\alpha_{a2}+\delta_2)+(z_2-z_1)\text{inv}\alpha' \geqslant 0$ 式中 $\delta_1=\arccos\frac{r_{a2}^2-r_{a1}^2-a'^2}{2r_{a1}a'}$ $\delta_2=\arccos\frac{a'^2+r_{a2}^2-r_{a1}^2}{2r_{a2}a'}$	1. 增大齿廓角 2. 减小齿顶高 3. 加大内齿轮和小齿轮的齿数差 4. 加大内齿轮的变位系数(增大小齿轮的变位系数时，容易引起干涉)	用插齿刀加工内齿轮时，在这种干涉下，内齿轮的齿顶渐开线部分将遭到顶切，不产生重叠干涉时的 $(z_2-z_1)_{min}$ 值见表 12-1-22 α_{a1}、α_{a2}——齿轮 1、2 的齿顶压力角 α'——啮合角

续表

名称	简图	定义	不产生干涉的条件	防止干涉的措施	说明
过渡曲线干涉		当小齿轮的齿顶与内齿轮的齿根过渡曲线部分接触，或者内齿轮的齿顶与小齿轮的齿根过渡曲线部分接触时，便引起过渡曲线干涉	1. 不产生内齿轮齿根过渡曲线干涉的条件： $(z_2-z_1)\tan\alpha'+z_1\tan\alpha_{a1}$ $\leqslant(z_2-z_{02})\tan\alpha'_{02}+z_{02}\tan\alpha_{a02}$ 2. 不产生小齿轮齿根过渡曲线干涉的条件： 小齿轮用齿条型刀具加工时 $z_2\tan\alpha_{a2}-(z_2-z_1)\tan\alpha'$ $\geqslant z_1\tan\alpha-\frac{4(h_a^*-x_1)}{\sin(2\alpha)}$ 小齿轮用插齿刀加工时 $z_2\tan\alpha_{a2}-(z_2-z_1)\tan\alpha'$ $\geqslant(z_1+z_{01})\tan\alpha'_{01}-z_{01}\tan\alpha_{a01}$	1. 增大内齿轮的变位系数 2. 减小齿顶高	小齿轮齿根过渡曲线干涉容易发生，尤其是标准、高变位及啮合角小的角变位齿轮。相反，内齿轮齿根过渡曲线干涉较不易发生，只有当 $z_1\gg z_0$、$x_1\gg x_0$ 时才会发生 z_{01}、z_{02}——加工齿轮1、齿轮2时，插齿刀齿数 α'_{01}、α'_{02}——加工齿轮1、齿轮2时的啮合角 α_{a01}、α_{a02}——加工齿轮1、齿轮2时的插齿刀的齿顶压力角
径向干涉		当把小齿轮从内齿轮的中心位置沿径向装入啮合位置时，若 $CD>EF$，则引起径向干涉	$\arcsin\sqrt{\frac{1-\left(\frac{\cos\alpha_{a1}}{\cos\alpha_{a2}}\right)^2}{1-\left(\frac{z_1}{z_2}\right)^2}}$ $+\mathrm{inv}\alpha_{a1}-\mathrm{inv}\alpha'$ $-\frac{z_2}{z_1}\arcsin\sqrt{\frac{\left(\frac{\cos\alpha_{a2}}{\cos\alpha_{a1}}\right)^2-1}{\left(\frac{z_2}{z_1}\right)^2-1}}$ $+\mathrm{inv}\alpha_{a2}-\mathrm{inv}\alpha'\geqslant0$ 对标准齿轮（$x_1=x_2=0$）可用以下近似式计算 $\begin{cases}z_2-z_1\geqslant\frac{2(h_{a1}+h_{a2})}{m\sin^2\delta}\\\frac{2\delta-\sin(2\delta)}{1-\cos(2\delta)}=\tan\alpha\end{cases}$	1. 增大齿廓角 2. 减小齿顶高 3. 加大内齿轮和小齿轮的齿数差 4. 加大内齿轮的变位系数（增大小齿轮的变位系数时，容易引起干涉）	1. 用插齿刀加工内齿轮时，在这种干涉下，内齿轮将产生径向进刀顶切 2. 满足径向干涉条件，自然满足齿廓重叠干涉条件 不产生径向干涉的内齿轮最少齿数见表12-1-21

表 12-1-18　加工标准内齿轮时，不产生展成顶切的插齿刀最少齿数 $z_{0\min}$

（$x_2=0$，$x_{02}=0$，$\alpha=20°$）

插齿刀最少齿数 $z_{0\min}$			29	28	27	26	25	24	23	22	21	20	19	18	17	16	15	14
齿顶高系数	$h_a^*=1$	内齿轮齿数 z_2	34	35	36	37	38、39	40、41	42~45	46~52	53~63	64~85	86~160	≥160				
	$h_a^*=0.8$							27	—	28	29	30、31	32~34	35~40	41~50	51~76	77~269	≥270

表 12-1-19　　加工内齿轮不产生展成顶切的插齿刀最少齿数 z_{0min}

$(x_2-x_{02}\geqslant 0,\ h_a^*=0.8,\ \alpha=20°)$

x_{02}	0								-0.105							
x_2	0	0.2	0.4	0.6	0.8	1.0	1.2	1.4	0	0.2	0.4	0.6	0.8	1.0	1.2	1.4
z_{0min}	内齿轮齿数 z_2															
10					20~35	20~53	20~74	20~97					20~27	20~39	20~53	20~69
11				20~28	36~52	54~79	75~100	98~100				20、21	28~36	40~52	54~71	70~100
12				29~48	53~89	80~100						22~30	37~50	53~73	72~98	
13			20~27	49~100	90~100							31~44	51~75	74~100	99、100	
14			28~100								20~28	45~78	76~100			
15	≥77	≥39									29~94	79~100				
16	51~76	28~38								≥57	≥95					
17	41~50	24~27							≥67	29~56						
18	35~40	22、23							47~66	23~28						
19	32~34	21							39~46	21、22						
20	30、31								34~38							
21	29								31~33							
22	28								30							
23	—								29							
24	27								28							
25									27							
x_{02}	-0.263								-0.315							
x_2	0	0.2	0.4	0.6	0.8	1.0	1.2	1.4	0	0.2	0.4	0.6	0.8	1.0	1.2	1.4
z_{0min}	内齿轮齿数 z_2															
10					20、21	20~30	20~39	20~49					20	20~28	20~36	20~46
11					22~27	31~37	40~48	50~60					21~25	29~34	37~44	47~56
12				20~22	28~34	38~47	49~61	61~77				20、21	26~31	35~42	45~55	57~69
13				23~28	35~43	48~60	62~78	78~98				22~26	32~39	43~53	56~69	70~86
14				29~37	44~57	61~79	79~100	99、100				27~33	40~50	54~68	70~88	87~100
15			20~26	38~52	58~79	80~100					20~23	34~44	51~66	69~90	89~100	
16			27~40	53~79	80~100						24~33	45~61	67~92	91~100		
17			41~77	80~100							34~51	62~95	93~100			
18			78~100								52~100	96~100				
19	≥94	≥22								≥23						
20	51~93								≥77	22						
21	39~50								46~76							
22	34~38								36~45							
23	31~33								32~35							
24	29、30								29~31							
25	28								28							

注：1. 此表是按内齿轮齿顶圆公式，$d_{a2}=m(z_2-2h_a^*+2x_2)$作出的。

2. 当设计内齿轮齿顶圆直径应用$d_{a2}=m(z_2-2h_a^*+2x_2-2\Delta y)$计算时，内齿轮齿顶高比用注1公式计算的高$\Delta ym$。即内齿轮的实际齿顶高系数应为$h_a^*+\Delta y$，则查此表时所采用的齿顶高系数应等于或略大于内齿轮的实际齿顶高系数。例如：一内齿轮$h_a^*=0.8$，计算得$\Delta y=0.1316$，其实际齿顶高系数$h_a^*+\Delta y=0.9316$，则应按$h_a^*=1$查表12-1-20有关数值。

表 12-1-20　　加工内齿轮不产生展成顶切的插齿刀最少齿数 z_{0min}

$(x_2-x_{02}\geqslant 0,\ h_a^*=1,\ \alpha=20°)$

x_{02}	0								-0.105							
x_2	0	0.2	0.4	0.6	0.8	1.0	1.2	1.4	0	0.2	0.4	0.6	0.8	1.0	1.2	1.4
z_{0min}	内齿轮齿数 z_2															
10						20~23	20~33	20~43						20	20~28	20~37
11						24~29	34~41	44~55						21~25	29~35	38~45
12					20~24	30~38	42~54	56~71					20、21	26~31	36~43	46~56
13					25~32	39~51	55~72	72~95					22~26	32~39	44~54	57~70
14				20	33~45	52~71	73~100	96~100					27~34	40~51	55~70	71~90
15				21~32	46~70	72~100						20~23	35~45	52~66	71~93	91~100
16				33~64	71~100							24~34	46~64	69~96	94~100	
17				65~100								35~54	65~100	97~100		
18		≥95	≥27									55~100				
19	≥86	53~94	22~26								≥23					

续表

x_{02}	0								-0.105							
x_2	0	0.2	0.4	0.6	0.8	1.0	1.2	1.4	0	0.2	0.4	0.6	0.8	1.0	1.2	1.4
$z_{0\min}$	内齿轮齿数 z_2															
20	64~85	41~52								≥69	22					
21	53~63	35~40							≥79	44~68						
22	46~52	32~34							60~78	36~43						
23	42~45	30、31							50~59	32~35						
24	40、41	28、29							45~49	29~31						
25	38、39								41~44	28						
26	37								39、40							
27	36								37、38							
28	35								36							
29	34								35							
30									—							
31									34							

x_{02}	-0.263								-0.315							
x_2	0	0.2	0.4	0.6	0.8	1.0	1.2	1.4	0	0.2	0.4	0.6	0.8	1.0	1.2	1.4
$z_{0\min}$	内齿轮齿数 z_2															
10							20~24	20~30							20~23	20~29
11						20~22	25~29	31~37						20、21	24~27	30~35
12						23~26	30~34	38~44						22~25	28~33	36~41
13					20~22	27~31	35~41	45~53					20、21	26~30	34~39	42~49
14					23~27	32~38	42~50	54~64					22~25	31~36	40~46	50~58
15					28~33	39~47	51~62	65~78					26~31	37~43	47~56	59~70
16				20~25	34~41	48~58	63~77	79~97				20~23	32~38	44~52	57~69	71~86
17				26~32	42~52	59~75	78~98	98~100				24~29	39~47	53~65	70~86	87~100
18				33~43	53~70	76~100	99、100					30~38	48~60	66~84	87~100	
19				44~62	71~100							39~51	61~81	85~100		
20			22~38	63~100							20~30	52~74	82~100			
21			39~100								31~55	75~100				
22		≥89									56~100					
23	≥98	40~88								≥56						
24	65~97	32~39							≥87	34~55						
25	52~64	29~31							61~86	29~33						
26	45~51	28							49~60	28						
27	41~44								43~48							
28	39、40								40~42							
29	37、38								37~39							
30	36								36							
31	35								35							
32	34								34							

注：与表 12-1-19 同。

表 12-1-21　新直齿插齿刀的基本参数和被加工内齿轮不产生径向切入顶切的最少齿数 $z_{2\min}$

插齿刀形式	插齿刀分度圆直径 d_0/mm	模数 m/mm	插齿刀齿数 z_0	插齿刀变位系数 x_0	插齿刀齿顶圆直径 d_{a0}/mm	插齿刀齿高系数 h_{a0}^*	x_2								
							0	0.2	0.4	0.6	0.8	1.0	1.2	1.5	2.0
							$z_{2\min}$								
盘形直齿插齿刀、碗形直齿插齿刀	76	1	76	0.630	79.76	1.25	115	107	101	96	91	87	84	81	79
	75	1.25	60	0.582	79.58		96	89	83	78	74	70	67	65	62
	75	1.5	50	0.503	80.26		83	76	71	66	62	59	57	54	52
	75.25	1.75	43	0.464	81.24		74	68	62	58	54	51	49	47	45
	76	2	38	0.420	82.68		68	61	56	52	49	46	44	42	40
	76.5	2.25	34	0.261	83.30		59	54	49	45	43	40	39	37	36
	75	2.5	30	0.230	82.41		54	49	44	41	38	34	34	33	31
	77	2.75	28	0.224	85.37	1.3	52	47	42	39	36	34	33	31	30
	75	3	25	0.167	83.81		48	43	38	35	33	31	29	28	26
	78	3.25	24	0.149	87.42		46	41	37	34	31	29	28	27	25
	77	3.5	22	0.126	86.98		44	39	35	31	29	27	26	25	23

续表

插齿刀形式	插齿刀分度圆直径 d_0/mm	模数 m/mm	插齿刀齿数 z_0	插齿刀变位系数 x_0	插齿刀齿顶圆直径 d_{a0}/mm	插齿刀齿高系数 h_{a0}^*	x_2								
							0	0.2	0.4	0.6	0.8	1.0	1.2	1.5	2.0
							$z_{2\min}$								
盘形直齿插齿刀	75	3.75	20	0.105	85.55	1.3	41	36	32	29	27	25	24	22	21
	76	4	19	0.105	87.24		40	35	31	28	26	24	23	21	20
	76.5	4.25	18	0.107	88.46		39	34	30	27	25	23	22	20	19
	76.5	4.5	17	0.104	89.15		38	33	29	26	24	22	21	19	18
盘形直齿插齿刀、碗形直齿插齿刀	100	1	100	1.060	104.6	1.25	156	147	139	132	125	118	114	110	105
	100	1.25	80	0.842	105.22		126	118	111	105	99	94	91	87	83
	102	1.5	68	0.736	107.96		110	102	95	89	85	80	77	74	71
	101.5	1.75	58	0.661	108.19		96	89	83	77	73	69	66	63	61
	100	2	50	0.578	107.31		85	78	72	67	63	60	57	55	52
	101.25	2.25	45	0.528	109.29		78	71	66	61	57	54	52	49	47
	100	2.5	40	0.442	108.46		70	64	59	54	51	48	46	44	42
	99	2.75	36	0.401	108.36	1.3	65	58	53	49	47	44	42	40	38
	102	3	34	0.337	111.28		60	54	50	46	44	41	39	37	35
	100.75	3.25	31	0.275	110.99		56	50	46	42	40	37	36	34	33
	98	3.5	28	0.231	108.72		54	46	42	39	37	34	33	31	30
	101.25	3.75	27	0.180	112.34		49	44	40	37	35	33	31	30	28
	100	4	25	0.168	111.74		47	42	38	35	33	31	29	28	26
	99	4.5	22	0.105	111.65		42	38	34	31	29	27	26	24	23
盘形直齿插齿刀 碗形直齿插齿刀	100	5	20	0.105	114.05	1.3	40	36	32	29	27	25	24	22	21
	104.5	5.5	19	0.105	119.96		39	35	31	28	26	24	23	21	20
	102	6	17	0.105	118.86		37	33	29	26	24	22	21	20	18
	104	6.5	16	0.105	122.27		36	32	28	25	23	21	20	18	17
锥柄直齿插齿刀	25	1.25	20	0.106	28.39	1.25	40	35	32	29	26	25	24	22	21
	27	1.5	18	0.103	31.06		38	33	30	27	24	23	22	20	19
	26.25	1.75	15	0.104	30.99		35	30	26	23	21	20	19	17	16
	26	2	13	0.085	31.34		34	28	24	21	19	17	17	15	14
	27	2.25	12	0.083	33.0		32	27	23	20	18	16	16	14	13
	25	2.5	10	0.042	31.46		30	25	21	18	16	14	14	12	11
	27.5	2.75	10	0.037	34.58		30	25	21	18	16	14	14	12	11

注：表中数值是按新插齿刀和内齿轮齿顶圆直径 $d_{a2}=d_2-2m(h_a^*-x_2)$ 计算而得。若用旧插齿刀或内齿轮齿顶圆直径加大 $\Delta d_a=\frac{15.1}{z_2}m$ 时，表中数值是更安全的。

表 12-1-22　不产生重叠干涉的条件

z_2	34~77	78~200	z_2	22~32	33~200
$(z_2-z_1)_{\min}$ （当 $d_{a2}=d_2-2m_n$ 时）	9	8	$(z_2-z_1)_{\min}$ （当 $d_{a2}=d_2-2m_n+\frac{15.1m_n}{z_2}\cos^3\beta$ 时）	7	8

3.7　内啮合齿轮变位系数的选择

内啮合齿轮采用正变位（$x_2>0$）有利于避免渐开线干涉和径向干涉。采用正传动（$x_2-x_1>0$）有利于避免过渡曲线干涉、重叠干涉和提高齿面接触强度（由于内啮合是凸齿面和凹齿面的接触，齿面接触强度高，往往不需要再通过变位来提高接触强度），但重合度随之降低。

内啮合齿轮推荐采用高变位，也可以采用角变位。

选择内啮合齿轮的变位系数以不使齿顶过薄、重合度不过小、不产生任何形式的干涉为限制条件。

对高变位齿轮，一般可选取

$$x_1=x_2=0.5\sim0.65$$

变位系数选择要结合产品具体应用和对传动性能的影响来综合考虑。

行星齿轮传动内啮合齿轮副的变位系数的选择见本篇第 5 章。

4 渐开线圆柱齿轮传动的几何计算

4.1 标准齿轮传动的几何计算

表 12-1-23 标准齿轮传动的几何计算

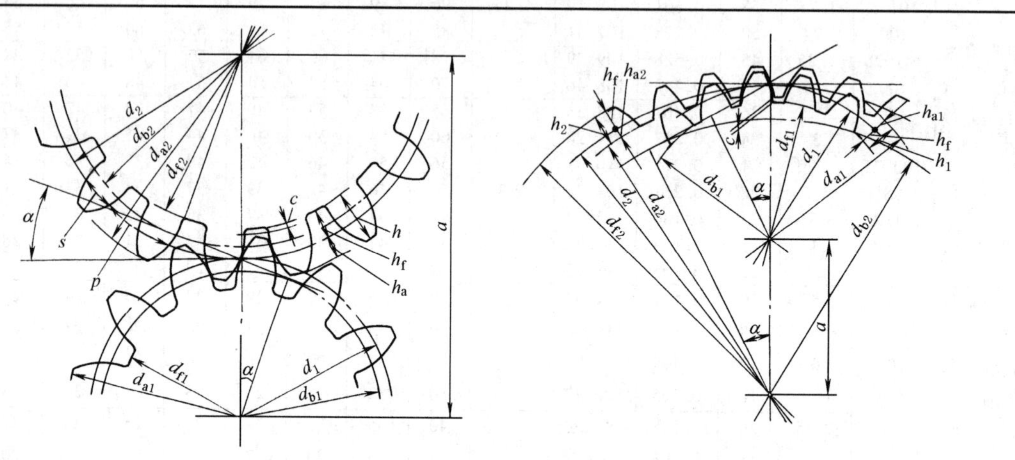

项目		代号	计算公式及说明	
			直齿轮(外啮合、内啮合)	斜齿轮(外啮合、内啮合)
分度圆直径		d	$d_1=mz_1$ $d_2=mz_2$	$d_1=m_tz_1=\frac{m_nz_1}{\cos\beta}$ $d_2=m_tz_2=\frac{m_nz_2}{\cos\beta}$
齿顶高	外啮合	h_a	$h_a=h_a^*m$	$h_a=h_{an}^*m_n$
	内啮合		$h_{a1}=h_a^*m$ $\Delta h_a^*=\frac{h_a^{*2}}{z_2\tan^2\alpha}$是为避免过渡曲线干涉而将齿顶高系数减小的量。当 $h_a^*=1$、$\alpha=20°$时,$\Delta h_a^*=\frac{7.55}{z_2}$	$h_{a1}=h_{an}^*m_n$ $\Delta h_{an}^*=\frac{h_{an}^{*2}\cos^3\beta}{z_2\tan^2\alpha_n}$是为避免过渡曲线干涉而将齿顶高系数减小的量。当 $h_{an}^*=1$、$\alpha_n=20°$时,$\Delta h_{an}^*=\frac{7.55\cos^3\beta}{z_2}$
齿根高		h_f	$h_f=(h_a^*+c^*)m$	$h_f=(h_{an}^*+c_n^*)m_n$
齿高	外啮合	h	$h=h_a+h_f$	$h=h_a+h_f$
	内啮合		$h_1=h_{a1}+h_f$ $h_2=h_{a2}+h_f$	$h_1=h_{a1}+h_f$ $h_2=h_{a2}+h_f$
齿顶圆直径	外啮合	d_a	$d_{a1}=d_1+2h_a$ $d_{a2}=d_2+2h_a$	$d_{a1}=d_1+2h_a$ $d_{a2}=d_2+2h_a$
	内啮合		$d_{a1}=d_1+2h_{a1}$ $d_{a2}=d_2-2h_{a2}$	$d_{a1}=d_1+2h_{a1}$ $d_{a2}=d_2-2h_{a2}$
齿根圆直径		d_f	$d_{f1}=d_1-2h_f$ $d_{f2}=d_2\mp 2h_f$	$d_{f1}=d_1-2h_f$ $d_{f2}=d_2\mp 2h_f$

续表

项目		代号	计算公式及说明	
			直齿轮(外啮合、内啮合)	斜齿轮(外啮合、内啮合)
中心距		a	$a=\frac{1}{2}(d_2\pm d_1)=\frac{m}{2}(z_2\pm z_1)$	$a=\frac{1}{2}(d_2\pm d_1)=\frac{m_n}{2\cos\beta}(z_2\pm z_1)$
			一般希望 a 为圆整的数值	
基圆直径		d_b	$d_{b1}=d_1\cos\alpha$ $d_{b2}=d_2\cos\alpha$	$d_{b1}=d_1\cos\alpha_t$ $d_{b2}=d_2\cos\alpha_t$
齿顶圆压力角		α_a	$\alpha_{a1}=\arccos\frac{d_{b1}}{d_{a1}}$ $\alpha_{a2}=\arccos\frac{d_{b2}}{d_{a2}}$	$\alpha_{at1}=\arccos\frac{d_{b1}}{d_{a1}}$ $\alpha_{at2}=\arccos\frac{d_{b2}}{d_{a2}}$
重合度	端面重合度	ε_α	$\varepsilon_\alpha=\frac{1}{2\pi}[z_1(\tan\alpha_{a1}-\tan\alpha')\pm z_2(\tan\alpha_{a2}-\tan\alpha')]$	$\varepsilon_\alpha=\frac{1}{2\pi}[z_1(\tan\alpha_{at1}-\tan\alpha_t')\pm z_2(\tan\alpha_{at2}-\tan\alpha_t')]$
			α(或 α_n)$=20°$的 ε_α 可由图 12-1-27 或图 12-1-29 查出	
	纵向重合度	ε_β	$\varepsilon_\beta=0$	$\varepsilon_\beta=\frac{b\sin\beta}{\pi m_n}$
	总重合度	ε_γ	$\varepsilon_\gamma=\varepsilon_\alpha$	$\varepsilon_\gamma=\varepsilon_\alpha+\varepsilon_\beta$
当量齿数		z_v		$z_{v1}=\frac{z_1}{\cos^2\beta_b\cos\beta}\approx\frac{z_1}{\cos^3\beta}$ $z_{v2}=\frac{z_2}{\cos^2\beta_b\cos\beta}\approx\frac{z_2}{\cos^3\beta}$

注：有“±”或“∓”处，上面的符号用于外啮合，下面的符号用于内啮合。

4.2 高变位齿轮传动的几何计算

表 12-1-24 高变位齿轮传动的几何计算

项目		代号	计算公式及说明	
			直齿轮(外啮合、内啮合)	斜齿轮(外啮合、内啮合)
分度圆直径		d	$d_1=mz_1$ $d_2=mz_2$	$d_1=m_tz_1=\frac{m_nz_1}{\cos\beta}$ $d_2=m_tz_2=\frac{m_nz_2}{\cos\beta}$
齿顶高	外啮合	h_a	$h_{a1}=(h_a^*+x_1)m$	$h_{a1}=(h_{an}^*+x_{n1})m_n$
	内啮合		$h_{a1}=(h_a^*+x_1)m$ $\Delta h_a^*=\frac{(h_a^*-x_2)^2}{z_2\tan^2\alpha}$是为避免过渡曲线干涉而将齿顶高系数减小的量。当 $h_a^*=1$、$\alpha=20°$时 $\Delta h_a^*=\frac{7.55(1-x_2)^2}{z_2}$	$h_{a1}=(h_{an}^*+x_{n1})m_n$ $\Delta h_{an}^*=\frac{(h_{an}^*-x_{n2})^2\cos^3\beta}{z_2\tan^2\alpha_n}$是为避免过渡曲线干涉而将齿顶高系数减小的量。当 $h_{an}^*=1$、$\alpha_n=20°$时 $\Delta h_{an}^*=\frac{7.55(1-x_{n2})^2\cos^3\beta}{z_2}$
齿根高		h_f	$h_{f1}=(h_a^*+c^*-x_1)m$ $h_{f2}=(h_a^*+c^*\mp x_2)m$	$h_{f1}=(h_{an}^*+c_n^*-x_{n1})m_n$ $h_{f2}=(h_{an}^*+c_n^*\mp x_{n2})m_n$
齿高		h	$h_1=h_{a1}+h_{f1}$ $h_2=h_{a2}+h_{f2}$	$h_1=h_{a1}+h_{f1}$ $h_2=h_{a2}+h_{f2}$

续表

项目		代号	计算公式及说明	
			直齿轮(外啮合、内啮合)	斜齿轮(外啮合、内啮合)
齿顶圆直径		d_a	$d_{a1}=d_1+2h_{a1}$ $d_{a2}=d_2\pm 2h_{a2}$	$d_{a1}=d_1+2h_{a1}$ $d_{a2}=d_2\pm 2h_{a2}$
齿根圆直径		d_f	$d_{f1}=d_1-2h_{f1}$ $d_{f2}=d_2\mp 2h_{f2}$	$d_{f1}=d_1-2h_{f1}$ $d_{f2}=d_2\mp 2h_{f2}$
中 心 距		a	$a=\frac{1}{2}(d_2\pm d_1)=\frac{m}{2}(z_2\pm z_1)$	$a=\frac{1}{2}(d_2\pm d_1)=\frac{m_n}{2\cos\beta}(z_2\pm z_1)$
			一般希望 a 为圆整的数值	
基圆直径		d_b	$d_{b1}=d_1\cos\alpha$ $d_{b2}=d_2\cos\alpha$	$d_{b1}=d_1\cos\alpha_t$ $d_{b2}=d_2\cos\alpha_t$
齿顶圆压力角		α_a	$\alpha_{a1}=\arccos\frac{d_{b1}}{d_{a1}}$ $\alpha_{a2}=\arccos\frac{d_{b2}}{d_{a2}}$	$\alpha_{at1}=\arccos\frac{d_{b1}}{d_{a1}}$ $\alpha_{at2}=\arccos\frac{d_{b2}}{d_{a2}}$
重合度	端面重合度	ε_α	$\varepsilon_\alpha=\frac{1}{2\pi}[z_1(\tan\alpha_{a1}-\tan\alpha)\pm z_2(\tan\alpha_{a2}-\tan\alpha)]$	$\varepsilon_\alpha=\frac{1}{2\pi}[z_1(\tan\alpha_{at1}-\tan\alpha_t)\pm z_2(\tan\alpha_{at2}-\tan\alpha_t)]$
			α(或 α_n)$=20°$的 ε_α 可由图 12-1-27 或图 12-1-29 查出	
	纵向重合度	ε_β	$\varepsilon_\beta=0$	$\varepsilon_\beta=\frac{b\sin\beta}{\pi m_n}$
	总重合度	ε_γ	$\varepsilon_\gamma=\varepsilon_\alpha$	$\varepsilon_\gamma=\varepsilon_\alpha+\varepsilon_\beta$
当量齿数		z_v		$z_{v1}=\frac{z_1}{\cos^2\beta_b\cos\beta}\approx\frac{z_1}{\cos^3\beta}$ $z_{v2}=\frac{z_2}{\cos^2\beta_b\cos\beta}\approx\frac{z_2}{\cos^3\beta}$

注：1. 有“±”或“∓”处，上面的符号用于外啮合，下面的符号用于内啮合。

2. 对插齿加工的齿轮，当要求准确保证标准的顶隙时，d_a 和 d_f 应按表 12-1-25 计算。

4.3 角变位齿轮传动的几何计算

表 12-1-25　　角变位齿轮传动的几何计算

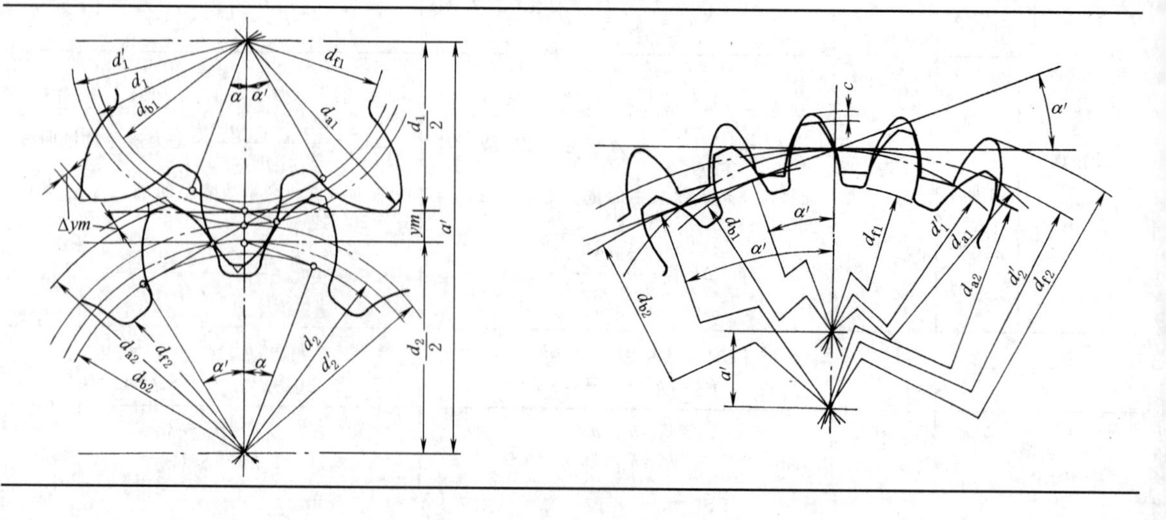

续表

类别	项目	代号	计算公式及说明：直齿轮（外啮合、内啮合）	计算公式及说明：斜齿轮（外啮合、内啮合）
	分度圆直径	d	$d_1=mz_1$ $d_2=mz_2$	$d_1=m_t z_1=\dfrac{m_n z_1}{\cos\beta}$ $d_2=m_t z_2=\dfrac{m_n z_2}{\cos\beta}$
已知 x 求 a'	啮合角	α'	$\mathrm{inv}\alpha'=\dfrac{2(x_2\pm x_1)\tan\alpha}{z_2\pm z_1}+\mathrm{inv}\alpha$	$\mathrm{inv}\alpha'_t=\dfrac{2(x_{n2}\pm x_{n1})\tan\alpha_n}{z_2\pm z_1}+\mathrm{inv}\alpha_t$
			$\mathrm{inv}\alpha$ 可由表 12-1-28 查出	
	中心距变动系数	y	$y=\dfrac{z_2\pm z_1}{2}\left(\dfrac{\cos\alpha}{\cos\alpha'}-1\right)$	$y_t=\dfrac{z_2\pm z_1}{2}\left(\dfrac{\cos\alpha_t}{\cos\alpha'_t}-1\right)$
	中心距	a'	$a'=\dfrac{1}{2}(d_2\pm d_1)+ym=m\left(\dfrac{z_2\pm z_1}{2}+y\right)$	$a'=\dfrac{1}{2}(d_2\pm d_1)+y_t m_t=\dfrac{m_n}{\cos\beta}\left(\dfrac{z_2\pm z_1}{2}+y_t\right)$
已知 a' 求 x	未变位时的中心距	a	$a=\dfrac{m}{2}(z_2\pm z_1)$	$a=\dfrac{m_n}{2\cos\beta}(z_2\pm z_1)$
	中心距变动系数	y	$y=\dfrac{a'-a}{m}$	$y_t=\dfrac{a'-a}{m_t}$ $y_n=\dfrac{a'-a}{m_n}$
	啮合角	α'	$\cos\alpha'=\dfrac{a}{a'}\cos\alpha$	$\cos\alpha'_t=\dfrac{a}{a'}\cos\alpha_t$
	总变位系数	x_Σ	$x_\Sigma=(z_2\pm z_1)\dfrac{\mathrm{inv}\alpha'-\mathrm{inv}\alpha}{2\tan\alpha}$	$x_{n\Sigma}=(z_2\pm z_1)\dfrac{\mathrm{inv}\alpha'_t-\mathrm{inv}\alpha_t}{2\tan\alpha_n}$
			$\mathrm{inv}\alpha$ 可由表 12-1-28 查出	
	变位系数	x	$x_\Sigma=x_2\pm x_1$	$x_{n\Sigma}=x_{n2}\pm x_{n1}$
			外啮合齿轮变位系数的分配见表 12-1-16	
滚齿	齿顶高变动系数	Δy	$\Delta y=(x_2\pm x_1)-y$	$\Delta y_n=(x_{n2}\pm x_{n1})-y_n$
	齿顶高	h_a	$h_{a1}=(h_a^*+x_1\mp\Delta y)m$ $h_{a2}=(h_a^*\pm x_2\mp\Delta y)m$	$h_{a1}=(h_{an}^*+x_{n1}\mp\Delta y_n)m_n$ $h_{a2}=(h_{an}^*\pm x_{n2}\mp\Delta y_n)m_n$
	齿根高	h_f	$h_{f1}=(h_a^*+c^*-x_1)m$ $h_{f2}=(h_a^*+c^*\mp x_2)m$	$h_{f1}=(h_{an}^*+c_n^*-x_{n1})m_n$ $h_{f2}=(h_{an}^*+c_n^*\mp x_{n2})m_n$
	齿高	h	$h_1=h_{a1}+h_{f1}$ $h_2=h_{a2}+h_{f2}$	$h_1=h_{a1}+h_{f1}$ $h_2=h_{a2}+h_{f2}$
	齿顶圆直径（外啮合）	d_a	$d_{a1}=d_1+2h_{a1}$ $d_{a2}=d_2+2h_{a2}$	$d_{a1}=d_1+2h_{a1}$ $d_{a2}=d_2+2h_{a2}$
	齿顶圆直径（内啮合）	d_a	$d_{a1}=d_1+2h_{a1}$ $d_{a2}=d_2-2h_{a2}$ 为避免小齿轮齿根过渡曲线干涉，d_{a2} 应满足下式 $d_{a2}\geqslant\sqrt{d_{b2}^2+(2a'\sin\alpha'+2\rho)^2}$ 式中　$\rho=m\left(\dfrac{z_1\sin\alpha}{2}-\dfrac{h_a^*-x_1}{\sin\alpha}\right)$	$d_{a1}=d_1+2h_{a1}$ $d_{a2}=d_2-2h_{a2}$ 为避免小齿轮齿根过渡曲线干涉，d_{a2} 应满足下式 $d_{a2}\geqslant\sqrt{d_{b2}^2+(2a'\sin\alpha'_t+2\rho)^2}$ 式中　$\rho=m_t\left(\dfrac{z_1\sin\alpha_t}{2}-\dfrac{h_{at}^*-x_{t1}}{\sin\alpha_t}\right)$
	齿根圆直径	d_f	$d_{f1}=d_1-2h_{f1}$ $d_{f2}=d_2\mp 2h_{f2}$	$d_{f1}=d_1-2h_{f1}$ $d_{f2}=d_2\mp 2h_{f2}$

续表

项目			代号	计算公式及说明	
				直齿轮(外啮合、内啮合)	斜齿轮(外啮合、内啮合)
插齿	插齿刀参数		z_0 x_0 d_{a0}	按表 12-1-29 或根据现场情况选用插齿刀,并确定其参数 z_0、x_0(或 x_{n0})、d_{a0},设计时可按中等磨损程度考虑,即可取 x_0(或 x_{n0})$=0$,$d_{a0}=m(z_0+2h_{a0}^*)$	
插齿	切齿时的啮合角		α'_0	$\mathrm{inv}\alpha'_{01}=\dfrac{2(x_1+x_0)\tan\alpha}{z_1+z_0}+\mathrm{inv}\alpha$ $\mathrm{inv}\alpha'_{02}=\dfrac{2(x_2\pm x_0)\tan\alpha}{z_2\pm z_0}+\mathrm{inv}\alpha$	$\mathrm{inv}\alpha'_{t01}=\dfrac{2(x_{n1}+x_{n0})\tan\alpha_n}{z_1+z_0}+\mathrm{inv}\alpha_t$ $\mathrm{inv}\alpha'_{t02}=\dfrac{2(x_{n2}\pm x_{n0})\tan\alpha_n}{z_2\pm z_0}+\mathrm{inv}\alpha_t$
插齿	切齿时的中心距变动系数		y_0	$y_{01}=\dfrac{z_1+z_0}{2}\left(\dfrac{\cos\alpha}{\cos\alpha'_{01}}-1\right)$ $y_{02}=\dfrac{z_2\pm z_0}{2}\left(\dfrac{\cos\alpha}{\cos\alpha'_{02}}-1\right)$	$y_{t01}=\dfrac{z_1+z_0}{2}\left(\dfrac{\cos\alpha_t}{\cos\alpha'_{t01}}-1\right)$ $y_{t02}=\dfrac{z_2\pm z_1}{2}\left(\dfrac{\cos\alpha_t}{\cos\alpha'_{t02}}-1\right)$
插齿	切齿时的中心距		a'_0	$a'_{01}=m\left(\dfrac{z_1+z_0}{2}+y_{01}\right)$ $a'_{02}=m\left(\dfrac{z_2\pm z_0}{2}+y_{02}\right)$	$a'_{01}=\dfrac{m_n}{\cos\beta}\left(\dfrac{z_1+z_0}{2}+y_{t01}\right)$ $a'_{02}=\dfrac{m_n}{\cos\beta}\left(\dfrac{z_2\pm z_0}{2}+y_{t02}\right)$
插齿	齿根圆直径		d_f	$d_{f1}=2a'_{01}-d_{a0}$ $d_{f2}=2a'_{02}\mp d_{a0}$	$d_{f1}=2a'_{01}-d_{a0}$ $d_{f2}=2a'_{02}\mp d_{a0}$
插齿	齿顶圆直径	外啮合	d_a	$d_{a1}=2a'-d_{f2}-2c^*m$ $d_{a2}=2a'-d_{f1}-2c^*m$	$d_{a1}=2a'-d_{f2}-2c_n^*m_n$ $d_{a2}=2a'-d_{f1}-2c_n^*m_n$
插齿	齿顶圆直径	内啮合	d_a	$d_{a1}=d_{f2}-2a'-2c^*m$ $d_{a2}=2a'+d_{f1}+2c^*m$ 为避免小齿轮齿根过渡曲线干涉,d_{a2} 应满足下式 $d_{a2}\geqslant\sqrt{d_{b2}^2+(2a'\sin\alpha'+2\rho_{01\min})^2}$ 式中 $\rho_{01\min}=a'_{01}\sin\alpha'_{01}-\dfrac{1}{2}\sqrt{d_{a0}^2-d_{b0}^2}$	$d_{a1}=d_{f2}-2a'-2c_n^*m_n$ $d_{a2}=2a'+d_{f1}+2c_n^*m_n$ 为避免小齿轮齿根过渡曲线干涉,d_{a2} 应满足下式 $d_{a2}\geqslant\sqrt{d_{b2}^2+(2a'\sin\alpha'_t+2\rho_{01\min})^2}$ 式中 $\rho_{01\min}=a'_{01}\sin\alpha'_{t01}-\dfrac{1}{2}\sqrt{d_{a0}^2-d_{b0}^2}$
节圆直径			d'	$d'_1=2a'\dfrac{z_1}{z_2\pm z_1}$ $d'_2=2a'\dfrac{z_2}{z_2\pm z_1}$	$d'_1=2a'\dfrac{z_1}{z_2\pm z_1}$ $d'_2=2a'\dfrac{z_2}{z_2\pm z_1}$
基圆直径			d_b	$d_{b1}=d_1\cos\alpha$ $d_{b2}=d_2\cos\alpha$	$d_{b1}=d_1\cos\alpha_t$ $d_{b2}=d_2\cos\alpha_t$
齿顶圆压力角			α_a	$\alpha_{a1}=\arccos\dfrac{d_{b1}}{d_{a1}}$ $\alpha_{a2}=\arccos\dfrac{d_{b2}}{d_{a2}}$	$\alpha_{at1}=\arccos\dfrac{d_{b1}}{d_{a1}}$ $\alpha_{at2}=\arccos\dfrac{d_{b2}}{d_{a2}}$
重合度	端面重合度		ε_α	$\varepsilon_\alpha=\dfrac{1}{2\pi}[z_1(\tan\alpha_{a1}-\tan\alpha')\pm z_2(\tan\alpha_{a2}-\tan\alpha')]$	$\varepsilon_\alpha=\dfrac{1}{2\pi}[z_1(\tan\alpha_{at1}-\tan\alpha'_t)\pm z_2(\tan\alpha_{at2}-\tan\alpha'_t)]$
重合度	端面重合度		ε_α	α(或 α_n)$=20°$的 ε_α 可由图 12-1-27 查出	
重合度	纵向重合度		ε_β	$\varepsilon_\beta=0$	$\varepsilon_\beta=\dfrac{b\sin\beta}{\pi m_n}$
重合度	总重合度		ε_γ	$\varepsilon_\gamma=\varepsilon_\alpha$	$\varepsilon_\gamma=\varepsilon_\alpha+\varepsilon_\beta$
当量齿数			z_v		$z_{v1}=\dfrac{z_1}{\cos^2\beta_b\cos\beta}\approx\dfrac{z_1}{\cos^3\beta}$ $z_{v2}=\dfrac{z_2}{\cos^2\beta_b\cos\beta}\approx\dfrac{z_2}{\cos^3\beta}$

注:1. 有"±"或"∓"处,上面的符号用于外啮合,下面的符号用于内啮合。

2. 对插齿加工的齿轮,当不要求准确保证标准的顶隙时,可以近似按滚齿加工的方法计算,这对于 $x<1.5$ 的齿轮,一般并不会产生很大的误差。

例 1 已知外啮合直齿轮，$\alpha=20°$、$h_a^*=1$、$z_1=22$、$z_2=65$、$m=4\text{mm}$、$x_1=0.57$、$x_2=0.63$，用滚齿法加工，求其中心距和齿顶圆直径。

解 （1）中心距

$$\text{inv}\alpha'=\frac{2(x_2+x_1)\tan\alpha}{z_2+z_1}+\text{inv}\alpha=\frac{2\times(0.63+0.57)\tan20°}{65+22}+\text{inv}20°=0.024945$$

由表 12-1-28 查得 $\alpha'=23°35'$。

$$y=\frac{z_2+z_1}{2}\left(\frac{\cos\alpha}{\cos\alpha'}-1\right)=\frac{65+22}{2}\times\left(\frac{\cos20°}{\cos23°35'}-1\right)=1.1018$$

$$a'=m\left(\frac{z_2+z_1}{2}+y\right)=4\times\left(\frac{65+22}{2}+1.1018\right)=178.41\text{mm}$$

（2）齿顶圆直径

$$\Delta y=(x_2+x_1)-y=(0.63+0.57)-1.1018=0.0982$$

$$d_{a1}=mz_1+2(h_a^*+x_1-\Delta y)m=4\times22+2\times(1+0.57-0.0982)\times4=99.77\text{mm}$$

$$d_{a2}=mz_2+2(h_a^*+x_2-\Delta y)m=4\times65+2\times(1+0.63-0.0982)\times4=272.25\text{mm}$$

例 2 例 1的齿轮用 $z_0=25$、$h_{a0}^*=1.25$ 的插齿刀加工，求齿顶圆直径。

解 插齿刀按中等磨损程度考虑，$x_0=0$，$d_{a0}=m(z_0+2h_{a0}^*)=4\times(25+2\times1.25)=110\text{mm}$

$$\text{inv}\alpha'_{01}=\frac{2(x_1+x_0)\tan\alpha}{z_1+z_0}+\text{inv}\alpha=\frac{2\times0.57\tan20°}{22+25}+\text{inv}20°=0.0237326$$

由表 12-1-28 查得 $\alpha'_{01}=23°13'$。

$$\text{inv}\alpha'_{02}=\frac{2(x_2+x_0)\tan\alpha}{z_2+z_0}+\text{inv}\alpha=\frac{2\times0.63\tan20°}{65+25}+\text{inv}20°=0.0200000$$

由表 12-1-28 查得 $\alpha'_{02}=21°59'$。

$$y_{01}=\frac{z_1+z_0}{2}\left(\frac{\cos\alpha}{\cos\alpha'_{01}}-1\right)=\frac{22+25}{2}\left(\frac{\cos20°}{\cos23°13'}-1\right)=0.5286$$

$$y_{02}=\frac{z_2+z_0}{2}\left(\frac{\cos\alpha}{\cos\alpha'_{02}}-1\right)=\frac{65+25}{2}\left(\frac{\cos20°}{\cos21°59'}-1\right)=0.6017$$

$$a'_{01}=m\left(\frac{z_1+z_0}{2}+y_{01}\right)=4\times\left(\frac{22+25}{2}+0.5286\right)=96.11\text{mm}$$

$$a'_{02}=m\left(\frac{z_2+z_0}{2}+y_{02}\right)=4\times\left(\frac{65+25}{2}+0.6017\right)=182.41\text{mm}$$

$$d_{f1}=2a'_{01}-d_{a0}=2\times96.11-110=82.22\text{mm}$$

$$d_{f2}=2a'_{02}-d_{a0}=2\times182.41-110=254.82\text{mm}$$

$$d_{a1}=2a'-d_{f2}-2c^*m=2\times178.41-254.82-2\times0.25\times4=100\text{mm}$$

$$d_{a2}=2a'-d_{f1}-2c^*m=2\times178.41-82.22-2\times0.25\times4=272.6\text{mm}$$

4.4 齿轮与齿条传动的几何计算

表 12-1-26 齿轮与齿条传动的几何计算

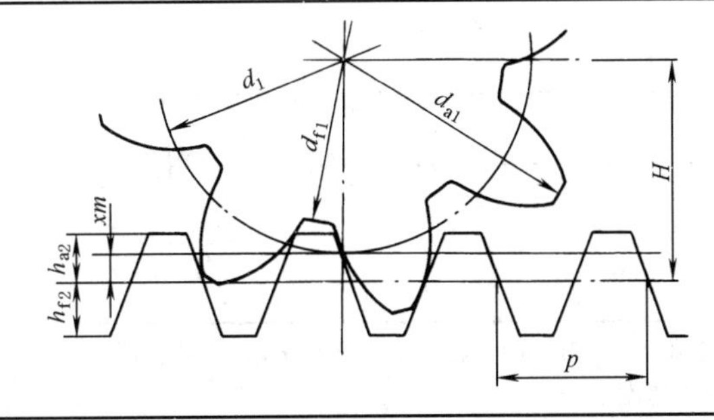

续表

项目	代号	计算公式及说明	
		直齿	斜齿
分度圆直径与齿条运动速度的关系		$d_1=\dfrac{60000v}{\pi n_1}$	
分度圆直径	d	$d_1=mz_1$	$d_1=\dfrac{m_n z_1}{\cos\beta}$
齿顶高	h_a	$h_{a1}=(h_a^*+x_1)m$	$h_{a1}=(h_{an}^*+x_{n1})m_n$
齿根高	h_f	$h_{f1}=(h_a^*+c^*-x_1)m$	$h_{f1}=(h_{an}^*+c_n^*-x_{n1})m_n$
齿高	h	$h_1=h_{a1}+h_{f1}$ $h_2=h_{a2}+h_{f2}$	$h_1=h_{a1}+h_{f1}$ $h_2=h_{a2}+h_{f2}$
齿顶圆直径	d_a	$d_{a1}=d_1+2h_{a1}$	$d_{a1}=d_1+2h_{a1}$
齿根圆直径	d_f	$d_{f1}=d_1-2h_{f1}$	$d_{f1}=d_1-2h_{f1}$
齿距	p	$p=\pi m$	$p_n=\pi m_n$ $p_t=\pi m_t$
齿轮中心到齿条基准线距离	H	$H=\dfrac{d_1}{2}+xm$	$H=\dfrac{d_1}{2}+x_n m_n$
基圆直径	d_b	$d_{b1}=d_1\cos\alpha$	$d_{b1}=d_1\cos\alpha_t$
齿顶圆压力角	α_a	$\alpha_{a1}=\arccos\dfrac{d_{b1}}{d_{a1}}$	$\alpha_{at1}=\arccos\dfrac{d_{b1}}{d_{a1}}$
重合度 端面重合度 计算法	ε_α	$\varepsilon_\alpha=\dfrac{1}{2\pi}\left[z_1(\tan\alpha_{a1}-\tan\alpha)+\dfrac{4(h_a^*-x_1)}{\sin(2\alpha)}\right]$	$\varepsilon_\alpha=\dfrac{1}{2\pi}\left[z_1(\tan\alpha_{at1}-\tan\alpha_t)+\dfrac{4(h_{an}^*-x_{n1})\cos\beta}{\sin(2\alpha_t)}\right]$
重合度 端面重合度 查图法	ε_α	$\varepsilon_\alpha=(1+x_1)\varepsilon_{\alpha1}+\varepsilon_{\alpha2}$	$\varepsilon_\alpha=(1+x_{n1})\varepsilon_{\alpha1}+\varepsilon_{\alpha2}$
		$\varepsilon_{\alpha1}$ 按$\dfrac{z_1}{1+x_{n1}}$和β查图 12-1-29，$\varepsilon_{\alpha2}$ 按 x_{n1} 和β查图 12-1-30	
重合度 纵向重合度	ε_β	$\varepsilon_\beta=0$	$\varepsilon_\beta=\dfrac{b\sin\beta}{\pi m_n}$
重合度 总重合度	ε_γ	$\varepsilon_\gamma=\varepsilon_\alpha$	$\varepsilon_\gamma=\varepsilon_\alpha+\varepsilon_\beta$
当量齿数	z_v		$z_{v1}\approx\dfrac{z_1}{\cos^3\beta}$

注：1. 表中的公式是按变位齿轮给出的，对标准齿轮，将 x_1（或 x_{n1}）= 0 代入即可。

2. n_1—齿轮转速，r/min；v—齿条速度，m/s。

4.5 交错轴斜齿轮传动的几何计算

表 12-1-27　　交错轴斜齿轮传动的几何计算

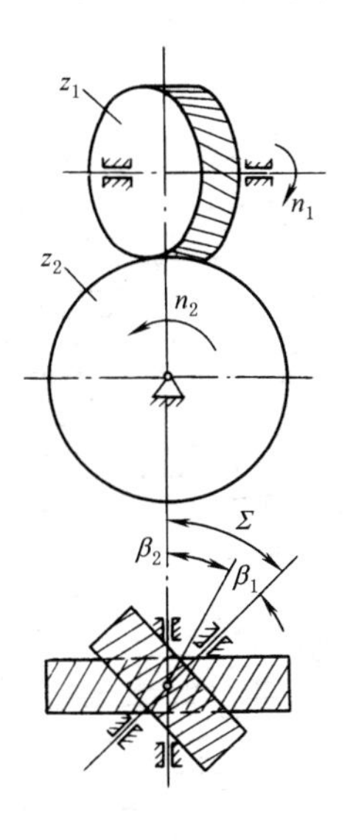

名称	代号	计算公式	说明
轴交角	Σ	由结构设计确定	
螺旋角	β	旋向相同：$\beta_1+\beta_2=\Sigma$	一般采用较多
		旋向相反：$\beta_1-\beta_2=\Sigma$ （或 $\beta_2-\beta_1=\Sigma$）	多用于 Σ 较小时
中心距	a	$a=\frac{1}{2}(d_1+d_2)$ $=\frac{m_n}{2}\left(\frac{z_1}{\cos\beta_1}+\frac{z_2}{\cos\beta_2}\right)$	
齿数比	u	$u=\frac{z_2}{z_1}=\frac{d_2\cos\beta_2}{d_1\cos\beta_1}$	齿数比不等于分度圆直径比
当 $\Sigma=90°$ 时			
中心距	a	$a=\frac{m_n z_1}{2}\left(\frac{1}{\sin\beta_2}+\frac{u}{\cos\beta_2}\right)$	
中心距最小的条件		$\cot\beta_2=\sqrt[3]{u}$	当 m_n、z_1、u 给定时，按此条件可得出最紧凑的结构

注：1. 交错轴斜齿轮实际上是两个螺旋角不相等（或螺旋角相等，但旋向相同）的斜齿轮，因此其他尺寸的计算与斜齿轮相同，可按表 12-1-23 进行。

2. 轮齿啮合为点接触，接触应力大，传动效率和承载能力较低，一般用于轻载和传递运动的场合。

4.6 几何计算中使用的数表和线图

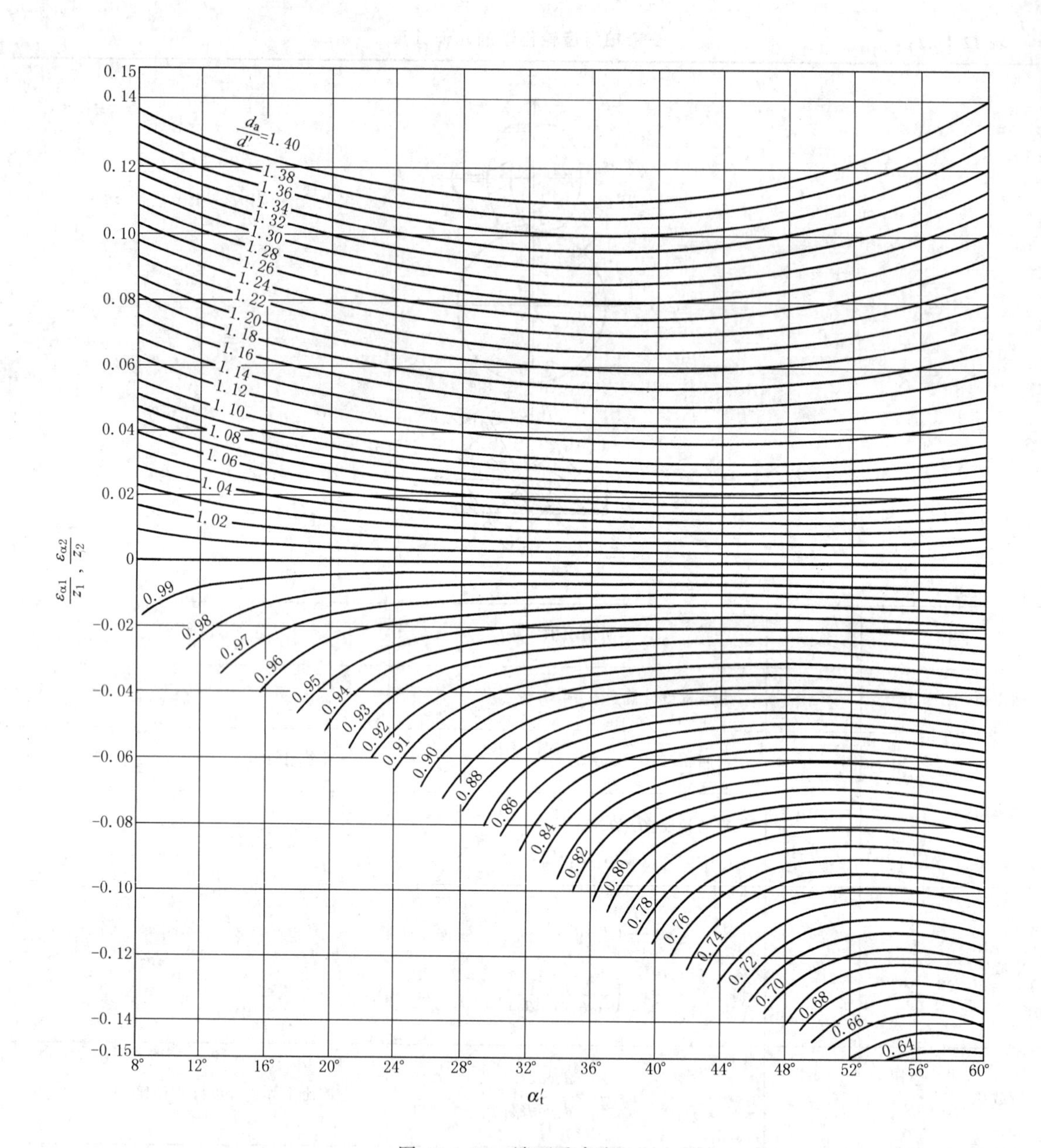

图 12-1-27 端面重合度 ε_α

注：1. 本图适用于 α(或 α_n)= 20°的各种平行轴齿轮传动。对于外啮合的标准齿轮和高变位齿轮传动，使用图 12-1-29 则更为方便。

2. 使用方法：按 α_t' 和 $\frac{d_{a1}}{d_1'}$ 查出 $\frac{\varepsilon_{\alpha1}}{z_1}$，按 α_t' 和 $\frac{d_{a2}}{d_2'}$ 查出 $\frac{\varepsilon_{\alpha2}}{z_2}$，则 $\varepsilon_\alpha = z_1\frac{\varepsilon_{\alpha1}}{z_1} \pm z_2\frac{\varepsilon_{\alpha2}}{z_2}$，式中“+”用于外啮合，“-”用于内啮合。

3. α_t' 可由表 12-1-28 查得。

例 1 已知外啮合齿轮传动，$z_1 = 18$、$z_2 = 80$，节圆直径 $d_1' = 91.84$mm、$d_2' = 408.16$mm，齿顶圆直径 $d_{a1} = 101.73$mm、$d_{a2} = 418.13$mm，啮合角 $\alpha_t' = 22°57'$。

根据 $\alpha_t'=22°57'$，按 $\frac{d_{a1}}{d_1'}=\frac{101.73}{91.84}=1.108$，$\frac{d_{a2}}{d_2'}=\frac{418.13}{408.16}=1.024$，分别由图 12-1-27 查得 $\frac{\varepsilon_{\alpha1}}{z_1}=0.039$，$\frac{\varepsilon_{\alpha2}}{z_2}=0.0105$，则

$$\varepsilon_\alpha=z_1\frac{\varepsilon_{\alpha1}}{z_1}+z_2\frac{\varepsilon_{\alpha2}}{z_2}=18\times0.039+80\times0.0105=1.54$$

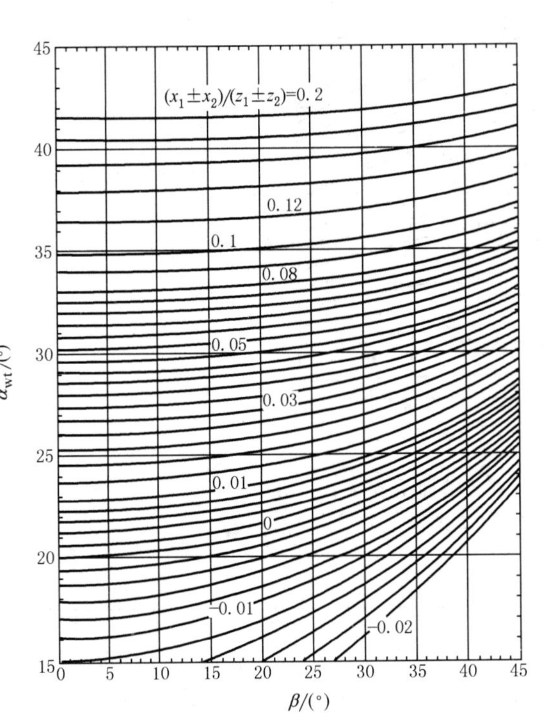

图 12-1-28　端面啮合角 α_{wt}（$\alpha_P=20°$）

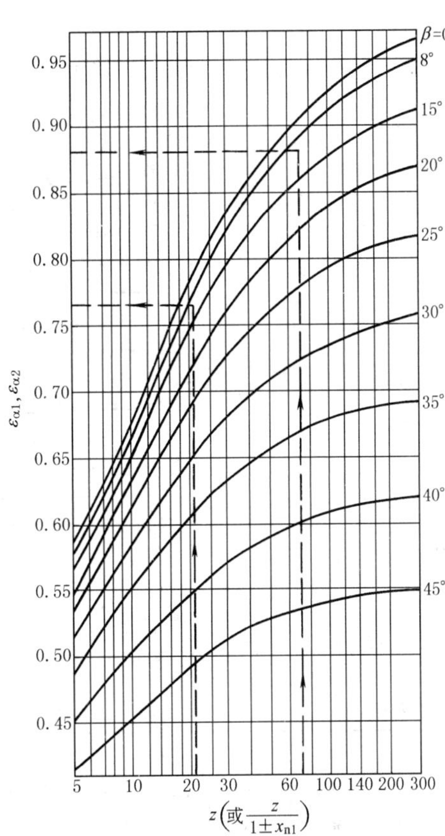

图 12-1-29　外啮合标准齿轮传动和高变位齿轮传动的端面重合度 ε_α

（$\alpha=\alpha_n=20°$、$h_a^*=h_{an}^*=1$）

注：使用方法如下。

1. 标准齿轮（$h_{a1}=h_{a2}=m_n$）：按 z_1 和 β 查出 $\varepsilon_{\alpha1}$，按 z_2 和 β 查出 $\varepsilon_{\alpha2}$，$\varepsilon_\alpha=\varepsilon_{\alpha1}+\varepsilon_{\alpha2}$。
2. 高变位齿轮[$h_{a1}=(1+x_{n1})m_n$、$h_{a2}=(1-x_{n1})m_n$]：

按$\frac{z_1}{1+x_{n1}}$和 β 查出 $\varepsilon_{\alpha1}$，按$\frac{z_2}{1-x_{n1}}$和 β 查出 $\varepsilon_{\alpha2}$，

$$\varepsilon_\alpha=(1+x_{n1})\varepsilon_{\alpha1}+(1-x_{n1})\varepsilon_{\alpha2}$$

例 2　①外啮合斜齿标准齿轮传动，$z_1=21$、$z_2=74$、$\beta=12°$。根据 z_1 和 β 及 z_2 和 β，由图 12-1-29 分别查出 $\varepsilon_{\alpha1}=0.765$，$\varepsilon_{\alpha2}=0.88$（图中虚线），则

$$\varepsilon_\alpha=\varepsilon_{\alpha1}+\varepsilon_{\alpha2}=0.765+0.88=1.65$$

②外啮合斜齿高变位齿轮传动，$z_1=21$、$z_2=74$、$\beta=12°$、$x_{n1}=0.5$、$x_{n2}=-0.5$。

根据$\frac{z_1}{1+x_{n1}}=\frac{21}{1+0.5}=14$和$\frac{z_2}{1-x_{n1}}=\frac{74}{1-0.5}=148$，由图 12-1-29 分别查出 $\varepsilon_{\alpha1}=0.705$，$\varepsilon_{\alpha2}=0.915$，则

$$\varepsilon_\alpha=(1+x_{n1})\varepsilon_{\alpha1}+(1-x_{n1})\varepsilon_{\alpha2}=(1+0.5)\times0.705+(1-0.5)\times0.915=1.52$$

例 3　已知直齿齿轮齿条传动，$z_1=18$、$x_1=0.4$。

按$\frac{z_1}{1+x_1}=\frac{18}{1+0.4}=12.86$，$\beta=0°$，由图 12-1-29 查出 $\varepsilon_{\alpha1}=0.72$；按 $x_{n1}=0.4$，$\beta=0°$，由图 12-1-30 查出 $\varepsilon_{\alpha2}=0.586$，则

$$\varepsilon_\alpha=(1+x_1)\times\varepsilon_{\alpha1}+\varepsilon_{\alpha2}=(1+0.4)\times0.72+0.586=1.59$$

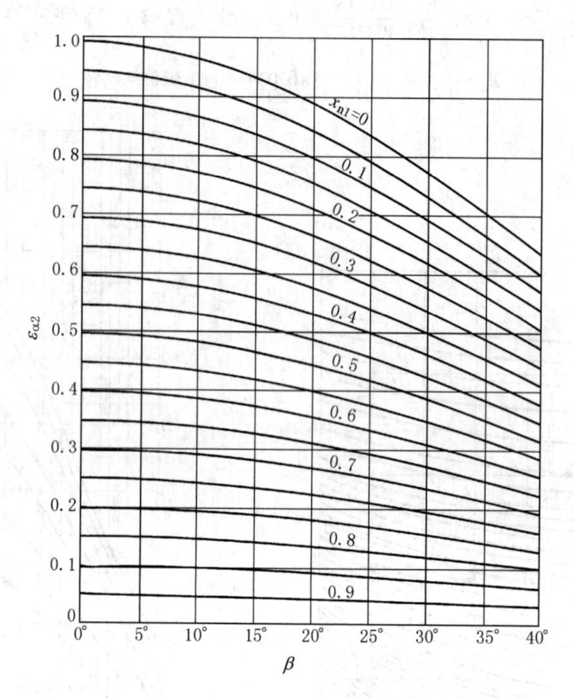

图 12-1-30　齿轮齿条传动的部分端面重合度 $\varepsilon_{\alpha2}$

($\alpha=\alpha_n=20°$、$h_a^*=h_{an}^*=1$)

表 12-1-28　　**渐开线函数 invα=tanα-α**

α/(°)		0′	5′	10′	15′	20′	25′	30′	35′	40′	45′	50′	55′
10	0.00	17941	18397	18860	19332	19812	20299	20795	21299	21810	22330	22859	23396
11	0.00	23941	24495	25057	25628	26208	26797	27394	28001	28616	29241	29875	30518
12	0.00	31171	31832	32504	33185	33875	34575	35285	36005	36735	37474	38224	38984
13	0.00	39754	40534	41325	42126	42938	43760	44593	45437	46291	47157	48033	48921
14	0.00	49819	50729	51650	52582	53526	54482	55448	56427	57417	58420	59434	60460
15	0.00	61498	62548	63611	64686	65773	66873	67985	69110	70248	71398	72561	73738
16	0.0	07493	07613	07735	07857	07982	08107	08234	08362	08492	08623	08756	08889
17	0.0	09025	09161	09299	09439	09580	09722	09866	10012	10158	10307	10456	10608
18	0.0	10760	10915	11071	11228	11387	11547	11709	11873	12038	12205	12373	12543
19	0.0	12715	12888	13063	13240	13418	13598	13779	13963	14148	14334	14523	14713
20	0.0	14904	15098	15293	15490	15689	15890	16092	16296	16502	16710	16920	17132
21	0.0	17345	17560	17777	17996	18217	18440	18665	18891	19120	19350	19583	19817
22	0.0	20054	20292	20533	20775	21019	21266	21514	21765	22018	22272	22529	22788
23	0.0	23049	23312	23577	23845	24114	24386	24660	24936	25214	25495	25778	26062
24	0.0	26350	26639	26931	27225	27521	27820	28121	28424	28729	29037	29348	29660
25	0.0	29975	30293	30613	30935	31260	31587	31917	32249	32583	32920	33260	33602
26	0.0	33947	34294	34644	34997	35352	35709	36069	36432	36798	37166	37537	37910
27	0.0	38287	38666	39047	39432	39819	40209	40602	40997	41395	41797	42201	42607
28	0.0	43017	43430	43845	44264	44685	45110	45537	45967	46400	46837	47276	47718
29	0.0	48164	48612	49064	49518	49976	50437	50901	51368	51838	52312	52788	53268

续表

α/(°)		0′	5′	10′	15′	20′	25′	30′	35′	40′	45′	50′	55′
30	0.0	53751	54238	54728	55221	55717	56217	56720	57226	57736	58249	58765	59285
31	0.0	59809	60336	60866	61400	61937	62478	63022	63570	64122	64677	65236	65799
32	0.0	66364	66934	67507	68084	68665	69250	69838	70430	71026	71626	72230	72838
33	0.0	73449	74064	74684	75307	75934	76565	77200	77839	78483	79130	79781	80437
34	0.0	81097	81760	82428	83100	83777	84457	85142	85832	86525	87223	87925	88631
35	0.0	89342	90058	90777	91502	92230	92963	93701	94443	95190	95942	96698	97459
36	0.	09822	09899	09977	10055	10133	10212	10292	10371	10452	10533	10614	10696
37	0.	10778	10861	10944	11028	11113	11197	11283	11369	11455	11542	11630	11718
38	0.	11806	11895	11985	12075	12165	12257	12348	12441	12534	12627	12721	12815
39	0.	12911	13006	13102	13199	13297	13395	13493	13592	13692	13792	13893	13995
40	0.	14097	14200	14303	14407	14511	14616	14722	14829	14936	15043	15152	15261
41	0.	15370	15480	15591	15703	15815	15928	16041	16156	16270	16386	16502	16619
42	0.	16737	16855	16974	17093	17214	17336	17457	17579	17702	17826	17951	18076
43	0.	18202	18329	18457	18585	18714	18844	18975	19106	19238	19371	19505	19639
44	0.	19774	19910	20047	20185	20323	20463	20603	20743	20885	21028	21171	21315
45	0.	21460	21606	21753	21900	22049	22198	22348	22499	22651	22804	22958	23112
46	0.	23268	23424	23582	23740	23899	24059	24220	24382	24545	24709	24874	25040
47	0.	25206	25374	25543	25713	25883	26055	26228	26401	26576	26752	26929	27107
48	0.	27285	27465	27646	27828	28012	28196	28381	28567	28755	28943	29133	29324
49	0.	29516	29709	29903	30098	30295	30492	30691	30891	31092	31295	31498	31703
50	0.	31909	32116	32324	32534	32745	32957	33171	33385	33601	33818	34037	34257
51	0.	34478	34700	34924	35149	35376	35604	35833	36063	36295	36529	36763	36999
52	0.	37237	37476	37716	37958	38202	38446	38693	38941	39190	39441	39693	39947
53	0.	40202	40459	40717	40977	41239	41502	41767	42034	42302	42571	42843	43116
54	0.	43390	43667	43945	44225	44506	44789	45074	45361	45650	45940	46232	46526
55	0.	46822	47119	47419	47720	48023	48328	48635	48944	49255	49568	49882	50199
56	0.	50518	50838	51161	51486	51813	52141	52472	52805	53141	53478	53817	54159
57	0.	54503	54849	55197	55547	55900	56255	56612	56972	57333	57698	58064	58433
58	0.	58804	59178	59554	59933	60314	60697	61083	61472	61863	62257	62653	63052
59	0.	63454	63858	64265	64674	65086	65501	65919	66340	66763	67189	67618	68050

例 ① inv27°15′=0.039432；

$$\mathrm{inv}27°17' = 0.039432 + \frac{2}{5} \times (0.039819 - 0.039432) = 0.039587。$$

② invα=0.0060460，由表查得 $\alpha = 14°55'$。

表 12-1-29　　直齿插齿刀的基本参数（GB/T 6081—2001）

形式	m/mm	z_0	d_0/mm	d_{a0}/mm	h_{a0}^*
	公称分度圆直径 25mm				
锥柄直齿插齿刀	1.00	26	26.00	28.72	1.25
	1.25	20	25.00	28.38	
	1.50	18	27.00	31.04	
	1.75	15	26.25	30.89	
	2.00	13	26.00	31.24	
	2.25	12	27.00	32.90	
	2.50	10	25.00	31.26	
	2.75	10	27.50	34.48	

形式	m/mm	z_0	d_0/mm	d_{a0}/mm	h_{a0}^*
	公称分度圆直径 38mm				
锥柄直齿插齿刀	1.00	38	38.0	40.72	1.25
	1.25	30	37.5	40.88	
	1.50	25	37.5	41.54	
	1.75	22	38.5	43.24	
	2.00	19	38.0	43.40	
	2.25	16	36.0	41.98	
	2.50	15	37.5	44.26	
	2.75	14	38.5	45.88	
	3.00	12	36.0	43.74	
	3.50	11	38.5	47.52	

续表

形式	m/mm	z_0	d_0/mm	d_{a0}/mm	h_{a0}^*
碗形直齿插齿刀	公称分度圆直径 50mm				
	1.00	50	50.00	52.72	1.25
	1.25	40	50.00	53.38	
	1.50	34	51.00	55.04	
	1.75	29	50.75	55.49	
	2.00	25	50.00	55.40	
	2.25	22	49.50	55.56	
	2.50	20	50.00	56.76	
	2.75	18	49.50	56.92	
	3.00	17	51.00	59.10	
	3.50	14	49.00	58.44	
	公称分度圆直径 75mm				
	1.00	76	76.00	78.72	1.25
	1.25	60	75.00	78.38	
	1.50	50	75.00	79.04	
	1.75	43	75.25	79.99	
	2.00	38	76.00	81.40	
	2.25	34	76.50	82.56	
	2.50	30	75.00	81.76	
	2.75	28	77.00	84.42	
	3.00	25	75.00	83.10	
	3.50	22	77.00	86.44	
	4.00	19	76.00	86.80	
盘形直齿插齿刀	公称分度圆直径 75mm				
	1.00	76	76.00	78.50	1.25
	1.25	60	75.00	78.56	
	1.50	50	75.00	79.56	
	1.75	43	75.25	80.67	
	2.00	38	76.00	82.24	
	2.25	34	76.50	83.48	
	2.50	30	75.00	82.34	
	2.75	28	77.00	84.92	
	3.00	25	75.00	83.34	
	3.50	22	77.00	86.44	
	4.00	19	76.00	86.32	
盘形直齿插齿刀、碗形直齿插齿刀	公称分度圆直径 100mm				
	1.00	100	100.00	102.62	1.25
	1.25	80	100.00	103.94	
	1.50	68	102.00	107.14	
	1.75	58	101.50	107.62	
	2.00	50	100.00	107.00	
	2.25	45	101.25	109.09	
	2.50	40	100.00	108.36	
	2.75	36	99.00	107.86	
	3.00	34	102.00	111.54	
	3.50	29	101.50	112.08	
	4.00	25	100.00	111.46	
	4.50	22	99.00	111.78	1.3
	5.00	20	100.00	113.90	
	5.50	19	104.50	119.68	
	6.00	18	108.00	124.56	
	公称分度圆直径 125mm				
	4.0	31	124.00	136.80	1.3
	4.5	28	126.00	140.14	
	5.0	25	125.00	140.20	
	5.5	23	126.50	143.00	
	6.0	21	126.00	143.52	
	7.0	18	126.00	145.74	
	8.0	16	128.00	149.92	
盘形直齿插齿刀	公称分度圆直径 160mm				
	6.0	27	162.00	178.20	1.25
	7.0	23	161.00	179.90	
	8.0	20	160.00	181.60	
	9.0	18	162.00	186.30	
	10.0	16	160.00	187.00	
	公称分度圆直径 200mm				
	8	25	200.00	221.60	1.25
	9	22	198.00	222.30	
	10	20	200.00	227.00	
	11	18	198.00	227.70	
	12	17	204.00	236.40	

注：1. 分度圆压力角皆为 $\alpha=20°$。

2. 表中 h_{a0}^* 是在插齿刀的原始截面中的值。

4.7 ISO 21771：2007 几何计算公式

渐开线圆柱齿轮传动的几何计算从理论上来说已经没有多少难度，但是前述的公式，对于外齿轮和内齿轮采用两套公式，对于现在流行的计算机编程略显麻烦。对于 DIN 3960—1987 几何计算体系，其内齿轮齿数采用负值，将外齿轮和内齿轮公式合并为一套，使用起来较为方便。但其内齿轮的直径参数和一些与齿数有关的参数，计算结果为负值，让人感觉多少有些不习惯。为此 ISO 于 2007 年颁布 ISO 21771：2007《渐开线圆柱齿轮与齿轮副——概念与几何学》(取代标准 ISO/TR 4467：1982) 主要解决了 DIN 体系中内齿轮直径等参数均为负数的问题，发挥了其外齿轮和内齿轮采用一套公式的优势，体现了标准的人性化。德国也于 2014 年 8 月颁布了 DIN ISO 21771：2014 标准，也体现出 DIN 对几何计算 ISO 标准发展趋势的认同。

新的计算系统与 DIN 3960—1987 和中国计算公式对比主要有以下几个特点：

① 内齿轮齿数代入公式计算时采用负值；

② 内齿轮变位系数符号以增大分度圆齿厚方向为正；

③ 外齿轮和内齿轮采用相同的公式，便于计算机编程；

④ 使用$\frac{z}{|z|}$符号以区别内、外齿轮在计算时的不同，比国内传统的±或∓符号更加简洁，减少出错的可能性；

⑤ 内齿轮参数均为正值，符合人们的习惯。DIN 标准中与齿数相关的参数多为负值。

本节摘录部分 ISO 21771：2007 公式，见表 12-1-30。为方便学习使用，每一个项目的术语都翻译成中文。因为其中部分术语在 GB/T 3374.1—2010 中没有相应的中文术语，故无权威术语可用。如对表格中翻译的术语有疑问可具体查询 ISO 21771：2007。每一个计算公式后都带有原标准的序号。

表 12-1-30　　ISO 21771：2007 几何计算公式

项目	代号	计算公式
分度圆直径	d	$d=\|z\|m_t=\frac{\|z\|m_n}{\cos\beta}$(1)
端面模数	m_t	$m_t=\frac{m_n}{\cos\beta}$(2) 对于直齿轮 $m=m_t=m_n$
轴向模数	m_x	$m_x=\frac{m_n}{\sin\beta}=\frac{m_n}{\cos\gamma}=\frac{m_t}{\tan\beta}$(仅对斜齿轮)(3)
导程	p_z	$p_z=\frac{\|z\|m_n\pi}{\sin\beta}=\frac{\|z\|m_t\pi}{\tan\beta}=\|z\|p_x$(4)
基圆螺旋角	β_b	$\tan\beta_b=\tan\beta\cos\alpha_t$(5) $\sin\beta_b=\sin\beta\cos\alpha_n$(6) $\cos\beta_b=\cos\beta\frac{\cos\alpha_n}{\cos\alpha_t}=\frac{\sin\alpha_n}{\sin\alpha_t}=\frac{\sin\alpha_{yn}}{\sin\alpha_{yt}}=\cos\alpha_n\sqrt{\tan^2\alpha_n+\cos^2\beta}$(7)
Y 圆螺旋角	β_y	$\tan\beta_y=\tan\beta\frac{d_y}{d}=\tan\beta\frac{\cos\alpha_t}{\cos\alpha_{yt}}=\tan\beta_b\frac{d_y}{d_b}=\frac{\tan\beta_b}{\cos\alpha_{yt}}$(8) $\sin\beta_y=\sin\beta\frac{\cos\alpha_n}{\cos\alpha_{yn}}=\frac{\sin\beta_b}{\cos\alpha_{yn}}$(9) $\cos\beta_y=\frac{\tan\alpha_{yn}}{\tan\alpha_{yt}}=\frac{\cos\alpha_{yt}\cos\beta_b}{\cos\alpha_{yn}}$(10)
Y 圆导程角	γ_y	$\gamma_y=90°-\beta_y$(11) 对于直齿轮 $\beta=0,\gamma=90°$
Y 圆端面压力角	α_{yt}	$\cos\alpha_{yt}=\frac{d_b}{d_y}=\frac{d}{d_y}\cos\alpha_t$(12)

续表

项目	代号	计算公式
端面压力角	α_t	$\cos\alpha_t=\dfrac{d_b}{d}$(13)
法向压力角	α_n	$\tan\alpha_n=\tan\alpha_t\cos\beta$(14)
Y 圆法向压力角	α_{yn}	$\tan\alpha_{yn}=\tan\alpha_{yt}\cos\beta_y$(15) 对于直齿轮，$\alpha_n=\alpha_t$，$\alpha_{yn}=\alpha_{yt}$
渐开线上 Y 点滚动角	ξ_y	$\xi_y=\tan\alpha_{yt}$(16)
渐开线曲率半径	L_y	$L_y=\rho_y=\dfrac{z}{\vert z\vert}\times\dfrac{d_b}{2}\xi_y=\dfrac{z}{\vert z\vert}\times\dfrac{d_b}{2}\tan\alpha_{yt}=\dfrac{z}{\vert z\vert}\times\dfrac{\sqrt{d_y^2-d_b^2}}{2}$(17)
渐开线函数	$\mathrm{inv}\alpha_{yt}$	$\mathrm{inv}\alpha_{yt}=\xi_y-\alpha_{yt}=\tan\alpha_{yt}-\alpha_{yt}$(18)
基圆直径	d_b	$d_b=d\cos\alpha_t=\vert z\vert m_t\cos\alpha_t=\dfrac{\vert z\vert m_n\cos\alpha_t}{\cos\beta}=\dfrac{\vert z\vert m_n}{\sqrt{\tan^2\alpha_n+\cos^2\beta}}$(19) $d_b=\vert z\vert m_n\dfrac{\cos\alpha_n}{\cos\beta_b}$(20)
齿距角	τ	$\tau=\dfrac{2\pi}{\vert z\vert}=\dfrac{2p_{yt}}{d_y}$(rad)(21) $\tau=\dfrac{360}{z}$(°)(22)
端面齿距	p_t	$p_t=\dfrac{\pi m_n}{\cos\beta}=\dfrac{d}{2}\tau=\dfrac{\pi d}{\vert z\vert}=\pi m_t$(23)
法向齿距	p_n	$p_n=\pi m_n=p_t\cos\beta$(24)
Y 圆端面齿距	p_{yt}	$p_{yt}=\dfrac{d_y}{2}\tau=\dfrac{\pi d_y}{\vert z\vert}=\dfrac{d_y}{d}p_t$(25)
Y 圆法向齿距	p_{yn}	$p_{yn}=p_{yt}\cos\beta_y$(26)
轴向齿距	p_x	$p_x=\dfrac{\pi m_n}{\sin\beta}=\pi m_x=\dfrac{p_z}{\vert z\vert}=\dfrac{\pi m_t}{\tan\beta}=\dfrac{p_{yt}}{\tan\beta_y}=\dfrac{p_{yn}}{\sin\beta_y}$(27)
基圆端面齿距	p_{bt}	$p_{bt}=\dfrac{d_b}{2}\tau=p_t\cos\alpha_t=p_{yt}\cos\alpha_{yt}=\dfrac{\pi d_b}{\vert z\vert}=\dfrac{d_b}{d}p_t$(28)
基圆法向齿距	p_{bn}	$p_{bn}=p_n\cos\alpha_n=p_{bt}\cos\beta_b$(29)
端面啮合齿距	p_{et}	$p_{et}=p_{bt}$(30)
法向啮合齿距	p_{en}	$p_{en}=p_{bn}$(31)
V 圆直径	d_v	$d_v=d+2\dfrac{z}{\vert z\vert}xm_n$(32)
齿顶圆直径	d_a	$d_a=d+2\dfrac{z}{\vert z\vert}(xm_n+h_{aP}+km_n)$(33)
齿根圆直径	d_f	$d_f=d-2\dfrac{z}{\vert z\vert}(h_{fP}-xm_n)$(34)

续表

项目	代号	计算公式
全齿高	h	$h=\dfrac{\mid d_a-d_f\mid}{2}=h_{aP}+km_n+h_{fP}$ (35)
齿顶高	h_a	$h_a=\dfrac{\mid d_a-d\mid}{2}=h_{aP}+xm_n+km_n$ (36)
齿根高	h_f	$h_f=\dfrac{\mid d-d_f\mid}{2}=h_{fP}-xm_n$ (37)
Y 圆端面齿厚	s_{yt}	$s_{yt}=d_y\psi_y=d_y\left[\psi+\dfrac{z}{\mid z\mid}(\mathrm{inv}\alpha_t-\mathrm{inv}\alpha_{yt})\right]=d_y\left[\dfrac{\pi+4x\tan\alpha_n}{2\mid z\mid}+\dfrac{z}{\mid z\mid}(\mathrm{inv}\alpha_t-\mathrm{inv}\alpha_{yt})\right]$ (38)
分度圆端面齿厚	s_t	$s_t=d\psi=d\dfrac{\pi+4x\tan\alpha_n}{2\mid z\mid}=\dfrac{m_n}{\cos\beta}\left(\dfrac{\pi}{2}+2x\tan\alpha_n\right)$ (39)
Y 圆齿厚半角	ψ_y	$\psi_y=\dfrac{s_{yt}}{d_y}=\psi+\dfrac{z}{\mid z\mid}(\mathrm{inv}\alpha_t-\mathrm{inv}\alpha_{yt})$ (40)
分度圆齿厚半角	ψ	$\psi=\dfrac{\pi+4x\tan\alpha_n}{2\mid z\mid}$ (41)
基圆齿厚半角	ψ_b	$\psi_b=\psi+\dfrac{z}{\mid z\mid}\mathrm{inv}\alpha_t$ (42)
Y 圆齿槽宽	e_{yt}	$e_{yt}=d_y\eta_y=d_y\left[\eta-\dfrac{z}{\mid z\mid}(\mathrm{inv}\alpha_t-\mathrm{inv}\alpha_{yt})\right]=d_y\left[\dfrac{\pi-4x\tan\alpha_n}{2\mid z\mid}-\dfrac{z}{\mid z\mid}(\mathrm{inv}\alpha_t-\mathrm{inv}\alpha_{yt})\right]$ (43)
分度圆齿槽宽	e_t	$e_t=d\eta=d\dfrac{\pi-4x\tan\alpha_n}{2\mid z\mid}=\dfrac{m_n}{\cos\beta}\left(\dfrac{\pi}{2}-2x\tan\alpha_n\right)$ (44)
Y 圆齿槽宽半角	η_y	$\eta_y=\dfrac{e_{yt}}{d_y}=\eta-\dfrac{z}{\mid z\mid}(\mathrm{inv}\alpha_t-\mathrm{inv}\alpha_{yt})$ (45)
分度圆齿槽宽半角	η	$\eta=\dfrac{\pi-4x\tan\alpha_n}{2\mid z\mid}$ (46)
基圆齿槽宽半角	η_b	$\eta_b=\eta-\dfrac{z}{\mid z\mid}\mathrm{inv}\alpha_t$ (47)
Y 圆法向齿厚	s_{yn}	$s_{yn}=s_{yt}\cos\beta_y$ (48)
分度圆法向齿厚	s_n	$s_n=s_t\cos\beta=m_n\left(\dfrac{\pi}{2}+2x\tan\alpha_n\right)$ (49)
Y 圆法向齿槽宽	e_{yn}	$e_{yn}=e_{yt}\cos\beta_y$ (50)
分度圆法向齿槽宽	e_n	$e_n=e_t\cos\beta=m_n\left(\dfrac{\pi}{2}-2x\tan\alpha_n\right)$ (51)
齿数比	u	$u=\dfrac{z_2}{z_1}$, $\mid u\mid\geqslant 1$ (52)
传动比	i	$i=\dfrac{\omega_a}{\omega_b}=\dfrac{n_a}{n_b}=-\dfrac{z_b}{z_a}$ (53)

续表

项目	代号	计算公式	
端面啮合角	α_{wt}	$\alpha_{wt}=\arccos\left(\lvert z_1+z_2\rvert\dfrac{m_n\cos\alpha_t}{2a_w\cos\beta}\right)$ (54) $\text{inv}\alpha_{wt}=\text{inv}\alpha_t+\dfrac{2\tan\alpha_n}{z_1+z_2}(x_1+x_2)$ (55)	
节圆	d_w	$d_{w1}=\dfrac{z_2}{\lvert z_2\rvert}\times\dfrac{2a_w}{\dfrac{z_2}{z_1}+1}=d_1\dfrac{\cos\alpha_t}{\cos\alpha_{wt}}=\dfrac{d_{b1}}{\cos\alpha_{wt}}$ (56)(经修订,与原标准不同) $d_{w2}=\dfrac{2a_w}{\dfrac{z_1}{z_2}+1}=d_2\dfrac{\cos\alpha_t}{\cos\alpha_{wt}}=\dfrac{d_{b2}}{\cos\alpha_{wt}}$ (57)	
中心距	a_w	$a_w=\dfrac{1}{2}\left(d_{w2}+\dfrac{z_2}{\lvert z_2\rvert}d_{w1}\right)$ (58)	
工作齿高	h_w	$h_w=\dfrac{d_{a1}+\dfrac{z_2}{\lvert z_2\rvert}d_{a2}}{2}-\dfrac{z_2}{\lvert z_2\rvert}a_w$ (59)	
顶隙	c	$c_1=\dfrac{z_2}{\lvert z_2\rvert}\left(a_w-\dfrac{d_{fE2}}{2}\right)-\dfrac{d_{a1}}{2}$ (60) $c_2=\dfrac{z_2}{\lvert z_2\rvert}\left(a_w-\dfrac{d_{a2}}{2}\right)-\dfrac{d_{fE1}}{2}$ (61)	
总变位系数	$\sum x$	$\sum x=x_1+x_2=\dfrac{(z_1+z_2)(\text{inv }\alpha_{wt}-\text{inv }\alpha_t)}{2\tan\alpha_n}$ (62)	
非零侧隙总变位系数	$\sum x_E$	$\sum x_E=x_{E1}+x_{E2}=\dfrac{(z_1+z_2)(\text{inv }\alpha_{wt}-\text{inv }\alpha_t)}{2\tan\alpha_n}-\dfrac{j_{bn}}{2m_n\sin\alpha_n}$ (63)	
有效齿廓起始点	d_{Nf}	当 $d_{Na}=d_{Fa}$ 时,由齿顶形状直径决定的有效齿廓起始点为 $d_{Nf1}=\sqrt{\left(2a_w\sin\alpha_{wt}-\dfrac{z_2}{\lvert z_2\rvert}\sqrt{d_{Fa2}^2-d_{b2}^2}\right)^2+d_{b1}^2}$ (64) $d_{Nf2}=\sqrt{\left(2a_w\sin\alpha_{wt}-\sqrt{d_{Fa1}^2-d_{b1}^2}\right)^2+d_{b2}^2}$ (65) 如果 d_{Ff} 大于上述公式计算出来的值时, $d_{Nf1}=d_{Ff1}$ (66) $d_{Nf2}=d_{Ff2}$ (67)	
有效齿顶圆直径	d_{Na}	如果 $d_{Nf1}=d_{Ff1}$,那么 $d_{Na2}=\sqrt{\left(2a_w\sin\alpha_{wt}-\sqrt{d_{Ff1}^2-d_{b1}^2}\right)^2+d_{b2}^2}$ (68) 否则,$d_{Na2}=d_{Fa2}$ 如果 $d_{Nf2}=d_{Ff2}$,那么 $d_{Na1}=\sqrt{\left(2a_w\sin\alpha_{wt}-\dfrac{z_2}{\lvert z_2\rvert}\sqrt{d_{Ff2}^2-d_{b2}^2}\right)^2+d_{b1}^2}$ (69) 否则,$d_{Na1}=d_{Fa1}$	
有效齿廓起始点	d_{Nf}	$d_{Nf1}=\dfrac{d_{b1}}{\cos\alpha_{Nf1}}$ (70) 其中 α_{Nf1} 从下列公式计算: $\xi_{Nf}=\tan\alpha_{Nf}$ $\xi_{Nf1}=\dfrac{z_2}{z_1}(\xi_{wt}-\xi_{Na2})+\xi_{wt}$ (71) $\xi_{Na2}=\tan\left(\arccos\dfrac{d_{b2}}{d_{Na2}}\right)$ (72)	$d_{Nf2}=\dfrac{d_{b2}}{\cos\alpha_{Nf2}}$ (73) 其中 α_{Nf2} 从下列公式计算: $\xi_{Nf}=\tan\alpha_{Nf}$ $\xi_{Nf2}=\dfrac{z_1}{z_2}(\xi_{wt}-\xi_{Na1})+\xi_{wt}$ (74) $\xi_{Na1}=\tan\left(\arccos\dfrac{d_{b1}}{d_{Na1}}\right)$ (75)

续表

项目	代号	计算公式
形状超越量	c_F	$c_F=\frac{1}{2}\times\frac{z_2}{\lvert z_2\rvert}(d_{Nf}-d_{Ff})$ (76)
啮合长度	g_α	两齿轮啮合 $g_\alpha=\frac{1}{2}\left[\sqrt{d_{Na1}^2-d_{b1}^2}+\frac{z_2}{\lvert z_2\rvert}\left(\sqrt{d_{Na2}^2-d_{b2}^2}-2a_w\sin\alpha_{wt}\right)\right]$ (77) 齿轮与齿条啮合 $g_\alpha=\frac{1}{2}\left(\sqrt{d_{Na1}^2-d_{b1}^2}-d_{b1}\tan\alpha_t\right)+\frac{h_{aP}-x_1m_n}{\sin\alpha_t}$ (78)
啮入轨迹长度	g_f	$g_{f1}=\overline{AC}=\frac{1}{2}\times\frac{z_2}{\lvert z_2\rvert}\left(\sqrt{d_{Na2}^2-d_{b2}^2}-d_{b2}\tan\alpha_{wt}\right)=g_{a2}$ (79)
啮出轨迹长度	g_a	$g_{a1}=\overline{CE}=\frac{1}{2}\left(\sqrt{d_{Na1}^2-d_{b1}^2}-d_{b1}\tan\alpha_{wt}\right)=g_{f2}$ (80)
齿面曲率半径	$\overline{T_1C}$	$\overline{T_1C}=\rho_{C1}=\frac{1}{2}\sqrt{d_{w1}^2-d_{b1}^2}=\frac{1}{2}d_{b1}\tan\alpha_{wt}$ (81)
	$\overline{T_2C}$	$\overline{T_2C}=\rho_{C2}=\frac{1}{2}\times\frac{z_2}{\lvert z_2\rvert}\sqrt{d_{w2}^2-d_{b2}^2}=\frac{1}{2}\times\frac{z_2}{\lvert z_2\rvert}d_{b2}\tan\alpha_{wt}$ (82)
	$\overline{T_2A}$	$\overline{T_2A}=\rho_{A2}=\frac{1}{2}\times\frac{z_2}{\lvert z_2\rvert}\sqrt{d_{Na2}^2-d_{b2}^2}$ (83)
	$\overline{T_1E}$	$\overline{T_1E}=\rho_{E1}=\frac{1}{2}\sqrt{d_{Na1}^2-d_{b1}^2}$ (84)
	$\overline{T_1B}$	$\overline{T_1B}=\rho_{B1}=\rho_{E1}-p_{et}$ (85)
	$\overline{T_2D}$	$\overline{T_2D}=\rho_{D2}=\rho_{A2}-p_{et}$ (86)
	$\overline{T_1T_2}$	$\overline{T_1T_2}=\rho_{C1}+\rho_{C2}=\frac{z_2}{\lvert z_2\rvert}a_w\sin\alpha_{wt}=\rho_{A1}+\rho_{A2}=\rho_{E1}+\rho_{E2}$ (87)
端面作用角	φ_α	$\varphi_{\alpha1}=\frac{2g_\alpha}{d_{b1}}=\lvert u\rvert\varphi_{\alpha2}$ (88) $\varphi_{\alpha2}=\frac{2g_\alpha}{d_{b2}}=\frac{\varphi_{\alpha1}}{\lvert u\rvert}$ (89)
端面重合度	ε_α	$\varepsilon_\alpha=\frac{\varphi_{\alpha1}}{\tau_1}=\frac{\varphi_{\alpha2}}{\tau_2}=\frac{g_\alpha}{p_{et}}=\frac{g_f+g_a}{p_{et}}$ (90)
纵向作用角	φ_β	$\varphi_{\beta1}=\frac{2b_w\tan\beta}{d_1}=\frac{2b_w\sin\beta}{m_nz_1}=\lvert u\rvert\varphi_{\beta2}$ (91) $\varphi_{\beta2}=\frac{2b_w\sin\beta}{m_nz_2}=\frac{\varphi_{\beta1}}{\lvert u\rvert}$ (92)
纵向重合度	ε_β	$\varepsilon_\beta=\frac{\varphi_{\beta1}}{\tau_1}=\frac{\varphi_{\beta2}}{\tau_2}=\frac{b}{p_x}=\frac{b\sin\beta}{m_n\pi}=\frac{b\tan\beta}{p_t}=\frac{b\tan\beta_b}{p_{et}}$ (93)
纵向重合弧长度	g_β	$g_\beta=r\varphi_\beta=b_w\tan\beta$ (94)
总作用角	φ_γ	$\varphi_{\gamma1}=\varphi_{\alpha1}+\varphi_{\beta1}=\lvert u\rvert\varphi_{\gamma2}$ (95) $\varphi_{\gamma2}=\varphi_{\alpha2}+\varphi_{\beta2}=\frac{\varphi_{\gamma1}}{\lvert u\rvert}$ (96)
总重合度	ε_γ	$\varepsilon_\gamma=\frac{\varphi_{\gamma1}}{\tau_1}=\frac{\varphi_{\gamma2}}{\tau_2}=\varepsilon_\alpha+\varepsilon_\beta$ (97)

续表

项目	代号	计算公式
最大接触线长度	l_{max}	$l_{max}=\frac{g_{\alpha}}{\sin\beta_b}$(98)或 $l_{max}=\frac{b_w}{\cos\beta_b}$(99)两者之间最小值
侧隙角	φ_j	$\varphi_{j1}=\frac{2}{m_n z_1\cos\alpha_n}j_{bn}$(100) $\varphi_{j2}=\frac{2}{m_n \lvert z_2\rvert\cos\alpha_n}j_{bn}$(101)
节圆上的圆周侧隙	j_{wt}	$j_{wt}=\frac{1}{\cos\alpha_{wt}\cos\beta_b}j_{bn}$(102)
分度圆上的圆周侧隙	j_t	$j_t=\frac{1}{\cos\beta\cos\alpha_n}j_{bn}$(103)
径向侧隙	j_r	$j_r=\frac{1}{2\tan\alpha_{wt}}j_{wt}$(104)
正常速度	v_n	$v_n=\frac{1}{2}\omega_1 d_{b1}$(105)
滑动速度	v_g	$v_g=\pm\omega_1\left(\frac{\rho_{y2}}{u}-\rho_{y1}\right)$(106)
点 Y 到点 C 的距离	$g_{\alpha y}$	$g_{\alpha y}=\lvert\rho_{C1}-\rho_{y1}\rvert=\lvert\rho_{C2}-\rho_{y2}\rvert$(107)
滑动速度	v_g	$v_g=\left\lvert\omega_1 g_{\alpha y}\left(1+\frac{1}{u}\right)\right\rvert$(108)
齿根滑动速度	v_{gf}	$v_{gf}=\left\lvert\omega_1 g_f\left(1+\frac{1}{u}\right)\right\rvert$(109)
齿顶滑动速度	v_{ga}	$v_{ga}=\left\lvert\omega_1 g_a\left(1+\frac{1}{u}\right)\right\rvert$(110)
滑动系数	K_g	$K_g=\frac{v_g}{v_t}=\frac{2g_{\alpha y}}{d_{w1}}\left(1+\frac{1}{u}\right)$(111)
齿根滑动系数	K_{gf}	$K_{gf}=\frac{2g_f}{d_{w1}}\left(1+\frac{1}{u}\right)$(112)
齿顶滑动系数	K_{ga}	$K_{ga}=\frac{2g_a}{d_{w1}}\left(1+\frac{1}{u}\right)$(113)
滑动率	ζ	$\zeta_1=1-\frac{\rho_{y2}}{u\rho_{y1}}$(114) $\zeta_2=1-\frac{u\rho_{y1}}{\rho_{y2}}$(115)
滑动率	ζ_f	A 点滑动率 $\zeta_{f1}=1-\frac{\rho_{A2}}{u\rho_{A1}}$(116) E 点滑动率 $\zeta_{f2}=1-\frac{u\rho_{E1}}{\rho_{E2}}$(117)
最大分度圆法向齿厚	s_{ns}	$s_{ns}=s_n+E_{sns}$(118)
最小分度圆法向齿厚	s_{ni}	$s_{ni}=s_n+E_{sni}$(119)

第12篇

续表

项目	代号	计算公式
展成变位系数	x_E	带齿厚偏差的预加工展成变位系数 $x_{EsV}m_n=x_{Ei}m_n+\dfrac{q_{max}}{\sin\alpha_n}$(120) $x_{EiV}m_n=x_{Es}m_n+\dfrac{q_{min}}{\sin\alpha_n}$(121) 终加工展成变位系数($q=0$) $x_{Es}m_n=xm_n+\dfrac{E_{sns}}{2\tan\alpha_n}$(123) $x_{Ei}m_n=xm_n+\dfrac{E_{sni}}{2\tan\alpha_n}$(124)
机械加工余量	q	$q_{max}=q_{min}+(T_{sn}+T_{snv})\dfrac{\cos\alpha_n}{2}$(122)
实际生成齿根圆直径	d_{fE}	齿条刀加工:$d_{fE}=d+2x_E m_n-2h_{aP0}$(125) 插齿刀加工:$d_{fE}=2a_0-\dfrac{z}{\|z\|}d_{a0}$(126)
齿顶形状直径	d_{Fa}	$d_{Fa}=d_a-2\dfrac{z}{\|z\|}h_K$(127)
齿根形状直径	d_{Ff}	终加工采用展成法,并且使用刀具齿顶与基准线平行的滚刀或梳形刨齿刀加工,在不产生根切和无预加工余量时,外齿轮齿根形状直径用下式计算: $d_{Ff}=\sqrt{\left\{d\sin\alpha_t-\dfrac{2[h_{aP0}-x_E m_n-\rho_{aP0}(1-\sin\alpha_t)]}{\sin\alpha_t}\right\}^2+d_b^2}$ $=\sqrt{\{d-2[h_{aP0}-x_E m_n-\rho_{aP0}(1-\sin\alpha_t)]\}^2+4[h_{aP0}-x_E m_n-\rho_{aP0}(1-\sin\alpha_t)]^2\cot^2\alpha_t}$(128) 或,使用滚动角 $\tan\alpha_{Ff}=\xi_{Ff}$,可用下式计算 $d_{Ff}=\dfrac{d_b}{\cos\alpha_{Ff}}$(129) 其中 $\tan\alpha_{Ff}=\xi_{Ff}=\xi_t-\dfrac{4[h_{aP0}-\rho_{aP0}(1-\sin\alpha_t)/m_n-x_E]\cos\beta}{z\sin2\alpha_t}$(130) 对于外齿轮和内齿轮,使用插齿刀(插齿刀齿数 z_0,基圆直径 d_{b0},齿顶形状直径 d_{Fa0},加工中心距 a_0)加工,在不产生根切和无预加工余量时,齿轮齿根形状直径用下式计算: $d_{Ff}=\sqrt{\left(2a_0\sin\alpha_{wt0}-\dfrac{z}{\|z\|}\sqrt{d_{Fa0}^2-d_{b0}^2}\right)^2+d_b^2}$(131) 或,使用滚动角 $\tan\alpha_{Ff}=\xi_{Ff}$,可用下式计算 $d_{Ff}=\dfrac{d_b}{\cos\alpha_{Ff}}$(132) 其中 $\xi_{Ff}=\dfrac{z_0}{z}(\xi_{wt0}-\xi_{Fa0})+\xi_{wt0}$(123) $\xi_{Fa0}=\tan\left(\arccos\dfrac{d_{b0}}{d_{Fa0}}\right)$(134)
不根切最小变位系数	x_{Emin}	$x_{Emin}=\dfrac{d_{FaP0}}{m_n}-\dfrac{z\sin^2\alpha_t}{2\cos\beta}$(135)

5 渐开线圆柱齿轮齿厚的测量计算

5.1 齿厚测量方法的比较和应用

表 12-1-31 齿厚测量方法的比较和应用

测量方法	简图	优点	缺点	应用
公法线长度(跨距)	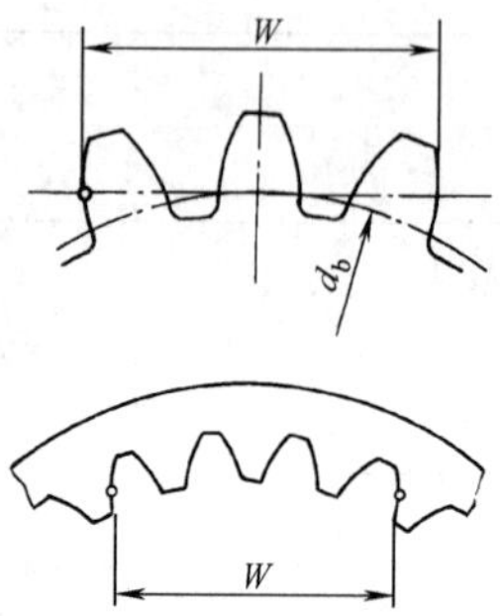	1. 测量时不以齿顶圆为基准,因此不受齿顶圆误差的影响,测量精度较高并可放宽对齿顶圆的精度要求 2. 测量方便 3. 与量具接触的齿廓曲率半径较大,量具的磨损较轻	1. 对斜齿轮,当 $b<W_n\sin\beta$ 时不能测量 2. 当用于斜齿轮时,计算比较麻烦 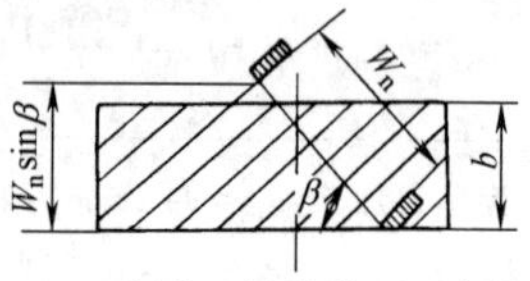	广泛用于各种齿轮的测量,但是对大型齿轮因受量具限制使用不多
分度圆弦齿厚	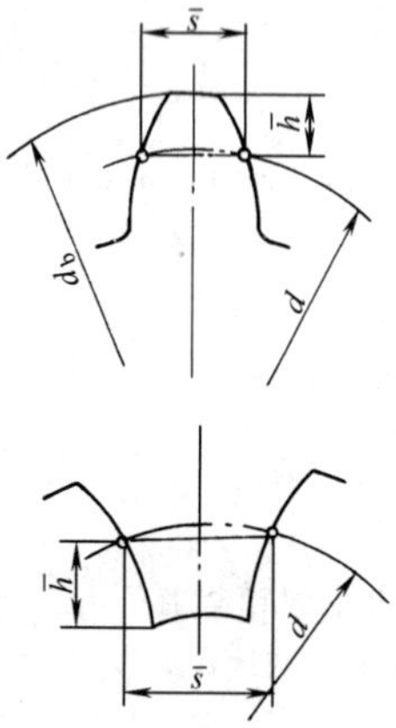	与固定弦齿厚相比,当齿轮的模数较小,或齿数较少时,测量比较方便	1. 测量时以齿顶圆为基准,因此对齿顶圆的尺寸偏差及径向圆跳动有严格的要求 2. 测量结果受齿顶圆误差的影响,精度不高 3. 当变位系数较大($x>0.5$)时,可能不便于测量 4. 对斜齿轮,计算时要换算成当量齿数,增加了计算工作量 5. 齿轮卡尺的卡爪尖部容易磨损	适用于大型齿轮的测量。也常用于精度要求不高的小型齿轮的测量
固定弦齿厚	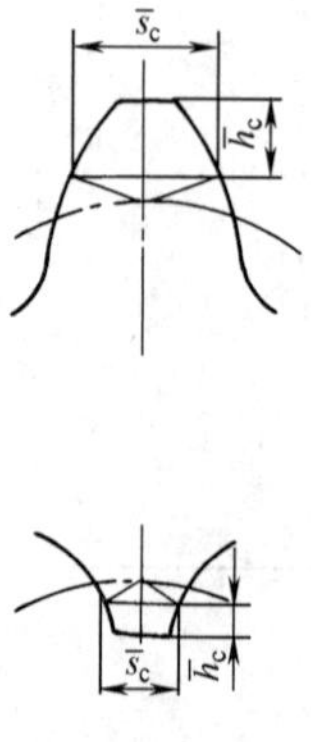	计算比较简单,特别是用于斜齿轮时,可省去当量齿数 z_v 的换算	1. 测量时以齿顶圆为基准,因此对齿顶圆的尺寸偏差及径向圆跳动有严格的要求 2. 测量结果受齿顶圆误差的影响,精度不高 3. 齿轮卡尺的卡爪尖部容易磨损 4. 对模数较小的齿轮,测量不够方便	适用于大型齿轮的测量

续表

测量方法	简图	优点	缺点	应用
量柱(球)测量距	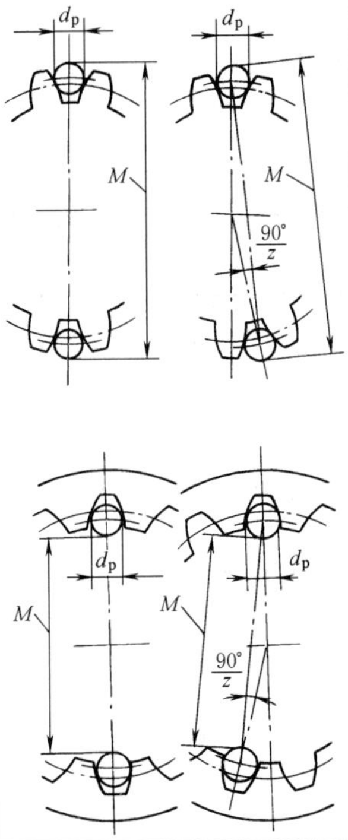	测量时不以齿顶圆为基准,因此不受齿顶圆误差的影响,并可放宽对齿顶圆的加工要求	1. 对大型齿轮测量不方便 2. 计算麻烦	多用于内齿轮和小模数齿轮的测量

5.2 公法线长度(跨距)

表 12-1-32　　公法线长度的计算公式

项目		代号	直齿轮(外啮合、内啮合)	斜齿轮(外啮合、内啮合)
标准齿轮	跨测齿数(对内齿轮为跨测齿槽数)	k	$k=\dfrac{\alpha z}{180°}+0.5$ 四舍五入成整数	$k=\dfrac{\alpha_n z'}{180°}+0.5$ 式中　$z'=z\dfrac{\mathrm{inv}\alpha_t}{\mathrm{inv}\alpha_n}$ k 值应四舍五入成整数
			α(或 α_n)= 20°时的 k 可由表 12-1-34 中的黑体字查出	
	公法线长度	W	$W=W^* m$ $W^*=\cos\alpha[\pi(k-0.5)+z\mathrm{inv}\alpha]$	$W_n=W^* m_n$ $W^*=\cos\alpha_n[\pi(k-0.5)+z'\mathrm{inv}\alpha_n]$ 式中　$z'=z\dfrac{\mathrm{inv}\alpha_t}{\mathrm{inv}\alpha_n}$
			α(或 α_n)= 20°时的 W(或 W_n)可按表 12-1-33 的方法求出	
变位齿轮	跨测齿数(对内齿轮为跨测齿槽数)	k	$k=\dfrac{z}{\pi}\left[\dfrac{1}{\cos\alpha}\sqrt{\left(1+\dfrac{2x}{z}\right)^2-\cos^2\alpha}-\dfrac{2x}{z}\tan\alpha-\mathrm{inv}\alpha\right]+0.5$ 四舍五入成整数	$k=\dfrac{z'}{\pi}\left[\dfrac{1}{\cos\alpha_n}\times\sqrt{\left(1+\dfrac{2x_n}{z'}\right)^2-\cos^2\alpha_n}-\dfrac{2x_n}{z'}\tan\alpha_n-\mathrm{inv}\alpha_n\right]+0.5$ 式中　$z'=z\dfrac{\mathrm{inv}\alpha_t}{\mathrm{inv}\alpha_n}$ k 值应四舍五入成整数
			α(或 α_n)= 20°时的 k 可由图 12-1-31 查出	

续表

项目		代号	直齿轮(外啮合、内啮合)	斜齿轮(外啮合、内啮合)
变位齿轮	公法线长度	W	$W=(W^*+\Delta W^*)m$ $W^*=\cos\alpha[\pi(k-0.5)+z\,\mathrm{inv}\alpha]$ $\Delta W^*=2x\sin\alpha$	$W_n=(W^*+\Delta W^*)m_n$ $W^*=\cos\alpha_n[\pi(k-0.5)+z'\mathrm{inv}\alpha_n]$ $z'=z\dfrac{\mathrm{inv}\alpha_t}{\mathrm{inv}\alpha_n}$ $\Delta W^*=2x_n\sin\alpha_n$
			α(或 α_n)= 20°时的 W(或 W_n)可按表 12-1-33 的方法求出	

表 12-1-33　　使用图表法查公法线长度（跨距）

类别	直齿轮(外啮合、内啮合)	斜齿轮(外啮合、内啮合)
标准齿轮	1. 按 $z'=z$ 由表 12-1-34 查出黑体字的 k 和 W^* 2. $W=W^*m$ 例　已知 $z=33$、$m=3$、$\alpha=20°$ 由表 12-1-34 查出 $k=4$、$W^*=10.7946$mm，则 $W=3\times10.7946=32.384$mm	1. 按 β 由表 12-1-35 查出 $\dfrac{\mathrm{inv}\alpha_t}{\mathrm{inv}\alpha_n}$ 的值，并按 $z'=z\dfrac{\mathrm{inv}\alpha_t}{\mathrm{inv}\alpha_n}$ 求出 z'(取到小数点后两位) 2. 按 z'的整数部分由表 12-1-34 查出黑体字的 k 和整数部分的公法线长度 3. 按 z'的小数部分由表 12-1-36 查出小数部分的公法线长度 4. 将整数部分的公法线长度和小数部分的公法线长度相加，即得 W^* 5. $W_n=W^*m_n$ 例　已知 $z=27$、$m_n=4$、$\beta=12°34'$、$\alpha_n=20°$ 由表 12-1-35 查出 $\dfrac{\mathrm{inv}\alpha_t}{\mathrm{inv}\alpha_n}=1.0689+0.0039\times\dfrac{14}{20}=1.0716$， $z'=1.0716\times27=28.93$， 由表 12-1-34 查出 $k=4$ 和 $z'=28$ 时的 $W^*=10.7246$mm， 由表 12-1-36 查出 $z'=0.93$ 时的 $W^*=0.013$mm， $W^*=10.7246+0.013=10.7376$mm， $W_n=10.7376\times4=42.950$mm
变位齿轮	1. 按 $z'=z$ 和 x 由图 12-1-31 查出 k 2. 按 $z'=z$ 和 k 由表 12-1-34 查出 W^* 3. 按 x 由表 12-1-37 查出 ΔW^* 4. $W=(W^*+\Delta W^*)m$ 例　已知 $z=33$、$m=3$、$x=0.32$、$\alpha=20°$ 由图 12-1-31 查出 $k=5$， 由表 12-1-34 查出 $W^*=13.7468$mm， 由表 12-1-37 查出 $\Delta W^*=0.2189$mm， $W=(13.7468+0.2189)\times3=41.897$mm	1. 按 β 由表 12-1-35 查出 $\dfrac{\mathrm{inv}\alpha_t}{\mathrm{inv}\alpha_n}$ 的值，并按 $z'=z\dfrac{\mathrm{inv}\alpha_t}{\mathrm{inv}\alpha_n}$ 求出 z'(取到小数点后两位) 2. 按 z'和 x_n 由图 12-1-31 查出 k 3. 按 z'的整数部分和 k 由表 12-1-34 查出整数部分的公法线长度 4. 按 z'的小数部分由表 12-1-36 查出小数部分的公法线长度 5. 将整数部分的公法线长度和小数部分的公法线长度相加，即得 W^* 6. 按 x_n 由表 12-1-37 查出 ΔW^* 7. $W_n=(W^*+\Delta W^*)m_n$ 例　已知 $z=27$、$m_n=4$、$x_n=0.2$、$\beta=12°34'$、$\alpha_n=20°$ 由表 12-1-35 查出 $\dfrac{\mathrm{inv}\alpha_t}{\mathrm{inv}\alpha_n}=1.0689+0.0039\times\dfrac{14}{20}=1.0716$， $z'=1.0716\times27=28.93$， 由图 12-1-31 查出 $k=4$， 由表 12-1-34 查出 $z'=28$ 时的 $W^*=10.7246$mm， 由表 12-1-36 查出 $z'=0.93$ 时的 $W^*=0.013$mm， $W^*=10.7246+0.013=10.7376$mm， 由表 12-1-37 查出 $\Delta W^*=0.1368$， $W_n=(10.7376+0.1368)\times4=43.498$mm

表 12-1-34　　公法线长度（跨距）W^*（$m=m_n=1$、$\alpha=\alpha_n=20°$）　　mm

假想齿数 z'	跨测齿数 k	公法线长度 W^*
8	2	4.5402
9	2	4.5542
10	2	4.5683
11	2	4.5823
12	2	4.5963
13	2	4.6103
	3	7.5624
14	**2**	**4.6243**
	3	7.5764
15	**2**	**4.6383**
	3	7.5904
16	**2**	**4.6523**
	3	7.6044
17	**2**	**4.6663**
	3	7.6184
	4	10.5706
18	2	4.6803
	3	**7.6324**
	4	10.5846
19	2	4.6943
	3	**7.6464**
	4	10.5986
20	2	4.7083
	3	**7.6604**
	4	10.6126
21	2	4.7223
	3	**7.6744**
	4	10.6266
22	2	4.7364
	3	**7.6885**
	4	10.6406
23	2	4.7504
	3	**7.7025**
	4	10.6546
	5	13.6067
24	2	4.7644
	3	**7.7165**
	4	10.6686
	5	13.6207
25	2	4.7784
	3	**7.7305**
	4	10.6826
	5	13.6347
26	2	4.7924
	3	**7.7445**
	4	10.6966
	5	13.6487
27	2	4.8064
	3	7.7585
	4	**10.7106**
	5	13.6627
28	2	4.8204
	3	7.7725
	4	**10.7246**
	5	13.6767
29	2	4.8344
	3	7.7865
	4	**10.7386**
	5	13.6908
30	2	4.8484
	3	7.8005
	4	**10.7526**
	5	13.7048
	6	16.6569
31	2	4.8623
	3	7.8145
	4	**10.7666**
	5	13.7188
	6	16.6709
32	2	4.8763
	3	7.8285
	4	**10.7806**
	5	13.7328
	6	16.6849
33	2	4.8903
	3	7.8425
	4	**10.7946**
	5	13.7468
	6	16.6989
34	2	4.9043
	3	7.8565
	4	**10.8086**
	5	13.7608
	6	16.7129
35	2	4.9184
	3	7.8705
	4	**10.8227**
	5	13.7748
	6	16.7269
36	2	4.9324
	3	7.8845
	4	10.8367
	5	**13.7888**
	6	16.7409
	7	19.6931
37	2	4.9464
	3	7.8985
	4	10.8507
	5	**13.8028**
	6	16.7549
	7	19.7071
38	2	4.9604
	3	7.9125
	4	10.8647
	5	**13.8168**
	6	16.7689
	7	19.7211
39	2	4.9744
	3	7.9265
	4	10.8787
	5	**13.8308**
	6	16.7829
	7	19.7351
40	2	4.9884
	3	7.9406
	4	10.8927
	5	**13.8448**
	6	16.7969
	7	19.7491
41	3	7.9546
	4	10.9067
	5	**13.8588**
	6	16.8110
	7	19.7631
	8	22.7152
42	3	7.9686
	4	10.9207
	5	**13.8728**
	6	16.8250
	7	19.7771
43	3	7.9826
	4	10.9347
	5	**13.8868**
	6	16.8390
	7	19.7911
	8	22.7432
44	3	7.9966
	4	10.9487
	5	**13.9008**
	6	16.8530
	7	19.8051
	8	22.7572
45	3	8.0106
	4	10.9627
	5	13.9148
	6	**16.8670**
	7	19.8191
	8	22.7712
46	3	8.0246
	4	10.9767
	5	13.9288
	6	**16.8810**
	7	19.8331
	8	22.7852
47	3	8.0386
	4	10.9907
	5	13.9429
	6	**16.8950**
	7	19.8471
	8	22.7992
48	4	11.0047
	5	13.9569
	6	**16.9090**
	7	19.8611
	8	22.8133
49	4	11.0187
	5	13.9709
	6	**16.9230**
	7	19.8751
	8	22.8273
	9	25.7794
50	4	11.0327
	5	13.9849
	6	**16.9370**
	7	19.8891
	8	22.8413
	9	25.7934
51	4	11.0467
	5	13.9989
	6	**16.9510**
	7	19.9031
	8	22.8553
	9	25.8074
52	4	11.0607
	5	14.0129
	6	**16.9660**
	7	19.9171
	8	22.8693
	9	25.8214

续表

假想齿数 z'	跨测齿数 k	公法线长度 W^*	假想齿数 z'	跨测齿数 k	公法线长度 W^*	假想齿数 z'	跨测齿数 k	公法线长度 W^*	假想齿数 z'	跨测齿数 k	公法线长度 W^*
53	4	11.0748	61	5	14.1389	69	6	17.2031	77	7	20.2673
	5	14.0269		6	17.0911		7	20.1552		8	23.2194
	6	**16.9790**		**7**	**20.0432**		**8**	**23.1074**		**9**	**26.1715**
	7	19.9311		8	22.9953		9	26.0595		10	29.1237
	8	22.8833		9	25.9475		10	29.0116		11	32.0758
	9	25.8354		10	28.8996		11	31.9638		12	35.0279
54	4	11.0888	62	5	14.1529	70	6	17.2171	78	7	20.2813
	5	14.0409		6	17.1051		7	20.1692		8	23.2334
	6	16.9930		**7**	**20.0572**		**8**	**23.1214**		**9**	**26.1855**
	7	**19.9452**		8	23.0093		9	26.0735		10	29.1377
	8	22.8973		9	25.9615		10	29.0256		11	32.0898
	9	25.8494		10	28.9136		11	31.9778		12	35.0419
55	4	11.1028	63	5	14.1669	71	6	17.2311	79	7	20.2953
	5	14.0549		6	17.1191		7	20.1832		8	23.2474
	6	17.0070		7	20.0712		**8**	**23.1354**		**9**	**26.1996**
	7	**19.9592**		**8**	**23.0233**		9	26.0875		10	29.1517
	8	22.9113		9	25.9755		10	29.0396		11	32.1038
	9	25.8634		10	28.9276		11	31.9918		12	35.0559
56	5	14.0689	64	6	17.1331	72	6	17.2451	80	7	20.3093
	6	17.0210		7	20.0852		7	20.1973		8	23.2614
	7	**19.9732**		**8**	**23.0373**		8	23.1494		**9**	**26.2136**
	8	22.9253		9	25.9895		**9**	**26.1015**		10	29.1657
	9	25.8774		10	28.9416		10	29.0536		11	32.1178
	10	28.8296		11	31.8937		11	32.0058		12	35.0700
57	5	14.0829	65	6	17.1471	73	7	20.2113	81	8	23.2754
	6	17.0350		7	20.0992		8	23.1634		9	26.2276
	7	**19.9872**		**8**	**23.0513**		**9**	**26.1155**		**10**	**29.1797**
	8	22.9393		9	26.0035		10	29.0677		11	32.1318
	9	25.8914		10	28.9556		11	32.0198		12	35.0840
	10	28.8436		11	31.9077		12	34.9719		13	38.0361
58	5	14.0969	66	6	17.1611	74	7	20.2253	82	8	23.2894
	6	17.0490		7	20.1132		8	23.1774		9	26.2416
	7	**20.0012**		**8**	**23.0654**		**9**	**26.1295**		**10**	**29.1937**
	8	22.9533		9	26.0175		10	29.0817		11	32.1458
	9	25.9054		10	28.9696		11	32.0338		12	35.0980
	10	28.8576		11	31.9217		12	34.9859		13	38.0501
59	5	14.1109	67	6	17.1751	75	7	20.2393	83	8	23.3034
	6	17.0630		7	20.1272		8	23.1914		9	26.2556
	7	**20.0152**		**8**	**23.0794**		**9**	**26.1435**		**10**	**29.2077**
	8	22.9673		9	26.0315		10	29.0957		11	32.1598
	9	25.9194		10	28.9836		11	32.0478		12	35.1120
	10	28.8716		11	31.9358		12	34.9999		13	38.0641
60	5	14.1249	68	6	17.1891	76	7	20.2533	84	8	23.3175
	6	17.0771		7	20.1412		8	23.2054		9	26.2696
	7	**20.0292**		**8**	**23.0934**		**9**	**26.1575**		**10**	**29.2217**
	8	22.9813		9	26.0455		10	29.1097		11	32.1738
	9	25.9334		10	28.9976		11	32.0618		12	35.1260
	10	28.8856		11	31.9498		12	35.0139		13	38.0781

续表

假想齿数 z'	跨测齿数 k	公法线长度 W^*	假想齿数 z'	跨测齿数 k	公法线长度 W^*	假想齿数 z'	跨测齿数 k	公法线长度 W^*	假想齿数 z'	跨测齿数 k	公法线长度 W^*
85	8	23.3315	93	9	26.3956	101	10	29.4598	109	11	32.5240
	9	26.2836		10	29.3478		11	32.4119		12	35.4761
	10	**29.2357**		**11**	**32.2999**		**12**	**35.3641**		**13**	**38.4282**
	11	32.1879		12	35.2520		13	38.3162		14	41.3804
	12	35.1400		13	38.2042		14	41.2683		15	44.3325
	13	38.0921		14	41.1563		15	44.2205		16	47.2846
86	8	23.3455	94	9	26.4096	102	10	29.4738	110	11	32.5380
	9	26.2976		10	29.3618		11	32.4259		12	35.4901
	10	**29.2497**		**11**	**32.3139**		**12**	**35.3781**		**13**	**38.4423**
	11	32.2019		12	35.2660		13	38.3302		14	41.3944
	12	35.1540		13	38.2182		14	41.2823		15	44.3465
	13	38.1061		14	41.1703		15	44.2345		16	47.2986
87	8	23.3595	95	9	26.4236	103	10	29.4878	111	11	32.5520
	9	26.3116		10	29.3758		11	32.4400		12	35.5041
	10	**29.2637**		**11**	**32.3279**		**12**	**35.3921**		**13**	**38.4563**
	11	32.2159		12	35.2800		13	38.3442		14	41.4084
	12	35.1680		13	38.2322		14	41.2963		15	44.3605
	13	38.1201		14	41.1843		15	44.2485		16	47.3127
88	8	23.3735	96	9	26.4376	104	10	29.5018	112	11	32.5660
	9	26.3256		10	29.3898		11	32.4540		12	35.5181
	10	**29.2777**		**11**	**32.3419**		**12**	**35.4061**		**13**	**38.4703**
	11	32.2299		12	35.2940		13	38.3582		14	41.4224
	12	35.1820		13	38.2462		14	41.3104		15	44.3745
	13	38.1341		14	41.1983		15	44.2625		16	47.3267
89	8	23.3875	97	9	26.4517	105	10	29.5158	113	11	32.5800
	9	26.3396		10	29.4038		11	32.4680		12	35.5321
	10	**29.2917**		**11**	**32.3559**		**12**	**35.4201**		**13**	**38.4843**
	11	32.2439		12	35.3080		13	38.3722		14	41.4364
	12	35.1960		13	38.2602		14	41.3244		15	44.3885
	13	38.1481		14	41.2123		15	44.2765		16	47.3407
90	9	26.3536	98	9	26.4657	106	10	29.5298	114	11	32.5940
	10	29.3057		10	29.4178		11	32.4820		12	35.5461
	11	**32.2579**		**11**	**32.3699**		**12**	**35.4341**		**13**	**38.4983**
	12	35.2100		12	35.3221		13	38.3862		14	41.4504
	13	38.1621		13	38.2742		14	41.3384		15	44.4025
	14	41.1143		14	41.2263		15	44.2905		16	47.3547
91	9	26.3676	99	10	29.4318	107	10	29.5438	115	11	32.6080
	10	29.3198		11	32.3839		11	32.4960		12	35.5601
	11	**32.2719**		**12**	**35.3361**		**12**	**35.4481**		**13**	**38.5123**
	12	35.2240		13	38.2882		13	38.4002		14	41.4644
	13	38.1761		14	41.2403		14	41.3524		15	44.4165
	14	41.1283		15	44.1925		15	44.3045		16	47.3687
92	9	26.3816	100	10	29.4458	108	11	32.5100	116	11	32.6220
	10	29.3338		11	32.3979		12	35.4621		12	35.5742
	11	**32.2859**		**12**	**35.3501**		**13**	**38.4142**		**13**	**38.5263**
	12	35.2380		13	38.3022		14	41.3664		14	41.4784
	13	38.1902		14	41.2543		15	44.3185		15	44.4305
	14	41.1423		15	44.2065		16	47.2706		16	47.3827

续表

假想齿数 z'	跨测齿数 k	公法线长度 W^*	假想齿数 z'	跨测齿数 k	公法线长度 W^*	假想齿数 z'	跨测齿数 k	公法线长度 W^*	假想齿数 z'	跨测齿数 k	公法线长度 W^*
117	12	35.5882	125	13	38.6523	133	13	38.7644	141	14	41.8286
	13	38.5403		**14**	**41.6045**		14	41.7165		15	44.7807
	14	**41.4924**		15	44.5566		**15**	**44.6686**		**16**	**47.7328**
	15	44.4446		16	47.5087		16	47.6208		17	50.6849
	16	47.3967		17	50.4609		17	50.5729		18	53.6371
	17	50.3488		18	53.4130		18	53.5250		19	56.5892
118	12	35.6022	126	13	38.6663	134	14	41.7305	142	14	41.8426
	13	38.5543		14	41.6185		**15**	**44.6826**		15	44.7947
	14	**41.5064**		**15**	**44.5706**		16	47.6348		**16**	**47.7468**
	15	44.4586		16	47.5227		17	50.5869		17	50.6990
	16	47.4107		17	50.4749		18	53.5390		18	53.6511
	17	50.3628		18	53.4270		19	56.4912		19	56.6032
119	12	35.6162	127	13	38.6803	135	14	41.7445	143	15	44.8087
	13	38.5683		14	41.6325		15	44.6967		**16**	**47.7608**
	14	**41.5204**		**15**	**44.5846**		**16**	**47.6488**		17	50.7130
	15	44.4726		16	47.5367		17	50.6009		18	53.6651
	16	47.4247		17	50.4889		18	53.5530		19	56.6172
	17	50.3768		18	53.4410		19	56.5052		20	59.5694
120	12	35.6302	128	13	38.6944	136	14	41.7585	144	15	44.8227
	13	38.5823		14	41.6465		15	44.7107		16	47.7748
	14	**41.5344**		**15**	**44.5986**		**16**	**47.6628**		**17**	**50.7270**
	15	44.4866		16	47.5507		17	50.6149		18	53.6791
	16	47.4387		17	50.5029		18	53.5671		19	56.6312
	17	50.3908		18	53.4550		19	56.5192		20	59.5834
121	12	35.6442	129	13	38.7084	137	14	41.7725	145	15	44.8367
	13	38.5963		14	41.6605		15	44.7247		16	47.7888
	14	**41.5484**		**15**	**44.6126**		**16**	**47.6768**		**17**	**50.7410**
	15	44.5006		16	47.5648		17	50.6289		18	53.6931
	16	47.4527		17	50.5169		18	53.5811		19	56.6452
	17	50.4048		18	53.4690		19	56.5332		20	59.5974
122	12	35.6582	130	13	38.7224	138	14	41.7865	146	15	44.8507
	13	38.6103		14	41.6745		15	44.7387		16	47.8028
	14	**41.5625**		**15**	**44.6266**		**16**	**47.6908**		**17**	**50.7550**
	15	44.5146		16	47.5788		17	50.6429		18	53.7071
	16	47.4667		17	50.5309		18	53.5951		19	56.6592
	17	50.4188		18	53.4830		19	56.5472		20	59.6114
123	12	35.6722	131	13	38.7364	139	14	41.8005	147	15	44.8647
	13	38.6243		14	41.6885		15	44.7527		16	47.8169
	14	**41.5765**		**15**	**44.6406**		**16**	**47.7048**		**17**	**50.7690**
	15	44.5286		16	47.5928		17	50.6569		18	53.7211
	16	47.4807		17	50.5449		18	53.6091		19	56.6732
	17	50.4329		18	53.4970		19	56.5612		20	59.6254
124	12	35.6862	132	13	38.7504	140	14	41.8145	148	15	44.8787
	13	38.6383		14	41.7025		15	44.7667		16	47.8309
	14	**41.5905**		**15**	**44.6546**		**16**	**47.7188**		**17**	**50.7830**
	15	44.5426		16	47.6068		17	50.6709		18	53.7351
	16	47.4947		17	50.5589		18	53.6231		19	56.6873
	17	50.4469		18	53.5110		19	56.5752		20	59.6394

续表

假想齿数 z'	跨测齿数 k	公法线长度 W^*	假想齿数 z'	跨测齿数 k	公法线长度 W^*	假想齿数 z'	跨测齿数 k	公法线长度 W^*	假想齿数 z'	跨测齿数 k	公法线长度 W^*
149	15	44.8927	157	16	47.9569	165	17	51.0211	173	18	54.0853
	16	47.8449		17	50.9090		18	53.9732		19	57.0374
	17	**50.7970**		**18**	**53.8612**		**19**	**56.9253**		**20**	**59.9895**
	18	53.7491		19	56.8133		20	59.8775		21	62.9417
	19	56.7013		20	59.7654		21	62.8296		22	65.8938
	20	59.6534		21	62.7176		22	65.7817		23	68.8459
150	15	44.9067	158	16	47.9709	166	17	51.0351	174	18	54.0993
	16	47.8589		17	50.9230		18	53.9872		19	57.0514
	17	**50.8110**		**18**	**53.8752**		**19**	**56.9394**		**20**	**60.0035**
	18	53.7631		19	56.8273		20	59.8915		21	62.9557
	19	56.7153		20	59.7794		21	62.8436		22	65.9078
	20	59.6674		21	62.7316		22	65.7957		23	68.8599
151	15	44.9207	159	16	47.9849	167	17	51.0491	175	18	54.1133
	16	47.8729		17	50.9370		18	54.0012		19	57.0654
	17	**50.8250**		**18**	**53.8892**		**19**	**56.9534**		**20**	**60.0175**
	18	53.7771		19	56.8413		20	59.9055		21	62.9697
	19	56.7293		20	59.7934		21	62.8576		22	65.9218
	20	59.6814		21	62.7456		22	65.8098		23	68.8739
152	16	47.8869	160	16	47.9989	168	17	51.0631	176	18	54.1273
	17	**50.8390**		17	50.9511		18	54.0152		19	57.0794
	18	53.7911		**18**	**53.9032**		**19**	**56.9674**		**20**	**60.0315**
	19	56.7433		19	56.8553		20	59.9195		21	62.9837
	20	59.6954		20	59.8074		21	62.8716		22	65.9358
	21	62.6475		21	62.7596		22	65.8238		23	68.8879
153	16	47.9009	161	17	50.9651	169	17	51.0771	177	18	54.1413
	17	50.8530		**18**	**53.9172**		18	54.0292		19	57.0934
	18	**53.8051**		19	56.8693		**19**	**56.9814**		**20**	**60.0455**
	19	56.7573		20	59.8215		20	59.9335		21	62.9977
	20	59.7094		21	62.7736		21	62.8856		22	65.9498
	21	62.6615		22	65.7257		22	65.8378		23	68.9019
154	16	47.9149	162	17	50.9791	170	18	54.0432	178	18	54.1553
	17	50.8670		18	53.9312		**19**	**56.9954**		19	57.1074
	18	**53.8192**		**19**	**56.8833**		20	59.9475		**20**	**60.0595**
	19	56.7713		20	59.8355		21	62.8996		21	63.0117
	20	59.7234		21	62.7876		22	65.8518		22	65.9638
	21	62.6755		22	65.7397		23	68.8039		23	68.9159
155	16	47.9289	163	17	50.9931	171	18	54.0572	179	19	57.1214
	17	50.8810		18	53.9452		19	57.0094		**20**	**60.0736**
	18	**53.8332**		**19**	**56.8973**		**20**	**59.9615**		21	63.0257
	19	56.7853		20	59.8495		21	62.9136		22	65.9778
	20	59.7374		21	62.8016		22	65.8658		23	68.9299
	21	62.6896		22	65.7537		23	68.8179		24	71.8821
156	16	47.9429	164	17	51.0071	172	18	54.0713	180	19	57.1354
	17	50.8950		18	53.9592		19	57.0234		20	60.0876
	18	**53.8472**		**19**	**56.9113**		**20**	**59.9755**		**21**	**63.0397**
	19	56.7993		20	59.8635		21	62.9276		22	65.9918
	20	59.7514		21	62.8156		22	65.8798		23	68.9440
	21	62.7036		22	65.7677		23	68.8319		24	71.8961

续表

假想齿数 z'	跨测齿数 k	公法线长度 W^*	假想齿数 z'	跨测齿数 k	公法线长度 W^*	假想齿数 z'	跨测齿数 k	公法线长度 W^*	假想齿数 z'	跨测齿数 k	公法线长度 W^*
181	19	57.1494	186	19	57.2195	191	20	60.2416	196	20	60.3116
	20	60.1016		20	60.1716		21	63.1938		21	63.2638
	21	**63.0537**		**21**	**63.1237**		**22**	**66.1459**		**22**	**66.2159**
	22	66.0058		22	66.0759		23	69.0980		23	69.1680
	23	68.9580		23	69.0280		24	72.0501		24	72.1202
	24	71.9101		24	71.9801		25	75.0023		25	75.0723
182	19	57.1634	187	19	57.2335	192	20	60.2556	197	21	63.2778
	20	60.1156		20	60.1856		21	63.2078		**22**	**66.2299**
	21	**63.0677**		**21**	**63.1377**		**22**	**66.1599**		23	69.1820
	22	66.0198		22	66.0899		23	69.1120		24	72.1342
	23	68.9720		23	69.0420		24	72.0642		25	75.0863
	24	71.9241		24	71.9941		25	75.0163		26	78.0384
183	19	57.1774	188	20	60.1996	193	20	60.2696	198	21	63.2918
	20	60.1296		**21**	**63.1517**		21	63.2218		22	66.2439
	21	**63.0817**		22	66.1039		**22**	**66.1739**		**23**	**69.1961**
	22	66.0338		23	69.0560		23	69.1260		24	72.1482
	23	68.9860		24	72.0081		24	72.0782		25	75.1003
	24	71.9381		25	74.9603		25	75.0303		26	78.0524
184	19	57.1915	189	20	60.2186	194	20	60.2836	199	21	63.3058
	20	60.1436		21	63.1657		21	63.2358		22	66.2579
	21	**63.0957**		**22**	**66.1179**		**22**	**66.1879**		**23**	**69.2101**
	22	66.0478		23	69.0700		23	69.1400		24	72.1622
	23	69.0000		24	72.0221		24	72.0922		25	75.1143
	24	71.9521		25	74.9743		25	75.0443		26	78.0665
185	19	57.2055	190	20	60.2276	195	20	60.2976	200	21	63.3198
	20	60.1576		21	63.1797		21	63.2498		22	66.2719
	21	**63.1097**		**22**	**66.1319**		**22**	**66.2019**		**23**	**69.2241**
	22	66.0619		23	69.0840		23	69.1540		24	72.1762
	23	69.0140		24	72.0361		24	72.1062		25	75.1283
	24	71.9661		25	74.9883		25	75.0583		26	78.0805

注：1. 本表可用于外啮合和内啮合的直齿轮和斜齿轮，使用方法见表 12-1-33。

2. 对直齿轮 $z'=z$，对斜齿轮 $z'=z\dfrac{\text{inv}\alpha_t}{\text{inv}\alpha_n}$。

3. 对内齿轮 k 为跨测齿槽数。

4. 黑体字是标准齿轮（$x=x_n=0$）的跨测齿数 k 和公法线长度 W^*。

第12篇

表 12-1-35 $\dfrac{\mathrm{inv}\alpha_t}{\mathrm{inv}\alpha_n}$值（$\alpha_n=20°$）

β	$\dfrac{\mathrm{inv}\alpha_t}{\mathrm{inv}20°}$	差值	β	$\dfrac{\mathrm{inv}\alpha_t}{\mathrm{inv}20°}$	差值	β	$\dfrac{\mathrm{inv}\alpha_t}{\mathrm{inv}20°}$	差值	β	$\dfrac{\mathrm{inv}\alpha_t}{\mathrm{inv}20°}$	差值
8°	1.0283	0.0025	17°	1.1358	0.0059	25°	1.3227	0.0103	32°	1.5952	0.0164
8°20′	1.0308	0.0025	17°20′	1.1417	0.0059	25°20′	1.3330	0.0105	32°20′	1.6116	0.0169
8°40′	1.0333	0.0027	17°40′	1.1476	0.0061	25°40′	1.3435	0.0107	32°40′	1.6285	0.0172
9°	1.0360	0.0028	18°	1.1537	0.0063	26°	1.3542	0.0110	33°	1.6457	0.0177
9°20′	1.0388	0.0029	18°20′	1.1600	0.0065	26°20′	1.3652	0.0113	33°20′	1.6634	0.0180
9°40′	1.0417	0.0030	18°40′	1.1665	0.0066	26°40′	1.3765	0.0115	33°40′	1.6814	0.0185
10°	1.0447	0.0031	19°	1.1731	0.0067	27°	1.3880	0.0117	34°	1.6999	0.0189
10°20′	1.0478	0.0032	19°20′	1.1798	0.0069	27°20′	1.3997	0.0120	34°20′	1.7188	0.0193
10°40′	1.0510	0.0034	19°40′	1.1867	0.0071	27°40′	1.4117	0.0123	34°40′	1.7381	0.0198
11°	1.0544	0.0034	20°	1.1938	0.0073	28°	1.4240	0.0126	35°	1.7579	0.0203
11°20′	1.0578	0.0036	20°20′	1.2011	0.0074	28°20′	1.4366	0.0128	35°20′	1.7782	0.0207
11°40′	1.0614	0.0037	20°40′	1.2085	0.0077	28°40′	1.4494	0.0132	35°40′	1.7989	0.0212
12°	1.0651	0.0038	21°	1.2162	0.0078	29°	1.4626	0.0134	36°	1.8201	0.0218
12°20′	1.0689	0.0039	21°20′	1.2240	0.0079	29°20′	1.4760	0.0138	36°20′	1.8419	0.0222
12°40′	1.0728	0.0041	21°40′	1.2319	0.0082	29°40′	1.4898	0.0140	36°40′	1.8641	0.0228
13°	1.0769	0.0042	22°	1.2401	0.0084	30°	1.5038	0.0144	37°	1.8869	0.0233
13°20′	1.0811	0.0043	22°20′	1.2485	0.0085	30°20′	1.5182	0.0147	37°20′	1.9102	0.0239
13°40′	1.0854	0.0044	22°40′	1.2570	0.0088	30°40′	1.5329	0.0150	37°40′	1.9341	0.0245
14°	1.0898	0.0046	23°	1.2658	0.0089	31°	1.5479	0.0154	38°	1.9586	0.0251
14°20′	1.0944	0.0047	23°20′	1.2747	0.0092	31°20′	1.5633	0.0158	38°20′	1.9837	0.0256
14°40′	1.0991	0.0048	23°40′	1.2839	0.0094	31°40′	1.5791	0.0161	38°40′	2.0093	0.0263
15°	1.1039	0.0050	24°	1.2933	0.0096	32°	1.5952		39°	2.0356	
15°20′	1.1089	0.0051	24°20′	1.3029	0.0098						
15°40′	1.1140	0.0052	24°40′	1.3127	0.0100						
16°	1.1192	0.0054	25°	1.3227							
16°20′	1.1246	0.0056									
16°40′	1.1302	0.0056									
17°	1.1358										

表 12-1-36 假想齿数的小数部分的公法线长度(跨距)

（$m_n=1$、$\alpha_n=20°$） mm

z'	0.00	0.01	0.02	0.03	0.04	0.05	0.06	0.07	0.08	0.09
0.0	0.0000	0.0001	0.0003	0.0004	0.0006	0.0007	0.0008	0.0010	0.0011	0.0013
0.1	0.0014	0.0015	0.0017	0.0018	0.0020	0.0021	0.0022	0.0024	0.0025	0.0027
0.2	0.0028	0.0029	0.0031	0.0032	0.0034	0.0035	0.0036	0.0038	0.0039	0.0041
0.3	0.0042	0.0043	0.0045	0.0046	0.0048	0.0049	0.0050	0.0052	0.0053	0.0055
0.4	0.0056	0.0057	0.0059	0.0060	0.0062	0.0063	0.0064	0.0066	0.0067	0.0069
0.5	0.0070	0.0071	0.0073	0.0074	0.0076	0.0077	0.0078	0.0080	0.0081	0.0083
0.6	0.0084	0.0085	0.0087	0.0088	0.0090	0.0091	0.0092	0.0094	0.0095	0.0097
0.7	0.0098	0.0099	0.0101	0.0102	0.0104	0.0105	0.0106	0.0108	0.0109	0.0111
0.8	0.0112	0.0113	0.0115	0.0116	0.0118	0.0119	0.0120	0.0122	0.0123	0.0125
0.9	0.0126	0.0127	0.0129	0.0130	0.0132	0.0133	0.0134	0.0136	0.0137	0.0139

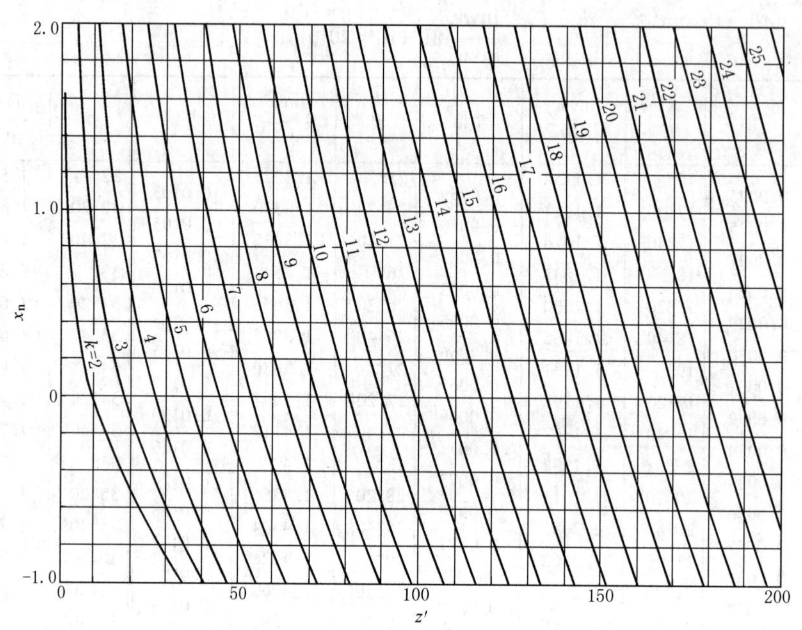

图 12-1-31　跨测齿数 $k(\alpha=\alpha_n=20°)$

表 12-1-37　变位齿轮的公法线长度跨距附加量 ΔW^* ($m=m_n=1$、$\alpha=\alpha_n=20°$)　mm

x (或 x_n)	0.00	0.01	0.02	0.03	0.04	0.05	0.06	0.07	0.08	0.09
0.0	0.0000	0.0068	0.0137	0.0205	0.0274	0.0342	0.0410	0.0479	0.0547	0.0616
0.1	0.0684	0.0752	0.0821	0.0889	0.0958	0.1026	0.1094	0.1163	0.1231	0.1300
0.2	0.1368	0.1436	0.1505	0.1573	0.1642	0.1710	0.1779	0.1847	0.1915	0.1984
0.3	0.2052	0.2121	0.2189	0.2257	0.2326	0.2394	0.2463	0.2531	0.2599	0.2668
0.4	0.2736	0.2805	0.2873	0.2941	0.3010	0.3078	0.3147	0.3215	0.3283	0.3352
0.5	0.3420	0.3489	0.3557	0.3625	0.3694	0.3762	0.3831	0.3899	0.3967	0.4036
0.6	0.4104	0.4173	0.4241	0.4309	0.4378	0.4446	0.4515	0.4583	0.4651	0.4720
0.7	0.4788	0.4857	0.4925	0.4993	0.5062	0.5130	0.5199	0.5267	0.5336	0.5404
0.8	0.5472	0.5541	0.5609	0.5678	0.5746	0.5814	0.5883	0.5951	0.6020	0.6088
0.9	0.6156	0.6225	0.6293	0.6362	0.6430	0.6498	0.6567	0.6635	0.6704	0.6772
1.0	0.6840	0.6909	0.6977	0.7046	0.7114	0.7182	0.7251	0.7319	0.7388	0.7456
1.1	0.7524	0.7593	0.7661	0.7730	0.7798	0.7866	0.7935	0.8003	0.8072	0.8140
1.2	0.8208	0.8277	0.8345	0.8414	0.8482	0.8551	0.8619	0.8687	0.8756	0.8824
1.3	0.8893	0.8961	0.9029	0.9098	0.9166	0.9235	0.9303	0.9371	0.9440	0.9508
1.4	0.9577	0.9645	0.9713	0.9782	0.9850	0.9919	0.9987	1.0055	1.0124	1.0192
1.5	1.0261	1.0329	1.0397	1.0466	1.0534	1.0603	1.0671	1.0739	1.0808	1.0876
1.6	1.0945	1.1013	1.1081	1.1150	1.1218	1.1287	1.1355	1.1423	1.1492	1.1560
1.7	1.1629	1.1697	1.1765	1.1834	1.1902	1.1971	1.2039	1.2108	1.2176	1.2244
1.8	1.2313	1.2381	1.2450	1.2518	1.2586	1.2655	1.2723	1.2792	1.2860	1.2928
1.9	1.2997	1.3065	1.3134	1.3202	1.3270	1.3339	1.3407	1.3476	1.3544	1.3612

5.3 分度圆弦齿厚

表 12-1-38　　分度圆弦齿厚的计算公式

名称			直齿轮（外啮合、内啮合）	斜齿轮（外啮合、内啮合）
标准齿轮	分度圆弦齿高 $\bar{h}$	外齿轮	$\bar{h}=h_a+\frac{mz}{2}\left(1-\cos\frac{\pi}{2z}\right)$	$\bar{h}_n=h_a+\frac{m_n z_v}{2}\left(1-\cos\frac{\pi}{2z_v}\right)$
		内齿轮	$\bar{h}_2=h_{a2}-\frac{mz_2}{2}\left(1-\cos\frac{\pi}{2z_2}\right)+\Delta\bar{h}_2$ 式中　$\Delta\bar{h}_2=\frac{d_{a2}}{2}(1-\cos\delta_{a2})$ $\delta_{a2}=\frac{\pi}{2z_2}-\text{inv}\alpha+\text{inv}\alpha_{a2}$	$\bar{h}_{n2}=h_{a2}+\frac{m_n z_{v2}}{2}\left(1-\cos\frac{\pi}{2z_{v2}}\right)+\Delta\bar{h}_2$ 式中　$\Delta\bar{h}_2=\frac{d_{a2}}{2}(1-\cos\delta_{a2})$ $\delta_{a2}=\frac{\pi}{2z_2}-\text{inv}\alpha_t+\text{inv}\alpha_{at2}$
	分度圆弦齿厚 $\bar{s}$		$\bar{s}=mz\sin\frac{\pi}{2z}$	$\bar{s}_n=m_n z_v\sin\frac{\pi}{2z_v}$
	外齿轮的 $\bar{s}$（或 $\bar{s}_n$）和 $\bar{h}$（或 $\bar{h}_n$）可由表 12-1-39 查出			
变位齿轮	分度圆弦齿高 $\bar{h}$	外齿轮	$\bar{h}=h_a+\frac{mz}{2}\left[1-\cos\left(\frac{\pi}{2z}+\frac{2x\tan\alpha}{z}\right)\right]$	$\bar{h}_n=h_a+\frac{m_n z_v}{2}\left[1-\cos\left(\frac{\pi}{2z_v}+\frac{2x_n\tan\alpha_n}{z_v}\right)\right]$
		内齿轮	$\bar{h}_2=h_{a2}-\frac{mz_2}{2}\left[1-\cos\left(\frac{\pi}{2z_2}-\frac{2x_2\tan\alpha}{z_2}\right)\right]+\Delta\bar{h}_2$ 式中　$\Delta\bar{h}_2=\frac{d_{a2}}{2}(1-\cos\delta_{a2})$ $\delta_{a2}=\frac{\pi}{2z_2}-\text{inv}\alpha-\frac{2x_2\tan\alpha}{z_2}+\text{inv}\alpha_{a2}$	$\bar{h}_{n2}=h_{a2}-\frac{m_n z_{v2}}{2}\left[1-\cos\left(\frac{\pi}{2z_{v2}}-\frac{2x_{n2}\tan\alpha_n}{z_{v2}}\right)\right]+\Delta\bar{h}_2$ 式中　$\Delta\bar{h}_2=\frac{d_{a2}}{2}(1-\cos\delta_{a2})$ $\delta_{a2}=\frac{\pi}{2z_2}-\text{inv}\alpha_t-\frac{2x_n\tan\alpha_t}{z_2}+\text{inv}\alpha_{at2}$
	分度圆弦齿厚 $\bar{s}$		$\bar{s}=mz\sin\left(\frac{\pi}{2z}\pm\frac{2x\tan\alpha}{z}\right)$	$\bar{s}_n=m_n z_v\sin\left(\frac{\pi}{2z_v}\pm\frac{2x_n\tan\alpha_n}{z_v}\right)$
	外齿轮的 $\bar{s}$（或 $\bar{s}_n$）和 $\bar{h}$（或 $\bar{h}_n$）可由表 12-1-40 查出			

注：有“±”处，正号用于外齿轮，负号用于内齿轮。

表 12-1-39　　标准外齿轮的分度圆弦齿厚 $\bar{s}$（或 $\bar{s}_n$）和分度圆弦齿高 $\bar{h}$（或 $\bar{h}_n$）

$(m=m_n=1、h_a^*=h_{an}^*=1)$　　mm

z（或 z_v）	$\bar{s}$（或 $\bar{s}_n$）	$\bar{h}$（或 $\bar{h}_n$）	z（或 z_v）	$\bar{s}$（或 $\bar{s}_n$）	$\bar{h}$（或 $\bar{h}_n$）	z（或 z_v）	$\bar{s}$（或 $\bar{s}_n$）	$\bar{h}$（或 $\bar{h}_n$）	z（或 z_v）	$\bar{s}$（或 $\bar{s}_n$）	$\bar{h}$（或 $\bar{h}_n$）
8	1.5607	1.0769	23	1.5696	1.0268	38	1.5703	1.0162	53	1.5706	1.0116
9	1.5628	1.0684	24	1.5697	1.0257	39	1.5704	1.0158	54	1.5706	1.0114
10	1.5643	1.0616	25	1.5698	1.0247	40	1.5704	1.0154	55	1.5706	1.0112
11	1.5655	1.0560	26	1.5698	1.0237	41	1.5704	1.0150	56	1.5706	1.0110
12	1.5663	1.0513	27	1.5699	1.0228	42	1.5704	1.0147	57	1.5706	1.0108
13	1.5670	1.0474	28	1.5700	1.0220	43	1.5704	1.0143	58	1.5706	1.0106
14	1.5675	1.0440	29	1.5700	1.0213	44	1.5705	1.0140	59	1.5706	1.0105
15	1.5679	1.0411	30	1.5701	1.0206	45	1.5705	1.0137	60	1.5706	1.0103
16	1.5683	1.0385	31	1.5701	1.0199	46	1.5705	1.0134	61	1.5706	1.0101
17	1.5686	1.0363	32	1.5702	1.0193	47	1.5705	1.0131	62	1.5706	1.0099
18	1.5688	1.0342	33	1.5702	1.0187	48	1.5705	1.0128	63	1.5706	1.0098
19	1.5690	1.0324	34	1.5702	1.0181	49	1.5705	1.0126	64	1.5706	1.0096
20	1.5692	1.0308	35	1.5703	1.0176	50	1.5705	1.0123	65	1.5706	1.0095
21	1.5693	1.0294	36	1.5703	1.0171	51	1.5705	1.0121	66	1.5706	1.0093
22	1.5695	1.0280	37	1.5703	1.0167	52	1.5706	1.0119	67	1.5707	1.0092

续表

z (或 z_v)	$\bar{s}$ (或 $\bar{s}_n$)	$\bar{h}$ (或 $\bar{h}_n$)	z (或 z_v)	$\bar{s}$ (或 $\bar{s}_n$)	$\bar{h}$ (或 $\bar{h}_n$)	z (或 z_v)	$\bar{s}$ (或 $\bar{s}_n$)	$\bar{h}$ (或 $\bar{h}_n$)	z (或 z_v)	$\bar{s}$ (或 $\bar{s}_n$)	$\bar{h}$ (或 $\bar{h}_n$)
68	1.5707	1.0091	87	1.5707	1.0071	106	1.5707	1.0058	125	1.5708	1.0049
69	1.5707	1.0089	88	1.5707	1.0070	107	1.5707	1.0058	126	1.5708	1.0049
70	1.5707	1.0088	89	1.5707	1.0069	108	1.5707	1.0057	127	1.5708	1.0049
71	1.5707	1.0087	90	1.5707	1.0069	109	1.5707	1.0057	128	1.5708	1.0048
72	1.5707	1.0086	91	1.5707	1.0068	110	1.5707	1.0056	129	1.5708	1.0048
73	1.5707	1.0084	92	1.5707	1.0067	111	1.5707	1.0056	130	1.5708	1.0047
74	1.5707	1.0083	93	1.5707	1.0066	112	1.5707	1.0055	131	1.5708	1.0047
75	1.5707	1.0082	94	1.5707	1.0066	113	1.5707	1.0055	132	1.5708	1.0047
76	1.5707	1.0081	95	1.5707	1.0065	114	1.5707	1.0054	133	1.5708	1.0046
77	1.5707	1.0080	96	1.5707	1.0064	115	1.5707	1.0054	134	1.5708	1.0046
78	1.5707	1.0079	97	1.5707	1.0064	116	1.5707	1.0053	135	1.5708	1.0046
79	1.5707	1.0078	98	1.5707	1.0063	117	1.5707	1.0053	140	1.5708	1.0044
80	1.5707	1.0077	99	1.5707	1.0062	118	1.5707	1.0052	145	1.5708	1.0043
81	1.5707	1.0076	100	1.5707	1.0062	119	1.5708	1.0052	150	1.5708	1.0041
82	1.5707	1.0075	101	1.5707	1.0061	120	1.5708	1.0051	200	1.5708	1.0031
83	1.5707	1.0074	102	1.5707	1.0060	121	1.5708	1.0051	∞	1.5708	1.0000
84	1.5707	1.0073	103	1.5707	1.0060	122	1.5708	1.0051			
85	1.5707	1.0073	104	1.5707	1.0059	123	1.5708	1.0050			
86	1.5707	1.0072	105	1.5707	1.0059	124	1.5708	1.0050			

注：1. 当模数 m(或 m_n)≠1时，应将查得的结果乘以 m（或 m_n）。

2. 当 h_a^*(或 h_{an}^*)≠1时，应将查得的弦齿高减去 $1-h_a^*$ 或 $1-h_{an}^*$，弦齿厚不变。

3. 对斜齿轮，用 z_v 查表，z_v 有小数时，按插入法计算。

表 12-1-40　变位外齿轮的分度圆弦齿厚 $\bar{s}$（或 $\bar{s}_n$）和分度圆弦齿高 $\bar{h}$（或 $\bar{h}_n$）

（$\alpha=\alpha_n=20°$、$m=m_n=1$、$h_a^*=h_{an}^*=1$）

mm

z(或 z_v)	10		11		12		13		14		15		16		17	
x (或 x_n)	$\bar{s}$ (或 $\bar{s}_n$)	$\bar{h}$ (或 $\bar{h}_n$)	$\bar{s}$ (或 $\bar{s}_n$)	$\bar{h}$ (或 $\bar{h}_n$)	$\bar{s}$ (或 $\bar{s}_n$)	$\bar{h}$ (或 $\bar{h}_n$)	$\bar{s}$ (或 $\bar{s}_n$)	$\bar{h}$ (或 $\bar{h}_n$)	$\bar{s}$ (或 $\bar{s}_n$)	$\bar{h}$ (或 $\bar{h}_n$)	$\bar{s}$ (或 $\bar{s}_n$)	$\bar{h}$ (或 $\bar{h}_n$)	$\bar{s}$ (或 $\bar{s}_n$)	$\bar{h}$ (或 $\bar{h}_n$)	$\bar{s}$ (或 $\bar{s}_n$)	$\bar{h}$ (或 $\bar{h}_n$)
0.02															1.583	1.057
0.05											1.604	1.093	1.604	1.090	1.605	1.088
0.08											1.626	1.124	1.626	1.121	1.626	1.119
0.10									1.639	1.148	1.640	1.145	1.641	1.142	1.641	1.140
0.12									1.654	1.169	1.655	1.166	1.655	1.163	1.655	1.160
0.15							1.675	1.204	1.676	1.200	1.677	1.197	1.677	1.194	1.677	1.192
0.18							1.697	1.236	1.698	1.232	1.698	1.228	1.699	1.225	1.699	1.223
0.20					1.710	1.261	1.711	1.257	1.712	1.253	1.713	1.249	1.713	1.246	1.713	1.243
0.22					1.725	1.282	1.726	1.278	1.726	1.273	1.727	1.270	1.728	1.267	1.728	1.264
0.25	1.744	1.327	1.745	1.320	1.746	1.314	1.747	1.309	1.748	1.305	1.749	1.301	1.749	1.298	1.750	1.295
0.28	1.765	1.359	1.767	1.351	1.768	1.346	1.769	1.341	1.770	1.336	1.770	1.332	1.771	1.329	1.771	1.326
0.30	1.780	1.380	1.781	1.373	1.782	1.367	1.783	1.362	1.784	1.357	1.785	1.353	1.785	1.350	1.786	1.347
0.32	1.794	1.401	1.796	1.394	1.797	1.388	1.798	1.383	1.798	1.378	1.799	1.374	1.800	1.371	1.800	1.368
0.35	1.815	1.433	1.817	1.426	1.819	1.419	1.820	1.414	1.820	1.410	1.821	1.405	1.822	1.402	1.822	1.399
0.38	1.837	1.465	1.839	1.457	1.841	1.451	1.841	1.446	1.842	1.441	1.843	1.437	1.843	1.433	1.844	1.430
0.40	1.851	1.486	1.853	1.479	1.855	1.472	1.856	1.467	1.857	1.462	1.857	1.458	1.858	1.454	1.858	1.451

续表

z(或 z_v)	10		11		12		13		14		15		16		17	
x (或 x_n)	$\bar{s}$ (或 $\bar{s}_n$)	$\bar{h}$ (或 $\bar{h}_n$)	$\bar{s}$ (或 $\bar{s}_n$)	$\bar{h}$ (或 $\bar{h}_n$)	$\bar{s}$ (或 $\bar{s}_n$)	$\bar{h}$ (或 $\bar{h}_n$)	$\bar{s}$ (或 $\bar{s}_n$)	$\bar{h}$ (或 $\bar{h}_n$)	$\bar{s}$ (或 $\bar{s}_n$)	$\bar{h}$ (或 $\bar{h}_n$)	$\bar{s}$ (或 $\bar{s}_n$)	$\bar{h}$ (或 $\bar{h}_n$)	$\bar{s}$ (或 $\bar{s}_n$)	$\bar{h}$ (或 $\bar{h}_n$)	$\bar{s}$ (或 $\bar{s}_n$)	$\bar{h}$ (或 $\bar{h}_n$)
0.42	1.866	1.508	1.867	1.500	1.870	1.493	1.870	1.488	1.871	1.483	1.872	1.479	1.872	1.475	1.873	1.472
0.45	1.887	1.540	1.889	1.532	1.891	1.525	1.892	1.519	1.893	1.514	1.893	1.510	1.894	1.506	1.895	1.503
0.48	1.908	1.572	1.910	1.564	1.917	1.557	1.913	1.551	1.914	1.546	1.915	1.541	1.916	1.538	1.916	1.534
0.50	1.923	1.593	1.925	1.585	1.926	1.578	1.928	1.572	1.929	1.567	1.929	1.562	1.930	1.558	1.931	1.555
0.52	1.937	1.615	1.939	1.606	1.941	1.599	1.942	1.593	1.943	1.588	1.944	1.583	1.945	1.579	1.945	1.576
0.55	1.959	1.647	1.961	1.638	1.962	1.631	1.964	1.625	1.965	1.620	1.966	1.615	1.966	1.611	1.967	1.607
0.58	1.980	1.679	1.982	1.670	1.984	1.663	1.985	1.656	1.986	1.651	1.987	1.646	1.988	1.642	1.988	1.638
0.60	1.994	1.700	1.996	1.691	1.998	1.684	1.999	1.677	2.001	1.673	2.002	1.667	2.002	1.663	2.003	1.659

z(或 z_v)	18		19		20		21		22		23		24		25	
x (或 x_n)	$\bar{s}$ (或 $\bar{s}_n$)	$\bar{h}$ (或 $\bar{h}_n$)	$\bar{s}$ (或 $\bar{s}_n$)	$\bar{h}$ (或 $\bar{h}_n$)	$\bar{s}$ (或 $\bar{s}_n$)	$\bar{h}$ (或 $\bar{h}_n$)	$\bar{s}$ (或 $\bar{s}_n$)	$\bar{h}$ (或 $\bar{h}_n$)	$\bar{s}$ (或 $\bar{s}_n$)	$\bar{h}$ (或 $\bar{h}_n$)	$\bar{s}$ (或 $\bar{s}_n$)	$\bar{h}$ (或 $\bar{h}_n$)	$\bar{s}$ (或 $\bar{s}_n$)	$\bar{h}$ (或 $\bar{h}_n$)	$\bar{s}$ (或 $\bar{s}_n$)	$\bar{h}$ (或 $\bar{h}_n$)
-0.12					1.482	0.908	1.482	0.906	1.482	0.905	1.482	0.904	1.483	0.903	1.483	0.902
-0.10			1.496	0.930	1.497	0.928	1.497	0.927	1.497	0.925	1.497	0.924	1.497	0.923	1.497	0.922
-0.08			1.511	0.950	1.511	0.949	1.511	0.947	1.511	0.946	1.511	0.945	1.511	0.944	1.512	0.943
-0.05	1.533	0.983	1.533	0.981	1.533	0.979	1.533	0.978	1.533	0.977	1.533	0.976	1.534	0.975	1.534	0.974
-0.02	1.554	1.014	1.554	1.012	1.555	1.010	1.555	1.009	1.555	1.008	1.555	1.006	1.555	1.005	1.555	1.004
0.00	1.569	1.034	1.569	1.032	1.569	1.031	1.569	1.029	1.569	1.028	1.569	1.027	1.570	1.026	1.570	1.025
0.02	1.583	1.055	1.584	1.053	1.584	1.051	1.584	1.050	1.584	1.049	1.584	1.047	1.584	1.046	1.584	1.045
0.05	1.605	1.086	1.605	1.084	1.605	1.082	1.606	1.081	1.606	1.079	1.606	1.078	1.606	1.077	1.606	1.076
0.08	1.627	1.117	1.627	1.115	1.627	1.113	1.627	1.112	1.628	1.110	1.628	1.109	1.628	1.108	1.628	1.107
0.10	1.641	1.138	1.642	1.136	1.642	1.134	1.642	1.132	1.642	1.131	1.642	1.130	1.642	1.128	1.642	1.127
0.12	1.656	1.158	1.656	1.156	1.656	1.154	1.656	1.153	1.657	1.151	1.657	1.150	1.657	1.149	1.657	1.147
0.15	1.678	1.189	1.678	1.187	1.678	1.185	1.678	1.184	1.678	1.182	1.678	1.181	1.679	1.179	1.679	1.178
0.18	1.699	1.220	1.700	1.218	1.700	1.216	1.700	1.215	1.700	1.213	1.700	1.212	1.700	1.210	1.701	1.209
0.20	1.714	1.241	1.714	1.239	1.714	1.237	1.714	1.235	1.715	1.234	1.715	1.232	1.715	1.231	1.715	1.229
0.22	1.728	1.262	1.729	1.259	1.729	1.257	1.729	1.256	1.729	1.254	1.729	1.253	1.729	1.251	1.730	1.250
0.25	1.750	1.293	1.750	1.290	1.750	1.288	1.751	1.287	1.751	1.285	1.751	1.283	1.751	1.281	1.751	1.280
0.28	1.772	1.324	1.772	1.321	1.772	1.319	1.773	1.318	1.773	1.316	1.773	1.314	1.773	1.313	1.773	1.311
0.30	1.786	1.344	1.787	1.342	1.787	1.340	1.787	1.338	1.787	1.336	1.787	1.335	1.788	1.333	1.788	1.332
0.32	1.801	1.365	1.801	1.363	1.801	1.361	1.802	1.359	1.802	1.357	1.802	1.355	1.802	1.354	1.802	1.353
0.35	1.822	1.396	1.823	1.394	1.823	1.392	1.823	1.390	1.824	1.388	1.824	1.386	1.824	1.385	1.824	1.383
0.38	1.844	1.427	1.844	1.425	1.845	1.423	1.845	1.421	1.845	1.419	1.845	1.417	1.846	1.415	1.846	1.414
0.40	1.858	1.448	1.859	1.446	1.859	1.443	1.859	1.441	1.860	1.439	1.860	1.438	1.860	1.436	1.860	1.435
0.42	1.873	1.469	1.873	1.466	1.874	1.464	1.874	1.462	1.874	1.460	1.874	1.458	1.875	1.457	1.875	1.455
0.45	1.895	1.500	1.895	1.497	1.896	1.495	1.896	1.493	1.896	1.491	1.896	1.489	1.896	1.488	1.897	1.486
0.48	1.916	1.531	1.917	1.529	1.917	1.526	1.918	1.524	1.918	1.522	1.918	1.520	1.918	1.518	1.918	1.517
0.50	1.931	1.552	1.931	1.549	1.932	1.547	1.932	1.545	1.932	1.543	1.933	1.541	1.933	1.539	1.933	1.537
0.52	1.945	1.573	1.946	1.570	1.946	1.568	1.947	1.565	1.947	1.563	1.947	1.562	1.947	1.560	1.947	1.558
0.55	1.967	1.604	1.968	1.601	1.968	1.599	1.968	1.596	1.969	1.594	1.969	1.593	1.969	1.591	1.969	1.589
0.58	1.989	1.635	1.989	1.632	1.990	1.630	1.990	1.627	1.990	1.625	1.991	1.624	1.991	1.621	1.991	1.620
0.60	2.003	1.656	2.004	1.653	2.004	1.650	2.005	1.648	2.005	1.646	2.005	1.645	2.005	1.642	2.005	1.641

续表

z(或 z_v)	26~30	31~69	70~200	26	28	30	40	50	60	70	80	90	100	150	200
x (或 x_n)	$\bar{s}$ (或 $\bar{s}_n$)	$\bar{s}$ (或 $\bar{s}_n$)	$\bar{s}$ (或 $\bar{s}_n$)	$\bar{h}$ (或 $\bar{h}_n$)	$\bar{h}$ (或 $\bar{h}_n$)	$\bar{h}$ (或 $\bar{h}_n$)	$\bar{h}$ (或 $\bar{h}_n$)	$\bar{h}$ (或 $\bar{h}_n$)	$\bar{h}$ (或 $\bar{h}_n$)	$\bar{h}$ (或 $\bar{h}_n$)	$\bar{h}$ (或 $\bar{h}_n$)	$\bar{h}$ (或 $\bar{h}_n$)	$\bar{h}$ (或 $\bar{h}_n$)	$\bar{h}$ (或 $\bar{h}_n$)	$\bar{h}$ (或 $\bar{h}_n$)
-0.60	1.134	1.134	1.134	0.413	0.412	0.411	0.408	0.406	0.405	0.405	0.404	0.404	0.403	0.403	0.402
-0.58	1.148	1.149	1.149	0.433	0.432	0.431	0.428	0.427	0.426	0.425	0.424	0.424	0.423	0.423	0.422
-0.55	1.170	1.170	1.170	0.463	0.462	0.461	0.459	0.457	0.456	0.455	0.454	0.454	0.454	0.453	0.452
-0.52	1.192	1.192	1.192	0.494	0.493	0.492	0.489	0.487	0.486	0.485	0.485	0.484	0.484	0.483	0.482
-0.50	1.206	1.207	1.207	0.514	0.513	0.512	0.509	0.507	0.506	0.505	0.505	0.504	0.504	0.503	0.502
-0.48	1.221	1.221	1.221	0.534	0.533	0.532	0.529	0.528	0.526	0.525	0.525	0.524	0.524	0.523	0.522
-0.45	1.243	1.243	1.243	0.565	0.564	0.563	0.560	0.558	0.557	0.556	0.555	0.554	0.554	0.553	0.552
-0.42	1.265	1.265	1.266	0.595	0.594	0.593	0.590	0.588	0.587	0.586	0.585	0.584	0.584	0.583	0.582
-0.40	1.279	1.280	1.280	0.616	0.615	0.614	0.610	0.608	0.607	0.606	0.605	0.605	0.604	0.603	0.602
-0.38	1.294	1.294	1.294	0.636	0.635	0.634	0.630	0.628	0.627	0.626	0.625	0.625	0.624	0.623	0.622
-0.35	1.316	1.316	1.316	0.667	0.665	0.664	0.661	0.659	0.657	0.656	0.655	0.655	0.654	0.653	0.652
-0.32	1.337	1.338	1.338	0.697	0.696	0.695	0.691	0.689	0.687	0.686	0.686	0.685	0.685	0.683	0.682
-0.30	1.352	1.352	1.352	0.718	0.716	0.715	0.711	0.709	0.708	0.707	0.706	0.705	0.705	0.703	0.702
-0.28	1.366	1.367	1.367	0.738	0.737	0.736	0.732	0.729	0.728	0.727	0.726	0.725	0.725	0.723	0.722
-0.25	1.388	1.389	1.389	0.769	0.767	0.766	0.762	0.760	0.758	0.757	0.756	0.755	0.755	0.753	0.752
-0.22	1.410	1.411	1.411	0.799	0.798	0.797	0.792	0.790	0.788	0.787	0.786	0.786	0.785	0.784	0.783
-0.20	1.425	1.425	1.425	0.819	0.818	0.817	0.813	0.810	0.809	0.807	0.806	0.806	0.805	0.804	0.803
-0.18	1.439	1.440	1.440	0.840	0.838	0.837	0.833	0.830	0.829	0.827	0.826	0.826	0.825	0.824	0.823
-0.15	1.461	1.462	1.462	0.871	0.869	0.868	0.863	0.861	0.859	0.858	0.857	0.856	0.855	0.854	0.853
-0.12	1.483	1.483	1.483	0.901	0.899	0.898	0.894	0.891	0.889	0.888	0.887	0.886	0.886	0.884	0.883
-0.10	1.497	1.497	1.498	0.922	0.920	0.919	0.914	0.911	0.909	0.908	0.907	0.906	0.906	0.904	0.903
-0.08	1.512	1.512	1.513	0.942	0.940	0.939	0.934	0.931	0.929	0.928	0.927	0.926	0.926	0.924	0.923
-0.05	1.534	1.534	1.534	0.973	0.971	0.970	0.965	0.962	0.960	0.959	0.957	0.957	0.956	0.954	0.953
-0.02	1.555	1.555	1.556	1.003	1.001	1.000	0.995	0.992	0.990	0.989	0.988	0.987	0.986	0.984	0.983
0.00	1.570	1.571	1.571	1.024	1.022	1.021	1.015	1.012	1.010	1.009	1.008	1.007	1.006	1.004	1.003
0.02	1.585	1.585	1.585	1.044	1.042	1.041	1.036	1.033	1.031	1.029	1.028	1.027	1.026	1.025	1.023
0.05	1.606	1.607	1.607	1.075	1.073	1.072	1.066	1.063	1.061	1.059	1.058	1.057	1.057	1.055	1.053
0.08	1.628	1.629	1.629	1.106	1.104	1.102	1.097	1.093	1.091	1.089	1.088	1.088	1.087	1.085	1.083
0.10	1.643	1.643	1.644	1.126	1.124	1.122	1.117	1.114	1.111	1.110	1.108	1.108	1.107	1.105	1.103
0.12	1.657	1.658	1.658	1.147	1.145	1.143	1.137	1.134	1.132	1.130	1.129	1.128	1.127	1.125	1.124
0.15	1.679	1.679	1.680	1.177	1.175	1.173	1.168	1.164	1.162	1.160	1.159	1.158	1.157	1.155	1.154
0.18	1.701	1.702	1.702	1.208	1.206	1.204	1.198	1.195	1.192	1.190	1.189	1.188	1.187	1.186	1.184
0.20	1.715	1.716	1.716	1.228	1.226	1.224	1.218	1.215	1.212	1.210	1.209	1.208	1.207	1.206	1.204
0.22	1.730	1.731	1.731	1.249	1.247	1.245	1.239	1.235	1.233	1.231	1.229	1.228	1.228	1.226	1.224
0.25	1.752	1.753	1.753	1.280	1.278	1.276	1.269	1.265	1.263	1.261	1.260	1.259	1.258	1.256	1.254
0.28	1.774	1.774	1.775	1.310	1.308	1.306	1.300	1.296	1.293	1.291	1.290	1.289	1.288	1.286	1.284
0.30	1.788	1.789	1.789	1.331	1.329	1.327	1.320	1.316	1.313	1.311	1.310	1.309	1.308	1.306	1.304
0.32	1.803	1.804	1.804	1.351	1.349	1.347	1.340	1.336	1.334	1.332	1.330	1.329	1.328	1.326	1.324
0.35	1.824	1.825	1.826	1.382	1.380	1.378	1.371	1.367	1.364	1.362	1.360	1.359	1.358	1.356	1.354
0.38	1.846	1.847	1.847	1.413	1.410	1.408	1.401	1.397	1.394	1.392	1.391	1.389	1.389	1.386	1.384
0.40	1.861	1.862	1.862	1.433	1.431	1.429	1.422	1.417	1.414	1.412	1.411	1.410	1.409	1.407	1.404

续表

z(或 z_v)	26~30	31~69	70~200	26	28	30	40	50	60	70	80	90	100	150	200
x (或 x_n)	$\bar{s}$ (或 $\bar{s}_n$)	$\bar{s}$ (或 $\bar{s}_n$)	$\bar{s}$ (或 $\bar{s}_n$)	$\bar{h}$ (或 $\bar{h}_n$)	$\bar{h}$ (或 $\bar{h}_n$)	$\bar{h}$ (或 $\bar{h}_n$)	$\bar{h}$ (或 $\bar{h}_n$)	$\bar{h}$ (或 $\bar{h}_n$)	$\bar{h}$ (或 $\bar{h}_n$)	$\bar{h}$ (或 $\bar{h}_n$)	$\bar{h}$ (或 $\bar{h}_n$)	$\bar{h}$ (或 $\bar{h}_n$)	$\bar{h}$ (或 $\bar{h}_n$)	$\bar{h}$ (或 $\bar{h}_n$)	$\bar{h}$ (或 $\bar{h}_n$)
0.42	1.875	1.876	1.877	1.454	1.451	1.449	1.442	1.438	1.435	1.433	1.431	1.430	1.429	1.427	1.424
0.45	1.897	1.898	1.898	1.485	1.482	1.480	1.473	1.468	1.465	1.463	1.461	1.460	1.459	1.457	1.455
0.48	1.919	1.920	1.920	1.516	1.513	1.511	1.503	1.498	1.495	1.493	1.492	1.490	1.489	1.487	1.485
0.50	1.933	1.934	1.935	1.536	1.533	1.531	1.523	1.519	1.516	1.513	1.512	1.510	1.509	1.507	1.505
0.52	1.948	1.949	1.949	1.557	1.554	1.552	1.544	1.539	1.536	1.534	1.532	1.531	1.530	1.527	1.525
0.55	1.970	1.970	1.971	1.587	1.585	1.582	1.574	1.569	1.566	1.564	1.562	1.561	1.560	1.557	1.555
0.58	1.992	1.993	1.993	1.618	1.615	1.613	1.605	1.600	1.597	1.594	1.592	1.591	1.590	1.587	1.585
0.60	2.006	2.007	2.008	1.639	1.636	1.634	1.625	1.620	1.617	1.614	1.613	1.611	1.610	1.608	1.605

注：1. 本表可直接用于高变位齿轮，对角变位齿轮，应将表中查出的 $\bar{h}$（或 $\bar{h}_n$）减去齿顶高变动系数 Δy（或 Δy_n）。

2. 当模数 m（或 m_n）$\neq 1$ 时，应将查得的 $\bar{s}$（或 $\bar{s}_n$）和 $\bar{h}$（或 $\bar{h}_n$）乘以 m（或 m_n）。

3. 对斜齿轮，用 z_v 查表，z_v 有小数时，按插入法计算。

5.4 固定弦齿厚

表 12-1-41 固定弦齿厚的计算公式

<table>
<tr><th colspan="3">名　　称</th><th>直齿轮(外啮合、内啮合)</th><th>斜齿轮(外啮合、内啮合)</th></tr>
<tr><td rowspan="4">标准齿轮</td><td rowspan="2">固定弦齿高 $\bar{h}_c$</td><td>外齿轮</td><td>$\bar{h}_c=h_a-\frac{\pi m}{8}\sin(2\alpha)$</td><td>$\bar{h}_{cn}=h_a-\frac{\pi m_n}{8}\sin(2\alpha_n)$</td></tr>
<tr><td>内齿轮</td><td>$\bar{h}_{c2}=h_{a2}-\frac{\pi m}{8}\sin(2\alpha)+\Delta\bar{h}_2$
式中　$\Delta\bar{h}_2=\frac{d_{a2}}{2}(1-\cos\delta_{a2})$
$\delta_{a2}=\frac{\pi}{2z_2}-\mathrm{inv}\alpha+\mathrm{inv}\alpha_{a2}$</td><td>$\bar{h}_{cn2}=h_{a2}-\frac{\pi m_n}{2}\sin(2\alpha_n)+\Delta\bar{h}_2$
式中　$\Delta\bar{h}_2=\frac{d_{a2}}{2}(1-\cos\delta_{a2})$
$\delta_{a2}=\frac{\pi}{2z_2}-\mathrm{inv}\alpha_t+\mathrm{inv}\alpha_{at2}$</td></tr>
<tr><td colspan="2">固定弦齿厚 $\bar{s}_c$</td><td>$\bar{s}_c=\frac{\pi m}{2}\cos^2\alpha$</td><td>$\bar{s}_{cn}=\frac{\pi m_n}{2}\cos^2\alpha_n$</td></tr>
<tr><td colspan="4">$\alpha=20°$、$h_a^*=1$(或 $\alpha_n=20°$、$h_{an}^*=1$)的 $\bar{h}_c$、$\bar{s}_c$(或 $\bar{h}_{cn}$、$\bar{s}_{cn}$)可由表 12-1-42 查出</td></tr>
<tr><td rowspan="4">变位齿轮</td><td rowspan="2">固定弦齿高 $\bar{h}_c$</td><td>外齿轮</td><td>$\bar{h}_c=h_a-m\left[\frac{\pi}{8}\sin(2\alpha)+x\sin^2\alpha\right]$</td><td>$\bar{h}_{cn}=h_a-m_n\left[\frac{\pi}{8}\sin(2\alpha_n)+x_n\sin^2\alpha_n\right]$</td></tr>
<tr><td>内齿轮</td><td>$\bar{h}_{c2}=h_{a2}-m\left[\frac{\pi}{8}\sin(2\alpha)-x_2\sin^2\alpha\right]+\Delta\bar{h}_2$
式中　$\Delta\bar{h}_2=\frac{d_{a2}}{2}(1-\cos\delta_{a2})$
$\delta_{a2}=\frac{\pi}{2z_2}-\mathrm{inv}\alpha+\mathrm{inv}\alpha_{a2}-\frac{2x_2\tan\alpha}{z_2}$</td><td>$\bar{h}_{cn2}=h_{a2}-m_n\left[\frac{\pi}{8}\sin(2\alpha_n)-x_{n2}\sin^2\alpha_n\right]+\Delta\bar{h}_2$
式中　$\Delta\bar{h}_2=\frac{d_{a2}}{2}(1-\cos\delta_{a2})$
$\delta_{a2}=\frac{\pi}{2z_2}-\mathrm{inv}\alpha_t+\mathrm{inv}\alpha_{at2}-\frac{2x_{n2}\tan\alpha_t}{z_2}$</td></tr>
<tr><td colspan="2">固定弦齿厚 $\bar{s}_c$</td><td>$\bar{s}_c=m\left[\frac{\pi}{2}\cos^2\alpha\pm x\sin(2\alpha)\right]$</td><td>$\bar{s}_{cn}=m_n\left[\frac{\pi}{2}\cos^2\alpha_n\pm x_n\sin2(\alpha_n)\right]$</td></tr>
<tr><td colspan="4">$\alpha=20°$、$h_a^*=1$(或 $\alpha_n=20°$、$h_{an}^*=1$)的外齿轮的 $\bar{h}_c$、$\bar{s}_c$(或 $\bar{h}_{cn}$、$\bar{s}_{cn}$)可由表12-1-43 查出</td></tr>
</table>

注：有“±”处，+号用于外齿轮，−号用于内齿轮。

表 12-1-42　　标准外齿轮的固定弦齿厚 $\bar{s}_c$（或 $\bar{s}_{cn}$）和固定弦齿高 $\bar{h}_c$（或 $\bar{h}_{cn}$）

（$\alpha=\alpha_n=20°$、$h_a^*=h_{an}^*=1$）　　mm

m（或 m_n）	$\bar{s}_c$（或 $\bar{s}_{cn}$）	$\bar{h}_c$（或 $\bar{h}_{cn}$）	m（或 m_n）	$\bar{s}_c$（或 $\bar{s}_{cn}$）	$\bar{h}_c$（或 $\bar{h}_{cn}$）	m（或 m_n）	$\bar{s}_c$（或 $\bar{s}_{cn}$）	$\bar{h}_c$（或 $\bar{h}_{cn}$）
1.25	1.734	0.934	4.5	6.242	3.364	16	22.193	11.961
1.5	2.081	1.121	5	6.935	3.738	18	24.967	13.456
1.75	2.427	1.308	5.5	7.629	4.112	20	27.741	14.952
2	2.774	1.495	6	8.322	4.485	22	30.515	16.447
2.25	3.121	1.682	6.5	9.016	4.859	25	34.676	18.690
2.5	3.468	1.869	7	9.709	5.233	28	38.837	20.932
2.75	3.814	2.056	8	11.096	5.981	30	41.612	22.427
3	4.161	2.243	9	12.483	6.728	32	44.386	23.922
3.25	4.508	2.430	10	13.871	7.476	36	49.934	26.913
3.5	4.855	2.617	11	15.258	8.224	40	55.482	29.903
3.75	5.202	2.803	12	16.645	8.971	45	62.417	33.641
4	5.548	2.990	14	19.419	10.466	50	69.353	37.379

注：本表也可以用于内齿轮，对于齿顶圆直径按表 12-1-23 计算的内齿轮，应将本表中的 $\bar{h}_c$（或 $\bar{h}_{cn}$）加上 $\Delta\bar{h}_2-\frac{7.54}{z_2}$（$\Delta\bar{h}_2$ 的计算方法见表 12-1-41）。

表 12-1-43　　变位外齿轮的固定弦齿厚 $\bar{s}_c$（或 $\bar{s}_{cn}$）和固定弦齿高 $\bar{h}_c$（或 $\bar{h}_{cn}$）

（$\alpha=\alpha_n=20°$、$m=m_n=1$、$h_a^*=h_{an}^*=1$）　　mm

x（或 x_n）	$\bar{s}_c$（或 $\bar{s}_{cn}$）	$\bar{h}_c$（或 $\bar{h}_{cn}$）	x（或 x_n）	$\bar{s}_c$（或 $\bar{s}_{cn}$）	$\bar{h}_c$（或 $\bar{h}_{cn}$）	x（或 x_n）	$\bar{s}_c$（或 $\bar{s}_{cn}$）	$\bar{h}_c$（或 $\bar{h}_{cn}$）	x（或 x_n）	$\bar{s}_c$（或 $\bar{s}_{cn}$）	$\bar{h}_c$（或 $\bar{h}_{cn}$）
−0.40	1.1299	0.3944	−0.11	1.3163	0.6504	0.18	1.5027	0.9065	0.47	1.6892	1.1626
−0.39	1.1364	0.4032	−0.10	1.3228	0.6593	0.19	1.5092	0.9154	0.48	1.6956	1.1714
−0.38	1.1428	0.4120	−0.09	1.3292	0.6681	0.20	1.5156	0.9242	0.49	1.7020	1.1803
−0.37	1.1492	0.4209	−0.08	1.3356	0.6769	0.21	1.5220	0.9330	0.50	1.7084	1.1891
−0.36	1.1556	0.4297	−0.07	1.3421	0.6858	0.22	1.5285	0.9418	0.51	1.7149	1.1979
−0.35	1.1621	0.4385	−0.06	1.3485	0.6946	0.23	1.5349	0.9507	0.52	1.7213	1.2068
−0.34	1.1685	0.4474	−0.05	1.3549	0.7034	0.24	1.5413	0.9595	0.53	1.7277	1.2156
−0.33	1.1749	0.4562	−0.04	1.3613	0.7123	0.25	1.5477	0.9683	0.54	1.7342	1.2244
−0.32	1.1814	0.4650	−0.03	1.3678	0.7211	0.26	1.5542	0.9772	0.55	1.7406	1.2332
−0.31	1.1878	0.4738	−0.02	1.3742	0.7299	0.27	1.5606	0.9860	0.56	1.7470	1.2421
−0.30	1.1942	0.4827	−0.01	1.3806	0.7387	0.28	1.5670	0.9948	0.57	1.7534	1.2509
−0.29	1.2006	0.4915	0.00	1.3870	0.7476	0.29	1.5735	1.0037	0.58	1.7599	1.2597
−0.28	1.2071	0.5003	0.01	1.3935	0.7564	0.30	1.5799	1.0125	0.59	1.7663	1.2686
−0.27	1.2135	0.5092	0.02	1.3999	0.7652	0.31	1.5863	1.0213	0.60	1.7727	1.2774
−0.26	1.2199	0.5180	0.03	1.4063	0.7741	0.32	1.5927	1.0301	0.61	1.7791	1.2862
−0.25	1.2263	0.5268	0.04	1.4128	0.7829	0.33	1.5992	1.0390	0.62	1.7856	1.2951
−0.24	1.2328	0.5357	0.05	1.4192	0.7917	0.34	1.6056	1.0478	0.63	1.7920	1.3039
−0.23	1.2392	0.5445	0.06	1.4256	0.8006	0.35	1.6120	1.0566	0.64	1.7984	1.3127
−0.22	1.2456	0.5533	0.07	1.4320	0.8094	0.36	1.6185	1.0655	0.65	1.8049	1.3215
−0.21	1.2521	0.5621	0.08	1.4385	0.8182	0.37	1.6249	1.0743	0.66	1.8113	1.3304
−0.20	1.2585	0.5710	0.09	1.4449	0.8271	0.38	1.6313	1.0831	0.67	1.8177	1.3392
−0.19	1.2649	0.5798	0.10	1.4513	0.8359	0.39	1.6377	1.0920	0.68	1.8241	1.3480
−0.18	1.2713	0.5886	0.11	1.4578	0.8447	0.40	1.6442	1.1008	0.69	1.8306	1.3569
−0.17	1.2778	0.5975	0.12	1.4642	0.8535	0.41	1.6506	1.1096	0.70	1.8370	1.3657
−0.16	1.2842	0.6063	0.13	1.4706	0.8624	0.42	1.6570	1.1184	0.71	1.8434	1.3745
−0.15	1.2906	0.6151	0.14	1.4770	0.8712	0.43	1.6634	1.1273	0.72	1.8499	1.3834
−0.14	1.2971	0.6240	0.15	1.4835	0.8800	0.44	1.6699	1.1361	0.73	1.8563	1.3922
−0.13	1.3035	0.6328	0.16	1.4899	0.8889	0.45	1.6763	1.1449	0.74	1.8627	1.4010
−0.12	1.3099	0.6416	0.17	1.4963	0.8977	0.46	1.6827	1.1538	0.75	1.8691	1.4098

注：1. 本表可直接用于高变位齿轮[$h_a=(1+x)m$ 或 $h_{an}=(1+x_n)m_n$]，对于角变位齿轮，应将表中查出的 $\bar{h}_c$（或 $\bar{h}_{cn}$）减去齿顶高变动系数 Δy（或 Δy_n）。

2. 当模数 m(或 m_n)≠1 时，应将查得的 $\bar{s}_c$（或 $\bar{s}_{cn}$）和 $\bar{h}_c$（或 $\bar{h}_{cn}$）乘以 m（或 m_n）。

5.5 量柱（球）测量距

表 12-1-44　　量柱（球）跨距的计算公式

名称			直齿轮(外啮合、内啮合)	斜齿轮(外啮合、内啮合)
标准齿轮	量柱(球)直径 d_p	外齿轮	对 α(或 α_n)= 20°的齿轮,按 z(斜齿轮用 z_v)和 $x_n=0$ 查图 12-1-32	
		内齿轮	$d_p=1.65m$	$d_p=1.65m_n$
	量柱(球)中心所在圆的压力角 α_M		$\mathrm{inv}\alpha_M=\mathrm{inv}\alpha\pm\dfrac{d_p}{mz\cos\alpha}\mp\dfrac{\pi}{2z}$	$\mathrm{inv}\alpha_{Mt}=\mathrm{inv}\alpha_t\pm\dfrac{d_p}{m_nz\cos\alpha_n}\mp\dfrac{\pi}{2z}$
	量柱(球)测量距 M	偶数齿	$M=\dfrac{mz\cos\alpha}{\cos\alpha_M}\pm d_p$	$M=\dfrac{m_tz\cos\alpha_t}{\cos\alpha_{Mt}}\pm d_p$
		奇数齿	$M=\dfrac{mz\cos\alpha}{\cos\alpha_M}\cos\dfrac{90°}{z}\pm d_p$	$M=\dfrac{m_tz\cos\alpha_t}{\cos\alpha_{Mt}}\cos\dfrac{90°}{z}\pm d_p$
变位齿轮	量柱(球)直径 d_p	外齿轮	对 α(或 α_n)= 20°的齿轮,按 z(斜齿轮用 z_v)和 x_n 查图 12-1-32	
		内齿轮	$d_p=1.65m$	$d_p=1.65m_n$
	量柱(球)中心所在圆的压力角 α_M		$\mathrm{inv}\alpha_M=\mathrm{inv}\alpha\pm\dfrac{d_p}{mz\cos\alpha}\mp\dfrac{\pi}{2z}+\dfrac{2x\tan\alpha}{z}$	$\mathrm{inv}\alpha_{Mt}=\mathrm{inv}\alpha_t\pm\dfrac{d_p}{m_nz\cos\alpha_n}\mp\dfrac{\pi}{2z}+\dfrac{2x_n\tan\alpha_n}{z}$
	量柱(球)测量距 M	偶数齿	$M=\dfrac{mz\cos\alpha}{\cos\alpha_M}\pm d_p$	$M=\dfrac{m_tz\cos\alpha_t}{\cos\alpha_{Mt}}\pm d_p$
		奇数齿	$M=\dfrac{mz\cos\alpha}{\cos\alpha_M}\cos\dfrac{90°}{z}\pm d_p$	$M=\dfrac{m_tz\cos\alpha_t}{\cos\alpha_{Mt}}\cos\dfrac{90°}{z}\pm d_p$

注：1. 有“±”或“∓”处，上面的符号用于外齿轮，下面的符号用于内齿轮。

2. 量柱（球）直径 d_p 按本表的方法确定后，推荐圆整成接近的标准钢球的直径（以便用标准钢球测量）。

3. 直齿轮可以使用量柱或圆球，斜齿轮使用圆球。

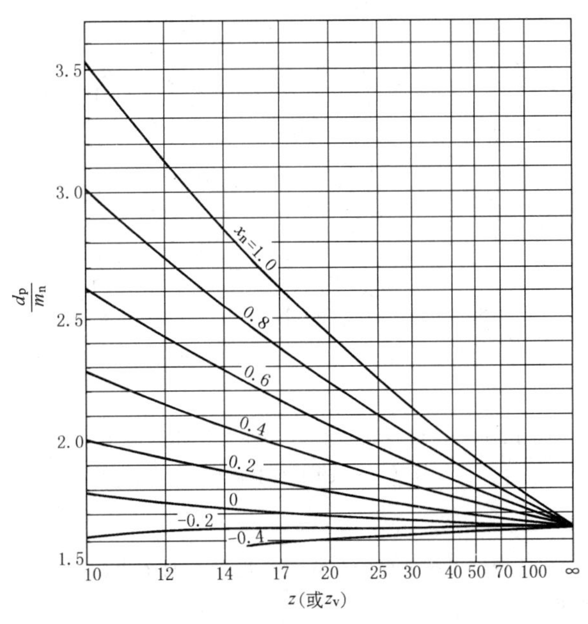

图 12-1-32　测量外齿轮用的量柱（球）直径$\dfrac{d_p}{m_n}$（$\alpha=\alpha_n=20°$）

5.6 ISO 21771：2007 齿厚相关计算公式

齿厚定义为一条圆弧线或螺旋弧线，是很难直接测量的，因此诸如量球测量、跨齿距测量和弧齿厚测量等非直接测量方法被广泛使用。ISO 21771：2007 标准提供了比较详细的齿厚计算公式，本小节节选其中齿厚计算方面的内容，供大家计算时使用，其中增补了关于奇数齿斜齿外齿轮跨棒距的计算与测量，不属于 ISO 21771：2007。本节公式符号和变位系数符号均采用 ISO 21771：2007 标准规定，本节公式内、外齿轮通用（内齿轮齿数 z 用负值代入公式）。本节涉及变位系数的公式，当采用名义变位系数 x 代入公式即可得到名义的齿厚参数，当采用实际生成的变位系数 x_E 代入公式即得实际的齿厚参数。详尽基本参数公式均可查询表 12-1-30。

5.6.1 齿厚与齿槽宽

（1）端面齿厚

任意圆端面齿厚 s_{yt} 是指某一个齿两齿面间在 Y 圆柱面上的弧线长度，见图 12-1-33。

$$s_{yt}=d_y\psi_y=d_y\left[\psi+\frac{z}{|z|}(\mathrm{inv}\alpha_t-\mathrm{inv}\alpha_{yt})\right]=d_y\left[\frac{\pi+4x\tan\alpha_n}{2|z|}+\frac{z}{|z|}(\mathrm{inv}\alpha_t-\mathrm{inv}\alpha_{yt})\right]$$

分度圆端面齿厚可用下式计算

$$s_t=d\psi=d\,\frac{\pi+4x\tan\alpha_n}{2|z|}=\frac{m_n}{\cos\beta}\left(\frac{\pi}{2}+2x\tan\alpha_n\right)$$

（2）齿厚半角

齿厚半角，是指位于端截面的由齿厚 s_{yt}、s_t 或 s_{bt} 所对应的圆心角，相应的齿厚半角如下

$$\psi_y=\frac{s_{yt}}{d_y}=\psi+\frac{z}{|z|}(\mathrm{inv}\alpha_t-\mathrm{inv}\alpha_{yt})$$

$$\psi=\frac{\pi+4x\tan\alpha_n}{2|z|}$$

$$\psi_b=\psi+\frac{z}{|z|}\mathrm{inv}\alpha_t$$

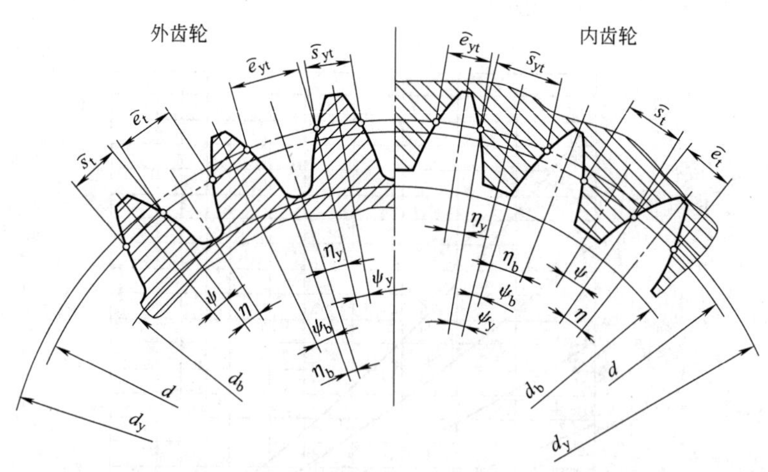

图 12-1-33 齿厚和齿槽宽（外齿轮和内齿轮轮齿）

（⌒ 表示沿弧长测量）

（3）齿槽宽

齿槽宽 e_{yt}（见图 12-1-33），是指位于端截面的包容某一齿槽的两个齿面间在 Y 圆柱面上的弧线长度。齿厚 s_{yt} 和齿槽宽 e_{yt} 之和就是 Y 圆齿距 p_{yt}。

$$e_{yt}=d_y\eta_y=d_y\left[\eta-\frac{z}{|z|}(\mathrm{inv}\alpha_t-\mathrm{inv}\alpha_{yt})\right]=d_y\left[\frac{\pi-4x\tan\alpha_n}{2|z|}-\frac{z}{|z|}(\mathrm{inv}\alpha_t-\mathrm{inv}\alpha_{yt})\right]$$

分度圆齿槽宽

$$e_t = d\eta = d\frac{\pi - 4x\tan\alpha_n}{2|z|} = \frac{m_n}{\cos\beta}\left(\frac{\pi}{2} - 2x\tan\alpha_n\right)$$

(4) 齿槽宽半角

齿槽宽半角，是指位于端截面的由齿槽宽 e_{yt}、e_t 或 e_{bt} 所对应的圆心角，相应的齿槽宽半角如下

$$\eta_y = \frac{e_{yt}}{d_y} = \eta - \frac{z}{|z|}(\mathrm{inv}\alpha_t - \mathrm{inv}\alpha_{yt})$$

$$\eta = \frac{\pi - 4x\tan\alpha_n}{2|z|}$$

$$\eta_b = \psi - \frac{z}{|z|}\mathrm{inv}\alpha_t$$

(5) 法向齿厚

法向齿厚，是指轮齿某一法截面内的齿厚，是一个齿的两个齿面间相应圆柱面的螺旋线弧线的长度。任意圆法向齿厚 s_{yn} 公式为

$$s_{yn} = s_{yt}\cos\beta_y$$

分度圆法向齿厚公式为

$$s_n = s_t\cos\beta = m_n\left(\frac{\pi}{2} + 2x\tan\alpha_n\right)$$

(6) 法向齿槽宽

法向齿槽宽，是指轮齿某一法截面的齿槽宽，是包容某一齿槽的两个齿面间在相应圆柱面上的螺旋线弧线长度。

任意圆法向齿槽宽 e_{yn} 公式为

$$e_{yn} = e_{yt}\cos\beta_y$$

分度圆法向齿槽宽 e_n 公式为

$$e_n = e_t\cos\beta = m_n\left(\frac{\pi}{2} - 2x\tan\alpha_n\right)$$

5.6.2 跨齿距

跨齿距 W_k，对于外斜齿轮和直齿轮，是指跨越 k 个齿的两个平行平面间的距离；对于内直齿轮，是指跨越 k 个齿槽的两个平行平面间的距离，两个平行平面是基圆切平面的法向平面。接触点位于基圆切平面上。内斜齿轮不能测量。这两个平行平面必须一个接触在左侧齿面的渐开线部分，一个接触在右侧齿面的渐开线部分（见图 12-1-34）。对于内直齿轮，必须使用测量圆柱（量柱）或测量球（量球）替代测量平面。

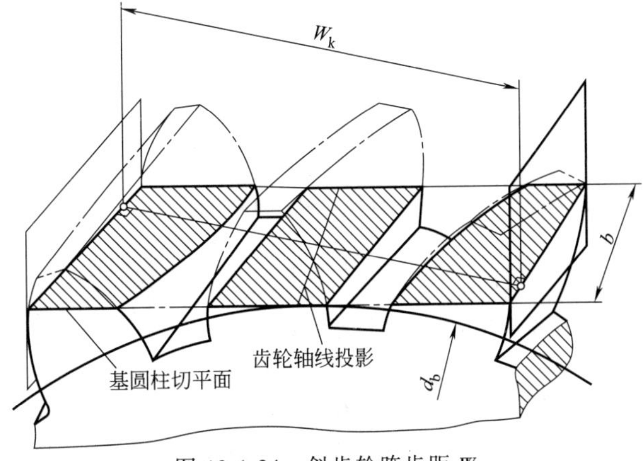

图 12-1-34 斜齿轮跨齿距 W_k

跨齿距是与轮齿齿侧相关的测量数据，因此与轮齿的偏心无关（指名义跨齿距，非功能跨齿距）。

在许多情况下，对于同一个齿轮可以通过跨不同的齿数（或齿槽数）进行跨齿距测量。齿廓修形、根切、齿顶圆的变化和标准基本齿条齿廓参数的改变会导致可用测量区域的减少，这就限制了可能的跨齿数（齿槽数）k。很多时候，特别是低宽径比的斜齿轮，无法测量跨齿距。

在下列公式中，取整符号 INT 意味着 k 等于将括号里的十进制数圆整到小于或等于最接近的整数。

(1) 外齿轮，跨齿数

跨齿数（齿槽数）可用下列公式之一计算：

$$k=\mathrm{INT}\left[\frac{z}{\pi}\left(\frac{\tan\alpha_{vt}}{\cos^2\beta_b}-\mathrm{inv}\alpha_t-\frac{2x}{z}\tan\alpha_n\right)+1\right]$$

或者，

$$k=\mathrm{INT}\left(\frac{\frac{\sqrt{d_v^2-d_b^2}}{\cos\beta_b}-s_{bn}}{p_{bn}}+1\right)$$

或近似计算，在许多情况下是满足需要的

$$k=\mathrm{INT}\left(z\frac{\mathrm{inv}\alpha_t}{\mathrm{inv}\alpha_n}\times\frac{\alpha_{vn}}{\pi}+1\right)$$

α_{vn} 根据表 12-1-30 式（15）在 V 圆上计算。

在齿廓不修形，齿廓范围由齿根形状直径 d_{Ff} 和齿顶形状直径 d_{Fa} 限定时，可用跨齿数（齿槽数）k 的范围可用下列公式计算：

$$k_{min}=\mathrm{INT}\left[\frac{z}{\pi}\left(\frac{\tan\alpha_{Ff}}{\cos^2\beta_b}-\mathrm{inv}\alpha_t-\frac{2x}{z}\tan\alpha_n\right)+1.5\right]=\mathrm{INT}\left(\frac{\frac{\sqrt{d_{Ff}^2-d_b^2}}{\cos\beta_b}-s_{bn}}{p_{bn}}+1.5\right)$$

$$k_{max}=\mathrm{INT}\left[\frac{z}{\pi}\left(\frac{\tan\alpha_{Fa}}{\cos^2\beta_b}-\mathrm{inv}\alpha_t-\frac{2x}{z}\tan\alpha_n\right)+0.5\right]=\mathrm{INT}\left(\frac{\frac{\sqrt{d_{Fa}^2-d_b^2}}{\cos\beta_b}-s_{bn}}{p_{bn}}+0.5\right)$$

如果齿廓进行修形，采用不修形部分的齿廓限制直径替代齿根和齿顶形状直径。

对于用户选定整数 k（$k_{min}\leqslant k\leqslant k_{max}$），跨齿距用下列公式计算：

$$W_k=m_n\cos\alpha_n[\pi(k-1)+z\mathrm{inv}\alpha_t+z\psi]=m_n\cos\alpha_n[\pi(k-0.5)+z\mathrm{inv}\alpha_t]+2xm_n\sin\alpha_n=(k-1)p_{bn}+s_{bn}$$

公式里的齿厚半角 ψ 采用表 12-1-30 式（41）。

对于外斜齿轮，总是需要验算计算或选取的 k 是否合适。为了确定可用齿宽 b_F（齿宽 b 减去齿端倒角或倒圆）可以满足跨齿距 W_k 的可靠测量，可用齿宽 b_F 必须等于或大于最小可用齿宽 b_{Fmin}，b_{Fmin} 需保证测量面和两齿廓（渐开螺旋面）的直线接触线有足够的长度。因此，必须保证一个安全的测量面接触并且使测量设备（由图 12-1-34 到图 12-1-36 中跨齿距尺寸指明的直线接触线上的点表示）的假想轴和齿廓发生线垂直。可用齿宽 b_F（见图 12-1-35）不小于下式计算的 b_{Fmin}

$$b_F\geqslant b_{Fmin}=W_k\sin\beta_b+b_M\cos\beta_b$$

其中

$$b_M=1.2+0.018W_k$$

对于直齿轮，选择的整数跨齿数（齿槽数）k，测量面与齿侧面（在测量平面的对称位置，见图 12-1-36）在直径为 d_M 的测量圆接触：

$$d_M=\sqrt{d_b^2+W_k^2}$$

尽可能晃动测量设备使对称的测量面介于齿顶形状直径 d_{Fa} 和齿根形状直径 d_{Ff} 之间，晃动角度 δ_W 是由轮齿参数决定的。

当 $W_k-\frac{d_b}{2}\tan\alpha_{Fa}>\frac{d_b}{2}\tan\alpha_{Ff}$ 时，采用下式

$$\delta_W=2\left(\tan\alpha_{Fa}-\frac{W_k}{d_b}\right)$$

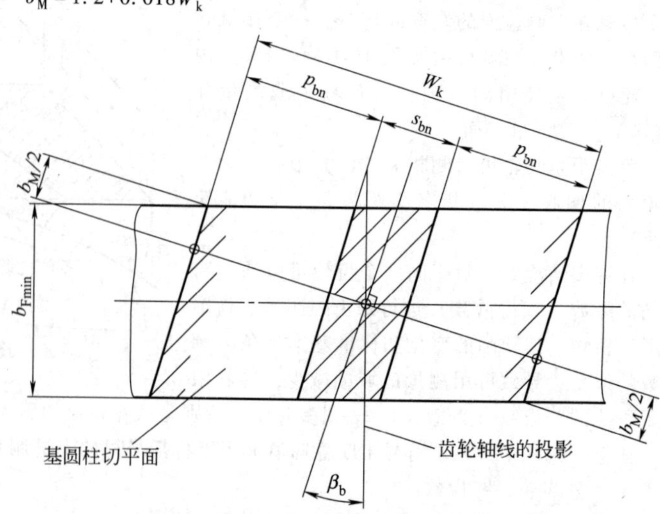

图 12-1-35　跨齿距测量所需的齿宽

当 $W_k - \frac{d_b}{2}\tan\alpha_{Fa} \leqslant \frac{d_b}{2}\tan\alpha_{Ff}$ 时，见图 12-1-36，采用下式

$$\delta_W = 2\left(\frac{W_k}{d_b} - \tan\alpha_{Ff}\right)$$

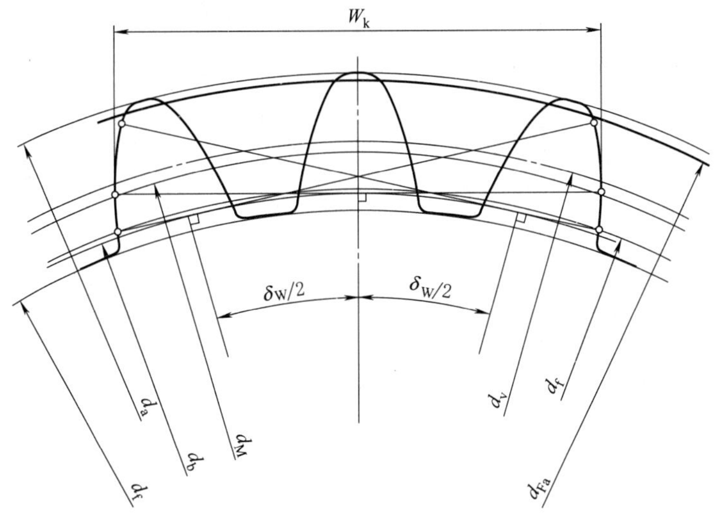

图 12-1-36　外直齿轮，跨齿数 $k=3$，安全测量面接触的跨齿距测量可用端截面区域图

（2）内直齿轮，跨齿槽数

跨齿槽数 k 可用下列公式之一计算：

$$k = \mathrm{INT}\left[\frac{|z|}{\pi}\left(\tan\alpha_v - \mathrm{inv}\alpha - \frac{2x}{z}\tan\alpha\right) - 1\right]$$

或者，

$$k = \mathrm{INT}\left(\frac{\sqrt{d_v^2 - d_b^2} + s_b}{p_b} - 1\right)$$

或近似计算，在许多情况下是满足需要的

$$k = \mathrm{INT}\left(|z|\frac{\alpha_v}{\pi} - 1\right)$$

α_v 根据表 12-1-30 式（15）在 V 圆上计算。

齿根形状直径限制最大可跨齿槽数，齿顶形状直径限制最小可跨齿槽数：

$$k_{max} = \mathrm{INT}\left(\frac{\sqrt{d_{Ff}^2 - d_b^2} + s_{bn}}{p_{bn}} - 0.5\right)$$

$$k_{min} = \mathrm{INT}\left(\frac{\sqrt{d_a^2 - d_b^2} + s_{bn}}{p_{bn}} + 0.5\right)$$

如果齿廓进行修形，采用不修形部分的齿廓限制直径替代齿根和齿顶形状直径。

对于用户选定整数 k（$k_{min} \leqslant k \leqslant k_{max}$），跨齿距用下列公式计算：

$$W_k = m_n\cos\alpha_n(\pi k + |z|\mathrm{inv}\alpha_t + z\psi) = m_n\cos\alpha_n[\pi(k-0.5) + |z|\mathrm{inv}\alpha_t] - 2xm_n\sin\alpha_n = kp_{bn} - s_{bn}$$

公式里的齿厚半角 ψ 采用表 12-1-30 式（41）。

5.6.3　法向弦齿厚和弦齿高

法向弦齿厚 s_{cy}，是任意圆柱（Y 圆柱）上一个齿两齿侧线间最短直线距离（见图 12-1-37）。在计算和测量弦齿厚时，经常采用 $d_a - 2m_n$ 作为 Y 圆直径。

在 Y 圆柱上，用下列公式：

$$s_{cy}=d_y\sqrt{(\psi_y\cos\beta_y\sin\beta_y)^2+\sin^2(\psi_y\cos^2\beta_y)}$$

或

$$s_{cy}=\sqrt{(s_{yn}\sin\beta_y)^2+\left(d_y\sin\frac{s_{yn}\cos\beta_y}{d_y}\right)^2}$$

分度圆上的法向弦齿厚为

$$s_c=d\sqrt{(\psi\cos\beta\sin\beta)^2+\sin^2(\psi\cos^2\beta)}$$

或

$$s_c=\sqrt{(s_n\sin\beta)^2+\left(d\sin\frac{s_n\cos\beta}{d}\right)^2}$$

弦 s_{cy} 到外圆 d_a 的高度 h_{cy}

$$h_{cy}=\left|\frac{d_a}{2}-\frac{d_y}{2}\cos\frac{s_{yn}\cos\beta_y}{d_y}\right|$$

注意：h_{cy} 也被称为弦齿高，在端平面上计算，绝对值是用在内齿轮上。

对于分度圆弦齿厚 s_c 上的弦齿高 h_c

$$h_c=\left|\frac{d_a}{2}-\frac{d}{2}\cos\frac{s_n\cos\beta}{d}\right|$$

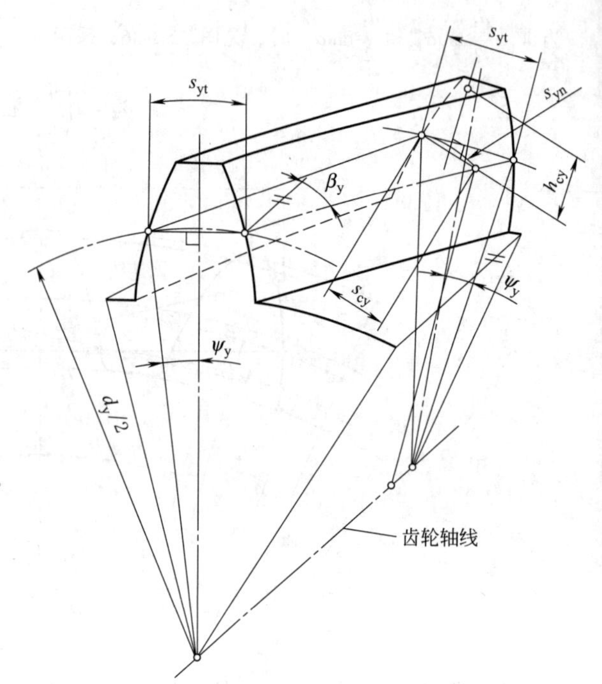

图 12-1-37　右旋斜齿轮 Y 圆柱上齿厚、法向弦齿厚和法向弦齿高

5.6.4　固定弦

固定弦齿厚 s_{cc}，是齿廓上两点间直线长度，此两点是两条成 $2\alpha_t$ 角的切线对称放置在一个齿的两侧齿廓上的切点，见图 12-1-38。值得注意的是 ISO 21771：2007 规定固定弦齿厚适用于斜齿轮，并定义在端平面上的，与以往定义不同。

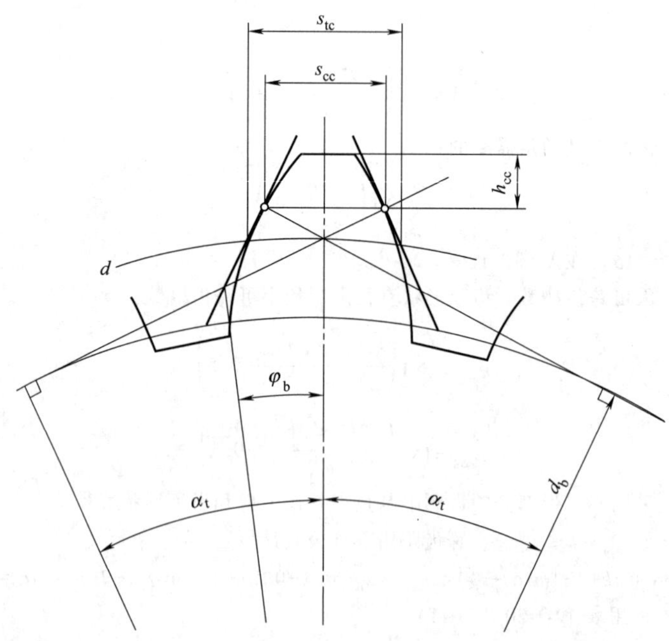

图 12-1-38　外斜齿轮端截面固定弦齿厚 s_{cc} 和固定弦齿高 h_{cc}

固定弦齿厚 s_{cc} 和固定弦齿高 h_{cc} 的表达式为：

$$s_{cc}=s_n\frac{\cos^2\alpha_t}{\cos\beta}=m_n\left(\frac{\pi}{2}+2x\tan\alpha_n\right)\frac{\cos^2\alpha_t}{\cos\beta}$$

$$h_{cc}=h_a-\frac{s_t}{2}\sin\alpha_t\cos\alpha_t=h_a-\frac{m_n}{2}\left(\frac{\pi}{2}+2x\tan\alpha_n\right)\frac{\sin\alpha_t\cos\alpha_t}{\cos\beta}$$

相同标准基本齿条齿廓、相同变位系数的直齿圆柱齿轮，具有相同的（固定）弦齿厚 s_{cc}，与齿数无关。因此，s_{cc} 被称为固定弦。

5.6.5 量球（棒）测量

（1）单球径向尺寸

单球径向尺寸 M_{rK}，对于外齿轮是齿轮轴线与量球最远点距离，对于内齿轮是齿轮轴线与量球最近点距离，量球位于两齿廓的齿槽中，见图 12-1-39 和图 12-1-40。

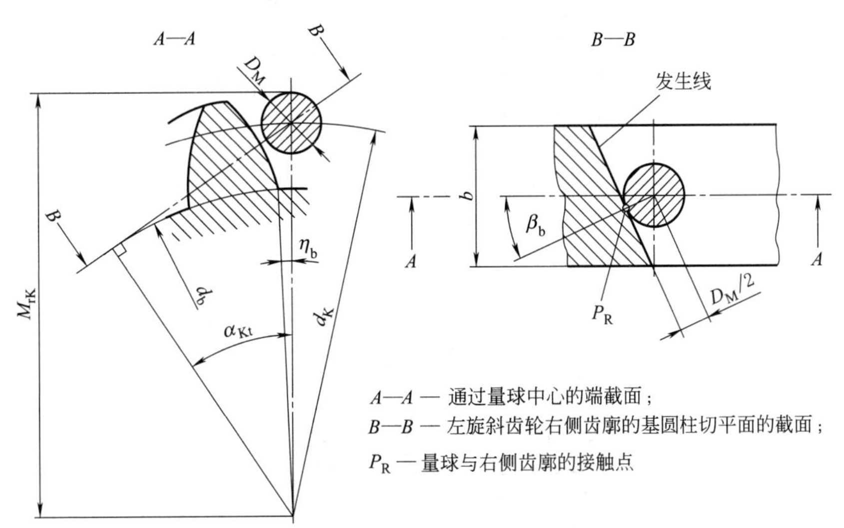

图 12-1-39　外斜齿轮单球径向尺寸 M_{rK}

量球与左右齿廓的接触点 P_R 和 P_L 应位于或接近于 V 圆柱。为了让接触点位于 V 圆柱，在斜齿轮情况下，D_M 应用下式取值（该公式经修订，与 ISO 21771：2007 不同）：

$$D_M=zm_n\cos\alpha_n\frac{\tan\alpha_{Kt}-\tan\alpha_{vt}}{\cos^2\beta_b}$$

α_{Kt} 根据下式计算，公式不能直接求解。

$$\alpha_{Kt}+\mathrm{inv}\alpha_{Kt}\sin^2\beta_b=\tan\alpha_{vt}+\frac{z}{|z|}\eta_b\cos^2\beta_b$$

对于 $\alpha_n=20°$的齿轮，要求在 V 圆柱接触的量球直径 D_M 可以使用图 12-1-41 中的图表查询，其精度是足够的。量球直径可用系数 D_M^* 计算。

$$D_M=m_nD_M^*$$

对于直齿轮，α_K 可用下式直接准确地计算：

$$\alpha_K=\tan\alpha_v+\eta_b$$

当量球仅需要在 V 圆柱附近接触，量球直径可以与计算值有细微的不同。

如果量球直径已知，量球中心点所在圆端面压力角 α_{Kt} 用下式计算（该公式经修订，与 ISO 21771：2007 不同）：

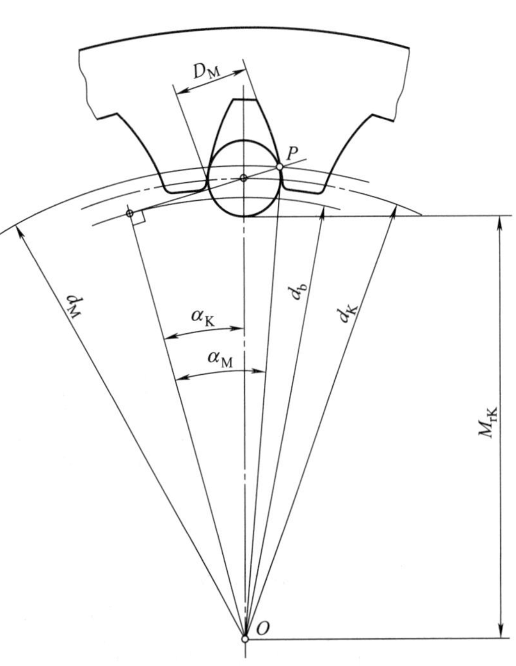

图 12-1-40　直齿内齿轮端截面上单球径向尺寸 M_{rK}

$$\mathrm{inv}\alpha_{Kt}=\frac{D_M}{zm_n\cos\alpha_n}-\frac{z}{|z|}\eta+\mathrm{inv}\alpha_t=\frac{z}{|z|}\left(\frac{D_M}{d_b\cos\beta_b}-\eta_b\right)$$

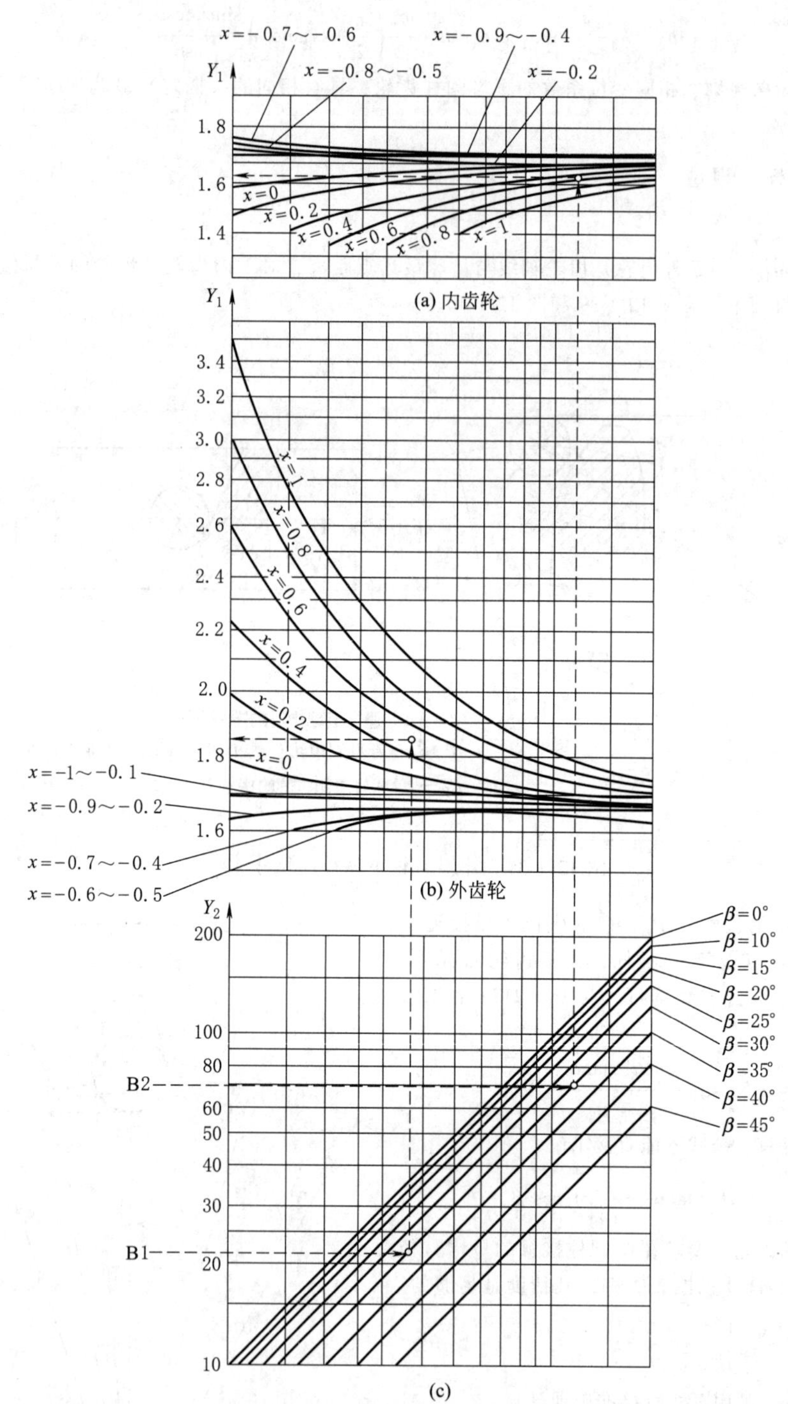

图 12-1-41 $\alpha_n=20°$，单球径向尺寸或双球径向尺寸用量球系数D_M^* 算图

Y_1—量球直径系数，D_M^*；Y_2—齿数 z

圆柱齿轮齿厚为制造齿厚或实际齿厚时，使用 x_E 替代 x。例 B1（外齿轮）：$z=22$，$\beta=30°$，$x=0.5$；例 B2（内齿轮）：$z=70$，$\beta=30°$，$x=0.5$

量球中心点所在圆直径 d_K 用下式计算

$$d_K=d\frac{\cos\alpha_t}{\cos\alpha_{Kt}}=\frac{d_b}{\cos\alpha_{Kt}}$$

单球径向尺寸为

$$M_{\mathrm{rK}}=\frac{1}{2}\left(d_{\mathrm{K}}+\frac{z}{|z|}D_{\mathrm{M}}\right)$$

当计算测量尺寸和决定 d_{M} 圆时，为了检查量球或量棒与齿廓接触点是否在可用区域，需使用选择的量球和量棒的真实值。量球和两齿廓接触点 P_{L} 和 P_{R} 所在圆 d_{M}，可用下式计算：

$$d_{\mathrm{M}}=\frac{d_{\mathrm{b}}}{\cos\alpha_{\mathrm{Mt}}}=\frac{zm_{\mathrm{n}}\cos\alpha_{\mathrm{t}}}{\cos\beta\cos\alpha_{\mathrm{Mt}}}$$

d_{M} 圆压力角 α_{Mt} 按下式计算（该公式经修订，与 ISO 21771：2007 不同）：

$$\tan\alpha_{\mathrm{Mt}}=\tan\alpha_{\mathrm{Kt}}-\frac{z}{|z|}\times\frac{D_{\mathrm{M}}}{d_{\mathrm{b}}}\cos\beta_{\mathrm{b}}$$

（2）单棒径向尺寸

对于外齿轮和内直齿轮，可以用直径为 D_{M} 的量棒（量柱）替代量球。单球径向尺寸公式可用于计算单棒径向尺寸 M_{rZ}。

（3）双球径向尺寸

对于外齿轮，双球径向尺寸是跨两球最大外尺寸；对于内齿轮，是两球间最小内尺寸。直径为 D_{M} 的两球贴靠在两个齿槽的齿面上，这两个齿槽是齿轮上相隔最远的两个齿槽。两个量球中心必须位于齿轮的同一端截面上。

对于偶数齿齿轮，见图 12-1-42；双球径向尺寸 M_{dK} 可用下式计算：

$$M_{\mathrm{dK}}=d_{\mathrm{K}}+\frac{z}{|z|}D_{\mathrm{M}}$$

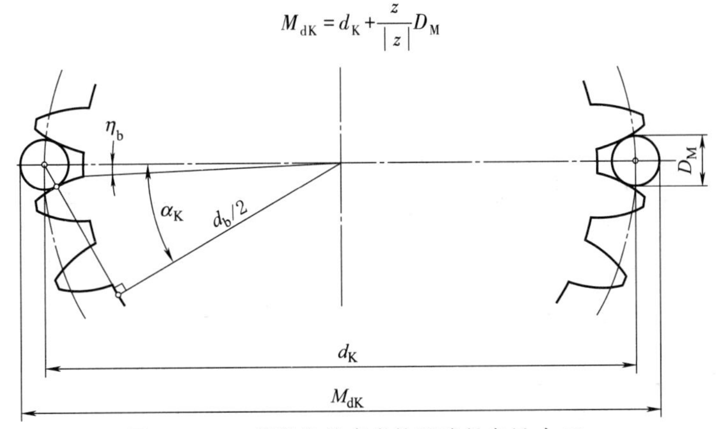

图 12-1-42　偶数齿外直齿轮双球径向尺寸 M_{dK}

对于奇数齿齿轮，见图 12-1-43 和图 12-1-44；双球径向尺寸 M_{dK} 用下式计算：

$$M_{\mathrm{dK}}=d_{\mathrm{K}}\cos\frac{\pi}{2z}+\frac{z}{|z|}D_{\mathrm{M}}$$

（4）双棒径向尺寸

对于外齿轮和内直齿轮，可以用直径为 D_{M} 的量棒替代量球。双球径向尺寸公式适用于计算偶数齿齿轮或直齿轮的双棒径向尺寸 M_{dZ}。奇数齿斜齿内齿轮不能用量棒替代量球，奇数齿斜齿外齿轮双棒径向尺寸可用下式计算，三棒也适用。

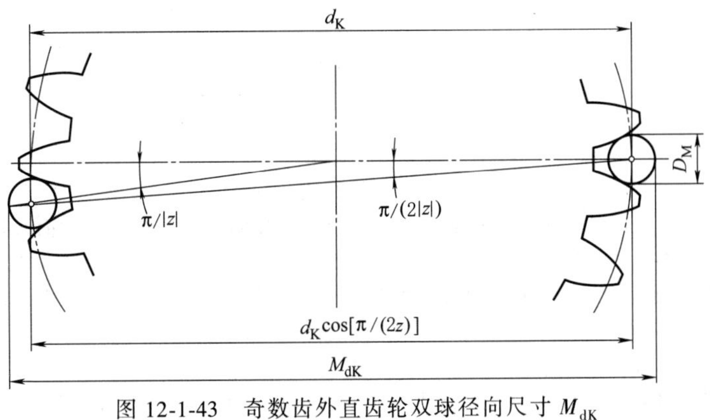

图 12-1-43　奇数齿外直齿轮双球径向尺寸 M_{dK}

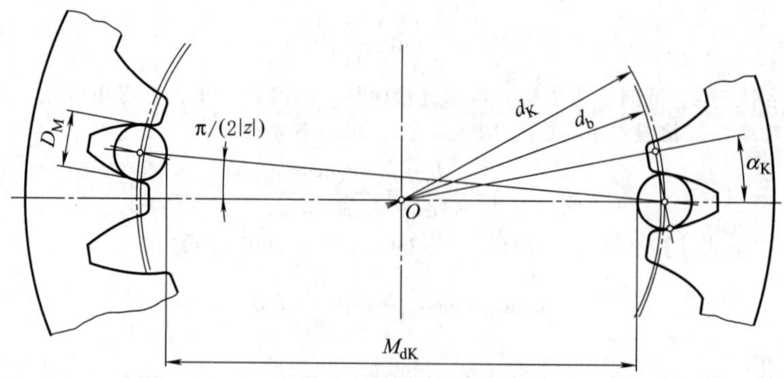

图 12-1-44　奇数齿内直齿轮双球径向尺寸 M_{dK}

$$M_{dZ}=d_K+D_M$$

在进行奇数齿斜齿外齿轮跨棒距测量时，被测齿轮与量具均需要满足测量宽度要求，并且量具的两个接触面必须平行于齿轮轴线，如图 12-1-45 所示。双棒测量时两者的宽度可按照下式计算：

$$b_{min}=\frac{p_t}{2\tan\beta}+D_M\sin\beta_M+D_M$$

三棒测量时两者的宽度可按照下式计算：

$$b_{min}=\frac{p_t}{\tan\beta}+D_M\sin\beta_M+D_M$$

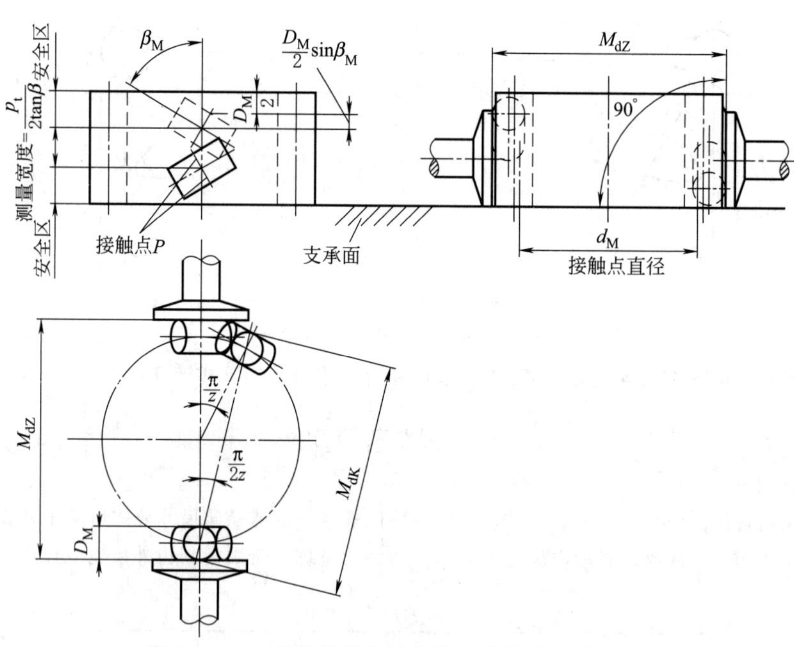

图 12-1-45　奇数齿斜齿外齿轮双棒径向尺寸 M_{dZ}

其中

$$\cot\beta_M=\frac{p_Z}{2\pi d_K}$$

因为奇数齿斜齿外齿轮跨棒距的测量对齿宽和量具宽度均有要求，并且量具接触面必须平行于齿轮轴线，因此此种测量方法的难度要大于其他量球（棒）测量，使用时需注意。在实际应用中，常会出现计算公式应用不正确、测量条件不满足和测量方法不正确，造成奇数齿斜齿外齿轮跨棒距的测量无法得到正确结果。

5.6.6　双啮中心距

双啮中心距 a_L，是圆柱齿轮用标准齿轮测试零侧隙啮合时的中心距。当检查测试对象的齿厚时，它可以作为测试尺寸。对于由齿数为 z 的齿轮和齿数为 z_L、变位系数为 x_L 和实际齿厚偏差 E_{snL} 为已知的测量齿轮组成的测试齿轮副，相关测试尺寸的值可用下式计算：

$$a_L=\left(|z|+\frac{z}{|z|}z_L\right)\frac{m_n\cos\alpha_t}{2\cos\beta\cos\alpha_L}$$

式中，啮合角 α_L 用下式计算：

$$\mathrm{inv}\alpha_L=\mathrm{inv}\alpha_t+\frac{z}{|z|}\times\frac{2\tan\alpha_n}{|z|+\frac{z}{|z|}z_L}\left(x+x_L+\frac{E_{snL}}{2m_n\tan\alpha_n}\right)$$

6 圆柱齿轮精度

在齿轮精度标准发展史上，1995 年是个转折点。“ISO 1328-1：1995”标准的发布，让世界齿轮行业拥有同一精度标准成为现实。18 年后，ISO 1328-1：2013 对 ISO 1328-1：1995 进行了大幅的改进，并吸收了 AGMA 和 DIN 标准中的优点，一份更加完善、更易被各国接受的精度标准出炉。2020 年，ISO 发布了 ISO 1328-2：2020；2022 年中国发布了 GB/T 10095. 1—2022，等同采用 ISO 1328-1：2013，2023 年发布了 GB/T 10095. 2—2023，等同采用 ISO 1328-2：2020。

（1）ISO 齿轮精度体系的构成：

① ISO 1328-1：2013 Cylindrical gears—ISO system of flank tolerance classification—Part 1：Definitions and allowable values of deviations relevant to flanks of gear teeth（圆柱齿轮 ISO 齿面公差分级制 第 1 部分：齿面偏差的定义和允许值）。

② ISO 1328-2：2020 Cylindrical gears—ISO system of flank tolerance classification—Part 2：Definitions and allowable values of double flank radial composite deviations（圆柱齿轮 ISO 齿面公差分级制 第 2 部分：双侧齿面径向综合偏差的定义和允许值）。

③ ISO/TR 10064-1：2019 Code of inspection practice—Part 1：Measurement of cylindrical gear tooth flanks（检查实践守则 第 1 部分：圆柱齿轮齿面的测量）。

④ ISO/TR 10064-2：1996/Cor2：2006 Cylindrical gears—Code of inspection practice—Part 2：Inspection related to radial composite deviations，runout，tooth thickness and backlash（圆柱齿轮 检验实施规范 第 2 部分：径向综合偏差、径向跳动、齿厚和侧隙的检验）。

⑤ ISO/TR 10064-3：1996 Cylindrical gears—Code of inspection practice—Part 3：Recommendations relative to gear blanks，shaft centre distance and parallelism of axes（圆柱齿轮 检验实施规范 第 3 部分：齿轮坯、轴中心距和轴线平行度）。

⑥ ISO/TR 10064-4：1998 Cylindrical gears—Code of inspection practice—Part 4：Recommendations relative to surface texture and tooth contact pattern checking（圆柱齿轮 检验实施规范 第 4 部分：表面结构和轮齿接触斑点检验）。

⑦ ISO/TR 10064-5：2005 Cylindrical gears—Code of inspection practice—Part 5：Recommendations relative to evaluation of gear measuring instruments（圆柱齿轮 检验实施规范 第 5 部分：齿轮测量仪器评价）。

⑧ ISO/TR 10064-6：2009 Code of inspection practice—Part 6：Bevel gear measurement methods（检验实施规范 第 6 部分：锥齿轮测量方法）。

⑨ ISO 18653：2003 Gears—Evaluation of instruments for the measurement of individual gears（齿轮 单个齿轮测量仪器的评价）。

ISO 1328-1：2013 和 ISO 1328-2：2020 颁布以后，世界各国都等同或等效采用：

法国等同采用，为 NF ISO 1328. 1/2；

英国在 BS436 的第 4、5 部分等效采用 ISO 1328-1/2；

日本等同采用，为 JIS 11702；

美国等效采用，为 ANSI/AGMA 2015-1-A01，2015-2-A06；

挪威等同采用，为 NEN ISO 1328；

波兰等同采用，为 PN ISO 1328；

中国等同采用，为 GB/T 10095. 1 和 GB/T 10095. 2。

值得指出，德国 DIN 标准之前没有采用 ISO 1328-1：1995 系列标准，但在 2018 年发布了 DIN ISO1328-1—2018 标准，等同采用了 ISO1328-1：2013。

第12篇

（2）ANSI/AGMA　齿轮精度体系的构成

① ANSI/AGMA 2015-1-A01 Accuracy Classification System-Tangential Measurements for Cylindrical Gears（精度分级制-圆柱齿轮的切向测量方法），与 ISO 1328-1 等效。

② ANSI/AGMA 2015-2-A06 Accuracy Classification System-Radial Measurements for Cylindrical Gears（精度分级制-圆柱齿轮的径向测量方法），与 ISO 1328-2 等效。

③ Supplemental Tables for AGMA 2015/9155-1-A02 Accuracy Classification System-Tangential Measurement Tolerance Tables for Cylindrical Gears（精度分级制-圆柱齿轮的切向测量公差表）。

④ AGMA 915-1-A02 Inspection Practices—Part 1：Cylindrical Gears-Tangential Measurements（检验实施-第 1 部分：圆柱齿轮-切向测量方法），与 ISO/TR 10064-1 类同。

⑤ AGMA 915-2-A05 Inspection Practices—Part 2：Cylindrical Gears-Radial Measurements（检验实施-第 2 部分：圆柱齿轮-径向测量方法），与 ISO/TR 10064-2 类同。

⑥ AGMA 915-3-A99 Inspection Practices-Gear Blanks，Shaft Center Distance and Parallelism（检验实施-齿轮坯、轴中心距和轴线平行度），与 ISO/TR 10064-3 类同。

美国精度体系从 ANSI/AGMA 2000-A88 过渡到 ANSI/AGMA 2015 系列，中间短暂地采用 ISO 1328-1：1995 系列标准。ANSI/AGMA 2015 系列与 ANSI/AGMA 2000-A88 的差异是非常大的，尤其值得注意的是精度等级序号颠倒。ANSI/AGMA 2000-A88 规定齿轮精度等级为 Q3～Q15，共 13 个精度等级，3 级精度最低，15 级精度最高；ANSI/AGMA 2015-1-A01 规定齿轮精度等级为 A2～A11，共 10 个精度等级，2 级精度最高，11 级精度最低，高低顺序与世界其他国家规定相一致；ANSI/AGMA 2015-2-A06 共分为 9 个精度等级，从高到低分别为 C4 到 C12。

（3）DIN 齿轮精度体系的构成

① DIN EN ISO 3961—2018 Tolerances for Cylindrical Gear Teeth-Bases

② DIN 3962-1—1978 Tolerances for Cylindrical Gear Teeth-Tolerances for Deviations of Individual Parameters

③ DIN 3962-2—1978 Tolerances for Cylindrical Gear Teeth-Tolerances for Tooth Trace Deviations

④ DIN 3962-3—1978 Tolerances for Cylindrical Gear Teeth-Tolerances for Pitch-Span Deviations

⑤ DIN 3963—1978 Tolerances for Cylindrical Gear Teeth-Tolerance for Working Deviations

⑥ DIN 3964—1980 Deviations of Shaft Centre Distances and Shaft Position Tolerances of Castings for Cylindrical Gears

⑦ DIN 3967—1987 System of Gear Fits-Backlash Tooth Thickness Allowances Tooth Thickness Tolerances-Principles

（4）我国齿轮精度体系的构成

① GB/T 10095.1—2022　圆柱齿轮　ISO 齿面公差分级制　第 1 部分：齿面偏差的定义和允许值

② GB/T 10095.2—2023　圆柱齿轮　ISO 齿面公差分级制　第 2 部分：径向综合偏差的定义和允许值

③ GB/Z 18620.1—2008　圆柱齿轮　检验实施规范　第 1 部分：轮齿同侧齿面的检验

④ GB/Z 18620.2—2008　圆柱齿轮　检验实施规范　第 2 部分：径向综合偏差、径向跳动、齿厚和侧隙的检验

⑤ GB/Z 18620.3—2008　圆柱齿轮　检验实施规范　第 3 部分：齿轮坯、轴中心距和轴线平行度的检验

⑥ GB/Z 18620.4—2008　圆柱齿轮　检验实施规范　第 4 部分：表面结构和轮齿接触斑点的检验

⑦ GB/T 13924—2008　渐开线圆柱齿轮精度　检验细则

⑧ GB/Z 10096—2022　齿条精度

1988 年，我国首次制定和颁布了 GB/T 10095—1988《渐开线圆柱齿轮精度》国家标准。通过贯彻执行，有力地促进了齿轮制造质量水平的提高。2001 年我国根据 ISO 1328 标准，颁布了 GB/T 10095.1—2001 与 GB/T 10095.2—2001。在此基础上，2022 年对标准进行了修订，颁布了新的圆柱齿轮精度的标准：GB/T 10095.1—2022 和 GB/T 10095.2—2023。本节将主要叙述其规定内容，并对与其相关的四份指导性技术文件（检验实施规范）做简要介绍，以便设计时使用。

6.1　适用范围

① GB/T 10095.1—2022 适用于基本齿廓符合 GB/T 1356《通用机械和重型机械用圆柱齿轮　标准基本齿条齿廓》规定的单个渐开线圆柱齿轮。齿距偏差、齿廓偏差、螺旋线偏差等各参数的范围和分段的上、下界限值如表 12-1-45 所示，齿距累积偏差和径向跳动放在了标准的附录内容。

表 12-1-45　各参数的范围和分段的上、下界限值　mm

分度圆直径 d	5/20/50/125/280/560/1000/1600/2500/4000/6000/8000/10000/15000
模数(法向模数)m_n	0.5/2/3.5/6/10/16/25/40/70
齿宽(轴向)b	4/10/20/40/80/160/250/400/650/1000/1200
齿数 z	5～1000
螺旋角 β	0°～45°

标准的这一部分仅适用于单个齿轮的每个要素，不包括齿轮副。强调指出：本部分的每个使用者，都应该非常熟悉 GB/Z 18620.1《圆柱齿轮　检验实施规范　第 1 部分：轮齿同侧齿面的检验》所叙述的检验方法和步骤。在本部分的限制范围内，使用 GB/Z 18620.1 以外的技术是不适宜的。

② GB/T 10095.2—2023 适用于基本齿廓符合 GB/T 1356《通用机械和重型机械用圆柱齿轮　标准基本齿条齿廓》规定的单个渐开线圆柱齿轮。径向综合偏差精度等级从 R20 到 R50，共分为 21 级，具体的参数范围和分段的上、下界限值如表 12-1-46 所示。

表 12-1-46　径向综合偏差的参数范围和分段的上、下界限值

径向综合偏差的参数范围和分段的上、下界限值/mm	分度圆直径 d	5/20/50/125/280/560/600
	齿数 z	大于 3

6.2　齿轮偏差的代号及定义

表 12-1-47　齿轮各项偏差的代号及定义（详细内容见 GB/T 10095.1—2022 和 GB/T 10095.2—2023 标准）

序号	名称及代号	定义	备注
1	齿距偏差		
1.1	单个齿距偏差 $\pm f_p$	在端面平面上，在接近齿高中部的一个与齿轮轴线同心的圆上，实际齿距与理论齿距的代数差(见图 12-1-46)	—
1.2	齿距累积偏差 F_{pk}	任意 k 个齿距的实际弧长与理论弧长的代数差(见图 12-1-46)。理论上它等于这 k 个齿距的各单个齿距偏差的代数和	F_{pk} 偏差的计值仅限于不超过圆周 1/8 的弧段内，偏差的允许值适用于齿距数 k 为 2 至 $z/8$ 的弧段内
1.3	齿距累积总偏差 F_p	齿轮同侧齿面任意弧段($k=1$ 至 $k=z$)内的最大齿距累积偏差。它表现为齿距累积偏差曲线的总幅值	—
2	齿廓偏差	实际齿廓偏离设计齿廓的量，在端面内且垂直于渐开线齿廓的方向计值	设计齿廓是指符合设计规定的齿廓，当无其他限定时，是指端面齿廓。在齿廓曲线图中，未经修形的渐开线齿廓曲线一般为直线
2.1	齿廓总偏差 F_α	在计值范围 L_α 内，包容实际齿廓迹线的两条设计齿廓迹线间的距离(见图 12-1-47a)	齿廓迹线是指由齿轮齿廓检验设备在纸上或其他适当的介质上画出来的齿廓偏差曲线。齿廓迹线如偏离了直线，其偏离量即表示与被检齿轮的基圆所展成的渐开线齿廓的偏差
2.2	齿廓形状偏差 $f_{f\alpha}$	在计值范围 L_α 内，包容实际齿廓迹线的两条与平均齿廓迹线完全相同的曲线间的距离，且两条曲线与平均齿廓迹线的距离为常数(见图 12-1-47b)	平均齿廓是指设计齿廓迹线的纵坐标减去一条斜直线的相应纵坐标后得到的一条迹线，使得在计值范围内实际齿廓迹线偏离平均齿廓迹线之偏差的平方和最小
2.3	齿廓倾斜偏差 $\pm f_{H\alpha}$	在计值范围 L_α 内，两端与平均齿廓迹线相交的两条设计齿廓迹线间的距离(见图 12-1-47c)	—
3	螺旋线偏差	在端面基圆切线方向上测得的实际螺旋线偏离设计螺旋线的量	设计螺线旋线是指符合设计规定的螺旋线。在螺旋线曲线图中，未经修形的螺旋线的迹线一般为直线
3.1	螺旋线总偏差 F_β	在计值范围 L_β 内，包容实际螺旋线迹线的两条设计螺旋线迹线间的距离(见图 12-1-48a)	螺旋线迹线是指由螺旋线检验设备在纸上或其他适当的介质上画出来的曲线。此曲线如偏离了直线，其偏离量即表示实际的螺旋线与不修形螺旋线的偏差
3.2	螺旋线形状偏差 $f_{f\beta}$	在计值范围 L_β 内，包容实际螺旋线迹线的，与平均螺旋线迹线完全相同的两条曲线间的距离，且两条曲线与平均螺旋线迹线的距离为常数(见图 12-1-48b)	平均螺旋线是指设计螺旋线迹线的纵坐标减去一条斜直线的相应纵坐标后得到的一条迹线，使得在计值范围内实际螺旋线迹线对平均螺旋线迹线偏差的平方和最小

续表

序号	名称及代号	定义	备注
3.3	螺旋线倾斜偏差$\pm f_{H\beta}$	在计值范围L_β的两端与平均螺旋线迹线相交的两条设计螺旋线迹线间的距离(见图12-1-48c)	—
4	切向综合偏差		
4.1	切向综合总偏差F_{is}	被测齿轮与测量齿轮单面啮合检验时，被测齿轮一转内，齿轮分度圆上实际圆周位移与理论圆周位移的最大差值(见图12-1-49)	在检验过程中只有同侧齿面单面接触
4.2	一齿切向综合偏差f_{is}	在一个齿距内的切向综合偏差值(见图12-1-49)	—
5	径向综合偏差		
5.1	径向综合总偏差F_{id}	在径向(双面)综合检验时，产品齿轮的左右齿面同时与测量的齿轮接触，并转过一整圈时出现的中心距最大值和最小值之差(见图12-1-50)	"产品齿轮"是指正在被测量或评定的齿轮
5.2	一齿径向综合偏差f_{id}	当产品齿轮啮合一整圈时，对应一个齿距($360°/z$)的径向综合偏差值(见图12-1-50)	产品齿轮所有轮齿最大值f_{id}不应超过规定的允许值
6	径向跳动F_r 径向跳动公差F_{rT}	测头(球形、圆柱形、砧形)相继置于每个齿槽内时，从它到齿轮轴线的最大和最小径向距离之差(见图12-1-51)	检查中，测头在近似齿高中部与左右齿面接触

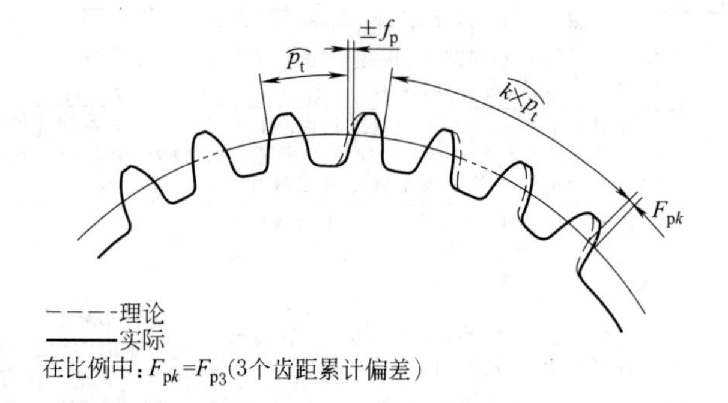

图 12-1-46 齿距偏差

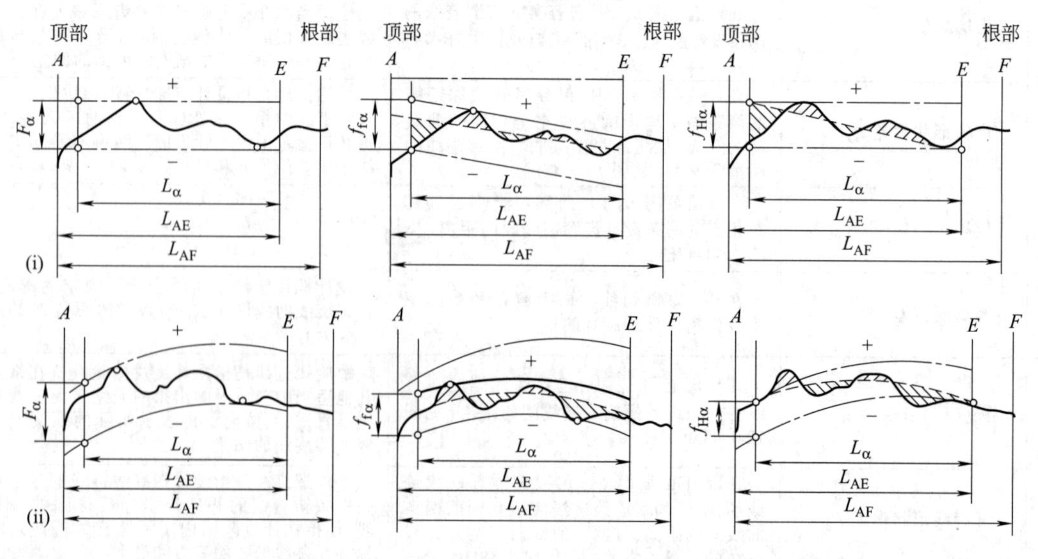

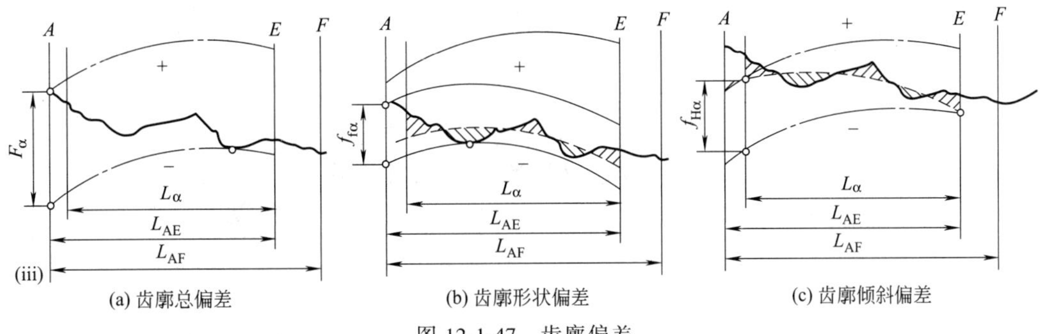

(a) 齿廓总偏差　(b) 齿廓形状偏差　(c) 齿廓倾斜偏差

图 12-1-47　齿廓偏差

1. ——·——·——：设计齿廓　〜〜〜：实际齿廓　— — — — —：平均齿廓

（ⅰ）设计齿廓：不修形的渐开线　实际齿廓：在减薄区偏向体内；

（ⅱ）设计齿廓：修形的渐开线（举例）　实际齿廓：在减薄区偏向体内；

（ⅲ）设计齿廓：修形的渐开线（举例）　实际齿廓：在减薄区偏向体外。

2. L_{AF}——可用长度，等于两条端面基圆切线长之差。其中一条从基圆伸展到可用齿廓的外界限点，另一条从基圆伸展到可用齿廓的内界限点。依据设计，可用长度被齿顶、齿顶倒棱或齿顶倒圆的起始点（A 点）限定；对于齿根，可用长度被齿根圆角或挖根的起始点（F 点）所限定。

3. L_{AE}——有效长度，可用长度中对应于有效齿廓的那部分。对于齿顶，有效长度界限点与可用长度的界限点（A 点）相同。对于齿根，有效长度伸展到与之配对齿轮有效啮合的终点 E（即有效齿廓的起始点）。如果配对齿轮未知，则 E 点为与基本齿条相啮合的有效齿廓的起始点。

4. L_α——齿廓计值范围，可用长度中的一部分，在 L_α 内应遵照规定精度等级的公差。除另有规定外，其长度等于从 E 点开始的有效长度 L_{AE} 的 92%。

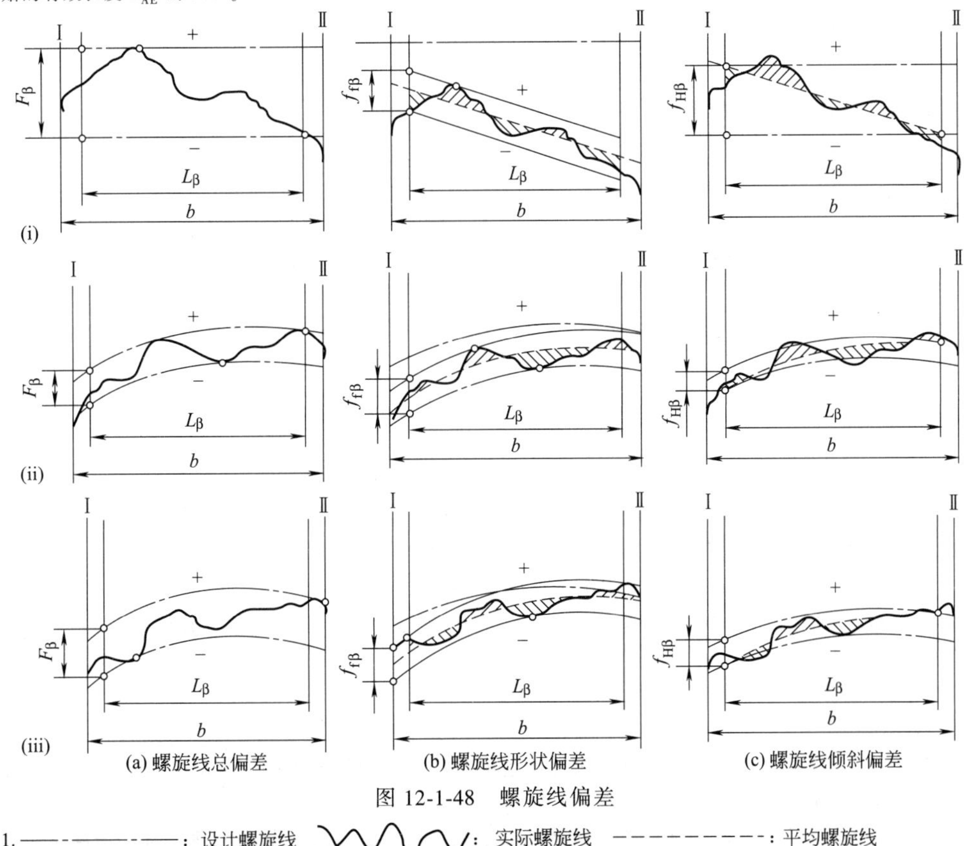

(a) 螺旋线总偏差　(b) 螺旋线形状偏差　(c) 螺旋线倾斜偏差

图 12-1-48　螺旋线偏差

1. ——·——·——：设计螺旋线　〜〜〜：实际螺旋线　— — — — —：平均螺旋线

（ⅰ）设计螺旋线：不修形的螺旋线　实际螺旋线：在减薄区偏向体内；

（ⅱ）设计螺旋线：修形的螺旋线（举例）　实际螺旋线：在减薄区偏向体内；

（ⅲ）设计螺旋线：修形的螺旋线（举例）　实际螺旋线：在减薄区偏向体外。

2. b——齿宽。

3. L_β——螺旋线计值范围。除非另有规定，L_β 等于在轮齿两端处各减去下面两个数值中较小的一个值，即 5% 齿宽或等于一个模数的长度，之后所得的“迹线长度”为螺旋线计值范围。

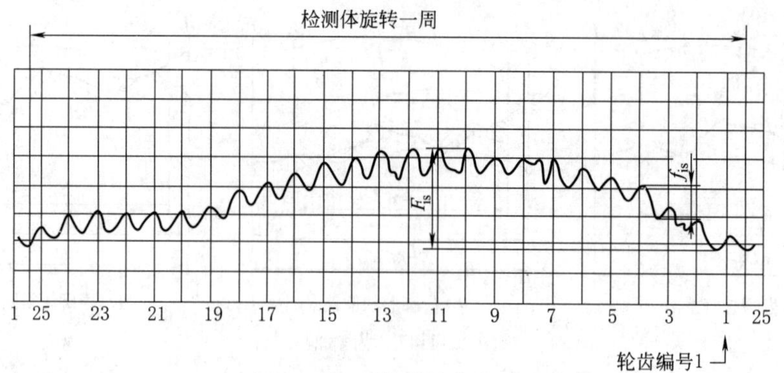

图 12-1-49　切向综合偏差

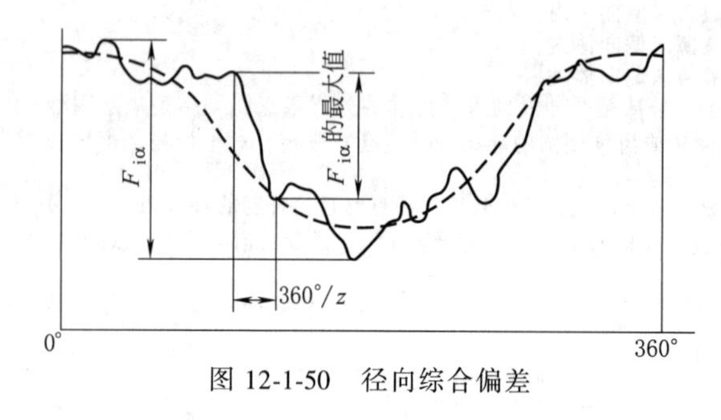

图 12-1-50　径向综合偏差

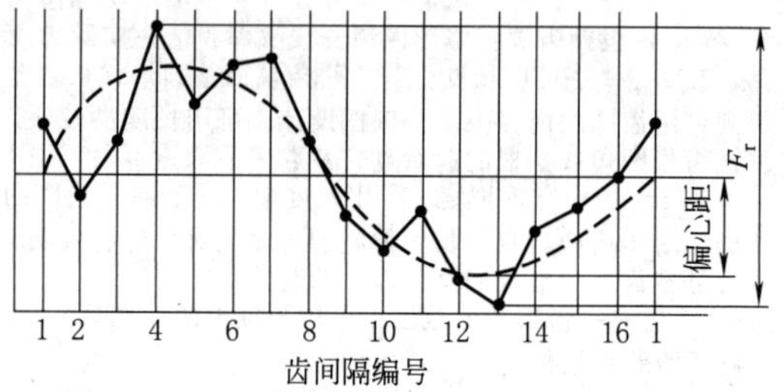

图 12-1-51　一个齿轮（16 齿）的径向跳动

6.3　齿轮精度等级及其选择

6.3.1　精度等级

1）GB/T 10095.1—2022 对轮齿同侧齿面偏差规定了 11 个精度等级，用数字 1~11 由高到低的顺序排列，1 级精度最高，11 级精度最低。

2）GB/T 10095.2—2023 对径向综合偏差规定了 21 个精度等级，其中 R30 级精度最高，R50 级精度最低。被测齿轮分度圆直径范围为不大于 600mm。

6.3.2　精度等级的选择

1）一般情况下，在给定的技术文件中，如所要求的齿轮精度为 GB/T 10095.1 的某个精度等级，则齿距偏差、齿廓偏差、螺旋线偏差（或径向综合偏差、径向跳动）的公差均按该精度等级，按协议对工作齿面和非工作齿面可规定不同的精度等级，或对于不同的偏差项目规定不同的精度等级。

2）径向综合偏差根据 GB/T 10095.2 中的偏差项目选用精度等级。

3）选择齿轮精度时，必须根据其用途及工作条件（圆周速度、传递功率、工作时间、性能指标等）来确定。

齿轮精度等级的选择，通常有下述两种方法。

（1）计算法

① 如果已知传动链末端元件的传动精度要求，可按传动链误差的传递规律，分配各级齿轮副的传动精度要求，确定齿轮的精度等级。

② 根据传动装置所允许的机械振动，用“机械动力学”理论在确定装置的动态特性过程中确定齿轮的精度要求。

③ 根据齿轮承载能力的要求，适当确定齿轮精度的要求。

（2）经验法（表格法）

当原有的传动装置设计具有成熟经验时，新设计的齿轮传动可以参照采用相似的精度等级。目前采用的最主要的是表格法。常用齿轮的精度等级，其使用范围、加工方法见表 12-1-48、表 12-1-49、表 12-1-50，供选择齿轮精度等级时参考，上述各表用于 GB/T 10095.1、GB/T 10095.2 时另有要求。

表 12-1-48　各类机械传动中所应用的齿轮精度等级

类型	精度等级	类型	精度等级	类型	精度等级	类型	精度等级
测量齿轮	2~5	汽车底盘	5~8	拖拉机	6~9	矿用绞车	8~10
透平齿轮	3~6	轻型汽车	5~8	通用减速器	6~9	起重机械	6~10
金属切削机床	3~8	载货汽车	6~9	轧钢机	5~9	农用机械	8~11
内燃机车	5~7	航空发动机	4~8				

表 12-1-49　圆柱齿轮各级精度的应用范围

要素		精度等级					
		4	5	6	7	8	9
工作条件及应用范围	机床	高精度和精密的分度链末端齿轮	一般精度的分度链末端齿轮，高精度和精密的分度链的中间齿轮	Ⅴ级精度机床主传动的重要齿轮，一般精度的分度链的中间齿轮，油泵齿轮	Ⅳ级和Ⅲ级以上精度等级机床的进给齿轮	一般精度的机床齿轮	没有传动精度要求的手动齿轮
圆周速度/m·s^{-1}	直齿轮	>30	>15~30	>10~15	>6~10	<6	—
	斜齿轮	>50	>30~50	>15~30	>8~15	<8	—
工作条件及应用范围	航空船舶车辆	需要很高平稳性、低噪声的船用和航空齿轮	需要高平稳性、低噪声的船用和舰空齿轮，需要很高平稳性、低噪声的机车和轿车的齿轮	用于高速传动，有高平稳性、低噪声要求的机车、航空、船舶和轿车的齿轮	用于有平稳性和低噪声要求的航空、船舶和轿车的齿轮	用于中等速度、较平稳传动的载货汽车和拖拉机的齿轮	用于较低速和噪声要求不高的载货汽车第一挡与倒挡拖拉机和联合收割机齿轮
圆周速度/m·s^{-1}	直齿轮	>35	>20	≤20	≤15	≤10	≤4
	斜齿轮	>70	>35	≤35	≤25	≤15	≤6
工作条件及应用范围	动力齿轮	用于很高速度的透平传动齿轮	用于高速的透平传动齿轮，重型机械进给机构和高速轻载齿轮	用于高速传动的齿轮，工业机器有高可靠性要求的齿轮，重型机械的功率传动齿轮，作业率很高的起重运输机械齿轮	用于高速和适度功率或大功率和适度速度条件下的齿轮，冶金、矿山、石油、林业、轻工、工程机械和小型工业齿轮箱（普通减速器）有可靠性要求的齿轮	用于中等速度、较平稳传动的齿轮，冶金、矿山、石油，林业、轻工、化工、工程机械、起重运输机械和小型工业齿轮箱（普通减速器）的齿轮	用于一般性工作和噪声要求不高的齿轮，受载低于计算载荷的传动齿轮，速度大于 1m/s 的开式齿轮和转盘的齿轮
圆周速度/m·s^{-1}	直齿轮	>70	>30	<30	<15	<10	≤4
	斜齿轮				<25	<15	≤6
工作条件及应用范围	其他	检验 7~8 级精度齿轮，其他的测量齿轮	检验 8~9 级精度齿轮的测量齿轮，印刷机械印刷辊子用的齿轮	读数装置中特别精密传动的齿轮	读数装置的传动及具有非直齿的速度传动齿轮，印刷机械传动齿轮	普通印刷机传动齿轮	
单级传动效率		不低于 0.99（包括轴承不低于 0.982）			不低于 0.98（包括轴承不低于 0.975）	不低于 0.97（包括轴承不低于 0.965）	不低于 0.96（包括轴承不低于 0.95）

表 12-1-50　　精度等级与加工方法的关系

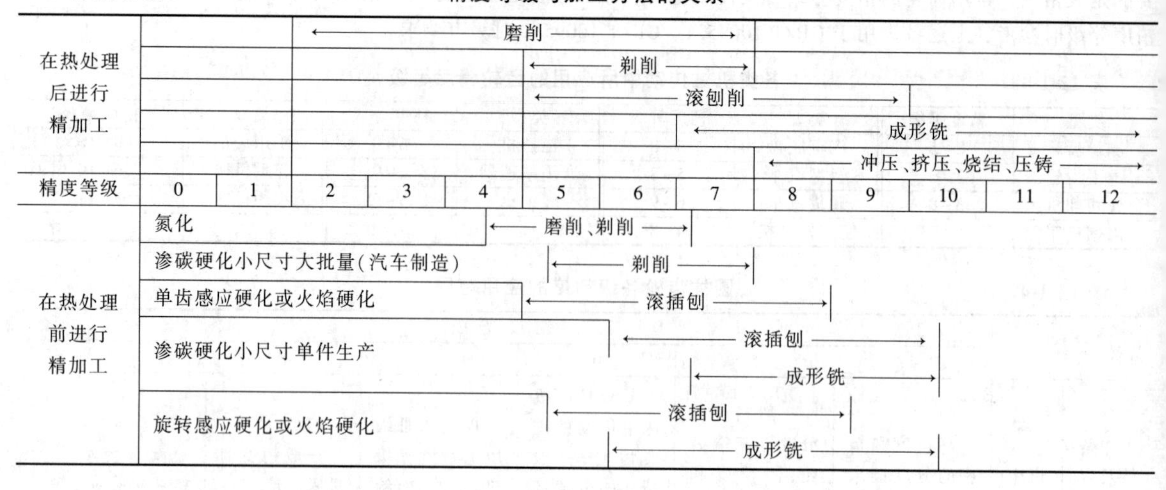

6.4　齿轮检验

6.4.1　齿轮的检验项目

GB/Z 18620.1 和 GB/Z 18620.2 分别给出了圆柱齿轮轮齿同侧齿面的检验实施规范和径向综合偏差、径向跳动、齿厚和侧隙的检验实施规范，作为 GB/T 10095.1—2022（ISO 1328-1：2013）和 GB/T 10095.2—2023（ISO 1328-2：2020）的补充，它提供了齿轮检测方法和测量结果分析方面的建议。

各种轮齿要素的检验，需要多种测量仪器。首先必须保证在涉及齿轮旋转的所有测量过程中，齿轮实际工作的轴线应与测量过程中旋转轴线相重合。

在检验中，没有必要测量全部轮齿要素的偏差，因为其中有些要素对于特定齿轮的功能并没有明显的影响；另外，有些测量项目可以代替另一些项目。例如切向综合偏差检验能代替齿距偏差的检验，径向综合偏差能代替径向跳动检验。然而应注意的是测量项目的增减，必须由供需双方协商确定。

齿轮的齿距偏差、齿廓偏差、螺旋线偏差、切向综合偏差、径向综合偏差及径向跳动公差的检验要求见表 12-1-51。

表 12-1-51　　齿轮偏差的检验要求

序号	名称及代号	检验要求
1	齿距偏差	
1.1	单个齿距偏差 $\pm f_p$	①除另有规定外，齿距偏差均在接近齿高和齿宽中部的位置测量。单个齿距偏差 f_{pt} 需对每个轮齿的两侧面都进行测量 ②除非另有规定，齿距累积偏差 F_{pk} 的计值仅限于不超过圆周 1/8 的弧段内。因此，偏差 F_{pk} 的允许值适用于齿距数 k 为 2 到 $z/8$ 的弧段内，通常 F_{pk} 取 $k \approx z/8$ 就足够了。如果对于特殊的应用(例如高速齿轮)，还需检验较小弧段，并规定相应的 k 值
1.2	齿距累积偏差 F_{pk}	
1.3	齿距累积总偏差 F_p	
2	齿廓偏差	
2.1	齿廓总偏差 F_α	①除另有规定外，齿廓偏差应在齿宽中部位置测量。如果齿宽大于 250mm，则应增加两个测量部位，即在距齿宽每侧约 15% 的齿宽处测量。齿廓偏差应至少测三个齿的两侧齿面，这三个齿应取在沿齿轮圆周近似三等分位置处 ②齿廓形状偏差 $f_{f\alpha}$ 和齿廓倾斜偏差 $f_{H\alpha}$ 不是强制性的单项检验项目，然而，由于形状偏差和倾斜偏差对齿轮的性能有重要影响，故在标准中给出了偏差值及计算公式。需要时，应在供需协议中予以规定
2.2	齿廓形状偏差 $f_{f\alpha}$	
2.3	齿廓倾斜偏差 $\pm f_{H\alpha}$	
3	螺旋线偏差	
3.1	螺旋线总偏差 F_β	①除另有规定外，螺旋线偏差应至少测三个齿的两侧齿面，这三个齿应取在沿齿轮圆周近似三等分位置处 ②螺旋线形状偏差 $f_{f\beta}$ 和倾斜偏差 $f_{H\beta}$ 不是强制性的单项检验项目，然而它们对齿轮性能有重要影响，故在标准中给出了偏差值及计算公式。需要时，应在供需协议中予以规定
3.2	螺旋线形状偏差 $f_{f\beta}$	
3.3	螺旋线倾斜偏差 $\pm f_{H\beta}$	

续表

序号	名称及代号	检验要求
4	切向综合偏差	
4.1	切向综合总偏差 F_{is}	①除另有规定外，切向综合偏差不是强制性检验项目 ②测量齿轮的精度将影响检验的结果，如测量齿轮的精度比被检验的产品齿轮的精度至少高4级时，测量齿轮的不精确性可忽略不计；如果测量齿轮的质量达不到比被检(产品)齿轮高4个等级时，则测量齿轮的不精确性必须考虑进去 ③检验时，需施加很轻的载荷和很低的角速度，以保证齿面间的接触所产生的记录曲线，反映出一对齿轮轮齿要素偏差的综合影响(即齿距、齿廓和螺旋线) ④检验时，产品齿轮与测量齿轮以适当的中心距相啮合并旋转，在只有一组同侧齿面相接触的情况下使之旋转直到获得一整圈的偏差曲线图 ⑤总重合度 ε_γ 影响 f_{is} 的测量。当产品齿轮和测量齿轮的齿宽不同时，按较小的齿宽计算 ε_γ。如果对轮齿的齿廓和螺旋线进行了较大的修正，检验时 ε_γ 和系数 K 会受到较大的影响，在评定测量结果时，这些因素必须考虑在内。在这种情况下，须对检验条件和记录曲线的评定另订专门的协议
4.2	一齿切向综合偏差 f_{is}	
5	径向综合偏差	
5.1	径向综合总偏差 F_{id}	①检验时，测量齿轮应在"有效长度 L_{AE}"上与产品齿轮啮合。应十分重视测量齿轮的精度和设计，特别是它与产品齿轮啮合的压力角，会影响测量的结果，测量齿轮应该有足够的啮合深度，使其与产品齿轮的整个实际有效齿廓接触，但不应与非有效部分或根部接触 ②当检验精密齿轮时，对所用测量齿轮的精度和测量步骤，应由供需双方协商一致 ③对于直齿轮，可按规定的公差值确定其精度等级。对于斜齿轮，因为纵向重合度 ε_β 会影响其径向测量的结果，应按供需双方的协议来使用，其测量齿轮的齿宽应使与产品齿轮啮合时的 ε_β 小于或等于0.5
5.2	一齿径向综合偏差 f_{id}	
6	径向跳动 F_r	①检验时，应按定义将测头(球、砧、圆柱或棱柱体)在齿轮旋转时逐齿放置在齿槽中，并与齿的两侧接触 ②测量时，球侧头的直径应选择得使其能接触到齿槽的中间部位，并应置于齿宽的中央；砧形测头的尺寸应选择得使其在齿槽中大致在分度圆的位置接触齿面

标准没有规定齿轮的公差组和检验组。对产品齿轮可采用两种不同的检验形式来评定和验收其制造质量：一种检验形式是综合检验，另一种是单项检验，但两种检验形式不能同时采用。

① 综合检验　其检验项目有：F_{id} 与 f_{id}。

② 单项检验　按照齿轮的使用要求，可选择下列检验组中的一组来评定和验收齿轮精度：

a. f_p、F_p、F_α、F_β、F_r；

b. f_p、F_{pk}、F_p、F_α、$f_{f\alpha}$、$f_{H\alpha}$、F_β、F_r；

c. f_p、F_r（仅用于10~12级）；

d. F_{is}、f_{is}（有协议要求时）。

6.4.2 5级精度的齿轮公差的计算公式

5级精度齿轮的齿距公差、齿廓公差、螺旋线公差、切向综合公差、径向综合公差及径向跳动公差计算式及使用说明见表12-1-52。

表12-1-52　齿轮精度公差计算及使用说明

名称及代号	5级精度的齿轮公差计算式	使用说明
单个齿距公差 f_{pT}	$f_{pT}=(0.001d+0.4m_n+5)\sqrt{2}^{A-5}$	①5级精度等级的未圆整的计算值乘以 $\sqrt{2}^{A-5}$ 即可得到任意精度等级的待求值，A 为待求值的精度等级 ②k 为跨齿数，最小值为2，z 为齿轮齿数 ③将实测的齿轮偏差值与表12-1-53~表12-1-62中的值比较，以评定齿轮的精度等级 ④当齿轮参数不在给定的范围内或供需双方同意时，可以在公式中代入实际的齿轮参数
齿距累积公差 F_{pkT}	$F_{pkT}=f_{pT}+\frac{4k}{z}(0.001d+0.55\sqrt{d}+0.3m_n+7)\sqrt{2}^{A-5}$	
齿距累积总公差 F_{pT}	$F_{pT}=(0.002d+0.55\sqrt{d}+0.7m_n+12)\sqrt{2}^{A-5}$	
齿廓总公差 $F_{\alpha T}$	$F_{\alpha T}=\sqrt{f_{H\alpha T}^2+f_{f\alpha T}^2}$	
齿廓形状公差 $f_{f\alpha T}$	$f_{f\alpha T}=(0.55m_n+5)\sqrt{2}^{A-5}$	
齿廓倾斜公差 $f_{H\alpha T}$	$f_{H\alpha T}=(0.4m_n+0.001d+4)\sqrt{2}^{A-5}$	
螺旋线总公差 $F_{\beta T}$	$F_{\beta T}=\sqrt{f_{H\beta T}^2+f_{f\beta T}^2}$	
螺旋线形状公差 $f_{f\beta T}$	$f_{f\beta T}=(0.07\sqrt{d}+0.45\sqrt{b}+4)\sqrt{2}^{A-5}$	
螺旋线倾斜公差 $f_{H\beta T}$	$f_{H\beta T}=(0.05\sqrt{d}+0.35\sqrt{b}+4)\sqrt{2}^{A-5}$	
切向综合总公差 F_{isT}	$F_{isT}=F_{pT}+f_{isT}$	
一齿切向综合公差 f_{isT}	$f_{isT}=(0.375m_n+5)\sqrt{2}^{A-5}$	

续表

名称及代号	5 级精度的齿轮公差计算式	使用说明
径向综合总偏差 F_{id}	$F_{id}=\left(0.08\dfrac{Z_c m_n}{\cos\beta}+64\right)2^{(R-44)/4}$	① $Z_c=\min(z,200)$ ②采用表 12-1-53～表 12-1-62 中的值评定齿轮精度，仅用于供需双方有协议时。无协议时，用模数 m_n 和直径 d 的实际值代入公式计算公差值，评定齿轮的精度等级 ③ R 为径向复合公差等级，值为 30～50，R30 级最准确，R50 级最不准确，具体见 GB/T 10095.2—2023(ISO 1328-2:2020)
一齿径向综合偏差 f_{id}	$f_{id}=\left(0.08\dfrac{Z_c m_n}{\cos\beta}+64\right)2^{(R-R_X-44)/4}$ $R_X=5\left[1-1.12^{(1-Z_c)/1.12}\right]$	
径向跳动公差 F_{rT}	$F_{rT}=0.9F_{pT}=0.9(0.002d+0.55\sqrt{d}+0.7m_n+12)\sqrt{2}^{A-5}$	

6.4.3 齿轮的公差

齿轮的单个齿距偏差 $\pm f_p$、齿距累积总偏差 F_p 分别见表 12-1-53 和表 12-1-54；齿廓总偏差 F_α、齿廓形状偏差 $f_{f\alpha}$、齿廓倾斜偏差 $\pm f_{H\alpha}$ 分别见表 12-1-55～表 12-1-57；螺旋线总偏差 F_β、螺旋线形状偏差 $f_{f\beta}$ 及螺旋线倾斜偏差 $\pm f_{H\beta}$ 见表 12-1-58 和表 12-1-59；一齿切向综合偏差 f_{is}（测量一齿切向综合偏差 f_{is} 时，其值受总重合度 ε_γ 影响，故标准给出了 f_{is}/K 值）见表 12-1-60；径向综合总偏差 F_{id}、一齿径向综合偏差 f_{id} 见表 12-1-61 和表 12-1-62；径向跳动公差 F_r 见表 12-1-63。在新的国家标准中，各公差表格值均全部取消，本篇内容保留齿轮精度国标 2008 版的各公差的表格值，方便新旧标准过渡期参考使用，以表 12-1-52 中新国标公式计算值为准。

第 12 篇

表 12-1-53　　单个齿距偏差 $\pm f_p$

分度圆直径 d/mm	模数 m/mm	精度等级										
		1	2	3	4	5	6	7	8	9	10	11
		$\pm f_p/\mu m$										
$5\le d\le20$	$0.5\le m\le2$	1.5	2.1	2.9	4.1	5.8	8.2	11.6	16.5	23.3	32.9	46.6
	$2<m\le3.5$	1.6	2.3	3.2	4.5	6.4	9.1	12.8	18.2	25.7	36.3	51.4
$20<d\le50$	$0.5\le m\le2$	1.5	2.1	2.9	4.1	5.9	8.3	11.7	16.5	23.4	33.1	46.8
	$2<m\le3.5$	1.6	2.3	3.2	4.6	6.5	9.1	12.9	18.2	25.8	36.5	51.6
	$3.5<m\le6$	1.9	2.6	3.7	5.3	7.5	10.5	14.9	21.1	29.8	42.1	59.6
	$6<m\le10$	2.3	3.2	4.5	6.4	9.1	12.8	18.1	25.6	36.2	51.2	72.4
$50<d\le125$	$0.5\le m\le2$	1.5	2.1	3.0	4.2	5.9	8.4	11.9	16.8	23.7	33.5	47.4
	$2<m\le3.5$	1.6	2.3	3.3	4.6	6.5	9.2	13.1	18.5	26.1	36.9	52.2
	$3.5<m\le6$	1.9	2.7	3.8	5.3	7.5	10.6	15.1	21.3	30.1	42.6	60.2
	$6<m\le10$	2.3	3.2	4.6	6.5	9.1	12.9	18.3	25.8	36.5	51.6	73.0
	$10<m\le16$	2.9	4.1	5.8	8.1	11.5	16.3	23.1	32.6	46.1	65.2	92.2
	$16<m\le25$	3.8	5.3	7.6	10.7	15.1	21.4	30.3	42.8	60.5	85.6	121.0
$125<d\le280$	$0.5\le m\le2$	1.5	2.1	3.0	4.3	6.1	8.6	12.2	17.2	24.3	34.4	48.6
	$2<m\le3.5$	1.7	2.4	3.3	4.7	6.7	9.4	13.4	18.9	26.7	37.8	53.4
	$3.5<m\le6$	1.9	2.7	3.8	5.4	7.7	10.9	15.4	21.7	30.7	43.4	61.4
	$6<m\le10$	2.3	3.3	4.6	6.6	9.3	13.1	18.6	26.2	37.1	52.5	74.2
	$10<m\le16$	2.9	4.1	5.8	8.3	11.7	16.5	23.4	33.0	46.7	66.1	93.4
	$16<m\le25$	3.8	5.4	7.6	10.8	15.3	21.6	30.6	43.2	61.1	86.4	122.2
	$25<m\le40$	5.3	7.5	10.6	15.0	21.3	30.1	42.6	60.2	85.1	120.4	170.2
$280<d\le560$	$0.5\le m\le2$	1.6	2.2	3.2	4.5	6.4	9.0	12.7	18.0	25.4	36.0	50.9
	$2<m\le3.5$	1.7	2.5	3.5	4.9	7.0	9.8	13.9	19.7	27.8	39.4	55.7
	$3.5<m\le6$	2.0	2.8	4.0	5.6	8.0	11.3	15.9	22.5	31.8	45.0	63.7
	$6<m\le10$	2.4	3.4	4.8	6.8	9.6	13.5	19.1	27.0	38.2	54.1	76.5
	$10<m\le16$	3.0	4.2	6.0	8.5	12.0	16.9	23.9	33.8	47.8	67.7	95.7
	$16<m\le25$	3.9	5.5	7.8	11.0	15.6	22.0	31.1	44.0	62.2	88.0	124.5
	$25<m\le40$	5.4	7.6	10.8	15.2	21.6	30.5	43.1	61.0	86.2	122.0	172.5
	$40<m\le70$	8.4	11.9	16.8	23.7	33.6	47.5	67.1	94.9	134.2	189.8	268.5

续表

分度圆直径 d/mm	模数 m/mm	精度等级										
		1	2	3	4	5	6	7	8	9	10	11
		$\pm f_p$/μm										
$560<d\leq1000$	$0.5\leq m\leq2$	1.7	2.4	3.4	4.8	6.8	9.6	13.6	19.2	27.2	38.5	54.4
	$2<m\leq3.5$	1.9	2.6	3.7	5.2	7.4	10.5	14.8	20.9	29.6	41.9	59.2
	$3.5<m\leq6$	2.1	3.0	4.2	5.9	8.4	11.9	16.8	23.8	33.6	47.5	67.2
	$6<m\leq10$	2.5	3.5	5.0	7.1	10.0	14.1	20.0	28.3	40.0	56.6	80.0
	$10<m\leq16$	3.1	4.4	6.2	8.8	12.4	17.5	24.8	35.1	49.6	70.1	99.2
	$16<m\leq25$	4.0	5.7	8.0	11.3	16.0	22.6	32.0	45.3	64.0	90.5	128.0
	$25<m\leq40$	5.5	7.8	11.0	15.6	22.0	31.1	44.0	62.2	88.0	124.5	176.0
	$40<m\leq70$	8.5	12.0	17.0	24.0	34.0	48.1	68.0	96.2	136.0	192.3	272.0
$1000<d\leq1600$	$2\leq m\leq3.5$	2.0	2.8	4.0	5.7	8.0	11.3	16.0	22.6	32.0	45.3	64.0
	$3.5<m\leq6$	2.3	3.2	4.5	6.4	9.0	12.7	18.0	25.5	36.0	50.9	72.0
	$6<m\leq10$	2.7	3.7	5.3	7.5	10.6	15.0	21.2	30.0	42.4	60.0	84.8
	$10<m\leq16$	3.3	4.6	6.5	9.2	13.0	18.4	26.0	36.8	52.0	73.5	104.0
	$16<m\leq25$	4.2	5.9	8.3	11.7	16.6	23.5	33.2	47.0	66.4	93.9	132.8
	$25<m\leq40$	5.7	8.0	11.3	16.0	22.6	32.0	45.2	63.9	90.4	127.8	180.8
	$40<m\leq70$	8.7	12.2	17.3	24.5	34.6	48.9	69.2	97.9	138.4	195.7	276.8
$1600<d\leq2500$	$3.5\leq m\leq6$	2.5	3.5	5.0	7.0	9.9	14.0	19.8	28.0	39.6	56.0	79.2
	$6<m\leq10$	2.9	4.1	5.8	8.1	11.5	16.3	23.0	32.5	46.0	65.1	92.0
	$10<m\leq16$	3.5	4.9	7.0	9.8	13.9	19.7	27.8	39.3	55.6	78.6	111.2
	$16<m\leq25$	4.4	6.2	8.8	12.4	17.5	24.7	35.0	49.5	70.0	99.0	140.0
	$25<m\leq40$	5.9	8.3	11.8	16.6	23.5	33.2	47.0	66.5	94.0	132.9	188.0
	$40<m\leq70$	8.9	12.6	17.8	25.1	35.5	50.2	71.0	100.4	142.0	200.8	284.0
$2500<d\leq4000$	$6\leq m\leq10$	3.3	4.6	6.5	9.2	13.0	18.4	26.0	36.8	52.0	73.5	104.0
	$10<m\leq16$	3.9	5.4	7.7	10.9	15.4	21.8	30.8	43.6	61.6	87.1	123.2
	$16<m\leq25$	4.8	6.7	9.5	13.4	19.0	26.9	38.0	53.7	76.0	107.5	152.0
	$25<m\leq40$	6.3	8.8	12.5	17.7	25.0	35.4	50.0	70.7	100.0	141.4	200.0
	$40<m\leq70$	9.3	13.1	18.5	26.2	37.0	52.3	74.0	104.7	148.0	209.3	296.0
$4000<d\leq6000$	$6\leq m\leq10$	3.8	5.3	7.5	10.6	15.0	21.2	30.0	42.4	60.0	84.9	120.0
	$10<m\leq16$	4.4	6.2	8.7	12.3	17.4	24.6	34.8	49.2	69.6	98.4	139.2
	$16<m\leq25$	5.3	7.4	10.5	14.8	21.0	29.7	42.0	59.4	84.0	118.8	168.0
	$25<m\leq40$	6.8	9.5	13.5	19.1	27.0	38.2	54.0	76.4	108.0	152.7	216.0
	$40<m\leq70$	9.8	13.8	19.5	27.6	39.0	55.2	78.0	110.3	156.0	220.6	312.0
$6000<d\leq8000$	$10\leq m\leq16$	4.9	6.9	9.7	13.7	19.4	27.4	38.8	54.9	77.6	109.7	155.2
	$16<m\leq25$	5.8	8.1	11.5	16.3	23.0	32.5	46.0	65.1	92.0	130.1	184.0
	$25<m\leq40$	7.3	10.3	14.5	20.5	29.0	41.0	58.0	82.0	116.0	164.0	232.0
	$40<m\leq70$	10.3	14.5	20.5	29.0	41.0	58.0	82.0	116.0	164.0	231.9	328.0
$8000<d\leq10000$	$10\leq m\leq16$	5.4	7.6	10.7	15.1	21.4	30.3	42.8	60.5	85.6	121.1	171.2
	$16<m\leq25$	6.3	8.8	12.5	17.7	25.0	35.4	50.0	70.7	100.0	141.4	200.0
	$25<m\leq40$	7.8	11.0	15.5	21.9	31.0	43.8	62.0	87.7	124.0	175.4	248.0
	$40<m\leq70$	10.8	15.2	21.5	30.4	43.0	60.8	86.0	121.6	172.0	243.2	344.0

表 12-1-54　　齿距累积总偏差 F_p

分度圆直径 d/mm	模数 m/mm	精度等级										
		1	2	3	4	5	6	7	8	9	10	11
		F_p/μm										
$5\leq d\leq20$	$0.5\leq m\leq2$	2.8	4.0	5.5	8.0	11.0	16.0	23.0	32.0	45.0	64.0	90.0
	$2<m\leq3.5$	2.9	4.2	6.0	8.5	12.0	17.0	23.0	33.0	47.0	66.0	94.0
$20<d\leq50$	$0.5\leq m\leq2$	3.6	5.0	7.0	10.0	14.0	20.0	29.0	41.0	57.0	81.0	115.0
	$2<m\leq3.5$	3.7	5.0	7.5	10.0	15.0	21.0	30.0	42.0	59.0	84.0	119.0

续表

分度圆直径 d/mm	模数 m/mm	精度等级										
		1	2	3	4	5	6	7	8	9	10	11
		F_p/μm										
$20<d\leqslant50$	$3.5<m\leqslant6$	3.9	5.5	7.5	11.0	15.0	22.0	31.0	44.0	62.0	87.0	123.0
	$6<m\leqslant10$	4.1	6.0	8.0	12.0	16.0	23.0	33.0	46.0	65.0	93.0	131.0
$50<d\leqslant125$	$0.5\leqslant m\leqslant2$	4.6	6.5	9.0	13.0	18.0	26.0	37.0	52.0	74.0	104.0	147.0
	$2<m\leqslant3.5$	4.7	6.5	9.5	13.0	19.0	27.0	38.0	53.0	76.0	107.0	151.0
	$3.5<m\leqslant6$	4.9	7.0	9.5	14.0	19.0	28.0	39.0	55.0	78.0	110.0	156.0
	$6<m\leqslant10$	5.0	7.0	10.0	14.0	20.0	29.0	41.0	58.0	82.0	116.0	164.0
	$10<m\leqslant16$	5.5	7.5	11.0	15.0	22.0	31.0	44.0	62.0	88.0	124.0	175.0
	$16<m\leqslant25$	6.0	8.5	12.0	17.0	24.0	34.0	48.0	68.0	96.0	136.0	193.0
$125<d\leqslant280$	$0.5\leqslant m\leqslant2$	6.0	8.5	12.0	17.0	24.0	35.0	49.0	69.0	98.0	138.0	195.0
	$2<m\leqslant3.5$	6.0	9.0	12.0	18.0	25.0	35.0	50.0	70.0	100.0	141.0	199.0
	$3.5<m\leqslant6$	6.5	9.0	13.0	18.0	25.0	36.0	51.0	72.0	102.0	144.0	204.0
	$6<m\leqslant10$	6.5	9.5	13.0	19.0	26.0	37.0	53.0	75.0	106.0	149.0	211.0
	$10<m\leqslant16$	7.0	10.0	14.0	20.0	28.0	39.0	56.0	79.0	112.0	158.0	223.0
	$16<m\leqslant25$	7.5	11.0	15.0	21.0	30.0	43.0	60.0	85.0	120.0	170.0	241.0
	$25<m\leqslant40$	8.5	12.0	17.0	24.0	34.0	47.0	67.0	95.0	134.0	190.0	269.0
$280<d\leqslant560$	$0.5\leqslant m\leqslant2$	8.0	11.0	16.0	23.0	32.0	46.0	64.0	91.0	129.0	182.0	257.0
	$2<m\leqslant3.5$	8.0	12.0	16.0	23.0	33.0	46.0	65.0	92.0	131.0	185.0	261.0
	$3.5<m\leqslant6$	8.5	12.0	17.0	24.0	33.0	47.0	66.0	94.0	133.0	188.0	266.0
	$6<m\leqslant10$	8.5	12.0	17.0	24.0	34.0	48.0	68.0	97.0	137.0	193.0	274.0
	$10<m\leqslant16$	9.0	13.0	18.0	25.0	36.0	50.0	71.0	101.0	143.0	202.0	285.0
	$16<m\leqslant25$	9.5	13.0	19.0	27.0	38.0	54.0	76.0	107.0	151.0	214.0	303.0
	$25<m\leqslant40$	10.0	15.0	21.0	29.0	41.0	58.0	83.0	117.0	165.0	234.0	331.0
	$40<m\leqslant70$	12.0	17.0	24.0	34.0	48.0	68.0	95.0	135.0	191.0	270.0	382.0
$560<d\leqslant1000$	$0.5\leqslant m\leqslant2$	10.0	15.0	21.0	29.0	41.0	59.0	83.0	117.0	166.0	235.0	332.0
	$2<m\leqslant3.5$	10.0	15.0	21.0	30.0	42.0	59.0	84.0	119.0	168.0	238.0	336.0
	$3.5<m\leqslant6$	11.0	15.0	21.0	30.0	43.0	60.0	85.0	120.0	170.0	241.0	341.0
	$6<m\leqslant10$	11.0	15.0	22.0	31.0	44.0	62.0	87.0	123.0	174.0	246.0	348.0
	$10<m\leqslant16$	11.0	16.0	22.0	32.0	45.0	64.0	90.0	127.0	180.0	254.0	360.0
	$16<m\leqslant25$	12.0	17.0	24.0	33.0	47.0	67.0	94.0	133.0	189.0	267.0	378.0
	$25<m\leqslant40$	13.0	18.0	25.0	36.0	51.0	72.0	101.0	143.0	203.0	287.0	405.0
	$40<m\leqslant70$	14.0	20.0	29.0	40.0	57.0	81.0	114.0	161.0	228.0	323.0	457.0
$1000<d\leqslant1600$	$2\leqslant m\leqslant3.5$	13.0	18.0	26.0	37.0	52.0	74.0	105.0	148.0	209.0	296.0	418.0
	$3.5<m\leqslant6$	13.0	19.0	26.0	37.0	53.0	75.0	106.0	149.0	211.0	299.0	423.0
	$6<m\leqslant10$	13.0	19.0	27.0	38.0	54.0	76.0	108.0	152.0	215.0	304.0	430.0
	$10<m\leqslant16$	14.0	20.0	28.0	39.0	55.0	78.0	111.0	156.0	221.0	313.0	442.0
	$16<m\leqslant25$	14.0	20.0	29.0	41.0	57.0	81.0	115.0	163.0	230.0	325.0	460.0
	$25<m\leqslant40$	15.0	22.0	30.0	43.0	61.0	86.0	122.0	172.0	244.0	345.0	488.0
	$40<m\leqslant70$	17.0	24.0	34.0	48.0	67.0	95.0	135.0	190.0	269.0	381.0	539.0
$1600<d\leqslant2500$	$3.5\leqslant m\leqslant6$	16.0	23.0	32.0	45.0	64.0	91.0	129.0	182.0	257.0	364.0	514.0
	$6<m\leqslant10$	16.0	23.0	33.0	46.0	65.0	92.0	130.0	184.0	261.0	369.0	522.0
	$10<m\leqslant16$	17.0	24.0	33.0	47.0	67.0	94.0	133.0	189.0	267.0	377.0	534.0
	$16<m\leqslant25$	17.0	24.0	34.0	49.0	69.0	97.0	138.0	195.0	276.0	390.0	551.0
	$25<m\leqslant40$	18.0	26.0	36.0	51.0	72.0	102.0	145.0	205.0	290.0	409.0	579.0
	$40<m\leqslant70$	20.0	28.0	39.0	56.0	79.0	111.0	158.0	223.0	315.0	446.0	603.0
$2500<d\leqslant4000$	$6\leqslant m\leqslant10$	20.0	28.0	40.0	56.0	80.0	113.0	159.0	225.0	318.0	450.0	637.0
	$10<m\leqslant16$	20.0	29.0	41.0	57.0	81.0	115.0	162.0	229.0	324.0	459.0	649.0
	$16<m\leqslant25$	21.0	29.0	42.0	59.0	83.0	118.0	167.0	236.0	333.0	471.0	666.0
	$25<m\leqslant40$	22.0	31.0	43.0	61.0	87.0	123.0	174.0	245.0	347.0	491.0	694.0
	$40<m\leqslant70$	23.0	33.0	47.0	66.0	93.0	132.0	186.0	264.0	373.0	525.0	745.0

续表

分度圆直径 d/mm	模数 m/mm	精度等级										
		1	2	3	4	5	6	7	8	9	10	11
		F_p/μm										
4000<d≤6000	6≤m≤10	24.0	34.0	48.0	68.0	97.0	137.0	194.0	274.0	387.0	548.0	775.0
	10<m≤16	25.0	35.0	49.0	69.0	98.0	139.0	197.0	278.0	393.0	556.0	786.0
	16<m≤25	25.0	36.0	50.0	71.0	100.0	142.0	201.0	284.0	402.0	568.0	804.0
	25<m≤40	26.0	37.0	52.0	74.0	104.0	147.0	208.0	294.0	416.0	588.0	832.0
	40<m≤70	28.0	39.0	55.0	78.0	110.0	156.0	221.0	312.0	441.0	624.0	883.0
6000<d≤8000	10≤m≤16	29.0	41.0	57.0	81.0	115.0	162.0	230.0	325.0	459.0	650.0	919.0
	16<m≤25	29.0	41.0	59.0	83.0	117.0	166.0	234.0	331.0	468.0	662.0	936.0
	25<m≤40	30.0	43.0	60.0	85.0	121.0	170.0	241.0	341.0	482.0	682.0	964.0
	40<m≤70	32.0	45.0	63.0	90.0	127.0	179.0	254.0	359.0	508.0	718.0	1015.0
8000<d≤10000	10≤m≤16	32.0	46.0	65.0	91.0	129.0	182.0	258.0	365.0	516.0	730.0	1032.0
	16<m≤25	33.0	46.0	66.0	93.0	131.0	186.0	262.0	371.0	525.0	742.0	1050.0
	25<m≤40	34.0	48.0	67.0	95.0	135.0	191.0	269.0	381.0	539.0	762.0	1078.0
	40<m≤70	35.0	50.0	71.0	100.0	141.0	200.0	282.0	399.0	564.0	798.0	1129.0

表 12-1-55　　齿廓总偏差 F_α

分度圆直径 d/mm	模数 m/mm	精度等级										
		1	2	3	4	5	6	7	8	9	10	11
		F_α/μm										
5≤d≤20	0.5≤m≤2	1.1	1.6	2.3	3.2	4.6	6.5	9.0	13.0	18.0	26.0	37.0
	2<m≤3.5	1.7	2.3	3.3	4.7	6.5	9.5	13.0	19.0	26.0	37.0	53.0
20<d≤50	0.5≤m≤2	1.3	1.8	2.6	3.6	5.0	7.5	10.0	15.0	21.0	29.0	41.0
	2<m≤3.5	1.8	2.5	3.6	5.0	7.0	10.0	14.0	20.0	29.0	40.0	57.0
	3.5<m≤6	2.2	3.1	4.4	6.0	9.0	12.0	18.0	25.0	35.0	50.0	70.0
	6<m≤10	2.7	3.8	5.5	7.5	11.0	15.0	22.0	31.0	43.0	61.0	87.0
50<d≤125	0.5≤m≤2	1.5	2.1	2.9	4.1	6.0	8.5	12.0	17.0	23.0	33.0	47.0
	2<m≤3.5	2.0	2.8	3.9	5.5	8.0	11.0	16.0	22.0	31.0	44.0	63.0
	3.5<m≤6	2.4	3.4	4.8	6.5	9.5	13.0	19.0	27.0	38.0	54.0	76.0
	6<m≤10	2.9	4.1	6.0	8.0	12.0	16.0	23.0	33.0	46.0	65.0	92.0
	10<m≤16	3.5	5.0	7.0	10.0	14.0	20.0	28.0	40.0	56.0	79.0	112.0
	16<m≤25	4.2	6.0	8.5	12.0	17.0	24.0	34.0	48.0	68.0	96.0	136.0
125<d≤280	0.5≤m≤2	1.7	2.4	3.5	4.9	7.0	10.0	14.0	20.0	28.0	39.0	55.0
	2<m≤3.5	2.2	3.2	4.5	6.5	9.0	13.0	18.0	25.0	36.0	50.0	71.0
	3.5<m≤6	2.6	3.7	5.5	7.5	11.0	15.0	21.0	30.0	42.0	60.0	84.0
	6<m≤10	3.2	4.5	6.5	9.0	13.0	18.0	25.0	36.0	50.0	71.0	101.0
	10<m≤16	3.8	5.5	7.5	11.0	15.0	21.0	30.0	43.0	60.0	85.0	121.0
	16<m≤25	4.5	6.5	9.0	13.0	18.0	25.0	36.0	51.0	72.0	102.0	144.0
	25<m≤40	5.5	7.5	11.0	15.0	22.0	31.0	43.0	61.0	87.0	123.0	174.0
280<d≤560	0.5≤m≤2	2.1	2.9	4.1	6.0	8.5	12.0	17.0	23.0	33.0	47.0	66.0
	2<m≤3.5	2.6	3.6	5.0	7.5	10.0	15.0	21.0	29.0	41.0	58.0	82.0
	3.5<m≤6	3.0	4.2	6.0	8.5	12.0	17.0	24.0	34.0	48.0	67.0	95.0
	6<m≤10	3.5	4.9	7.0	10.0	14.0	20.0	28.0	40.0	56.0	79.0	112.0
	10<m≤16	4.1	6.0	8.0	12.0	16.0	23.0	33.0	47.0	66.0	93.0	132.0
	16<m≤25	4.8	7.0	9.5	14.0	19.0	27.0	39.0	55.0	78.0	110.0	155.0
	25<m≤40	6.0	8.0	12.0	16.0	23.0	33.0	46.0	65.0	92.0	131.0	185.0
	40<m≤70	7.0	10.0	14.0	20.0	28.0	40.0	57.0	80.0	113.0	160.0	227.0
560<d≤1000	0.5≤m≤2	2.5	3.5	5.0	7.0	10.0	14.0	20.0	28.0	40.0	56.0	79.0
	2<m≤3.5	3.0	4.2	6.0	8.5	12.0	17.0	24.0	34.0	48.0	67.0	95.0
	3.5<m≤6	3.4	4.8	7.0	9.5	14.0	19.0	27.0	38.0	54.0	77.0	109.0
	6<m≤10	3.9	5.5	8.0	11.0	16.0	22.0	31.0	44.0	62.0	88.0	125.0

续表

分度圆直径 d/mm	模数 m/mm	精度等级										
		1	2	3	4	5	6	7	8	9	10	11
		F_α/μm										
$560<d\leqslant1000$	$10<m\leqslant16$	4.5	6.5	9.0	13.0	18.0	26.0	36.0	51.0	72.0	102.0	145.0
	$16<m\leqslant25$	5.5	7.5	11.0	15.0	21.0	30.0	42.0	59.0	84.0	119.0	168.0
	$25<m\leqslant40$	6.0	8.5	12.0	17.0	25.0	35.0	49.0	70.0	99.0	140.0	198.0
	$40<m\leqslant70$	7.5	11.0	15.0	21.0	30.0	42.0	60.0	85.0	120.0	170.0	240.0
$1000<d\leqslant1600$	$2\leqslant m\leqslant3.5$	3.4	4.9	7.0	9.5	14.0	19.0	27.0	39.0	55.0	78.0	110.0
	$3.5<m\leqslant6$	3.8	5.5	7.5	11.0	15.0	22.0	31.0	43.0	61.0	87.0	123.0
	$6<m\leqslant10$	4.4	6.0	8.5	12.0	17.0	25.0	35.0	49.0	70.0	99.0	139.0
	$10<m\leqslant16$	5.0	7.0	10.0	14.0	20.0	28.0	40.0	56.0	80.0	113.0	159.0
	$16<m\leqslant25$	5.5	8.0	11.0	16.0	23.0	32.0	46.0	65.0	91.0	129.0	183.0
	$25<m\leqslant40$	6.5	9.5	13.0	19.0	27.0	38.0	53.0	75.0	106.0	150.0	212.0
	$40<m\leqslant70$	8.0	11.0	16.0	22.0	32.0	45.0	64.0	90.0	127.0	180.0	254.0
$1600<d\leqslant2500$	$3.5\leqslant m\leqslant6$	4.3	6.0	8.5	12.0	17.0	25.0	35.0	49.0	70.0	98.0	139.0
	$6<m\leqslant10$	4.9	7.0	9.5	14.0	19.0	27.0	39.0	55.0	78.0	110.0	156.0
	$10<m\leqslant16$	5.5	7.5	11.0	15.0	22.0	31.0	44.0	62.0	88.0	124.0	175.0
	$16<m\leqslant25$	6.0	9.0	12.0	18.0	25.0	35.0	50.0	70.0	99.0	141.0	199.0
	$25<m\leqslant40$	7.0	10.0	14.0	20.0	29.0	40.0	57.0	81.0	114.0	161.0	228.0
	$40<m\leqslant70$	8.5	12.0	17.0	24.0	34.0	48.0	68.0	96.0	135.0	191.0	271.0
$2500<d\leqslant4000$	$6\leqslant m\leqslant10$	5.5	8.0	11.0	16.0	22.0	31.0	44.0	62.0	88.0	124.0	176.0
	$10<m\leqslant16$	6.0	8.5	12.0	17.0	24.0	35.0	49.0	69.0	98.0	138.0	196.0
	$16<m\leqslant25$	7.0	9.5	14.0	19.0	27.0	39.0	55.0	77.0	110.0	155.0	219.0
	$25<m\leqslant40$	8.0	11.0	16.0	22.0	31.0	44.0	62.0	88.0	124.0	176.0	249.0
	$40<m\leqslant70$	9.0	13.0	18.0	26.0	36.0	51.0	73.0	103.0	145.0	206.0	291.0
$4000<d\leqslant6000$	$6\leqslant m\leqslant10$	6.5	9.0	13.0	18.0	25.0	35.0	50.0	71.0	100.0	141.0	200.0
	$10<m\leqslant16$	7.0	9.5	14.0	19.0	27.0	39.0	55.0	78.0	110.0	155.0	220.0
	$16<m\leqslant25$	7.5	11.0	15.0	22.0	30.0	43.0	61.0	86.0	122.0	172.0	243.0
	$25<m\leqslant40$	8.5	12.0	17.0	24.0	34.0	48.0	68.0	96.0	136.0	193.0	273.0
	$40<m\leqslant70$	10.0	14.0	20.0	28.0	39.0	56.0	79.0	111.0	158.0	223.0	315.0
$6000<d\leqslant8000$	$10\leqslant m\leqslant16$	7.5	11.0	15.0	21.0	30.0	43.0	61.0	86.0	122.0	172.0	243.0
	$16<m\leqslant25$	8.5	12.0	17.0	24.0	33.0	47.0	67.0	94.0	113.0	189.0	267.0
	$25<m\leqslant40$	9.5	13.0	19.0	26.0	37.0	52.0	74.0	105.0	148.0	209.0	296.0
	$40<m\leqslant70$	11.0	15.0	21.0	30.0	42.0	60.0	85.0	120.0	169.0	239.0	338.0
$8000<d\leqslant10000$	$10\leqslant m\leqslant16$	8.0	12.0	16.0	23.0	33.0	47.0	66.0	93.0	132.0	186.0	263.0
	$16<m\leqslant25$	9.0	13.0	18.0	25.0	36.0	51.0	72.0	101.0	143.0	203.0	287.0
	$25<m\leqslant40$	10.0	14.0	20.0	28.0	40.0	56.0	79.0	112.0	158.0	223.0	316.0
	$40<m\leqslant70$	11.0	16.0	22.0	32.0	45.0	63.0	90.0	127.0	179.0	253.0	358.0

表 12-1-56　　齿廓形状偏差 $f_{f\alpha}$

分度圆直径 d/mm	法向模数 m/mm	精度等级										
		1	2	3	4	5	6	7	8	9	10	11
		$f_{f\alpha}$/μm										
$5\leqslant d\leqslant20$	$0.5\leqslant m\leqslant2$	0.9	1.3	1.8	2.5	3.5	5.0	7.0	10.0	14.0	20.0	28.0
	$2<m\leqslant3.5$	1.3	1.8	2.6	3.6	5.0	7.0	10.0	14.0	20.0	29.0	41.0
$20<d\leqslant50$	$0.5\leqslant m\leqslant2$	1.0	1.4	2.0	2.8	4.0	5.5	8.0	11.0	16.0	22.0	32.0
	$2<m\leqslant3.5$	1.4	2.0	2.8	3.9	5.5	8.0	11.0	16.0	22.0	31.0	44.0
	$3.5<m\leqslant6$	1.7	2.4	3.4	4.8	7.0	9.5	14.0	19.0	27.0	39.0	54.0
	$6<m\leqslant10$	2.1	3.0	4.2	6.0	8.5	12.0	17.0	24.0	34.0	48.0	67.0
$50<d\leqslant125$	$0.5\leqslant m\leqslant2$	1.1	1.6	2.3	3.2	4.5	6.5	9.0	13.0	18.0	26.0	36.0
	$2<m\leqslant3.5$	1.5	2.1	3.0	4.3	6.0	8.5	12.0	17.0	24.0	34.0	49.0
	$3.5<m\leqslant6$	1.8	2.6	3.7	5.0	7.5	10.0	15.0	21.0	29.0	42.0	59.0

续表

分度圆直径 d/mm	法向模数 m/mm	精度等级										
		1	2	3	4	5	6	7	8	9	10	11
		$f_{f\alpha}$/μm										
50<d≤125	6<m≤10	2.2	3.2	4.5	6.5	9.0	13.0	18.0	25.0	36.0	51.0	72.0
	10<m≤16	2.7	3.9	5.5	7.5	11.0	15.0	22.0	31.0	44.0	62.0	87.0
	16<m≤25	3.3	4.7	6.5	9.5	13.0	19.0	26.0	37.0	53.0	75.0	106.0
125<d≤280	0.5≤m≤2	1.3	1.9	2.7	3.8	5.5	7.5	11.0	15.0	21.0	30.0	43.0
	2<m≤3.5	1.7	2.4	3.4	4.9	7.0	9.5	14.0	19.0	28.0	39.0	55.0
	3.5<m≤6	2.0	2.9	4.1	6.0	8.0	12.0	16.0	23.0	33.0	46.0	65.0
	6<m≤10	2.4	3.5	4.9	7.0	10.0	14.0	20.0	28.0	39.0	55.0	78.0
	10<m≤16	2.9	4.0	6.0	8.5	12.0	17.0	23.0	33.0	47.0	66.0	94.0
	16<m≤25	3.5	5.0	7.0	10.0	14.0	20.0	28.0	40.0	56.0	79.0	112.0
	25<m≤40	4.2	6.0	8.5	12.0	17.0	24.0	34.0	48.0	68.0	96.0	135.0
280<d≤560	0.5≤m≤2	1.6	2.3	3.2	4.5	6.5	9.0	13.0	18.0	26.0	36.0	51.0
	2<m≤3.5	2.0	2.8	4.0	5.5	8.0	11.0	16.0	22.0	32.0	45.0	64.0
	3.5<m≤6	2.3	3.3	4.6	6.5	9.0	13.0	18.0	26.0	37.0	52.0	74.0
	6<m≤10	2.7	3.8	5.5	7.5	11.0	15.0	22.0	31.0	43.0	61.0	87.0
	10<m≤16	3.2	4.5	6.5	9.0	13.0	18.0	26.0	36.0	51.0	72.0	102.0
	16<m≤25	3.8	5.5	7.5	11.0	15.0	21.0	30.0	43.0	60.0	85.0	121.0
	25<m≤40	4.5	6.5	9.0	13.0	18.0	25.0	36.0	51.0	72.0	101.0	144.0
	40<m≤70	5.5	8.0	11.0	16.0	22.0	31.0	44.0	62.0	88.0	125.0	177.0
560<d≤1000	0.5≤m≤2	1.9	2.7	3.8	5.5	7.5	11.0	15.0	22.0	31.0	43.0	61.0
	2<m≤3.5	2.3	3.3	4.6	6.5	9.0	13.0	18.0	26.0	37.0	52.0	74.0
	3.5<m≤6	2.6	3.7	5.5	7.5	11.0	15.0	21.0	30.0	42.0	59.0	84.0
	6<m≤10	3.0	4.3	6.0	8.5	12.0	17.0	24.0	34.0	48.0	68.0	97.0
	10<m≤16	3.5	5.0	7.0	10.0	14.0	20.0	28.0	40.0	56.0	79.0	112.0
	16<m≤25	4.1	6.0	8.0	12.0	16.0	23.0	33.0	46.0	65.0	92.0	131.0
	25<m≤40	4.8	7.0	9.5	14.0	19.0	27.0	38.0	54.0	77.0	109.0	154.0
	40<m≤70	6.0	8.5	12.0	17.0	23.0	33.0	47.0	66.0	93.0	132.0	187.0
1000<d≤1600	2≤m≤3.5	2.7	3.8	5.5	7.5	11.0	15.5	21.0	30.0	42.0	60.0	85.0
	3.5<m≤6	3.0	4.2	6.0	8.5	12.0	17.0	24.0	34.0	48.0	67.0	95.0
	6<m≤10	3.4	4.8	7.0	9.5	14.0	19.0	27.0	38.0	54.0	76.0	108.0
	10<m≤16	3.9	5.5	7.5	11.0	15.0	22.0	31.0	44.0	62.0	87.0	124.0
	16<m≤25	4.4	6.5	9.0	13.0	18.0	25.0	35.0	50.0	71.0	100.0	142.0
	25<m≤40	5.0	7.5	10.0	15.0	21.0	29.0	41.0	58.0	82.0	117.0	165.0
	40<m≤70	6.0	8.5	12.0	17.0	25.0	35.0	49.0	70.0	99.0	140.0	198.0
1600<d≤2500	3.5≤m≤6	3.4	4.8	6.5	9.5	13.0	19.0	27.0	38.0	54.0	76.0	108.0
	6<m≤10	3.8	5.5	7.5	11.0	15.0	21.0	30.0	43.0	60.0	85.0	120.0
	10<m≤16	4.2	6.0	8.5	12.0	17.0	24.0	34.0	48.0	68.0	96.0	136.0
	16<m≤25	4.8	7.0	9.5	14.0	19.0	27.0	39.0	55.0	77.0	109.0	154.0
	25<m≤40	5.5	8.0	11.0	16.0	22.0	31.0	44.0	63.0	89.0	125.0	177.0
	40<m≤70	6.5	9.5	13.0	19.0	26.0	37.0	53.0	74.0	105.0	149.0	210.0
2500<d≤4000	6≤m≤10	4.3	6.0	8.5	12.0	17.0	24.0	34.0	48.0	68.0	96.0	136.0
	10<m≤16	4.7	6.5	9.5	13.0	19.0	27.0	38.0	54.0	76.0	107.0	152.0
	16<m≤25	5.5	7.5	11.0	15.0	21.0	30.0	42.0	60.0	85.0	120.0	170.0
	25<m≤40	6.0	8.5	12.0	17.0	24.0	34.0	48.0	68.0	96.0	136.0	193.0
	40<m≤70	7.0	10.0	14.0	20.0	28.0	40.0	56.0	80.0	113.0	160.0	226.0
4000<d≤6000	6≤m≤10	4.8	7.0	9.5	14.0	19.0	27.0	39.0	55.0	77.0	109.0	155.0
	10<m≤16	5.5	7.5	11.0	15.0	21.0	30.0	43.0	60.0	85.0	120.0	170.0
	16<m≤25	6.0	8.5	12.0	17.0	24.0	33.0	47.0	67.0	94.0	133.0	189.0
	25<m≤40	6.5	9.5	13.0	19.0	26.0	37.0	53.0	75.0	106.0	150.0	212.0
	40<m≤70	7.5	11.0	15.0	22.0	31.0	43.0	61.0	87.0	122.0	173.0	245.0

续表

分度圆直径 d/mm	法向模数 m/mm	精度等级										
		1	2	3	4	5	6	7	8	9	10	11
		$f_{f\alpha}$/μm										
6000<d≤8000	10≤m≤16	6.0	8.5	12.0	17.0	24.0	33.0	47.0	67.0	94.0	133.0	188.0
	16<m≤25	6.5	9.0	13.0	18.0	26.0	37.0	52.0	73.0	103.0	146.0	207.0
	25<m≤40	7.0	10.0	14.0	20.0	29.0	41.0	57.0	81.0	115.0	162.0	230.0
	40<m≤70	8.0	12.0	16.0	23.0	33.0	46.0	66.0	93.0	131.0	186.0	263.0
8000<d≤10000	10≤m≤16	6.5	9.0	13.0	18.0	25.0	36.0	51.0	72.0	102.0	144.0	204.0
	16<m≤25	7.0	10.0	14.0	20.0	28.0	39.0	56.0	79.0	111.0	157.0	222.0
	25<m≤40	7.5	11.0	15.0	22.0	31.0	43.0	61.0	87.0	123.0	173.0	245.0
	40<m≤70	8.5	12.0	17.0	25.0	35.0	49.0	70.0	98.0	139.0	197.0	278.0

表 12-1-57　　齿廓倾斜偏差±$f_{H\alpha}$

分度圆直径 d/mm	法向模数 m/mm	精度等级										
		1	2	3	4	5	6	7	8	9	10	11
		±$f_{H\alpha}$/μm										
5≤d≤20	0.5≤m≤2	0.7	1.0	1.5	2.1	2.9	4.2	6.0	8.5	12.0	17.0	24.0
	2<m≤3.5	1.0	1.5	2.1	3.0	4.2	6.0	8.5	12.0	17.0	24.0	34.0
20<d≤50	0.5≤m≤2	0.8	1.2	1.6	2.3	3.3	4.6	6.5	9.5	13.0	19.0	26.0
	2<m≤3.5	1.1	1.6	2.3	3.2	4.5	6.5	9.0	13.0	18.0	26.0	36.0
	3.5<m≤6	1.4	2.0	2.8	3.9	5.5	8.0	11.0	16.0	22.0	32.0	45.0
	6<m≤10	1.7	2.4	3.4	4.8	7.0	9.5	14.0	19.0	27.0	39.0	55.0
50<d≤125	0.5≤m≤2	0.9	1.3	1.9	2.6	3.7	5.5	7.5	11.0	15.0	21.0	30.0
	2<m≤3.5	1.2	1.8	2.5	3.5	5.0	7.0	10.0	14.0	20.0	28.0	40.0
	3.5<m≤6	1.5	2.1	3.0	4.3	6.0	8.5	12.0	17.0	24.0	34.0	48.0
	6<m≤10	1.8	2.6	3.7	5.0	7.5	10.0	15.0	21.0	29.0	41.0	58.0
	10<m≤16	2.2	3.1	4.4	6.5	9.0	13.0	18.0	25.0	35.0	50.0	71.0
	16<m≤25	2.7	3.8	5.5	7.5	11.0	15.0	21.0	30.0	43.0	60.0	86.0
125<d≤280	0.5≤m≤2	1.1	1.6	2.2	3.1	4.4	6.0	9.0	12.0	18.0	25.0	35.0
	2<m≤3.5	1.4	2.0	2.8	4.0	5.5	8.0	11.0	16.0	23.0	32.0	45.0
	3.5<m≤6	1.7	2.4	3.3	4.7	6.5	9.5	13.0	19.0	27.0	38.0	54.0
	6<m≤10	2.0	2.8	4.0	5.5	8.0	11.0	16.0	23.0	32.0	45.0	64.0
	10<m≤16	2.4	3.4	4.8	6.5	9.5	13.0	19.0	27.0	38.0	54.0	76.0
	16<m≤25	2.8	4.0	5.5	8.0	11.0	16.0	23.0	32.0	45.0	64.0	91.0
	25<m≤40	3.4	4.8	7.0	9.5	14.0	19.0	27.0	39.0	55.0	77.0	109.0
280<d≤560	0.5≤m≤2	1.3	1.9	2.6	3.7	5.5	7.5	11.0	15.0	21.0	30.0	42.0
	2<m≤3.5	1.6	2.3	3.3	4.6	6.5	9.0	13.0	18.0	26.0	37.0	52.0
	3.5<m≤6	1.9	2.7	3.8	5.5	7.5	11.0	15.0	21.0	30.0	43.0	61.0
	6<m≤10	2.2	3.1	4.4	6.5	9.0	13.0	18.0	25.0	35.0	50.0	71.0
	10<m≤16	2.6	3.7	5.0	7.5	10.0	15.0	21.0	29.0	42.0	59.0	83.0
	16<m≤25	3.1	4.3	6.0	8.5	12.0	17.0	24.0	35.0	49.0	69.0	98.0
	25<m≤40	3.6	5.0	7.5	10.0	15.0	21.0	29.0	41.0	58.0	82.0	116.0
	40<m≤70	4.5	6.5	9.0	13.0	18.0	25.0	36.0	50.0	71.0	101.0	143.0
560<d≤1000	0.5≤m≤2	1.6	2.2	3.2	4.5	6.5	9.0	13.0	18.0	25.0	36.0	51.0
	2<m≤3.5	1.9	2.7	3.8	5.5	7.5	11.0	15.0	21.0	30.0	43.0	61.0
	3.5<m≤6	2.2	3.0	4.3	6.0	8.5	12.0	17.0	24.0	34.0	49.0	69.0
	6<m≤10	2.5	3.5	4.9	7.0	10.0	14.0	20.0	28.0	40.0	56.0	79.0
	10<m≤16	2.9	4.0	5.5	8.0	11.0	16.0	23.0	32.0	46.0	65.0	92.0
	16<m≤25	3.3	4.7	6.5	9.5	13.0	19.0	27.0	38.0	53.0	75.0	106.0
	25<m≤40	3.9	5.5	8.0	11.0	16.0	22.0	31.0	44.0	62.0	88.0	125.0
	40<m≤70	4.7	6.5	9.5	13.0	19.0	27.0	38.0	53.0	76.0	107.0	151.0

续表

分度圆直径 d/mm	法向模数 m/mm	精度等级										
		1	2	3	4	5	6	7	8	9	10	11
		$\pm f_{H\alpha}$/μm										
$1000<d\leqslant1600$	$2\leqslant m\leqslant3.5$	2.2	3.1	4.4	6.0	8.5	12.0	17.0	25.0	35.0	49.0	70.0
	$3.5<m\leqslant6$	2.4	3.5	4.9	7.0	10.0	14.0	20.0	28.0	39.0	55.0	78.0
	$6<m\leqslant10$	2.8	3.9	5.5	8.0	11.0	16.0	22.0	31.0	44.0	62.0	88.0
	$10<m\leqslant16$	3.1	4.5	6.5	9.0	13.0	18.0	25.0	36.0	50.0	71.0	101.0
	$16<m\leqslant25$	3.6	5.0	7.0	10.0	14.0	20.0	29.0	41.0	58.0	82.0	115.0
	$25<m\leqslant40$	4.2	6.0	8.5	12.0	17.0	24.0	33.0	47.0	67.0	95.0	134.0
	$40<m\leqslant70$	5.0	7.0	10.0	14.0	20.0	28.0	40.0	57.0	80.0	113.0	160.0
$1600<d\leqslant2500$	$3.5\leqslant m\leqslant6$	2.8	3.9	5.5	8.0	11.0	16.0	22.0	31.0	44.0	62.0	88.0
	$6<m\leqslant10$	3.1	4.4	6.0	8.5	12.0	17.0	25.0	35.0	49.0	70.0	99.0
	$10<m\leqslant16$	3.5	4.9	7.0	10.0	14.0	20.0	28.0	39.0	55.0	78.0	111.0
	$16<m\leqslant25$	3.9	5.5	8.0	11.0	16.0	22.0	31.0	44.0	63.0	89.0	126.0
	$25<m\leqslant40$	4.5	6.5	9.0	13.0	18.0	25.0	36.0	51.0	72.0	102.0	144.0
	$40<m\leqslant70$	5.5	7.5	11.0	15.0	21.0	30.0	43.0	60.0	85.0	121.0	170.0
$2500<d\leqslant4000$	$6\leqslant m\leqslant10$	3.5	4.9	7.0	10.0	14.0	20.0	28.0	39.0	56.0	79.0	112.0
	$10<m\leqslant16$	3.9	5.5	7.5	11.0	15.0	22.0	31.0	44.0	62.0	88.0	124.0
	$16<m\leqslant25$	4.3	6.0	8.5	12.0	17.0	24.0	35.0	49.0	69.0	98.0	139.0
	$25<m\leqslant40$	4.9	7.0	10.0	14.0	20.0	28.0	39.0	55.0	78.0	111.0	157.0
	$40<m\leqslant70$	5.5	8.0	11.0	16.0	23.0	32.0	46.0	65.0	92.0	130.0	183.0
$4000<d\leqslant6000$	$6\leqslant m\leqslant10$	4.0	5.5	8.0	11.0	16.0	22.0	32.0	45.0	63.0	90.0	127.0
	$10<m\leqslant16$	4.4	6.0	8.5	12.0	17.0	25.0	35.0	49.0	70.0	98.0	139.0
	$16<m\leqslant25$	4.8	7.0	9.5	14.0	19.0	27.0	38.0	54.0	77.0	109.0	154.0
	$25<m\leqslant40$	5.5	7.5	11.0	15.0	22.0	30.0	43.0	61.0	86.0	122.0	172.0
	$40<m\leqslant70$	6.0	9.0	12.0	18.0	25.0	35.0	50.0	70.0	99.0	141.0	199.0
$6000<d\leqslant8000$	$10\leqslant m\leqslant16$	4.8	7.0	9.5	14.0	19.0	27.0	39.0	54.0	77.0	109.0	154.0
	$16<m\leqslant25$	5.5	7.5	11.0	15.0	21.0	30.0	42.0	60.0	84.0	119.0	169.0
	$25<m\leqslant40$	6.0	8.5	12.0	17.0	23.0	33.0	47.0	66.0	94.0	132.0	187.0
	$40<m\leqslant70$	6.5	9.5	13.0	19.0	27.0	38.0	53.0	76.0	107.0	151.0	214.0
$8000<d\leqslant10000$	$10\leqslant m\leqslant16$	5.0	7.5	10.0	15.0	21.0	29.0	42.0	59.0	83.0	118.0	167.0
	$16<m\leqslant25$	5.5	8.0	11.0	16.0	23.0	32.0	45.0	64.0	91.0	128.0	181.0
	$25<m\leqslant40$	6.0	9.0	12.0	18.0	25.0	35.0	50.0	71.0	100.0	141.0	200.0
	$40<m\leqslant70$	7.0	10.0	14.0	20.0	28.0	40.0	57.0	80.0	113.0	160.0	226.0

表 12-1-58　　螺旋线总偏差 F_β

分度圆直径 d/mm	齿宽 b/mm	精度等级										
		1	2	3	4	5	6	7	8	9	10	11
		F_β/μm										
$5\leqslant d\leqslant20$	$4\leqslant b\leqslant10$	1.5	2.2	3.1	4.3	6.0	8.5	12.0	17.0	24.0	35.0	49.0
	$10<b\leqslant20$	1.7	2.4	3.4	4.9	7.0	9.5	14.0	19.0	28.0	39.0	55.0
	$20<b\leqslant40$	2.0	2.8	3.9	5.5	8.0	11.0	16.0	22.0	31.0	45.0	63.0
	$40<b\leqslant80$	2.3	3.3	4.6	6.5	9.5	13.0	19.0	26.0	37.0	52.0	74.0
$20<d\leqslant50$	$4\leqslant b\leqslant10$	1.6	2.2	3.2	4.5	6.5	9.0	13.0	18.0	25.0	36.0	51.0
	$10<b\leqslant20$	1.8	2.5	3.6	5.0	7.0	10.0	14.0	20.0	29.0	40.0	57.0
	$20<b\leqslant40$	2.0	2.9	4.1	5.5	8.0	11.0	16.0	23.0	32.0	46.0	65.0
	$40<b\leqslant80$	2.4	3.4	4.8	6.5	9.5	13.0	19.0	27.0	38.0	54.0	76.0
	$80<b\leqslant160$	2.9	4.1	5.5	8.0	11.0	16.0	23.0	32.0	46.0	65.0	92.0
$50<d\leqslant125$	$4\leqslant b\leqslant10$	1.7	2.4	3.3	4.7	6.5	9.5	13.0	19.0	27.0	38.0	53.0
	$10<b\leqslant20$	1.9	2.6	3.7	5.5	7.5	11.0	15.0	21.0	30.0	42.0	60.0
	$20<b\leqslant40$	2.1	3.0	4.2	6.0	8.5	12.0	17.0	24.0	34.0	48.0	68.0
	$40<b\leqslant80$	2.5	3.5	4.9	7.0	10.0	14.0	20.0	28.0	39.0	56.0	79.0

续表

分度圆直径 d/mm	齿宽 b/mm	精度等级										
		1	2	3	4	5	6	7	8	9	10	11
		F_β/μm										
50<d≤125	80<b≤160	2.9	4.2	6.0	8.5	12.0	17.0	24.0	33.0	47.0	67.0	94.0
	160<b≤250	3.5	4.9	7.0	10.0	14.0	20.0	28.0	40.0	56.0	79.0	112.0
	250<b≤400	4.1	6.0	8.0	12.0	16.0	23.0	33.0	46.0	65.0	92.0	130.0
125<d≤280	4≤b≤10	1.8	2.5	3.6	5.0	7.0	10.0	14.0	20.0	29.0	40.0	57.0
	10<b≤20	2.0	2.8	4.0	5.5	8.0	11.0	16.0	22.0	32.0	45.0	63.0
	20<b≤40	2.2	3.2	4.5	6.5	9.0	13.0	18.0	25.0	36.0	50.0	71.0
	40<b≤80	2.6	3.6	5.0	7.5	10.0	15.0	21.0	29.0	41.0	58.0	82.0
	80<b≤160	3.1	4.3	6.0	8.5	12.0	17.0	25.0	35.0	49.0	69.0	98.0
	160<b≤250	3.6	5.0	7.0	10.0	14.0	20.0	29.0	41.0	58.0	82.0	116.0
	250<b≤400	4.2	6.0	8.5	12.0	17.0	24.0	34.0	47.0	67.0	95.0	134.0
	400<b≤650	4.9	7.0	10.0	14.0	20.0	28.0	40.0	56.0	79.0	112.0	158.0
280<d≤560	10≤b≤20	2.1	3.0	4.3	6.0	8.5	12.0	17.0	24.0	34.0	48.0	68.0
	20<b≤40	2.4	3.4	4.8	6.5	9.5	13.0	19.0	27.0	38.0	54.0	76.0
	40<b≤80	2.7	3.9	5.5	7.5	11.0	15.0	22.0	31.0	44.0	62.0	87.0
	80<b≤160	3.2	4.6	6.5	9.0	13.0	18.0	26.0	36.0	52.0	73.0	103.0
	160<b≤250	3.8	5.5	7.5	11.0	15.0	21.0	30.0	43.0	60.0	85.0	121.0
	250<b≤400	4.3	6.0	8.5	12.0	17.0	25.0	35.0	49.0	70.0	98.0	139.0
	400<b≤650	5.0	7.0	10.0	14.0	20.0	29.0	41.0	58.0	82.0	115.0	163.0
	650<b≤1000	6.0	8.5	12.0	17.0	24.0	34.0	48.0	68.0	96.0	136.0	193.0
560<d≤1000	10≤b≤20	2.3	3.3	4.7	6.5	9.5	13.0	19.0	26.0	37.0	53.0	74.0
	20<b≤40	2.6	3.6	5.0	7.5	10.0	15.0	21.0	29.0	41.0	58.0	82.0
	40<b≤80	2.9	4.1	6.0	8.5	12.0	17.0	23.0	33.0	47.0	66.0	93.0
	80<b≤160	3.4	4.8	7.0	9.5	14.0	19.0	27.0	39.0	55.0	77.0	109.0
	160<b≤250	4.0	5.5	8.0	11.0	16.0	22.0	32.0	45.0	63.0	90.0	127.0
	250<b≤400	4.5	6.5	9.0	13.0	18.0	26.0	36.0	51.0	73.0	103.0	145.0
	400<b≤650	5.5	7.5	11.0	15.0	21.0	30.0	42.0	60.0	85.0	120.0	169.0
	650<b≤1000	6.0	9.0	12.0	18.0	25.0	35.0	50.0	70.0	99.0	140.0	199.0
1000<d≤1600	20≤b≤40	2.8	3.9	5.5	8.0	11.0	16.0	22.0	31.0	44.0	63.0	89.0
	40<b≤80	3.1	4.4	6.0	9.0	12.0	18.0	25.0	35.0	50.0	71.0	100.0
	80<b≤160	3.6	5.0	7.0	10.0	14.0	20.0	29.0	41.0	58.0	82.0	116.0
	160<b≤250	4.2	6.0	8.5	12.0	17.0	24.0	33.0	47.0	67.0	94.0	133.0
	250<b≤400	4.7	6.5	9.5	13.0	19.0	27.0	38.0	54.0	76.0	107.0	152.0
	400<b≤650	5.5	8.0	11.0	16.0	22.0	31.0	44.0	62.0	88.0	124.0	176.0
	650<b≤1000	6.5	9.0	13.0	18.0	26.0	36.0	51.0	73.0	103.0	145.0	205.0
1600<d≤2500	20≤b≤40	3.0	4.3	6.0	8.5	12.0	17.0	24.0	34.0	48.0	68.0	96.0
	40<b≤80	3.4	4.7	6.5	9.5	13.0	19.0	27.0	38.0	54.0	76.0	107.0
	80<b≤160	3.8	5.5	7.5	11.0	15.0	22.0	31.0	43.0	61.0	87.0	123.0
	160<b≤250	4.4	6.0	9.0	12.0	18.0	25.0	35.0	50.0	70.0	99.0	141.0
	250<b≤400	5.0	7.0	10.0	14.0	20.0	28.0	40.0	56.0	80.0	112.0	159.0
	400<b≤650	5.5	8.0	11.0	16.0	23.0	32.0	46.0	65.0	92.0	130.0	183.0
	650<b≤1000	6.5	9.5	13.0	19.0	27.0	38.0	53.0	75.0	106.0	150.0	212.0
2500<d≤4000	40≤b≤80	3.6	5.0	7.5	10.0	15.0	21.0	29.0	41.0	58.0	82.0	116.0
	80<b≤160	4.1	6.0	8.5	12.0	17.0	23.0	33.0	47.0	66.0	93.0	132.0
	160<b≤250	4.7	6.5	9.5	13.0	19.0	26.0	37.0	53.0	75.0	106.0	150.0
	250<b≤400	5.5	7.5	11.0	15.0	21.0	30.0	42.0	59.0	84.0	119.0	168.0
	400<b≤650	6.0	8.5	12.0	17.0	24.0	34.0	48.0	68.0	96.0	136.0	192.0
	650<b≤1000	7.0	10.0	14.0	20.0	28.0	39.0	55.0	78.0	111.0	157.0	222.0
4000<d≤6000	80≤b≤160	4.5	6.5	9.0	13.0	18.0	25.0	36.0	51.0	72.0	101.0	143.0
	160<b≤250	5.0	7.0	10.0	14.0	20.0	28.0	40.0	57.0	80.0	114.0	161.0

续表

分度圆直径 d/mm	齿宽 b/mm	精度等级										
		1	2	3	4	5	6	7	8	9	10	11
		$F_β$/μm										
4000<d≤6000	250<b≤400	5.5	8.0	11.0	16.0	22.0	32.0	45.0	63.0	90.0	127.0	179.0
	400<b≤650	6.5	9.0	13.0	18.0	25.0	36.0	51.0	72.0	102.0	144.0	203.0
	650<b≤1000	7.5	10.0	15.0	21.0	29.0	41.0	58.0	82.0	116.0	165.0	233.0
6000<d≤8000	80≤b≤160	4.8	7.0	9.5	14.0	19.0	27.0	38.0	54.0	77.0	109.0	154.0
	160<b≤250	5.5	7.5	11.0	15.0	21.0	30.0	43.0	61.0	86.0	121.0	171.0
	250<b≤400	6.0	8.5	12.0	17.0	24.0	34.0	47.0	67.0	95.0	134.0	190.0
	400<b≤650	6.5	9.5	13.0	19.0	27.0	38.0	53.0	76.0	107.0	151.0	214.0
	650<b≤1000	7.5	11.0	15.0	22.0	30.0	43.0	61.0	86.0	122.0	172.0	243.0
8000<d≤10000	80≤b≤160	5.0	7.0	10.0	14.0	20.0	29.0	41.0	58.0	81.0	115.0	163.0
	160<b≤250	5.5	8.0	11.0	16.0	23.0	32.0	45.0	64.0	90.0	128.0	181.0
	250<b≤400	6.0	9.0	12.0	18.0	25.0	35.0	50.0	70.0	99.0	141.0	199.0
	400<b≤650	7.0	10.0	14.0	20.0	28.0	39.0	56.0	79.0	112.0	158.0	223.0
	650<b≤1000	8.0	11.0	16.0	22.0	32.0	45.0	63.0	89.0	126.0	178.0	252.0

表 12-1-59　　螺旋线形状偏差 $f_{fβ}$ 和螺旋线倾斜偏差 ±$f_{Hβ}$

分度圆直径 d/mm	齿宽 b/mm	精度等级										
		1	2	3	4	5	6	7	8	9	10	11
		$f_{fβ}$ 和 ±$f_{Hβ}$/μm										
5≤d≤20	4≤b≤10	1.1	1.5	2.2	3.1	4.4	6.0	8.5	12.0	17.0	25.0	35.0
	10<b≤20	1.2	1.7	2.5	3.5	4.9	7.0	10.0	14.0	20.0	28.0	39.0
	20<b≤40	1.4	2.0	2.8	4.0	5.5	8.0	11.0	16.0	22.0	32.0	45.0
	40<b≤80	1.7	2.3	3.3	4.7	6.5	9.5	13.0	19.0	26.0	37.0	53.0
20<d≤50	4≤b≤10	1.1	1.6	2.3	3.2	4.5	6.5	9.0	13.0	18.0	26.0	36.0
	10<b≤20	1.3	1.8	2.5	3.6	5.0	7.0	10.0	14.0	20.0	29.0	41.0
	20<b≤40	1.4	2.0	2.9	4.1	6.0	8.0	12.0	16.0	23.0	33.0	46.0
	40<b≤80	1.7	2.4	3.4	4.8	7.0	9.5	14.0	19.0	27.0	38.0	54.0
	80<b≤160	2.0	2.9	4.1	6.0	8.0	12.0	16.0	23.0	33.0	46.0	65.0
50<d≤125	4≤b≤10	1.2	1.7	2.4	3.4	4.8	6.5	9.5	13.0	19.0	27.0	38.0
	10<b≤20	1.3	1.9	2.7	3.8	5.0	7.5	11.0	15.0	21.0	30.0	43.0
	20<b≤40	1.5	2.1	3.0	4.3	6.0	8.5	12.0	17.0	24.0	34.0	48.0
	40<b≤80	1.8	2.5	3.5	5.0	7.0	10.0	14.0	20.0	28.0	40.0	56.0
	80<b≤160	2.1	3.0	4.2	6.0	8.5	12.0	17.0	24.0	34.0	48.0	67.0
	160<b≤250	2.5	3.5	5.0	7.0	10.0	14.0	20.0	28.0	40.0	56.0	80.0
	250<b≤400	2.9	4.1	6.0	8.0	12.0	16.0	23.0	33.0	46.0	66.0	93.0
125<d≤280	4≤b≤10	1.3	1.8	2.5	3.6	5.0	7.0	10.0	14.0	20.0	29.0	41.0
	10<b≤20	1.4	2.0	2.8	4.0	5.5	8.0	11.0	16.0	23.0	32.0	45.0
	20<b≤40	1.6	2.2	3.2	4.5	6.5	9.0	13.0	18.0	25.0	36.0	51.0
	40<b≤80	1.8	2.6	3.7	5.0	7.5	10.0	15.0	21.0	29.0	42.0	59.0
	80<b≤160	2.2	3.1	4.4	6.0	8.5	12.0	17.0	25.0	35.0	49.0	70.0
	160<b≤250	2.6	3.6	5.0	7.5	10.0	15.0	21.0	29.0	41.0	58.0	83.0
	250<b≤400	3.0	4.2	6.0	8.5	12.0	17.0	24.0	34.0	48.0	68.0	96.0
	400<b≤650	3.5	5.0	7.0	10.0	14.0	20.0	28.0	40.0	56.0	80.0	113.0
280<d≤560	10≤b≤20	1.5	2.2	3.0	4.3	6.0	8.5	12.0	17.0	24.0	34.0	49.0
	20<b≤40	1.7	2.4	3.4	4.8	7.0	9.5	14.0	19.0	27.0	38.0	54.0
	40<b≤80	1.9	2.7	3.9	5.5	8.0	11.0	16.0	22.0	31.0	44.0	62.0
	80<b≤160	2.3	3.2	4.6	6.5	9.0	13.0	18.0	26.0	37.0	52.0	73.0
	160<b≤250	2.7	3.8	5.5	7.5	11.0	15.0	22.0	30.0	43.0	61.0	86.0
	250<b≤400	3.1	4.4	6.0	9.0	12.0	18.0	25.0	35.0	50.0	70.0	99.0

续表

分度圆直径 d/mm	齿宽 b/mm	精度等级										
		1	2	3	4	5	6	7	8	9	10	11
		$f_{f\beta}$ 和 $\pm f_{H\beta}$/μm										
280<d≤560	400<b≤650	3.6	5.0	7.5	10.0	15.0	21.0	29.0	41.0	58.0	82.0	116.0
	650<b≤1000	4.3	6.0	8.5	12.0	17.0	24.0	34.0	49.0	69.0	97.0	137.0
560<d≤1000	10≤b≤20	1.7	2.3	3.3	4.7	6.5	9.5	13.0	19.0	26.0	37.0	53.0
	20<b≤40	1.8	2.6	3.7	5.0	7.5	10.0	15.0	21.0	29.0	41.0	58.0
	40<b≤80	2.1	2.9	4.1	6.0	8.5	12.0	17.0	23.0	33.0	47.0	66.0
	80<b≤160	2.4	3.4	4.9	7.0	9.5	14.0	19.0	27.0	39.0	55.0	78.0
	160<b≤250	2.8	4.0	5.5	8.0	11.0	16.0	23.0	32.0	45.0	64.0	90.0
	250<b≤400	3.2	4.6	6.5	9.0	13.0	18.0	26.0	37.0	52.0	73.0	103.0
	400<b≤650	3.8	5.5	7.5	11.0	15.0	21.0	30.0	43.0	60.0	85.0	121.0
	650<b≤1000	4.4	6.5	9.0	13.0	18.0	25.0	35.0	50.0	71.0	100.0	142.0
1000<d≤1600	20≤b≤40	2.0	2.8	3.9	5.5	8.0	11.0	16.0	22.0	32.0	45.0	63.0
	40<b≤80	2.2	3.1	4.4	6.5	9.0	13.0	18.0	25.0	35.0	50.0	71.0
	80<b≤160	2.6	3.6	5.0	7.5	10.0	15.0	21.0	29.0	41.0	58.0	82.0
	160<b≤250	3.0	4.2	6.0	8.5	12.0	17.0	24.0	34.0	47.0	67.0	95.0
	250<b≤400	3.4	4.8	6.5	9.5	13.0	19.0	27.0	38.0	54.0	76.0	108.0
	400<b≤650	3.9	5.5	8.0	11.0	16.0	22.0	31.0	44.0	63.0	89.0	125.0
	650<b≤1000	4.6	6.5	9.0	13.0	18.0	26.0	37.0	52.0	73.0	103.0	146.0
1600<d≤2500	20≤b≤40	2.1	3.0	4.3	6.0	8.5	12.0	17.0	24.0	34.0	48.0	68.0
	40<b≤80	2.4	3.4	4.8	6.5	9.5	13.0	19.0	27.0	38.0	54.0	76.0
	80<b≤160	2.7	3.9	5.5	7.5	11.0	15.0	22.0	31.0	44.0	62.0	87.0
	160<b≤250	3.1	4.4	6.0	9.0	12.0	18.0	25.0	35.0	50.0	71.0	100.0
	250<b≤400	3.5	5.0	7.0	10.0	14.0	20.0	28.0	40.0	57.0	80.0	113.0
	400<b≤650	4.1	6.0	8.0	12.0	16.0	23.0	33.0	46.0	65.0	92.0	130.0
	650<b≤1000	4.7	6.5	9.5	13.0	19.0	27.0	38.0	53.0	76.0	107.0	151.0
2500<d≤4000	40≤b≤80	2.6	3.6	5.0	7.5	10.0	15.0	21.0	29.0	41.0	58.0	83.0
	80<b≤160	2.9	4.1	6.0	8.5	12.0	17.0	23.0	33.0	47.0	66.0	94.0
	160<b≤250	3.3	4.7	6.5	9.5	13.0	19.0	27.0	38.0	53.0	75.0	106.0
	250<b≤400	3.7	5.5	7.5	11.0	15.0	21.0	30.0	42.0	60.0	85.0	120.0
	400<b≤650	4.3	6.0	8.5	12.0	17.0	24.0	34.0	48.0	68.0	97.0	137.0
	650<b≤1000	4.9	7.0	10.0	14.0	20.0	28.0	39.0	56.0	79.0	112.0	158.0
4000<d≤6000	80≤b≤160	3.2	4.5	6.5	9.0	13.0	18.0	25.0	36.0	51.0	72.0	101.0
	160<b≤250	3.6	5.0	7.0	10.0	14.0	20.0	29.0	40.0	57.0	81.0	114.0
	250<b≤400	4.0	5.5	8.0	11.0	16.0	22.0	32.0	45.0	64.0	90.0	127.0
	400<b≤650	4.5	6.5	9.0	13.0	18.0	26.0	36.0	51.0	72.0	102.0	144.0
	650<b≤1000	5.0	7.5	10.0	15.0	21.0	29.0	41.0	58.0	83.0	117.0	165.0
6000<d≤8000	80≤b≤160	3.4	4.8	7.0	9.5	14.0	19.0	27.0	39.0	54.0	77.0	109.0
	160<b≤250	3.8	5.5	7.5	11.0	15.0	21.0	30.0	43.0	61.0	86.0	122.0
	250<b≤400	4.2	6.0	8.5	12.0	17.0	24.0	34.0	48.0	67.0	95.0	135.0
	400<b≤650	4.7	6.5	9.5	13.0	19.0	27.0	38.0	54.0	76.0	107.0	152.0
	650<b≤1000	5.5	7.5	11.0	15.0	22.0	31.0	43.0	61.0	86.0	122.0	173.0
8000<d≤10000	80≤b≤160	3.6	5.0	7.0	10.0	14.0	20.0	29.0	41.0	58.0	81.0	115.0
	160<b≤250	4.0	5.5	8.0	11.0	16.0	23.0	32.0	45.0	64.0	90.0	128.0
	250<b≤400	4.4	6.0	9.0	12.0	18.0	25.0	35.0	50.0	70.0	100.0	141.0
	400<b≤650	4.9	7.0	10.0	14.0	20.0	28.0	40.0	56.0	79.0	112.0	158.0
	650<b≤1000	5.5	8.0	11.0	16.0	22.0	32.0	45.0	63.0	90.0	127.0	179.0

表 12-1-60 f_{isT}/K 的比值（GB/T 10095.2—2008 参考值）

分度圆直径 d/mm	法向模数 m/mm	精度等级										
		1	2	3	4	5	6	7	8	9	10	11
		(f_{isT}/K)/μm										
$5\leqslant d\leqslant 20$	$0.5\leqslant m\leqslant 2$	3.4	4.8	7.0	9.5	14.0	19.0	27.0	38.0	54.0	77.0	109.0
	$2<m\leqslant 3.5$	4.0	5.5	8.0	11.0	16.0	23.0	32.0	45.0	64.0	91.0	129.0
$20<d\leqslant 50$	$0.5\leqslant m\leqslant 2$	3.6	5.0	7.0	10.0	14.0	20.0	29.0	41.0	58.0	82.0	115.0
	$2<m\leqslant 3.5$	4.2	6.0	8.5	12.0	17.0	24.0	34.0	48.0	68.0	96.0	135.0
	$3.5<m\leqslant 6$	4.8	7.0	9.5	14.0	19.0	27.0	38.0	54.0	77.0	108.0	153.0
	$6<m\leqslant 10$	5.5	8.0	11.0	16.0	22.0	31.0	44.0	63.0	89.0	125.0	177.0
$50<d\leqslant 125$	$0.5\leqslant m\leqslant 2$	3.9	5.5	8.0	11.0	16.0	22.0	31.0	44.0	62.0	88.0	124.0
	$2<m\leqslant 3.5$	4.5	6.5	9.0	13.0	18.0	25.0	36.0	51.0	72.0	102.0	144.0
	$3.5<m\leqslant 6$	5.0	7.0	10.0	14.0	20.0	29.0	40.0	57.0	81.0	115.0	162.0
	$6<m\leqslant 10$	6.0	8.0	12.0	16.0	23.0	33.0	47.0	66.0	93.0	132.0	186.0
	$10<m\leqslant 16$	7.0	9.5	14.0	19.0	27.0	38.0	54.0	77.0	109.0	154.0	218.0
	$16<m\leqslant 25$	8.0	11.0	16.0	23.0	32.0	46.0	65.0	91.0	129.0	183.0	259.0
$125<d\leqslant 280$	$0.5\leqslant m\leqslant 2$	4.3	6.0	8.5	12.0	17.0	24.0	34.0	49.0	69.0	97.0	137.0
	$2<m\leqslant 3.5$	4.9	7.0	10.0	14.0	20.0	28.0	39.0	56.0	79.0	111.0	157.0
	$3.5<m\leqslant 6$	5.5	7.5	11.0	15.0	22.0	31.0	44.0	62.0	88.0	124.0	175.0
	$6<m\leqslant 10$	6.0	9.0	12.0	18.0	25.0	35.0	50.0	70.0	100.0	141.0	199.0
	$10<m\leqslant 16$	7.0	10.0	14.0	20.0	29.0	41.0	58.0	82.0	115.0	163.0	231.0
	$16<m\leqslant 25$	8.5	12.0	17.0	24.0	34.0	48.0	68.0	96.0	136.0	192.0	272.0
	$25<m\leqslant 40$	10.0	15.0	21.0	29.0	41.0	58.0	82.0	116.0	165.0	233.0	329.0
$280<d\leqslant 560$	$0.5\leqslant m\leqslant 2$	4.8	7.0	9.5	14.0	19.0	27.0	39.0	54.0	77.0	109.0	154.0
	$2<m\leqslant 3.5$	5.5	7.5	11.0	15.0	22.0	31.0	44.0	62.0	87.0	123.0	174.0
	$3.5<m\leqslant 6$	6.0	8.5	12.0	17.0	24.0	34.0	48.0	68.0	96.0	136.0	192.0
	$6<m\leqslant 10$	6.5	9.5	13.0	19.0	27.0	38.0	54.0	76.0	108.0	153.0	216.0
	$10<m\leqslant 16$	7.5	11.0	15.0	22.0	31.0	44.0	62.0	88.0	124.0	175.0	248.0
	$16<m\leqslant 25$	9.0	13.0	18.0	26.0	36.0	51.0	72.0	102.0	144.0	204.0	289.0
	$25<m\leqslant 40$	11.0	15.0	22.0	31.0	43.0	61.0	86.0	122.0	173.0	245.0	346.0
	$40<m\leqslant 70$	14.0	19.0	27.0	39.0	55.0	78.0	110.0	155.0	220.0	311.0	439.0
$560<d\leqslant 1000$	$0.5\leqslant m\leqslant 2$	5.5	7.5	11.0	15.0	22.0	31.0	44.0	62.0	87.0	123.0	174.0
	$2<m\leqslant 3.5$	6.0	8.5	12.0	17.0	24.0	34.0	49.0	69.0	97.0	137.0	194.0
	$3.5<m\leqslant 6$	6.5	9.5	13.0	19.0	27.0	38.0	53.0	75.0	106.0	150.0	212.0
	$6<m\leqslant 10$	7.5	10.0	15.0	21.0	30.0	42.0	59.0	84.0	118.0	167.0	236.0
	$10<m\leqslant 16$	8.5	12.0	17.0	24.0	33.0	47.0	67.0	95.0	134.0	189.0	268.0
	$16<m\leqslant 25$	9.5	14.0	19.0	27.0	39.0	55.0	77.0	109.0	154.0	218.0	309.0
	$25<m\leqslant 40$	11.0	16.0	23.0	32.0	46.0	65.0	92.0	129.0	183.0	259.0	366.0
	$40<m\leqslant 70$	14.0	20.0	29.0	41.0	57.0	81.0	115.0	163.0	230.0	325.0	460.0
$1000<d\leqslant 1600$	$2\leqslant m\leqslant 3.5$	7.0	9.5	14.0	19.0	27.0	38.0	54.0	77.0	108.0	153.0	217.0
	$3.5<m\leqslant 6$	7.5	10.0	15.0	21.0	29.0	41.0	59.0	83.0	117.0	166.0	235.0
	$6<m\leqslant 10$	8.0	11.0	16.0	23.0	32.0	46.0	65.0	91.0	129.0	183.0	259.0
	$10<m\leqslant 16$	9.0	13.0	18.0	26.0	36.0	51.0	73.0	103.0	145.0	205.0	290.0
	$16<m\leqslant 25$	10.0	15.0	21.0	29.0	41.0	59.0	83.0	117.0	166.0	234.0	331.0
	$25<m\leqslant 40$	12.0	17.0	24.0	34.0	49.0	69.0	97.0	137.0	194.0	275.0	389.0
	$40<m\leqslant 70$	15.0	21.0	30.0	43.0	60.0	85.0	120.0	170.0	241.0	341.0	482.0
$1600<d\leqslant 2500$	$3.5\leqslant m\leqslant 6$	8.0	11.0	16.0	23.0	32.0	46.0	65.0	92.0	130.0	183.0	259.0
	$6<m\leqslant 10$	9.0	13.0	18.0	25.0	35.0	50.0	71.0	100.0	142.0	200.0	283.0
	$10<m\leqslant 16$	10.0	14.0	20.0	28.0	39.0	56.0	79.0	111.0	158.0	223.0	315.0
	$16<m\leqslant 25$	11.0	16.0	22.0	31.0	45.0	63.0	89.0	126.0	178.0	252.0	356.0
	$25<m\leqslant 40$	13.0	18.0	26.0	37.0	52.0	73.0	103.0	146.0	207.0	292.0	413.0
	$40<m\leqslant 70$	16.0	22.0	32.0	45.0	63.0	90.0	127.0	179.0	253.0	358.0	507.0

续表

分度圆直径 d/mm	法向模数 m/mm	精度等级										
		1	2	3	4	5	6	7	8	9	10	11
		(f_{isT}/K)/μm										
2500<d≤4000	6≤m≤10	10.0	14.0	20.0	28.0	39.0	56.0	79.0	111.0	157.0	223.0	315.0
	10<m≤16	11.0	15.0	22.0	31.0	43.0	61.0	87.0	122.0	173.0	245.0	346.0
	16<m≤25	12.0	17.0	24.0	34.0	48.0	68.0	97.0	137.0	194.0	274.0	387.0
	25<m≤40	14.0	20.0	28.0	39.0	56.0	79.0	111.0	157.0	222.0	315.0	445.0
	40<m≤70	17.0	24.0	34.0	48.0	67.0	95.0	135.0	190.0	269.0	381.0	538.0
4000<d≤6000	6≤m≤10	11.0	16.0	22.0	31.0	44.0	62.0	88.0	125.0	176.0	249.0	352.0
	10<m≤16	12.0	17.0	24.0	34.0	48.0	68.0	96.0	136.0	192.0	271.0	384.0
	16<m≤25	13.0	19.0	27.0	38.0	53.0	75.0	106.0	150.0	212.0	300.0	425.0
	25<m≤40	15.0	21.0	30.0	43.0	60.0	85.0	121.0	170.0	241.0	341.0	482.0
	40<m≤70	18.0	25.0	36.0	51.0	72.0	102.0	144.0	204.0	288.0	407.0	576.0
6000<d≤8000	10≤m≤16	13.0	19.0	26.0	37.0	52.0	74.0	105.0	148.0	210.0	297.0	420.0
	16<m≤25	14.0	20.0	29.0	41.0	58.0	81.0	115.0	163.0	230.0	326.0	461.0
	25<m≤40	16.0	23.0	32.0	46.0	65.0	92.0	130.0	183.0	259.0	366.0	518.0
	40<m≤70	19.0	27.0	38.0	54.0	76.0	108.0	153.0	216.0	306.0	432.0	612.0
8000<d≤10000	10≤m≤16	14.0	20.0	28.0	40.0	56.0	80.0	113.0	159.0	225.0	319.0	451.0
	16<m≤25	15.0	22.0	31.0	43.0	61.0	87.0	123.0	174.0	246.0	348.0	492.0
	25<m≤40	17.0	24.0	34.0	49.0	69.0	97.0	137.0	194.0	275.0	388.0	549.0
	40<m≤70	20.0	28.0	40.0	57.0	80.0	114.0	161.0	227.0	321.0	454.0	642.0

注：f_{isT} 的公差值，由表中的值乘以 K 计算得出。

表 12-1-61　　径向综合总偏差 $F_{i\alpha}$（GB/T 10095.2—2008 参考值）

分度圆直径 d/mm	法向模数 m_n/mm	精度等级							
		4	5	6	7	8	9	10	11
		$F_{i\alpha}$/μm							
5≤d≤20	0.2≤m_n≤0.5	7.5	11	15	21	30	42	60	85
	0.5<m_n≤0.8	8.0	12	16	23	33	46	66	93
	0.8<m_n≤1.0	9.0	12	18	25	35	50	70	100
	1.0<m_n≤1.5	10	14	19	27	38	54	76	108
	1.5<m_n≤2.5	11	16	22	32	45	63	89	126
	2.5<m_n≤4.0	14	20	28	39	56	79	112	158
20<d≤50	0.2≤m_n≤0.5	9.0	13	19	26	37	52	74	105
	0.5<m_n≤0.8	10	14	20	28	40	56	80	113
	0.8<m_n≤1.0	11	15	21	30	42	60	85	120
	1.0<m_n≤1.5	11	16	23	32	45	64	91	128
	1.5<m_n≤2.5	13	18	26	37	52	73	103	146
	2.5<m_n≤4.0	16	22	31	44	63	89	126	178
	4.0<m_n≤6.0	20	28	39	56	79	111	157	222
	6.0<m_n≤10	26	37	52	74	104	147	209	295
50<d≤125	0.2≤m_n≤0.5	12	16	23	33	46	66	93	131
	0.5<m_n≤0.8	12	17	25	35	49	70	98	139
	0.8<m_n≤1.0	13	18	26	36	52	73	103	146
	1.0<m_n≤1.5	14	19	27	39	55	77	109	154
	1.5<m_n≤2.5	15	22	31	43	61	86	122	173
	2.5<m_n≤4.0	18	25	36	51	72	102	144	204
	4.0<m_n≤6.0	22	31	44	62	88	124	176	248
	6.0<m_n≤10	28	40	57	80	114	161	227	321
125<d≤280	0.2≤m_n≤0.5	15	21	30	42	60	85	120	170
	0.5<m_n≤0.8	16	22	31	44	63	89	126	178
	0.8<m_n≤1.0	16	23	33	46	65	92	131	185

续表

分度圆直径 d/mm	法向模数 m_n/mm	精度等级							
		4	5	6	7	8	9	10	11
		$F_{i\alpha}$/μm							
$125<d\le280$	$1.0<m_n\le1.5$	17	24	34	48	68	97	137	193
	$1.5<m_n\le2.5$	19	26	37	53	75	106	149	211
	$2.5<m_n\le4.0$	21	30	43	61	86	121	172	243
	$4.0<m_n\le6.0$	25	36	51	72	102	144	203	287
	$6.0<m_n\le10$	32	45	64	90	127	180	255	360
$280<d\le560$	$0.2\le m_n\le0.5$	19	28	39	55	78	110	156	220
	$0.5<m_n\le0.8$	20	29	40	57	81	114	161	228
	$0.8<m_n\le1.0$	21	29	42	59	83	117	166	235
	$1.0<m_n\le1.5$	22	30	43	61	86	122	172	243
	$1.5<m_n\le2.5$	23	33	46	65	92	131	185	262
	$2.5<m_n\le4.0$	26	37	52	73	104	146	207	293
	$4.0<m_n\le6.0$	30	42	60	84	119	169	239	337
	$6.0<m_n\le10$	36	51	73	103	145	205	290	410
$560<d\le1000$	$0.2\le m_n\le0.5$	25	35	50	70	99	140	198	280
	$0.5<m_n\le0.8$	25	36	51	72	102	144	204	288
	$0.8<m_n\le1.0$	26	37	52	74	104	148	209	295
	$1.0<m_n\le1.5$	27	38	54	76	107	152	215	304
	$1.5<m_n\le2.5$	28	40	57	80	114	161	228	322
	$2.5<m_n\le4.0$	31	44	62	88	125	177	250	353
	$4.0<m_n\le6.0$	35	50	70	99	141	199	281	398
	$6.0<m_n\le10$	42	59	83	118	166	235	333	471

表 12-1-62 **一齿径向综合偏差 $f_{i\alpha}$**（GB/T 10095.2—2008 参考值）

分度圆直径 d/mm	法向模数 m_n/mm	精度等级							
		4	5	6	7	8	9	10	11
		$f_{i\alpha}$/μm							
$5\le d\le20$	$0.2\le m_n\le0.5$	1.0	2.0	2.5	3.5	5.0	7.0	10	14
	$0.5<m_n\le0.8$	2.0	2.5	4.0	5.5	7.5	11	15	22
	$0.8<m_n\le1.0$	2.5	3.5	5.0	7.0	10	14	20	28
	$1.0<m_n\le1.5$	3.0	4.5	6.5	9.0	13	18	25	36
	$1.5<m_n\le2.5$	4.5	6.5	9.5	13	19	26	37	53
	$2.5<m_n\le4.0$	7.0	10	14	20	29	41	58	82
$20<d\le50$	$0.2\le m_n\le0.5$	1.5	2.0	2.5	3.5	5.0	7.0	10	14
	$0.5<m_n\le0.8$	2.0	2.5	4.0	5.5	7.5	11	15	22
	$0.8<m_n\le1.0$	2.5	3.5	5.0	7.0	10	14	20	28
	$1.0<m_n\le1.5$	3.0	4.5	6.5	9.0	13	18	25	36
	$1.5<m_n\le2.5$	4.5	6.5	9.5	13	19	26	37	53
	$2.5<m_n\le4.0$	7.0	10	14	20	29	41	58	82
	$4.0<m_n\le6.0$	11	15	22	31	43	61	87	123
	$6.0<m_n\le10$	17	24	34	48	67	95	135	190
$50<d\le125$	$0.2\le m_n\le0.5$	1.5	2.0	2.5	3.5	5.0	7.5	10	15
	$0.5<m_n\le0.8$	2.0	3.0	4.0	5.5	8.0	11	16	22
	$0.8<m_n\le1.0$	2.5	3.5	5.0	7.0	10	14	20	28
	$1.0<m_n\le1.5$	3.0	4.5	6.5	9.0	13	18	26	36
	$1.5<m_n\le2.5$	4.5	6.5	9.5	13	19	26	37	53
	$2.5<m_n\le4.0$	7.0	10	14	20	29	41	58	82
	$4.0<m_n\le6.0$	11	15	22	31	44	62	87	123
	$6.0<m_n\le10$	17	24	34	48	67	95	135	191

续表

分度圆直径 d/mm	法向模数 m_n/mm	精度等级							
		4	5	6	7	8	9	10	11
		$f_{i\alpha}$/μm							
$125<d\leq280$	$0.2\leq m_n\leq0.5$	1.5	2.0	2.5	3.5	5.5	7.5	11	15
	$0.5<m_n\leq0.8$	2.0	3.0	4.0	5.5	8.0	11	16	22
	$0.8<m_n\leq1.0$	2.5	3.5	5.0	7.0	10	14	20	29
	$1.0<m_n\leq1.5$	3.0	4.5	6.5	9.0	13	18	26	36
	$1.5<m_n\leq2.5$	4.5	6.5	9.5	13	19	27	38	53
	$2.5<m_n\leq4.0$	7.5	10	15	21	29	41	58	82
	$4.0<m_n\leq6.0$	11	15	22	31	44	62	87	124
	$6.0<m_n\leq10$	17	24	34	48	67	95	135	191
$280<d\leq560$	$0.2\leq m_n\leq0.5$	1.5	2.0	2.5	4.0	5.5	7.5	11	15
	$0.5<m_n\leq0.8$	2.0	3.0	4.0	5.5	8.0	11	16	23
	$0.8<m_n\leq1.0$	2.5	3.5	5.0	7.5	10	15	21	29
	$1.0<m_n\leq1.5$	3.5	4.5	6.5	9.0	13	18	26	37
	$1.5<m_n\leq2.5$	5.0	6.5	9.5	13	19	27	38	54
	$2.5<m_n\leq4.0$	7.5	10	15	21	29	41	59	83
	$4.0<m_n\leq6.0$	11	15	22	31	44	62	88	124
	$6.0<m_n\leq10$	17	24	34	48	68	96	135	191
$560<d\leq1000$	$0.2\leq m_n\leq0.5$	1.5	2.0	3.0	4.0	5.5	8.0	11	16
	$0.5<m_n\leq0.8$	2.0	3.0	4.0	6.0	8.5	12	17	24
	$0.8<m_n\leq1.0$	2.5	3.5	5.5	7.5	11	15	21	30
	$1.0<m_n\leq1.5$	3.5	4.5	6.5	9.5	13	19	27	38
	$1.5<m_n\leq2.5$	5.0	7.0	9.5	14	19	27	38	54
	$2.5<m_n\leq4.0$	7.5	10	15	21	30	42	59	83
	$4.0<m_n\leq6.0$	11	16	22	31	44	62	88	125
	$6.0<m_n\leq10$	17	24	34	48	68	96	136	192

表 12-1-63　　径向跳动公差 F_{rT}

分度圆直径 d/mm	法向模数 m_n/mm	精度等级										
		1	2	3	4	5	6	7	8	9	10	11
		F_{rT}/μm										
$5\leq d\leq20$	$0.5\leq m_n\leq2.0$	2.5	3.0	4.5	6.5	9.0	13	18	25	36	51	72
	$2.0<m_n\leq3.5$	2.5	3.5	4.5	6.5	9.5	13	19	27	38	53	75
$20<d\leq50$	$0.5\leq m_n\leq2.0$	3.0	4.0	5.5	8.0	11	16	23	32	46	65	92
	$2.0<m_n\leq3.5$	3.0	4.0	6.0	8.5	12	17	24	34	47	67	95
	$3.5<m_n\leq6.0$	3.0	4.5	6.0	8.5	12	17	25	35	49	70	99
	$6.0<m_n\leq10$	3.5	4.5	6.5	9.5	13	19	26	37	52	74	105
$50<d\leq125$	$0.5\leq m_n\leq2.0$	3.5	5.0	7.5	10	15	21	29	42	59	83	118
	$2.0<m_n\leq3.5$	4.0	5.5	7.5	11	15	21	30	43	61	86	121
	$3.5<m_n\leq6.0$	4.0	5.5	8.0	11	16	22	31	44	62	88	125
	$6.0<m_n\leq10$	4.0	6.0	8.0	12	16	23	33	46	65	92	131
	$10<m_n\leq16$	4.5	6.0	9.0	12	18	25	35	50	70	99	140
	$16<m_n\leq25$	5.0	7.0	9.5	14	19	27	39	55	77	109	154
$125<d\leq280$	$0.5\leq m_n\leq2.0$	5.0	7.0	10	14	20	28	39	55	78	110	156
	$2.0<m_n\leq3.5$	5.0	7.0	10	14	20	28	40	56	80	113	159
	$3.5<m_n\leq6.0$	5.0	7.0	10	14	20	29	41	58	82	115	163
	$6.0<m_n\leq10$	5.5	7.5	11	15	21	30	42	60	85	120	169
	$10<m_n\leq16$	5.5	8.0	11	16	22	32	45	63	89	126	179
	$16<m_n\leq25$	6.0	8.5	12	17	24	34	48	68	96	136	193
	$25<m_n\leq40$	6.5	9.5	13	19	27	38	54	76	107	152	215

续表

分度圆直径 d/mm	法向模数 m_n/mm	精度等级										
		1	2	3	4	5	6	7	8	9	10	11
		F_{rT}/μm										
$280<d\leqslant560$	$0.5\leqslant m_n\leqslant2.0$	6.5	9.0	13	18	26	36	51	73	103	146	206
	$2.0<m_n\leqslant3.5$	6.5	9.0	13	18	26	37	52	74	105	148	209
	$3.5<m_n\leqslant6.0$	6.5	9.5	13	19	27	38	53	75	106	150	213
	$6.0<m_n\leqslant10$	7.0	9.5	14	19	27	39	55	77	109	155	219
	$10<m_n\leqslant16$	7.0	10	14	20	29	40	57	81	114	161	228
	$16<m_n\leqslant25$	7.5	11	15	21	30	43	61	86	121	171	242
	$25<m_n\leqslant40$	8.5	12	17	23	33	47	66	94	132	187	265
	$40<m_n\leqslant70$	9.5	14	19	27	38	54	76	108	153	216	306
$560<d\leqslant1000$	$0.5\leqslant m_n\leqslant2.0$	8.5	12	17	23	33	47	66	94	133	188	266
	$2.0<m_n\leqslant3.5$	8.5	12	17	24	34	48	67	95	134	190	269
	$3.5<m_n\leqslant6.0$	8.5	12	17	24	34	48	68	96	136	193	272
	$6.0<m_n\leqslant10$	8.5	12	17	25	35	49	70	98	139	197	279
	$10<m_n\leqslant16$	9.0	13	18	25	36	51	72	102	144	204	288
	$16<m_n\leqslant25$	9.5	13	19	27	38	53	76	107	151	214	302
	$25<m_n\leqslant40$	10	14	20	29	41	57	81	115	162	229	324
	$40<m_n\leqslant70$	11	16	23	32	46	65	91	129	183	258	365
$1000<d\leqslant1600$	$2.0\leqslant m_n\leqslant3.5$	10	15	21	30	42	59	84	118	167	236	334
	$3.5<m_n\leqslant6.0$	11	15	21	30	42	60	85	120	169	239	338
	$6.0<m_n\leqslant10$	11	15	22	30	43	61	86	122	172	243	344
	$10<m_n\leqslant16$	11	16	22	31	44	63	88	125	177	250	354
	$16<m_n\leqslant25$	11	16	23	33	46	65	92	130	184	260	368
	$25<m_n\leqslant40$	12	17	24	34	49	69	98	138	195	276	390
	$40<m_n\leqslant70$	13	19	27	38	54	76	108	152	215	305	431
$1600<d\leqslant2500$	$3.5\leqslant m_n\leqslant6.0$	13	18	26	36	51	73	103	145	206	291	411
	$6.0<m_n\leqslant10$	13	18	26	37	52	74	104	148	209	295	417
	$10<m_n\leqslant16$	13	19	27	38	53	75	107	151	213	302	427
	$16<m_n\leqslant25$	14	19	28	39	55	78	110	156	220	312	441
	$25<m_n\leqslant40$	14	20	29	41	58	82	116	164	232	328	463
	$40<m_n\leqslant70$	16	22	32	45	63	89	126	178	252	357	504
$2500<d\leqslant4000$	$6.0\leqslant m_n\leqslant10$	16	23	32	45	64	90	127	180	255	360	510
	$10<m_n\leqslant16$	16	23	32	46	65	92	130	183	259	367	519
	$16<m_n\leqslant25$	17	24	33	47	67	94	133	188	267	377	533
	$25<m_n\leqslant40$	17	25	35	49	69	98	139	196	278	393	555
	$40<m_n\leqslant70$	19	26	37	53	75	105	149	211	298	422	596
$4000<d\leqslant6000$	$6.0\leqslant m_n\leqslant10$	19	27	39	55	77	110	155	219	310	438	620
	$10<m_n\leqslant16$	20	28	39	56	79	111	157	222	315	445	629
	$16<m_n\leqslant25$	20	28	40	57	80	114	161	227	322	455	643
	$25<m_n\leqslant40$	21	29	42	59	83	118	166	235	333	471	665
	$40<m_n\leqslant70$	22	31	44	62	88	125	177	250	353	499	706
$6000<d\leqslant8000$	$6.0\leqslant m_n\leqslant10$	23	32	45	64	91	128	181	257	363	513	726
	$10<m_n\leqslant16$	23	32	46	65	92	130	184	260	367	520	735
	$16<m_n\leqslant25$	23	33	47	66	94	132	187	265	375	530	749
	$25<m_n\leqslant40$	24	34	48	68	96	136	193	273	386	545	771
	$40<m_n\leqslant70$	25	36	51	72	102	144	203	287	406	574	812

续表

分度圆直径 d/mm	法向模数 m_n/mm	精度等级										
		1	2	3	4	5	6	7	8	9	10	11
		F_{rT}/μm										
$8000<d\leqslant10000$	$6.0\leqslant m_n\leqslant10$	26	36	51	72	102	144	204	289	408	577	816
	$10<m_n\leqslant16$	26	36	52	73	103	146	206	292	413	584	826
	$16<m_n\leqslant25$	26	37	52	74	105	148	210	297	420	594	840
	$25<m_n\leqslant40$	27	38	54	76	108	152	216	305	431	610	862
	$40<m_n\leqslant70$	28	40	56	80	113	160	226	319	451	639	903

6.5 齿轮坯的精度

有关齿轮轮齿精度（齿廓偏差、相邻齿距偏差等）的参数的数值，只有明确其特定的旋转轴线时才有意义。当测量时齿轮围绕其旋转的轴如有改变，则这些参数测量值也将改变。因此在齿轮的图纸上必须把规定轮齿公差的基准轴线明确表示出来，事实上整个齿轮的几何形状均以其为准。

齿轮坯的尺寸偏差和齿轮箱体的尺寸偏差对于齿轮副的接触条件和运行状况有着极大的影响。由于在加工齿轮坯和箱体时保持较紧的公差，比加工高精度的轮齿要经济得多，因此应首先根据拥有的制造设备的条件，尽量使齿轮坯和箱体的制造公差保持最小值。这种办法，可使加工的齿轮有较松的公差，从而获得更为经济的整体设计。

轮齿精度的选定与齿轮坯和箱体孔系的加工精度匹配非常重要，单一精度过高对整体齿轮传动性能提升没有实质意义。

6.5.1 基准轴线与工作轴线之间的关系

基准轴线是制造者（和检验者）用来对单个零件确定轮齿几何形状的轴线，设计者应确保其精确，保证齿轮相应于工作轴线的技术要求得以满足。通常，满足此要求的最常用的方法是使基准轴线与工作轴线重合，即将安装面作为基准面。

在一般情况下首先需确定一个基准轴线，然后将其他所有的轴线（包括工作轴线及可能还有的一些制造轴线）用适当的公差与之相联系，在此情况下，公差链中所增加的链节的影响应该考虑进去。

6.5.2 确定基准轴线的方法

一个零件的基准轴线一般是用基准面来确定的，有三种基本方法实现。对与轴做成一体的小齿轮可将该零件安置于两端的顶尖上，由两个中心孔确定它的基准轴线。表 12-1-64 给出了确定基准轴线的方法。

表 12-1-64　　确定基准轴线方法

方法	说明	图示	适用范围
用基准面确定	1. 用两个“短的”圆柱或圆锥形基准面上设定的两个圆的圆心来确定轴线上的两点	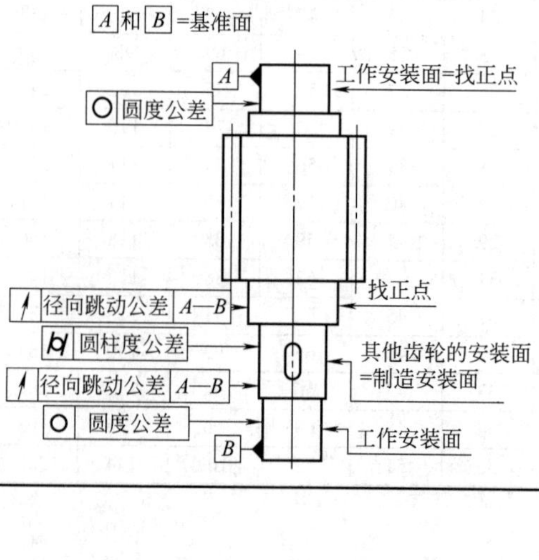 A和B=基准面 A　工作安装面=找正点 圆度公差 找正点 径向跳动公差 A—B 圆柱度公差 其他齿轮的安装面=制造安装面 径向跳动公差 A—B 圆度公差 B　工作安装面	圆柱或圆锥形基准面必须是轴向很短的，以保证它们自己不会单独确定另一条轴线

续表

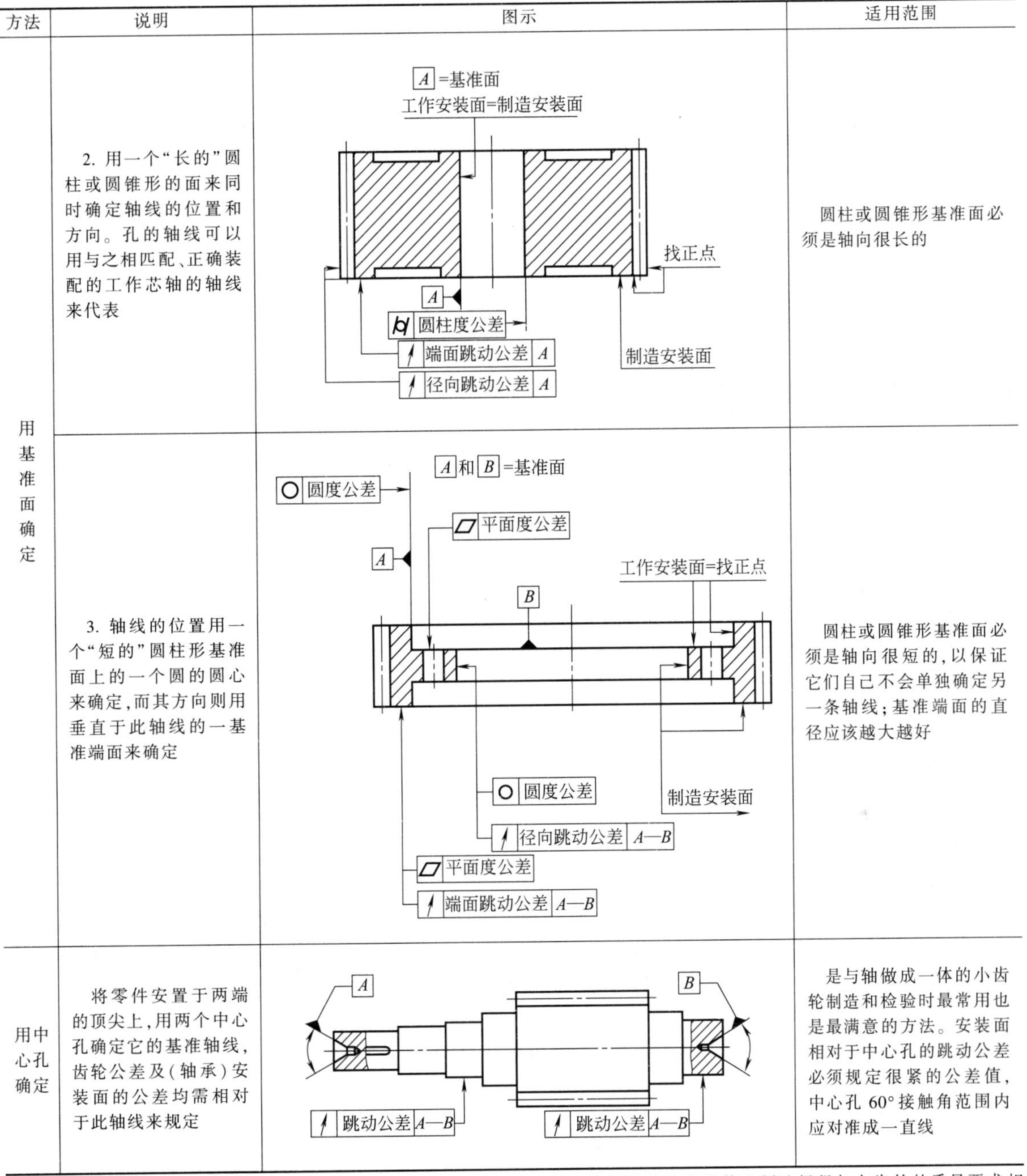

方法	说明	图示	适用范围
用基准面确定	2. 用一个“长的”圆柱或圆锥形的面来同时确定轴线的位置和方向。孔的轴线可以用与之相匹配、正确装配的工作芯轴的轴线来代表	A=基准面；工作安装面=制造安装面；找正点；A；圆柱度公差；端面跳动公差 A；径向跳动公差 A；制造安装面	圆柱或圆锥形基准面必须是轴向很长的
	3. 轴线的位置用一个“短的”圆柱形基准面上的一个圆的圆心来确定，而其方向则用垂直于此轴线的一基准端面来确定	A和B=基准面；圆度公差；平面度公差；A；工作安装面=找正点；B；圆度公差；制造安装面；径向跳动公差 A—B；平面度公差；端面跳动公差 A—B	圆柱或圆锥形基准面必须是轴向很短的，以保证它们自己不会单独确定另一条轴线；基准端面的直径应该越大越好
用中心孔确定	将零件安置于两端的顶尖上，用两个中心孔确定它的基准轴线，齿轮公差及(轴承)安装面的公差均需相对于此轴线来规定	A；B；跳动公差 A—B；跳动公差 A—B	是与轴做成一体的小齿轮制造和检验时最常用也是最满意的方法。安装面相对于中心孔的跳动公差必须规定很紧的公差值，中心孔 60°接触角范围内应对准成一直线

注：在与小齿轮做成一体的轴上常常有一段需安装大齿轮的地方，此安装面的公差值必须选择得与大齿轮的质量要求相适应。

6.5.3 基准面与安装面的形状公差

基准面的要求精度取决于：

① 规定的齿轮精度，基准面的极限值应规定得比单个轮齿的极限值紧得多；

② 基准面的相对位置，一般地说，跨距占齿轮分度圆直径的比例越大，给定的公差可以越松。

基准面的精度要求，必须在零件图上规定。所有基准面的形状公差不应大于表 12-1-65 中所规定的数值，公差应减至最小。

表 12-1-65　基准面与安装面的形状公差

确定轴线的基准面	公差项目		
	圆度	圆柱度	平面度
两个"短的"圆柱或圆锥形基准面	$0.04(L/b)F_{\beta T}$ 或 $0.1F_{pT}$ 取两者中之小值	—	—
一个"长的"圆柱或圆锥形基准面	—	$0.04(L/b)F_{\beta T}$ 或 $0.1F_{pT}$ 取两者中之小值	—
一个短的圆柱面和一个端面	$0.06F_{pT}$	—	$0.06(D_d/b)F_{\beta T}$

注：1. 齿轮坯的公差应减至能经济地制造的最小值。
2. L——较大的轴承跨距；D_d——基准面直径；b——齿宽。

工作安装面的形状公差，不应大于表 12-1-65 中所给定的数值。如果用其他的制造安装面，应采用同样的限制。

6.5.4　工作轴线的跳动公差

如果工作安装面被选择为基准面，直接用表 12-1-65 中所规定的数值。当基准轴线与工作轴线并不重合时，工作安装面（工作轴线）相对于基准轴线的跳动必须在图纸上予以控制。跳动公差不大于表 12-1-66 中规定的数值。

表 12-1-66　安装面的跳动公差

确定轴线的基准面	跳动量(总的指示幅度)	
	径向	轴向
仅指圆柱或圆锥形基准面	$0.15(L/b)F_{\beta T}$ 或 $0.3F_{pT}$ 取两者中之大值	
一圆柱基准面和一端面基准面	$0.3F_{pT}$	$0.2(D_d/b)F_{\beta T}$

注：齿轮坯的公差应减至能经济地制造的最小值，较好的齿坯精度才能保证合格的轮齿精度。

6.6　中心距和轴线的平行度

设计者应对中心距 a 和轴线的平行度两项偏差选择适当的公差。公差值的选择应按其使用要求能保证相啮合轮齿间的侧隙和齿长方向正确接触。

6.6.1　中心距允许偏差

中心距公差是指设计者规定的允许偏差，公称中心距是在考虑了最小侧隙及两齿轮的齿顶和其相啮的非渐开线齿廓齿根部分的干涉后确定的。GB/Z 18620.3—2008 中没有推荐偏差允许值。

在齿轮只是单向承载运转而不经常反转的情况下，最大侧隙的控制不是一个重要的考虑因素，此时中心距允许偏差主要取决于重合度的考虑。

在控制运动用的齿轮中，其侧隙必须控制。当轮齿上的负载常常反向时，对中心距的公差必须很仔细地考虑下列因素。

① 轴、箱体和轴承的偏斜。
② 由于箱体的偏差和轴承的间隙导致齿轮轴线的不一致。
③ 由于箱体的偏差和轴承的间隙导致齿轮轴线的错斜。
④ 安装误差。
⑤ 轴承跳动。
⑥ 温度的影响（随箱体和齿轮零件间的温差、中心距和材料不同而变化）。
⑦ 旋转件的离心伸胀。
⑧ 其他因素，例如润滑剂污染的允许程度及非金属齿轮材料的溶胀。

当确定影响侧隙偏差的所有尺寸的公差时，应该遵照 GB/Z 18620.2 中关于齿厚公差和侧隙的推荐内容。

6.6.2　轴线平行度偏差

由于轴线平行度偏差的影响与其向量的方向有关，对"轴线平面内的偏差"$f_{\Sigma\delta}$ 和"垂直平面上的偏差"

$f_{\Sigma\beta}$ 做了不同的规定（见图 12-1-52 和表 12-1-67）。每项平行度偏差是以与有关轴轴承间距离 L（“轴承中间距” L）相关联的值来表示的。

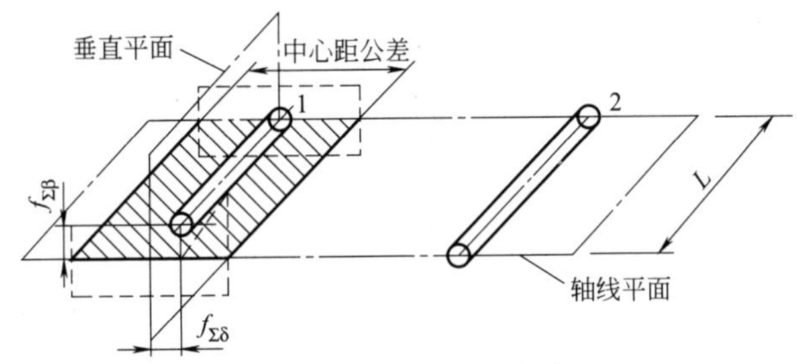

图 12-1-52　轴线平行度偏差

表 12-1-67　**轴线平行度偏差**

名称及代号	推荐最大值计算式	备注
轴线平面内的偏差 $f_{\Sigma\delta}$	$f_{\Sigma\delta}=\frac{L}{b}F_{\beta T}$	$f_{\Sigma\delta}$ 是在两轴线的公共平面上测量的，这公共平面是用两轴承跨距中较长的一个 L 和另一根轴上的一个轴承来确定的，如果两个轴承的跨距相同，则用小齿轮轴和大齿轮轴的一个轴承 轴线平面内的轴线偏差影响螺旋线啮合偏差，它的影响是工作压力角的正弦函数
垂直平面上的偏差 $f_{\Sigma\beta}$	$f_{\Sigma\beta}=0.5\frac{L}{b}F_{\beta T}$	$f_{\Sigma\beta}$ 是在与轴线公共平面相垂直的“交错轴平面”上测量的垂直平面上的轴线偏差影响工作压力角的余弦函数

注：一定量的垂直平面上偏差导致的啮合偏差将比同样大小的平面内偏差导致的啮合偏差要大 2～3 倍，对这两种偏差要素要规定不同的最大推荐值。

6.7　齿厚和侧隙

GB/Z 18620.3—2008 给出了渐开线圆柱齿轮齿厚和侧隙的检验实施规范，并在附录中提供了选择齿轮的齿厚公差和最小侧隙的合理方法。齿厚和侧隙相关项目的定义见表 12-1-68。

表 12-1-68　**齿厚和侧隙的定义**

名称及代号	定义	备注
法向齿厚 s_n	分度圆柱上法向平面的法向齿厚。即齿厚的理论值，该齿厚与具有理论齿厚的相配合齿轮在理论中心距之下无侧隙啮合 对斜齿轮，s_n 值应在法向平面内测量	外齿轮 $s_n=m_n\left(\frac{\pi}{2}+2x\tan\alpha_n\right)$ 内齿轮 $s_n=m_n\left(\frac{\pi}{2}+2x\tan\alpha_n\right)$
齿厚的最大和最小极限 s_{ns} 和 s_{ni}	齿厚的两个极端的允许尺寸，齿厚的实际尺寸应该位于这两个极端尺寸之间（见图 12-1-53）	—
齿厚的极限偏差 E_{sns} 和 E_{sni}	齿厚上偏差 E_{sns} 和下偏差 E_{sni} 统称齿厚的极限偏差	$E_{sns}=s_{ns}-s_n$ $E_{sni}=s_{ni}-s_n$
齿厚公差 T_{sn}	齿厚上偏差和下偏差之差	$T_{sn}=E_{sns}-E_{sni}$
实际齿厚 $s_{nactual}$	通过测量确定的齿厚	—
实效齿厚 s_{wt}	测量所得的齿厚加上轮齿各要素偏差及安装所产生的综合影响的量（见图 12-1-54）	—
侧隙 j	两个相配齿轮的工作齿面相接触时，在两个非工作齿面之间所形成的间隙。通常，在稳定的工作状态下的侧隙（工作侧隙）与齿轮在静态条件下安装于箱体内所测得的侧隙（装配侧隙）是不同的（小于装配侧隙）	—
圆周侧隙 j_{wt}	当固定两相啮合齿轮中的一个，另一个齿轮所能转过的节圆弧长的最大值（见图 12-1-55）	—

续表

名称及代号	定　义	备　注
法向侧隙 j_{bn}	当两个齿轮的工作齿面互相接触时，其非工作齿面之间的最短距离（见图 12-1-55）	$j_{bn}=j_{wt}\cos\alpha_{wt}\cos\beta_b$
径向侧隙 j_r	将两个相配齿轮的中心距缩小，直到左侧和右侧齿面都接触时，这个缩小量为径向侧隙（见图 12-1-55）	$j_r=\dfrac{j_{wt}}{2\tan\alpha_{wt}}$
最小侧隙 j_{wtmin}	节圆上的最小圆周侧隙。即具有最大允许实效齿厚的轮齿与也具有最大允许实效齿厚相配轮齿相啮合时，在静态条件下，在最紧允许中心距时的圆周侧隙（见图 12-1-54）	最紧中心距，对于外齿轮是指最小的工作中心距，对于内齿轮是指最大的工作中心距
最大侧隙 j_{wtmax}	节圆上的最大圆周侧隙。即具有最小允许实效齿厚的轮齿与也具有最小允许实效齿厚相配轮齿相啮合时，在静态条件下，在最松允许中心距时的圆周侧隙（见图 12-1-54）	最松中心距，对于外齿轮是指最大的工作中心距，对于内齿轮是指最小的工作中心距

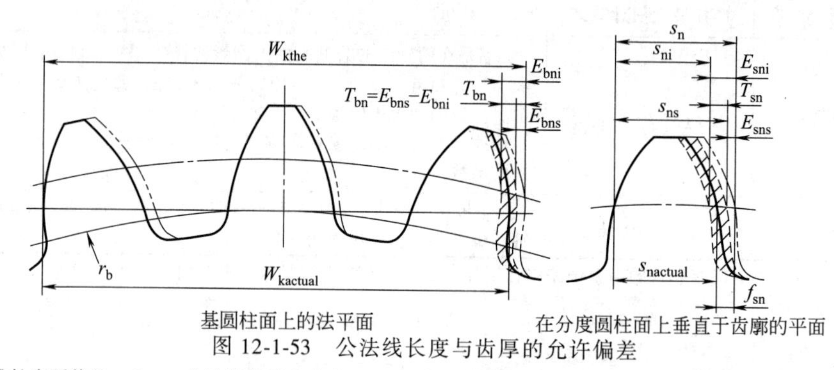

图 12-1-53　公法线长度与齿厚的允许偏差

E_{bni}—公法线长度下偏差；E_{bns}—公法线长度上偏差；T_{bn}—分法线长度齿厚公差；s_n—法向齿厚；s_{ni}—齿厚的最小极限；s_{ns}—齿厚的最大极限；$s_{nactual}$—实际齿厚；E_{sni}—齿厚允许的下偏差；E_{sns}—齿厚允许的上偏差；f_{sn}—齿厚偏差；T_{sn}—齿厚公差，$T_{sn}=E_{sns}-E_{sni}$；W_{kthe}—公法线理论值；$W_{kactual}$—公法线实际值

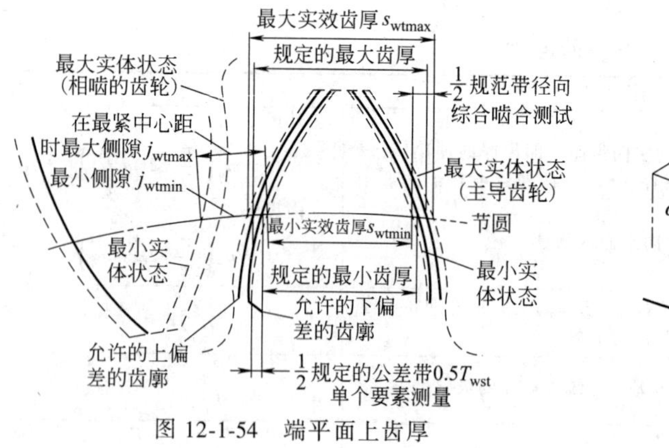

图 12-1-54　端平面上齿厚

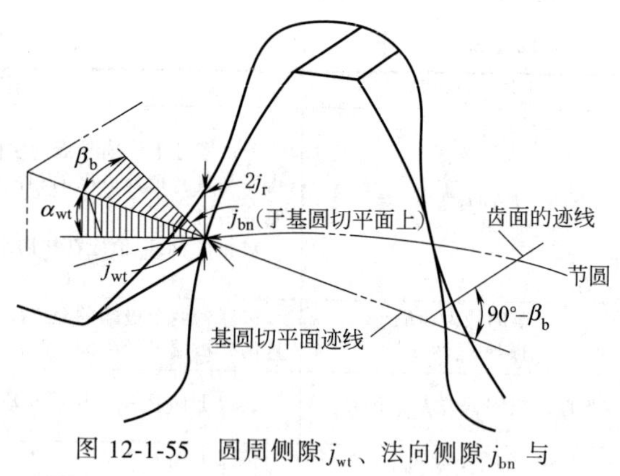

图 12-1-55　圆周侧隙 j_{wt}、法向侧隙 j_{bn} 与径向侧隙 j_r 之间的关系

6.7.1　侧隙

在一对装配好的齿轮副中，侧隙 j 是相啮齿轮齿间的间隙，它是在节圆上齿槽宽度超过相啮合的轮齿齿厚的量。侧隙可以在法向平面上或沿啮合线（见图 12-1-56）测量，但它是在端平面上或啮合平面（基圆切平面）上计算和规定的。

相啮齿的侧隙是由一对齿轮运行时的中心距以及每个齿轮的实效齿厚所控制的。所有相啮的齿轮必定要有些侧隙，以保证非工作齿面不会相互接触。运行时侧隙还随速度、温度、负载等的变动而变化。在静态可测量的条件下，必须有足够的侧隙，以保证在带负载运行于最不利的工作条件下仍有足够的侧隙。侧隙的要求量与齿轮的大小、精度、安装和应用情况有关。

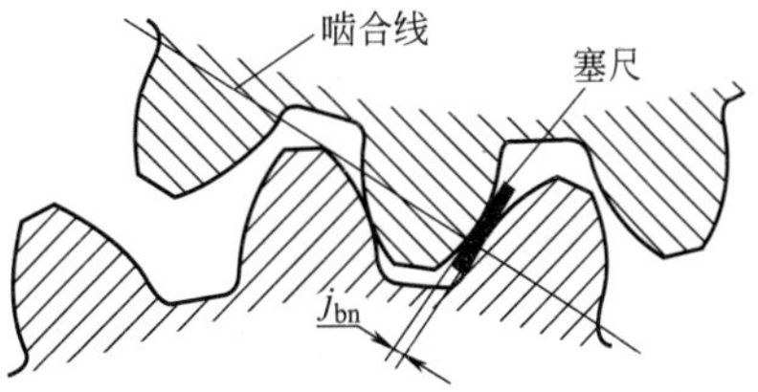

（1）最小侧隙

最小侧隙 j_{bnmin}（或 j_{wtmin}）受下列因素影响。

① 箱体、轴和轴承的偏斜。

② 由于箱体的偏差和轴承的间隙导致齿轮轴线的不对准。

③ 由于箱体的偏差和轴承的间隙导致齿轮轴线的歪斜。

④ 安装误差，例如轴的偏心。

⑤ 轴承径向跳动。

⑥ 温度影响（箱体与齿轮零件的温度差、中心距和材料差异所致）。

⑦ 旋转零件的离心胀大。

⑧ 其他因素，例如由于润滑剂的允许污染以及非金属齿轮材料的溶胀。

图 12-1-56　用塞尺测量侧隙（法向平面）

如果上述因素均能很好的控制，则最小侧隙值可以很小，每一个因素均可用分析其公差来进行估计，然后可计算出最小的要求量。在估计最小期望要求值时，也需要用判断和经验，因为在最坏情况时的公差，不大可能都叠加起来。

表 12-1-69 列出了对工业传动装置推荐的最小侧隙，这些传动装置是用黑色金属齿轮和黑色金属的箱体制造的，工作时节圆线速度小于 15m/s，其箱体、轴和轴承都采用常用的商业制造公差。

表 12-1-69　对于中、大模数齿轮最小侧隙 j_{bnmin} 的推荐数据　mm

m_n	最小中心距 a_i						m_n	最小中心距 a_i					
	50	100	200	400	800	1600		50	100	200	400	800	1600
1.5	0.09	0.11	—	—	—	—	8	—	0.24	0.27	0.34	0.47	—
2	0.10	0.12	0.15	—	—	—	12	—	—	0.35	0.42	0.55	—
3	0.12	0.14	0.17	0.24	—	—	18	—	—	—	0.54	0.67	0.94
5	—	0.18	0.21	0.28	—	—							

表 12-1-69 中的数值，也可用下式进行计算，式中 a_i 必须是一个绝对值。

$$j_{bnmax}=\frac{2}{3}\times(0.06+0.0005a_i+0.03m_n)$$

$$j_{bn}=|E_{sns1}+E_{sns2}|\cos\alpha_n$$

如果大小齿轮齿厚上偏差 E_{sns1} 和 E_{sns2} 相等，则 $j_{bn}=2E_{sns}\cos\alpha_n$，小齿轮和大齿轮的切削深度和根部间隙相等，并且重合度为最大。

（2）最大侧隙

一对齿轮副中的最大侧隙 j_{bnmax}（或 j_{wtmax}），是齿厚公差、中心距变动和轮齿几何形状变异的影响之和。理论的最大侧隙发生于两个理想的齿轮按最小齿厚的规定制成，且在最松的允许中心距条件下啮合。

通常，最大侧隙并不影响传递运动的性能和平稳性，同时，实效齿厚偏差也不是在选择齿轮的精度等级时的主要考虑的因素。在这些情况下，选择齿厚及其测量方法并非关键，可以用最方便的方法。在很多应用场合，允许用较宽的齿厚公差或工作侧隙，这样做不会影响齿轮的性能和承载能力，却可以获得较经济的制造成本。当最大侧隙必须严格控制的情况下，对各影响因素必须仔细地研究，有关齿轮的精度等级、中心距公差和测量方法，必须仔细地予以规定。

6.7.2　齿厚公差

（1）齿厚上偏差 E_{sns}

齿厚上偏差取决于分度圆直径和允许差，其选择大体上与轮齿精度无关。

（2）齿厚下偏差 E_{sni}

齿厚下偏差是综合了齿厚上偏差及齿厚公差后获得的，由于上、下偏差都使齿厚减薄，从齿厚上偏差中应减去公差值。

$$E_{sni}=E_{sns}-T_{sn}$$

（3）齿厚公差 T_{sn}

齿厚公差的选择，基本上与轮齿的精度无关，它主要应由制造设备来控制。齿厚公差的选择要适当，太小的齿厚公差对制造成本和保持轮齿的精度是不利的。

6.7.3 齿厚偏差的测量

测得的齿厚常被用来评价整个齿的尺寸或一个给定齿轮的全部齿尺寸。它可根据测头接触点间或两条很短的接触线间距离的少数几次测量来计值，这些接触点的状态和位置是由测量法的类型（公法线、球、圆柱或轮齿卡尺）以及单个要素偏差的影响来确定的。习惯上常假设整个齿轮依靠一次或两次测量来表明其特性。

用齿厚游标卡尺测量弦齿厚的优点是可以用一个手持的量具进行测量。但测量弦齿厚也有其局限性，由于齿厚游标卡尺的两个测量腿与齿面只是在其顶尖角处接触而不是在其平面接触，故测量必须要由有经验的操作者进行。另一点是，由于齿顶圆柱面的精确度和同轴度的不确定性，以及卡尺分辨率很差，使测量不甚可靠。如有可能，应采用更可靠的轮齿跨距（公法线长度）、圆柱或球测量法来代替。

（1）公法线长度测量

当齿厚有减薄量时，公法线长度也变小。因此，齿厚偏差也可用公法线长度偏差 E_{bn} 代替。

公法线长度偏差是指公法线的实际长度与公称长度之差。GB/Z 18620.2 给出了齿厚偏差与公法线长度偏差的关系式。

公法线长度上偏差

$$E_{bns}=E_{sns}\cos\alpha_n$$

公法线长度下偏差

$$E_{bni}=E_{sni}\cos\alpha_n$$

公法线测量对内齿轮是不适用的。另外对斜齿轮而言，公法线测量受齿轮齿宽的限制，只有满足下式条件时才可能进行。

$$b>1.015W_k\sin\beta_b$$

式中，W_k 是指在基圆柱切平面上跨 k 个齿（对外齿轮）或 k 个齿槽（对内齿轮）在接触到一个齿的右齿面和另一个齿的左齿面的两个平行平面之间测得的距离。

（2）跨球（圆柱）尺寸的测量

当斜齿轮的齿宽太窄，不允许作公法线测量时，可以用间接地检验齿厚的方法，即把两个球或圆柱（销）置于尽可能在直径上相对的齿槽内，然后测量跨球（圆柱）尺寸。

GB/Z 18620.2 给出了齿厚偏差与跨距（圆柱）尺寸偏差的关系式。

偶数齿时：

跨球（圆柱）尺寸上偏差

$$E_{yns}\approx E_{sns}\frac{\cos\alpha_t}{\sin\alpha_{Mt}\cos\beta_b}$$

跨球（圆柱）尺寸下偏差

$$E_{yni}\approx E_{sni}\frac{\cos\alpha_t}{\sin\alpha_{Mt}\cos\beta_b}$$

奇数齿时：

跨球（圆柱）尺寸上偏差

$$E_{yns}\approx E_{sns}\frac{\cos\alpha_t}{\sin\alpha_{Mt}\cos\beta_b}\cos\frac{90°}{z}$$

跨球（圆柱）尺寸下偏差

$$E_{yni}\approx E_{sni}\frac{\cos\alpha_t}{\sin\alpha_{Mt}\cos\beta_b}\cos\frac{90°}{z}$$

式中　α_{Mt}——工作端面压力角。

6.8 轮齿齿面粗糙度

轮齿齿面粗糙度对齿轮的传动精度（噪声和振动）、表面承载能力（点蚀、胶合和磨损）、弯曲强度（齿根过渡曲面状况）都有一定的影响。GB/Z 18620. 4—2008 中给出了表面粗糙度的检验方法。

6.8.1 图样上应标注的数据

设计者应按照齿轮加工要求，在图样上应标出完工状态的齿轮表面（轮齿齿面）粗糙度的适当数据，如图 12-1-57 所示。

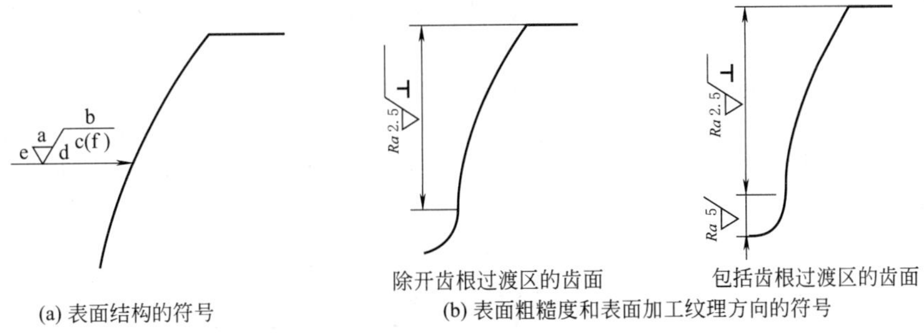

图 12-1-57 表面粗糙度的符号

a—Ra 或 Rz，μm；b—加工方法、表面处理等；c—取样长度；d—加工纹理方向；e—加工余量；f—粗糙度的具体数值（括号内）

6.8.2 测量仪器

触针式测量仪器通常用来测量表面粗糙度。可采用以下几种类型的仪器来进行测量，不同的测量方法对测量不确定度的影响有不同的特性（见图 12-1-58）。

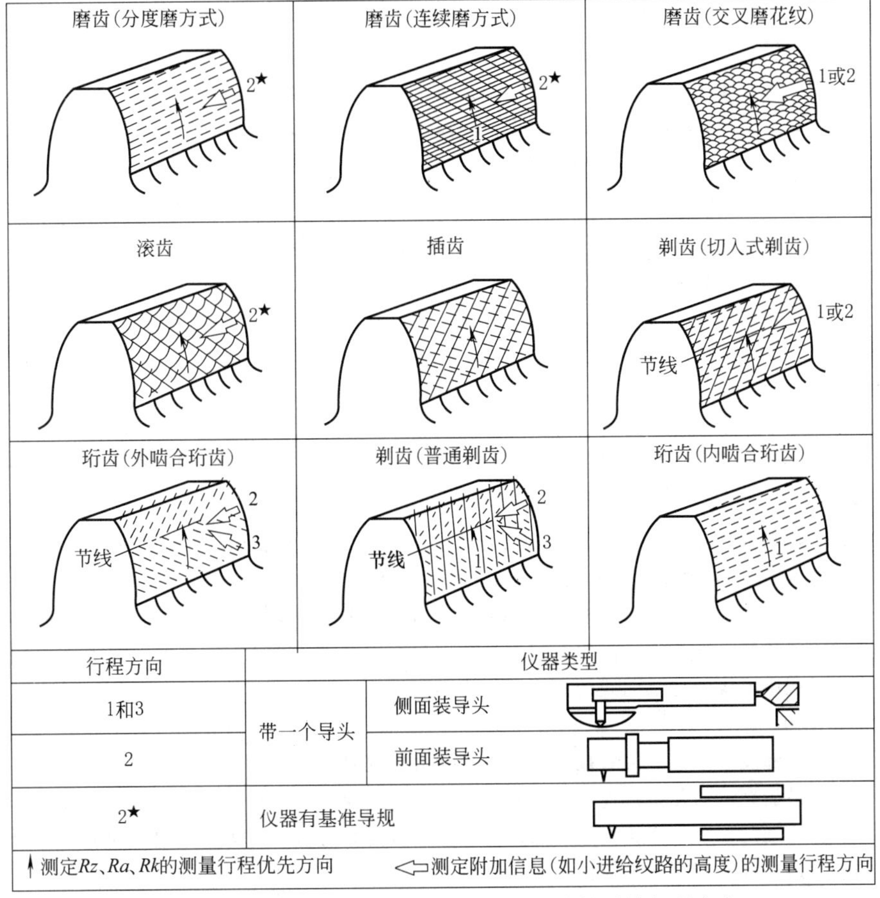

行程方向	仪器类型		
1和3	带一个导头	侧面装导头	
2		前面装导头	
2★	仪器有基准导规		

↑测定 Rz、Ra、Rk 的测量行程优先方向　⇦测定附加信息(如小进给纹路的高度)的测量行程方向

图 12-1-58 仪器特性以及与制造方法相关的测量行程方向

① 在被测表面上滑行的一个或一对导头的仪器（仪器有一平直的基准平面）。

② 一个在具有名义表面形状的基准平面上滑行的导头。

③ 一个具有可调整的或可编程的与导头组合一起的基准线生成器，例如，可由一个坐标测量机来实现基准线。

④ 用一个无导头的传感器和一个具有较大测量范围的平直基准对形状、波纹度和表面粗糙度进行评定。

根据国家标准，触针的针尖半径应为 2μm 或 5μm 或 10μm，触针的圆锥角可为 60°或 90°。在表面测量的报告中应注明针尖半径和触针角度。

在对表面粗糙度或波纹度进行测量时，需要用无导头传感器和一个被限定截止的滤波器，它压缩表面轮廓的长波成分或短波成分。测量仪器仅适用于某些特定的截止波长，表 12-1-70 给出了适当的截止波长的参考值。必须认真选择合适的触针针尖半径、取样长度和截止滤波器，见 GB/T 6052、GB/T 10610 和 ISO 11562，否则测量中就会出现系统误差。

根据波纹度、加工纹理方向和测量仪器的影响，可能要选择一种不同的截止值。

表 12-1-70　　滤波和截止波长

模数/mm	标准工作齿高/mm	标准截止波长/mm	工作齿高内的截止波数	模数/mm	标准工作齿高/mm	标准截止波长/mm	工作齿高内的截止波数
1.5	3.0	0.2500	12	9.0	18.0	0.8000	22
2.0	4.0	0.2500	16	10.0	20.0	0.8000	25
2.5	5.0	0.2500	20	11.0	22.0	0.8000	27
3.0	6.0	0.2500	24	12.0	24.0	0.8000	30
4.0	8.0	0.8000	10	16.0	32.0	2.5000	13
5.0	10.0	0.8000	12	20.0	40.0	2.5000	16
6.0	12.0	0.8000	15	25.0	50.0	2.5000	20
7.0	14.0	0.8000	17	50.0	100.0	8.0000	12
8.0	16.0	0.8000	20				

6.8.3　轮齿齿面粗糙度的测量

在测量表面粗糙度时，触针的轨迹应与表面（齿面）加工纹理的方向相垂直，见图 12-1-58 和图 12-1-59 中所示方向，测量还应垂直于表面，因此，触针应尽可能紧跟齿面的弯曲的变化。

当对轮齿齿根的过渡曲面粗糙度测量时，整个方向应与螺旋线正交，因此，需要使用一些特殊的方法。图 12-1-59 中表示了一种适用的测量方法，在触针前面的传感器头部有一半径为 r（小于齿根过渡曲线的半径 R）的导头，安装在一根可旋转的轴上，当该轴转过角度约 100°时，触针的针尖描绘出一条同齿根过渡曲面接近的圆弧。当齿根过渡曲面足够大，并且该装置仔细地定位时方可进行表面粗糙度测量。导头直接作用于表面，应使半径 r 大于 $50\lambda_c$（截止波长），以避免因导头引起的测量不确定度。

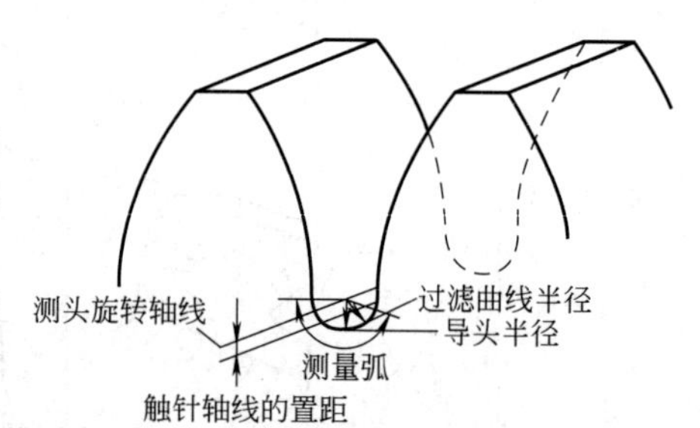

图 12-1-59　齿根过渡曲面粗糙度的测量

使用导头形式的测量仪器进行测量还有另一种办法，选择一种适当的铸塑材料（如树脂等）制作一个相反的复制品。当对较小模数齿轮的齿根过渡曲面表面粗糙度进行测量时，这种方法是特别有用的。在使用这种方法时，应记住在评定过程中齿廓的记录曲线的凸凹是相反的。

（1）评定测量结果

直接测得的表面粗糙度参数值，可直接与规定的允许值比较。

参数值通常是按沿齿廓取的几个接连的取样长度上的平均值确定的，但是应考虑到表面粗糙度会沿测量行程有规律地变化，因此，确定单个取样长度的表面粗糙度值，可能是有益的。为了改进测量数值统计上的准确性，可从几个平行的测量迹线计算其算术平均值。

为了避免使用滤波器时评定长度的部分损失，可以在没有标准滤波过程的情况下，在单个取样长度上评定粗糙度。图 12-1-60 为消除形状成分等，将（没有滤波器）轨迹轮廓细分为短的取样长度 l_1、l_2、l_3 等所产生的滤波效果。为了与同标准方法的滤波结果相比较，取样长度应与截止值 λ_c 为同样的值。

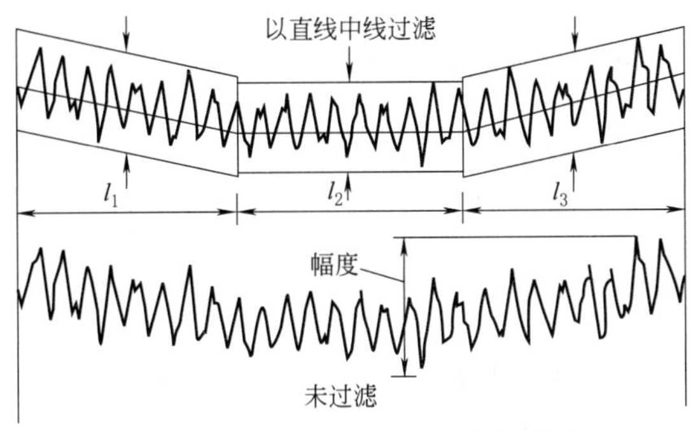

图 12-1-60 取样长度和滤波的影响

（2）参数值

规定的参数值应优先从表 12-1-71 和表 12-1-72 所给出的范围中选择，无论是 *Ra* 还是 *Rz* 都可作为一种判断依据，但两者不应在同一部分使用。

表 12-1-71 **算术平均偏差 *Ra* 的推荐极限值** μm

等级	*Ra* 模数/mm			等级	*Ra* 模数/mm		
	$m<6$	$6\leqslant m\leqslant 25$	$m>25$		$m<6$	$6\leqslant m\leqslant 25$	$m>25$
1	—	0.04	—	7	1.25	1.6	2.0
2	—	0.08	—	8	2.0	2.5	3.2
3	—	0.16	—	9	3.2	4.0	5.0
4	—	0.32	—	10	5.0	6.3	8.0
5	0.5	0.63	0.80	11	10.0	12.5	16
6	0.8	1.00	1.25	12	20	25	32

表 12-1-72 **微观不平度十点高度 *Rz* 的推荐极限值** μm

等级	*Rz* 模数/mm			等级	*Rz* 模数/mm		
	$m<6$	$6\leqslant m\leqslant 25$	$m>25$		$m<6$	$6\leqslant m\leqslant 25$	$m>25$
1	—	0.25	—	7	8.0	10.0	12.5
2	—	0.50	—	8	12.5	16	20
3	—	1.0	—	9	20	25	32
4	—	2.0	—	10	32	40	50
5	3.2	4.0	5.0	11	63	80	100
6	5.0	6.3	8.0	12	125	160	200

注：表 12-1-71 和表 12-1-72 中关于 *Ra* 和 *Rz* 相当的表面状况等级并不与特定的制造工艺相应，这一点特别对于表中 1 级到 4 级的表列值。

6.9 轮齿接触斑点

检验产品齿轮副在其箱体内所产生的接触斑点，可用于评估轮齿间载荷分布。产品齿轮和测量齿轮的接触斑点，可用于评估装配后齿轮的螺旋线和齿廓精度。

6.9.1 检测条件

① 精度 产品齿轮和测量齿轮副轻载下接触斑点，可以从安装在机架上的齿轮相啮合得到。为此，齿轮轴

线的不平行度，在等于产品齿轮齿宽的长度上的数值不得超过 0.005mm。同时也要保证测量齿轮的齿宽不小于产品齿轮的齿宽，通常这意味着对于斜齿轮需要一个专用的测量齿轮。相配的产品齿轮副的接触斑点也可以在相啮合的机架上获得。

② 载荷分布　产品齿轮副在其箱体内的轻载接触斑点，有助于评估载荷的可能分布，在其检验过程中，齿轮的轴颈应当位于它们的工作位置，这可以通过对轴承轴颈加垫片调整来达到。

③ 印痕涂料　适用的印痕涂料有装配工的蓝色印痕涂料和其他专用涂料，油膜层厚度为 0.006～0.012mm。

④ 印痕涂料层厚度的标定　在垂直于切平面的方向上以一个已知小角度移动齿轮的轴线，即在轴承座上加垫片并观察接触斑点的变化，标定工作应该有规范地进行，以确保印痕涂料、测试载荷和操作工人的技术都不改变。

⑤ 测试载荷　用于获得轻载齿轮接触斑点所施加的载荷，应恰好够保证被测齿面保持稳定地接触。

⑥ 记录测试结果　接触斑点通常以画草图、拍照片、录像记录下来，或用透明胶带覆盖接触斑点上，再把粘住接触斑点的涂料的胶带撕下来，贴在优质的白卡片上。

要完成以上操作的人员，应训练正确的操作，并定期检查他们工作的效果，以确保操作效能的一致性。

6.9.2　接触斑点的判断

接触斑点可以给出齿长方向配合不准确的程度，包括齿长方向的不准确配合和波纹度，也可以给出齿廓不准确性的程度，必须强调的是，做出的任何结论都带有主观性，只能是近似的并且依赖于有关人员的经验。

（1）与测量齿轮相啮的接触斑点

图 12-1-61～图 12-1-64 所示的是产品齿轮与测量齿轮对滚产生的典型的接触斑点示意图。

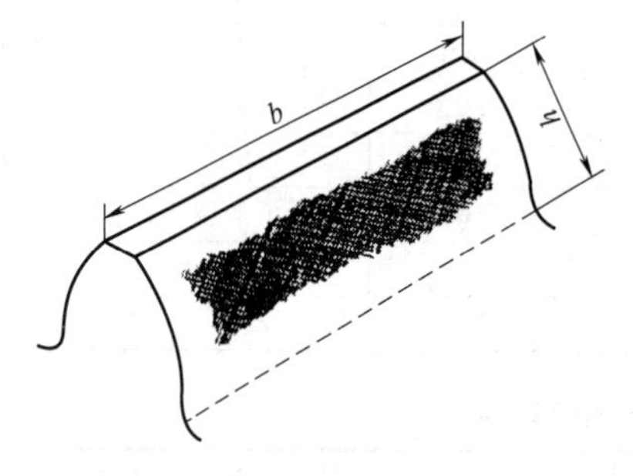

图 12-1-61　典型的规范接触

（近似为：齿宽 b 的 80%，有效齿面高度 h 的 70%，齿端修薄）

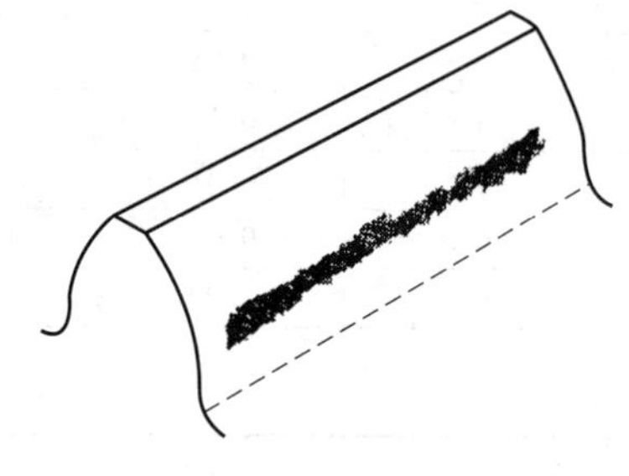

图 12-1-62　齿长方向配合正确，有齿廓偏差

图 12-1-63　波纹度

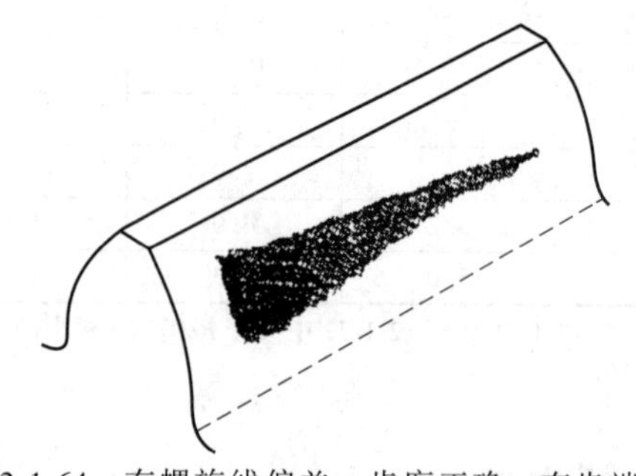

图 12-1-64　有螺旋线偏差、齿廓正确，有齿端修薄

（2）齿轮精度和接触斑点

图 12-1-65 和表 12-1-73、表 12-1-74 给出了在齿轮装配后（空载）检测时，所预计的在齿轮精度等级和接触斑点分布之间关系的一般指标，但不能理解为证明齿轮精度等级的可替代方法。实际的接触斑点不一定同图 12-1-65 中所示的一致，在啮合机架上所获得的齿轮检查结果应当是相似的。图 12-1-65 和表 12-1-73、表 12-1-74 对齿廓和螺旋线修形的齿面是不适用的。

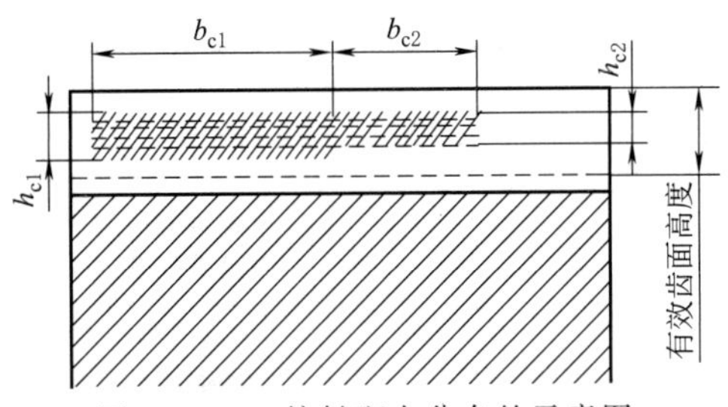

图 12-1-65　接触斑点分布的示意图

表 12-1-73　**斜齿轮装配后的接触斑点**

精度等级 GB/T 10095.1	b_{c1} 占齿宽的 百分比	h_{c1} 占有效齿面高度的 百分比	b_{c2} 占齿宽的 百分比	h_{c2} 占有效齿面高度的 百分比
4 级及更高	50%	50%	40%	30%
5 和 6	45%	40%	35%	20%
7 和 8	35%	40%	35%	20%
9~11	25%	40%	25%	20%

表 12-1-74　**直齿轮装配后的接触斑点**

精度等级 GB/T 10095.1	b_{c1} 占齿宽的 百分比	h_{c1} 占有效齿面高度的 百分比	b_{c2} 占齿宽的 百分比	h_{c2} 占有效齿面高度的 百分比
4 级及更高	50%	70%	40%	50%
5 和 6	45%	50%	35%	30%
7 和 8	35%	50%	35%	30%
9~11	25%	50%	25%	30%

6.10　新旧标准对照

表 12-1-75　**新旧标准对照**

序号	新　标　准	旧　标　准
1	组成	
	GB/T 10095.1—2022 GB/T 10095.2—2023 GB/Z 18620.1—2008 GB/Z 18620.2—2008 GB/Z 18620.3—2008 GB/Z 18620.4—2008	GB/T 10095—2008
2	采用 ISO 标准程度	
	等同采用　ISO 1328-1:2013 ISO 1328-2:2020 ISO/TR 10064-1:1992 ISO/TR 10064-2:1996 ISO/TR 10064-3:1996 ISO/TR 10064-4:1998 ISO/TR 10064-5:2005 ISO/TR 10064-6:2009	等效采用 ISO 1328:1975
3	适用范围	
	基本齿廓符合 GB/T 1356—2001 规定的单个渐开线圆柱齿轮，不适用于齿轮副； 对 m_n 为 0.5~70mm，d 为 5~10000mm，b 为 4~1000mm 的齿轮规定了偏差的允许值（$F_{i\alpha}$、$f_{i\alpha}$ 为 m_n 为 0.2~10mm，d 为 5~1000mm 时的偏差允许值）	基本齿廓按 GB/T 1356—1988 规定的平行传动的渐开线圆柱齿轮及其齿轮副； 对 m_n 为 1~40mm、d 至 4000mm，b 至 630mm 的齿轮规定了公差

续表

序号	新 标 准	旧 标 准
4	偏差项目	
4.1	齿距偏差	
4.1.1	单个齿距偏差　$\pm f_p$	齿距偏差　Δf_{pt} 齿距极限偏差　$\pm f_{pt}$
4.1.2	齿距累积偏差　F_{pk}	k个齿距累积误差　ΔF_{pk} k个齿距累积公差　F_{pk}
4.1.3	齿距累积总偏差　F_p	齿距累积误差　ΔF_p 齿距累积公差　F_p
4.1.4	基圆齿距偏差　f_{pb} (见 GB/Z 18620.1,未给出公差数值)	基节偏差　Δf_{pb} 基节极限偏差　$\pm f_{pb}$
4.2	齿廓偏差	
4.2.1	齿廓形状偏差　$f_{f\alpha}$	齿廓形状偏差　$f_{f\alpha}$
4.2.2	齿廓倾斜偏差　$\pm f_{H\alpha}$	齿形误差　Δf_f　$\pm f_{H\alpha}$
4.2.3	齿廓总偏差　F_α (规定了偏差计值范围)	齿形公差　f_f、F_α
4.3	螺旋线偏差	
4.3.1	螺旋线形状偏差　$\pm f_{f\beta}$	$f_{f\beta}$
4.3.2	螺旋线倾斜偏差　$f_{H\beta}$	$\pm f_{H\beta}$
4.3.3	螺旋线总偏差　F_β (规定了偏差计值范围,公差不但与b有关,而且也与d有关)	齿向误差　ΔF_β 齿向公差　F_β
4.4	切向综合偏差	
4.4.1	切向综合总偏差　F_{is}	切向综合误差　$\Delta F_i'$ 切向综合公差　F_i'
4.4.2	一齿切向综合偏差　f_{is}	一齿切向综合偏差　$\Delta f_i'$ 一齿切向综合公差　f_i'
4.5	径向综合偏差	
4.5.1	径向综合总偏差　F_{id}	径向综合误差　$\Delta F_i''$ 径向综合公差　F_i''
4.5.2	一齿径向综合偏差　f_{id}	一齿径向综合误差　$\Delta f_i''$ 一齿径向综合公差　f_i''
4.6	径向跳动公差　F_{rT}	齿圈径向跳动　ΔF_r 齿圈径向跳动公差　F_r
4.7	—	公法线长度变动　ΔF_w 公法线长度变动公差　F_w
4.8	—	接触线误差　ΔF_b 接触线公差　F_b
4.9	—	轴向齿距偏差　ΔF_{px} 轴向齿距极限偏差　$\pm F_{px}$
4.10	—	螺旋线波度误差　$\Delta f_{f\beta}$ 螺旋线波度公差　$f_{f\beta}$
4.11	齿厚偏差(见 GB/Z 18620.2,未推荐数值) 齿厚上偏差　E_{sns} 齿厚下偏差　E_{sni} 齿厚公差　T_{sn}	齿厚偏差 ΔE_s(规定了 14 个字母代号) 齿厚上偏差　E_{ss} 齿厚下偏差　E_{si} 齿厚公差　T_s

续表

序号	新标准	旧标准
4.12	公法线长度偏差（见 GB/Z 18620.2） 公法线长度上偏差　E_{bns} 公法线长度下偏差　E_{bni}	公法线平均长度偏差　ΔE_{wm} 公法线平均长度上偏差　E_{wms} 公法线平均长度下偏差　E_{wmi}
5	齿轮副的检验与公差	
5.1	齿轮副传动偏差	
5.1.1	传动总偏差（产品齿轮副）F' （见 GB/Z 18620.1，仅给出符号）	齿轮副的切向综合误差　$\Delta F'_{ic}$ 齿轮副的切向综合公差　F'_{ic}
5.1.2	一齿传动偏差（产品齿轮副）f' （见 GB/Z 18620.1，仅给出符号）	齿轮副的一齿切向综合误差　$\Delta f'_{ic}$ 齿轮副的一齿切向综合公差　f'_{ic}
5.2	侧隙 j	
5.2.1	圆周侧隙　j_{wt} 最小圆周侧隙　j_{wtmin} 最大圆周侧隙　j_{wtmax}	圆周侧隙　j_t 最小圆周极限侧隙　j_{tmin} 最大圆周极限侧隙　j_{tmax}
5.2.2	法向侧隙　j_{bn} 最小法向侧隙　j_{bnmin} 最大法向侧隙　j_{bnmax} （见 GB/Z 18620.2，推荐了 j_{bnmin} 计算式及数值表）	法向侧隙　j_n 最小法向极限侧隙　j_{nmin} 最大法向极限侧隙　j_{nmax} （j_{nmin} 由设计者确定）
5.2.3	径向侧隙　j_r	
5.3	轮齿接触斑点 （见 GB/Z 18620.4，推荐了直、斜齿轮装配后的接触斑点）	齿轮副的接触斑点
5.4	中心距偏差 （见 GB/Z 18620.3，没有推荐偏差允许值，仅有说明）	齿轮副中心距偏差　Δf_a 齿轮副中心距极限偏差　$\pm f_a$
5.5	轴线平行度	
5.5.1	轴线平面内的轴线平行度偏差　$f_{\Sigma\delta}$ 推荐的最大值：$f_{\Sigma\delta}=\frac{L}{b}F_{\beta T}$	x 方向的轴线平行度误差　Δf_x x 方向的轴线平行度公差　$f_x=F_\beta$
5.5.2	垂直平面上的轴线平行度偏差　$f_{\Sigma\beta}$ 推荐的最大值：$f_{\Sigma\beta}=0.5\frac{L}{b}F_{\beta T}$	y 方向的轴线平行度误差　Δf_y y 方向的轴线平行度公差　$f_y=0.5F_\beta$
6	精度等级与公差组	
6.1	GB/T 10095.1 规定了从 1~11 级共 11 个等级 GB/T 10095.2 规定了 21 个精度等级	规定了从 1~12 级共 12 个等级
6.2		将齿轮各项公差和极限偏差分成 3 个公差组
7	齿坯要求 在 GB/Z 18620.3 对齿轮坯推荐了基准与安装面的形状公差，安装面的跳动公差	在附录中，补充规定了齿坯公差；轴、孔的尺寸、形状公差；基准面的跳动
8	齿轮检验与公差	
8.1	齿轮检验	
	GB/T 10095.1 规定了 F_{is}、f_{is}、$f_{f\alpha}$、$f_{H\alpha}$、$f_{f\beta}$、$f_{H\beta}$ 不是必检项目 GB/Z 18620.1 规定：在检验中，测量全部轮齿要素的偏差既不经济也没有必要	根据齿轮副的使用要求和生产规模，在各公差组中，选定检验组来检定和验收齿轮精度
8.2	尺寸参数分段 模数 m_n： 0.5/2/3.5/6/10/16/25/40/70 （$F_{i\alpha T}$、$f_{i\alpha T}$ 为 0.2/0.5/0.8/1.0/1.5/2.5/4/6/10） 分度圆直径 d： 5/20/50/125/280/560/1000/1600/2500/4000/6000/8000/10000/15000 （$F_{i\alpha T}$、$f_{i\alpha T}$ 为 5/20/50/125/280/560/1000） 齿宽 b： 4/10/20/40/80/160/250/400/650/1000	模数 m_n： 1/3.5/6.3/10/16/25/40 分度圆直径 d： ≤125/400/800/1600/2500/4000 齿宽 b： ≤40/100/160/250/400/630

续表

序号	新标准	旧标准
8.3	公差与分级公比	
8.3.1	公差 按关系式或计算式求出,没有公差表	F_i'、f_i'、$f_{f\beta}$、F_{px}、F_b 按公差关系式或计算式求出公差,其他项目均有公差表
8.3.2	分级公比 ϕ 各精度等级采用相同的分级公比	高精度等级间采用较大的分级公比 ϕ 低精度等级间采用较小的分级公比 ϕ
9	表面结构 GB/Z 18620.4 对轮齿表面粗糙度推荐了 Ra、Rz 数表	—

7 齿条精度

齿条是圆柱齿轮分度圆直径为无限大的一部分，端面齿廓和螺旋线均为直线。齿条副是圆柱齿轮和齿条的啮合，形成圆周运动与直线运动的转换。GB/T 10096—1988《齿条精度》是由 GB/T 10095—1988《渐开线圆柱齿轮精度》派生配套而形成的。新的国家标准 GB/Z 10096—2022《齿条精度》已发布。

标准 GB/Z 10096—2022 规定了齿条齿部几何精度的等级、基准、测量、公差值和图样标注，精度等级减少为 11 级。选定齿条精度应与啮合的圆柱齿轮精度相匹配。

国际 ISO 和德国 DIN、美国 INSI/AGMA 等没有专门的齿条精度标准，它们的齿条精度由圆柱齿轮精度标准体现。齿条副的圆柱齿轮和齿条是相同的偏差允许值，若圆柱齿轮的参数为未知，则齿条的精度等级以齿条长度折算为分度圆的圆周值进行计值。

8 渐开线圆柱齿轮承载能力计算

渐开线圆柱齿轮承载能力计算，目前国际上有 DIN、ANSI/AGMA 和 ISO 三大标准体系。

（1）DIN 渐开线圆柱齿轮承载能力计算体系主要有以下标准

① DIN 3990-1—1987　圆柱齿轮承载能力的计算　引言和一般影响因素

② DIN 3990-2—1987　圆柱齿轮承载能力的计算　点蚀计算

③ DIN 3990-3—1987　圆柱齿轮承载能力的计算　轮齿弯曲强度计算

④ DIN 3990-4—1987　圆柱齿轮承载能力的计算　胶合承载能力计算

⑤ DIN 3990-5—1987　圆柱齿轮承载能力的计算　疲劳极限和材料质量

⑥ DIN 3990-6—1994　圆柱齿轮承载能力的计算　工作强度的计算

⑦ DIN 3990-11—1989　圆柱齿轮承载能力的计算　工业齿轮的应用标准；详细方法

⑧ DIN 3990-21—1989　圆柱齿轮承载能力的计算　高速齿轮和类似要求齿轮的应用标准

⑨ DIN 3990-31—1990　圆柱齿轮承载能力的计算　船用齿轮的应用标准

⑩ DIN 3990-41—1990　圆柱齿轮承载能力的计算　车辆齿轮的应用标准

（2）ANSI/AGMA 渐开线圆柱齿轮承载能力计算体系主要有以下标准

① AGMA 908-B89 Information Sheet—Geometry Factors for Determining the Pitting Resistance and Bending Strength of Spur，Helical and Herringbone Gear Teeth

② AGMA 925-A03 Effect of Lubrication on Gear Surface Distress

③ AGMA 927-A01 Load Distribution Factors—Analytical Methods for Cylindrical Gears

④ ANSI/AGMA 2001-D04 Fundamental Rating Factors and Calculation Methods for Involute Spur and Helical Gear Teeth

⑤ ANSI/AGMA 2101-D04 Fundamental Rating Factors and Calculation Methods for Involute Spur and Helical Gear Teeth（Metric Edition）

⑥ ANSI/AGMA 6032-A94 Standard for Marine Gear Units：Rating

⑦ ANSI/AGMA ISO 6336-6-A08 Calculation of Load Capacity of Spur and Helical Gears—Part 6：Calculation of

Service Life Under Variable Load

（3）ISO 渐开线圆柱齿轮承载能力计算体系以 ISO 6336 为主，在此基础上衍生出如下标准

ISO 9083：2001（……） 船舶齿轮承载能力计算

ISO 9084：1998（JB/T 8830—2001） 高速齿轮承载能力计算

ISO 9085：2002（GB/T 19406—2003） 工业齿轮承载能力计算

ISO 在 1996 年发布一系列 ISO 6336 标准，2006 年和 2019 年两次对其进行了重大的更新，新旧标准对照及标准体系可见表 12-1-76。

表 12-1-76

ISO 渐开线圆柱齿轮承载能力计算体系主要标准 1996 年~2012 年	ISO 渐开线圆柱齿轮承载能力计算体系主要标准 2012 年至今
ISO 6336-1:1996 ISO 6336-1:1996/Cor 1:1998 ISO 6336-1:1996/Cor 2:1999 ISO 6336-1:2006 ISO 6336-1:2006/Cor 1:2008	ISO 6336-1:2019
ISO 6336-2:1996 ISO 6336-2:1996/Cor 1:1998 ISO 6336-2:1996/Cor 2:1999 ISO 6336-2:2006 ISO 6336-2:2006/Cor1:2008	ISO 6336-2:2019
ISO 6336-3:1996 ISO 6336-3:1996/Cor 1:1999 ISO 6336-3:2006 ISO 6336-3:2006/Cor1:2008	ISO 6336-3:2019
ISO 6336-5:1996 ISO 6336-5:2003	ISO 6336-5:2016
ISO 6336-6:2006 ISO 6336-6:2006/Cor1:2007	ISO 6336-6:2019
ISO/TR 10495:1997 ISO 6336-6:2006 ISO 6336-6:2006/Cor:2007	ISO 6336-6:2019 ISO 6336-6:2019/Cor 2:2019
ISO/TR 15144-1:2010	ISO/TR 15144-1:2014
—	ISO/TR 15144-2:2014
ISO 9083:2001	ISO 9083:2001
ISO 9084:2000(已撤销)	—
ISO 9085:2002	ISO 9085:2002
ISO/TR 13989-1:2000	ISO/TR 13989-1:2000
ISO/TR 13989-2:2000	ISO/TR 13989-2:2000
ISO/TR 14179-1:2001	ISO/TR 14179-1:2001
ISO/TR 14179-2:2001	ISO/TR 14179-2:2001
ISO/TR 18792:2008	ISO/TR 18792:2020

（4）中国渐开线圆柱齿轮承载能力计算体系

我国在 2019 年，依据 ISO 6336-1：2006 标准制定发布了 GB/T 3480.1—2019《直齿轮和斜齿轮承载能力计算　第 1 部分：基本原理、概述及通用影响系数》（ISO 在 2019 年又发布了 ISO 6336-1：2019 新标准）。2021 年发布了 GB/T 3480.2—2021《直齿轮和斜齿轮承载能力计算　第 2 部分：齿面接触强度（点蚀）计算》，GB/T 3480.3—2021《直齿轮和斜齿轮承载能力计算　第 3 部分：轮齿弯曲强度计算》，GB/T 3480.5—2021《直齿轮和斜齿轮承载能力计算　第 5 部分：材料的强度和质量》（替代 GB/T 3480.5—2008 和 GB/T 8539—2000），上述标准均等同采用 ISO 6336 标准。依据 ISO 6336-6：2006 标准制定了 GB/T 3480.6—2018《直齿轮和斜齿轮承载能力计算　第 6 部分：变载荷条件下的使用寿命计算》（ISO 在 2019 年又发布了 ISO 6336-6：2019 新标准）。

ISO 直齿轮和斜齿轮承载能力计算的标准大多更新到 2019 版，但部分对应国标仍采用 2006 版的 ISO 标准，随后会进一步更新，如 GB/Z 3480.4—2024　《直齿轮和斜齿轮承载能力计算　第 4 部分：齿面断裂承载能力计算》和 GB/Z 3480.22—2024《直齿轮和斜齿轮承载能力计算　第 22 部分：微点蚀承载能力计算》已经在 2024

年4月发布。

《高速渐开线圆柱齿轮和类似要求齿轮　承载能力计算方法》（JB/T 8830）以及《渐开线直齿和斜齿圆柱齿轮承载能力计算方法　工业齿轮应用》（GB/T 19406）都是等同采用了相应的ISO标准。齿轮胶合承载能力计算标准GB/Z 6413.1—2003和GB/Z 6413.2—2003也等同采用了ISO标准，对应的ISO标准为ISO/TR 13989-1：2000和ISO/TR 13989-2：2000（GB/Z 6413.1和GB/Z 6413.2拟采标ISO 6336-20：2022和ISO 6336-21：2022，针对圆柱齿轮。ISO 10300-20：2021，针对圆锥齿轮）。

多年来，对于圆柱齿轮、锥齿轮和准双曲面齿轮胶合承载能力计算，国际上一直并存着两种计算方法，即闪温法和积分温度法。2000年ISO以ISO/TR（ISO/TR 13989-1，2）的形式将两种计算方法同时发布。闪温法是基于沿啮合线的接触温度变化，积分温度法是基于沿啮合线的接触温度的加权均值。GB/Z 6413.1（闪温法）与GB/Z 6413.2（积分温度法）对齿轮胶合危险性的评价结果大致相同。这两种方法相比较，积分温度法对存在局部温度峰值的情况不太敏感。在齿轮装置中，局部温度峰值通常存在于重合度较小或在基圆附近接触或其他有敏感的几何参数的情况下。

目前，我国渐开线圆柱齿轮承载能力计算体系主要标准有：

① GB/T 3480.1—2019、GB/T 3480.2—2021、GB/T 3480.3—2021直齿和斜齿轮承载能力计算

② GB/T 3480.5—2021《直齿轮和斜齿轮承载能力计算　第5部分：材料的强度和质量》和GB/T 3480.6—2018《直齿轮和斜齿轮承载能力计算　第6部分：变载荷条件下的使用寿命计算》

③ GB/T 10063—1988《通用机械渐开线圆柱齿轮　承载能力简化计算方法》

④ GB/T 19406—2003《渐开线直齿和斜齿圆柱齿轮承载能力计算方法　工业齿轮应用》

⑤ GB/Z 6413.1—2003《圆柱齿轮、锥齿轮和双曲面齿轮胶合承载能力计算方法　第1部分：闪温法》

⑥ GB/Z 6413.2—2003《圆柱齿轮、锥齿轮和双曲面齿轮胶合承载能力计算方法　第2部分：积分温度法》

⑦ JB/T 8830—2001《高速渐开线圆柱齿轮和类似要求齿轮　承载能力计算方法》

⑧ JB/T 9837—1999《拖拉机圆柱齿轮承载能力计算方法》

GB/T（Z）3480《直齿轮和斜齿轮承载能力计算》在我国齿轮行业有着广泛的应用，这些标准完善了我国渐开线圆柱齿轮承载能力的计算体系，有助于我国的齿轮产品充分地与国际接轨。

依据研究对象和计算方法的不同，标准分为以下11个部分，它们共同构成相对完整的计算框架。

第1部分：基本原理、概述及通用影响系数。目的在于确立渐开线圆柱直齿轮和斜齿轮承载能力计算的基本原理，给出通用影响系数和部分修正系数的取值。

第2部分：齿面接触强度（点蚀）计算。目的在于给出基于赫兹接触理论的齿面接触强度（点蚀）的计算方法和部分修正系数的取值。

第3部分：轮齿弯曲强度计算。目的在于给出基于悬臂梁理论的齿面弯曲强度的计算方法和部分修正系数的取值。

第4部分：齿面断裂承载能力计算。目的在于描述一种近年来研发的评估齿面断裂风险的方法。

第5部分：材料的强度和质量。目的在于给出不同材料质量等级的技术要求、影响齿轮齿面接触强度极限和齿根弯曲强度极限的主要因素及许用值。

第6部分：变载荷条件下的使用寿命计算。目的在于给出变载荷条件下通过Palmgren-Miner法则计算变载荷的当量值的计算方法。

第20部分：胶合承载能力计算闪温法。目的在于描述啮合齿面最大接触温度以及接触温度沿接触路径的变化。

第21部分：胶合承载能力计算积温法。目的在于描述啮合齿面沿接触路径的接触温度加权平均值。

第22部分：微点蚀承载能力计算。目的在于描述特定润滑油在齿轮接触区的最小油膜厚度模型，以此评价齿轮抗微点蚀的能力。

第30部分：应用GB/T 3480第1、2、3、5部分的计算实例。目的在于提供基于GB/T 3480.1、GB/T 3480.2、GB/T 3480.3和GB/T 3480.5系列标准的可参考的算例。

第31部分：微点蚀承载能力的计算实例。目的在于提供基于GB/Z 3480.22的可参考的算例。

上述标准与ISO 6336相关部分对应编制，详细内容可查阅相关标准。

本手册以下部分取材于GB/T（Z）3480系列标准。各专业领域请参照各自专业标准。

本节主要根据GB/T（Z）3480系列标准和GB/T 10063—1988通用机械渐开线圆柱齿轮承载能力简化计算方法，初步确定渐开线圆柱齿轮尺寸。齿面接触强度核算和轮齿弯曲强度核算的方法，适合于钢和铸铁制造的、基本齿廓符合GB/T 1356的内、外啮合直齿、斜齿和人字齿（双斜齿）圆柱齿轮传动，基本齿廓与GB/T 1356相

类似但个别齿形参数值略有差异的齿轮，也可参照本法计算其承载能力。

8.1 可靠性与安全系数

不同的使用场合对齿轮有不同的可靠度要求。齿轮工作的可靠度要求是根据其重要程度、工作要求和维修难易等方面的因素综合考虑决定的，一般可分为下述几类情况。

① 低可靠度要求　齿轮设计寿命不长，对可靠度要求不高的易于更换的不重要齿轮，或齿轮设计寿命虽不短，但对可靠度要求不高，这类齿轮可靠度可取为90%。

② 一般可靠度要求　通用齿轮和多数的工业应用齿轮，其设计寿命和可靠度均有一定要求，这类齿轮工作可靠度一般不大于99%。

③ 较高可靠度要求　要求长期连续运转和较长的维修间隔，或设计寿命虽不很长但可靠度要求较高的高参数齿轮，一旦失效可能造成较严重的经济损失或安全事故，其可靠度要求高达99.9%。

④ 高可靠度要求　特殊工作条件下要求可靠度很高的齿轮，其可靠度要求甚至高达99.99%以上。

目前，可靠度理论虽已开始用于一些机械设计，且已表明只用强度安全系数并不能完全反映可靠度水平，但是在齿轮设计中将各参数作为随机变量处理尚缺乏足够数据。所以，标准GB/T 3480仍将设计参数作为确定值处理，仍然用强度安全系数或许用应力作为判据，而通过选取适当的安全系数来近似控制传动装置的工作可靠度要求。考虑到计算结果和实际情况有一定偏差，为保证所要求的可靠度，必须使计算允许的承载能力有必要的安全裕量。显然，所取的原始数据越准确，计算方法越精确，计算结果与实际情况偏差就越小，所需的安全裕量就可以越小，经济性和可靠度就更加统一。

具体选择安全系数时，需注意以下几点。

① 本节所推荐的齿轮材料疲劳极限是在失效概率为1%时得到的。可靠度要求高时，安全系数应取大些；反之，则可取小些。

② 一般情况下弯曲安全系数应大于接触安全系数，同时断齿比点蚀的后果更为严重，也要求弯曲强度的安全裕量应大于接触强度安全裕量。

③ 不同的设计方法推荐的最小安全系数不尽相同，设计者应根据实际使用经验或适合的资料选定。如无可用资料时，可参考表12-1-121选取。

④ 对特定工作条件下可靠度要求较高的齿轮安全系数取值，设计者应做详细分析，并且通常应由设计制造部门与用户商定。

8.2 轮齿受力分析

表12-1-77　　轮齿作用力的计算

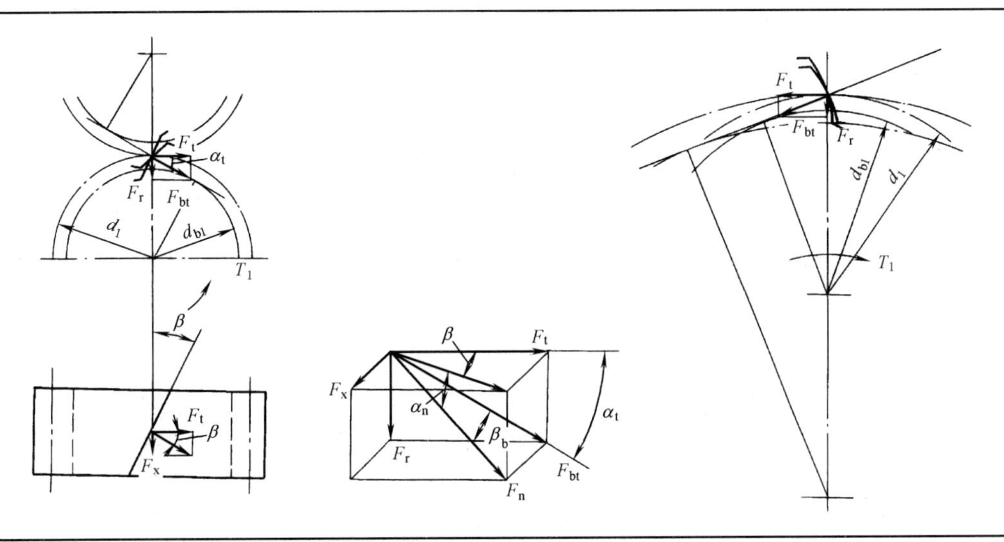

续表

作用力	单位	计算公式		
		直齿轮	斜齿轮	人字齿轮
切向力 F_t	N	$F_t=\dfrac{2000T_{1(或2)}}{d_{1(或2)}}$	$T_{1(或2)}=\dfrac{9549P_{kW}}{n_{1(或2)}}=\dfrac{7024P_{ps}}{n_{1(或2)}}$	
径向力 F_r		$F_r=F_t\tan\alpha$	$F_r=F_t\tan\alpha_t=F_t\dfrac{\tan\alpha_n}{\cos\beta}$	
轴向力 F_x		0	$F_x=F_t\tan\beta$	0
法向力 F_n		$F_n=\dfrac{F_t}{\cos\alpha}$	$F_n=\dfrac{F_t}{\cos\beta\cos\alpha_n}$	

注：$T_{1(或2)}$ —小齿轮（或大齿轮）的额定转矩，N·m；P_{kW}—额定功率，kW；P_{ps}—额定功率，马力（ps），1ps≈0.735kW；其余代号和单位同前。

8.3 齿轮主要尺寸的初步确定

齿轮传动的主要尺寸可按下述任何一种方法初步确定。

① 参照已有的相同或类似机械的齿轮传动，用类比法确定。

② 根据具体工作条件、结构、安装及其他要求确定。

③ 按齿面接触强度的计算公式确定中心距 a 或小齿轮的直径 d_1，根据弯曲强度计算确定模数 m。对闭式传动，应同时满足接触强度和弯曲强度的要求；对开式传动，一般只按弯曲强度计算，并将由公式算得的 m（或 m_n）值增大 10%~20%。

主要尺寸初步确定之后，原则上应进行强度校核，并根据校核计算的结果酌情调整初定尺寸。对于低精度的、不重要的齿轮，也可以不进行强度校核计算。

8.3.1 齿面接触强度[1]

在初步设计齿轮时，根据齿面接触强度，可按下列公式之一估算齿轮传动的尺寸

$$a \geqslant A_a(u\pm1)\sqrt[3]{\frac{KT_1}{\psi_a u\sigma_{HP}^2}} \quad (mm)$$

$$d_1 \geqslant A_d\sqrt[3]{\frac{KT_1}{\psi_d\sigma_{HP}^2}\times\frac{u\pm1}{u}} \quad (mm)$$

对于钢对钢配对的齿轮副，常系数值 A_a、A_d 见表 12-1-78，对于非钢对钢配对的齿轮副，需将表中值乘以修正系数，修正系数列于表 12-1-79，齿宽系数列于表 12-1-80。以上二式中的“+”用于外啮合，“-”用于内啮合。

表 12-1-78　　钢对钢配对齿轮副的 A_a、A_d 值

螺旋角 β	直齿轮 $\beta=0°$	斜齿轮 $\beta=8°\sim15°$	斜齿轮 $\beta=25°\sim35°$
A_a	483	476	447
A_d	766	756	709

表 12-1-79　　修正系数

小齿轮	钢			铸钢			球墨铸铁		灰铸铁
大齿轮	铸钢	球墨铸铁	灰铸铁	铸钢	球墨铸铁	灰铸铁	球墨铸铁	灰铸铁	灰铸铁
修正系数	0.997	0.970	0.906	0.994	0.967	0.898	0.943	0.880	0.836

齿宽系数 $\psi_a=\dfrac{\psi_d}{0.5(u\pm1)}$ 按表 12-1-80 圆整。“+”号用于外啮合，“-”号用于内啮合。ψ_d 的推荐值见表 12-1-82。

载荷系数 K，常用值 $K=1.2\sim2$，当载荷平稳，齿宽系数较小，轴承对称布置，轴的刚性较大，齿轮精度较高（6 级以上），以及齿的螺旋角较大时取较小值；反之取较大值。

许用接触应力 σ_{HP}，推荐按下式确定

[1] 初步设计时齿面接触强度与齿根弯曲强度的计算公式摘自 GB/T 10063。

$$\sigma_{HP} \approx 0.9\sigma_{H\,lim} (N/mm^2)$$

式中　$\sigma_{H\,lim}$——试验齿轮的接触疲劳极限，见 8.4.1 节（13）。取 $\sigma_{H\,lim1}$ 和 $\sigma_{H\,lim2}$ 中的较小值。

表 12-1-80　　齿宽系数 ψ_a

0.2	0.25	0.3	0.35	0.4	0.45	0.5	0.6

注：对人字齿轮应为表中值的 2 倍。

8.3.2　齿根弯曲强度

在初步设计齿轮时，根据齿根弯曲强度，可按下列公式估算齿轮的法向模数

$$m_n \geqslant A_m \sqrt[3]{\frac{KT_1 Y_{Fs}}{\psi_d z_1^2 \sigma_{FP}}} \quad (mm)$$

系数 A_m 列于表 12-1-81，齿宽系数列于表 12-1-82。

许用齿根应力 σ_{FP}，推荐按下式确定。

轮齿单向受力　　$\sigma_{FP} \approx 0.7\sigma_{FE}$　（N/mm^2）

轮齿双向受力或开式齿轮　　$\sigma_{FP} \approx 0.5\sigma_{FE} = \sigma_{F\,lim}$　（N/mm^2）

式中　$\sigma_{F\,lim}$——试验齿轮的弯曲疲劳极限，见 8.4.2 节中的（9）；

Y_{Fs}——复合齿廓系数，$Y_{Fs} = Y_{Fa} Y_{sa}$，见 8.4.2 节中的（4）（5）；

σ_{FE}——齿轮材料的弯曲疲劳强度的基本值，见 8.4.2 节中的（9）。

表 12-1-81　　系数 A_m 值

螺旋角 β	直齿轮 $\beta=0°$	斜齿轮 $\beta=8°\sim15°$	斜齿轮 $\beta=25°\sim35°$
A_m	12.6	12.4	11.5

表 12-1-82　　齿宽系数 ψ_d 的推荐范围

<table>
<tr><td rowspan="3">支承对齿轮的配置</td><td rowspan="3">载荷特性</td><td colspan="2">ψ_d 的最大值</td><td colspan="2">ψ_d 的推荐值</td></tr>
<tr><td colspan="4">工　作　齿　面　硬　度</td></tr>
<tr><td>一对或一个齿轮 ≤350HB</td><td>两个齿轮都是 >350HB</td><td>一对或一个齿轮 ≤350HB</td><td>两个齿轮都是 >350HB</td></tr>
<tr><td rowspan="2">对称配置并靠近齿轮</td><td>变动较小</td><td>1.8(2.4)</td><td>1.0(1.4)</td><td rowspan="2">0.8~1.4</td><td rowspan="2">0.4~0.9</td></tr>
<tr><td>变动较大</td><td>1.4(1.9)</td><td>0.9(1.2)</td></tr>
<tr><td rowspan="2">非对称配置</td><td>变动较小</td><td>1.4(1.9)</td><td>0.9(1.2)</td><td colspan="2">结构刚性较大时（如两级减速器的低速级）
0.6~1.2　|　0.3~0.6</td></tr>
<tr><td>变动较大</td><td>1.15(1.65)</td><td>0.7(1.1)</td><td colspan="2">结构刚性较小时
0.4~0.8　|　0.2~0.4</td></tr>
<tr><td rowspan="2">悬臂配置</td><td>变动较小</td><td>0.8</td><td>0.55</td><td colspan="2" rowspan="2"></td></tr>
<tr><td>变动较大</td><td>0.6</td><td>0.4</td></tr>
</table>

注：1. 括号内的数值用于人字齿轮，其齿宽是两个半人字齿轮齿宽之和。

2. 齿宽与承载能力成正比，当载荷一定时，增大齿宽可以减小中心距，但螺旋线载荷分布的不均匀性随之增大。在必须增大齿宽的时候，为避免严重的偏载，齿轮和齿轮箱应具有较高的精度和足够的刚度。

3. $\psi_d = \frac{b}{d_1}$，$\psi_a = \frac{b}{a}$，$\psi_d = 0.5(u+1)\psi_a$，对中间有退刀槽（宽度为 l）的人字齿轮：$\psi_d = 0.5(u+1)\left(\psi_a - \frac{l}{a}\right)$。

4. 螺旋线修形的齿轮，ψ_d 值可大于表列的推荐范围。

第12篇

8.4 疲劳强度校核计算（摘自 GB/T 3480 系列标准）

本节介绍 GB/T 3480 系列标准直齿轮和斜齿轮承载能力计算方法的主要内容。标准适用于钢、铸铁制造的，基本齿廓符合 GB/T 1356 的内外啮合直齿、斜齿和人字齿（双斜齿）圆柱齿轮传动。详细内容参见相应标准。

8.4.1 齿面接触强度核算

（1）齿面接触强度核算的公式（表 12-1-83）

标准把赫兹应力作为齿面接触应力的计算基础，并用来评价接触强度。赫兹应力是齿面间应力的主要指标，但不是产生点蚀的唯一原因。例如在应力计算中未考虑滑动的大小和方向、摩擦因数及润滑状态等，这些都会影响齿面的实际接触应力。

齿面接触强度核算时，取节点和单对齿啮合区内界点的接触应力中的较大值，小轮和大轮的许用接触应力 σ_{Hp} 要分别计算。下列公式适用于端面重合度 $\varepsilon_\alpha<2.5$ 的齿轮副。

在任何啮合瞬间，大、小齿轮的接触应力总是相等的。齿面最大接触应力一般出现在小齿轮单对齿啮合区内界点 B、节点 C 及大齿轮单对齿啮合区内界点 D 这三个特征点之一处上，见图 12-1-66。产生点蚀危险的实际接触应力通常出现在 C、D 点或其间（对大齿轮），或在 C、B 点或其间（对小齿轮）。接触应力基本值 σ_{H0} 是基于节点区域系数 Z_H 计算的节点 C 处接触应力基本值 σ_{H0}，当单对齿啮合区内界点处的应力超过节点处的应力时，即 Z_B 或 Z_D 大于 1.0 时，在确定大、小齿轮计算应力 σ_H 时应乘以 Z_D、Z_B 予以修正；当 Z_B 或 Z_D 不大于 1.0 时，取其值为 1.0。

对于斜齿轮，当纵向重合度 $\varepsilon_\beta \geqslant 1$ 时，一般节点接触应力较大；当纵向重合度 $\varepsilon_\beta<1$ 时，接触应力由与斜齿轮齿数相同的直齿轮的 σ_H 和 $\varepsilon_\beta=1$ 的斜齿轮的 σ_H 按 ε_β 做线性插值确定。

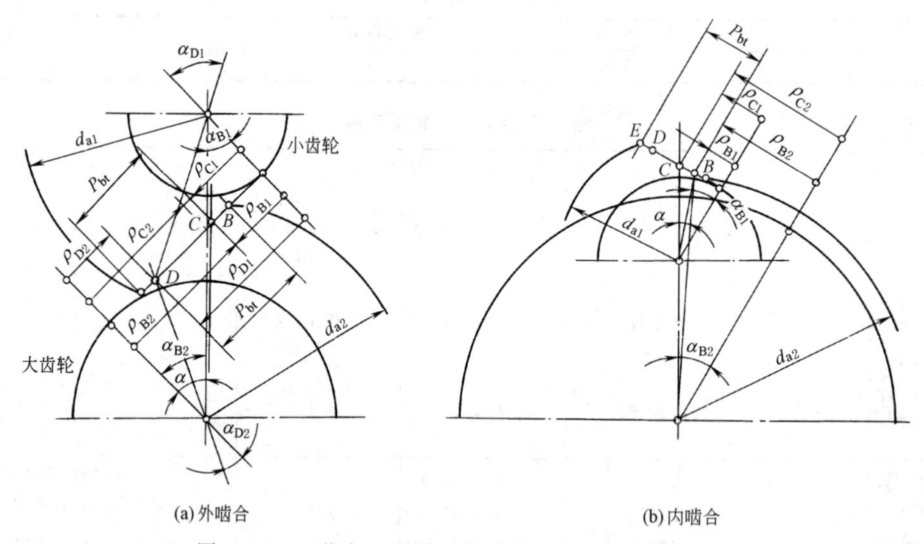

图 12-1-66 节点 C 及单对齿啮区 B、D 处的曲率半径

表 12-1-83 **齿面接触强度核算的公式**

强度条件		$\sigma_H \leqslant \sigma_{HP}$ 或 $S_H \geqslant S_{H\min}$	σ_H——齿轮的计算接触应力，N/mm² σ_{HP}——齿轮的许用接触应力，N/mm² S_H——接触强度的计算安全系数 $S_{H\min}$——接触强度的最小安全系数
计算接触应力	小轮	$\sigma_{H1}=Z_B\sigma_{H0}\sqrt{K_AK_\gamma K_vK_{H\beta}K_{H\alpha}}$	K_A——使用系数，见本节(3) K_γ——均载系数，考虑多路径传动各啮合副总的切向载荷不均匀影响系数 K_v——动载系数，见本节(4) $K_{H\beta}$——接触强度计算的齿向载荷分布系数，见本节(5) $K_{H\alpha}$——接触强度计算的齿间载荷分配系数，见本节(6) Z_B，Z_D——小轮及大轮单对齿啮合系数，见本节(8) σ_{H0}——节点处计算接触应力的基本值，N/mm²
	大轮	$\sigma_{H2}=Z_D\sigma_{H0}\sqrt{K_AK_\gamma K_vK_{H\beta}K_{H\alpha}}$	

续表

计算接触应力的基本值	$\sigma_{H0}=Z_H Z_E Z_\varepsilon Z_\beta \sqrt{\frac{F_t}{d_1 b}\times\frac{u\pm 1}{u}}$ "+"号用于外啮合， "-"号用于内啮合	F_t——端面内分度圆上的名义切向力，N，见表 12-1-77 b——工作齿宽，mm，指一对齿轮中的较小齿宽 d_1——小齿轮分度圆直径，mm u——齿数比，$u=z_2/z_1$，z_1、z_2 分别为小轮和大轮的齿数 Z_H——节点区域系数，见本节(9) Z_E——弹性系数，$\sqrt{N/mm^2}$，见本节(10) Z_ε——重合度系数，见本节(11) Z_β——螺旋角系数，见本节(12)
许用接触应力	$\sigma_{Hp}=\frac{\sigma_{HG}}{S_{H\,min}}$ $\sigma_{HG}=\sigma_{H\,lim}Z_{NT}Z_L Z_v Z_R Z_W Z_x$	σ_{HG}——计算齿轮的接触极限应力，N/mm^2 $\sigma_{H\,lim}$——试验齿轮的接触疲劳极限，N/mm^2，见本节(13) Z_{NT}——接触强度计算的寿命系数，见本节(14) Z_L——润滑剂系数，见本节(15) Z_v——速度系数，见本节(15) Z_R——粗糙度系数，见本节(15) Z_W——工作硬化系数，见本节(16) Z_x——接触强度计算的尺寸系数，见本节(17)
计算安全系数	$S_H=\frac{\sigma_{HG}}{\sigma_H}=\frac{\sigma_{H\,lim}Z_{NT}Z_L Z_v Z_R Z_W Z_x}{\sigma_H}$	

(2) 名义切向力 F_t

可按齿轮传递的额定转矩或额定功率按表 12-1-77 中公式计算。变动载荷时，如果已经确定了齿轮传动的载荷图谱，则应按当量转矩计算分度圆上的切向力，见 8.4.4。

(3) 使用系数 K_A

使用系数 K_A，调整名义切向力 F_t 以补偿来自外部源的增量齿轮载荷。这些额外负载很大程度上取决于驱动和驱动机器的特性，以及系统的质量和刚度，包括使用中的轴和联轴器。

对于船舶齿轮和其他受循环峰值扭矩（扭转振动）影响且设计为无限寿命的应用，使用系数可以定义为峰值循环扭矩与标称额定扭矩之间的比率。额定扭矩由额定功率和速度来定义。它是在负载计算中使用的扭矩。

如果齿轮受到超过峰值循环扭矩量的已知载荷值的影响，则可通过累积疲劳或增加的施加因子直接覆盖这种影响，表示为对载荷谱的影响。

建议买方和制造商/设计师就使用系数影响因素值达成一致。可以指定不同的 K_A 值，并用于防止点蚀、齿根断裂、齿面失效、磨损和影响微点蚀的评级，其方法如下所述。可变的负载条件可能会对不同的失效模式产生不同的影响。

① 方法 A—$K_{A\text{-}A}$[1]。使用系数 $K_{A\text{-}A}$，应用于轮齿点蚀的 $K_{HA\text{-}A}$，应用于齿根断裂的 $K_{FA\text{-}A}$，应用于齿侧断裂的 $K_{FFA\text{-}A}$，应用于齿轮磨损的 $K_{\theta A\text{-}A}$，应用于齿轮微点蚀的 $K_{\lambda A\text{-}A}$，是根据给定的载荷谱确定的，为该载荷谱的占比。ISO 6336 系列中的载荷谱包括所有相关条件（如扭矩、速度、温度、潮流方向、……）和载荷持续时间分布谱。

这种方法中的载荷谱是通过仔细的测量和随后的测量数据分析、对系统的全面的数学分析，或基于相关应用领域的可靠操作经验来确定的。

$K_{HA\text{-}A}$ 沿用 ISO 6336-2，应用于点蚀。对于点蚀的等级，在 ISO 6336-6 中给出了一种计算此条件下载荷影响的方法。该方法是基于 ISO 6336-2 中的计算原则。此外，关于所考虑的损伤机制的基本 S-N（应力-循环次数）曲线的知识，可从试验获得或从 ISO 6336-2 中包含的参考值中获得。在计算中，根据 ISO 规定的等效切向载荷用切向载荷乘以 $K_{HA\text{-}A}$ 表示。

$K_{FA\text{-}A}$ 沿用 ISO 6336-3，应用于齿根断裂。对于弯曲疲劳等级，在 ISO 6336-6 中给出了一种计算此条件下载荷影响的方法。该方法是基于 ISO 6336-3 中的计算原则。此外，关于所考虑的损伤机制的基本 S-N 曲线，可从试验获得或 ISO 6336-3 中包含的 S-N 值获得。在计算中，根据 ISO 规定的等效切向载荷用切向载荷乘以应用系数 $K_{FA\text{-}A}$ 表示。注意：根据 ISO 6336-6 计算齿轮使用寿命时，应将系数 $K_{FA\text{-}A}$ 设置为 1.0。

$K_{FFA\text{-}A}$ 沿用 ISO/TS 6336-4，应用于齿侧断裂。对于齿侧断裂，已知在寿命有限的区域内的载荷可能导致耐久极限降低，因此应考虑分级。然而，在 ISO 6336 系列中没有提出确定载荷谱累积效应的一般方法，现没有方

[1] 即 K_A，下角标是为区分计算方法。

第12篇

法可以计算。相应地，从载荷谱计算等效转矩值不适用于该故障模式。$K_{FFA\text{-}A}$ 可根据方法 B 进行选择。

$K_{\theta A\text{-}A}$ 沿用 ISO/TS 6336-20 和 ISO/TS 6336-21，应用于齿轮磨损。对于磨损等级，应在所有条件下，评估载荷谱，以评估确定速度、载荷和可能的其他参数的最差组合，如润滑油、润滑剂温度、润滑剂老化、动力流方向，从而产生最低的安全系数。在这种情况下，$K_{\theta A\text{-}A}$ 设置为 1.0。

$K_{\lambda A\text{-}A}$ 沿用 ISO/TS 6336-22，应用于齿轮微点蚀。对于微点蚀等级，在 ISO 6336 系列中没有提出确定载荷谱累积效应的一般方法，因为没有基于一般 S-N 曲线计算使用寿命的方法。相应地，从载荷谱计算等效转矩值不适用于该故障模式。为了估计整个载荷谱的微点蚀风险，建议对载荷、速度、润滑剂和温度进行基于经验的详细分析。如果没有进一步的信息，$K_{HA\text{-}A}$ 可代替 $K_{\lambda A\text{-}A}$ 表示获得的点蚀损害。

② 方法 B—$K_{A\text{-}B}$。使用系数 $k_{A\text{-}B}$，应用于轮齿点蚀的 $K_{HA\text{-}B}$，应用于齿根断裂的 $K_{FA\text{-}B}$，应用于齿侧断裂的 $K_{FFA\text{-}B}$，应用于齿轮磨损的 $K_{\theta A\text{-}B}$，应用于齿轮微点蚀的 $K_{\lambda A\text{-}B}$。方法 B 基于给定名义切向力 F_t，使用系数 $K_{A\text{-}B}$ 用于修改 F_t 值，以考虑从外部源施加在齿轮上的负载。然后，将此调整后的负载 $K_{A\text{-}B}$、F_t 与所有其他相关条件（如速度、温度、动力流方向等）结合起来。

建议买方和变速箱制造商统一 $K_{A\text{-}B}$ 的值，并应根据经验进行选择。如果没有进一步的信息，则可以使用下面所述的值。

表 12-1-84 中给出的经验值可用于任何应用因素，综合考虑各影响因素（$K_{HA\text{-}B}$ 用于点蚀，$K_{FA\text{-}B}$ 用于齿根断裂，$K_{FFA\text{-}B}$ 用于齿侧断裂，$K_{\theta A\text{-}B}$ 用于磨损，$K_{\lambda A\text{-}B}$ 用于微点蚀）。

使用系数 K_A 是考虑由于齿轮啮合外部因素引起附加动载荷影响的系数。这种外部附加动载荷取决于原动机和从动机的特性、轴和联轴器系统的质量和刚度以及运行状态。使用系数应通过精密测量或对传动系统的全面分析来确定。当不能实现时，可参考表 12-1-84 查取。该表适用于在非共振区运行的工业齿轮和高速齿轮，采用表荐值时其最小弯曲强度安全系数 $S_{F\,min}=1.25$。某些应用场合的使用系数 K_A 值可能远高于表中值（甚至高达 10），选用时应认真、全面地分析工况和连接结构。

表 12-1-84　　使用系数 K_A

原动机工作特性	工作机工作特性			
	均匀平稳	轻微冲击	中等冲击	严重冲击
均匀平稳	1.00	1.25	1.50	1.75
轻微冲击	1.10	1.35	1.60	1.85
中等冲击	1.25	1.50	1.75	2.0
严重冲击	1.50	1.75	2.0	2.25 或更大

注：1. 对于增速传动，根据经验建议取上表值的 1.1 倍。
2. 当外部机械与齿轮装置之间挠性连接时，通常 K_A 值可适当减小。
3. 选用时应全面分析工况和连接结构，如在运行中存在非正常的重载、大的启动转矩、重复的中等或严重冲击，应当核算其有限寿命下承载能力和静强度。

原动机工作特性及工作机工作特性示例分别见表 12-1-85 和表 12-1-86。

表 12-1-85　　原动机工作特性示例

工作特性	原动机
均匀平稳	电动机(例如直流电动机)、均匀运转的蒸气轮机、燃气轮机(小的,启动转矩很小)
轻微冲击	蒸汽轮机、燃气轮机、液压装置、电动机(经常启动,启动转矩较大)
中等冲击	多缸内燃机
强烈冲击	单缸内燃机

表 12-1-86　　工作机工作特性示例

工作特性	工作机
均匀平稳	发电机、均匀传送的带式运输机或板式运输机、螺旋输送机、轻型升降机、包装机、机床进刀传动装置、通风机、轻型离心机、离心泵、轻质液体拌和机或均匀密度材料拌和机、剪切机、冲压机①、回转齿轮传动装置、往复移动齿轮装置②
轻微冲击	不均匀传动(例如包装件)的带式运输机或板式运输机、机床的主驱动装置、重型升降机、起重机中回转齿轮装置、工业与矿用风机、重型离心机、离心泵、黏稠液体或变密度材料的拌和机、多缸活塞泵、给水泵、挤压机(普通型)、压延机、转炉、轧机③(连续锌条、铝条以及线材和棒料轧机)

续表

工作特性	工作机
中等冲击	橡胶挤压机、橡胶和塑料做间断工作的拌和机、球磨机(轻型)、木工机械(锯片、木车床)、钢坯初轧机[③④]、提升装置、单缸活塞泵
强烈冲击	挖掘机(铲斗传动装置、多斗传动装置、筛分传动装置、动力铲)、球磨机(重型)、橡胶揉合机、破碎机(石料,矿石)、重型给水泵、旋转式钻探装置、压砖机、剥皮滚筒、落砂机、带材冷轧机[③⑤]、压坯机、轮碾机

①额定转矩=最大切削、压制、冲击转矩。②额定载荷为最大启动转矩。③额定载荷为最大轧制转矩。④转矩受限流器限制。⑤带钢的频繁破碎会导致 K_A 上升到 2.0。

（4）动载系数 K_v

动载系数 K_v 是考虑齿轮制造精度、运转速度对轮齿内部附加动载荷影响的系数，定义为：

$$K_v=\frac{传递的切向载荷+内部附加动载荷}{传递的切向载荷}$$

一般认为轮齿上的内部动载荷既受设计又受制造的影响，动载系数考虑了齿轮精度和与速度和载荷有关的修形的影响。影响动载系数的主要因素有：由齿距和齿廓偏差产生的传动误差、齿面相对于旋转轴的跳动、节线速度、转动件的惯量和刚度、轮齿载荷、轮齿啮合刚度在啮合循环中的变化。其他的影响因素还有：跑合效果、润滑油特性、轴承及箱体支承刚度、轴承配合和预荷载、临界转速和齿轮内部的振动及动平衡精度等。具体论述如下。

设计参数：节线速度、轮齿载荷、回转件的惯量和刚度、轮齿刚度的变化、润滑剂性能、轴承和箱体的刚度、临界转速和齿轮自身的振动。

制造因素：齿距偏差、基准面相对于旋转轴线的跳动、齿廓偏差、啮合轮齿的匹配度、零件的平衡、轴承的配合及预紧。

扰动：即使输入转矩与转速恒定，也会存在明显的质量振动及其产生的轮齿动载荷。当配对轮齿由于激励产生振动引起相对位移时，这些载荷被认为是由传动误差引起的。在理想运动学中要求齿轮副的输入与输出转速的比值为定值。传动误差定义为啮合齿轮副均匀相对角运动的偏离量。由设计和加工产生的与理想齿廓和齿距的所有偏差及齿轮的使用状况都对传动误差有影响，齿轮的使用状况包括：

a. 节线速度：激励的频率取决于节线速度和模数。

b. 啮合循环中啮合刚度的变化：这种激励在直齿轮副中尤其明显，而总重合度大于 2.0 的直齿轮和斜齿轮副的刚度变化较小。

c. 轮齿传递的载荷：由于变形取决于载荷，所以只有针对某一大小载荷的轮齿修形才能得到均匀的速比。当载荷与设计载荷不同时传动误差将加大。

d. 齿轮和轴的动不平衡。

e. 使用环境：轮齿齿廓的过度磨损和塑性变形将增大传动误差。齿轮传动应有合理设计的润滑系统、封闭的运行空间和可靠的密封以保持一个安全的工作温度及无污染环境。

f. 轴的对中性：轮齿啮合的对中性受齿轮、轴、轴承和箱体的载荷及热变形的影响。

g. 齿间摩擦引起的激励。

动态响应：齿轮、轴及其他主要内部零件的质量；轮齿、轮体、轴、轴承及箱体的刚度；阻尼，阻尼源主要是轴承和密封，其他阻尼源包括齿轮轴的阻滞效应、滑动面的黏滞阻尼和联轴器。

共振：当激励频率（如轮齿的啮合频率及其谐频）等于或接近于齿轮系统的某个固有频率时，就会出现共振。共振将产生高的轮齿动载荷。当某一转速产生共振引起内部动载荷大增时，应避免设备在该转速下运行。共振分为轮体共振和系统共振。可参考专业的动力学分析资料和软件。

在通过实测或对所有影响因素作全面的动力学分析来确定包括内部动载荷在内的最大切向载荷时，可取 K_v 等于 1。不能实现时，可用下述方法之一计算动载系数。

① A 法—系数 $K_{v\text{-}A}$❶。A 法是根据测量或对整个系统进行全面的动力学分析确定轮齿的最大载荷，它包括内部产生的附加动载荷和不均匀分布载荷。在这种情况下 K_v（就像 $K_{H\alpha}$ 和 $K_{F\alpha}$ 一样）的值可认为等于 1.0。

K_v 也可以通过比较工作转速及更低转速下传递载荷时测得的齿根应力大小得出。

K_v 还可以通过对相似设计的经验进行全面分析确定，分析过程可参阅有关文献。

可靠的动载系数 K_v 值，最好通过数学模型的分析计算，这个模型经测试被证实是可信的。

❶ 即 K_v，下角标是为区分计算方法。

② B 法—系数 $K_{v\text{-}B}$。本法的简化假设是：齿轮副可用一个基本的单一质量（小齿轮和大齿轮的综合质量）和弹簧组成的弹性系统来表示，其刚度为接触轮齿的啮合刚度。同时假设每对齿轮副都作为一个单级传动运转，即忽略多级传动中其他各级对所考察的齿轮副的影响。如果连接本级大齿轮及下级小齿轮的轴的扭转刚度较低，这种假设是允许的。刚度很高的轴的处理方法见 GB/T 3480. 1—2019 标准规定。

按照上述假设，由轴及耦合质量扭转振动所产生的载荷不包含在 K_v 中，这类载荷应包括在其他外部载荷中（如在使用系数中考虑）。

在 B 法的动载系数计算中，进一步假设轮齿啮合的阻尼有一个平均值（不考虑其他阻尼源，如零件表面摩擦、阻滞效应、轴承、联轴器等）。由于这些另外的阻尼，实际轮齿动载荷一般要比用本法计算的数值小一些。该法不能用于主共振区。

当 $(vz_1/100)\sqrt{\mu^2/(1+\mu^2)}<3\text{m/s}$ 时，用 B 法计算 K_v 没有意义。在此范围，用 C 法计算的 K_v 对所有情况都有足够的精度。具体见 GB/T 3480. 1—2019 标准规定。

按照以上给出的前提和假定条件，B 法适用于所有形式的传动（任何基本齿条齿廓和任何齿轮精度等级的直齿轮和斜齿轮传动），并且原则上也适合任何工况条件。但是，对某些使用场合和运转工况也有一些限制，对每种情况都应予以注意并给予相应考虑。

整个运行转速范围可分为亚临界区、主共振区、过渡区和超临界区。对每个区间都给出了相应的 K_v 计算公式，见表 12-1-87。临界转速比 N（工作转速与共振转速之比）的计算见表 12-1-88。

表 12-1-87　运行转速区间及其动载系数 K_v 的计算公式

运行转速区间	临界转速比 N	对运行的齿轮装置的要求	K_v 计算公式	备注
亚临界区	$N\leqslant N_s$	多数通用齿轮在此区工作	$K_v=NK+1=N(C_{V1}B_p+C_{V2}B_f+C_{V3}B_k)+1$　(1)	当 $N=1/2$ 或 $2/3$ 时可能出现共振现象，K_v 大大超过计算值，直齿轮尤甚，此时应修改设计。当 $N=1/4$ 或 $1/5$ 时共振影响很小
主共振区	$N_s<N\leqslant 1.15$	一般精度不高的齿轮（尤其是未修缘的直齿轮）不宜在此区运行。$\varepsilon_\gamma>2$ 的高精度斜齿轮可在此区工作	$K_v=C_{V1}B_p+C_{V2}B_f+C_{V4}B_k+1$　(2)	在此区内 K_v 受阻尼影响极大，实际动载与按式(2)计算所得值相差可达 40%，尤其是对未修缘的直齿轮
过渡区	$1.15<N<1.5$		$K_v=K_{v(N=1.5)}+\dfrac{K_{v(N=1.15)}-K_{v(N=1.5)}}{0.35}(1.5-N)$　(3)	$K_{v(N=1.5)}$ 按式(4)计算 $K_{v(N=1.15)}$ 按式(2)计算
超临界区	$N\geqslant 1.5$	绝大多数透平齿轮及其他高速齿轮在此区工作	$K_v=C_{V5}B_p+C_{V6}B_f+C_{V7}$　(4)	1. 可能在 $N=2$ 或 3 时出现共振，但影响不大 2. 当轴齿轮系统的横向振动固有频率与运行的啮合频率接近或相等时，实际动载与按式（4）计算所得值可相差 100%，应避免此情况

注：1. 表中各式均将每一齿轮副按单级传动处理，略去多级传动的其他各级的影响。非刚性连接的同轴齿轮，可以这样简化，否则应按表 12-1-90 中第 2 类型情况处理。

2. 亚临界区中当 $F_tK_A/b<100\text{N/mm}$ 时，$N_s=0.5+0.35\sqrt{\dfrac{F_tK_A}{100b}}$；其他情况时，$N_s=0.85$。

3. 表内各式中：

N——临界转速比，见表 12-1-88；

C_{V1}——考虑齿距偏差的影响系数；

C_{V2}——考虑齿廓偏差的影响系数；

C_{V3}——考虑啮合刚度周期变化的影响系数；

C_{V4}——考虑啮合刚度周期性变化引起齿轮副扭转共振的影响系数；

C_{V5}——在超临界区内考虑齿距偏差的影响系数；

C_{V6}——在超临界区内考虑齿廓偏差的影响系数；

C_{V7}——考虑因啮合刚度的变动，在恒速运行时与轮齿弯曲变形产生的分力有关的系数；

B_p、B_f、B_k——分别考虑齿距偏差、齿廓偏差和轮齿修缘对动载荷影响的无量纲参数。其计算公式见表 12-1-92。

$C_{V1}\sim C_{V7}$ 按表12-1-91 的相应公式计算或由图 12-1-67 查取。

表 12-1-88　　临界转速比 N

项目	单位	计算公式
临界转速比		$N=\dfrac{n_1}{n_{E1}}$
临界转速	r/min	$n_{E1}=\dfrac{30\times10^3}{\pi z_1}\sqrt{\dfrac{c_\gamma}{m_{red}}}$ c_γ——齿轮啮合刚度,N/(mm·μm),见本节 (7)
诱导质量	kg/mm	$m_{red}=\dfrac{m_1m_2}{m_1+m_2}$ 对一般外啮合传动 $m_{red}=\dfrac{\pi}{8}\left(\dfrac{d_{m1}}{d_{b1}}\right)^2\times\dfrac{d_{m1}^2}{\dfrac{1}{(1-q_1^4)\rho_1}+\dfrac{1}{(1-q_2^4)\rho_2u^2}}$ ρ_1、ρ_2——齿轮材料密度,kg/mm³ 对行星传动和其他较特殊的齿轮,其 m_{red} 见表 12-1-89 和表 12-1-90
小、大轮转化到啮合线上的单位齿宽当量质量	kg/mm	$m_1=\dfrac{\Theta_1}{br_{b1}^2}$ $m_2=\dfrac{\Theta_2}{br_{b2}^2}$
转动惯量	kg·mm²	$\Theta_1=\dfrac{\pi}{32}\rho_1b_1(1-q_1^4)d_{m1}^4$ $\Theta_2=\dfrac{\pi}{32}\rho_2b_2(1-q_2^4)d_{m2}^4$
平均直径	mm	$d_m=\dfrac{1}{2}(d_a+d_f)$ （图中标注：d_a、d_f、D_i、d_b）
轮缘内腔直径与平均直径比		$q=\dfrac{D_i}{d_m}$(对整体结构的齿轮,$q=0$)

表 12-1-89　　行星传动齿轮的诱导质量 m_{red}

齿轮组合	m_{red} 计算公式或提示	备　　注
太阳轮(S)|行星轮(P)	$m_{red}=\dfrac{m_Pm_S}{n_Pm_P+m_S}$	n_P——轮系的行星轮数 m_S,m_P——太阳轮、行星轮的当量质量,可用表 12-1-88 中求小、大齿轮当量质量的公式计算
行星轮(P)|固定内齿圈	$m_{red}=m_P=\dfrac{\pi}{8}\times\dfrac{d_{mP}^4}{d_{bP}^2}(1-q_P^4)\rho_P$	把内齿圈质量视为无穷大处理 ρ_P——行星轮材料密度 d_m、d_b、q 定义及计算参见表 12-1-88 及表中图
行星轮(P)|转动内齿圈	m_{red} 按表 12-1-88 中一般外啮合的公式计算,有若干个行星轮时可按单个行星轮分别计算	内齿圈的当量质量可当作外齿轮处理

表 12-1-90　　较特殊结构形式的齿轮的诱导质量 m_{red}

	齿轮结构形式	计算公式或提示	备注
1	小轮的平均直径与轴颈相近	采用表 12-1-88 一般外啮合的计算公式 因为结构引起的小轮当量质量增大和扭转刚度增大(使实际啮合刚度 c_γ 增大),对计算临界转速 n_{E1} 的影响大体上相互抵消	
2	两刚性连接的同轴齿轮	较大的齿轮质量必须计入,而较小的齿轮质量可以略去	若两个齿轮直径无显著差别时,一起计入
3	两个小轮驱动一个大轮	可分别按小轮 1-大轮、小轮 2-大轮两个独立齿轮副分别计算	此时的大轮质量总是比小轮质量大得多

续表

	齿轮结构形式	计算公式或提示	备注
4	中间轮	等效刚度 $m_{red}=\dfrac{2}{\dfrac{1}{m_1}+\dfrac{2}{m_2}+\dfrac{1}{m_3}}$ $c_\gamma=\dfrac{1}{2}(c_{\gamma1-2}+c_{\gamma2-3})$	m_1、m_2、m_3 为主动轮、中间轮、从动轮的当量质量 $c_{\gamma1-2}$——主动轮、中间轮啮合刚度 $c_{\gamma2-3}$——中间轮、从动轮啮合刚度

表 12-1-91 **C_V 系数值**

系数代号	总重合度	
	$1<\varepsilon_\gamma\leqslant2$	$\varepsilon_\gamma>2$
C_{V1}	0.32	0.32
C_{V2}	0.34	$\dfrac{0.57}{\varepsilon_\gamma-0.3}$
C_{V3}	0.23	$\dfrac{0.096}{\varepsilon_\gamma-1.56}$
C_{V4}	0.90	$\dfrac{0.57-0.05\varepsilon_\gamma}{\varepsilon_\gamma-1.44}$
C_{V5}	0.47	0.47
C_{V6}	0.47	$\dfrac{0.12}{\varepsilon_\gamma-1.74}$

系数代号	总重合度		
	$1<\varepsilon_\gamma\leqslant1.5$	$1.5<\varepsilon_\gamma\leqslant2.5$	$\varepsilon_\gamma>2.5$
C_{V7}	0.75	$0.125\sin[\pi(\varepsilon_\gamma-2)]+0.875$	1.0

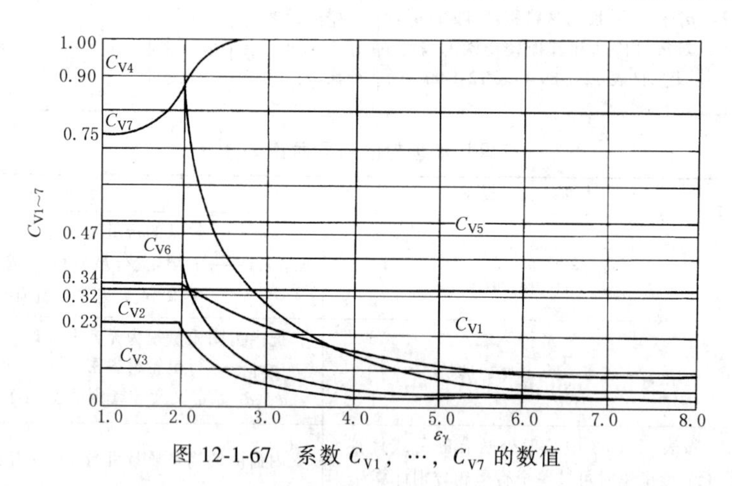

图 12-1-67 系数 C_{V1}，…，C_{V7} 的数值

表 12-1-92 **无量纲参数的计算**

B_p	$B_p=\dfrac{c'f_{pbeff}}{\dfrac{F_tK_A}{b}}$	c'——单对齿刚度，见 8.4.1 节(7) C_a——沿齿廓法线方向计量的修缘量，μm，无修缘时，用由跑合产生的齿顶磨合量 C_{ay}(μm)值代替 f_{pbeff}、f_{feff}——分别为有效基节偏差和有效齿廓公差，μm，与相应的跑合量 y_p、y_f 有关。齿轮精度低于 5 级者，取 $B_k=1$	C_{ay}	当大、小轮材料相同时 $C_{ay}=\dfrac{1}{18}\left(\dfrac{\sigma_{H\lim}}{97}-18.45\right)^2+1.5$	
B_f	$B_f=\dfrac{c'f_{feff}}{\dfrac{F_tK_A}{b}}$			当大、小轮材料不同时 $C_{ay}=0.5(C_{ay1}+C_{ay2})$	C_{ay1}、C_{ay2} 分别按上式计算
			f_{pbeff}	$f_{pbeff}=f_{pb}-y_p$	如无 y_p、y_f 的可靠数据，可近似取 $y_p=y_f=y_\alpha$ y_α 见表 12-1-108 f_{pb}、f_f 通常按大齿轮查取
B_k	$B_k=\left\|1-\dfrac{c'C_a}{\dfrac{F_tK_A}{b}}\right\|$		f_{feff}	$f_{feff}=f_f-y_f$	

③ 简化方法。K_v 的简化法基于经验数据，主要考虑齿轮制造精度和节线速度的影响。K_v 值可由图 12-1-68 选取，该法适用于缺乏详细资料的初步设计阶段 K_v 的取值。

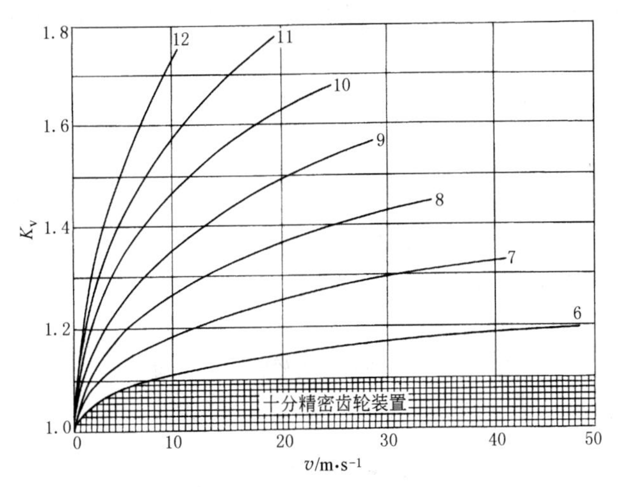

图 12-1-68　动载系数 K_v

注：6~12 为齿轮传动精度系数。

对传动精度系数 $C \leqslant 5$ 的高精度齿轮，在良好的安装和对中精度以及合适的润滑条件下，K_v 为 1.0~1.1。C 值可按表 12-1-93 中的公式计算。

对其他齿轮，K_v 值可按图 12-1-68 选取，也可由表 12-1-93 的公式计算。

表 12-1-93　　传动精度系数和动载系数的计算方式

项目	计算公式	备注
传动精度系数 C	$C=-0.5048\ \ln z-1.144\ \ln m_n+2.852\ \ln f_{pT}+3.32$	分别以 z_1 f_{pT1} 和 z_2 f_{pT2} 代入计算，取大值，并将 C 值圆整，$C=6\sim12$
动载系数 K_v	$K_v=\left(\dfrac{A}{A+\sqrt{200v}}\right)^{-B}$ $A=50+56(1.0-B)$ $B=0.25(C-5.0)^{0.667}$	适用的条件 a. 法向模数 $m_n=1.25\sim50$mm b. 齿数 $z=6\sim1200$ $\left(当\ m_n>8.33\text{mm}\ 时，z=6\sim\dfrac{10000}{m_n}\right)$ c. 传动精度系数 $C=6\sim12$ d. 齿轮节圆线速度 $v_{max}\leqslant\dfrac{[A+(14-C)]^2}{200}$

④ C 法—系数 $K_{v\text{-}C}$。通过引入以下额外的简化假设，可以由 B 法导出 C 法：

a. 工作转速处于亚临界区。

b. 钢质实体盘齿轮。

c. 压力角 $\alpha_t=20°$；$f_{Rb}=f_{Rt}\cos20°$（参见 ISO/TR 10064-1）。

d. 对斜齿轮，螺旋角 $\beta=20°$（计算 c'、$c_{\gamma a}$ 时）。

e. 对斜齿轮，总重合度 $\varepsilon_\gamma=2.5$。

f. 轮齿刚度（见 GB/T 3480.1—2019 标准 9.3 节）：

对直齿轮 $c'=14\text{N}/(\text{mm}\cdot\mu\text{m})$，$c_{\gamma a}=20\text{N}/(\text{mm}\cdot\mu\text{m})$；

对斜齿轮 $c'=13.1\text{N}/(\text{mm}\cdot\mu\text{m})$，$c_{\gamma a}=18.7\text{N}/(\text{mm}\cdot\mu\text{m})$。

g. 齿顶修缘量 $C_a=0\mu\text{m}$，且跑合后的齿顶修缘量 $C_{ay}=0\mu\text{mm}$。

h. 有效偏差 $f_{pbeff}=f_{faeff}$。

i. f_{pb}、y_p 和 f_{pbeff} 假设值的计算见 GB/T 3480.1—2019 标准式（18）、式（19）。

满足上述的条件和假设，C 法对工业传动和应用于以下场合的有类似要求的传动系统提供了动载系数的平均值：

a. 亚临界工作转速范围，即 $(vz_1/100)\sqrt{\mu^2/(1+\mu^2)}<10\text{m/s}$；

b. 内、外直齿轮；

c. 基本齿条齿形符合 GB/T 1356 规定；

d. 直齿轮和螺旋角 $\beta<30°$ 的斜齿轮；

e. 小齿轮齿数相对较少 $z_1<50$；

f. 实体盘形齿轮或厚轮缘钢质齿轮；

满足下列条件时．一般也可用 C 法：

a. $(vz_1/100)\sqrt{\mu^2/(1+\mu^2)}=3\text{m/s}$ 的所有类型的圆柱齿轮；

b. 薄轮缘齿轮；

c. $\beta>30°$ 的斜齿轮。

K_v 可由下述曲线图查（图解法）或按解析法公式计算，二者取得的值基本相同。

a. 图解法：

$$K_v=f_F K_{350} N+1 \tag{12-1-4}$$

式中，f_F 考虑了载荷对动载系数的影响，即载荷修正系数；K_{350} 考虑了单位载荷为 350N/mm 时，齿轮精度等级的影响；N 是临界转速比。

图 12-1-69 和图 12-1-70 中的齿轮精度等级曲线只扩展至（$vz_1/100$）$\sqrt{\mu^2/(1+\mu^2)}=3\text{m/s}$，它一般不超过此精度等级。

- 对轴向重合度 $\varepsilon_\beta\geqslant1$ 的斜齿轮（或近似限制为 $\varepsilon_\beta\geqslant0.9$），修正系数 f_F 见表 12-1-94，而 $K_{350}N$ 值见图 12-1-69。
- 对直齿轮，修正系数 f_F 见表 12-1-95，而 $K_{350}N$ 值见图 12-1-70。
- 对 $\varepsilon_\beta<1$ 的斜齿轮，K_v 按上述两点确定的值进行线性内插求得：

$$K_v=K_{v\alpha}-\varepsilon_\beta(K_{v\alpha}-K_{v\beta})$$

式中，$K_{v\alpha}$ 为求得的直齿轮动载系数；$K_{v\beta}$ 为求得的斜齿轮动载系数。

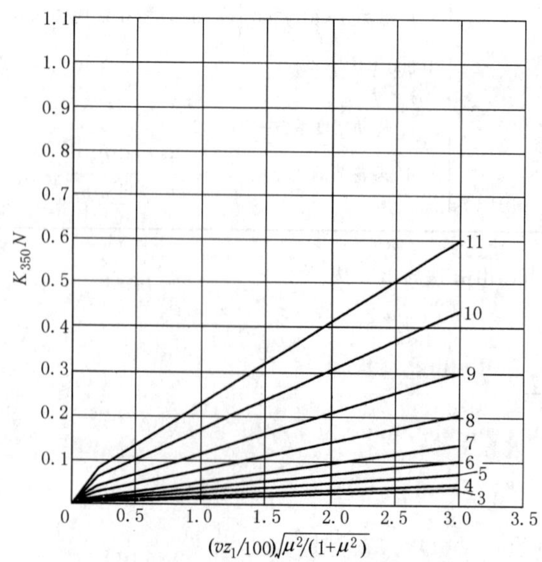

图 12-1-69　斜齿轮的 $K_{350}N$ 值

注：3～11 为按 ISO 1328-1 的斜齿轮精度等级。

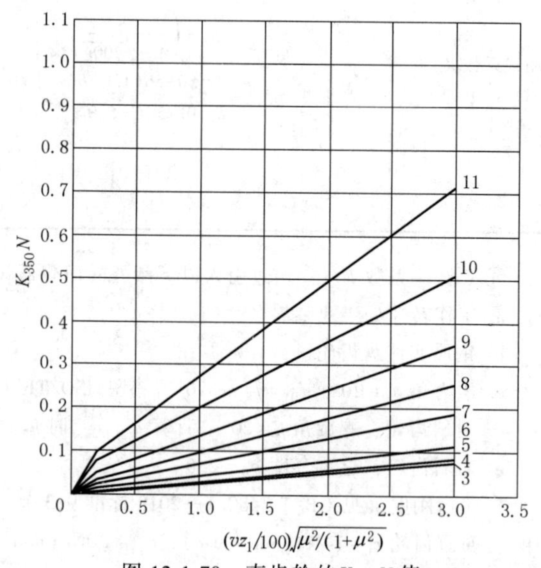

图 12-1-70　直齿轮的 $K_{350}N$ 值

注：3～11 为按 ISO 1328-1 的斜齿轮精度等级。

表 12-1-94　　斜齿轮的载荷修正系数 f_F

齿轮精度等级	载荷修正系数 f_F							
	$F_tK_A/b/N \cdot mm^{-1}$							
	≤100	200	350	500	800	1200	1500	2000
3	1.96	1.29	1	0.88	0.78	0.73	0.70	0.68
4	2.21	1.36	1	0.85	0.73	0.66	0.62	0.60
5	2.56	1.47	1	0.81	0.65	0.56	0.52	0.48
6	2.82	1.55	1	0.78	0.59	0.48	0.44	0.39
7	3.03	1.61	1	0.76	0.54	0.42	0.37	0.33
8	3.19	1.66	1	0.74	0.51	0.38	0.33	0.28
9	3.27	1.68	1	0.73	0.49	0.36	0.30	0.25
10	3.35	1.70	1	0.72	0.47	0.33	0.28	0.22
11	3.39	1.72	1	0.71	0.46	0.32	0.27	0.21

注：1. 中间值按内插法计算。
2. 考虑小齿轮与大齿轮之间的最差精度等级。
3. 齿轮精度等级按 ISO 1328-1。

表 12-1-95　　直齿轮的载荷修正系数 f_F

齿轮精度等级	载荷修正系数 f_F							
	$F_tK_A/b/N \cdot mm^{-1}$							
	≤100	200	350	500	800	1200	1500	2000
3	1.61	1.18	1	0.93	0.86	0.83	0.81	0.80
4	1.81	1.24	1	0.90	0.82	0.77	0.75	0.73
5	2.15	1.34	1	0.86	0.74	0.67	0.65	0.62
6	2.45	1.43	1	0.83	0.67	0.59	0.55	0.51
7	2.73	1.52	1	0.79	0.61	0.51	0.47	0.43
8	2.95	1.59	1	0.77	0.56	0.45	0.40	0.35
9	3.09	1.63	1	0.75	0.53	0.41	0.36	0.31
10	3.22	1.67	1	0.73	0.50	0.37	0.32	0.27
11	3.30	1.69	1	0.72	0.48	0.35	0.30	0.24

注：1. 中间值按内插法计算。
2. 考虑小齿轮与大齿轮之间的最差精度等级。
3. 齿轮精度等级按 ISO 1328-1。

第12篇

b. 解析法：

- 直齿轮和 $\varepsilon_\beta \geqslant 1$ 的斜齿轮（也可近似限制为 $\varepsilon_\beta > 0.9$）：

$$K_v = 1+\left(\frac{K_1}{F_tK_A/b}+K_2\right)\frac{vz_1}{100}K_3\sqrt{\frac{u^2}{1+u^2}} \tag{12-1-5}$$

K_1 和 K_2 的数值见表 12-1-96，K_3 按式（12-1-6）确定。若 $F_tK_A/b<100N/mm$，取 $F_tK_A/b=100N/mm$。

$$\begin{aligned}&K_3=2.0,\ \frac{vz_1}{100}\sqrt{\frac{u^2}{1+u^2}}\leqslant 0.2\\&K_3=-0.357\frac{vz_1}{100}\sqrt{\frac{u^2}{1+u^2}}+2.071,\ \frac{vz_1}{100}\sqrt{\frac{u^2}{1+u^2}}>0.2\end{aligned} \tag{12-1-6}$$

- $\varepsilon_\beta<1$ 的斜齿轮，K_v 按图解法确定的直齿轮的 $K_{v\alpha}$ 和斜齿轮的 $K_{v\beta}$ 进行线性内插求得，参见式（12-1-4）。

表 12-1-96　　由式（12-1-5）计算 K_v 的 K_1 和 K_2 值

类型	K_1 精度等级按 ISO 1328-1									K_2 所有精度等级
	3	4	5	6	7	8	9	10	11	
直齿轮	2.1	3.9	7.5	14.9	26.8	39.1	52.8	76.6	102.6	0.0193
斜齿轮	1.9	3.5	6.7	13.3	23.9	34.8	47.0	68.2	91.4	0.0087

注：应考虑采用小齿轮与大齿轮中最差的精度等级。

(5) 螺旋线(齿向)载荷分布系数 $K_{H\beta}$

螺旋线载荷分布系数 $K_{H\beta}$ 是考虑沿齿宽方向载荷分布不均匀对齿面接触应力影响的系数

$$K_{H\beta}=\frac{w_{max}}{w_m}=\frac{(F/b)_{max}}{F_m/b}$$

式中 w_{max}——单位齿宽最大载荷,N/mm;

w_m——单位齿宽平均载荷,N/mm;

F_m——分度圆上平均计算切向力,N,$F_m=F_tK_AK_v$。

影响齿向载荷分布的主要因素有:

a. 齿轮副的接触精度,主要取决于齿轮加工误差、箱体镗孔偏差、轴承的间隙和误差、大小轮轴的平行度、跑合情况等;

b. 轮齿啮合刚度、齿轮的尺寸结构及支承形式及轮缘、轴、箱体及机座的刚度;

c. 轮齿、轴、轴承的变形,热膨胀和热变形(这对高速宽齿轮尤其重要);

d. 切向、轴向载荷及轴上的附加载荷(例如带或链传动);

e. 由工作温度引起的热变形(对大齿宽齿轮尤为显著);

f. 工作转速引起的离心变形;

g. 包括鼓形齿及齿端修薄在内的螺旋线修形;

h. 总切向轮齿载荷(包含由使用系数 K_A 和动载系数 K_v 引起的载荷增量);

i. 考虑轮齿时变刚度时,齿面的赫兹接触变形和齿根弯曲变形。

由于影响因素众多,确切的载荷分布系数应通过实际的精密测量和全面分析已知的各影响因素的量值综合确定。如果通过测量和检查能确切掌握轮齿的接触情况,并做相应的修形,经螺旋线修形补偿的高精度齿轮副,在给定的运行条件下,其螺旋线载荷接近均匀分布,$K_{H\beta}$ 接近于 1。在无法实现时,可按下述三种方法之一确定。

① A 法—系数 $K_{H\beta\text{-}A}$ 和 $K_{F\beta\text{-}A}$[1]($K_{F\beta\text{-}A}$ 应用于轮齿弯曲强度计算),详细要求参见 GB/T 3480.1—2019 标准。

采用此法,通过对所有影响因素的全面分析,以确定沿齿宽的载荷分布状况。齿轮沿齿宽的载荷分布状况可以通过对工作温度下齿根应变值的测量或通过对负载条件下的接触印痕进行仔细检查(受限)来确定。

在交付规范或图纸中应提供的数据资料包括:

a. 最大(许用)螺旋线载荷分布系数;

b. 在工作载荷和温度下最大许用的总啮合螺旋线偏啮量,可以采用一种精确的计算方法得出螺旋线载荷分布系数,此时需要知道所有相关的影响因素。

② B 法—系数 $K_{H\beta\text{-}B}$ 和 $K_{F\beta\text{-}B}$。这种方法就是借助于计算机辅助计算来确定沿齿宽的载荷分布。该法取决于负载条件下的弹性变形、静态位移及整个弹性系统的刚度(见 GB/T 3480.1—2019 标准的 7.4)。轮齿啮合中的载荷分布与弹性系统的变形相互影响,所以必须用下列方法之一:迭代法(Dudley/Winter);影响系数法。

③ C 法—系数 $K_{H\beta\text{-}C}$ 和 $K_{F\beta\text{-}C}$。本方法考虑了由小齿轮和小齿轮轴变形引起的当量螺旋线偏啮量的分量及制造偏差引起的分量。变量近似值的评估方法包括计算、测量和经验法,可以单独运用或组合运用。C 法包含的假设条件是啮合中齿轮体的弹性变形将在工作齿廓的齿宽上产生一个线性增量(详参见 GB/T 3480.1—2019 附录 D)。隐含的假设是含加工误差在内的当量螺旋线偏啮量包括工作齿廓产生类似的分离间隙。

④ 一般方法。按基本假定和适用范围计算 $K_{H\beta}$,简化计算小齿轮和轴弹性变形 f_{ma}(含义见表 12-1-97 注②),基本假定和适用范围:

a. 基本计算中不包括大齿轮和大齿轮轴的变形,通常这些零件有足够的刚度以至于它们的变形可以忽略,但若要求包括它们,则需对其单独评估,并将相应的量用正确的正负号添加到 f_{ma} 中。

b. 基本计算中不包括齿轮箱和轴承的变形,通常这些零件有足够的刚度以至于它们的变形可以忽略(注意:变形差还是重要的)。但若要求包括齿轮箱和轴承的变形,则需对其单独评估,并将相应的量用正确的正负号添加到 f_{ma} 中。

c. 不包括轴承间隙的影响。对于轴承间隙将引起显著的轴倾斜的结构,则这种倾斜必须单独评估,并将其相应的量用正确的正负号添加到 f_{ma} 中。

d. 假设实际载荷分布状况下与沿齿宽载荷均匀分布时确定的小齿轮的扭转与弯曲变形无显著不同,该假设

[1] 即 $K_{H\beta\text{-}A}$ 和 $K_{F\beta\text{-}A}$,下角标是为区分计算方法。

对较小的 $K_{H\beta}$ 有效，且有效性随 $K_{H\beta}$ 值的增大逐渐变差。

e. 轴承不承受任何弯矩。

f. 轴和小齿轮的材料都为钢，轴为等直径轴或阶梯轴，d_{sh} 为与实际轴产生同样弯曲变形量的当量轴径，小齿轮轴可以是实心轴或空心轴（或 $d_{shi}/d_{sh}<0.5$ 的空心轴，d_{shi} 为空心轴当量内径）。注意，如果有适当的螺旋线修形，偏心距（$0\leqslant s/l\leqslant 0.3$）的限制条件就不再适用。也要注意小齿轮的偏置常数 K' 是考虑了小齿轮轮体的加强效果。

g. 作用于小齿轮轴上的任何附加的外载荷（如由联轴器引起的）对整个齿宽上轴的弯曲变形的影响可忽略不计。

h. 沿齿宽将轮齿视为具有啮合刚度 $c_{\gamma\beta}$ 的弹性体，载荷和变形都呈线性分布。

i. 轴齿轮的扭转变形按载荷沿齿宽均布计算，弯曲变形按载荷集中作用于齿宽中点计算，没有其他额外的附加载荷。

$K_{H\beta}$ 的计算公式见表 12-1-97，当 $K_{H\beta}>1.5$ 时，通常应采取措施降低 $K_{H\beta}$ 值。

表 12-1-97　载荷等参数的计算方式

项目		计算公式
齿向载荷分布系数 $K_{H\beta}$	当 $\sqrt{\dfrac{2w_m}{F_{\beta y}c_{\gamma\beta}}}\leqslant 1$ 时	$K_{H\beta}=2(b/b_{cal})=\sqrt{\dfrac{2F_{\beta y}c_{\gamma\beta}}{w_m}}$
	当 $\sqrt{\dfrac{2w_m}{F_{\beta y}c_{\gamma\beta}}}>1$ 时	$K_{H\beta}=\dfrac{2(b_{cal}/b)}{2(b_{cal}/b)-1}=1+0.5\dfrac{F_{\beta y}c_{\gamma\beta}}{w_m}$
单位齿宽平均载荷 $w_m/\text{N}\cdot\text{mm}^{-1}$		$w_m=\dfrac{F_tK_AK_v}{b}=\dfrac{F_m}{b}$
轮齿啮合刚度 $c_{\gamma\beta}$		见 8.4.1(7)
计算齿宽 b_{cal}		按实际情况定
跑合后螺旋线偏啮量 $F_{\beta y}/\mu\text{m}$		$F_{\beta y}=F_{\beta x}-y_\beta=F_{\beta x}x_\beta$①
初始当量螺旋线偏啮量 $F_{\beta x}/\mu\text{m}$	受载时接触不良	$F_{\beta x}=1.33B_1f_{sh}+B_2f_{ma}$②；$F_{\beta x}\geqslant F_{\beta xmin}$　B_1、B_2 查表 12-1-98
	受载时接触良好	$F_{\beta x}=\mid 1.33B_1f_{sh}-f_{H\beta 5}$③$\mid$；$F_{\beta x}\geqslant F_{\beta xmin}$
	受载时接触理想	$F_{\beta x}=F_{\beta xmin}$
	$F_{\beta xmin}$	$F_{\beta xmin}$ 取 $0.005w_m$ 和 $0.5F_{\beta T}$ 之大值
综合变形产生的螺旋线偏啮分量 $f_{sh}/\mu\text{m}$		$f_{sh}=w_mf_{sh0}=(F_m/b)f_{sh0}$
单位载荷作用下的螺旋线偏啮分量 f_{sh0} $/\mu\text{m}\cdot\text{mm}\cdot\text{N}^{-1}$		一般齿轮　0.023γ④
		齿端修薄的齿轮　0.016γ
		修形或鼓形修整的齿轮　0.012γ

① y_β、x_β 分别为螺旋线跑合量（μm）和螺旋线偏啮量的系数，用表 12-1-99 中的公式计算。

② f_{ma} 为制造、安装误差产生的啮合螺旋线偏差分量（μm），用表 12-1-100 中的公式计算。

③ $f_{H\beta 5}$ 为 GB/T 10095.1 或 ISO 1328-1：2019 规定的 5 级精度的螺旋线倾斜偏差的公差（μm）。

④ γ 为小齿轮结构尺寸系数，用表 12-1-101 中的公式计算。

表 12-1-98　B_1 和 B_2 数值

序号	螺旋线修形		常数	
	类型	修形量	B_1	B_2
1	不修形		1	1
2	仅中心鼓形修形	$C_\beta=0.5f_{ma}$①	1	0.5
3	仅中心鼓形修形	$C_\beta=0.5(f_{ma}+f_{sh})$①	0.5	0.5
4②	仅螺旋线修形状	根据转矩计算修正后的形状	0.1③	1.0
5	螺旋线修形加中心鼓形修形	序号 2 加序号 4	0.1③	0.5
6	齿端修薄	$C_{I(II)}$④	0.7	0.7

① 适宜的修形量 C_β 见 GB/T 3480.1—2019 附录 D。

② 主要用于恒定载荷的场合。

③ 仅对非常规范的生产有效，否则宜取较大值。

④ 见 GB/T 3480.1—2019 附录 E。

表 12-1-99　　用解析法确定 y_β、x_β 计算公式

齿轮材料	螺旋线跑合量 y_β(μm),跑合系数 x_β	适用范围及限制条件
结构钢、调质钢、珠光体或贝氏体球墨铸铁	$y_\beta=\dfrac{320}{\sigma_{H\,lim}}F_{\beta x}$ $x_\beta=1-\dfrac{320}{\sigma_{H\,lim}}$	$v>10$m/s 时,$y_\beta\leqslant12800/\sigma_{H\,lim}$,$F_{\beta x}\leqslant40\mu m$; $5<v\leqslant10$m/s 时,$y_\beta\leqslant25600/\sigma_{H\,lim}$,$F_{\beta x}\leqslant80\mu m$; $v\leqslant5$m/s 时,y_β 无限制
灰铸铁、铁素体球墨铸铁	$y_\beta=0.55F_{\beta x}$ $x_\beta=0.45$	$v>10$m/s 时,$y_\beta\leqslant22\mu m$,$F_{\beta x}\leqslant40\mu m$; $5<v\leqslant10$m/s 时,$y_\beta\leqslant45\mu m$,$F_{\beta x}\leqslant80\mu m$; $v\leqslant5$m/s 时,y_β 无限制
渗碳淬火钢、表面硬化钢、氮化钢、氮碳共渗钢、表面硬化球墨铸铁	$y_\beta=0.15F_{\beta x}$ $x_\beta=0.85$	$y_\beta\leqslant6\mu m$,$F_{\beta x}\leqslant40\mu m$

注：1. $\sigma_{H\,lim}$—齿轮接触疲劳极限值，N/mm²，见本节（13）。

2. 当大小齿轮材料不同时，$y_\beta=(y_{\beta1}+y_{\beta2})/2$,$x_\beta=(x_{\beta1}+x_{\beta2})/2$，式中下标 1、2 分别表示小、大齿轮。

表 12-1-100　　f_{ma} 计算公式　　μm

类别		确定方法或公式
粗略数值	某些高精度的高速齿轮	$f_{ma}=0$
	一般工业齿轮	$f_{ma}=15$
给定精度等级	装配时无检验调整	$f_{ma}=1.0f_{H\beta T}$(大轮)
	装配时进行检验调整(对研、轻载跑合、调整轴承、螺旋线修形、鼓形齿等)	$f_{ma}=0.5f_{H\beta T}$
	齿端修薄	$f_{ma}=0.7f_{H\beta T}$
给定轻载下接触斑点长度 b_{c0}		$f_{ma}=\dfrac{b}{b_{c0}}S_c$ S_c——涂色层厚度,一般为 2~20μm,计算时可取 $S_c=6\mu m$ 如按最小接触斑点长度 b_{c0min} 计算 $f_{ma}=\dfrac{2}{3}\times\dfrac{b}{b_{c0min}}S_c$ 如测得最长和最短的接触斑点长度 $f_{ma}=\dfrac{1}{2}\left(\dfrac{b}{b_{c0min}}+\dfrac{b}{b_{c0max}}\right)S_c$

表 12-1-101　　小齿轮结构尺寸系数 γ

齿轮形式	γ 的计算公式	B^*	
		功率不分流	功率分流,通过该对齿轮 k%的功率
直齿轮及单斜齿轮	$\left[\left\lvert B^*+k'\dfrac{ls}{d_1^2}\left(\dfrac{d_1}{d_{sh}}\right)^4-0.3\right\rvert+0.3\right]\left(\dfrac{b}{d_1}\right)^2$	$B^*=1$	$B^*=1+2(100-k)/k$
人字齿轮或双斜齿轮	$2\left[\left\lvert B^*+k'\dfrac{ls}{d_1^2}\left(\dfrac{d_1}{d_{sh}}\right)^4-0.3\right\rvert+0.3\right]\left(\dfrac{b_B}{d_1}\right)^2$	$B^*=1.5$	$B^*=0.5+(200-k)/k$

注：l—轴承跨距，mm；s—小轮齿宽中点至轴承跨距中点的距离，mm；d_1—小轮分度圆直径，mm；d_{sh}—小轮轴弯曲变形当量直径，mm；k'—结构系数，见图 12-1-71；b_B—单斜齿轮宽度，mm；B^*—不同功率传递方式的系数。

k′		图号	结构示图
刚性	非刚性		
0.48	0.8	(a)	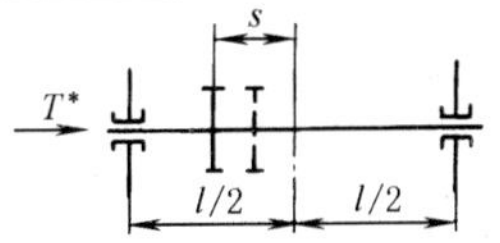 $s/l<0.3$
-0.48	-0.8	(b)	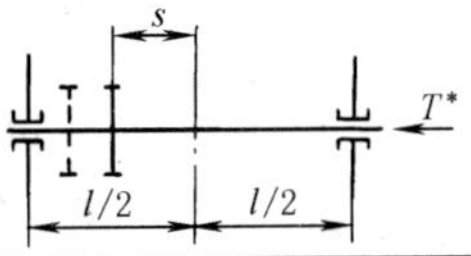 $s/l<0.3$
1.33	1.33	(c)	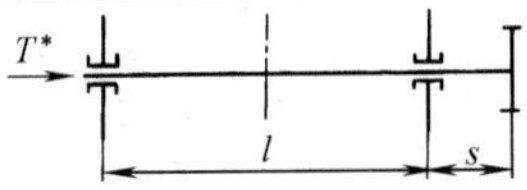 $s/l<0.5$
-0.36	-0.6	(d)	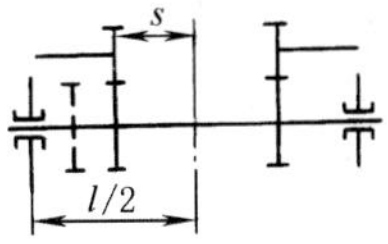 $s/l<0.3$
-0.6	-1.0	(e)	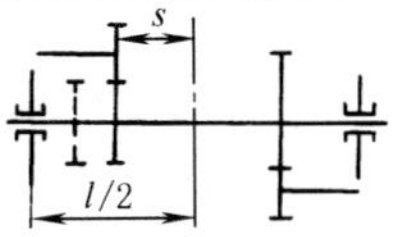 $s/l<0.3$

图 12-1-71　小齿轮结构系数 k'

注：1. 对人字齿轮或双斜齿轮，图中实、虚线各代表半边斜齿轮中点的位置，虚线表示的双斜齿轮中变形小的齿轮的 s 按用实线表示的变形大的齿轮的位置计算，b 取单个斜齿轮宽度。

2. 图中，$d_1/d_{sh}\geqslant1.15$ 为刚性轴，$d_1/d_{sh}<1.15$ 为非刚性轴，此外，小齿轮与轴为键连接套装齿轮，都属于非刚性轴。

3. 齿轮位于轴承跨距中心时（$s\approx0$），最好按典型结构齿轮的公式计算 $K_{H\beta}$。

4. 当采用本图以外的结构布置形式或 s/l 超过本图规定的范围，或轴上作用有带轮或链轮之类的附加载荷时，推荐做进一步的分析。

5. 对人字齿轮传动，以其在轴承间距中安装时退刀槽处的直径确定 f_{sh}。

可采用图解法确定 y_β，见图 12-1-72 和图 12-1-73，以材料和线速度区分。

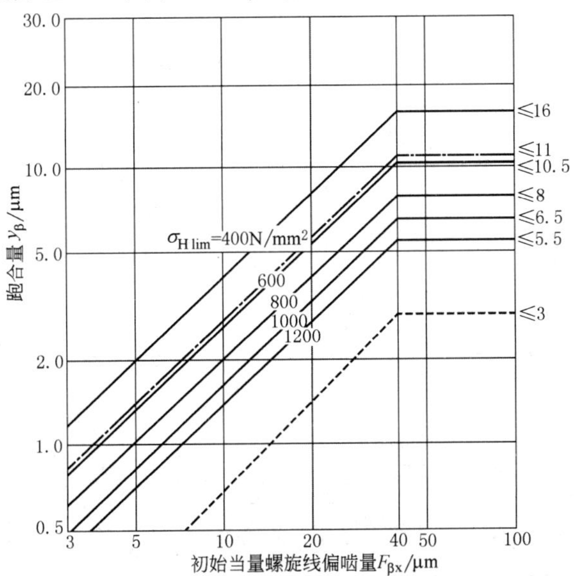

图 12-1-72　齿轮副的跑合量（一）

图中实线—结构钢、调质钢、珠光体或贝氏体球墨铸铁 }
点画线—灰铸铁、铁素体球墨铸铁 } 切向速度 $v>10\text{m/s}$；

虚线—渗碳淬火钢、表面硬化钢、氮化钢、氮碳共渗钢、表面硬化球墨铸铁} 所有速度；

当大小齿轮材料不同时，$y_\beta=(y_{\beta1}+y_{\beta2})/2$，式中下标 1、2 分别表示小、大齿轮。

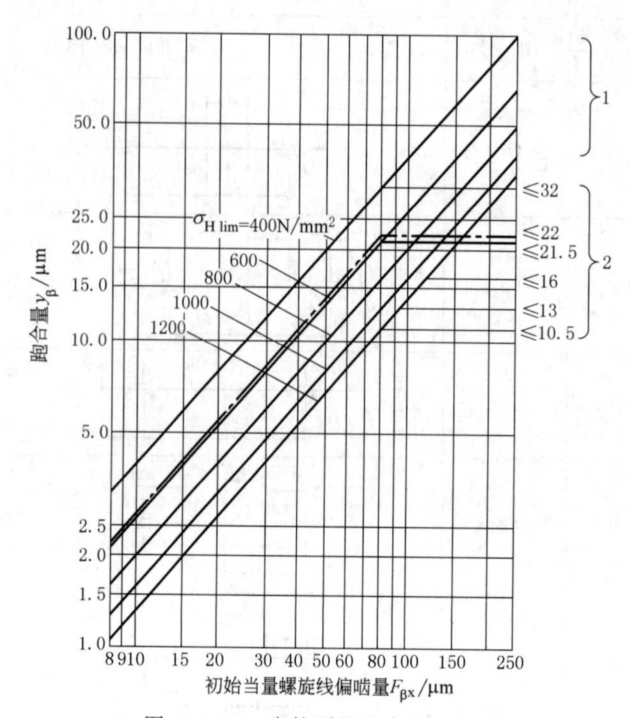

图 12-1-73　齿轮副的跑合量（二）

1—分度圆圆周速度 $v\leqslant 5$m/s；2—分度圆圆周速度 5m/s<$v\leqslant 10$m/s；

图中实线—结构钢、调质钢、珠光体或贝氏体球墨铸铁；点画线—灰铸铁、铁素体球墨铸铁 } 切向速度 $v\leqslant 10$m/s；

当大小齿轮材料不同时，$y_\beta=(y_{\beta1}+y_{\beta2})/2$，式中下标 1、2 分别表示小、大齿轮。

⑤ 典型结构齿轮的 $K_{H\beta}$ 计算方法。适用条件：符合一般方法中 a、b、c，并且小齿轮直径和轴径相近，齿轮轴为实心或空心轴（内孔径应小于 $0.5d_{sh}$），对称布置在两轴承之间，$s/l\approx 0$；非对称布置时，应把估算出的附加弯曲变形量加到 f_{ma} 上。

符合上述条件的单对齿轮、轧机齿轮和简单行星传动齿轮的 $K_{H\beta}$ 值可按表 12-1-102、表 12-1-103 和表 12-1-104 中的公式计算。

表 12-1-102　　单对齿轮的 $K_{H\beta}$ 计算公式

齿轮类型	修形情况	$K_{H\beta}$ 计算公式	
直齿轮、斜齿轮	不修形	$K_{H\beta}=1+\frac{4000}{3\pi}x_\beta\frac{c_\gamma}{E}\left(\frac{b}{d_1}\right)^2\left[5.12+\left(\frac{b}{d_1}\right)^2\left(\frac{l}{b}-\frac{7}{12}\right)\right]+\frac{x_\beta c_\gamma f_{ma}}{2F_m/b}$	(1)
	部分修形	$K_{H\beta}=1+\frac{4000}{3\pi}x_\beta\frac{c_\gamma}{E}\left(\frac{b}{d_1}\right)^4\left(\frac{l}{b}-\frac{7}{12}\right)+\frac{x_\beta c_\gamma f_{ma}}{2F_m/b}$	(2)
	完全修形	$K_{H\beta}=1+\frac{x_\beta c_\gamma f_{ma}}{2F_m/b}$，且 $K_{H\beta}\geqslant 1.05$	(3)
人字齿轮或双斜齿轮	不修形	$K_{H\beta}=1+\frac{4000}{3\pi}x_\beta\frac{c_\gamma}{E}\left[3.2\left(\frac{2b_B}{d_1}\right)^2+\left(\frac{B}{d_1}\right)^4\left(\frac{l}{B}-\frac{7}{12}\right)\right]+\frac{x_\beta c_\gamma f_{ma}}{F_m/b_B}$	(4)
	完全修形	$K_{H\beta}=1+\frac{x_\beta c_\gamma f_{ma}}{F_m/b_B}$，且 $K_{H\beta}\geqslant 1.05$	(5)

注：1. 本表各公式适用于全部转矩从轴的一端输入的情况，如同时从轴的两端输入或双斜齿轮从两半边斜齿轮的中间输入，则应做更详细的分析。

2. 部分修形指只补偿扭转变形的螺旋线修形；完全修形指同时可补偿弯曲、扭转变形的螺旋线修形。

3. B—包括空刀槽在内的双斜齿全齿宽，mm；b_B—单斜齿轮宽度，mm，对因结构要求而采用超过一般工艺需要的大齿槽宽度的双斜齿轮，应采用一般方法计算；F_m—分度圆上平均计算切向力，N。

表 12-1-103　　轧机齿轮的 $K_{H\beta}$ 计算公式

是否修形	齿轮类型	$K_{H\beta}$ 计算公式
不修形	直齿轮、斜齿轮	$1+\frac{4000}{3\pi}x_\beta\frac{c_\gamma}{E}\left(\frac{b}{d_1}\right)^2\left[5.12+7.68\frac{100-k}{k}+\left(\frac{b}{d_1}\right)^2\left(\frac{l}{b}-\frac{7}{12}\right)\right]+\frac{x_\beta c_\gamma f_{ma}}{2F_m/b}$
	双斜齿轮或人字齿轮	$1+\frac{4000}{3\pi}x_\beta\frac{c_\gamma}{E}\left[\left(\frac{2b_B}{d_1}\right)^2\left(1.28+1.92\frac{100-k/2}{k/2}\right)+\left(\frac{B}{d_1}\right)^4\left(\frac{l}{B}-\frac{7}{12}\right)\right]+\frac{x_\beta c_\gamma f_{ma}}{F_m/b_B}$
完全修形	直齿轮、斜齿轮	按表 12-1-102 式(3)
	双斜齿轮或人字齿轮	按表 12-1-102 式(5)

注：1. 如不修形按双斜齿或人字齿轮公式计算的 $K_{H\beta}>2$，应核查设计，最好用更精确的方法重新计算。

2. B 为包括空刀槽在内的双斜齿全齿宽，mm；b_B 为单斜齿轮宽度，mm。

3. k 表示当采用一对轴齿轮，$u=1$，功率分流，被动齿轮传递 k%的转矩，$(100-k)$%的转矩由主动齿轮的轴端输出，两齿轮皆对称布置在两端轴承之间。

表 12-1-104　　行星传动齿轮的 $K_{H\beta}$ 计算公式

	齿轮副	轴承形式	修形情况	$K_{H\beta}$ 计算公式
直齿轮、单斜齿轮	太阳轮(S) 行星轮(P)	Ⅰ	不修形	$1+\frac{4000}{3\pi}n_Px_\beta\frac{c_\gamma}{E}\times5.12\left(\frac{b}{d_S}\right)^2+\frac{x_\beta c_\gamma f_{ma}}{2F_m/b}$
			修形（仅补偿扭转变形）	按表 12-1-102 式(3)
		Ⅱ	不修形	$1+\frac{4000}{3\pi}x_\beta\frac{c_\gamma}{E}\left[5.12n_P\left(\frac{b}{d_S}\right)^2+2\left(\frac{b}{d_P}\right)^4\left(\frac{l_P}{b}-\frac{7}{12}\right)\right]+\frac{x_\beta c_\gamma f_{ma}}{2F_m/b}$
			完全修形（弯曲和扭转变形完全补偿）	按表 12-1-102 式(3)
	内齿轮(H) 行星轮(P)	Ⅰ	修形或不修形	按表 12-1-102 式(3)
		Ⅱ	不修形	$1+\frac{8000}{3\pi}x_\beta\frac{c_\gamma}{E}\left(\frac{b}{d_P}\right)^4\left(\frac{l_P}{b}-\frac{7}{12}\right)+\frac{x_\beta c_\gamma f_{ma}}{2F_m/b}$
			修形（仅补偿弯曲变形）	按表 12-1-102 式(3)
人字齿轮或双斜齿轮	太阳轮(S) 行星轮(P)	Ⅰ	不修形	$1+\frac{4000}{3\pi}n_Px_\beta\frac{c_\gamma}{E}\times3.2\left(\frac{2b_B}{d_S}\right)^2+\frac{x_\beta c_\gamma f_{ma}}{F_m/b_B}$
			修形（仅补偿扭转变形）	按表 12-1-102 式(5)
		Ⅱ	不修形	$1+\frac{4000}{3\pi}x_\beta\frac{c_\gamma}{E}\left[3.2n_P\left(\frac{2b_B}{d_S}\right)^2+2\left(\frac{B}{d_P}\right)^4\left(\frac{l_P}{B}-\frac{7}{12}\right)\right]+\frac{x_\beta c_\gamma f_{ma}}{F_m/b_B}$
			完全修形（弯曲和扭转变形完全补偿）	按表 12-1-102 式(5)
	内齿轮(H) 行星轮(P)	Ⅰ	修形或不修形	按表 12-1-102 式(5)
		Ⅱ	不修形	$1+\frac{8000}{3\pi}x_\beta\frac{c_\gamma}{E}\left(\frac{B}{d_P}\right)^4\left(\frac{l_P}{B}-\frac{7}{12}\right)+\frac{x_\beta c_\gamma f_{ma}}{F_m/b_B}$
			修形(仅补偿弯曲变形)	按表 12-1-102 式(5)

注：1. Ⅰ，Ⅱ表示行星轮及其轴承在行星架上的安装形式：Ⅰ—轴承装在行星轮上，转轴刚性固定在行星架上；Ⅱ—行星轮两端带轴颈的轴齿轮，轴承装在转架上。

2. d_S—太阳轮分度圆直径，mm；d_P—行星轮分度圆直径，mm；l_P—行星轮轴承跨距，mm；B—包括空刀槽在内的双斜齿全齿宽，mm；b_B—单斜齿轮宽度，mm。B、b_B 见表 12-1-103。

3. $F_m=F_tK_AK_VK_r/n_P$

K_r—行星传动不均载系数；

n_P—行星轮个数。

⑥ 简化方法。适用范围如下：

a. 中等或较重载荷工况：对调质齿轮，单位齿宽载荷 F_m/b 为 400~1000N/mm；对硬齿面齿轮，F_m/b 为 800~1500N/mm。

b. 刚性结构和刚性支承，受载时两轴承变形较小可忽略；齿宽偏置度 s/l（见图 12-1-71）较小，符合表 12-1-105、表 12-1-106 限定范围。

c. 齿宽 b 为 50~400mm，齿宽与齿高比 b/h 为 3~12，小齿轮宽径比 b/d_1 对调质的应小于 2.0，对硬齿面的应小于 1.5。

d. 轮齿啮合刚度 c_γ 为 15~25N/(mm·μm)。

e. 齿轮制造精度对调质齿轮为 5~8 级，对硬齿面齿轮为 5~6 级；满载时齿宽全长或接近全长接触（一般情况下未经螺旋线修形）。

f. 矿物油润滑。

符合上述范围齿轮的 $K_{H\beta}$ 值可按表 12-1-105 和表 12-1-106 中的公式计算。

表 12-1-105　　调质齿轮 $K_{H\beta}$ 的简化计算公式

$$K_{H\beta}=a_1+a_2\left[1+a_3\left(\frac{b}{d_1}\right)^2\right]\left(\frac{b}{d_1}\right)^2+a_4 b$$

精度等级		a_1	a_2	a_3（支承方式）			a_4
				对称	非对称	悬臂	
装配时不做检验调整	5	1.14	0.18	0	0.6	6.7	2.3×10^{-4}
	6	1.15	0.18	0	0.6	6.7	3.0×10^{-4}
	7	1.17	0.18	0	0.6	6.7	4.7×10^{-4}
	8	1.23	0.18	0	0.6	6.7	6.1×10^{-4}
装配时检验调整或对研跑合	5	1.10	0.18	0	0.6	6.7	1.2×10^{-4}
	6	1.11	0.18	0	0.6	6.7	1.5×10^{-4}
	7	1.12	0.18	0	0.6	6.7	2.3×10^{-4}
	8	1.15	0.18	0	0.6	6.7	3.1×10^{-4}

表 12-1-106　　硬齿面齿轮 $K_{H\beta}$ 的简化计算公式

$$K_{H\beta}=a_1+a_2\left[1+a_3\left(\frac{b}{d_1}\right)^2\right]\left(\frac{b}{d_1}\right)^2+a_4 b$$

精度等级		a_1	a_2	a_3（支承方式）			a_4
				对称	非对称	悬臂	
装配时不做检验调整：首先用 $K_{H\beta}\leqslant1.34$ 计算							
$K_{H\beta}\leqslant1.34$	5	1.09	0.26	0	0.6	6.7	2.0×10^{-4}
$K_{H\beta}>1.34$		1.05	0.31	0	0.6	6.7	2.3×10^{-4}
$K_{H\beta}\leqslant1.34$	6	1.09	0.26	0	0.6	6.7	3.3×10^{-4}①
$K_{H\beta}>1.34$		1.05	0.31	0	0.6	6.7	3.8×10^{-4}
装配时检验调整或跑合：首先用 $K_{H\beta}\leqslant1.34$ 计算							
$K_{H\beta}\leqslant1.34$	5	1.05	0.26	0	0.6	6.7	1.0×10^{-4}
$K_{H\beta}>1.34$		0.99	0.31	0	0.6	6.7	1.2×10^{-4}
$K_{H\beta}\leqslant1.34$	6	1.05	0.26	0	0.6	6.7	1.6×10^{-4}
$K_{H\beta}>1.34$		1.00	0.31	0	0.6	6.7	1.9×10^{-4}

① GB/T 3480—1997 误为 0.47×10^{-3}。

（6）齿间载荷分配系数 $K_{H\alpha}$、$K_{F\alpha}$

齿间载荷分配系数是考虑同时啮合的各对轮齿间载荷分配不均匀影响的系数。影响齿间载荷分配系数的主要因素有：受载后轮齿变形；轮齿制造误差，特别是齿距偏差；齿廓修形；跑合效果等。

应优先采用经精密实测或对所有影响因素精确分析得到的齿间载荷分配系数。一般情况下，可按下述方法确定。

① 一般方法　$K_{H\alpha}$、$K_{F\alpha}$ 按表 12-1-107 中的公式计算。

② 简化方法　简化方法适用于满足下列条件的工业齿轮传动和类似的齿轮传动：钢制的基本齿廓符合 GB/T 1356 的外啮合和内啮合齿轮；直齿轮和 $\beta\leqslant30°$ 的斜齿轮；单位齿宽载荷 $F_{tH}/b\geqslant350$N/mm（当 $F_{tH}/b\geqslant350$N/mm 时，计算结果偏于安全；当 $F_{tH}/b<350$N/mm 时，因 $K_{H\alpha}$、$K_{F\alpha}$ 的实际值较表值大，计算结果偏于不安全）。

$K_{H\alpha}$ 可按表 12-1-109 查取。

表 12-1-107 **$K_{H\alpha}$、$K_{F\alpha}$ 解析法计算公式**

项目	公式或说明
齿间载荷分配系数 $K_{H\alpha}$[①]	当总重合度 $\varepsilon_\gamma \leqslant 2$ $K_{H\alpha}=K_{F\alpha}=\dfrac{\varepsilon_\gamma}{2}\left[0.9+0.4\dfrac{c_{\gamma\alpha}(f_{pb}-y_\alpha)}{F_{tH}/b}\right]$ 当总重合度 $\varepsilon_\gamma>2$ $K_{H\alpha}=K_{F\alpha}=0.9+0.4\sqrt{\dfrac{2(\varepsilon_\gamma-1)}{\varepsilon_\gamma}}\times\dfrac{c_{\gamma\alpha}(f_{pb}-y_\alpha)}{F_{tH}/b}$ 若 $K_{H\alpha}>\dfrac{\varepsilon_\gamma}{\varepsilon_\alpha Z_\varepsilon^2}$，则取 $K_{H\alpha}=\dfrac{\varepsilon_\gamma}{\varepsilon_\alpha Z_\varepsilon^2}$ 若 $K_{F\alpha}>\dfrac{\varepsilon_\gamma}{0.25\varepsilon_\alpha+0.75}$，则取 $K_{F\alpha}=\dfrac{\varepsilon_\gamma}{0.25\varepsilon_\alpha+0.75}$ 若 $K_{H\alpha}<1.0$，则取 $K_{H\alpha}=1.0$ 若 $K_{F\alpha}<1.0$，则取 $K_{F\alpha}=1.0$
啮合刚度 $c_{\gamma\partial}$	见 8.4.1(7)
基节极限偏差 f_{pb}	应采用小齿轮或大齿轮的基节极限偏差较大值计算；当齿廓修形补偿了实际载荷下的轮齿变形，按基节极限偏差的一半计算

项目	公式或说明
计算 $K_{H\alpha}$ 时的切向力 F_{tH}	$F_{tH}=F_tK_AK_vK_{H\beta}$，各符号见本节(2)～(5)
总重合度 ε_γ	$\varepsilon_\gamma=\varepsilon_\alpha+\varepsilon_\beta$
端面重合度 ε_α	$\varepsilon_\alpha=\dfrac{0.5\left(\sqrt{d_{a1}^2-d_{b1}^2}\pm\sqrt{d_{a2}^2-d_{b2}^2}\right)+a'\sin\alpha_t'}{\pi m_t\cos\alpha_t}$
纵向重合度 ε_β	$\varepsilon_\beta=\dfrac{b\sin\beta}{\pi m_n}$
齿廓跑合量 y_α	见表 12-1-108
重合度系数 Z_ε	见本节(11)
弯曲强度计算的重合度系数 Y_ε	$Y_\varepsilon=0.25+\dfrac{0.75}{\varepsilon_{\alpha n}}$ $\varepsilon_{\alpha n}=\dfrac{\varepsilon_\alpha}{\beta_b}$

① 对于斜齿轮，如计算得到的 $K_{H\alpha}$ 值过大，则应调整设计参数，使得 $K_{H\alpha}$ 及 $K_{F\alpha}$ 不大于 ε_α。同时，公式 $K_{H\alpha}$、$K_{F\alpha}$ 仅适用于齿轮基节偏差在圆周方向呈正常分布的情况。

表 12-1-108 **齿廓跑合量 y_α**

齿轮材料	齿廓跑合量 y_α/μm	限制条件
结构钢、调质钢、珠光体和贝氏体球墨铸铁	$y_\alpha=\dfrac{160}{\sigma_{H\lim}}f_{pb}$	$v>10$m/s 时，$y_\alpha\leqslant\dfrac{6400}{\sigma_{H\lim}}$μm，$f_{pb}\leqslant40$μm； $5<v\leqslant10$m/s 时，$y_\alpha\leqslant\dfrac{12800}{\sigma_{H\lim}}$μm，$f_{pb}\leqslant80$μm； $v\leqslant5$m/s 时，y_α 无限制
铸铁、素体球墨铸铁	$y_\alpha=0.275f_{pb}$	$v>10$m/s 时，$y_\alpha\leqslant11$μm，$f_{pb}\leqslant40$μm； $5<v\leqslant10$m/s 时，$y_\alpha\leqslant22$μm，$f_{pb}\leqslant80$μm； $v\leqslant5$m/s 时，y_α 无限制
渗碳淬火钢或氮化钢、氮碳共渗钢	$y_\alpha=0.075f_{pb}$	$y_\alpha\leqslant3$μm，$f_{pb}\leqslant40$μm

注：1. f_{pb}—齿轮基节极限偏差，μm；$\sigma_{H\lim}$—齿轮接触疲劳极限，N/mm²，见本节（13）。
2. 当大、小齿轮的材料和热处理不同时，其齿廓跑合量可取为相应两种材料齿轮副跑合量的算术平均值。
3. y_α—齿廓跑合量，y_α 采用图解法取值，见图 12-1-75 和图 12-1-76。

表 12-1-109 **齿间载荷分配系数 $K_{H\alpha}$，$K_{F\alpha}$**

K_AF_t/b		≥100N/mm							<100N/mm
精度等级		5	6	7	8	9	10	11	5 级及更低
硬齿面直齿轮	$K_{H\alpha}$	1.0		1.1	1.2	$1/Z_\varepsilon^2\geqslant1.2$			
	$K_{F\alpha}$					$1/Y_\varepsilon\geqslant1.2$			
硬齿面斜齿轮	$K_{H\alpha}$	1.0	1.1	1.2	1.4	$\varepsilon_\alpha/\cos^2\beta_b\geqslant1.4$			
	$K_{F\alpha}$								
非硬齿面直齿轮	$K_{H\alpha}$	1.0			1.1	1.2	$1/Z_\varepsilon^2\geqslant1.2$		
	$K_{F\alpha}$						$1/Y_\varepsilon\geqslant1.2$		
非硬齿面斜齿轮	$K_{H\alpha}$	1.0		1.1	1.2	1.4	$\varepsilon_\alpha/\cos^2\beta_b\geqslant1.4$		
	$K_{F\alpha}$								

注：1. 经修形的 6 级精度硬齿面斜齿轮，当齿廓具有与载荷相匹配的最佳修形、制造高精度、沿齿宽均布载荷及高单位载荷水平时，取 $K_{H\alpha}=K_{F\alpha}=1$。

2. 表右部第 5，8 行，若计算 $K_{F\alpha}>\dfrac{\varepsilon_\gamma}{\varepsilon_\alpha Y_\varepsilon}$，则取 $K_{F\alpha}=\dfrac{\varepsilon_\gamma}{\varepsilon_\alpha Y_\varepsilon}$。

3. Z_ε 见本节（11），Y_ε 见表 12-1-107。
4. 硬齿面和软齿面相啮合的齿轮副，齿间载荷分配系数取平均值。
5. 小齿轮和大齿轮精度等级不同时，则按精度等级较低的取值。
6. 本表也可以用于灰铸铁和球墨铸铁齿轮的计算。

采用图解法（解析法公式图解）确定 $K_{H\alpha}$、$K_{F\alpha}$，见图 12-1-74，同表 12-1-107 $K_{H\alpha}$、$K_{F\alpha}$ 计算公式。

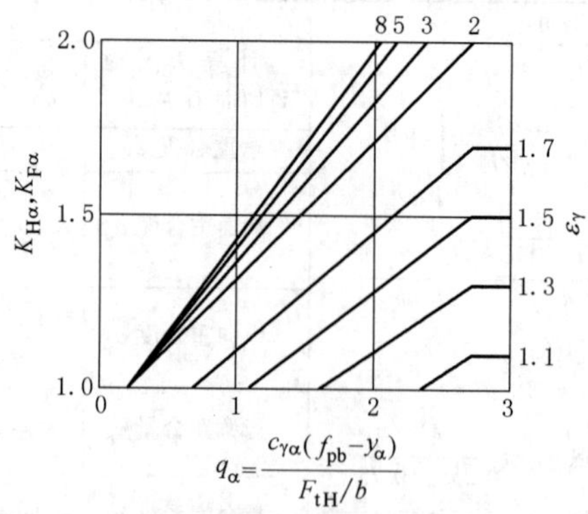

图 12-1-74　解析法公式图解确定 $K_{H\alpha}$、$K_{F\alpha}$

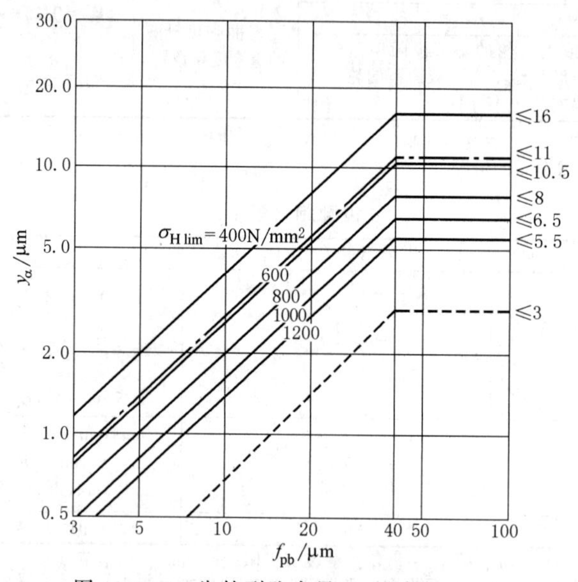

图 12-1-75　齿轮副跑合量 y_α 的确定（一）

图中实线—结构钢、调质钢、珠光体或贝氏体球墨铸铁
点画线—灰铸铁、铁素体球墨铸铁 } 切向速度 $v>10m/s$；

虚线—渗碳淬火钢、表面硬化钢、氮化钢、氮碳共渗钢、表面硬化球墨铸铁} 所有切向速度。

当大小齿轮材料不同时，$y_\alpha=(y_{\alpha1}+y_{\alpha2})/2$，式中下标 1、2 分别表示小、大齿轮。

（7）轮齿刚度——单对齿刚度 c' 和啮合刚度 c_γ

轮齿刚度定义为使一对或几对同时啮合的精确轮齿在 1mm 齿宽上产生 1μm 挠度所需的啮合线上的载荷。当把配对齿轮固定时，变形就等同于另一个齿轮由载荷引起的转角的基圆弧长。直齿轮的单对齿刚度 c' 为一对轮齿的最大刚度，斜齿轮的 c' 为一对轮齿在法截面内的最大刚度。啮合刚度 c_γ 为啮合中所有轮齿刚度的平均值。

影响轮齿刚度的主要因素有：

a. 齿轮参数，如齿数、基本齿条齿廓、变位、螺旋角、端面重合度；

b. 轮体设计，如轮缘厚度和辐板厚度；

c. 轮齿法向单位载荷；

d. 轴-毂连接；

e. 齿面粗糙度和波纹度；

f. 齿轮副的螺旋线偏啮量；

g. 材料的弹性模量。

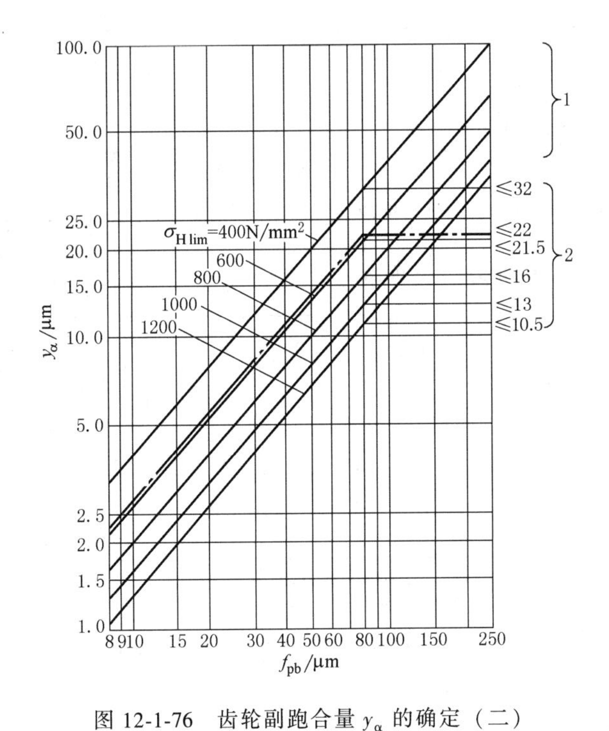

图 12-1-76　齿轮副跑合量 y_α 的确定（二）

1—分度圆圆周速度 $v \leqslant 5$m/s；2—分度圆圆周速度 5m/s<$v \leqslant 10$m/s；

图中实线—结构钢、调质钢、珠光体或贝氏体球墨铸铁
点画线—灰铸铁、铁素体球墨铸铁
} 切向速度 $v \leqslant 10$m/s；

当大小齿轮材料不同时，$y_\alpha=(y_{\alpha1}+y_{\alpha2})/2$，式中下标 1、2 分别表示小、大齿轮。

轮齿刚度的精确值可由实验测得或由弹性理论的有限元法计算确定。在无法实现时，可按下述方法之一确定。

① 一般方法　对于基本齿廓符合 GB/T 1356、单位齿宽载荷 $K_AF_t/b \geqslant 100$N/mm、轴-毂处圆周方向传力均匀（小齿轮为轴齿轮形式、大轮过盈连接或花键连接）、钢质直齿轮和螺旋角 $\beta \leqslant 45°$的外啮合齿轮，c'和 c_γ 可按表 12-1-110 给出的公式计算。对于不满足上述条件的齿轮，如内啮合、非钢质材料的组合、其他形式的轴-毂连接、单位齿宽载荷 $K_AF_t/b<100$N/mm 的齿轮，也可近似应用。

② 简化方法　对基本齿廓符合 GB/T 1356 的钢制刚性盘状齿轮，当 $\beta \leqslant 30°$，$1.2<\varepsilon_\alpha<1.9$ 且 $K_AF_t/b \geqslant 100$N/mm 时，取 $c'=14$N/(mm·μm)、$c_\gamma=20$N/(mm·μm)。非实心齿轮的 c'、c_γ 用轮坯结构系数 C_R 折算。其他基本齿廓的齿轮的 c'、c_γ 可用表 12-1-110 中基本齿廓系数 C_B 折算。非钢对钢配对的齿轮的 c'、c_γ 可用表 12-1-110 中 c_γ 计算式折算。

表 12-1-110　　c'、c_γ 计算公式

项目	计算公式	项目	计算公式
单对齿刚度 c'/N·mm^{-1}·μm^{-1}	钢对钢齿轮　$c'=c'_{th}C_MC_RC_B\cos\beta$ 其他材料配对　$c'=c'_{st}\zeta$ c'_{st} 为钢的 c'	轮坯结构系数 C_R	对于实心齿轮，可取 $C_R=1$ 对轮缘厚度 S_R 和辐板厚度 b_s 的非实心齿轮 $C_R=1+\dfrac{\ln(b_s/b)}{5e^{S_R/(5m_n)}}$ 若 $b_s/b<0.2$，取 $b_s/b=0.2$；若 $b_s/b>1.2$，取 $b_s/b=1.2$；若 $S_R/m_n<1$，取 $S_R/m_n=1$
单对齿刚度的理论值 c'_{th}/N·mm^{-1}·μm^{-1}	$c'_{th}=\dfrac{1}{q'}$		

续表

项目	计算公式	项目	计算公式
一对轮齿柔度的最小值 q'/mm · μm · N^{-1}	$q'=0.04723+\frac{0.15551}{z_{n1}}+\frac{0.25791}{z_{n2}}$ $-0.00635x_1-0.11654\frac{x_1}{z_{n1}}\mp0.00193x_2$ $-0.24188\frac{x_2}{z_{n2}}+0.00529x_1^2+0.00182x_2^2$ (式中∓的“-”用于外啮合,“+”用于内啮合) 对于内啮合齿轮,z_{n2} 应取为无限大	基本齿廓系数 C_B	$C_B=[1+0.5(1.2-h_{fp}/m_n)]\times[1-0.02(20°-\alpha_n)]$ 对基本齿廓符合 $\alpha=20°$,$h_{ap}=m_n$,$h_{fp}=1.2m_n$,$\rho_{fp}=0.2m_n$ 的齿轮,$C_B=1$ 若小轮和大轮的齿根高不一致 $C_B=0.5(C_{B1}+C_{B2})$,C_{B1}、C_{B2} 分别为小、大齿轮基本齿廓系数,按上式计算
		系数 ζ	$\zeta=\frac{E}{E_{st}}$ $E=\frac{2E_1E_2}{E_1+E_2}$ E_{st} 为钢的 E 对钢与铸铁配对:$\zeta=0.74$ 对铸铁与铸铁配对:$\zeta=0.59$
理论修正系数 C_M	一般取 $C_M=0.8$	啮合刚度 c_γ	$c_{\gamma\alpha}=(0.75\varepsilon_\alpha+0.25)c'$ $C_{\gamma\beta}=0.85c_{\gamma\alpha}$

注:1. 当 $K_AF_t/b<100$N/mm 时,$c'=c'_{th}C_MC_RC_B\cos\beta\left(\frac{K_AF_t/b}{100}\right)^{0.25}$;当 $K_AF_t/b>100$N/mm 时,可认为 c'是常数。

2. 一对齿轮副中,若一个齿轮为平键连接,配对齿轮为过盈或花键连接,由表中公式计算的 c'增大 5%;若两个齿轮都为平键连接,由公式计算的 c'增大 10%。

3. 啮合刚度 c_γ 的计算式适用于 $\varepsilon_\alpha\geqslant1.2$ 的直齿轮和螺旋角 $\beta\leqslant30°$ 的斜齿轮。对 $\varepsilon_\alpha<1.2$ 的直齿轮的 $c_{\gamma\alpha}$,需将计算值减小 10%。

4. z_{n1}、z_{n2} 为小、大(斜)齿轮的当量齿数。

5. 适用的变位系数为 $x_1>x_2$;$-0.5\leqslant x_1+x_2\leqslant2$。当 $100\leqslant F_{bt}/b\leqslant1600$N/mm 时,实际值与计算值的偏差范围为-8%~+5%,F_{bt} 为啮合平面(发生面)内的名义端面载荷。

图解法轮坯结构系数 C_R,C_R 可根据轮缘厚度 S_R 和辐板厚度 b_s 由图 12-1-77 查取。

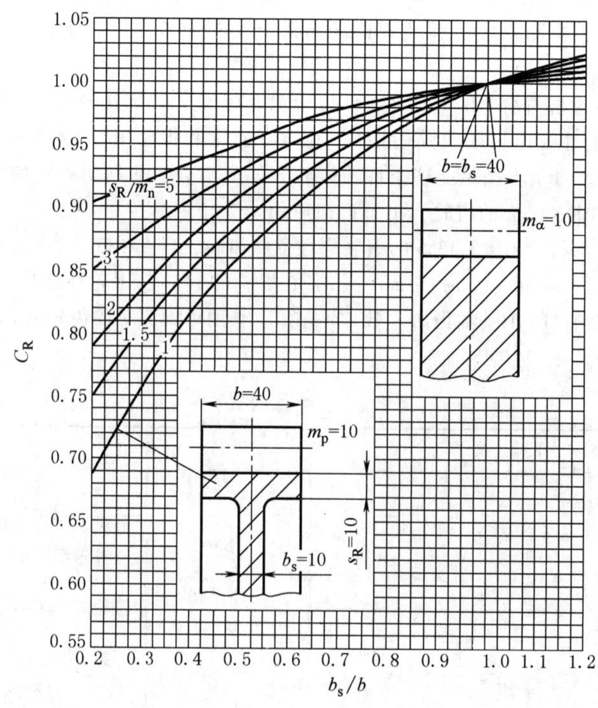

图 12-1-77 轮坯结构系数 C_R(配对齿轮的轮体设计相似或更具刚性时的平均值)

(8) 小轮及大轮单对齿啮合系数 Z_B、Z_D

$\varepsilon_\alpha \leqslant 2$ 时的单对齿啮合系数 Z_B 是把小齿轮节点 C 处的接触应力转化到小轮单对齿啮合区内界点 B 处的接触应力的系数；Z_D 是把大齿轮节点 C 处的接触应力转化到大轮单对齿啮合区内界点 D 处的接触应力的系数。

单对齿啮合系数由表 12-1-111 公式计算与判定。

表 12-1-111　　Z_B、Z_D 的确定

<table>
<tr><th rowspan="2">参数计算式</th><th colspan="2">判定条件</th><th></th></tr>
<tr><th colspan="2">端面重合度 $\varepsilon_\alpha \leqslant 2$</th><th>$\varepsilon_\alpha > 2$ 时</th></tr>
<tr><td rowspan="2">$M_1=\dfrac{\tan\alpha'_{wt}}{\sqrt{\left(\sqrt{\dfrac{d_{a1}^2}{d_{b1}^2}-1}-\dfrac{2\pi}{z_1}\right)\left[\sqrt{\dfrac{d_{a2}^2}{d_{b2}^2}-1}-(\varepsilon_\alpha-1)\dfrac{2\pi}{z_2}\right]}}$
$M_2=\dfrac{\tan\alpha'_{wt}}{\sqrt{\left(\sqrt{\dfrac{d_{a2}^2}{d_{b2}^2}-1}-\dfrac{2\pi}{z_2}\right)\left[\sqrt{\dfrac{d_{a1}^2}{d_{b1}^2}-1}-(\varepsilon_\alpha-1)\dfrac{2\pi}{z_1}\right]}}$</td><td>外啮合齿轮</td><td>$\varepsilon_\alpha>1$ 的直齿轮：
当 $M_1>1$ 时，$Z_B=M_1$；当 $M_1\leqslant 1$ 时，$Z_B=1$
当 $M_2>1$ 时，$Z_D=M_2$；当 $M_2\leqslant 1$ 时，$Z_D=1$
斜齿轮：
当 $\varepsilon_\alpha>1$ 及纵向重合度 $\varepsilon_\beta \geqslant 1.0$ 时，$Z_B=Z_D=\sqrt{f_{ZCa}}$。f_{ZCa} 按表 12-1-112 确定
当 $\varepsilon_\alpha>1$ 及纵向重合度 $\varepsilon_\beta<1.0$ 时，
若 $M_1\leqslant 1$，则 $Z_B=1+\varepsilon_\beta(\sqrt{f_{ZCa}}-1)$
若 $M_1>1$，则 $Z_B=M_1+\varepsilon_\beta(\sqrt{f_{ZCa}}-M_1)$
若 $M_2\leqslant 1$，则 $Z_D=1+\varepsilon_\beta(\sqrt{f_{ZCa}}-1)$
若 $M_2>1$，则 $Z_D=M_2+\varepsilon_\beta(\sqrt{f_{ZCa}}-M_2)$
当 $Z_B<1$ 时，取 $Z_B=1$
当 $Z_D<1$ 时，取 $Z_D=1$
当 $\varepsilon_\alpha\leqslant 1$ 和总重合度 $\varepsilon_r>1$ 时，计算未在 GB/T 3480 系列标准内，必须分析啮合线处的最大接触应力</td><td rowspan="2">对于 $2<\varepsilon_\alpha\leqslant 2.5$ 的高精度齿轮副，任何端截面内的总切向力由连续啮合的两对或三对轮齿共同承担。对于这样的齿轮副，接触应力的计算是基于两对齿啮合时小齿轮上的单齿啮合区内界点上的值。可用本表中的公式计算 M_1 和 M_2，但此时用表 12-1-83 中的公式计算 σ_{H0} 时，应用总切向力来代替式中的 F_t。这样计算的接触应力偏大，因此，安全系数偏于保守</td></tr>
<tr><td>内啮合齿轮</td><td>取 $Z_B=1$，$Z_D=1$</td></tr>
</table>

表 12-1-112　　f_{ZCa} 的确定

条件	取值
在三维载荷分布模拟的基础上对斜齿轮副进行了齿廓方向和螺旋线方向的修形，最大接触应力靠近半齿高处，且接触应力均布	$f_{ZCa}=1.0$
根据制造商的经验对斜齿轮副进行了适当的齿面修形	$f_{ZCa}=1.07$
斜齿轮副不做修形处理	$f_{ZCa}=1.2$

系数 f_{ZCa} 对配对大小齿轮均有效，因此应考虑全啮合过程的接触应力大小。

(9) 节点区域系数 Z_H

节点区域系数 Z_H 是考虑节点处齿廓曲率对接触应力的影响，并将分度圆上切向力折算为节圆上法向力的系数。

$$Z_H=\sqrt{\frac{2\cos\beta_b\cos\alpha'_t}{\cos^2\alpha_t\sin\alpha'_t}}$$

式中　$\alpha_t=\arctan\dfrac{\tan\alpha_n}{\cos\beta}$

$\beta_b=\arctan(\tan\beta\cos\alpha_t)$

$\mathrm{inv}\alpha'_t=\mathrm{inv}\alpha_t+\dfrac{2(x_2\pm x_1)}{z_2\pm z_1}\tan\alpha_n$（“+”用于外啮合，“-”用于内啮合）

对于法面齿形角 α_n 为 20°、22.5°、25°的内、外啮合齿轮，Z_H 也可由图 12-1-78、图 12-1-79 和图 12-1-80 根据 $(x_1+x_2)/(z_1+z_2)$ 及螺旋角 β 查得。

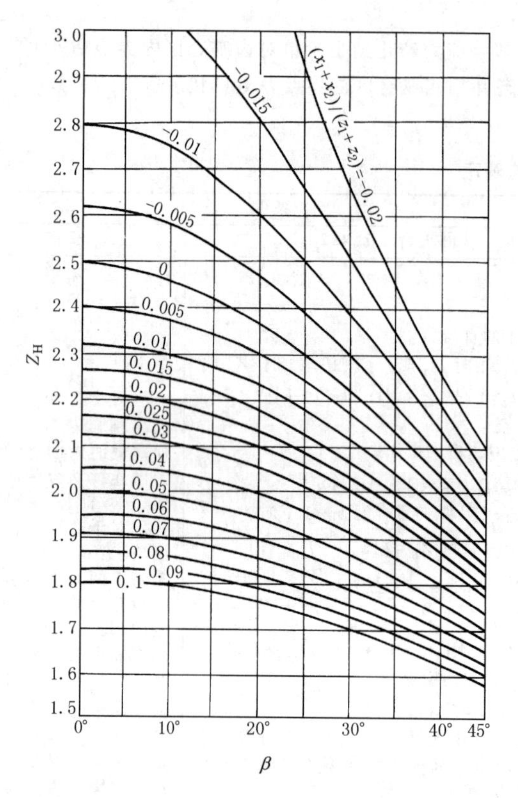

图 12-1-78　$\alpha_n=20°$时的节点区域系数 Z_H

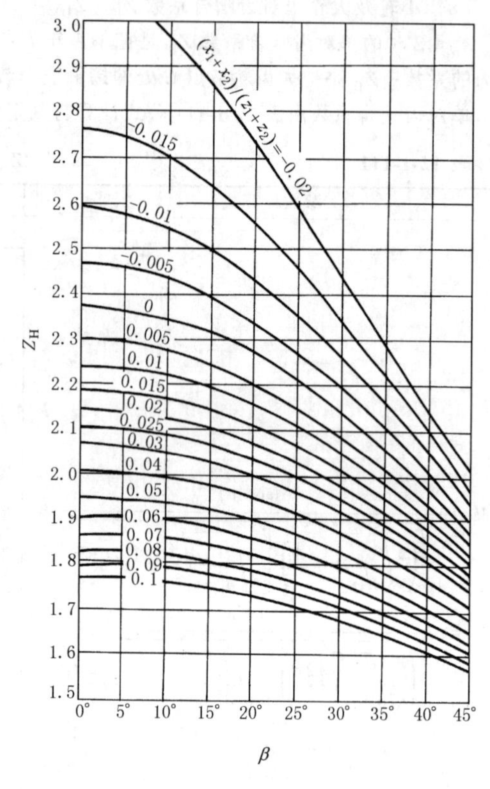

图 12-1-79　$\alpha_n=22.5°$时的节点区域系数 Z_H

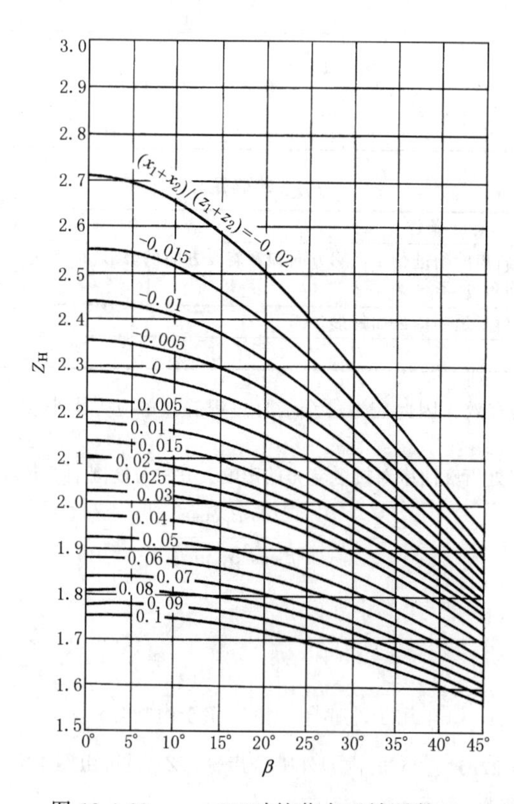

图 12-1-80　$\alpha_n=25°$时的节点区域系数 Z_H

第12篇

(10) 弹性系数 Z_E

弹性系数 Z_E 是用以考虑材料弹性模量 E 和泊松比 ν 对赫兹应力的影响的系数，其数值可按实际材料弹性模量 E 和泊松比 ν 由下式计算得出。某些常用材料组合的 Z_E 可参考表 12-1-113 查取。

$$Z_E=\sqrt{\frac{1}{\pi\left(\frac{1-\nu_1^2}{E_1}+\frac{1-\nu_2^2}{E_2}\right)}}$$

表 12-1-113　　弹性系数 Z_E

齿轮 1			齿轮 2			Z_E $/\sqrt{N/mm^2}$
材料	弹性模量 $E_1/N\cdot mm^{-2}$	泊松比 ν_1	材料	弹性模量 $E_2/N\cdot mm^{-2}$	泊松比 ν_2	
钢	206000	0.3	钢	206000	0.3	189.8
			铸钢	202000		188.9
			球墨铸铁	173000		181.4
			灰铸铁	118000~126000		162.0~165.4
铸钢	202000	0.3	铸钢	202000	0.3	188.0
			球墨铸铁	173000		180.5
			灰铸铁	118000		161.4
球墨铸铁	173000	0.3	球墨铸铁	173000	0.3	173.9
			灰铸铁	118000		156.6
灰铸铁	118000~126000	0.3	灰铸铁	118000	0.3	143.7~146.70

(11) 重合度系数 Z_ε

重合度系数 Z_ε 用以考虑重合度对单位齿宽载荷的影响。Z_ε 可由表 12-1-114 所列公式计算或按图 12-1-81 查得。

表 12-1-114　　Z_ε 计算式

直齿轮	斜齿轮
直齿轮 $Z_\varepsilon=\sqrt{\frac{4-\varepsilon_\alpha}{3}}$ 若 $\varepsilon_\alpha<2$，Z_ε 保守取值 1	斜齿轮 当 $\varepsilon_\beta<1$ 时　$Z_\varepsilon=\sqrt{\frac{4-\varepsilon_\alpha}{3}(1-\varepsilon_\beta)+\frac{\varepsilon_\beta}{\varepsilon_\alpha}}$ 当 $\varepsilon_\beta\geqslant1$ 时　$Z_\varepsilon=\sqrt{\frac{1}{\varepsilon_\alpha}}$

(12) 螺旋角系数 Z_β

螺旋角系数 Z_β 是考虑螺旋角造成的接触线倾斜对接触应力影响的系数，考虑了载荷分布沿啮合线的变化，$Z_\beta=\sqrt{\frac{1}{\cos\beta}}$，也可按图 12-1-82 查得。

(13) 试验齿轮的接触疲劳极限 $\sigma_{H\lim}$

$\sigma_{H\lim}$ 是指某种材料的齿轮经长期持续的重复载荷作用（对大多数材料，其应力循环数为 5×10^7）后，齿面不出现进展性点蚀时的极限应力。主要影响因素有：材料成分，力学性能，热处理及硬化层深度、硬度梯度，结构（锻、轧、铸），残余应力，材料的纯度和缺陷等。

$\sigma_{H\lim}$ 可由齿轮的负荷运转试验或使用经验的统计数据得出。此时需说明线速度、润滑油黏度、表面粗糙度、材料组织等变化对许用应力的影响所引起的误差。无资料时，可由图 12-1-83～图 12-1-87 查取。图中的 $\sigma_{H\lim}$ 值是试验齿轮的失效概率为 1%时的轮齿接触疲劳极限。图中硬化齿轮的疲劳极限值对渗碳齿轮适用于有效硬化层深度（加工后的）$\delta\geqslant0.15m_n$ [图 12-1-83a 试验数据在 $0.15m_n\leqslant\delta\leqslant0.25m_n$]，对于氮化齿轮，其有效硬化层深度 $\delta=0.4\sim0.6$mm。

在图中，代表材料质量等级的 ML、MQ、ME 和 MX 线所对应的材料处理要求见 GB/T 3480.5《直齿轮和斜齿轮承载能力计算　第 5 部分：材料强度和质量》。

ML——表示齿轮材料质量和热处理质量达到最低要求时的疲劳极限取值线。

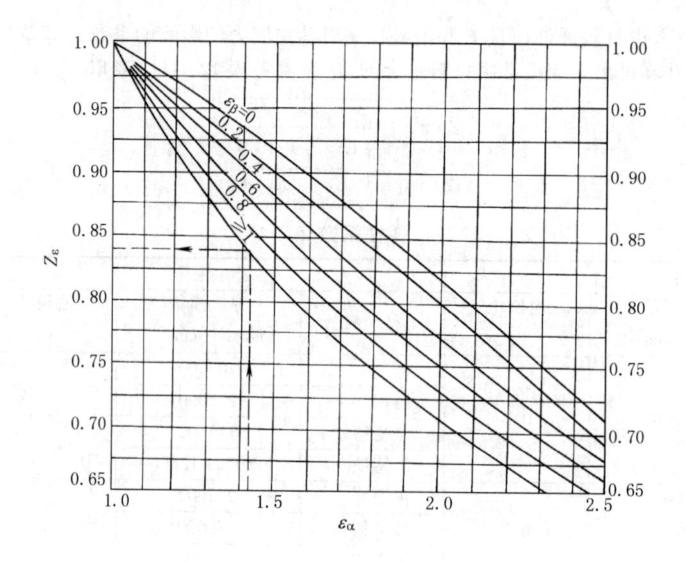

图 12-1-81　重合度系数 Z_ε

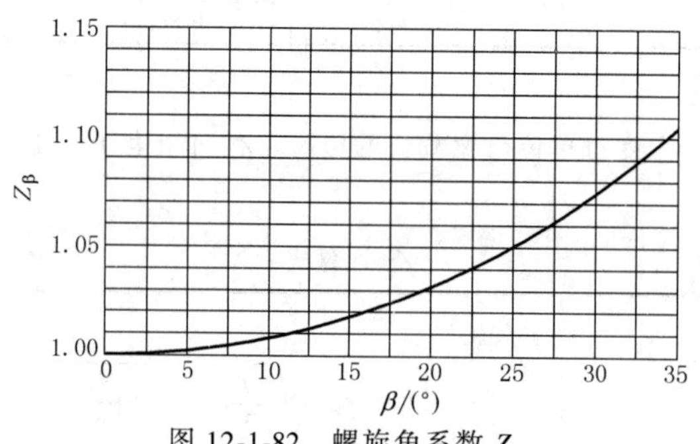

图 12-1-82　螺旋角系数 Z_β

MQ——表示齿轮材料质量和热处理质量达到中等要求时的疲劳极限取值线。此中等要求是有经验的工业齿轮制造者以合理的生产成本能达到的。

ME——表示齿轮材料质量和热处理质量达到很高要求时的疲劳极限取值线。这种要求只有在具备高水平的制造过程可控能力时才能达到。

MX——表示对淬透性及金相组织有特殊考虑的调质合金钢的取值线。

图 12-1-83～图 12-1-87 中提供的 $\sigma_{\mathrm{H\,lim}}$ 值是试验齿轮在标准的运转条件下得到的。具体的条件如下：

中心距　$a=100\mathrm{mm}$；

螺旋角　$\beta=0°(Z_\beta=1)$；

模数　$m=3\sim5\mathrm{mm}$；

齿面粗糙度　$Rz=3\mu\mathrm{m}$ （$Z_\mathrm{R}=1$）；

圆周线速度　$v=10\mathrm{m/s}$ （$Z_\mathrm{v}=1$）；

润滑剂黏度　$\nu_{50}=100\mathrm{mm^2/s}$ （$Z_\mathrm{L}=1$）；

相啮合齿轮的材料相同（$Z_\mathrm{W}=1$）；

齿轮精度等级　4～6 级（ISO 1328-1：2013 或 GB/T 10095.1—2022）；

载荷系数　$K_\mathrm{A}=K_\mathrm{v}=K_{\mathrm{H}\beta}=K_{\mathrm{H}\alpha}=1$。

试验齿轮的失效判据如下：

对于非硬化齿轮，其大小齿轮点蚀损伤面积占全部工作齿面的 2%，或者对单齿占 4%；

对于硬化齿轮，其大小齿轮点蚀损伤面积占全部工作齿面的 0.5%，或者对单齿占 4%。

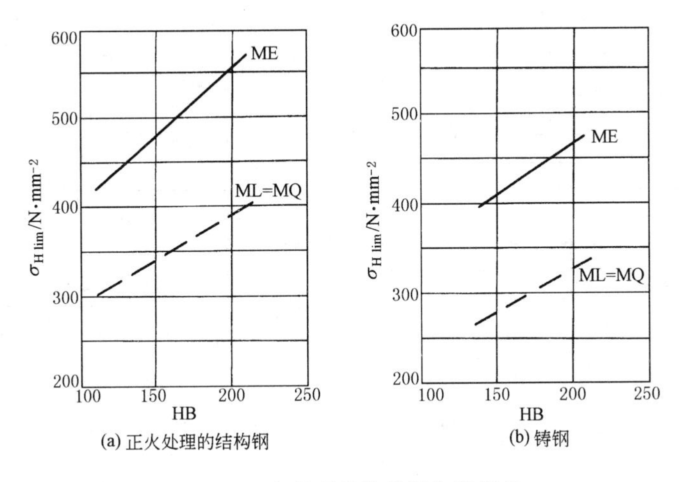

(a) 正火处理的结构钢 (b) 铸钢

图 12-1-83 正火处理的结构钢和铸钢的 $\sigma_{H\ lim}$

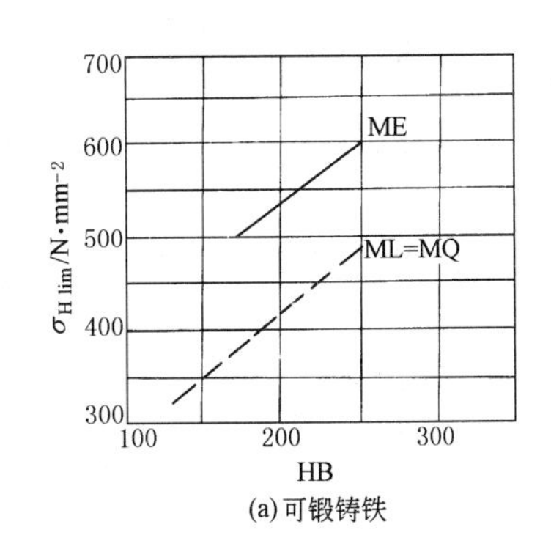

(a) 可锻铸铁

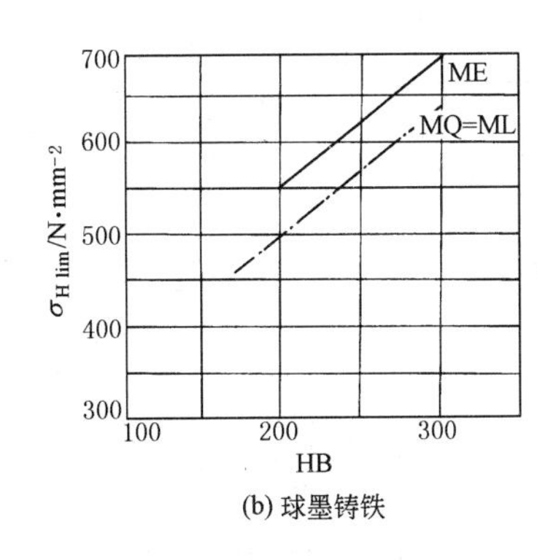

(b) 球墨铸铁

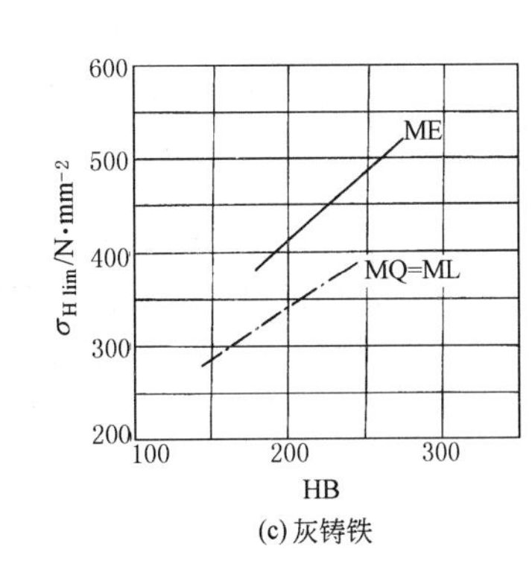

(c) 灰铸铁

图 12-1-84 铸铁的 $\sigma_{H\ lim}$

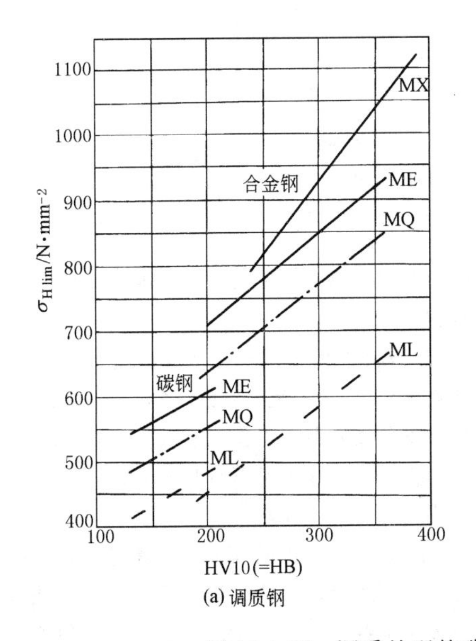

(a) 调质钢

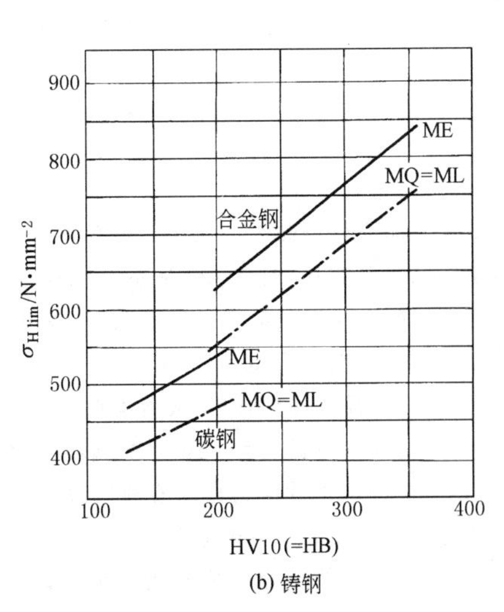

(b) 铸钢

图 12-1-85 调质处理的碳钢、合金钢及铸钢的 $\sigma_{H\ lim}$

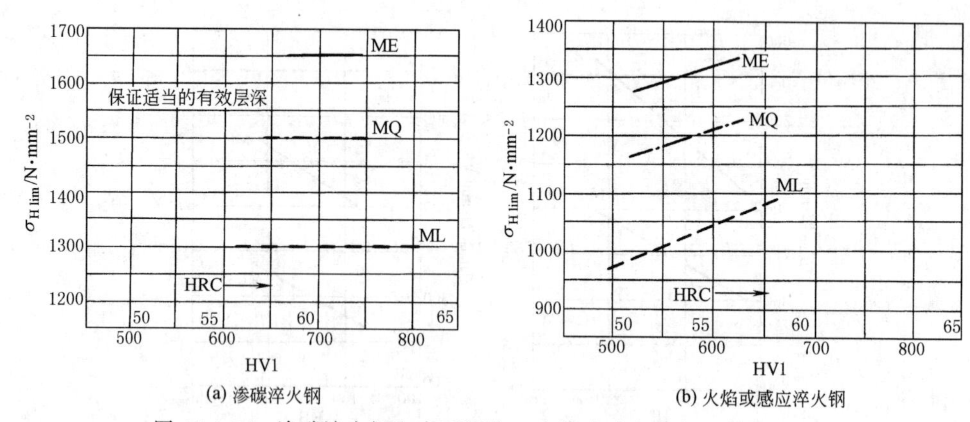

(a) 渗碳淬火钢　　(b) 火焰或感应淬火钢

图 12-1-86　渗碳淬火钢和表面硬化（火焰或感应淬火）钢的 $\sigma_{H\,lim}$

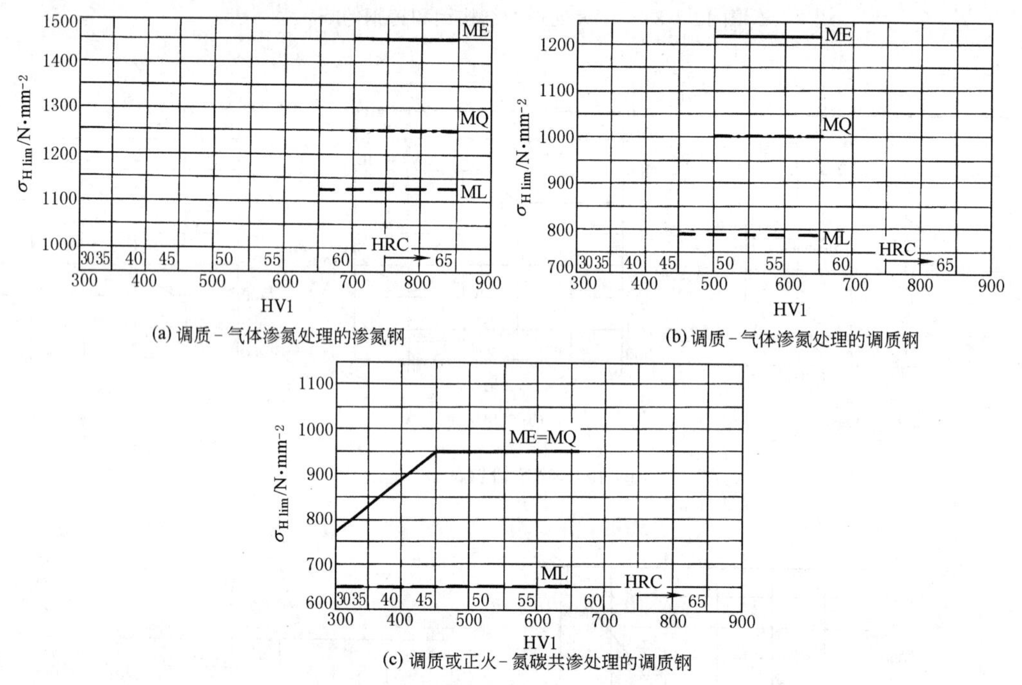

(a) 调质－气体渗氮处理的渗氮钢　　(b) 调质－气体渗氮处理的调质钢

(c) 调质或正火－氮碳共渗处理的调质钢

图 12-1-87　渗氮和氮碳共渗钢的 $\sigma_{H\,lim}$

(14) 接触强度计算的寿命系数 Z_{NT}

寿命系数 Z_{NT} 是考虑齿轮寿命小于或大于持久寿命条件循环次数 N_c 时（见图 12-1-88），其可承受的接触应力值与其相应的条件循环次数 N_c 时疲劳极限应力的比例的系数。

当齿轮在定载荷工况工作时，应力循环次数 N_L 为齿轮设计寿命期内单侧齿面的啮合次数；双向工作时，按啮合次数较多的一侧计算。当齿轮在变载荷工况下工作并有载荷图谱可用时，应按 8.4.4 节的方法核算其强度安全系数；对于缺乏工作载荷图谱的非恒定载荷齿轮，可近似地按名义载荷乘以使用系数 K_A 来核算其强度。

条件循环次数 N_c 是齿轮材料 *S-N*（即应力-循环次数）曲线上一个特征拐点的循环次数，并取该点处的寿命系数为 1.0，相应的 *S-N* 曲线上的应力称为疲劳极限应力。

接触强度计算的寿命系数 Z_{NT} 应根据实际齿轮实验或经验统计数据得出的 *S-N* 曲线求得，它与一对相啮合齿轮的材料、热处理、直径、模数、齿面粗糙度、节线速度及使用的润滑剂有关。当直接采用 *S-N* 曲线确定和 *S-N* 曲线实验条件完全相同的齿轮寿命系数 Z_{NT} 时，应将有关的影响系数 Z_R、Z_v、Z_L、Z_W、Z_x 的值均取为 1.0。

当无合适的上述实验或经验数据可用时，Z_{NT} 可由表 12-1-115 的公式计算或由图 12-1-88 查取。

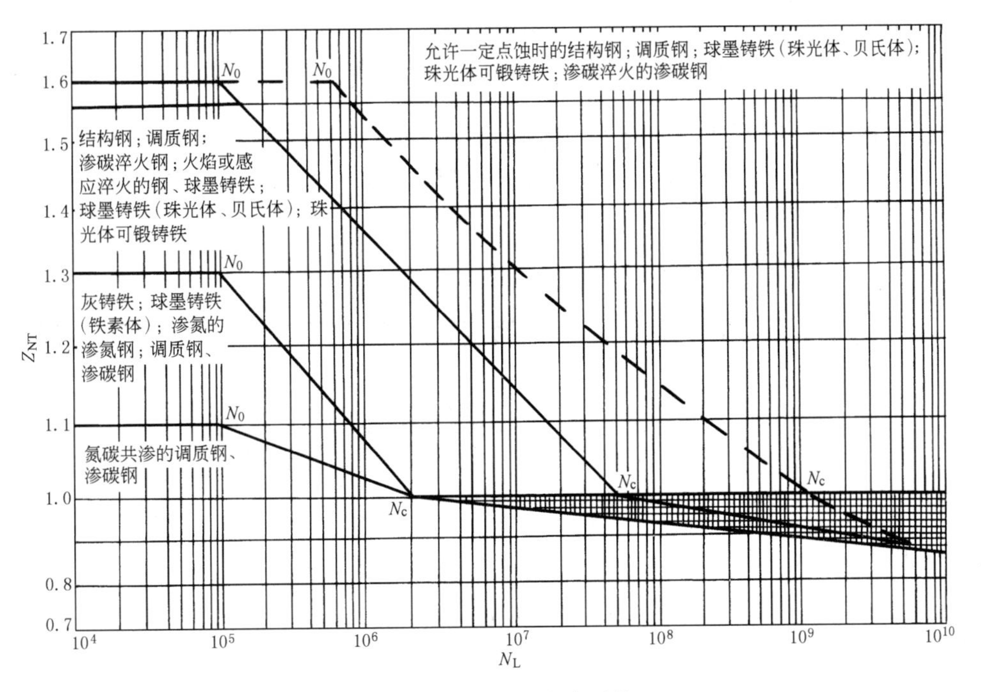

图 12-1-88　接触强度的寿命系数 Z_{NT}

表 12-1-115　　**接触强度的寿命系数 Z_{NT}**

材料及热处理		静强度最大循环次数 N_0	持久寿命条件循环次数 N_c	应力循环次数 N_L	Z_{NT} 计算公式
结构钢 调质钢 球墨铸铁（珠光体、贝氏体）；球光体可锻铸铁；渗碳淬火的渗碳钢；感应淬火或火焰淬火的钢和球墨铸铁	允许有一定点蚀	$N_0=6\times10^5$	$N_c=10^9$	$N_L\leqslant6\times10^5$	$Z_{NT}=1.6$
				$6\times10^5<N_L\leqslant10^7$	$Z_{NT}=1.3\left(\frac{10^7}{N_L}\right)^{0.0738}$
				$10^7<N_L\leqslant10^9$	$Z_{NT}=\left(\frac{10^9}{N_L}\right)^{0.057}$
				$10^9<N_L\leqslant10^{10}$	$Z_{NT}=\left(\frac{10^9}{N_L}\right)^{0.0706}$ （见注）
	不允许有点蚀	$N_0=10^5$	$N_c=5\times10^7$	$N_L\leqslant10^5$	$Z_{NT}=1.6$
				$10^5<N_L\leqslant5\times10^7$	$Z_{NT}=\left(\frac{5\times10^7}{N_L}\right)^{0.0756}$
				$5\times10^7<N_L\leqslant10^{10}$	$Z_{NT}=\left(\frac{5\times10^7}{N_L}\right)^{0.0306}$ （见注）
灰铸铁、球墨铸铁（铁素体）；渗氮处理的渗氮钢、调质钢、渗碳钢			$N_c=2\times10^6$	$N_L\leqslant10^5$	$Z_{NT}=1.3$
				$10^5<N_L\leqslant2\times10^6$	$Z_{NT}=\left(\frac{2\times10^6}{N_L}\right)^{0.0875}$
				$2\times10^6<N_L\leqslant10^{10}$	$Z_{NT}=\left(\frac{2\times10^6}{N_L}\right)^{0.0191}$ （见注）
氮碳共渗的调质钢、渗碳钢				$N_L\leqslant10^5$	$Z_{NT}=1.1$
				$10^5<N_L\leqslant2\times10^6$	$Z_{NT}=\left(\frac{2\times10^6}{N_L}\right)^{0.0318}$
				$2\times10^6<N_L\leqslant10^{10}$	$Z_{NT}=\left(\frac{2\times10^6}{N_L}\right)^{0.0191}$ （见注）

注：当优选材料、制造工艺和润滑剂，并经生产实践验证时，这几个式子可取 $Z_{NT}=1.0$。

(15) 润滑油膜影响系数 Z_L、Z_v、Z_R

齿面间的润滑油膜影响齿面承载能力。润滑区的油黏度、相啮面间的相对速度、齿面粗糙度对齿面间润滑油膜状况的影响分别以润滑剂系数 Z_L、速度系数 Z_v 和粗糙度系数 Z_R 来考虑。齿面载荷和齿面相对曲率半径对齿面间润滑油膜状况也有影响。

确定润滑油膜影响系数的理想方法是总结现场使用经验或用类比试验。当所有试验条件（尺寸、材料、润滑剂及运行条件等）与设计齿轮完全相同并由此确定其承载能力或寿命系数时，Z_L、Z_v 和 Z_R 的值均等于 1.0。当无资料时，可按下述方法之一确定。

① 一般方法　计算公式见表 12-1-116。

表 12-1-116　　**Z_L、Z_v、Z_R 计算公式**

<table>
<tr><th>有限寿命设计($N_L<N_c$ 时)</th><th>持久强度设计($N_L\geqslant N_c$ 时)</th><th>静强度($N_L\leqslant N_0$ 时)</th></tr>
<tr><td rowspan="3">$Z_L=\dfrac{N_0}{N_L}\times\dfrac{\lg Z_{LC}}{K_n}$
$Z_v=\dfrac{N_0}{N_L}\times\dfrac{\lg Z_{vC}}{K_n}$
$Z_R=\dfrac{N_0}{N_L}\times\dfrac{\lg Z_{RC}}{K_n}$
$K_n=\lg(N_0/N_c)$
对结构钢，调质钢，球墨铸铁（珠光体、贝氏体），珠光体可锻铸铁，渗碳淬火钢，感应淬火或火焰淬火的钢，球墨铸铁
$K_n=-3.222$（允许一定点蚀）
对可锻铸铁，球墨铸铁（铁素体），渗氮处理的渗氮钢、调质钢、渗碳钢，氮碳共渗的调质钢、渗碳钢
$K_n=-1.301$
式中，Z_{LC}、Z_{vC}、Z_{RC} 为 $N_L=N_c$ 时得到的持久强度的值（即表中按 $N_L=N_c$ 算得的 Z_L、Z_v、Z_R）
N_0、N_c 值见表 12-1-115</td>
<td>$Z_L=C_{ZL}+\dfrac{4(1.0-C_{ZL})}{\left(1.2+\dfrac{80}{\nu_{50}}\right)^2}=C_{ZL}+\dfrac{4(1.0-C_{ZL})}{\left(1.2+\dfrac{134}{\nu_{40}}\right)^2}$ ①②
当 $850\text{N/mm}^2\leqslant\sigma_{H\lim}\leqslant1200\text{N/mm}^2$ 时
$C_{ZL}=\dfrac{\sigma_{H\lim}}{4375}+0.6357$ ②
当 $\sigma_{H\lim}<850\text{N/mm}^2$ 时取 $C_{ZL}=0.83$
当 $\sigma_{H\lim}>1200\text{N/mm}^2$ 时取 $C_{ZL}=0.91$
$\sigma_{H\lim}$ 取齿轮副中较软齿面的值</td>
<td rowspan="3">$Z_L=Z_v=Z_R=1$</td></tr>
<tr><td>$Z_v=C_{Zv}+\dfrac{2(1.0-C_{Zv})}{\sqrt{0.8+\dfrac{32}{v}}}$
$C_{Zv}=C_{ZL}+0.02$
式中　v——节点线速度，m/s</td></tr>
<tr><td>$Z_R=\left(\dfrac{3}{Rz_{10}}\right)^{C_{ZR}}$（极限条件为：$Z_R\leqslant1.15$）③
当 $850\text{N/mm}^2\leqslant\sigma_{H\lim}\leqslant1200\text{N/mm}^2$ 时
$C_{ZR}=0.32-0.0002\sigma_{H\lim}$
当 $\sigma_{H\lim}<850\text{N/mm}^2$ 时，$C_{ZR}=0.15$
当 $\sigma_{H\lim}>1200\text{N/mm}^2$ 时，$C_{ZR}=0.08$
Z_L、Z_v、Z_R 也可由图 12-1-89～图 12-1-91 查取②</td></tr>
</table>

① ν_{50}—在 50℃ 时润滑油的名义运动黏度，mm^2/s（cSt），见表 12-1-117；

ν_{40}—在 40℃ 时润滑油的名义运动黏度，mm^2/s（cSt），见表 12-1-117。

② 公式及图 12-1-89 适用于矿物油（加或不加添加剂）。应用某些具有较小摩擦因数的合成油时，对于渗碳钢齿轮 Z_L 应乘以系数 1.1，对于调质钢齿轮应乘以系数 1.4。

③ Rz_{10}—相对（峰-谷）平均粗糙度

$$Rz_{10}=\frac{Rz_1+Rz_2}{2}\sqrt[3]{\frac{10}{\rho_{red}}}$$

Rz_1，Rz_2—小齿轮及大齿轮的齿面微观不平度 10 点高度，μm。如经事先跑合，则 Rz_1、Rz_2 应为跑合后的数值；若粗糙度以 Ra 值（Ra=CLA 值=AA 值）给出，则可取 $Rz\approx6Ra$。

ρ_{red}—节点处诱导曲率半径，mm，$\rho_{red}=\rho_1\rho_2\ (\rho_1\pm\rho_2)$。式中“+”用于外啮合，“-”用于内啮合，$\rho_1$、$\rho_2$ 分别为小轮及大轮节点处曲率半径；对于小齿轮-齿条啮合，$\rho_{red}=\rho_1$；$\rho_{1,2}=0.5d_{b1,2}\tan\alpha_t'$，式中 d_b 为基圆半径。

第12篇

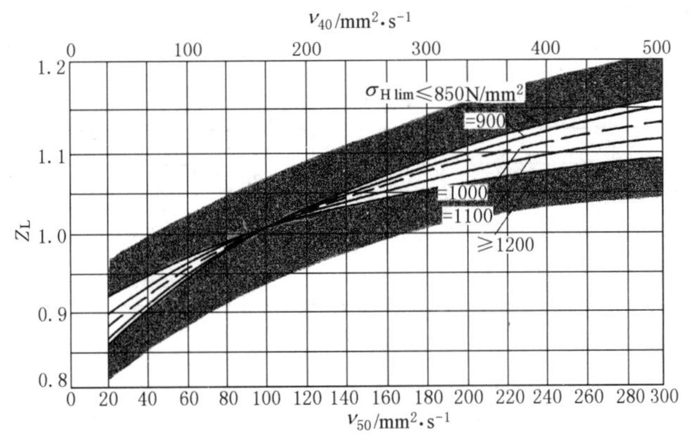

图 12-1-89 润滑剂系数 Z_L

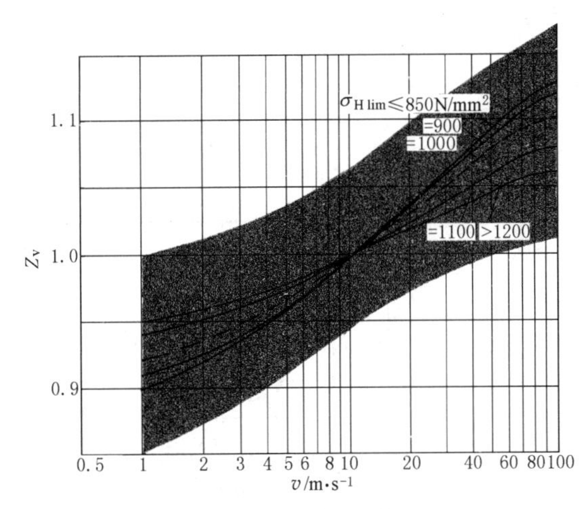

图 12-1-90 速度系数 Z_v

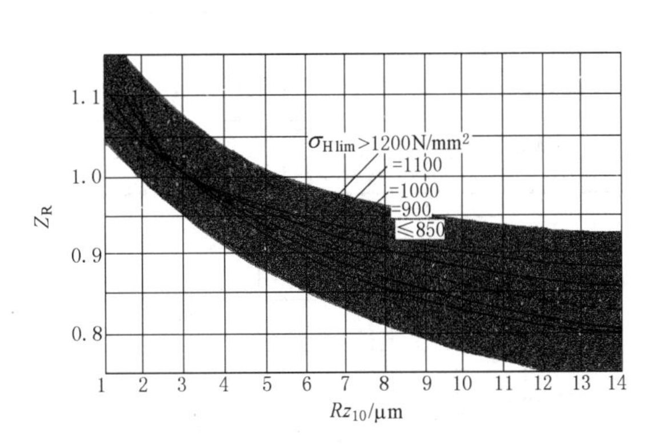

图 12-1-91 粗糙度系数 Z_R

表 12-1-117 **黏度指数**

ISO 黏度等级		VG 10①	VG 15①	VG 22	VG 32	VG 46	VG 68	VG 100	VG 150	VG 230	VG 320
名义黏度 /mm²·s⁻¹	ν_{40}	10	15	22	32	46	68	100	150	220	320
	ν_{50}	7.5	10.6	15	21	30	43	61	89	125	180
黏度参数	ν_f	0.0068	0.0131	0.0023	0.040	0.067	0.107	0.158	0.227	0.295	0.370

① 这些值尚未通过测试结果验证，如果将这些值用于计算，则结果应根据经验确认。

② 简化方法 Z_L、Z_v、Z_R 的乘积在持久强度和静强度设计时由表 12-1-118 查得。对于应力循环次数 N_L 小于持久寿命条件循环次数 N_c 的有限寿命设计，$Z_LZ_vZ_R$ 在持久强度（$N_L \geqslant N_c$）和静强度（$N_L \leqslant N_0$）条件下的值参照表 12-1-118 的公式插值确定。

表 12-1-118 **简化计算的 $Z_LZ_vZ_R$ 值**

计算条件	加工工艺及齿面粗糙度 Rz_{10}	$(Z_LZ_vZ_R)_{N_0,N_c}$
耐久性极限和高周疲劳	Rz_{10}>4μm 经展成法滚、插或刨削加工的齿轮副	0.85
	研、磨或剃齿的齿轮副（Rz_{10}>4μm）；滚、插、研磨的齿轮与 $Rz_{10} \leqslant$ 4μm 的磨或剃齿轮啮合	0.92
	Rz_{10}<4μm 的磨削或剃的齿轮副	1.00
静强度	各种加工方法	1.00

(16) 齿面工作硬化系数 Z_W

工作硬化系数 Z_W 是用以考虑经光整加工的硬齿面小齿轮在运转过程中对调质钢大齿轮齿面产生冷作硬化，从而使大齿轮的许用接触应力得以提高的系数，Z_W 可由表 12-1-119 公式计算或由图 12-1-92、图 12-1-93、图 12-1-94 取得。

表 12-1-119　　Z_W 计算公式

工作状态	持久强度	静强度
调质大齿轮和表面硬化小齿轮配对	当 $130 \leqslant HB \leqslant 470$ 时，$Z_W=\left(1.2-\frac{HB-130}{1700}\right)\left(\frac{3}{R_{ZH}}\right)^{0.15}$	$Z_W=1.05-\frac{HB-130}{6800}$
	当 $HB<130$ 时，$Z_W=1.2\left(\frac{3}{R_{ZH}}\right)^{0.15}$	$Z_W=1.05$
	当 $HB>470$ 时，$Z_W=\left(\frac{3}{R_{ZH}}\right)^{0.15}$ R_{ZH} 见 GB/T 3480.2—2021 式 58	$Z_W=1$
调质小齿轮和调质大齿轮配对	当 $1.2 \leqslant HB_1/HB_2 \leqslant 1.7$ 时，$Z_W=1.0+A(u-1.0)$ $A=0.00898HB_1/HB_2-0.00829$ u——减速比，$u>20$，使用 $u=20$	$Z_W=1$
	当 $HB_1/HB_2<1.2$ 时，$Z_W=1.0$	
	当 $HB_1/HB_2>1.7$ 时，$Z_W=1.0+0.00698(u-1.0)$	
表面硬化小齿轮和球墨铸铁大齿轮配对	当 $162 \leqslant HB \leqslant 344$ 时，$Z_W=1.2-\frac{1.87HB-303.6}{1700}$	$Z_W=1$
	当 $HB<162$ 时，$Z_W=1.2$	
	当 $HB>344$ 时，$Z_W=1.0$	

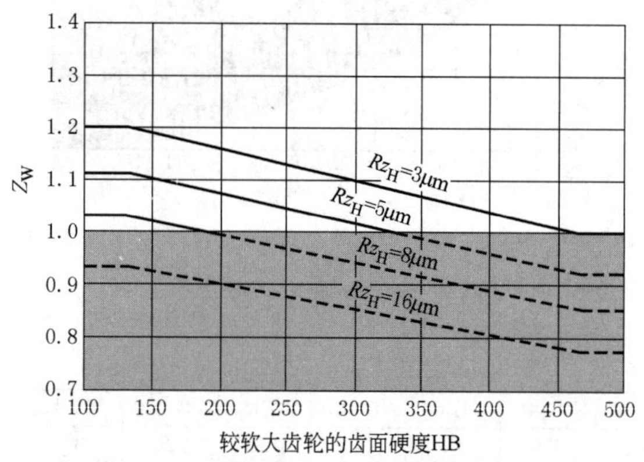

图 12-1-92　调质大齿轮/表面硬化小齿轮在耐久性极限下的工作硬化系数 Z_W

注：阴影区域：$Z_W=1$。

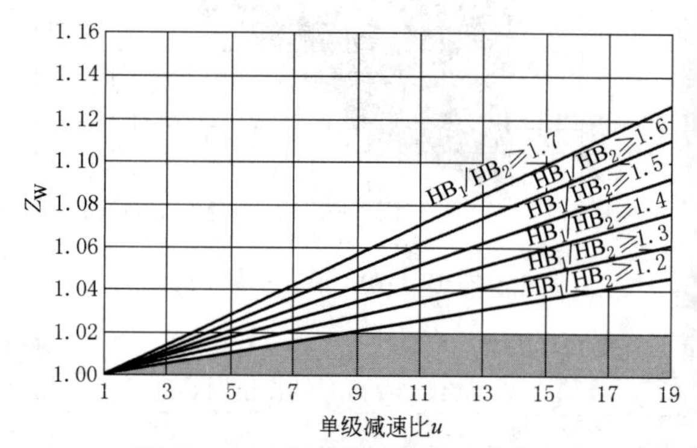

图 12-1-93　调质大齿轮和小齿轮在耐久性极限下的工作硬化系数 Z_W

注：1. HB_1/HB_2 为计算硬度比；

2. 当$HB_1/HB_2<1.2$ 时，$Z_W=1.0$。

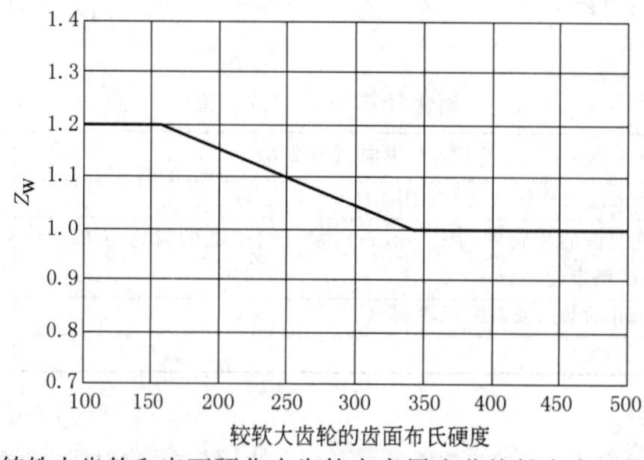

图 12-1-94　球墨铸铁大齿轮和表面硬化小齿轮在高周疲劳接触应力下的工作硬化系数 Z_W

(17) 接触强度计算的尺寸系数 Z_x

尺寸系数是考虑因尺寸增大使材料强度降低的尺寸效应因素的系数。

确定尺寸系数的理想方法是通过实验或经验总结。当用与设计齿轮完全相同的齿轮进行实验得到齿面承载能力或寿命系数时，$Z_x=1.0$。静强度（$N_L \leqslant N_0$）的 $Z_x=1.0$。

当无实验或经验数据可用时，持久强度（$N_L \geqslant N_c$）的尺寸系数 Z_x 可按表 12-1-120 所列公式计算或由图 12-1-95 查取。有限寿命（$N_0<N_L<N_c$）的尺寸系数由持久强度和静强度时的尺寸系数值参照表 12-1-116 左栏公式插值确定。

表 12-1-120　　接触强度计算的尺寸系数 Z_x

材料	Z_x	备注
调质钢、结构钢	$Z_x=1.0$	
短时间液体渗氮钢、气体渗氮钢	$Z_x=1.067-0.0056m_n$	$m_n<12$ 时，取 $m_n=12$ $m_n>30$ 时，取 $m_n=30$
渗碳淬火钢、感应或火焰淬火表面硬化钢	$Z_x=1.076-0.0109m_n$	$m_n<7$ 时，取 $m_n=7$ $m_n>30$ 时，取 $m_n=30$

注：m_n 是单位为 mm 的齿轮法向模数值。

(18) 最小安全系数 $S_{H\,min}$（$S_{F\,min}$）

安全系数选择标准见 ISO 6336-1：2019 的 4.1.11，建议制造商和用户就最小安全系数值的选择达成一致。如无可用资料时，安全系数选取的原则见 8.1，最小安全系数可参考表 12-1-121 选取。

表 12-1-121　　最小安全系数参考值

使用要求	最小安全系数	
	$S_{F\,min}$	$S_{H\,min}$
高可靠度	2.00	1.50～1.60
较高可靠度	1.60	1.25～1.30
一般可靠度	1.25	1.00～1.10
低可靠度	1.00	0.85

注：1. 当经过使用验证或对材料强度、载荷工况及制造精度拥有较准确的数据时，可取表中 $S_{F\,min}$ 下限值。

2. 一般齿轮传动不推荐采用低可靠度的安全系数值。

3. 采用低可靠度的接触安全系数值时，可能在点蚀前先出现齿面塑性变形。

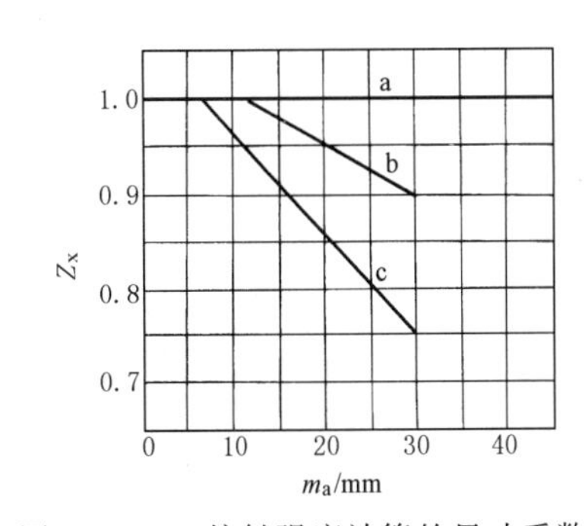

图 12-1-95　接触强度计算的尺寸系数 Z_x

a—结构钢、调质钢、静强度计算时的所有材料；b—短时间液体渗氮钢，气体渗氮钢；c—渗碳淬火钢、感应或火焰淬火表面硬化钢

8.4.2 轮齿弯曲强度核算（GB/T 3480.3—2021）

标准以载荷作用侧的齿廓根部的最大拉应力作为名义弯曲应力，并经相应的系数修正后作为计算齿根应力。考虑到使用条件、要求及尺寸的不同，标准将修正后的试件弯曲疲劳极限作为许用齿根应力。给出的轮齿弯曲强度计算公式适用于齿根以内轮缘厚度不小于 $3.5m_n$ 的圆柱齿轮。对于不符合此条件的薄轮缘齿轮，尤其是轮缘厚度在 $2m_n$ 左右的齿轮应作进一步应力分析、实验或根据经验数据确定其齿根应力的增大率。

(1) 轮齿弯曲强度核算的公式

轮齿弯曲强度核算公式见表 12-1-122。

(2) 弯曲强度计算的螺旋线载荷分布系数 $K_{F\beta}$

螺旋线载荷分布系数 $K_{F\beta}$ 是考虑沿齿宽载荷分布对齿根弯曲应力的影响的系数。对于所有的实际应用范围，$K_{F\beta}$ 可按下式计算：

表 12-1-122　　轮齿弯曲强度核算公式

强度条件	$\sigma_F \leqslant \sigma_{Fp}$　或　$S_F \geqslant S_{F\,min}$	σ_F——齿轮的计算齿根弯曲应力，N/mm^2 σ_{Fp}——齿轮的许用齿根弯曲应力，N/mm^2 S_F——弯曲强度的计算安全系数 $S_{F\,min}$——弯曲强度的最小安全系数，见 8.4.1 节(18)

续表

计算齿根弯曲应力	$\sigma_F=\sigma_{F0}K_AK_\gamma K_vK_{F\beta}K_{F\alpha}$	K_A、K_γ、K_v、$K_{F\beta}$、$K_{F\alpha}$ 计算见 8.4.1 节 $K_{F\beta}$——弯曲强度计算的齿向载荷分布系数,见本节(2) $K_{F\alpha}$——弯曲强度计算的齿间载荷分配系数,见本节(3) σ_{F0}——齿根应力的基本值,N/mm^2,对于大、小齿轮应分别确定
齿根弯曲应力的基本值	$\sigma_{F0}=\frac{F_t}{bm_n}Y_FY_SY_\beta Y_BY_{DT}$	F_t——端面内分度圆上的名义切向力,N b——工作齿宽(齿根圆处)①,mm m_n——法向模数,mm; Y_F——载荷作用于单对齿啮合区外界点时的齿廓系数,见本节(4) Y_S——载荷作用于单对齿啮合区外界点时的应力修正系数,见本节(5) Y_β——螺旋角系数,见本节(7) Y_B——轮缘厚度系数,是调节薄轮缘齿轮弯曲应力计算值的修正系数 Y_{DT}——齿高系数,是用来调节当量齿轮的端面重合度范围在 $2\leqslant\varepsilon_{\alpha n}\leqslant2.5$ 的高精度齿轮弯曲应力计算值的修正系数,见本节(8)
许用齿根弯曲应力	$\sigma_{FP}=\frac{\sigma_{FG}}{S_{F\min}}$ $\sigma_{FG}=\sigma_{F\lim}Y_{ST}Y_{NT}Y_{\delta\ rel\ T}Y_{R\ rel\ T}Y_X$ 大、小齿轮的许用齿根应力要分别确定	σ_{FG}——计算齿根弯曲应力极限,N/mm^2 $\sigma_{F\lim}$——试验齿轮的齿根弯曲疲劳极限,N/mm^2,见本节(9) Y_{ST}——与试验齿轮尺寸有关的应力修正系数,如用本标准所给 $\sigma_{F\lim}$ 值计算时,取 $Y_{ST}=2.0$ Y_{NT}——齿根弯曲强度的寿命系数,见本节(10) $S_{F\min}$——弯曲强度的最小安全系数,见 8.4.1 节(18) $Y_{\delta\ rel\ T}$——相对齿根圆角敏感系数,见本节(12) $Y_{R\ rel\ T}$——相对齿根表面状况系数,见本节(13) Y_X——弯曲强度计算的尺寸系数,见本节(11)
计算安全系数	$S_F=\frac{\sigma_{FG}}{\sigma_F}=\frac{\sigma_{F\lim}Y_{ST}Y_{NT}}{\sigma_{F0}}\times\frac{Y_{\delta\ rel\ T}Y_{R\ rel\ T}Y_X}{K_AK_vK_{F\beta}K_{F\alpha}}$	K_A、K_v 同 8.4.1(3)、(4)

① 若大、小齿轮宽度不同时，最多把窄齿轮的齿宽加上一个模数作为宽齿轮的工作齿宽；对于双斜齿或人字齿轮 $b=b_B\times2$，b_B 为单个斜齿轮宽度；轮齿如有齿端修薄或鼓形修整，b 应取比实际齿宽较小的值。

$$K_{F\beta}=K_{H\beta}^{N_F}$$

式中　$K_{H\beta}$——接触强度计算的螺旋线载荷分布系数，见 8.4.1 节（5）；

N_F——幂指数。

$$N_F=\frac{(b/h)^2}{1+b/h+(b/h)^2}=\frac{1}{1+h/b+(h/b)^2}$$

式中　b——齿宽，mm，对人字齿或双斜齿齿轮，用单个斜齿轮的齿宽；

h——齿高，mm。

b/h 应取大小齿轮中的小值，极限状况：当 $b/h<3$，取 $b/h=3$。对于人字齿轮，取 $b=b_B$。

图 12-1-96 给出按以上二式确定的近似解。

（3）弯曲强度计算的齿间载荷分配系数 $K_{F\alpha}$

齿间载荷分配系数 $K_{F\alpha}$ 的含义、影响因素、计算方法与使用表格与接触强度计算的螺旋线载荷分配系数 $K_{H\alpha}$ 完全相同，且 $K_{F\alpha}=K_{H\alpha}$。详见 8.4.1 节（6）。

（4）齿廓系数 Y_F

齿廓系数用于考虑齿廓对名义弯曲应力的影响，对于外齿轮以过齿廓根部左右两侧过渡曲线与 30°切线相切点的截面，内齿轮以过齿廓根部左右两侧过渡曲线与 60°切线相切点的截面作为危险截面进行计算。

齿廓系数 Y_F 是考虑载荷作用于单对齿啮合区外界点时齿廓对名义弯曲应力的影响的系数（见图 12-1-97）。

外齿轮的齿廓系数 Y_F 可由下式计算

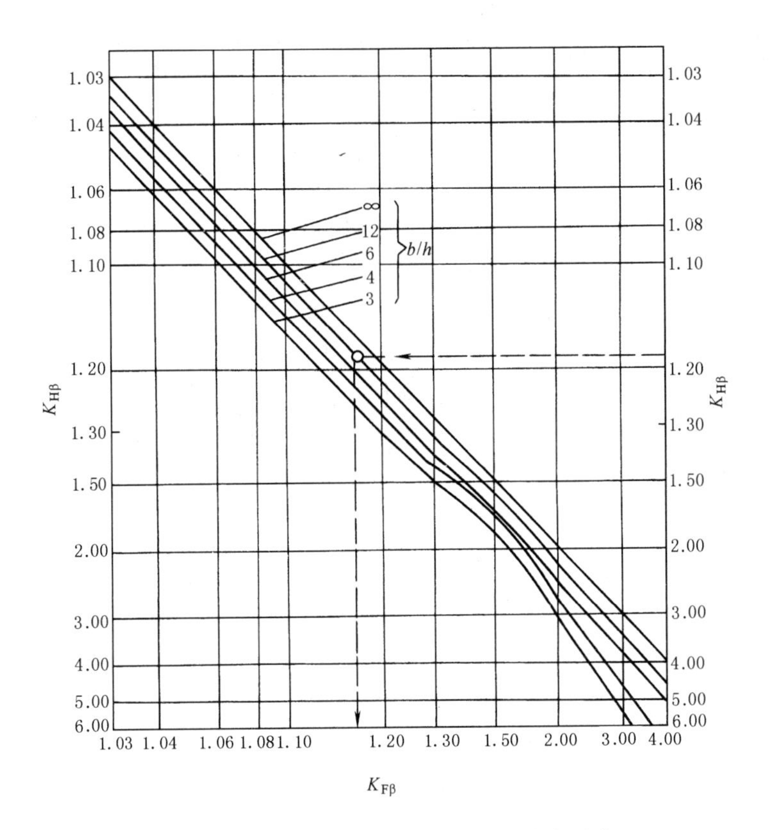

图 12-1-96 弯曲强度计算的螺旋线载荷分布系数 $K_{F\beta}$

$$Y_F=\frac{6\frac{h_{Fe}}{m_n}\cos\alpha_{Fen}}{\left(\frac{s_{Fn}}{m_n}\right)^2\cos\alpha_n}f_\varepsilon$$

式中 m_n——齿轮法向模数，mm；

α_n——法向分度圆压力角；

α_{Fen}、h_{Fe}、s_{Fn}——定义见图 12-1-97；

f_ε——定义见表 12-1-123。

用齿条刀具滚刀加工的外齿轮，Y_F 可用表 12-1-123 中的公式计算；用齿条刀具插齿刀加工的外齿轮，Y_F 可用 GB/T 3480.3—2021 6.2.4 节进行计算。需满足下列条件：a. 30°切线的切点位于由刀具齿顶圆角所展成的齿根过渡曲线上；b. 刀具齿顶必须有一定大小的圆角（即 $\rho_{fP}\neq0$），刀具的基本齿廓尺寸见图 12-1-98。

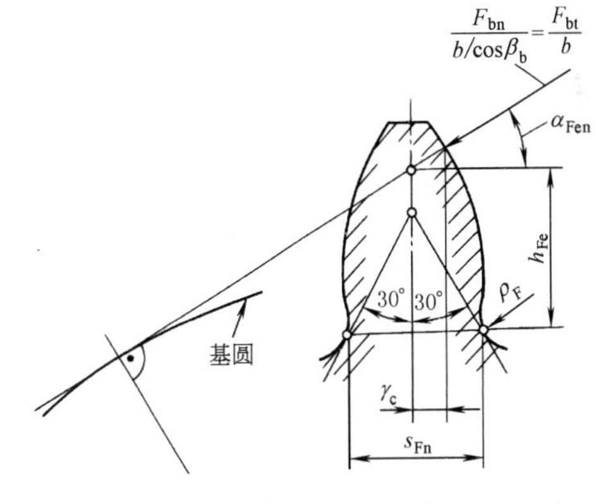

图 12-1-97 影响外齿轮齿廓系数 Y_F 的各参数

表 12-1-123 用滚刀加工外齿轮齿廓系数 Y_F 的有关公式

序号	名称	代号	计算公式	备注
1	刀尖圆心至刀齿对称线的距离	E	$\frac{\pi m_n}{4}-h_{fP}\tan\alpha_n+\frac{s_{pr}}{\cos\alpha_n}-(1-\sin\alpha_n)\frac{\rho_{fP}}{\cos\alpha_n}$	h_{fP}——基本齿廓齿根高 $s_{pr}=p_r-q$，见图 12-1-98 $s_{pr}=0$（齿轮没有挖根）
2	辅助值	G	$\frac{\rho_{fP}}{m_n}-\frac{h_{fP}}{m_n}+x$	x——变位系数

续表

序号	名称	代号	计算公式	备注
3	基圆螺旋角	β_b	$\arccos\sqrt{1-(\sin\beta\cos\alpha_n)^2}$	
4	当量齿数	z_n	$\dfrac{z}{\cos^2\beta_b\cos\beta}\approx\dfrac{z}{\cos^3\beta}$	
5	辅助值	H	$\dfrac{2}{z_n}\left(\dfrac{\pi}{2}-\dfrac{E}{m_n}\right)-\dfrac{\pi}{3}$	
6	辅助角	θ	$(2G/z_n)\tan\theta-H$	用牛顿法解时可取初始值 $\theta=-H/(1-2G/z_n)$
7	危险截面齿厚与模数之比	$\dfrac{s_{Fn}}{m_n}$	$z_n\sin\left(\dfrac{\pi}{3}-\theta\right)+\sqrt{3}\left(\dfrac{G}{\cos\theta}-\dfrac{\rho_{fP}}{m_n}\right)$	
8	30°切点处曲率齿根圆角半径与模数之比	$\dfrac{\rho_F}{m_n}$	$\dfrac{\rho_{fP}}{m_n}+\dfrac{2G^2}{\cos\theta(z_n\cos^2\theta-2G)}$	
9	当量直齿轮端面重合度	$\varepsilon_{\alpha n}$	$\dfrac{\varepsilon_\alpha}{\cos^2\beta_b}$	ε_α 见表 12-1-107 中计算式
10	当量直齿轮分度圆直径	d_n	$\dfrac{d}{\cos^2\beta_b}=m_nz_n$	
11	当量直齿轮基圆直径	d_{bn}	$d_n\cos\alpha_n$	
12	当量直齿轮顶圆直径	d_{an}	d_n+d_a-d	d_a——齿顶圆直径 d——分度圆直径
13	当量直齿轮单对齿啮合区外界点直径	d_{en}	$2\sqrt{\left[\sqrt{\left(\dfrac{d_{an}}{2}\right)^2-\left(\dfrac{d_{bn}}{2}\right)^2}\mp\pi m_n\cos\alpha_n(\varepsilon_{\alpha n}-1)\right]^2+\left(\dfrac{d_{bn}}{2}\right)^2}$ 注：式中“∓”处对外啮合取“-”，对内啮合取“+”	
14	当量齿轮单齿啮合外界点压力角	α_{en}	$\arccos\dfrac{d_{bn}}{d_{en}}$	
15	外界点处的齿厚半角	γ_e	$\dfrac{1}{z_n}\left(\dfrac{\pi}{2}+2x\tan\alpha_n\right)+\mathrm{inv}\alpha_n-\mathrm{inv}\alpha_{en}$	
16	当量齿轮单齿啮合外界点载荷作用角	α_{Fen}	$\alpha_{en}-\gamma_e$	
17	弯曲力臂与模数比	$\dfrac{h_{Fe}}{m_n}$	$\dfrac{1}{2}\left[(\cos\gamma_e-\sin\gamma_e\tan\alpha_{Fen})\dfrac{d_{en}}{m_n}-z_n\cos\left(\dfrac{\pi}{3}-\theta\right)-\dfrac{G}{\cos\theta}+\dfrac{\rho_{fP}}{m_n}\right]$	
18	载荷分布影响系数	f_ε	如果 $\varepsilon_\beta=0,\varepsilon_{\alpha n}<2$，则 $f_\varepsilon=1$ 如果 $\varepsilon_\beta=0,\varepsilon_{\alpha n}\geqslant2$，则 $f_\varepsilon=0.7$ 如果 $0<\varepsilon_\beta<1,\varepsilon_{\alpha n}<2$，则 $f_\varepsilon=\sqrt{1-\varepsilon_\beta+\dfrac{\varepsilon_\beta}{\varepsilon_{\alpha n}}}$ 如果 $0<\varepsilon_\beta<1,\varepsilon_{\alpha n}\geqslant2$，则 $f_\varepsilon=\sqrt{\dfrac{1-\varepsilon_\beta}{2}+\dfrac{\varepsilon_\beta}{\varepsilon_{\alpha n}}}$ 如果 $\varepsilon_\beta\geqslant1$ 则 $f_\varepsilon=\sqrt{\dfrac{1}{\sqrt{\varepsilon_{\alpha n}}}}$	
19	齿廓系数	Y_F	$\dfrac{6\dfrac{h_{Fe}}{m_n}\cos\alpha_{Fen}}{\left(\dfrac{s_{Fn}}{m_n}\right)^2\cos\alpha_n}f_\varepsilon$	

注：1. 表中长度单位为 mm，角度单位为 rad。

2. 计算适用于标准或变位的直齿轮和斜齿轮。对于斜齿轮，齿廓系数按法截面确定，即按当量齿数 z_n 进行计算。大、小齿轮的 Y_F 应分别计算。

3. 如果齿顶倒圆或倒棱，应在计算中用“有效齿顶圆 d_{Na}”代替齿顶圆 d_a。

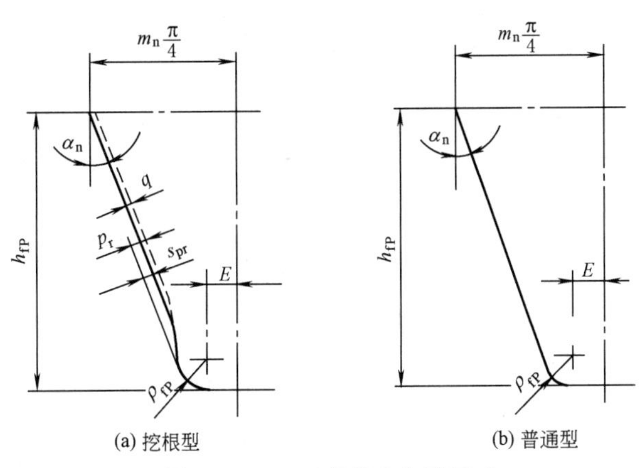

图 12-1-98　刀具基本齿廓尺寸

内齿轮的齿廓系数 Y_F 不仅与齿数和变位系数有关，且与插齿刀的参数有关。为了简化计算，可近似地按替代齿条计算（见图 12-1-99）。替代齿条的法向齿廓与基本齿条相似，齿高与内齿轮相同，法向载荷作用角 α_{Fen} 等于 α_n，并以脚标 2 表示内齿轮。Y_F 可用表 12-1-124 中的公式进行计算。内外齿轮法向弦长的确定见图 12-1-100、图 12-1-101。

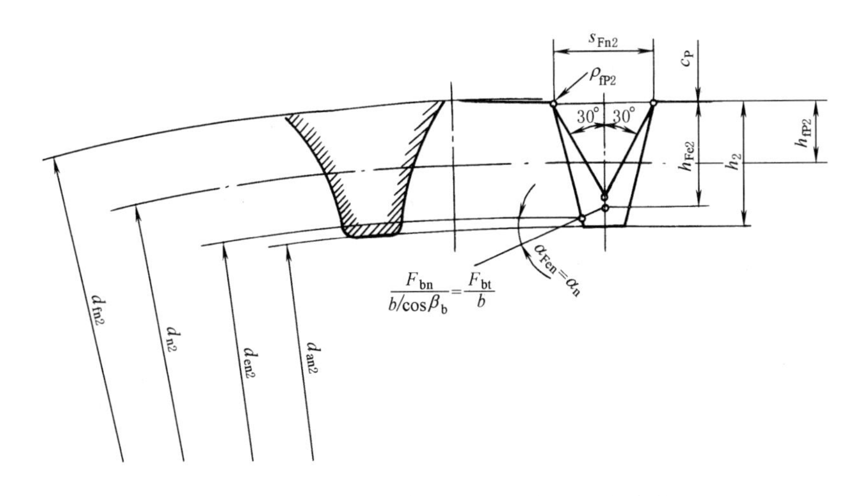

图 12-1-99　影响内齿轮齿廓系数 Y_F 的各参数

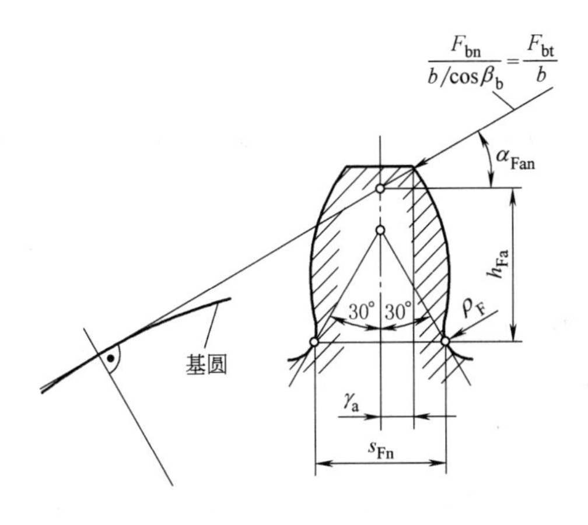

图 12-1-100　法向弦长确定（外齿轮）

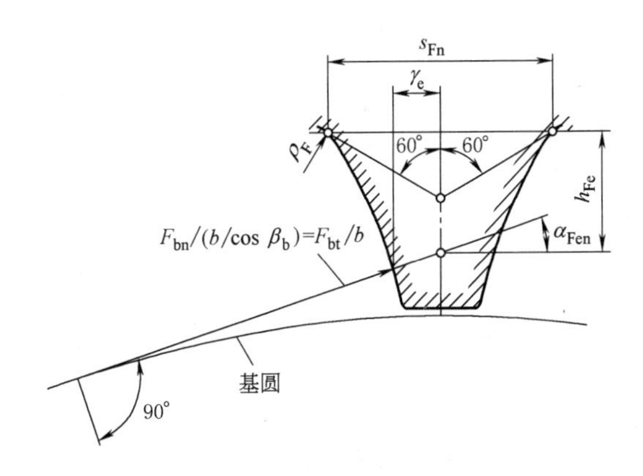

图 12-1-101　法向弦长确定（内齿轮）

表 12-1-124　　内齿轮齿廓系数 Y_F 的有关公式（适用于 $z_2>70$）

序号	名称	代号	计算公式	备注
1	当量内齿轮分度圆直径	d_{n2}	$\dfrac{d_2}{\cos^2\beta_b}=m_n z_n$	d_2——内齿轮分度圆直径
2	当量内齿轮根圆直径	d_{fn2}	$d_{n2}+d_{f2}-d_2$	d_{f2}——内齿轮根圆直径
3	当量齿轮单齿啮合区外界点直径	d_{en2}	同表 12-1-123 第 13 项公式	式中“±”“∓”符号应采用内啮合的
4	当量内齿轮齿根高	h_{fP2}	$\dfrac{d_{fn2}-d_{n2}}{2}$	
5	内齿轮齿根过渡圆半径	ρ_{F2}	当 ρ_{F2} 已知时取已知值；当 ρ_{F2} 未知时取为 $0.15m_n$	
6	刀具圆角半径	ρ_{fP2}	当齿轮型插齿刀顶端 ρ_{fP2} 已知时取已知值；当 ρ_{fP2} 未知时，取 $\rho_{fP2}\approx\rho_{F2}$	
7	危险截面齿厚与模数之比	$\dfrac{s_{Fn2}}{m_n}$	$2\left(\dfrac{\pi}{4}+\dfrac{h_{fP2}-\rho_{fP2}}{m_n}\tan\alpha_n+\dfrac{\rho_{fP2}-s_{pr}}{m_n\cos\alpha_n}-\dfrac{\rho_{fP2}}{m_n}\cos\dfrac{\pi}{6}\right)$	$s_{pr}=p_r-q$，见图 12-1-98
8	弯曲力臂与模数之比	$\dfrac{h_{Fe2}}{m_n}$	$\dfrac{d_{fn2}-d_{en2}}{2}-\left[\dfrac{\pi}{4}-\left(\dfrac{d_{fn2}-d_{en2}}{2m_n}-\dfrac{h_{fP2}}{m_n}\right)\tan\alpha_n\right]\times\tan\alpha_n-\dfrac{\rho_{fP2}}{m_n}\left(1-\sin\dfrac{\pi}{6}\right)$	
9	齿廓系数	Y_F	$\dfrac{6h_{Fe2}}{m_n}\Big/\left(\dfrac{s_{Fn2}}{m_n}\right)^2 f_\varepsilon$	f_ε 同表 12-1-123 第 18 项公式

注：表中长度单位为 mm，角度单位为 rad。

采用解析法计算 Y_F 相对精确，标准 GB/T 3480.3—2021 6.2 节不推荐采用图解法确定 Y_F，图 12-1-102～图 12-1-106 各齿廓参数相对应的内齿轮齿廓系数 Y_F 也可由表 12-1-125 查取，数据供参考。

表 12-1-125　　几种基本齿廓齿轮的 Y_F

基本齿廓				外齿轮	内齿轮
α_n	$\dfrac{h_{aP}}{m_n}$	$\dfrac{h_{fP}}{m_n}$	$\dfrac{\rho_{fP}}{m_n}$	Y_F	Y_F
20°	1	1.25	0.38	图 12-1-102	2.053
20°	1	1.25	0.3	图 12-1-103	2.053
22.5°	1	1.25	0.4	图 12-1-104	1.87
20°	1	1.4	0.4	图 12-1-105	（已挖根）
25°	1	1.25	0.318	图 12-1-106	1.71

（5）应力修正系数 Y_S

应力修正系数 Y_S 是将名义弯曲应力换算成齿根局部应力的系数。它考虑了齿根过渡曲线处的应力集中效应，以及弯曲应力以外的其他应力对齿根应力的影响。

应力修正系数不仅取决于齿根过渡曲线的曲率，还和载荷作用点的位置有关。Y_S 用于载荷作用于单对齿啮合区外界点的计算方法。

应力修正系数 Y_S 仅能与齿廓系数 Y_F 联用。对于齿廓角 α_n 为 20°的齿轮，Y_S 可按下式计算。对于其他齿廓角的齿轮，可按此式近似计算 Y_S

$$Y_S=(1.2+0.13L)q_s^{\frac{1}{1.21+2.3/L}}\quad（适用范围为 1\leqslant q_s<8）$$

式中　L——齿根危险截面处齿厚与弯曲力臂的比值

$$L=\frac{s_{Fn}}{h_{Fe}}$$

式中，s_{Fn} 为齿根危险截面齿厚，外齿轮由表 12-1-123 序号 7 的公式计算，内齿轮按表 12-1-124 序号 7 的公式计算；h_{Fe} 为弯曲力臂，外齿轮由表 12-1-123 序号 17 的公式计算，内齿轮由表 12-1-124 序号 8 的公式计算。

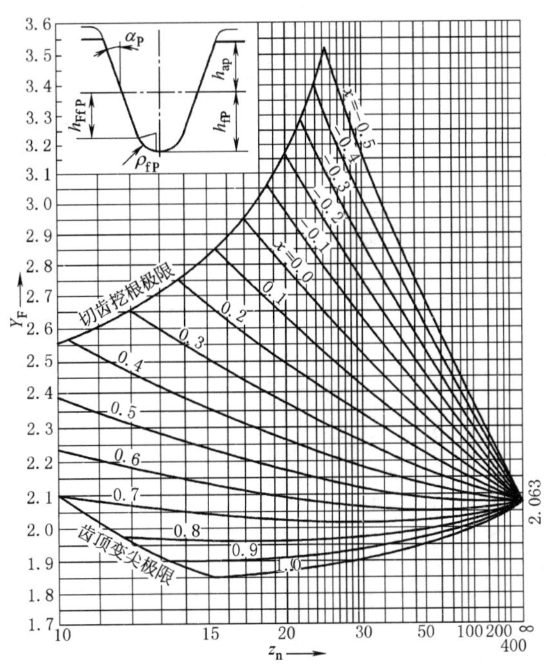

图 12-1-102　外齿轮齿廓系数 Y_F（一）

$\alpha_P=20°$，$h_{aP}/m_n=1$；$h_{fP}/m_n=1.25$；$\rho_{fP}/m_n=0.38$

对内齿轮当 $\rho_{fp}/m_n=0.15$ 时，$Y_F=1.87$

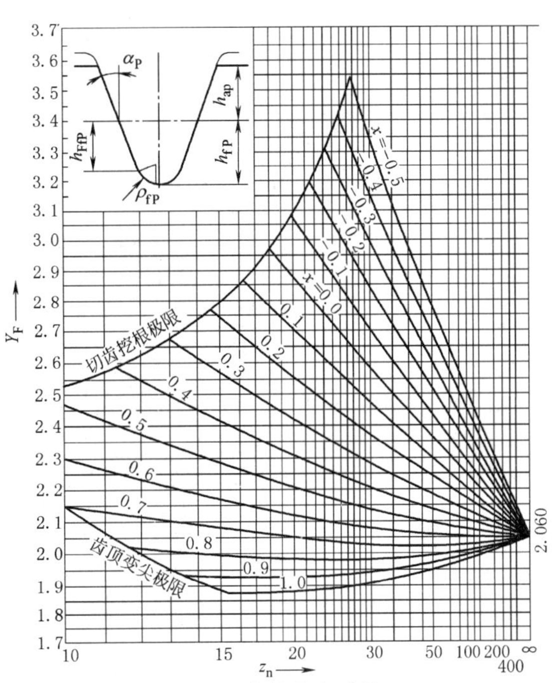

图 12-1-103　外齿轮齿廓系数 Y_F（二）

$\alpha_P=20°$，$h_{aP}/m_n=1$；$h_{fP}/m_n=1.25$；$\rho_{fP}/m_n=0.30$

对内齿轮当 $\rho_{fp}/m_n=0.15$ 时，$Y_F=2.053$

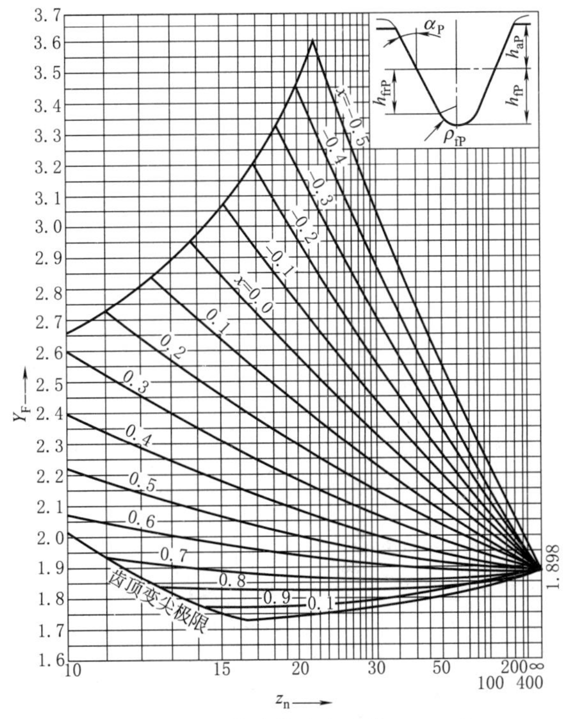

图 12-1-104　外齿轮齿廓系数 Y_F（三）

$\alpha_P=22.5°$，$h_{aP}/m_n=1$；$h_{fP}/m_n=1.25$；$\rho_{fP}/m_n=0.40$

对内齿轮当 $\rho_{fp}/m_n=0.15$ 时，$Y_F=1.87$

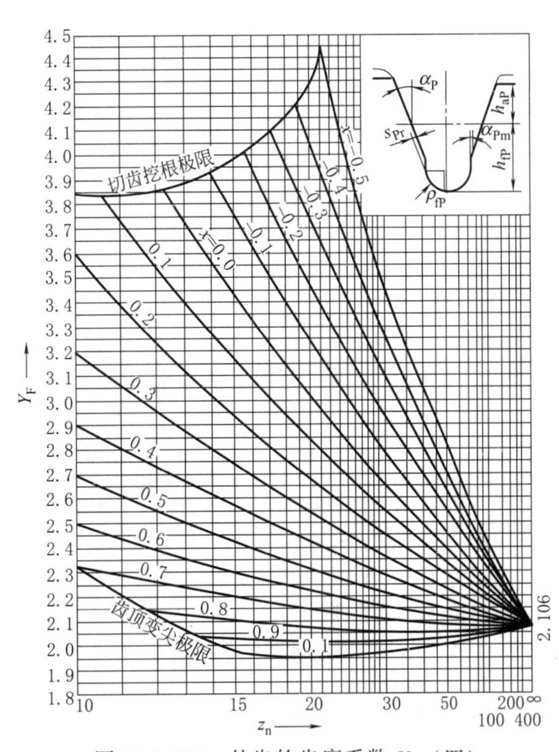

图 12-1-105　外齿轮齿廓系数 Y_F（四）

$\alpha_P=20°$，$h_{aP}/m_n=1$；$h_{fP}/m_n=1.4$；$\rho_{fP}/m_n=0.4$

$s_{Pr}/m_n=0.02$

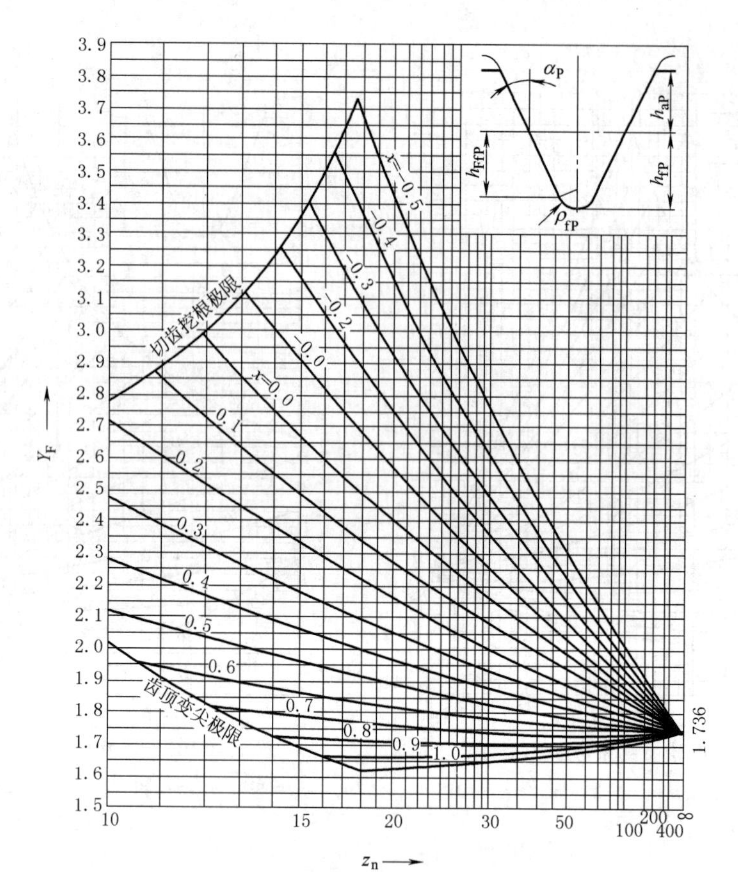

图 12-1-106　外齿轮齿廓系数 Y_F（五）

$\alpha_P=25°$；$h_{aP}/m_n=1.0$，$h_{fP}/m_n=1.25$；$\rho_{fP}/m_n=0.318$

q_s——齿根圆角参数，其值为

$$q_s=\frac{s_{Fn}}{2\rho_F}$$

式中，ρ_F 为外齿轮为 30°切线切点处曲率半径，内齿轮为 60°切线切点处曲率半径，外齿轮由表 12-1-103 序号 8 公式计算，内齿轮由表 12-1-124 序号 5 的公式计算。

Y_S 不宜用图解法确定。

靠近齿根危险截面的磨削台阶（参见图 12-1-107），将使齿根的应力集中增加很多，因此其应力修正系数要相应增加。计算时应以 Y_{Sg} 代替 Y_S。

$$Y_{Sg}=\frac{1.3Y_S}{1.3-0.6\sqrt{\frac{t_g}{\rho_g}}}$$

上述公式仅适用于 $0<\sqrt{t_g/\rho_g}<2$ 的情况。

当磨削台阶位置高于外齿轮齿根 30°切线切点时或内齿轮齿根 60°切线切点时，其磨削台阶的影响将比上式计算所得的值小。

Y_{Sg} 也考虑了齿根厚度的减薄。

（6）轮缘厚度系数 Y_B

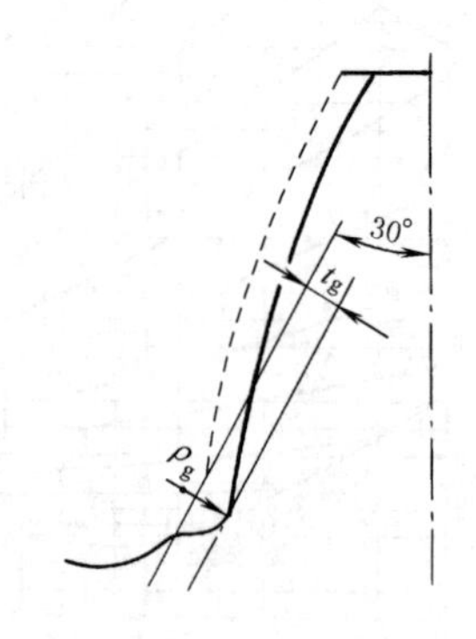

图 12-1-107　齿根磨削台阶

如果轮缘厚度不足以完全支承齿根应力，弯曲疲劳失效的位置就会出现在齿轮的轮缘而不在齿根圆角处。Y_B 是一个简化的系数，当拉应力和压应力的详细计算公式或其经验值都无法得到时，用于保守评估薄轮缘齿轮。对于苛刻的受载应用情况，应该用更全面的分析来代替这种方法。Y_B 按表 12-1-126 公式计算，也可按图 12-1-108 查取。

表 12-1-126 Y_B 计算公式

序号	Y_B 外齿轮计算公式	Y_B 内齿轮计算公式
1	当 $s_R/h_t \geqslant 1.2$ 时，$Y_B=1$	当 $s_R/m_n \geqslant 3.5$ 时，$Y_B=1$
2	当 $0.5<s_R/h_t<1.2$ 时，$Y_B=1.6\times\ln\left(2.242\dfrac{h_t}{s_R}\right)$	当 $1.75<s_R/m_n<3.5$ 时，$Y_B=1.15\times\ln\left(8.324\dfrac{m_n}{s_R}\right)$
3	应当避免 $s_R/h_t \leqslant 0.5$ 的情况出现	应当避免 $s_R/m_n \leqslant 1.75$ 的情况出现

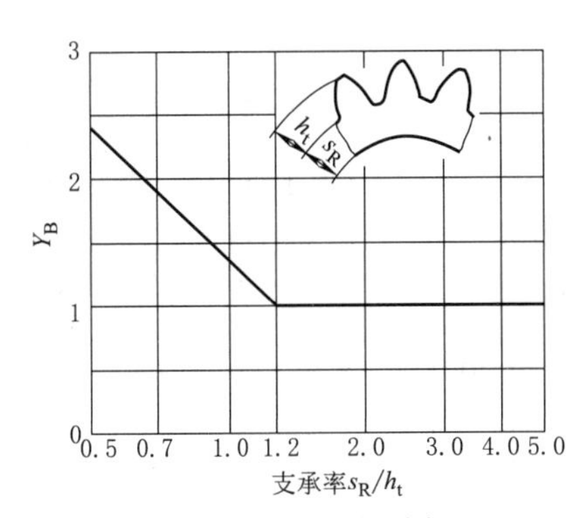

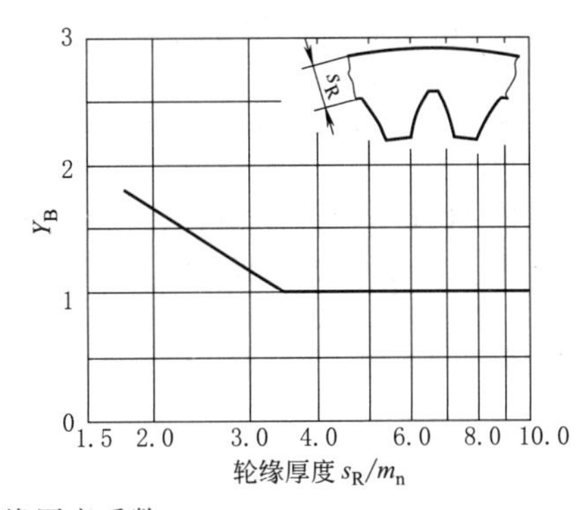

图 12-1-108 轮缘厚度系数Y_B

(7) 弯曲强度计算的螺旋角系数 Y_β

螺旋角系数 Y_β 是考虑螺旋角造成的接触线倾斜对齿根应力产生影响的系数。其数值可由下式计算

$$Y_\beta=\left(1-\varepsilon_\beta\frac{\beta}{120°}\right)\frac{1}{\cos^3\beta_b}$$

式中，当 $\varepsilon_\beta>1$ 时，按 $\varepsilon_\beta=1$ 计算；当 $\beta>30°$时，按 $\beta=30°$计值。

螺旋角系数 Y_β 也可根据 β 角和纵向重合度 ε_β 由图 12-1-109 查取。

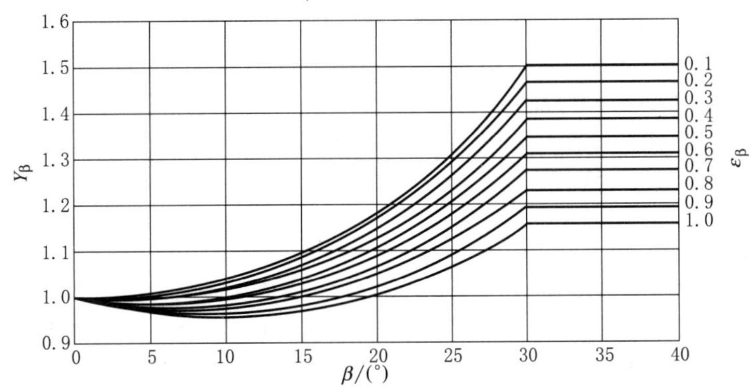

图 12-1-109 螺旋角系数 Y_β

β 大于 25°时，螺旋角系数 Y_β 的值需根据经验进一步确定。

(8) 齿高系数 Y_{DT}

对于高精度齿轮（ISO 精度公差等级≤4），如果其重合度为 $2\leqslant\varepsilon_{\alpha n}<2.5$，并进行齿廓修形使载荷沿啮合线呈梯形分布，其名义齿根应力应采用齿高系数 Y_{DT} 进行修正。如果大齿轮和小齿轮的公差等级不同，应统一使用两者中精度较低的公差等级。其数值可由表 12-1-127 公式计算，也可按图 12-1-110 查取。

表 12-1-127 Y_{DT} 计算公式

序号	Y_{DT} 计算公式
1	当 $\varepsilon_{\alpha n}\leqslant 2.05$，或 ISO 精度公差等级>4 时，$Y_{DT}=1$
2	当 $2.05<\varepsilon_{\alpha n}\leqslant 2.5$，ISO 精度公差等级≤4 时，$Y_{DT}=-0.666\varepsilon_{\alpha n}+2.366$
3	当 $\varepsilon_{\alpha n}>2.5$，ISO 精度公差等级≤4 时，$Y_{DT}=0.7$

（9）试验齿轮的弯曲疲劳极限 $\sigma_{F\,lim}$

$\sigma_{F\,lim}$ 是指某种材料的齿轮经长期的重复载荷作用（对大多数材料其应力循环数为 3×10^6）后，齿根保持不破坏时的极限应力。其主要影响因素有：材料成分，力学性能，热处理及硬化层深度、硬度梯度，结构（锻、轧、铸），残余应力，材料的纯度和缺陷，等等。

$\sigma_{F\,lim}$ 可由齿轮的负荷运转试验或使用经验的统计数据得出。此时需阐明线速度、润滑油黏度、表面粗糙度、材料组织等变化对许用应力的影响所引起的误差。

无资料时，可参考图 12-1-111～图 12-1-118 根据材料和齿面硬度查取 $\sigma_{F\,lim}$ 值。

图中的 $\sigma_{F\,lim}$ 值是试验齿轮的失效概率为 1%时的轮齿弯曲疲劳极限。对于其他失效概率的疲劳极限值，可用适当的统计分析方法得到。

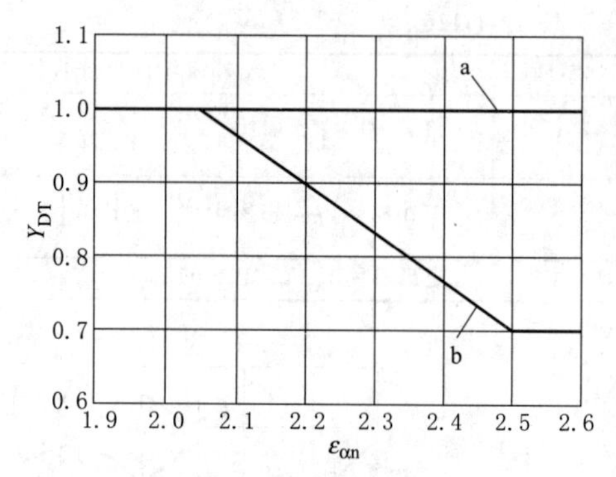

图 12-1-110　齿高系数 Y_{DT}

a—ISO 精度公差等级>4；

b—ISO 精度公差等级≤4

图中硬化齿轮的疲劳极限值对渗碳齿轮适用于有效硬化层深度（加工后的）$0.15m_n\leqslant\delta\leqslant0.2m_n$，对于氮化齿轮，其有效硬化层深度 $\delta=0.4\sim0.6$mm。

在 $\sigma_{F\,lim}$ 的图中，给出了代表材料质量等级的三条线，其对应的材料处理要求见 GB/T 3480.5。

在选取材料疲劳极限时，除了考虑上述等级对材料质量、热处理质量的要求是否有把握达到外，还应注意所用材料的性能、质量的稳定性以及齿轮精度以外的制造质量同图列数值来源的试验齿轮的异同程度，这在选取 $\sigma_{F\,lim}$ 时尤为重要。要留心一些常不引人注意的影响弯曲强度的因素，如实际加工刀具圆角的控制，齿根过渡圆角表面质量及因脱碳造成的硬度下降等。有可能出现齿根磨削台阶而计算中又未计 Y_{Sg} 时，在选取 $\sigma_{F\,lim}$ 时也应予以考虑。

图 12-1-111～图 12-1-118 中提供的 $\sigma_{F\,lim}$ 值是在标准运转条件下得到的。具体的条件如下：

螺旋角　$\beta=0$（$Y_\beta=1$）

模数　$m=3\sim5$mm（$Y_x=1$）

应力修正系数　$Y_{ST}=2$

齿根圆角处缺口参数　$q_{ST}=2.5$（$Y_{\delta\,rel\,T}=1$）

齿根圆角处表面的粗糙度　$Rz=10\mu$m（$Y_{R\,rel\,T}=1$）

齿轮精度等级　4～7 级（ISO 1328-1：2019 或 GB/T 10095.1）

基本齿廓按 GB/T 1356 或 ISO 53

齿宽　$b=10\sim50$mm

载荷系数　$K_A=K_v=K_{F\beta}=K_{F\alpha}=1$

以上图中的 $\sigma_{F\,lim}$ 值适用于轮齿单向弯曲的受载状况；对于对称双向弯曲受载状况的齿轮（如中间轮、行星轮），应将图中查得 $\sigma_{F\,lim}$ 值乘上系数 0.7；对于双向运转工作的齿轮，其 $\sigma_{F\,lim}$ 值所乘系数可稍大于 0.7。

图中，σ_{FE} 为齿轮材料的弯曲疲劳强度的基本值（它是用齿轮材料制成无缺口试件，在完全弹性范围内经受脉动载荷作用时的名义弯曲疲劳极限）。$\sigma_{FE}=Y_{ST}\sigma_{F\,lim}$，$Y_{ST}=2.0$。

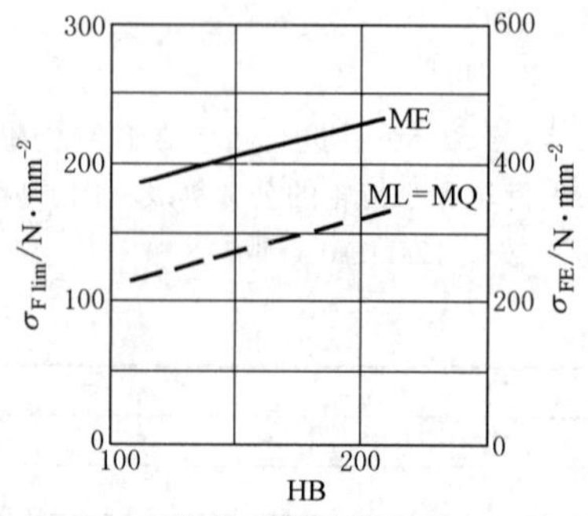

图 12-1-111　正火处理的结构钢的 $\sigma_{F\,lim}$ 和 σ_{FE}

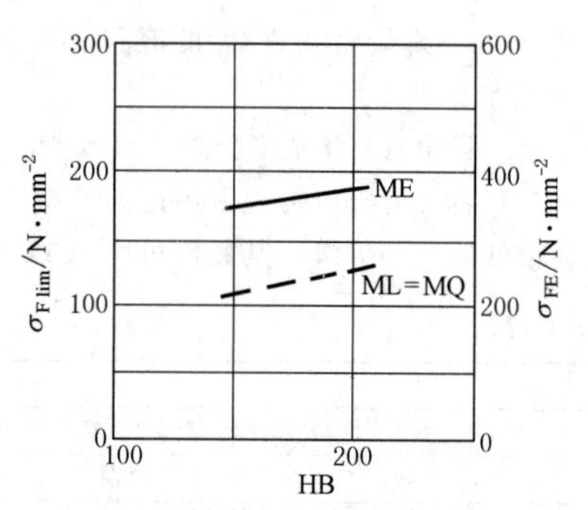

图 12-1-112　正火处理的铸钢的 $\sigma_{F\,lim}$ 和 σ_{FE}

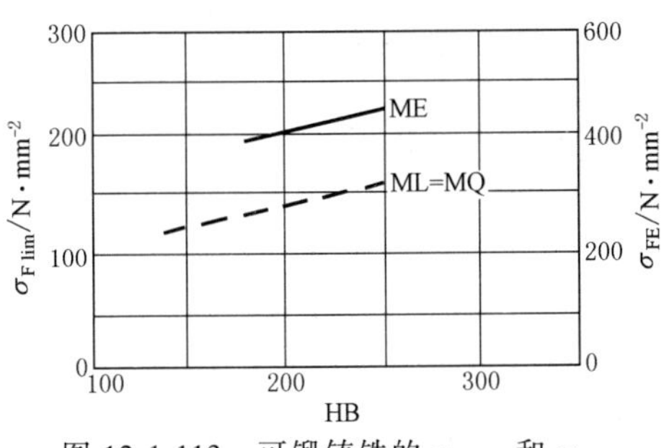

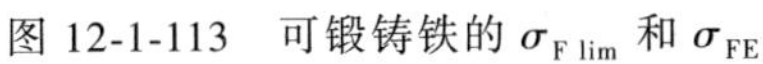
图 12-1-113　可锻铸铁的 $\sigma_{F\ lim}$ 和 σ_{FE}

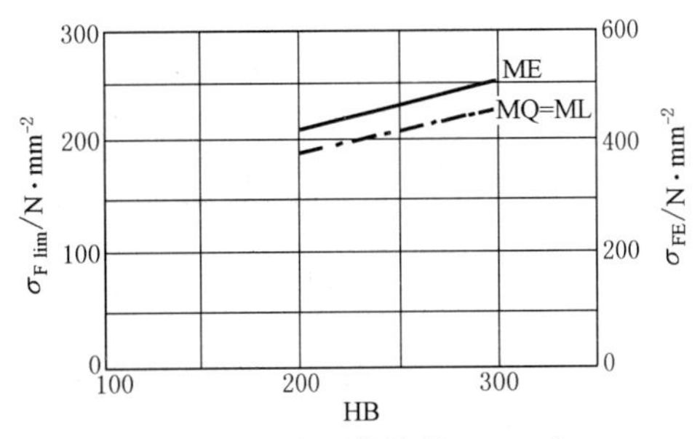

图 12-1-114　球墨铸铁的 $\sigma_{F\ lim}$ 和 σ_{FE}

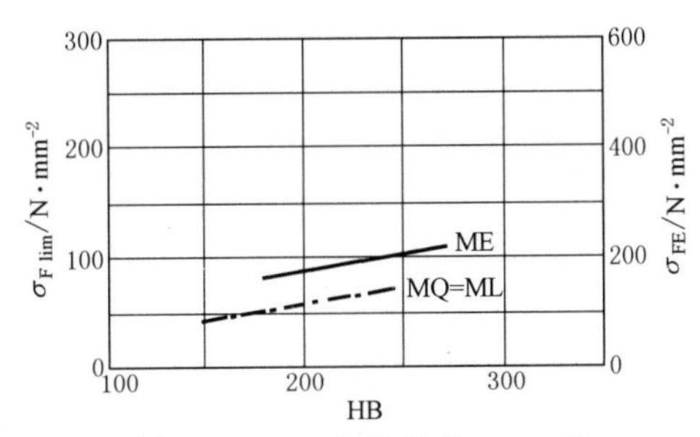

图 12-1-115　灰铸铁的 $\sigma_{F\ lim}$ 和 σ_{FE}

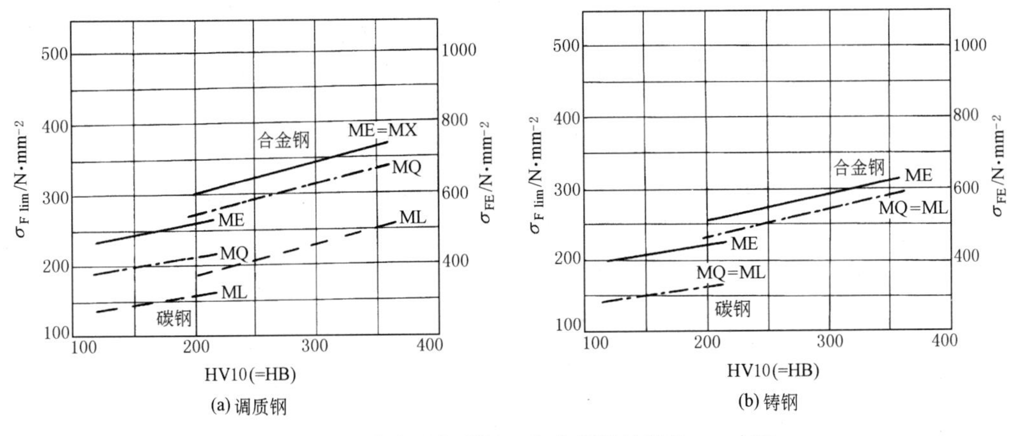

图 12-1-116　调质处理的碳钢、合金钢及铸钢的 $\sigma_{F\ lim}$ 和 σ_{FE}

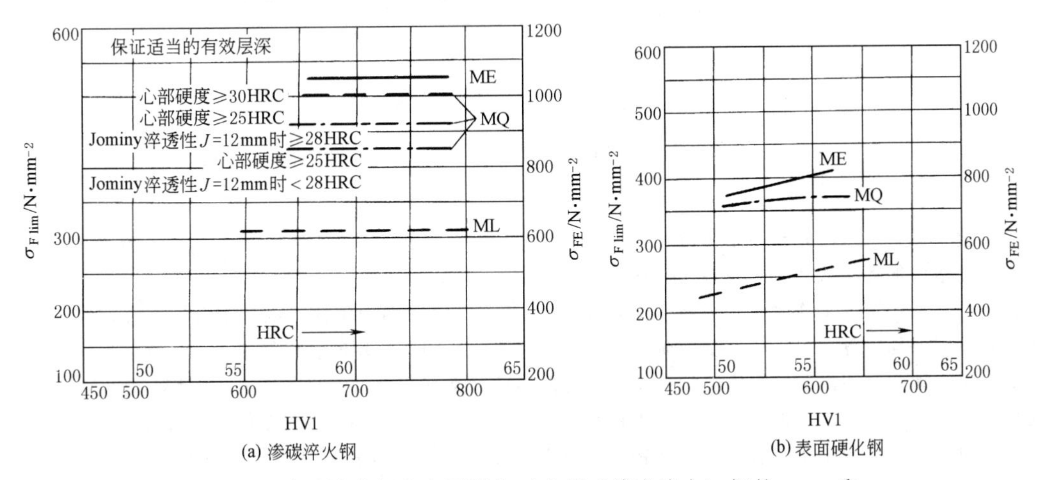

图 12-1-117　渗碳淬火钢和表面硬化（火焰或感应淬火）钢的 $\sigma_{F\ lim}$ 和 σ_{FE}

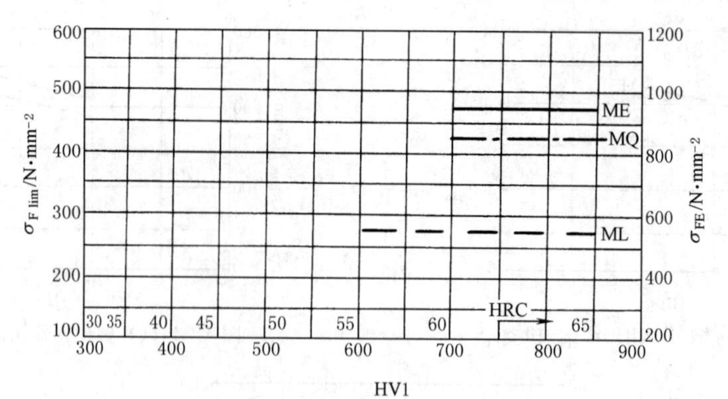

(a) 调质-气体渗氮处理的渗氮钢(不含铝)

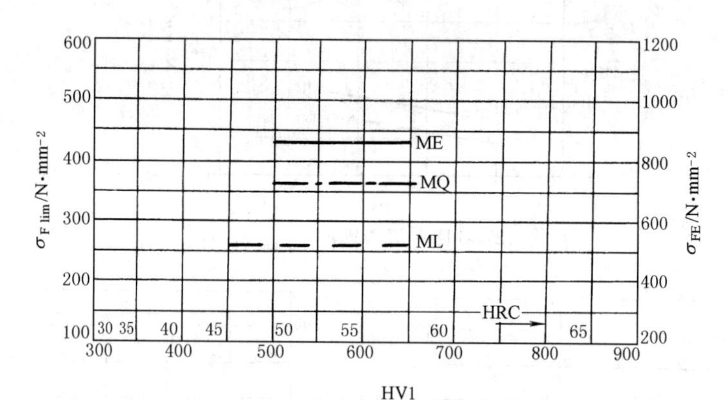

(b) 调质-气体渗氮处理的调质钢

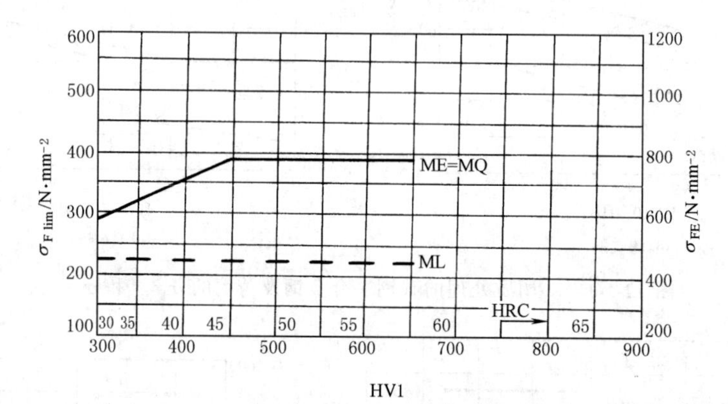

(c) 调质或正火-氮碳共渗处理的调质钢

图 12-1-118　氮化及氮碳共渗钢的 $\sigma_{F\,lim}$ 和 σ_{FE}

(10) 弯曲强度的寿命系数 Y_{NT}

寿命系数 Y_{NT} 是考虑齿轮寿命小于或大于持久寿命条件循环次数 N_c 时（见图 12-1-119），其可承受的弯曲应力值与相应的条件循环次数 N_c 时疲劳极限应力的比例系数。

当齿轮在定载荷工况工作时，应力循环次数 N_L 为齿轮设计寿命期内单侧齿面的啮合次数；双向工作时，按啮合次数较多的一面计算。当齿轮在变载荷工况下工作并有载荷图谱可用时，应按 8.4.4 节所述方法核算其强度安全系数，对于无载荷图谱的非恒定载荷齿轮，可近似地按名义载荷乘以使用系数 K_A 来核算其强度。

弯曲强度寿命系数 Y_{NT} 应根据实际齿轮实验或经验统计数据得出的 *S-N* 曲线求得，它与材料、热处理、载荷平稳程度、轮齿尺寸及残余应力有关。当直接采用 *S-N* 曲线确定和 *S-N* 曲线实验条件完全相同的齿轮寿命系数 Y_{NT} 时，应取系数 $Y_{\delta\,rel\,T}$，$Y_{R\,rel\,T}$，Y_X 的值为 1.0。

当无合适的上述实验或经验数据可用时，Y_{NT} 可由表 12-1-128 中的公式计算得出，也可由图 12-1-119 查取。

表 12-1-128　　弯曲强度的寿命系数 Y_{NT}

材料及热处理	静强度最大循环次数 N_0	持久寿命条件循环次数 N_c	应力循环次数 N_L	Y_{NT} 计算公式
球墨铸铁（珠光体、贝氏体）；珠光体可锻铸铁；调质钢	$N_0=10^4$	$N_c=3\times10^6$	$N_L\leqslant10^4$	$Y_{NT}=2.5$
			$10^4<N_L\leqslant3\times10^6$	$Y_{NT}=\left(\frac{3\times10^6}{N_L}\right)^{0.16}$
			$3\times10^6<N_L\leqslant10^{10}$	$Y_{NT}=\left(\frac{3\times10^6}{N_L}\right)^{0.02}$（见注）
渗碳淬火的渗碳钢；全齿廓火焰淬火、感应淬火的钢、球墨铸铁			$N_L\leqslant10^3$	$Y_{NT}=2.5$
			$10^3<N_L\leqslant3\times10^6$	$Y_{NT}=\left(\frac{3\times10^6}{N_L}\right)^{0.115}$
			$3\times10^6<N_L\leqslant10^{10}$	$Y_{NT}=\left(\frac{3\times10^6}{N_L}\right)^{0.02}$（见注）
结构钢；渗氮处理的渗氮钢、调质钢、渗碳钢；灰铸铁、球墨铸铁（铁素体）	$N_0=10^3$	$N_c=3\times10^6$	$N_L\leqslant10^3$	$Y_{NT}=1.6$
			$10^3<N_L\leqslant3\times10^6$	$Y_{NT}=\left(\frac{3\times10^6}{N_L}\right)^{0.05}$
			$3\times10^6<N_L\leqslant10^{10}$	$Y_{NT}=\left(\frac{3\times10^6}{N_L}\right)^{0.02}$（见注）
氮碳共渗的调质钢、渗碳钢			$N_L\leqslant10^3$	$Y_{NT}=1.1$
			$10^3<N_L\leqslant3\times10^6$	$Y_{NT}=\left(\frac{3\times10^6}{N_L}\right)^{0.012}$
			$3\times10^6<N_L\leqslant10^{10}$	$Y_{NT}=\left(\frac{3\times10^6}{N_L}\right)^{0.02}$（见注）

注：当优选材料、制造工艺和润滑剂，并经生产实践验证时，这些计算式可取 $Y_{NT}=1.0$。

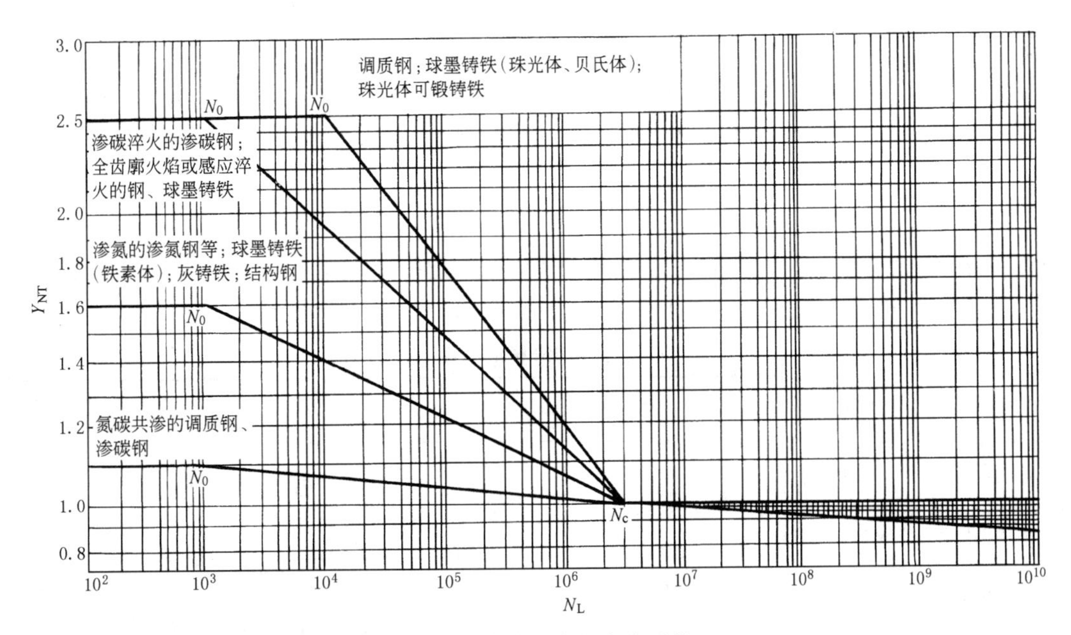

图 12-1-119　弯曲强度的寿命系数 Y_{NT}

(11) 弯曲强度尺寸系数 Y_x

尺寸系数 Y_x 被用来考虑齿轮轮齿尺寸大小对强度、应力梯度、材料质量等影响，用于弯曲强度计算。确定尺寸系数最理想的方法是通过实验或经验总结。当用与设计齿轮完全相同的尺寸、材料和工艺的齿轮进行实验得到齿面承载能力或寿命系数时，应取 Y_x 值为 1.0。静强度（$N_L \leqslant N_0$）的 $Y_x=1.0$。当无实验资料时，持久强度（$N_L \geqslant N_c$）的尺寸系数 Y_x 可按表 12-1-129 的公式计算，也可由图 12-1-120 查取。

表 12-1-129　　弯曲强度尺寸系数 Y_x

	材料	Y_x	备注
持久寿命（$N_L \geqslant N_c$）的尺寸系数	结构钢、调质钢、球墨铸铁（珠光体、贝氏体）、珠光体可锻铸铁	$1.03-0.006m_n$	当 $m_n<5$ 时，取 $m_n=5$ 当 $m_n>30$ 时，取 $m_n=30$
	渗碳淬火钢和全齿廓感应或火焰淬火钢、渗氮钢或氮碳共渗钢	$1.05-0.01m_n$	当 $m_n<5$ 时，取 $m_n=5$ 当 $m_n>25$ 时，取 $m_n=25$
	灰铸铁、球墨铸铁（铁素体）	$1.075-0.015m_n$	当 $m_n<5$ 时，取 $m_n=5$ 当 $m_n>25$ 时，取 $m_n=25$
静强度（$N_L \leqslant N_0$）的尺寸系数		$Y_x=1.0$	

（12）相对齿根圆角敏感系数 $Y_{\delta\,rel\,T}$

齿根圆角敏感系数表示在轮齿折断时，齿根处的理论应力集中超过实际应力集中的程度。

相对齿根圆角敏感系数 $Y_{\delta\,rel\,T}$ 是考虑所计算齿轮的材料、几何尺寸等对齿根应力的敏感度与试验齿轮不同而引进的系数。定义为所计算齿轮的齿根圆角敏感系数与试验齿轮的齿根圆角敏感系数的比值。

在无精确分析的可用的数据时，可按下述方法分别确定 $Y_{\delta\,rel\,T}$ 值。

① 持久寿命时的相对齿根圆角敏感系数 $Y_{\delta\,rel\,T}$　持久寿命时的相对齿根圆角敏感系数 $Y_{\delta\,rel\,T}$ 可按下式计算得出，也可由图 12-1-121 查得（当齿根圆角参数在 $1.5<q_s<4$ 的范围内时，$Y_{\delta\,rel\,T}$ 可近似地取为 1，其误差不超过 5%）。

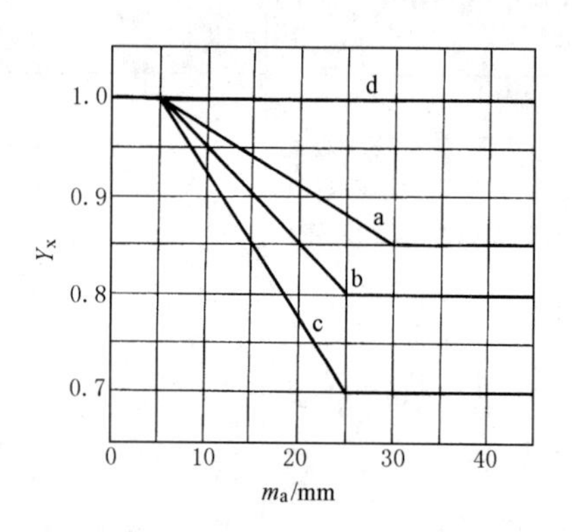

图 12-1-120　弯曲强度尺寸系数 Y_x

a—结构钢、调质钢、球墨铸铁（珠光体、贝氏体）、珠光体可锻铸铁；b—渗碳淬火钢和全齿廓感应或火焰淬火钢，渗氮或氮碳共渗钢；c—灰铸铁，球墨铸铁（铁素体）；d—静强度计算时的所有材料

$$Y_{\delta\,rel\,T}=\frac{1+\sqrt{\rho' X^*}}{1+\sqrt{\rho' X_T^*}}$$

式中　ρ'——材料滑移层厚度，mm，可由表 12-1-130 按材料查取；

X^*——齿根危险截面处的应力梯度与最大应力的比值，其值

$$X^* \approx \frac{1}{5}(1+2q_s)$$

q_s——齿根圆角参数，见本节（5）；

X_T^*——试验齿轮齿根危险截面处的应力梯度与最大应力的比值，仍可用上式计算，式中 q_s 取为 $q_{sT}=2.5$，此式适用于 $m=5$mm，其尺寸的影响用 Y_x 来考虑。

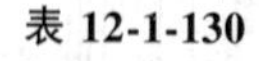

表 12-1-130　　不同材料的滑移层厚度 ρ'

序号	材料		滑移层厚度 ρ'/mm
1	灰铸铁	$\sigma_b=150\text{N/mm}^2$	0.3124
2	灰铸铁、球墨铸铁（铁素体）	$\sigma_b=300\text{N/mm}^2$	0.3095
3a	球墨铸铁（珠光体）		0.1005
3b	渗氮处理的渗氮钢、调质钢		
4	结构钢	$\sigma_s=300\text{N/mm}^2$	0.0833
5	结构钢	$\sigma_s=400\text{N/mm}^2$	0.0445
6	调质钢，球墨铸铁（珠光体、贝氏体）	$\sigma_s=500\text{N/mm}^2$	0.0281
7	调质钢，球墨铸铁（珠光体、贝氏体）	$\sigma_{0.2}=600\text{N/mm}^2$	0.0194
8	调质钢，球墨铸铁（珠光体、贝氏体）	$\sigma_{0.2}=800\text{N/mm}^2$	0.0064
9	调质钢，球墨铸铁（珠光体、贝氏体）	$\sigma_{0.2}=1000\text{N/mm}^2$	0.0014
10	渗碳淬火钢，火焰淬火或全齿廓感应淬火的钢和球墨铸铁		0.0030

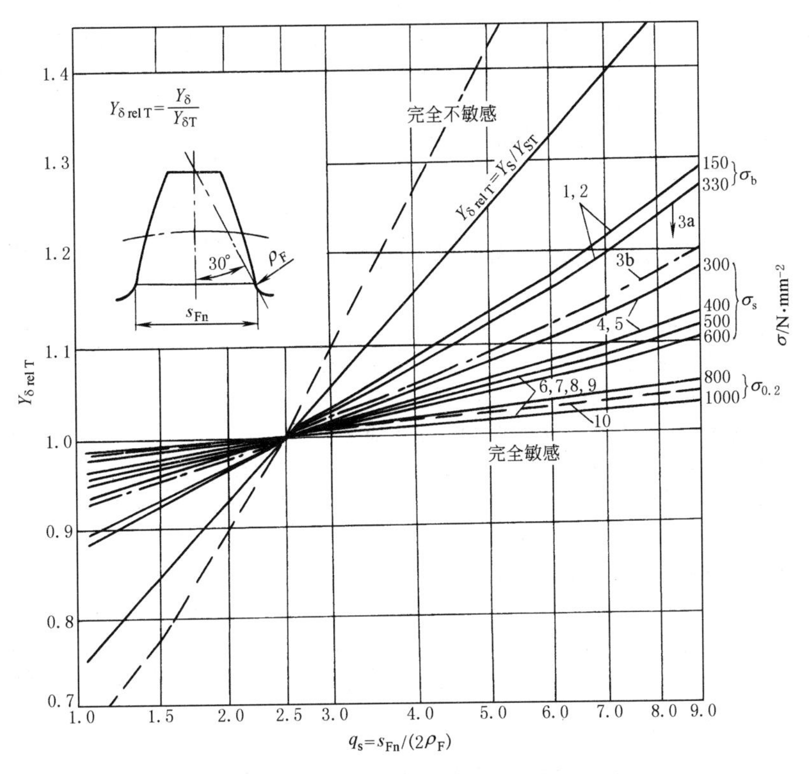

图 12-1-121　持久寿命时的相对齿根圆角敏感系数 $Y_{\delta\,rel\,T}$

注：图中材料数字代号见表 12-1-130 中的序号

② 静强度的相对齿根圆角敏感系数 $Y_{\delta\,rel\,T}$　静强度的 $Y_{\delta\,rel\,T}$ 值可按表 12-1-131 中的相应公式计算得出（当应力修正系数在 $1.5<Y_S<3$ 的范围内时，静强度的相对敏感系数 $Y_{\delta\,rel\,T}$ 近似地可取为：Y_S/Y_{ST}；但此近似数不能用于氮化的调质钢与灰铸铁）。

表 12-1-131　静强度的相对齿根圆角敏感系数 $Y_{\delta\,rel\,T}$

计算公式	备注
结构钢 $Y_{\delta\,rel\,T}=\dfrac{1+0.93(Y_S-1)\sqrt[4]{\dfrac{200}{\sigma_s}}}{1+0.93\sqrt[4]{\dfrac{200}{\sigma_s}}}$	Y_S——应力修正系数，见本节(5) σ_s——屈服强度
调质钢、铸铁和球墨铸铁（珠光体、贝氏体） $Y_{\delta\,rel\,T}=\dfrac{1+0.82(Y_S-1)\sqrt[4]{\dfrac{300}{\sigma_{0.2}}}}{1+0.82\sqrt[4]{\dfrac{300}{\sigma_{0.2}}}}$	$\sigma_{0.2}$——发生残余变形 0.2%时的条件屈服强度
渗碳淬火钢、火焰淬火和全齿廓感应淬火的钢、球墨铸铁 $Y_{\delta\,rel\,T}=0.44Y_S+0.12$	表层发生裂纹的应力极限
渗氮处理的渗氮钢、调质钢 $Y_{\delta\,rel\,T}=0.20Y_S+0.60$	表层发生裂纹的应力极限
黑心可锻铸铁（珠光体型） $Y_{\delta\,rel\,T}=0.075Y_S+0.85$	表层发生裂纹的应力极限
灰铸铁和球墨铸铁（铁素体） $Y_{\delta\,rel\,T}=1.0$	断裂极限

③ 有限寿命的相对齿根圆角敏感系数 $Y_{\delta\ rel\ T}$　有限寿命的 $Y_{\delta\ rel\ T}$ 可用线性插入法从持久寿命的 $Y_{\delta\ rel\ T}$ 和静强度的 $Y_{\delta\ rel\ T}$ 之间得到。

$$Y_{\delta\ rel\ T}=Y_{\delta\ rel\ Tc}+\frac{\lg\frac{N_L}{N_c}}{\lg\frac{N_0}{N_c}}\times(Y_{\delta\ rel\ T0}-Y_{\delta\ rel\ Tc})$$

式中，$Y_{\delta\ rel\ Tc}$、$Y_{\delta\ rel\ T0}$ 分别为持久寿命和静强度的相对齿根圆角敏感系数。

(13) 相对齿根表面状况系数 $Y_{R\ rel\ T}$

齿根表面状况系数是考虑齿廓根部的表面状况，主要是齿根圆角处的粗糙度对齿根弯曲强度的影响。

相对齿根表面状况系数 $Y_{R\ rel\ T}$ 为所计算齿轮的齿根表面状况系数与试验齿轮的齿根表面状况系数的比值。

在无精确分析的可用数据时，按下述方法分别确定。对经过强化处理（如喷丸）的齿轮，其 $Y_{R\ rel\ T}$ 值要稍大于下述方法所确定的数值。对有表面氧化或化学腐蚀的齿轮，其 $Y_{R\ rel\ T}$ 值要稍小于下述方法所确定的数值。

① 持久寿命时的相对齿根表面状况系数 $Y_{R\ rel\ T}$　持久寿命时的相对齿根表面状况系数 $Y_{R\ rel\ T}$ 可按表 12-1-132 中的相应公式计算得出，也可由图 12-1-122 查得。

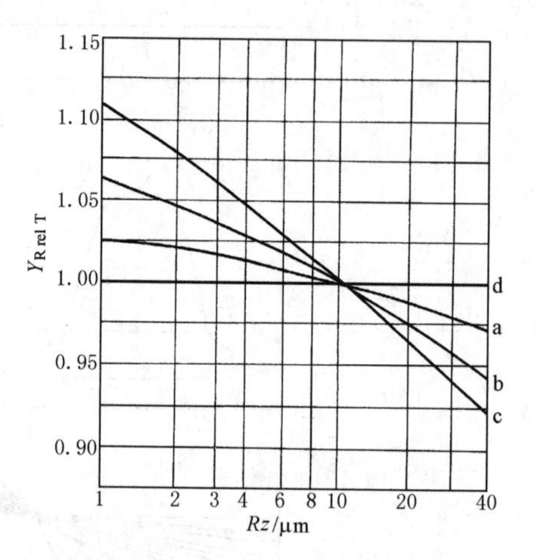

图 12-1-122　相对齿根表面状况系数 $Y_{R\ rel\ T}$

a—灰铸铁，铁素体球墨铸铁，渗氮处理的渗氮钢、调质钢；b—结构钢；c—调质钢，球墨铸铁（珠光体、铁素体），渗碳淬火钢，全齿廓感应或火焰淬火钢；d—静强度计算时的所有材料

表 12-1-132　持久寿命时的相对齿根表面状况系数 $Y_{R\ rel\ T}$

材　料	计算公式或取值	
	Rz<1μm	1μm≤Rz<40μm
调质钢，球墨铸铁（珠光体、贝氏体），渗碳淬火钢，火焰和全齿廓感应淬火的钢和球墨铸铁	$Y_{R\ rel\ T}=1.120$	$Y_{R\ rel\ T}=1.674-0.529(Rz+1)^{0.1}$
结构钢	$Y_{R\ rel\ T}=1.070$	$Y_{R\ rel\ T}=5.306-4.203(Rz+1)^{0.01}$
灰铸铁，球墨铸铁（铁素体），渗氮的渗氮钢、调质钢	$Y_{R\ rel\ T}=1.025$	$Y_{R\ rel\ T}=4.299-3.259(Rz+1)^{0.005}$

注：Rz 为齿根表面微观不平度 10 点高度。

② 静强度的相对齿根表面状况系数 $Y_{R\ rel\ T}$　静强度的相对齿根表面状况系数 $Y_{R\ rel\ T}$ 等于 1。

③ 有限寿命的相对齿根表面状况系数 $Y_{R\ rel\ T}$　有限寿命的 $Y_{R\ rel\ T}$ 可从持久寿命的 $Y_{R\ rel\ T}$ 和静强度的 $Y_{R\ rel\ T}$ 之间用线性插入法得到。

$$Y_{R\ rel\ T}=Y_{R\ rel\ Tc}+\frac{\lg\frac{N_L}{N_c}}{\lg\frac{N_0}{N_c}}\times(Y_{R\ rel\ T0}-Y_{R\ rel\ Tc})$$

式中，$Y_{R\ rel\ Tc}$、$Y_{R\ rel\ T0}$ 分别为持久寿命和静强度的相对齿根表面状况系数。

8.4.3 齿轮静强度核算

当齿轮工作可能出现短时间、少次数（不大于表 12-1-115 和表 12-1-128 中规定的 N_0 值）的超过额定工况的大载荷，如使用大启动转矩电机，在运行中出现异常的重载荷或有重复性的中等甚至严重冲击时，应进行静强度核算。作用次数超过上述表中规定的载荷应纳入疲劳强度计算。

静强度核算的计算公式见表 12-1-133。

表 12-1-133 **静强度核算公式**

强度条件	齿面静强度 $\sigma_{Hst} \leqslant \sigma_{HPst}$ 当大、小齿轮材料 σ_{HPst} 不同时，应取小者进行核算	σ_{Hst}——静强度最大齿面应力，N/mm^2 σ_{HPst}——静强度许用齿面应力，N/mm^2 σ_{Fst}——静强度最大齿根弯曲应力，N/mm^2 σ_{FPst}——静强度许用齿根弯曲应力，N/mm^2
	弯曲静强度 $\sigma_{Fst} \leqslant \sigma_{FPst}$	
静强度最大齿面应力 σ_{Hst}	$\sigma_{Hst} = \sqrt{K_v K_{H\beta} K_{H\alpha}} Z_H Z_E Z_\varepsilon Z_\beta \sqrt{\dfrac{F_{cal}}{d_1 b} \times \dfrac{u \pm 1}{u}}$	K_v，$K_{H\beta}$，$K_{H\alpha}$ 取值见本表注 2、3、4 Z_H，Z_E，Z_ε，Z_β 及 u，b 等代号意义及计算见 8.4.1 节
静强度最大齿根弯曲应力 σ_{Fst}	$\sigma_{Fst} = K_v K_{F\beta} K_{F\alpha} \dfrac{F_{cal}}{bm_n} Y_F Y_S Y_\beta$	K_v，$K_{F\beta}$，$K_{F\alpha}$ 见本表注 2、3、4
静强度许用齿面接触应力 σ_{HPst}	$\sigma_{HPst} = \dfrac{\sigma_{H\,lim} Z_{NT}}{S_{H\,min}} Z_W$	$\sigma_{H\,lim}$——接触疲劳极限应力，N/mm^2，见 8.4.1 节 Z_{NT}——静强度接触寿命系数，此时取 $N_L = N_0$，见表 12-1-115 Z_W——齿面工作硬化系数，见 8.4.1(16) $S_{H\,min}$——接触强度最小安全系数
静强度许用齿根弯曲应力 σ_{FPst}	$\sigma_{FPst} = \dfrac{\sigma_{F\,lim} Y_{ST} Y_{NT}}{S_{F\,min}} Y_{\delta\,rel\,T}$	$\sigma_{F\,lim}$——弯曲疲劳极限应力，N/mm^2，见 8.4.2 节(9) Y_{ST}——试验齿轮的应力修正系数，$Y_{ST} = 2.0$ Y_{NT}——弯曲强度寿命系数，此时取 $N_L = N_0$，见 8.4.2 节(10) $Y_{\delta\,rel\,T}$——相对齿根圆角敏感系数，见 8.4.2 节(12) $S_{F\,min}$——弯曲强度最小安全系数，见 8.4.1 节(18)
计算切向力	$F_{cal} = \dfrac{2000 T_{max}}{d}$	F_{cal}——计算切向载荷，N d——齿轮分度圆直径，mm T_{max}——最大转矩，N·m

注：1. 因已按最大载荷计算，取使用系数 $K_A = 1$。
2. 对在启动或堵转时产生的最大载荷或低速工况，可取动载系数 $K_v = 1$；其余情况 K_v 按 8.4.1 节（4）取值。
3. 螺旋线载荷分布系数 $K_{H\beta}$，$K_{F\beta}$ 见 8.4.1 节（5）和 8.4.2 节（2），但此时单位齿宽载荷应取 $w_m = \dfrac{K_v F_{cal}}{b}$。
4. 齿间载荷分配系数 $K_{H\alpha}$、$K_{F\alpha}$ 取值同 8.4.1 节（6）和 8.4.2 节（3）。

GB/Z 3480.4—2024 标准，对于齿面断裂承载能力计算，是基于齿面以下材料深度处每个关注接触点的综合应力（承载引起的应力和残余应力）与材料强度的局部值之比。主要用于外啮合直齿和斜齿圆柱齿轮的齿面断裂承载能力计算，不作为齿轮箱设计和认证过程中的评级方法，在渗碳淬火齿轮应用方面已获验证，不适用于非齿面断裂类型的轮齿损伤评估。

齿面断裂的特征是在有效接触区的齿面下方出现了初始疲劳裂纹，这是由齿面接触产生的剪切应力所致。在多种工业齿轮使用中都出现了由长面断裂引起的失效现象，并且在特定试验齿轮的运转试验中也有见到。齿面断裂常见于渗碳淬火齿轮，而氮化和感应淬火齿轮也有这样的情况发生。齿面断裂有时也描述为次表面弯曲疲劳裂纹、次表面疲劳或齿面破裂。失效特征主要有以下几点：

① 齿面断裂是由承载齿面区域内的裂纹引发的，通常位于约齿高一半处；
② 初始裂纹萌生于承载齿面以下较深的地方，通常位于硬化层到心部的过渡区或更深处；
③ 初始裂纹的成因通常但并不总是与小型非金属夹杂物有关；
④ 初始裂纹从裂纹源向两个方向扩展：承载轮齿的表面和非承载齿根的心部区域；
⑤ 由于齿面硬度较高，裂纹向齿面的扩展小于向心部的扩展；
⑥ 初始裂纹与齿面的夹角是 40°~50°；
⑦ 由于内部的初始裂纹，可能导致起始于表面的二次裂纹和次生裂纹的发生；
⑧ 裂纹的扩展速度在初始裂纹扩展达到承载轮齿的表面时会迅速增加；
⑨ 初始裂纹通常因局部弯曲应力扩展，最终由外力导致轮齿断裂；

⑩ 断裂表面会有典型的疲劳特征呈现，即在疲劳源周围有贝纹线和瞬断区；

⑪ 在多数情况下（非全部），齿面不会观察到其他失效迹象，如点蚀或微点蚀。

基于上述失效特征，齿面断裂能够与由弯曲应力导致的典型齿根疲劳断裂明确区分，也能够与从齿面或接近齿面起始的典型点蚀疲劳损伤进行区分，点蚀的特点是贝壳状的材料从轮齿的承载面剥落。另外，齿面断裂可能发生在载荷低于额定的接触和弯曲许用载荷值的情况下，即可能发生在完全符合现有标准中有关齿轮材料、热处理和加工质量等所有要求的齿轮上。齿面断裂导致的失效通常发生在载荷循环次数超过 10^7 的情况，这也表明了这种失效类型的疲劳特性。具体的计算方法详见标准原文。

8.4.4 在变动载荷下工作的齿轮强度核算

在变动载荷下工作的齿轮，应通过测定和分析计算确定其整个寿命的载荷图谱，按疲劳累积假说（Miner 法则）确定当量转矩 T_{eq}，并以当量转矩 T_{eq} 代替名义转矩 T 按表 12-1-77 求出切向力 F_t，再应用 8.4.1 节和 8.4.2 节所述方法分别进行齿面接触强度核算和轮齿弯曲强度核算，此时取 $K_A=1$。当无载荷图谱时，则可用名义载荷近似校核齿轮的齿面强度和轮齿弯曲强度。

当量载荷（转矩 T_{eq}）求法如下。

图 12-1-123 是以对数坐标的某齿轮的承载能力曲线与其整个工作寿命的载荷图谱，图中 T_1、T_2、T_3、…为经整理后的实测的各级载荷，N_1、N_2、N_3、…为与 T_1、T_2、T_3、…相对应的应力循环次数。小于名义载荷 T 的 50% 的载荷（如图中 T_5），认为对齿轮的疲劳损伤不起作用，故略去不计，则当量应力循环次数 N_{eq} 为

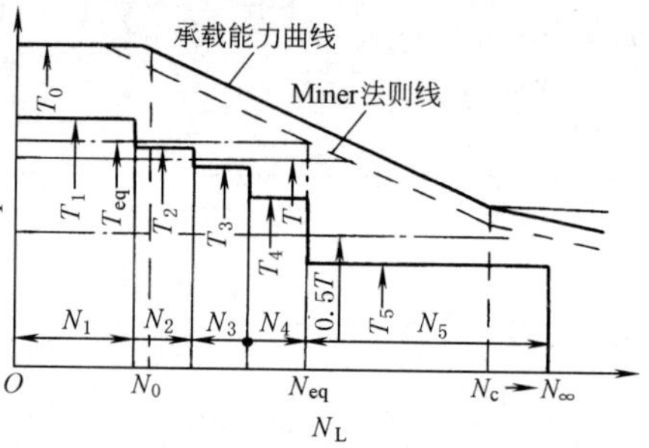

$$N_{eq}=N_1+N_2+N_3+N_4$$

$$N_i=60n_ikh_i$$

式中　N_i——第 i 级载荷应力循环次数；

n_i——第 i 级载荷作用下齿轮的转速；

k——齿轮每转一周同侧齿面的接触次数；

h_i——在 i 级载荷作用下齿轮的工作时间。

图 12-1-123　承载能力曲线与载荷图谱

根据 Miner 法则（疲劳累积假说），此时的当量载荷为

$$T_{eq}=\left(\frac{N_1T_1^p+N_2T_2^p+N_3T_3^p+N_4T_4^p}{N_{eq}}\right)^{1/p}$$

常用齿轮材料的 p 值见表 12-1-134。

表 12-1-134　　斜率 p 与耐久性极限循环次数

齿轮材料及热处理方法	点蚀		齿根弯曲	
	p①	N_{Lref}②	p	N_{Lref}
结构钢；调质钢；珠光体、贝氏体球墨铸铁；珠光体可锻铸铁（允许有一定量点蚀）	6.7748	1×10^7	6.2249	3×10^6
结构钢；调质钢；珠光体、贝氏体球墨铸铁；珠光体可锻铸铁（不允许点蚀）	6.6112	5×10^7		
渗碳、火焰或感应淬火钢（有限点蚀）	6.7748	1×10^7	8.7378	3×10^6
渗碳、火焰或感应淬火钢（不允许点蚀）	6.6112	5×10^7		
灰铸铁、铁素体球墨铸铁、渗氮钢、氮碳共渗钢	5.7091	2×10^6	17.035	3×10^6
氮碳共渗钢	15.716	2×10^6	84.003	3×10^6

① 齿面点蚀的取值是根据转矩得到；若将转矩换成应力，这些值应加倍。

② 指 N_L 的参考值。

当计算 T_{eq} 时，若 $N_{eq}<N_0$（材料疲劳破坏最少应力循环次数），取 $N_{eq}=N_0$；若 $N_{eq}>N_c$，取 $N_{eq}=N_c$。

变载荷条件下齿轮使用寿命计算也可按 GB/Z 3480.6—2018 标准计算，使用寿命计算的理论依据为：每次载荷循环（或每转）均对齿轮造成损伤。其损伤程度取决于应力水平，低应力水平下可认为损伤为零。所谓齿轮弯曲或接触疲劳的计算寿命，是指齿轮对抗因累积损伤而致失效的能力。

在变动载荷下工作的齿轮又缺乏载荷图谱可用时，可近似地用常规的方法即用名义载荷乘以使用系数 K_A 来确定计算载荷。当无合适的数值可用时，使用系数 K_A 可参考表 12-1-84 确定，使用系数 K_A 取决于原动机和工作机的运行模式。这样，就将变动载荷工况转化为非变动载荷工况来处理，并按 8.4.1 节和 8.4.2 节有关公式核算齿轮强度。

8.4.5 微点蚀承载能力计算（GB/Z 3480.22—2024）

国家标准直齿轮和斜齿轮承载能力计算的第 22 部分：微点蚀承载能力计算，提供了外啮合圆柱齿轮微点蚀承载能力的计算方法。该方法是在对模数 3~11mm、节圆线速度 8~60m/s 的油润滑齿轮传动装置的试验和观察基础上提出的，适用于齿廓符合 ISO 53 的主动及从动圆柱齿轮，也适用于当量重合度小于 2.5 与其他基本齿条共轭的齿轮。对于法向工作压力角不大于 25′、分度圆螺旋角不大于 25°和节圆线速度大于 2m/s 的情况，计算结果与其他方法相比符合性较好，但不适用于评估非微点蚀类型的齿面损伤。

微点蚀是在混合弹流润滑状态或边界润滑状态下的两物体在滚滑过程中由赫兹接触所产生的一种现象。微点蚀受到运行条件的影响，如负载、速度滑动、温度、表面形貌、膜厚比和润滑剂的化学成分等，在表面硬度较高的材料上更为常见。微点蚀指的是齿面上生成的大量微小裂纹，这些裂纹与表面呈小角度扩展形成微坑。相对于接触面积微坑很小，通常深度为 10~20μm。微坑可能凝聚成一个连续的断裂表面，肉眼观察表面暗淡无光。

微点蚀是这种现象的常用名称，也被称为灰锈、灰斑、霜纹和剥落，见 ISO 10825。微点蚀能够被抑制。如果微点蚀扩展，可能降低轮齿精度，增加动态载荷和噪声。如果微点蚀不受抑制而继续扩展，则可能导致宏观点蚀和其他类型的齿轮失效。

微点蚀承载能力计算是基于接触区的局部膜厚比和许用膜厚比。当最小膜厚比低于临界值时，可能产生微点蚀。

齿轮本体温度是由齿轮装置的热平衡确定的。在一个齿轮装置中有众多热源，其中最主要的是轮齿之间的摩擦和轴承的摩擦。密封件和搅油等其他热源也会对齿轮本体温度有一定的影响。当节线速度超过 80m/s 时，啮合过程中的搅油损失、风阻损失产生的热量会增加很多，宜将其考虑在内。热量通过壳体的传导、对流和辐射发散到环境中。对于喷油润滑，热量可由润滑油带入外部热交换器。随着节线速度的降低，油膜厚度会减小，进而抗微点蚀安全系数也随之降低。在低速齿轮传动中，齿面损可能占据主导地位。这在节点油膜厚度≤0.1μm 的试验研究中已被观察到。

微点蚀承载能力可通过最小膜厚比和在服役条件或规定的试验条件下相应得出的极限膜厚比的比值来确定。该比值用抗微点蚀安全系数表示，具体的计算方法详见标准原文。

8.5 开式齿轮传动的计算

开式齿轮传动一般只需计算其弯曲强度，计算时，仍可使用表 12-1-122 的公式，考虑到开式齿轮容易磨损而使齿厚减薄，因此，应在算得的齿根应力 σ_F 基础上乘以磨损系数 K_m。K_m 值可根据轮齿允许磨损的程度，按表 12-1-135 选取。

对重载、低速开式齿轮传动，除按上述方法计算弯曲强度外，还建议计算齿面接触强度，此时许用接触应力应为闭式齿轮传动的 1.05~1.1 倍。

表 12-1-135　　磨损系数 K_m

已磨损齿厚占原齿厚的百分比/%	K_m	说明
10	1.25	这个百分数是开式齿轮传动磨损报废的主要指标,可按有关机器设备维修规程要求确定
15	1.40	
20	1.60	
25	1.80	
30	2.00	

8.6 计算例题

如图 12-1-124 所示球磨机传动简图，试设计其单级圆柱齿轮减速器。已知小齿轮传递的额定功率 $P=250\text{kW}$，小齿轮的转速 $n_1=750\text{r/min}$，名义传动比 $i=3.15$，单向运转，满载工作时间 50000h。

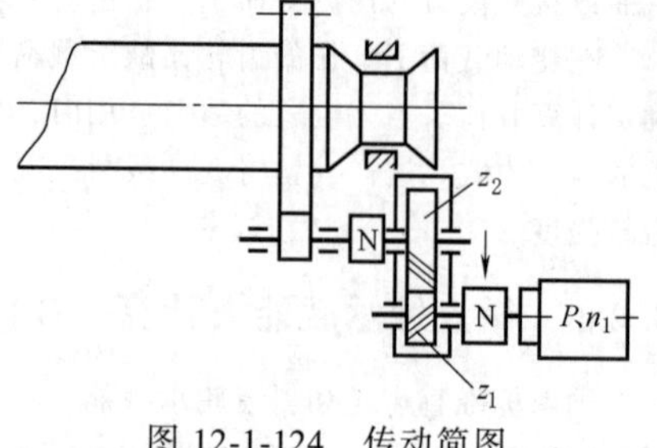

图 12-1-124　传动简图

解　(1) 选择齿轮材料

小齿轮：37SiMnMoV，调质，硬度 320~340HB。

大齿轮：35SiMn，调质，硬度 280~300HB。

由图 12-1-85 和图 12-1-116 按 MQ 级质量要求取值，得 $\sigma_{\text{H lim1}}=800\text{N/mm}^2$、$\sigma_{\text{H lim2}}=760\text{N/mm}^2$ 和 $\sigma_{\text{F lim1}}=320\text{N/mm}^2$、$\sigma_{\text{F lim2}}=300\text{N/mm}^2$。

(2) 初步确定主要参数

① 按接触强度初步确定中心距：

按斜齿轮从表 12-1-78 选取 $A_a=476$，按齿轮对称布置，速度中等，冲击载荷较大，取载荷系数 $K=2.0$。按表 12-1-82，选 $\psi_d=0.8$，则 $\psi_a=0.38$，按表 12-1-80 圆整取齿宽系数 $\psi_a=0.35$。

齿数比
$$u=i=3.15$$

许用接触应力 σ_{Hp}：
$$\sigma_{\text{Hp}}\approx0.9\sigma_{\text{H lim}}=0.9\times760=684\text{N/mm}^2$$

小齿轮传递的转矩 T_1
$$T_1=\frac{9549P}{n_1}=\frac{9549\times250}{750}=3183\text{N}\cdot\text{m}$$

中心距 a
$$a\geqslant A_a(u+1)\sqrt[3]{\frac{KT_1}{\psi_a u\sigma_{\text{Hp}}^2}}=476(3.15+1)\sqrt[3]{\frac{2\times3183}{0.35\times3.15\times684^2}}=456.5\text{mm}$$

取　$a=500\text{mm}$。

② 初步确定模数、齿数、螺旋角、齿宽、变位系数等几何参数：
$$m_n=(0.007\sim0.02)a=(0.007\sim0.02)\times500=3.5\sim10\text{mm}$$

取　$m_n=7\text{mm}$。

由公式
$$\frac{z_1}{\cos\beta}=\frac{2a}{m_n(1+u)}=\frac{2\times500}{7\times(1+3.15)}=34.4$$

取　$z_1=34$。
$$z_2=iz_1=3.15\times34=107.1$$

取　$z_2=107$。

实际传动比
$$i_0=\frac{z_2}{z_1}=\frac{107}{34}=3.147$$

螺旋角
$$\beta=\arccos\frac{m_n(z_1+z_2)}{2a}=\arccos\frac{7\times(34+107)}{2\times500}=9°14'55''$$

齿宽
$$b=\psi_a a=0.35\times500=175\text{mm}$$
取 180mm。

小齿轮分度圆直径
$$d_1=\frac{m_n z_1}{\cos\beta}=\frac{7\times34}{\cos9°14'55''}=241.135\text{mm}$$

大齿轮分度圆直径
$$d_2=\frac{m_n z_2}{\cos\beta}=\frac{7\times107}{\cos9°14'55''}=758.865\text{mm}$$

采用高度变位，由图 12-1-14 查得：$x_1=0.38$　$x_2=-0.38$。

齿轮精度等级为 7 级。

(3) 齿面接触强度核算

① 分度圆上名义切向力 F_t：

$$F_t=\frac{2000T_1}{d_1}=\frac{2000\times3183}{241.135}=26400\text{N}$$

② 使用系数 K_A：

原动机为电动机，均匀平稳，工作机为水泥磨，有中等冲击，查表 12-1-84 取 $K_A=1.5$。

③ 动载系数 K_v：

齿轮线速度

$$v=\frac{\pi d_1 n_1}{60\times1000}=\frac{\pi\times241.135\times750}{60\times1000}=9.5\text{m/s}$$

由表 12-1-93 公式计算传动精度系数 C

$$C=-0.5048\ln z-1.144\ln m_n+2.852\ln f_{pT}+3.32$$

$$z=z_1=30 \qquad f_{pT}=25\mu\text{m}(\text{大轮})$$

$$C=-0.5048\ln30-1.144\ln7+2.852\ln25+3.32=8.55$$

圆整取 $C=8$　查图 12-1-68，$K_v=1.25$。

④ 螺旋线载荷分布系数 $K_{H\beta}$：

由表 12-1-105，齿轮装配时对研跑合

$$K_{H\beta}=1.12+0.18\left(\frac{b}{d_1}\right)^2+0.23\times10^{-3}b=1.12+0.18\times\left(\frac{180}{241.135}\right)^2+0.23\times10^{-3}\times180=1.262$$

⑤ 齿间载荷分配系数 $K_{H\alpha}$：

$$K_A F_t/b=1.5\times26400/180=220\text{N/mm}$$

查表 12-1-109 得：$K_{H\alpha}=1.1$。

⑥ 节点区域系数 Z_H：

$x_\Sigma=0$，$\beta=9°14'55''$，查图 12-1-78，$Z_H=2.47$。

⑦ 弹性系数 Z_E：

由表 12-1-113，$Z_E=189.8\sqrt{\text{N/mm}^2}$。

⑧ 重合度系数 Z_ε：

纵向重合度

$$\varepsilon_\beta=\frac{b\sin\beta}{\pi m_n}=\frac{180\times\sin9°14'55''}{\pi\times7}=1.315$$

端面重合度

$$\frac{z_1}{1+x_{n1}}=\frac{34}{1+0.38}=24.64,\ \frac{z_2}{1-x_{n1}}=\frac{107}{1-0.38}=172.58$$

由图 12-1-29，$\varepsilon_{\alpha1}=0.79$，$\varepsilon_{\alpha2}=0.93$，则

$$\varepsilon_\alpha=(1+x_{n1})\varepsilon_{\alpha1}+(1-x_{n1})\varepsilon_{\alpha2}=(1+0.38)\times0.79+(1-0.38)\times0.93=1.667$$

由图 12-1-81 查得　$Z_\varepsilon=0.775$。

⑨ 螺旋角系数 Z_β：

$$Z_\beta=\sqrt{\cos\beta}=\sqrt{\cos9°14'55''}=0.993$$

⑩ 小齿轮、大齿轮的单对齿啮合系数 Z_B、Z_D：

按表 12-1-111 的判定条件，由于 $\varepsilon_\beta=1.315>1.0$，取 $Z_B=1$，$Z_D=1$。

⑪ 计算接触应力 σ_H：

由表 12-1-83 公式可得

$$\sigma_{H1}=Z_B\sqrt{K_A K_v K_{H\beta}K_{H\alpha}}\,Z_H Z_E Z_\varepsilon Z_\beta\sqrt{\frac{F_t}{d_1 b}\times\frac{u+1}{u}}$$

$$=1.0\times\sqrt{1.5\times1.25\times1.262\times1.1}\times2.47\times189.8\times0.775\times0.993\times\sqrt{\frac{26400}{241.135\times180}\times\frac{3.147+1}{3.147}}$$

$$=521.1\text{N/mm}^2$$

由于 $Z_D=Z_B=1$，所以 $\sigma_{H2}=\sigma_{H1}=521.1\text{N/mm}^2$。

⑫ 寿命系数 Z_{NT}：

应力循环次数

$$N_{L1}=60n_1 t=60\times750\times50000=2.25\times10^9$$

$$N_{L2}=60n_2 t=60\times\frac{750}{3.133}\times50000=7.18\times10^8$$

由表 12-1-115 公式计算

第12篇

$$Z_{NT1}=\left(\frac{10^9}{N_{L1}}\right)^{0.0706}=\left(\frac{10^9}{2.25\times10^9}\right)^{0.0706}=0.944$$

$$Z_{NT2}=\left(\frac{10^9}{N_{L2}}\right)^{0.057}=\left(\frac{10^9}{0.718\times10^9}\right)^{0.057}=1.02$$

⑬ 润滑油膜影响系数 $Z_LZ_vZ_R$：

由表 12-1-118，经展成法滚、插的齿轮副 $Rz_{10}>4\mu m$、$Z_LZ_vZ_R=0.85$。

⑭ 齿面工作硬化系数 Z_W：

由图 12-1-93，$Z_{W1}=1.08$，$Z_{W2}=1.11$。

⑮ 尺寸系数 Z_x：

由表 12-1-120，$Z_x=1.0$。

⑯ 安全系数 S_H：

$$S_{H1}=\frac{\sigma_{H\lim1}Z_{NT1}Z_LZ_vZ_RZ_{W1}Z_X}{\sigma_{H1}}=\frac{800\times0.944\times0.85\times1.08\times1.0}{521.1}=1.33$$

$$S_{H2}=\frac{\sigma_{H\lim2}Z_{NT2}Z_LZ_vZ_RZ_{W2}Z_X}{\sigma_{H2}}=\frac{760\times1.02\times0.85\times1.11\times1.0}{521.1}=1.40$$

S_{H1}、S_{H2} 均达到表 12-1-121 规定的较高可靠度时，最小安全系数 $S_{H\min}=1.25\sim1.30$ 的要求。齿面接触强度核算通过。

（4）轮齿弯曲强度核算

① 螺旋线载荷分布系数 $K_{F\beta}$：

$$K_{F\beta}={K_{H\beta}}^N$$

$$N=\frac{(b/h)^2}{1+b/h+(b/h)^2}\quad b=180\text{mm}\quad h=2.25m_n=2.25\times7=15.75\text{mm}$$

$$N=\frac{(180/15.75)^2}{1+180/15.75+(180/15.75)^2}=0.913$$

$$K_{F\beta}=1.262^{0.913}=1.24$$

② 螺旋线载荷分布系数 $K_{F\alpha}$：

$$K_{F\alpha}=K_{H\alpha}=1.1$$

③ 齿廓系数 Y_F：

当量齿数

$$z_{n1}=\frac{z_1}{\cos^3\beta}=\frac{34}{\cos^3 9°14'55''}=35.36$$

$$z_{n2}=\frac{z_2}{\cos^3\beta}=\frac{107}{\cos^3 9°14'55''}=111.28$$

由图 12-1-103，$Y_{F1}=2.17$，$Y_{F2}=2.30$。

④ 应力修正系数 Y_S：

按 8.4.2 节（5）应力修正系数公式计算，$Y_{S1}=1.81$，$Y_{S2}=1.69$。

⑤ 重合度系数 Y_ε：

$$Y_\varepsilon=0.25+\frac{0.75}{\varepsilon_{\alpha n}}$$

$$\varepsilon_{\alpha n}=\frac{\varepsilon_\alpha}{\cos^2\beta_b}$$

由表 12-1-123 知

$$\beta_b=\arccos\sqrt{1-(\sin\beta\cos\alpha_n)^2}$$

$$\cos\beta_b=\sqrt{1-(\sin\beta\cos\alpha_n)^2}=\sqrt{1-(\sin9°14'55''\cos20°)^2}=0.9885$$

$$\varepsilon_{\alpha n}=\frac{1.667}{0.9885^2}=1.71$$

$$Y_\varepsilon=0.25+\frac{0.75}{1.71}=0.689$$

⑥ 螺旋角系数 Y_β：
由图 12-1-109，根据 β、ε_β 查得 $Y_\beta=0.92$。
⑦ 计算齿根应力 σ_F：
因 $\varepsilon_\alpha=1.667<2$，用表 12-1-122 中方法计算（新旧标准系数部分不同）。

$$\sigma_F=\frac{F_t}{bm_n}Y_{F\alpha}Y_{S\alpha}Y_\varepsilon Y_\beta K_A K_v K_{F\beta}K_{F\alpha}$$

$$\sigma_{F1}=\frac{26400}{180\times7}\times2.17\times1.81\times0.689\times0.92\times1.5\times1.25\times1.24\times1.1=133.4\text{N/mm}^2$$

$$\sigma_{F2}=\frac{26400}{180\times7}\times2.30\times1.69\times0.689\times0.92\times1.5\times1.25\times1.24\times1.1=132\text{N/mm}^2$$

⑧ 试验齿轮的应力修正系数 Y_{ST}：
见表 12-1-122，$Y_{ST}=2.0$
⑨ 寿命系数 Y_{NT}：

由表 12-1-128

$$Y_{NT}=\left(\frac{3\times10^6}{N_L}\right)^{0.02}$$

$$Y_{NT1}=\left(\frac{3\times10^6}{2.25\times10^9}\right)^{0.02}=0.876$$

$$Y_{NT2}=\left(\frac{3\times10^6}{7.18\times10^8}\right)^{0.02}=0.896$$

⑩ 相对齿根圆角敏感系数 $Y_{\delta\ \mathrm{rel\ T}}$：
由 8.4.2 节（5）可知 $q_s=\frac{S_{Fn}}{2\rho_F}$，用表 12-1-123 所列公式进行计算。由图 12-1-102 知：$h_{fp}/m_n=1.25$，$\rho_{fp}/m_n=0.38$。

$$G_1=\frac{\rho_{fp}}{m_n}-\frac{h_{fp}}{m_n}+x=0.38-1.25+0.38=-0.49$$

$$E=\frac{\pi m_n}{4}-h_{fp}\tan\alpha_n+\frac{S_{pr}}{\cos\alpha_n}-(1-\sin\alpha_n)\frac{\rho_{fp}}{\cos\alpha_n}=\frac{\pi\times7}{4}-1.25\times7\times\tan20°+0-(1-\sin20°)\frac{0.38\times7}{\cos20°}=0.451$$

$$H_1=\frac{2}{z_{n1}}\left(\frac{\pi}{2}-\frac{E}{m_n}\right)-\frac{\pi}{3}=\frac{2}{35.36}\times\left(\frac{\pi}{2}-\frac{0.451}{7}\right)-\frac{\pi}{3}=-0.962$$

$$\theta_1=-\frac{H_1}{1-\frac{2G}{z_{n1}}}=-\frac{-0.962}{1-\frac{2\times(-0.49)}{35.36}}=0.936\text{rad}$$

$$\frac{S_{Fn1}}{m_n}=z_{n1}\sin\left(\frac{\pi}{3}-\theta_1\right)+\sqrt{3}\left(\frac{G}{\cos\theta_1}-\frac{\rho_{fp}}{m_n}\right)=35.36\times\sin\left(\frac{\pi}{3}-0.936\right)+\sqrt{3}\times\left(\frac{-0.49}{\cos0.936}-0.38\right)=1.834$$

$$S_{Fn1}=1.834\times7=12.838\text{mm}$$

$$\frac{\rho_{F1}}{m_n}=\frac{\rho_{fp}}{m_n}+\frac{2G^2}{\cos\theta_1(z_{n1}\cos^2\theta-2G)}=0.38+\frac{2\times(-0.49)^2}{\cos0.936\times[35.36\times\cos^2 0.936-2\times(-0.49)]}=0.4404$$

$$\rho_{F1}=0.4404\times7=3.083\text{mm}$$

$$q_{s1}=\frac{S_{Fn1}}{2\rho_{F1}}=\frac{12.838}{2\times3.083}=2.082$$

同样计算可知：$1.5<q_{s1}(q_{s2})<4$。

$$Y_{\delta\ \mathrm{rel\ T}}=1.0$$

⑪ 相对齿根表面状况系数 $Y_{R\ \mathrm{rel\ T}}$：
由图 12-1-122，齿根表面微观不平度 10 点高度为 $Rz_{10}=12.5\mu\text{m}$ 时

$$Y_{R\ \mathrm{rel\ T}}=1.0$$

⑫ 尺寸系数 Y_x：
由表 12-1-129 的公式

$$Y_x=1.03-0.006m_n=1.03-0.006\times7=0.988$$

⑬ 弯曲强度的安全系数 S_F：

$$S_F = \frac{\sigma_{F\,lim} Y_{ST} Y_{NT} Y_{\delta\,rel\,T} Y_{R\,rel\,T} Y_x}{\sigma_F}$$

$$S_{F1} = \frac{\sigma_{F\,lim} Y_{ST} Y_{NT} Y_{\delta\,rel\,T} Y_{R\,rel\,T} Y_x}{\sigma_F}$$

$$S_{F2} = \frac{\sigma_{F\,lim} Y_{ST} Y_{NT} Y_{\delta\,rel\,T} Y_{R\,rel\,T} Y_x}{\sigma_F}$$

说明：上述保留第六版按 GB/T 3480—1997 的算例供参考，建议按新国标 GB/T 3480（ISO 6336）系列标准的专业软件计算。

9 渐开线圆柱齿轮修形计算

齿轮传动由于受制造和安装误差、齿轮弹性变形及热变形等因素的影响，在啮合过程中不可避免地会产生冲击、振动和偏载，从而导致齿轮早期失效的概率增大。生产实践和理论研究表明，仅仅靠提高齿轮制造和安装精度来满足日益增长的对齿轮的高性能要求是远远不够的，而且会大大增加齿轮传动的制造成本。对渐开线圆柱齿轮的齿廓和齿向进行适当修形，对改善其运转性能、提高其承载能力、延长其使用寿命有着明显的效果。

9.1 齿轮的弹性变形修形

齿轮装置在传递功率时，由于受载荷的作用，各个零部件都会产生不同程度的弹性变形，其中包括轮齿、轮体、箱体、轴承等的变形。尤其与齿轮相关的弹性变形，如轮齿变形和轮体变形，会引起齿轮的齿廓和齿向的畸变，使齿轮在啮合过程中产生冲击、振动和偏载。近年来，在高参数齿轮装置中，广泛采用轮齿修形技术，减少由轮齿受载变形和制造误差引起的啮合冲击，改善了齿面的润滑状态并获得较为均匀的载荷分布，有效地提高了轮齿的啮合性能和承载能力。

齿轮修形一般包括齿廓修形和齿向修形两部分。

（1）齿廓修形

齿轮传递动力时，由于轮齿受载产生的弹性变形量以及制造误差，实际啮合点并非总是处于啮合线上，从动齿轮的运动滞后于主动齿轮，其瞬时速度差异将造成啮合干涉和冲击，从而产生振动和噪声。为减少啮合干涉和冲击，改善齿面的润滑状态，需要对齿轮进行齿廓修形。实际工作中，为了降低成本，一般将啮合齿轮的变形量都集中反映在小齿轮上，仅对小齿轮进行修形。如表 12-1-136。

表 12-1-136 **齿廓修形**

项目	说明
齿廓的弹性变形修形原理	图 a 中（ⅰ）所示为一对齿轮的啮合过程。随着齿轮旋转，轮齿沿啮合线进入啮合，啮合起始点为 A，啮出点为 D，啮合线 $ABCD$ 为齿轮的一个周期啮合。其中 AB 段和 CD 段是由两对齿轮同时啮合区域，而 BC 段为一对齿轮啮合区域，因此轮齿在啮合过程中载荷分配显得不均匀并有明显的突变现象，但由于在啮合点上受齿面接触变形、齿的剪切变形和弯曲变形的影响，使载荷变化得到缓和，实际载荷分布为图 a 中（ⅱ）中折线 $AMNHIOPD$。整个啮合过程中轮齿承担载荷的比例大致为：A 点为 40%；从两对齿啮合过渡到一对齿啮合的过渡点 B 为 60%；然后急剧转入一对齿啮合的 BC 段，达到 100%，最后至 D 点为 40%。由此可见，在啮合过程中轮齿的载荷分配有明显的突变现象，相应地，轮齿的弹性变形也随之改变。由于轮齿的弹性变形及制造误差，标准的渐开线齿轮在啮入时发生啮合干涉 齿廓修形就是将一对相啮轮齿上发生干涉的齿面部分适当削去一部分，即对靠近齿顶的一部分进行修形，也称为修缘，如图 a 中（ⅲ）所示。通过齿廓修形后，使轮齿载荷按图 a 中（ⅱ）中的 $AHID$ 规律分配。这样轮齿在进入啮合点 A 处正好相接触，载荷从 M 值降为零，然后逐渐增加至 H 点达 100% 载荷。在 CD 段，载荷由 100%逐渐下降，最后到 D 点为零 (a) 轮齿啮合过程中载荷分布和齿廓修形

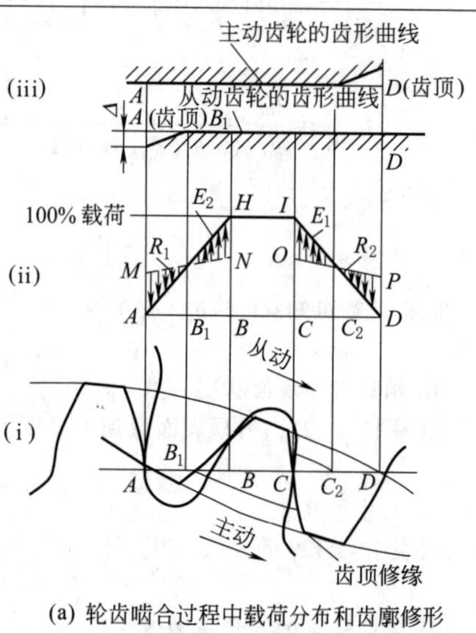

续表

项目	说　　明

齿廓弹性变形计算

轮齿由于受到载荷作用，会产生一定的弹性变形。它包括轮齿的接触变形、弯曲变形、剪切变形和齿根变形等。该变形量与轮齿所受载荷的大小以及轮齿啮合刚度等因素有关。可按下式计算

$$\delta_a=\frac{\omega_t}{c_\gamma}$$

式中　δ_a——齿廓弹性变形量，μm

ω_t——单位齿宽载荷，N/mm，$\omega_t=F_t/b$，F_t 为齿轮切向力，N，b 为齿轮有效宽度，mm

c_γ——轮齿啮合刚度，N/(mm·μm)，对基本齿廓符合 GB/T 1356—2001，齿圈和轮辐刚性较大的外啮合齿轮，在中等载荷作用下，其轮齿啮合刚度可近似地取 $c_\gamma=20\text{N/(mm·μm)}$

上式计算出的变形量可作为计算齿廓修形量的一部分。在确定具体的齿廓修形量时，还要考虑齿轮精度（基节误差、齿廓误差等）的影响

齿廓弹性变形修形量的确定

齿廓弹性变形修形量主要取决于轮齿受载产生的变形量和制造误差等因素。目前，各国各公司都有自己的经验计算公式和标准。在实际应用中，还要考虑实践经验、工艺条件和实现的方便性等因素。齿廓修形推荐以下三种方式

①小齿轮齿顶减薄，大齿轮齿廓不修形只进行齿顶倒圆（见图 b）。此法较简单，适用于齿轮圆周速度低于 100m/s 的情况

②大、小齿轮齿顶均修薄（见图 c），适用于 $v>100\text{m/s}$、功率 $P>2000\text{kW}$ 的情况

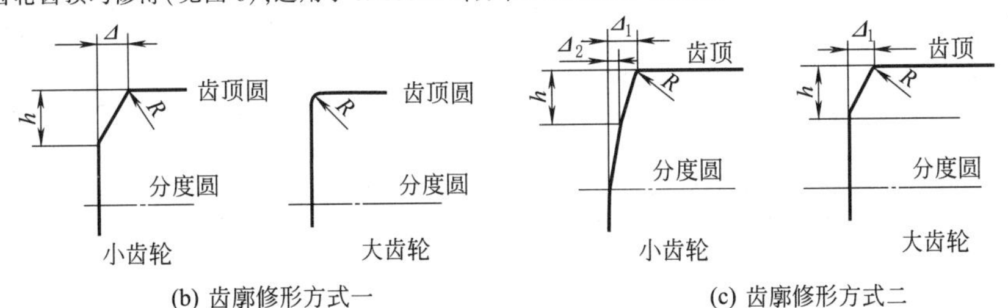

(b) 齿廓修形方式一　　(c) 齿廓修形方式二

③小齿轮齿顶和齿根都修形，大齿轮不修形（见图 d），可用于任何情况

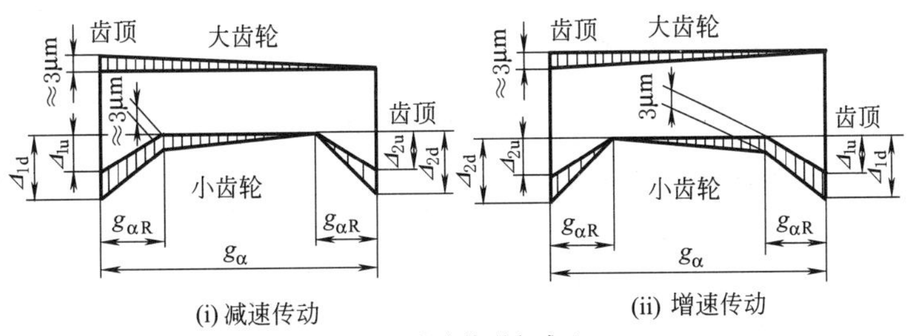

(i) 减速传动　　(ii) 增速传动

(d) 齿廓修形方式三

在图 b～图 d 中，$h=0.4m_n\pm0.05m_n$，$g_\alpha=p_{bt}\varepsilon_\alpha$，$p_{bt}$ 是端面基节，$g_{\alpha R}=(g_\alpha-p_{bt})/2$，即保留基节长度不修，当轴向重合度较大时，$g_{\alpha R}$ 值也可取大些

采取滚剃切齿工艺时，齿形修形量可按规定在刀具基本齿廓上确定；硬齿面齿轮的修形量可在磨齿机上通过修行机构来实现。上述图 b～图 d 三种方式的修形量推荐分别按表 12-1-137、表 12-1-138 和表 12-1-139 选取。对于减速传动，由于小齿轮为主动轮，在齿轮啮合过程中，小齿轮齿根先进入啮合，因此，为减小啮入冲击，小齿轮齿根修形量应大于齿顶修形量；而在增速传动中，则刚好相反

表 12-1-137　　方式一的齿廓修形量　　mm

m_n	1.5～2	2～5	5～10
Δ	0.010～0.015	0.015～0.025	0.025～0.040
R	0.25	0.50	0.75

表 12-1-138　　方式二的齿廓修形量　　mm

m_n	3～5	5～8	Δ_2	0.005～0.010	0.0075～0.0125
Δ_1	0.015～0.025	0.025～0.035	R	0.50	0.75

表 12-1-139 **方式三的齿廓修形量** mm

齿轮类型	Δ_{1u}	Δ_{1d}	Δ_{2u}	Δ_{2d}
直齿轮	$7.5+0.05\omega_t$	$15+0.05\omega_t$	$0.05\omega_t$	$7.5+0.05\omega_t$
斜齿轮	$5+0.04\omega_t$	$13+0.04\omega_t$	$0.04\omega_t$	$5+0.04\omega_t$

（2）齿向修形

齿轮传递动力时，由于作用力的影响齿轮轴将产生弯曲、扭转等弹性变形，由于温升的影响斜齿轮螺旋角将发生改变；制造时由于齿轮材质的不均匀，齿轮受热后变形不稳定，产生齿向误差；安装时齿轮副轴线存在平行度误差等。这些误差使轮齿载荷不能均匀地分布于整个齿宽，而是偏载于一端，从而出现局部早期点蚀或胶合，甚至造成轮齿折断，失去了增加齿宽提高承载能力的意义。因此为获得较为均匀的齿向载荷分布，必须对高速、重载的宽斜齿（直齿）齿轮进行齿向修形，具体修形方式可根据产品的技术性能要求选择，见表 12-1-140。

表 12-1-140 **齿向修形**

项目	说明
齿向的弹性变形修形原理	在高精度斜齿轮加工中，常采用配磨工艺来补偿制造和安装误差产生的螺旋线偏差，以保证在常温状态下齿轮沿齿宽方向均匀接触。但齿轮由于传递功率而产生变形，其中包括轮体的弯曲变形、扭转变形、剪切变形及齿面接触变形等，使轮齿的螺旋线发生畸变。因此空载条件下沿齿宽方向均匀接触的状态被破坏了，造成齿轮偏向一端接触（见图 a），使载荷沿齿宽分布不均匀，出现偏载现象，降低了齿轮的承载能力，严重时将影响齿轮正常的工作 齿轮的齿向弹性变形修形就是根据轮齿受力后产生的变形，将轮齿齿面螺旋线按预定变形规律进行修整，以获得较为均匀的齿向载荷分布 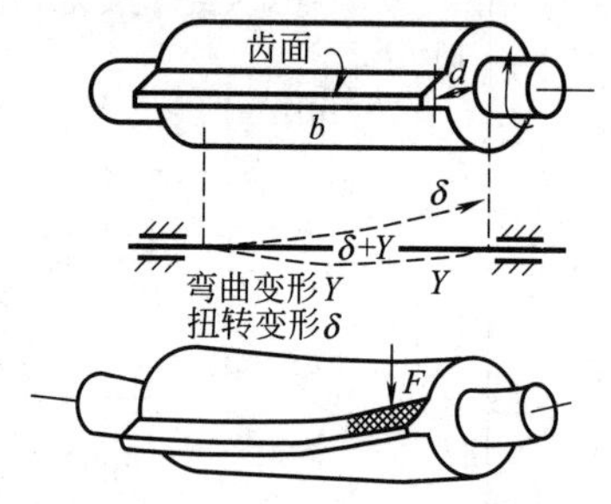 (a) 齿轮受力后的接触情况
齿向弹性变形计算	齿向弹性变形计算是假定载荷沿齿宽均匀分布的条件下，计算轮齿受载后所引起的齿轮轴在齿宽范围内的最大相对变形量 齿轮在载荷作用下会发生弯曲变形、扭转变形和剪切变形等（由于剪切变形影响甚微，可忽略不计），可按材料力学方法计算 单斜齿和人字齿齿轮的弹性变形曲线见图 b 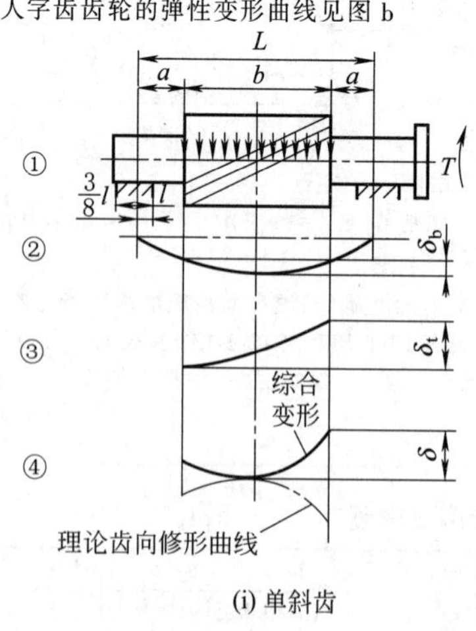 (i) 单斜齿 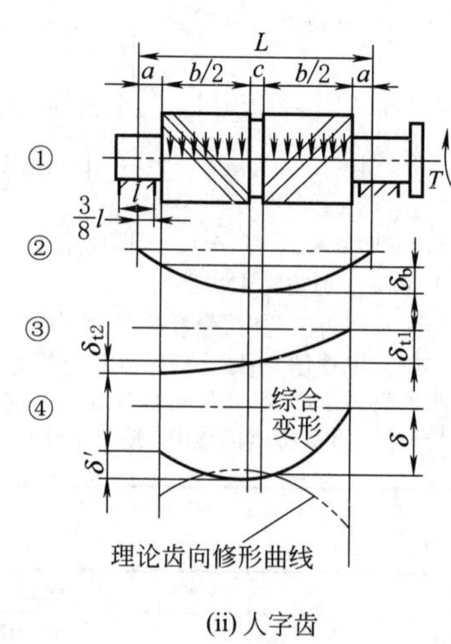 (ii) 人字齿 (b) 斜齿轮的弹性变形曲线 ①—结构简图及载荷分布；②—弯曲变形；③—扭转变形；④—综合变形及理论修形曲线

续表

项目			说明	
齿向弹性变形计算	单斜齿齿轮的弹性变形计算	弯曲变形计算	如图b中(i)对称安装的单斜齿齿轮,其齿宽范围内的最大相对弯曲变形为 $$\delta_b=\psi_d^4K_iK_r\omega_t\frac{12\eta-7}{6\pi E}$$	δ_b——弯曲变形量,mm ω_t——单位齿宽载荷,N/mm ψ_d——宽径比,$\psi_d=b/d_1$ b——齿轮有效宽度,mm d_1——齿轮分度圆直径,mm K_i——考虑齿轮内孔影响的系数,$K_i=[1-(d_i/d_1)^4]^{-1}$ d_i——齿轮内孔直径,mm K_r——考虑径向力影响的系数,$K_r=1/\cos^2\alpha_t$ η——轴承跨距和齿宽的比值,$\eta=L/b$ L——轴承跨距,mm E——齿轮材料的弹性模量,对于钢制齿轮,可取$E=2.06\times10^5$N/mm^2
		扭转变形计算	假定载荷均匀分布,齿宽范围内的最大相对扭转变形为 $$\delta_t=4\psi_d^4K_i\frac{\omega_t}{\pi G}$$	δ_t——扭转变形量,mm G——切变模量,对于钢制齿轮,一般取$G=7.95\times10^4$N/mm^2
		综合变形	单斜齿齿轮的综合变形为其弯曲变形与扭转变形合成后的综合变形。对于确定弹性变形修形量而言,就是要求出综合变形在齿宽范围内的最大相对值,即总变形量,其值可用下式计算 $$\delta=\delta_b+\delta_t$$ 单斜齿齿轮的理论齿向修形曲线见图b中(i),它和其综合变形曲线刚好形成反对称	δ——单斜齿齿轮的总变形量,mm
	人字齿齿轮的弹性变形计算	弯曲变形计算	如图b中(ii)对称安装的人字齿齿轮,其齿宽范围内的最大相对弯曲变形为 $$\delta_b=\frac{\psi_d^4K_iK_r}{6\pi E}\omega_t[12\eta(1+2\bar{c})-24\bar{c}(1+\bar{c})-7]$$ $$\bar{c}=\frac{c}{b}$$	c——退刀槽宽度,mm
		扭转变形计算	对于人字齿齿轮的齿向修形,要分别计算转矩输入端和自由端两半人字齿齿宽范围内的最大相对扭转变形 转矩输入端半人字齿齿宽范围内的最大相对扭转变形为 $$\delta_{t1}=3\psi_d^2K_i\omega_t/(\pi G)$$ 自由端的半人字齿齿宽范围内的最大相对扭转变形为 $$\delta_{t2}=\psi_d^2K_i\omega_t/(\pi G)$$	δ_{t1}——联轴器端半人字齿的扭转变形量,mm δ_{t2}——自由端半人字齿的扭转变形量,mm
		综合变形	对于人字齿齿轮,要分别计算转矩输入端和自由端两半人字齿齿宽范围内的综合变形,其最大相对值即为其总变形量 转矩输入端的总变形量为 $$\delta=\delta_b+\delta_{t1}$$ 自由端的总变形量为 $$\delta'=\delta_b-\delta_{t2}$$ 人字齿齿轮的理论曲线见图b中(ii),它和其综合变形曲线在两半人字齿齿宽范围内各自形成反对称。在实际确定齿向修形量时,两半人字齿的修形量一般都取转矩输入端的总变形量作为实际的齿向修形量	δ——转矩输入端的总变形量,mm δ'——自由端的总变形量,mm

续表

项目	说明
齿向弹性变形修形量的确定	齿向弹性变形修形通常只修小齿轮，有以下三种方式 ① 齿端倒坡（见图 c） ② 齿向鼓形修形（见图 d） ③ 齿向修形+两端倒坡（见图 e） 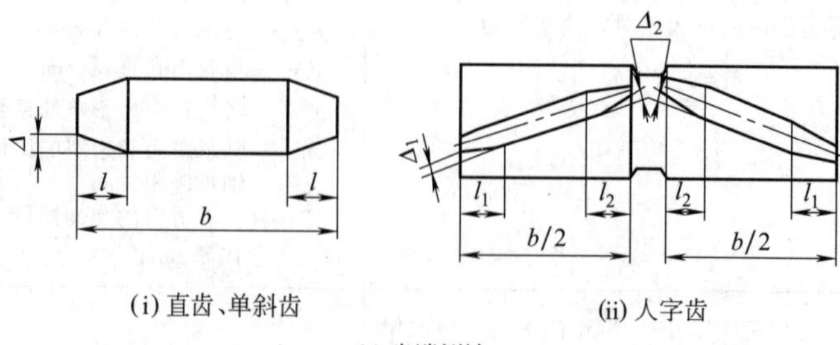 (i) 直齿、单斜齿　(ii) 人字齿 (c) 齿端倒坡 方式①、②适用于 $v<100$m/s、热变形小的情况。方式③适用于 $v\geqslant100$m/s 的情况 方式①、②的修形量只按弹性变形量计算，$0.013\text{mm}\leqslant\Delta\leqslant0.035\text{mm}$，$l=0.25b$；$\Delta_1=\Delta$，$\Delta_2=0.00004b$，$l_1=0.15b$，$l_2=0.1b$ 方式③的修形量，$\Delta_1\leqslant0.03$mm，按弹性变形量计算；$\Delta_2\leqslant0.02$mm，按热变形量计算 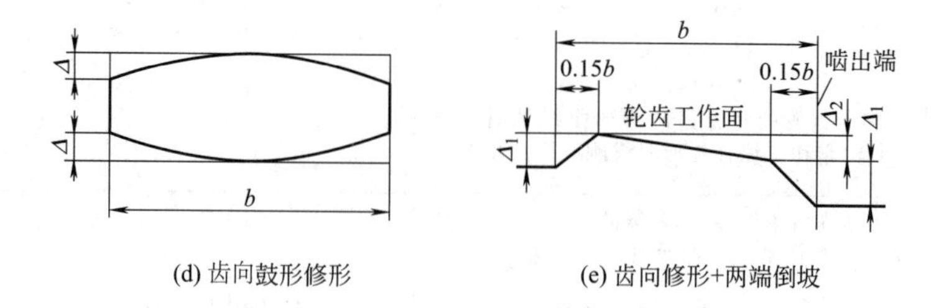 (d) 齿向鼓形修形　(e) 齿向修形+两端倒坡 表 12-1-141 是 $v=100\sim125$m/s 时小齿轮热变形量 Δ_2 的推荐值。表 12-1-142 是 $v>125$mm/s、功率 $P\geqslant2000$kW、模数 3～8mm、宽径比 ψ_d 大于 1 时的 Δ_1、Δ_2 的推荐值，此类齿轮一般只修小齿轮的工作面

表 12-1-141　$v=100\sim125$m/s 的小齿轮热变形量 Δ_2　mm

线速度 v/m·s^{-1}	齿轮分度圆直径 d_1				
	100	150	200	250	300
95	0.0023	0.0035	0.0047	0.0058	0.0070
105	0.0029	0.0043	0.0058	0.0072	0.0087
115	0.0036	0.0053	0.0071	0.0089	0.0107
125	0.0048	0.0072	0.0096	0.01211	0.0145

表 12-1-142　$v>125$mm/s 的小齿轮的修形量 Δ_1、Δ_2　mm

d_1	100	150	200	250	300
Δ_1	0.015～0.025				
Δ_2	0.010	0.013	0.015	0.018	0.020

对于高速、重载等高性能重要齿轮副一般都要采取齿廓修形加齿向修形，具体修形方式的选择可以单选，也可以结合选择，比如，齿向修形可以选择：齿两端倒坡+轮齿工作面修螺旋角和鼓形修形。设计者应结合产品性能需要和经济性通盘考虑。设计者也可基于各类专业软件进行接触分析计算、设计修形方式和修形量。

9.2 齿轮的热变形修形

渐开线圆柱齿轮传动在工作时，啮合齿面间和轴承中都会因摩擦产生热，从而引起齿轮的热变形。由于一般齿轮传动的热变形非常小，对齿轮的运行影响不大，因此可不予考虑。但是，对于高速齿轮传动，尤其是单斜齿的高速齿轮传动，由于传递的功率大、产生的热量多，热变形的影响必须适当考虑。本节所述内容主要指的是高速单斜齿的热变形修形。

(1) 高速齿轮的热变形机理

高速齿轮运转时，由齿轮副、轴系、轴承、箱体等组成了一个热平衡系统。在这个系统中，由高速齿轮的齿面滑动摩擦和滚动摩擦造成的齿轮啮合损失、高速齿轮轴在滑动轴承内转动引起的润滑油膜的剪切摩擦损失、轮齿对空气的搅动损失、斜齿轮轮齿进入啮合造成的高速油气混合体的流动与齿面的摩擦损失等，都将转化为热能，这些热能通过传导、对流及辐射等形式分布在齿轮箱内，与润滑油的内部冷却和空气的外部冷却结合在一起，形成处于平衡状态的高速齿轮的不均匀的温度场。

在影响高速齿轮不均匀温度场的诸因素中，最主要的因素是齿轮进入啮合时沿齿轮轴向高速流动的油气混合体与齿面摩擦产生的热。由于斜齿轮的啮合作用（形成泵效应），喷入齿轮齿槽中的压力油与箱体内的空气组成的油气混合体，从齿轮的啮入端被挤向啮出端，形成高速流动的油气流。这种油气流的流动速度就是斜齿轮的轴向啮合速度。对于螺旋角为8°~15°的高速齿轮来说，其油气流的速度远大于齿轮的节圆线速度，为节圆线速度的3~7倍。对于节圆线速度大于100m/s的单斜齿轮来说，这种油气流的速度就会达到声速的2倍以上。

(2) 高速齿轮齿向温度分布

根据郑州机械研究所的高速齿轮测温试验得出的高速齿轮沿齿向的温度分布情况，如图12-1-125所示。由图可见，从啮入端到啮出端温度逐渐升高，在啮入端的大约半个齿宽范围内，温度变化缓慢，在啮出端的半个齿宽内，温度变化较大。在距啮出端面约1/6个齿宽处，温度基本达到最大值。对于不同的工况，齿向温度分布特征都相同，只是随着齿轮节圆线速度的增加，齿向温度分布不均匀程度增大。对于直径200mm、螺旋角12°、齿宽130mm的齿轮，在正常润滑油流量的情况下，节圆线速度为110m/s时，齿向温差约为12.5℃，线速度为120m/s、130m/s时温差分别约为14℃、17℃，而当线速度达到140m/s、150m/s时温差分别约为27.5℃、35℃。在润滑油流量低于正常值20%左右的情况下，齿轮整体温度升高，齿向温差增大，在150m/s时温差可达41℃。

轮齿温度与节圆线速度的关系如图12-1-126所示。从图中可以看出，齿轮轮齿温度与节圆线速度成正比关系，温度随齿轮线速度的增加而升高。

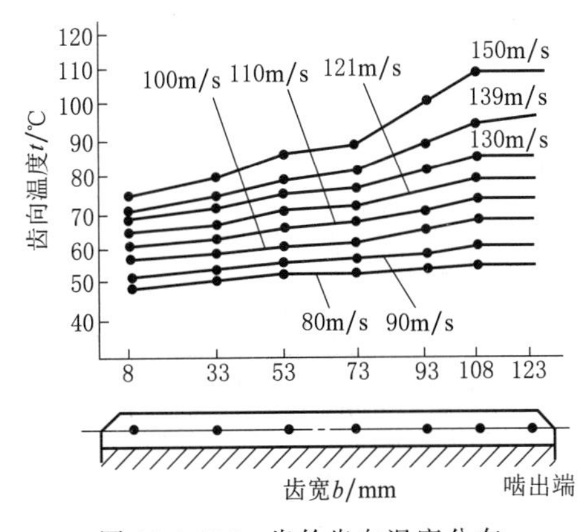

图12-1-125 齿轮齿向温度分布

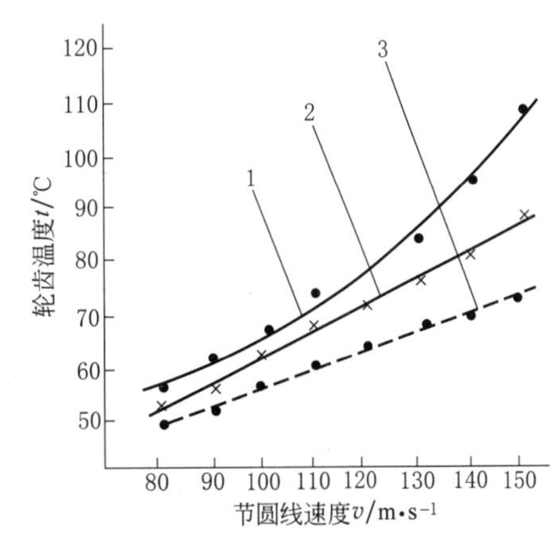

图12-1-126 齿轮温度与节圆线速度的关系

1—啮出端温度；2—轮齿中部温度；3—啮入端温度

(3) 高速齿轮的热变形修形计算

要进行高速齿轮的热变形修形计算，首先要了解其温度场的分布。此处结合测温试验，组出一个工程上能够应用的简化的近似计算方法。

要对齿轮温度场的分布进行近似计算，需先做如下假设：把高速旋转着的齿轮看成是处于稳定温度场中的匀质圆柱体，沿齿轮外圆柱面有一个均匀分布的热源，同时把齿轮的热导率看成常数，温度沿圆周方向的变化等于零。另外把齿轮沿轴向垂直于齿轮轴线切成许多个薄圆盘，在每个薄圆盘上认为温度在轴向不发生变化，即认为齿轮温度场的分布仅与齿轮的半径有关。

由工程热力学可知，满足以上假设条件的齿轮的温度分布为

$$t=t_c+(t_s-t_c)r^2/r_a^2$$

式中 t——齿轮半径 r 处的温度，℃；

t_c——齿轮轴心处的温度，℃；

t_s——齿轮外圆处的温度，℃；

r——齿轮任一点的半径，mm；

r_a——齿轮外圆半径，mm。

在前述的假设条件下，可以认为齿轮的热应力和热变形是相对于齿轮轴线对称的。由弹性理论得知，轴对称温度分布圆盘的径向热变形量的表达式为

$$u=(1+\nu)\frac{\xi}{r}\int_0^r tr\mathrm{d}r+(1-\nu)\xi\frac{r}{r_a^2}\int_0^{r_a} tr\mathrm{d}r$$

式中 u——齿轮半径 r 上的径向热变形，mm；

ν——材料的泊松比；

ξ——材料的线胀系数，1/℃。

根据以上假设和上述两个公式可以推导出计算高速齿轮齿向热变形修形量的公式为

$$\Delta\delta=0.5\xi\lambda r_1(t_{sh}+t_{ch}-t_{sl}-t_{cl})\sin\alpha_t$$

式中 $\Delta\delta$——齿向热变形修形量，mm；

r_1——分度圆半径，mm；

λ——热变形修正系数；

t_{sh}——齿向温度最高点处的外表面温度，℃；

t_{ch}——齿向温度最高点处的轴心温度，℃；

t_{sl}——齿向温度最低点处的外表面温度，℃。

t_{cl}——齿向温度最低点处的轴心温度，℃；

α_t——端面压力角，(°)。

根据试验结果与工业现场的应用经验，同时参考国内外有关修形方面的资料，认为修正系数 λ 取 0.75 比较合适，利用上述公式计算出的热变形修形量见表 12-1-143。

表 12-1-143　　高速齿轮齿向热变形修形量 $\Delta\delta$　　mm

线速度/m·s^{-1}	小齿轮直径				
	100	150	200	250	300
100	0.002	0.003	0.005	0.006	0.007
110	0.003	0.005	0.007	0.008	0.010
120	0.004	0.006	0.008	0.010	0.013
130	0.005	0.007	0.009	0.012	0.015
140	0.006	0.008	0.011	0.014	0.017
150	0.007	0.010	0.013	0.017	0.020

(4) 高速齿轮热变形修形量的确定

高速齿轮的热变形主要对轮齿齿向产生影响，对齿廓影响很小。因此，热变形修形主要是对齿向修形。试验表明，对于节圆线速度低于 100m/s 的齿轮，齿向温度差异很小，可不予考虑，对于线速度高于 100m/s 的齿轮，应考虑热变形的影响。

① 齿廓修形量的确定。高速齿轮齿廓修形通常采用图 12-1-127 的方式。考虑到大小齿轮温度差异对基节的影响，对齿廓未修形部分的公差带加以控制，以提高齿轮的运转性能。

② 齿向修形量的确定。高速齿轮齿向修形量通常采用图 12-1-128 的方式。其中 Δ_2 主要考虑热变形的影响，

$\Delta_2=\Delta\delta$。修形曲线简化成一条以啮入端为起始点的斜直线。Δ_1 主要考虑弹性变形的影响，按表 12-1-140 中的单斜齿综合变形公式计算，且 $0.013\text{mm}\leqslant\Delta_1\leqslant0.035\text{mm}$。

在实际应用中，可参考表 12-1-143 中的数据来确定 $\Delta\delta$。

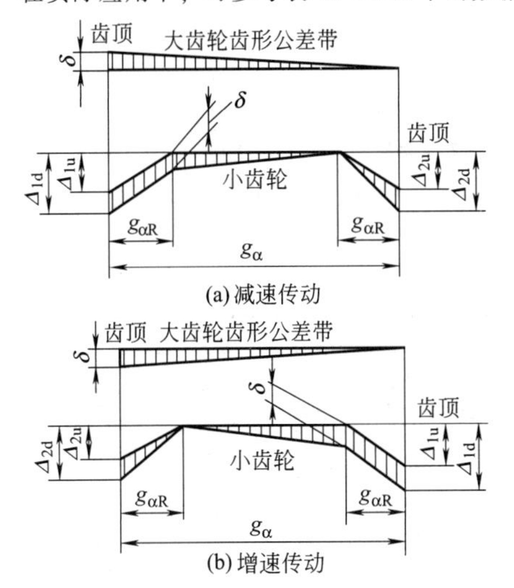

图 12-1-127　高速齿轮齿廓修形曲线

[$\delta=0.003$mm，其余各量同表 12-1-136 中图 d]

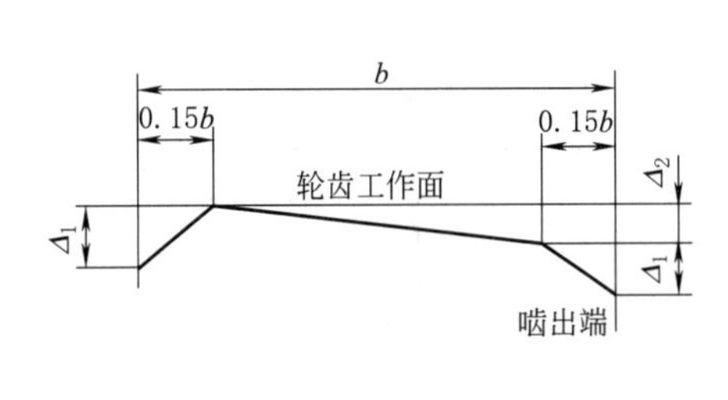

图 12-1-128　高速齿轮齿向修形曲线

高速齿轮的齿向修形，要综合考虑轮齿的弹性变形和热变形的影响，确定修形数据。对于重要的齿轮传动还应开展模拟工况的加载测试，对轮齿受载和齿轮箱温度变化后齿轮副接触情况和传动性能评估，确定产品最终修形值。

③ 修形示例。一对增速齿轮副，最大传递功率 $P=8400\text{kW}$，$n_2/n_1=3987/10664$，模数 $m_n=6\text{mm}$，螺旋角 $\beta=11°28'40''$，小齿轮分度圆直径 $d_1=244.9\text{mm}$，齿宽 $b=280\text{mm}$，单位齿宽载荷 $\omega_t=219\text{N/mm}$，节圆线速度 $v=136.7\text{m/s}$，支承跨距 $L=640\text{mm}$。

齿廓修形采用图 12-1-127b 方式，因齿轮节圆线速度高于 100m/s，故齿向修形曲线应为图 12-1-128 的形式。

齿廓修形量的确定：

根据表 12-1-139，

$$\Delta_{1u}=5+0.04\omega_t=13.76\mu\text{m}$$

$$\Delta_{1d}=13+0.04\omega_t=21.76\mu\text{m}$$

$$\Delta_{2u}=0.04\omega_t=8.76\mu\text{m}$$

$$\Delta_{2d}=5+0.04\omega_t=13.76\mu\text{m}$$

齿廓修形曲线如图 12-1-129a 所示。

齿向修形量的确定：

由表 12-1-140 中的单斜齿综合变形公式

$$\delta_b=\psi_d^4K_iK_r\omega_t(12\eta-7)/(6\pi E)=0.002\text{mm}$$

$\delta_t=4\psi_d^2K_i\omega_t/(\pi G)=0.0045\text{mm}$

$\delta=\delta_b+\delta_t=0.0065\text{mm}$

因 $\delta<0.013\text{mm}$，取 $\Delta_1=0.013\text{mm}$。

根据小齿轮直径和线速度，查表 12-1-143，选取 $\Delta_2=0.013\text{mm}$。

齿向修形曲线如图 12-1-129b 所示。

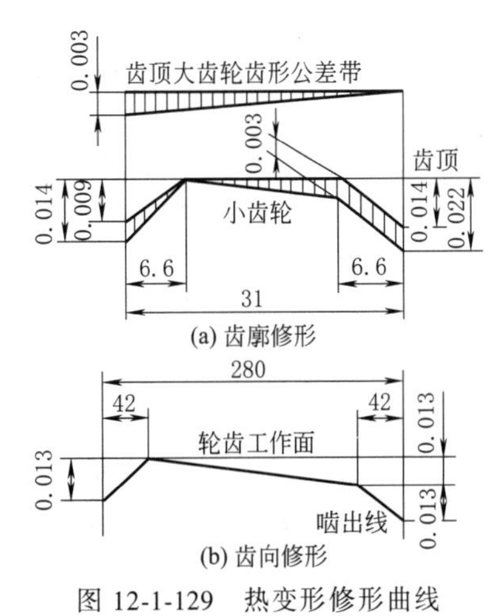

图 12-1-129　热变形修形曲线

10　齿轮材料

齿轮材料及其热处理是影响齿轮承载能力和使用寿命的关键因素，也是影响齿轮生产质量和成本的主要环节。选择齿轮材料及其热处理时，要综合考虑轮齿的工作条件（如载荷性质和大小、工作环境等）、加工工艺、材料来源及经济性等因素，以使齿轮在满足性能要求的同时，生产成本也最低。

齿轮用材料主要有钢、铸铁、铜合金。

10.1 齿轮用钢

齿轮用各类钢材和热处理的特点及适用条件见表 12-1-144，调质及表面淬火齿轮用钢的选择见表 12-1-145，渗碳齿轮用钢的选择见表 12-1-146，渗氮齿轮用钢的选择见表 12-1-147，渗碳深度的选择见表 12-1-148，常用齿轮钢材的化学成分见表 12-1-149，常用齿轮钢材的力学性能见表 12-1-150，齿轮工作齿面硬度及其组合应用示例见表 12-1-151。

表 12-1-144　　各类材料和热处理的特点及适用条件

材料	热处理	特点	适用条件
调质钢	调质或正火	1. 经调质后具有较好的强度和韧性，常在 220～350HB 的范围内使用 2. 当受刀具的限制而不能提高调质小齿轮的硬度时，为保持大小齿轮之间的硬度差，可使用正火的大齿轮，但强度较调质者差 3. 齿面的精切可在热处理后进行，以消除热处理变形，保持轮齿精度 4. 不需要专门的热处理设备和齿面精加工设备，制造成本低 5. 齿面硬度较低，易于跑合，但是不能充分发挥材料的承载能力	广泛用于对强度和精度要求不太高的一般中低速齿轮传动，以及热处理和齿面精加工比较困难的大型齿轮
	感应淬火	1. 齿面硬度高，具有较强的抗点蚀和耐磨损性能；心部具有较好的韧性，表面经硬化后产生残余压缩应力，大大提高了齿根强度；通常的齿面硬度范围是：合金钢 45～55HRC，碳素钢 40～50HRC 2. 为进一步提高心部强度，往往在感应淬火前先调质 3. 感应淬火时间短，中频淬火淬硬层深度比较深，根据具体应用需求选择 4. 为消除热处理变形，需要磨齿，增加了加工时间和成本，但是可以获得高精度的齿轮 5. 当缺乏高频设备时，可用火焰淬火来代替，但淬火质量不易保证 6. 表面硬化层深度和硬度沿齿面不等 7. 由于急速加热和冷却，容易淬裂	广泛用于要求承载能力高、体积小的齿轮
渗碳钢	渗碳淬火	1. 齿面硬度很高，具有很强的抗点蚀和耐磨损性能；心部具有很好的韧性，表面经硬化后产生残余压缩应力，大大提高了齿根强度；一般齿面硬度范围是 58～62HRC 2. 切削性能较好 3. 热处理变形较大，热处理后应磨齿，增加了加工时间和成本，但是可以获得高精度和高性能的齿轮 4. 渗碳深度可参考表 12-1-148 选择，或渗碳深度 0.2m 再加渗碳公差	广泛用于要求承载能力高、耐冲击性能好、精度高、体积小的中型以下的齿轮
氮化钢	氮化	1. 可以获得很高的齿面硬度，具有较强的抗点蚀和耐磨损性能；心部具有较好的韧性，为提高心部强度，对中碳钢往往先调质 2. 由于加热温度低，所以变形很小，氮化后不需要磨齿 3. 硬化层薄，因此承载能力不及渗碳淬火齿轮，不宜用于冲击载荷的条件下 4. 成本较高	适用于较大且较平稳的载荷下工作的齿轮，以及没有齿面精加工设备而又需要硬齿面的条件下。一般用于中小模数齿轮，对于大模数风电齿圈也适用
铸钢	正火或调质，以及高频淬火	1. 可以制造复杂形状的大型齿轮 2. 其强度低于同种牌号和热处理的调质钢 3. 容易产生铸造缺陷	用于不能锻造的大型齿轮
铸铁		1. 价钱便宜 2. 耐磨性好 3. 可以制造复杂形状的大型齿轮 4. 有较好的铸造和切削工艺性 5. 承载能力低	灰铸铁和可锻铸铁用于低速、轻载、无冲击的齿轮；球墨铸铁可用于载荷和冲击较大的齿轮
沉淀硬化不锈钢	固溶	1. 高强度、高韧性、高耐腐蚀性 2. 耐磨性好 3. 可以制造复杂形状的齿轮	用于各种恶劣的环境

表 12-1-145　　**调质及表面淬火齿轮用钢的选择**

齿轮种类		钢号选择		备注
汽车、拖拉机及机床中的不重要齿轮		45		调质
中速、中载车床变速箱、钻床变速箱次要齿轮及高速、中载磨床砂轮齿轮				调质+感应淬火
中速、中载较大截面机床齿轮		40Cr、42SiMn、35SiMn、45MnB		调质
中速、中载并带一定冲击的机床变速箱齿轮及高速、重载并要求齿面硬度高的机床齿轮				调质+感应淬火
起重机械、运输机械、建筑机械、水泥机械、冶金机械、矿山机械、工程机械、石油机械等设备中的低速重载大齿轮	一般载荷不大，截面尺寸也不大，要求不太高的齿轮	Ⅰ	35、45、55	1. 少数直径大、载荷小、转速不高的末级传动大齿轮可采用 SiMn 钢正火 2. 根据齿轮截面尺寸大小及重要程度，分别选用各类钢材（从Ⅰ到Ⅴ，淬透性逐渐提高） 3. 根据设计，要求表面硬度大于 40HRC 者应采用调质+表面淬火
		Ⅱ	40Mn、50Mn2、40Cr、35SiMn、42SiMn	
	截面尺寸较大，承受较大载荷，要求比较高的齿轮	Ⅲ	35CrMo、42CrMo、40CrMnMo、35CrMnSi、40CrNi、40CrNiMo、45CrNiMoV、30CrNi4MoA、35Cr2Ni4MoA、40CrNiMoA	
	截面尺寸很大，承受载荷大，并要求有足够韧性的重要齿轮	Ⅳ	35CrNi2Mo、40CrNi2Mo	
		Ⅴ	30CrNi3、34CrNi3Mo、37SiMn2MoV	

表 12-1-146　　**渗碳齿轮用钢的选择**

齿轮种类	选择钢号
汽车变速箱、分动箱、启动机及驱动桥的各类齿轮	20Cr、20CrMnTi、20CrMnMo、25MnTiB、20MnVB、20CrMo
拖拉机动力传动装置中的各类齿轮	
机床变速箱、龙门铣电动机及立车等机械中的高速、重载、受冲击的齿轮	
起重、运输、矿山、通用、化工、机车等机械的变速箱中的小齿轮	
化工、冶金、电站、铁路、宇航、海运等设备中的汽轮发电机、工业汽轮机、燃气轮机、高速鼓风机、透平压缩机等的高速齿轮，要求长周期、安全可靠地运行	12Cr2Ni4、20Cr2Ni4、20CrNi3、18Cr2Ni4W、20CrNi2Mo、20Cr2Mn2Mo、17Cr2Ni2Mo、18CrNi4A、12CrNi3A、17CrNiMo6、18CrNiMo7-6
大型轧钢机减速器齿轮、人字机座轴齿轮，大型带式运输机传动轴齿轮、锥齿轮，大型挖掘机传动箱主动齿轮，井下采煤机传动齿轮，坦克齿轮，直升机齿轮，发动机齿轮等低速、高速重载并受冲击载荷的传动齿轮	

注：其中一部分可进行碳氮共渗。

表 12-1-147　　**渗氮齿轮用钢的选择**

齿轮种类	性能要求	选择钢号
一般齿轮	表面耐磨	20Cr、20CrMnTi、40Cr
在冲击载荷下工作的齿轮	表面耐磨、心部韧性高	18CrNiWA、18Cr2Ni4WA、30CrNi3、35CrMo
在重载荷下工作的齿轮	表面耐磨、心部强度高	30CrMnSi、35CrMoV、25Cr2MoV、42CrMo
在重载荷及冲击下工作的齿轮	表面耐磨、心部强度高、心部韧性强	30CrNiMoA、40CrNiMoA、30CrNi2Mo、20Cr2Ni4、17Cr2Ni2Mo、18CrNi4A、12CrNi3A
精密耐磨齿轮	表面高硬度、变形小	38CrMoAlA、30CrMoAl

表 12-1-148　　**渗碳深度的选择**　　mm

模数	>1～1.5	>1.5～2	>2～2.75	>2.75～4	>4～6	>6～9	>9～12
渗碳深度	0.2～0.5	0.4～0.7	0.6～1.0	0.8～1.2	1.0～1.4	1.2～1.7	1.3～2.0

注：1. 本表是气体渗碳的概略值，固体渗碳和液体渗碳略小于此值。
2. 近来，对模数较大的齿轮，渗碳深度有大于表值的倾向。
3. 设计者应基于齿轮性能和工艺能力选定渗碳层范围，要区别齿轮渗碳层深度和有效硬化层深度。

表 12-1-149　　常用齿轮钢材的化学成分（质量分数）　　%

序号	钢　号	C	Si	Mn	Mo	W	Cr	Ni	V	Ti	B	Al
1	40Mn2	0. 37~0. 44	0. 20~0. 40	1. 40~1. 80								
2	50Mn2	0. 47~0. 55	0. 20~0. 40	1. 40~1. 80								
3	35SiMn	0. 32~0. 40	1. 10~1. 40	1. 10~1. 40								
4	42SiMn	0. 39~0. 45	1. 10~1. 40	1. 10~1. 40								
5	37SiMn2MoV	0. 33~0. 39	0. 60~0. 90	1. 60~1. 90	0. 40~0. 50				0. 05~0. 12			
6	20MnTiB	0. 17~0. 24	0. 20~0. 40	1. 30~1. 60						0. 06~0. 12	0. 0005~0. 0035	
7	25MnTiB	0. 22~0. 28	0. 20~0. 40	1. 30~1. 60						0. 06~0. 12	0. 0005~0. 0035	
8	15MnVB	0. 12~0. 18	0. 20~0. 40	1. 20~1. 60					0. 07~0. 12			
9	20MnVB	0. 17~0. 24	0. 20~0. 40	1. 50~1. 80					0. 07~0. 12		0. 0005~0. 0035	
10	45MnB	0. 42~0. 49	0. 20~0. 40	1. 10~1. 40							0. 0005~0. 0035	
11	30CrMnSi	0. 27~0. 34	0. 90~1. 20	0. 80~1. 10			0. 80~1. 10					
12	35CrMnSi	0. 32~0. 39	1. 10~1. 40	1. 80~1. 10			1. 10~1. 40					
13	50CrV	0. 47~0. 54	0. 20~0. 40	0. 50~0. 80			0. 80~1. 10		0. 10~0. 20			
14	20CrMnTi	0. 17~0. 24	0. 20~0. 40	0. 80~1. 10			1. 00~1. 30			0. 06~0. 12		
15	20CrMo	0. 17~0. 24	0. 20~0. 40	0. 40~0. 70	0. 15~0. 25		0. 80~1. 10					
16	35CrMo	0. 30~0. 40	0. 20~0. 40	0. 40~0. 70	0. 15~0. 25		0. 80~1. 10					
17	42CrMo	0. 38~0. 45	0. 20~0. 40	0. 50~0. 80	0. 15~0. 25		0. 90~1. 20					
18	20CrMnMo	0. 17~0. 24	0. 20~0. 40	0. 90~1. 20	0. 20~0. 30		1. 10~1. 40					
19	40CrMnMo	0. 37~0. 45	0. 20~0. 40	0. 90~1. 20	0. 20~0. 30		0. 90~1. 20					
20	25Cr2MoV	0. 22~0. 29	0. 20~0. 40	0. 40~0. 70	0. 25~0. 35		1. 50~1. 80		0. 15~0. 30			
21	35CrMoV	0. 30~0. 38	0. 20~0. 40	0. 40~0. 70	0. 20~0. 30		1. 00~1. 30		0. 10~0. 20			
22	38CrMoAl	0. 35~0. 42	0. 20~0. 40	0. 30~0. 60	0. 15~0. 25		1. 35~1. 65					0. 70~1. 10
23	20Cr	0. 17~0. 24	0. 20~0. 40	0. 50~0. 80			0. 70~1. 00					
24	40Cr	0. 37~0. 45	0. 20~0. 40	0. 50~0. 80			0. 80~1. 10					
25	40CrNi	0. 37~0. 44	0. 20~0. 40	0. 50~0. 80			0. 45~0. 75	1. 00~1. 40				
26	12CrNi2	0. 10~0. 17	0. 20~0. 40	0. 30~0. 60			0. 60~0. 90	1. 50~2. 00				
27	12CrNi3	0. 10~0. 17	0. 20~0. 40	0. 30~0. 60			0. 60~0. 90	2. 75~3. 25				
28	20CrNi3	0. 17~0. 24	0. 20~0. 40	0. 30~0. 60			0. 60~0. 90	2. 75~3. 25				
29	30CrNi3	0. 27~0. 34	0. 20~0. 40	0. 30~0. 60			0. 60~0. 90	2. 75~3. 25				
30	12Cr2Ni4	0. 10~0. 17	0. 20~0. 40	0. 30~0. 60			1. 25~1. 75	3. 25~3. 75				
31	20Cr2Ni4	0. 17~0. 24	0. 20~0. 40	0. 30~0. 60			1. 25~1. 75	3. 25~3. 75				
32	40CrNiMo	0. 37~0. 44	0. 20~0. 40	0. 50~0. 80	0. 15~0. 25		0. 60~0. 90	1. 25~1. 75				
33	45CrNiMoV	0. 42~0. 49	0. 20~0. 40	0. 50~0. 80	0. 20~0. 30		0. 80~1. 10	1. 30~1. 80	0. 10~0. 20			
34	30CrNi2MoV	0. 27~0. 43	0. 20~0. 40	0. 30~0. 60	0. 15~0. 25		0. 60~0. 90	2. 00~2. 50	0. 15~0. 30			
35	18Cr2Ni4W	0. 13~0. 19	0. 20~0. 40	0. 30~0. 60	0. 25~0. 35	0. 80~1. 20	1. 35~1. 65	4. 00~4. 50				
36	17Cr2Ni2Mo	0. 14~0. 19	0. 17~0. 37	0. 40~0. 60	0. 25~0. 35		1. 5~1. 8	1. 4~1. 7				
37	18CrNi4A	0. 15~0. 2	≤0. 35	0. 30~0. 60			0. 80~1. 1	3. 75~4. 25				

表 12-1-150 常用齿轮钢材的力学性能

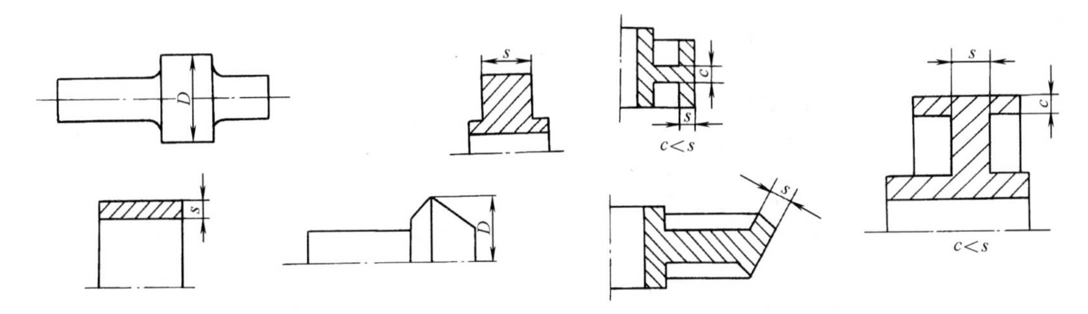

钢号	热处理状态	截面尺寸		力学性能					硬度 HBS
		直径 D/mm	壁厚 s/mm	σ_b /N·mm^{-2}	σ_s /N·mm^{-2}	δ_5 /%	ψ /%	a_k /J·cm^{-2}	
42Mn2	调质	50 100	25 50	≥794 ≥745	≥588 ≥510	≥17 ≥15.5	≥59 —	≥63.7 ≥19.6	— —
50Mn2	正火+高温回火	≤100 100~300 300~500	≤50 50~150 150~250	≥735 ≥716 ≥686	≥392 ≥373 ≥353	≥14 ≥13 ≥12	≥35 ≥33 ≥30	— — —	187~241 187~241 187~241
	调质	≤80	≤40	≥932	≥686	≥9	≥40	—	255~302
35SiMn	调质	<100 100~300 300~400 400~500	<50 50~150 150~200 200~250	≥735 ≥735 ≥686 ≥637	≥490 ≥441 ≥392 ≥373	≥15 ≥14 ≥13 ≥11	45 ≥35 ≥30 ≥28	58.8 49.0 41.1 39.2	≥222 217~269 217~225 196~255
42SiMn	调质	≤100 100~200 200~300 300~500	≤50 50~100 100~150 150~250	≥784 ≥735 ≥686 ≥637	≥510 ≥461 ≥441 ≥373	≥15 ≥14 ≥13 ≥10	≥45 ≥42 ≥40 ≥40	≥39.2 ≥29.2 ≥29.2 ≥24.5	229~286 217~269 217~255 196~255
37SiMn2MoV	调质	200~400 400~600 600~800 1270	100~200 200~300 300~400 635	≥814 ≥765 ≥716 834/878	≥637 ≥588 ≥539 677/726	≥14 ≥14 ≥12 1.90/18.0	≥40 ≥40 ≥35 45.0/40.0	≥39.2 ≥39.2 ≥34.3 28.4/22.6	241~286 241~269 229~241 241/248
20MnTiB	淬火+低、中温回火	25	12.5	≥1451 ≥1402 ≥1275	— — —	δ_{10}≥7.5 δ_{10}≥7 δ_{10}≥8	≥56 ≥53 ≥59	≥98.1 ≥98.1 ≥98.1	≥47HRC ≥47HRC ≥42HRC
20MnVB	渗碳+淬火+低温回火	≤120	≤60	1500	—	11.5	45	127.5	心 398
45MnB	调质	45	22.5	824 ≥834	598 559	14 16	60 59	103 —	表 241 表 277
30CrMnSi	调质	<100 100~200	<50 50~100	≥834 ≥706	≥588 ≥461	≥12 ≥16	≥35 ≥35	≥58.8 ≥49.0	240~292 207~229
50CrV	调质	40~100 100~250	20~50 50~125	981~1177 785~981	≥785 ≥588	≥11 ≥13	≥45 ≥50	— —	— —
20CrMnTi (18CrMnTi)	渗碳+淬火+低温回火	30 ≤80 100	15 ≤40 50	≥1079 ≥981 ≥883	≥883 ≥785 686	≥8 ≥9 ≥10	≥50 ≥50 ≥40	≥78.5 ≥78.5 ≥92.2	— 表 56~62HRC 心 240~300
20CrMo	淬火+低温回火	30	15	≥775	≥433	≥21.2	≥55	≥92.2	≥217

续表

钢号	热处理状态	截面尺寸		力学性能					硬度 HBS
		直径 D/mm	壁厚 s/mm	σ_b /N·mm^{-2}	σ_s /N·mm^{-2}	δ_5 /%	ψ /%	a_k /J·cm^{-2}	
35CrMo	调质	50~100 100~240 100~300 300~500 500~800	50~50 50~120 50~150 150~250 250~400	735~883 686~834 ≥686 ≥637 ≥588	539~686 >441 ≥490 ≥441 ≥392	14~16 >15 ≥15 ≥15 ≥12	45~50 ≥45 ≥50 ≥35 ≥30	68.6~88.3 ≥49.0 ≥68.6 ≥39.2 ≥29.4	217~255 207~269 — 207~269 207~269
42CrMo	调质	40~100 100~250 100~250 250~300 300~500	20~50 50~125 50~125 125~150 150~250	883~1020 735~883 735 637 588	>686 >539 589 490 441	≥12 ≥14 ≥14 ≥14 10	≥50 ≥55 40 35 30	49.0~68.6 49.0~78.5 58.8 39.2 39.2	— — 207~269 207~269 207~269
20CrMnMo	渗碳+淬火+低温回火	30 ≤100	15 ≤50	≥1079 ≥834	≥785 ≥490	≥7 ≥15	≥40 ≥40	≥39.2 ≥39.2	表 56~62HRC 心 28~33HRC 表 56~62HRC 心 28~33HRC
40CrMnMo	调质	150 300 400 500	75 150 200 250	≥778 ≥811 ≥786 ≥748	≥758 ≥655 ≥532 ≥484	≥14.8 ≥16.8 ≥16.8 ≥14.0	≥56.4 ≥52.2 ≥43.7 ≥46.2	≥83.4 — ≥49.0 ≥42.2	288 255 249 213
25Cr2MoV	调质	25 150 ≤200	12.5 75 ≤100	≥932 ≥834 ≥735	≥785 ≥735 ≥588	≥14 ≥15 ≥16	≥55 ≥50 ≥50	≥78.5 ≥58.8 ≥58.8	≤247 269~321 241~277
35CrMoV	调质	120 240 500	60 120 250	≥883 ≥834 657	≥785 ≥686 490	≥15 ≥12 14	≥50 ≥45 40	≥68.6 ≥58.8 49.0	— — 212~248
38CrMoAl	调质	40 80 100 120 160	20 40 50 60 80	≥941 ≥922 ≥922 ≥912 ≥765	≥785 ≥735 ≥706 ≥686 ≥588	≥18 ≥16 ≥16 ≥15 ≥14	≥58 ≥56 ≥54 ≥52 ≥45	— — — — ≥58.8	— — — — 241~285
20Cr	渗碳+淬火+低温回火	60 60	30 30	≥637 637~931	≥392 392~686	≥13 13~20	≥40 45~55	49.0 49.0~78.5	心部≥178 $\frac{1}{3}$半径处>182
40Cr	调质	100~300 300~500 500~800	50~150 150~250 250~400	≥686 ≥637 ≥588	≥490 ≥441 ≥343	≥14 ≥10 ≥8	≥45 ≥35 ≥30	≥392 ≥29.4 ≥19.2	241~286 229~269 217~255
40Cr	C-N 共渗淬火,回火	<40	<20	1373~1569	1177~1373	7	25	—	43~53HRC
40CrNi	调质	100~300	50~150	≥785	≥569	≥9	≥38	≥49.0	225
40CrNi	调质	300~500 500~700	150~250 250~350	≥735 ≥686	≥549 ≥530	≥8 ≥8	≥36 ≥35	≥44.1 ≥44.1	255 255
12CrNi2	渗碳+淬火+低温回火	20 30 60	10 15 30	≥686 ≥785 ≥932	≥539 ≥588 ≥686	≥12 ≥12 ≥12	≥50 ≥50 ≥50	≥88.3 ≥78.5 ≥88.3	表≥58HRC 表≥58HRC 表≥58HRC
12CrNi3	渗碳+淬火+低温回火	30 <40	15 <20	≥932 ≥834	≥686 ≥686	≥10 ≥10	≥50 ≥50	≥98.1 ≥78.5	表≥58HRC 心 225~302 表≥58HRC 心≥241

续表

钢号	热处理状态	截面尺寸		力学性能					硬度 HBS
		直径 D/mm	壁厚 s/mm	σ_b /N·mm^{-2}	σ_s /N·mm^{-2}	δ_5 /%	ψ /%	a_k /J·cm^{-2}	
20CrNi3	渗碳+淬火+低温回火	30 30	15 15	≥932 ≥1079	≥735 ≥883	≥11 ≥7	≥55 ≥50	≥98.1 ≥88.3	表≥58HRC 表≥58HRC 心 284~415
30CrNi3	调　　质	<100 100~300	50 50~150	≥785 ≥735	≥559 ≥539	≥16 ≥15	≥50 ≥45	≥68.6 ≥58.8	≥241 ≥241
12Cr2Ni4	渗碳+淬火+低温回火 渗碳+高温回火+淬火+低温回火	15 30	7.5 15	≥1079 ≥1177	≥834 ≥1128	≥10 ≥10	≥50 ≥55	≥88.3 ≥78.5	表≥60HRC 表≥60HRC 心 302~388
20Cr2Ni4	渗碳+淬火+低温回火 渗碳+淬火+低温回火	25 30	12.5 15	≥1177 ≥1177	≥1079 ≥1079	≥10 ≥9	≥45 ≥45	≥78.5 ≥78.5	表≥60HRC 表≥60HRC 心 305~405
17Cr2Ni2Mo	渗碳+淬火+低温回火 渗碳+淬火+低温回火	15 15	30 63	≥1080 ≥980	≥790 ≥690	≥8 ≥8	≥35 ≥35	≥62 ≥62	表≥60HRC 表≥60HRC 心 305~405
40CrNiMo	调　　质	120 240 ≤250 ≤500	60 120 ≤125 ≤250	≥834 ≥785 686~834 588~734	≥686 ≥588 ≥490 ≥392	≥13 ≥13 ≥14 ≥18	≥50 ≥45 — —	≥78.5 ≥58.8 ≥49.0 ≥68.6	— — — —
45CrNiMoV	调　　质	25 60	12.5 30	≥1030 ≥1471	≥883 ≥1324	≥8 ≥7	≥30 ≥35	≥68.6 ≥39.2	— —
	退火+调质	100	50	≥1030 ≥883	≥883 ≥686	≥9 ≥10	≥40 ≥45	≥49.0 ≥58.8	321~363 260~321
30CrNi2MoV	调　　质	120	60	≥883	≥735	≥12	≥50	≥78.5	—
18Cr2Ni4W	渗碳+淬火+低温回火	15 30 60 60~100	7.5 15 30 30~50	≥1128 ≥1128 ≥1128 ≥1128	≥834 ≥834 ≥834 ≥834	≥11 ≥12 ≥12 ≥11	≥45 ≥50 ≥50 ≥45	≥98.1 ≥98.1 ≥98.1 ≥88.3	表≥58HRC 心 340~387 表≥58HRC 心 35~47HRC 表≥58HRC 心 341~367 表≥58HRC 心 341~367
铸钢、合金铸钢									
ZG 310-570	正　　火			570	310				163~197
ZG 340-640	正　　火			640	340				179~207
ZG 40Mn2	正火、回火 调　　质			588 834	392 686				≥197 269~302
ZG 35SiMn	正火、回火 调　　质			569 637	343 412				163~217 197~248
ZG 42SiMn	正火、回火 调　　质			588 637	373 441				163~217 197~248
ZG 50SiMn	正火、回火			686	441				217~255
ZG 40Cr	正火、回火 调　　质			628 686	343 471				≤212 228~321
ZG 35Cr1Mo	正火、回火 调　　质			588 686	392 539				179~241 179~241
ZG 35CrMnSi	正火、回火 调　　质			686 785	343 588				163~217 197~269

第12篇

表 12-1-151　　齿轮工作齿面硬度及其组合的应用举例

齿面类型	齿轮种类	热处理		两轮工作齿面硬度差	工作齿面硬度组合举例		备注
		小齿轮	大齿轮		小齿轮	大齿轮	
软齿面(HB≤350)	直齿	调质	正火 调质	20~25≥$HB_{1min}-HB_{2max}$>0	240~270HB 302~341HB	180~210HB 255~286HB	用于重载中低速固定式传动装置
	斜齿及人字齿	调质	正火 正火 调质	$HB_{1min}-HB_{2max}$≥20~30	240~270HB 260~290HB 302~341HB	160~190HB 180~210HB 255~286HB	
软硬组合齿面(HB_1>350,HB_2≤350)	斜齿及人字齿	表面淬火	调质 调质	齿面硬度差很大	45~50HRC 45~50HRC	270~300HB 200~230HB	用于负荷冲击及过载都不大的重载中低速固定式传动装置
		渗碳	调质		58~62HRC	270~300HB	
硬齿面(HB>350)	直齿、斜齿及人字齿	表面淬火	表面淬火	齿面硬度大致相同	45~50HRC		用在传动尺寸受结构条件限制的情形和高性能参数的传动装置
		渗碳	渗碳		58~62HRC		

注：1. 普通滚刀和插齿刀所能切削的齿面硬度一般不应超过 300HB，对于硬度大于 300HB 一般采用硬质合金或粉末冶金涂层刀具（对于需要提高强度的齿轮允许将其硬度提高到 320~350HB）。

2. 重要传动的齿轮表面应采用高频淬火并沿齿沟进行。

3. 渗碳后的齿轮要进行磨齿。

4. 为了提高抗胶合性能，小轮和大轮可采用不同牌号的钢来制造。

10.2　齿轮用铸铁

与钢齿轮相比，铸铁齿轮具有切削性能好、耐磨性高、缺口敏感低、减振性好、噪声低及成本低的优点，故铸铁常用来制造对强度要求不高但耐磨的齿轮。

常用齿轮铸铁性能对比见表 12-1-152，常用灰铸铁、球墨铸铁的力学性能见表 12-1-153，球墨铸铁的组织状态和力学性能见表 12-1-154，球墨铸铁齿轮的齿根弯曲疲劳强度见表 12-1-155，球墨铸铁齿轮的接触疲劳强度见表 12-1-156，石墨化退火黑心可锻铸铁和珠光体可锻铸铁的力学性能见表 12-1-157。

表 12-1-152　　常用齿轮铸铁性能对比

性　　能	灰铸铁	珠光体可锻铸铁	球墨铸铁
抗拉强度 R_m/MPa	100~350	450~700	400~1200
屈服强度 $\sigma_{0.2}$/MPa	—	270~530	250~900
伸长率 δ/%	0.3~0.8	2~6	2~18
弹性模量 E/GPa	103.5~144.8	155~178	159~172
弯曲疲劳极限 σ_{-1}/MPa	0.33~0.47①	220~260	206~343④ 145~353⑤
硬度(HBS)	150~280	150~290	121HBS~43HRC
冲击韧度 a_k/J·cm^{-2}	9.8~15.68②③ 14.7~27.44 21.56~29.4	5~20	5~150④ 14(11),12(9)⑥
齿根弯曲疲劳极限 σ_F/MPa	50~110	140~230	150~320
齿面接触疲劳极限 σ_H/MPa	300~520	380~580	430~1370
减振性(相邻振幅比值的对数),应力为 110MPa	6.0	3.30	2.2~2.5

① 弯曲疲劳比,弯曲疲劳极限与抗拉强度之比,设计时推荐使用 0.35 的疲劳比。

② 分别为珠光体灰铸铁范围:154~216MPa,216~309MPa,>309MPa 的对应值。

③ 按 ISO R946 标准,在 ϕ20mm 试棒上测得。

④ 无缺口试样。

⑤ 有缺口试样(45°,V 形),上贝氏体球墨铸铁。

⑥ V 形缺口(单铸试块),球墨铸铁 QT 400-18,括号外数据分别为试验温度 23±5℃ 和 -20±2℃ 时 3 个试样的平均值;括号内的数据则分别为前述 2 种试验温度下单个试样的值。

表 12-1-153　常用灰铸铁、球墨铸铁的力学性能

材料牌号	热处理种类	截面尺寸		力学性能		硬度	
		直径 D/mm	壁厚 s/mm	σ_b/N·mm^{-2}	σ_s/N·mm^{-2}	HB	HRC
HT 250			>4.0~10 >10~20 >20~30 >30~50	270 240 220 200		175~263 164~247 157~236 150~225	
HT 300			>10~20 >20~30 >30~50	290 250 230		182~273 169~255 160~241	
HT 350			>10~20 >20~30 >30~50	340 290 260		197~298 182~273 171~257	
QT 500-7				500	320	170~230	
QT 600-3				600	370	190~270	
QT 700-2				700	420	225~305	
QT 800-2				800	480	245~335	
QT 900-2				900	600	280~360	

表 12-1-154　球墨铸铁的组织状态和力学性能

球铁种类	热处理状态	σ_b/MPa	δ/%	HBS	a_k/J·cm^{-2}
铁素体	铸态	450~550	10~20	130~210	30~150
铁素体	退火	400~500	18~25	130~180	60~150
珠光体+铁素体	铸态或退火	500~600	7~10	170~230	20~80
珠光体	铸态	600~750	3~4	190~270	15~30
珠光体	正火	700~950	3~5	225~305	20~50
珠光体+碎块状铁素体	仍保留奥氏体化正火	600~900	4~9	207~285	30~80
贝氏体+碎块状铁素体	仍保留奥氏体化等温淬火	900~1100	2~6	32~40HRC	40~100
下贝氏体	等温淬火	≥1100	≥5	38~48HRC	30~100
回火索氏体	淬火,550~600℃回火	900~1200	1~5	32~43HRC	20~60
回火马氏体	淬火,200~250℃回火	700~800	0.5~1	50~61HRC	10~20

表 12-1-155　球墨铸铁齿轮的齿根弯曲疲劳强度

球铁种类	硬度	P=0.5 时疲劳曲线方程	失效概率 P	循环基数 N_0	疲劳极限 $\sigma_{F\,lim}$/MPa
珠光体	244HBS	$\sigma_F^{3.209}N=4.0733\times10^{14}$	0.50	5×10^6	292.0
			0.01	5×10^6	198.2
上贝氏体	37HRC	$\sigma_F^{5.1704}N=2.272\times10^{19}$	0.50	3×10^6	308.48
			0.01	3×10^6	289.45
下贝氏体	43.5HRC	$\sigma_F^{4.8870}N=2.0116\times10^{18}$	0.50	3×10^6	263.01
			0.01	3×10^6	236.91
下贝氏体	41.8HRC	$\sigma_F^{3.8928}N=1.7844\times10^{16}$	0.50	3×10^6	324.25
			0.01	3×10^6	307.35
钒钛下贝氏体	32.3HRC	$\sigma_F^{2.6307}N=2.5074\times10^{13}$	0.50	3×10^6	427.84
			0.01	3×10^6	407.45
合金钢(调质)	37.5HRC		0.01	3×10^6	305.0
合金铸铁(调质)	37.5HRC		0.01	3×10^6	255.0

表 12-1-156　　球墨铸铁齿轮的接触疲劳强度

球铁种类	硬度	$P=0.5$ 时疲劳曲线方程	失效概率 P	循环基数 N_0	疲劳极限 $\sigma_{H\lim}$ /MPa
铁素体	180HBS	$\sigma_H^{14.161}N=5.194\times10^{46}$	0.50	5×10^7	569.1
			0.01	5×10^7	536.5
珠光体+铁素体	226HBS	$\sigma_H^{8.394}N=2.242\times10^{31}$	0.50	5×10^7	657
			0.01	5×10^7	632
珠光体	253HBS	$\sigma_H^{7.941}N=3.688\times10^{30}$	0.50	5×10^7	758
			0.01	5×10^7	715
下贝氏体	41HRC	$\sigma_H^{4.5}N=1.307\times10^{21}$	0.50	10^7	1371
			0.01	10^7	1235
铁素体(软渗氮)	64HRC	$\sigma_H^{20.83}N=2.307\times10^{70}$	0.50	10^7	1100
			0.01	10^7	1060

表 12-1-157　　石墨化退火黑心可锻铸铁和珠光体可锻铸铁的力学性能

类型	牌号		试样直径 /mm	抗拉强度 σ_b	屈服强度 $\sigma_{0.2}$	伸长率 δ/% ($L=3d$)	硬度 HBS
	A	B		MPa ≥			
黑心可锻铸铁	KTH300-06		12 或 15	300		6	<150
		KTH330-08		330		8	
	KTH350-10			350	200	10	
		KTH370-12		370		12	
珠光体可锻铸铁	KTZ450-06		12 或 15	450	270	6	150~200
	KTZ550-04			550	340	4	180~250
	KTZ650-02			650	430	2	210~260
	KTZ700-02			700	530	2	210~290

10.3　齿轮用铜合金

常用齿轮铜合金材料的化学成分见表 12-1-158，各种铜合金的主要特性及用途见表 12-1-159，常用齿轮铜合金的力学性能见表 12-1-160，常用齿轮铸造铜合金的物理性能见表 12-1-161。

表 12-1-158　　常用齿轮铜合金材料的化学成分

序号	合金名称(合金牌号)	主要化学成分(质量分数)/%									
		Cu	Fe	Al	Pb	Sn	Si	Ni	Mn	P	Zn
1	60-1-1 铝黄铜 (HAl60-1-1)	58.0~61.0	0.70~1.50	0.70~1.50	≤0.40	—	—	—	0.10~0.60	≤0.01	余量
2	66-6-3-2 铝黄铜 (HAl66-6-3-2)	64.0~68.0	2.0~4.0	6.0~7.0	≤0.50	≤0.2	—	—	1.5~2.5	≤0.02	余量
3	25-6-3-3 铝黄铜 (ZCuZn25Al6Fe3Mn3)	60.0~66.0	2.0~4.0	4.5~7.0	—	—	—	—	—	—	余量
4	40-2 铅黄铜 (ZCuZn40Pb2)	58.0~63.0	—	0.2~0.8	0.5~2.5	—	—	—	—	—	余量
5	38-2-2 锰黄铜 (ZCuZn38Mn2Pb2)	57.0~60.0	—	—	1.5~2.5	—	—	—	1.5~2.5	—	余量
6	6.5-0.1 锡青铜 (QSn6.5-0.1)	余量	≤0.05	≤0.002	≤0.02	6.0~7.0	≤0.002	—	—	0.10~0.25	—

续表

序号	合金名称（合金牌号）	主要化学成分(质量分数)/%									
		Cu	Fe	Al	Pb	Sn	Si	Ni	Mn	P	Zn
7	7-0.2 锡青铜（QSn7-0.2）	余量	≤0.05	≤0.01	≤0.02	6.0~8.0	≤0.02	—	—	0.10~0.25	—
8	5-5-5 锡青铜（ZCuSn5Pb5Zn5）	余量	—	—	4.0~6.0	4.0~6.0	—	—	—	—	4.0~6.0
9	10-1 锡青铜（ZCuSn10P1）	余量	—	—	—	9.0~11.5	—	—	—	0.5~1.0	—
10	10-2 锡青铜（ZCuSn10Zn2）	余量	—	—	—	9.0~11.0	—	—	—	—	1.0~3.0
11	5 铝青铜（QAl5）	余量	≤0.5	4.0~6.0	≤0.03	≤0.1	≤0.1	—	≤0.5	≤0.01	≤0.5
12	7 铝青铜（QAl7）	余量	≤0.5	6.0~8.0	≤0.03	≤0.1	≤0.1	—	≤0.5	≤0.01	≤0.5
13	9-4 铝青铜（QAl9-4）	余量	2.0~4.0	8.0~10.0	≤0.01	≤0.1	≤0.1	—	≤0.5	≤0.01	≤1.0
14	10-3-1.5 铝青铜（QAl10-3-1.5）	余量	2.0~4.0	8.5~10.0	≤0.03	≤0.1	≤0.1	—	1.0~2.0	≤0.01	≤0.5
15	10-4-4 铝青铜（QAl10-4-4）	余量	3.5~5.5	9.5~11.0	≤0.02	≤0.1	≤0.1	3.5~5.5	≤0.3	≤0.01	≤0.5
16	9-2 铝青铜（ZCuAl9Mn2）	余量	—	8.0~10.0	—	—	—	—	1.5~2.5	—	—
17	10-3 铝青铜（ZCuAl10Fe3）	余量	2.0~4.0	8.5~11.0	—	—	—	—	—	—	—
18	10-3-2 铝青铜（ZCuAl10Fe3Mn2）	余量	2.0~4.0	9.0~11.0	—	—	—	—	1.0~2.0	—	—
19	8-13-3-2 铝青铜（ZCuAl8Mn13Fe3Ni2）	余量	2.5~4.0	7.0~8.5	—	—	—	1.8~2.5	11.5~14.0	—	—
20	9-4-4-2 铝青铜（ZCuAl9Fe4Ni4Mn2）	余量	4.0~5.0	8.5~10.0	—	—	—	4.0~5.0	0.8~2.5	—	—

表 12-1-159　各种铜合金的主要特性及用途

序号	合金牌号	主要特性	用途
1	HAl60-1-1	强度高，耐蚀性好	耐蚀齿轮、蜗轮
2	HAl66-6-3-2	强度高，耐磨性好，耐蚀性好	大型蜗轮
3	ZCuZn25Al6Fe3Mn3	有很高的力学性能，铸造性能良好，耐蚀性较好，有应力腐蚀开裂倾向，可以焊接	蜗轮
4	ZCuZn40Pb2	有好的铸造性能和耐磨性，切削加工性能好，耐蚀性较好，在海水中有应力腐蚀倾向	齿轮
5	ZCuZn38Mn2Pb2	有较高的力学性能和耐蚀性，耐磨性较好，切削性能较好	蜗轮
6	QSn6.5-0.1	强度高，耐磨性好，压力及切削加工性能好	精密仪器齿轮
7	QSn7-0.2	强度高，耐磨性好	蜗轮

续表

序号	合金牌号	主要特性	用途
8	ZCuSn5Pb5Zn5	耐磨性和耐蚀性好,减摩性好,能承受冲击载荷,易加工,铸造性能和气密性较好	较高载荷、中等滑动速度下工作蜗轮
9	ZCuSn10Zn2	硬度高,耐磨性极好,有较好的铸造性能和切削加工性能,在大气和淡水中有良好的耐蚀性	高载荷、耐冲击和高滑动速度(8m/s)下齿轮、蜗轮
10	ZCuSn10Zn2	耐蚀性、耐磨性和切削加工性能好,铸造性能好,铸件气密性较好	中等及较多负荷和小滑动速度的齿轮、蜗轮
11	QAl5	较高的强度和耐磨性及耐蚀性	耐蚀齿轮、蜗轮
12	QAl7	强度高,较高的耐磨性及耐蚀性	高强、耐蚀齿轮、蜗轮
13	QAl9-4	高强度,高减摩性和耐蚀性	高载荷齿轮、蜗轮
14	QAl10-3-1.5	高的强度和耐磨性,可热处理强化,高温抗氧化性、耐蚀性好	高温下使用齿轮
15	QAl10-4-4	高温(400℃)力学性能稳定,减摩性好	高温下使用齿轮
16	ZCuAl9Mn2	高的力学性能,在大气、淡水和海水中耐蚀性好,耐磨性好,铸造性能好,组织紧密,可以焊接,不易钎焊	耐蚀、耐磨齿轮、蜗轮
17	ZCuAl10Fe3	高的力学性能,在大气、淡水和海水中耐磨性和耐蚀性好,可以焊接,不易钎焊,大型铸件自700℃空冷可以防止变脆	高载荷大型齿轮、蜗轮
18	ZCuAl10Fe3Mn2	高的力学性能和耐磨性,可热处理,高温下耐蚀性和抗氧化性好,在大气、淡水和海水中耐蚀性好,可焊接,不易钎焊,大型铸件自700℃空冷可以防止变脆	高温、高载荷、耐蚀齿轮、蜗轮
19	ZCuAl8Mn13Fe3Ni2	很高的力学性能,耐蚀性好,应力腐蚀疲劳强度高,铸造性能好,合金组织紧密,气密性好,可以焊接,不易钎焊	高强、耐腐蚀重要齿轮、蜗轮
20	ZCuAl9Fe4Ni4Mn2	很高的力学性能,耐蚀性好,应力腐蚀疲劳强度高,耐磨性良好,在400℃以下具有耐热性,可热处理,焊接性能好,不易钎焊,铸造性能尚好	要求高强度、耐蚀性好及400℃以下工作重要齿轮、蜗轮

表 12-1-160　　常用齿轮铜合金的力学性能

序号	合金牌号	状态	力学性能,不低于					
			抗拉强度 σ_b/MPa	屈服强度 $\sigma_{0.2}$/MPa	伸长率/%		冲击韧度 a_k/J·cm^{-2}	HBS
					δ_5	δ_{10}		
1	HAl60-1-1	软态①	440	—	—	18	—	95
		硬态②	735	—	—	8	—	180
2	HAl66-6-3-2	软态	>35	—	—	7	—	—
		硬态	—	—	—	—	—	—
3	ZCuZn25Al6Fe3Mn3	S③	725	380	10	—	—	160
		J④	740	400	7	—	—	170
4	ZCuZn40Pb2	S	220	—	15	—	—	80
		J	280	120	20	—	—	90
5	ZCuZn38Mn2Pb2	S	245	—	10	—	—	70
		J	345	—	18	—	—	80
6	QSn6.5-0.1	软态	343~441	196~245	60~70	—	—	70~90
		硬态	686~784	578~637	7.5~1.2	—	—	160~200
7	QSn7-0.2	软态	353	225	64	55	174	≥70
		硬态	—	—	—	—	—	—
8	ZCuSn5Pb5Zn5	S	200	90	13	—	—	60
		J	200	90	13	—	—	60
9	ZCuSn10P1	S	200	130	3	—	—	80
		J	310	170	2	—	—	90

续表

序号	合金牌号	状态	力学性能,不低于					
			抗拉强度 σ_b/MPa	屈服强度 $\sigma_{0.2}$/MPa	伸长率/% δ_5	伸长率/% δ_{10}	冲击韧度 a_k/J·cm^{-2}	HBS
10	ZCuSn10Zn2	S	240	120	12	—	—	70
		J	245	140	6	—	—	80
11	QAl5	软态	372	157	65	—	108	60
		硬态	735	529	5	—	—	200
12	QAl7	软态	461	245	70	—	147	70
		硬态	960	—	3	—	—	154
13	QAl9-4	软态	490~588	196	40	12~15	59~69	110~190
		硬态	784~980	343	5	—	—	160~200
14	QAl10-3-1.5	软态	590~610	206	9~13	8~12	59~78	130~190
		硬态	686~882	—	9~12	—	—	160~200
15	QAl10-4-4	软态	590~690	323	5~6	4~5	29~39	170~240
		硬态	880~1078	539~588	—	—	—	180~240
16	ZCuAl9Mn2	S	390	—	20	—	—	85
		J	440	—	20	—	—	95
17	ZCuAl10Fe3	S	490	180	13	—	—	100
		J	540	200	15	—	—	110
18	ZCuAl10FeMn2	S	490	—	15	—	—	110
		J	540	—	20	—	—	120
19	ZCuAl8Mn13Fe3Ni2	S	645	280	20	—	—	160
		J	670	310	18	—	—	170
20	ZCuAl9Fe4Ni4Mn2	S	630	250	16	—	—	160

①软态为退火态。②硬态为压力加工态。③S—砂型铸造。④J—金属型铸造。

表 12-1-161　常用齿轮铸造铜合金的物理性能

序号	合金牌号	密度 /g·cm^{-3}	线胀系数 /10^{-6}℃$^{-1}$	热导率 /W·m^{-1}·K^{-1}	电阻率 /Ω·mm^2·m^{-1}	弹性模量 /MPa
3	ZCuZn25Al6Fe3Mn3	8.5	19.8	49.8		
4	ZCuZn40Pb2	8.5	20.1	83.7	0.068	
5	ZCuZn38Mn2Pb2	8.5		71.2	0.118	
8	ZCuSn5Pb5Zn5	8.7	19.1	102.2	0.080	89180
9	ZCuSn10P1	8.7	18.5	48.9	0.213	73892
10	ZCuSn10Zn2	8.6	18.2	55.2	0.160	89180
16	ZCuAl9Mn2		20.1	71.2	0.110	
17	ZCuAl10Fe3	7.5	18.1	49.4	0.124	109760
18	ZCuAl10Fe3Mn2	7.5	16.0	58.6	0.125	98000
19	ZCuAl8Mn13Fe3Ni2	7.4	16.7	41.8	0.174	124460
20	ZCuAl9Fe4Ni4Mn2	7.6	15.1	75.3	0.193	124460

11　圆柱齿轮结构

圆柱齿轮结构设计型式分为整体锻造、铸造、镶圈、焊接、剖分式等结构（见表 12-1-162）。表中齿轮直径大于 500，考虑经济性，不采用整体锻造结构，但对性能和可靠要求高的齿轮还应考虑整体锻造结构。

表 12-1-162 圆柱齿轮结构 mm

<table>
<tr><td colspan="2">结构形式</td><td>轴 齿 轮</td><td colspan="2">锻 造 齿 轮</td></tr>
<tr><td colspan="2">适用条件</td><td>$d_a<2D_1$ 或 $\delta<2.5m_t$</td><td>$d_a \leqslant 200$</td><td>$d_a \leqslant 500$</td></tr>
<tr><td colspan="2">结构图</td><td>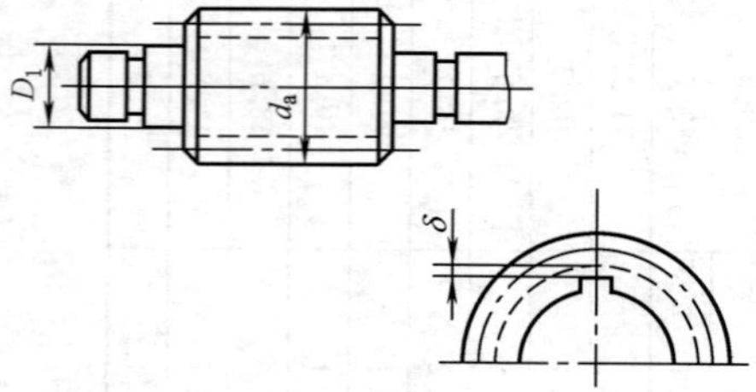</td><td>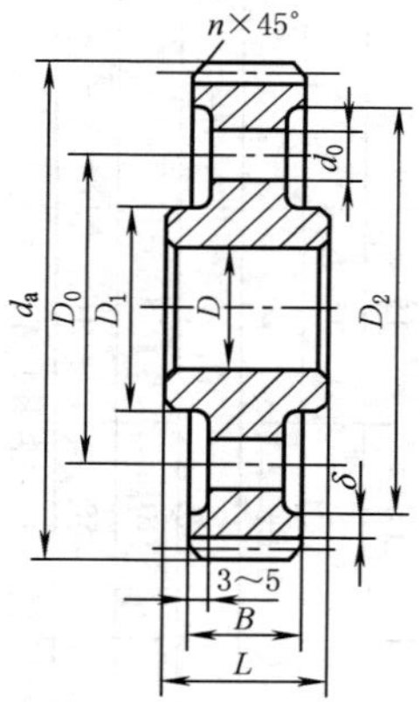</td><td>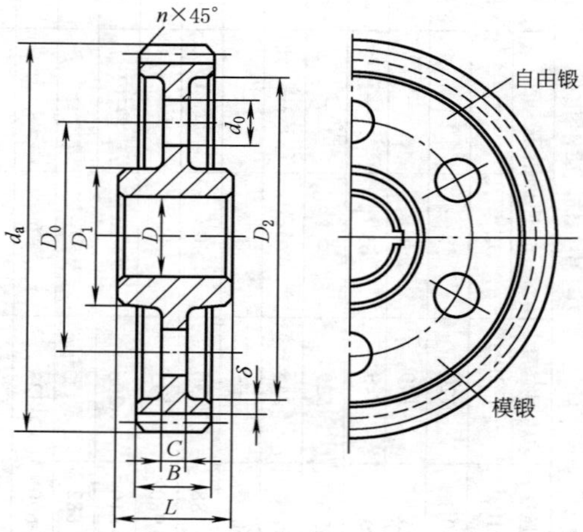</td></tr>
<tr><td rowspan="7">尺寸</td><td>D_1</td><td></td><td colspan="2">$1.6D$</td></tr>
<tr><td>L</td><td></td><td colspan="2">$(1.2\sim1.5)D, L \geqslant B$</td></tr>
<tr><td>δ</td><td></td><td>$2.5m_n$，但不小于 8~10</td><td>$(2.5\sim4)m_n$，但不小于 8~10</td></tr>
<tr><td>C</td><td></td><td></td><td>$0.3B$（自由锻），$(0.2\sim0.3)B$（模锻）</td></tr>
<tr><td>D_0</td><td></td><td colspan="2">$0.5(D_1+D_2)$</td></tr>
<tr><td>d_0</td><td></td><td colspan="2">$0.25(D_2-D_1)$，当 $d_0<10$ 时不必做孔</td></tr>
<tr><td>n</td><td></td><td colspan="2">$0.5m_n$</td></tr>
</table>

结构形式		铸造齿轮		
适用条件		平腹板：$d_a \leqslant 500$， 斜腹板：$d_a \leqslant 600$	$d_a = 400 \sim 1000$ $B \leqslant 200$	$d_a > 1000, B = 200 \sim 450$（上半部） $B > 450$（下半部）
结构图		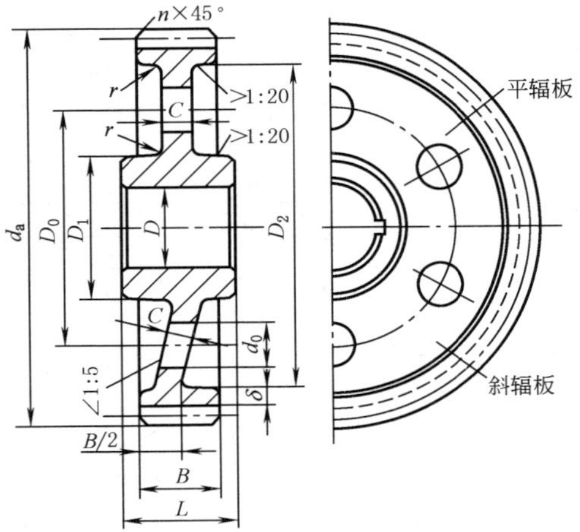 $n \times 45°$ r C >1:20 >1:20 r d_a D_0 D_1 D D_2 C d_0 δ ∠1:5 $B/2$ B L 平辐板 斜辐板	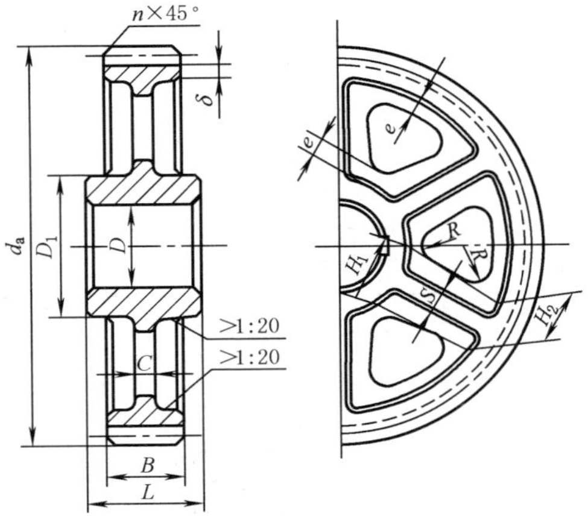 $n \times 45°$ δ d_a D_1 D >1:20 >1:20 C B L e R R H_1 S H_2	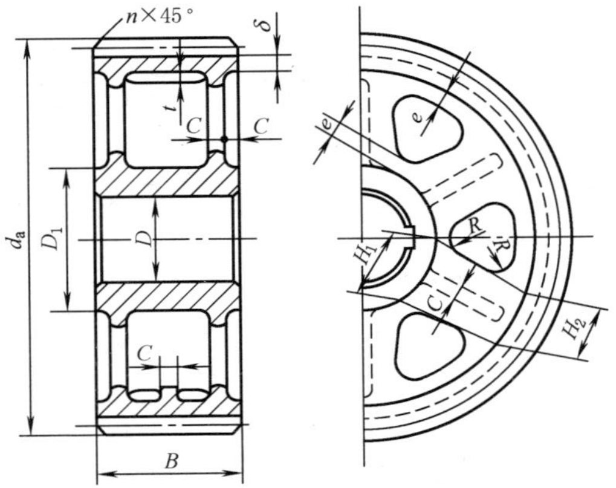 $n \times 45°$ δ t C C d_a D_1 D C B e e R R H_1 C H_2
尺寸	D_1	1.6D（铸钢），1.8D（铸铁）		
	L	$(1.2 \sim 1.5)D, L \geqslant B$		
	δ	$(2.5 \sim 4)m_n$，但不小于8		
	H_1		0.8D	
	H_2		0.8H_1	
	C	0.2B，但不小于10	$H_1/5$，但不小于10	
	S		$H_1/6$，但不小于10	
	e		$(0.8 \sim 1.0)\delta$	
	D_0	$0.5(D_1 + D_2)$		
	d_0	$0.25(D_2 - D_1)$		
	R		按靠近轮毂的部分用单圆弧连接的条件决定	
	t			0.8e
	n	0.5m_n		

续表

结构形式		镶圈齿轮	焊接齿轮	
适用条件		$d_a>600$	$d_a<1000, B<240$	$d_a>1000, B>240$
结构图		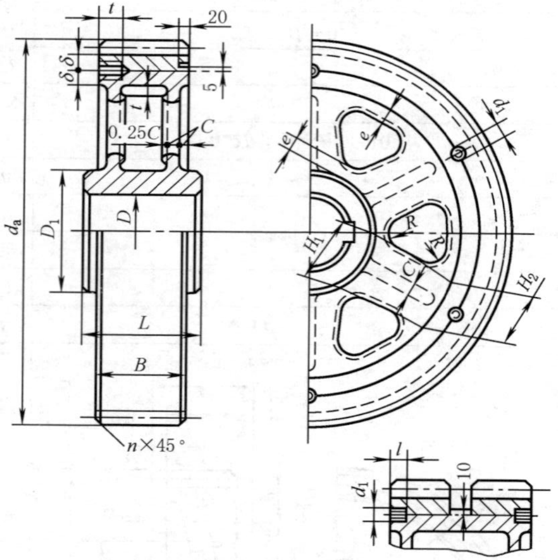	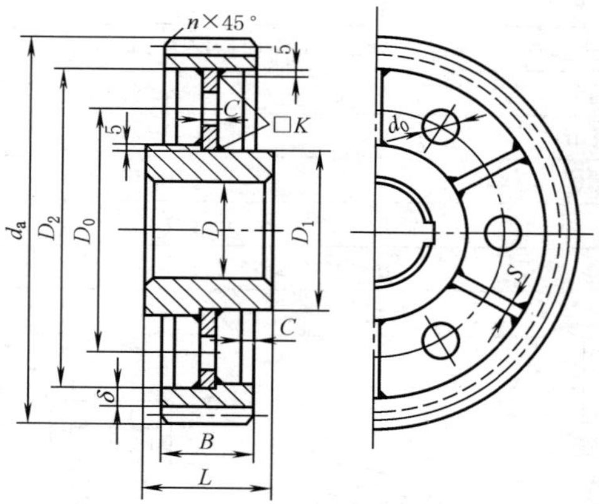	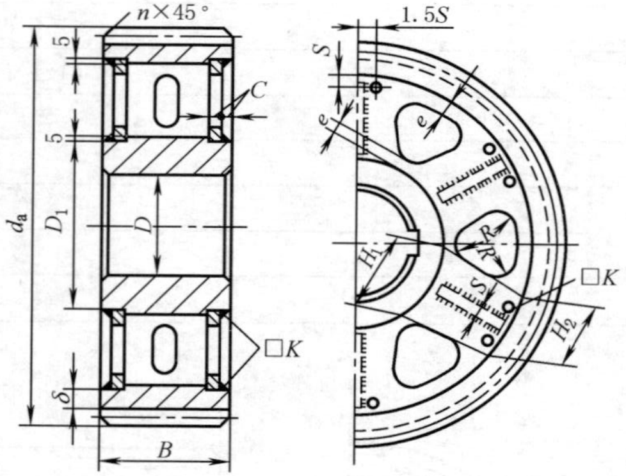
尺寸	D_1	1.6D(铸钢),1.8D(铸铁)	1.6D	
	L	(1.2~1.5)D,$L \geqslant B$		
	δ	$4m_n$,但不小于15	$2.5m_n$,但不小于8	
	H_1	0.8D		0.8D
	H_2	0.8H_1		0.8H_1
	C	0.15B	(0.1~0.15)B,但不小于8	
	S		0.8C	
	e	(0.8~1.0)δ		0.2D
	D_0		0.5(D_1+D_2)	
	d_0		0.25(D_2-D_1),当$d_2<10$时不必做孔	
	R	按靠近轮毂的部分用单圆弧连接的条件决定		按靠近轮毂的部分用单圆弧连接的条件决定
	t	0.8e		
	n	0.5m_n		
	d_1	(0.05~0.1)D		
	l	3d_1		
	K		0.67C	

结构形式	剖分式齿轮
结构图	

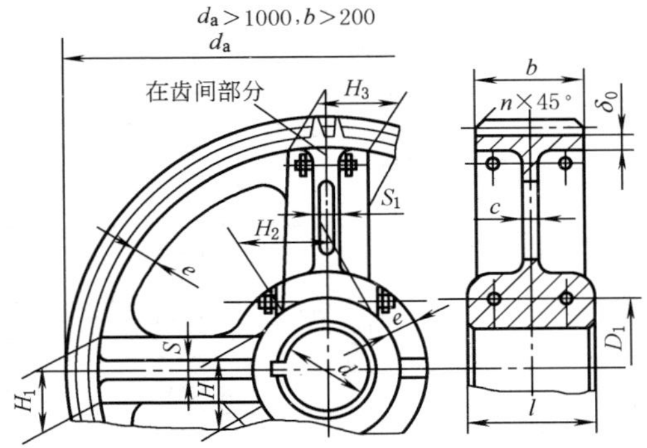

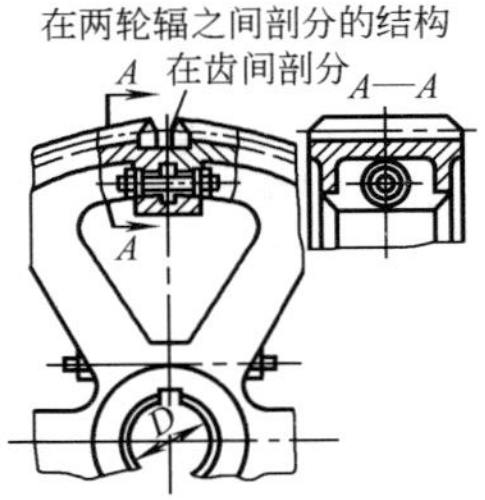

说明

1. 轮辐数和齿数应取偶数
2. 剖分轮辐的尺寸：

$D_1=1.8d$　　$1.5d>l\geqslant b$

$\delta_0=(4\sim5)m_t$　　$H=0.8d$

$H_1=0.8H$　　$H_2=(1.4\sim1.5)H$

$H_3=0.8H_2$　　$c=0.2b$

$S=0.8c$　　$S_1=0.75S$

$e=1.5\delta_0$　　$n=0.5m_n$

3. 连接螺栓直径 d_1 按下值选取

连接螺栓位置	单排螺栓（$B<100$mm）	双排螺栓（$B>100$mm）
轮缘处	根据计算确定	
轮毂处	$d_1=0.15D+(8\sim15)$mm	$d_1=0.12D+(8\sim15)$mm

4. 连接螺栓应尽量靠近轮缘或轴线；在轮缘处用双头螺柱；在轮毂处若螺栓为单排、轮辐数大于4，应采用双头螺柱；若螺栓为双排，可采用螺栓

注：1. 为便于装配，通常小齿轮的齿宽 B 比大齿轮宽 5~10mm。

2. 当 $L\geqslant D>100$mm 时，轮毂孔内中部可以制出一个凹槽，其直径 $D'=D+6$mm，长度 $L'=\frac{L}{2}-12$mm。

3. 镶圈式结构齿圈与铸铁轮心的配合过盈推荐按表 12-1-163 选取。

4. 用滚刀切制人字齿轮时，中间退刀槽尺寸见表 12-1-164。

表 12-1-163　　钢制齿圈与铸铁轮心配合的推荐过盈

名义直径 D		孔的偏差		轴的偏差		过盈量	
大于	到	下偏差	上偏差	上偏差	下偏差	最大值	最小值
mm		μm					
500	630	0	+80	+560	+480	560	400
630	800	0	+125	+820	+740	820	615
800	1000	0	+140	+1050	+940	1050	800
1000	1250	0	+165	+1300	+1100	1300	935
1250	1600	0	+195	+1725	+1450	1725	1255
1600	2000	0	+230	+2150	+1850	2150	1620
2000	2500	0	+280	+2675	+2300	2675	2020
2500	3150	0	+330	+3400	+2900	3400	2570
3150	4000	0	+410	+4260	+3600	4260	3190

注：1. 对于用两个齿圈镶套的人字齿轮（下图），应该用于转矩方向固定的场合，并在选择轮齿倾斜方向时注意使轴向力方向朝齿圈中部。

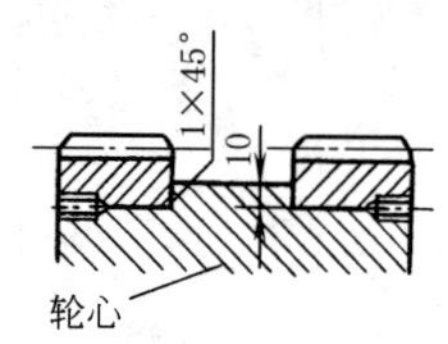

2. 允许传递转矩的计算见本手册第2卷第6篇，建议齿圈孔公差取H7或H8，轮心公差取s6或u7，表中为参考值，可根据加工精度和过盈要求选取合适公差值。

表 12-1-164　　标准滚刀切制人字齿轮的中间退刀槽尺寸　　mm

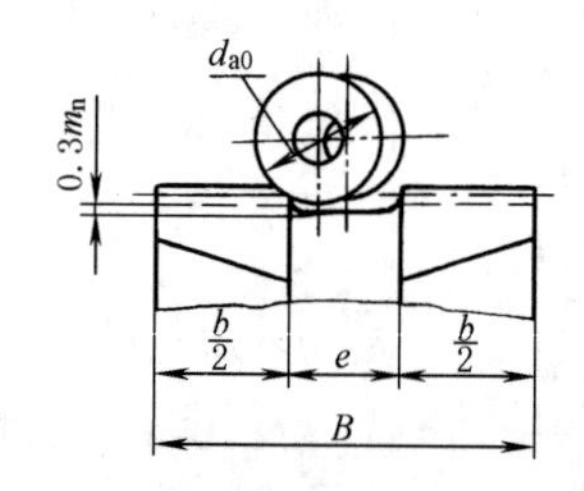

m_n	中间退刀槽宽 e			m_n	中间退刀槽宽 e		
	$\beta=15°\sim25°$	$\beta>25°\sim35°$	$\beta>35°\sim45°$		$\beta=15°\sim25°$	$\beta>25°\sim35°$	$\beta>35°\sim45°$
2	28	30	34	9	95	105	110
2.5	34	36	40	10	100	110	115
3	38	40	45	12	115	125	135
3.5	45	50	55	14	135	145	155
4	50	55	60	16	150	165	175
4.5	55	60	65	18	170	185	195
5	60	65	70	20	190	205	220
6	70	75	80	22	215	230	250
7	75	80	85	28	290	310	325
8	85	90	95				

注：1. 用非标准滚刀切制人字齿轮的中间退刀槽宽 e 可按下式计算

$$e=2\sqrt{h(d_{a0}-h)\left[1-\left(\frac{m_n}{d_0}\right)^2\right]}+\frac{m_n}{d_0}\left[l_0+\frac{(h_{a0}-x)m_n+c}{\tan\alpha_n}\right]$$

式中　l_0——滚刀长度，其他代号同前。

2. 对于不用滚刀开齿，磨齿成形的人字齿，应按磨齿机的砂轮直径计算退刀槽尺寸。

12 圆柱齿轮零件工作图

齿轮设计工作者，根据圆柱齿轮的用途、使用要求、工作条件及其他技术要求，经过各种强度和几何尺寸的计算，选择合适材料和热处理方案，以最佳效益确定齿轮精度等级。若已知传动链末端元件传动精度，按照传动链误差的传动规律，分配各级齿轮副的传动精度来确定该设计的齿轮精度等级。常用齿轮的精度等级及其与加工方法的关系、使用范围见表 12-1-165、表 12-1-166、表 12-1-167，供选择齿轮精度等级时参考。

圆柱齿轮零件工作图（简称图样）由图形、齿轮参数表、技术要求三部分组成。

GB/T 6443—1986《渐开线圆柱齿轮图样上应注明的尺寸数据》国家标准是等效采用 ISO 1340：1976《圆柱齿轮——向制造工业提供的买方要求的资料》国际标准，具体规定如下。

表 12-1-165　　各种机器的传动所应用的精度等级

类型	精度等级	类型	精度等级	类型	精度等级	类型	精度等级
测量齿轮	2~5	汽车底盘	5~8	拖拉机	6~9	矿用绞车	8~10
透平齿轮	3~6	轻型汽车	5~8	通用减速器	6~9	起重机械	6~10
金属切削机床	3~8	载货汽车	6~9	轧钢机	5~9	农业机械	8~11
内燃机车	5~7	航空发动机	4~8				

表 12-1-166　　精度等级与加工方法的关系

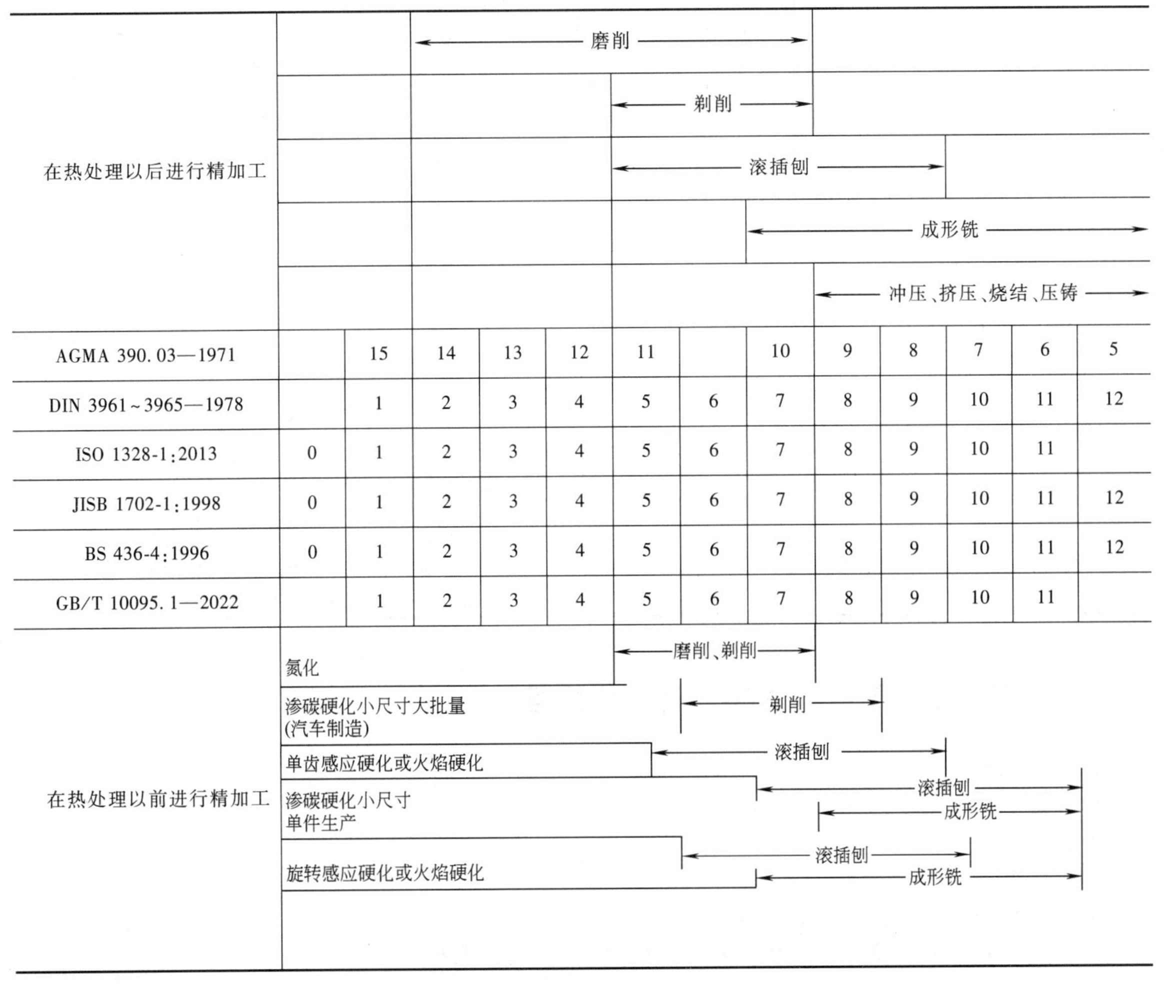

<table>
<tr><td rowspan="5">在热处理以后进行精加工</td><td></td><td></td><td colspan="6">←磨削→</td><td colspan="5"></td></tr>
<tr><td colspan="5"></td><td colspan="3">←剃削→</td><td colspan="5"></td></tr>
<tr><td colspan="5"></td><td colspan="5">←滚插刨→</td><td colspan="3"></td></tr>
<tr><td colspan="7"></td><td colspan="6">←成形铣→</td></tr>
<tr><td colspan="8"></td><td colspan="5">←冲压、挤压、烧结、压铸→</td></tr>
<tr><td>AGMA 390.03—1971</td><td></td><td>15</td><td>14</td><td>13</td><td>12</td><td>11</td><td></td><td>10</td><td>9</td><td>8</td><td>7</td><td>6</td><td>5</td></tr>
<tr><td>DIN 3961~3965—1978</td><td></td><td>1</td><td>2</td><td>3</td><td>4</td><td>5</td><td>6</td><td>7</td><td>8</td><td>9</td><td>10</td><td>11</td><td>12</td></tr>
<tr><td>ISO 1328-1:2013</td><td>0</td><td>1</td><td>2</td><td>3</td><td>4</td><td>5</td><td>6</td><td>7</td><td>8</td><td>9</td><td>10</td><td>11</td><td></td></tr>
<tr><td>JISB 1702-1:1998</td><td>0</td><td>1</td><td>2</td><td>3</td><td>4</td><td>5</td><td>6</td><td>7</td><td>8</td><td>9</td><td>10</td><td>11</td><td>12</td></tr>
<tr><td>BS 436-4:1996</td><td>0</td><td>1</td><td>2</td><td>3</td><td>4</td><td>5</td><td>6</td><td>7</td><td>8</td><td>9</td><td>10</td><td>11</td><td>12</td></tr>
<tr><td>GB/T 10095.1—2022</td><td></td><td>1</td><td>2</td><td>3</td><td>4</td><td>5</td><td>6</td><td>7</td><td>8</td><td>9</td><td>10</td><td>11</td><td></td></tr>
<tr><td rowspan="7">在热处理以前进行精加工</td><td colspan="5">氮化</td><td colspan="3">←磨削、剃削→</td><td colspan="5"></td></tr>
<tr><td colspan="6">渗碳硬化小尺寸大批量
(汽车制造)</td><td colspan="3">←剃削→</td><td colspan="4"></td></tr>
<tr><td colspan="5">单齿感应硬化或火焰硬化</td><td colspan="5">←滚插刨→</td><td colspan="3"></td></tr>
<tr><td colspan="7" rowspan="2">渗碳硬化小尺寸
单件生产</td><td colspan="5">←滚插刨→</td><td></td></tr>
<tr><td></td><td colspan="4">←成形铣→</td><td></td></tr>
<tr><td colspan="6" rowspan="2">旋转感应硬化或火焰硬化</td><td colspan="5">←滚插刨→</td><td colspan="2"></td></tr>
<tr><td></td><td colspan="5">←成形铣→</td><td></td></tr>
</table>

表 12-1-167　　圆柱齿轮各级精度的应用范围

要素		精度等级					
		4	5	6	7	8	9
工作条件及应用范围	机床	高精度和精密的分度链末端齿轮	一般精度的分度链末端齿轮、高精度和精密的分度链的中间齿轮	Ⅴ级机床主传动的重要齿轮、一般精度的分度链的中间齿轮、油泵齿轮	Ⅳ级和Ⅲ级以上精度等级机床的进给齿轮	一般精度的机床齿轮	没有传动精度要求的手动齿轮
圆周速度 /m·s⁻¹	直齿轮	>30	>15~30	>10~15	>6~10	<6	
	斜齿轮	>50	>30~50	>15~30	>8~15	<8	
工作条件及应用范围	航空、船舶、车辆	需要很高平稳性,低噪声的船用和航空齿轮	需要高平稳性、低噪声的船用和航空齿轮 需要很高平稳性、低噪声的机车和轿车的齿轮	用于高速传动,有高平稳性、低噪声要求的机车、航空、船舶和轿车的齿轮	用于有平稳性和低噪声要求的航空、船舶和轿车的齿轮	用于中等速度,较平稳传动的载货汽车和拖拉机的齿轮	用于较低速和噪声要求不高的载货汽车第一挡与倒挡拖拉机和联合收割机齿轮
圆周速度 /m·s⁻¹	直齿轮	>35	>20	≤20	≤15	≤10	≤4
	斜齿轮	>70	>35	≤35	≤25	≤15	≤6
工作条件及应用范围	动力齿轮	用于很高速度的透平传动齿轮	用于高速的透平传动齿轮、重型机械进给机构和高速重载齿轮	用于高速传动的齿轮,工业机器有高可靠性要求的齿轮,重型机械的功率传动齿轮,作业率很高的起重运输机械齿轮	用于高速和适度功率或大功率和适度速度条件下的齿轮 冶金、矿山、石油、林业、轻工、工程机械和小型工业齿轮箱(普通减速器)有可靠性要求的齿轮	用于中等速度、较平稳传动的齿轮 冶金、矿山、石油、林业、轻工、化工、工程机械、起重运输机械和小型工业齿轮箱(普通减速器)的齿轮	用于一般性工作和噪声要求不高的齿轮 受载低于计算载荷的传动齿轮,速度大于1m/s的开式齿轮传动和转盘的齿轮
圆周速度 /m·s⁻¹	直齿轮	>70	>30	<30	<15	<10	≤4
	斜齿轮				<25	<15	≤6
工作条件及应用范围	其他	检验7~8级精度齿轮,其他的测量齿轮	检验8~9级精度齿轮的测量齿轮,印刷机械印刷辊子用的齿轮	读数装置中特别精密传动的齿轮	读数装置的传动及具有非直齿的速度传动齿轮,印刷机械传动齿轮	普通印刷机传动的齿轮	
单级传动功率		不低于0.99(包括轴承不低于0.982)			不低于0.98(包括轴承不低于0.975)	不低于0.97(包括轴承不低于0.965)	不低于0.96(包括轴承不低于0.95)

12.1　需要在工作图中标注的一般尺寸数据

① 顶圆直径及其公差。
② 分度圆直径。
③ 齿宽。
④ 孔(轴)径及其公差。
⑤ 定位面及其要求(径向和端面跳动公差应标注在分度圆附近)。
⑥ 轮齿表面粗糙度(轮齿齿面粗糙度标注在齿高中部圆上或另行标注)。

12.2 需要在参数表中列出的数据

① 齿廓类型。

② 法向模数 m_n。

③ 齿数 z。

④ 齿廓齿形角 α。

⑤ 齿顶高系数 h_a^*。

⑥ 螺旋角 β。

⑦ 螺旋方向 R(L)。

⑧ 径向变位系数 x。

⑨ 齿厚，公称值及其上、下偏差。

a. 首先选用跨距（公法线长度）测量法，列出其公称值 W_k 及上偏差 E_{bns}、下偏差 E_{bni} 和跨测齿数 K。

b. 当齿轮结构和尺寸不允许用跨距测量法，则采用跨球（圆柱）尺寸［量柱（球）测量距］测量法，列出其公称值 M_d 及上偏差 E_{yns}、下偏差 E_{yni} 和球（圆柱）的尺寸［量柱（球）的直径］D_M。

c. 以上两法其客观条件都有困难时，才用不甚可靠的弦齿厚测量法，列出弦齿厚（法向齿厚）公称值 S_{ync} 及上偏差 E_{syns}、下偏差 E_{syni} 和弦齿顶高 h_{yc}。

⑩ 配对齿轮的图号及其齿数。

⑪ 齿轮精度等级。

a. 当单件或少量数件圆柱齿轮生产时，选用标准 GB/T 10095.1—2022/ISO 1328-1：2013 等级。

b. 当批量生产圆柱齿轮时，选用标准 GB/T 10095.1/2/ISO 1328-1：2013/ISO 1328-2：2020 等级。

c. 齿轮工作齿面和非工作齿面，选用同一精度等级，也可选用不同精度等级的组合。

⑫ 检验项目、代号及其允许值。

a. GB/T 10095.1，齿轮线速度<15m/s 时，检验项目为 $\pm f_p$、F_p、F_α、F_β、F_r 等偏差项目和相应允许值，当齿轮线速度>15m/s 时，再加检 F_{pk}。

b. GB/T 10095.2，检验项目为切向综合总偏差 F_{is} 和径向综合总偏差 F_{id}。

c. 供需双方协商一致，具备高于被检齿轮精度等级 4 个等级的测量齿轮和装置，其 f_{isT} 可以代替 $\pm f_p$、F_{pk}、F_β 的偏差项目。

d. 检验项目要标明相应的计值范围 L_α 和 L_β。

e. 根据齿轮产品特殊需要，供需双方协商一致，可以标明齿廓和螺旋线的形状，并将斜率偏差 $f_{f\alpha}$、$f_{f\beta}$、$f_{H\alpha}$、$f_{H\beta}$ 的全部或部分的数值转化为允许值。

12.3 其他

① 对于带轴的小齿轮，以及轴、孔不作为定心基准的大齿轮，在切齿前必须规定作定心检查用的表面最大径向跳动。

② 轴齿轮应用两端中心孔，由中心孔确定齿轮的基准轴线是最满意的方法，齿轮公差及（轴承）安装面的公差均相对于此轴线来规定，安装面相对于中心孔的跳动公差必须规定，是加工设备条件能制造的最小公差值，中心孔采用 B 型较大的尺寸，中心孔 60°接触角范围内应对准一直线，60°角锥面表面粗糙度至少为 $Ra0.8\mu m$。

③ 为检验轮齿的加工精度，对某些齿轮尚需指出其他一些技术参数（如基圆直径），或其他作为检验用的尺寸参数和形位公差（如齿顶圆柱面等）。

④ 当采用设计齿廓、设计螺旋线时，应在图样上详述其参数。

⑤ 给出必要的技术要求，如材料热处理、硬度、探伤、表面硬化、齿根圆过渡，以及其他等。

12.4 齿轮工作图示例

图样中参数表，一般放在图样右上角，参数表中列出参数项目可以根据实际情况增减，检验项目的允许值确定齿轮精度等级，图样中技术要求，一般放在图形下方空余地方。具体示例见图 12-1-130 和图 12-1-131。

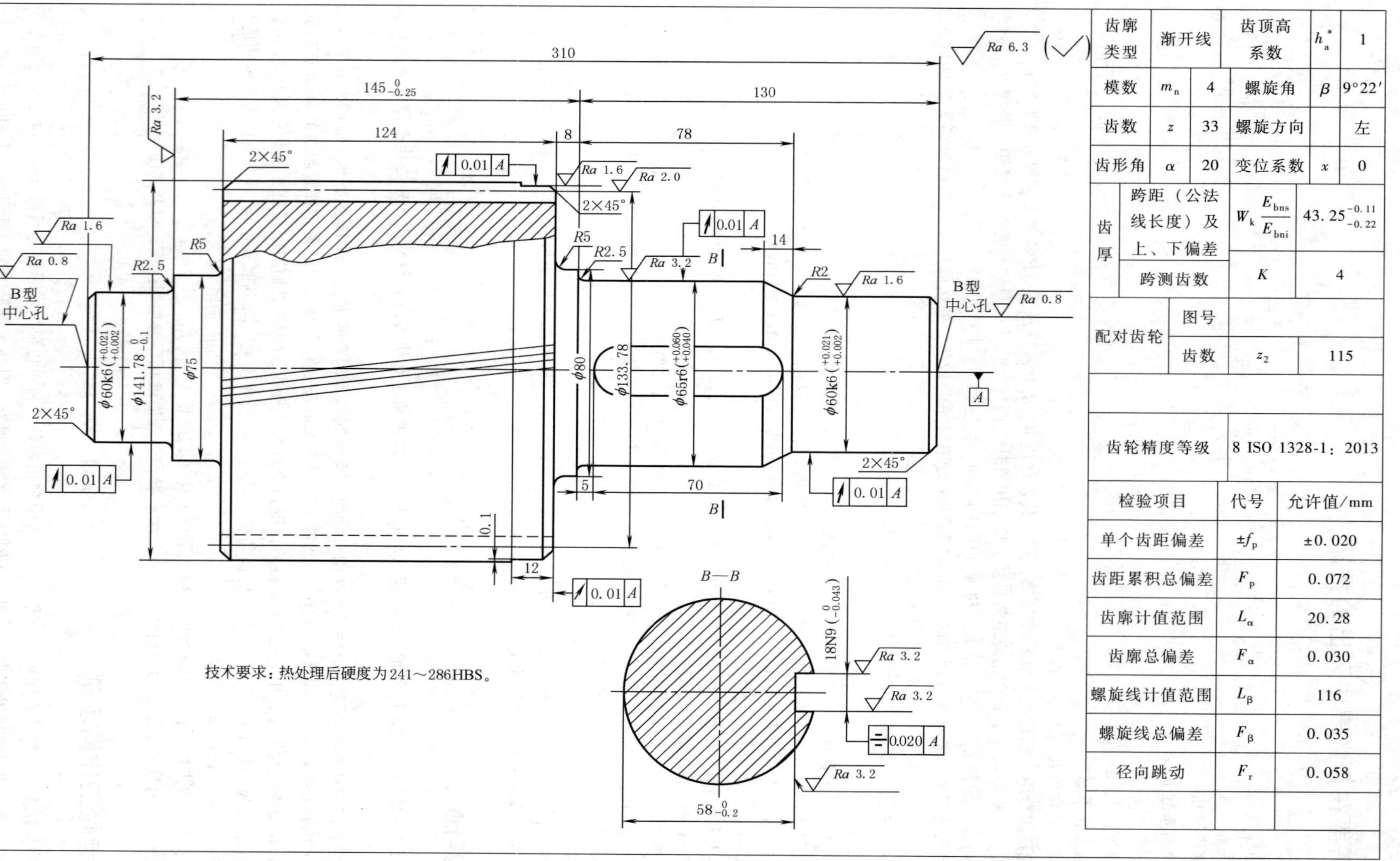

齿廓类型	渐开线		齿顶高系数	h_a^*	1
模数	m_n	4	螺旋角	β	9°22′
齿数	z	33	螺旋方向		左
齿形角	α	20	变位系数	x	0
齿厚	跨距（公法线长度）及上、下偏差		$W_k \frac{E_{bns}}{E_{bni}}$	$43.25_{-0.22}^{-0.11}$	
	跨测齿数		K	4	
配对齿轮	图号				
	齿数		z_2	115	
齿轮精度等级			8 ISO 1328-1：2013		

检验项目	代号	允许值/mm
单个齿距偏差	$\pm f_p$	±0.020
齿距累积总偏差	F_p	0.072
齿廓计值范围	L_α	20.28
齿廓总偏差	F_α	0.030
螺旋线计值范围	L_β	116
螺旋线总偏差	F_β	0.035
径向跳动	F_r	0.058

图 12-1-130　轴齿轮工作图示例

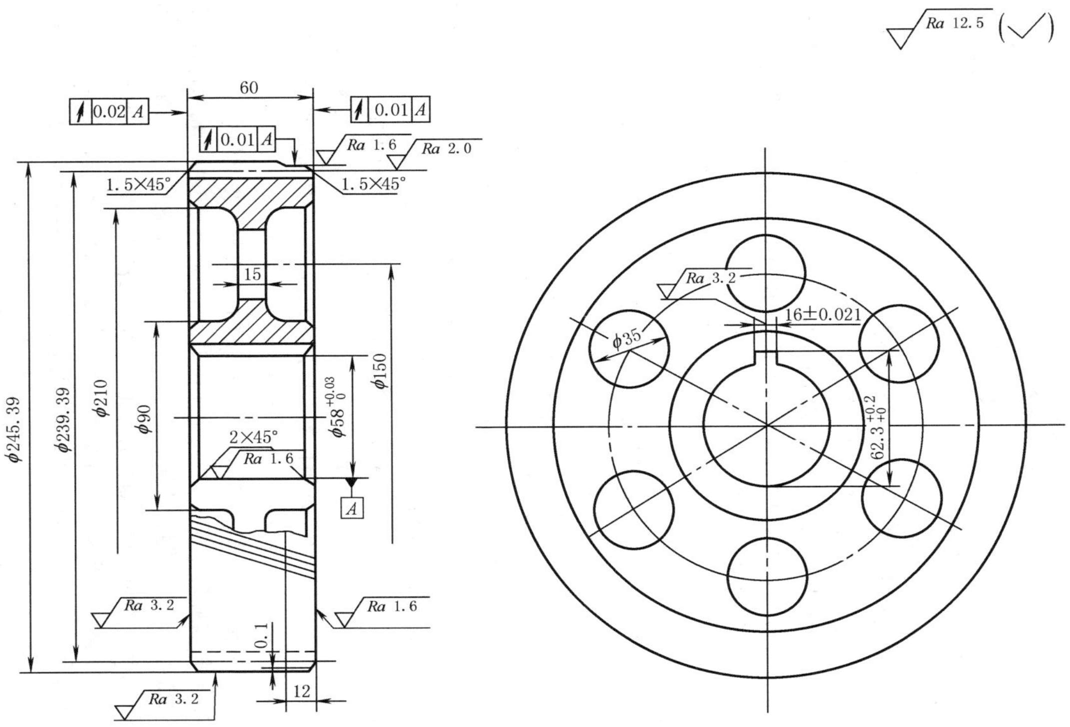

齿廓类型	渐开线		齿顶高系数	h_a^*	1
模数	m_n	3	螺旋角	β	8°06′34″
齿数	z	79	螺旋方向		右
齿形角	α	20°	变位系数	x	0
齿厚	跨距（公法线长度）及上、下偏差		$W_k \frac{E_{bns}}{E_{bni}}$		$87.55_{-0.22}^{-0.13}$
齿厚	跨测齿数		K		10
配对齿轮	图号				
配对齿轮	齿数		z_2		22
齿轮精度等级			8 ISO 1328-1：2013 8 ISO 1328-2：2020		
检 验 项 目			代号		允许值/mm
单个齿距偏差			$\pm f_p$		±0.018
齿距累积总偏差			F_p		0.070
齿廓计值范围			L_α		15.11
齿廓总偏差			F_α		0.025
螺旋线计值范围			L_β		48.0
螺旋线总偏差			F_β		0.029
径向跳动			F_r		0.056

技术要求：调质处理210～250HB。

图 12-1-131　齿轮工作图示例

13 齿轮润滑

资料显示，机器故障的34.4%源于润滑不足，19.6%源于润滑不当，换言之，约54%的机器故障是润滑问题所致。因此，齿轮润滑对齿轮传动具有极其重要的意义，为了保证齿轮正常运行和提高其使用寿命，必须高度关注齿轮润滑技术。齿轮箱的润滑和冷却是齿轮传动的重要组成部分，许多齿面损伤和轴承损坏都是由润滑不良引起的。因此齿轮箱的寿命在很大程度上与合理地选择润滑油的种类、黏度、油量及润滑、冷却方式有关，良好的润滑能提高齿轮、轴承的耐久寿命。

13.1 齿轮润滑总体介绍

分析表明，齿轮的磨损同润滑状态密不可分。如图12-1-132所示，在润滑状态下，齿轮的跑合时间短，正常磨损阶段长，对应于正常磨损状态（曲线1）；而在无润滑或润滑失效情况下，齿轮在运转初期即因发生剧烈磨损而失效（曲线2）。这种失效行为多见于未经跑合的新齿轮（齿轮表面大多处于边界润滑或局部干摩擦状态），主要是由于齿轮加工精度过低、表面粗糙度较高、润滑油极压抗磨性能不佳等。齿轮传动的常见破坏形式包括磨损、点蚀、胶合、折断及塑性变形等。其中前三者同润滑油直接密切相关，后二者则同润滑油间接相关。因此，就减速器而言，其在运转过程中的传动失效主要取决于润滑状态，通过合理选用齿轮润滑油可以避免或减轻传动齿轮的破坏、提高其传动寿命。研究发现，采用合适的跑合油或极压齿轮油进行跑合，可以有效地提高齿轮的接触精度、降低齿面粗糙度、大幅度提高齿轮的寿命，这对加工精度过低或表面粗糙度过大的齿轮同样适用。值得注意的是，由于油品选择不当，某些新型高性能润滑油在提高齿轮使用寿命方面的潜力还远未得到充分发挥，合理选择并科学使用润滑油依然是润滑工程师面对的艰巨任务。

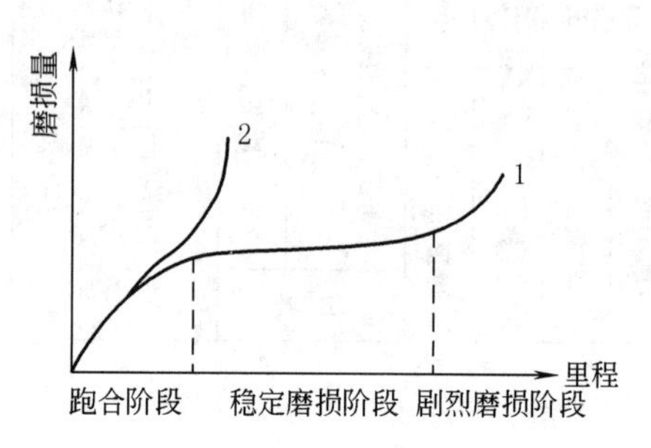

图12-1-132　油润滑状态下的齿轮磨损过程示意图

含极压抗磨添加剂的齿轮润滑油在齿轮润滑方面受到了高度重视并获得了广泛应用。其原因在于，含极压抗磨添加剂的齿轮润滑油可以在齿轮啮合面形成有效的保护膜，从而阻止啮合面直接接触，抑制或减轻齿面磨损并避免齿轮胶合。在齿轮啮合过程中，含极压抗磨添加剂的齿轮润滑油经由摩擦化学反应而在齿面接触凸峰处形成由有机和无机化合物组成的保护膜，从而改善齿面接触条件，提高齿轮的承载和抗磨能力；而齿轮齿面之间的化学反应有利于强化齿轮表面、提高齿面硬度，从而提高齿轮的承载能力和使用寿命；此外，合理复配的齿轮油还可以提高齿轮的承载和抗疲劳性能。总体而言，通过优化齿轮材料选择、优化齿轮参数、提高齿轮制造精度、降低齿面粗糙度、采用含有极压抗磨添加剂的齿轮油可以达到提高齿轮抗磨性能和抗胶合能力的目的，同时，采用含有极压抗磨添加剂的齿轮润滑油润滑时具有明显的成本优势。研究表明，采用新型润滑油添加剂完全可以避免普通齿轮在各种工况条件下的胶合，并最大限度地降低齿轮磨损，满足保护齿轮齿面和延长齿轮寿命，降低维护费用的要求。可以认为，齿轮在啮合过程中因摩擦而产生的接触区局部适当高温不仅无害，反而有利于形成保护膜。极压抗磨添加剂在齿面局部高温条件下更易同齿面金属发生摩擦化学反应，形成压缩强度高、剪切强度低的化学反应膜，从而保护了齿轮齿面，避免齿轮过度磨损和胶合。新型齿轮润滑油的抗磨承载作用及其对齿面的保护作用远非传统齿轮润滑油可比。以20世纪50~60年代的王牌齿轮润滑油——高黏度28#轧钢机油为例，该类齿轮油不含极压抗磨添加剂，仅能在齿轮表面经由物理吸附和化学吸附形成表面保护膜，这种物理吸附和化学吸附膜的强度较低，在齿轮运转过程中易发生破裂和脱落，从而失去对齿面金属的保护作用，导致齿轮严重磨损而失效。因此，就齿轮传动而言，合理润滑具有不可替代的重要作用，否则将严重影响齿轮的运转，甚至导致企业的生产线停止运转。在解决企业的实际润滑问题时发现，由于企业技术人员缺乏对润滑和润滑油的了解，致使大量生产设备的齿轮润滑不规范，代用、错用严重，如有的企业至今仍用28#轧钢机油或机械油代替中、重负荷齿轮油，导致相应的齿轮齿面磨损和擦伤，使齿轮使用寿命明显降低。或者采用高性能润滑油，但仍然采用传统的润滑方式，导致润滑油使用不当，降低齿轮使用寿命。因此，选定合适的润滑油和润滑方式对保证齿轮传动性能和寿命以及可靠性非常重要。

一般工业上常用的润滑油主要有ISO-VG46、ISO-VG68、ISO-VG100、ISO-VG150、ISO-VG220、ISO-VG320、

ISO-VG460、ISO-VG680 和美国汽车工程师协会 SAE 分类标准的 SAE15W、SAE25W、SAE20、SAE30、SAE50、SAE60 等。

我国借鉴 ISO 6743-6：1990 标准制定了工业齿轮油分类国家标准 GB/T 7631.7—1995。推荐使用的国产工业齿轮油列于表 12-1-168。另外还有一些特殊齿轮油，如适合野外的低凝点齿轮油、无级变速齿轮油等。

表 12-1-168　　工业齿轮油分类和使用范围

传动方式	品种代号	通用名称	适用范围
闭式齿轮传动	CKB	抗氧防锈齿轮油	适用于低负荷、齿面接触应力小于 500MPa 的齿轮传动润滑
	CKC	中负荷工业齿轮油	适用于齿面接触应力小于 1100MPa 的工业齿轮传动润滑
	CKD	重负荷工业齿轮油	适用于齿面接触应力大于 1100MPa 的工业齿轮传动润滑
	CKE(轻负荷) CKE/P(重轻负荷)	蜗轮蜗杆油	摩擦因数低，适合蜗轮传动润滑
	CKS	合成烃齿轮油	适用于轻负荷、极高和极低温度下齿轮的润滑，其他同重负荷工业齿轮油
	CKT	合成烃极压齿轮油	适用于极高和极低温度下工作的齿轮的润滑，其他同中负荷工业齿轮油
	CKG	普通齿轮润滑脂	适用于轻负荷下运转的齿轮润滑
开式齿轮传动	CKH(沥青)	普通开式齿轮油	用于中等环境温度和轻负荷下运转的圆柱齿轮和圆锥齿轮的润滑
	CKJ	中负荷开式齿轮油	用于中等环境温度和中等负荷下运转的圆柱齿轮和圆锥齿轮的润滑
	CKL	重负荷开式齿轮润滑脂	在高温和重负荷下使用的润滑脂，用于圆柱齿轮和圆锥齿轮的润滑
	CKM	重负荷开式齿轮油	允许在极限负荷(特殊重负荷下)下使用的齿轮传动润滑油

GB/T 7631.7—1995 中推荐使用的国产车辆齿轮油列于表 12-1-169。新的美国标准规定手动变速箱油为 PG-1，重负荷双曲线齿轮油为 PG-2，其中 PG-2 的质量优于 GL-5；美国军方则将手动变速箱油和重负荷双曲线齿轮油合并归入 MT-1。

表 12-1-169　　车辆齿轮油分类和使用范围

品种代号	美国分类	通用名称	适用范围
CLC	GL-3	普通车辆齿轮油	适用于中等速度和负荷下比较苛刻的手动变速箱和螺旋锥齿轮的传动
CLD	GL-4	中载荷车辆齿轮油	适用于低速高转矩、高速低转矩的各种齿轮及使用条件不太苛刻的车辆用准双曲线齿轮传动
CLE	GL-5	重载荷车辆齿轮油	适用于高速冲击负荷、高速低转矩、低速高转矩的各种齿轮或苛刻的车辆用准双曲线齿轮传动

选油：齿轮用油的正确选择和使用可以对齿轮的寿命和性能产生重要的影响，进而影响到设备运行。

润滑方式：齿轮箱的正确润滑方式对减少齿轮磨损和摩擦至关重要。

黏度：齿轮油的黏度选择要考虑工作温度和负荷等因素，如果使用的油太稀，会导致润滑不足，加重齿轮磨损和故障负荷。如果使用的油太稠，会增加油的阻力，导致能量损失和油温升高，也会导致故障负荷增加。

清洁度：齿轮箱内部的油需要保持清洁，以避免因沉积物或杂质导致齿轮箱的磨损和故障负荷。定期更换齿轮箱内部的油可以帮助保持油的清洁程度。

用油量：齿轮用油量也很重要，如果油的加注量过低，会导致齿轮的润滑不足，增加磨损和故障负荷。如果油的加注量过多，会增加油的阻力，也会增加负荷。

总之，选择合适的润滑油和润滑方式、保持油的清洁、注意用油量和黏度等因素，都可以减少齿轮的磨损和故障。

13.2 齿轮传动的润滑形式和齿轮润滑方式的选择

13.2.1 齿轮润滑形式

齿轮传动润滑形式主要包括流体润滑、混合润滑和边界润滑。我们采用 Stribeck 曲线来说明齿轮的润滑状态。如图 12-1-133 所示，根据油膜厚度可以将齿轮润滑划分为三个区，用油膜参数 λ 作为评定润滑有效性的标志，即 $\lambda=\dfrac{h}{\sigma}$，其中 $\sigma=\sqrt{\sigma_1^2+\sigma_1^2}$ 为均方根粗糙度，h 为油膜厚度。当 $\lambda>3$ 时，齿轮处于流体动压润滑状态（d 区），润滑油将齿面隔开，处于无磨损状态；当 $0.4<\lambda<3$ 时，齿轮处于混合润滑状态（c 区），齿面之间既有流体动力润滑，又有边界润滑和干摩擦；当 $\lambda<0.4$ 时，齿轮处于边界润滑状态（a 区和 b 区），齿面被吸附于其上的极性化合物的分子膜所组成的边界油膜隔开，边界油膜破裂会使金属齿面直接接触，致使磨损加剧，最后发生磨损或胶合。应当指出，增大负荷 P 或降低速度 v，都有可能使润滑状态由动压润滑向混合润滑或边界润滑状态转变。随着设备向小型、高速、重载方向发展，大部分齿轮传动处于混合和边界润滑状态，此时齿面凸峰相互接触甚至碰撞，很难达到流体润滑状态。因此，对高参数齿轮传动，降低齿面粗糙度成为提高齿轮性能的重要措施，润滑状态的好坏与工作载荷、零件精度、接触面粗糙度、润滑剂和润滑方式都有关。

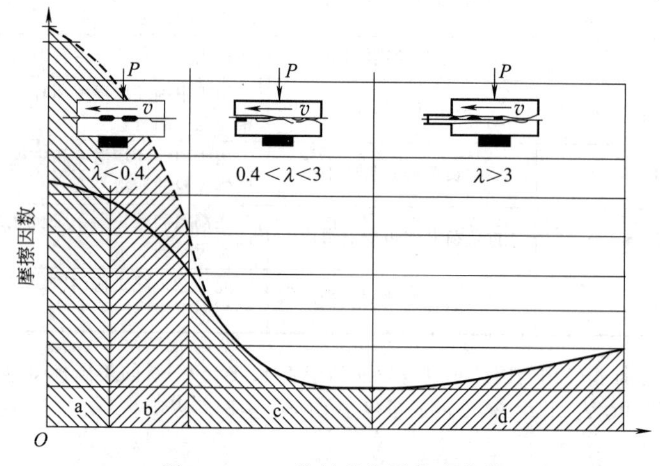

图 12-1-133 齿轮的润滑状态曲线

大多数齿轮需要采用液体润滑即齿轮油润滑，部分齿轮则采用半流体润滑、脂润滑及固体润滑。齿轮润滑选择何种润滑方式，必须根据齿轮的工作条件和传动要求来确定，以下简要介绍常用的齿轮润滑方式。

13.2.2 齿轮润滑方式

（1）油浴润滑

以齿轮箱体作为储油池，使齿轮浸入油池一定深度，利用齿轮在旋转过程中产生的离心力将油池中的油飞溅到需要润滑的部位，这就是齿轮的油浴润滑。这种润滑方式简单，适用于速度不高，独立工作的中小型齿轮箱；其关键在于必须保持适当的齿轮转速，以保证润滑油飞溅到齿轮需要润滑的部位；齿轮速度太低则达不到溅油要求，而速度太高往往导致润滑油甩离齿面并增大油耗，难以满足润滑要求。一般要求齿轮的圆周速度处于 3~15m/s 范围内；蜗轮蜗杆传动的圆周速度范围处于 3~10m/s 范围内。另外，应定期检查采用油浴润滑的齿轮箱的油位高度，保证正常油面高度为浸没中间轴大齿轮的一个全齿高度（特例除外），以实现充分润滑。否则，若油面过低则不能实现润滑油飞溅，若油面太高则导致搅动阻力增大、齿轮箱运行温度及油温升高、润滑油氧化变质加速。

（2）循环喷油润滑（循环润滑）

循环润滑采用独立的润滑系统，润滑油通过油泵输送到齿轮箱，随后循环回流至油箱，从而实现循环润滑。采用循环润滑可以在满足润滑要求的同时起到冷却和冲洗齿面的作用，适用于大型生产线和需要采用集中润滑的部件。循环润滑适用于圆周速度高、功率较大的齿轮传动。如对于圆周速度大于 12~15m/s 的圆柱齿轮传动及蜗杆圆周速度大于 6~10m/s 的蜗杆传动需要采用循环润滑。应该注意的是，采用循环润滑时必须配置性能优良的过滤装置，以避免润滑油循环过程中产生的杂质进入齿轮接触表面。

对于大功率高速齿轮传动，齿轮的润滑方式对齿轮的润滑和散热有很大的影响。主要方式：

啮入侧喷油：这种方法采用较多，但啮入侧喷油缺点是散热效果差，抗点蚀能力低于啮出侧喷油，且出现挤油现象。

啮出侧喷油：从冷却的角度来看，小齿轮上的温度高于大齿轮，啮出侧的温度高于啮入侧，故喷嘴应对准啮出侧小齿轮齿面上。从提高抗点蚀能力、提高传动效率、减少振动和噪声等考虑，啮出侧喷油优于啮入侧喷油。

啮入侧和啮出侧喷油并用：对于圆周速度大于 80m/s 的圆柱齿轮传动，采用 10%~20% 的润滑油喷入啮入侧，其余的润滑油喷到啮出侧的方法，喷油嘴的喷入位置是个关键因素，需要通过滑油试验找到最佳的位置，对于线速度大于 140m/s 的高速齿轮，可在人字齿轮退刀槽和轮缘端面给予喷油，以减少沿齿向热变形的影响。确保齿轮啮合充分润滑和冷却，设计者对喷油嘴喷油量、喷油嘴油孔尺寸、出口压力、喷油嘴的数量需要计算并通过滑油试验测试验证。

（3）油雾润滑

油雾润滑以压缩空气为动力，使润滑油成为粒径 2μm 以下的颗粒状油雾，油雾随压缩空气分散到需要润滑的部位，从而获得良好的润滑效果，采用油雾润滑可以有效地减少润滑油消耗，降低成本。与此同时，比热很小的压缩空气可带走摩擦产生的热，从而大大降低齿面的工作温度；而具有一定压力的油雾可以起到密封作用。油雾润滑常用于传动精度要求高、传动功率适中、容易泄漏的齿轮润滑，多用于冶金工业领域。

（4）油气润滑

油气润滑与油雾润滑相似，但有所区别。采用油气润滑时，首先将润滑油和压缩空气引入油气混合器，利用压缩空气将润滑油分散成油滴并附着于管壁，使润滑油呈现雾状，以压缩空气作为动力，以每小时 5~10ml 的量进行喷射，输送到齿轮的啮合部位。由于这些油有极性，尽管是极微量，也可以使边界润滑的效应大幅度提高。由于油气润滑不受润滑油黏度的限制，不存在高黏度油雾化难的问题，且无油雾、污染小、耗油量低，是一种较为经济的润滑方式。

（5）离心润滑

在齿轮底部钻若干个径向小孔，利用齿轮旋转时产生的离心力将润滑油从小孔甩出至齿轮的啮合齿面，这就是离心润滑。利用离心润滑可以使润滑油在离心力作用下起到连续的冲洗和冷却作用，并可将高黏度的润滑油引入啮合齿面，防止高速齿轮因离心力作用而引起的齿面润滑不良。该润滑方式功率损失小，并可以有效地缓冲振动；其缺点在于引入了齿底钻孔额外工序，并必须配置供油设备。故常用设备很少采用该种润滑方式。

（6）润滑脂涂抹润滑

除油润滑外，润滑脂涂抹润滑亦广泛应用于各种机械设备的齿轮润滑，如炼钢车间的转炉倾动机构的齿圈啮合的润滑、某些蜗轮蜗杆装置的润滑及低速重负荷齿轮润滑。实践证明，对高温、重载、低速、真空和容易泄漏的齿轮装置采用润滑脂涂抹润滑，既可减轻磨损，又可避免漏油，从而保证润滑的可靠性。

（7）润滑脂喷射润滑

润滑脂喷射润滑是以压缩空气为动力，由机械泵将润滑脂输送至待润滑部位。润滑脂被压缩空气直接喷射到齿轮啮合部位，由于可以任意控制供油量，因此可以保证润滑的可靠性，获得较好的润滑效果。该润滑方式特别适合于冶金、矿山、水泥、化工和造纸等工业领域的大型齿轮特别是大型开式齿轮的润滑。

（8）固体润滑

固体润滑适用于负荷轻、运转平稳、要求无泄漏的圆柱齿轮减速器。常用的固体润滑剂为二硫化钼、石墨或由固体润滑剂与黏结剂等制备的黏结固体润滑涂层。此外还可以采用粉末状固体润滑剂飞扬润滑。

以上几种润滑方式各具特点，适用对象亦有所不同，应根据不同工作条件及不同齿轮类型加以选用。由于齿轮的失效与其润滑状态密切相关，为了保证齿轮的正常运转，必须正确选用齿轮用润滑剂及适宜的润滑方式。针对齿轮润滑，人们根据大量工程应用实例得到了以下主要经验：①重负荷齿轮传动需选用重负荷齿轮油；②汽车齿轮传动需选用相应的汽车齿轮油；③航空齿轮传动需选用相应的航空齿轮油；④蜗轮蜗杆传动需选用蜗轮蜗杆润滑油；⑤同类型的齿轮在不同工况条件下应选用不同的齿轮油；⑥不同类型的齿轮在相同的工况条件下应选用不同的齿轮油。

不同齿轮传动所需齿轮油不同，高挡油可以代替低挡油，而低挡油则不能替代高挡齿轮润滑油。应严格按相关标准选用齿轮润滑油，否则将引起齿轮失效，甚至影响整套设备的正常运转。

CHAPTER 2

第2章 圆弧圆柱齿轮传动

1 概　　述

1.1 圆弧圆柱齿轮传动的基本原理

圆弧圆柱齿轮简称圆弧齿轮，因其基本齿条法向工作齿廓曲线为圆弧而得名。在国际上称为 Wildhaber-Novikov 齿轮，简称 W-N 齿轮。

圆弧圆柱齿轮分为单圆弧圆柱齿轮和双圆弧圆柱齿轮。单圆弧圆柱齿轮轮齿的工作齿廓曲线为一段圆弧。相啮合的一对齿轮副，一个齿轮的轮齿制成凸齿，配对的另一个齿轮的轮齿制成凹齿，凸齿的工作齿廓在节圆柱以外，凹齿的工作齿廓在节圆柱以内。为了不降低小齿轮的强度和刚度，通常把配对的小齿轮制成凸齿，大齿轮制成凹齿。

双圆弧圆柱齿轮轮齿的工作齿廓曲线为两段圆弧。在一个轮齿上，节圆柱以外的齿廓为凸圆弧（凸齿）、节圆柱以内的齿廓为凹圆弧（凹齿），凸凹圆弧之间用一段过渡圆弧连接（也可用切线连接），形成台阶，称为分阶式双圆弧圆柱齿轮。两个配对齿轮的齿廓相同。

圆弧圆柱齿轮传动分为单圆弧圆柱齿轮传动和双圆弧圆柱齿轮传动（图 12-2-1）。以端面圆弧齿廓啮合传动为例，说明圆弧齿轮和渐开线齿轮啮合传动时的本质区别。圆弧齿轮啮合时，在端面上为凸凹圆弧曲线接触，当凸圆弧和凹圆弧的半径相等时，齿面上的接触迹线为沿齿高分布的一段圆弧线，连续啮合传动，这条圆弧接触迹线由啮入端沿齿向线移动到啮出端。渐开线直齿轮啮合时，在端面上为凸凸曲线接触，齿面上的接触迹线为沿齿宽（轴向）分布的一条直线，连续啮合传动，这条接触迹线从齿根（主动轮啮入）移动到齿顶（主动轮啮出）。

(a) 单圆弧圆柱齿轮　　(b) 双圆弧圆柱齿轮

图 12-2-1　圆弧圆柱齿轮传动

圆弧圆柱齿轮沿齿高方向的线接触在工程应用中无法实现，它要求啮合凸凹齿廓圆弧半径相等且圆心在节点上，无误差加工，无误差装配和运行。为实现工程应用，圆弧圆柱齿轮齿廓设计为凸弧齿廓半径略小于凹弧齿廓半径，凸凹弧圆心分布在节线两侧（称为双偏共轭齿廓，如果凸弧圆心在节线上称为单偏共轭齿廓），这就给制造装配带来极大的方便。由于凸凹圆弧齿廓有半径差，端面圆弧齿廓啮合时，只有两齿廓圆心与节点共线，才在两齿廓内切点接触（图 12-2-2 中 K 点），并立即分离，而与它相邻的端面齿廓瞬间进入接触，又分离，如此重复实现啮合传动，根据这一特点，圆弧圆柱齿轮传动又称为圆弧点啮合齿轮传动。相啮合的两齿面经长期跑合（磨合），凸齿齿廓在接触点处的曲率半径逐渐增大，凹齿齿廓在接触点处的曲率半径逐渐减小，两工作齿面的齿廓曲率半径逐渐趋于相等，两齿廓圆心逐渐趋向节点，齿面受载变形后接触区域变大，承载能力增大；一旦凸凹齿齿廓在接触点处的曲率半径相等，齿轮副将无法传动。

在图 12-2-2 中，K 点具有双重性，它是端面两齿廓啮合时的啮合点，又是两齿面的瞬时接触点。作为啮合点，两齿廓在该点的公法线必须通过节点 P。啮合点由啮入到啮出在空间沿轴向移动，其轨迹 K_aK_b（图 12-2-3）称为啮合线。P 点也在空间沿轴向移动，其轨迹 P_aP_b（图 12-2-3）称为节线（即节点连线，不同于齿廓中的节线）。啮合线和节线都是平行于轴线的直线。作为接触点在齿面上留下的轨迹，K_bK_c 和 $K_bK'_c$（图 12-2-3）分别为两条螺旋线。

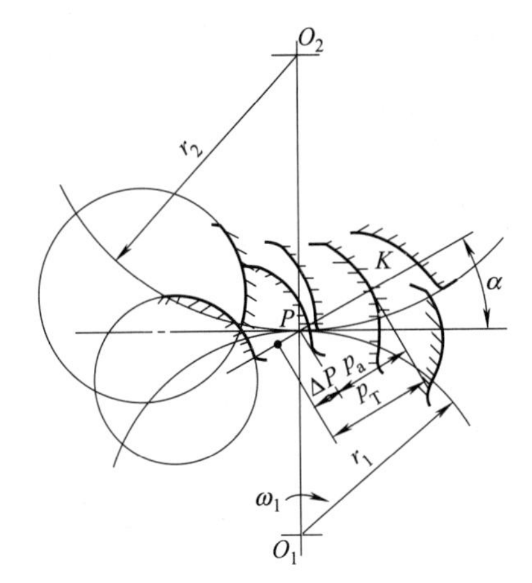

图 12-2-2　端面上两齿廓在点 K 接触图

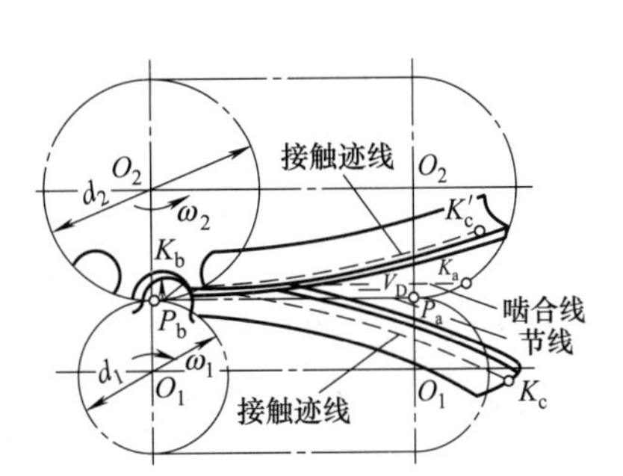

图 12-2-3　圆弧圆柱齿轮的啮合线和齿面接触迹线

当相啮合的两齿轮分别以 ω_1 和 ω_2 回转时，啮合点 K 以匀速 v_0 沿啮合线 K_aK_b 移动，同时在两齿面上分别形成两条螺旋接触迹线，其螺旋参数分别为

$$K_1=\frac{v_0}{\omega_1};K_2=\frac{v_0}{\omega_2} \tag{12-2-1}$$

传动比：

$$i_{12}=\frac{\omega_1}{\omega_2}=\frac{K_2}{K_1} \tag{12-2-2}$$

上式表明传动比与角速度成正比，与螺旋参数成反比。同一齿面的螺旋参数是不变的，所以齿面上接触迹线位置的偏移并不影响传动比。设 d_1、d_2 分别为两齿轮的节圆直径，β_1、β_2 分别为两齿轮节圆柱上的螺旋角，节圆柱上的螺旋参数分别为

$$\begin{cases}K_1=\dfrac{d_1}{2}\cot\beta_1\\[2ex]K_2=\dfrac{d_2}{2}\cot\beta_2\end{cases} \tag{12-2-3}$$

$$i_{12}=\frac{\omega_1}{\omega_2}=\frac{K_2}{K_1}=\frac{d_2\cot\beta_2}{d_1\cot\beta_1} \tag{12-2-4}$$

齿轮啮合时，两齿轮的节圆线速度相等，则

$$i_{12}=\frac{\omega_1}{\omega_2}=\frac{d_2}{d_1} \tag{12-2-5}$$

比较式（12-2-4）和式（12-2-5）得出 $\beta_1=\beta_2=\beta$。

由于圆弧圆柱齿轮的啮合线平行于轴线，在啮合传动的每一瞬间，在同一轴截面（包括端面）上只能有一个啮合点，所以其端面重合度为零，圆弧圆柱齿轮必须制成斜齿轮才能啮合传动。为了保持连续啮合，必须在前一对齿脱开之前，后一对齿已进入啮合，即纵向重合度 $\varepsilon_\beta=\dfrac{b}{p_x}\geqslant 1$（图 12-2-4）。为了保证匀速传动，两齿轮的轴向齿距必须相等，即 $p_{x1}=p_{x2}=p$，而

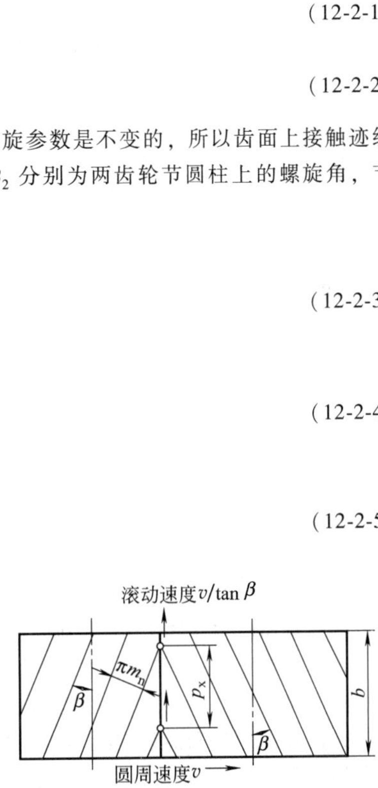

图 12-2-4　轴向齿距 p_x 和纵向重合度

$$\begin{cases}p_{x1}=\pi m_{n1}/\sin\beta_1\\p_{x2}=\pi m_{n2}/\sin\beta_2\end{cases} \tag{12-2-6}$$

由于 $\beta_1=\beta_2=\beta$，所以 $m_{n1}=m_{n2}=m_n$，即一对相啮合的齿轮的模数必须相等。

综上所述，要保证圆弧圆柱齿轮能以恒定传动比连续匀速传动，必须使一对啮合齿轮的模数相等，螺旋角相等、方向相反，纵向重合度等于或大于 1。这就是圆弧圆柱齿轮连续啮合传动的三要素。

单圆弧圆柱齿轮啮合传动（图 12-2-5a），当主动轮是凸齿齿廓时，顺着旋转方向看，主动轮和被动轮齿廓在节点后啮合（接触），称为节点后啮合传动，反之称为节点前啮合传动（图 12-2-5b），单圆弧圆柱齿轮传动只有一条啮合线。双圆弧圆柱齿轮啮合传动（图 12-2-5c），既有节点前啮合（图中 K_A 点），又有节点后啮合（图中 K_T 点），有两条啮合线，称为节点前后啮合传动或双啮合线传动。双圆弧圆柱齿轮啮合传动时，同一轮齿上的凸凹齿廓都参与啮合，在参数相同条件下，其接触点数比单圆弧圆柱齿轮增加一倍，减小了齿面接触应力。另外双圆弧圆柱齿轮轮齿根部齿厚较大，提高了抗弯强度，所以双圆弧圆柱齿轮有较高的承载能力，已得到广泛应用，正逐步取代单圆弧圆柱齿轮传动。

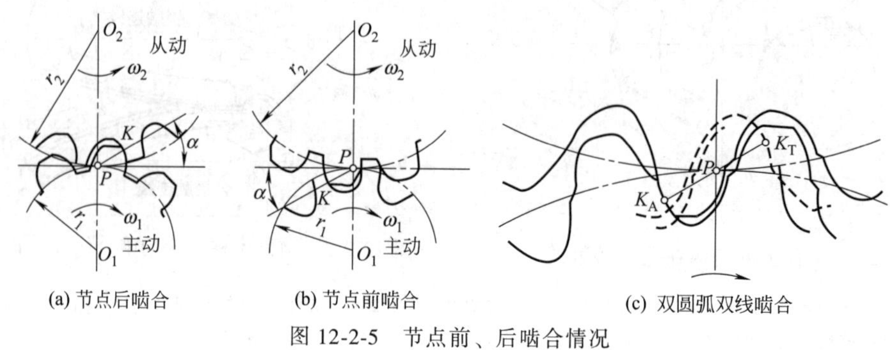

(a) 节点后啮合　(b) 节点前啮合　(c) 双圆弧双线啮合

图 12-2-5　节点前、后啮合情况

1.2　圆弧圆柱齿轮传动的特点

圆弧圆柱齿轮传动不同于渐开线齿轮，除基本传动原理外，还有以下主要特点。

（1）齿面接触强度高

圆弧圆柱齿轮的齿面接触应力是一个复杂的三维问题，但接触应力的大小与垂直于瞬时接触迹线平面内的相对曲率半径 ρ 有关，ρ 越大接触应力越小。圆弧圆柱齿轮是凸凹齿廓接触，有很大的相对曲率半径（图 12-2-6a）。设 u 为一对啮合齿轮的齿数比，则圆弧圆柱齿轮的相对曲率半径为

$$\rho_H=\frac{R_{n1}R_{n2}}{R_{n1}+R_{n2}}=\frac{d_1}{2\sin\alpha_n\sin^2\beta}\times\frac{u}{u+1} \tag{12-2-7}$$

同参数渐开线齿轮的相对曲率半径为

$$\rho_j=\frac{R_{n1}R_{n2}}{R_{n1}+R_{n2}}=\frac{d_1\sin\alpha_n}{2\cos^2\beta}\times\frac{u}{u+1} \tag{12-2-8}$$

比较上两式可知，当 $\beta=10°\sim30°$ 时，参数相同的圆弧圆柱齿轮与渐开线齿轮相比较，圆弧圆柱齿轮的相对曲率半径是渐开线齿轮的 20~200 倍，β 越小 ρ 越大。而且圆弧圆柱齿轮经跑合后沿齿高线是区域接触（图 12-2-6b），所以其齿面接触强度远远超过渐开线齿轮。

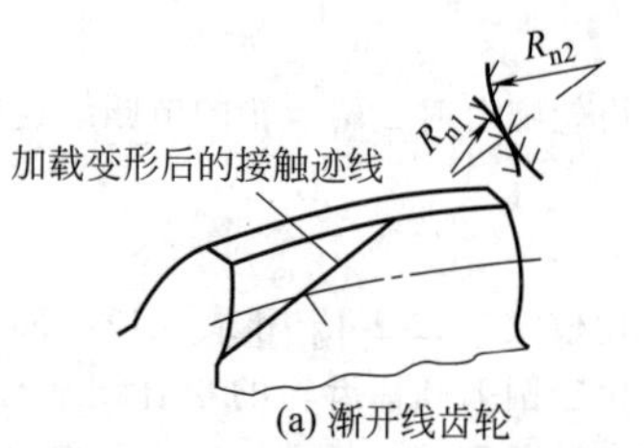

(a) 渐开线齿轮

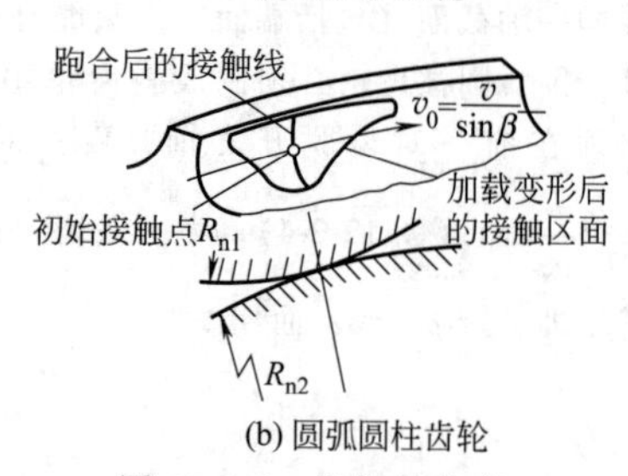

(b) 圆弧圆柱齿轮

图 12-2-6　齿轮的曲率半径与接触图

（2）齿面间容易建立动压油膜

圆弧圆柱齿轮跑合后齿面光滑，啮合传动时接触点沿齿向线的滚动速度非常大（图 12-2-6b），β 越小 v_0 越大，这对建立齿面间的动压油膜极为有利。较厚的油膜可以提高抗胶合能力，提高承载能力，减少摩擦损耗，提高传动效率。

（3）齿面接触迹位置易受中心距和切深变动量影响

圆弧圆柱齿轮初始接触（跑合前），在端面齿廓上是一个点，在齿面上是一条沿齿向的螺旋迹线（简称接触迹，也称接触带）。中心距和切深的变动量会影响初始接触压力角的大小（图 12-2-7），在标准切深情况下，中心距偏小（即 $\Delta\alpha<0$）使初始接触压力角增大，形成凸齿齿顶和凹齿齿

根接触，接触迹位置偏向凸齿齿顶和凹齿齿根。反之（即 $\Delta\alpha>0$）使初始接触压力角减小，形成凸齿齿根和凹齿齿顶接触，接触迹位置偏向凸齿齿根和凹齿齿顶。同样，在标准中心距（即 $\Delta\alpha=0$）的情况下，齿深切浅或切深，相当于中心距偏小或偏大对接触迹位置的影响。变动量也就是加工中的偏差，中心距偏差和切深偏差对接触迹位置的影响可以相互叠加也可抵消，加工中应严格按公差要求控制中心距和切深的偏差，尽量减小其综合影响。否则，过大的偏差都会降低齿轮的承载能力，影响传动的平稳性。

（4）只有纵向重合度

圆弧圆柱齿轮传动中，轴向齿距偏差对啮合的影响，犹如渐开线齿轮传动中基节偏差的影响，会引起啮入和啮出冲击，增大振动，影响承载能力。加工中应注意控制齿向误差和轴向齿距偏差。

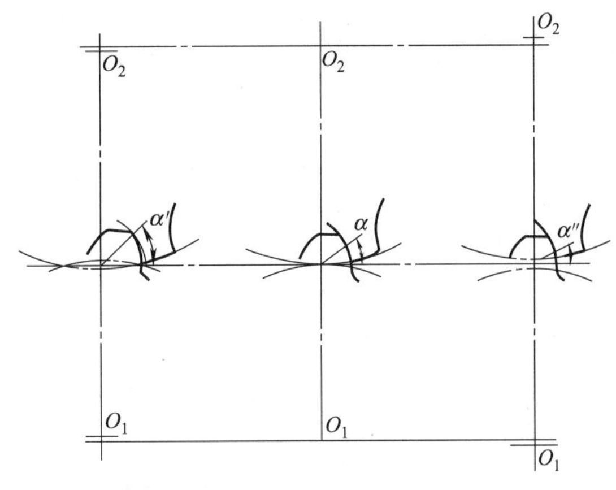

图 12-2-7　中心距误差对接触位置的影响

（5）没有根切现象可以取较少的齿数

渐开线齿轮齿数很少时，基圆就会大于齿根圆，制齿时就易产生根切，削弱齿根强度，所以有最少齿数限制。圆弧圆柱齿轮没有这一问题，齿数可以取得很少，但要保证齿轮和轴的强度和刚度。

1.3　圆弧圆柱齿轮的加工工艺

目前圆弧圆柱齿轮最常用的加工方法是滚齿。滚齿工艺包括软齿面和中硬齿面滚齿以及渗碳淬火硬齿面刮削（滚刮）工艺，分别采用高速钢滚刀、氮化钛涂层滚刀和钴高速钢滚刀，以及镶片式硬质合金滚刀。采用滚齿工艺还可以进行齿端修形（修薄），以减小齿端效应的影响和啮合时的冲击。单圆弧圆柱齿轮滚齿需用两把滚刀，凸齿滚刀滚切凹齿齿轮，凹齿滚刀滚切配对的凸齿齿轮。双圆弧圆柱齿轮滚齿，只需一把滚刀就可以滚切出两个配对齿轮。

圆弧圆柱齿轮还可以用指状铣刀成形加工，老式机械分度加工方法制造精度低、效率低，很少采用。如有可能采用数控加工，也是一种有效的制造工艺。

圆弧圆柱齿轮主要采用外啮合传动，很少采用内啮合传动，因为插斜齿设备较为复杂，所以目前较少采用插齿工艺。目前，李特文发表了圆弧圆柱齿轮内啮合传动啮合原理，国内已有成功插削的内齿圆弧圆柱齿轮用于行星传动。

采用成形磨齿工艺可有效地提高圆弧圆柱齿轮的齿面硬度和几何精度，进一步提高其承载能力，但因其齿形复杂，目前尚未见采用磨齿工艺。齿面精整加工工艺主要是采用蜗杆型软砂轮（PVA 砂轮）珩齿。多用于齿面渗氮的高速齿轮，降低表面粗糙度、改善齿面精度、提高传动的平稳性。

2　圆弧圆柱齿轮的模数、基本齿廓和几何尺寸计算

2.1　圆弧圆柱齿轮的模数系列

GB/T 1840—1989 标准规定了圆弧圆柱齿轮的法向模数系列（见表 12-2-1），此系列适用于单、双圆弧圆柱齿轮。

表 12-2-1　**圆弧圆柱齿轮模数系列**（摘自 GB/T 1840—1989）　mm

第一系列	1.5	2	2.5	3	4	5	6	8	10	12	16	20	25	32	40	50
第二系列			2.25	2.75	3.5	4.5	5.5	7	9	14	18	22	28	36	45	

注：优先采用第一系列。

2.2 圆弧圆柱齿轮的基本齿廓

圆弧圆柱齿轮的基本齿廓是指基本齿条（或齿条形刀具）在法平面内的齿廓。按基本齿廓标准制成的刀具（如滚刀），用同一种模数的滚刀可以加工不同齿数和不同螺旋角的齿轮。所以，实际使用的圆弧圆柱齿轮都是法面圆弧圆柱齿轮，法面圆弧圆柱齿轮传动的基本原理和端面圆弧圆柱齿轮相同，但加工方便。

2.2.1 单圆弧圆柱齿轮的滚刀齿形

JB 929—1967 规定了单圆弧圆柱齿轮滚刀法面齿形的标准。滚刀法面齿形及其参数见表 12-2-2。

表 12-2-2 （单）圆弧圆柱齿轮滚刀法面齿形参数（摘自 JB 929—1967）

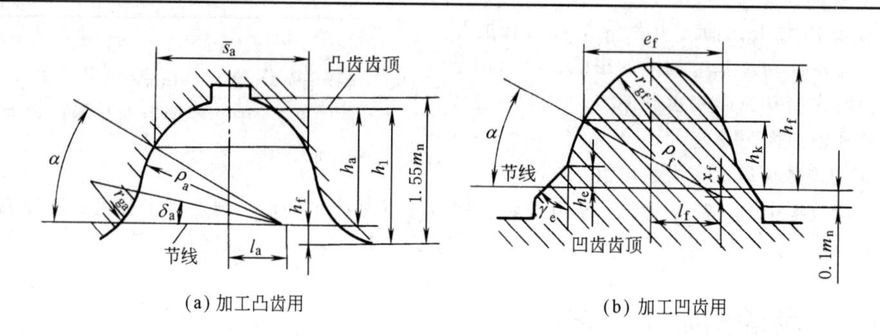

(a) 加工凸齿用　　(b) 加工凹齿用

参数名称	代　号	加工凸齿	加　工　凹　齿	
		$m_n=2\sim30$mm	$m_n=2\sim6$mm	$m_n=7\sim30$mm
压力角	α	30°	30°	30°
接触点离节线高度	h_k	$0.75m_n$	$0.75m_n$	$0.75m_n$
齿廓圆弧半径	ρ_a,ρ_f	$1.5m_n$	$1.65m_n$	$1.55m_n+0.6$
齿顶高	h_a	$1.2m_n$	0	0
齿根高	h_f	$0.3m_n$	$1.36m_n$	$1.36m_n$
全齿高	h	$1.5m_n$	$1.36m_n$	$1.36m_n$
齿廓圆心偏移量	l_a,l_f	$0.529037m_n$	$0.6289m_n$	$0.5523m_n+0.5196$
齿廓圆心移距量	x_a,x_f	0	$0.075m_n$	$0.025m_n+0.3$
接触点处齿厚	$\bar{s}_a,\bar{s}_f$	$1.54m_n$	$1.5416m_n$	$1.5616m_n$
接触点处槽宽	e_a,e_f	$1.6016m_n$	$1.60m_n$	$1.58m_n$
接触点处侧隙	j	—	$0.06m_n$	$0.04m_n$
凹齿齿顶倒角高度	h_e	—	$0.25m_n$	$0.25m_n$
凹齿齿顶倒角	γ_e	—	30°	30°
凸齿工艺角	δ_a	8°47′34″	—	—
齿根圆弧半径	r_g	$0.6248m_n$	$0.6227m_n$	$\dfrac{2.935m_n+0.9}{2}-\dfrac{l_f^2}{2(0.165m_n+0.3)}$

注：JB 929—1967 标准已于 1994 年废止，现在没有新的单圆弧圆柱齿轮基本齿廓标准，有的工厂老产品中仍在使用 JB 929—1967 齿形，所以将其齿形和参数列出供查阅。

2.2.2 双圆弧圆柱齿轮的基本齿廓

GB/T 12759—1991 标准规定了双圆弧圆柱齿轮基本齿条在法平面内的齿廓。齿廓图形及参数见表 12-2-3，侧隙见表 12-2-4。

表 12-2-3　　双圆弧圆柱齿轮基本齿廓参数（摘自 GB/T 12759—1991）

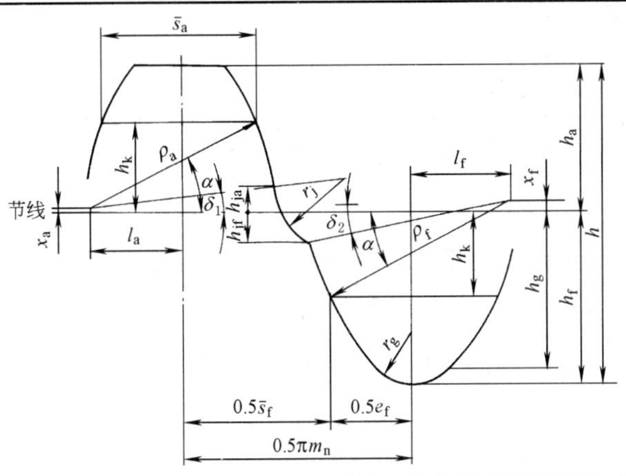

α—压力角；h—全齿高；h_a—齿顶高；h_f—齿根高；ρ_a—凸齿齿廓圆弧半径；ρ_f—凹齿齿廓圆弧半径；x_a—凸齿齿廓圆心移距量；x_f—凹齿齿廓圆心移距量；l_a—凸齿齿廓圆心偏移量；l_f—凹齿齿廓圆心偏移量；$\bar{s}_a$—凸齿接触点处弦齿厚；h_k—接触点到节线的距离；h_{ja}—过渡圆弧和凸齿圆弧的切点到节线的距离；h_{jf}—过渡圆弧和凹齿圆弧的交点到节线的距离；e_f—凹齿接触点处槽宽；$\bar{s}_f$—凹齿接触点处弦齿厚；δ_1—凸齿工艺角；δ_2—凹齿工艺角；r_j—过渡圆弧半径；r_g—齿根圆弧半径；h_g—齿根圆弧和凹齿圆弧的切点到节线的距离

法向模数 m_n/mm	基本齿廓的参数									
	α	h^*	h_a^*	h_f^*	ρ_a^*	ρ_f^*	x_a^*	x_f^*	l_a^*	$\bar{s}_a^*$	h_k^*
1.5~3	24°	2	0.9	1.1	1.3	1.420	0.0163	0.0325	0.6289	1.1173	0.5450
>3~6	24°	2	0.9	1.1	1.3	1.410	0.0163	0.0285	0.6289	1.1173	0.5450
>6~10	24°	2	0.9	1.1	1.3	1.395	0.0163	0.0224	0.6289	1.1173	0.5450
>10~16	24°	2	0.9	1.1	1.3	1.380	0.0163	0.0163	0.6289	1.1173	0.5450
>16~32	24°	2	0.9	1.1	1.3	1.360	0.0163	0.0081	0.6289	1.1173	0.5450
>32~50	24°	2	0.9	1.1	1.3	1.340	0.0163	0.0000	0.6289	1.1173	0.5450

法向模数 m_n/mm	基本齿廓的参数									
	l_f^*	h_{ja}^*	h_{jf}^*	e_f^*	$\bar{s}_f^*$	δ_1	δ_2	r_j^*	r_g^*	h_g^*
1.5~3	0.7086	0.16	0.20	1.1773	1.9643	6°20′52″	9°25′31″	0.5049	0.4030	0.9861
>3~6	0.6994	0.16	0.20	1.1773	1.9643	6°20′52″	9°19′30″	0.5043	0.4004	0.9883
>6~10	0.6957	0.16	0.20	1.1573	1.9843	6°20′52″	9°10′21″	0.4884	0.3710	1.0012
>10~16	0.6820	0.16	0.20	1.1573	1.9843	6°20′52″	9°0′59″	0.4877	0.3663	1.0047
>16~32	0.6638	0.16	0.20	1.1573	1.9843	6°20′52″	8°48′11″	0.4868	0.3595	1.0095
>32~50	0.6455	0.16	0.20	1.1573	1.9843	6°20′52″	8°35′01″	0.4858	0.3520	1.0145

注：表中带＊号者，是指该尺寸与法向模数 m_n 的比值，例如：$h^*=h/m_n$；$\rho_a^*=\rho_a/m_n$；等。

表 12-2-4　　侧隙

法向模数 m_n/mm	1.5~3	>3~6	>6~10	>10~16	>16~32	>32~50
侧隙 j	$0.06m_n$	$0.06m_n$	$0.04m_n$	$0.04m_n$	$0.04m_n$	$0.04m_n$

双圆弧圆柱齿轮齿廓参数计算公式：

$$h_k^*=x_a^*+\rho_a^*\sin\alpha$$

$$x_f^*=\rho_f^*\sin\alpha-h_k^*$$

$$\bar{s}_a^*=2(\rho_a^*\cos\alpha-l_a^*)$$

$$l_f^*=l_a^*-0.5j^*+(\rho_f^*-\rho_a^*)\cos\alpha$$

$$e_f^*=2(\rho_f^*\cos\alpha-l_f^*)$$

$$\bar{s}_f^*=\pi-e_f^*$$

$$\delta_1=\arcsin\frac{h_{ja}^*-x_a^*}{\rho_a^*}$$

$$\delta_2=\arcsin\frac{h_{jf}^*+x_f^*}{\rho_f^*}$$

$$r_g^*=\frac{\rho_f^{*2}-l_f^{*2}-(h_f^*+x_f^*)^2}{2(\rho_f^*-h_f^*-x_f^*)}=\frac{1}{2}\left(\rho_f^*+h_f^*+x_f^*-\frac{l_f^{*2}}{\rho_f^*-h_f^*-x_f^*}\right)$$

$$h_g^*=\frac{\rho_f^*(h_f^*+x_f^*-r_g^*)}{\rho_f^*-r_g^*}-x_f^*$$

$$r_j^*=\frac{1}{2}\left[\frac{\omega^2+(h_{ja}^*+h_{jf}^*)^2}{\omega\cos\delta_1-(h_{ja}^*+h_{jf}^*)\sin\delta_1}\right]$$

式中　$\omega=0.5\pi+l_a^*+l_f^*-\rho_a^*\cos\delta_1-\rho_f^*\cos\delta_2$

如果标准齿廓不能满足设计和使用要求，可以依据上述计算公式设计新的非标齿廓。需要指出的是，齿廓设计对承载能力和传动质量影响很大。标准齿廓的制订，是经过设计计算、光弹试验、台架承载能力试验、工业使用验证、多种方案反复论证，并经历了统一齿形、JB 4021—1981 齿形，才确定了的现行的基本齿廓国家标准。经 20 多年的工业使用实践，证明该基本齿廓是可靠的、经济实用的。设计非标齿廓一定要持科学的严肃认真的态度。

2.3 圆弧圆柱齿轮的几何参数和尺寸计算

表 12-2-5　　圆弧圆柱齿轮几何参数和尺寸计算

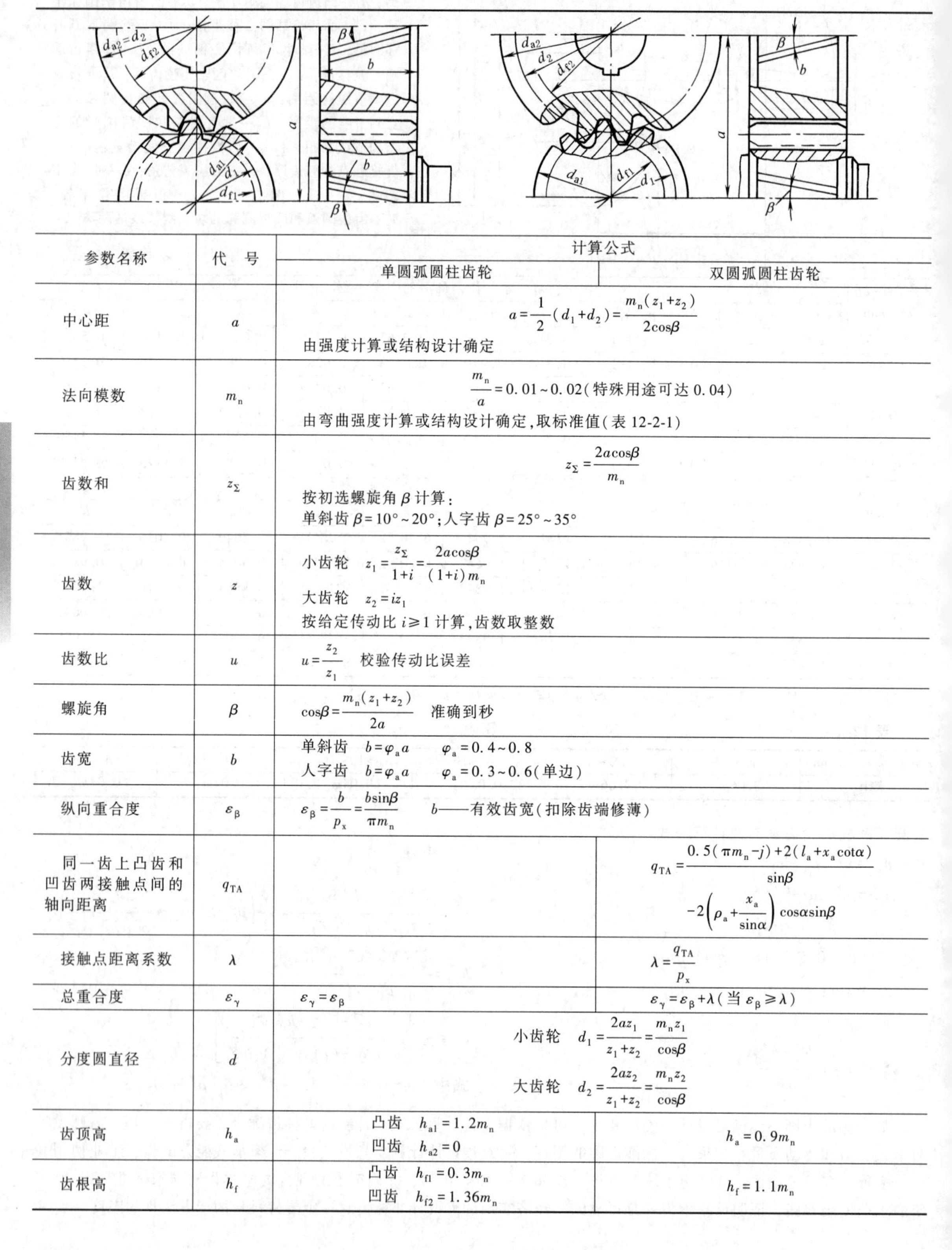

参数名称	代号	计算公式：单圆弧圆柱齿轮	计算公式：双圆弧圆柱齿轮
中心距	a	$a=\frac{1}{2}(d_1+d_2)=\frac{m_n(z_1+z_2)}{2\cos\beta}$ 由强度计算或结构设计确定	
法向模数	m_n	$\frac{m_n}{a}=0.01\sim0.02$（特殊用途可达 0.04） 由弯曲强度计算或结构设计确定，取标准值（表 12-2-1）	
齿数和	z_Σ	$z_\Sigma=\frac{2a\cos\beta}{m_n}$ 按初选螺旋角 β 计算： 单斜齿 $\beta=10°\sim20°$；人字齿 $\beta=25°\sim35°$	
齿数	z	小齿轮　$z_1=\frac{z_\Sigma}{1+i}=\frac{2a\cos\beta}{(1+i)m_n}$ 大齿轮　$z_2=iz_1$ 按给定传动比 $i\geqslant1$ 计算，齿数取整数	
齿数比	u	$u=\frac{z_2}{z_1}$　校验传动比误差	
螺旋角	β	$\cos\beta=\frac{m_n(z_1+z_2)}{2a}$　准确到秒	
齿宽	b	单斜齿　$b=\varphi_a a$　　$\varphi_a=0.4\sim0.8$ 人字齿　$b=\varphi_a a$　　$\varphi_a=0.3\sim0.6$（单边）	
纵向重合度	ε_β	$\varepsilon_\beta=\frac{b}{p_x}=\frac{b\sin\beta}{\pi m_n}$　　b——有效齿宽（扣除齿端修薄）	
同一齿上凸齿和凹齿两接触点间的轴向距离	q_{TA}		$q_{TA}=\frac{0.5(\pi m_n-j)+2(l_a+x_a\cot\alpha)}{\sin\beta}-2\left(\rho_a+\frac{x_a}{\sin\alpha}\right)\cos\alpha\sin\beta$
接触点距离系数	λ		$\lambda=\frac{q_{TA}}{p_x}$
总重合度	ε_γ	$\varepsilon_\gamma=\varepsilon_\beta$	$\varepsilon_\gamma=\varepsilon_\beta+\lambda$（当 $\varepsilon_\beta\geqslant\lambda$）
分度圆直径	d	小齿轮　$d_1=\frac{2az_1}{z_1+z_2}=\frac{m_nz_1}{\cos\beta}$ 大齿轮　$d_2=\frac{2az_2}{z_1+z_2}=\frac{m_nz_2}{\cos\beta}$	
齿顶高	h_a	凸齿　$h_{a1}=1.2m_n$ 凹齿　$h_{a2}=0$	$h_a=0.9m_n$
齿根高	h_f	凸齿　$h_{f1}=0.3m_n$ 凹齿　$h_{f2}=1.36m_n$	$h_f=1.1m_n$

续表

参数名称	代号	计算公式	
		单圆弧圆柱齿轮	双圆弧圆柱齿轮
全齿高	h	凸齿 $h_1=h_{a1}+h_{f1}=1.5m_n$ 凹齿 $h_2=h_{f2}=1.36m_n$	$h=h_a+h_f=2m_n$
齿顶圆直径	d_a	凸齿 $d_{a1}=d_1+2h_{a1}$ 凹齿 $d_{a2}=d_2$	小齿轮 $d_{a1}=d_1+2h_a$ 大齿轮 $d_{a2}=d_2+2h_a$
齿根圆直径	d_f	凸齿 $d_{f1}=d_1-2h_{f1}$ 凹齿 $d_{f2}=d_2-2h_{f2}$	小齿轮 $d_{f1}=d_1-2h_f$ 大齿轮 $d_{f2}=d_2-2h_f$

注：齿顶高、齿根高及其所决定的径向尺寸，仅适用于 JB 929—1967、GB 12759—1991 及与其有相同齿高的齿廓。

2.4 圆弧圆柱齿轮的主要测量尺寸计算

本节介绍的测量尺寸计算方法见表 12-2-6，除公法线长度是精确计算法外，其余均是近似计算法。

表 12-2-6　圆弧圆柱齿轮主要测量尺寸计算

项目	简图	计算公式	
		单圆弧凸齿和双圆弧圆柱齿轮	单圆弧凹齿
弦齿厚(法向) $\bar{s}$	简图标注：$\bar{s}_a$，$\bar{h}_a$	$\bar{s}_a=2\left(\rho_a+\dfrac{x_a}{\sin\alpha}\right)\cos(\alpha+\delta_a)-m_nz_v\sin\delta_a$ $\delta_a=\dfrac{2(l_a+x_a\cot\alpha)}{m_nz_v}$ 式中　α——基本齿廓的压力角； δ_a——凸齿齿廓圆弧的圆心偏角 测量齿高的计算公式 $\bar{h}_a=h_a-\left(\rho_a+\dfrac{x_a}{\sin\alpha}\right)\sin(\alpha+\delta_a)+\dfrac{m_nz_v}{2}(1-\cos\delta_a)$ $z_v=\dfrac{z}{\cos^3\beta}$	$\bar{s}_f=2\left\{\dfrac{m_nz_v}{2}\sin\left(\dfrac{\pi}{z_v}+\delta_f\right)-\left(\rho_f-\dfrac{x_f}{\sin\alpha}\right)\cos\left[\alpha-\left(\dfrac{\pi}{z_v}+\delta_f\right)\right]\right\}$ $\bar{h}_f=\dfrac{m_nz_v}{2}\left[1-\cos\left(\dfrac{\pi}{z_v}+\delta_f\right)\right]+\left(\rho_f-\dfrac{x_f}{\sin\alpha}\right)\sin\left[\alpha-\left(\dfrac{\pi}{z_v}+\delta_f\right)\right]$ $\delta_f=\dfrac{2(l_f-x_f\cot\alpha)}{m_nz_v}$ 式中　δ_f——凹齿齿廓圆弧的圆心偏角
弦齿深(法向) $\bar{h}$	简图标注：h_{g1}，ρ_a，h_{a1}，$\bar{h}_1$，h_1，d_{f1}，d_1，d_{a1}，O_1；h_{g2}，ρ_f，$\bar{h}_2$，h_2，$d_{a2}=d_2$，d_{f2}，O_2	$\bar{h}=h-h_g+\dfrac{1}{2}(d_a'-d_a)$ 式中　h——全齿高；　d_a'——齿顶圆直径实测值； h_g——弓高；　d_a——齿顶圆直径	
		对于单圆弧圆柱齿轮凸齿和双圆弧圆柱齿轮，弓高 h_g $h_g=\dfrac{1}{4}(z_vm_n+2h_a)\left(\dfrac{\pi}{z_v}-\dfrac{s_a}{z_vm_n+2h_a}\right)^2$ $s_a=\left(0.742-\dfrac{0.43}{z_v}\right)m_n$ （凸齿单圆弧圆柱齿轮 JB 929—1967） $s_a=\left(0.6491-\dfrac{0.61}{z_v}\right)m_n$ （双圆弧圆柱齿轮 GB 12759—1991） 式中　h_a——凸齿齿顶高； z_v——当量齿数； s_a——齿顶厚，随齿数减少而变窄，拟合成上述公式	对于单圆弧圆柱齿轮凹齿弓高 h_g $h_g=\dfrac{1}{z_vm_n}\left(\sqrt{\rho_f^2-(h_e+x_f)^2}+h_e\tan\gamma_e-l_f\right)^2$ 式中　ρ_f——凹齿齿廓圆弧半径； h_e——凹齿齿顶倒角高度； x_f——凹齿齿廓圆心移距量； γ_e——凹齿齿顶倒角； l_f——凹齿齿廓圆心偏移量

续表

项目	简图	计算公式	
		单圆弧凸齿和双圆弧圆柱齿轮	单圆弧凹齿
齿根圆斜径 L_f	L_f d_f	对偶数齿，测齿根圆直径 d_f　　$d_f=d-2h_f$ 对奇数齿，测齿根圆斜径 L_f　　$L_f=d_f\cos\dfrac{90°}{z}$	
公法线长度 W		$W=\dfrac{d\sin^2\alpha_t+2x}{\sin\alpha_n}\pm2\rho$ $\tan\alpha_n=\tan\alpha_t\cos\beta$ 式中　d——分度圆直径； x——齿廓圆心移距量：凸齿 x_a，凹齿 x_f； ρ——齿廓圆弧半径：凸齿 ρ_a，用正(+)号；凹齿 ρ_f，用负(-)号； α_n——测点法向压力角； α_t——测点端面压力角 测点端面压力角，需求解超越方程(误差在 1″以内)	
		$\alpha_{ta}=M_a-B\sin(2\alpha_{ta})-Q_a\cot\alpha_{ta}$　(rad) $M_a=\dfrac{1}{z}\left[(k_a-1)\pi-\dfrac{2l_a}{m_n}\right]$ $B=\dfrac{1}{2}\tan^2\beta$ $Q_a=\dfrac{2x_a}{zm_n\cos\beta}$ 式中　l_a——凸齿齿廓圆心偏移量； k_a——凸齿跨齿数	$\alpha_{tf}=M_f-B\sin(2\alpha_{tf})-Q_f\cot\alpha_{tf}$　(rad) $M_f=\dfrac{1}{z}\left(k_f\pi+\dfrac{2l_f}{m_n}\right)$ $B=\dfrac{1}{2}\tan^2\beta$ $Q_f=\dfrac{2x_f}{zm_n\cos\beta}$ 式中　l_f——凹齿齿廓圆心偏移量； k_f——凹齿跨齿数
		k_a 的计算： $k_a=\dfrac{z}{\pi}\left[\alpha_{t0}+\dfrac{1}{2}\tan^2\beta\sin(2\alpha_{t0})\right]+\dfrac{2}{\pi}\left(\dfrac{l_a}{m_n}+\dfrac{x_a\cot\alpha_0}{m_n}\right)+1$ (取整数)	k_f 的计算： $k_f=\dfrac{z}{\pi}\left[\alpha_{t0}+\dfrac{1}{2}\tan^2\beta\sin(2\alpha_{t0})\right]-\dfrac{2}{\pi}\left(\dfrac{l_f}{m_n}-\dfrac{x_f\cot\alpha_0}{m_n}\right)$ (取整数)
		式中，α_{t0} 的单位为 rad。$\tan\alpha_{t0}=\dfrac{\tan\alpha_0}{\cos\beta}$　α_0 基本齿廓的压力角	

3　圆弧圆柱齿轮传动的精度和检验

3.1　精度标准和精度等级的确定

GB/T 15753—1995《圆弧圆柱齿轮精度》国标是 JB 4021—1985 机标的修订版。国标对机标中规定的某些误差的名称和定义做了适当修改，并给出了齿轮副接触迹线沿齿高方向位置的精确计算式。国标中规定的公差数值是以双圆弧圆柱齿轮为主，用于单圆弧圆柱齿轮时，标准中的弦齿深和齿根圆直径极限偏差值应除以 0.75，其商和 JB 4021—1985 中的标准值一致。齿坯基准端面跳动的精度比 JB 4021—1985 提高了一级，增加了图样标注规定。

国标适用于平行轴传动的圆弧圆柱齿轮及齿轮副。齿轮的齿廓应符合 GB 12759—1991 的规定（也适用于符合 JB 929—1967 规定的单圆弧圆柱齿轮）。模数符合 GB 1840—1989 规定，法向模数范围 1.5~40mm。标准规定的分度圆直径最大至 4000mm。

国标中规定的精度等级从高到低分 4、5、6、7、8 五级。按照误差特性及其对传动性能的影响，将齿轮的各项公差分为Ⅰ、Ⅱ、Ⅲ三个公差组。根据使用要求的不同，三个公差组的精度允许选用不同等级，但同一公差组内的各项公差应取相同的精度等级。

圆弧圆柱齿轮的侧隙，由基本齿廓标准规定，与齿轮精度无关。单、双圆弧圆柱齿轮齿廓标准规定的侧隙相同，当模数 m_n=1.5~6mm 时，侧隙为 $0.06m_n$，当 $m_n \geqslant 7$mm 时，侧隙为 $0.04m_n$。切深偏差和中心距偏差都会改变侧隙大小，但同时也改变初始接触迹沿齿高方向的位置，对承载能力和轮齿强度极为不利。因此，决不允许采用改变切齿深度和中心距的方法来获得所期望的侧隙，如因使用需要，确需改变侧隙，最好是采用具有所需侧隙的滚刀进行加工（即设计非标的特殊齿形）。一般讲，圆弧圆柱齿轮传动的实际侧隙不应小于规定值的三分之二。

齿轮精度等级的确定，主要根据齿轮的用途、使用要求和工作条件，可参考表 12-2-7 选取。目前尚无成熟的工艺方法加工 4 级精度的齿轮，故齿轮精度等级选用表中不推荐 4 级精度。

表 12-2-7　　精度等级选用表

精度等级	加工方法	适用工况	节圆线速度/$m \cdot s^{-1}$
5 级（高精度）	采用中硬齿面调质处理，在高精度滚齿机上用 AA 级滚刀切齿，齿面硬化处理（离子渗氮等）并进行珩齿	要求传动很平稳，振动、噪声小，节线速度高及齿面载荷系数大的齿轮，例如透平齿轮	至 120
6 级（精密）	采用中硬齿面调质处理，在高精度滚齿机上用 AA 级滚刀切齿，齿面硬化处理（离子渗氮等）并进行珩齿	要求传动平稳，振动、噪声较小，节线速度较高，齿面载荷系数较大的齿轮，例如汽轮机、鼓风机、压缩机齿轮等	至 100
7 级（中等精度）	采用中硬齿面调质处理，在较精密滚齿机上用 A 级滚刀切齿。小齿轮可进行齿面硬化处理（离子碳氮共渗等），也可采用渗碳淬火硬齿面，采用硬质合金镶片滚刀加工	中等速度的重载齿轮，例如轧钢机、矿井提升机、带式输送机、球磨机、榨糖机以及起重运输机械的主传动齿轮等	至 25
8 级（低精度）	采用中硬齿面或软齿面调质处理，在普通滚齿机上用 A 级或 B 级滚刀切齿	一般用途的低速齿轮，例如抽油机齿轮、通用减速器齿轮等	至 10

3.2 齿轮、齿轮副误差及侧隙的定义和代号（摘自 GB/T 15753—1995）

表 12-2-8　　齿轮、齿轮副误差及侧隙的定义和代号（摘自 GB/T 15753—1995）

序号	名　称	代号	定　义
1	切向综合误差 切向综合公差	$\Delta F_i'$ F_i'	被测齿轮与理想精确的测量齿轮单面啮合时，在被测齿轮一转内，实际转角与公称转角之差的总幅度值，以分度圆弧长计值
2	一齿切向综合误差 一齿切向综合公差	$\Delta f_i'$ f_i'	被测齿轮与理想精确的测量齿轮单面啮合时，在被测齿轮一齿距角内，实际转角与公称转角之差的最大幅度值，以分度圆弧长计值
3	齿距累积误差 k 个齿距累积误差 齿距累积公差 k 个齿距累积公差	ΔF_p ΔF_{pk} F_p F_{pk}	在检查圆[①]上任意两个同侧齿面间的实际弧长与公称弧长之差的最大差值 在检查圆上，k 个齿距的实际弧长与公称弧长之差的最大差值，k 为 2 到小于 $\frac{z}{2}$ 的整数
4	齿圈径向跳动 齿圈径向跳动公差	ΔF_r F_r	在齿轮一转范围内，测头在齿槽内，与凸齿或凹齿中部双面接触，测头相对于齿轮轴线的最大变动量
5	公法线长度变动 公法线长度变动公差	ΔF_W F_W	在齿轮一周范围内，实际公法线长度最大值与最小值之差 $\Delta F_W = W_{max} - W_{min}$
6	齿距偏差 齿距极限偏差	Δf_{pt} $\pm f_{pt}$	在检查圆上，实际齿距与公称齿距之差 用相对法测量时，公称齿距是指所有实际齿距的平均值

续表

序号	名　　称	代号	定　　义
7	齿向误差 一个轴向齿距内的齿向误差 齿向公差 一个轴向齿距内的齿向公差	ΔF_{β} Δf_{β} F_{β} f_{β}	在检查圆柱面上,在有效齿宽范围内(端部倒角部分除外),包容实际齿向线的两条最近的设计齿线之间的端面距离 在有效齿宽中,任一轴向齿距范围内,包容实际齿线的两条最近的设计齿线之间的端面距离 设计齿线可以是修正的圆柱螺旋线,包括齿端修薄及其他修形曲线 齿宽两端的齿向误差只允许逐渐偏向齿体内
8	轴向齿距偏差 一个轴向齿距偏差 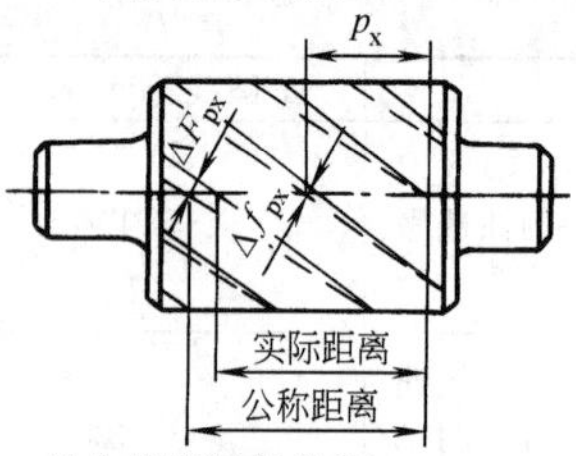 轴向齿距极限偏差 一个轴向齿距极限偏差	ΔF_{px} Δf_{px} $\pm F_{px}$ $\pm f_{px}$	在有效齿宽范围内,与齿轮基准轴线平行而大约通过凸齿或凹齿中部的一条直线上,任意两个同侧齿面间的实际距离与公称距离之差。沿齿面法线方向计值 在有效齿宽范围内,与齿轮基准轴线平行而大约通过凸齿或凹齿中部的一条直线上,任一轴向齿距内,两个同侧齿面间的实际距离与公称距离之差。沿齿面法线方向计值
9	螺旋线波度误差 螺旋线波度公差	$\Delta f_{f\beta}$ $f_{f\beta}$	在有效齿宽范围内,凸齿或凹齿中部的实际齿线波纹的最大波幅。沿齿面法线方向计值
10	弦齿深偏差 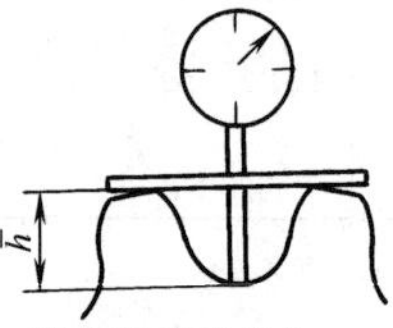 弦齿深极限偏差	ΔE_{h} $\pm E_{h}$	在齿轮一周内,实际弦齿深减去实际外圆直径偏差后与公称弦齿深之差 在法面中测量
11	齿根圆直径偏差 齿根圆直径极限偏差	ΔE_{df} $\pm E_{df}$	齿根圆直径实际尺寸和公称尺寸之差,对于奇数齿可用齿根圆斜径代替 斜径的公称尺寸 L_f 为 $L_f = d_f \cos \frac{90°}{z}$
12	齿厚偏差 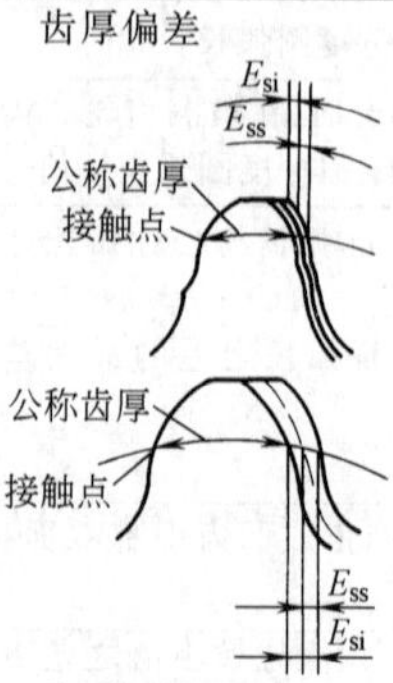 齿厚极限偏差 上偏差 下偏差 公差	ΔE_{s} E_{ss} E_{si} T_{s}	接触点所在圆柱面上,法向齿厚实际值与公称值之差

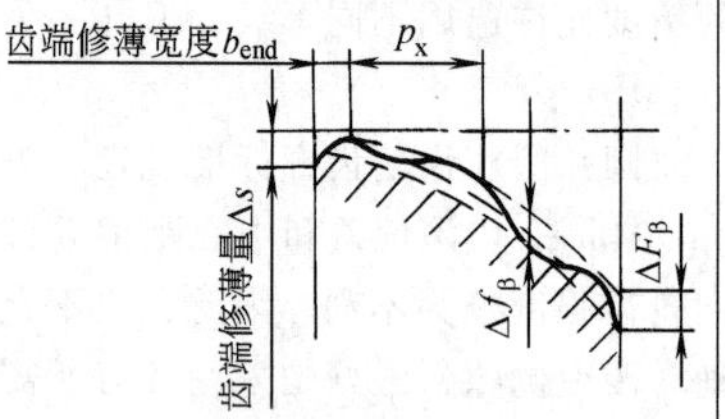

续表

序号	名　称	代号	定　义
13	公法线长度偏差 公法线长度极限偏差 上偏差 下偏差 公差	ΔE_W E_{Ws} E_{Wi} T_W	在齿轮一周内,公法线实际长度值与公称值之差
14	齿轮副的切向综合误差 齿轮副的切向综合公差	$\Delta F'_{ic}$ F'_{ic}	在设计中心距下安装好的齿轮副,在啮合转动足够多的转数内,一个齿轮相对于另一个齿轮的实际转角与公称转角之差的总幅度值。以分度圆弧长计值
15	齿轮副的一齿切向综合误差 齿轮副的一齿切向综合公差	$\Delta f'_{ic}$ f'_{ic}	安装好的齿轮副,在啮合转动足够多的转数内,一个齿轮相对于另一个齿轮,一个齿距的实际转角与公称转角之差的最大幅度值。以分度圆弧长计值
16	齿轮副的接触迹线 接触迹线位置偏差 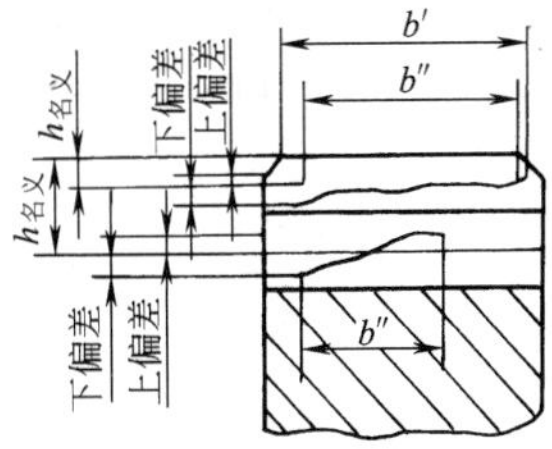 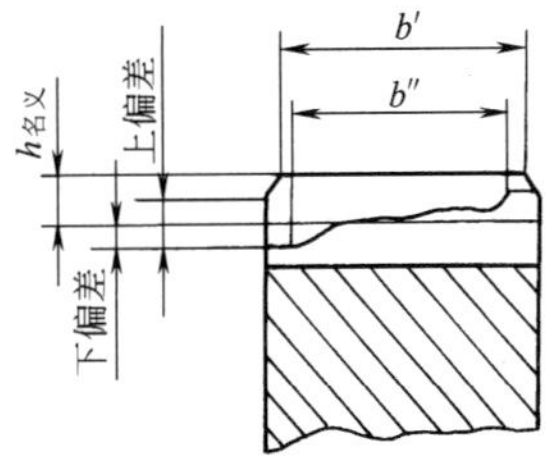 (图:b′, b″, h名义, 上偏差, 下偏差) 接触迹线沿齿宽分布的长度		凸凹齿面瞬时接触时,由于齿面接触弹性变形而形成的挤压痕迹 装配好的齿轮副,跑合之前,着色检验,在轻微制动下,齿面实际接触迹线偏离名义接触迹线的高度 对于双圆弧圆柱齿轮 凸齿:$h_{名义}=\left(0.355-\dfrac{1.498}{z_v+1.09}\right)m_n$ 凹齿:$h_{名义}=\left(1.445-\dfrac{1.498}{z_v-1.09}\right)m_n$ 对于单圆弧圆柱齿轮 凸齿:$h_{名义}=\left(0.45-\dfrac{1.688}{z_v+1.5}\right)m_n$ 凹齿:$h_{名义}=\left(0.75-\dfrac{1.688}{z_v-1.5}\right)m_n$ z_v——当量齿数,$z_v=\dfrac{z}{\cos^3\beta}$ z——齿数 β——螺旋角 沿齿长方向,接触迹线的长度 b'' 与工作长度 b' 之比即 $\dfrac{b''}{b'}\times100\%$
17	齿轮副的接触斑点 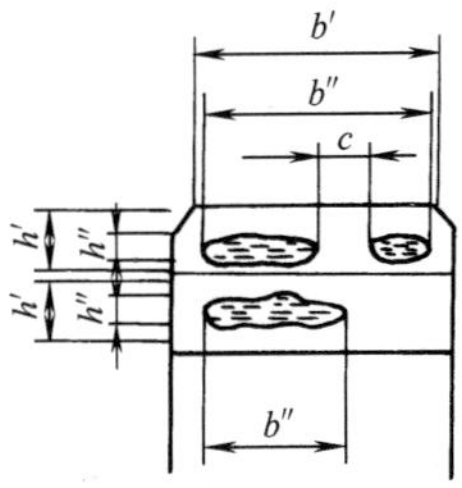 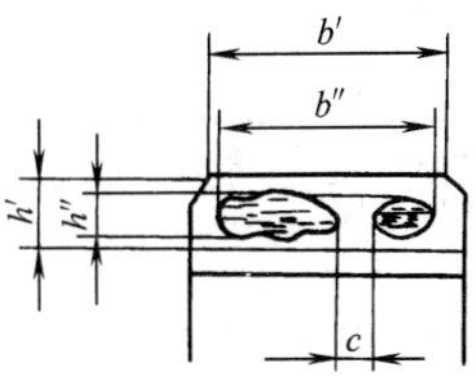 (图:b′, b″, c, h′, h″)		装配好的齿轮副,经空载检验,在名义接触迹线位置附近齿面上分布的接触擦亮痕迹 接触痕迹的大小在齿面展开图上用百分数计算 沿齿长方向:接触痕迹的长度 b''(扣除超过模数值的断开部分 c)与工作长度 b'[②]之比的百分数,即 $\dfrac{b''-c}{b'}\times100\%$ 沿齿高方向:接触痕迹的平均高度 h'' 与工作高度 h' 之比的百分数,即 $\dfrac{h''}{h'}\times100\%$

续表

序号	名称	代号	定义
18	齿轮副的侧隙 圆周侧隙 法向侧隙 最大极限侧隙 最小极限侧隙	 j_t j_n j_{tmax} j_{nmax} j_{tmin} j_{nmin}	装配好的齿轮副，当一个齿轮固定时，另一个齿轮的圆周晃动量。以接触点所在圆上的弧长计值 装配好的齿轮副，当工作齿面接触时，非工作齿面之间的最小距离
19	齿轮副的中心距偏差 齿轮副的中心距极限偏差	Δf_a $\pm f_a$	在齿轮副的齿宽中间平面内，实际中心距与公称中心距之差
20	轴线的平行度误差 x 方向轴线的平行度误差 y 方向轴线的平行度误差 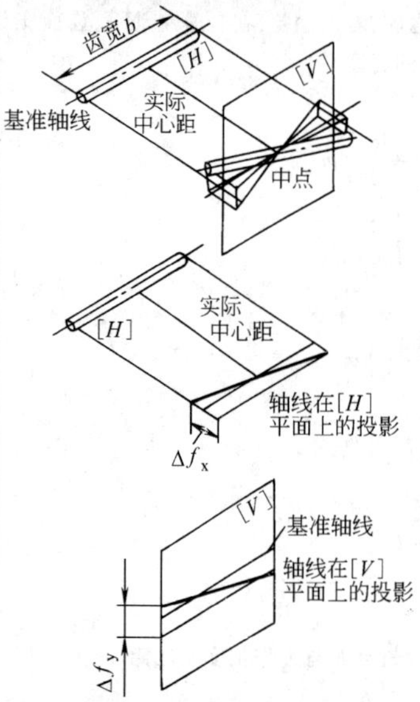 齿宽b [H] [V] 基准轴线 实际中心距 中点 [H] 实际中心距 轴线在[H]平面上的投影 Δf_x [V] 基准轴线 轴线在[V]平面上的投影 Δf_y x 方向轴线的平行度公差 y 方向轴线的平行度公差	 Δf_x Δf_y f_x f_y	一对齿轮的轴线，在其基准平面[H]上投影的平行度误差。在等于齿宽的长度上测量 一对齿轮的轴线，在垂直于基准平面，并且平行于基准轴线的平面[V]上投影的平行度误差。在等于齿宽的长度上测量 注：包含基准轴线，并通过由另一轴线与齿宽中间平面相交的点所形成的平面，称为基准平面。两条轴线中任何一条轴线都可以作为基准轴线

① 检查圆是指位于凸齿或凹齿中部与分度圆同心的圆。

② 工作长度 b'是指全齿长扣除小齿轮两端修薄长度。

3.3 公差分组及其检验

圆弧圆柱齿轮三个公差组的检验项目和推荐的检验组项目见表 12-2-9。

根据齿轮副的工作要求、生产批量、齿轮规格和计量条件，在公差组中，可任选一个给定精度的检验组来检验齿轮。也可按用户提出的精度和检验项目进行检验。各项目检验结果应符合标准规定。

表 12-2-9　公差分组及推荐的检验组项目

公差组	公差与极限偏差项目	误差特性及其影响	推荐的检验组项目及说明
Ⅰ	F_i'、$F_p(F_{pk})$ F_r、F_W	以齿轮一转为周期的误差，主要影响传递运动的准确性和低频的振动、噪声	F_i' 目前尚无圆弧圆柱齿轮专用量仪 $F_p(F_{pk})$，推荐用 F_p，F_{pk} 仅在必要时加检 F_r 与 F_W 可用于 7、8 级齿轮，当其中有一项超差时，应按 F_p 鉴定和验收

续表

公差组	公差与极限偏差项目	误差特性及其影响	推荐的检验组项目及说明
Ⅱ	f_i'、f_{pt}、f_β、f_{px}、$f_{f\beta}$	在齿轮一周内，多次周期性重复出现的误差，影响传动的平稳性和高频的振动、噪声	f_i' 目前尚无圆弧圆柱齿轮专用量仪 推荐用 f_{pt} 与 f_β（或 f_{px}）；对于 6 级及高于 6 级的齿轮加检 $f_{f\beta}$ 8 级精度齿轮允许只检 f_{pt}
Ⅲ	F_β、F_{px} E_{df}、E_h （E_W、E_s）	齿向误差、轴向齿距偏差，主要影响载荷沿齿向分布的均匀性 齿形的径向位置误差，影响齿高方向的接触部位和承载能力	推荐用 F_β 与 E_{df}（或 E_h），或用 F_{px} 与 E_{df}（或 E_h），必要时加检 E_W 或 E_s
齿轮副	F_{ic}'、f_{ic}' 接触迹线位置偏差、接触斑点及齿侧间隙	综合性误差，影响工作平稳性和承载能力	可用传动误差测量仪检查 F_{ic}' 和 f_{ic}' 跑合前检查接触迹线位置和侧隙，合格后进行跑合。跑合后检查接触斑点

注：参照 GB/T 15753—1995《圆弧圆柱齿轮精度》。

3.4 检验项目的极限偏差及公差值（摘自 GB/T 15753—1995）

圆弧圆柱齿轮部分检验项目的极限偏差及公差值与齿轮几何参数的计算式见表 12-2-10。

表 12-2-10　　极限偏差及公差计算式

精度等级	F_p		F_r		F_W		f_{pt}		F_β		E_h			E_{df}	
	$A\sqrt{L}+C$		$Am_n+B\sqrt{d}+C$ $B=0.25A$		$B\sqrt{d}+C$		$Am_n+B\sqrt{d}+C$ $B=0.25A$		$A\sqrt{b}+C$		$Am_n+B\sqrt[3]{d}+C$			$Am_n+B\sqrt[3]{d}$	
	A	C	A	C	B	C	A	C	A	C	A	B	C	A	B
4	1.0	2.5	0.56	7.1	0.34	5.4	0.25	3.15	0.63	3.15	0.72	1.44	2.16	1.44	2.88
5	1.6	4	0.90	11.2	0.54	8.7	0.40	5	0.80	4	0.9	1.8	2.7	1.8	3.6
6	2.5	6.3	1.40	18	0.87	14	0.63	8	1	5					
7	3.55	9	2.24	28	1.22	19.4	0.90	11.2	1.25	6.3	1.125	2.25	3.375	2.25	4.5
8	5	12.5	3.15	40	1.7	27	1.25	16	2	10					

注：d—齿轮分度圆直径；b—轮齿宽度；L—分度圆弧长；m_n—齿轮法向模数。

其他项目的极限偏差及公差按下列公式计算：

切向综合公差 F_i'

$$F_i'=F_p+f_\beta$$

一齿切向综合公差 f_i'

$$f_i'=0.6(f_{pt}+f_\beta)$$

螺旋线波度公差 $f_{f\beta}$

$$f_{f\beta}=f_i'\cos\beta$$

轴向齿距极限偏差 F_{px}

$$F_{px}=F_\beta$$

一个轴向齿距极限偏差 f_{px}

$$f_{px}=f_\beta$$

中心距极限偏差 f_a

$$f_a=0.5(\text{IT6},\text{IT7},\text{IT8})$$

公法线长度公差 T_W

$$E_{Ws}=-2\sin\alpha(-E_h)$$
$$E_{Wi}=-2\sin\alpha(+E_h)$$

第12篇

$$T_W = E_{Ws} - E_{Wi}$$

齿厚公差 T_s

$$E_{ss} = -2\tan\alpha(-E_h)$$

$$E_{si} = -2\tan\alpha(+E_h)$$

$$T_s = E_{ss} - E_{si}$$

齿轮副的切向综合公差 F'_{ic}

$$F'_{ic} = F'_{i1} + F'_{i2}$$

当两齿轮的齿数比为不大于 3 的整数且采用选配时，F'_{ic} 可比计算值压缩 25% 或更多。齿轮副的一齿切向综合公差 f'_{ic}

$$f'_{ic} = f'_{i1} + f'_{i2}$$

各检验项目的极限偏差及公差值见表 12-2-11～表 12-2-21。

表 12-2-11　　齿距累积公差 F_p 及 k 个齿距累积公差 F_{pk} 值　　μm

L/mm		精度等级				
大于	到	4	5	6	7	8
—	32	8	12	20	28	40
32	50	9	14	22	32	45
50	80	10	16	25	36	50
80	160	12	20	32	45	63
160	315	18	28	45	63	90
315	630	25	40	63	90	125
630	1000	32	50	80	112	160
1000	1600	40	63	100	140	200
1600	2500	45	71	112	160	224
2500	3150	56	90	140	200	280
3150	4000	63	100	160	224	315
4000	5000	71	112	180	250	355
5000	7200	80	125	200	280	400

注：1. F_p 和 F_{pk} 按分度圆弧长 L 查表。

查 F_p 时，取 $L=\frac{1}{2}\pi d=\frac{\pi m_n z}{2\cos\beta}$。

查 F_{pk} 时，取 $L=\frac{K\pi m_n}{\cos\beta}$（$k$ 为 2 到小于 $z/2$ 的整数）。

式中，d 为分度圆直径；m_n 为法向模数；z 为齿数；β 为分度圆螺旋角。

2. 除特殊情况外，对于 F_{pk}，k 值规定取为小于 $z/6$ 或 $z/8$ 的最大整数。

表 12-2-12　　齿圈径向跳动公差 F_r 值　　μm

分度圆直径/mm		法向模数/mm	精度等级				
大于	到		4	5	6	7	8
—	125	1.5～3.5	9	14	22	36	50
		>3.5～6.3	11	16	28	45	63
		>6.3～10	13	20	32	50	71
		>10～16	—	22	36	56	80
125	400	1.5～3.5	10	16	25	40	56
		>3.5～6.3	13	18	32	50	71
		>6.3～10	14	22	36	56	80
		>10～16	16	25	40	63	90
		>16～25	20	32	50	80	112

续表

分度圆直径/mm		法向模数/mm	精度等级				
大于	到		4	5	6	7	8
400	800	1.5~3.5	11	18	28	45	63
		>3.5~6.3	13	20	32	50	71
		>6.3~10	14	22	36	56	80
		>10~16	18	28	45	71	100
		>16~25	22	36	56	90	125
		>25~40	28	45	71	112	160
800	1600	1.5~3.5	—	—	—	—	—
		>3.5~6.3	14	22	36	56	80
		>6.3~10	16	25	40	63	90
		>10~16	18	28	45	71	100
		>16~25	22	36	56	90	125
		>25~40	28	45	71	112	160
1600	2500	1.5~3.5	—	—	—	—	—
		>3.5~6.3	—	—	—	—	—
		>6.3~10	18	28	45	71	100
		>10~16	20	32	50	80	112
		>16~25	25	40	63	100	140
		>25~40	32	50	80	125	180
2500	4000	1.5~3.5	—	—	—	—	—
		>3.5~6.3	—	—	—	—	—
		>6.3~10	—	—	—	—	—
		>10~16	22	36	56	90	125
		>16~25	25	40	63	100	140
		>25~40	32	50	80	125	180

表 12-2-13　　公法线长度变动公差 F_W 值　　μm

分度圆直径/mm		精度等级				
大于	到	4	5	6	7	8
—	125	8	12	20	28	40
125	400	10	16	25	36	50
400	800	12	20	32	45	63
800	1600	16	25	40	56	80
1600	2500	18	28	45	71	100
2500	4000	25	40	63	90	125

表 12-2-14　　齿距极限偏差 $\pm f_{pt}$　　μm

分度圆直径/mm		法向模数/mm	精度等级				
大于	到		4	5	6	7	8
—	125	1.5~3.5	4.0	6	10	14	20
		>3.5~6.3	5.0	8	13	18	25
		>6.3~10	5.5	9	14	20	28
		>10~16	—	10	16	22	32
125	400	1.5~3.5	4.5	7	11	16	22
		>3.5~6.3	5.5	9	14	20	28
		>6.3~10	6.0	10	16	22	32
		>10~16	7.0	11	18	25	36
		>16~25	9.0	14	22	32	45

续表

分度圆直径/mm		法向模数/mm	精度等级				
大于	到		4	5	6	7	8
400	800	1.5~3.5	5.0	8	13	18	25
		>3.5~6.3	5.5	9	14	20	28
		>6.3~10	7.0	11	18	25	36
		>10~16	8.0	13	20	28	40
		>16~25	10	16	25	36	50
		>25~40	13	20	32	45	63
800	1600	>3.5~6.3	6.0	10	16	22	32
		>6.3~10	7.0	11	18	25	36
		>10~16	8.0	13	20	28	40
		>16~25	10	16	25	36	50
		>25~40	13	20	32	45	63
1600	2500	>6.3~10	8.0	13	20	28	40
		>10~16	9.0	14	22	32	45
		>16~25	11	18	28	40	56
		>25~40	14	22	36	50	71
2500	4000	>10~16	10	16	25	36	50
		>16~25	11	18	28	40	56
		>25~40	14	22	36	50	71

表 12-2-15　　齿向公差 F_β 值（一个轴向齿距内齿向公差 f_β 值）　　μm

有效齿宽(轴向齿距)/mm		精度等级				
大于	到	4	5	6	7	8
—	40	5.5	7	9	11	18
40	100	8.0	10	12	16	25
100	160	10	12	16	20	32
160	250	12	16	19	24	38
250	400	14	18	24	28	45
400	630	17	22	28	34	55

注：一个轴向齿距内的齿向公差按轴向齿距查表。

表 12-2-16　　轴线平行度公差

x 方向轴线平行度公差 $f_x=F_\beta$	F_β 见表 12-2-15
y 方向轴线平行度公差 $f_y=\frac{1}{2}F_\beta$	

表 12-2-17　　中心距极限偏差 $\pm f_a$　　μm

第Ⅱ公差组精度等级			4	5,6	7,8
f_a			$\frac{1}{2}$IT6	$\frac{1}{2}$IT7	$\frac{1}{2}$IT8
齿轮副的中心距/mm	大于	到 120	11	17.5	27
	120	180	12.5	20	31.5
	180	250	14.5	23	36
	250	315	16	26	40.5
	315	400	18	28.5	44.5
	400	500	20	31.5	48.5
	500	630	22	35	55
	630	800	25	40	62
	800	1000	28	45	70
	1000	1250	33	52	82
	1250	1600	39	62	97
	1600	2000	46	75	115
	2000	2500	55	87	140
	2500	3150	67.5	105	165

表 12-2-18　弦齿深极限偏差 $\pm E_h$　μm

分度圆直径/mm		法向模数/mm	精度等级		
大于	到		4	5,6	7,8
—	50	1.5~3.5	10	12	15
		>3.5~6.3	12	15	19
50	80	1.5~3.5	11	14	17
		>3.5~6.3	13	16	20
		>6.3~10	15	19	24
80	120	1.5~3.5	12	15	18
		>3.5~6.3	14	18	21
		>6.3~10	17	21	26
		>10~16	—	—	32
120	200	1.5~3.5	13	16	21
		>3.5~6.3	15	19	23
		>6.3~10	18	23	27
		>10~16	—	—	34
		>16~32	—	—	49
200	320	1.5~3.5	15	18	23
		>3.5~6.3	17	21	26
		>6.3~10	20	24	30
		>10~16	—	—	36
		>16~32	—	—	53
320	500	1.5~3.5	17	21	24
		>3.5~6.3	18	23	27
		>6.3~10	21	26	32
		>10~16	—	—	38
		>16~32	—	—	57
500	800	1.5~3.5	18	23	—
		>3.5~6.3	20	26	30
		>6.3~10	23	28	34
		>10~16	—	—	42
		>16~32	—	—	57
800	1250	>3.5~6.3	23	28	34
		>6.3~10	25	31	38
		>10~16	—	—	45
		>16~32	—	—	60
1250	2000	>3.5~6.3	25	31	38
		>6.3~10	27	34	42
		>10~16	—	—	49
		>16~32	—	—	68
2000	3150	>3.5~6.3	27	34	—
		>6.3~10	30	38	45
		>10~16	—	—	53
		>16~32	—	—	68
3150	4000	>3.5~6.3	30	38	—
		>6.3~10	36	45	49
		>10~16	—	—	57
		>16~32	—	—	75

注：对于单圆弧圆柱齿轮，弦齿深极限偏差取 $\pm E_h/0.75$。

表 12-2-19　　齿根圆直径极限偏差 $\pm E_{df}$　　μm

分度圆直径/mm 大于	到	法向模数/mm	精度等级 4	5,6	7,8
—	50	1.5~3.5	15	19	23
		>3.5~6.3	19	24	30
50	80	1.5~3.5	17	21	26
		>3.5~6.3	21	26	33
		>6.3~10	27	34	42
80	120	1.5~3.5	19	24	29
		>3.5~6.3	23	28	36
		>6.3~10	29	36	45
		>10~16	—	—	57
120	200	1.5~3.5	22	27	33
		>3.5~6.3	26	32	38
		>6.3~10	32	39	49
		>10~16	—	—	60
		>16~32	—	—	90
200	320	1.5~3.5	24	30	38
		>3.5~6.3	29	36	42
		>6.3~10	34	42	53
		>10~16	—	—	64
		>16~32	—	—	94
320	500	1.5~3.5	27	34	42
		>3.5~6.3	32	39	50
		>6.3~10	38	48	57
		>10~16	—	—	68
		>16~32	—	—	98
500	800	1.5~3.5	32	39	—
		>3.5~6.3	36	45	53
		>6.3~10	41	51	60
		>10~16	—	—	75
		>16~32	—	—	105
800	1250	>3.5~6.3	41	51	60
		>6.3~10	46	57	68
		>10~16	—	—	83
		>16~32	—	—	113
1250	2000	>6.3~10	48	60	75
		>10~16	—	—	90
		>16~32	—	—	120
2000	3150	>6.3~10	60	75	—
		>10~16	—	—	105
		>16~32	—	—	135
3150	4000	>10~16	—	—	120
		>16~32	—	—	150

注：对于单圆弧圆柱齿轮，齿根圆直径极限偏差取 $\pm E_{df}/0.75$。

表 12-2-20　　接触迹线长度和位置偏差

齿轮类型及检验项目			精度等级 4	5	6	7	8
双圆弧圆柱齿轮	接触迹线位置偏差		$\pm 0.11m_n$	$\pm 0.15m_n$		$\pm 0.18m_n$	
	按齿长不小于工作齿长/%	第一条	95	90	90	85	80
		第二条	75	70	60	50	40
单圆弧圆柱齿轮	接触迹线位置偏差		$\pm 0.15m_n$	$\pm 0.20m_n$		$\pm 0.25m_n$	
	按齿长不小于工作齿长/%		95	90		85	

表 12-2-21　　接触斑点　　%

齿轮类型及检验项目			精度等级				
			4	5	6	7	8
双圆弧圆柱齿轮	按齿高不小于工作齿高		60	55	50	45	40
	按齿长不小于工作齿长	第一条	95	95	90	85	80
		第二条	90	85	80	70	60
单圆弧圆柱齿轮	按齿高不小于工作齿高		60	55	50	45	40
	按齿长不小于工作齿长		95	95	90	85	80

注：对于齿面硬度≥300HBS 的齿轮副，其接触斑点沿齿高方向应为≥$0.3m_n$。

3.5　齿坯公差（摘自 GB/T 15753—1995）

齿坯公差包括尺寸公差、形状公差和基准面的形位公差。尺寸和形状公差见表 12-2-22。圆弧圆柱齿轮在加工、检验和装配时的径向基准面和轴向辅助基准面应尽量一致，并在齿轮零件图上标出。基准面的形位公差见表 12-2-23 和表 12-2-24。

表 12-2-22　　齿坯尺寸和形状公差

齿轮精度等级①		4	5	6	7	8
孔	尺寸公差 形状公差	IT4	IT5	IT6	IT7	
轴	尺寸公差 形状公差	IT4	IT5		IT6	
顶圆直径②		IT6		IT7		

① 当三个公差组的精度等级不同时，按最高的精度等级确定公差值。
② 当顶圆不作测量齿深和齿厚的基准时，尺寸公差按 IT11 给定，但不大于 $0.1m_n$。

表 12-2-23　齿轮基准面的径向圆跳动公差　μm

分度圆直径/mm		精度等级		
大于	到	4	5,6	7,8
—	125	7	11	18
125	400	9	14	22
400	800	12	20	32
800	1600	18	28	45
1600	2500	25	40	63
2500	4000	40	63	100

表 12-2-24　齿轮基准面的端面圆跳动公差　μm

分度圆直径/mm		精度等级		
大于	到	4	5,6	7,8
—	125	2.8	7	11
125	400	3.6	9	14
400	800	5	12	20
800	1600	7	18	28
1600	2500	10	25	40
2500	4000	16	40	63

3.6　图样标注及应注明的尺寸数据

① 在齿轮工作图上应注明齿轮的精度等级和侧隙系数。当采用标准齿廓滚刀加工时，可不标注侧隙系数。

a. 三个公差组的精度不同，采用标准齿廓滚刀加工：

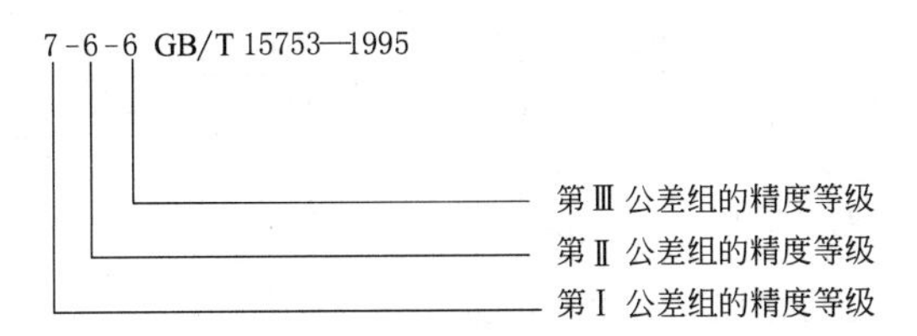

b. 三个公差组的精度相同，采用标准齿廓滚刀加工：

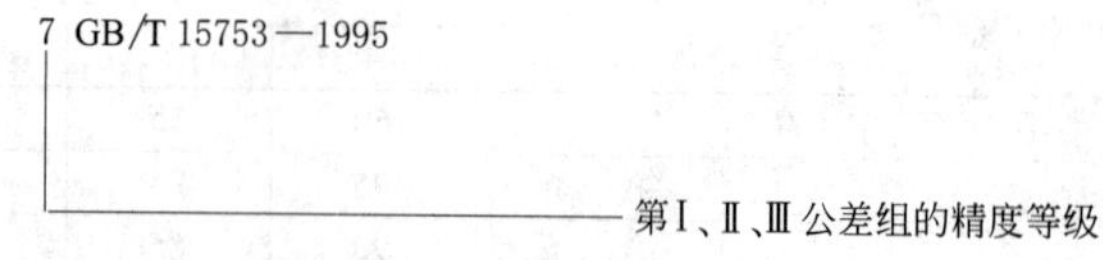

c. 三个公差组的精度相同，侧隙有特殊要求（$j_n=0.07m_n$）：

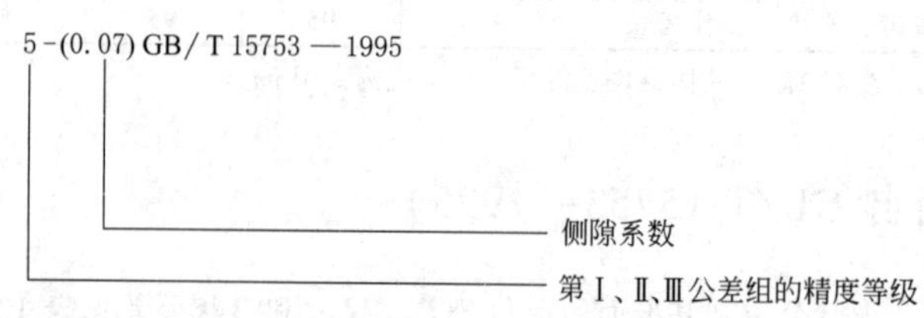

② 在图样上应标注的主要尺寸数据有：顶圆直径及其公差，分度圆直径，根圆直径及其公差，齿宽，孔（轴）径及其公差，基准面（包括端面、孔圆柱面和轴圆柱面）的形位公差，轮齿表面及基准面的粗糙度。轮齿表面粗糙度见表 12-2-25 的推荐值，其余表面（包括基准面）的粗糙度，可根据配合精度和使用要求确定。

表 12-2-25　　圆弧圆柱齿轮的齿面粗糙度

精度等级	5、6 级	7 级		8 级	
法向模数 m_n/mm	1.5~10	1.5~10	>10	1.5~10	>10
跑合前的齿面粗糙度 Ra/μm	0.8	2.5	3.2	3.2	6.3

③ 在图样右上角用表格列出齿轮参数以及应检验的项目代号和公差值等（见图 12-2-8 上的表）。检验项目根据传动要求确定。常检的项目有：齿距累积公差 F_p、齿圈径向跳动公差 F_r、齿距极限偏差 $\pm f_{pt}$、齿向公差 F_β、齿根圆直径极限偏差（或弦齿深、弦齿厚、公法线平均长度极限偏差）等。除齿根圆直径极限偏差标在图样上外，弦齿深、弦齿厚和公法线平均长度极限偏差均列在表格内。接触迹线位置和接触斑点检验要求列在装配图上。

④ 对齿轮材料的力学性能、热处理、锻铸件质量、动静平衡以及其他特殊要求，均以技术要求的形式，用文字或表格标注在右下角标题栏上方，或附近其他合适的地方。

圆弧圆柱齿轮的零件工作图见图 12-2-8，其中技术要求、材料及热处理、放大图和剖面图略去。

法向模数	m_n	4	齿　　廓	GB/T 12759—1991	
齿　　数	z	29	压力角	α	24°
螺旋角	β	13°15′41″	顶高系数	h_a^*	0.9
旋　　向		右	齿高系数	h^*	2
精度等级	7 GB/T 15753—1995				
检验项目公差					
Ⅰ	齿距累积公差			F_p	0.063
	齿圈径向跳动公差			F_r	0.045
Ⅱ	齿距极限偏差			$\pm f_{pt}$	±0.018
Ⅲ	齿向公差			F_β	0.02
	齿根圆直径极限偏差			$\pm E_{df}$	见图
配对齿轮	图　　号				
	齿　　数				
中心距及极限偏差					

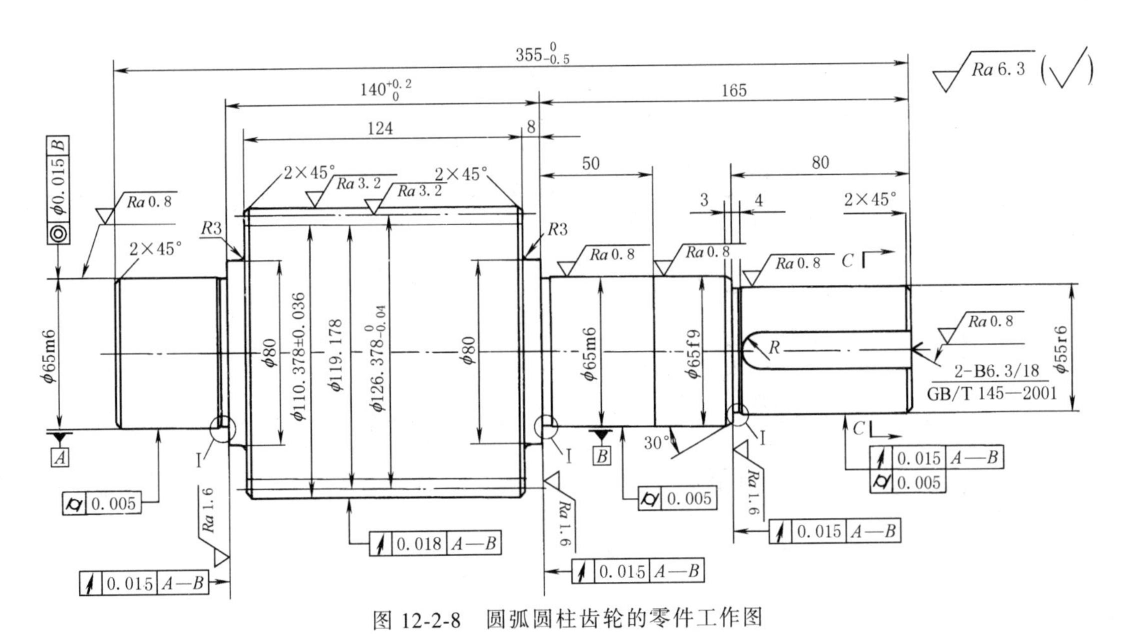

图 12-2-8　圆弧圆柱齿轮的零件工作图

4　圆弧圆柱齿轮传动的设计及强度计算

4.1　基本参数选择

圆弧圆柱齿轮传动的主要参数（z、m_n、ε_β、β、φ_d 和 φ_a 等）对传动的承载能力和工作质量有很大的影响（见表 12-2-26）。各参数之间有密切的联系，相互影响，相互制约，选择时应根据具体工作条件，并注意它们之间的基本关系：

$$d_1=\frac{z_1 m_n}{\cos\beta} \tag{12-2-9}$$

$$\varepsilon_\beta=\frac{b}{p_x}=\frac{b\sin\beta}{\pi m_n} \tag{12-2-10}$$

$$a=\frac{m_n(z_1+z_2)}{2\cos\beta} \tag{12-2-11}$$

$$\varphi_d=\frac{b}{d_1}=\frac{\pi\varepsilon_\beta}{z_1\tan\beta} \tag{12-2-12}$$

$$\varphi_a=\frac{b}{a}=\frac{2\pi\varepsilon_\beta}{(z_1+z_2)\tan\beta} \tag{12-2-13}$$

表 12-2-26　　**基本参数选择**

参数名称	选　择　原　则
小齿轮齿数 z_1	1. 圆弧圆柱齿轮没有根切现象，z_1 不受根切齿数限制，但 z_1 太少，不能保证轴的强度和刚度 2. 当 d、b 一定时，z_1 少则 m_n 大，不易保证应有的 ε_β 3. 在满足弯曲强度条件下，应取较大的 z_1 推荐：中低速传动　$z_1=16\sim35$ 高速传动　$z_1=25\sim50$
法向模数 m_n	1. 模数按弯曲强度或结构设计确定，并取标准值 2. 一般减速器，推荐 $m_n=(0.01\sim0.02)a$，平稳连续运转取小值 3. 当 d、b 一定时，m_n 小则 ε_β 大，传动平稳，且 m_n 小，齿面滑动速度小，摩擦功小，可提高抗胶合能力 4. 在有冲击载荷且轴承对称布置时，推荐 $m_n=(0.025\sim0.04)a$

续表

<table>
<tr><th>参数名称</th><th>选 择 原 则</th></tr>
<tr><td>纵向重合度
ε_β</td><td>1. 纵向重合度可写成整数部分 μ_ε 和尾数 $\Delta\varepsilon$，即 $\varepsilon_\beta=\mu_\varepsilon+\Delta\varepsilon$；一般 $\mu_\varepsilon=2\sim5$，推荐
$\Delta\varepsilon=0.25\sim0.4$
2. 中低速传动 $\mu_\varepsilon\geqslant2$，高速传动 $\mu_\varepsilon\geqslant3$
3. 高精度齿轮、大 β 角的人字齿轮，μ_ε 取大值，可提高传动平稳性和承载能力。但必须严格控制齿距误差、齿向误差、轴线平行度误差和轴系变形量
4. $\Delta\varepsilon$ 太小，啮入冲击大，端面效应也大，易崩角
5. 增大 $\Delta\varepsilon$，端部齿根应力有所减小，但 $\Delta\varepsilon>0.4$ 以后，应力减少缓慢，不经济
6. 选 $\Delta\varepsilon$ 应考虑修端情况（见修端长度的确定）</td></tr>
<tr><td>螺旋角
β</td><td>1. 螺旋角增大，齿面瞬时接触迹宽度减小，当 ε_β 一定时，齿面接触应力增大，接触强度降低
2. 当齿轮圆周速度一定时，β 增大，齿面滚动速度减小，不利于形成油膜
3. β 增大，轴向力也增大，轴承负担加重
4. 当 b、m_n 一定时，β 增大，ε_β 也增大，传动平稳，并使弯曲强度和接触强度提高，特别对弯曲强度更有利
推荐：单斜齿 $\beta=10°\sim20°$，人字齿 $\beta=25°\sim35°$</td></tr>
<tr><td>齿宽系数
φ_a、φ_d</td><td>齿宽系数影响齿向载荷分配，应根据载荷特性、加工精度、传动结构布局和系统刚度来确定。通常推荐减速器的齿宽系数：
单斜齿 $\varphi_a=\dfrac{b}{a}=0.4\sim0.8$ $\varphi_d=0.4\sim1.4$
人字齿 $\varphi_a=\dfrac{b}{a}=0.3\sim0.6$（$b$ 为半侧齿宽）
对于单级传动的齿轮箱，应取较大的齿宽系数</td></tr>
<tr><td>齿宽 b</td><td>齿宽可根据齿宽系数和中心距（或齿轮分度圆直径）确定，也可根据重合度和啮合特性确定。双圆弧圆柱齿轮啮合特性和齿宽的关系如下：
啮合特性与齿宽的关系
<table>
<tr><th>最少接触点数与
最少啮合齿对数</th><th>代号</th><th>齿宽 b 的选择范围</th></tr>
<tr><td>$2m$ 点接触
m 对齿啮合</td><td>ε_{2md}
ε_{mz}</td><td>$mp_x\leqslant b\leqslant(m+1)p_x-q_{TA}$</td></tr>
<tr><td>$2m$ 点接触
$m+1$ 对齿啮合</td><td>ε_{2md}
$\varepsilon_{(m+1)z}$</td><td>$(m+1)p_x-q_{TA}<b<mp_x+q_{TA}$</td></tr>
<tr><td>$2m+1$ 点接触
$m+1$ 对齿啮合</td><td>$\varepsilon_{(2m+1)d}$
$\varepsilon_{(m+1)z}$</td><td>$mp_x+q_{TA}\leqslant b<(m+1)p_x$</td></tr>
</table>
注：表中的 m 为齿宽 b 含 p_x 的整倍数值</td></tr>
</table>

设计时可先确定齿宽系数，再用式（12-2-13）来调整 z_1、β 和 ε_β。也可先确定 z_1、β 和 ε_β，再用式（12-2-13）来校核 φ_a。最好是用计算机程序进行参数优化设计。

对于常用的 ε_β 值：$\varepsilon_\beta=1.25$、$\varepsilon_\beta=2.25$、$\varepsilon_\beta=3.25$ 等，可用图 12-2-9 来选取一组合适的 φ_d、z_1 和 β 值。

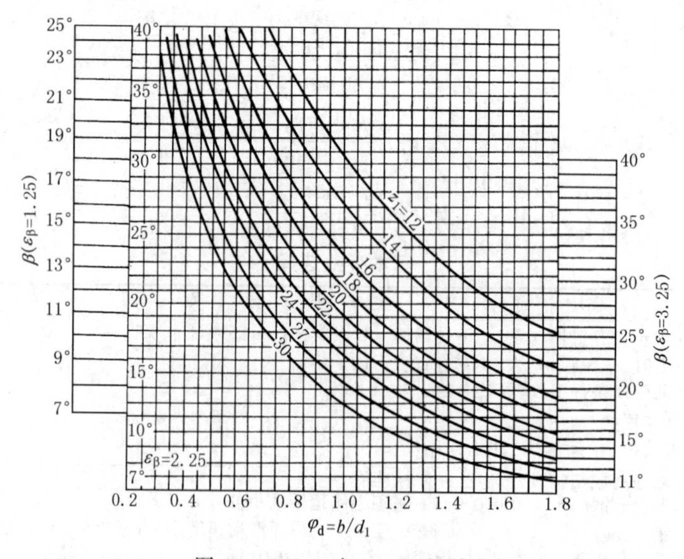

图 12-2-9 φ_d 与 z_1、β 的关系

4.2 圆弧圆柱齿轮的强度计算

圆弧圆柱齿轮和渐开线齿轮一样，在使用中其损伤的表现形式有轮齿折断、齿面点蚀、齿面胶合、齿面塑变、齿面磨损等。它还有一种特殊的损伤为齿端崩角，这是由其啮入和啮出时齿端受集中载荷作用所致。在使用中哪一种是主要损伤形式，则与设计参数、材料热处理、加工装配质量、润滑、跑合及载荷状况有关。其中危害最大的是轮齿折断，往往会引起重大事故。轮齿折断与轮齿的抗弯强度密切相关。齿面点蚀和严重胶合，也会形成轮齿折断的疲劳源，诱发断齿，要求齿面应有足够的抗疲劳强度。

圆弧圆柱齿轮啮合受力，其弯曲应力和接触应力是一个复杂的三维问题，不能像渐开线齿轮那样简化为悬臂梁进行弯曲应力分析，以赫兹公式为基础进行接触应力分析，它必须确切计入正压力 F_n、齿向相对曲率半径 ρ 和材料的诱导弹性模量 E 的影响。经过大量的试验研究和应力测量，并经理论分析和数学归纳，得出适合圆弧圆柱齿轮强度计算的齿根应力和齿面接触应力的计算公式。又经大量的生产应用实践，制定出 GB/T 13799—1992《双圆弧圆柱齿轮承载能力计算方法》国家标准，以下着重介绍该标准。由于单、双圆弧圆柱齿轮啮合原理和受力分析是一样的，依据标准中的计算公式，根据单圆弧圆柱齿轮的齿廓参数（JB 929—1967），拟合出单圆弧圆柱齿轮的强度计算公式和计算用图表，供设计者参考。

GB/T 13799—1992 规定的计算方法，适用于符合 GB 12759—1991 齿廓标准规定的双圆弧圆柱齿轮，齿轮精度符合 GB/T 15753—1995 的规定。

4.2.1 双圆弧圆柱齿轮的强度计算公式

表 12-2-27　GB 12759—1991 型双圆弧圆柱齿轮强度计算公式（摘自 GB/T 13799—1992）

项　目	单位	齿根弯曲强度	齿面接触强度
计算应力	MPa	$\sigma_F=\left(\dfrac{T_1K_AK_vK_1K_{F2}}{2\mu_\varepsilon+K_{\Delta\varepsilon}}\right)^{0.86}\times\dfrac{Y_EY_uY_\beta Y_FY_{End}}{z_1m_n^{2.58}}$	$\sigma_H=\left(\dfrac{T_1K_AK_vK_1K_{H2}}{2\mu_\varepsilon+K_{\Delta\varepsilon}}\right)^{0.73}\times\dfrac{Z_EZ_uZ_\beta Z_a}{z_1m_n^{2.19}}$
法向模数	mm	$m_n\geqslant\left(\dfrac{T_1K_AK_vK_1K_{F2}}{2\mu_\varepsilon+K_{\Delta\varepsilon}}\right)^{1/3}\times\left(\dfrac{Y_EY_uY_\beta Y_FY_{End}}{z_1\sigma_{FP}}\right)^{1/2.58}$	$m_n\geqslant\left(\dfrac{T_1K_AK_vK_1K_{H2}}{2\mu_\varepsilon+K_{\Delta\varepsilon}}\right)^{1/3}\times\left(\dfrac{Z_EZ_uZ_\beta Z_a}{z_1\sigma_{HP}}\right)^{1/2.19}$
小齿轮名义转矩	N·mm	$T_1=\dfrac{2\mu_\varepsilon+K_{\Delta\varepsilon}}{K_AK_vK_1K_{F2}}m_n^3\times\left(\dfrac{z_1\sigma_{FP}}{Y_EY_uY_\beta Y_FY_{End}}\right)^{1/0.86}$	$T_1=\dfrac{2\mu_\varepsilon+K_{\Delta\varepsilon}}{K_AK_vK_1K_{H2}}m_n^3\times\left(\dfrac{z_1\sigma_{HP}}{Z_EZ_uZ_\beta Z_a}\right)^{1/0.73}$
许用应力	MPa	$\sigma_{FP}=\sigma_{F\lim}Y_NY_x/S_{F\min}\geqslant\sigma_F$	$\sigma_{HP}=\sigma_{H\lim}Z_NZ_LZ_v/S_{H\min}\geqslant\sigma_H$
安全系数		$S_F=\sigma_{F\lim}Y_NY_x/\sigma_F\geqslant S_{F\min}$	$S_H=\sigma_{H\lim}Z_NZ_LZ_v/\sigma_H\geqslant S_{H\min}$

该公式适用于经正火、调质或渗氮处理的钢制齿轮和球墨铸铁齿轮。公式中的长度单位为 mm；力单位为 N；T_1 为小齿轮的名义转矩，对人字齿轮取其值的一半即 $T_1/2$，μ_ε 和 $K_{\Delta\varepsilon}$ 按半边齿宽取值；式中各参数的意义和确定方法见表 12-2-29。

4.2.2 单圆弧圆柱齿轮的强度计算公式

表 12-2-28　JB 929—1967 型单圆弧圆柱齿轮强度计算公式

项　目	单位	齿根弯曲强度	齿面接触强度
计算应力	MPa	凸齿　$\sigma_{F1}=\left(\dfrac{T_1K_AK_vK_1K_{F2}}{\mu_\varepsilon+K_{\Delta\varepsilon}}\right)^{0.79}\times\dfrac{Y_{E1}Y_{u1}Y_{\beta1}Y_{F1}Y_{End1}}{z_1m_n^{2.37}}$	$\sigma_H=\left(\dfrac{T_1K_AK_vK_1K_{H2}}{\mu_\varepsilon+K_{\Delta\varepsilon}}\right)^{0.7}\times\dfrac{Z_FZ_uZ_\beta Z_a}{z_1m_n^{2.1}}$

项　目	单位	齿根弯曲强度	齿面接触强度
计算应力	MPa	凹齿　$\sigma_{F2}=\left(\frac{T_1 K_A K_v K_1 K_{F2}}{\mu_\varepsilon+K_{\Delta\varepsilon}}\right)^{0.73}\times\frac{Y_{E2} Y_{u2} Y_{\beta 2} Y_{F2} Y_{End2}}{z_1 m_n^{2.19}}$	$\sigma_H=\left(\frac{T_1 K_A K_v K_1 K_{H2}}{\mu_\varepsilon+K_{\Delta\varepsilon}}\right)^{0.7}\times\frac{Z_F Z_u Z_\beta Z_a}{z_1 m_n^{2.1}}$
法向模数	mm	凸齿　$m_n\geqslant\left(\frac{T_1 K_A K_v K_1 K_{F2}}{\mu_\varepsilon+K_{\Delta\varepsilon}}\right)^{1/3}\times\left(\frac{Y_{E1} Y_{u1} Y_{\beta 1} Y_{F1} Y_{End1}}{z_1\sigma_{FP1}}\right)^{1/2.37}$ 凹齿　$m_n\geqslant\left(\frac{T_1 K_A K_v K_1 K_{F2}}{\mu_\varepsilon+K_{\Delta\varepsilon}}\right)^{1/3}\times\left(\frac{Y_{E2} Y_{u2} Y_{\beta 2} Y_{F2} Y_{End2}}{z_1\sigma_{FP2}}\right)^{1/2.19}$	$m_n\geqslant\left(\frac{T_1 K_A K_v K_1 K_{H2}}{\mu_\varepsilon+K_{\Delta\varepsilon}}\right)^{1/3}\times\left(\frac{Z_E Z_u Z_\beta Z_a}{z_1\sigma_{HP}}\right)^{1/2.1}$
小轮(凸齿)名义转矩	N·mm	凸齿　$T_1=\frac{\mu_\varepsilon+K_{\Delta\varepsilon}}{K_A K_v K_1 K_{F2}}m_n^3\times\left(\frac{z_1\sigma_{FP1}}{Y_{E1} Y_{u1} Y_{\beta 1} Y_{F1} Y_{End1}}\right)^{1/0.79}$ 凹齿　$T_1=\frac{\mu_\varepsilon+K_{\Delta\varepsilon}}{K_A K_v K_1 K_{F2}}m_n^3\times\left(\frac{z_1\sigma_{FP2}}{Y_{E2} Y_{u2} Y_{\beta 2} Y_{F2} Y_{End2}}\right)^{1/0.73}$	$T_1=\frac{\mu_\varepsilon+K_{\Delta\varepsilon}}{K_A K_v K_1 K_{H2}}m_n^3\times\left(\frac{z_1\sigma_{HP}}{Z_E Z_u Z_\beta Z_a}\right)^{1/0.7}$
许用应力	MPa	$\sigma_{FP}=\sigma_{F\,lim} Y_N Y_x/S_{F\,min}\geqslant\sigma_F$	$\sigma_{HP}=\sigma_{H\,lim} Z_N Z_L Z_v/S_{H\,min}\geqslant\sigma_H$
安全系数		$S_F=\sigma_{F\,lim} Y_N Y_x/\sigma_F\geqslant S_{F\,min}$	$S_H=\sigma_{H\,lim} Z_N Z_L Z_v/\sigma_H\geqslant S_{H\,min}$

公式的适用范围及说明同双圆弧圆柱齿轮。

4.2.3　强度计算公式中各参数的确定方法

表 12-2-29　　强度计算公式中各参数的确定方法

名称	确定依据	名称	确定依据
使用系数 K_A	查表 12-2-30	齿形系数 Y_F	查图 12-2-15
动载系数 K_v	查图 12-2-10	齿端系数 Y_{End}	查图 12-2-16
接触迹间载荷分配系数 K_1	查图 12-2-11	接触弧长系数 Z_a	查图 12-2-18
弯曲强度计算的接触迹内载荷分布系数 K_{F2}	查表 12-2-31	试验齿轮的弯曲疲劳极限 $\sigma_{F\,lim}$	查图 12-2-19
接触强度计算的接触迹内载荷分布系数 K_{H2}	查表 12-2-31	试验齿轮的接触疲劳极限 $\sigma_{H\,lim}$	查图 12-2-20
重合度的整数部分 μ_ε	按表 12-2-26	尺寸系数 Y_x	查图 12-2-21
接触迹系数 $K_{\Delta\varepsilon}$	查图 12-2-12	弯曲强度计算的寿命系数 Y_N	查图 12-2-22a
弯曲强度计算的弹性系数 Y_E	查表 12-2-32	接触强度计算的寿命系数 Z_N	查图 12-2-22b
接触强度计算的弹性系数 Z_E	查表 12-2-32	润滑剂系数 Z_L	查图 12-2-23
双圆弧圆柱齿轮的齿数比系数 Y_u、Z_u	查图 12-2-13a	速度系数 Z_v	查图 12-2-24
单圆弧圆柱齿轮的齿数比系数 Z_u、Y_u	查图 12-2-13b	弯曲强度计算的最小安全系数 $S_{F\,min}$	
双圆弧圆柱齿轮的螺旋角系数 Y_β、Z_β	查图 12-2-14a	接触强度计算的最小安全系数 $S_{H\,min}$	
单圆弧圆柱齿轮的螺旋角系数 Z_β、Y_β	查图 12-2-14b		

有关双圆弧圆柱齿轮强度计算用的图表均摘自 GB/T 13799—1992 标准。

(1) 小齿轮的名义转矩 T_1

$$T_1=9550\times10^3\frac{P_1}{n_1}\ (\mathrm{N\cdot mm})\qquad(12\text{-}2\text{-}14)$$

式中　P_1——小齿轮传递的名义功率，kW；

　　　n_1——小齿轮转速，r/min。

（2）使用系数 K_A

使用系数是考虑由于啮合外部因素引起的动力过载影响的系数。这种过载取决于工作机和原动机的载荷特性、传动零件的质量比、联轴器类型以及运行状况。使用系数最好是通过实测或对系统的全面分析来确定。当缺乏这种资料时，可参考表 12-2-30 选取。

表 12-2-30　　使用系数 K_A

原动机工作特性及其示例	工作机工作特性及其示例			
	均匀平稳 如发电机、均匀传动的带式输送机或板式输送机、螺旋输送机、通风机、轻型离心机、离心泵、离心式空调压缩机	轻微振动 如不均匀传动的带式输送机或板式输送机、起重机回转齿轮装置、工业与矿用风机、重型离心机、离心泵、离心式空气压缩机	中等振动 如轻型球磨机、提升装置、轧机、橡胶挤压机、单缸活塞泵、叶瓣式鼓风机、糖业机械	强烈振动 如挖掘机、重型球磨机、钢坯初轧机、压坯机、旋转钻机、挖泥机、破碎机、污水处理用离心泵、泥浆泵
均匀平稳 如电动机，均匀转动的蒸气轮机，燃气轮机	1.00	1.25	1.50	≥1.75
轻微振动 如蒸气轮机，燃气轮机，经常启动的大电动机	1.10	1.35	1.60	≥1.85
中等振动 如多缸内燃机	1.25	1.50	1.75	≥2.00
强烈振动 如单缸内燃机	1.50	1.75	2.00	≥2.25

注：1. 表中数值仅适用于在非共振区运转的齿轮装置。
2. 对于增速传动，根据经验建议取表值的 1.1 倍。
3. 对外部机械与齿轮装置之间有挠性连接时，通常 K_A 值可适当减小。

（3）动载系数 K_v

动载系数是考虑轮齿接触迹在啮合过程中的冲击和由此引起齿轮副的振动而产生的内部附加动载影响的系数。其值可按齿轮的圆周速度 v 及平稳性精度查图 12-2-10。

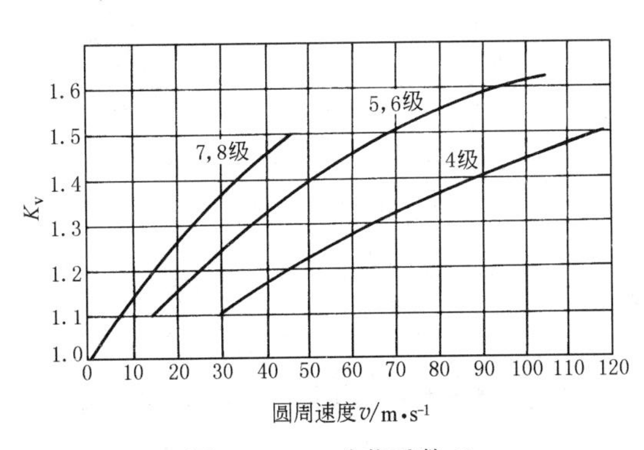

图 12-2-10　动载系数 K_v

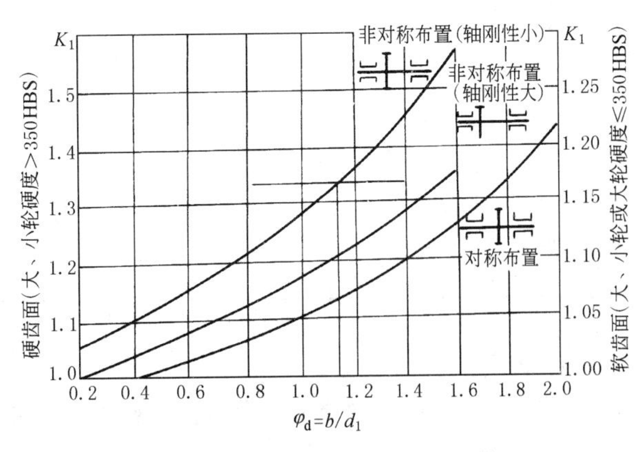

图 12-2-11　接触迹间载荷分配系数 K_1

（4）接触迹间载荷分配系数 K_1

接触迹间载荷分配系数是考虑由齿向误差、齿距误差、轮齿和轴系受载变形等引起载荷沿齿宽方向在各接触迹之间分配不均的影响系数。K_1 值可由图 12-2-11 查取。对人字齿轮 b 是半侧齿宽。

（5）接触迹内载荷分布系数 K_{H2}、K_{F2}

接触迹内载荷分布系数是考虑由于齿面接触迹线位置沿齿高的偏移而引起应力分布状态改变对强度的影响系数。K_{H2} 及 K_{F2} 值可按接触精度查表 12-2-31。

表 12-2-31　　　　接触迹内载荷分布系数

精度等级		4	5	6	7	8
K_{H2}	双圆弧	1.05	1.15	1.23	1.39	1.49
	单圆弧	1.06	1.16	1.24	1.41	1.52
K_{F2}		1.05	1.08		1.10	

(6) 接触迹系数 $K_{\Delta\varepsilon}$

接触迹系数是考虑纵向重合度尾数 $\Delta\varepsilon$ 对轮齿应力的影响系数。当 $\Delta\varepsilon$ 较大时，在相应于 $\Delta\varepsilon$ 的这部分齿宽，即使在最不利的情况下，也有部分接触迹参与承担载荷，使轮齿应力有所下降。双圆弧圆柱齿轮的 $K_{\Delta\varepsilon}$ 值可按 $\Delta\varepsilon$ 由图 12-2-12a 查取，单圆弧圆柱齿轮的 $K_{\Delta\varepsilon}$ 值可由图 12-2-12b 查取。对于齿端修薄的齿轮，应根据减去齿端修薄长度后的有效齿长部分的 $\Delta\varepsilon$ 来查图（当 $20°<\beta<25°$ 时采用插值法查取）。

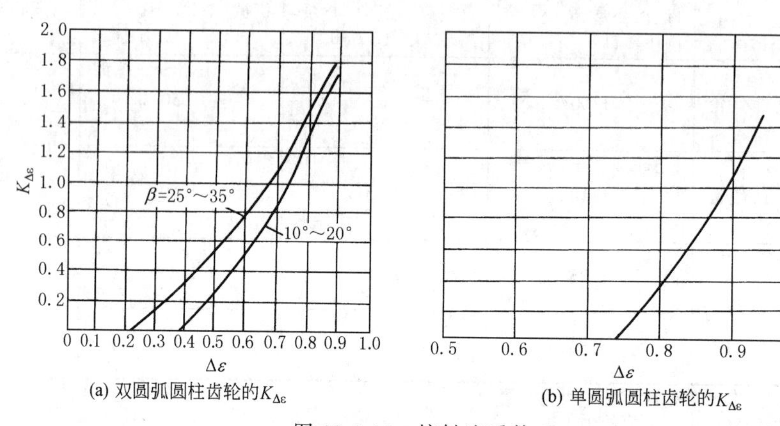

(a) 双圆弧圆柱齿轮的$K_{\Delta\varepsilon}$　　(b) 单圆弧圆柱齿轮的$K_{\Delta\varepsilon}$

图 12-2-12　接触迹系数 $K_{\Delta\varepsilon}$

(7) 弹性系数 Y_E、Z_E

弹性系数是考虑材料的弹性模量 E 及泊松比 ν 对轮齿应力影响的系数。其值可按表 12-2-32 查取。

表 12-2-32　　　　弹性系数 Y_E、Z_E

项目		单位	锻钢-锻钢	锻钢-铸钢	锻钢-球墨铸铁	其他材料
双圆弧圆柱齿轮	Y_E	$(MPa)^{0.14}$	2.079	2.076	2.053	$0.370E^{0.14}$
	Z_E	$(MPa)^{0.27}$	31.346	31.263	30.584	$1.123E^{0.27}$
单圆弧圆柱齿轮	Y_{E1}	$(MPa)^{0.21}$	6.580	6.567	6.456	$0.494E^{0.21}$
	Y_{E2}	$(MPa)^{0.27}$	16.748	16.703	16.341	$0.600E^{0.27}$
	Z_E	$(MPa)^{0.3}$	31.436	31.343	30.589	$0.778E^{0.3}$
诱导弹性模量	E	MPa	$E=\dfrac{2}{\dfrac{1-\nu_1^2}{E_1}+\dfrac{1-\nu_2^2}{E_2}}$			

注：E_1、E_2 和 ν_1、ν_2 分别为小齿轮和大齿轮的弹性模量和泊松比。

(8) 齿数比系数 Y_u、Z_u

齿数比系数是考虑不同的齿数比具有不同的齿面相对曲率半径，从而影响轮齿应力的系数。其值可按图 12-2-13 查取或按图中公式计算。

(9) 螺旋角系数 Y_β、Z_β

螺旋角系数是考虑螺旋角影响齿面相对曲率半径，从而影响轮齿应力的系数。其值可按图 12-2-14 查取或按图中公式计算。

(10) 齿形系数 Y_F

齿形系数是考虑轮齿几何形状对齿根应力影响的系数。它是用折截面法计算得来的，已考虑了齿根应力集中的影响，其值可按当量齿数 z_v 查图 12-2-15。

(11) 齿端系数 Y_{End}

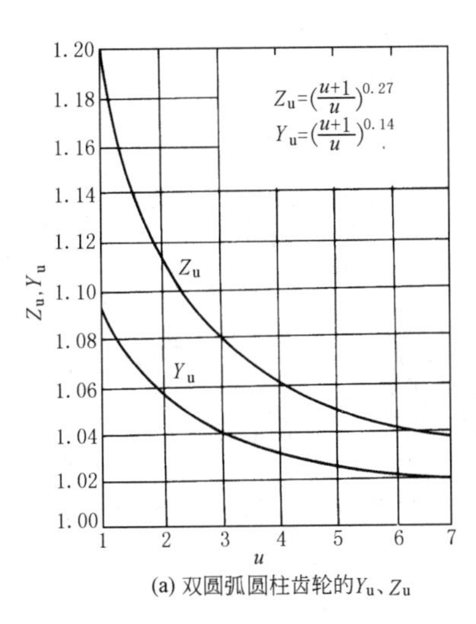

(a) 双圆弧圆柱齿轮的Y_u、Z_u

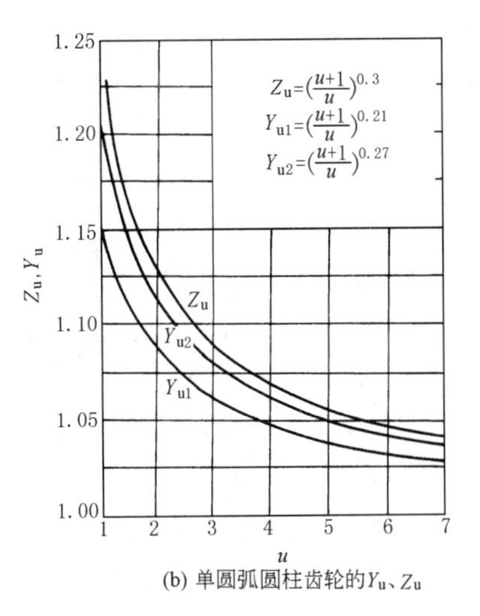

(b) 单圆弧圆柱齿轮的Y_u、Z_u

图 12-2-13　齿数比系数 Y_u、Z_u

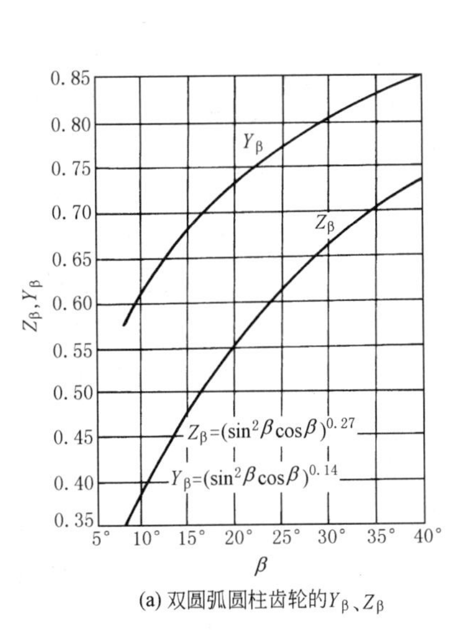

(a) 双圆弧圆柱齿轮的Y_β、Z_β

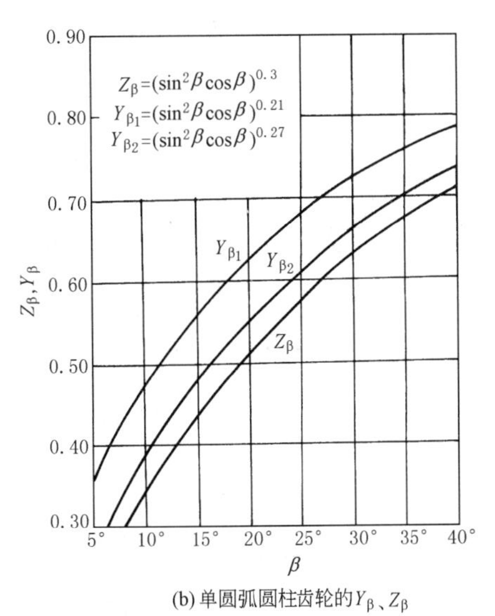

(b) 单圆弧圆柱齿轮的Y_β、Z_β

图 12-2-14　螺旋角系数 Y_β、Z_β

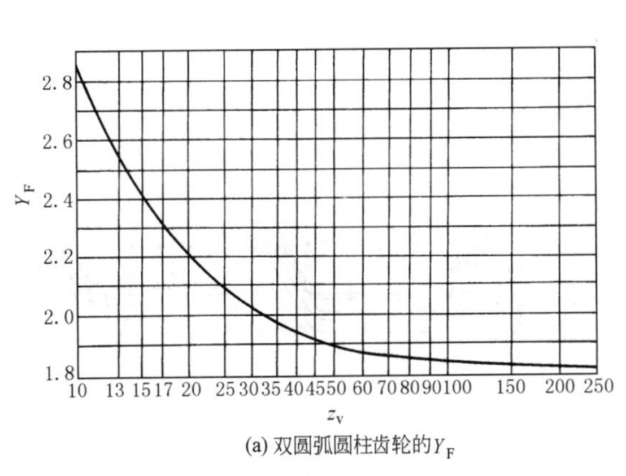

(a) 双圆弧圆柱齿轮的Y_F

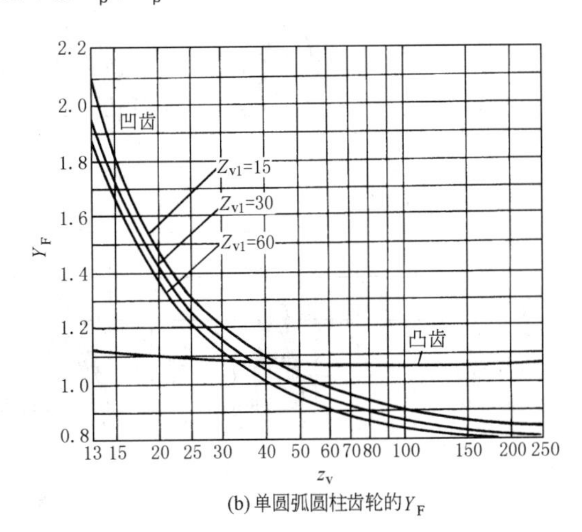

(b) 单圆弧圆柱齿轮的Y_F

图 12-2-15　齿形系数 Y_F

齿端系数是考虑接触迹在齿轮端部时，端面以外没有齿根来参与承担弯曲力矩，以致端部齿根应力增大的影响系数。对于未修端的齿轮，Y_{End} 值可根据 ε_β 及 β 由图 12-2-16 查取（当 β 不是图中值时用插值法查取）。

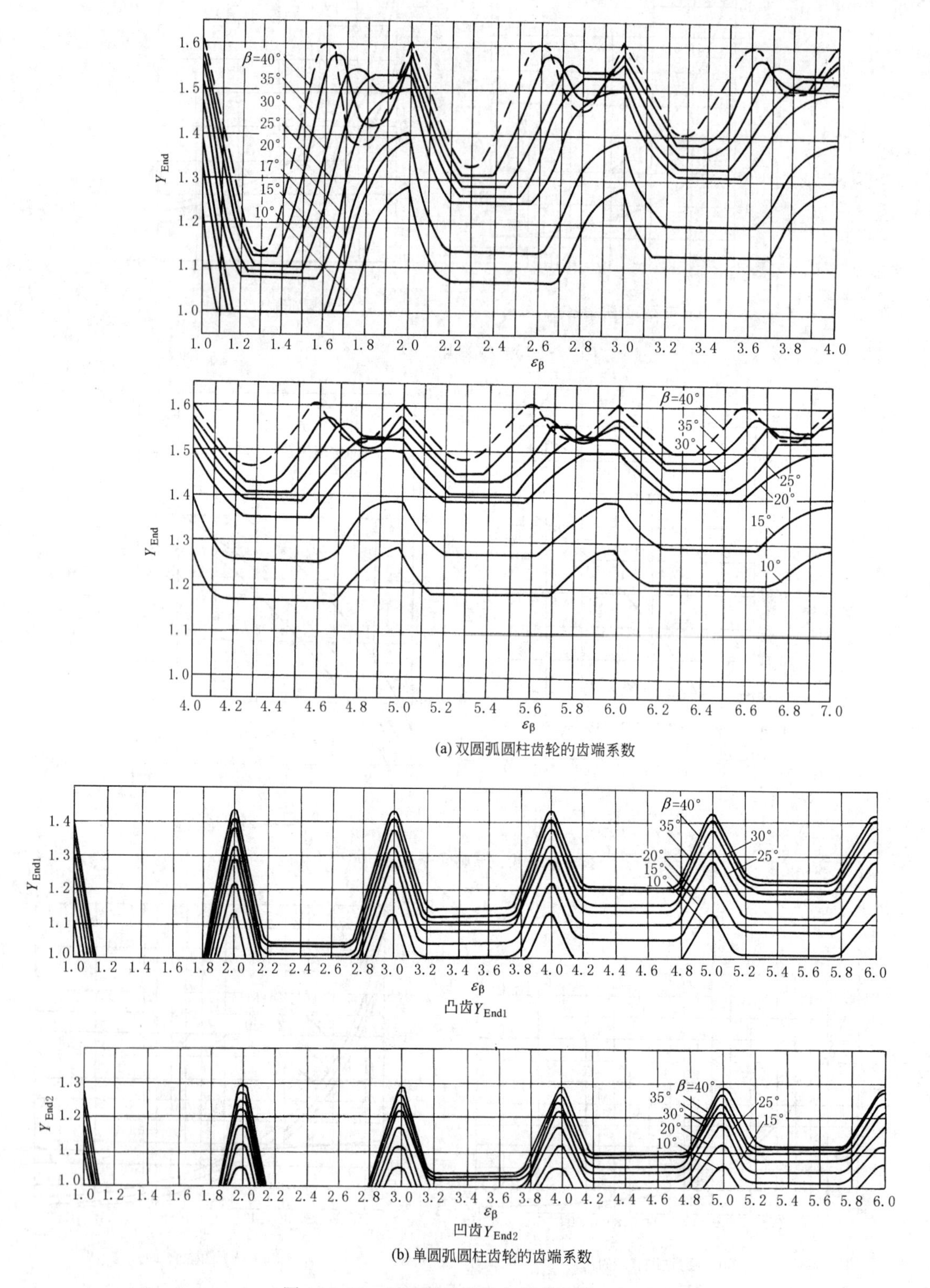

(a) 双圆弧圆柱齿轮的齿端系数

凸齿 Y_{End1}

凹齿 Y_{End2}

(b) 单圆弧圆柱齿轮的齿端系数

图 12-2-16 圆弧圆柱齿轮的齿端系数 Y_{End}

对于齿端修薄的齿轮，$Y_{End}=1$。如图 12-2-17 所示，齿端修薄量 $\Delta s=(0.01\sim0.04)m_n$（按法向齿厚计量）。高精度齿轮取较小值，低精度齿轮取较大值；大模数齿轮取较小值，小模数齿轮取较大值。

修端长度（按齿宽方向度量）ΔL：只修啮入端时，$\Delta L=(0.25\sim0.4)p_x$；当两端修薄时，$\Delta L=(0.13\sim0.2)p_x$，此时 $\Delta\varepsilon$ 应取较大值。

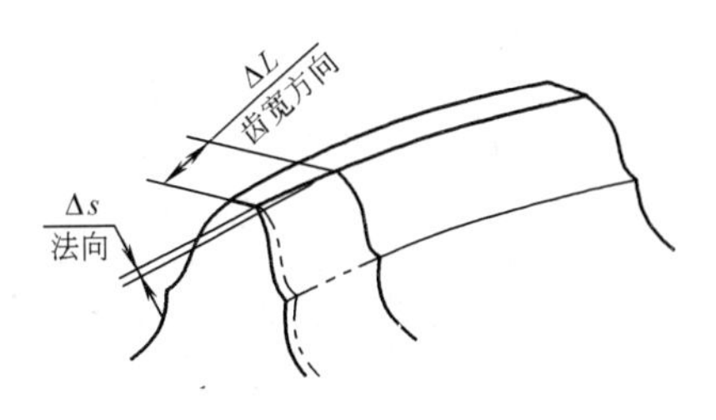

图 12-2-17 齿端修薄

(12) 接触弧长系数 Z_a

接触弧长系数是考虑齿面接触弧的有效工作长度对齿面接触应力的影响系数。单圆弧圆柱齿轮，一对齿只有一个接触弧，Z_a 值可查图 12-2-18a。双圆弧圆柱齿轮，当齿数比不等于 1 时，一个齿轮的上齿面和下齿面的接触弧长不一样，接触弧长系数应取两个齿轮的平均值，即 $Z_a=0.5(Z_{a1}+Z_{a2})$，Z_{a1} 和 Z_{a2} 值可按小齿轮和大齿轮的当量齿数 z_{v1} 和 z_{v2} 查图 12-2-18b。

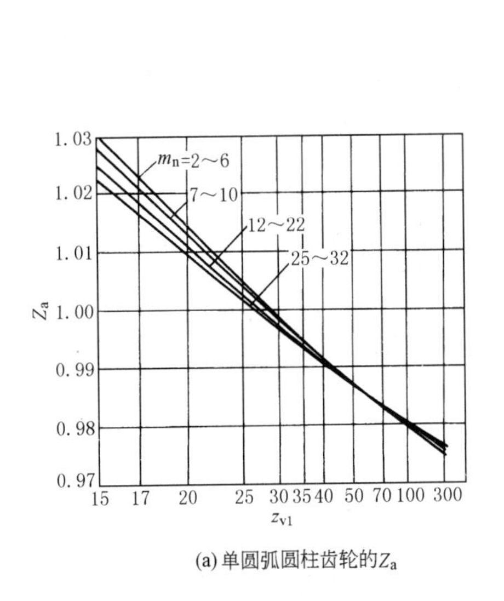

(a) 单圆弧圆柱齿轮的Z_a

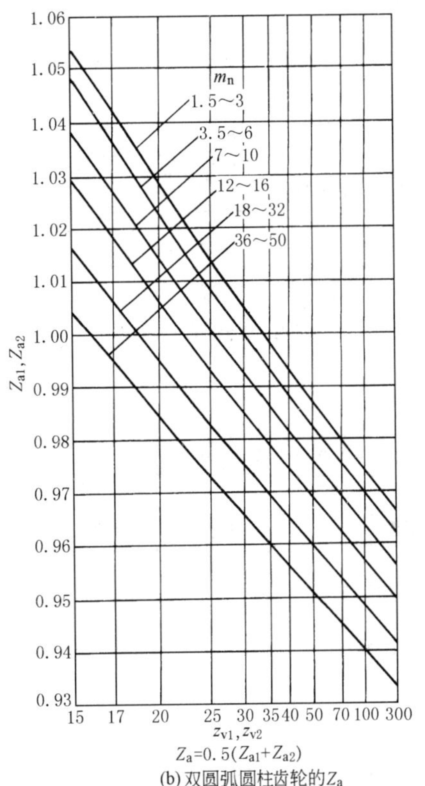

(b) 双圆弧圆柱齿轮的Z_a

图 12-2-18 接触弧长系数 Z_a

(13) 弯曲疲劳极限 $\sigma_{F\lim}$

弯曲疲劳极限是指某种材料的齿轮经长期持续的重复载荷（应力循环基数 $N_0=3\times10^6$）作用后，轮齿保持不破坏时的极限应力。它可由齿轮的载荷运转试验或经验统计数据获得。当缺乏资料时，可参考图 12-2-19，根据材料和齿面硬度取值。

当材料、工艺、热处理性能良好时，可在区域图的上半部取值，否则在下半部取值，一般取中间值。对于正反向传动的齿轮或受对称双向弯曲的齿轮（如中间轮），应将图中查得的弯曲疲劳极限数值乘以 0.7。

对于渗氮钢齿轮，要求轮齿心部硬度大于等于 300HBS。

(14) 接触疲劳极限 $\sigma_{H\lim}$

接触疲劳极限是指某种材料的齿轮经长期持续的重复载荷（应力循环基数 $N_0=5\times10^7$）作用后，齿面保持不破坏时的极限应力。它可由齿轮的载荷运转试验或经验统计数据获得。当缺乏资料时，可参考图 12-2-20，根据

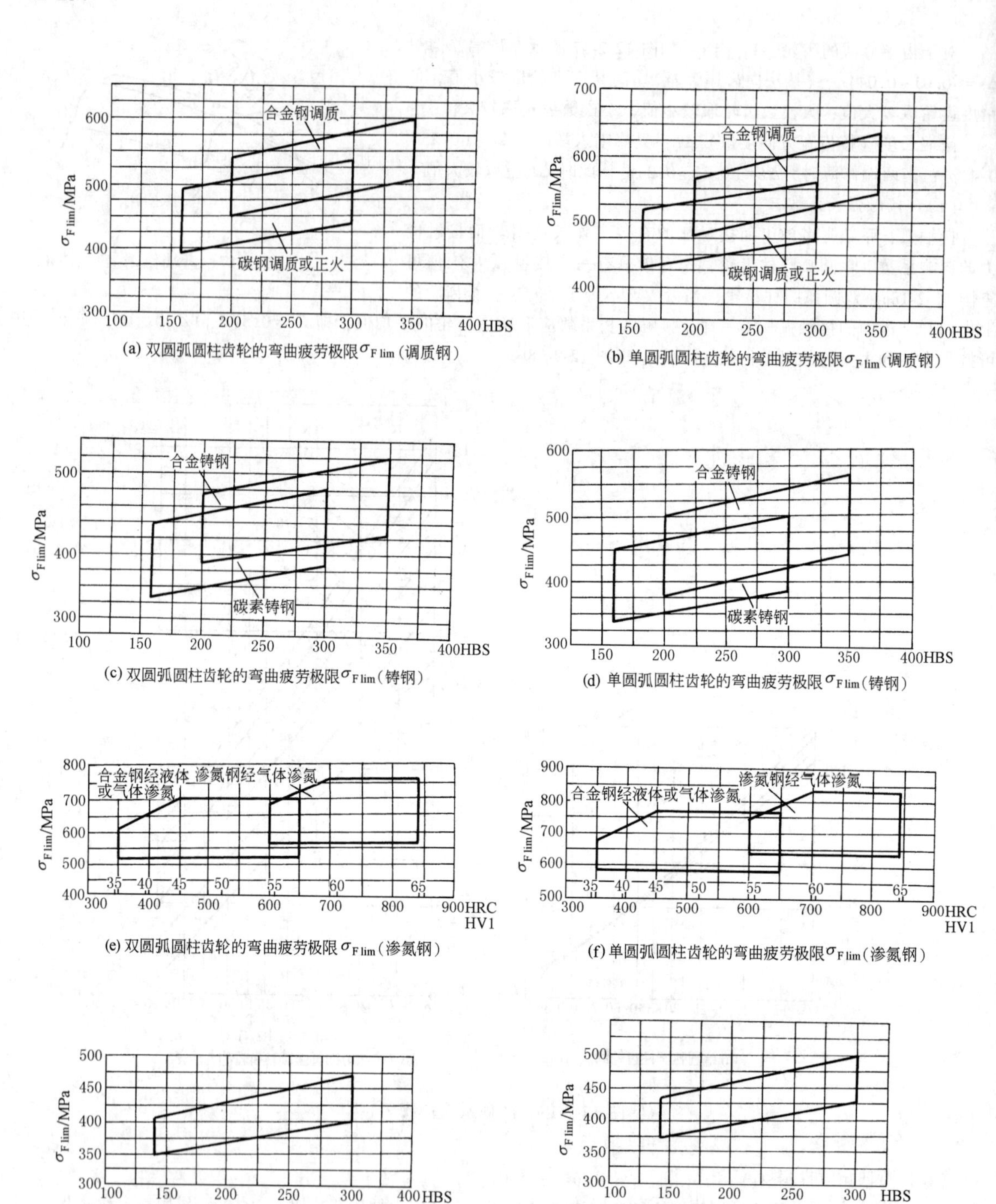

图 12-2-19　弯曲疲劳极限 $\sigma_{F\ lim}$

材料和齿面硬度取值。

当材料、工艺、热处理性能良好时，可在区域图的上半部取值，否则在下半部取值，一般取中间值。

对于渗氮钢齿轮，要求轮齿心部硬度大于等于 300HBS。

(15) 尺寸系数 Y_x

尺寸系数是考虑实际齿轮模数大于试验齿轮模数而使材料强度降低的尺寸效应，其值可由图 12-2-21 查取。

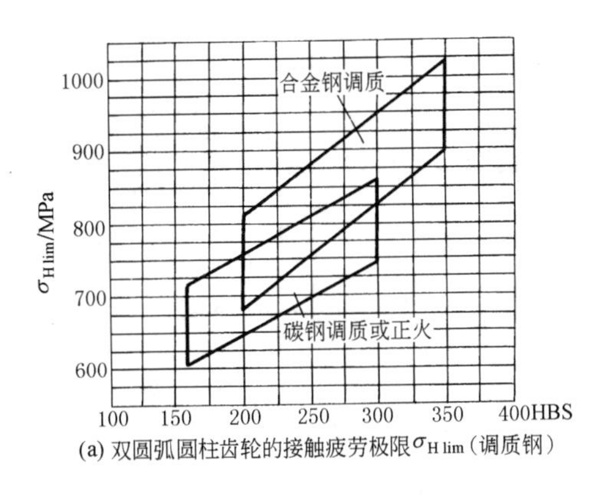

(a) 双圆弧圆柱齿轮的接触疲劳极限$\sigma_{\mathrm{H\,lim}}$（调质钢）

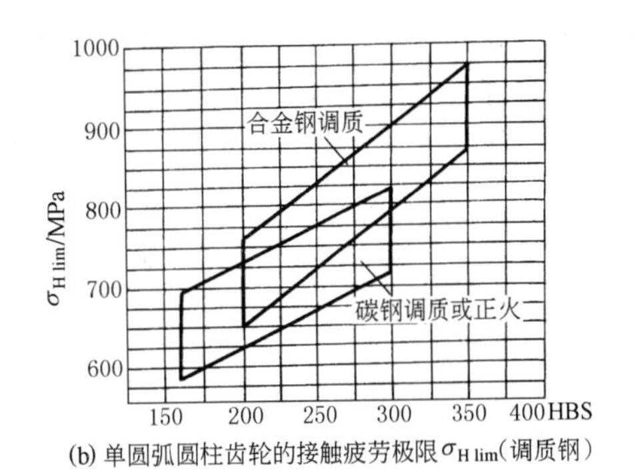

(b) 单圆弧圆柱齿轮的接触疲劳极限$\sigma_{\mathrm{H\,lim}}$（调质钢）

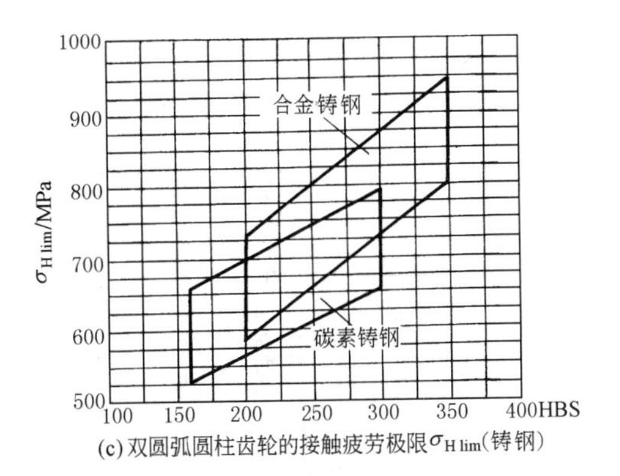

(c) 双圆弧圆柱齿轮的接触疲劳极限$\sigma_{\mathrm{H\,lim}}$（铸钢）

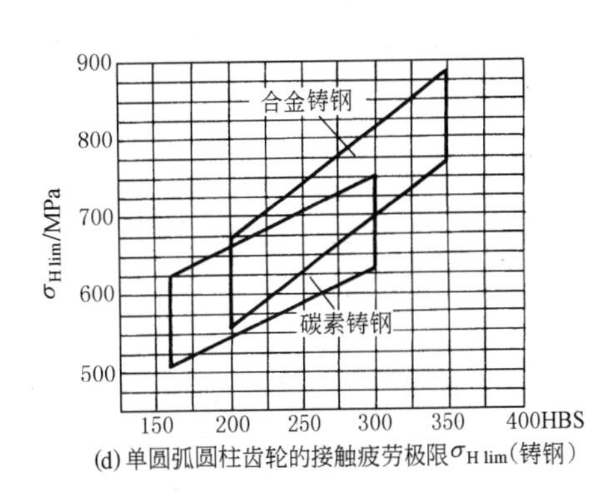

(d) 单圆弧圆柱齿轮的接触疲劳极限$\sigma_{\mathrm{H\,lim}}$（铸钢）

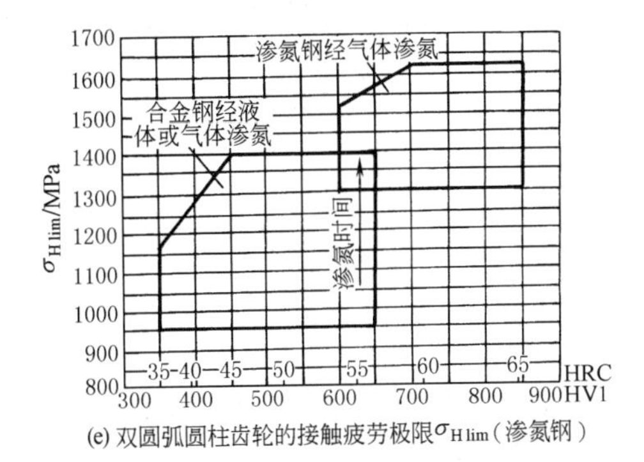

(e) 双圆弧圆柱齿轮的接触疲劳极限$\sigma_{\mathrm{H\,lim}}$（渗氮钢）

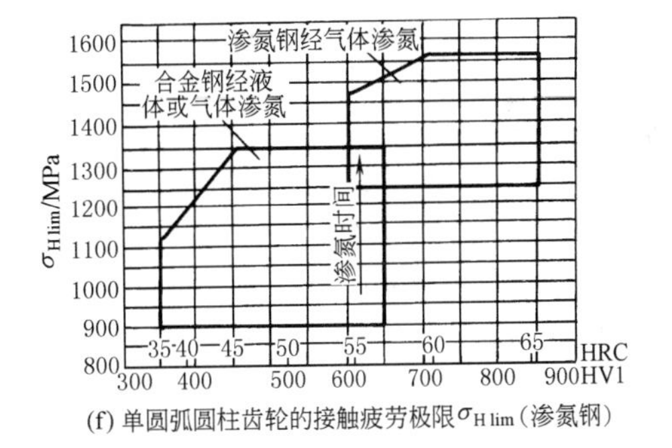

(f) 单圆弧圆柱齿轮的接触疲劳极限$\sigma_{\mathrm{H\,lim}}$（渗氮钢）

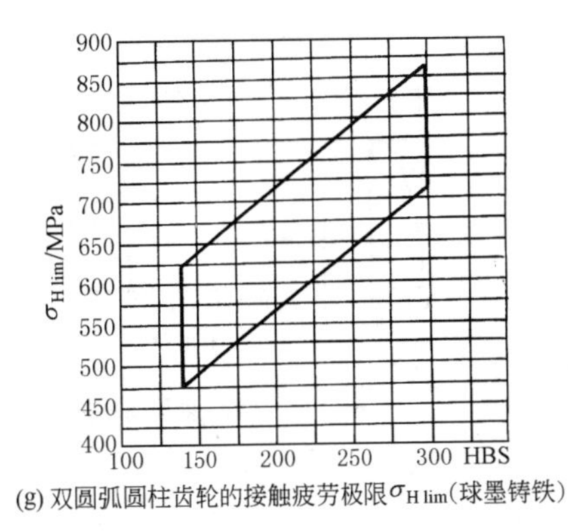

(g) 双圆弧圆柱齿轮的接触疲劳极限$\sigma_{\mathrm{H\,lim}}$（球墨铸铁）

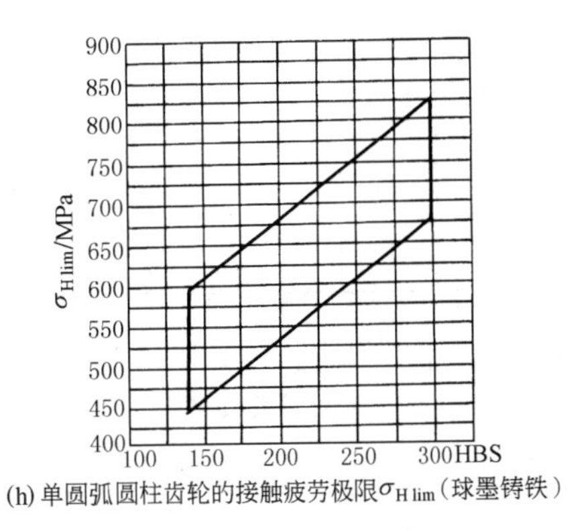

(h) 单圆弧圆柱齿轮的接触疲劳极限$\sigma_{\mathrm{H\,lim}}$（球墨铸铁）

图 12-2-20 接触疲劳极限 $\sigma_{\mathrm{H\,lim}}$

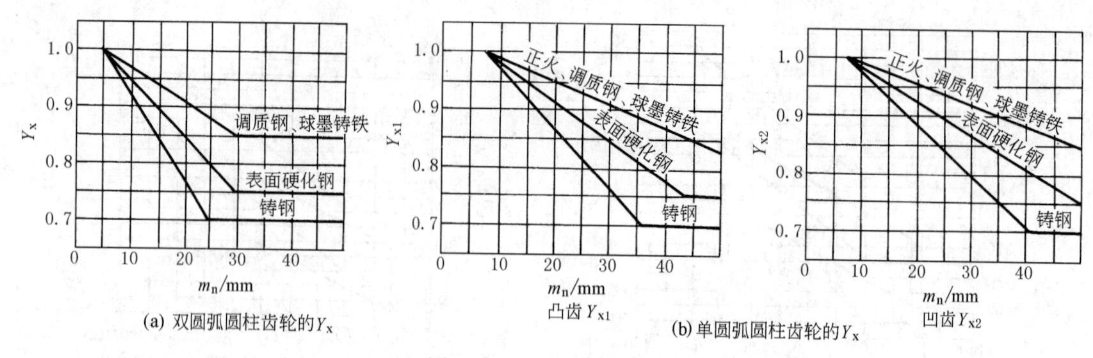

图 12-2-21 尺寸系数 Y_x

(16) 寿命系数 Y_N、Z_N

寿命系数是考虑齿轮只要求有限寿命时可以提高许用应力的系数。对于有限寿命设计，寿命系数可根据应力循环次数 N_L 查图 12-2-22。对于变载荷下工作的齿轮，在已知载荷图时，应根据当量循环次数 N_v 查图。

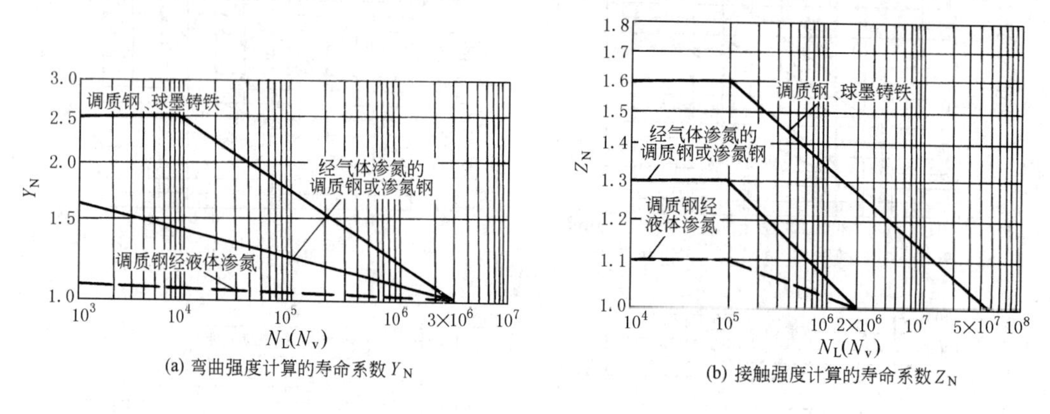

图 12-2-22 寿命系数 Y_N、Z_N

(17) 润滑剂系数 Z_L

润滑剂系数是考虑所用的润滑油种类及黏度对齿面接触应力的影响系数，其值可按图 12-2-23 查取。

在相同工况条件下，圆弧圆柱齿轮的润滑油黏度应比渐开线齿轮高。通常低速传动多采用 220、320 和 460 工业闭式齿轮油（GB 5903—2011），高速传动多采用 32 号和 46 号涡轮机油（GB 11120—2011）。

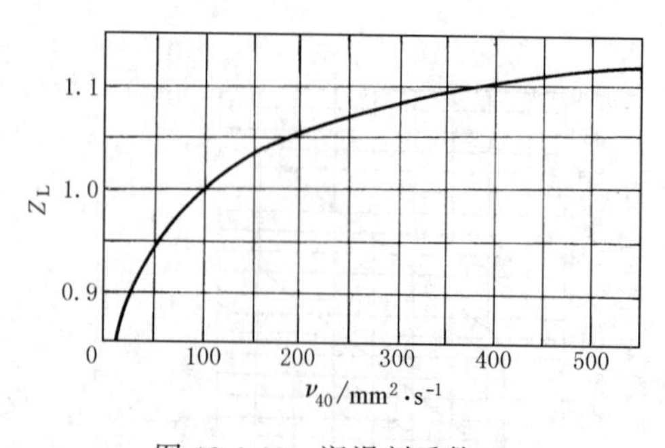

图 12-2-23 润滑剂系数 Z_L

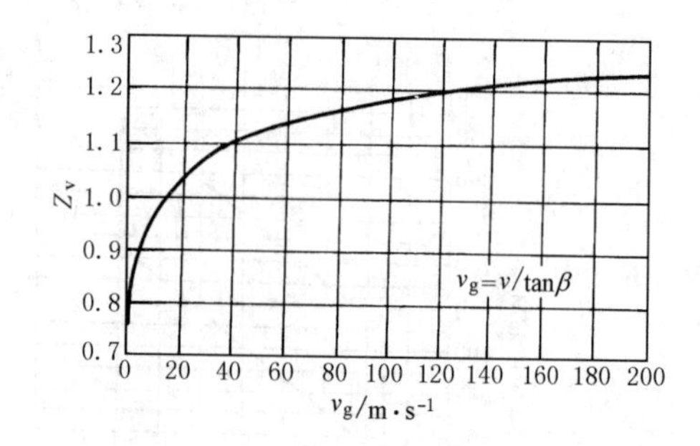

图 12-2-24 速度系数 Z_v

(18) 速度系数 Z_v

速度系数是考虑齿面间相对速度对动压油膜压力和齿面接触应力的影响系数，其值可查图 12-2-24。图中 v 为圆周线速度，v_g 为啮合点沿轴向滚动的迁移速度。

(19) 最小安全系数 $S_{F\min}$、$S_{H\min}$

推荐弯曲强度计算的最小安全系数 $S_{F\min} \geqslant 1.6$，接触强度计算的最小安全系数 $S_{H\min} \geqslant 1.3$。对可靠性要求高的齿轮传动或动力参数掌握不够准确或质量不够稳定的齿轮传动，可取更大的安全系数。

5 圆弧圆柱齿轮设计计算举例

5.1 设计计算依据

圆弧圆柱齿轮设计计算的依据是项目的设计任务书或使用单位提出的设计技术要求。高速齿轮传动和低速齿轮传动的要求略有不同，但综合起来应包括以下主要内容。

① 传递功率（kW）或输出转矩（N·m），或运行载荷图；

② 输入转速（r/min）、输出转速（r/min）或速比，工作时的旋向，是否正反转运行；

③ 使用寿命（h 或 a）；

④ 润滑方式和油品，润滑油温升和轴承温度限制，环境温度；

⑤ 振动和噪声要求；

⑥ 动平衡要求（高速齿轮），静平衡要求（多用于低速铸件）；

⑦ 传动系统的原动机和工作机工况；

⑧ 输入输出连接尺寸要求及受力情况，安装尺寸（包括润滑油管道尺寸）要求；

⑨ 其他要求，如高速齿轮传动输入轴配有盘车机构等。

5.2 高速双圆弧圆柱齿轮设计计算举例

例 某炼油厂烟气轮机用的高速双圆弧圆柱齿轮箱设计计算。设计技术要求如下：电动机功率 $P=9000\text{kW}$，转速 $n_2=1485\text{r/min}$，鼓风机转速 $n_1=6054\text{r/min}$。当电动机启动并驱动齿轮箱和鼓风机进入额定工况时，为增速传动。以后烟气轮机工作并驱动鼓风机、带动齿轮箱和电机（变成发电机），这时为减速传动。无论增速或减速，齿轮旋向不变，两侧齿面无规律地交替受力，轮齿承受交变载荷。外循环油泵喷油润滑，选用 ISOVG46 号汽轮机油。采用动压滑动轴承，轴承温度不高于 80℃。齿轮箱噪声不高于 92dB（A）。每天 24h 连续运行，要求持久寿命设计。要求齿轮做动平衡。有连接安装尺寸要求，装有盘车机构。

解 (1) 齿轮设计，确定齿轮参数

① 结构设计。因传递功率较大，采用单级人字齿轮结构，齿形为 GB/T 12759—1991 标准双圆弧齿廓，齿轮精度不低于 6 级（GB/T 15753—1995）。

② 确定齿轮参数。采用郑州机械研究所编制的“双圆弧圆柱齿轮计算机辅助设计软件”进行参数优化设计、几何尺寸计算和强度校核计算，大致计算过程如下。

a. 选择材料及热处理工艺，确定极限应力。大、小齿轮材料均选用 42CrMo，锻坯，采用中硬齿面调质处理（轮齿心部硬度大于 300HBS）。齿面进行深层离子渗氮，齿面硬度不低于 650HV1。材料的极限应力查图 12-2-19e 得 $\sigma_{F\lim}=620\text{MPa}$；查图 12-2-20e 得 $\sigma_{H\lim}=1150\text{MPa}$。

b. 选取最小安全系数 $S_{\min}$。由于传递功率较大，是生产线上的关键设备，要求高可靠性运行。最小安全系数值应稍大于标准推荐值。取弯曲强度计算的最小安全系数 $S_{F\min}=1.8$；接触强度计算的最小安全系数$S_{H\min}=1.5$。

c. 确定齿数 z。小齿轮齿数的确定，根据表 12-2-26 高速齿轮传动，由于速比较大，小齿轮齿数 z_1 不能选得太大，如果 z_1 大，齿轮和箱体都大，不经济。根据安装尺寸要求，适当选 z_1，取 $z_1=26$。

大齿轮齿数 $z_2=z_1\dfrac{n_1}{n_2}=26\times\dfrac{6054}{1485}=105.9959$，取 $z_2=106$。

d. 确定纵向重合度 ε_β。根据表 12-2-26，人字齿轮结构，暂取 $\beta=30°$，$\varphi_a=0.3$。按式（12-2-10）初算单侧纵向重合度，高速齿轮传动，最好 $\varepsilon_\beta\geqslant3$。

$$\varepsilon_\beta=\varphi_a(z_1+z_2)\tan\beta/2\pi=0.3\times(26+106)\tan30°/2\pi=3.639$$

初算结果表明重合度尾数较大。因高速传动有噪声限制，应将齿端修薄。

e. 确定模数 m_n。按表 12-2-27 中弯曲强度计算公式初算法向模数

$$m_n \geqslant \left(\frac{T_1 K_A K_v K_1 K_{F2}}{2\mu_\varepsilon + K_{\Delta\varepsilon}}\right)^{1/3}\left(\frac{Y_E Y_u Y_\beta Y_F Y_{End}}{z_1 \sigma_{FP}}\right)^{1/2.58}$$

式中各参数值的确定如下。

转矩 T_1：$T_1=\frac{T}{2}=\frac{1}{2}\left(9550\times10^3\ \frac{P}{n_1}\right)=\frac{9550\times10^3\times9000\times26}{2\times1485\times106}=7098342\text{N}\cdot\text{mm}$

使用系数 K_A：查表 12-2-30，按轻微振动增速传动 $K_A=1.35\times1.1=1.485$。

动载系数 K_v：查图 12-2-10，按 6 级精度，初定速度 50m/s，得 $K_v=1.38$。

接触迹间载荷分配系数 K_1：查图 12-2-11，按硬齿面对称布置，φ_d 按表 12-2-26 的中间值 0.9，得 $K_1=1.08$。

接触迹内载荷分布系数 K_{F2}：查表 12-2-31，6 级精度得 $K_{F2}=1.08$。

弹性系数 Y_E：查表 12-2-32，锻钢-锻钢，得 $Y_E=2.079$。

齿数比系数 Y_u：查图 12-2-13a 或按式$\left(\frac{u+1}{u}\right)^{0.14}=Y_u$ 计算，当 $u=\frac{106}{26}=4.077$ 时，得 $Y_u=1.031$。

螺旋角系数 Y_β：查图 12-2-14a，当 $\beta=30°$时，$Y_\beta=0.81$。

齿形系数 Y_F：查图 12-2-15a，当 $z_v=26/\cos^3 30°=40.029$ 时，$Y_{F1}=1.95$。

齿端系数 Y_{End}：因齿端修薄，$Y_{End}=1$。

重合度的整数部分值 μ_ε ：$\mu_\varepsilon=3$。

接触迹系数 $K_{\Delta\varepsilon}$：假定重合度的尾数部分 $\Delta\varepsilon$ 全部修去，$K_{\Delta\varepsilon}=0$。

许用应力 σ_{FP}：

$$\sigma_{FP}=\frac{0.7\sigma_{F\lim} Y_N Y_x}{S_{F\min}}$$

式中，0.7 为交变载荷系数。

寿命系数 Y_N：查图 12-2-22a，设计为持久寿命 $Y_N=1$。

尺寸系数 Y_x：因模数未定，暂取 $Y_x=1$。

最小安全系数 $S_{F\min}$：$S_{F\min}=1.8$。

$$\sigma_{FP}=\frac{0.7\times620\times1\times1}{1.8}=241.111\text{MPa}$$

将上列各参数值代入表 12-2-27 中弯曲强度计算的模数计算式得

$$m_n \geqslant \left(\frac{7098342\times1.485\times1.38\times1.08\times1.08}{2\times3+0}\right)^{1/3}\times\left(\frac{2.079\times1.031\times0.81\times1.95\times1}{26\times241.111}\right)^{1/2.58}=7.656\text{mm}$$

取标准模数 $m_n=8$mm。

计算中心距 a

$$a=\frac{m_n(z_1+z_2)}{2\cos\beta}=\frac{8\times(26+106)}{2\cos30°}=609.682$$

按优先数系列考虑取中心距 $a=600$mm。

计算螺旋角 β

$$\beta=\arccos\frac{m_n(z_1+z_2)}{2a}=\arccos\frac{8\times(26+106)}{2\times600}$$

$$=28.35763658°=28°21'27.49''$$

f. 确定齿宽 b。按初选的重合度 3.639 计算齿宽

$$b=p_x\varepsilon_\beta=\frac{\pi m_n\varepsilon_\beta}{\sin\beta}=\frac{\pi\times8\times3.639}{\sin28°21'27.49''}=192.55$$

经圆整取 $b=190$mm，为单侧齿宽。

计算重合度 ε_β：

$$\varepsilon_\beta=\frac{b}{p_x}=\frac{b\sin\beta}{\pi m_n}=\frac{190\times\sin28°21'27.49''}{8\pi}=3.59$$

取齿端修薄后的有效齿宽为 175mm，此时的有效重合度为

$$\varepsilon_\beta=\frac{175\times\sin28°21'27.49''}{8\pi}=3.307$$

齿端修薄长度为

$$\Delta L=(3.59-3.307)p_x=0.283p_x$$

符合标准推荐的只修一端（啮入端）的修薄长度要求。

g. 确定的齿轮参数。模数 $m_n=8\text{mm}$，齿数 $z_1=26$、$z_2=106$，螺旋角 $\beta=28°21'27.49''$，中心距 $a=600\text{mm}$，齿宽 $b=190\text{mm}$（单侧齿宽，含修薄长度），有效纵向重合度 $\varepsilon_\beta=3.307$，轴向齿距 $p_x=\dfrac{m_n\pi}{\sin\beta}=52.914\text{mm}$，小齿轮分度圆直径 $d_1=\dfrac{m_n z_1}{\cos\beta}=236.364\text{mm}$，大齿轮分度圆直径 $d_2=\dfrac{m_n z_2}{\cos\beta}=963.636\text{mm}$。

计算圆周线速度 v：$v=\dfrac{\pi d_1 n_1}{60\times1000}=74.927\text{m/s}$

计算当量齿数 z_v：$z_{v1}=\dfrac{z_1}{\cos^3\beta}=38.153$，$z_{v2}=\dfrac{z_2}{\cos^3\beta}=155.546$

（2）齿轮强度校核计算

① 校核轮齿齿根弯曲疲劳强度。按表 12-2-27 中的公式计算齿根弯曲应力：

$$\sigma_{F1}=\left(\frac{T_1K_AK_vK_1K_{F2}}{2\mu_\varepsilon+K_{\Delta\varepsilon}}\right)^{0.86}\frac{Y_EY_uY_\beta Y_{F1}Y_{End}}{z_1m_n^{2.58}}\ (\text{MPa})$$

小齿轮名义转矩 T_1：$T_1=7098342\text{N}\cdot\text{mm}$。

使用系数 K_A：$K_A=1.485$。

动载系数 K_v：查图 12-2-10，按 6 级精度，$v=74.927\text{m/s}$，得 $K_v=1.52$。

接触迹间载荷分配系数 K_1：查图 12-2-11，按硬齿面对称布置，$\dfrac{b}{d_1}=0.74$（按有效齿宽 175mm 计算），得$K_1=1.06$。

接触迹内载荷分布系数 K_{F2}：$K_{F2}=1.08$。

接触迹系数 $K_{\Delta\varepsilon}$：查图 12-2-12a，按有效纵向重合度 $\varepsilon_\beta=3.307$，其中 $\mu_\varepsilon=3$，$\Delta\varepsilon=0.307$。按 $\Delta\varepsilon=0.307$ 查 25°～30°曲线，得 $K_{\Delta\varepsilon}=0.14$。

弹性系数 Y_E：$Y_E=2.079$。

齿数比系数 Y_u：$Y_u=1.031$。

螺旋角系数 Y_β：查图 12-2-14a，或按式（$\sin^2\beta\cos\beta$）$^{0.14}=Y_\beta$ 计算得 $Y_\beta=0.797$。

齿形系数 Y_F：查图 12-2-15a，按当量齿数 $z_{v1}=38.153$，$z_{v2}=155.546$ 分别查，得 $Y_{F1}=1.95$，$Y_{F2}=1.82$。

齿端系数 Y_{End}：因齿端修薄，$Y_{End}=1$。

将上列各参数值代入弯曲应力计算公式得：

$$\sigma_{F1}=\left(\frac{7098342\times1.485\times1.52\times1.06\times1.08}{2\times3+0.14}\right)^{0.86}\times\frac{2.079\times1.031\times0.797\times1.95\times1}{26\times8^{2.58}}=222.028\text{MPa}$$

$$\sigma_{F2}=\sigma_{F1}\frac{Y_{F2}}{Y_{F1}}=207.226\text{MPa}$$

按表 12-2-27 中公式计算安全系数 S_F：$S_F=\dfrac{0.7\sigma_{F\lim}Y_NY_x}{\sigma_F}$

寿命系数 Y_N：$Y_N=1$。

尺寸系数 Y_x：查图 12-2-21a，按 $m_n=8\text{mm}$，得 $Y_x=0.97$。

将各参数值代入计算公式：

$$S_{F1}=\frac{0.7\sigma_{F\lim}Y_NY_x}{\sigma_{F1}}=\frac{0.7\times620\times1\times0.97}{222.028}=1.896$$

$$S_{F2}=\frac{0.7\sigma_{F\lim}Y_NY_x}{\sigma_{F2}}=\frac{0.7\times620\times1\times0.97}{207.226}=2.032$$

S_{F1} 和 S_{F2} 均大于 $S_{F\min}$，齿根弯曲疲劳强度校核通过。

② 校核齿面接触疲劳强度。按表 12-2-27 中的公式计算齿面接触应力：

$$\sigma_H=\left(\frac{T_1K_AK_vK_1K_{H2}}{2\mu_\varepsilon+K_{\Delta\varepsilon}}\right)^{0.73}\frac{Z_EZ_uZ_\beta Z_a}{z_1m_n^{2.19}}\ (\text{MPa})$$

式中，T_1、K_A、K_v、K_1、μ_ε、$K_{\Delta\varepsilon}$ 等同弯曲应力计算中的值。其余参数值如下：

接触迹内载荷分布系数 K_{H2}：查表 12-2-31，按 6 级精度得 $K_{H2}=1.23$。

弹性系数 Z_E：查表 12-2-32，锻钢-锻钢，$Z_E=31.346$。

齿数比系数 Z_u：查图 12-2-13a，或按式 $\left(\frac{u+1}{u}\right)^{0.27}=Z_u$ 计算得 $Z_u=1.061$。

螺旋角系数 Z_β：查图 12-2-14a，或按式（$\sin^2\beta\cos\beta$）$^{0.27}=Z_\beta$ 计算得 $Z_\beta=0.646$。

接触弧长系数 Z_a：查图 12-2-18a，按当量齿数 $z_{v1}=38.153$ 和 $z_{v2}=155.546$，得 $Z_{a1}=0.983$，$Z_{a2}=0.961$。$Z_a=\frac{1}{2}(Z_{a1}+Z_{a2})=0.972$。

将上列各参数值代入接触应力计算公式得：

$$\sigma_H=\left(\frac{7098342\times1.485\times1.52\times1.06\times1.23}{2\times3+0.14}\right)^{0.73}\times\frac{31.346\times1.061\times0.646\times0.972}{26\times8^{2.19}}=495.733\text{MPa}$$

计算安全系数 S_H

按表 12-2-27 中公式：$S_H=\frac{\sigma_{H\lim}Z_NZ_LZ_v}{\sigma_H}$

寿命系数 Z_N：查图 12-2-22b，因持久寿命，$Z_N=1$。

润滑剂系数 Z_L：查图 12-2-23，按黏度 $\nu_{40}=46\text{mm}^2/\text{s}$，得 $Z_L=0.943$。

速度系数 Z_v：查图 12-2-24，按 $v_g=\frac{v}{\tan\beta}=138.82\text{m/s}$，得 $Z_v=1.21$。

将各参数值代入计算公式：$S_H=\frac{1150\times1\times0.943\times1.21}{495.733}=2.647$

S_H 大于 $S_{H\min}$，齿面接触疲劳强度校核通过。

5.3 低速重载双圆弧圆柱齿轮设计计算举例

例 某钢铁公司初轧连轧机主传动双圆弧圆柱齿轮减速器齿轮强度校核计算。该减速器电机驱动功率 $P=4000\text{kW}$，转速 248r/min，单向运转。第一级中心距 $a_1=1175\text{mm}$，速比 $i_1=1.8$。第二级中心距 $a_2=1617\text{mm}$，速比 $i_2=2.2$。采用外循环喷油润滑，油品为 220 号极压工业齿轮油。每天 24h 连续运转，设计寿命为 80000h。要求Ⅱ轴和Ⅲ轴双轴输出。有安装连接尺寸要求。原设计为软齿面渐开线齿轮，第一级模数为 26mm，第二级模数为 30mm。减速器传动简图见图 12-2-25。

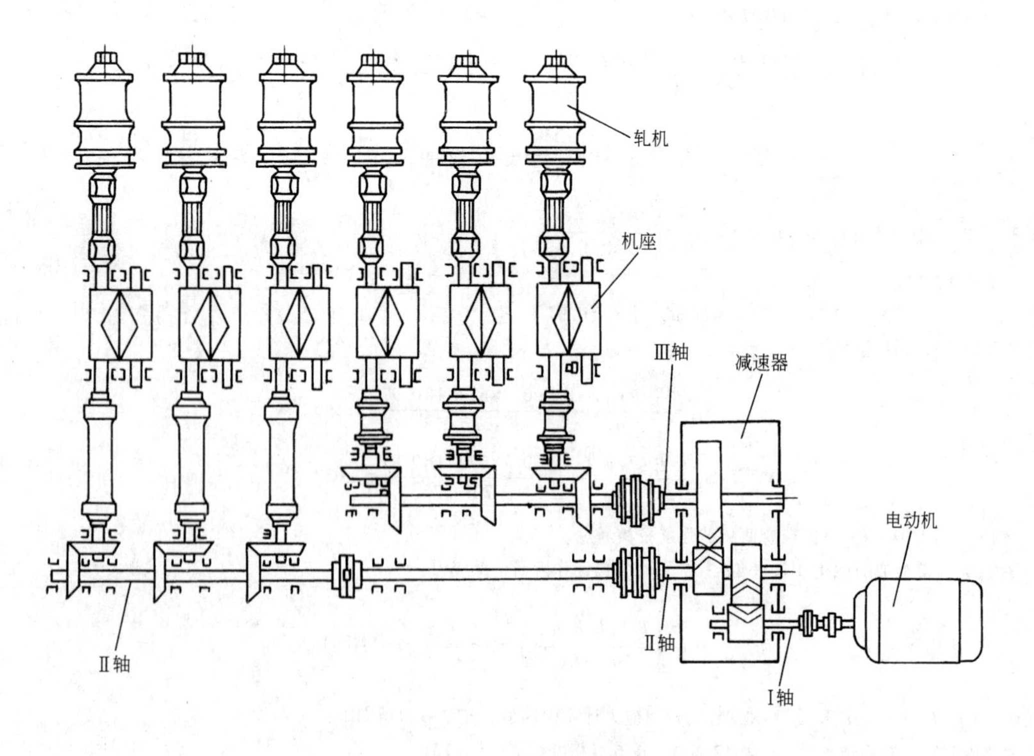

图 12-2-25 减速器传动简图

解 （1）齿轮设计，确定齿轮参数

减速器第一输出轴（Ⅱ轴）带动4~6架轧机，扭矩相对较小。第二输出轴（Ⅲ轴）带动1~3架轧机，传递扭矩很大。设计采用人字齿轮结构，齿形为GB 12759—1991标准双圆弧齿廓，齿轮精度为7级（GB/T 15753—1995），齿面硬度为软齿面。

该减速器为设备改造项目，设计时受中心距和速比限制，齿轮参数优化设计只能在模数、齿数和螺旋角三者之间优化组合。设计时进行了模数20mm、25mm和30mm的比较设计，最终第一级和第二级都选取模数20mm，较为合适。

第一级齿轮参数：$m_n=20$mm，$z_1=36$，$z_2=64$，$\beta=30°40'21''$，单侧齿宽$b=325$mm。

第二级齿轮参数：$m_n=20$mm，$z_1=43$，$z_2=95$，$\beta=31°24'47''$，单侧齿宽$b=305$mm。

仅以第二级为例进行强度校核计算。第二级齿轮的有关参数如下。

小齿轮转速n_1：$n_1=n\times\dfrac{36}{64}=248\times\dfrac{36}{64}=139.5$r/min。

小齿轮分度圆直径d_1：$d_1=\dfrac{m_n z_1}{\cos\beta}=1007.696$mm。

大齿轮分度圆直径d_2：$d_2=\dfrac{m_n z_2}{\cos\beta}=2226.305$mm。

齿数比u：$u=\dfrac{z_2}{z_1}=2.209$（要求速比2.2）。

单侧纵向重合度ε_β：$\varepsilon_\beta=\dfrac{b\sin\beta}{\pi m_n}=2.53$，其中$\mu_\varepsilon=2$，$\Delta\varepsilon=0.53$，齿端不修薄。

齿轮圆周线速度v：$v=\dfrac{\pi d_1 n_1}{60\times1000}=7.36$m/s。

齿轮当量齿数z_v：$z_{v1}=\dfrac{z_1}{\cos^3\beta}=69.177$，$z_{v2}=\dfrac{z_2}{\cos^3\beta}=152.83$。

小齿轮材料为37SiMn2MoV，锻件，进行调质处理，齿面硬度260~290HBS；大齿轮材料为ZG35CrMo，铸钢件，进行调质处理，齿面硬度220~250HBS。

小齿轮材料的弯曲疲劳极限$\sigma_{F\,lim1}$：查图12-2-19a，得$\sigma_{F\,lim1}=520$MPa。

小齿轮材料的接触疲劳极限$\sigma_{H\,lim1}$：查图12-2-20a，得$\sigma_{H\,lim1}=840$MPa。

大齿轮材料的弯曲疲劳极限$\sigma_{F\,lim2}$：查图12-2-19c，得$\sigma_{F\,lim2}=440$MPa。

大齿轮材料的接触疲劳极限$\sigma_{H\,lim2}$：查图12-2-20c，得$\sigma_{H\,lim2}=680$MPa。

最小安全系数S_{min}：按标准推荐值$S_{F\,min}=1.6$，$S_{H\,min}=1.3$。

（2）齿轮强度校核计算

① 校核轮齿齿根弯曲疲劳强度：

按表12-2-27中的公式计算齿根弯曲应力：

$$\sigma_{F1}=\left(\frac{T_1K_AK_vK_1K_{F2}}{2\mu_\varepsilon+K_{\Delta\varepsilon}}\right)^{0.86}\frac{Y_EY_uY_\beta Y_{F1}Y_{End}}{z_1m_n^{2.58}}\ (\text{MPa})$$

小齿轮名义转矩T_1：

$$T_1=\frac{T}{2}=\frac{1}{2}\left(9549\times10^3\frac{P}{n_1}\right)=136917562.7\text{N}\cdot\text{mm}$$

计算中略去了第一级传动的效率损失。

使用系数K_A：查表12-2-30，中等振动，$K_A=1.5$。

动载系数K_v：查图12-2-10，按7级精度，$v=7.36$m/s，得$K_v=1.1$。

接触迹间载荷分配系数K_1：查图12-2-11，按软齿面，非对称布置（轴刚性较大），$\varphi_d=\dfrac{b}{d_1}=0.303$，得$K_1=1.01$。

接触迹内载荷分布系数K_{F2}：查表12-2-31，7级精度，$K_{F2}=1.1$。

接触迹系数$K_{\Delta\varepsilon}$：查图12-2-12a，$\Delta\varepsilon=0.53$，得$K_{\Delta\varepsilon}=0.6$。

弹性系数Y_E：查表12-2-32，锻钢-铸钢，得$Y_E=2.076$。

齿数比系数Y_u：查图12-2-13a，或按式$\left(\dfrac{u+1}{u}\right)^{0.14}=Y_u$计算得，$Y_u=1.054$。

螺旋角系数Y_β：查图12-2-14a，或按式$(\sin^2\beta\cos\beta)^{0.14}=Y_\beta$计算，得$Y_\beta=0.815$。

齿形系数Y_F：查图12-2-15a，按当量齿数$z_{v1}=69.177$，$z_{v2}=152.83$得$Y_{F1}=1.865$，$Y_{F2}=1.82$。

齿端系数 Y_{End}：查图 12-2-16a，用插值法，$\varepsilon_\beta=2.53$ 查取，$\beta=30°$时 $Y_{End}=1.35$，$\beta=35°$时 $Y_{End}=1.47$，当$\beta=31°24'47''$时 $Y_{End}=1.384$。

将上列各参数值代入弯曲应力计算公式得：

$$\sigma_{F1}=\left(\frac{136917562.7\times1.5\times1.1\times1.01\times1.1}{2\times2+0.6}\right)^{0.86}\times\frac{2.076\times1.054\times0.815\times1.865\times1.384}{43\times20^{2.58}}=212.152\text{MPa}$$

$$\sigma_{F2}=\sigma_{F1}\frac{Y_{F2}}{Y_{F1}}=207.033\text{MPa}$$

按表 12-2-27 中公式计算安全系数 S_F：$S_F=\dfrac{\sigma_{F\lim}Y_NY_x}{\sigma_F}$

寿命系数 Y_N：查图 12-2-22a，因循环次数大于 3×10^6，得 $Y_N=1$。

尺寸系数 Y_x：查图 12-2-21a，按 $m_n=20$mm，得 $Y_{x1}=0.91$，$Y_{x2}=0.77$。

将各参数值代入计算公式：

$$S_{F1}=\frac{\sigma_{F\lim1}Y_NY_{x1}}{\sigma_{F1}}=\frac{520\times1\times0.91}{212.152}=2.23$$

$$S_{F2}=\frac{\sigma_{F\lim2}Y_NY_{x2}}{\sigma_{F2}}=\frac{440\times1\times0.77}{207.033}=1.64$$

S_{F1} 和 S_{F2} 均大于 $S_{F\min}$，齿根弯曲疲劳强度校核通过。

② 校核齿面接触疲劳强度：

按表 12-2-27 中的公式计算齿面接触应力：

$$\sigma_H=\left(\frac{T_1K_AK_vK_1K_{H2}}{2\mu_\varepsilon+K_{\Delta\varepsilon}}\right)^{0.73}\frac{Z_EZ_uZ_\beta Z_a}{z_1m_n^{2.19}}\ (\text{MPa})$$

式中，T_1、K_A、K_v、K_1、μ_ε 、$K_{\Delta\varepsilon}$ 等同弯曲应力计算中的值，其余参数如下。

接触迹内载荷分布系数 K_{H2}：查表 12-2-31，按 7 级精度得 $K_{H2}=1.39$。

弹性系数 Z_E：查表 12-2-32，锻钢-铸钢，得 $Z_E=31.263$。

齿数比系数 Z_u：查图 12-2-13a，或按式$\left(\dfrac{u+1}{u}\right)^{0.27}=Z_u$ 计算得 $Z_u=1.106$。

螺旋角系数 Z_β：查图 12-2-14a，或按式 $(\sin^2\beta\cos\beta)^{0.27}=Z_\beta$ 计算得 $Z_\beta=0.674$。

接触弧长系数 Z_a：查图 12-2-18a，按当量齿数 $z_{v1}=69.177$，$z_{v2}=152.83$，得 $Z_{a1}=0.954$，$Z_{a2}=0.945$。$Z_a=\dfrac{1}{2}(Z_{a1}+Z_{a2})=0.9495$。

将上列各参数值代入接触应力计算公式得：

$$\sigma_H=\left(\frac{136917562.7\times1.5\times1.1\times1.01\times1.39}{2\times2+0.6}\right)^{0.73}\times\frac{31.263\times1.106\times0.674\times0.9495}{43\times20^{2.19}}=384.005\text{MPa}$$

按表 12-2-27 中公式计算安全系数 S_H：$S_H=\dfrac{\sigma_{H\lim}Z_NZ_LZ_v}{\sigma_H}$

寿命系数 Z_N：查图 12-2-22b，因循环次数大于 5×10^7，$Z_N=1$。

润滑剂系数 Z_L：查图 12-2-23，按 $\nu_{40}=220\text{mm}^2/\text{s}$，得 $Z_L=1.06$。

速度系数 Z_v：查图 12-2-24，按 $v_g=\dfrac{v}{\tan\beta}=12.05\text{m/s}$，得 $Z_v=0.98$。

计算公式：

$$S_{H1}=\frac{\sigma_{H\lim1}Z_NZ_LZ_v}{\sigma_H}=\frac{840\times1\times1.06\times0.98}{384.005}=2.27$$

$$S_{H2}=\frac{\sigma_{H\lim2}Z_NZ_LZ_v}{\sigma_H}=\frac{680\times1\times1.06\times0.98}{384.005}=1.84$$

S_{H1} 和 S_{H2} 均大于 $S_{H\min}$，齿面接触疲劳强度校核通过。

6 圆弧圆柱齿轮在我国的发展和应用状况分析

6.1 概述

提高齿轮的承载能力是现代齿轮的研究方向之一。由于圆弧圆柱齿轮（圆弧齿轮）的承载能力比同样条件下的渐开线齿轮高，且工艺简单、成本低，我国从1958年就开始了研究和应用。在基础理论和设计计算方面，先后进行了啮合理论、承载能力计算、轮齿受载变形及修形计算、珩齿工艺机理、滚刀齿形设计与计算、精度检验与测量尺寸计算、计算机辅助设计（CAD）与绘图等项研究。在齿轮和滚刀制造工艺方面，进行了滚齿修形（齿端修薄）、中硬齿面滚齿、硬齿面刮削、蜗杆型软砂轮珩齿，以及硬质合金双圆弧齿轮刮削滚刀制造等项技术研究。与此同时，进行了大量的试验和工业应用，并且先后制定了一整套有关圆弧齿轮的国家标准。它们是：GB/T 1840—1989《圆弧圆柱齿轮模数》、GB 12759—1991《双圆弧圆柱齿轮基本齿廓》、GB/T 13799—1992《双圆弧圆柱齿轮承载能力计算方法》、GB/T 14348—2007《双圆弧齿轮滚刀》、GB/T 15752—1995《圆弧圆柱齿轮基本术语》和GB/T 15753—1995《圆弧圆柱齿轮精度》。

6.2 圆弧圆柱齿轮在我国的发展状况

我国从20世纪60年代中期就开始研究双圆弧齿轮，但进入实质性的研究、试验和应用是在1975年以后。经过有限元计算分析、台架承载能力试验和工业使用验证，证明双圆弧齿轮的承载能力比单元圆弧齿轮有较大的提高，这是因为双圆弧齿形是集凸、凹弧于一体，在轮齿根部有较宽的齿厚，提高了轮齿根部的弯曲强度。在相同条件下，双圆弧齿轮同时接触的点数要多于单圆弧齿轮，减少了每个接触点上的平均载荷。台架承载能力试验表明，双圆弧齿轮的弯曲强度和接触强度分别比单圆弧齿轮提高60%和40%，其综合承载能力比单圆弧齿轮提高40%以上。在工艺上，双圆弧齿轮只需一把滚刀就可以加工一对啮合齿轮。双圆弧齿轮的这两个优点正好克服了单圆弧齿轮的两点不足。我国从20世纪80年代开始就重点发展双圆弧齿轮，在低速重载齿轮传动领域内，主要推广应用中硬齿面双圆弧齿轮；在高速齿轮传动领域内，主要推广应用氮化硬齿面双圆弧齿轮。在中等载荷（齿面载荷系数 $K \leqslant 2.0\text{MPa}$）下，使用中硬齿面（低速传动）和渗氮硬齿面（高速传动）双圆弧齿轮，较使用渗氮淬火磨齿渐开线齿轮会有更好的社会经济效益，因为其工艺简单，成本低，制造周期短，一般工厂都可以生产。但要注意保证齿轮的加工、装配精度（低速传动不低于7级，高速传动不低于6级）和材质质量，高速齿轮应进行齿端修形和齿面珩齿工艺。对于低速齿轮，今后应在中小模数范围内推广渗碳淬火硬齿面刮削工艺，进一步提高齿轮的承载能力。

6.3 圆弧圆柱齿轮在生产实际中的应用

现代齿轮的研究方向主要是提高齿轮传动的平稳性和承载能力。而圆弧齿轮除保证齿轮传动的平稳性以外，还具有较高的承载能力。因此，在生产实际中得到了进一步的发展和应用。

圆弧齿轮在我国的应用十分广泛。作为低速重载齿轮传动主要应用于冶金、矿山、石油化工、建材水泥、运输等行业。一些机械所用的单圆弧齿轮减速器及双圆弧齿轮减速器，用非硬齿面圆弧齿轮替代同样条件的渐开线齿轮以后，都大幅度地提高了产量和延长了齿轮使用寿命。

我国石油工业抽油机用的减速器，几乎全部采用双圆弧齿轮，并且制定了行业标准，其产品质量达到了美国API1613标准要求，出口美国。

另外，矿井提升机、行车运行机构和胶带运输机用的减速器以及工业通用减速器已形成了系列产品。

在低速重载齿轮传动领域，还将非标准的短齿双圆弧齿轮成功地用于煤炭刮板运输机减速器和长江航运驳船上，进一步提高了齿轮的承载能力。

圆弧齿轮也在汽轮机、压缩机等高速齿轮传动与一般工业用鼓风机和小型汽轮机发电机组配套的高速圆弧齿轮变速箱的应用上已成系列产品，成为我国高速齿轮批量生产的主导产品。

6.4 发展趋势

国际上，动力传动齿轮装置正沿着小型化、高速化、标准化方向发展，特殊齿轮的应用、行星齿轮装置的发展、低振动和低噪声齿轮装置的研制是齿轮设计方面的一些特点。为达到齿轮装置小型化目的，可以提高现有渐开线齿轮的承载推力，各国普遍采用硬齿面技术，提高硬度以缩小装置的尺寸，也可应用以圆弧齿轮为代表的特殊齿形。英法合作研制的舰载直升机主传动系统采用圆弧齿轮后，使减速器高度大为降低。随着船航动力由中速柴油机代替的趋势，在大型船上采用大功率行星齿轮装置确有成效；现在冶金、矿山、水泥等行业的大型传动装置中，行星齿轮以体积小、同轴性好、效率高的优点而应用愈来愈多。总之，圆弧齿轮也是向中硬齿面和硬齿面方向发展。如果将 CBN（立方氮化硼）砂轮磨削技术用于圆弧齿轮加工，则能使圆弧齿轮达到更高的水平。

双圆弧齿轮的强度，不论是齿面接触强度或是轮齿弯曲强度，都比渐开线齿轮和单圆弧齿轮高得多，尤其是分阶式双圆弧齿轮具有更好的性能。在加工工艺上，切制双圆弧齿轮仅需具有凸、凹齿廓的一把滚刀。测量时只测凸齿齿形上的公法线长度，因此测量仪器和公法线长度计算都大为简化。分阶式双圆弧齿轮，在加工精度良好的情况下，用于高、中、低速大功率动力传动中，都显示出良好的性能。

由于对齿轮传动装置的要求不断提高，对齿轮的润滑和冷却也必须足够重视。大力研究润滑油添加剂，可以很有效地防止齿轮的失效，延长使用寿命。在冷却方面可采用冲离齿轮热量的方法，或者改用有效的冷却剂，不仅使润滑油用量大大减少，而且缩小了齿轮装置的体积。

为了提高齿轮性能，必须大力研究材质。根据我国的资源条件，研究采用含有硅、锰、钛及稀土元素等的合金钢，以达到节镍代镍和延长圆弧齿轮的寿命的目的。

此外，材料的纯度对齿轮的强度影响极大，因此必须发展无损探伤技术，保证材料的纯度。

应用于双圆弧齿轮的热处理新技术，使双圆弧齿轮的寿命得到了进一步的提高，也是今后应注意的一种发展趋势。

综观圆弧齿轮在我国的发展与应用，从基础理论研究到标准化系列化生产，从试制到掌握成套的中硬齿面、渗氮硬齿面齿轮制造技术，从不会用到合理地使用等方面，标志着圆弧齿轮技术已发展成具有我国特色的齿轮传动技术体系。随着社会的发展，这一齿轮传动技术体系必将得到进一步的发展和完善。

第3章 锥齿轮传动

锥齿轮用于传递空间两相交轴或交错轴之间的速度和动力。锥齿轮分为直齿锥齿轮、斜齿锥齿轮和曲齿锥齿轮等，斜齿锥齿轮目前较少使用。曲齿锥齿轮习惯上称螺旋锥齿轮。对于轴线不相交、存在偏置的锥齿轮称为准双曲面齿轮。锥齿轮的轮齿加工方式完全取决于制造商所使用的机床类型，可采用端面铣刀盘、端面滚刀盘、刨刀或杯形砂轮进行加工。本章中“精加工”所指的工艺方法为齿面磨削、齿面刮削或硬齿面切削，但通常不包括“齿面研磨”的光整加工工艺。

1 锥齿轮的类型与定义

1.1 锥齿轮的类型

(1) 直齿锥齿轮

直齿锥齿轮（图12-3-1）是锥齿轮中最简单的一种类型。在被动轮齿面上，接触位置从齿顶向齿根移动。轮齿沿纵向呈渐缩直线形状，向内延伸与两轴线相交于一个公共点。

(2) 弧齿锥齿轮

弧齿（曲齿）锥齿轮（图12-3-2）的轮齿为倾斜的曲线形状，齿面接触区从齿面的一端向另一端平滑移动。虽然其啮合特点与直齿锥齿轮类似，但是由于啮合时的重叠齿对数多，传递运动相对直齿锥齿轮和零度锥齿轮更加平稳。特别对于高速传动，能够降低振动和噪声。弧齿锥齿轮齿面可以进行精加工。

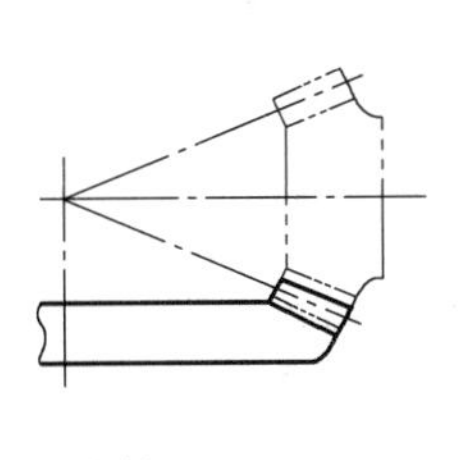

图12-3-1 直齿锥齿轮

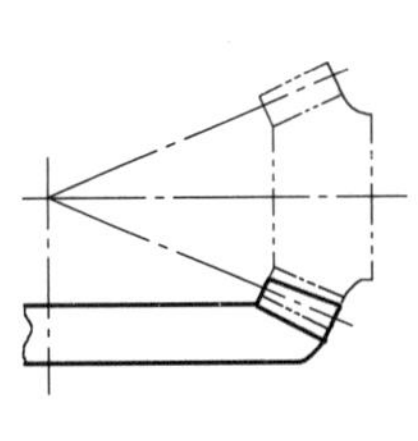

图12-3-2 弧齿锥齿轮

(3) 零度锥齿轮

图12-3-3是一种螺旋角为零度的弧齿锥齿轮，齿线弯曲方向相同。它们对轴承产生同直齿锥齿轮类似的作用力，可以采用与直齿锥齿轮相同的安装形式，具有传动平稳的特点，可在加工弧齿锥齿轮的机床上制造。零度锥齿轮齿面也可以进行精加工。对于螺旋角小于10°的锥齿轮有时也归类为零度锥齿轮。

(4) 准双曲面齿轮

准双曲面齿轮（图12-3-4）与弧齿锥齿轮相似，但是小轮轴线相对于大轮轴线位置向下或向上偏置。如果偏置距离足够大，齿轮安装轴能够交错通过，则可以采用紧凑的跨式安装。准双曲面齿轮的齿面也可以进行精加工。

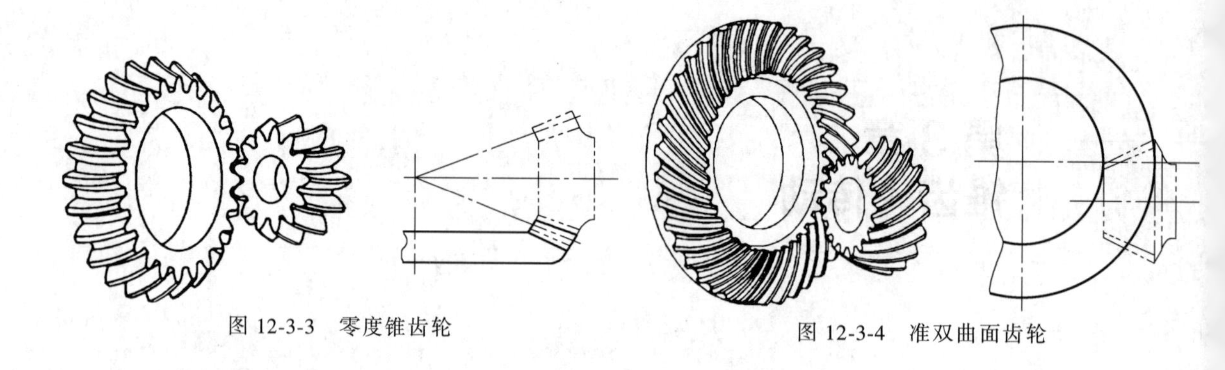

图 12-3-3　零度锥齿轮　　　　图 12-3-4　准双曲面齿轮

1.2　锥齿轮的术语定义（摘自 GB/T 43146—2023）

锥齿轮所用的轴平面几何术语详见图 12-3-5，锥齿轮中点截面见图 12-3-6，准双曲面几何术语见图 12-3-7。下标 1 表示小齿轮，下标 2 表示大齿轮。锥齿轮相关的术语、定义及符号见表 12-3-1。

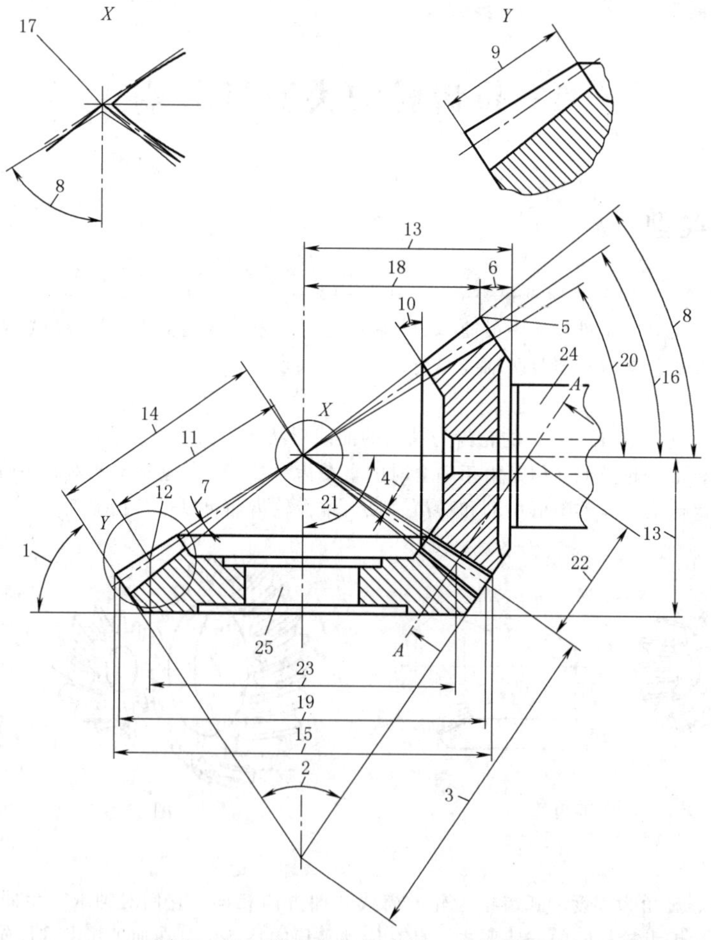

图 12-3-5　锥齿轮几何术语——轴平面

1—后端面角；2—背锥角；3—背锥距；4—齿顶间隙，c；5—轮冠顶点；6—轮冠距；7—齿根角，θ_{f1}，θ_{f2}；8—面锥角（或顶锥角），δ_{a1}，δ_{a2}；9—齿宽，b；10—前端面角；11—中点锥距，R_m；12—中点；13—安装距；14—大端锥距，R_e；15—大端外径，d_{ae1}，d_{ae2}；16—节锥角，δ_1，δ_2；17—节锥顶点；18—冠顶距，t_{xo1}，t_{xo2}；19—外端节圆直径，d_{e1}，d_{e2}；20—根锥角，δ_{f1}，δ_{f2}；21—轴夹角，Σ；22—当量节圆半径；23—中点节圆直径，d_{m1}，d_{m2}；24—小轮；25—大轮

注：中点截面 A—A，见图 12-3-6

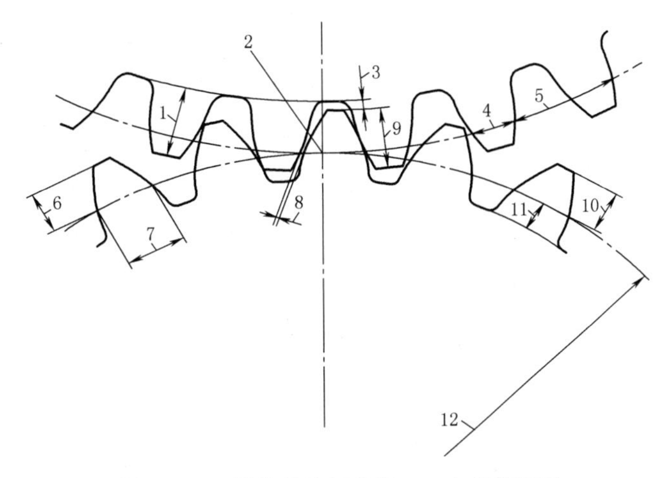

图 12-3-6　锥齿轮几何术语——中点截面图

1—中点全齿高，h_m；2—节点；3—齿顶间隙，c；4—弧齿厚；5—齿距（周节）；6—弦齿高；7—弦齿厚；8—侧隙；9—中点工作齿高，h_{mw}；10—中点齿顶高，h_{am}；11—中点齿根高，h_{fm}；12—当量节圆半径

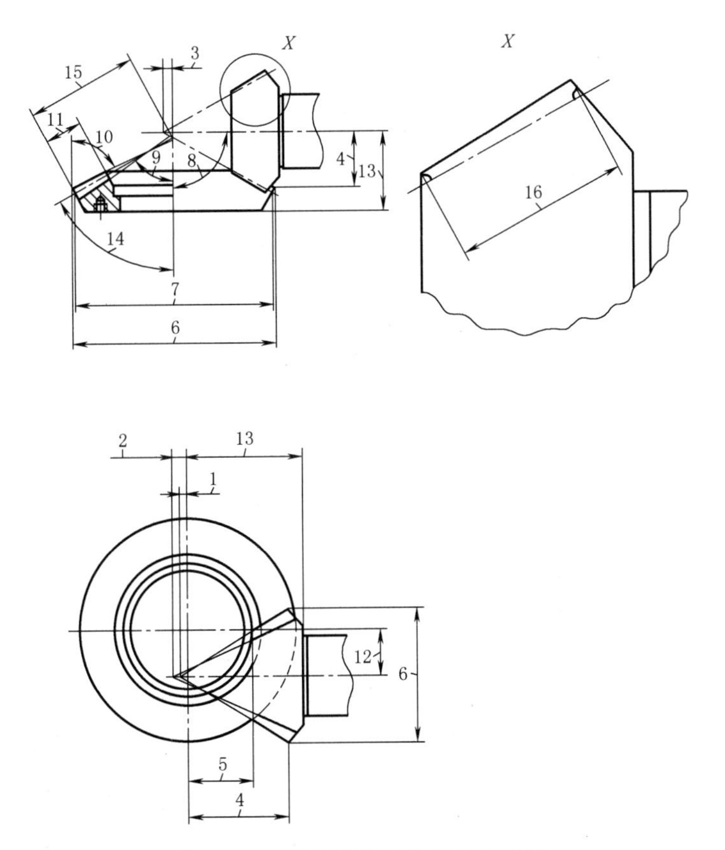

图 12-3-7　准双曲面齿轮的几何术语

1—面锥顶点越过交叉点的距离，t_{zF1}；2—根锥顶点越过交叉点的距离，t_{zR1}；3—节锥顶点越过交叉点的距离，t_{z1}；4—轮冠至交叉点的距离，t_{xo1}、t_{xo2}；5—前冠至交叉点的距离，t_{xi1}；6—大端外径，d_{ae1}，d_{ae2}；7—大端节圆直径，d_{e1}，d_{e2}；8—轴交角，Σ；9—根锥角，δ_{f1}、δ_{f2}；10—面锥角，δ_{a1}、δ_{a2}；11—齿宽，b_2；12—准双曲面齿轮偏置距，a；13—安装距；14—节锥角，δ_2；15—大端锥距，R_e；16—小轮齿宽，b_1

注：锥顶点越过交叉点为正，锥顶点在交叉点内为负。

表 12-3-1　锥齿轮相关术语、定义及符号

术语	定义	符号	单位
中点弦齿高	中点锥距处法截面上,齿顶到节圆上齿弦的垂直距离	h_{amc1},h_{amc2}	mm
中点齿顶高	中点锥距处,轮齿在节锥以上部分的垂直高度	h_{am1},h_{am2}	mm
大端法向侧隙	减少齿厚为装配提供必要的齿侧间隙,定义在大端锥距处测量	j_{en}	mm
工作齿面	按照常规约定,小轮凹面与大轮凸面相啮合一侧的齿面为工作侧,小轮凸面与大轮凹面相啮合的齿面为非工作侧		
刀盘半径	弧齿锥齿轮轮齿切齿或磨齿的刀盘或扩口杯砂轮的名义半径	r_{c0}	mm
齿根角之和	小轮与大轮齿根角之和	$\sum\theta_f$	(°)
等尖宽收缩齿根角之和	等尖宽收缩齿根角之和	$\sum\theta_{fC}$	(°)
尖宽修正收缩齿根角之和	尖宽修正收缩齿根角之和	$\sum\theta_{fM}$	(°)
标准收缩齿根角之和	标准齿深收缩大小轮齿根角之和,简称标准收缩齿根角之和	$\sum\theta_{fS}$	(°)
等高齿齿根角之和	等齿高齿根角之和	$\sum\theta_{fU}$	(°)
中点齿根高	齿轮中点锥距处节锥以下部分齿槽的垂直深度	h_{fm1},h_{fm2}	mm
中点全齿高	中点锥距处的齿槽的垂直深度	h_m	mm
中点工作齿高	中点锥距处两个齿轮的啮合深度	h_{mw}	mm
旋转方向	由齿轮背锥向节锥顶点方向观察所确定的齿轮旋转方向		
齿宽	沿节锥母线测量的轮齿长度	b	mm
中点齿顶高系数	大轮和小轮中点齿顶高与工作齿高的比值。中点齿顶高等于 c_{ham} 与中点工作齿高的乘积	c_{ham}	
中点曲率半径	在中点锥距处,齿面纵向的曲率半径	$\rho_{m\beta}$	mm
刀齿组数	刀盘圆周方向上包含的刀齿组数	z_0	
齿数	齿轮节锥圆周方向上包含的轮齿数	z_1,z_2	
冠轮齿数	冠轮在整个圆周方向上包含的齿数。该值不一定为整数	z_p	
中点法向弦齿厚	中点锥距处法截面与节锥交线上单个轮齿的弦长	s_{mnc1},s_{mnc2}	mm
中点法向弧齿厚	中点锥距处法截面与节锥交线上的单个轮齿的弧长	s_{mn1},s_{mn2}	mm
齿线	轮齿齿面同节锥面相交的曲线	—	—
中点	齿轮基本几何参数计算的参考点。中点不一定指齿面中间点	—	—
准双曲面齿轮偏置距	—	a	mm
计算点到大端的齿宽	—	b_{e1},b_{e2}	mm
计算点到小端的齿宽	—	b_{i1},b_{i2}	mm
顶隙	—	c	mm
齿宽系数	—	c_{be2}	—
大端外径	—	d_{ae1},d_{ae2}	mm
大端节圆直径	—	d_{e1},d_{e2}	mm
中点节圆直径	—	d_{m1},d_{m2}	mm
轴向力	—	F_{ax}	N
中点切向力	—	F_{mt1},F_{mt2}	N
径向力	—	F_{rad}	N

续表

术语	定义	符号	单位
极限压力角影响系数	—	$f_{\alpha lim}$	—
大端齿顶高	—	h_{ae1},h_{ae2}	mm
大端全齿高	—	h_{e1},h_{e2}	mm
大端齿根高	—	h_{fe1},h_{fe2}	mm
小端齿根高	—	h_{fi1},h_{fi2}	mm
小轮全齿高	—	h_{t1}	mm
大端端面侧隙	—	j_{et}	mm
中点法向侧隙	—	j_{mn}	mm
中点端面侧隙	—	j_{mt}	mm
顶隙系数	—	k_c	—
齿高系数	—	k_d	—
基本冠轮齿顶高系数(同 m_{mn} 有关)	—	k_{hap}	—
基本冠轮齿根高系数(同 m_{mn} 有关)	—	k_{hfp}	—
弧齿厚系数	—	k_t	—
大端端面模数	—	m_{et}	mm
中点法向模数	—	m_{mn}	mm
小轮转速	—	n_1	$r \cdot min^{-1}$
功率	—	P	kW
大端锥距	—	R_{e1},R_{e2}	mm
小端锥距	—	R_{i1},R_{i2}	mm
中点锥距	—	R_{m1},R_{m2}	mm
小轮转矩	—	T_1	Nm
前冠(小端齿顶)到交叉点距离	—	t_{xi1},t_{xi2}	mm
节锥顶点到轮冠(大端齿顶)距离(准双曲面齿轮为轮冠到交叉点距离)	—	t_{xo1},t_{xo2}	mm
节锥顶点越过交叉点的距离	—	t_{z1},t_{z2}	mm
面锥顶点越过交叉点的距离	—	t_{zF1},t_{zF2}	mm
交叉点沿轴线到小端的距离	—	t_{zi1},t_{zi2}	mm
交叉点沿轴线到中点的距离	—	t_{zm1},t_{zm2}	mm
根锥顶点越过交叉点的距离	—	t_{zR1},t_{zR2}	mm
齿数比	—	u	—
当量齿数比	—	u_a	—
大轮中点齿槽宽	—	W_{m2}	mm
高度变位系数	—	x_{hm1}	—
切向变位系数/齿厚修正系数(含侧隙)	—	x_{sm1},x_{sm2}	—
切向变位系数/齿厚修正系数(理论值)	—	x_{smn}	—
公称压力角	—	α_n	—
非工作齿面公称设计压力角	—	α_{dC}	(°)
工作齿面公称设计压力角	—	α_{dD}	(°)
非工作齿面有效压力角	—	α_{eC}	(°)
工作齿面有效压力角	—	α_{eD}	(°)
公称压力角,工作齿面切齿压力角,非工作齿面切齿压力角	—	α_n, α_{nD}, α_{nC}	(°)

续表

术语	定义	符号	单位
极限压力角	—	α_{lim}	(°)
大端螺旋角	—	β_{e1},β_{e2}	(°)
小端螺旋角	—	β_{i1},β_{i2}	(°)
中点螺旋角,小轮中点螺旋角,大轮中点螺旋角	—	$\beta_m,\beta_{m1},\beta_{m2}$	(°)
小轮齿宽增量	—	Δb_{x1}	mm
小轮计算点沿轴线到小端的增量	—	Δg_{xi}	mm
小轮计算点沿轴线到大端的增量	—	Δg_{xe}	mm
轴交角与90°的差值	—	$\Delta\Sigma$	(°)
顶锥角	—	δ_{a1},δ_{a2}	(°)
根锥角	—	δ_{f1},δ_{f2}	(°)
节锥角	—	δ_1,δ_2	(°)
齿面重合度	—	ε_β	
大轮轴平面内偏置角	—	η	(°)
齿顶角	—	θ_{a1},θ_{a2}	(°)
齿根角	—	θ_{f1},θ_{f2}	(°)
刀齿方向角	—	v_0	(°)
外摆线基圆半径	—	ρ_b	mm
极限曲率半径	—	ρ_{lim}	mm
冠轮到刀盘中心距	—	ρ_{P0}	mm
轴交角	—	Σ	(°)
面锥切平面内小轮偏置角	—	ζ_o	(°)
小轮轴平面内偏置角	—	ζ_m	(°)
小轮和大轮节平面内偏置角	—	ζ_{mp}	(°)
根锥切平面内小轮偏置角	—	ζ_R	(°)
排列系数	—	A_g	—
当量圆柱齿轮的中心距	—	a_v	mm
有效齿宽	—	b_{eff}	mm
常数	—	C_1	—
大端回转外径	—	D	mm
当量圆柱齿轮的分度圆直径	—	d_{v1},d_{v2}	mm
当量圆柱齿轮的齿顶圆直径	—	d_{va1},d_{va2}	mm
齿轮浸油系数	—	f_g	—
计算摩擦因数的载荷密度	—	K	N/mm^2
旋转单元长度	—	L	mm
轴转速	—	n	r/min
各部分的功率损失	—	P_{GWi}	kW
粗糙度系数	—	R_f	—
小轮转矩	—	T_1	N·m
大轮输出单位力转矩	—	T_{o2}	mm
小轮、大轮输入单位力转矩	—	T_{i1},T_{i2}	mm
小轮、大轮背角距	—	t_{B1},t_{B2}	mm
小轮、大轮轮冠距	—	t_{E1},t_{E2}	mm

第12篇

续表

术语	定义	符号	单位
小轮、大轮面角距	—	t_{F1}, t_{F2}	mm
工作温度下润滑油的运动黏度，润滑油 40℃标称的运动黏度	—	ν, ν_k	mm^2/s(或 cSt)
大端节圆线速度	—	v_{et}	m/s
当量圆柱齿轮顶端的压力角	—	$\alpha_{vat1}, \alpha_{vat2}$	(°)
当量圆柱齿轮端面压力角	—	α_{vt}	(°)
当量圆柱齿轮的螺旋角	—	β_v	(°)
大端相对节点压力角变化量	—	$\Delta\alpha_{t1}, \Delta\alpha_{t2}$	(°)
总搅油功率损失	—	$\sum P_{GWi}$	kW
摩擦角	—	φ	(°)
搅油总效率	—	η_{ffc}	—
螺旋线方向滑动效率	—	η_{ffl}	—
齿廓方向滑动效率	—	η_{ffp}	—
摩擦因数	—	μ_m	—

2　锥齿轮几何设计（摘自 GB/T 43146—2023）

2.1　设计依据

2.1.1　传动比

锥齿轮可以用于增速或减速传动。所需的传动比由设计者根据给定的输入转速和所需的输出转速确定。对于动力传动装置，锥齿轮与准双曲面齿轮传动比可以小至 1，不应超过 10。大传动比为 10~200 的准双曲面齿轮已经应用到需要精密传动的机床、机器人等减速器上。在增速传动应用中，其传动比不应超过 5。

2.1.2　轮齿旋向

轮齿螺旋方向应按照齿轮工作旋转方向，在大小轮轴线方向上产生相互推开力的原则来选取。

通常，安装条件决定轮齿的旋向。对于弧齿锥齿轮与准双曲面齿轮，安装时沿大小轮轴线方向均应双向固定。

对于右旋弧齿锥齿轮，观察者正对轮齿，在轴向截面上观察，轮齿外半部沿顺时针方向倾斜穿过轮齿中点。图 12-3-2 中的大轮的螺旋方向为右旋。

对于左旋弧齿锥齿轮，观察者正对轮齿，在轴向截面上观察，轮齿外半部沿逆时针方向倾斜穿过轮齿中点。图 12-3-2 中的小轮的螺旋方向为左旋。

为了避免轮齿卡死，齿轮螺旋方向的选择应使小轮沿轴向具有推开啮合的趋势，详见第 3 节受力分析。

2.1.3　轮齿收缩

锥齿轮的设计要考虑轮齿的收缩，因为其收缩量会影响最终轮齿的比例、尺寸和轮坯的形状。

为此，几种相互关联的基本收缩类型的定义如下：（详见图 12-3-8，为简化起见，以直齿锥齿轮为例）

——齿高收缩：在垂直于节锥方向测量齿高，齿高沿齿长方向逐渐变化。

——尖宽收缩：指具有公称压力角的 V 形切齿刀具两侧与齿面相切，刀顶与根锥相切形成的齿槽内切体，顶部宽度逐渐收缩。

——槽宽收缩：又称间宽收缩，中点齿槽宽度沿齿长方向逐渐变化，通常在节平面内测量。

——齿厚收缩：齿厚沿齿长方向逐渐变化，通常在节平面内测量。

生产中首先考虑的是尖宽收缩。它所形成的最小齿底槽宽决定了所用切齿刀具的刀顶距，确定了刀齿的刀尖圆角半径。

槽宽收缩取决于纵向曲率和齿根角的大小，它随齿高收缩的程度不同而变化，以图 12-3-9 所示的直齿锥齿轮为例，槽宽收缩随齿根倾斜的程度不同而不同。在弧齿锥齿轮与准双曲面齿轮中，齿根倾斜量更大程度上取决于含刀盘半径在内的众多几何因素。

齿根线通常绕节线中点倾斜，以保持中点法截面内工作齿高不变。

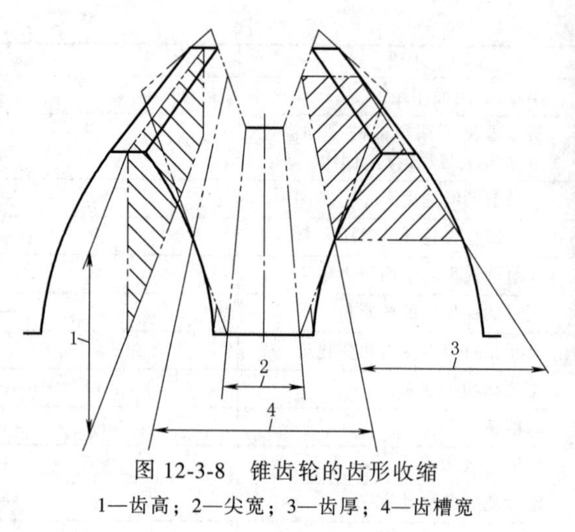

图 12-3-8 锥齿轮的齿形收缩

1—齿高；2—尖宽；3—齿厚；4—齿槽宽

对轮坯有直接影响的是齿高收缩，因为它影响到齿根角大小，该齿根角用于配对齿轮面锥角的计算。齿根角之和是根据加工方法选择的齿高锥度确定的，计算公式见表 12-3-2。同时也给出了齿根角与齿顶角的分配方法。齿高收缩形式决定了齿轮齿根角的大小。

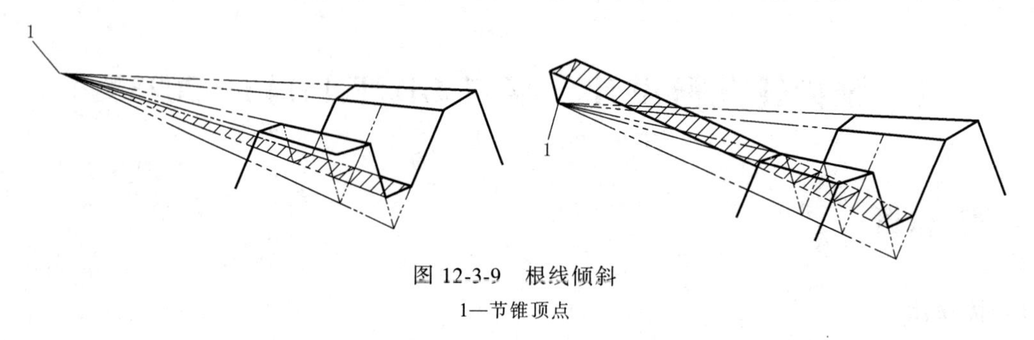

图 12-3-9 根线倾斜

1—节锥顶点

表 12-3-2 齿根角之和 $\Sigma\theta_f$

齿高收缩	齿根角之和	大轮的齿顶角 θ_{a2} 和齿根角 θ_{f2}
标准	$\Sigma\theta_{fS}=\arctan\frac{h_{fm1}}{R_{m2}}+\arctan\frac{h_{fm2}}{R_{m2}}$	$\theta_{a2}=\arctan\frac{h_{fm1}}{R_{m2}}$
		$\theta_{f2}=\Sigma\theta_{fS}-\theta_{a2}$
等齿高	$\Sigma\theta_{fU}=0$	$\theta_{a2}=\theta_{f2}=0$
等槽宽	$\Sigma\theta_{fC}=\left(\frac{90m_{et}}{R_{e2}\tan\alpha_n\cos\beta_m}\right)\left(1-\frac{R_{m2}\sin\beta_{m2}}{r_{c0}}\right)$	$\theta_{a2}=\Sigma\theta_{fC}\frac{h_{am2}}{h_{mw}}$
		$\theta_{f2}=\Sigma\theta_{fC}-\theta_{a2}$
根线倾斜	$\Sigma\theta_{fM}=\Sigma\theta_{fC}$ 或 $\Sigma\theta_{fM}=1.3\Sigma\theta_{fS}$ 以较小者为准	$\theta_{a2}=\Sigma\theta_{fM}\frac{h_{am2}}{h_{mw}}$
		$\theta_{f2}=\Sigma\theta_{fM}-\theta_{a2}$

2.1.3.1 标准收缩

标准收缩属于沿齿长方向任意截面内齿高随锥距成比例变化的一种收缩。如果延长根线将会与轴线相交于节锥顶点，但不与面锥顶点相交，如图 12-3-9 所示。标准收缩的大小轮齿根角之和 $\Sigma\theta_{fS}$ 不依赖于刀盘半径。大多数直齿锥齿轮设计成标准收缩。

2.1.3.2 等尖宽收缩（双重收缩）

这种收缩指的是根线倾斜使得在保持适当槽宽收缩的同时，尖宽保持恒定，因此两个齿轮轮齿的尖宽不变。

齿根角之和的计算详见表 12-3-2。由齿根角之和公式可看出刀具半径 r_{c0} 对根线倾斜影响很大。设计时，应注意以下变化：

——大的刀盘半径会增大齿根角之和，如果刀盘半径太大，所产生的收缩在齿高方向上会影响另一端的齿高。即内端太浅，可能达不到正确的啮合深度，外端太深可能会引起根切和齿顶变尖。所以刀盘半径 r_{c0} 不能过大，建议其上限不超过 R_{m2}。

——小的刀盘半径会减小齿根角之和。事实上，如果刀盘半径 r_{c0} 等于 $R_{m2}\sin\beta_{m2}$，齿根角之和将变为零，这将变成等高齿。如果 r_{c0} 小于 $R_{m2}\sin\beta_{m2}$，会出现齿高的反向收缩，这样内端的齿深会超过外端。为了避免内端过深（根切和齿顶变尖），建议 r_{c0} 的最小值为 1.1 $R_{m2}\sin\beta_{m2}$。

注意：用刨齿刀切制锥齿轮，刀盘中心可看作在无穷远处，根线不倾斜，故该种方式加工的锥齿轮为标准收缩。

2.1.3.3 尖宽修正（根线倾斜）

这种收缩是介于上述收缩中间的一种形式，根线绕中点倾斜。在这种情况下，大轮尖宽沿齿长方向保持不变，在小轮上采用尖宽收缩。

对于根线倾斜齿轮，由于根线倾斜允许大轮精切一次成形，其根线倾斜量可在下述范围内选取（见表 12-3-2）：

① 根线倾斜后大小轮齿根角之和 $\Sigma\theta_{fM}$，不应超过 $1.3\Sigma\theta_{fS}$，而且也不应大于双重收缩的齿根角之和 $\Sigma\theta_{fC}$。

② 实际应用中选取 $1.3\Sigma\theta_{fS}$ 和 $\Sigma\theta_{fC}$ 中的较小值。

2.1.3.4 等齿高

齿高相等是指无论刀盘半径如何，沿齿长方向齿高保持不变，在这种情况下，根线是平行于节锥母线的，如图 12-3-10 所示。因此，对于等齿高齿轮的齿根角之和，$\Sigma\theta_{fU}$ 等于零。

对于等齿高，刀盘半径 r_{c0}应大于 $R_{m2}\sin\beta_{m2}$，但不应超过该值的 1.5 倍。该值近似为轮齿纵向渐开线曲率，这样结合均匀的深度，保证了大小轮沿纵向的法向弧齿厚变化最小。

如果出现小轮内端齿顶过窄，可以将内端进行适度的倒角（见图 12-3-11）。

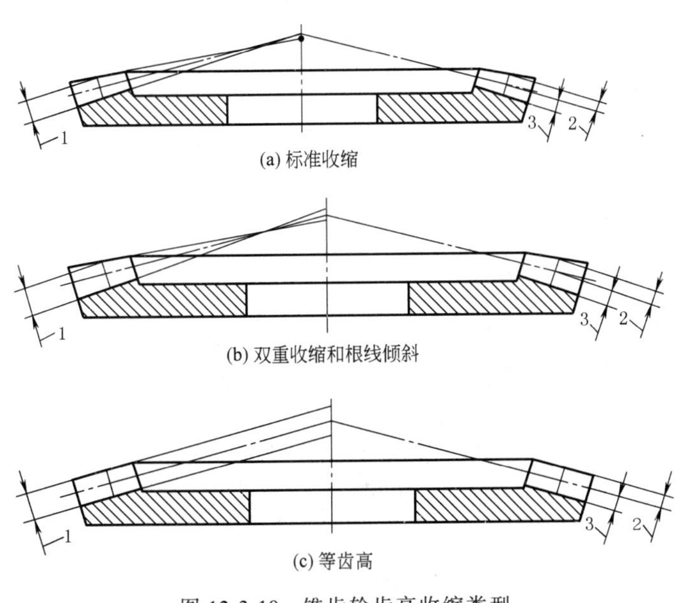

图 12-3-10 锥齿轮齿高收缩类型

1—全齿高；2—齿顶高；3—齿根高

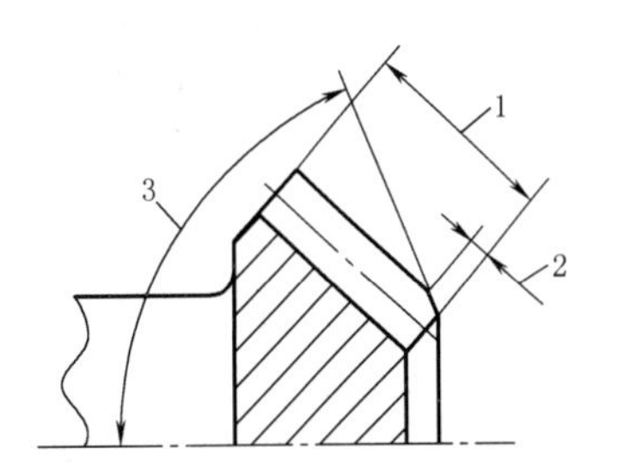

图 12-3-11 小轮齿顶倒角

1—齿宽 b_1；2—倒角长度；3—倒角角度

2.1.4 刀盘半径

采用端面铣刀盘加工，刀盘半径的选取决定于所用的切齿系统。对于端面滚切法应考虑刀头组数，表 12-3-3 中列出了有关标准系列的刀盘名义半径。

表 12-3-3　　标准刀盘半径 r_{c0} 和刀头组数 z_0

端面滚切法						端面铣削法
两部分切削刀头（内外刀头用两个分开的切削刃）		双刀头刀盘（每组内外刀）		三刀头刀盘（每组粗加工刀、内外精加工刀）		
刀盘半径 r_{c0}/mm	刀头组数 z_0	刀盘半径 r_{c0}/mm	刀头组数 z_0	刀盘半径 r_{c0}/mm	刀头组数 z_0	刀盘直径 $2r_{c0}$/in①
25	1	30	7	39	5	2.5
25	2	51	7	49	7	3.25
30	3	64	11	62	5	3.5
40	3	64	13	74	11	3.75
55	5	76	7	88	7	4.375
75	5	76	13	88	13	5
100	5	76	17	110	9	6
135	5	88	11	140	11	7.5
170	5	88	17	150	12	9
210	5	88	19	160	13	10.5
260	5	100	5	181	13	12
270	3	105	13	—	—	14
350	3	105	19	—	—	16
450	3	125	13	—	—	18
—	—	150	17	—	—	—
—	—	175	19	—	—	—
—	—	—	—	—	—	mm
—	—	—	—	—	—	500
—	—	—	—	—	—	640
	—	—	—	—	—	800
—	—	—	—	—	—	1000

① 1in = 25.4mm。

2.1.5 中点曲率半径

工业生产中常采用两种切齿方式。所谓的端面铣削法，摇台同工件按一定的速比关系逐齿滚切；端面滚切法，摇台、工件和刀盘三者按一定的速比关系连续滚切。

端面铣削法中，轮齿中点纵向曲率半径等于刀盘半径（见图 12-3-12a）。

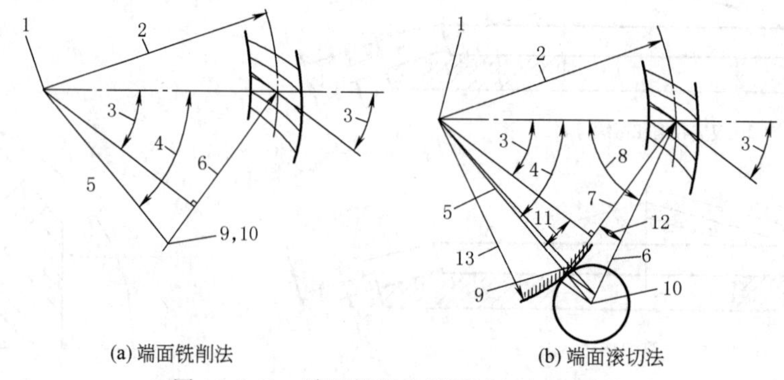

图 12-3-12　端面铣削和端面滚切加工原理

1—冠轮中心；2—节锥距（中点锥距），R_{m2}；3—中点螺旋角，β_{m2}；4—中间角；5—冠轮至刀盘中心距，ρ_{P0}；6—刀盘半径，r_{c0}；7—中点纵向曲率半径，$\rho_{m\beta}$；8—第一辅助角，λ；9—曲率中心；10—刀盘中心；11—第二辅助角，η_1；12—刀齿方向角，ν_0；13—外摆线基圆半径，ρ_b

端面滚切法中，轮齿纵向齿线为延伸外摆线（见图 12-3-12b），并且工件和刀盘之间相对运动存在函数关系。其中中点纵向曲率半径稍小于刀盘半径。

2.1.6 准双曲面齿轮设计

在工业应用中，采用三种设计方法：方法 1、方法 2 与方法 3。

在方法 1 和方法 3 中，对于准双曲面齿轮端面铣削法，根据中点曲率半径匹配大轮刀盘半径来确定齿轮的节锥；对于端面滚切法，中点处的延伸外摆线曲率半径与大轮刀盘半径匹配选取。

在方法 2 中，对于端面滚切法设计，大轮节锥顶点、小轮节锥顶点和刀盘中心位于一条直线上。

2.1.6.1 准双曲面齿轮几何特点

准双曲面齿轮是一种最普遍的齿轮传动类型。大轮小轮轴线交叉，轮齿纵向弯曲。所有的齿轮都可以看作准双曲面齿轮的特例来考虑。弧齿锥齿轮可看作轴线偏置为 0 的准双曲面齿轮。直齿锥齿轮可以看作纵向曲率为零、偏置为零的准双曲面齿轮。斜齿圆柱齿轮可以看作纵向曲率为零、轴交角为零的准双曲面齿轮。

2.1.6.2 基本要素

图 12-3-13 描述了准双曲面齿轮有关的主要几何角度和参量。图 12-3-13a 为沿小轮轴线观察的侧视图。图 12-3-13b 为沿大轮轴线观察的正视图。图 12-3-13c 显示了大小轮轴线夹角的俯视图。作一个偏置角 16 的小轮轴平面（图 12-3-13c），垂直该平面作大轮的轴剖面视图，见图 12-3-13d。图 12-3-13e 为节平面视图。作一个偏置角 2 的大轮轴平面（图 12-3-13a），垂直该平面作小轮的轴剖面视图，见图 12-3-13f。

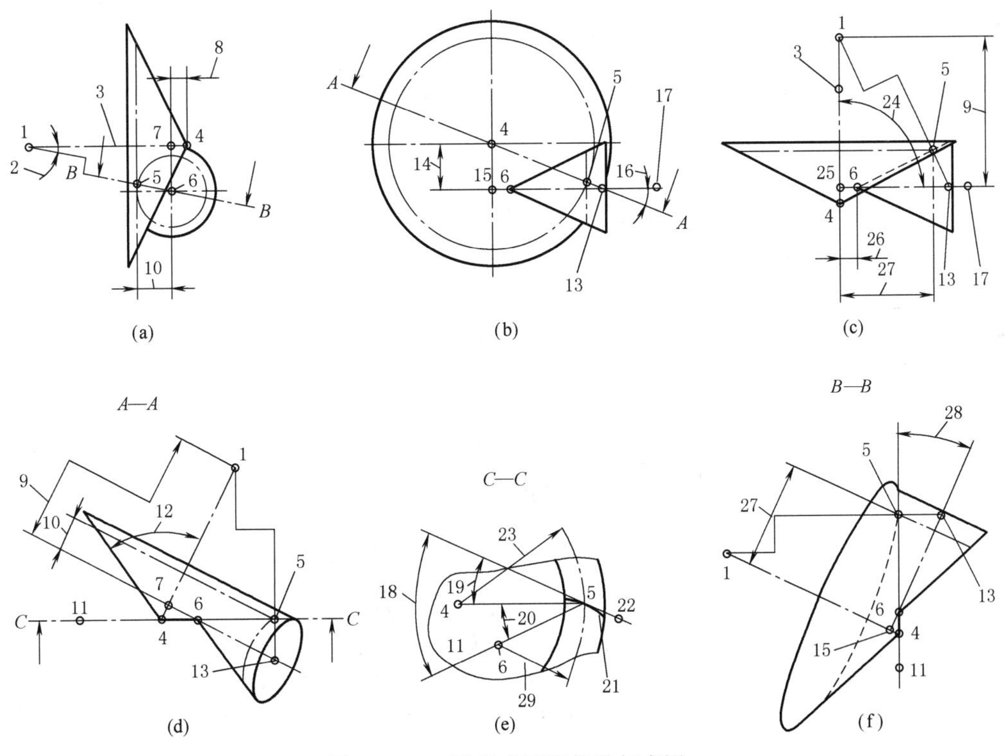

图 12-3-13 准双曲面齿轮几何术语

1—节垂线与大轮轴线的交点；2—大轮轴平面内偏置角，η；3—大轮轴线；4—大轮节锥顶点；5—中点（节点），P；6—小轮节锥顶点；7—大轮轴线上交叉点；8—大轮节锥顶点越过交叉点的距离，t_{z2}；9—沿大轮轴线交叉点到节垂线交点的距离；10—沿大轮轴线节点到交叉点的距离，t_{zm2}；11—节平面；12—大轮节锥角，δ_2；13—节垂线与小轮轴线的交点；14—偏置距，a；15—小轮轴线上交叉点；16—小轮轴平面内偏置角，ζ_m；17—小轮轴线；18—小轮中点螺旋角，β_{m1}；19—大轮中点螺旋角，β_{m2}；20—大小轮节平面内偏置角，ζ_{mp}；21—滑动速度矢量；22—节点齿线的切线；23—大轮节锥距，R_{m2}；24—轴交角，Σ；25—大小轮轴线交叉点的公垂线；26—小轮节锥顶点越过交叉点的距离，t_{z1}；27—沿小轮轴线节点到交叉点的距离，t_{zm1}；28—小轮节锥角，δ_1；29—小轮节锥距，R_{m1}

2.1.6.3 交叉点

交叉点 O_c 是锥齿轮轴线交叉点，也是准双曲面齿轮的轴线交错点，当投影到与两轴线平行的平面上时，交错点为一交点（详见图 12-3-14）。

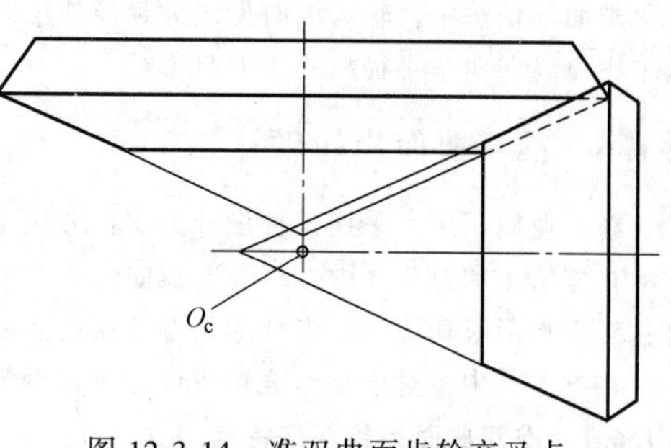

图 12-3-14 准双曲面齿轮交叉点

2.2 节锥参数的计算

节锥参数计算有四种方法，如图 12-3-15 所示。无论使用哪种方法，应已知表 12-3-4 中的所列初始数据。选取合适的公式计算出 R_{m1}、R_{m2}、δ_1、δ_2、β_{m1}、β_{m2} 和 c_{be2} 等节锥参数，通过这些参数可以确定准双曲面齿轮（或弧齿锥齿轮）的节锥，如图 12-3-16 所示。

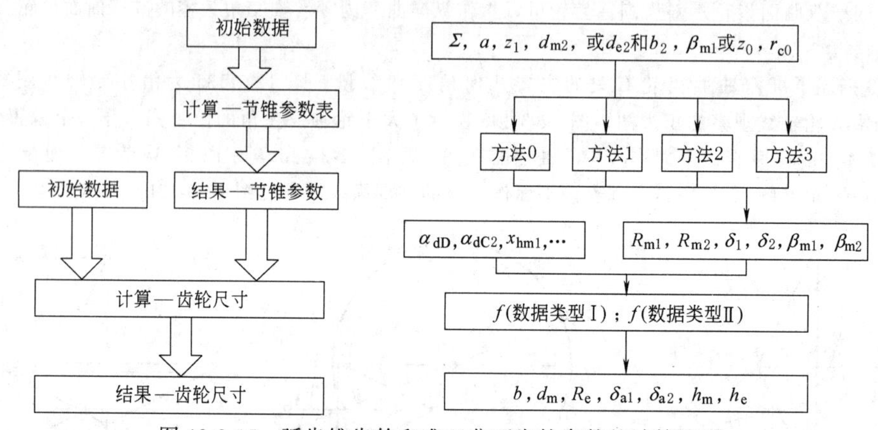

图 12-3-15 弧齿锥齿轮和准双曲面齿轮参数的计算流程

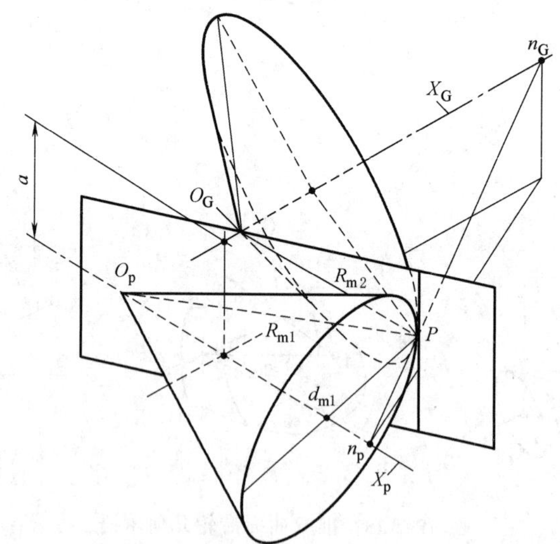

图 12-3-16 准双曲面齿轮节锥示意图

O_p—小轮节锥顶点；n_p—小轮背锥顶点；X_p—小轮轴线；
O_G—大轮节锥顶点；n_G—大轮背锥顶点；X_G—大轮轴线

使用方法 1 计算时，计算点不一定位于大轮齿宽的中间，故齿宽系数 c_{be2} 用来描述比值 $(R_{e2}-R_{m2})/b_2$。而对于方法 2 和方法 3 而言，计算点通常位于大轮齿宽的中间，此时 $c_{be2}=0.5$。

方法 0：该方法适用于无偏置的弧齿锥齿轮，如果给出了除表 12-3-4 以外的任意初始数据，则需要利用公式进行变换。对于这种齿轮而言，齿宽系数为 $c_{be2}=0.5$。

表 12-3-4　　节锥参数的初始数据

符号	描述	方法 0	方法 1	方法 2	方法 3
Σ	轴交角	√	√	√	√
a	准双曲面齿轮偏置距	0	√	√	√
$z_{1,2}$	齿数	√	√	√	√
d_{m2}	大轮中点节圆直径	—	—	√	—
d_{e2}	大轮大端节圆直径	√	√	—	√
b_2	齿宽	√	√	√	√
β_{m1}	小轮中点螺旋角	—	√	—	—
β_{m2}	大轮中点螺旋角	√	—	√	√
r_{c0}	刀盘半径	√	√	√	√
z_0	刀齿组数(仅滚切加工)	—	—	√	√

方法 1：格里森齿制使用的方法 1 与克林贝格齿制的方法 3 有相似的节锥参数。在使用方法 1 进行计算时，必须先确定齿宽系数 c_{be2}，这是因为计算点并不位于大轮齿宽的中点。

方法 2：奥利康齿制。

方法 3：克林贝格齿制。

2.2.1　初始数据的选取

2.2.1.1　轴交角

轴交角由实际应用情况确定，其中 90°轴交角最为常用。

2.2.1.2　准双曲面齿轮偏置距

在大多数情况下，准双曲面齿轮偏置距由实际应用情况确定。小轮偏置距的符号需要根据大轮螺旋方向确定。

如果小轮偏置方向和大轮螺旋线方向一致，则定义偏置距符号为正。如果小轮偏置方向与大轮螺旋线方向相反，则定义偏置距符号为负。图 12-3-17 表示了从大轮锥顶观察小轮偏置距的正负号定义。

推荐使用小轮正方向偏置，因为其增大了小轮的直径，提高了纵向重合度、接触和弯曲承载能力。但是由于附加齿向滑移，应特别考虑抗胶合能力。

通常，由于齿向滑移的影响，偏置距不应大于大轮大端节圆直径的 25%，对于重载应用场合，偏置距应不大于大轮节圆直径的 12.5%。

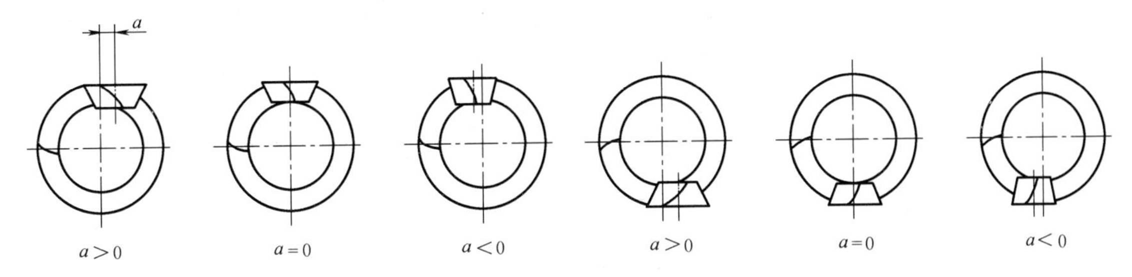

图 12-3-17　准双曲面齿轮的偏置距

2.2.1.3　小轮直径

（1）载荷估算

在大多数齿轮应用场合，负载不是恒定的。若在齿轮预期寿命内，如果峰值载荷的总循环次数超过 10^7，则以峰值载荷为依据选取小轮大端节圆直径；如果峰值载荷总循环次数少于 10^7，则将峰值载荷的一半与持续时间最长的载荷相比较，取其中较大的值作依据，选取小轮大端节圆直径。

（2）转矩

依据小轮转矩可方便地近似估算锥齿轮参数，需通过以下关系式将功率转化为转矩：

$$T_1=\frac{9550P}{n_1} \tag{12-3-1}$$

式中　T_1——小轮转矩，N · m；

P——功率，kW；

n_1——小轮转速，r/min。

（3）弧齿锥齿轮

工业用弧齿锥齿轮的直径与小轮转矩之间的关系见图 12-3-18 和图 12-3-19，该图适用于轴交角为 90°的传动结构。对于轴交角为非 90°的情况，需要进行校正。对于经过表面硬化的钢制弧齿锥齿轮，小轮的大端节圆直径可由图 12-3-18 和图 12-3-19 选取。根据小轮转矩与齿数比找到曲线上对应一点，再找到该点对应的小轮大端节圆直径。

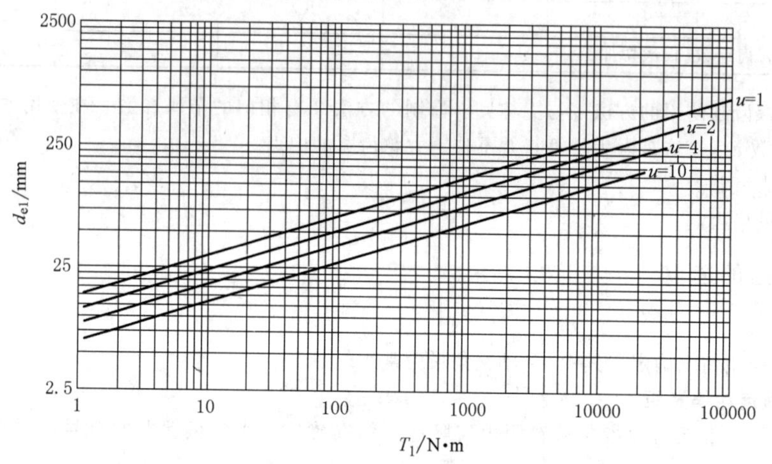

图 12-3-18　根据接触强度确定小轮大端节圆直径

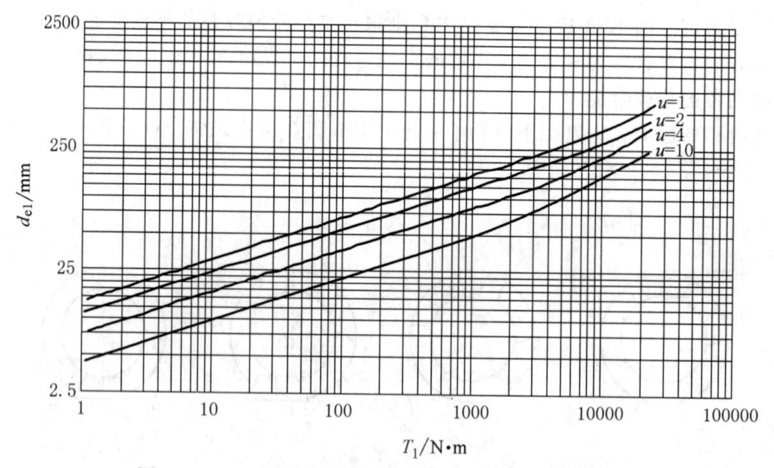

图 12-3-19　根据弯曲强度确定小轮大端节圆直径

（4）直齿锥齿轮与零度锥齿轮

直齿锥齿轮和零度锥齿轮直径略大于弧齿锥齿轮。从图 12-3-18 和图 12-3-19 中选出的小轮大端节圆直径，对于零度锥齿轮要乘以 1.3，对于直齿锥齿轮要乘以 1.2。零度锥齿轮的外径受限于齿宽限制条件。

（5）准双曲面齿轮

在准双曲面齿轮传动中，根据曲线图选择的小轮大端节圆直径是等效大端节圆直径。公式（12-3-2）给出了准双曲面齿轮小轮的节圆直径初值 d_{eplm1} 的计算方法：

$$d_{\mathrm{eplm1}}=d_{\mathrm{e1}}-\frac{a}{u} \tag{12-3-2}$$

式中　d_{e1}——小轮的大端节圆直径，从图 12-3-18 或图 12-3-19 中取较大者，mm；

a——小轮偏置距，mm；

u——齿数比。

大轮大端节圆直径由式（12-3-3）至式（12-3-6）计算确定。

近似小轮节锥角：

$$\delta_{int1} = \arctan\frac{\sin\Sigma}{\cos\Sigma + u} \tag{12-3-3}$$

式中　Σ——轴交角。

近似大轮节锥角：

$$\delta_{int2} = \Sigma - \delta_{int1} \tag{12-3-4}$$

近似大轮外锥距：

$$R_{eint2} = \frac{d_{eplm1}}{2\sin\delta_{int1}} \tag{12-3-5}$$

大轮大端节圆直径：

$$d_{e2} = 2R_{eint2}\sin\delta_{int2} \tag{12-3-6}$$

（6）精加工齿轮

齿轮精加工后，承载能力将提高。可基于接触强度和弯曲强度条件确定小轮初始尺寸。按照接触强度条件，由图 12-3-18 选取或由式（12-3-2）计算得到的小轮大端节圆直径，需再乘以 0.8。按照弯曲强度条件，可参考图 12-3-19 选取或由式（12-3-2）计算得到小轮大端节圆直径。从这两个尺寸中选择较大值。

（7）材料系数 K_M

除了表面硬化处理到 55HRC 的钢材之外，由图 12-3-18 选取或由式（12-3-2）计算得到的小轮大端节圆直径，应乘以表 12-3-5 中给出的材料系数。

表 12-3-5　　材料系数

齿轮副材料				
大轮材料和硬度		小轮材料和硬度		材料系数 K_M
材料	硬度	材料	硬度	
表面硬化钢	≥58HRC	表面硬化钢	≥60HRC	0.85
表面硬化钢	≥55HRC	表面硬化钢	≥55HRC	1.00
火焰淬火钢	≥50HRC	表面硬化钢	≥55HRC	1.05
火焰淬火钢	≥50HRC	火焰淬火钢	≥50HRC	1.05
油淬硬钢	375~425HBW	油淬硬钢	375~425HBW	1.20
热处理钢	250~300HBW	表面硬化钢	≥55HRC	1.45
热处理钢	210~245HBW	表面硬化钢	≥55HRC	1.45
铸铁	—	表面硬化钢	≥55HRC	1.95
铸铁	—	火焰淬火钢	≥50HRC	2.00
铸铁	—	退火钢	160~200HBW	2.10
铸铁	—	铸铁	—	3.10

注：关于热处理的详细说明，见 ISO 6336-5。

（8）静载齿轮

静载齿轮的设计应根据弯曲强度条件进行。工作时受振动的静载齿轮，由图 12-3-18 选取或由式（12-3-2）计算得到的小轮大端节圆直径，再乘以 0.7。对于工作时不受振动的静载齿轮，由图 12-3-19 选取或由式（12-3-2）计算得到的小轮大端节圆直径，再乘以 0.6。

2.2.1.4　齿数

尽管齿轮齿数可以任意选择，但经验表明，一般工况下采用图 12-3-20 和图 12-3-21 中选取的齿数效果更好。图 12-3-20 适用于弧齿锥齿轮和准双曲面齿轮的小轮齿数，图 12-3-21 适用于直齿锥齿轮和零度锥齿轮的小轮齿数。准双曲面齿轮在汽车应用中可以适当减小齿数，见表 12-3-6。

相啮合的大轮齿数可由齿数比算出。当齿轮需要研磨加工时，大、小轮齿数应互为质数。

为了在避免根切的前提下达到更高的重合度，直齿锥齿轮齿数应不少于 12 齿，零度锥齿轮齿数应不少于 13 齿。

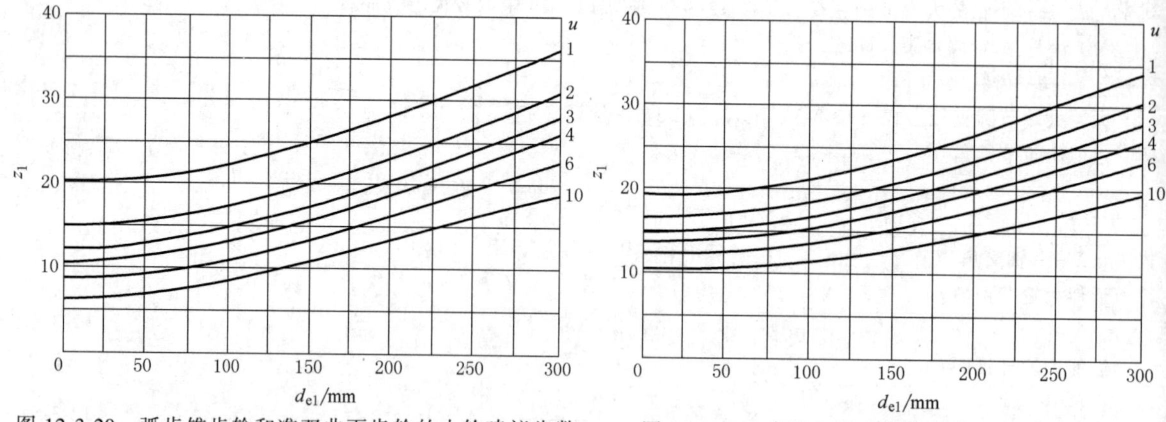

图 12-3-20　弧齿锥齿轮和准双曲面齿轮的小轮建议齿数

图 12-3-21　直齿和零度锥齿轮的小轮建议齿数

由于弧齿附加了纵向重合度，进而在避免根切的前提下具有较为理想的重合度，因此弧齿锥齿轮和准双曲面齿轮的小轮可取较少的齿数。在分析根切时，应考虑三维空间特性，如此才会在建议的压力角、齿高和齿顶系数下将产生根切的可能性降到最低，以确保齿轮不存在根切。表 12-3-6 给出了弧齿锥齿轮和准双曲面齿轮不根切的最小齿数。

表 12-3-6　　弧齿锥齿轮和准双曲面齿轮建议最小齿数

齿数比，u	小轮齿数，z_1	齿数比，u	小轮齿数，z_1
1.0~1.5	13	3.5~4.0	9
1.5~1.75	12	4.0~4.5	8
1.75~2.0	11	4.5~5.0	7
2.0~2.5	10	5.0~6.0	6
2.5~3.0	9	6.0~7.5	5
3.0~3.5	9	7.5~10	5

2.2.1.5　齿宽

对于轴交角小于 90°的情况，选用的齿宽应大于图 12-3-22 中给出的数值。对于轴交角大于 90°的情况，选用的齿宽应小于图 12-3-22 中给出的数值。一般来说，齿宽应选择 30%外锥距或 $10m_{et2}$ 中的较小值。图 12-3-22 中的齿宽是基于 30%外锥距的。对于零度锥齿轮，图 12-3-22 中给出的齿宽应乘以 0.83，且不应超过 25%锥距。对于轴交角远小于 90°的情况，齿宽与小轮节圆直径的比值不能过大。

对于准双曲面齿轮，应遵循上述的齿宽选取准则，准双曲面齿轮的小轮齿宽通常应大于大轮的齿宽。

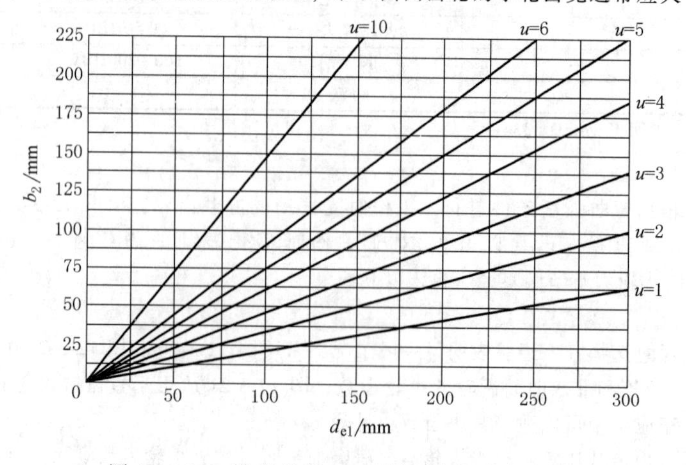

图 12-3-22　轴交角为 90°时的弧齿锥齿轮齿宽

2.2.1.6 螺旋角

一般的设计经验表明，螺旋角的选择应使得纵向重合度接近于2。对于高速、高平稳性和低噪声要求的应用场合，一般纵向重合度应大于2。

(1) 弧齿锥齿轮

为选取合适的螺旋角，首先应根据式（12-3-7）和式（12-3-8）计算纵向重合度 ε_β：

$$K_Z=\frac{b}{R_e}\times\frac{2-\dfrac{b}{R_e}}{2\left(1-\dfrac{b}{R_e}\right)} \tag{12-3-7}$$

$$\varepsilon_\beta=\frac{1}{\pi m_{et}}\left(K_Z\tan\beta_m-\frac{K_Z^3}{3}\tan^3\beta_m\right)R_e \tag{12-3-8}$$

式中，R_e 为外（大端）锥距，mm；m_{et} 为大端端面模数，mm；b 为齿宽，mm；β_m 为中点螺旋角。

当齿宽为30%外锥距时，图12-3-23可作为螺旋角选择的参考。

(2) 准双曲面齿轮

对于准双曲面齿轮副，可使用式（12-3-9）计算小轮中点螺旋角：

$$\beta_{m1}=25+5\sqrt{\frac{z_2}{z_1}}+90\frac{a}{d_{e2}} \tag{12-3-9}$$

式中，β_{m1} 为小轮中点螺旋角；z_2 为大轮齿数；z_1 为小轮齿数；d_{e2} 为大轮大端节圆直径，mm。

大轮螺旋角取决于准双曲面齿轮几何形状。

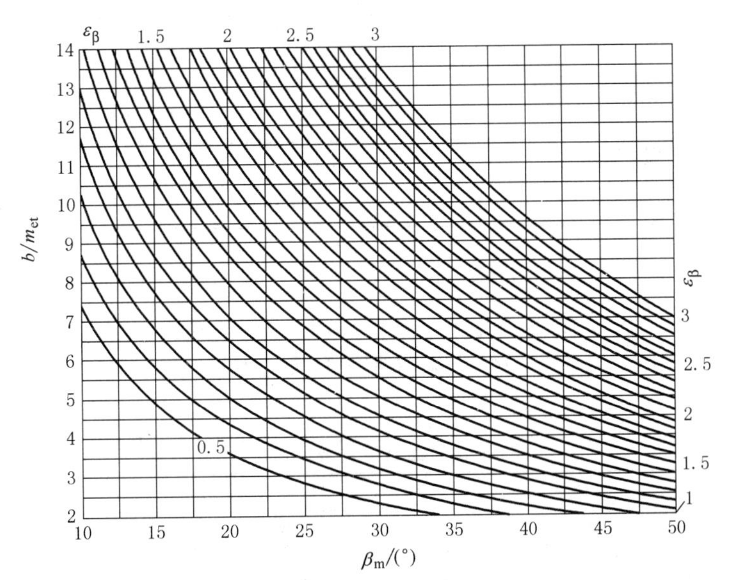

$\varepsilon_\beta=(0.3885\tan\beta_m-0.0171\tan^3\beta_m)b/m_{et}$

$b/R_e=0.3$

图12-3-23 弧齿锥齿轮的纵向重合度

2.2.1.7 大端端面模数

大端端面模数 m_{et2} 是大轮大端节圆直径除以大轮齿数得到的。由于锥齿轮刀具没有按模数进行标准化，因此不一定是整数。

2.2.2 锥齿轮节锥参数的确定

初始参数选取示例如表12-3-7所示。根据不同的形式方法选取表12-3-8~表12-3-11公式进行计算。

表 12-3-7 节锥参数计算的初始参数的选取

符号	描述	方法 0	方法 1	方法 2	方法 3
Σ	轴交角	90°	90°	90°	90°
a	准双曲面齿轮偏置距	0	15mm	31.75mm	40mm
$z_{1,2}$	齿数	14/39	13/42	9/34	12/49
d_{m2}	大轮中点节圆直径	—	—	146.7mm	—
d_{e2}	大轮大端节圆直径	176.893mm	170mm	—	400mm
b_2	齿宽	25.4mm	30mm	26.0mm	60mm
β_{m1}	小轮中点螺旋角	—	50°	—	—
β_{m2}	大轮中点螺旋角	35°	—	21.009°	30°
r_{c0}	刀盘半径	114.3mm	63.5mm	76.0mm	135mm
z_0	刀齿组数(仅滚切法)	—	—	13	5

2.2.2.1 方法 0 型

弧齿锥齿轮的节锥为具有公共母线两个相切的圆锥面，利用表 12-3-8 的方法 0 计算其节锥参数。该种计算方法齿宽系数为 $c_{be2}=0.5$。

表 12-3-8 方法 0 型节锥计算公式

序号	名称	计算公式	示例
1	齿数比，u	$u=z_2/z_1$	2.786
2	小轮节锥角，δ_1	$\delta_1=\arctan\dfrac{\sin\Sigma}{\cos\Sigma+u}$	19.747°
3	大轮节锥角，δ_2	$\delta_2=\Sigma-\delta_1$	70.253°
4	大端锥距，$R_{e1,2}$	$R_{e1,2}=\dfrac{d_{e2}}{2\sin\delta_2}$	93.973mm
5	中点锥距，$R_{m1,2}$	$R_{m1,2}=R_{e2}-\dfrac{b_2}{2}$	81.273mm
6	小轮中点螺旋角，β_{m1}	$\beta_{m1}=\beta_{m2}$	35.0°
7	齿宽系数，c_{be2}	$c_{be2}=0.5$	0.5

注：计算完成后转入表 12-3-17。

2.2.2.2 方法 1 型

方法 1 针对准双曲面齿轮的节锥参数计算，其中对于纵向中点曲率半径弧线端面铣齿与外摆线端面滚切的计算方法不同。格里森齿制使用的方法 1 与克林贝格齿制使用的方法 3 有相似的节锥参数。在使用方法 1 进行计算时，必须先确定齿宽系数 c_{be2}。

表 12-3-9 方法 1 型节锥计算公式

序号	名称	计算公式	示例
1	齿数比，u	$u=z_2/z_1$	3.231
2	期望的小轮螺旋角，$\beta_{\Delta1}$	$\beta_{\Delta1}=\beta_{m1}$	50.0°
3	轴交角与 90°的差值，$\Delta\Sigma$	$\Delta\Sigma=\Sigma-90°$	0°
4	大轮的近似节锥角，δ_{int2}	$\delta_{int2}=\arctan\dfrac{u\cos\Delta\Sigma}{1.2(1-u\sin\Delta\Sigma)}$	69.624°
5	大轮中点节圆半径，r_{mpt2}	$r_{mpt2}=\dfrac{d_{e2}-b_2\sin\delta_{int2}}{2}$	70.939°
6	节平面上小轮的近似偏置角，ε_i'	$\varepsilon_i'=\arcsin\dfrac{a\sin\delta_{int2}}{r_{mpt2}}$	11.433°
7	准双曲面齿轮尺寸系数近似值，K_1	$K_1=\tan\beta_{\Delta1}\sin\varepsilon_i'+\cos\varepsilon_i'$	1.216

续表

序号	名称	计算公式	示例
8	小轮中点半径近似值,r_{mn1}	$r_{mn1}=\dfrac{r_{mpt2}K_1}{u}$	26.708mm
迭代开始			
9	大轮轴平面内偏置角,η	$\eta=\arctan\dfrac{a}{r_{mpt2}(\tan\delta_{int2}\cos\Delta\Sigma-\sin\Delta\Sigma)+r_{mn1}}$	迭代两次 3.942° 4.183°
10	小轮轴平面内的迭代偏置角,ε_2	$\varepsilon_2=\arcsin\dfrac{a-r_{mn1}\sin\eta}{r_{mpt2}}$	10.694° 10.602°
11	小轮迭代节锥角,δ_{int1}	$\delta_{int1}=\arctan\left(\dfrac{\sin\eta}{\tan\varepsilon_2\cos\Delta\Sigma}+\tan\Delta\Sigma\cos\eta\right)$	20.001° 21.290°
12	小轮节平面内的迭代偏置角,ε_2'	$\varepsilon_2'=\arcsin\dfrac{\sin\varepsilon_2\cos\Delta\Sigma}{\cos\delta_{int1}}$	11.390° 11.389°
13	小轮中点迭代螺旋角,$\beta_{m\ int1}$	$\beta_{m\ int1}=\arctan\dfrac{K_1-\cos\varepsilon_2'}{\sin\varepsilon_2'}$	50.087° 50.089°
14	准双曲面齿轮尺寸系数增量,ΔK	$\Delta K=\sin\varepsilon_2'(\tan\beta_{\Delta1}-\tan\beta_{m,int1})$	-7.309×10^{-4} -7.477×10^{-4}
15	小轮中点半径增量,Δr_{mpt1}	$\Delta r_{mpt1}=r_{mpt2}\dfrac{\Delta K}{u}$	−0.01605mm −0.01642mm
16	小轮轴平面内偏置角,ε_1	$\varepsilon_1=\arcsin\left(\sin\varepsilon_2-\dfrac{\Delta r_{mpt1}}{r_{mpt2}}\sin\eta\right)$	10.695° 10.603°
17	小轮节锥角,δ_1	$\delta_1=\arctan\left(\dfrac{\sin\eta}{\tan\varepsilon_1\cos\Delta\Sigma}+\tan\Delta\Sigma\cos\eta\right)$	20.000° 21.288°
18	小轮节平面内偏置角,ε_i'	$\varepsilon_1'=\arcsin\dfrac{\sin\varepsilon_1\cos\Delta\Sigma}{\cos\delta_1}$	11.391° 11.390°
19	小轮中点螺旋角,β_{m1}	$\beta_{m1}=\arctan\dfrac{K_1+\Delta K-\cos\varepsilon_1'}{\sin\varepsilon_1'}$	49.998° 49.998°
20	大轮中点螺旋角,β_{m2}	$\beta_{m2}=\beta_{m1}-\varepsilon_1'$	38.608° 38.609°
21	大轮节锥角,δ_2	$\delta_2=\arctan\left(\dfrac{\sin\varepsilon_1}{\tan\eta\cos\Delta\Sigma}+\cos\varepsilon_1\tan\Delta\Sigma\right)$	69.631° 68.323°
22	小轮中点锥距,R_{m1}	$R_{m1}=\dfrac{r_{mn1}+\Delta r_{mpt1}}{\sin\delta_1}$	78.045mm 73.519mm
23	大轮中点锥距,R_{m2}	$R_{m2}=\dfrac{r_{mpt2}}{\sin\delta_2}$	75.670mm 76.337mm
24	小轮中点半径,r_{mpt1}	$r_{mpt1}=r_{m1}\sin\delta_1$	26.692mm 26.692mm
25	极限压力角,α_{lim}	$\alpha_{lim}=\arctan\left[-\dfrac{\tan\delta_1\tan\delta_2}{\cos\varepsilon_1'}\left(\dfrac{R_{m1}\sin\beta_{m1}-R_{m2}\sin\beta_{m2}}{R_{m1}\tan\delta_1+R_{m2}\tan\delta_2}\right)\right]$	−3.098° −2.253°
26	极限曲率半径,ρ_{lim}	$\rho_{lim}=\dfrac{\sec\alpha_{lim}(\tan\beta_{m1}-\tan\beta_{m2})}{-\tan\alpha_{lim}\left(\dfrac{\tan\beta_{m1}}{R_{m1}\tan\delta_1}+\dfrac{\tan\beta_{m2}}{R_{m2}\tan\delta_2}\right)+\dfrac{1}{R_{m1}\cos\beta_{m1}}-\dfrac{1}{R_{m2}\cos\beta_{m2}}}$	71.539mm 63.497mm
对于端面连续滚切的齿轮			
27	冠轮齿数,z_p	$z_p=\dfrac{z_2}{\sin\delta_2}$	45.196

第12篇

续表

序号	名称	计算公式	示例
28	刀齿方向角,ν_0	$\nu_0=\arcsin\left(\frac{R_{m2}z_0}{r_{c0}z_p}\cos\beta_{m2}\right)$	0°
29	第一辅助角,λ	$\lambda=90°-\beta_{m2}+\nu_0$	51.391°
30	冠轮到刀盘中心距,ρ_{P0}	$\rho_{P0}=\sqrt{R_{m2}^2+r_{c0}^2-2R_{m2}r_{c0}\cos\lambda}$	61.726mm
31	第二辅助角,η_1	$\eta_1=\arccos\left[\frac{R_{m2}\cos\beta_{m2}}{\rho_{P0}z_p}(z_p+z_0)\right]$	14.859°
32	纵向中点曲率半径,$\rho_{m\beta}$	$\rho_{m\beta}=R_{m2}\cos\beta_{m2}\left[\tan\beta_{m2}+\frac{\tan\eta_1}{1+\tan\nu_0(\tan\beta_{m2}+\tan\eta_1)}\right]$	63.468mm
对于端面铣削的齿轮			
33	纵向中点曲率半径,$\rho_{m\beta}$	$\rho_{m\beta}=r_{c0}$	63.5mm
改变 η,重新计算序号 9~33,直到满足$\frac{\rho_{m\beta}}{\rho_{lim}}-1\leqslant0.01$,迭代结束			0.112 失败 4.836×10^{-5} 通过
34	齿宽系数,c_{be2}	$c_{be2}=\frac{\frac{d_{e2}}{2\sin\delta_2}-R_{m2}}{b_2}$	0.504

2.2.2.3 方法 2 型

该方法针对奥利康齿制的外摆线准双曲面齿轮。

表 12-3-10　　方法 2 型节锥计算公式

序号	名称	计算公式	示例
1	刀齿方向角,ν_0	$\nu_0=\arctan\frac{z_0d_{m2}\cos\beta_{m2}}{2z_2r_{c0}}$	20.151°
2	第一辅助角,λ	$\lambda=90°-\beta_{m2}+\nu_0$	51.391°
3	齿数比,u	$u=\frac{z_2}{z_1}$	3.778
4	小轮第一近似节锥角,δ_{1app}	$\delta_{1app}=\arctan\frac{\sin\Sigma}{u+\cos\Sigma}$	14.826°
5	大轮第一近似节锥角,δ_{2app}	$\delta_{2app}=\Sigma-\delta_{1app}$	75.174°
6	小轮轴平面内第一近似偏置角,ζ_{mapp}	$\zeta_{mapp}=\arcsin\frac{\frac{2a}{d_{m2}}}{1+\frac{\cos\delta_{2app}}{u\cos\delta_{1app}}}$	23.861°
7	准双曲面尺寸近似系数,F_{app}	$F_{app}=\frac{\cos\beta_{m2}}{\cos(\beta_{m2}+\zeta_{mapp})}$	1.317
8	小轮中点节圆近似直径,d_{m1app}	$d_{m1app}=\frac{F_{app}d_{m2}}{u}$	51.150mm
9	中间角,φ_2	$\varphi_2=\arctan\frac{u\cos\zeta_{mapp}}{\frac{u}{\tan\delta_{2app}}+(F_{app}-1)\sin\Sigma}$	69.130°
10	冠轮近似中点半径,R_{mapp}	$R_{mapp}=\frac{d_{m2}}{2\sin\varphi_2}$	78.500mm
11	第二辅助角,η_1	$\eta_1=\arctan\frac{r_{c0}\cos\nu_0-R_{mapp}\sin\beta_{m2}}{r_{c0}\sin\nu_0+R_{mapp}\cos\beta_{m2}}$	23.479°

续表

序号	名称	计算公式	示例
12	中间角，φ_3	$\varphi_3=\arctan\dfrac{\tan(\beta_{m2}+\eta_1)}{\sin\varphi_2}$	46.431°
13	小轮第二近似节锥角，δ''_1	$\delta''_1=\arctan\dfrac{d_{m1app}\sin\Sigma}{d_{m2}\cos\zeta_{mapp}+d_{m1app}\cos\Sigma-\dfrac{2a}{\tan(\varphi_3+\zeta_{mapp})}}$	24.660°
14	沿公共节面投影到小轮轴平面的大轮近似节锥角 δ''_2	$\delta''_2=\Sigma-\delta''_1$	65.340°
		迭代开始	
15	大轮修正节锥角，δ_{2imp}	$\delta_{2imp}=\arctan(\tan\delta''_2\cos\zeta_{mapp})$	63.343°
16	辅助角，η_p	$\eta_p=\arctan\dfrac{\sin\zeta_{mapp}\cos\delta_{2imp}}{\cos(\Sigma-\delta_{2imp})}$	11.479°
17	大轮偏置角近似值，η_{app}	$\eta_{app}=\arctan\dfrac{2a}{d_{m2}\tan\delta_{2imp}+d_{m1app}\dfrac{\cos\eta_p\sin(\beta_{m2}+\eta_1)}{\cos(\Sigma-\delta_{2imp})}}$	10.843°
18	小轮轴平面内修正偏置角，$\zeta_{m\ imp}$	$\zeta_{m\ imp}=\arcsin\left[\dfrac{2a}{d_{m2}}-\dfrac{F_{app}\tan\eta_{app}\sin\delta_{2imp}\cos\eta_p}{u\cos(\Sigma-\delta_{2imp})}\right]$	21.556°
19	小轮节平面内修正偏置角，$\zeta_{mp\ imp}$	$\zeta_{mp\ imp}=\arctan\dfrac{\tan\zeta_{m\ imp}\sin\Sigma}{\cos(\Sigma-\delta_{2imp})}$	23.846°
20	准双曲面尺寸系数，F	$F=\dfrac{\cos\beta_{m2}}{\cos(\beta_{m2}+\zeta_{mp\ imp})}$	1.317
21	小轮中点节圆直径，d_{m1}	$d_{m1}=\dfrac{Fd_{m2}}{u}$	51.138mm
22	中间角，φ_4	$\varphi_4=\arctan\dfrac{\sin\lambda\sin\Sigma}{\dfrac{d_{m2}}{2r_{c0}}-\cos\lambda\sin\delta_{2imp}}$	46.413°
23	小轮修正节锥角，δ''_{1imp}	$\delta''_{1\ imp}=\arctan\dfrac{d_{m1}\sin\Sigma}{d_{m2}\cos\zeta_{m\ imp}+d_{m1}\cos\Sigma\cos\eta_p-\dfrac{2a}{\tan(\varphi_4+\zeta_{m\ imp})}}$	24.786°
24	沿着公共节平面投影到小轮轴平面的大轮修正节锥角，δ''_{2imp}	$\delta''_{2imp}=\Sigma-\delta''_{1imp}$	65.214°
25	大轮节锥角，δ_2	$\delta_2=\arctan(\tan\delta''_{2imp}\cos\zeta_{mp\ imp})$	63.212°
26	中间角，φ_5	$\varphi_5=\arctan\dfrac{\tan\delta_2}{\cos\zeta_{m\ imp}}$	64.847°
27	辅助角修正值，$\eta_{p\ imp}$	$\eta_{p\ imp}=\arctan\dfrac{\tan\eta_{app}\sin\varphi_5}{\cos(\Sigma-\varphi_5)}$	10.843°
28	大轮轴平面内偏置角，η	$\eta=\arctan\dfrac{2a}{d_{m2}\tan\delta_2+d_{m1}\dfrac{\cos\eta_{p\ imp}\sin\varphi_5}{\cos(\Sigma-\varphi_5)}}$	10.554°
29	小轮轴平面内偏置角，ζ_m	$\zeta_m=\arcsin(\tan\delta_2\tan\eta)$	21.658°
30	小轮和大轮节平面内偏置角，ζ_{mp}	$\zeta_{mp}=\arctan\dfrac{\tan\zeta_m\sin\Sigma}{\cos(\Sigma-\delta_2)}$	23.981°
31	小轮中点螺旋角，β_{m1}	$\beta_{m1}=\beta_{m2}+\zeta_{mp}$	44.990°

续表

序号	名称	计算公式	示例
32	小轮中点节圆直径, d_{m1}	$d_{m1}=\dfrac{d_{m2}\cos\beta_{m2}}{u\cos\beta_{m1}}$	51.258mm
33	辅助角, ζ	当 $\Sigma\neq90°$ 时: $\zeta=\arctan(\tan\Sigma\cos\zeta_m)-\delta_2$ 当 $\Sigma=90°$ 时: $\zeta=90°-\delta_2$	26.788°
34	小轮节锥角, δ_1	$\delta_1=\arctan(\tan\zeta\cos\zeta_{mp})$	24.763°
35	小轮中点锥距, R_{m1}	$R_{m1}=\dfrac{d_{m1}}{2\sin\delta_1}$	61.186nn
36	大轮中点锥距, R_{m2}	$R_{m2}=\dfrac{d_{m2}}{2\sin\delta_2}$	82.168mm
37	冠轮到刀盘中心距, ρ_{P0}	$\rho_{p0}=\sqrt{r_{c0}^2+R_{m2}^2-2r_{c0}R_{m2}\cos\lambda}$	111.088mm
38	中间角, φ_6	$\varphi_6=\arcsin\dfrac{r_{c0}\sin\lambda}{\rho_{P0}}$	43.162°
39	互补角, φ_{comp}	$\varphi_{comp}=180°-\zeta_{mp}-\varphi_6$	112.856°
40	检查变量, R_{mcheck}	$R_{mcheck}=\dfrac{R_{m2}\sin\varphi_6}{\sin\varphi_{comp}}$	60.998mm
改变 δ_{2imp}(序号 15),重新计算(序号 16~40),直到 $\left\lvert\dfrac{R_{m1}}{R_{mcheck}}-1\right\rvert\leqslant0.01$。若 $R_{m1}<R_{mcheck}$,增大 δ_{2imp},反之减小。直到迭代结束			3.082×10^{-3} 通过
41	齿宽系数, c_{be2}	c_{be2}	0.5

2.2.2.4　方法 3 型

该方法针对克林贝格齿制准双曲面齿轮。

表 12-3-11　　**方法 3 节锥计算公式**

序号	名称	计算公式	示例
1	齿数比, u	$u=z_2/z_1$	4.083
2	对于随后的迭代,从准双曲面尺寸系数 F 开始	F	1
3	大轮节锥角, δ_2	$\delta_2=\arctan\dfrac{\sin\Sigma}{\dfrac{F}{u}+\cos\Sigma}$	76.239°
4	小轮节锥角, δ_1	$\delta_1=\Sigma-\delta_2$	13.761°
迭代开始			
5	大轮中点节圆直径, d_{m2}	$d_{m2}=d_{e2}-b_2\sin\delta_2$	一次:341.722mm 二次:343.148mm
6	小轮轴平面内偏置角, ζ_m	$\zeta_m=\arcsin\dfrac{2a}{d_{m2}\left(1+\dfrac{F\cos\delta_2}{u\cos\delta_1}\right)}$	12.760° 12.265°
7	小轮节锥角, δ_1	$\delta_1=\arcsin(\cos\zeta_m\sin\Sigma\cos\delta_2-\cos\Sigma\sin\delta_2)$	13.415° 18.201°
8	小轮和大轮节平面内偏置角, ζ_{mp}	$\zeta_{mp}=\arcsin\dfrac{\sin\zeta_m\sin\Sigma}{\cos\delta_1}$	13.124° 12.922°
9	中点法向模数, m_{mn}	$m_{mn}=\dfrac{\cos\beta_{m2}d_{m2}}{z_2}$	6.040mm 6.065mm

续表

序号	名称	计算公式	示例
10	小轮中点螺旋角,β_{m1}	$\beta_{m1}=\beta_{m2}+\zeta_{mp}$	43.124° 42.922°
11	准双曲面尺寸系数,F	$F=\dfrac{\cos\beta_{m2}}{\cos\beta_{m1}}$	1.187 1.183
12	小轮中点节圆直径,d_{m1}	$d_{m1}=\dfrac{d_{m2}}{u}F$	99.298mm 99.384mm
13	小轮中点锥距,R_{m1}	$R_{m1}=\dfrac{d_{m1}}{2\sin\delta_1}$	214.009mm 159.088mm
14	大轮中点锥距,R_{m2}	$R_{m2}=\dfrac{d_{m2}}{2\sin\delta_2}$	175.910mm 181.074mm
15	刀齿方向角,υ_0	$\upsilon_0=\arcsin\dfrac{z_0 m_{mn}}{2r_{c0}}$	6.422° 6.449°
17	辅助角,θ_m	$\theta_m=\arctan(\sin\delta_2\tan\zeta_m)$	12.405° 11.640°
18	中间变量,A_3	$A_3=r_{c0}\cos^2(\beta_{m2}-\upsilon_0)$	113.400mm 113.446mm
19	中间变量,A_4	$A_4=R_{m2}\cos(\beta_{m2}+\theta_m)\cos\beta_{m2}$	112.489mm 117.194mm
20	中间变量,A_5	$A_5=\sin\zeta_{mp}\cos\theta_m\cos\upsilon_0$	0.220 0.218
21	中间变量,A_6	$A_6=R_{m2}\cos\beta_{m2}+r_{c0}\sin\upsilon_0$	167.442mm 171.977mm
22	中间变量,A_7	$A_7=\cos\beta_{m1}\cos(\beta_{m2}+\theta_m)-\dfrac{\sin(\beta_{m2}+\theta_m-\upsilon_0)\sin\zeta_{mp}}{\cos(\beta_{m2}-\upsilon_0)}$	0.939 0.407
23	中间变量,$R_{m\ int}$	$R_{m\ int}=\dfrac{A_3A_4}{A_5A_6+A_3A_7}$	156.504mm 159.100mm
24	检查	$\lvert R_{m\ int}-R_{m1}\rvert<0.0001R_{m1}$	0.021mm,失败 0.012mm,通过
25	小轮节锥角,δ_1	$\delta_1=\arcsin\dfrac{d_{m1}}{2R_{m\ int}}$	18.496° 18.200°
26	大轮节锥角,δ_2	$\delta_2=\arccos\dfrac{\sin\delta_1\cos\zeta_m\sin\Sigma+\cos\delta_1\cos\zeta_{mp}\cos\Sigma}{1-\sin^2\Sigma\sin^2\zeta_m}$	71.018° 71.360°
重复计算序号 5~26 的计算,直到序号 24 为真。迭代结束			
27	齿宽系数 c_{be2}	c_{be2}	0.5

2.3 齿轮几何尺寸的确定

2.3.1 齿廓参数的初始数据的确定

节锥参数计算完成后，进行齿轮的几何参数计算。需要先确定表 12-3-12 中所示齿廓参数的初始数据，表中数据在大齿轮的计算点处（图 12-3-24）进行定义。锥齿轮和准双曲面齿轮的数据可以使用两种常用的形式：数据类型Ⅰ或数据类型Ⅱ，具体见表 12-3-13。

表 12-3-12　　齿廓参数的初始数据

数据类型Ⅰ		数据类型Ⅱ	
符号	描述	符号	描述
α_{dD}	工作齿面名义设计压力角		
α_{dC}	非工作齿面名义设计压力角		
$f_{\alpha lim}$	极限压力角影响系数		
x_{hm1}	高度变位系数	c_{ham}	大轮中点齿顶高系数
k_{hap}	基本冠轮齿顶高系数	k_d	齿高系数
k_{hfp}	基本冠轮齿根高系数	k_c	顶隙系数
x_{smn}	齿厚修正系数	k_t W_{m2}	弧齿厚系数 大轮中点齿槽宽
j_{mn},j_{mt} j_{en},j_{et}	中点法向侧隙,中点端面侧隙 大端法向侧隙,大端端面侧隙(四选一)		
θ_{a2}	大轮顶锥(齿顶)角		
θ_{f2}	大轮根锥(齿根)角		

数据类型Ⅱ可以直接转换为数据类型Ⅰ，反之亦然。表 12-3-13 给出了合适的转换方式。

表 12-3-13　　数据类型Ⅰ和Ⅱ之间的转换

数据类型Ⅱ转化为类型Ⅰ	数据类型Ⅰ转化为类型Ⅱ
$x_{hm1}=k_d\left(\frac{1}{2}-c_{ham}\right)$	$c_{ham}=\frac{1}{2}\left(1-\frac{x_{hm1}}{k_{hap}}\right)$
$k_{hap}=\frac{k_d}{2}$	$k_d=2k_{hap}$
$k_{hfp}=k_d\left(k_c+\frac{1}{2}\right)$	$k_c=\frac{1}{2}\left(\frac{k_{hfp}}{k_{hap}}-1\right)$
$x_{smn}=\frac{k_t}{2}=\frac{1}{2}\left[\frac{W_{m2}}{m_{mn}}+k_d\left(k_c+\frac{1}{2}\right)(\tan\alpha_{nD}+\tan\alpha_{nC})-\frac{\pi}{2}\right]$	$k_t=2x_{smn}$

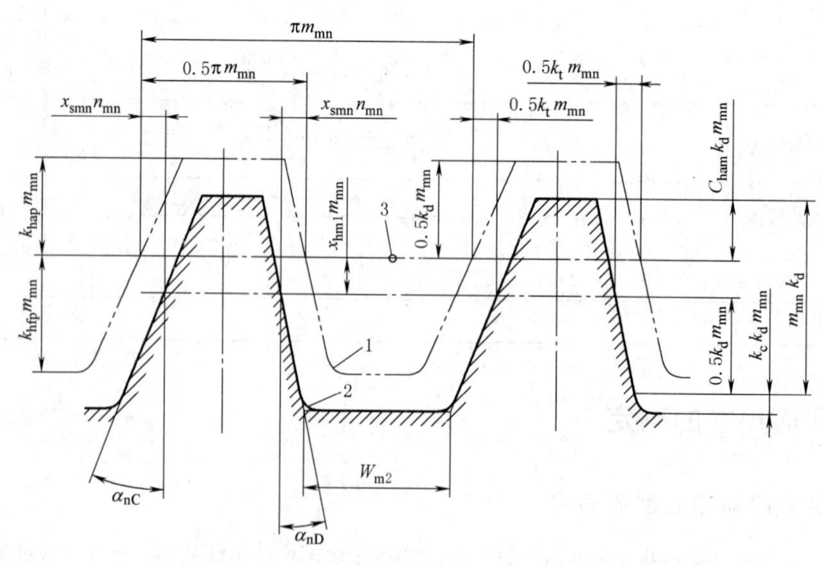

图 12-3-24　计算点处的大轮基本齿条齿形

1—基本齿条齿廓；2—齿高和齿厚变位的齿廓；3—参考线

2.3.1.1 法向压力角

设计中需要考虑三个法向压力角：

① 公称压力角，α_d 是计算的起始值。它可以是压力角总和的一半，并且可与工作齿面和非工作齿面的压力角不同。

② 展成压力角，α_n 是展成齿轮的压力角，也是齿宽中点法截面的压力角，也叫切齿压力角。

③ 有效压力角，α_e 为计算值。

锥齿轮最常用的公称压力角为20°，公称压力角在许多方面影响着齿轮设计。根据应用的需求，可以选择更大或更小的公称压力角。减小展成压力角会增加端面重合度、减小轴向力和分离力、增加齿顶宽和齿槽宽，而增大展成压力角则会产生相反的效果。

对于准双曲面齿轮来说，为了平衡两侧的啮合条件，非工作齿面和工作齿面可设计不同的展成压力角。啮合条件完全平衡时，极限压力角的影响系数应取 $f_{\alpha lim}=1$。工作齿面的展成压力角为公称压力角 α_d 加上极限压力角 α_{lim}，非工作齿面的展成压力角为公称压力角 α_d 减去极限压力角 α_{lim}。

减小工作齿面的展成压力角有利于增大重合度，减小接触应力以及轴向和径向力。但是，由于刀具和根切的限制，展成压力角应不小于9°。

较小的有效压力角会增大根切的风险。尽管如此，有效压力角 α_e 在所有情况下均可根据表12-3-17和表12-3-18中的公式计算。

对于弧齿锥（非准双曲面）齿轮，极限压力始终等于零，公称压力角与展成压力角相等。如果有效压力角的值也相同，则非工作面和工作齿面的啮合条件相同。

① 直齿锥齿轮　为避免根切，小轮为14至16齿时，其公称压力角至少应取20°；为12齿或13齿时，其公称压力角至少取25°。

② 零度锥齿轮　对于小齿数、大传动比或两者兼具的零度锥齿轮，为避免根切，公称压力角通常取22.5°或25°。对于14到16齿的小轮，公称压力角取22.5°；对于13齿的小轮，公称压力角取25°。

③ 弧齿锥齿轮　为避免根切，齿数小于等于12的小轮，公称压力角应至少取20°。

④ 准双曲面齿轮　为了平衡非工作面和工作齿面的啮合条件，极限压力角影响系数应取 $f_{\alpha lim}=1$。为了使用标准刀具，$f_{\alpha lim}$ 的值可不等于“1”。公称压力角为18°或20°的齿轮，适用于轻载传动场合；较大的压力角，如22.5°和25°适用于重型传动场合。

2.3.1.2 齿高相关参数

（1）数据类型Ⅰ

通常情况下，齿顶高系数 $k_{hap}=1$，齿根高系数 $k_{hfp}=1.25$。为防止根切，高度变位系数的取值应在规定的范围内。

（2）数据类型Ⅱ

① 齿高系数　通常情况下，用于计算齿宽中点处工作齿高 h_{mw} 的齿高系数 k_d，取2.0，但可以根据设计或其他要求进行调整。表12-3-14给出了基于小轮齿数的建议齿高系数。

表12-3-14　齿高系数

齿轮类型	齿高系数	小轮齿数
直齿锥齿轮	2.0	≥12
弧齿锥齿轮	2.0	≥12
	1.995	11
	1.975	10
	1.940	9
	1.895	8
	1.835	7
	1.765	6
零度锥齿轮	2.0	≥13
准双曲面齿轮	2.0	≥11
	1.95	10
	1.90	9
	1.85	8
	1.80	7
	1.75	6

② 顶隙系数　如果沿着整个齿长方向的顶隙都是恒定值的话，在中点齿宽处进行计算。通常，顶隙系数 k_c 取值 0.125，但可以根据设计和其他要求进行修订。

在加工 $m_{et2}=1.27$ 或更小模数的小模数齿轮时，最终加工后轮齿顶隙应增加 0.051mm。这 0.051mm 不应该包含在计算中。

③ 中点齿顶高系数　该系数分配了小轮和大轮齿顶之间的工作齿高。除非两轮齿数相等，否则小轮齿顶高通常比大轮齿顶高更大，为了避免根切，小轮使用较大的齿顶高。表 12-3-15 给出了轴交角 $\Sigma=90°$ 时的齿顶高系数 c_{ham}。也可基于滑动速度、齿顶宽度限制或两轮之间的强度匹配情况使用其他值。对于表 12-3-15，应计算当量齿数比 u_a。

轴截面上的大轮偏置角 η：

$$\eta=\arcsin(\sin\zeta_m\cos\delta_2) \tag{12-3-10}$$

当量齿数比 u_a：

$$u_a=\sqrt{\frac{\cos\delta_1\tan\delta_2\cos\eta}{\cos\delta_2}} \tag{12-3-11}$$

表 12-3-15　　轴交角 $\Sigma=90°$ 时的中点齿顶高系数 c_{ham}

齿轮类型	中点齿顶高系数	小齿轮齿数
直齿锥齿轮	$0.210+0.290/u_a^2$	≥12
弧齿锥齿轮和准双曲面齿轮	$0.210+0.290/u_a^2$	≥12
	$0.210+0.280/u_a^2$	11
	$0.175+0.260/u_a^2$	10
	$0.145+0.235/u_a^2$	9
	$0.130+0.195/u_a^2$	8
	$0.110+0.160/u_a^2$	7
	$0.100+0.115/u_a^2$	6
零度锥齿轮	$0.210+0.290/u_a^2$	≥12

2.3.1.3　齿厚相关参数

(1) 数据类型Ⅰ

切向变位系数：由小轮和大轮之间的弯曲强度平衡条件，可得切向变位系数 x_{smn} 的值。切向修正后，可以确保加工顺利进行。

(2) 数据类型Ⅱ

弧齿厚系数：在齿宽中点处计算中点法向弧齿厚。基于平衡弯曲应力的 k_t 值可通过图 12-3-25 进行选取。如

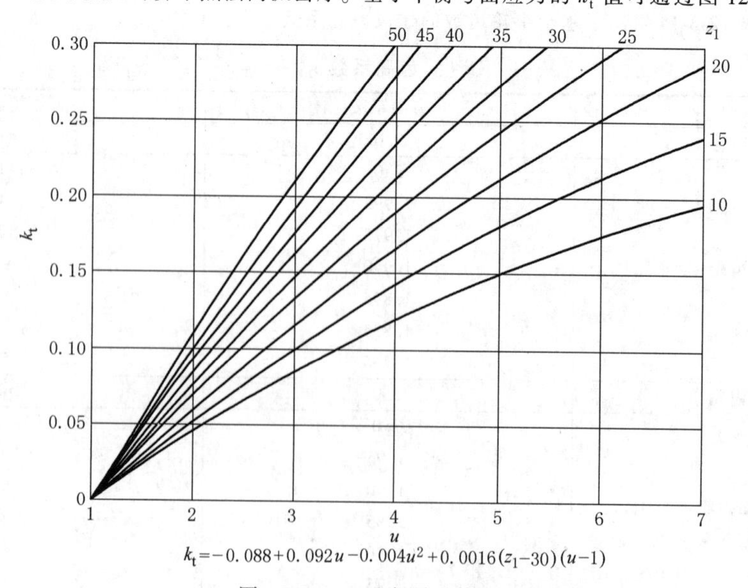

图 12-3-25　弧齿厚系数 k_t

果需要不同的强度，可以使用 k_t 的其他值。

（3）大端法向侧隙

表 12-3-16 给出了建议的最小大端法向侧隙。需要注意的是，侧隙余量与齿轮模数成比例。ISO 1328-1 给出了两个数值范围：ISO 4 级到 7 级，8 级到 12 级。

表 12-3-16　　最小大端法向侧隙

大端端面模数	最小大端法向侧隙/mm	
	ISO 精度等级	
	4 到 7	8 到 12
20.0～25.0	0.61	0.81
16.0～20.0	0.51	0.69
12.0～16.0	0.38	0.51
10.0～12.0	0.30	0.41
8.0～10.0	0.25	0.33
6.0～8.0	0.20	0.25
5.0～6.0	0.15	0.20
4.0～5.0	0.13	0.15
3.0～4.0	0.10	0.13
2.5～3.0	0.08	0.10
2.0～2.5	0.05	0.08
1.5～2.0	0.05	0.08
1.25～1.5	0.03	0.05
1.0～1.25	0.03	0.05

2.3.2　小齿轮齿宽 b_1 的确定

对于弧齿锥齿轮而言，小轮齿宽与大轮齿宽相等。若用方法 3 计算准双曲面齿轮，其计算点就位于小轮齿宽中点。因此节锥处大、小端齿宽（b_{e1}，b_{i1}）相等。但方法 2 和方法 4 的 b_{i1} 和 b_{e1} 的值是不同的。图 12-3-26 给出了 b_{i1} 和 b_{e1} 的计算方法。

从计算点到小轮大端和小端的实际距离就是小轮 b_{e1} 和 b_{i1} 的值，与之对应的大轮 b_{e2} 和 b_{i2} 的值也据此确定。已知 b_{e1}、b_{i1}、b_{e2} 和 b_{i2} 的值，所有方法均可使用相同的公式计算出大轮和小轮大、小端的直径（d_{ae1}，d_{ae2}，d_{ai1}，d_{ai2}）。

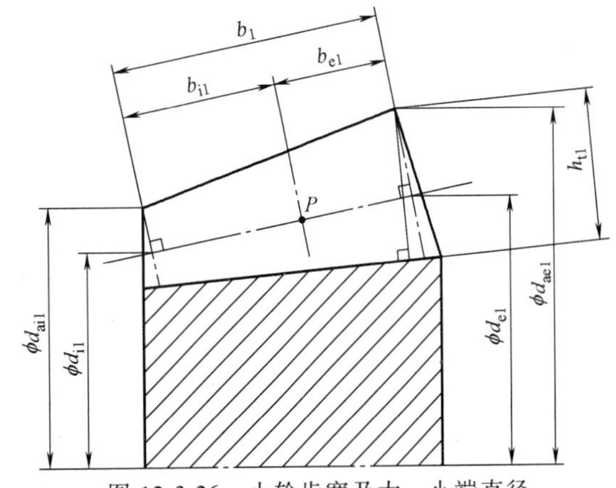

图 12-3-26　小轮齿宽及大、小端直径

2.3.3　螺旋角的确定

在前锥和背锥处计算小轮的螺旋角。为了得到小轮螺旋角，首先需要确定相关边界点处大轮的螺旋角（如图 12-3-27 所示）。因为小轮齿面与大轮齿面重叠，所以大轮相应的锥距（R_{e21}/R_{i21}）可能大于（小于）外（内）锥距。图 12-3-27 中的虚线表示锥距，根据边界点处小轮的偏置角 ζ_{ip21} 和 ζ_{ep21}，代入表 12-3-17 和表 12-3-18 中公式即可得到小轮的螺旋角，且端面铣削加工和端面滚切加工需要用不同的公式进行计算。

采用端面铣削和端面滚切法时，计算大轮外、内锥距处螺旋角所用的公式不同。

2.3.4　齿高的确定

大、小端齿高的定义如图 12-3-28 所示。小轮齿高 h_{ai1}，h_{fi1}，h_{am1}，h_{fm1}，h_{ae1} 和 h_{fe1} 垂直于小轮节锥，h_{t1} 垂直于根锥。大轮齿高定义与小轮齿高定义相同。

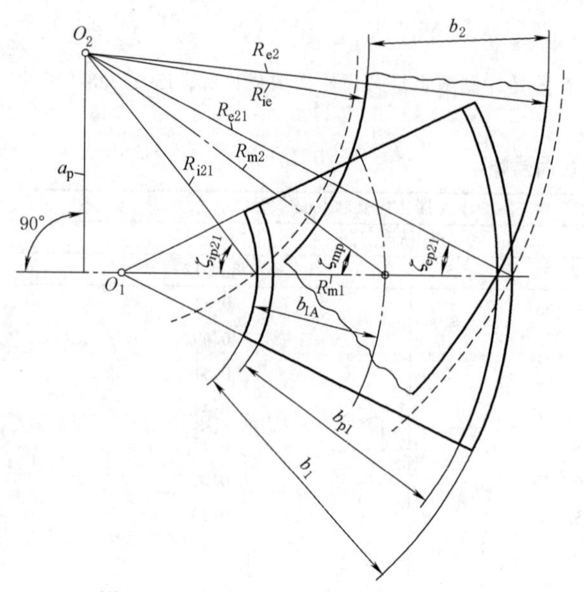

图 12-3-27　小轮节面上螺旋角的确定

注：各符号的含义可见表 12-3-17 和表 12-3-18。

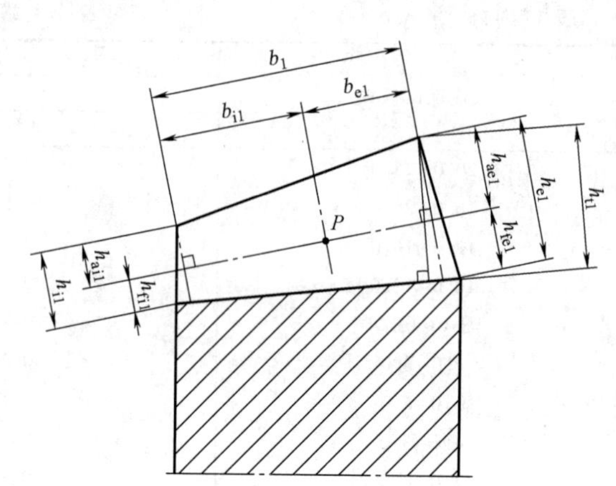

图 12-3-28　小轮的齿高

注：各符号的含义可见表 12-3-17 和表 12-3-18。

已知节锥处小轮的齿高，可以轻松计算出小轮的齿顶高和齿根高。

2.3.5　齿厚尺寸的确定

齿厚是根据外端（大端）法向侧隙 j_{en}、计算点法向侧隙 j_n、计算点端面侧隙 j_{t2} 和外端端面侧隙 j_{et2} 计算得出。

在数据类型 I 中，齿厚修正系数 x_{smn} 为理论值且不包括侧隙。若要考虑侧隙则需要计算出修正系数 x_{sm1} 和 x_{sm2}。通常情况下，在计算理论齿厚时侧隙应设为零。

根据不同的锥齿轮类型方法按表 12-3-17、表 12-3-18 公式计算锥齿轮几何参数。

方法 0 示例参数：$\alpha_{dD}=\alpha_{dC}=20°$，$f_{\alpha lim}=0$，$c_{ham}=0.2737$，$k_d=2.0$，$k_c=0.125$，$k_t=0.0915$，$j_{en}=0.127$，$\theta_{a2}=2.1342°$，$\theta_{f2}=6.4934°$

方法 1 示例参数：$\alpha_{dD}=\alpha_{dC}=20°$，$f_{\alpha lim}=1$，$c_{ham}=0.35$，$k_d=2.0$，$k_c=0.125$，$k_t=0.1$，$j_{et2}=0.2$，$\theta_{a2}=1°$，$\theta_{f2}=4°$

表 12-3-17　　锥齿轮几何尺寸计算方法 0 与 1

序号	名称	计算公式	示例 0	示例 1
1	小轮中点节圆直径，d_{m1}	$d_{m1}=2R_{m1}\sin\delta_1$	54.918mm	54.918mm
2	大轮中点节圆直径，d_{m2}	$d_{m2}=2R_{m2}\sin\delta_2$	152.987mm	141.877mm
3	轴夹角与 90°的差值，$\Delta\Sigma$	$\Delta\Sigma=\Sigma-90°$	0	0
4	小轮轴平面内偏置角，ζ_m	$\zeta_m=\arcsin\dfrac{2a}{d_{m2}+d_{m1}\dfrac{\cos\delta_2}{\cos\delta_1}}$	0	10.603°
5	小轮和大轮节平面内偏置角，ζ_{mp}	$\zeta_{mp}=\arcsin\dfrac{\sin\zeta_m\sin\Sigma}{\cos\delta_1}$	0	11.390°
6	节平面内偏置距，a_p	$a_p=R_{m2}\sin\zeta_{mp}$	0	15.075mm
7	中点法向模数，m_{mn}	$m_{mn}=\dfrac{2R_{m2}\sin\delta_2\cos\beta_{m2}}{z_2}$	3.213mm	2.640mm

续表

序号	名称	计算公式	示例 0	示例 1
8	极限压力角，α_{lim}	$\alpha_{lim}=-\arctan\left[\dfrac{\tan\delta_1\tan\delta_2}{\cos\zeta_{mp}}\left(\dfrac{R_{m1}\sin\beta_{m1}-R_{m2}\sin\beta_{m2}}{R_{m1}\tan\delta_1+R_{m2}\tan\delta_2}\right)\right]$	0	-2.253°
9	工作齿面(工作面)切齿压力角，α_{nD}	$\alpha_{nD}=\alpha_{dD}+f_{\alpha lim}\alpha_{lim}$	20°	17.747°
10	非工作面切齿压力角，α_{nC}	$\alpha_{nC}=\alpha_{dC}-f_{\alpha lim}\alpha_{lim}$	20°	22.253°
11	工作面有效压力角，α_{eD}	$\alpha_{eD}=\alpha_{nD}-\alpha_{lim}$	20°	20°
12	非工作面有效压力角，α_{eC}	$\alpha_{eC}=\alpha_{nC}+\alpha_{lim}$	20°	20°
13	大轮大端锥距，R_{e2}	$R_{e2}=R_{m2}+c_{be2}b_2$	93.973mm	91.468mm
14	大轮小端锥距，R_{i2}	$R_{i2}=R_{e2}-b_2$	68.573mm	61.468mm
15	大轮大端节圆直径，d_{e2}	$d_{e2}=2R_{e2}\sin\delta_2$	176.893mm	170mm
16	大轮小端节圆直径，d_{i2}	$d_{i2}=2R_{i2}\sin\delta_2$	129.080mm	114.243mm
17	大端端面模数，m_{et2}	$m_{et2}=\dfrac{d_{e2}}{z_2}$	4.536mm	4.047mm
18	计算点到大轮大端的齿宽，b_{e2}	$b_{e2}=R_{e2}-R_{m2}$	12.700mm	15.1314mm
19	计算点到大轮小端的齿宽，b_{i2}	$b_{i2}=R_{m2}-R_{i2}$	12.700mm	14.869mm
20	大轮交叉点沿轴线到中点的距离，t_{zm2}	$t_{zm2}=\dfrac{d_{m1}\sin\delta_2}{2\cos\delta_1}-0.5\cos\zeta_m\tan\Delta\Sigma\left(d_{m2}+\dfrac{d_{m1}\cos\delta_2}{\cos\delta_1}\right)$	27.459mm	26.621mm
21	小轮交叉点沿轴线到中点的距离，t_{zm1}	$t_{zm1}=\dfrac{d_{m2}}{2}\cos\zeta_m\cos\Delta\Sigma-t_{zm2}\sin\Delta\Sigma$	76.493mm	69.727mm
22	节锥顶点越过交叉点的距离，$t_{z1,2}$	$t_{z1,2}=R_{m1,2}\cos\delta_{1,2}-t_{zm1,2}$	0	-1.225mm 1.576mm
	在计算点确定齿高			
23	高度变位系数，x_{hm1}	$x_{hm1}=k_d\left(\dfrac{1}{2}-c_{ham}\right)$	0.505	0.3
24	基本冠轮齿顶高系数，k_{hap}	$k_{hap}=\dfrac{k_d}{2}$	1	1
25	基本冠轮齿根高系数，k_{hfp}	$k_{hfp}=k_d\left(k_c+\dfrac{1}{2}\right)$	1.25	1.25
26	齿厚修正系数，x_{smn}	$x_{smn}=\dfrac{k_t}{2}$	0.046	0.05
27	中点工作齿高，h_{mw}	$h_{mw}=2m_{mn}k_{hap}$	6.427mm	5.280mm
28	大轮中点齿顶高，h_{am2}	$h_{am2}=m_{mn}(k_{hap}-x_{hm1})$	1.591mm	1.848mm
29	大轮中点齿根高，h_{fm2}	$h_{fm2}=m_{mn}(k_{hfp}+x_{hm1})$	5.639mm	4.092mm
30	小轮中点齿顶高，h_{am1}	$h_{am1}=m_{mn}(k_{hap}+x_{hm1})$	4.836mm	3.432mm
31	小轮中点齿根高，h_{fm1}	$h_{fm1}=m_{mn}(k_{hfp}-x_{hm1})$	2.394mm	2.508mm
32	顶隙，c	$c=m_{mn}(k_{hfp}-k_{hap})$	0.803mm	0.660mm
33	中点全齿高，h_m	$h_m=h_{am1,2}+h_{fm1,2}$，或 $h_m=m_{mn}(k_{hap}+k_{hfp})$	7.230mm	5.939mm
	确定根锥角和顶锥角			
34	大轮顶锥角 δ_{a2}	$\delta_{a2}=\delta_2+\theta_{a2}$	72.387°	69.323°
35	大轮根锥角 δ_{f2}	$\delta_{f2}=\delta_2-\theta_{f2}$	63.760°	64.324°
36	计算小轮根锥切面内偏置角的辅助角，φ_R	$\varphi_R=\arctan\dfrac{a\tan\Delta\Sigma\cos\delta_{f2}}{R_{m2}\cos\theta_{f2}-t_{z2}\cos\delta_{f2}}$	0	0
37	计算小轮顶锥切面内偏置角的辅助角，φ_o	$\varphi_o=\arctan\dfrac{a\tan\Delta\Sigma\cos\delta_{a2}}{R_{m2}\cos\theta_{a2}-t_{z2}\cos\delta_{a2}}$	0	0

续表

序号	名称	计算公式	示例 0	示例 1
38	小轮根锥切平面内偏置角,ζ_R	$\zeta_R=\arcsin\dfrac{a\cos\varphi_R\sin\delta_{f2}}{R_{m2}\cos\theta_{f2}-t_{z2}\cos\delta_{f2}}-\varphi_R$	0	10.319°
39	小轮顶锥(面锥)切平面内偏置角,ζ_o	$\zeta_o=\arcsin\dfrac{a\cos\varphi_o\sin\delta_{a2}}{R_{m2}\cos\theta_{a2}-t_{z2}\cos\delta_{a2}}-\varphi_o$	0	10.674°
40	小轮顶锥角,δ_{a1}	$\delta_{a1}=\arcsin(\sin\Delta\Sigma\sin\delta_{f2}+\cos\Delta\Sigma\cos\delta_{f2}\cos\zeta_R)$	26.240°	25.232°
41	小轮根锥角,δ_{f1}	$\delta_{f1}=\arcsin(\sin\Delta\Sigma\sin\delta_{a2}+\cos\Delta\Sigma\cos\delta_{a2}\cos\zeta_o)$	17.613°	20.303°
42	小轮齿顶角,θ_{a1}	$\theta_{a1}=\delta_{a1}-\delta_1$	6.493°	3.943°
43	小轮齿根角,θ_{f1}	$\theta_{f1}=\delta_1-\delta_{f1}$	2.134°	0.985°
44	大轮顶锥顶点越过交叉点的距离,t_{zF2}	$t_{zF2}=t_{z2}-\dfrac{R_{m2}\sin\theta_{a2}-h_{am2}\cos\theta_{a2}}{\sin\delta_{a2}}$	1.508mm	2.126mm
45	大轮根锥顶点越过交叉点的距离,t_{zR2}	$t_{zR2}=t_{z2}+\dfrac{R_{m2}\sin\theta_{f2}-h_{fm2}\cos\theta_{f2}}{\sin\delta_{f2}}$	3.999mm	2.955mm
46	小轮顶锥顶点越过交叉点的距离,t_{zF1}	$t_{zF1}=\dfrac{a\sin\zeta_R\cos\delta_{f2}-t_{zR2}\sin\delta_{f2}-c}{\sin\delta_{a1}}$	−9.931mm	−5.064mm
47	小轮根锥顶点越过交叉点的距离,t_{zR1}	$t_{zR1}=\dfrac{a\sin\zeta_o\cos\delta_{a2}-t_{zF2}\sin\delta_{a2}-c}{\sin\delta_{f1}}$	2.094mm	−4.088mm
		确定小轮齿宽		
48	小轮节平面内齿宽,b_{p1}	$b_{p1}=\sqrt{R_{e2}^2-a_p^2}-\sqrt{R_{i2}^2-a_p^2}$	25.400mm	30.626mm
49	从计算点到前冠的小轮齿宽,b_{1A}	$b_{1A}=\sqrt{R_{m2}^2-a_p^2}-\sqrt{R_{i2}^2-a_p^2}$	12.700mm	25.243mm
50	辅助角,λ'	$\lambda'=\arctan\dfrac{\sin\zeta_{mp}\cos\delta_2}{u\cos\delta_1+\cos\delta_2\cos\zeta_{mp}}$	—	1.239°
51	小轮齿宽,b_{reri1}	$b_{reri1}=\dfrac{b_2\cos\lambda'}{\cos(\zeta_{mp}-\lambda')}$	—	30.470mm
52	小轮齿宽增量,Δb_{x1}	$\Delta b_{x1}=h_{mw}\sin\zeta_R\left(1-\dfrac{1}{u}\right)$		0.653mm
53	小轮计算点沿轴线到大端的齿宽增量,Δg_{xe}	$\Delta g_{xe}=\dfrac{c_{be2}b_{reri1}}{\cos\theta_{a1}}\cos\delta_{a1}+\Delta b_{x1}-(h_{fm2}-c)\sin\delta_1$	—	13.342mm
54	小轮计算点沿轴线到小端的齿宽增量,Δg_{xi}	$\Delta g_{xi}=\dfrac{(1-c_{be2})b_{reri1}}{\cos\theta_{a1}}\cos\delta_{a1}+\Delta b_{x1}+(h_{fm2}-c)\sin\delta_1$	—	15.592mm
55	计算点到大端的小轮齿宽,b_{e1}	方法 0：$b_{e1}=c_{be2}b_1$, $b_1=b_2$ 方法 1：$b_{e1}=\dfrac{\Delta g_{xe}+h_{am1}\sin\delta_1}{\cos\delta_{a1}}\cos\theta_{a1}$	12.700mm	16.089mm
56	计算点到小端的小轮齿宽,b_{i1}	方法 0：$b_{i1}=b_1-b_{e1}$ 方法 1：$b_{i1}=\dfrac{\Delta g_{xi}-h_{am1}\sin\delta_1}{\cos\delta_1-\tan\theta_{a1}\sin\delta_1}$	12.700mm	15.822mm
57	小轮齿宽,b_1	$b_1=b_{i1}+b_{e1}$	25.400mm	31.910mm
		小轮螺旋角计算		
58	大端锥距 R_{e21}(可能大于 R_{e2})	$R_{e21}=\sqrt{R_{m2}^2+b_{e1}^2+2R_{m2}b_{e1}\cos\zeta_{mp}}$	93.973mm	92.163mm

续表

序号	名称	计算公式	示例 0	示例 1
59	小端锥距 R_{i21}(可能小于 R_{i2})	$R_{i21}=\sqrt{R_{m2}^2+b_{i1}^2-2R_{m2}b_{i1}\cos\zeta_{mp}}$	68.573mm	60.907mm
		端面铣削法		
60	大端螺旋角,β_{e21}	$\beta_{e21}=\arcsin\dfrac{2R_{m2}r_{c0}\sin\beta_{m2}-R_{m2}^2+R_{e21}^2}{2R_{e21}r_{c0}}$	36.846°	48.130°
61	小端螺旋角,β_{i21}	$\beta_{i21}=\arcsin\dfrac{2R_{m2}r_{c0}\sin\beta_{m2}-R_{m2}^2+R_{i21}^2}{2R_{i21}r_{c0}}$	33.946°	30.549°
		端面滚切法和端面铣削法		
62	外端节平面小轮偏置角,ζ_{ep21}	$\zeta_{ep21}=\arcsin\dfrac{a_p}{R_{e21}}$	0	9.414°
63	内端节平面小轮偏置角,ζ_{ip21}	$\zeta_{ip21}=\arcsin\dfrac{a_p}{R_{i21}}$	0	14.330°
64	大端螺旋角,β_{e1}	$\beta_{e1}=\beta_{e21}+\zeta_{ep21}$	36.846°	57.544°
65	小端螺旋角,β_{i1}	$\beta_{i1}=\beta_{i21}+\zeta_{ip21}$	33.946°	44.879°
		大轮螺旋角计算,端面铣削法		
66	大端螺旋角,β_{e2}	$\beta_{e2}=\arcsin\dfrac{2R_{m2}r_{c0}\sin\beta_{m2}-R_{m2}^2+R_{e2}^2}{2R_{e2}r_{c0}}$	36.846°	47.674°
67	小端螺旋角,β_{i2}	$\beta_{i2}=\arcsin\dfrac{2R_{m2}r_{c0}\sin\beta_{m2}-R_{m2}^2+R_{i2}^2}{2R_{i2}r_{c0}}$	33.946°	30.826°
		齿高的计算		
68	大端齿顶高,h_{ae}	$h_{ae1,2}=h_{am1,2}+b_{e1,2}\tan\theta_{a1,2}$	6.281mm 2.064mm	4.541mm 2.212mm
69	大端齿根高,h_{fe}	$h_{fe1,2}=h_{fm1,2}+b_{e1,2}\tan\theta_{f1,2}$	2.867mm 7.085mm	2.784mm 5.150mm
70	大端全齿高,h_e	$h_{e1,2}=h_{ae1,2}+h_{fe1,2}$	9.149mm	7.325mm 7.262mm
71	小端齿顶高,h_{ai}	$h_{ai1,2}=h_{am1,2}-b_{i1,2}\tan\theta_{a1,2}$	3.391mm 1.117mm	2.341mm 1.588mm
72	小端齿根高,h_{fi}	$h_{fi1,2}=h_{fm1,2}-b_{i1,2}\tan\theta_{f1,2}$	1.921mm 4.194mm	2.236mm 3.052mm
73	小端全齿高,h_i	$h_{i1,2}=h_{ai1,2}+h_{fi1,2}$	5.311mm	4.577mm 4.640mm
		齿厚计算		
74	中点法向压力角,α_n	$\alpha_n=(\alpha_{nD}+\alpha_{nC})/2$	20°	20°
75	小轮齿厚修正系数,x_{sm1}	采用大端法向侧隙 j_{en} 计算: $x_{sm1}=x_{smn}-j_{en}\dfrac{1}{4m_{mn}\cos\alpha_n}\times\dfrac{R_{m2}\cos\beta_{m2}}{R_{e2}\cos\beta_{e2}}$ 采用大端端面侧隙 j_{et2} 计算: $x_{sm1}=x_{smn}-j_{et2}\dfrac{R_{m2}\cos\beta_{m2}}{4m_{mn}R_{e2}}$ 采用中点法向侧隙 j_{mn} 计算: $x_{sm1}=x_{smn}-j_{mn}\dfrac{1}{4m_{mn}\cos\alpha_n}$ 采用中点端面侧隙 j_{mt2} 计算: $x_{sm1}=x_{smn}-j_{mt2}\dfrac{\cos\beta_{m2}}{4m_{mn}}$	0.037	0.038

续表

序号	名称	计算公式	示例 0	示例 1
76	小轮中点法向弧齿厚, s_{mn1}	$s_{mn1}=0.5m_{mn}\pi+2m_{mn}(x_{sm1}+x_{hm1}\tan\alpha_n)$	6.465mm	4.922mm
77	大轮齿厚修正系数, x_{sm2}	采用大端法向侧隙 j_{en} 计算: $x_{sm2}=-x_{smn}-j_{en}\dfrac{1}{4m_{mn}\cos\alpha_n}\times\dfrac{R_{m2}\cos\beta_{m2}}{R_{e2}\cos\beta_{e2}}$ 采用大端端面侧隙 j_{et2} 计算: $x_{sm2}=-x_{smn}-j_{et2}\dfrac{R_{m2}\cos\beta_{m2}}{4m_{mn}R_{e2}}$ 采用中点法向侧隙 j_{mn} 计算: $x_{sm2}=-x_{smn}-j_{mn}\dfrac{1}{4m_{mn}\cos\alpha_n}$ 采用中点端面侧隙 j_{mt2} 计算: $x_{sm2}=-x_{smn}-j_{mt2}\dfrac{\cos\beta_{m2}}{4m_{mn}}$	-0.055	-0.062
78	大轮中点法向弧齿厚, s_{mn2}	$s_{mn2}=0.5m_{mn}\pi+2m_{mn}(x_{sm2}-x_{hm1}\tan\alpha_n)$	3.511mm	3.241mm
79	中点端面弧齿厚, s_{mt}	$s_{mt1,2}=s_{mn1,2}/\cos\beta_{m1,2}$	6.346mm 4.286mm	7.656mm 4.147mm
80	中点法向节圆直径, d_{mn}	$d_{mn1,2}=\dfrac{d_{m1,2}}{(1-\sin^2\beta_{m1,2}\cos^2\alpha_n)\cos\delta_{1,2}}$	100.398mm	184.973mm 749.108mm
81	中点法向弦齿厚, s_{mnc}	$s_{mnc1,2}=d_{mn1,2}\sin(s_{mn1,2}/d_{mn1,2})$	6.460mm 3.511mm	4.921mm 2.241mm
82	中点弦齿高, h_{amc}	$h_{amc1,2}=h_{am1,2}+0.5d_{mn1,2}\cos\delta_{1,2}\left(1-\cos\dfrac{s_{mn1,2}}{d_{mn1,2}}\right)$	4.934mm 1.592mm	3.462mm 1.849mm
		其余尺寸的确定		
83	小轮大端锥距, R_{e1}	$R_{e1}=R_{m1}+b_{e1}$	93.973mm	89.608mm
84	小轮小端锥距, R_{i1}	$R_{i1}=R_{m1}-b_{i1}$	68.573mm	57.697mm
85	小轮大端节圆直径, d_{e1}	$d_{e1}=2R_{e1}\sin\delta_1$	63.500mm	65.065mm
86	小轮小端节圆直径, d_{i1}	$d_{i1}=2R_{i1}\sin\delta_1$	46.337mm	41.895mm
87	大端外径, d_{ae}	$d_{ae1,2}=d_{e1,2}+2h_{ae1,2}\cos\delta_{1,2}$	75.324mm 178.288mm	73.528mm 171.560mm
88	大端齿根圆直径, d_{fe}	$d_{fe1,2}=d_{e1,2}+2h_{fe1,2}\cos\delta_{1,2}$	58.102mm 172.106mm	59.877mm 166.196mm
89	小端齿顶圆直径, d_{ai}	$d_{ai1,2}=d_{i1,2}+2h_{ai1,2}\cos\delta_{1,2}$	52.719mm 129.835mm	46.258mm 115.416mm
90	小端齿根圆直径, d_{fi}	$d_{fi1,2}=d_{i1,2}-2h_{fi1,2}\cos\delta_{1,2}$	42.721mm 126.246mm	37.730mm 111.989mm
91	节锥顶点到轮冠的距离, $t_{xo1,2}$	$t_{xo1,2}=t_{zm1,2}+b_{e1,2}\cos\delta_{1,2}-h_{ae1,2}\sin\delta_{1,2}$	86.324mm 29.808mm	83.070mm 30.247mm
92	前冠到交叉点的距离, $t_{xi1,2}$	$t_{xi1,2}=t_{zm1,2}+b_{i1,2}\cos\delta_{1,2}-h_{ai1,2}\sin\delta_{1,2}$	63.395mm 22.117mm	54.135mm 19.653mm
93	小轮全齿高, h_{t1}	$h_{t1}=\dfrac{t_{zF1}+t_{xo1}}{\cos\delta_{a1}}\sin(\theta_{a1}+\theta_{f1})-(t_{zR1}-t_{zF1})\sin\delta_{f1}$	9.137mm	7.320mm

方法 2 示例参数：$\alpha_{dD}=\alpha_{dC}=20°$，$f_{\alpha lim}=1$，$c_{ham}=0.275$，$k_d=2.0$，$k_c=0.125$，$k_t=0.1$，$j_{et2}=0.2\text{mm}$，$\theta_{a2}=0.0°$，$\theta_{f2}=0.0°$。

方法 3 示例参数：$\alpha_{dD}=19°$，$\alpha_{dC}=21°$，$f_{\alpha lim}=0$，$x_{hm1}=0.35$，$k_{hap}=1.0$，$k_{hfp}=1.25$，$x_{smn}=0.031$，$j_{et2}=0.0$，$\theta_{a2}=0.0°$，$\theta_{f2}=0.0°$。

表 12-3-18　　　　**锥齿轮几何尺寸计算方法 2 与 3**

序号	名称	计算公式	示例 2	示例 3
1	小轮中点节圆直径，d_{m1}	$d_{m1}=2R_{m1}\sin\delta_1$	51.258mm	99.377mm
2	大轮中点节圆直径，d_{m2}	$d_{m2}=2R_{m2}\sin\delta_2$	146.7mm	343.151mm
3	轴夹角与 90°的差值，$\Delta\Sigma$	$\Delta\Sigma=\Sigma-90°$	0	0
4	小轮轴平面内偏置角，ζ_m	$\zeta_m=\arcsin\dfrac{2a}{d_{m2}+d_{m1}\dfrac{\cos\delta_2}{\cos\delta_1}}$	21.647°	12.165°
5	小轮和大轮节平面内偏置角，ζ_{mp}	$\zeta_{mp}=\arcsin\dfrac{\sin\zeta_m\sin\Sigma}{\cos\delta_1}$	23.969°	12.922°
6	节平面内偏置距，a_p	$a_p=R_{m2}\sin\zeta_{mp}$	33.380mm	40.492mm
7	中点法向模数，m_{mn}	$m_{mn}=\dfrac{2R_{m2}\sin\delta_2\cos\beta_{m2}}{z_2}$	4.028mm	6.065mm
8	极限压力角，α_{lim}	$\alpha_{lim}=-\arctan\left[\dfrac{\tan\delta_1\tan\delta_2}{\cos\zeta_{mp}}\left(\dfrac{R_{m1}\sin\beta_{m1}-R_{m2}\sin\beta_{m2}}{R_{m1}\tan\delta_1+R_{m2}\tan\delta_2}\right)\right]$	-4.132°	-1.731°
9	工作面切齿压力角，α_{nD}	$\alpha_{nD}=\alpha_{dD}+f_{\alpha lim}\alpha_{lim}$	15.868°	19.0°
10	非工作面切齿压力角，α_{nC}	$\alpha_{nC}=\alpha_{dC}-f_{\alpha lim}\alpha_{lim}$	24.132°	21.0°
11	工作面有效压力角，α_{eD}	$\alpha_{eD}=\alpha_{nD}-\alpha_{lim}$	20.000°	20.731°
12	非工作面有效压力角，α_{eC}	$\alpha_{eC}=\alpha_{nC}+\alpha_{lim}$	20.000°	19.269°
13	大轮大端锥距，R_{e2}	$R_{e2}=R_{m2}+c_{be2}b_2$	95.168mm	211.072mm
14	大轮小端锥距，R_{i2}	$R_{i2}=R_{e2}-b_2$	69.168mm	151.072mm
15	大轮大端节圆直径，d_{e2}	$d_{e2}=2R_{e2}\sin\delta_2$	169.910mm	400mm
16	大轮小端节圆直径，d_{i2}	$d_{i2}=2R_{i2}\sin\delta_2$	123.490mm	286.295mm
17	大端端面模数，m_{et2}	$m_{et2}=\dfrac{d_{e2}}{z_2}$	4.997mm	8.163mm
18	计算点到大轮大端的齿宽，b_{e2}	$b_{e2}=R_{e2}-R_{m2}$	13.000mm	29.998mm
19	计算点到大轮小端的齿宽，b_{i2}	$b_{i2}=R_{m2}-R_{i2}$	13.000mm	30.002mm
20	大轮交叉点沿轴线到中点的距离，t_{zm2}	$t_{zm2}=\dfrac{d_{m1}\sin\delta_2}{2\cos\delta_1}-0.5\cos\zeta_m\tan\Delta\Sigma\left(d_{m2}+\dfrac{d_{m1}\cos\delta_2}{\cos\delta_1}\right)$	15.195mm	49.561mm
21	小轮交叉点沿轴线到中点的距离，t_{zm1}	$t_{zm1}=\dfrac{d_{m2}}{2}\cos\zeta_m\cos\Delta\Sigma-t_{zm2}\sin\Delta\Sigma$	68.178mm	167.660mm
22	节锥顶点越过交叉点的距离，$t_{z1,2}$	$t_{z1,2}=R_{m1,2}\cos\delta_{1,2}-t_{zm1,2}$	-12.618mm 11.836mm	-16.530mm 8.315mm
	在计算点确定齿高			
23	高度变位系数，x_{hm1}	$x_{hm1}=k_d\left(\dfrac{1}{2}-c_{ham}\right)$	0.45	0.2
24	基本冠轮齿顶高系数，k_{hap}	$k_{hap}=\dfrac{k_d}{2}$	1.0	1.0
25	基本冠轮齿根高系数，k_{hfp}	$k_{hfp}=k_d\left(k_c+\dfrac{1}{2}\right)$	1.25	1.25
26	齿厚修正系数，x_{smn}	$x_{smn}=\dfrac{k_t}{2}$	0.05	0.031
27	中点工作齿高，h_{mw}	$h_{mw}=2m_{mn}k_{hap}$	8.056mm	12.130mm
28	大轮中点齿顶高，h_{am2}	$h_{am2}=m_{mn}(k_{hap}-x_{hm1})$	2.215mm	4.852mm

续表

序号	名称	计算公式	示例 2	示例 3
29	大轮中点齿根高,h_{fm2}	$h_{fm2}=m_{mn}(k_{hfp}+x_{hm1})$	6.847mm	8.794mm
30	小轮中点齿顶高,h_{am1}	$h_{am1}=m_{mn}(k_{hap}+x_{hm1})$	5.840mm	7.278mm
31	小轮中点齿根高,h_{fm1}	$h_{fm1}=m_{mn}(k_{hfp}-x_{hm1})$	3.222mm	6.368mm
32	顶隙,c	$c=m_{mn}(k_{hfp}-k_{hap})$	1.007mm	1.516mm
33	中点全齿高,h_m	$h_m=h_{am1,2}+h_{fm1,2}$,或 $h_m=m_{mn}(k_{hap}+k_{hfp})$	9.063mm	13.646mm
		确定根锥角和顶锥角		
34	大轮顶锥角 δ_{a2}	$\delta_{a2}=\delta_2+\theta_{a2}$	63.212°	71.360°
35	大轮根锥角 δ_{f2}	$\delta_{f2}=\delta_2-\theta_{f2}$	63.212°	71.360°
35	计算小轮根锥切平面内偏置角的辅助角,φ_R	$\varphi_R=\arctan\dfrac{a\tan\Delta\Sigma\cos\delta_{f2}}{R_{m2}\cos\theta_{f2}-t_{z2}\cos\delta_{f2}}$	0	0
36	计算小轮顶锥切平面内偏置角的辅助角,φ_o	$\varphi_o=\arctan\dfrac{a\tan\Delta\Sigma\cos\delta_{a2}}{R_{m2}\cos\theta_{a2}-t_{z2}\cos\delta_{a2}}$	0	0
37	小轮根锥切平面内偏置角,ζ_R	$\zeta_R=\arcsin\dfrac{a\cos\varphi_R\sin\delta_{f2}}{R_{m2}\cos\theta_{f2}-t_{z2}\cos\delta_{f2}}-\varphi_R$	21.647°	12.265°
38	小轮顶锥切平面内偏置角,ζ_o	$\zeta_o=\arcsin\dfrac{a\cos\varphi_o\sin\delta_{a2}}{R_{m2}\cos\theta_{a2}-t_{z2}\cos\delta_{a2}}-\varphi_o$	21.647°	12.265°
39	小轮顶锥角,δ_{a1}	$\delta_{a1}=\arcsin(\sin\Delta\Sigma\sin\delta_{f2}+\cos\Delta\Sigma\cos\delta_{f2}\cos\zeta_R)$	24.765°	12.200°
40	小轮根锥角,δ_{f1}	$\delta_{f1}=\arcsin(\sin\Delta\Sigma\sin\delta_{a2}+\cos\Delta\Sigma\cos\delta_{a2}\cos\zeta_o)$	24.765°	18.200°
41	小轮齿顶角,θ_{a1}	$\theta_{a1}=\delta_{a1}-\delta_1$	0.002°	0
42	小轮齿根角,θ_{f1}	$\theta_{f1}=\delta_1-\delta_{f1}$	-0.002°	0
43	大轮顶锥顶点越过交叉点的距离,t_{zF2}	$t_{zF2}=t_{z2}-\dfrac{R_{m2}\sin\theta_{a2}-h_{am2}\cos\theta_{a2}}{\sin\delta_{a2}}$	14.318mm	13.436mm
44	大轮根锥顶点越过交叉点的距离,t_{zR2}	$t_{zR2}=t_{z2}+\dfrac{R_{m2}\sin\theta_{f2}-h_{fm2}\cos\theta_{f2}}{\sin\delta_{f2}}$	4.166mm	-0.966mm
45	小轮顶锥顶点越过交叉点的距离,t_{zF1}	$t_{zF1}=\dfrac{a\sin\zeta_R\cos\delta_{f2}-t_{zR2}\sin\delta_{f2}-c}{\sin\delta_{a1}}$	1.319mm	6.771mm
46	小轮根锥顶点越过交叉点的距离,t_{zR1}	$t_{zR1}=\dfrac{a\sin\zeta_o\cos\delta_{a2}-t_{zF2}\sin\delta_{a2}-c}{\sin\delta_{f1}}$	-20.315mm	36.920mm
		确定小轮齿宽		
47	小轮节平面内齿宽,b_{p1}	$b_{p1}=\sqrt{R_{e2}^2-a_p^2}-\sqrt{R_{i2}^2-a_p^2}$	28.542mm	61.607mm
48	从计算点到前冠的小轮齿宽,b_{1A}	$b_{1A}=\sqrt{R_{m2}^2-a_p^2}-\sqrt{R_{i2}^2-a_p^2}$	14.502mm	30.944mm
49	小轮齿宽,b_1	方法 2:$b_1=b_2(1+\tan^2\zeta_{mp})$ 方法 3:$b_1=\text{int}(b_{p1}+3m_{mn}\tan\lvert\zeta_{mp}\rvert+1)$	31.139mm	66.000mm
50	小轮的附加齿宽,b_x	方法 3:$b_x=(b_1-b_{p1})/2$	—	2.196
51	计算点到小端的小轮齿宽,b_{i1}	方法 2:$b_{i1}=b_1-b_{e1}$;方法 3:$b_{i1}=b_{1A}+b_x$	15.569mm	33.140mm
52	计算点到大端的小轮齿宽,b_{e1}	方法 2:$b_{e1}=c_{be2}b_1$;方法 3:$b_{e1}=b_1-b_{i1}$	15.569mm	32.860mm

续表

序号	名称	计算公式	示例 2	示例 3
		小轮大小端螺旋角的计算		
53	大端锥距 R_{e21}(可能大于 R_{e2})	$R_{e21}=\sqrt{R_{m2}^2+b_{e1}^2+2R_{m2}b_{e1}\cos\zeta_{mp}}$	96.602mm	213.228mm
54	小端锥距 R_{i21}(可能小于 R_{i2})	$R_{i21}=\sqrt{R_{m2}^2+b_{i1}^2-2R_{m2}b_{i1}\cos\zeta_{mp}}$	68.235mm	148.957mm
		端面滚切法		
55	刀齿方向角,ν_o	$\nu_o=\arcsin[z_0m_{mn}/(2r_{c0})]$	20.151°	6.449°
56	冠轮到刀盘中心距,ρ_{P0}	$\rho_{P0}=\sqrt{R_{m2}^2+r_{c0}^2-2R_{m2}r_{c0}\sin(\beta_{m2}-\nu_o)}$	111.088mm	177.420mm
57	外摆线基圆半径,ρ_b	$\rho_b=\dfrac{\rho_{P0}}{1+\dfrac{z_0}{z_2}\sin\delta_2}$	82.820mm	161.778mm
58	辅助角,φ_{e21}	$\varphi_{e21}=\arccos\dfrac{R_{e21}^2+\rho_{P0}^2-r_{c0}^2}{2R_{e21}\rho_{P0}}$	42.213°	39.098°
59	辅助角,φ_{i21}	$\varphi_{i21}=\arccos\dfrac{R_{i21}^2+\rho_{P0}^2-r_{c0}^2}{2R_{i21}\rho_{P0}}$	42.257°	47.893°
60	大端螺旋角,β_{e21}	$\beta_{e21}=\arctan\dfrac{R_{e21}-\rho_b\cos\varphi_{e21}}{\rho_b\sin\varphi_{e21}}$	32.362°	40.675°
61	小端螺旋角,β_{i21}	$\beta_{i21}=\arctan\dfrac{R_{i21}-\rho_b\cos\varphi_{i21}}{\rho_b\sin\varphi_{i21}}$	7.101°	18.639°
		端面滚切法和端面铣削法		
62	外端节平面小轮偏置角,ζ_{ep21}	$\zeta_{ep21}=\arcsin\dfrac{a_p}{R_{e21}}$	20.215°	10.947°
63	内端节平面小轮偏置角,ζ_{ip21}	$\zeta_{ip21}=\arcsin\dfrac{a_p}{R_{i21}}$	29.287°	15.774°
64	大端螺旋角,β_{e1}	$\beta_{e1}=\beta_{e21}+\zeta_{ep21}$	52.576°	51.622°
65	小端螺旋角,β_{i1}	$\beta_{i1}=\beta_{i21}+\zeta_{ip21}$	36.388°	34.412°
		大轮内外端螺旋角的计算——端面滚切法		
66	辅助角,φ_{e2}	$\varphi_{e2}=\arccos\dfrac{R_{e2}^2+\rho_{P0}^2-r_{c0}^2}{2R_{e2}\rho_{P0}}$	42.370°	39.485°
67	辅助角,φ_{i2}	$\varphi_{i2}=\arccos[(R_{i2}^2+\rho_{P0}^2-r_{c0}^2)/(2R_{i2}\rho_{P0})]$	42.397°	47.703°
68	大端螺旋角,β_{e2}	$\beta_{e2}=\arctan\dfrac{R_{e2}-\rho_b\cos\varphi_{e2}}{\rho_b\sin\varphi_{e2}}$	31.334°	39.966°
69	小端螺旋角,β_{i2}	$\beta_{i2}=\arctan\dfrac{R_{i2}-\rho_b\cos\varphi_{i2}}{\rho_b\sin\varphi_{i2}}$	8.159°	19.426°
		齿高的计算		
70	大端齿顶高,h_{ae}	$h_{ae1,2}=h_{am1,2}+b_{e1,2}\tan\theta_{a1,2}$	5.841mm 2.215mm	7.178mm 4.852mm
71	大端齿根高,h_{fe}	$h_{fe1,2}=h_{fm1,2}+b_{e1,2}\tan\theta_{f1,2}$	3.222mm 6.847mm	6.368mm 8.794mm
72	大端全齿高,h_e	$h_{e1,2}=h_{ae1,2}+h_{fe1,2}$	9.063mm	13.646mm

续表

序号	名称	计算公式	示例 2	示例 3
73	小端齿顶高,h_{ai}	$h_{ai1,2}=h_{am1,2}-b_{i1,2}\tan\theta_{a1,2}$	5.840mm 2.215mm	7.278mm 4.852mm
74	小端齿根高,h_{fi}	$h_{fi1,2}=h_{fm1,2}-b_{i1,2}\tan\theta_{f1,2}$	3.223mm 6.847mm	6.368mm 8.794mm
75	小端全齿高,h_i	$h_{i1,2}=h_{ai1,2}+h_{fi1,2}$	9.063mm	13.646mm
		齿厚的计算		
76	中点法向压力角,α_n	$\alpha_n=(\alpha_{nD}+\alpha_{nC})/2$	20.000°	20.000°
77	小轮齿厚修正系数,x_{sm1}	采用大端法向侧隙 j_{en} 计算: $x_{sm1}=x_{smn}-j_{en}\dfrac{1}{4m_{mn}\cos\alpha_n}\times\dfrac{R_{m2}\cos\beta_{m2}}{R_{e2}\cos\beta_{e2}}$ 采用大端端面侧隙 j_{et2} 计算: $x_{sm1}=x_{smn}-j_{et2}\dfrac{R_{m2}\cos\beta_{m2}}{4m_{mn}R_{e2}}$ 采用中点法向侧隙 j_{mn} 计算: $x_{sm1}=x_{smn}-j_{mn}\dfrac{1}{4m_{mn}\cos\alpha_n}$ 采用中点端面侧隙 j_{mt2} 计算: $x_{sm1}=x_{smn}-j_{mt2}\dfrac{\cos\beta_{m2}}{4m_{mn}}$	0.040	0.031
78	小轮中点法向弧齿厚,s_{mn1}	$s_{mn1}=0.5m_{mn}\pi+2m_{mn}(x_{sm1}+x_{hm1}\tan\alpha_n)$	7.969mm	10.786mm
79	大轮齿厚修正系数,x_{sm2}	采用大端法向侧隙 j_{en} 计算: $x_{sm2}=-x_{smn}-j_{en}\dfrac{1}{4m_{mn}\cos\alpha_n}\times\dfrac{R_{m2}\cos\beta_{m2}}{R_{e2}\cos\beta_{e2}}$ 采用大端端面侧隙 j_{et2} 计算: $x_{sm2}=-x_{smn}-j_{et2}\dfrac{R_{m2}\cos\beta_{m2}}{4m_{mn}R_{e2}}$ 采用中点法向侧隙 j_{mn} 计算: $x_{sm2}=-x_{smn}-j_{mn}\dfrac{1}{4m_{mn}\cos\alpha_n}$ 采用中点端面侧隙 j_{mt2} 计算: $x_{sm2}=-x_{smn}-j_{mt2}\dfrac{\cos\beta_{m2}}{4m_{mn}}$	-0.060	-0.031
80	大轮中点法向弧齿厚,s_{mn2}	$s_{mn2}=0.5m_{mn}\pi+2m_{mn}(x_{sm2}-x_{hm1}\tan\alpha_n)$	4.524mm	8.268mm
81	中点端面弧齿厚,s_{mt}	$s_{mt1,2}=s_{mn1,2}/\cos\beta_{m1,2}$	11.267mm 4.846mm	14.729mm 9.547mm
82	中点法向节圆直径,d_{mn}	$d_{mn1,2}=\dfrac{d_{m1,2}}{(1-\sin^2\beta_{m1,2}\cos^2\alpha_n)\cos\delta_{1,2}}$	142.877mm 193.326mm	241.926mm 159.877mm
83	中点法向弦齿厚,s_{mnc}	$s_{mnc1,2}=d_{mn1,2}\sin(s_{mn1,2}/d_{mn1,2})$	7.964mm 4.524mm	10.782mm 8.268mm
84	中点弦齿高,h_{amc}	$h_{amc1,2}=h_{am1,2}+0.5d_{mn1,2}\cos\delta_{1,2}\left(1-\cos\dfrac{s_{mn1,2}}{d_{mn1,2}}\right)$	5.941mm 2.221mm	7.392mm 4.855mm
		其余尺寸的确定		
85	小轮大端锥距,R_{e1}	$R_{e1}=R_{m1}+b_{e1}$	93.973mm	191.947mm
86	小轮小端锥距,R_{i1}	$R_{i1}=R_{m1}-b_{i1}$	68.573mm	125.947mm

续表

序号	名称	计算公式	示例 2	示例 3
87	小轮大端节圆直径, d_{e1}	$d_{e1}=2R_{e1}\sin\delta_1$	64.301mm	115.907mm
88	小轮小端节圆直径, d_{i1}	$d_{i1}=2R_{i1}\sin\delta_1$	38.215mm	78.675mm
89	大端外径, d_{ae}	$d_{ae1,2}=d_{e1,2}+2h_{ae1,2}\cos\delta_{1,2}$	74.909mm 171.907mm	133.730mm 403.102mm
90	大端齿根圆直径, d_{fe}	$d_{fe1,2}=d_{e1,2}+2h_{fe1,2}\cos\delta_{1,2}$	58.450mm 163.788mm	107.804mm 394.378mm
91	小端齿顶圆直径, d_{ai}	$d_{ai1,2}=d_{i1,2}+2h_{ai1,2}\cos\delta_{1,2}$	48.821mm 125.487mm	92.502mm 289.396mm
92	小端齿根圆直径, d_{fi}	$d_{fi1,2}=d_{i1,2}-2h_{fi1,2}\cos\delta_{1,2}$	32.632mm 117.318mm	66.576mm 280.673mm
93	节锥顶点到轮冠的距离, $t_{xo1,2}$	$t_{xo1,2}=t_{zm1,2}+b_{e1,2}\cos\delta_{1,2}-h_{ae1,2}\sin\delta_{1,2}$	79.869mm 29.077mm	196.602mm 54.552mm
94	前冠到交叉点的距离, $t_{xi1,2}$	$t_{xi1,2}=t_{zm1,2}+b_{i1,2}\cos\delta_{1,2}-h_{ai1,2}\sin\delta_{1,2}$	51.594mm 17.359mm	133.904mm 35.374mm
95	小轮全齿高, h_{t1}	$h_{t1}=\dfrac{t_{zF1}+t_{xo1}}{\cos\delta_{a1}}\sin(\theta_{a1}+\theta_{f1})-(t_{zR1}-t_{zF1})\sin\delta_{f1}$	9.063mm	13.646mm

2.4 根切检验

根切检验可以选择小轮或大轮齿宽上的任意一点来检验是否发生根切。根据平面产形轮（即冠轮）的原理，刀盘上的刀齿运动就相当于产形轮的一个齿，被加工齿轮与产形轮啮合滚动，从而形成齿槽和齿面。为了生产出能正确啮合的齿轮，采用“对偶”布置形式，即在同一个产形轮的背面加工相啮合的齿轮，这种方法不受齿形的限制，因此用平面产形轮近似估计根切量。计算公式见表 12-3-19。

表 12-3-19　　锥齿轮根切检验计算公式

序号	名称	计算公式	示例
		小齿轮	
1	小轮待检验点的锥距, R_{x1}	$R_{i1}\leqslant R_{x1}\leqslant R_e$	
2	小轮边界点对应的大齿轮锥距, R_{x2}	$R_{x2}=\sqrt{R_{m2}^2+(R_{m1}^2-R_{x1}^2)-2R_{m2}(R_{m1}-R_{x1})\cos\zeta_{mp}}$ （可能小于 R_{i2} 且大于 R_{e2}）	
		端面滚切法	
3	辅助角, φ_{x2}	$\varphi_{x2}=\arccos\dfrac{R_{x2}^2+\rho_{P0}^2-r_{c0}^2}{2R_{x2}\rho_{P0}}$	
4	检验点极限压力角	$\alpha_{limx}=-\arctan\left[\dfrac{\tan\delta_1\tan\delta_2}{\cos\zeta_{mp}}\left(\dfrac{R_{Ex1}\sin\beta_{x1}-R_{x2}\sin\beta_{x2}}{R_{Ex1}\tan\delta_1+R_{x2}\tan\delta_2}\right)\right]$	
5	检验点的大轮螺旋角, β_{x2}	$\beta_{x2}=\arctan\dfrac{R_{x2}-\rho_b\cos\varphi_2}{\rho_b\sin\varphi_2}$	
		端面铣削法	
6	检验点的大轮螺旋角, β_{x2}	$\beta_{x2}=\arcsin\dfrac{2R_{m2}r_{c0}\sin\beta_{m2}-R_{m2}^2+R_{x2}^2}{2R_{x2}r_{c0}}$	

续表

序号	名称	计算公式	示例
		端面滚切法和端面铣削法	
7	小轮检验点在节面中的偏移角,ζ_{xp2}	$\zeta_{xp2}=\arcsin\dfrac{a_p}{R_{x2}}$	
8	小轮检验点的螺旋角,β_{x1}	$\beta_{x1}=\beta_{x2}+\zeta_{xp2}$	
9	小轮检验点处节圆直径,d_{x1}	$d_{x1}=2R_{x1}\sin\delta_1$	
10	对应的大轮检验点处节圆直径,d_{x2}	$d_{x2}=2R_{x2}\sin\delta_2$	
11	检验点的中点法向模数,m_{xn}	$m_{xn}=\dfrac{d_{x2}}{z_2}\cos\beta_2$	
12	小轮检验点处的有效直径,d_{Ex1}	$d_{Ex1}=d_{x2}\dfrac{z_1\cos\beta_{x2}}{z_2\cos\beta_{x1}}$	
13	对应的锥距,R_{Ex1}	$R_{Ex1}=\dfrac{d_{Ex1}}{2\sin\delta_1}$	
14	中间值,z_{nx1}	$z_{nx1}=\dfrac{z_1}{(1-\sin^2\beta_{x1}\cos^2\alpha_n)\cos\beta_{x1}\cos\delta_1}$	
15	检验点的极限压力角,α_{limx}	$\alpha_{limx}=-\arctan\left[\dfrac{\tan\delta_1\tan\delta_2}{\cos\zeta_{mp}}\left(\dfrac{R_{Ex1}\sin\beta_{x1}-R_{x2}\sin\beta_{x2}}{R_{Ex1}\tan\delta_1+R_{x2}\tan\delta_2}\right)\right]$	
16	工作齿面检验点的有效压力角,α_{eDx}	$\alpha_{eDx}=\alpha_{nD}-\alpha_{limx}$	
17	非工作齿面检验点的有效压力角,α_{eCx}	$\alpha_{eCx}=\alpha_{nC}-\alpha_{limx}$	
18	选择较小的有效压力角	如果 $\alpha_{eCx}<\alpha_{eDx}:\alpha_{eminx}=\alpha_{eCx}$ 如果 $\alpha_{eCx}\geqslant\alpha_{eDx}:\alpha_{eminx}=\alpha_{eDx}$	
19	检验点处的检验工具补偿,k_{hapx}	$k_{hapx}=k_{hap}+\dfrac{(R_{x2}-R_{m2})\tan\theta_{a2}}{m_{mn}}$	
20	小轮检验点处的最小变位系数,x_{hx1}	$x_{hx1}=1.1k_{hap}-\dfrac{z_{nx1}m_{mn}\sin^2\alpha_{eminx}}{2m_{mn}}$	
21	小轮计算点处的最小变位系数,$x_{hm\ min\ x1}$	$x_{hm\ min\ x1}=x_{hx1}+\dfrac{(d_{Ex1}-d_{x1})\cos\delta_1}{2m_{mn}}$	
		如果 $x_{hm1}>x_{hm\ min\ x1}$,则在检验点不发生根切	
由于 $x_{hm2}=-x_{hm1}$,因此需要检查大轮根切			
22	大轮待检验点的锥距,R_{x2}	$R_{i2}\leqslant R_{x2}\leqslant R_e$	
		端面滚切法	
23	辅助角,φ_{x2}	$\varphi_{x2}=\arccos\dfrac{R_{x2}^2+\rho_{P0}^2-r_{c0}^2}{2R_{x2}\rho_{P0}}$	
24	检验点的大轮螺旋角,β_{x2}	$\beta_{x2}=\arctan\dfrac{R_{x2}-\rho_b\cos\varphi_2}{\rho_b\sin\varphi_2}$	
		端面铣削法	
25	检验点的大轮螺旋角,β_{x2}	$\beta_{x2}=\arcsin\dfrac{2R_{m2}r_{c0}\sin\beta_{m2}-R_{m2}^2+R_{x2}^2}{2R_{x2}r_{c0}}$	
		端面滚刀法和端面铣削法	
26	大轮检验点处节圆直径,d_{x2}	$d_{x2}=2R_{x2}\sin\delta_2$	
27	检验点的中点法向模数,m_{xn}	$m_{xn}=\dfrac{d_{x2}}{z_2}\cos\beta_{x2}$	
28	中间值,z_{nx2}	$z_{nx2}=\dfrac{z_2}{(1-\sin^2\beta_{x2}\cos^2\alpha_n)\cos\beta_{x2}\cos\delta_2}$	

续表

序号	名称	计算公式	示例
29	选择较小的有效压力角	如果 $\alpha_{nC}<\alpha_{nD}$: $\alpha_{eminx}=\alpha_{nC}$ 如果 $\alpha_{nC}\geqslant\alpha_{nD}$: $\alpha_{eminx}=\alpha_{nD}$	
30	检验点处工具齿顶高系数,k_{hapx}	$k_{hapx}=k_{hap}+\dfrac{(R_{x2}-R_{m2})\tan\theta_{f2}}{m_{mn}}$	
31	检验点处小轮最大变位系数,$x_{hm\ max\ x1}$	$x_{hm\ max\ x1}=-\left(1.1k_{hap}-\dfrac{z_{nx2}m_{mn}\sin^2\alpha_{eminx}}{2m_{mn}}\right)$	
如果 $x_{hm1}>x_{hm\ max\ x1}$,检验点避免发生根切			

3 受力分析

为了确定作用在轴和轴承上的力或力矩，齿轮轮齿上受到的力可分解为切向力、轴向力和径向力。力的作用方向是由螺旋角方向和齿轮旋转方向共同决定的。由小轮或大轮背锥朝向锥顶观察判定其旋转方向是顺时针或逆时针，如图 12-3-29 所示。使用表 12-3-20 来确定受载一侧齿面。

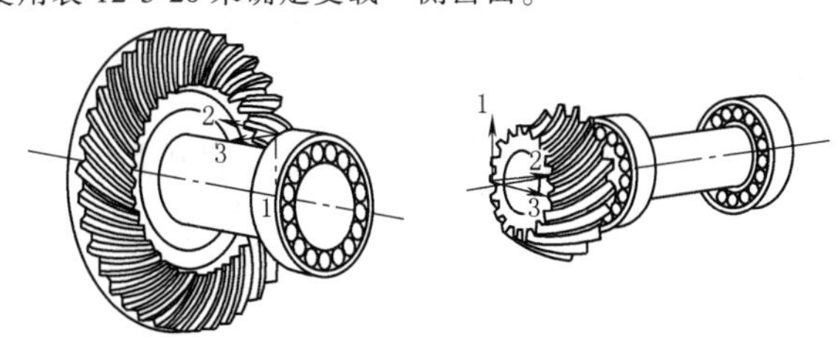

(a) 大轮凸面受力　　(b) 小轮凹面受力

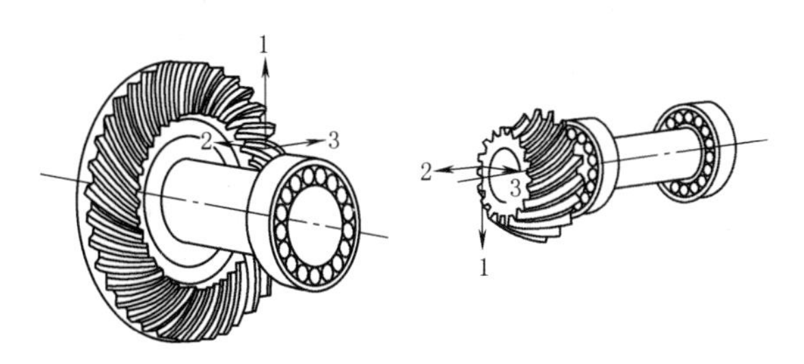

(c) 大轮凹面受力　　(d) 小轮凸面受力

图 12-3-29　轮齿受力的典型情况

1—切向力，F_{mt}；2—轴向力，F_{ax}；3—径向力，F_{rad}

表 12-3-20　　受载侧齿面

主动轮旋向	主动轮转向	受载侧齿面	
		主动轮	从动轮
右旋	顺时针 逆时针	凸面 凹面	凹面 凸面
左旋	顺时针 逆时针	凹面 凸面	凸面 凹面

3.1 切向力

大轮上的切向力：

$$F_{mt2}=\frac{2000T_2}{d_{m2}} \tag{12-3-12}$$

式中，F_{mt2} 为大轮在齿宽中点处受到的切向力，N；T_2 为大轮传动中受到的转矩，N·m。

小轮上的切向力计算公式：

$$F_{mt1}=\frac{F_{mt2}\cos\beta_{m1}}{\cos\beta_{m2}}=\frac{2000T_1}{d_{m1}} \tag{12-3-13}$$

式中，F_{mt1} 为小轮在齿宽中点处受到的切向力，N。

3.2 轴向力

锥齿轮轴向力 F_{ax} 的计算方法已在下面的公式中给出。公式中的符号表示考虑到大小齿轮的参数，如切向力、螺旋角、节锥角、展成压力角。

3.2.1 对于工作侧齿面的载荷

小轮轴向力，$F_{ax1,D}$

$$F_{ax1,D}=\left(\tan\alpha_{nD}\frac{\sin\delta_1}{\cos\beta_{m1}}+\tan\beta_{m1}\cos\delta_1\right)F_{mt1} \tag{12-3-14}$$

大轮轴向力，$F_{ax2,D}$

$$F_{ax2,D}=\left(\tan\alpha_{nD}\frac{\sin\delta_2}{\cos\beta_{m2}}-\tan\beta_{m2}\cos\delta_2\right)F_{mt2} \tag{12-3-15}$$

第12篇

3.2.2 对于非工作侧齿面的载荷

小轮轴向力，$F_{ax1,C}$

$$F_{ax1,C}=\left(\tan\alpha_{nC}\frac{\sin\delta_1}{\cos\beta_{m1}}-\tan\beta_{m1}\cos\delta_2\right)F_{mt1} \tag{12-3-16}$$

大轮轴向力，$F_{ax2,C}$

$$F_{ax2,C}=\left(\tan\alpha_{nC}\frac{\sin\delta_2}{\cos\beta_{m2}}+\tan\beta_{m2}\cos\delta_2\right)F_{mt2} \tag{12-3-17}$$

式中，正号（+）表示推力方向远离节锥顶点；负号（-）表示推力方向指向节锥顶点。

3.3 径向力

锥齿轮径向力 F_{rad} 的计算方法已在下面公式中给出。公式中用到了切向力、螺旋角、节锥角和展成压力角等齿轮相应参数。

3.3.1 对于工作侧齿面的载荷

小轮径向力，$F_{rad1,D}$

$$F_{rad1,D}=\left(\tan\alpha_{nD}\frac{\cos\delta_1}{\cos\beta_{m1}}-\tan\beta_{m1}\sin\delta_1\right)F_{mt1} \tag{12-3-18}$$

大轮径向力，$F_{rad2,D}$

$$F_{rad2,D}=\left(\tan\alpha_{nD}\frac{\cos\delta_2}{\cos\beta_{m2}}+\tan\beta_{m2}\sin\delta_2\right)F_{mt2} \tag{12-3-19}$$

3.3.2 对于非工作侧齿面的载荷

小轮径向力，$F_{rad1,C}$

$$F_{\text{rad1,C}}=\left(\tan\alpha_{\text{nC}}\frac{\cos\delta_1}{\cos\beta_{\text{m1}}}+\tan\beta_{\text{m1}}\sin\delta_1\right)F_{\text{mt1}} \tag{12-3-20}$$

大轮径向力，$F_{\text{rad2,C}}$

$$F_{\text{rad2,C}}=\left(\tan\alpha_{\text{nC}}\frac{\cos\delta_2}{\cos\beta_{\text{m2}}}-\tan\beta_{\text{m2}}\sin\delta_2\right)F_{\text{mt2}} \tag{12-3-21}$$

式中　正号（+）——径向力方向远离正在啮合的齿轮，此时的径向力通常被称为分离力；

负号（-）——径向力的方向指向正在啮合的齿轮，此时的径向力通常被称为吸引力。

4　锥齿轮“非零”变位

在弧齿锥齿轮的设计中，常规做法是在高度和切向两个方向均采用零传动，即当 $u_a=1$ 时，高度和切向都不变位；当 $u_a>1$ 时，大轮和小轮的变位系数之和为零，即高度变位 $x_{h1}+x_{h2}=0$，切向变位 $x_{t1}+x_{t2}=0$。若采用“非零”变位（$x_{h1}+x_{h2}\neq0$；$x_{t1}+x_{t2}\neq0$），锥齿轮当量中心距就要发生改变，致使锥齿轮的轴交角也发生改变。而轴交角是在设计之前就已经确定的，不能够改变。梁桂明教授提出的分锥综合变位，能够在保持轴交角不变的条件下实现“非零”变位。这种新型的非零变位齿轮具有更为优良的传动啮合性能、更高的承载能力和更广泛的工作适应性，可获得诸如等弯强、抗胶合、耐磨损等性能，还可以实现齿数很少的小型传动、低噪声柔性传动等。

4.1　非零变位原理

在弧齿锥齿轮的“非零”变位设计中，以端面的当量圆柱齿轮副作为分析基准。由于螺旋锥齿轮没有标准模数的规定，因此可以保持节锥不变而使分锥变位，变位后分锥和节锥分离，但轴交角仍保持不变。这样在当量圆柱齿轮上节圆和分圆分离，达到了变位的目的，而又不至于使中心距发生变化。

分锥变位就是分锥母线绕自身一点 C 相对于节锥母线旋转一角度 $\Delta\delta$（如图 12-3-30 所示），使分锥母线和节锥母线分离，则在当量齿轮上分圆（分度圆）和节圆分离。当 C 点不在节锥顶点位置时，分锥顶点与节锥顶点将发生分离。通常把 C 点取在节锥顶点 O（图 12-3-30）。

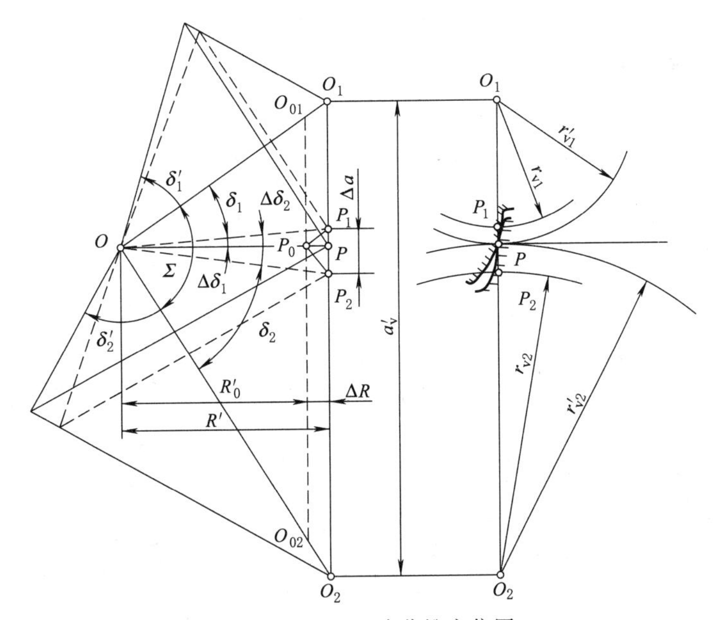

图 12-3-30　ΔR 式分锥变位图

非零变位后，当量齿轮节圆半径 r_v' 和分圆半径 r_v 之间产生差值 Δr。节圆啮合角 α_t' 和分圆压力角 α_t 之间也不相同，但仍满足

$$r_v'\cos\alpha_t' = r_v\ \cos\alpha_t \tag{12-3-22}$$

设当量节圆对分圆半径的变动比为 k_a，则有

$$k_a = \frac{r_v'}{r_v} = \frac{\cos\alpha_t}{\cos\alpha_t'} = \frac{R_m'}{R_m} \tag{12-3-23}$$

对于正变位 $k_a>1$；负变位 $k_a<1$；零变位 $k_a=1$。

4.2　分锥变位的几种形式

4.2.1　ΔR 式——改变锥距式

在节锥角不变的条件下，将节锥距外延或内缩 ΔR，从而使节圆半径增大或减小，相应的分圆半径也按比例增大或减小，使节锥和分锥分离。

对于正变位系数 $x>0$，延长节锥距 R_m 到 R_m'，使当量中心矩 $|O_{01}O_{02}|=a_v$ 增大为 $|O_1O_2|=a_v'$。变位前的锥距为 $OP_0=R_m$，变位后锥距为 $OP=R_m'$(变位后的用上标"′"表示)。过 P_0 做 $P_0P_1/\!/OO_1$，$P_0P_2/\!/OO_2$，交新齿形截面于 P_1、P_2，P_0P 为前后锥距之差 ΔR。如图 12-3-30 所示，变位后的分锥用虚线表示。

由图 12-3-30 可知有以下关系存在

$$k_a = \frac{r_{vi}'}{r_{vi}} = \frac{R_m'}{R_m} = \frac{a_v'}{a_v} = \frac{\cos\alpha_t}{\cos\alpha_t'} \tag{12-3-24}$$

$$\Delta r_{vi} = r_{vi}' - r_{vi} = (k_a-1)r_{vi}\quad (i=1,2) \tag{12-3-25}$$

或者

$$\Delta r_{vi} = r_{vi}' - r_{vi} = \left(1-\frac{1}{k_a}\right)r_{vi}'\quad (i=1,2)$$

$$\frac{\Delta r_{v2}}{\Delta r_{v1}} = u_v = \frac{r_{v2}}{r_{v1}} \tag{12-3-26}$$

$$\tan\Delta\delta_i = \frac{\Delta r_{vi}}{R_m'} = \left(1-\frac{1}{k_a}\right)\tan\delta_i' \tag{12-3-27}$$

$$\delta_i = \delta_i' + \Delta\delta_i \tag{12-3-28}$$

$$\Delta R = R_m' - R_m = (k_a-1)R_m \tag{12-3-29}$$

4.2.2　Δr 式——改变分圆式

此时采用在节锥距不变条件下，增大（负变位）或缩小（正变位）分锥角，也即增大或缩小分圆半径，以保持变位时节圆大于分圆（正变位），或节圆小于分圆（负变位）。如图 12-3-31 所示，左边表示正变位，右边表示负变位。变位后，分圆变到了 $P_{(1,2)}$ 点，节圆不变，节点仍在 P 点。因此，节圆模数 m'不变，而分圆模数 m

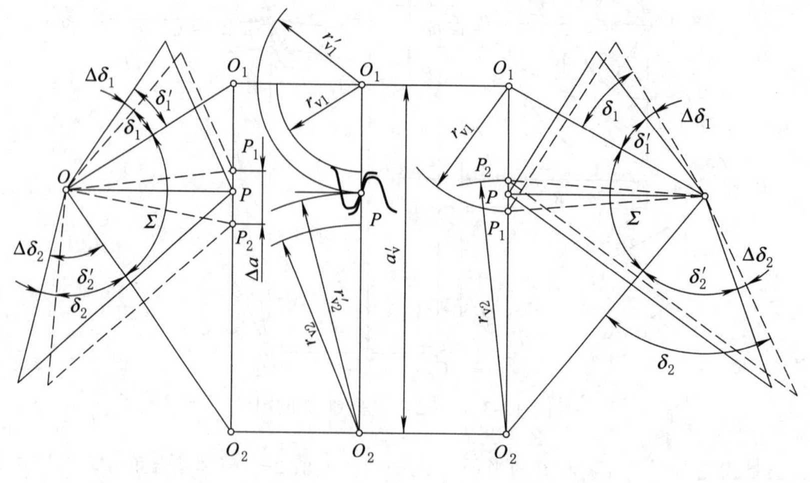

图 12-3-31　Δr 式分锥变位图

改变。$m=m'/k_a$。其中心距

$$\Delta r_{vi}=r'_{vi}-r_{vi}=\left(1-\frac{1}{k_a}\right)r'_{vi}\quad(i=1,2) \tag{12-3-30}$$

$$\frac{\Delta r_{v2}}{\Delta r_{v1}}=u_v \tag{12-3-31}$$

$$\tan\Delta\delta_i=\frac{\Delta r_{vi}}{R_m}=\left(1-\frac{1}{k_a}\right)\tan\delta'_i \tag{12-3-32}$$

$$\delta_i=\delta'_i+\Delta\delta_i \tag{12-3-33}$$

上述两种变位形式，在应用中，可根据具体情况选取，若是在原设计基础上加以改进，以增强强度，箱体内空间合适，则采用 ΔR 式，一般应用于正变位，节锥距略有增加。若对于原设计参数有较大改动，箱体设计尺寸要求严格，或进行不同参数的全新设计，则采用 Δr 式，一般用于负变位。

4.3 切向变位的特点

圆锥齿轮可采用切向变位来调节齿厚。传统的零变位设计，切向变位系数之和为 $x_{t\Sigma}=x_{t1}+x_{t2}=0$。对于非零变位设计，$x_{t\Sigma}$ 可以为任意值。通过改变齿厚，可以实现：

① 配对齿轮副的弯曲强度相等，$\sigma_{F1}=\sigma_{F2}$。

② 保持全齿高不变，即齿顶高变动量 $\sigma=0$。

③ 缓解齿顶变尖，$s_{a1}>0$。

④ 缓解齿根部变窄，增厚齿根。

非零变位可以满足上述四种特性中的两项，而零变位则只可以满足其中一项。例如，在 x_{h1}、x_{h2} 比较大时，易出现齿顶变尖，则可以用切向变位来修正，弥补径向变位之不足。即使在齿顶无变尖的情况下，也可使小轮齿厚增加，以实现等弯强、等寿命。有时在选择径向变位系数时，若其它条件均满足而出现齿顶变尖时，则可以用切向变位来调节。

切向变位引起的当量齿轮分圆周节 T 的变动量 Δt 为

$$\Delta t=\Delta s_1+\Delta s_2=(x_{t1}+x_{t2})m=x_{t\Sigma}m \tag{12-3-34}$$

4.4 分锥综合变位

将切向变位沿径向的增量与径向变位结合起来，构成分锥综合变位，综合变位系数 X_Σ 为

$$X_\Sigma=x_{h\Sigma}+\frac{x_{t\Sigma}}{2\tan\alpha_t}\neq 0 \tag{12-3-35}$$

分圆上的周节长度与径向变位和切向变位有关。将径向变位沿切向的增量与切向变位结合起来，分圆周节为

$$T=s_1+s_2=(\pi+2x_{h\Sigma}\tan\alpha_t+x_{t\Sigma})m \tag{12-3-36}$$

则当量齿轮分圆弧齿厚为

$$s_i=\left(\frac{\pi}{2}+2x_{hi}\tan\alpha_t+x_{ti}\right)m\quad(i=1,\ 2) \tag{12-3-37}$$

式中，α_t 是端面分圆压力角，m 是端面分圆模数。

端面节圆啮合角 α'_t 与分圆压力角 α_t 的渐开线函数关系为

$$\mathrm{inv}\alpha'_t=\frac{2x_{h\Sigma}\tan\alpha_t+x_{t\Sigma}}{z_{v1}+z_{v2}}+\mathrm{inv}\alpha_t=\frac{X_\Sigma\tan\alpha_t}{z_{v1}+z_{v2}}+\mathrm{inv}\alpha_t \tag{12-3-38}$$

而节圆上的周节 T' 为一定值

$$T'=\pi m'=\pi k_a m \tag{12-3-39}$$

小轮节圆弧齿厚

$$s'_1=k_a[s_1-d_{v1}(\mathrm{inv}\alpha'_t-\mathrm{inv}\alpha_t)] \tag{12-3-40}$$

式中，d_v 为当量齿轮分圆直径。

大轮节圆弧齿厚

$$s_2'=\pi m'-s_1'=k_a[s_2-d_{v2}(\mathrm{inv}\alpha_t'-\mathrm{inv}\alpha_t)] \tag{12-3-41}$$

当量中心距分离系数为

$$y=\frac{z_{v1}+z_{v2}}{2}\times\left(\frac{\cos\alpha_t}{\cos\alpha_t'}-1\right) \tag{12-3-42}$$

弧齿锥齿轮的切向变位使径向尺寸也发生变化，使当量中心距改变，从而啮合角也发生改变。

齿顶高变动量系数 $\sigma=x_{h\Sigma}-y$，σ 不仅可以大于零，也可以小于零。还可以通过改变 $x_{t\Sigma}$ 使啮合角发生变化，找到一个合适的 $x_{t\Sigma}$，使 $\sigma=0$。

5 锥齿轮的设计指导（摘自 GB/Z 43147—2023）

5.1 齿轮噪声

5.1.1 概述

齿轮噪声是因为齿轮副的传动误差带来啮合时齿轮的振动而产生。传动误差受齿廓形状偏差、齿轮副装配误差以及在载荷作用下的弹性变形影响。不同工况条件下推荐的传动误差数值见表 12-3-21。

表 12-3-21 推荐的传动误差数值

应用场合	建议值/μrad	应用场合	建议值/μrad
乘用车齿轮	<30	工业齿轮	40~100
卡车齿轮	20~50	飞机齿轮	40~200(平均 80)

5.1.2 齿廓方向修形

对锥齿轮进行齿廓方向修形是为了防止轮齿在工作中发生边缘接触。图 12-3-32a 为研磨后螺旋锥齿轮的齿面偏差，相邻等高线之间的偏差量是 2μm。可见，沿螺旋线方向鼓形量较大，沿齿廓方向鼓形量较小。图 12-3-32b 为配对齿轮接触斑点。图 12-3-32c 为传动误差曲线，峰-峰值是 24μrad。

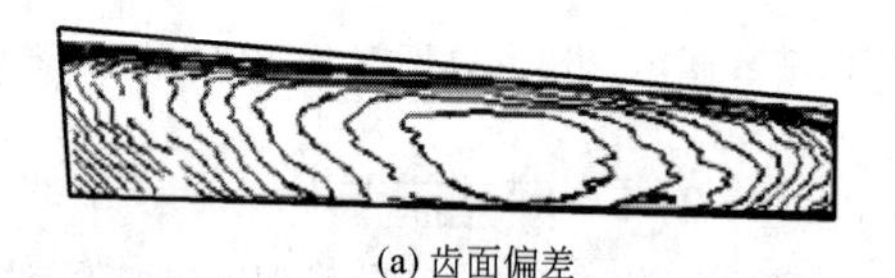

(a) 齿面偏差

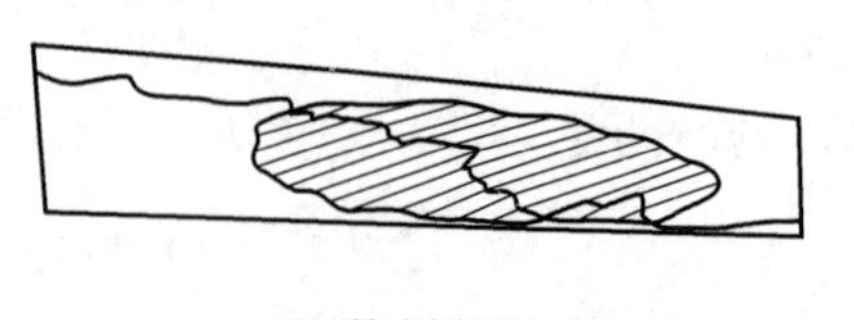

(b) 配对齿轮接触斑点

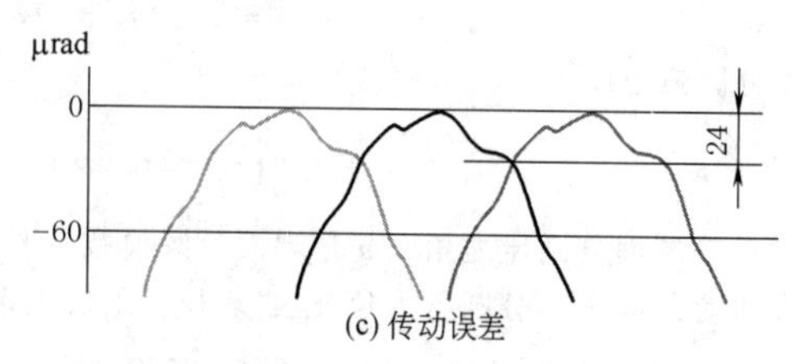

(c) 传动误差

图 12-3-32　研磨后的齿廓偏差、接触斑点和传动误差示例

图 12-3-33 显示鼓形高度固定为 20μm 时，齿廓方向鼓形修形和齿面扭曲对传动误差的影响。图 12-3-33a 显示齿廓方向鼓形修形量为 5μm，则轮齿的接触斑点变宽，传动误差为 27μrad。另一个示例，图 12-3-33b 显示齿廓方向鼓形修形量为 20μm，则轮齿的接触斑点变窄，传递误差增加到 43μrad，这意味着应该避免过度的齿廓方向鼓形修形。不过，图 12-3-33c 显示齿面扭曲量为 80μm 时，传动误差却减小到 24μrad，这说明如果齿廓方向鼓形修形增加，可以通过齿面扭曲量的调整来改善传动误差。

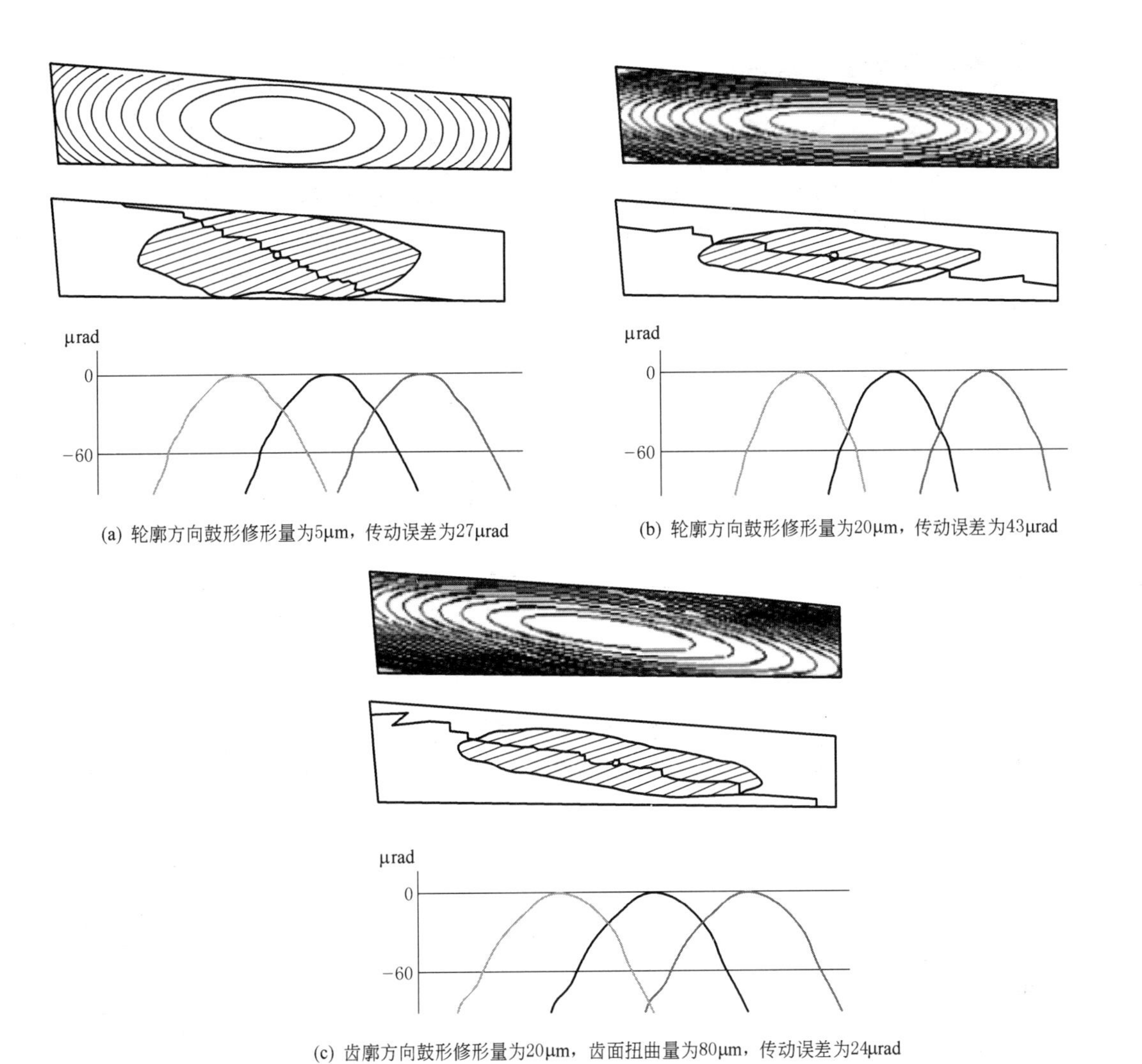

(a) 轮廓方向鼓形修形量为5μm，传动误差为27μrad

(b) 轮廓方向鼓形修形量为20μm，传动误差为43μrad

(c) 齿廓方向鼓形修形量为20μm，齿面扭曲量为80μm，传动误差为24μrad

图 12-3-33　齿廓方向鼓形修形和齿面扭曲对传动误差的影响——鼓形高度为 20μm

齿面在载荷作用下会发生弹性变形，因此对齿面进行修形时应考虑这一点。但在轻载工况下，很多场合下齿轮副的噪声来自传动误差，上述措施具有一定的应用价值。

5.1.3　设计重合度

设计重合度是一对啮合齿轮的传动角除以齿距角，增大该值有利于降低齿轮噪声。为了获得更高的设计重合度，可增加齿数、增大工作齿高或螺旋角。但是，如果增加齿数，则中点法向模数将会变小，弯曲承载能力会下降。另一方面，增大齿高过多，会出现小轮齿根根切或齿顶面变窄的风险。以上都需要慎重考虑。

图 12-3-34 显示了设计重合度对传动误差的影响。示例中尽管齿面偏差相同，齿数比为 7/30 的齿轮副与齿数比为 10/43 齿轮副相比，前者的设计重合度较小，接触斑点面积较大，传动误差也较大（分别为 52μrad 和 24μrad）。

在载荷作用下，实际重合度会因齿面变形和轮齿与轴的挠曲变形而改变。

5.1.4　其他噪声因素

由于制造和装配误差，齿轮副在载荷作用下可能产生较大的错位，导致齿面的边缘接触，进而传动误差增大。因此，应注意提高齿轮的装配精度和箱体的刚度。

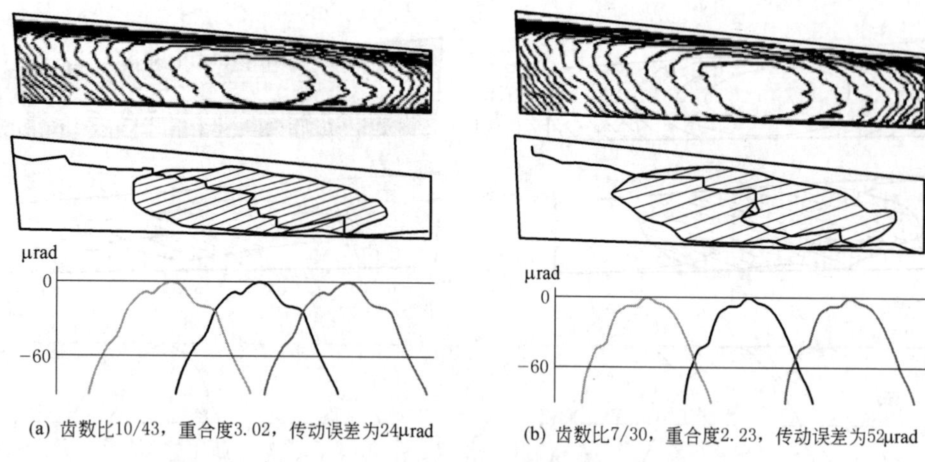

(a) 齿数比10/43，重合度3.02，传动误差为24μrad

(b) 齿数比7/30，重合度2.23，传动误差为52μrad

图 12-3-34　设计重合度对传动误差的影响

5.2　轮坯设计与公差

5.2.1　一般情况

成品齿轮的质量取决于齿轮轮坯的设计和精度，应该考虑一些影响成本和性能的重要因素。

孔、轮毂和其他定位面的尺寸和形状应与齿轮直径和模数相适应。应该尽量避免会导致过度悬伸和偏斜的情况，如小的孔、薄的辐板等。

5.2.2　夹紧面

几乎所有的内径式锥齿轮切齿都是通过轮毂前端面夹紧，因此，轮坯应设计一个适当的夹紧面，如图 12-3-35 所示。

5.2.3　齿背

在齿轮齿根下应提供足够的厚度，以对轮齿提供适当的支承，建议该厚度不能低于全齿高。重载齿轮可能需要额外增加齿背的厚度，在轮齿的小端和中间也应保持相当比例的厚度支承（见图 12-3-36）。另外，对于无辐板式大轮螺纹孔底部与齿根线之间的最小距离应为齿高的三分之一。

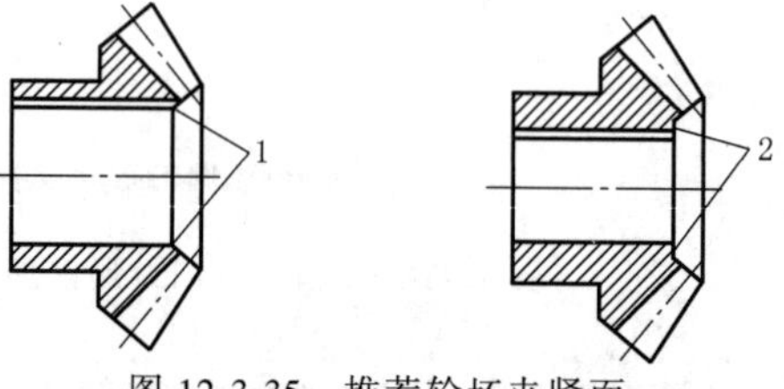

图 12-3-35　推荐轮坯夹紧面

1—没有夹紧面，不推荐；2—有夹紧面，推荐

5.2.4　载荷方向

齿坯的设计应避免其内部产生过大的局部应力和严重的变形。对于重载齿轮，对力的作用方向和大小进行初步分析有助于齿轮和装配二者的设计。在可能的情况下，辐板的方向应与轴截面上的主要载荷作用方向一致。齿轮截面的设计应使齿轮作用载荷的一个分量直接通过截面，如图 12-3-37 所示。

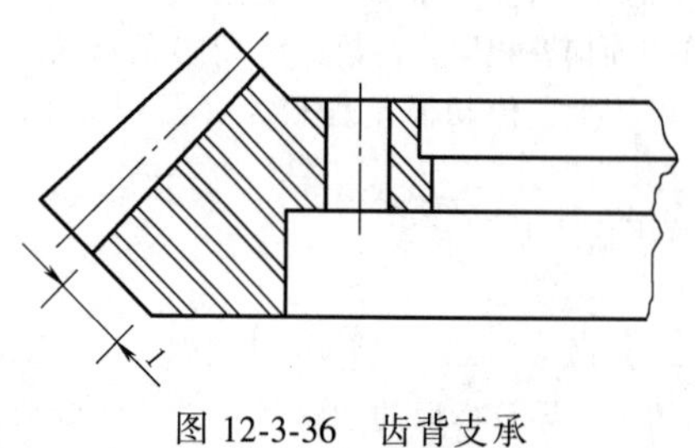

图 12-3-36　齿背支承

1—推荐采用的齿背

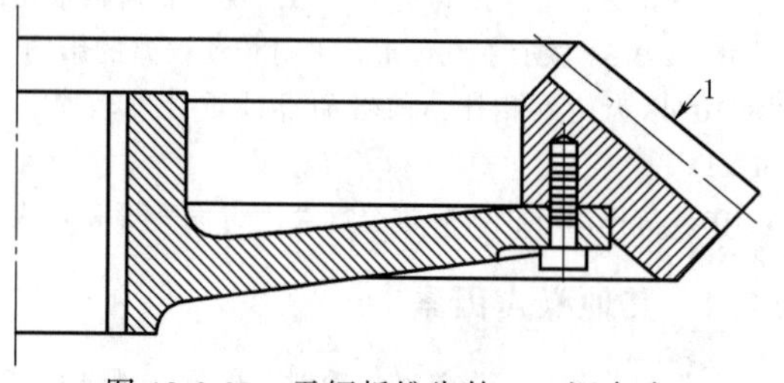

图 12-3-37　无辐板锥齿轮——沉台式

1—轮齿载荷分量

5.2.5　定位面

齿轮的背面应设计一个大尺寸的定位面。这个表面应该被加工或磨削，与内孔轴线垂直，用于在装配和加工中对齿轮进行轴向定位。当然，齿轮前端夹紧面也应该是平整并且平行于背部定位面的。这些定位面也为安装后的检验提供了测量基准。

如果齿轮的节圆直径与轮毂直径的比值较大，大于 2.5∶1，那么在齿背后应该设计一个辅助定位面，如图 12-3-38 所示。因切削力产生轮坯变形或振动危险的薄辐板型齿轮也可以采用类似的定位面。

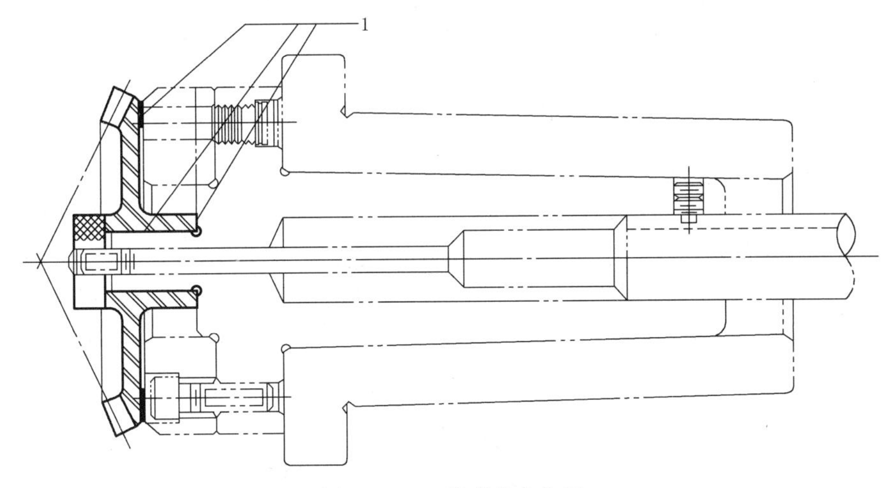

图 12-3-38　推荐的定位面

1—推荐的定位面

5.2.6　实心齿轮轴

大批量制造齿轮轴时，通常要使用卡盘装夹。对于小批量加工时，齿轮轴应该在齿柄的末端设计一个螺纹孔或外螺纹，以便切削时将齿轮牢固地拉紧在卡盘上（参见图 12-3-39 和图 12-3-40）。

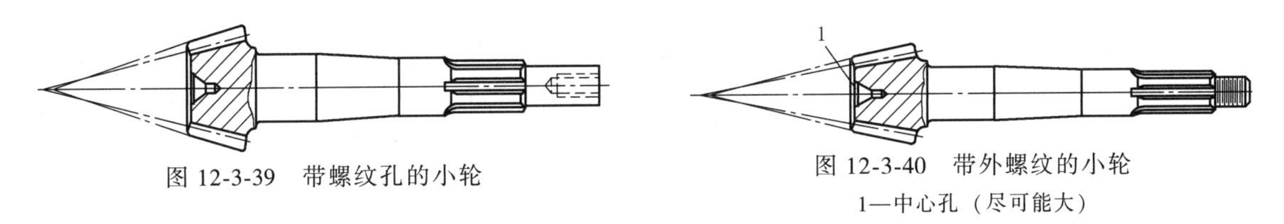

图 12-3-39　带螺纹孔的小轮

图 12-3-40　带外螺纹的小轮

1—中心孔（尽可能大）

5.2.7　法兰轮毂

无论齿轮是安装在轮毂法兰上还是与轮毂制成一体，支承法兰的截面尺寸都应足够大，以防止在啮合点处沿齿轮轴向方向发生偏斜。

为了获得更好的运动平衡，最好将辐板做成圆锥形且不带棱纹，方便齿坯粗加工。也可避免使用浸油润滑时搅油损失和减少铸件内部应力集中的风险。

5.2.8　花键孔

在安装有花键孔的齿轮时，建议通过导径来减小偏心。带矩形花键的硬化齿轮应通过孔或花键的小径引导装配，其中花键淬火后磨削应与轮齿同心。带矩形花键的未硬化齿轮在装配时应通过花键的大径引导装配。对任意一种情况，轮坯的精加工、切齿和检测都应以齿轮孔或芯轴为定位中心进行，该孔已经与花键一起加工好。

图 12-3-41 为一个齿轮在孔的两端与圆柱配合，花键只用于驱动。这种配合类型特别适用于飞机齿轮，通常在大径上采用完整圆角半径的渐开线花键。尤其是当花键必须硬化时，热处理引起尺寸变化和热变形，导致花键

两侧定位非常困难，这种设计是一个很好的解决方案。

渐开线花键一般只适合于键侧定位。硬化齿轮可能需要对花键进行研磨或磨削，或采用选配法装配，或两者都采用。经过淬火的花键，很难获得精密齿轮所要求的配合精度和同心度。在花键加工好后，再以渐开线花键芯轴定位对轮齿进行精加工，可使性能更好地改善，但即使如此，当将齿轮移动到花键芯轴或主轴的不同位置仍会存在不同程度的偏心。

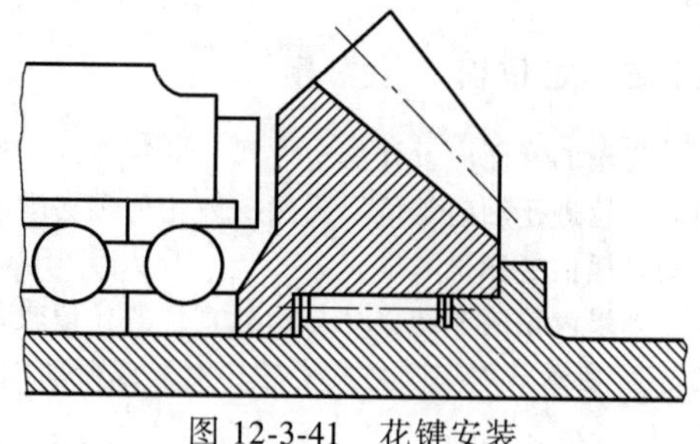

图 12-3-41　花键安装

由于热处理可能会给花键带来无法纠正的畸变和圆周跳动等情况，因此，花键的长度不应大于负载传递实际所需的长度，这一点非常重要。在长轮毂的轮坯上，花键应尽可能靠近齿轮。

5.2.9　大轮轮坯设计

最常见的大轮轮坯设计如图 12-3-42 所示。

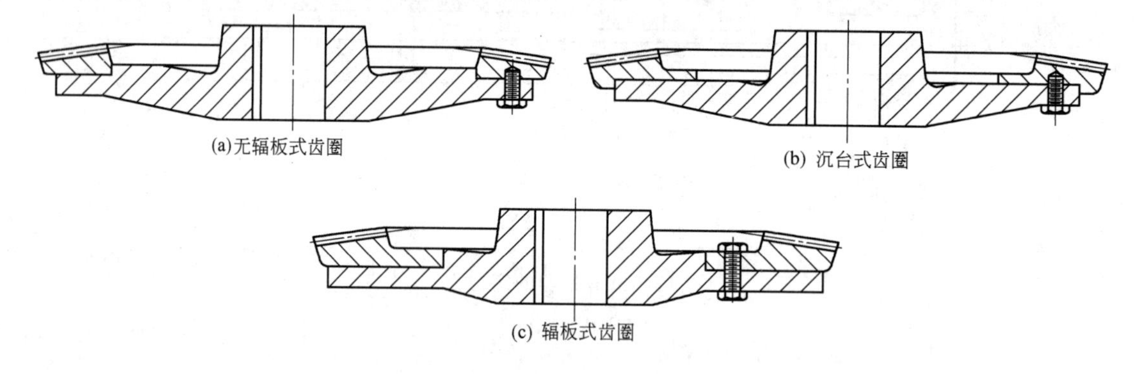

(a)无辐板式齿圈

(b) 沉台式齿圈

(c) 辐板式齿圈

图 12-3-42　大轮典型的轮坯设计形式

其中，图 12-3-42a 所示的无辐板螺栓连接的大轮设计形式最适合直径大于 180mm 的硬化齿轮。这些相对尺寸较大的淬火齿轮通常制成环形，然后固定安装在轮毂或中心件上，因为环形在淬火模具中能够更好地硬化。

齿圈在其中心轮毂上的配合应采用对零或小过盈配合。齿轮应固定安装在中心轮毂上，如图 12-3-43a 和 b 所示，或使用贯穿螺栓固定，如图 12-3-43c 所示。螺钉和螺母有几种固定方法如图 12-3-43 所示，其中图 12-3-43b 所示的方法仅用于安装工作推力向内的齿轮。在设计中，应避免因齿轮负载引起螺钉或螺栓拉应力增加。

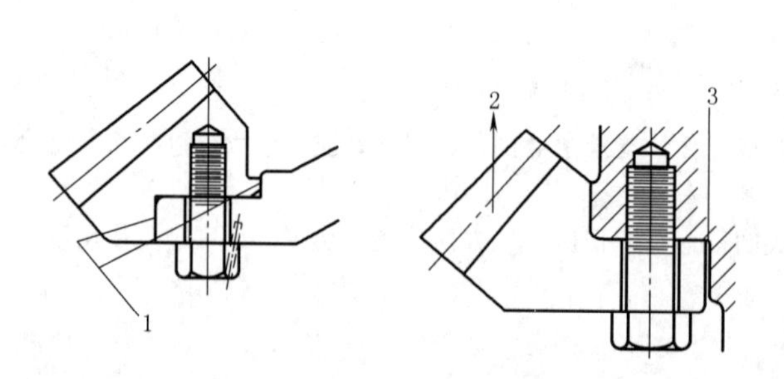

(a) 沉台齿圈定心方法

(b) 推力向内时齿轮定位安装方法

(c) 使用带槽形螺母的螺栓的定位安装方法

图 12-3-43　齿轮的定位安装方法

1—其中一个表面对齿轮定心；2—推力方向；3—载荷作用在辐板内侧面的情况，否则不推荐；4—其中一个表面对齿轮定心

5.2.10 销钉

在反转或振动装置上，可以单独使用销钉驱动。在大多数汽车和工业传动装置中，不是必须使用销钉或紧固螺栓。通过螺栓或螺母拉紧后，大轮安装表面的摩擦能防止螺栓受到剪切。直径小于 180mm 的硬化齿轮可以采用常规整体式轮毂设计。

5.2.11 轮毂干涉

如图 12-3-44 所示，所有轮毂表面（前或后）沿根线方向投影以上的干涉部分都应该去除。

5.2.12 轮坯公差

有两种方法来规定轮坯公差，如下所述。

(1) 方法 1

该方法可方便、准确地应用于轮坯或成品齿轮上。需要检查的参数有：

① 面角距；

② 背角距；

③ 孔或轴的直径。

面角距：

$$t_{F1}=0.5d_{ae1}\cos\delta_{a1}+t_{E1}\sin\delta_{a1} \tag{12-3-43}$$

$$t_{F2}=0.5d_{ae2}\cos\delta_{a2}+t_{E2}\sin\delta_{a2} \tag{12-3-44}$$

背角距：

$$t_{B1}=0.5d_{ae1}\sin\delta_1-t_{E1}\cos\delta_1 \tag{12-3-45}$$

$$t_{B2}=0.5d_{ae2}\sin\delta_2-t_{E2}\cos\delta_2 \tag{12-3-46}$$

图 12-3-45 给出了这种确定轮坯尺寸公差的方法 1 标注。

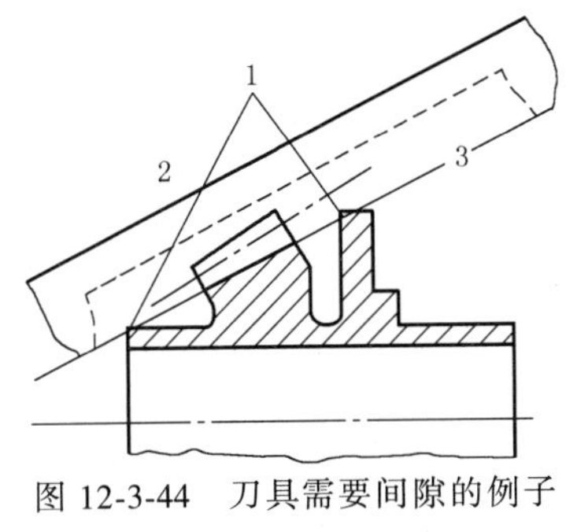

图 12-3-44 刀具需要间隙的例子

1—轮坯去除刀具间隙；2—刀具；3—根线

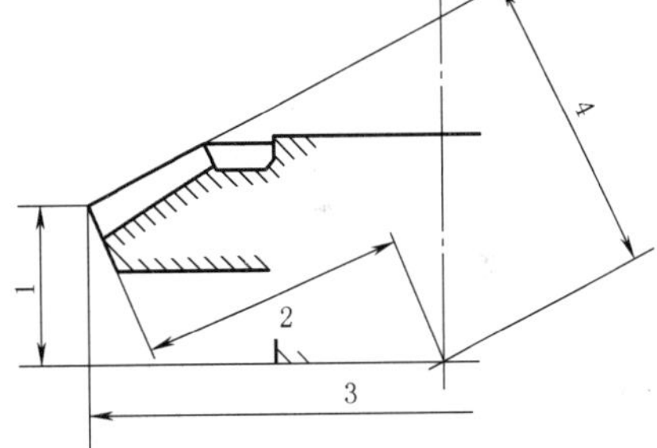

图 12-3-45 确定锥齿轮轮坯公差的方法 1

1—$t_{E1,2}$ 轮冠距（参考）；2—$t_{F1,2}$ 背角距；3—$d_{ae1,2}$ 大端外径（参考）；4—面角距

表 12-3-22 和表 12-3-23 给出了面角距和背角距以及孔或轴的直径推荐公差。

表 12-3-22 面角距和背角距公差

中点法向模数，m_{mn}/mm	公差/mm	
	面角距	背角距
≤0.3	+0.00 -0.03	+0.03 -0.03
>0.3~0.5	+0.00 -0.08	+0.05 -0.05
>0.5~1.25	+0.00 -0.10	+0.08 -0.08
>1.25~10	+0.00 -0.10	+0.10 -0.10
>10	+0.00 -0.13	+0.13 -0.13

表 12-3-23　　推荐的孔或轴的直径公差

定位孔或轴公称直径/mm	推荐公差/mm					
	符合 ISO 17485 的精度等级 2 和 3		符合 ISO 17485 的精度等级 4 和 5		符合 ISO 17485 的精度等级 6~9	
	轴	孔	轴	孔	轴	孔
≤25	+0.000 -0.005	+0.005 -0.000	+0.000 -0.013	+0.013 -0.000	+0.000 -0.030	+0.030 -0.000
>25~100	+0.000 -0.008	+0.008 -0.000	+0.000 -0.013	+0.013 -0.000	+0.000 -0.030	+0.030 -0.000
>100~250	+0.000 -0.013	+0.013 -0.000	+0.000 -0.025	+0.025 -0.000	+0.000 -0.050	+0.050 -0.050
>250~500			+0.000 -0.025	+0.025 -0.000	+0.000 -0.080	+0.080 -0.000
≥500			+0.000 -0.050	+0.050 -0.000	+0.000 -0.100	+0.100 -0.000

（2）方法 2

该方法仅适用于锥齿轮轮坯，且简单、准确，主要用于大型零件和单件制造。齿轮轮坯应加工成图 12-3-46 所示的形状（左：小轮形式，右：大轮形式），但缺乏恰当的半径可供测量，而且这种方法也丢失了冠点。

此检查步骤需要根据选定的尺寸 D_5 和 L_4（大轮）计算参考尺寸 L_1、L_3、L_4、D_2、D_4，以及根据选定的尺寸 D_5 和 L_4（小轮）计算参考尺寸 L_1 和 L_3。

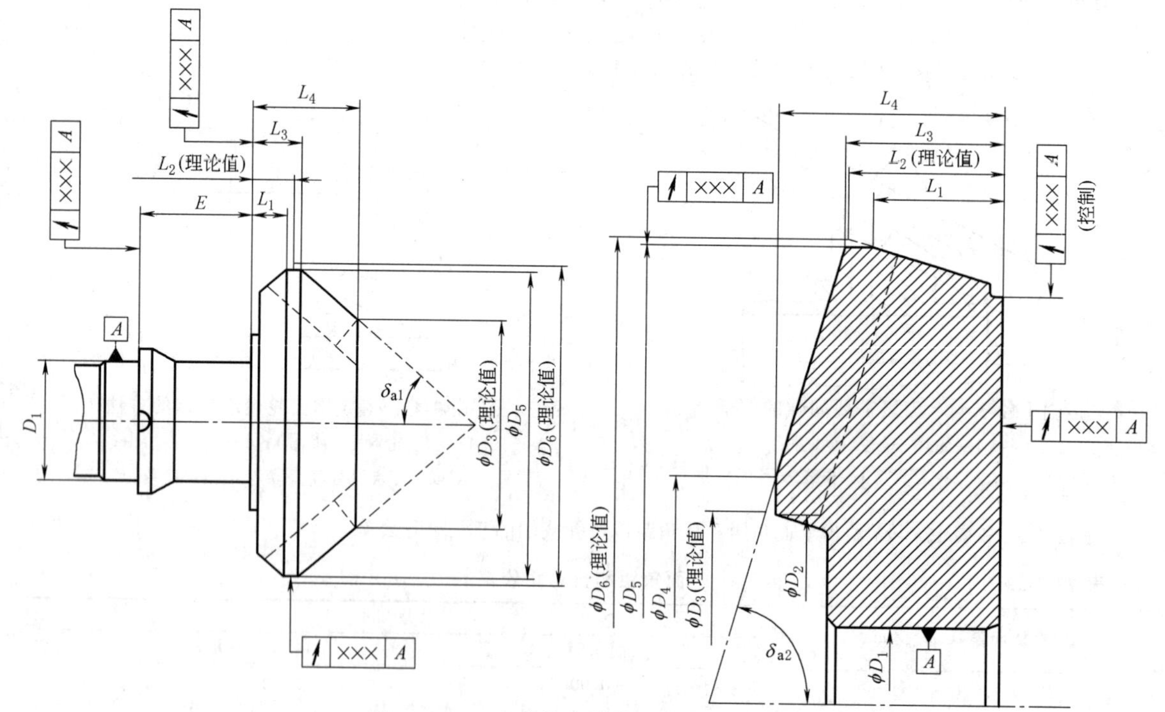

图 12-3-46　确定锥齿轮轮坯公差的方法 2

尺寸 E 决定了小轮装配的位置，这对轮坯锥体的定位很重要。应该检查的内容包括以下条目：

① 大轮：L_1，L_3，L_4，D_2，D_4，D_5。

这些尺寸保证了大轮加工时的定位。

② 小轮：L_1，L_3，L_4，D_3，D_5 和 E。

这些尺寸保证了小轮加工时的定位。

表 12-3-24 给出了尺寸 $L_{(1,3,4)}$、$D_{(1\sim5)}$ 和 E 的建议公差。

表 12-3-24　　推荐的轮坯尺寸公差

尺寸	模数 2~5	模数>5~10	模数>10
L_1	js12	js12	js12
L_3	js12	js12	js12
L_4	h8	h8	h8
E(小轮)	h12	h12	h12
$D_1$①	见表 12-3-23	见表 12-3-23	见表 12-3-23
D_2	js12	js12	js12
D_3(小轮)	js12	js12	js12
D_4	js12	js12	js12
D_5	h8	h8	h8
跳动	0.03	0.05	0.07

① 或者适宜可用的工具。

5.2.13　轮坯图纸规定

需检测的轮坯参数应在图纸上指定，如：

① 面锥角，如果使用方法 1，则为背锥角；

② 大端直径；

③ 轮冠距或安装面；

④ 孔或轴直径。

后两个尺寸用于代替面角距和背角距。

5.3　装配

一组锥齿轮的设计和制造质量只有在装配时正确安装才能体现出来。要正确安装，每个齿轮应根据规定的轮齿接触斑点和侧隙位置轴向定位。

5.3.1　正确的装配

为了满足规定的接触斑点，齿轮的精心装配非常重要。齿轮不正确装配会导致磨损严重、运转噪声大、擦伤，甚至可能断裂。

一般来说，装配中唯一能调整控制的是小轮与大轮的轴向位置。在某些设计中，不向装配者提供调整垫片或用于确定齿轮轴向位置的其他方法。这种设计的装配组件受到最大公差累积的影响，在多数情况下，没有展现出良好的轮齿接触斑点。

当齿轮上标明有安装距，并允许按规定进行调整时，装配人员应把齿轮调整到安装距的位置。这些调整消除了齿轮和支承件轴向公差累积的影响。调整垫片不能纠正轴夹角误差或偏置距误差。

5.3.2　标记

在安装一套锥齿轮之前，有必要查看并完全理解零件上的标记以及任何可能的附加标识（见图 12-3-47）。如果齿轮上没有标记，则应从设计说明中获得必要的信息。

（1）安装距

安装距通常显示为“MD”，后面跟着实际尺寸。

（2）侧隙

用百分表或锥齿轮检验机在啮合最紧点测量一对锥齿轮总的最小侧隙（见图 12-3-48），这个值通常标记在大轮上。侧隙的大小可以由标记识别出来。除非另有规定，侧隙假定为法向侧隙，不能在旋转平面内测量。

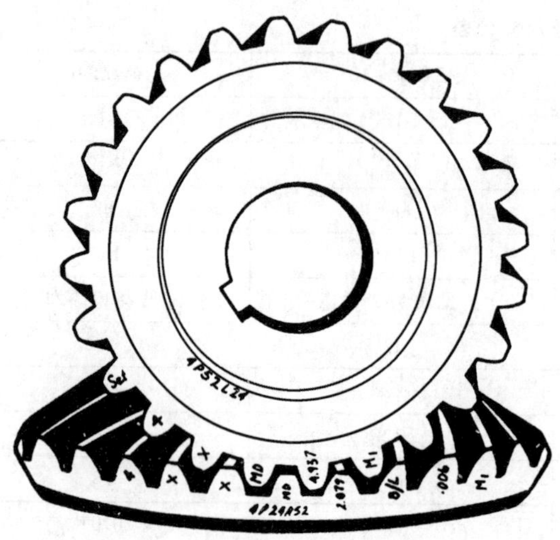

图 12-3-47　典型的齿轮标注

图 12-3-48　法向侧隙测量

（3）齿位匹配

一些锥齿轮会进行研磨加工以改善它们的工作性能。这些齿轮副，特别是那些具有公约数的齿数的齿轮副，都有明确标记的齿以便正确装配。在装配时，在其中一个齿轮上标有“X”的一个齿应在另一个齿轮上标有“X”的两个齿之间啮合。在检查侧隙时，将齿轮组旋转到标记齿啮合的位置也很重要。

（4）组编号

当锥齿轮的齿形制造到接近公差界限时，由于制造过程中的刀具磨损和热处理变形，齿轮之间确实会发生细微的齿形特征变化。在大多数情况下，大轮和小轮是在轻负荷下通过锥齿轮检验机检验预判其接触斑点。因此，重要的是在每个齿轮上标记一个轮齿序号以确保识别配对。例如，组号 4，齿轮装配时这样一个数字标识的轮齿应该配对。

（5）零件编号

大多数齿轮都有零件编号，它通常标示在远离前面提到的标记区域。

（6）其他标记

可以出现不影响装配过程的其他标记。其中包括制造商的商标、材料标识、量规距离、顶部距离、生产日期和检验人员或操作人员的符号。制造商的说明书应该提供这些标识的解释。

5.4　锥齿轮的定位

对齿轮定位应预先做出规定以便装配人员操作。如果不能对小轮和大轮正确定位，就不能获得所需的接触斑点。可以采用两种方法：通过测量定位或通过接触斑点定位。

有关这两种方法的更多详细指南，参见 ANSI/AGMA 2008-B01。

5.4.1　测量定位

如果安装距已经标注在其中一个或两个齿轮上，测量定位应是首选方法。直接测量可能需要对齿轮定位面和调整垫片之间所有的部件进行测量，垫片是用来调整位置的，该方法包括壳体上垫片定位面的确定。壳体尺寸在加工过程中很容易得到，实际尺寸或中值偏差均可标记在外壳上，以供装配时使用。

为了尽量减少可能的误差累积，必须以测量次数最少原则来计算垫片尺寸。通常可以通过设计量规来减少所需的测量次数。

小轮和大轮都应该用这种方法定位。但是，如果没有标出大轮的安装距，并且小轮已经通过测量定位，可以从两个齿轮最近的啮合点起测量适当的侧隙来确定大轮轴向的正确位置。

5.4.2　接触斑点定位

在没有正确安装距标识的情况下，装配人员应利用轮齿涂色，在轻载下旋转两啮合齿轮副，调整两个齿轮的轴向位置，直到获得所需的接触印痕和侧隙。这种方法通常需要相当长的时间和经验才能获得预设的接触印痕。

5.5 侧隙测量

一对锥齿轮的大端法向侧隙 j_{en}，可用千分表测量。表盘的测杆应垂直于大轮大端齿面安装。在确保小轮固定不动前提下，通过前后转动大轮来测量侧隙（见图 12-3-49）。如果没有特别要求，一般大端法向侧隙在啮合最紧处测量或与相配轮齿测量，应在表 12-3-25 数值范围内。

表 12-3-25　　大端法向最小啮合侧隙公差的推荐值

大端端面模数 m_{et} /mm	大端法向侧隙 j_{en} /mm	
	符合 ISO 17485 的精度等级 2~5	符合 ISO 17485 的精度等级 6~11
1.00~<1.25	0.03~0.05	0.05~0.08
1.25~<1.50	0.03~0.05	0.05~0.10
1.50~<2.00	0.05~0.10	0.08~0.13
2.00~<2.50	0.05~0.10	0.08~0.13
2.50~<3.00	0.08~0.13	0.10~0.20
3.00~<4.00	0.10~0.15	0.13~0.25
4.00~<5.00	0.13~0.18	0.15~0.33
5.00~<6.00	0.15~0.20	0.20~0.41
6.00~<7.00	0.20~0.28	0.25~0.46
8.00~<10.00	0.25~0.33	0.33~0.56
10.00~<12.00	0.30~0.41	0.41~0.66
12.00~<16.00	0.38~0.51	0.51~0.81
16.00~<20.00	0.51~0.66	0.69~1.07
20.00~<25.00	0.61~0.76	0.81~1.17

利用式（12-3-47）计算旋转平面的大端端面侧隙：

$$j_{et}=\frac{j_{en}}{\cos\alpha_n\cos\beta_e} \tag{12-3-47}$$

如果侧隙不在推荐值的范围内，应对组成部件进行彻底评估来确定产生的原因。

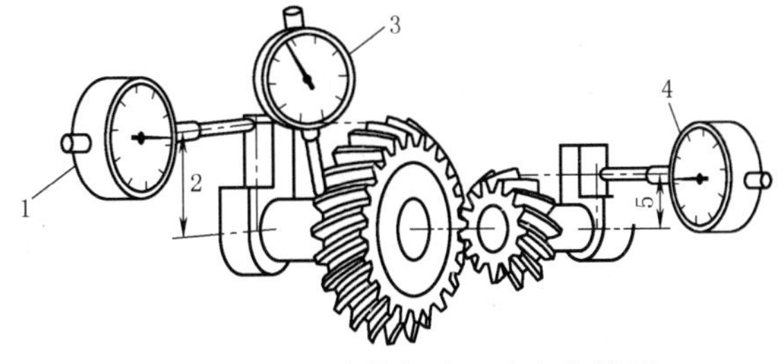

图 12-3-49　锥齿轮侧隙（法向和端面）

1—端面侧隙；2—大轮大端节圆半径；3—法向侧隙（齿面的法向）；4—端面侧隙；5—小轮大端节圆半径

5.5.1 限制侧隙变动量的轴向调节量

侧隙变化所必需的小轮或大轮的轴向调节量可由图 12-3-50 中曲线确定，或由下列公式确定：

期望的侧隙总变化量：

$$\Delta j=\Delta j_1+\Delta j_2 \tag{12-3-48}$$

小轮侧隙的变化量计算：

$$\Delta j_1=\frac{\Delta j\tan\delta_1}{\tan\delta_1+\tan\delta_2} \tag{12-3-49}$$

大轮侧隙的变化量计算：

$$\Delta j_2=\frac{\Delta j\tan\delta_2}{\tan\delta_1+\tan\delta_2} \tag{12-3-50}$$

小轮轴向调整量：

$$\Delta\alpha_1=\frac{\Delta j_1}{2\tan\alpha_n\sin\delta_1} \tag{12-3-51}$$

大轮轴向调整量：

$$\Delta\alpha_2=\frac{\Delta j_2}{2\tan\alpha_n\sin\delta_2} \qquad (12\text{-}3\text{-}52)$$

式（12-3-48）到式（12-3-52）对于锥齿轮计算结果是准确的，但对于准双曲面齿轮只能作为初始近似值。如果在工作齿面和非工作齿面的法向切齿压力角不相等 $\alpha_{nD}\neq\alpha_{nC}$，则使用 $\alpha_n=0.5(\alpha_{nD}+\alpha_{nC})$。

对于高传动比的齿轮副，小轮轴向调整对侧隙的影响较小。当对于低传动比的齿轮副侧隙调整，有必要移动小轮和大轮的轴向位置以保持合适的接触位置。可以用式（12-3-48）~式（12-3-52）计算每个齿轮的轴向调整量。当轴夹角为90°时，小轮与大轮安装距离调整量之比等于传动比 z_2/z_1。

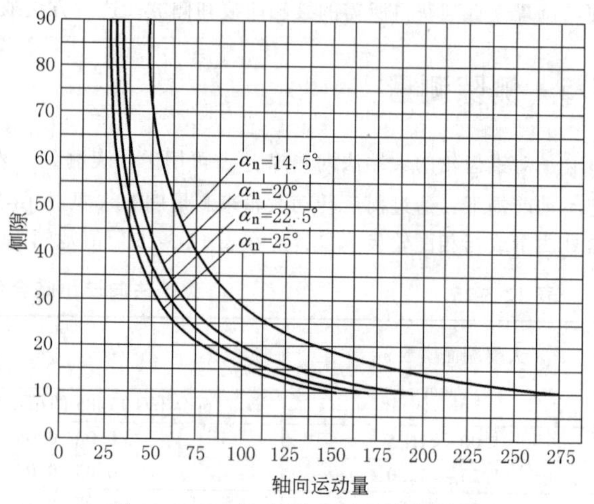

图 12-3-50　轴向运动对侧隙的影响

5.5.2　轴承游隙

如果一对锥齿轮的其中一个装配时允许轴承存在游隙且位置不固定，有必要把齿轮向交叉点推动到最前端，以检查最小啮合侧隙。

5.6　轮齿接触斑点

轮齿接触斑点的位置和大小是影响锥齿轮质量的重要因素。锥齿轮因工作载荷大小的不同，齿面产生不同变形，轮齿接触斑点也随之变化。为了满足工作条件下的应力要求，可能需要对无负载时的接触斑点进行修正。

在装配过程中，齿轮副的相对位置直接影响轮齿接触斑点的位置。接触斑点是相啮合的两个齿面实际接触的部位。通过在轮齿上涂抹着色涂料，并且在轻载工况下将齿轮副转动几圈，就可以很容易地观察到接触斑点。

5.6.1　典型的接触斑点

对于刚性支承的锥齿轮，典型的无负载的接触斑点如图12-3-51a和b所示。在大轮齿面上评估接触斑点是工业上的通用做法。因此，在图12-3-51a和b中仅描述了大轮齿面的接触斑点。对于准双曲面齿轮，小轮和大轮的接触斑点形状会有很大的差别。

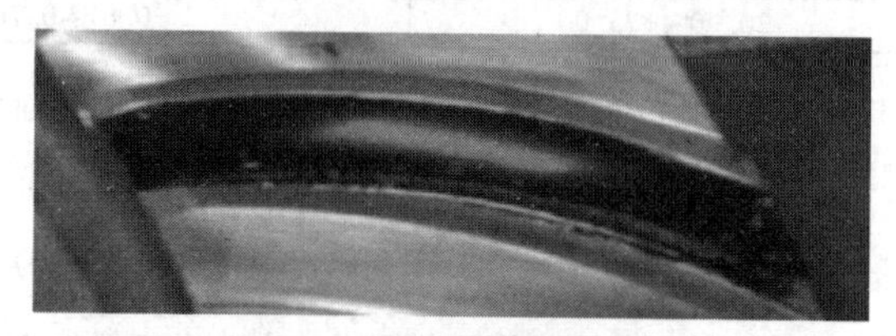
(a) 大轮凹面接触斑点

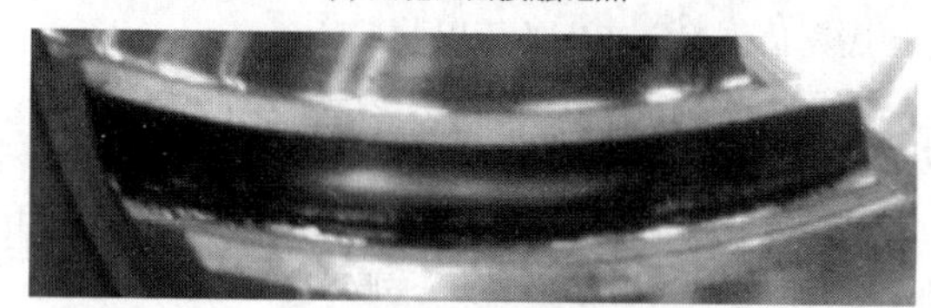
(b) 大轮凸面接触斑点

图 12-3-51　典型的无负载接触斑点

无负载下接触斑点的大小和位置会受到齿轮修形的影响，如纵向和齿廓鼓形等。对于刚性支承，无负载下的接触斑点通常在齿面的中部或相对于大端而言更靠近小端一些。装配过程中，还应该考虑到轴、支承和壳体的变形对接触斑点位置的影响。

随着负载的增加，接触区逐渐扩展。工作负载导致齿轮箱的轴、轴承和壳体的变形，也会导致由轴承游隙引起的轴的位移，这可能会影响齿面接触区的位置。对于工作和非工作齿面，这种影响是不同的。设计时应考虑相啮合齿面的接触区偏移是否会比较大。在这种情况下，无负载接触斑点可能不再位于齿面中间。需要通过专门的齿面接触分析软件来确定弹性变形的影响和接触区的偏移量。

图12-3-52为计算出的满载工况下理想接触斑点。接触斑点应在齿面两端以及沿齿廓的侧面和顶部有轻微的收缩。通常，接触斑点应充分利用齿面全长，而不应该集中在任何一个齿轮轮齿两端或顶部。

5.6.2　接触位置的控制需要

装配后负载下的局部接触斑点控制是必不可少的，它有助于锥齿轮工作运转时的平稳性和低噪声。控制不良可能导致装配时未检测到的偏差使接触斑点严重集中于小端

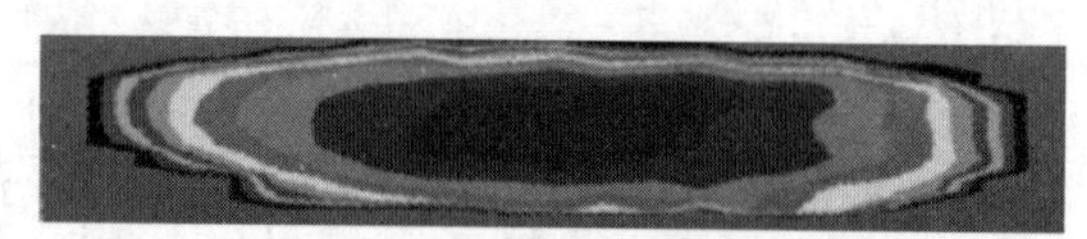
图 12-3-52　计算的满载接触斑点

或大端附近以及承载面的顶部或根部。

5.6.3 变形测试

局部接触斑点的数量和位置应根据小轮和大轮使用的具体要求确定。如有可能，还应对重载齿轮进行变形测试，以便于在制造阶段确定轮齿承载接触斑点的准确大小和位置。

5.6.4 图纸规范

在完成变形测试，并最终得出合适的承载接触斑点后，可以在小轮和大轮图上绘制出所需接触斑点的两张草图：一张应显示制造所需的接触斑点；另一张显示正常装配运行条件下所需的最终接触斑点。

5.7 强度因素

5.7.1 准双曲面齿轮偏置距的影响

与相同传动比、相同大轮节圆直径的弧齿锥齿轮相比，具有正向偏置的准双曲面齿轮小轮具有更大的直径与齿面宽，从而获得更高的重合度，在小轮相同的负载下接触应力也会更低。此外，小轮偏置距会影响相啮合齿面的滑移情况。偏置距越大，纵向的滑移速度会越大，这对齿轮的抗胶合能力和疲劳寿命都产生负面影响。

由于具有较高的重合度，准双曲面齿轮齿根强度随偏置距的增加而提高，这是由于小轮和大轮的拉应力较低而形成的。

5.7.2 刀盘半径的影响

对于弧齿锥齿轮和准双曲面齿轮，刀盘半径是一个非常重要的设计参数，因为它对因错位而引起的齿面接触区偏移的特性具有巨大的影响。采用的刀盘半径范围在 $R_{m2} \sim R_{m2}\sin\beta_{m2}$ 内（见图 12-3-53）。图 12-3-54 显示的是由小轮安装距错位（ΔP）和偏置距错位（ΔE）所导致的齿面接触区偏移的方向。有关更多信息参见 ISO/TR 10064-6。由偏置距错位（ΔE）所引起的接触区偏移方向是相似的，如图 12-3-54a 和 b，大轮接触区凸面向小端齿顶移动和凹面向大端齿顶移动。然而在图 12-3-54a 和 b 中，由小轮安装距错位（ΔP）所引起的接触区偏移的方向则是不同的。即，在图 12-3-54a 中，大轮接触区凸面向大端齿顶移动和凹面向小端齿顶移动；另外，在图 12-3-54b 中，大轮接触区凸面向小端齿顶移动和凹面向大端齿顶移动。

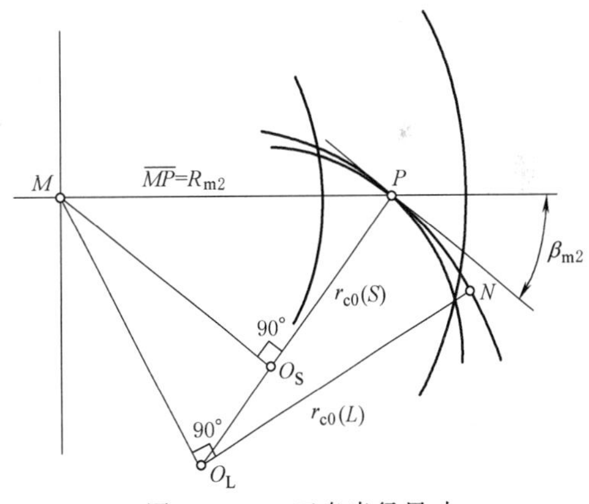

图 12-3-53 刀盘半径尺寸

在弧齿锥齿轮和准双曲面齿轮中，当负载作用于大轮凸面时，ΔP 的值为+号，ΔE 的值为-号。因此，在采用大的刀盘半径加工的齿轮，两种失配情况都会使齿轮接触区向大端移动。换句话说，采用较小的刀盘半径加工的齿轮，两种失

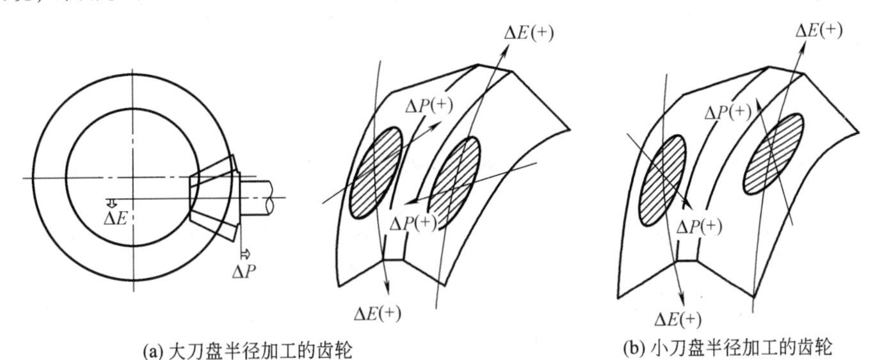

(a) 大刀盘半径加工的齿轮　(b) 小刀盘半径加工的齿轮

图 12-3-54 由错位引起的接触区偏移方向

配情况的影响是相反的，并且减小了啮合的偏移量。表 12-3-26 为由载荷引起的失配的齿面啮合情况（ΔP = 0. 25mm，ΔE = −0. 25mm）。

表 12-3-26　　刀盘半径与错位对接触区偏移的影响

刀具半径		齿支撑面
无错位		
存在错位 ΔE = −0. 25mm ΔP = 0. 25mm	r_{c0}/R_{m2} = 1. 05	
	r_{c0}/R_{m2} = 0. 61	
平均锥距 R_{m2} = 90. 5mm		

大刀盘半径加工的齿轮的啮合达到大端，而小刀盘半径加工的齿轮的啮合位置仍处于齿面中点到大端的中间位置，有利于提高齿轮的强度。

更进一步，对于小刀盘半径加工的齿轮需要注意一些，因为在研磨过程中，很难将齿轮啮合从大端移到小端。

5. 7. 3　锥齿轮支承

为了确保锥齿轮恰当的工作条件，在轮坯和轮齿设计过程中同样要注意支承部件的设计。

在支承部件设计上应确保小轮和大轮在所有载荷条件下都能得到充分的支承。对于弧齿锥齿轮和准双曲面齿轮副每一件在两个方向上都应保证不会产生轴向移动。锥齿轮允许少量的偏移和错位，但不能破坏轮齿承载作用。错位量过大会加剧齿面失效和轮齿断裂的风险，因而降低轮齿的承载能力。因此，有关轴的位置公差应满足推荐值（见图 12-3-55 和表 12-3-27）。

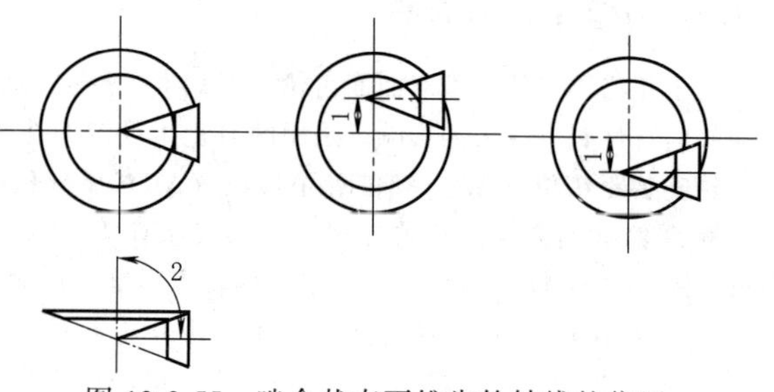

图 12-3-55　啮合状态下锥齿轮轴线的位置

1—准双曲面齿轮偏置距；2—轴夹角公差 $^{+0°2'}_{-0°0'}$

表 12-3-27　　轴线的位置公差推荐值

尺寸范围	锥齿轮轴线交叉点位置公差	准双曲面齿轮偏置距尺寸公差
直径小于<300mm 的齿轮	±0. 03mm	±0. 03mm
直径为 300~<600mm 的齿轮	±0. 05mm	±0. 05mm
直径为 600~900mm 的齿轮	±0. 08mm	±0. 08mm

在最高持续载荷下推荐允许的变形范围如下：

① 小轮和大轮的轴线之间分离量不应超过 0. 08mm；

② 小轮在任意方向的轴向移动量不应超过 0. 08mm；

③ 大轮在任何方向的轴向移动量不应超过 0. 08mm，或在较高的传动比下，相对小轮的轴向移动距离不应超过 0. 25mm。

上述限制条件适用于大端直径在 150mm 至 380mm 的齿轮。齿轮直径较小则取较小的变形量，较大直径的齿轮则取较大的变形量。静态条件下允许采用更大的变形量。轴承游隙不在考虑的范围内。

锥齿轮箱体设计小轮和大轮都首选跨式支承，这种结构常用于工业和其他重载场合。当这种布置形式不可行时，其中具有较高径向载荷的齿轮应采用跨式支承，如果受到变速箱空间的限制，可能需要采用悬臂支承。

图 12-3-56 给出了典型的支承方式。

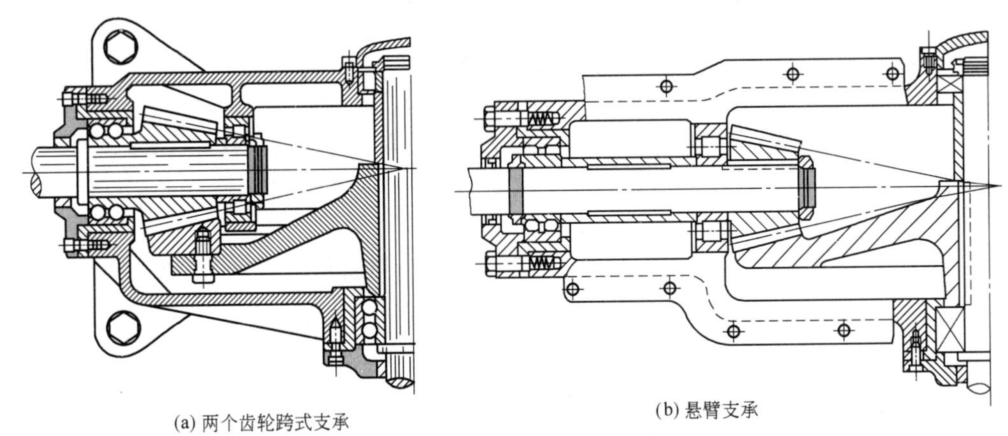

图 12-3-56 典型的支承方式

理想情况下，良好的锥齿轮支承件设计应具有足够的刚性。对于由于轴承内部间隙而导致齿轮轴向移动的情况，在进行承载下的接触斑点检验时，齿轮应处于正常工作位置。

5.8 准双曲面齿轮和锥齿轮啮合效率

本节旨在提供一个估算准双曲面齿轮和锥齿轮效率的方法。因为没有足够的经验确定，本节计算方法源自一份技术报告。实际的热损失可能与使用下列过程计算的损失有所不同。有关更多信息，请参见 ISO/TR 14179-1。

5.8.1 摩擦损失

摩擦损失是一个重要的设计考虑因素，特别是对于重载齿轮，因为这些能量会以热量的形式耗散。除非进行实际试验，否则无法全面评估设计效果和动态因素影响。设计人员在理论上可以根据齿廓方向滑移、纵向滑移和搅油损失这三个方面对摩擦损失做出评估。

5.8.2 啮合效率

啮合效率（考虑齿廓、纵向滑移和搅油损失），η_{ff} 表示为一个百分比，计算公式见式（12-3-53）所示。

$$\eta_{ff}=100(\eta_{ffp}+\eta_{ffl}+\eta_{ffc}-2.0) \tag{12-3-53}$$

5.8.3 齿廓方向滑移

齿廓滑移的计算是基于中点端面上定义的当量圆柱齿轮，其计算公式见式（12-3-54）~式（12-3-70），其中假设受一个单位力作用：

$$d_{v1}=2R_{m1}\tan\delta_1 \tag{12-3-54}$$

$$d_{v2}=2R_{m2}\tan\delta_2 \tag{12-3-55}$$

$$d_{va1}=d_{v1}+2h_{am1} \tag{12-3-56}$$

$$d_{va2}=d_{v2}+2h_{am2} \tag{12-3-57}$$

$$\beta_v=(\beta_{m1}+\beta_{m2})/2 \tag{12-3-58}$$

$$\alpha_{vt}=\arctan(\tan\alpha_n/\cos\beta_v) \tag{12-3-59}$$

$$\cos\alpha_{vat1}=d_{v1}\cos\alpha_{vt}/d_{va1} \tag{12-3-60}$$

$$\Delta\alpha_{t1}=\alpha_{vat1}-\alpha_{vt} \tag{12-3-61}$$

$$\cos\alpha_{vat2}=d_{v2}\cos\alpha_{vt}/d_{va2} \tag{12-3-62}$$

$$\Delta\alpha_{t2}=\alpha_{vat2}-\alpha_{vt} \tag{12-3-63}$$

$$T_{i1}=(d_{v1}/2)\cos\alpha_{vt} \tag{12-3-64}$$

$$T_{i2}=(d_{v2}/2)\cos\alpha_{vt} \tag{12-3-65}$$

$$a_v=(d_{m1}+d_{m2})/2 \tag{12-3-66}$$

$$R_2=[(d_{va1}/2)^2+a_v^2-2(d_{va1}/2)a_v\cos\Delta\alpha_{t1}]^{1/2} \tag{12-3-67}$$

$$\sin\theta_2=(d_{va1}/2)\sin\Delta\alpha_{t1}/R_2 \tag{12-3-68}$$

$$T_{o2}=(d_{v2}/2)\cos\alpha_{vt}-\mu_m\cos\alpha_{vt}[h_{am2}(d_{va2}/2)\sin\Delta\alpha_{t2}+h_{am1}R_2\sin\theta_2]/[2(h_{am1}+h_{am2})] \tag{12-3-69}$$

$$\eta_{ffp}=T_{o2}/T_{i1}=1-\mu_m[h_{am2}(d_{va2}/2)\sin\Delta\alpha_{t2}+h_{am1}R_2\sin\theta_2]/[d_{v2}(h_{am1}+h_{am2})] \tag{12-3-70}$$

5.8.4 纵向滑移

在中点节平面上根据式（12-3-71）~式（12-3-78）进行计算，并假设受一个单位法向力作用。

$$d_{v1}=2R_{m1}\tan\delta_1 \tag{12-3-71}$$

$$d_{v2}=2R_{m2}\tan\delta_2 \tag{12-3-72}$$

$$\tan\varphi=\mu_m/\cos\alpha_n \tag{12-3-73}$$

$$T_{i1}=(d_{v1}/2)\cos(\beta_{m1}-\varphi)(\cos\alpha_n/\cos\varphi) \tag{12-3-74}$$

$$T_{i2}=(d_{v2}/2)\cos\beta_{m2}T_{i1}/[(d_{v1}/2)\cos\beta_{m1}] \tag{12-3-75}$$

$$T_{i2}=(d_{v2}/2)\cos\beta_{m2}\cos(\beta_{m1}-\varphi)/\cos\beta_{m1}(\cos\alpha_n/\cos\varphi) \tag{12-3-76}$$

$$T_{o2}=(d_{v2}/2)\cos(\beta_{m2}-\varphi)(\cos\alpha_n/\cos\varphi) \tag{12-3-77}$$

$$\eta_{ff1}=T_{o2}/T_{i2}=(1+\mu_m\tan\beta_{m2}/\cos\alpha_n)/(1+\mu_m\tan\beta_{m1}/\cos\alpha_n) \tag{12-3-78}$$

对于没有偏置距的锥齿轮，$\eta_{ff1}=1.0$。

5.8.5 摩擦因数

如果节线速度 v_{et} 属于 $2\text{m/s}<v_{et}<25\text{m/s}$ 和系数 K 属于 $1.4\text{N/mm}^2<K<14\text{N/mm}^2$ 范围，μ_m 可以由式（12-3-79）进行估计。超出该范围，μ_m 的值根据经验确定。

对于锥齿轮传动，节线速度在大端计算。

载荷密度系数 K 可以通过式（12-3-80）计算。指数 j、g 和 h 修正运动黏度 ν、载荷强度系数 K 和节点线速度，指数 j、g 和 h 以及常数 C_1 的值如下：

$j=-0.223$，$g=-0.40$，$h=0.70$，$C_1=3.239$

$$\mu_m=\frac{\nu^j\times K^g}{C_1\times v_{et}^h} \tag{12-3-79}$$

$$K=\frac{1000T_1\times(z_1+z_2)}{2b_2\times(d_{v1}/2)^2z_2} \tag{12-3-80}$$

5.8.6 搅油损失效率

齿轮风阻损失和搅油损失的计算公式参考 ISO/TR 14179-1：2001 7.9 节。该标准已经对润滑油运动黏度 ν、齿轮浸油系数 f_g 和排列常数 A_g 等参数进行了修正，此外，还调整了直径指数 D。根据轮齿大端尺寸和几何形状计算会导致结果偏于保守。

在计算齿轮风速损失和搅油损失之前，应确定齿轮浸油系数 f_g，该系数是根据齿轮浸油深度确定的。当齿轮不浸油时，$f_g=0$；当齿轮完全浸入油中时，$f_g=1$；当齿轮部分浸入油中时，在 $f_g=0$ 和 $f_g=1$ 之间进行线性插值计算。例如，齿轮的油位在其轴的中心线位置，$f_g=0.50$。对于式（12-3-82）、式（12-3-83）和式（12-3-84）中的排列常数 A_g，取 0.2。齿面功率损失方程需要考虑粗糙度系数 R_f，ISO/TR 14179-1：2001 中 7.9 节 根据轮齿大小提供了部分推荐值，式（12-3-81）是 Dudley 得到的合理近似值。

$$R_f=7.93-\frac{4.648}{m_t} \tag{12-3-81}$$

齿轮风阻损失和搅油损失包括三种类型的损失。对于外表面光滑的圆柱体功率损失，如已知旋转轴的外径，使用式（12-3-82）计算。对于端面光滑的圆盘，如大轮圆盘面，有关功率损失使用式（12-3-83）计算。式（12-3-83）包括齿轮的两侧面，因此该值不应乘 2。对于与齿面有关的损失，已知大轮或小轮的大端直径，使用式

(12-3-84) 计算。

对于外表面光滑的圆柱体：

$$P_{\mathrm{GWi}}=\frac{7.37f_{\mathrm{g}}\nu n^{3}D^{4.7}L}{A_{\mathrm{g}}10^{26}} \tag{12-3-82}$$

对于端面光滑的圆盘：

$$P_{\mathrm{GWi}}=\frac{1.474f_{\mathrm{g}}\nu n^{3}D^{5.7}}{A_{\mathrm{g}}10^{26}} \tag{12-3-83}$$

对于齿面有关的损失：

$$P_{\mathrm{GWi}}=\frac{7.37f_{\mathrm{g}}\nu n^{3}D^{4.7}b_{\mathrm{w}}\dfrac{R_{\mathrm{f}}}{\sqrt{\tan\beta_{\mathrm{m}}}}}{A_{\mathrm{g}}10^{26}} \tag{12-3-84}$$

式中，b_{w} 为齿面宽度。

如果 β_{m} 小于 10°，使用 10°。

在对旋转轴组件的每个部件功率损失计算后，应将它们加在一起计算总损失。例如，以输出轴组件为例，使用式（12-3-82）计算轴承之间与旋转轴外径和齿轮外径有关的功率损失，使用式（12-3-83）计算与齿轮两侧面有关的损失，使用式（12-3-84）计算与齿面有关的损失，功率损失的总和表示为搅油损失效率：

$$\eta_{\mathrm{ffc}}=1-\sum P_{\mathrm{GWi}}/P \tag{12-3-85}$$

5.9 润滑

5.9.1 润滑原理

锥齿轮润滑原理与直齿和斜齿圆柱齿轮的润滑原理在以下方面是相似的。润滑具有双重功能：

① 避免金属与金属直接接触；

② 带走轮齿啮合过程中摩擦产生的热量。

为了实现这些功能，每一对轮齿进入啮合时都会携带一层润滑剂，而且应有足够的润滑剂来吸收和散发由摩擦产生的热量，而不至于温升过高。

5.9.2 润滑剂的选择准则

润滑剂的选择还应考虑齿轮设计外附带的其他因素。

(1) 工作环境

在选择齿轮箱润滑系统时应仔细考虑工作环境，环境温度是最常见的考虑因素。污染也是一个常见的因素，但经常被忽视。在一些特殊的应用场合中，如采矿、造纸厂、纺织厂和印刷厂会产生大量粉尘。如果这种粉尘污染了润滑剂，会严重影响齿轮的运转。防止污染的常用方法有：用空气过滤器代替传统的空气通气口，提供合适的垫圈和密封，或使用具有适当过滤功能的循环润滑油系统。

(2) 维护

维护的频率和方式影响齿轮箱润滑类型的选择。在润滑剂可以很容易检查和更换的条件下，可以有很多选择，矿物油和润滑脂为常见的选择方式。通常，齿轮箱被放置在难以或不可能进行维护的应用场合，诸如终身密封的消费类电器。在这种情况下，可以选择合成油、润滑脂或自润滑的材料。通常，为了补偿由于润滑条件不理想而造成的磨损，必须增加润滑剂的数量和部件的尺寸。

(3) 应用场合

齿轮传动系统的应用场合可能会限定设计人员可使用的润滑剂类型。某些行业对润滑剂有特殊的要求。例如食品加工厂，为了防止发生污染，润滑剂的选择可能仅限于对加工食品无害的润滑剂。医疗场合也有类似的限制。飞机和军用润滑油应该从那些通过严格测试和获得认证的产品中选择。宇宙飞船和卫星应用中不能使用在真空中产生气体的润滑物。

(4) 内部部件

锥齿轮辅以轴承、密封件、离合器，有时还需要其他部件来实现预期的功能。润滑剂的选择往往是一个考虑到所有组件的折中方案。例如，齿轮通常需要具有一定黏度的润滑油，而轴承则需要低黏度润滑油。有些部件比其他部件能承受更大范围的润滑油黏度变化。为找到一种适合所有部件的润滑剂，对齿轮材料、热处理方式、表面粗糙度或几何形状进行调整是必要的。一个典型的例子是汽车发动机，润滑剂主要是根据发动机的燃烧系统选择的，但也要考虑齿轮和轴承的润滑。齿轮设计人员有必要根据润滑系统的需要选择特别的齿轮材料、热处理方式、表面粗糙度或几何形状。

(5) 冷却要求

润滑油的主要功能之一是散热，许多驱动装置需要润滑油消除在运行过程中所产生的热量。有几种方法可以散热，最简单的方法是通过齿轮箱外壳自然散热，这要求其外壳体积足够大，使散热速度至少要和热量生成速度一样快。通常还有外部冷却的方法，这需要使用风扇或热交换器来实现。

(6) 效率和承载能力

润滑剂对齿轮的效率和承载能力有很大影响。因此，润滑剂的选择应根据工况确定。

根据润滑条件的不同，不同类型的基油和添加剂会表现出不同的摩擦行为：在空载工况下，齿轮副的功率损失主要受黏度的影响；承载下，基油类型（矿物油、聚合烯烃、酯类、聚乙二醇等）影响弹流（弹性流体）润滑的损失，添加剂则影响混合润滑和边界润滑的损失；此外，引起齿轮失效的，如齿面胶合、点蚀、微点蚀和磨损，会分别受到使用润滑剂的类型和添加剂的类型和浓度的影响。

润滑剂对效率和承载能力影响的准确数值只能从实验研究得到。

5.9.3 润滑剂的类型

有多种类型的润滑剂可供设计人员选择。润滑油是最常用和最受欢迎的润滑剂类型，润滑脂则次之。其他类型的润滑剂也可以选择。

(1) 润滑油

润滑油是迄今为止最常用的齿轮润滑剂。它可以由天然或人造碳氢化合物混合而成。润滑油的性能可以通过改变其黏度或加入化学添加剂来调整。润滑油类型的选择因其应用场合不同而有很大的差别，因此没有通用齿轮油。将一种应用场合适用的润滑油用在另一种场合中，其产生的后果可能是灾难性的。

黏度是润滑油最重要的特性。通常情况相同润滑油，黏度的选择应满足齿轮最大负荷和最低速度的啮合条件。

40℃的黏度等级可以通过以下方式选择：

$$\nu_K = \frac{35.56}{v_{et}^{0.5}} \tag{12-3-86}$$

如果 $v_{et}<2.5\text{m/s}$，使用 2.5m/s。

式（12-3-86）提供了一个指导，虽然通常选择 ISO/TR 18792 中给出的最接近的黏度等级，但如果黏度等级比推荐的高或低一级，也是可以满足润滑性能的。

在为特定的应用场合选择润滑油时，应考虑以下因素：

① 高温和低温；

② 黏度改善剂；

③ 降凝剂；

④ 抗氧化剂；

⑤ 抗腐蚀剂；

⑥ 抗起泡剂；

⑦ 极压添加剂。

更多相关信息，请参见 ISO/TR 18792。

(2) 润滑脂

润滑脂是基础油和增稠剂的混合物。增稠剂通常是一种用来控制稠度的金属皂。稠度从固体到稀状半流体不等。因为基础油提供所需的润滑，所以关于润滑油的相关讨论也适用于润滑脂。

选择润滑脂作为润滑剂通常是为了避免渗漏问题。由于润滑脂不像油那样容易流动，密封没有那么严格。随着时间的推移，基础油会与增稠剂产生分离，如果不允许任何轻微渗漏，应格外小心。

润滑脂经常被用作自润滑齿轮的早期润滑剂。

在高速运转时，齿轮会在储存的润滑脂上切出一个通道，齿轮上残留的润滑脂会被甩掉。润滑脂半流体黏稠状态会妨碍其回流填充通道，加上差的传热和低流动特性的限制都会降低齿轮箱的承载能力。由于这些原因，润滑脂的使用应限制在低速场合。

（3）干润滑剂

干润滑剂是指涂在齿面上不用补充的涂层。它包括二硫化钼、石墨或有机材料，如聚四氟乙烯。其本质是在啮合的齿面之间提供一个抗磨层。它不具备润滑剂所具有的冷却功能。因此，干润滑剂通常用于轻负载场合。

（4）自润滑

使用聚合物材料制作齿轮（塑料齿轮）已经变得相当常见。它们拥有一定的自润滑能力，其作用方式与干润滑剂类似。它们变形比金属齿轮更大。虽然其材料具有自润滑特性，但开始还是需要在齿上涂上润滑脂或润滑油来改善自润滑材料的早期磨合。在选择应用于这些齿轮材料的润滑剂时应小心谨慎，以防止其产生不良的化学反应。

5.9.4 润滑剂的使用

无论选择何种类型的润滑剂，都要求使用足够的润滑剂量。确定其用量的方法，会因润滑剂的类型而不同。有关工业齿轮传动润滑的更详细信息，请参见 ISO/TR 18792。

（1）用量要求

润滑剂的用量取决于几个因素。当选定的润滑剂为润滑油时，在不考虑传递功率的情况下，建议每 mm 单位齿宽的最小值为 0.08L/min。

（2）使用方法

飞溅润滑和压力喷射是典型的供油方式。飞溅润滑是允许旋转部件（通常是齿轮）浸入油中，利用离心力把润滑油抛洒到齿轮箱内壁，同时润滑油也会附着在齿轮上并被带入啮合处。但增加油位带动更多润滑油进入旋转部件对接触面是不利的，因为过多的润滑油会增大搅油阻力，从而导致温度升高、起泡和效率损失。飞溅润滑的使用通常局限于低速驱动装置，并且为了确保恰当效果可能还需要进行一些试验。

在喷油系统中，润滑油通过喷嘴直接喷射到接近啮合点的轮齿上。每 25mm 齿面宽应至少布置一个喷嘴。高速齿轮会产生泵吸效应，使来自喷嘴的液流发生偏转。为确保啮合轮齿受油，喷嘴的位置和压力应进行适当调整。根据流量和齿轮转速的不同，喷射的压力范围从 0.17N/mm^2 到 0.34N/mm^2 不等。表 12-3-28 是喷油系统中常用的喷油位置。

表 12-3-28　　典型的喷油位置

节线速度/$\text{m}\cdot\text{s}^{-1}$	喷油位置	说明
<15	无	恰当设计飞溅润滑能够满足
15~<25	啮入侧	润滑是主要的，冷却是次要的；也可以利用挡油板和集油沟道增强飞溅润滑效果
25~60	啮出侧或啮入侧	冷却是主要的；保证足够的油附着在啮合轮齿上

6　锥齿轮精度制（摘自 GB/T 11365—2019）

锥齿轮精度制（GB/T 11365—2019 等同采用了国际标准 ISO 17485：2006）定义了 10 个精度等级，从 2 级到 11 级，精度逐渐降低。所给出公式适用范围如下：

$$1.0\text{mm} \leqslant m_{mn} \leqslant 50\text{mm}$$

$$5 \leqslant z \leqslant 400$$

$$5\text{mm} \leqslant d_T \leqslant 2500\text{mm}$$

其中，d_T 是公差直径；m_{mn} 是中点法向模数；z 是齿数。

6.1 术语和定义

表 12-3-29　　术语符号

术语	符号	定义	公式
分度偏差	F_X	任意齿面偏离其理论位置或相对于基准齿面的偏移量	—
中点法向模数	m_{mn}	在中点锥距处法平面上节圆直径(mm)与齿数的比值	$$m_{mn}=\frac{d_m}{z}\cos\beta_m=\frac{R_m}{R_e}m_{et}\cos\beta_m \quad (12\text{-}3\text{-}87)$$ 其中，d_m 是中点节圆直径；z 是齿数；β_m 是中点螺旋角；R_m 是中点锥距；R_e 是外锥距；m_{et} 是大端端面模数
标准齿轮	—	用来与被检测齿轮啮合以测量综合偏差和接触斑点而专门设计的精度已知的齿轮	—
齿圈跳动总偏差	F_r	在接近齿高中部的公差圆上，将测头(球形或锥形)依次放入每个齿槽，并使其与左、右齿面同时保持接触，在垂直于分度锥方向测量出的最大和最小跳动量的差值	—
单面啮合切向综合偏差	f_{is}	齿轮单面啮合测试时，大齿轮转过一圈，跨越所有齿距，除去长周期成分(偏心距的正弦波影响)后，反映出的任意齿距(360°/z)切向综合偏差的最大值	—
单面啮合切向综合总偏差	F_{is}	齿轮单面啮合测试时，大齿轮转过一圈，所有齿距上单面啮合切向综合偏差的最大值与最小值之差	—
单个齿距偏差	f_{pt}	在同一测量圆上测头从任意齿面上的一点到相邻同侧齿面上的一点，实际齿面相对于其理论位置的位移量	—
公差直径	d_T	中点锥距(R_m)处与工作齿高中点相交处的直径	工作齿高中点是两个齿轮在中点锥距处啮合齿深的一半。d_T 值可用式(12-3-88)或式(12-3-89)确定。 $$d_{T1}=d_{m1}+2(0.5h_{mw}-h_{am2})\cos\delta_1=d_{m1}+(h_{am1}-h_{am2})\cos\delta_1 \quad (12\text{-}3\text{-}88)$$ $$d_{T2}=d_{m2}-2(0.5h_{mw}-h_{am2})\cos\delta_2=d_{m2}+(h_{am2}-h_{am1})\cos\delta_2 \quad (12\text{-}3\text{-}89)$$ 其中，$d_{m1,2}$ 是中点节圆直径(小轮，大轮)；h_{mw} 是中点工作齿高；$h_{am1,2}$ 是中点齿顶高；$\delta_{1,2}$ 是节锥角。这些值可以从齿轮几何设计、加工调整卡，或者通过 ISO 10300 或 ISO 23509 中所述的计算方法得到
齿距累积总偏差	F_P	对于指定的左齿面或右齿面，不分读数方向或代数符号，任意两个齿分度偏差之间的最大代数差	—
传动误差	θ_e	给定主动齿轮的角位移，被动齿轮的实际角位移与理论角位移之差	—
中点节圆直径(小轮或大轮)	$d_{m1,2}$	—	—

续表

术语	符号	定义	公式
单面啮合切向综合总公差	F_{isT}	—	—
齿距累积总公差	F_{pT}	—	—
齿圈跳动总公差	F_{rT}	—	—
预置单面啮合切向综合偏差	$f_{is(disign)}$	—	—
单面啮合切向综合公差	f_{isT}	—	—
单个齿距公差	f_{ptT}	—	—
中点齿顶高	h_{am}	—	—
中点工作齿高	h_{mw}	—	—
大端端面模数	m_{et}	—	—
外端锥距	R_e	—	—
内端锥距	R_i	—	—
中点锥距	R_m	—	—
齿数(小轮或大轮)	$z_{1,2}$	—	—
中点螺旋角	β_m	—	—
节锥角(小轮或大轮)	$\delta_{1,2}$	—	—

注：下标 m 代表中点；T 代表公差；1 代表小轮；2 代表大轮。

单个齿距偏差参见图 12-3-57。公差直径参见图 12-3-58。齿距累积总偏差参见图 12-3-59。

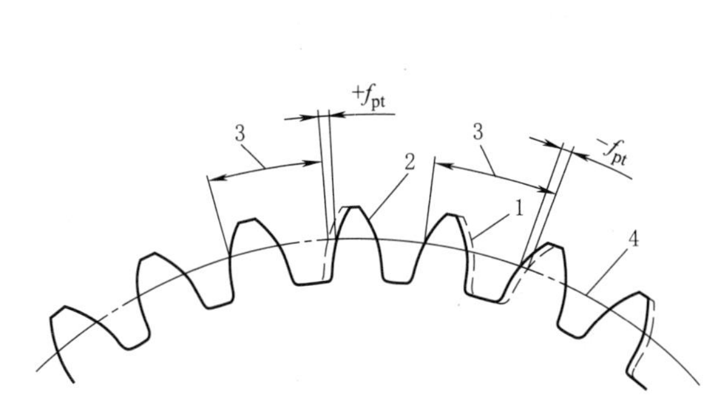

图 12-3-57　齿距偏差

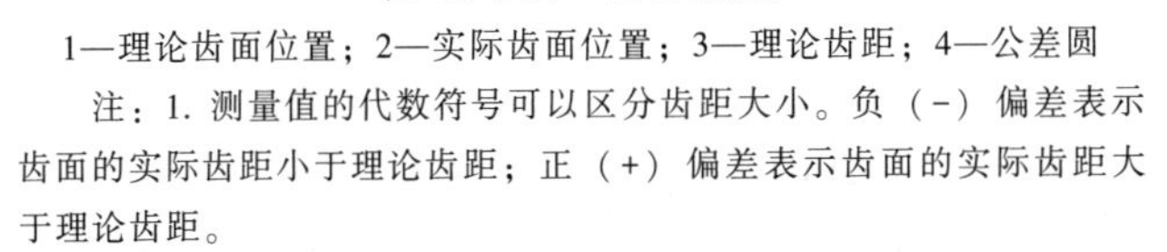
1—理论齿面位置；2—实际齿面位置；3—理论齿距；4—公差圆

注：1. 测量值的代数符号可以区分齿距大小。负（-）偏差表示齿面的实际齿距小于理论齿距；正（+）偏差表示齿面的实际齿距大于理论齿距。

2. 精度制规定的单个齿距偏差是沿公差圆圆弧方向测量。

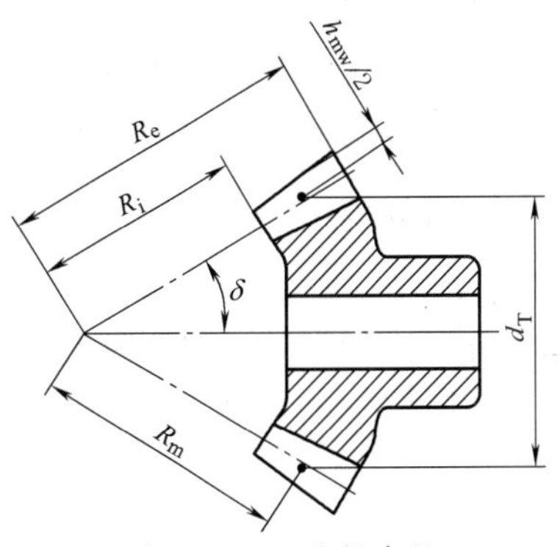

图 12-3-58　公差直径

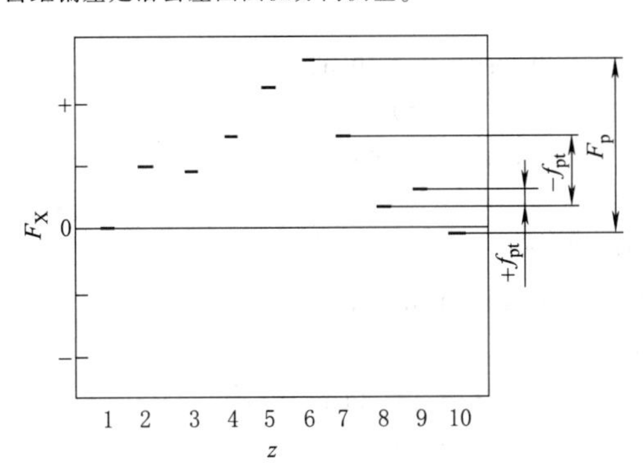

图 12-3-59　单测头仪器测得的齿距数据

6.2 精度等级

齿轮的精度等级由数字代码表示，从 2 级到 11 级。精度等级 2 的公差最小，等级 11 的公差最大。精度等级用统一的公差几何级数加以区分。

齿轮精度评定通过测量出的偏差值与 6.3 节公式的计算值进行比较来判定。测量应相对于基准轴线进行，关于基准轴的定义参见 ISO/TR 10064-6。

精度等级根据表 12-3-31 中规定的方法评定，总的精度等级按所有单个精度等级中最大的一个确定。注意，如果有特殊需要，对于不同的参数可以规定不同的精度等级。

另外，如果不进行单面啮合切向综合偏差的测量，应附加接触斑点检查和齿厚检测，接触斑点的要求由供需双方在制造前商定。

6.3 公差

6.3.1 公差值

公差值采用 6.3.4 节中给定的公式计算，单位以微米（μm）表示。超出公式范围的部分不属于精度制范围，不能使用外推插值。对于这类齿轮的特殊公差要求由供需双方协商。

在合适的环境采用适当精度校准的测量仪器，见 ISO/TR 10064-5。

6.3.2 分级系数

两个相邻等级之间的分级系数是$\sqrt{2}$，乘（除）以$\sqrt{2}$得到下一个更高（或更低）等级的公差。任何一个精度等级的公差值可以通过 4 级精度计算未圆整的公差值乘以$\sqrt{2}^{B-4}$ 得到，B 为要求的精度等级。

6.3.3 圆整规则

由 6.3.4 节中公式计算的数值，按以下方法圆整：

① 计算值大于 10μm，圆整到最接近的整数；

② 计算值大于 5μm，小于等于 10μm，圆整到最接近的相差小于 0.5μm 的小数或整数；

③ 计算值小于等于 5μm，圆整到最接近的相差小于 0.1μm 的一位小数或整数。

6.3.4 公差公式

所有公差值均定义在公差直径上。

（1）单个齿距公差，f_{ptT}

单个齿距公差采用正或负的测量值的绝对值表示。根据式（12-3-90）计算单个齿距公差 f_{ptT}：

$$f_{ptT} = (0.003d_T + 0.3m_{mn} + 5)\sqrt{2}^{B-4} \tag{12-3-90}$$

其应用范围仅限于精度等级 2 到 11 级：

$$1.0\text{mm} \leqslant m_{mn} \leqslant 50\text{mm}$$
$$5 \leqslant z \leqslant 400$$
$$5\text{mm} \leqslant d_T \leqslant 2500\text{mm}$$

（2）齿距累积总公差，F_{pT}

齿距累积总公差 F_{pT}，根据式（12-3-91）计算：

$$F_{pT} = (0.025d_T + 0.3m_{mn} + 19)\sqrt{2}^{B-4} \tag{12-3-91}$$

其应用范围仅限于精度等级 2 到 11 级：

$$1.0\text{mm} \leqslant m_{mn} \leqslant 50\text{mm}$$
$$5 \leqslant z \leqslant 400$$
$$5\text{mm} \leqslant d_T \leqslant 2500\text{mm}$$

（3）齿圈跳动总公差，F_{rT}

齿圈跳动总公差 F_{rT}，根据式（12-3-92）计算：

$$F_{rT}=0.8(0.025d_T+0.3m_{mn}+19)\sqrt{2}^{B-4} \tag{12-3-92}$$

其应用范围仅限于精度等级 4 到 11 级：

$$1.0\text{mm}\leqslant m_{mn}\leqslant 50\text{mm}$$
$$5\leqslant z\leqslant 400$$
$$5\text{mm}\leqslant d_T\leqslant 2500\text{mm}$$

（4）单面啮合切向综合公差，f_{isT}

单面啮合切向综合公差采用下述三种方法中的一种来确定，方法 A、B 或 C 精度依次降低。

方法 A：利用工程应用经验、承载能力试验或两者兼用来确定所需齿轮的单面啮合切向综合公差。这样确定的公差值与质量等级无关。

方法 B 和 C：利用单面啮合切向综合偏差的短周期成分（高通滤波）的峰-峰幅值来确定轮齿的切向综合偏差时，在被测锥齿轮副的一个齿距内，运动曲线的最高点和最低点之间峰-峰幅值是不同的，其最大的峰-峰幅值将不会大于 f_{isTmax}，最小的峰-峰幅值将不会小于 f_{isTmin}。

一对齿轮的单面啮合切向综合公差 f_{isT} 的最大和最小值，可用式（12-3-93）和式（12-3-94）或用式（12-3-93）和式（12-3-95）计算：

$$f_{isTmax}=f_{is(design)}+(0.375m_{mn}+5.0)\sqrt{2}^{B-4} \tag{12-3-93}$$

f_{isTmin} 值取以下公式计算的较大者：

$$f_{isTmin}=f_{is(design)}-(0.375m_{mn}+5.0)\sqrt{2}^{B-4} \tag{12-3-94}$$

$$f_{isTmin}=0 \tag{12-3-95}$$

如果 f_{isTmin} 值是负的，用 $f_{isTmin}=0$。

其应用范围仅限于精度等级 2 到 11 级：

$$1.0\text{mm}\leqslant m_{mn}\leqslant 50\text{mm}$$
$$5\leqslant z\leqslant 400$$
$$5\text{mm}\leqslant d_T\leqslant 2500\text{mm}$$

如果测量仪器的读数单位是角度，应根据公差直径 d_T 将读数换算成微米。

$f_{is(design)}$ 值采用方法 B 或 C 来确定。

方法 B：对于式（12-3-93）到式（12-3-95）中，预置单面啮合切向综合偏差 $f_{is(design)}$ 应通过设计和试验条件分析确定。设计值大小的选择应考虑安装误差、齿形误差以及工作载荷等条件的影响。

方法 C：在确定单面啮合切向综合设计偏差 $f_{is(design)}$ 时，如果缺乏设计和试验数值，采用式（12-3-96）来计算：

$$f_{is(design)}=qm_{mn}+1.5 \tag{12-3-96}$$

式中，q 为系数。

（5）单面啮合切向综合总公差，F_{isT}

单面啮合切向综合总公差 F_{isT} 按式（12-3-97）计算：

$$F_{isT}=F_{pT}+F_{isTmax} \tag{12-3-97}$$

其应用范围仅限于精度等级 2 到 11 级：

$$1.0\text{mm}\leqslant m_{mn}\leqslant 50\text{mm}$$
$$5\leqslant z\leqslant 400$$
$$5\text{mm}\leqslant d_T\leqslant 2500\text{mm}$$

6.4 测量方法的使用

6.4.1 测量方法

精度制给出的精度公差和测量方法针对未组装锥齿轮，本节推荐相应的测量方法。

考虑到有些设计和应用测量与制造工艺的特殊性，其特别的需求应在合同文本里载明。

齿轮几何测量方法与规定的最少测量齿数见表 12-3-30，具体测量方法的选择取决于公差的大小、齿轮尺寸、生产批量、现有的设备、轮坯精度和测量费用。大轮和小轮可以规定不同的精度等级。

供方或需方会希望通过检测齿轮的一个或若干个几何项目确定其精度等级，但精度制规定的齿轮精度等级必须满足精度制规定的所有单项公差的要求。此外，如果指定测量齿厚、接触斑点或齿形，应按照表 12-3-30 和表 12-3-31 执行。除非特别规定，否则所有的测量都是在公差直径 d_T 处进行。

通常规定的公差适用于轮齿的两个面，除非特别说明轮齿的某一侧作为承载面。某些情况下，承载面规定比非承载面或较小承载面更高的精度，这些要求应在齿轮工程图上特别加以说明。

除非另有协议，一旦指定使用精度制，制造商应选择：

——可行的测量方法，见表 12-3-31；

——与测量方法相适应的已校准的测量设备；

——待检测的轮齿、轮齿间隔和最少齿数的规定，见表 12-3-30。

6.4.2 推荐的测量控制方法

不强制使用某种特殊的测量方法或文件，除非供需双方特别约定。当实际需要的测量方法超出精度制所推荐的范围，那么必须在齿轮生产前商定。

针对每种精度等级和测量类型，表 12-3-30 和表 12-3-31 列出了所推荐的测量控制方法。

表 12-3-30　　齿轮几何测量方法与规定的最少测量齿数

测量要素	典型测量方法	测量的最少齿数
单个要素测量		
单个齿距(SP)	双测头 单测头	全部轮齿 全部轮齿
齿距累积偏差(AP)	双测头 单测头	全部轮齿 全部轮齿
齿圈跳动(RO)	球形测头 单测头—分度 双测头—180° 双面啮合综合测量	全部轮齿 全部轮齿 全部轮齿 全部轮齿
齿形(TF)	CMM 或 CNC 特殊软件①	3 齿近似等间隔
综合测量		
轮齿接触斑点(CP) 单面(SF)	滚动检验机 单面啮合测量仪(附录 B)	全部轮齿 全部轮齿
尺寸测量		
齿厚(TT)	齿厚卡尺 CMM 特定软件 滚动检验机	2 齿近似等间隔 3 齿近似等间隔 3 齿近似等间隔

① 参见 ISO/TR 10064-6。

表 12-3-31　　精度等级和测量方法

项目	模数≥1.0mm①		
基本要求②③	TT 和(CP 或 TF)③		
精度	低	中	高
精度等级④	11~9	8~5	4~2
最低要求②⑤	RO	SP 和 RO	SP 和 AP
替代方法②⑤	(SP 和 AP)或 SF		

① 模数小于 1.0，参见 GB/T 11365—2019 附录 C。

② 字母符号含义与表 12-3-30 相同。

③ 所有等级均应测量齿厚和 CP 或 TF。

④ 噪声控制要求齿形有好的共轭性。必须很好控制 TF、CP 或 SF（切向综合偏差）。重点推荐选用 SF（连带 CP 和 TT）方法。

⑤ 替代方法可用于代替最低要求。

6.4.3 测量数据的滤波

任何齿面相对于指定齿面形状偏差都呈现一个较宽的频谱，这包括一个极端的长周期，比如螺旋角偏差；而另一极端呈现不规则的短周期频谱，比如表面粗糙度。齿形和短周期粗糙度的测量和控制超出了精度制范围，参见 GB/Z 18620.4—2008 和 ISO/TR 10064-6。

单面啮合切向综合偏差需要根据定义来进行滤波。

6.4.4 轮齿接触斑点检验

轮齿接触斑点检验用于齿轮装配或在试验机上检查齿面接触状况，可利用配对齿轮或标准齿轮。这种印痕采用一种稀薄标记混合物涂覆在齿面上与配对齿轮啮合滚动后得到，它能够判定配对齿轮齿面的实际接触状况，乃至可根据接触斑点的位置和尺寸评价其齿廓上下及纵向齿面的相容性，但是它不一定代表加载条件下齿形相容。在齿轮圆周上接触斑点变化表示轮齿可能存在径向跳动误差。精度制中，接触斑点与齿轮精度等级没有直接关联。

6.5 公差示例表

表 12-3-32 与表 12-3-33 和图 12-3-60 与图 12-3-61 中的数值来自《锥齿轮 精度制》（GB/T 11365—2019）附录 A。

表 12-3-32　单个齿距公差 f_{ptT}，4 级

模数 m_{mn} /mm	公差直径 d_T/mm							
	100	200	400	600	800	1000	1500	2500
	f_{ptT}/μm							
1	5.5	6.0	6.5	—	—	—	—	—
5	7.0	7.0	8.0	8.5	9.0	9.5	11	—
10	8.0	8.5	9.0	10	10	11	13	16
25	—	13	14	14	15	16	17	20
50	—	—	21	22	22	23	25	28

表 12-3-33　齿距累积总公差 F_{pT}，4 级

模数 m_{mn} /mm	公差直径 d_T/mm							
	100	200	400	600	800	1000	1500	2500
	f_{pT}/μm							
1	22	23	29	—	—	—	—	—
5	23	26	31	36	41	45	58	—
10	25	27	32	37	42	47	60	85
25	—	32	37	42	47	52	64	89
50	—	—	44	49	54	59	72	97

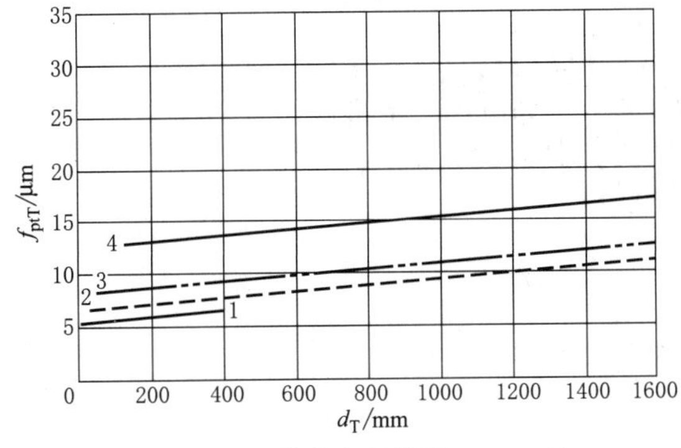

图 12-3-60　单个齿距公差 f_{ptT}，4 级

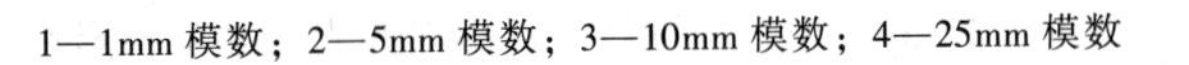
1—1mm 模数；2—5mm 模数；3—10mm 模数；4—25mm 模数

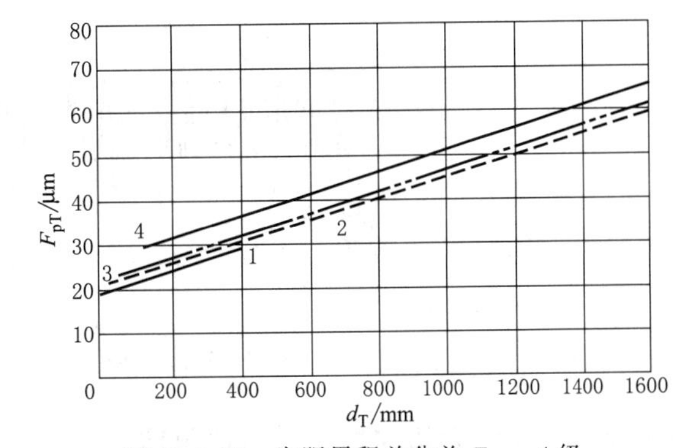

图 12-3-61　齿距累积总公差 F_{pT}，4 级

1—1mm 模数；2—5mm 模数；3—10mm 模数；4—25mm 模数

6.6 单面啮合综合测量方法

单面啮合综合测量方法摘自《锥齿轮 精度制》GB/T 11365—2019 附录 B。

单面啮合检验时，相啮合齿轮按规定的安装距调整，齿轮副保持一定的侧隙，即仅有一侧齿面接触。因为齿轮副的单面啮合检验模仿齿轮实际应用中的运转状态，所以用这种检验方法能有效控制齿轮噪声和齿轮箱的振动。用这种方法也能检测出齿面的划痕和毛刺。

6.6.1 检验机结构和所获得数据

图 12-3-62 为单面啮合检验机的示意图。转角 θ_1 和 θ_2 由附装在小齿轮和大齿轮轴上的如编码器等之类的转角传感器测出。齿轮副的传动误差 θ_e 由式（12-3-98）计算：

$$\theta_e=\theta_2-\frac{z_1}{z_2}\theta_1 \tag{12-3-98}$$

检验推荐的最少测量点数每齿为 30 个，然后将数据滤波并做傅里叶变换。图 12-3-63 上显示了一个传动波形的例子，复杂的波形由齿轮偏差累积引起，一个齿距内的小波段由齿形偏差引起。图 12-3-64 显示的是含有随齿形偏差变化的齿距周期高通滤波后偏差波形，在图中标出了单面啮合切向综合偏差的最小和最大值，即 f_{ismin} 和 f_{ismax}。图 12-3-65 表示的是傅里叶变换后的偏差波形。在啮合频率和二阶啮合频率位置存在明显尖峰，称为一阶谐波和二阶谐波尖峰，该尖峰高低能够评判齿轮噪声水平。

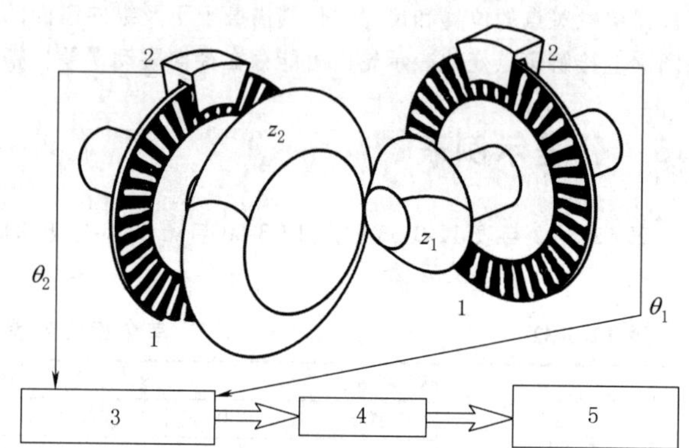

图 12-3-62 单面啮合检验机示意图

1—旋转编码器；2—读数装置；3—传动误差计算；4—滤波器；5—傅里叶变换

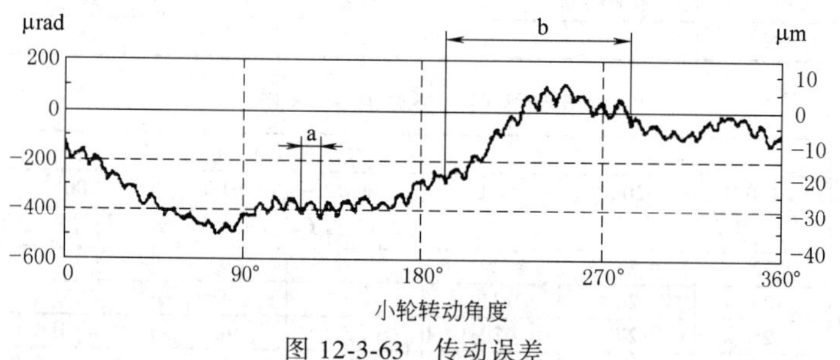

图 12-3-63 传动误差

a—齿距；b—小轮一转

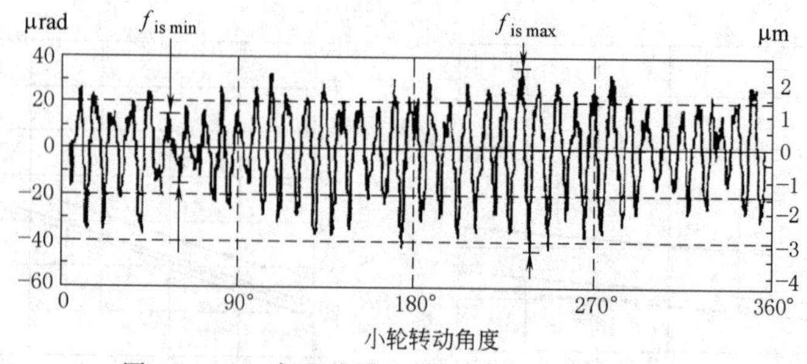

图 12-3-64 高通滤波，单面啮合切向综合偏差

6.6.2 单面啮合切向综合偏差的说明

单面啮合切向综合偏差是由齿形和齿距偏差混合而成。在图 12-3-66 中，椭圆线表示小轮与大轮相对修形后

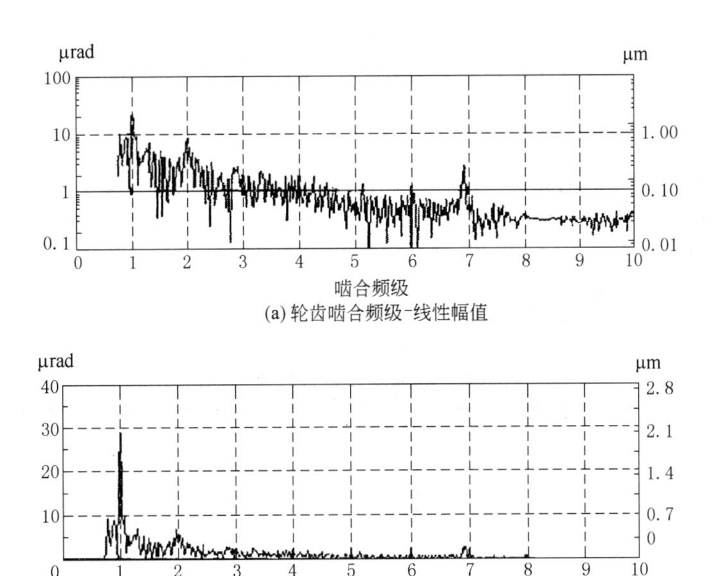

图 12-3-65　傅里叶变换后的单面啮合切向综合偏差

的一个诱导齿面拓扑形状。通常，锥齿轮设计成表面拓扑结构或修形的型式，以避免承载下的边缘接触。该椭圆线连接点 A 到 E 代表螺旋锥齿轮一对齿之间的接触路径。然而在实际齿轮传动中，由于前齿到后齿的转换，从 B 到 D 部分才实际接触，所以 B 到 D 代表了实际的接触路径。

图 12-3-67 描述了一对典型的修形锥齿轮啮合运动的例子，抛物线称为运动曲线，表示了大轮相对于小轮的传动误差 θ_e，其中 p 代表一个齿距的角度。从 A 到 E 的这些点对应图 12-3-66 中接触路径上的点。从 A 到 B 和从 D 到 E 的运动曲线部分代表因前齿到后齿转换跨过的非啮合区域。实际的运动曲线只是粗实线代表的部分。

图 12-3-68 给出了具有齿距偏差的齿轮运动曲线的两个例子。图 a 表示单个齿比其余的齿都厚一些的影响。

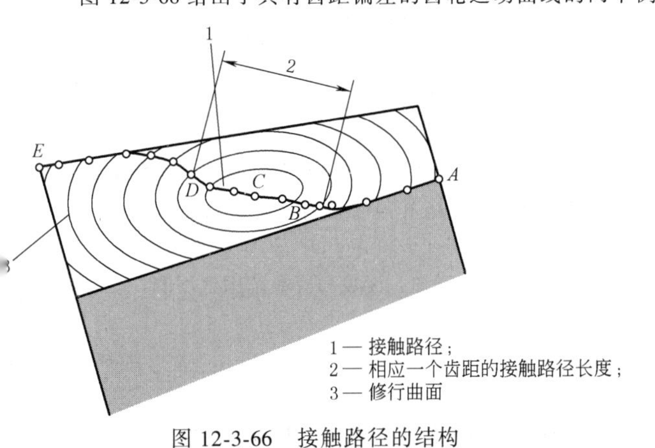

图 12-3-66　接触路径的结构

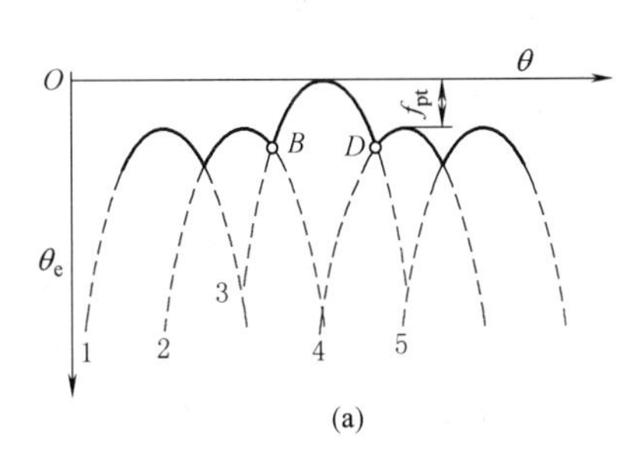

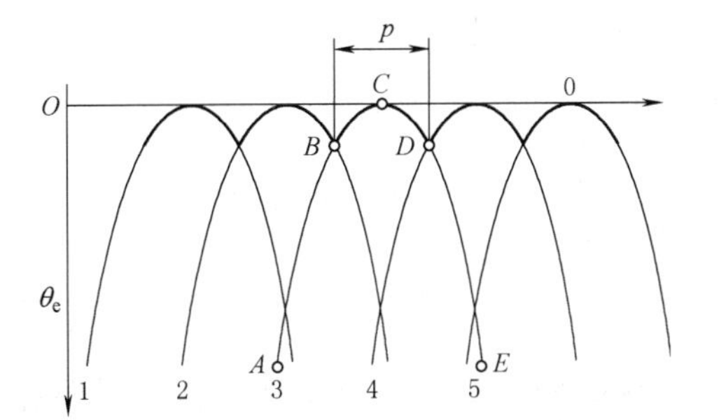

图 12-3-67　无齿距偏差的齿轮从 1 到 5 齿的运动曲线

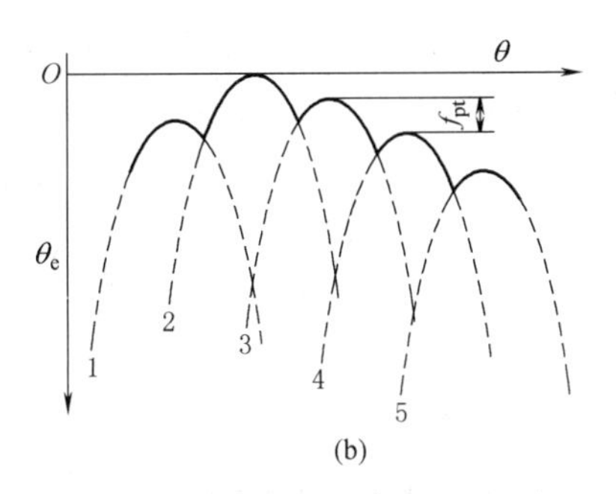

图 12-3-68　有齿距偏差齿轮的运动曲线

接触路径 *BD* 比图 12-3-66 中的更长一些，因为这个更厚的齿保持接触时间更长。图 b 表示了一种更为典型的由齿距累积总偏差（分度）引起的长短变化接触的正弦型式。

6.6.3 预置单面啮合切向综合公差

单面啮合综合检验时，相啮合的齿轮按规定的安装距，在轻载或无载下，保持合适侧隙并单面接触一起滚动。通常锥齿轮要通过配对检验，尤其对研磨锥齿轮，配对研磨后应该配对使用。其他型式的锥齿轮可以用适当的标准齿轮进行啮合检验。

预置单面啮合切向综合偏差 $f_{is(design)}$ 的数值，应通过对应用场合和试验（方法 B）的分析确定，参见表 12-3-34。

表 12-3-34　　单面啮合切向综合偏差的典型幅值

应用	单面啮合切向综合偏差典型幅值/μrad	系数 q
旅行车	<30	0.05
卡车	20~50	1.0
工业	40~100	2~2.5
航空	40~200(平均 80)	2.0

在缺少设计分析数据的情况下，预置单面啮合切向综合偏差 $f_{is(design)}$ 根据式（12-3-96）确定，式中包含的系数 q 列于表 12-3-34（方法 C）。

单纯的单面啮合综合检验不能反映锥齿轮的所有问题，总体上应该认为它是一种验收锥齿轮副啮合质量的工具。

6.6.4 典型值

为了避免齿轮噪声问题或防止齿轮过早的失效，单面啮合切向综合偏差数值可按表 12-3-34 推荐的数值选取。

设计人员有责任规定恰当的公差，而且必须注意对单面啮合迹线的形状进行目测。

6.7 小模数锥齿轮的精度

《锥齿轮 精度制》（GB/T 11365—2019）附录 C 提供了模数小于 1 的单个锥齿轮和准双曲面齿轮的双面啮合综合偏差的精度制。它规定了该类齿轮的精度制和公差数值。也允许采用其他的检测方法，例如可选用小测头 CNC 检测仪器或 CMM 测量仪器等。

双面啮合综合测量精度制与精度制主体精度等级范围不同。另外，直径、齿数和模数范围也不同。

本节适用 ISO1122-1 中给出的术语和定义。

6.7.1 参数范围

双面啮合综合精度制由双面啮合综合总公差 F_{idT} 和单齿的双面啮合综合公差 f_{idT} 组成，共包含 9 个精度等级，其中 3 级最高，11 级最低。公差公式和适用范围在 6.7.3 节给出。其应用范围如下：

$$0.2\text{mm} \leqslant m_{mn} \leqslant 1.0\text{mm}$$

$$5 \leqslant z \leqslant 300$$

$$5\text{mm} \leqslant d_T \leqslant 300\text{mm}$$

6.7.2 测量方法

供方或需方会希望通过测量齿轮的一个或若干个几何特征验证其精度等级，但是本节规定的齿轮精度测量必须满足表 12-3-35 和表 12-3-36 中所有单项公差的要求。

表 12-3-35　　测量方法

轮齿尺寸	齿轮精度等级①	最低要求②③	替代方法③④
模数<1.0mm⑤	全部	DF(CP 和 TT)	SF(CP 和 TT)或 SP、AP(TF 和 TT)

① 噪声控制要求良好的共轭齿形。必须良好控制 TF、CP 或 SF（单齿）。重点推荐 CP、SF 和 TT 方法。
② 字母符号与表 12-3-30 中的规定相同。
③ 替代方法可用于替代最低要求。
④ SP、AP 或 SF 值用 6.3 节给出的公式确定。
⑤ 受到小测头的限制。

表 12-3-36　　测量的最少齿数

检测要素	典型测量方法	测量的最少齿数
单件要素检测 用 CMM 或 CNC 齿轮检测仪测齿形(TF)	CMM 或 CNC 特殊软件①	3 齿间隔近似相等
综合检测 轮齿接触斑点(CP) 双面啮合(DF) 单面啮合(SF)	 滚动检验机 双面啮合综合测量仪 单面啮合综合测量仪	 全部轮齿 全部轮齿 全部轮齿
尺寸 齿厚(TT)	测齿规 CMM 特殊软件 滚动试验机	2 齿间隔近似相等 3 齿间隔近似相等 3 齿间隔近似相等

① 此方法进一步讨论，可参见 ISO/TR 10064-6。

6.7.3　公差

精度每一项公差值采用下列公式计算。超出公式限定部分的不属于本节的范围，也不能采用外推插值的方法。这种齿轮的特殊公差应由供需双方协商确定。

（1）单齿双面啮合综合公差，f_{idT}

单齿双面啮合综合公差 f_{idT} 按式（12-3-99）计算：

$$f_{\mathrm{idT}}=0.2(0.025d_{\mathrm{T}}+0.3m_{\mathrm{mn}}+19)\sqrt{2}^{B-4} \tag{12-3-99}$$

其应用范围仅限于精度等级 3 到 11 级：

$0.2\mathrm{mm}\leqslant m_{\mathrm{mn}}\leqslant 1.0\mathrm{mm}$

$5\leqslant z\leqslant 300$

$5\mathrm{mm}\leqslant d_{\mathrm{T}}\leqslant 300\mathrm{mm}$

单齿双面啮合综合公差 f_{idT} 按照 6.3 节中的方法进行圆整。

单齿双面啮合综合公差根据安装距的变化按最小包容原则包括全部（360°/z）幅值。包容范围的确定是通过建立一个中间波形轨迹，并分别向正负波幅方向平移包容全部波峰，该中间波形可用手工方式或用多项式拟合（滤波）信号处理建立。

（2）双面啮合综合总公差，F_{idT}

双面啮合综合总公差 F_{idT} 利用式（12-3-100）计算：

$$F_{\mathrm{idT}}=1.08(0.025d_{\mathrm{T}}+0.3m_{\mathrm{mn}}+19)\sqrt{2}^{B-4} \tag{12-3-100}$$

其应用范围仅限于精度等级 3 到 11 级：

$0.2\mathrm{mm}\leqslant m_{\mathrm{mn}}\leqslant 1.0\mathrm{mm}$

$5\leqslant z\leqslant 300$

$5\mathrm{mm}\leqslant d_{\mathrm{T}}\leqslant 300\mathrm{mm}$

双面啮合综合总公差 F_{idT} 的数值，可根据 6.3 节中的方法进行圆整。

6.8　综合数据说明

《锥齿轮 精度制》GB/T 11365—2019 附录 D 对综合数据评定的传统方法与新推荐方法进行了对比。新方法不仅可用于双面啮合综合检验，也可应用于单面啮合综合检验。对于齿轮误差分析和质量改进，新方法能够给出更多有用信息。

双面啮合综合检验谱线轨迹是根据齿形偏差和径向跳动数据得到的。

单面啮合综合检验谱线轨迹是根据齿形偏差、切向分度偏差（齿距累积总偏差）得到的。

6.8.1 传统方法说明

双面啮合综合偏差测量规定了综合总偏差 $F_{i(old)}$ 和单齿综合偏差 $f_{i(old)}$，这两者描述见图 12-3-69。综合总偏差显示为线图上最高点相对于最低点的差值。单齿综合偏差显示为线图上的任意 360°/z 中的最大变化量。

对于一些应用场合，该方法可以用于评估齿轮的成品质量。然而，就误差诊断分析而言，该方法不能反映真实情况。例如，它不易于判定传动时噪声潜在的来源，如果用于评价制造过程可能会错误判断机床和刀具所引起的齿形误差。

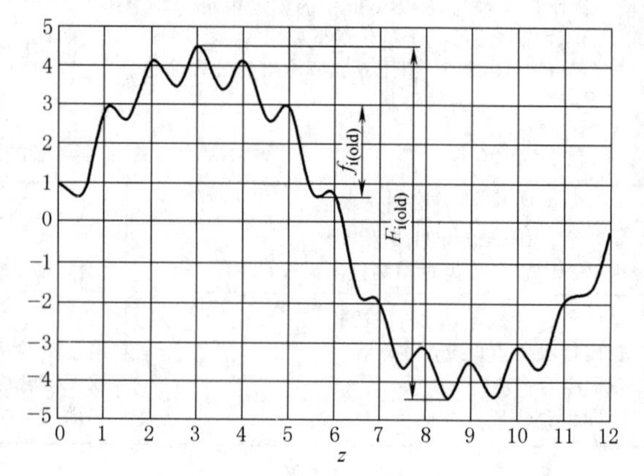

图 12-3-69 双面啮合综合检验的轨迹线图

这种分析方法存在的问题是单齿综合最大偏差出现在齿圈跳动曲线最大斜度的方向，这可能是由于某个特定轮齿有关数据畸变的结果。对于相同的齿形和齿圈跳动偏差，少齿数齿轮的单齿综合偏差呈现比多齿数齿轮更大，见图 12-3-70a 和 b 所做的对比。

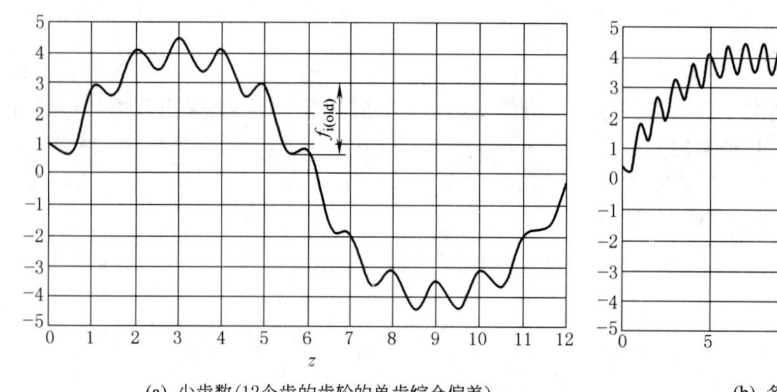

(a) 少齿数(12个齿的齿轮的单齿综合偏差)

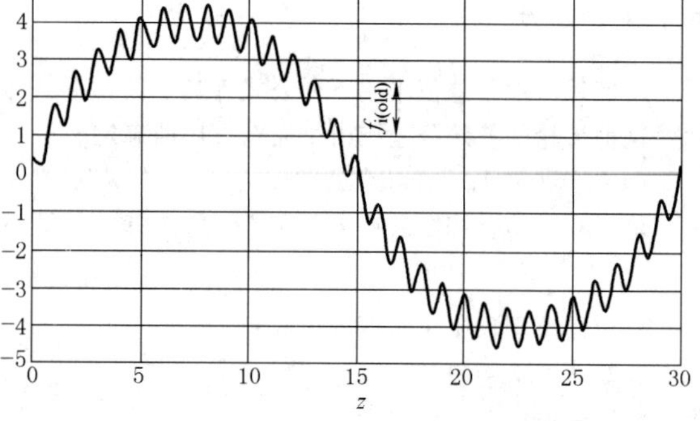

(b) 多齿数(30个齿的齿轮单齿综合偏差)

图 12-3-70 双面啮合综合检验

6.8.2 公差间关系

由于齿圈跳动和单齿综合偏差之间的耦合关系，有些情况下旧方法的公差数值不能反映真实情况。在早先的标准中，单齿的综合公差是综合总公差的 1/2 到 1/3。新方法的公差则通过齿圈跳动来调整单齿数据的畸变，特别对于少齿数情况。因此，双面啮合综合总公差和单齿双面啮合综合公差之间存在较大差别 [$F_{idT}=(0.1\sim0.2)f_{idT}$]，这有利于将单齿综合偏差从齿圈跳动或齿距累积总偏差中分离出来。

6.8.3 新方法

通过不同的技术手段可将单齿综合偏差从总偏差中分离出来。最好的方法是电子滤波，这可以利用模拟线路或计算机数字方法。即使这些方法在测量系统中不可用，手工方式也可以得到一个非常近似的结果。

可以手工绘制检测数据的上、下包容线，上包容线是长周期成分，上和下包容线之间垂直距离是短周期成分 f_{id} 或 f_{is}。

两种方法均可从短周期成分中分离出长周期成分。对于双面啮合综合检验，长周期成分代表齿圈跳动 F_r，而短周期成分 f_{id} 代表齿形偏差。对于单面啮合综合检验，长周期成分代表齿距累积总偏差 F_p，而短周期成分 f_{is} 则代表齿形偏差。

6.8.4 补充说明

长周期成分偏差大多情况下为正弦曲线形态，这是由齿轮偏心引起的。然而，在有些情况下，长周期偏差显示出较高阶次，这可能由齿圈中齿坯销孔热处理导致的齿圈卵形、三角形畸变等引起，甚至由齿形偏差导致短周期成分畸变。

这些较高阶次偏差可以采用傅里叶分析技术，诸如快速傅里叶变换（FFT）分析器或数字滤波技术。在某种程度上，也可采用手工描绘上、下包容线的方式进行处理。

7 锥齿轮承载能力计算概述与通用影响系数（摘自 GB/T 10062.1—2003）

7.1 概述

GB/T 10062 中的计算公式用于直齿、斜齿、零度齿和弧齿锥齿轮（除准双曲面齿轮外）的接触和弯曲强度的计算，适用于渐缩齿、等高齿。该系列标准包括三种计算方法：A、B 和 C，其计算精度和可靠性依次降低。GB/T 10062 由三部分构成，第 1 部分：概述和通用影响系数；第 2 部分：齿面接触疲劳（点蚀）强度计算；第 3 部分：齿根弯曲强度计算。该方法适用于当量圆柱齿轮端面重合度 $\varepsilon_{va}<2$ 的锥齿轮。用于大的螺旋角、大的压力角和大的齿宽 $b>10m_{mn}$ 时，计算结果需通过验证。

计算公式考虑了已知的影响轮齿点蚀与在齿根圆角处断裂的各主要系数。计算公式不适用于轮齿的下述损坏形式：塑性变形、微点蚀、表层压碎、焊合、磨损等。弯曲强度的计算公式适用于齿根圆角的断裂强度计算，但不适用于轮齿工作表面的弯曲强度计算，也不适用于轮缘或辐板、轮毂失效的强度计算。对于特种类型的锥齿轮的抗点蚀与弯曲强度承载能力，可通过恰当选择通用计算式中的各系数的数值来进行计算。GB/T 10062 不适用于接触不良的锥齿轮。

7.2 符号和单位

表 12-3-37 为 GB/T 10062 所使用的名词术语，以及所使用的一般下标的说明。主要依据是 GB/T 1356 和 GB/T 3374 中给出的名词术语和定义，GB/T 2821 与 GB/T 10095.1 给出的代号。

表 12-3-37　　GB/T 10062 中所使用的代号与缩写词

符号	意义	单位
a_v	当量圆柱齿轮中心距	mm
a_{vn}	法截面当量圆柱齿轮中心距	mm
b	齿宽	mm
b_e	有效齿宽	—
b_{ce}	计算有效齿宽	mm
Δb_e	大端齿宽的增加量	mm
$\Delta b'_e$	大端有效齿宽的增加量	mm
Δb_i	小端齿宽的增加量	mm
$\Delta b'_i$	小端有效齿宽的增加量	mm
c	无量纲参数	—
c_γ	啮合刚度	N/(mm · μm)
$c_{\gamma 0}$	平均啮合刚度	N/(mm · μm)
c'	单对齿刚度(见 GB/T 3480)	N/(mm · μm)
c'_0	单齿平均刚度	N/(mm · μm)
d_e	大端节圆直径	mm
d_m	中点节圆直径	mm

续表

符号	意义	单位
d_T	公差基准直径(见 ISO 17485)	mm
d_v	当量圆柱齿轮分度圆直径	mm
d_{va}	当量圆柱齿轮顶圆直径	mm
d_{van}	法截面当量圆柱齿轮顶圆直径	mm
d_{vb}	当量圆柱齿轮基圆直径	mm
d_{vbn}	法截面当量圆柱齿轮基圆直径	mm
d_{vn}	法截面当量圆柱齿轮分度圆直径	mm
f	至接触线的距离	mm
f''	至中间接触线的距离	—
$f_{f\alpha}$	齿廓形状偏差	μm
f_{max}	至中间接触线的最大距离	mm
f_{pt}	齿距偏差	μm
f_{peff}	有效齿距偏差	μm
f_F	载荷修正系数	—
g_{f0}	确定最薄弱截面的设定距离	mm
$g_{v\alpha n}$	法截面当量圆柱齿轮啮合线长度	mm
g_{xb}	刀具刃边半径的中心与齿轮中心线(沿刀具的分度面测量)之间的距离	mm
g_{yb}	刀齿顶刃半径的中心至冠轮节面(垂直于节面方向测量)的距离	mm
g_{za}	计算接触强度系数的中间变量	—
g_{zb}	计算接触强度系数的中间变量	—
g_J	计算接触强度系数的中间变量	—
g'_J	计算接触强度系数的中间变量	—
g_k	瞬时接触线在齿长方向的投影长度	mm
g_η	在接触椭圆内啮合线长度	—
g_0	冠轮(刀具)齿槽中心线至刀具顶刃圆弧半径中心的距离(在中点法截面内测量)	mm
g''_0	中点截面至压力中心的距离(沿齿长方向测量)	mm
h_{ae}	大端齿顶高	mm
h_{am}	中点齿顶高	mm
h_{aP}	基本齿条齿顶高	mm
h_{a0}	刀具齿顶高	mm
h_{fe}	大端齿根高	mm
h_{fP}	基本齿条齿根高	mm
h_{fm}	中点齿根高	mm
h_{f0}	刀具齿根高	mm
h_{Fa}	齿根应力的弯矩力臂(载荷作用于齿顶)	mm
h_N	载荷距危险截面的高度	mm
k	累加的索引号	—
k'	定位常数	—
l_b	接触线的长度	mm
l_{bm}	中点接触线的长度	mm
l'_{bm}	中点接触线的投影长度	mm
m_{et}	外端端面模数	mm
m_{mn}	中点法向模数	mm
m_{mt}	中点端面模数	mm
m_{red}	诱导质量(转化到动态等效圆柱齿轮啮合线上的单位齿宽质量)	kg/mm
m^*	单个齿轮转化到啮合线上的单位齿宽当量质量	kg/mm
n	转速	r/min
n_{E1}	小轮临界转速	r/min
p	尖峰载荷	N/mm
p_r	刀具的凸台	mm

续表

符号	意义	单位
p_{max}	最大尖峰载荷	N/mm
p^*	参考尖峰载荷	N/mm
p_{et}	当量圆柱齿轮端面基圆齿距	mm
q	纵向曲率系数公式中的指数	—
q_s	缺口参数	—
q_{sT}	试验齿轮的缺口参数	—
r_{c0}	刀盘半径	mm
r_{mf}	中点截面的齿根圆角半径	mm
r_{my0}	到载荷作用点的中点端面半径	mm
Δr_{my0}	中点的法截面内节圆至载荷作用点的距离	mm
s_{et}	背锥端面齿厚	mm
s_{amn}	中点法向齿顶厚度	mm
s_{mn}	中点法向弧齿厚	mm
s_{pr}	刀具凸台量	mm
s_{mt}	中点端面弧齿厚	mm
s_{Fn}	计算截面的齿根弦长	mm
s_N	危险截面的半齿厚	mm
u	锥齿轮齿数比	—
u_v	当量圆柱齿轮齿数比	—
v_{et}	分锥大端切向速度	m/s
$v_{et\ max}$	最大节线速度	m/s
v_g	节点 P 处的相对滑动速度	m/s
$v_{g,par}$	平行于接触线的相对滑动速度	m/s
$v_{g,vert}$	垂直于接触线的相对滑动速度	m/s
v_{mt}	齿宽中点分锥的切向速度	m/s
x_{hm}	中点高度变位系数	—
x_{sm}	中点切向变位系数	—
x_N	小轮接触强度系数	—
y_p	相对于抛光试件的齿距偏差的跑合量	μm
y_J	啮合线上最大弯曲应力载荷作用点的位置	mm
y_3	啮合线上载荷作用点的位置	mm
y_α	齿距偏差的跑合量	μm
z	齿数	—
z_v	当量圆柱齿轮的齿数	—
z_{vn}	当量圆柱齿轮在法截面上的齿数	—
A	动载系数的辅助系数	—
A_r^*	载荷分配系数的辅助值	mm^2
A_{sne}	大端齿厚允差	mm
A_t^*	载荷分配系数的辅助值	mm^2
B	动载系数的辅助值	—
C	质量等级	—
C_a	齿顶修缘量	μm
C_b	非常条件下的轮齿刚度的修正系数	—
C_F	非常条件下的轮齿刚度的修正系数	—
C_{ZL}, C_{ZR}, C_{ZV}	确定油膜的常数	—
E	弹性模量,杨氏模量	N/mm^2
E, G, H	齿廓系数的辅助系数	—
F	中间区域系数的辅助系数	—
F_{mt}	齿宽中点分锥上的名义切向力	N
F_{mtH}	齿宽中点分锥上作用的切向力	N

续表

符号	意义	单位
HB	布氏硬度	—
K	常数,轮齿载荷系数	—
K_v	动载系数	—
K_A	使用系数	—
K_{F0}	弯曲强度计算的纵向曲率系数	—
$K_{F\alpha}$	弯曲强度计算的齿间载荷分配系数	—
$K_{F\beta}$	弯曲强度计算的齿向载荷分布系数	—
$K_{H\alpha}$	接触强度计算的齿间载荷分配系数	—
$K_{H\beta}$	接触强度计算的齿向载荷分布系数	—
$K_{H\beta\text{-be}}$	支承系数	—
L	应力修正公式中的经验常数	—
L_a	修正系数的辅助系数	—
M	应力修正公式中的经验常数	—
N	临界转速比	—
N_L	载荷循环次数	—
O	应力修正计算公式中的经验常数	—
P	名义功率	kW
P_d	大端径节	1/in
Ra	$=CLA=AA$ 算术平均粗糙度	μm
R_e	外锥距	mm
R_m	中点锥距	mm
R_{mpt}	中点背锥距(与模数)比	—
Rz	平均粗糙度	μm
Rz_T	试验齿轮的平均粗糙度	μm
Rz_{10}	相对曲率半径 $\rho_{rel}=10$mm,齿轮副的平均粗糙度	μm
S_F	弯曲强度的安全系数	—
$S_{F\,min}$	弯曲强度的最小安全系数	—
S_H	接触强度的安全系数	—
$S_{H\,min}$	接触强度的最小安全系数	—
T	名义转矩	N·m
Y	齿形系数	—
Y_i	惯性系数	—
Y_f	应力集中与应力修正系数	—
Y_A	惯性系数	—
Y_B	弯曲应力系数	—
Y_C	压缩应力系数	—
Y_{Fa}	载荷作用于齿顶时的齿形系数	—
Y_{FS}	展成齿轮的复合齿形系数	—
Y_J	锥齿轮几何系数	—
Y_K	锥齿轮系数	—
Y_{LS}	弯曲强度计算的载荷分担系数	—
Y_{NT}	标准试验齿轮的寿命系数	—
Y_P	复合几何系数	—
Y_R	光滑试样的表面系数	—
Y_{RT}	表面粗糙度 $Rz_T=10\mu m$ 的试验齿轮的表面状况系数	—
$Y_{R\,rel\,T}$	相对表面状况系数	—
Y_{Sa}	载荷作用于齿顶的应力修正系数	—
Y_{ST}	标准齿轮的应力修正系数	—
Y_X	齿根应力的尺寸系数	—
Y_δ	实际齿轮的动态敏感系数	—

续表

符号	意义	单位
$Y_{\delta T}$	标准试验齿轮的动态敏感系数	—
$Y_{\delta\ rel\ T}$	相对敏感性系数	—
Y_{ε}	弯曲强度计算的重合度系数	—
Z_{v}	速度系数	—
Z_{E}	弹性系数	$(N/mm^2)^{1/2}$
Z_{H}	区域系数	—
Z_{K}	接触强度计算的锥齿轮系数	—
Z_{L}	润滑剂系数	—
Z_{LS}	载荷分担系数	—
Z_{M-B}	中间区域系数	—
Z_{NT}	标准齿轮试验的寿命系数	—
Z_{R}	接触强度计算的粗糙度系数	—
Z_{S}	锥齿轮滑移系数	—
Z_{W}	工作硬度系数	—
Z_{X}	尺寸系数	—
α_{h}	轮齿中心线上载荷作用点的法向压力角	(°)
α_{n}	法向压力角	(°)
α_{vn}	当量圆柱齿轮的法向压力角($=\alpha_n$)	(°)
α_{vt}	当量圆柱齿轮端面压力角	(°)
α_{wt}	端面工作压力角	(°)
α_{Fan}	当量直齿轮齿顶载荷作用角	(°)
α_{L}	载荷作用点的法向压力角	(°)
β_{m}	中点螺旋角	(°)
β_{vb}	当量圆柱齿轮基圆螺旋角	(°)
γ_{a}	齿形和轮齿修正系数的辅助角	(°)
δ	节锥角	(°)
δ_{a}	面锥角	(°)
δ_{f}	根锥角	(°)
$\varepsilon_{v\alpha}$	当量圆柱齿轮的端面重合度	—
$\varepsilon_{v\alpha n}$	法截面内当量圆柱齿轮的端面重合度	—
$\varepsilon_{v\beta}$	当量圆柱齿轮的纵向重合度	—
$\varepsilon_{v\gamma}$	总重合度	—
ε_{N}	载荷分担率	—
θ_{a}	齿顶角	(°)
θ_{f}	齿根角	(°)
ξ	确定薄弱截面的设定角	(°)
ξ_{h}	载荷作用点处法向弧齿厚所对应圆心角的一半	(°)
ρ	齿轮材料密度	kg/mm^3
ρ_{a0}	刀具刃尖半径	mm
ρ_{fP}	圆柱齿轮基本齿条齿根圆角半径	mm
ρ_{rel}	相对曲率半径	mm
ρ_{Fn}	30°切线切点的圆角半径	mm
ρ'	滑移层厚度	mm
σ_{B}	抗拉强度	N/mm^2
σ_{F}	齿根应力	N/mm^2
$\sigma_{F\ lim}$	试验齿轮的弯曲疲劳极限	N/mm^2
σ_{FE}	材料的弯曲疲劳极限	N/mm^2
σ_{FP}	许用齿根应力	N/mm^2
σ_{H}	接触应力	N/mm^2
$\sigma_{H\ lim}$	试验齿轮的接触疲劳极限	N/mm^2

续表

符号	意义	单位
σ_{HP}	许用接触应力	N/mm^2
σ_{H0}	接触应力基本值	N/mm^2
$\sigma_{0.2}$	残余变形 0.2%时的应力	N/mm^2
τ	齿根最薄弱点的切线与轮齿中心线的夹角	(°)
θ	齿形和轮齿修正系数的辅助系数	—
ν	泊松比	—
ν_{40}, ν_{50}	40℃、50℃温度时油的名义动态黏度	mm^2/s
ω	角速度	rad/s
ω_{Σ}	速度矢量和同节锥齿线之间的夹角	(°)
χ^X	缺口根部的相对应力差	mm^{-1}
$\chi_T{}^X$	试验齿轮缺口根部的相对应力差	mm^{-1}
Σ	轴夹角	(°)
角标说明		
0、1、2	刀具、小轮、大轮	
X	动态等效的圆柱齿轮	
A,B,B1,B2,C	由 A、B、B1、B2、C 法确定的数值	
(1)、(2)	插值尝试法	

7.3 应用

7.3.1 计算方法

GB/T 10062 主要用于计算从图纸或测量（重新计算）中获得必要数据的锥齿轮。在初步设计阶段，所获得的数据是有限的，对于某些系数可采用近似或经验数值。此外，在某些应用场合或粗略计算中，某些系数可设定为“1”或某个常数，但此时应选用保守的安全系数。无论何种情况，如果 A、B、C 方法的结果不一致，则优先选择实际尺寸、全负荷试验。如果 A 方法的精确度与可靠度已被证明，与 B 方法比较优先选用 A 方法，同样 B 方法与 C 方法比较则优先选用 B 方法。

① 方法 A　如果从其他类似设计的操作中获得了足够的经验做指导，则可以通过相关测试结果或现场数据推测出令人满意的设计。包括在该方法中的系数要用精确测试和传动系统的深入的数学分析或运行现场的经验等来评价。使用该方法时，需要知道所有齿轮和载荷数据特性，并应能清楚地描述和提供全部数学分析与试验的前提条件、边界条件以及任何可能影响到计算结果的特性。例如，这种方法的精确度要通过公认的齿轮测试来证实。对于这种方法，用户和供应者协商一致。

② 方法 B　方法 B 提供了预测锥齿轮承载能力的计算公式，其中基本数据是已知的。即便如此，在对某些系数评估时，也需要从其他类似设计的操作中获得足够的经验，并检查给定操作条件下这些评估的有效性。

③ 方法 C　如果恰当的测试结果或现场经验无法用于类似设计的某些系数的评估，则应使用进一步简化的计算方法，即方法 C。

7.3.2 安全系数

在选择安全系数时，应仔细权衡允许的故障概率，以平衡可靠性与成本之间的关系。如果可以通过在实际负载条件下测试装置本身来准确评估齿轮的性能，则可以允许较低的安全系数。安全系数为计算许用应力除以特定的评估工作应力。

除上述总的要求以及与表面接触疲劳强度（点蚀）和齿根弯曲强度（GB/T 10062.2 和 GB/T 10062.3）有关的特殊的要求以外，只有当仔细考虑了材料数据的可靠度、计算所用载荷值的可靠度后才能确定安全系数。用于计算的许用强度是基于一定的失效概率条件才有效的（例如 GB/T 8539 中的材料数据对于损伤概率为 1%的情况有效）。当安全系数增加时，则失效的危险降低，反之亦然。如果载荷或系统对振动的响应是估算的而不是测试所得的，则应采用较大的安全系数。

在确定安全系数时，要考虑下述的变化：

① 由于制造公差引起的齿轮几何尺寸变化；

② 齿轮组件的对中度的变化；

③ 由化学成分、纯净度与微观结构的变化（材料质量与热处理）引起的材料变化；

④ 润滑与齿轮使用期间维护条件的变化。

因此，安全系数取值的合理性取决于计算所依据假设的可靠性，例如与负载相关的假设，以及齿轮本身所需的可靠性，以及故障情况下可能发生的任何损坏的可能后果。

齿轮产品应具有接触强度（应力）的最小安全系数 $S_{H\ min}=1.0$。弯曲强度的最小安全系数，对弧齿锥齿轮包括准双曲面齿轮，$S_{F\ min}=1.3$；对于直齿锥齿轮或螺旋角 $\beta_m \leqslant 5°$ 的齿轮，$S_{F\ min}=1.5$。

对于点蚀损伤与断齿的最小安全系数，供应者与用户应协商一致。

7.3.3 评测因素

① 试验　对齿轮传动系统性能的考验，最有效的方法是实际尺寸、全负荷的试验。或者，如果有足够的类似设计经验，并且结果可用，则可以从这些数据中推断得出令人满意的解决方案。另一方面，当不能获得适用的测试数据与现场运行数据时，应保守地选取强度系数值。

② 制造公差　强度评价系数的取值应基于零部件制造工艺变化所许可的最低质量限制。精度等级 B 应按 ISO 17485 单个齿距偏差确定动载系数 $K_{v\text{-}B}$。

③ 隐含的精度　当系数的经验数据由曲线给出时，ISO 10300 提供了曲线拟合方程，以便计算编程。

注：曲线拟合的常数和系数通常具有超过经验数据可靠性所隐含的有效数字。

7.3.4 其他因素

除影响接触强度和弯曲强度的各系数外，其他相关系统因素对整个传动性能也有重要影响。这些影响在计算时必须考虑。

① 润滑　只有当运转的齿轮轮齿具有恰当的与载荷、速度和齿面粗糙度相适应的润滑剂（有合适的黏度和添加剂），并有足够润滑油供给齿轮与轴承，而且保持合适的运行温度时，GB/T 10062 计算公式所确定的承载能力才有效。

② 错位　许多齿轮传动系统需外部基础支承，如机器的底座，以保证齿轮正确啮合。如果这些支承设计不良、初始存在不对中误差，或由于弹性变形或热变形或其他影响因素，使这些基础支承在运行中发生错位，对整个齿轮传动系统的性能将造成不利的影响。

③ 变形　由悬臂、径向和轴向载荷造成的齿轮的支承箱体、轴与轴承的变形会影响到啮合过程轮齿的接触。因变形是随载荷而变化的，要在不同载荷下都获得好的轮齿接触是很难的。一般来说，原动机与工作机械的外载荷所引起的变形会降低齿轮的承载能力，所以外力与内力引起的变形在确定轮齿实际接触时都应充分考虑。

④ 材料和冶金质量　大多数锥齿轮由表面硬化钢制造。这种材料和其他材料的疲劳极限应在锥齿轮试验基础上确定。材料疲劳极限（基于钢的冶金制造与热处理的不同状态来确定）从 GB/T 8539 中查取。为选取材料的疲劳极限，应规范材料的硬度、拉伸强度以及质量等级。

注：高质量等级钢具有高的疲劳极限，而低质量等级钢具有低的疲劳极限。

⑤ 残余应力　任何一种含铁的材料因存在表层及心部硬度变化都具有残余应力。如果处理恰当，齿面表层将是压应力，因此提高了轮齿弯曲疲劳强度。如果处理得当，喷丸、表面渗碳、感应硬化是产生轮齿表面压应力的常用方法。热处理后不恰当的磨齿工艺可能降低残余压应力甚至导致轮齿齿根圆角处的残余拉应力，更甚一步造成材料的疲劳极限下降。

⑥ 系统动力学　在 ISO 10300 中所使用的分析方法包括动载系数 K_v，由于轮齿制造误差产生了附加载荷，从而降低了齿轮的承载能力。一般来说，该分析方法提供了简化值，以便于使用。

由于原动机与工作机的相对运动，并因此而引起的系统的动力响应，产生了附加的轮齿载荷。使用系数 K_A 仅考虑原动机与工作机的运行特征，但应认识到齿轮传动副、齿轮箱体的误差和工作机械等诸多因素在接近系统的固有频率处诱发激振，激振导致过载，会产生比正常载荷大几倍的载荷。因此，涉及临界使用情况时，推荐进行整个系统的分析。这种分析对象包括原动机、工作机、联轴器、安装条件、激振源等整个系统，必须计算自激频率、振型模态、动态响应振幅等。

⑦ 接触斑点　为补偿轴和支承变形，绝大多数锥齿轮制造过程中在齿高与齿长方向修成鼓形。这样在轻载荷下滚动检查时为局部接触斑点。除另有规定外，在设计载荷下轮齿接触斑点应布满整个齿面，但不能有边缘接触。

对于未按鼓形齿加工的并且接触斑点不良的锥齿轮，使用强度计算公式时需要对 GB/T 10062 的系数进行修正，这类齿轮没有包括在 GB/T 10062 标准内。

注：用于接触斑点分析的总载荷可包括到使用系数里。

⑧ 腐蚀　齿轮的腐蚀会明显降低轮齿的弯曲强度与接触强度，但轮齿腐蚀影响的定量分析超出了 GB/T 10062 标准的范围。

7.3.5　基本计算公式中的影响系数

GB/T 10062.2 和 GB/T 10062.3 基本计算公式包括了由几何参数确定的系数或常规方法确定的系数，上述系数都要根据它们的公式进行计算。

GB/T 10062（所有部分）中的计算公式也反映了制造偏差和齿轮箱工作循环周期系数的影响，这些系数通称为影响系数，考虑到了众多因素的影响。虽然这些系数按相互独立来处理，但在一定程度上是相互影响，只是难以评估。这些系数包括 K_A、K_v、$K_{H\beta}$、$K_{H\alpha}$ 和 $K_{F\alpha}$，以及影响许用应力的诸系数。

各影响系数可用不同的方法来确定。如果需要，系数可加下标 A、B、C 代号，除另有规定外（例如应用标准中有规定），对重要的传动优先选用更精确的方法。当对影响系数的评价方法不能简明识别时，建议使用补充下标。

对于某些应用情况，必须采用不同的方法选择各系数（例如，确定动载系数、齿间载荷系数的不同方法）。书写计算报告时，所采用的方法用扩展的下标注明。例如 K_{v-C}、$K_{H\alpha-B}$。

7.4　外部作用力与使用系数 K_A

7.4.1　名义切向力、转矩、功率

GB/T 10062（所有部分）中，基本应力计算公式中使用小轮转矩。为确定轮齿的弯矩或齿面上的力，在分锥中点齿宽处计算切向力，如下：

锥齿轮名义切向力，F_{mt}：

$$F_{mt1,2}=\frac{2000T_{1,2}}{d_{m1,2}} \tag{12-3-101}$$

小轮、大轮名义转矩，T：

$$T_{1,2}=\frac{F_{mt1,2}d_{mt1,2}}{2000}=\frac{1000P}{\omega_{1,2}}=\frac{9549P}{n_{1,2}} \tag{12-3-102}$$

名义功率，P：

$$P=\frac{F_{mt1,2}v_{mt1,2}}{1000}=\frac{T_{1,2}\omega_{1,2}}{1000}=\frac{T_{1,2}n_{1,2}}{9549} \tag{12-3-103}$$

中点分锥切向速度，v_{mt}：

$$v_{mt1,2}=\frac{d_{m1,2}\omega_{1,2}}{2000}=\frac{d_{m1,2}n_{1,2}}{19098} \tag{12-3-104}$$

工作机的名义转矩是决定性的。该工作转矩是在最苛刻或常规的条件下长期运转时的转矩。如果原动机的名义转矩相当于工作机的转矩，也可用原动机的转矩。

7.4.2　变载荷工况

如果载荷不是均匀的，则必须仔细分析，其中要考虑外部动载系数与内部动载系数，要确定齿轮预期寿命内的各种载荷及其运行时间。按基于 Miner 法则（GB/T 3480）的方法，根据载荷谱确定齿轮的当量寿命。

7.4.3 使用系数 K_A

如果没有可靠的经验数据，或不能获得由实际测试或综合系统分析确定的载荷谱时，可采用根据 7.4.1 节确定的名义切向力 F_{mt} 与使用系数 K_A 进行计算。该使用系数允许任何外部施加的动载荷超过名义转矩 T_1。

（1）影响外部动载荷的因素

在确定使用系数时，应考虑到下述事实：许多原动机会产生瞬时尖峰转矩，该尖峰转矩会远超工作机或原动机所确定的额定转矩。有许多可能的动态过载源应予以考虑：系统振动；临界速度；加速转矩；超速；系统运行中的突然变化；制动刹车；反向转矩，如车辆的减速制动转矩所导致的轮齿反向齿面受载。

在齿轮传动工作范围内进行临界速度的分析是必要的。如果临界速度存在，为了消除共振或对系统提供阻尼以尽量降低齿轮和轴的振动，应对整个齿轮传动系统的设计进行修改。

（2）使用系数的确定

对一个特定的应用场合的使用经验进行全面分析，是确定使用系数最好的方法。例如船用齿轮，它承受周期性的尖峰转矩（扭振），并且设计为无限寿命，使用系数可定义为周期性尖峰转矩与名义额定转矩之比。名义额定转矩由额定功率与速度确定。

如果齿轮承受有限次数的并超过周期尖峰转矩的变载荷，可直接按增大使用系数的方法表达载荷谱的影响。

如果不能获得使用经验数据，则应进行全面的分析研究。如果确定使用系数 K_A 的这两种方法都不能实现，则可用标准附录 B 提供的近似值。

7.5 动载系数 K_v

7.5.1 影响因素

动载系数 K_v 考虑轮齿制造质量对速度、载荷的影响以及下列各种因素的影响。动载系数表示轮齿总载荷（包括内部动态影响）与所传递切向载荷的比例关系，并用载荷总量（所传递的切向载荷加内部有效动载荷）除以传递的切向载荷表示。影响轮齿内部动载荷的因素有设计、制造、传动误差、动态响应、激振。

（1）设计

设计因素包括：节线速度；轮齿载荷；旋转组件的惯量与刚度；轮齿刚度变化量；润滑剂的特性；轴承刚度与箱体结构；临界速度和齿轮箱的内部振动。

（2）制造

制造因素包括：齿距偏差；节圆面对旋转轴心的径向跳动；齿面偏差；啮合轮齿的配合性；部件的平衡；轴承的配合与预紧载荷。

（3）传动误差

即使输入的转矩与速度恒定，也存在齿轮的明显振动并产生轮齿动载荷。这些动载荷由啮合轮齿的相对运动产生，振动是由传动误差导致的激振引起的。一对齿轮副理想的运动要求输入与输出之间速比恒定。传动误差定义为相对啮合齿轮副均匀角速度的偏差。传动误差受许多偏差的影响，这些偏差是：理想齿轮与实际设计齿轮的齿形偏差、制造加工的偏差以及运行条件等。运行条件包括下列各项：

a. 节线速度。激振的频率取决于节线速度与模数。

b. 齿轮啮合刚度的变化。齿轮啮合刚度的周期时变是一种激振源，对直齿锥齿轮与零度锥齿轮而言特别明显。重合度大于 2.0 的弧齿锥齿轮啮合刚度的时变较小。

c. 齿轮传递的载荷。由于变形取决于载荷，设计的齿廓修形只能保证一种载荷下均匀的运动速比，工作载荷与设计载荷不同时传动误差将增加。

d. 齿轮和轴的动态不平衡。

e. 使用环境。轮齿齿廓的过多磨损与塑性变形将使传动误差增大。齿轮传动应有合适的润滑系统、封闭的运行空间、密封条件，以维持一个安全的运行温度和无污染的环境。

f. 轴的错位。轮齿啮合的对中性受到轮齿载荷和齿轮、轴、轴承、箱体的热变形的影响。

g. 轮齿摩擦引发的激振。

（4）动态响应

轮齿的动载荷受下述因素影响：

① 齿轮、轴和其他主要内部零件的质量；

② 轮齿、轮体、轴、轴承与箱体的刚度；

③ 阻尼，阻尼源主要是轴承与密封等，包括齿轮轴的滞阻、滑动面与联轴器的黏性阻尼。

(5) 激振

当一种激振频率（轮齿啮合频率、轮齿啮合倍频等）等于或接近齿轮传动系统的固有频率时，激振会引起高的轮齿动载荷。当某一转速产生激振引起内部动载荷变大时，应避免在这种转速范围下运行。

① 轮体激振　高速与轻载的齿轮的轮体可能具有在工作速度范围内的固有振动频率。如果轮体受到接近其固有频率激振时，则激振产生的变形要引起高的轮齿动载荷。薄板形或薄筒形轮体激振能引起轮体的破坏。当轮体激振时，确定动载系数 K_v 的 B 方法或 C 方法不再适用。

② 系统激振　原动机、齿轮箱、工作机、联结轴与联轴器组成一个系统，齿轮箱只是该系统中的一部分。该系统的动态响应取决于整个系统的组成配置。在一定情况下，系统的某一固有频率可能接近与工作转速相关的激振频率。在这样的激振条件下，齿轮箱的运行必须进行仔细分析评价。对于临界状态的齿轮传动，推荐对整个系统进行详尽的分析。当确定使用系数时，同样也要详尽分析。

7.5.2 计算方法

一对锥齿轮是一种非常复杂的振动系统，不能仅考虑一对锥齿轮来确定动态系统与固有振动频率引起的动载荷。小轮轴的对中度可通过调整校正，这主要取决于装配调整操作人员的水平，对间隙和齿轮轴、轴承或箱体的弹性变形的把控。

对中度的轻微的调整变化将改变锥齿轮副的相对旋转角度，也改变轮齿上的动载荷。齿长和齿廓的鼓形妨碍了真正的共轭啮合并使轮齿精度难以确定。

在上述情况下，动载系数的可靠数值可由测试方法充分验证过的数字模型来确定。如果已知的动载荷已加到名义的传递载荷上，则动载系数取 1。

在本节中，提供了确定 K_v 的几种方法，按精确度顺序为方法 A（$K_{v\text{-}A}$）至方法 C（$K_{v\text{-}C}$）。

7.5.2.1 方法 A，$K_{v\text{-}A}$

$K_{v\text{-}A}$ 由综合分析法来确定，由类似的设计经验所证明，确定步骤如下所述：

a. 建立包括齿轮箱在内的整个动力传动振动系统的数学模型；

b. 测试或用可靠的模拟程序计算受载下的锥齿轮副的传动误差；

c. 用系统模型和传动误差引起的激励来分析小齿轮和大齿轮的动态响应。

7.5.2.2 方法 B，$K_{v\text{-}B}$

本方法做了简化，假定：包括大轮与小轮在内的一对锥齿轮副构成一种弹簧振动系统，弹簧刚度是接触轮齿的啮合刚度。根据上述假定，$K_{v\text{-}B}$ 法中没有包括由于轴及其连接的结构的扭振而产生的力。如果除锥齿轮副外的其他质量是由相对低的扭转刚度的轴连接时，这是符合实际的。对于带有很大横向柔性的轴的锥齿轮副，真实的固有频率低于计算的频率。

动载荷的大小取决于齿轮的精度，即齿廓形状和齿距偏差。对锥齿轮而言，确定齿廓形状偏差是困难的(不是渐开线型)。另一方面，齿距偏差能相对容易地测出。因此，本方法在确定动载系数时，用齿距偏差代表传动误差的数值。

在计算 $K_{v\text{-}B}$ 时，需要下述数据：

a. 齿轮副的精度（齿距偏差）；

b. 小齿轮与大齿轮的质量惯性矩（尺寸与材料密度）；

c. 轮齿的刚度；

d. 切向载荷。

(1) 速度范围

无量纲的基准速度（转速）：

$$N=\frac{n_1}{n_{E1}} \tag{12-3-105}$$

式中，n_{E1} 为临界转速。

借助基准速度 N，全部速度范围可分为 4 个区段：亚临界区、主共振区、超临界区与过渡区（主共振区与超临界区之间)。

由于某些零件(如轴、轴承、箱体)的刚度没有包括阻尼的影响,所以共振速度要高于或低于按式(12-3-106)算得的速度。为安全起见,共振区定义为 $0.75<N\leq1.25$。

$K_{v\text{-}B}$ 计算所用各区段如下:

① 亚临界区,$N\leq0.75$,用 A 方法或 B 方法确定;

② 主共振区,$0.75<N\leq1.25$,在此区段的运行必须避免,若不可避免则必须用 A 方法分析;

③ 过渡区,$1.25<N<1.5$,用 A 方法或 B 方法确定;

④ 超临界区,$N\geq1.5$,用 A 方法或 B 方法确定。

关于速度范围的更详细的资料见 GB/T 3480。

(2)共振速度

小轮的共振速度:

$$n_{E1}=\frac{30\times10^3}{\pi z_1}\sqrt{\frac{c_\gamma}{m_{red}}} \tag{12-3-106}$$

式中,c_γ 是啮合刚度;m_{red} 是转化到动态当量圆柱齿轮作用线上的单位齿宽质量:

$$m_{red}=\frac{m_1^* m_2^*}{m_1^*+m_2^*} \tag{12-3-107}$$

对于圆柱直齿轮,$c_{\gamma0}=20\text{N}/(\text{mm}\cdot\mu\text{m})$,对圆柱斜齿轮的研究表明,螺旋角增加时,刚度降低。另一方面,锥齿轮的轮齿在锥体上的螺旋形布置加强了轮齿的刚度,由于缺乏更深入的了解,在均值的条件下 $F_{vmt}K_A/b_e\geq$ 100N/mm 和 $b_e/b\geq0.85$,圆柱直齿轮的刚度对锥齿轮是适用的。因此,单位齿宽啮合刚度均值 c_γ 能按下式确定:

$$c_\gamma=c_{\gamma0}C_F C_b \tag{12-3-108}$$

式中,$c_{\gamma0}$ 是均值条件下的轮齿平均啮合刚度,推荐数值 $20\text{N}/(\text{mm}\cdot\mu\text{m})$。$C_F$、$C_b$ 为非均值条件下的修正系数:

对于 $F_{vmt}K_A/b_e\geq100\text{N/mm}$ $\quad C_F=1$ (12-3-109)

对于 $F_{vmt}K_A/b_e<100\text{N/mm}$ $\quad C_F=(F_{vmt}K_A/b_e)/100\text{N/mm}$ (12-3-110)

对于 $b_e/b\geq0.85$,

$$C_b=1 \tag{12-3-111}$$

对于 $b_e/b<0.85$,

$$C_b=b_e/(0.85b) \tag{12-3-112}$$

式中,b_e 是有效齿宽,等于接触斑点的实际长度。在满载条件下,接触斑点的长度是齿宽 b 的 85%。如果在受载条件下不能获得接触斑点长度的数据,则采用 $b_e=0.85b$。

如果由于成本耗费或其他原因(例如在设计阶段)无法精确确定锥齿轮副的 m_1^*,m_2^*,则常用等效的圆柱齿轮近似代替锥齿轮轮体(下标 x)(见图 12-3-71)。

$$m_{1,2}^*=m_{1x,2x}^*=\frac{1}{8}\rho\pi\frac{d^2 m_1 d_{m1,2}^2}{\cos^2\alpha_n} \tag{12-3-113}$$

$$m_{redx}=\frac{1}{8}\rho\pi\frac{d^2 m_1}{\cos^2\alpha_n}\times\frac{u^2}{1+u^2} \tag{12-3-114}$$

式中,ρ 是齿轮材料密度。

例如,对于 $\alpha_n=20°$ 的钢制齿轮($\rho=7.86\times10^{-6}\text{kg/mm}^3$)为:

$$m_{redx}=3.50\times10^{-8}d_{m1}^2\frac{u^2}{1+u^2} \tag{12-3-115}$$

当取 $c_\gamma=20\text{N}/(\text{mm}\cdot\mu\text{m})$ 时

$$N=4.38\times10^{-8}n_1 z_1 d_{m1}\sqrt{\frac{u^2}{1+u^2}}=0.084\frac{z_1 v_{mt}}{100}\sqrt{\frac{u^2}{1+u^2}} \tag{12-3-116}$$

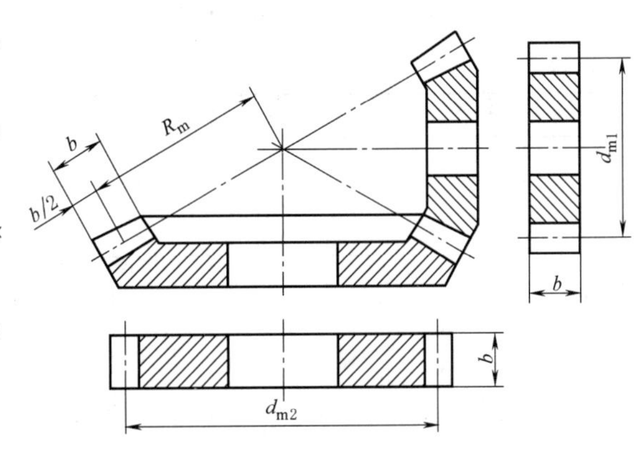

图 12-3-71 用于确定锥齿轮动载系数的近似动态等效圆柱齿轮

用图 12-3-72 线图确定实心钢制小齿轮和实心钢制大齿轮相啮合的共振速度。

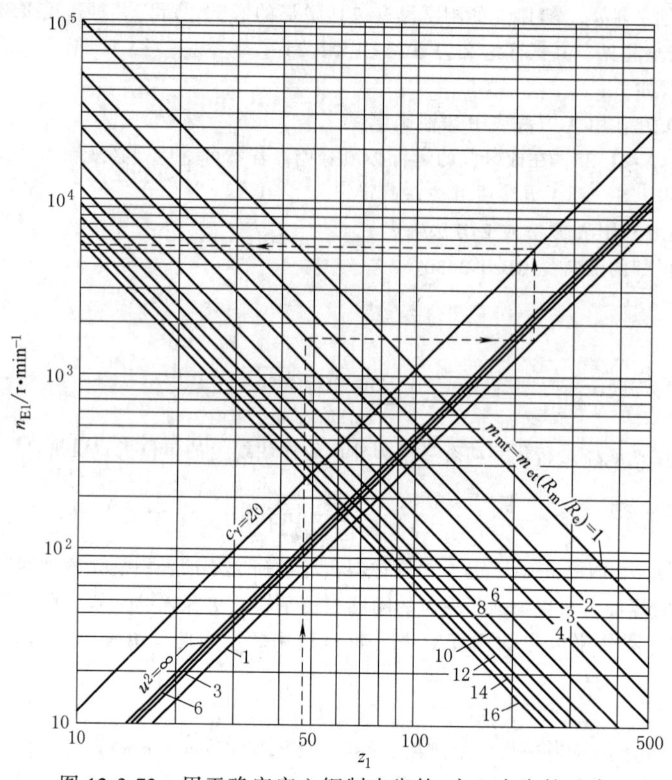

图 12-3-72　用于确定实心钢制小齿轮/实心大齿轮啮合临界速度 n_{E1} 线图 [$c_\gamma=20$N/(mm·μm)]

(3) 亚临界区 ($N\leqslant0.75$)

工业齿轮与车辆齿轮常用工作范围：

$$K_{v\text{-}B}=NK+1 \tag{12-3-117}$$

按前面 (1) 给出的假定，采用下式：

$$K=\frac{bf_{p,eff}c'}{F_{vmt}K_A}c_{v1,2}+c_{v3} \tag{12-3-118}$$

式中，$f_{p,eff}=f_{pt}-y_p$，$y_p\approx y_a$。

对 c' 取值见式 (12-3-119)；$c_{v1,2}$、c_{v3} 见表 12-3-38。

齿顶修缘的影响没有考虑，因此，对于具有齿廓修形的锥齿轮副，上述计算偏于安全。

表 12-3-38　影响因素 c_{v1} 至 c_{v7}

影响因素	$1\leqslant\varepsilon_{v\gamma}\leqslant2$[1]	$\varepsilon_{v\gamma}>2$[1]	关系
c_{v1}[2]	0.32	0.32	$c_{v1,2}=c_{v1}+c_{v2}$
c_{v2}[3]	0.34	$\dfrac{0.57}{\varepsilon_{v\gamma}-0.3}$	
c_{v3}[4]	0.23	$\dfrac{0.096}{\varepsilon_{v\gamma}-1.56}$	—
c_{v4}[5]	0.90	$\dfrac{0.57-0.05\varepsilon_{v\gamma}}{\varepsilon_{v\gamma}-1.44}$	
c_{v5}[6]	0.47	0.47	$c_{v5,6}=c_{v5}+c_{v6}$
c_{v6}[6]	0.47	$\dfrac{0.12}{\varepsilon_{v\gamma}-1.74}$	

续表

影响因素	$1<\varepsilon_{v\gamma}\leqslant 1.5$	$1.5<\varepsilon_{v\gamma}\leqslant 2.5$	$\varepsilon_{v\gamma}>2.5$
c_{v7} ⑦	0.75	$0.125\sin[\pi(\varepsilon_{v\gamma}-2)]+0.875$	1.0

① 对于 $\varepsilon_{v\gamma}$，参见 ISO 10300-1 方法 B1 公式或方法 B2 公式。
② 考虑齿距偏差效应，并假定为常数。
③ 考虑齿廓偏差效应。
④ 考虑啮合刚度的循环变化效应。
⑤ 考虑由啮合刚度的周期性变化引起的齿轮副共振扭转振动。
⑥ 在超临界区中，影响因子 c_{v5} 和 c_{v6} 对 $K_{v\text{-}B}$ 的影响与亚临界区中的 c_{v1} 和 c_{v2} 的影响相对应。
⑦ 考虑由于啮合刚度变化而产生的力分量，该力分量由基本恒定速度下的齿弯曲变形引起。

对于圆柱齿轮，采用 $c_0'=14\text{N}/(\text{mm}\cdot\mu\text{m})$。对圆柱斜齿轮的研究表明，螺旋角增加时，轮齿的刚度降低。另一方面，直齿锥齿轮的轮齿在锥体上的螺旋形布置加强了轮齿的刚度，由于缺乏更深入的了解，在均值的条件下 $F_{vmt}K_A/b_e\geqslant 100\text{N/mm}$ 和 $b_e/b\geqslant 0.85$，圆柱直齿轮的刚度对锥齿轮是适用的。因此，单齿啮合刚度 c'能按下式确定：

$$c'=c_0'C_FC_b \tag{12-3-119}$$

式中，c_0'是均值条件下的单齿啮合刚度（单齿常啮合刚度），推荐数值 $14\text{N}/(\text{mm}\cdot\mu\text{m})$；$C_F$、$C_b$ 为非均值条件下的修正系数。

（4）主共振区（$0.75<N\leqslant 1.25$）

按 B 方法的假设，用下式计算：

$$K_{v\text{-}B}=\frac{bf_{p,\text{eff}}c'}{F_{mt}K_A}c_{v1,2}+c_{v4}+1 \tag{12-3-120}$$

对 $c_{v1,2}$、c_{v4} 取值见表 12-3-38。

（5）超临界区（$N\geqslant 1.5$）

高速齿轮与类似要求的齿轮在此区域中运行：

$$K_{v\text{-}B}=\frac{bf_{p,\text{eff}}c'}{F_{mt}K_A}c_{v5,6}+c_{v7} \tag{12-3-121}$$

对 c'和 $f_{p,\text{eff}}$ 取值见（3），$c_{v5,6}$ 和 c_{v7} 见表 12-3-38。

（6）过渡区（$1.25<N<1.5$）

在本区域中，动载系数在 $N=1.25$ 的 $K_{v\text{-}B}$ 与 $N=1.5$ 的 $K_{v\text{-}B}$ 之间用线性插值法确定。$K_{v\text{-}B}$ 按下式计算：

$$K_{v\text{-}B}=K_{v\text{-}B(N=1.5)}+\frac{K_{v\text{-}B(N=1.25)}-K_{v\text{-}B(N=1.5)}}{0.25}(1.5-N) \tag{12-3-122}$$

7.5.2.3 方法 C，$K_{v\text{-}C}$

当缺乏专业的动载荷知识时可采用图 12-3-73 确定动载系数。图 12-3-73 的图线以及下面给出的式（12-3-123）~式（12-3-127）是建立在经验数据基础之上的，未考虑激振。C——精度等级系数（根据 GB/T 10095.1 给出的计算公式计算）由于经验图线的近似特性和在设计阶段缺乏齿轮误差实测值，动载系数曲线必须在制造方法的经验以及考虑影响设计的运行条件的基础之上来选择。在大多数情况下，根据以前齿面的接触斑点的经验是有帮助的。

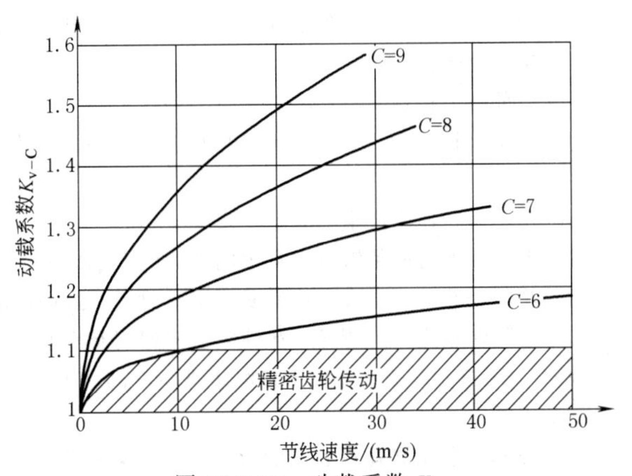

图 12-3-73 动载系数 $K_{v\text{-}C}$

对于曲线 $C=6$ 到 $C=9$ 与“精密齿轮传动”（7.5.2.3），$K_{v\text{-}C}$ 选择是在传动误差基础之上的。如果不能获得传动误差，可合理地参考齿面上的接触斑点。如果每个齿面的接触斑点不一致，则齿距精度（单个齿距偏差）可作为精度的代表数值，以确定动载系数。

当齿轮传动采用很高精度等级（精密齿轮传动）工艺控制方法来制造时（通常当 GB/T 10095.1 的 $C<$

5 级时，或设计制造与使用经验确认为低传动误差时），K_v 的值可取 1.0 与 1.1，这取决于类似应用的经验和实际达到的精度。为了正确使用 K_v 数值，齿轮传动必须保持精确的对中度和充分的润滑，以便维持齿轮运行过程中传动精度。

图 12-3-73 中 $C=6\sim9$ 的经验曲线的绘制是由下述各式得出的：

——$6\leqslant C\leqslant9$；

——$6\leqslant z\leqslant1200$ 或 $10000/m_{mn}$，取较小的一个；

——$1.25\leqslant m_{mn}\leqslant50$。

使用中可能遇到超出图 12-3-73 中曲线范围的情况，可以根据经验和动态载荷因素进行外推插值。为了计算方便，式（12-3-123）定义了图 12-3-73 曲线的端点。

动载系数，$K_{v\text{-}C}$ 为

$$K_{v\text{-}C}=\left(\frac{A}{A+\sqrt{200v_{et2}}}\right)^{-B} \tag{12-3-123}$$

$$v_{et2}=v_{mt}\frac{d_{e1,2}}{d_{m1,2}} \tag{12-3-124}$$

式中：

$$A=50+56(1.0-B) \tag{12-3-125}$$

$$B=0.25(C-5.0)^{0.667} \tag{12-3-126}$$

C——根据 GB/T10095.1 给出的计算公式计算，也可用单个齿距偏差进行计算：

$$C=0.5048\ln z-1.144\ln m_{mn}+2.852\ln f_{pt}+3.32 \tag{12-3-127}$$

式中，z 为小轮或大轮齿数，取计算得 C 值大的齿数；ln 为自然对数；m_{mn} 为中点法向模数；f_{pt} 为中点单齿距偏差，μm。

对于某种给定精度等级系数 C，推荐的最大节线速度按下式确定：

$$v_{et\max}=\frac{[A+(14-C)]^2}{200} \tag{12-3-128}$$

式中，v_{etmax} 为大端节圆直径的最大节线速度（图 12-3-73 中 K_v 曲线的端点），m/s。

7.6 齿面载荷系数 $K_{H\beta}$、$K_{F\beta}$

齿面载荷系数 $K_{H\beta}$、$K_{F\beta}$ 修正齿面与齿根强度计算公式，反映载荷沿齿宽分布的均匀性。$K_{H\beta}$ 定义为每单位齿宽的最大载荷与单位齿宽的均值载荷之比。$K_{F\beta}$ 定义为最大齿根应力与均值齿根应力之比。

载荷的不均匀分布受下列因素影响：

——轮齿制造精度、轮齿接触斑点、齿距精度；

——在安装中齿轮的对中度；

——由轮齿内部载荷或外部载荷引起的轮齿、轴、轴承、箱体、支承箱体的基础的弹性变形；

——轴承公差；

——齿面赫兹接触变形；

——由于运行温度产生的热膨胀与热变形（对于箱体、齿轮轴、轴承的材料特性差异较大的齿轮装置特别重要）；

——由于运行速度产生的离心变形。

锥齿轮的几何特征是沿着齿宽方向变化的。切向载荷的轴向分量与径向分量是随轮齿接触位置而变化的。同样，齿轮箱的安装基础变形与轮齿变形也要改变，进而影响到轮齿接触的位置、大小与形状。

对于运行转矩变化的情况，在满载下应期望有“理想”的接触，在中间载荷下，应有令人满意的接触。

提示：GB/T 10062 不适用于接触斑点不良的锥齿轮（见 7.3.4⑧）。

（1）A 法

按 A 法精确确定载荷沿齿宽的分布，所有影响因素都要全面的分析，例如，对齿根工作应力进行测量。然而由于其成本高，实际应用中受到限制。

（2）B法

与方法B相对应的锥齿轮齿面载荷系数的标准化方法尚未开发出来。然而，齿面载荷分布可根据轮齿加载接触分析（LTCA）确定。

（3）C法

① 齿面载荷系数 $K_{H\beta\text{-}C}$　在锥齿轮中，齿向载荷分布主要受到鼓形齿与使用中变形的影响。为考虑鼓形效果（点接触），用一椭圆代替矩形接触区，椭圆的长轴等于齿宽 b，其短轴等于相应的当量圆柱齿轮端面啮合线的长度。在载荷分布的计算中，这个系数取1.5（这个值仅适应用于具有良好接触斑点的锥齿轮副）。

变形的影响与轴承布置的影响，用装配系数 $K_{H\beta\text{-}be}$ 计入，参考表12-3-39。

表12-3-39　　装配系数，$K_{H\beta\text{-}be}$

接触斑点检查	小轮和大轮的装配条件		
接触斑点检查方法	无悬臂装配	一个齿轮悬臂装配	两个齿轮悬臂装配
每套齿轮装箱做满载检查	1.00	1.00	1.00
每套齿轮做轻载检查	1.05	1.10	1.25
用标准齿轮装置检查，估计满载接触斑点	1.20	1.32	1.50

注：在最大的工作载荷下并在良好的接触斑点条件下检查，最大的工作载荷由装配条件下齿轮的变形试验证实。

注意：观察到的接触斑点是各个位置轮齿啮合接触的累积图形。仅当在齿轮一整转中接触斑点的偏移是小的（偏向小端或偏向大端），上述计算式才有效。特别对于用研磨法精加工的齿轮，单对齿接触斑点的偏移是很明显的。

为补偿在满载下有效齿宽 b_e 小于齿宽 b 的85%，齿向载荷系数要修正，则齿向载荷系数 $K_{H\beta\text{-}C}$ 为：

对于 $b_e \geqslant 0.85b$

$$K_{H\beta\text{-}C}=1.5K_{H\beta\text{-}be} \tag{12-3-129}$$

对于 $b_e<0.85b$

$$K_{H\beta\text{-}C}=1.5K_{H\beta\text{-}be}\frac{0.85}{b_e/b} \tag{12-3-130}$$

注意，上式不适用于非鼓形齿。

② 齿向载荷分布系数 $K_{H\beta\text{-}C}$　$K_{F\beta\text{-}C}$ 是考虑沿齿宽载荷分布对轮齿根部应力的影响。

$$K_{F\beta\text{-}C}=K_{H\beta\text{-}C}/K_{F0} \tag{12-3-131}$$

③ 弯曲应力的纵向曲率系数 K_{F0}　齿长曲率系数取决于两种情况：

a. 螺旋角；

b. 齿长方向齿的曲率。

对于弧齿锥齿轮

$$K_{F0}=0.211\left(\frac{r_{c0}}{R_m}\right)^q+0.789 \tag{12-3-132}$$

式中，r_{c0} 为轮齿中点纵向曲率半径；R_m 为中点锥距。

$$q=\frac{0.279}{\lg(\sin\beta_m)} \tag{12-3-133}$$

式中，β_m 为中点螺旋角。

如果计算值 $K_{F0}>1.15$，取 $K_{F0}=1.15$；如果计算值 $K_{F0}<1.0$，则取 $K_{F0}=1.0$。

对于直齿锥齿轮和零度锥齿轮

$$K_{F0}=1.0 \tag{12-3-134}$$

7.7　齿间载荷系数 $K_{H\alpha}$、$K_{F\alpha}$

总的切向载荷在啮合的几对齿中（在给定的齿轮尺寸条件下）的分配取决于齿轮制造精度与总的切向载荷的数值。

系数 $K_{H\alpha}$ 考虑载荷分配对接触应力的影响，$K_{F\alpha}$ 考虑载荷分配对齿根应力的影响（更详尽的资料参看GB/T 3480）。采用A法需深入的分析（见7.7.1节），但不论何种应用场合，用近似的B法和C法（见7.7.2节和见

7.7.3 节）已足够精确。

7.7.1 A 法

作为承载能力计算基础的载荷分配可由测试方法或对所有的影响系数的精确分析方法来确定。当采用该分析方法时，其精度与可靠度要经过验证，并要明确前提条件。

7.7.2 B 法

（1）当量重合度 $\varepsilon_{v\gamma}\leqslant 2$ 的锥齿轮

齿间载荷系数 $K_{H\alpha}$、$K_{F\alpha}$：

$$K_{H\alpha}=K_{F\alpha}=\frac{\varepsilon_{v\gamma}}{2}\left[0.9+0.4\frac{c_{\gamma}(f_{pt}-y_{\alpha})}{F_{mtH}/b}\right] \tag{12-3-135}$$

式中，c_γ 是啮合刚度，推荐数值近似 20N/(mm · μm)；f_{pt} 是单个齿距偏差，取大小轮中最大的一个；关于计算大轮的公差参考 GB/T 10095.1；y_α 是跑合余量（见 7.7.4 节）；F_{mt} 是分锥上齿宽中点的切向力：

$$F_{mtH}=F_{mt}K_AK_vK_{H\beta} \tag{12-3-136}$$

$K_{H\alpha}$、$K_{F\alpha}$ 也可按图 12-3-74 选取。

（2）当量重合度 $\varepsilon_{v\gamma}>2$ 的锥齿轮

齿间载荷分配系数 $K_{H\alpha}$，$K_{F\alpha}$：

$$K_{H\alpha}=K_{F\alpha}=0.9+0.4\sqrt{\frac{2(\varepsilon_{v\gamma}-1)}{\varepsilon_{v\gamma}}}\times\frac{c_{\gamma}(f_{pt}-y_{\alpha})}{F_{mt}/b} \tag{12-3-137}$$

（3）边界条件

如果 $K_{H\alpha}<1$ 且 $K_{F\alpha}<1$，则 $K_{H\alpha}$ 与 $K_{F\alpha}$ 取 1。

如果 $K_{H\alpha}>\varepsilon_{v\gamma}/(\varepsilon_{v\alpha}z_{LS}^2)$，取

$$K_{H\alpha}>\varepsilon_{v\gamma}/(\varepsilon_{v\alpha}z_{LS}^2) \tag{12-3-138}$$

Z_{LS} 见 GB/T 10062.2。

如果 $K_{F\alpha}>\varepsilon_{v\gamma}/(\varepsilon_{v\alpha}Y_{\varepsilon})$，取

$$K_{F\alpha}>\varepsilon_{v\gamma}/(\varepsilon_{v\alpha}Y_{\varepsilon}) \tag{12-3-139}$$

Y_ε 见 GB/T 10062.3。

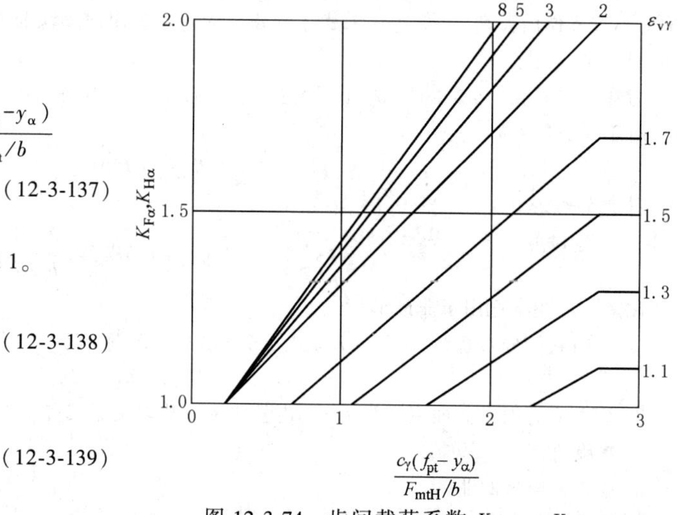

图 12-3-74 齿间载荷系数 $K_{H\alpha\text{-}B}$、$K_{F\alpha\text{-}B}$

上述边界条件，已假定了最不利的载荷分布状况，即仅一对轮齿传递总的切向力，因而计算是安全的。建议选择合适的锥齿轮精度，以使 $K_{H\alpha}$、$K_{F\alpha}$ 不超过 $\varepsilon_{v\alpha n}$ 的数值。

7.7.3 C 法

一般来说，本法对工业齿轮是足够精确的。为确定系数 $K_{H\alpha\text{-}C}$、$K_{F\alpha\text{-}C}$，必须知道齿轮精度等级、规定载荷、锥齿轮类型和跑合性能。跑合性能由材料与热处理来表达。

（1）前提条件与假设

端面重合度：$1.2<\varepsilon_{v\alpha}<1.9$；

使用轮齿刚度（见 GB/T 3480）：$c_\gamma=20$N/(mm · μm)，或 $c'=14$N/(mm · μm)；

用单个齿距偏差确定每个齿轮的精度等级。

按此假定，得到的齿间载荷系数，对于大多数应用场合，即对于均值与较高单位载荷以及单位载荷 $F_{mt}K_A/b_e<100$N/mm 的情况下，该数值是偏安全的。

（2）系数的确定

$K_{H\alpha\text{-}C}$、$K_{F\alpha\text{-}C}$ 按表 12-3-40 确定。

注意，如果大小轮精度不同按较低的一个。

表 12-3-40　　端面荷载分布系数，$K_{H\alpha\text{-}C}$ 和 $K_{F\alpha\text{-}C}$

项目			单位载荷 F_{mt}/b_e							
			≥100N/mm							<100N/mm
齿轮精度等级(GB/T 10095.1)			6 级及以上	7	8	9	10	11	12	所有等级精度
硬齿面	直齿锥齿轮	$K_{H\alpha}$	1.0		1.1	1.2	取 $1/Z_{LS}^2$ 和 1.2 中的较大值			
		$K_{F\alpha}$					取 $1/Y_\varepsilon$ 和 1.2 中的较大值			
	斜齿与弧齿锥齿轮	$K_{H\alpha}$	1.0	1.1	1.2	1.4	取 $\varepsilon_{v\alpha n}$ 和 1.4 中的较大值			
		$K_{F\alpha}$								
软齿面	直齿锥齿轮	$K_{H\alpha}$	1.0			1.1	1.2	取 $1/Z_{LS}^2$ 和 1.2 中的较大值		
		$K_{F\alpha}$						取 $1/Y_\varepsilon$ 和 1.2 中的较大值		
	斜齿与弧齿锥齿轮	$K_{H\alpha}$	1.0		1.1	1.2	1.4	取 $\varepsilon_{v\alpha n}$ 和 1.4 中的较大值		
		$K_{F\alpha}$								

注：Z_{LS} 见 GB/T 10062.2；Y_S 见 GB/T 10062.3。

7.7.4　跑合余量 y_α

跑合余量 y_α 是指使运行初期时啮合的不贴合误差所允许减小的跑合量。如果没有直接经验，y_α 可从图 12-3-75 或图 12-3-76 中选取。

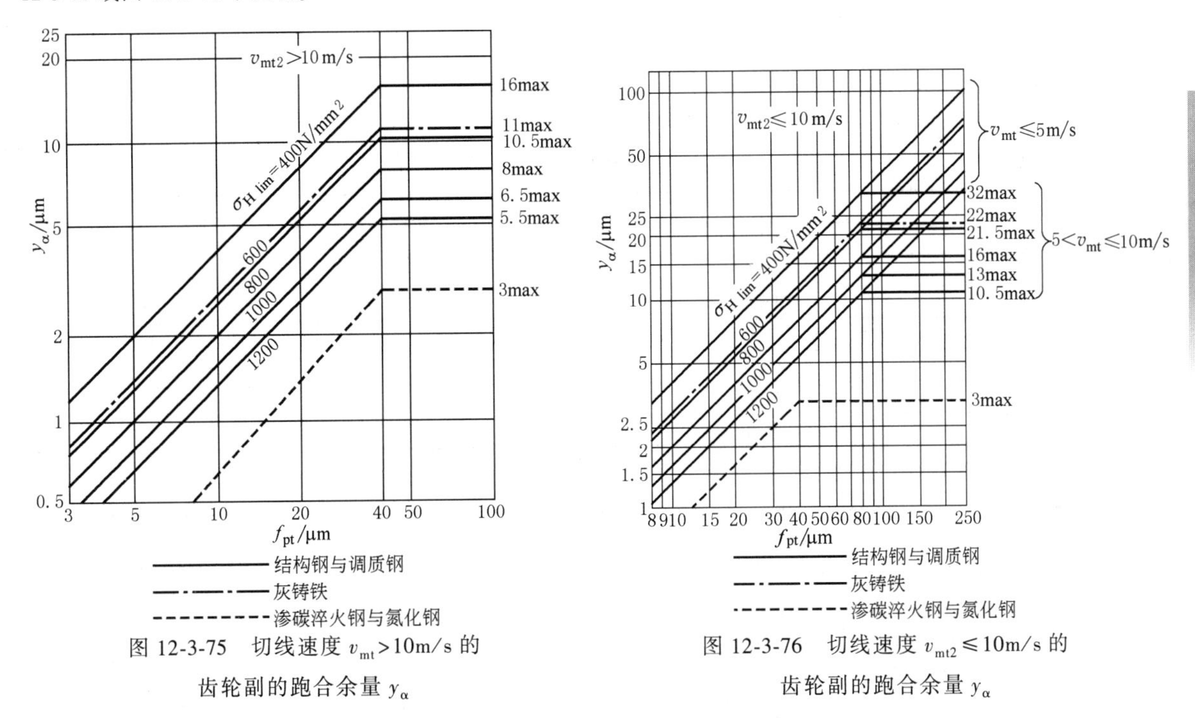

图 12-3-75　切线速度 v_{mt}>10m/s 的齿轮副的跑合余量 y_α

图 12-3-76　切线速度 v_{mt2}≤10m/s 的齿轮副的跑合余量 y_α

以下方程式（代表图 12-3-75 和图 12-3-76 中的曲线）可用于计算跑合余量。

对于结构钢与调质钢：

$$y_\alpha = \frac{160}{\sigma_{H\,lim}} f_{pt} \tag{12-3-140}$$

当 $v_{mt2} \leqslant 5$m/s：没有限制；

当 5m/s<$v_{mt2} \leqslant$10m/s：$y_\alpha \leqslant 12800/\sigma_{H\,lim}$；

当 v_{mt2}>10m/s：$y_\alpha \leqslant 6400/\sigma_{H\,lim}$。

对于灰铸铁：

$$y_\alpha = 0.275 f_{pt} \tag{12-3-141}$$

当 $v_{mt} \leqslant 5$m/s：没有限制；

当 5m/s<$v_{mt} \leqslant$10m/s：$y_\alpha \leqslant 22$μm；

当 $v_{mt}>10m/s$：$y_\alpha \leqslant 11\mu m$。

对于渗碳淬火钢和氮化钢：

$$y_\alpha = 0.075 f_{pt} \tag{12-3-142}$$

对所有速度限制：$y_\alpha \leqslant 3\mu m$

如果大小轮的材料不同，取均值：

$$y_\alpha = \frac{y_{\alpha1}+y_{\alpha2}}{2} \tag{12-3-143}$$

其中，$y_{\alpha1}$、$y_{\alpha2}$ 取自小轮、大轮材料。

7.8 锥齿轮几何参数计算（摘自 GB/T 10062.1 规范性附录 A）

这里所包含的几何参数是展成当量圆柱齿轮和锥齿轮承载能力计算所需的。如果将锥齿轮的轮齿中间的端截面展成一个平面，则得到近似渐开线齿的当量圆柱齿轮，GB/T 10062 承载能力计算是在当量圆柱齿轮和锥齿轮齿宽中点的基础上进行的。

对于斜齿和弧齿锥齿轮，其当量齿轮是当量圆柱斜齿轮。在承载能力计算中，一部分在齿轮的端截面内进行，一部分在其法截面内进行。所提供的齿轮数据的对应关系仅适用于 $x_{hm1}+x_{hm2}=0$ 的情况。

7.8.1 原始数据

锥齿轮的数据可用下述两种形式中的任意一种：数据形式Ⅰ（见表 12-3-41）与数据形式Ⅱ（见表 12-3-42）。上述两种数据形式的转换关系在 7.8.2 节中给出。

第12篇

表 12-3-41 数据形式Ⅰ

代号	意义	代号	意义
α_n	法向压力角	r_{c0}	刀具半径
$z_{1,2}$	齿数	$x_{sm1,2}$	切向变位系数
Σ	轴夹角	$x_{hm1,2}$	径向变位系数
d_{e2}，m_{mn}（选择其一）	齿轮大端节径，中点法向模数	$h^*_{f01,2}$	刀具齿根高系数
β_m	中点螺旋角	$h^*_{a01,2}$	刀具齿顶高系数
b	齿宽	$s_{pr1,2}$	刀具凸台量
$\rho_{a01,2}$	刀具刃边半径		

表 12-3-42 数据形式Ⅱ

代号	意义	代号	意义
α_n	法向压力角	$\rho_{a01,2}$	刀具刃边半径
$z_{1,2}$	齿数	r_{c0}	刀具半径
Σ	轴夹角	$s_{mn1,2}$，$s_{mt1,2}$，$s_{amn1,2}$（选择其一）	中点法向弧齿厚，中点端面弧齿厚，中点法向齿顶厚
R_e，m_{et}，P_d（选择其一）	外锥距，大端端面模数，大端径节		
β_m	中点螺旋角	$h_{a01,2}$	大端齿顶高
b	齿宽	$h_{f01,2}$	大端齿根高
$\delta_{a1,2}$	顶锥角	$s_{pr1,2}$	刀具凸台量
$\theta_{f1,2}$	齿根角		

7.8.2 基本计算公式

齿数比 u

$$u = z_2/z_1 = \sin\delta_2/\sin\delta_1 \tag{12-3-144}$$

节锥角 δ

$$\tan\delta_1 = \frac{\sin\Sigma}{\cos\Sigma + u} \tag{12-3-145}$$

$$\delta_2 = \Sigma - \delta_1（当\ \Sigma = 90°时） \tag{12-3-146}$$

$$\tan\delta_1 = \frac{1}{u}, \tan\delta_2 = u \tag{12-3-147}$$

外锥距 R_e

$$R_e = \frac{0.5d_{e2}}{\sin\delta_2} = \frac{0.5d_{e1}}{\sin\delta_1} \tag{12-3-148}$$

中点锥距 R_m

$$R_m = R_e - b/2 \tag{12-3-149}$$

大端端面模数 m_{et}

$$m_{et} = \frac{d_{e2}}{z_2} = \frac{d_{e1}}{z_1} = \frac{25.4}{P_d} \tag{12-3-150}$$

中点端面模数 m_{mt}

$$m_{mt} = \frac{R_m}{R_e} m_{et} \tag{12-3-151}$$

中点法向模数 m_{mn}

$$m_{mn} = m_{mt}\cos\beta_m \tag{12-3-152}$$

中点节圆直径 d_m

$$d_{m1,2} = d_{e1,2} - b\sin\delta_{1,2} = \frac{m_{mn}z_{1,2}}{\cos\beta_m} \tag{12-3-153}$$

齿顶角 θ_a

$$\theta_{a1,2} = \delta_{a1,2} - \delta_{1,2} \tag{12-3-154}$$

对于固定齿顶高

$$\delta_{a1,2} = \delta_{1,2}, \theta_{a1,2} = 0 \tag{12-3-155}$$

齿根角 θ_f

$$\theta_f = \delta_{1,2} - \delta_{f1,2} \tag{12-3-156}$$

对于固定齿根高 δ_f

$$\delta_{f1,2} = \delta_{1,2}, \theta_{f1,2} = 0 \tag{12-3-157}$$

第12篇

7.8.3 基本齿条齿廓及其相应的刀具数据

在表 12-3-41 的数据形式Ⅰ中，一般来说，h_{f0}、h_{a0} 与 ρ_{a0} 可由制造者自己确定。

刀具齿根高系数 h_{f0}^*（即基本齿条齿廓齿顶高 h_{ap}^* 系数，见图 12-3-77）与中点法向模数有关：

$$h_{f01,2}^* = \frac{h_{f01,2}}{m_{mn}} = \frac{h_{ap1,2}}{m_{mn}} = h_{ap1,2}^* \tag{12-3-158}$$

常用数值：

$$\frac{\rho_{a0}}{m_{mn}} = 0.2 \sim 0.4$$

$$h_{f0}^* = 1.0, h_{a0}^* = 1.25 \sim 1.30$$

在数据形式Ⅱ（表 12-3-42）中，仅表示了刀具刃边半径 ρ_{a0}。如果需要 h_{f0}^* 与 h_{a0}^*，可计算得出［见式（12-3-144）～式（12-3-158）］。

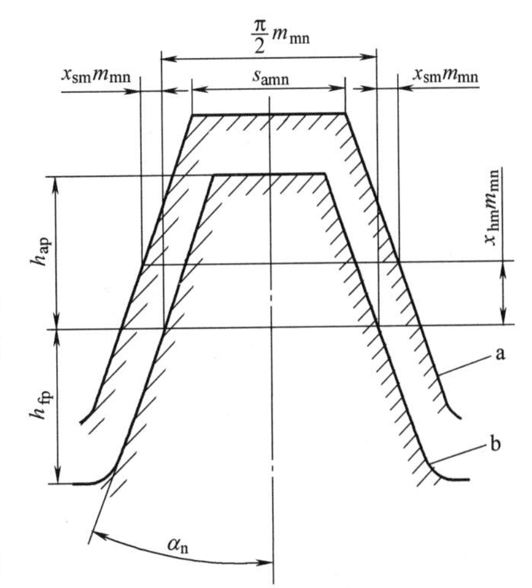

图 12-3-77　基本齿条齿廓

a—具有齿高和齿厚变位的齿廓；

b—GB/T 1356 的基本齿条齿廓

7.8.4 中点齿高

中点齿顶高

$$h_{am1,2} = m_{mn}(h_{f01,2}^* + x_{hm1,2}) \tag{12-3-159}$$

中点齿根高

$$h_{fm1,2} = m_{mn}(h_{a01,2}^* - x_{hm1,2}) \tag{12-3-160}$$

对于数据形式Ⅱ，中点齿顶高

$$h_{am1,2}=h_{ae1,2}-\frac{b}{2}\tan\theta_{a1,2} \tag{12-3-161}$$

中点齿根高

$$h_{fm1,2}=h_{fe1,2}-\frac{b}{2}\tan\theta_{f1,2} \tag{12-3-162}$$

径向变位系数

$$x_{hm1,2}=\frac{h_{am1,2}-h_{am2,1}}{2m_{mn}} \tag{12-3-163}$$

7.8.5 当量圆柱齿轮在端面的数据（下标 v）

在图 12-3-78 中，对于当量圆柱齿轮的各几何参量，不用下标 m（m 通常表示齿面中点处）表示。

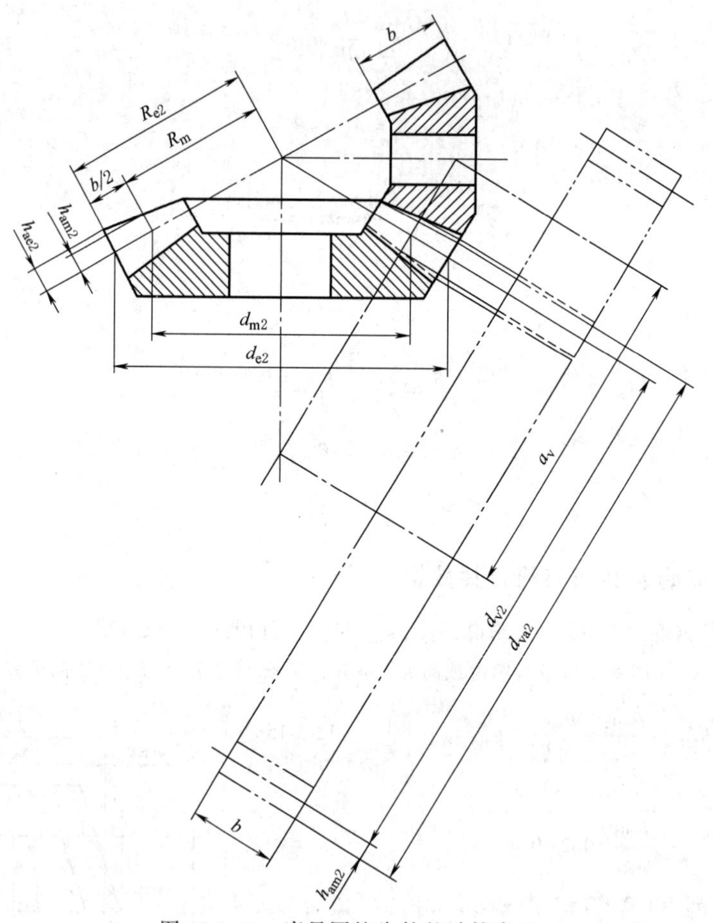

图 12-3-78 当量圆柱齿轮的计算参量

第12篇

当量齿数 z_v

$$z_{v1,2}=\frac{z_{1,2}}{\cos\delta_{1,2}} \tag{12-3-164}$$

对于 $\Sigma=90°$

$$z_{v1}=\frac{z_1\sqrt{u^2+1}}{u} \tag{12-3-165}$$

$$z_{v2}=z_2\sqrt{u^2+1} \tag{12-3-166}$$

齿数比

$$u_v = u\frac{\cos\delta_1}{\cos\delta_2} = \frac{z_{v2}}{z_{v1}} \tag{12-3-167}$$

对于 $\Sigma = 90°$

$$u_v = \left(\frac{z_2}{z_1}\right)^2 = u^2 \tag{12-3-168}$$

分度圆直径 d_v

$$d_{v1,2} = \frac{d_{m1,2}}{\cos\delta_{1,2}} = \frac{d_{e1,2}}{\cos\delta_{1,2}} \times \frac{R_m}{R_e} \tag{12-3-169}$$

对于 $\Sigma = 90°$

$$d_{v1} = \frac{d_{m1}\sqrt{u^2+1}}{u},\ d_{v2} = u^2 d_{v1} \tag{12-3-170}$$

中心距 a_v

$$a_v = \frac{d_{v1}+d_{v2}}{2} \tag{12-3-171}$$

齿顶圆直径 d_{va}

$$d_{va1,2} = d_{v1,2} + 2h_{am1,2} \tag{12-3-172}$$

基圆直径 d_{vb}

$$d_{vb1,2} = d_{v1,2}\cos\alpha_{vt} \tag{12-3-173}$$

$$\alpha_{vt} = \arctan(\tan\alpha_n/\cos\beta_m)$$

基圆上螺旋角 β_{vb}

$$\beta_{vb} = \arcsin(\sin\beta_m\cos\alpha_n) \tag{12-3-174}$$

端面基节 p_{et}

$$p_{et} = \pi m_{mt}\cos\alpha_{vt} \tag{12-3-175}$$

啮合线长度 g_{va}

$$g_{va} = \frac{1}{2}\left[\sqrt{d_{va1}^2 - d_{vb1}^2} + \sqrt{d_{va2}^2 - d_{vb2}^2}\right] - a_v\sin\alpha_{vt} \tag{12-3-176}$$

端面重合度 ε_{va}

$$\varepsilon_{va} = \frac{g_{va}}{p_{et}} = \frac{g_{va}\cos\beta_m}{\pi m_{mn}\cos\alpha_{vt}} \tag{12-3-177}$$

纵向重合度 $\varepsilon_{v\beta}$

$$\varepsilon_{v\beta} = \frac{b\sin\beta_m}{\pi m_{mn}} \tag{12-3-178}$$

根据式（12-3-177）和式（12-3-178）计算的当量圆柱齿轮的端面和纵向重合度是承载能力计算的决定性因素。但它们可能偏离根据锥齿轮的实际尺寸计算的结果。

修正的重合度 $\varepsilon_{v\gamma}$

$$\varepsilon_{v\gamma} = \sqrt{\varepsilon_{v\alpha}^2 + \varepsilon_{v\beta}^2} \tag{12-3-179}$$

由于锥齿轮的齿是鼓形的，所以设定：接触区为一椭圆，其长轴的长度等于齿宽。当轮齿的接触恰当扩展后，满载时轮齿的接触不应超过椭圆的边界。

接触线长度 l_b

对于 $(g_{va}^2\cos^2\beta_{vb} + b^2\sin^2\beta_{vb} - 4f^2) > 0$

$$l_b = bg_{va}\frac{\sqrt{g_{va}^2\cos^2\beta_{vb} + b^2\sin^2\beta_{vb} - 4f^2}}{g_{va}^2\cos^2\beta_{vb} + b^2\sin^2\beta_{vb}} \tag{12-3-180a}$$

对于 $g_{va}^2\cos^2\beta_{vb} + b^2\sin^2\beta_{vb} - 4f^2 \leqslant 0$

$$l_b = 0 \tag{12-3-180b}$$

图 12-3-79 表示计算接触线长度值的一般定义。

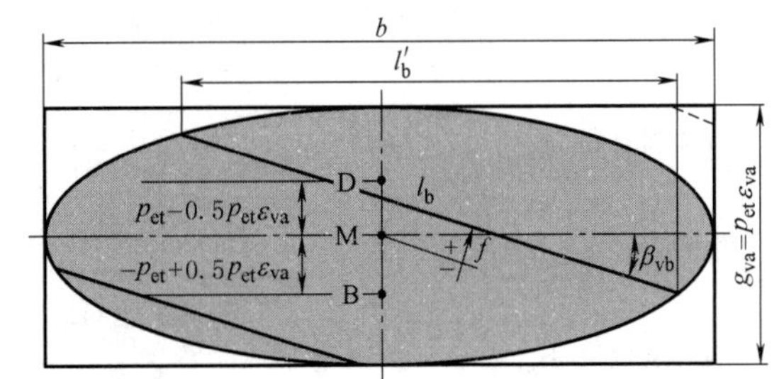

图 12-3-79　接触线长度的一般定义

B—单对齿啮合内界点；D—单对齿啮合外界点

式（12-3-180）按表 12-3-43 计算：

a. 齿顶接触线 $f=f_t$；

b. 中部接触线 $f=f_m$；

c. 齿根接触线 $f=f_r$。

表 12-3-43　　啮合区中齿顶、中部、齿根接触线的距离 f

项目		接触强度	齿根强度
$\varepsilon_{v\beta}=0$	f_t	$-(p_{et}-0.5p_{et}\varepsilon_{va})\cos\beta_{vb}+p_{et}\cos\beta_{vb}$	$(p_{et}-0.5p_{et}\varepsilon_{v\alpha})\cos\beta_{vb}+p_{et}\cos\beta_{vb}$
	f_m	$-(p_{et}-0.5p_{et}\varepsilon_{v\alpha})\cos\beta_{vb}$	$(p_{et}-0.5p_{et}\varepsilon_{v\alpha})\cos\beta_{vb}$
	f_r	$-(p_{et}-0.5p_{et}\varepsilon_{v\alpha})\cos\beta_{vb}-p_{et}\cos\beta_{vb}$	$(p_{et}-0.5p_{et}\varepsilon_{v\alpha})\cos\beta_{vb}-p_{et}\cos\beta_{vb}$
$0<\varepsilon_{v\beta}<1$	f_t	$-(p_{et}-0.5p_{et}\varepsilon_{v\alpha})\cos\beta_{vb}(1-\varepsilon_{v\beta})+p_{vet}\cos\beta_{vb}$	$(p_{et}-0.5p_{et}\varepsilon_{v\alpha})\cos\beta_{vb}(1-\varepsilon_{v\beta})+p_{et}\cos\beta_{vb}$
	f_m	$-(p_{et}-0.5p_{et}\varepsilon_{v\alpha})\cos\beta_{vb}(1-\varepsilon_{v\beta})$	$(p_{et}-0.5p_{et}\varepsilon_{v\alpha})\cos\beta_{vb}(1-\varepsilon_{v\beta})$
	f_r	$-(p_{et}-0.5p_{et}\varepsilon_{v\alpha})\cos\beta_{vb}(1-\varepsilon_{v\beta})-p_{et}\cos\beta_{vb}$	$(p_{et}-0.5p_{et}\varepsilon_{v\alpha})\cos\beta_{vb}(1-\varepsilon_{v\beta})-p_{et}\cos\beta_{vb}$
$\varepsilon_{v\beta}\geqslant 1$	f_t	$+p_{et}\cos\beta_{vb}$	$+p_{et}\cos\beta_{vb}$
	f_m	0	0
	f_r	$-p_{et}\cos\beta_{vb}$	$-p_{et}\cos\beta_{vb}$

齿中间接触线的长度也可按下述方式表示：

对于 $\varepsilon_{v\beta}<1$

$$l_{bm}=\frac{b\varepsilon_{v\alpha}}{\cos\beta_{vb}}\times\frac{\sqrt{\varepsilon_{v\gamma}^2-[(2-\varepsilon_{v\alpha})(1-\varepsilon_{v\beta})]^2}}{\varepsilon_{v\gamma}^2} \quad (12\text{-}3\text{-}181a)$$

对于 $\varepsilon_{v\beta}\geqslant 1$

$$l_{bm}=\frac{b\varepsilon_{v\alpha}}{\cos\beta_{vb}\varepsilon_{v\gamma}} \quad (12\text{-}3\text{-}181b)$$

齿中部接触线的投影长度

$$l'_{bm}=l_{bm}\cos\beta_{vb} \quad (12\text{-}3\text{-}182)$$

7.8.6 法截面当量圆柱齿轮数据（下标 vn）

当量圆柱齿轮齿数 z_{vn}

$$z_{vn1}=\frac{z_{v1}}{\cos^2\beta_{vb}\cos\beta_v},\ z_{vn2}=u_v z_{vn1} \quad (12\text{-}3\text{-}183)$$

分度圆直径 d_{vn}

$$d_{vn1,2}=\frac{d_{v1,2}}{\cos^2\beta_{vb}}=z_{vn1,2}m_{mn} \quad (12\text{-}3\text{-}184)$$

齿顶圆直径 d_{van}

$$a_{vn}=\frac{d_{vn1}+d_{vn2}}{2} \quad (12\text{-}3\text{-}185)$$

齿顶圆直径 d_{van}

$$d_{van1,2}=d_{vn1,2}+d_{va1,2}-d_{v1,2}=d_{vn1,2}+2h_{am1,2} \quad (12\text{-}3\text{-}186)$$

基圆直径 d_{vbn}

$$d_{vbn1,2}=d_{vn1,2}\cos\alpha_n=z_{vn1,2}m_{mn}\cos\alpha_n \quad (12\text{-}3\text{-}187)$$

端面重合度 $\varepsilon_{v\alpha n}$

$$\varepsilon_{v\alpha n}=\frac{\varepsilon_{v\alpha}}{\cos^2\beta_{vb}} \quad (12\text{-}3\text{-}188)$$

7.8.7 切向变位

切向变位系数是对齿宽中点处的法向模数而言的。与 ISO 53 的基齿条齿廓比较，齿厚的变位量等于 $2x_{sm}m_{mn}$（见图 12-3-77）。

① 从给出的中点法向齿顶厚度 s_{amn}（见图 12-3-80）计算。

载荷作用角 $\alpha_{Fan1,2}$（见 GB/T 10062.3）

$$\alpha_{Fan1,2}=\arccos\left(\frac{d_{van1,2}d_{vbn1,2}+s_{amn1,2}\sqrt{d_{van1,2}^2+s_{amn1,2}^2-d_{abn1,2}^2}}{d_{van1,2}^2+s_{amn1,2}^2}\right) \quad (12\text{-}3\text{-}189)$$

中点法向弧齿厚

$$s_{mn1,2}=\left[\sqrt{\left(\frac{d_{van1,2}}{d_{vbn1,2}}\right)^2-1}-\mathrm{inv}\alpha_n-\alpha_{Fan1,2}\frac{\pi}{180°}\right]d_{vn1,2} \quad (12\text{-}3\text{-}190)$$

齿厚变位系数 x_{sm}（见图 12-3-77）

$$x_{sm1,2}=\frac{s_{mn1,2}}{zm_{mn}}-\frac{\pi}{4}-x_{hm1,2}\tan\alpha_n \quad (12\text{-}3\text{-}191)$$

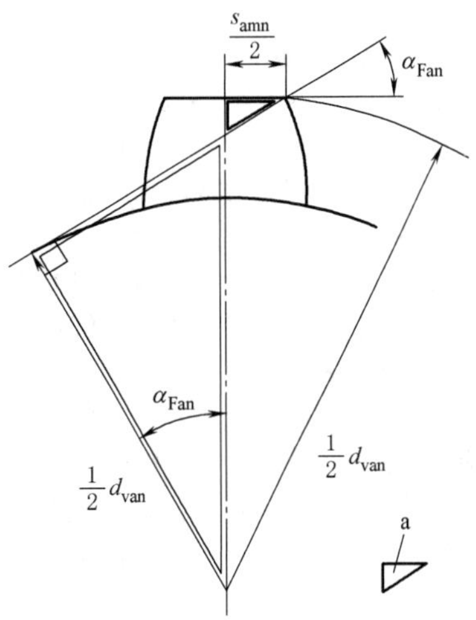

图 12-3-80　中点法向齿顶厚

$s_{amn}\sin\alpha_{Fan}=d_{van}\cos\alpha_{Fan}-d_{vbn}$；a—相似三角形

② 从给出的齿厚计算（考虑到齿厚一部分用大端表示，一部分用中点表示）。

中点端面弧齿厚 s_{mt}

$$s_{mt1,2}=s_{et1,2}\frac{m_{mt}}{m_{et}}=s_{et1,2}\frac{R_m}{R_e} \quad (12\text{-}3\text{-}192)$$

中点法向弧齿厚 s_{mn}

$$s_{mn1,2}=s_{mt1,2}\cos\beta_m \quad (12\text{-}3\text{-}193)$$

齿厚变位系数 x_{sm} 按（12-3-191）式计算。

7.9 使用系数 K_A（摘自 GB/T 10062.1 附录 B）

（1）使用系数的确定

使用系数 K_A 最好通过对特定应用经验的全面分析来确定。如果缺乏应用经验，应进行彻底全面调研分析。

（2）使用系数的近似值

表 12-3-44 提供了缺乏实用经验或无法进行详细分析时使用系数的典型值。

注意：由于在某些应用中出现了更高的值（使用了高达 10 的值），因此应谨慎使用表 12-3-44。

由于锥齿轮几乎总是把小轮设计为长齿顶高、大轮短齿顶高，无论小轮或大轮作主动件，都会在大轮驱动时产生节点前啮合。因此，增速驱动的使用系数将大于减速驱动（见表 12-3-44 的脚注）。

表 12-3-44　使用系数 K_A 值①

原动机工作特性	工作机特性			
	均匀平稳	轻微冲击	中等冲击	剧烈冲击
均匀平稳	1.00	1.25	1.50	1.75 或更大
轻微冲击	1.10	1.35	1.60	1.85 或更大
中等冲击	1.25	1.50	1.75	2.00 或更大
严重冲击	1.50	1.75	2.00	2.25 或更大

① 此表仅适用于减速传动。对于增速传动，K_A 应增加 $0.01u^2$，$u=z_2/z_1$。

7.10 接触斑点（摘自 GB/T 10062.1 附录 C）

将轮齿接触斑点修正到其所需要的形状和位置的过程称为轮齿接触检验，这是利用锥齿轮试验机通过小轮和

第12篇

大轮的运动观察接触斑点的响应来进行控制的，小轮和大轮在轻负载下以合理的速度旋转。

检验机做三个方向的位移：

① 沿着小轮轴线；

② 沿大轮轴线；

③ 垂直于两轴线。

通过调整检验机位移量，将接触斑点调整到期望的位置，相当于调整切齿或磨齿机加工参数，已加工出与齿轮箱中装配所期望的接触斑点位置。在检验完成之前，可能需要反复试验。

对于一个全新的设计，经常需要进行变形和轮齿接触斑点检查，以快速预判轮齿接触性能和评价齿轮的安装刚度。做这种检验时，以全载 25% 为单位增量加载，直至达到满载。采用低转速，每次增量加载时都要在齿面涂颜料，以方便获取接触斑点和读取位移数据。

在与锥齿轮检验机相同的方向上测量位移，然后在试验机上复制结果，以确定切齿机、磨齿机或二者的必要调整量。

对于齿轮受到热变形影响的应用场合，使用加热灯将装置加热至工作温度，并以相同的负载增量重复试验。比较两次试验数据之间的差异说明热膨胀率的影响。

注意：计算机齿面接触分析与锥齿轮齿面三维坐标测量的最新发展成果简化了传统的齿面接触开发过程。

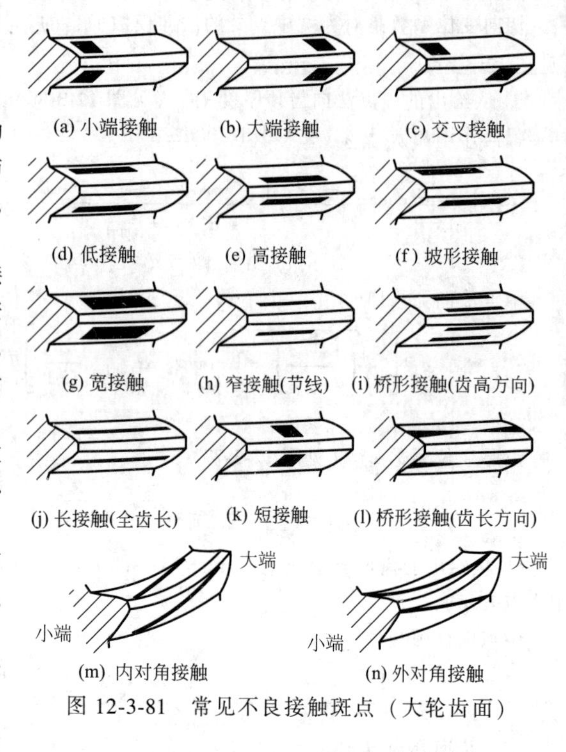

图 12-3-81 常见不良接触斑点（大轮齿面）

不同接触斑点的观察印象如图 12-3-81～图 12-3-83 所示。图 12-3-81 为呈现在大轮上的常见不良接触斑点；图 12-3-82 为典型期望（理想）的承载接触斑点；图 12-3-83 为典型不良的承载接触斑点。

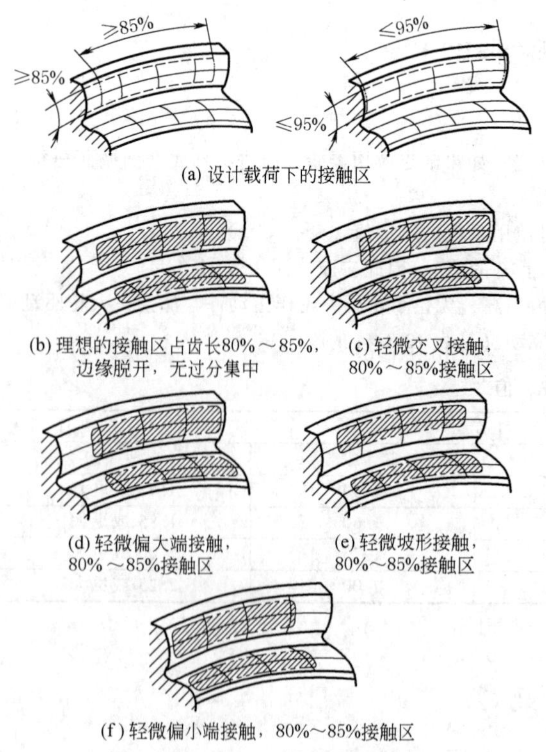

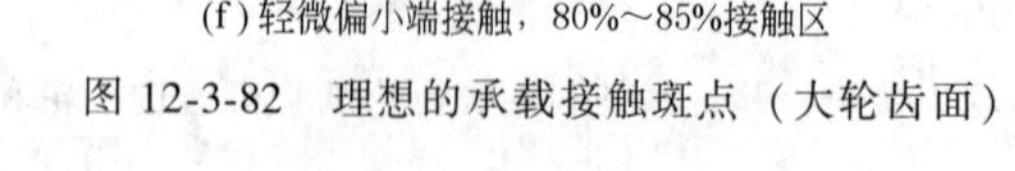

图 12-3-82 理想的承载接触斑点（大轮齿面）

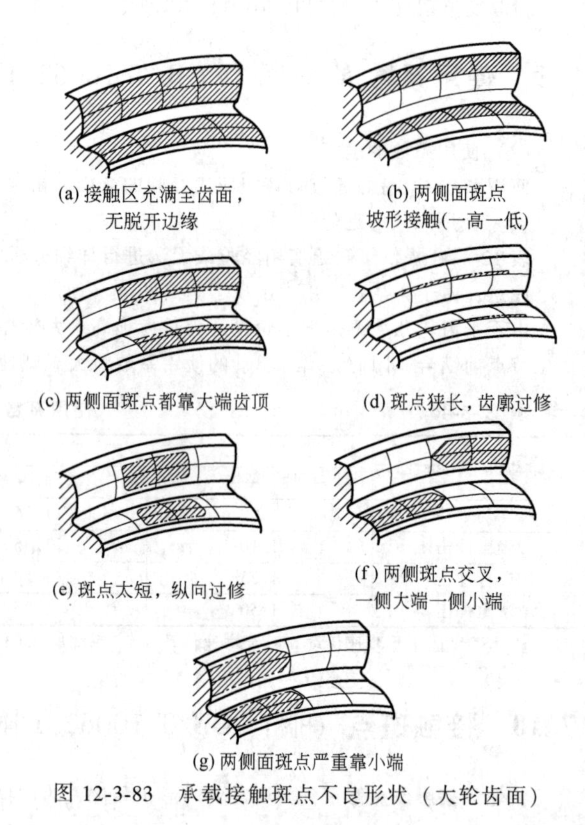

图 12-3-83 承载接触斑点不良形状（大轮齿面）

8　齿面接触疲劳（点蚀）强度计算（摘自 GB/T 10062.2—2003）

GB/T 10062.2 规定了直齿、斜齿、零度齿锥齿轮和弧齿锥齿轮承载能力计算的基本公式，并对表面耐久性有影响的所有因素作出定量的评价。

GB/T 10062.2 适用于油润滑的传动装置，并且假设在啮合运转期间有足够的润滑油。

GB/T 10062 中的公式适用于当量圆柱齿轮端面重合度 $\varepsilon_{va}<2$ 的锥齿轮。在 GB/T 10062.1 和 GB/T 3480 所给出系数的范围内，计算的结果是有效的。但是，GB/T 10062 中这部分的公式不能直接用于评价某些型式的齿面损伤，例如塑性变形、擦伤、胶合和其他没有说明的型式。

下列文件中的条款通过 GB/T 10062.2 的引用而成为本标准的条款，凡是注日期的引用文件，其随后所有的修改单（不包括勘误的内容）或修订版均不适用于本部分，然而，鼓励根据本部分达成协议的各方研究使用这些文件的最新版本。凡是不注日期的引用文件，其最新版本适用于本标准。

GB/T 1356—2001《通用机械和重型机械用圆柱齿轮　标准基本齿条齿廓》（等同采用 ISO 53：1998）

GB/T 3374—1992《齿轮基本术语》（非等效采用 ISO/R 1122-1：1983）

GB/T 3480—1997《渐开线圆柱齿轮承载能力计算方法》（等效采用 ISO 6336-1~6336-3；1996）

GB/T 8539—2000《齿轮材料及热处理质量检验的一般规定》（等效采用 ISO 6336-5：1996）

GB/T 10062.1—2003《锥齿轮承载能力计算方法　第 1 部分：概述和通用影响系数》（等同采用 ISO 10300—1：2001）

8.1　术语和定义

GB/T 10062.2 使用 GB/T 1356 和 GB/T 3374 中给出的术语，并使用术语——齿面接触承载能力和齿面接触疲劳。以许用接触应力的方式确定承载能力。

8.2　点蚀损伤计算要求和安全系数

当啮合轮齿齿面接触应力超过疲劳极限时，齿面的金属颗粒会脱落，出现凹坑；随着应用场合的不同，允许点蚀的尺寸和数量的程度是在很大的范围内变化的。在一些场合允许扩展性点蚀存在，另一些场合不允许点蚀的出现。下面给出在普通的工作条件下早期点蚀和破坏性点蚀的区别准则、允许的和不允许的点蚀种类的区别。

一般认为点蚀的总面积呈线性或扩展性的增加是不允许的。由于早期点蚀能使轮齿的承载面积增大，点蚀发生的速度逐渐减小（递减性点蚀）或停止（停止性点蚀），这样的点蚀是允许的。如果对允许的点蚀有争议，将用下面的方法确定。

在没有改变工作条件下，随着时间的增长，产生线性或扩展性点蚀是不允许的，应对所有轮齿的有效总面积进行损伤评估。对于软齿面齿轮应考虑新发展点蚀的数量和尺寸大小；硬齿面齿轮常常仅在一个或几个轮齿齿面上产生点蚀，这时应对产生点蚀的轮齿进行重点的评估。

如果要求做定量的鉴定，做决定性试验时，应对具有危险性的可疑轮齿做上标记。

在特殊的情况时，首先可考虑把磨损碎屑的总重量作为粗略的评估因素。但是在关键性的情况下，齿面状态的检验应当至少进行三次：第一次检验，应当在至少加载循环 10^6 次之后进行，根据上一次检验的结果，决定再工作运转的时间，然后进行下一次的检验。

当由点蚀引起的损坏会导致人身事故或其他严重事故时，应当不允许有点蚀。在调质钢调质或渗碳淬火的齿轮的齿根附近有 1mm 的点蚀坑，可能成为引起轮齿断裂的裂纹源；因此，即使一个点蚀坑也是不允许的（例如，在航空齿轮传动装置中）。

对于透平齿轮应考虑上述类似的因素。通常，这些齿轮在长期工作时间内（10^{10}~10^{11} 循环次数），要求既不产生点蚀也不发生严重磨损，否则会引起不允许的振动和过大的动载荷。在计算中要适当增大安全系数，只允许低的失效概率。

相反，对于一些工业上的用低硬度钢制造的低速大模数齿轮（例如模数 25mm），可允许在 100%的齿面上产生点蚀，它能在额定功率下安全运转 10~20 年。个别的点蚀坑的直径可达到 20mm，深 0.8mm。在最初工作的 2~3 年中产生的“破坏性”点蚀，通常会逐渐减少，齿面变光滑和工作硬化使齿面的布氏硬度增加 50%，甚至更高。这种情况下，可选用比较低的安全系数（某些场合可小于 1）和高的齿面损伤概率。但是，对于防止轮齿断裂的安全系数应选用大的安全系数。

接触强度的最小安全系数应当是 1.0（关于推荐的接触强度安全系数 S_H 及其最小值见 GB/T 10062.1）。

最小的安全系数的值建议由制造商和用户协议确定。

8.3 计算轮齿接触强度的公式

比较接触应力与许用应力的值可决定轮齿抗点蚀的承载能力。

接触应力，根据齿轮的几何尺寸，制造精度，轮缘、轴承和轴承座的刚性，传递的转矩，用接触应力公式进行计算。

许用应力，考虑齿轮运转时工作条件的影响，用许用接触应力公式进行计算。

抗点蚀的接触（赫兹）应力是按分布在接触线上的载荷计算的，载荷作用位置有以下三种情况：

① 作用在单对齿啮合区内界点，$\varepsilon_{v\beta}=0$；

② 作用在接触区的中点，$\varepsilon_{v\beta}>1$；

③ 作用在①和②之间的位置，$0<\varepsilon_{v\beta}\leqslant 1$。

（1）接触应力公式

大小轮均用下式计算：

$$\sigma_H=\sigma_{H0}\sqrt{K_A K_v K_{H\beta} K_{H\alpha}}\leqslant\sigma_{HP} \tag{12-3-194}$$

接触应力的基本值：

$$\sigma_{H0}=\sqrt{\frac{F_{mt}}{d_{v1} l_{bm}}\times\frac{u_v+1}{u_v}}Z_{M\text{-}B}Z_H Z_E Z_{LS} Z_\beta Z_K \tag{12-3-195}$$

当轴交角 $\Sigma=\delta_1+\delta_2=90°$时，用下式计算：

$$\sigma_{H0}=\sqrt{\frac{F_{mt}}{d_{v1} l_{bm}}\times\frac{\sqrt{u_v^2+1}}{u_v}}Z_{M\text{-}B}Z_H Z_E Z_{LS} Z_\beta Z_K \tag{12-3-196}$$

式中，K_A、K_v、$K_{H\beta}$、$K_{H\alpha}$、F_{mt}、d_v、u_v 和 l_{bm} 见 GB/T 10062.1；d_v、u_v 和 l_{bm} 见 GB/T 10062.1。

（2）许用接触应力

大小轮的许用接触应力要按下式分别计算：

$$\sigma_{HP}=\frac{\sigma_{H\lim}Z_{NT}}{S_{H\lim}}Z_X Z_L Z_R Z_v Z_W \tag{12-3-197}$$

式中，$\sigma_{H\lim}$ 为接触疲劳极限应力，见 GB/T 3480。

（3）接触强度（抗点蚀）的计算安全系数

大小轮的接触强度安全系数要用下式分别计算：

$$S_H=\frac{\sigma_{H\lim}Z_{NT}}{\sigma_{H0}}\times\frac{Z_X Z_L Z_R Z_v Z_W}{\sqrt{K_A K_v K_{H\beta} K_{H\alpha}}} \tag{12-3-198}$$

注：上式是接触应力的计算安全系数的关系式。传递转矩的安全系数等于 S_H 的平方。最小的接触强度安全系数或失效概率见 GB/T 10062.1。

8.4 节点区域系数 Z_H

节点区域系数 Z_H 是考虑齿廓曲率对赫兹应力的影响。

假设齿廓为渐开线，对零变位锥齿轮，即 $x_1+x_2=0$，$\alpha_t=\alpha_{wt}$ 可用下式计算：

$$Z_H=2\sqrt{\frac{\cos\beta_{vb}}{\sin(2\alpha_{vt})}} \tag{12-3-199}$$

对于一些常用的标准压力角的 Z_H 值可由图 12-3-84 查得。

8.5 中点区域系数 Z_{M-B}

中点区域系数 Z_{M-B} 是把节点的接触应力折算到载荷作用的中点 M 处的接触应力的系数（见图 12-3-85）。

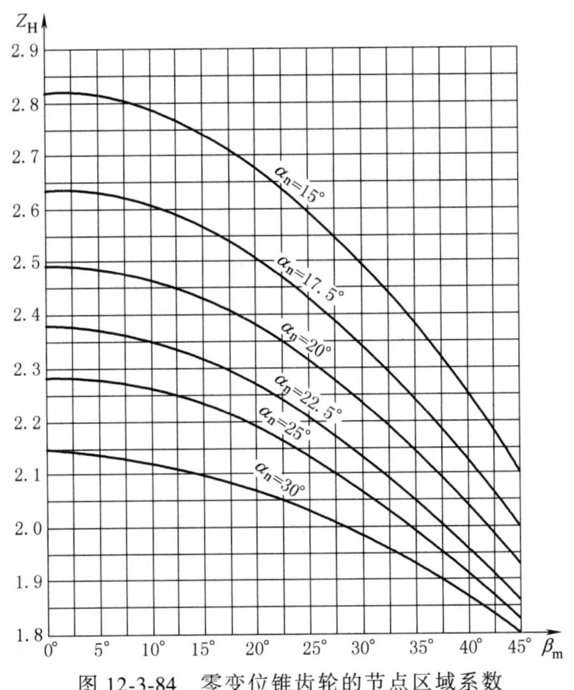

图 12-3-84　零变位锥齿轮的节点区域系数

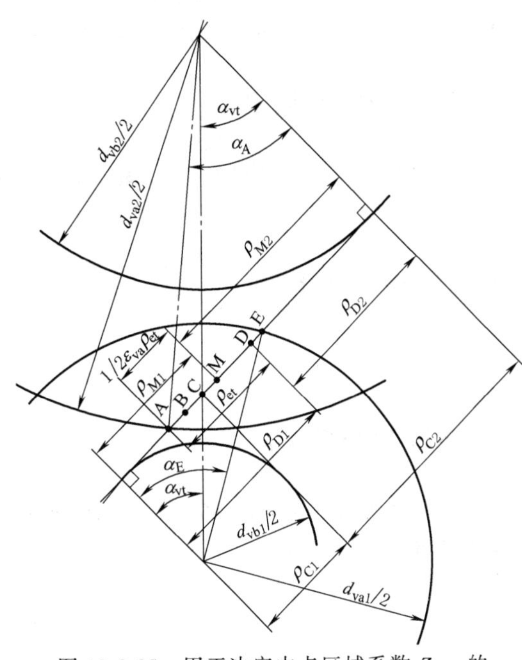

图 12-3-85　用于决定中点区域系数 Z_{M-B} 的中点 M 和小轮单对齿啮合点 B 的曲率半径

$$Z_{M-B}=\frac{\tan\alpha_{vt}}{\sqrt{\left[\sqrt{\left(\frac{d_{va1}}{d_{vb1}}\right)^2-1}-F_1\frac{\pi}{Z_{v1}}\right]\left[\sqrt{\left(\frac{d_{va2}}{d_{vb2}}\right)^2-1}-F_2\frac{\pi}{Z_{v2}}\right]}}\tag{12-3-200}$$

式中，F_1、F_2 为辅助系数，见表 12-3-45。

表 12-3-45　计算中点区域系数 Z_{M-B} 的系数

当量圆柱齿轮的纵向重合度	F_1	F_2
$\varepsilon_{v\beta}=0$	2	$2(\varepsilon_{v\alpha}-1)$
$0<\varepsilon_{v\beta}\leqslant 1$	$2+(\varepsilon_{v\alpha}-1)\varepsilon_{v\beta}$	$2\varepsilon_{v\alpha}-2+(2-\varepsilon_{v\alpha})\varepsilon_{v\beta}$
$\varepsilon_{v\beta}>1$	$\varepsilon_{v\alpha}$	$\varepsilon_{v\alpha}$

8.6 弹性系数 Z_E

弹性系数 Z_E 是考虑材料特性 E（弹性模量）和 υ（泊松比）对接触应力影响的系数。

$$Z_E=\sqrt{\frac{1}{\pi\left(\frac{1-\upsilon_1^2}{E_1}+\frac{1-\upsilon_2^2}{E_2}\right)}}\tag{12-3-201}$$

当 $E_1=E_2=E$ 和 $\upsilon_1=\upsilon_2=\upsilon$ 时

$$Z_E=\sqrt{\frac{E}{2\pi(1-\upsilon^2)}}\tag{12-3-202}$$

对于钢和硬铝合金 $\upsilon=0.3$，所以

$$Z_E=\sqrt{0.175E} \tag{12-3-203}$$

当一对齿轮副材料的弹性模量为 E_1 和 E_2 时，其 E 为：

$$E=\frac{2E_1E_2}{E_1+E_2} \tag{12-3-204}$$

对于钢对钢齿轮副，$Z_E=189.8\text{N/mm}^2$

对于一些其他材料的齿轮副的 Z_E 见 GB/T 3480。

8.7　载荷分担系数 Z_{LS}

载荷分担系数 Z_{LS} 是考虑两对或多对轮齿间载荷分配的影响。

当 $\varepsilon_{v\gamma}\leqslant 2$ 时

$$Z_{LS}=1 \tag{12-3-205}$$

当 $\varepsilon_{v\gamma}>2$ 和 $\varepsilon_{v\beta}>1$ 时

$$Z_{LS}=\left\{1+2\left[1-\left(\frac{2}{\varepsilon_{v\gamma}}\right)^{1.5}\right]\sqrt{1-\frac{4}{\varepsilon_{v\gamma}^2}}\right\}^{-0.5} \tag{12-3-206}$$

8.8　螺旋角系数 Z_β

螺旋角系数 Z_β 不是考虑螺旋角对接触线长度的影响，而是考虑螺旋角对表面疲劳点蚀的影响，即考虑载荷沿接触线分布的影响。

Z_β 是螺旋角的函数，下面的经验公式与试验和实际应用中的经验相一致。

$$Z_\beta=\sqrt{\cos\beta_m} \tag{12-3-207}$$

8.9　螺旋角系数 Z_K

系数 Z_K 是个经验系数，是考虑锥齿轮与圆柱齿轮间加载的不同，这个系数和实际试验相一致，该系数是把应力进行调整，以便锥齿轮、圆柱直齿轮和圆柱斜齿轮能应用同一个许用接触应力。在缺少更详细的资料时，可取：

$$Z_K=0.8 \tag{12-3-208}$$

8.10　尺寸系数 Z_X

尺寸系数 Z_X 是考虑统计学所给出的，疲劳破坏时疲劳极限应力随着结构尺寸的增大而降低，这是由较小的应力梯度（理论上为应力集中）和材料的质量（锻造过程和结构变化等的影响）造成的表面下的缺陷引起的。与尺寸因素有关的主要参数有：

① 材料的质量（熔炼炉的燃料、清洁度、锻造）。

② 热处理，硬化的深度，硬度的分析。

③ 齿廓的曲率半径。

④ 表面硬化的梯度，表面硬化层的深度与轮齿尺寸的比例（对心部韧性的影响）。

大小轮的尺寸系数 Z_X 要分别确定。

在 GB/T 10062 本部分中，取尺寸系数等于 1（$Z_X=1$）。

8.11　润滑油膜影响系数 Z_L、Z_v、Z_R

（1）概述

齿廓间润滑油膜的影响近似地用系数 Z_L（润滑油黏度）、Z_v（节点线速度）和 Z_R（齿面粗糙度）来考虑，

图 12-3-86~图 12-3-88 给出了这三个系数。此外，其离散性（数据的分散）表明除了这三个因素外，还有其他的影响因素没有在假设中考虑到。关于这三个系数的详细说明见 GB/T 3480。

（2）规定

当没有广泛的经验或试验结果（A 法）时，Z_L、Z_v 和 Z_R 应用 B 法确定（8.11.1 节）。但是，对于大多数的工业齿轮可用简化法 C 法（8.11.2 节）当齿轮副中一个是硬的材料，另一个是软材料时，Z_L、Z_v 和 Z_R 的值应当按软材料确定。

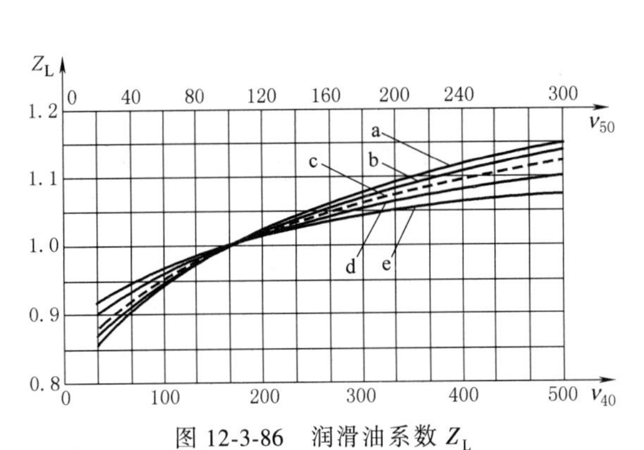

图 12-3-86 润滑油系数 Z_L

a—$\sigma_{H\,lim} \leqslant 850N/mm^2$；b—$\sigma_{H\,lim} = 900N/mm^2$；

c—$\sigma_{H\,lim} = 1000N/mm^2$；d—$\sigma_{H\,lim} = 1100N/mm^2$；

e—$\sigma_{H\,lim} \geqslant 1200N/mm^2$

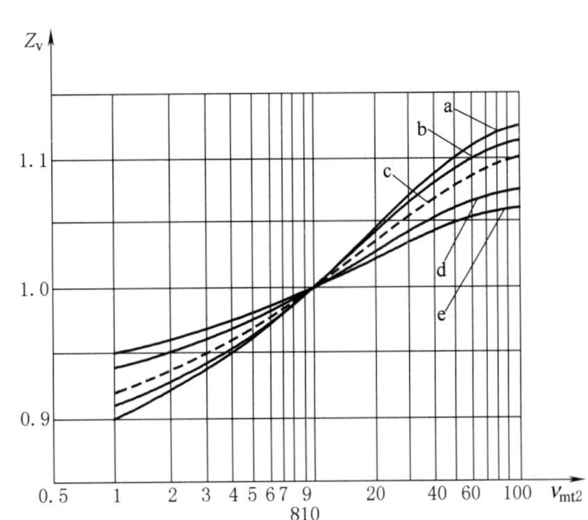

图 12-3-87 速度系数 Z_v

a—$\sigma_{H\,lim} \leqslant 850N/mm^2$；b—$\sigma_{H\,lim} = 900N/mm^2$；

c—$\sigma_{H\,lim} = 1000N/mm^2$；d—$\sigma_{H\,lim} = 1100N/mm^2$；

e—$\sigma_{H\,lim} \geqslant 1200N/mm^2$

8.11.1 B 法

（1）润滑油系数 Z_L

润滑油系数 Z_L 是考虑润滑油的种类和黏度对齿面接触疲劳强度（点蚀）的影响。图 12-3-86 中润滑油系数 Z_L 是矿物油（无 EP 添加剂）的黏度和配对齿轮中较软齿面的 $\sigma_{H\,lim}$ 的函数；用具有低摩擦系数的合成油时，其 Z_L 比按矿物油计算的值大。

注：GB/T 10062 本部分没有推荐润滑油黏度的选择。

Z_L 可用式（12-3-209）和式（12-3-210）计算，公式和图 12-3-86 中的曲线相符合。

$$Z_L = C_{ZL} + \frac{4(1-C_{ZL})}{\left(1.2+\frac{134}{\nu_{40}}\right)^2} \tag{12-3-209}$$

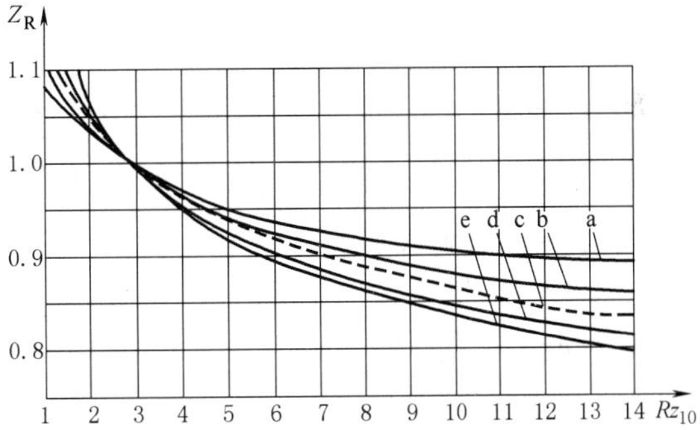

图 12-3-88 粗糙度系数 Z_R

a：$\sigma_{H\,lim} \leqslant 850N/mm^2$；b：$\sigma_{H\,lim} = 900N/mm^2$；

c：$\sigma_{H\,lim} = 1000N/mm^2$；d：$\sigma_{H\,lim} = 1100N/mm^2$；

e：$\sigma_{H\,lim} \geqslant 1200N/mm^2$

当 $850N/mm^2 \leqslant \sigma_{H\,lim} \leqslant 1200N/mm^2$ 时

$$C_{ZL} = 0.08\,\frac{\sigma_{H\,lim}-850}{350}+0.83 \tag{12-3-210}$$

当 $\sigma_{H\,lim}<850N/mm^2$ 时，按 $\sigma_{H\,lim}=850N/mm^2$ 计算 Z_L；当 $\sigma_{H\,lim}>1200N/mm^2$ 时，按 $\sigma_{H\,lim}=1200N/mm^2$ 计算 Z_L。

（2）速度系数 Z_v

速度系数 Z_v 是考虑节点线速度对齿面疲劳（点蚀）强度的影响。图 12-3-87 中的速度系数曲线是节点线速度和配对齿轮中较软齿轮材料 $\sigma_{H\,lim}$ 的函数。Z_v 可用式（12-3-211）和式（12-3-212）计算，公式和图 12-3-87

中的曲线相一致。

$$Z_v = C_{Zv} + \frac{2(1.0 - C_{Zv})}{\sqrt{\left(0.8 + \frac{32}{v_{mt}}\right)}} \tag{12-3-211}$$

当 $850\text{N/mm}^2 \leqslant \sigma_{H\,lim} \leqslant 1200\text{N/mm}^2$ 时

$$C_{Zv} = 0.08\frac{\sigma_{H\,lim} - 850}{350} + 0.83 \tag{12-3-212}$$

当 $\sigma_{H\,lim} < 850\text{N/mm}^2$ 时，按 $\sigma_{H\,lim} = 850\text{N/mm}^2$ 计算 Z_v；当 $\sigma_{H\,lim} > 1200\text{N/mm}^2$ 时，按 $\sigma_{H\,lim} = 1200\text{N/mm}^2$ 计算 Z_v。

(3) 粗糙度系数 Z_R

粗糙度系数 Z_R 是考虑齿面状况对接触疲劳（点蚀）强度的影响。图 12-3-88 中的粗糙度系数曲线是 Rz_{10} 和配对齿轮中较软齿轮材料 $\sigma_{H\,lim}$ 的函数。该图对节点处诱导曲率半径 $\rho_{red} = 10\text{mm}$ 的齿轮副是有效的。

粗糙度是根据制造好的大小齿轮节点处的 Rz_1 和 Rz_2 确定的，允许对齿面进行特殊的表面处理或跑合，规定在滑动——滚动的方向测量粗糙度。

齿轮副的相对平均粗糙度为：

$$Rz_{10} = \frac{Rz_1 + Rz_2}{2}\sqrt[3]{\frac{10}{\rho_{red}}} \tag{12-3-213}$$

式中，ρ_{red} 为诱导曲率半径。

$$\rho_{red} = \frac{a_v \sin\alpha_{vt}}{\cos\beta_{vb}} \times \frac{u_v}{(1+u_v)^2} \tag{12-3-214}$$

系数 Z_R 可用式（12-3-215）和式（12-3-216）计算，公式和图 12-3-88 中曲线一致。

$$Z_R = \left(\frac{3}{Rz_{10}}\right)^{C_{ZR}} \tag{12-3-215}$$

当 $850\text{N/mm}^2 \leqslant \sigma_{H\,lim} \leqslant 1200\text{N/mm}^2$ 时：

$$C_{ZR} = 0.12 + \frac{1000 - \sigma_{H\,lim}}{5000} \tag{12-3-216}$$

当 $\sigma_{H\,lim} < 850\text{N/mm}^2$ 时，取 $\sigma_{H\,lim} = 850\text{N/mm}^2$；当 $\sigma_{H\,lim} > 1200\text{N/mm}^2$ 时，取 $\sigma_{H\,lim} = 1200\text{N/mm}^2$。

8.11.2 C 法（Z_L、Z_v 和 Z_R 的乘积）

假设所选的润滑剂黏度与运转条件（节点速度、载荷、结构尺寸）相适应。对于调质钢经铣削的齿轮副，$Z_L Z_v Z_R = 0.85$；对于铣削后研磨的齿轮副，$Z_L Z_v Z_R = 0.92$；对于硬化后磨削的齿轮副或用硬刮削的齿轮副：

$Rz_{10} \leqslant 4\mu\text{m}$，$Z_L Z_v Z_R = 1.0$；

$Rz_{10} > 4\mu\text{m}$，$Z_L Z_v Z_R = 0.92$。

如果不符合上述的条件，Z_L、Z_v 和 Z_R 分别按照 B 法确定。

8.12 齿面工作硬化系数 Z_W

工作硬化系数 Z_W 是考虑用结构钢或调质钢制造的大齿轮和一个表面硬化的齿面光滑（$Rz \leqslant 6\mu\text{m}$）的小齿轮相啮合时，使大轮齿面接触疲劳强度提高的系数。

当粗糙度以 Ra 值（=CLA 值）（=AA 值）表示时，可用下式做近似换算：

$$Ra = CLA = AA = \frac{Rz}{6}$$

注：软齿面的大齿轮，齿面接触疲劳强度的提高不仅取决于工作硬化作用，还取决于其他的影响因素，例如抛光（润滑剂）、合金元素、大齿轮中的内应力、小轮齿面粗糙度、接触应力和硬化过程等。

图 12-3-89 所示为齿面工作硬化系数取值。这里的数据是根据不同材料制造的标准试验齿轮或根据现场经验得到的。图中离散区（数据的分散）表明还有其他影响因素没有包括在计算方法中；虽然图 12-3-89 中的曲线经过仔

细的选取，但不能说是绝对的。式（12-3-217）是经验公式，对于持久寿命、有限寿命和静强度，Z_W 的值相同。图 12-3-89 中的 Z_W 是较软锥齿轮齿面硬度的函数。

B 法中，Z_W 可用式（12-3-217）计算，该式和图 12-3-89 中曲线一致。

$$Z_W = 1.2 - \frac{HB-130}{1700} \quad (12\text{-}3\text{-}217)$$

式中，HB 为齿轮副中较软齿轮齿面的布氏硬度值；当 HB<130 时，取 $Z_W=1.2$；当 HB>470 时，取 $Z_W=1$；当大小轮有相同的硬度时，取 $Z_W=1$。

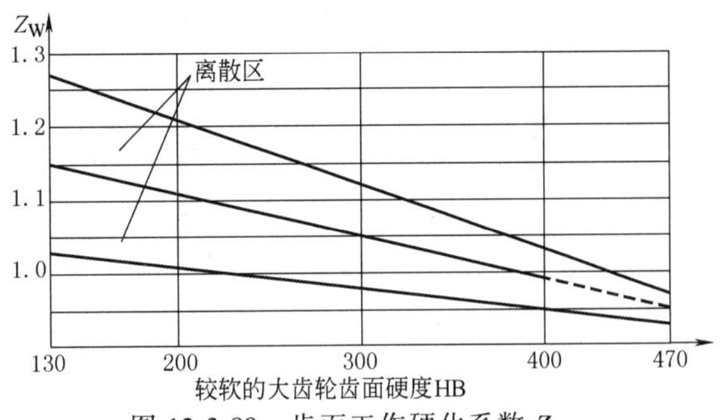

图 12-3-89 齿面工作硬化系数 Z_W

8.13 寿命系数 Z_{NT}

寿命系数 Z_{NT} 是有限寿命（应力循环次数有限）及静强度时所允许比较高的接触疲劳强度与在 5×10^7 循环次数（在图 12-3-90 中曲线转折处 $Z_{NT}=1$）的接触疲劳强度相比的值，Z_{NT} 是用标准试验齿轮做试验得到的。

对 Z_{NT} 的主要影响因素有：a. 材料和热处理（GB/T 8539）；b. 载荷的循环次数（使用寿命）N_L；c. 润滑状况；d. 失效判据；e. 要求的运转平稳性；f. 节点线速度；g. 齿轮材料的纯度；h. 材料的塑性和断裂韧性；i. 残余应力。

GB/T 10062 规定，应力循环次数 N_L 的定义为在载荷作用下轮齿啮合的次数。

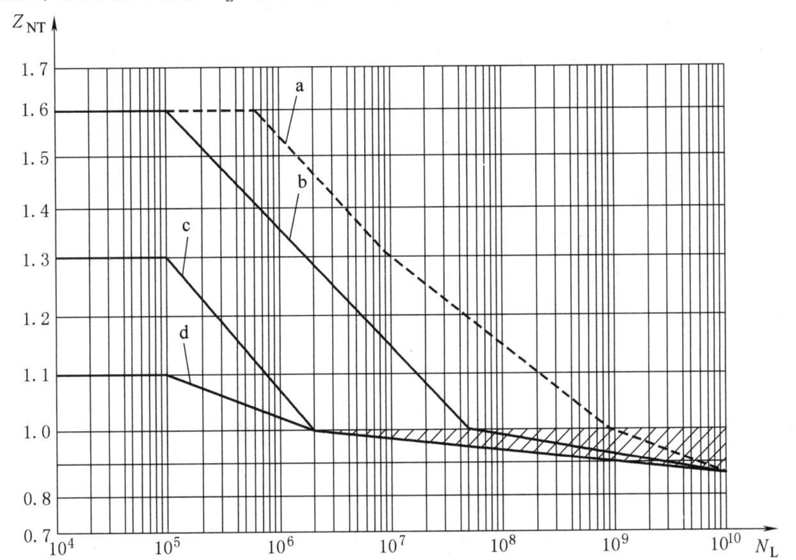

a：允许有限点蚀的 St，V，GGG（perl. bain.），GTS（perl.），Eh，IF；

b：St，V，Eh，IF，GGG（perl. bain.），GTS（perl.）；

c：GG，NT（nitr.），GGG（ferr.），NV（nitr.）；

d：NV（nitrocar.）

图 12-3-90 抗点蚀寿命系数 Z_{NT}（用试验齿轮做试验）

（1）A 法

S-N 损伤曲线是用实际的齿轮副在有限的使用寿命下做试验得到的，它是由两啮合齿轮的材料、热处理、相关直径、模数、齿面粗糙度、节点速度决定的，因此对于上述的情况，*S-N* 损伤曲线直接有效，系数 Z_R、Z_v、Z_L、Z_W 和 Z_X 的各个影响已包含在这个曲线上，所以在计算公式中应把这些值取为 1.0。

（2）B 法

有限寿命时的许用应力或在有限寿命的应力范围内的安全系数，应当用标准试验齿轮（见 GB/T 8539）得到的

寿命系数 Z_{NT} 来确定。Z_{NT} 不包含 Z_L、Z_R、Z_v 和 Z_W 等系数，所以在有限寿命时要考虑把这些系数对 Z_{NT} 进行修正。静应力和疲劳应力时的 Z_{NT} 可从图 12-3-90 或表 12-3-46 查得，有限寿命时要在疲劳强度与静强度间进行插值。

表 12-3-46　静强度和疲劳强度寿命系数 Z_{NT}

材料①	应力循环次数	寿命系数 Z_{NT}
St,V② GGG(perl. bain.)② GTS(perl.),Eh,IF	$N_L \leqslant 6\times10^5$,静强度	1.6
	$N_L=10^7$,疲劳强度	1.3
	$N_L=10^9$,疲劳强度	1.0
	$N_L=10^{10}$,疲劳强度	0.85
St,V GGG(perl. bain.) GTS(perl.) EH,IF	$N_L=10^5$,静强度	1.6
	$N_L=5\times10^7$,疲劳强度	1.2
	$N_L=10^{10}$,疲劳强度	0.85
	优选润滑剂、材料和制造工艺,并经生产实践验证	1.0
GG,GGG(ferr.) NT(nitr.) NV(nitr.)	$N_L=10^5$,静强度	1.3
	$N_L=2\times10^6$,疲劳强度	1.0
	$N_L=10^{10}$,疲劳强度	0.85
	优选润滑剂、材料和制造工艺,并经生产实践验证	1.0
NV(nitrocar.)	$N_L=10^5$,静强度	1.1
	$N_L=2\times10^6$,疲劳强度	1.0
	$N_L=10^{10}$,疲劳强度	0.85
	优选润滑剂、材料和制造工艺,并经生产实践验证	1.0

① 材料名称的缩写说明见下表；

缩写词	说明
St	结构钢（$\sigma_b<800\text{N/mm}^2$）
V	调质钢调质（$\sigma_b\geqslant800\text{N/mm}^2$）
GG	灰铸铁
GGG（perl.，bai.，ferr.）	球墨铸铁（珠光体、贝氏体、铁素体结构）
GTS（perl.）	可锻铸铁（珠光体结构）
Eh	渗碳淬火的渗碳钢
IF（root）	火焰或感应淬火（包括齿根圆角处）的钢、球墨铸铁
NT（nitr.）	氮化钢氮化
NV（nitr.）	渗氮处理的调质钢，渗碳钢
NV（nitrocar.）	氮碳共渗的调质钢，渗碳钢

② 只允许一定的点蚀。

8.14　载荷分担系数 Z_{LS}（摘自 GB/T 10062.2—2003 附录 A）

载荷分担系数 Z_{LS} 是考虑两对或 $\varepsilon_{v\gamma}>2$ 的多对轮齿间的载荷分配。假设载荷沿着接触线呈椭圆分布，在接触线上的峰值载荷呈抛物线（指数 1.5）分布，如图 12-3-91 所示。

$$p^*=\frac{p}{p_{\max}}=1-\left(\frac{|f|}{|f_{\max}|}\right)^{1.5}\geqslant0 \quad (12\text{-}3\text{-}218)$$

$$f_{\max}=\frac{1}{2}\varepsilon_{v\gamma}p_{et}\cos\beta_{vb} \quad (12\text{-}3\text{-}219)$$

$$A^*=\frac{1}{2}\times\frac{1}{2}p^*l_b\pi \quad (12\text{-}3\text{-}220)$$

式中，f、$\varepsilon_{v\gamma}$、l_b 见 GB/T 10062.1。

载荷分担系数 Z_{LS} 是 A_m^* 与总面积之比的函数。

$$Z_{LS}=\sqrt{\frac{A_m^*}{A_t^*+A_m^*+A_r^*}} \quad (12\text{-}3\text{-}221)$$

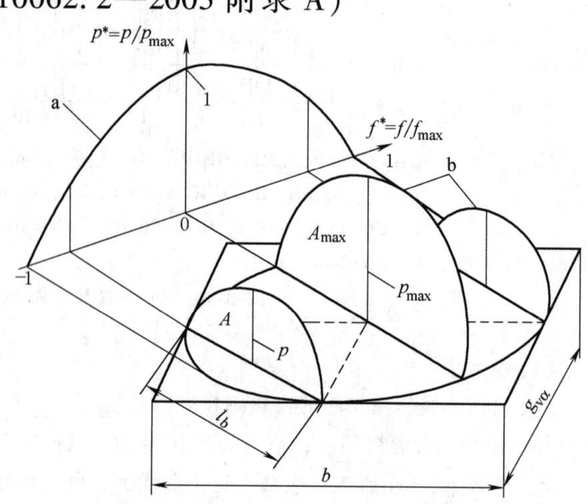

图 12-3-91　在接触面上的载荷分布

a—峰值载荷呈抛物线分布；b—载荷呈椭圆分布

式中，A_t^* 为过齿顶接触线的面积（p^*、l_b 按 GB/T 10062.1 中的 f_t 计算）；A_m^* 为过中间接触线的面积（p^*、l_b 按 GB/T 10062.1 中的 f_m 计算）；A_r^* 为过齿根接触线的面积（p^*、l_b 按 GB/T 10062.1 中的 f_r 计算）。

9 锥齿轮齿根弯曲强度计算（摘自 GB/T 10062.3—2003）

GB/T 10062.3—2003 规定了用于计算最小轮缘厚度（≥3.5m_{mn}）的直齿和斜齿锥齿轮、零度锥齿轮和弧齿锥齿轮的齿根弯曲应力的基本公式。把所有载荷对齿根应力的影响认为是齿轮传递的载荷所产生的应力，并作出定量的评价（例如，齿轮轮缘过盈配合引起的应力和轮齿加载引起的齿根应力相叠加得到的应力，在计算齿根应力 σ_F，或许用齿根应力 σ_{FP} 时应予考虑）。

GB/T 10062.3 中的公式适用于当量圆柱齿轮端面重合度 $\varepsilon_{v\alpha}<2$ 的锥齿轮。计算时使用 GB/T 10062.1 和 GB/T 3480 中的系数是有效的。GB/T 10062.3 不适用于应力大于 10^3 次循环的极限应力的场合，否则应力会超过轮齿的弹性极限。

注意：当这个方法用于大螺旋角、大压力角或大齿宽（$b>10m_{mn}$）时，GB/T 10062 的计算结果应经过验证确定。

下列文件的全部或部分在本节中被规范性引用，对本节的作用是不可缺少的。凡是注日期的引用文件，仅引用的版本适用。凡是不注日期的引用文件，其最新版本（包括任何修订）适用。

GB/T 1356—2001《通用机械与重型机械用圆柱齿轮 基本齿条齿廓》（等同采用 ISO 53：1998）；

GB/T 3374—1992《齿轮基本术语》（非等效采用 ISO/R 1122-1：1983）；

GB/T 3480—1997《渐开线圆柱齿轮承载能力计算方法》（等效采用 ISO 6336-1~6336-3：1996）；

GB/T 8539—2000《齿轮材料及热处理质量检验的一般规定》（等效采用 ISO 6336-5：1996）；

GB/T 10062.1—2003《锥齿轮承载能力计算方法 第 1 部分：概述与通用影响系数》（等同采用 ISO 10300-1：2001）；

GB/T 10062.2—2003《锥齿轮承载能力计算方法 第 2 部分：齿面接触疲劳（点蚀）强度计算》（等同采用 ISO 10300-2：2001）。

GB/T 10062.3—2003 使用 GB/T 1356 和 GB/T 3374 中给出的术语，并使用术语——轮齿弯曲强度。根据许用齿根应力确定承载能力。

9.1 轮齿折断和安全系数

通常轮齿折断会使齿轮工作寿命终止，有时由于一个轮齿的折断引起齿轮箱的所有齿轮损坏；在某些情况，会使输入和输出轴间的传动装置损坏。因此，选用齿轮时，轮齿的弯曲强度安全系数 S_F 应大于接触强度 S_H 的平方（选用安全系数的一般说明见 GB/T 10062.1）。

弯曲强度的最小安全系数，对于弧齿锥齿轮应取 $S_{F\min}\geqslant1.3$；对于直齿锥齿轮或中点螺旋角 $\beta_m\leqslant5°$的弧齿锥齿轮，应取 $S_{F\min}\geqslant1.5$。最小安全系数的值建议由制造商和用户协商确定。

9.2 计算轮齿弯曲强度的公式

计算轮齿弯曲强度时，通过比较弯曲应力和许用应力的应力值，可以确定轮齿的抗弯承载能力。

弯曲应力 σ_F：根据轮齿的几何尺寸，制造精度，轮缘、轴承和轴承座的刚性，传递的转矩等，用弯曲应力公式进行计算。

许用应力 σ_{FP}：考虑齿轮运转时工作条件的影响，用许用齿根应力公式进行计算。计算的齿根应力 σ_F 应小于许用齿根应力 σ_{FP}。

注：此处用到的许用应力是一个参考的应力“数”。因为是由试验得到的一个单纯的应力，而不是由 GB/T 10062 本部分的公式计算所得，所以采取这个名称。为了和设计的齿轮状况相似，将一个完全独立的计算值修正试验得到的极限应力为许用应力。

9.2.1 齿根应力

大小齿轮的齿根应力分别按照下式计算：

$$\sigma_F=\sigma_{F0}K_AK_vK_{F\beta}K_{F\alpha}\leqslant\sigma_{FP} \tag{12-3-222}$$

式中，σ_{F0} 为齿根应力基本值，其定义是一个理想的齿轮在名义转矩下引起的齿根处的最大拉应力；K_A、K_v、$K_{F\beta}$、$K_{F\alpha}$ 见 GB/T 10062.1。

(1) 齿根应力基本值 $\sigma_{F0\text{-}B1}$—B1 法

齿根应力基本值是根据齿根处（齿根圆角与30°切线相切处）最大的拉应力计算的。载荷作用的位置为：

① 单对齿啮合区外界点（$\varepsilon_{v\beta}=0$）；

② 接触区中点（$\varepsilon_{v\beta}\geqslant1$）；

③ 作用在①和②之间的位置。

用 Y_ε 把作用在齿顶的载荷转换到作用的位置：

$$\sigma_{F0\text{-}B1}=\frac{F_{mt}}{bm_{mn}}Y_{Fa}Y_{Sa}Y_\varepsilon Y_KY_{LS} \tag{12-3-223}$$

式中 F_{mt}——齿宽中点分度圆锥上的名义切向力（见 GB/T 10062.1）；

b——齿宽；

Y_{Fa}——齿形系数（见 9.3 节），Y_{Fa} 是考虑载荷作用在齿顶时，齿形对名义弯曲应力的影响；

Y_{Sa}——应力修正系数（见 9.3 节），Y_{Sa} 是考虑把载荷作用在齿顶时的名义弯曲应力转换为齿根应力基本值的系数，所以 Y_{Sa} 考虑齿根危险截面处（齿根圆角处）齿根应力增加的影响，和该处应力集中的影响一致，但不影响弯矩的力臂；

Y_ε——重合度系数（见 9.4 节），是考虑把载荷作用在齿顶时的齿根应力基本值，换算为载荷在作用位置时的齿根应力基本值；

Y_K——锥齿轮系数，是考虑较小 l_b' 值与齿宽 b 的比及接触线倾斜的影响；

Y_{LS}——载荷分担系数，是考虑两对或多对相啮合轮齿间的载荷分配。

(2) 齿根应力基本值 $\sigma_{F0\text{-}B2}$—B2 法

当使用方法 B2 时，利用复合几何系数 Y_P 取代式（12-3-223）中的 Y_{Fa}、Y_{Sa}、Y_ε、Y_K、Y_{LS} 等系数，所以

$$\sigma_{F0\text{-}B2}=\frac{F_{mt}}{bm_{mn}}Y_P \tag{12-3-224}$$

Y_P 为：

$$Y_P=\frac{Y_A}{Y_J}\times\frac{m_{mt}m_{mn}}{m_{et}^2} \tag{12-3-225}$$

代入式（12-3-224）中得

$$\sigma_{F0\text{-}B2}=\frac{F_{mt}}{b}\times\frac{Y_A}{Y_J}\times\frac{m_{mt}}{m_{et}^2} \tag{12-3-226}$$

式中 Y_A——B2 法的锥齿轮校正系数，用于一般的渗碳和表面淬火的锥齿轮；

Y_J——B2 法的弯曲强度几何系数，见 9.8.2 节。

弯曲强度几何系数 Y_J 考虑了以下因素的影响：齿形、最大的破坏载荷作用的位置、由于齿根几何形状引起的应力集中、相啮合齿轮副中相邻齿间的载荷分配、相啮合的大小齿轮间齿厚的比、齿长方向修形后的有效齿宽、一对齿轮副中一个齿轮延长齿宽引起的影响，以及包括了作用在轮齿上载荷的切向（弯曲）和径向（压缩）分力的作用。

9.2.2 许用齿根应力

小轮和大轮的许用齿根应力 σ_{FP} 应分别计算，要根据实际齿轮的几何相似性、运转状况和制造情况进行计算。

$$\sigma_{FP}=\frac{\sigma_{FE}Y_{NT}}{S_{F\min}}Y_{\delta\,\mathrm{rel}\,T}Y_{R\,\mathrm{rel}\,T}Y_X \tag{12-3-227}$$

$$\sigma_{FP}=\frac{\sigma_{F\,lim}Y_{ST}Y_{NT}}{S_{F\,min}}Y_{\delta\,rel\,T}Y_{R\,rel\,T}Y_X \tag{12-3-228}$$

式中 σ_{FE}——包括了应力修正系数的弯曲疲劳极限，$\sigma_{FE}=\sigma_{F\,lim}Y_{ST}$，假设材料（包括热处理）在全弹性状态下，无缺口试件的基本弯曲强度；

$\sigma_{F\,lim}$——由试验齿轮的弯曲疲劳极限，其值与试验齿轮的材料、热处理、齿根圆角的几何尺寸有关（见GB/T 8539）；

Y_{ST}——应力修正系数，与标准试验齿轮的尺寸有关，$Y_{ST}=2.0$；

$S_{F\,min}$——最小安全系数（见GB/T 10062.1）；

$Y_{\delta\,rel\,T}$——许用应力值的圆角敏感系数（见9.6节），是考虑计算齿轮齿根圆角敏感系数 Y_δ 与试验齿轮 $Y_{\delta T}$ 的不同对许用应力值的影响，（$Y_{\delta\,rel\,T}=Y_\delta/Y_{\delta T}$ 考虑材料对圆角的敏感性）；

$Y_{R\,rel\,T}$——相对表面状况系数（见9.7节），（$Y_{R\,rel\,T}=Y_R/Y_{RT}$，考虑齿根圆角状况 Y_R 与试验齿根状况 Y_{RT} 的关系）；

Y_X——齿根强度的尺寸系数（见9.8节），它考虑了模数对齿根强度的影响；

Y_{NT}——寿命系数，它考虑了齿轮运转循环次数的影响。

大小齿轮的弯曲强度的计算安全系数要分别计算，根据许用齿根应力值计算。评估的齿根应力 σ_F 应不大于许用齿根应力 σ_{FP}。大轮和小轮应分别确定防止断齿的安全系数：

$$S_{F\text{-}B1}=\frac{\sigma_{FE}Y_{NT}}{\sigma_{F0}}\times\frac{Y_{\delta\,rel\,T}Y_{R\,rel\,T}Y_X}{K_AK_vK_{F\alpha}K_{F\beta}} \tag{12-3-229}$$

注意：这是与传递转矩有关的安全系数。关于安全系数和失效风险（概率）见GB/T 10062.1。

9.3 齿形系数 Y_{Fa} 和修正系数 Y_{Sa}—B1法

齿形系数 Y_{Fa} 是考虑作用在齿顶时齿形对齿根名义弯曲应力的影响，大小齿轮的齿形系数要分别计算。

注：齿轮的齿顶和齿根修缘时，实际的弯曲力臂稍减小，上面的计算偏于安全。

一般锥齿轮是啮合线为“8”字形的齿廓，并进行齿顶和齿根修缘，虽然与渐开线齿廓有些偏差，由于齿根修缘使弯矩力臂稍减小，所以在进行齿形系数计算时可以忽略上述的偏差。

把当量圆柱齿轮齿廓齿根处30°切点间的距离作为危险截面弦齿厚（见图12-3-92）。

本部分的 Y_{Fa} 和 Y_{Sa} 是按没有公差的名义齿轮计算的，由于轮齿侧隙使齿厚稍微减小，在承载能力计算时可以忽略。但是，当齿厚减薄量 $A_{sne}>0.05m_{mn}$ 时，应当考虑尺寸的减小。

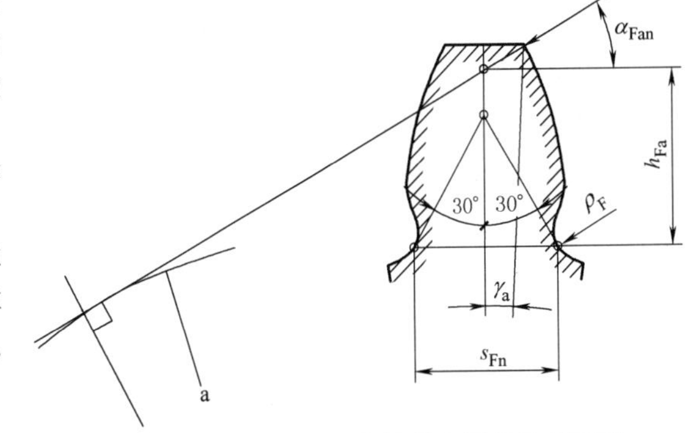

图12-3-92 当量圆柱齿轮的齿根危险截面弦齿厚 s_{Fn}，载荷作用于齿顶时的弯曲力 h_{Fn}

a—当量圆柱齿轮的基圆

9.3.1 展成法加工齿轮的齿形系数 Y_{Fa}

式（12-3-230）用于在法截面内有或没有齿廓变位的当量圆柱齿轮，变位并满足下列假设条件：

a. 30°切线切点位于用有齿顶圆角半径的刀具展成的齿根曲线上；

b. 加工用的刀具带有一定的齿顶圆角半径（$\rho_{a0}\neq0$）。

$$Y_{Fa}=\frac{6\dfrac{h_{Fa}}{m_{mn}}\cos\alpha_{Fan}}{\left(\dfrac{s_{Fn}}{m_{mn}}\right)^2\cos\alpha_n} \tag{12-3-230}$$

式中代号意义见图12-3-92，关于轮齿的名义载荷和齿形系数的叙述见GB/T 3480。

(1) 辅助值

为了计算齿根危险截面弦齿厚 s_{Fn} 和弯曲力臂 h_{Fa}，首先要确定辅助值 E、G、H 和 θ。

$$E=\left(\frac{\pi}{4}-x_{sm}\right)m_{mn}-h_{a0}\tan\alpha_n-\frac{\rho_{a0}(1-\sin\alpha_n)-s_{pr}}{\cos\alpha_n} \tag{12-3-231}$$

$$G=\frac{\rho_{a0}}{m_{mn}}-\frac{h_{a0}}{m_{mn}}+x_{hm} \tag{12-3-232}$$

$$H=\frac{2}{z_{vn}}\left(\frac{\pi}{2}-\frac{E}{m_{mn}}\right)-\frac{\pi}{3} \tag{12-3-233}$$

$$\theta=\frac{2G}{z_{vn}}\tan\theta-H \tag{12-3-234}$$

为了解超越方程式（12-3-234），可取初始值 $\theta=\pi/6$，在大多数情况下，迭代几次，该方程就收敛了。

(2) 齿根危险截面弦齿厚 s_{Fn}

$$\frac{s_{Fn}}{m_{mn}}=z_{vn}\sin\left(\frac{\pi}{3}-\theta\right)+\sqrt{3}\left(\frac{G}{\cos\theta}-\frac{\rho_{a0}}{m_{mn}}\right) \tag{12-3-235}$$

(3) 危险截面处齿根圆角半径 ρ_F

$$\frac{\rho_F}{m_{mn}}=\frac{\rho_{a0}}{m_{mn}}+\frac{2G^2}{\cos\theta(z_{vn}\cos^2\theta-2G)} \tag{12-3-236}$$

(4) 弯曲力臂 h_{Fa}

$$\alpha_{an}=\arccos\left(\frac{d_{vbn}}{d_{van}}\right) \tag{12-3-237}$$

$$\gamma_a=\frac{1}{z_{vn}}\left[\frac{\pi}{2}+2(x_{hm}\tan\alpha_n+x_{sm})\right]+\text{inv}\alpha_n-\text{inv}\alpha_{an} \tag{12-3-238}$$

$$\alpha_{Fan}=\alpha_{an}-\gamma_a \tag{12-3-239}$$

$$h_{FaD,C}=\frac{m_{mn}}{2}\left[(\cos\gamma_a-\sin\gamma_a\tan\alpha_{Fan})\frac{d_{van}}{m_{mn}}-z_{vn}\cos\left(\frac{\pi}{3}-\theta\right)-\frac{G}{\cos\theta}+\frac{\rho_{a0}}{m_{mn}}\right] \tag{12-3-240}$$

在法截面内，当量圆柱齿轮参数见 GB/T 10062.1 的附录 A。刀具轮齿基本齿条齿廓的尺寸见本部分的图 12-3-93。对于刀具的基本齿廓为 $\alpha_n=20$、$h_{a0}/m_{mn}=1.25$、$\rho_{a0}/m_{mn}=0.25$、$x_{sm}=0$ 的齿轮，其齿形系数可从图 12-3-94 查得。其他的刀具基本齿廓参数见 GB/T 3480。

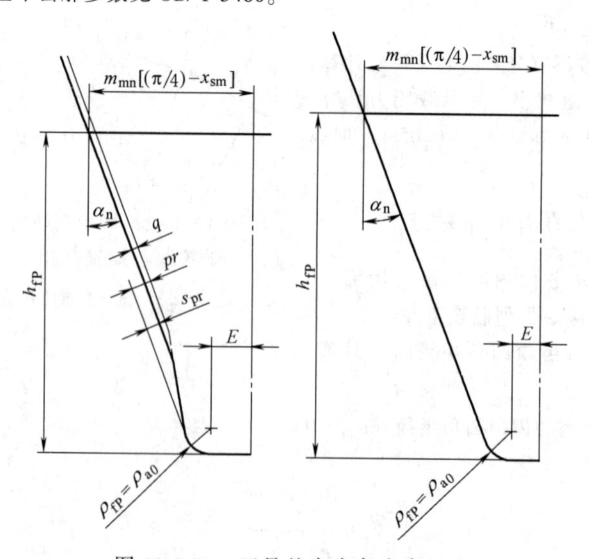

图 12-3-93　刀具基本齿条齿廓尺寸

对于展成锥齿轮的复合齿形系数 $Y_{FS}=Y_{Fa}Y_{Sa}$ 见图 12-3-95～图 12-3-97。

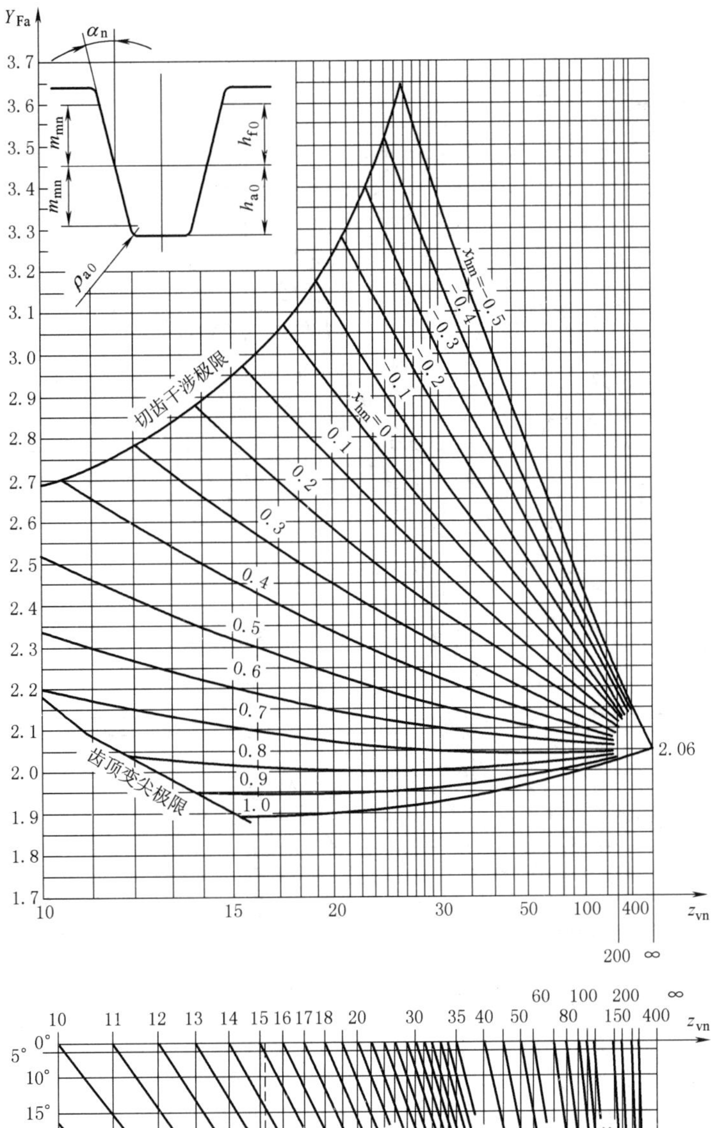

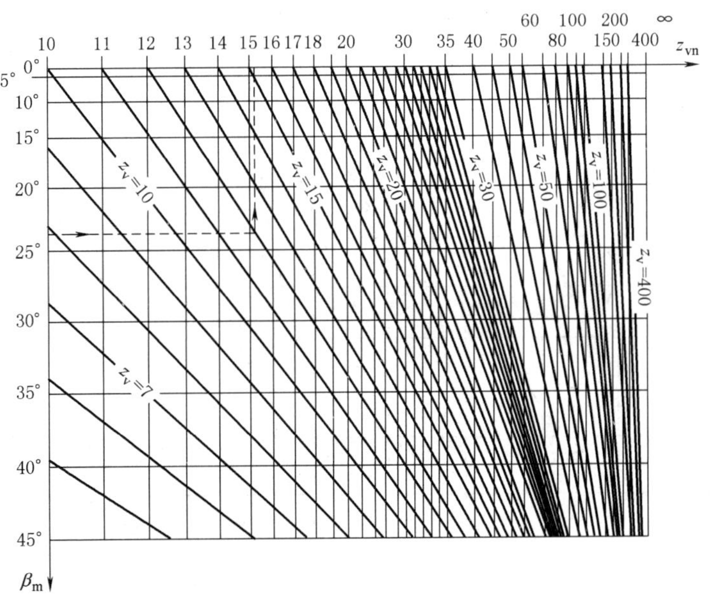

(例:由 $\beta_m=23.5$, $z_v=12$, 得 $z_{vn}=15.2$)

图 12-3-94 展成齿轮的齿形系数 Y_{Fa}

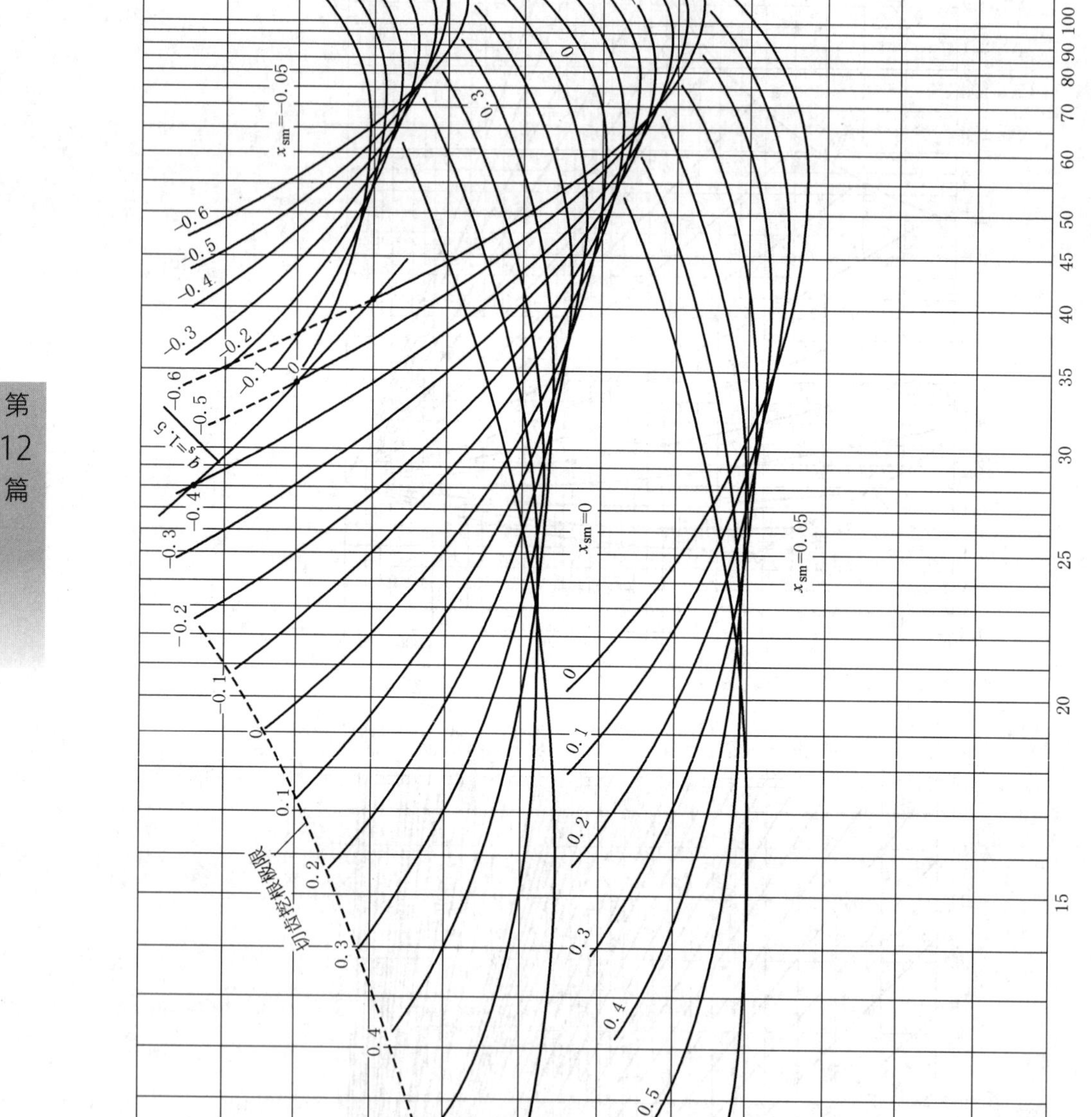

图 12-3-95 展成齿轮的复合齿形系数 $Y_{FS}=Y_{Fa}Y_{Sa}$（$\rho_{a0}=0.2m_{mn}$）

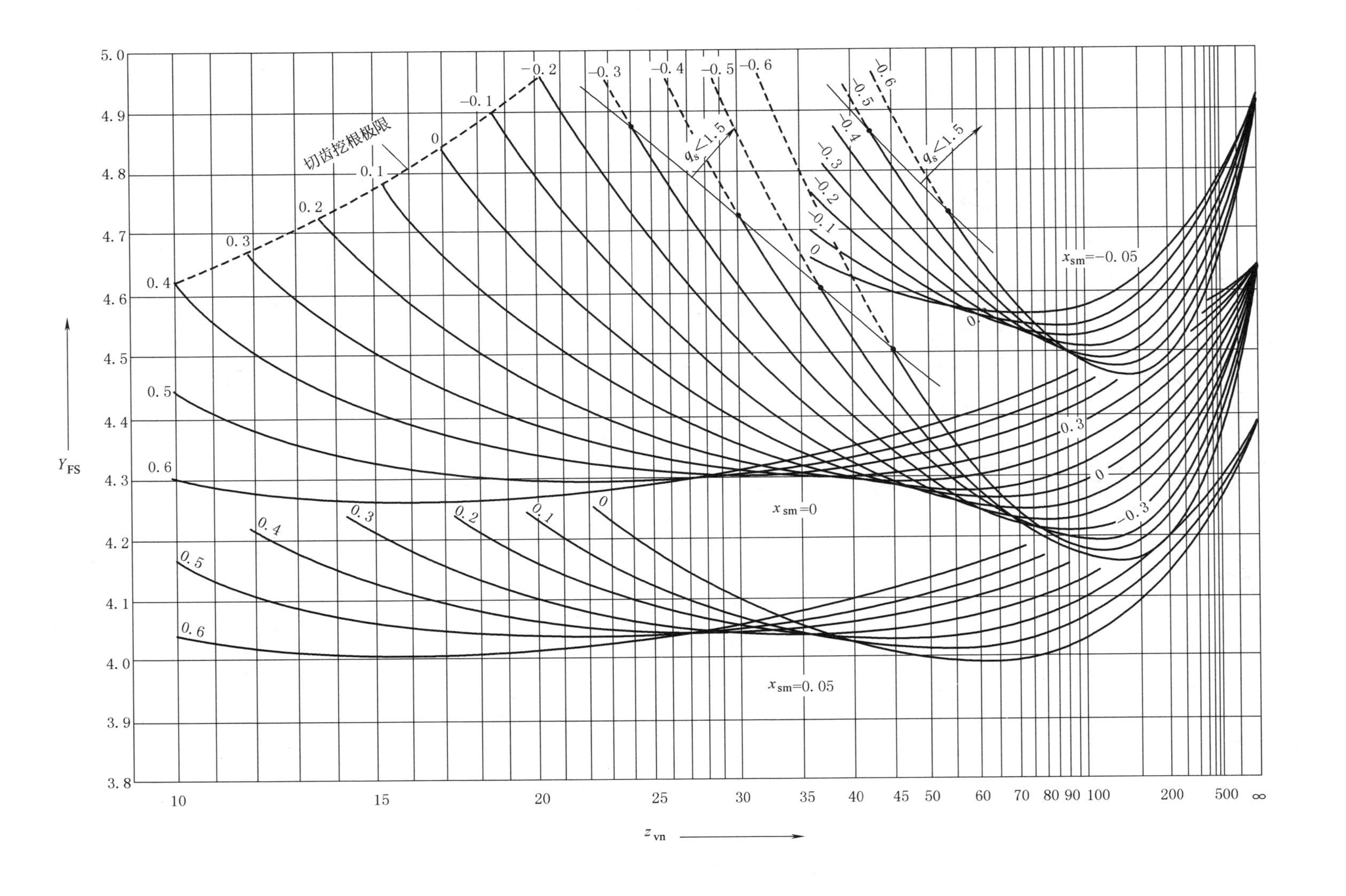

图 12-3-96 展成齿轮的复合齿形系数 $Y_{FS}=Y_{Fa}Y_{Sa}$（$\rho_{a0}=0.25m_{mn}$）

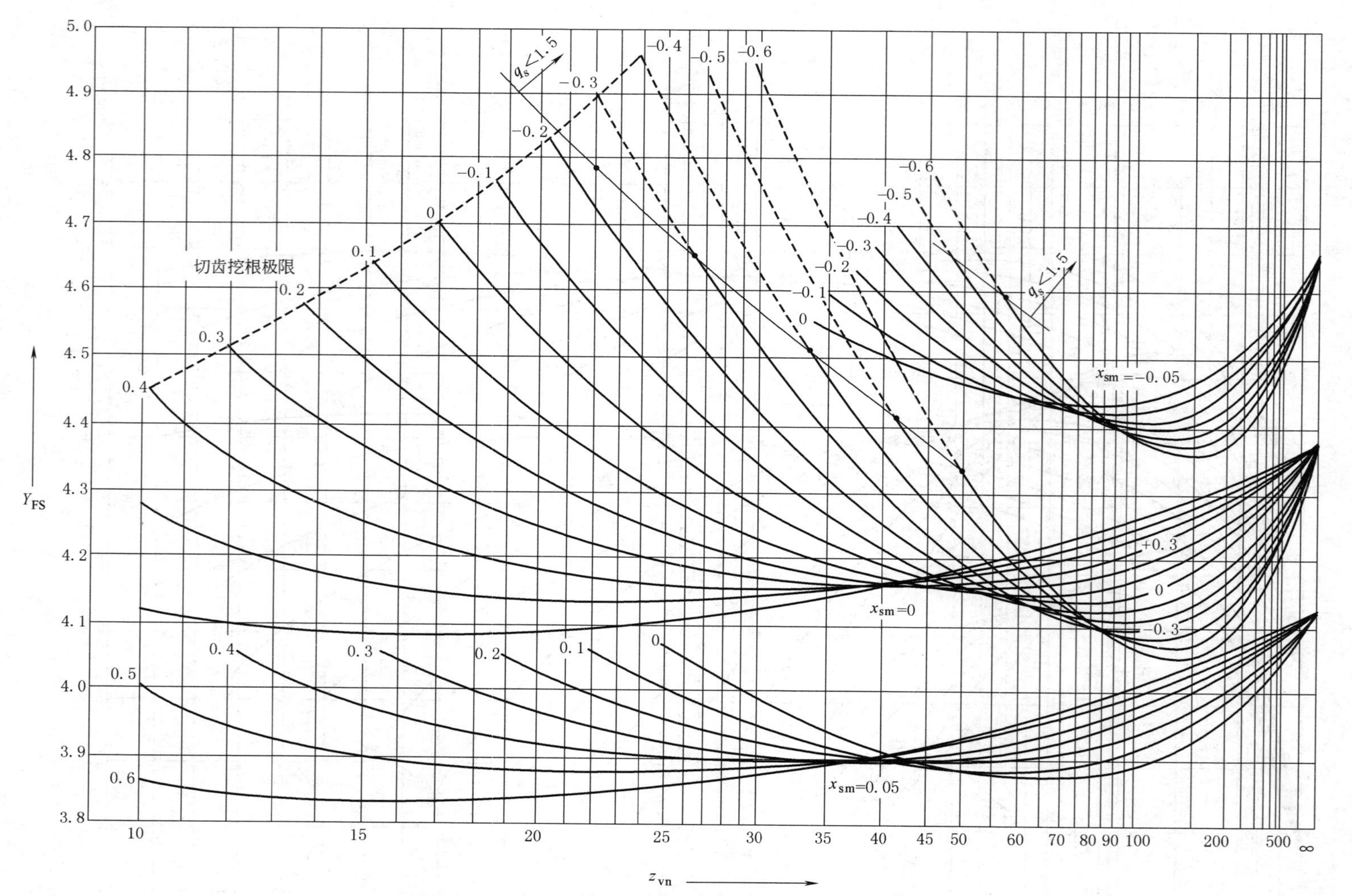

图 12-3-97 展成齿轮的复合齿形系数 $Y_{FS}=Y_{Fa}Y_{Sa}$（$\rho_{a0}=0.3m_{mn}$）

9.3.2 成形法加工齿轮的齿形系数 Y_{Fa}

有的鼓形齿轮可用成形法切削加工（特别在大的齿数比时），所测齿轮齿槽齿廓和刀具齿廓（齿条刀具齿廓）一致，鼓形齿轮的齿形系数可直接按刀具齿廓确定。

危险截面弦齿厚：

$$s_{Fn}=\pi m_{mn}-2E-2\rho_{a0}\cos 30° \tag{12-3-241}$$

式中，E 按式（12-3-231）计算。

在30°切线切点处的曲率半径：

$$\rho_{F2}=\rho_{a02} \tag{12-3-242}$$

弯曲力臂：

$$h_{Fa2}=h_{a02}-\frac{\rho_{a02}}{2}+m_{mn}-\left(\frac{\pi}{4}+x_{sm2}+\tan\alpha_n\right)m_{mn}\tan\alpha_n \tag{12-3-243}$$

齿形系数按式（12-3-230）计算，并取 $\alpha_{Fan}=\alpha_n$：

$$Y_{FaD,C}=\frac{6\times\dfrac{h_{Fa}}{m_{mn}}}{\left(\dfrac{s_{Fn}}{m_{mn}}\right)^2} \tag{12-3-244}$$

在大轮齿数比 $u>3$ 时，与其相啮合的小锥齿轮是用展成法加工的，小锥齿轮的齿形系数可近似地按9.3.1的方法计算。

9.3.3 应力修正系数 Y_{Sa}

应力修正系数 Y_{Sa} 是把名义弯曲应力转换成齿根应力基本值的系数。它考虑了齿根过渡曲线处的应力集中的效应，以及弯曲应力以外的其他应力对齿根应力的影响（进一步的说明见 GB/T 3480）。

$$Y_{Sa}=(1.2+0.13L_a)\,q_s^{\frac{1}{1.21+2.3/L_a}} \tag{12-3-245}$$

$$L_a=\frac{s_{Fn}}{h_{Fa}} \tag{12-3-246}$$

$$q_s=\frac{s_{Fn}}{2\rho_F} \tag{12-3-247}$$

式中 s_{Fn}——展成法和成形法加工分别按照式（12-3-235）或式（12-3-241）计算；

h_{Fa}——展成法和成形法加工分别按照式（12-3-240）或式（12-3-243）计算；

ρ_F——展成法和成形法加工分别按照式（12-3-236）或式（12-3-242）计算。

式（12-3-245）的有效范围是 $1\leqslant q_s<8$。

对于刀具基本齿廓为 $\alpha_n=20$、$h_{a0}/m_{mn}=1.25$、$\rho_{a0}/m_{mn}=0.25$、$x_{sm}=0$ 的齿轮，应力修正系数 Y_{Sa} 可从图12-3-98查得。关于磨削台阶的影响见 GB/T 3480。

9.4 重合度系数 Y_ε，锥齿轮系数 Y_K，载荷分担系数 Y_{LS}—B1法

9.4.1 重合度系数 Y_ε

重合度系数 Y_ε 是把作用在齿顶的载荷（此处用齿形系数 Y_{Fa} 和应力修正系数 Y_{Sa}）转换到指定的点的系数。Y_ε 也可用端面载荷分配系数 $K_{F\alpha}$ 计算（见 GB/T 10062.1）。

根据 $\varepsilon_{v\beta}$ 的取值范围，有以下三种情况：

① 当 $\varepsilon_{v\beta}=0$ 时

$$Y_\varepsilon=0.25+\frac{0.75}{\varepsilon_{v\alpha}}\geqslant 0.625 \tag{12-3-248}$$

② 当 $0<\varepsilon_{v\beta}\leqslant 1$ 时

$$Y_\varepsilon=0.25+\frac{0.75}{\varepsilon_{v\alpha}}-\varepsilon_{v\beta}\left(\frac{0.75}{\varepsilon_{v\alpha}}-0.375\right)\geqslant 0.625 \tag{12-3-249}$$

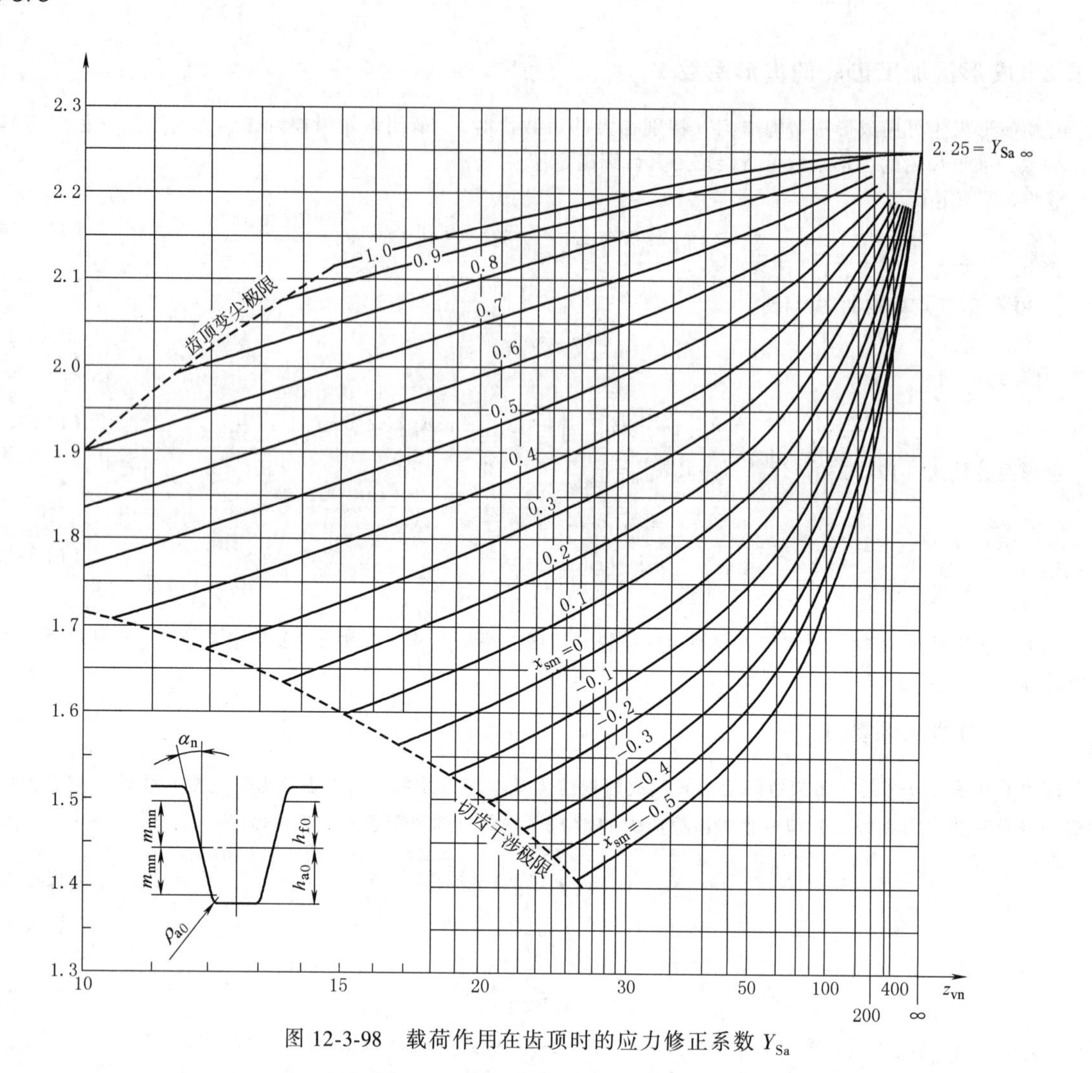

图 12-3-98　载荷作用在齿顶时的应力修正系数 Y_{Sa}

③ 当 $\varepsilon_{v\beta}>1$ 时

$$Y_{\varepsilon}=0.625 \tag{12-3-250}$$

9.4.2　锥齿轮系数 Y_K

锥齿轮系数 Y_K 是考虑锥齿轮与圆柱齿轮的差异对齿根应力影响的系数（因接触线倾斜，l'_{bm}的值较小）。

$$Y_K=\left(\frac{1}{2}+\frac{1}{2}\times\frac{l'_{bm}}{b}\right)^2\frac{b}{l'_{bm}} \tag{12-3-251}$$

式中，l'_{bm}为中部接触线的投影长度［见 GB/T 10062.1 的式（A.44）］。

9.4.3　载荷分担系数 Y_{LS}

载荷分担系数 Y_{LS} 是考虑两对轮齿或多对轮齿间的载荷分配的系数。

$$Y_{LS}=Z_{LS}^2 \tag{12-3-252}$$

式中，Z_{LS} 见 GB/T 10062.2。

9.5　弯曲强度计算—B2 法

9.5.1　曲线图和概述

附录 B 包含有直齿锥齿轮、零度锥齿轮和弧齿锥齿轮几何系数的曲线图，图中曲线是按齿宽 $b=0.3R_e$ 和 $b=$

$10m_{et}$ 中的较小者确定的。当设计齿轮的齿形各部分尺寸和齿厚、齿宽、刀刃的半径、压力角、螺旋角，并以凹侧为主动侧，等与曲线图中参数相符合时，可利用这些曲线图。不能应用这些曲线图时，可用 9.5.2 节中的公式计算，由于计算复杂，建议用计算机计算。

9.5.2 锥齿轮几何系数 Y_J 的计算公式

锥齿轮几何系数 Y_J 可用下式计算：

$$Y_{J1,2}=\frac{Y_{K1,2}}{\varepsilon_N Y_i}\times\frac{2r_{my01,2}}{d_{v1,2}}\times\frac{b_{ce1,2}}{b_{1,2}}\times\frac{m_{mt}}{m_{et}} \quad (12\text{-}3\text{-}253)$$

式中 $Y_{K1,2}$——齿形系数，包含了小轮或大轮的应力集中系数（见 9.5.8 节）；

ε_N——载荷分担比（见 9.5.9 节）；

Y_i——低重合度齿轮的惯性系数（见 9.5.10 节）；

$r_{my01,2}$——小轮或大轮上施力点的平均端面半径，mm（见 9.5.4 节）；

$b_{ce1,2}$——计算出的小轮或大轮的有效齿宽，mm（见 9.5.11 节）。

9.5.3 最大弯曲应力时载荷作用点 y_3

对于大多数的直齿锥齿轮、零度锥齿轮和弧齿锥齿轮，当总重合度≤2 时，载荷作用在当量圆柱齿轮的单对齿啮合区外界点时，产生最大弯曲应力；当总重合度>2 时，假设接触线经过啮合轨迹的中心时，产生最大弯曲应力；对于承受静载荷的直齿锥齿轮和零度齿锥齿轮（例如汽车的差速器中用这些齿轮），载荷作用在齿顶处，产生最大弯曲应力。在以上几种情况下，从接触区的中点沿啮合轨迹到载荷作用点的测量值定义为 y_J，从接触起始点到载荷作用点的距离定义为 y_3。

当 $\varepsilon_{v\gamma}\leqslant 2.0$ 时，

$$y_J=p_{et}\cos\beta_{vb}-\frac{g_\eta}{2} \quad (12\text{-}3\text{-}254)$$

及

$$g_\eta^2=g_{van}^2\cos^2\beta_{vb}+b^2\sin^2\beta_{vb} \quad (12\text{-}3\text{-}255)$$

当 $\varepsilon_{v\gamma}>2.0$ 时，

$$y_J=0 \quad (12\text{-}3\text{-}256)$$

对于静态加载的直齿锥齿轮和零齿锥齿轮（齿顶承载）：

$$y_J=\frac{g_\eta}{2} \quad (12\text{-}3\text{-}257)$$

$$g_J^2=g_\eta^2-4y_J^2 \quad (12\text{-}3\text{-}258)$$

距离 y_3 的确定取决于锥齿轮的类型，对于直齿锥齿轮和零齿锥齿轮：

$$y_3=\frac{g_{van}}{2}+\frac{g_{van}^2 y_J}{g_\eta} \quad (12\text{-}3\text{-}259)$$

对于弧齿锥齿轮小轮：

$$y_{31}=\frac{g_{van}}{2}+\frac{g_{van}^2 y_J\cos^2\beta_{vb}+bg_{van}g_J k'\sin\beta_{vb}}{g_\eta^2} \quad (12\text{-}3\text{-}260)$$

对于弧齿锥齿轮大轮：

$$y_{32}=\frac{g_{van}}{2}+\frac{g_{van}^2 y_J\cos^2\beta_{vb}-bg_{van}g_J k'\sin\beta_{vb}}{g_\eta^2} \quad (12\text{-}3\text{-}261)$$

其中，k'为定位常数。

$$k'=\frac{z_2-z_1}{3.2z_2+4.0z_1} \quad (12\text{-}3\text{-}262)$$

9.5.4 载荷作用点半径 $r_{my01,2}$

因为载荷作用点的位置通常不在轮齿中点截面上，实际的半径用下列公式确定。

对于直齿锥齿轮和零度齿锥齿轮：

$$g_0''=\frac{bg_{\mathrm{van}}g_{\mathrm{J}}k'}{g_{\eta}^2} \tag{12-3-263}$$

对弧齿锥齿轮小轮：

$$g_{01}''=\frac{bg_{\mathrm{van}}g_{\mathrm{J}}k'\cos^2\beta_{\mathrm{vb}}-b^2y_{\mathrm{J}}\sin\beta_{\mathrm{vb}}}{g_{\eta}^2} \tag{12-3-264}$$

对弧齿锥齿轮大轮：

$$g_{02}''=\frac{bg_{\mathrm{van}}g_{\mathrm{J}}k'\cos^2\beta_{\mathrm{vb}}+b^2y_{\mathrm{J}}\sin\beta_{\mathrm{vb}}}{g_{\eta}^2} \tag{12-3-265}$$

$$\tan\alpha_{\mathrm{L1,2}}=\frac{y_{31,2}+a_{\mathrm{vn}}\sin\alpha_{\mathrm{n}}-0.5\sqrt{d_{\mathrm{van2,1}}-d_{\mathrm{vbn2,1}}}}{0.5d_{\mathrm{vbn2,1}}} \tag{12-3-266}$$

式中　$\alpha_{\mathrm{L1,2}}$——小轮和大轮在载荷作用点的名义压力角。

$$\xi_{\mathrm{h1,2}}=\frac{180°}{\pi}\left(\frac{s_{\mathrm{mn1,2}}}{d_{\mathrm{vn1,2}}}-\mathrm{inv}\alpha_{\mathrm{L1,2}}+\mathrm{inv}\alpha_{\mathrm{n}}\right) \tag{12-3-267}$$

$$\alpha_{\mathrm{h1,2}}=\alpha_{\mathrm{L1,2}}-\xi_{\mathrm{h1,2}} \tag{12-3-268}$$

式中　$\xi_{\mathrm{h1,2}}$——用于小轮或大轮弯曲强度计算中用到的转角。

在小轮或大轮轮齿中心线上，从节圆到载荷作用点的距离为：

$$\Delta r_{\mathrm{y01,2}}=0.5\left(\frac{d_{\mathrm{vbn1,2}}}{\cos\alpha_{\mathrm{h1,2}}}-d_{\mathrm{vn1,2}}\right) \tag{12-3-269}$$

载荷作用点的端面半径，单位为毫米（mm）：

$$r_{\mathrm{my01,2}}=\frac{d_{\mathrm{v1,2}}}{2}\left(\frac{R_{\mathrm{m}}+g_{01,2}''}{R_{\mathrm{m}}}\right)+\Delta r_{\mathrm{y01,2}} \tag{12-3-270}$$

第12篇

9.5.5　齿根圆角半径 r_{mf}

最小的齿根圆角半径在齿根圆角与齿根圆相切处，其相对圆角半径可用下式计算：

$$r_{\mathrm{mf1,2}}=\frac{(h_{\mathrm{fm1,2}}-\rho_{\mathrm{a01,2}})^2}{0.5d_{\mathrm{vn1,2}}+h_{\mathrm{fm1,2}}-\rho_{\mathrm{a01,2}}}+\rho_{\mathrm{a01,2}} \tag{12-3-271}$$

9.5.6　齿形系数 Y_1 和 Y_2

齿形系数把名义载荷的径向分量和切向分量合并在一起，因为必须按最薄弱的截面确定，小轮和大轮最薄弱截面必须用迭代法分别计算。

$$g_{\mathrm{yb1,2}}=h_{\mathrm{fm1,2}}-\rho_{\mathrm{a01,2}} \tag{12-3-272}$$

$$g_{01,2}=0.5s_{\mathrm{mn1,2}}+h_{\mathrm{fm1,2}}\tan\alpha_{\mathrm{n}}+\rho_{\mathrm{a01,2}}\left(\frac{1-\sin\alpha_{\mathrm{n}}}{\cos\alpha_{\mathrm{n}}}\right) \tag{12-3-273}$$

式中　$g_{01,2}$——计算的值。

第一步，取一个初始值，使 $g_{\mathrm{f01,2(1)}}=g_{01,2}+g_{\mathrm{yb1,2}}$，以 $g_{\mathrm{f01,2(1)}}$ 为初始值开始迭代：

$$\xi_{1,2}=\frac{360°g_{\mathrm{f01,2}}}{\pi d_{\mathrm{vn1,2}}} \tag{12-3-274}$$

$$g_{\mathrm{xb1,2}}=g_{\mathrm{f01,2}}-g_{01,2} \tag{12-3-275}$$

$$g_{\mathrm{za1,2}}=g_{\mathrm{yb1,2}}\cos\xi_{1,2}-g_{\mathrm{xb1,2}}\sin\xi_{1,2} \tag{12-3-276}$$

$$g_{\mathrm{zb1,2}}=g_{\mathrm{yb1,2}}\sin\xi_{1,2}+g_{\mathrm{xb1,2}}\cos\xi_{1,2} \tag{12-3-277}$$

$$\tan\tau_{1,2}=\frac{g_{\mathrm{za1,2}}}{g_{\mathrm{zb1,2}}} \tag{12-3-278}$$

$$s_{\mathrm{N1,2}}=0.5d_{\mathrm{vn1,2}}\sin\xi_{1,2}-\rho_{\mathrm{a01,2}}\cos\tau_{1,2}-g_{\mathrm{zb1,2}} \tag{12-3-279}$$

$$h_{\mathrm{N1,2}}=\Delta r_{\mathrm{y01,2}}+0.5d_{\mathrm{vn1,2}}(1-\cos\xi_{1,2})+\rho_{\mathrm{a01,2}}\sin\tau_{1,2}+g_{\mathrm{za1,2}} \tag{12-3-280}$$

第二步，改变 $g_{\mathrm{f01,2}}$ 值，使 $g_{\mathrm{f01,2(2)}}=g_{\mathrm{f01,2(1)}}+0.005m_{\mathrm{et2}}$。

第三步，试凑和继续试凑，并进行插值。

重复上面计算，直到：

$$\frac{s_{N1,2}\cot\tau_{1,2}}{h_{N1,2}}=2.0\pm0.001 \qquad (12\text{-}3\text{-}281)$$

迭代计算结束。

轮齿强度系数：

$$x_{N1,2}=\frac{s_{N1,2}^{2}}{h_{N1,2}} \qquad (12\text{-}3\text{-}282)$$

齿形系数：

$$Y_{1,2}=\frac{2}{3}\left[\frac{1}{m_{et}\left(\dfrac{1}{x_{N1,2}}-\dfrac{\tan\alpha_{h1,2}}{3s_{N1,2}}\right)}\right] \qquad (12\text{-}3\text{-}283)$$

9.5.7 应力集中和应力修正系数 Y_f

应力集中和应力修正系数 Y_f 与下列因素有关：

a. 有效的应力集中；

b. 载荷的作用位置；

c. 材料可塑性的影响；

d. 残余应力的影响；

e. 材料成分的影响；

f. 由于齿轮制造和以后的工作引起的齿面光洁度；

g. 赫兹应力的影响；

h. 尺寸的影响；

i. 齿端的影响。

下面的应力集中和应力修正系数是道兰（Dolan）和布朗格哈默（Broghamer）推导的，仅考虑了 a 和 b 两个因素。

$$Y_{f1,2}=L+\left(\frac{2s_{N1,2}}{r_{mf1,2}}\right)^{M}\left(\frac{2s_{N1,2}}{h_{N1,2}}\right)^{O} \qquad (12\text{-}3\text{-}284)$$

式中，$L=0.3254545-0.0072727\alpha_n$；$M=0.3318182-0.0090909\alpha_n$；$O=0.2681818+0.0090909\alpha_n$；$\alpha_n$ 为实际压力角，(°)。

从 a 到 i 的其他因素可补偿，通常 d 和 e 包括在许用齿根应力值 σ_{FE} 中，h 在尺寸系数 Y_X 中考虑，i 在有效齿宽 b_{ce} 计算中考虑。

9.5.8 包含应力集中的修正齿形系数 Y_K

这个系数仅仅是把齿形系数 $Y_{1,2}$、应力集中和应力修正系数 $Y_{f1,2}$ 组合起来。

$$Y_{K1,2}=\frac{Y_{1,2}}{Y_{f1,2}} \qquad (12\text{-}3\text{-}285)$$

9.5.9 载荷分配率 ε_N

载荷分担比 ε_N 用于计算总载荷作用在所分析轮齿上的比例。可用下列公式计算：

$$g_J'^{3}=g_J^{3}+\sum_{k=1}^{k=x}\sqrt{[g_J^{2}-4kp_{et}\cos\beta_{vb}(kp_{et}\cos\beta_{vb}+2Y_J)]^{3}}+\sum_{k=1}^{k=y}\sqrt{[g_J^{2}-4kp_{et}\cos\beta_{vb}(kp_{et}\cos\beta_{vb}-2Y_J)]^{3}} \qquad (12\text{-}3\text{-}286)$$

式中，k 是一个从 1 到 x 或 y 的连续正整数，每个级数项均取实数项（根号内为正），虚数项（根号内为负值）应忽略。对于大多数设计，x 和 y 不大于 2。

载荷分担率
$$\varepsilon_N = \frac{g_J^3}{g_j'^3} \tag{12-3-287}$$

对承受静载荷的直齿锥齿轮和零度锥齿轮：

$$\varepsilon_N = 1.0 \tag{12-3-288}$$

9.5.10 惯性系数 Y_i

惯性系数 Y_i 考虑重合度相对较小时导致的动载荷作用的不均匀性，该系数可用下式计算：

$$\begin{cases} Y_i = 2.0/\varepsilon_{v\gamma} & \varepsilon_{v\gamma} < 2.0 \\ Y_i = 1.0 & \varepsilon_{v\gamma} \geqslant 2.0 \end{cases} \tag{12-3-289}$$

对于承受静载荷的齿轮，例如车辆驱动差速齿轮，甚至即使 $\varepsilon_{v\gamma} \leqslant 2.0$ 时，$Y_i = 1.0$。

9.5.11 计算的有效齿宽 b_{ce}

因为瞬时接触线常常不是全齿宽接触，这个量是评定轮齿承受的载荷在齿根截面上分布的有效性。有效齿宽用下式计算：

$$g_K = \frac{b g_{v\alpha n} g_J \cos^2\beta_{vb}}{g_\eta^2} \tag{12-3-290}$$

式中　g_K——瞬时接触线在齿长方向投影的长度，mm。

齿轮小端增量：

$$\Delta b'_{i1,2} = \frac{b - g_K}{2\cos\beta_m} + \frac{g''_{01,2}}{\cos\beta_m} \tag{12-3-291}$$

齿轮大端增量：

$$\Delta b'_{e1,2} = \frac{b - g_K}{2\cos\beta_m} - \frac{g''_{01,2}}{\cos\beta_m} \tag{12-3-292}$$

① 当 $\Delta b'_{i1,2}$ 和 $\Delta b'_{e1,2}$ 均为正值时：

$$\Delta b_{i1,2} = \Delta b'_{i1,2}$$

② 当 $\Delta b'_{i1,2}$ 为正值和 $\Delta b'_{e1,2}$ 为负值时：

$$\Delta b_{i1,2} = (b - g_K)/\cos\beta_m$$

③ 当 $\Delta b'_{i1,2}$ 为负值和 $\Delta b'_{e1,2}$ 为正值时：

$$\Delta b_{i1,2} = 0$$

④ 当 $\Delta b'_{e1,2}$ 和 $\Delta b'_{i1,2}$ 都为正值时：

$$\Delta b_{e1,2} = \Delta b'_{e1,2}$$

⑤ 当 $\Delta b'_{e1,2}$ 为正值和 $\Delta b'_{i1,2}$ 为负值时：

$$\Delta b_{e1,2} = (b - g_K)/\cos\beta_m$$

⑥ 当 $\Delta b'_{e1,2}$ 为负值和 $\Delta b'_{i1,2}$ 为正值时：

$$\Delta b_{e1,2} = 0$$

计算的有效齿宽为：

$$b_{ce1,2} = h_{N1,2}\cos\beta_m \frac{\pi}{180°}\left[\arctan\left(\frac{\Delta b_{i1,2}}{h_{Na1,2}}\right) + \arctan\left(\frac{\Delta b_{e1,2}}{h_{Na1,2}}\right)\right] + g_K \tag{12-3-293}$$

式中　$b_{ce1,2}$——计算的有效齿宽，mm。

9.6 相对齿根圆角敏感系数 $Y_{\delta\ rel\ T}$

动态的齿根圆角敏感系数 Y_δ，表示疲劳损坏时理论的应力峰值超过材料弯曲疲劳极限的程度，它是材料和应力梯度的函数。敏感系数可根据无缺口和有缺口的试件或试验齿轮经试验得到的强度值计算得到。如果没有较精确的试验结果（A 法），$Y_{\delta\ rel\ T}$ 可用本节叙述的方法确定。

9.6.1 B1 法

锥齿轮（和其当量圆柱齿轮）的许用齿根应力是根据圆锥和圆柱试验齿轮的疲劳强度确定的，所以相对齿根圆角敏感系数 $Y_{\delta\ \mathrm{rel\ T}}=Y_\delta/Y_{\delta\mathrm{T}}$ 可直接从图 12-3-99 中查出，它是所计算齿轮的 q_s 和材料的函数。

B1 法中用到的相对齿根圆角敏感系数 $Y_{\delta\ \mathrm{rel\ T}}$ 可通过式（12-3-294）计算，该式表示图 12-3-99 中的曲线。

$$Y_{\delta\ \mathrm{rel\ T1,2}}=\frac{1+\sqrt{\rho' x_{1,2}^X}}{1+\sqrt{\rho' x_\mathrm{T}^X}} \tag{12-3-294}$$

$$x_{1,2}^X=\frac{1}{5}(1+2q_{s1,2})$$

若 $q_{s\mathrm{T}}=2.5$，由式（12-3-294）得 $x_\mathrm{T}^X=1.2$。

其中 ρ'——滑移层厚度，ρ'是材料的函数，可由表 12-3-47 查得；

q_s——圆角参数；

$x_{1,2}^X$——适用于模数 $m_{mn}=5\mathrm{mm}$，其尺寸的影响用 Y_X 考虑。

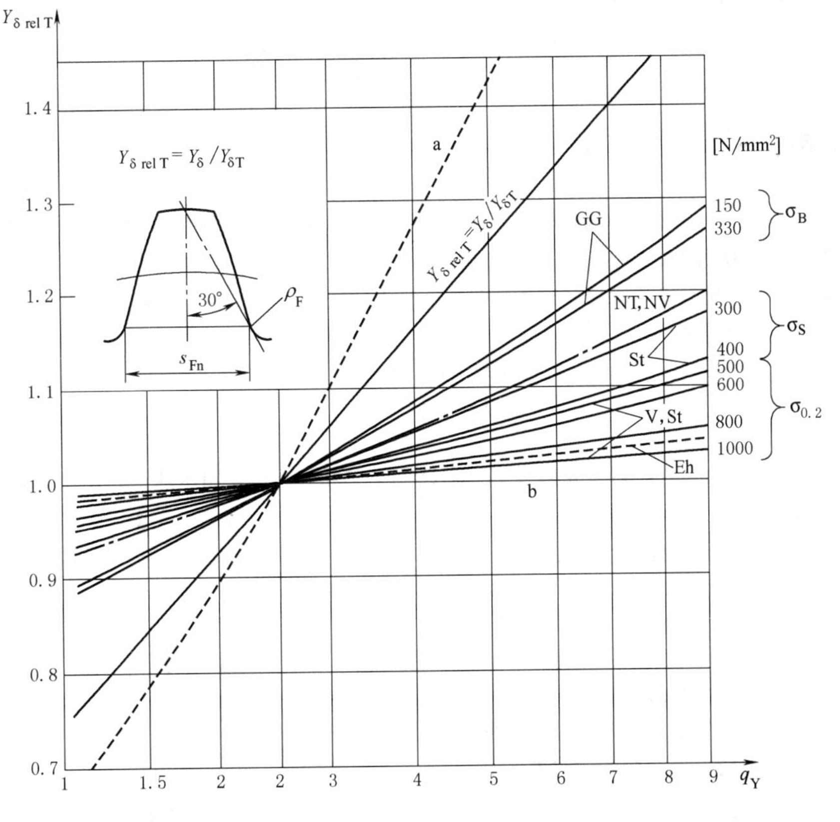

图 12-3-99 相对标准试验齿轮的齿根圆角敏感系数

$Y_{\delta\ \mathrm{rel\ T}}$—相对齿根圆角敏感系数；a—对圆角完全不敏感；b—对圆角完全敏感

表 12-3-47 **滑移层厚度 ρ'**

序号	材料		滑移层厚度 ρ'/mm
1	GG	$\sigma_\mathrm{B}=150\mathrm{N/mm^2}$	0.3124
2	GG,GGG(ferr.)	$\sigma_\mathrm{B}=300\mathrm{N/mm^2}$	0.3095
3	NT(nitr.),NV(nitr.),NV(nitrocar.)	全硬化	0.1005
4	St	$\sigma_\mathrm{S}=300\mathrm{N/mm^2}$	0.0833

续表

序号	材料		滑移层厚度 ρ'/mm
5	St	$\sigma_S=400\mathrm{N/mm^2}$	0.0445
6	V,GTS,GGG(perl,bain.)	$\sigma_{0.2}=500\mathrm{N/mm^2}$	0.0281
7	V,GTS,GGG(perl,bain.)	$\sigma_{0.2}=600\mathrm{N/mm^2}$	0.0194
8	V,GTS,GGG(perl,bain.)	$\sigma_{0.2}=800\mathrm{N/mm^2}$	0.0064
9	V,GTS,GGG(perl,bain.)	$\sigma_{0.2}=1000\mathrm{N/mm^2}$	0.0014
10	Eh	全硬化	0.0030

9.6.2 B2 法

对于 $q_s \geqslant 1.5$ 的齿轮，相对缺口灵敏度系数设为：

$$Y_{\delta\ \mathrm{rel\ T}}=1.0 \tag{12-3-295}$$

对于 $q_s>2.5$，取上面的值偏于安全。

在 $q_s<1.5$ 情况下，考虑许用齿根应力将减小，可取：

$$Y_{\delta\ \mathrm{rel\ T}}=0.95 \tag{12-3-296}$$

9.7 相对齿根表面状况系数 $Y_{\mathrm{R\ rel\ T}}$

相对表面状况系数 $Y_{\mathrm{R\ rel\ T}}$ 是考虑齿根表面状况（主要取决于齿根圆角处的表面粗糙度）相对于 $Rz=10\mu\mathrm{m}$ 的标准齿轮（见 GB/T 3480）齿根表面状况，对齿根强度的影响。

如果通过对所有因素进行更精确的分析来确定齿根表面状况系数（A 法）无法实现时，可用本节所叙述的方法确定。

注意：在齿根表面没有深度大于 $2Rz$ 的擦伤或类似的缺陷时，这些方法才有效。

9.7.1 B1 法

相对齿根表面状况系数 $Y_{\mathrm{R\ rel\ T}}$ 可按粗糙度和材料从图 12-3-100 查得，图中曲线是用试件做试验得到的，也可用式（12-3-297）~式（12-3-302）计算。

当 $Rz<1\mu\mathrm{m}$ 时，对于调质钢和渗碳钢：

$$Y_{\mathrm{R\ rel\ T}}=1.12 \tag{12-3-297}$$

对于结构钢：

$$Y_{\mathrm{R\ rel\ T}}=1.07 \tag{12-3-298}$$

对于灰铸铁、渗氮钢、碳氮共渗钢：

$$Y_{\mathrm{R\ rel\ T}}=1.025 \tag{12-3-299}$$

当 $1\mu\mathrm{m}\leqslant Rz\leqslant 40\mu\mathrm{m}$ 时，对于调质钢和渗碳钢：

$$Y_{\mathrm{R\ rel\ T}}=\frac{Y_{\mathrm{R}}}{Y_{\mathrm{RT}}}=1.674-0.529(Rz+1)^{1/10} \tag{12-3-300}$$

对于结构钢：

$$Y_{\mathrm{R\ rel\ T}}=\frac{Y_{\mathrm{R}}}{Y_{\mathrm{RT}}}=5.306-4.203(Rz+1)^{1/100} \tag{12-3-301}$$

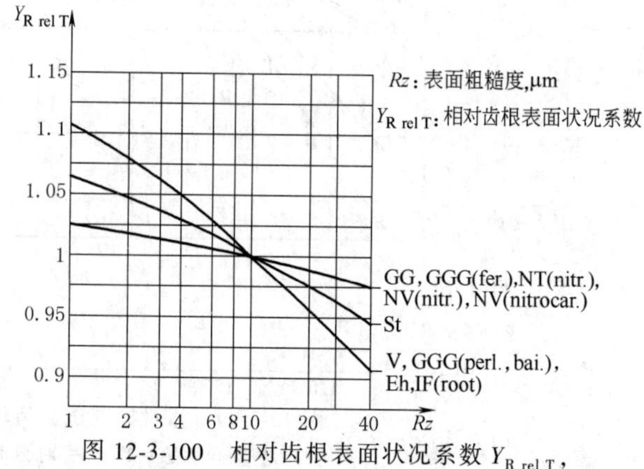

图 12-3-100 相对齿根表面状况系数 $Y_{\mathrm{R\ rel\ T}}$，用于确定与试验齿轮尺寸相关的许用齿根应力

对于灰铸铁、渗氮钢、碳氮共渗钢：

$$Y_{\mathrm{R\ rel\ T}}=\frac{Y_{\mathrm{R}}}{Y_{\mathrm{RT}}}=4.299-3.259(Rz+1)^{1/200} \tag{12-3-302}$$

9.7.2 B2 法

对于根部粗糙度 $Rz \leqslant 16\mu m$ 的齿轮，一般可以假设：

$$Y_{R\ rel\ T}=1.0 \tag{12-3-303}$$

在 $10\mu m<Rz\leqslant 16\mu m$ 范围内，许用应力值降低幅度较小。在 $Rz<10\mu m$ 的情况下，按式（12-3-303）计算比较保险。

9.8 尺寸系数 Y_X

尺寸系数 Y_X 是考虑强度随着尺寸的增大而减小的系数。对 Y_X 有影响的主要因素有：

轮齿尺寸、齿轮直径、轮齿尺寸与直径之比、接触斑点的面积、材料和热处理、渗碳深度与齿厚之比。

如果没有个人的或其他验证过的经验，Y_X 可按法向模数 m_{mn} 和材料近似地从图 12-3-101 查取。

Y_X 可用式（12-3-304）~式（12-3-306）计算，近似地表示图 12-3-101 中的曲线。

对于结构钢、调质钢、球墨铸铁、珠光体可锻铸铁：

$$Y_X=1.03-0.006m_{mn} \tag{12-3-304}$$

并规定 $0.85\leqslant Y_X\leqslant 1.0$。

对于渗碳淬火钢、全齿廓感应或火焰淬火钢、渗氮钢或氮碳共渗钢：

$$Y_X=1.05-0.01m_{mn} \tag{12-3-305}$$

并规定 $0.80\leqslant Y_X\leqslant 1.0$。

对于灰铸铁：

$$Y_X=1.075-0.015m_{mn} \tag{12-3-306}$$

并规定 $0.70\leqslant Y_X\leqslant 1.0$。

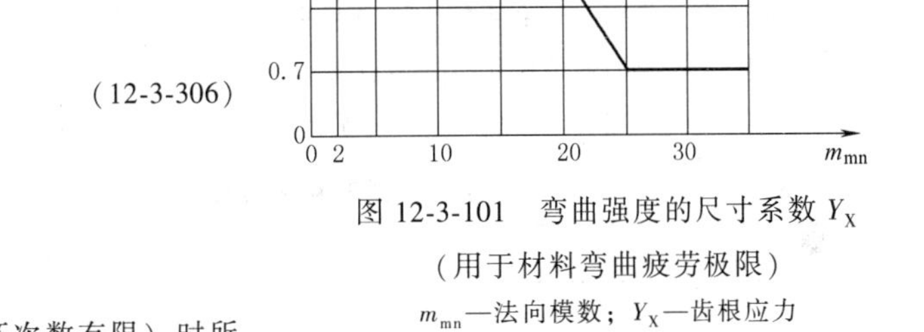

图 12-3-101 弯曲强度的尺寸系数 Y_X

（用于材料弯曲疲劳极限）

m_{mn}—法向模数；Y_X—齿根应力尺寸系数；a—静态应力（所有材料）；b—参考应力

9.9 寿命系数 Y_{NT}

寿命系数 Y_{NT} 是有限寿命（应力循环次数有限）时所允许比较高的弯曲应力与在 3×10^6 循环次数的弯曲疲劳极限应力的比值。

影响 Y_{NT} 的主要因素有：材料和热处理（见 GB/T 8539）；载荷的循环次数（使用寿命）N_L；失效判据；要求的运转平稳性；齿轮材料的纯度；材料的塑性和断裂韧性；残余应力。

GB/T 10062 规定，应力循环次数 N_L 定义为在载荷作用下轮齿啮合的次数。材料的弯曲疲劳极限是按轮齿加载循环次数 3×10^6 建立的，可靠度 99%。超过 3×10^6 循环次数，经验证明可取 $Y_{NT}=1$。当 $Y_{NT}=1$ 时，应考虑采用最佳的材质和制造工艺。

（1）方法 A（$Y_{NT\text{-}A}$）

S-N 或损伤曲线是实际齿轮在有限寿命下得到的曲线。在这种情况下，$Y_{\delta\ rel\ T}$、$Y_{R\ rel\ T}$、Y_X 系数实际上已包括在 *S-N* 损伤曲线中，所以在计算用齿根应力时，可取 $Y_{NT\text{-}A}=1$。

（2）方法 B（$Y_{NT\text{-}B}$）

这个方法是用标准试验齿轮的寿命系数 Y_{NT} 评估齿轮在有限寿命时的许用齿根应力和可靠度。Y_{NT} 中没有包含 $Y_{\delta\ rel\ T}$、$Y_{R\ rel\ T}$ 和 Y_X 的影响，因此在有限寿命时要考虑这些系数修正的影响。

（1）曲线图

对于静强度和疲劳强度，Y_{NT} 值是材料和热处理的函数，Y_{NT} 可从图 12-3-102 查得，其值是根据大量试验得到的，判据是：对于表面硬化钢和渗氮硬化钢，是产生损伤或初始裂纹；对于结构钢和调质钢，是达到屈服极限。

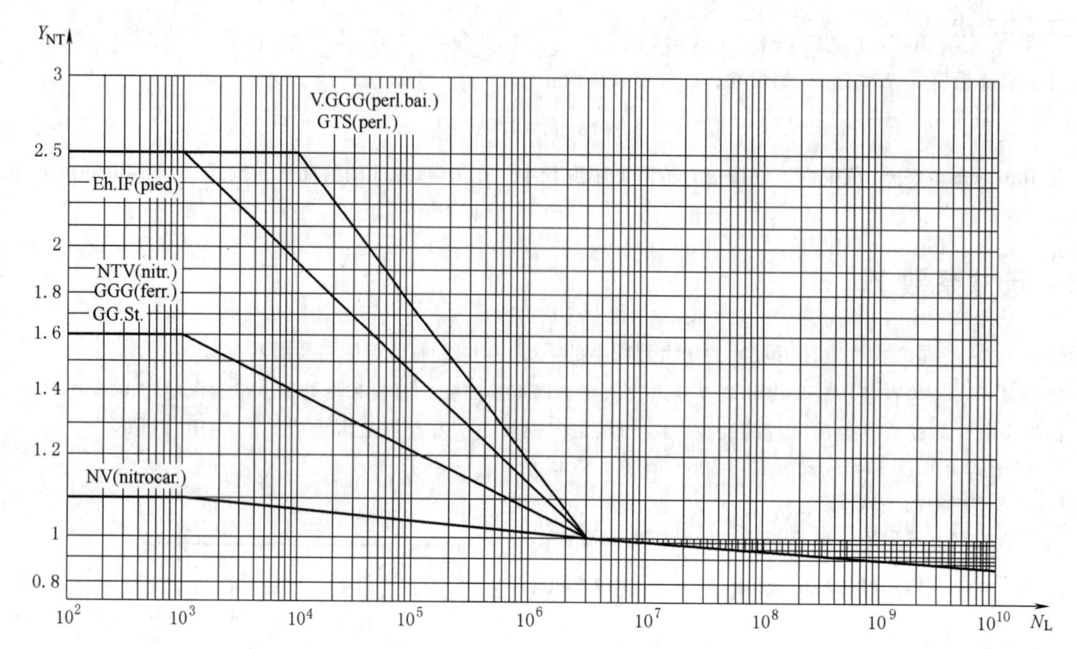

图 12-3-102　寿命系数 Y_{NT}（标准试验齿轮）

N_L—循环次数；Y_{NT}—寿命系数

（2）计算法

对于静强度和疲劳强度的寿命系数 Y_{NT} 可由表 12-3-48 查得；对于有限寿命应力的 Y_{NT} 是通过在疲劳强度极限和静态强度极限值之间的插值确定的。Y_{NT} 插值计算见 GB/T 3480。

注意：循环次数应≤10^3，避免应力水平高于许用值，否则轮齿材料会超过弹性极限。

表 12-3-48　　**静强度和疲劳强度寿命系数 Y_{NT}**

材料	循环次数 N_L	寿命系数 Y_{NT}
V,GGG(perl,bai.),GTS(perl.)	$N_L \leqslant 10^4$,静强度	2.5
	$N_L=3\times10^6$,疲劳强度	1.0
	$N_L=10^{10}$,疲劳强度 优选材料、制造工艺,并经生产实践验证	0.85 1.0
Eh,IF(root)	$N_L \leqslant 10^3$,静强度	2.5
	$N_L=3\times10^6$,疲劳强度	1.0
	$N_L=10^{10}$,疲劳强度 优选材料、制造工艺,并经生产实践验证	0.85 1.0
St,NTV(nitr.),GG,GGG(ferr.)	$N_L \leqslant 10^3$,静强度	1.6
	$N_L=3\times10^6$,疲劳强度	1.0
	$N_L=10^{10}$,疲劳强度 优选材料、制造工艺,并经生产实践验证	0.85 1.0
NV(nitrocar.)	$N_L \leqslant 10^3$,静强度	1.1
	$N_L=3\times10^6$,疲劳强度	1.0
	$N_L=10^{10}$,疲劳强度 优选材料、制造工艺,并经生产实践验证	0.85 1.0

9.10 锥齿轮的校正系数 Y_A—B2 法

利用锥齿轮的校正系数 Y_A 把 B2 法的计算结果校正到 B1 法的计算结果，经校正后可利用 GB/T 8539 中的试验齿轮的疲劳极限。B2 法的使用者可引用 Y_A 推导。

（1）校正系数 Y_A 的初始值

可用初始值：

$$Y_A = 1.2 \tag{12-3-307}$$

这个值可用于 $m_{mn}=5mm$、$\alpha_n=20°$、$\beta_m=35°$的渗碳材料的齿轮。

（2）校正系数 Y_A 的复合方程式

B1 法和 B2 法的主要区别是：B2 法中不仅包括弯曲应力，还包括压缩应力。B2 法的齿形系数与弯曲应力系数 Y_B 和压缩应力系数 Y_C 间的关系为：

$$\frac{1}{Y_{1,2}}=\frac{m_{et}}{m_{mn}}(Y_{B1,2}-Y_{C1,2}) \tag{12-3-308}$$

式中

$$Y_{B1,2}=m_{mn}\frac{3h_{N1,2}}{2s_{N1,2}^2} \tag{12-3-309}$$

$$Y_{C1,2}=m_{mn}\frac{\tan\alpha_{h1,2}}{2s_{N1,2}} \tag{12-3-310}$$

认为 $\cos\alpha_{Fan}\approx\cos\alpha_h\approx\cos\alpha_n$、$h_{Fa}\approx h_N$ 和 $s_{Fn}=2s_N$，则

$$Y_B=Y_{Fa}Y_\varepsilon \tag{12-3-311}$$

B1 法和 B2 法的另一个区别是：处理应力修正的方法不同［式（12-3-245）和式（12-3-247）］。最近似的公式（包括了这两种方法的所有差异）为：

$$Y_{Sa}\approx\frac{1}{2.3}Y_f^2 \tag{12-3-312}$$

比较 B1 法和 B2 法得：

$$Y_{Fa}Y_{Sa}Y_\varepsilon\approx Y_AY_f\frac{1}{Y}\times\frac{m_{mn}}{m_{et}} \tag{12-3-313}$$

如只考虑重合度系数的影响［见式（12-3-311）~式（12-3-313）］，可近似地取 $h_{Fan}\approx h_N$。按照式（12-3-312）的假设

$$Y_B\frac{Y_f^2}{2.3}=Y_AY_f(Y_B-Y_C) \tag{12-3-314}$$

得到校正系数 Y_A 是：

$$Y_{A1,2}=\frac{Y_f}{2.3\left(1-\frac{s_{N1,2}}{3h_{N1,2}}\tan\alpha_n\right)} \tag{12-3-315}$$

9.11 几何系数曲线图—B2 法

图 12-3-103~图 12-3-114 给出了 B2 法的几何曲线图。

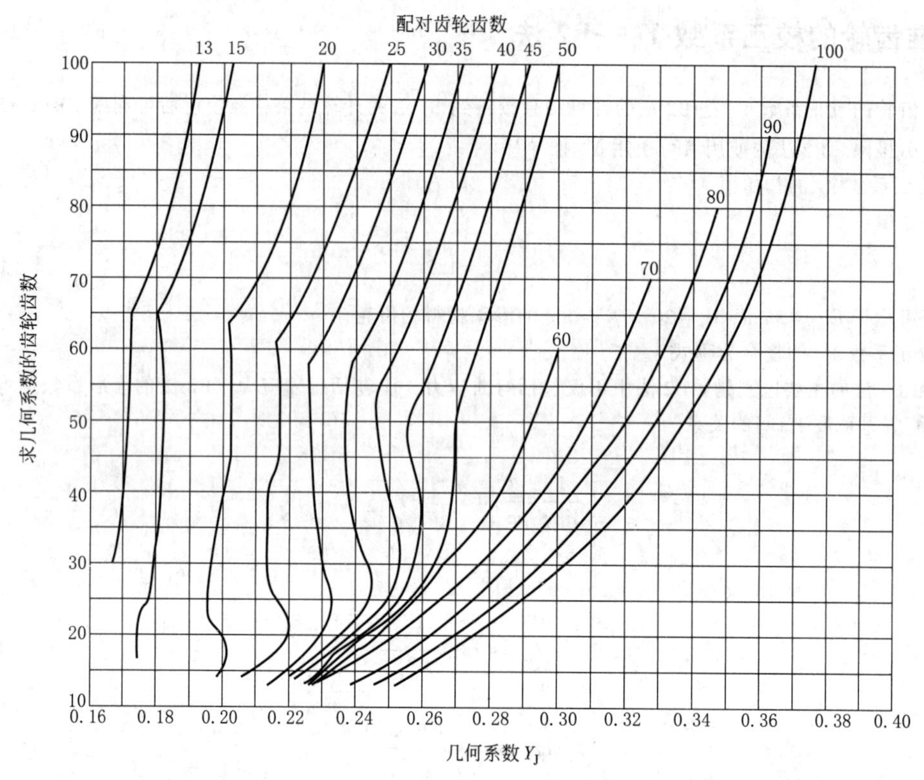

图 12-3-103　$\Sigma=90°$、$\alpha_n=20°$刀刃半径 $0.12m_{et}$ 直齿锥齿轮的几何系数 Y_J

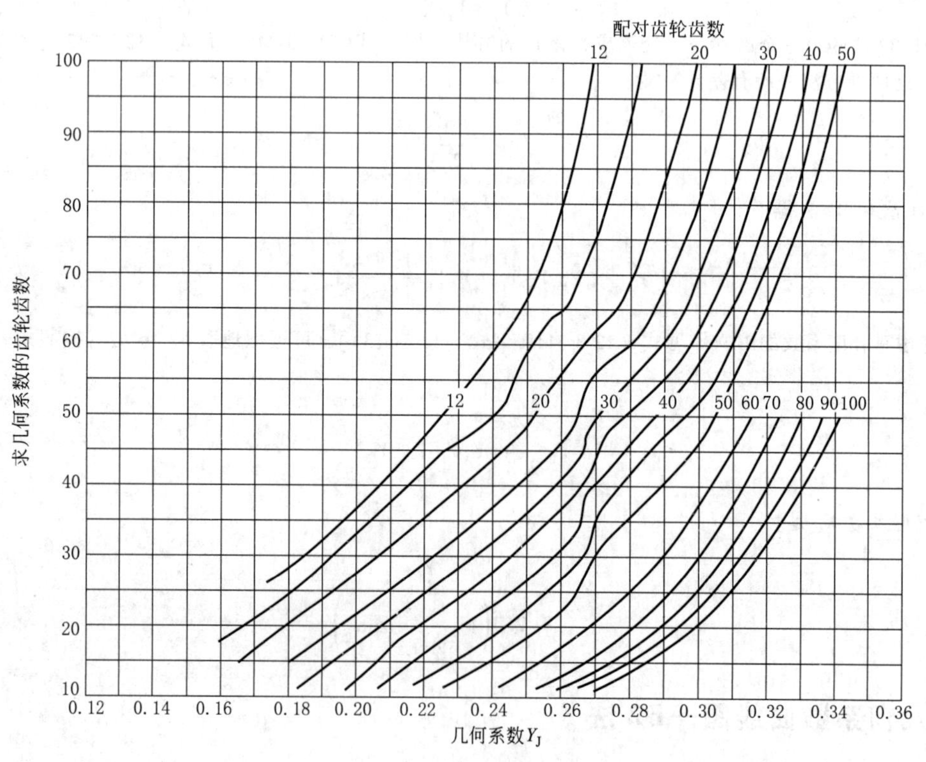

图 12-3-104　$\Sigma=90°$、$\alpha_n=20°$、$\beta_m=35°$刀刃半径 $0.12m_{et}$ 弧齿锥齿轮的几何系数 Y_J

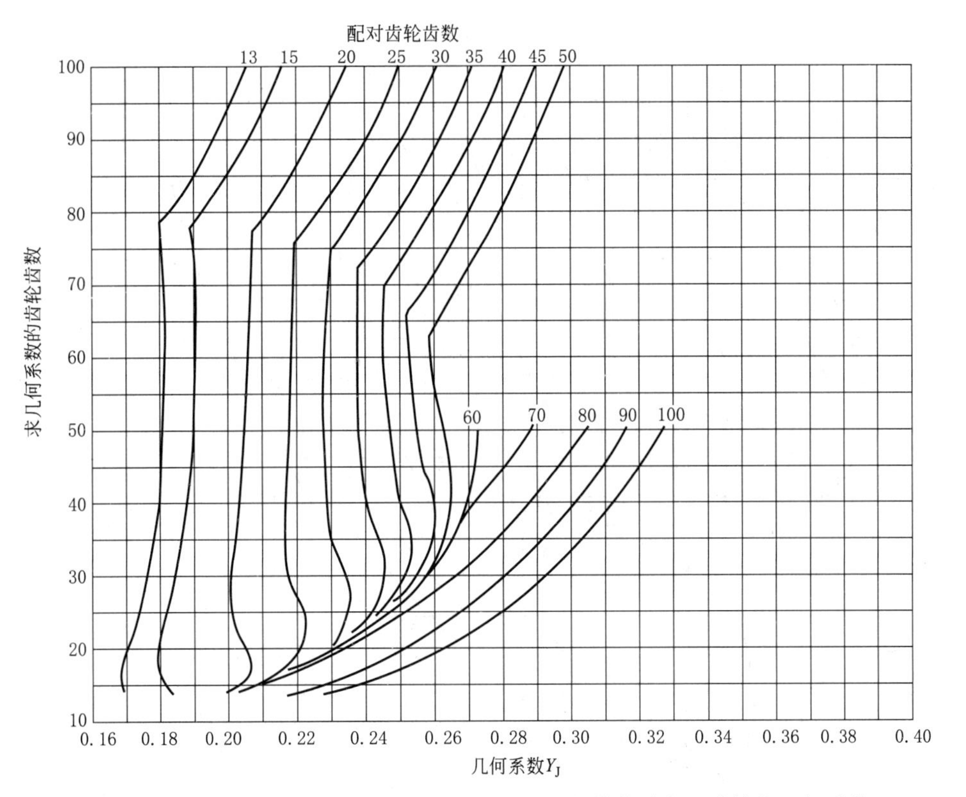

图 12-3-105 $\Sigma=90°$、$\alpha_n=20°$、刀刃半径 0.12m_{et} 大模数零度锥齿轮的几何系数 Y_J

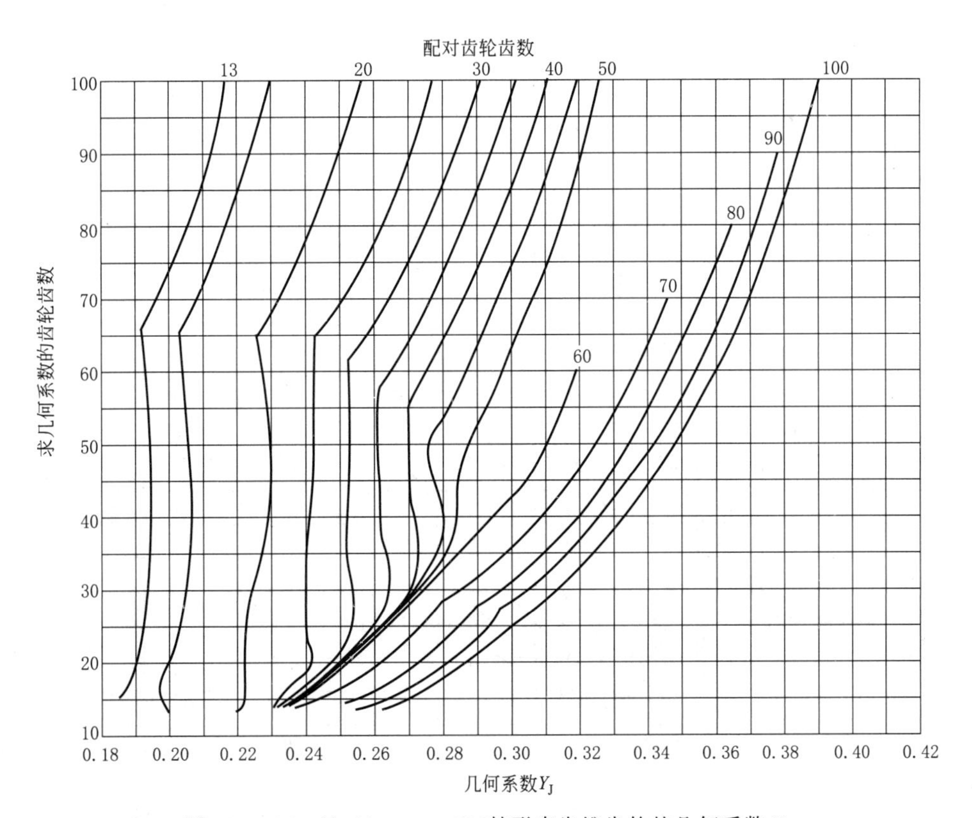

图 12-3-106 $\Sigma=90°$、$\alpha_n=20°$鼓形直齿锥齿轮的几何系数 Y_J

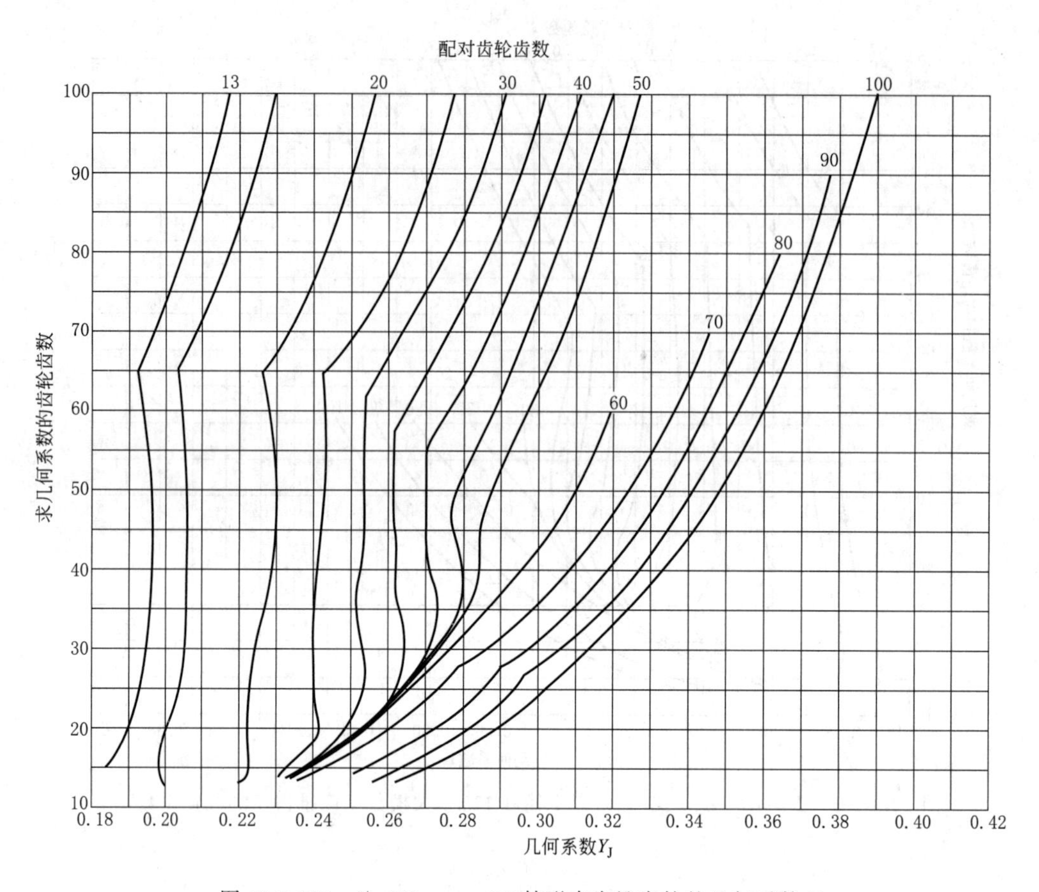

图 12-3-107　$\Sigma=90°$、$\alpha_n=25°$鼓形直齿锥齿轮的几何系数 Y_J

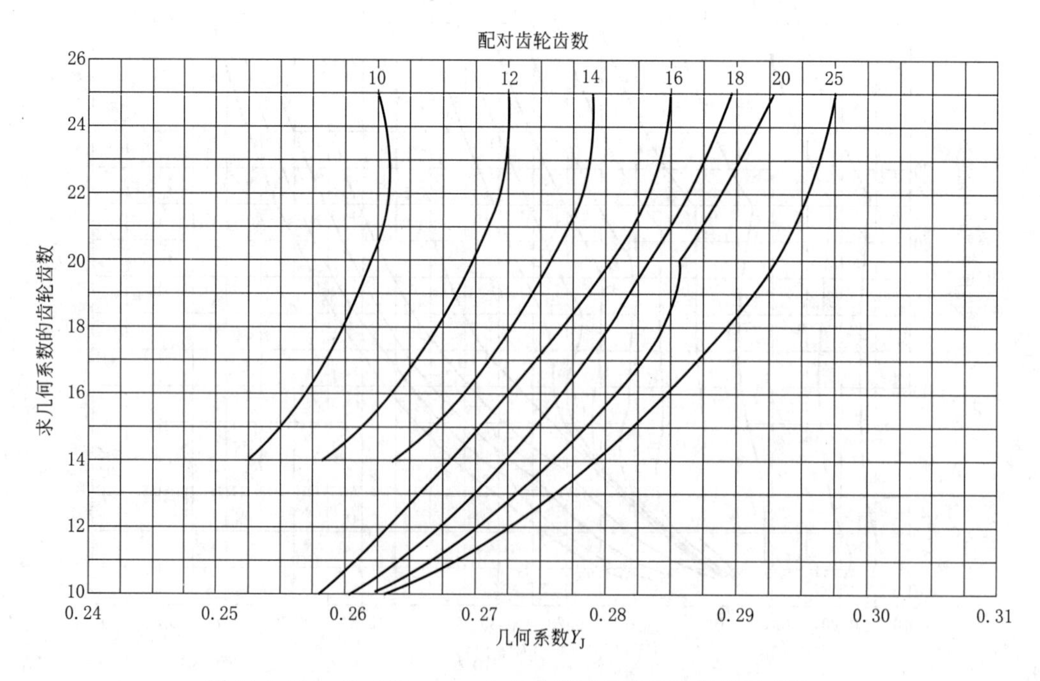

图 12-3-108　$\Sigma=90°$、$\alpha_n=22.5°$鼓形直齿锥齿轮的几何系数 Y_J

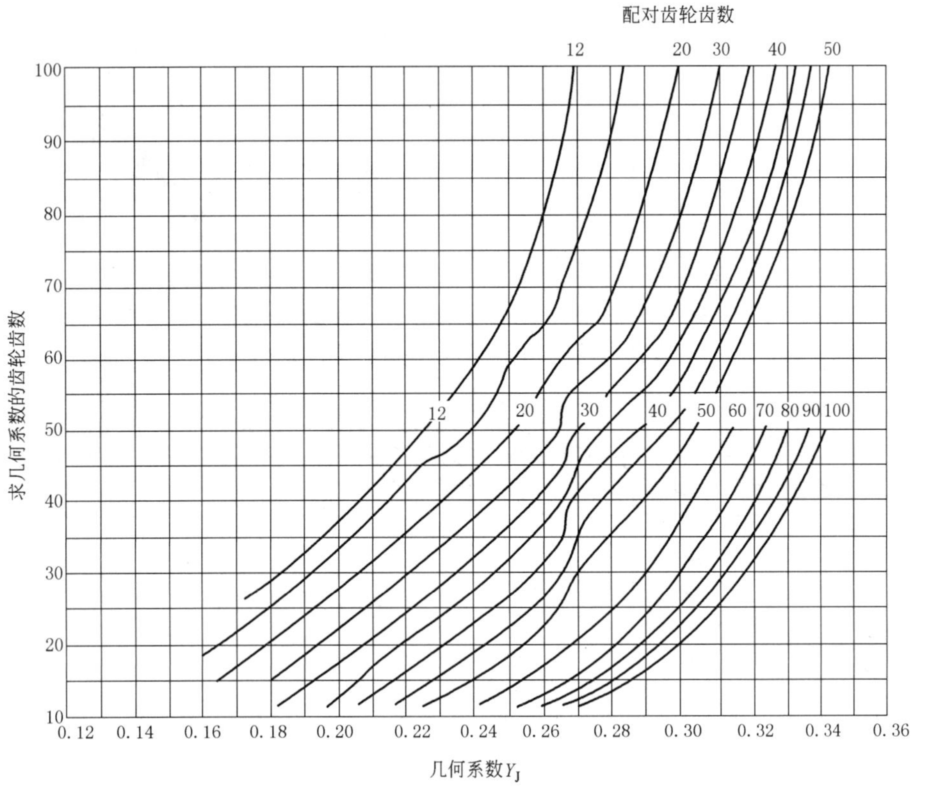

图 12-3-109　$\Sigma=90°$、$\alpha_n=20°$、$\beta_m=35°$弧齿锥齿轮的几何系数 Y_J

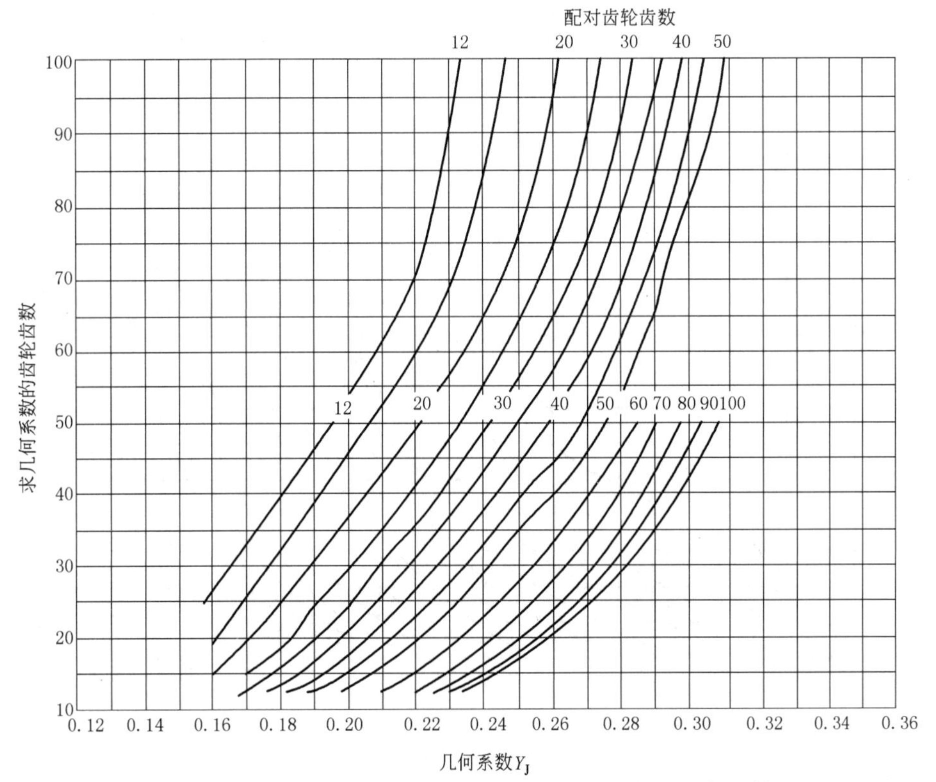

图 12-3-110　$\Sigma=90°$、$\alpha_n=20°$、$\beta_m=15°$弧齿锥齿轮的几何系数 Y_J

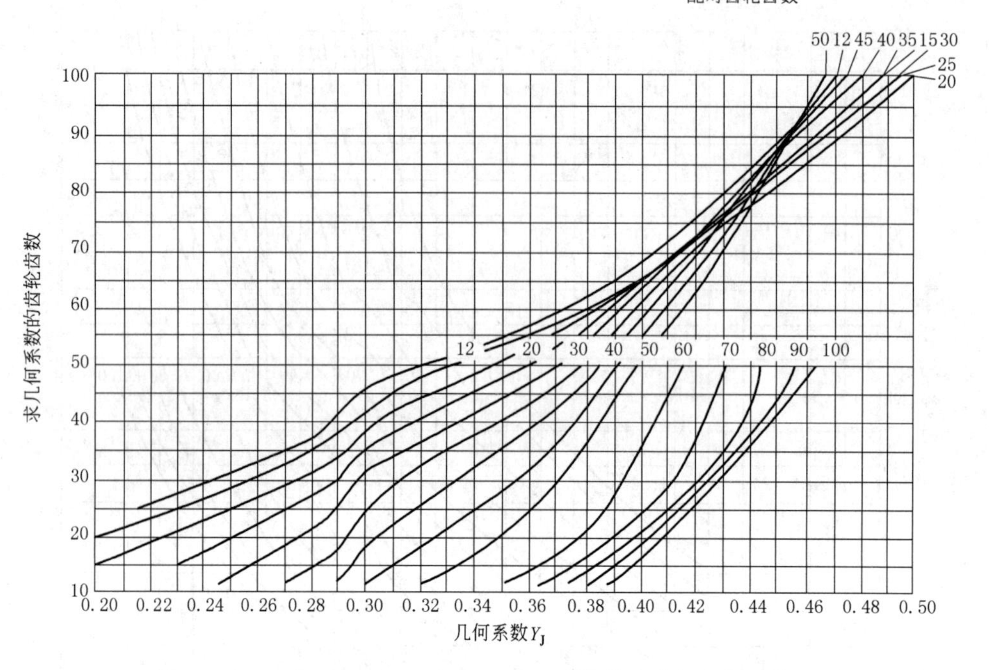

图 12-3-111 $\Sigma=90°$、$\alpha_n=25°$、$\beta_m=35°$弧齿锥齿轮的几何系数 Y_J

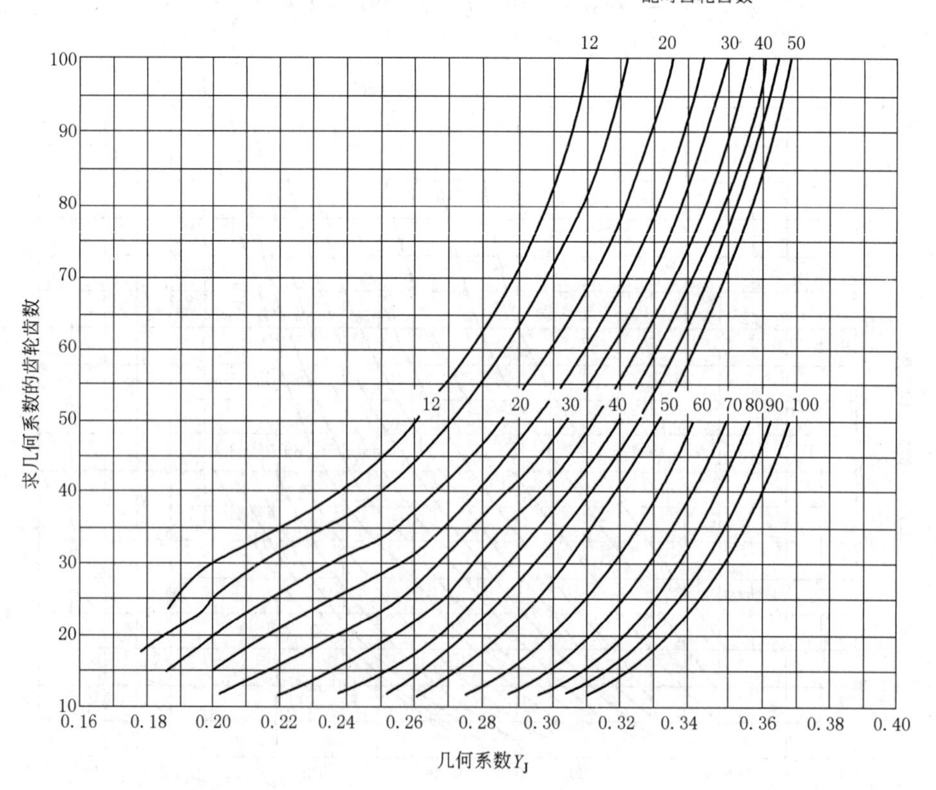

图 12-3-112 $\Sigma=60°$、$\alpha_n=20°$、$\beta_m=35°$弧齿锥齿轮的几何系数 Y_J

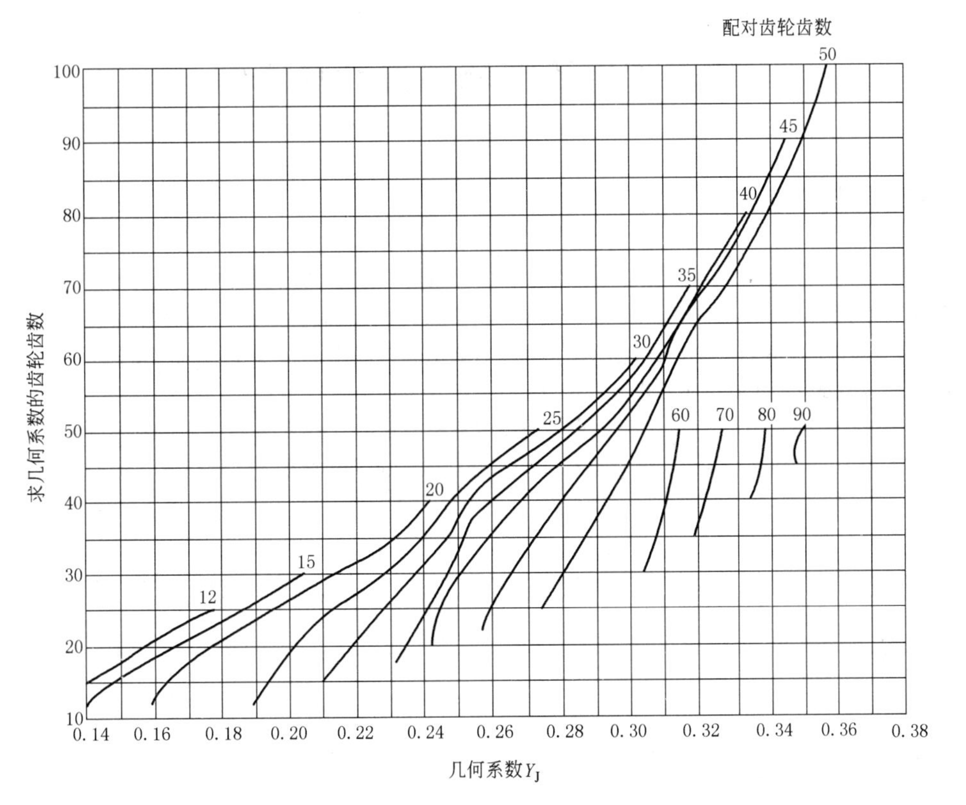

图 12-3-113 $\Sigma=120°$、$\alpha_n=20°$、$\beta_m=35°$弧齿锥齿轮的几何系数 Y_J

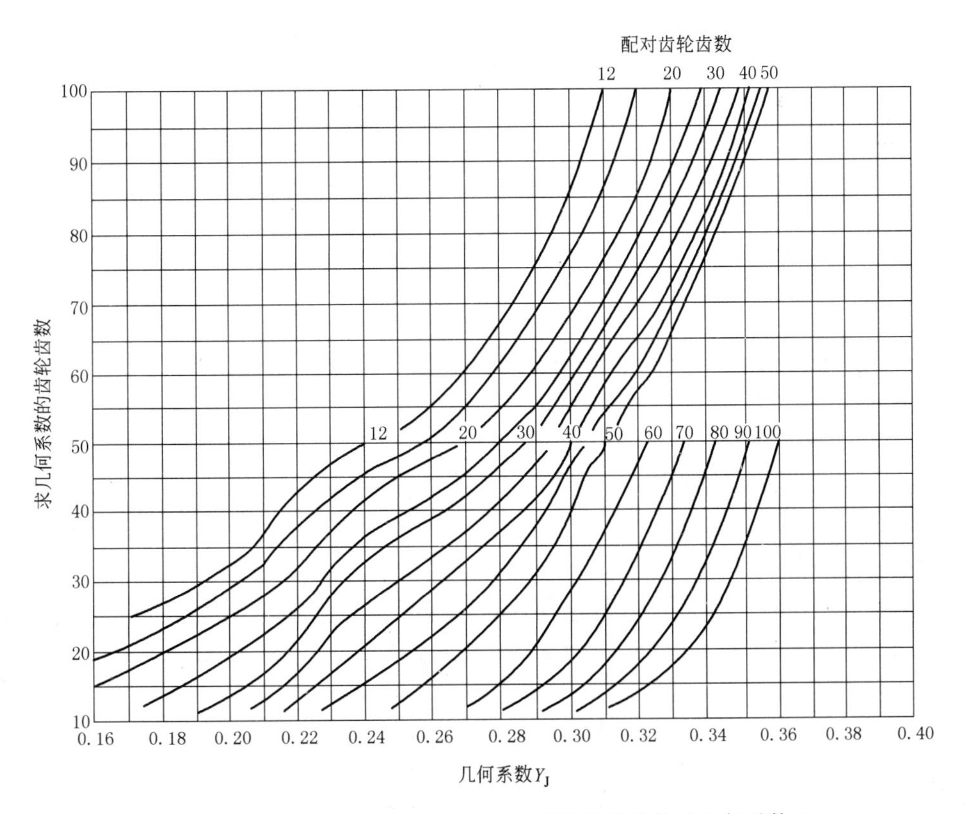

图 12-3-114 $\Sigma=90°$、$\alpha_n=20°$、$\beta_m=35°$弧齿锥齿轮的几何系数 Y_J

10 锥齿轮承载能力计算实例

10.1 齿轮几何参数与工作条件

一对锥齿轮的几何参数如表 12-3-49 所示。设计条件：小轮输入转速 $n_1=1500\text{r/min}$，大轮转矩 $T_2=900\text{N}\cdot\text{m}$，小轮弯曲寿命 $N_L=3\times10^6$，接触寿命 $N_L=10^7$，接触强度最小安全系数 $S_{H\lim}=1.0$，弯曲强度最小安全系数 $S_{F\lim}=1.3$；原动机均匀平稳，工作机轻微冲击；润滑油 40℃ 时名义动态黏度 $\nu_{40}=0.0499\text{mm}^2/\text{s}$（假设）；大轮悬臂安装，小轮两端支承，轻载下每套齿轮检查接触斑点。

制造条件：齿轮材料 20CrNi2Mo，渗碳淬火，接触疲劳极限应力，$\sigma_{H\lim}=1650\text{N/mm}^2$（假设），弯曲疲劳极限应力，$\sigma_{F\lim}=550.0\text{N/mm}^2$（假设）；大小轮磨齿 $Ra=0.4\mu\text{m}$，齿根圆角处 $Ra=1.6\mu\text{m}$，最大齿距偏差 $f_{pt}=0.01\text{mm}$。

表 12-3-49 齿轮几何参数的选取与计算

项目名称	选取或计算值		引用
	小轮	大轮	
齿数 $z_{1,2}$	14	39	表 12-3-7、表 12-3-8、表 12-3-17
轴夹角 Σ	90°		
法向模数 m_{mn}	3.236		
法向压力角 α_n	20.0°		
中点螺旋角 β_m	35.0°		
齿宽 B	25.4mm		
刀盘半径 r_{c0}	114.3 mm		
齿宽中点齿高变位系数 x_{hm}	0.247	-0.247	
齿宽中点切向变位系数 x_{sm}	0.0915	-0.0915	
当量圆柱齿轮基圆螺旋角 β_{vb}	32.615°		式(12-3-174)
当量圆柱齿轮的端面压力角 α_{vt}	23.957°		式(12-3-173)
当量圆柱齿轮中心距 a_v	255.577mm		式(12-3-171)
当量圆柱齿轮齿数比 u_v	7.760		式(12-3-167)
当量圆柱齿轮齿数 $z_{v1,2}$	14.875	115.431	式(12-3-164)
当量圆柱齿轮基圆直径 $d_{vb1,2}$	53.323mm	413.796mm	式(12-3-173)
当量圆柱齿轮齿顶圆直径 $d_{va1,2}$	66.364mm	457.644mm	式(12-3-172)
当量圆柱齿轮法向齿数 $z_{vn1,2}$	25.594	198.613	式(12-3-183)
当量圆柱齿轮法向基圆直径 $d_{vbn1,2}$	75.156mm	583.227mm	式(12-3-187)
当量圆柱齿轮法向齿顶圆直径 $d_{van1,2}$	90.255mm	613.046mm	式(12-3-186)
刀具齿顶高 h_{a0}	2.821mm	4.409mm	7.8.4 节
刀刃的半径 ρ_{a0}	0.3mm	0.3mm	7.8.4 节
刀具凸量 s_{pr}	0.0	0.0	图 12-3-93
修正的重合度 $\varepsilon_{v\gamma}$	1.888 其中，$\varepsilon_{v\alpha}=1.218$，$\varepsilon_{v\beta}=1.443$		式(12-3-179)
齿中部接触线长度 l_{bm}	13.114mm		式(12-3-181)
中部接触线的投影长度 l'_{bm}	11.046mm		式(12-3-182)

10.2 齿面接触疲劳强度评价算例

表 12-3-50 齿面接触疲劳强度计算表格

项目名称	选取或计算数值		引用
	小轮	大轮	
接触应力公式	$\sigma_H=\sigma_{H0}\sqrt{K_A K_v K_{H\beta} K_{H\alpha}}$		8.3 节
接触应力的基本值	$\sigma_{H0}=\sqrt{\dfrac{F_{mt}}{d_{v1}l_{bm}}\times\dfrac{\sqrt{u_v+1}}{u_v}}Z_{M-B}Z_H Z_E Z_{LS} Z_\beta Z_K$		
节点区域系数 Z_H	2.131		式(12-3-199)
中点区域系数 Z_{M-B}	1.005 其中,$F_1=1.218$、$F_2=1.218$		式(12-3-200)
弹性系数 Z_E	189.8N/mm^2		式(12-3-201)
载荷分担系数 Z_{LS}	1.0		式(12-3-206)
螺旋角系数 Z_β	0.782		式(12-3-207)
锥齿轮系数 Z_K	0.8		式(12-3-208)
使用系数 K_A	1.25		7.4 节
动载系数 K_v	1.08		7.5 节
齿向载荷分布系数 $K_{H\beta}$、$K_{F\beta}$	1.0		7.6 节
端面载荷分配系数 $K_{H\alpha}$、$K_{F\alpha}$	1.0		式(12-3-137)
跑合余量 y_α	1.0μm		7.7.4 节
平均啮合刚度 c_γ	20N/(mm·μm)		式(12-3-108)
接触应力的基本值 σ_H	1088.370N/mm^2		
许用接触应力计算	$\sigma_{HP}=\dfrac{\sigma_{H\lim}Z_{NT}}{S_{H\lim}}Z_X Z_L Z_R Z_v Z_W$		8.3 节
尺寸系数 Z_X	1.0		8.10 节
润滑油系数 Z_L	0.910 $C_{ZL}=0.91$, 取 $\sigma_{H\lim}=1200\text{N/mm}^2$, 假定 $\nu_{40}=0.0499\text{mm}^2/\text{s}$		式(12-3-209)
速度系数 Z_v	0.973 $C_{Zv}=0.91$,取 $\sigma_{H\lim}=1200\text{N/mm}^2$		式(12-3-211)
粗糙度系数 Z_R	1.024 $\rho_{red}=12.459$,$Rz_{10}=2.230$ $C_{ZR}=0.08$,取 $\sigma_{H\lim}=1200\text{N/mm}^2$		式(12-3-215)
硬化系数 Z_W	1.0		8.12 节
寿命系数 Z_{NT}	1.15 取 $N_L=10^7$	1.21 $N_L=3.59\times10^6$	8.13 节 图 12-3-90
接触强度最小安全系 $S_{H\lim}$	1.0	1.0	GB/T 10062.1
接触疲劳极限应力 $\sigma_{H\lim}$	1650.0N/mm^2	1650.0N/mm^2	GB/T 3480
许用接触应力 σ_{HP}	1720.297N/mm^2	$1854.929\ \text{N/mm}^2$	式(12-3-197)
接触应力的基本值 σ_{H0}	1102.737N/mm^2		式(12-3-195)
工作接触应力值 σ_H	$1645.814\ \text{N/mm}^2<\sigma_{HP}$,满足		式(12-3-194)
安全系数 S_H	1.045	1.127	式(12-3-198)

10.3 齿根弯曲疲劳强度评价算例

表 12-3-51 齿根弯曲强度计算表格

项目名称	选取或计算数值		引用
	小轮	大轮	
工作齿根应力计算	$\sigma_F=\sigma_{F0}K_AK_vK_{F\beta}K_{F\alpha}\leqslant\sigma_{FP}$		9.2 节
齿根应力的基本值	$\sigma_{F0}=\dfrac{F_{mt}}{bm_{mn}}Y_{Fa}Y_{S\alpha}Y_\varepsilon Y_KY_{LS}$		
齿形系数 Y_{Fa} 其中,辅助值 齿根危险截面玄齿厚 弯曲力臂 危险截面处齿根圆角半径	1.420 $E=0.993,G=-0.538,$ $H=-0.949,\theta=0.896;$ $s_{Fn}=7.072;$ $h_{Fa}=3.969;$ $\rho_F=0.569$	2.015 $E=1.003,G=-1.526,$ $H=-1.035,\theta=1.010;$ $s_{Fn}=7.210;$ $h_{fa}=6.110;$ $\rho_F=0.775$	9.3 节 式(12-3-230)~ 式(12-3-239)
应力修正系数 Y_{Sa} 其中辅助值 L_a,q_s	2.973 $L_a=1.782,q_s=6.216$	2.202 $L_a=1.180,q_s=4.652$	式(12-3-245)
重合度系数 Y_ε	0.625		式(12-3-250)
锥齿轮系数 Y_K	1.184		式(12-3-251)
载荷分担系数 Y_{LS}	1.0		式(12-3-252)
齿根应力基本值 σ_{F0}	$457.412N/mm^2$	$453.437N/mm^2$	式(12-3-223)
相对齿根圆角敏感系数 $Y_{\delta\ rel\ T}$	1.028 其中,$\rho'=0.003mm$	1.018 其中,$\rho'=0.003mm$	式(12-3-294)
相对齿根表面状况系数 $Y_{R\ rel\ T}$	1.004 其中,$Rz=9.6\mu m$		9.7.1 节
尺寸系数 Y_X	1.0		9.8 节
寿命系数 Y_{NT}	1.0 取 $N_L=3\times10^6$	1.12 $N_L=1.077\times10^6$	9.9 节 图 12-3-102
弯曲强度最小安全系数 $S_{F\ lim}$	1.3	1.3	GB/T 10062.1
弯曲疲劳极限应力 $\sigma_{F\ lim}$	$550.0N/mm^2$	$550.0N/mm^2$	GB/T 8539
许用齿根应力 σ_{FP}	$1032.341N/mm^2$	$1144.399N/mm^2$	式(12-3-227)
齿根应力的基本值 σ_{F0}	$459.359N/mm^2$	$482.983\ N/mm^2$	式(12-3-223)
齿根工作应力值 σ_F	$1023.223<\sigma_{FP}$	$1075.845<\sigma_{FP}$	式(12-3-222)
安全系数 S_H	1.311	1.382	式(12-3-198)

CHAPTER 4

第4章 蜗杆传动

1 蜗杆传动概述

1.1 蜗杆传动的特点

蜗杆传动是由蜗杆和蜗轮组成的传动副，用于传递空间两交错轴（通常轴交角 $\Sigma=90°$）之间的运动和动力。轮齿螺旋可为左旋或右旋，如图 12-4-1 所示，传统上多选取为右旋。

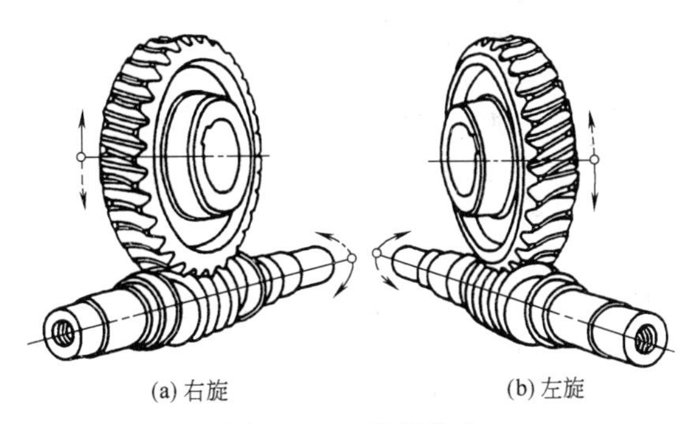

图 12-4-1 蜗杆传动

蜗杆传动的主要特点为：

① 传动比大，结构紧凑。由于蜗杆头数少，故单级传动可获得较大的传动比，且结构紧凑。在做减速动力传动时，单级传动比可达 80；在做分度运动传递时，单级传动比可达 360 以上。

② 传动平稳，振动、冲击和噪声小。由于蜗杆的齿面为连续不断的螺旋面，在传动过程中，它和蜗轮轮齿是逐渐进入啮合并逐渐脱离啮合的，且多齿啮合具有误差均化效应，故传动平稳，啮合冲击小。

③ 具有反行程自锁性。当蜗杆的导程角小于共轭齿面间的当量摩擦角时，蜗杆传动反行程便具有自锁性。在此情况下，只能蜗杆带动蜗轮，而不能由蜗轮带动蜗杆，在起重设备中，常用具有自锁性的蜗轮蜗杆机构，以增强机械的安全性。

④ 传动效率较低、材料成本高。由于蜗轮蜗杆啮合齿面间的相对滑动速度较大，故摩擦磨损大，传动效率较低，发热量大，易胶合，所以常用减摩耐磨性能好的贵金属来制造蜗轮，成本较高。

⑤ 采用对偶成形原理加工。由于蜗杆传动是交错轴之间的传动，要使其共轭齿面之间为线接触，必须采用对偶加工法展成蜗杆或蜗轮的齿面。否则，两共轭齿面只能为局部共轭点接触。

1.2 蜗杆传动的分类

在已有的蜗杆传动中，按其轮齿齿廓形状及形成原理，可细分为：

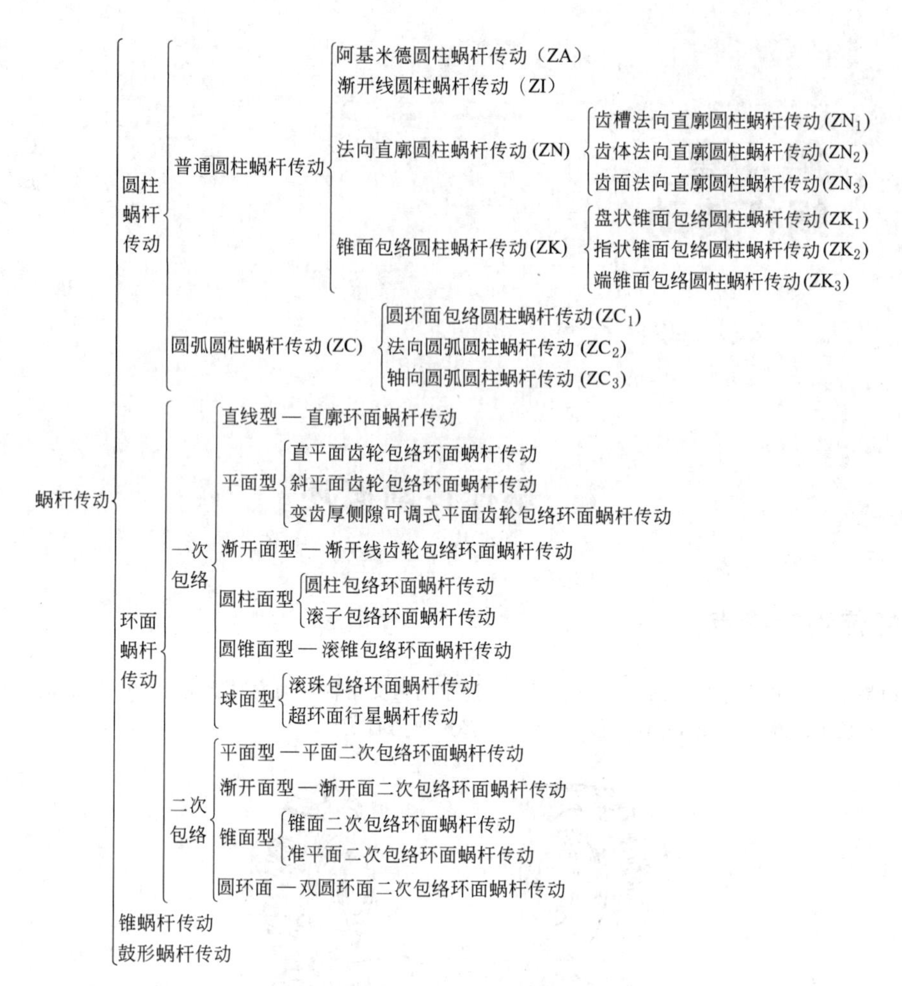

从蜗杆传动及齿轮包络蜗杆的本质入手，基于蜗杆传动之间内在矛盾和差异，从首创体外形、轮齿位置及首创体齿廓三个方面出发，可对蜗杆传动进行科学系统的分类：

① 在蜗杆包络蜗轮中，作为首创体的蜗杆的几何形状可以为圆柱体、圆锥体、凸圆弧回转体及凹圆弧回转体四种型式；在齿轮包络蜗杆中，作为首创体的齿轮同样具有圆柱体、圆锥体、凸圆弧回转体及凹圆弧回转体四种型式的几何形状，但其相互之间差别不大，可以视为对首创体的修形，故将其归为一类。因此，从包络中首创体形状的观点出发可以将蜗杆传动分为以下五大类型：圆柱蜗杆包络蜗轮传动（Ⅰ）；锥蜗杆包络蜗轮传动（Ⅱ）；凸环面蜗杆包络蜗轮传动（Ⅲ）；凹环面蜗杆包络蜗轮传动（Ⅳ）；齿轮包络蜗杆传动（Ⅴ）。

② 首创体的轮齿可以位于其外圆周、端面或内圆周上。同时，在包络过程中，整个空间区域将由首创体包络产生一个接触线场，取接触线场的不同区域可得不同的创成体，同样可以使轮齿位于创成体的外圆周、端面或内圆周上。因此，从轮齿位置的观点出发，可以将蜗杆传动分为以下五大系列：外啮合（正常啮合）系列（A）；端面蜗轮啮合系列（B）；端面蜗杆啮合系列（C）；内蜗轮啮合系列（D）；内蜗杆啮合系列（E）。

③ 首创体的齿廓形状将直接影响创成体的齿廓形状及蜗杆传动的啮合性能。首创体齿廓可以是某一曲线按一定运动关系形成的轨迹面，也可以是某一曲面按一定运动关系展成的包络面，还可以是某种滚动体形成的活动齿面。因此从首创体齿廓的观点出发可以将蜗杆传动分为以下十四种形式：轨迹面（ⅰ），分为直线轨迹面（ⅰ1）、圆弧线轨迹面（ⅰ2）、渐开线轨迹面（ⅰ3）、其他曲线轨迹面（ⅰ4）；包络面（ⅱ），分为平面包络面（ⅱ1）、锥面包络面（ⅱ2）、圆环面包络面（ⅱ3）、渐开面包络面（ⅱ4）、其他曲面包络面（ⅱ5）；活动齿面（ⅲ），分为滚球活动齿面（ⅲ1）、滚柱活动齿面（ⅲ2）、滚锥活动齿面（ⅲ3）、滚针活动齿面（ⅲ4）、其他活动齿面（ⅲ5）。

由于以上三种分类观点之间相互独立，因此将其各自相互组合，得蜗杆传动的系统分类，如图 12-4-2 所示。

系统分类表中每一种蜗杆传动可以通过“类型号-系列号-形式号”进行表示，如渐开线圆柱蜗杆传动可以表示为“Ⅰ-A-ⅰ3”，尼曼蜗杆传动（圆环面包络圆柱蜗杆传动）可表示为“Ⅰ-A-ⅱ3”，平面二次包络环面蜗杆传动可以表示为“Ⅳ-A-ⅱ1”，渐开面齿轮包络环面蜗杆传动可以表示为“Ⅴ-A-ⅰ3”。系统分类表不仅囊括了现有的所有蜗杆传动形式，同时还包含了许多未知的蜗杆传动形式，各类型、各系列及各形式的蜗杆传动之间在几何结构和传动性能上都存在一定的普遍性和规律性。

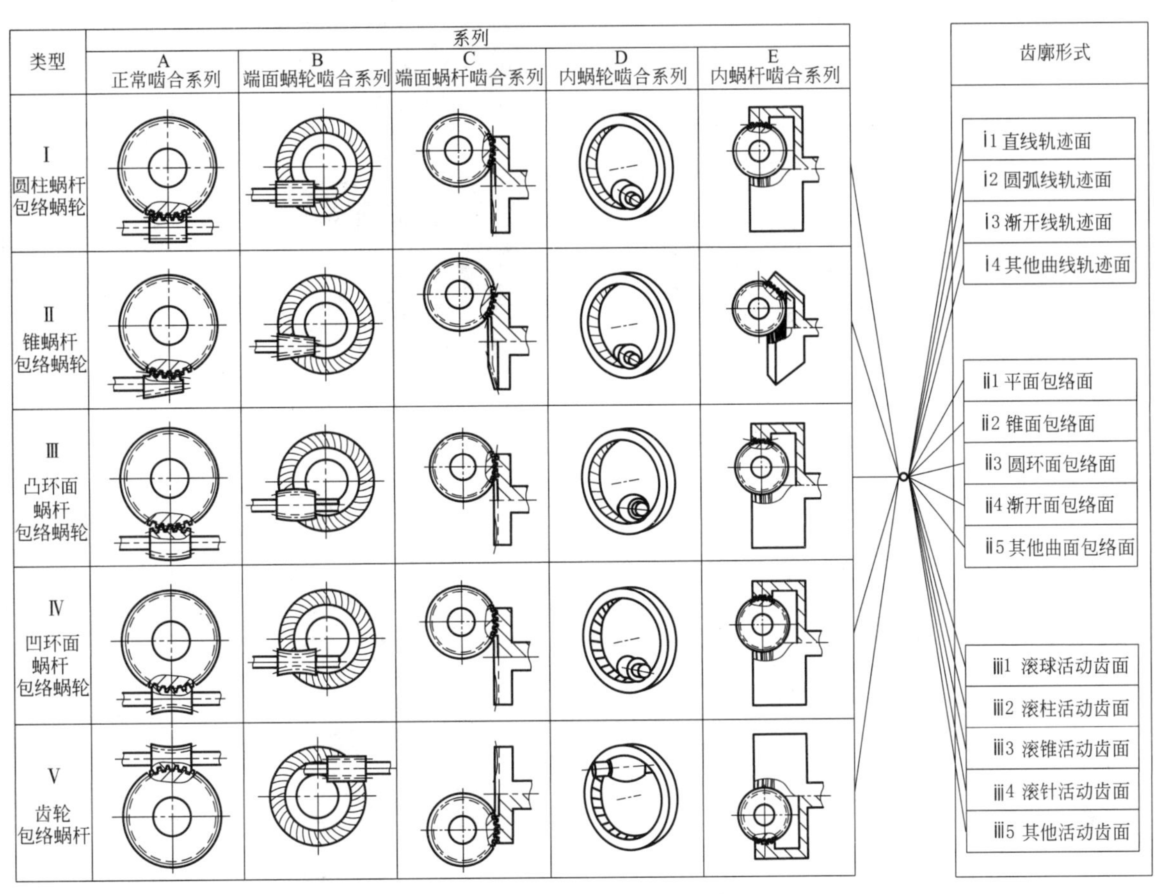

图 12-4-2　蜗杆传动系统分类

在已有的蜗杆传动中，按其用途可分为动力蜗杆传动与精密蜗杆传动。动力蜗杆传动主要用于矿山冶金、石油化工、轨道交通等机械设备减速器，研究如何使蜗杆传动达到高承载能力、高传动效率及长使用寿命；精密蜗杆传动主要用于机床、分度工具、仪器仪表等精密分度或精密运动机构，研究如何使蜗杆传动达到高传动精度、高精度寿命及低侧隙（甚至无侧隙）。精密蜗杆传动按其侧隙调整与磨损量补偿方法可细分为如表 12-4-1 所示的类型。

表 12-4-1　　**精密蜗杆传动**

序号	原理	示意图	传动形式	特点
1	减小中心距	a　h	精密普通圆柱蜗杆传动	优点：结构简单、调整方便 缺点：调整后呈非正确共轭关系，局部边缘接触、磨损较快

续表

序号	原理	示意图	传动形式	特点
2	蜗杆轴向移动	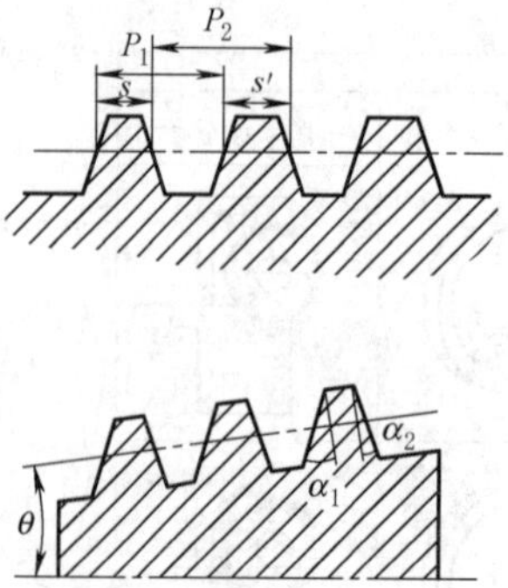	 双导程蜗杆传动  锥蜗杆传动	双导程蜗杆传动 优点:结构简单、调整方便 缺点:承载能力低 锥蜗杆传动 优点:调整方便、同时啮合齿数多、承载能力高、蜗轮材质能以钢代铜 缺点:正反向受力不同
3	分段式蜗杆周向旋转	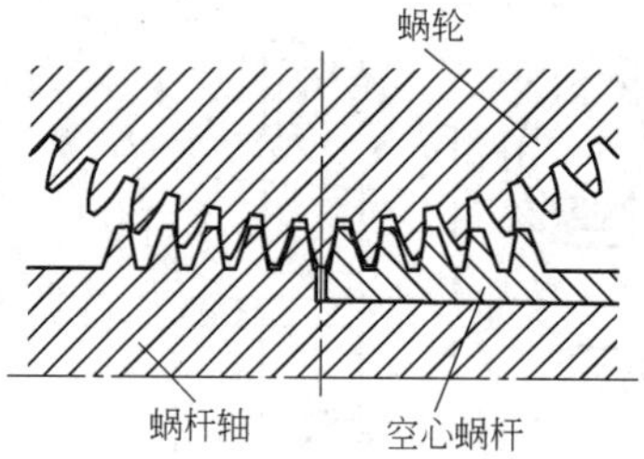	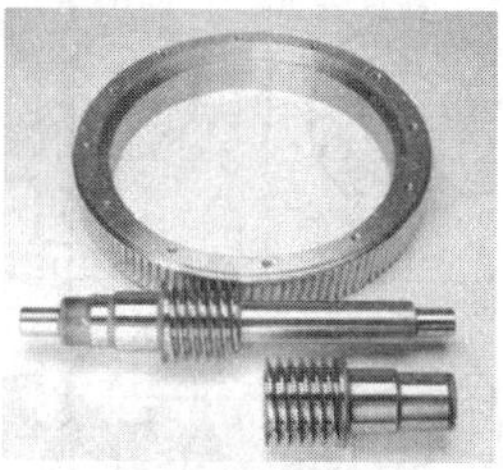 分段式圆柱蜗杆传动  分段式环面蜗杆传动	优点:传动精度高、侧隙控制准确 缺点:一半齿承载、一半齿消隙,承载能力较低
4	蜗轮轴向移动		 变齿厚平面齿轮包络环面蜗杆传动  变齿厚渐开线齿轮包络环面蜗杆传动	优点:可制造精度高、结构简单、调整方便 缺点:制造难度大

续表

序号	原理	示意图	传动形式	特点
5	剖分式蜗轮周向旋转	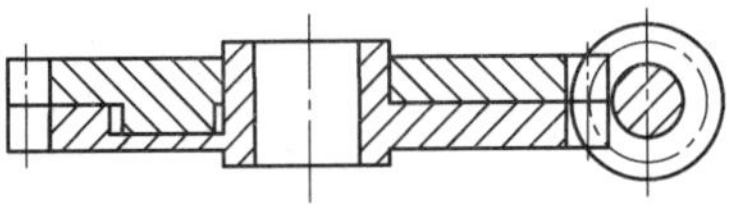 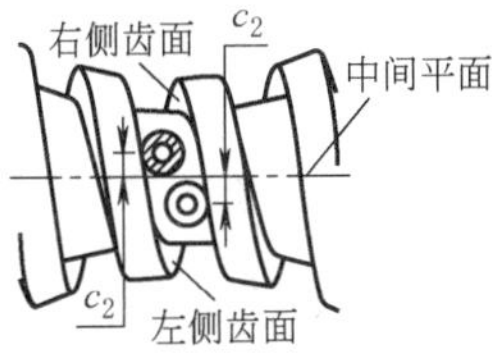	 剖分式正平面齿轮包络环面蜗杆传动  双滚子包络环面蜗杆传动	优点：可制造精度高 缺点：调整困难
6	齿面修形	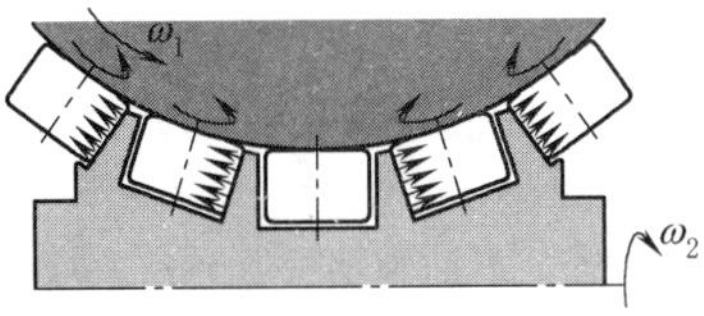	 滚子包络环面蜗杆传动	优点：可制造精度高、无侧隙啮合、齿面滚动摩擦磨损小 缺点：侧隙不可调整、轮齿为组合构件、承载能力低

1.3 蜗杆传动的效率与散热

（1）相对滑动速度

与齿轮的杠杆传动原理不同，蜗杆传动属于斜面传动原理，共轭齿面间具有较大的相对滑动速度 v_s，其值可由下式求出：

蜗杆分度圆相对滑动速度 v_s（m/s）：

$$v_s=\frac{v_1}{\cos\gamma}=\frac{\pi d_1 n_1}{6\times10^4\cos\gamma}$$

蜗杆节圆相对滑动速度 v_s'（m/s）

$$v_s'=\frac{v_1'}{\cos\gamma}=\frac{\pi d_1' n_1}{6\times10^4\cos\gamma'}$$

式中　d_1，d_1'——蜗杆分度圆直径和节圆直径，mm；

γ，γ'——蜗杆分度圆柱导程角和节圆柱导程角，(°)；

v_1，v_1'——蜗杆分度圆圆周速度和节圆圆周速度，m/s；

n_1——蜗杆转速，r/min。

蜗杆传动中共轭齿面间的相对滑动速度对传动效率和承载能力影响很大。在普通圆柱蜗杆传动中，相对滑动速度 v_s 是引起齿面磨损、胶合以及降低传动效率的主要因素。但在环面蜗杆传动中，相对滑动速度 v_s 起着有利作用，原因在于环面蜗杆传动具有较大的润滑角，在足够的相对滑动速度 v_s 下能使两共轭齿面间形成动压油膜而改善啮合性能，从而减小磨损和提高传动效率，同时也降低了胶合的可能性。

（2）润滑角

润滑角为两物体接触线的切线与相对滑动速度间的夹角，如图 12-4-3 所示。对于普通圆柱蜗杆传动齿面的润滑角如图 12-4-4a 所示，润滑角比较小；圆弧圆柱蜗杆传动和平面二次包络环面蜗杆传动齿面的润滑角如图 12-4-4b 和 c 所示，最大润滑角几乎可达到 90°。

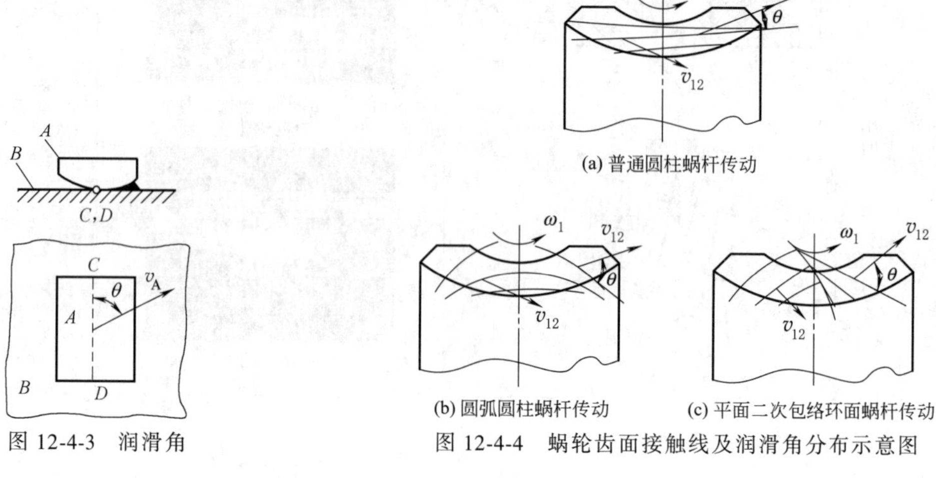

(a) 普通圆柱蜗杆传动

(b) 圆弧圆柱蜗杆传动

(c) 平面二次包络环面蜗杆传动

图 12-4-3 润滑角

图 12-4-4 蜗轮齿面接触线及润滑角分布示意图

（3）传动效率

蜗杆传动的功率损失包括啮合损失、轴承损失和搅油损失三部分，故总效率 η 应为

$$\eta=\eta_1\eta_2\eta_3$$

式中 η_3——轴承效率，对于每对滚动轴承可取 $\eta_3=0.99\sim0.995$，滑动轴承可取 $\eta_3=0.97\sim0.98$；

η_2——搅油效率，近似可取 $\eta_2=0.96\sim0.99$；

η_1——啮合效率，理论上可通过下式计算：

蜗杆主动时

$$\eta_1=\frac{\tan\gamma}{\tan(\gamma+\rho)}$$

蜗轮主动时

$$\eta_1=\frac{\tan(\gamma-\rho)}{\tan\gamma}$$

式中 γ——蜗杆分度圆柱或节圆柱导程角；

ρ——啮合摩擦角，可由啮合摩擦系数 μ 导出，即：

$$\rho=\arctan\mu$$

μ 值受诸多因素影响，例如接触线、润滑角、润滑油、滑动速度、材料匹配、加工和安装精度以及热处理状态等，还受运转中的随机因素影响。国内尚未对蜗杆传动啮合摩擦因数 μ 进行系统的测试工作，缺乏充分的数据供工程设计应用。目前，有关蜗杆传动啮合摩擦因数 μ 的数据，除了美国 AGMA 6034-B92（2015）和英国 B. S. 721-B63（2000）为国际上所引用外，德国 *Maschinenelement*（Niemann，1984）中提供了大量数据供设计时参考。

啮合效率 η_1 是影响蜗杆传动总效率的主要因素，其除了与啮合摩擦角 ρ 有关外，蜗杆的导程角 γ 更起主要影响作用。

啮合效率 η_1 随着导程角 γ 的增大而提高，但也有极值。当导程角 $\gamma>30°$后，啮合效率 η_1 的增长率就不显著，如图 12-4-5 所示。故要求效率高时通常取导程角 $\gamma=15°\sim30°$。

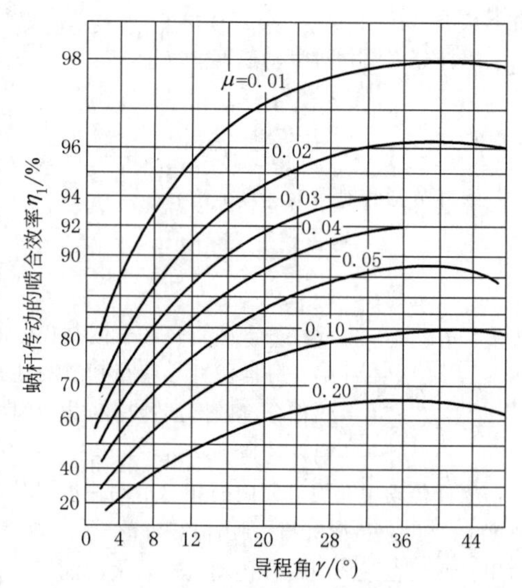

图 12-4-5 蜗杆传动效率与导程角的关系

导程角 γ 的取值要视蜗杆的头数 z_1 及加工可能性而定；多头蜗杆的导程角 γ 大，效率高，但加工困难；单头蜗杆的导程角 γ 小，效率低，当 $\gamma<\rho$ 时，蜗杆传动的反行程自锁。此外，应严格注意不宜单靠蜗杆传动副的摩擦自锁作为制动装置，因为在动力冲击和振动下蜗杆传动的自锁性不可靠，蜗轮齿面可能产生滑动，故必须另设制动装置为妥。

在传动尺寸未确定之前，蜗杆传动的总效率可按表 12-4-2 进行估算。

表 12-4-2　　蜗杆传动效率 η 的近似值范围

蜗杆头数 z_1	1	2	3	4
总效率 η	0.45~0.65	0.6~0.8	0.75~0.9	0.85~0.95

$$\eta=(100-3.5\sqrt{i})\%$$

蜗杆传动的总传动效率受多种因素影响，在自锁情况下总效率更低，只有通过对具体装置进行台架试验才能准确获得，具体效率值应咨询厂家。通常蜗杆传动的效率随着蜗杆转速的增加、导程角的增加以及传动尺寸的增大而有所提高。

（4）散热计算

蜗杆传动的啮合损耗、轴承损耗、搅油损耗等导致了减速器的温升和发热现象。对于闭式蜗杆传动，若散热不良，会因油温不断升高，导致润滑油中添加剂析出而迅速老化，加速齿面磨损、点蚀和胶合的发生。因此，设计闭式蜗杆传动时必须进行热平衡计算。

设热平衡时的工作温度为 t_1，则热平衡约束条件为

$$t_1=\frac{1000P_1(1-\eta)}{K_tA}+t_0\leqslant t_p$$

式中　t_p——油的许用工作温度，℃，一般在 90~100℃，最高不超过 120℃；

t_0——环境温度，℃；

P_1——蜗杆传动传递的功率，kW；

η——蜗杆传动的总效率；

A——箱体的散热面积，m^2，$A=A_1+0.5A_2$，其中 A_1 为箱体内表面被油浸着或油能飞溅到，且外表面又被自然循环的空气所冷却的箱体表面积，A_2 为 A_1 计算表面积的增强肋和凸缘表面以及装在金属底座或机械框架上的箱壳底面积，也可估算为 $A=9\times10^{-5}a^{1.88}m^2$；

K_t——散热系数，$W/(m^2\cdot ℃)$，在自然通风良好的地方，取 $K_t=14\sim17.5$；通风不好时，取 $K_t=8.7\sim10.5$。

若计算结果 t_1 超出允许值，可采取以下措施：

① 在箱体外壁增加散热片，以增大散热面积 A；

② 在蜗杆轴端装风扇（图 12-4-6a），进行人工通风，以增大散热系数 K_t，此时 $K_t=20\sim28W/(m^2\cdot ℃)$；

③ 在箱体油池中设蛇形冷却管（图 12-4-6b）；

④ 采用压力喷油润滑冷却（图 12-4-6c）。

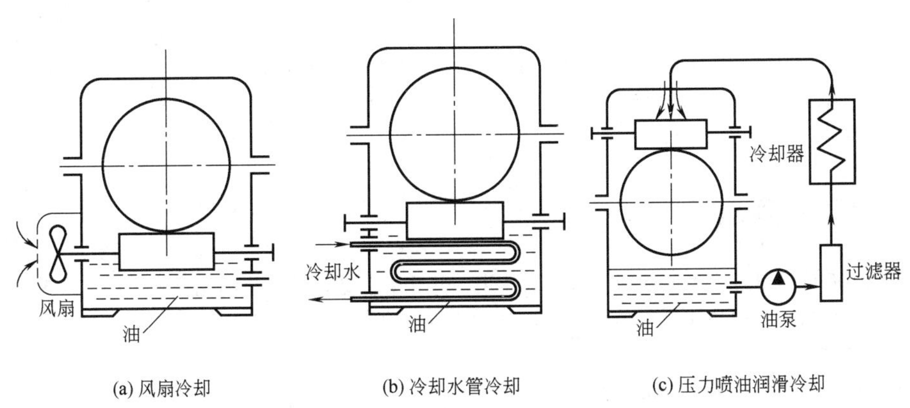

(a) 风扇冷却　(b) 冷却水管冷却　(c) 压力喷油润滑冷却

图 12-4-6　蜗杆减速器的冷却方法

1.4 蜗杆传动的失效形式与材料选择

(1) 失效形式

蜗杆传动的失效形式和齿轮传动类似，有疲劳点蚀、胶合、磨损、轮齿折断等，其中以啮合齿面的点蚀和蜗轮齿面的磨损最为常见，此外胶合亦时有发生；此外，在精密蜗杆传动中，齿面磨损会导致传动精度降低、齿侧间隙增大，进而传动副精度失效。

上述失效形式的出现，主要是由于蜗轮和蜗杆之间的相对滑动较大，尤其是普通圆柱蜗杆传动中润滑角过小，无法形成动压油膜，以致啮合效率低而温升高。此外蜗杆刚度不足或制造与安装误差等因素也会导致上述失效形式的出现。蜗轮轮齿的折断多由轮齿磨损后齿厚减薄过量，或制造与安装误差过大引起严重偏载所产生。总之，由于蜗杆齿形结构及所用材料的力学性能比蜗轮的好，因此蜗轮轮齿是两者中的薄弱环节。

如果在设计时合理选择传动类型和参数，选择合适的材料组合，再配以良好的润滑方式及散热措施，选用抗磨和抗胶合的润滑油，提高制造及装配精度，则上述失效情况可以得到改善而延长使用寿命。

(2) 选材原则

由于蜗杆传动啮合摩擦较大、蜗轮滚刀难以精确铲背及形状尺寸误差等，以致加工出的蜗轮齿面难以和蜗杆齿面完全达到符合理论要求的共轭状态，必须依靠运转跑合才能渐趋理想。因此，蜗杆传动的材料组合必须具有良好的减摩和跑合性能以及抗胶合能力。所以蜗轮通常采用青铜或铸铁做齿圈，并尽可能与较高表面硬度的钢制蜗杆相匹配。

① 蜗杆材料　蜗杆材料一般采用合金钢或者碳钢。大部分蜗杆齿面经渗碳淬火等热处理而获得较高的表面硬度，并经磨削及抛光。按热处理性质可分为：

a. 氮化钢　表面硬度>850HV，如40Cr、38CrMoAl、42CrMo、40CrMo、35CrMo、40CrNiMo等。

b. 渗碳钢　表面淬硬至58～63HRC，如20CrMnMo、20CrMnTi、20Cr、20CrV、16CrMn、18CrMnTi、18Cr2Ni4W等。

c. 表面或整体淬火钢　火焰或感应淬火至45～50HRC，如45、40Cr、40CrNi、35CrMo、34CrMo4等。

d. 调质钢　表面硬度30～35HRC，如45、40Cr、40CrNi、42CrMo、40CrMnMo等。

在要求持久性高的动力传动中，可选用合金钢氮化或渗碳淬火，也可选用碳钢表面或整体淬火以得到必要的硬度，热处理后必须磨削；渗氮处理的蜗杆可以不磨削，但需要抛光。只有在缺乏磨削设备时才选用调质蜗杆。受短时冲击载荷的蜗杆，不宜用渗碳钢淬火，最好用氮化钢或调质钢。此外，亦可对调质钢蜗杆表面镀铬，再经磨削后使用，可大幅提高传动副的承载能力和使用寿命。

② 蜗轮材料　蜗轮材料一般采用青铜或铸铁，常用材料主要有：

a. 铸造锡青铜　具有优良的跑合性能和承载能力；分砂模铸造、金属模铸造和离心铸造三种，其中以离心铸造的力学性能最优。如ZCuSn10P1（10-1铸锡青铜）、ZCuSn10Zn2（10-2铸锡青铜）、ZCuSn12Ni2（12-2锡镍青铜）等。

b. 铸造铝青铜　具有较高的强度、价廉，但抗胶合性能差、跑合困难、接触适配性差。如ZCuAl10Fe3（10-3铸铝青铜）、ZCuAl9Fe4Ni4Mn2（9-4-4-2铸铝青铜）、ZCuAl8 Mn13Fe3Ni2（8-13-3-2铸铝青铜）等。

c. 球墨铸铁与灰铸铁　价格低廉，但抗磨性能和抗胶合能力差。对齿面进行硫化处理或等温淬火，有利于提高其抗磨损性能。如HT150、HT200、HT300、QT500-7、QT600-3、QT700-2等。

一般情况下，当蜗杆传动副的相对滑动速度≥12m/s时，建议采用铸造锡青铜；当相对滑动速度<12m/s时，可采用铸造铝青铜；当相对滑动速度≤2m/s时，可采用铸铁。

1.5 蜗杆传动的润滑

蜗杆传动属斜面传动原理，齿面间滑动起主宰作用，其摩擦、磨损和发热问题比兼有滑动和滚动的其他齿轮传动更为严重，因此润滑方式和润滑剂的合理选择对蜗杆传动的正常运行尤为重要。

(1) 润滑方式的选择

蜗杆传动的润滑方式可分为脂润滑和油润滑。

当蜗杆传动应用于低速或开式或极端工况下时，采用脂润滑；油润滑分为油浴（浸油）润滑和喷油润滑，其区分主要根据齿面相对滑动速度 v_s 或蜗杆转速 n_1 的大小。当速度过高时，油滴将由于离心力作用而被甩走，难以带入啮合区，因此必须采用压力喷油进行强迫润滑。一般当 $v_s \geq 10\text{m/s}$ 时，就需采用喷油润滑，具体可参照图 12-4-7 进行选择。

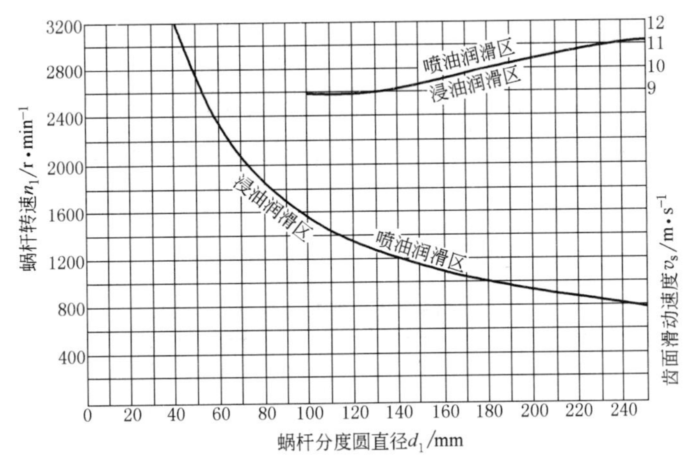

图 12-4-7 蜗杆传动油润滑方式的选择曲线

图 12-4-7 中，以蜗杆转速 n_1 和蜗杆分度圆直径 d_1 为坐标，因蜗杆转速 n_1 和蜗杆分度圆直径 d_1 大时，相对滑动速度 v_s 随之增大。当蜗杆头数 $z_1 \geq 4$ 时，导程角 γ 显著增大，相对滑动速度 v_s 相应增大，因此选择润滑方式时，须同时校核图中右上角的曲线范围，该曲线以 $d_1 \geq 100\text{mm}$ 和 $z_1 \geq 4$ 为界限。环面蜗杆传动也可参考图 12-4-7 进行润滑方式选择，但要考虑到两端蜗杆直径比喉部处大，相应增大了线速度的影响，应适当处理。

一般中、低速蜗杆传动大多采用油浴润滑，合理的浸油深度参见图 12-4-8。蜗杆下置时，浸油深度应到蜗杆齿根圆处；蜗轮下置时，浸油深度应到蜗轮齿顶圆直径的 1/3 处。浸油深度宁高勿低（但过高后将增加搅油功率），啮合摩擦产生的热量主要依靠润滑油传至箱壁发散出去。

喷油润滑时，应沿蜗杆轴向两侧平行放置喷油管，管壁径向开小孔或安装喷嘴，将油从两侧喷入啮合区，如图 12-4-9 所示。如果能在油管横过蜗杆轴端面处沿蜗轮切向啮入口另开几个喷孔则效果更佳。循环供油系统应安置冷油器。采用喷油润滑时，箱体内仍应储存适当润滑油，使蜗杆或蜗轮能够少许浸油，以便压力喷油系统突发故障时仍能保证传动副安全运行。

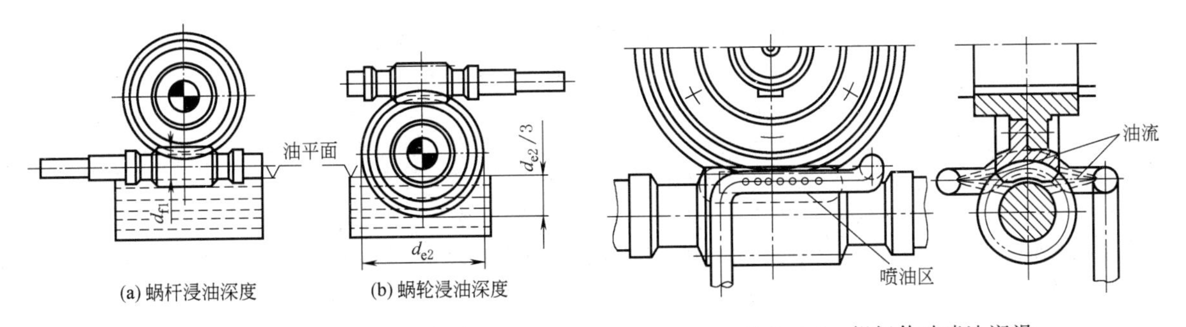

图 12-4-8 蜗杆传动最低浸油深度

图 12-4-9 蜗杆传动喷油润滑

（2）润滑油的选择

① 蜗杆传动对润滑油的要求　蜗杆传动由于齿面间的滑动较大且齿对接触时间比齿轮传动长，摩擦磨损情况突出，因此不宜采用一般齿轮油进行润滑，需采用蜗轮蜗杆专用油。一般要求油的黏度较大，并有较高的黏度指数，且含有某些特殊添加剂。总的要求有以下几点：

a. 润滑油具有良好的减摩特性，摩擦因数小；

b. 在较高温度时有良好的抗氧化、抗老化性能，安定性好；

c. 添加剂的性质要适合于钢铜摩擦副的特殊要求，亦即既要有良好的抗极压性能和减摩抗磨性能，还要对铜不起腐蚀作用；

d. 润滑油在低温时要有良好的流动性，亦即倾点要低；

e. 对于一般矿物油或含添加剂的矿物基础油，其使用温度应保证在-10~110℃；对于合成油，其温度范围应保证在-30~130℃。

② 润滑油的几项重要指标

a. 黏度　润滑油抗剪切变形的能力称为润滑油黏度，为润滑油剪切应力与速度变化率的比例系数。黏度包含动力黏度、运动黏度和相对黏度，我国工业中常用运动黏度进行表示。

黏度大小是能否形成动压油膜的重要条件，对疲劳点蚀、黏着磨损都有明显影响。黏度与温度的关系称为黏温特性，常用黏度比和温度指数表示。当压力小于 5MPa 时，黏度变化不大；当压力大于 5MPa 时，压力对黏度有显著影响。

蜗杆传动推荐使用的润滑油黏度见表 12-4-3。

表 12-4-3　　蜗杆传动的润滑油黏度

滑动速度 v_s/m·s^{-1}	≤1	1~2.5	>2.5~5	>5~10	>10~15	>15~25	>25
工作条件	重载	重载	中载	—	—	—	—
运动黏度 $\nu_{40℃}$/mm^2·s^{-1}	1000	680	460/320	220	150	100	68

b. 油性　润滑油的油性是指油中极性物质的分支与表面金属吸附，形成边界油膜的性能。油性好则润滑油对金属表面吸附性强，边界油膜承受载荷大，摩擦因数小。为了增加油性，可在润滑油中加入油性添加剂。

c. 极压性能　极压性能是指润滑油抵抗黏着磨损的最大承载能力。在润滑油中加入极压添加剂，能有效地抵抗熔结，使之具有良好的抗黏着磨削能力。

d. 抗氧化安定性　抗氧化安定性是指润滑油本身抵抗氧化变质的能力，与润滑油的化学成分、外界条件等有关。氧化后，润滑油的黏度增加、颜色变黑、出现沉淀物、油性减弱。为减缓氧化速度，可在润滑油中加入抗氧化添加剂。

e. 抗泡性　抗泡性是指润滑油被搅动时，空气被搅入油中，能否形成稳定泡沫的性能。此外，油中水分气化也会产生泡沫。泡沫过多时会使润滑油供应不足，为了抵抗泡沫的形成，需加入抗泡添加剂。

f. 黏附性　黏附性是指油膜抗运转离心力、重力作用而吸附在金属表面的能力。增加黏附性同样需要加入添加剂。

此外，抗乳化性、防腐性、剪切安定性、闪点温度、凝点温度、烧点温度等也应给予重视。

③ 润滑油的品种　目前蜗杆传动润滑油主要有以下品种：

a. 合成油　由聚乙二醇或聚醚等有机化合物合成，含有特殊配剂。具有较低的摩擦因数，可降低蜗杆传动副的摩擦磨损，提高传动效率，抗老化性能强，可承受较高的工作温度，允许的温升极限高；使用寿命长，可延长换油周期。但跑合性能略差，对皮革类密封有收缩作用，对油漆有软化作用。

b. 复合油　以矿物油为基础油，加入一定比例的动物脂复合而成，含硫铅型极压剂。具有摩擦因数小的特点，有利于防止发热过高，适用于要求经常启停的场合。但其安定性较差，稠化率相对较高，换油周期较短。

c. 矿物油和极压矿物油　在轻载、低速或次要传动场合，也采用黏度相对较高而不含极压剂的矿物油进行蜗杆传动的润滑，而极压矿物油（工业齿轮油）效果略好一些。

（3）润滑油的更换及清洗

① 蜗杆减速器的跑合阶段十分重要且必不可少。经 300~600h 跑合运转后，必须重新更换润滑油，换油时旧油中呈现光亮的青铜磨损粉末无关紧要，是跑合过程的必然后果。

② 此后，每隔 2000~4000h 的运行后，应及时更换新油，最长不应超过 18 个月。

③ 换油时，须装入原牌号润滑油，不同厂商、不同品牌的油品切忌掺混使用，合成油不能与矿物油混合。

④ 更换新油时，应对箱体内部进行冲刷清洗，冲刷时采用原牌号润滑油。

⑤ 对需长期运转的蜗杆传动箱，优先采用合成油润滑。

⑥ 蜗杆减速器的大致装油量及喷油量参见表 12-4-4。

表 12-4-4　　蜗杆减速器的大致装油量及喷油量

中心距 a/mm	65	80	100	125	140	160	180	200	225	250	280	320	360	400	450	500
油浴润滑①装油量/L	0.6	1.2	2.3	4	6	8.5	12	15	20	26	35	48	63	82	112	150
喷油量/L·min^{-1}②	—	—	2	3	3	4	4	6	6	10	10	15	15	20	20	20

① 浸油深度须符合图 12-4-8。

② 油泵压力为（1.5~2.5）×10^5Pa。

2　圆柱蜗杆传动

2.1　类型及特点

圆柱蜗杆传动分为普通圆柱蜗杆传动和圆弧圆柱蜗杆传动。

（1）普通圆柱蜗杆传动

普通圆柱蜗杆传动的蜗杆齿形多用直线型刀具加工而成。由于刀具安装的方位不同，生成的螺旋面在不同截面中齿廓曲线形状亦不同。按蜗杆齿廓曲线的形状，普通圆柱蜗杆可分为以下几种（GB/T 10087—2018）：

① 阿基米德圆柱蜗杆——ZA 蜗杆（如图 12-4-10 所示）。蜗杆的齿面为阿基米德螺旋面，在轴向剖面 *I—I* 上具有直线齿廓，端面齿廓为阿基米德螺旋线。加工时，车刀刀刃平面通过蜗杆轴线。车削简单，但当导程角大时，加工不便，不易保证加工精度。一般用于低速、轻载或不太重要的传动。

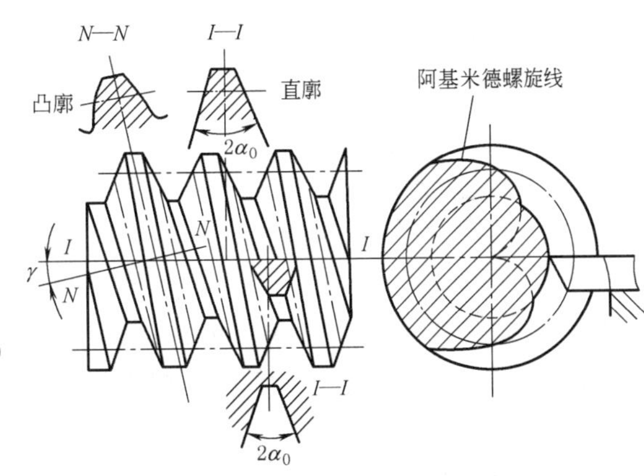

图 12-4-10　阿基米德圆柱蜗杆

② 渐开线圆柱蜗杆——ZI 蜗杆（如图 12-4-11 所示）。蜗杆的齿面为渐开线螺旋面，端面齿廓为渐开线。加工时，车刀刀刃平面与基圆相切，可精确磨削，易保证加工精度。一般用于蜗杆头数较多、转速较高和较精密的

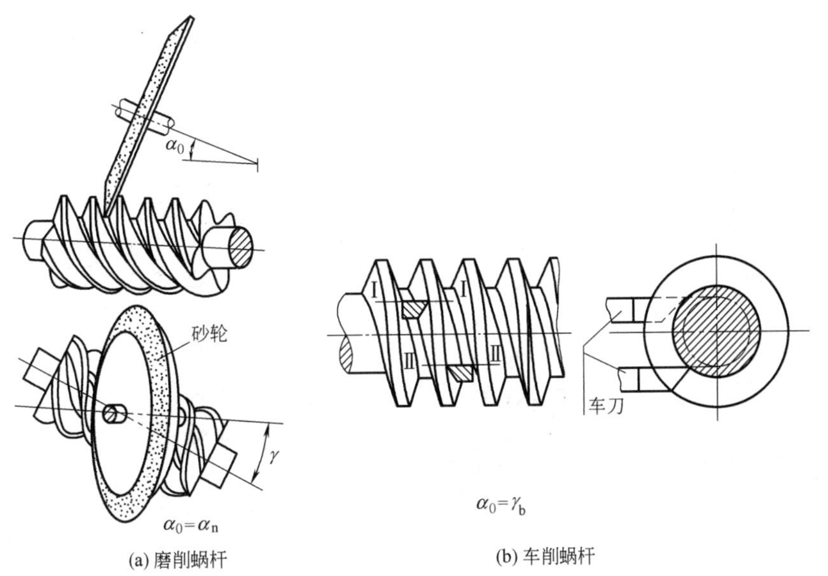

图 12-4-11　渐开线圆柱蜗杆

γ_b—基圆导程角；α_n—法向压力角

传动，亦可用于长期连续传动场合。

③ 法向直廓圆柱蜗杆——ZN 蜗杆（如图 12-4-12 所示）。蜗杆的端面齿廓为延长渐开线，法面齿廓为直线。车削时，车刀刀刃平面置于螺旋线的法面上，加工简单，可用砂轮磨削，常用于多头、精密的传动。

依据蜗杆加工刀具所处位置不同，又分为以下三种情况：

a. 齿槽法向直廓圆柱蜗杆（ZN_1 蜗杆）：垂直于过齿槽中点与分度圆柱螺旋线平行的假想螺旋线的法面，齿廓为直线的圆柱蜗杆（如图 12-4-12a 所示）；

b. 齿体法向直廓圆柱蜗杆（ZN_2 蜗杆）：垂直于过齿厚中点与分度圆柱螺旋线平行的假想螺旋线的法面，齿廓为直线的圆柱蜗杆（如图 12-4-12b 所示）；

c. 齿面法向直廓圆柱蜗杆（ZN_3 蜗杆）：垂直于分度圆柱螺旋线的法面，齿廓为直线的圆柱蜗杆（如图 12-4-12c 所示）。

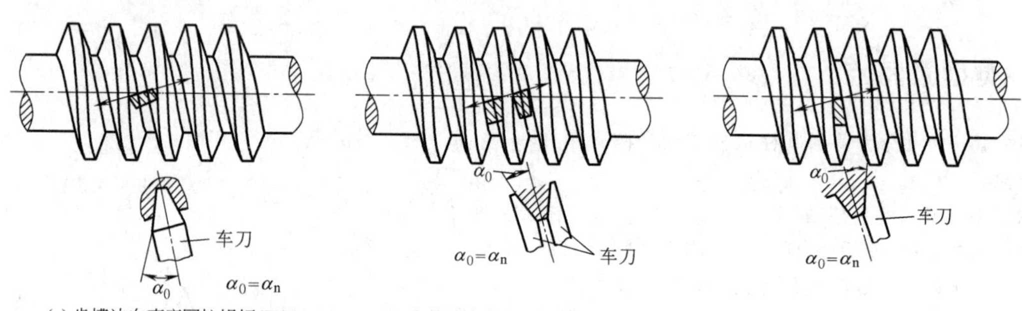

(a) 齿槽法向直廓圆柱蜗杆(ZN_1)　(b) 齿体法向直廓圆柱蜗杆(ZN_2)　(c) 齿面法向直廓圆柱蜗杆(ZN_3)

图 12-4-12　法向直廓圆柱蜗杆

④ 锥面包络圆柱蜗杆——ZK 蜗杆（如图 12-4-13 所示）。蜗杆的齿面为圆锥面族的包络曲面，在各个剖面上的齿廓都呈曲线。加工时，采用盘状铣刀或砂轮放置在蜗杆齿槽的法向平面内，由刀具锥面包络而成，切削和磨削容易，易获得高精度，目前应用广泛。但应注意，蜗杆齿形曲线与刀具直径有关，因此加工时应对刀具直径进行严格控制，避免刀具磨损而引起的齿形过大。

依据蜗杆加工刀具的不同，又分为以下三种情况：

a. 盘状锥面包络圆柱蜗杆（ZK_1 蜗杆）：由盘状锥形刀具的锥面包络而成，蜗杆轴线与刀具轴线之间的交错角等于分度圆柱导程角（如图 12-4-13a 所示）；

b. 指状锥面包络圆柱蜗杆（ZK_2 蜗杆）：由指状铣刀的锥面包络而成，蜗杆轴线与刀具轴线直角相交（如图 12-4-13b 所示）；

c. 端锥面包络圆柱蜗杆（ZK_3 蜗杆）：由端面呈蝶状锥形刀具的锥面包络而成，蜗杆轴线与刀具轴线直角相交（如图 12-4-13c 所示）。

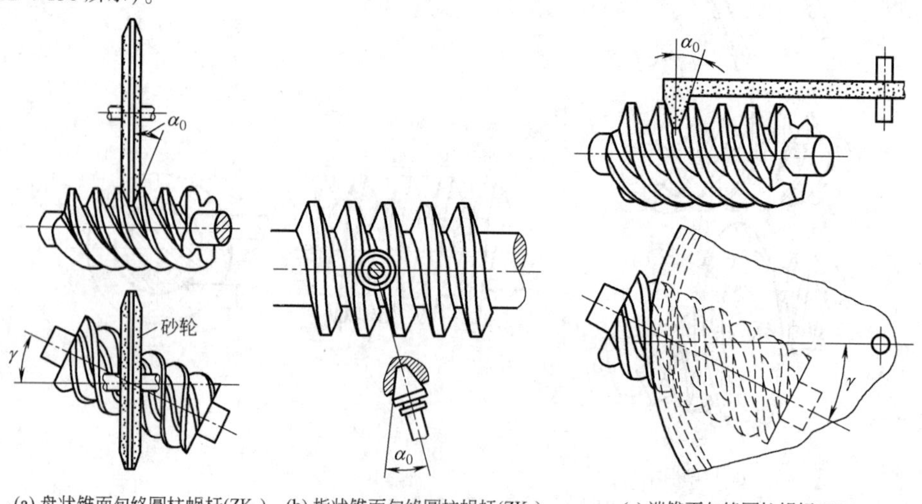

(a) 盘状锥面包络圆柱蜗杆(ZK_1)　(b) 指状锥面包络圆柱蜗杆(ZK_2)　(c) 端锥面包络圆柱蜗杆(ZK_3)

图 12-4-13　锥面包络圆柱蜗杆

随着数控修整技术的发展和加工机床改进，上述圆柱蜗杆传动均可精确成形磨削，且其性能差别不大，故后续参数设计过程中统称为普通圆柱蜗杆传动，不细分其具体类别。

（2）圆弧圆柱蜗杆传动

圆弧圆柱蜗杆传动的蜗杆齿面是一种非直纹面，一般为圆弧形凹面，代号为 ZC 蜗杆。ZC 蜗杆传动可分为圆环面包络圆柱蜗杆传动和轴向圆弧圆柱蜗杆传动两种类型。

圆环面包络圆柱蜗杆传动包括 ZC_1 和 ZC_2 两种，ZC_1 蜗杆传动在德国命名为 ZH 蜗杆，在 1935 年由德国尼曼（Niemann）教授提出并开发成功，故也称为尼曼蜗杆传动，ISO 命名为 ZC 蜗杆，在我国称为 ZC_1 蜗杆。ZC_2 蜗杆传动由苏联李特文（F. L. Litvin）在 ZC_1 的基础上提出，但并未全面推广。轴向圆弧圆柱蜗杆传动为 ZC_3 型，是我国自己创制的一种可车削圆弧圆柱蜗杆。在应用上，国际上以 ZC_1 为主，国内目前 ZC_1 和 ZC_3 并存，以 ZC_1 的应用为主，因此本部分后面的计算、设计、加工等内容以 ZC_1 为主。

ZC_1 蜗杆齿面是由圆环面砂轮加工形成的，蜗杆轴线与砂轮轴线的轴交角等于蜗杆分度圆导程角，该两轴线的公垂线通过蜗杆齿槽中点。砂轮与蜗杆齿面的瞬时接触线是一条固定的空间曲线。砂轮与蜗杆的相对位置见图 12-4-14。

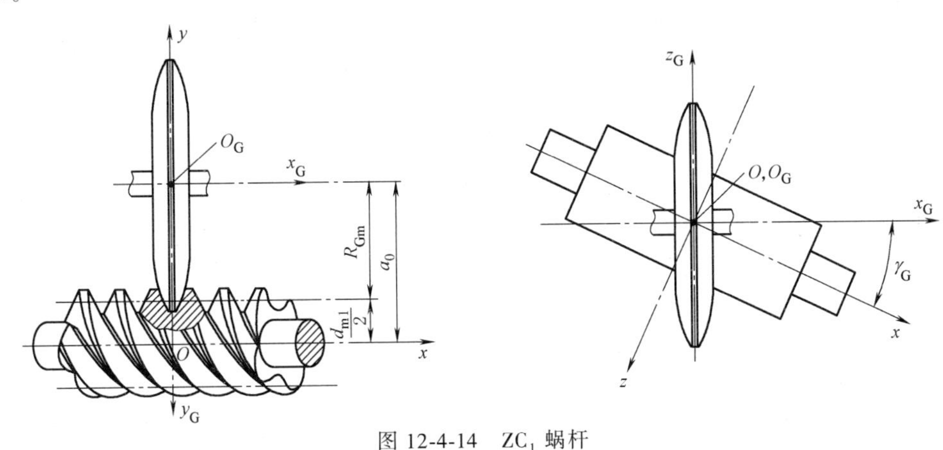

图 12-4-14　ZC_1 蜗杆

2.2　主要参数

在中间平面（通过蜗杆轴线且垂直于蜗轮轴线的平面）上，圆柱蜗杆传动相当于齿条与齿轮的啮合传动。在设计时，常取此平面内的参数和尺寸作为计算基准。

蜗杆传动的主要参数有模数 m、齿形角 α、蜗杆头数 z_1、蜗轮齿数 z_2，蜗杆直径系数 q、蜗杆分度圆柱导程角 γ、传动比 i、中心距 a 和蜗轮变位系数 x_2 等。

（1）基本齿廓

圆柱蜗杆的基准齿形是指基准蜗杆在给定截面上的规定齿形，基本齿廓尺寸参数在蜗杆轴向平面内规定，如图 12-4-15 所示（GB/T 10087—2018）。

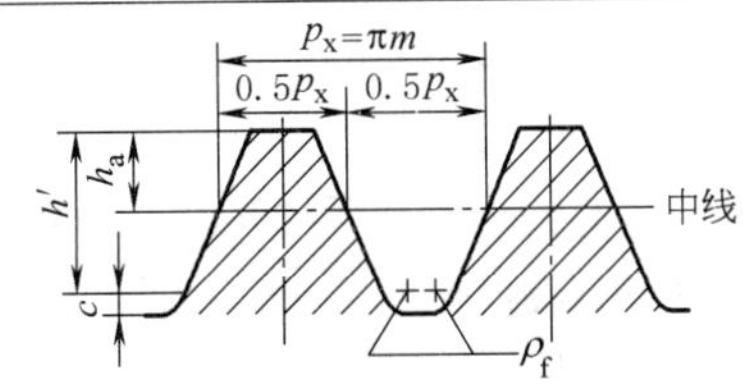

(1)齿顶高 $h_a=1m$，工作齿高 $h'=2m$；
采用短齿时，$h_a=0.8m$，$h'=1.6m$。
(2)轴向齿距 $p_x=\pi m$。中线(是指蜗杆的轴平面与分度圆柱面的交线)上的齿厚和齿槽宽相等。
(3)顶隙 $c=0.2m$，必要时允许减小到 $0.15m$ 或增大至 $0.35m$。
(4)齿根圆角半径 $\rho_f=0.3m$，必要时允许减小到 $0.2m$ 或增大至 $0.4m$，也允许加工成单圆弧。
(5)允许齿顶倒圆，但圆角半径不大于 $0.2m$。

图 12-4-15　圆柱蜗杆基本齿廓

（2）模数 m

在中间平面内，蜗杆轴向齿距 p_x 应与蜗轮端面齿距 p_t 相等，故蜗杆轴向模数 m_x 应与蜗轮的端面模数 m_t 相等，并符合 GB/T 10088—2018 中规定的模数值 m，如表 12-4-5 所示。表中模数优先采用，但蜗杆传动由于其特殊性，多采用非标准模数。

表 12-4-5　　圆柱蜗杆模数值

mm

第一系列	第二系列	第一系列	第二系列	第一系列	第二系列
0.1	—	0.8	—	—	6
—	—	—	0.9	6.3	—
0.12	—	1	—	—	7
—	—	—	—	8	—
0.16	—	1.25	—	10	—
—	—	—	1.5	—	12
0.2	—	1.6	—	12.5	—
—	—	—	—	—	14
0.25	—	2	—	16	—
—	—	—	—	—	—
0.3	—	2.5	—	20	—
—	—	—	3	—	—
0.4	—	3.15	—	25	—
—	—	—	3.5	—	—
0.5	—	4	—	31.5	—
—	—	—	4.5	—	—
0.6	—	5	—	40	—
—	0.7	—	5.5	—	—

（3）齿形角（产形角）α

蜗杆和蜗轮啮合时，在中间平面上，蜗杆的轴向齿形角 α_{x1} 与蜗轮的端面齿形角 α_{t2} 相等，即 $\alpha_{x1}=\alpha_{t2}=\alpha$。GB/T 10087—2018 中规定，ZA 蜗杆的轴向齿形角为标准值，$\alpha_x=20°$；ZN 蜗杆和 ZI 蜗杆的法向齿形角为标准值，$\alpha_n=20°$；ZK 蜗杆的锥形刀具产形角 $\alpha_0=20°$；对于 ZC 蜗杆，齿形角的范围为 $\alpha_n=21°\sim25°$，通常取 23° 或 24°。

在动力传动中，当导程角 $\gamma>30°$时，允许增大齿形角，推荐采用 25°；在运动传动中，允许减小齿形角，推荐采用 15°或 12°。

（4）砂轮轴向齿廓圆弧半径 ρ

针对圆弧圆柱蜗杆，在磨削 ZC_1 蜗杆时所用砂轮轴向齿廓圆弧半径 ρ 可按下式估算：

$$\frac{1}{\rho}\approx\frac{1}{\rho_n}+\frac{\sin^2\gamma}{r_1\sin\alpha_n}+\frac{\tan^2\gamma}{R\sin\alpha_n}$$

其中，R 为磨削齿面的砂轮半径；ρ_n 为蜗杆分度圆处的齿廓曲率半径，可按下式进行初步估算，然后取整。

$$\rho_n=(0.72\pm0.1)h_a\left(\frac{1}{\sin\alpha_n}\right)^{2.2}$$

（5）导程角 γ

将蜗杆分度圆螺旋线展开成为图 12-4-16 所示的直角三角形的斜边。图中 p_z 为导程，对于多头蜗杆，$p_z=z_1p_x$，其中 $p_x=\pi m$ 为蜗杆的轴向齿距。蜗杆分度圆柱导程角为

$$\tan\gamma=\frac{p_z}{\pi d_1}=\frac{z_1p_x}{\pi d_1}=\frac{z_1m}{d_1}=\frac{z_1}{q}$$

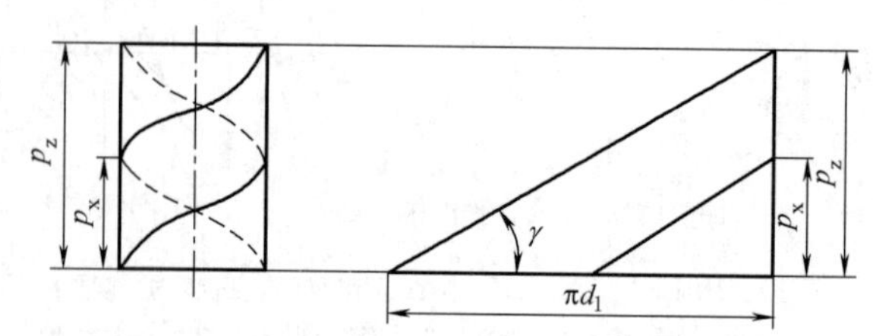

图 12-4-16　导程角与导程的关系

由蜗杆传动的正确啮合条件可知，当两轴线的交错角为 90°时，导程角 γ 与蜗轮分度圆柱螺旋角 β 相等，且旋向相同。

(6) 蜗杆分度圆直径 d_1

加工蜗轮时，常用与配对蜗杆具有相同参数和直径的蜗轮滚刀来加工。这样，只要有一种尺寸的蜗杆，就必须有相应尺寸的蜗轮滚刀。为了减少蜗轮滚刀的数目，便于刀具的标准化，将蜗杆分度圆直径 d_1 定为标准值，见表 12-4-6（GB/T 10088—2018）。表中分度圆直径优先采用，但蜗杆传动由于其特殊性，多采用非标准分度圆直径。

表 12-4-6　圆柱蜗杆分度圆直径值　mm

第一系列	第二系列	第一系列	第二系列	第一系列	第二系列
4	—	—	—	90	—
—	—	20	—	—	95
4.5	—	—	—	100	—
—	—	22.4	—	—	106
5	—	—	—	112	—
—	—	25	—	—	118
5.6	—	—	—	125	—
—	6	28	—	—	132
6.3	—	—	30	140	—
—	—	31.5	—	—	144
7.1	—	—	—	160	—
—	7.5	35.5	—	—	170
8	—	—	38	180	—
—	8.5	40	—	—	190
9	—	—	—	200	—
—	—	45	—	—	—
10	—	—	48	224	—
—	—	50	—	—	—
11.2	—	—	53	250	—
—	—	56	—	—	—
12.5	—	—	60	280	—
—	—	63	—	—	300
14	—	—	67	315	—
—	15	71	—	—	—
16	—	—	75	355	—
—	—	80	—	—	—
18	—	—	85	400	—

(7) 直径系数 q

将蜗杆分度圆直径 d_1 与模数 m 的比值称为蜗杆直径系数 q，即

$$q=\frac{d_1}{m}$$

对于动力蜗杆传动，q 值为 7~18；对于分度蜗杆传动，q 值为 16~30。

其中 m、d_1、z_1 和 q 的匹配见表 12-4-7（GB/T 10085—2018）。表中参数优先采用，但蜗杆传动由于其特殊性，多采用非表中匹配关系的非标参数。

表 12-4-7　圆柱蜗杆的基本尺寸和参数

模数 m/mm	轴向齿距 p_x/mm	分度圆直径 d_1/mm	蜗杆头数 z_1	直径系数 q	齿顶圆直径 d_{a1}/mm	齿根圆直径 d_{f1}/mm	分度圆柱导程角 γ
1	3.142	18	1	18.000	20	15.6	3°10′47″
1.25	3.927	20	1	16.000	22.5	17	3°34′35″
		22.4	1	17.920	24.9	19.4	3°11′38″

第12篇

续表

模数 m/mm	轴向齿距 p_x/mm	分度圆直径 d_1/mm	蜗杆头数 z_1	直径系数 q	齿顶圆直径 d_{a1}/mm	齿根圆直径 d_{f1}/mm	分度圆柱导程角 γ
1.6	5.027	20	1	12.500	23.2	16.16	4°34′26″
			2				9°05′25″
			4				17°44′41″
		28	1	17.500	31.2	24.16	3°16′14″
2	6.283	(18)	1	9.000	22	13.2	6°20′25″
			2				12°31′44″
			4				23°57′45″
		22.4	1	11.200	26.4	17.6	5°06′08″
			2				10°07′29″
			4				19°39′14″
			6				28°10′43″
		(28)	1	14.000	32	23.2	4°05′08″
			2				8°07′48″
			4				15°56′43″
		35.5	1	17.750	39.5	30.7	3°13′28″
2.5	7.854	(22.4)	1	8.960	27.4	16.4	6°22′06″
			2				12°34′59″
			4				24°03′26″
		28	1	11.200	33	22	5°06′08″
			2				10°07′29″
			4				19°39′14″
			6				28°10′43″
		(35.5)	1	14.200	40.5	29.5	4°01′42″
			2				8°01′02″
			4				15°43′55″
		45	1	18.000	50	39	3°10′47″
3.15	9.896	(28)	1	8.889	34.3	20.4	6°25′08″
			2				12°40′49″
			4				24°13′40″
		35.5	1	11.270	41.8	27.9	5°04′15″
			2				10°03′48″
			4				19°32′29″
			6				28°01′50″
		(45)	1	14.286	51.3	37.4	4°00′15″
			2				7°58′11″
			4				15°38′32″
		56	1	17.778	62.3	48.4	3°13′10″
4	12.566	(31.5)	1	7.875	39.5	21.9	7°14′13″
			2				14°15′00″
			4				26°55′40″
		40	1	10.000	48	30.4	5°42′38″
			2				11°18′36″
			4				21°48′05″
			6				30°57′50″
		(50)	1	12.5000	58	40.4	4°34′26″
			2				9°05′25″
			4				17°44′41″
		71	1	17.75	79	61.4	3°13′28″
5	15.708	(40)	1	8.000	50	28	7°07′30″

续表

模数 m/mm	轴向齿距 p_x/mm	分度圆直径 d_1/mm	蜗杆头数 z_1	直径系数 q	齿顶圆直径 d_{a1}/mm	齿根圆直径 d_{f1}/mm	分度圆柱导程角 γ
5	15.708	(40)	2	8.000	50	28	14°02′10″
			4				26°33′54″
		50	1	10.000	60	38	5°42′38″
			2				11°18′36″
			4				21°48′05″
			6				30°57′50″
		(63)	1	12.600	73	51	4°32′16″
			2				9°01′10″
			4				17°36′45″
		90	1	18.000	100	78	3°10′47″
6.3	19.792	(50)	1	7.936	62.6	34.9	7°10′53″
			2				14°08′39″
			4				26°44′53″
		63	1	10.000	75.6	47.9	5°42′38″
			2				11°18′36″
			4				21°48′05″
			6				30°57′50″
		(80)	1	12.698	92.6	64.8	4°30′10″
			2				8°57′02″
			4				17°29′04″
		112	1	17.778	124.6	96.9	3°13′10″
8	25.133	(63)	1	7.875	79	43.8	7°14′13″
			2				14°15′00″
			4				26°53′40″
		80	1	10.000	96	60.8	5°42′38″
			2				11°18′36″
			4				21°48′05″
			6				30°57′50″
		(100)	1	12.500	116	80.8	4°34′26″
			2				9°05′25″
			4				17°44′41″
		140	1	17.500	156	120.8	3°16′14″
10	31.416	(71)	1	7.100	91	47	8°01′02″
			2				15°43′55″
			4				29°23′46″
		90	1	9.000	110	66	6°20′25″
			2				12°31′44″
			4				23°57′45″
			6				33°41′24″
		(112)	1	11.200	132	88	5°06′08″
			2				10°07′29″
			4				19°39′14″
		160	1	16.000	180	136	3°34′35″
12.5	39.270	(90)	1	7.200	115	60	7°50′26″
			2				15°31′27″
			4				29°03′17″
		112	1	8.960	137	82	6°22′06″
			2				12°34′59″
			4				24°03′26″

续表

模数 m/mm	轴向齿距 p_x/mm	分度圆直径 d_1/mm	蜗杆头数 z_1	直径系数 q	齿顶圆直径 d_{a1}/mm	齿根圆直径 d_{f1}/mm	分度圆柱导程角 γ
12.5	39.270	(140)	1	11.200	165	110	5°06′08″
			2				10°07′29″
			4				19°39′14″
		200	1	16.000	225	170	3°34′35″
16	50.265	(112)	1	7.000	144	73.6	8°07′48″
			2				15°56′43″
			4				29°44′42″
		140	1	8.750	172	101.6	6°31′11″
			2				12°52′30″
			4				24°34′02″
		(180)	1	11.250	212	141.6	5°04′47″
			2				10°04′50″
			4				19°34′23″
		250	1	15.625	282	211.6	3°39′43″
20	62.832	(140)	1	7.000	180	92	8°07′48″
			2				15°56′43″
			4				29°44′42″
		160	1	8.000	200	112	7°07′30″
			2				14°02′10″
			4				26°33′54″
		(224)	1	11.200	264	176	5°06′08″
			2				10°07′29″
			4				19°39′14″
		315	1	15.750	355	267	3°37′59″
25	78.540	(180)	1	7.200	230	120	7°54′26″
			2				15°31′27″
			4				27°03′17″
		200	1	8.000	250	140	7°07′30″
			2				14°02′10″
			4				26°33′54″
		(280)	1	11.200	330	220	5°06′08″
			2				10°07′29″
			4				19°39′14″
		400	1	16.000	450	340	3°34′35″

(8) 传动比 i 与齿数 z

通常蜗杆传动是以蜗杆为主动件的减速装置，故其传动比 i 为

$$i=\frac{n_1}{n_2}=\frac{z_2}{z_1}$$

式中，n_1、n_2 分别为蜗杆和蜗轮的转速，r/min。

蜗杆头数少，易于得到大的传动比，但导程角小，效率低，发热多，故重载传动不宜采用单头蜗杆。当要求反行程自锁时，可取 $z_1=1$。蜗杆头数多，效率高，但头数过多，导程角大，制造困难。常用的蜗杆头数为 1、2、4、6 等，在需要时也可选用 3、5、7 等。蜗杆头数 z_1 和导程角 γ 大体上有如下关系：$\gamma\leqslant 8°$，$z_1=1$；$8<\gamma\leqslant 16°$，$z_1=2$；$16<\gamma\leqslant 30°$，$z_1=4$；$\gamma>30°$，$z_1=6$。

蜗轮齿数根据传动比和蜗杆头数决定：$z_2=iz_1$。为增加传动平稳性，蜗轮齿数宜取多些，应不少于 28 齿。齿数愈多，蜗轮尺寸愈大，蜗杆轴愈长且刚度愈小，所以蜗轮齿数不宜多于 100 齿，一般取 $z_2=32\sim 80$ 齿。z_2 和 z_1 之间最好避免有公因数，以利于均匀磨损。若 $z_2>30$，至少有两对齿同时啮合，有利于传动趋于平稳。

(9) 中心距

圆柱蜗杆传动装置的中心距 a（mm）一般应按表 12-4-8 数值选取（GB/T 10085—2018）。

表 12-4-8　　圆柱蜗杆传动中心距标准系列值

40	50	63	80	100	125	160	(180)	200	(225)	250	(280)	315	(355)	400	(450)	500

宜优先选用未带括号的数字。大于 500mm 时，可按 R20 优先数系选用（R20 为公比 $\sqrt[20]{10}$ 的级数）。此外，蜗杆传动在实际使用中多采用非标准中心距。

(10) 变位系数 x_2

圆柱蜗杆传动变位的主要目的是配凑中心距或传动比，使之符合标准值或推荐值。蜗杆传动变位的方法与齿轮传动相同，也是在切削时，将刀具相对于蜗轮移位。凑中心距时，蜗轮变位系数 x_2 为

$$x_2=\frac{a'}{m}-\frac{1}{2}(q+z_2)=\frac{a'-a}{m}$$

式中，a、a'分别为未变位时的中心距和变位后的中心距。

凑传动比时，变位前、后的传动中心距不变，即 $a=a'$，用改变蜗轮齿数 z_2 来达到传动比略做调整的目的，变位系数 x_2 为

$$x_2=\frac{z_2-z_2'}{2}$$

式中，z_2'为变位蜗轮的齿数。

2.3　几何尺寸计算

普通圆柱蜗杆传动的几何尺寸如图 12-4-17 所示，相关计算公式见表 12-4-9 和表 12-4-10 所示。圆弧圆柱蜗杆传动以此为基础，修改压力角及增加砂轮轴向齿廓圆弧半径等特殊参数即可。

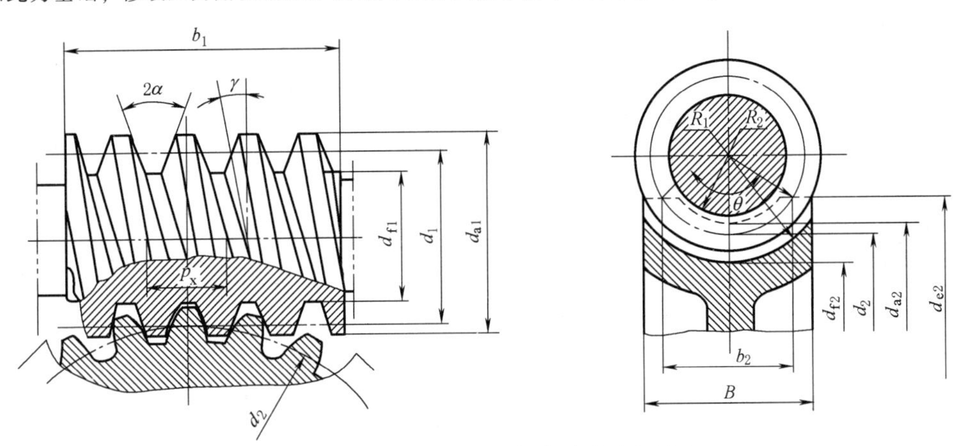

图 12-4-17　普通圆柱蜗杆传动的几何尺寸

表 12-4-9　　圆柱蜗杆传动的主要几何尺寸的计算公式

名称	符号	普通圆柱蜗杆传动
中心距	a	$a=0.5m(q+z_2)$ $a'=0.5m(q+z_2+2x_2)$(变位)
齿形角	α	$\alpha_x=20°$(ZA 型) $\alpha_n=20°$(ZN、ZI 型) $\alpha_0=20°$(ZK 型) $\alpha_n=23°$或 $24°$(ZC 型)
蜗轮齿数	z_2	$z_2=z_1 i$
传动比	i	$i=z_2/z_1$
模数	m	$m=m_x=m_n/\cos\gamma$(m 取标准)，m_n 为法向模数
蜗杆分度圆直径	d_1	$d_1=mq$

第 12 篇

续表

名称	符号	普通圆柱蜗杆传动
蜗杆轴向齿距	p_x	$p_x = m\pi$
蜗杆导程	p_z	$p_z = z_1 p_x$
蜗杆分度圆柱导程角	γ	$\gamma = \arctan z_1/q$
顶隙	c	$c = c^* m, c^* = 0.2$
蜗杆齿顶高	h_{a1}	$h_{a1} = h_a^* m$ 一般 $h_a^* = 1$；短齿 $h_a^* = 0.8$
蜗杆齿根高	h_{f1}	$h_{f1} = h_a^* m + c$
蜗杆齿高	h_1	$h_1 = h_{a1} + h_{f1}$
蜗杆齿顶圆直径	d_{a1}	$d_{a1} = d_1 + 2h_{a1}$
蜗杆齿根圆直径	d_{f1}	$d_{f1} = d_1 - 2h_{f1}$
蜗杆齿根圆角半径	ρ_f	$\rho_f = 0.2 \sim 0.4m$
蜗杆螺纹部分长度	b_1	根据表 12-4-10 中公式计算
蜗杆轴向齿厚	s_{x1}	$s_{x1} = K_s m\pi$，K_s 为蜗杆齿厚系数，取 0.4~0.5
蜗杆轴向测齿高	h_{x1}	$h_{x1} = h_a^* m$
蜗杆法向齿厚	s_{n1}	$s_{n1} = s_{x1}\cos\gamma$
蜗杆法向测齿高	h_{n1}	$h_{n1} = h_a^* m + 0.5s_{n1}\tan\left(0.5\arcsin\dfrac{s_{n1}\sin^2\gamma}{d_1}\right)$
蜗轮分度圆直径	d_2	$d_2 = z_2 m$
蜗轮齿顶高	h_{a2}	$h_{a2} = h_a^* m$ $h_{a2} = m(h_a^* + x_2)$（变位）
蜗轮齿根高	h_{f2}	$h_{f2} = m(h_a^* + c^*)$ $h_{f2} = m(h_a^* - x_2 + c^*)$（变位）
蜗轮喉圆直径	d_{a2}	$d_{a2} = d_2 + 2h_{a2}$
蜗轮齿根圆直径	d_{f2}	$d_{f2} = d_2 - 2h_{f2}$
蜗轮齿宽	b_2	$b_2 \approx 2m(0.5 + \sqrt{q+1})$
蜗轮齿根圆弧半径	R_1	$R_1 = 0.5d_{a1} + c$
蜗轮齿顶圆弧半径	R_2	$R_2 = 0.5d_{f1} + c$
蜗轮顶圆直径	d_{e2}	按表 12-4-10 选取
蜗轮轮缘宽度	B	按表 12-4-10 选取

表 12-4-10　　普通圆柱蜗杆传动外形尺寸计算公式

z_1	B	d_{e2}	x_2	b_1	
1	$\leqslant 0.75d_{a1}$	$\leqslant d_{a2}+2m$	0	$\geqslant(11+0.06z_2)m$	当变位系数 x_2 为表列中间值时，b_1 取 x_2 邻近两公式所求值的较大者，经磨削的蜗杆，按左式所求的长度应再增加下列值 当 $m<10$mm 时，增加 25mm 当 $m=10\sim16$mm，增加 35~40mm 当 $m>16$mm 时，增加 50mm
			-0.5	$\geqslant(8+0.06z_2)m$	
2		$\leqslant d_{a2}+1.5m$	-1.0	$\geqslant(10.5+z_1)m$	
			0.5	$\geqslant(11+0.1z_2)m$	
			1.0	$\geqslant(12+0.1z_2)m$	
4	$\leqslant 0.67d_{a1}$	$\leqslant d_{a2}+m$	0	$\geqslant(12.5+0.09z_2)m$	
			-0.5	$\geqslant(9.5+0.09z_2)m$	
			-1.0	$\geqslant(10.5+z_1)m$	
			0.5	$\geqslant(12.5+0.1z_2)m$	
			1.0	$\geqslant(13+0.1z_2)m$	

2.4　精确三维模型

在圆柱蜗杆传动啮合过程，建立坐标系如图 12-4-18 所示。图中空间固定坐标系 σ_m（O_m-x_m，y_m，z_m）和

σ_n（O_n-x_n，y_n，z_n）为蜗轮和蜗杆的初始位置；蜗轮与运动坐标系 σ_2（O_2-x_2，y_2，z_2）固连，并绕 z_2 轴以角速度 ω_2 转动，圆柱蜗杆与运动坐标系 σ_1（O_1-x_1，y_1，z_1）固连，并绕 z_1 轴以角速度 ω_1 转动；圆柱蜗杆和蜗轮某瞬时的转动位移为 φ_1 和 φ_2，且有 $\varphi_1/\varphi_2=\omega_1/\omega_2=z_2/z_1=i_{12}$，其中 z_1 为蜗杆头数，z_2 为蜗轮齿数，i_{12} 为传动比，a 为中心距。

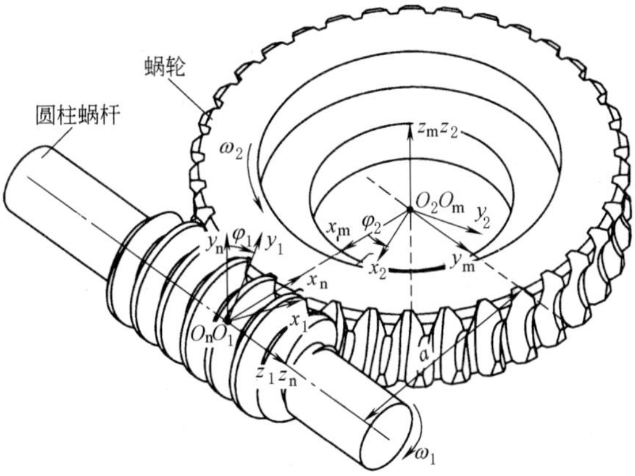

以图 12-4-18 所示啮合关系及圆柱蜗杆的成形原理，各种圆柱蜗杆传动的齿面方程如下（具体推导过程请参见齿轮啮合原理专业书籍）：

图 12-4-18　圆柱蜗杆传动副坐标系

（1）齿面方程

① ZA 蜗杆传动副

ZA 蜗杆齿面方程为：

$$\begin{cases}x_1=u\cos\alpha_x\cos\varphi_u\\ y_1=u\cos\alpha_x\sin\varphi_u\\ z_1=p\varphi_u-u\sin\alpha_x\end{cases}$$

式中，u 及 φ_u 为蜗杆齿面参变量；p 为螺旋参数；α_x 为齿形角。

ZA 蜗轮齿面方程为：

$$\begin{cases}x_2=\cos\varphi_1\cos\varphi_2x_1-\sin\varphi_1\cos\varphi_2y_1-\sin\varphi_2z_1+a\cos\varphi_2\\ y_2=-\cos\varphi_1\sin\varphi_2x_1+\sin\varphi_2\sin\varphi_2y_1-\cos\varphi_2z_1-a\sin\varphi_2\\ z_2=\sin\varphi_1x_1+\cos\varphi_2y_1\\ x_1=u\cos\alpha_x\cos\varphi_u\\ y_1=u\cos\alpha_x\sin\varphi_u\\ z_1=p\varphi_u-u\sin\alpha_x\\ u[p\sin\alpha_x\tan(\varphi_1+\varphi_u)+(a-p/i_{12})\cos\alpha_x/\cos(\varphi_1+\varphi_u)-p\varphi_u\sin\alpha_x]+u^2-p^2\varphi_u\tan(\varphi_1+\varphi_u)=0\end{cases}$$

② ZI 蜗杆传动副

ZI 蜗杆齿面方程为：

$$\begin{cases}x_1=r_b\cos\varphi_u+u\cos\alpha_n\sin\varphi_u\\ y_1=r_b\sin\varphi_u-u\cos\alpha_n\cos\varphi_u\\ z_1=p\varphi_u-u\sin\alpha_n\end{cases}$$

式中，u 及 φ_u 为蜗杆齿面参变量；p 为螺旋参数；r_b 为基圆半径；α_n 为齿形角（法向压力角）。

ZI 蜗轮齿面方程为：

$$\begin{cases}x_2=\cos\varphi_1\cos\varphi_2x_1-\sin\varphi_1\cos\varphi_2y_1-\sin\varphi_2z_1+a\cos\varphi_2\\ y_2=-\cos\varphi_1\sin\varphi_2x_1+\sin\varphi_2\sin\varphi_2y_1-\cos\varphi_2z_1-a\sin\varphi_2\\ z_2=\sin\varphi_1x_1+\cos\varphi_2y_1\\ x_1=r_b\cos\varphi_u+u\cos\alpha_n\sin\varphi_u\\ y_1=r_b\sin\varphi_u-u\cos\alpha_n\cos\varphi_u\\ z_1=p\varphi_u-u\sin\alpha_n\\ p\varphi_u\sin\alpha_n-r_b\cos\alpha_n\cot(\varphi_1+\varphi_u)+(p/i_{12}-a)\sin(\varphi_1+\varphi_u)/\cos\alpha_n=0\end{cases}$$

③ ZN 蜗杆传动副

ZN 蜗杆齿面亦称为长幅渐开螺旋面，其方程为：

$$\begin{cases}x_1=\rho\cos\varphi_u+u\cos\alpha_n\sin\varphi_u\\ y_1=\rho\sin\varphi_u-u\cos\alpha_n\cos\varphi_u\\ z_1=p\varphi_u-u\sin\alpha_n\end{cases}$$

第12篇

式中，u 及 φ_u 为蜗杆齿面参变量；p 为螺旋参数；ρ 为导圆柱半径；α_n 为齿形角。

ZN 蜗轮齿面方程为：

$$\begin{cases}x_2=\cos\varphi_1\cos\varphi_2x_1-\sin\varphi_1\cos\varphi_2y_1-\sin\varphi_2z_1+a\cos\varphi_2\\y_2=-\cos\varphi_1\sin\varphi_2x_1+\sin\varphi_2\sin\varphi_2y_1-\cos\varphi_2z_1-a\sin\varphi_2\\z_2=\sin\varphi_1x_1+\cos\varphi_2y_1\\x_1=\rho\cos\varphi_u+u\cos\alpha_n\sin\varphi_u\\y_1=\rho\sin\varphi_u-u\cos\alpha_n\cos\varphi_u\\z_1=p\varphi_u-u\sin\alpha_n\\i_{12}pu\sin\alpha_n\cos\alpha_n\cos(\varphi_1+\varphi_u)+i_{12}pu\cos(\varphi_1+\varphi_u)+i_{12}p^2\varphi_u\cos\alpha_n\cos(\varphi_1+\varphi_u)\\-i_{12}\rho p\varphi_u\sin\alpha_n\cos(\varphi_1+\varphi_u)+i_{12}u^2\cos\alpha_n\sin(\varphi_1+\varphi_u)-pu\cos^2\alpha_n+i_{12}au\cos^2\alpha_n\\-i_{12}pu\varphi_u\sin\alpha_n\cos\alpha_n\sin(\varphi_1+\varphi_u)=0\end{cases}$$

④ ZK 蜗杆传动副

ZK 蜗杆齿面为刀具面包络形成的曲纹面，其方程为：

$$\begin{cases}x_1=u(\cos\alpha_n\cos\theta\cos\varphi_u+\cos\alpha_n\sin\gamma\sin\theta\sin\varphi_u-\sin\alpha_n\sin\gamma\sin\varphi_u)+a_1\sin\gamma\sin\varphi_u+a_2\cos\varphi_u\\y_1=u(-\cos\alpha_n\cos\theta\sin\varphi_u+\cos\alpha_n\cos\gamma\sin\theta\cos\varphi_u-\sin\alpha_n\sin\gamma\cos\varphi_u)+a_1\sin\gamma\cos\varphi_u-a_2\sin\varphi_u\\z_1=u(\sin\alpha_n\cos\gamma+\cos\alpha_n\sin\gamma\sin\theta)-p\varphi_u-a_1\cos\gamma\\u=a_1\sin\alpha_n-(a_2\cot\gamma+p)\sin\alpha_n\tan\theta-(a_2-p\cot\gamma)\cos\alpha_n/\cos\theta\end{cases}$$

式中，u 及 θ 为刀具齿面参变量；φ_u 为蜗杆与刀具的相对运动参变量；p 为螺旋参数；α_n 为齿形角；a_1 为刀具锥顶到刀具中间平面的距离；a_2 为刀具轴线到蜗杆轴线的距离；γ 为刀具的安装角。

ZK 蜗轮齿面方程为：

$$\begin{cases}x_2=\cos\varphi_1\cos\varphi_2x_1-\sin\varphi_1\cos\varphi_2y_1-\sin\varphi_2z_1+a\cos\varphi_2\\y_2=-\cos\varphi_1\sin\varphi_2x_1+\sin\varphi_2\sin\varphi_2y_1-\cos\varphi_2z_1-a\sin\varphi_2\\z_2=\sin\varphi_1x_1+\cos\varphi_2y_1\\x_1=u(\cos\alpha_n\cos\theta\cos\varphi_u+\cos\alpha_n\sin\gamma\sin\theta\sin\varphi_u-\sin\alpha_n\sin\gamma\sin\varphi_u)+a_1\sin\gamma\sin\varphi_u+a_2\cos\varphi_u\\y_1=u(-\cos\alpha_n\cos\theta\sin\varphi_u+\cos\alpha_n\cos\gamma\sin\theta\cos\varphi_u-\sin\alpha_n\sin\gamma\cos\varphi_u)+a_1\sin\gamma\cos\varphi_u-a_2\sin\varphi_u\\z_1=u(\sin\alpha_n\cos\gamma+\cos\alpha_n\sin\gamma\sin\theta)-p\varphi_u-a_1\cos\gamma\\u=a_1\sin\alpha_n-(a_2\cot\gamma+p)\sin\alpha_n\tan\theta-(a_2-p\cot\gamma)\cos\alpha_n/\cos\theta\\\theta_u=\arctan(y_2/x_2)\\\dfrac{y_2}{\sin\theta_u}\left[\dfrac{y_2}{\sin\theta_u}\cos(\theta_u+\varphi_1+\xi)+a-p/i_{12}\right]\cos\mu-p^2\xi\sin(\theta_u+\varphi_1+\xi+\mu)=0\end{cases}$$

⑤ ZC 蜗杆传动副

ZC 蜗杆齿面为刀具面包络形成的曲纹面，其方程为：

$$\begin{cases}x_1=x_u\cos\psi+y_u\sin\psi\cos\gamma_u-z_u\sin\psi\sin\gamma_u+A_u\cos\psi\\y_1=-x_u\sin\psi+y_u\cos\psi\cos\gamma_u-z_u\cos\psi\sin\gamma_u-A_u\sin\psi\\z_1=y_u\sin\gamma_u+z_u\cos\gamma_u-p\psi\\x_u=-(\rho\sin\upsilon+d)\cos\beta\\y_u=(\rho\sin\upsilon+d)\sin\beta\\z_u=\rho\cos\upsilon-\alpha\\\tan\upsilon=\dfrac{A_u-p\cot\gamma_u-d\cos\beta}{a\cos\beta+(A_u\cot\gamma_u+p)\sin\beta}\end{cases}$$

式中，γ_u 为砂轮轴线与蜗杆轴线的交错角；β 为砂轮齿廓母线 α-α 的转角参数；ψ 为动坐标 Σ_1 相对于定坐标 Σ_0 的转角；p 为螺旋运动参数；d 为 α-α 圆弧中心 o_u 到砂轮轴线的距离；A_u 为砂轮轴与蜗轮轴之间的最短安装距离；a 为 α-α 圆弧中心 o_u 到 i_u 轴的距离；υ 为轮齿廓上任意点 P 的参数。

ZC 蜗轮齿面方程为：

$$\begin{cases} x_2=x\cos\varphi_2-z\sin\varphi_2+A_0\cos\varphi_2 \\ y_2=-x\sin\varphi_2-z\cos\varphi_2-A_0\sin\varphi_2 \\ z_2=y \\ x=x_1\cos\varphi_1-y_1\sin\varphi_1 \\ y=x_1\sin\varphi_1+y_1\cos\varphi_1 \\ z=z_1 \\ x_1=(x_u+A_u)\cos\psi+(y_u\cos\gamma_u-z_u\sin\gamma_u)\sin\psi \\ y_1=-(x_u+A_u)\sin\psi+(y_u\cos\gamma_u-z_u\sin\gamma_u)\cos\psi \\ z_1=(y_u\sin\gamma_u+z_u\cos\gamma_u)-p\psi \\ x_u=-(\rho\sin\upsilon+d)\cos\beta \\ y_u=(\rho\sin\upsilon+d)\sin\beta \\ z_u=\rho\cos\upsilon-\alpha \\ \tan\upsilon=\dfrac{A_u-p\cot\gamma_u-d\cos\beta}{a\cos\beta+(A_u\cot\gamma_u+p)\sin\beta} \\ \Phi_1^{(12)}=M_1\cos\varphi_1-M_2\sin\varphi_1-M_3=0 \\ M_1=i_{21}(x_1n_{z1}-z_1n_{x1}) \\ M_2=i_{21}(y_1n_{z1}-z_1n_{y1}) \\ M_3=(p-i_{31}A_0)n_{z1} \\ n_{x1}=\sin\upsilon(\cos\beta\cos\psi-\sin\beta\sin\psi\cos\gamma_u)+\cos\upsilon\sin\psi\sin\gamma_u \\ n_{y1}=-\sin\upsilon(\cos\beta\sin\psi+\sin\beta\cos\psi\cos\gamma_u)+\cos\upsilon\cos\psi\sin\gamma_u \\ n_{z1}=-\sin\upsilon\sin\beta\sin\gamma_u-\cos\upsilon\cos\gamma_u \end{cases}$$

式中，ρ 为砂轮轴截面齿廓圆弧半径；A_0 为两旋转轴的最短距离；φ_1 为蜗杆绕 k_1 轴转过的角度；φ_2 为蜗杆绕 k_2 轴转过的角度。

（2）求解方法

① 蜗杆齿面　圆柱蜗杆齿面方程中有两个参变量 u 及 φ_u，分别为蜗杆齿面的径向参数和螺旋线方向参数。依据实际情况确定两参变量的取值范围及计算步长，分别为参变量 u 的最小值 u_1、最大值 u_2 及计算步长 u_h，参变量 φ_u 的最小值 φ_{u1}、最大值 φ_{u2} 及计算步长 φ_{uh}。其中，ZK 和 ZC 蜗杆齿面具有三个参变量，分别为刀具参变量 u 及 θ 和加工运动参变量 φ_u，通过刀具加工蜗杆过程中的啮合函数可限制其中一个参变量，利用图 12-4-19a 所示流程图进行计算。

② 蜗轮齿面　蜗轮齿面方程中有三个参变量 u、φ_u 及 φ_1，分别为蜗杆齿面的径向参数和螺旋线方向参数以及蜗轮啮合转角。取蜗轮啮合转角 φ_1 的最小值 φ_{11}、最大值 φ_{12} 及计算步长 φ_{1h}，蜗杆齿面螺旋线方向参数 φ_u 的最小值 φ_{u1}、最大值 φ_{u2} 及计算步长 φ_{uh}，计算流程如图 12-4-19b 所示。

将蜗轮啮合转角步长 φ_{1h} 取为 $2\pi/i_{12}$ 时，计算所得为传动副瞬时接触线。

（3）建模步骤

① 蜗杆精确三维模型：

ZA 蜗杆，依据其成形原理，在其轴截面绘制直母线，沿分度圆圆柱螺旋线扫略即为 ZA 蜗杆螺旋面；

ZI 蜗杆，依据其成形原理，在其端面绘制渐开线母线，沿分度圆圆柱螺旋线扫略即为 ZI 蜗杆螺旋面；

ZN 蜗杆，依据其成形原理，在其法面绘制直母线，沿分度圆圆柱螺旋线扫略即为 ZN 蜗杆螺旋面；

ZK 蜗杆，依据蜗杆齿面方程，将流程图 12-4-19a 中所计算出的系列坐标点（x_2，y_2，z_2）导入三维建模，将同一 φ_u 的点拟合为一条曲线得系列曲线，将系列曲线拟合成曲面即为 ZK 蜗杆。该方法同样适用于前面三种普通圆柱蜗杆齿面的精确建模，建模精度取决于图 12-4-19a 中的计算步长。

ZC 蜗杆，依据蜗杆齿面方程，将流程图 12-4-19a 中所计算出的系列坐标点（x_2，y_2，z_2）导入三维建模，将同一 φ_u 的点拟合为一条曲线得系列曲线，将系列曲线拟合成曲面即为 ZC 蜗杆。

② 蜗轮精确三维模型：依据蜗轮齿面方程，将流程图 12-4-19b 中所计算出的系列坐标点（x_1，y_1，z_1）导入三维建模，将同一 φ_1 的点拟合为一条曲线得系列曲线，将系列曲线拟合成曲面即为蜗轮齿面，建模精度取决于图 12-4-19b 中的计算步长。

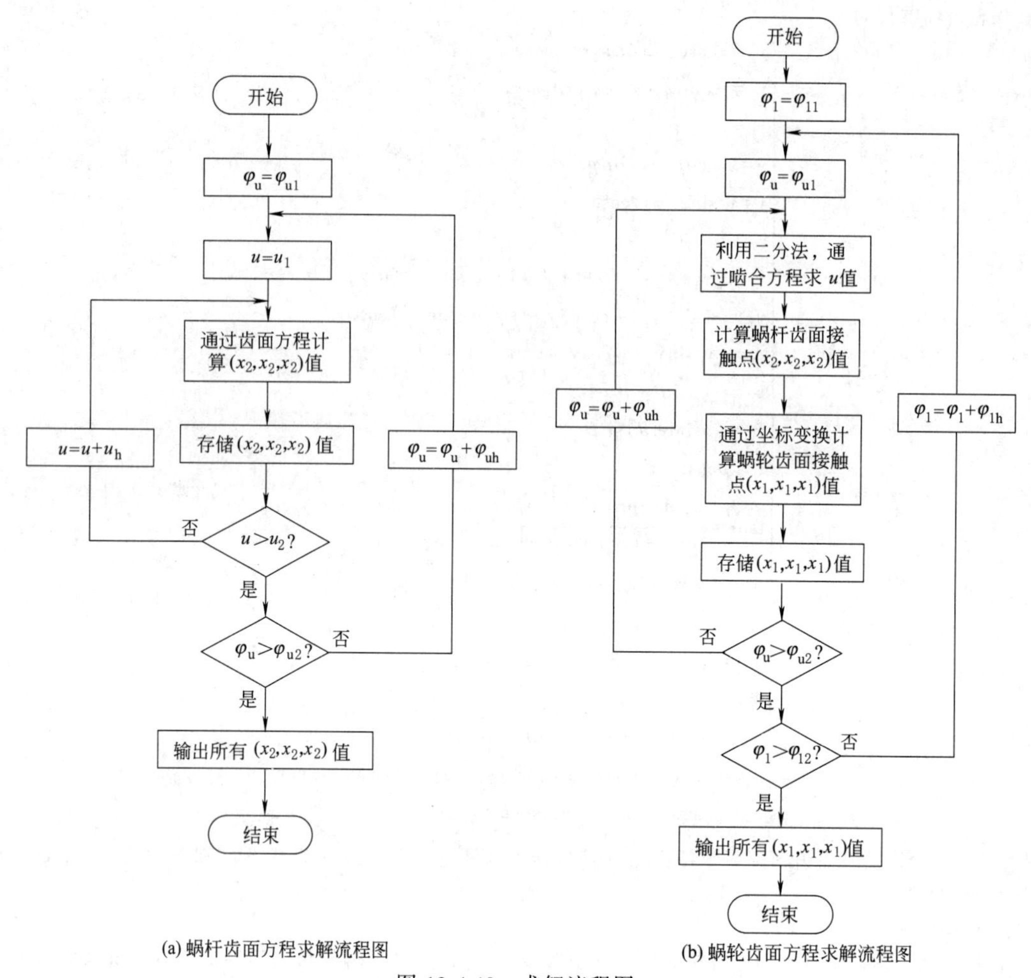

(a) 蜗杆齿面方程求解流程图　　(b) 蜗轮齿面方程求解流程图

图 12-4-19　求解流程图

2.5　受力分析

蜗杆传动副的受力情况如图 12-4-20 所示，各力计算公式见表 12-4-11。

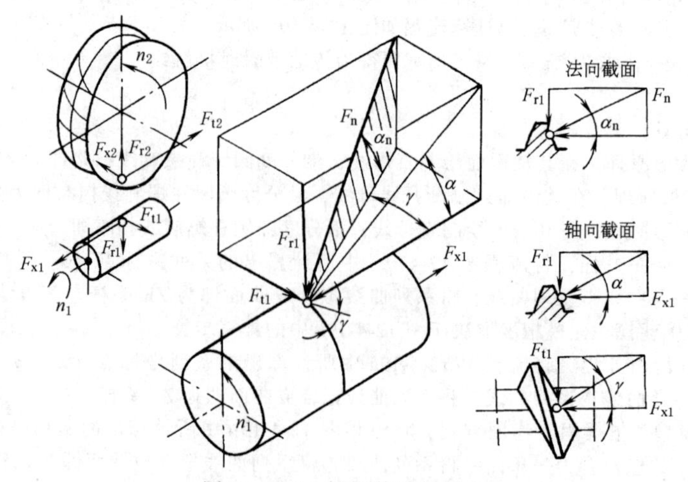

图 12-4-20　蜗杆传动的受力

表 12-4-11　　　　蜗杆传动的受力计算公式

项目	计算公式	单位	说明
蜗杆圆周力 F_{t1} 蜗轮轴向力 F_{x2}	$F_{t1}=F_{x2}=\dfrac{2000T_1}{d_1}$	N	T_1 的单位为 N·m d_1 的单位为 mm
蜗杆轴向力 F_{x1} 蜗轮圆周力 F_{t2}	$F_{x1}=-F_{t2}=F_{t1}\cot\gamma$	N	
蜗杆径向力 F_{r1} 蜗轮径向力 F_{r2}	$F_{r1}=-F_{r2}=F_{x1}\tan\alpha$	N	$\alpha=20°$
法向力 F_n ($\cos\alpha_n\approx\cos\alpha$)	$F_n=\dfrac{F_{x1}}{\cos\gamma\cos\alpha_n}\approx\dfrac{-F_{t2}}{\cos\gamma\cos\alpha}$	N	
蜗杆轴传递的转矩 T_1	$T_1=9550\dfrac{P_1}{n_1}=9550\dfrac{P_2}{i\eta n_2}=\dfrac{T_2}{i\eta}$	N·m	P_1、P_2 的单位为 kW n_1、n_2 的单位为 r/min T_2 的单位为 N·m

注：1. 本表公式除 T_1 与 T_2、P_2 的关系式外，均未计入摩擦力。

2. 判断力的方向时，蜗杆主动，蜗杆所受的圆周力 F_{t1} 的方向与它的转向相反；径向力 F_{r1} 的方向总是沿半径指向轴心；轴向力 F_{a1} 的方向，通过左（右）手法则判定，如图 12-4-21 所示，即：蜗杆右旋使用右手，四手指弯曲方向与蜗杆转向一致，大拇指的指向即为蜗杆所受轴向力方向（左旋则采用左手，其余一致）。应注意蜗杆传动各分力的方向，与轴的回转方向、主动件、螺旋线方向及啮合位置等有关，应结合实际情况进行具体分析。

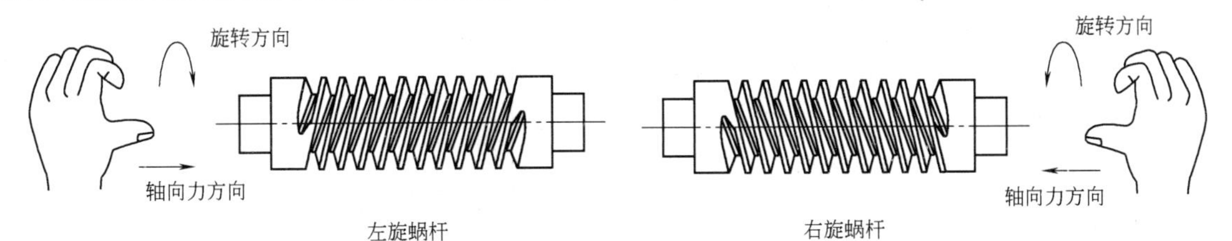

图 12-4-21　蜗杆受力方向判断示意图

2.6　承载能力计算

圆柱蜗杆传动的破坏形式，主要是蜗轮轮齿表面产生胶合、点蚀和磨损，而轮齿的弯曲折断却很少发生。因此，通常多按齿面接触强度计算。只是当 $z_2>80\sim100$ 时，才进行弯曲强度核算。可是，当蜗杆作传动轴时，必须按轴的计算方法进行强度计算和刚度验算。

圆弧圆柱蜗杆传动的轮齿弯曲强度较接触强度大得更多，故一般不进行轮齿弯曲强度计算。

计算公式及相关数值的选取见表 12-4-12～表 12-2-18 和图 12-4-22～图 12-4-28。

表 12-4-12　　　　圆柱蜗杆传动强度计算和刚度验算公式

项目	普通圆柱蜗杆传动	圆弧圆柱蜗杆传动
接触强度 设计公式	$m\sqrt[3]{q}\geqslant\sqrt[3]{\left(\dfrac{15150}{z_2\sigma_{Hp}}\right)^2KT_2}$ (mm)	$a\geqslant481\sqrt[3]{\dfrac{KK_zT_2}{\sigma_{Hp}^2K_{gL}}}$ (mm)
接触强度 校核公式	$\sigma_H=\dfrac{14783}{d_2}\sqrt{\dfrac{KT_2}{d_1}}\leqslant\sigma_{Hp}$ (N/mm^2)	$\sigma_H=3289\sqrt{\dfrac{KK_zT_2}{a^3K_{gL}}}\leqslant\sigma_{Hp}$ (N/mm^2)
弯曲强度 校核公式	$\sigma_F=\dfrac{2000T_2K}{d_2'd_1'mY_2\cos\gamma}\leqslant\sigma_{Fp}$ (N/mm^2)	
刚度验算公式	$y_1\leqslant0.0025d_1$ (mm)，或 $y_1\leqslant\dfrac{\sqrt{F_{t1}^2+F_{r1}^2}\times L^3}{48EI}$ (mm)	

表 12-4-13　　公式相关符号说明

符号	说明	符号	说明
$m\sqrt[3]{q}$	见表 12-4-7,查得 m 和 q 的值	K_1	动载荷系数。当 $v_2 \leqslant 3\text{m/s}$ 时,$K_1=1$,$v_2>3\text{m/s}$ 时,$K_1=1.1\sim1.2$
σ_{Hp}	许用接触应力,N/mm²,视材料取,对于锡青铜蜗轮:$\sigma_{\text{Hp}}=\sigma_{\text{Hbp}}Z_sZ_N$	K_2	啮合质量系数,由表 12-4-16 查取
σ_{Hbp}	$N=10^7$ 时蜗轮材料的许用接触应力,N/mm²,见表 12-4-14,对于其他材料的蜗轮直接查表 12-4-15	K_3	小时载荷率系数,由图 12-4-25 查得
Z_s	滑动速度影响系数,由图 12-4-22 查得	K_4	环境温度系数,由表 12-4-17 查取
Z_N	寿命系数,由图 12-4-24 查得	K_5	工作情况系数,由表 12-4-18 查取
σ_{Fp}	许用弯曲应力,N/mm²,$\sigma_{\text{Fp}}=\sigma_{\text{Fbp}}Y_N$	K_6	风扇系数。不带风扇时,$K_6=1$,带风扇时,由图 12-4-26 查得
σ_{Fbp}	$N=10^6$ 时蜗轮材料的许用弯曲应力,N/mm²,由表 12-4-14 查得	K_z	齿数系数,由图 12-4-27 查得
Y_N	寿命系数,由图 12-4-24 查得	K_{gL}	几何参数系数,由图 12-4-28 查得
T_2	蜗轮轴传递的转矩,N·m	I	蜗杆中央部分惯性矩 $I=\dfrac{\pi d_{f1}^4}{64}\text{mm}^4$
Y_2	蜗轮齿形系数,由图 12-4-23 查得	E	弹性模量,N/mm²
K	载荷系数,设计计算时:$K=1.1\sim1.4$,当载荷平稳、蜗轮圆周速度 $v_2\leqslant 3\text{m/s}$ 及 7 级精度以上时,取较小值,否则取较大值。校核计算时: $K=K_1K_2K_3K_4K_5K_6$	L	蜗杆两端支承点距离,mm
y_1	蜗杆中央部分挠度,mm		

表 12-4-14　蜗轮材料为 $N=10^7$ 时的许用接触应力 σ_{Hbp}、蜗轮材料为 $N=10^6$ 时的许用弯曲应力 σ_{Fbp}

N/mm²

蜗轮材料	铸造方法	适用的滑动速度 v_s /m·s⁻¹	力学性能		σ_{Hbp}		σ_{Fbp}	
					蜗杆齿面硬度			
			σ_s	σ_b	≤350HB	>45HRC	一侧受载	两侧受载
ZCuSn10Pb1	砂　模 金属模	≤12 ≤25	137 196	220 310	180 200	200 220	50 70	30 40
ZCuSn5Pb5Zn5	砂　模 金属模	≤10 ≤12	78	200	110 135	125 150	32 40	24 28
ZCuAl10Fe3	砂　模 金属模	≤10	196	490 540	见表 12-4-15		80 90	63 80
ZCuAl10Fe3Mn2	砂　模 金属模	≤10	—	490 540			— 100	— 90
ZCuZn38Mn2Pb2	砂　模 金属模	≤10	—	245 345			60 —	55 —
HT150	砂　模	≤2	—	150			40	25
HT200	砂　模	≤5	—	200			47	30
HT250	砂　模	≤5	—	250			55	35

表 12-4-15　　**无锡青铜、黄铜及铸铁的许用接触应力 σ_{Hbp}**　　N/mm²

蜗　轮　材　料	蜗杆材料	滑动速度 v_s/m·s⁻¹							
		0.25	0.5	1	2	3	4	6	8
ZCuAl10Fe3、ZCuAl10Fe3Mn2	钢经淬火*	—	245	225	210	180	160	115	90
ZCuZn38Mn2Pb2	钢经淬火*	—	210	200	180	150	130	95	75

续表

蜗 轮 材 料	蜗杆材料	滑动速度 v_s/m·s^{-1}							
		0.25	0.5	1	2	3	4	6	8
HT200、HT150(120~150HB)	渗碳钢	160	130	115	90	—	—	—	—
HT150(120~150HB)	调质或淬火钢	140	110	90	70	—	—	—	—

注：标有 * 的蜗杆如未经淬火，其 σ_{Hbp} 值需降低 20%。

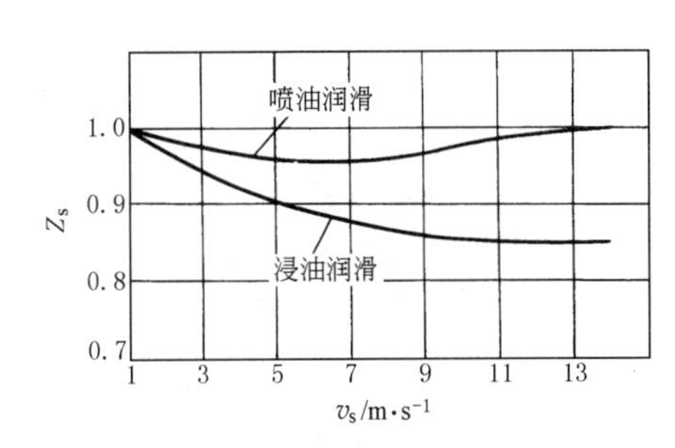

图 12-4-22 滑动速度影响系数 Z_s

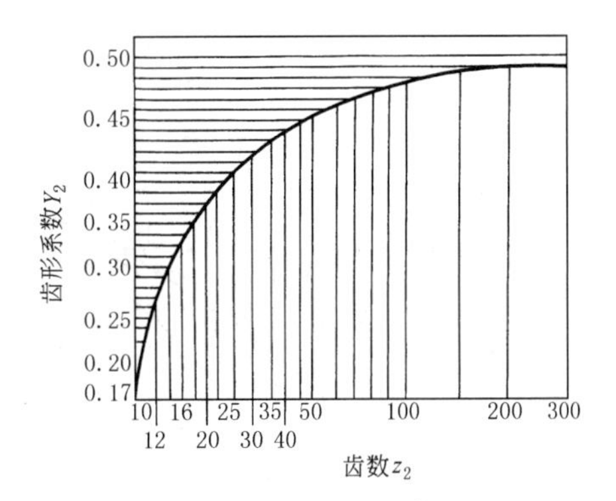

图 12-4-23 齿形系数 Y_2

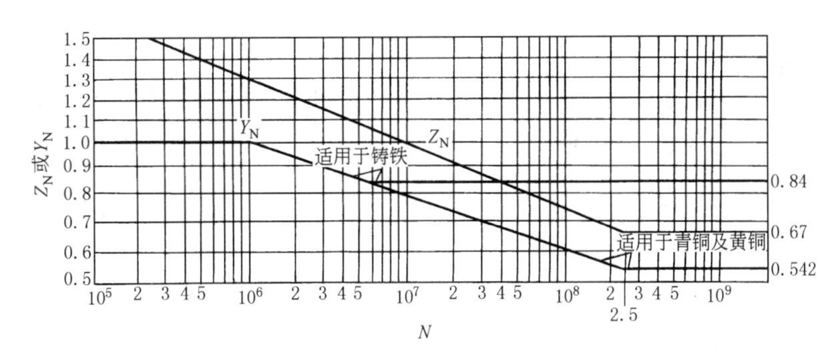

图 12-4-24 寿命系数 Z_N 及 Y_N

图 12-4-24 中 N 为应力循环次数。

稳定载荷时：$N=60n_2t$

变载荷时：接触 $N_H=60\sum n_it_i\left(\dfrac{T_{2i}}{T_{2max}}\right)^4$；弯曲 $N_F=60\sum n_it_i\left(\dfrac{T_{2i}}{T_{2max}}\right)^9$

式中 t——总的工作时间，h；

n_2——蜗轮转速，r/min；

n_i，t_i，T_{2i}——蜗轮在不同载荷下的转速（r/min）、工作时间（h）和转矩（N·m）；

T_{2max}——蜗轮传递的最大转矩，N·m。

表 12-4-16 **啮合质量系数 K_2**

传动类型	精度等级	啮合情况		K_2
普通圆柱蜗杆传动	7	啮合面积符合有关规定要求，啮合部位偏于啮出口		0.95~0.99
	8	啮合面积符合有关规定要求，啮合部位偏于啮出口		1.0
	9	啮合面积不符合有关规定要求，啮合部位不偏于啮出口		1.1~1.2
圆弧圆柱蜗杆传动	7	工作前经满载荷充分跑合，啮合面积符合有关规定要求，啮合部位在蜗轮齿顶偏啮出口呈“月牙形”		1.0
	8,9	工作前经满载荷充分跑合，啮合面积不符合有关规定的要求，啮合部位不偏啮出口或不呈“月牙形”	a=63~<150mm	1.1~1.2
			a=150~500mm	1.15~1.25

第12篇

表 12-4-17 环境温度系数 K_4

蜗杆转速 /r·min⁻¹	环境温度/℃					蜗杆转速 /r·min⁻¹	环境温度/℃				
	>0~25	>25~30	>30~35	>35~40	>40~45		>0~25	>25~30	>30~35	>35~40	>40~45
1500	1.00	1.09	1.18	1.52	1.87	750	1.00	1.07	1.13	1.37	1.62
1000	1.00	1.08	1.16	1.46	1.78	500	1.00	1.05	1.09	1.18	1.36

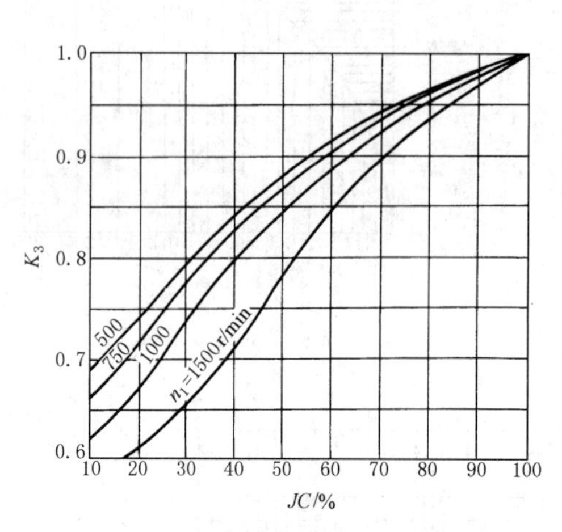

图 12-4-25 小时载荷率系数 K_3

注：1. 小时载荷率 $JC=\dfrac{\text{每小时载荷工作时间（min）}}{60\text{（min）}}\times 100\%$。

2. 小时载荷率以每小时工作最长时间计算。

3. 当 $JC<15\%$时，按 15%计算。

4. 连续工作 1h，取 $JC=100\%$。

5. 转向频繁交替时，取工作时间之和。

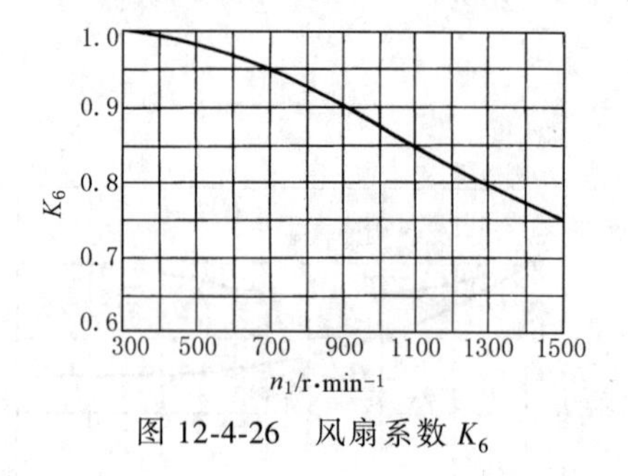

图 12-4-26 风扇系数 K_6

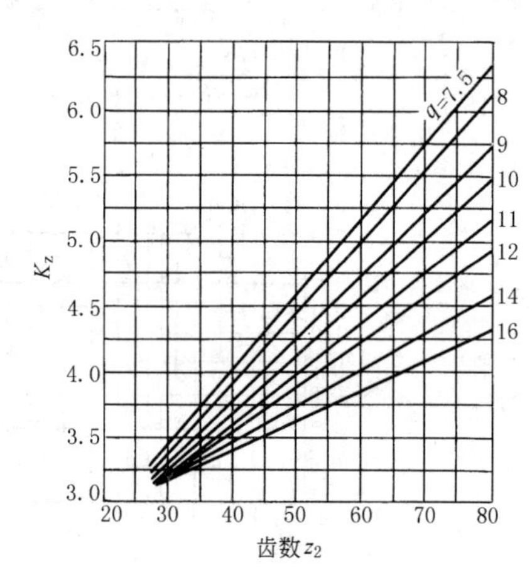

图 12-4-27 齿数系数 K_z

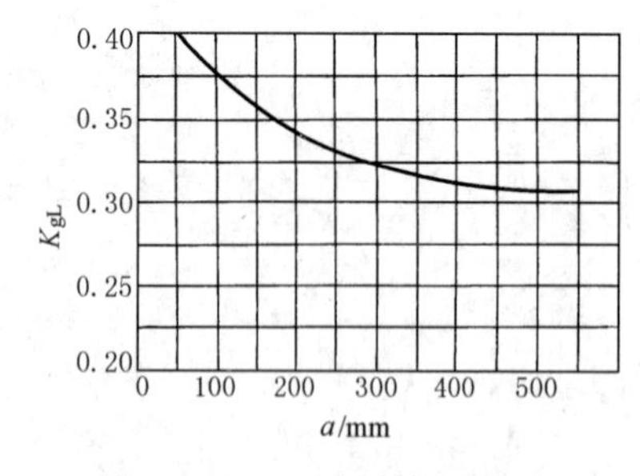

图 12-4-28 几何参数系数 K_{gL}

表 12-4-18 工作情况系数 K_5

载荷性质	均匀、无冲击	不均匀、小冲击	不均匀、大冲击
启动次数/次·h⁻¹	<25	25~50	>50
启动载荷	小	较大	大
K_5	1.0	1.15	1.2

2.7 精度与公差

（1）精度等级

为了满足蜗杆传动机构的所有性能要求，如传动的平稳性、载荷分布均匀性、传递运动的准确性以及长使用寿命，应保证蜗杆蜗轮的轮齿尺寸参数偏差以及中心距偏差和轴交角偏差在规定的允许值范围内。

GB/T 10089—2018 对蜗杆传动机构规定了 12 个精度等级；第 1 级的精度最高，第 12 级的精度最低。

根据使用要求不同，允许选用不同精度等级的偏差组合。

蜗杆和配对蜗轮的精度等级一般取成相同，也允许取成不相同。在硬度高的钢制蜗杆和材质较软的蜗轮组成的传动机构中，可选择比蜗轮精度等级高的蜗杆，在磨合期可使蜗轮的精度提高。例如蜗杆可以选择 8 级精度，蜗轮选择 9 级精度。

(2) 轮齿尺寸公差

国家标准 GB/T 10089—2018 规定蜗杆传动机构轮齿尺寸参数偏差符号如表 12-4-19 所示。5 级精度的蜗轮蜗杆偏差允许值的计算公式如表 12-4-20 所示。

表 12-4-19　　蜗杆传动机构轮齿尺寸参数偏差

类别	符号	名称
单项偏差 (f)	f_{fa}	齿廓形状偏差
	f_{fa1}	蜗杆齿廓形状偏差
	f_{fa2}	蜗轮齿廓形状偏差
	f_{Ha}	齿廓倾斜偏差
	f_{Ha1}	蜗杆齿廓倾斜偏差
	f_{Ha2}	蜗轮齿廓倾斜偏差
	f'_{i}	单面一齿啮合偏差
	f'_{i1}	用标准蜗轮测量得到的单面一齿啮合偏差
	f'_{i2}	用标准蜗杆测量得到的单面一齿啮合偏差
	f'_{i12}	用配对的蜗杆副测量得到的单面一齿啮合偏差
	f_{p}	单个齿距偏差
	f_{px}	蜗杆轴向齿距偏差
	f_{p2}	蜗轮单个齿距偏差
	f_{u}	相邻齿距偏差
	f_{uk}	蜗杆相邻轴向齿距偏差
	f_{u2}	蜗轮相邻齿距偏差
总偏差 （公差） (F)	F'_{i}	单面啮合偏差
	F'_{i1}	用标准蜗轮测量得到的单面啮合偏差
	F'_{i2}	用标准蜗杆测量得到的单面啮合偏差
	F'_{i12}	用配对的蜗杆副测量得到的单面啮合偏差
	F_{pz}	蜗杆导程偏差
	F_{p2}	蜗轮齿距累积总偏差
	F_{r}	径向跳动总偏差
	F_{r1}	蜗杆径向跳动总偏差
	F_{r2}	蜗轮径向跳动总偏差
	F_{α}	齿廓总偏差
	$F_{\alpha1}$	蜗杆齿廓总偏差
	$F_{\alpha2}$	蜗轮齿廓总偏差

表 12-4-20　　5 级精度蜗轮蜗杆偏差允许值的计算公式

序号	名称	计算公式
1	单个齿距偏差 f_{p}	$f_{p}=4+0.315(m_{x}+0.25\sqrt{d})$
2	相邻齿距偏差 f_{u}	$f_{u}=5+0.4(m_{x}+0.25\sqrt{d})$
3	导程偏差 F_{pz}	$F_{pz}=4+0.5z_{1}+5\sqrt[3]{z_{1}}(\lg m_{x})^{2}$
4	齿距累积总偏差 F_{p2}	$F_{p2}=7.25d_{2}^{\frac{1}{5}}m_{x}^{\frac{1}{7}}$
5	齿廓总偏差 F_{α}	$F_{\alpha}=\sqrt{f_{H\alpha}{}^{2}+f_{f\alpha}{}^{2}}$
6	齿廓倾斜偏差 $f_{H\alpha}$	$f_{H\alpha}=2.5+0.25(m_{x}+3\sqrt{m_{x}})$
7	齿廓形状偏差 $f_{f\alpha}$	$f_{f\alpha}=1.5+0.25(m_{x}+9\sqrt{m_{x}})$
8	径向跳动总偏差 F_{r}	$F_{r}=1.68+2.18\sqrt{m_{x}}+(2.3+1.2\lg m_{x})d^{\frac{1}{4}}$

续表

序号	名称	计算公式
9	单面啮合偏差 F_i'	$F_i'=5.8d^{\frac{1}{5}}m_x^{\frac{1}{7}}+0.8F_\alpha$
10	单面一齿啮合偏差 f_i'	$f_i'=0.7(f_p+F_\alpha)$

注：表中的参数 m_x、d 和 z_1 的取值为各参数分段界限值的几何平均值；公式中 m_x 和 d 的单位均为 mm，偏差允许值的单位为 μm；公式中的蜗杆头数 $z_1>6$ 时取平均数 $z_1=8.5$ 计算；公式中蜗杆蜗轮的模数 $m_x=m_t$；计算 F_α、F_i' 和 f_i' 偏差允许值时应取 $f_{H\alpha}$、$f_{f\alpha}$、F_α 和 f_p 计算修约后的数值。

通过表 12-4-20 中计算公式，5 级精度蜗轮蜗杆机构轮齿偏差的允许值如表 12-4-21 所示（GB/T 10089—2018）。以 5 级精度蜗轮蜗杆机构轮齿偏差的允许值为基础，乘以级间公比 φ 即可得其余各级精度蜗轮蜗杆机构轮齿偏差的允许值。

两相邻精度等级的级间公比 φ 为：$\varphi=1.4$（1~9 级精度）；$\varphi=1.6$（9 级精度以下）；径向跳动偏差 F_r 的级间公比为 $\varphi=1.4$（1~12 级精度）。

例如，计算 7 级精度的偏差允许值时，5 级精度的未修约的计算值乘以 1.4^2，然后再按如果计算值小于 10μm，修约到最接近的相差小于 0.5μm 的小数或整数，如果大于 10μm，修约到最接近的整数。

表 12-4-21　5 级精度轮齿偏差的允许值　μm

模数 $m(m_1,m_x)$ /mm	偏差		分度圆直径 d/mm						
	F_α		>10~50	>50~125	>125~280	>280~560	>560~1000	>1000~1600	>1600~2500
>0.5~2.0	5.5	f_u	6.0	6.5	7.0	7.5	8.0	9.0	10.0
		f_p	4.5	5.0	5.5	6.0	6.5	7.0	8.0
		F_{p2}	13.0	17.0	21.0	24.0	27.0	30.0	33.0
		F_r	9.0	11.0	12.0	14.0	16.0	18.0	19.0
		F_i'	15.0	18.0	21.0	24.0	26.0	29.0	31.0
		f_i'	7.0	7.5	7.5	8.0	8.5	9.0	9.5
>2.0~3.55	7.5	f_u	6.5	7.0	7.5	8.0	9.0	9.5	11.0
		f_p	5.0	5.5	6.0	6.5	7.0	7.5	8.5
		F_{p2}	16.0	20.0	24.0	28.0	31.0	35.0	38.0
		F_r	11.0	14.0	16.0	18.0	20.0	22.0	24.0
		F_i'	18.0	22.0	25.0	28.0	31.0	34.0	37.0
		f_i'	9.0	9.0	9.5	10.0	10.0	11.0	11.0
>3.55~6.0	9.5	f_u	7.5	7.5	8.0	9.0	9.5	10.0	11.0
		f_p	6.0	6.0	6.5	7.0	7.5	8.5	9.0
		F_{p2}	17.0	22.0	26.0	30.0	34.0	38.0	41.0
		F_r	13.0	16.0	18.0	20.0	23.0	25.0	27.0
		F_i'	21.0	25.0	28.0	31.0	35.0	38.0	41.0
		f_i'	11.0	11.0	11.0	12.0	12.0	13.0	13.0
>6.0~10	12.0	f_u	8.5	9.0	9.5	10.0	11.0	12.0	13.0
		f_p	7.0	7.0	7.5	8.0	8.5	9.0	10.0
		F_{p2}	18.0	23.0	28.0	32.0	36.0	41.0	44.0
		F_r	15.0	18.0	20.0	23.0	25.0	28.0	30.0
		F_i'	24.0	28.0	32.0	35.0	39.0	42.0	45.0
		f_i'	13.0	13.0	14.0	14.0	14.0	15.0	15.0
>10~16	16.0	f_u	11.0	11.0	11.0	12.0	13.0	14.0	15.0
		f_p	8.5	8.5	9.0	9.5	10.0	11.0	12.0
		F_{p2}	19.0	25.0	30.0	34.0	39.0	43.0	48.0
		F_r	17.0	20.0	23.0	26.0	28.0	31.0	34.0
		F_i'	28.0	33.0	37.0	40.0	44.0	48.0	51.0
		f_i'	17.0	17.0	18.0	18.0	18.0	19.0	20.0
>16~25	20.0	f_u	13.0	14.0	14.0	15.0	16.0	17.0	17.0
		f_p	11.0	11.0	11.0	12.0	12.0	13.0	14.0

续表

模数 $m(m_1,m_x)$ /mm	偏差		分度圆直径 d/mm						
	F_α		>10~50	>50~125	>125~280	>280~560	>560~1000	>1000~1600	>1600~2500
>16~25	20.0	F_{p2}	21.0	27.0	32.0	37.0	42.0	46.0	51.0
		F_r	20.0	23.0	26.0	29.0	32.0	34.0	37.0
		F_i'	33.0	37.0	41.0	45.0	49.0	53.0	57.0
		f_i'	22.0	22.0	22.0	22.0	22.0	23.0	24.0
>25~40	27.0	f_u	18.0	19.0	19.0	20.0	20.0	21.0	22.0
		f_p	14.0	15.0	15.0	16.0	16.0	17.0	17.0
		F_{p2}	22.0	28.0	34.0	39.0	45.0	50.0	54.0
		F_r	23.0	26.0	29.0	32.0	35.0	38.0	41.0
		F_i'	39.0	44.0	49.0	53.0	57.0	61.0	65.0
		f_i'	29.0	29.0	29.0	30.0	30.0	31.0	31.0
偏差 F_{pz}									
测量长度/mm			15	25	45	75	125	200	300
轴向模数 m_x/mm			>0.5~2	>2~3.55	>3.55~6	>6~10	>10~16	>16~25	>25~40
蜗杆头数 z_1	1		4.5	5.5	6.5	8.5	11.0	13.0	16.0
	2		5.0	6.0	8.0	10.0	13.0	16.0	19.0
	3和4		5.5	7.0	9.0	12.0	15.0	19.0	23.0
	5和6		6.5	8.5	11.0	14.0	17.0	22.0	27.0
	>6		8.5	10.0	13.0	16.0	21.0	26.0	31.0

（3）安装尺寸公差

中心距偏差 $\pm f_a$ 是指在安装好的蜗杆传动副中间平面内，实际中心距与理论中心距之差，其允许值如表 12-4-22 所示。

轴交角偏差 $\pm f_\Sigma$ 是指在安装好的蜗杆传动副中，实际轴交角与理论轴交角之差，按蜗轮齿宽处以其线性值确定，其允许值如表 12-4-23 所示。

中间平面偏差 $\pm f_x$ 是指在安装好的蜗杆传动副中，蜗轮中间平面与传动中间平面之间的距离，其允许值如表 12-4-24 所示。

表 12-4-22　　安装中心距偏差允许值（$\pm f_a$）　　μm

传动中心距 a /mm	蜗杆精度											
	1	2	3	4	5	6	7	8	9	10	11	12
≤30	3	5	7	11	17		26		42		65	
>30~50	3.5	6	8	13	20		31		50		80	
>50~80	4	7	10	15	23		37		60		90	
>80~120	5	8	11	18	27		44		70		110	
>120~180	6	9	13	20	32		50		80		125	
>180~250	7	10	15	23	36		58		92		145	
>250~315	8	12	16	26	40		65		105		160	
>315~400	9	13	18	28	45		70		115		180	
>400~500	10	14	20	32	50		78		125		200	
>500~630	11	15	22	35	55		87		140		220	
>630~800	13	18	25	40	62		100		160		250	
>800~1000	15	20	28	45	70		115		180		280	
>1000~1250	17	23	33	52	82		130		210		330	
>1250~1600	20	27	39	62	97		165		250		390	
>1600~2000	24	32	46	75	115		185		300		460	
>2000~2500	29	39	55	87	140		220		350		550	

表 12-4-23　　安装轴交角偏差允许值（$\pm f_{\Sigma}$）　　μm

蜗轮齿宽 b_2 /mm	蜗杆精度											
	1	2	3	4	5	6	7	8	9	10	11	12
≤30	—	—	5	6	8	10	12	17	24	34	48	67
>30~50	—	—	5.6	7.1	9	11	14	19	28	38	56	75
>50~80	—	—	6.5	8	10	13	16	22	32	45	63	90
>80~120	—	—	7.5	9	12	15	19	24	36	53	71	105
>120~180	—	—	9	11	14	17	22	28	42	60	85	120
>180~250	—	—	—	13	18	20	25	32	48	67	95	135
>250	—	—	—	—	—	22	28	36	53	75	105	150

表 12-4-24　　安装中间平面偏差允许值（$\pm f_x$）　　μm

传动中心距 a /mm	蜗杆精度											
	1	2	3	4	5	6	7	8	9	10	11	12
≤30	—	—	5.6	9	14		21		34		52	
>30~50	—	—	6.5	10.5	16		25		40		64	
>50~80	—	—	8	12	18.5		30		48		72	
>80~120	—	—	9	14.5	22		36		56		88	
>120~180	—	—	10.5	16	27		40		64		100	
>180~250	—	—	12	18.5	29		47		74		120	
>250~315	—	—	13	21	32		52		85		130	
>315~400	—	—	14.5	23	36		56		92		145	
>400~500	—	—	16	26	40		63		100		160	
>500~630	—	—	18	28	44		70		112		180	
>630~800	—	—	20	32	50		80		130		200	
>800~1000	—	—	23	36	56		92		145		230	
>1000~1250	—	—	27	42	66		105		170		270	
>1250~1600	—	—	32	50	78		125		200		315	
>1600~2000	—	—	37	60	92		150		240		370	
>2000~2500	—	—	44	70	112		180		280		440	

（4）接触斑点

接触斑点指安装好的蜗杆副中，在轻微力的制动下，蜗杆与蜗轮啮合运转后，在蜗轮齿面上分布的接触痕迹。

接触斑点以接触面积大小、形状和接触位置表示，见图 12-4-29。

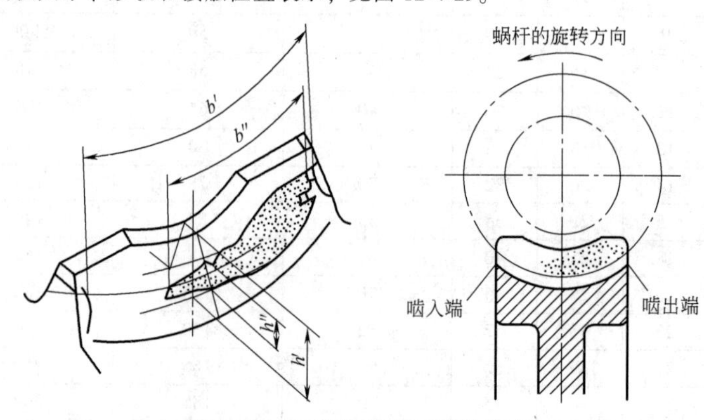

图 12-4-29　蜗杆传动副接触斑点

接触面积大小按接触痕迹的百分比计算确定：

沿齿长方向——接触痕迹的长度 b'' 与工作长度 b' 之比的百分数，即 $(b''/b')\times100\%$（在确定接触痕迹长度 b'' 时，应扣除超过模数值的断开部分）；

沿齿高方向——接触痕迹的平均高度 h'' 与工作高度 h' 之比的百分数，即 $(h''/h')\times100\%$。

接触形状以齿面接触痕迹总的几何形状的状态确定。

接触位置以接触痕迹离齿面啮入、啮出端或齿顶、齿根的位置确定。

各级精度的蜗杆传动副接触斑点要求如表 12-4-25 所示（GB/T 10089—2018）。

表 12-4-25　　蜗杆传动副接触斑点要求

精度等级	接触面积的百分比/%		接触形状	接触位置
	沿齿高不小于	沿齿长不小于		
1 和 2	75	70	接触斑点在齿高方向无断缺，不允许成带状条纹	接触斑点的分布位置趋近齿面中部，允许略偏于啮入端。在齿顶和啮入、啮出端的棱边处不允许接触
3 和 4	70	65		
5 和 6	65	60		
7 和 8	55	50	不做要求	接触斑点应偏于啮出端，但不允许在齿顶和啮入、啮出端的棱边接触
9 和 10	45	40		
11 和 12	30	30		

注：采用修形齿面的蜗杆传动，接触斑点的接触形状要求可不受表中规定的限制。

（5）齿侧间隙

① 蜗杆传动副的侧隙以最小法向侧隙 j_{nmin} 来保证。通常将侧隙种类分为 a 至 h 八种，其中 a 为侧隙最大，依次递减，至 h 为侧隙为零，如表 12-4-26 所示。侧隙的种类和精度等级无直接关系，根据工作条件和使用要求选择。

表 12-4-26　　传动副最小法向侧隙 j_{nmin} 值　　μm

传动中心距 a /mm	侧隙种类							
	h	g	f	e	d	c	b	a
≤30	0	9	13	21	33	52	84	130
>30~50	0	11	16	25	39	62	100	160
>50~80	0	13	19	30	46	74	120	190
>80~120	0	15	22	35	54	87	140	220
>120~180	0	18	25	40	63	100	160	250
>180~250	0	20	29	46	72	115	185	290
>250~315	0	23	32	52	81	130	210	320
>315~400	0	25	36	57	89	140	230	360
>400~500	0	27	40	63	97	155	250	400
>500~630	0	30	44	70	110	175	280	440
>630~800	0	35	50	80	125	200	320	500
>800~1000	0	40	56	90	140	230	360	560
>1000~1250	0	46	66	105	165	280	420	660
>1250~1600	0	54	78	125	195	310	500	780
>1600~2000	0	65	92	150	230	370	600	920
>2000~2500	0	77	110	175	280	440	700	1100

② 对蜗杆蜗轮不要求互换的传动或中心距可调的传动，允许由具体设计确定其传动的侧隙范围，并允许用蜗轮圆周（周向）侧隙 j_{tmin} 和 j_{tmax} 来规定，也可用法向侧隙 j_{nmin} 和 j_{nmax}。

③ 对于中心距不可调的传动，最小法向侧隙 j_{nmin} 由蜗杆齿厚的减薄量来保证，亦即控制蜗杆（法向弦）齿厚上偏差 E_{ss1} 和下偏差 E_{si1} 来保证；最大法向侧隙 j_{nmax} 则由蜗杆、蜗轮相应的齿厚公差 T_{s1} 和 T_{s2}（$T_{s2}=1.3F_r+25$）确定。

蜗杆齿厚上偏差为：$E_{ss1}=-\left(\dfrac{j_{nmin}}{\cos\alpha_n}+E_{s\Delta}\right)$

蜗杆齿厚下偏差为：$E_{si1}=E_{ss1}-T_{s1}$

式中，$E_{s\Delta}=\sqrt{f_a^2+10f_{px}^2}$；$T_{s1}$ 见表 12-4-27。

对中心距可调的传动或不要求互换的传动，蜗轮齿厚公差可不做规定，其蜗杆齿厚的上、下偏差由设计确定。

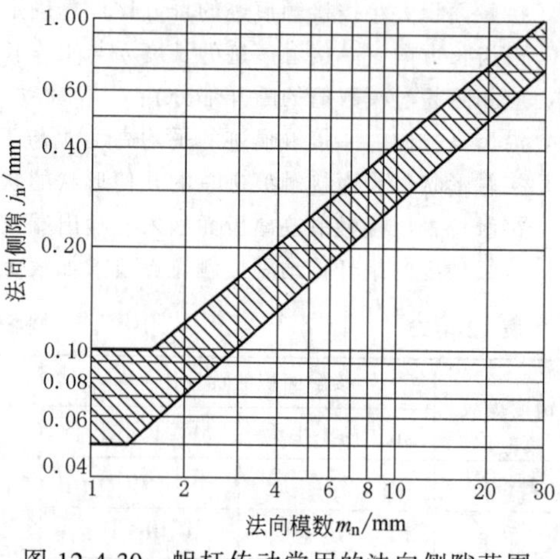

图 12-4-30 蜗杆传动常用的法向侧隙范围

④ 图 12-4-30 是一般蜗杆传动的法向侧隙范围，按法向模数 m_n 选择可供设计时参考。

表 12-4-27 **蜗杆齿厚公差 T_{s1} 值** μm

模数 m /mm	蜗杆精度					
	4	5	6	7	8	9
1~3.5	25	30	36	45	53	67
>3.5~6.3	32	38	45	56	71	90
>6.3~10	40	48	60	71	90	110
>10~16	50	60	80	95	120	150
>16~25	—	85	110	130	160	200

注：对传动最大法向侧隙 j_{nmax} 无要求时，允许蜗杆齿厚公差 T_{s1} 增大，最大不超过两倍。

2.8 结构设计

蜗杆通常与轴做成整体，极少做成装配式的。

常见的蜗杆结构见图 12-4-31a，这种结构既可以车削，也可以铣削，图 b 的结构则只能铣削。

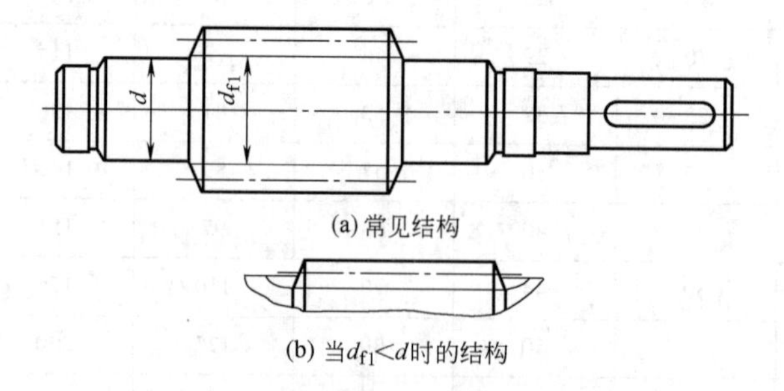

(a) 常见结构

(b) 当$d_{f1}<d$时的结构

图 12-4-31 蜗杆结构

蜗轮可制成整体的或组合的，但为了节约贵重金属，通常将蜗轮设计成组合的。

如图 12-4-32 所示，图中 h 为蜗轮轮齿的全齿高，其中图 a 为整体式蜗轮结构，图 b 为绞制孔连接式组合蜗轮结构，图 c 和图 d 为镶嵌铸造式组合蜗轮结构，图 e 为焊接式蜗轮结构，图 f 为骑缝螺钉连接式蜗轮结构，其中，图 e 和图 f 的轮缘与轮毂之间须采用过盈配合。

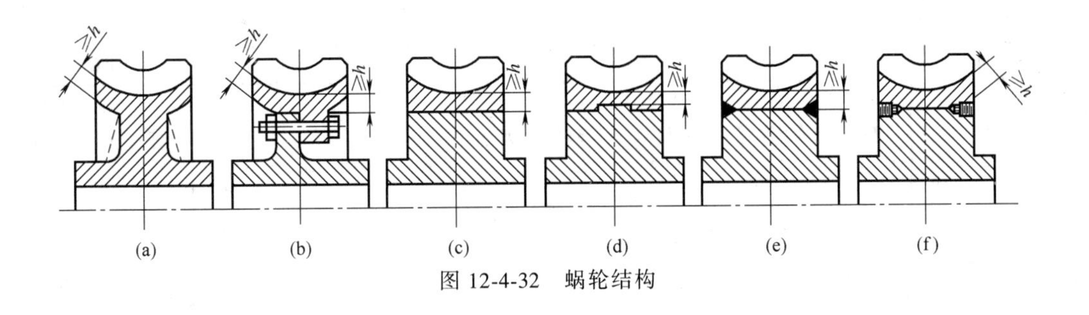

图 12-4-32　蜗轮结构

2.9　设计计算示例

例　某轧钢厂需设计一台普通圆柱蜗杆减速器。已知蜗杆轴输入功率 $P_1=10\text{kW}$，转速 $n_1=1\ 450\text{r/min}$，传动比为 $i=23.5$，要求使用 10 年，每年工作 300 日，每日工作 16h，每小时载荷时间 15min，每小时启动次数为 20~50 次，启动载荷较大，并有较大冲击，工作环境温度 35~40℃。

解　计算步骤见表 12-4-28。

表 12-4-28　　**计算步骤**

计算项目	计算内容	计算结果
1. 选择材料和加工精度	蜗杆材料选用 42CrMo,齿面氮化,表面硬度大于 52HRC 蜗轮材料选用 ZCuSn10P1,砂型铸造 选用 ZK 蜗杆传动形式	
2. 初算传动效率	$\eta=(100-3.5\sqrt{23.5})\%=83\%$	83%
3. 蜗轮输出扭矩	$T_2=9550\dfrac{P_1\eta i}{n_1}=1284.6$	$1284.6\text{N}\cdot\text{m}$
4. 按接触强度计算基本参数	由 2.2 节中(8)可知,蜗杆头数:$z_1=2$ 蜗轮齿数:$z_2=iz_1=47$ 由表 12-4-13 可知,载荷系数:$K=1.1$ 蜗轮材料许用接触应力:$\sigma_{\text{H lim}}=167.8\text{MPa}$ 由表 12-4-12,有 $m\sqrt[3]{q}\geqslant 17.24$ 由表 12-4-7,取模数 $m=8$、蜗杆分度圆直径 $d_1=80$ 中心距 $a=(mz_2+d_1)/2=228$,由表 12-4-8,取 $a=225$	$z_1=2$ $z_2=47$ $K=1.1$ $\sigma_{\text{H lim}}=167.8\text{MPa}$ $m=8\text{mm}$ $d_1=80\text{mm}$ $a=225\text{mm}$
5. 几何参数计算	依据表 12-4-9 所示计算公式有: 蜗杆轴向齿距:$p_x=8\pi=25.132$ 蜗杆导程:$p_z=2\times25.132=50.264$ 蜗杆分度圆柱导程角:$\gamma=\arctan\dfrac{2}{10}=11.31°$ 顶隙:$c=0.2\times8=1.6$ 蜗杆齿顶圆直径:$d_{a1}=80+2\times8=96$ 蜗杆齿根圆直径:$d_{f1}=80-2.4\times8=60.8$ 蜗杆齿根圆角半径:$\rho_f=(0.2\sim0.4)\times8=2$ 蜗杆螺纹部分长度:$b_1\geqslant(10.5+2)\times8=120$ 蜗杆轴向齿厚:$s_{x1}=0.45\times8\pi=11.31$	 $p_x=25.132\text{mm}$ $p_z=50.264\text{mm}$ $\gamma=11.31°$ $c=1.6\text{mm}$ $d_{a1}=96\text{mm}$ $d_{f1}=60.8\text{mm}$ $\rho_f=2\text{mm}$ $b_1=120\text{mm}$ $s_{x1}=11.31\text{mm}$

续表

计算项目	计算内容	计算结果
5. 几何参数计算	蜗杆轴向测齿高：$h_{x1}=1\times8=8$ 蜗杆法向齿厚：$s_{n1}=11.31\times\cos11.31=11.09$ 蜗杆法向测齿高： $h_{n1}=8+0.5\times11.09\times\tan\left(0.5\arcsin\dfrac{11.09\sin^2 11.31}{80}\right)=8.01$ 蜗轮分度圆直径：$d_2=47\times8=376$ 蜗轮变位系数：$x_2=\dfrac{225}{8}-\dfrac{1}{2}(10+47)=-0.375$ 蜗轮喉圆直径：$d_{a2}=376+2\times(1-0.375)\times8=386$ 蜗轮齿根圆直径：$d_{f2}=376-2\times(1+0.375+0.2)\times8=350.8$ 蜗轮齿宽：$b_2\approx2\times8\times(0.5+\sqrt{10+1})\approx61.07$，取 $b_2=65$ 蜗轮齿根圆弧半径：$R_1=0.5\times96+1.6=49.6$ 蜗轮齿顶圆弧半径：$R_2=0.5\times60.8+1.6=32$ 蜗轮顶圆直径：$d_{e2}\leqslant386+1.5\times8=398$，取 $d_{e2}=398$ 蜗轮轮缘宽度：$B\leqslant0.75\times96=72$，取 $B=70$	$h_{x1}=8\text{mm}$ $s_{n1}=11.09\text{mm}$ $h_{n1}=8.01\text{mm}$ $d_2=376\text{mm}$ $x_2=-0.375$ $d_{a2}=386\text{mm}$ $d_{f2}=350.8\text{mm}$ $b_2=65\text{mm}$ $R_1=49.6\text{mm}$ $R_2=32\text{mm}$ $d_{e2}=398\text{mm}$ $B=70\text{mm}$
6. 弯曲强度校核	蜗轮圆周力：表 12-4-11，$F_{t2}=\dfrac{2\times1284.6}{370}\times1000=6943.8$ 弯曲极限系数：$U_{\lim}=115$ 轮齿弯曲安全系数：$S_F=\dfrac{115\times8\times65}{6943.8\times1.5}=5.7>1.7$	$F_{t2}=6943.8\text{Nm}$ $U_{\lim}=115$ $S_F=5.7$ 满足弯曲强度要求
7. 蜗杆轴刚度校核	从略	
8. 散热计算	从略	
9. 精度与公差计算	参照表 12-4-20 中 5 级精度计算公式及相关级间公比及修约规则有： 蜗杆轴向齿距偏差： $f_{px}=[4+0.315\times(8+0.25\times\sqrt{80})]\times1.4^3=20$ 蜗杆齿廓形状偏差：$f_{f\alpha1}=[1.5+0.25\times(8+9\times\sqrt{8})]\times1.4^3=27$ 蜗杆导程偏差： $F_{pz}=[4+0.5\times2+5\times\sqrt[3]{2}\times(\lg8)^2]\times1.4^3=28$ 蜗轮齿距积累总偏差： $F_{p2}=7.25\times376^{\frac{1}{5}}\times8^{\frac{1}{7}}\times1.4^3=32$ 蜗轮相邻齿距偏差： $f_{u2}=[5+0.4\times(8+0.25\times\sqrt{80})]\times1.4^3=25$ 蜗轮齿廓总偏差： $F_{\alpha2}=\sqrt{[2.5+0.25\times(8+3\times\sqrt{8})]^2+[1.5+0.25\times(8+9\times\sqrt{8})]^2}\times1.4^3=33$ 蜗轮齿面接触斑点：表 12-4-25 沿齿高方向不小于 55%，沿齿长方向不小于 50% 中心距偏差：表 12-4-22，$f_a=58\mu\text{m}$ 传动副最小法向侧隙：表 12-4-26，取 $j_{n\min}=185$ 蜗杆齿厚公差：表 12-4-27，取 $T_{s1}=90$ 蜗杆齿厚上偏差： $E_{ss1}=-\left(\dfrac{185}{\cos20^\circ}+\sqrt{58^2+10\times20^2}\right)=-283$ 蜗杆齿厚下偏差：$E_{si1}=-283-90=-373$	$f_{px}=20\mu\text{m}$ $f_{f\alpha1}=27\mu\text{m}$ $F_{pz}=28\mu\text{m}$ $F_{p2}=32\mu\text{m}$ $f_{u2}=25\mu\text{m}$ $F_{\alpha2}=33\mu\text{m}$ $f_a=58\mu\text{m}$ $j_{n\min}=185\mu\text{m}$ $T_{s1}=90\mu\text{m}$ $E_{ss1}=-283\mu\text{m}$ $E_{si1}=-373\mu\text{m}$
10. 工作图	见图 12-4-33 和图 12-4-34	

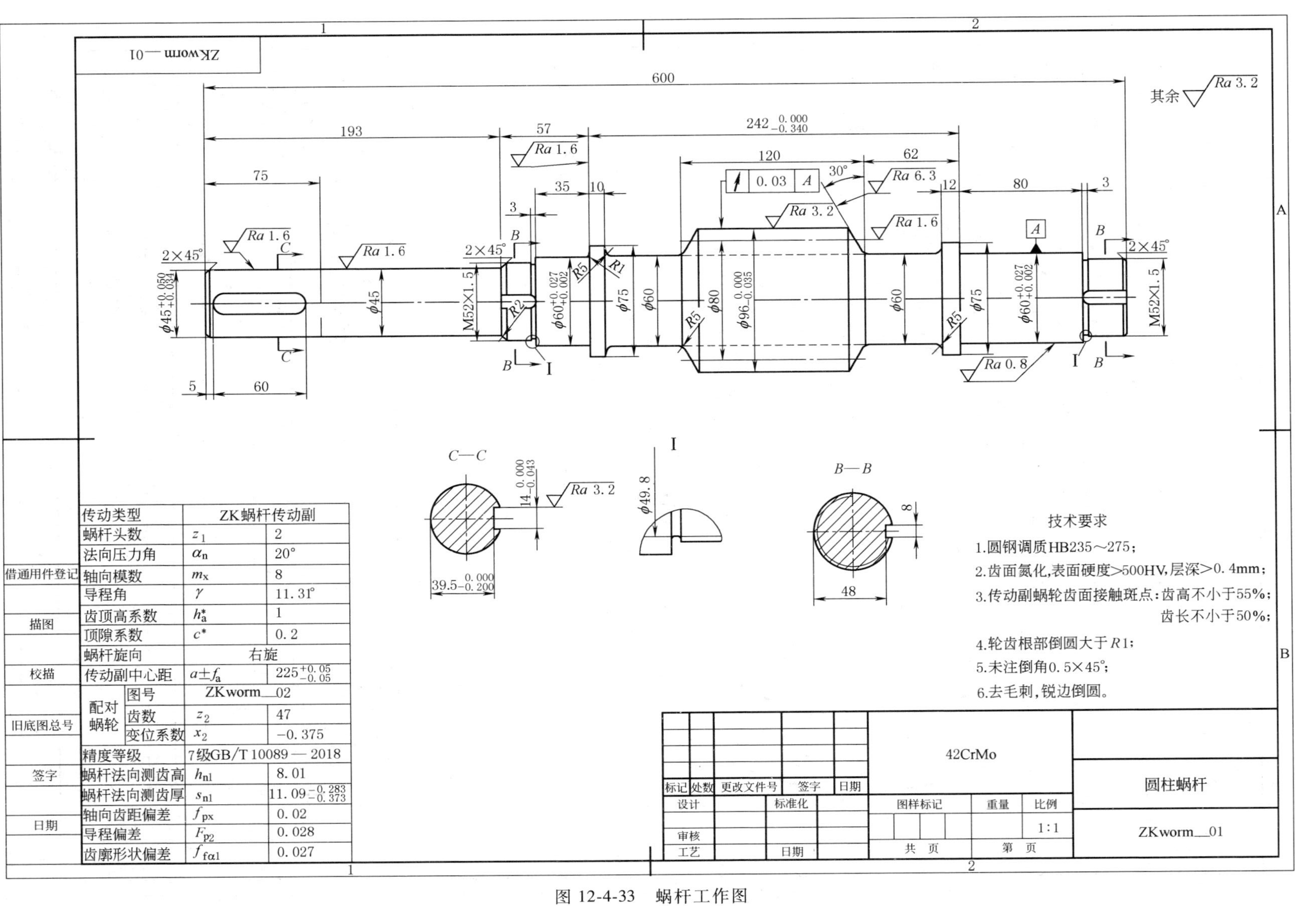

ZKworm—01
其余 Ra 3.2
技术要求
1.圆钢调质HB235～275；
2.齿面氮化,表面硬度>500HV,层深>0.4mm；
3.传动副蜗轮齿面接触斑点：齿高不小于55%；
齿长不小于50%；
4.轮齿根部倒圆大于R1；
5.未注倒角0.5×45°；
6.去毛刺，锐边倒圆。
C—C
I
B—B
42CrMo
圆柱蜗杆
ZKworm__01
比例 1:1
传动类型 ZK蜗杆传动副
蜗杆头数 z1 2
法向压力角 αn 20°
轴向模数 mx 8
导程角 γ 11.31°
齿顶高系数 ha* 1
顶隙系数 c* 0.2
蜗杆旋向 右旋
传动副中心距 a±fa 225+0.05-0.05
配对蜗轮 图号 ZKworm__02
齿数 z2 47
变位系数 x2 -0.375
精度等级 7级GB/T 10089—2018
蜗杆法向测齿高 hn1 8.01
蜗杆法向测齿厚 sn1 11.09-0.283-0.373
轴向齿距偏差 fpx 0.02
导程偏差 FP2 0.028
齿廓形状偏差 ffα1 0.027

图 12-4-33　蜗杆工作图

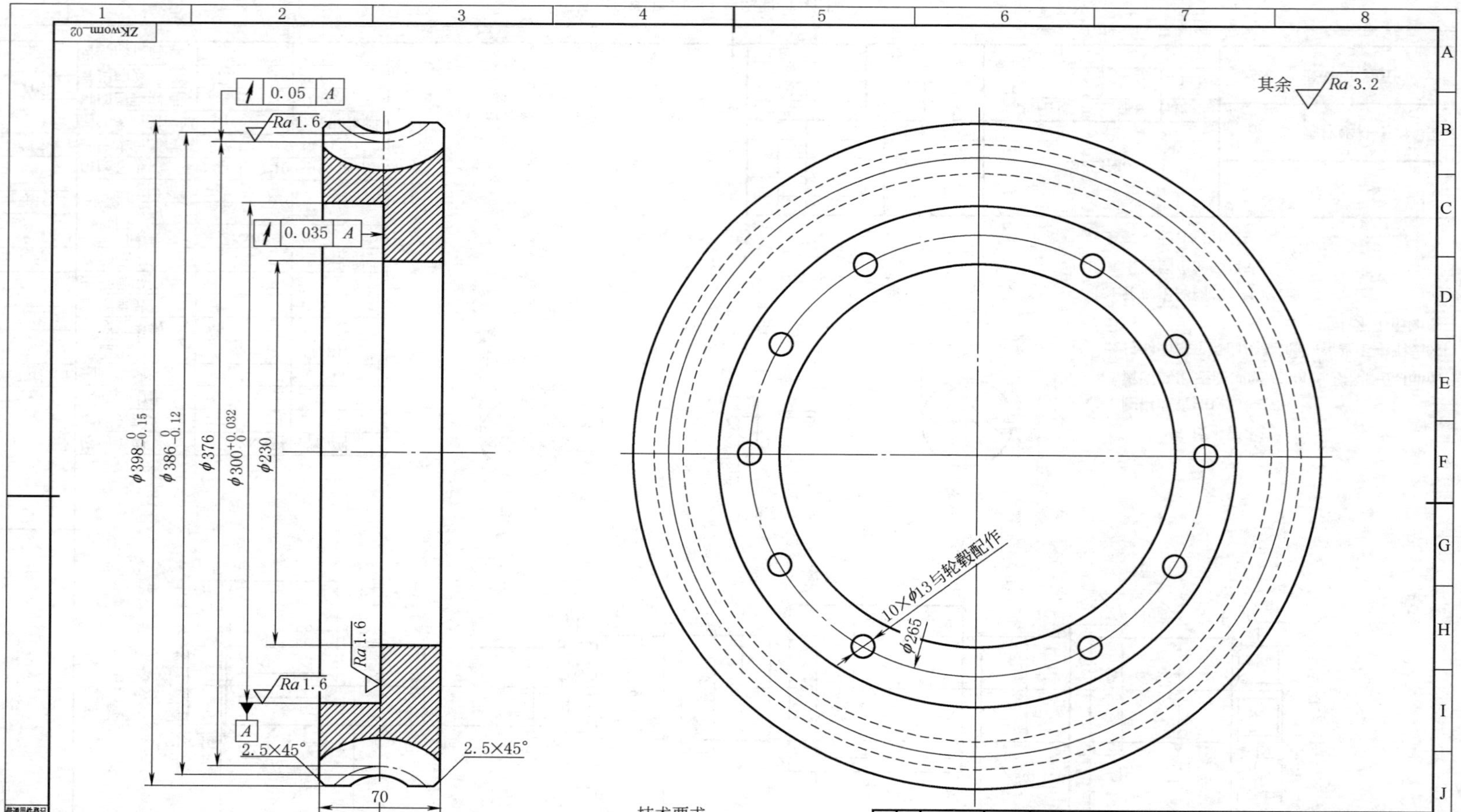

ZKworm_02

其余 $\sqrt{Ra\ 3.2}$

0.05 A

$Ra\,1.6$

0.035 A

$\phi398_{-0.15}^{\ 0}$

$\phi386_{-0.12}^{\ 0}$

$\phi376$

$\phi300_{\ 0}^{+0.032}$

$\phi230$

$Ra\,1.6$

$Ra\,1.6$

A

2.5×45°

2.5×45°

70

10×ϕ13与轮毂配作

ϕ265

传动类型	ZK蜗杆传动副	
蜗轮齿数	z_2	47
法向压力角	α_n	20°
轴向模数	m_x	8
导程角	γ	11.31°
蜗杆旋向	右旋	
齿顶高系数	h_a^*	1
顶隙系数	c^*	0.2

变位系数		x_2	0.375
传动副中心距		$a\pm f_n$	$225_{-0.05}^{-0.06}$
配对	图号	ZKworm_01	
蜗杆	齿数	z_1	2
精度等级		8级 GB/T 10089—2018	
齿距积累总偏差		F_{p2}	0.032
单个齿距偏差		f_{p2}	0.021
齿廓形状偏差		$f_{f\alpha2}$	0.024

技术要求

1. 铸件的力学性能应满足：$\sigma_b \geqslant 520\text{MPa}$，$\sigma_{0.2} \geqslant 190\text{MPa}$；
2. 铸件不得有成分偏析、夹渣、疏松、裂纹等缺陷；
3. 轮齿顶边倒角0.8×20°；
4. 齿根倒圆大于$R1$；
5. 锐边倒钝。

标记	处数	更改文件号	签字	日期	ZCuSn10Pb1			蜗轮
设计		标准化			阶段标记	重量	比例	
							1:1	ZKworm_02
审核								
工艺		日期			共 页		第 页	

借通用件登记 描图 校描 旧底图总号 签字 日期

图 12-4-34　蜗轮工作图

3 双导程蜗杆传动

3.1 传动原理及特点

(1) 双导程蜗杆传动原理

沿双导程蜗杆传动的蜗杆轴剖面看，蜗杆齿形仍然是相当于齿条，蜗轮齿形相当于与蜗杆相啮合的齿轮，见图 12-4-35。

双导程蜗杆齿的左右两侧齿面的模数略有不同，导致两侧齿面的导程也略有不同，故蜗杆左右齿面存在齿距差，蜗杆齿厚沿轴向连续增加，齿槽宽度连续减小，所以双导程蜗杆又称渐变齿厚蜗杆。蜗轮齿左右两侧齿面的模数分别与共轭蜗杆齿面的模数相同，模数的差别导致蜗轮两个齿面具有不同的变位系数，故蜗轮两侧齿面的齿廓也不同，但在同一圆周上，蜗轮每个齿的齿厚和齿槽宽度保持恒定。

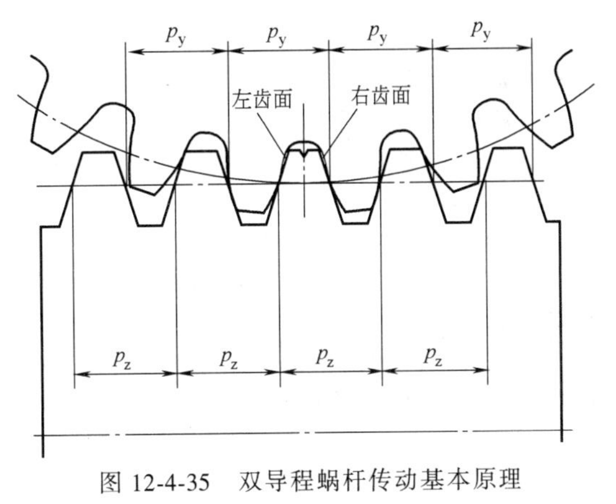

图 12-4-35 双导程蜗杆传动基本原理

通过轴向移动蜗杆，可以调节参与啮合的蜗杆齿厚数值，从而保证蜗杆和蜗轮的啮合侧隙为所需要的数值。如果蜗杆向齿厚减小方向移动，参加啮合的蜗杆齿厚增大，则侧隙减小，甚至可以完全消除；反之，若蜗杆向齿厚增加方向移动，参加啮合的蜗杆齿厚减小，则侧隙增加。当磨损导致蜗杆副侧隙变大时，也可重新调整，恢复啮合侧隙。

(2) 双导程蜗杆传动特点

双导程蜗杆传动正是为了满足侧隙调控这一需求而设计的一种特殊圆柱蜗杆传动，通过调整蜗杆的轴向安装位置，可以方便地调整侧隙，实现小侧隙甚至无侧隙传动。即使在齿面磨损后，也可随时对侧隙进行调整，保证回程差符合工作要求。

双导程蜗杆传动的侧隙调整特点：

① 始终保证理论正确的齿面啮合关系；

② 接触面积、承载能力和传动效率都不会受到显著影响；

③ 结构简单、调整容易，不需要将蜗杆或蜗轮取出后调整。

3.2 几何参数及其选择

(1) 设计注意事项

双导程蜗杆传动可以视为两对中心距相等但模数不同的变位蜗杆传动，几何尺寸计算方法基本和普通圆柱蜗杆传动相同。

在设计时需要注意的是：

① 中心距按某一公称模数计算，蜗轮对应较大模数的齿面相当于负变位，对应较小模数的齿面相当于正变位，因此蜗轮齿面根切常发生于大模数的齿面，在参数选取时应避免蜗轮发生根切。

② 模数较大齿面的节点向蜗杆齿根偏移，模数较小齿面的节点向蜗杆齿顶偏移，啮合区会向齿厚较大的一端偏移，因而蜗杆的螺纹长度、齿顶高系数应合理选取，保证啮合区的完整。

③ 由于蜗杆齿厚是变化的，齿槽宽度也随之变化。若齿厚变化过快或蜗杆螺纹长度过长，齿厚较大的一端的齿根部齿槽宽度可能小到无法加工，而齿厚较小的一端会产生齿顶变尖。

(2) 特殊参数及其选取

双导程蜗杆传动中，有一些在普通圆柱蜗杆传动中并不存在的几何参数，这里称之为特殊参数。

有关特殊参数及其选取介绍如下：

① 公称模数 m　双导程蜗杆传动的公称模数 m，可以看成普通蜗杆传动的轴向模数，用于计算中心距和承载能力。

公称模数一般定义为蜗杆左齿面模数 m_z 和右齿面模数 m_y 的平均值，其值按承载能力设计确定。

$$m=\frac{m_y+m_z}{2}$$

② 齿厚变化系数 K_t　齿厚变化系数 K_t 定义为蜗杆轴向齿厚在单位轴向长度上的变化量。它等于蜗杆左右齿面轴向齿距（p_z、p_y）差的绝对值与公称齿距 p 之比。

$$K_t=\frac{|p_z-p_y|}{p}$$

K_t 和 m 是确定其他参数的依据，在设计双导程蜗杆时应首先确定。

选择 K_t 时应考虑以下因素：

为了补偿某一给定的侧隙，蜗杆轴向移动量与 K_t 成反比。K_t 越大，蜗杆轴向移动量越小，蜗杆轴向结构尺寸可以更为紧凑。但 K_t 过大，可能会导致蜗轮根切，蜗杆副接触区过分偏移，蜗杆齿顶变尖、齿槽变窄等。K_t 越小，蜗杆移动量越大，蜗杆轴向结构尺寸越大。

一般来讲，K_t 的值可以在 0.02~0.035 之间选取。对于精密传动，在结构允许时，K_t 应取值小些，以提高侧隙调整的准确性。

③ 模数差 Δm　模数差 Δm 是左右齿面模数与公称模数之差的绝对值。

当 m 和 K_t 给定时，有如下关系：

$$\Delta m=0.5K_t m$$

$$m_z=m\pm\Delta m$$

$$m_y=m\mp\Delta m$$

④ 齿厚调整量 ΔS　齿厚调整量 ΔS 是在设计时设定的最大切向侧隙补偿量，其数值大小影响结构设计时蜗杆轴向最大移动量和蜗杆螺纹长度，应根据制造误差和最大允许磨损量来确定。一般可按 0.3~0.6mm 取值，对于精密传动可适当减小。

⑤ 调整长度 b_t　确定蜗杆齿宽（螺纹长度）时，和普通圆柱蜗杆传动不同的是，除了考虑啮合区长度、工艺长度外，还需要根据齿厚调整量 ΔS 增加一段对应的蜗杆螺纹长度，称为调整长度 b_t。

$$b_t=\frac{\Delta S}{K_t}$$

调整长度 b_t 应加在蜗杆齿厚较大的一端，见图 12-4-36。

⑥ 最小齿根齿槽宽度 E_{fmin} 和最小齿顶厚度 S_{amin}　由于齿厚沿蜗杆轴向的变化，齿槽宽度和齿顶厚度也随之变化。

在齿厚较大一端，齿根的齿槽宽度会变得很窄，有可能导致加工困难；而在另一端，齿顶厚度会变得很小。见图 12-4-36。

$$E_{fmin}=E_{f0}-K_t L_1$$

$$S_{amin}=S_{a0}-K_t L_2$$

其中，E_{f0} 为公称齿根齿槽宽度；S_{a0} 为公称齿顶厚度。

为便于加工，E_{fmin} 不应小于 1.5mm。

为了避免齿顶变尖，S_{amin} 不应小于 2mm。

如果最小齿根齿槽宽度 E_{fmin} 和最小齿顶厚度 S_{amin} 过小，可以综合采取减小齿形角、减小齿顶高系数、减小齿厚变化系数等措施进行调整。

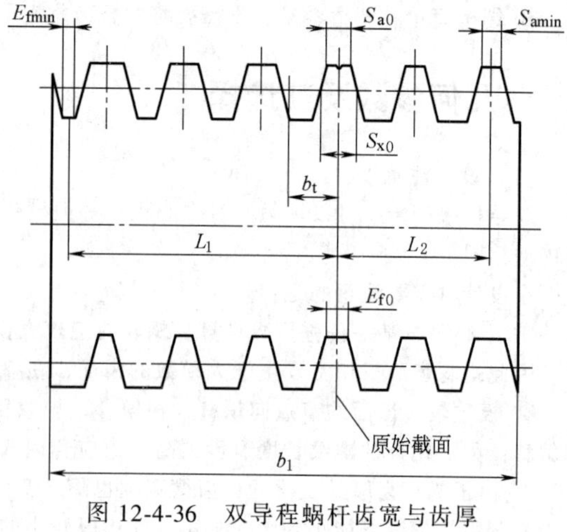

图 12-4-36　双导程蜗杆齿宽与齿厚

3.3 调整方法及结构

(1) 侧隙调整方法

通常按如下方式调整或重置双导程蜗杆副侧隙：

① 制造时，在蜗杆和蜗轮上做安装标记箭头。蜗杆上的箭头指向齿厚减小方向，蜗轮上做标记时应核对刀具和齿坯装夹位置，与图纸一致。

② 依次安装蜗杆和蜗轮。两个部件上箭头必须指向相同的方向，并切记双导程蜗轮不能翻面安装。

③ 蜗杆的两齿面涂红丹，用手正反旋转蜗杆两周以上，观察蜗轮齿面接触斑点。

④ 调整蜗轮轴向位置，直到接触区位置和面积达到最佳，在此位置轴向固定蜗轮。

⑤ 轴向移动蜗杆，获得规定的侧隙，在此位置轴向固定蜗杆。

(2) 传动副调整结构

常用的双导程蜗杆轴向位置调整结构有垫片调整和螺纹调整，结构见图 12-4-37。

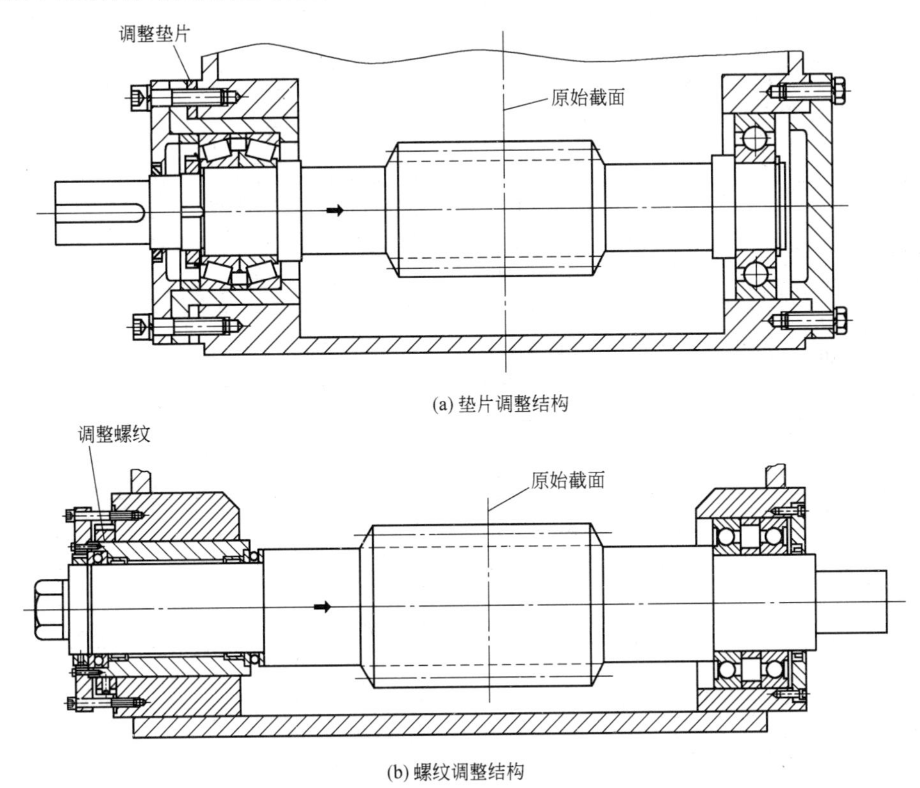

图 12-4-37 双导程蜗杆典型调整结构示意图

3.4 设计计算示例

以下以一个机床用精密双导程蜗杆副为例，说明双导程蜗杆副几何尺寸计算过程。计算公式及实例见表 12-4-29，双导程蜗杆及蜗轮工作图见图 12-4-38、图 12-4-39。

表 12-4-29 **双导程蜗杆传动计算公式及实例**

已知参数 $m=5, z_1=1, z_2=64, q=11.2, \alpha_n=15°, h_a^*=1.0, c^*=0.2, a=188$，ZK 齿形，左齿面模数较大				
序号	计算项目	代号	计算公式	计算结果
1	蜗杆齿厚变化系数	K_t		0.02
2	蜗杆齿厚调整量	ΔS		0.4

续表

序号	计算项目	代号	计算公式	计算结果
3	模数差	Δm	$\Delta m=0.5K_t m$	0.05
4	左齿面模数	m_z	$m_z=m+\Delta m$	5.05
5	右齿面模数	m_y	$m_y=m-\Delta m$	4.95
6	蜗杆公称分度圆直径	d_1	$d_1=qm$	56
7	蜗杆齿顶圆直径	d_{a1}	$d_{a1}=d_1+2h_a^* m$	66
8	蜗杆齿根圆直径	d_{f1}	$d_{f1}=d_1-2(h_a^*+c^*)m$	44
9	蜗轮公称分度圆直径	d_2	$d_2=mz_2$	320
10	蜗轮左齿面分度圆直径	d_{2z}	$d_{2z}=m_z z_2$	323.2
11	蜗轮右齿面分度圆直径	d_{2y}	$d_{2y}=m_y z_2$	316.8
12	蜗杆公称节圆直径	d_1'	$d_1'=2a-d_2$	56
13	蜗杆左齿面节圆直径	d_{1z}'	$d_{1z}'=2a-d_{2z}$	52.8
14	蜗杆右齿面节圆直径	d_{1y}'	$d_{1y}'=2a-d_{2y}$	59.2
15	蜗轮公称变位系数	x_2	$x_2=[a-(d_1+d_2)/2]/m$	0
16	蜗轮左齿面变位系数	x_{2z}	$x_{2z}=[a-(d_1+d_{2z})/2]/m_z$	-0.3168
17	蜗轮右齿面变位系数	x_{2z}	$x_{2y}=[a-(d_1+d_{2y})/2]/m_y$	0.3232
18	蜗轮齿顶圆(喉圆)直径	d_{a2}	$d_{a2}=m[z_2+2(h_a^*+x_2)]$	330
19	蜗轮齿根圆直径	d_{f2}	$d_{f2}=m[z_2-2(h_a^*+c^*-x_2)]$	308
20	蜗轮最大外圆直径	d_{e2}	$d_{e2}\leqslant d_{a2}+2m$	340
21	蜗轮咽喉母圆半径	r_{g2}	$r_{g2}=a-0.5d_{a2}$	23
22	蜗杆调整长度	b_t	$b_t=\Delta S/K_t$	20
23	蜗杆齿宽(螺纹长度)	b_1	$b_1\approx 2.5m\sqrt{z_2+1}+b_t$	120
24	蜗轮齿宽	b_2	$b_2\approx 2m(0.5+\sqrt{q+1})$	40
25	蜗杆公称轴向齿距	p_{x1}	$p_{x1}=\pi m$	15.708
26	蜗杆左齿面轴向齿距	p_{x1z}	$p_{x1z}=\pi m_z$	15.865
27	蜗杆右齿面轴向齿距	p_{x1y}	$p_{x1y}=\pi m_y$	15.551
28	蜗杆公称导程	p_{z1}	$p_{z1}=z_1\pi m$	15.708
29	蜗杆左齿面导程	p_{z1z}	$p_{z1z}=z_1\pi m_z$	15.865
30	蜗杆右齿面导程	p_{z1y}	$p_{z1y}=z_1\pi m_y$	15.551
31	蜗杆公称分度圆柱导程角	γ	$\gamma=\arctan(m/d)$	5.1022
32	蜗杆左齿面分度圆柱导程角	γ_z	$\gamma_z=\arctan(m_z/d_1)$	5.1529
33	蜗杆右齿面分度圆柱导程角	γ_y	$\gamma_y=\arctan(m_y/d_1)$	5.0514
34	蜗杆公称轴向齿形角	α_x	$\alpha_x=\arctan(\tan\alpha_n/\cos\gamma)$	15.057
35	蜗杆左齿面轴向齿形角	α_{xz}	$\alpha_{xz}=\arctan(\tan\alpha_n/\cos\gamma_z)$	15.0581
36	蜗杆右齿面轴向齿形角	α_{xy}	$\alpha_{xy}=\arctan(\tan\alpha_n/\cos\gamma_y)$	15.0558
37	蜗杆原始截面分度圆轴向齿厚	S_{x0}	$S_{x0}=0.5\pi m(1-K_t)$	7.697
38	蜗杆原始截面分度圆法向齿厚	S_{n0}	$S_{n0}=S_{x0}\cos\gamma$	7.666
39	蜗杆公称齿根齿槽宽度	E_{f0}	$E_{f0}\approx 0.5\pi m(1+K_t)-2m(h_a^*+c^*)\tan\alpha_x$	4.783
40	蜗杆最窄齿槽与原始截面距离	L_1	作图	54.9
41	蜗杆齿根齿槽宽度最小值	E_{fmin}	$E_{fmin}=E_{f0}-K_t L_1$	3.684
42	蜗杆公称齿顶厚度	S_{a0}	$S_{a0}\approx S_{x0}-2mh_a^*\tan\alpha_x$	5.007
43	蜗杆最窄齿顶与原始截面距离	L_2	作图	47.124
44	蜗杆齿顶厚度最小值	S_{amin}	$S_{amin}=S_{a0}-K_t L_2$	4.065

注：表中 E_{f0}、S_{a0} 只是近似计算公式，适用于 ZA 蜗杆，近似适用于头数较少的 ZN、ZI、ZK 蜗杆。

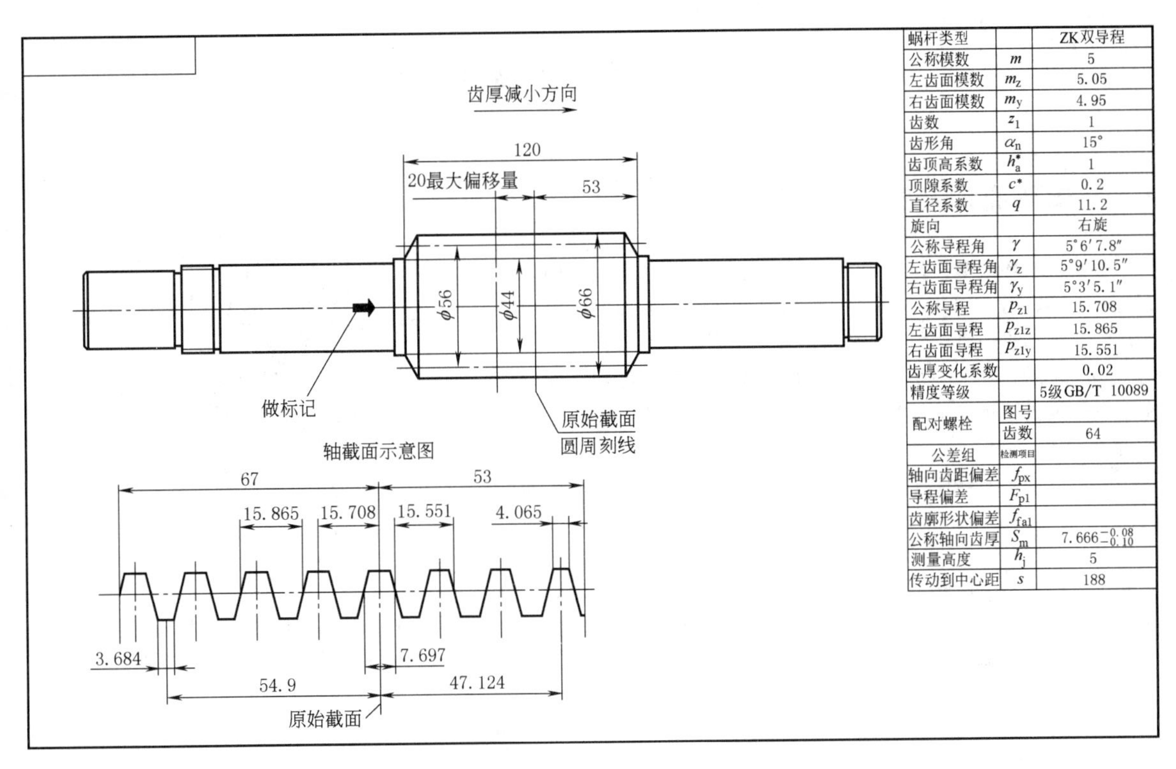

蜗杆类型		ZK双导程
公称模数	m	5
左齿面模数	m_z	5.05
右齿面模数	m_y	4.95
齿数	z_1	1
齿形角	α_n	15°
齿顶高系数	h_a^*	1
顶隙系数	c^*	0.2
直径系数	q	11.2
旋向		右旋
公称导程角	γ	5°6′7.8″
左齿面导程角	γ_z	5°9′10.5″
右齿面导程角	γ_y	5°3′5.1″
公称导程	p_{z1}	15.708
左齿面导程	p_{z1z}	15.865
右齿面导程	p_{z1y}	15.551
齿厚变化系数		0.02
精度等级		5级GB/T 10089
配对螺栓	图号	
	齿数	64
公差组	检测项目	
轴向齿距偏差	f_{px}	
导程偏差	F_{p1}	
齿廓形状偏差	f_{fa1}	
公称轴向齿厚	S_m	$7.666_{-0.10}^{-0.08}$
测量高度	h_j	5
传动到中心距	s	188

图 12-4-38 双导程蜗杆工作图

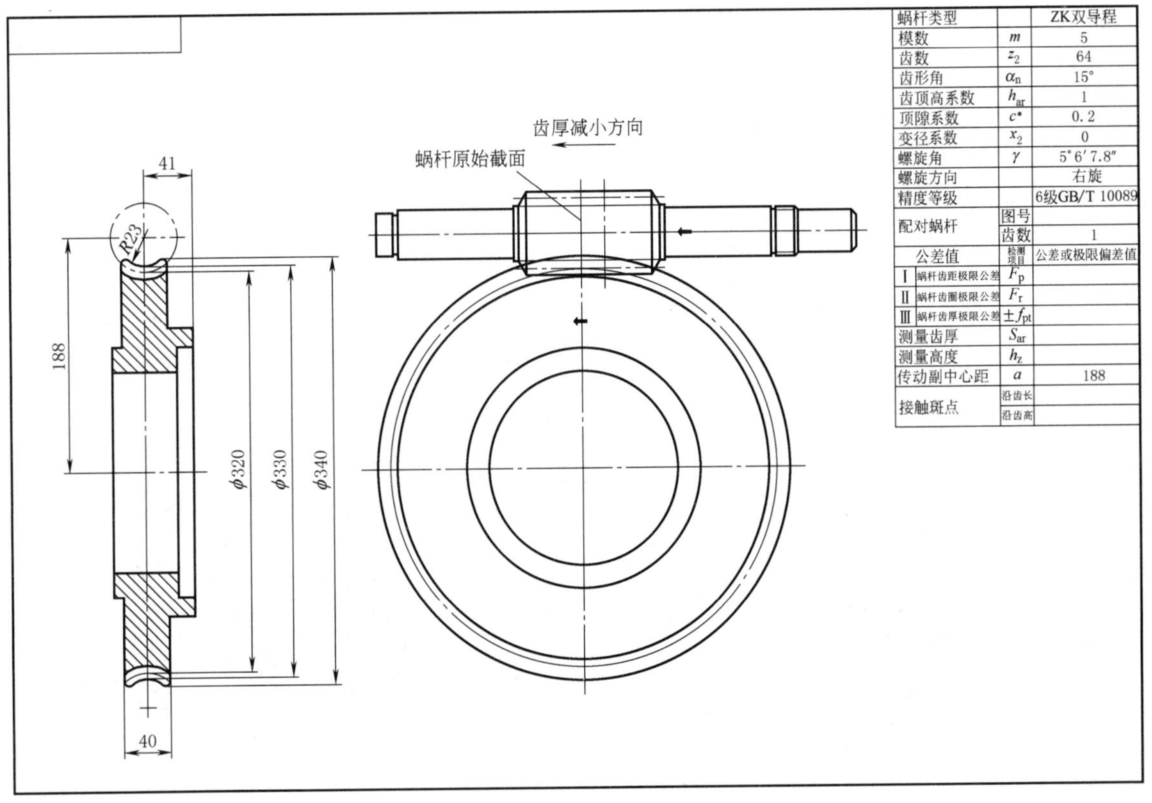

蜗杆类型			ZK双导程
模数		m	5
齿数		z_2	64
齿形角		α_n	15°
齿顶高系数		h_{ar}	1
顶隙系数		c^*	0.2
变径系数		x_2	0
螺旋角		γ	5°6′7.8″
螺旋方向			右旋
精度等级			6级GB/T 10089
配对蜗杆		图号	
		齿数	1
公差值		检测项目	公差或极限偏差值
Ⅰ	蜗杆齿距极限公差	F_p	
Ⅱ	蜗杆齿圈极限公差	F_r	
Ⅲ	蜗杆齿厚极限公差	$\pm f_{pt}$	
测量齿厚		S_{ar}	
测量高度		h_z	
传动副中心距		a	188
接触斑点		沿齿长	
		沿齿高	

图 12-4-39 双导程蜗轮工作图

4　平面包络环面蜗杆传动

4.1　成形原理及特点

平面包络环面蜗杆作为包络环面蜗杆的一种，所采用的母面是一平面。图 12-4-40 所示为平面包络环面蜗杆齿面的形成原理，构件 3 上的平面 t 即为母面，其与主基圆 2 相切并固连，在 ω_1 与 ω_2 的相对运动中形成蜗杆齿面。从形成原理可知，能够完全按照展成原理加工出高硬度、高精度和低粗糙度的环面蜗杆齿面。

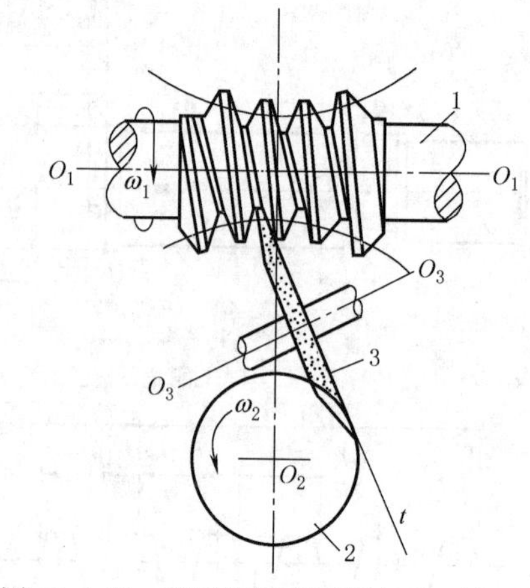

图 12-4-40　平面包络环面蜗杆齿面的形成
1—环面蜗杆；2—主基圆；3—平面砂轮

平面包络环面蜗杆传动可分为平面一次包络环面蜗杆传动（图 12-4-41）和平面二次包络环面蜗杆传动（图 12-4-42）两种。由于平面一次包络环面蜗杆传动易于精加工（一齿运动误差可达到小于 1″的精度），因此，多用于滚齿机工作台等精密分度机构中。平面二次包络环面蜗杆传动的承载能力高，故多用于重载或高速的动力传动中。

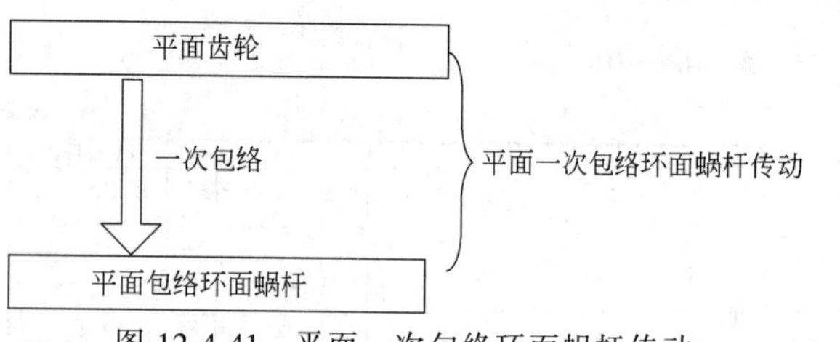

图 12-4-41　平面一次包络环面蜗杆传动

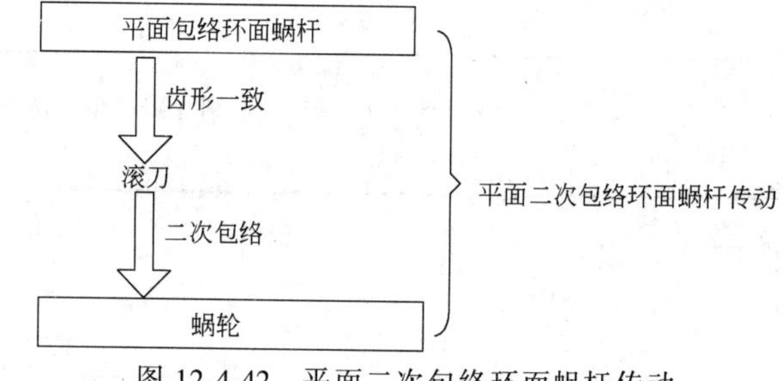

图 12-4-42　平面二次包络环面蜗杆传动

（1）平面一次包络环面蜗杆传动

平面包络环面蜗杆与包络母面为齿面的齿轮啮合形成的传动副为平面一次包络环面蜗杆传动副。包络母面与轴向平行时，其齿轮为直齿平面齿轮（如图 12-4-43 所示），形成的传动副为正平面一次包络环面蜗杆传动副；包络母面与轴向有倾角时，其齿轮为斜齿平面齿轮（如图 12-4-44 所示），形成的传动副为斜平面一次包络环面蜗杆传动副。

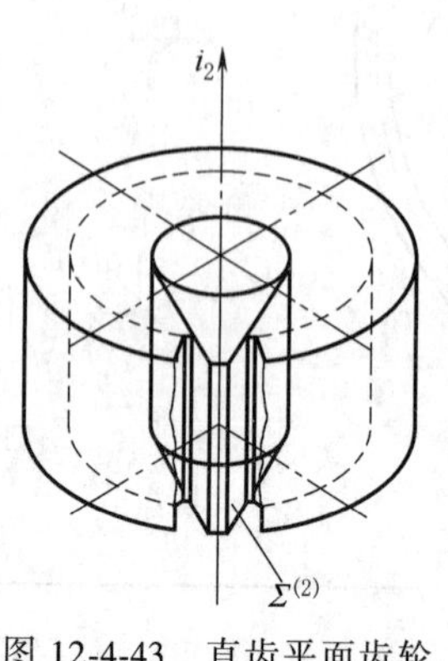

图 12-4-43　直齿平面齿轮

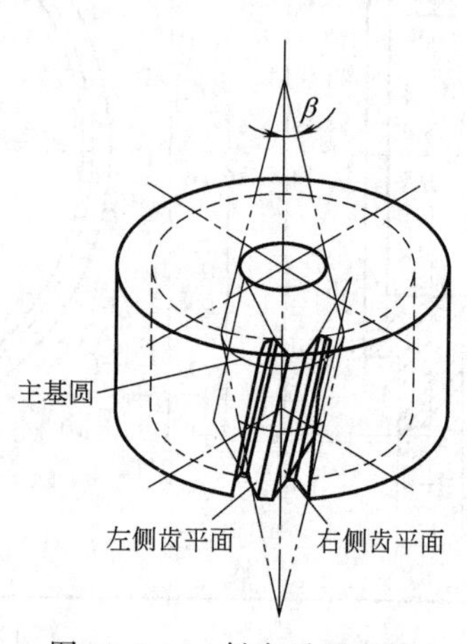

图 12-4-44　斜齿平面齿轮

正平面一次包络环面蜗杆传动副由美国学者威尔德哈卜（Wildharber）于1922年发明提出，也称为“威氏蜗杆传动”。该传动的特点是：蜗杆与蜗轮同时啮合的齿数多，且齿面可以淬火精密磨削；蜗轮齿面为平面，齿廓为直线，易于精确加工，因此可以精密制造，且由于其蜗轮齿两侧面的接触区成反对称分布，故当将其沿齿宽中间平面剖分制造时，通过相对转动两半个蜗轮，便可以达到调整或补偿齿侧间隙的目的，因此适用于作精密分度蜗轮传动。但该传动的不足之处在于：由正平面包络形成的环面蜗杆，当传动比 i 稍小，例如 $i \leqslant 30$ 时，环面蜗杆入口端的齿面将产生根切，因而较适用于传动比大于30的运动传动场合。

斜平面一次包络环面蜗杆传动副由日本学者佐藤申一（Y. Sato）于1951年发明提出，其初衷在于克服正平面一次包络环面蜗杆传动副只能适用于大传动比的弱点，将传动比范围扩展到中、小传动比。其中斜平面齿轮可以用展成法加工，生产效率得到了提高，承载能力、传动效率也有了明显的提高。

（2）平面二次包络环面蜗杆传动

用与平面包络环面蜗杆齿面一致的环面蜗轮滚刀滚切包络出一蜗轮，该过程为“二次包络”，将平面包络环面蜗杆与该蜗轮啮合形成的传动副称为平面二次包络环面蜗杆传动。

由平面包络环面蜗杆齿面包络展成的蜗轮齿面被分为两个接触区，其中右侧为一次包络过程接触区的重现，为平面；左侧为高于原母面的新接触区，为曲面，如图12-4-45所示。故平面二次包络环面蜗杆传动为瞬时多齿双线接触，如图12-4-46所示。此外，该传动副的接触线法向诱导法曲率小且润滑角大，因此该传动具有齿面接触应力小、易形成润滑油膜、抗胶合抗磨损能力强、承载能力大、传动效率高、使用寿命长等优点，广泛应用于重载传动领域。

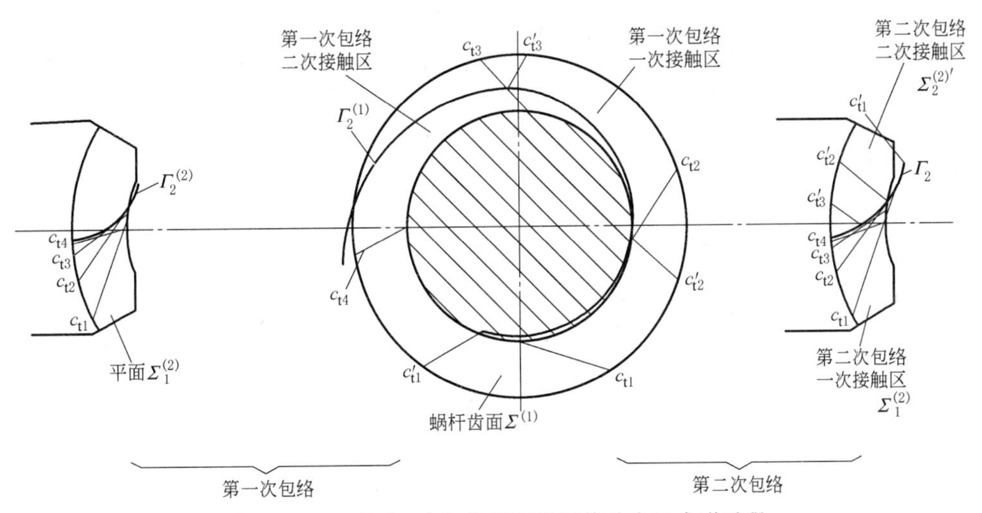

图12-4-45　平面二次包络环面蜗杆传动齿面成形过程

图12-4-45所示成形过程中，平面二次包络环面蜗杆传动的第一次包络和第二次包络具有相同的中心距、传动比和相对位置，该情况下为平面二次包络环面蜗杆传动的基本型传动。

常由于加工中存在误差，难以保证两次包络运动绝对一致，或者为了改善齿面间的啮合状态，有时也故意使两次包络的相对运动参数取不同数值，这种第一次包络与第二次包络相对运动存在差异的平面二次包络环面蜗杆传动称为变型传动。影响两次包络相对运动的参数很多，主要有中心距、传动比、蜗杆轴相对蜗轮轴向安装位置等。本节仅讨论中心距、传动比、蜗杆轴向安装位置变化三种最常用的变型情况，见图12-4-47。

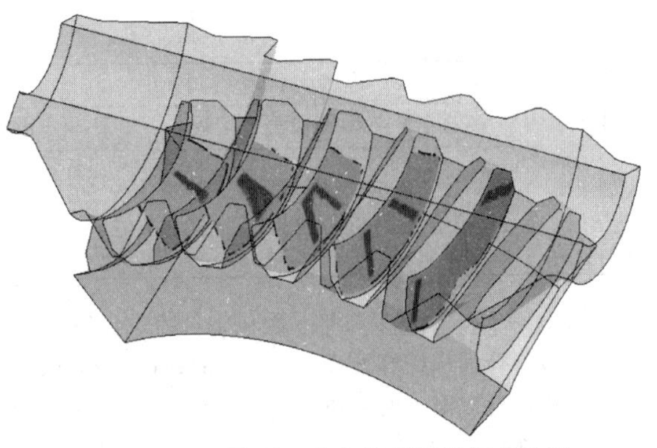

图12-4-46　平面二次包络环面蜗杆传动副瞬时接触线分布情况

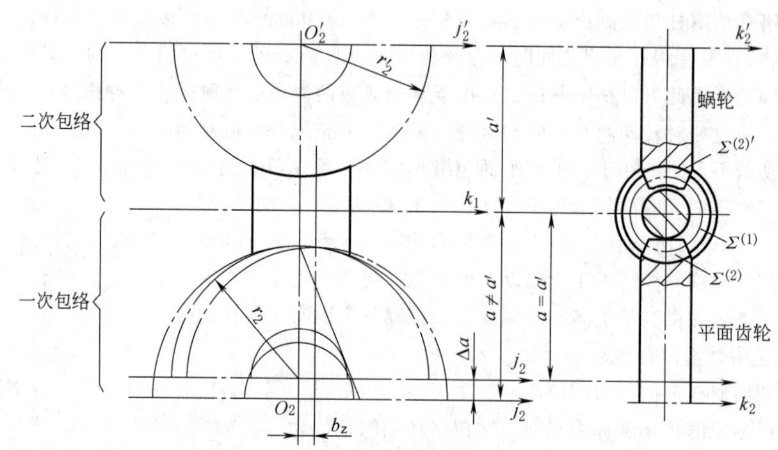

图 12-4-47　平面二次包络环面蜗杆传动的基本型传动和变型传动

实践表明合理的修形也可以提高平面二次包络环面蜗杆传动的性能，对于平面二次包络环面蜗杆传动的修形可分为两种：

① 基于啮合原理的修形　通过第一次包络的部分相对运动参数不等于第二次包络的相对运动参数来实现。这些参数可以是中心距、传动比、蜗杆与蜗轮的相对轴向位置等。这种修形方式需要对蜗杆和滚刀进行同样的修形，修形后的平面二次包络环面蜗杆传动仍是线接触。

对于该类修形的研究主要集中在修形类型的选取和修形量的选择两个方面。根据修形后平面二次包络蜗轮齿面是否存在二界曲线，修形传动可分为Ⅰ型传动和Ⅱ型传动。标准传动蜗轮齿面上瞬时接触线的分布如图 12-4-48a 所示。齿面存在接触线交叉区，该区域接触频率较高，容易发生疲劳点蚀，是蜗轮齿面最薄弱的地方。Ⅰ型传动和Ⅱ型传动蜗轮齿面瞬时接触线的分布分别如图 12-4-48b 和图 12-4-48c 所示。

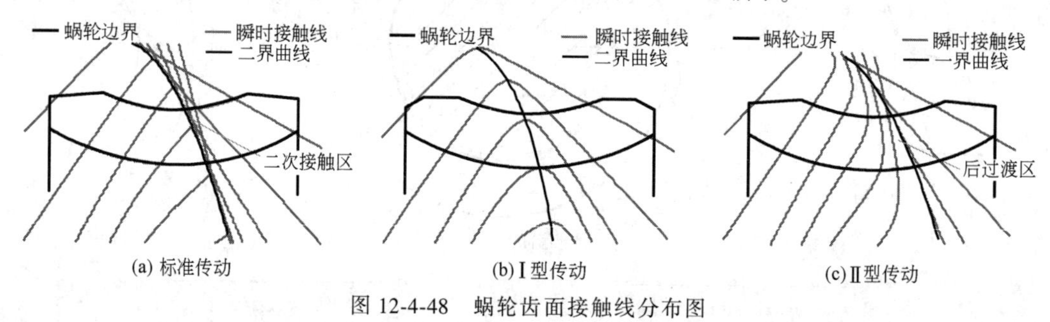

图 12-4-48　蜗轮齿面接触线分布图

标准传动、Ⅰ型传动和Ⅱ型传动的优缺点对比如表 12-4-30 所示。

表 12-4-30　　**性能对比**

分类	优点	缺点
标准传动	蜗杆全齿接触、蜗轮全齿接触	蜗轮齿面存在接触线交叉区
Ⅰ型传动	蜗轮全齿接触、接触线不交叉	蜗杆齿面接触区短且存在二界曲线，蜗轮齿面瞬时接触线呈拱形，拱顶润滑条件差
Ⅱ型传动	蜗杆全齿接触、接触线不交叉	蜗轮齿面存在后过渡区和一界曲线

② 失配修形　主要采取第一次包络过程中包络蜗杆和包络滚刀的参数不一致或采用其他类型的环面蜗杆来代替平面包络环面蜗杆等方式。修形后的蜗杆副不再是线接触。

失配修形可以减小误差和变形对平面二次包络环面蜗杆传动齿面接触质量的影响，但是该领域的研究较少。失配修形是降低因误差和载荷变形所引入的传动比误差的方法，降低了平面二次包络环面蜗杆传动对误差的敏感性，提高了传动精度。

合理的修形在一定程度上会提高平面二次包络环面蜗杆传动的啮合性能，但是不合理的修形会适得其反。

4.2 几何参数设计

(1) 几何尺寸计算

平面二次包络环面蜗杆传动副的几何尺寸如图 12-4-49 所示，相关计算公式见表 12-4-31。平面一次包络环面蜗杆传动副的几何参数计算与平面二次包络环面蜗杆传动副一致，仅需将其中的蜗轮设计成平面齿轮即可。

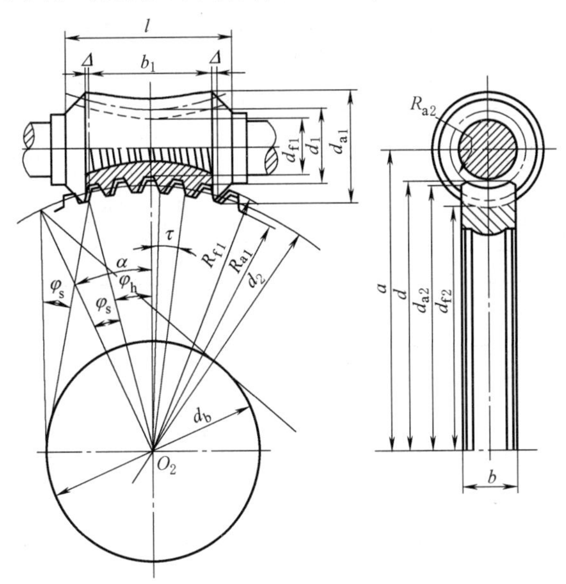

图 12-4-49　平面二次包络环面蜗杆传动副几何尺寸

表 12-4-31　　平面二次包络环面蜗杆传动副几何尺寸计算公式

序号	名称	代号	公式及说明
1	中心距	a	根据强度要求确定
2	传动比	i	$i=z_2/z_1$
3	蜗杆头数	z_1	根据使用要求确定
4	蜗轮齿数	z_2	$z_2=iz_1$
5	蜗杆分度圆直径	d_1	$d_1=k_1a$ $i>20, k_1=0.33\sim0.38$ $10<i\leqslant20, k_1=0.36\sim0.42$ $i\leqslant10, k_1=0.4\sim0.50$ 计算结果圆整
6	蜗轮分度圆直径	d_2	$d_2=2a-d_1$
7	蜗轮端面模数	m_t	$m_t=d_2/z_2$
8	齿顶高	h_a	$h_a=0.7m_t$
9	齿根高	h_f	$h_f=0.9m_t$
10	全齿高	h	$h=1.6m_t$
11	蜗杆齿根圆直径	d_{f1}	$d_{f1}=d_1-2h_f$
12	蜗杆齿顶圆直径	d_{a1}	$d_{a1}=d_1+2h_a$
13	齿顶间隙	c	$c=0.2m_t$
14	蜗杆齿根圆弧半径	R_{f1}	$R_{f1}=a-0.5d_{f1}$
15	蜗杆齿顶圆弧半径	R_{a1}	$R_{a1}=a-0.5d_{a1}$
16	蜗轮齿顶圆直径	d_{a2}	$d_{a2}=d_2+2h_a$
17	蜗轮齿根圆直径	d_{f2}	$d_{f2}=d_2-2h_f$
18	蜗杆喉部分度圆导程角	γ	$\gamma=\arctan\dfrac{d_2}{d_1}$
19	齿距角	τ	$\tau=360°/z_2$

续表

序号	名称	代号	公式及说明
20	主基圆直径	d_b	$d_b=k_b a$ 圆整 $k_b=0.5\sim0.67$ 一般 $k_b=0.63$；小传动比可取较小值
21	蜗轮分度圆压力角	α	$\alpha=\arcsin\dfrac{d_b}{d_2}$ $\alpha=20°\sim25°$
22	蜗杆包围蜗轮齿数	z'	$z'\leqslant\dfrac{z_2}{10}+0.5$
23	蜗杆包围蜗轮的工作半角	φ_h	$\varphi_h=0.5\tau(z'-0.45)$
24	工作起始角	φ_s	$\varphi_s=\alpha-\varphi_h$
25	蜗轮齿宽	b_2	$b_2=(0.9\sim1)d_{f1}$
26	蜗杆工作部分长度	b_1	$b_1=d_2\sin\varphi_h$
27	蜗杆外径处肩带宽度	Δ	$\Delta=m_t$
28	蜗杆最大齿顶圆直径	d_{ea1}	$d_{ea1}=2[a-\sqrt{R_{a1}^2-(0.5b_1)^2}]$
29	蜗杆最大齿根圆直径	d_{ef1}	$d_{ef1}=2[a-\sqrt{R_{f1}^2-(0.5b_1)^2}]$
30	蜗轮分度圆齿距	p_{t2}	$p_{t2}=\pi m_t$
31	齿侧间隙	j	按机械设备特性确定
32	蜗轮分度圆齿厚	s_2	$i>10, s_2=0.55p_{t2}$ $i\leqslant10, s_2=p_{t2}-s_1-j$
33	蜗杆分度圆齿厚	s_1	$i>10, s_1=p_{t2}-s_2-j$ $i\leqslant10, s_1=k_s p_{t2}$ $z_1<4, k_s\approx0.45$ $z_1=4, k_s=0.46$ $z_1=5, k_s=0.47$ $z_1=6, k_s=0.48$ $z_1=8, k_s=0.49$
34	母平面倾角	β	平面一次包络 直齿　$\beta=0$ 斜齿　$\beta=\gamma+(1°\sim3°)$ 平面二次包络 $\tan\beta=\dfrac{\cos(\alpha+\Delta)\dfrac{r_2}{a}\cos\alpha}{\cos(\alpha+\Delta)-\dfrac{r_2}{a}\cos\alpha}\times\dfrac{1}{i}$ $i>30, \Delta=8°; 10<i\leqslant30, \Delta=6°;$ $i\leqslant10, \Delta=1°\sim4°$或$\Delta=(0.1\sim0.2)i$
35	蜗杆法向弦齿厚	$\bar{s}_{n1}$	$\bar{s}_{n1}=s_1\cos\gamma$
36	蜗轮法向弦齿厚	$\bar{s}_{n2}$	$\bar{s}_{n2}=s_2\cos\gamma$
37	蜗轮齿冠圆弧半径	R_{a2}	$R_{a2}=0.53d_{f1}$
38	齿厚测齿高　蜗杆	$\bar{h}_{a1}$	$\bar{h}_{a1}=h_a-0.5d_2\{1-\cos[\arcsin(s_1/d_2)]\}$
	齿厚测齿高　蜗轮	$\bar{h}_{a2}$	$\bar{h}_{a2}=h_a+0.5d_2\{1-\cos[\arcsin(s_2/d_2)]\}$
39	蜗杆修缘值　入口端　修缘值	e_i	$e_i=0.3\sim1$
	蜗杆修缘值　入口端　修缘长度	E_i	$E_i=(1/4\sim1)p_{t2}$(不计算出值)
	蜗杆修缘值　出口端　修缘值	e_o	$e_o=0.2\sim0.8$
	蜗杆修缘值　出口端　修缘长度	E_o	$E_o=(1/3\sim1)p_{t2}$(不计算出值)

(2) 接触线分布验算

平面一次包络环面蜗杆传动副中，平面齿轮齿面接触线方程为：

$$
\begin{cases}
x_0=u\\
y_0=v\sin\beta-r_b\\
z_0=v\cos\beta\\
v=\dfrac{ui_{01}\cos\beta+\sin\beta(u\cos\phi_0+r_b\sin\phi_0-a_1)}{\sin\phi_0}
\end{cases}
\qquad(\phi_0\neq0)
$$

平面二次包络环面蜗杆传动副中，蜗轮齿面接触线方程为：

$$
\begin{cases}
x_2=-\cos\theta_1\cos\theta_2 x_1+\sin\theta_1\cos\theta_2 y_1-\sin\theta_2 z_1+a_2\cos\theta_2\\
y_2=\cos\theta_1\sin\theta_2 x_1-\sin\theta_1\sin\theta_2 y_1-\cos\theta_2 z_1-a_2\sin\theta_2\\
z_2=-\sin\theta_1 x_1-\cos\theta_1 y_1\\
x_1=-\cos\phi_0\cos\phi_1 x_0+\sin\phi_0\cos\phi_1 y_0-\sin\phi_1 z_0+a_1\cos\phi_1\\
y_1=\cos\phi_0\sin\phi_1 x_0-\sin\phi_0\sin\phi_1 y_0-\cos\phi_1 z_0-a_1\sin\phi_1\\
z_1=-\sin\phi_0 x_0-\cos\phi_0 y_0\\
x_0=u\\
y_0=v\sin\beta-r_b\\
z_0=v\cos\beta\\
u=\dfrac{\cos\phi_0[a_1\cos\beta\sin\phi_0\cos(\theta_1-\phi_1)-\cos\beta\sin\phi_0 a_2-a_1\sin\beta\sin(\theta_1-\phi_1)]}{\cos\beta\sin\phi_0\cos(\theta_1-\phi_1)-i_{12}i_{01}\cos\beta\sin\phi_0-(\sin\beta+i_{01}\cos\beta\cos\phi_0)\sin(\theta_1-\phi_1)}\\
v=\dfrac{ui_{01}\cos\beta+\sin\beta(u\cos\phi_0+r_b\sin\phi_0-a_1)}{\sin\phi_0}
\end{cases}
$$

上述式中相关参数查阅专业书籍或参见 4.3 节。将环面蜗杆转角 ϕ_0 或 θ_1 的间距取为 2π，则可得对应蜗轮齿面上的接触线分布如图 12-4-50 所示。瞬时接触线尽量分布稀疏，接触区域尽可能覆盖全齿面，且有效区内接触线条数尽量多。

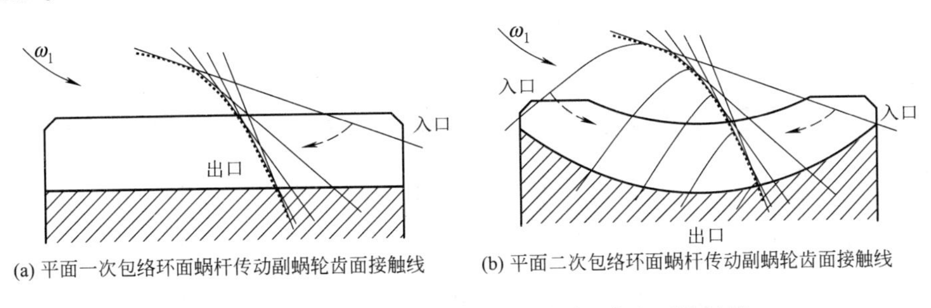

(a) 平面一次包络环面蜗杆传动副蜗轮齿面接触线　(b) 平面二次包络环面蜗杆传动副蜗轮齿面接触线

图 12-4-50　平面包络环面蜗杆传动副蜗轮齿面接触线

(3) 齿面根切验算

第一类界限曲线也叫根切曲线，是接触线在环面蜗杆齿面上的包络线。它将环面蜗杆齿面划分为工作区和干涉区，干涉区在加工过程中将会被母平面切除而形成非共轭曲面。若根切曲线经过环面蜗杆齿面的有效区，则齿面发生根切，蜗杆的啮合质量、承载能力及使用寿命均会大大降低。

环面蜗杆齿面根切曲线方程为：

$$
\begin{cases}
x_1=-\cos\phi_0\cos\phi_1 x_0+\sin\phi_0\cos\phi_1 y_0-\sin\phi_1 z_0+a_1\cos\phi_1\\
y_1=\cos\phi_0\sin\phi_1 x_0-\sin\phi_0\sin\phi_1 y_0-\cos\phi_1 z_0-a_1\sin\phi_1\\
z_1=-\sin\phi_0 x_0-\cos\phi_0 y_0\\
x_0=u\\
y_0=v\sin\beta-r_b\\
z_0=v\cos\beta\\
u=(FB-CE)/(AE-BD)\\
v=(CD-AF)/(AE-BD)\\
A=i_{10}^2\sin\phi_0\cos\phi_0\cos\beta\\
B=2i_{10}\cos\phi_0\cos^2\beta+i_{10}^2\sin\beta\cos\beta\cos^2\phi_0-\sin\beta\cos\beta\\
C=\cos\beta[i_{10}^2\sin\phi_0(r_b\sin\phi_0-a_1)+r_b]\\
D=\cos\beta+i_{10}\sin\beta\cos\phi_0\\
E=-i_{10}\sin\phi_0\\
F=i_{10}(r_b\sin\beta\sin\phi_0-a\sin\beta)
\end{cases}
$$

上述式中相关参数查阅专业书籍或参见 4.3 节。利用上述根切曲线方程，可得出平面包络环面蜗杆齿面根切曲线如图 12-4-51 所示，为一条喇叭螺旋线。为了方便判断，常将空间根切曲线转化至平面中处理，如图 12-4-52 所示。

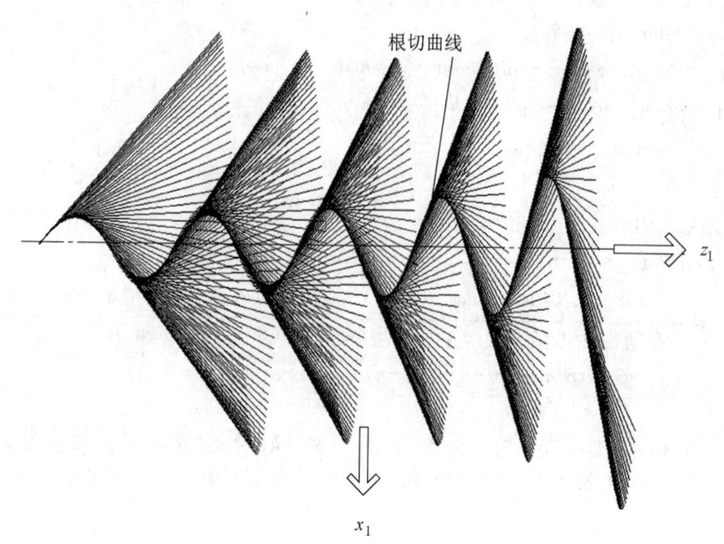

图 12-4-51　平面包络环面蜗杆齿面根切曲线

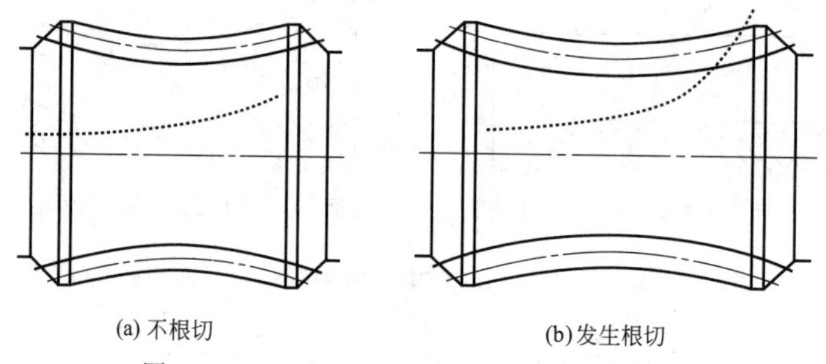

图 12-4-52　平面包络环面蜗杆齿面根切判断

4.3　精确三维模型

（1）齿面方程

由啮合原理，有平面包络环面蜗杆齿面方程为：

$$\begin{cases} x_1=-\cos\phi_0\cos\phi_1 x_0+\sin\phi_0\cos\phi_1 y_0-\sin\phi_1 z_0+a_1\cos\phi_1 \\ y_1=\cos\phi_0\sin\phi_1 x_0-\sin\phi_0\sin\phi_1 y_0-\cos\phi_1 z_0-a_1\sin\phi_1 \\ z_1=-\sin\phi_0 x_0-\cos\phi_0 y_0 \\ x_0=u \\ y_0=v\sin\beta-r_{\mathrm{b}} \\ z_0=v\cos\beta \\ v=\dfrac{ui_{01}\cos\beta+\sin\beta(u\cos\phi_0+r_{\mathrm{b}}\sin\phi_0-a_1)}{\sin\phi_0} \end{cases} \quad (\phi_0\neq 0)$$

式中，u 和 v 为包络母平面参数；ϕ_0 和 ϕ_1 为一次包络过程中工具齿轮和环面蜗杆的转角；r_{b} 为主基圆半径；β 为母平面倾角；i_{01} 为一次包络传动比；a_1 为一次包络中心距。

当 $a_1=a_2$，$i_{10}=i_{12}$ 时，传动类型为基本型传动。此时蜗轮齿面上一次接触区的齿面方程为：

$$\begin{cases}x_2=-\cos\theta_1\cos\theta_2x_1+\sin\theta_1\cos\theta_2y_1-\sin\theta_2z_1+a_2\cos\theta_2\\y_2=\cos\theta_1\sin\theta_2x_1-\sin\theta_1\sin\theta_2y_1-\cos\theta_2z_1-a_2\sin\theta_2\\z_2=-\sin\theta_1x_1-\cos\theta_1y_1\\x_1=-\cos\phi_0\cos\phi_1x_0+\sin\phi_0\cos\phi_1y_0-\sin\phi_1z_0+a_1\cos\phi_1\\y_1=\cos\phi_0\sin\phi_1x_0-\sin\phi_0\sin\phi_1y_0-\cos\phi_1z_0-a_1\sin\phi_1\\z_1=-\sin\phi_0x_0-\cos\phi_0y_0\\x_0=u\\y_0=v\sin\beta-r_b\\z_0=v\cos\beta\\v=\dfrac{ui_{01}\cos\beta+\sin\beta(u\cos\phi_0+r_b\sin\phi_0-a_1)}{\sin\phi_0}\end{cases}$$

蜗轮齿面上二次接触区的齿面方程为：

$$\begin{cases}x_2=-\cos\theta_1\cos\theta_2x_1+\sin\theta_1\cos\theta_2y_1-\sin\theta_2z_1+a_2\cos\theta_2\\y_2=\cos\theta_1\sin\theta_2x_1-\sin\theta_1\sin\theta_2y_1-\cos\theta_2z_1-a_2\sin\theta_2\\z_2=-\sin\theta_1x_1-\cos\theta_1y_1\\x_1=-\cos\phi_0\cos\phi_1x_0+\sin\phi_0\cos\phi_1y_0-\sin\phi_1z_0+a_1\cos\phi_1\\y_1=\cos\phi_0\sin\phi_1x_0-\sin\phi_0\sin\phi_1y_0-\cos\phi_1z_0-a_1\sin\phi_1\\z_1=-\sin\phi_0x_0-\cos\phi_0y_0\\x_0=u\\y_0=v\sin\beta-r_b\\z_0=v\cos\beta\\u=\dfrac{\cos\phi_0[a_1\cos\beta\sin\phi_0\cos(\theta_1-\phi_1)-\cos\beta\sin\phi_0a_2-a_1\sin\beta\sin(\theta_1-\phi_1)]}{\cos\beta\sin\phi_0\cos(\theta_1-\phi_1)-i_{12}i_{01}\cos\beta\sin\phi_0-(\sin\beta+i_{01}\cos\beta\cos\phi_0)\sin(\theta_1-\phi_1)}\\v=\dfrac{ui_{01}\cos\beta+\sin\beta(u\cos\phi_0+r_b\sin\phi_0-a_1)}{\sin\phi_0}\end{cases}$$

当 $a_1\neq a_2$ 或 $i_{10}\neq i_{12}$ 时传动类型为修形传动，此时蜗轮齿面方程与上式一致。

式中，θ_1 和 θ_2 为平面包络环面蜗杆和蜗轮的转角；i_{12} 为二次包络过程传动比；a_2 为二次包络过程中心距。

（2）求解方法

平面包络环面蜗杆齿面方程中有三个独立参变量 u 和 v 及 ϕ_0，其中 u 和 v 为包络母平面沿轴向和径向的参数，ϕ_0 为工具齿轮转角。依据实际情况确定两参变量 u 和 ϕ_0 的取值范围及计算步长，分别为参变量 u 的最小值 u_1、最大值 u_2 及计算步长 u_h，参变量 ϕ_0 的最小值 ϕ_{01}、最大值 ϕ_{02} 及计算步长 ϕ_{0h}，计算流程如图 12-4-53 所示。

将所计算出的系列坐标点（x_1，y_1，z_1）导入三维建模，将同一 ϕ_0 的点拟合为一条直线得系列直线，将系列直线拟合成曲面即为平面包络环面蜗杆齿面。也可将平面包络环面蜗杆齿面方程转换成环面螺旋线方程，由系列环面螺旋线拟合成平面包络环面蜗杆齿面。

蜗轮齿面方程中有四个独立参变量 u、v、ϕ_0 及 θ_1，其中 u 和 v 为包络母平面沿轴向和径向的参数，ϕ_0 为一次包络过程中工具齿轮转角，θ_1 为二次包络过程中环面蜗杆转角。依据实际情况确定两参变量 ϕ_0 和 θ_1 的取值范围及计算步长，即参变量 ϕ_0 的最小值 ϕ_{01}、最大值 ϕ_{02} 及计算步长 ϕ_{0h}，参变量 θ_1 的最小值 θ_{11}、最大值 θ_{12} 及计算步长 θ_{1h}，计算流程如图 12-4-54 所示。

将所计算出的系列坐标点（x_2，y_2，z_2）导入三维建模，将同一 θ_1 的点拟合为一条曲线得系列曲线，将系列曲线拟合成曲面即为蜗轮齿面。

4.4 承载能力计算

目前，平面二次包络环面蜗杆传动的承载能力计算一般基于功率表来确定其基本参数。表 12-4-32 给出了载

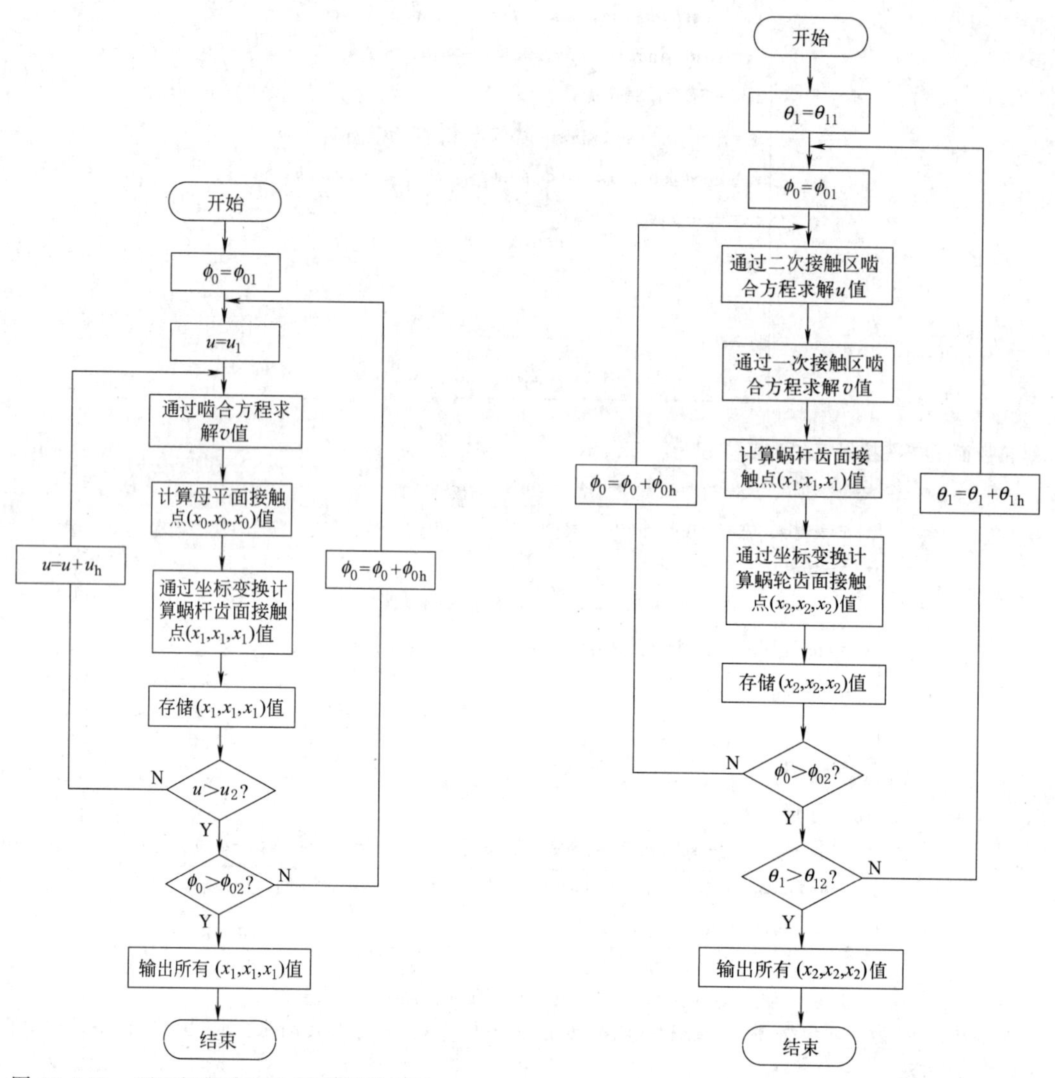

图 12-4-53　环面蜗杆齿面方程求解流程图

图 12-4-54　蜗轮齿面方程求解流程图

荷平稳，每天工作 8h，每小时启动次数不大于 10 次，启动转矩为额定转矩的 2.5 倍，小时载荷率 $JC=100\%$，环境温度为 20℃时的额定输入功率 P_1 及额定输出转矩 T_2。当设计情况不一致时，输入功率 P_1 或输出转矩 T_2 可计算如下（GB/T 16444—2008）。

机械功率

$$P_1 \geqslant P_{1W} K_A K_1 \text{ 或 } T_2 \geqslant T_{2W} K_A K_1$$

热功率

$$P_1 \geqslant P_{1W} K_2 K_3 K_4 \text{ 或 } T_2 \geqslant T_{2W} K_2 K_3 K_4$$

式中　P_{1W}——实际输入功率，kW；

T_{2W}——实际输出转矩，N·m；

K_A——使用系数，见表 12-4-33；

K_1——启动频率系数，见表 12-4-34；

K_2——冷却方式系数，见表 12-4-35；

K_3——小时载荷率系数，见表 12-4-36；

K_4——环境温度系数，见表 12-4-37。

平面二次包络环面蜗杆传动副的传动效率可参照表 12-4-38。

表 12-4-32 平面二次包络环面蜗杆传动副功率表

公称传动比 i	输入转速 n_1 /r·min^{-1}	功率转矩	中心距/mm 80	100	125	140	160	180	200	225	250	280	315	355	400	450	500	560	630	710
			额定输入功率 P_1/kW;额定输出转矩 T_2/N·m																	
10	1500	P_1	6.71	11.5	19.7	25.9	35.7	47.5	61.2	81.4	105	138	183	245	261	347				
		T_2	384	666	1141	1516	2093	2811	3626	4870	6280	8343	11087	14795	15787	20979				
	1000	P_1	6.20	10.6	18.2	23.9	33.0	43.9	56.6	75.2	97.0	127	169	226	241	320	413	543	722	963
		T_2	533	923	1581	2102	2901	3897	5025	6749	8703	11563	15366	20505	21881	29076	37495	49291	65499	87408
	750	P_1	5.22	8.94	15.3	20.1	27.8	36.9	47.6	63.3	81.6	107	143	190	203	270	348	457	608	811
		T_2	591	1019	1755	2333	3220	4326	5579	7494	9664	12842	17064	22772	24300	32290	41640	54740	72740	97071
	500	P_1	4.20	7.20	12.3	16.2	22.4	29.7	38.3	50.9	65.7	86.3	115	153	163	217	280	368	489	652
		T_2	697	1202	2071	2754	3801	5107	6586	8849	11412	15167	20145	26896	28700	38137	49181	64653	85913	114649
12.5	1500	P_1	5.88	10.1	17.3	22.7	31.3	41.7	53.7	71.4	92.0	121	161	215	229	304	392			
		T_2	417	722	1237	1645	2270	3066	3954	5311	6849	9100	12092	16137	17220	22882	29508			
	1000	P_1	5.26	9.00	15.4	20.3	28.0	37.2	48.0	63.8	82.2	108	144	192	205	272	351	461	612	817
		T_2	558	968	1658	2204	3042	4109	5298	7117	9178	12194	16204	21624	23074	30661	39540	51980	69072	92176
	750	P_1	4.31	7.39	12.7	16.7	23.0	30.5	39.4	52.3	67.5	88.7	118	157	168	223	288	378	503	671
		T_2	604	1041	1794	2386	3293	4448	5737	7665	9884	13135	17454	23292	24854	33027	42591	55993	74401	99287
	500	P_1	3.29	5.65	9.67	12.7	17.6	23.3	30.1	40.0	51.5	67.8	90.0	120	128	170	220	289	384	512
		T_2	676	1166	2009	2672	3688	4956	6392	8589	11076	14722	19563	25819	27857	37018	47737	62755	83390	111283
14	1500	P_1	5.45	9.34	16.0	21.0	29.0	38.6	49.8	66.1	85.3	112	149	199	212	282	364	478		
		T_2	430	745	1277	1688	2330	3165	4082	5483	7070	9395	12484	16660	17777	23623	30463	40047		
	1000	P_1	4.90	8.40	14.4	18.9	26.1	34.7	44.8	59.5	76.7	101	134	179	191	254	327	430	571	762
		T_2	580	1005	1723	2277	3143	4269	5506	7396	9537	12673	16840	22472	23980	31865	41092	54020	71783	95793
	750	P_1	4.00	6.85	11.7	15.4	21.3	28.3	36.5	48.5	62.6	82.3	109	146	156	207	267	351	466	622
		T_2	620	1075	1853	2464	3401	4544	5860	7917	10209	13568	18029	24060	25674	34116	43995	57836	76854	102560
	500	P_1	3.06	5.24	8.98	11.8	16.3	21.7	27.9	37.1	47.8	62.9	83.6	112	119	158	204	268	356	476
		T_2	695	1205	2078	2761	3814	5097	6572	8833	11391	15143	20122	26852	28653	38075	49101	64548	85773	114463
16	1500	P_1	4.98	8.54	14.6	19.2	26.5	35.3	45.5	60.4	77.9	102	136	182	194	258	332	437		
		T_2	446	774	1326	1763	2433	3233	4169	5663	7303	9706	12897	17211	18365	24441	31470	41372		
	1000	P_1	4.51	7.73	13.2	17.4	24.0	31.9	41.2	54.7	70.6	92.8	123	165	176	233	301	395	525	701
		T_2	606	1051	1801	2394	3305	4391	5663	7692	9920	13183	17517	23377	24945	33147	42746	56194	74604	99648
	750	P_1	3.65	6.25	10.7	14.1	19.4	25.8	33.3	44.3	57.1	75.0	99.7	133	142	189	243	320	425	567
		T_2	643	1108	1920	2553	3524	4735	6106	8114	10464	14062	18685	24935	26608	35357	45595	59940	79650	106292
	500	P_1	2.62	4.84	8.29	10.9	15.0	20.0	25.8	34.3	44.2	58.1	77.2	103	110	146	188	248	329	439
		T_2	725	1250	2154	2865	3954	5316	6855	9214	11881	15797	20991	28013	29892	39721	52223	67338	89480	119410

续表

公称传动比 i	输入转速 n_1 /r·min^{-1}	功率转矩	中心距/mm																	
			80	100	125	140	160	180	200	225	250	280	315	355	400	450	500	560	630	710
			额定输入功率 P_1/kW；额定输出转矩 T_2/N·m																	
18	1500	P_1	4.59	7.86	13.5	17.7	24.4	32.5	41.9	55.7	71.8	94.4	125	167	179	237	306	402		
		T_2	460	793	1359	1817	2508	3351	4321	5742	7405	9951	13223	17646	18829	25021	32266	42417		
	1000	P_1	3.92	6.72	11.5	15.1	20.9	27.8	35.8	47.6	61.4	80.7	107	143	153	203	262	344	457	610
		T_2	587	1017	1742	2316	3197	4296	5540	7362	9493	12757	16952	22623	24140	32078	41367	54381	72263	96434
	750	P_1	3.29	5.65	9.67	12.7	17.6	23.3	30.1	40.0	51.5	67.8	90.0	120	128	170	220	289	384	512
		T_2	646	1113	1929	2565	3540	4785	6170	8246	10633	13978	18574	24787	26743	35537	45827	60245	80055	106832
	500	P_1	2.51	4.30	7.37	9.69	13.4	17.8	22.9	30.5	39.3	51.6	68.6	91.6	97.7	130	167	220	292	390
		T_2	716	1235	2128	2831	3908	5254	6776	9109	11746	15620	20756	27698	29556	39275	50647	66582	88475	118068
20	1500	P_1	4.20	7.19	12.3	16.2	22.4	29.7	38.3	50.9	65.7	86.3	115	153	163	217	280	368		
		T_2	462	797	1365	1815	2505	3386	4367	5835	7524	9882	13144	17541	18925	25148	32431	42634		
	1000	P_1	3.61	6.18	10.6	13.9	19.2	25.5	32.9	43.8	56.5	74.2	98.6	132	140	187	241	316	420	561
		T_2	593	1021	1761	2341	3231	4367	5632	7525	9704	12757	16952	22623	24408	32434	41826	54985	73066	97505
	750	P_1	2.98	5.11	8.75	11.5	15.9	21.1	27.2	36.2	46.6	61.3	81.5	109	116	154	199	261	347	463
		T_2	641	1106	1917	2549	3519	4783	6168	8243	10629	14052	18672	24918	26598	35332	45563	59898	79594	106217
	500	P_1	2.31	3.97	6.79	8.93	12.3	16.4	21.1	28.1	36.2	47.6	63.2	84.4	90.1	120	154	203	270	360
		T_2	725	1250	2154	2866	3956	5320	6860	9223	11894	15817	21018	28049	29930	39772	51289	67425	89596	119564
22.4	1500	P_1	3.84	6.59	11.3	14.8	20.5	27.2	35.1	46.6	60.1	79.1	105	140	150	199	256	337		
		T_2	496	808	1384	1841	2541	3435	4429	5919	7633	10147	13483	17993	19200	25514	32902	43253		
	1000	P_1	3.29	5.65	9.67	12.7	17.6	23.3	30.1	40.0	51.5	67.8	90.0	120	128	170	220	289	384	512
		T_2	599	1039	1780	2367	3267	4416	5695	7610	9813	13046	17336	23134	24686	32803	42302	55611	73897	98614
	750	P_1	2.75	4.70	8.06	10.6	14.6	19.4	25.1	33.3	43.0	56.5	75.0	100	107	142	183	241	320	427
		T_2	654	1134	1943	2584	3567	4851	6256	8360	10781	14334	19048	25419	27124	36043	46480	61103	81195	108353
	500	P_1	2.12	3.63	6.22	8.18	11.3	15.0	19.3	25.7	33.1	43.6	57.9	77.2	82.4	110	141	186	247	329
		T_2	729	1258	2155	2868	3959	5325	6867	9234	11908	15935	21174	28257	30857	41004	52878	69513	92371	123268
25	1500	P_1	3.45	5.91	10.1	13.3	18.4	24.4	31.5	41.9	54.0	71.0	94.3	126	134	178	230	303		
		T_2	467	810	1387	1845	2546	3423	4414	5898	7606	10056	13363	17832	19028	25285	32607	42866		
	1000	P_1	2.94	5.04	8.64	11.4	15.7	20.8	26.9	35.7	46.0	60.5	80.4	107	114	152	196	258	343	457
		T_2	590	1023	1773	2358	3255	4376	5643	7541	9724	12856	17083	22797	24326	32325	41685	54800	72819	97176
	750	P_1	2.51	4.30	7.37	9.69	13.4	17.8	22.9	30.5	39.3	51.6	68.6	91.6	97.7	130	167	220	292	390
		T_2	663	1143	1971	2622	3619	4865	6274	8434	10876	14463	19218	25646	27367	36365	46896	61650	81921	109323
	500	P_1	1.88	3.23	5.53	7.27	10.0	13.3	17.2	22.8	29.5	38.7	51.5	68.7	73.3	97.4	126	165	219	293
		T_2	710	1225	2112	2811	3880	5187	6689	9052	14091	15716	20883	27869	29738	39516	50959	66991	89019	118795

续表

公称传动比 i	输入转速 n_1 /r·min^{-1}	功率转矩	中心距/mm																	
			80	100	125	140	160	180	200	225	250	280	315	355	400	450	500	560	630	710
			额定输入功率 P_1/kW；额定输出转矩 T_2/N·m																	
28	1500	P_1	3.10	5.31	9.10	12.0	16.5	21.9	28.3	37.6	48.7	63.7	84.7	113	121	160	207	272		
		T_2	453	786	1354	1791	2472	3324	4287	5763	7432	9940	13209	17627	18810	24995	32232	42373		
	1000	P_1	2.71	4.64	7.95	10.4	14.4	19.2	24.7	32.8	42.3	55.7	74.0	98.7	105	140	180	237	315	421
		T_2	593	1023	1764	2346	3239	4355	5616	7550	9737	13023	17306	23094	24643	32746	42229	55514	73768	98443
	750	P_1	2.27	3.90	6.68	8.78	12.1	16.1	20.8	27.6	35.6	46.8	62.2	83.0	88.5	118	152	199	265	354
		T_2	657	1133	1953	2589	3587	4823	6220	8364	10786	14346	19063	25439	27146	36072	46517	61152	81260	108441
	500	P_1	1.80	3.09	5.30	6.96	9.61	12.8	16.5	21.9	28.2	37.1	49.3	65.8	70.2	93.3	120	158	210	280
		T_2	743	1281	2196	2905	4010	5397	6959	9365	12077	16174	21492	28681	30604	40668	52444	68943	91613	122257
31.5	1500	P_1	2.78	4.77	8.18	10.7	14.8	19.7	25.4	33.8	43.6	57.3	76.1	102	108	144	186	244		
		T_2	447	770	1328	1768	2440	3282	4232	5691	7339	9763	12974	17313	18475	24550	31658	41618		
	1000	P_1	2.43	4.17	7.14	9.39	13.0	17.2	22.2	29.5	38.0	50.0	66.5	88.7	94.6	126	162	213	283	378
		T_2	585	1009	1740	2315	3196	4299	5543	7455	9614	12789	16994	22678	24199	32156	41468	54514	72440	96670
	750	P_1	1.80	3.09	5.30	6.96	9.61	12.8	16.5	21.9	28.2	37.1	49.3	65.8	70.2	93.3	120	158	210	280
		T_2	572	986	1700	2263	3123	4201	5418	7287	9397	12502	16613	22170	23657	31436	40593	53293	70818	94505
	500	P_1	1.57	2.69	4.61	6.06	8.36	11.1	14.3	19.0	24.5	32.3	42.9	57.2	61.1	81.1	105	138	183	244
		T_2	708	1221	2106	2787	3847	5146	6636	8932	11519	15337	20380	27196	29021	38563	49730	65376	86873	115930
35.5	1500	P_1	2.43	4.17	7.14	9.39	13.0	17.2	22.2	29.5	38.0	50.0	66.5	88.7	94.6	126	162	213		
		T_2	431	744	1283	1697	2343	3152	4065	5468	7051	9439	12543	16738	17861	23734	30606	40235		
	1000	P_1	2.20	3.76	6.45	8.48	11.7	15.6	20.0	26.6	34.4	45.2	60.0	80.1	85.5	114	146	193	256	341
		T_2	584	1008	1738	2299	3174	4270	5507	7408	9553	12788	16993	22677	24198	32155	41466	54512	72437	96666
	750	P_1	1.88	3.23	5.53	7.27	10.0	13.3	17.2	22.8	29.5	38.7	51.5	68.7	73.3	97.4	126	165	219	293
		T_2	655	1130	1949	2595	3582	4820	6216	8363	10784	14352	19072	25451	27158	36089	46539	61180	81298	108490
	500	P_1	1.49	2.55	4.38	5.75	7.94	10.6	13.6	18.1	23.3	30.6	40.7	54.4	58.0	77.1	99.4	131	174	232
		T_2	738	1273	2196	2906	4011	5402	6966	9318	12016	16108	21405	28565	30481	40503	52232	68665	91243	121762
40	1500	P_1	2.27	3.90	6.68	8.78	12.1	16.1	20.8	27.6	35.6	46.8	62.2	83.0	88.5	118	152	199	265	
		T_2	440	759	1310	1744	2408	3240	4178	5623	7251	9651	12825	17115	18263	24268	31295	41141	54669	
	1000	P_1	1.88	3.23	5.53	7.27	10.0	13.3	17.2	22.8	29.5	38.7	51.5	68.7	73.3	97.4	126	165	219	293
		T_2	547	943	1626	2165	2989	4022	5187	6980	9001	11981	15920	21246	22671	30125	38849	51071	67864	90564
	750	P_1	1.65	2.82	4.84	6.36	8.78	11.7	15.0	20.0	25.8	33.9	45.0	60.1	64.1	85.2	110	144	192	256
		T_2	629	1085	1872	2494	3442	4633	5975	8041	10370	13805	18345	24481	26123	34712	44764	58847	78198	104354
	500	P_1	1.22	2.08	3.57	4.69	6.48	8.61	11.1	14.8	19.0	25.0	33.2	44.3	47.3	62.9	81.1	107	142	189
		T_2	659	1138	1964	2617	3613	4867	6276	8452	10900	14520	19295	25748	27475	36510	47082	61895	82247	109758

续表

公称传动比 i	输入转速 n_1 /r·min^{-1}	功率 转矩	中心距/mm																	
			80	100	125	140	160	180	200	225	250	280	315	355	400	450	500	560	630	710
			额定输入功率 P_1/kW;额定输出转矩 T_2/N·m																	
45	1500	P_1	2.04	3.49	5.99	7.87	10.9	14.4	18.6	24.7	31.9	41.9	55.7	74.4	79.4	105	136	179	238	
		T_2	435	751	1304	1737	2397	3227	4161	5600	7222	9614	12776	17049	18193	24175	31175	40983	54459	
	1000	P_1	1.76	3.02	5.18	6.81	9.40	12.5	16.1	21.4	27.6	36.3	48.2	64.4	68.7	91.3	118	155	206	274
		T_2	565	975	1693	2293	3112	4189	5401	7270	9375	12480	16584	22131	23615	31381	40468	53199	70692	94338
	750	P_1	1.57	2.69	4.61	6.06	8.36	11.1	14.3	19.0	24.5	32.3	42.9	57.2	61.1	81.1	105	138	183	244
		T_2	661	1140	1966	2602	3592	4837	6238	8343	10759	14237	18918	25246	26939	35797	46163	60686	80641	107615
	500	P_1	1.29	2.22	3.80	5.00	6.90	9.16	11.8	15.7	20.2	26.6	35.4	47.2	50.4	66.9	86.3	113	151	201
		T_2	773	1334	2303	3069	4238	5712	7364	9852	12705	17046	22651	30227	32255	42861	55272	72661	96554	128849
50	1500	P_1	1.84	3.16	5.41	7.12	9.82	13.1	16.8	22.4	28.8	37.9	50.4	87.2	71.7	95.3	123	162	215	
		T_2	428	744	1275	1699	2345	3157	4072	5482	7069	9414	12510	16694	17814	23671	30525	40129	53324	
	1000	P_1	1.61	2.76	4.72	6.21	8.57	11.4	14.7	19.5	25.2	33.1	43.9	58.6	62.6	83.2	107	141	187	250
		T_2	560	974	1668	2223	3068	4132	5328	7173	9250	12318	16369	21844	23309	30974	39943	52509	69776	93115
	750	P_1	1.33	2.28	3.92	5.15	7.10	9.44	12.2	16.2	20.9	27.4	36.4	48.6	51.9	69.0	88.9	117	155	207
		T_2	611	1055	1820	2425	3347	4508	5814	7828	10095	13446	17867	23843	25442	33808	43598	57315	76161	101636
	500	P_1	1.02	1.74	2.99	3.94	5.43	7.22	9.31	12.4	16.0	21.0	27.9	37.2	39.7	52.7	68.0	89.4	119	159
		T_2	662	1143	1973	2631	3632	4895	6313	8507	10970	14622	19430	25929	27668	36766	47412	62328	82823	110526
56	1500	P_1	1.69	2.49	4.26	6.51	8.99	11.9	15.4	20.5	26.4	34.7	46.1	61.5	65.6	87.2	112	148	196	
		T_2	430	964	1652	1706	2355	3172	4090	5471	7150	9523	12654	16887	18019	23944	30878	40592	53940	
	1000	P_1	1.45	2.28	3.92	5.60	7.73	10.3	13.2	17.6	22.7	29.8	39.7	52.9	56.5	75.0	96.8	127	169	226
		T_2	555	1157	1996	2202	3039	4094	5279	7062	9228	12291	16332	21795	23257	30905	39854	52393	69620	92907
	750	P_1	1.33	2.28	3.92	5.14	7.10	9.44	12.2	10.2	20.9	27.4	36.4	48.6	51.9	69.0	88.9	117	155	207
		T_2	670	1157	1996	2661	3673	4948	6381	8595	11083	14766	19621	24184	27940	37128	47879	62942	83639	111615
	500	P_1	1.10	1.88	3.22	4.24	5.85	7.78	10.0	13.3	17.2	22.6	30.0	40.1	42.7	56.8	73.2	96.3	128	171
		T_2	787	1359	2345	3106	4287	5780	7453	10118	13048	17274	22954	30631	32686	43434	56011	73633	97845	130572
63	1500	P_1	1.49	2.55	4.38	5.75	7.94	10.6	13.6	18.1	23.3	30.7	40.7	54.4	58.0	77.1	99.4	131	174	
		T_2	418	727	1246	1661	2293	3090	3984	5367	6921	9221	12254	16352	17449	23187	29901	39308	52234	
	1000	P_1	1.33	2.28	3.92	5.15	7.10	9.44	12.2	16.2	20.9	27.4	36.4	48.6	51.9	69.0	88.9	117	155	207
		T_2	562	976	1673	2230	3078	4147	5347	7203	9289	12376	16446	21946	23419	31119	40130	52756	70103	93551
	750	P_1	1.22	2.08	3.57	4.69	6.48	8.61	11.1	14.8	19.0	25.0	33.2	44.3	47.3	62.9	81.1	107	142	189
		T_2	673	1162	2005	2673	3690	4972	6412	8638	11279	14845	19726	26324	28090	37327	48135	63279	84087	112213
	500	P_1	0.82	1.41	2.42	3.18	4.39	5.83	7.52	9.99	12.9	16.9	22.5	30.0	32.1	42.6	54.9	72.2	96.0	128
		T_2	644	1112	1921	2563	3538	4771	6153	8297	10699	14269	18961	25303	27000	35879	46268	60824	80825	107859

表 12-4-33　使用系数 K_A

原动机	载荷性质（工作机特性）	每日工作时间/h ≤0.5	>0.5~1	>1~2	>2~10	>10
		K_A				
电动机、汽轮机、燃气轮机（启动转矩小，偶然作用）	均匀	0.6	0.7	0.9	1.0	1.2
	轻度冲击	0.8	0.9	1.0	1.2	1.3
	中等冲击	0.9	1.0	1.2	1.3	1.5
	强烈冲击	1.1	1.2	1.3	1.5	1.75
汽轮机、燃气轮机、液动机或电动机（启动转矩大，经常作用）	均匀	0.7	0.8	1.0	1.1	1.3
	轻度冲击	0.9	1.0	1.1	1.3	1.4
	中等冲击	1.0	1.1	1.3	1.4	1.6
	强烈冲击	1.1	1.3	1.4	1.6	1.9
多缸内燃机	均匀	0.8	0.9	1.1	1.3	1.4
	轻度冲击	1.0	1.1	1.3	1.4	1.5
	中等冲击	1.1	1.3	1.4	1.5	1.8
	强烈冲击	1.3	1.4	1.5	1.8	2.0
单缸内燃机	均匀	0.9	1.1	1.3	1.4	1.6
	轻度冲击	1.1	1.3	1.4	1.6	1.8
	中等冲击	1.3	1.4	1.6	1.8	2
	强烈冲击	1.4	1.6	1.8	2.0	>2.0

表 12-4-34　启动频率系数 K_1

每小时启动次数	≤10	>10~60	>60~400
启动频率系数 K_1	1	1.1	1.2

表 12-4-35　冷却方式系数 K_2

冷却方式	中心距 a /mm	蜗杆转速 n_1/r·min^{-1} 1500	1000	750	500
		冷却方式系数 K_2			
自然冷却（无风扇）	80 100~225 250~710	1 1.37 1.51	1 1.59 1.85	1 1.59 1.89	1 1.33 1.78
风扇冷却	80~710	1			

表 12-4-36　小时载荷率系数 K_3

小时载荷率 JC/%	100	80	60	40	20
小时载荷率系数 K_2	1	0.95	0.88	0.77	0.6

注：$JC=\frac{1h内负荷作用时间(min)}{60}\times100\%$，$JC<20\%$按 20%计。

表 12-4-37　环境温度系数 K_4

冷却方式	中心距 a/mm	蜗杆转速 n_1/r·min^{-1} 1500	1000	750	500
		环境温度系数 K_4			
自然冷却（无风扇）	80 100~225 250~710	1 1.37 1.51	1 1.59 1.85	1 1.59 1.89	1 1.33 1.78
风扇冷却	80~710	1			

表 12-4-38 **平面二次包络环面蜗杆传动副效率**

公称传动比 i	输入转速 n_1 /r·min^{-1}	中心距/mm									
		80	100	125	140	160	180	200	225	250	280~710
		传动效率 η/%									
10	1500	90	91	91	92	92	93	93	94	94	95
	1000	90	91	91	92	92	93	93	94	94	95
	750	89	89.5	90	91	91	92	92	93	93	94
	500	87	87.5	88	89	89	90	90	91	91	92
12.5	1500	89	90	90	91	91	92.5	92.5	93.5	93.5	94.5
	1000	89	90	90	91	91	92.5	92.5	93.5	93.5	94.5
	750	88	88.5	89	90	90	91.5	91.5	92	92	93
	500	86	86.5	87	88	88	89	89	90	90	91
14	1500	88.5	89.5	89.5	91	91	92	92	93	93	94
	1000	88.5	89.5	89.5	91	91	92	92	93	93	94
	750	87	88	88.5	89.5	89.5	91	91	91.5	91.5	92.5
	500	85	86	86.5	87.5	87.5	88	88	89	89	90
16	1500	88	89	89	90	90	91	91	92	92	93
	1000	88	89	89	90	90	91	91	92	92	93
	750	86.5	87	88	89	89	90	90	91	91	92
	500	84	84.5	85	86	86	87	87	88	88	89
18	1500	87.5	88	88	89.5	89.5	90	90	91	91	92
	1000	87	88	88	89	89	90	90	91	91	92
	750	85.5	86	87	88	88	89.5	89.5	90	90	91
	500	83	83.5	84	85	85	86	86	87	87	88
20	1500	86.5	87	87	88	88	89.5	89.5	90	90	91
	1000	86	86.5	87	88	88	89.5	89.5	90	90	91
	750	84.5	85	86	87	87	89	89	89.5	89.5	90
	500	82	82.5	83	84	84	85	85	86	86	87
22.4	1500	85.5	86	86	87	87	88.5	88.5	89	89	90
	1000	85	86	86	87	87	88.5	88.5	89	89	90
	750	83.5	84.5	84.5	85.5	85.5	87.5	87.5	88	88	89
	500	80.5	81	81	82	82	83	83	84	84	85.5
25	1500	85	86	86	87	87	88	88	88.5	88.5	89
	1000	84	85	86	87	87	88	88	88.5	88.5	89
	750	83	83.5	84	85	85	86	86	87	87	88
	500	79	79.5	80	81	81	81.5	81.5	83	84	85
28	1500	82.5	83	83.5	84	84	85	85	86	86	87.5
	1000	82	82.5	83	84	84	85	85	86	86	87.5
	750	81	81.5	82	83	83	84	84	85	85	86
	500	77	77.5	77.5	78	78	79	79	80	80	81.5
31.5	1500	80	80.5	81	82	82	83	83	84	84	85
	1000	80	80.5	81	82	82	83	83	84	84	85
	750	79	79.5	80	81	81	82	82	83	83	84
	500	75	75.5	76	76.5	76.5	77	77	78	78	79
35.5	1500	78.5	79	79.5	80	80	81	81	82	82	83.5
	1000	78.5	79	79.5	80	80	81	81	82	82	83.5
	750	77	77.5	78	79	79	80	80	81	81	82
	500	73	73.5	74	74.5	74.5	75.5	75.5	76	76	77.5
40	1500	76	76.5	77	78	78	79	79	80	80	81
	1000	76	76.5	77	78	78	79	79	80	80	81
	750	75	75.5	76	77	77	78	78	79	79	80
	500	71	71.5	72	73	73	74	74	75	75	76

续表

公称传动比 i	输入转速 n_1 /r·min^{-1}	中心距/mm									
		80	100	125	140	160	180	200	225	250	280~710
		传动效率 η/%									
45	1500	74.5	75	76	77	77	78	78	79	79	80
	1000	74.5	75	76	77	77	78	78	79	79	80
	750	73.5	74	74.5	75	75	76	76	76.5	76.5	77
	500	69.5	70	70.5	71.5	71.5	72.5	72.5	73	73	74.5
50	1500	73	74	74	75	75	76	76	77	77	78
	1000	73	74	74	75	75	76	76	77	77	78
	750	72	72.5	73	74	74	75	75	76	76	77
	500	68	68.5	69	70	70	71	71	72	72	73
56	1500	71.5	72.5	72.5	73.5	73.5	74.5	74.5	75	76	77
	1000	71.5	72.5	72.5	73.5	73.5	74.5	74.5	75	76	77
	750	70.5	71	71.5	72.5	72.5	73.5	73.5	74.5	74.5	75.5
	500	67	67.5	68	68.5	68.5	69.5	69.5	71	71	71.5
63	1500	70	71	71	72	72	73	73	74	74	75
	1000	70	71	71	72	72	73	73	74	74	75
	750	69	69.5	70	71	71	72	72	73	73	74
	500	65	65.5	66	67	67	68	68	69	69	70

4.5 精度与公差

根据使用要求，对平面二次包络环面蜗杆传动副规定了6、7、8三个精度等级（GB/T 16445—1996）。

按公差特性对传动性能所起的主要保证作用，将蜗杆、蜗轮和蜗杆传动副的公差或极限偏差分为三个公差组，如表12-4-39所示。根据使用要求不同，允许将各公差组选用不同的精度等级组合，但在同一公差组中，各项公差与极限偏差应保持相同的精度等级。

蜗杆与蜗轮误差的定义及代号见表12-4-40，蜗杆传动副误差的定义及代号见表12-4-41。

蜗杆公差及极限偏差见表12-4-42，蜗轮公差及极限偏差见表12-4-43，蜗杆传动副公差及极限偏差见表12-4-44。

蜗杆和蜗轮齿坯尺寸和形状公差见表12-4-45。

表12-4-39　平面二次包络环面蜗杆传动副的公差组

传动件	公差组		
	Ⅰ	Ⅱ	Ⅲ
蜗杆	F_{p1}	f_{p1},f_{z1},f_{h1}	—
蜗轮	F_{t2},F_{p2}	f_{p2}	—
蜗杆副	F_{ic}	f_{ic}	接触斑点,f_a,f_{x1},f_{x2},f_y

表12-4-40　蜗轮蜗杆误差的定义及符号

类别	序号	名称	代号	定义
蜗杆精度	1	蜗杆圆周齿距累积误差 理论弧长 实际弧长 ΔF_{p1} 平面测头 蜗杆圆周齿距累积公差	ΔF_{p1} F_{p1}	用平面测头绕蜗轮轴线做圆弧测量时,在蜗杆有效螺纹长度内(不包含修缘部分),同侧齿面实际距离与公称距离之差的最大绝对值

续表

类别	序号	名称	代号	定义
蜗杆精度	2	蜗杆圆周齿距偏差 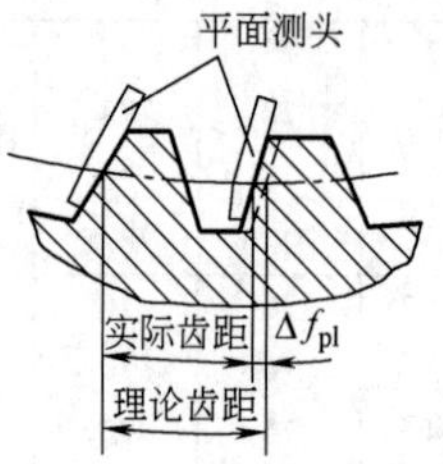 平面测头 实际齿距 Δf_{pl} 理论齿距 蜗杆圆周齿距极限偏差 上偏差 下偏差	Δf_{p1} $+f_{p1}$ $-f_{p1}$	用平面测头绕蜗轮轴线做圆弧测量时，蜗杆相邻齿面间的实际距离与公称距离之差
	3	蜗杆分度误差 蜗杆分度公差	Δf_{z1} f_{z1}	在垂直于蜗杆轴线的平面内，蜗杆每条螺纹的等分性误差，以喉平面上计算圆的弧长表示
	4	蜗杆螺旋线误差 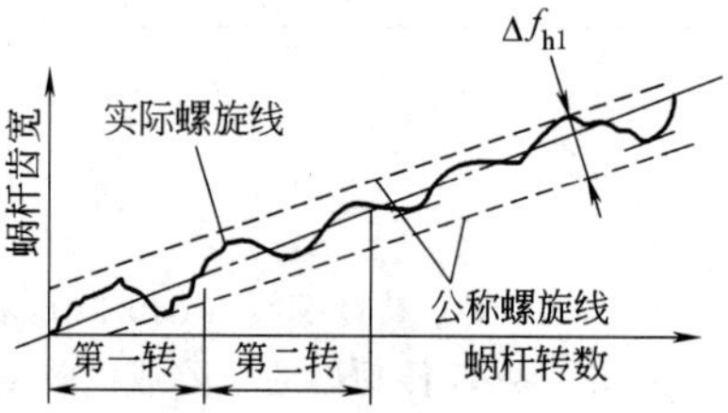 Δf_{h1} 蜗杆齿宽 实际螺旋线 公称螺旋线 第一转 第二转 蜗杆转数 蜗杆螺旋线公差	Δf_{h1} f_{h1}	在蜗杆轮齿的工作齿宽范围内(两端不完整齿部分除外)，蜗杆分度圆环面上包容实际螺旋线的最近两条公称螺旋线间的法向距离
	5	蜗杆法向弦齿厚偏差 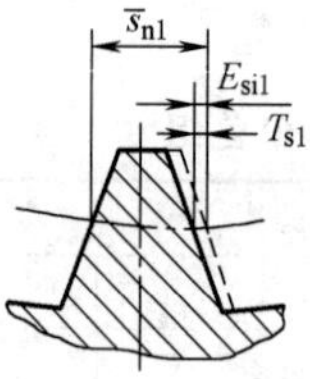 $\overline{s}_{n1}$ E_{si1} T_{s1} 蜗杆法向弦齿厚极限偏差 上偏差 下偏差 蜗杆法向弦齿厚公差	ΔE_{s1} E_{ss1} E_{si1} T_{s1}	蜗杆喉部法向截面上实际弦齿厚与公称弦齿厚之差
蜗轮精度	6	蜗轮径向跳动 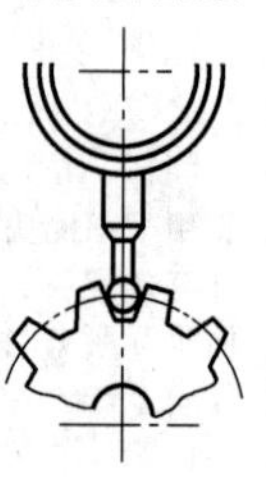 蜗轮径向跳动公差	ΔF_{r2} F_{r2}	蜗轮齿槽相对蜗轮旋转轴线距离的变动量，在蜗轮中间平面测量

续表

类别	序号	名称	代号	定义
蜗轮精度	7	蜗轮被包围齿数内齿距累积误差 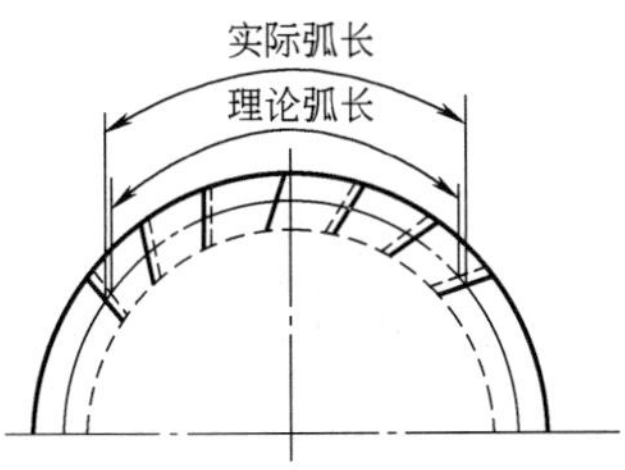 实际弧长 理论弧长 蜗轮齿距累积公差	ΔF_{p2} F_{p2}	在蜗轮计算圆上，被蜗杆包围齿数内，任意两个同名齿侧面实际弧长与公称弧长之差的最大绝对值
	8	蜗轮齿距偏差 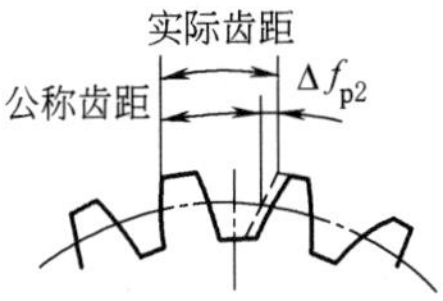 实际齿距 公称齿距 Δf_{p2} 蜗轮齿距极限偏差 上偏差 下偏差	Δf_{p2} $+f_{p2}$ $-f_{p2}$	在蜗轮计算圆上，实际齿距与公称齿距之差 用相对法测量时，公称齿距是指所有实际齿距的平均值
	9	蜗轮法向弦齿厚偏差 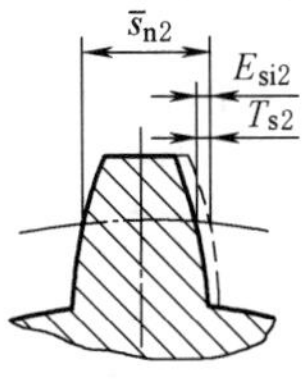 $\bar{s}_{n2}$ E_{si2} T_{s2} 蜗轮法向弦齿厚极限偏差 上偏差 下偏差 蜗轮法向弦齿厚公差	ΔE_{s2} E_{ss2} E_{si2} T_{s2}	蜗轮喉部法向截面上实际弦齿厚与公称弦齿厚之差

表 12-4-41　蜗杆传动副误差的定义及符号

类别	序号	名称	代号	定义
蜗杆副精度	1	蜗杆副的切向综合误差 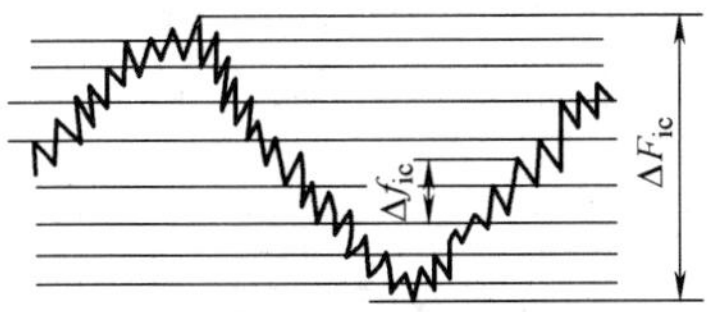 Δf_{ic} ΔF_{ic} 蜗杆副的切向综合公差	ΔF_{ic} F_{ic}	一对蜗杆副，在其标准位置正确啮合时，蜗轮旋转一周范围内，实际转角与理论转角之差的总幅度值，以蜗轮计算圆弧长计
	2	蜗轮副的一齿切向综合误差 蜗轮副的一齿切向综合公差	Δf_{ic} f_{ic}	安装好的蜗杆副啮合转动时，在蜗轮一转范围内多次重复出现的周期性转角误差的最大幅度值，以蜗轮计算圆弧长计
	3	蜗轮副的中心距偏差 中心距极限偏差 上偏差 下偏差	Δf_a $+f_a$ $-f_a$	装配好的蜗杆副的实际中心距与公称中心距之差
	4	蜗杆和蜗轮的喉平面(中间平面)偏差 蜗杆喉平面极限偏差 上偏差 下偏差 蜗轮喉平面极限偏差 上偏差 下偏差	Δf_x $+f_{x1}$ $-f_{x1}$ $+f_{x2}$ $-f_{x2}$	在装配好的蜗杆副中，蜗杆和蜗轮的喉平面的实际位置与各自公称位置间的偏移量

续表

类别	序号	名称	代号	定义
蜗杆副精度	5	传动中蜗杆轴心线的歪斜度 轴心线歪斜度公差	Δf_y f_y	在装配好的蜗杆副中，蜗杆和蜗轮的轴心线相交角度之差，在蜗杆齿宽长度一半上以长度单位测量
	6	接触斑点 蜗杆齿面接触斑点 b_1'' b_1' 蜗轮齿面接触斑点 h' h'' b_2'' b_2'		装配好的蜗杆副并经加载运转后，在蜗杆齿面与蜗轮齿面上分布的接触痕迹 接触斑点的大小按接触痕迹的百分比计算确定 (1)沿齿长方向——接触痕迹的长度与齿面理论长度之比的百分数 即 蜗杆：$b_1''/b_1' \times 100\%$ 蜗轮：$b_2''/b_2' \times 100\%$ (2)沿齿高方向——按蜗轮接触痕迹的平均高度 h'' 与工作高度 h' 之比的百分数 即 $h''/h' \times 100\%$
	7	蜗杆副的侧隙 圆周侧隙 法向侧隙	 j_t j_n	在安装好的蜗杆副中，蜗杆固定不动时，蜗轮从工作齿面接触到非工作齿面接触所转过的计算圆弧长 在安装好的蜗杆副中，蜗杆和蜗轮的工作齿面接触时，两非工作齿面间的最小距离

注：在计算蜗杆螺旋面理论长度 b_1' 时，应将不完整部分的出口和入口及入口处的修缘长度减去。

表 12-4-42　　蜗杆公差与极限偏差　　μm

序号	名称		代号	中心距/mm											
				80~160			>160~315			>315~630			>630~1250		
				精度等级											
				6	7	8	6	7	8	6	7	8	6	7	8
1	蜗杆圆周齿距累积公差		F_{p1}	20	30	40	30	40	50	40	60	70	75	90	110
2	蜗杆圆周齿距极限偏差		$\pm f_{p1}$	±10	±15	±20	±14	±20	±25	±20	±30	±35	±30	±40	±45
3	蜗杆分度公差	$z_2/z_1=$整数	f_{z1}	10	15	20	14	20	25	20	30	35	30	40	45
		$z_2/z_1\neq$整数		25	37	50	35	50	62	50	75	87	75	100	112
4	蜗杆螺旋线公差		f_{h1}	28	40	—	36	50	—	45	63	—	63	90	—
5	蜗杆法向弦齿厚公差	双向回转	T_{s1}	35	50	75	60	100	150	90	140	200	140	200	250
		单向回转		70	100	150	120	200	300	180	280	400	280	350	450

表 12-4-43　　蜗轮公差与极限偏差　　μm

序号	名称	代号	中心距/mm											
			80~160			>160~315			>315~630			>630~1250		
			精度等级											
			6	7	8	6	7	8	6	7	8	6	7	8
1	蜗轮径向跳动公差	F_{r2}	15	20	30	20	30	40	25	40	60	35	55	80
2	蜗轮齿距累积公差	F_{p2}	15	20	25	20	30	45	30	40	55	40	60	80
3	蜗轮齿距极限偏差	$\pm f_{p2}$	±13	±18	±25	±18	±25	±36	±20	±28	±40	±26	±36	±50
4	蜗轮法向弦齿厚公差	T_{s2}	75	100	150	100	150	200	150	200	280	220	300	400

表 12-4-44　　蜗杆传动副公差与极限偏差　　μm

序号	名称	代号	中心距/mm											
			80~160			>160~315			>315~630			>630~1250		
			精度等级											
			6	7	8	6	7	8	6	7	8	6	7	8
1	蜗杆副的切向综合公差	F_{ic}	63	90	125	80	112	160	100	140	200	140	200	280
2	蜗杆副的一齿切向综合公差	f_{ic}	40	63	80	60	75	110	70	100	140	100	140	200
3	中心距极限偏差	$+f_a$	+20	+25	+60	+30	+50	+100	+45	+75	+120	+65	+100	+150
		$-f_a$	-10	-15	-30	-20	-30	-50	-25	-45	-75	-35	-60	-100
4	蜗杆喉平面极限偏差	$+f_{x1}$ $-f_{x1}$	±15	±20	±25	±25	±40	±50	±40	±60	±80	±65	±90	±120
	蜗轮喉平面极限偏差	$+f_{x2}$ $-f_{x2}$	±30	±50	±75	±60	±100	±150	±100	±150	±220	±150	±200	±300
5	轴心线歪斜度公差	f_y	15	20	30	20	30	45	30	45	65	40	60	80
6	蜗杆齿面接触斑点/%		在工作长度上不小于85(6级),80(7级),70(8级);工作面入口可接触较重,两端修缘部分不应接触											
	蜗轮齿面接触斑点/%		在理论接触区上按高度不小于85(6级),80(7级),70(8级);按宽度不小于80(6级),70(7级),60(8级)											
7	圆周侧隙　最小保证侧隙	j_{tmin}	95			130			190			250		
	圆周侧隙　标准保证侧隙	j_t	250			380			530			750		

表 12-4-45　　蜗轮蜗杆齿坯尺寸和形状公差　　μm

序号	名称	代号	中心距/mm											
			80~160			>160~315			>315~630			>630~1250		
			精度等级											
			6	7	8	6	7	8	6	7	8	6	7	8
1	蜗杆喉部外圆直径公差	t_1	h7	h8	h9	h7	h8	h9	h7	h8	h9	h7	h8	h9
2	蜗杆喉部径向跳动公差	t_2	12	15	30	15	20	35	20	27	40	25	35	50
3	蜗杆两基准端面的跳动公差	t_3	12	15	20	17	20	25	22	25	30	27	30	35
4	蜗杆喉平面至基准端面距离公差	t_4	±50	±75	±100	±75	±100	±130	±100	±130	±180	±130	±180	±200
5	蜗轮基准端面的跳动公差	t_5	15	20	30	20	30	40	30	45	60	40	60	80
6	蜗轮齿坯外径与轴孔的同轴度公差	t_6	15	20	30	20	35	50	25	40	60	40	60	80
7	蜗轮喉部直径公差	t_7	h7	h8	h9	h7	h8	h9	h7	h8	h9	h7	h8	h9

4.6 设计计算示例

例　某轨道道岔机构需设计一台环面蜗杆传动减速器。已知蜗杆轴输入电机功率 $P_1=55\text{kW}$，输入转速 $n_1=1000\text{r/min}$，要求输出转速 $n_2=36.5\text{r/min}$，输出转矩 $T_{2w}=10000\text{N}\cdot\text{m}$，要求使用30年，每年工作365日，每日工作16h，每小时载荷时间1min，每小时启动次数为2~5次，启动载荷较大，并有较大冲击，工作环境温度35~40℃。

解　计算步骤见表12-4-46。

表 12-4-46　　计算步骤

计算项目	计算内容	计算结果
1. 选择材料和加工精度	蜗杆材料选用42CrMo,齿面氮化,表面硬度大于54HRC 蜗轮材料选用ZCuSn10Pb1,砂型铸造 选用平面二次包络环面蜗杆基本型传动,加工精度7级	
2. 选择中心距	$i_{12}=1000/36.5=27.39$ 取 $z_1=2, z_2=55, i_{12}=27.5$	$z_1=2$ $z_2=55$ $i_{12}=27.5$
3. 选择中心距	输出转矩 $T_2=10000\times1.3\times1=13000\text{N}\cdot\text{m}$ 查表12-4-8,取 $a=280\text{mm}$	$a=280\text{mm}$
4. 蜗杆分度圆直径	表12-4-31,取 $k_1=0.36, d_1=280\times0.36=100.8\text{mm}$ 圆整得 $d_1=101\text{mm}$	$d_1=101\text{mm}$
5. 蜗轮分度圆直径	表12-4-31, $d_2=280\times2-101=459\text{mm}$	$d_2=459\text{mm}$
6. 蜗轮端面模数	表12-4-31, $m_t=459/55=8.345\text{mm}$	$m_t=8.345\text{mm}$
7. 蜗杆其他尺寸	表12-4-31有 母平面倾角 $\beta=11°$ 主基圆直径 $d_b=171\text{mm}$ 蜗杆喉部分度圆导程角 $\gamma=9.38°$ 分度圆压力角 $\alpha=21.87°$ 蜗杆工作半角 $\psi_g=14.89°$ 工作起始角 $\psi_0=6.98°$ 蜗杆齿根圆直径 $d_{f1}=85.978\text{mm}$ 蜗杆齿顶圆直径 $d_{a1}=112.683\text{mm}$ 蜗杆齿顶圆弧半径 $r_{a1}=223.658\text{mm}$ 蜗杆齿根圆弧半径 $r_{f1}=237.011\text{mm}$ 蜗杆最大齿顶圆直径 $d_{a1max}=128.256\text{mm}$ 蜗杆最大齿根圆直径 $d_{f1max}=100.644\text{mm}$ 齿顶高 $h_a=5.842\text{mm}$ 齿根高 $h_f=7.511\text{mm}$ 径向间隙 $c=1.67\text{mm}$ 蜗杆工作部分长度 $L=117\text{mm}$ 蜗杆螺纹两侧肩带宽度 $b_1=7\text{mm}$ 蜗杆分度圆齿厚 $s_1=11.798\text{mm}$ 蜗杆法向弦齿厚 $\bar{s}_{n1}=11.640\text{mm}$ 蜗杆测齿高 $\bar{h}_{a1}=5.766\text{mm}$	$\beta=11°$ $d_b=171\text{mm}$ $\gamma=9.38°$ $\alpha=21.87°$ $\psi_g=14.89°$ $\psi_0=6.98°$ $d_{f1}=85.978\text{mm}$ $d_{a1}=112.683\text{mm}$ $r_{a1}=223.658\text{mm}$ $r_{f1}=237.011\text{mm}$ $d_{a1max}=128.256\text{mm}$ $d_{f1max}=100.644\text{mm}$ $h_a=5.842\text{mm}$ $h_f=7.511\text{mm}$ $c=1.67\text{mm}$ $L=117\text{mm}$ $b_1=7\text{mm}$ $s_1=11.798\text{mm}$ $\bar{s}_{n1}=11.640\text{mm}$ $\bar{h}_{a1}=5.766\text{mm}$
8. 蜗轮其他尺寸	表12-4-31有 齿距角 $\tau=6.55°$ 包容齿数 $z'=5$ 蜗轮齿顶圆直径 $d_{a2}=470.6836\text{mm}$ 蜗轮齿根圆直径 $d_{f2}=443.9781\text{mm}$ 蜗轮齿顶圆弧半径$=53\text{mm}$	$\tau=6.55°$ $z'=5$ $d_{a2}=470.6836\text{mm}$ $d_{f2}=443.9781\text{mm}$

续表

计算项目	计算内容	计算结果
8. 蜗轮其他尺寸	蜗轮最大外圆直径 $d_{a2max}=480\text{mm}$ 蜗轮齿宽 $b_2=83\text{mm}$ 蜗轮齿距 $p_2=26.218\text{mm}$ 蜗轮分度圆齿厚 $s_2=14.420\text{mm}$ 蜗轮法向弦齿厚 $\bar{s}_{n2}=115\sim427\text{mm}$ 蜗轮测齿高 $\bar{h}_{a2}=5.955\text{mm}$	$d_{a2max}=480\text{mm}$ $b_2=83\text{mm}$ $p_2=26.218\text{mm}$ $s_2=14.420\text{mm}$ $\bar{s}_{n2}=115\sim427\text{mm}$ $\bar{h}_{a2}=5.955\text{mm}$
9. 蜗杆修缘值	表 12-4-31 有 入口端修缘值 $e_i=0.4\text{mm}$ 入口端修缘长度 $E_i=0.5p_2$ 出口端修缘值 $e_o=0.2\text{mm}$ 出口端修缘长度 $E_o=0.4p_2$	$e_i=0.4\text{mm}$ $E_i=0.5p_2$ $e_o=0.2\text{mm}$ $E_o=0.4p_2$
10. 接触线验算	由 4.2 节中(2)有 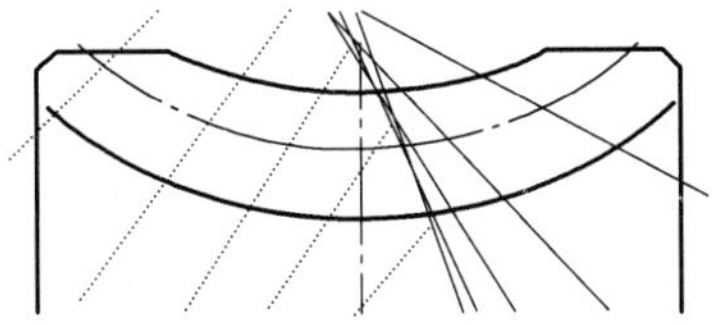	接触线分布合理
11. 齿面根切验算	由 4.2 节中(3)有 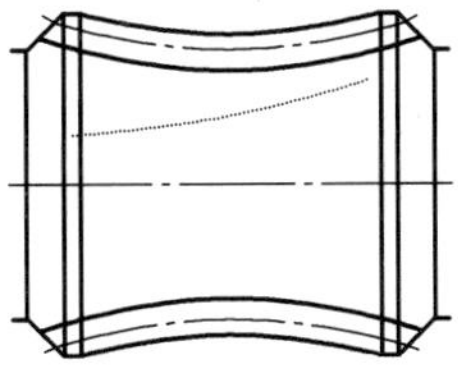	不根切
12. 边齿变尖验算	查表 12-4-31，通过差值计算得 $s_e=5.881\text{mm}>0.15$，$m_t=1.25\text{mm}$	不变尖
13. 精度与公差计算	参照表 12-4-42～表 12-4-44，有： 蜗杆圆周齿距极限偏差：$\pm f_{p1}=\pm20\mu\text{m}$ 蜗杆螺旋线公差：$f_{h1}=50\mu\text{m}$ 蜗杆法向弦齿厚公差：$T_{s1}=100\mu\text{m}$ 蜗轮齿距极限偏差：$\pm f_{p2}=\pm25\mu\text{m}$ 蜗轮径向跳动公差：$F_{r2}=30\mu\text{m}$ 蜗轮法向弦齿厚公差：$T_{s2}=150\mu\text{m}$ 蜗轮齿面接触斑点：齿高大于 80%，齿宽大于 70% 圆周侧隙：$j_t=130\sim380\mu\text{m}$	$\pm f_{p1}=\pm20\mu\text{m}$ $f_{h1}=50\mu\text{m}$ $T_{s1}=100\mu\text{m}$ $\pm f_{p2}=\pm25\mu\text{m}$ $F_{r2}=30\mu\text{m}$ $T_{s2}=150\mu\text{m}$ $j_t=130\sim380\mu\text{m}$
14. 工作图	见图 12-4-55 和图 12-4-56	

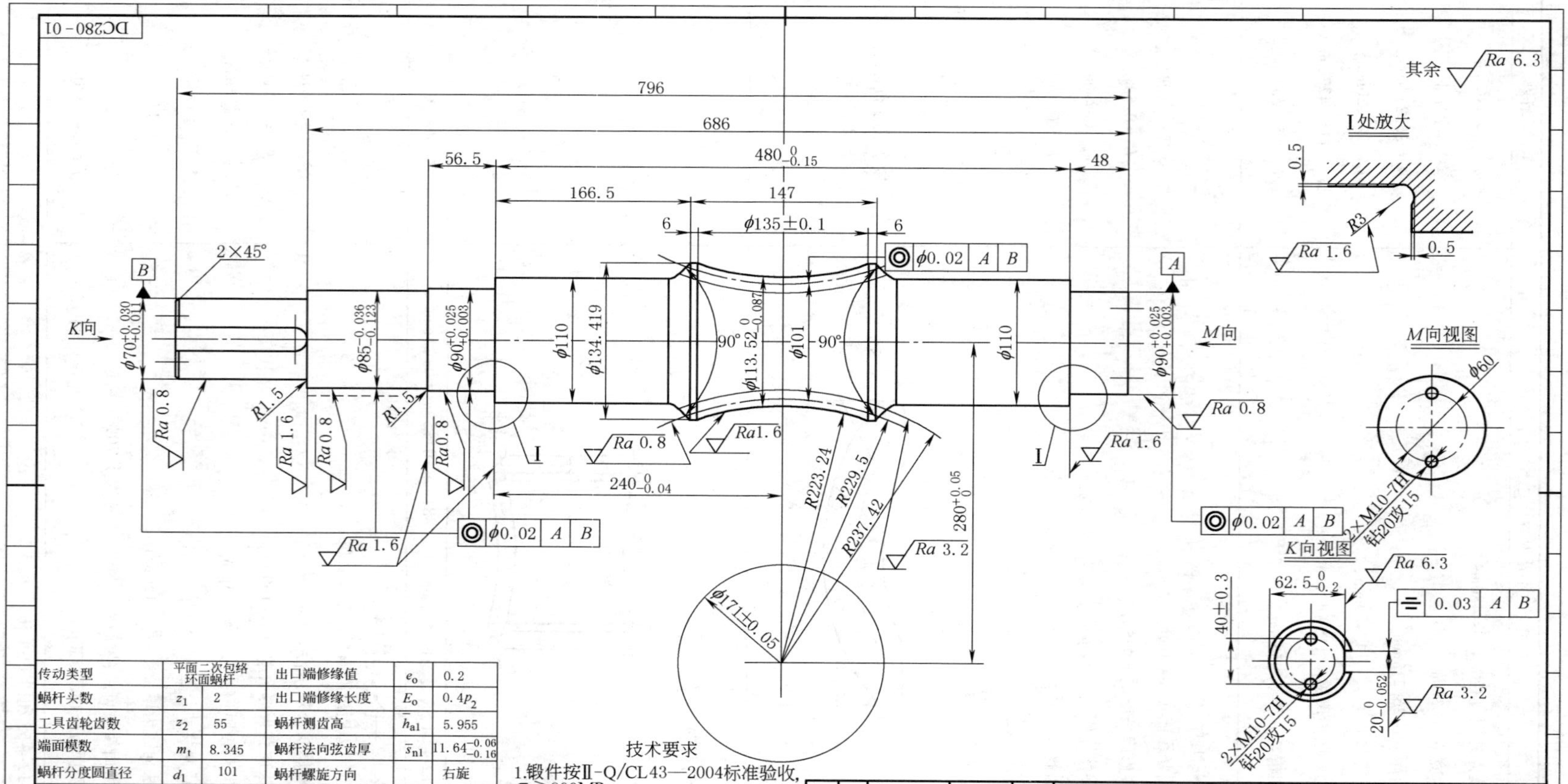

DC280-01

传动类型		平面二次包络环面蜗杆	出口端修缘值	e_o	0.2
蜗杆头数	z_1	2	出口端修缘长度	E_o	$0.4p_2$
工具齿轮齿数	z_2	55	蜗杆测齿高	$\bar{h}_{a1}$	5.955
端面模数	m_t	8.345	蜗杆法向弦齿厚	$\bar{s}_{n1}$	$11.64^{-0.06}_{-0.16}$
蜗杆分度圆直径	d_1	101	蜗杆螺旋方向		右旋
蜗杆喉部分度圆螺旋角	γ	9.38°	中心距	a	280
主基圆直径	d_b	171	配对蜗轮图号		DC280-02
包容齿数	z'	5	传动公差		
工作半角	ψ_g	14.89°	精度等级		7
母平面倾角	β	11°	蜗杆圆周齿距极限偏差	f_{p1}	±0.02
入口端修缘值	e_i	0.4	蜗杆螺旋线公差	f_{h1}	0.05
入口端修缘长度	E_i	$0.5p_2$	圆周间隙	j_t	0.13～0.38

技术要求

1.锻件按Ⅱ-Q/CL43—2004标准验收，$\sigma_b \geqslant 900$MPa。

2.零件粗车后超声波探伤，按Q/CL 144-93执行。

3.齿面和有“-·-·-”处渗碳淬火，有效层深<0.6mm，齿部硬度56～62HRC，芯部硬度30～42HRC，其他力学性能应符合Q/CL53标准要求。

4.未注锐边去毛刺。

5.未注尺寸公差和形位公差按GB/T 1804-m执行。

标记	处数	更改文件号	签字	日期	42CrMo			平面包络环面蜗杆
设计		标准化			图样标记	重量	比例	
审核							1:1	DC280-01
工艺		日期			共 页		第 页	

图 12-4-55 蜗杆工作图

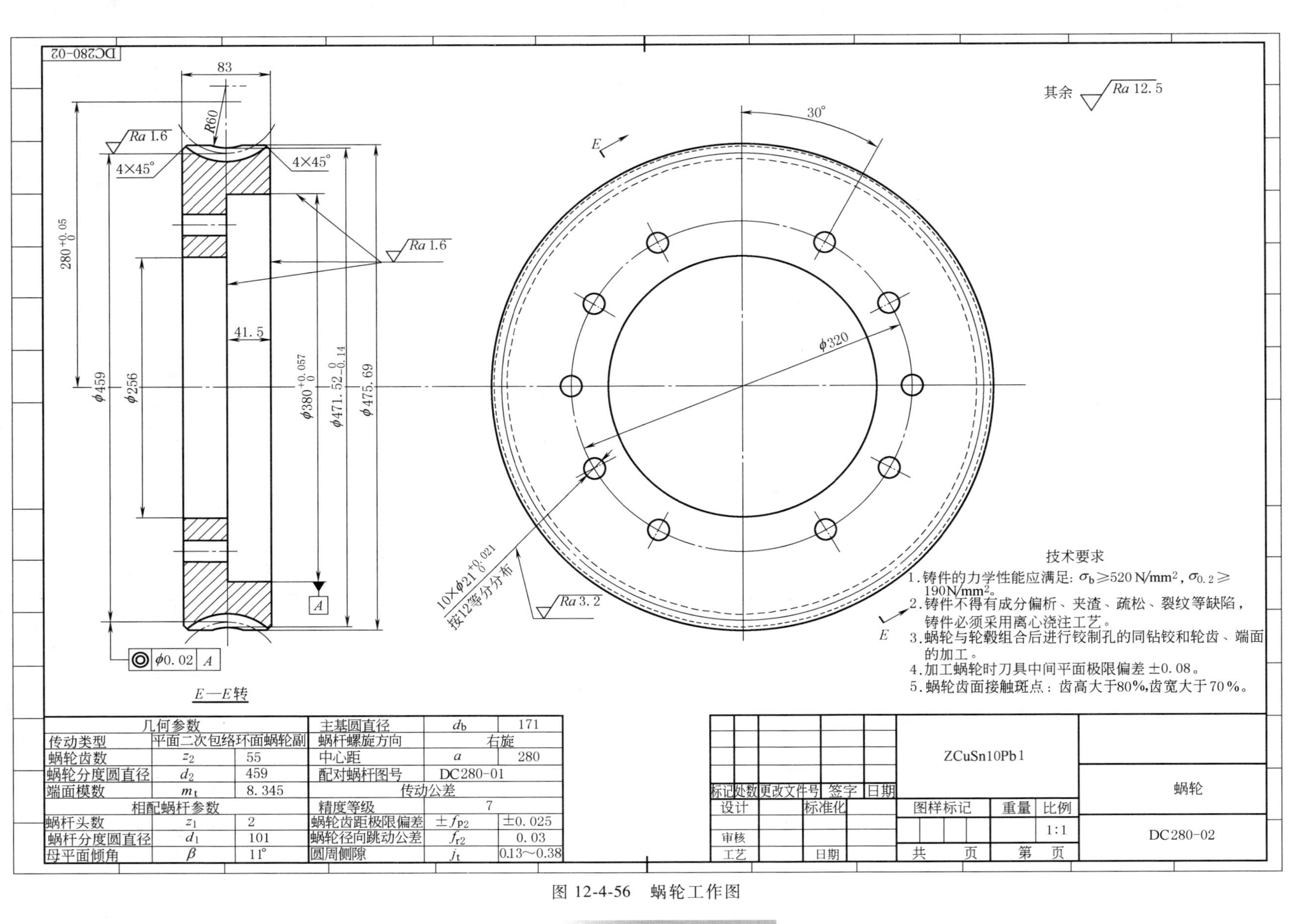

图 12-4-56 蜗轮工作图

第5章 渐开线行星齿轮传动

1 概　　述

渐开线行星齿轮传动是一种至少有一个齿轮及其几何轴线绕着位置固定的几何轴线做回转运动的齿轮传动。这种传动多采用包含内啮合且通常采用几个行星轮同时传递载荷，使功率分流。渐开线行星齿轮传动具有结构紧凑、体积和质量小、传动比范围大、效率高（除个别传动型式外）、运转平稳、噪声低等优点，差动齿轮传动还可用于速度的合成与分解或用于变速传动，因而被广泛应用于冶金、矿山、起重、运输、工程机械、航空、船舶、机床、化工、轻工、电工机械、农业、仪表及国防工业等部门作减速、增速或变速齿轮传动装置。

渐开线行星齿轮传动与定轴线齿轮传动相比也存在不少缺点，如：结构较复杂，精度要求高，制造较困难，小规格、单台生产时制造成本较高，传动型式选用不当时效率不高，在某种情况下有可能产生自锁。由于体积小，导致散热不良，因而要求有良好的润滑，甚至需采取冷却措施。

设计人员在进行传动设计时要综合考虑行星齿轮传动的上述优缺点和限制条件，根据传动的使用条件和要求，正确、合理地选择传动方案。

2 传动型式及特点

最常见的行星齿轮传动机构是NGW型行星齿轮传动机构，如图12-5-1所示。

行星齿轮传动的型式可按两种方式划分：按齿轮啮合方式不同有NGW、NW、NN、WW、NGWN和N等类型；按基本构件的组成情况不同有2Z-X、3Z、Z-X-V、Z-X等类型。其中N类型——Z-X-V和Z-X型传动称为少齿差传动。代表类型的字母的含义是：N——内啮合，W——外啮合，G——公用行星轮，Z——中心轮，X——行星架，V——输出构件。如NGW表示内啮合齿轮副（N）、外啮合齿轮副（W）和公用行星轮（G）组成的行星齿轮传动机构。又如2Z-X表示其基本构件具有两个中心轮和一个行星架的行星齿轮传动机构。目前我国还有沿用苏联按基本构件组成情况分类的习惯，前述Z、X、V相应的符号是K、H、V。

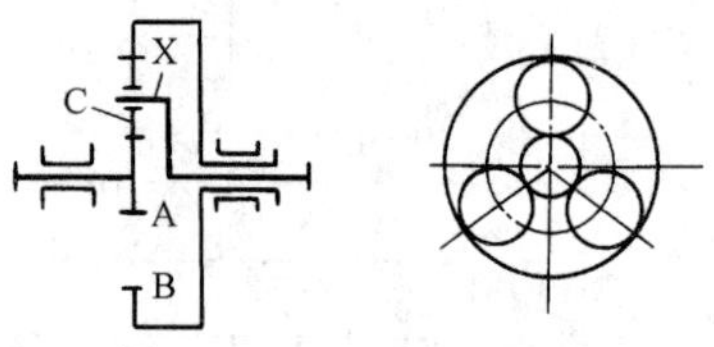

图12-5-1　NGW（2Z-X）型行星齿轮传动

表12-5-1列出了常用渐开线行星齿轮传动的型式及其特点。

表12-5-1　　常用渐开线行星齿轮传动的传动型式及特点

传动型式	简图	性能参数			特　　点
		传动比	效率	最大功率/kW	
NGW(2Z-X负号机构)	C X A B	$i_{AX}^{B}=2.1\sim13.7$，推荐$2.8\sim9$	0.97~0.99	不限	效率高,体积小,重量轻,结构简单,制造方便,传递功率范围大,轴向尺寸小,可用于各种工作条件。单级传动比范围较小。单级、二级和三级传动均在机械传动中广泛应用

续表

传动型式	简图	性能参数			特点
		传动比	效率	最大功率/kW	
NW(2Z-X负号机构)		$i_{AX}^{B}=1\sim50$，推荐 7~21	0.97~0.99	不限	效率高，径向尺寸比 NGW 型小，传动比范围较 NGW 型大，可用于各种工作条件。但双联行星齿轮（NW 型）制造、安装较复杂，故 $\lvert i_{AX}^{B}\rvert\leqslant7$ 时不宜采用
NN(2Z-X正号机构)		推荐值：$i_{XE}^{B}=8\sim30$	效率较低，一般为 0.7~0.8	≤40	传动比大，效率较低，适用于短期工作传动。当行星架 X 从动时，传动比 $\lvert i_{XE}^{B}\rvert$ 大于某一值后，机构将发生自锁。常用三个行星轮
WW(2Z-X正号机构)		$i_{XA}^{B}=1.2\sim$数千	$\lvert i_{XA}^{B}\rvert=1.2\sim5$ 时，效率可达 0.9~0.7；$\lvert i_{XA}^{B}\rvert>5$ 以后，随 $\lvert i_{XA}^{B}\rvert$ 增加陡降	≤20	传动比范围大，但外形尺寸及质量较大，效率很低，制造困难，一般不用于动力传动。运动精度低，也不用于分度机构。当行星架 X 从动时，$\lvert i_{XA}^{B}\rvert$ 从某一数值起会发生自锁。常用作差速器；其传动比取值为 $i_{AB}^{X}=1.8\sim3$，最佳值为 2，此时效率可达 0.9
NGWN(Ⅰ)型(3Z)		小功率传动 $i_{AE}^{B}\leqslant500$，推荐 20~100	0.8~0.9 随 i_{AE}^{B} 增加而下降	短期工作≤120，长期工作≤10	结构紧凑，体积小，传动比范围大，但效率低于 NGW 型，工艺性差，适用于中小功率或短期工作。若中心轮 A 输出，当 $\lvert i_{AE}^{B}\rvert$ 大于某一数值时会发生自锁
NGWN(Ⅱ)型(3Z)		$i_{AE}^{B}=60\sim500$，推荐64~300	0.7~0.84 随 i_{AE}^{B} 增加而下降	短期工作≤120，长期工作≤10	结构更紧凑，制造，安装比上列（Ⅰ）型传动方便。由于采用单齿圈行星轮，需角度变位才能满足同心条件。效率较低，宜用于短期工作。传动自锁情况同上

注：1. 为了表示方便起见，简图中未画出固定件，性能参数栏内除注明外，应为某一构件固定时的数值。

2. 传动型式栏内的“正号”“负号”机构，系指当行星架固定时，主动和从动齿轮旋转方向相同时为正号机构，反之为负号机构。

3. 表中所列效率是包括啮合效率、轴承效率和润滑油搅动飞溅效率等在内的传动效率，啮合效率的计算方法可见表 12-5-2。

4. 传动比代号的说明见 3.1 节中（1）传动比代号。

表 12-5-2　　渐开线行星齿轮传动的传动比及啮合效率计算公式

传动型式	简图	传动比计算公式	啮合效率计算公式及图形	
NGW(2Z-X负号机构)		$i_{AX}^{B}=1+\dfrac{z_B}{z_A}$ $i_{XA}^{B}=\dfrac{1}{i_{AX}^{B}}$	$\eta_{AX}^{B}=\eta_{XA}^{B}=1-\dfrac{\psi^{X}}{1+\lvert i_{BA}^{X}\rvert}$	0.99 0.98 0.97 0.96 η；η_{BX}^{A} η_{AX}^{B} η_{AB}^{X}；-2 -4 -6 -8 -10 -12 -14 i_{AB}^{X} （效率曲线按 $\psi^{X}=0.025$ 作出）
		$i_{BX}^{A}=1+\dfrac{z_A}{z_B}$ $i_{XB}^{A}=\dfrac{1}{i_{BX}^{A}}$	$\eta_{BX}^{A}=\eta_{XB}^{A}=1-\dfrac{\psi^{X}}{1+\lvert i_{AB}^{X}\rvert}$	
		i^{X} 数值： $i_{AB}^{X}=-\dfrac{z_B}{z_A}$ $i_{BA}^{X}=\dfrac{1}{i_{AB}^{X}}=-\dfrac{z_A}{z_B}$	$\eta_{AB}^{X}=\eta_{BA}^{X}=1-\psi^{X}$	

续表

传动型式	简图	传动比计算公式	啮合效率计算公式及图形	
NW(2Z-X负号机构)	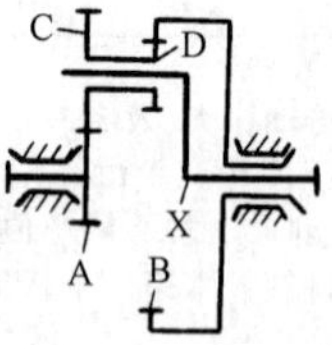	$i_{AX}^{B}=1+\frac{z_B z_C}{z_A z_D}$ $i_{XA}^{B}=\frac{1}{i_{AX}^{B}}$	$\eta_{AX}^{B}=\eta_{XA}^{B}=1-\frac{\psi^X}{1+\mid i_{BA}^{X}\mid}$	
		$i_{BX}^{A}=1+\frac{z_A z_D}{z_C z_B}$ $i_{XB}^{A}=\frac{1}{i_{BX}^{A}}$	$\eta_{BX}^{A}=\eta_{XB}^{A}=1-\frac{\psi^X}{1+\mid i_{AB}^{X}\mid}$	
		i^X 数值: $i_{AB}^{X}=-\frac{z_B z_C}{z_A z_D}$ $i_{BA}^{X}=\frac{1}{i_{AB}^{X}}$	$\eta_{AB}^{X}=\eta_{BA}^{X}=1-\psi^X$	
NN(2Z-X正号机构)	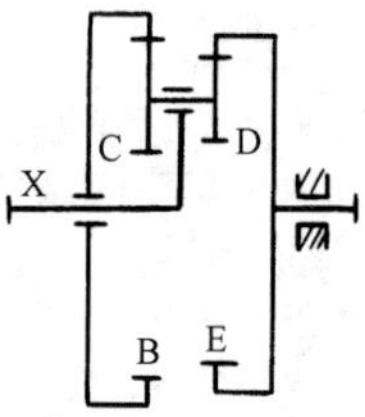	$i_{XE}^{B}=\frac{1}{1-i_{EB}^{X}}$ $i_{EB}^{X}=\frac{z_D z_B}{z_E z_C}$	$\eta_{XE}^{B}=1-\frac{i_{EB}^{X}\psi^X}{i_{EB}^{X}-1+\psi^X}$ $=1-\frac{z_B z_D \psi^X}{z_B z_D - z_E z_C(1-\psi^X)}$ $\eta_{EX}^{B}=1-\frac{i_{EB}^{X}}{i_{EB}^{X}-1}\psi^X$ $=1-\frac{z_B z_D}{z_B z_D - z_E z_C}\psi^X$	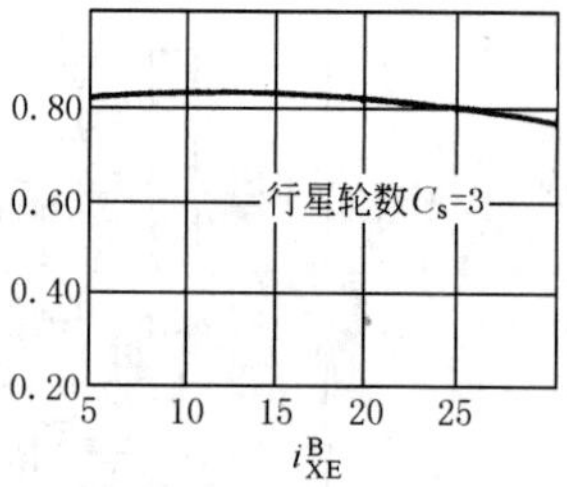 η_{XE}^{B}: 0.80, 0.60, 0.40, 0.20 i_{XE}^{B}: 5, 10, 15, 20, 25 行星轮数C_s=3 (曲线按齿面摩擦因数 $\mu_z=0.12$、行星轮轴承摩擦因数 $\mu=0.006$ 作出)
WW(2Z-X正号机构)	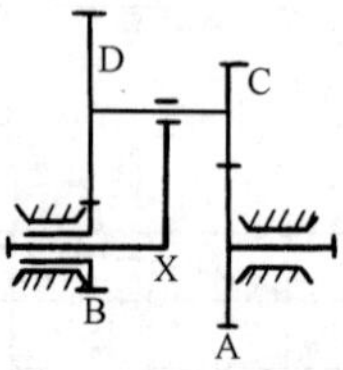	$i_{XA}^{B}=\frac{z_A z_D}{z_A z_D - z_B z_C}$ $i_{XB}^{A}=\frac{z_B z_C}{z_B z_C - z_A z_D}$ $i_{AX}^{B}=1-\frac{z_B z_C}{z_A z_D}$ $i_{BX}^{A}=1-\frac{z_A z_D}{z_B z_C}$ i^X 数值: $i_{AB}^{X}=\frac{z_B z_C}{z_A z_D}$ $i_{BA}^{X}=\frac{z_A z_D}{z_B z_C}$	$i_{AB}^{X}>1$: $\eta_{XA}^{B}=\frac{1-\psi^X}{1+\mid i_{XA}^{B}\mid\psi^X}$ $\eta_{XB}^{A}=\frac{1-\psi^X}{1+\mid i_{XB}^{A}\mid\psi^X}$ $\eta_{AX}^{B}=1-\mid i_{XA}^{B}-1\mid\psi^X$ $\eta_{BX}^{A}=1-\mid i_{XB}^{A}-1\mid\psi^X$ $0<i_{AB}^{X}<1$: $\eta_{XA}^{B}=\frac{1}{1+\mid i_{XA}^{B}-1\mid\psi^X}$ $\eta_{XB}^{A}=\frac{1}{1+\mid i_{XB}^{A}-1\mid\psi^X}$ $\eta_{AX}^{B}=\frac{1-\mid i_{XA}^{B}\mid\psi^X}{1-\psi^X}$ $\eta_{BX}^{A}=\frac{1-\mid i_{XB}^{A}\mid\psi^X}{1-\psi^X}$	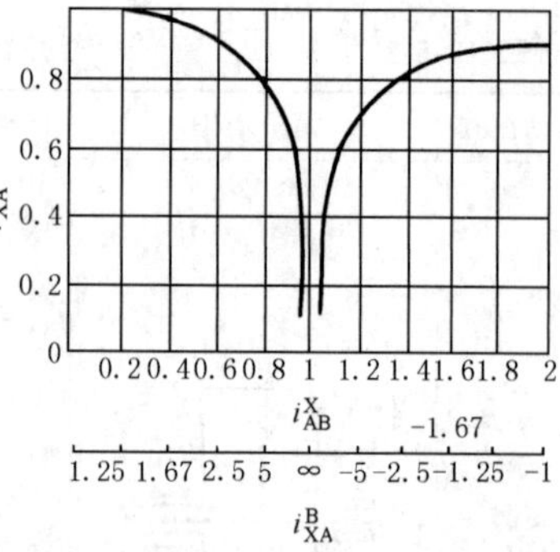 η_{XA}^{B}: 0, 0.2, 0.4, 0.6, 0.8 i_{AB}^{X}: 0.2 0.4 0.6 0.8 1 1.2 1.4 1.6 1.8 2 -1.67 i_{XA}^{B}: 1.25 1.67 2.5 5 ∞ -5 -2.5 -1.25 -1 (效率曲线按 $\psi^X=0.06$ 作出)

续表

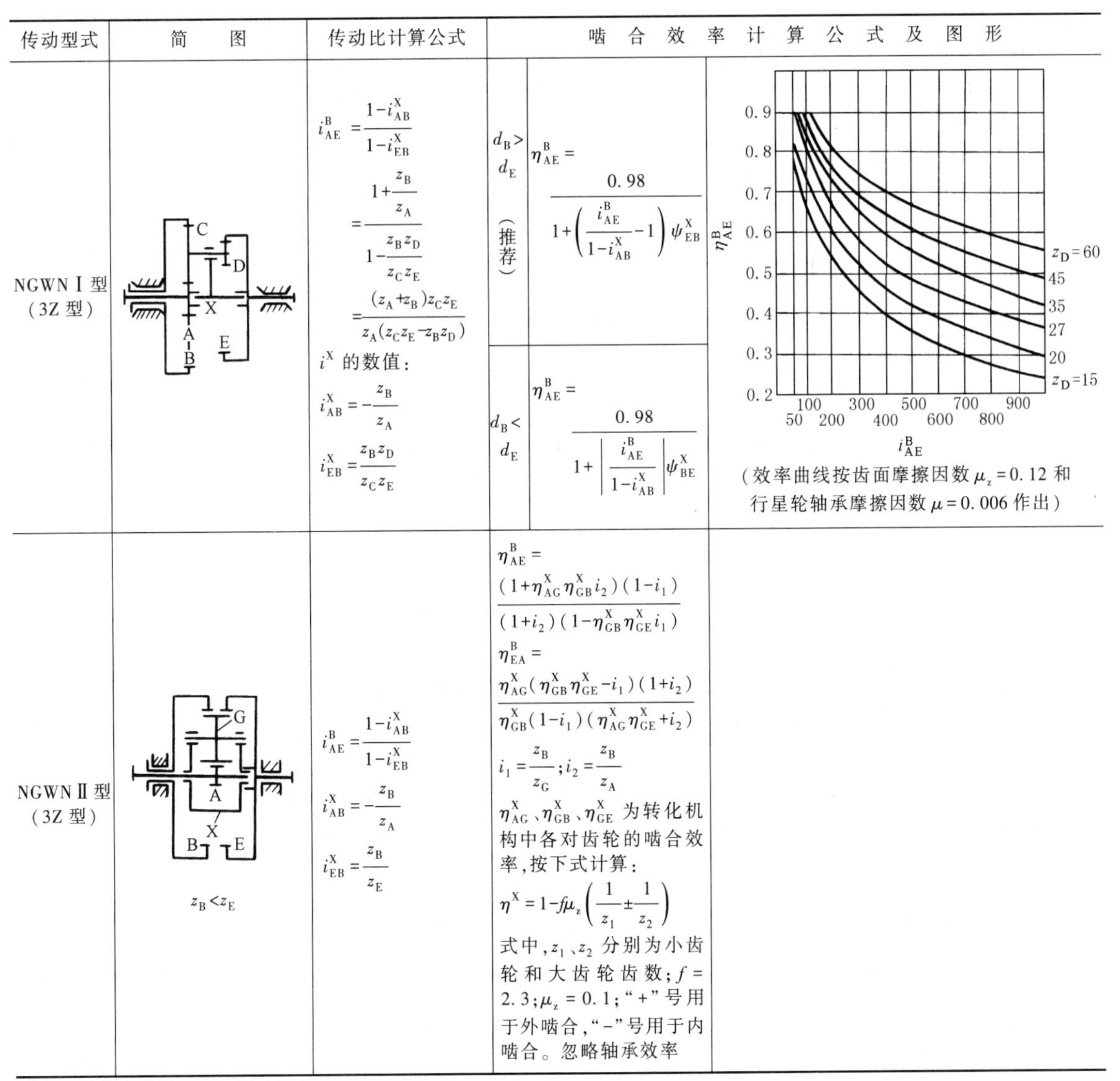

传动型式	简图	传动比计算公式	啮合效率计算公式及图形		
NGWN Ⅰ型（3Z型）	C, D, X, A, B, E	$i_{AE}^{B}=\dfrac{1-i_{AB}^{X}}{1-i_{EB}^{X}}=\dfrac{1+\dfrac{z_B}{z_A}}{1-\dfrac{z_B z_D}{z_C z_E}}=\dfrac{(z_A+z_B)z_C z_E}{z_A(z_C z_E-z_B z_D)}$ i^X 的数值： $i_{AB}^{X}=-\dfrac{z_B}{z_A}$ $i_{EB}^{X}=\dfrac{z_B z_D}{z_C z_E}$	$d_B>d_E$（推荐）	$\eta_{AE}^{B}=\dfrac{0.98}{1+\left(\dfrac{i_{AE}^{B}}{1-i_{AB}^{X}}-1\right)\psi_{EB}^{X}}$	图：纵轴 η_{AE}^{B}（0.2～0.9），横轴 i_{AE}^{B}（50～900），曲线 $z_D=60$、45、35、27、20、$z_D=15$ （效率曲线按齿面摩擦因数 $\mu_z=0.12$ 和行星轮轴承摩擦因数 $\mu=0.006$ 作出）
			$d_B<d_E$	$\eta_{AE}^{B}=\dfrac{0.98}{1+\left\lvert\dfrac{i_{AE}^{B}}{1-i_{AB}^{X}}\right\rvert\psi_{BE}^{X}}$	
NGWN Ⅱ型（3Z型）	G, A, X, B, E $z_B<z_E$	$i_{AE}^{B}=\dfrac{1-i_{AB}^{X}}{1-i_{EB}^{X}}$ $i_{AB}^{X}=-\dfrac{z_B}{z_A}$ $i_{EB}^{X}=\dfrac{z_B}{z_E}$	$\eta_{AE}^{B}=\dfrac{(1+\eta_{AG}^{X}\eta_{GB}^{X}i_2)(1-i_1)}{(1+i_2)(1-\eta_{GB}^{X}\eta_{GE}^{X}i_1)}$ $\eta_{EA}^{B}=\dfrac{\eta_{AG}^{X}(\eta_{GB}^{X}\eta_{GE}^{X}-i_1)(1+i_2)}{\eta_{GB}^{X}(1-i_1)(\eta_{AG}^{X}\eta_{GE}^{X}+i_2)}$ $i_1=\dfrac{z_B}{z_G}$；$i_2=\dfrac{z_B}{z_A}$ η_{AG}^{X}、η_{GB}^{X}、η_{GE}^{X} 为转化机构中各对齿轮的啮合效率，按下式计算： $\eta^{X}=1-f\mu_z\left(\dfrac{1}{z_1}\pm\dfrac{1}{z_2}\right)$ 式中，z_1、z_2 分别为小齿轮和大齿轮齿数；$f=2.3$；$\mu_z=0.1$；“+”号用于外啮合，“-”号用于内啮合。忽略轴承效率		

注：ψ^X 的说明见 3.2 节。

3 传动比与效率

3.1 传动比

在行星齿轮传动中，由于行星轮的运动不是定轴传动，不能用计算定轴传动比的方法来计算其传动比，而采用固定行星架的所谓转化机构法以及图解法、矢量法、力矩法等，其中最常用的是转化机构法。现简述如下。

（1）传动比代号

行星齿轮传动中，其传动比代号的含义如下：

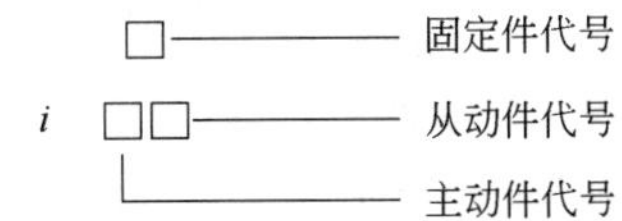

例如：i_{AX}^{B} 表示当构件 B 固定时由主动构件 A 到从动构件 X 的传动比。

（2）传动比计算及其普遍方程式

采用转化机构法计算传动比的方法是：给整个行星齿轮传动机构加上一个与行星架旋转速度 n_X 相反的速度 $-n_X$，使其转化为相当于行星架固定不动的定轴线齿轮传动机构，这样就可以用计算定轴轮系的传动比公式计算转化机构的传动比。

对于所有齿轮及行星架轴线平行的行星齿轮传动，计算转化机构传动比的公式如下

$$i_{AB}^{X}=\frac{n_A-n_X}{n_B-n_X}=(-1)^n\frac{\text{转化机构各级从动齿轮齿数连乘积}}{\text{转化机构各级主动齿轮齿数连乘积}} \tag{12-5-1}$$

同理，如果给整个传动机构加上一个与某构件 A 或 C 的转速 n_A 或 n_C 相反的转速时，上式可写为

$$i_{BC}^{A}=\frac{n_B-n_A}{n_C-n_A} \tag{12-5-2}$$

$$i_{BA}^{C}=\frac{n_B-n_C}{n_A-n_C} \tag{12-5-3}$$

式（12-5-1）中，指数 n 表示外啮合次数。式（12-5-1）~式（12-5-3）中，n_A、n_B、n_C 分别代表行星齿轮传动中构件 A、B、C 的转速。

式（12-5-2）与式（12-5-3）等号左、右分别相加可得

$$i_{BC}^{A}+i_{BA}^{C}=1$$

上式移项得

$$i_{BC}^{A}=1-i_{BA}^{C} \tag{12-5-4}$$

第12篇

式（12-5-4）就是计算行星齿轮传动的普遍方程式。

式（12-5-4）中，符号 A、B、C 可以任意代表行星轮系中的三个基本构件。这个公式的规律是：等式左边 i 的上角标和下角标可以根据计算需要来标注，将其上角标与第二个下角标互换位置，则得到等号右边 i 的上角、下角标号。

在进行行星齿轮强度和轴承寿命计算时，需要计算行星轮对行星架的相对转速，其值可通过转化机构求得。例如：NGW 行星齿轮传动，行星轮轴承转速 n_C 和相对转速 n_C-n_X 可由下式求得

$$i_{AC}^{X}=\frac{n_A-n_X}{n_C-n_X}=\frac{-Z_C}{Z_A}$$

当行星齿轮传动用作差动机构时，仍可借助式（12-5-1）~式（12-5-4）计算其传动比。

例如，对于 NGW 型差动齿轮传动，当太阳轮 A 及内齿轮 B 分别以转速 n_A 和 n_B 转动时，其行星架的转速 n_X 可用下述方法求得：

参照式（12-5-2）可得

$$i_{XA}^{B}=\frac{n_X-n_B}{n_A-n_B}$$

经整理可得

$$n_X=n_A i_{XA}^{B}+n_B(1-i_{XA}^{B})=n_A i_{XA}^{B}+n_B i_{XB}^{A}=n_X^{B}+n_X^{A}$$

即

$$\begin{cases} n_X=n_A i_{XA}^{B}+n_B i_{XB}^{A} \\ n_X=n_X^{B}+n_X^{A} \end{cases} \tag{12-5-5}$$

式中　n_X^B——当 B 轮不动时，行星架的转速；

n_X^A——当 A 轮不动时，行星架的转速。

由式（12-5-5）可见，NGW 型差动齿轮传动行星架的转速等于固定 A 轮时得到的转速与固定 B 轮时得到的转速的代数和。

3.2　效率

在行星齿轮传动中，其单级传动总效率 η 由以下各主要部分组成

$$\eta=\eta_m\eta_B\eta_S$$

式中　η_m——考虑齿轮啮合摩擦损失的效率（简称啮合效率）；

η_B——考虑轴承摩擦损失的效率（简称轴承效率）；

η_S——考虑润滑油搅动和飞溅液力损失的效率。

因为效率值接近于 1，所以上式可以用损失系数来表达：

$$\begin{cases}\eta=1-\psi=1-(\psi_m+\psi_B+\psi_S)\\ \psi=\psi_m+\psi_B+\psi_S\end{cases} \tag{12-5-6}$$

式中 ψ——传动损失系数；

$\psi_m=1-\eta_m$，$\psi_B=1-\eta_B$，$\psi_S=1-\eta_S$，分别为考虑啮合摩擦、轴承摩擦、润滑油搅动和飞溅液力损失的系数。确定各损失系数后便可由上列关系式确定相应效率值。

（1）啮合效率 η_m 及损失系数 ψ_m

啮合效率由表 12-5-2 中的公式计算求得。效率 η 上下角标的标记方法、意义与传动比的标法相同。

啮合效率的计算公式中，ψ^X 为行星架固定时传动机构中各齿轮副啮合损失系数之和，即

$$\psi^X=\sum\psi_i$$

而

$$\psi_i=f\mu_z\left(\frac{1}{z_1}\pm\frac{1}{z_2}\right)$$

式中 f——与两轮齿顶高系数 h_a^* 有关的系数，当 $h_a^*\leqslant m_n$ 时，取 $f=2.3$；

μ_z——齿面摩擦因数，NGW 和 NW 型传动取 $\mu_z=0.05\sim0.1$，WW 和 NGWN 型传动取 $\mu_z=0.1\sim0.12$；

z_1，z_2——齿轮副的齿数，内啮合时 z_2 为内齿轮齿数。

“+”用于外啮合，“-”用于内啮合。

对于 NGWN 型传动，$\psi_{BE}^X=\psi_{EB}^X=\psi_{BC}^X=\psi_{DE}^X$。

（2）轴承效率 η_B

滚动轴承的效率值可直接在有关设计手册中查得。必要时，也可按下式确定损失系数 ψ_B 后求得。

$$\psi_B=\frac{\sum T_{fi}n_i}{T_2n_2} \tag{12-5-7}$$

式中 T_{fi}——第 i 只轴承的摩擦力矩，N · cm；

n_i——第 i 只轴承的转速，r/min；

T_2——从动轴上的转矩，N · cm；

n_2——从动轴上的转速，r/min。

当计算行星轮轴承的损失系数值时，上式中的 n_i 为行星轮相对于行星架的转速，即 $n_C^X=n_C-n_X$。

滚动轴承的摩擦力矩可近似地按下式确定：

$$T_f=0.5Fd\mu_0\quad(\text{N}\cdot\text{cm}) \tag{12-5-8}$$

式中 d——滚动轴承内径，cm；

μ_0——当量摩擦因数，由有关设计手册查取；

F——滚动轴承的载荷，N。

（3）搅油损失系数 ψ_S

当齿轮浸入润滑油的深度为模数值的 2~3 倍时，其搅油损失系数 ψ_S 可由下式确定：

$$\psi_S=2.8\frac{vb}{P}\sqrt{\nu\frac{200}{z_\Sigma}} \tag{12-5-9}$$

式中 v——齿轮圆周速度，m/s；

b——浸入润滑油的齿轮宽度，cm；

P——传递功率，kW；

ν——润滑油在工作温度下的黏度，mm^2/s；

z_Σ——齿数和。

当齿轮为喷油润滑时，ψ_S 值为按上式求得数值的 0.7 倍。

对于载荷周期变化的情况，若其间温度变化不大，上式中的功率 P 应取平均值，其值为

$$P_m=\frac{\sum P_it_i}{\sum t_i} \tag{12-5-10}$$

式中 P_i——在时间 t_i 内的功率值，kW；

t_i——功率变化周期的持续时间。

4 行星齿轮传动设计方法（GB/T 33923—2017）

4.1 行星轮数目与传动比范围

在传递动力时，行星轮数目越多越容易发挥行星齿轮传动的优点，但行星轮数目的增加，不仅使传动机构复杂化、制造难度增加、成本提高，而且会使其载荷均衡困难，由于邻接条件限制又会减小传动比的范围。因而在设计行星齿轮传动时，通常采用3个或4个行星轮，特别是3个行星轮。行星轮数目与其对应的传动比范围见表12-5-3。

表 12-5-3　　行星轮数目与传动比范围的关系

行星轮数目 C_s	传动比范围			
	NGW(i_{AX}^{B})	NGWN	NW(i_{AX}^{B})	WW(i_{AX}^{B})
3	2.1~13.7	$\frac{z_C}{z_D}\times\frac{m_C}{m_D}<1$ 时 $i_{AE}^{B}=-\infty\sim 2.2$ $\frac{z_C}{z_D}>1$ 时 $i_{AE}^{B}=4.7\sim+\infty$（与行星轮数目无关）	1.55~21	−7.35~0.88
4	2.1~6.5		1.55~9.9	−3.40~0.77
5	2.1~4.7		1.55~7.1	−2.40~0.70
6	2.1~3.9		1.55~5.9	−1.98~0.66
8	2.1~3.2		1.55~4.8	−1.61~0.61
10	2.1~2.8		1.55~4.3	−1.44~0.59
12	2.1~2.6		1.55~4.0	−1.34~0.57

注：1. 表中数值为在良好设计条件下，单级传动比可能达到的范围。在一般设计中，传动比若接近极限值时，通常需要进行邻接条件的验算。

2. m_C 及 m_D 为C轮及D轮的模数。

4.2 齿数的确定

（1）确定齿数应满足的条件

行星齿轮传动各齿轮齿数的选择，除去应满足渐开线圆柱齿轮齿数选择的原则外，还须满足表12-5-4所列传动比条件、同心条件、装配条件和邻接条件。

（2）配齿方法及齿数组合表

对于NGW、NW、NN及NGWN型传动，绝大多数情况下均可直接从表12-5-5、表12-5-6、表12-5-8、表12-5-11、表12-5-12中直接选取所需齿数组合，不必自行配齿。下列各型传动的配齿方法仅供特殊需要。WW型传动应用较少，只列出了配齿方法。

表 12-5-4　　渐开线行星齿轮传动齿轮齿数确定的条件

条件		传动型式			
		NGW	NGWN	WW	NW
传动比条件		保证实现给定的传动比，传动比的计算公式见表12-5-2			
同心条件	原理	为了保证正确的啮合，各对啮合齿轮之间的中心距必须相等。例如NGW型传动，太阳轮A与行星轮C的中心距 a_{AC} 应等于行星轮C与内齿轮B的中心距 a_{CB}，即 $a_{AC}=a_{CB}$			
	标准及高变位齿轮	$z_A+z_C=z_B-z_C$ 或 $z_B=z_A+2z_C$	$m_{tA}(z_A+z_C)=$ $m_{tB}(z_B-z_C)=m_{tE}(z_E-z_D)$	$m_{tA}(z_A+z_C)$ $=m_{tB}(z_B+z_D)$	$m_{tA}(z_A+z_C)$ $=m_{tB}(z_B-z_D)$
	角变位齿轮	$\frac{z_A+z_C}{\cos\alpha'_{tAC}}$ $=\frac{z_B-z_C}{\cos\alpha'_{tCB}}$	$m_{tA}(z_A+z_C)\frac{\cos\alpha_{tAC}}{\cos\alpha'_{tAC}}$ $=m_{tB}(z_B-z_C)\frac{\cos\alpha_{tCB}}{\cos\alpha'_{tCB}}$ $=m_{tE}(z_E-z_D)\frac{\cos\alpha_{tDE}}{\cos\alpha'_{tDE}}$	$m_{tA}(z_A+z_C)\frac{\cos\alpha_{tAC}}{\cos\alpha'_{tAC}}$ $=m_{tB}(z_B+z_D)\frac{\cos\alpha_{tDB}}{\cos\alpha'_{tDB}}$	$m_{tA}(z_A+z_C)\frac{\cos\alpha_{tAC}}{\cos\alpha'_{tAC}}$ $=m_{tB}(z_B-z_D)\frac{\cos\alpha_{tDB}}{\cos\alpha'_{tDB}}$

续表

<table>
<tr><td rowspan="2">条件</td><td colspan="4">传动型式</td></tr>
<tr><td>NGW</td><td>NGWN</td><td>WW</td><td>NW</td></tr>
<tr><td rowspan="3">装配条件</td><td colspan="4">保证各行星轮能均布地安装于两中心齿轮之间，并且与两个中心轮啮合良好，没有错位现象</td></tr>
<tr><td>为了简化计算和装配，应使太阳轮与内齿轮的齿数和等于行星轮数目 C_s 的整数倍，即
$\frac{z_A+z_B}{C_s}=n$
或 $\frac{i_{AX}^{B}z_A}{C_s}=n$</td><td>1. 通常取中心轮齿数 z_A、z_B 和 z_E 或 z_A+z_B 及 z_E 均为行星轮数目 C_s 的整数倍
此时双联行星齿轮的两个齿轮的相对位置应这样确定：C 轮和 D 轮各有一个齿槽的对称线须位于同一个轴平面（θ 平面）内，两齿槽的对称线可在行星轮轴线的同侧（图 b）或两侧（图 a）。装配情况见图 d
2. 亦可按右栏内 NW 型传动的公式计算。此时 z_B 应以 z_E 代之</td><td colspan="2">若双联行星齿轮的两个齿轮的相对位置是在安装时确定的（安装时可以调整），则行星传动的齿轮齿数不受本条件限制，满足其他条件即可
若双联行星齿轮的两个齿轮的相对位置是在制造时确定的（如同一坯料切出），则必须满足以下条件
1. 当中心轮 z_A、z_B 为 C_s 的整数倍时（此时计算和装配最简单），双联行星齿轮的两个齿轮的相对位置应该使 C 轮和 D 轮各有一个齿槽的对称线位于同一个轴平面（θ 平面）内。对 NW 型传动，应位于行星轮轴线的两侧（图 a），装配情况见图 c。对 WW 型传动，应位于行星轮轴线的同侧（图 b）
2. 当一个或两个中心轮的齿数非 C_s 的整数倍时：
WW 传动：$\frac{z_A+z_B}{C_s}+\left(1+\frac{z_D}{z_C}\right)\left(E_A\pm n-\frac{z_A}{C_s}\right)=n$
NW 传动：$\frac{z_A+z_B}{C_s}+\left(1-\frac{z_D}{z_C}\right)\left(E_A\pm n-\frac{z_A}{C_s}\right)=n$
式中　E_A，n——整数
当 $\frac{z_A}{C_s}$ = 整数时，$E_A=\frac{z_A}{C_s}$，n 从 1、2、3、… 中选取
当 $\frac{z_A}{C_s}\neq$ 整数时，E_A 为稍大于 $\frac{z_A}{C_s}$ 的整数，n 从 0、1、2、3、… 中选取</td></tr>
<tr><td colspan="4">标记　θ平面　标记　θ平面　θ平面　B　E　θ平面　D　C　A
(a)　(b)　(c)　(d)</td></tr>
<tr><td>邻接条件</td><td colspan="4">必须保证相邻两行星轮互不相碰，并留有大于 0.5 倍模数的间隙，即行星轮齿顶圆半径之和小于其中心距 L，如图所示
$2r_{aC}<L$ 或 $d_{aC}<2a\sin\frac{\pi}{C_s}$
式中　r_{aC}，d_{aC}——行星轮齿顶圆半径和直径。当行星轮为双联齿轮时，应取其中之大值
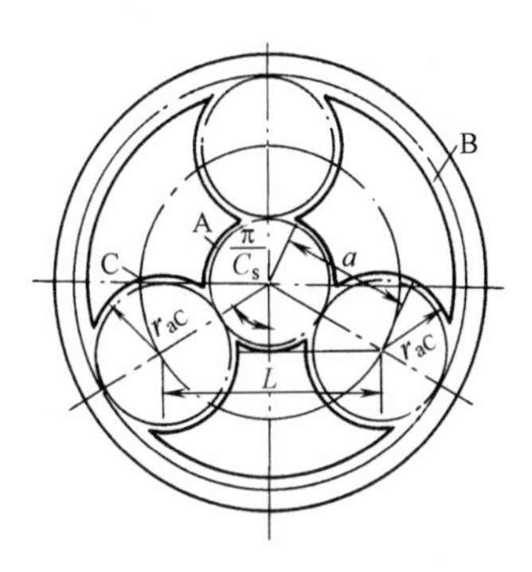</td></tr>
</table>

第12篇

续表

条件	传动型式			
	NGW	NGWN	WW	NW
邻接条件	$(z_A+z_C)\sin\frac{180°}{C_s}>z_C+2(h_a^*+x_C)$	$z_C>z_D$ 时 $(z_A+z_C)\sin\frac{180°}{C_s}>z_C+2(h_a^*+x_C)$ $z_C<z_D$ 时 $(z_E-z_D)\sin\frac{180°}{C_s}>z_D+2(h_a^*+x_D)$	$z_C>z_D$ 时 $(z_A+z_C)\sin\frac{180°}{C_s}>z_C+2(h_a^*+x_C)$ $z_C<z_D$ 时 $(z_B-z_D)\sin\frac{180°}{C_s}>z_D+2(h_a^*+x_D)$	$z_E>z_D$ 时 $(z_A+z_C)\sin\frac{180°}{C_s}>z_C+2(h_a^*+x_C)$ $z_C<z_D$ 时 $(z_B-z_D)\sin\frac{180°}{C_s}>z_D+2(h_a^*+x_D)$

注：1. 对直齿轮，可将表中代号的下角标 t 去掉。

2. h_a^*—齿顶高系数，x_C、x_D—C 轮、D 轮变位系数，C_s—行星轮数目，α_t—端面啮合角。

① NGW 型传动的配齿方法及齿数组合。对于一般动力传动用行星传动，不要求十分精确的传动比，在已知要求的传动比 i_{AX}^B 的情况下，可按以下步骤选配齿数。

a. 根据 i_{AX}^B，按表 12-5-3 选取行星轮数目 C_s，通常选 $C_s=3\sim4$。

b. 根据齿轮强度及传动平稳性等要求确定太阳轮齿数 z_A。

c. 根据下列条件试凑 Y 值：

- $Y=i_{AX}^B z_A$——传动比条件；
- Y/C_s=整数——装配条件；
- Y 应为偶数——同心条件。但当采用不等啮合角的角变位传动时，Y 值也可以是奇数。

d. 计算内齿圈及行星轮齿数 z_B 和 z_C：

$$z_B=Y-z_A$$

对非角变位传动有

$$z_C=\frac{Y}{2}-z_A \text{ 或 } z_C=\frac{z_B-z_A}{2}$$

对角变位齿轮传动有

$$z_C=\frac{z_B-z_A}{2}-\Delta z_C$$

式中，Δz_C 为行星轮齿数减少值，由角变位要求确定，可为整数，也可以为非整数，$\Delta z_C=0.5\sim2$。

表 12-5-5 为 NGW 型行星齿轮传动的常用传动比、常用行星轮数对应的齿轮齿数组合表。

表 12-5-5　NGW 型行星齿轮传动的齿数组合

$i=2.8$											
$C_s=3$				$C_s=4$				$C_s=5$			
z_A	z_C	z_B	i_{AX}^B	z_A	z_C	z_B	i_{AX}^B	z_A	z_C	z_B	i_{AX}^B
32	13	58	2.8125	33	13	59	2.7879	32	13	58	2.8125
41	16	73	2.7805	37	15	67	2.8108	39	16	71	2.8205
43	17	77	2.7907	43	17	77	2.7907	43	17	77	2.7907
47	19	85	2.8085	46	19	85	2.8085	45	19	84	2.8261
49	20	89	2.8763	53	21	95	2.7925	64	26	116	*2.8125
58	23	104	2.7931	59	23	105	2.7797	71	29	129	2.8169
62	25	112	2.8065	67	27	121	2.8060	79	31	141	2.7848
65	26	118	*2.8154	71	29	129	2.8169	89	36	161	2.8090
73	29	131	2.7945	79	31	141	2.7848	104	41	186	2.7885

续表

$i=2.8$											
$C_s=3$				$C_s=4$				$C_s=5$			
z_A	z_C	z_B	i_{AX}^{B}	z_A	z_C	z_B	i_{AX}^{B}	z_A	z_C	z_B	i_{AX}^{B}
75	30	135	*2.8000	81	33	147	2.8148	118	47	212	2.7966
77	31	139	2.8052	89	35	159	2.7865	121	49	219	2.8099
92	37	166	2.8043	97	39	175	2.8041	132	53	238	2.8030
118	47	212	2.7966	121	49	219	2.8099	146	59	264	2.8082
				123	49	221	2.7967	154	61	276	2.7922
				141	57	255	2.8085	161	64	289	2.7950
				153	61	275	2.7974	168	67	302	2.7976

$i=3.15$											
$C_s=3$				$C_s=4$				$C_s=5$			
z_A	z_C	z_B	i_{AX}^{B}	z_A	z_C	z_B	i_{AX}^{B}	z_A	z_C	z_B	i_{AX}^{B}
25	14	53	3.1200	23	13	49	3.1304	22	13	48	3.1818
29	16	61	3.1034	29	17	63	3.1724	29	16	61	3.1034
31	18	68	3.1935	33	19	71	3.1515	32	18	68	*3.1250
32	19	70	3.1875	37	21	79	3.1351	35	20	75	*3.1429
35	20	76	*3.1714	41	23	87	3.1220	37	20	78	*3.1081
37	21	80	3.1622	43	25	93	3.1628	41	24	89	3.1707
40	23	86	3.1500	53	31	115	3.1698	54	31	116	3.1481
44	25	94	3.1364	67	39	145	3.1642	55	32	120	3.1818
53	31	115	3.1698	71	41	153	3.1549	67	38	143	3.1343
55	32	119	3.1636	75	43	161	3.1467	79	46	171	3.1646
67	38	143	3.1343	79	45	169	3.1392	83	47	177	3.1325
70	41	152	3.1714	81	47	175	3.1605	86	49	184	3.1395
74	43	160	3.1622	85	49	183	3.1529	89	51	191	3.1461
82	47	176	3.1463	97	55	207	3.1340	92	53	198	3.1522
86	49	184	3.1395	121	69	259	3.1405	98	57	212	3.1633
97	56	209	3.1546	123	71	265	3.1545	121	59	269	3.1405

$i=3.55$											
$C_s=3$				$C_s=4$				$C_s=5$			
z_A	z_C	z_B	i_{AX}^{B}	z_A	z_C	z_B	i_{AX}^{B}	z_A	z_C	z_B	i_{AX}^{B}
22	17	56	3.5455	23	17	57	3.4785	23	17	57	3.4783
25	20	65	*3.6000	25	19	63	3.5200	24	18	61	3.5417
29	22	73	3.5172	29	23	75	3.5862	25	20	65	*3.6000
32	25	82	3.5625	33	25	83	3.5152	27	20	68	*3.35185
37	29	95	3.5675	37	29	95	3.5676	28	22	72	*3.5214
41	32	106	*3.5854	45	35	115	*3.5556	31	24	79	3.5484
45	35	116	3.5217	47	37	121	3.5745	35	27	90	*3.5714
47	37	121	3.5745	53	41	135	3.5472	37	28	93	3.5135
48	37	123	3.5625	55	43	141	3.5636	42	33	108	*3.5714
49	38	125	3.5510	61	47	155	3.5410	45	35	115	*3.5556
52	41	134	3.5769	69	53	175	3.5362	48	37	122	3.5417
56	43	142	3.5357	73	57	187	3.5616	54	41	136	3.5185
61	47	155	3.5410	77	59	195	3.5325	73	57	187	3.5616
73	56	185	3.5342	79	61	201	3.5443	76	59	194	3.5526
76	59	194	3.5526	83	65	213	3.5663	79	61	201	3.5443
86	67	220	3.5581	87	67	221	3.5402	82	63	208	3.5366

续表

$i=4.0$											
$C_s=3$				$C_s=4$				$C_s=5$			
z_A	z_C	z_B	i_{AX}^{B}	z_A	z_C	z_B	i_{AX}^{B}	z_A	z_C	z_B	i_{AX}^{B}
20	19	58	3.9000	22	22	66	*4.0000	18	17	52	3.8889
22	23	68	4.0909	25	27	79	4.1600	22	23	68	4.0909
23	22	67	3.9130	27	29	85	4.1481	23	22	67	3.9130
26	25	76	3.9231	29	31	91	4.1379	25	25	75	*4.0000
27	27	81	4.0000	31	33	97	4.1290	27	25	78	3.8889
29	28	85	3.9310	33	33	99	*4.0000	28	27	82	3.9286
32	31	94	3.9375	37	39	115	4.1081	29	31	91	4.1379
38	37	112	3.9474	39	41	121	4.1026	32	33	98	4.0625
44	43	130	3.9545	43	45	133	4.0930	33	32	97	3.9394
47	49	145	4.0851	45	47	139	4.0889	38	37	112	3.9474
50	49	148	3.9600	47	49	145	4.0851	39	41	121	4.1026
56	55	166	3.9643	49	49	147	4.0000	48	47	142	3.9583
59	58	175	3.9661	55	57	169	4.0727	42	40	123	3.9286
62	61	184	3.9677	57	59	175	4.0702	58	57	172	3.9655
68	67	202	3.9706	61	63	187	4.0656	63	62	187	3.9683
74	73	220	3.9730	67	69	205	4.0597	68	67	202	3.9706

$i=4.5$								$i=5.0$			
$C_s=3$				$C_s=4$				$C_s=3$			
z_A	z_C	z_B	i_{AX}^{B}	z_A	z_C	z_B	i_{AX}^{B}	z_A	z_C	z_B	i_{AX}^{B}
17	22	61	4.5882	17	21	59	4.4705	16	23	62	4.8750
19	23	65	4.4211	19	23	65	4.4211	17	25	67	4.9412
23	28	79	4.4348	21	27	75	*4.5714	19	29	77	5.0526
25	32	89	4.5600	23	29	81	4.5217	20	31	82	5.1000
27	33	93	*4.4444	25	31	87	4.4800	23	34	91	4.9565
28	35	98	4.5000	26	32	90	*4.4615	28	41	110	4.9286
32	38	109	4.4063	33	41	115	4.4818	31	47	125	5.0323
35	43	121	4.4571	35	43	121	4.4571	40	59	158	4.9500
37	45	128	4.4595	41	51	143	4.4878	44	67	178	5.0455
41	52	145	4.5366	47	59	165	4.5106	47	70	187	4.9787
52	65	182	4.5000	49	61	171	4.4898	52	77	205	4.9615
53	67	187	4.5283	50	62	174	4.4800	55	83	221	5.0182
59	73	205	4.4746	53	67	187	4.5283	56	85	226	5.0357
61	77	215	4.5246	59	73	205	4.4746	59	88	235	4.9831
68	85	238	4.5000	61	77	215	4.5246	64	95	254	4.9688
71	88	247	4.4789	71	89	249	4.5070	65	97	259	4.9846

$i=5.0$				$i=5.6$				$i=6.3$			
$C_s=4$				$C_s=3$				$C_s=3$			
z_A	z_C	z_B	i_{AX}^{B}	z_A	z_C	z_B	i_{AX}^{B}	z_A	z_C	z_B	i_{AX}^{B}
17	25	67	4.9412	13	23	59	5.5385	13	29	71	6.4615
19	29	77	5.0526	14	25	64	5.5714	14	31	76	6.4286
21	31	83	4.9574	16	29	74	5.6250	16	35	86	6.3750
23	35	93	5.0435	17	31	79	5.6471	17	37	91	6.3529
25	37	99	4.9600	19	35	89	5.6842	19	41	101	6.3158
29	43	115	4.9655	20	37	94	5.7000	20	43	106	6.3000
31	47	125	5.0323	22	41	104	5.7273	22	47	116	6.2727
35	53	141	5.0786	29	52	133	5.5862	23	49	121	6.2609
37	55	147	4.9730	31	56	143	5.6129	25	54	133	6.3200

续表

$i=5.0$				$i=5.6$				$i=6.3$			
$C_s=4$				$C_s=3$				$C_s=3$			
z_A	z_C	z_B	i_{AX}^{B}	z_A	z_C	z_B	i_{AX}^{B}	z_A	z_C	z_B	i_{AX}^{B}
47	71	189	5.0713	40	71	182	5.5500	26	55	136	6.2308
49	73	195	4.9796	41	73	187	5.5610	28	39	146	6.2143
51	77	205	5.0196	44	79	202	5.5909	31	66	164	*6.2903
55	83	221	5.0182	46	83	212	5.6087	35	76	187	6.3429
59	89	237	5.0160	47	85	217	5.6170	37	80	197	6.3243
63	95	253	5.0159	50	91	232	5.6400	41	88	217	6.2927
65	97	259	4.9846	52	95	242	5.6538	47	100	247	6.2553

$i=7.1$				$i=8.0$				$i=9.0$			
$C_s=3$				$C_s=3$				$C_s=3$			
z_A	z_C	z_B	i_{AX}^{B}	z_A	z_C	z_B	i_{AX}^{B}	z_A	z_C	z_B	i_{AX}^{B}
13	32	77	6.9231	13	38	89	7.8462	14	49	112	9.0000
14	37	88	7.2857	14	43	100	8.1429	16	56	128	*9.0000
16	41	98	7.1250	16	47	110	7.8750	17	58	133	8.8236
17	43	103	7.0588	17	49	115	7.7647	19	68	155	9.1579
19	50	119	7.2632	17	52	121	8.1176	20	70	160	*9.0000
20	51	122	7.1000	20	61	142	8.1000	22	77	176	9.0000
22	56	134	*7.0909	22	65	152	7.9091	23	82	187	9.1304
23	58	139	7.0435	26	79	184	8.0769	25	89	203	9.1200
26	67	160	7.1538	28	83	194	7.9286	26	91	208	9.0000
28	71	170	7.0714	29	88	205	8.0690	28	98	224	*9.0000
29	73	175	7.0345	31	92	215	7.9355	29	101	232	9.0000
35	91	217	7.2000	32	97	226	8.0625	31	108	248	9.0000
38	97	232	7.1053	34	101	236	7.9412	32	112	256	*9.0000
41	106	253	7.1707	35	106	247	8.0571	34	119	272	9.0000
46	119	284	7.1739	40	119	278	7.9500	35	121	277	8.9143
47	121	289	7.1489	41	124	289	8.0488	37	128	293	8.9189

$i=10.0$				$i=11.2$				$i=12.5$			
$C_s=3$				$C_s=3$				$C_s=3$			
z_A	z_C	z_B	i_{AX}^{B}	z_A	z_C	z_B	i_{AX}^{B}	z_A	z_C	z_B	i_{AX}^{B}
13	53	119	10.1538	14	61	136	10.7143	13	71	155	12.9231
14	58	130	10.2857	16	71	158	10.8750	14	73	160	12.4286
16	65	146	10.1250	16	74	164	*11.2500	16	83	182	12.3750
17	67	151	9.8824	17	76	169	10.9412	16	86	188	*12.7500
19	77	173	10.1053	17	79	175	11.2941	17	88	193	12.3529
20	79	178	9.9000	19	86	191	11.0526	19	98	215	12.3158
22	89	200	10.0909	20	91	202	11.1000	20	106	232	*12.6000
23	91	205	9.9130	22	101	224	11.1818	22	116	254	*12.5455
25	98	221	9.8400	23	106	235	11.2174	23	118	259	12.2609
26	103	232	9.9231	26	121	268	11.3077	23	121	265	12.5217
28	113	254	10.0714	28	125	278	10.9286	25	131	287	12.4800
29	115	259	9.9310	28	128	284	*11.1429	26	135	298	12.4615
29	118	265	10.1379	29	130	289	10.9655	26	139	304	12.6923
31	122	275	9.8710	29	133	295	11.1724	28	147	323	12.5357
32	130	292	*10.1250	31	143	317	11.2258	29	152	334	*12.5172
34	144	302	*9.8824					31	163	357	12.5161

注：1. 表中齿数满足装配条件、同心条件（带“_”者除外）和邻接条件，且$\frac{z_A}{z_C}$、$\frac{z_B}{z_C}$、$\frac{z_A}{C_s}$、$\frac{z_B}{C_s}$无公因数（带“*”者除外），以提高传动平稳性。

2. 本表除带“_”者外，可直接用于非变位、高变位和等角变位传动（$\alpha'_{tAC}=\alpha'_{tCB}$）。表中各齿数组合当采用不等角角变位（$\alpha'_{tAC}>\alpha'_{tCB}$）时，应将表中$z_C$值适当减少1~2齿，以适应变位需要。

3. 带“_”者必须进行不等角角变位，以满足同心条件。

4. 当齿数少于17且不允许根切时，应进行变位。

5. 表中i为名义传动比，其所对应的不同齿数组合应根据齿轮强度条件选择；i_{AX}^{B}为实际传动比。

② NW 型传动配齿方法及齿数组合。NW 型传动通常取 z_A、z_B 为行星轮数目 C_s 的整数倍。常用传动方式为 B 轮固定，A 轮主动，行星架输出。为获得较大传动比和较小外形尺寸，应选择 z_A、z_D 均小于 z_C。为使齿轮接近等强度，z_C 与 z_D 之值相差越小越好。综合考虑，一般取 $z_D=z_C-(3\sim8)$ 为宜。

在 NW 型传动中，若所有齿轮的模数及齿形角相同，且 $z_A+z_C=z_B-z_D$，则由同心条件可知，其啮合角 $\alpha'_{tAC}=\alpha'_{tBD}$。为了提高齿轮承载能力，可使两啮合角稍大于 20°，以便 A、D 两轮进行正变位。选择齿数时，取 $z_A+z_C<z_B-z_D$，但 z_B 会因此增大，从而导致传动的外廓尺寸加大。

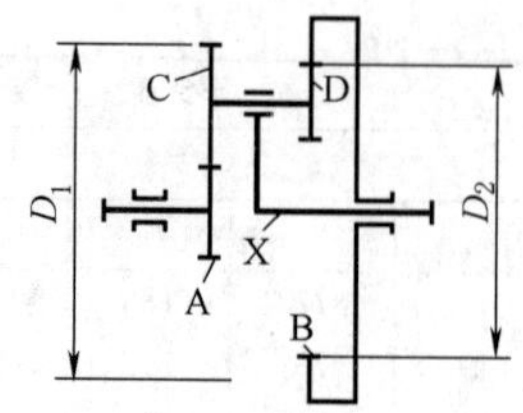

图 12-5-2　齿轮副径向轮廓尺寸图

NW 型传动按下列步骤配齿。

a. 根据强度、运转平稳性和避免根切等条件确定太阳轮齿数 z_A，常取 z_A 为 C_s 的倍数。

b. 根据结构设计对两对齿轮副径向轮廓尺寸比值 D_1/D_2（图 12-5-2）的要求拟定 Y 值，再由传动比 i_{AX}^B 和 Y 值查图 12-5-3 确定系数 α，然后，按下列各式计算 i_{DB}、i_{AC}、β 值和齿数 z_D、z_B、z_C。

$$i_{DB}=\sqrt{\frac{i_{AX}^B-1}{\alpha}}\qquad i_{AC}=\alpha i_{DB}$$

$$\beta=\frac{i_{AC}+1}{i_{DB}-1}\qquad z_D=\beta z_A$$

$$z_B=i_{DB}z_D\qquad z_C=i_{AC}z_A$$

c. 根据算出的齿数，按前述装配条件的两个限制条件对其进行调整并确定 z_D、z_B 和 z_C。为了使确定的齿数仍能满足同心条件，可以将其中一个行星轮的齿数 z_C 留在最后确定，在确定该齿数 z_C 时，要同时考虑同心条件，即对于非角变位齿轮传动：

$$z_C=z_{\Sigma AC}-z_A\ 或\ z_D=z_B-z_{\Sigma AC}$$

对不等啮合角的角变位传动：

$$z_C=z_{\Sigma AC}-z_A-\Delta z\ 或\ z_D=z_B-z_{\Sigma AC}-\Delta z$$

$$z_{\Sigma AC}=z_A+z_C$$

式中　Δz——角变位要求行星轮 C 或 D 应减少的齿数，一般取 $\Delta z=1\sim2$。

d. 校核传动比，同时根据表 12-5-4 校核邻接条件。

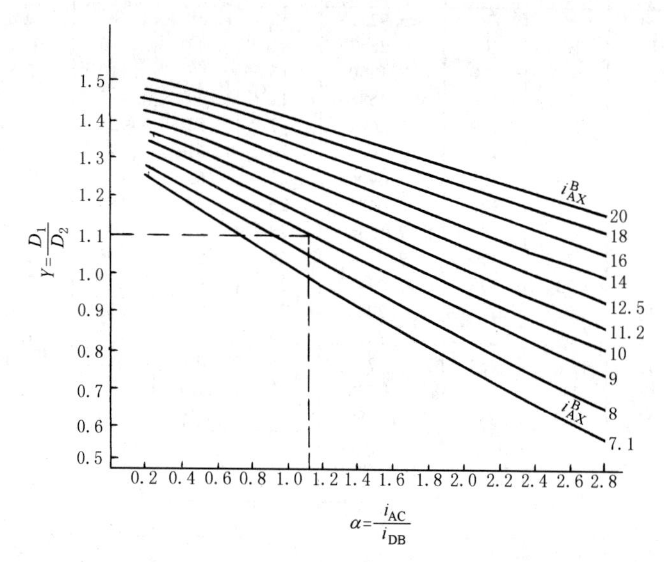

图 12-5-3　根据 $Y=\frac{D_1}{D_2}$ 和 i_{AX}^B 确定 $\alpha=\frac{i_{AC}}{i_{DB}}$ 的线图

NW 型行星齿轮传动常用传动比对应的齿轮齿数组合见表 12-5-6。

表 12-5-6　$C_s=3$ 的 NW 型行星齿轮传动的齿数组合

i_{AX}^B	z_A	z_B	z_C	z_D	i_{AX}^B	z_A	z_B	z_C	z_D	i_{AX}^B	z_A	z_B	z_C	z_D	i_{AX}^B	z_A	z_B	z_C	z_D
7.000	21	63	28	14	7.097	15	78	34	29	7.200	21	93	42	30	7.286	21	72	33	18
7.000	12	54	24	18	·7.106	21	102	44	35	7.205	21	81	37	23	7.286	15	66	30	21
7.000	18	60	27	15	7.109	15	84	36	33	7.222	18	96	42	36	7.317	21	111	49	41
7.000	18	81	36	27	7.111	15	75	33	27	7.224	18	99	43	38	7.330	21	108	48	39
7.041	21	111	48	42	7.111	18	66	30	18	·7.248	18	96	41	35	·7.361	21	108	47	38
7.045	21	114	49	44	·7.118	15	60	26	17	7.250	18	90	40	32	7.367	21	78	36	21
7.053	21	105	46	38	·7.125	15	84	35	32	7.250	18	105	45	42	7.374	21	87	40	26
·7.055	21	87	38	26	7.143	21	96	43	32	·7.255	18	66	29	17	·7.380	15	66	29	20
·7.058	18	81	35	26	·7.154	15	75	32	26	·7.260	18	105	44	41	7.384	21	102	46	35
·7.059	21	111	47	41	7.159	18	75	34	23	·7.261	21	93	41	29	7.404	18	81	37	26
7.071	21	102	45	36	·7.190	18	60	26	14	7.283	18	87	39	30	·7.413	12	69	29	26
·7.088	12	54	23	17	7.200	15	69	31	23	7.286	18	72	33	21	7.429	15	54	25	14

续表

i_{AX}^{B}	z_A	z_B	z_C	z_D	i_{AX}^{B}	z_A	z_B	z_C	z_D	i_{AX}^{B}	z_A	z_B	z_C	z_D	i_{AX}^{B}	z_A	z_B	z_C	z_D
7.429	21	99	45	33	7.957	21	84	40	23	8.438	21	102	49	32	9.063	15	90	43	32
7.475	15	84	37	32	7.971	18	78	37	23	8.485	18	114	52	44	9.067	15	66	33	18
·7.482	21	99	44	32	·7.982	12	51	23	14	8.488	18	111	51	42	9.100	12	54	27	15
·7.500	21	78	35	20	8.000	21	105	49	35	8.500	12	63	30	21	9.120	15	87	42	30
7.500	15	90	39	36	·8.000	15	78	35	26	8.519	18	87	42	27	9.138	12	63	31	20
7.500	21	84	39	24	8.000	15	63	30	18	·8.520	18	111	50	41	9.195	18	93	46	29
7.500	18	78	36	24	8.000	18	90	42	30	8.522	18	105	49	36	·9.200	15	87	41	29
·7.514	15	90	38	35	8.028	18	69	33	18	8.543	21	99	48	30	9.211	18	108	52	38
7.538	15	75	34	26	·8.057	15	57	26	14	8.556	18	102	48	36	9.229	15	72	36	21
7.552	18	96	43	35	8.065	21	102	48	33	8.600	15	57	28	14	9.264	18	105	51	36
7.563	12	45	21	12	·8.069	18	90	41	29	·8.609	15	75	35	23	·9.282	15	66	32	17
7.567	21	93	43	29	8.088	21	90	43	26	8.610	18	102	47	35	9.293	12	78	37	29
7.576	18	93	42	33	8.125	12	57	27	18	·8.613	12	63	29	20	9.308	15	81	40	26
7.578	18	111	42	45	·8.134	21	102	47	32	8.617	15	93	43	35	9.323	18	90	45	27
·7.587	18	111	47	44	8.143	18	75	36	21	·8.622	18	87	41	26	9.330	12	60	30	18
·7.594	18	78	35	23	·8.165	15	63	29	17	8.636	15	90	42	33	·9.333	18	105	50	35
·7.609	21	84	38	23	8.171	18	108	49	41	·8.640	21	99	47	29	9.333	12	75	36	27
·7.620	18	93	41	32	8.178	18	114	51	45	8.659	15	63	31	17	·9.357	12	54	26	14
7.632	21	108	40	38	8.179	18	105	48	39	8.667	18	69	34	17	·9.400	15	72	35	20
7.667	18	60	28	14	·8.215	18	105	47	38	·8.688	15	90	41	32	·9.413	12	75	35	26
7.667	18	87	40	29	·8.216	18	69	32	17	8.708	18	75	37	20	9.422	18	99	49	32
7.686	18	66	31	17	8.229	15	69	33	21	8.724	15	84	40	29	9.450	15	78	39	24
·7.714	21	105	47	35	8.233	15	93	42	36	8.750	18	93	45	30	·9.462	18	90	44	26
·7.758	21	90	41	26	8.242	15	96	43	38	8.800	15	81	39	27	9.500	12	69	34	23
7.769	12	45	20	13	8.251	21	96	46	29	8.800	12	73	36	30	·9.529	12	60	29	17
7.777	21	99	46	32	·8.263	15	93	41	35	8.805	12	81	37	32	9.533	18	96	48	30
7.800	18	72	34	20	·8.265	12	57	26	17	8.821	18	111	52	41	·9.591	15	78	38	23
7.800	12	51	24	15	8.273	18	96	45	33	8.824	12	57	28	17	9.600	15	87	43	29
7.820	15	60	31	20	8.280	15	84	39	30	8.826	18	81	40	23	9.643	12	66	33	21
7.856	12	69	31	26	·8.292	18	75	35	20	8.835	21	93	46	26	9.644	18	96	47	29
7.857	15	90	40	35	8.313	18	81	39	24	·8.839	18	93	44	29	9.667	18	105	52	35
7.857	18	108	48	42	8.328	12	75	34	29	·8.845	12	78	35	29	9.711	15	84	42	27
7.867	18	111	49	44	·8.333	18	96	44	32	8.846	12	72	34	26	9.758	18	102	51	33
7.871	21	78	37	20	8.333	12	72	33	27	8.846	18	108	51	39	9.800	15	62	34	17
·7.878	18	108	47	41	·8.338	15	84	38	29	·8.892	15	81	38	26	·9.800	12	66	32	20
·7.888	15	87	38	32	·8.360	15	69	32	20	8.895	18	108	50	38	·9.831	15	84	41	26
7.890	15	81	37	29	8.364	12	81	36	33	8.906	12	69	33	24	9.846	18	90	46	26
·7.897	12	75	32	29	·8.383	12	81	35	32	8.933	18	102	49	35	·9.854	18	102	50	32
7.905	15	96	41	38	8.400	15	78	37	26	8.965	21	99	49	29	·9.880	15	72	37	20
7.915	18	117	50	47	8.413	12	66	31	23	8.994	18	87	43	26	·9.894	12	75	37	26
·7.936	21	96	44	29	8.414	18	90	43	29	·9.000	12	69	32	23	10.000	12	54	28	14
7.943	18	93	43	32	·8.435	18	81	38	23	9.000	18	99	48	33	10.043	15	78	40	23

续表

i_{AX}^{B}	z_A	z_B	z_C	z_D	i_{AX}^{B}	z_A	z_B	z_C	z_D	i_{AX}^{B}	z_A	z_B	z_C	z_D	i_{AX}^{B}	z_A	z_B	z_C	z_D
10.118	12	60	31	17	12.273	21	99	55	23	·14.000	12	96	52	32	16.500	15	105	62	28
10.310	12	81	40	29	12.284	15	99	53	31	·14.097	15	105	58	31	16.500	12	111	62	37
·10.512	15	99	49	34	12.333	18	102	56	28	·14.147	18	102	58	25	16.516	15	111	65	31
10.625	12	63	33	18	12.371	12	90	47	31	14.200	15	99	56	28	16.712	18	102	61	22
10.706	15	99	50	34	12.500	12	87	46	29	·14.276	15	111	61	34	16.954	15	102	61	26
·10.838	15	105	52	37	12.529	15	105	56	34	14.323	15	105	59	31	17.232	18	105	64	23
10.857	12	69	36	21	·12.610	12	81	43	25	14.373	18	102	59	25	·17.457	15	108	64	28
·10.882	12	63	32	17	12.667	18	105	58	29	14.494	15	111	62	34	·17.592	15	102	61	25
10.884	12	81	41	28	12.688	15	102	55	32	14.500	12	99	54	33	17.714	15	108	65	28
11.000	12	78	40	26	·12.786	21	99	55	22	14.600	15	102	58	29	17.864	15	102	62	25
11.027	15	105	53	37	12.867	12	93	49	32	·14.630	18	99	57	23	17.914	12	111	64	35
11.103	15	102	52	35	12.880	12	81	44	25	14.663	12	87	49	26	18.097	15	111	67	29
·11.349	18	105	55	31	·13.115	12	84	45	26	14.686	18	105	61	26	·18.179	12	111	65	35
11.400	15	102	52	34	13.248	21	102	58	23	·15.086	15	102	58	28	18.231	15	105	64	26
11.500	12	63	34	17	13.284	15	102	56	31	15.329	15	102	59	28	·18.333	15	108	65	27
11.538	18	105	56	31	13.292	18	105	59	28	15.467	18	105	62	25	·18.412	12	111	64	34
·11.552	18	102	54	29	·13.460	21	102	59	23	15.723	15	99	58	26	·18.707	15	111	67	28
11.600	15	102	53	34	13.517	15	99	55	29	15.724	15	105	61	29	18.879	12	102	61	29
11.638	12	69	37	20	13.641	18	102	58	26	15.800	15	111	64	32	·19.518	12	102	61	28
11.725	15	99	52	32	·13.650	15	102	55	31	15.849	12	111	61	38	19.821	12	102	62	28
11.747	18	102	55	29	13.672	12	90	49	29	16.029	18	102	61	23	20.367	12	111	67	32
11.880	21	102	56	25	13.688	15	105	58	32	·16.250	15	105	61	28	·20.992	12	111	67	31
·12.071	15	99	52	31	·13.805	21	102	58	22	·16.250	12	111	61	37	21.290	12	111	68	31
·12.131	18	102	55	28	13.880	12	84	46	25	·16.277	15	111	64	31	21.923	12	102	64	26
12.163	12	81	43	26	13.897	15	111	61	35	·16.312	15	99	58	25					

注：1. 本表 z_A 及 z_B 都是3的倍数，适用于 $C_s=3$ 的行星传动。个别组的 z_A、z_B 也同时是2的倍数，也可适用于 $C_s=2$ 的行星传动。

2. 带“·”记号者，$z_A+z_C \neq z_B-z_D$，用于角变位传动；不带“·”者，$z_A+z_C=z_B-z_D$，可用于高变位或非变位传动。

3. 当齿数小于17且不允许根切时，应进行变位。

4. 表中同一个 i_{AX}^{B} 而对应有几个齿数组合时，则应根据齿轮强度选择。

5. 表中齿数系按模数 $m_{tA}=m_{tB}$ 条件列出。

③ 多个行星轮的NN型传动配齿方法及齿数组合。

表 12-5-7　C_s 一定时按邻接条件决定的 $(i_{AX}^{B})_{max}$、$(z_C/z_A)_{max}$、$(z_B/z_C)_{min}$

<table>
<tr><td colspan="3">行星轮数 C_s</td><td>2</td><td>3</td><td>4</td><td>5</td><td>6</td><td>7</td><td>8</td></tr>
<tr><td rowspan="2">NGW 型 $(i_{AX}^{B})_{max}$</td><td rowspan="4">小轮齿数 z_{1min}</td><td>>13</td><td rowspan="5">不限</td><td>12.7</td><td>5.77</td><td>4.1</td><td>3.53</td><td>3.21</td><td>3</td></tr>
<tr><td>>18</td><td>12.8</td><td>6.07</td><td>4.32</td><td>3.64</td><td>3.28</td><td>3.05</td></tr>
<tr><td rowspan="2">$(z_C/z_A)_{max}$</td><td>>13</td><td>5.35</td><td>1.88</td><td>1.05</td><td>0.75</td><td>0.60</td><td>0.5</td></tr>
<tr><td>>18</td><td>5.4</td><td>2.04</td><td>1.16</td><td>0.82</td><td>0.64</td><td>0.52</td></tr>
<tr><td colspan="3">$(z_B/z_C)_{min}$</td><td>2.1</td><td>2.47</td><td>2.87</td><td>3.22</td><td>3.57</td><td>3.93</td></tr>
<tr><td colspan="3">对于重载的 NGW 型 $(i_{AX}^{B})_{max}$</td><td>—</td><td>12</td><td>4.5</td><td>3.5</td><td>3</td><td>2.8</td><td>2.6</td></tr>
</table>

注：表中 $(z_C/z_A)_{max}$ 可用于 NW 型、WW 型和 NN 型，但以 $z_C>z_D$、$z_B>z_A$ 为前提。

行星轮数目大于1的NN型传动，其配齿方法按如下步骤进行。

a. 计算各齿轮的齿数。首先应根据设计要求确定固定内齿圈的齿数 z_B，然后选取两个中心轮或两个行星轮的齿数差值 e，再由下式计算各齿轮齿数，同时要检查齿数最少的行星轮是否会发生根切，齿数最多的行星轮是否超过表12-5-7规定的邻接条件。不符合要求时，要改变 e 值重算，直至这两项通过为止。e 为≥1的整数，当传动比为负值时，e 取负值。

$$z_D = \frac{ez_B}{(z_B - e)/i_{XA}^B + e} \tag{12-5-11}$$

式中　i_{XA}^B——要求的传动比。

$$e = z_B - z_A = z_D - z_C \qquad z_A = z_B - e \qquad z_C = z_D - e$$

b. 确定齿数。在计算出各齿轮齿数的基础上，根据满足各项条件的要求圆整齿数。其具体做法与 NW 型传动一样。对于一般的行星齿轮传动，为了配齿方便，常取各轮齿数及 e 值均为行星轮数 C_s 的倍数；而对于高速重载齿轮传动，为保证其良好的工作平稳性，各啮合齿轮的齿数间不应有公约数。因此，选配齿数时 e 值不能取 C_s 的倍数。

c. 按下式验算传动比。其值与要求的传动比差值一般不应超过 4%。

$$i_{XE}^B = \frac{z_C z_E}{z_C z_E - z_B z_D} \tag{12-5-12}$$

表 12-5-8 为行星轮数目 $C_s = 3$（有时也可为 $C_s = 2$）的 NN 型行星齿轮传动常用传动比对应的齿数组合。

表 12-5-8　　多个行星轮的 NN 型行星齿轮传动的齿数组合

i_{XE}^B	z_B	z_E	z_C	z_D	i_{XE}^B	z_B	z_E	z_C	z_D
8.00	51	48	17	14	11.00	69	66	23	20
8.00	63	60	18	15	11.20	51	48	21	18
8.26	72	69	19	16	11.31	57	54	22	19
8.50	45	42	17	14	11.40	39	36	19	16
8.50	54	51	18	15	11.50	63	60	23	20
8.68	96	93	21	18	11.50	72	69	24	21
8.75	93	90	21	18	11.73	69	66	24	21
8.80	36	33	16	13	11.81	60	57	23	20
8.84	42	39	17	14	11.88	102	99	27	24
8.90	69	66	20	17	12.00	66	63	24	21
9.00	48	45	18	15	12.00	75	72	25	22
9.10	81	78	21	18	12.00	99	96	27	24
9.30	63	60	20	17	12.25	45	42	21	18
9.50	51	48	19	16	12.31	63	60	24	21
9.50	60	57	20	17	12.50	69	66	25	22
9.70	81	78	22	19	12.50	78	75	26	23
9.75	42	39	18	15	12.60	87	84	28	25
9.80	66	63	21	18	12.67	60	57	24	21
9.86	93	90	23	20	12.80	66	63	25	22
9.96	90	87	23	20	12.92	93	90	28	25
10.00	54	51	20	17	13.00	72	69	26	23
10.00	63	60	21	18	13.00	81	78	27	24
10.23	60	57	21	18	13.10	90	87	28	25
10.30	69	66	22	19	13.24	78	75	27	24
10.50	57	54	21	18	13.30	69	66	26	23
10.50	66	63	22	19	13.50	75	72	27	24
10.73	63	60	22	19	13.60	54	51	24	21
10.80	84	81	24	21	13.65	66	63	26	23
10.95	81	78	24	21	13.75	102	99	30	17
11.00	60	57	22	19	13.80	72	69	27	24

续表

i_{XE}^{B}	z_B	z_E	z_C	z_D	i_{XE}^{B}	z_B	z_E	z_C	z_D
14.00	39	36	21	18	17.88	81	78	33	30
14.00	78	75	28	25	17.96	87	84	34	31
14.24	84	81	29	26	18.00	51	48	27	24
14.30	42	39	22	19	18.00	102	99	36	33
14.50	81	78	29	26	18.29	99	96	36	33
14.50	90	87	30	27	18.36	84	81	34	31
14.73	87	84	30	27	18.40	72	69	32	29
14.80	78	75	29	26	18.46	90	87	35	32
15.00	63	60	27	24	18.60	66	63	31	28
15.00	84	81	30	27	18.60	96	93	36	33
15.00	93	90	31	28	18.81	81	78	34	31
15.24	90	87	31	28	18.86	75	72	33	30
15.29	81	78	30	27	18.95	93	90	36	33
15.40	36	33	21	18	19.00	60	57	30	27
15.50	87	84	31	28	19.20	39	36	24	21
15.50	96	93	32	29	19.29	84	81	35	32
15.63	78	75	30	27	19.33	90	87	36	33
15.74	42	39	23	20	19.38	63	60	31	28
15.95	69	66	29	26	19.44	96	93	37	34
16.00	63	60	28	25	19.46	72	69	33	30
16.00	75	72	30	27	19.59	102	99	38	35
16.00	90	87	32	29	19.77	87	84	36	33
16.12	81	78	31	28	19.90	75	72	34	31
16.20	57	54	27	24	19.93	99	96	38	35
16.24	96	93	33	30	20.00	57	54	30	27
16.43	72	69	30	27	20.17	69	66	33	30
16.46	66	63	29	26	20.25	84	81	36	33
16.50	93	90	33	30	20.35	78	75	35	32
16.50	102	99	34	31	20.58	72	69	34	31
16.62	84	81	32	29	20.72	87	84	37	34
16.74	99	96	34	31	20.80	81	78	36	33
16.79	90	87	33	30	20.80	99	96	39	36
16.91	75	72	31	28	21.00	48	45	28	25
16.98	81	78	32	29	21.00	66	63	33	30
17.00	54	51	27	24	21.00	75	72	35	32
17.00	96	93	34	31	21.25	54	51	30	27
17.11	87	84	33	30	21.37	69	66	34	31
17.29	93	90	34	31	21.46	57	54	31	28
17.40	78	75	32	29	21.67	93	90	39	36
17.50	66	63	30	27	21.71	87	84	38	35
17.50	99	96	35	32	21.76	72	69	34	31
17.77	60	57	29	26	21.86	81	78	37	34

续表

i_{XE}^{B}	z_B	z_E	z_C	z_D
22.00	36	33	24	21
22.00	63	60	33	30
22.18	90	87	39	36
22.30	84	81	38	35
22.64	93	90	40	37
22.75	87	84	39	36
22.98	81	78	38	35
23.00	72	69	36	33
23.10	102	99	42	39
23.20	90	87	40	37
23.37	75	72	37	34
23.40	84	81	39	36
23.45	63	60	34	31
23.58	99	96	42	39
23.75	78	75	38	35
23.83	87	84	40	37
24.00	39	36	26	23
24.00	69	66	36	33
24.27	90	87	41	38
24.55	84	81	40	37
24.75	57	54	33	30
24.80	51	48	31	28
24.96	87	84	41	38
25.00	48	45	30	27
25.00	63	60	35	32
25.00	78	75	39	36
25.15	96	93	43	40
25.20	66	63	36	33
25.37	81	78	40	37
25.44	69	66	37	34
25.60	99	96	45	42
25.71	72	69	38	35
25.74	84	81	41	38
25.80	93	90	43	40
26.00	42	39	28	25
26.00	75	72	39	36
26.13	87	84	42	39
26.23	96	93	44	41
26.53	90	87	43	40
26.60	60	57	35	32
26.65	81	78	41	38
26.67	99	96	45	42
26.79	66	63	37	34
26.94	93	90	44	41
26.97	69	66	38	35
27.00	39	36	27	24
27.00	84	81	42	39
27.35	48	45	31	28
27.43	75	72	40	37
27.70	78	75	41	38
27.74	90	87	44	41
27.77	99	97	46	43
28.00	45	42	30	27
28.00	81	78	42	39
28.13	93	90	45	42
28.20	102	99	47	44
28.32	84	81	43	40
28.46	63	60	37	34
28.50	60	57	36	33
28.60	69	66	39	36
28.65	87	84	44	41
28.75	72	69	40	37
28.90	54	51	34	31
28.94	75	72	41	38
29.00	42	39	29	26
29.00	90	87	45	42
29.17	78	75	42	39
29.33	51	48	33	30
29.36	93	90	46	43
29.42	81	78	43	40
29.70	84	81	44	41
29.73	96	93	47	44
30.00	48	45	32	29
30.00	87	84	45	42

注：1. 本表的传动比为 $i_{XE}^{B}=8\sim30$，其传动比计算式如下

$$i_{XE}^{B}=\frac{z_C z_E}{z_C z_E-z_B z_D} \tag{12-5-13}$$

2. 本表内的所有齿轮的模数均相同，且各种方案均满足下列条件

$$z_B-z_C=z_E-z_D;z_B-z_E=z_C-z_D=e$$

3. 本表适用于行星轮数 $C_s=3$ 的 NN 型传动（有的也适用于 $C_s=2$ 的传动），其中心轮齿数 z_B 和 z_E 均为 C_s 的倍数。

4. 本表内的齿数均满足关系式 $z_B>z_E$ 和 $z_C>z_D$。

④ WW 型传动的配齿方法。由于 WW 型传动只在很小的传动比范围内才有较高的效率，且具有外形尺寸和质量大、制造较困难等缺点，故一般只用于差速器及大传动比运动传递等特殊用途。为应用方便，下面对 WW 型传动的配齿方法做简单介绍。

a. 传动比 $|i_{XA}^{B}|\leqslant 50$ 时的配齿方法。该方法适用于 $|i_{XA}^{B}|\leqslant 50$，并需满足装配等条件时使用，在给定传动比 i_{XA}^{B} 的情况下，其配齿步骤如下。

确定齿数差 $e=z_A-z_B=z_D-z_C=1\sim 8$。$e$ 值也表示了 A-C 与 B-D 齿轮副径向尺寸的差值，由结构设计要求确定。

确定计算常数 $K=\dfrac{z_A}{i_{XA}^{B}}-e$。为了避免 z_D 太大，通常取 $|K|\geqslant 0.5$。从结构设计的观点出发，最好取 $|K|=1$，$|e|=1$。

按下式计算齿数

$$z_A=(K+e)\,i_{XA}^{B} \qquad z_D=\frac{e}{K}(z_A-e)$$

$$z_B=z_A-e \qquad z_C=z_D-e$$

对于 $|K|=1$，$|e|=1$ 的情况，上列各式将变为

$$z_A=\pm 2i_{XA}^{B}$$

$$z_D=z_B=z_A\mp 1$$

$$z_C=z_D\mp 1=z_A\mp 2$$

式中，“±”号和“∓”号，上面的符号用于正传动比，下面的符号用于负传动比。

确定齿数。齿数主要按装配条件确定，其做法与 NW 型传动相同。当 $|K|=1$，$|e|=1$ 时，只要使 z_A 为 C_s 的倍数加 1（正 i_{XA}^{B}），或减 1（负 i_{XA}^{B}）即可满足。

按下式验算传动比并验算邻接条件

$$i_{XA}^{B}=\frac{z_A z_D}{z_A z_D-z_B z_C} \tag{12-5-14}$$

对于传动比 $|i_{XA}^{B}|\leqslant 50$ 的 WW 型传动，为制造方便，让两个行星轮的齿数相等，即 $z_C=z_D$，并制成一个宽齿轮，便得到具有公共行星轮的 WW 型传动，而 z_A 与 z_B 之差仍为 1~2 个齿。这样，其传动比公式将简化为

$$i_{XA}^{B}=\frac{z_A z_D}{z_A z_D-z_B z_C}=\frac{z_A}{z_A-z_B} \tag{12-5-15}$$

令 $z_A-z_B=e'$，则 $z_A=e' i_{XA}^{B}$，$z_B=z_A-e'$，$z_C=z_D$。

显然，$e'=1\sim 2$，且负传动比时取负值。

因为 $e'=1$ 的 WW 型传动不能满足 $C_s\neq 1$ 的装配条件，所以此种情况下只采用一个行星轮。

$e'=2$ 的二齿差 WW 型传动，由于 z_A 与 z_B 之差为 2，当 z_A 为偶数时，满足 $C_s=2$ 的装配条件，故可采用两个行星轮。

由于 $C_s=1$ 或 2，不必验算邻接条件。

对于具有公共行星轮的 WW 型传动，因为两对齿轮副齿数 $z_{\Sigma AC}$ 与 $z_{\Sigma BD}$ 的差值为 1~2，故可用角变位满足同心条件。

b. 传动比 $|i_{XA}^{B}|>50$ 时的配齿方法。当 $|i_{XA}^{B}|>50$ 时，一般不按满足非角变位传动的同心条件和装配条件，而是以满足传动比条件按下述方法进行配齿。由于这种配齿方法所得两对齿轮副的齿数和之差仅为 2 个齿，故可通过角变位来满足同心条件；在给定行星轮数目而不满足装配条件时，可以依靠双联行星轮两齿圈在加工或装配时调整相对位置来实现装配。也可以只用一个行星轮，这样就不必考虑装配条件的限制。邻接条件仍可按表 12-5-7 进行校验。

配齿步骤如下。

根据要求的传动比 i_{XA}^{B} 的大小按表 12-5-9 选取 δ 值（$\delta=z_A z_D-z_B z_C$）。

表 12-5-9 δ 值的选取

传动比范围	δ	传动比范围	δ
$10000>\lvert i_{XA}^{B}\rvert\geqslant 2500$	1	$400>\lvert i_{XA}^{B}\rvert\geqslant 100$	4~6
$2500>\lvert i_{XA}^{B}\rvert\geqslant 1000$	2	$100>\lvert i_{XA}^{B}\rvert\geqslant 50$	7~10
$1000>\lvert i_{XA}^{B}\rvert\geqslant 400$	3		

按下列公式计算齿数：

$$z_A=\sqrt{\delta i_{XA}^{B}+\left(\frac{\delta-1}{2}\right)^2}-\frac{\delta-1}{2}$$

$$z_D=z_A+\delta-1 \qquad z_C=z_A+\delta \qquad z_B=z_D-\delta$$

按下式验算传动比：

$$i_{XA}^{B}=\frac{z_A z_D}{\delta}$$

验算邻接条件。

⑤ NGWN 型传动配齿方法及齿数组合。NGWN 型传动由高速级 NGW 型和低速级 NN 型传动组成，其配齿问题转化为二级串联的 2Z-X 类传动来解决。除按二级传动分别配齿外，尚需考虑两级之间的传动比分配并满足共同的同心条件。常用的 $C_s=3$，且两个中心轮或行星轮之齿数差 e 为 C_s 之倍数的 NGWN 型传动配齿步骤如下。

a. 根据要求的传动比 i_{AE}^{B} 的大小查表 12-5-10 选取适当的 e 和 z_B 值。当传动比为负值时，e 取负值，z_B 和 e 应为 C_s 的倍数。

表 12-5-10 与 i_{AE}^{B} 相适应的 e 和 z_B

i_{AE}^{B}	12~35	>35~50	>50~70	>70~100	>100
e	15~6	12~6	9~6	6~3	3
z_B	60~100	60~120	60~120	70~120	80~120

b. 根据 i_{AE}^{B} 按下式分配传动比：

$$i_{XE}^{B}=\frac{i_{AE}^{B}}{\dfrac{i_{AE}^{B}e}{z_B-e}+2} \qquad i_{AX}^{B}=\frac{i_{AE}^{B}}{i_{XE}^{B}}$$

c. 计算各轮齿数：

$$z_A=\frac{z_B}{i_{AX}^{B}-1}$$

由上式算出的 z_A 应四舍五入取整数；为满足装配条件，z_A 为 $C_s=3$ 的倍数；若是非角变位传动，还应使 z_B 与 z_A 同时为奇数或偶数，以满足同心条件。若 z_A 不能满足这几项要求，应重选 z_B 或 e 值另行计算。

$$z_C=\frac{1}{2}(z_B-z_A) \qquad z_E=z_B-e \qquad z_D=z_C-e$$

d. 按下式验算传动比：

$$i_{AE}^{B}=\left(\frac{z_B}{z_A}+1\right)\frac{z_E z_C}{z_E z_C-z_B z_D} \tag{12-5-16}$$

必要时，还应根据 i_{AX}^{B} 和 z_E/z_D 的比值查表 12-5-7 验算邻接条件。

表 12-5-11 为部分传动比 i_{AE}^{B} 对应的齿轮齿数组合表。

表 12-5-11　　$C_s=3$ 的 NGWN 型行星齿轮传动的齿数组合

i_{AE}^{B}	齿数					i_{AE}^{B}	齿数				
	z_A	z_B	z_E	z_C	z_D		z_A	z_B	z_E	z_C	z_D
11.58	15	60	48	22	10	20.00*	18	90	75	36	21
11.78	21	72	60	25	13	20.24	21	78	69	28	19
12.51	21	72	60	26	14	20.25*	12	66	54	27	15
13.22*	18	60	51	21	12	20.32	21	108	90	43	25
13.45	21	84	69	31	16	20.65	18	81	69	32	20
13.48*	21	75	63	27	15	20.74	12	57	48	23	14
14.52	21	78	66	28	16	20.80*	21	99	84	39	24
15.00*	18	72	60	27	15	20.85	15	66	57	25	16
15.00	18	81	66	31	16	20.86	21	90	78	34	22
15.08*	21	87	72	33	18	21.00*	12	48	42	18	12
15.27	18	63	54	23	14	21.00*	15	75	63	30	18
15.79	15	66	54	26	14	21.00*	18	60	54	21	15
15.80	18	81	66	32	17	21.00*	18	72	63	27	18
16.40	15	60	51	22	13	21.12	21	108	90	44	26
16.43*	21	81	69	30	18	21.19	18	93	78	37	22
16.49	21	72	63	25	16	21.68	15	84	69	35	20
16.82	21	90	75	35	20	21.86	21	90	78	35	23
16.87*	18	84	69	33	18	21.90	12	69	57	28	16
16.89*	18	66	57	24	15	21.92	21	102	87	40	25
17.10*	15	69	57	27	15	22.00*	18	84	72	33	21
17.10	18	75	63	29	17	22.14*	21	111	93	45	27
17.17	15	78	63	31	16	22.15	18	93	78	38	23
17.47	12	63	51	25	13	22.23	15	66	57	26	17
17.50*	12	54	45	21	12	22.57	18	75	66	28	19
17.52	21	72	63	26	17	22.67*	12	60	51	24	15
17.55	21	84	72	31	19	22.83	21	102	87	41	26
17.61	15	60	51	23	14	22.86*	21	81	72	30	21
17.83*	21	93	78	36	21	22.91	18	105	87	43	25
17.96	18	87	72	34	19	22.94	18	63	57	22	16
18.00*	15	51	45	18	12	23.04*	15	87	72	36	21
18.11	15	78	63	32	17	23.10*	12	78	63	33	18
18.31	18	69	60	25	16	23.14*	21	93	81	36	24
18.33*	18	78	66	30	18	23.19	21	114	96	46	28
18.45	15	72	60	28	16	23.24	12	69	57	29	17
18.46	21	84	72	32	20	23.38	12	51	45	19	13
18.85	18	87	72	35	20	23.39	18	87	75	34	22
18.86*	21	75	66	27	18	23.40*	18	96	81	39	24
18.87	21	96	81	37	22	23.72	15	78	66	32	20
19.19	15	72	60	29	17	23.80*	15	57	51	21	15
19.20*	15	63	54	24	15	23.82	18	105	87	44	26
19.28	12	57	48	22	13	23.89	18	75	66	29	20
19.33*	21	105	87	42	24	24.00*	15	69	60	27	18
19.36*	15	81	66	33	18	24.00*	21	105	90	42	27
19.48	18	69	60	26	17	24.05	21	114	96	47	29
19.61	18	81	69	31	19	24.43	15	90	75	37	22
19.64*	21	87	75	33	21	24.46	21	96	84	37	25
19.71	21	96	81	38	23	24.54	18	87	75	35	25
19.98	15	54	48	19	13	24.67	12	63	54	25	16

续表

i_{AE}^{B}	齿数					i_{AE}^{B}	齿数				
	z_A	z_B	z_E	z_C	z_D		z_A	z_B	z_E	z_C	z_D
24.67	12	81	66	34	19	29.57*	21	75	69	27	21
24.67	18	99	84	40	25	29.72*	18	117	99	49	31
25.00*	12	72	60	30	18	29.76	21	114	99	47	32
25.00*	18	108	90	45	27	30.00*	15	87	75	36	24
25.14*	21	117	99	48	30	30.25*	12	78	66	33	21
25.19	21	108	93	43	28	30.27	21	90	81	35	26
25.29*	15	81	69	33	21	30.40*	15	63	57	24	18
25.40	12	51	45	20	14	30.44*	18	96	84	39	27
25.55	21	96	84	38	26	30.55*	18	84	75	33	24
25.56*	18	78	69	30	21	30.89	18	69	63	26	20
25.58	15	90	75	38	23	30.72	12	57	51	22	16
25.64	21	84	75	32	23	30.73	12	69	60	28	19
25.73	18	99	84	41	26	31.00*	18	108	93	45	30
25.91	21	72	66	25	19	31.00*	21	105	93	42	30
25.94	12	81	66	35	20	31.35	15	78	69	31	22
26.00*	18	90	78	36	24	31.36*	15	99	84	42	27
26.05	15	60	54	22	16	31.50	15	48	45	16	13
26.18	21	108	93	44	29	31.61	21	117	102	48	33
26.26	21	120	102	49	31	31.68	21	78	72	28	22
26.67*	18	66	60	24	18	31.95	18	99	87	40	28
26.82	12	75	63	31	19	32.00*	21	93	84	36	27
26.90*	21	99	87	39	27	32.11*	18	120	102	51	33
26.93	15	84	72	34	22	32.24	12	81	69	34	22
27.04*	15	93	78	39	24	32.44	21	120	105	49	34
27.07*	18	102	87	42	27	32.51	21	108	96	43	31
27.18	21	120	102	50	32	32.53	18	111	96	46	31
27.19	18	111	93	47	29	32.97	15	102	87	43	28
27.24*	21	87	78	33	24	33.00*	18	72	66	27	21
27.28	18	81	72	31	22	33.06	12	57	51	23	17
27.38	15	72	63	29	20	33.07	15	78	69	32	23
27.43*	21	111	96	45	30	33.25	15	90	78	38	26
27.50	18	93	81	37	25	33.31	18	99	87	41	29
27.53	21	72	66	26	20	33.57	21	120	105	50	35
27.60*	12	84	69	36	21	33.77	21	96	87	37	28
27.97	15	60	54	23	17	33.91	12	81	69	35	23
27.99*	12	54	48	21	15	35.00*	12	72	63	30	21
28.32	12	75	63	32	20	35.00*	18	102	90	42	30
28.34	21	102	90	40	28	35.10	15	66	60	26	20
28.43	18	105	90	43	28	35.10*	15	93	81	39	27
28.44*	18	114	96	48	30	35.20*	15	81	72	33	24
28.54	15	96	81	40	25	35.20*	18	114	99	48	33
28.59*	12	66	57	27	18	35.28	21	96	87	38	29
28.70	21	114	99	46	31	35.36*	21	111	99	45	33
28.73	18	81	72	32	23	35.40	18	75	69	28	22
28.83	18	69	63	25	19	35.71*	21	81	75	30	24
29.33*	15	75	66	30	21	35.92*	18	90	81	36	27
29.52	21	102	90	41	29	36.00*	12	84	72	36	24
29.57	18	105	90	44	29	36.00*	12	60	54	24	18

续表

i_{AE}^{B}	齿数					i_{AE}^{B}	齿数				
	z_A	z_B	z_E	z_C	z_D		z_A	z_B	z_E	z_C	z_D
36.75	18	117	102	49	34	48.29	18	63	60	22	19
36.96	21	114	102	46	34	48.40	12	69	63	28	22
37.14*	21	99	90	39	30	48.53*	15	93	84	39	30
37.40	15	84	75	34	25	48.57*	21	111	102	45	36
37.46	18	75	69	29	23	49.71*	21	93	87	36	30
37.80*	15	69	63	27	21	50.00*	12	84	75	36	27
38.03	18	93	84	37	28	50.40*	15	57	54	21	18
38.06	18	117	102	50	35	50.52	18	87	81	34	28
38.33	21	114	102	47	35	50.55	18	105	96	43	34
38.40*	15	51	48	18	15	51.00*	18	120	108	51	39
38.72	21	102	93	40	31	51.09	15	96	87	40	31
39.56	12	75	66	32	23	51.75	18	63	60	23	20
39.67*	18	120	105	51	36	52.57	18	105	96	44	35
39.76	18	93	84	38	29	52.61	21	114	105	47	38
40.00*	18	78	72	30	24	54.20	12	51	48	20	17
40.00*	18	108	96	45	33	54.86*	21	117	108	48	39
40.00	21	84	78	32	26	55.00*	12	72	66	30	24
40.00*	21	117	105	48	36	55.00	15	60	57	22	19
40.60	15	72	66	28	22	55.00*	15	81	75	33	27
40.60*	15	99	87	42	30	55.00*	18	108	99	45	36
40.68	21	102	93	41	32	56.00*	15	99	90	42	33
41.60*	15	87	78	36	27	56.00*	18	66	63	24	21
41.70	21	120	108	49	37	56.00*	18	90	84	36	30
41.72	12	63	57	26	20	57.57	21	72	69	26	23
41.84	18	111	99	46	34	57.57*	21	99	93	39	33
41.89*	18	96	87	39	30	58.74	12	75	69	31	25
42.17*	12	78	69	33	24	59.08	18	93	87	37	31
42.43*	21	87	81	33	27	59.15	21	120	111	50	41
42.45	15	54	51	19	16	59.50*	12	54	51	21	18
42.62	18	81	75	31	25	59.65	18	111	102	47	38
42.63	15	102	90	43	31	60.46	21	102	96	40	34
42.67*	21	105	96	42	33	61.28	15	84	78	35	29
43.16	21	120	108	50	38	61.71*	21	75	72	27	24
43.98	15	90	81	37	28	61.78	18	93	87	38	32
44.33*	18	60	57	21	18	62.22*	18	114	105	48	39
44.38	15	102	90	44	32	64.00*	15	63	60	24	21
44.90	18	81	75	32	26	64.29	18	69	66	26	23
45.00*	12	48	45	18	15	64.80*	15	87	81	36	30
45.00*	12	66	60	27	21	64.85	18	117	108	49	40
45.07	21	90	84	34	28	65.00*	18	96	90	39	33
45.33*	18	114	102	48	36	65.06	12	57	54	22	19
45.95	18	99	90	41	32	66.00*	12	78	72	33	27
46.00	15	54	51	20	17	66.00	21	78	75	28	25
46.00*	15	75	69	30	24	66.00*	21	105	99	42	36
46.04	15	90	81	38	29	68.41	15	90	84	37	31
47.17	12	81	72	35	26	69.00*	18	72	69	27	24
47.67*	18	84	78	33	27	69.09	21	108	102	43	37
48.22*	18	102	93	42	33	69.75	21	78	75	29	26

续表

i_{AE}^{B}	齿数					i_{AE}^{B}	齿数				
	z_A	z_B	z_E	z_C	z_D		z_A	z_B	z_E	z_C	z_D
69.89*	18	120	111	51	42	121.17	15	84	81	34	31
70.08	12	81	75	34	28	122.23	18	93	90	37	34
71.22	18	99	93	41	35	122.59	12	75	72	31	28
71.79	21	108	102	44	38	124.70	21	102	99	40	37
73.71	15	66	63	26	23	127.28	15	84	81	35	32
73.87	18	75	72	28	25	127.82	18	93	90	38	35
74.28*	21	81	78	30	27	129.49	12	75	72	82	29
74.67*	18	102	96	42	36	129.91	21	102	99	41	38
75.00*	21	111	105	45	39	134.33*	18	96	93	39	36
75.40*	15	93	87	39	33	134.40*	15	87	84	36	33
76.00*	12	60	57	24	21	136.00*	21	105	102	42	39
78.00*	12	84	78	36	30	137.50*	12	78	75	33	30
78.17	18	75	72	29	26	141.02	18	99	96	40	37
78.28	21	114	108	46	40	141.71	15	90	87	37	34
79.17	15	96	90	40	34	142.23	21	108	105	43	40
79.20*	15	69	66	27	24	145.76	12	81	78	34	31
81.33	18	105	99	44	38	147.03	18	99	96	41	38
82.24	12	63	60	25	22	147.81	21	108	105	44	41
83.33*	18	78	75	30	27	148.34	15	90	87	38	35
84.57*	21	117	111	48	42	153.31	12	81	78	35	32
84.89	15	72	69	28	25	154.00*	18	102	99	42	39
88.80*	15	99	93	42	36	154.28*	21	111	108	45	42
88.00*	21	87	84	33	30	156.00*	15	93	90	39	36
88.04	21	120	114	49	43	160.90	21	114	111	46	43
88.76	18	111	105	46	40	161.13	18	105	102	43	40
94.50*	12	66	63	27	24	162.00*	12	84	81	36	33
94.67	15	102	96	44	38	163.86	15	96	93	40	37
96.00*	15	75	72	30	27	166.85	21	114	111	47	44
96.00*	18	114	108	48	42	167.58	18	105	102	44	41
99.00*	18	84	81	33	30	171.01	15	96	93	41	38
101.41	12	69	66	28	25	173.71	21	117	114	48	45
102.23	15	78	75	31	28	175.00*	18	108	105	45	42
102.86*	21	93	90	36	33	179.20*	15	99	96	42	39
103.54	18	117	111	50	44	180.72	21	120	117	49	46
104.78	18	87	84	34	31	182.58	18	111	108	46	43
107.66	12	69	66	29	26	187.04	21	120	117	50	47
107.67*	18	120	114	51	45	187.60	15	102	99	43	40
107.82	15	78	75	32	29	189.47	18	111	108	47	44
108.31	21	96	93	37	34	195.27	15	102	99	44	41
109.93	18	87	84	35	32	197.33*	18	114	111	48	45
113.16	21	96	93	38	35	205.37	18	117	114	49	46
114.40*	15	81	78	33	30	212.27	18	117	114	50	47
115.00*	12	72	69	30	27	221.00*	18	120	117	51	48
116.00*	18	90	87	36	33	225.00*	12	192	180	90	78
118.86*	21	99	96	39	36						

注：1. 本表适用于各齿轮端面模数相等且 $C_s=3$ 的行星齿轮传动。表中个别组的 z_A、z_B 及 z_E 也同时是 2 的倍数，这些齿数组合可适用于 $C_s=2$ 的行星齿轮传动。

2. 表中有“*”者适用于变位传动和非变位传动；无“*”者仅适用于角变位传动。

3. 本表全部采用 $z_C>z_D$、$z_B>z_E$ 及 $z_C>z_A$，$z_B-z_C=z_E-z_D$。

4. 当齿数少于 17 且不允许根切时，应进行变位。

5. 表中同一个 i_{AE}^{B} 而对应有 n 个齿数组合时，则应根据齿轮强度选择。

第12篇

⑥ 单齿圈行星轮 NGWN 型传动配齿方法及齿数组合。对于 NGWN 型传动，在最大齿数相同的条件下，当行星轮齿数 $z_C=z_D$ 时，不仅能获得较大的传动比，而且制造方便，减少装配误差，使各行星轮之间载荷分配均匀，传动更平稳。虽然由于角变位增大啮合角而存在轴承寿命、传动效率和接触强度降低等缺点，但近年来应用仍有所增加，受到人们的欢迎。这种具有公用行星轮的单齿圈行星轮 NGWN 型传动配齿步骤如下。

a. 选取行星轮个数 C_s（一般取 $C_s=3$）、z_A 和齿数差 $\Delta=z_E-z_B$（Δ 应尽量减小，其最小绝对值等于 C_s）。

b. 根据要求的传动比 i_{AE}^B 按下式计算 z_E、z_B 和 z_C。

$$z_E=\frac{1}{2}\sqrt{(z_A-\Delta)^2+4i_{AE}^B z_A\Delta}-\frac{z_A-\Delta}{2}$$

$$z_B=z_E-\Delta$$

如果 $z_B<z_E$，z_E 与 z_A 之差为偶数时

$$z_C=\frac{1}{2}(z_E-z_A)-1$$

z_E 与 z_A 之差为奇数时

$$z_C=\frac{1}{2}(z_E-z_A)-0.5$$

如果 $z_B>z_E$，z_B 与 z_A 之差为偶数时

$$z_C=\frac{1}{2}(z_B-z_A)-1$$

z_B 与 z_A 之差为奇数时

$$z_C=\frac{1}{2}(z_B-z_A)-0.5$$

c. 验算装配条件。

d. 按下式验算传动比：

$$i_{AE}^B=\left(\frac{z_B}{z_A}+1\right)\frac{z_E}{z_E-z_B}$$

e. 必要时验算邻接条件。

f. 为满足同心条件进行齿轮变位计算。

表 12-5-12 为 $C_s=3$ 的单齿圈行星轮 NGWN 型传动部分传动比 i_{AE}^B 对应的齿轮齿数组合表。

表 12-5-12　　$C_s=3$ 的单齿圈行星轮 NGWN 型传动齿数组合

i_{AE}^B	z_A	z_B	z_E	z_G	i_{AE}^B	z_A	z_B	z_E	z_G
44.213	15	36	39	11	79.200	15	51	54	19
50.399	15	39	42	13	79.200*	30	69	72	20
52.000	12	36	39	13	79.300	20	58	61	20
54.000	15	42	45	14	79.750*	24	63	66	20
59.499	12	39	42	14	80.500	16	53	56	19
64.000	15	45	48	16	81.000	21	60	63	20
67.500	12	42	45	16	81.600*	25	65	68	21
69.000*	18	51	54	17	81.882	17	55	58	20
69.440*	25	59	62	18	83.333	18	57	60	20
70.000	14	46	49	17	83.462*	26	67	70	21
71.400	15	48	51	17	84.842	19	59	62	21
72.500*	20	55	58	18	85.000	12	48	51	19
72.875	16	50	53	18	85.000*	30	72	75	22
73.500*	24	60	63	19	85.333*	27	69	72	22
73.600*	30	66	69	19	85.615	13	50	53	19
74.412	17	52	55	18	86.250*	24	66	69	22
75.400*	25	62	65	19	86.400	20	61	64	21
76.000	18	54	57	19	87.400	15	54	57	20
77.632	19	56	59	19	88.000	21	63	66	22
78.000	14	49	52	18	88.500	16	56	59	21

续表

i_{AE}^{B}	z_A	z_B	z_E	z_G	i_{AE}^{B}	z_A	z_B	z_E	z_G
89.636	22	65	68	22	114.750	16	65	68	25
89.706	17	58	61	21	114.750	24	78	81	28
89.846*	26	70	73	23	115.000	12	57	60	23
90.999	18	60	63	22	115.294	17	67	70	26
91.000*	30	75	78	23	115.310	29	85	88	29
91.304	23	67	70	23	116.000	18	69	72	26
92.368	19	62	65	22	116.200	25	80	83	28
93.000*	24	69	72	23	116.842	19	71	74	27
93.500*	28	74	77	24	117.000*	30	87	90	29
93.800	20	64	67	23	117.692	26	82	85	29
94.500	12	51	54	20	117.800	20	73	76	27
94.769	13	53	56	21	118.857	21	75	78	28
95.286	14	55	58	21	119.222	27	84	87	29
95.286	21	66	69	23	120.000	22	77	80	28
95.345*	29	76	79	24	120.786	28	86	89	30
96.000	15	57	60	22	121.217	23	79	82	29
96.462*	26	73	76	24	122.379	29	88	91	30
96.818	22	68	71	24	122.500	24	81	84	29
96.875	16	59	62	22	123.840	25	83	86	30
97.200*	30	78	81	25	124.000	30	90	93	31
97.882	17	61	64	23	124.200	15	66	69	26
98.222*	27	75	78	25	124.250	16	68	71	27
98.391	23	70	73	24	124.429	14	64	67	26
99.000	18	63	66	23	124.529	17	70	73	27
100.000	24	72	75	25	125.000	13	62	65	25
100.000*	28	77	80	25	125.000	18	72	75	28
100.211	19	65	68	24	125.231	26	85	88	30
101.500	20	67	70	25	125.632	19	74	77	28
101.640	25	74	77	25	126.000	12	60	63	25
102.857	21	69	72	25	126.400	20	76	79	29
103.308	26	76	79	26	127.286	21	78	81	29
103.600*	30	81	84	26	127.313	32	94	97	32
104.273	22	71	74	25	128.143	28	89	92	31
104.385	13	56	59	22	128.273	22	80	83	30
104.500	12	54	57	22	129.348	23	82	85	30
104.571	14	58	61	23	129.655	29	91	94	32
105.000	15	60	63	23	130.500	24	84	87	31
105.625	16	62	65	24	131.200	30	93	96	32
106.412	17	64	67	24	131.720	25	86	89	31
106.714*	28	80	83	27	133.000	26	88	91	32
107.250	24	75	78	26	134.118	17	73	76	29
107.333	18	66	69	25	134.125	16	71	74	28
108.368	19	68	71	25	134.333	18	75	78	29
108.448*	29	82	85	27	134.400	15	69	72	28
108.800	25	77	80	27	134.737	19	77	80	30
109.500	20	70	73	26	135.000	14	67	70	27
110.200*	30	84	87	28	135.300	20	79	82	30
110.385	26	79	82	27	135.714	28	92	95	33
110.714	21	72	75	26	136.000	13	65	68	27
112.000	22	74	77	27	136.000	21	81	84	31
112.000	27	81	84	28	137.138	29	94	97	33
113.384	23	76	79	27	137.500	12	63	66	26
113.643	28	83	86	28	137.739	23	85	88	32
114.286	14	61	64	24	138.600	30	96	99	34
114.400	15	63	66	25	138.750	24	87	90	32
114.462	13	59	62	24	139.840	25	89	92	33

续表

i_{AE}^{B}	z_A	z_B	z_E	z_G	i_{AE}^{B}	z_A	z_B	z_E	z_G
141.000	26	91	94	33	170.200	30	108	111	40
142.222	27	93	96	34	173.714	21	93	96	37
143.500	28	95	98	34	173.900	20	91	94	36
144.000	18	78	81	31	174.250	24	99	102	38
144.158	19	80	83	31	174.720	25	101	104	39
144.375	16	74	77	30	175.000	12	72	75	31
144.500	20	82	85	32	175.000	18	87	90	35
144.828	29	97	100	35	175.308	26	103	106	39
145.000	15	72	75	29	176.000	17	85	88	35
145.000	21	84	87	32	176.000	27	105	108	40
145.636	22	86	89	33	176.786	28	107	110	40
146.000	14	70	73	29	177.655	29	109	112	41
146.200	30	99	102	35	178.600	30	111	114	41
146.391	23	88	91	33	179.200	15	81	84	34
147.250	24	90	93	34	183.636	22	98	101	39
147.462	13	68	71	28	183.750	24	102	105	40
148.200	25	92	95	34	184.300	20	94	97	38
149.231	26	94	97	35	184.615	13	77	80	33
149.500	12	66	69	28	185.000	19	92	95	37
150.333	27	96	99	35	185.000	27	108	111	41
151.500	28	98	101	36	186.000	18	90	93	37
152.724	29	100	103	36	187.200	30	114	117	43
153.895	19	83	86	33	188.500	12	75	78	32
154.000	18	81	84	32	189.125	16	86	89	36
154.000	20	85	88	33	191.400	15	84	87	35
154.000	30	102	105	37	193.500	24	105	108	41
154.286	21	87	90	34	193.600	25	107	110	42
154.353	17	79	82	32	193.846	26	109	112	42
154.727	22	89	92	34	194.222	27	111	114	43
155.000	16	77	80	31	194.714	28	113	116	43
155.304	23	91	94	35	195.000	20	97	100	39
156.000	15	75	78	31	195.310	29	115	118	44
156.000	24	93	96	35	196.000	19	95	98	39
156.800	25	95	98	36	196.000	30	117	120	44
157.429	14	73	76	30	197.333	18	93	96	38
157.692	26	97	100	36	201.250	16	89	92	37
158.667	27	99	102	37	202.500	12	78	81	34
159.714	28	101	104	37	203.500	24	108	111	43
160.828	29	103	106	38	203.667	27	114	117	44
162.000	12	69	72	29	204.000	15	87	90	37
162.000	30	105	108	38	204.000	28	116	119	45
163.800	20	88	91	35	204.448	29	118	121	45
164.333	18	84	87	34	205.000	21	102	105	41
165.000	17	82	85	33	205.000	30	120	123	46
165.000	24	96	99	37	206.000	20	100	103	41
165.640	25	98	101	37	209.000	18	96	99	40
166.000	16	80	83	33	213.333	27	117	120	46
166.385	26	100	103	38	213.440	25	113	116	45
167.400	15	78	81	32	213.500	28	119	122	46
169.286	14	76	79	32	213.750	16	92	95	39

续表

i_{AE}^{B}	z_A	z_B	z_E	z_G	i_{AE}^{B}	z_A	z_B	z_E	z_G
213.750	24	111	114	44	255.000	26	127	130	51
214.200	30	123	126	47	256.000	25	125	128	51
215.000	22	107	110	43	257.250	24	123	126	50
216.000	21	105	108	43	258.400	15	99	102	43
217.000	12	81	84	35	259.000	18	108	111	46
217.000	15	90	93	38	263.200	30	138	141	55
217.300	20	103	106	42	263.500	12	90	93	40
221.000	14	88	91	38	264.286	14	97	100	42
221.000	18	99	102	41	265.000	27	132	135	53
223.345	29	124	127	48	265.500	20	115	118	48
223.385	26	118	121	47	266.000	26	130	133	53
223.600	30	126	129	49	267.240	25	128	131	52
223.720	25	116	119	46	267.500	16	104	107	45
224.250	24	114	117	46	268.750	24	126	129	52
225.000	23	112	115	45	272.727	22	122	125	51
226.000	22	110	113	45	273.000	15	102	105	44
226.625	16	95	98	40	273.600	30	141	144	56
228.900	20	106	109	44	275.000	28	137	140	55
230.400	15	93	96	40	276.000	27	135	138	55
232.000	12	84	87	37	278.300	20	118	121	50
233.103	29	127	130	50	278.720	25	131	134	54
233.200	30	129	132	50	280.000	12	93	96	41
233.333	18	102	105	43	280.500	24	129	132	53
234.240	25	119	122	48	281.875	16	107	110	46
235.000	14	91	94	39	284.200	30	144	147	58
235.000	24	117	120	47	285.000	29	142	145	57
236.000	23	115	118	47	286.000	18	114	117	49
238.857	21	111	114	46	286.000	28	140	143	57
239.875	16	98	101	42	287.222	27	138	141	56
240.800	20	109	112	45	288.000	15	105	108	46
243.000	30	132	135	52	288.000	21	123	126	52
243.158	19	107	110	45	290.440	25	134	137	55
243.667	27	126	129	50	291.400	20	121	123	51
244.200	15	96	99	41	292.500	24	132	135	55
245.000	25	122	125	49	294.913	23	130	133	54
246.000	18	105	108	44	295.000	30	147	150	59
246.000	24	120	123	49	295.286	14	103	106	45
247.500	12	87	90	38	296.000	29	145	148	59
249.412	17	103	106	44	296.625	16	110	113	48
250.714	21	114	117	47	297.000	12	96	99	43
253.000	20	112	115	47	297.214	28	143	146	58
253.000	30	135	138	53	298.667	27	141	144	58
253.500	16	101	104	43	300.000	18	117	120	50
254.222	27	129	132	52					

注：1. 本表的传动比为 $i_{AE}^{B}=64\sim300$，其传动比计算式为

$$i_{AE}^{B}=\left(1+\frac{z_B}{z_A}\right)\times\frac{z_E}{z_E-z_B} \tag{12-5-17}$$

2. 表中的中心轮 A 的齿数为 $z_A=12\sim30$（仅有一个 $z_A>30$），且大都满足下列关系式

$$z_A\leqslant z_G(\text{除标有 * 号外})$$

$$z_B<z_E$$

3. 本表适用于行星轮数 $C_s=3$ 的单齿圈行星轮 NGWN 型传动（有的也适用于 $C_s=2$ 的传动），且满足下列安装条件

$$\frac{z_A+z_B}{C_s}=C(\text{整数}),\frac{z_A+z_E}{C_s}=C'(\text{整数})$$

4. 本表中的各轮齿数关系也适合于中心轮 E 固定的单齿圈行星轮 NGWN 型传动，但应按下式换算

$$i_{AB}^{E}=1-i_{AE}^{B} \text{ 或 } |i_{AB}^{E}|=i_{AE}^{B}-1$$

第12篇

4.3 变位方式及变位系数的选择

在渐开线行星齿轮传动中，合理采用变位齿轮可以获得如下效果：获得准确的传动比、改善啮合质量和提高承载能力，在保证所需传动比前提下得到合理的中心距、在保证装配及同心等条件下使齿数的选择具有较大的灵活性。

变位齿轮有高变位和角变位，两者在渐开线行星齿轮传动中都有应用。高变位主要用于消除根切和使相啮合齿轮的滑动比及弯曲强度大致相等。角变位主要用于更灵活地选择齿数，凑中心距，改善啮合特性及提高承载能力。由于高变位的应用在某些情况下受到限制，因此角变位在渐开线行星齿轮传动中应用更为广泛。

常用行星齿轮传动的变位方法及变位系数可按表 12-5-13 及图 12-5-4、图 12-5-5 和图 12-5-6 确定。

表 12-5-13　常用渐开线行星齿轮传动变位方式及变位系数的选择

传动型式	高变位	角变位
NGW	1. $i_{AX}^{B}<4$　太阳轮负变位，行星轮和内齿轮正变位。即 $-x_A=x_C=x_B$ x_A 和 x_C 按图 12-5-4 及图 12-5-5 确定，也可按本篇第 1 章的方法选择	1. 不等角变位 应用较广。通常使啮合角在下列范围： 外啮合：$\alpha'_{AC}=24°\sim26°30'$（个别甚至达 29°50'） 内啮合：$\alpha'_{CB}=17°30'\sim21°$ 此法是在 z_A 和 z_B 不变，而将 z_C 减少 1~2 齿的情况下实现的 这样可以显著提高外啮合的承载能力。根据初选齿数，利用图 12-5-4 预计啮合角大小（初定啮合角于上述范围内）；然后计算出 $x_{\Sigma AC}$、$x_{\Sigma CB}$，最后按图 12-5-5 或本篇第 1 章的方法分配变位系数
	2. $i_{AX}^{B}\geqslant4$　太阳轮正变位，行星轮和内齿轮负变位。即 $x_A=-x_C=-x_B$ x_A 和 x_C 按图 12-5-4 及图 12-5-5 确定，也可按本篇第 1 章的方法选择	2. 等角变位 各齿轮齿数关系不变，即 $z_A+z_C=z_B-z_C$ 变位系数之间的关系为： $x_B=2x_C+x_A$ 变位系数大小以齿轮不产生根切为准。总变位系数不能过大，否则影响内齿轮弯曲强度。通常取啮合角 $\alpha'_{AC}=\alpha'_{CB}=22°$ 对于直齿轮传动，当 $z_A<z_C$ 时推荐取 $x_A=x_C=0.5$
		3. 当传动比 $i_{AX}^{B}\leqslant5$ 时，推荐取 $\alpha'_{AC}=24°\sim25°$，$\alpha'_{CB}=20°$，即外啮合为角变位，内啮合为高变位。此时，$\alpha'_{CB}=\frac{1}{2}m(z_B-z_C)$，式中，$z_C$ 为齿数减少后的实际行星轮齿数
NW	1. 内齿轮 B 及行星轮 D 采用正变位，即 $x_D=x_B$ 2. $z_A<z_C$ 时，太阳轮 A 正变位，行星轮 C 负变位，即 $x_A=-x_C$ 3. $z_A>z_C$ 时，太阳轮 A 负变位，行星轮 C 正变位，即 $-x_A=x_C$ 4. x_A 和 x_C 按图 12-5-4 及图 12-5-5 确定，也可按本篇第 1 章的方法选择	一般情况下：　取 $\alpha_{AC}=22°\sim27°$ 和 $x_{\Sigma AC}>0$ 当 $z_C<z_D$ 时：　取 $\alpha_{DB}=17°\sim20°$ 和 $x_{\Sigma DB}\leqslant0$ 当 $z_C>z_D$ 时：　取 $\alpha_{DB}=20°$ 和 $x_{\Sigma DB}\approx0$ 用图 12-5-4 预计啮合角大小，确定各齿轮啮合副变位系数和，然后按图 12-5-5 或本篇第 1 章的方法分配变位系数
NGWN（Ⅰ）型	1. 内齿轮 E 及行星轮 D 采用正变位，即 $x_D=x_E$ 2. 当 $z_A<z_C$ 时： 如果 $z_A<17$，太阳轮 A 采用正变位，行星轮 C 与内齿轮 B 采用负变位，即 $x_A=-x_C=-x_B$ 如果 $z_A>17$，太阳轮无根切危险时，因行星轮受力较大，行星轮不宜采用负变位，故不宜采用高变位传动	1. $z_A+z_C=z_B-z_C=z_E-z_D$ 由于未变位时的中心距 $a_{AC}=a_{CB}=a_{DE}$；啮合角 $\alpha'_{AC}=\alpha'_{CB}=\alpha'_{DE}$。因此可采用非变位传动，亦可采用等角变位 2. $z_A+z_C<z_B-z_C=z_E-z_D$ 由于未变位时的中心距 $a_{AC}<a_{CB}=a_{DE}$，则当 $z_B>z_E$ 时，建议取中心距 $a'=a'_{CB}=a'_{DE}$。于是，$a'_{AC}<a$，则 A-C 传动即可实现 $x_{\Sigma AC}>0$ 的变位。根据初选齿数，利用图 12-5-4 预计啮合角大小，然后计算出各对啮合副变位系数和。最后按图 12-5-5 或本篇第 1 章的方法分配变位系数

续表

传动型式	高变位	角变位
NGWN（Ⅰ）型	3. 当 $z_A>z_C$ 时：太阳轮 A 负变位，行星轮 C 及内齿轮 B 正变位，即 $-x_A=x_C=x_B$ 4. x_A 和 x_C 按图 12-5-4 和图 12-5-5 确定，也可按本篇第 1 章的方法选择	当 $z_A<z_C$ 时，C-B 传动和 D-E 传动都不必变位 3. $z_A+z_C>z_B-z_C=z_E-z_D$ 由于未变位时的中心距 $a_{AC}>a_{CB}=a_{DE}$，此时不可避免要使内齿轮正变位，而降低内齿轮弯曲强度（在 NGWN 传动中，由于内啮合副承担比外啮合副大得多的圆周力，故不宜使内齿轮正变位，仅在必要时，可取较小的变位系数），因此一般较少用于重载传动。建议中心距 $a'=a_{AC}-(0.3\sim0.5)(a_{AC}-a_{CB})$。同样用图 12-5-4 预计啮合角大小，并确定各啮合副变位系数和，再按图 12-5-5 或本篇第 1 章的方法分配变位系数 4. $z_B-z_C<z_A+z_C<z_E-z_D$ 可使 D-E 传动不变位或高变位；使 A-C 及 C-B 传动实现 $x_{\Sigma AC}>0$ 及 $x_{\Sigma CB}>0$ 的变位
NGWN（Ⅱ）型		1. 在一般情况下，内齿圈的变位系数推荐采用 $x_E=+0.25$，而内齿圈 E 和 B 的顶圆直径按 $d_{aE}=d_{aB}=d_E-1.4m=(z_E-1.4)m$ 计算；行星轮 C 的顶圆直径 d_{aC} 应由 A-C 外啮合齿轮副的几何尺寸计算确定，以避免切齿和啮合传动中的齿廓干涉 2. C-E 齿轮副啮合角的选取应使其中心轮 A 的变位系数为 $x_A\approx0.3$ （1）当齿数差 z_E-z_A 为奇数，且变位系数 $x_C=x_E=+0.25$ 时，可使 $x_A\approx0.3$ （2）当齿数差 z_E-z_A 为偶数时，C-E 齿轮副的啮合角 α'_E 根据 z_E 值由图 12-5-6 的线图选取，可使 $x_A\approx0.3$ （3）若允许中心轮 A 有轻微根切，则可取其变位系数 $x_A=0.20\sim0.25$。当齿数差 z_E-z_A 为奇数和变位系数 $x_C=x_E=0.27\sim0.32$ 时，可满足上述条件。此时 C-E 齿轮副的啮合角 $\alpha'_E=20°$，为高变位

注：1. 表中数值均指各传动型式中齿轮模数相同。
2. 对斜齿轮传动，表中 x 为法向变位系数 x_n，α'为端面啮合角。

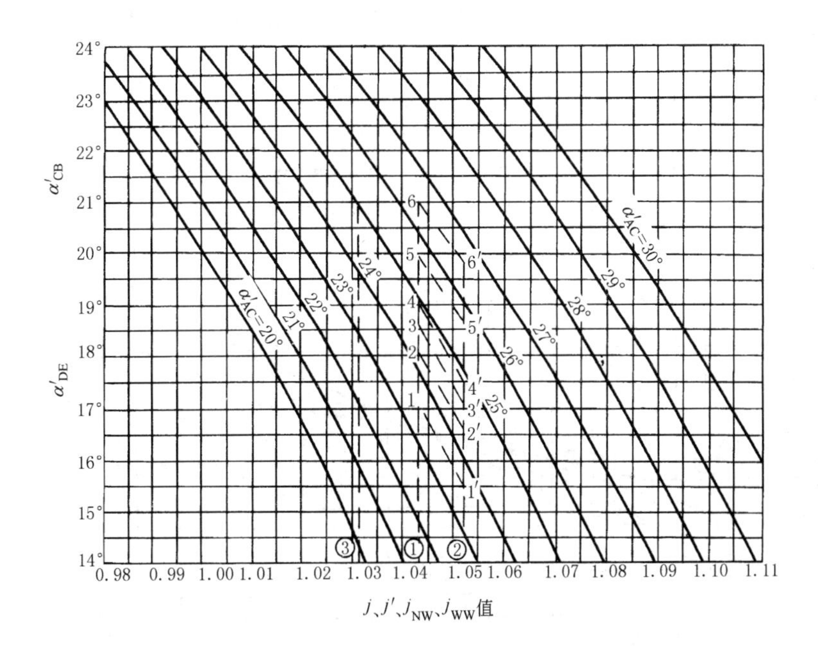

图 12-5-4 变位传动的端面啮合角

$j=\dfrac{z_B-z_C}{z_A+z_C}$（用于 NGW 型）；$j'=\dfrac{z_E-z_D}{z_A+z_C}$（连同 j 用于 NGWN 型）；

$j_{NW}=\dfrac{z_B-z_D}{z_A+z_C}$（用于 NW 型）；$j_{WW}=\dfrac{z_B+z_D}{z_A+z_C}$（用于 WW 型）

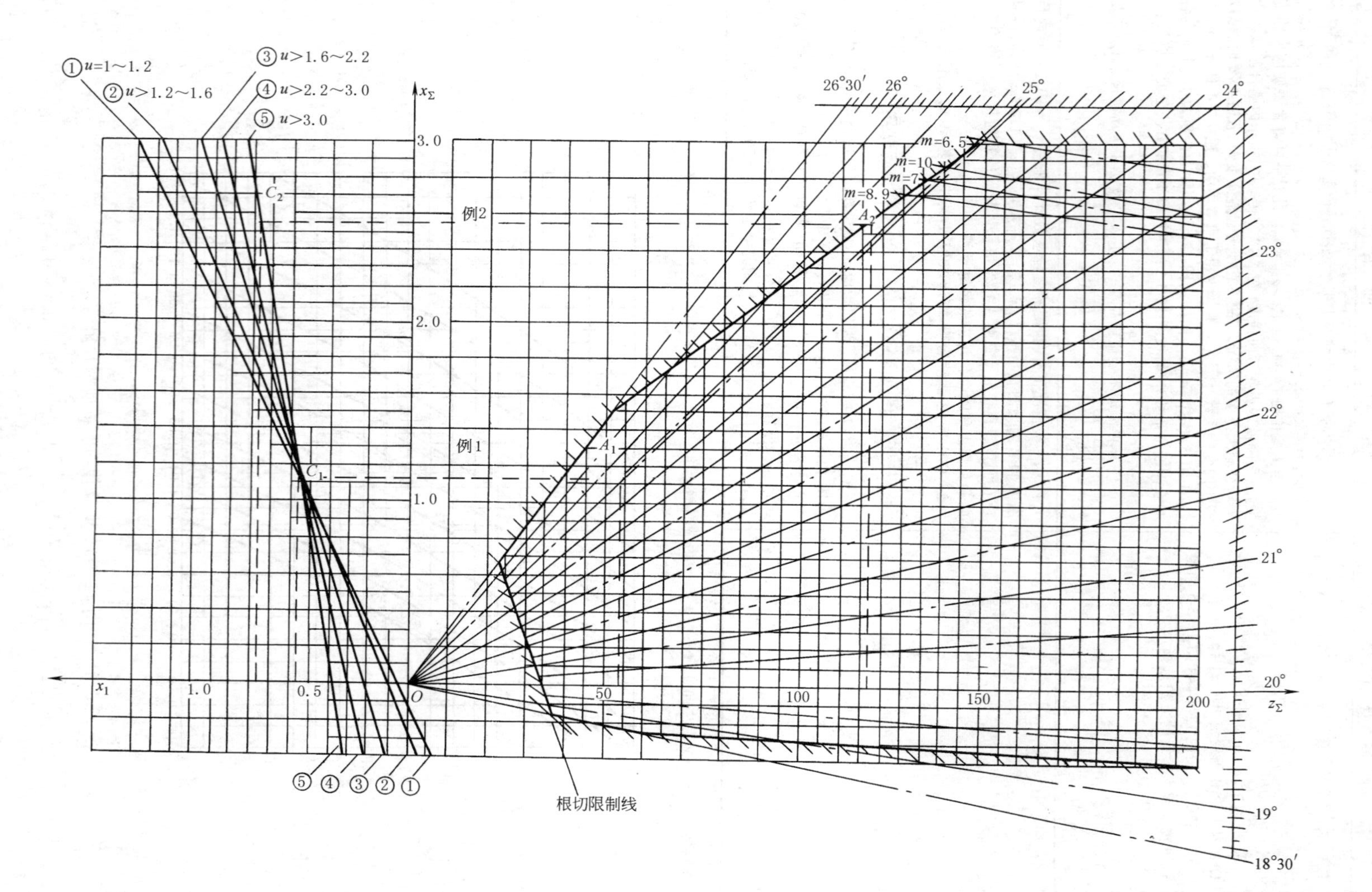

图 12-5-5 选择变位系数的线图（$\alpha=20°$，$h_a^*=1.0$，u 为齿数比，m 为模数）

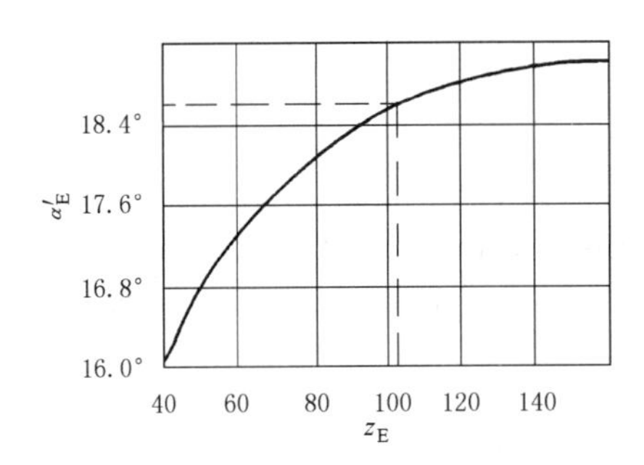

图 12-5-6 确定 NGWN（Ⅱ）型传动啮合角的线图

（1）图 12-5-4 应用示例

例 1 求 $j=1.043$ 的 NGW 型行星齿轮传动的啮合角 α'_{AC}、α'_{CB}。

解 在横坐标上取 $j=1.043$ 之①点，由①点向上引垂线，可在此垂线上取无数点作为 α'_{AC} 与 α'_{CB} 的组合，如 1 点（$\alpha'_{AC}=23°30'$、$\alpha'_{CB}=17°$），…，6 点（$\alpha'_{AC}=26°30'$、$\alpha'_{CB}=21°$）。从中选取比较适用的啮合角组合，如 2～5 点之间各点。

例 2 求 $j=1.043$、$j'=1.052$ 的 NGWN 型行星齿轮传动的各啮合角组合。

解 先按 j 值及 j' 值由①点和②点分别做垂线，①点的垂线上，1，2，…，6 的对应点为②点垂线上的 1′，2′，…，6′。从而得啮合角组合，如 1—1′（$\alpha'_{AC}=23°30'$、$\alpha'_{CB}=17°$、$\alpha'_{DE}=15°20'$），…，6—6′（$\alpha'_{AC}=26°30'$、$\alpha'_{CB}=21°$、$\alpha'_{DE}=19°45'$）等无数个啮合角组合，从中选取比较合适的啮合角组合，如可选 $\alpha'_{AC}=26°$、$\alpha'_{CB}=20°25'$、$\alpha'_{DE}=19°$的啮合角组合。

例 3 求 $j_{NW}=1.031$ 的 NW 型行星齿轮传动的啮合角组合。

解 按 j_{NW} 值在横坐标上找到③点，由③点向上作垂线，从垂线上无数点中选取比较合适的啮合角组合，如 $\alpha'_{AC}=24°15'$、$\alpha'_{DE}=20°$的一点。

（2）图 12-5-5 应用示例

例 一对齿轮，齿数 $z_1=21$，$z_2=33$，模数 $m=2.5\text{mm}$，中心距 $a'=70\text{mm}$，确定其变位系数。

解 ① 根据确定的中心距 a' 求啮合角 α'。

$$\cos\alpha'=\frac{m}{2a'}(z_1+z_2)\cos\alpha=\frac{2.5}{2\times70}\times(21+33)\cos20°=0.90613$$

因此，$\alpha'=\arccos0.90613=25°01'25''$。

② 图 12-5-5 中，由 O 点按 $\alpha'=25°01'25''$作射线，与 $z_\Sigma=z_1+z_2=21+33=54$ 处向上引垂线，相交于 A_1 点，A_1 点纵坐标即为所求总变位系数 x_Σ（见图中例，$x_\Sigma=1.12$）。A_1 点在线图许用区内，故可用。

x_Σ 也可根据 α'按无侧隙啮合方程式 $x_\Sigma=\dfrac{(z_2\pm z_1)\ (\text{inv}\alpha'-\text{inv}\alpha)}{2\tan\alpha}$求得。

③ 根据齿数比 $u=\dfrac{z_2}{z_1}=\dfrac{33}{21}=1.57$，故应按该图左侧的斜线 2 分配变位系数，即自 A_1 点作水平线与斜线 2 交于 C_1 点；C_1 点的横坐标 $x_1=0.55$，则 $x_2=x_\Sigma-x_1=1.12-0.55=0.57$。

4.4 齿形角 α

渐开线行星齿轮传动中，为便于采用标准刀具，通常采用齿形角 $\alpha=20°$的齿轮。而在 NGW 型行星齿轮传动中，因为在各轮之间由啮合所产生的径向力相互抵消或近似抵消，所以可以采用齿形角 $\alpha>20°$的齿轮，低速重载可用 $\alpha=25°$。增大齿形角不仅可以提高齿轮副的弯曲强度，还可以增加径向力，有利于载荷在各行星轮之间的均匀分布。

4.5 多级行星齿轮传动的传动比分配

多级行星齿轮传动各级传动比的分配原则是获得各级传动的等强度和最小的外形尺寸。在两级 NGW 型行星齿轮传动中，欲得到最小的传动径向尺寸，可使低速级内齿轮分度圆直径 $d_{B\,\text{Ⅱ}}$ 与高速级内齿轮分度圆直径 $d_{B\,\text{Ⅰ}}$ 之比（$d_{B\,\text{Ⅱ}}/d_{B\,\text{Ⅰ}}$）接近于 1。通常使 $d_{B\,\text{Ⅱ}}/d_{B\,\text{Ⅰ}}=1\sim1.2$。

NGW 型两级行星齿轮传动的传动比可利用图 12-5-7 进行分配（图中 $i_\text{Ⅰ}$ 和 i 分别为高速级及总的传动比），先按下式计算数值 E，而后根据总传动比 i 和算出的 E 值查线图确定高速级传动比 $i_\text{Ⅰ}$ 后，低速级传动比 $i_\text{Ⅱ}$ 由式 $i_\text{Ⅱ}=i/i_\text{Ⅰ}$ 求得。

$$E=AB^3 \tag{12-5-18}$$

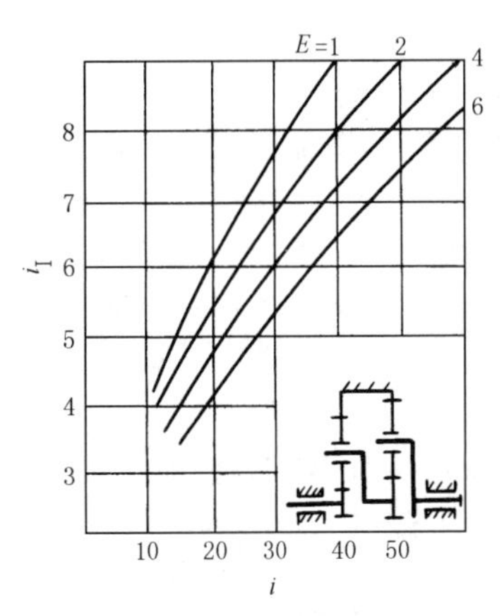

图 12-5-7 两级 NGW 型传动比分配

式中　$B=\frac{d_{B\,II}}{d_{B\,I}}$

$$A=\frac{C_{s\,II}\,\psi_{d\,II}\,K_{\gamma\,I}\,K_{v\,I}\,K_{H\beta\,I}\,Z_{N\,II}^{2}\,Z_{W\,II}^{2}\,\sigma_{H\,lim\,II}^{2}}{C_{s\,I}\,\psi_{d\,I}\,K_{\gamma\,II}\,K_{v\,II}\,K_{H\beta\,II}\,Z_{N\,I}^{2}\,Z_{W\,I}^{2}\,\sigma_{H\,lim\,I}^{2}}$$

式中和图中代号的角标Ⅰ和Ⅱ分别表示高速级和低速级；C_s 为行星轮数目；K_γ 为均载系数，按表 12-5-22 选取；$K_{H\beta}$ 为接触强度的载荷分布系数，其他代号见本篇第 1 章。K_v、$K_{H\beta}$ 及 Z_N^2 的比值，可用类比法进行试凑，或取三项比值的乘积$\left(\frac{K_{v\,I}\,K_{H\beta\,I}\,Z_{N\,II}^{2}}{K_{v\,II}\,K_{H\beta\,II}\,Z_{N\,I}^{2}}\right)$等于 1.8~2。齿面工作硬化系数 Z_W 按第 1 章方法确定，一般可取 $Z_W=1$。如果全部采用硬度>350HB 的齿轮时，可取$\frac{Z_{W\,II}^{2}}{Z_{W\,I}^{2}}=1$。最后算得之 E 值如果大于 6，则取 $E=6$。

4.6　装配要求与配齿方法

4.6.1　概述

具有等分度布置的多行星轮的行星轮系的齿数和行星轮的个数应遵守一定的规则，满足一定条件，才能正确啮合，顺利装配。这些条件是：邻接条件，同心条件，装配条件。

为了方便叙述，以下均省略“等分度布置的多行星轮”的定语，除“4.6.8　行星轮非等分布置时安装角 θ 的确定”外，4.6 节所说的“行星齿轮装置”都是“行星轮等分度布置的行星齿轮装置”。

4.6.2　邻接条件

设计中应保证相邻两个行星轮齿顶不得干涉碰撞，该约束条件称为邻接条件。

一般来说，随着行星轮直径与太阳轮直径之比的增加，（在同一平面内）能够绕太阳轮布置而不发生相邻行星轮之间干涉的行星轮的个数将减少。对于标准齿轮，在行星轮个数与太阳轮和行星轮几何形状已知的情况下，相邻行星轮外径之间的间隙 Δg 的计算方法如图 12-5-8 所示。此间隙的允许值取决于转速、直径、轮齿尺寸等使用参数。典型工业行星齿轮传动装置中的间隙 Δg 至少应为齿顶高的 2 倍，除非由经验得出其他结论。高速传动装置可能需要更大的间隙，以尽量降低功率损失和便于润滑油脱离啮合区。反之，对于低精度齿轮的低速传动装置，间隙可以小于 2 倍的齿顶高。

此准则对于每个齿轮啮合平面（复合行星和耦合行星齿轮传动可能会有多级和多个平面）都适用。表 12-5-14 列出了大多数常用的简单行星齿轮传动形式在同一平面内，具有不同行星轮个数的最大传动比。最终设计应按式（12-5-19）所示算法进行校核。

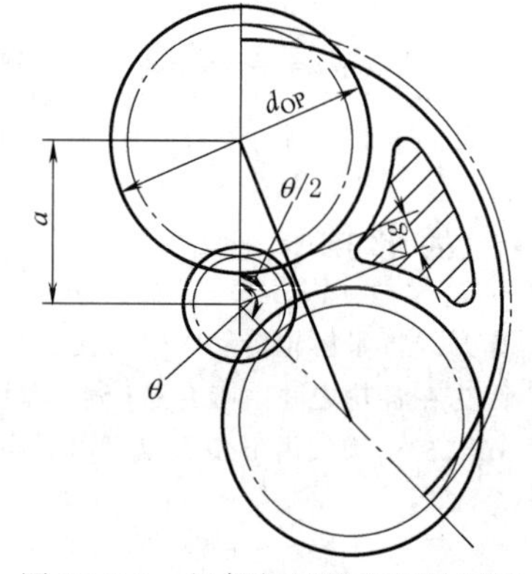

图 12-5-8　相邻行星轮之间的间隙

采用高度变位齿轮（总变位系数 $x_\Sigma=0$）和非标准中心距的角度变位齿轮传动（$x_\Sigma\neq0$）可能获得更大的传动比。

除了要校核行星轮间的间隙之外，还应校核行星架两侧板间的连接柱与行星轮之间是否具有足够的间隙、足够的强度和刚度，特别是当行星轮个数较多或者行星轮具有较大齿宽的场合。

图中 Δg 由式（12-5-19）计算：

$$\Delta g=2a\sin\frac{\theta}{2}-d_{OP}\tag{12-5-19}$$

式中　Δg——相邻行星轮之间的间隙，mm；

a——中心距，mm；

θ——两行星轮之间的中心角，(°)；

d_{OP}——行星轮外径，mm。

表 12-5-14 不同行星轮个数时简单行星齿轮传动的最大传动比

行星轮个数 N_{CP} ③	简单行星齿轮传动最大的传动比①②	
	i_{SR}^{C}(行星架固定)	i_{SC}^{R}(内齿圈固定)
3	11.5	12.5
4	4.7	5.7
5	3.1	4.1
6	2.4	3.4
7	2.0	3.0
8	1.7	2.7

① 按太阳轮的变位系数 $x=0$，齿顶高系数等于 1，齿数 25 的标准直齿轮，行星轮之间的间隙为 2 倍的齿顶高计算。如果用较小模数，可能传动比会超过表列数值。如果采用较大模数，传动比可能减小。采用高变位和非标准中心距还可能会对允许的传动比产生较大影响。临界情况可按式（12-5-11）进行验算。

② 行星轮个数较多时的传动比在几何学上可以实现，但是由于行星轮节圆直径远远小于太阳轮，所以应检查装配可行性以及行星轮轴承的寿命和载荷。

③ 当行星轮个数较多时，无法实现最大传动比；最大传动比往往取决于设计行星架时行星架连接柱及侧板的强度和刚度。

4.6.3 同心条件

行星齿轮传动的内啮合齿轮副（行星轮—内齿轮）和外啮合齿轮副（太阳轮—行星轮）的实际中心距应相等，称为同心条件。设计时，当一个齿轮副的参数和实际中心距确定后，另一个齿轮副的参数因为应按照同样中心距进行设计而受到制约。

4.6.4 装配条件

4.6.4.1 配齿要求

欲使各行星轮等分度地配置在中心轮周围，且都能嵌入两中心轮之间，行星轮个数和各齿轮齿数应满足一定关系才能装配。表 12-5-15 给出简单行星和复合行星齿轮传动装置的配齿要求。

表 12-5-15 行星齿轮传动的配齿要求

总要求：计算齿数/行星轮个数=整数	
齿轮传动类型	计算齿数
简单行星齿轮传动(A 型) $\frac{z_R+z_S}{N_{CP}}=$整数 z_R z_P z_S C	计算齿数 $=z_R+z_S$
带换向齿轮的行星齿轮传动(C 型) 行星架固定时，两个中心轮同方向旋转 $\frac{z_R-z_S}{N_{CP}}=$整数 z_{P1} C z_{P2} z_R z_S	计算齿数 $=z_R-z_S$

续表

总要求:计算齿数/行星轮个数=整数	
齿轮传动类型	计算齿数
复合行星齿轮传动(B型) $\frac{z_{PS}}{z_{PR}}$为两个复合行星轮的齿数比如果 z_{PS} 和 z_{PR} 有最大公因子 F_C,则令 $P'_S=\frac{z_{PS}}{F_C}$,$P'_R=\frac{z_{PR}}{F_C}$。如果 z_{PS} 和 z_{PR} 没有公因子,则 $F_C=1$,$\frac{P'_S}{P'_R}$就化简为最简分数($z_R P'_S \pm z_S P'_R$)/N_{CP}=整数(可能需要旋转一定角度才能使其啮合或装配;当行星架固定,太阳轮和内齿圈沿着相同方向旋转时,采用"-"号) z_{PR} z_S z_R C z_{PS}	计算齿数=$z_R P'_S \pm z_S P'_R$
实用复合行星齿轮装置配齿 (1)内齿圈和太阳轮都为因子分解式配齿:当 z_R/N_{CP} 和 z_S/N_{CP} 都等于整数时,行星轮可以为任意齿数 (2)两个双联行星轮的齿数比为整数:当 z_{PS}/z_{PR}=整数,或 z_{PR}/z_{PS}=整数时,如果先装配较小的小齿轮,则可优先选用轮齿作标记法装配 (3)如果(1)或(2)都不成立,P_S 或 P'_R 的较小者比 N_{CP} 大得越多,轮齿标记法的不可操作性就越大。可参考 GB/T 33923—2017 附录 C 中的方法进行详细分析,并在轮齿装配和配齿校验时提供对齿图	

注: z_{PS}—与太阳轮啮合的行星轮的齿数; z_{PR}—与内齿圈啮合的行星轮的齿数; P'_S、P'_R—最简分数的分子和分母。

第12篇

4.6.4.2 因子分解式配齿和非因子分解式配齿

太阳轮或内齿圈的齿数能被行星轮个数整除的配齿方法称为因子分解式配齿,太阳轮或内齿圈的齿数不能被行星轮个数整除的配齿方法称为非因子分解式配齿。非因子分解式配齿有助于改善啮合质量。当齿轮存在变形或者其他较小的运动误差时,非因子分解式配齿在理论上可以补偿系统的扭振,使系统运转更平稳、噪声更低。而对于因子分解式配齿,因各行星轮的轮齿运动方式同步,就容易产生周期性冲击。两种配齿方式的啮合特点见表12-5-16。

表 12-5-16　因子分解与非因子分解式配齿的啮合特点

啮合状况	配齿要求
因子分解式配齿: 沿着啮合线,所有行星轮在任何时刻都是相同的啮合状态,即任何时刻均在齿面上的对应点接触	z_R/N_{CP}=整数 或 z_S/N_{CP}=整数
非因子分解式配齿: 沿着啮合线,部分或全部行星轮在任何时刻均为不同的啮合状态,即任何时刻均在齿面上的不同点接触。如果有部分行星齿轮是分组运转(仍有一部分达不到分组),有两个或更多个组是等距的,这些组在任何时刻均为相同的啮合状态;那么,该传动就具有部分因子分解特征,如本表右栏非因子分解百分比计算式所示	$Q/y=z_R/N_{CP}$ 的余数,化简为最简分数 或 $Q/y=z_S/N_{CP}$ 的余数,化简为最简分数 非因子分解百分比=(y/N_{CP})%(参见图 12-5-9)

注: z_R—内齿圈的齿数; z_S—太阳轮的齿数; Q—最简分数的分子; y—具有不同啮合状态的行星轮组的数目; N_{GP}—每组行星轮的数目, $N_{GP}=N_{CP}/y$。

4.6.4.3 无公约数啮合

无公约数啮合的两个啮合齿轮在跑合期间,通过增加与所认定的接触轮齿外的其他不同轮齿的接触而产生磨合作用。完全无公约数啮合要求任意两个啮合齿轮的齿数都没有大于 1 的公因子,参见表 12-5-17 和 4.6.6.6 小节。

目前,虽然无公约数啮合和非因子分解式配齿是理论性的分析,暂时还没有用实验方法给予验证,但其益处是明显的。

表 12-5-17　　轮齿啮合的追逐特性

类型	说明	
完全追逐： 每个齿轮上的每个轮齿均与另一个齿轮的每一个轮齿啮合	$\frac{z_1}{z_2}=\frac{ABC}{XYZ}$	式中，A、B、C 和 X、Y、Z 分别为齿数 z_1、z_2 的因子 公因子不得大于 1
部分追逐： 一个齿轮上的所有轮齿(z_2 个轮齿)均与另一个齿轮上的 z_1' 个轮齿啮合，z_1' 为齿数 z_1 除以最大公因子 A 后的值	$z_1'=\frac{z_1}{A}$ $z_2'=\frac{z_2}{A}$	A——最大公因子 z_1 和 z_2 有大于 1 的公因子 A
不追逐： 当 R 为整数时，大齿轮上的各个轮齿均与小齿轮上的一个对应轮齿啮合。小齿轮上的所有轮齿均与大齿轮上的 R 个轮齿啮合，无限循环重复	$\frac{z_1}{z_2}=R$	R 为整数

注：z_1—齿轮齿数，z_2—啮合齿轮的齿数，z_1 应大于 z_2。

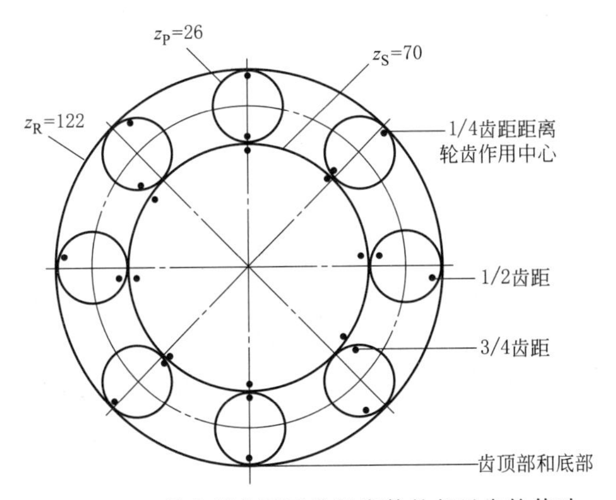

图 12-5-9　具有部分因子分解齿数的行星齿轮传动

确定非因子分解百分比：$z_R/N_{CP}=122/8=15\frac{1}{4}$，$Q/y=1/4$ 或 $z_S/N_{CP}=70/8=8\frac{3}{4}$，$Q/y=3/4$。

$y=4$，为具有不同啮合状况的行星轮组数；$N_{GP}=N_{CP}/y=8/4=2$，为每组的行星轮个数。

非因子分解百分比 $=y/N_{CP}\times100\%=(4/8)\times100\%=50\%$。

4.6.5　复合行星齿轮传动的配齿和装配

4.6.5.1　概述

复合行星齿轮传动采用一种双联或多联型行星轮，两个双联行星轮的齿数不同。

复合行星齿轮传动应按表 12-5-15 的配齿公式配齿。为了避免轮齿标记的麻烦，可以用一些简单实用的配齿法则：如内齿圈和行星轮按因子分解式配齿，或者使复合行星轮两个齿轮的齿数比为整数。对不符合以上两个条件的，虽然也有可能实现成功配齿，但轮齿齿数比行星轮个数小得越多，无法装配的可能性就越大。

4.6.5.2　可调式双联行星轮

如果双联行星轮的两个行星轮之间的相位角可以通过摩擦连接进行调整，则可以采用任何数目的齿数组合。

4.6.5.3　整体式双联行星轮

如果双联行星轮为整体式，则应精确地保证一个行星轮的驱动齿面与另一个行星轮的驱动齿面之间的相位角关系，并且应对这些轮齿进行标记，参见图 12-5-10a。要保持所要求的对齿精度是一个比较困难的制造问题。

如果一个行星轮的齿数是另一个行星轮齿数的倍数，轮系装配时，齿数较少的行星轮可以先放入啮合位置，则轮齿不需要作标记，参见图 12-5-10b。

如果太阳轮和内齿圈的齿数能够被行星轮的个数除尽（即因子分解式配齿），则两个行星轮可以采用任何齿数。在装配时，使行星轮齿上做标记的轮齿与太阳轮和内齿轮上的标记轮齿相啮合，参见图 12-5-10c。

如果两个行星轮的齿数比为分数，并且太阳轮和内齿圈的齿数不能被行星轮的个数除尽，则在一般情况下，装配时的啮合问题将成为一个复杂甚至无法做到的轮齿标记问题，可参考 GB/T 33923—2017 附录 C 中的特殊配齿方法进行详细的配齿校验。如果 P'_S 或 P'_R 是 2 或 3 等较小的数字，那么相关轮齿分数将为二分之一或者三分之几，并且只有两种或三种不同的分数情况。对需要做位置标记的轮齿，在图纸上一定要标识清楚。当分数的分母大于双联行星轮的个数时，装配会变得更为困难。

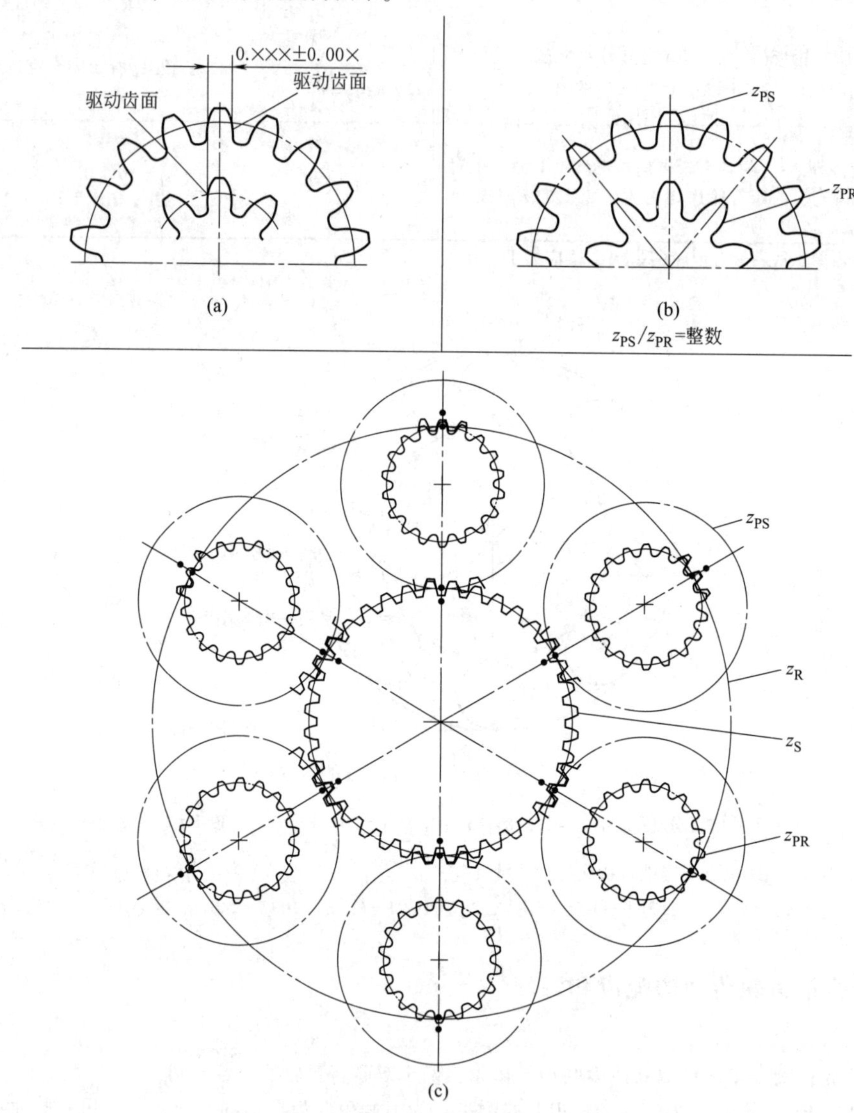

因子分解式配齿轮系-带标记齿，行星轮可为任意齿数

z_R/N_{CP} 和 z_S/N_{CP}=整数

图 12-5-10　轮齿标记示例

4.6.5.4　多太阳轮和内齿圈的行星轮系

此类传动系统可以有多个太阳轮或者内齿圈。分析确定啮合要求时，可将系统分解成尽量简单的行星系统和组合，每个系统均须符合配齿啮合要求，见图 12-5-11。

4.6.6　非因子分解和追逐的理论效应

4.6.6.1　因子分解轮齿的组合效应

图 12-5-12 是仅考虑一个行星轮的情况，图 b 是将转矩变动百分比的垂直坐标充分放大，从而明显表示出转

矩变动的峰值，该峰值以一个齿距的间隔重复。轮齿变形和齿廓偏差的变化很容易在接触点通过节线时，使传递的转矩产生峰值。如果再加入其他行星轮，若也同时出现啮合峰值，将导致转矩叠加总量增大，但是转矩变动百分比不变。当太阳轮处于行星轮间夹角内的齿数为整数时，即发生此情况。这种效应就是因子分解轮齿组合情况时会出现的效应。

如果太阳轮处于行星轮连接柱间夹角内的齿数为整数，那么内齿圈的齿数也为整数。

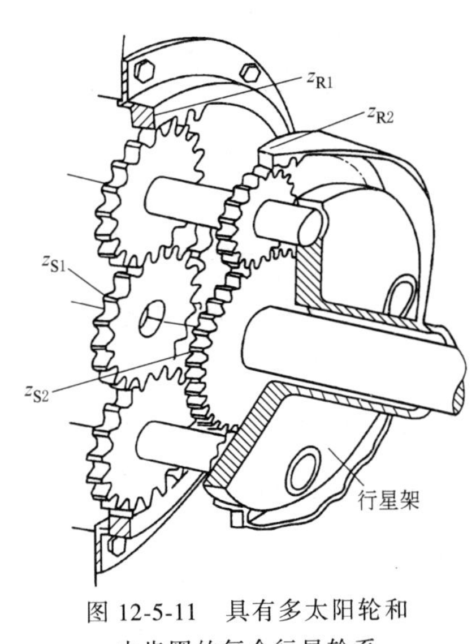

图 12-5-11　具有多太阳轮和内齿圈的复合行星轮系

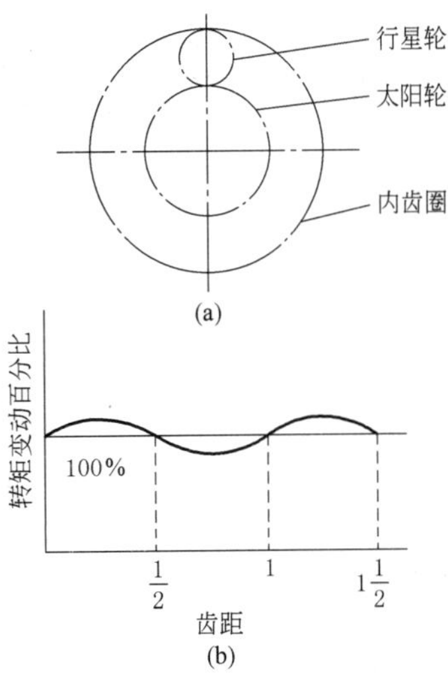

图 12-5-12　一个行星轮因子分解轮齿的组合效应

4.6.6.2　奇数行星轮齿的效应

行星轮的齿数为偶数时，行星轮所受的扭转激振较低，侧向激振较高。行星轮的齿数为奇数时，扭转激振较高而侧向激振较低。从转矩变动的角度来看，这一交变效应是有益的；当转矩冲击曲线对称时，几乎可以实现完美抵消。曲线不规则时，其效应在频率的 2 倍时约为变动量的一半，如图 12-5-13 所示。

4.6.6.3　非因子分解轮齿配齿的效应

在图 12-5-12 一个行星轮的基础上，如果能够加入第二个行星轮，使转矩冲击彼此不同步，其结果将如图 12-5-14 所示。转矩冲击按照行星架连接柱数的比例降低，并且频率按照相同的比例升高。此情况在行星架两个相邻连接柱间的夹角内，太阳轮（或内齿圈、或两者）的齿数为带分数。这和非因子分解式的配齿的提法是相同的。

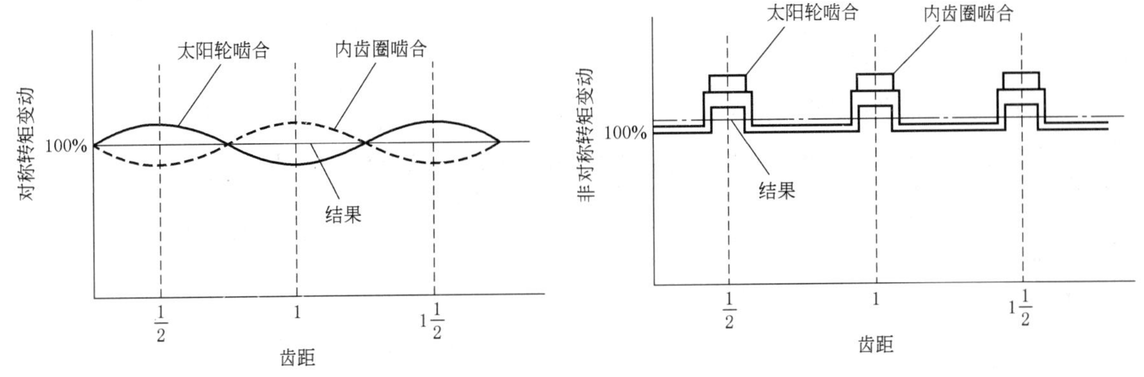

图 12-5-13　奇数齿的行星轮

4.6.6.4　传动机构实例

作为一个特例，对于内齿圈有 107 个齿，太阳轮有 34 个齿，有 3 个行星轮的行星齿轮传动机构，行星轮之间有 34/3 个齿，为非因子分解式配齿。实际获得的转矩变动可能是一条不规则曲线，类似于对称转矩变动和非

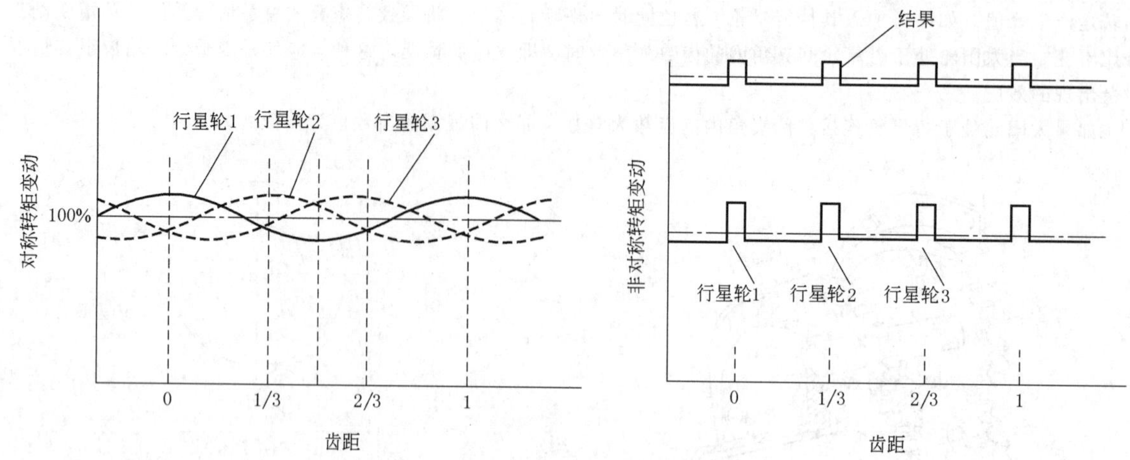

图 12-5-14　非因子分解三行星轮系

对称转矩变动情况的平均值，转矩变动将为采用 108 和 33 的因子分解式配齿的三分之一或更小，频率为其 3 倍。

对于另一个行星齿轮传动机构，内齿圈和太阳轮有 121 和 71 个齿，8 个行星轮，每个行星轮有 25 个齿，则在行星轮之间太阳轮有 71/8 个齿，为非因子分解式配齿。转矩变动为因子分解式配齿的八分之一，频率为其 8 倍。

注：上述示例可能会引起轮齿产生振动。

4.6.6.5　部分因子分解式配齿

如果采用齿数为 122、26 和 70 的齿轮组合，就成为部分因子分解式配齿，参见图 12-5-9。70/8 得 $8\frac{3}{4}$，每个行星轮均与旁边的齿轮啮合四分之一齿距，并且对称于中心线另一侧的齿轮具有相同的啮合状况。因此，结果为转矩变动四分之一，频率为 4 倍。因子分解式配齿比非因子分解式配齿的频率更低。

4.6.6.6　轮齿追逐关系

追逐是一个与因子分解无关的特征，具有不同的效应。当一个 34 个齿的齿轮与一个 35 个齿的齿轮啮合时，先对一对啮合轮齿做好标记，一圈之后，相啮合的将变成一个无标记的轮齿。随着旋转进行，每个齿轮的每个齿均与另一个齿轮的每一个齿相啮合。如果一个轮齿存在轻微缺陷，例如微小的区域性凸起，并且轮齿硬度不是太高，那么凸起区域将最终被与其啮合的许多轮齿（本例为 34 齿）磨掉。这就降低了啮合轮齿的表面缺陷，并且能够更加完全地纠正制造偏差。啮合时轮齿上的显微表面将遇到大量状况不同的表面，从而产生磨合作用，因此齿轮越用越好。但是，对于硬化齿轮，高硬度的较小凸起缺陷的轮齿追逐组合可能会导致部分甚至所有啮合轮齿表面产生损伤或裂纹，而不会产生任何修正偏差或磨合的好效果。对于非追逐轮齿，具有微小凸起缺陷的硬化齿仅与有限数目的齿啮合发生磨合，也有可能不至于引起破坏性损伤。

再来讨论 107 个齿的齿轮和 34 个齿的齿轮的啮合。此时，$107/34=3\frac{5}{34}$。这意味着在 34 齿的齿轮旋转三圈之后，啮合将变动五个轮齿。在 107 齿的齿轮旋转 7 圈之后，啮合将变动 $7\times5=35$ 个齿。因此，在内齿圈旋转七圈之后，34 齿的齿轮与原始位置偏离一个齿，齿轮将再次进入完全追逐。

另一种方法也能够达到此结果。将两个齿数写成分数，将每个齿数进行因子分解；消掉公因子；分数线上方消掉数字的乘积即为重复发生点之间的齿数。

示例 1：

$$\frac{107}{34}=\frac{1\times107}{2\times17\times1}$$

1 为最大公因子，此组合是完全追逐。

示例 2：

$$\frac{108}{33}=\frac{2\times2\times3\times9}{3\times11}$$

消掉分子和分母中的公因子 3，结果为每隔 3 个齿进行重复追逐，有三分之一齿数的传动误差。

4.6.7 实用配齿程序和设计示例

配齿在行星齿轮传动实际设计过程中总是和参数设计、强度计算结合在一起进行。

简单行星设计的配齿顺序通常是：

① 选定行星轮个数 N_{CP}。

② 根据经验或采取类比的方法初步确定模数 m_n。

③ 初步确定太阳轮的齿数 z_S（或直径），或内齿圈的齿数 z_R（或直径）。

④ 按所需的传动比 $i_{SC}^{R}=1+\frac{z_R}{z_S}$，由 z_S 计算出 z_R，且满足$\frac{z_R+z_S}{N_{CP}}$=整数的条件。

⑤ 按 $z_P=(z_R-z_S)/2-\Delta z$ 确定行星轮的齿数 z_P。

式中，$\Delta z=0\sim2$，是行星轮齿数 z_P 应减少的齿数。当 z_R-z_S 等于偶数（可以被 2 整除）时，若取 $\Delta z=0$，允许按变位系数等于 0 的标准齿轮设计；当 z_R-z_S 等于奇数（不能被 2 整除）时，取整后 Δz 至少减 0.5，齿轮一定按变位设计。行星轮 z_P 减少齿数的多少，主要影响中心距、变位系数、啮合角，对内、外啮合齿轮副的强度略有影响，影响内、外啮合齿轮是否有公因子，是否是无公约数啮合。

⑥ 确定螺旋角 β，变位系数 x_S、x_p，计算并圆整中心距 a，修正 x_S、x_p，得出变位系数 x_R。

⑦ 校核邻接条件。

复合行星和简单行星设计的主要差异在于：复合行星的内啮合和外啮合在满足中心距相等的条件下，各自的模数、压力角、螺旋角、变位系数和齿宽等齿轮参数可以独立设计。通常，先求出一种齿轮副（如内啮合，满足 z_R/N_{CP}=整数）的参数后，确定中心距 a，再根据 a 设计另一种齿轮副（如外啮合，满足 z_S/N_{CP}=整数）的参数。

4.6.8 行星轮非等分布置时安装角 θ 的确定

特殊情况时，行星轮不能沿圆周等分布置。这时安装角 θ（见图 12-5-15）可按以下步骤计算：

① 当 $q=\frac{z_S+z_R}{N_{CP}}\neq$整数时，为了使行星轮的装配尽可能接近于等分布置，则 q取等于接近于$\frac{z_S+z_R}{N_{CP}}$的整数值。

② 安装角 θ_1 由式（12-5-20）计算：

$$\theta_1=\frac{360°}{z_S+z_R}q' \qquad (12\text{-}5\text{-}20)$$

③ 校核邻接条件。

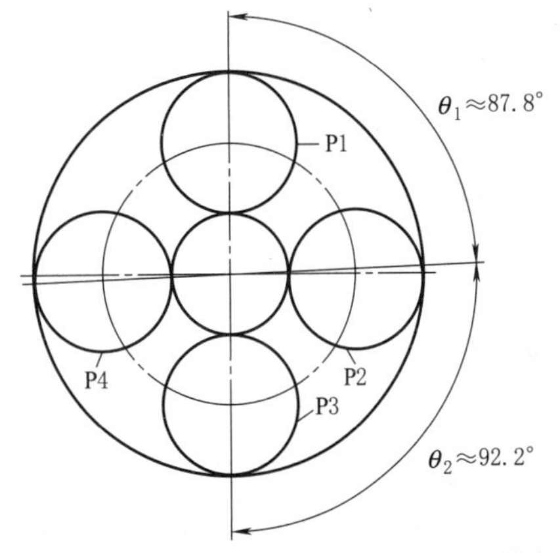

图 12-5-15 行星轮非等分布置时的安装角 θ

示例：已知 $z_S=22$，$z_R=60$，行星轮个数 $N_{CP}=4$，求行星轮间的安装角 θ。

解：

$$\frac{z_S+z_R}{N_{CP}}=\frac{22+60}{4}=20.5$$

由于行星轮为非等分布置，取 $q'=20$，则安装角（行星轮 P1 与 P2 间的夹角见图 12-5-15）为

$$\theta_1=\frac{360°}{z_S+z_R}q'=\frac{360°}{22+60}\times20=87.8°$$

而行星轮 P2 与 P3 间的夹角 $\theta_2=180°-87.8°=92.2°$。

5 行星齿轮传动齿轮强度计算

5.1 受力分析

行星齿轮传动的主要受力构件有中心轮、行星轮、行星架、行星轮轴及轴承等。为进行轴及轴承的强度计

算，需分析行星齿轮传动中各构件的载荷情况。在进行受力分析时，假定各套行星轮载荷均匀，这样仅分析一套即可，其他类同。各构件在输入转矩作用下都处于平衡状态，构件间的作用力等于反作用力。图 12-5-16～图 12-5-18 分别为 NGW、NW、NGWN 型直齿或人字齿轮行星传动的受力分析图。表 12-5-18～表 12-5-20 分别为与之对应的各元件受力计算公式。

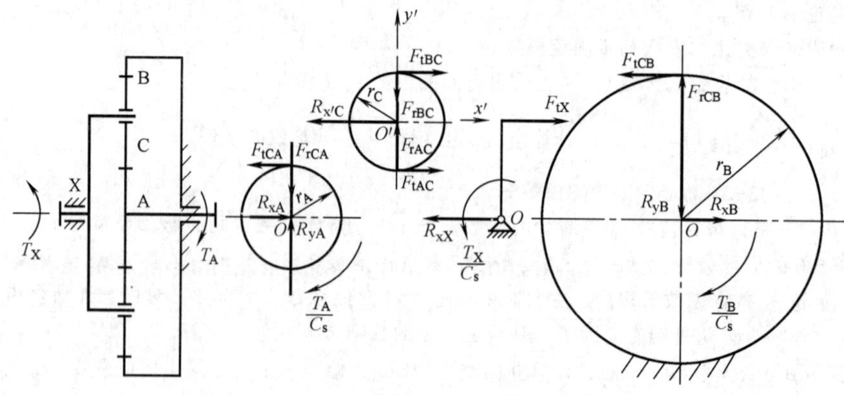

图 12-5-16　NGW 型行星齿轮传动受力分析

表 12-5-18　　NGW 型各元件受力计算公式

项　目	太阳轮 A	行星轮 C	行星架 X	内齿轮 B
切向力	$F_{tCA}=\dfrac{1000T_A}{C_s r_A}$	$F_{tAC}=F_{tCA}\approx F_{tBC}$	$F_{tX}=R_{xC}^{A}\approx 2F_{tAC}$	$F_{tCB}=F_{tBC}\approx F_{tCA}$
径向力	$F_{rCA}=F_{tCA}\dfrac{\tan\alpha_n}{\cos\beta}$	$F_{rAC}=F_{tCA}\dfrac{\tan\alpha_n}{\cos\beta}\approx F_{rBC}$	$R_{y'X}\approx 0$	$F_{rCB}=F_{rBC}$
单个行星轮，作用在轴上或行星轮轴上的力	$R_{xA}=F_{rCA}$ $R_{yA}=F_{rCA}$	$R_{x'C}\approx 2F_{tAC}$ $R_{y'C}\approx 0$	$R_{xX}=F_{tX}\approx 2F_{tAC}$ $R_{yX}\approx 0$	$R_{xB}=F_{tCB}$ $R_{yB}=F_{rCB}$
各行星轮作用在轴上的总力及转矩	$\sum R_{xA}=0$ $\sum R_{yA}=0$ $T_A=\dfrac{F_{tCA}r_A C_s}{1000}$	$\sum R_{xC}=0$ $\sum R_{yC}=0$ 对行星轮轴（O'轴）的转矩 $T_{O'}=0$	$\sum R_{xX}=0$ $\sum R_{yX}=0$ $T_X=-T_A i_{AX}^{B}$	$\sum R_{xB}=0$ $\sum R_{yB}=0$ $T_B=T_A\dfrac{z_B}{z_A}$

注：1. 表中公式适用于行星轮数目 $C_s\geqslant 2$ 的直齿或人字齿轮行星传动。对 $C_s=1$ 的传动，则 $\sum R_{xA}=R_{xA}$，$\sum R_{yA}=R_{yA}$，$\sum R_{xC}=R_{xC}$，$\sum R_{xX}=R_{xX}$，$\sum R_{xB}=R_{xB}$，$\sum R_{yB}=R_{yB}$。

2. 式中 α_n 为法向压力角，β 为分度圆上的螺旋角，r_A 为太阳轮分度圆半径。

3. 转矩单位为 N·m；长度单位为 mm；力的单位为 N。

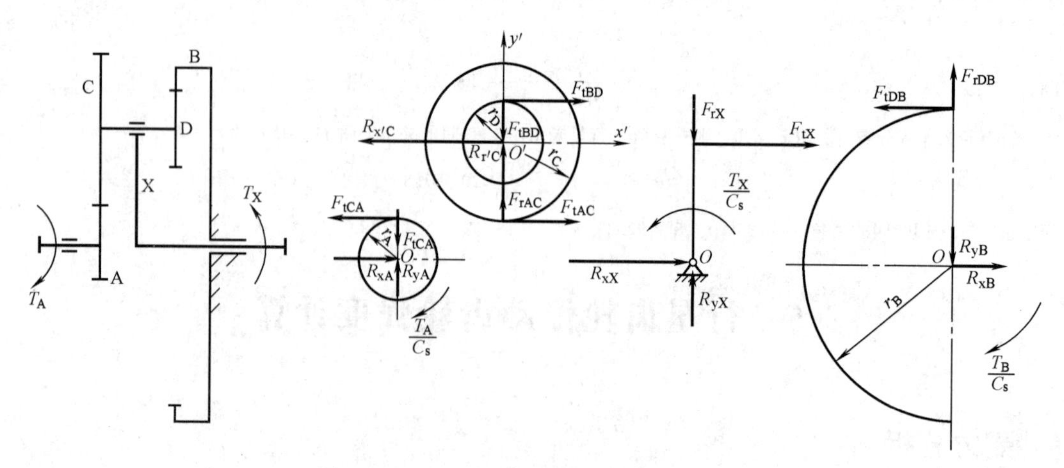

图 12-5-17　NW 型行星齿轮传动受力分析

表 12-5-19 **NW 型各元件受力计算公式**

项　　目	太阳轮 A	行星轮 C	行星轮 D	行星架 X	内齿轮 B
切向力	$F_{tCA}=\dfrac{1000T_A}{C_s r_A}$	$F_{tAC}=F_{tCA}$	$F_{tBD}=F_{tCA}\dfrac{z_C}{z_D}$	$F_{tX}=R_{x'C}=F_{tAC}+F_{tBD}$	$F_{tDB}=F_{tBD}$
径向力	$F_{rCA}=F_{tCA}\dfrac{\tan\alpha_n}{\cos\beta}$	$F_{rAC}=F_{rCA}$	$F_{rBD}=F_{tBD}\dfrac{\tan\alpha_n}{\cos\beta}$	$F_{rX}=R_{y'C}=F_{rBD}-F_{rAC}$	$F_{rDB}=F_{rBD}$
单个行星轮作用在轴上或行星轮轴上的力	$R_{xA}=F_{tCA}$ $R_{yA}=F_{tCA}$	对行星轮轴： $R_{x'A}$　F_{tAC}　F_{tBD}　$R_{x'B}$ x'轴向A　B F_{rAC}　$R_{y'B}$ y'轴向A　D $R_{y'A}$　F_{rBD}		$R_{xX}=F_{tX}$ $R_{yX}=F_{tX}$	$R_{xB}=F_{tDB}$ $R_{yB}=F_{rDB}$
各行星轮作用在轴上的总力及转矩	$\sum R_x=0$ $\sum R_y=0$ $T_A=\dfrac{F_{tCA}r_A C_s}{1000}$	$\sum R_{xCD}=0$ $\sum R_{yCD}=0$ 对 O'轴转矩：$T_{O'}=0$		$\sum R_{xX}=0$ $\sum R_{yX}=0$ $T_X=-Ti_{AX}^B$	$\sum R_{xB}=0$ $\sum R_{yB}=0$ $T_B=T_A(i_{AX}^B-1)$

注：1. 表中公式适用于行星轮数目 $C_s\geqslant 2$ 的直齿或人字齿轮行星传动。

2. 式中 α_n 为法向压力角，β 为分度圆上的螺旋角，r_A 为太阳轮分度圆半径。

3. 转矩单位为 N·m；长度单位为 mm；力的单位为 N。

当计算行星轮轴承时，轴承受载情况在中低速的条件下可按表中公式计算。而在高速时，还要考虑行星轮在公转时产生的离心力 F_{rc}，它作为径向力作用在轴承上。

$$F_{rc}=Ga\left(\frac{\pi n_X}{30}\right)^2 (\text{N}) \tag{12-5-21}$$

式中　G——行星轮质量，kg；

n_X——行星架转速，r/min；

a——齿轮传动的中心距，mm。

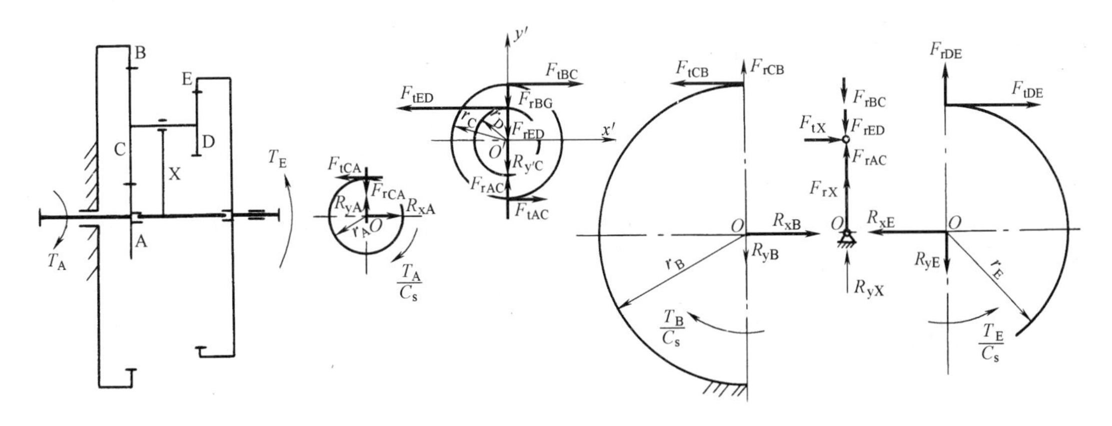

图 12-5-18　NGWN 型行星齿轮传动受力分析

表 12-5-20 **NGWN 型各元件受力计算公式**

项目	太阳轮 A	行星轮		内齿轮 B	内齿轮 E	行星架 X
		C 轮	D 轮			
切向力	$F_{tCA}=\dfrac{1000T_A}{r_A C_s}$	$F_{tAC}=F_{tCA}$ $F_{tBC}=F_{tED}\mp F_{tAC}$ $=F_{tDE}\mp F_{tCA}$	$F_{tED}=F_{tBC}\pm F_{tAC}$	$F_{tCB}=F_{tBC}$	$F_{tDE}=\dfrac{1000T_A i_{AE}^B}{r_E C_s}$	$F_{tX}=0$

续表

项目	太阳轮 A	行星轮 C 轮	行星轮 D 轮	内齿轮 B	内齿轮 E	行星架 X
径向力	$F_{rCA}=F_{tCA}\dfrac{\tan\alpha_n}{\cos\beta}$	$F_{rAC}=F_{rCA}F_{rBC}=F_{tBC}\dfrac{\tan\alpha_n}{\cos\beta}$	$F_{rED}=F_{tED}\dfrac{\tan\alpha_n}{\cos\beta}$	$F_{rCB}=F_{tCB}\dfrac{\tan\alpha_n}{\cos\beta}$	$F_{rDE}=F_{tDE}\dfrac{\tan\alpha_n}{\cos\beta}$	$F_{rX}=F_{tBC}+F_{rED}-F_{rAC}$
单个行星轮作用在轴上或行星轮轴上的力	$R_{xA}=F_{tCA}$ $R_{yA}=F_{rCA}$	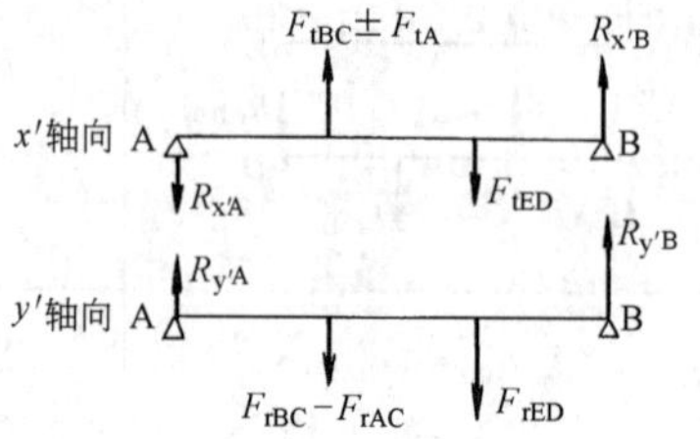 $F_{tBC}\pm F_{tA}$; $R_{x'B}$; x'轴向 A; B; $R_{x'A}$; F_{tED}; $R_{y'B}$; $R_{y'A}$; y'轴向 A; B; $F_{rBC}-F_{rAC}$; F_{rED}		$R_{xB}=F_{tCB}$ $R_{yB}=F_{rCB}$	$R_{xE}=F_{tDE}$ $R_{yE}=F_{rDE}$	$R_{xX}=0$ $R_{yX}=F_{rX}$
各行星轮作用在轴上的总力及转矩	$\sum R_{xA}=0$ $\sum R_{yA}=0$ $T_A=\dfrac{F_{tCA}r_AC_s}{1000}$	$\sum R_{xCD}=0$ $\sum R_{yCD}=0$ 对行星轮轴（O'轴）转矩 $T_{O'}=0$		$\sum R_{xB}=0$ $\sum R_{yB}=0$ $T_B=T_A(i_{AE}^B-1)$	$\sum R_{xE}=0$ $\sum R_{yE}=0$ $T_E=-T_Ai_{AE}^B$	$\sum R_{xX}=0$ $\sum R_{yX}=0$ $T_X=0$

注：1. 表中公式适用于 A 轮输入、B 轮固定、E 轮输出、行星轮数目 $C_s\geqslant2$ 的直齿或人字齿轮行星传动。NGWN（Ⅱ）型传动为行星轮齿数 $z_C=z_D$ 时的一种特殊情况。

2. 式中 α_n 为法向压力角，β 为分度圆上的螺旋角，各公式未计入效率的影响。

3. i_{AE}^B 应带正负号。当 $i_{AE}^B<0$ 时，n_A 与 n_E 转向相反，F_{tED}、F_{tBC}、F_{tCB}、F_{tDE} 方向与图示方向相反。式中“±”“∓”符号，上面用于 $i_{AE}^B>0$，下面用于 $i_{AE}^B<0$。

4. 转矩单位为 N·m；长度单位为 mm；力的单位为 N。

5.2 行星齿轮传动强度计算的特点

每一种行星齿轮传动皆可分解为相互啮合的几对齿轮副，因此其齿轮强度计算可以采用本篇第 1 章计算公式，但需要考虑行星传动的结构特点（多行星轮）和运动特点（行星轮既自转又公转等）。在一般条件下，NGW 型行星齿轮传动的承载能力主要取决于外啮合，因而首先要计算外啮合的齿轮强度。NGWN 型行星齿轮传动往往取各齿轮模数相同，承载能力一般取决于低速级齿轮。通常由于这种传动要求有较大的传动比和较小的径向尺寸，而常常选择齿数较多、模数较小的齿轮。在这种情况下，应先进行弯曲强度计算。

5.3 小齿轮转矩 T_1 及切向力 F_t

小齿轮转矩 T_1 及切向力 F_t 按表 12-5-21 所列公式计算。

表 12-5-21　　转矩和切向力的计算公式

传动型式	转矩 T_1						切向力 F_t/N
	A-C 传动		C-B 传动	D-B 传动		D-E 传动	
	$z_A\leqslant z_C$	$z_A>z_C$		$z_D\leqslant z_B$	$z_D>z_B$		
NGW NW WW	$\dfrac{T_A}{C_s}K_\gamma$		$\dfrac{T_A}{C_s}K_\gamma\dfrac{z_C}{z_A}$		$\dfrac{T_A}{C_s}K_\gamma\dfrac{z_Cz_B}{z_Az_D}$	—	$F_t=\dfrac{2000T_1}{d_1}$

续表

传动型式	转矩 T_1						切向力 F_t/N
	A-C 传动		C-B 传动	D-B 传动		D-E 传动	
	$z_A \leqslant z_C$	$z_A > z_C$		$z_D \leqslant z_B$	$z_D > z_B$		
NGWN	$\frac{T_A}{C_s}K_\gamma$	$\frac{T_A}{C_s}K_\gamma \frac{z_C}{z_A}$	$\frac{T_A(i_{AE}^B \eta_{AE}^B - 1)}{C_s}K_\gamma \frac{z_C}{z_B}$	—		$\frac{T_A i_{AE}^B \eta_{AE}^B}{C_s}K_\gamma \frac{z_D}{z_E}$	$F_t = \frac{2000T_1}{d_1}$

注：1. T_1 是各传动中小齿轮所传递的转矩，N·m；d_1 是各传动中小齿轮的分度圆直径，mm；T_A 是 A 轮的转矩，N·m；效率 η_{AE}^B 见表 12-5-2；均载系数 K_γ 的确定见 5.4。

2. 表中各传动型式的传动简图见表 12-5-1。

5.4 行星齿轮传动均载系数计算

行星齿轮传动通过多分支功率分流传递功率，不论设计成哪种结构形式，由于制造与安装精度高低不同等原因，会引起各分支切向速度大小不同，各分支传递的切向载荷总是不均匀的，其不均匀程度可以用均载系数 K_γ 来表示，见式（12-5-22）。K_γ 定义为：载荷最大分支的转矩与每分支的平均转矩之比。

$$K_\gamma = \frac{T_{Branch}}{T_{nom}/N_{CP}} \tag{12-5-22}$$

式中　T_{Branch}——载荷最大分支的转矩，N·m；

　　T_{nom}——总额定转矩，N·m；

$K_\gamma \geqslant 1.0$。

K_γ 应尽量根据测量结果来确定。缺乏测量值或没有均载数据可用时，也可以根据表 12-5-22 估算取值。需注意的是：对于不当的设计，表 12-5-22 所示的均载系数值可能并不保守。

表 12-5-22　　重载简单行星齿轮传动的均载系数 K_γ

均载等级	行星轮个数 N_{CP}								精度等级	柔性支承
	2	3	4	5	6	7	8	9		
	均载系数 K_γ									
1	1.16	1.23	1.32	1.35	1.44	1.47	1.52	~	7 级或更低	无
2	1.00	1.05	1.25	1.35	1.38	1.47	1.52	1.61	5 级~6 级	无
3	1.00	1.00	1.15	1.19	1.23	1.27	1.30	1.33	4 级或更高	无
4	1.00	1.00	1.08	1.12	1.16	1.20	1.23	1.26	4 级或更高	有

注：1. 均载等级 2 或更高时要求至少有一个浮动元件。

2. 均载等级 3 或更高时要求采用柔性内齿圈。

3. 对于浮动件的质量相对于浮动速度和加速所需径向力明显偏大时的应用场合，表中数值可能并不保守。

4. 均载等级分为 4 级：

　1 级一般为低速齿轮、低精度的传动装置；

　2 级为中等质量齿轮，如民用商船、风力发电用传动装置等；

　3 级及 4 级为高精度齿轮，如燃气轮机/发电机、军舰传动装置等。

5. 行星轮柔性支承指柔性轴或柔性销轴、柔性行星联轴器或柔性内齿圈等，以改善均载水平。

5.5 应力循环次数

应力循环次数应根据齿轮相对于行星架的转速确定。当载荷恒定时，应力循环次数按表 12-5-23 确定。

表 12-5-23　　应力循环次数 N

项目	计算公式	说明
太阳轮 A	$N_A = 60(n_A - n_X)C_s t$	t 为齿轮同侧齿面总工作时间(h)，n_A、n_B、n_E、n_C、n_X 分别代表太阳轮 A，内齿轮 B、E，行星轮 C 和行星架 X 的转速(r/min)
内齿轮 B	$N_B = 60(n_B - n_X)C_s t$	
内齿轮 E	$N_E = 60(n_E - n_X)C_s t$	
行星轮 C、D	$N_C = N_D = 60(n_C - n_X)t$	

注：1. 单向或双向回转的 NGW 及 NGWN 型传动，计算齿面接触强度时，$N_C = 30(n_C - n_X)\left[1+\left(\frac{z_A}{z_B}\right)^3\right]t$。

2. 对于承受交变载荷的行星传动，应将 N_A、N_B、N_C 及 N_E 各式中的 t 用 0.5t 代替（但 NGW 型及 NGWN 型的 N_C 计算式中的 t 不变）。

5.6 动载系数 K_v 和速度系数 Z_v

动载系数 K_v 和速度系数 Z_v 按齿轮相对于行星架 X 的圆周速度 $v^X=\dfrac{\pi d'_1(n_1-n_X)}{60\times1000}$（m/s），查图 12-1-68（或按表 12-1-87、表 12-1-93 计算）和图 12-1-90（或按表 12-1-116、表 12-1-118 计算）求出。式中，d'_1 为小齿轮的节圆直径，mm；n_1 为小齿轮的转速，r/min；n_X 为行星架的转速，r/min。

5.7 齿向载荷分布系数 $K_{H\beta}$、$K_{F\beta}$

对于一般的行星齿轮传动，齿轮强度计算中的齿向载荷分布系数 $K_{H\beta}$、$K_{F\beta}$ 可用本篇第 1 章的方法确定；对于重要的行星齿轮传动，应考虑行星传动的特点，用下述方法确定。

计算弯曲强度时：

$$K_{F\beta}=1+(\theta_b-1)\mu_F \tag{12-5-23}$$

计算接触强度时：

$$K_{H\beta}=1+(\theta_b-1)\mu_H \tag{12-5-24}$$

式中　μ_F，μ_H——齿轮相对于行星架的圆周速度 v^X 及大齿轮齿面硬度 HB_2 对 $K_{F\beta}$ 及 $K_{H\beta}$ 的影响系数（图 12-5-19）；

θ_b——齿宽和行星轮数目对 $K_{F\beta}$ 和 $K_{H\beta}$ 的影响系数。对于圆柱直齿或人字齿轮行星传动，如果行星架刚性好，行星轮对称布置或者行星轮采用调位轴承，因而使太阳轮和行星轮的轴线偏斜可以忽略不计时，θ_b 值由图 12-5-20 查取。

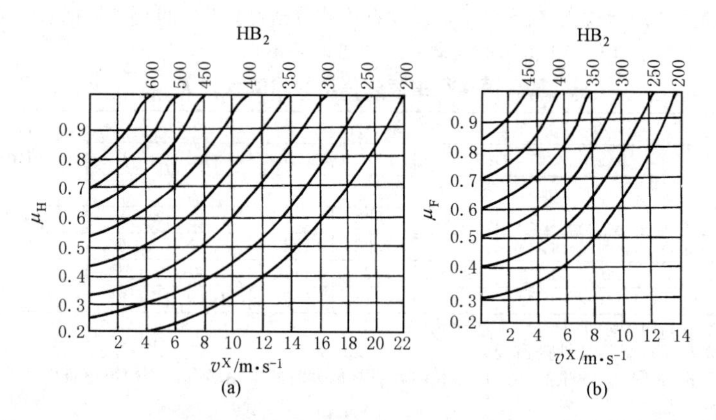

图 12-5-19　确定 μ_H 及 μ_F 线图

如果 NGW 型和 NW 型行星齿轮传动的内齿轮宽度与行星轮分度圆直径的比值小于或等于 1 时，可取 $K_{F\beta}=K_{H\beta}=1$。

5.8 疲劳极限值 $\sigma_{H\lim}$ 和 $\sigma_{F\lim}$ 的选取

试验齿轮的接触疲劳极限值 $\sigma_{H\lim}$ 和弯曲疲劳极限值 $\sigma_{F\lim}$ 按第 1 章的有关框图选取。但试验结果和工业应用情况表明，内啮合传动的接触强度往往低于计算结果，因此，在进行内啮合传动的接触强度计算时，应将选取的 $\sigma_{H\lim}$ 值适当降低。建议当内齿轮齿数 z_B 与行星轮齿数 z_C 之间的关系为 $2\leqslant\dfrac{z_B}{z_C}\leqslant4$ 时，降低 8%；$z_B<2z_C$ 时，降低 16%；$z_B>4z_C$ 时，可以不降低。

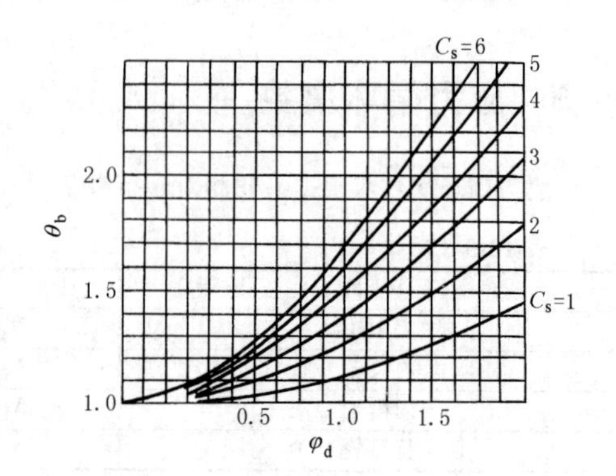

图 12-5-20　确定 θ_b 的线图

对于 NGW 型传动，工作中无论是否双向运转，其行星轮齿根均承受交变载荷，故弯曲强度应按对称循环考虑。对于单向运转的传动，应将选取的 $\sigma_{F\lim}$ 值乘以 0.7；对于双向运转的传动，应乘以 0.7~0.9。

5.9 最小安全系数 S_{min}

行星齿轮传动齿轮强度计算的最小安全系数 $S_{H\ min}$ 和 $S_{F\ min}$ 可按表 12-5-24 选取。

表 12-5-24　　最小安全系数 $S_{H\ min}$ 和 $S_{F\ min}$

可靠性要求	计算接触强度时的最小安全系数 $S_{H\ min}$	计算弯曲强度时的最小安全系数 $S_{F\ min}$
一般可靠度的行星传动	1.12	1.25
较高可靠度的行星传动	1.25	1.6

6 结构设计与计算

6.1 常用均载方法与均载机构

常用均载方法有：

使一个或多个元件径向浮动；

提高制造精度，包括：

——提高齿轮精度；

——提高行星架的精度，控制行星轮轴承孔的中心距偏差；

——控制行星轮齿厚公差；

——采用选配行星轮组的办法提高双联行星轮轮齿对中精度（仅适用于复合行星齿轮）；

——提高齿轮和轴的同轴度；

——降低轴的径向跳动量；

——提高轴承精度和同轴度（轴承在行星架中的真实位置）；

——提高轴向剖分式行星架的装配（定位）精度；

利用元件弹性变形，如：

——利用挠性内齿圈或太阳轮的弹性变形或者使两者同时产生弹性变形；

——利用挠性行星轮销轴的弹性变形；

——利用行星架的弹性变形；

——降低轮齿刚度；

——提高零部件的柔性（齿轮、轴、轴承、箱体）；

采用均载机构，如采用带随载荷变动旋转机构的偏心行星轮轴；

采用径向滑动轴承：

——采用径向滑动轴承后，其油膜厚度使载荷对位移敏感；

——对径向滑动轴承采用随载荷变化调节流量的办法改变油膜厚度；

——行星轴滑动轴承采用耗损对载荷敏感的材料；

改善传动的动态性能（工作转速与共振频率）。

所有这些方法以及其他没有列入的方法都是试图通过降低制造偏差产生位置变动或者通过元件随载荷不平衡情况而移动的办法来降低不均载程度。如果行星齿轮传动装置的一个或两个元件允许浮动，需要考虑进行附加计算。

这些均载方法的效果取决于传动系统的应用场合、系统设计固有的物理和几何约束状况，以及其他许多要素，应根据经验或试验使用这些技术。

(1) 均载机构的类型和特点

为了充分发挥行星齿轮传动的上述优点，通常采用均载机构来补偿不可避免的制造误差，以均衡各行星轮传递的载荷。

采用均载机构不仅可以均衡载荷，提高齿轮的承载能力，还可降低运转噪声，提高平稳性和可靠性，同时还可降低对齿轮的精度要求，从而降低制造成本。因此，在行星齿轮传动中，均载机构已获得广泛应用。

均载机构具有多种型式，比较常用的型式及其特点如表 12-5-25 所示。

(2) 均载机构的选择

均载机构有多种型式，并各有特点，采用时应针对具体情况参考下述原则通过分析比较进行选择，即均载机构应满足下述要求。

① 它应使传动装置的结构尽可能实现空间静定，能最大限度地补偿零件的制造误差与变形，使行星轮间的载荷分配不均匀系数和沿齿宽方向的载荷分布不均匀系数减至最小。

② 所受离心力要小，以增强均载效果及工作平稳性。该离心力的大小与均载机构的旋转速度、自重和偏心距有关。

③ 摩擦损失小，效率高。

④ 均载构件受力要大，受力大则补偿动作灵敏，效果好。

表 12-5-25　均载机构的型式与特点

型式		简图	均载系数 K_r	特点
基本构件浮动的均载机构	原理	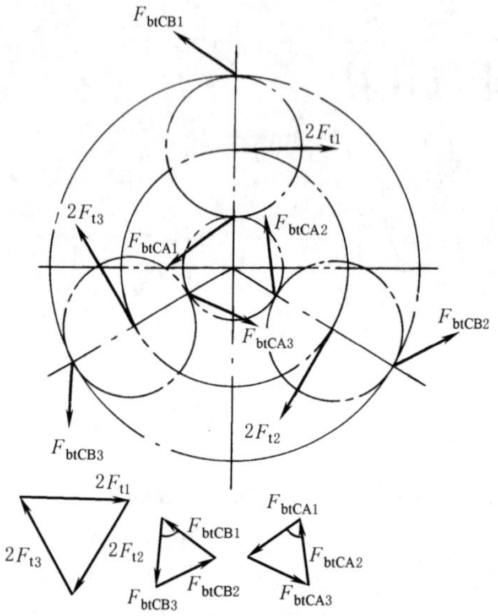		主要适用于三个行星轮的行星齿轮传动。其基本构件(太阳轮、内齿轮或行星架)没有固定的径向支承,在受力不平衡的条件下,可以径向游动(又称浮动),以使各行星轮均匀分担载荷 均载机构工作原理如左图所示。由于基本构件的浮动,使三个基本构件上所承受的三种力 $2F_t$、F_{btCA}、F_{btCB} 各自形成力的封闭等边三角形(即形成三角形的各力相等),而达到均载的目的。由于零件必定存在制造误差,其力封闭图形实际上只是近似的等边三角形,为此引入了考虑实际情况的均载系数 K_γ。基本构件浮动的最常用方法是采用双联齿轮联轴器。一般有一个基本构件浮动,即可起到均载作用,采用两个基本构件浮动时,效果更好
	太阳轮浮动	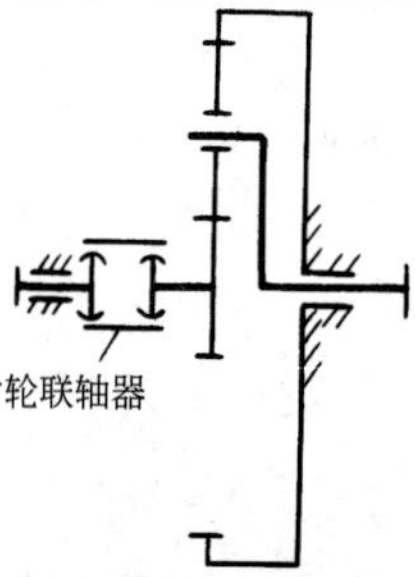	1.1~1.15	太阳轮通过双联齿轮联轴器与高速轴连接。太阳轮质量小,惯性小,浮动灵敏,机构简单,容易制造,通用性强,广泛用于中低速工作情况。其结构见图 12-5-29 和图 12-5-30
	内齿轮浮动	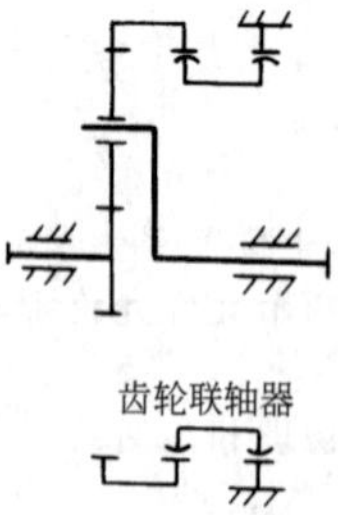	1.1~1.2	内齿轮通过双联齿轮联轴器与机体相连接。轴向尺寸较小,但由于浮动件尺寸大,质量大,加工不方便,浮动灵敏性差。由于结构关系,NGWN 型行星齿轮传动较常用,其结构见图 12-5-35 内齿轮部分
	行星架浮动	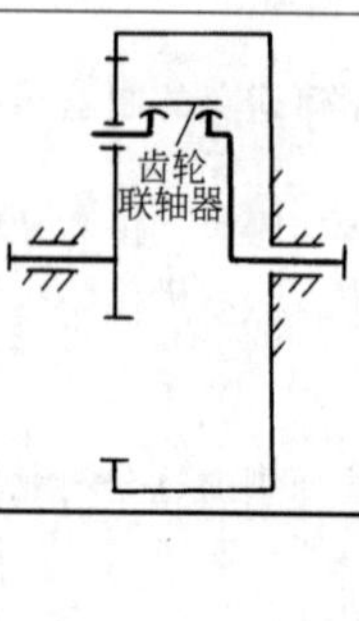	1.15~1.2	行星架通过双联齿轮联轴器与低速轴相连接,其结构见图 12-5-35。NGW 型传动中,由于行星架受力较大(二倍圆周力),有利于浮动。行星架浮动不要支承,可简化结构,尤其利于多级行星齿轮传动(图 12-5-38)。但由于行星架自重大、速度高会产生较大离心力,影响浮动效果,所以常用于速度不高的场合

续表

型式		简图	均载系数 K_r	特点
基本构件浮动的均载机构	太阳轮与行星架同时浮动	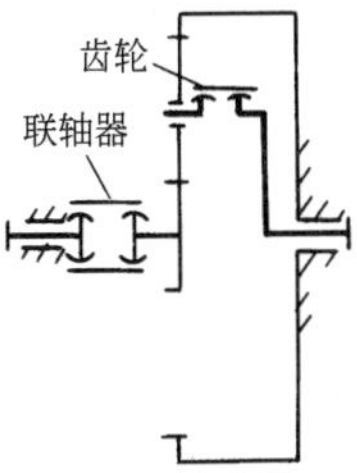	1.05~1.2	太阳轮浮动与行星架浮动组合。浮动效果比单独浮动好，常用于多级行星齿轮传动。图 12-5-43 所示三级减速器的中间级的浮动机构为太阳轮与行星架同时浮动
	太阳轮和内齿轮同时浮动	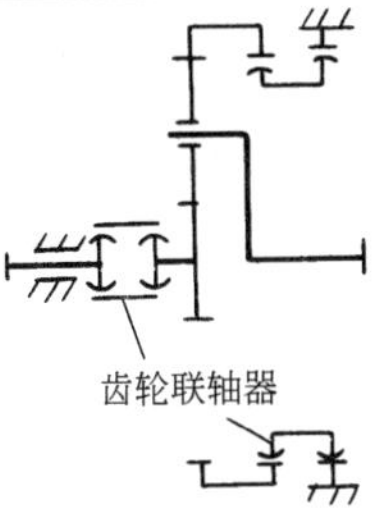	1.05~1.15	太阳轮与内齿轮浮动组合。浮动效果好，噪声小，工作可靠，常用于高速重载行星齿轮传动。其结构见图 12-5-35
	无多余约束浮动	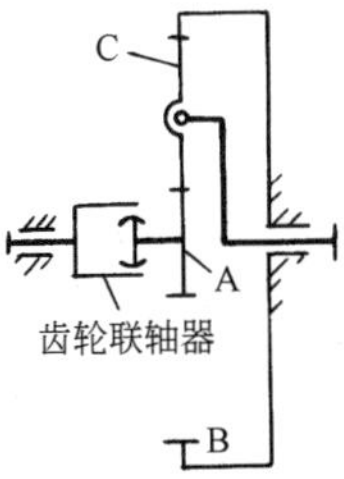		太阳轮利用单联齿轮联轴器进行浮动，而在行星轮中设置一个球面调心轴承，使机构中无多余约束。浮动效果好，结构简单，A-C 传动沿齿向载荷分布比较均匀。但由于行星轮内只能装设一个轴承，所以行星轮直径较小时，轴承尺寸较小，寿命较短，其结构见图 12-5-31
弹性件均载机构	原理	利用弹性元件的弹性变形补偿制造、安装误差，使各行星轮均匀分担载荷。但因弹性件变形程度不同，从而影响载荷均匀分配。均载系数与弹性元件的刚度、制造误差成正比		
	齿轮本身的弹性变形	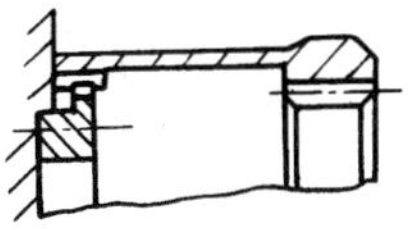 (a) 安装形式 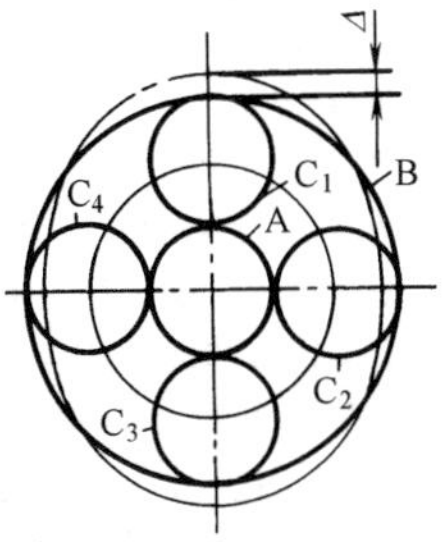 (b) 变形形式		采用薄壁内齿轮，靠齿轮薄壁的弹性变形达到均载目的。减振性能好，行星轮数目可大于 3，零件数量少，但制造精度要求高，悬臂的长度、壁厚和柔性要设计合理，否则影响均载效果，使齿向载荷集中。图 12-5-47 采用了薄壁内齿轮、细长柔性轴的太阳轮和中空轴支承的行星轮结构，以尽可能地增加各基本构件的弹性
	弹性销法	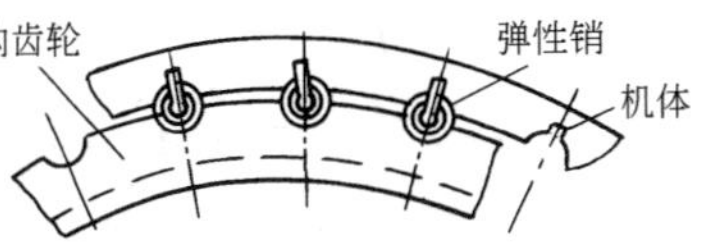		内齿轮通过弹性销与机体固定，弹性销由多层弹簧圈组成，沿齿宽方向可连装几段弹性销。这种结构径向尺寸小，有较好的缓冲减振性能

续表

型式		简图	均载系数 K_r	特点
弹性件均载机构	弹性件支承行星轮	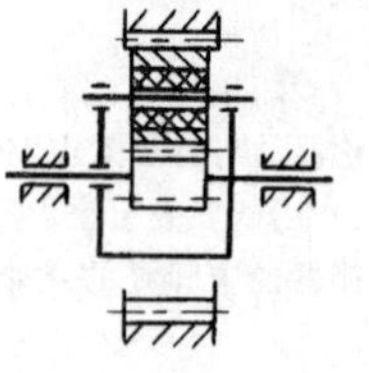 (a) 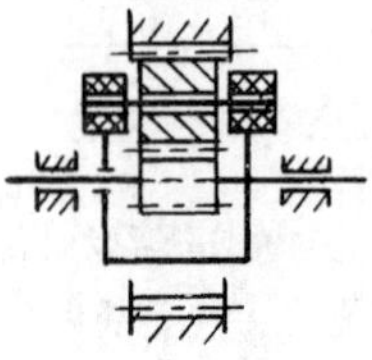 (b)		在行星轮孔与行星轮轴之间(图a)或行星轮轴与行星架之间(图b)安装非金属(如尼龙类)的弹性衬套。结构简单、缓冲性能好,行星轮数可大于3。但非金属弹性衬套有老化和热膨胀等缺点,不能承受较大离心力
	柔性轴支承行星轮	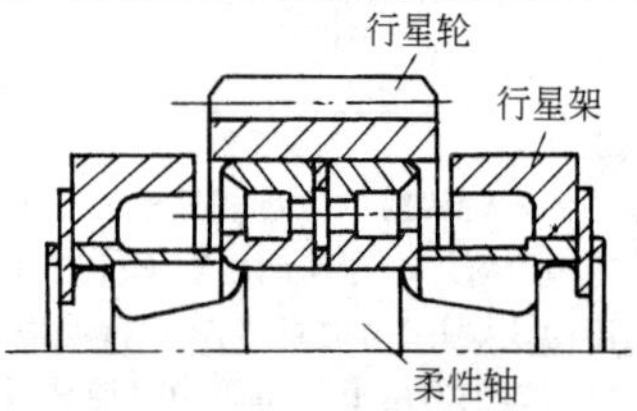 行星轮 行星架 柔性轴 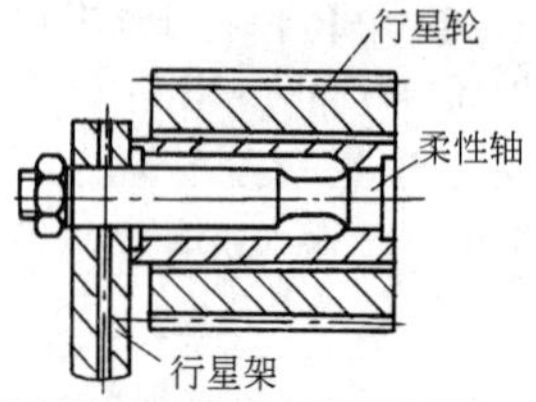 行星轮 柔性轴 行星架		利用行星轮轴较大的变形来调节各行星轮之间的载荷分布,克服了非金属弹性元件存在的缺点,扩大了使用范围
行星轮自动调位均载机构	原理	借杠杆联锁机构使行星轮浮动,达到均载目的。均载效果好,但结构复杂。为了提高灵敏度,偏心轴用滚针轴承支承,使整个传动的轴承数量增多。行星轮轴承必须装在行星轮内,故对小传动比的机构,由于行星轮较小,采用该均载机构受到轴承寿命的限制。一般宜用于中低速传动		
	二行星轮联动机构	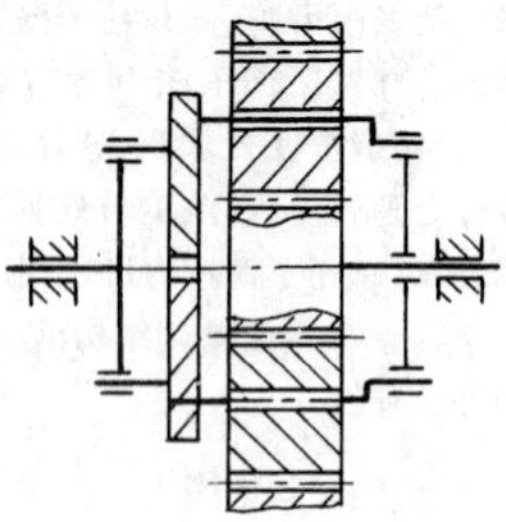 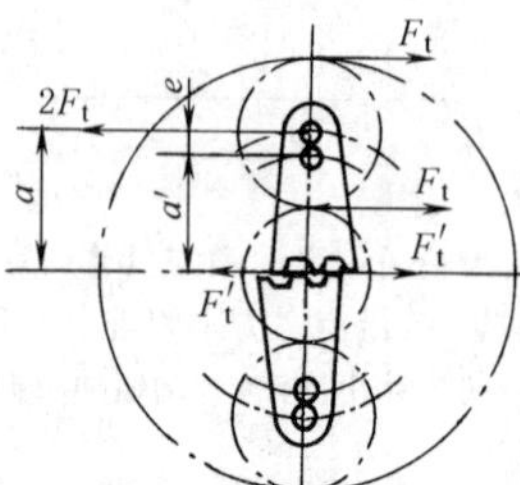 F_t $2F_t$ e a a' F_t F_t' F_t'	1.05~1.1	行星轮对称安装,在两个行星轮的偏心轴上,分别固定一对互相啮合的扇形齿轮(相当于连杆),浮动效果好,灵敏度高 当二行星轮受载均匀时,二扇形齿轮间受力相等,处于平衡状态,没有相对运动 当两个行星轮受载不均匀时,受力较大的行星轮将带动扇形齿轮绕其本身轴线转动,使该行星轮减载;另一个扇形齿轮反方向转动,使受力较小的行星轮加载,行星轮载荷便得到重新分配,直到载荷均衡为止 扇形齿轮上的圆周力 $$F=2F_t\frac{e}{a'}$$ 式中 e——偏心距,$e=\frac{a}{30}$ a'——杠杆回转半径(扇形齿轮节圆半径),$a'=a-e$ F_t——齿轮切向力 a——啮合中心距

续表

型式		简图	均载系数 K_r	特点
杠杆联动均载机构	三行星轮联动机构	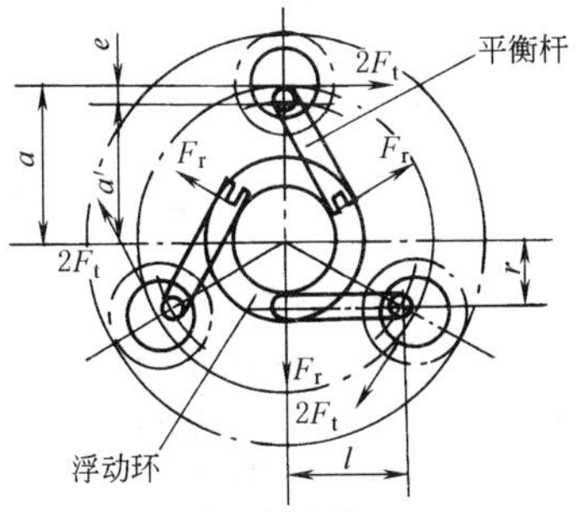 浮动环中心圆半径 $r=0.5a'$ 平衡杆长度 $l=a'\cos30°$	1.1~1.15	平衡杆的一端与行星轮的偏心轴固接,另一端与浮动环活动连接。只有当6个啮合点所受的力大小相等时,该均载机构才处于平衡状态,各构件间没有相对运动。当载荷不均匀时,作用在浮动环上的三个径向力 F_r 便不互等,三个圆周力亦不互等,浮动环产生移动和转动,直至三力平衡为止 浮动环上的力 $$F_r=\frac{2F_te}{a'\cos30°}$$ 式中 a'——偏心轴中心至浮动环中心的距离,$a'=a-e$ a——行星轮与太阳轮的中心距 e——偏心距 $e=\frac{a'}{20}$
	四连杆联动机构	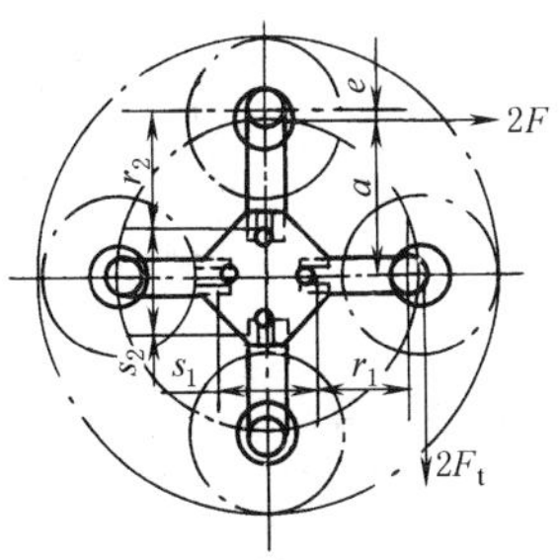 (a) 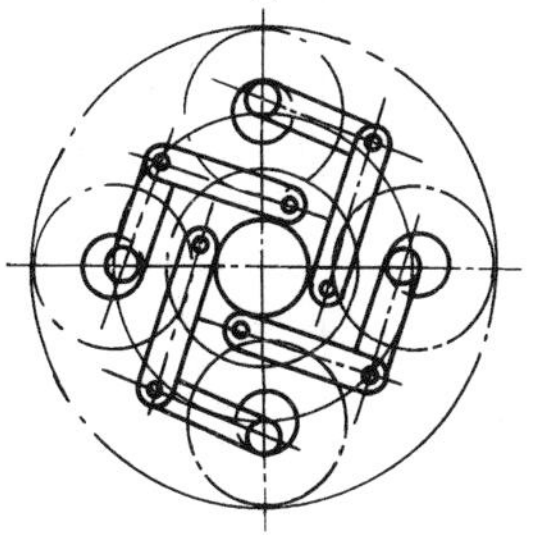 (b)	1.1~1.15	平衡原理与三行星轮联动机构相似。四个偏心轴的偏心方向对称地位于行星轮之内或外。图a所示平衡杆端部支承在十字浮动盘上;图b中连杆支承在圆形浮动环上,通过各件联动调整,以达到均载目的 设计时取 $r_1=r_2=14e$,其中 $$e=\frac{a}{30}\sim\frac{a}{20}$$ 式中 a——行星轮至太阳轮的中心距 e——偏心距
	弹性油膜浮动均载	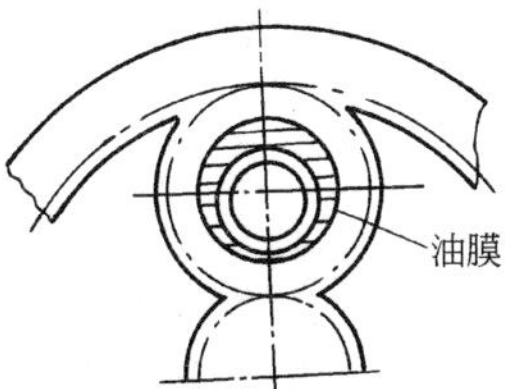 油膜	1.09~1.1(齿轮精度为5~6级时) 1.3~1.5(齿轮精度为8级)	在行星轮与心轴之间装置中间套,中间套与行星轮孔之间留有间隙,并且向其中注油。工作时,中间套与行星轮以同向同速一起运转并承受同样的载荷。间隙中充满油后形成厚油膜,其厚度比普通滑动轴承的油膜厚度大得多。借助厚油膜的弹性,使各行星轮均载。这种均载方法效果好,结构简单,安装方便,减振性能好,工作可靠 由于受到油膜厚度限制,这种均载方式只适用于传动件制造精度较高、误差较小的场合 设计时,取中间套的外径 D 等于行星轮的孔径,宽度等于行星轮的宽度,壁厚为 $s=(0.2\sim0.25)D$。行星轮孔与中间套之间的间隙为 $$\delta=\frac{1}{2}\psi D$$ 式中,ψ 为相对间隙系数,一般取 $\psi=0.0015\sim0.0045$。当速度较高,直径较小,载荷较大时取较大值,反之取较小值

⑤ 均载构件在均载过程中的位移量应较小，亦即均载机构所补偿的等效误差数值要小。

⑥ 应具有一定的缓冲与减振性能。

⑦ 应有利于传动装置整体结构的布置，使结构简化，便于制造、安装和维修。尤其在多级行星齿轮传动中，合理选择均载机构对简化结构十分重要。

⑧ 要适用于标准化、系列化产品，使之便于组织成批生产。

在设计行星传动时，不宜随意增加均载环节，以免结构复杂化和出现不合理现象。尽管均载机构可以补偿制造误差，但并非因此可以放弃必要的制造精度。因为均载是通过构件在运动过程中的位移和变形实现的，其精度过低会降低均载效果，导致噪声、振动和齿面磨损加剧，甚至造成损坏事故。

（3）均载机构浮动件的浮动量计算

分析和计算浮动件的浮动量，目的在于验证所选择的均载机构是否能满足浮动量要求，设计及结构是否合理，或根据已知的浮动量确定各零件尺寸偏差。因零件有制造误差，要求浮动件有相应的位移，如果浮动件不能实现等量位移，正常的动力传递就会受到影响。所以，位移量就是要求浮动件应该达到的浮动量。

对于 NGW 型行星齿轮传动，为补偿各零件制造误差，对浮动件浮动量的要求见表 12-5-26，其他型式的行星齿轮传动亦可参考该表。如 NGWN 型传动中，A、C、B 轮和行星架 X 相当于 NGW 型传动，可直接使用表中公式，但需另外考虑 D、E 轮的制造误差对浮动量的要求。表中计算公式考虑了大啮合角变位齿轮的采用以及内外啮合角相差较大等因素，其计算结果较精确，符合实际。

从表 12-5-26 中可知，行星轮偏心误差在最不利的情况下对浮动量影响极大，故在成批生产中可选取重量及偏心误差相近的行星轮进行分组，然后测量一组行星轮的偏心方向并做出标记，在装配时使各行星轮的偏心方向与各自的中心线（行星架中心与行星轮轴孔中心的连线）成相同的角度，使行星轮偏心误差的影响基本抵消。还有一种降低行星轮偏心误差影响的措施是：将一组行星轮一起在滚齿机上加工，并做出标记，完成全部工序以后，不必测量偏心即可均衡地装在行星架上。

表 12-5-26　NGW 型行星齿轮传动均载机构浮动件的浮动量要求

名称	零件制造误差	浮动太阳轮所需浮动量	浮动内齿轮所需浮动量	浮动行星架所需浮动量
零件制造误差对浮动量的要求	行星架上行星轮轴孔中心的径向(中心距)误差 f_a	$E_{Ta}=\dfrac{2}{3}f_a\dfrac{\sin\delta}{\cos\delta'}$	$E_{Na}=\dfrac{2}{3}f_a\dfrac{\sin\beta}{\cos\beta'}$	$E_{Xa}\approx 0$
	行星架上行星轮轴孔中心的切向误差 e_t	$E_{Tt}=\dfrac{2}{3}e_t(\cos\alpha_w+\cos\alpha_n)$	$E_{Nt}=\dfrac{2}{3}e_t(\cos\alpha_w+\cos\alpha_n)$	$E_{Xt}=e_t\dfrac{\cos\dfrac{\alpha_w-\alpha_n}{2}}{\sin\left(30°+\dfrac{\alpha_w-\alpha_n}{2}\right)+\cos\dfrac{\alpha_w-\alpha_n}{2}}$
	太阳轮偏心误差 e_A	$E_{TA}=e_A$	$E_{NA}=e_A$	$E_{XA}=\dfrac{e_A}{\sqrt{(\cos\alpha_w+\cos\alpha_n)^2\dfrac{\sin^2\delta}{\cos^2\delta'}}}$
	行星轮偏心误差 e_C	$E_{TC}=\dfrac{4}{3}e_C(\cos\alpha_w+\cos\alpha_n)$	$E_{NC}=\dfrac{4}{3}e_C(\cos\alpha_w+\cos\alpha_n)$	$E_{XC}=\dfrac{e_C}{\sqrt{(\cos\alpha_w+\cos\alpha_n)^2+\dfrac{\sin^2\delta}{\cos^2\delta'}}}$
	内齿轮偏心误差 e_B	$E_{TB}=e_B$	$E_{NB}=e_B$	$E_{XB}=\dfrac{e_B}{\sqrt{(\cos\alpha_w+\cos\alpha_n)^2+\dfrac{\sin^2\beta}{\cos^2\beta'}}}$
	行星架偏心误差 e_X	$E_{TX}=e_X\sqrt{(\cos\alpha_w+\cos\alpha_n)^2+\dfrac{\sin^2\delta}{\cos^2\delta'}}$	$E_{NX}=e_X\sqrt{(\cos\alpha_w+\cos\alpha_n)^2+\dfrac{\sin^2\beta}{\cos^2\beta'}}$	$E_{XX}=e_X$

续表

名称	零件制造误差	浮动太阳轮所需浮动量	浮动内齿轮所需浮动量	浮动行星架所需浮动量
合理装配对浮动量的要求	平方和浮动量	$E_T^2=e_A^2+e_B^2+\frac{16}{9}e_C^2(\cos\alpha_w+\cos\alpha_n)^2+e_X^2\left[(\cos\alpha_w+\cos\alpha_n)^2+\frac{\sin^2\delta}{\cos^2\delta'}\right]+\frac{4}{9}e_t^2(\cos\alpha_w+\cos\alpha_n)^2+\frac{4}{9}f_a^2\frac{\sin^2\delta}{\cos^2\delta'}$	$E_N^2=e_A^2+e_B^2+\frac{16}{9}e_C^2(\cos\alpha_w+\cos\alpha_n)^2+e_X^2\left[(\cos\alpha_w+\cos\alpha_n)^2+\frac{\sin^2\beta}{\cos^2\beta'}\right]+\frac{4}{9}e_t^2(\cos\alpha_w+\cos\alpha_n)^2+\frac{4}{9}f_a^2\frac{\sin^2\delta}{\cos^2\delta'}$	$E_X^2=\frac{e_A^2+\frac{16}{9}e_C^2(\cos\alpha_w+\cos\alpha_n)^2}{(\cos\alpha_w+\cos\alpha_n)^2+\frac{\sin^2\delta}{\cos^2\delta'}}+\frac{e_B^2}{(\cos\alpha_w+\cos\alpha_n)^2+\frac{\sin^2\beta}{\cos^2\beta'}}e_X^2+e_t^2\frac{\cos^2\frac{1}{2}(\alpha_w-\alpha_n)}{\left[\sin\left(30°+\frac{\alpha_w-\alpha_n}{2}\right)+\cos\frac{\alpha_w-\alpha_n}{2}\right]^2}$

注：1. α_w—外啮合齿轮副啮合角；α_n—内啮合齿轮副啮合角；δ—行星架上行星轮轴孔之间的中心角偏差；$\delta'=\arctan\frac{\sin\alpha_n}{\cos\alpha_w}$；$\alpha=\alpha_w-\delta'$；$\beta'=\arctan\frac{\sin\alpha_w}{\cos\alpha_n}$；$\beta=\beta'-\alpha_n$。

2. f_a 按本章7.2节行星架的技术要求（1）中有关要求确定。

3. e_t 可按式 $e_t=a\sin\delta$ 计算。工程上常选 $\delta\leqslant 2'$。由于角度偏差 δ 难于直接测量，工程上常用测量行星架上行星轮轴孔的孔距偏差 f_1 来代替，而 f_1 按7.2节中（2）有关要求确定。f_1 与 f_a 及 δ 之间的几何关系为：$f_1=\frac{a\delta}{2}+\sqrt{3}f_a$（式中 δ 的单位为rad）。

（4）浮动机构齿轮联轴器的设计与计算

① 齿轮联轴器的结构与特点。在行星齿轮传动中，广泛使用齿轮联轴器来保证浮动机构中的浮动构件在受力不平衡时产生位移，以使各行星轮之间载荷分布均匀。齿轮联轴器有单联和双联两种结构，其结构简图及特点见表12-5-27。

第12篇

表 12-5-27　　齿轮联轴器的类型

名　称	简　图	特　点
单联齿轮联轴器	浮动齿轮　内齿轮　b　ω　L	内齿轮固定不动，浮动齿轮只能偏转一个角度，因而会引起载荷沿齿宽方向分布不均匀，为改善这种状况，需有较大的轴向尺寸，推荐 $L/b>4$ 为了减小轴向尺寸常用于无多余约束浮动机构中
双联齿轮联轴器	浮动齿轮　内齿轮　E (a) 太阳轮　E (b)	内齿轮浮动，因此浮动齿轮可以平行位移，保证了啮合齿轮的载荷沿齿宽均匀分布。如果太阳轮直径较大，可以制成如图b所示的结构，这样既可减小轴向尺寸，又可减小浮动件的质量

注：为便于外齿轮在内齿套（轮）中转动，通常外齿轮齿顶沿齿向做成圆弧形，或采用鼓形齿轮。

齿轮联轴器采用渐开线齿形，按其外齿轴套轮齿沿齿宽方向的截面形状区分有直齿和鼓形齿两种（见图12-5-21）。直齿联轴器用于与内齿轮（或行星架）制成一体的浮动用齿轮联轴器，其许用倾角小，一般不大于0.5°，且承载能力较低，易磨损，寿命较短。直齿联轴器的齿宽很窄，常取齿宽与齿轮节圆之比 $b_w/d'=0.01\sim0.03$。鼓形齿联轴器许用倾角大（可达3°以上），承载能力和寿命都比直齿的高，因而使用越来越广泛。

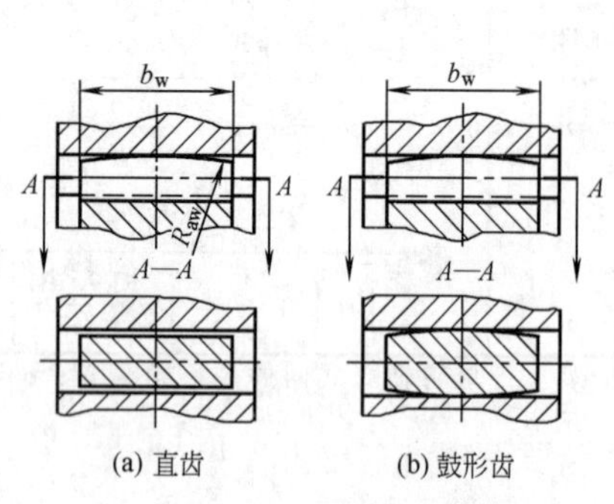

图 12-5-21　联轴器轮齿截面形状

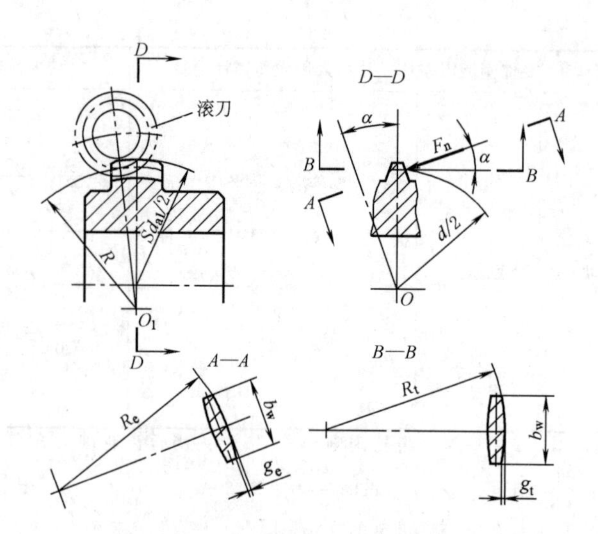

图 12-5-22　鼓形齿的几何特性参数图示

R—鼓形齿的位移圆半径；b_w—鼓形齿齿宽；
R_t—鼓形齿工作圆切向截面齿廓曲线的曲率半径；
Sd_{a1}—齿顶圆球面直径；R_e—鼓形齿法向截面齿廓曲线的
曲率半径；g_t 和 g_e—鼓形齿单侧减薄量；α—压力角

但其外齿通常要用数控滚齿机或数控插齿机才能加工（鼓形齿的几个几何特性参数见图 12-5-22）。鼓形齿多用于外啮合中心轮（太阳轮）或行星架端部直径较小、承受转矩较大的齿轮联轴器。鼓形齿的齿宽较大，常取 $b_w/d'=0.2\sim0.3$。齿轮联轴器通常设计成内齿套的齿宽 b_n 稍大于外齿轮的齿宽 b_w，常取 $b_n/b_w=1.15\sim1.25$。

齿轮联轴器内齿套外壳的壁厚 δ 按浮动构件确定。太阳轮浮动的联轴器，取 $\delta=(0.05\sim0.10)d'$。当节圆直径较小时，其系数取大值，反之取小值。内齿套浮动的联轴器，为降低外壳变形引起的载荷不均，应设计成薄壁外壳。其壁厚 δ 与其中性层半径 ρ 之间的关系为 $\delta\leqslant(0.02\sim0.04)\ \rho$。

为限制联轴器的浮动构件轴向自由窜动，常采用矩形截面的弹性挡圈或球面顶块作轴向定位，但均须留有合理的轴向间隙。球面顶块间隙取为 $j_o=0.5\sim1.5$mm，而挡圈的间隙按式 $j_o=d'E_{xx}/L_g$ 确定，式中，d'—联轴器的节圆直径，mm；E_{xx}—浮动构件的浮动量，mm；L_g—联轴器两端齿宽中线之间的距离，mm。

联轴器所需倾斜角 $\Delta\alpha$ 根据浮动构件所需浮动量 E_{xx} 确定，其计算式为：$\Delta\alpha$(弧度)$=E_{xx}/L_g$。当给定 $\Delta\alpha$ 时，也可按此式确定联轴器长度 L_g（见图 12-5-23）。联轴器许用倾斜角推荐采用 $\Delta\alpha\leqslant1°$，最大不超过 1.5°。

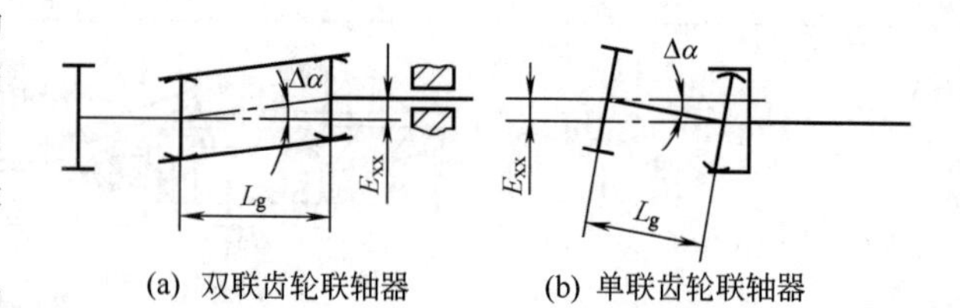

图 12-5-23　倾斜角 Δα 的确定

齿轮联轴器大多数采用内齿齿根圆和外齿齿顶圆定心的方式定心；配合一般采用 F8/h8 或 F8/h7。某些加工精度高、侧隙小的齿轮联轴器，也采用齿侧定心，径向则无配合要求。由于要满足轴线倾斜角的要求，齿轮联轴器的侧隙比一般齿轮传动要大；所需侧隙取决于浮动构件的浮动量、轴线的偏斜度和制造、安装精度等。从强度考虑，可以将所需总侧隙大部分或全部分配在内齿轮上。

② 齿轮联轴器基本参数的确定。

a. 设计齿轮联轴器首先要依据行星传动总体结构的要求先行确定节圆（或分度圆）直径，而后根据该直径参考图 12-5-24 在其虚线左侧范围内选取一组相应的模数 m 和齿数 z。

b. 根据结构要求按经验公式初定齿宽 b_w。用于内啮合中心轮浮动的齿轮联轴器，按 $b_w=(0.01\sim0.03)d$ 确定；用于外啮合中心轮或其他构件浮动的中间零件组成的联轴器，按 $b_w=(0.2\sim0.3)d$ 确定。

c. 在确定齿轮联轴器使用工况的条件下，按式（12-5-25）或式（12-5-26）校核其强度，如不符合要求，要改变参数重新计算，直到符合要求。

③ 齿轮联轴器的强度计算。齿轮联轴器的主要失效形式是磨损，极少发生断齿的情况，因此一般情况下不必计算轮齿的弯曲强度。通常对直齿联轴器计算其齿面挤压强度；对鼓形齿联轴器则计算其齿面接触强度。

a. 直齿联轴器齿面的挤压应力 σ_p 应符合下式要求：

$$\sigma_p=\frac{2000TK_AK_m}{dzb_whK_w}\leqslant\sigma_{pp}(\text{MPa}) \tag{12-5-25}$$

式中 T——传递转矩，N · m；

K_A——使用系数，见表 12-1-84；

K_m——轮齿载荷分布系数，见表 12-5-30；

d——节圆直径，mm；

z——齿数；

b_w——齿宽，mm；

h——轮齿径向接触高度，mm；

K_w——轮齿磨损寿命系数，见表 12-5-29，根据齿轮转速而定，齿轮联轴器每转一转时，轮齿有一个向前和一个向后的摩擦，而导致磨损；

σ_{pp}——许用挤压应力，MPa，见表 12-5-28。

b. 鼓形齿联轴器齿面的接触应力 σ_H 应符合下式要求：

$$\sigma_H=1900\frac{K_A}{K_w}\sqrt{\frac{2000T}{dzhR_e}}\leqslant\sigma_{Hp}(\text{MPa}) \tag{12-5-26}$$

式中 R_e——齿廓曲线鼓形圆弧半径，mm；

σ_{Hp}——许用接触应力，MPa，见表 12-5-28；

其余代号意义同上。

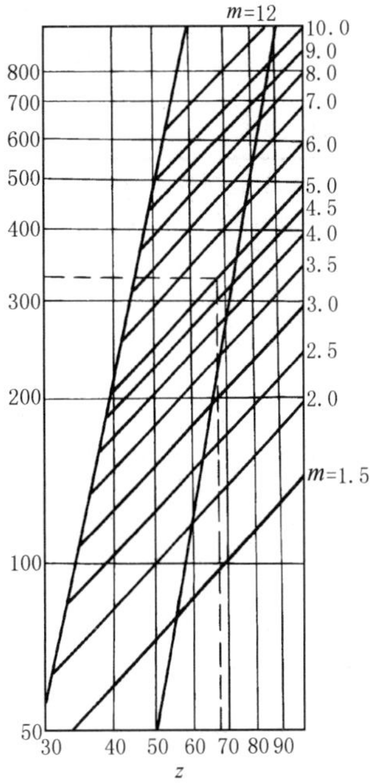

图 12-5-24 z、d、m 概略值间的关系（推荐的概略值 z、d、m 组合位于虚线画出的范围内）

表 12-5-28 许用应力 σ_{pp} 和 σ_{Hp}

材料	硬度		许用挤压应力 σ_{pp} /MPa	许用接触应力 σ_{Hp} /MPa
	HB	HRC		
钢	160~200		10.5	42
钢	230~260		14	56
钢	302~351	33~38	21	84
表面淬火钢		48~53	28	84
渗碳淬火钢		58~63	35	140

表 12-5-29 磨损寿命系数 K_w

循环次数	1×10^4	1×10^5	1×10^6	1×10^7	1×10^8	1×10^9	1×10^{10}
K_w	4	2.8	2.0	1.4	1.0	0.7	0.5

表 12-5-30 轮齿载荷分布系数 K_m

单位长度径向位移量/cm · cm^{-1}	齿宽/mm			
	12	25	50	100
0.001	1	1	1	1.5
0.002	1	1	1.5	2
0.004	1	1.3	2	2.5
0.008	1.5	2	2.5	3

④ 齿轮联轴器的几何计算。齿轮联轴器的几何计算通常在强度计算以后进行；计算方法与定心方式、变位与否、采用刀具及加工方法等有关。表 12-5-31 所列为变位啮合、外径定心、采用标准刀具、加工方便而适用的两种方法，可根据需要选择其一。

表 12-5-31　　齿轮联轴器的几何计算

已知条件及说明：模数 m 及齿数 z 由承载能力确定；$\alpha=20°\sim30°$，一般采用 20°；倾斜角 $\Delta\alpha$ 由安装及使用条件确定，在行星齿轮传动中，一般对直齿，$\Delta\alpha=0.5°$；对鼓形齿，$\Delta\alpha=1°\sim1.5°$，推荐 $\Delta\alpha=1°$

项目	代号	方法 A	方法 B
		外齿(w)齿顶高 $h_{aw}=1.0m$，内齿(n)齿根高 $h_{fn}=1.0m$，采用角变位使外齿齿厚增加，内齿齿厚减薄，内齿插齿时不必切向变位，一般取变位系数 $x_n=0.5$，而 x_w 和 x_n 须满足下列关系式 $x_n-x_w=\dfrac{J_n}{2m\sin\alpha}$	外齿(w)齿顶高 $h_{aw}=1.0m$，齿根高 $h_{fw}=1.25m$；内齿(n)齿根高 $h_{fn}=1.0m$，齿顶高 $h_{an}=0.8m$；插齿刀用标准刀具磨去 0.25m 高度的齿顶改制而成。内外齿齿厚相等，内齿插齿时不必做切向变位
		计　算　公　式	
分度圆直径	d	$d=mz$	$d=mz$
径向变位系数	x_w x_n	$x_w=x_n-\dfrac{J_n}{2m\sin\alpha}$ $x_n=x_w+\dfrac{J_n}{2\sin\alpha}$；一般取 $x_n=0.5$	$x_w=0$ $x_n=0.5$
齿顶高	h_{aw}，h_{an}	$h_{aw}=1.0m$；$h_{an}=(1-x_n)m$	$h_{aw}=1.0m$；$h_{an}=0.8m$
齿根高	h_{fw}，h_{fn}	$h_{fw}=(1.25-x_w)m$；$h_{fn}=1.0m$	$h_{fw}=1.25m$；$h_{fn}=1.0m$
齿顶圆球面直径 齿顶圆直径	Sd_{aw} d_{an}	$Sd_{aw}=d+2h_{aw}$ $d_{an}=d-2h_{an}$	$Sd_{aw}=d+2h_{aw}$ $d_{an}=d-2h_{an}$
齿根圆直径	d_{fw}，d_{fn}	$d_{fw}=d-2h_{fw}$；$d_{fn}=d+2h_{fn}$	$d_{fw}=d-2h_{fw}$；$d_{fn}=d+2h_{fn}$
齿宽	b_w，b_n	按 $b_w=(0.2\sim0.3)d$ 初定；$b_n=(1.15\sim1.25)b_w$	
位移圆半径	R	根据承载能力计算，初定 $R=(0.5\sim2.0)d$。b_w 与 R 须满足关系式：$b_w/R>1.2\phi_t\tan\Delta\alpha$；式中，$\phi_t$ 为曲率系数，见表 12-5-32	
鼓形齿单侧减薄量	g_t，g_e	$g_t=\dfrac{b_w^2}{8R}\tan\alpha$；$g_e=g_t\cos\alpha$	
最小理论法向侧隙	J_{nmin}	$J_{nmin}=2\phi_t R\left(\dfrac{\tan^2\Delta\alpha}{\cos\alpha}+\sqrt{\cos^2\alpha-\tan^2\alpha}-\cos\alpha\right)$	
制造误差补偿量	δ_n	$\delta_n=(F_{p1}+F_{p2})\cos\alpha+(f_{f1}+f_{f2})+(F_g+F_{\beta2})$；式中，$F_{p2}$、$F_{p1}$ 为内、外齿齿距累积公差；f_{f2}、f_{f1} 为内、外齿齿形公差；$F_{\beta2}$ 为齿向公差（以上见 GB/T 10095.1 和 GB/T 10095.2）；F_g 为鼓形外齿齿面鼓度对称度公差（见表 12-5-33）	
设计法向侧隙	J_n	$J_n=J_{nmin}+\delta_n$	
外齿跨测齿数	k	查本篇第 1 章表 12-1-32	
公法线长度	W_k	$W_k=(W^*+\Delta W^*)m$，查本篇第 1 章表 12-1-32 和表 12-1-34	

续表

已知条件及说明：模数 m 及齿数 z 由承载能力确定；$\alpha=20°\sim30°$，一般采用 $20°$；倾角 $\Delta\alpha$ 由安装及使用条件确定，在行星齿轮传动中，一般对直齿，$\Delta\alpha=0.5°$；对鼓形齿，$\Delta\alpha=1°\sim1.5°$，推荐 $\Delta\alpha=1°$

项目	代号	方法 A	方法 B
		外齿(w)齿顶高 $h_{aw}=1.0m$，内齿(n)齿根高 $h_{fn}=1.0m$，采用角变位使外齿齿厚增加，内齿齿厚减薄，内齿插齿时不必切向变位，一般取变位系数 $x_n=0.5$，而 x_w 和 x_n 须满足下列关系式：$x_n-x_w=\dfrac{J_n}{2m\sin\alpha}$	外齿(w)齿顶高 $h_{aw}=1.0m$，齿根高 $h_{fw}=1.25m$；内齿(n)齿根高 $h_{fn}=1.0m$，齿顶高 $h_{an}=0.8m$；插齿刀用标准刀具磨去 $0.25m$ 高度的齿顶改制而成。内外齿齿厚相等，内齿插齿时不必做切向变位
		计　算　公　式	
公法线长度偏差	E_{ws}	$E_{ws}=0$；$E_{wi}=-E_w$；查表 12-5-34	
内齿量棒直径	d_p	$d_p=(1.65\sim1.95)m$	
量棒中心所在圆的压力角	α_M	$\mathrm{inv}\alpha_M=\mathrm{inv}\alpha+\dfrac{\pi}{2z}+\dfrac{2x_n m\sin\alpha-d_p}{mz\cos\alpha}$	$\mathrm{inv}\alpha_M=\mathrm{inv}\alpha+\dfrac{\pi}{2}-\dfrac{d_p}{mz\cos\alpha}$
量棒直径校验		d_p 须满足：$\dfrac{\cos\alpha}{\cos\alpha_M}d-d_{an}<d_p<d_{fn}-\dfrac{\cos\alpha}{\cos\alpha_M}d$	
量棒距	M	偶数齿：$M=\dfrac{d\cos\alpha}{\cos\alpha_M}-d_p$；奇数齿：$M=\dfrac{d\cos\alpha}{\cos\alpha_M}\cos\dfrac{90°}{z}-d_p$	
量棒距偏差	E_{ms} E_{mi}	上偏差：偶数齿，$E_{ms}=\dfrac{E_w}{\sin\alpha_M}$；奇数齿，$E_{ms}=\dfrac{E_w}{\sin\alpha_M}\cos\dfrac{90°}{z}$ 下偏差：$E_{mi}=0$	

表 12-5-32　　$\alpha=20°$ 的曲率系数

齿数 z	25	30	35	40	45	50	55	60	65	70	75	80
ϕ_t	2.42	2.45	2.47	2.49	2.51	2.53	2.55	2.57	2.58	2.59	2.60	2.61
ϕ_e	2.53	2.57	2.61	2.64	2.66	2.68	2.70	2.72	2.74	2.75	2.76	2.77

表 12-5-33　　齿面鼓度对称度公差 F_g

齿轮精度等级	齿宽 b_w/mm				
	≤30	>30~50	>50~75	>75~100	>100~150
7	0.03	0.042	0.055	0.078	0.105
8	0.04	0.050	0.065	0.090	0.115

表 12-5-34　　齿轮公法线长度偏差 E_w

齿轮精度等级	分度圆直径/mm				
	≤50	>50~125	>125~200	>200~400	>400~800
6	0.034	0.040	0.045	0.050	0.055
7	0.038	0.050	0.055	0.070	0.080
8	0.048	0.070	0.080	0.090	0.115

6.2　行星轮结构

行星轮结构根据传动型式、传动比大小、轴承类型及轴承的安装形式而定。NGW 型和 NW 型传动常用的行星轮结构见表 12-5-35。

表 12-5-35　　　　　　　　　　　　　　　行星轮结构

应保证行星轮轮缘厚度 $\delta>3m$,否则须进行强度或刚度校核 在一般情况下,行星轮齿宽与直径的比为:$\psi_d=0.5\sim0.7$,硬齿面取较小值,即 $\psi_d=0.5$ 为使行星轮内孔配合直径加工方便,切齿简单,制造精度易保证,应采用行星轮内孔无台肩结构 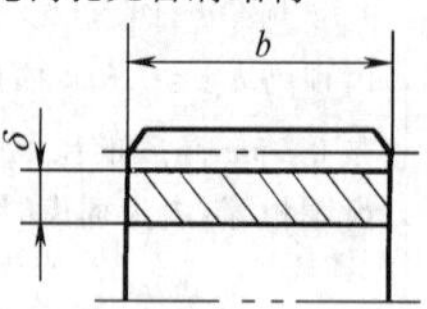	轴承装在行星轮内,弹簧挡圈装在轴承内侧,因而增大了轴承间距,减小了行星轮倾斜。但拆卸轴承比较复杂 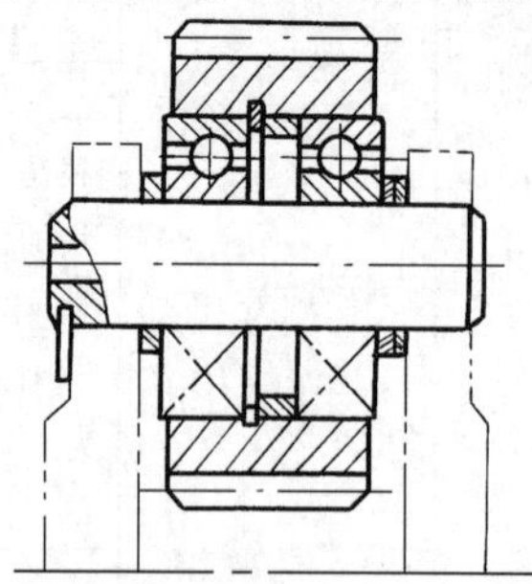
整体双联齿轮断面急剧变化处会引起应力集中,须使 $\delta\geqslant(3\sim4)m$;必要时应进行强度校核 整体双联齿轮的小齿圈不能磨齿 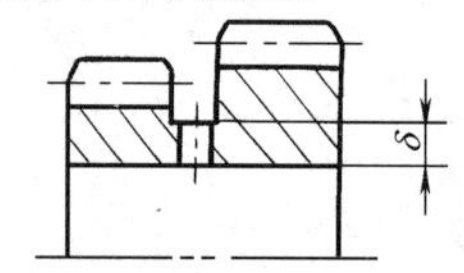	特点同上图:采用圆柱滚子轴承,用于载荷较大的场合 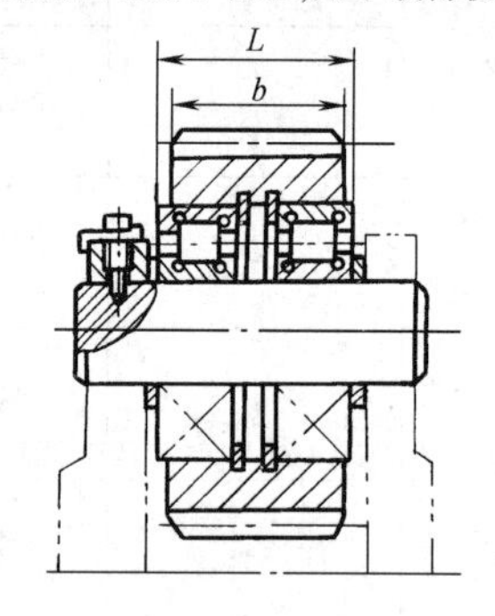
为使结构紧凑、简单和便于安装,轴承装入行星轮内,弹簧挡圈装在轴承外侧。由于轴承距离较近,当两个轴承原始径向间隙不同时,会引起较大的轴承倾斜,使齿轮载荷集中 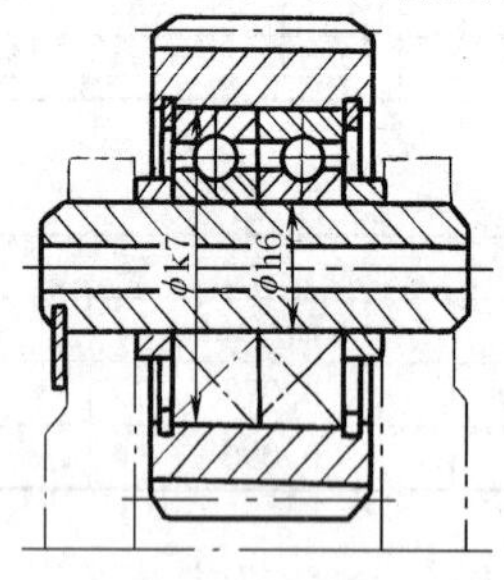	采用无多余约束浮动机构时,行星轮内设置一个球面调心轴承,可使 A-C 传动的载荷沿齿宽均匀分布 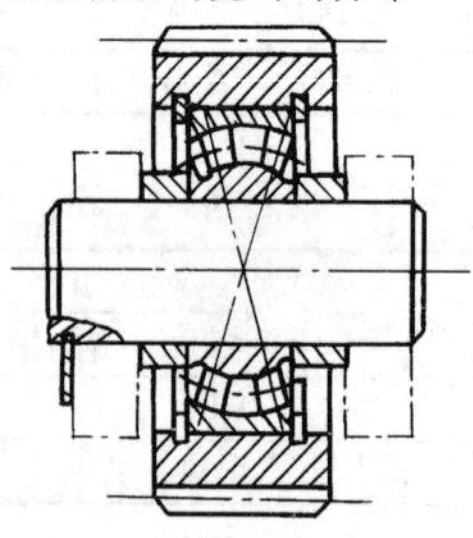
当传动比 $i_{AX}^{B}\leqslant4$ 时,行星轮直径较小,通常只能将行星轮轴承安装在行星架上,这样会使行星架的轴向尺寸加大,并需采取剖分式结构,加工和装配较复杂 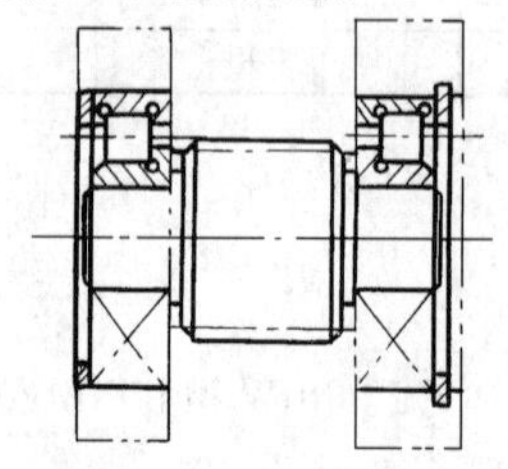	行星轮的径向尺寸受限制时,可采用滚针轴承。行星轮的轴向固定用单列向心球轴承,该轴承不承受径向载荷 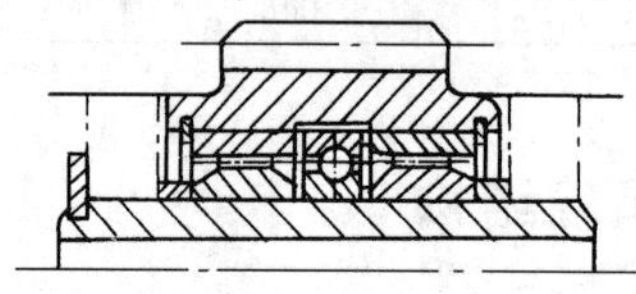

续表

当载荷较大,用单列向心球轴承承载能力不足时,可采用双列向心球面滚子轴承 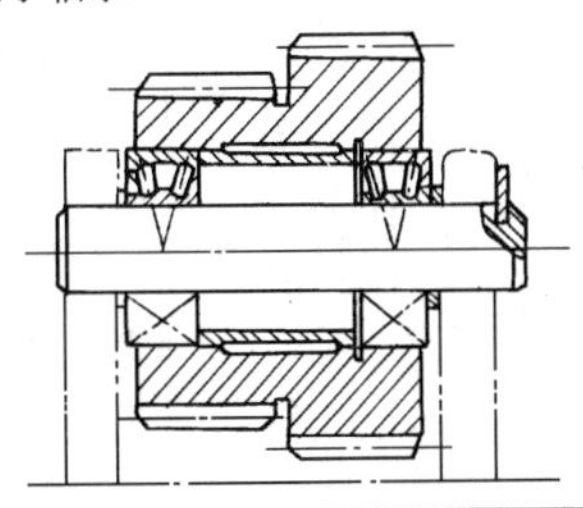	当行星轮直径较小时,为提高轴承寿命,可采用专用三列无保持架小直径滚子轴承 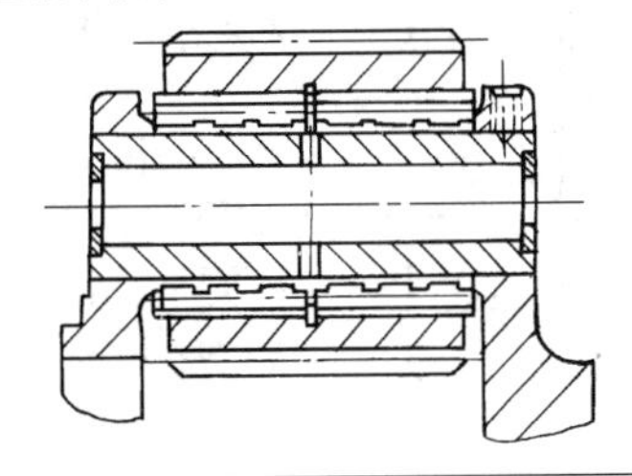
在高速重载行星齿轮传动中,常因滚动轴承极限转速和承载能力的限制而采用滑动轴承,并用压力油润滑。为使行星轮有可靠的基准孔和减磨材料层的应力不变,通常将减磨材料浇在行星轮轴表面上。当 $l/d>1$ 时,可以做成双轴承式,以提高承载能力并使载荷均匀分布。高速传动用双联齿轮结构的轴承推荐用轴瓦并安装在行星架上。轴承长度 l、轴颈直径 d 及轴承间隙 Δ 的关系可取:$l/d=1\sim2$;$\Delta/d=0.0025\sim0.02$ 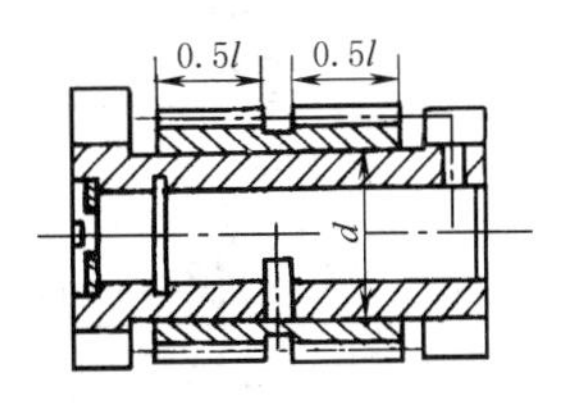	由于双联行星轮结构会产生较大力矩,故使行星轮轴线偏斜而产生载荷集中。为了减少载荷集中,可将轴承安装在行星架上,以得到最大的轴承间距。由于行星轮轴不承受转矩,故齿轮和轴可用短键或销钉连接 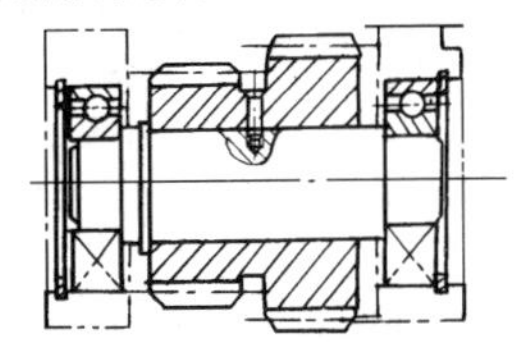
采用圆锥滚子轴承可提高承载能力。轴承轴向间隙用垫片调节;为便于拆卸,在两轴承间安设隔离环 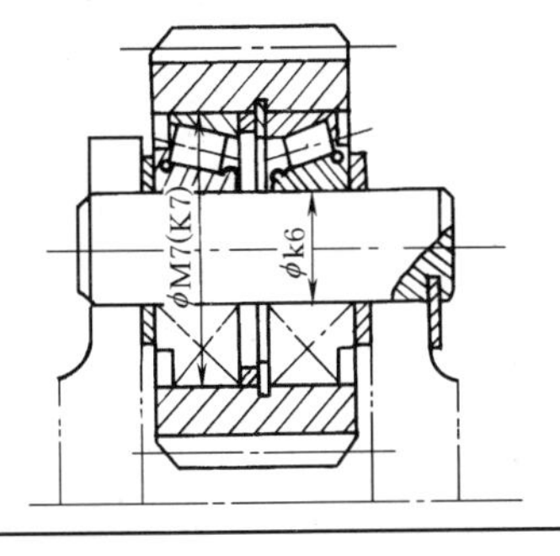	如果双联行星轮需要磨齿时,须设计成装配式。两行星轮的精确位置用定位销定位或从工艺上来保证。大齿轮磨齿前,应牢固地固定在已加工完的小齿轮上,再进行磨齿 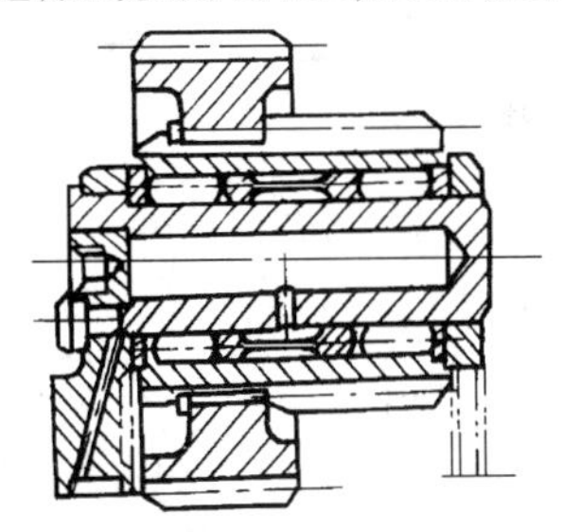

6.3 行星架结构

行星架是行星齿轮传动中结构比较复杂的一个重要零件。在最常用的 NGW 型传动中，它也是承受外力矩最大（除 NGWN 型外）的零件。行星架有双壁整体式、双壁剖分式和单壁式三种型式，其结构如图 12-5-25 所示。

当传动比较大时，例如 NGW 型单级传动，$i_{AX}^{B}\geqslant4$ 时，行星轮轴承一般安装在行星轮内，拟采用双壁整体式行星架。此类行星架刚度大，受载变形小，因而有利于行星轮所受载荷沿齿宽方向均匀分布，减少振动和噪声。

双壁整体式行星架常用铸造和焊接工艺制造。铸造行星架常选用的材料有 ZG310-570、ZG340-640、ZG35SiMn、ZG40Cr 等牌号的铸钢。其结构见图 12-5-25a～d。铸造行星架常用于批量生产中的中、小型行星减速器。其中图 a 用于多级传动的高速级，用轴承支承，其轴心线固定不动。图 b 用于具有浮动机构的场合，其内齿既可与输出轴相连（单级传动），又可通过浮动齿套与中间级太阳轮或低速级太阳轮相连（二级和多级传动）。图 c 和图 d 用于多级传动的低速级，并与低速轴相连。

焊接行星架通常用于单件生产的大型行星齿轮传动中，其结构如图 12-5-25e 和图 12-5-25f 所示。

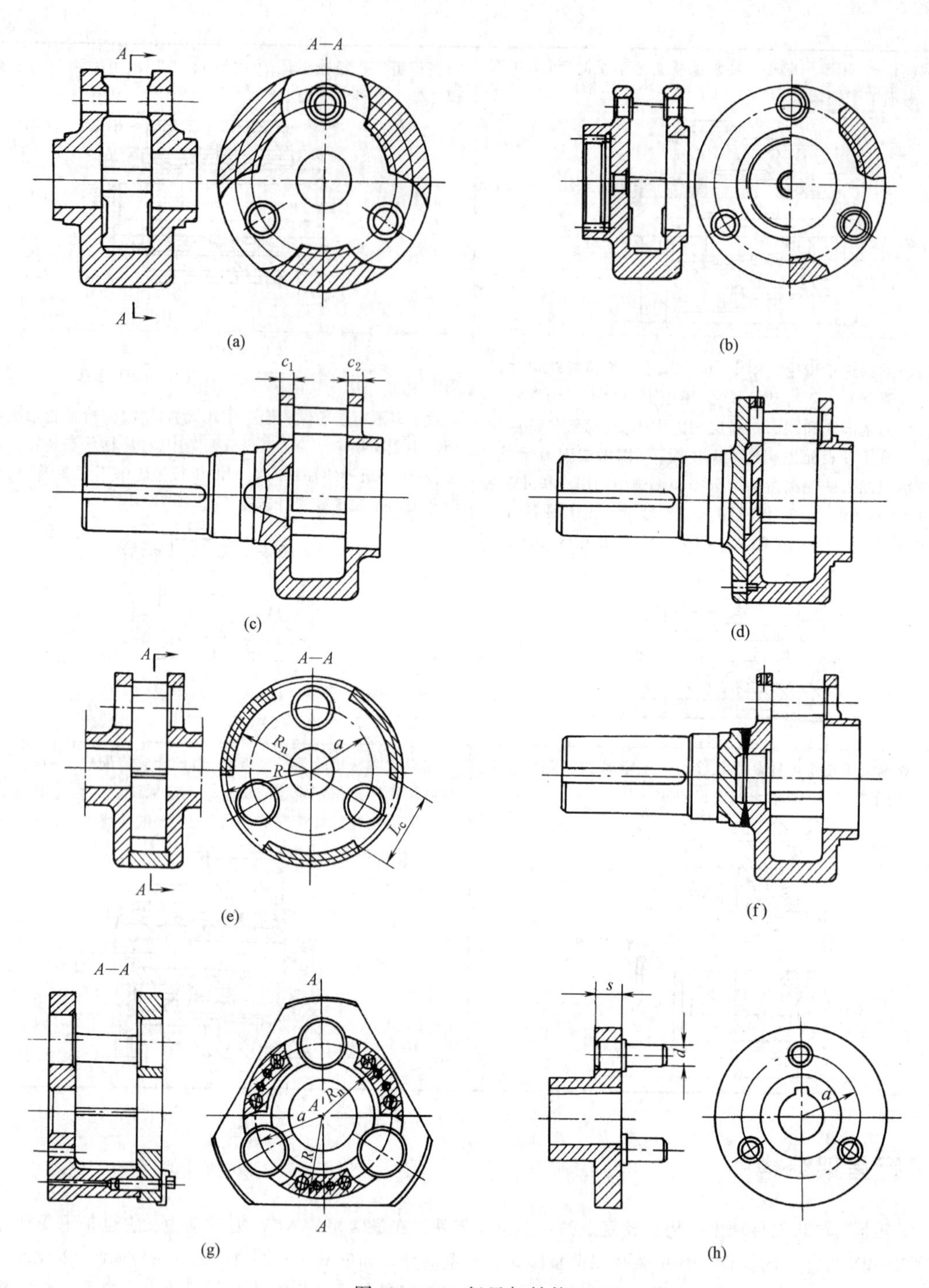

图 12-5-25　行星架结构

双壁剖分式行星架较整体式行星架结构复杂，主要用于高速行星传动和传动比较小的低速行星传动。例如传动比 $i_{AX}^{B}<4$ 的 NGW 型行星传动，其行星轮轴承要装在行星架上。为满足装配要求，必须采用如图 12-5-25g 所示具有剖分式结构的行星架。剖分式行星架一般采用铸钢或锻钢材料制造，其结构较复杂，刚性较差。

双壁整体式和双壁剖分式行星架的两个侧板通过中间连接板（梁）连接在一起。两个侧板的厚度，当不安装轴承时可按经验公式选取：$c_1=(0.25\sim0.30)a$，$c_2=(0.20\sim0.25)a$。开口长度 L_c 应比行星轮外径大 10mm 以上。连接板内圆半径 R_n 按下式确定：$R_n=(0.85\sim0.50)R$（参看图 12-5-25e 和图 12-5-25g）。

单壁式行星架结构简单，装配方便，轴向尺寸小（见图 12-5-25h），但因行星轮轴呈悬臂状态，受力情况不好，刚性差，并需校核行星轮轴与行星架孔的配合长度及过盈量，而且轴承必须安装在行星轮孔内，特别是当行星轮直径较小时比较困难，故一般只用于中小功率传动。行星架壁厚 s 推荐取值为 $s=\left(\frac{1}{3}\sim\frac{1}{4}\right)a$。其轴径 d 要按弯曲强度和刚度计算。轴和孔推荐采用 H7/u7 过盈配合并用温差法装配。配合长度，即壁厚 s 可在（1.5~2.5）d 范围内选取，并兼顾上述对壁厚的推荐取值。

6.4 机体结构

机体结构如何设计取决于制造工艺、安装使用、维修及经济性等方面的要求。按制造工艺不同来划分，有铸造机体和焊接机体。中小规格的机体在成批生产时多采用铸铁件，而单件生产或机体规格较大时多采用焊接方法制造。

按安装方式不同来划分，有卧式、立式和法兰式。按结构不同又分为整体式、剖分式、分段式。各种机体的结构如图 12-5-26 所示。其中图 a 为卧式二级整体式铸铁机体，其结构简单、紧凑，常用于专用设计或专用系列设计中。图 b 为二级分段式铸铁机体，其结构较复杂，刚性差，加工工时多，常用于系列设计中，对成批和大量生产有利。图 c 为立式法兰式安装机体，成批生产时多为铸件，单件生产时多为焊接件。图 d 为卧式底座安装、轴向剖分式结构，常用在大规格、单件生产场合，可以铸造，也可以焊接。图 e 所示其齿圈即为机体，连接部分可为铸件，也可为焊接件。

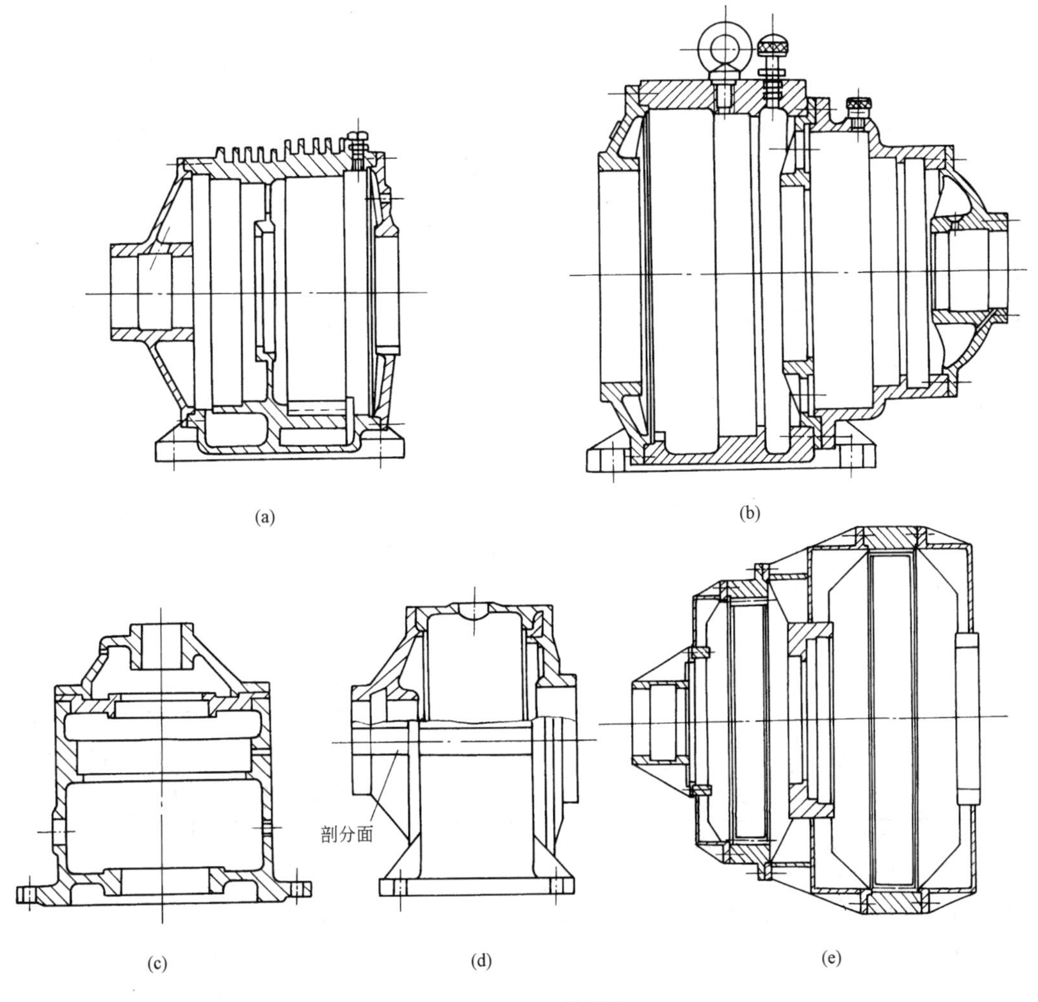

图 12-5-26　机体结构

铸铁机体各部分尺寸（如图 12-5-27 所示）可按表 12-5-36 中所列的经验公式确定，其中壁厚 δ 按表 12-5-37 选定或按下式计算：

$$\delta=0.56K_tK_d\sqrt[4]{T_D}\geqslant 6\text{mm} \tag{12-5-27}$$

式中 K_t——机体表面形状系数，当无散热筋时取 $K_t=1$，有散热筋时取 $K_t=0.8\sim0.9$；

K_d——与内齿圈直径有关的系数，当内齿圈分度圆直径 $d_b\leqslant 650\text{mm}$ 时，取 $K_d=1.8\sim2.2$，当 $d_b>650\text{mm}$ 时，取 $K_d=2.2\sim2.6$；

T_D——作用于机体上的转矩，N·m。

机体表面散热筋尺寸按图 12-5-28 中所列的关系式确定。

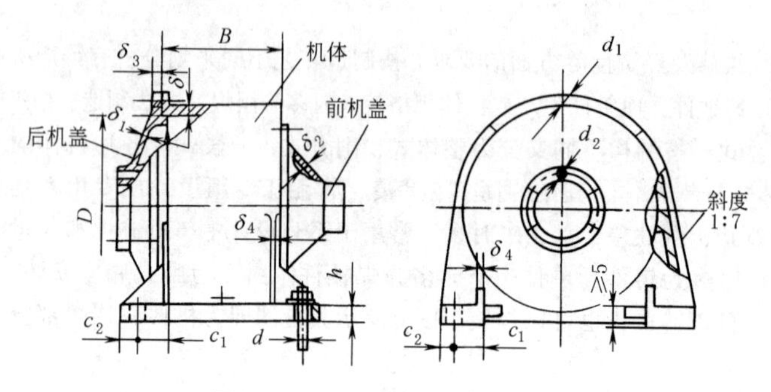

图 12-5-27 机体结构尺寸代号

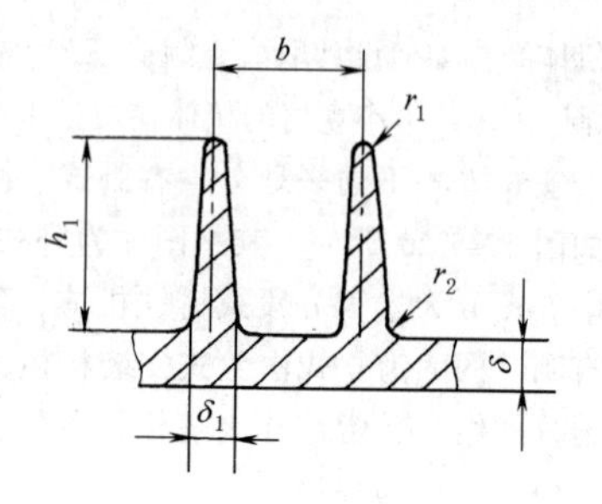

图 12-5-28 散热筋尺寸

$h_1=(2.5\sim4)\delta$; $b=2.5\delta$

$r_1=0.25\delta$; $r_2=0.5\delta$; $\delta_1=0.8\delta$

表 12-5-36 行星减（增）速器铸造机体结构尺寸 mm

名 称	代号	计 算 方 法
机体壁厚	δ	见表 12-5-37 或 δ 计算公式
前机盖壁厚	δ_2	$\delta_2=0.8\delta\geqslant 6$
后机盖壁厚	δ_1	$\delta_1=\delta$
机盖(机体)法兰凸缘厚度	δ_3	$\delta_3=1.25d_1$
加强筋厚度	δ_4	$\delta_4=\delta$
加强筋斜度		2°
机体宽度	B	$B\geqslant 4.5\times$齿轮宽度
机体内壁直径	D	按内齿轮直径及固定方式确定
机体机盖紧固螺栓直径	d_1	$d_1=(0.85\text{-}1)\delta\geqslant 8$
轴承端盖螺栓直径	d_2	$d_2=0.8d_1\geqslant 8$
地脚螺栓直径	d	$d=3.1\geqslant 12$
机体底座凸缘厚度	h	$h=(1\sim1.5)d$
地脚螺栓孔的位置	c_1	$c_1=1.2d+(5\sim8)$
	c_2	$c_2=d+(5\sim8)$

注：1. T_D—作用于机体上的转矩 N·m。

2. 尺寸 c_1 和 c_2 要按扳手空间要求校核。

3. 本表尚未包括的其他尺寸，可参考其他篇有关内容确定。

4. 对于焊接机体，表中的尺寸关系仅供参考。

表 12-5-37 铸造机体的壁厚

尺寸系数 K_δ	壁厚 δ/mm
≤0.6	6
>0.6~0.8	7
>0.8~1.0	8
>1.0~1.25	>8~10
>1.25~1.6	>10~13
>1.6~2.0	>13~15
>2.0~2.5	>15~17
>2.5~3.2	>17~21
>3.2~4.0	>21~25
>4.0~5.0	>25~30
>5.0~6.3	>30~35

注：1. 尺寸系数 $K_\delta=\dfrac{3D+B}{1000}$。式中，$D$ 为机体内壁直径，mm；B 为机体宽度，mm。

2. 对有散热片的机体，表中 δ 值应降低 10%~20%。

3. 表中 δ 值适合于灰铸铁，对于其他材料可按性能适当增减。

4. 对于焊接机体，表中 δ 可作参考，一般应降低 30%左右使用。

6.5 行星齿轮减速器结构图例

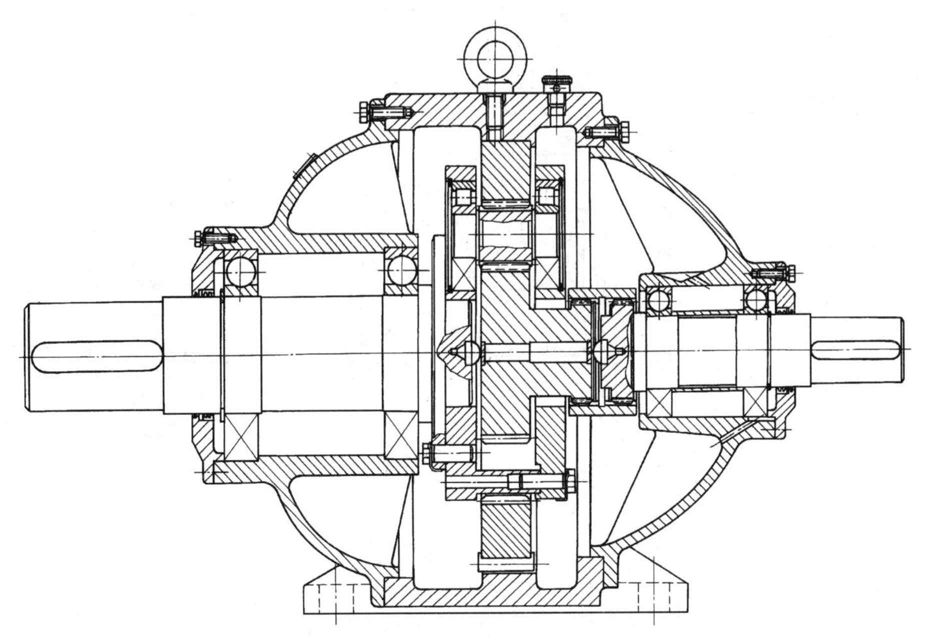

图 12-5-29　NGW 型单级行星减速器

（太阳轮浮动，$i_{AX}^{B}=2.8\sim4.5$，$z_A>z_C$）

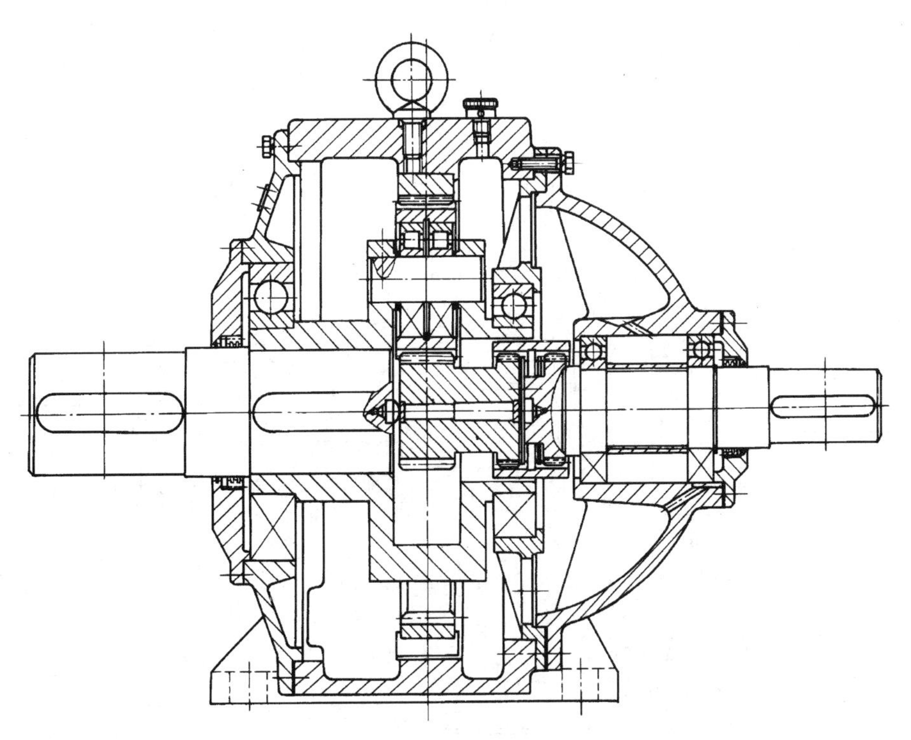

图 12-5-30　NGW 型单级行星减速器

（太阳轮浮动，$i_{AX}^{B}>4.5$，$z_A<z_C$）

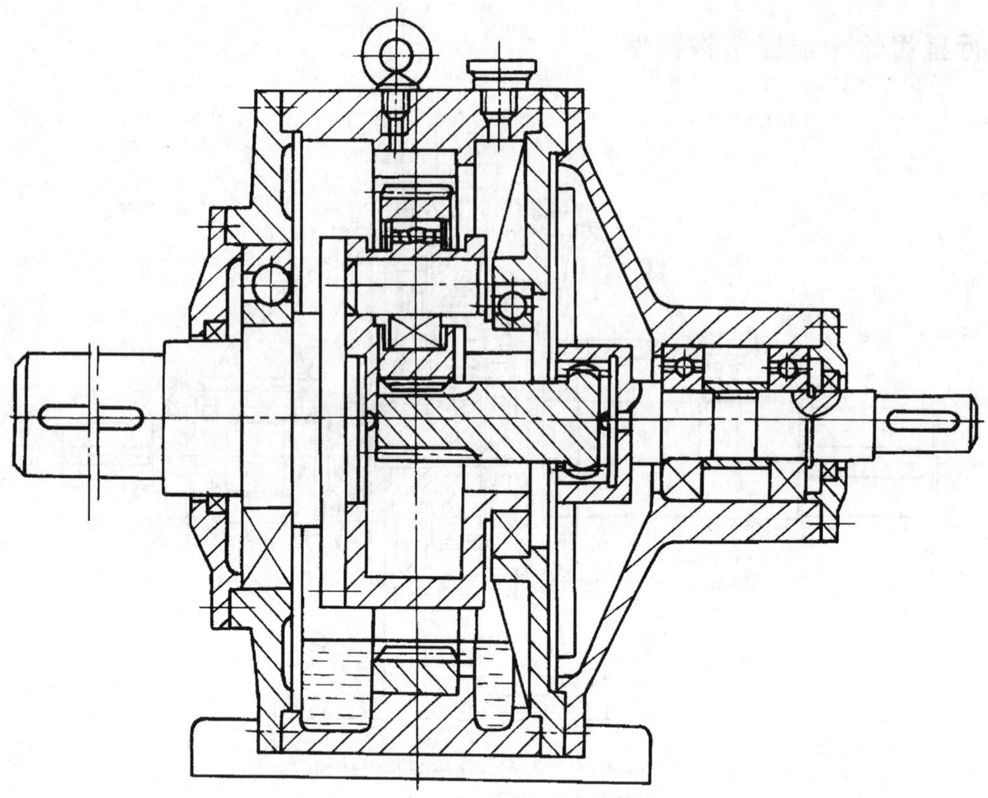

图 12-5-31　NGW 型单级行星减速器

（无多余约束的浮动 $z_A < z_C$）

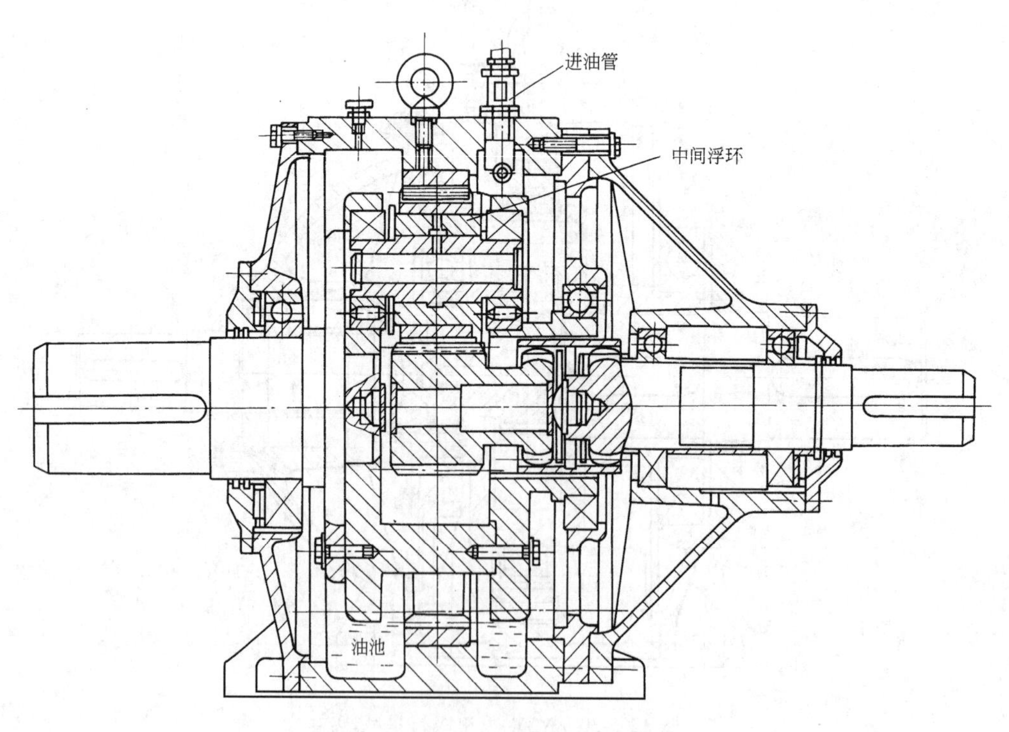

图 12-5-32　NGW 型行星齿轮减速器

（弹性油膜浮动与太阳轮浮动均载）

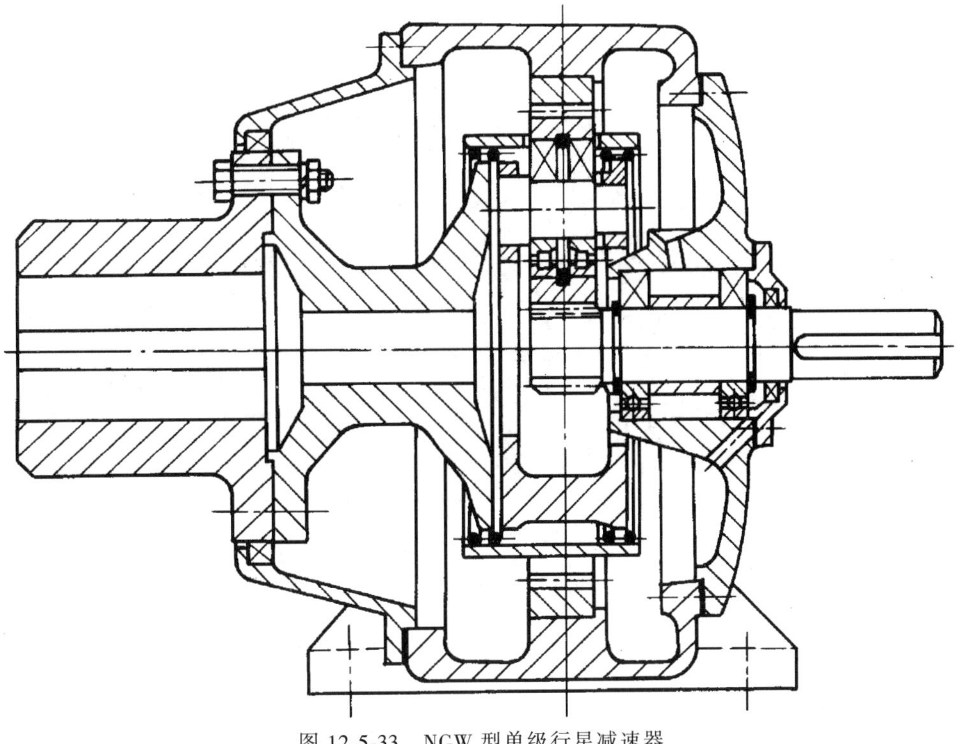

图 12-5-33　NGW 型单级行星减速器
（行星架浮动）

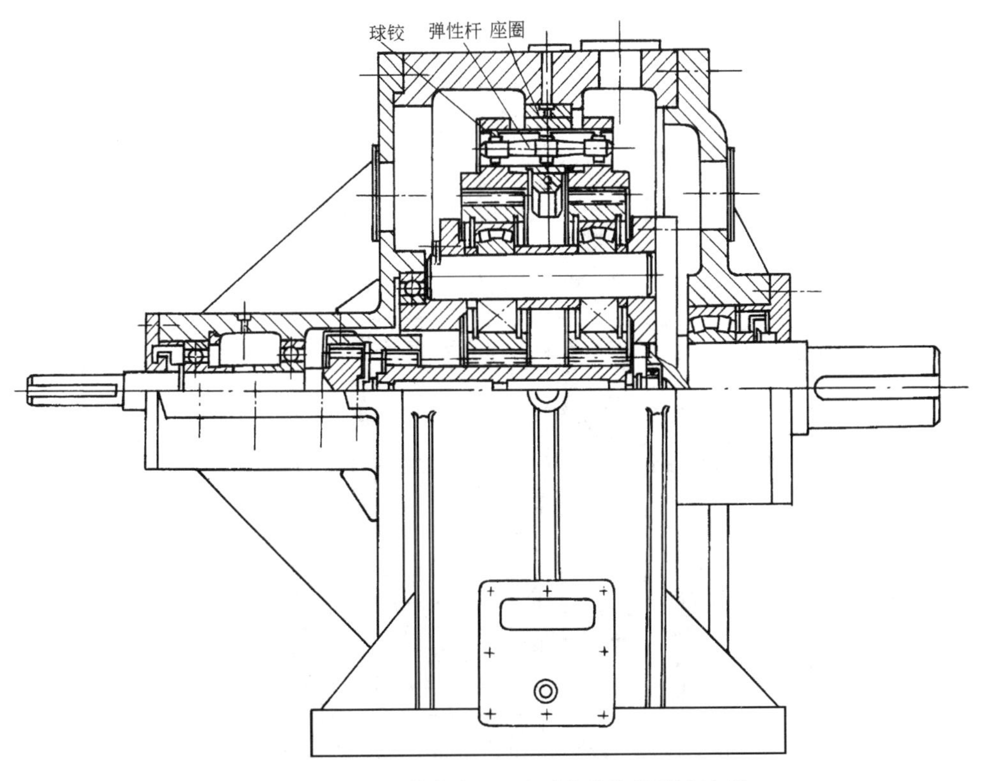

图 12-5-34　双排直齿 NGW 型大规格行星减速器
（两排内齿轮之间采用弹性杆均载，高速端的端盖为轴向剖分式）

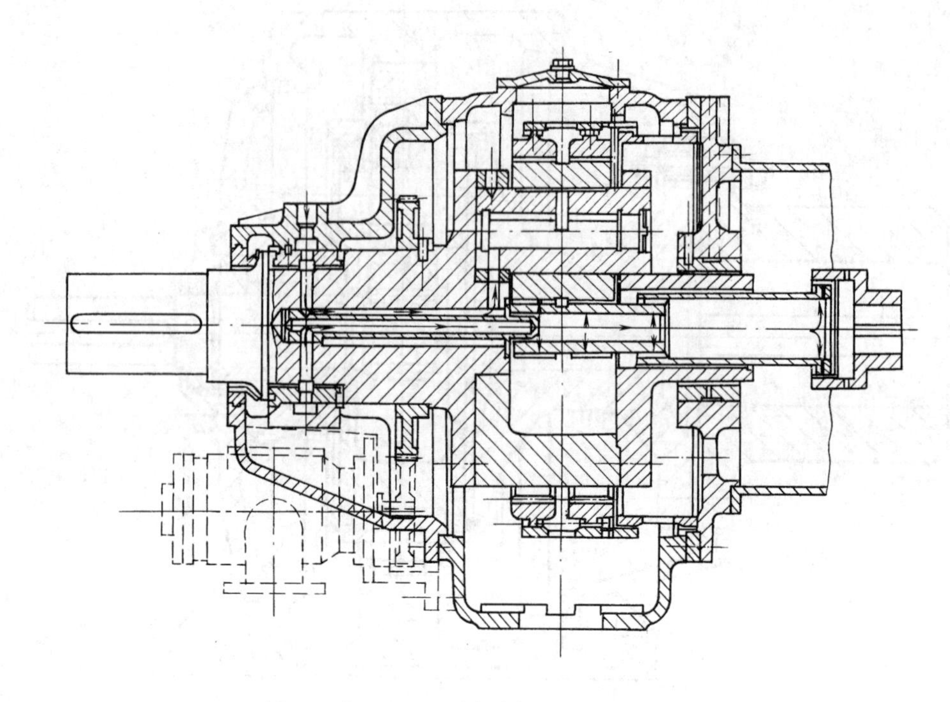

图 12-5-35　NGW 型高速行星增（减）速器
［太阳轮与内齿圈（轮）同时浮动］

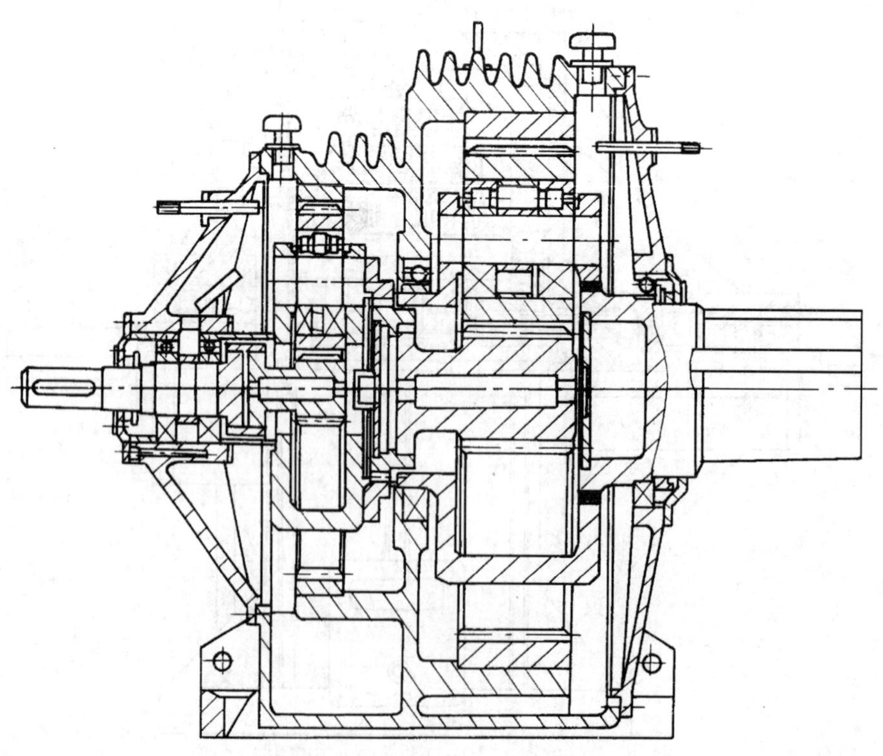

图 12-5-36　NGW 型二级行星减速器
（高速级太阳轮与行星架同时浮动，低速级太阳轮浮动）

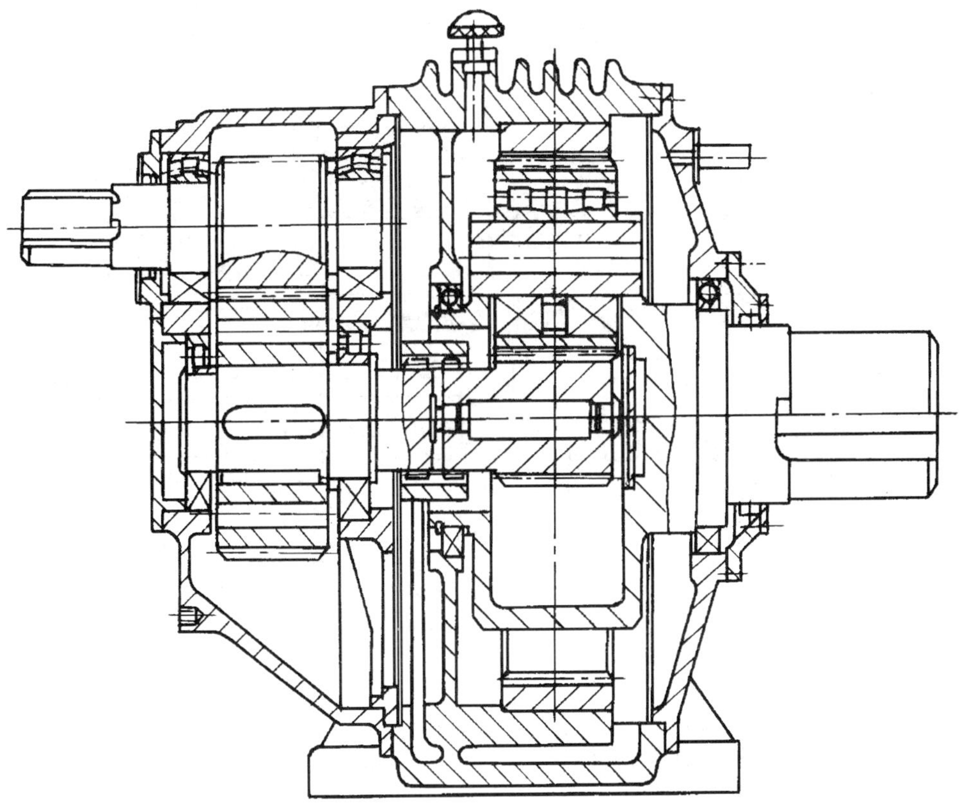

图 12-5-37　定轴齿轮传动与 NGW 型组合的行星减速器
(低速级太阳轮浮动)

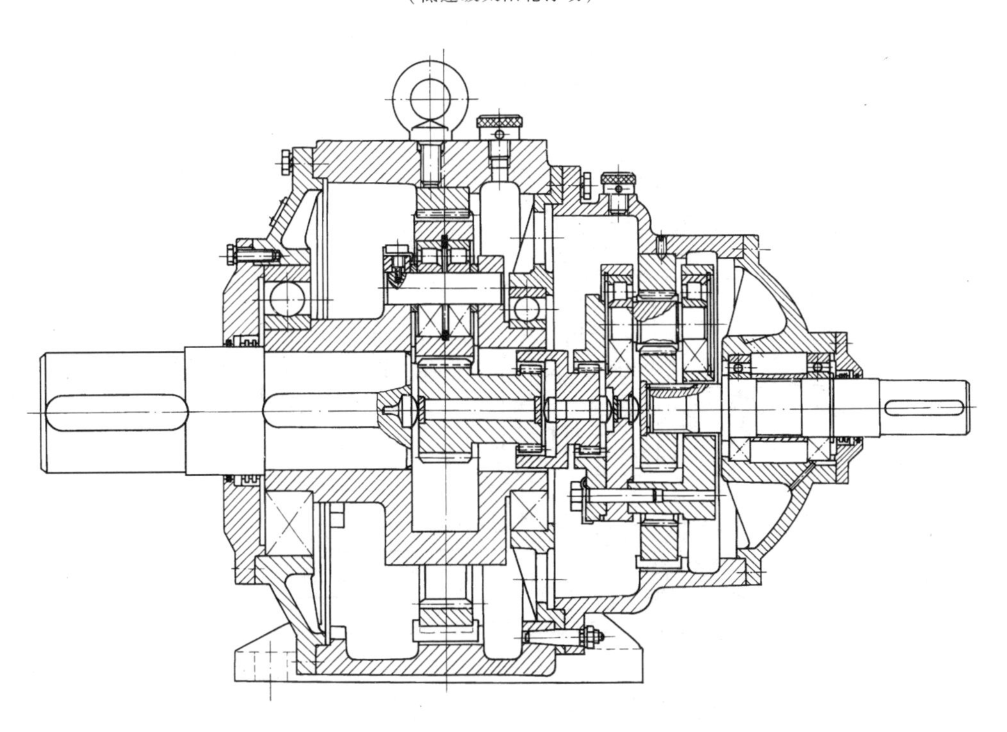

图 12-5-38　NGW 型二级行星减速器
(高速级行星架浮动，低速级太阳轮浮动)

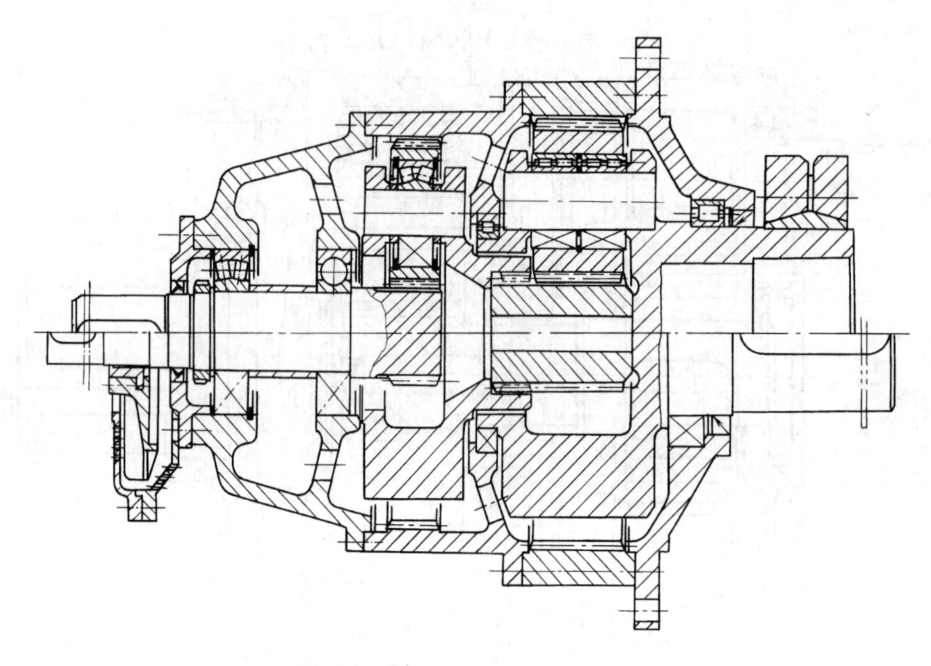

图 12-5-39　法兰式 NGW 型二级行星减速器
（高速级行星架浮动，低速级太阳轮浮动；低速轴采用平键连接或缩套无键连接）

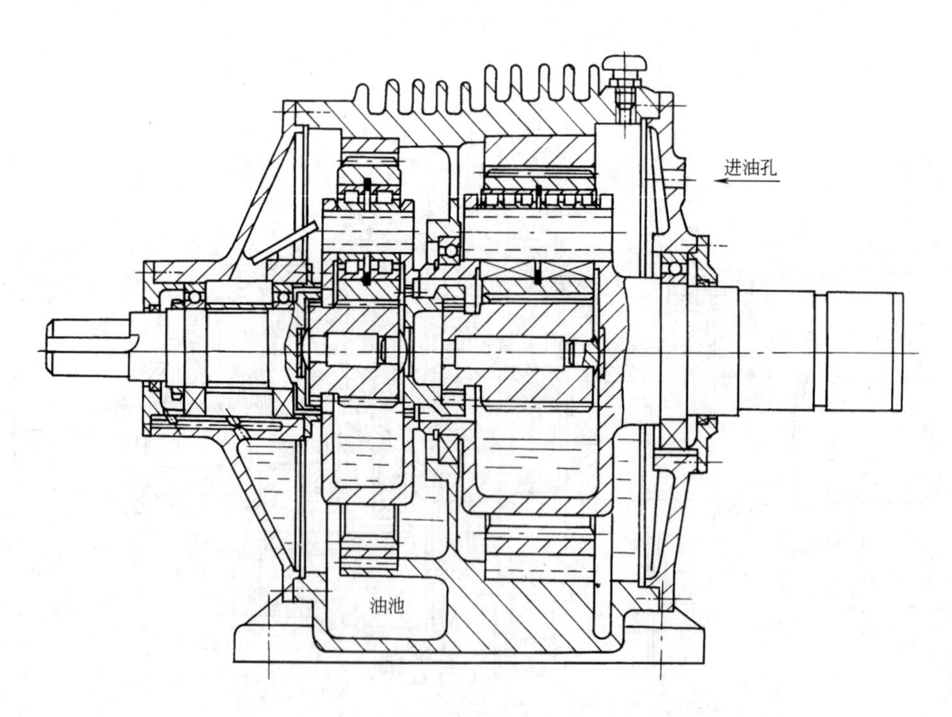

图 12-5-40　二级 NGW 型大规格行星减速器
（高速级太阳轮与行星架浮动，低速级太阳轮浮动）

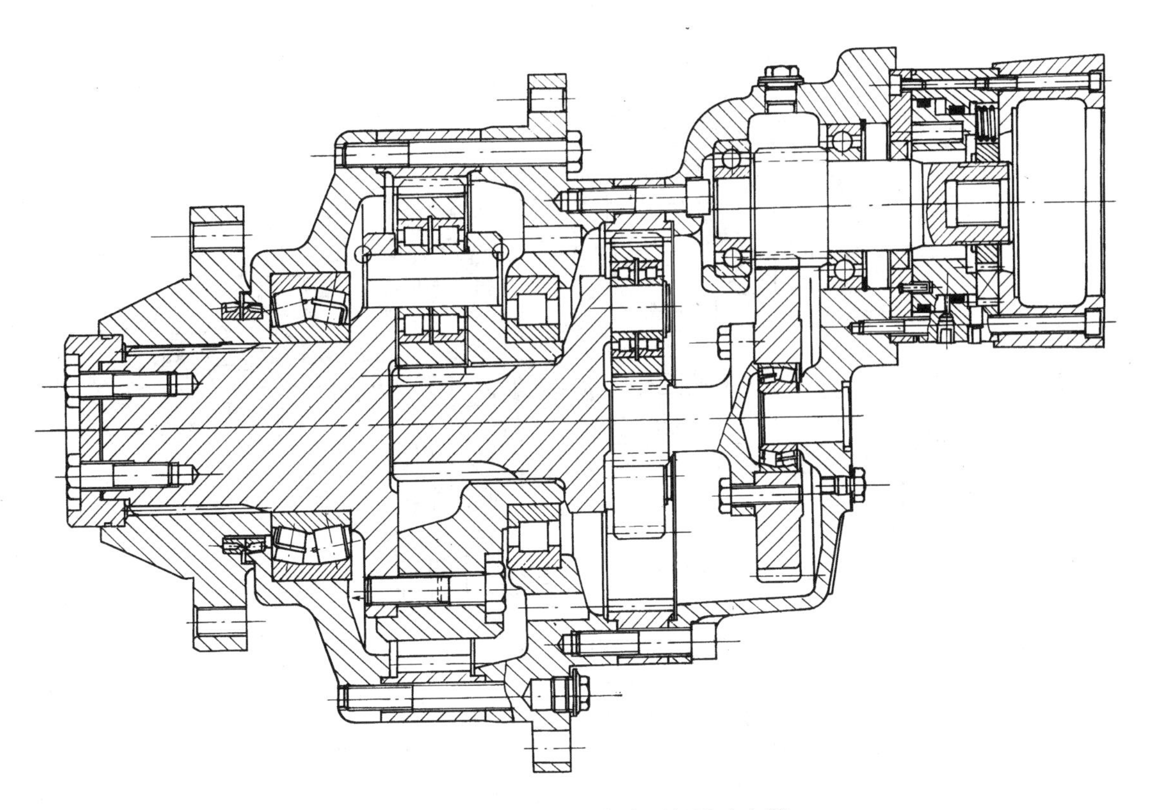

图 12-5-41　挖掘机用行走型行星减速器

（二级 NGW 型传动与一级平行轴传动组合；低速级太阳轮浮动，中间级行星架浮动；高速级带制动器）

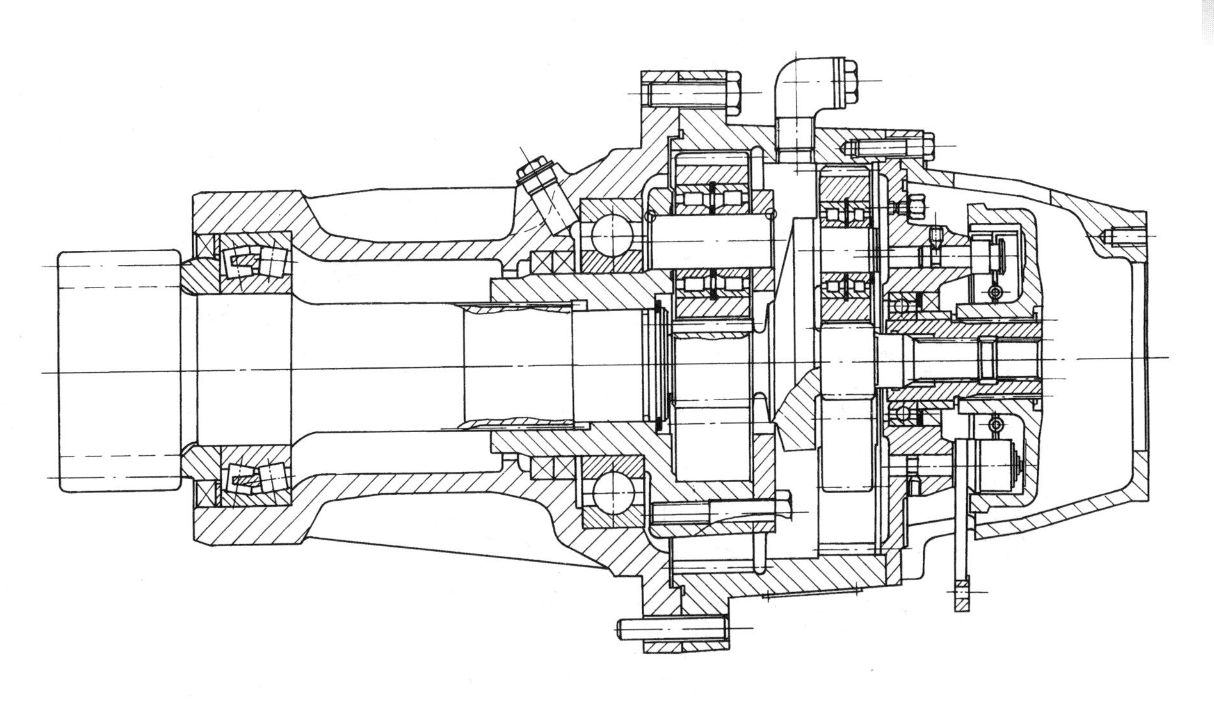

图 12-5-42　挖掘机用回转型行星减速器

（高速级行星架浮动，低速级太阳轮浮动）

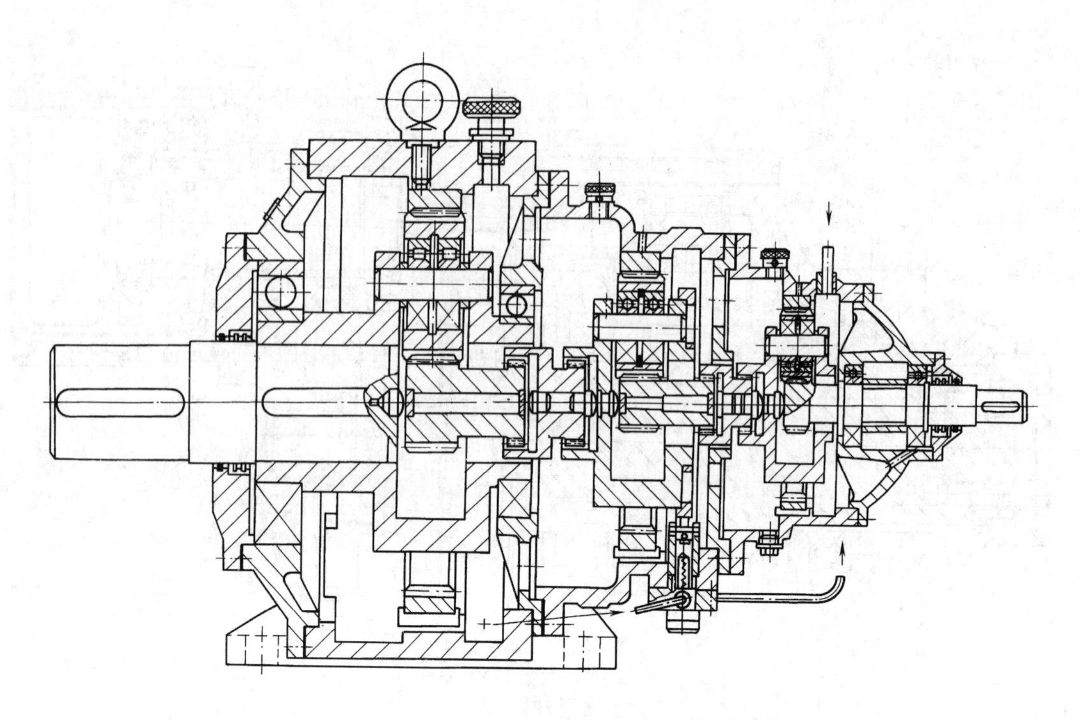

图 12-5-43 NGW 型三级行星减速器
（一级：行星架浮动；二级：太阳轮与行星架同时浮动；三级：太阳轮浮动）

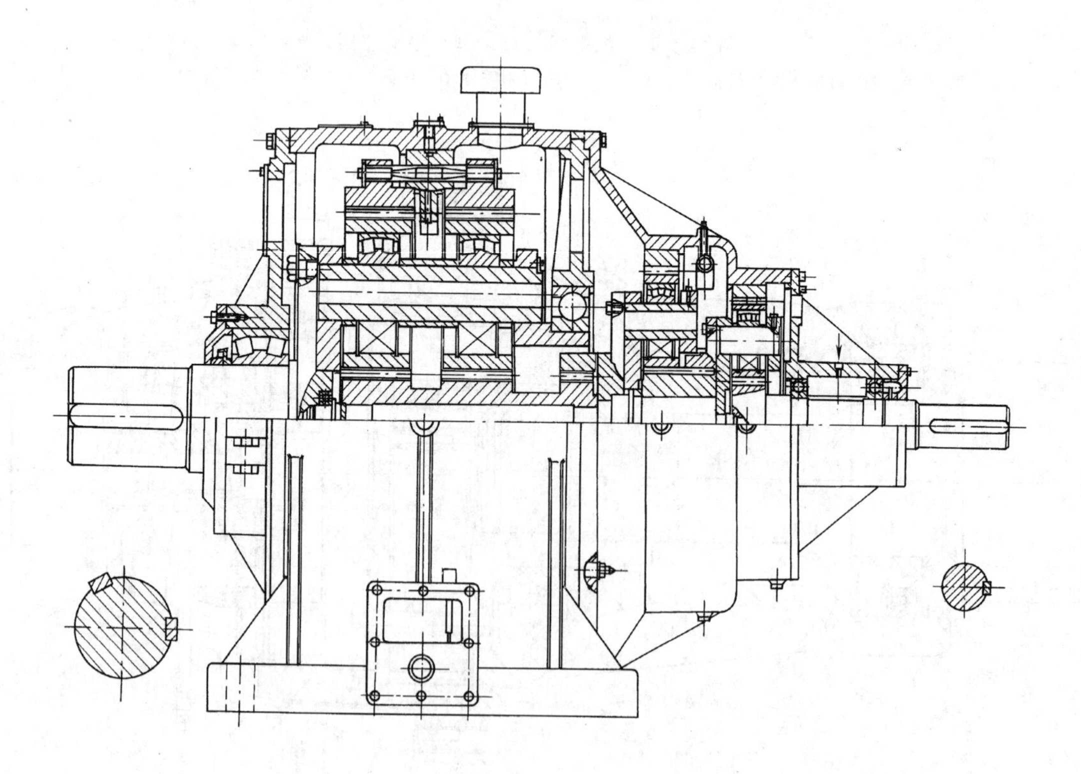

图 12-5-44 NGW 型三级大规格行星减速器
（高速级行星架浮动，中间级太阳轮与行星架同时浮动，
低速级太阳轮浮动并采用双排齿轮，两排内齿轮以弹性杆均载）

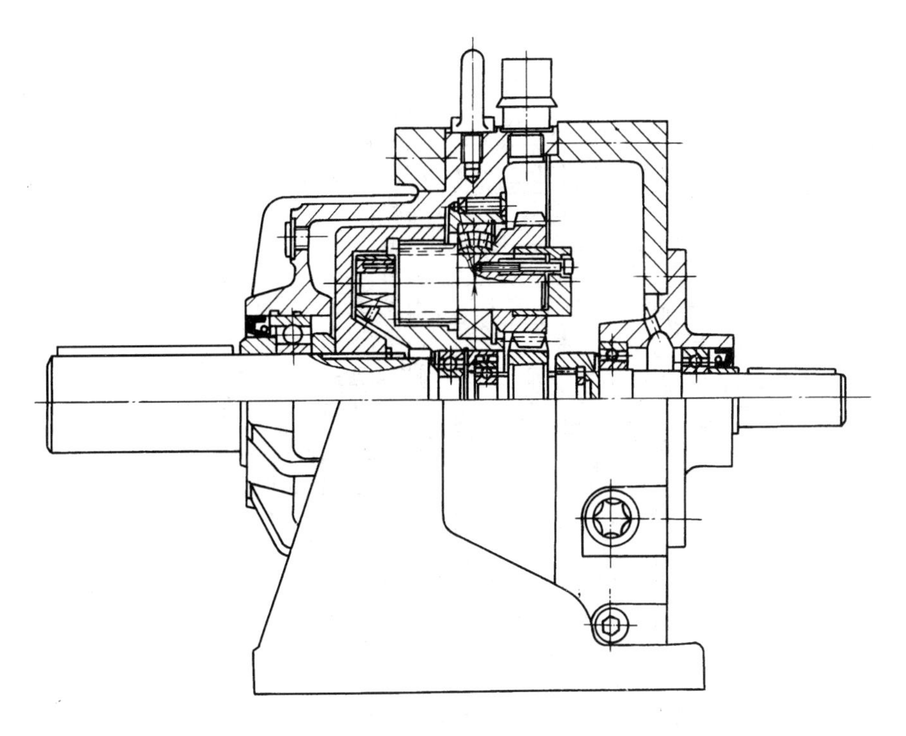

图 12-5-45　行星架固定的 NW 型准行星减速器

（传动比 $i=5\sim50$，两个行星轮与水平方向成 45°，双联行星轮采用弹性胀套连接，加工、装配方便）

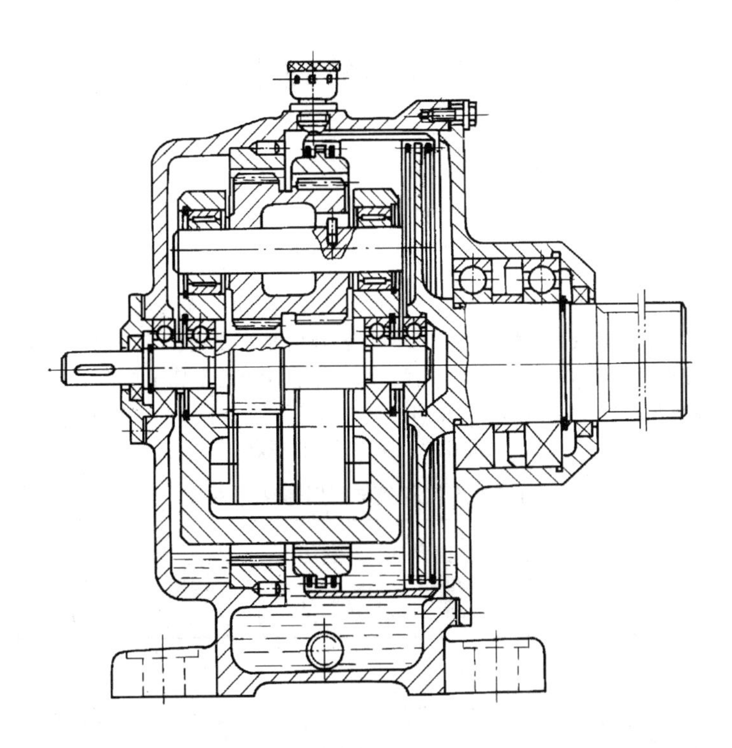

图 12-5-46　NGWN（Ⅰ）型行星减速器

（内齿轮浮动，双联齿轮联轴器与输出轴相连，太阳轮不浮动）

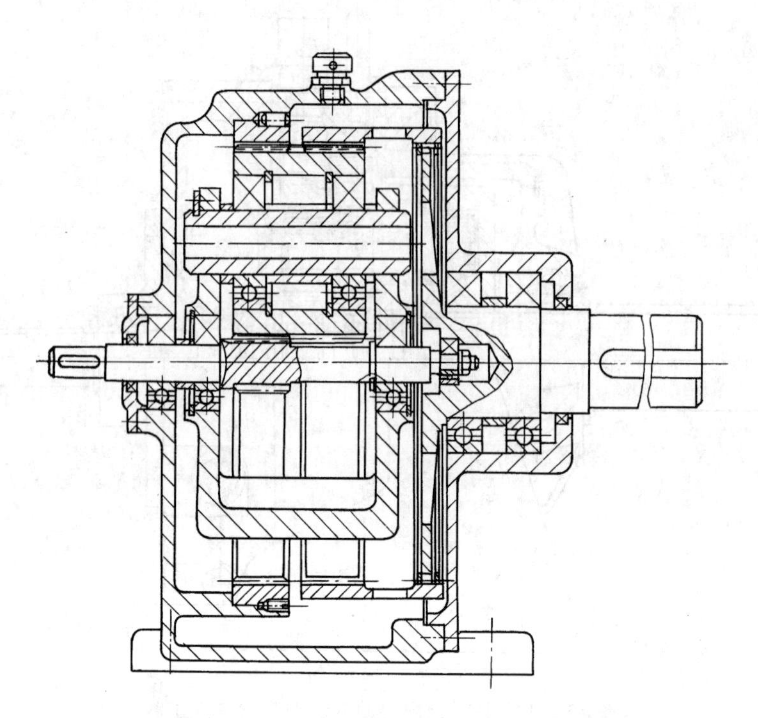

图 12-5-47　NGWN（Ⅱ）型行星减速器

（采用薄壁弹性输出内齿轮，并以齿轮联轴器与输出轴相连，太阳轮不浮动）

7　主要零件的技术要求

7.1　齿轮的技术要求

（1）精度等级

行星齿轮传动中，一般多采用圆柱齿轮，若有合理的均载机构，齿轮精度等级可根据其相对于行星架的圆周速度 v_X 由表 12-5-38 确定。通常与普通定轴齿轮传动的齿轮精度相当或稍高。一般情况下，齿轮精度应不低于 8-7-7 级。对于中、低速行星齿轮传动，推荐齿轮精度：太阳轮、行星轮不低于 7 级，常用 6 级；内齿轮不低于 8 级，常用 7 级。对于高速行星齿轮传动，其太阳轮和行星轮精度不低于 5 级，内齿轮精度不低于 6 级。齿轮精度的检验项目及极限偏差应符合 GB/T 10095.1 和 GB/T 10095.2 的规定。

表 12-5-38　　圆柱齿轮精度等级与圆周速度的关系

精　度　等　级		5	6	7	8
圆周速度 $v_X/m \cdot s^{-1}$	直齿轮	>20	≤15	≤10	≤6
	斜齿轮	>40	≤30	≤20	≤12

（2）齿轮副的侧隙

齿轮啮合侧隙一般应比定轴齿轮传动稍大。推荐按表 12-5-39 的规定选取，并以此计算出齿厚或公法线平均长度的极限偏差，再圆整到 GB/T 10095.1 所规定的偏差代号所对应的数值。

（3）齿轮联轴器的齿轮精度

一般取 8 级，其侧隙应稍大于一般定轴齿轮传动。

表 12-5-39 最小侧隙 j_{nmin} μm

侧隙种类	中心距/mm									
	≤80	>80~125	>125~180	>180~250	>250~315	>315~400	>400~500	>500~630	>630~800	>800~1000
a	190	220	250	290	320	360	400	440	500	560
b	120	140	160	185	210	230	250	280	320	360

注：1. 表中 a 类侧隙对应的齿轮与箱体温差为 40℃；b 类为 25℃。

2. 对于行星齿轮传动，根据经验，按不同用途推荐采用的最小侧隙为：精度不高，有浮动构件的低速传动采用 a 类；精度较高（>7 级），有浮动构件的低速传动采用 b 类。

（4）对行星轮制造方面的几点要求

由表 12-5-26 可知，行星轮的偏心误差对浮动量的影响最大，因此对其齿圈径向跳动公差应严格要求。在成批生产中，应选取偏心误差相近的行星轮为一组，装配时使同组各行星轮的偏心方向对各自中心线（行星架中心与该行星轮轴孔中心的连线）呈相同角度，这样可使行星轮的偏心误差的影响降到最小。在单件生产中应严格控制齿厚，如采用具有砂轮自动修整和补偿机构的磨齿机进行磨齿，可保证砂轮与被磨齿轮的相对位置不变，即可控制各行星轮齿厚保持一致。对调质齿轮，并以滚齿作为最终加工时，应将几个行星轮安装在一个心轴上一次完成精滚齿，并作出位置标记，以便按标记装配，保证各行星轮啮合处的齿厚基本一致。对于双联行星齿轮，必须使两个齿轮中的一个齿槽互相对准，使齿槽的对称线在同一轴平面内，并按装配条件的要求，在图纸上注明装配标记。

（5）齿轮材料和热处理要求

行星齿轮传动中太阳轮同时与几个行星轮啮合，载荷循环次数最多，因此在一般情况下，应选用承载能力较高的合金钢，并采用表面淬火、渗氮等热处理方法，增加其表面硬度。在 NGW 和 NGWN 传动中，行星轮 C 同时与太阳轮和内齿轮啮合，齿轮受双向弯曲载荷，所以常选用与太阳轮相同的材料和热处理。内齿轮强度一般裕量较大，可采用稍差一些的材料。齿面硬度也可低些，通常只调质处理，也可表面淬火和渗氮。

表 12-5-40 所列为行星齿轮传动中齿轮常用材料及其热处理工艺要求与性能，可参考选用。

第12篇

表 12-5-40 常用齿轮材料热处理工艺及性能

齿轮	材料	热处理	表面硬度	心部硬度	$\sigma_{H\,lim}$ /N·mm^{-2}	$\sigma_{F\,lim}$ /N·mm^{-2}
太阳轮 行星轮	20CrMnTi $20CrNi_2MoA$	渗碳 淬火	57~61HRC	35~40HRC	1450	400 280
内齿圈	40Cr 42CrMo	调质	262~302HBS	—	700	250

对于渗碳淬火的齿轮，兼顾其制造成本、齿面接触疲劳强度与齿根弯曲疲劳强度，有效硬化层深度可取为 $h_c=(0.15\sim0.20)m_n$。推荐的有效硬化层深度 h_c 与齿轮模数 m_n 的对应关系见表 12-5-41。

表 12-5-41 太阳轮、行星轮有效硬化层深度推荐值

模数 m_n/mm	有效硬化层深度及偏差/mm	模数 m_n/mm	有效硬化层深度及偏差/mm
2.0	$0.4^{+0.3}_{0}$	2.5	$0.5^{+0.3}_{0}$
3.0	$0.6^{+0.3}_{0}$	(3.5)	$0.7^{+0.3}_{0}$
4.0	$0.8^{+0.3}_{0}$	(4.5)	$0.85^{+0.3}_{0}$
5.0	$0.95^{+0.3}_{0}$	6.0	$1.1^{+0.3}_{0}$
(7.0)	$1.25^{+0.4}_{0}$	8.0	$1.35^{+0.4}_{0}$
10	$1.5^{+0.4}_{0}$	12	$1.7^{+0.5}_{0}$
16	$2.2^{+0.5}_{0}$	(18)	$2.5^{+0.5}_{0}$
20	$2.7^{+0.6}_{0}$	(22)	$2.9^{+0.6}_{0}$
25	$3.3^{+0.6}_{0}$		

对于表面氮化的齿轮，其轮齿心部要有足够的硬度（强度），使其能在很高的压力作用下可靠地支撑氮化层。氮化层深度一般为0.25~0.6mm，大模数齿轮可达0.8~1.0mm。常用模数的氮化层深度见表12-5-42。

表 12-5-42　齿轮模数与渗氮层深度的关系

模数 m/mm	公称深度/mm	深度范围/mm	模数 m/mm	公称深度/mm	深度范围/mm
≤1.25	0.15	0.1~0.25	4.5~6	0.50	0.45~0.55
1.5~2.5	0.30	0.25~0.40	>6	0.60	>0.5
3~4	0.40	0.35~0.50			

7.2 行星架的技术要求

（1）中心距极限偏差 f_a

行星架上各行星轮轴孔与行星架基准轴线的中心距偏差会引起行星轮径向位移，从而影响齿轮的啮合侧隙，还会由于各中心距偏差的数值和方向不同而导致影响行星轮轴孔距相对误差并使行星架产生偏心，因而影响行星轮均载。为此，要求各中心距的偏差等值且方向相同，即各中心距之间的相对误差等于或接近于零，一般控制在0.01~0.02mm之间。中心距极限偏差 f_a 之值可按下式计算：

$$f_a \leqslant \pm\frac{8\sqrt[3]{a}}{1000}\quad(\text{mm})$$

（2）各行星轮轴孔的相邻孔距偏差 f_1

相邻行星轮轴孔距偏差 f_1 是对各行星轮间载荷分配均匀性影响较大的因素，必须严格控制。其值主要取决于各轴孔的分度误差，即取决于机床和工艺装备的精度。f_1 之值按下式计算：

$$f_1 \leqslant \pm(3\sim4.5)\frac{\sqrt{a}}{1000}\quad(\text{mm})$$

式中，a 为中心距，mm。括号中的数值，高速行星传动取小值，一般中低速行星传动取较大值。

各孔距偏差 f_1 间的相互差值（即相邻两孔实测弦距的相对误差）Δf_1 也应控制在 $\Delta f_1=(0.4\sim0.6)f_1$ 范围内。

（3）行星轮轴孔对行星架基准轴线的平行度公差 f'_x 和 f'_y

f'_x 和 f'_y 是控制齿轮副接触精度的公差，其值按下式计算：

$$f'_x=f_x\frac{B}{b}\quad(\mu\text{m})$$

$$f'_y=f_y\frac{B}{b}\quad(\mu\text{m})$$

式中　f_x，f_y——在全齿宽上，x 方向和 y 方向的轴线平行度公差，μm；

B——行星架上两壁轴孔对称线（支点距）间的距离；

b——齿轮宽度。

（4）行星架的偏心误差 e_X

行星架的偏心误差 e_X 可根据行星轮轴孔相邻孔距偏差求得。一般取 $e_X\leqslant\frac{1}{2}f_1$。

（5）平衡试验

为保证传动装置运转的平稳性，对中、低速行星传动的行星架应进行静平衡试验，许用不平衡力矩按表12-5-43确定。

表 12-5-43　行星架的许用不平衡力矩

行星架外圆直径/mm	<200	200~<350	350~500
许用不平衡力矩/N·m	0.15	0.25	0.50

对于高速行星传动的行星架，应在其上全部零件装配完成后进行该组件的整体动平衡试验。

7.3 浮动件的轴向间隙

对于采用基本构件浮动均载机构的行星传动，其每一浮动件的两端与相邻零件间需留有 $\delta=0.5\sim1.0$mm 的轴向间隙，否则不仅会影响浮动和均载效果，还会导致摩擦发热和产生噪声。间隙的大小通常通过控制有关零件轴向尺寸的制造偏差和装配时返修有关零件的端面来实现，并且对于小规格行星传动其轴向间隙取小值，大规格行星传动取较大值。

7.4 其他主要零件的技术要求

机体、机盖、输入轴、输出轴等零件的相互配合表面、定位面及安装轴承的表面之间的同轴度、径向跳动和端面跳动可按 GB/T1184 形位公差现行标准中的 5~7 级精度选用相应的公差值。上述较高的精度用于高速行星传动。一般行星传动通常采用 6~7 级精度。

各零件主要配合表面的尺寸精度一般不低于 GB/T 1800.1 等公差与配合标准中的 7 级精度，常用 H7/h6 或 H7/k6。

8 渐开线行星齿轮传动热功率计算

8.1 许用热功率及其确定的标准条件

本章把行星齿轮传动装置下部油池内润滑油的平均温度简称为油池温度。保持可接受的油池温度对于装置的寿命至关重要。因此，在选择传动装置时，不仅要考虑机械功率，还应考虑许用热功率。许用热功率定义为：齿轮传动装置在不超过润滑油池规定温度的情况下，能够连续传递的最大功率。除了最高油池温度之外，许用热功率还取决于具体行星齿轮传动装置的形式、冷却方式、周围环境和安装情况。在选择时，其许用热功率应等于或大于要传递的机械功率。在计算热功率时，不考虑使用系数。

在规定许用热功率的标准条件之后，许用热功率可以采用方法 A——测试法或者方法 B——计算法来确定。方法 B 需要计算散热量和发热量。如果所有发热源或者散热源均已考虑，则可确定行星齿轮传动装置的总效率。

确定许用热功率的标准条件中最主要一条是规定最高允许油池温度。油池温度过高会降低润滑油黏度，加快氧化速度或油液分解，影响行星齿轮传动装置的运转。黏度降低会导致轮齿和轴承表面的油膜厚度减小，从而缩短这些元件的使用寿命。油液氧化会导致油液发生化学变化和添加剂分解，对齿轮和轴承的正常润滑不利。另外，高油池温度还可能缩短接触式油封的使用寿命。因此，行星齿轮传动装置欲达到设计寿命，应限制油池温度。本章根据 95℃ 的最高允许油池温度来确定行星齿轮传动装置的许用热功率。对于具体的行星齿轮传动装置的形式和安装方式，在给定工作转速、油品、油位、旋转方向和冷却方式之后，还需要根据工作循环和周围环境或者温度、空气流速和海拔高度等环境条件，来确定许用热功率。本章所采用的许用热功率的标准确定条件是：

最高油池温度为 95℃；

周围空气温度为 25℃；

周围空气流速>0.5m/s，室内空间较大时为≤1.4m/s；

海拔高度为海平面高度；

齿轮传动装置为连续运转。

8.2 许用热功率的计算方法

8.2.1 热平衡方程

当闭式行星齿轮传动装置在稳态油池温度下运转时，散热量 P_Q 等于发热量 P_V。可以用热平衡方程式［式

(12-5-28)］来表示：

$$P_Q = P_V \tag{12-5-28}$$

行星齿轮传动装置的发热量 P_V 包括空载功率损失 P_N 和负载功率损失 P_L 两部分，见式（12-5-29）。

$$P_V = P_N + P_L \tag{12-5-29}$$

P_L 为齿轮啮合摩擦功率损失和轴承摩擦功率损失之和，取决于输入功率 P_A。但是许用热功率计算不是简单的封闭式求解，而是根据式（12-5-28）中的散热项和发热项，通过改变 P_A 值，迭代求解，达到热平衡时的 P_A 值就是该装置的许用热功率 P_T。

8.2.2 散热量 P_Q

影响行星齿轮传动装置的散热量的因素有：装置的外表面面积、流过外表面的空气流速、油温高出周围空气温度的温度差和总传热系数等。总传热系数取决于热从润滑油到箱体内表面的传递、箱体壁的热传导性和箱体外表面到周围空气的散热性。在行星齿轮传热的一般设计应用中，内部的传热系数和箱壁的热传导可以忽略。因此，箱体外表面与周围环境的热对流和热辐射成为最主要的传热形式。同样，在实际行星齿轮传动装置应用中，由连接轴、联轴器和底座的热传导可以忽略。

本节考虑的散热量 P_Q，包括行星齿轮传动装置外表面受自然热对流和辐射，及轴装冷却风扇产生的强制热对流两部分，散热量按式（12-5-30）计算：

$$P_Q = h_T A_T \Delta T_s \tag{12-5-30}$$

式中 P_Q——散热量，kW；

h_T——装置的总传热系数，kW/(m² · ℃)，按式（12-5-32）计算；

A_T——箱体与空气的接触总面积，m²；

ΔT_s——油池温升，℃，按式（12-5-31）计算。

$$\Delta T_s = T_{Sump} - T_A \tag{12-5-31}$$

式中 T_{Sump}——油池的温度，℃；

T_A——周围空气的温度，℃。

$$h_T = h_N\left(1-\frac{A_F}{A_T}\right) + h_F\frac{A_F}{A_T} + h_R \tag{12-5-32}$$

式中 h_N——自然对流传热系数，kW/(m² · ℃)，按式（12-5-33）计算；

A_F——暴露在强制对流下的外表面积，m²；

h_F——强制对流传热系数，kW/(m² · ℃)，按式（12-5-34）计算；

h_R——热辐射传热系数，kW/(m² · ℃)，按式（12-5-35）计算。

$$h_N = 0.0359D^{-0.1}\left(\frac{\Delta T_s}{T_A+273}\right)^{0.3} \tag{12-5-33}$$

式中 D——内齿圈的最大外径，mm。

$$h_F = 0.00705V^{0.78} \tag{12-5-34}$$

式中 V——冷却风扇产生的空气流速，m/s。

$$h_R = (0.23\times10^{-9})\varepsilon\left(\frac{T_{Sump}+T_A+546}{2}\right)^3 \tag{12-5-35}$$

式中 ε——箱体外表面的热辐射系数。

如需要采用其他冷却方法，如采用外部的热交换器，其换热量可加入式（12-5-30）中。

8.2.3 发热量 P_V

8.2.3.1 总发热量的构成

在式（12-5-29）中，行星齿轮传动装置的发热量 P_V 包括空载功率损失 P_N 和负载功率损失 P_L 两部分。空载功率损失 P_N 包括接触式油封的摩擦功率损失 P_S、滚动轴承的搅油功率损失 P_{BO} 和齿轮的搅油功率损失 P_{MO}，见式（12-5-36）。

$$P_N = \sum P_S + \sum P_{BO} + \sum P_{MO} \tag{12-5-36}$$

负载功率损失 P_L 包括滚动轴承的摩擦功率损失 P_{BL}、齿轮啮合的摩擦功率损失 P_{ML} 和滑动轴承的摩擦功率损失 P_{BS}，见式（12-5-37）。

$$P_L=\sum P_{BL}+\sum P_{ML}+\sum P_{BS} \tag{12-5-37}$$

以上的每一个发热源所产生的热量都应计入行星齿轮传动的总发热量中。对于特殊的设计和应用，其他形式的空载功率损失也可以计入式（12-5-29）中，例如由轴或电机驱动的润滑油泵的功率损失。高速行星齿轮传动需考虑风阻损失。

8.2.3.2 油封摩擦功率损失 P_S

唇型油封产生的接触摩擦功率损失取决于轴的转速、轴的尺寸、油池温度、油的黏度、油封浸入深度和油封的设计特性。式（12-5-38）可以用来近似计算接触式油封的摩擦功率损失：

$$P_S=\frac{C_s D_s n_{sc}}{9549} \tag{12-5-38}$$

式中 P_S——接触式油封的摩擦功率损失，kW；

C_s——接触式油封材料常数，$C_s=0.003737$（氟橡胶），$C_s=0.002429$（丁腈橡胶）；

D_s——和油封接触的轴直径，mm；

n_{sc}——和油封接触的轴的转速，r/min。

8.2.3.3 滚动轴承的搅油功率损失 P_{BO}

滚动轴承的搅油功率损失取决于轴承的速度、供油条件、油的运动黏度和油量，可按式（12-5-39）计算：

$$P_{BO}=\frac{M_O n_B}{9549} \tag{12-5-39}$$

式中 P_{BO}——轴承的搅油功率损失，kW；

M_O——轴承的空载转矩，N·m，可按式（12-5-40）计算；

n_B——轴承绕自身轴线的转速，r/min。

$$M_O=10^{-10}f_O(\nu n_B)^{0.667}d_M^3 \tag{12-5-40}$$

式中 f_O——轴承浸油系数；

ν——在油池温度下油的运动黏度，mm²/s；

d_M——轴承的平均直径，mm，可按式（12-5-41）计算。

$$d_M=\frac{d_i+d_O}{2} \tag{12-5-41}$$

式中 d_i——轴承的内径，mm；

d_O——轴承的外径，mm。

轴承浸油系数 f_O 是根据轴承相对于静止油面浸入的深度来反映对转矩的影响。表 12-5-44 给出了不同种类轴承的最小（未浸到油）和最大（完全淹没）浸油系数 f_{Omin} 和 f_{Omax}。对于固定在轴上的轴承，可根据浸油深度 H 与 d_M 的比值，用线性插值方法按式（12-5-42）确定 f_O 的值。

$$f_O=f_{Omin}+\frac{H}{d_M}(f_{Omax}-f_{Omin}) \tag{12-5-42}$$

对于浸油深度随行星架转动而变化的行星轮轴承，f_O 应按轴承相对于静止油位浸油系数的最小值和最大值的平均值计算。

该 P_{BO} 的计算不适用于带密封的轴承。

8.2.3.4 齿轮搅油功率损失 P_{MO}

行星齿轮传动中齿轮搅油功率损失是由太阳轮、行星轮绕自身轴线旋转及行星架旋转引起的。这些损失取决于零件的速度和尺寸、供油条件、润滑油运动黏度。具体行星轮系中的每个零件的搅油损失可用式（12-5-43）计算。

$$P_{MO}=P_{CS}+P_{CP}+P_{CC} \tag{12-5-43}$$

式中 P_{MO}——齿轮搅油功率损失，kW；

P_{CS}——太阳轮搅油功率损失，kW，可按式（12-5-44）计算；

P_{CP}——行星轮搅油功率损失，kW，可按式（12-5-46）计算；

P_{CC}——行星架搅油功率损失，kW，可按式（12-5-47）计算。

表 12-5-44　　轴承浸油系数（油浴润滑）

轴承类型	f_{0min}	f_{0max}	轴承类型	f_{0min}	f_{0max}
深沟球轴承：			223、230、239 系列	4.5	9
单列	2	4	231 系列	5.5	11
双列	4	8	232 系列	6	12
调心球轴承	2	4	240 系列	6.5	13
角接触球轴承：			241 系列	7	14
单列	3.3	6.6	圆锥滚子轴承：		
双列，配对单列	6.5	13	单列	4	8
四点接触球轴承	6	12	配对单列	8	16
带保持架圆柱滚子轴承：			推力球轴承	1.5	3
10、2、3、4 系列	2	4	推力圆柱滚子轴承	3.5	7
22 系列	3	6	推力滚针轴承	5	11
23 系列	4	8	推力球面滚子轴承：		
满装圆柱滚子轴承：			292E 系列	2.5	5
单列	5	10	292 系列	3.7	7.4
双列	10	20	293E 系列	3	6
滚针轴承	12	24	293 系列	4.5	9
球面滚子轴承：			294E 系列	3.3	6.6
213 系列	3.5	7	294 系列	5	10
222 系列	4	8			

$$P_{CS}=\frac{A_C f_S \nu n_S^3 d_{OS}^{4.7} b_{WS}\dfrac{R_f}{\sqrt{\tan\beta}}}{10^{26}} \tag{12-5-44}$$

式中　A_C——行星架布置常数；

f_S——太阳轮浸油系数；

n_S——太阳轮转速，r/min；

d_{OS}——太阳轮外径，mm；

b_{WS}——太阳轮全齿宽，mm；

R_f——粗糙度系数，可按式（12-5-45）计算；

β——分度圆螺旋角，(°)；如果 β 小于 10°，在式（12-5-44）和式（12-5-46）中采用 10°。

$$R_f=7.93-\frac{4.648}{m_t} \tag{12-5-45}$$

式中　m_t——齿轮端面模数，mm。

$$P_{CP}=\frac{A_C f_P \nu n_P^{C^3} d_{OP}^{4.7} b_{WP}\dfrac{R_f}{\sqrt{\tan\beta}}}{10^{26}}N_{CP} \tag{12-5-46}$$

式中　f_P——行星轮浸油系数；

n_P^C——行星轮相对于行星架的转速，r/min；

d_{OP}——行星轮外径，mm；

b_{WP}——行星轮全齿宽，mm；

N_{CP}——行星轮个数。

$$P_{CC}=\frac{A_C f_C \nu n_C^3 D_C^{4.7} W_C}{10^{26}} \tag{12-5-47}$$

式中　f_C——行星架浸油系数；

n_C——行星架转速，r/min；

D_C——行星架外径，mm；

W_C——行星架宽度，mm。

太阳轮、行星轮及行星架的浸油系数基于每个零件相对于静态油位的浸油深度。因为工业行星齿轮传动的风阻功率损失相对于这些零件的搅油功率损失可以忽略不计，如果零件没有浸到油，则 f_S、f_C、f_P 都等于 0；如果零件全部浸入油中，则 f_S、f_C、f_P 都等于 1.0；如果零件部分浸入油中，则 f_S、f_C、f_P 为 0 和 1 的线性插值。例如，如果零件的浸油深度在它的中心线上，则 f_S、f_C、f_P 都等于 0.5。行星轮的浸油系数按行星架旋转一圈的行星轮浸油极限深度的平均值计算。

一般情况下，行星架布置常数是一个针对给定行星轮系的经验常数。它的值可通过空载热功率测试得到，测试可采用本节提供的测量散热油池温度和空载功率损失的相关数学模型。

8.2.3.5　滚动轴承摩擦功率损失 P_{BL}

轴承摩擦功率损失取决于摩擦因数、载荷、规格和转速，可按式（12-5-48）计算：

$$P_{BL}=\frac{(M_1+M_2)n_B}{9549} \tag{12-5-48}$$

式中　P_{BL}——轴承摩擦功率损失，kW；

M_1——轴承载荷的摩擦力矩，N·m，可按式（12-5-49）计算；

M_2——轴承轴向载荷的摩擦力矩（仅适用于圆柱滚子轴承），N·m，可按式（12-5-50）计算。

$$M_1=\frac{f_1 P_1^{e_1} d_M^{e_2}}{1000} \tag{12-5-49}$$

式中　f_1——轴承摩擦因数，见表 12-5-45；

e_1, e_2——指数，见表 12-5-46；

P_1——轴承动载荷，N，见表 12-5-45。

$$M_2=\frac{f_2 F_a d_M}{1000} \tag{12-5-50}$$

式中　f_2——轴承轴向摩擦因数，见表 12-5-47；

F_a——轴承动载荷的轴向分量，见表 12-5-45。

表 12-5-45　　计算 M_1 的系数

轴承类型	f_1	$P_1$①
深沟球轴承	轻型轴承 $0.0006(P_0/C_0)^{0.55}$ 重型轴承 $0.0009(P_0/C_0)^{0.55}$	$3F_a-0.1F_r$
自调心球轴承	$0.0003(P_0/C_0)^{0.4}$	$1.4Y_2F_a-0.1F_r$
角接触球轴承：		
单列	$0.001(P_0/C_0)^{0.33}$	$F_a-0.1F_r$
双列，配对单列	$0.001(P_0/C_0)^{0.33}$	$1.4F_a-0.1F_r$
四点接触球轴承	$0.001(P_0/C_0)^{0.33}$	$1.5F_a+3.6F_r$
带保持架圆柱滚子轴承：		
10 系列	0.0002	F_r
2 系列	0.0003	F_r
3 系列	0.00035	F_r
4、22、23 系列	0.0004	F_r
满装圆柱滚子轴承	0.00055	F_r
滚针轴承	0.002	F_r

第12篇

续表

轴承类型	f_1	P_1[①]
球面滚子轴承：		
213 系列	0.00022	
222 系列	0.00015	
223 系列	0.00065	若$F_r/F_a<Y_2$：$1.35Y_2F_a$ 若$F_r/F_a \geqslant Y_2$： $F_r[1+0.35(Y_2F_a/F_r)^3]$ （适用于所有系列）
230、241 系列	0.001	
231 系列	0.00035	
232 系列	0.00045	
239 系列	0.00025	
240 系列	0.0008	
圆锥滚子轴承：		
单列	0.0004	$2YF_a$
配对单列	0.0004	$1.2Y_2F_a$
推力球轴承	$0.0008(F_a/C_0)^{0.33}$	F_a
推力圆柱滚子轴承、推力滚针轴承	0.0015	F_a
推力球面滚子轴承：		
292 E 系列	0.00023	
292 系列	0.0003	
293 E 系列	0.0003	$F_a(F_{rmax} \leqslant 0.55F_a)$ （适用于所有系列）
293 系列	0.0004	
294 E 系列	0.00033	
294 系列	0.0005	

① 如果 $P_1<F_r$，则采用 $P_1=F_r$。

注：P_0—轴承当量静载荷，N（参见制造商轴承样本）；C_0—轴承基本额定静载荷，N（参见制造商轴承样本）；F_a—轴承动载荷的轴向分量，N；F_r—轴承动载荷的径向分量，N；Y、Y_2—轴向载荷系数（参见制造商轴承样本）。

表 12-5-46　　计算 M_1 的指数

轴承类型	指数	
	e_1	e_2
所有类型(除球面滚柱轴承外)	1	1
球面滚柱轴承：		
213 系列	1.35	0.2
222 系列	1.35	0.3
223 系列	1.35	0.1
230 系列	1.5	-0.3
231、232、239 系列	1.5	-0 1
240、241 系列	1.5	-0.2

表 12-5-47　　圆柱滚子轴承轴向摩擦因数 f_2

轴承类型	f_2	
	润滑方式	
	脂润滑	油润滑
带保持架轴承：		
EC 设计	0.003	0.002
其他轴承	0.009	0.006
满装轴承：		
单列	0.006	0.003
双列	0.015	0.009

表 12-5-47 给出的 f_2 基于以下假设条件：润滑剂黏度足够高；轴向载荷与径向载荷之比对于 EC（E——增加滚子，C——开式挡边）设计轴承和单列满装圆柱滚子轴承不超过 0.50，对于其他带保持架的轴承不超过 0.40，对于双列满装圆柱滚子轴承不超过 0.25。

对于圆锥滚子轴承，在计算轴承动载荷时，应计算所产生的轴向力。表 12-5-45 所用的 F_a 计算公式见表 12-5-48。

表 12-5-48　　圆锥滚子轴承载荷计算

布置形式	载荷情况		轴向载荷
背靠背 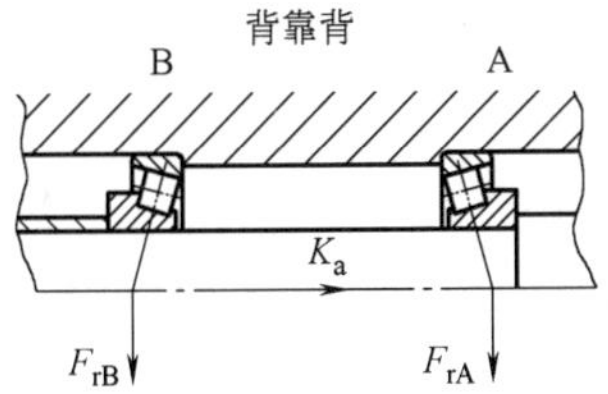 B A K_a F_{rB} F_{rA}	1(a)	$\frac{F_{rA}}{Y_A} \geqslant \frac{F_{rB}}{Y_B}$ $K_a \geqslant 0$	$F_{aA}=\frac{0.5F_{rA}}{Y_A}$ $F_{aB}=F_{aA}+K_a$
面对面 A B K_a F_{rA} F_{rB}	1(b)	$\frac{F_{rA}}{Y_A} < \frac{F_{rB}}{Y_B}$ $K_a \geqslant 0.5\left(\frac{F_{rB}}{Y_B}-\frac{F_{rA}}{Y_A}\right)$	$F_{aA}=\frac{0.5F_{rA}}{Y_A}$ $F_{aB}=F_{aA}+K_a$
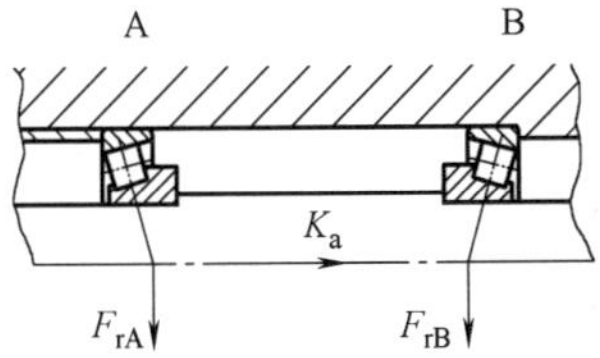	1(c)	$\frac{F_{rA}}{Y_A} < \frac{F_{rB}}{Y_B}$ $K_a < 0.5\left(\frac{F_{rB}}{Y_B}-\frac{F_{rA}}{Y_A}\right)$	$F_{aA}=F_{aB}-K_a$ $F_{aB}=\frac{0.5F_{rB}}{Y_B}$
面对面 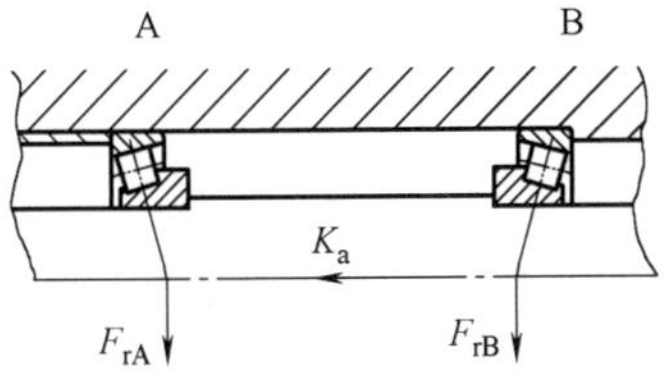 A B K_a F_{rA} F_{rB}	2(a)	$\frac{F_{rA}}{Y_A} \leqslant \frac{F_{rB}}{Y_B}$ $K_a \geqslant 0$	$F_{aA}=F_{aB}+K_a$ $F_{aB}=\frac{0.5F_{rB}}{Y_B}$
背靠背 B A K_a F_{rB} F_{rA}	2(b)	$\frac{F_{rA}}{Y_A} > \frac{F_{rB}}{Y_B}$ $K_a \geqslant 0.5\left(\frac{F_{rA}}{Y_A}-\frac{F_{rB}}{Y_B}\right)$	$F_{aA}=F_{aB}+K_a$ $F_{aB}=\frac{0.5F_{rB}}{Y_B}$
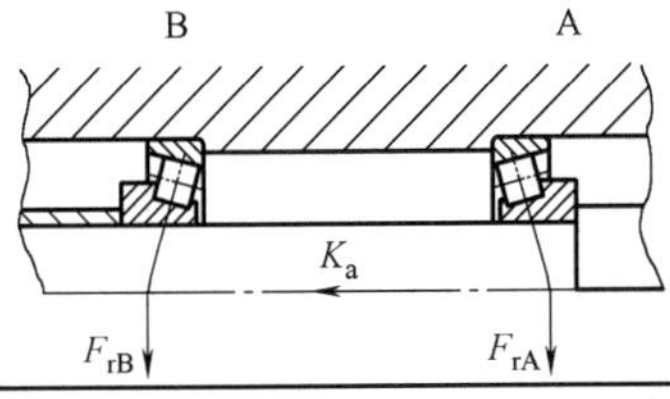	2(c)	$\frac{F_{rA}}{Y_A} > \frac{F_{rB}}{Y_B}$ $K_a < 0.5\left(\frac{F_{rA}}{Y_A}-\frac{F_{rB}}{Y_B}\right)$	$F_{aA}=\frac{0.5F_{rA}}{Y_A}$ $F_{aB}=F_{aA}-K_a$

注：1. 表中各符号的下标 A、B 分别代表轴承 A、B 处的参数，如：Y_A 为轴承 A 的 Y 值，F_{rA} 为轴承 A 的 F_r 值。
2. K_a 指外加轴向载荷。

8.2.3.6　滑动轴承摩擦功率损失 P_{BS}

采用圆柱滑动轴承时，油膜剪切力会产生流体摩擦功率损失和止推环摩擦功率损失，滑动轴承摩擦功率损失可按式（12-5-51）计算：

$$P_{BS}=P_{Bh}+P_{Bt} \tag{12-5-51}$$

式中　P_{BS}——滑动轴承摩擦功率损失，kW；
　　P_{Bh}——滑动轴承流体摩擦功率损失，kW，可按式（12-5-52）计算；
　　P_{Bt}——止推环摩擦功率损失，kW，可按式（12-5-53）计算。

$$P_{Bh}=\frac{1.723\times10^{-17}\mu_{oil}n_B^2d_b^3Lj}{c} \tag{12-5-52}$$

式中　μ_{oil}——出油口润滑油动力黏度，MPa · s；
　　d_b——滑动轴承内径，mm；
　　L——滑动轴承的接触宽度，mm；

j——轴承功率损失系数（见图 12-5-48）；

c——轴承的径向间隙，mm。

$$P_{Bt}=\frac{1.723\times10^{-17}\mu_{oil}n_B^2(r_o^4-r_i^4)}{t} \tag{12-5-53}$$

式中 r_o——止推环外半径，mm；

r_i——止推环内半径，mm；

t——油膜厚度，mm。

图 12-5-48 所用表示滑动轴承承载能力的无量纲因数 S_o 按式（12-5-54）计算：

$$S_o=\frac{10^{-6}d_b^2\mu_{oil}n_B}{60c^2w} \tag{12-5-54}$$

式中 w——单位面积上的载荷，kPa。

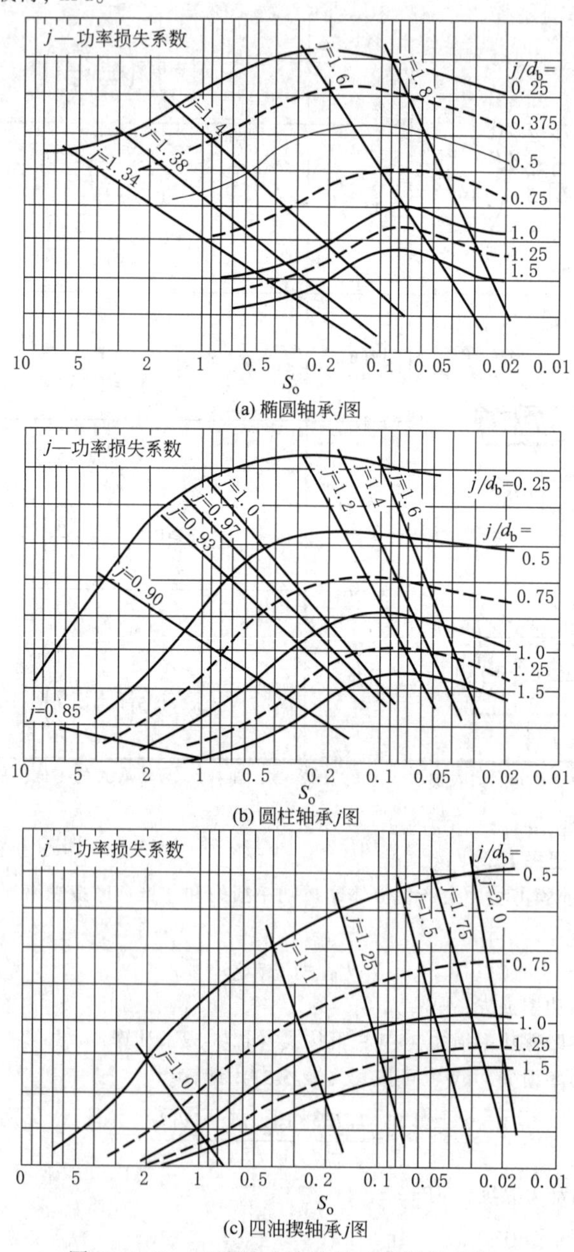

图 12-5-48 三种滑动轴承的功率损失系数 j

8.2.3.7 齿轮啮合摩擦功率总损失 P_{ML}

轮齿摩擦损失是轮齿运动机理、摩擦因数、转速和传递转矩的函数。轮齿运动涉及被油膜隔离啮合轮齿之间的相对滑动。摩擦因数取决于润滑剂性能、载荷强度和转速。对某级具体的行星齿轮传动，啮合摩擦功率总损失 P_{ML} 可用式（12-5-54）表示：

$$P_{ML}=(P_{MLE}+P_{MLI})N_{CP} \tag{12-5-55}$$

式中 P_{ML}——该级齿轮啮合摩擦功率总损失，kW；

P_{MLE}——每一支太阳轮和行星轮（外）啮合的摩擦功率损失，kW，可按式（12-5-56）计算；

P_{MLI}——每一支行星轮和内齿圈（内）啮合的摩擦功率损失，kW，可按式（12-5-63）计算。

$$P_{MLE}=\frac{f_e T_e n_S^C \cos^2\beta_{we}}{9549M_e} \tag{12-5-56}$$

式中 f_e——外啮合摩擦因数，可按式（12-5-57）计算；

T_e——每一支啮合的太阳轮转矩，N·m；

β_{we}——太阳轮和行星轮啮合的节圆螺旋角，(°)；

M_e——外啮合机械效益，可按式（12-5-59）计算。

$$f_e=\frac{v^{-0.223}K_e^{-0.40}}{3.239V_e^{0.70}} \tag{12-5-57}$$

式中 K_e——外啮合载荷强度，N/mm^2，可按式（12-5-58）计算；

V_e——太阳轮和行星轮啮合的节线速度，m/s。

$$K_e=\frac{1000T_e(z_S+z_P)}{2b_{we}r_{wS}^2 z_P} \tag{12-5-58}$$

式中 b_{we}——太阳轮和行星轮啮合的齿宽，mm；

r_{wS}——太阳轮节圆半径，mm。

$$M_e=\frac{2\cos\alpha_{we}(H_{se}+H_{te})}{H_{se}^2+H_{te}^2} \tag{12-5-59}$$

式中 α_{we}——太阳轮和行星轮啮合的端面啮合角，(°)；

H_{se}——啮入时太阳轮和行星轮啮合的滑动率，可按式（12-5-60）计算；

H_{te}——啮出时太阳轮和行星轮啮合的滑动率，可按式（12-5-62）计算。

$$H_{se}=(u_e+1)\left[\left(\frac{r_{OP}^2}{r_{wP-S}^2}-\cos^2\alpha_{we}\right)^{0.5}-\sin\alpha_{we}\right] \tag{12-5-60}$$

式中 u_e——行星轮和太阳轮的齿数比，按式（12-5-61）计算；

$$u_e=\frac{z_P}{z_S} \tag{12-5-61}$$

r_{OP}——行星轮齿顶圆半径，mm；

r_{wP-S}——行星轮和太阳轮啮合的节圆半径，mm。

$$H_{te}=\frac{u_e+1}{u_e}\left[\left(\frac{r_{OS}^2}{r_{wS}^2}-\cos^2\alpha_{we}\right)^{0.5}-\sin\alpha_{we}\right] \tag{12-5-62}$$

式中 r_{OS}——太阳轮齿顶圆半径，mm。

$$P_{MLI}=\frac{f_i T_i n_P^C \cos^2\beta_{wi}}{9549M_i} \tag{12-5-63}$$

式中 f_i——内啮合摩擦因数，可按式（12-5-64）计算；

T_i——每一支啮合的行星轮转矩，N·m；

β_{wi}——行星轮和内齿圈啮合的节圆螺旋角，(°)；

M_i——内啮合机械效益，可按式（12-5-66）计算。

$$f_i=\frac{v^{-0.223}K_i^{-0.40}}{3.239V_i^{0.70}} \tag{12-5-64}$$

式中　K_i——内啮合载荷强度，N/mm^2，可按式（12-5-65）计算；

V_i——行星轮和内齿圈啮合的节线速度，m/s。

$$K_i=\frac{1000T_i(z_R-z_P)}{2b_{wi}r_{wP-R}^2z_R} \tag{12-5-65}$$

式中　z_R——内齿圈齿数；

b_{wi}——行星轮和内齿圈的啮合齿宽，mm；

r_{wP-R}——行星轮和内齿圈啮合的节圆半径，mm。

$$M_i=\frac{2\cos\alpha_{wi}(H_{si}+H_{ti})}{H_{si}^2+H_{ti}^2} \tag{12-5-66}$$

式中　α_{wi}——行星轮和内齿圈啮合的端面啮合角，(°)；

H_{si}——啮入时行星轮和内齿圈啮合的滑动率，可按式（12-5-67）计算；

H_{ti}——啮出时行星轮和内齿圈啮合的滑动率，可按式（12-5-69）计算。

$$H_{si}=(u_i-1)\left[\sin\alpha_{wi}-\left(\frac{r_{iR}^2}{r_{wR}^2}-\cos^2\alpha_{wi}\right)^{0.5}\right] \tag{12-5-67}$$

式中　u_i——内齿圈和行星轮的齿数比，按式（12-5-68）计算；

$$u_i=\frac{z_R}{z_P} \tag{12-5-68}$$

r_{iR}——内齿圈的齿顶圆半径，mm；

r_{wR}——内齿圈的节圆半径，mm。

$$H_{ti}=\frac{u_i-1}{u_i}\left[\left(\frac{r_{OP}^2}{r_{wP-R}^2}-\cos^2\alpha_{wi}\right)^{0.5}-\sin\alpha_{wi}\right] \tag{12-5-69}$$

第12篇

8.2.4　非标准条件时的修正法则

8.2.4.1　修正法则

当实际工作条件与标准条件不同时，应对该应用的许用热功率进行测量或计算。如果做不到，可以按式（12-5-70）采用近似的修正系数对标准许用热功率 P_{TS} 做修正。

$$P_{TA}=B_{ST}B_{AT}B_VB_AB_DP_{TS} \tag{12-5-70}$$

式中　P_{TA}——修正后的许用热功率，kW；

B_{ST}——最高允许油池温度系数；

B_{AT}——环境温度系数；

B_V——空气流速系数；

B_A——海拔高度系数；

B_D——运转周期系数；

P_{TS}——根据标准条件确定的许用热功率，kW。

当工作条件超过表12-5-49至表12-5-53给出的极限值，或者因采取自然冷却或轴装风扇冷却之外的冷却方式需要对许用热功率进行修正时，应咨询行星齿轮传动装置的制造商。

8.2.4.2　最高允许油池温度系数 B_{ST}

根据齿轮制造商的经验或者具体应用要求，可以采用修正系数 B_{ST}（见表12-5-49）计算出低于或高于95℃时的最高允许油池温度的许用热功率。低于95℃的油池温度将使许用热功率降低，高于95℃将增加许用热功率。

表12-5-49　最高允许油池温度系数 B_{ST}

最高油池温度/℃	B_{ST}	最高油池温度/℃	B_{ST}
65	0.60	95	1.00
85	0.81	105	1.13

有时，虽然计算结果可能是需要较大的行星齿轮传动装置或者采取附加冷却措施才能满足热功率要求，但实

际并没采用而工作温度仍然可能会低于 95℃。在某些应用中，行星齿轮传动装置在超过 95℃的工作温度时性能仍是可以接受的。然而应认识到在超过 95℃的温度下工作可能会缩短润滑剂、油封、齿轮和轴承的寿命，导致维护频率增加。当考虑提出超过 95℃的最高允许油池温度时，应咨询齿轮制造商。

8.2.4.3　环境温度系数 B_{AT}

当环境温度低于 25℃时，可增大许用热功率，系数 B_{AT} 增大；反之，当环境温度高于 25℃时，许用热功率降低，系数 B_{AT} 减小，见表 12-5-50。

在确定环境温度时，应用于室外时应采用最高温季节的最高温度值。应用于室内时的最高环境温度可能会受到附近机械或热加工工序的影响。

表 12-5-50　　环境温度系数 B_{AT}

环境温度，T_A/℃	B_{AT}	环境温度，T_A/℃	B_{AT}
10	1.17	35	0.88
15	1.12	40	0.81
20	1.06	45	0.74
25	1.00	50	0.66
30	0.94		

8.2.4.4　空气流速系数 B_V

当在自然风或在风场内，周围空气的稳定速度（流速）超过 1.4m/s 时，对流传热增大，可以增大许用热功率，系数 B_V 增大；反之，当周围空气速度低于 0.5m/s 时，许用热功率降低，见表 12-5-51。

表 12-5-51　　空气流速系数 B_V

周围空气速度，v_A/m·s^{-1}	B_V	周围空气速度，v_A/m·s^{-1}	B_V
$v_A \leqslant 0.50$	0.75	$1.4 < v_A \leqslant 3.7$	1.40
$0.50 < v_A \leqslant 1.4$	1.00	$v_A > 3.7$	1.90

空气流动受限的狭窄空间要降低许用热功率。对于较大的室内空间，通常采取 $B_V = 1.00$。当 $B_V > 1.00$ 时，许用热功率增加（一般在室外），周围空气速度应是直接通过行星齿轮传动装置的连续空气流的速度。如果空气流不能持续，那么应采用 $B_V = 1.00$。B_V 仅用于自然冷却。

8.2.4.5　海拔高度系数 B_A

B_A 是在海拔较高处，因空气密度降低使许用热功率降低的系数，见表 12-5-52。

表 12-5-52　　海拔高度系数 B_A

海拔/m	B_A	海拔/m	B_A
0=海平面	1.00	3000	0.81
750	0.95	3750	0.76
1500	0.90	4500	0.72
2250	0.85	5250	0.68

8.2.4.6　运转周期系数 B_D

B_D 是当行星齿轮传动装置为非连续工作，间断的冷却时间使许用热功率提高的系数，见表 12-5-53。

表 12-5-53　　运转周期系数 B_D

每小时运转时间占比/%	B_D	每小时运转时间占比/%	B_D
100	1.00	40	1.35
80	1.05	20	1.80
60	1.15		

8.3　行星齿轮传动的效率计算

当给定输入功率 P_A 时的总发热量 P_V 按式（12-5-29）算得结果后，可以按式（12-5-63）计算总损失和效

率 η:

$$\eta=\left(1-\frac{P_{\mathrm{N}}+P_{\mathrm{L}}}{P_{\mathrm{A}}}\right)\times100\% \tag{12-5-71}$$

当达到热平衡，并且 P_{A} 等于许用热功率 P_{T} 时，则 P_{Q} 和 P_{T} 可按式（12-5-72）和式（12-5-73）求得：

$$P_{\mathrm{Q}}=P_{\mathrm{N}}+P_{\mathrm{L}} \tag{12-5-72}$$

$$P_{\mathrm{T}}=\frac{P_{\mathrm{Q}}}{1-\eta} \tag{12-5-73}$$

9 行星齿轮传动设计计算示例

9.1 设计计算示例一

设计一台用于带式输送机的 NGW 型行星齿轮减速器（减速器采用直齿圆柱齿轮）。高速轴通过联轴器与电机直接连接；电机功率 $P=75\mathrm{kW}$，转速 $n_1=1000\mathrm{r/min}$。减速器输出转速 $n_2=32\mathrm{r/min}$。

（1）计算传动比 i

$$i=\frac{n_1}{n_2}=\frac{1000}{32}=31.25$$

根据表 12-5-3 得之知，单级传动比最大为 13.7，故该 NGW 型行星齿轮减速器须采用二级行星传动。

（2）分配传动比

先按式（12-5-10）计算出数值 E，而后利用图 12-5-7 分配传动比。

用角标 Ⅰ 表示高速级参数，Ⅱ 表示低速级参数。设高速级与低速级齿轮材料及齿面硬度相同，即 $\sigma_{\mathrm{H\,lim\,I}}=\sigma_{\mathrm{H\,lim\,II}}$。

取行星轮个数 $C_{\mathrm{s\,I}}=C_{\mathrm{s\,II}}$，齿面硬化系数 $Z_{\mathrm{W\,I}}=Z_{\mathrm{W\,II}}$，载荷分布系数 $K_{\mathrm{C\,I}}=K_{\mathrm{C\,II}}$，齿宽系数比 $\frac{\psi_{\mathrm{d\,I}}}{\psi_{\mathrm{d\,II}}}=1.2$，直径比 $B=\frac{d_{\mathrm{B\,II}}}{d_{\mathrm{B\,I}}}=1.2$，$\frac{K_{\mathrm{v\,I}}K_{\mathrm{H\beta\,I}}Z_{\mathrm{N\,II}}^2}{K_{\mathrm{v\,II}}K_{\mathrm{H\beta\,II}}Z_{\mathrm{N\,I}}^2}=1.9$，$A=\frac{C_{\mathrm{s\,II}}\psi_{\mathrm{d\,II}}K_{\gamma\,\mathrm{I}}K_{\mathrm{v\,I}}K_{\mathrm{H\beta\,I}}Z_{\mathrm{N\,II}}^2Z_{\mathrm{W\,II}}^2\sigma_{\mathrm{H\,lim\,II}}^2}{C_{\mathrm{s\,I}}\psi_{\mathrm{d\,I}}K_{\gamma\,\mathrm{II}}K_{\mathrm{v\,II}}K_{\mathrm{H\beta\,II}}Z_{\mathrm{N\,I}}^2Z_{\mathrm{W\,I}}^2\sigma_{\mathrm{H\,lim\,I}}^2}=2.28$，$E=AB^3=3.94$。

根据 $i=31.25$，$E=3.94$ 查图 12-5-7 得 $i_{\mathrm{I}}=6.2$，而 $i_{\mathrm{II}}=i/i_{\mathrm{I}}=31.25/6.2\approx5$。

（3）高速级计算

① 确定齿数。为提高设计效率，一般不必自行配齿，只需将分配的传动比适当调整即可直接查表确定齿数。查表 12-5-5，可知本题中只需将 $i_{\mathrm{I}}=6.2$ 调整为 6.3，$i_{\mathrm{II}}=5$ 不变即可。这样总传动比误差仅为 0.8%，远小于一般减速器实际传动比允许的误差 4%，完全符合要求。

查表 12-5-3，取 $C_{\mathrm{s}}=3$，而后查表 12-5-5，在 $i=6.3$，$C_{\mathrm{s}}=3$ 一栏中选取齿数组合：$z_{\mathrm{A}}=16$，$z_{\mathrm{C}}=35$，$z_{\mathrm{B}}=86$，$i=6.375$。

② 按接触强度初算 A-C 传动中心距和模数。

输入转矩

$$T_{\mathrm{I}}=9550\frac{P}{n_1}=9550\frac{75}{1000}=716.25\mathrm{N\cdot m}$$

设均载系数 $K_\gamma=1.15$；

在一对 A-C 传动中，小轮（太阳轮）传递的转矩为

$$T_{\mathrm{A}}=\frac{T_{\mathrm{I}}}{C_{\mathrm{s}}}K_\gamma=\frac{716.25}{3}\times1.15=274.6\mathrm{N\cdot m}$$

齿数比

$$u=\frac{z_{\mathrm{C}}}{z_{\mathrm{A}}}=\frac{35}{16}\approx2.19$$

太阳轮和行星轮的材料选用 20CrMnTi 渗碳淬火，齿面硬度要求为：太阳轮 59~63HRC，行星轮 53~58HRC；$\sigma_{\mathrm{H\,lim}}=1500\mathrm{MPa}$；许用接触应力 $\sigma_{\mathrm{Hp}}=0.9\sigma_{\mathrm{H\,lim}}=1500\times0.9=1350\mathrm{MPa}$。

取齿宽系数 $\psi_a=0.5$，载荷系数 $K=1.8$，按本篇第 1 章齿面接触强度计算公式计算中心距

$$a=A_a(u+1)\sqrt[3]{\frac{KT_A}{\psi_A u\sigma_{Hp}^2}}=483(2.19+1)\sqrt[3]{\frac{1.8\times274.6}{0.5\times2.19\times1350^2}}=96.8\text{mm}$$

模数 $m=\frac{2a}{z_A+z_C}=\frac{2\times96.8}{16+35}=3.8\text{mm}$，取模数 $m=4\text{mm}$。

为提高啮合齿轮副的承载能力，将 z_C 减少 1 个齿，改为 $z_C=34$，并进行不等角变位，则 A-C 传动未变位时的中心距为

$$a_{AC}=\frac{m}{2}(z_A+z_C)=\frac{4}{2}(16+34)=100\text{mm}$$

根据系数 $j=\frac{z_B-z_C}{z_A+z_C}=\frac{86-34}{16+34}=1.04$，查图 12-5-4，预取啮合角 $\alpha'_{AC}=24°$则 $\alpha'_{CB}\approx18.3°$。

A-C 传动中心距变动系数为

$$y_{AC}=\frac{1}{2}(z_A+z_C)\times\left(\frac{\cos\alpha}{\cos\alpha'_{AC}}-1\right)=\frac{1}{2}\times(16+34)\times\left(\frac{\cos20°}{\cos24°}-1\right)=0.716$$

则中心距 $a'=a_{AC}+y_{AC}m=100+0.716\times4=102.86\text{mm}$

取实际中心距为：$a'=103\text{mm}$。

③ 计算 A-C 传动的实际中心距变动系数 y_{AC} 和啮合角 α'_{AC}。

$$y_{AC}=\frac{a'-a_{AC}}{m}=\frac{103-100}{4}=0.75$$

$$\cos\alpha'_{AC}=\frac{a_{AC}}{a'}\cos\alpha=\frac{100}{103}\cos20°=0.91232293$$

故 $\alpha'_{AC}=24°10'18''$。

④ 计算 A-C 传动的变位系数。

$$x_{\Sigma AC}=(z_A+z_C)\frac{\text{inv}\alpha'_{AC}-\text{inv}\alpha}{2\tan\alpha}=(16+34)\times\frac{\text{inv}24°10'18''-\text{inv}20°}{2\tan20°}=0.838$$

用图 12-5-5 校核，$z_{\Sigma AC}=16+34=50$ 和 $x_{\Sigma AC}=0.838$ 均在许用区内，可用。

根据 $x_{\Sigma AC}=0.838$，实际的 $u=34/16=2.13$，在图 12-5-5 中，x_Σ 纵坐标上 0.838 处向左作水平直线与③号斜线（$u>1.6\sim2.2$）相交，其交点向下作垂直线，与 x_1 横坐标的交点即为太阳轮的变位系数 $x_A=0.42$，行星轮的变位系数为：$x_C=x_{\Sigma AC}-x_A=0.838-0.42=0.418$。

⑤ 计算 C-B 传动的中心距变动系数 y_{CB} 和啮合角 α'_{CB}。

C-B 传动未变位时的中心距为：$a_{CB}=\frac{m}{2}(z_B-z_C)=\frac{4}{2}(86-34)=104\text{mm}$

则 $y_{CB}=\frac{a'-a_{CB}}{m}=\frac{103-104}{4}=-0.25$ （C-B 传动的实际中心距与 A-C 传动的实际中心距相等）

$$\cos\alpha'_{CB}=\frac{a_{CB}}{a'}\cos\alpha=\frac{104}{103}\cos20°=0.94881585$$

故 $\alpha'_{CB}=18°24'39''$。

⑥ 计算 C-B 传动的变位系数。

$$x_{\Sigma CB}=(z_B-z_C)\frac{\text{inv}\alpha'_{CB}-\text{inv}\alpha}{2\tan\alpha}=(86-34)\frac{\text{inv}18°24'39''-\text{inv}20°}{2\tan20°}=-0.24059$$

$$x_B=x_{\Sigma CB}+x_C=-0.24059+0.418=0.17741$$

⑦ 计算几何尺寸。按本篇第 1 章表 12-1-25 的公式分别计算 A、C、B 齿轮的分度圆直径、齿顶圆直径、基圆直径、端面重合度等（略）。

⑧ 验算 A-C 传动的接触强度和弯曲强度（详细计算过程从略）。强度计算公式同本篇第 1 章定轴线齿轮传动。接触强度验算按表 12-1-83 所列公式。弯曲强度验算按表 12-1-122 所列公式。

确定系数 K_v 和 Z_v 所用的圆周速度用相对于行星架的圆周速度

$$v^X=\frac{\pi m z_A n_1\left(1-\frac{1}{i_1}\right)}{1000\times60}=\frac{\pi\times4\times16\times1000\times\left(1-\frac{1}{6.3}\right)}{1000\times60}=2.82\text{m/s}$$

由式（12-5-23）和式（12-5-24）确定 $K_{F\beta}$ 和 $K_{H\beta}$。

$$K_{F\beta}=1+(\theta_b-1)\mu_F$$
$$K_{H\beta}=1+(\theta_b-1)\mu_H$$

由图 12-5-19 得 $\mu_H=0.95$，$\mu_F=1.0$

根据 $\varphi_d=\frac{0.5a}{d_A}=\frac{0.5\times103}{mz_A}=\frac{0.5\times103}{4\times16}=0.805$，查图 12-5-20 得 $\theta_b=1.26$

$$K_{F\beta}=1+(1.26-1)\times1=1.26$$
$$K_{H\beta}=1+(1.26-1)\times0.95=1.247$$

其他系数及参数的确定和强度计算过程同本篇第 1 章。计算结果如下（安全）：

太阳轮的接触应力 $\sigma_{HA}=1328.7\text{MPa}<\sigma_{Hp}=1350\text{MPa}$；

行星轮的接触应力 $\sigma_{HC}=1267.8\text{MPa}<\sigma_{Hp}=1350\text{MPa}$；

太阳轮的弯曲应力 $\sigma_{FA}=337\text{MPa}<\sigma_{Fp}=784\text{MPa}$；

行星轮的弯曲应力 $\sigma_{FC}=341\text{MPa}<\sigma_{Fp}=784\text{MPa}$。

由于齿轮强度计算极为繁复、费时，因此在目前已有多种软件产品面世的情况下，完全可以借助计算机软件高效地完成设计计算工作。

⑨ 根据接触强度计算结果确定内齿轮材料。

根据表 12-1-83 的公式得

$$\sigma_{H\lim}\geqslant\frac{\sqrt{\frac{F_t}{d_1 b}\times\frac{u-1}{u}K_A K_v K_{H\beta}K_{H\alpha}}\times Z_H Z_E Z_\varepsilon Z_\beta}{Z_N Z_L Z_v Z_R Z_W Z_X}$$

计算结果：$\sigma_{H\lim}\geqslant802\text{MPa}$（在计算过程中，取 $S_{H\min}=1.0$）。

根据 $\sigma_{H\lim}$ 选用 40Cr 并进行氮化处理，表面硬度达 52~55HRC 即可。

⑩ C-B 的弯曲强度验算（略）。

（4）低速级计算

低速级输入转矩 $T_{\text{II}}=T_{\text{I}}\times i_{\text{I}}\times\eta=716.25\times6.375\times0.98=4475\text{N}\cdot\text{m}$

传动比 $i_{\text{II}}=5$

计算过程同高速级（略）。

计算结果：齿轮材料、热处理及齿面硬度同高速级。

主要参数为：高速级 $z_A=16$，$z_C=34$，$z_B=86$，$a'=103$，$m=4$，$x_A=0.42$，$x_C=0.418$，$x_B=0.17741$，$\alpha'_{AC}=24°10'18''$，$\alpha'_{CB}=18°24'39''$。

9.2 设计计算示例二

图 12-5-49 为一增速复合行星齿轮传动装置示例，行星架输入，太阳轮输出，“固定式”内齿圈和太阳轮都浮动。

已知参数：额定功率 $P=500\text{kW}$；输入转速（行星架，顺时针方向）$n_C=20\text{r/min}$；双联行星轮个数 $N_{CP}=3$。经配齿，得该传动的主要参数，见表 12-5-54。

所述示例介绍了一个内齿圈固定的复合行星齿轮传动装置的齿轮参数、传动比、转速、功率和载荷的计算方法。因为有国家标准 GB/T 33923—2017《行星齿轮传动设计方法》的附录 B 参考，本示例不再介绍齿轮强度和轴承的载荷以及寿命的计算过程。本示例的行星

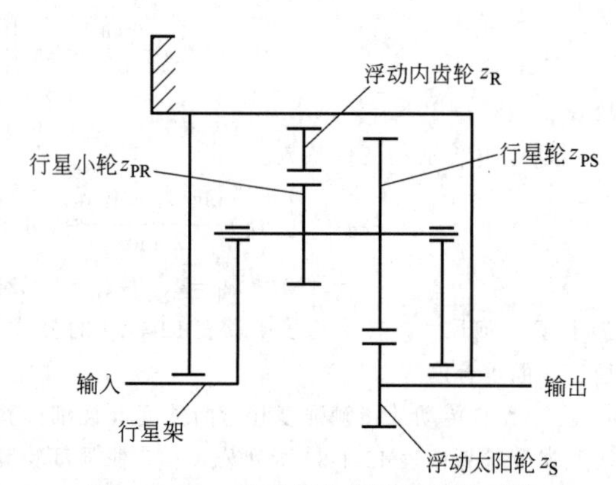

图 12-5-49 增速复合行星齿轮传动装置

架转速相对较低，计算行星轴承寿命时可以忽略行星轮的离心力。当行星架转速较高时，计算行星轴承载荷和寿命应考虑此离心力。

表 12-5-54　　复合行星齿轮传动主要参数

外啮合		内啮合	
齿形角α_n	20°	齿形角α_n	20°
模数m_n	6mm	模数m_n	8mm
螺旋角β	0°	螺旋角β	0°
太阳轮齿数z_S	21	行星小轮齿数z_{PR}	21
行星大轮齿数z_{PS}	99	内齿圈齿数z_R	111
太阳轮变位系数x_S	0.46	行星小轮变位系数x_{PR}	0.5
行星大轮变位系数x_{PS}	0.415	内齿圈变位系数x_R	1.1563
中心距 a	365mm	中心距 a	365mm
太阳轮分度圆直径d_S	126mm	行星小轮分度圆直径d_{PR}	168mm
行星大轮分度圆直径d_{PS}	594mm	内齿圈分度圆直径d_R	888mm

因为太阳轮的齿数与内齿圈的齿数都可以被行星齿轮个数除尽，所以配齿满足装配条件。该装置齿轮的一般计算及转矩和受力计算（只列出计算式和计算结果）如下：

基本传动比（行星架固定）

$$i_{SR}^{C}=-\frac{z_R z_{PS}}{z_{PR} z_S}=-24.918$$

总传动比

$$i_{SC}^{R}=1-i_{SR}^{C}=25.918$$

输入转矩

$$T_C=9549P/n_C=238725\text{N}\cdot\text{m}$$

输出转速（顺时针方向）

$$n_S=i_{SC}^{R}n_C=518.36\text{r/min}$$

输出转矩

$$T_S=T_C/i_{SC}^{R}=9210.78\text{N}\cdot\text{m}$$

或

$$T_S=9549P/n_S=9210.78\text{N}\cdot\text{m}$$

行星轮绝对转速（逆时针方向）

$$n_{PR}=-n_C(z_R/z_{PR}-1)=-85.71\text{r/min}$$

或

$$n_{PS}=-z_S/z_{PS}(n_S-n_C)+n_C=-85.71\text{r/min}$$

行星轮相对转速（逆时针方向）

$$n_{PR}^{C}=n_{PR}-n_C=-105.71\text{r/min}$$

$$n_{PS}^{C}=n_{PR}^{C}=-105.71\text{r/min}$$

通过每一支行星齿轮的啮合功率（假设均载系数 $K_\gamma=1$）

$$P_{PR}=T_S(n_S-n_C)/(9549N_{CP})=160.2\text{kW}$$

其余功率通过行星架传递。

每一支行星小轮传递的转矩

$$T_{PR}=9549P_{PR}/n_{PR}^{C}=-14471.1\text{N}\cdot\text{m}$$

作用于行星小轮的切向力

$$F_{PR}=2000T_{PR}/d_{PR}=172275\text{N}$$

太阳轮相对于行星架转速

$$n_S^{C}=n_S-n_C=498.36\text{r/min}$$

作用于行星大轮上的转矩

$$T_{PS}=-T_{PR}=14471.1\text{N}\cdot\text{m}$$

作用于行星大轮上的切向力

$$F_{PR}=2000T_{PS}/d_{PS}=48724.2\text{N}$$

9.3 特殊配齿装配验算程序及示例

有时虽然复合行星的太阳轮齿数和内齿圈齿数不能都被行星轮个数整除，但若齿数能满足一定的条件仍然可以把行星轮旋转一定的角度使轮齿进入啮合完成装配，本节即对此问题进行详细分析，并给出特殊配齿装配验算程序及示例。

已知数据：太阳轮齿数 z_S；内齿圈齿数 z_R；行星轮个数 N_{CP}；与太阳轮啮合的行星轮的齿数 z_{PS}；与内齿圈啮合的行星轮的齿数 z_{PR}。按国家标准 GB/T 33923—2017《行星齿轮传动设计方法》所述方法：如果齿数 z_{PS} 和 z_{PR} 有公因子 F_C，则令 $P'_S=\dfrac{Z_{PS}}{F_C}$，$P'_R=\dfrac{Z_{PR}}{F_C}$；如果没有公因子，则 $F_C=1$。把 P'_S 和 P'_R 作为实际齿数用于下面的分析。

9.3.1 验算第一配齿条件

首先按式（12-5-74）计算装配整数 I_{va} 值

$$I_{va}=\frac{z_R P'_S+z_S P'_R}{N_{CP}}=整数 \tag{12-5-74}$$

I_{va} 值应为整数，这是应满足的第一配齿条件，但不是唯一条件。第一配齿条件满足后才有可能进行特殊配齿装配验算，如果能满足，才可以装配。

第12篇

9.3.2 特殊配齿装配验算程序

计算 z_R/N_{CP}。如果 z_R/N_{CP} 为整数，则令 $I_R=z_R/N_{CP}$。如果 z_R/N_{CP} 不是整数，则令 I_R 等于下一个更大的整数。

计算 z_S/N_{CP}。如果 z_S/N_{CP} 为整数，则令 $I_S=z_S/N_{CP}$。如果 z_S/N_{CP} 不是整数，则令 I_S 等于下一个更小的整数。

如有一个整数值 L_2，使较小行星轮在对齿装配转动 M 个齿时，刚好较大行星轮转动 L_2 个齿，那么齿轮组可以装配。

L_2 是与太阳轮啮合的行星轮相对于对准基线要转动的齿数，此位置与太阳轮上的第 I_S 齿啮合。

M 是与内齿圈啮合的行星轮距对准基线的齿数。

数学关系见式（12-5-75）、式（12-5-76）、式（12-5-77）、式（12-5-78）和式（12-5-79）：

$$I_{va}=\frac{z_R P'_S+z_S P'_R}{N_{CP}} \tag{12-5-75}$$

$$I_{va}=(I_R-M)P'_S+(I_S+L_2)P'_R \tag{12-5-76}$$

$$(I_S+L_2)P'_R=I_{va}-(I_R-M)P'_S \tag{12-5-77}$$

$$I_S+L_2=\frac{I_{va}-(I_R-M)P'_S}{P'_R} \tag{12-5-78}$$

$$L_2=\frac{I_{va}-(I_R-M)P'_S}{P'_R}-I_S \tag{12-5-79}$$

对于要装配的行星齿轮组，应有一个整数值 M 产生 L_2 整数值。

一个整数值 L_2 确定之后，即可确定该组行星轮可以装配。首先对每组行星轮用作对准的轮齿作装配标识，然后进行依次装配。第一步是把第一组行星轮按对准位置装配在太阳齿轮与内齿圈之间，使轮齿处于正确的啮合状态。装配第二组行星轮时，把与太阳轮啮合的行星轮相对于对准基线旋转 L_2 个齿即可进行装配。装配第三个行星齿轮时，对准的轮齿要沿反向旋转。

甚至当 L_2 是满足 $M=0$ 的整数时也可以装配。如果太阳轮的齿数除以行星轮的个数不是整数，装配时使太阳轮上第一组行星轮与第二组行星轮之间的齿数等于第一组行星轮与第三组行星轮之间的齿数，且使第二组和第三组行星轮沿相反方向旋转一个较小的角度即可实现装配。

9.3.3 特殊配齿装配验算示例

表 12-5-55 和表 12-5-56 给出了 2 个特殊配齿装配验算示例。其中，示例 1 未能通过第一配齿条件，示例 2 配

齿成功。

表 12-5-55　　未能通过第一配齿条件，不能等分度布置装配（示例 1）

已知参数				
外啮合		内啮合		
太阳轮齿数z_S	16	行星小轮齿数z_{PR}	21	
行星大轮齿数z_{PS}	36	内齿圈齿数z_R	73	
固定行星架		总传动比	7.821	
行星轮数目N_{CP}	3			
配齿计算				
行星轮齿数公因子F_C	3			
$P'_S=z_{PS}/F_C$	12			
$P'_R=z_{PR}/F_C$	7			
z_S/N_{CP}	5.33333	I_S	5	$I_S\leqslant z_S/N_{CP}$
z_R/N_{CP}	24.33333	I_R	25	$I_R\geqslant z_R/N_{CP}$
第一配齿条件：$(z_RP'_S+z_SP'_R)/N_{CP}=329.3333$，不满足（应为整数）				
结论：配齿失败，不能装配 3 个等分度布置的复合行星齿轮				

表 12-5-56　行星轮齿数无公因子，通过特殊配齿装配验算，可以等分度布置装配（示例 2）

已知参数			
外啮合		内啮合	
太阳轮齿数z_S	15	行星小轮齿数z_{PR}	20
行星大轮齿数z_{PS}	39	内齿圈齿数z_R	74
		总传动比	9.62
行星轮数目N_{CP}	3		
配齿计算			
行星轮齿数公因子F_C	1		
第一配齿条件：$(z_RP'_S+z_SP'_R)/N_{CP}=1062$，是整数，满足			
两个行星齿轮没有公因子，因此需要检查从 0 至 19 的所有 M 值			
特殊配齿装配验算		M	L_2（应达到L_2 为整数才可装配）
$z_R/3=24.667$　$I_R=25$ $z_S/3=5$　$I_S=5$		0	-0.65
		1	1.30
		2	3.25
		3	5.20
		4	7.15
		5	9.10
		6	11.05
		7	13.00
结论：因为 $M=7$ 可使 L_2 为整数，所以齿轮组可以装配。在第一组行星轮对准齿装配后（见图 12-5-50），第二组行星轮顺时针方向旋转 13 个齿，第三组行星轮沿逆时针方向旋转 13 个齿，两组齿轮都可以装配（见图 12-5-51）			

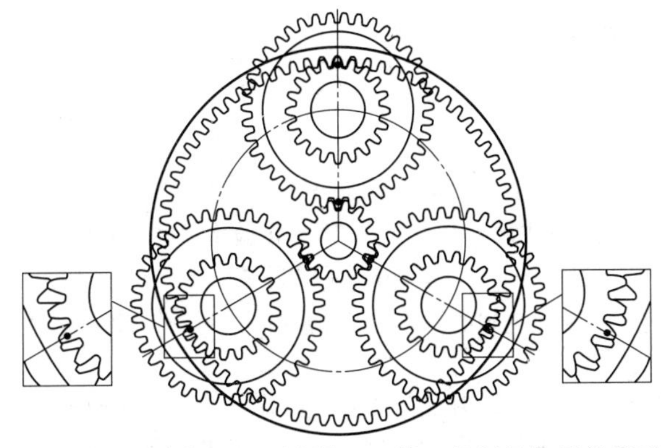

图 12-5-50　装配前的对齿标记，下方第二、第三组行星轮因轮齿干涉无法装配

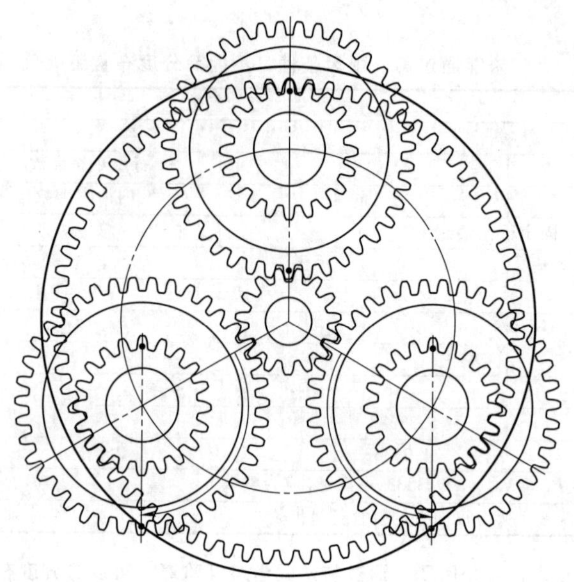

图 12-5-51　装配时第二、第三组行星轮沿箭头方向各转动 13 齿后进入装配位置

10　高速行星齿轮传动设计制造要点

高速行星齿轮传动已广泛应用于航空、船舶、发电设备、压缩机等领域。传递的功率越来越大，速度越来越高。齿轮圆周速度一般达 30~50m/s，有的已超过 100m/s，传递的功率高达数百 MW。由于功率大、速度高，而且大多数是长期连续运转，因而要求具有更高的技术性能。与中低速行星齿轮传动相比，高速行星齿轮传动在设计、制造方面具有如下特点。

① 在传动型式上多用 NGW 型，并采用人字齿轮，压力角为 20°或 22°30′，螺旋角为 18°~35°，法向齿顶高系数为 0.9，并采用较小的模数，以提高齿轮的接触疲劳强度和运转平稳性。

② 采用具有双联齿轮联轴器的太阳轮和内齿圈同时浮动的均载机构。为提高均载效果及运转质量，齿轮和行星架等主要零件均要求高精度，一般为 4~6 级。行星架组件要进行严格的动平衡试验。对于传动比较大的单级传动，其太阳轮直径较小，需对轮齿进行修形。

③ 由于行星轮转速很高，滚动轴承的许用极限转速和寿命已不能满足要求，因而高速行星齿轮传动一般都采用巴氏合金滑动轴承，且其合金材料是采用离心浇注法或堆焊法镶嵌在行星轮心轴表面。合金层的厚度控制在 1mm 左右为最佳。轴承间隙一般为轴承直径的 0.002~0.0025 倍，在直径小、速度高的情况下取小值，反之取大值。

④ 滑动轴承的压强是影响使用寿命的一个重要因素，其实际压强不应超过许用压强 $p_p=3\sim4\text{N/mm}^2$，最大为 4.5N/mm^2。滑动轴承的压强 p 按下式计算

$$p=\frac{F}{ld}\quad(\text{N/mm}^2)$$

式中　l——轴承长度，mm；

d——轴承直径，mm；

F——由齿轮啮合圆周力 F_t 与其所受离心力 F_{rc} 合成的作用于轴承上的总径向力，N。

$$F=\sqrt{(2F_t)^2+F_{rc}^2}$$

⑤ 在高速情况下，必须考虑行星轮受到的离心力对轴承寿命的影响。其值高达轴承总载荷的 80%~90%，离心力 F_{rc} 按式（12-5-21）计算。

一般情况下，当内齿圈直径 $d_B\leqslant500\text{mm}$ 时，行星架转速 n_X 不得大于 3000r/min；当 $d_B>500\text{mm}$ 时，n_X 不得大于 1500r/min。若 n_X 超过上述规定值则采用将行星架固定，由内齿圈输出的准行星传动。

⑥ 因为高速行星齿轮传动采用的模数较小，因而断齿为其主要失效形式。轮齿弯曲强度是限制高速行星齿轮传动的主要条件。

⑦ 高速行星齿轮传动对润滑要求很高，必须有可靠的循环润滑系统和严格的使用与维护技术。润滑油通过太阳轮轴孔和行星轮轴孔在离心力作用下喷向啮合齿间和轴承表面。行星轮轴上导油孔的方向应沿行星架半径的方向，使流油方向与离心力方向相同，导油孔中的导油管起隔离和过滤杂质的作用，见图 12-5-52a。对于行星架固定的传动，导油孔为心轴上沿行星架半径方向的通孔，即油流可以从上下两个方向导入，见图 12-5-52c。

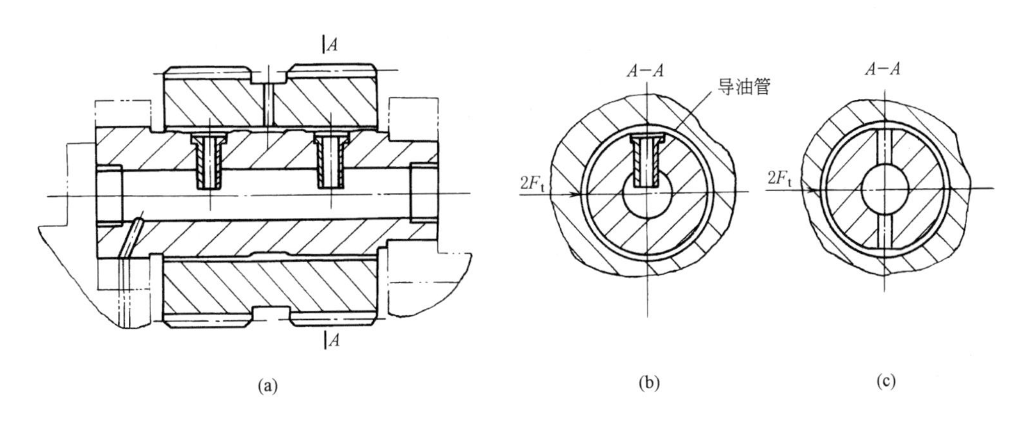

图 12-5-52　行星轮滑动轴承

CHAPTER 6

第6章 渐开线少齿差行星齿轮传动

1 概　　述

1.1 基本类型

按渐开线少齿差行星齿轮传动（以下简称少齿差传动）的构成原理，有四种基本类型：Z-X-V 型、2Z-X 型、2Z-V 型及 Z-X 型。这四种类型国内均有应用（见表 12-6-1）。

表 12-6-1　　少齿差传动基本类型、传动比、行星机构的啮合效率

类型		机构简图	固定构件	传动比	行星机构的啮合效率
Z-X-V (K-H-V)		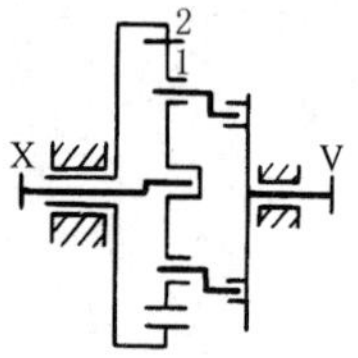	2	$i_{XV}=-\frac{z_1}{z_2-z_1}<0$ $\mid i_{XV}\mid$大	$\eta_e=\frac{\eta_e^X}{1-i_{XV}(1-\eta_e^X)}$
			V	$i_{X2}=\frac{z_2}{z_2-z_1}>0$ $\mid i_{X2}\mid$大	$\eta_e=\frac{1}{i_{X2}(1-\eta_e^X)+\eta_e^X}$
2Z-X (2K-H)	Ⅰ型	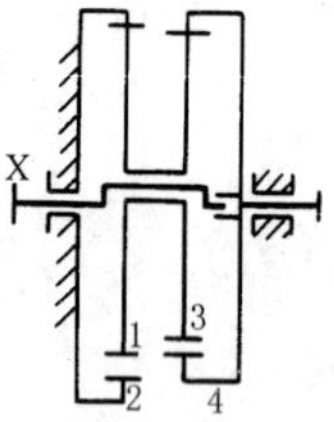	2	$i_{X4}=\frac{z_1z_4}{z_1z_4-z_2z_3}$ $\mid i_{X4}\mid$大	$i_{X4}<0$ 时 $\eta_e=\frac{\eta_e^X}{1-i_{X4}(1-\eta_e^X)}$ $i_{X4}>0$ 时 $\eta_e=\frac{1}{1+(i_{X4}-1)(1-\eta_e^X)}$
	Ⅱ型	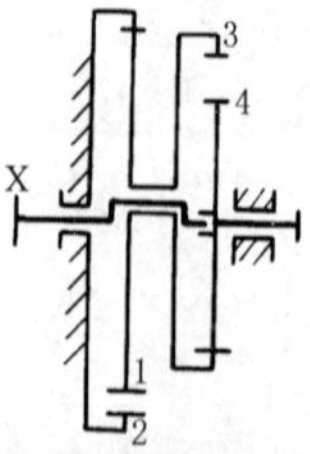	2	$i_{X4}=\frac{z_1z_4}{z_1z_4-z_2z_3}<0$ $\mid i_{X4}\mid$较小	$\eta_e=\frac{\eta_e^X}{1-i_{X4}(1-\eta_e^X)}$
2Z-V (2K-V)		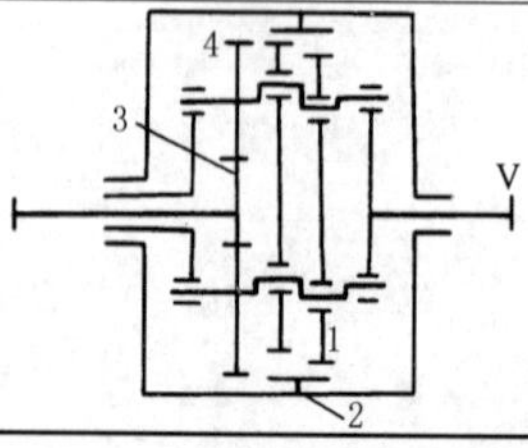	2	$i_{3V}=\frac{z_2z_4}{z_3(z_2-z_1)}+1$ i_{3V} 大	$\eta_e=\frac{(i_1-1)[(i_2\eta_{34}+1)i_1-\eta_{12}]}{(i_1-\eta_{12})[(i_2+1)i_1-1]}$ 式中　$i_1=\frac{z_2}{z_1},i_2=\frac{z_4}{z_3}$ η_{12}——齿轮 1 和 2 定轴传动的啮合效率 η_{34}——齿轮 3 和 4 定轴传动的啮合效率

续表

类　型	机构简图	固定构件	传动比	行星机构的啮合效率
Z-X (K-H)		机体	$i_{X1}=-\frac{z_1}{z_2-z_1}$ $\|i_{X1}\|$大	$\eta_e=\frac{1}{1+\|1-i\|(1-\eta_g)}$ 式中　η_g——定轴轮系渐开线少齿差内啮合齿轮副的啮合效率

注：1. 传动比应带着其正负号代入 η_e 的计算式。

2. 2Z-X 型传动的 η_e^X 是两对齿轮啮合效率的乘积。

3. 表中类型栏（K-H-V）等为苏联的分类代号，我国仍常用。

1.2　传动比

少齿差传动多用于减速，其传动比的计算式见表 12-6-1。如 $i<0$ 指主动轴与从动轴转向相反，但通常均称其绝对值（下同）。

单级传动比：Z-X-V 型及 Z-X 型为 10~100，在允许效率较低时，实例中单级传动比达几百甚至几千，传动比小于 30 时，应选用表 12-6-1 中外齿轮输出 $|i_{X4}|$ 较小的Ⅱ型传动方案；2Z-V 型前置一级外啮合圆柱齿轮传动，其传动比可在 50~300 之间方便地调整，其前级传动比取 1.5~3 为宜。

1.3　效率

减速用少齿差传动的效率 η，主要由三部分组成，即

$$\eta\approx\eta_e\eta_p\eta_b \tag{12-6-1}$$

式中　η_e——行星机构的啮合效率；

η_p——传输机构的效率；

η_b——转臂轴承的效率。

η_e 的计算式见表 12-6-1。η_e^X 的计算式见式（12-6-10）。η_p 的计算式见表 12-6-12。η_b 的计算式见表 12-6-13。

上述效率计算忽略了许多不易计算的因素，且摩擦因数也难以取得确切，故只能作为设计阶段的参考数值，而以实测值为评价依据。

传动比（绝对值）增大、传递功率减小、转速增高时，效率降低。国内目前产品的效率实测数值，当传动比在 100 以内时，$\eta\approx0.7$~0.93，个别的达 0.95 以上。

1.4　传递功率与输出转矩

渐开线齿轮的模数可以很小，故可传递微小功率。国内已有 $m=0.2$mm 的少齿差传动装置。目前国内产品传递功率多为 0.37~18.5kW。

我国生产的三环减速器，其标准 SH 型单级传动最大中心距 1070mm，最小传动比 17，最大功率 610kW，输出转矩 469kN·m。公称中心距为 1180mm、传动比为 15750 的超大型传动最大输出转矩达 900kN·m。

1.5　精密传动的空程误差（回差）

国内已成功地将少齿差传动用于精密机械传动，其空程误差视制造精度与装配精度而定。国内的产品可达到 3′~1.8′。

2　主要参数的确定

2.1　齿数差

内啮合齿轮副内齿轮齿数与外齿轮齿数之差 $z_d=z_2-z_1$，称为齿数差。一般 $z_d=1\sim8$ 称为少齿差，$z_d=0$ 称为零齿差。

在内齿轮齿数不变时，齿数差越大传动比越小，效率越高。少齿差传动中，常取 $z_d=1\sim4$，动力传动宜取 $z_d\geqslant2$。零齿差用作传输机构，因加工较麻烦，现较少用。

2.2　齿数

（1）Z-X-V 型及 Z-X 型传动齿数的确定

在已知要求的传动比时，选定齿数差即可直接由传动比计算式求得 z_1，进而求得 z_2。

（2）2Z-V 型传动齿数的确定

先将要求的总传动比合理分配为两级，而后参照 Z-X-V 型传动确定齿数的方法确定内啮合齿轮副的齿数 z_1 和 z_2。将 z_1 和 z_2 之值代入传动比计算式便可确定同步齿轮的齿数 z_3 和 z_4。

（3）2Z-X 型传动齿数的确定

① 内齿轮输出时［2Z-X（Ⅰ）型］

a. 行星轮为双联齿轮　已知传动比 i_{X4}，$z_d=z_2-z_1=z_4-z_3$，$z_C=z_2-z_4=z_1-z_3\neq0$，则

$$z_2=\frac{1}{2}\left[z_d+z_C+\sqrt{(z_d+z_C)^2-4z_dz_C(1-i_{X4})}\right] \tag{12-6-2}$$

将 z_2 圆整为整数，即可求得其余各齿轮的齿数。为了应用方便，给出了部分常用传动比对应的齿数组合（表 12-6-2）。

b. 公共行星轮　已知传动比 $30<i_{X4}<100$，行星轮两齿圈的齿数相等，即 $z_1=z_3$，且两中心轮的齿数差为 1。这就是所谓具有公共行星轮的 NN 型少齿差传动（亦称为奇异齿轮传动）。其配齿公式为

$$\begin{cases}z_4=\pm i_{X4}\\ z_2=z_4\mp1\\ z_1=z_3\leqslant z_2-z_d\\ i_{X4}=\dfrac{z_4}{z_4-z_2}\end{cases} \tag{12-6-3}$$

式中，z_d 为内齿轮与行星轮的齿数差。当采用 20°压力角的标准齿轮传动时，若最小内齿轮齿数 $z_N=40\sim80$，取 $z_d=7$；若 $z_N=80\sim100$，取 $z_d=6$。当选取的齿数差 z_d 小于前面的数值时，要通过角变位及缩短齿顶高来避免干涉。

上式中，“±”和“∓”号，上面的符号用于正传动比，下面的符号用于负传动比。

表 12-6-2　　2Z-X（Ⅰ）型（NN 型）少齿差传动的传动比与齿数组合

齿轮齿数				传动比	错齿数	齿数差	齿轮齿数				传动比	错齿数	齿数差
z_1	z_2	z_3	z_4	i_{X4}	z_C	z_d	z_1	z_2	z_3	z_4	i_{X4}	z_C	z_d
40	41	30	31	124.000	10	1	38	40	30	32	76.000	8	2
41	42	31	32	131.200	10	1	41	43	32	34	77.444	9	2
39	40	30	31	134.333	9	1	44	46	34	36	79.200	10	2
42	43	32	33	138.600	10	1	39	41	31	33	80.438	8	2
40	41	31	32	142.222	9	1	42	44	33	35	81.667	9	2
43	44	33	34	146.200	10	1	45	47	35	37	83.250	10	2
38	39	30	31	147.250	8	1	37	39	30	32	84.571	7	2
41	42	32	33	150.333	9	1	40	42	32	34	85.000	8	2
40	42	30	32	64.000	10	2	43	45	34	36	86.000	9	2
41	43	31	33	67.650	10	2	46	48	36	38	87.400	10	2
39	41	30	32	69.333	9	2	38	40	31	33	89.571	7	2
42	44	32	34	71.400	10	2	41	43	33	35	89.688	8	2
40	42	31	33	73.333	9	2	44	46	35	37	90.444	9	2
43	45	33	35	75.250	10	2	47	49	37	39	91.650	10	2

续表

齿轮齿数				传动比	错齿数	齿数差	齿轮齿数				传动比	错齿数	齿数差
z_1	z_2	z_3	z_4	i_{X4}	z_C	z_d	z_1	z_2	z_3	z_4	i_{X4}	z_C	z_d
42	44	34	36	94.500	8	2	39	41	34	36	140.400	5	2
39	41	32	34	94.714	7	2	47	49	40	42	141.000	7	2
45	47	36	38	95.000	9	2	54	56	45	47	141.000	9	2
36	38	30	32	96.000	6	2	51	53	43	45	143.438	8	2
48	50	38	40	96.000	10	2	35	37	31	33	144.375	4	2
43	45	35	37	99.438	8	2	58	60	48	50	145.000	10	2
46	48	37	39	99.667	9	2	44	46	38	40	146.667	6	2
40	42	33	35	100.000	7	2	55	57	46	48	146.667	9	2
49	51	39	41	100.450	10	2	48	50	41	43	147.429	7	2
37	39	31	33	101.750	6	2	40	42	35	37	148.000	5	2
47	49	38	40	104.444	9	2	52	54	44	46	149.500	8	2
44	46	36	38	104.500	8	2	59	61	49	51	150.450	10	2
50	52	40	42	105.000	10	2	40	43	30	33	44.000	10	3
41	43	34	36	105.429	7	2	41	44	31	34	46.467	10	3
38	40	32	34	107.667	6	2	39	42	30	33	47.667	9	3
48	50	39	41	109.333	9	2	42	45	32	35	49.000	10	3
51	53	41	43	109.650	10	2	40	43	31	34	50.370	9	3
45	47	37	39	109.688	8	2	43	46	33	36	51.600	10	3
42	44	35	37	111.000	7	2	38	41	30	33	52.250	8	3
35	37	30	32	112.000	5	2	41	44	32	35	53.148	9	3
39	41	33	35	113.750	6	2	44	47	34	37	54.267	10	3
49	51	40	42	114.333	9	2	39	42	31	34	55.250	8	3
52	54	42	44	114.400	10	2	42	45	33	36	56.000	9	3
46	48	38	40	115.000	8	2	45	48	35	38	57.000	10	3
43	45	36	38	116.714	7	2	37	40	30	33	58.143	7	3
36	38	31	33	118.800	5	2	40	43	32	35	58.333	8	3
53	55	43	45	119.250	10	2	43	46	34	37	58.926	9	3
50	52	41	43	119.444	9	2	46	49	36	39	59.800	10	3
40	42	34	36	120.000	6	2	41	44	33	36	61.500	8	3
47	49	39	41	120.438	8	2	38	41	31	34	61.524	7	3
44	46	37	39	122.571	7	2	44	47	35	38	61.926	9	3
54	56	44	46	124.200	10	2	47	50	37	40	62.667	10	3
51	53	42	44	124.667	9	2	42	45	34	37	64.750	8	3
37	39	32	34	125.800	5	2	39	42	32	35	65.000	7	3
48	50	40	42	126.000	8	2	45	48	36	39	65.000	9	3
41	43	35	37	126.417	6	2	48	51	38	41	65.600	10	3
45	47	38	40	128.571	7	2	36	39	30	33	66.000	6	3
55	57	45	47	129.250	10	2	43	46	35	38	68.083	8	3
52	54	43	45	130.000	9	2	46	49	37	40	68.148	9	3
49	51	41	43	131.688	8	2	40	43	33	36	68.571	7	3
38	40	33	35	133.000	5	2	49	52	39	42	68.600	10	3
42	44	36	38	133.000	6	2	37	40	31	34	69.889	6	3
56	58	46	48	134.400	10	2	47	50	38	41	71.370	9	3
46	48	39	41	134.714	7	2	44	47	36	39	71.500	8	3
53	55	44	46	135.444	9	2	50	53	40	43	71.667	10	3
34	36	30	32	136.000	4	2	41	44	34	37	72.238	7	3
50	52	42	44	137.500	8	2	38	41	32	35	73.889	6	3
57	59	47	49	139.650	10	2	48	51	39	42	74.667	9	3
43	45	37	39	139.750	6	2	51	54	41	44	74.800	10	3

续表

齿轮齿数				传动比	错齿数	齿数差
z_1	z_2	z_3	z_4	i_{X4}	z_C	z_d
45	48	37	40	75.000	8	3
42	45	35	38	76.000	7	3
35	38	30	33	77.000	5	3
39	42	33	36	78.000	6	3
52	55	42	45	78.000	10	3
49	52	40	43	78.037	9	3
46	49	38	41	78.583	8	3
43	46	36	39	79.857	7	3
53	56	43	46	81.267	10	3
50	53	41	44	81.481	9	3
36	39	31	34	81.600	5	3
40	43	34	37	82.222	6	3
47	50	39	42	82.250	8	3
44	47	37	40	83.810	7	3
54	57	44	47	84.600	10	3
51	54	42	45	85.000	9	3
48	51	40	43	86.000	8	3
37	40	32	35	86.333	5	3
41	44	35	38	86.556	6	3
45	48	38	41	87.857	7	3
55	58	45	48	88.000	10	3
52	55	43	46	88.593	9	3
49	52	41	44	89.833	8	3
42	45	36	39	91.000	6	3
38	41	33	36	91.200	5	3
56	59	46	49	91.467	10	3
46	49	39	42	92.000	7	3
53	56	44	47	92.259	9	3
34	37	30	33	93.500	4	3
50	53	42	45	93.750	8	3
57	60	47	50	95.000	10	3
43	46	37	40	95.556	6	3
54	57	45	48	96.000	9	3
39	42	34	37	96.200	5	3
47	50	40	43	96.238	7	3
51	54	43	46	97.750	8	3
58	61	48	51	98.600	10	3
35	38	31	34	99.167	4	3
55	58	46	49	99.815	9	3
44	47	38	41	100.222	6	3
48	51	41	44	100.571	7	3
40	43	35	38	101.333	5	3
52	55	44	47	101.833	8	3
59	62	49	52	102.267	10	3
56	59	47	50	103.704	9	3
36	39	32	35	105.000	4	3
45	48	39	42	105.000	6	3
49	52	42	45	105.000	7	3
53	56	45	48	106.000	8	3
60	63	50	53	106.000	10	3
41	44	36	39	106.600	5	3
57	60	48	51	107.667	9	3
50	53	43	46	109.524	7	3
61	64	51	54	109.800	10	3
46	49	40	43	109.889	6	3
54	57	46	49	110.250	8	3
37	40	33	36	111.000	4	3
58	61	49	52	111.704	9	3
42	45	37	40	112.000	5	3
62	65	52	55	113.667	10	3
51	54	44	47	114.143	7	3
55	58	47	50	114.583	8	3
47	50	41	44	114.889	6	3
59	62	50	53	115.815	9	3
38	41	34	37	117.167	4	3
43	46	38	41	117.533	5	3
63	66	53	56	117.600	10	3
52	55	45	48	118.857	7	3
56	59	48	51	119.000	8	3
48	51	42	45	120.000	6	3
60	63	51	54	120.000	9	3
33	36	30	33	121.000	3	3
64	67	54	57	121.600	10	3
44	47	39	42	123.200	5	3
39	42	35	38	123.500	4	3
57	60	49	52	123.500	8	3
53	56	46	49	123.667	7	3
61	64	52	55	124.259	9	3
49	52	43	46	125.222	6	3
65	68	55	58	125.667	10	3
58	61	50	53	128.083	8	3
34	37	31	34	128.444	3	3
54	57	47	50	128.571	7	3
62	65	53	56	128.593	9	3
45	48	40	43	129.000	5	3
66	69	56	59	129.800	10	3
40	43	36	39	130.000	4	3
50	53	44	47	130.556	6	3
59	62	51	54	132.750	8	3
63	66	54	57	133.000	9	3
55	58	48	51	133.571	7	3
67	70	57	60	134.000	10	3
46	49	41	44	134.933	5	3
51	54	45	48	136.000	6	3
35	38	32	35	136.111	3	3
41	44	37	40	136.667	4	3
64	67	55	58	137.481	9	3
60	63	52	55	137.500	8	3

第12篇

续表

齿轮齿数				传动比	错齿数	齿数差	齿轮齿数				传动比	错齿数	齿数差
z_1	z_2	z_3	z_4	i_{X4}	z_C	z_d	z_1	z_2	z_3	z_4	i_{X4}	z_C	z_d
68	71	58	61	138.267	10	3	50	54	40	44	55.000	10	4
56	59	49	52	138.667	7	3	41	45	34	38	55.643	7	4
47	50	42	45	141.000	5	3	38	42	32	36	57.000	6	4
52	55	46	49	141.556	6	3	48	52	39	43	57.333	9	4
65	68	56	59	142.037	9	3	51	55	41	45	57.375	10	4
61	64	53	56	142.333	8	3	45	49	37	41	57.656	8	4
69	72	59	62	142.600	10	3	42	46	35	39	58.500	7	4
42	45	38	41	143.500	4	3	35	39	30	34	59.500	5	4
57	60	50	53	143.857	7	3	52	56	42	46	59.800	10	4
36	39	33	36	144.000	3	3	49	53	40	44	59.889	9	4
66	69	57	60	146.667	9	3	39	43	33	37	60.125	6	4
70	73	60	63	147.000	10	3	46	50	38	42	60.375	8	4
48	51	43	46	147.200	5	3	43	47	36	40	61.429	7	4
53	56	47	50	147.222	6	3	53	57	43	47	62.275	10	4
62	65	54	57	147.250	8	3	50	54	41	45	62.500	9	4
58	61	51	54	149.143	7	3	36	40	31	35	63.000	5	4
43	46	39	42	150.500	4	3	47	51	39	43	63.156	8	4
40	44	30	34	34.000	10	4	40	44	34	38	63.333	6	4
41	45	31	35	35.875	10	4	44	48	37	41	64.429	7	4
39	43	30	34	36.833	9	4	54	58	44	48	64.800	10	4
42	46	32	36	37.800	10	4	51	55	42	46	65.167	9	4
40	44	31	35	38.889	9	4	48	52	40	44	66.000	8	4
43	47	33	37	39.775	10	4	37	41	32	36	66.600	5	4
38	42	30	34	40.375	8	4	41	45	35	39	66.625	6	4
41	45	32	36	41.000	9	4	55	59	45	49	67.375	10	4
44	48	34	38	41.800	10	4	45	49	38	42	67.500	7	4
39	43	31	35	42.656	8	4	52	56	43	47	67.889	9	4
42	46	33	37	43.167	9	4	49	53	41	45	68.906	8	4
45	49	35	39	43.875	10	4	42	46	36	40	70.000	6	4
37	41	30	34	44.929	7	4	56	60	46	50	70.000	10	4
40	44	32	36	45.000	8	4	38	42	33	37	70.300	5	4
43	47	34	38	45.389	9	4	46	50	39	43	70.643	7	4
46	50	36	40	46.000	10	4	53	57	44	48	70.667	9	4
41	45	33	37	47.406	8	4	50	54	42	46	71.875	8	4
38	42	31	35	47.500	7	4	34	38	30	34	72.250	4	4
44	48	35	39	47.667	9	4	57	61	47	51	72.675	10	4
47	51	37	41	48.175	10	4	43	47	37	41	73.458	6	4
42	46	34	38	49.875	8	4	54	58	45	49	73.500	9	4
45	49	36	40	50.000	9	4	47	51	40	44	73.857	7	4
39	43	32	36	50.143	7	4	39	43	34	38	74.100	5	4
48	52	38	42	50.400	10	4	51	55	43	47	74.906	8	4
36	40	30	34	51.000	6	4	58	62	48	52	75.400	10	4
46	50	37	41	52.389	9	4	55	59	46	50	76.389	9	4
43	47	35	39	52.406	8	4	35	39	31	35	76.562	4	4
49	53	39	43	52.675	10	4	44	48	38	42	77.000	6	4
40	44	33	37	52.857	7	4	48	52	41	45	77.143	7	4
37	41	31	35	53.958	6	4	40	44	35	39	78.000	5	4
47	51	38	42	54.833	9	4	52	56	44	48	78.000	8	4
44	48	36	40	55.000	8	4	59	63	49	53	78.175	10	4

续表

齿轮齿数				传动比	错齿数	齿数差	齿轮齿数				传动比	错齿数	齿数差
z_1	z_2	z_3	z_4	i_{X4}	z_C	z_d	z_1	z_2	z_3	z_4	i_{X4}	z_C	z_d
56	60	47	51	79.333	9	4	51	55	45	49	104.125	6	4
49	53	42	46	80.500	7	4	64	68	55	59	104.889	9	4
45	49	39	43	80.625	6	4	35	39	32	36	105.000	3	4
36	40	32	36	81.000	4	4	60	64	52	56	105.000	8	4
60	64	50	54	81.000	10	4	41	45	37	41	105.062	4	4
53	57	45	49	81.156	8	4	68	72	58	62	105.400	10	4
41	45	36	40	82.000	5	4	56	60	49	53	106.000	7	4
57	61	48	52	82.333	9	4	47	51	42	46	108.100	5	4
61	65	51	55	83.875	10	4	52	56	46	50	108.333	6	4
50	54	43	47	83.929	7	4	65	69	56	60	108.333	9	4
46	50	40	44	84.333	6	4	61	65	53	57	108.656	8	4
54	58	46	50	84.375	8	4	69	73	59	63	108.675	10	4
58	62	49	53	85.389	9	4	57	61	50	54	109.929	7	4
37	41	33	37	85.562	4	4	42	46	38	42	110.250	4	4
42	46	37	41	86.100	5	4	36	40	33	37	111.000	3	4
62	66	52	56	86.800	10	4	66	70	57	61	111.833	9	4
51	55	44	48	87.429	7	4	70	74	60	64	112.000	10	4
55	59	47	51	87.656	8	4	62	66	54	58	112.375	8	4
47	51	41	45	88.125	6	4	53	57	47	51	112.625	6	4
59	63	50	54	88.500	9	4	48	52	43	47	112.800	5	4
63	67	53	57	89.775	10	4	58	62	51	55	113.929	7	4
38	42	34	38	90.250	4	4	71	75	61	65	115.375	10	4
43	47	38	42	90.300	5	4	67	71	58	62	115.389	9	4
52	56	45	49	91.000	7	4	43	47	39	43	115.562	4	4
56	60	48	52	91.000	8	4	63	67	55	59	116.156	8	4
60	64	51	55	91.667	9	4	54	58	48	52	117.000	6	4
48	52	42	46	92.000	6	4	37	41	34	38	117.167	3	4
64	68	54	58	92.800	10	4	49	53	44	48	117.600	5	4
33	37	30	34	93.500	3	4	59	63	52	56	118.000	7	4
57	61	49	53	94.406	8	4	72	76	62	66	118.800	10	4
44	48	39	43	94.600	5	4	68	72	59	63	119.000	9	4
53	57	46	50	94.643	7	4	64	68	56	60	120.000	8	4
61	65	52	56	94.889	9	4	44	48	40	44	121.000	4	4
39	43	35	39	95.062	4	4	55	59	49	53	121.458	6	4
65	69	55	59	95.875	10	4	60	64	53	57	122.143	7	4
49	53	43	47	95.958	6	4	73	77	63	67	122.275	10	4
58	62	50	54	97.875	8	4	50	54	45	49	122.500	5	4
62	66	53	57	98.167	9	4	69	73	60	64	122.667	9	4
54	58	47	51	98.357	7	4	38	42	35	39	123.500	3	4
45	49	40	44	99.000	5	4	65	69	57	61	123.906	8	4
66	70	56	60	99.000	10	4	74	78	64	68	125.800	10	4
34	38	31	35	99.167	3	4	56	60	50	54	126.000	6	4
40	44	36	40	100.000	4	4	61	65	54	58	126.357	7	4
50	54	44	48	100.000	6	4	70	74	61	65	126.389	9	4
59	63	51	55	101.406	8	4	45	49	41	45	126.562	4	4
63	67	54	58	101.500	9	4	51	55	46	50	127.500	5	4
55	59	48	52	102.143	7	4	66	70	58	62	127.875	8	4
67	71	57	61	102.175	10	4	75	79	65	69	129.375	10	4
46	50	41	45	103.500	5	4	39	43	36	40	130.000	3	4

续表

齿轮齿数				传动比	错齿数	齿数差	齿轮齿数				传动比	错齿数	齿数差
z_1	z_2	z_3	z_4	i_{X4}	z_C	z_d	z_1	z_2	z_3	z_4	i_{X4}	z_C	z_d
71	75	62	66	130.167	9	4	78	82	68	72	140.400	10	4
57	61	51	55	130.625	6	4	74	78	65	69	141.833	9	4
62	66	55	59	130.643	7	4	54	58	49	53	143.100	5	4
67	71	59	63	131.906	8	4	41	45	38	42	143.500	3	4
46	50	42	46	132.250	4	4	65	69	58	62	143.929	7	4
52	56	47	51	132.600	5	4	48	52	44	48	144.000	4	4
76	80	66	70	133.000	10	4	79	83	69	73	144.175	10	4
72	76	63	67	134.000	9	4	33	37	31	35	144.375	2	4
63	67	56	60	135.000	7	4	70	74	62	66	144.375	8	4
58	62	52	56	135.333	6	4	60	64	54	58	145.000	6	4
32	36	30	34	136.000	2	4	75	79	66	70	145.833	9	4
68	72	60	64	136.000	8	4	80	84	70	74	148.000	10	4
40	44	37	41	136.667	3	4	55	59	50	54	148.500	5	4
77	81	67	71	136.675	10	4	66	70	59	63	148.500	7	4
53	57	48	52	137.800	5	4	71	75	63	67	148.656	8	4
73	77	64	68	137.889	9	4	76	80	67	71	149.889	9	4
47	51	43	47	138.062	4	4	61	65	55	59	149.958	6	4
64	68	57	61	139.429	7	4	49	53	45	49	150.062	4	4
59	63	53	57	140.125	6	4	42	46	39	43	150.500	3	4
69	73	61	65	140.156	8	4							

注：1. 齿轮代号 $z_1 \sim z_4$ 见表 12-6-1 中 2Z-X（Ⅰ）型机构简图。

2. 齿数差 $z_d = z_2 - z_1 = z_4 - z_3$，取 $z_d = 1 \sim 4$。

3. 错齿数 $z_C = z_1 - z_3$，取 $z_C = 3 \sim 10$。

4. 传动比 $i_{X4} = \dfrac{z_1 z_4}{z_1 z_4 - z_2 z_3} = \dfrac{(z_3 + z_d)(z_3 + z_C)}{z_d z_C}$。

② 外齿轮输出时［2Z-X（Ⅱ）型］ 已知条件：传动比 i_{X4}，$z_d = z_2 - z_1 = z_3 - z_4$，$z_C = z_2 - z_3 = z_1 - z_4 \neq 0$。

则

$$z_1 = \frac{1}{2}\sqrt{(2z_d i_{X4} - z_C)^2 + 4(z_d z_C - z_d^2) i_{X4}} - z_d i_{X4} + \frac{Z_C}{2} \tag{12-6-4}$$

将 z_1 圆整为整数，便可求得其余各齿轮的齿数。

③ 注意事项

a. 按上述式（12-6-2）和式（12-6-4）计算后如发现齿数不合适，可改变 z_d 及 z_C 重新计算。

b. 当内齿轮齿数太少时，有时选不到适合的插齿刀，需重新计算。必要时应验算插齿时的径向干涉，验算式见本篇第 1 章表 12-1-17。

c. 计算时，传动比及 z_C 均应带着其正负号代入式（12-6-2）或式（12-6-4）。传动比 i_{X4} 的计算式见表 12-6-1。

2.3 齿形角和齿顶高系数

可采用齿形角 $\alpha = 20°$，必要时也可用非标准齿形角。中国发明专利 ZL 89104790.5《双层齿轮组合传动》中便采用了非标准齿形角，并对提高效率有良好效果。当齿数差为 1 时，取 $\alpha = 14° \sim 25°$；齿数差 $\geqslant 2$ 时，取 $\alpha = 6° \sim 14°$。

在齿形角 $\alpha = 20°$时，齿顶高系数 h_a^* 取 0.6~0.8。当 h_a^* 减小时，啮合角 α' 也减小，有利于提高效率。但 h_a^* 太小时，变位系数太小会发生外齿轮切齿干涉（根切）或插齿加工时的负啮合。对于前述发明专利采用非标准齿形角的情况，其齿顶高系数 h_a^* 的取值为 0.06~0.6，称之为超短齿。

加工齿轮的刀具无需专用短齿刀具，可直接采用具有正常齿顶高的标准齿轮滚刀及插齿刀。

2.4 外齿轮的变位系数

变位系数需满足啮合方程式

$$\operatorname{inv}\alpha'=\operatorname{inv}\alpha+2\tan\alpha\frac{x_2-x_1}{z_2-z_1} \tag{12-6-5}$$

变位系数还需要满足几何限制条件，主要限制条件有两个：

重合度 ε_α 应符合

$$\varepsilon_\alpha=\frac{1}{2\pi}[z_1(\tan\alpha_{a1}-\tan\alpha')-z_2(\tan\alpha_{a2}-\tan\alpha')]>1 \tag{12-6-6}$$

齿廓重叠干涉验算值 G_s 应符合

$$G_s=z_1(\operatorname{inv}\alpha_{a1}+\delta_1)-z_2(\operatorname{inv}\alpha_{a2}+\delta_2)+z_d\operatorname{inv}\alpha'>0 \tag{12-6-7}$$

式中

$$\delta_1=\arccos\frac{d_{a2}^2-d_{a1}^2-4a'^2}{4a'd_{a1}} \tag{12-6-8}$$

$$\delta_2=\arccos\frac{d_{a2}^2-d_{a1}^2-4a'^2}{4a'd_{a2}} \tag{12-6-9}$$

式（12-6-8）和式（12-6-9）中 a'为啮合中心距，d_{a1} 和 d_{a2} 分别为外齿轮和内齿轮的齿顶圆直径。

按照表 12-6-3 选取外齿轮的变位系数 x_1 可保证啮合齿轮副的重合度 $\varepsilon\geqslant1$，且其顶隙 $c_{12}=0.25m$。表中列出了对应于 $\varepsilon=1.05$ 和 $c_{12}=0.25m$ 时 x_1 的上限值。表中不带“＊”的数值表示 x_1 取值上限受到 $\varepsilon=1.05$ 的限制，其值与插齿刀无关。带“＊”的数值表示 x_1 上限受到顶隙 $c_{12}=0.25m$ 的限制，其值与插齿刀有关。若实际选用的插齿刀与表 12-6-3 的注解不同，表中数值可供估算。估算方法是，插齿刀齿数 $z_0\leqslant25$ 或齿顶高 $h_{a0}>1.25m$ 或变位系数 $x_0>0$ 时，x_1 上限值会略大于表 12-6-3 中数值，反之则小于表中之值。建议选用 x_1 时，距离其上限值留有裕量，这样，顶隙验算会很容易通过。

表 12-6-3　外齿轮变位系数 x_1 的上限值

z_2-z_1	z_1	h_a^*			z_2-z_1	z_1	h_a^*		
		1	0.8	0.6			1	0.8	0.6
1	40	0.70*	0.15	-0.5	3	40	0.30*	0.95	0.25
	60	1.15*	0.30	-0.7		60	0.55*	1.30*	0.35
	100	1.75*	0.70	-1.0		100	0.85*	1.75*	0.60
2	40	0.45*	0.95	0	4	40	0.20*	0.90*	0.35
	60	0.75*	1.35*	0.10		60	0.40*	1.25*	0.50
	100	1.20*	1.95*	0.19		100	0.65*	1.70*	0.85

注：1. 插齿刀参数 $z_0=25$，$h_{a0}=0$，$x_0=0$。

2. 可插值求 x_1 上限值。

2.5　啮合角与变位系数差

在齿数差与齿顶高系数确定的情况下，要满足主要限制条件，关键在于决定变位系数差与啮合角。变位系数差及对应的啮合角按表 12-6-4 选取。表中数值是按外齿轮齿数 $z_1=100$，变位系数 $x_1=0$ 时，取 $G_s=0.1$ 计算出来的。若 $z_1<100$ 或 $x_1>0$，按表 12-6-4 选取 α'与 x_2-x_1 之值，G_s 会略大于 0.1。在 $z_1\geqslant30$，$x_1\leqslant1.5$ 的范围内，G_s 最大值不超过 0.4。

表 12-6-4　啮合角 α'与变位系数差 x_2-x_1 的选用推荐值

z_2-z_1	$h_a^*=1$		$h_a^*=0.8$		$h_a^*=0.6$	
	x_2-x_1	$\alpha'/(°)$	x_2-x_1	$\alpha'/(°)$	x_2-x_1	$\alpha'/(°)$
1	0.80	58.1877	0.58	54.0920	0.39	49.1563
2	0.54	44.8182	0.38	40.9630	0.22	35.6431
3	0.39	37.1760	0.26	33.6032	0.14	29.1319
4	0.29	32.1917	0.18	28.9061	0.09	25.3393
5	0.21	28.4885	0.12	25.6149	0.04	22.2339
6	0.15	25.7948	0.07	23.1101	0.00	20.0000
7	0.09	23.3792	0.02	20.8588	0.00	20.0000
8	0.05	21.7872	0.00	20.0000	0.00	20.0000

2.6 内齿轮的变位系数

在确定外齿轮变位系数 x_1 和变位系数差（x_2-x_1）以后，内齿轮变位系数根据关系式 $x_2=x_1+(x_2-x_1)$ 即可求出。

2.7 主要设计参数的选择步骤

① 根据要求的传动比选择齿数差及齿数，再根据啮合角要求确定齿顶高系数。

② 根据表 12-6-3 查出外齿轮变位系数的上限值，选取 x_1 小于其上限值，即可满足重合度 $\varepsilon \geqslant 1.05$ 和顶隙 $c_{12} \geqslant 0.25m$ 的要求。

③ 按照表 12-6-4 选用啮合角 α' 与变位系数差（x_2-x_1），可确保满足齿廓重叠干涉条件 $G_s \geqslant 0.1$。

④ 根据 $x_2=x_1+(x_2-x_1)$ 求出内齿轮变位系数 x_2。

⑤ 进行内齿轮副的各种几何尺寸计算并校核各项限制条件。

由于现今的各种机械设计手册大都编写了利用计算机编制的少齿差内啮合齿轮副几何参数表，其中的参数完全满足各项限制条件，可供设计人员方便地选用，所以按上述“主要设计参数的选择步骤”选择参数并计算齿轮几何尺寸，校核各项限制条件只有在特殊情况下才会应用。一般情况下可直接从现成的参数表中选取所需的参数。

2.8 齿轮几何尺寸与主要参数的选用

在设计时，可从表 12-6-5~表 12-6-8 选择齿轮几何尺寸与主要参数。其 $\varepsilon_\alpha \geqslant 1.05$，$G_s \geqslant 0.05$，其他有关说明如下。

① 表 12-6-5~表 12-6-8 各个尺寸均需乘以齿轮的模数。

② 齿轮顶圆直径按下式计算：

$$d_{a1}=d_1+2m(h_a^*+x_1),\ d_{a2}=d_2-2m(h_a^*-x_2)$$

③ 量柱测量距 M 的计算。直齿变位齿轮的量柱直径 d_p 与量柱中心圆压力角 α_M 的计算方法与顺序如下（上边符号用于外齿轮，下边符号用于内齿轮）：

$$\alpha_x=\arccos\frac{\pi m\cos\alpha}{d_a\mp 2h_a^* m}$$

$$\alpha_{Mx}=\tan\alpha_x-\text{inv}\alpha\pm\frac{\pi}{2z}-\frac{2x\tan\alpha}{z}$$

$$d_{px}=mz\cos\alpha\left(\mp\text{inv}\alpha+\frac{\pi}{2z}\mp\frac{2x\tan\alpha}{z}\pm\text{inv}\alpha_{Mx}\right)$$

将 d_{px} 圆整为 d_p，按表 12-1-44 中的公式计算 α_M 和 M。

④ 公法线平均长度的极限偏差 E_{Wm} 与量柱测量距平均长度的极限偏差 E_{Mm} 的计算。公法线平均长度的极限偏差参考 JB/ZQ 4074—2006，量柱测量距平均长度的极限偏差由以下各式计算：

偶数齿外齿轮 $E_{Mms}=\dfrac{E_{Wms}}{\sin\alpha_M}$，$E_{Mmi}=\dfrac{E_{Wmi}}{\sin\alpha_M}$；

奇数齿外齿轮 $E_{Mms}=\dfrac{E_{Wms}}{\sin\alpha_M}\cos\dfrac{90°}{z}$，$E_{Mmi}=\dfrac{E_{Wmi}}{\sin\alpha_M}\cos\dfrac{90°}{z}$；

偶数齿内齿轮 $E_{Mms}=\dfrac{-E_{Wmi}}{\sin\alpha_M}$，$E_{Mmi}=\dfrac{-E_{Wms}}{\sin\alpha_M}$；

奇数齿内齿轮 $E_{Mms}=\dfrac{-E_{Wmi}}{\sin\alpha_M}\cos\dfrac{90°}{z}$，$E_{Mmi}=\dfrac{-E_{Wms}}{\sin\alpha_M}\cos\dfrac{90°}{z}$。

⑤ 在设计具有公共行星轮的 2Z-X（Ⅰ）型双内啮合少齿差传动时，可从表 12-6-9 或表 12-6-10 选取齿轮几何尺寸与主要参数。

表 12-6-5 一齿差内齿轮副几何尺寸及参数

（$h_a^*=0.7$，$\alpha=20°$，$m=1$，$a'=0.750$，$\alpha'=51.210°$） mm

外齿轮					内齿轮							
齿数 z_1	变位系数 x_1	顶圆直径 d_{a1}	跨齿数 k_1	公法线长度 W_{k1}	齿数 z_2	变位系数 x_2	顶圆直径 d_{a2}	跨齿槽数 k_2	公法线长度 W_{k2}	量柱直径 d_p	量柱测量距 M	量柱中心圆压力角 α_M
29	-0.1279	30.141	3	7.698	30	0.3313	29.263	4	10.979	1.7	28.308	20.041°
30	-0.1300	31.140	4	10.664	31	0.3309	30.262	4	10.993	1.7	29.267	20.036°
31	-0.1302	32.140	4	10.678	32	0.3307	31.261	5	13.959	1.7	30.307	20.032°
32	-0.1304	33.139	4	10.691	33	0.3305	32.261	5	13.973	1.7	31.269	20.030°
33	-0.1304	34.139	4	10.705	34	0.3305	33.261	5	13.987	1.7	32.306	20.029°
34	-0.1304	35.139	4	10.719	35	0.3306	34.261	5	14.001	1.7	33.271	20.029°
35	-0.1302	36.140	4	10.734	36	0.3307	35.261	5	14.015	1.7	34.307	20.029°
36	-0.1300	37.140	4	10.748	37	0.3309	36.262	5	14.029	1.7	35.274	20.030°
37	-0.1297	38.141	4	10.762	38	0.3312	37.262	5	14.043	1.7	36.308	20.031°
38	-0.1294	39.141	4	10.776	39	0.3315	38.263	5	14.058	1.7	37.277	20.033°
39	-0.1290	40.142	5	13.743	40	0.3319	39.264	5	14.072	1.7	38.309	20.035°
40	-0.1286	41.143	5	13.757	41	0.3323	40.265	6	17.038	1.7	39.280	20.038°
41	-0.1281	42.144	5	13.771	42	0.3328	41.266	6	17.053	1.7	40.311	20.041°
42	-0.1275	43.145	5	13.786	43	0.3334	42.267	6	17.067	1.7	41.283	20.044°
43	-0.1270	44.146	5	13.800	44	0.3340	43.268	6	17.081	1.7	42.313	20.047°
44	-0.1263	45.147	5	13.814	45	0.3346	44.269	6	17.096	1.7	43.287	20.050°
45	-0.1257	46.149	5	13.829	46	0.3353	45.271	6	17.110	1.7	44.316	20.054°
46	-0.1250	47.150	5	13.843	47	0.3360	46.272	6	17.125	1.7	45.291	20.057°
47	-0.1242	48.152	5	13.858	48	0.3367	47.273	6	17.139	1.7	46.319	20.061°
48	-0.1235	49.153	6	16.825	49	0.3374	48.275	7	20.106	1.7	47.295	20.064°
49	-0.1227	50.155	6	16.839	50	0.3382	49.276	7	20.121	1.7	48.322	20.068°
50	-0.1219	51.156	6	16.854	51	0.3390	50.278	7	20.135	1.7	49.299	20.072°
51	-0.1210	52.158	6	16.868	52	0.3399	51.280	7	20.150	1.7	50.325	20.076°
52	-0.1201	53.160	6	16.883	53	0.3408	52.282	7	20.164	1.7	51.303	20.079°
53	-0.1192	54.162	6	16.897	54	0.3417	53.283	7	20.179	1.7	52.329	20.083°
54	-0.1183	55.163	6	16.912	55	0.3426	54.285	7	20.194	1.7	53.308	20.087°
55	-0.1174	56.165	6	16.927	56	0.3435	55.287	7	20.208	1.7	54.332	20.090°
56	-0.1165	57.167	7	19.894	57	0.3445	56.289	7	20.223	1.7	55.312	20.094°
57	-0.1155	58.169	7	19.908	58	0.3454	57.291	8	23.190	1.7	56.336	20.098°
58	-0.1145	59.171	7	19.923	59	0.3464	58.293	8	23.204	1.7	57.317	20.101°
59	-0.1135	60.173	7	19.938	60	0.3474	59.295	8	23.219	1.7	58.340	20.105°
60	-0.1124	61.175	7	19.952	61	0.3485	60.297	8	23.234	1.7	59.322	20.108°
61	-0.1114	62.177	7	19.967	62	0.3495	61.299	8	23.248	1.7	60.344	20.112°
62	-0.1104	63.179	7	19.982	63	0.3505	62.301	8	23.263	1.7	61.327	20.115°
63	-0.1093	64.181	7	19.996	64	0.3516	63.303	8	23.278	1.7	62.348	20.119°
64	-0.1082	65.184	7	20.011	65	0.3527	64.305	8	23.293	1.7	63.332	20.122°
65	-0.1071	66.186	8	22.978	66	0.3538	65.308	8	23.307	1.7	64.353	20.125°
66	-0.1060	67.188	8	22.993	67	0.3549	66.310	9	26.274	1.7	65.336	20.128°
67	-0.1049	68.190	8	23.008	68	0.3560	67.312	9	26.289	1.7	66.357	20.132°
68	-0.1038	69.192	8	23.022	69	0.3572	68.314	9	26.304	1.7	67.341	20.135°
69	-0.1027	70.195	8	23.037	70	0.3583	69.317	9	26.319	1.7	68.362	20.138°
70	-0.1015	71.197	8	23.052	71	0.3594	70.319	9	26.333	1.7	69.347	20.141°
71	-0.1003	72.199	8	23.067	72	0.3606	71.321	9	26.348	1.7	70.366	20.144°
72	-0.0992	73.202	8	23.082	73	0.3618	72.324	9	26.363	1.7	71.352	20.147°
73	-0.0980	74.204	8	23.096	74	0.3629	73.326	9	26.378	1.7	72.371	20.150°

续表

外齿轮					内齿轮							
齿数 z_1	变位系数 x_1	顶圆直径 d_{a1}	跨齿数 k_1	公法线长度 W_{k1}	齿数 z_2	变位系数 x_2	顶圆直径 d_{a2}	跨齿槽数 k_2	公法线长度 W_{k2}	量柱直径 d_p	量柱测量距 M	量柱中心圆压力角 α_M
74	−0.0968	75.206	9	26.063	75	0.3641	74.328	9	26.393	1.7	73.357	20.153°
75	−0.0956	76.209	9	26.078	76	0.3653	75.331	10	29.360	1.7	74.376	20.156°
76	−0.0973	77.205	9	26.091	77	0.3636	76.327	10	20.372	1.7	75.356	20.147°
77	−0.0959	78.208	9	26.106	78	0.3650	77.330	10	29.387	1.7	76.375	20.151°
78	−0.0946	79.211	9	26.121	79	0.3663	78.333	10	29.402	1.7	77.362	20.154°
79	−0.0933	80.213	9	26.136	80	0.3676	79.335	10	29.417	1.7	78.380	20.157°
80	−0.0920	81.216	9	26.151	81	0.3689	80.338	10	29.432	1.7	79.368	20.160°
81	−0.0007	82.219	9	26.166	82	0.3703	81.341	10	29.447	1.7	80.385	20.163°
82	−0.0893	83.221	9	26.180	83	0.3716	82.343	10	29.462	1.7	81.373	20.166°
83	−0.0880	84.224	10	29.148	84	0.3729	83.346	10	29.477	1.7	82.391	20.169°
84	−0.0866	85.227	10	29.162	85	0.3743	84.349	11	32.444	1.7	83.379	20.172°
85	−0.0853	86.229	10	29.177	86	0.3756	85.351	11	32.459	1.7	84.396	20.175°
86	−0.0840	87.232	10	29.192	87	0.3770	86.354	11	32.474	1.7	85.385	20.178°
87	−0.0826	88.235	10	29.207	88	0.3783	87.357	11	32.489	1.7	86.401	20.180°
88	−0.0812	89.238	10	29.222	89	0.3797	88.359	11	32.504	1.7	87.390	20.183°
89	−0.0799	90.240	10	29.237	90	0.3810	89.362	11	32.518	1.7	88.407	20.186°
90	−0.0785	91.243	10	29.252	91	0.3824	90.365	11	32.533	1.7	89.396	20.188°
91	−0.0772	92.246	10	29.267	92	0.3837	91.367	11	32.548	1.7	90.412	20.191°
92	−0.0758	93.248	11	32.234	93	0.3851	92.370	11	32.563	1.7	91.402	20.193°
93	−0.0745	94.251	11	32.249	94	0.3864	93.373	12	35.530	1.7	92.418	20.196°
94	−0.0731	95.254	11	32.264	95	0.3878	94.376	12	35.545	1.7	93.407	20.198°
95	−0.0718	96.256	11	32.279	96	0.3891	95.378	12	35.560	1.7	94.423	20.200°
96	−0.0704	97.259	11	32.294	97	0.3905	96.381	12	35.575	1.7	95.413	20.203°
97	−0.0690	98.262	11	32.309	98	0.3919	97.384	12	35.590	1.7	96.428	20.205°
98	−0.0676	99.265	11	32.324	99	0.3933	98.387	12	35.605	1.7	97.419	20.207°
99	−0.0663	100.267	11	32.339	100	0.3947	99.389	12	35.620	1.7	98.434	20.209°
100	−0.0649	101.270	11	32.354	101	0.3960	100.392	12	35.635	1.7	99.424	20.211°
101	−0.0636	102.273	12	35.321	102	0.3974	101.395	13	38.602	1.7	100.439	20.213°

表 12-6-6 二齿差内齿轮副几何尺寸及参数

($h_a^*=0.65$，$\alpha=20°$，$m=1$，$a'=1.200$，$\alpha'=38.457°$) mm

外齿轮					内齿轮							
齿数 z_1	变位系数 x_1	顶圆直径 d_{a1}	跨齿数 k_1	公法线长度 W_{k1}	齿数 z_2	变位系数 x_2	顶圆直径 d_{a2}	跨齿槽数 k_2	公法线长度 W_{k2}	量柱直径 d_p	量柱测量距 M	量柱中心圆压力角 α_M
29	−0.0261	30.248	4	10.721	31	0.2709	30.242	4	10.952	1.7	29.146	19.407°
30	−0.0259	31.248	4	10.735	32	0.2711	31.242	4	10.966	1.7	30.186	19.429°
31	−0.0255	32.249	4	10.749	33	0.2715	32.243	5	13.932	1.7	31.150	19.451°
32	−0.0250	33.250	4	10.764	34	0.2720	33.244	5	13.947	1.7	32.188	19.472°
33	−0.0244	34.251	4	10.778	35	0.2726	34.245	5	13.961	1.7	33.154	19.493°
34	−0.0238	35.252	4	10.792	36	0.2733	35.247	5	13.976	1.7	34.191	19.514°
35	−0.0230	36.254	4	10.807	37	0.2740	36.248	5	13.990	1.7	35.159	19.534°
36	−0.0222	37.256	4	10.821	38	0.2748	37.250	5	14.005	1.7	36.194	19.554°
37	−0.0213	38.257	5	13.788	39	0.2758	38.252	5	14.019	1.7	37.164	19.573°
38	−0.0203	39.259	5	13.803	40	0.2767	39.253	5	14.034	1.7	38.198	19.592°

续表

外齿轮					内齿轮							
齿数 z_1	变位系数 x_1	顶圆直径 d_{a1}	跨齿数 k_1	公法线长度 W_{k1}	齿数 z_2	变位系数 x_2	顶圆直径 d_{a2}	跨齿槽数 k_2	公法线长度 W_{k2}	量柱直径 d_p	量柱测量距 M	量柱中心圆压力角 α_M
39	-0.0193	40.261	5	13.818	41	0.2777	40.255	6	17.001	1.7	39.170	19.611°
40	-0.0182	41.264	5	13.832	42	0.2788	41.258	6	17.016	1.7	40.202	19.629°
41	-0.0171	42.266	5	13.847	43	0.2799	42.260	6	17.030	1.7	41.176	19.646°
42	-0.0159	43.268	5	13.862	44	0.2811	43.262	6	17.045	1.7	42.207	19.663°
43	-0.0147	44.271	5	13.877	45	0.2823	44.265	6	17.060	1.7	43.182	19.679°
44	-0.0134	45.273	5	13.892	46	0.2836	45.267	6	17.075	1.7	44.212	19.695°
45	-0.0121	46.276	5	13.907	47	0.2849	46.270	6	17.090	1.7	45.188	19.711°
46	-0.0108	47.278	6	16.874	48	0.2862	47.272	6	17.105	1.7	46.217	19.726°
47	-0.0095	48.281	6	16.889	49	0.2875	48.275	6	17.120	1.7	47.195	19.740°
48	-0.0081	49.284	6	16.903	50	0.2889	49.278	7	20.087	1.7	48.223	19.755°
49	-0.0067	50.287	6	16.918	51	0.2903	50.281	7	20.102	1.7	49.201	19.768°
50	-0.0052	51.290	6	16.933	52	0.2918	51.284	7	20.117	1.7	50.228	19.782°
51	-0.0038	52.292	6	16.948	53	0.2932	52.286	7	20.132	1.7	51.208	19.795°
52	-0.0023	53.295	6	16.963	54	0.2947	53.289	7	20.147	1.7	52.234	19.808°
53	0	54.300	6	16.979	55	0.2970	54.294	7	20.162	1.7	53.217	19.825°
54	0	55.300	6	16.993	56	0.2970	55.294	7	20.176	1.7	54.239	19.828°
55	0.0023	56.305	7	19.961	57	0.2993	56.299	7	20.192	1.7	55.222	19.844°
56	0.0039	57.308	7	19.976	58	0.3009	57.302	7	20.207	1.7	56.247	19.855°
57	0.0055	58.311	7	19.991	59	0.3025	58.305	8	23.174	1.7	57.229	19.866°
58	0.0071	59.314	7	20.006	60	0.3041	59.308	8	23.189	1.7	58.253	19.877°
59	0.0087	60.317	7	20.021	61	0.3057	60.311	8	23.204	1.7	59.236	19.887°
60	0.0103	61.321	7	20.036	62	0.3073	61.315	8	23.220	1.7	60.260	19.898°
61	0.0119	62.324	7	20.051	63	0.3089	62.318	8	23.235	1.7	61.243	19.907°
62	0.0136	63.327	7	20.067	64	0.3106	63.321	8	23.250	1.7	62.266	19.917°
63	0.0153	64.331	8	23.034	65	0.3123	64.325	8	23.265	1.7	63.251	19.927°
64	0.0170	65.334	8	23.049	66	0.3140	65.328	8	23.280	1.7	64.273	19.936°
65	0.0187	66.337	8	23.064	67	0.3157	66.331	8	23.295	1.7	65.258	19.945°
66	0.0204	67.341	8	23.079	68	0.3174	67.335	9	26.263	1.7	66.280	19.954°
67	0.0221	68.344	8	23.094	69	0.3191	68.338	9	26.278	1.7	67.266	19.962°
68	0.0238	69.348	8	23.110	70	0.3208	69.342	9	26.293	1.7	68.287	19.970°
69	0.0255	70.351	8	23.125	71	0.3226	70.345	9	26.308	1.7	69.273	19.979°
70	0.0273	71.355	8	23.140	72	0.3243	71.349	9	26.323	1.7	70.294	19.986°
71	0.0290	72.358	8	23.155	73	0.3260	72.352	9	26.339	1.7	71.280	19.994°
72	0.0308	73.362	9	26.123	74	0.3278	73.356	9	26.354	1.7	72.301	20.002°
73	0.0325	74.365	9	26.138	75	0.3295	74.359	9	26.369	1.7	73.288	20.009°
74	0.0343	75.369	9	26.153	76	0.3313	75.363	10	29.336	1.7	74.308	20.016°
75	0.0361	76.372	9	26.168	77	0.3331	76.366	10	29.352	1.7	75.295	20.023°
76	0.0379	77.376	9	26.183	78	0.3349	77.370	10	29.367	1.7	76.315	20.030°
77	0.0397	78.379	9	26.199	79	0.3367	78.373	10	29.382	1.7	77.303	20.037°
78	0.0415	79.383	9	26.214	80	0.3385	79.377	10	29.397	1.7	78.322	20.044°
79	0.0433	80.387	9	26.229	81	0.3403	80.381	10	29.412	1.7	79.311	20.050°
80	0.0451	81.390	9	26.244	82	0.3421	81.384	10	29.428	1.7	80.329	20.056°
81	0.0469	82.394	10	29.212	83	0.3439	82.388	10	29.443	1.7	81.318	20.063°
82	0.0487	83.397	10	29.227	84	0.3458	83.392	10	29.458	1.7	82.337	20.069°
83	0.0506	84.401	10	29.242	85	0.3476	84.395	11	32.426	1.7	83.326	20.075°
84	0.0524	85.405	10	29.258	86	0.3494	85.399	11	32.441	1.7	84.344	20.080°
85	0.0542	86.408	10	29.273	87	0.3512	86.402	11	32.456	1.7	85.333	20.086°

续表

外齿轮					内齿轮							
齿数 z_1	变位系数 x_1	顶圆直径 d_{a1}	跨齿数 k_1	公法线长度 W_{k1}	齿数 z_2	变位系数 x_2	顶圆直径 d_{a2}	跨齿槽数 k_2	公法线长度 W_{k2}	量柱直径 d_p	量柱测量距 M	量柱中心圆压力角 α_M
86	0.0561	87.412	10	29.288	88	0.3531	87.406	11	32.471	1.7	86.351	20.092°
87	0.0579	88.416	10	29.303	89	0.3549	88.410	11	32.487	1.7	87.341	20.097°
88	0.0597	89.419	10	29.319	90	0.3568	89.414	11	32.502	1.7	88.359	20.102°
89	0.0616	90.423	10	29.334	91	0.3586	90.417	11	32.517	1.7	89.349	20.108°
90	0.0635	91.427	11	32.301	92	0.3605	91.421	11	32.532	1.7	90.366	20.113°
91	0.0654	92.431	11	32.317	93	0.3624	92.425	11	32.548	1.7	91.357	20.118°
92	0.0672	93.434	11	32.332	94	0.3642	93.428	12	35.515	1.7	92.373	20.123°
93	0.0691	94.438	11	32.347	95	0.3661	94.432	12	35.530	1.7	93.364	20.127°
94	0.0710	95.442	11	32.362	96	0.3680	95.436	12	35.546	1.7	94.381	20.132°
95	0.0728	96.446	11	32.378	97	0.3698	96.440	12	35.561	1.7	95.372	20.137°
96	0.0747	97.449	11	32.393	98	0.3717	97.443	12	35.576	1.7	96.388	20.141°
97	0.0766	98.453	11	32.408	99	0.3736	98.447	12	35.592	1.7	97.380	20.146°
98	0.0785	99.457	12	35.376	100	0.3755	99.451	12	35.607	1.7	98.396	20.150°
99	0.0804	100.461	12	35.391	101	0.3774	100.455	12	35.622	1.7	99.387	20.155°
100	0.0822	101.464	12	35.406	102	0.3792	101.458	12	35.637	1.7	100.403	20.159°
101	0.0842	102.468	12	35.422	103	0.3812	102.462	13	38.605	1.7	101.395	20.163°

表 12-6-7 三齿差内齿轮副几何尺寸及参数

（$h_a^* = 0.6$，$\alpha = 20°$，$m = 1$，$a' = 1.600$，$\alpha' = 28.241°$） mm

外齿轮					内齿轮							
齿数 z_1	变位系数 x_1	顶圆直径 d_{a1}	跨齿数 k_1	公法线长度 W_{k1}	齿数 z_2	变位系数 x_2	顶圆直径 d_{a2}	跨齿槽数 k_2	公法线长度 W_{k2}	量柱直径 d_p	量柱测量距 M	量柱中心圆压力角 α_M
29	0.0564	30.313	4	10.777	32	0.1772	31.154	4	10.902	1.7	29.988	18.386°
30	0.0560	31.312	4	10.791	33	0.1769	32.154	4	10.916	1.7	30.950	18.436°
31	0.0558	32.312	4	10.805	34	0.1767	33.153	5	13.882	1.7	31.987	18.484°
32	0.0557	33.311	4	10.819	35	0.1766	34.153	5	13.896	1.7	32.953	18.530°
33	0.0558	34.312	4	10.833	36	0.1766	35.153	5	13.910	1.7	33.988	18.574°
34	0.0559	35.312	4	10.847	37	0.1767	36.153	5	13.924	1.7	34.955	18.617°
35	0.0561	36.312	4	10.861	38	0.1769	37.154	5	13.938	1.7	35.989	18.658°
36	0.0563	37.313	5	13.827	39	0.1771	38.154	5	13.952	1.7	36.959	18.608°
37	0.0567	38.313	5	13.842	40	0.1775	39.155	5	13.966	1.7	37.991	18.736°
38	0.0571	39.314	5	13.856	41	0.1779	40.156	5	13.981	1.7	38.962	18.773°
39	0.0576	40.315	5	13.870	42	0.1784	41.157	5	13.995	1.7	39.993	18.808°
40	0.0581	41.316	5	13.885	43	0.1789	42.158	6	16.961	1.7	40.966	18.842°
41	0.0587	42.317	5	13.899	44	0.1795	43.159	6	16.976	1.7	41.996	18.875°
42	0.0593	43.319	5	13.913	45	0.1802	44.160	6	16.990	1.7	42.970	18.907°
43	0.0600	44.320	5	13.928	46	0.1809	45.162	6	17.005	1.7	43.999	18.937°
44	0.0608	45.322	5	13.942	47	0.1816	46.163	6	17.019	1.7	44.975	18.967°
45	0.0616	46.323	6	16.909	48	0.1824	47.165	6	17.034	1.7	46.003	18.995°
46	0.0624	47.325	6	16.924	49	0.1832	48.166	6	17.048	1.7	46.980	19.023°
47	0.0623	48.326	6	16.938	50	0.1840	49.168	6	17.063	1.7	48.007	19.049°
48	0.0641	49.328	6	16.953	51	0.1849	50.170	6	17.078	1.7	48.985	19.075°
49	0.0650	50.330	6	16.967	52	0.1859	51.172	7	20.044	1.7	50.011	19.100°
50	0.0660	51.332	6	16.982	53	0.1868	52.174	7	20.059	1.7	50.990	19.124°
51	0.0670	52.334	6	16.997	54	0.1878	53.176	7	20.074	1.7	52.015	19.147°
52	0.0680	53.336	6	17.012	55	0.1888	54.178	7	20.088	1.7	52.995	19.170°

续表

外齿轮					内齿轮							
齿数 z_1	变位系数 x_1	顶圆直径 d_{a1}	跨齿数 k_1	公法线长度 W_{k1}	齿数 z_2	变位系数 x_2	顶圆直径 d_{a2}	跨齿槽数 k_2	公法线长度 W_{k2}	量柱直径 d_p	量柱测量距 M	量柱中心圆压力角 α_M
53	0.0690	54.338	7	19.978	56	0.1898	55.180	7	20.103	1.7	54.020	19.192°
54	0.0701	55.340	7	19.993	57	0.1909	56.182	7	20.118	1.7	55.000	19.213°
55	0.0711	56.342	7	20.008	58	0.1920	57.184	7	20.132	1.7	56.024	19.234°
56	0.0723	57.345	7	20.023	59	0.1931	58.186	7	20.147	1.7	57.006	19.254°
57	0.0734	58.347	7	20.037	60	0.1942	59.188	7	20.162	1.7	58.029	19.273°
58	0.0745	59.349	7	20.052	61	0.1953	60.191	8	23.129	1.7	59.011	19.292°
59	0.0757	60.351	7	20.067	62	0.1965	61.193	8	23.144	1.7	60.034	19.310°
60	0.0769	61.354	7	20.082	63	0.1977	62.195	8	23.159	1.7	61.017	19.328°
61	0.0781	62.356	7	20.097	64	0.1989	63.198	8	23.173	1.7	62.039	19.345°
62	0.0793	63.359	8	23.064	65	0.2001	64.200	8	23.188	1.7	63.023	19.362°
63	0.0805	64.361	8	23.078	66	0.2013	65.203	8	23.203	1.7	64.044	19.378°
64	0.0817	65.363	8	23.093	67	0.2026	66.205	8	23.218	1.7	65.028	19.394°
65	0.0830	66.366	8	23.108	68	0.2038	67.208	8	23.233	1.7	66.049	19.409°
66	0.0843	67.369	8	23.123	69	0.2051	68.210	9	26.200	1.7	67.034	19.424°
67	0.0856	68.371	8	23.138	70	0.2064	69.213	9	26.215	1.7	68.055	19.439°
68	0.0869	69.374	8	23.153	71	0.2077	70.215	9	26.230	1.7	69.040	19.453°
69	0.0882	70.376	8	23.168	72	0.2090	71.218	9	26.244	1.7	70.060	19.467°
70	0.0895	71.379	8	23.183	73	0.2103	72.221	9	26.259	1.7	71.046	19.481°
71	0.0908	72.382	9	26.150	74	0.2116	73.223	9	26.274	1.7	72.066	19.494°
72	0.0922	73.384	9	26.165	75	0.2130	74.226	9	26.289	1.7	73.052	19.507°
73	0.0935	74.387	9	26.179	76	0.2143	75.229	9	26.304	1.7	74.071	19.519°
74	0.0949	75.390	9	26.194	77	0.2157	76.231	9	26.319	1.7	75.058	19.531°
75	0.0962	76.392	9	26.209	78	0.2171	77.234	10	29.286	1.7	76.077	19.544°
76	0.0976	77.395	9	26.224	79	0.2184	78.237	10	29.301	1.7	77.064	19.555°
77	0.0990	78.398	9	26.239	80	0.2198	79.240	10	29.316	1.7	78.083	19.567°
78	0.1004	79.401	9	26.254	81	0.2212	80.242	10	29.331	1.7	79.070	19.578°
79	0.1018	80.404	9	26.269	82	0.2226	81.245	10	29.346	1.7	80.088	19.589°
80	0.1032	81.406	10	29.236	83	0.2240	82.248	10	29.361	1.7	81.077	19.599°
81	0.1046	82.409	10	29.251	84	0.2255	83.251	10	29.376	1.7	82.094	19.610°
82	0.1061	83.412	10	29.266	85	0.2269	84.254	10	29.391	1.7	83.083	19.620°
83	0.1075	84.415	10	29.281	86	0.2283	85.257	10	29.406	1.7	84.100	19.630°
84	0.1089	85.418	10	29.296	87	0.2297	86.259	11	32.373	1.7	85.089	19.640°
85	0.1103	86.421	10	29.311	88	0.2312	87.262	11	32.388	1.7	86.106	19.649°
86	0.1118	87.424	10	29.326	89	0.2326	88.265	11	32.403	1.7	87.095	19.659°
87	0.1133	88.427	10	29.341	90	0.2341	89.268	11	32.418	1.7	88.112	19.668°
88	0.1147	89.429	10	29.356	91	0.2355	90.271	11	32.433	1.7	89.101	19.677°
89	0.1162	90.432	11	32.323	92	0.2370	91.274	11	32.448	1.7	90.118	19.685°
90	0.1177	91.435	11	32.338	93	0.2385	92.277	11	32.463	1.7	91.108	19.694°
91	0.1191	92.438	11	32.353	94	0.2399	93.280	11	32.478	1.7	92.124	19.702°
92	0.1207	93.441	11	32.368	95	0.2415	94.283	11	32.493	1.7	93.114	19.711°
93	0.1221	94.444	11	32.383	96	0.2429	95.286	12	35.460	1.7	94.130	19.719°
94	0.1236	95.447	11	32.398	97	0.2444	96.289	12	35.475	1.7	95.120	19.727°
95	0.1251	96.450	11	32.413	98	0.2459	97.292	12	35.490	1.7	96.136	19.734°
96	0.1266	97.453	11	32.429	99	0.2474	98.295	12	35.505	1.7	97.127	19.742°
97	0.1281	98.456	11	32.444	100	0.2489	99.298	12	35.520	1.7	98.142	19.750°
98	0.1296	99.459	12	35.411	101	0.2504	100.301	12	35.535	1.7	99.133	19.757°
99	0.1311	100.462	12	35.426	102	0.2519	101.304	12	35.550	1.7	100.148	19.764°
100	0.1326	101.465	12	35.441	103	0.2534	102.307	12	35.565	1.7	101.139	19.771°
101	0.1342	102.468	12	35.456	104	0.2550	103.310	12	35.580	1.7	102.154	19.778°

表 12-6-8 四齿差内齿轮副几何尺寸及参数

($h_a^*=0.6$，$\alpha=20°$，$m=1$，$a'=2.060$，$\alpha'=24.172°$) mm

外齿轮					内齿轮							
齿数 z_1	变位系数 x_1	顶圆直径 d_{a1}	跨齿数 k_1	公法线长度 W_{k1}	齿数 z_2	变位系数 x_2	顶圆直径 d_{a2}	跨齿槽数 k_2	公法线长度 W_{k2}	量柱直径 d_p	量柱测量距 M	量柱中心圆压力角 α_M
29	0.0847	30.369	4	10.797	33	0.1509	32.102	4	10.898	1.7	30.894	18.135°
30	0.0843	31.369	4	10.810	34	0.1505	33.101	5	13.864	1.7	31.930	18.192°
31	0.0840	32.368	4	10.824	35	0.1502	34.100	5	13.878	1.7	32.895	18.246°
32	0.0838	33.368	4	10.838	36	0.1500	35.100	5	13.891	1.7	33.930	18.298°
33	0.0838	34.368	4	10.852	37	0.1499	36.100	5	13.905	1.7	34.898	18.347°
34	0.0838	35.368	4	10.866	38	0.1500	37.100	5	13.919	1.7	35.931	18.395°
35	0.0839	36.368	5	13.832	39	0.1501	38.100	5	13.933	1.7	36.901	18.441°
36	0.0841	37.368	5	13.846	40	0.1503	39.101	5	13.948	1.7	37.933	18.486°
37	0.0843	38.369	5	13.860	41	0.1505	40.101	5	13.962	1.7	38.904	18.528°
38	0.0847	39.369	5	13.875	42	0.1509	41.102	5	13.976	1.7	39.935	18.569°
39	0.0851	40.370	5	13.889	43	0.1513	42.103	6	16.942	1.7	40.907	18.609°
40	0.0855	41.371	5	13.903	44	0.1517	43.103	6	16.957	1.7	41.937	18.647°
41	0.0860	42.372	5	13.918	45	0.1522	44.104	6	16.971	1.7	42.911	18.683°
42	0.0866	43.373	5	13.932	46	0.1528	45.106	6	16.985	1.7	43.940	18.718°
43	0.0872	44.374	5	13.946	47	0.1534	46.107	6	17.000	1.7	44.915	18.752°
44	0.0879	45.376	6	16.913	48	0.1540	47.108	6	17.014	1.7	45.943	18.785°
45	0.0886	46.377	6	16.928	49	0.1548	48.110	6	17.029	1.7	46.920	18.817°
46	0.0893	47.379	6	16.942	50	0.1555	49.111	6	17.043	1.7	47.947	18.847°
47	0.0901	48.380	6	16.957	51	0.1563	50.113	6	17.058	1.7	48.924	18.877°
48	0.0909	49.382	6	16.971	52	0.1571	51.114	7	20.025	1.7	49.950	18.905°
49	0.0917	50.383	6	16.986	53	0.1579	52.116	7	20.039	1.7	50.929	18.933°
50	0.0926	51.385	6	17.000	54	0.1588	53.118	7	20.054	1.7	51.954	18.960°
51	0.0935	52.387	6	17.015	55	0.1597	54.119	7	20.068	1.7	52.934	18.986°
52	0.0944	53.389	6	17.030	56	0.1606	55.121	7	20.083	1.7	53.958	19.011°
53	0.0954	54.391	7	19.996	57	0.1616	56.123	7	20.098	1.7	54.939	19.035°
54	0.0964	55.393	7	20.011	58	0.1626	57.125	7	20.112	1.7	55.963	19.058°
55	0.0974	56.395	7	20.026	59	0.1636	58.127	7	20.127	1.7	56.944	19.081°
56	0.0984	57.397	7	20.040	60	0.1646	59.129	7	20.142	1.7	57.967	19.103°
57	0.0995	58.399	7	20.055	61	0.1657	60.131	8	23.109	1.7	58.950	19.125°
58	0.1005	59.401	7	20.070	62	0.1667	61.133	8	23.123	1.7	59.972	19.145°
59	0.1016	60.403	7	20.085	63	0.1678	62.136	8	23.138	1.7	60.955	19.165°
60	0.1027	61.405	7	20.099	64	0.1689	63.138	8	23.153	1.7	61.977	19.185°
61	0.1038	62.408	7	20.114	65	0.1700	64.140	8	23.168	1.7	62.960	19.204°
62	0.1050	63.410	8	23.081	66	0.1712	65.142	8	23.182	1.7	63.982	19.223°
63	0.1062	64.412	8	23.096	67	0.1723	66.145	8	23.197	1.7	64.966	19.241°
64	0.1076	65.415	8	23.111	68	0.1735	67.147	8	23.212	1.7	65.987	19.258°
65	0.1085	66.417	8	23.126	69	0.1747	68.149	8	23.227	1.7	66.971	19.275°
66	0.1097	67.419	8	23.140	70	0.1759	69.152	9	26.194	1.7	67.992	19.292°
67	0.1109	68.422	8	23.155	71	0.1771	70.154	9	26.209	1.7	68.977	19.308°
68	0.1121	69.424	8	23.170	72	0.1783	71.157	9	26.223	1.7	69.997	19.324°
69	0.1134	70.427	8	23.185	73	0.1796	72.159	9	26.238	1.7	70.983	19.339°
70	0.1146	71.429	8	23.200	74	0.1808	73.162	9	26.253	1.7	72.002	19.354°
71	0.1159	72.432	9	26.167	75	0.1820	74.164	9	26.268	1.7	72.989	19.369°
72	0.1172	73.434	9	26.182	76	0.1833	75.167	9	26.283	1.7	74.008	19.383°
73	0.1184	74.437	9	26.197	77	0.1846	76.169	9	26.298	1.7	74.994	19.397°
74	0.1197	75.439	9	26.211	78	0.1859	77.172	9	26.313	1.7	76.013	19.410°

续表

外齿轮					内齿轮							
齿数 z_1	变位系数 x_1	顶圆直径 d_{a1}	跨齿数 k_1	公法线长度 W_{k1}	齿数 z_2	变位系数 x_2	顶圆直径 d_{a2}	跨齿槽数 k_2	公法线长度 W_{k2}	量柱直径 d_p	量柱测量距 M	量柱中心圆压力角 α_M
75	0.1210	76.442	9	26.226	79	0.1872	78.174	10	29.280	1.7	77.000	19.424°
76	0.1223	77.445	9	26.241	80	0.1885	79.177	10	29.295	1.7	78.018	19.436°
77	0.1237	78.447	9	26.256	81	0.1898	80.180	10	29.310	1.7	79.006	19.449°
78	0.1250	79.450	9	26.271	82	0.1911	81.182	10	29.324	1.7	80.024	19.461°
79	0.1263	80.453	9	26.286	83	0.1925	82.185	10	29.339	1.7	81.012	19.473°
80	0.1277	81.455	10	29.253	84	0.1938	83.188	10	29.354	1.7	82.030	19.485°
81	0.1290	82.458	10	29.268	85	0.1952	84.190	10	29.369	1.7	83.018	19.497°
82	0.1304	83.461	10	29.283	86	0.1965	85.193	10	29.384	1.7	84.035	19.508°
83	0.1317	84.463	10	29.298	87	0.1979	86.196	11	32.351	1.7	85.024	19.519°
84	0.1331	85.466	10	29.313	88	0.1993	87.199	11	32.366	1.7	86.041	19.530°
85	0.1345	86.469	10	29.328	89	0.2006	88.201	11	32.381	1.7	87.030	19.540°
86	0.1358	87.472	10	29.343	90	0.2020	89.204	11	32.396	1.7	88.047	19.551°
87	0.1372	88.474	10	29.358	91	0.2034	90.207	11	32.411	1.7	89.036	19.561°
88	0.1386	89.477	11	32.325	92	0.2048	91.210	11	32.426	1.7	90.052	19.571°
89	0.1400	90.480	11	32.340	93	0.2062	92.212	11	32.441	1.7	91.042	19.580°
90	0.1414	91.483	11	32.355	94	0.2076	93.215	11	32.456	1.7	92.058	19.590°
91	0.1429	92.486	11	32.370	95	0.2090	94.218	11	32.471	1.7	93.048	19.599°
92	0.1443	93.489	11	32.385	96	0.2104	95.221	12	35.438	1.7	94.064	19.608°
93	0.1457	94.491	11	32.400	97	0.2118	96.224	12	35.453	1.7	95.054	19.617°
94	0.1471	95.494	11	32.415	98	0.2133	97.227	12	35.468	1.7	96.070	19.626°
95	0.1485	96.497	11	32.429	99	0.2147	98.229	12	35.483	1.7	97.060	19.634°
96	0.1500	97.500	11	32.445	100	0.2162	99.232	12	35.498	1.7	98.076	19.643°
97	0.1514	98.503	12	35.412	101	0.2176	100.235	12	35.513	1.7	99.066	19.651°
98	0.1528	99.506	12	35.427	102	0.2190	101.238	12	35.528	1.7	100.082	19.659°
99	0.1543	100.509	12	35.442	103	0.2205	102.241	12	35.543	1.7	101.073	19.667°
100	0.1557	101.511	12	35.457	104	0.2219	103.244	12	35.558	1.7	102.087	19.675°
101	0.1572	102.514	12	35.472	105	0.2234	104.247	13	38.525	1.7	103.079	19.683°

表 12-6-9　2Z-X（Ⅰ）型奇异二齿差~三齿差双内啮合齿轮副几何参数表　mm

外齿轮 1					固定内齿轮 2								重合度 $\varepsilon_{\alpha1\text{-}2}$	齿廓重叠干涉验算 $G_{a1\text{-}2}$	啮合角 $\alpha'_{1\text{-}2}$
齿数 z_1	变位系数 x_1	顶圆直径 d_{a1}	跨齿数 k_1	公法线长度 W_{k1}	齿数 z_2	变位系数 x_2	顶圆直径 d_{a2}	跨齿槽数 k_2	公法线长度 W_{k2}	量柱直径 d_{p2}	量柱测量距 M_2	量柱中心圆压力角 α_{M2}			
27	0.3956	29.291	4	10.981	29	1.6452	29.571	6	17.768	1.7	29.402	28.9663	0.990	1.873	55.0415
28	0.3956	30.291	4	10.995	30	1.6452	30.571	6	17.782		30.457	28.7584	0.994	1.872	
29	0.4955	31.491	5	14.030	31	1.7450	31.771	6	17.865		31.565	29.0055	0.980	1.874	
30	0.4955	32.491	5	14.044	32	1.7450	32.771	6	17.879		32.618	28.8100	0.985	1.874	
31	0.4955	33.491	5	14.058	33	1.7450	33.771	6	17.893		33.587	28.6235	0.989	1.873	
32	0.4955	34.491	5	14.072	34	1.7450	34.771	7	20.859		34.636	28.4452	0.993	1.873	
33	0.4955	35.491	5	14.086	35	1.7450	35.771	7	20.873		35.607	28.2747	0.997	1.872	
34	0.4955	36.491	5	14.100	36	1.7450	36.771	7	20.887		36.653	28.1114	1.000	1.871	
35	0.4955	37.491	5	14.114	37	1.7450	37.771	7	20.901		37.626	27.9548	1.004	1.871	
36	0.5954	38.691	6	17.148	38	1.8450	38.971	7	20.983		38.815	28.1928	0.992	1.873	
37	0.5954	39.691	6	17.162	39	1.8450	39.971	7	20.997		39.789	28.0432	0.995	1.872	
38	0.5954	40.691	6	17.176	40	1.8450	40.971	7	21.011		40.831	27.8993	0.999	1.872	

续表

外齿轮 1					固定内齿轮 2								重合度 $\varepsilon_{\alpha 1\text{-}2}$	齿廓重叠干涉验算 $G_{a1\text{-}2}$	啮合角 $\alpha'_{1\text{-}2}$
齿数 z_1	变位系数 x_1	顶圆直径 d_{a1}	跨齿数 k_1	公法线长度 W_{k1}	齿数 z_2	变位系数 x_2	顶圆直径 d_{a2}	跨齿槽数 k_2	公法线长度 W_{k2}	量柱直径 d_{p2}	量柱测量距 M_2	量柱中心圆压力角 α_{M2}			
39	0.5954	41.691	6	17.190	41	1.8450	41.971	8	23.977		41.807	27.7608	1.002	1.871	
40	0.5954	42.691	6	17.204	42	1.8450	42.971	8	23.991		42.846	27.6274	1.005	1.871	
41	0.5954	43.691	6	17.218	43	1.8450	43.971	8	24.005		43.823	27.4988	1.008	1.870	
42	0.5954	44.691	6	17.232	44	1.8450	44.971	8	24.019		44.860	27.3747	1.011	1.870	
43	0.5954	45.691	6	17.246	45	1.8450	45.971	8	24.033		45.838	27.2548	1.014	1.869	
44	0.6953	46.891	7	20.281	46	1.9449	47.171	8	24.116		47.023	27.4787	1.003	1.871	
45	0.6953	47.891	7	20.295	47	1.9449	48.171	8	24.130		48.002	27.3628	1.006	1.871	
46	0.6953	48.891	7	20.309	48	1.9449	49.171	9	27.096		49.036	27.2506	1.008	1.870	
47	0.6953	49.891	7	20.323	49	1.9449	50.171	9	27.110		50.016	27.1419	1.011	1.870	
48	0.6953	50.891	7	20.337	50	1.9449	51.171	9	27.124		51.049	27.0367	1.014	1.869	
49	0.6953	51.891	7	20.351	51	1.9449	52.171	9	27.138		52.030	26.9347	1.016	1.869	
50	0.6953	52.891	7	20.365	52	1.9449	53.171	9	27.152		53.062	26.8357	1.018	1.869	
51	0.7953	54.091	8	23.399	53	2.0448	54.371	9	27.234		54.194	27.0455	1.009	1.870	
52	0.7953	55.091	8	23.413	54	2.0448	55.371	9	27.248		55.225	26.9491	1.011	1.870	
53	0.7953	56.091	8	23.427	55	2.0448	56.371	9	27.262		56.207	26.8554	1.014	1.869	
54	0.7953	57.091	8	23.441	56	2.0448	57.371	10	30.228		57.237	26.7643	1.016	1.869	
55	0.7953	58.091	8	23.455	57	2.0448	58.371	10	30.242		58.220	26.6758	1.018	1.869	
56	0.7953	59.091	8	23.469	58	2.0448	59.371	10	30.256		59.248	26.5896	1.020	1.868	
57	0.7953	60.091	8	23.483	59	2.0448	60.371	10	30.270		60.232	26.5057	1.022	1.868	
58	0.7953	61.091	8	23.497	60	2.0448	61.371	10	30.284		61.259	26.4241	1.024	1.868	
59	0.8951	62.290	9	26.532	61	2.1446	62.571	10	30.367		62.396	26.6195	1.016	1.869	
60	0.8951	63.290	9	26.546	62	2.1446	63.571	10	30.381	1.7	63.423	26.5395	1.018	1.869	55.0415
61	0.8951	64.290	9	26.560	63	2.1446	64.571	11	33.347		64.408	26.4614	1.020	1.868	
62	0.8951	65.290	9	26.574	64	2.1446	65.570	11	33.361		65.434	26.3853	1.022	1.868	
63	0.8951	66.290	9	26.588	65	2.1446	66.570	11	33.375		66.419	26.3110	1.023	1.868	
64	0.8951	67.290	9	26.602	66	2.1446	67.570	11	33.389		67.444	26.2385	1.025	1.868	
65	0.8951	68.290	9	26.616	67	2.1446	68.570	11	33.403		68.430	26.1677	1.027	1.867	
66	0.9950	69.490	10	29.650	68	2.2445	69.770	11	33.485		69.609	26.3511	1.019	1.868	
67	0.9950	70.490	10	29.664	69	2.2445	70.770	11	33.499		70.595	26.2814	1.021	1.868	
68	0.9950	71.490	10	29.678	70	2.2445	71.770	11	33.513		71.619	26.2133	1.023	1.868	
69	0.9950	72.490	10	29.692	71	2.2445	72.770	12	36.479		72.606	26.1467	1.024	1.868	
70	0.9950	73.490	10	29.706	72	2.2445	73.770	12	36.493		73.629	26.0816	1.026	1.867	
71	0.9950	74.490	10	29.720	73	2.2445	74.770	12	36.507		74.616	26.0180	1.028	1.867	
72	0.9950	75.490	10	29.734	74	2.2445	75.770	12	36.521		75.638	25.9557	1.029	1.867	
73	1.0949	76.690	11	32.769	75	2.3444	76.970	12	36.604		76.781	26.1281	1.022	1.868	
74	1.0949	77.690	11	32.783	76	2.3444	77.970	12	36.618		77.803	26.0666	1.024	1.868	
75	1.0949	78.690	11	32.797	77	2.3444	78.970	12	36.632		78.791	26.0064	1.025	1.867	
76	1.0949	79.690	11	32.811	78	2.3444	79.970	13	39.598		79.813	25.9474	1.027	1.867	
77	1.0949	80.690	11	32.825	79	2.3444	80.970	13	39.612		80.801	25.8896	1.028	1.867	
78	1.0949	81.690	11	32.839	80	2.3444	81.970	13	39.626		81.822	25.8329	1.030	1.867	
79	1.0949	82.690	11	32.853	81	2.3444	82.970	13	39.640		82.810	25.7774	1.031	1.866	
80	1.1949	83.890	11	32.935	82	2.4444	84.170	13	39.722		83.988	25.9399	1.025	1.868	
81	1.1949	84.890	12	35.901	83	2.4444	85.170	13	39.736		84.977	25.8849	1.026	1.867	
82	1.1949	85.890	12	35.915	84	2.4444	86.170	13	39.750		85.997	25.8310	1.028	1.867	
83	1.1949	86.890	12	35.929	85	2.4444	87.170	13	39.764		86.986	25.7781	1.029	1.867	
84	1.1949	87.890	12	35.943	86	2.4444	88.170	14	42.730		88.005	25.7262	1.030	1.867	

续表

外齿轮 1					固定内齿轮 2								重合度 $\varepsilon_{\alpha 1\text{-}2}$	齿廓重叠干涉验算 $G_{a1\text{-}2}$	啮合角 $\alpha'_{1\text{-}2}$
齿数 z_1	变位系数 x_1	顶圆直径 d_{a1}	跨齿数 k_1	公法线长度 W_{k1}	齿数 z_2	变位系数 x_2	顶圆直径 d_{a2}	跨齿槽数 k_2	公法线长度 W_{k2}	量柱直径 d_{p2}	量柱测量距 M_2	量柱中心圆压力角 α_{M2}			
85	1.1949	88.890	12	35.957	87	2.4444	89.170	14	42.744		88.995	25.6753	1.032	1.866	
86	1.1949	89.890	12	35.971	88	2.4444	90.170	14	42.758		90.014	25.6253	1.033	1.866	
87	1.1949	90.890	12	35.985	89	2.4444	91.170	14	42.772		91.003	25.5761	1.034	1.866	
88	1.2947	92.089	13	39.020	90	2.5442	92.369	14	42.855		92.180	25.7288	1.028	1.867	
89	1.2947	93.089	13	39.034	91	2.5442	93.369	14	42.869		93.170	25.6801	1.029	1.867	
90	1.2947	94.089	13	39.048	92	2.5442	94.369	14	42.883		94.188	25.6322	1.031	1.867	
91	1.2947	95.089	13	39.062	93	2.5442	95.369	15	45.849	1.7	95.178	25.5852	1.032	1.866	55.0415
92	1.2947	96.089	13	39.076	94	2.5442	96.369	15	45.863		96.196	25.5390	1.033	1.866	
93	1.2947	97.089	13	39.090	95	2.5442	97.369	15	45.877		97.187	25.4935	1.034	1.866	
94	1.2947	98.089	13	39.104	96	2.5442	98.369	15	45.891		98.204	25.4489	1.036	1.866	
95	1.3945	99.289	13	39.186	97	2.6440	99.569	15	45.973		99.354	25.5936	1.030	1.867	
96	1.3945	100.289	14	42.152	98	2.6440	100.569	15	45.987		100.371	25.5492	1.031	1.866	
97	1.3945	101.289	14	42.166	99	2.6440	101.569	15	46.001		101.362	25.5055	1.032	1.866	
98	1.3945	102.289	14	42.180	100	2.6440	102.569	15	46.015		102.379	25.4626	1.033	1.866	

输出内齿轮 3								重合度 $\varepsilon_{\alpha 1\text{-}3}$	齿廓重叠干涉验算 $G_{s1\text{-}3}$	啮合角 $\alpha'_{1\text{-}3}$	共同参数			
齿数 z_3	变位系数 x_3	顶圆直径 d_{a3}	跨齿槽数 k_3	公法线长度 W_{k3}	量柱直径 d_{p3}	量柱测量距 M_3	量柱中心圆压力角 α_{M3}				中心距 a'	模数 m	压力角 α	齿顶高系数 h_a^*
30	0.5741	29.571	5	14.098		28.767	22.2895	1.251	0.033					
31	0.5741	30.571	5	14.112		29.728	22.2235	1.255	0.030					
32	0.6739	31.771	5	14.194		30.947	22.9164	1.220	0.047					
33	0.6739	32.771	5	14.208		31.910	22.8395	1.225	0.044					
34	0.6739	33.771	5	14.222		32.949	22.7667	1.230	0.041					
35	0.6739	34.771	5	14.236		33.914	22.6975	1.234	0.039					
36	0.6739	35.771	6	17.202		34.951	22.6317	1.239	0.036					
37	0.6739	36.771	6	17.216		35.918	22.5691	1.243	0.034					
38	0.6739	37.771	6	17.230		36.953	22.5094	1.247	0.032					
39	0.7739	38.971	6	17.312		38.098	23.0601	1.220	0.045					
40	0.7739	39.971	6	17.326		39.132	22.9940	1.224	0.043					
41	0.7739	40.971	6	17.340		40.103	22.9308	1.228	0.041					
42	0.7739	41.971	6	17.354		41.134	22.8702	1.232	0.038					
43	0.7739	42.971	6	17.368	1.7	42.106	22.8120	1.236	0.036	30.7423	1.64	1.0	20°	0.75
44	0.7739	43.971	7	20.335		43.137	22.7562	1.239	0.034					
45	0.7739	44.971	7	20.349		44.110	22.7026	1.243	0.033					
46	0.7739	45.971	7	20.363		45.139	22.6511	1.246	0.031					
47	0.8738	47.171	7	20.445		46.289	23.1006	1.224	0.042					
48	0.8738	48.171	7	20.459		47.317	23.0449	1.228	0.040					
49	0.8738	49.171	7	20.473		48.292	22.9912	1.231	0.038					
50	0.8738	50.171	7	20.487		49.319	22.9395	1.234	0.036					
51	0.8738	51.171	8	23.453		50.296	22.8894	1.238	0.035					
52	0.8738	52.171	8	23.467		51.322	22.8411	1.241	0.033					
53	0.8738	53.171	8	23.481		52.299	22.7944	1.244	0.031					
54	0.9737	54.371	8	23.563		53.499	23.1792	1.225	0.041					
55	0.9737	55.371	8	23.577		54.478	23.1296	1.228	0.039					
56	0.9737	56.371	8	23.591		55.502	23.0815	1.231	0.037					

续表

输出内齿轮 3								重合度 $\varepsilon_{\alpha 1\text{-}3}$	齿廓重叠干涉验算 $G_{s1\text{-}3}$	啮合角 $\alpha'_{1\text{-}3}$	共同参数			
齿数 z_3	变位系数 x_3	顶圆直径 d_{a3}	跨齿槽数 k_3	公法线长度 W_{k3}	量柱直径 d_{p3}	量柱测量距 M_3	量柱中心圆压力角 α_{M3}				中心距 a'	模数 m	压力角 α	齿顶高系数 h_a^*
57	0.9737	57.371	8	23.605		56.481	23.0349	1.234	0.036					
58	0.9737	58.371	8	23.619		57.504	22.9897	1.237	0.034					
59	0.9737	59.371	9	26.586		58.484	22.9458	1.240	0.033					
60	0.9737	60.371	9	26.600		59.507	22.9033	1.242	0.032					
61	0.9737	61.371	9	26.614		60.487	22.8619	1.245	0.030					
62	1.0735	62.570	9	26.696		61.684	23.1941	1.228	0.038					
63	1.0735	63.570	9	26.710		62.665	23.1506	1.231	0.037					
64	1.0735	64.570	9	26.724		63.687	23.1083	1.234	0.036					
65	1.0735	65.570	9	26.738		64.669	23.0671	1.236	0.034					
66	1.0735	66.570	10	29.704		65.689	23.0270	1.239	0.033					
67	1.0735	67.570	10	29.718		66.672	22.9889	1.241	0.032					
68	1.0735	68.570	10	29.732		67.692	22.9500	1.244	0.031					
69	1.1734	69.770	10	29.814		68.849	23.2454	1.229	0.038					
70	1.1734	70.770	10	29.828		69.869	23.2057	1.231	0.037					
71	1.1734	71.770	10	29.842		70.852	23.1670	1.234	0.035					
72	1.1734	72.770	10	29.856		71.871	23.1293	1.236	0.034					
73	1.1734	73.770	10	29.870		72.856	23.0924	1.238	0.033					
74	1.1734	74.770	11	32.837		73.874	23.0565	1.241	0.032					
75	1.1734	75.770	11	32.851		74.859	23.0213	1.243	0.031					
76	1.2734	76.970	11	32.933		76.051	23.2873	1.230	0.037					
77	1.2734	77.970	11	32.947		77.036	23.2508	1.232	0.036					
78	1.2734	78.970	11	32.961		78.054	23.2152	1.234	0.035					
79	1.2734	79.970	11	32.975	1.7	79.039	23.1803	1.236	0.034	30.7423	1.64	1.0	20°	0.75
80	1.2734	80.970	11	32.989		80.056	23.1462	1.238	0.033					
81	1.2734	81.970	11	33.003		81.042	23.1129	1.240	0.032					
82	1.2734	82.970	12	35.969		82.059	23.0802	1.242	0.031					
83	1.3733	84.170	12	36.051		83.219	23.3221	1.230	0.037					
84	1.3733	85.170	12	36.065		84.236	23.2883	1.232	0.036					
85	1.3733	86.170	12	36.079		85.222	23.2553	1.234	0.035					
86	1.3733	87.170	12	36.093		86.239	23.2229	1.236	0.034					
87	1.3733	88.170	12	36.107		87.225	23.1912	1.238	0.033					
88	1.3733	89.170	12	36.121		88.241	23.1601	1.240	0.032					
89	1.3733	90.170	13	39.088		89.229	23.1297	1.242	0.031					
90	1.3733	91.170	13	39.102		90.244	23.0998	1.243	0.030					
91	1.4731	92.369	13	39.184		91.405	23.3195	1.232	0.036					
92	1.4731	93.369	13	39.198		92.420	23.2887	1.234	0.035					
93	1.4731	94.369	13	39.212		93.408	23.2586	1.236	0.034					
94	1.4731	95.369	13	39.226		94.423	23.2289	1.238	0.033					
95	1.4731	96.369	13	39.240		95.411	23.1998	1.240	0.032					
96	1.4731	97.369	13	39.254		96.426	23.1713	1.241	0.031					
97	1.4731	98.369	14	42.220		97.414	23.1432	1.243	0.030					
98	1.5729	99.569	14	42.302		98.602	23.3462	1.233	0.035					
99	1.5729	100.569	14	42.316		99.591	23.3174	1.235	0.034					
100	1.5729	101.569	14	42.330		100.605	23.2892	1.236	0.034					
101	1.5729	102.569	15	42.344		101.594	23.2614	1.238	0.033					

注：1. 当模数 $m \neq 1$ 时，d_a、W_k、d_p、M、a' 均应乘以 m 之数值。

2. 当按本表内齿轮 2 固定、内齿轮 3 输出时，转向与输入轴相同；传动比 i 与 z_3 数值相同。

3. 若需要，也可内齿轮 3 固定，内齿轮 2 输出，此时转向与输入轴相反；传动比 i 与 z_2 数值相同。

第12篇

表 12-6-10　　2Z-X（Ⅰ）型奇异三齿差~四齿差双内啮合齿轮副几何参数　　mm

外齿轮 1					固定内齿轮 2								重合度 $\varepsilon_{\alpha 1\text{-}2}$	齿廓重叠干涉验算 $G_{a1\text{-}2}$	啮合角 $\alpha'_{1\text{-}2}$
齿数 z_1	变位系数 x_1	顶圆直径 d_{a1}	跨齿数 k_1	公法线长度 W_{k1}	齿数 z_2	变位系数 x_2	顶圆直径 d_{a2}	跨齿槽数 k_2	公法线长度 W_{k2}	量柱直径 d_{p2}	量柱测量距 M_2	量柱中心圆压力角 α_{M2}			
26	−0.1020	27.296	3	7.675	29	0.9904	28.536	5	14.368		28.425	25.4068	1.164	1.676	
27	−0.1057	28.289	3	7.686	30	0.9867	29.529	5	14.380		29.509	25.2419	1.167	1.676	
28	−0.1128	29.274	3	7.695	31	0.9797	30.514	5	14.389		30.418	25.0648	1.171	1.675	
29	−0.1197	30.261	4	10.657	32	0.9727	31.501	5	14.398		31.451	24.8968	1.175	1.675	
30	−0.1247	31.251	4	10.667	33	0.9677	32.491	6	17.361		32.407	24.7477	1.178	1.675	
31	−0.1313	32.237	4	10.677	34	0.9611	33.477	6	17.370		33.438	24.5967	1.182	1.674	
32	−0.1378	33.224	4	10.686	35	0.9546	34.464	6	17.380		34.394	24.4529	1.185	1.674	
33	−0.1442	34.212	4	10.696	36	0.9482	35.452	6	17.390		35.422	24.3158	1.188	1.674	
34	−0.1505	35.199	4	10.706	37	0.9419	36.439	6	17.400		36.380	24.1848	1.191	1.673	
35	−0.1568	36.186	4	10.715	38	0.9356	37.426	6	17.403		37.406	24.0596	1.194	1.673	
36	−0.1630	37.174	4	10.725	39	0.9294	38.414	6	17.419		38.365	23.9397	1.197	1.673	
37	−0.1676	38.165	4	10.736	40	0.9248	39.405	6	17.430		39.392	23.8334	1.199	1.673	
38	−0.1736	39.153	4	10.746	41	0.9189	40.393	6	17.440		40.353	23.7237	1.201	1.672	
39	−0.1795	40.141	5	13.708	42	0.9129	41.381	7	20.402		41.375	23.6185	1.203	1.672	
40	−0.1854	41.129	5	13.718	43	0.9070	42.369	7	20.412		42.338	23.5174	1.206	1.672	
41	−0.1912	42.118	5	13.728	44	0.9012	43.358	7	20.422		43.359	23.4202	1.208	1.672	
42	−0.1956	43.109	5	13.739	45	0.8969	44.349	7	20.433		44.325	23.3341	1.209	1.671	
43	−0.2012	44.098	5	13.749	46	0.8912	45.338	7	20.443		45.345	23.2445	1.211	1.671	
44	−0.2068	45.086	5	13.759	47	0.8856	46.326	7	20.453		46.309	23.1582	1.213	1.671	
45	−0.2124	46.075	5	13.770	48	0.8800	47.315	7	20.463		47.328	23.0750	1.215	1.671	
46	−0.2165	47.067	5	13.781	49	0.8759	48.307	7	20.474		48.296	23.0014	1.216	1.671	
47	−0.2219	48.056	5	13.791	50	0.8705	49.296	7	20.485		49.314	22.9244	1.218	1.670	
48	−0.2272	49.046	5	13.801	51	0.8652	50.286	8	23.447	1.7	50.281	22.8500	1.219	1.670	48.3271
49	−0.2325	50.035	6	16.764	52	0.8599	51.275	8	23.458		51.297	22.7782	1.221	1.670	
50	−0.2378	51.024	6	16.774	53	0.8546	52.264	8	23.468		52.265	22.7088	1.222	1.670	
51	−0.2430	52.014	6	16.785	54	0.8494	53.254	8	23.478		53.281	22.6417	1.224	1.670	
52	−0.2482	53.004	6	16.795	55	0.8442	54.244	8	23.489		54.250	22.5768	1.225	1.670	
53	−0.2520	53.996	6	16.807	56	0.8404	55.236	8	23.500		55.267	22.5197	1.226	1.669	
54	−0.2570	54.986	6	16.817	57	0.8354	56.226	8	23.511		56.237	22.4593	1.227	1.669	
55	−0.2619	55.976	6	16.828	58	0.8305	57.216	8	23.521		57.251	22.4009	1.228	1.669	
56	−0.2668	56.966	6	16.839	59	0.8256	58.206	8	23.532		58.221	22.3444	1.230	1.669	
57	−0.2716	57.957	6	16.849	60	0.8208	59.197	8	23.543		59.235	22.2897	1.231	1.669	
58	−0.2776	58.945	6	16.859	61	0.8148	60.185	9	26.505		60.204	22.2316	1.232	1.669	
59	−0.2824	59.935	7	19.822	62	0.8100	61.175	9	26.516		61.217	22.1799	1.233	1.669	
60	−0.2872	60.926	7	19.833	63	0.8053	62.166	9	26.526		62.189	22.1299	1.234	1.669	
61	−0.2918	61.916	7	19.844	64	0.8006	63.156	9	26.537		63.201	22.0814	1.235	1.668	
62	−0.2965	62.907	7	19.854	65	0.7960	64.147	9	26.548		64.174	22.0345	1.236	1.668	
63	−0.3010	63.898	7	19.865	66	0.7914	65.138	9	26.559		65.185	21.9890	1.237	1.668	
64	−0.3055	64.889	7	19.876	67	0.7869	66.129	9	26.570		66.159	21.9449	1.237	1.668	
65	−0.3099	65.880	7	19.887	68	0.7825	67.120	9	26.581		67.170	21.9022	1.238	1.668	
66	−0.3154	66.869	7	19.897	69	0.7770	68.109	9	26.591		68.142	21.8565	1.239	1.668	
67	−0.3198	67.860	7	19.908	70	0.7727	69.100	10	29.554		69.153	21.8162	1.240	1.668	
68	−0.3241	68.852	7	19.920	71	0.7684	70.092	10	29.565		70.128	21.7771	1.241	1.668	
69	−0.3293	69.841	8	22.882	72	0.7631	71.081	10	29.576		71.136	21.7353	1.241	1.668	
70	−0.3335	70.833	8	22.893	73	0.7589	72.073	10	29.587		72.112	21.6984	1.242	1.668	
71	−0.3387	71.823	8	22.904	74	0.7537	73.063	10	29.597		73.120	21.6588	1.243	1.667	

续表

外齿轮 1					固定内齿轮 2								重合度 $\varepsilon_{\alpha 1\text{-}2}$	齿廓重叠干涉验算 $G_{a1\text{-}2}$	啮合角 $\alpha'_{1\text{-}2}$
齿数 z_1	变位系数 x_1	顶圆直径 d_{a1}	跨齿数 k_1	公法线长度 W_{k1}	齿数 z_2	变位系数 x_2	顶圆直径 d_{a2}	跨齿槽数 k_2	公法线长度 W_{k2}	量柱直径 d_{p2}	量柱测量距 M_2	量柱中心圆压力角 α_{M2}			
72	-0.3428	72.814	8	22.915	75	0.7496	74.054	10	29.609		74.096	21.6240	1.244	1.667	
73	-0.3479	73.804	8	22.925	76	0.7446	75.044	10	29.619		75.103	21.5866	1.244	1.667	
74	-0.3519	74.796	8	22.937	77	0.7406	76.036	10	29.630		76.080	21.5538	1.245	1.667	
75	-0.3568	75.786	8	22.947	78	0.7357	77.026	10	29.641		77.088	21.5185	1.246	1.667	
76	-0.3616	76.777	8	22.958	79	0.7308	78.017	10	29.652		78.063	21.4841	1.246	1.667	
77	-0.3665	77.767	8	22.969	80	0.7259	79.007	11	32.614		79.070	21.4505	1.247	1.667	
78	-0.3703	78.759	9	25.932	81	0.7221	79.999	11	32.626		80.048	21.4212	1.247	1.667	
79	-0.3750	79.750	9	25.943	82	0.7175	80.990	11	32.637		81.055	21.3896	1.248	1.667	
80	-0.3796	80.741	9	25.954	83	0.7128	81.981	11	32.647		82.031	21.3588	1.248	1.667	
81	-0.3842	81.732	9	25.965	84	0.7083	82.972	11	32.658		83.038	21.3289	1.249	1.667	
82	-0.3887	82.723	9	25.976	85	0.7038	83.963	11	32.669		84.015	21.2997	1.250	1.667	
83	-0.3931	83.714	9	25.987	86	0.6993	84.954	11	32.680		85.022	21.2714	1.250	1.667	
84	-0.3975	84.705	9	25.998	87	0.6950	85.945	11	32.691	1.7	85.999	21.2439	1.251	1.666	48.3271
85	-0.4027	85.695	9	26.008	88	0.6898	86.935	11	32.702		87.004	21.2143	1.251	1.666	
86	-0.4070	86.686	9	26.019	89	0.6855	87.926	12	35.665		87.982	21.1881	1.252	1.666	
87	-0.4112	87.678	9	26.030	90	0.6812	88.918	12	35.676		88.988	21.1626	1.252	1.666	
88	-0.4162	88.668	10	28.993	91	0.6763	89.908	12	35.687		89.965	21.1353	1.253	1.666	
89	-0.4203	89.659	10	29.004	92	0.6721	90.899	12	35.698		90.971	21.1111	1.253	1.666	
90	-0.4252	90.650	10	29.015	93	0.6673	91.890	12	35.709		91.949	21.0852	1.254	1.666	
91	-0.4291	91.642	10	29.026	94	0.6633	92.882	12	35.720		92.955	21.0623	1.254	1.666	
92	-0.4339	92.632	10	29.037	95	0.6586	93.872	12	35.731		93.933	21.0378	1.254	1.666	
93	-0.4385	93.623	10	29.048	96	0.6539	94.863	12	35.741		94.937	21.0138	1.255	1.666	
94	-0.4431	94.614	10	29.059	97	0.6493	95.854	12	35.752		95.916	20.9905	1.255	1.666	
95	-0.4469	95.606	10	29.070	98	0.6455	96.846	12	35.764		96.922	20.9700	1.256	1.666	
96	-0.4513	96.597	10	29.081	99	0.6411	97.837	13	38.727		97.901	20.9480	1.256	1.666	
97	-0.4564	97.587	10	29.092	100	0.6361	98.827	13	38.737		98.904	20.9245	1.257	1.666	

输出内齿轮 3								重合度 $\varepsilon_{\alpha 1\text{-}3}$	齿廓重叠干涉验算 $G_{s1\text{-}3}$	啮合角 $\alpha'_{1\text{-}3}$	共同参数			
齿数 z_3	变位系数 x_3	顶圆直径 d_{a3}	跨齿槽数 k_3	公法线长度 W_{k3}	量柱直径 d_{p3}	量柱测量距 M_3	量柱中心圆压力角 α_{M3}				中心距 a'	模数 m	压力角 α	齿顶高系数 h_a^*
30	0.0408	28.536	4	10.781		27.673	16.3135	1.644	0.033					
31	0.0372	29.529	4	10.792		28.628	16.4050	1.633	0.035					
32	0.0301	30.514	4	10.801		29.652	16.4395	1.627	0.035					
33	0.0232	31.501	4	10.811		30.601	16.4737	1.622	0.035					
34	0.0181	32.491	4	10.821		31.627	16.5318	1.616	0.035					
35	0.0115	33.477	4	10.831		32.579	16.5659	1.613	0.035					
36	0.0050	34.464	5	13.792		33.600	16.5991	1.610	0.035					
37	-0.0014	35.452	5	13.802	1.7	34.554	16.6314	1.607	0.035	27.5630	2.12	1.0	20°	0.75
38	-0.0077	36.439	5	13.812		35.573	16.6628	1.604	0.035					
39	-0.0139	37.426	5	13.821		36.529	16.6932	1.602	0.035					
40	-0.0202	38.414	5	13.831		37.548	16.7226	1.600	0.035					
41	-0.0247	39.405	5	13.842		38.509	16.7688	1.597	0.035					
42	-0.0307	40.393	5	13.852		39.526	16.7972	1.596	0.035					
43	-0.0367	41.381	5	13.862		40.486	16.8248	1.594	0.035					
44	-0.0425	42.369	5	13.872		41.502	16.8514	1.593	0.035					

续表

输出内齿轮3								重合度 $\varepsilon_{\alpha 1\text{-}3}$	齿廓重叠干涉验算 $G_{s1\text{-}3}$	啮合角 $\alpha'_{1\text{-}3}$	共同参数			
齿数 z_3	变位系数 x_3	顶圆直径 d_{a3}	跨齿槽数 k_3	公法线长度 W_{k3}	量柱直径 d_{p3}	量柱测量距 M_3	量柱中心圆压力角 α_{M3}				中心距 a'	模数 m	压力角 α	齿顶高系数 h_a^*
45	-0.0484	43.358	5	13.882		42.463	16.8772	1.592	0.035					
46	-0.0527	44.349	6	16.845		43.481	16.9168	1.590	0.035					
47	-0.0548	45.338	6	16.858		44.443	16.9418	1.589	0.035					
48	-0.0640	46.326	6	16.865		45.458	16.9660	1.588	0.035					
49	-0.0696	47.315	6	16.875		46.421	16.9896	1.587	0.035					
50	-0.0737	48.307	6	16.887		47.438	17.0251	1.585	0.035					
51	-0.0793	49.296	6	16.899		48.403	17.0481	1.584	0.035					
52	-0.0844	50.286	6	16.908		49.416	17.0705	1.584	0.035					
53	-0.0897	51.275	6	16.918		50.382	17.0923	1.583	0.035					
54	-0.0950	52.264	6	16.928		51.394	17.1136	1.582	0.035					
55	-0.1002	53.254	6	16.939		52.361	17.1344	1.582	0.035					
56	-0.1054	54.244	7	19.901		53.373	17.1547	1.581	0.035					
57	-0.1092	55.236	7	19.913		54.344	17.1847	1.580	0.035					
58	-0.1141	56.226	7	19.923		55.355	17.2048	1.579	0.035					
59	-0.1191	57.216	7	19.934		56.325	17.2246	1.579	0.035					
60	-0.1239	58.206	7	19.944		57.335	17.2440	1.578	0.035					
61	-0.1288	59.197	7	19.955		58.305	17.2632	1.578	0.035					
62	-0.1348	60.185	7	19.965		59.313	17.2734	1.578	0.035					
63	-0.1396	61.175	7	19.976		60.284	17.2916	1.577	0.035					
64	-0.1443	62.166	7	19.987		61.293	17.3095	1.577	0.035					
65	-0.1490	63.156	7	19.997		62.265	17.3272	1.577	0.035					
66	-0.1536	64.147	8	22.960		63.274	17.3448	1.576	0.035					
67	-0.1582	65.138	8	22.971	1.7	64.247	17.3622	1.576	0.035	27.5630	2.12	1.0	20°	0.75
68	-0.1627	66.129	8	22.982		65.256	17.3794	1.575	0.035					
69	-0.1671	67.120	8	22.993		66.229	17.3966	1.575	0.035					
70	-0.1726	68.109	8	23.003		67.235	17.4068	1.575	0.035					
71	-0.1769	69.100	8	23.014		68.209	17.4235	1.574	0.035					
72	-0.1812	70.092	8	23.026		69.218	17.4401	1.574	0.035					
73	-0.1865	71.081	8	23.036		70.190	17.4503	1.574	0.035					
74	-0.1907	72.073	8	23.047		71.198	17.4665	1.573	0.035					
75	-0.1959	73.063	8	23.057		72.171	17.4768	1.573	0.035					
76	-0.2000	74.054	9	26.021		73.179	17.4927	1.573	0.035					
77	-0.2050	75.044	9	26.031		74.153	17.5029	1.573	0.035					
78	-0.2090	76.036	9	26.043		75.161	17.5187	1.572	0.035					
79	-0.2139	77.026	9	26.053		76.135	17.5291	1.572	0.035					
80	-0.2188	78.017	9	26.064		77.141	17.5394	1.572	0.035					
81	-0.2236	79.007	9	26.075		78.116	17.5496	1.572	0.035					
82	-0.2275	79.999	9	26.086		79.123	17.5648	1.572	0.035					
83	-0.2321	80.990	9	26.097		80.099	17.5753	1.572	0.035					
84	-0.2367	81.981	9	26.108		81.104	17.5858	1.571	0.035					
85	-0.2413	82.972	10	29.071		82.080	17.5963	1.571	0.035					
86	-0.2458	83.963	10	29.082		83.085	17.6068	1.571	0.035					
87	-0.2503	84.954	10	29.093		84.062	17.6174	1.571	0.035					
88	-0.2546	85.945	10	29.104		85.067	17.6281	1.571	0.035					
89	-0.2598	86.935	10	29.114		86.043	17.6347	1.571	0.035					
90	-0.2641	87.926	10	29.125		87.048	17.6452	1.571	0.035					

续表

输出内齿轮 3								重合度 $\varepsilon_{\alpha 1\text{-}3}$	齿廓重叠干涉验算 $G_{s1\text{-}3}$	啮合角 $\alpha'_{1\text{-}3}$	共同参数			
齿数 z_3	变位系数 x_3	顶圆直径 d_{a3}	跨齿槽数 k_3	公法线长度 W_{k3}	量柱直径 d_{p3}	量柱测量距 M_3	量柱中心圆压力角 α_{M3}				中心距 a'	模数 m	压力角 α	齿顶高系数 h_a^*
91	-0.2683	88.918	10	29.136		88.026	17.6559	1.570	0.035					
92	-0.2733	89.908	10	29.147		89.029	17.6628	1.570	0.035					
93	-0.2774	90.899	10	29.158		90.007	17.6735	1.570	0.035					
94	-0.2823	91.890	10	29.169		91.010	17.6806	1.570	0.035					
95	-0.2863	92.882	11	32.132		91.989	17.6914	1.570	0.035					
96	-0.2910	93.872	11	32.143	1.7	92.993	17.6989	1.570	0.035	27.5630	2.12	1.0	20°	0.75
97	-0.2957	94.863	11	32.154		93.970	17.7064	1.570	0.035					
98	-0.3003	95.854	11	32.165		94.973	17.7140	1.570	0.035					
99	-0.3040	96.846	11	32.176		95.954	17.7249	1.569	0.035					
100	-0.3084	97.837	11	32.187		96.957	17.7330	1.569	0.035					
101	-0.3135	98.827	11	32.198		97.934	17.7381	1.569	0.035					

注：1. 当模数 $m\neq1$ 时，d_a、W_k、d_p、M、a'均应乘以 m 之数值。

2. 当按本表内齿轮 2 固定，内齿轮 3 输出时，转向与输入轴相同；传动比 i 与 z_3 数值相同。

3. 若需要，也可内齿轮 3 固定，内齿轮 2 输出，此时转向与输入轴相反；传动比 i 与 z_2 数值相同。

3 效率计算

3.1 一对齿轮的啮合效率

一对齿轮的啮合效率 η_e^X 的计算式为

$$\eta_e^X = 1-\pi\mu_e\left(\frac{1}{z_1}-\frac{1}{z_2}\right)(E_1+E_2) \tag{12-6-10}$$

式中，E_1、E_2、μ_e 见表 12-6-11。

表 12-6-11　E_1、E_2、μ_e 的数值

项目	范围	E_1	E_2
$\varepsilon_{\alpha1}$ 或 $\varepsilon_{\alpha2}$	≥0 且≤1	$0.5-\varepsilon_{\alpha1}+\varepsilon_{\alpha1}^2$	$0.5-\varepsilon_{\alpha2}+\varepsilon_{\alpha2}^2$
	>1	$\varepsilon_{\alpha1}-0.5$	$\varepsilon_{\alpha2}-0.5$
	<0	$0.5-\varepsilon_{\alpha1}$	$0.5-\varepsilon_{\alpha2}$
齿廓摩擦因数 μ_e	内齿轮插齿，外齿轮磨齿或剃齿	0.07～0.08	
	内齿轮插齿，外齿轮滚齿或插齿	0.09～0.10	

注：$\varepsilon_{\alpha1}=\frac{z_1}{2\pi}(\tan\alpha_{a1}-\tan\alpha')$；$\varepsilon_{\alpha2}=\frac{z_2}{2\pi}(\tan\alpha'-\tan\alpha_{a2})$。

3.2 传输机构（输出机构）的效率

表 12-6-12　传输机构的效率 η_p

类型	传输机构	η_p	说明
Z-X-V 内齿轮固定（K-H-V）	销孔式	$1-\frac{4\mu_p a' z_2 r_s}{\pi R_w r_p(z_2-z_1)}$	μ_p——销套与销孔或浮动盘间摩擦因数，销套不转时，$\mu_p=0.07\sim0.1$；销套回转时，$\mu_p=0.008\sim0.01$ r_s——柱销半径，mm r_p——销套外圆半径，mm R_w——销孔中心圆半径，mm
	浮动盘式	$\left(\frac{1}{1+\frac{2\mu_p a'}{\pi R_w}}\right)^2$	

3.3 转臂轴承的效率

表 12-6-13　　　　转臂轴承的效率 η_b

类型	传输机构	输出构件	η_b	说明
Z-X-V (K-H-V)	销孔式		$1-\dfrac{\mu_b d_n}{m z_d \cos\alpha}\sqrt{\left(\dfrac{r_{b1}}{r_w}\right)^2+\dfrac{2r_{b1}}{r_w}\sin\alpha'+1}$	μ_b——滚动轴承摩擦因数，单列向心球轴承或短圆柱滚子轴承 $\mu_b=0.002$ d_n——滚动轴承内径，mm $r_w=\dfrac{\pi}{4}R_w$ z_1——双联行星轮输入侧齿数 z_3——双联行星轮输出侧齿数
	浮动盘式		$1-\dfrac{\mu_b d_n}{m z_d \cos\alpha}$	
2Z-X (2K-H)		内齿轮	$1-\dfrac{\mu_b d_n}{m z_d \cos\alpha}\times\dfrac{z_1+z_3}{\lvert z_1-z_3\rvert}$	
		外齿轮	$1-\dfrac{\mu_b d_n}{m z_d \cos\alpha}$	

4　受力分析与强度计算

4.1 主要零件的受力分析

表 12-6-14　　　　受力计算公式

类型	名称	项目	Z-X-V(K-H-V)型传动		2Z-X(2K-H)型传动
			内齿轮固定	内齿轮输出	内齿轮 4 输出
Z-X-V 或 2Z-X (K-H-V 或 2K-H)	齿轮	分度圆切向力 F_t	$\dfrac{2000T_2}{d_1}$	$\dfrac{2000T_2z_1}{d_1z_2}$	$\dfrac{2000T_2z_3}{d_3z_4}$
		节圆切向力 F'_t	$\dfrac{2000T_2\cos\alpha'}{d_1\cos\alpha}$	$\dfrac{2000T_2z_1\cos\alpha'}{d_1z_2\cos\alpha}$	$\dfrac{2000T_2z_3\cos\alpha'}{d_3z_4\cos\alpha}$
		径向力 F_r	$\dfrac{2000T_2\sin\alpha'}{d_1\cos\alpha}$	$\dfrac{2000T_2z_1\sin\alpha'}{d_1z_2\cos\alpha}$	$\dfrac{2000T_2z_3\sin\alpha'}{d_3z_4\cos\alpha}$
		法向力 F_n	$\dfrac{2000T_2}{d_1\cos\alpha}$	$\dfrac{2000T_2z_1}{d_1z_2\cos\alpha}$	$\dfrac{2000T_2z_3}{d_3z_4\cos\alpha}$
Z-X-V (K-H-V)	销孔式传输机构	各柱销作用于行星轮上合力的近似最大值 F_Σ	$\dfrac{4000T_2}{\pi R_w}$	$\dfrac{4000T_2z_1}{\pi R_w z_2}$	
		行星轮对柱销的最大作用力 Q_{max}	$\dfrac{4000T_2}{z_wR_w}$	$\dfrac{4000T_2z_1}{z_wR_wz_2}$	
		转臂轴承受力 F_R	$\sqrt{F_t'^2+(F_r+F_\Sigma)^2}$		
	浮动盘式传输机构	柱销受力 Q	$\dfrac{500T_2}{R_w}$	$\dfrac{500T_2z_1}{R_wz_2}$	
		转臂轴承受力 F_R	$\dfrac{2000T_2}{d_1\cos\alpha}$	$\dfrac{2000T_2z_1}{d_1z_2\cos\alpha}$	
2Z-X (2K-H)	内齿轮输出	转臂轴承受力 F_R			$\dfrac{2000T_2z_3}{d_3z_4\cos\alpha}$

注 1. T_2 为输出转矩。Z-X-V 型的各计算式用于单偏心（即行星轮个数为 1）时，在双偏心（即行星轮个数为 2）时，以 $0.6T_2$ 代替 T_2。

2. d_1—行星轮分度圆直径；R_w—柱销中心圆半径；z_w—柱销数目。

3. 转矩的单位为 N·m，力的单位为 N，长度单位为 mm。

4.2 主要零件的强度计算

表 12-6-15 **强度计算方法**

名称	项目	计 算 公 式	说 明
齿轮	轮齿强度计算	渐开线少齿差内齿轮副受力后是多齿接触，实测实际接触齿数为 3～9。作用于一个齿的最大载荷不超过总载荷的 40%～50%；作用于齿顶的载荷仅为总载荷的 25%～30%。齿轮强度计算可将其载荷除以承载能力系数 K_ε 后采用本篇第 1 章表 12-1-122 轮齿弯曲强度核算公式计算，且只需计算弯曲强度。K_ε 可以近似地由本表中线图查取（其中 z 为齿数） 齿轮也可按下列简化公式验算其轮齿弯曲强度或确定其模数 $\sigma_F=\dfrac{F_tK_AK_vY_F}{2bm}\leqslant\sigma_{Fp}$ $\sigma_{Fp}=\sigma_{F\lim}Y_XY_N$ $m\geqslant\sqrt[3]{\dfrac{2T_1Y_FK_AK_v}{\psi_dz_1^2\sigma_{Fp}}}$	σ_F——外齿轮或内齿轮的齿根弯曲应力，MPa F_t——齿轮分度圆上的圆周力，N T_1——外齿轮传递的转矩，N·mm b——齿宽，mm m——模数，mm K_A——使用系数，按表 12-1-84 查取 K_v——动载系数，按本表中线图查取 Y_F——齿轮的齿形系数：当其顶圆直径符合计算式 $d_{a2}=d_2-2m(h_a^*-x_2)$ 或选用表 12-6-5～表 12-6-8 中组合齿轮参数时，可由本表中查取 σ_{Fp}——许用弯曲应力，MPa $\sigma_{F\lim}$——试验齿轮的弯曲极限应力，MPa Y_X——与弯曲应力相关的尺寸系数，查本表线图 Y_N——与齿根弯曲应力相关的寿命系数，查本表线图 ψ_d——齿宽系数，此外取 $\psi_d=0.1\sim0.2$ z_1——齿数
		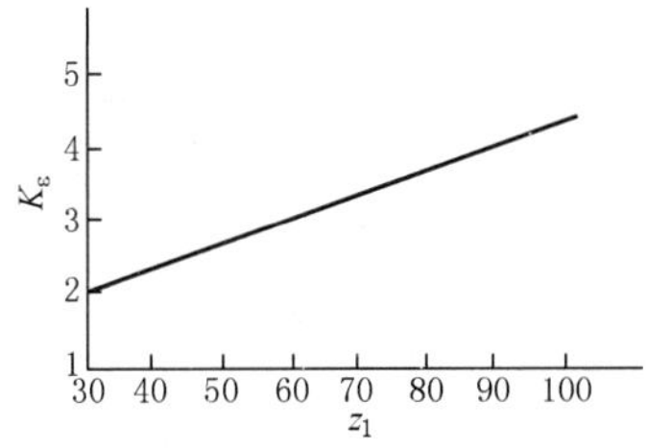 承载能力系数 K_ε 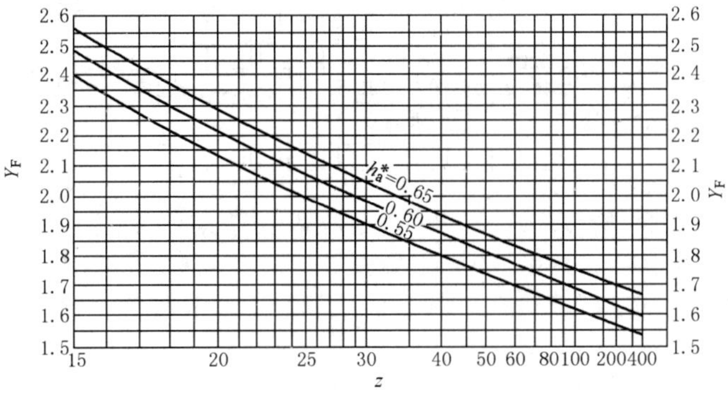 齿形系数 Y_F (h_a^*=0.55、0.6、0.65)	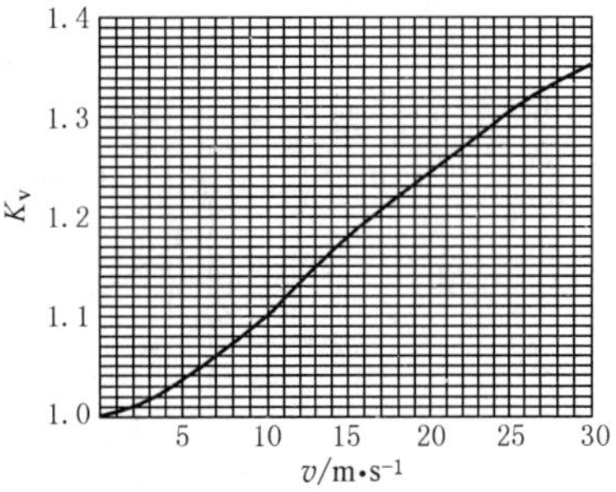 动载系数 K_v

第 12 篇

第12篇

续表

名称	项目	计算公式	说明
齿轮	轮齿强度计算		

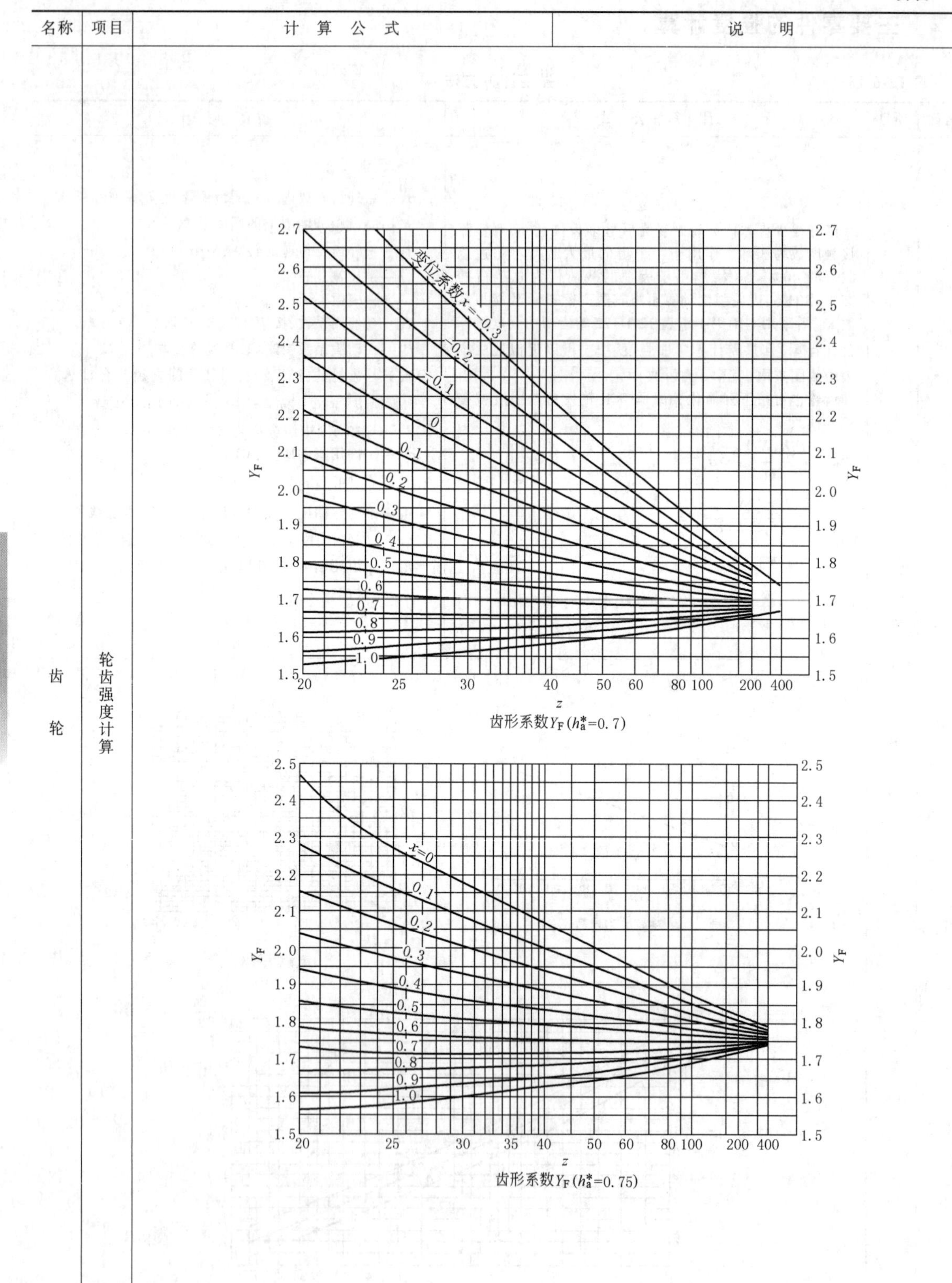

齿形系数Y_F (h_a^*=0.7)

齿形系数Y_F (h_a^*=0.75)

续表

名称	项目	计 算 公 式	说 明
齿轮	轮齿强度计算		

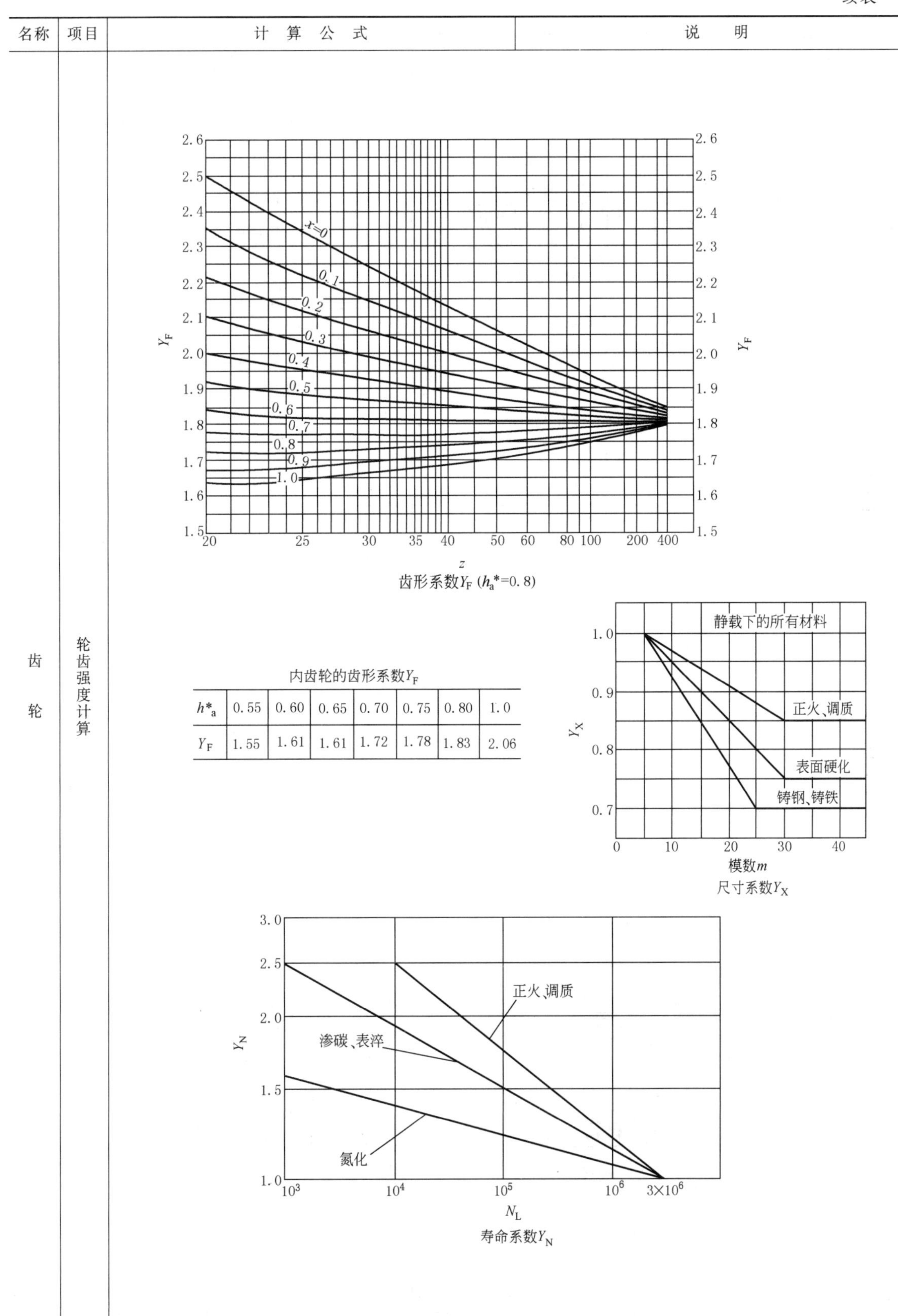

齿形系数Y_F ($h_a^*=0.8$)

内齿轮的齿形系数Y_F

h^*_a	0.55	0.60	0.65	0.70	0.75	0.80	1.0
Y_F	1.55	1.61	1.61	1.72	1.78	1.83	2.06

尺寸系数Y_X

寿命系数Y_N

续表

<table>
<tr><th>名称</th><th>项目</th><th>计 算 公 式</th><th>说 明</th></tr>
<tr><td rowspan="2">销孔式传输机构</td><td>柱销弯曲强度/MPa</td><td>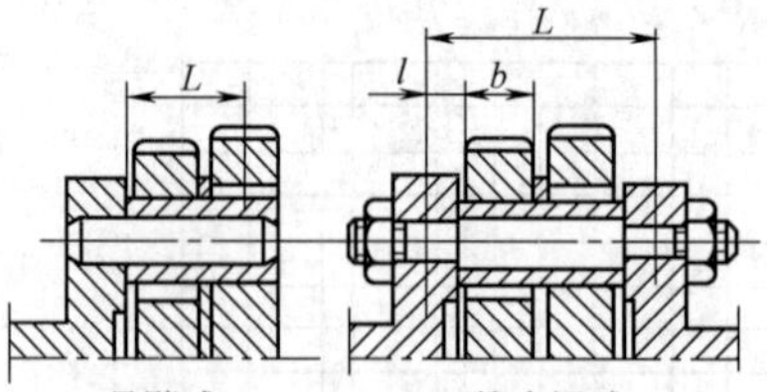
悬臂式 简支梁式
1. 悬臂式柱销
$$\sigma_{be}=\frac{K_m Q_{max} L}{0.1d_s^3}\leqslant\sigma_{bep}$$
2. 简支梁式柱销
$$\sigma_{be}=\frac{K_m Q_{max}}{0.1d_s^3}[L-(0.5b+l)]\frac{0.5b+l}{L}\leqslant\sigma_{bep}$$</td><td>K_m——制造及安装误差对柱销载荷的影响系数，$K_m=1.35\sim1.5$
Q_{max}——行星轮对柱销的最大作用力，N，见表 12-6-14
L——力臂长度或距离，mm
d_s——柱销直径，mm
l——距离，mm
b——齿宽，mm
σ_{bep}——许用弯曲应力，按下表选取
<table><tr><th>钢号</th><th>表面硬度 HRC</th><th>σ_{bep} /MPa</th><th>钢号</th><th>表面硬度 HRC</th><th>σ_{bep} /MPa</th></tr><tr><td>20CrMnTi</td><td>56~62</td><td>150~200</td><td>45Cr</td><td>45~55</td><td>120~150</td></tr><tr><td>20CrMnMo</td><td>56~62</td><td>150~200</td><td>GCr15</td><td>60~64</td><td>150~200</td></tr></table></td></tr>
<tr><td>柱销套与销孔的接触强度/MPa</td><td>$$\sigma_H=190\sqrt{\frac{K_m Q_{max}}{b\rho}}\leqslant\sigma_{Hp}$$</td><td>ρ——计算曲率半径，mm，$\rho=\frac{r_{x1}r_{x2}}{r_{x2}-r_{x1}}$
r_{x1}——销套外圆半径，mm
r_{x2}——销孔半径，mm
Q_{max}——行星轮对柱销的最大作用力，N，见表 12-6-14
b——销套与行星轮的接触宽度，mm
σ_{Hp}——许用接触应力，按下表选取
<table><tr><th>硬度</th><th><300HB</th><th>>30HRC</th></tr><tr><td>σ_{Hp}/MPa</td><td>2.5~3HB</td><td>25~30HRC</td></tr></table></td></tr>
<tr><td>浮动盘式传输机构</td><td>柱销弯曲强度/MPa</td><td>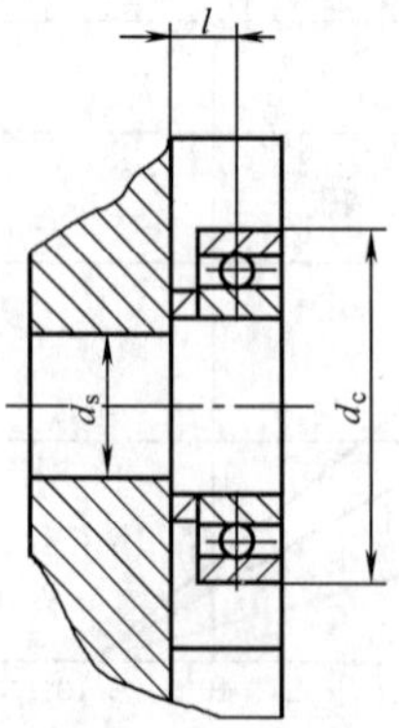
$$\sigma_{be}=\frac{5000T_2 l}{R_w d_s^3}\leqslant\sigma_{bep}$$</td><td>T_2——输出转矩，N·m
l——力臂长度，mm
R_w——柱销中心圆半径，mm
d_s——柱销直径，mm
σ_{bep}——见本表前述</td></tr>
</table>

第12篇

续表

<table>
<tr><th>名称</th><th>项 目</th><th>计 算 公 式</th><th>说 明</th></tr>
<tr><td>传输机构浮动盘式</td><td>销套与滑槽平面的接触强度/MPa</td><td>$$\sigma_H = 8485\sqrt{\frac{T_2}{2R_w L_H d_c}} \leqslant \sigma_{Hp}$$</td><td>L_H——销套或滚动轴承与滑槽的接触宽度,mm
d_c——销套或滚动轴承外径,mm
σ_{Hp}——同前所述</td></tr>
<tr><td>轴承</td><td>寿命计算</td><td colspan="2">转臂轴承只承受径向载荷,一般选用短圆柱滚子轴承或向心球轴承。寿命计算方法按本书第 2 卷第 7 篇,计算时,轴承转速系行星齿轮相对于转臂的转速。其余轴承也应按受力进行寿命计算</td></tr>
</table>

5 结构设计

少齿差行星齿轮传动有多种结构型式，可按传动类型、传输机构型式、高速轴偏心的数目、安装型式等进行分类。

5.1 按传动类型分类的结构型式

少齿差行星齿轮传动按传动类型可分为 Z-X-V 型、2Z-X 型、2Z-V 型及 Z-X 型。Z-X-V 型根据主动轮的运动规律又分为行星式和平动式，平动式的驱动齿轮没有自转运动。通常根据所需传动比 i 的大小（指绝对值，下同）选择传动的类型。

当 $i<30$ 时宜用 Z-X-V 型或外齿轮输出的 2Z-X（Ⅱ）型；$i=30\sim100$ 时宜用 Z-X-V 或内齿轮输出的 2Z-X（Ⅰ）型；$i>100$ 时可用 2Z-X（负号机构）与 Z-X-V 型串联，当效率不重要时，可用内齿轮输出的 2Z-X（Ⅰ）型；若需 i 很大时，可用双级 Z-X-V 或 2Z-X 型串联，也可取其一与 3Z 型串联。

5.2 按传输机构类型分类的结构型式

表 12-6-16　　少齿差行星齿轮传动传输机构类型及特点

<table>
<tr><th>传动类型</th><th>传输机构类型</th><th colspan="2">特 点</th><th>应用及说明</th><th>图 号</th></tr>
<tr><td rowspan="5">Z-X-V</td><td rowspan="4">销孔式</td><td colspan="2">机构效率高,承载能力大,结构较复杂,销孔精度要求高是产品质量的关键。制造成本高,转臂轴承载荷大</td><td rowspan="4">这是最常见的结构型式,应用较广。可用于连续运转的较大功率传动
最为常见的结构型式是动力经柱销传至低速轴输出,被驱动的外齿轮做行星运动。亦可固定柱销,动力由内齿轮输出,例如用作卷扬机、车轮,这种情况被驱动的外齿轮做平面圆周运动</td><td></td></tr>
<tr><td>悬臂式</td><td>柱销固定端与销盘为过盈配合,另一端悬臂插入驱动轮销孔中。结构较简单,但柱销受力状况不佳,磨损不均匀。采用双偏心结构时主要由一片行星轮受力</td><td>图 12-6-1
图 12-6-3
图 12-6-7</td></tr>
<tr><td>简支式</td><td>柱销受力状况大为改善,但对柱销两端支承孔的同轴度及位置度要求高,否则安装困难,且受力实际上不能改善</td><td>图 12-6-2
图 12-6-5</td></tr>
<tr><td>加均载环悬臂式</td><td>在悬臂式柱销的一端套上均载环,可改善柱销受力状况,使柱销的弯曲应力降低 40%~50%</td><td>图 12-6-4</td></tr>
<tr><td>浮动盘式</td><td colspan="2">比柱销式结构简单,但浮动盘本身加工要求较高。装拆方便,使用效果好。制造成本与承载能力略低于销孔式</td><td>适用于连续运转,传递中、小功率(国外最大为 33kW)</td><td>图 12-6-9
图 12-6-10</td></tr>
</table>

续表

传动类型	传输机构类型	特　　点	应用及说明	图　号
2Z-X	齿轮啮合	第一对内啮合齿轮传动减速后的动力，经第二对内啮合齿轮再减速（或等速）输出。其等速输出者称为零齿差传输机构，即第二对的内、外齿轮齿数相同但有足够的侧隙以形成适当的中心距 此种型式结构简单，用齿轮传力，无需加工精度要求较高的传输机构。零件少，容易制造，成本低于以上各种型式 可实现很大或极大的传动比，但传动比越大则效率也越低。通常单级 $i \leq 100$	当第一对与第二对齿轮构成差动减速时，通常这两对齿轮的模数及齿数差均相同。但在需要时也可以用不同的模数和齿数差（中心距必须相等） 第二对齿轮用零齿差作传输机构时，取较大的模数，且只适用于配合一齿差或二齿差 有文献建议，传动比 $i=40 \sim 100$ 时，用零齿差作传输机构输出；$i=5 \sim 30$ 时，用一齿差或二齿差 零齿差内齿轮副需要切向变位，若无专用刀具，则生产率较低，现较少用	图 12-6-13 图 12-6-14
2Z-V	曲柄式	结构较新，传输机构的加工工艺比销孔式改善，易于获得大传动比。因作用力波动，使转臂、转臂轴承、齿轮等零件受力情况复杂，有待深入研究。设计时应仔细分析计算	双曲柄受力情况不好，适合于传递小功率 三曲柄受力情况有改善，可用于中等功率、较大转矩传动	双曲柄见图 12-6-22 三曲柄见图 12-6-24
Z-X		是一种新型结构，传动效率高，加工工艺比销孔式传输机构改善。可实现大功率、大转矩传动	外齿轮输出动力，结构简单，但传动轴上存在不平衡力偶矩，主要用于重载低转速	图 12-6-25

5.3 按高速轴偏心数目分类的结构型式

表 12-6-17　　高速轴偏心数目不同的结构型式

种　类	特　　点	图号或表号
单偏心	只有一个驱动轮，结构简单。但须于偏心对称的方向上加平衡重，以抵消驱动轮公转时引起的惯性力，使运转平稳	图 12-6-13
双偏心	两个驱动轮于径向相错 180°安装，以实现惯性力的平衡，但出现了惯性力偶未予平衡。运转较平稳，应用较多	图 12-6-1 图 12-6-2
三偏心	三片驱动环板间，相邻两片可按 120°布置。中国发明专利“三环减速器”已成多系列，实测效率最高达 95.4%，是很好的应用实例 其他型式的传动，也能够采用三偏心结构	图 12-6-25

5.4 按安装型式分类的结构型式

少齿差传动可设计成卧式、立式、侧装式、仰式、轴装式及 V 带轮-轴装式等多种型式。输入端可为电动机直联，亦可带轴伸。输出端可为轴伸型，亦可为孔输出。其中输入输出端均带轴伸的卧式传动应用最广，带电动机的立式传动次之。

第12篇

5.5 结构图例

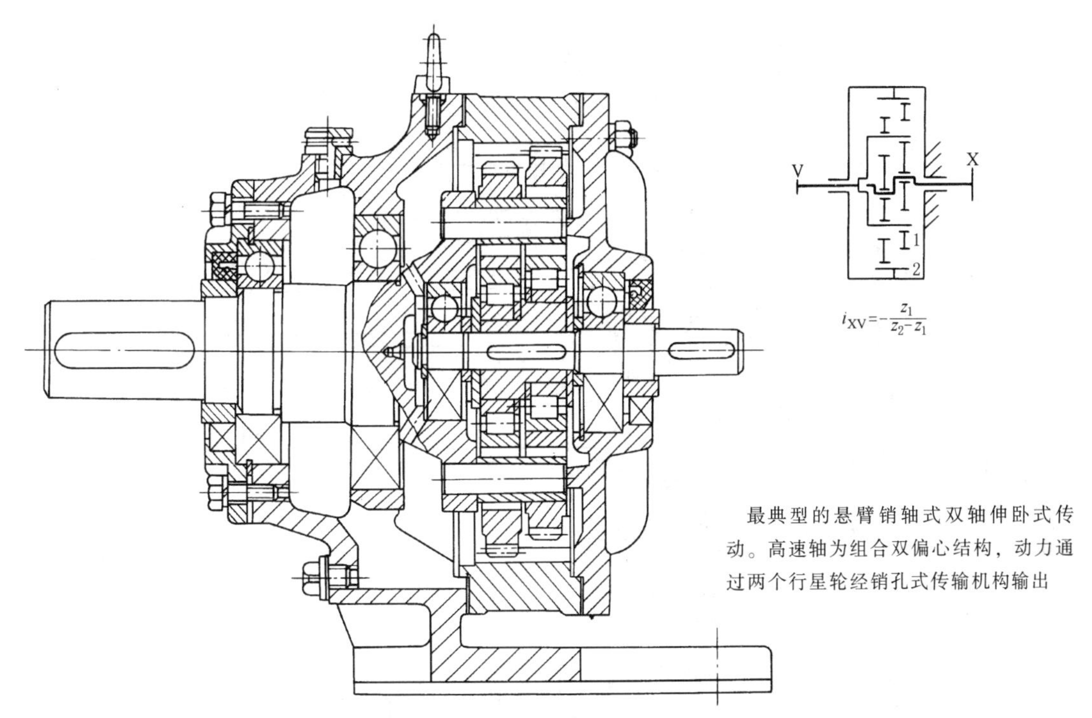

最典型的悬臂销轴式双轴伸卧式传动。高速轴为组合双偏心结构，动力通过两个行星轮经销孔式传输机构输出

图 12-6-1　销孔式 Z-X-V 型少齿差减速器

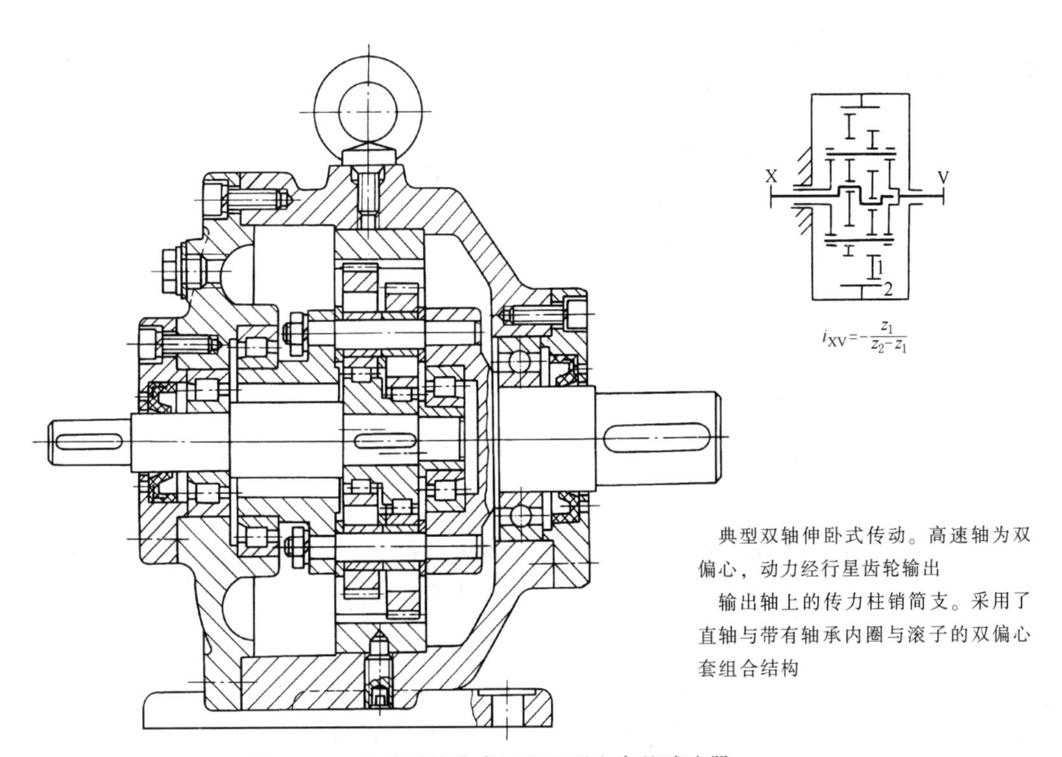

典型双轴伸卧式传动。高速轴为双偏心，动力经行星齿轮输出

输出轴上的传力柱销简支。采用了直轴与带有轴承内圈与滚子的双偏心套组合结构

图 12-6-2　S 系列销孔式 Z-X-V 型少齿差减速器

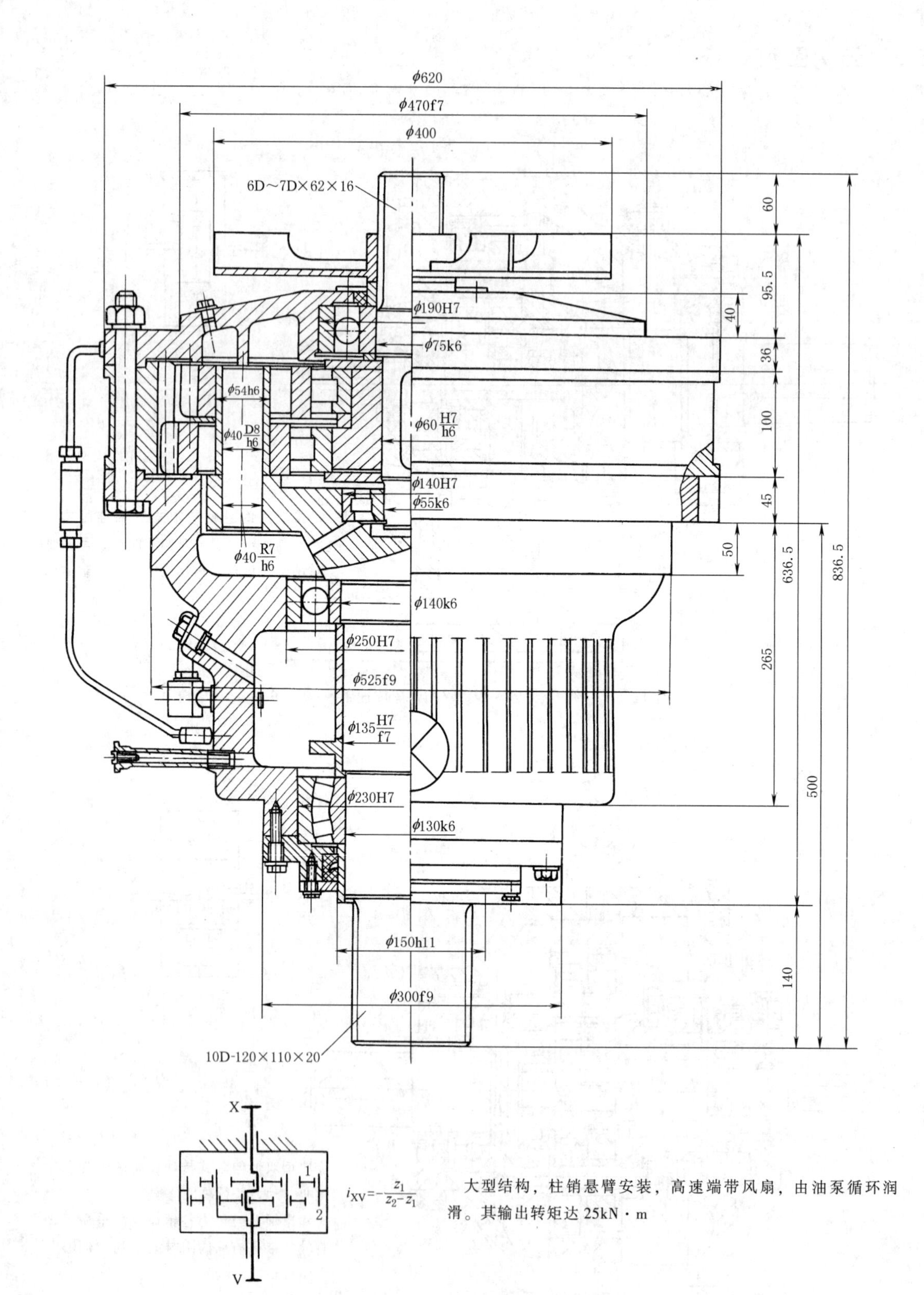

$i_{XV}=-\frac{z_1}{z_2-z_1}$

大型结构，柱销悬臂安装，高速端带风扇，由油泵循环润滑。其输出转矩达 25kN · m

图 12-6-3　立式 Z-X-V 型二齿差行星减速器

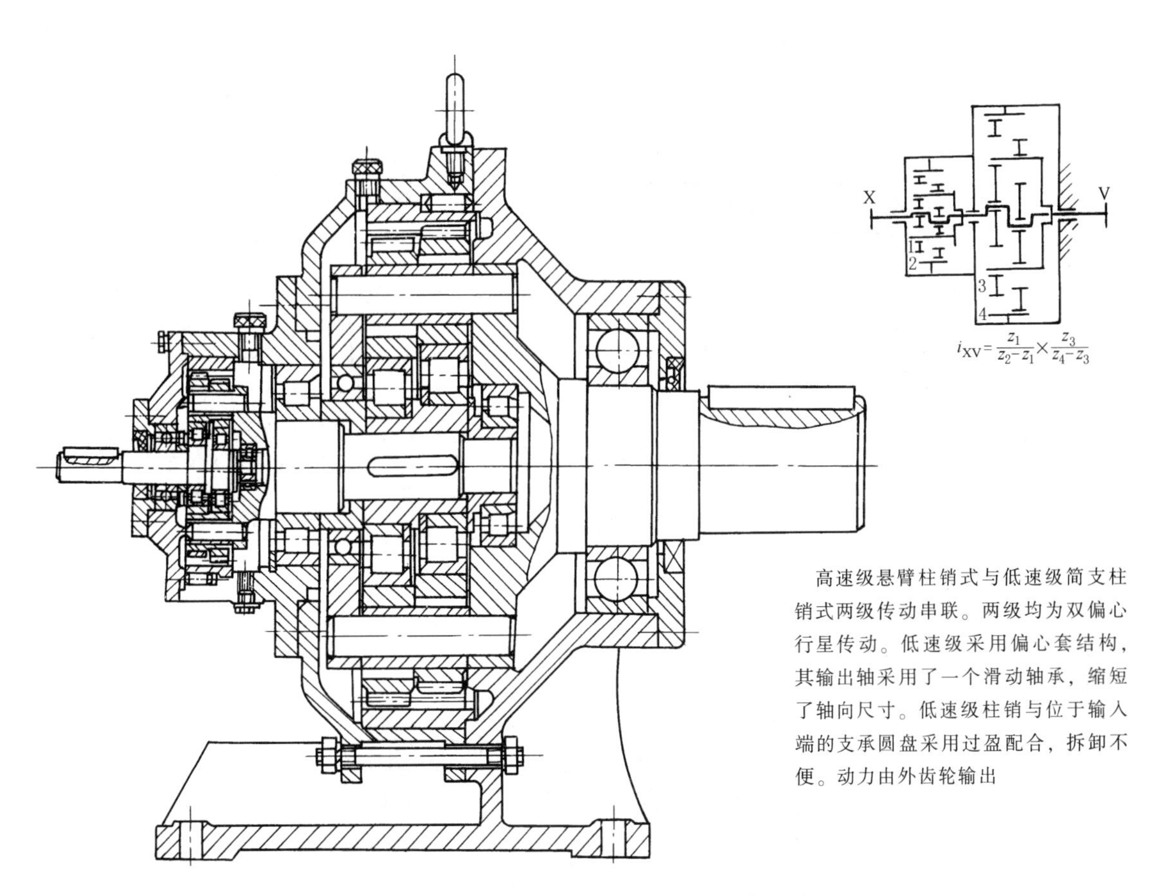

高速级悬臂柱销式与低速级简支柱销式两级传动串联。两级均为双偏心行星传动。低速级采用偏心套结构，其输出轴采用了一个滑动轴承，缩短了轴向尺寸。低速级柱销与位于输入端的支承圆盘采用过盈配合，拆卸不便。动力由外齿轮输出

图 12-6-4　双级销孔式 Z-X-V 型少齿差减速器

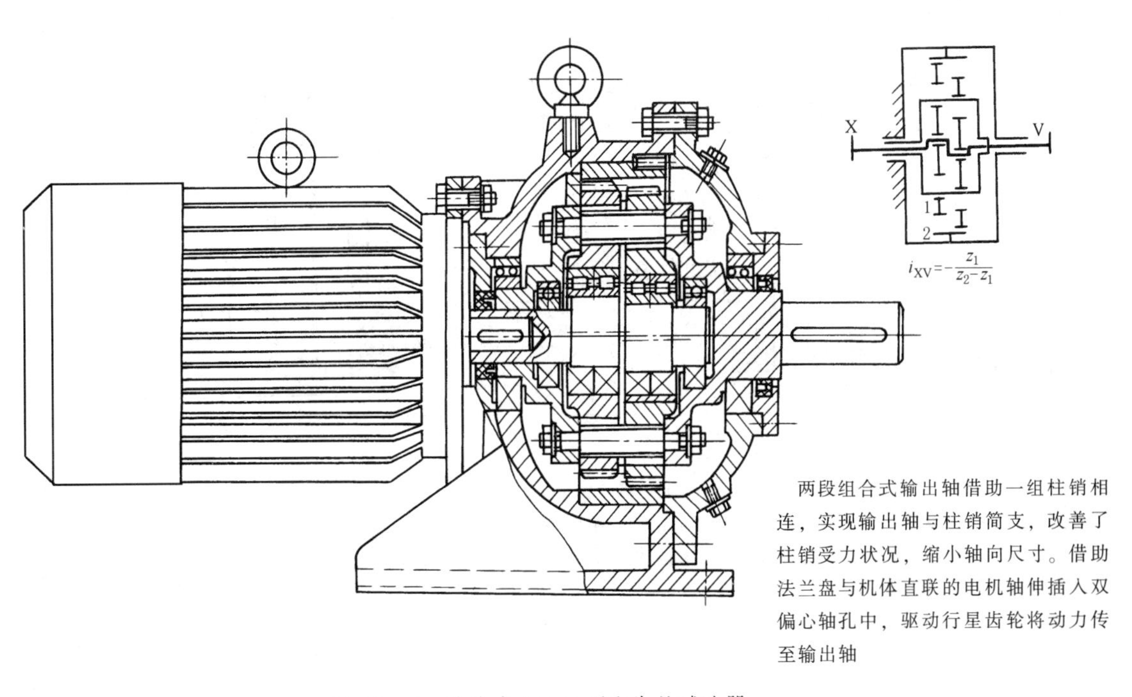

两段组合式输出轴借助一组柱销相连，实现输出轴与柱销简支，改善了柱销受力状况，缩小轴向尺寸。借助法兰盘与机体直联的电机轴伸插入双偏心轴孔中，驱动行星齿轮将动力传至输出轴

图 12-6-5　销孔式 Z-X-V 型少齿差减速器

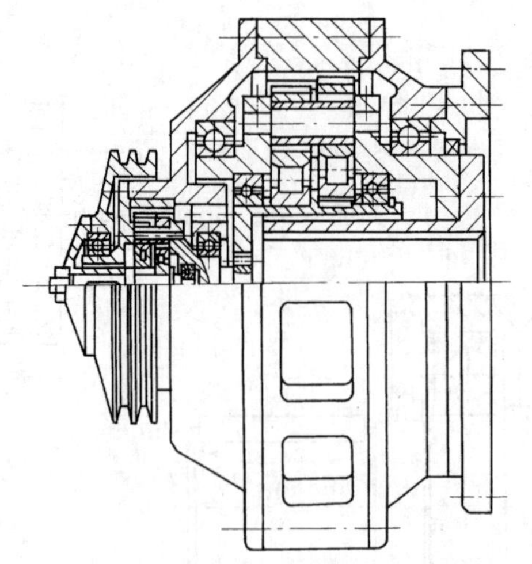

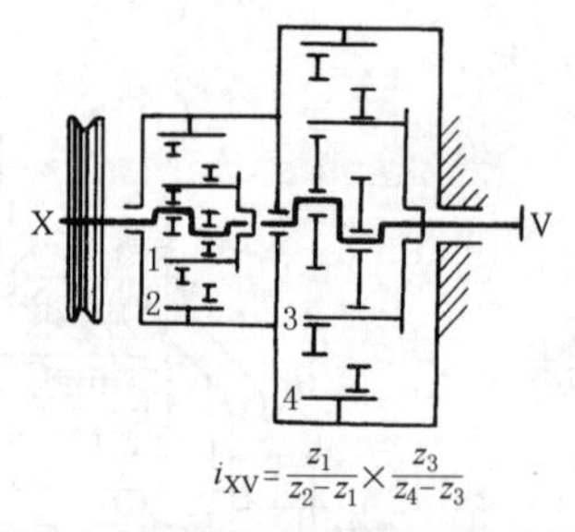

$i_{XV}=\frac{z_1}{z_2-z_1}\times\frac{z_3}{z_4-z_3}$

两级少齿差传动串联。高速级为悬臂柱销式结构；低速级为简支梁柱销式结构，且中空式双偏心输入轴包容中空式法兰连接输出轴。高速级输出轴与低速级中空偏心轴以花键相连接

图 12-6-6　轴装式 Z-X-V 型少齿差减速器

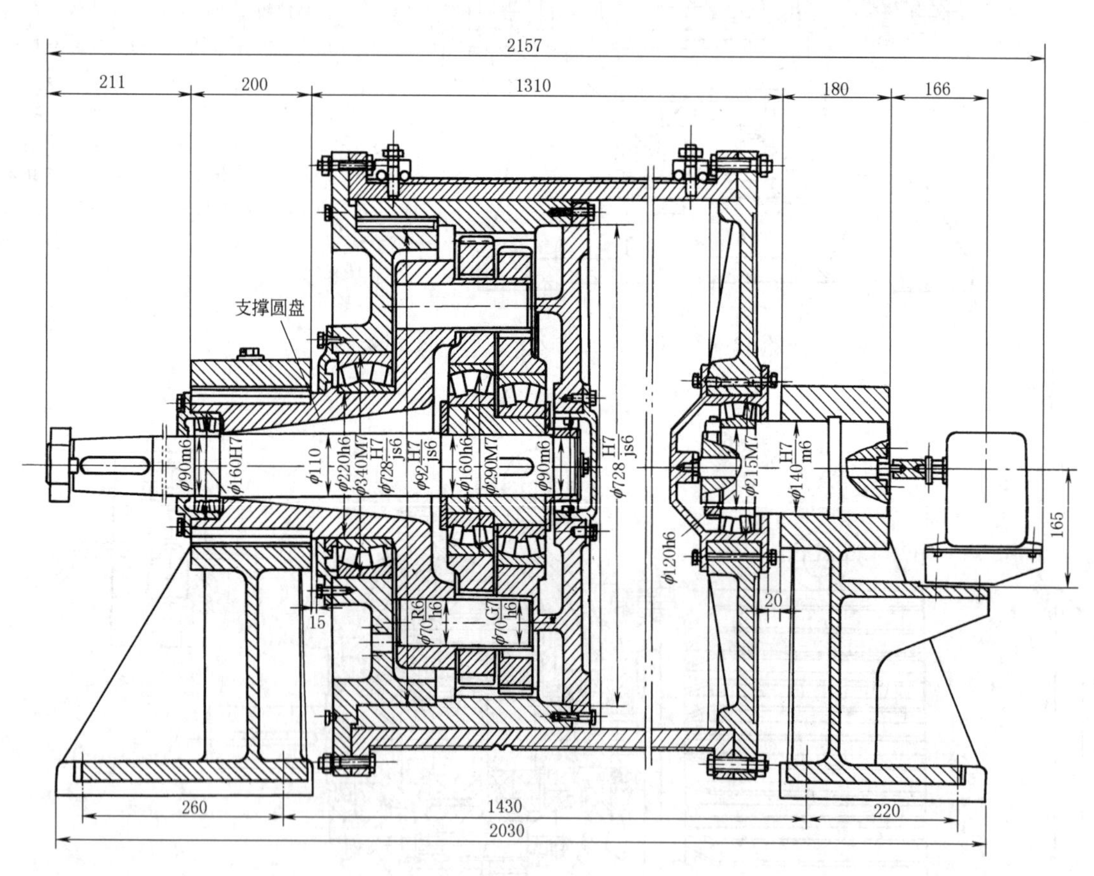

采用双偏心轴驱动两个外齿轮做平面圆周运动，动力由内齿圈输出。柱销固定于支承圆盘上，该圆盘借助平键与机座相连。驱动电机功率 45kW。起重量达 30t

$i_{X2}=\frac{z_2}{z_2-z_1}$

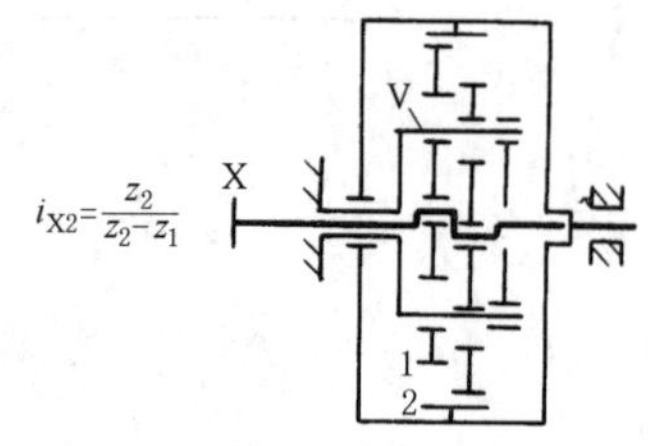

图 12-6-7　内齿轮输出的少齿差卷扬滚筒（Z-X-V 传动）

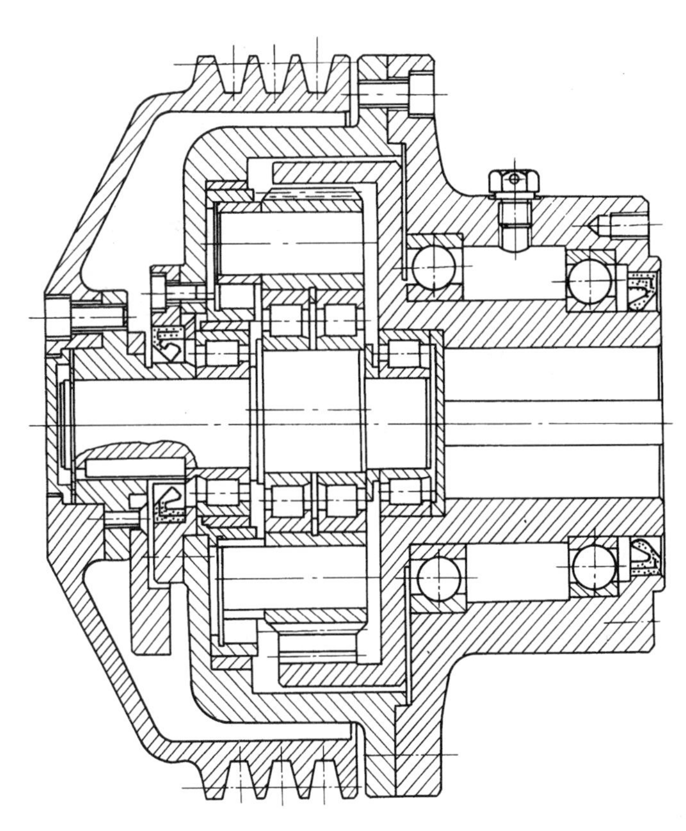

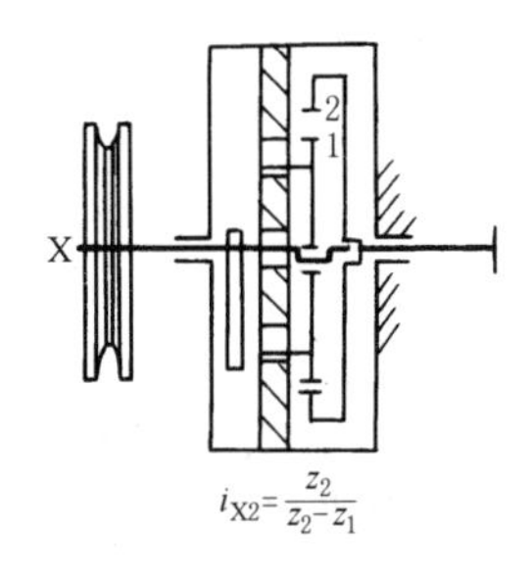

$i_{X2}=\frac{z_2}{z_2-z_1}$

柱销悬臂安装于被驱动的外齿轮上并插入与机体固连的孔板中；驱动轮做平面运动；固定机体，内齿轮输出或固定内齿轮机体输出

图 12-6-8　V 带轮式 Z-X-V 型少齿差减速器

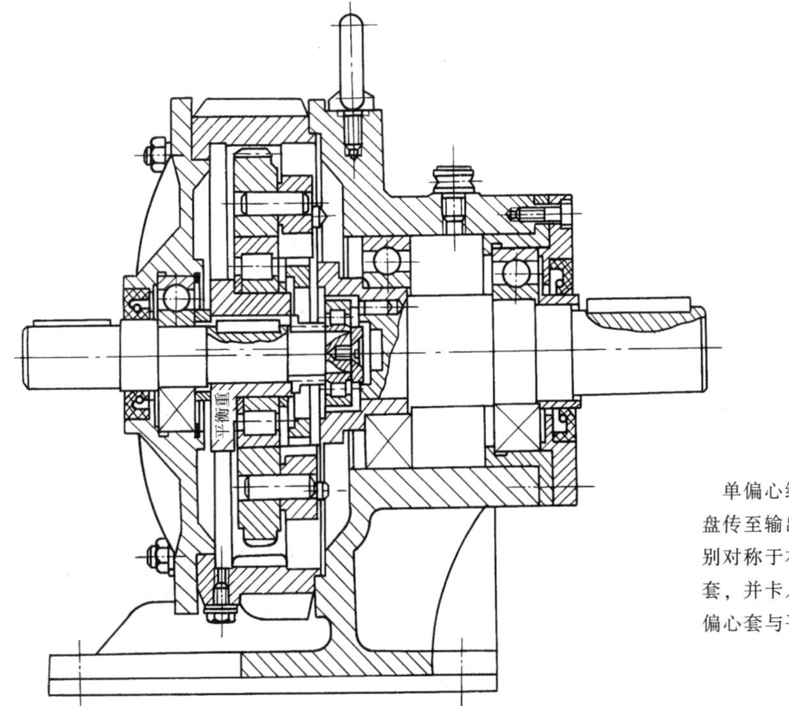

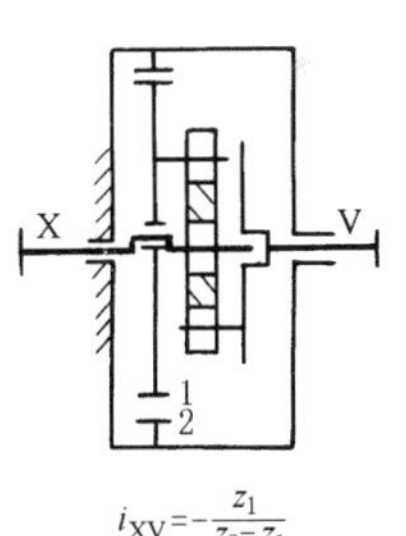

$i_{XV}=-\frac{z_1}{z_2-z_1}$

单偏心结构，动力由行星外齿轮经浮动盘传至输出轴。行星轮及输出轴轴盘上分别对称于本身的中心各安置两个柱销及销套，并卡入浮动盘上相互垂直的槽口内。偏心套与平衡重合为一体

图 12-6-9　单偏心浮动盘式少齿差减速器（Z-X-V 型）

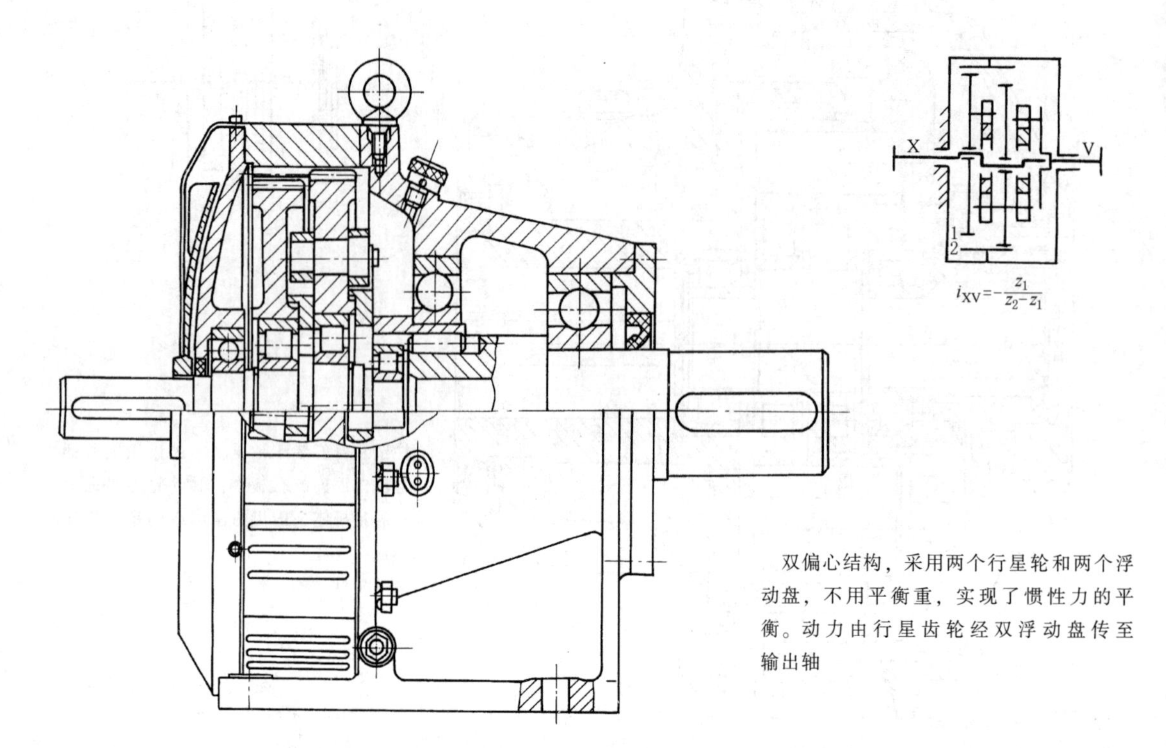

双偏心结构，采用两个行星轮和两个浮动盘，不用平衡重，实现了惯性力的平衡。动力由行星齿轮经双浮动盘传至输出轴

图 12-6-10　双偏心浮动盘式少齿差减速器（Z-X-V 型）

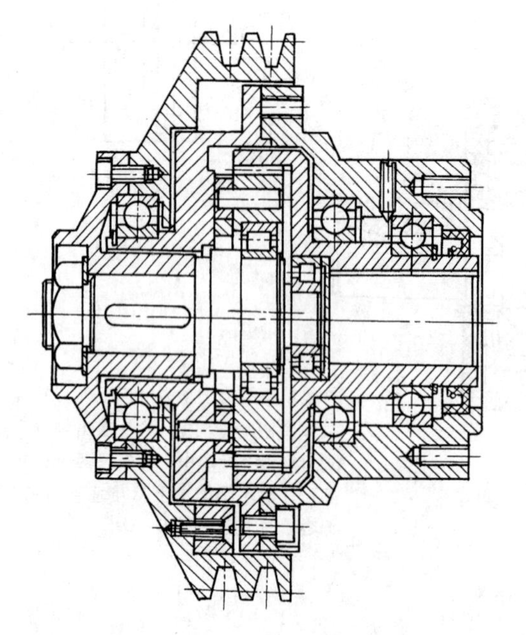

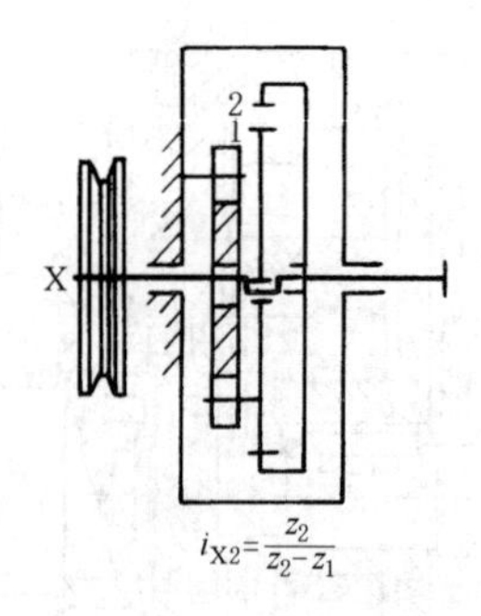

V 带轮轴装式结构，动力由内齿轮输出。置于偏心输入轴上的外齿轮借助于浮动盘平动机构做平面圆周运动。可通过在机体端部或中部固定箱体而从中空输出轴输出动力，也可将孔套入固定轴由机体端部或中部输出动力，使用极为灵活

图 12-6-11　V 带轮浮动盘式少齿差减速器（Z-X-V 型）

第 12 篇

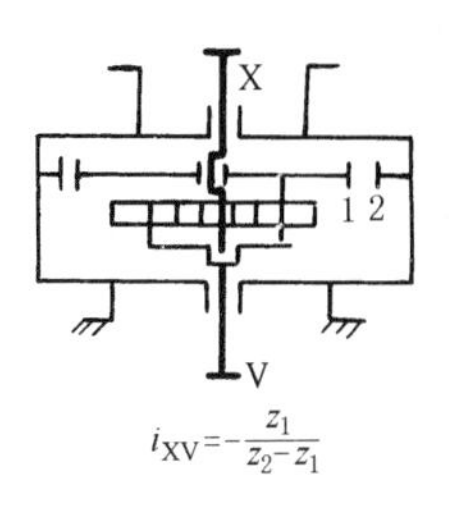

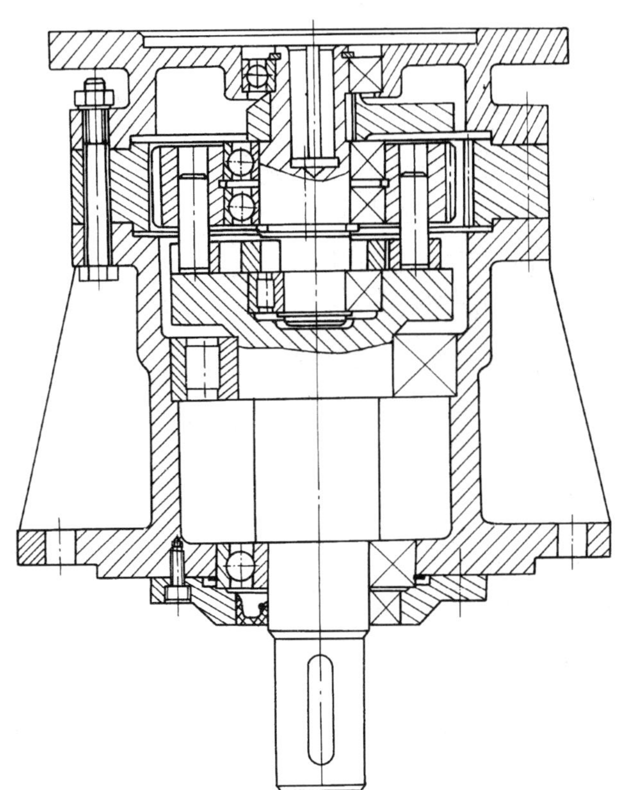

单偏心单浮动盘结构。动力由行星齿轮经浮动盘传至输出轴，立式，输入端及输出端均带连接法兰

图 12-6-12　单偏心浮动盘式立式少齿差减速器（Z-X-V 型）

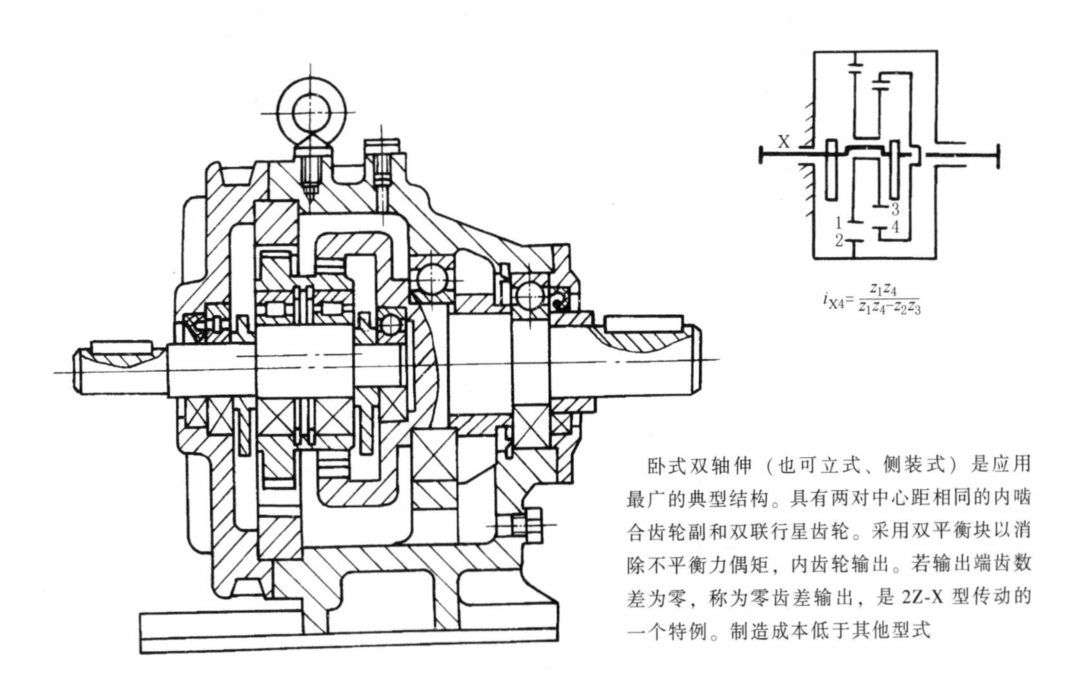

卧式双轴伸（也可立式、侧装式）是应用最广的典型结构。具有两对中心距相同的内啮合齿轮副和双联行星齿轮。采用双平衡块以消除不平衡力偶矩，内齿轮输出。若输出端齿数差为零，称为零齿差输出，是 2Z-X 型传动的一个特例。制造成本低于其他型式

图 12-6-13　SJ 系列 2Z-X（Ⅰ）型少齿差行星减速器

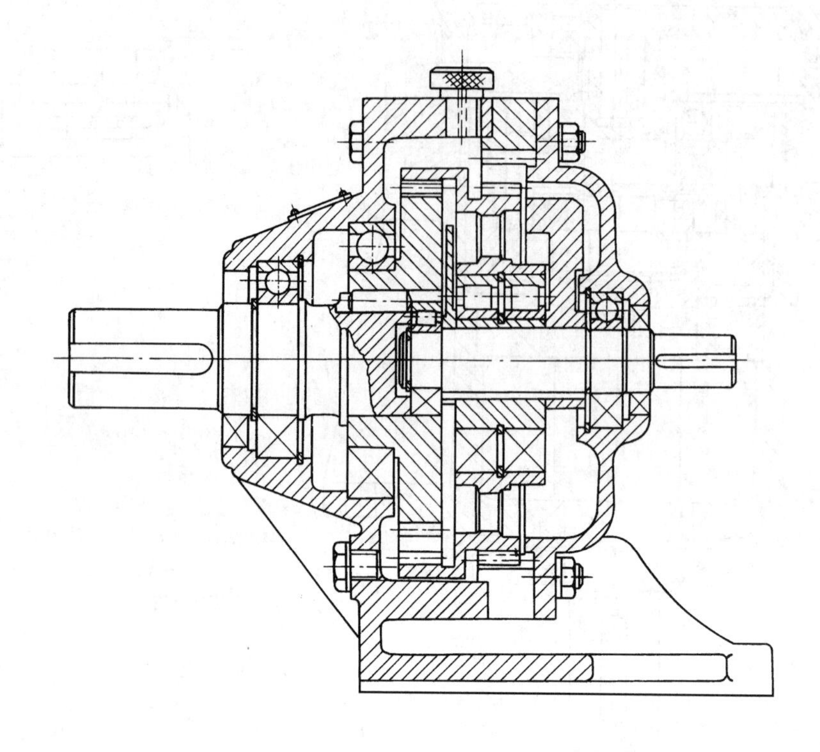

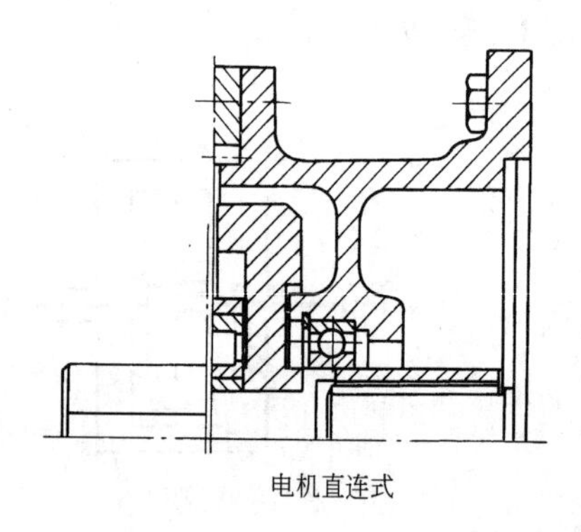

电机直连式

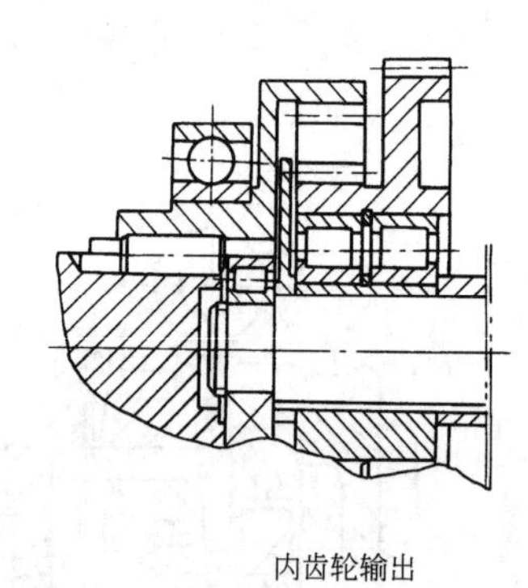

内齿轮输出

特点与图 12-6-13 所示 SJ 系列少齿差行星减速器相同，但采用了内外齿轮组成的双联行星齿轮。更换少量零件可变成内齿轮输出；或改为电动机直连，便于系列化生产。其外形、安装、连接尺寸与 A 型（原 X 系列）摆线针轮减速器相同，使用方便

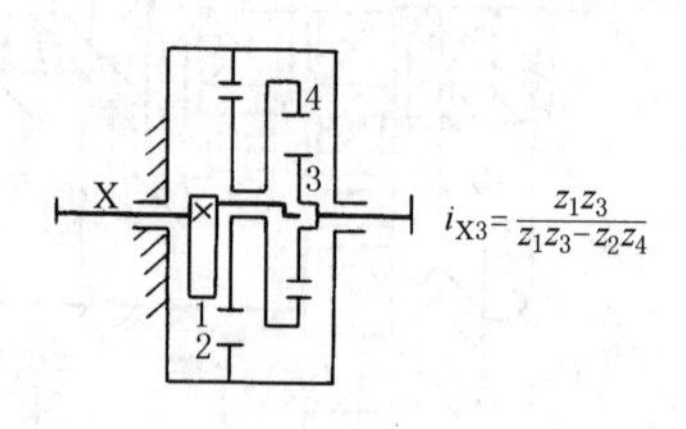

图 12-6-14　X 系列 XW18 共用机座 2Z-X 型少齿差减速器

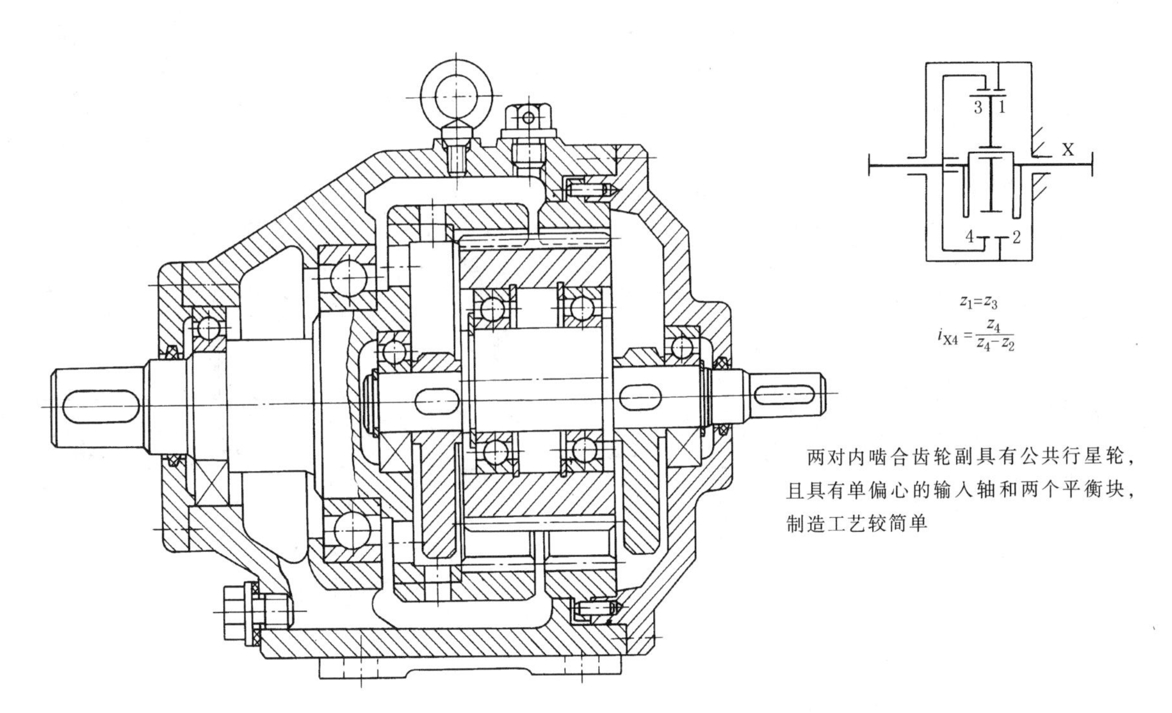

两对内啮合齿轮副具有公共行星轮，且具有单偏心的输入轴和两个平衡块，制造工艺较简单

图 12-6-15　具有公共行星轮的 NN 型［2Z-X（Ⅰ）型］少齿差减速器

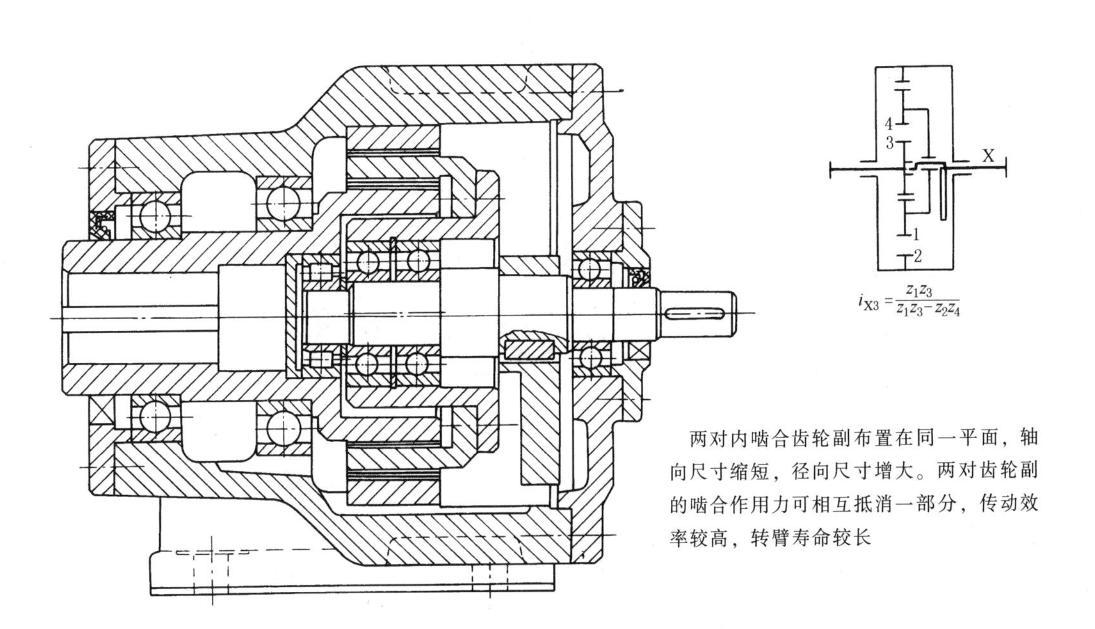

两对内啮合齿轮副布置在同一平面，轴向尺寸缩短，径向尺寸增大。两对齿轮副的啮合作用力可相互抵消一部分，传动效率较高，转臂寿命较长

图 12-6-16　具有内外同环齿轮的 NN 型［2Z-X（Ⅱ）型］少齿差减速器

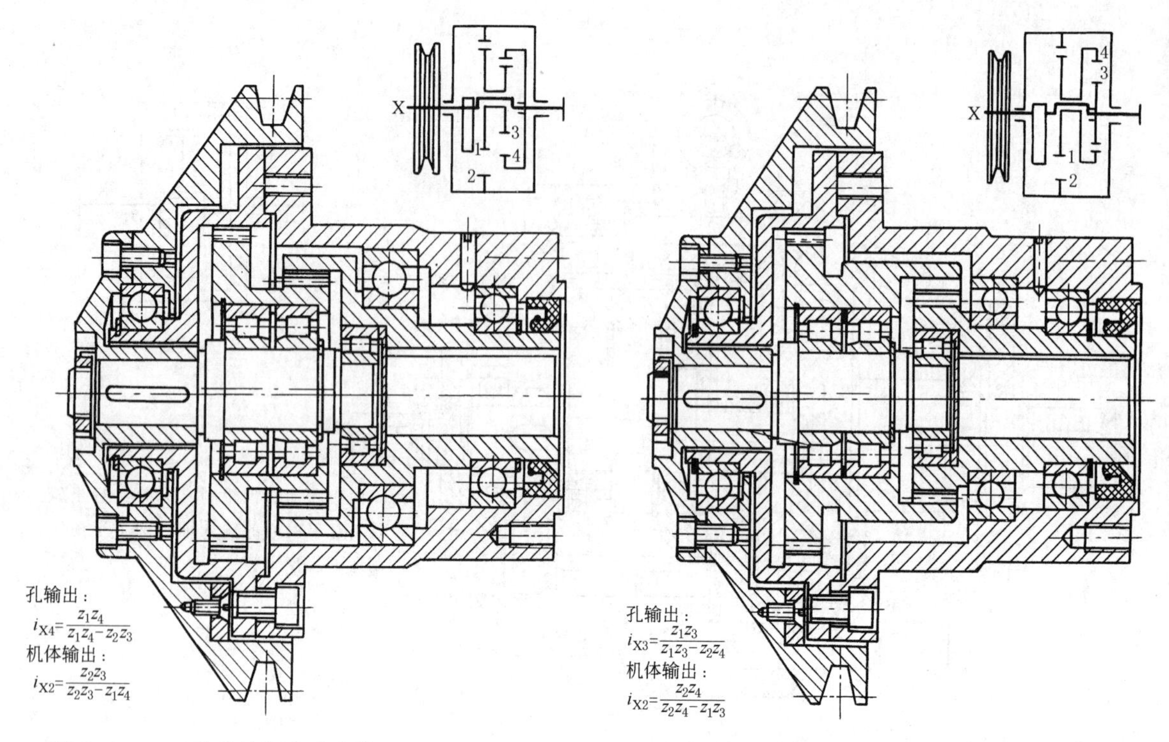

图 12-6-17 V 带轮轴装式减速器［2Z-X（Ⅰ）型］　　图 12-6-18 V 带轮轴装式减速器［2Z-X（Ⅱ）型］

V 带轮轴装结构。可固定机体，由轴孔输出动力；也可固定插入轴孔的轴，由机体端部或中部通过螺栓连接输出动力加工工艺性好，制造成本较低。

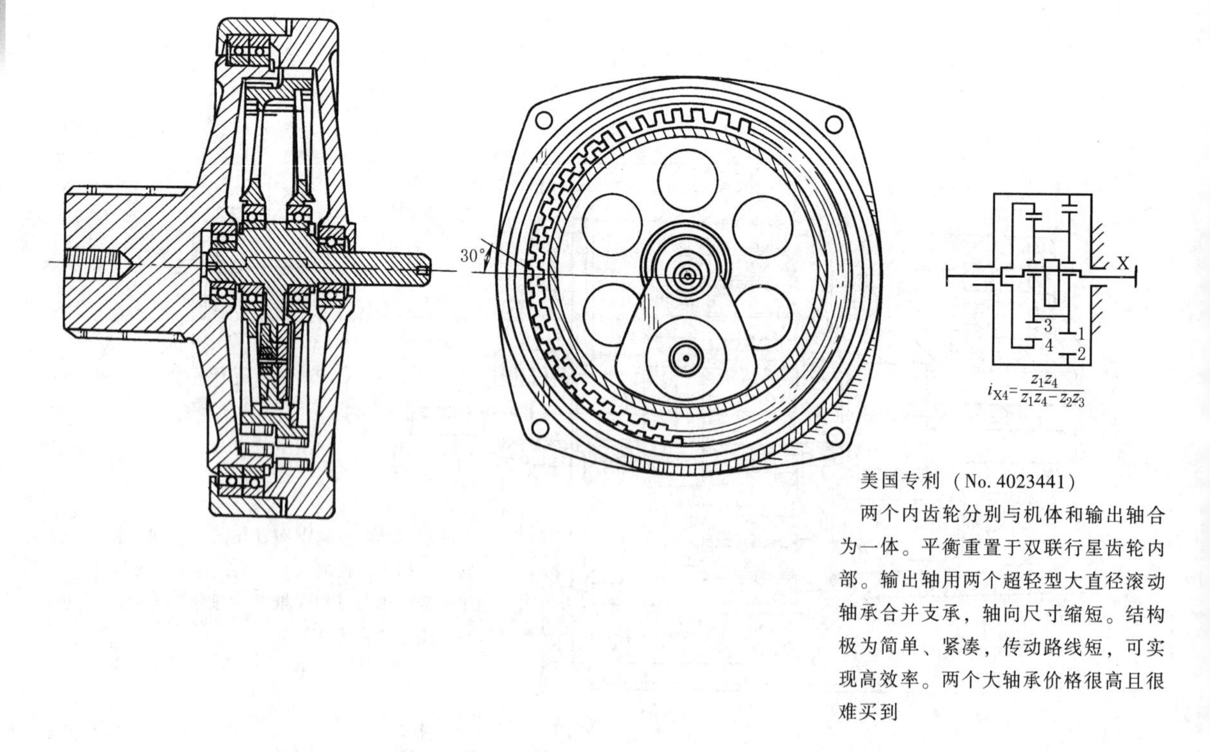

美国专利（No. 4023441）

两个内齿轮分别与机体和输出轴合为一体。平衡重置于双联行星齿轮内部。输出轴用两个超轻型大直径滚动轴承合并支承，轴向尺寸缩短。结构极为简单、紧凑，传动路线短，可实现高效率。两个大轴承价格很高且很难买到

图 12-6-19 轴向尺寸小的 2Z-X 型少齿差减速器

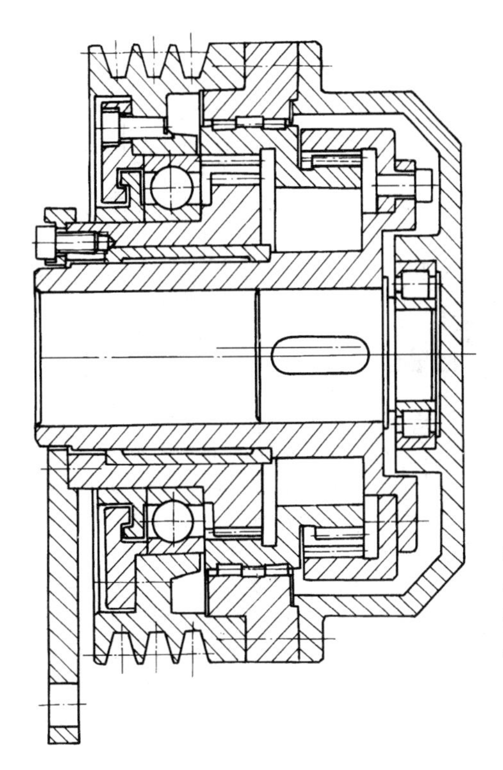

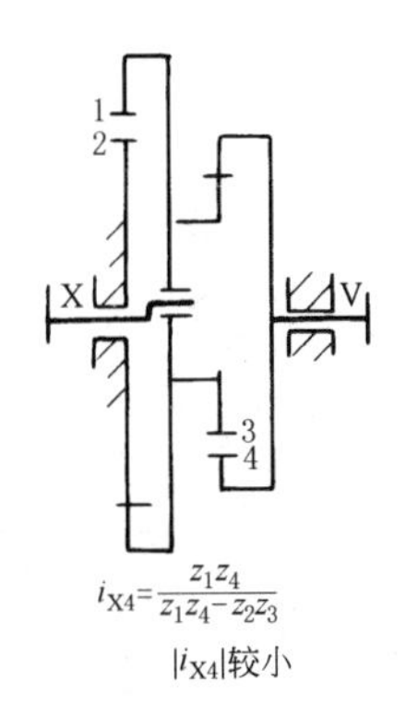

动力经 V 带轮输入，驱动由内外齿轮组成的双联齿轮。外齿轮 2 为固定件。动力经内齿圈传至空心轴输出。该减速器可实现的传动比范围不是很大

图 12-6-20　V 带轮式 NN 型少齿差减速器（2Z-X 型）

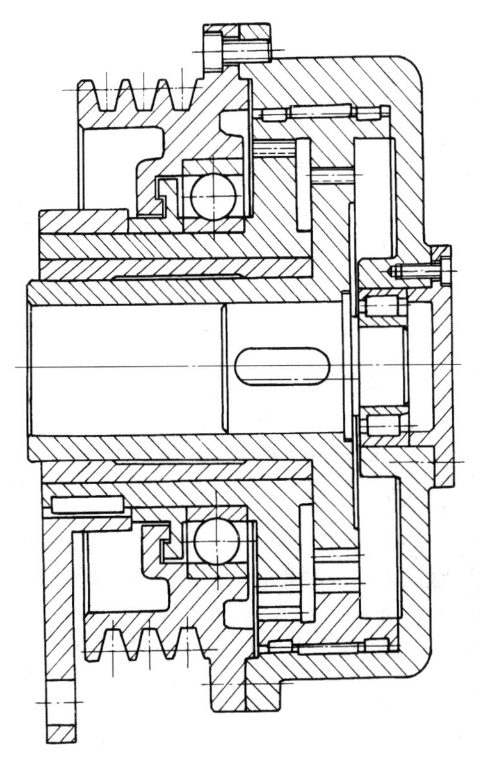

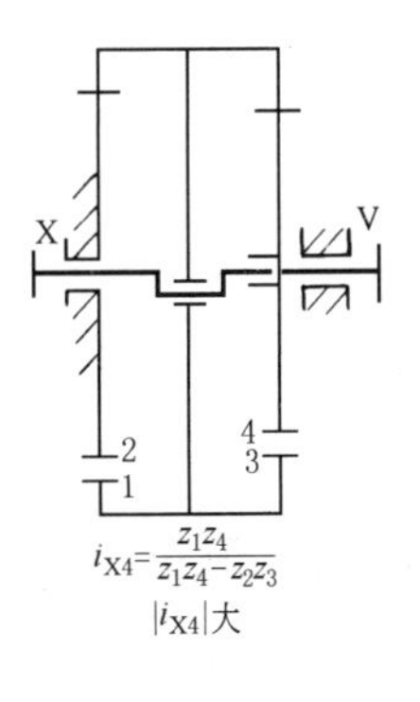

动力经 V 带轮输入，驱动由两个内齿圈构成的双联齿轮。外齿轮 2 为固定件，动力经外齿轮 4 输出。该减速器可方便地实现 100 以上的较大的传动比

图 12-6-21　V 带轮式 NN 型少齿差减速器（2Z-X 型）

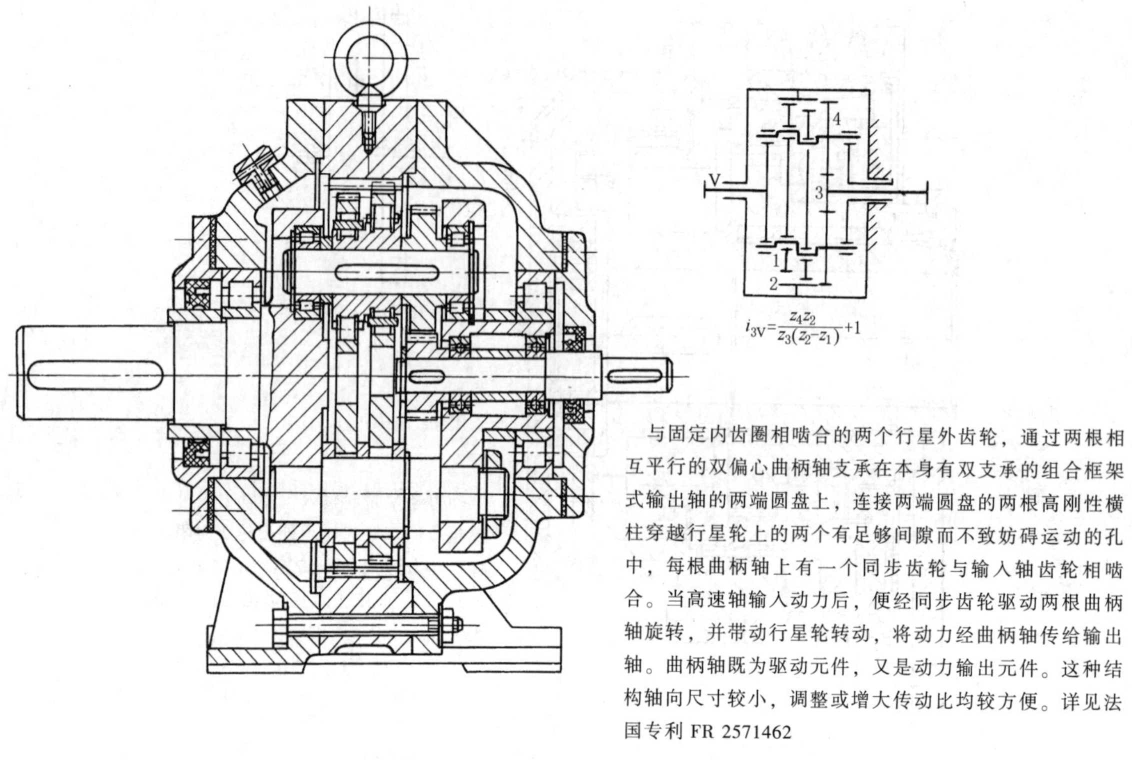

与固定内齿圈相啮合的两个行星外齿轮，通过两根相互平行的双偏心曲柄轴支承在本身有双支承的组合框架式输出轴的两端圆盘上，连接两端圆盘的两根高刚性横柱穿越行星轮上的两个有足够间隙而不致妨碍运动的孔中，每根曲柄轴上有一个同步齿轮与输入轴齿轮相啮合。当高速轴输入动力后，便经同步齿轮驱动两根曲柄轴旋转，并带动行星轮转动，将动力经曲柄轴传给输出轴。曲柄轴既为驱动元件，又是动力输出元件。这种结构轴向尺寸较小，调整或增大传动比均较方便。详见法国专利 FR 2571462

图 12-6-22　曲柄式少齿差减速器（2Z-V 型）

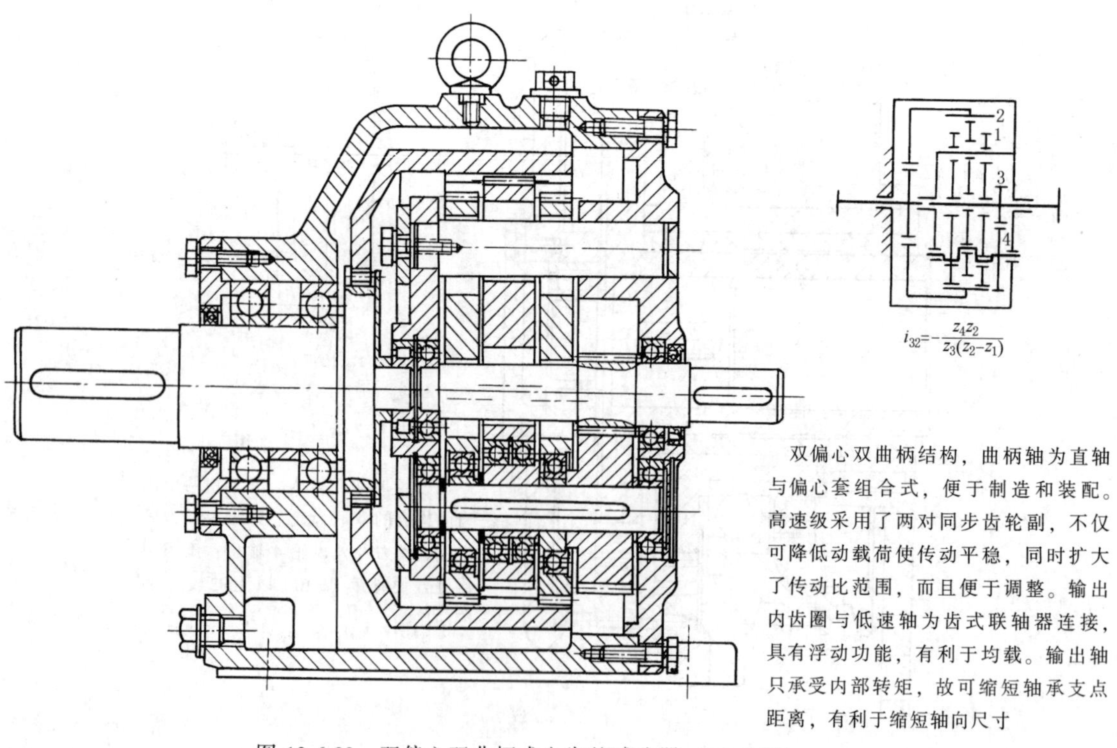

双偏心双曲柄结构，曲柄轴为直轴与偏心套组合式，便于制造和装配。高速级采用了两对同步齿轮副，不仅可降低动载荷使传动平稳，同时扩大了传动比范围，而且便于调整。输出内齿圈与低速轴为齿式联轴器连接，具有浮动功能，有利于均载。输出轴只承受内部转矩，故可缩短轴承支点距离，有利于缩短轴向尺寸

图 12-6-23　双偏心双曲柄式少齿差减速器（2Z-V 型）

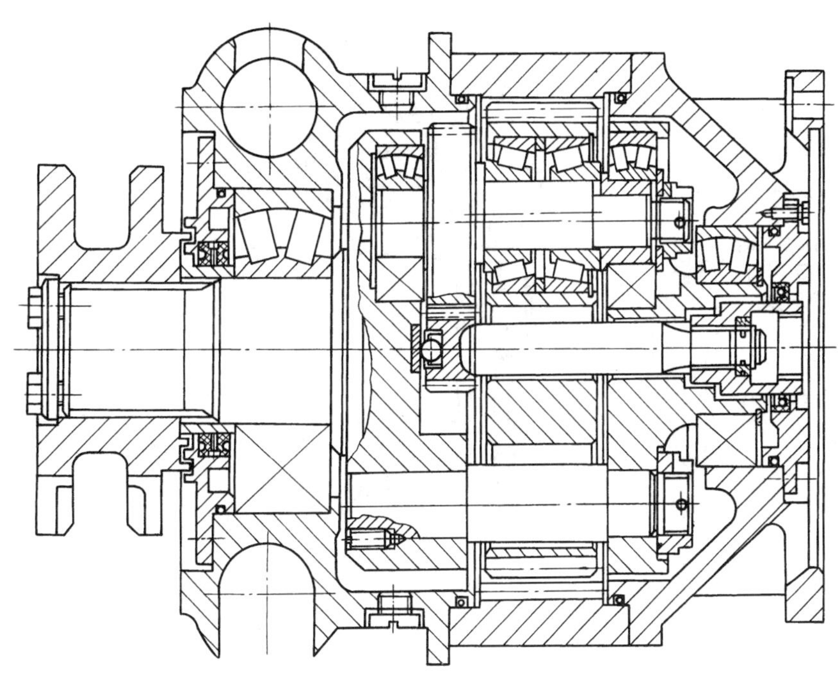

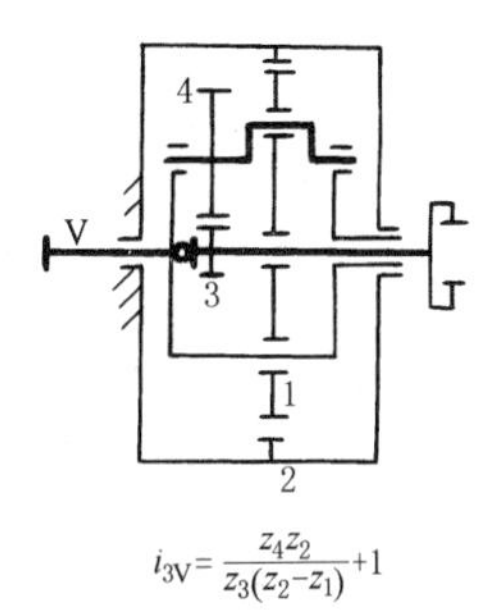

$$i_{3V}=\frac{z_4z_2}{z_3(z_2-z_1)}+1$$

本机为苏联20世纪80年代K103薄煤层采煤机用减速器，带有一级减速兼同步齿轮的2Z-V型少齿差传动。其特点为：(1)驱动三个同步兼减速齿轮的中心轮为细长轴式柔性浮动中心轮，并经齿形联轴器输入动力；(2)同步齿轮置于输出侧；(3)少齿差部分为单偏心传动，只有一个行星轮；(4)行星轮借助安装于其上并支承在输出轴组合式框架上的三根曲柄轴的驱动做平面圆周运动，减速运动经曲柄轴传给输出轴。其功率37kW，传动比144，最大牵引力220kN

图 12-6-24　单偏心三曲柄少齿差减速器（2Z-V 型）

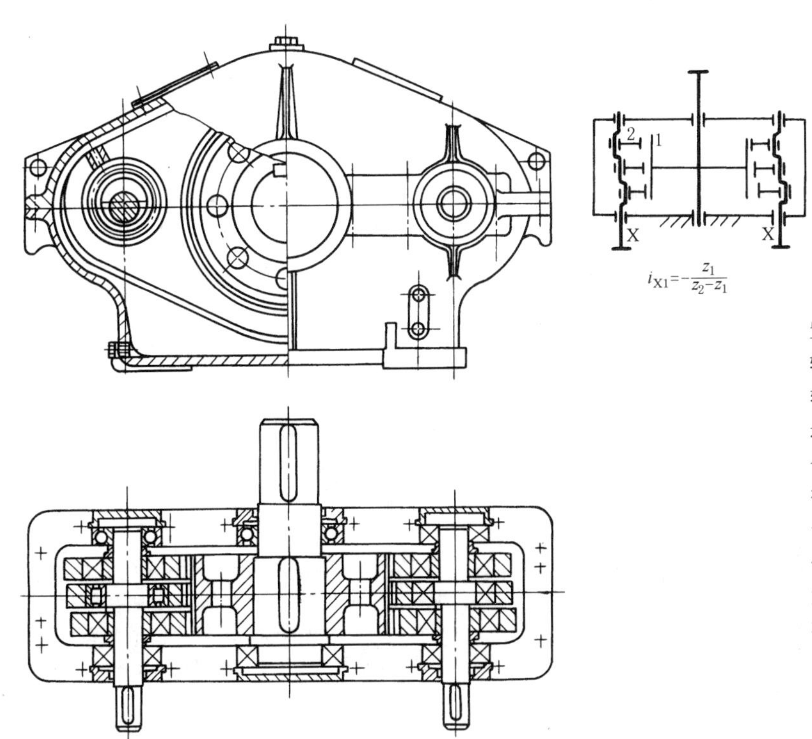

$$i_{X1}=-\frac{z_1}{z_2-z_1}$$

三片内齿轮环板间可按120°布置。两根三偏心曲柄轴置于被动轴两侧，支承并驱动与输出外齿轮啮合的三片内齿轮环板做平面运动。两根曲柄轴可一为主动、一为被动，或同时作为主动驱动。被动轴简支，箱体水平剖分，便于维修，轴向尺寸小。传动比大，传动路线短，效率高，承载能力大，过载能力强。但传动轴上存在不平衡的力偶矩，因而主要用于重载、低速的情况。该减速器已发展多个派生系列，在国内冶金行业应用颇广

图 12-6-25　SH 型三环减速器（Z-X 型传动）

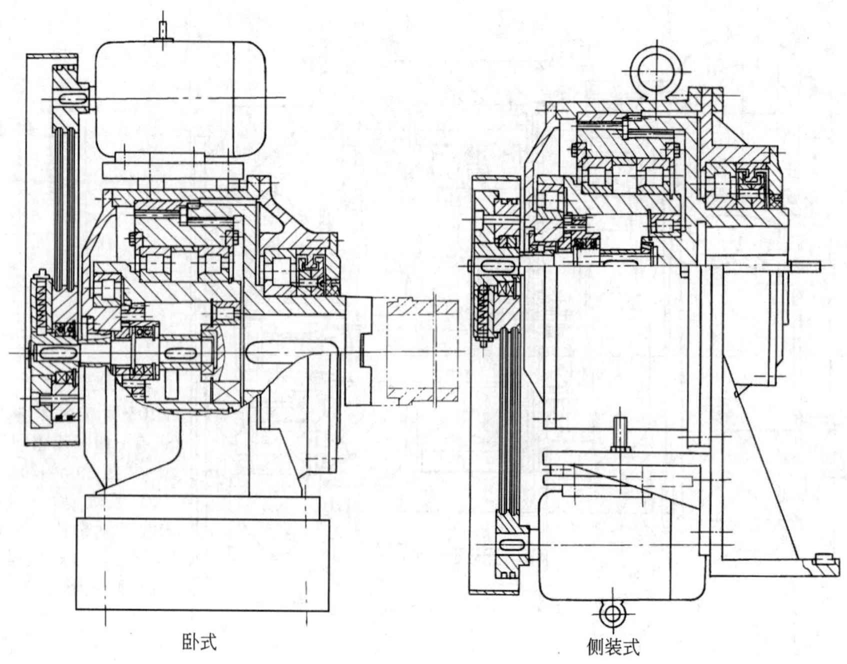

该结构系中国专利二次偏心包容式少齿差减速器的应用实例。通过引入二次偏心机构使 Z-X-V 型传动置入 2Z-X 型传动腹腔中，轴向尺寸大幅度压缩，动力经 Z-X-V 型传动减速后，传给 2Z-X 型传动再次减速并由内齿轮输出，可实现数以千计或万计的大传动比

该机轴向尺寸超短，效率高，重量轻，节能、节材

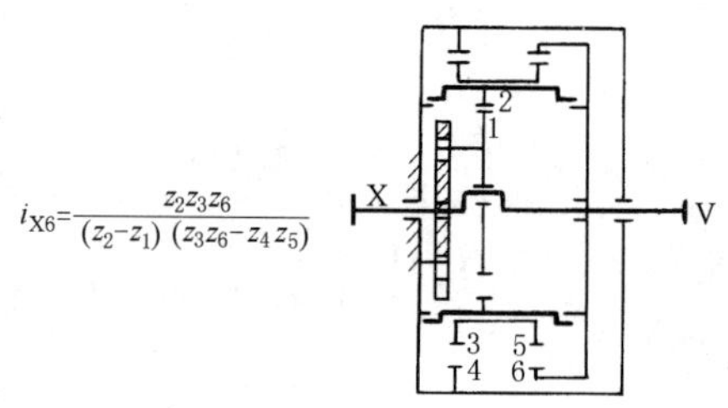

$$i_{X6}=\frac{z_2z_3z_6}{(z_2-z_1)(z_3z_6-z_4z_5)}$$

图 12-6-26　RP 型少齿差式锅炉炉排传动减速器

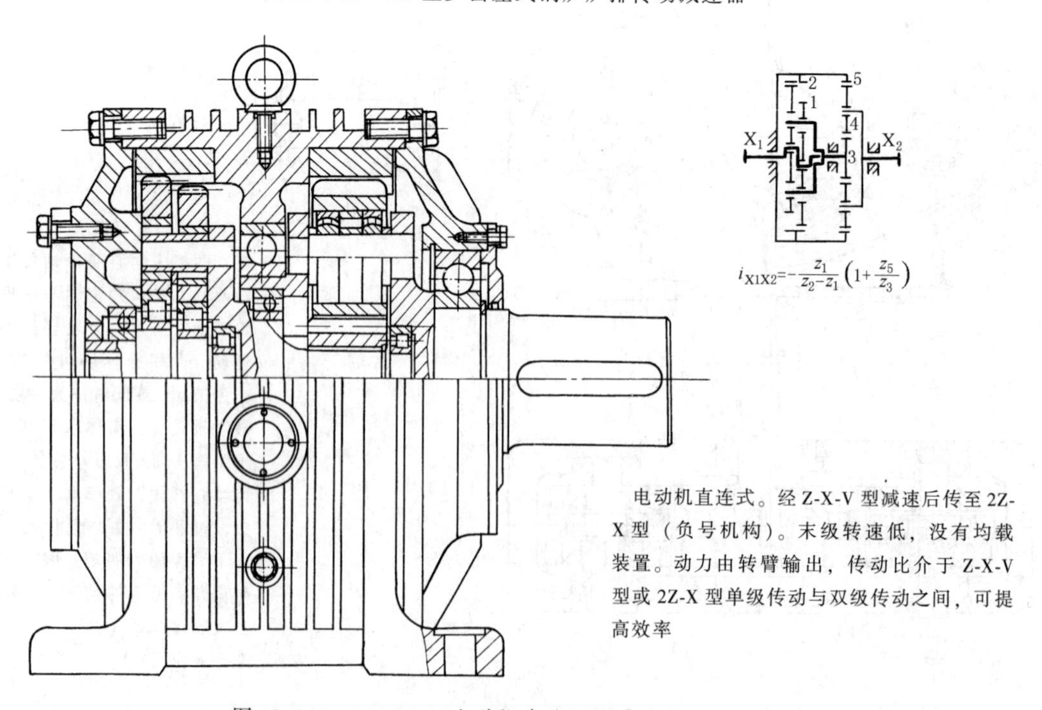

$$i_{X1X2}=-\frac{z_1}{z_2-z_1}\left(1+\frac{z_5}{z_3}\right)$$

电动机直连式。经 Z-X-V 型减速后传至 2Z-X 型（负号机构）。末级转速低，没有均载装置。动力由转臂输出，传动比介于 Z-X-V 型或 2Z-X 型单级传动与双级传动之间，可提高效率

图 12-6-27　XID3-250 电动机直连两级减速器

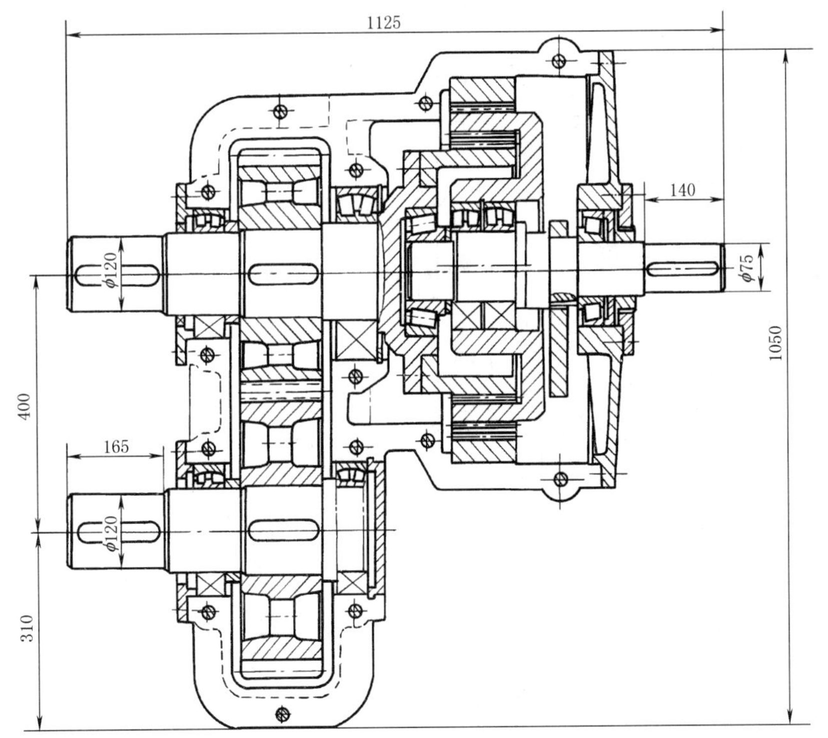

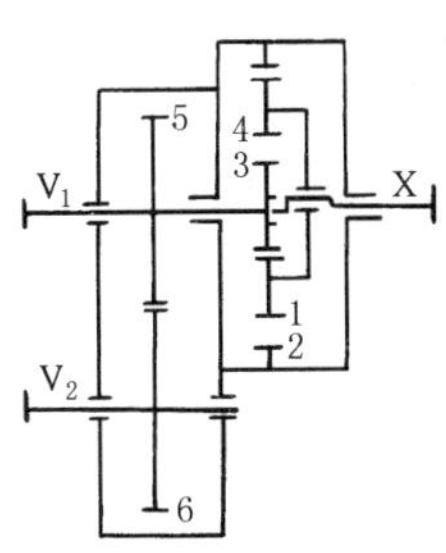

前级为同环 NN 型少齿差传动。两对内啮合齿轮副布置在同一平面内，其轴向尺寸缩短，径向尺寸增大。将一个内齿轮与机体相连，动力经 z_5 和 z_6 齿轮副由两根低速轴输出。由高速轴到两根低速轴的传动比为：

$$i_{XV1}=\frac{z_1z_3}{z_1z_3-z_2z_4}$$

$$i_{XV2}=\frac{z_1z_3z_6}{(z_1z_3-z_2z_4)z_5}$$

图 12-6-28　NN 型少齿差-平行轴传动组合减速器

6　使用性能及其示例

6.1　使用性能

设计的少齿差减速器在结构上应具有良好的使用性能，例如体积和质量小、效率高、寿命长、噪声低、输入轴与输出轴同轴线，以及有合理的连接和安装基准，容易装、拆与维修等。

6.2　设计结构工艺性

设计的少齿差减速器除了具备良好的使用性能以外，还要能够在国内一般工厂拥有的机床、设备上比较容易地制造出精度较高的零件，以及合乎性能要求的减速器。本节以图 12-6-14 为例，讨论其主要零件的加工工艺性。

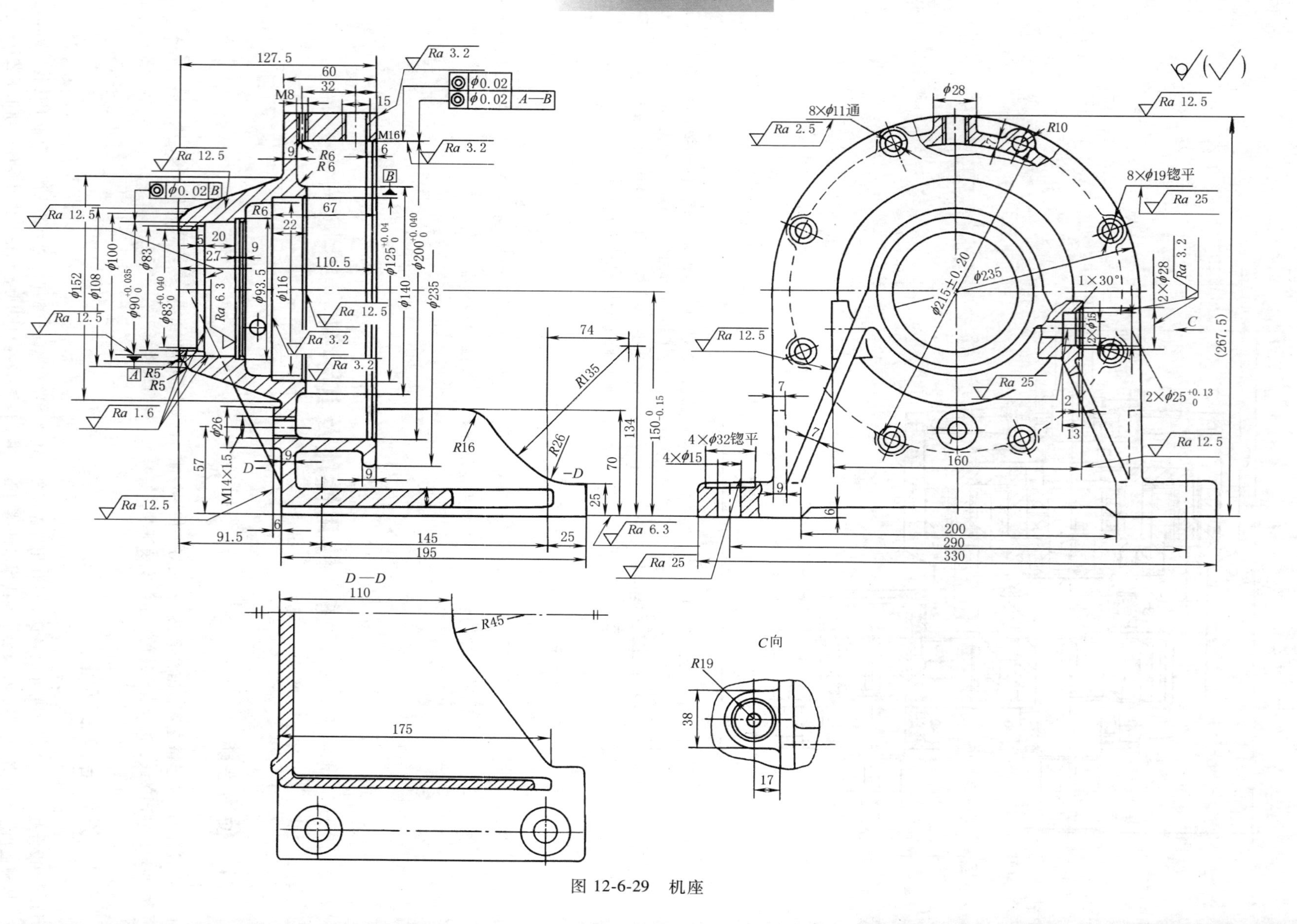
8×φ11通
8×φ19锪平
4×φ32锪平
4×φ15
2×φ28
2×φ15
1×30°
R10
R16
R26
R45
R135
R19
φ215±0.20
φ235
M14×1.5
(267.5)
D—D
C向

图 12-6-29　机座

(1) 机座 (图 12-6-29)

设计机座时，对要求有较高同轴度的各个孔，应尽量设计成从一端到另一端依次由大孔到小孔，以便在精镗孔工序一次装卡即能按顺序镗出各个不同直径的孔。

在需要挡轴承或是安放橡胶油封的部位，应采用孔用弹性挡圈，尽可能不设计台阶。

(2) 内齿圈内孔孔径 (图 12-6-30)

设计内齿圈时，由于其左端的止口外径 (ϕ200) 和右端安装大端盖的内孔 (ϕ177) 均需要用作定心基准，因此应将内孔设计成略小于内齿轮的顶圆直径，才便于一次装卡就能车成内孔及外圆，以保证各个直径的同轴度。

(3) 内齿轮顶圆直径 (图 12-6-30)

在插齿时，一般以内齿轮顶圆为定心基准。因此在设计同一个机座而传动比不同的内齿圈时，宜尽量将各内齿轮顶圆直径设计得互相接近，见表 12-6-18，这样才可以将同一机座中所有的内齿圈右端与大端盖配合的直径设计成略小于顶圆直径的统一的整数值 (图 12-6-30 中的 ϕ177)，既节省加工工时，也给装配带来方便。

表 12-6-18　　内齿轮顶圆直径及止口孔径

项目	代号	数　值										
公称传动比	i	6	35	71	11	17	25	29	43	87	100	59
内齿轮顶圆直径	d_{a2}	177.42			178.32	177.62	178.29		178.45			179.18
止口孔径		177										

(4) 内齿圈的结构 (图 12-6-30 及图 12-6-31)

在内齿轮输出时，若内齿轮齿顶圆直径 $d_{a4} \leqslant 150$mm，可将内齿圈与低速轴设计成一个整体，以利于提高制造精度。

而在 $d_{a4} > 150$mm 时，因受插齿机的限制，有时需要将内齿圈与低速轴分别设计成两个零件，并采用$\frac{H7}{k6}$过渡配合，如图 12-6-31 及图 12-6-32 所示。

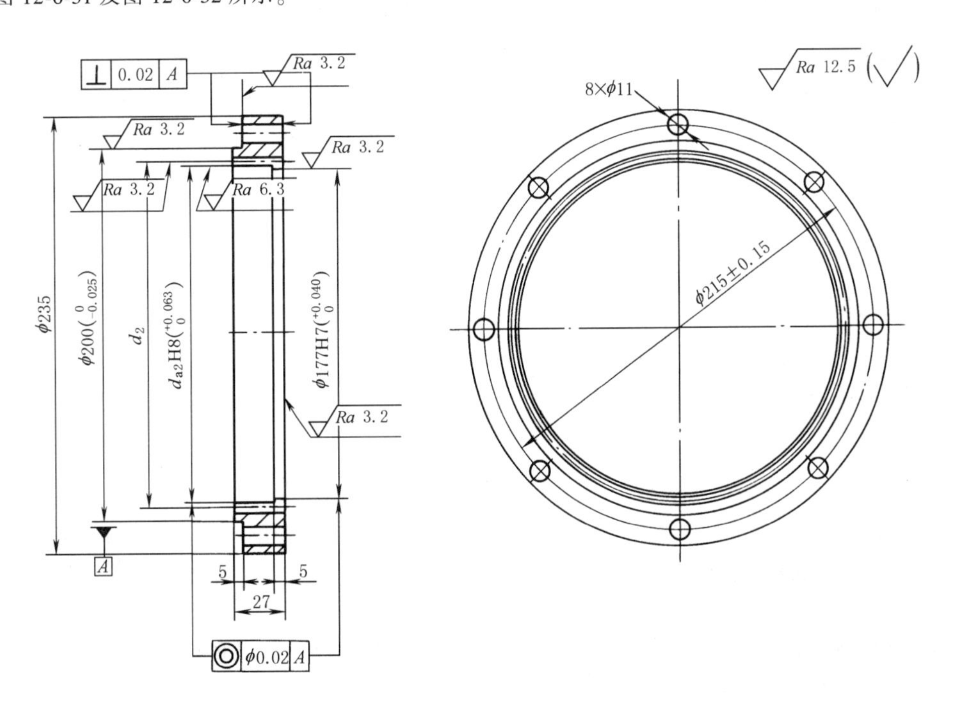

图 12-6-30　内齿圈

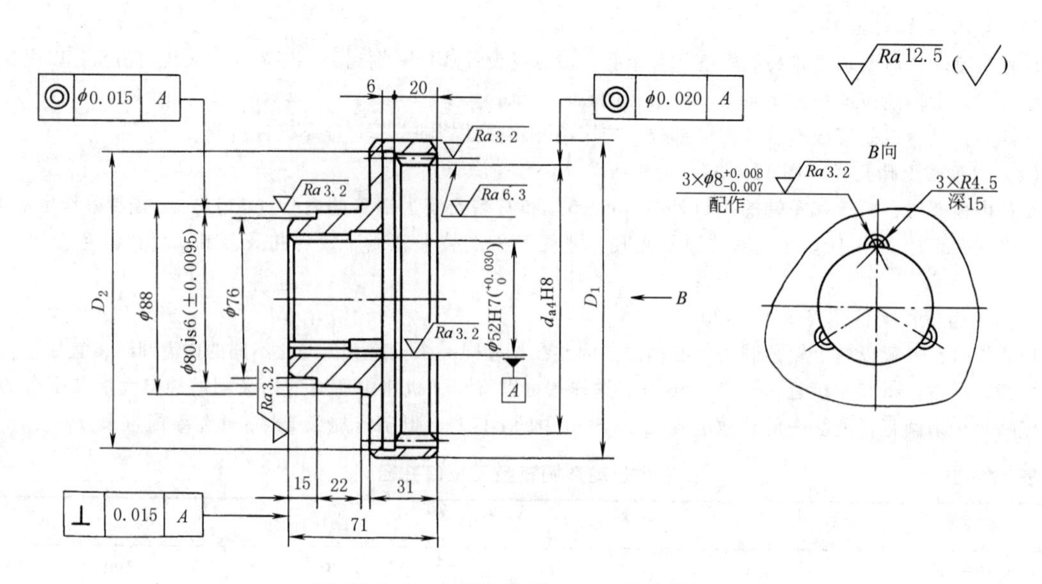

图 12-6-31　与低速轴装成一体的内齿圈

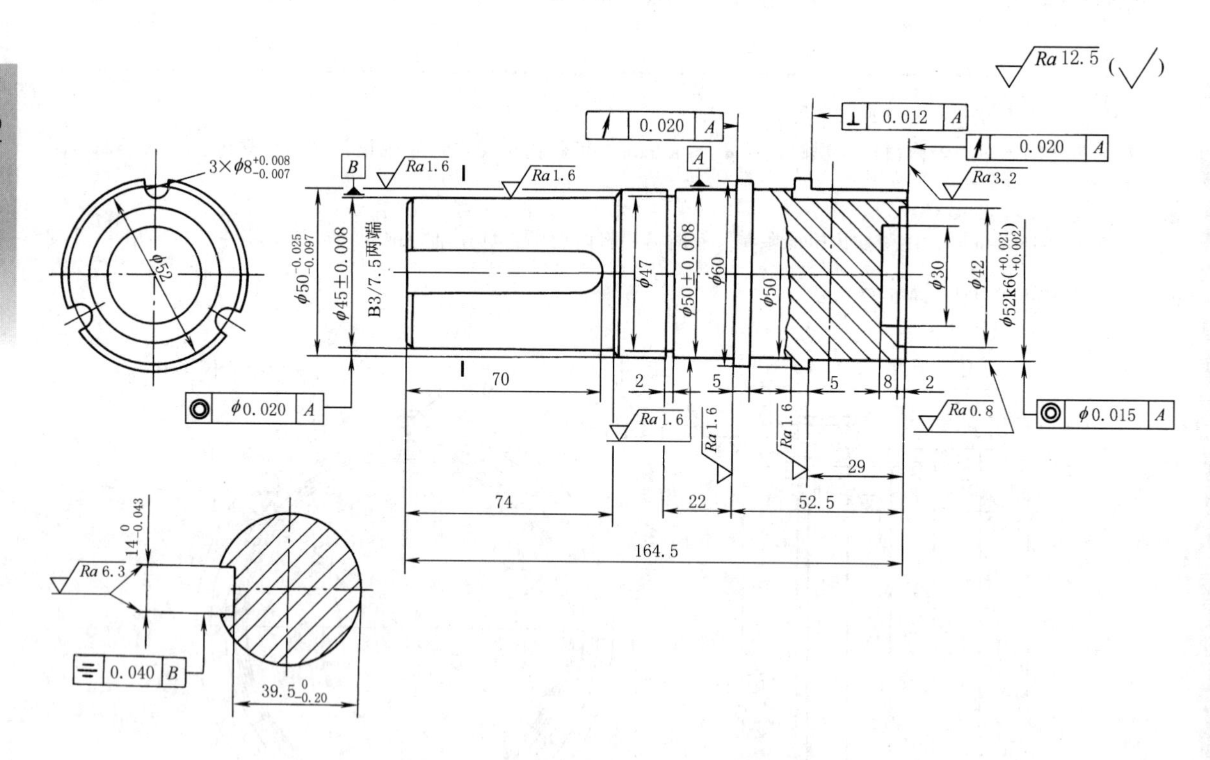

图 12-6-32　与内齿圈装成一体的低速轴

（5）高速轴

为了制造方便，高速轴宜设计成直轴（图 12-6-33）与偏心套（图 12-6-34）组合，并以平键连接。

（6）销孔

为了提高接触强度及耐磨性，又具有良好的工艺性，对采用销孔式传输机构的行星齿轮等分孔，在镗孔后可镶入销轴套，该轴套采用轴承钢 GCr15 或 GCr9 制作。

（7）浮动盘和行星齿轮

浮动盘和行星齿轮分别如图 12-6-35 和图 12-6-36 所示。

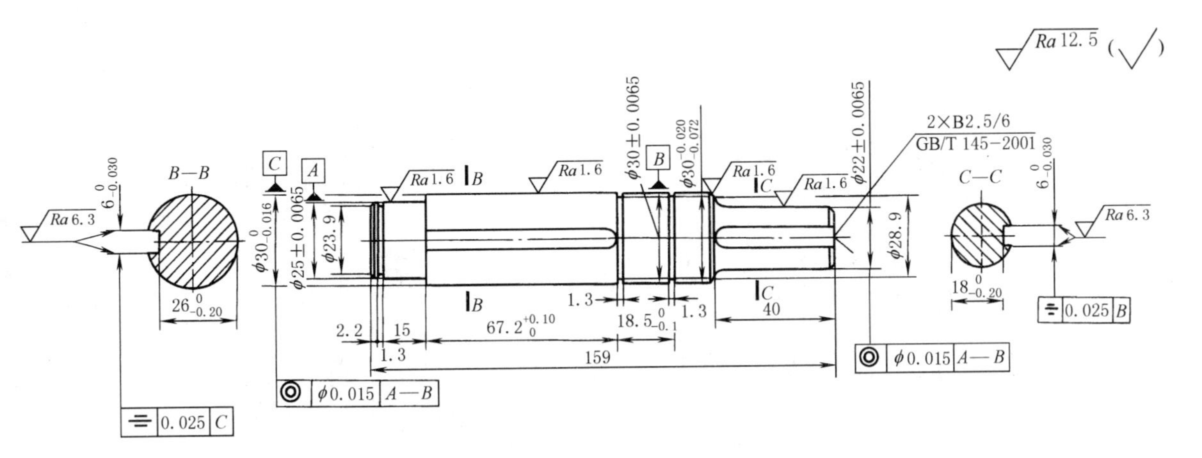

图 12-6-33 高速轴

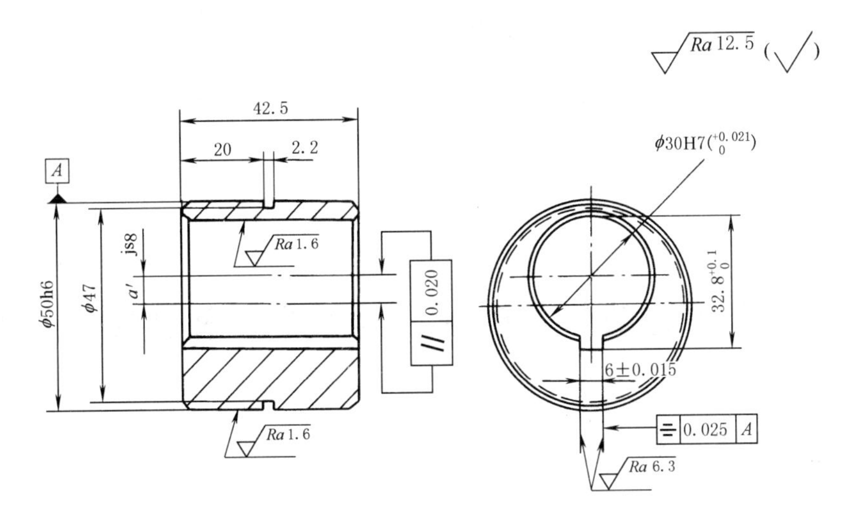

图 12-6-34 偏心套

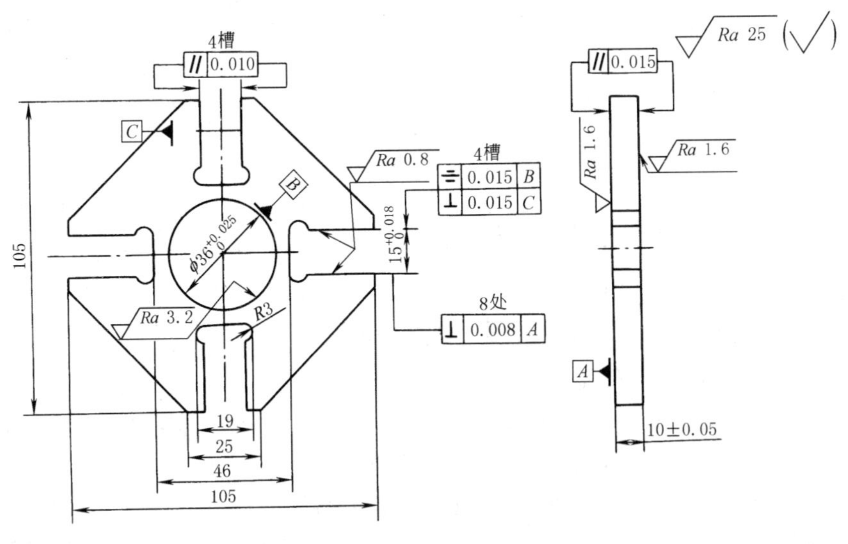

图 12-6-35 浮动盘

第12篇

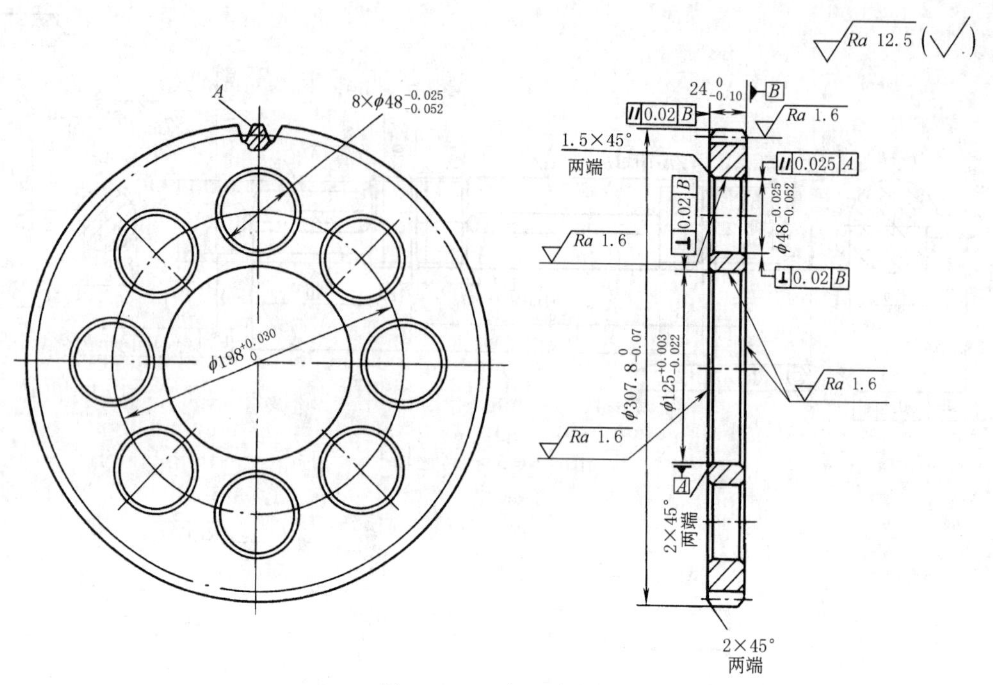

图 12-6-36　行星齿轮

第12篇

7　主要零件的技术要求、材料选择及热处理方法

7.1　主要零件的技术要求

① 高速轴偏心距，即齿轮中心距的极限偏差，见表 12-6-19。

表 12-6-19　　**齿轮中心距的极限偏差**

标准号	GB/T 2363—1990				GB/T 10095.2—2023			GB/T 1800.1—2020				
标准名称	小模数渐开线圆柱齿轮精度				圆柱齿轮　ISO 齿面公差分级制　第 2 部分:径向综合偏差的定义和允许值			产品几何技术规范(GPS)线性尺寸公差 ISO 代号体系第 1 部分:公差、偏差和配合的基础				
齿轮精度等级	7~8											
中心距/mm		≤12	>12到 20	>20到 32	>6到 10	>10到 18	>18到 30	≤3	>3到 6	>6到 10	>10到 18	>18到 30
偏差代号	$\pm f_a$				$\pm f_a$			js8				
偏差数值/μm		11	14	17	11	13.5	16.5	±7	±9	±11	±13	±16

注：在齿轮中心距很小且齿轮精度为 8 级时，中心距极限偏差可用 js9。

② 行星齿轮与内齿轮的精度不低于 8 级（GB/T 10095.2—2023）。

③ 销孔的公称尺寸，除销套外径加上 2 倍偏心距尺寸以外，还应再加适量的补偿间隙 δ_M。在一般动力传动中，δ_M 的数值见表 12-6-20。在精密传动中，δ_M 的数值约为表 12-6-20 中数值的一半。

表 12-6-20　　**行星齿轮销孔的补偿间隙**　　mm

内齿轮分度圆直径 d_2	≤100	>100~220	>220~390	>390~550	>550
补偿间隙 δ_M	0.10	0.12	0.14	0.15	0.20~0.30

④ 行星齿轮销孔及输出轴盘柱销孔相邻孔距差的公差 δt、孔距累积误差的公差 δt_Σ，可参照表 12-6-21 选取。此项要求对于传动的性能极为重要，如有条件，宜尽量提高制造精度，选取更小的公差值。

表 12-6-21　　销孔孔距差的公差及孔距累积误差的公差

行星轮分度圆直径/mm	≤200	>200~300	>300~500	>500~800	>800
销孔相邻孔距差的公差 δt/μm	<30	<40	<50	<60	<70
销孔孔距累积误差的公差 δt_Σ/μm	<60	<80	<100	<120	<140

⑤ 主要零件的公差及零件间的配合见表 12-6-22。

表 12-6-22　　公差或配合代号

项　　目	公差或配合代号	项　　目	公差或配合代号
与滚动轴承配合的轴	js6、j6、k6、m6	镶套孔径	H7、H8、G7、F7
行星轮中心轴承孔	J6、Js6、K6、M6	输出轴盘等分孔与柱销	$\frac{R7}{h6}$、$\frac{H7}{r6}$、$\frac{H7}{r5}$
行星轮等分孔	H7	与滚动轴承配合的孔	H7
销套孔与柱销	$\frac{H7}{f6}$、$\frac{H7}{f5}$、$\frac{F7}{h6}$、$\frac{G7}{h6}$	输出轴与齿轮孔(2Z-X 型)	$\frac{H7}{k6}$
销套外径	h6、h5		
行星轮等分孔与镶套外径	$\frac{H7}{p6}$、$\frac{H7}{p5}$、$\frac{H7}{r6}$、$\frac{H7}{r5}$	浮动盘槽与销套外径或滚动轴承外径	$\frac{H7}{f6}$、$\frac{H7}{f5}$、$\frac{F7}{h6}$、$\frac{G7}{h6}$

⑥ 机座、高速轴、低速轴、行星齿轮、内齿轮、偏心套、浮动盘、销套、镶套、柱销等主要零件的同轴度、圆跳动或全跳动、位置度、垂直度、平行度、圆度等形位公差尤为重要，必须按 GB/T 1182、GB/T 1184 在图样上予以明确规定。

7.2　主要零件的常用材料及热处理方法

表 12-6-23　　主要零件的常用材料及热处理方法

零件名称	材　　料	热处理	硬　　度	说　　明
齿轮	45、40Cr、40MnB、35CrMoV	调质	<270HB	通用型系列产品可用 45 或 40Cr 做内、外齿轮。内齿轮也可用 QT600-3
	45、40Cr、35CrMn、38CrMoAl	齿面淬火 氮化	50~55HRC 或 45~50HRC ≤900HV	
	20Cr、20CrMnTi	渗碳淬火	58~62HRC	
柱销 销套 浮动盘	GCr15	淬火	销套、浮动盘 58~62HRC	20CrMnMoVBA 主要用于有冲击载荷的柱销或浮动盘
	20CrMnMoVBA	渗碳淬火	柱销、浮动盘 60~64HRC	
轴	45、40Cr、40MnB	调质	≤300HB	
机座、端盖、壳体	HT200			铸后退火

第12篇

CHAPTER 7

第7章 摆线针轮行星传动

1 概 述

摆线针轮行星传动隶属K-H-V型（也称N型）行星齿轮传动，该行星传动的典型零件结构特征如图12-7-1。

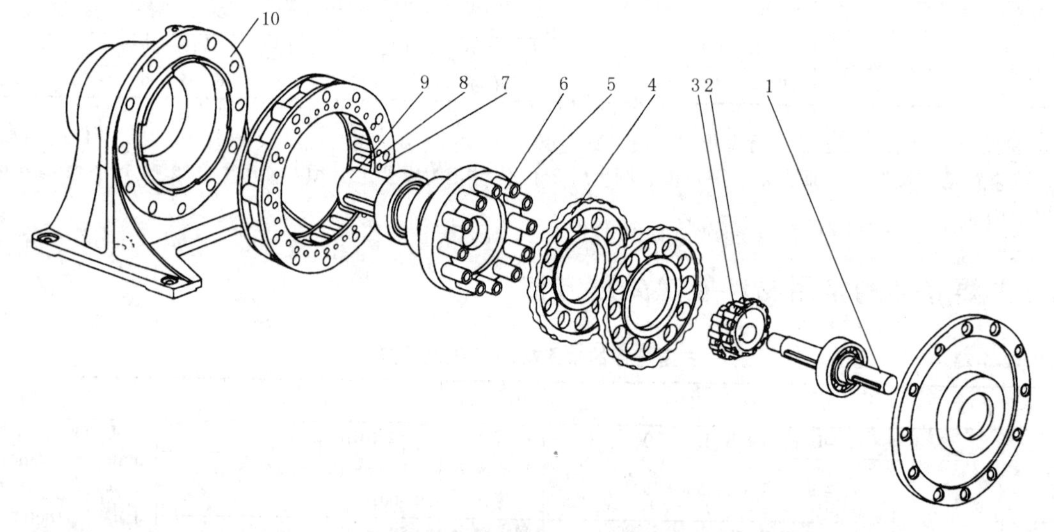

图12-7-1 摆线针轮行星传动的典型零件结构特征
1—输入轴；2—双偏心套；3—转臂轴承；4—摆线轮；5—柱销；6—柱销套；7—柱销针齿套；8—针齿壳；9—输出轴；10—机座

1.1 摆线针轮行星传动的结构

根据图12-7-2说明摆线针轮行星传动的典型结构，它主要由四部分组成。

① 行星架H又称转臂，由输入轴1、偏心套2和转臂轴承组成，偏心套上的两个偏心方向呈180°对称。

② 行星轮C即摆线轮6，其齿廓通常为短幅外摆线的内侧等距曲线。为使输入轴达到静平衡和提高承载能力，常采用两个相同的奇数齿摆线轮，装在双偏心套上，两轮位置正好相差180°。摆线轮和偏心套之间装有滚动轴承，称为转臂轴承，通常采用无外圈的滚子轴承，而以摆线轮中心内孔表面直接作为滚道，在摆线针轮行星传动优化设计的结构中常将双偏心套与轴承做成一个整体，称为整体式双偏心轴承。

③ 中心轮B又称针轮，由针齿壳5上沿针齿中心周围均布的一组针齿销3（通常针齿销上还装有针齿套4）组成。

④ 输出机构W，通常采用销轴式输出机构，见图12-7-3。

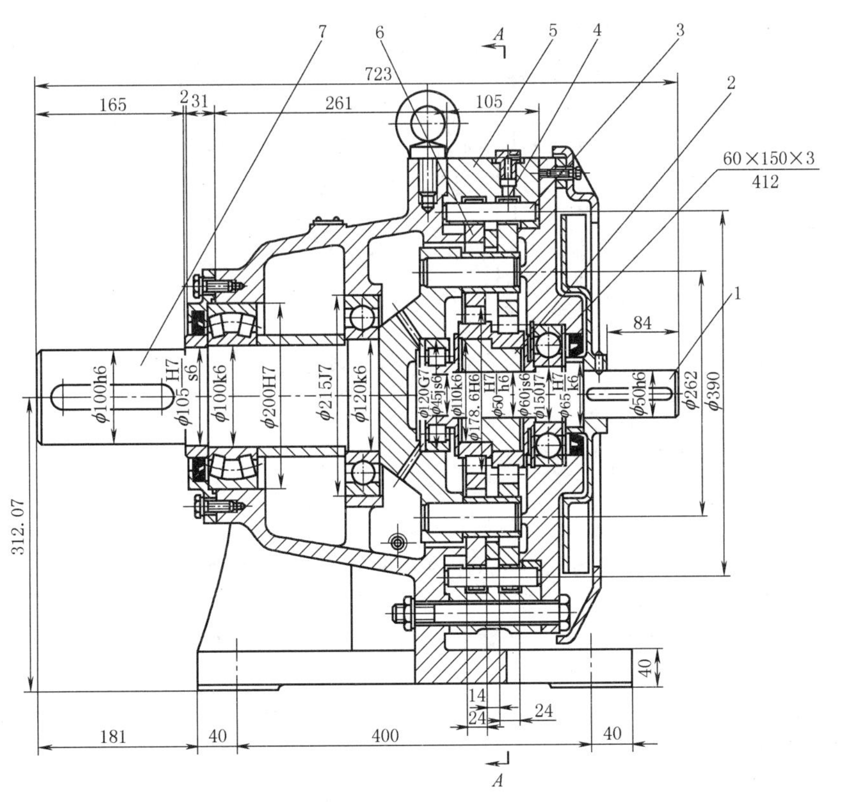

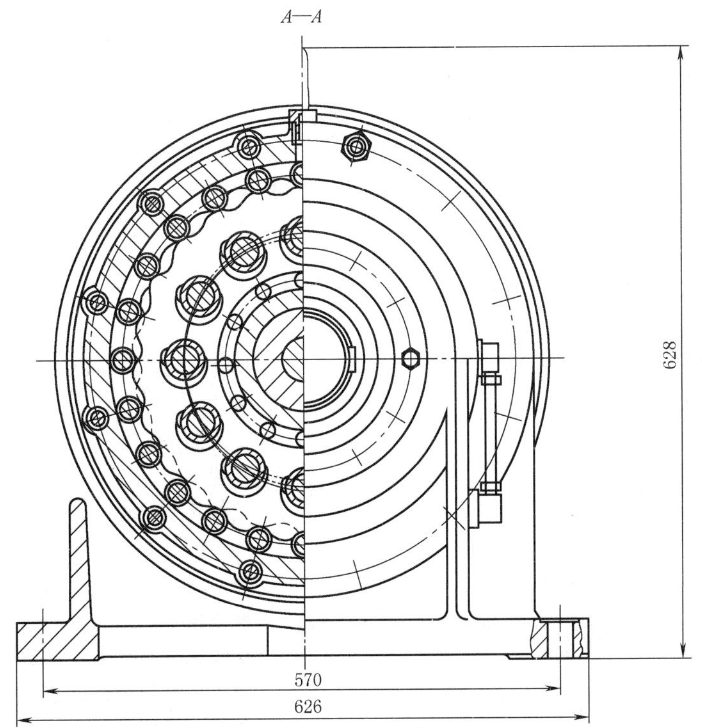

图 12-7-2　双轴型卧式摆线针轮行星减速器

1—输入轴；2—偏心套；3—针齿销；4—针齿套；5—针齿壳；6—摆线轮；7—输出轴

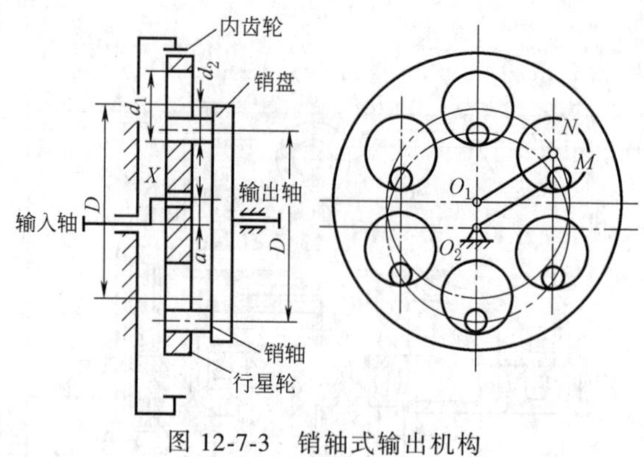

图 12-7-3　销轴式输出机构

1.2　摆线针轮行星传动的特点

① 传动比范围大

单级传动比为 6~119；两级传动比为 121~7569；三级传动比可达 658503。

② 结构紧凑、体积小、重量轻

用它代替两级普通圆柱齿轮减速器，体积可减小 1/2~2/3，重量减轻 1/3~1/2。

③ 传动效率高

一般单级传动效率可达 0.9~0.95。

④ 运转平稳，噪声低。

⑤ 工作可靠，使用寿命长。

鉴于上述优点，摆线针轮行星传动在多种工况下可以代替两级、三级普通圆柱齿轮减速器及圆柱蜗杆减速器，在冶金、矿山、石油、化工、船舶、轻工、食品、纺织、印染、制药、橡胶、塑料、起重运输以及国防工业等部门得到日益广泛的应用，引起国内外研究者的高度关注。

我国于 1981 年制定了 JB 2982—81 摆线针轮行星减速器系列参数标准，又于 1994 年修订，制定出新的 JB/T 2982—94 标准，传动级数分为一级、二级和三级。针对摆线针轮行星减速器在机器人领域的应用需求，2018 年分别制定了 GB/T 37165—2018 和 GB/T 36491—2018 国家标准，分别命名为《机器人用精密摆线针轮减速器》和《机器人用摆线针轮行齿轮传动装置通用技术条件》。

1.3　摆线针轮行星传动的几何要素代号

a——中心距（偏心距），mm；

b_c——摆线轮齿宽，mm；

b_p——针轮有效齿宽，mm；

d_{ac}——摆线轮顶圆直径，mm；

d_{bc}——摆线轮基圆直径，mm；

d_{fc}——摆线轮根圆直径，mm；

d_g——发生圆直径（滚圆直径），mm；

d_p——针轮中心圆直径（针轮分布圆直径），mm；

d'_p——针轮节圆直径，mm；

d_{rp}——针齿套外径，mm；

d_{rw}——柱销套外径，mm；

d_{sp}——针齿销直径，mm；

d_{sw}——柱销直径，mm；

d_w——柱销孔直径，mm；

h——摆线轮齿高，mm；

i——传动比；

j——啮合侧隙；

n——转速，r/min；

ρ_{bc}——摆线轮基圆齿距，mm；

ρ_c——摆线轮分布圆齿距，mm；

r_{ac}——摆线轮顶圆半径，mm；

r_{bc}——摆线轮基圆半径，mm；

r_c——摆线轮分布圆半径，mm；

r'_c——摆线轮节圆半径，mm；

r_{fc}——摆线轮根圆半径，mm；

r_g——发生圆半径（滚圆半径），mm；

r_p——针齿中心圆半径，mm；

r_Z——针齿外圆半径，mm；

r'_p——针轮节圆半径，mm；
r_{rp}——针齿套外圆半径，mm；
r_{rw}——柱销套外圆半径，mm；
r_{sp}——针齿销半径，mm；
r_{sw}——柱销半径，mm；
r_w——柱销孔半径，mm；
D_w——输出机构柱销孔中心圆直径，mm；
K_1——变幅（短幅或长幅）系数；
K_2——针径系数；
R_w——输出机构柱销孔中心圆半径，mm；
W_{af}——摆线轮顶根距，mm；
W_k——跨 k 齿测量的公法线长度，mm；
z_b——二次包络中内齿轮的齿数；
z_c——摆线轮齿数；
z_g——行星轮齿数；
z_p——针轮齿数；
z_w——输出机构柱销孔数；
α——啮合角；
ρ——摆线轮齿廓曲线的曲率半径，mm；
φ_d——齿宽系数；
ψ_{Hp}——啮合相位角；
ω——角速度；
Δr_p——移距修形量，mm；
Δr_{rp}——等距修形量，mm；
δ——转角修形量。

2 摆线针轮行星传动的啮合原理

2.1 概述

摆线针轮行星传动的啮合理论通常被描述为：外摆法和内摆法形成短幅摆线，如图 12-7-4 和图 12-7-5 所示；短幅摆线和针齿满足齿廓啮合定律；连续传动条件。

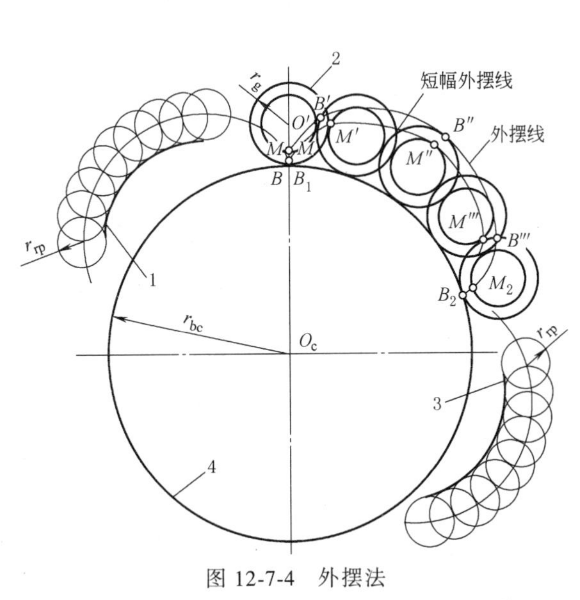

图 12-7-4 外摆法

1—外摆线的内侧等距曲线；2—动圆；3—短幅外摆线的内侧等距曲线；4—基圆幅外摆线

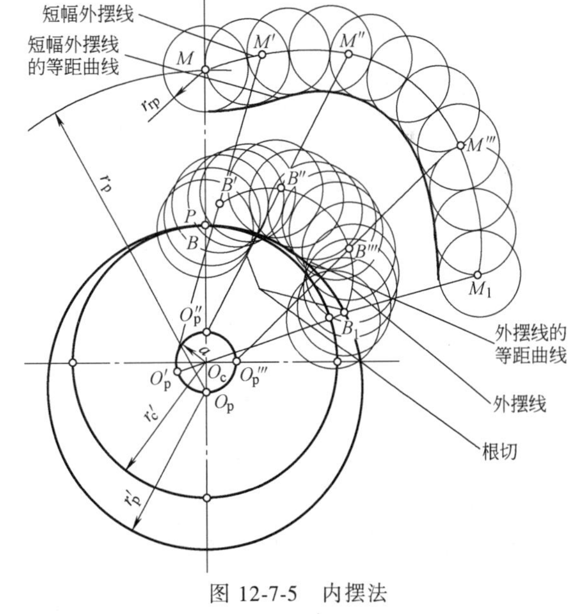

图 12-7-5 内摆法

与渐开线等齿轮共轭啮合传动的理论相比，该理论存在以下问题：①缺乏严密的数学推导，啮合方程、啮合线等与传动特性密切联系的问题没有相应的阐述；②理论不成体系，如一齿差、多齿差行星传动通常是分别论述，没有反映内齿轮齿廓确定为针齿后其共轭齿廓的实质；③有自相矛盾的结论，如连续传动条件为针轮比摆线轮多一齿，而实际上二齿差、三齿差完全能够正确啮合传动；④概念不清晰，对于正确啮合条件、重合度等未给出明确的定义及计算方法。针对上述问题，建立了少齿差摆线针轮行星传动的共轭啮合理论。

2.2 摆线针轮行星传动的共轭啮合理论

2.2.1 摆线针轮行星传动一次包络理论

在齿轮啮合原理中，摆线针轮行星传动的啮合副可描述为由针齿及给定行星运动包络得到的摆线轮构成，如图 12-7-6 所示。根据齿轮啮合原理的运动学法，推导针齿包络得到的摆线轮齿廓曲线方程。

图 12-7-6 摆线针轮行星传动一次包络

(1) 坐标系的建立

图 12-7-7a 中，1 为针轮，2 为行星轮。在针轮中心建立整体固定坐标系 OXY 及与针轮固连的动坐标系 $o_1x_1y_1$，在行星轮中心建立与其固连的动坐标系 $o_2x_2y_2$。在初始位置，X、x_1 轴重合，x_2 轴与 X 轴平行。针齿中心分布圆（中心圆）半径为 r_p，针齿的外圆半径为 r_Z。针轮与行星轮的齿数分别为 z_p、z_g，两轮中心距（输入转臂轴承的偏心距）为 a。为简化问题的讨论，采用“转化机构法”将行星运动转变成为定轴齿轮传动。在转化机构中，将行星轮以角速度 ω_2 绕 y_2 轴逆时针旋转 α 角，根据相对运动关系，针轮将以角速度 ω_1 随行星轮绕 y_1 轴逆时针旋转 β 角。

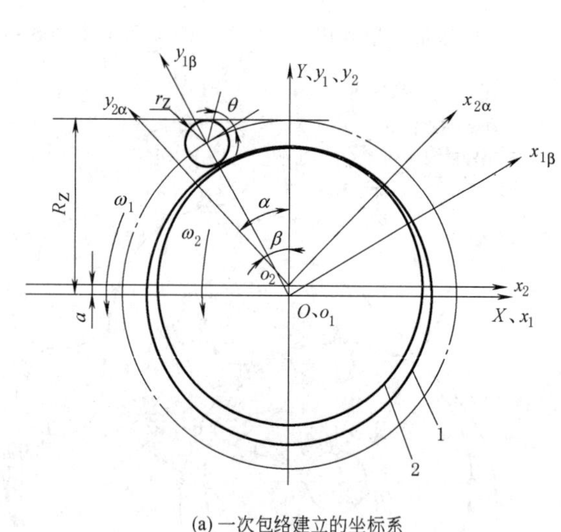

(a) 一次包络建立的坐标系

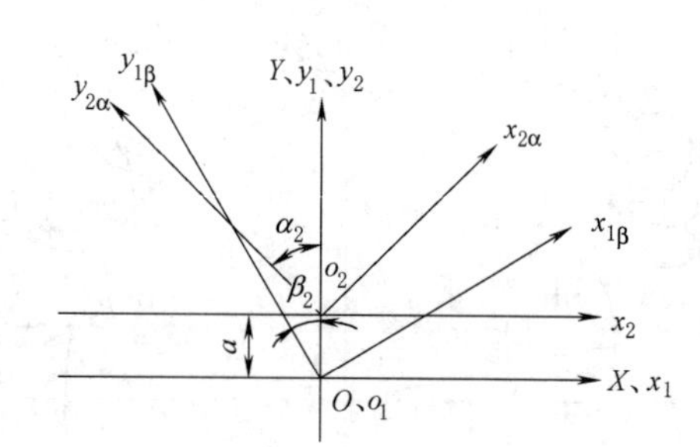

(b) 二次包络建立的两个坐标系

图 12-7-7 建立的坐标系

(2) 啮合方程

针齿齿廓 $\Sigma^{(1)}$ 在 $o_1x_1y_1$ 中的方程为：

$$\begin{cases} x_1 = r_Z\cos\theta \\ y_1 = r_Z\sin\theta + R_Z \end{cases} \tag{12-7-1}$$

式中，θ 为角参量。

根据齿轮啮合原理的运动学方法：在互相包络齿廓的接触点处，相对运动的速度矢量应当垂直于齿廓的法线矢量，因此啮合方程为：

$$\phi(\theta,\beta) = \boldsymbol{n}_1 \cdot \boldsymbol{v}_1^{(12)} = 0 \tag{12-7-2}$$

其中，$\boldsymbol{n}_1$ 为针齿上啮合点处的法线矢量，其投影为：

$$n_{x1} = \frac{\mathrm{d}y_1}{\mathrm{d}\theta} = r_Z\cos\theta,\ n_{y1} = -\frac{\mathrm{d}x_1}{\mathrm{d}\theta} = r_Z\sin\theta$$

相对运动速度矢量 $\boldsymbol{v}_1^{(12)}$ 由下述方程式确定：

$$\boldsymbol{v}_1^{(12)}=[-\omega_1 y_1+\omega_2(y_1-e\cos\beta)]\boldsymbol{i}_1+[\omega_1 x_1-\omega_2(x_1-e\sin\beta)]\boldsymbol{j}_1 \tag{12-7-3}$$

式中，$\boldsymbol{i}_1$ 和 $\boldsymbol{j}_1$ 分别为轴 x_1 和 y_1 的单位向量。

将相关表达式代入式（12-7-2），计算化简后得啮合函数：

$$\phi(\theta,\beta)=ai_{21}\cos(\theta+\beta)-r_p(i_{21}-1)\cos\theta=0 \tag{12-7-4}$$

式中，$i_{21}=\dfrac{\omega_2}{\omega_1}=\dfrac{z_p}{z_g}$。

对式（12-7-4）进行变换，可得：

$$\phi(\theta,\beta)=\lambda\cos(\theta+\beta)-\cos\theta=0 \tag{12-7-5}$$

其中，λ 为系数，且

$$\lambda=\frac{ai_{21}}{r_p(i_{21}-1)} \tag{12-7-6}$$

则 $\Sigma^{(1)}$ 上啮合点的方程式为：

$$\begin{cases}x_1=r_Z\cos\theta\\ y_1=r_Z\sin\theta+R_Z\\ \phi(\theta,\beta)=0\end{cases}$$

（3）行星轮的齿廓方程

在坐标系 $o_2x_{2\alpha}y_{2\alpha}$ 中，与针齿齿廓 $\Sigma^{(1)}$ 相共轭的行星轮齿廓 $\Sigma^{(2)}$ 由下式确定：

$$\begin{cases}\Sigma^{(2)}=\boldsymbol{M}_{21}\ \Sigma^{(1)}\\ \phi(\theta,\beta)=0\end{cases}$$

式中，$\boldsymbol{M}_{21}=\boldsymbol{M}_{20}\boldsymbol{M}_{01}$，为从 $o_1x_{1\beta}y_{1\beta}$ 到 $o_2x_{2\alpha}y_{2\alpha}$ 的变换矩阵。

$$\boldsymbol{M}_{21}=\begin{bmatrix}\cos\varphi & \sin\varphi & -a\sin\dfrac{z_p\varphi}{z_p-z_g}\\ -\sin\varphi & \cos\varphi & -a\cos\dfrac{z_p\varphi}{z_p-z_g}\\ 0 & 0 & 1\end{bmatrix} \tag{12-7-7}$$

式中，$\varphi=\alpha-\beta$。

由此得到行星轮的齿廓方程 $\Sigma^{(2)}$：

$$\begin{cases}x_2=r_p\sin\varphi-a\sin\dfrac{z_p\varphi}{z_p-z_g}+r_Z\cos(\varphi-\theta)\\ y_2=r_p\cos\varphi-a\cos\dfrac{z_p\varphi}{z_p-z_g}-r_Z\sin(\varphi-\theta)\\ \lambda\cos(\theta+\beta)-\cos\theta=0\end{cases} \tag{12-7-8}$$

对式（12-7-5）进行三角变换，有：

$$\begin{cases}\sin\theta=\pm\dfrac{\lambda\cos\beta-1}{\sqrt{1+\lambda^2-2\lambda\cos\beta}}\\ \cos\theta=\pm\dfrac{\lambda\sin\beta}{\sqrt{1+\lambda^2-2\lambda\cos\beta}}\end{cases} \tag{12-7-9}$$

将式（12-7-9）代入式（12-7-8），便得到行星轮的齿廓曲线方程的一般表达式：

$$\begin{cases}x_2=r_p\sin\varphi-a\sin\dfrac{z_p\varphi}{z_p-z_g}+r_Z\cos\gamma\\ y_2=r_p\cos\varphi-a\cos\dfrac{z_p\varphi}{z_p-z_g}-r_Z\sin\gamma\end{cases} \tag{12-7-10}$$

其中

$$\begin{cases}\sin\gamma=\pm\dfrac{-\lambda\cos\dfrac{z_p\varphi}{z_p-z_g}+\cos\varphi}{\sqrt{1+\lambda^2-2\lambda\cos\dfrac{z_g\varphi}{z_p-z_g}}}\\ \cos\gamma=\pm\dfrac{\lambda\sin\dfrac{z_p\varphi}{z_p-z_g}-\sin\varphi}{\sqrt{1+\lambda^2-2\lambda\cos\dfrac{z_g\varphi}{z_p-z_g}}}\end{cases}$$

(4) 短幅摆线形成的包络法

由式（12-7-10）可看出，前述方法推导出的齿廓曲线方程与短幅外摆线等距曲线的方程形式上接近，现引入当量齿轮的概念，令当量摆线轮的齿数 $z_d=z_g/(z_p-z_g)$，与其啮合的当量针轮齿数为 $z_e=i_{21}z_d=i_{21}z_g/(z_p-z_g)=z_p/(z_p-z_g)$。定义当量摆线轮的短幅系数 $K_1=\lambda$，由式（12-7-6）得：

$$\lambda=\frac{ai_{21}}{r_p(i_{21}-1)}=\frac{az_p}{r_p(z_p-z_g)}=\frac{az_e}{r_p}=\frac{r'_b}{r_p}=\frac{a'z_e}{r_p}=K_1 \tag{12-7-11}$$

式中　a'——当量摆线轮的短幅摆线的偏心距或动点距；

r'_b——针轮的节圆半径。

因此有：

$$\begin{cases}x_2=r_p\sin\varphi-a\sin(z_e\varphi)+r_Z\cos\gamma\\ y_2=r_p\cos\varphi-a\cos(z_e\varphi)-r_Z\sin\gamma\end{cases} \tag{12-7-12}$$

式中

$$\begin{cases}\sin\gamma=\pm\dfrac{-K_1\cos(z_e\varphi)+\cos\varphi}{\sqrt{1+K_1^2-2K_1\cos(z_d\varphi)}}\\ \cos\gamma=\pm\dfrac{K_1\sin(z_e\varphi)-\sin\varphi}{\sqrt{1+K_1^2-2K_1\cos(z_d\varphi)}}\end{cases} \tag{12-7-13}$$

式（12-7-12）与普通短幅摆线等距曲线的方程相同，由此可知前述方法推导出的行星轮齿廓是短幅摆线的等距线。当 $r_Z=0$ 时，将得到理论短幅摆线；当针轮齿数大于摆线轮齿数时，式（12-7-13）等号右边取“正”，短幅摆线向内等距，获得短幅外摆线的等距线，形成普通的摆线针轮行星传动；当针轮齿数小于摆线轮齿数时，式（12-7-13）等号右边取“负”，短幅摆线向外等距，获得短幅内摆线的等距线，可形成内摆线针轮行星传动。

上述通过推导与针齿共轭啮合的曲线获得短幅摆线方程的方法，我们称为短幅摆线形成的包络法。无论短幅外摆线或短幅内摆线，只要给针齿施加相应运动，都能通过包络法得到。

2.2.2　摆线针轮行星传动二次包络理论

由圆柱形针齿齿廓做刀具齿面齿廓生成摆线轮齿廓的相对包络运动称为第一次包络运动，由摆线轮齿廓做刀具齿面齿廓生成二次包络摆线齿廓的相对包络运动称为第二次包络运动。

(1) 二次包络摆线共轭啮合副的啮合方程

二次包络的坐标系如图 12-7-7b 所示。根据齿轮啮合原理的运动学法，第二次包络运动的啮合函数可由式（12-7-14）求得。

$$\phi_2=\boldsymbol{n}_2\cdot\boldsymbol{v}_2^{(21)}=0 \tag{12-7-14}$$

式中，ϕ_2 表示第二次包络运动的啮合函数；$\boldsymbol{n}_2$ 表示摆线轮齿面上的单位法向量；$\boldsymbol{v}_2^{(21)}$ 表示摆线轮齿面啮合点处与内齿轮的相对速度。

摆线轮齿面上的单位法向量为

$$\begin{aligned}\boldsymbol{n}_2&=\boldsymbol{r}_\theta^{(2)}\times\boldsymbol{r}_v^{(2)}\\&=\left(\frac{\partial y_2}{\partial\theta}\times\frac{\partial z_2}{\partial v}-\frac{\partial z_2}{\partial\theta}\times\frac{\partial y_2}{\partial v}\right)\boldsymbol{i}_2+\left(\frac{\partial z_2}{\partial\theta}\times\frac{\partial x_2}{\partial v}-\frac{\partial x_2}{\partial\theta}\times\frac{\partial z_2}{\partial v}\right)\boldsymbol{j}_2+\left(\frac{\partial x_2}{\partial\theta}\times\frac{\partial y_2}{\partial v}-\frac{\partial y_2}{\partial\theta}\times\frac{\partial x_2}{\partial v}\right)\boldsymbol{k}_2\end{aligned} \tag{12-7-15}$$

在坐标系 $o_2x_2y_2z_2$ 中，相对速度 $\boldsymbol{v}_2^{(21)}$ 可由式（12-7-16）表示。

$$v_2^{(21)}=v_2^{(2)}-v_2^{(1)}=-\frac{\mathrm{d}\boldsymbol{\xi}}{\mathrm{d}t}+(\boldsymbol{\omega}^{(2)}-\boldsymbol{\omega}^{(1)})\times\boldsymbol{r}^{(2)}+\boldsymbol{\omega}^{(1)}\times\boldsymbol{\xi} \tag{12-7-16}$$

式中，$\boldsymbol{v}_2^{(2)}$ 为摆线轮上啮合点处的速度矢量；$\boldsymbol{v}_2^{(1)}$ 为内齿轮上啮合点处的速度矢量；$\boldsymbol{\omega}^{(2)}$ 为摆线轮上啮合点绕 z_2 的旋转速度矢量，$\boldsymbol{\omega}^{(2)}=\omega_2\boldsymbol{k}_2$；$\boldsymbol{\omega}^{(1)}$ 为摆线轮上啮合点绕 z_1 的旋转速度矢量，$\boldsymbol{\omega}^{(1)}=\omega_1\boldsymbol{k}_1$；$\boldsymbol{r}^{(2)}$ 表示摆线轮齿面齿廓上的点矢量，$\boldsymbol{r}^{(2)}=x_2\boldsymbol{i}_2+y_2\boldsymbol{j}_2+z_2\boldsymbol{k}_2$；$\boldsymbol{\xi}=a\sin\alpha_2\boldsymbol{i}_2-a\cos\alpha_2\boldsymbol{j}_2$；$\boldsymbol{i}_2$、$\boldsymbol{j}_2$、$\boldsymbol{k}_2$ 和 $\boldsymbol{k}_1$ 分别为轴 x_2、y_2、z_2 和 z_1 的单位向量。$\boldsymbol{r}_\theta^{(2)}$ 和 $\boldsymbol{r}_v^{(2)}$ 为摆线齿轮齿廓上点矢量的偏导数。

将式（12-7-15）和式（12-7-16）代入式（12-7-14），化简得第二次包络运动即二次包络摆线共轭啮合副的啮合函数为：

$$\phi_2=\{(1-i)r_\mathrm{p}\cos\theta+a(i-1)\cos(\theta+\beta_1)+a[\theta-\alpha_2+(1-i)\beta_1]\}\omega_1 \tag{12-7-17}$$

则啮合方程为：

$$\sin\frac{\alpha_2+i\beta_1}{2}\sin\left[\theta-\frac{\alpha_2+(i-2)\beta_1}{2}\right]=0 \tag{12-7-18}$$

（2）二次包络摆线齿廓方程

第二次包络运动中将摆线轮齿廓作刀具齿面，基于给定的工件刀具的相对包络运动生成二次包络摆线齿廓，则二次包络摆线的齿廓方程可由式（12-7-19）确定。

$$\begin{cases}\Sigma^{(1)'}=\boldsymbol{M}_{12}\ \ \Sigma^{(2)}\\ \phi_2=0\end{cases} \tag{12-7-19}$$

式中，$\Sigma^{(1)}$ 表示二次包络摆线齿廓；$\boldsymbol{M}_{12}$ 表示从坐标系 $o_2x_2y_2z_2$ 到坐标系 $o_1x_1y_1z_1$ 的变换矩阵，如下：

$$\boldsymbol{M}_{12}=\begin{bmatrix}\cos\left(\frac{i-1}{i}\alpha_2\right) & \sin\left(\frac{i-1}{i}\alpha_2\right) & 0 & -a\sin\frac{\alpha_2}{i}\\ -\sin\left(\frac{i-1}{i}\alpha_2\right) & \cos\left(\frac{i-1}{i}\alpha_2\right) & 0 & a\cos\frac{\alpha_2}{i}\\ 0 & 0 & 1 & 0\\ 0 & 0 & 0 & 1\end{bmatrix} \tag{12-7-20}$$

将式（12-7-20）代入式（12-7-19）化简得二次包络摆线齿廓 $\Sigma^{(1)}$ 的齿廓方程在坐标系 $o_1x_1y_1z_1$ 中表示为

$$\begin{cases}x_3=\left\{r_\mathrm{p}\left[\sin\varphi-\frac{K_1}{z_\mathrm{p}}\sin(z_\mathrm{p}\varphi)\right]+r_Z\cos\gamma\right\}\cos\frac{\alpha_2}{z_\mathrm{b}}+\left\{r_\mathrm{p}\left[\cos\varphi-\frac{K_1}{z_\mathrm{p}}\cos(z_\mathrm{p}\varphi)\right]-r_Z\sin\gamma\right\}\sin\frac{\alpha_2}{z_\mathrm{p}}-\frac{K_1r_\mathrm{p}}{z_\mathrm{b}}\sin\frac{(z_\mathrm{p}-1)\alpha_2}{z_\mathrm{p}}\\ y_3=-\left\{r_\mathrm{p}\left[\sin\varphi-\frac{K_1}{z_\mathrm{p}}\sin(z_\mathrm{p}\varphi)\right]+r_Z\cos\gamma\right\}\sin\frac{\alpha_2}{z_\mathrm{p}}+\left\{r_\mathrm{p}\left[\cos\varphi-\frac{K_1}{z_\mathrm{p}}\cos(z_\mathrm{b}\varphi)\right]-r_Z\sin\gamma\right\}\cos\frac{\alpha_2}{z_\mathrm{p}}+\frac{K_1r_\mathrm{p}}{z_\mathrm{p}}\cos\frac{(z_\mathrm{p}-1)\alpha_2}{z_\mathrm{p}}\\ \sin\frac{z_\mathrm{p}\varphi+\alpha_2}{2}\left[\cos\frac{(z_\mathrm{p}-2)\varphi-\alpha_2}{2}-K_1\cos\frac{z_\mathrm{p}\varphi+\alpha_2}{2}\right]=0\end{cases} \tag{12-7-21}$$

（3）二次包络摆线啮合副啮合特性

① 共轭啮合副的啮合界限点。二次包络摆线齿廓具有如下特点：二次包络摆线齿廓由两部分组成；摆线轮齿廓和二次包络摆线齿廓组成的共轭啮合副具有双线接触现象；二次包络摆线齿廓的两部分齿廓相切于一点，其中一段齿廓与原始的针齿齿廓相同，另外一段齿廓为在第二次包络运动形成的新齿廓。

研究发现二次包络摆线齿廓两部分齿廓的切点与普通摆线针轮行星传动中原始针齿齿廓上的啮合界限点重合，论证如下：

普通摆线针轮行星传动中，在啮合过程中针齿齿廓上并不是所有的点都参与啮合，即在针齿齿面上存在啮合界限点。将第一次包络运动的啮合函数对时间求导，即可得第一次包络运动中的啮合界限函数为

$$\phi_{1t}=ia\sin(\theta+\beta_1)\omega_1^2 \tag{12-7-22}$$

则针齿齿廓上的啮合界限点为

$$\begin{cases}\boldsymbol{r}^{(1)}=\boldsymbol{r}^{(1)}(\theta,v)\\ \phi_{1t}=0\end{cases} \tag{12-7-23}$$

式中，$\boldsymbol{r}^{(1)}$ 表示针齿齿廓上的点矢量，$\boldsymbol{r}^{(1)}=x_1\boldsymbol{i}_1+y_1\boldsymbol{j}_1+z_1\boldsymbol{k}_1$。

化简式（12-7-23），得

$$\begin{cases}\boldsymbol{r}^{(1)}=\boldsymbol{r}^{(1)}(\theta,v)\\ \sin(\theta+\beta_1)=0\end{cases}\tag{12-7-24}$$

二次包络摆线齿廓上两段齿廓的切点既在第一段齿廓上，又在第二段齿廓上，因此切点坐标需同时满足啮合方程的两个独立的因子，则两段齿廓的切点可由式（12-7-25）求得。

$$\begin{cases}\boldsymbol{r}^{(1)}=\boldsymbol{r}^{(1)}(\theta,v)\\ \sin\dfrac{\alpha_1+i\beta_1}{2}=0\\ \sin\left[\theta-\dfrac{\alpha_2+(i-2)\beta_1}{2}\right]=0\end{cases}\tag{12-7-25}$$

化简式（12-7-25）可得

$$\begin{cases}\boldsymbol{r}^{(1)}=\boldsymbol{r}^{(1)}(\theta,v)\\ \sin(\theta+\beta_1)=0\end{cases}\tag{12-7-26}$$

比较式（12-7-24）和式（12-7-26）可得，原始针齿齿面上的啮合界限点与二次包络摆线齿廓上两段齿廓的切点相同。由此可知，二次包络摆线齿廓中与原始针齿齿廓相同的第一段齿廓实际为针齿齿廓上参与啮合的那部分齿廓。

② 啮合线。啮合线为啮合过程中齿轮齿廓上的接触点在固定坐标系中的轨迹，可由式（12-7-27）确定。

$$\begin{cases}\Sigma=\boldsymbol{M}_{01}\ \ \Sigma^{(1)'}\\ \phi_2=0\end{cases}\tag{12-7-27}$$

式中，Σ表示二次包络摆线啮合副的啮合线；$\boldsymbol{M}_{01}$ 表示从坐标系 $o_1x_1y_1z_1$ 到坐标系 $OXYZ$ 的变换矩阵，如下：

$$\boldsymbol{M}_{01}=\begin{bmatrix}\cos\beta_1 & -\sin\beta_1 & 0 & 0\\ \sin\beta_1 & \cos\beta_1 & 0 & 0\\ 0 & 0 & 1 & 0\\ 0 & 0 & 0 & 1\end{bmatrix}\tag{12-7-28}$$

将式（12-7-21）和式（12-7-27）代入式（12-7-26），得二次包络摆线啮合副的啮合线方程为

$$\begin{cases}x=x_1'\cos\beta_1-y_1'\sin\beta_1\\ y=x_1'\sin\beta_1+y_1'\cos\beta_1\\ \sin\dfrac{\alpha_2+i\beta_1}{2}\sin\left[\theta-\dfrac{\alpha_2+(i-2)\beta_1}{2}\right]=0\end{cases}\tag{12-7-29}$$

式中，x'、y'代表原始坐标。

③ 诱导法曲率。诱导法曲率为两共轭曲面法曲率之差，可以刻画出两共轭曲面的贴近程度，是决定该共轭啮合副润滑条件好坏和接触强度大小的重要因素。计算两共轭曲面的诱导法曲率数值大小可以为评价所设计的新型啮合副、选择最优化参数及探索设计行星啮合副提供理论依据。根据齿轮啮合原理及相关文献，沿接触线法线方向的诱导法曲率可表示为：

$$k_{\mathrm{nf}}^{(12)}=\frac{1}{D_2^2\psi_2}(E_2\phi_{2\mathrm{v}}^2-2F_2\phi_{2\theta}\phi_{2\mathrm{v}}+G_2\phi_{2\theta}^2)\tag{12-7-30}$$

式中，ψ_2 为根切界限函数；$\phi_{2\mathrm{v}}$ 和 $\phi_{2\theta}$ 为二次包络摆线啮合副的啮合函数对 v 和 θ 的偏导；E_2、F_2 和 G_2 为摆线轮齿廓曲面的第一基本齐量；$D_2=\sqrt{E_2G_2}$。

根切界限函数可由式（12-7-31）确定。

$$\psi_2=\frac{1}{D_2^2}\begin{vmatrix}E_2 & F_2 & \boldsymbol{r}_\theta^{(2)}\boldsymbol{v}_2^{(21)}\\ F_2 & G_2 & \boldsymbol{r}_\mathrm{v}^{(2)}\boldsymbol{v}_2^{(21)}\\ \phi_{2\theta} & \phi_{2\mathrm{v}} & \phi_{2\mathrm{t}}\end{vmatrix}\tag{12-7-31}$$

式中，ϕ_{2t} 表示二次包络摆线啮合副的啮合函数对时间 t 的偏导数，即为该共轭啮合副的啮合界限函数。

对二次包络摆线啮合函数式［式（12-7-17）］求偏导得

$$\begin{cases}\phi_{2\theta}=\{-(1-i)R_Z\sin\theta-a(i-1)\sin(\theta+\beta_1)-a\sin[\theta-\alpha_2+(1-i)\beta_1]\}\omega_1\\ \phi_{2v}=0\\ \phi_{2t}=-a\{(i-1)\sin(\theta+\beta_1)+(1-2i)\sin[\theta-\alpha_2+(1-i)\beta_1]\}\omega_1^2\end{cases}\tag{12-7-32}$$

对式（12-7-8）求偏导得

$$\boldsymbol{r}_\theta^{(2)}=(-r_Z\sin[\theta-(i-1)\beta_1],r_Z\sin[\theta-(i-1)\beta_1],0),\boldsymbol{r}_v^{(2)}=(0,0,1)\tag{12-7-33}$$

由式（12-7-33）可得摆线轮齿廓曲面的第一基本齐量为

$$E_2=(\boldsymbol{r}_\theta^{(2)})^2=r_Z^2,\ F_2=\boldsymbol{r}_\theta^{(2)}\cdot\boldsymbol{r}_v^{(2)}=0,\ G_2=(\boldsymbol{r}_v^{(2)})^2=1,\ D_2=\sqrt{E_2G_2}=r_Z\tag{12-7-34}$$

将式（12-7-32）~式（12-7-34）代入式（12-7-31）得根切界限函数为

$$\psi_2=\frac{\left\{\begin{aligned}&\{a\{(i-1)\sin(\theta+\beta_1)+\sin[\theta-\alpha_2+(1-i)\beta_1]\}+(i-1)R_Z\sin\theta\}^2\\&+r_Z\{-a(i^2-3i+2)\sin(\theta+\beta_1)+(3i-2)\sin[\theta-\alpha_2+(1-i)\beta_1]\}+(i-1)^2R_Z\sin\theta\end{aligned}\right\}\omega_1^2}{r_Z}\tag{12-7-35}$$

将式（12-7-32）~式（12-7-34）代入式（12-7-30）可得沿接触线法线方向的诱导法曲率为

$$k_{nf}^{(21)}=\frac{\{a(i-1)\sin(\theta+\beta_1)+\sin[\theta-\alpha_2+(1-i)\beta_1]-(i-1)R_Z\sin\theta\}^2}{r_Z\left\{\begin{aligned}&-\{a\{(i-1)\sin(\theta+\beta_1)+\sin[\theta-\alpha_2+(1-i)\beta_1]\}-(i-1)R_Z\sin\theta\}^2+\\&r_Z\{a\{(i^2-3i+2)\sin(\theta+\beta_1)+(3i-2)\sin[\theta-\alpha_2+(1-i)\beta_1]\}\}-(i-1)^2R_Z\sin\theta\end{aligned}\right\}}\tag{12-7-36}$$

④ 二次包络摆线轮行星传动的啮合副。二次包络摆线轮行星传动的啮合副由一次包络摆线及其二次包络曲面（内齿轮）构成。二次包络摆线轮行星传动的啮合副结构如图 12-7-8、图 12-7-9 所示，图 12-7-8 中的内齿轮齿廓即为摆线轮做行星运动所得的二次包络曲面，图 12-7-9 为二次包络啮合副的局部放大图。

二次包络摆线轮行星传动与现有技术相比，其优点是：啮合副既具有普通摆线针轮行星传动多齿啮合的特性（同时啮合齿数可超过总齿数的一半），而且在一定区域，一对轮齿具有双线接触特性，如图 12-7-10 及图 12-7-11 所示；二次包络接触点诱导法曲率趋于零，有利于提高承载能力和改善润滑特性；接触点数增多可充分发挥误差均化效应，提高传动的精度和承载能力。因此研究二次包络摆线轮行星传动具有重要的理论意义及工程实用价值。

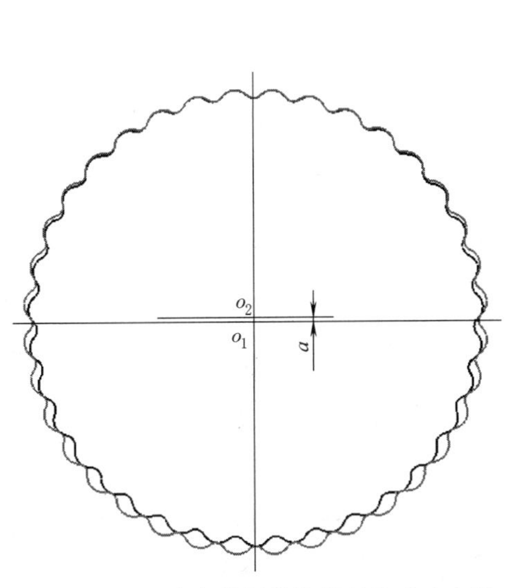

图 12-7-8　二次包络摆线轮行星传动啮合图

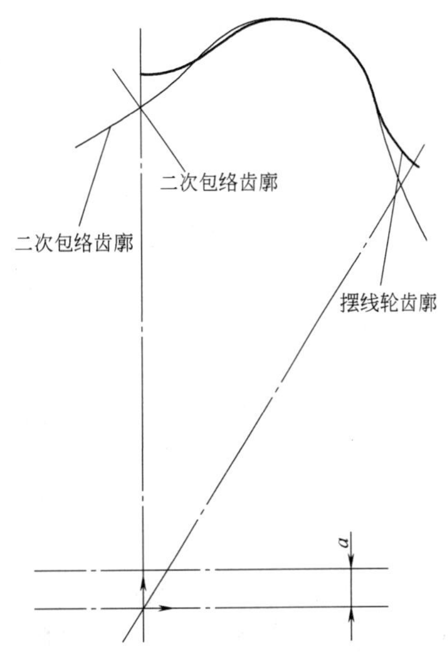

图 12-7-9　二次包络摆线轮行星传动局部啮合图

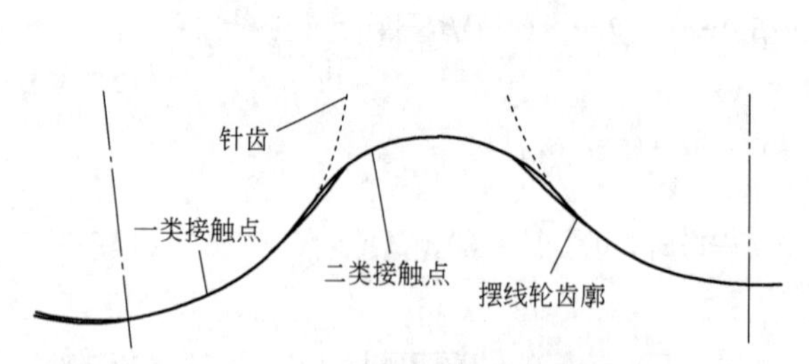

图 12-7-10　二次包络摆线轮行星传动的接触情况

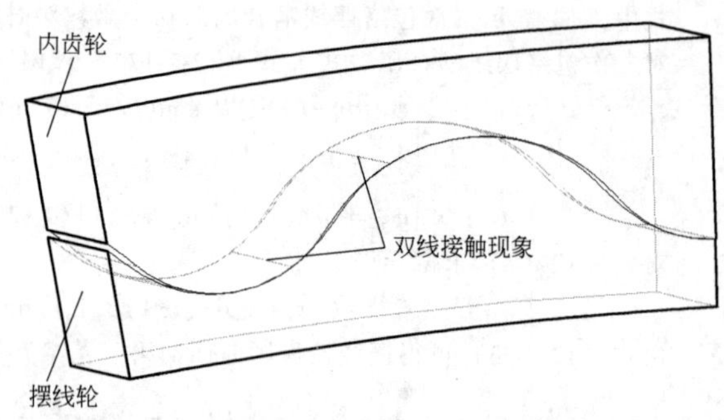

图 12-7-11　二次包络摆线轮行星传动的双线接触现象

(4) 摆线轮及内齿轮齿廓的曲率

为了更直观地观察摆线轮与内齿轮上所求曲线的曲率大小及其变化趋势，分别作出各自的曲率图像。取 $z_g=11$，$r_p=90$，$r_Z=7$，$a=4$，$K_1=0.53$，$z_p-z_g=1$，计算得 $\varphi\in[0, 16.36°]$，将以上各参数值分别代入 r_1'、r_2' 的计算式，可得摆线轮及内齿轮一个轮齿单侧齿面上相应曲线的曲率大小图像，如图 12-7-12 所示。

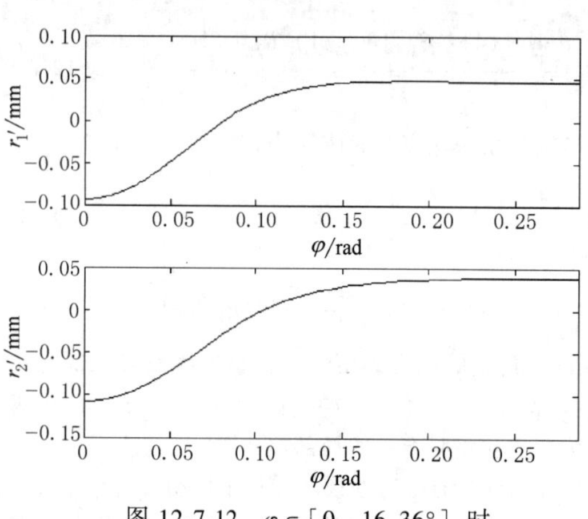

图 12-7-12　$\varphi\in[0, 16.36°]$ 时，摆线轮与内齿轮的曲率图形

摆线轮实际齿廓曲率：

$$r_1'=-\frac{1}{r_Z+\dfrac{R_Z(1+K_1^2-2K_1\cos\beta)^{\frac{3}{2}}}{K_1(1+z_b)\cos\beta-(1+z_bK_1^2)}}$$

内齿轮实际齿廓曲率：

$$r_2'=-\frac{1}{r_Z+R_ZZ_b\dfrac{A^{\frac{3}{2}}(C+K_1D)}{Z_bB(C+K_1D)+A[(Z_b-2)C-K_1Z_bD]}}$$

取 $\varphi\in[0, 2\times16.36°]$ 可作出一个周期的函数图像，如图 12-7-13 所示。

令 $\varphi\in[0, \pi]$，作出摆线轮与内齿轮曲率的若干个周期图形以观察其变化趋势，如图 12-7-14 所示。

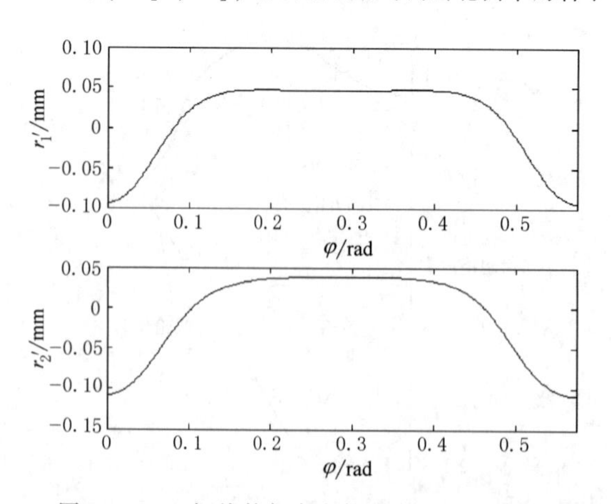

图 12-7-13　摆线轮与内齿轮曲率的一个周期图形

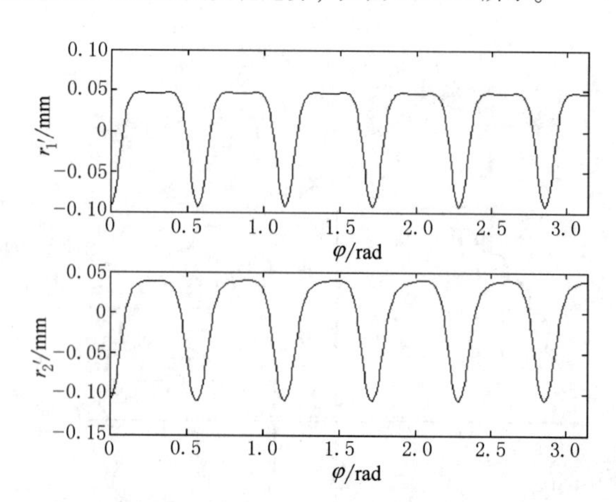

图 12-7-14　$\varphi\in[0, \pi]$ 时，摆线轮与内齿轮的曲率图形

由以上研究可知，二次包络内齿轮上产生二类接触点的曲线曲率与摆线轮齿廓曲率大小非常接近，说明两轮齿在该处的齿廓曲线较贴合，因此二次包络摆线轮行星传动啮合副中的二类接触点具有优良的性能，能提高啮合副的承载能力、使用寿命，能满足现代精密传动高精度、高刚度、大转矩、高可靠性的要求。

(5) 综合曲率半径

由微分几何可知，共轭啮合两齿廓在接触点处的综合曲率半径 ρ 的关系式为：

$$\frac{1}{\rho}=\frac{1}{\rho_1}\pm\frac{1}{\rho_2}$$

式中，“+”号用于外啮合，“-”号用于内啮合；ρ_1、ρ_2 分别为两齿廓在接触点处的曲率半径。

由此可得二次包络摆线轮行星传动一类接触点（即普通摆线针轮行星传动啮合点）的综合曲率半径计算式为：

$$\rho'=\frac{1}{r_{21}-r_1'} \tag{12-7-37}$$

其中，$r_{21}=-1/r_Z$。

二次包络摆线轮行星传动二类接触点的综合曲率半径计算式为：

$$\rho''=\frac{1}{r_2'-r_1'} \tag{12-7-38}$$

令 $z_g=11$，$r_p=90$，$r_Z=7$，$a=4$，$K_1=0.53$，$\varphi\in[0,\varphi_{max}]$，取 φ 的几个值分别计算摆线轮与内齿轮的曲率，以及两类接触点的综合曲率半径，比较二次包络摆线轮行星传动的啮合副中一类接触点与二类接触点的差异。

表 12-7-1　两类接触点的综合曲率半径比较

项目		φ/rad			
		0	0.05	0.20	0.285
曲率/mm	r_{21}	-1/7	-1/7	-1/7	-1/7
	r_1'	-0.0933	-0.0478	0.0474	0.0462
	r_2'	-0.1004	-0.0641	0.0438	0.0438
综合曲率半径/mm	ρ'	-20.1613	-10.5263	-5.1948	-5.2910
	ρ''	-140.8451	-61.3497	-277.7778	-416.6667

由表 12-7-1 可见，二次包络摆线轮行星传动的啮合副中二类接触点处，两条啮合曲线的曲率大小相近，其综合曲率半径远大于一类接触点，利用二类接触点可大大降低齿廓接触应力，提高接触强度，对提高及保持传动精度和寿命有利。

2.2.3　典型一次包络少齿差摆线针轮行星传动共轭啮合理论

(1) 一齿差摆线针轮行星传动

一齿差摆线针轮行星传动的摆线轮齿廓曲线方程如下：

$$\begin{cases}x_2=R_Z\sin\varphi-a\sin z_b\varphi+r_Z\cos\gamma\\ y_2=R_Z\cos\varphi-a\cos z_b\varphi-r_Z\sin\gamma\end{cases},\varphi\in[0,\varphi_{max}] \tag{12-7-39}$$

其中

$$\begin{cases}\sin\gamma=\dfrac{-K_1\cos(z_b\varphi)+\cos\varphi}{\sqrt{1+K_1^2-2K_1\cos(z_g\varphi)}}\\ \cos\gamma=\dfrac{K_1\sin(z_b\varphi)-\sin\varphi}{\sqrt{1+K_1^2-2K_1\cos(z_g\varphi)}}\end{cases} \tag{12-7-40}$$

取 $z_g=11$，$r_p=90$，$r_Z=7$，$a=4$ 解出 $\varphi_{max}=16.36°$，将其代入式（12-7-39）、式（12-7-40）并由齿廓曲线方程的周期性作出如图 12-7-15 所示的一齿差摆线轮齿廓曲线图及图 12-7-16 所示的一齿差摆线针轮行星传动啮合简图。

令 $z_p-z_g=1$，得到坐标系 OXY 中的啮合线方程：

$$\begin{cases}x=-r_p\sin(z_g\varphi)+r_Z\cos\delta\\ y=r_p\cos(z_g\varphi)+r_Z\sin\delta\end{cases},\varphi\in[0,\varphi_{max}] \tag{12-7-41}$$

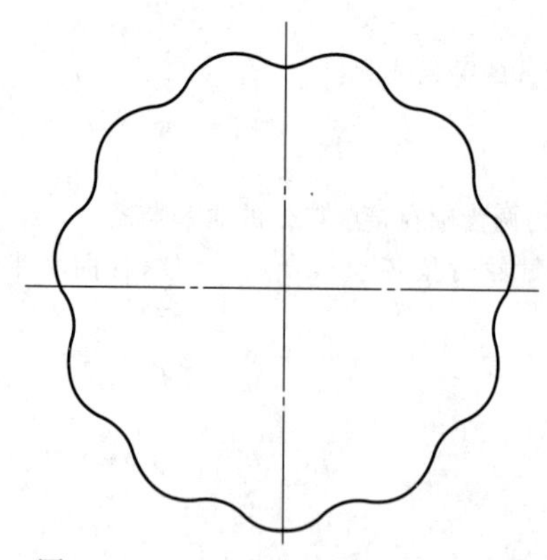

图 12-7-15　一齿差摆线轮齿廓曲线

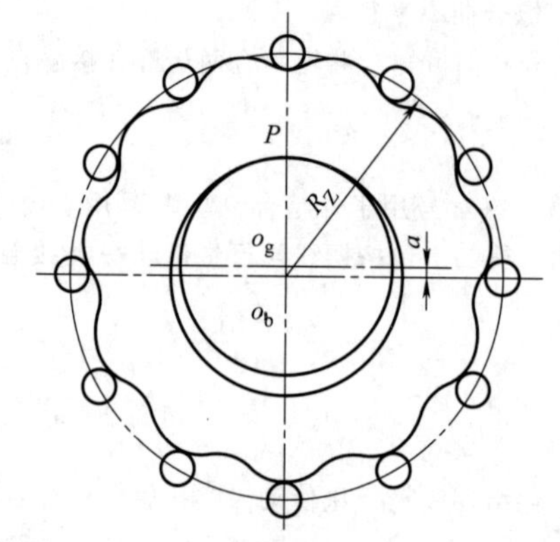

图 12-7-16　一齿差摆线针轮行星传动啮合图

其中

$$\begin{cases} \sin\delta = \dfrac{K_1 - \cos(z_g\varphi)}{\sqrt{1+K_1^2-2K_1\cos(z_g\varphi)}} \\ \cos\delta = \dfrac{\sin(z_g\varphi)}{\sqrt{1+K_1^2-2K_1\cos(z_g\varphi)}} \end{cases} \tag{12-7-42}$$

令 $z_p - z_g = 1$，得到坐标系 $o_1x_1y_1$ 中的接触线方程：

$$\begin{cases} x_1 = r_Z\cos\theta \\ y_1 = r_Z\sin\theta + R_Z \end{cases} \tag{12-7-43}$$

其中

$$\begin{cases} \sin\theta = \dfrac{K_1\cos(z_g\varphi) - 1}{\sqrt{1+K_1^2-2K_1\cos(z_g\varphi)}} \\ \cos\theta = \dfrac{K_1\sin(z_g\varphi)}{\sqrt{1+K_1^2-2K_1\cos(z_g\varphi)}} \end{cases}, \varphi \in [0, \varphi_{max}] \tag{12-7-44}$$

如图 12-7-17、图 12-7-18 所示为一齿差摆线针轮行星传动在坐标系 OXY 中的啮合线图形及 $o_1x_1y_1$ 中的接触线图形。由图 12-7-17 可知，一齿差摆线针轮行星传动的啮合副完成一次啮合过程，摆线轮有一半的轮齿参与啮合；图 12-7-18 中的粗实线部分表示所作出的函数图形，由该图可知，针齿并不是全齿参与啮合，其上仅有一部分齿廓参与啮合过程。

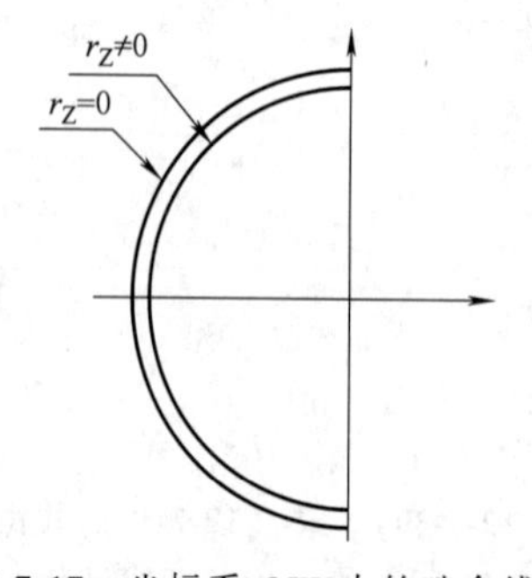

图 12-7-17　坐标系 OXY 中的啮合线图形

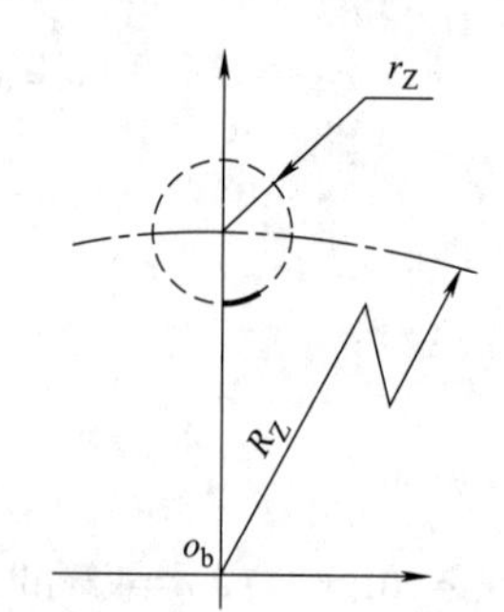

图 12-7-18　坐标系 $o_1x_1y_1$ 中的接触线图形

（2）二齿差摆线针轮行星传动

与求一齿差摆线轮齿廓曲线及啮合线方程的方法相同，对于二齿差摆线针轮行星传动，只需将统一表达式中的齿差数项（$z_p - z_g$）取 2 即可。需要注意的是，任何齿差数的摆线轮齿廓曲线及啮合线方程都需根据 φ_{max} 对其进行限制，与一齿差表示相同，在此不再赘述，直接写出摆线轮齿廓曲线方程及啮合线方程，并取一例作啮合简图及啮合线图形。

① 摆线轮的齿廓曲线方程。

$$\begin{cases} x_2 = R_Z \sin\varphi - a\sin\dfrac{z_b\varphi}{2} + r_Z\cos\gamma \\ y_2 = R_Z\cos\varphi - a\cos\dfrac{z_b\varphi}{2} - r_Z\sin\gamma \end{cases}, \varphi \in [0, \varphi_{max}] \tag{12-7-45}$$

其中

$$\begin{cases} \sin\gamma = \dfrac{-K_1\cos\dfrac{z_b\varphi}{2} + \cos\varphi}{\sqrt{1+K_1^2 - 2K_1\cos\dfrac{z_g\varphi}{2}}} \\ \cos\gamma = \dfrac{K_1\sin\dfrac{z_b\varphi}{2} - \sin\varphi}{\sqrt{1+K_1^2 - 2K_1\cos\dfrac{z_g\varphi}{2}}} \end{cases} \tag{12-7-46}$$

② 啮合线方程。坐标系 OXY 中的啮合线方程：

$$\begin{cases} x = -R_Z\sin\dfrac{z_g\varphi}{2} + r_Z\cos\delta \\ y = R_Z\cos\dfrac{z_g\varphi}{2} + r_Z\sin\delta \end{cases}, \varphi \in [0, \varphi_{max}] \tag{12-7-47}$$

其中

$$\begin{cases} \sin\delta = \dfrac{K_1 - \cos\dfrac{z_g\varphi}{2}}{\sqrt{1+K_1^2 - 2K_1\cos\dfrac{z_g\varphi}{2}}} \\ \cos\delta = \dfrac{\sin\dfrac{z_g\varphi}{2}}{\sqrt{1+K_1^2 - 2K_1\cos\dfrac{z_g\varphi}{2}}} \end{cases} \tag{12-7-48}$$

坐标系 $o_1x_1y_1$ 中的接触线方程：

$$\begin{cases} x_1 = r_Z\cos\theta \\ y_1 = r_Z\sin\theta + R_Z \end{cases} \tag{12-7-49}$$

其中

$$\begin{cases} \sin\theta = \dfrac{K_1\cos\dfrac{z_g\varphi}{2} - 1}{\sqrt{1+K_1^2 - 2K_1\cos\dfrac{z_g\varphi}{2}}} \\ \cos\theta = \dfrac{K_1\sin\dfrac{z_g\varphi}{2}}{\sqrt{1+K_1^2 - 2K_1\cos\dfrac{z_g\varphi}{2}}} \end{cases}, \varphi \in [0, \varphi_{max}] \tag{12-7-50}$$

取 $R_Z = 90$，$r_Z = 7$，$a = 4$，$z_g = 22$，解出 $\varphi_{max} = 8.77°$，代入式（12-7-45）、式（12-7-46）、式（12-7-47）、式（12-7-48）可作出如图 12-7-19 所示的二齿差摆线针轮行星传动啮合简图及图 12-7-20 所示的在坐标系 OXY 中的啮合线图形，可计算出其重合度为 6.43。少齿差摆线针轮行星传动的针齿都具有仅一部分齿廓参与啮合的性质，因此二齿差摆线针轮行星传动的接触线方程在坐标系 $o_1x_1y_1$ 中的图形与图 12-7-18 类似。

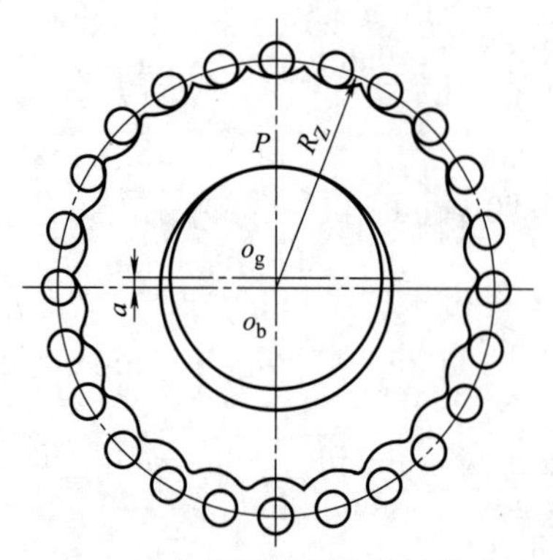

图 12-7-19　二齿差摆线针轮行星传动啮合图

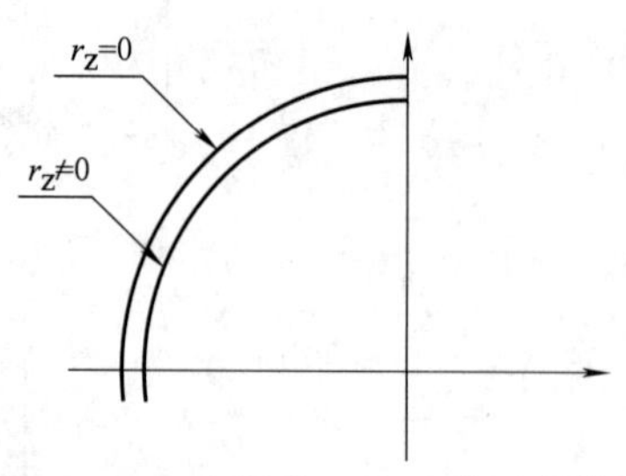

图 12-7-20　坐标系 *OXY* 中的啮合线图

(3) 三齿差摆线针轮行星传动

求摆线轮齿廓曲线方程及啮合线方程的方法与一、二齿差相同。写出摆线轮齿廓曲线方程及啮合线方程，并取一例作其啮合简图及坐标系 *OXY* 中的啮合线图形。

① 摆线轮的齿廓曲线方程。

$$\begin{cases} x_2 = r_p \sin\varphi - a\sin\dfrac{z_p\varphi}{3} + r_Z\cos\gamma \\ y_2 = r_p\cos\varphi - a\cos\dfrac{z_p\varphi}{3} - r_Z\sin\gamma \end{cases}, \varphi \in [0, \varphi_{max}] \tag{12-7-51}$$

其中

$$\begin{cases} \sin\gamma = \dfrac{-K_1\cos\dfrac{z_p\varphi}{3} + \cos\varphi}{\sqrt{1+K_1^2-2K_1\cos\dfrac{z_g\varphi}{3}}} \\ \cos\gamma = \dfrac{K_1\sin\dfrac{z_p\varphi}{3} - \sin\varphi}{\sqrt{1+K_1^2-2K_1\cos\dfrac{z_g\varphi}{3}}} \end{cases} \tag{12-7-52}$$

② 啮合线方程。坐标系 *OXY* 中的啮合线方程：

$$\begin{cases} x = -r_p\sin\dfrac{z_g\varphi}{3} + r_Z\cos\delta \\ y = r_p\cos\dfrac{z_g\varphi}{3} + r_Z\sin\delta \end{cases}, \varphi \in [0, \varphi_{max}] \tag{12-7-53}$$

其中

$$\begin{cases} \sin\delta = \dfrac{K_1 - \cos\dfrac{z_g\varphi}{3}}{\sqrt{1+K_1^2-2K_1\cos\dfrac{z_g\varphi}{3}}} \\ \cos\delta = \dfrac{\sin\dfrac{z_g\varphi}{3}}{\sqrt{1+K_1^2-2K_1\cos\dfrac{z_g\varphi}{3}}} \end{cases} \tag{12-7-54}$$

坐标系 $o_1x_1y_1$ 中的接触线方程：

$$\begin{cases} x_1 = r_Z\cos\theta \\ y_1 = r_Z\sin\theta + R_Z \end{cases} \tag{12-7-55}$$

其中

$$\begin{cases}\sin\theta=\dfrac{K_1\cos\dfrac{z_g\varphi}{3}-1}{\sqrt{1+K_1^2-2K_1\cos\dfrac{z_g\varphi}{3}}}\\ \cos\theta=\dfrac{K_1\sin\dfrac{z_g\varphi}{3}}{\sqrt{1+K_1^2-2K_1\cos\dfrac{z_g\varphi}{3}}}\end{cases},\varphi\in[0,\varphi_{\max}] \tag{12-7-56}$$

取 $r_p=90$，$r_Z=7$，$a=4$，$z_g=33$，解出 $\varphi_{\max}=5.22°$，代入相关表达式可作出如图 12-7-21 所示的三齿差摆线针轮行星传动啮合简图及图 12-7-22 所示的在坐标系 OXY 中的啮合线图形，其重合度为 5.74。

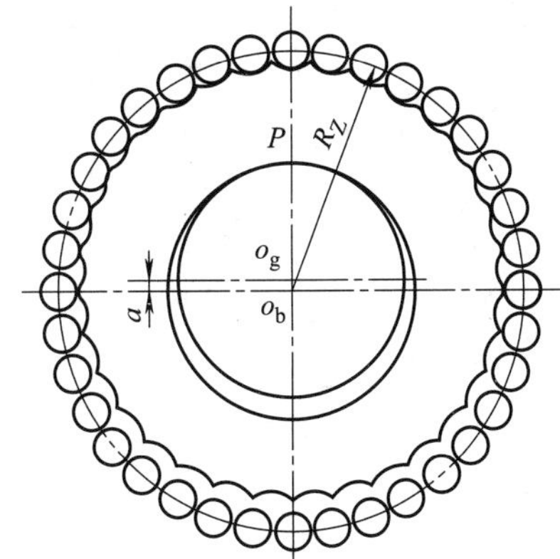

图 12-7-21　三齿差摆线针轮行星传动啮合图

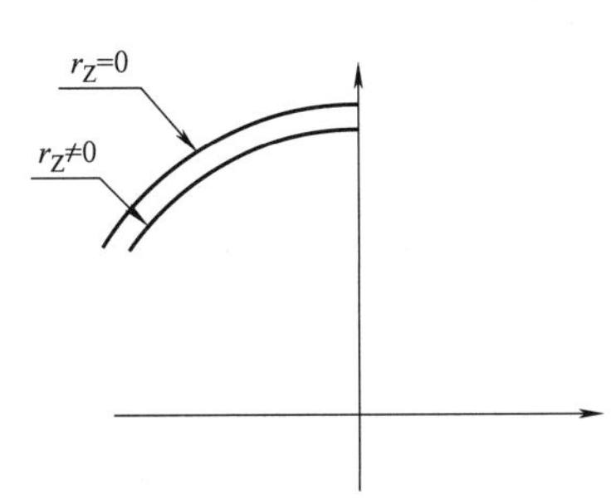

图 12-7-22　坐标系 OXY 中的啮合线图形

（4）负一齿差摆线针轮行星传动

令 $z_p-z_g=-1$，且由于负齿差摆线轮齿廓曲线是其理论曲线的外等距线，可写出其啮合线方程。

① 摆线轮的齿廓曲线方程。

$$\begin{cases}x_2=r_p\sin\varphi+a\sin(z_p\varphi)+r_Z\cos\gamma\\ y_2=r_p\cos\varphi-a\cos(z_p\varphi)-r_Z\sin\gamma\end{cases},\varphi\in[0,\varphi_{\max}] \tag{12-7-57}$$

其中

$$\begin{cases}\sin\gamma=-\dfrac{-K_1\cos(z_p\varphi)+\cos\varphi}{\sqrt{1+K_1^2-2K_1\cos(z_g\varphi)}}\\ \cos\gamma=\dfrac{K_1\sin(z_p\varphi)+\sin\varphi}{\sqrt{1+K_1^2-2K_1\cos(z_g\varphi)}}\end{cases} \tag{12-7-58}$$

② 啮合线方程。坐标系 OXY 中的啮合线方程：

$$\begin{cases}x=r_p\sin(z_g\varphi)+r_Z\cos\delta\\ y=r_p\cos(z_g\varphi)+r_Z\sin\delta\end{cases},\varphi\in[0,\varphi_{\max}] \tag{12-7-59}$$

其中

$$\begin{cases}\sin\delta=-\dfrac{K_1-\cos(z_g\varphi)}{\sqrt{1+K_1^2-2K_1\cos(z_g\varphi)}}\\ \cos\delta=\dfrac{\sin(z_g\varphi)}{\sqrt{1+K_1^2-2K_1\cos(z_g\varphi)}}\end{cases} \tag{12-7-60}$$

坐标系 $o_1x_1y_1$ 中的接触线方程：

$$\begin{cases}x_1=r_Z\cos\theta\\ y_1=r_Z\sin\theta+R_Z\end{cases} \tag{12-7-61}$$

其中

$$\begin{cases}\sin\theta=-\dfrac{K_1\cos(z_g\varphi)-1}{\sqrt{1+K_1^2-2K_1\cos(z_g\varphi)}}\\ \cos\theta=\dfrac{K_1\sin(z_g\varphi)}{\sqrt{1+K_1^2-2K_1\cos(z_g\varphi)}}\end{cases},\varphi\in[0,\varphi_{\max}] \tag{12-7-62}$$

取 $r_p=120$，$r_Z=10$，$a=5$，$z_g=16$ 解出 $\varphi_{\max}=11.25°$，可作出如图 12-7-23 所示的负一齿差摆线轮齿廓曲线，图 12-7-24 所示的啮合简图及图 12-7-25、图 12-7-26 所示的不同坐标系中的啮合线图形和接触线图形。

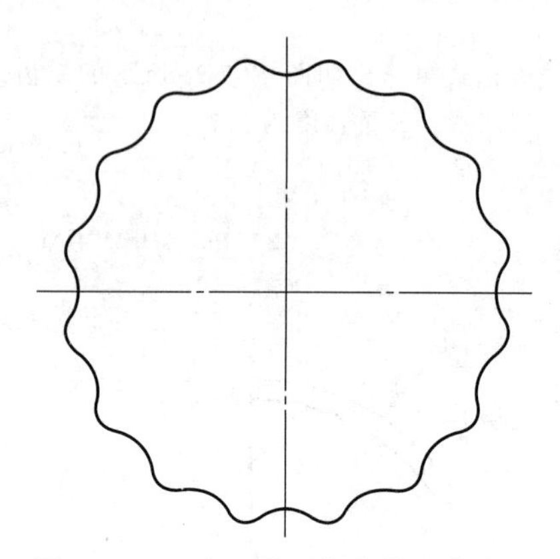

图 12-7-23　负一齿差摆线轮齿廓曲线

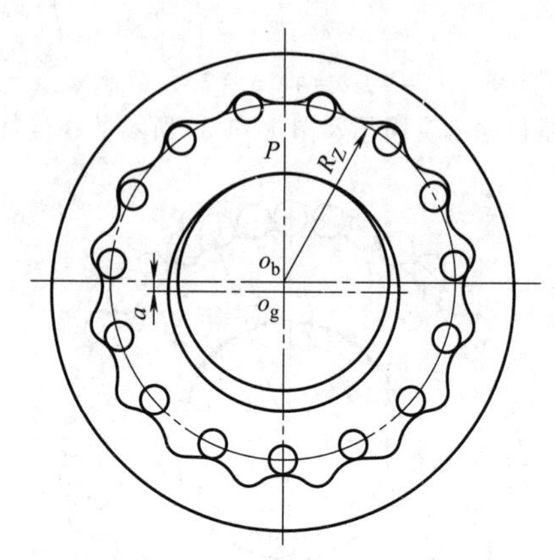

图 12-7-24　负一齿差摆线针轮行星传动啮合图

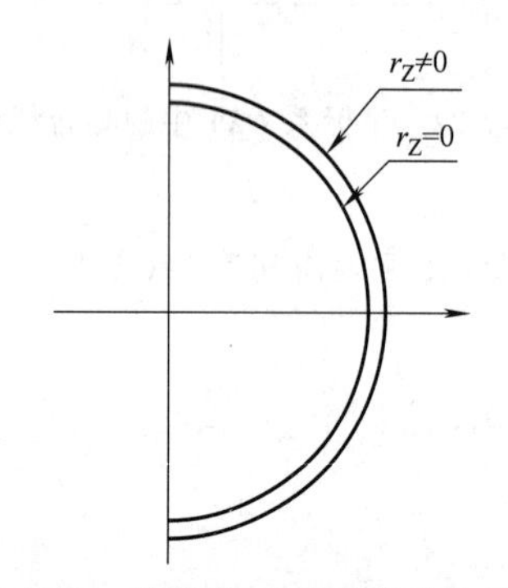

图 12-7-25　坐标系 OXY 中的啮合线图形

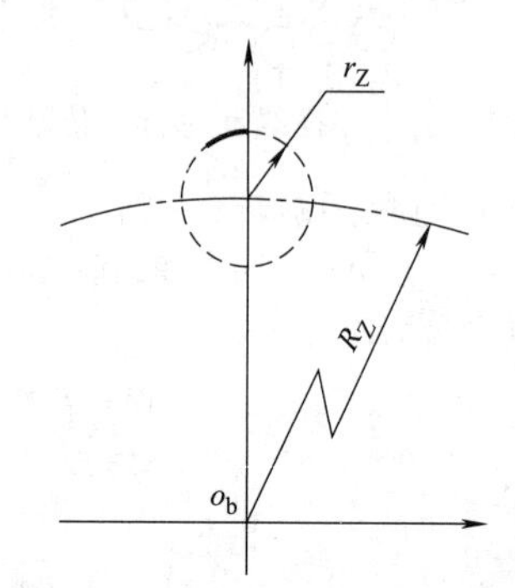

图 12-7-26　坐标系 $o_1x_1y_1$ 中的接触线图形

图 12-7-26 中，粗实线部分表示所作出的函数图形。由啮合线和接触线图形可看出，负齿差摆线轮与正齿差摆线轮不同，它的实际齿廓是其理论齿廓曲线的外等距线，相同的是，针齿上也只有一部分参与啮合。

2.3　复合齿形

对于大传动比摆线针轮传动，由于相对齿距很小，若要保证摆线轮齿形不产生顶切，所允许的针齿套外圆半径 r_{rp} 较小，因而只能采用不带针齿套的针齿销进行传动，此时摆线轮与针齿间为滑动摩擦，导致温升增加，传动效率大大降低。为改进传动性能，有效措施之一是增大针齿半径，并使针齿销装上针齿套，使摆线轮与针齿之间变为滚动摩擦。但加针齿套后，当针齿套外圆半径 $r_{rp}>|\rho_0|_{\min}$ 时，就会产生前述顶切现象，在齿廓上出现尖点。为使齿率曲线连续圆滑，必须设计一条合乎不干涉条件的曲线，既能去掉原齿廓上的尖点，又能最大限度地保存原齿廓的可工作齿形与之光滑相连，这就提出了复合齿形设计的要求。

2.3.1　齿形干涉区的界限点（起止点）

摆线轮齿廓的内凹部分不会产生干涉，只需研究理论齿廓外凸部分的干涉情况。常见的情况有两种；

① 摆线针轮减速器常用的短幅系数 K_1 大多满足不等式 $1>K_1>\dfrac{z_p-2}{2z_p-1}$。参见表 12-7-1 中第一类参数范围的 ℓ-φ 曲线的特征 $\left(\ell=\dfrac{r_{rp}}{r_p}，\ell \text{为曲率半径系数}\right)$，可以看出，干涉有两种方式：

a. 当 $\ell_{min}<\dfrac{r_{rp}}{r_p}<|\ell_r|$时，即 $|\rho_0|_{min}<r_{rp}<|\rho_x|$时，在啮合相位角 $\varphi=0°\sim180°$范围内，干涉区有起、止点，见图 12-7-27，即从某一 φ_2 值干涉现象消失。因而在 $\varphi=0°\sim360°$之间，即一个完整摆线轮齿范围有两处干涉区。

b. 当$\dfrac{r_{rp}}{r_p}\geqslant|\ell_x|=\dfrac{(1+K_1)^2}{z_pK_1+1}$时，即 $r_{rp}\geqslant|\rho_{0r}|$时，见图 12-7-27，干涉区从某一 φ_1 开始直到 180°始终存在，因而在 $\varphi=0°\sim360°$之间，即一个完整摆线轮齿范围内只有一处干涉区，因此齿形干涉的情况如图 12-7-28 所示。

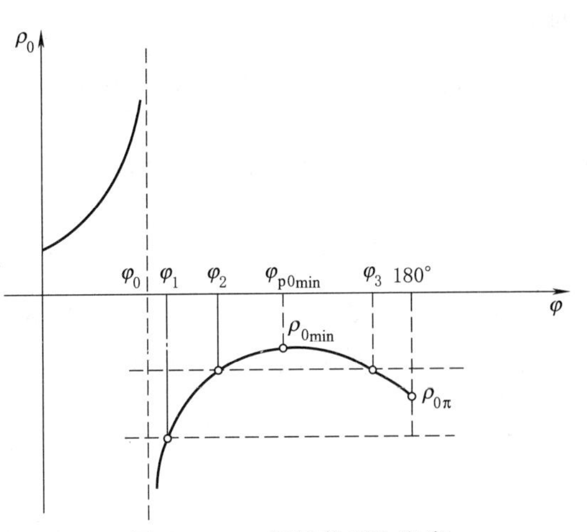

图 12-7-27 摆线轮理论齿廓（短幅外摆线）的曲率半径

$$|\rho_0|_{min}=r_p\sqrt{\frac{27(1-K_1^2)(z_p-1)}{(z_p+1)^3}}$$

$$|\rho_{0r}|=\frac{(1+K_1)^2}{z_pK_1+1}r_p$$

② 当短幅系数 K_1 满足不等式$\dfrac{z_p-2}{2z_p-1}\geqslant K_1$ 时，参看表 12-7-1 中第二类参数范围的 $\ell=\dfrac{\rho_0}{r_p}$-φ 曲线的特征，可以看出，若$\dfrac{r_{rp}}{r_p}\geqslant|\ell_r|$时，亦即 $r_{rp}\geqslant|\rho_{0r}|$时，则干涉区从某一 φ 开始直到 180°始终存在，因此一个完整的摆线轮齿范围内有一处干涉区。齿形干涉区的起始界限点（干涉起点）所对应的啮合相位角可按下式求出：

令 $\rho_0=-r_{rp}$（理论齿形外凸处 ρ_0 为负）

即

$$r_{rp}=\frac{-r_p(1+K_1^2-2K_1\cos\varphi)^{3/2}}{K_1(z_p+1)\cos\varphi-(1+z_pK_1^2)} \tag{12-7-63}$$

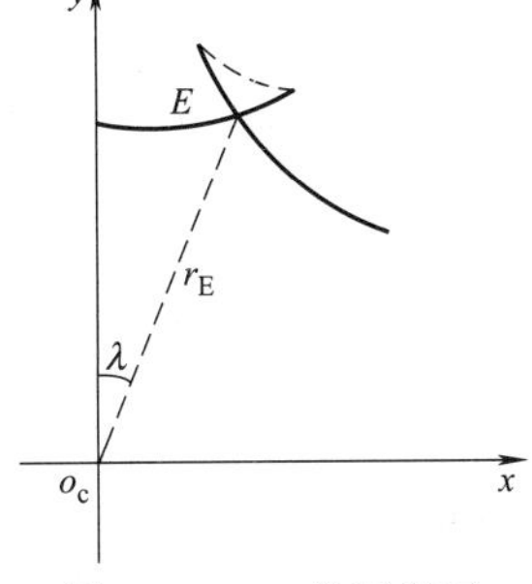

图 12-7-28 单干涉区

从上式解出之 φ 即为干涉区起始界限点所对应的啮合相位角。

式（12-7-63）可以转化成三次代数方程求解，也可以应用微分几何中求曲线奇异点的方法求解。

解式（12-7-63），首先要判断干涉的类型。如为单干涉区，则在 $\varphi=0°\sim180°$之间得到一解即为干涉起点，干涉终点为起点的对称点；如果是双干涉区，则需在 $\varphi=0°\sim90°$和 $90°\sim180°$之间各求得一解，分别为干涉区的起点和终点，一个摆线轮的另一侧干涉区为前一干涉区的对称位置，见图 12-7-29。

当求得干涉区界限点所对应的啮合相位角 φ，即可求得界限点的坐标。

2.3.2 干涉后的摆线轮齿顶圆半径

设计复合齿形必须知道原齿廓顶切后的齿顶圆半径。其求法如下：

① 当 $r_{rp}\geqslant|\rho_{0r}|$时，此时顶切后干涉区形成的尖角点 E（见图 12-7-28）即摆线轮的齿顶，r_E 即为齿顶圆半径，其求法如下：

由对称关系可知 $\lambda=\dfrac{2\pi}{2z_c}=\dfrac{\pi}{z_c}$，设 E 点坐标为（x_E，y_E），则：

$$\tan\lambda=\frac{x_E}{y_E}$$

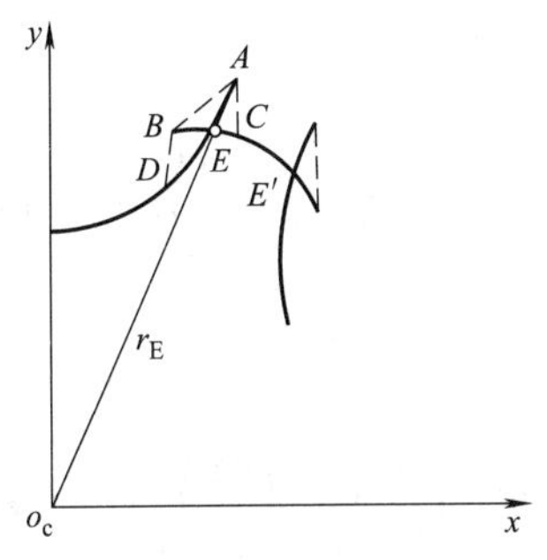

图 12-7-29 双干涉区

由通用的摆线轮齿廓方程式，并考虑到图 12-7-28 中坐标轴的取法与图 12-

7-29 的区别，可得

$$\begin{cases} x_E = [r_p+\Delta r_p-(r_{rp}+\Delta r_{rp})S_E^{-\frac{1}{2}}]\times\sin(1-i^H)\varphi_E+\dfrac{a}{r_p+\Delta r_p}\times[r_p+\Delta r_p-z_p(r_{rp}+\Delta r_{rp})S_E^{-\frac{1}{2}}]\sin(i^H\varphi_E) \\ y_E = [r_p+\Delta r_p-(r_{rp}+\Delta r_{rp})S_E^{-\frac{1}{2}}]\times\cos(1-i^H)\varphi_E-\dfrac{a}{r_p+\Delta r_p}\times[r_p+\Delta r_p-z_p(r_{rp}+\Delta r_{rp})S_E^{-\frac{1}{2}}]\cos(i^H\varphi_E) \end{cases}$$

式中，$S_E=S_E(K_1', \varphi_E)=1+K_1'^2-2K_1'\cos\varphi_E$；$i^H$ 为摆线轮与针轮的相对传动比，$i^H=\dfrac{z_p}{z_c}$；其余符号同前。

已知 r_p、Δr_p、a、z_p、r_{rp}、Δr_{rp}、δ、ρ_0、i^H、$K_1'=az_p/(r_p+\Delta r_p)$，通过上面各式联立，在计算机上求解，可求得 x_E、y_E 及 φ_E，然后可求得 $r_E=\sqrt{x_E^2+y_E^2}$。

② 当 $|\rho_0|_{min}<r_{rp}<|\rho_{0r}|$ 时，此时在一齿范围内有两处干涉区，形成两个尖点（短幅外摆线的等距曲线的自交点）E 与 E'（见图 12-7-29）。为把干涉区修掉，暂取 E 点处的矢径长 r_E 为摆线轮的齿顶圆半径，即

$$r_E=\sqrt{x_E^2+y_E^2}$$

③ 求解 x_E 与 y_E 首先求出干涉界限点 A 和 B（见图 12-7-29）的坐标和啮合相位角 φ_A、φ_B，然后在 $\varphi=\varphi_A$ ~ 180°之间找出与 A 点同一 x 坐标下的点 C 及其啮合相位角 φ_C。同理，在 $\varphi_E=0°$ ~ φ_D 之间求出与 B 点同一 x 坐标下的点 D 及其啮合相位角 φ_D。最后，在 $\varphi=\varphi_D$ ~ φ_A 和 $\varphi=\varphi_B$ ~ φ_C 两个区间找出具有同一 x、y 坐标的点，此点的坐标值就是交点 E 的坐标值 x_E 与 y_E。

2.3.3 复合齿形设计

摆线轮端面上的齿廓由一条短幅外摆线的内侧等距曲线与另一条曲线复合而成时，称为复合齿形。

在展成法摆线磨齿机上能够精磨的复合齿形，通常是用优化方法选出另一条满足不干涉条件的短幅外摆线的等距曲线作为顶部齿形，与原摆线轮齿形不干涉部分相连而组成。要求前者既能修去原摆线轮齿因顶切而出现的尖点 E（见图 12-7-28 与图 12-7-29），同时又能在最大限度保留原摆线不干涉部分齿形的前提下，与之较光滑地相连，见图 12-7-30 及图 12-7-31。应当指出，用此法形成的复合齿形，在绝大多数情况下，这两条短幅外摆线的等距曲线只能相交，不能相切。但通过优化计算，可以使这两条曲线交点的两条切线间的夹角比较小。

这种复合齿形的设计要点如下：

① 算出有顶切的原摆线轮齿形（短幅外摆线的等距曲线）自交点 E 的坐标（x_E，y_E）及齿顶圆半径 $r_E=\sqrt{x_E^2+y_E^2}$。优选的齿顶曲线的顶圆半径 $r_{\alpha2}$ 必须满足条件 $r_{\alpha2}<r_E$。

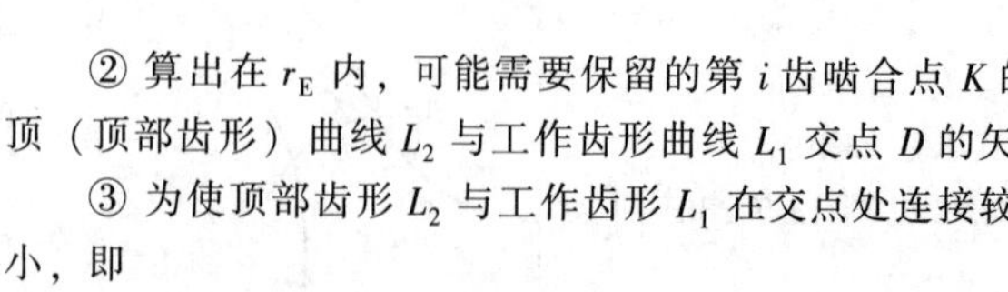

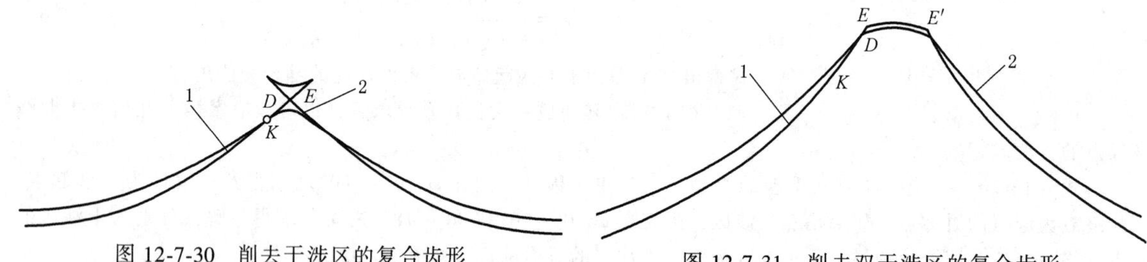

图 12-7-30 削去干涉区的复合齿形
1—有顶切的工作齿形 L_1；2—顶部齿形 L_2

图 12-7-31 削去双干涉区的复合齿形
1—有顶切的工作齿形 L_1；2—顶部齿形 L_2

② 算出在 r_E 内，可能需要保留的第 i 齿啮合点 K 的坐标（x_K，y_K）及 K 点的矢径 $r_K=\sqrt{x_K^2+y_K^2}$，优选的齿顶（顶部齿形）曲线 L_2 与工作齿形曲线 L_1 交点 D 的矢径 r_D 应满足条件 $r_D>r_E$。

③ 为使顶部齿形 L_2 与工作齿形 L_1 在交点处连接较光滑，很显然就要求这两条曲线在交点 D 的斜率差尽量小，即

$$\left|\left(\frac{dy_1}{dx_1}\right)_D-\left(\frac{dy_2}{dx_2}\right)_D\right|\rightarrow\min$$

式中 $\left(\dfrac{dy_1}{dx_1}\right)_D$、$\left(\dfrac{dy_2}{dx_2}\right)_D$——分别为曲线 L_1 与曲线 L_2 在交点 D 处的斜率。

为更直观，亦可用两曲线 L_1 与 L_2 在交点 D 处切线的夹角最小作为追求目标，使 L_1 与 L_2 这两条曲线连接较

光滑的问题，就可归结为以 L_1 与 L_2 两曲线在交点 D 的两切线夹角为目标函数，以前面所述的几点要求（$r_{\alpha 2}<r_E$，$r_D>r_E$ 及 L_2 曲线本身不涉及干涉要求 $r_{rp2}-|\rho_{02}|_{min}<0$）作为约束条件，来求设计变量 r_{p2}、r_{rp2}、a_2、z_{p2}（曲线 L_2 的诸参数）的最优化求解问题。

上述目标函数可表示为

$$F=\left|\arctan\left(\frac{dy_1}{dx_1}\right)_D-\arctan\left(\frac{dy_2}{dx_2}\right)_D\right| \tag{12-7-64}$$

④ 在优选顶部齿形曲线上的参数 r_{p2}、r_{rp2}、a_2 与 z_{p2} 时，齿数 $z_{c2}=z_{p2}-1$ 必须为工作齿形 L_1 齿数 $z_c=z_p-1$ 的整数倍，即 $z_{c2}=Nz_{p2}$ 应为正整数，通常 N 只能取 1 或 2，应当注意：当 $N=1$ 时，两曲线的相位角相同，因此，$\delta_2=\delta$；而当 $N=2$ 时、曲线 L_2 的相位角与工作齿形曲线 L_1 的相位角相差 π/z_{c2}（见图 12-7-32），故此时各式中的 $\delta_2=\delta+\pi/z_{c2}$。

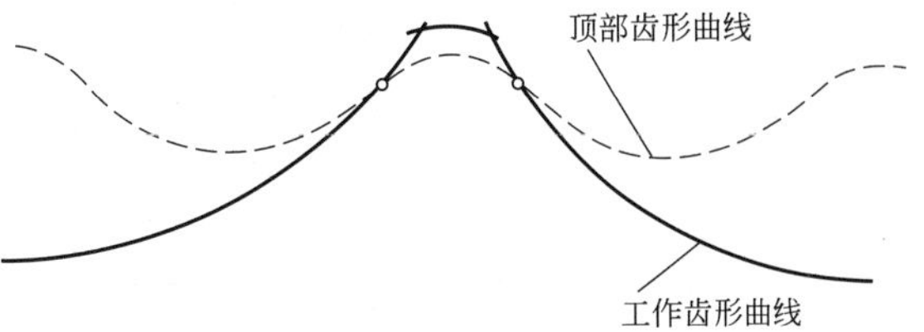

图 12-7-32　$N=2$ 时的顶部齿形曲线

⑤ 顶部齿形曲线参数 a_2 的确定，应符合摆线磨床的标准偏心距规范，为使曲线 L_1 与 L_2 在交点处切线的夹角最小，通常取 $a_2=a/N$ 或 $a_2=a/N-0.25$。

⑥ 大传动比摆线针轮行星传动，针齿数多因结构限制装不下时，通常要隔一齿抽掉一齿，在此情况下，采用复合齿形虽可增大 r_{rp} 从而采用针齿套以提高传动效率，但往往因工作齿形的齿顶削去过多而使同时啮合齿数显著减少。因此，复合齿形设计时，一定要使同时啮合传力齿数不少于 3~4 齿。

⑦ 顶部齿形曲线 L_2 不得产生干涉，其齿顶圆不得大于工作齿形摆线（曲线）L_1 的齿顶圆，而齿根圆不得小于工作齿形摆线 L_1 的齿根圆。

⑧ 顶部齿形摆线 L_2 与工作齿形摆线 L_1 在优选交点 D 之前不得相交，即保证不出现图 12-7-33 所示的现象，写成约束条件形式为

$$y_1(x)-y_2(x)<0 \qquad \{x\mid 0<x<x_D\}$$

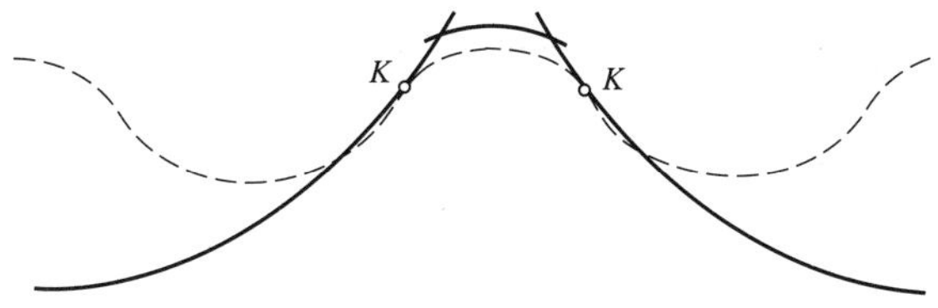

图 12-7-33　顶部齿形摆线与工作齿形摆线两次相交

式中，$y_1(x)$、$y_2(x)$ 对应相同 x 坐标的工作齿形摆线 L_1 与顶部齿形摆线 L_2 的 y 坐标，其值可采用数值计算方法求得。

根据上述设计要点，设计复合齿形的实例见图 12-7-30 及图 12-7-31。图 12-7-30 为削去单干涉区的复合齿形，有顶切的工作齿形摆线为 L_1，削去前者干涉区的顶部齿形摆线为 L_2。图 12-7-31 为削去双干涉区的复合齿形，有顶切的工作齿形摆线为 L_1；优化计算得到的削去前者干涉区的顶部齿形摆线为 L_2。在这两个实例中都能保证同时有 4 个齿啮合传力。

复合齿形用展成法磨齿时，需先磨一次有顶切的工作齿形，再磨一次能削去干涉尖点的顶部齿形，且前后两次磨削时的偏心距不同（$a_2\neq a$），砂轮齿形半径也不同（$r_{rp2}\neq r_{rp}+\Delta r_{rp}$），因此磨削工艺复杂，调整、检测精度要求也较高。

在大传动比（$i>43$）的小型摆线针轮减速器中，由于采用复合齿形的磨前工艺复杂，为了降低制造成本，也可改用不带针齿套的微变幅（$K_1\approx 1$）摆线针轮行星传动以改善传动性能。

3　摆线针轮行星传动的基本参数和几何尺寸计算

3.1　摆线针轮行星传动的基本参数

摆线针轮传动是以 r_p、b_c、z_p 作为基本参数，将其他各参数尽可能化为 r_p、b_c 及 z_p 的函数，这样有利于分析设计参数对性能指标的影响。为此，须引用以下两个系数：

① 短幅系数 K_1。在第 2 章讨论摆线针轮传动的啮合原理时，已经引出了短幅系数为

$$K_1=\frac{OM}{r_g}=\frac{a}{r_g}=\frac{r_c'}{r_{bc}}=\frac{r_p'}{r_p}=\frac{az_p}{r_p} \tag{12-7-65}$$

a. K_1 的取值不同，摆线轮的齿形就不同，会影响传动的性能指标，所以是一个很重要的参数。K_1 值既不宜

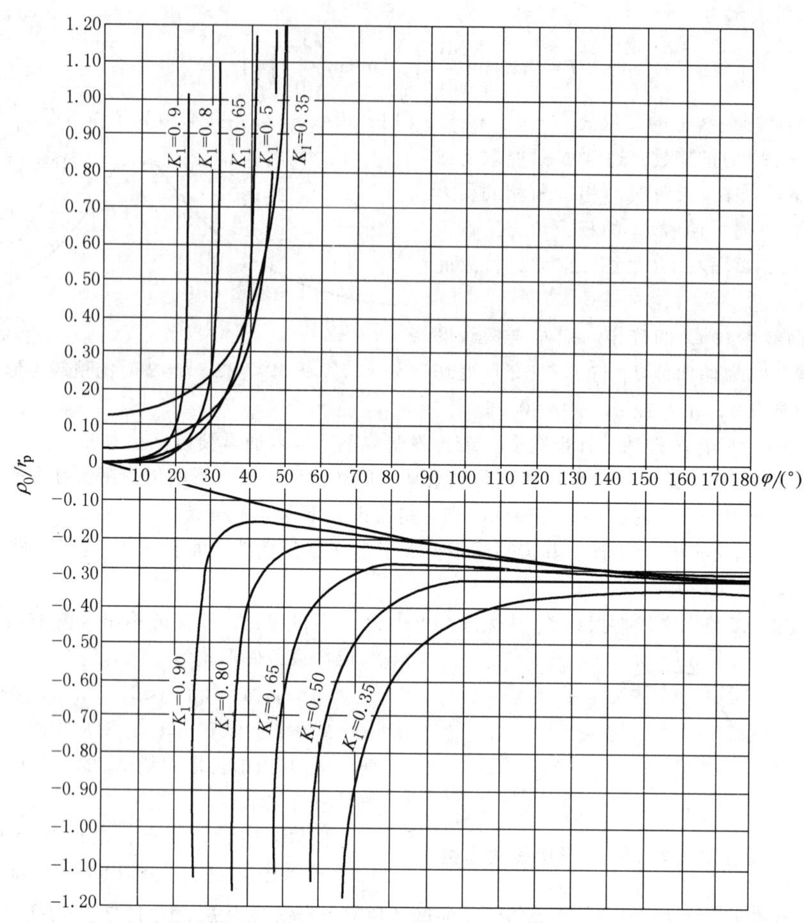

图 12-7-34　$z_c=11$（对应上半部分曲线）和 $z_p=12$（对应下半部分曲线）在各种 K_1 值时 ρ_0/r_p 之间的关系

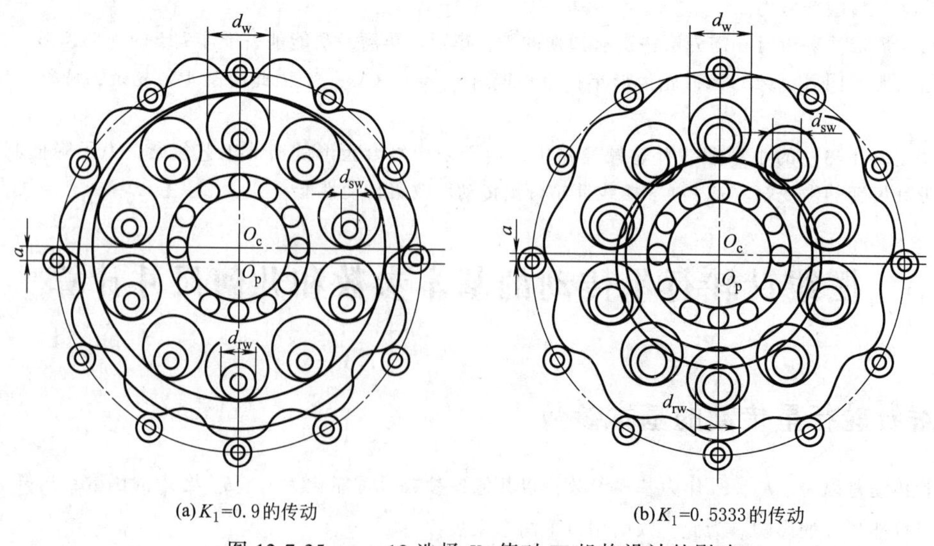

图 12-7-35　$z_p=12$ 选择 K_1 值对 W 机构设计的影响

取得过大，也不能取得过小。

b. K_1 值过大的影响。由式（12-7-65）及作为实例的图 12-7-34 可知，K_1 过大（如 $K_1 \geqslant 0.9$）时，不仅摆线轮齿廓外凸部分远大于内凹部分，而且外凸部分的 $\left|\frac{\rho_0}{r_p}\right|$ 小，要想在整个接触区满足 $r_{rp} < |\rho_0|_{min}$，则 r_{rp} 就只能选用得较小，这就使当量曲率半径小而导致工作时接触应力增大。此外，K_1 过大，在传动比较小时，z_p 较小，根据偏心距 $a = K_1 r_p / z_p$，偏心距 a 就会过大。见图 12-7-35a，当传动比较小（$i=11$）而 $K_1 = 0.9$ 时，a 就显得过大，虽然柱销孔半径 r_w 尽可能取大。销套套半径 $r_{rw} = r_w - a$ 仍会很小。而柱销半径 r_{sw} 就只能更小，用这样细的柱销传动，将导致输出机构 W 的承载能力大幅度下降。

c. K_1 过小的影响。K_1 过小会导致摆线轮的节圆半径 $r'_c = az_c = \frac{K_1 r_p}{z_p} z_c$ 和针轮的节圆半径 $r'_p = z_c r_p$ 都缩小，因而节点 P 与摆线轮中心 O 的距离也显著减小。在传递转矩一定的条件下，各针齿和摆线啮合的作用力（均通过节点 P）就会因力臂减小而增大。例如在 $z_c = 11$、$z_p = 12$、$rr_p = 0.1 r_p$ 的传动中，当 $K_1 = 0.28$ 时，其能传递的转矩仅为 $K_1 = 0.5333$ 时的 60%。

由上可知，比较合理的 K_1 值应通过设计优化来确定，其推荐值见表 12-7-2。

表 12-7-2　短幅系数 K_1 推荐值

z_c	≤11	13~23	25~59	61~87
K_1	0.42~0.55	0.48~0.74	0.65~0.9	0.75~0.9

② 针径系数 K_2。针轮上相邻两针齿中心之间的弦长 l_x 与针齿（套）直径的比值称为针径系数，用 K_2 表示，K_2 的大小表明针齿在针轮上的分布密集程度（图 12-7-36），即

$$K_2 = \frac{l_x}{d_{rp}} = \frac{r_p}{r_{rp}} \sin\frac{180°}{z_p} \tag{12-7-66}$$

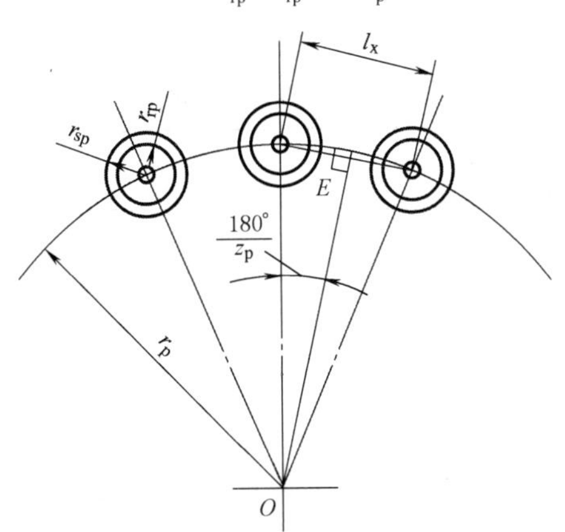

图 12-7-36　针径系数 K_2

$K_2 = 1$ 时，针齿间没有间隙，为保证针齿与针齿壳的强度，针径系数最少应取 $K_2 = 1.25 \sim 1.4$。考虑到针齿弯曲强度，K_2 的最佳取值范围为 1.5~2.0，最大不超过 4。当 $z_p > 44$ 时，为避免针齿相碰，若将针齿间隔抽去一半，这时 K_2 可减小到 0.99~1.0。针径系数 K_2 的推荐值见表 12-7-3。

表 12-7-3　针径系数 K_2 推荐值

z_p	<12	12~<24	24~<36	36~<60	60~88
K_2	3.85~2.85	2.8~2.0	2.0~1.25	1.6~1.0	1.5~0.99

3.2　摆线针轮行星传动的几何尺寸

摆线针轮传动的几何尺寸计算见表 12-7-4。

表 12-7-4 摆线轮传动几何尺寸计算

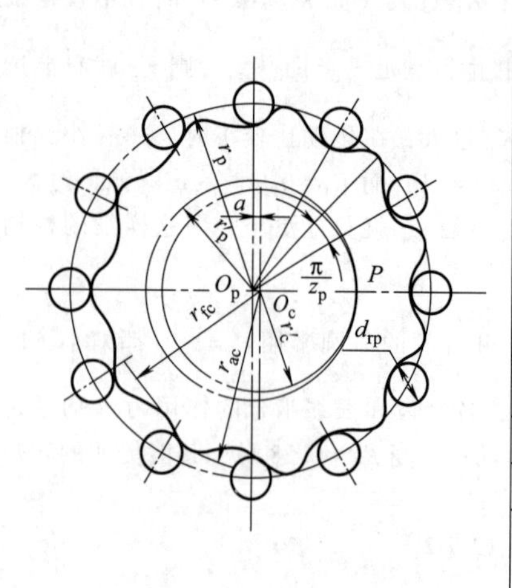

名称	符号	计算公式
短幅系数	K_1	$K_1=\frac{r'_p}{r_p}=\frac{az_p}{r_p}$
节圆齿距	ρ'	$\rho'=2\pi$
针轮节圆半径	r'_p	$r'_p=K_1r_p=az_p$
摆线轮节圆半径	r'_c	$r'_c=az_c=\frac{K_1r_p}{z_p}z_c$
偏心距	a	$a=r'_p-r'_c=\frac{r'_p}{z_p}=\frac{K_1r_p}{z_p}$
摆线轮齿顶圆半径	r_{ac}	$r_{ac}=r_p+a-r_{rp}-\Delta r_{rp}+\Delta r_p$
摆线轮齿根圆半径	r_{fc}	$r_{fc}=r_p-a-r_{rp}-\Delta r_{rp}+\Delta r_p$
针径系数	K_2	$K_2=\frac{r_p}{r_{rp}}\sin\frac{\pi}{z_p}$

注：1. 根据磨齿机的要求，a（mm）可采用：0.65，0.75，1，1.25，1.5，2，2.5，3，3.5，4，4.5，5，5.5，6，6.5，7，85，9，10，11，12，13，14。

2. 摆线轮齿顶圆半径 r_{ac} 的计算公式仅适用于一齿差，在齿顶修形后即为齿顶修形摆线的齿顶圆半径 $r_{ac2}=r_{p2}+a_2-r_{rp2}$（式中 r_{p2}、a_2、r_{rp2} 均为齿顶修形摆线的参数）。

3.3 W 机构的有关参数与几何设计

① W 机构柱销的数目 z_w　柱销（柱销孔）数目 z_w 受摆线轮尺寸的限制，可根据针齿中心圆直径 d_p 按表 12-7-5 选择。

表 12-7-5 W 机构柱销数目参考值

d_p/mm	<100	100~200	>200~300	>300
z_w	6	8	10	12

② 柱销中心圆直径 D_w　D_w 按下式计算：

$$D_w=\frac{d_{fc}+D_1}{2}$$

式中　d_{fc}——摆线轮齿根圆直径，mm；

D_1——摆线轮的中心孔直径，mm，根据结构要求即转臂轴承标准确定，初算时可取 $D_1=(0.4\sim0.5)d_p$。

③ W 机构的柱销直径 d_{sw} 和柱销套外径 d_{rw}　柱销直径 d_{sw} 由其弯曲强度决定，柱销套外径 d_{rw} 可取 $d_{rw}=(1.3\sim1.5)d_{sw}$，或按表 12-7-6 选用。

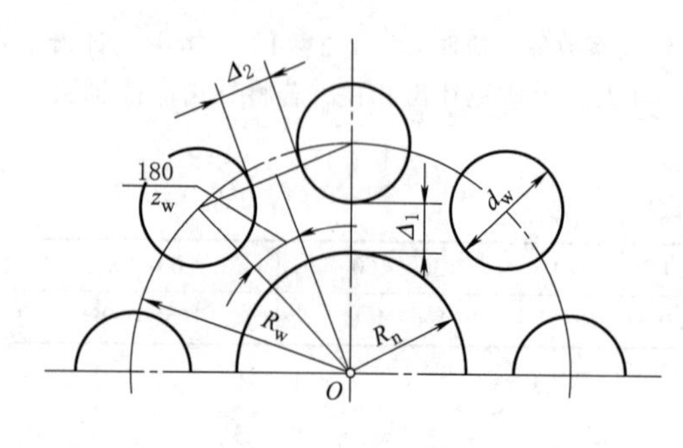

图 12-7-37　摆线轮柱销孔壁厚

表 12-7-6　W 机构柱销和柱销套直径参考值　mm

d_{sw}	12	14	17	22	26	32	35	45	55
d_{rw}	17	20	26	32	38	45	50	60	75

④ 摆线轮上的柱销孔直径 d_w　按下式计算

$$d_w=d_{rw}+2a+\Delta$$

式中　Δ——柱销孔与柱销套之间的间隙，mm，$d_p\leqslant500$ 时，$\Delta=0.15$，$d_p>550$ 时，$\Delta=0.20\sim0.30$。

算出 d_w 以后，需要算摆线轮上的柱销孔壁厚 Δ_1 和 Δ_2（图 12-7-37）并保证最小壁厚不小于 $[\Delta]=0.03d_p$。

$$\Delta_1=\frac{1}{2}(D_w-2R_n-d_w) \qquad (12\text{-}7\text{-}67)$$

$$\Delta_2=D_w\sin\frac{180°}{z_w}-d_w \qquad (12\text{-}7\text{-}68)$$

4 摆线针轮行星传动的受力分析

如图 12-7-38 所示，摆线轮在工作中主要受三种力：针齿与摆线轮齿啮合时的作用力 ΣF_{r}；输出机构柱销对摆线轮的作用力 ΣQ_{r}；转臂轴承对摆线轮的作用力 F_{r}。

4.1 针齿与摆线轮齿啮合的作用力

4.1.1 在理想标准齿形无隙啮合时，针齿与摆线轮齿啮合的作用力

如图 12-7-38 所示，假设针轮固定不动，对摆线轮加一力矩 T_{c}，在 T_{c} 的作用下，由于传力零件的弹性变形，

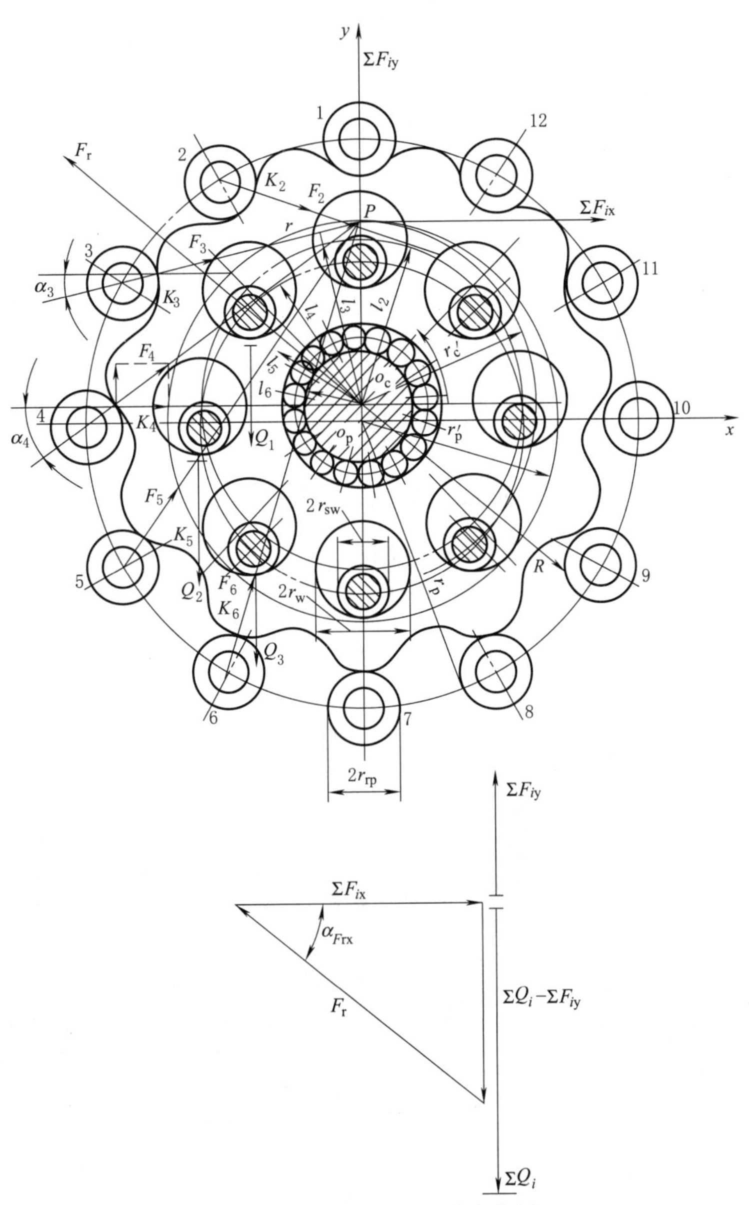

图 12-7-38 摆线轮的受力分析

摆线轮转过一个 β 角。如果摆线轮、针齿套和转臂的变形忽略不计，求得针齿销的弯曲和轮齿接触挤压的总变形，对针齿 2、3、4、…分别为 $\delta_2=l_2\beta$、$\delta_3=l_3\beta$、…。

假定针齿承受的载荷下 F_2、F_3、F_4、…和相应的变形 $l_2\beta$、$l_3\beta$、$l_4\beta$、…成线性关系。由于与不同的针齿啮合时，当量曲率变化引起的非线性对于我们所取的 δ 和 l 之间的关系只引起很小的偏差，所以上述假设是允许的。

最大载荷 $F_{\max}$ 是在最大力臂 $l_{\max}=r'_c$ 的针齿处。作用在第 i 个针齿上的力用下式确定

$$F_i=F_{\max}\frac{l_r}{r'_c} \tag{12-7-69}$$

摆线轮仅使左侧针齿（见图 12-7-38）受力，受力针齿数 $\approx\frac{z_p}{2}$。

由摆线转矩平衡条件

$$T_c=\sum_{i=1}^{z_p/2}F_i l_i=\frac{F_{\max}}{r_c}\sum_{i=1}^{z_p/2}l_i^2=F_{\max}r'_c z_p\left[\frac{\sum\limits_{i=1}^{z_p/2}l_i^2}{r_c'^2 z_p}\right]$$

式中，方括号中的值为常数，等于 0.25，故得

$$T_c=\frac{1}{4}F_{\max}r'_c z_p \tag{12-7-70}$$

考虑到 $r'_c z_p=r'_p z_c=K_1 r_p z_c$，代入上式得

$$F_{\max}=\frac{4T}{K_1 r_p z_c}$$

由于制造误差，传给两个摆线轮的转矩是不相等的，故其中之一的 T_c 值略超过 $0.5T$（T 为输出轴传递的总转矩）。故在力分析与强度计算时，建议取 $T_c=0.55T$，代入上式得

$$F_{\max}=\frac{4\times0.55T}{K_1 r_p z_c}=\frac{2.2T}{K_1 r_p z_c} \tag{12-7-71}$$

4.1.2 修形齿有隙啮合时，针齿与摆线轮齿啮合的作用力

前述标准齿形无隙啮合时，针齿与摆线轮齿啮合的作用力分析，由于未考虑摆线轮齿形修形的影响及轮齿接触变形与针齿销弯曲变形的影响，在实际工程计算中带来极大的误差（与实测 $F_{\max}$ 比较，有时误差达到 60%，甚至 90%以上）。因为经过齿形修形，无论是移距修形或等距修形，都会引起初始啮合间隙，使同时啮合有效传力的齿数减少，达不到针轮齿数的一半。

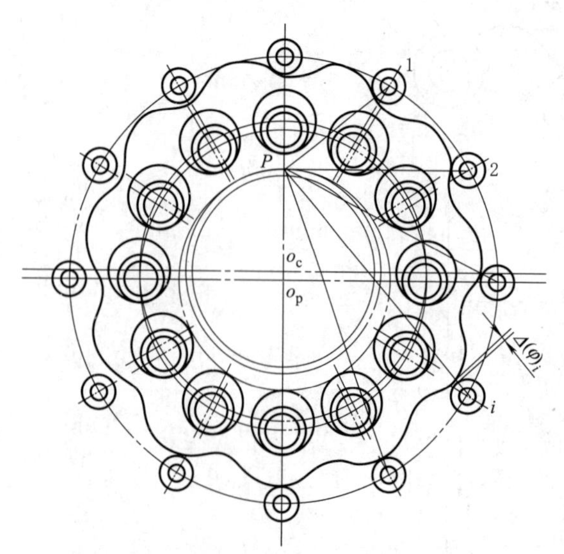

图 12-7-39　因摆线修形引起的初始啮合侧隙

下面介绍考虑了摆线轮齿形修形及轮齿弹性变形影响，符合工程实际条件的较准确的力分析方法。

① 初始啮合侧隙。标准的摆线轮以及只经过转角修形的摆线轮与标准针轮啮合，在理论上同时啮合的齿数约为针轮齿数一半，但摆线轮齿形只要经过等距、移距或等距加移距修形，如果不考虑零件变形的补偿作用，则多齿同时啮合的零件便不存在，而变为当某一个摆线轮齿和针轮齿接触时，其余的摆线轮齿与针轮齿之间都存在着大小不均等的初始啮合侧隙，如图 12-7-39 所示。第 i 对轮齿沿待啮合点（待啮合点是指齿形未修形前本应啮合的，但由于齿形修形产生初始啮合侧隙而未啮合的点）法线方向的初始啮合侧隙 $\Delta(\varphi)_i$ 可按下式计算：

$$\Delta(\varphi)_i=\Delta r_{rp}\left(1-\frac{\sin\varphi_i}{\sqrt{1+K_1^2-2K_1\cos\varphi_i}}\right)$$
$$=\frac{\Delta r_{rp}(1-K_1\cos\varphi_i-\sqrt{1+K_1^2}\sin\varphi_i)}{\sqrt{1+K_1^2-2K_1\cos\varphi_i}} \qquad (12\text{-}7\text{-}72)$$

式中　φ_i——第 i 个针齿相对于转臂 $\overline{o_p o_c}$ 的转角，(°)；

K_1——短幅系数，$K_1=az_p/r_p$。

令 $\Delta(\varphi)_i=0$，由上式可解得 $\cos\varphi_i=K_1$，即

$$\varphi_1=\varphi_n=\arccos K_1$$

这个解是使初始啮合侧隙为零的角度，空载时，只有在（或者最接近）$\varphi_0=\arccos K_1$ 处的一对齿啮合。从 $\varphi_i=0°$到 $\varphi_i=180°$的初始分布曲线见图 12-7-40。

② 判定摆线轮与针轮同时啮合齿数的基本原理见图 12-7-38，设传递载荷时，对摆线轮所加的力矩为 T_c，在 T_c 的作用下，由于摆线轮齿与针轮齿的接触变形 w 及针齿销的弯曲变形 f，摆线轮转过一个 β 角，若摆线轮体、安装针齿销的针齿壳和转臂的变形影响较小，可忽略不计，则在摆线轮各啮合点公法线方向的总变形 $w+f$ 或在待啮合点法线方向的位移应为

$$\delta_i=l_i\beta\quad(i=1,2,3,\cdots,z_p/2)\qquad(12\text{-}7\text{-}73)$$

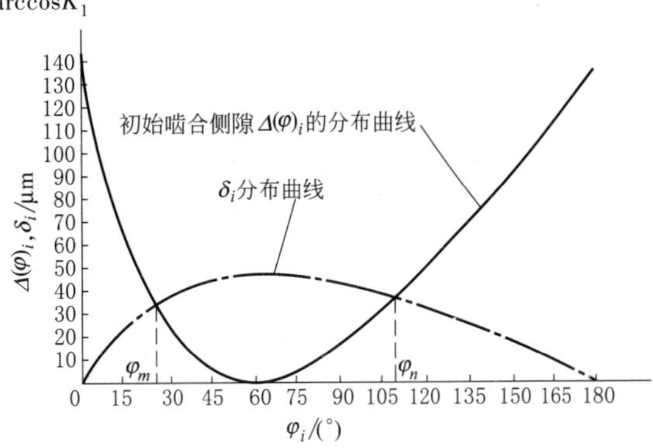

图 12-7-40　$\Delta(\varphi)_i$ 与 δ_i 的分布曲线

式中　β——加载后，由于传力零件变形所引起的摆线轮的转角，rad；

l_i——第 i 针齿啮合点公法线或待啮合点法线至摆线轮中心 o_c 的距离。

$$l_i=r_c\sin\theta_i=\frac{r_c'\sin\varphi_i}{\sqrt{1+K_1^2-2K_1\cos\varphi_i}}\qquad(12\text{-}7\text{-}74)$$

式中　r_c'——摆线轮的节圆半径；

θ_i——第 i 个针齿啮合点的公法线或待啮合点的法线与转臂 $\overline{o_p o_c}$ 之间的夹角，(°)。

设受力最大的一对摆线轮与针轮齿（即最靠近 $\varphi_0=\arccos K_1$ 处的一对齿）在接触点公法线方向的接触变形 w_{max} 和针齿销的弯曲变形 f_{max} 之和为 δ_{max}，其啮合点公法线至摆线轮中心 o_c 的距离为 l_{max}。显然

$$\beta=\frac{l_{max}}{\delta_{max}}\qquad(12\text{-}7\text{-}75)$$

式中
$$l_{max}=r_c'\sin\theta_{max}=\frac{r_c'\sin\varphi_0}{\sqrt{1+K_1^2-2K_1\cos\varphi_i}}\approx r_c'$$

当受力最大的一对轮齿正好在 $\varphi_0=\arccos K_1$ 处时，无疑式（12-7-75）中 $l_{max}=r_c'$，若只是很接近 $\varphi_0=\arccos K_1$ 处时，则为 $l_{max}\approx r_c'$。联立式（12-7-73）~式（12-7-75），并考虑到 $\varphi_0=\arccos K_1$，可得

$$\delta_i=l_i\beta=l_i\frac{\delta_{max}}{l_{max}}=\frac{l_i}{r_c'}\delta_{max}=\frac{\sin\varphi_i}{\sqrt{1+K_1^2-2K_1\cos\varphi_i}}\delta_{max}\qquad(12\text{-}7\text{-}76)$$

显然，在传递某一定转矩时，凡 δ_i 大于该位置初始啮合侧隙 $\Delta(\varphi)_i$ 的各齿都将啮合；反之，就不会进入啮合。δ_i 见图 12-7-70 中的点画线，由点画线和实线［初始啮合侧隙 $\Delta(\varphi)_i$ 的分布曲线］的两个交点决定出两个对应的角度 φ_m 和 φ_n，只有限定在 φ_m 和 φ_n 之间的各齿，才是真正进入啮合而同时受力的齿。

③ 确定摆线轮与针轮同时啮合传力齿数的原则。保证摆线针轮行星传动具有其优点的关键在于，保证合理的多齿啮合。合理范围的多齿啮合，其主要根据为以下两点：

a. 应保证在区间（φ_m，φ_n）内，摆线轮至少有 3~4 个齿同时啮合传力，这是保证具有足够承载能力、传动平稳、噪声小、寿命长的最重要的条件。

b. 区间的始位 φ_m 不宜过小，终位 φ_n 不宜过大。其主要原因（见图 12-7-38）是：

- 在 φ 过小或过大处轮齿啮合时，都在压力角很大而力臂很小的情况下传力，必然会造成传动效率下降。

• 在 φ_i 角越大处轮齿啮合时，啮合点 K 与瞬心 P 的距离 $\overline{KP}$ 也越大，从而在啮合处的滑动速度（等于摆线轮与针轮的相对角速度 ω 乘以啮合点 K 至瞬心 P 的距离，即 $v=\omega\times\overline{KP}$）也越大。因此，$\varphi_i$ 过大处的轮齿啮合，不论相对滑动速度是产生在针齿与摆线轮之间，还是产生在针齿套与针齿销之间，都会导致摩擦功率增大而传动效率降低。

• φ_i 角过大处的轮齿啮合，其当量曲率半径较小，即使受力小，接触应力 σ_H 也并不小，当啮合处 σ_H 不小，而 v 却很大时，还可能导致胶合。

通过对国内外一些摆线针轮行星减速器参数和性能的分析比较，推荐 φ_m 与 φ_n 的取值范围为：$\varphi_n>25°$，$\varphi_m<100°$。从保证基本承载能力又有较高的传动效率的观点出发，同时啮合传力的齿数，既不能小于 3~4 个齿，也不宜过多。通常根据针轮齿数 z_p 的多少，在传递额定转矩时，将同时啮合有效传力的齿数控制在 4~7 个。

④ 修形齿形摆线轮与针轮啮合时的受力分析方法。

a. 确定摆线轮与针轮同时啮合的齿数 z_T。对已设计好的摆线针轮行星减速器，可以按本节②中所述基本原理，根据传递的转矩、针齿结构尺寸及摆线轮的齿形修形量等已知条件进行计算，求得该减速器在传递给定转矩时同时啮合的齿数 z_T。对自行设计的摆线针轮行星传动，可按本节③中所述的原则，选定在传递额定转矩时啮合传力的齿数 z_T，然后再按此设计针齿结构、尺寸和选定合理的摆线轮齿形修形量。

b. 求同时啮合传力诸齿中受力最大齿所受之力 F_{max}。修形齿形摆线轮与针轮进行有隙啮合时，其主要特点有两方面：首先是摆线轮同时啮合传力的齿数不是约等于其齿数之半，而往往是 3~7，若设计不合理或摆线轮齿形修形量选定不合理，可能出现 $z_T=1\sim2$ 的非正常状态；另一方面，由于经过移距或等距修形的摆线轮在（或最接近）$\varphi_1=\arccos K_1$ 处有一齿空载接触，其余各齿与针轮齿沿待啮合点的法线方向均存在初始啮合侧隙 $\Delta(\varphi)_i$（见图 12-7-39），且大小各不相同，特别是在修形量较大时差别极大。这时就不能再假定诸齿 F_i 遵循前述公式，只能假定 F_i 和 $\delta_i-\Delta(\varphi)_i$ 成正比关系。由于这一假定，科学地考虑了能起主要作用的初始啮合侧隙 $\Delta(\varphi)_i$ 及受力零件弹性变形的影响，因而用于工程上进行力分析是足够精确的（见图 12-7-41 与图 12-7-42）。

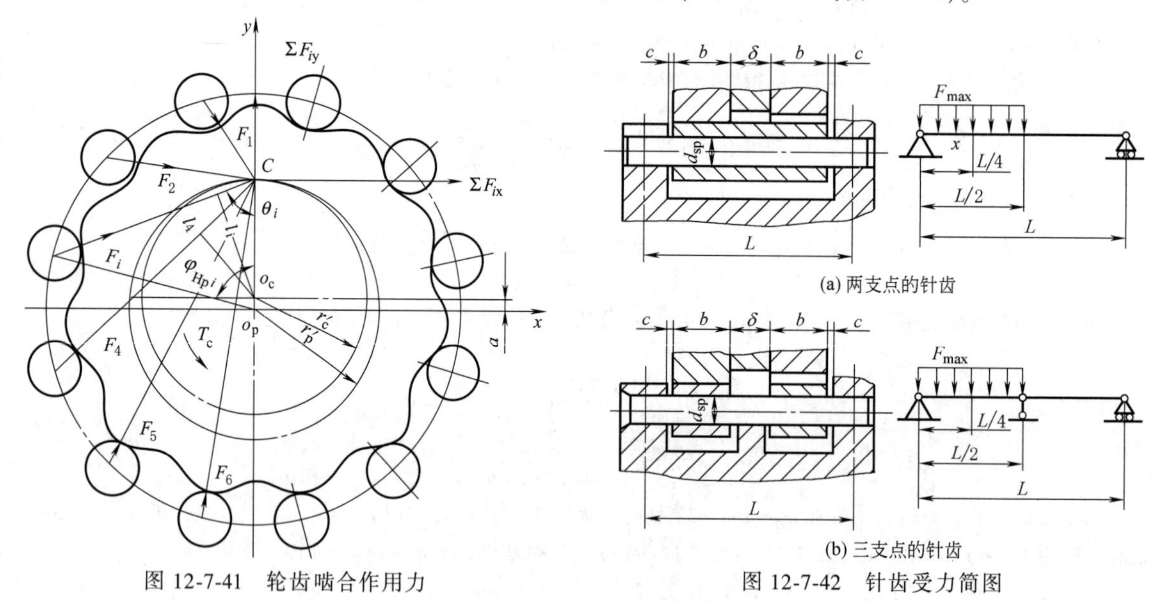

图 12-7-41 轮齿啮合作用力　　图 12-7-42 针齿受力简图

$$F_i=\frac{\delta_i-\Delta(\varphi)_i}{\delta_{max}}F_{max} \tag{12-7-77}$$

式中 F_{max}——在（或接近于）$\varphi_0=\varphi_1=\arccos K_1$ 处亦即在或接近于 $l_i=l_{max}=r'_c$ 的针齿处最先接触轮齿受力。显然，在同时受力的诸对齿中，这对齿受力最大，故以 F_{max} 表示该对齿的受力。

故摆线轮上的转矩 T_c 由 $i=m$ 至 $i=n$ 的 z_T 个齿传递，由力矩平衡条件可得

$$T_c=\sum_{i=m}^{i=n}F_il_i \tag{12-7-78}$$

将式（12-7-77）代入式（12-7-78），同时考虑到 $\delta_{max}=r'_c\beta$ 及 $\delta_i=l_i\beta$，可得

$$T_c=F_{max}\sum_{i=m}^{i=n}\left(\frac{l_i}{r'_c}-\frac{\Delta(\varphi)_i}{\delta_{max}}\right)l_i \tag{12-7-79}$$

由式（12-7-79）即可得到同时受力诸齿中受力最大齿所受力 F_{max}，即

$$F_{max}=\frac{T_c}{\sum\limits_{i=m}^{i=n}\left(\frac{l_i}{r'_c}-\frac{\Delta(\varphi)_i}{\delta_{max}}\right)l_i}=\frac{0.55T}{\sum\limits_{i=m}^{i=n}\left(\frac{l_i}{r'_c}-\frac{\Delta(\varphi)_i}{\delta_{max}}\right)l_i} \tag{12-7-80}$$

式中 T——输出轴上作用的转矩，N·mm；

T_c——一片摆线轮上作用的转矩，N·mm，由于制造误差及结构原因，传给两片摆线轮的转矩是不易均等的，故在力分析与强度计算时，建议取 $T_c=0.55T$；

l_i——第 i 齿啮合点的公法线到摆线轮中心 o_c 的距离，按式（12-7-74）计算，mm；

r'_c——摆线轮的节圆半径，$r'_c=az_c$，mm；

$\Delta(\varphi)_i$——第 i 齿处的初始啮合侧隙，可按式（12-7-72）计算，mm；

$$\delta_{max}=w_{max}+f_{max} \tag{12-7-81}$$

式中

$$w_{max}=\frac{2(1-\mu^2)}{E}\times\frac{F_{max}}{\pi b_c}\left(\frac{2}{3}+\ln\frac{16r_{rp}|\rho|}{c^2}\right) \tag{12-7-82}$$

$$c=4.99\times10^{-3}\sqrt{\frac{2(1-\mu^2)}{E}\times\frac{F_{max}}{b_c}\times\frac{2|\rho|r_{rp}}{r_{rp}+|\rho|}} \tag{12-7-83}$$

式中 μ——摆线轮与针轮齿材料的泊松比，二者材料相同均为 GCr15 时，$\mu=0.3$；

E——摆线轮与针齿材料的弹性模量，二者材料相同均为 GCr15 时，$E=2.06\times10^5$ MPa；

ρ——摆线轮在 $\varphi_0=\varphi_1=\arccos K_1$ 处的齿轮曲率半径，由式（12-7-84）可得；

$$\rho=\rho_{\varphi_0}=\frac{r_p(1+K_1^2-2K_1\cos\varphi_0)^{3/2}}{K_1(z_p+1)\cos\varphi_0-(1+z_pK_1^2)}+r_{rp} \tag{12-7-84}$$

f_{max}——针齿销在 F_{max} 的作用点处的弯曲变形。

$\rho=\rho_{\varphi_0}$ 为正时，表示该处齿廓内凹；ρ_{φ_0} 为负时，表示该处外凸。由于 $\varphi_0=\arccos K_1$ 值恒大于摆线齿廓曲线拐点处的 $\varphi=\arccos\frac{1+z_pK_1^2}{K_1\ (z_p+1)}$，也就是说在 $\varphi=\varphi_0$ 处，齿廓恒为外凸，因而计算出 ρ_{φ_0} 恒为负值。

f_{max} 的精确计算须用有限元法，简化计算可按图 12-7-42 针齿销受力简图进行计算。

当两支点（见图 12-7-42a）时：

$$f_{max}=\frac{F_{max}L^3}{48EJ}\times\frac{31}{64} \tag{12-7-85}$$

当三支点（见图 12-7-42b）时：

$$\begin{cases}f_{max}=\dfrac{F_{max}L^3}{48EJ}\times\dfrac{7}{128}\\[2ex] J=\dfrac{\pi d_{sp}^4}{64}\end{cases} \tag{12-7-86}$$

式中 d_{sp}——针齿销直径，mm。

4.2 输出机构的柱销（套）作用于摆线轮上的力

若柱销孔与柱销套之间没有间隙，根据理论推导，各柱销对摆线轮作用力总和为

$$\sum Q_i=\frac{4T_c}{\pi R_w} \tag{12-7-87}$$

式中 T_c——一片摆线轮所传递的转矩，N·mm；

R_w——柱销中心圆的半径，mm。

摆线轮对柱销的最大作用力为

$$Q_{max}=\frac{4T_c}{R_w} \tag{12-7-88}$$

式中　z_w——输出机构柱销数。

实际上，柱销孔与柱销套之间存在间隙

$$\Delta=2(r'_w-r_w)$$

式中　r'_w——摆线轮上理论柱销孔半径，mm；

r_w——摆线轮上实际柱销孔半径，mm。

由于Δ的存在，当柱销套位于理论上应啮合的位置，柱销套外圆与实际柱销孔之间存在$\frac{1}{2}\Delta$的间隙，如图 12-7-43 所示。

空载时，由于存在间隙$\frac{1}{2}\Delta$，柱销套与柱销孔需相对转过一个角度β_w才能接触，其中$a_i=90°$处的柱销套相对于回转中心力臂最大（$l_{max}=R_w$），所以此处柱销套与摆线轮上的柱销孔最先接触，其他柱销则在跟随转过一个角度后，柱销套与柱销孔之间仍存在一定间隙，沿理论公法线方向，两者之间的距离Δ_w称为初始间隙。

如图 12-7-44 所示，公共转角β_w可按下式求得

$$\beta_w=\frac{\frac{1}{2}\Delta}{R_w}=\frac{\Delta}{2R_w} \tag{12-7-89}$$

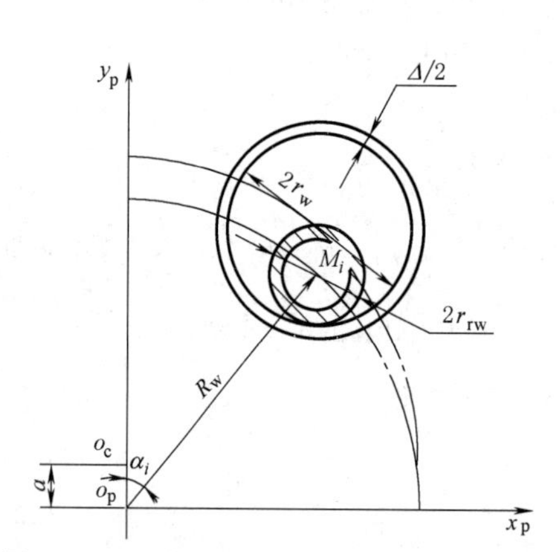

图 12-7-43　实际柱销孔与柱销套外圆的间隙

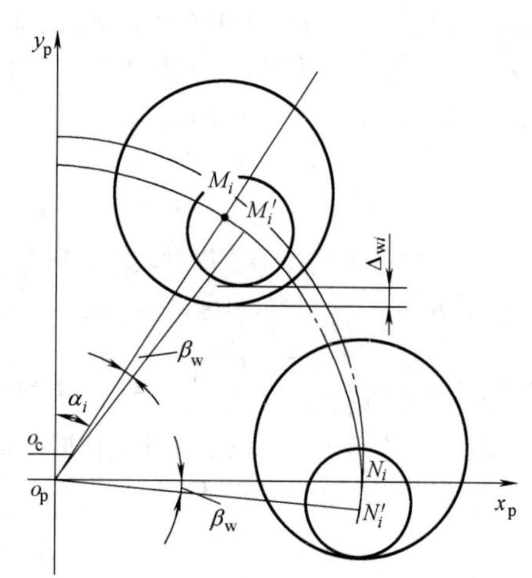

图 12-7-44　公共转角β_w

对任意位置的柱销，其角参量为α_i，该处的初始间隙Δ_{wi}为

$$\Delta_{wi}=\frac{\Delta}{2}(1-\sin\alpha_i)$$

其分布有下述特点：

① 在$\alpha_i=0°$和 180°时，$\Delta_{wi}=\Delta_{wmax}=\frac{1}{2}\Delta$。

② 在$\alpha_i=90°$时，$\Delta_{wi}=0$，表明此处为最先接触位置。

③ Δ_{wi}相对于$\alpha_i=90°$左右对称。

4.2.1　判断同时传递转矩之柱销数

考虑到受力分配不均，设每片摆线轮传递之转矩为

$$T_c=0.55T$$

式中　T——摆线针轮减速器输出转矩。

$\alpha_i=90°$处力臂$l_{max}=R_w$最大，必最先接触，受力最大，弹性变形为ε_{max}。设处于某任意位置的柱销受力后的弹性变形为ε_i，则因变形与力臂l_i成正比，可得下述关系：

$$\frac{\varepsilon_i}{l_i}=\frac{\varepsilon_{max}}{R_w} \tag{12-7-90}$$

又因 $$l_i = R_w \sin\alpha_i \tag{12-7-91}$$

故 $$\varepsilon_i = \varepsilon_{max} \sin\alpha_i \tag{12-7-92}$$

如图 12-7-45，柱销是否传递转矩，应按下述原则判断：

① 如果 $\varepsilon_i \leqslant \Delta_{wi}$，则此处柱销不可能传递转矩。

② 如果 $\varepsilon_i > \Delta_{wi}$，则此处柱销必传递转矩。

如图 12-7-45 所示，设最初传力角度为 $\alpha_{m'}$，由于当 $\alpha_i = \alpha_{m'}$ 时，$\varepsilon_i = \Delta_{wi}$，将式（12-7-90）、式（12-7-92）代入，可求得

$$\alpha_i = \arcsin \frac{\Delta}{\Delta + 2\varepsilon_{max}} \tag{12-7-93}$$

设最终传力角为 $\alpha_{n'}$，由于 ε_i 与 Δ_{wi} 均相对于 $\alpha_i = 90°$ 左右对称，所以

$$\alpha_{n'} = 180° - \alpha_{m'} \tag{12-7-94}$$

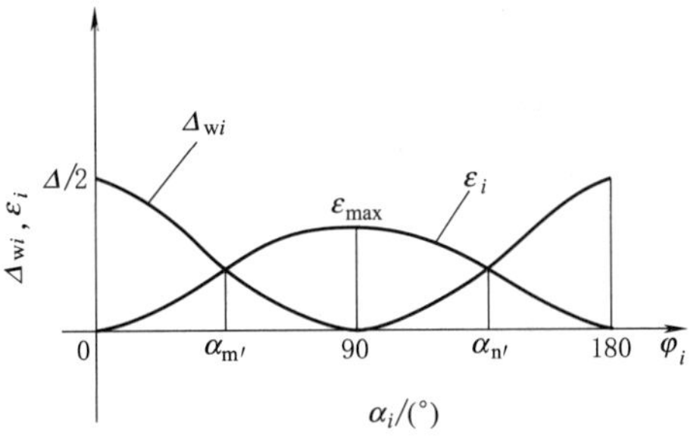

图 12-7-45 判断传递转矩之柱销

最初受力柱销顺序号 m' 可按下式算出

$$m' = \text{int}\left(\frac{\alpha_{m'}}{360°} z_w + 1\right) \tag{12-7-95}$$

最终受力柱销顺序号 n' 可按下式算出

$$n' = \text{int}\left(\frac{\alpha_{n'}}{360°} z_w\right) \tag{12-7-96}$$

对每片摆线轮，同时，传递转矩的柱销总数为

$$N_n = n' - m' + 1 \tag{12-7-97}$$

由上可知，只要求出最大变形 ε_{max}，不仅可以解出在整个旋转一周过程中，每个柱销传递转矩的角度区间，而且可以判断出同时传递转矩的柱销总数。

4.2.2 计算输出机构的柱销（套）作用于摆线轮上的力

由于柱销（套）要参与传力，必须先消除初始间隙，因此柱销（套）与摆线轮柱销孔之间的作用力 Q_r 大小应与 $\varepsilon_i - \Delta_{wi}$ 成正比。

设最大受力为 Q_{max}，按上述原则可得

$$\frac{Q_i}{\varepsilon_i - \Delta_{wi}} = \frac{Q_{max}}{\varepsilon_{max}}$$

则

$$Q_i = \frac{\varepsilon_i - \Delta_{wi}}{\varepsilon_{max}} Q_{max} \tag{12-7-98}$$

$$\varepsilon_{max} = w_{max} + f_{max} \tag{12-7-99}$$

式中 w_{max}——柱销套与摆线轮上柱销沿接触点公法线方向上的接触变形，即

$$w_{max} = \frac{2(1-\mu^2)}{E} \times \frac{Q_{max}}{\pi b_c}\left(\frac{2}{3} + \ln\frac{16 r_{rw} r_w}{c^2}\right) \tag{12-7-100}$$

$$c = 9.98 \times 10^{-3} \sqrt{\frac{(1-\mu^2)}{E} \times \frac{Q_{max}}{\pi b_c}\left(\frac{r_{rw} r_w}{a}\right)} \tag{12-7-101}$$

f_{max}——柱销在受力点的弯曲变形，见图 12-7-46，则

$$\begin{cases} f_{max} = \dfrac{Q_{max} L^3}{3EJ} \\ L = 1.5 b_c + \delta_c \\ J = \dfrac{\pi d_{rw}^4}{64} \end{cases} \tag{12-7-102}$$

式中 μ——泊松比，柱销套与摆线轮材料均为 GCr15 时，$\mu = 0.3$；

E——弹性模量，受力零件材料均为 GCr15 时，$E=2.06\times10^5\text{MPa}$；

b_c——摆线轮的齿宽，mm；

δ_c——间隔环厚度，mm；

d_{rw}——柱销直径，mm。

由摆线轮力矩平衡条件

$$T_c=\sum_{i=m'}^{i=n'}Q_il_i$$

将式（12-7-91）~式（12-7-98）代入上式，整理可得

$$Q_{\max}=\frac{0.55T}{R_w\sum\limits_{i=m'}^{i=n'}\left(\sin\alpha_i-\frac{\Delta_{wi}}{\varepsilon_{\max}}\right)\sin\alpha_i}\tag{12-7-103}$$

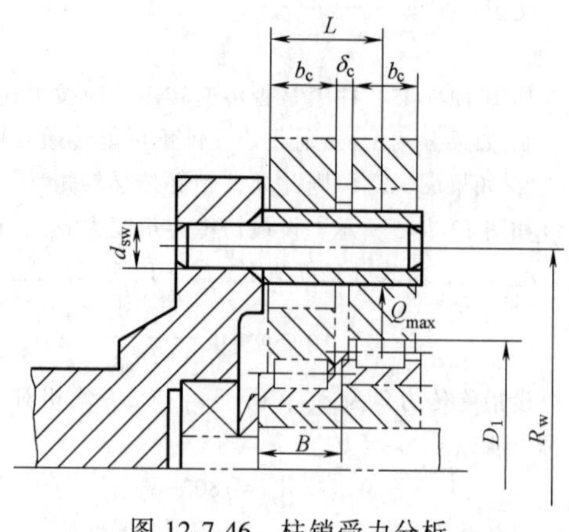

图 12-7-46　柱销受力分析

4.3　转臂轴承的作用力

转臂轴承对摆线轮的作用力必与啮合的作用力及输出机构柱销对摆线轮的作用力平衡。将各啮合中的作用力沿作用线移到节点 P，则可得

x 轴方向的分力总和为

$$\sum_{i=m}^{i=n}F_{xi}=\frac{T_c}{r_c}=\frac{T_cz_p}{K_1\rho z_c}\tag{12-7-104}$$

y 轴方向的分力总和为

$$\sum_{i=m}^{i=n}F_{yi}=\sum_{i=m}^{i=n}F_i\sin\alpha_i\tag{12-7-105}$$

转臂轴承对摆线轮的作用力为

$$F_r=\sqrt{\left(\sum_{i=m}^{i=n}F_{xi}\right)^2+\left(\sum_{i=m'}^{i=n'}Q_i-\sum_{i=m}^{i=n}F_{yi}\right)^2}\tag{12-7-106}$$

F_r 力与 x 轴间夹角为

$$\alpha_{F_{xi}}=\arctan\frac{\sum\limits_{i=m'}^{i=n'}Q_i-\sum\limits_{i=m}^{i=n}F_{yi}}{\sum\limits_{i=m}^{i=n}F_{xi}}\tag{12-7-107}$$

5　主要件的强度计算

为了提高承载能力，并使结构紧凑，摆线轮、针齿常用轴承钢 GCr15SiMn，针齿销、针齿套、柱销、柱销套采用 GCr15，热处理硬度常取 58~62HRC。

5.1　齿面接触强度计算

实践表明，摆线轮和针齿面的失效形式是疲劳点蚀和胶合（针齿销和套先胶合引起）。啮合齿面的接触应力、滑动速度、润滑情况以及零件的制造精度，都是影响齿面产生疲劳点蚀和胶合的因素。

为防止点蚀和减少产生胶合的可能性，应进行摆线轮齿与针齿间的接触强度计算。

根据赫兹公式，齿面接触应力按下式计算

$$\sigma_H=0.481\sqrt{\frac{E_cF_i}{b_c\rho_H}}\leqslant\sigma_{Hp}\tag{12-7-108}$$

式中　F_i——针齿与摆线轮齿在某一位置啮合中的作用力，由式（12-7-77）计算，N；

E_c——当量弹性模量，$E_c=\dfrac{2E_1E_2}{E_1+E_2}$，因摆线轮与针齿均为轴承钢，故 $E_c=E_1=E_2=2.06\times10^5$MPa；

b_c——摆线轮的齿宽，$b_c=(0.1\sim0.15)r_p$，mm；

ρ_H——当量曲率半径，$\rho_H=\left|\dfrac{\rho_r r_{rp}}{\rho_r-r_{rp}}\right|$，$\rho_r$ 可按式（12-7-84）计算，mm。

因摆线轮齿在不同点啮合时，F_i 与 ρ_H 的值也不同，故用上式进行强度验算时，应取$\dfrac{F_i}{\rho_H}$（$i=m$，…，n）中之最大值$\left(\dfrac{F_i}{\rho_H}\right)_{max}$代入，即用下式

$$\sigma_{H\,max}=0.481\sqrt{\frac{E_c}{b_c}\left(\frac{F_i}{\rho_H}\right)_{max}}\leqslant\sigma_{Hp} \tag{12-7-109}$$

式中　σ_{Hp}——许用接触应力，用 GCr15 或 GCr15SiMn 制造摆线轮和针齿，硬度为 58～62HRC 时，一般取 $\sigma_{Hp}=$ 1000～1200MPa，对于双级传动的低速级或单级低速传动，因为速度低，动载荷小，可取 $\sigma_{Hp}=$ 1300～1500MPa。

5.2　针齿销的抗弯强度和刚度计算

针齿销承受摆线轮齿的压力后，产生弯曲变形，弯曲变形过大，使针齿销与针齿销套接触不好，转动不灵活，易引起针齿销与针齿销套接触面发生胶合，并导致摆线轮与针齿胶合。因此，要进行针齿销的刚度计算，即校核其转角 θ 值。另外，还必须满足强度的要求。

针齿中心圆直径 d_p<390mm 时，通常采用两支点的针齿（图 12-7-42a）；$d_p\geqslant$390mm 时，为提高针齿销的弯曲强度及刚度，改善销、套之间的润滑，必须采用三支点针齿（见图 12-7-42b）。

两支点的针齿计算简图如图 12-7-42a 所示，假定在针齿销跨度的一半受均布载荷，则针齿销的弯曲应力 σ_F 和支点处的转角 θ 分别为

$$\sigma_F=\frac{1.41F_{max}L}{d_{sp}^3}\leqslant\sigma_{Fp} \tag{12-7-110}$$

$$\theta=\frac{4.44\times10^{-6}F_{max}L^2}{d_{sp}^4}\leqslant\theta_p \tag{12-7-111}$$

三支点的针齿计算简图如图 12-7-42b 所示，针齿销的弯曲应力 σ_F 和支点处的转角 θ 分别为

$$\sigma_F=\frac{0.48F_{max}L}{d_{sp}^3}\leqslant\sigma_{Fp} \tag{12-7-112}$$

$$\theta=\frac{0.74\times10^{-6}F_{max}L^2}{d_{sp}^4}\leqslant\theta_p \tag{12-7-113}$$

式中　F_{max}——针齿上最大作用压力，按式（12-7-80）～式（12-7-86）计算，N；

L——针齿销的跨度，mm，通常两支点 $L\approx3.5b_c$，三支点 $L\approx4b_c$，若实际结构已定，应按实际之 L 值代入；

d_{sp}——针齿销的直径，mm；

σ_{Fp}——针齿销的许用弯曲应力，针齿销材料为 GCr15 时，$\sigma_{Fp}=150\sim200$MPa；

θ_p——许用转角，$\theta_p=0.001\sim0.003$rad。

5.3　转臂轴承的选择

因为摆线轮作用于转臂轴承上的力 F_r 较大，转臂轴承内外座圈相对转速要高于输入轴转速，所以它是摆线

针轮传动的薄弱环节。$d_p \leqslant 650$mm 时，通常选用无外圈的单列向心短圆柱滚子轴承；$d_p > 650$mm 时，可选用带外圈的单列向心短圆柱滚子轴承。轴承外径 $D_1 = (0.4 \sim 0.5) d_p$，轴承宽度 B 应大于摆线轮的齿宽 b_c。有关轴承的计算参看滚动轴承资料及本章第 8 节设计计算公式与设计实例。

5.4 输出机构柱销的强度计算

输出机构柱销的受力情况相当一个悬臂梁，在 Q_{max} 作用下，柱销的弯曲应力为

$$\sigma_w = \frac{K_w Q_{max} L}{\frac{\pi}{32} d_{rp}^3} \approx \frac{K_w Q_{max}(1.5b_c + \delta_c)}{0.1 d_{rp}^3} \leqslant [\sigma_w] \tag{12-7-114}$$

设计时，上式可化为

$$d_{sw} \geqslant \sqrt[3]{\frac{K_w Q_{max}(1.5b_c + \delta_c)}{0.1[\sigma_w]}} \tag{12-7-115}$$

式中 δ_c——间隔环的厚度，mm，针齿销为两支点时，$\delta_c \approx B - b_c$，B 为转臂轴承的宽度，mm，三支点时，$\delta_c \approx b_c$，若实际结构已定，按实际值代入；

K_w——制造和安装误差对柱销载荷影响系数，$K_w = 1.35 \sim 1.5$，一般情况取 1.35，精度低时取大值；

$[\sigma_w]$——许用弯曲应力，柱销材料用 GCr15 时 $[\sigma_w] = 150 \sim 200$MPa；

Q_{max}——柱销最大受力，N。简化近似计算时，允许按式（12-7-88）计算，但在摆线针轮传动用于重载与关键场合时，Q_{max} 应按式（12-7-103）进行精确计算。

6 摆线轮齿形的优化设计

合理的摆线轮齿形的参数应使整机承载能力最大，其工作部分应最大限度逼近共轭齿形，使传动平稳并有足够的同时啮合齿数，同时要求磨削工艺简单，还能保证合理的啮合侧隙。

理论与实践均已证明，采用正等距与正移距优化组合的修形方法可以得到上述理想齿形。

正等距修形磨削摆线轮时，是将磨轮的圆弧半径（相当于针齿齿形半径）由标准的 r_{rp} 加大为 $r_{rp} + \Delta r_{rp}$。正移距修形与通常用的负移距修形磨削摆线轮情况相反，是将砂轮背离工作台中心移动一个微小距离 Δr_p（正移距时，Δr_p 为正值）。即在磨削时相当于针齿中心圆半径 r_p 增大为 $r_p + \Delta r_p$。

正等距与正移距优化组合的摆线轮齿形修形方法的主要特点是用 Δr_{rp} 与数值稍小一些的 Δr_p 优化组合，可以使齿形的工作部分最大限度地逼近转角修形的齿形（即共轭齿形），又可得到单纯转角修形方法得不到的径向间隙。

这种理想摆线轮齿形的优化设计方法如下：

① 根据给定的主要参数 r_p、z_p、z_c，以整机承载能力最大为目标，优选 a 与 r_{rp}。

② 确定为补偿制造误差，保证润滑条件所需的侧隙 Δ_c 与径向间隙 Δ_j。

③ 取 $\Delta r_{rp} - \Delta r_p = \Delta_j$（式中 $\Delta r_{rp} > 0$，$\Delta r_p > 0$）。

④ 按 Δ_c 确定摆线轮齿形工作部分所需与之吻合的转角修形齿形的转角修形量 δ_c。

⑤ 按已定的 r_p、r_{rp}、a、z_p，并令 $\delta = \delta_c$，用式（12-7-116）求转角修形摆线轮齿形坐标：

$$\begin{cases} x_c = (r_p - r_{rp} S^{-\frac{1}{2}}) \cos[(1 - i^H)\varphi - \delta] - \dfrac{a}{r_p}(r_p - z_p r_{rp} S^{-\frac{1}{2}}) \cos(i^H \varphi + \delta) \\ y_c = (r_p - r_{rp} S^{-\frac{1}{2}}) \sin[(1 - i^H)\varphi - \delta] + \dfrac{a}{r_p}(r_p - z_p r_{rp} S^{-\frac{1}{2}}) \sin(i^H \varphi + \delta) \end{cases} \tag{12-7-116}$$

⑥ 正等距修形与正移距修形组合的摆线轮齿形的坐标按式（12-7-117）计算为

$$\begin{cases} x_c' = [r_p + \Delta r_p - (r_{rp} + \Delta r_{rp}) S_r^{-\frac{1}{2}}] \cos(1 - i^H)\varphi \\ \quad - \dfrac{a}{r_p + \Delta r_p}[r_p + \Delta r_p - z_p (r_{rp} + \Delta r_{rp}) S_r^{-\frac{1}{2}}] \cos i^H \varphi \\ y_c' = [r_p + \Delta r_p - (r_{rp} + \Delta r_{rp}) S_r^{-\frac{1}{2}}] \sin(1 - i^H)\varphi \\ \quad - \dfrac{a}{r_p + \Delta r_p}[r_p + \Delta r_p - z_p (r_{rp} + \Delta r_{rp}) S_r^{-\frac{1}{2}}] \sin i^H \varphi \end{cases} \tag{12-7-117}$$

⑦ 按同时啮合传力齿数 $z>4$ 的要求，初定与 $\delta=\delta_c$ 的转角修形齿形吻合的摆线轮齿形工作部分的两界限点 B 与 C 处（见图 12-7-47）的 φ_B 与 φ_C 值，并在此区间按 φ 值分为 $m-1$ 等份，得（$\varphi_1=\varphi_B$）、φ_2、…、φ_{m-1}、（$\varphi_m=\varphi_C$），将此 m 个 φ_i（$i=1$，…，m）值代入式（12-7-116）可得 $\delta=\delta_c$ 转角修形齿形曲线上 m 个点的坐标（x_{ci}、y_{ci}）（$i=1$，…，m）。

⑧ 正等距修形与正移距修形组合的摆线轮齿形坐标由式（12-7-117）知，取决于 r_p、r_{rp}、α、z_p、Δr_{rp}、Δr_p 共 6 个参数。当 r_p、r_{rp}、α、z_p 给定时，则齿形坐标只取决于 Δr_{rp} 与 Δr_p。转角修形的摆线轮齿形坐标由式（12-7-116）可知，取决于 r_p、r_{rp}、α、z_p、δ。当 r_p、r_{rp}、α、z_p 给定时，则齿形坐标只取决于 δ。很明显，随便给定一组 Δr_{rp}、Δr_p（$\Delta r_{rp}>0$，$\Delta r_p>0$，$\Delta r_{rp}-\Delta r_p=\Delta_j$），由式（12-7-117）所确定的曲线 L'不会与 $\delta=\delta_c$ 的转角修形曲线 L 的 BC 段吻合，当 $y_{ci}'=y_{ci}$（$i=1$，…，m），则 x_{ci}'与 x_{ci}（$i=1$，…，m）均有差距，$x_{ci}'-x_{ci}\neq 0$（$i=1$，…，m），曲线 L'与曲线 L 上 BC 段偏离的指标可以用 m 个点偏差绝对值的平均值来衡量，记为

$$F(\Delta r_p, \Delta r_{rp}) = \frac{1}{m}\sum_{i=1}^{m} \left| x_{ci}' - x_{ci} \right| \tag{12-7-118}$$

如果适当地选择 Δr_{rp} 与 Δr_p，使得

$$F(\Delta r_p', \Delta r_{rp}') = \min F(\Delta r_p, \Delta r_{rp})$$

$$(\Delta r_p > 0, \Delta r_{rp} > 0, \Delta r_{rp} - \Delta r_p = \Delta_j)$$

求得的 $\Delta r_p'$与 $\Delta r_{rp}'$就是使等距加移距修形的齿形曲线 L'与转角修形的齿形曲线 L 上 BC 段能最大限度相吻合的移距修形量与等距修形量的数值。这实质上是以 $F=F$（Δr_{rp}、Δr_p）为目标函数求极小值，以 $\Delta r_{rp}>0$，$\Delta r_p>0$，$\Delta r_{rp}-\Delta r_p=\Delta_j$ 为约束条件来搜寻设计变量 Δr_{rp}、Δr_p 的最优化求解问题。

⑨ 用计算机绘图检验齿形曲线 L'与齿形曲线 L 上 BC 段吻合的情况，绘图时可将尺寸放大检验。

图 12-7-47 是按上述方法，通过计算机辅助设计，获得的用正等距修形与正移距修形合理组合，磨出的理想修形齿形的实例，它属于一台两齿差摆线针轮减速器（$r_p=275$mm，$r_{rp}=18$mm，$\alpha=11$mm，$z_p=27$，$i=12.5$），由图 12-7-47 明显看出，修形十分理想。

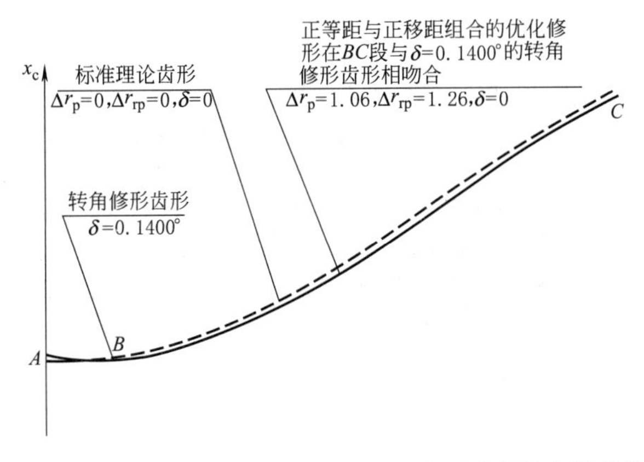

图 12-7-47　正等距修形与正移距修形组合所获得的摆线轮齿形

7 摆线针轮行星传动的技术要求

7.1 对零件的要求

（1）关键零件材质和热处理要求

① 摆线轮　材料为高碳铬轴承钢 GCr15 或 GCr15SiMn，经热处理后硬度为 58～62HRC。允许采用力学性能与其相当的其他材料。

② 输出轴　材料为 45 钢，经热处理后硬度为 187～229HB。允许采用力学性能与其相当的其他材料。

③ 针齿壳　材料为 HT200 灰铸铁，应进行时效处理，硬度为 170～217HBS，抗拉强度 $\sigma_p \geqslant 200$MPa（单铸试棒）。

（2）对零件的加工技术要求（见表 12-7-7）

表 12-7-7　对摆线针轮行星传动零件的技术要求（JB/T 2982—2016）　mm

<table>
<tr><th rowspan="2">零件名称</th><th rowspan="2">材料</th><th rowspan="2">热处理等</th><th colspan="4">尺寸偏差与形位公差</th><th rowspan="2">表面粗糙度 Ra/μm</th></tr>
<tr><th>项目</th><th colspan="3">数值</th></tr>
<tr><td rowspan="6">机座</td><td rowspan="6">HT200</td><td rowspan="6">应进行时效处理，不应有裂痕、气孔和夹杂等缺陷</td><td>轴承孔</td><td colspan="3">J7(采用非调心轴承)
H7(采用调心轴承)</td><td>1.6</td></tr>
<tr><td>与针齿壳配合止口</td><td colspan="3">H8</td><td>3.2</td></tr>
<tr><td>卧式基座中心高</td><td colspan="3">$d_p \leqslant 450$ 时，${}^{+0}_{-0.5}$；$d_p > 450$ 时，${}^{+0}_{-1}$</td><td></td></tr>
<tr><td>轴承孔以及与针齿壳配合止口的圆度和圆柱度</td><td colspan="3">不低于 8 级</td><td></td></tr>
<tr><td>与针齿壳配合止口的轴线对于两轴承孔轴线的同轴度</td><td colspan="3">不低于 8 级</td><td></td></tr>
<tr><td>与针齿壳配合端面对于两轴承孔轴线的垂直度</td><td colspan="3">不低于 6 级</td><td></td></tr>
<tr><td rowspan="13">针齿壳</td><td rowspan="13">HT200</td><td rowspan="13">应进行时效处理，不应有裂痕、气孔和夹杂等缺陷</td><td>针齿中心圆</td><td colspan="3">j7 或 js7</td><td></td></tr>
<tr><td>针齿销孔</td><td colspan="3">H7</td><td>1.6</td></tr>
<tr><td>与法兰盘端盖配合的孔</td><td colspan="3">H7</td><td>3.2</td></tr>
<tr><td>与机座配合的止口</td><td colspan="3">h6</td><td>3.2</td></tr>
<tr><td rowspan="5">针齿销孔相邻孔距差的公差 δ_t 和孔距累积误差的公差 $\delta_{t\Sigma}$</td><td>d</td><td>$\delta_t \leqslant$</td><td>$\delta_{t\Sigma} \leqslant$</td><td rowspan="5"></td></tr>
<tr><td>150,180</td><td>0.026</td><td>0.115</td></tr>
<tr><td>220,270</td><td>0.036</td><td>0.14</td></tr>
<tr><td>330,390,450</td><td>0.038</td><td>0.18</td></tr>
<tr><td>550,650</td><td>0.05</td><td>0.22</td></tr>
<tr><td>针齿销孔的圆度和圆柱度</td><td colspan="3">不低于 8 级</td><td></td></tr>
<tr><td>与法兰端盖配合孔的圆度</td><td colspan="3">不低于 8 级</td><td></td></tr>
<tr><td>与机座配合止口的圆度</td><td colspan="3">不低于 7 级</td><td></td></tr>
<tr><td>针齿中心圆对与法兰端盖配合孔轴线的径向跳动</td><td colspan="3">不低于 7 级</td><td></td></tr>
</table>

第 12 篇

续表

<table>
<tr><th rowspan="2">零件名称</th><th rowspan="2">材料</th><th rowspan="2">热处理等</th><th colspan="5">尺寸偏差与形位公差</th><th rowspan="2">表面粗糙度 $Ra/\mu m$</th></tr>
<tr><th>项目</th><th colspan="4">数值</th></tr>
<tr><td rowspan="4">针齿壳</td><td rowspan="4">HT200</td><td rowspan="4">应进行时效处理，不应有裂痕、气孔和夹杂等缺陷</td><td>针齿销孔轴线对与法兰端盖配合端面的垂直度</td><td colspan="4">不低于 6 级</td><td></td></tr>
<tr><td>与机座配合止口的轴线对与法兰端盖配合孔轴线的同轴度</td><td colspan="4">不低于 8 级</td><td></td></tr>
<tr><td>与法兰端盖配合端面对与法兰端盖配合孔轴线的垂直度</td><td colspan="4">不低于 5 级</td><td></td></tr>
<tr><td>针齿壳两端面平行度</td><td colspan="4">不低于 7 级</td><td>0.4</td></tr>
<tr><td rowspan="19">摆线轮</td><td rowspan="19">GCr15 或 GCr15SiMn</td><td rowspan="19">经热处理后要求硬度为 58～62HRC，金相组织为隐晶马氏体+结晶马氏体+细小均匀渗碳体（马氏体≤3 级）</td><td>与轴承配合孔</td><td colspan="4">d_p<650 时，H6</td><td>0.8</td></tr>
<tr><td>销孔</td><td colspan="4">$d_p \geqslant 650$ 时，H7</td><td>0.8</td></tr>
<tr><td>轮齿工作表面</td><td colspan="4">H7</td><td>0.8</td></tr>
<tr><td rowspan="5">摆线轮的销孔相邻孔距差的公差 η_t 和孔距累积误差的公差 $\eta_{t\Sigma}$</td><td>d_p</td><td>$\eta_t \leqslant$</td><td colspan="2">$\eta_{t\Sigma} \leqslant$</td><td></td></tr>
<tr><td>150,180</td><td>0.042</td><td colspan="2">0.10</td><td></td></tr>
<tr><td>220,270</td><td>0.05</td><td colspan="2">0.115</td><td></td></tr>
<tr><td>330,390,450</td><td>0.06</td><td colspan="2">0.14</td><td></td></tr>
<tr><td>550,650</td><td>0.07</td><td colspan="2">0.18</td><td></td></tr>
<tr><td rowspan="5">摆线齿廓周节差的公差 δ_t，周节积累误差的公差 $\delta_{t\Sigma}$，齿顶圆径向跳动的公差 δ_e</td><td>d_p</td><td>$\delta_t \leqslant$</td><td>$\delta_{t\Sigma} \leqslant$</td><td>$\delta_e$</td><td></td></tr>
<tr><td>150,180</td><td>0.038</td><td>0.075</td><td>0.038</td><td></td></tr>
<tr><td>220,270</td><td>0.04</td><td>0.09</td><td>0.045</td><td></td></tr>
<tr><td>330,390,450</td><td>0.045</td><td>0.11</td><td>0.05</td><td></td></tr>
<tr><td>550,650</td><td>0.048</td><td>0.14</td><td>0.058</td><td></td></tr>
<tr><td>与轴承配合孔的圆度和圆柱度</td><td colspan="4">不低于 7 级</td><td></td></tr>
<tr><td>销孔中心圆对轴承轴线的径向跳动</td><td colspan="4">不低于 7 级</td><td></td></tr>
<tr><td>与轴承配合孔的轴线对基准端面的垂直度</td><td colspan="4">不低于 6 级</td><td></td></tr>
<tr><td>销孔的轴线对基准端面的垂直度</td><td colspan="4">不低于 6 级</td><td></td></tr>
<tr><td>两端面的平行度</td><td colspan="4">不低于 6 级</td><td></td></tr>
<tr><td>销孔公称直径</td><td colspan="4">总尺寸=销套直径+2 偏心距+Δ
$d_p \leqslant 550$ 时，Δ=0.15；
d_p>550 时，Δ=0.20～0.30</td><td></td></tr>
<tr><td rowspan="6">输出轴</td><td rowspan="6">45</td><td rowspan="6">调质处理，硬度为 187～229HB</td><td>与轴承配合的两轴颈</td><td colspan="4">$d_p \leqslant 450$ 时，k6；d_p>450 时，js6</td><td></td></tr>
<tr><td>轴承孔</td><td colspan="4">H11</td><td></td></tr>
<tr><td>销孔</td><td colspan="4">r6</td><td></td></tr>
<tr><td>销孔中心圆</td><td colspan="4">j7</td><td></td></tr>
<tr><td>输出轴的销孔相邻孔距差的公差 δ_t 和孔距累积误差的公差 $\delta_{t\Sigma}$</td><td colspan="4">与摆线轮相同</td><td></td></tr>
<tr><td>各配合轴颈的圆度和圆柱度</td><td colspan="4">不低于 7 级</td><td></td></tr>
</table>

第 12 篇

续表

零件名称	材料	热处理等	尺寸偏差与形位公差		表面粗糙度 Ra/μm
			项目	数值	
输出轴	45	调质处理，硬度为187～229HB	销孔的圆度和圆柱度	不低于8级	
			销孔中心圆对与轴承配合的两轴线的径向跳动	不低于7级	
			轴承孔的轴线对与轴承配合的两轴颈轴线的同轴度	不低于8级	
			输出轴销孔的轴线对与轴承配合的两轴颈轴线的平行度	水平方向 $\delta_x \leqslant 0.04/100$ 垂直方向 $\delta_y \leqslant 0.04/100$	
偏心套	45	调质处理，硬度不低于187～229HB	两外圆	js6	0.8
			内孔	H7	0.4
			偏心距的极限偏差	不超过±0.02	
			两外圆的圆度和圆柱度	不低于7级	
			内孔的圆度和圆柱度	不低于8级	
			两偏心轴线与孔轴线的平行度	不低于7级	

注：1. 摆线轮的材料允许采用与GCr15力学性能相当的材料。
2. 形位公差的精度等级和公差值应符合相关国标的规定。

7.2 对装配的要求

① 各零件装配后其配合关系应符合表12-7-8的规定。

表12-7-8 **摆线针轮行星传动有关零件配合的规定**

配合零件	配合关系	配合零件	配合关系
针齿销和针齿壳	H7/h6	输出轴上销孔和销轴	R7/h6
针齿销和针齿套	D8/h6	输出轴上销轴和销套	D8/h6
针齿壳和法兰端盖	H7/h6	输出轴与紧固环	H7/r6
偏心套和输入轴	H7/h6		

② 销轴装入输出轴销孔，可采用温差法。装配后应符合：销轴与输出轴轴线平行度公差，在水平方向上 $\delta_x \leqslant 0.04/1000$；垂直方向 $\delta_y \leqslant 0.04/1000$。

③ 为保证连接强度，紧固环和输出轴的配合，应用温差法装配，不允许直接敲装。

④ 机座、端盖和针齿壳等零件不加工的外表面，应涂底漆并涂以浅灰色油漆（或按主机要求配色）。上述零件不加工表面，应涂以耐油油漆。工厂标牌安装时，与机座应有漆层隔开。

⑤ 各连接件、紧固件不得有松动现象。

⑥ 各接合面密封处不得渗油漏油。

⑦ 运转平稳，不得有冲击、振动和不正常声响。

⑧ 液压泵正常工作，油路畅通。

8　设计计算公式与设计实例

表 12-7-9　　设计计算公式与实例

项目	代号	单位	公式或数据	算例		说明
功率	P	kW		30	在平稳载荷下工作选用 GCr15，硬度 60HRC	为使两摆线轮齿廓和销轴孔能正好重叠加工，以提高精度和生产率，齿数 z_c 尽量取奇数，亦即 i 尽可能取奇数
输入转速	n_H	r/min		1500		
传动比	i			25		
输出转矩	T	N·mm	$T=9550000\frac{P}{n_H}\eta$	$T=9550000\frac{30}{1500}\times25\times0.92$ $=4393000$		一般效率取 $\eta=0.9\sim0.95$
短幅系数（初选）	K_1		$K_1=0.65\sim0.9$	取 $K_1=0.8$		按表 12-7-2 选择 K_1
针径系数（初选）	K_2		$K_2=1.25\sim2.0$	取 $K_2=1.7$		按表 12-7-3 选择 K_2
针齿中心圆半径	r_p	mm	$r_p=(0.85\sim1.3)\sqrt[3]{T}$ 经验公式	$r_p=1.18\sqrt[3]{T}$ $=193.26$ 取 $r_p=195$		（1）材料为轴承钢（58～60HRC）时，$\sigma_{Hp}=1000\sim1200\text{MPa}$ （2）抽齿一半时，式中应乘以$\sqrt[3]{2}$
齿宽	b_c	mm	$b_c=(0.1\sim0.2)r_p$	$b_c=0.12\times195=23.4$ 取 $b_c=23$		
偏心距	a	mm	$a=\frac{K_1r_p}{z_p}$	$a=\frac{0.8\times195}{26}=6$ 取 $a=6$		（1）$z_p=z_c+1$ （2）a 的标准值见表 12-7-4 注
短幅系数	K_1		$K_1=\frac{az_p}{r_p}$	$K_1=\frac{6\times26}{195}=0.8$		
针齿套外圆半径	r_{rp}	mm	$r_{rp}=\frac{r_p}{K_2}\sin\frac{180°}{z_p}$	$r_{rp}=\frac{195}{1.7}\sin\frac{180°}{26}=13.8$ 取 $r_{rp}=13.5$		按 2.3.1 节的公式检验是否产生顶切
针齿销半径	r_{sp}	mm		取 $r_{sp}=8.5$		
针径系数	K_2		$K_2=\frac{r_p}{r_{rp}}\sin\frac{180°}{z_p}$	$K_2=\frac{195}{13.5}\sin\frac{180°}{26}=1.741$		若 $K_2<1.3$，考虑轴径大于孔径的一半，则以上各项应重新计算

续表

项目	代号	单位	公式或数据	算例	说明
齿形修正： 移距修形量、 等距修形量	Δr_p Δr_{rp}	mm mm		$\Delta r_p=0.225$ $\Delta r_{rp}=0.375$	用本章第6节所推荐的摆线轮合理齿形修形方法，用计算机算出
求齿面最大接触压力	F_{max}	N	$F_{max}=\dfrac{0.55T}{\sum\limits_{i=m}^{i=n}\left(\dfrac{l_i}{r_c}-\dfrac{\Delta(\varphi)_i}{\delta_{max}}\right)l_i}$	求得 $F_{max}=4765$	根据式(12-7-80)~式(12-7-86)用计算机求解 F_{max}
传力齿号： 初接触齿号、 终接触齿号	m n			$m=2$ $n=5$	参看本章4.1.2节用计算机判定
摆线轮齿与针齿的最大接触应力	σ_H	MPa	$\sigma_{Hi}=0.418\sqrt{\dfrac{F_iE_c}{b_c\rho_H}}$	$\sigma_H=1136.7$	i——第 i 个接触齿号 F_i——第 i 齿号的接触压力 σ_H——$i=m\sim n$ 中 σ_{Hi} 的最大值
转臂轴承径向载荷	F_r	N	$F_r=\sqrt{\left(\sum\limits_{i=m}^{i=n}F_{xi}\right)^2+\left(\sum\limits_{i=m}^{i=n}F_{yi}-\sum\limits_{i=m}^{i=n}Q_i\right)^2}$	求得 $F_r=24767$	F_{xi}——第 i 号接触齿受力的水平分力 F_{yi}——第 i 号接触齿受力的垂直分力 $\sum\limits_{i=m}^{i=n}Q_i$——W机构柱销作用力之合力
转臂轴承当量动负载	P	N	$P=xF_r$	$P=1.1\times24767=27243$	平稳载荷下 $d_p<390$mm，$x=1.05$， $d_p\geqslant390$mm，$x=1.1$
转臂轴承内外圆的相对转速	n	r/min	$n=\|n_H\|+\|n_V\|$	$n=1500+\dfrac{1500}{25}=1560$	
单列向心短圆柱滚子轴承参数		mm	$D_1=(0.4\sim0.5)d_p$	$D_1=(0.4\sim0.5)\times390$ $=156\sim195$ 选用502222，$D_1=178.5$，$b_1=38$，$C=214000$	(1)$d_p<650$mm，一般采用无外圆轴承，$d_p\geqslant650$mm采用带外圆轴承 (2)应取 $b_1>b_c$
转臂轴承寿命	L_h	h	$L_h=\dfrac{10^6}{60n}\left(\dfrac{C}{P}\right)^{\varepsilon}$	$L_h=\dfrac{10^6}{60\times1560}\times\left(\dfrac{214000}{27243}\right)^{10/3}$ $=10294$	ε——寿命系数，球轴承 $\varepsilon=3$；滚子轴承 $\varepsilon=10/3$

续表

项目	代号	单位	公式或数据	算例	说明
针齿销支点的跨距	L	mm		画设计图，按实际结构尺寸 $L=73.5$	(1) $d_p<390$mm，一般采用两支点 (2) $d_p\geqslant390$mm，采用三支点 (3)若结构已定，L 按实际尺寸计算
柱销直径	d_{sw}	mm	$d_{sw}\geqslant\sqrt[3]{\dfrac{K_w Q_{max}(1.5b_c+\delta_c)}{0.1[\sigma_w]}}$	$d_{sw}=\sqrt[3]{\dfrac{1.35\times8520\times(1.5\times23+6)}{0.1\times160}}=30.76$	Q_{max} 按式(12-7-103)算得
柱销套外径	d_{rw}	mm		$d_{rw}=45$	表 12-7-6
摆线轮顶圆直径	d_{ac}	mm	$d_{ac}=d_p+2a-d_{rp}-2\times(\Delta r_{rp}+\Delta r_p)$	$d_{ac}=390+2\times6-27-2\times0.15=374.7$	
摆线轮柱销直径	d_w	mm	$d_w=d_{rw}+2a+\Delta$	$d_w=45+2\times6+0.15=57.15$	为使柱销孔与柱销套间留有适当间隙，d_w 值应增加 Δ 值，见本章 3.3 节 (1) $d_p\leqslant550$mm 时 $\Delta=0.15$mm (2) $d_p>550$mm 时 $\Delta=0.2\sim0.3$mm

第8章 谐波齿轮传动

1 谐波齿轮传动的工作原理

谐波齿轮传动是一种靠柔轮的弹性变形来实现运动或动力传递的传动装置，由于柔轮变形过程基本上是一个对称的谐波，故而得名。其基本构件包括波发生器、柔轮和刚轮，三个构件中有一个固定，其余两个，一个为主动，另一个为从动。其相互关系可根据需要变换，一般均以波发生器为主动。它的结构如图12-8-1所示，当波发生器为主动时，将凸轮装入薄壁轴承内，再将它们装入柔轮内，此时柔轮由原来的圆形变成椭圆形，在椭圆的长轴两端柔轮齿与刚轮齿处于完全啮合状态，即柔轮的外齿与刚轮的内齿沿齿高啮合；椭圆短轴两端的柔轮齿与刚轮齿处于完全脱开状态。在波发生器长轴和短轴之间的柔轮齿，沿柔轮周长的不同区段内，有的逐渐进入刚轮齿间，处在半啮合状态，称之为啮入；有的逐渐退出刚轮齿间，处在半脱开状态，称之为啮出。凸轮在柔轮内转动时，迫使柔轮产生连续的弹性变形，此时波发生器的连续转动，就使柔轮齿与刚轮齿的啮入—啮合—啮出—脱开这四种状态循环往复地改变各自原来的啮合状态，这种现象称为错齿运动，正是这一错齿运动，作为减速器就可将输入的高速转动变为输出的低速转动。

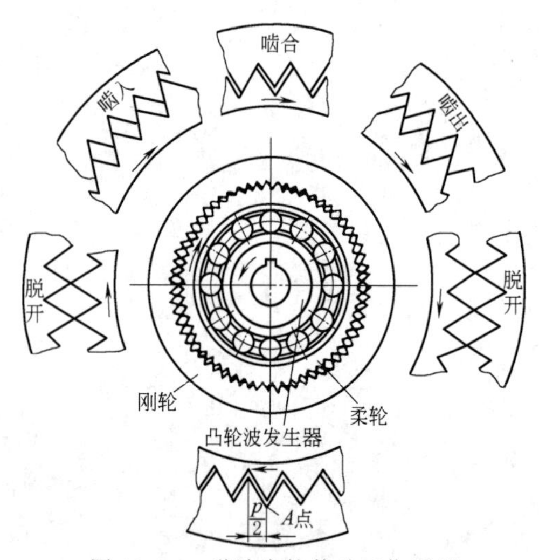

图12-8-1 谐波齿轮传动工作原理

传动过程中，波发生器转一圈，柔轮上某点变形的循环次数称为波数 U，常用的有双波和三波两种，双波传动柔轮中的应力较小，结构比较简单，容易获得大的传动比，较为常用，故本章只讨论双波传动。

谐波齿轮传动的柔轮和刚轮节距相同，但齿数不等，通常均取刚轮和柔轮的齿数差等于波数。对于双波发生器的谐波齿轮传动，当波发生器顺时针转动1/8周时，柔轮齿与刚轮齿就由原来的啮入状态变成啮合状态，而原来的脱开状态就成为啮入状态。同样道理，啮出变为脱开，啮合变为啮出，这样柔轮相对刚轮转动（角位移）了1/4齿；同理，波发生器再转动1/8周时，重复上述过程，这时柔轮位移一个齿距。依此类推，波发生器相对刚轮转动一周时，柔轮相对刚轮的位移为两个齿距。

柔轮齿和刚轮齿在节圆处啮合过程就如同两个纯滚动（无滑动）的圆环一样，两者在任何瞬间，在节圆上转过的弧长必须相等。由于柔轮比刚轮在节圆周长上少了两个齿距，所以柔轮在啮合过程中，就必须相对刚轮转过两个齿距的角位移，这个角位移正是减速器输出轴的转动，从而实现了减速。其减速比可由下式求得（式中减速比为负值表示输入轴和输出轴转向相反）。

减速比=-柔轮齿数/(刚轮齿数-柔轮齿数)

谐波齿轮传动可用作减速或增速，通常用作减速装置。

2 谐波齿轮传动的特点和应用

与一般齿轮传动相比，谐波齿轮传动的特点是：

① 传动比大且范围宽，单级传动的传动比为 30~500（若采用行星式波发生器，则传动比可扩大至 150~4000），复式传动的传动比可达 10^7。

② 同时参与啮合的齿对数多，承载能力大（传递额定力矩时，同时参与啮合的齿对数可达总齿数的 30%~40%）。

③ 结构简单，体积小，重量轻，在传动比和承载条件相当的情况下，谐波齿轮传动可比一般齿轮减速器的体积和重量减小 1/3~1/2 。

④ 具有误差均化效应，传动精度高。在相同的制造精度下，谐波齿轮传动的精度比一般齿轮传动的精度至少可高一级。

⑤ 可实现弹性啮合，齿侧间隙便于调整，并易获得零侧隙传动。

⑥ 传动平稳，无冲击。

⑦ 传动效率较高。随传动比值的不同，单级传动的最高效率可达 65%~85%。

⑧ 可实现向密闭空间传递运动。

由于谐波齿轮传动的突出优点，因而在机器人、航天、航空、航海、仿生机械、能源、常规军械、机床、仪表，以及医疗器械等各领域得到了日益广泛的应用，特别是在高精度、高功率密度、高动态性能的伺服系统中，采用谐波齿轮传动更显示出它的优越功能。

目前，谐波齿轮传动的标准化、系列化工作发展十分迅速。美、日、俄等国家已有谐波齿轮减速器的产品系列或相应的标准，我国已制定了通用谐波齿轮减速器的国家标准，GJB 2593—95《军用谐波传动变速器通用规范》、GB/T 30819—2014《机器人用谐波齿轮减速器》，其主要性能指标为：

机型：在 GJB 2593—95《军用谐波传动变速器通用规范》中按公制柔轮内径划分有 25，32，40，50，60，80，100，120，160，200，250 等机型；在 GB/T 30819—2014《机器人用谐波齿轮减速器》中按英制柔轮内径划分有 8，11，14，17，20，25，32，40，45，50，58 等机型，已实现国产化；

传动比：标准 GJB 2593—95 中有 63，80，100，125，160，200，250，315；标准 GB/T 30819—2014 中有 30，50，80，100，120，160；

额定输出转矩范围：0.5~969N · m；

传动精度：一般为 3′，精密级为 1′；

回差：一般为 3′，精密级为 1′；

效率：65%~85%。

目前，我国已有专业厂家生产多种型号规格的谐波齿轮减速器系列产品，供应国内外市场。

3 谐波齿轮减速器的结构简图与传动比计算

3.1 典型单级谐波齿轮传动的结构简图与传动比计算

设柔轮和刚轮的齿数分别为 z_1 和 z_2，波发生器为 H，则单级谐波齿轮传动的结构简图和传动比计算公式见表 12-8-1。

3.2 简单双级和复式谐波齿轮传动的结构简图和传动比计算

根据单级谐波齿轮传动的传动比计算公式，可派生出各种简单双级和复式谐波齿轮传动的简图。设双级中的第Ⅰ级和第Ⅱ级的传动比计算公式为：

$$i_{\mathrm{I}}=-\frac{z_{\mathrm{I}1}}{z_{\mathrm{I}2}-z_{\mathrm{I}1}}\text{和 } i_{\mathrm{II}}=-\frac{z_{\mathrm{II}1}}{z_{\mathrm{II}2}-z_{\mathrm{II}1}}$$

表 12-8-1　　典型单级谐波齿轮传动的结构简图及传动比计算公式

序号	构件相互关系			结构简图	传动比计算公式	备注
	输入构件	输出构件	固定构件			
1	波发生器	柔轮	刚轮	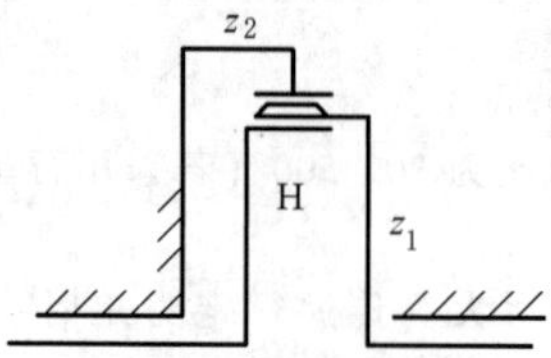	$i_{H1}^{2}=-\frac{z_1}{z_2-z_1}$	传动比范围 30~320
	柔轮	波发生器	刚轮		$i_{1H}^{2}=-\frac{z_2-z_1}{z_1}$	传动比范围 $\frac{1}{30}$~$\frac{1}{320}$
2	波发生器	刚轮	柔轮	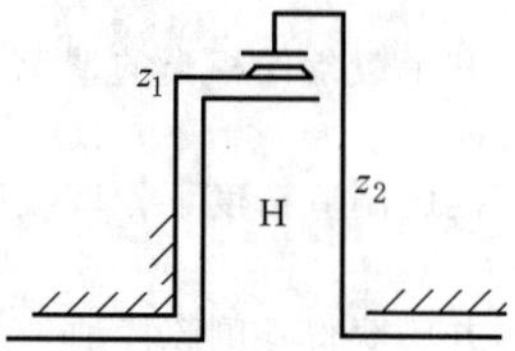	$i_{H2}^{1}=\frac{z_2}{z_2-z_1}$	传动比范围 30~320
	刚轮	波发生器	柔轮		$i_{2H}^{1}=\frac{z_2-z_1}{z_2}$	传动比范围 $\frac{1}{30}$~$\frac{1}{320}$
3	柔轮	刚轮	波发生器	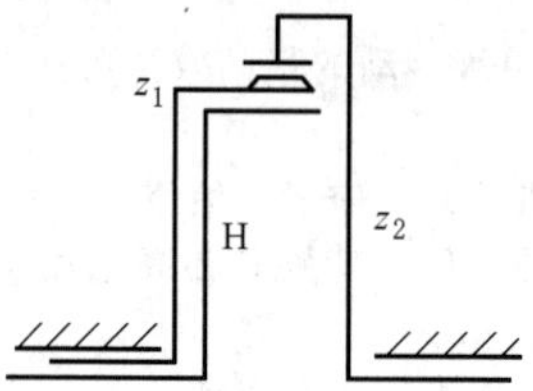	$i_{12}^{H}=\frac{z_2}{z_1}$	微小减速情况，传动比范围 1.002~1.02
	刚轮	柔轮	波发生器		$i_{21}^{H}=\frac{z_1}{z_2}$	微小增速情况，传动比范围 $\frac{1}{1.002}$~$\frac{1}{1.02}$

其中齿数代号中的下角标Ⅰ、Ⅱ系指第Ⅰ级或第Ⅱ级的柔轮和刚轮的齿数。于是简单双级和复式谐波齿轮传动的典型结构简图和传动比计算公式，见表 12-8-2。

表 12-8-2　　简单双级和复式谐波齿轮传动的结构简图和传动比计算公式

序号	构件相互关系			结构简图	传动比计算公式	备注
	输入构件	输出构件	固定构件			
1	Ⅰ级波发生器	Ⅱ级刚轮	Ⅰ、Ⅱ级柔轮	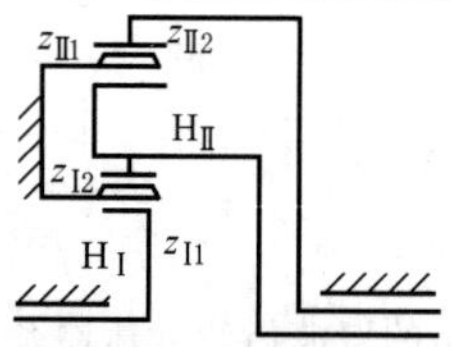	$i=(1-i_{Ⅰ})(1-i_{Ⅱ})$	两级的传动呈径向配置，传动的范围取决于两级传动比的乘积
2	Ⅰ级波发生器	Ⅱ级柔轮	Ⅰ级柔轮和Ⅱ级刚轮	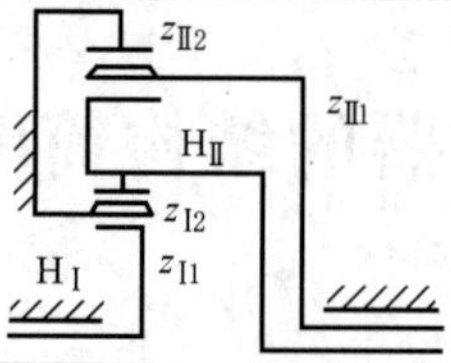	$i=(1-i_{Ⅰ})i_{Ⅱ}$	
3	Ⅰ级波发生器	Ⅱ级柔轮	Ⅲ级刚轮	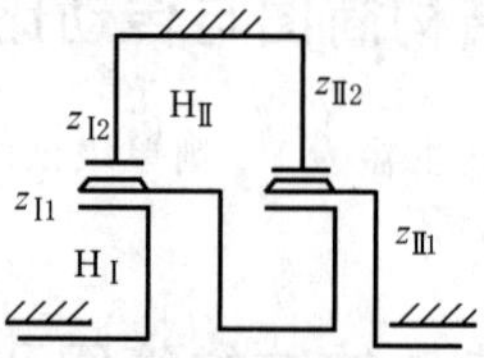	$i=i_{Ⅰ}i_{Ⅱ}$	两级的传动呈轴向配置，传动的范围取决于两级传动比的乘积
4	Ⅰ级波发生器	Ⅱ级刚轮	Ⅰ级刚轮与Ⅱ级柔轮	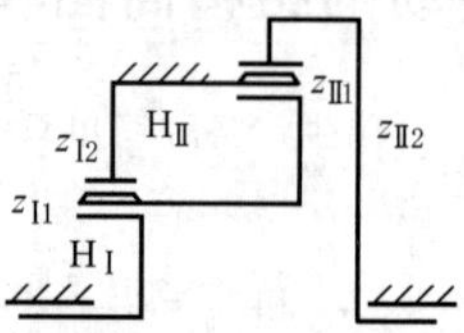	$i=i_{Ⅰ}(1-i_{Ⅱ})$	

续表

序号	构件相互关系			结构简图	传动比计算公式	备注
	输入构件	输出构件	固定构件			
5	Ⅰ级波发生器	Ⅰ、Ⅱ级刚轮	Ⅱ级柔轮	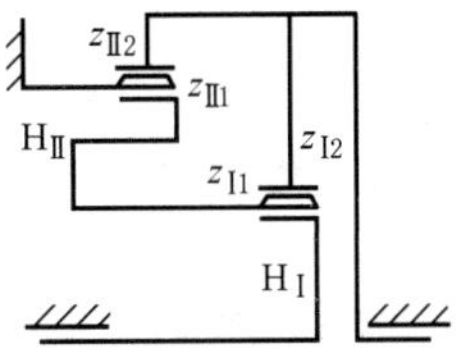	$i=1-i_{\mathrm{I}}i_{\mathrm{II}}$	两级传动的刚轮联为一体，构成复式传动
6	Ⅰ级波发生器	Ⅰ级刚轮和Ⅱ级柔轮	Ⅱ级刚轮	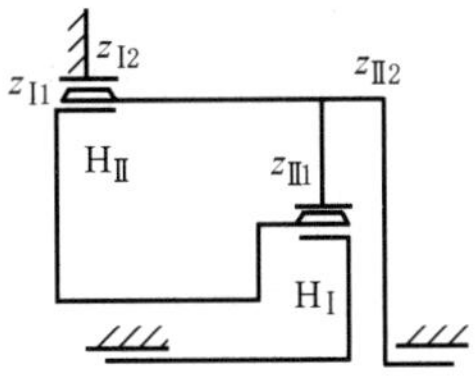	$i=1-i_{\mathrm{I}}(1-i_{\mathrm{II}})$	Ⅰ级刚轮与Ⅱ级柔轮联为一体，构成复式传动
7	Ⅰ级波发生器	Ⅰ级柔轮与Ⅱ级刚轮	Ⅱ级柔轮	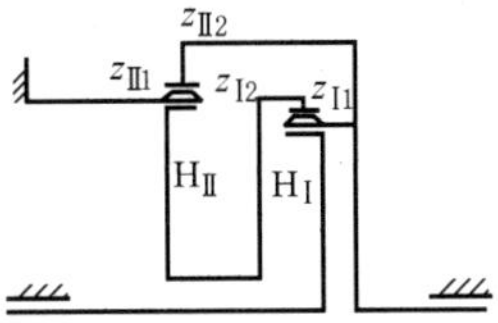	$i=1-(1-i_{\mathrm{I}})i_{\mathrm{II}}$	Ⅰ级柔轮与Ⅱ级刚轮联为一体，构成复式传动
8	Ⅰ级波发生器	Ⅰ、Ⅱ级柔轮	Ⅱ级刚轮	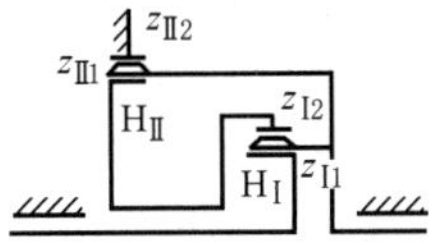	$i=1-(1-i_{\mathrm{I}})(1-i_{\mathrm{II}})$	Ⅰ、Ⅱ级柔轮联为一体构成复式
9	Ⅰ级（即Ⅱ级）波发生器	Ⅱ级刚轮	Ⅰ级刚轮	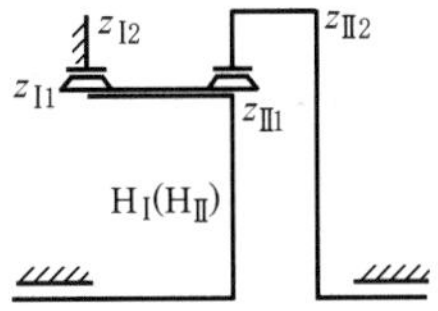	$i=\dfrac{\lvert i_{\mathrm{I}}\rvert(1-i_{\mathrm{II}})}{\lvert i_{\mathrm{I}}\rvert+i_{\mathrm{II}}}$	即所谓的外复式传动。Ⅰ、Ⅱ级波发生器和柔轮分别联为一体。传动比最大为 2×10^{6}
10	Ⅰ级（即Ⅱ级）波发生器	Ⅱ级刚轮	Ⅰ级刚轮	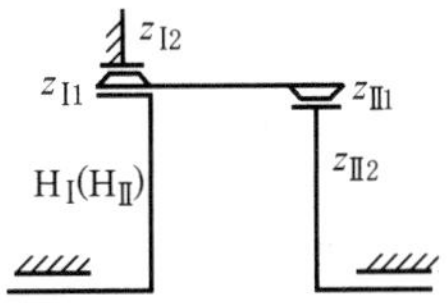	$i=-\dfrac{\lvert i_{\mathrm{I}}\rvert(1-i_{\mathrm{II}})}{\lvert i_{\mathrm{I}}\rvert-i_{\mathrm{II}}+2}$	即所谓的内复式传动。Ⅰ、Ⅱ级柔轮和波发生器分别联为一体，Ⅱ级柔轮为内齿，刚轮为外齿。传动比范围为 25~250

4　谐波齿轮传动的设计与计算方法

4.1　谐波齿轮传动的几何关系模型

以应用最广泛的双波谐波齿轮传动机构为研究对象进行谐波齿轮传动几何关系的推导，不失问题的一般性，工作形式为刚轮固定，波发生器输入，且柔轮输出，其几何关系模型主要包括谐波齿轮传动的波发生器轮廓方程、柔轮变形方程以及柔轮转角的计算方程。

4.2 波发生器轮廓方程

（1）谐波齿轮传动基本假设：

① 柔轮变形前后的中性层曲线长度不变；

② 柔轮齿形在工作时形状不变，只有轮齿之间的齿槽形状会改变；

③ 柔轮所有特征圆都是柔轮中性层曲线的等距曲线；

谐波齿轮传动中柔轮的弹性变形是由波发生器的轮廓形状决定的，而波发生器由具有长短轴结构的凸轮与柔性轴承组成，由于柔性轴承在凸轮的作用下其外轮廓曲线与凸轮外轮廓曲线为等距曲线，因此，将凸轮与柔性轴承看成一个整体，即波发生器。应用最为广泛的波发生器为椭圆凸轮波发生器与余弦凸轮波发生器。

（2）椭圆凸轮波发生器

柔轮在波发生器作用下的变形情况由柔轮中性层曲线来描述，该曲线是波发生器外轮廓曲线的等距曲线，因此，当波发生器采用标准椭圆凸轮时，柔轮中性层曲线也为标准椭圆，柔轮中性层曲线的变形示意图如图 12-8-2 所示。

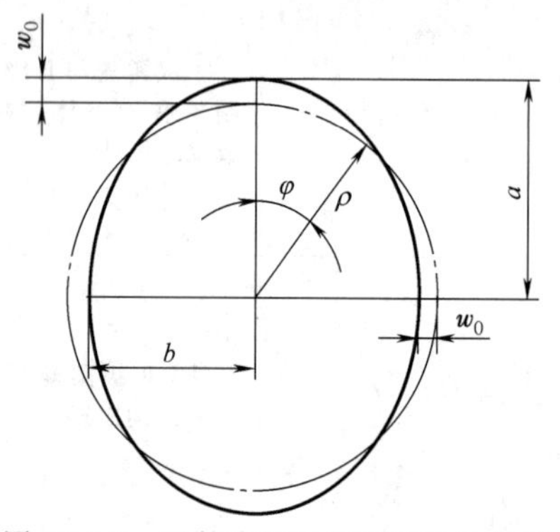

图 12-8-2　柔轮中性层曲线变形示意图

图 12-8-2 中，圆形曲线为柔轮未变形时的中性层曲线，椭圆曲线为柔轮中性层曲线在椭圆波发生器作用下的变形曲线，根据标准椭圆的参数方程，可以得到中性层曲线对应的极坐标方程为：

$$\rho=\frac{ab}{\sqrt{a^2\sin^2\varphi+b^2\cos^2\varphi}} \tag{12-8-1}$$

式中，a、b 分别为标准椭圆的长半轴半径与短半轴半径，即为柔轮变形后中性层曲线的长半轴半径与短半轴半径；φ 为中性层曲线对应矢径与长半轴的夹角。

设 r_b 为柔轮未变形时中性层曲线的等效圆半径，则长半轴半径为：

$$a=r_b+w_0 \tag{12-8-2}$$

式中，w_0 为柔轮变形的最大径向变形量，为径向变形量系数 w_0^* 与柔轮模数 m 的乘积。

而短半轴半径可根据变形后的中性层曲线周长与变形前的等效圆周长相等的条件确定，由此可得，短半轴半径为：

$$b=\frac{1}{9}[(12r_b-7a)+4\sqrt{a(3r_b-2a)}] \tag{12-8-3}$$

但实际计算时，式（12-8-3）计算较为复杂，若将变形后椭圆的轮廓线周长 C 近似地取为：

$$C=\pi(a+b) \tag{12-8-4}$$

则短半轴半径可近似地取为：

$$b=r_b-w_0 \tag{12-8-5}$$

从工程实际考虑，式（12-8-3）与式（12-8-5）的短半轴计算结果相差十分微小，通常误差不超过短半轴半径的万分之一，这么小的误差完全可以忽略不计，因此，如不特加说明，柔轮变形后的长半轴半径与短半轴半径分别取为：

$$\begin{cases}a=r_b+w_0\\b=r_b-w_0\end{cases} \tag{12-8-6}$$

对中性层曲线对应的极坐标方程进行等效变换，令：

$$k^2=\frac{a^2-b^2}{b^2} \tag{12-8-7}$$

式中，k 称为椭圆积分的模数。

于是，式（12-8-1）所示的柔轮变形后中性层曲线的极坐标方程经过等效变换后为：

$$\rho=\frac{a}{\sqrt{1+k^2\sin^2\varphi}} \tag{12-8-8}$$

若令：

$$f(\varphi)=\frac{1}{\sqrt{1+k^2\sin^2\varphi}} \tag{12-8-9}$$

则有：

$$\rho=af(\varphi) \tag{12-8-10}$$

式（12-8-10）即为采用标准椭圆波发生器时，柔轮变形后的中性层曲线方程。

（3）余弦凸轮波发生器

若采用余弦凸轮波发生器，则柔轮变形后中性层曲线的极坐标方程为：

$$\rho=r_b+w_0\cos(2\varphi) \tag{12-8-11}$$

式中各参数的意义与采用椭圆凸轮波发生器时的参数意义相同。

4.3 柔轮变形方程

实践表明，柔轮轮齿在波发生器的作用下会产生三种变形，即径向变形 w、切向变形 ν 及法向转角变形 μ，其对应的变形方程分别为：

$$w=\rho-r_b=af(\varphi)-r_b \tag{12-8-12}$$

$$\nu=-\int w\mathrm{d}\varphi \tag{12-8-13}$$

$$\mu=\arctan(\rho'/\rho) \tag{12-8-14}$$

式中，ρ'为变形后中性层曲线矢径。

以工作形式为刚轮固定，波发生器输入，柔轮输出的谐波齿轮传动为研究对象，建立计算柔轮转角所需的柔轮中性层曲线变形图如图 12-8-3 所示，其中，以竖直方向为 Y_2 轴，以刚轮回转中心 O_2 为原点建立刚轮固定坐标系 $O_2X_2Y_2$。以波发生器长轴为 Y 轴，以波发生器回转中心 O 为原点建立波发生器动坐标系 OXY，以柔轮轮齿对称轴为 Y_1 轴，以 Y_1 轴与柔轮中性层曲线的交点为坐标原点 O，建立柔轮轮齿动坐标系 $O_1X_1Y_1$。各主要构件的运动关系如图 12-8-3 所示。

各符号的具体含义如下：ω_H 为波发生器角速度；φ_H 为波发生器转角；φ_1 为柔轮啮合轮齿矢径与波发生器长轴夹角；φ 为柔轮未变形端与波发生器长轴之间的角度；w、ν、μ 分别为柔轮啮合轮齿的径向位移、切向位移以及法向转角；ρ 为中性层曲线矢径；r_b 为未变形时柔轮中性层曲线的等效圆半径；$\Delta\varphi$ 为柔轮啮合轮齿与竖直方向夹角，$\widetilde{1}$ 为柔轮轮齿，$\widetilde{2}$ 为刚轮轮齿。

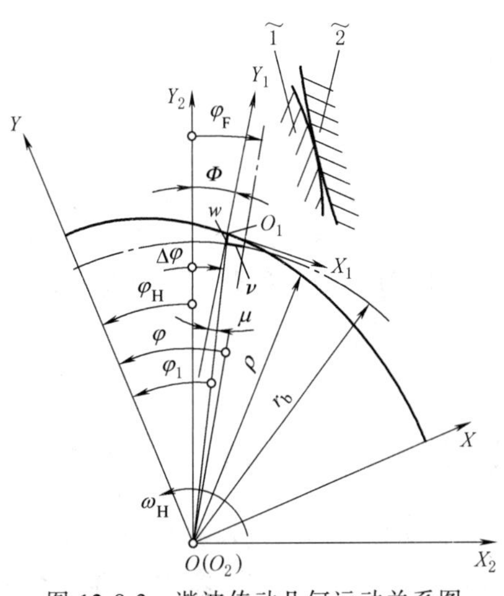

图 12-8-3 谐波传动几何运动关系图

以柔轮 Y_1 轴处对应的柔轮轮齿转角情况为研究对象，将柔轮 Y_1 轴处对应的柔轮轮齿记为 1 号轮齿。初始状态时波发生器的 Y 轴、柔轮的 Y_1 轴及刚轮的 Y_2 轴在竖直方向上重合，波发生器长轴与柔轮长轴重合。当波发生

器转动角度为 φ_H 时，柔轮前段变形端的 1 号轮齿向相反方向转动角度为 $\Delta\varphi$，同时 1 号轮齿产生径向变形 $w(\varphi_1)$、切向变形 $\nu(\varphi_1)$ 及法向转角 $\mu(\varphi_1)$，而柔轮杯底的未变形端顺时针转动的角度为 φ_F，柔轮杯底的非变形端转角 φ_F 与波发生器转角 φ_H 的关系如下：

$$\varphi_F=\frac{z_2-z_1}{z_1}\varphi_H \tag{12-8-15}$$

并且，柔轮未变形端转过的转角 φ 与波发生器转角 φ_H 的关系为：

$$\varphi=\varphi_H+\varphi_F=\frac{z_2}{z_1}\varphi_H \tag{12-8-16}$$

① 柔轮转角近似计算方法。柔轮装配变形后，柔轮轮齿法向转角 $\mu(\varphi_1)$ 可通过下式表示：

$$\mu(\varphi_1)=\arctan(\rho'/\rho)\approx\rho'/\rho\approx w(\varphi_1)'/r_b\approx w(\varphi_1)/r_b \tag{12-8-17}$$

式中，由于矢径 ρ 的倒数很小，用 ρ'/ρ 代替 arctan（ρ'/ρ）；由于矢径 ρ 与柔轮未变形时中性圆半径 r_b 接近，用 r_b 代替 ρ，由于 φ 与 φ_1 差别很小，将 $w(\varphi_1)'$用 $w(\varphi_1)$ 代替。

柔轮变形后前端中性层曲线为具有长短轴的凸轮曲线，后端为未变形的标准圆。根据柔轮变形后中性层曲线不伸长的条件，柔轮变形端圆弧弧长与未变形端圆弧弧长相等，由此可得转角 φ 与转角 φ_1 的关系，即：

$$\begin{aligned} r_m\varphi &= \int_0^{\varphi_1}\sqrt{\rho^2+\rho'^2}\,d\varphi_1 \approx \int_0^{\varphi_1}\rho d\varphi_1 \\ &= \int_0^{\varphi_1}r_m d\varphi_1+\int_0^{\varphi_1}w(\varphi)d\varphi_1 \approx r_m\varphi_1+\int_0^{\varphi}w(\varphi)d\varphi_1 = r_m\varphi_1-\nu(\varphi) \end{aligned} \tag{12-8-18}$$

式中，r_m 为柔轮变形前中性层曲线半径；由于 ρ 的倒数很小，忽略 ρ'的影响；由于 φ 与 φ_1 差别很小，将 $w(\varphi)$ 的积分上限 φ_1 用 φ 来代替。

于是有：

$$\varphi_1\approx\varphi+\nu(\varphi)/r_b \tag{12-8-19}$$

因此，谐波齿轮传动的转角关系有：

$$\Delta\varphi=\varphi_1-\varphi_H\approx\frac{z_2-z_1}{z_2}\varphi+\nu(\varphi)/r_b \tag{12-8-20}$$

② 柔轮转角的精确计算方法。若不进行近似计算，根据柔轮变形后中性层曲线不伸长的条件可知：

$$\begin{aligned} \varphi &= \int_0^{\varphi_1}\sqrt{\rho^2+\rho'^2}\,d\varphi_1 = \\ &\int_0^{\varphi_1}\sqrt{[1+w(\varphi)/r_m]^2+[w(\varphi)'/r_m]'^2}\,d\varphi_1 = F(\varphi_1) \end{aligned} \tag{12-8-21}$$

因此，谐波齿轮传动的转角关系有：

$$\Delta\varphi=\varphi_1-\varphi_H=\varphi_1-\frac{z_1}{z_2}F(\varphi_1) \tag{12-8-22}$$

由式（12-8-21）可知，若不采用式（12-8-18）所示的柔轮转角的近似计算方法，式（12-8-21）的求解需要使用复杂的积分方程，且无法给出转角 φ_1 的精确表达式。而在谐波齿轮传动的实际工作过程中，柔轮变形后的实际共轭位置在 φ_1 处，因此，采用变量代换的方法，在进行柔轮转角的精确求解时，可将所有参数均以 φ_1 为自变量进行求解分析，其中 φ 与 φ_1 的关系如下：

$$d\varphi/d\varphi_1=\sqrt{[1+w(\varphi_1)/r_m]^2+[w(\varphi_1)'/r_m]'^2} \tag{12-8-23}$$

4.4 谐波齿轮传动共轭理论

目前，在研究谐波齿轮传动的共轭理论中，包络法的本质是将柔轮的弹性变形转化为共轭运动的一部分，采用包络运动的方法求解谐波齿轮传动的共轭齿形，是各种理论中应用最为成熟的，因此以基于包络运动的共轭理论为例推导出谐波齿轮传动的轮齿共轭方程。

按照谐波齿轮传动的包络共轭理论，谐波齿轮传动满足的基本共轭方程如下：

$$\boldsymbol{X}_2=\boldsymbol{M}\boldsymbol{X}_1 \tag{12-8-24}$$

式中，$\boldsymbol{X}_1$ 为柔轮齿廓表达式，$\boldsymbol{X}_2$ 为满足共轭的刚轮齿廓表达式，分别为：

$$\boldsymbol{X}_1=[x_1(s),y_1(s),1]^{\mathrm{T}} \tag{12-8-25}$$

$$\boldsymbol{X}_2=[x_2(s,\varphi),y_2(s,\varphi),1]^{\mathrm{T}} \tag{12-8-26}$$

$\boldsymbol{M}$ 为共轭矩阵，其表达式为：

$$\boldsymbol{M}=\begin{bmatrix}\cos\varphi & \sin\varphi & \rho\sin\varphi_{\mathrm{f}}\\ -\sin\varphi & \cos\varphi & \rho\cos\varphi_{\mathrm{f}}\\ 0 & 0 & 1\end{bmatrix}$$

并且，基于包络共轭理论的基本共轭方程必须满足如下表达式：

$$\frac{\partial x_2(s,\varphi)}{\partial s}\times\frac{\partial y_2(s,\varphi)}{\partial \varphi}-\frac{\partial x_2(s,\varphi)}{\partial \varphi}\times\frac{\partial y_2(s,\varphi)}{\partial s}=0 \tag{12-8-27}$$

其中，s 为求解时柔轮齿廓的弧片；φ_{f} 为柔轮变形后矢径 ρ 与刚性轴 Y_2 的夹角。

在式（12-8-27）中代入 4.3 节所述的柔轮转角的精确计算方法，并以 φ_1 为自变量，基于包络共轭理论的谐波齿轮传动的基本共轭方程可改写为

$$\frac{\partial x_2(s,\varphi_1)}{\partial s}\times\frac{\partial y_2(s,\varphi_1)}{\partial \varphi_1}\bigg/\frac{\mathrm{d}\varphi}{\mathrm{d}\varphi_1}-\frac{\partial x_2(s,\varphi_1)}{\partial \varphi_1}\times\frac{\partial y_2(s,\varphi_1)}{\partial s}\bigg/\frac{\mathrm{d}\varphi}{\mathrm{d}\varphi_1}=0 \tag{12-8-28}$$

式中，各函数的表达式如下：

$$\begin{cases}\dfrac{\partial x_2}{\partial s}=\dfrac{\partial x_1}{\partial s}\cos\varphi+\dfrac{\partial y_1}{\partial s}\sin\varphi\\ \dfrac{\partial y_2}{\partial s}=-\dfrac{\partial x_1}{\partial s}\sin\varphi+\dfrac{\partial y_1}{\partial s}\cos\varphi\\ \dfrac{\partial x_2}{\partial \varphi_1}=(-x_1\sin\varphi+y_1\cos\varphi)\dfrac{\mathrm{d}\varphi}{\mathrm{d}\varphi_1}+\dfrac{\mathrm{d}\rho}{\mathrm{d}\varphi_1}\sin\Delta\varphi+\rho\cos\Delta\varphi\dfrac{\mathrm{d}\Delta\varphi}{\mathrm{d}\varphi_1}\\ \dfrac{\partial y_2}{\partial \varphi_1}=(-x_1\cos\varphi-y_1\sin\varphi)\dfrac{\mathrm{d}\varphi}{\mathrm{d}\varphi_1}+\dfrac{\mathrm{d}\rho}{\mathrm{d}\varphi_1}\cos\Delta\varphi-\rho\sin\Delta\varphi\dfrac{\mathrm{d}\Delta\varphi}{\mathrm{d}\varphi_1}\\ \dfrac{\mathrm{d}\rho}{\mathrm{d}\varphi_1}=w(\varphi)'\dfrac{\mathrm{d}\varphi}{\mathrm{d}\varphi_1}\\ \dfrac{\mathrm{d}\Delta\varphi}{\mathrm{d}\varphi_1}=1-\dfrac{z_1}{z_2}\times\dfrac{\mathrm{d}\varphi}{\mathrm{d}\varphi_1}\\ \dfrac{\mathrm{d}\varphi}{\mathrm{d}\varphi_1}=\dfrac{\mathrm{d}\mu}{\mathrm{d}\varphi_1}+\dfrac{\mathrm{d}\Delta\varphi}{\mathrm{d}\varphi_1}=-\dfrac{\mathrm{d}\mu}{\mathrm{d}\varphi}\times\dfrac{\mathrm{d}\varphi}{\mathrm{d}\varphi_1}\end{cases} \tag{12-8-29}$$

式（12-8-28）即是基于包络理论的谐波齿轮传动共轭理论的精确计算方程。将柔轮齿廓的函数表达式及柔轮变形转角计算方程代入式（12-8-28）即可求出柔轮齿廓与刚轮齿廓共轭时 φ_1 的解，进而解出其对应的共轭区域及共轭齿廓。

4.5 谐波齿轮传动齿形参数

早期谐波齿轮传动由于非标齿形加工刀具的原因，多采用近似共轭的标准渐开线齿形作为谐波齿轮传动的工作齿形，存在空载条件下啮合范围小、刚度差，受载时发生尖点啮合和边缘啮合、磨损快、齿根弯曲应力大等问题。日本 Harmonic Drive System 公司针对工业机器人谐波减速器研发的精确共轭双圆弧齿形，与传统渐开线齿形相比具有以下优点：

① 增加啮合齿对，提高传动精度与扭转刚度；

② 避免尖点啮合与边缘啮合，全程接触齿面接触应力分布更均匀，减小磨损，精度保持性好；

③ 齿根采用大圆弧过渡，避免齿根应力集中现象，提高疲劳寿命。

基于双圆弧齿形表现出的优异性能，以及非标齿形加工刀具制造工艺的成熟，双圆弧齿形已逐步替代传统渐开线齿形，在谐波齿轮传动中应用最为广泛。因此，采用公切线式双圆弧齿形为谐波齿轮传动的柔轮齿形进行实例介绍，其基本齿形如图 12-8-4 所示，其中各参数的意义如表 12-8-3 所示。

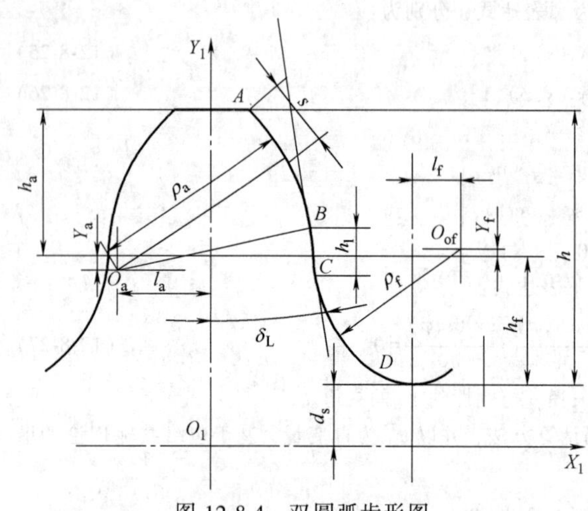

图 12-8-4 双圆弧齿形图

表 12-8-3 齿廓参数意义

参数	意义	参数	意义
h_a	齿顶高	δ_L	齿形角
h	全齿高	d_s	齿根圆与中性层距离
Y_a	凸齿圆心移距量	ρ_a	凸齿圆弧半径
l_a	凸齿圆心偏移量	ρ_f	凹齿圆弧半径
Y_f	凹齿圆心移距量	h_1	公切线长度
l_f	凹齿圆心偏移量		

主要啮合参数的选择应遵循的基本原则是：在保证传动不发生啮合干涉的前提下，获得较大的啮入深度和啮合区，且考虑由波发生器装配以及输出端扭矩引起的柔轮变形后保证在啮入区有合理的啮合侧隙。影响传动性能的参数主要有凸轮径向变形量、柔轮齿形角、工作段齿高、齿宽比、凸齿圆弧半径、凹齿圆弧半径。

在研究齿形共轭的问题中，求解与柔轮齿廓共轭的谐波齿轮传动共轭齿形时，需要先给定一组柔轮齿形参数的初始值，设计实例取模数为 0.318、柔轮齿数为 160、刚轮齿数为 162 的单级 80 型杯形双波谐波齿轮传动，柔轮公切线式双圆弧齿廓的初始值的选取如表 12-8-4 所示。

表 12-8-4 柔轮齿廓参数

参数	数值/mm	参数	数值/mm	参数	数值/mm
h_a	0.19	X_f	0.11	ρ_a	0.60
h	0.485	l_f	0.82	ρ_f	0.65
X_a	0.101	δ_L	12°	h_1	0.05
l_a	0.413	d_s	0.415		

4.6 柔轮齿廓方程

在谐波齿轮传动中，柔轮上每个轮齿的运动规律均相同，因此，研究单个柔轮轮齿的情况即可。以柔轮轮齿对称轴为 Y_1 轴，以 Y_1 轴与柔轮中性层曲线的交点 O_1 为坐标原点，以中性层曲线在 O_1 点的切线方向为 X_1 轴，建立柔轮轮齿齿廓动坐标系 $O_1X_1Y_1$，如图 12-8-4 所示。

由图 12-8-4 可知，影响柔轮双圆弧齿廓的齿形段包括凸圆弧齿廓 AB、切线齿廓 BC、凹圆弧齿廓 CD，以及与凹圆弧齿廓相切的过渡圆弧齿廓。其中将过渡圆弧齿廓称为被动齿廓段，因为过渡圆弧齿廓与凹圆弧齿廓 CD 及齿根圆分别相切，在其余齿廓段分别确定后，根据约束关系即可确定过渡圆弧齿廓。因此，双圆弧齿廓的齿形由凸圆弧齿廓 AB、切线齿廓 BC、凹圆弧齿廓 CD 确定，根据公切线式双圆弧齿廓的分段特征，以齿廓弧长 s 为参数，对公切线式双圆弧齿廓的齿廓函数方程进行分段描述如下。

右侧 AB 段凸圆弧齿廓：

$$\begin{cases}\boldsymbol{r}_{AB}=[\rho_a\cos(\alpha_a-s/\rho_a)+x_{oa},\rho_a\sin(\alpha_a-s/\rho_a)+y_{oa},0,1]\\ \boldsymbol{n}_{AB}=[\cos(\alpha_a-s/\rho_a),\sin(\alpha_a-s/\rho_a),0,1]\\ s\in(0,l_1),l_1=\rho_a(\alpha_a-\delta_L)\end{cases} \tag{12-8-30}$$

式中，$\alpha_a=\arcsin[(h_a+X_a)/\rho_a]$；$x_{oa}=-l_a$；$y_{oa}=h-h_a+d_s-X_a$。

右侧 BC 段切线齿廓：

$$\begin{cases} \boldsymbol{r}_{BC}=[\rho_a\cos\delta_L+x_{oa}+(s-l_1)\sin\delta_L,\rho_a\sin\delta_L+y_{oa}-(s-l_1)\cos\delta_L,0,1] \\ \boldsymbol{n}_{BC}=[-\cos\delta_L,-\sin\delta_L,0,1] \\ s\in(l_1,l_2),l_2=l_1+(\rho_a+\rho_f)\tan\delta_L \end{cases} \tag{12-8-31}$$

右侧 CD 段凹圆弧齿廓：

$$\begin{cases} \boldsymbol{r}_{CD}=[x_{of}-\rho_f\cos[\delta_L+(s-l_2)/\rho_f],y_{of}-\rho_f\sin[\delta_L+(s-l_2)/\rho_f],0,1] \\ \boldsymbol{n}_{CD}=[-\cos[\delta_L+(s-L_2)/\rho_f],-\sin[\delta_L+(s-L_2)/\rho_f],0,1] \\ s\in(l_2,l_3),l_3=l_2+\rho_f\{\arcsin[(X_f+h_f)/\rho_f]-\delta_L\} \end{cases} \tag{12-8-32}$$

式中，$x_{of}=\pi m/2+l_f$；$y_{of}=h-h_a+d_s+X_f$。

4.7 谐波齿轮二维齿廓设计

共轭齿廓求解：以模数为 0.5、柔轮齿数为 200、刚轮齿数为 202 的单级 100 型杯形双波谐波齿轮传动为例，设计工况为刚轮固定、柔轮输出、椭圆波发生器输入，据此设计满足谐波齿轮传动共轭要求且参数优化了的二维公切线式双圆弧齿廓。

初选影响公切线式双圆弧齿廓齿形的基本参数如表 12-8-5 所示，基于包络法求解其对应的共轭区域及共轭齿廓分别如图 12-8-5 和图 12-8-6 所示。

表 12-8-5　柔轮基本齿廓参数

符号	参数值/mm	符号	参数值/mm
h_a	0.40	ρ_a	0.67
h_f	0.50	h_l	0.04
w_0	0.5375	d_L	1.25
ρ_f	0.85	δ_L	8°

注：w_0 表示凸轮径向变形量。

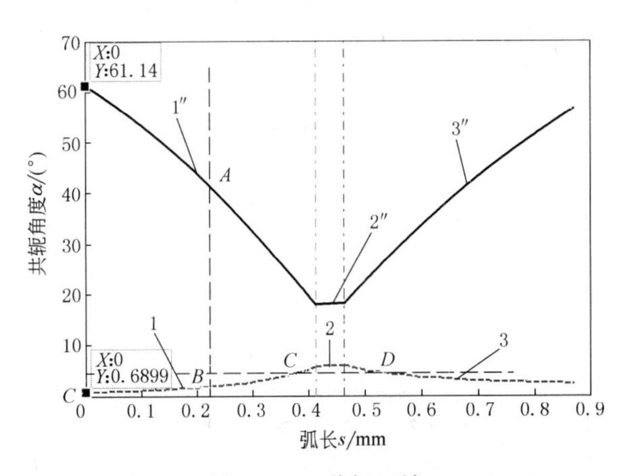

图 12-8-5　共轭区域

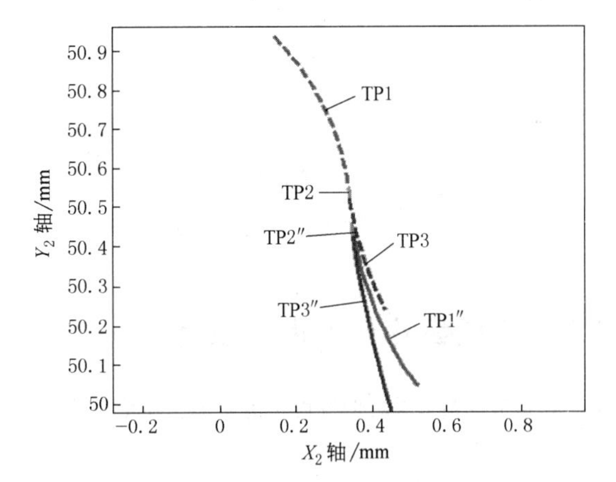

图 12-8-6　共轭齿廓

图 12-8-5 中共轭区域曲线 1、1″、2、2″、3、3″依次与图 12-8-6 中共轭齿廓曲线 TP1、TP1″、TP2、TP2″、TP3、TP3″对应。

由图 12-8-5 可知，在该齿廓对应的谐波齿轮传动的共轭区域中存在空白啮合区域，其啮合角度范围为 [9.56°，17.36°]，因此，为提高谐波齿轮传动的连续啮合特性，可通过齿形参数及位置参数的合理优化设计来减小甚至消除空白啮合区域的范围。

由图 12-8-6 所示，为避免齿廓啮合干涉，只能选取共轭齿廓曲线 TP1、TP2、TP3 作为刚轮齿廓数值解，称为有效共轭齿廓，相应的啮合角度区域称为有效共轭区域，此时对应于图 12-8-5 中只有共轭区域曲线 1、2、3 为有效共轭区域，因此该公切线式双圆弧齿廓谐波齿轮传动的共轭区域范围很小。然而，若可使得共轭齿廓曲线TP3与TP1″重合，对应于图12-8-5中的共轭区域则为1、1″、2、3，便可显著提高谐波齿轮传动的啮合区域范围，同时保证双共轭现象存在，能有效提高谐波齿轮传动的重合度。

因此，在进行参数优化设计时，以共轭齿廓TP3与TP1″重合为优化设计目标，通过对公切线式双圆弧齿廓的齿形参数及结构位置参数的影响规律分析，在保证轮齿不产生啮合干涉的条件下，尽可能增大共轭区域，从而优化设计柔轮公切线式双圆弧齿廓的齿形参数及结构位置参数。

优化设计后的柔轮齿廓齿形基本参数及结构位置参数如表12-8-6所示，其对应的有效共轭齿廓如图12-8-7所示，其中共轭齿廓TP3与TP1″的重合最大误差为0.002mm，因此，选取图12-8-7中共轭齿廓作为设计刚轮齿廓时所需的共轭齿廓数值解。

表12-8-6　　优化后柔轮基本齿廓参数

符号	值/mm	符号	值/mm
h_a	0.50	ρ_a	0.70
h_f	0.565	h_1	0.05
w_0	0.5375	d_L	1.25
ρ_f	0.80	δ_L	6°

实际研究表明，当柔轮采用公切线式双圆弧齿廓时，其对应的共轭齿廓数值解可以采用最小二乘法进行圆弧拟合，从而得到仍为公切线式双圆弧的刚轮齿廓，如图12-8-8所示。

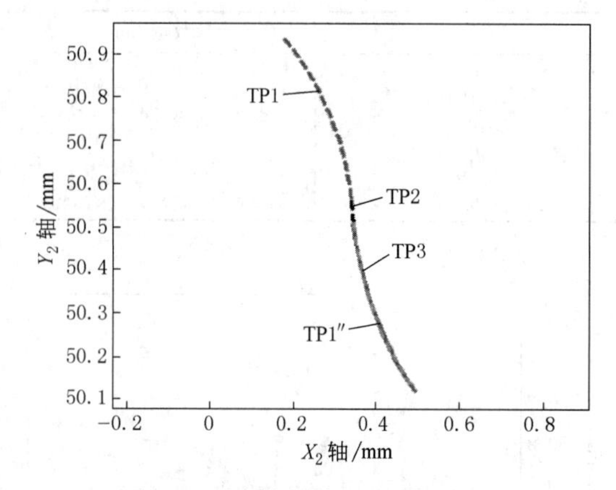

图12-8-7　优化后有效共轭齿廓

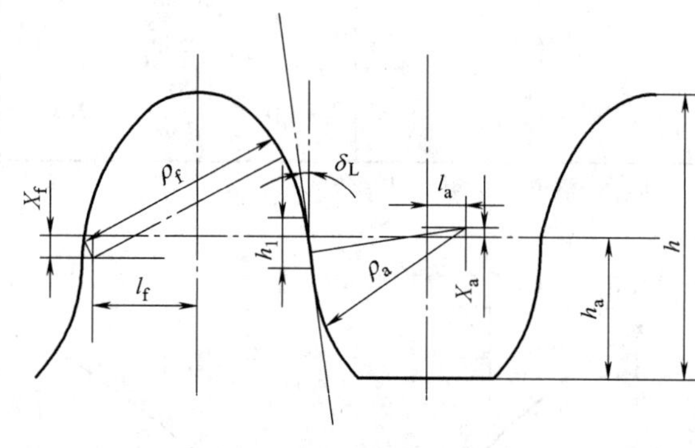

图12-8-8　刚轮齿廓

4.8　谐波齿轮三维齿廓设计

在杯形或帽形柔轮谐波齿轮传动中，柔轮在装入波发生器前后的变形状态如图12-8-9所示，a为柔轮未变形时的状态，此时柔轮为圆柱形弹性薄壳结构，各截面均无变形。b、c分别为装入波发生器后柔轮在长轴及短轴处的变形状态。由图可知，杯形柔轮在装入波发生器后在柔轮的长轴附近会产生外张的倾角，而在柔轮的短轴附近会产生内张的倾角，且外张倾角与内张倾角均为非线性关系变化。因此，杯形柔轮在变形后沿轴向各截面（如图a中截面1、2、3、4、5）将会产生不同的变形量。

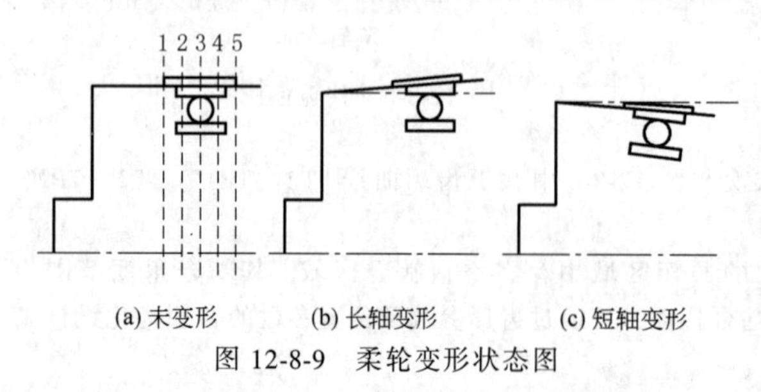

图12-8-9　柔轮变形状态图

选取任意垂直于柔轮轴向的截面为设计主截面设计刚轮与柔轮齿形，其余截面的刚轮柔轮啮合情况会随着径向变形量的变化而变化，为避免谐波齿轮传动在不同变形量与载荷作用下齿宽方向刚轮与柔轮产生啮合干涉，需对柔轮进行齿向方向的修形，具体修形方法如图12-

8-10 所示，A 段为前端修形齿宽，B 段为中间未修形齿宽，C 段为后端修形齿宽；截面Ⅱ为理论设计截面，设计时主要考虑啮入区域有合理的啮合侧隙避免加载后的啮入干涉；截面Ⅰ为前端最大修形量为 E 的截面（最大修形量 E 的取值方法为保证空载条件下截面Ⅰ啮合无侧隙或长轴处适当过盈），截面Ⅱ无修形，截面Ⅰ与截面Ⅱ之间的修形量呈线性递减；截面Ⅳ为后端最大修形量为 F 的截面（最大修形量 F 的取值方法为保证截面Ⅳ在加载条件下啮入区不产生干涉），截面Ⅲ无修形，截面Ⅲ与截面Ⅳ之间的修形量呈线性递增。

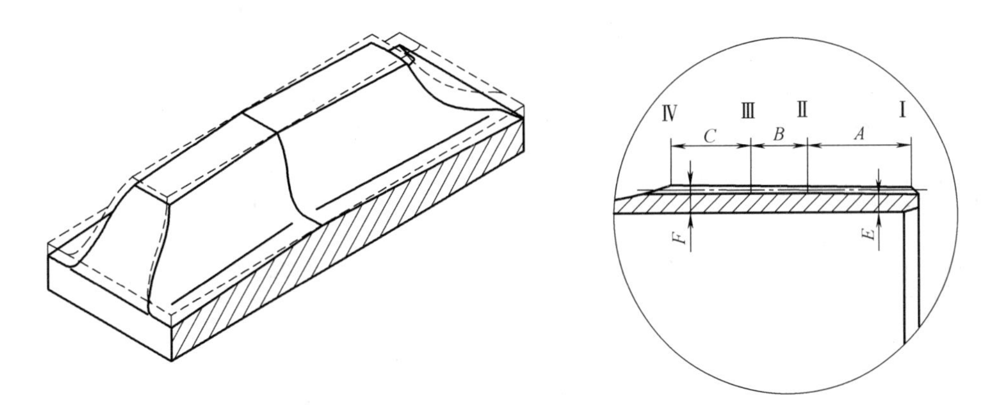

图 12-8-10　柔轮齿形修形示意图

5　谐波齿轮传动承载能力计算

5.1　谐波齿轮传动的失效形式和计算准则

谐波齿轮传动的失效形式主要有：

① 柔轮的疲劳断裂　这是谐波齿轮传动最主要、最常见的一种失效形式。一般情况下，裂纹起源于柔轮齿根部分，然后沿轴向延伸，进而呈 45°斜向扩展。若柔轮旋转方向不断改变，则裂纹还能呈双向 45°扩展。

柔轮的断口分析表明，疲劳裂纹产生于外表面，继而向柔轮内表面扩展，断口平直且呈现贝壳状条纹，因而可断定柔轮疲劳断裂主要是由弯曲应力引起的。

② 齿面磨损　齿面磨损主要取决于有效载荷作用下齿面上比压的大小。由于谐波齿轮传动齿面的相对滑动速度较小，一般情况下磨损并不严重，只有在很大过载时才有可能引起齿面的强烈磨损。实践表明，谐波齿轮传动齿面的磨损，许多情况下是由啮合参数选择不当，齿对啮合时出现某些干涉，或是修形参数不合理，导致整个齿宽方面参与啮合的接触区域不够，齿面比压过大而引起。因此防止齿面磨损的方法，除了合理选择材料和热处理方法、控制柔轮和刚轮的偏心误差以外，主要应使所选的啮合参数不会引起轮齿的啮合干涉，以及合理的设计主截面与修形量选取，保证啮合的齿对之间有足够的接触区域，使齿面比压在保证减速器耐磨要求的范围内。

③ 传动构件产生滑移　当作用在传动装置上的转矩过大或传动元件的制造偏差过大时，就可能发生传动构件间的相对滑移现象。当柔轮与刚轮产生相对滑移时，称为滑齿；而波发生器相对柔轮滑移时，则称为波发生器的滑移。传动构件一旦产生滑移，谐波齿轮传动的正常工作便遭破坏。

滑移现象，一般是由多种因素综合引起的。典型的滑移形式主要有三种：在一个波的区域内，发生滑齿；双波传动转化为单波传动或相反；波发生器滑移。

不产生滑移是重载谐波齿轮传动的工作能力准则之一。这个准则是由作用在从动轴上的极限转矩 T_{lim} 来衡量的。为了防止滑移现象的产生，可以采取加大径向变形量，提高传动的径向刚度，合理选择几何参数防止啮合干涉，消除传动中的多余约束，采用可调式或自动调整式的波发生器，等等。

④ 波发生器轴承的损坏　波发生器的轴承（包括一般的滚动轴承和柔性轴承）的损坏，主要是在变形力和

啮合力的作用下，滚动体与内、外座圈产生疲劳点蚀，柔性座圈发生疲劳断裂，或由于巨大温升而引起的元件胶合或烧伤等。

根据上述谐波齿轮传动的失效分析，便可建立其设计准则。由于齿面磨损和传动构件滑移两种失效形式迄今尚未建立反映其失效实质的计算方法，因此，齿面磨损通常是采用控制齿面比压的方法来限制的；而防止滑移，则应合理选择啮合参数和合理选择波发生器结构形式及参数等来解决。所以，谐波齿轮传动的工作能力计算包括：

① 齿面耐磨计算；

② 柔轮体的疲劳强度计算；

③ 波发生器轴承的寿命计算。

5.2 齿面耐磨计算

由于谐波齿轮传动两轮的齿数均很多，故轮齿啮合时很接近于面接触，因此齿面磨损可由工作表面的比压来控制。于是，齿面比压 p 为

$$p=\frac{8000KT_1}{\varepsilon\phi_d d_1^2 h_n z_v}\leqslant p_p \tag{12-8-33}$$

式中 T_1——作用在柔轮上的转矩，N·m；

d_1——柔轮分度圆直径，mm；

h_n——齿廓工作段高度，mm，其精确值应由几何计算确定，近似取 $h_n=c_h m$，其中 $c_h=1.4\sim1.6$，m 为模数；

ϕ_d——齿宽系数，$\phi_d=b/d_1$，一般取 0.1~0.2，b 为齿宽；

ε——啮合齿数占总齿数的比，一般取 $\varepsilon=0.3\sim0.5$；

z_v——当量于沿齿廓工作段高度接触的全啮合工作齿数，$z_v=0.25\varepsilon z_1$；

K——计算载荷系数，当静载荷时，取 $K=1.0$，工作中有冲击和振动时，取 $K=1.15\sim1.5$；

p_p——许用比压，齿圈材料为钢，且在润滑条件下工作时，对不同钢种及热处理条件，可取 $p_p=20\sim40\text{N/mm}^2$，当润滑不良时，值应适当降低；对塑料齿圈，则取 $p_p\leqslant8\text{N/mm}^2$。

在设计时，齿面耐磨条件往往用来大致确定传动的模数，由式（12-8-33）得

$$m\geqslant\frac{20}{z_1}\sqrt[3]{\frac{KT_1}{\varepsilon\phi_d c_h p_p}} \tag{12-8-34}$$

5.3 柔轮的疲劳强度计算

计算柔轮强度时，由于连接端的边界效应，参与啮合的实际齿对数、齿间的载荷分布规律，以及轮齿对柔轮体内应力分布的影响比较复杂，加之柔轮受载时的畸变影响等，柔轮的应力状态很难精确估计，为了简化强度计算，往往把柔轮简化为一个光滑圆柱壳体进行应力分析，然后再根据试验结果进行适当的修正。柔轮的应力分析是以四力作用形式的数学模型为出发点的。因为这种数学模型（图 12-8-11）随着作用力与变形长轴夹角 β 的不同而不同，可以模拟出柔轮在不同类型的波发生器作用下的变形形状，具有普遍性。例如，当 $\beta=0°$ 时柔轮的变形形状与采用双滚轮波发生器的相接近；$\beta=23°$ 时，与余弦凸轮波发生器所形成的柔轮变形形状相接近。

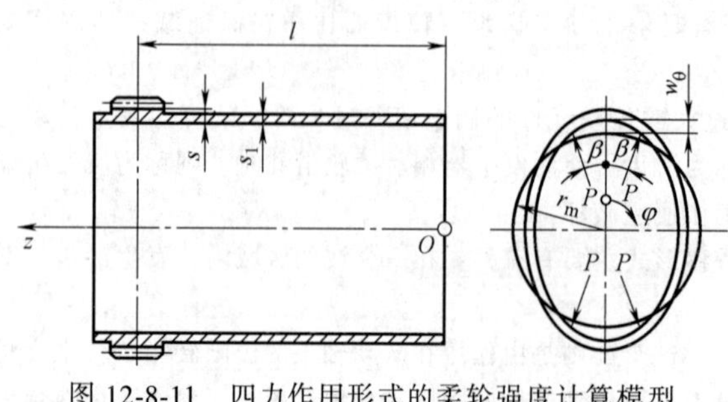

图 12-8-11 四力作用形式的柔轮强度计算模型

根据圆柱壳体理论，可求得：

轴向应力

$$\sigma_{zc}=K_{rt}K_M K_d C_\sigma \frac{\mu w_0 Es}{r_m^2} \tag{12-8-35}$$

周向应力

$$\sigma_{\varphi c}=K_{rt}K_M K_d C_\tau \frac{w_0 Es}{r_m^2} \tag{12-8-36}$$

切应力

$$\tau_{z\varphi c}=K_{rt}K_M K_d C_\tau \frac{w_0 Es}{r_m l} \tag{12-8-37}$$

由作用在柔轮上的转矩 T_1 所产生的剪应力为：

$$\tau_{Tc}=\frac{K_u K_d T_1}{2\pi r_m^2 s} \tag{12-8-38}$$

式中 w_0——最大径向变形量，mm；

s——柔轮齿圈处的壁厚，mm；

r_m——柔轮中性圆半径，mm；

l——柔轮体的计算长度，mm；

E——材料的弹性模量，MPa；

μ——泊松比，取 $\mu=0.3$；

C_σ、C_τ——正应力和切应力系数，其计算式为：

$$C_\sigma=\frac{1}{2(1-\mu^2)\sum\limits_{n=2,4,6,\cdots}\frac{\cos(n\beta)}{(n^2-1)^2}}\sum_{n=2,4,6,\cdots}\frac{\cos(n\beta)\cos(n\varphi)}{n^2-1} \tag{12-8-39}$$

$$C_\tau=\frac{1}{2(1+\mu)\sum\limits_{n=2,4,6,\cdots}\frac{\cos(n\beta)}{(n^2-1)^2}}\sum_{n=2,4,6,\cdots}\frac{(2n^2-1)\cos(n\beta)\sin(n\varphi)}{2n(n^2-1)^2} \tag{12-8-40}$$

或按图 12-8-12 查取；

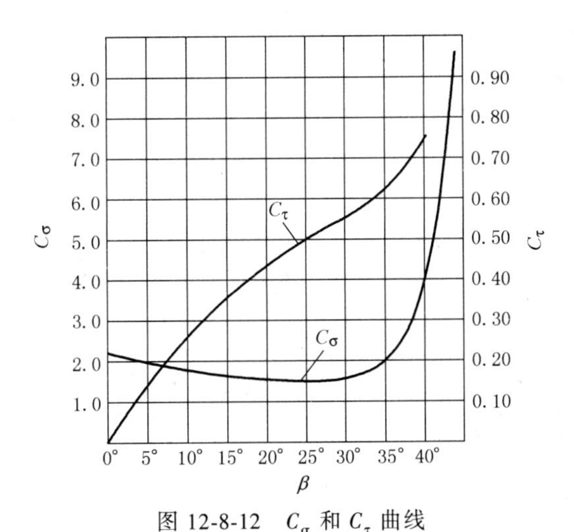

图 12-8-12 C_σ 和 C_τ 曲线

K_{rt}——考虑轮齿对柔轮弯曲刚度影响而引起的应力增大系数。设 $s^*=s/m$，则 K_{rt} 可按下式计算：

$$K_{rt}=\frac{1+s^*}{s^*} \tag{12-8-41}$$

K_M——考虑载荷特性和波发生器刚度对柔轮形状畸变的影响而引起的应力增大系数，可按表 12-8-7 查取；

K_d——动载系数，一般取 $K_d=1.1\sim1.4$，当制造精度较低，波发生器转速较高时取偏大的值，若波发生器转速小于 1000r/min，齿轮制造精度为 7 级时，取 $K_d=1.0$；

K_u——考虑截面上剪切应力分布不均匀的系数，一般取 $K_u=1.5\sim1.8$。

表 12-8-7　　由于柔轮形状畸变而引起的应力增大系数 K_M

T_1/T_n	K_M 值	
	凸轮式和圆盘式波发生器	滚轮式波发生器
0.25	1.13	1.25
0.5	1.25	1.50
0.75	1.38	1.75
1.0	1.60	2.00
1.5	1.75	2.50
2.0	2.00	3.00

注：T_n 为额定力矩。

由于柔轮体的微元体处于平面应力状态，即沿柔轮体母线方向和圆周方向的正应力及由于变形和转矩产生的切应力。考虑到 σ_{zc} 较小，约为 $\sigma_{\varphi c}$ 的 30%，故用一系数 $\gamma_z=0.7$ 来计。于是，可以把柔轮的疲劳强度计算用校核双向稳定变应力状态下的安全系数的方法来处理。

谐波齿轮传动工作时，柔轮处在变应力状态下工作。由分析可知，正应力基本上呈对称变化，而切应力呈脉动变化，若以 σ_a，σ_m，τ_a，τ_m 分别表示正应力和切应力的应力幅和平均应力，则

$$\begin{cases}\sigma_a=\sigma_{\varphi c},\sigma_m=0\\ \tau_a=\tau_m=0.5(\tau_{z\varphi c}+\tau_{Tc})\end{cases}\tag{12-8-42}$$

于是，安全系数可按下式计算：

$$S=\frac{S_\sigma S_\tau}{\sqrt{S_\sigma^2+\gamma_z S_\tau^2}}\geqslant 1.5\tag{12-8-43}$$

其中

$$\begin{cases}S_\sigma=\dfrac{\sigma_{-1}}{K_\sigma\sigma_a}\\ S_\tau=\dfrac{\tau_{-1}}{K_\tau\tau_a+0.2\tau_m}\end{cases}\tag{12-8-44}$$

式中　S_σ，S_τ——正应力和切应力作用时的安全系数；

σ_{-1}，τ_{-1}——材料在对称循环时的弯曲和剪切疲劳极限，N/mm^2；

K_σ——考虑轮齿影响正应力有效应力的集中系数，按下式确定：

$$K_\sigma=(1.6s^*+0.8)/(1+s^*)\tag{12-8-45}$$

上式适用于 $0.8<s^*\leqslant 10$；

K_τ——切应力的有效应力集中系数，取 $K_\tau=(0.7\sim0.9)K_\sigma$。

为防止受载过大时柔轮筒体失稳，故需要对柔轮筒体的稳定性进行校核。表征筒体失稳时的扭转应力临界值为：

$$\tau_{cr}=\frac{Es^2}{l^2(1-\mu^2)}\times\left[2.8+\sqrt{2.6+1.4\left(\sqrt{1-\mu^2}\frac{l}{2r_m s}\right)^{\frac{3}{2}}}\right]\tag{12-8-46}$$

柔轮筒体不失稳的条件为：

$$\tau_{cr}/\tau_T\geqslant 1.5\sim2\tag{12-8-47}$$

式中，$\tau_T=\dfrac{T_1}{2\pi r_m^3 s}$，表示柔轮承受负载转矩时产生的综合应力。

5.4　波发生器轴承的寿命计算

本节将讨论滚轮式、圆盘式波发生器用的一般滚动轴承和凸轮式波发生器用的柔性轴承的寿命计算问题。

5.4.1　波发生器轴承上载荷的确定

作用在波发生器轴承上的载荷，不仅与柔轮的变形力有关，而且主要与啮合力有关。在谐波齿轮传动中，啮

合力并不全部传到波发生器上，其中一部分将由柔轮体承受。实验表明，由于传递到轴承上的变形力仅占轴承所受载荷的 10%。若设 k_r 为由柔轮到波发生器的传力系数，则作用于波发生器滚轮或圆盘轴承上，或凸轮式波发生器柔性轴承上的径向载荷为

$$F_r = 1.08k_r \frac{2T_1}{Ud_1\cos\alpha_0} \tag{12-8-48}$$

式中　U——波数，对于双波传动，$U=2$。

若 $\alpha_0 = 20°$，则由上式得

$$F_r \approx 1.15k_r \frac{T_1}{d_1} \tag{12-8-49}$$

由实验可知，传力系数 k_r 与许多因素有关。例如，波发生器的几何参数、轴承的类型和尺寸、滚轮轴的支承距离、中间衬环的厚度、联轴方式、承受转矩的大小等。综合起来，可以看出 k_r 主要与波发生器—柔轮系统的径向刚度有关，根据文献给出的试验结果和计算结果，对于不同型式的波发生器，k_r 值如下：

四滚轮式波发生器，当滚轮支承在一个单列向心球轴承上时，$k_r=0.45$；若每个滚轮支承在两个单列向心球轴承上，$k_r=0.35$。

圆盘式波发生器：每个圆盘支承在两个单列向心球轴承上时，$k_r=0.35$；若支承在两个单列向心滚子轴承上时，$k_r=0.3$。

凸轮式波发生器：$k_r=0.35$。

对于密闭谐波齿轮传动，不论采用圆盘式波发生器，还是凸轮式波发生器，均取 $k_r=0.6\sim0.8$。由于变形时柔轮母线偏斜所引起的附加轴向力很小，为径向载荷的 10%~15%，故在计算时可忽略不计。

5.4.2　滚轮式和圆盘式波发生器轴承的寿命计算

这两种形式的波发生器均采用一般的滚动轴承，可用下式计算轴承的寿命，即

$$L_h = \frac{10^6}{60n}\left(\frac{C}{P}\right)^{\varepsilon} \tag{12-8-50}$$

式中　L_h——轴承寿命，h；

n——轴承转速，r/min；

C——额定动载荷，N，可由滚动轴承手册查得；

ε——指数，对于球轴承 $\varepsilon=3$，滚子轴承 $\varepsilon=10/3$；

P——当量载荷，N，可按下式确定：

$$P = VF_r f_p f_t \tag{12-8-51}$$

式中　V——座圈转动系数，对于波发生器轴承，由于外圈转动，故取 $V=1.2$；

f_p——载荷系数，取决于轴承使用条件下的载荷性质，可由滚动轴承手册查取；

f_t——温度系数，亦可由滚动轴承手册查取，当工作温度不超过 100℃时，取 $f_i=1.0$。

对于双波传动，把式（12-8-49）代入式（12-8-51）后，再代入式（12-8-50），可得波发生器轴承寿命（h）的计算公式为：

$$L_h = \frac{10^6}{60n}\left(\frac{Cd_1}{1.15Vk_r f_p f_t T_1}\right)^{\varepsilon} \tag{12-8-52}$$

对于圆盘式波发生器，若每个圆盘上装两个滚动轴承时，由试验可知，载荷的大部分由靠近波发生器中间平面的轴承来承受，此时推荐为 $f_p=1.3\sim1.5$。

5.4.3　柔性轴承的寿命计算

对于凸轮式波发生器用的柔性球轴承，由于其钢球的直径与座圈滚道曲率半径间的几何关系与一般的滚动轴承相类似，因而柔性轴承的额定动载荷仍可按一般滚动轴承的公式计算。利用一般滚动轴承额定动载荷的计算关系，将钢球直径的值代入，并取钢球数为 23 及 $f_c/(k_r f_p)=9.2$（式中 f_c 是取决于轴承零件的几何关系、制造精度和材料品质的系数），可得出柔性球轴承的寿命（h）计算公式：

当 $d_1 \leqslant 280\text{mm}$ 时

$$L_h \leqslant \frac{0.0056}{n_1}\left(\frac{d_1^{2.8}}{T_2}\right)^3 \tag{12-8-53}$$

当 $d_1>280$mm 时

$$L_h \leqslant \frac{4.9}{n_1}\left(\frac{d_1^{2.4}}{T_2}\right)^3 \tag{12-8-54}$$

式中，n_1 为谐波减速器输入转速；T_2 为谐波减速器输出端扭矩。

6 谐波齿轮传动效率和发热计算

6.1 谐波齿轮传动效率的计算公式

谐波齿轮传动的效率，最可靠的确定办法是实测，由计算确定的值只可能是近似的。这是因为减速器的具体情况，其细微差别很大；计算模型总是加以简化的；摩擦因数不易选准；等等。实际情况比简化了的计算要复杂得多，有些影响因素，难以列入计算式，但是估算还是有必要的。

根据理论分析和实测表明，谐波齿轮传动的效率与如下众多的因素有关，如：

① 传动比；

② 轮齿啮入深度；

③ 波数；

④ 刚、柔轮齿槽宽窄的比例；

⑤ 齿形角（或渐开线变位系数）；

⑥ 滚动和滑动摩擦因数；

⑦ 回差值；

⑧ 柔轮的最大径向变形量和柔轮的弯曲刚度；

⑨ 转速；

⑩ 负载大小；

⑪ 减速器的结构和加工精度、装配工艺；

⑫ 润滑剂的种类、有无搅油损失等。

为了简化计算，对于常用的单级和复式谐波齿轮减速器，不论波发生器的类型和具体结构如何，其效率均统一近似地用一套公式计算。

对于杯形柔轮，其变形力（滚轮式）可近似按下式计算：

$$P=\frac{EJw_0}{0.75r_m^3} \tag{12-8-55}$$

式中　$J \approx J_1+J_2$。

J_1——光滑圆环段截面的惯性矩，考虑到轮齿的影响，以齿槽厚度增大 6%～8%作为光滑圆环段计算，即 $J_1 \approx (bs_0^3)/12$，而 $s_0=(1.06\sim1.08)s$，b 为齿宽，s 为齿槽厚度；

J_2——筒体光滑部分的截面惯性矩。取光滑筒体长的 1/3 作为圆环长来计算，即 $J_2 \approx l_1s_1^3/12$，l_1 相当于光滑筒体的圆环长度，s_1 为光滑筒体的厚度。

6.2 单级谐波齿轮传动的效率

6.2.1 减速传动和增速传动的效率

（1）柔轮固定时的减速传动

$$\eta=\frac{1}{1+i\left(X+\mu d\dfrac{P}{T_2}\right)} \tag{12-8-56}$$

$$X=\frac{fh_n}{R\cos\alpha'_m(1-f\tan\alpha'_m)}+\frac{\mu d(\tan\alpha'_m+f)}{2R(1-f\tan\alpha'_m)} \tag{12-8-57}$$

式中　f——滑动摩擦因数，$f=0.05\sim0.1$（根据润滑剂的种类及齿面加工精度适当选取）；

μ——当量滚动摩擦因数，取μ为$0.0015\sim0.003$；

R——刚轮在平均齿高处的圆周半径，mm；

α'_m——刚轮齿平均高度处的压力角；

T_2——低速轴上的转矩，N·mm；

i——传动比的绝对值；

h_n——齿廓工作段高度。

（2）刚轮固定时的减速传动

$$\eta=\frac{1-X}{1+i\left(X+\mu d\dfrac{P}{T_2}\right)} \tag{12-8-58}$$

式中的X与式（12-8-57）相同，其他符号意义亦同前。

对以齿啮式输出（即零齿差输出）的谐波齿轮减速器的传动效率，可按下式计算：

$$\eta=\frac{1-X_{\mathrm{I}}}{1+i\left(X_{\mathrm{I}}+X_{\mathrm{II}}+\mu d\dfrac{P}{T_2}\right)} \tag{12-8-59}$$

式中，X_{I}和X_{II}仍可按式（12-8-57）计算，下角标Ⅰ表示工作齿圈，下角标Ⅱ表示齿啮输出端，须将各自的参数值代入即可。显然$f_{\mathrm{I}}=f_{\mathrm{II}}=f$，而$\mu d$值两者相同。

（3）柔轮固定时的增速传动

$$\eta=\frac{1-iY}{1+\mu d\dfrac{P}{T_1}} \tag{12-8-60}$$

$$Y=\frac{fh_n}{R\cos^2\alpha'_m(1+f\tan\alpha'_m)}+\frac{\mu d(\tan\alpha'_m-f)}{2R(1+f\tan\alpha'_m)} \tag{12-8-61}$$

式中　T_1——高速轴上的转矩，N·mm。

当单级谐波齿轮传动的传动比不大时，例如$i=100$左右，作为增速器用，效率是满意的。

由式（12-8-60）可知，增速器的效率可能出现负值，这时说明传动自锁。但是由于啮合力在工作时可能发生变动，以及f和μ值不稳定等原因，仅凭计算值来判断谐波齿轮传动的自锁性，不甚可靠。在接近临界值时更是如此。对于单级增速传动自锁能力的这种不确定性，设计者应予以注意。

（4）刚轮固定时的增速传动

$$\eta=\frac{1-iY}{1+Y+\mu d\dfrac{P}{T_1}} \tag{12-8-62}$$

式中的Y同式（12-8-61）。

6.2.2　复式谐波齿轮减速器的效率

这里仅给出最常用的刚轮输出的复式谐波齿轮传动，此时两排齿数均相差2。复式谐波齿轮传动只能做减速器用，一般均有自锁能力，故不能用作增速器。它的传动效率很低（1%～8%）。传动比愈大，效率愈低。其效率可按下式计算。

$$\eta=\frac{1-X_{\mathrm{I}}}{1+i\left(X_{\mathrm{I}}+X_{\mathrm{II}}+\mu d\dfrac{P}{T_2}\right)} \tag{12-8-63}$$

X_{I} 和 X_{II} 仍可按式（12-8-57）计算，i 亦取绝对值。

图 12-8-13、图 12-8-14、图 12-8-15 为不同型号的单级谐波齿轮减速器在额定输出转矩时，不同减速比、输入转速，以及温度条件下可达到的效率值。

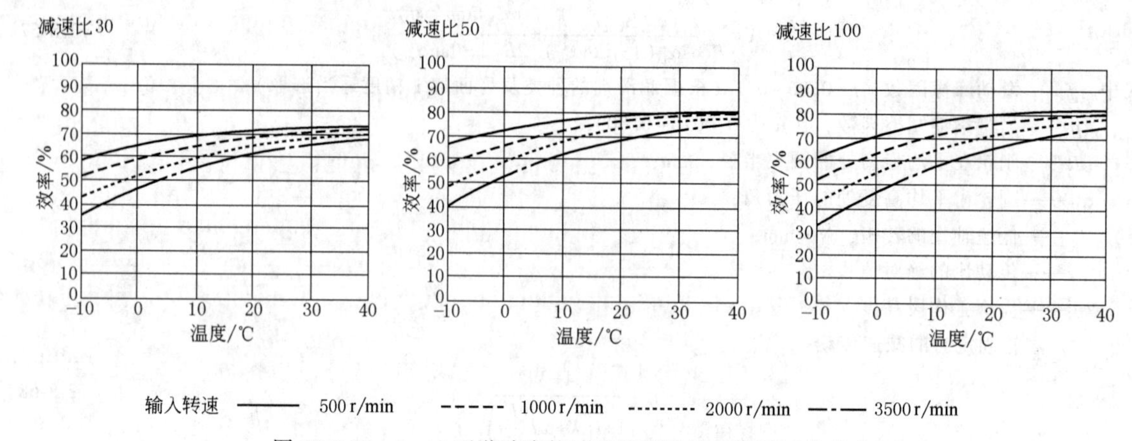

图 12-8-13　8～11 型谐波齿轮减速器额定输出转矩时的效率

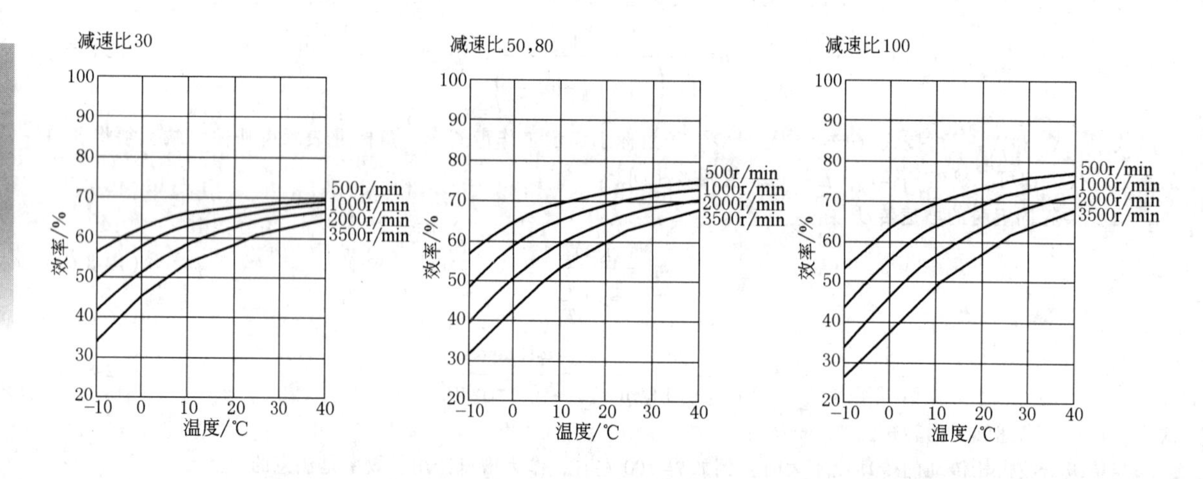

图 12-8-14　14 型谐波齿轮减速器额定输出转矩时的效率

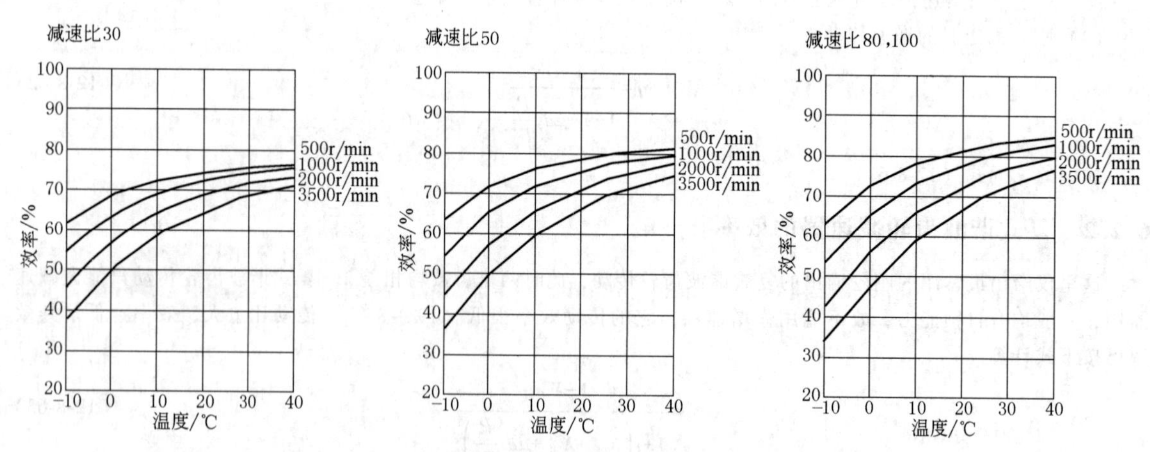

图 12-8-15　17～58 型谐波齿轮减速器额定输出转矩时的效率

6.3 谐波齿轮减速器的发热计算

谐波齿轮传动的发热状况，可按普通减速器的关系式来计算。热平衡方程为

$$1000(1-\eta)P_1=K(t_1-t_0)A \tag{12-8-64}$$

式中 P_1——输入轴上的功率，kW，$P_1=\dfrac{T_2n_1}{9550i\eta}$，$n_1$ 为输入轴转速，r/min；

K——传热系数，W/(m^2·℃)；

t_1——减速器壳体的温度，℃；

t_0——环境温度，℃；

A——散热面积，m^2。

受到发热限制，减速器所能传递的转矩为：

$$T_1=\frac{9.55K(t_1-t_0)Ai\eta}{(1-\eta)n_1} \tag{12-8-65}$$

对于通用减速器，一般推荐取 $t_1=70\sim80$℃。

A 应理解为有效的散热面积，即：从箱体内部有油流过或飞溅能够到达，而箱体外部又有空气自由循环的那一部分。箱体上有散热片时，散热片的面积应打折扣，例如按 50%的面积计算。

在通风不良时，取 $K\approx8\sim12$；在具有强烈通风的地方，$K\approx14\sim18$；当箱体带有吹风机吹风时，$K\approx21\sim30$。如果风扇是装在减速器的高速轴上或装在电动机轴上，对强制通风，冷却的效果将随转速的增加而加强。因此建议：当 $n_1\leqslant1000$r/min 时，K 取偏小值；而当 $n_1\geqslant2800$r/min 时，K 取偏大值；对中间转速取中值。

效率 η 的取值与 i、n_1 及 T_2 有关系。

对长时间运转的减速器来说，其热容量的许用功率或许用转矩应大于或等于从强度计算得出来的相应值。

7 谐波减速器的综合传动性能指标测试方法

谐波减速器（即谐波齿轮减速器）的综合传动性能指标包括：传动精度、传动效率、扭转刚度、回差、启动转矩、空载摩擦转矩等，各项指标具体定义及测试方法见标准 GB/T 35089—2018《机器人用精密齿轮传动装置 试验方法》。

图 12-8-16 所示为谐波减速器由试验得出的机械滞回曲线，试验方法是将减速器的输入轴固定，在输出轴上从 0N·m 开始施加转矩，在正反方向分别增、减到额定转矩 T_n 时，在施加载荷的过程中测量输出轴转角变化。从零加至额定负载，再从额定负载降为零，输出转角及转矩的采集数量分别不少于 100 点，试验数据根据角位移的正增加与负增加进行记录。计算机检测并绘出滞回曲线（初始加载至+100%不记录），在滞回曲线中，横坐标为+3%额定转矩时，对应正向曲线中两个转角值的平均值；与横坐标为-3%额定转矩时，对应正向曲线中两个转角值的平均值的差值即为试验件的回差。滞回曲线与纵坐标交点的两个转角的差值即为试验件的机械滞后。

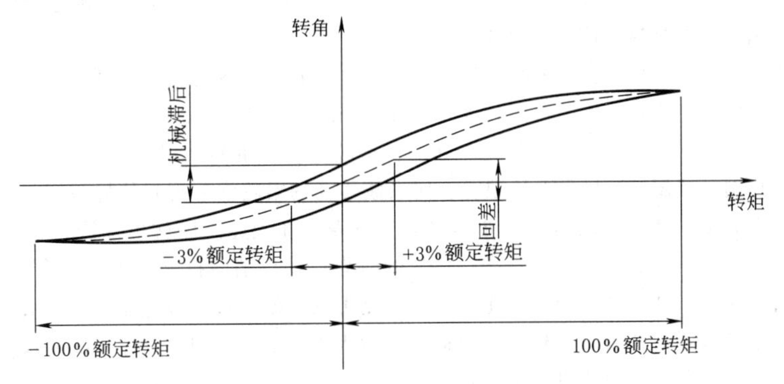

图 12-8-16 谐波减速器的机械滞回曲线

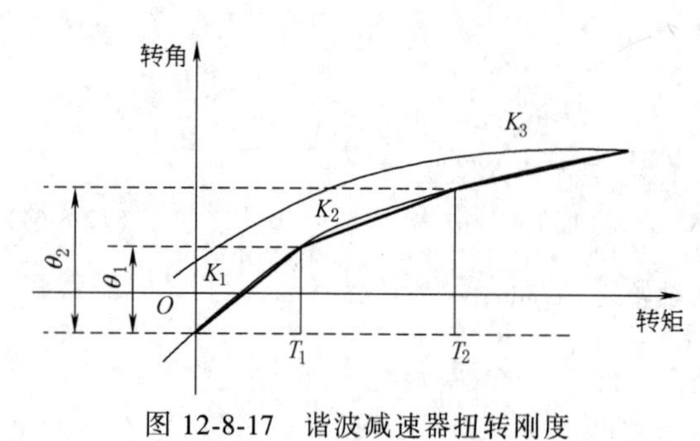

图 12-8-17　谐波减速器扭转刚度

谐波减速器的扭转刚度为由于弹性变形产生的相对扭转角度与载荷的比值，即在机械滞后回线上所取线段的斜率。受零件间的机械配合间隙，加载后啮合齿对发生变化，以及柔轮整体结构的非线性挠度影响，其扭转刚度与负载力矩之间的关系是非线性的，因此典型的谐波传动刚度曲线为非线性滞回曲线。为了能更准确地表示其扭转刚度，需在不同的转矩值区段分别测量其扭转刚度，如图 12-8-17 所示，其中扭转刚度 $K_1=T_1/\theta_1$；$K_2=(T_2-T_1)/(\theta_2-\theta_1)$，以此类推。

表 12-8-8 为单级谐波减速器的扭转刚度系数，通过调整凸轮径向变形量、齿形设计与修形参数增加啮合齿对以及齿宽方向的接触区域，以及减小轴承游隙刚度可提高约 30%。

表 12-8-8　　　**单级谐波减速器的扭转刚度系数**

符号		型号										
		8	11	14	17	20	25	32	40	45	50	58
T_1/N·m		0.29	0.80	2.0	3.9	7.0	14	29	54	76	108	168
T_2/N·m		0.75	2.0	6.9	12	25	48	108	196	275	382	598
减速比 30	$K_1/10^4$N·m·rad^{-1}	0.034	0.084	0.19	0.34	0.57	1.0	2.4	—	—	—	—
	$K_2/10^4$N·m·rad^{-1}	0.044	0.124	0.24	0.44	0.71	1.3	3.0	—	—	—	—
	$K_3/10^4$N·m·rad^{-1}	0.054	0.158	0.34	0.67	1.1	2.1	4.9	—	—	—	—
减速比 50	$K_1/10^4$N·m·rad^{-1}	0.044	0.221	0.34	0.81	1.3	2.5	5.4	10	15	20	31
	$K_2/10^4$N·m·rad^{-1}	0.067	0.300	0.47	1.1	1.8	3.4	7.8	14	20	28	44
	$K_3/10^4$N·m·rad^{-1}	0.084	0.320	0.57	1.3	2.3	4.4	9.8	18	26	34	54
减速比 80 以上	$K_1/10^4$N·m·rad^{-1}	0.09	0.267	0.47	1	1.6	3.1	6.7	13	18	25	40
	$K_2/10^4$N·m·rad^{-1}	0.104	0.333	0.61	1.4	2.5	5.0	11	20	29	40	61
	$K_3/10^4$N·m·rad^{-1}	0.120	0.432	0.71	1.6	2.9	5.7	12	23	33	44	71

8　谐波齿轮传动主要零件的材料和结构

8.1　主要零件的材料

（1）柔轮的材料

在谐波齿轮传动中，柔轮是在反复弹性变形的状态下工作的，既承受交变弯曲应力，又承受扭转应力，工作条件恶劣，因此推荐用持久疲劳极限 $\sigma_{-1}\geqslant 700$MPa 和调质硬度 38~43HRC 的合金钢制造柔轮。另外根据承受载荷状况的不同，所选用的柔轮材料也应有所区别。

对于重载且传动比 i 较小的柔轮，推荐采用对应力集中敏感性小的高韧度的结构钢。例如 38CrMoAlA、40CrNiMoA 等。中等载荷与轻载的柔轮，可用较廉价的 30CrMnSiA、35CrMnSiA 或 60Si2、40Cr 等。目前我国通用谐波齿轮减速器及苏联国家标准的通用谐波齿轮减速器，柔轮的材料主要采用 40CrNiMoA。不锈钢 Cr18Ni10T 具有很高的塑性，便于控制及旋压，但却贵而稀缺，密闭谐波传动的柔轮常采用此种材料。

上述材料的热处理方法通常采用调质，热处理之后，不需附加光整工序就可以进行机械加工，包括齿形加工。由于柔轮是薄壁件，在车削加工中应注意进行适当的时效处理以消除机械加工的残余应力，减小柔轮变形。柔轮的齿圈，包括齿槽在内，推荐进行冷作硬化。冷作硬化可提高疲劳极限 σ_{-1} 值 10%~15%。同样，对齿圈进行氮化以及喷丸强化也是有效的方法。氮化不仅能提高疲劳极限值 30%~40%，而且还可减少轮齿的磨损。柔轮常用金属材料的热处理规范和力学性能见表 12-8-9。

对于小型仪表中用的谐波传动柔轮可用铍青铜制造；在传动比 $i\leqslant 60$ 时，采用具有高力学性能的聚酰胺较为合适。

表 12-8-9　　金属柔轮材料及热处理规范

钢的牌号	热处理方法	热处理规范	力学性能		硬度
			抗拉强度 σ_b/MPa	疲劳极限 σ_{-1}/MPa	
30CrMnSiA	调质	(1)油中淬火 880℃+油中回火 540℃	850	380	300~320HBS
		(2)油中淬火 890~910℃+油中回火 540℃	1100	420	
	等温淬火	用硝酸钾等温淬火 880~890℃+加热到 370℃空气冷却	1090	450	
	调质+喷丸冷作硬化	调质+喷丸冷作硬化	1100	480~500	28~32HRC
	调质+氮化	调质+氮化	1100	600~650	50~54HRC 心部 280~320HBS
35CrMnSiA	调质	油中淬火 880℃+水或油中回火 540℃	880	380	300~350HBS
	等温淬火	用硝酸钾等温淬火 880℃+加热到 280~310℃空气冷却	1300	450	
60Si2	调质	油中淬火 870℃+空气中回火 460℃	1400	500	
50CrMn	调质	油中淬火 840℃+空气中回火 490℃	1100	610	
40CrNiMoA	调质	油中淬火 850℃+空气中回火 600℃	1250	700	36~43HRC
40Cr	调质	油中淬火 850℃+油中回火 550℃	900	400	240~280HBS
38CrMoAlA	调质	油中淬火 940℃+油中回火 640℃	1000	400~490	
	调质+氮化	调质+氮化	1000	620~630	表面 65~70HRC 心部 320HBS
Cr18Ni10T	按供应状况		600	280	

注：1. 30CrMnSiA 与 35CrMnSiA 有回火脆性倾向。

2. 60Si2A 试件，表面光滑时，σ_{-1}=500MPa；当表面粗糙或有氧化皮时，σ_{-1}=200MPa。

3. 50CrMn 试件，表面光滑时，σ_{-1}=610MPa；当表面有应力集中时，σ_{-1} 急剧降低。

4. 40Cr 试件，表面质量有缺陷时、σ_{-1}=230MPa。

塑料柔轮常用的材料有尼龙 1010、尼龙 66、聚砜、聚酰亚胺和聚甲醛等。塑料柔轮可用注射方法成形，生产率高、成本低，并具有吸振及防蚀作用，其主要缺点是强度低、尺寸精度差。在选择塑料时应选用耐疲劳强度和抗拉强度较高、弹性较好以及热胀系数较小的材料。

（2）刚轮的材料

刚轮的应力状态大大低于柔轮。因此刚轮可以采用普通结构钢，例如 45、40Cr 等。亦可用铸铁件与箱体铸在一块，材料应选用高强度铸铁或球墨镁铸铁等。铸铁刚轮与钢制柔轮形成减摩副，可以减轻表面磨损。

（3）凸轮的材料

凸轮的材料无特殊要求，常用 45 钢，调质处理。

8.2　柔轮的结构形式和尺寸

谐波齿轮传动的主要构件柔轮、刚轮的结构设计正确与否，严重影响谐波齿轮传动的工作性能，如寿命、承载能力、刚度、效率、精度等。因此正确地选取柔轮、刚轮的结构要素是完成谐波齿轮传动设计的重要组成部分。

最常见的柔轮结构形式是杯形柔轮结构，它可以采用凸缘或花键与输出轴相连接，或直接与轴做成整体形式。其次是具有齿啮输出形式的环状柔轮，以及用于外复式传动具有双排齿圈的环形柔轮。此外，还有钟形柔轮以及向密闭空间传递运动的密闭式柔轮结构，这里着重介绍国内外广泛应用的杯形柔轮结构。

常用柔轮的结构形式和主要尺寸见表 12-8-10。

表 12-8-10　　常见的柔轮结构形式和尺寸

序号	结构简图	几何尺寸	说明
1	杯形柔轮 (1)凸缘向外 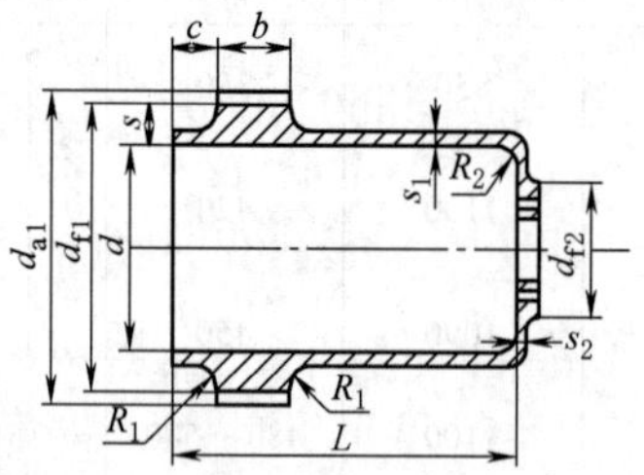	$d=d_{f1}-2s$ $s=(0.01\sim0.03)d_1$ 当 $i>150$ 或载荷大时,即 $T/d_1^3>0.3\text{MPa}$ 时取大值,反之取小值。推荐最佳壁厚系数为0.0125,即 $s=0.0125d_1$ $s_1=(0.6\sim0.9)s$ $s_2\approx s_1$	结构简单,连接方便,刚性好。传动精度高。在相同直径的柔轮中,比别的结构形式的柔轮承载能力大。是国内外应用最普遍的结构形式 两种结构的形式除凸缘配置不同外。所有尺寸均相同
	(2)凸缘向内 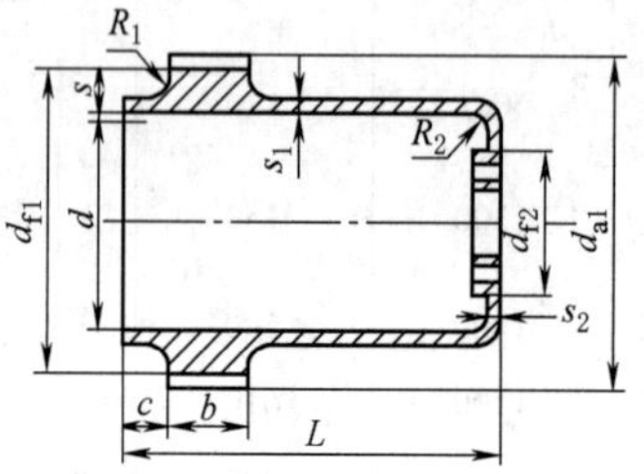	$b=(0.1\sim0.3)d_1$ $c=(0.15\sim0.25)b$ $d_{f2}\leqslant(0.5\sim0.65)d$ $L\geqslant(0.8\sim1.2)d$ $R_1\approx(10\sim20)m$ $R_2\geqslant(2\sim3)s_1$	柔轮凸缘与输出轴的连接利用铰制孔用螺栓,或销钉及内六角圆柱头螺钉
2	带输出轴的整体式柔轮 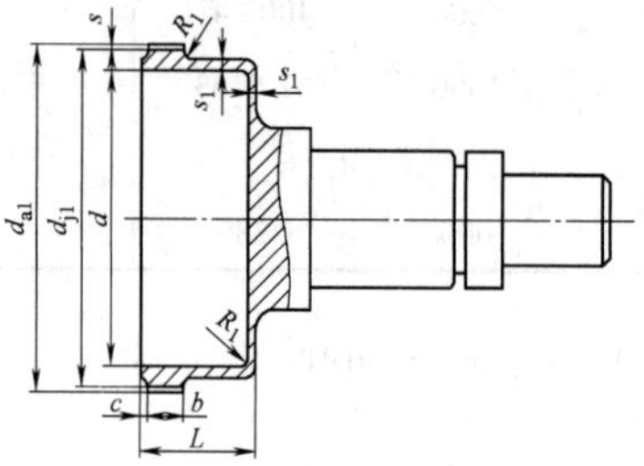	柔轮部分尺寸与普通杯形柔轮相同	适用于小直径的柔轮
3	帽形柔轮 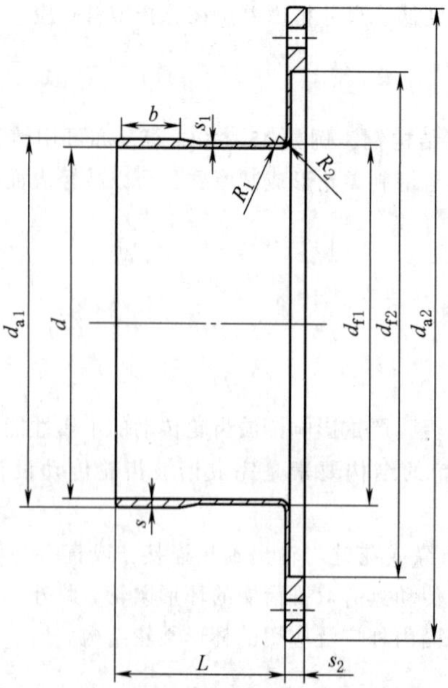	齿顶圆、齿根圆、内壁直径,齿宽、壁厚、长径比取值与普通杯形柔轮相同	适用对减速器有中空要求的应用场景

续表

<table>
<tr><th>序号</th><th>结构简图</th><th>几何尺寸</th><th>说明</th></tr>
<tr><td rowspan="2">4</td><td>环形柔轮
(1)外复式柔轮 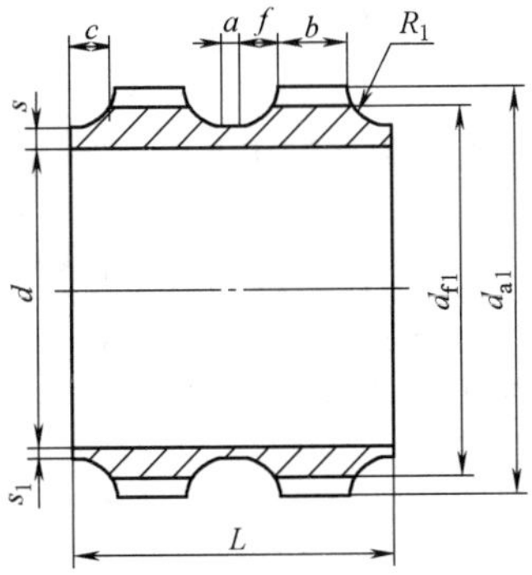</td><td>$L=2(b+c+f)+a$
尺寸 c、b 同上，尺寸 f 由结构设计确定
$a\geqslant\sqrt{r_{a0}^2-(r_{a0}-h)^2}$
r_{a0}——滚刀外圆半径
h——柔轮全齿高</td><td rowspan="2">环形柔轮结构简单，加工方便，轴向尺寸较小，但扭转刚度承载能力等与杯形柔轮相比，有所降低。齿啮输出柔轮的承载能力约降低 1/3</td></tr>
<tr><td>(2)单级啮合输出柔轮 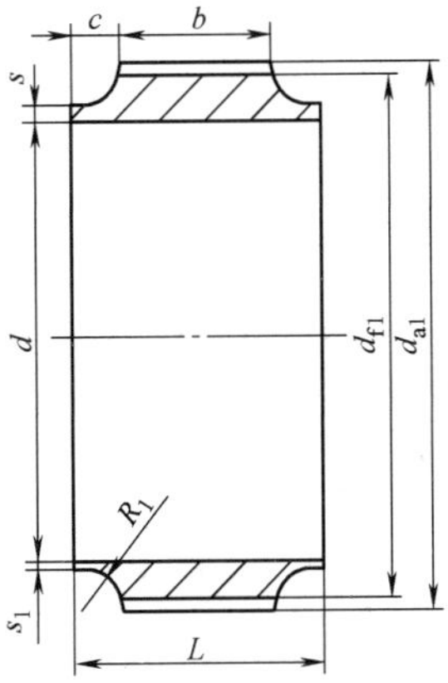</td><td>$L=2c+b$
$b=(0.3\sim0.5)d$</td></tr>
</table>

8.3 波发生器的结构设计

(1) 波发生器的类型和尺寸

波发生器是迫使柔轮产生预期变化规律的元件。

按变形波数分，有单波、双波和三波发生器；按柔轮变形特性的不同，它们又可分为自由变形型波发生器和确定变形型波发生器两类，前者不能完全控制柔轮的变形状态，后者则能在柔轮的各点上控制其变形。按波发生器与柔轮相互作用原理的不同，可分为机械波发生器、液压波发生器、气压波发生器和电磁波发生器，其中以机械波发生器应用最广。

常用机械双波发生器的形式和结构尺寸详见表 12-8-11。

凸轮式波发生器的常用凸轮轮廓形式及其廓线方程见表 12-8-12。表中，凸轮廓线方程均以极坐标的形式给出。

(2) 柔性球轴承的结构

实践表明，使谐波齿轮传动的承载能力、工作性能及寿命受到限制的又一薄弱环节是柔性轴承。

谐波齿轮传动工作时，柔性轴承的外环不断地反复变形，因此常出现的破坏形式是外环的疲劳断裂。而内环在装配时只是一次变形，故常出现的破坏形式是点蚀。此外，保持器设计制造不合理也会产生断裂或运动干涉。

因此，正确地设计及确定柔性轴承的结构尺寸，严格保证材料的性能质量（我国制造柔性轴承的材料选用 ZGCr15——军用甲级钢）。严格按军用技术条件检验其化学成分和控制碳化物偏析等级、合理的制造工艺，是保证柔性轴承寿命及其性能的关键。

表 12-8-11　　常用波发生器的类型和结构尺寸

类型	结构简图	几何尺寸	说明
滚轮式	双滚轮式 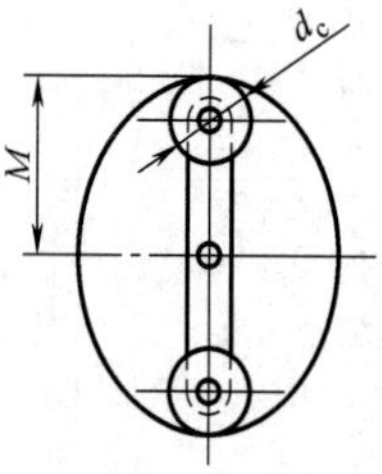	$M=0.5d+0.9mK$ $d_c=\frac{1}{3}d$ K——波发生器径向变形量增大系数，$K=1+\frac{\sum\Delta}{w_0}$ $\sum\Delta$——补偿滚轮轴承径向游隙，滚轮与柔轮间隙的量 当 $\alpha_0=20°$ 时，$K=1.0$ 当 $\alpha_0=30°$ 时，$K=0.89$	结构简单，制造方便，效率较高。但因这种波发生器对柔轮变形不能完全控制，载荷稍大后，柔轮易产生畸变。承载能力低。只适用于不重要的、低精度轻载传动中
	四滚轮式 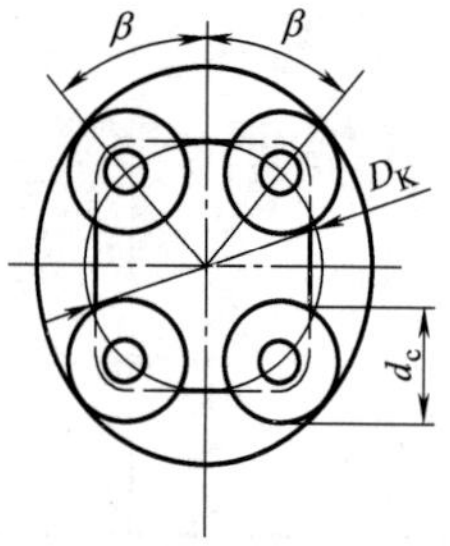	$D_K=2\rho-d_c$ $\rho=0.5d+w_k\left(\frac{w_0}{m}\right)m$ 当 $\beta=30°$ 时，$w_0=0.56914$ 当 $\beta=35°$ 时，$w_0=0.40876$ $d_c\leqslant\frac{1}{3}d$ $\frac{w_0}{m}$——径向变形量系数，常取 0.9、1、1.1 w_k——补偿后的径向变形量	
	多滚轮式 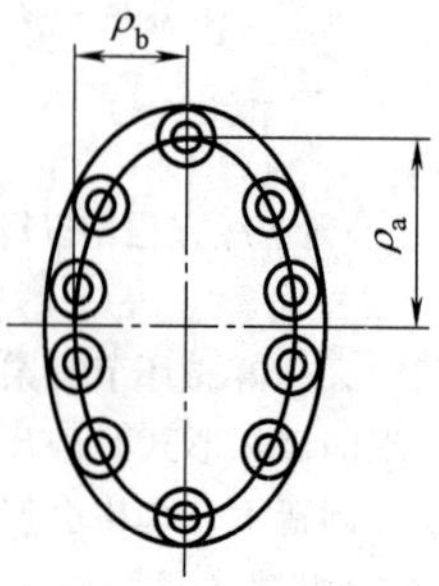	$\rho_a=\frac{d-d_c}{2}+w_0$ $\rho_b=\frac{d-d_c}{2}-w_0$ $d_c\leqslant\frac{1}{3}d$ 滚轮中心的坐标按椭圆或近似椭圆的等距曲线确定	柔轮变形全周被全部控制，承载能力较高。多用于不宜采用偏心盘式或凸轮式波发生器的大型谐波齿轮传动

续表

类型	结构简图	几何尺寸	说明
偏心盘式	双偏心盘式 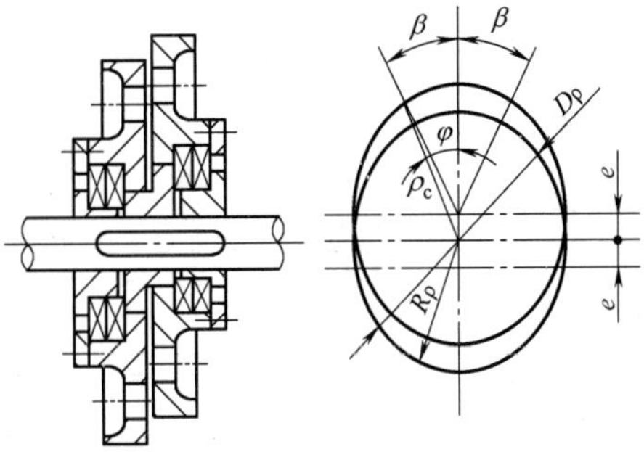	$2\beta=60°\sim70°$ $D_\rho=d+2(w_0+e)+\Delta$ $\rho_c=\sqrt{R_\rho^2+e^2+2R_\rho e\cos\varphi}$ $\rho=\rho_c+0.5s$ e——偏心距，通常取 $e=(3.3\sim3.6)m$，m 为模数 D_ρ——偏心圆盘直径 ρ——柔轮原始曲线的极半径 Δ——偏心圆盘轴承的径向间隙，取 $\Delta=0.02\sim0.045$	转动惯量小，啮合区大，制造方便，通常在柔轮内孔中增加中间衬环，以改善柔轮中应力分布，但柔轮变形未能全部控制，且有附加不平衡力矩
	三偏心盘式 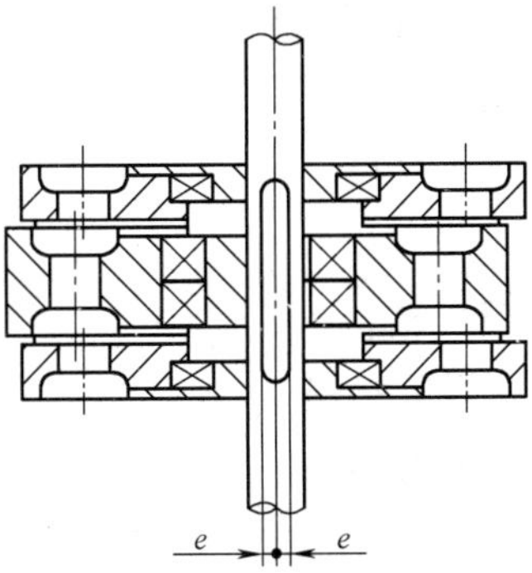		除具有上述优点外，还消除了不平衡力矩，承载能力较高，通常在柔轮内孔中加中间衬环来改善柔轮中应力的分布。多用于重载或小惯量的谐波齿轮传动中
凸轮式	柔性轴承凸轮式 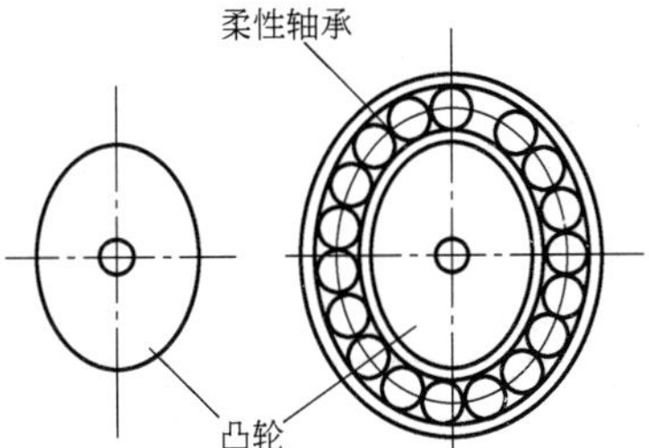 柔性轴承 凸轮	详细计算见表 12-8-12	柔轮变形被全部控制，承载能力较大，刚度较好，精度也较高。是目前国内外最通用的结构

注：表中除双滚轮和四滚轮式波发生器为自由变形波发生器外，其他均为确定变形波发生器。

表 12-8-12　　常用凸轮形式及其廓线方程

凸轮形式	凸轮廓线方程	说明
标准椭圆凸轮 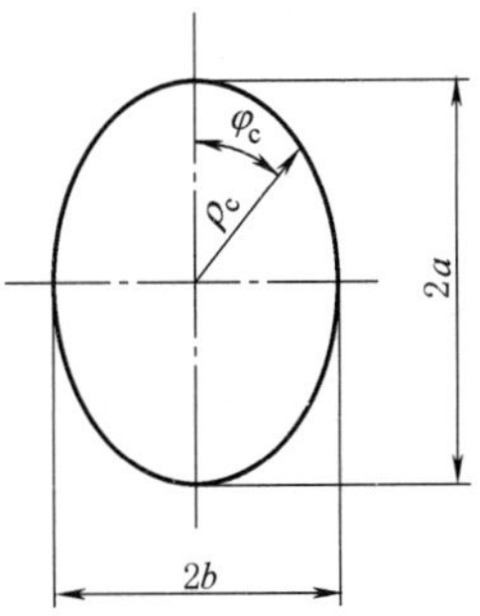	凸轮长半轴 $a=0.5(d_B+\Delta)+w_0$ 凸轮短半轴可用 C_{MNPHOB} 公式确定，即 $b=\frac{1}{9}[(6d_B-7a)+4\sqrt{1.5ad_B-2a^2}]$ Δ——考虑补偿波发生器径向尺寸链总的间隙量 d_B——柔性轴承内径 凸轮廓线方程为 $\rho_c=\frac{ab}{\sqrt{a^2\sin^2\varphi_c+b^2\cos^2\varphi_c}}$	此种凸轮，加工简单方便，为目前最常用的一种凸轮

续表

凸轮形式	凸轮廓线方程	说明
以四力作用下圆环变形曲线为廓线的椭圆凸轮	凸轮廓线方程为 $\rho_c=0.5d_B+Kw$ $=0.5d_B\dfrac{Kw_6}{\sum\limits_{n=2,4,6,\cdots}\dfrac{\cos(n\beta)}{(n^2-1)^2}}\times\sum\limits_{n=2,4,6,\cdots}\dfrac{\cos(n\beta)\cos(n\varphi_c)}{(n^2-1)^2}$ K 的意义见表 12-8-11	此种凸轮的加工虽较前者复杂,但只要改变 β 角,便可获得所需之各种凸轮形状,当 $\beta=20°\sim30°$ 时,柔轮中峰值应力可达到最小
双偏心圆弧凸轮	凸轮廓线方程为 当 $0\leqslant\varphi_c<\dfrac{\pi}{2}-\mu_0$ 时 $\rho_c=e\cos\varphi_c+\sqrt{R_c^2-e^2\sin^2\varphi_c}$ 当 $\pi/2-\mu_0\leqslant\varphi_c\leqslant\dfrac{\pi}{2}$ 时 $\rho_c=R_c/\sin\varphi_c$ 式中 $R_c=\dfrac{\pi d_B-4e}{2\pi}$ $e=\dfrac{0.5\pi m(z_2-z_1)}{\pi-2}$ $\mu_0=\arctan(e/R_c)$	加工方便,啮合区较大,但柔轮中的应力较大

柔性轴承外环与柔轮内孔的配合为 H7/h7;柔性轴承内环与凸轮的配合取为 H7/js6。如果柔性轴承装入柔轮内孔过紧,将会引起元件内应力增加,发热,使传动效率降低,如出现严重过盈则使柔性轴承的寿命降低,最后导致破坏。

柔性轴承外环的硬度为 55~60HRC,内环的硬度为 61~65HRC。

柔性球轴承和中间衬环的结构尺寸详见表 12-8-13。

谐波减速器用的柔性球轴承产品规格见表 12-8-14 和表 12-8-15。

表 12-8-13　　柔性球轴承和中间衬环的结构尺寸

序号	结构简图	几何尺寸	说明
1	内、外环为等壁厚的柔性球轴承结构尺寸的确定	$a_1=a_2=(0.02\sim0.023)D_B$ $z_B\approx21\sim23$ $\Gamma_1\approx\Gamma_2=(0.05-0.06)d_R$ $R_1\approx(0.54\sim0.55)d_R$ $R_2\approx(0.515\sim0.525)d_R$ $B=(0.15\sim0.17)D_B$ $d_B=(0.71\sim0.76)D_B$ 常取 $d_B=0.75D_B$ D_B——柔性轴承外径 d_R——钢球直径 z_B——钢球数 Γ_1,Γ_2——滚道深度 R_1——外环滚道半径 R_2——内环滚道半径 B——柔性轴承宽度 d_B——柔性轴承内径	

续表

序号	结构简图	几何尺寸	说明
2	不等壁厚柔性球轴承的结构尺寸的确定 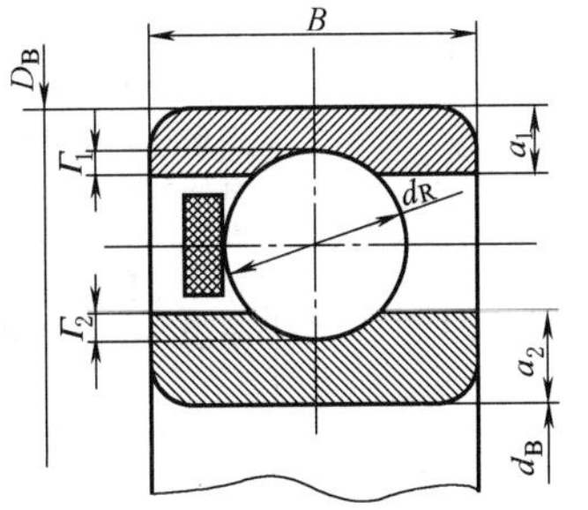	$d_R \approx 0.08D_B$ $a_1 \leqslant 1.6s$ $a_2 \leqslant 1.8s$ $\Gamma_1 = 0.05d_R$ $\Gamma_2 = 0.1d_R$ $d_B = D_B - 2[(a_1 - \Gamma_1) + (a_2 + \Gamma_2) + d_R]$	1、2两种柔性轴承的外环两端可倒圆，或在外环宽度$\frac{1}{3}$处（两端）各倒角1°30′，以改善柔轮齿圈的应力集中。同时在承载时柔轮内壁不会因扭转变形翘曲使轴承划伤柔轮内壁
3	保持器的结构 A型 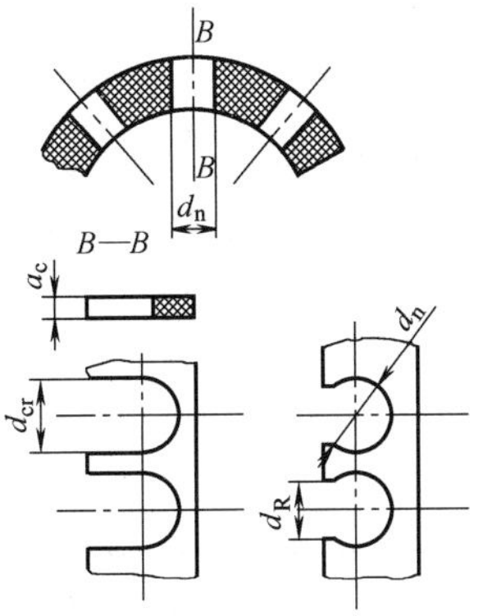	$a_c = (0.055 \sim 0.060)D_B$ $b_c = (1.2 \sim 1.3)d_R$ $d_n = (1.01 \sim 1.03)d_R$ $d_{cr} = d_B + 2a_2 + 0.02D_B + 0.05d_R$ a_c——保持器的厚度 b_c——保持器的宽度 d_{cr}——保持器的内径 d_n——保持器的槽宽或孔径	此种保持器结构简单，制造容易，装拆方便，但径向无法定位，有游动摩擦现象
	B型—柱面定位保持器 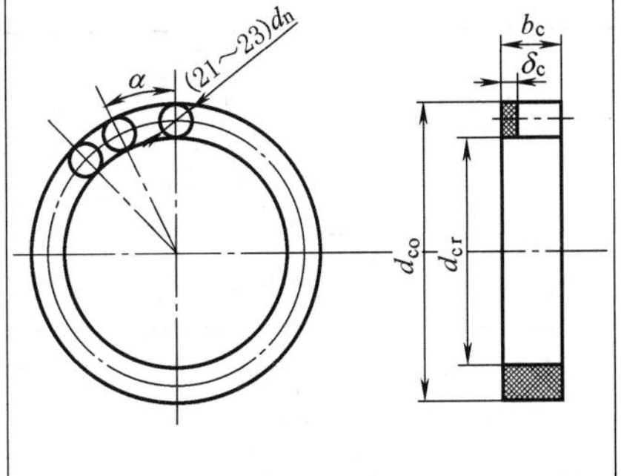	$d_{co} \leqslant (D_B - 2a_1) - 2.5m$ $d_{cr} \geqslant (d + 2a_2) + 2.5m$ $b_c = \dfrac{B + 1.34d_R}{2}$ $d_n = (1.06 \sim 1.08)d_R$ $\delta_c = \dfrac{B - 1.16d_R}{2}$ d_{co}——保持器的外径 δ_c——保持器底部厚度	此种结构简单，加工方便，为国内外通用结构之一

第12篇

续表

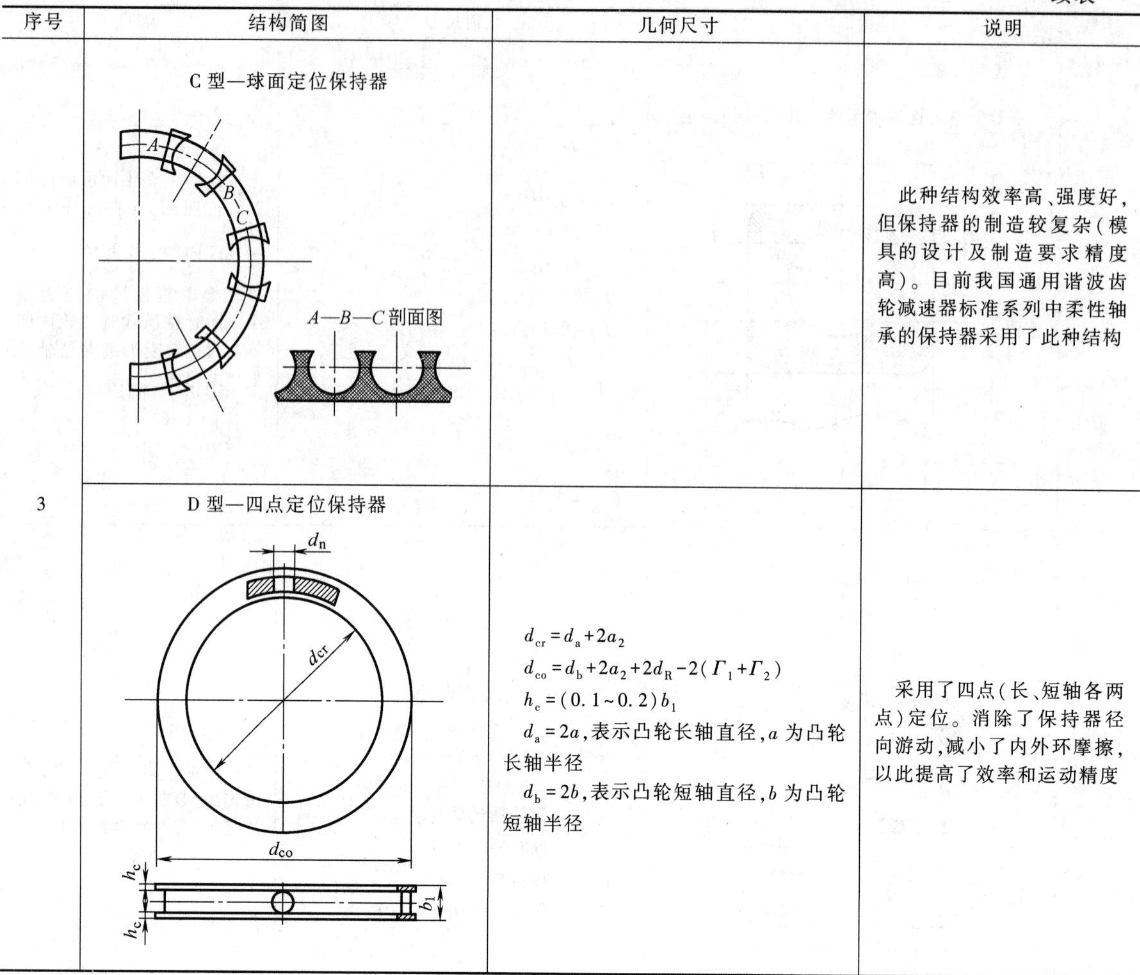

序号	结构简图	几何尺寸	说明
	C 型—球面定位保持器		此种结构效率高、强度好，但保持器的制造较复杂（模具的设计及制造要求精度高）。目前我国通用谐波齿轮减速器标准系列中柔性轴承的保持器采用了此种结构
3	D 型—四点定位保持器	$d_{cr}=d_a+2a_2$ $d_{co}=d_b+2a_2+2d_R-2(\Gamma_1+\Gamma_2)$ $h_c=(0.1\sim0.2)b_1$ $d_a=2a$，表示凸轮长轴直径，a 为凸轮长轴半径 $d_b=2b$，表示凸轮短轴直径，b 为凸轮短轴半径	采用了四点（长、短轴各两点）定位。消除了保持器径向游动，减小了内外环摩擦，以此提高了效率和运动精度

保持器多采用尼龙整体式保持器，我国在一些大功率动力谐波齿轮传动中，还有用黄铜制造的分离块式保持器。

概括说来，在设计保持器时，应注意当柔性轴承套在凸轮上变形后，要求保持器内径不应与柔性轴承内环变形后处于长轴处的外表面相碰（或只允许在长轴处两端表面各一点接触）。而保持器的外径不应与柔性轴承外环变形后短轴处的内表面相碰（或只允许在短轴处两端各一点接触，即四点定位），此时，保持器的孔径应不干涉柔性轴承球的运动轨迹，且应有一定间隙。

表 12-8-14　　谐波减速器用柔性球轴承规格（国标）

型号	外形尺寸/mm			额定值		
	外径 D	内径 d	宽度 B/C	最大径向变形 /mm	输入转速 /r · min^{-1}	输出力矩 /N · m
E904KAT2 *	25	18.8	4	0.2	3000	2
3E905KAT2 * 1000905AKT2	32	24	5	0.2	3000	6
3E806KAT2 * 1000906AKT2	40	30	6	0.3	3000	16
1000807AKT2	47	35	7.5	0.3	3000	30
1000907AKIT2	48.2	35.8	8	0.3	3000	30
3E907KAT2 * 1000907AKT2	50	37	8	0.3	3000	30

续表

型号	外形尺寸/mm			额定值		
	外径 D	内径 d	宽度 B/C	最大径向变形/mm	输入转速/r·min^{-1}	输出力矩/N·m
1000809AKT2	59	44	9.3/8.8	0.4	3000	50
3E809KAT2 * 1000909AKT2	60	45	9	0.4	3000	50
1000809AKIT2	61.8	45.7	9.5/9	0.4	3000	50
1000810AKT2	63	48	9.7/9.2	0.4	3000	50
1000811AKT2	72	55	11	0.5	3000	80
3E911KAT2	75	57	13	0.5	3000	90
1000812AKT2	79	59	12.2/11.6	0.5	3000	120
3E812KAT2 *	80	60	13	0.5	3000	120
1000912AKT2	80	60	12	0.5	3000	120
814KAT2	95	70	15	0.6	3000	200
1000814AKT2	95	71	14.6/14	0.6	3000	200
1000914AKT2	99	72	15	0.6	3000	250
3E815KAT2 * 1000915AKT2	100	75	15	0.6	3000	250
1000818AKT2	118	88	18.2/17.5	1	3000	450
3E818KAT2 * 1000918AKT2	120	90	18	1	3000	450
1000819AKT2	125	94	19.2/18.4	1	3000	450
2000921AKT2	145	105	24	1.1	3000	800
3E822KAT2 2000922AKT2	150	110	24	1.1	3000	800
3E824KAT2 *	160	120	24	1.1	1500	1000
826KAT2	175	130	26	1.1	1500	1200
3E830KAT2 *	200	150	30	1.25	1500	2000
832KAT2	220	160	35	1.25	1500	2500
3E836KAT2 *	240	180	35	1.5	1500	3200
1000836AKT2	240	180	36/34	1.5	1500	3200
3E838KAT2 *	250	190	40	1.5	1500	3500
3E842KAT2	280	210	45	1.5	1500	4000
3E844KAT2	300	220	45	1.5	1500	5000

注：型号后有 * 者为第一系列产品。

表 12-8-15　　谐波减速器用柔性球轴承规格（日本 Harmonic Drive 公司产品标准）

型号	外形尺寸/mm					额定值				
	D（外径）	d（内径）	B（内圈宽度）	C（外圈宽度）	r（内外圈倒角）	最大径向变形/mm	输入转速/r·min^{-1}	输出力矩/N·m	额定动载荷 C_r	额定静载荷 C_{or}
HYR-14	33.896	25.07	6.35	6.095	0.3	0.8	3000	6	4.74	3.75
HYR-17	41.722	30.3	6.68	6.16	0.3	0.9	3000	16	7.12	5.83
HYR-20	49.068	35.56	8.13	7.24	0.3	1.0	3000	30	9.93	8.36
HYR-25	61.334	45.212	6.3	9.015	0.3	1.0	3000	50	12.89	11.55
HYR-32	79.748	58.928	8.64	11.81	0.3	1.2	3000	90	22.28	20.91
HYR-40	98.171	71.12	10.29	14.475	0.6	1.5	3000	200	—	—
HYR-50	122.707	88.9	12.7	18.085	1	2.0	3000	450	—	—
HYR-65	159.312	117.856	15.88	23.495	1	2.0	3000	1000	—	—

第9章 活齿传动

1 概　　述

随着原动机和工作机向着多样化方向发展，对传动装置的性能要求也日益苛刻。为适应这一要求，除对齿轮、蜗杆蜗轮等传统的传动装置做大量的研究和改进外，人们还研究出了多种新型传动装置，如谐波传动、摆线针轮传动等。这些传动都成功地应用于许多行业的各种机械装置中。

活齿传动是一种新型传动。美、俄、英、德等国早年均有研究，有的已形成商品上市，但都以各自的结构特点命名，如偏心圆传动、滑齿传动、随动齿传动等。20世纪70年代以来，中国也先后发明了多种新型传动，其中有好几种是属于活齿传动类的，也是以其某些结构特点来命名，例如滚道减速器、滚珠密切圆传动、变速轴承、推杆减速器等。中国学者经过多年研究，于1979年提出活齿波动传动的论述，认为活齿传动是一种有别于其他刚性啮合传动的独立传动类型。这类传动也有多种结构形式，但它们在原理上有共同特点，都是利用一组中间可动件来实现刚性啮合传动；在啮合的过程中，相邻活齿啮合点间的距离是变化的，这些啮合点沿圆周方向形成蛇腹蠕动式的切向波，实现了连续传动。这些都是独特的，因此将这种传动命名为“活齿波动传动”，简称“活齿传动”。这一命名已为本行业所采用。前面提到的几种新型传动，以及活齿针轮减速器、套筒活齿传动等，都属于活齿传动。

活齿传动与一般少齿差行星齿轮传动类似，单级传动比大；都是同轴传动，但同时啮合齿数更多，承载能力和抗冲击能力较强；由于不需要一般少齿差行星齿轮传动所必需的输出机构，使得结构比较紧凑，功率损耗小。活齿传动可广泛用于石油化工、冶金矿山、轻工制药、粮油食品、纺织印染、起重运输及工程机械等行业的机械中作减速用。需要时，也可作增速用。

中国的活齿传动技术发展比较迅速，多种活齿减速器都通过了试制试用阶段，逐步形成规模生产。但对比传统的减速器来说，应用还不普遍，标准化、系列化工作还不完善。活齿传动潜在的优良性能还没有充分开发出来，未能在国民经济中创造出较大的经济效益。因此，在行业中普及和推广活齿传动技术，正是当务之急。

本章将介绍的全滚动活齿传动，是一种新型活齿传动，其特点是改进了传力结构，基本上消除了现有活齿传动中的滑动摩擦，使活齿传动的优良特性得以进一步发挥。实验室试验和与其他同类产品的对比试验均证实其性能优良，这一新型传动现正在逐步推广之中。

2 活齿传动工作原理

2.1 偏心轴驱动单波活齿传动

活齿传动由3个基本构件组成：激波器（J）、活齿齿轮（H）和固齿齿轮（G）。工作时，以偏心轴作为激波器周期性地推动可做往复运动的活齿，这些活齿与固齿齿廓的啮合点形成了蛇腹蠕动式的切向波，从而与固齿齿轮形成连续的驱动关系。这种切向波形成的条件是活齿与固齿的齿数不同，它们的齿距 t 不相等，即 $t_g \neq t_h$。

正是由于齿距不同，啮合时发生了“错齿运动”，这种相对运动使得活齿与固齿之间的传动成为可能。

现以做直线运动的活齿传动模型来说明这种“错齿运动”的发生过程，从而了解活齿传动的基本原理。

做直线布置时，传动原理的机构模型如图 12-9-1 所示。此时，激波器 J 是凸轮板，活齿齿轮 H 是装有一组活齿的活齿架，固齿齿轮 G 是齿条。

设 L 为激波器的一个波长，对应于此波长内的活齿齿数为 z_{h}，固齿齿数为 z_{g}。设计时取

$$z_{\mathrm{g}}=z_{\mathrm{h}}\pm1 \tag{12-9-1}$$

式中　“+”——当 H 固定时，“+”表示 J 与 G 同向传动；

　　“-”——当 H 固定时，“-”表示 J 与 G 反向传动。

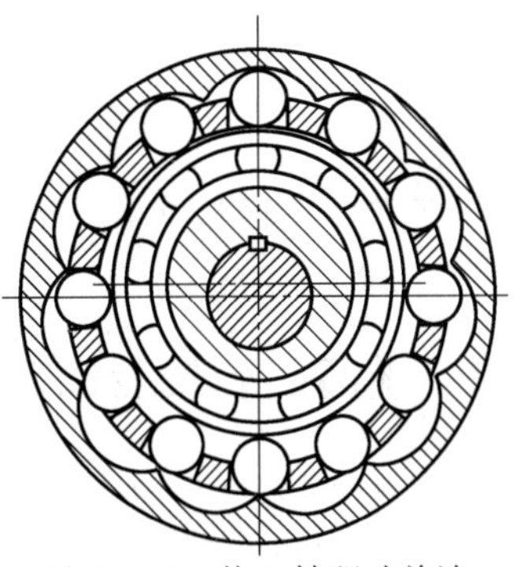

图 12-9-1　偏心轴驱动单波活齿传动机构模型

图 12-9-1 所示为 $z_{\mathrm{g}}=z_{\mathrm{h}}-1$ 时的情况。当如图 12-9-2a 所示状态时，若活齿架 $\mathrm{H_b}$ 固定，凸轮板 J 向右移动，则将逐一压下右边诸活齿，活齿的齿头推动齿条 G 向左移动；同时放松左边诸活齿，而正在向左移动的齿条的各个齿，分别将左边的活齿顶起，并贴近凸轮板。当凸轮板向右移动了 $L/2$ 后，状态如图 12-9-2b 所示。此时，若继续向右移动凸轮板，则将压下左边诸活齿，推动齿条继续向左移动，致使右侧诸活齿被齿条驱动而复位。即当连续不断地向右移动凸轮板时，每隔半个波长 $L/2$，凸轮板就交替下压左边和右边的活齿，推动齿条连续不断地向左移动，反之亦然。啮合是连续、重叠而交替进行的，所以不存在死点。

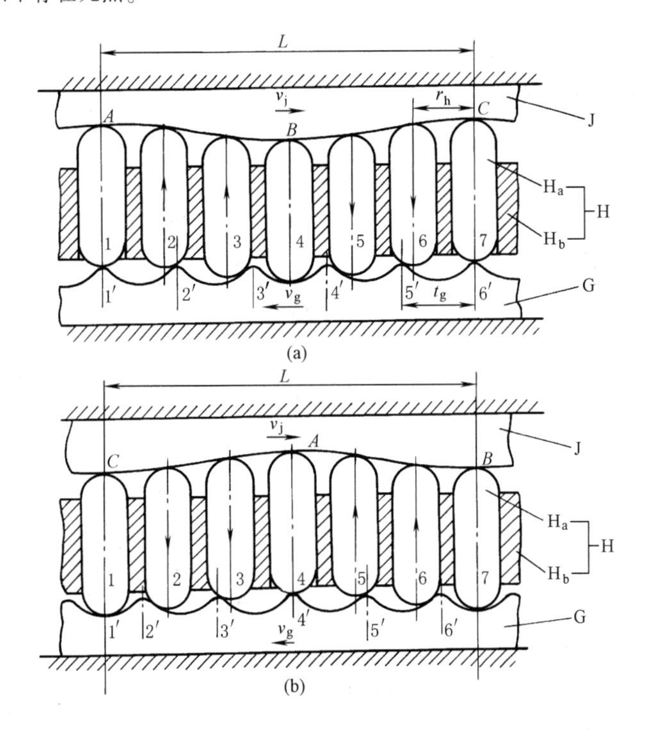

图 12-9-2　单波活齿传动原理

J—激波器（凸轮板）；H—活齿齿轮（$\mathrm{H_a}$—活齿；$\mathrm{H_b}$—活齿架）；G—固齿齿轮（齿条）

可以看出，当凸轮板移动一个波长 L 时，活齿与固齿之间错动一个齿，即齿条移动了一个齿距 t_{g}，这就是错齿运动。

因此，由图 12-9-2 可以得出 J 与 G 之间的传动比 i_{JG} 为

$$i_{\mathrm{JG}}=\frac{L}{t_{\mathrm{g}}}=\frac{z_{\mathrm{g}}\times t_{\mathrm{g}}}{t_{\mathrm{g}}}=z_{\mathrm{g}} \tag{12-9-2}$$

同理，当齿条固定时，凸轮板移动一个波长 L 时，活齿与固齿之间同样错动一个齿，即活齿架移动了一个齿

距 t_h，因此可以得出 J 与 H 之间的传动比 i_{JH} 为

$$i_{JH}=\frac{L}{t_h}=\frac{z_h\times t_h}{t_h}=z_h \tag{12-9-3}$$

上述活齿传动的三个基本构件，任意固定其中一件，则其他两件可互为主、从动件。三件间也可形成差动传动。

2.2 椭圆凸轮轴驱动双波活齿传动

单波活齿传动由于存在偏心问题动平衡差，另外偏心轴上的轴承承受的径向力大，疲劳寿命低。图 12-9-3 为双波活齿传动的传动原理图，双波活齿传动机构主要由自由运动的活齿、带有径向槽的活齿架、椭圆凸轮及中心轮组成。以椭圆凸轮为激波器的双波活齿传动，相比于单波活齿传动动平衡好，振动噪声小，并且激波器上的轴承的径向力由两侧长轴方向的滚子承受，可大幅提高轴承疲劳寿命。工作时椭圆凸轮在驱动力矩的作用下顺（逆）时针转动并随之椭圆凸轮将产生径向作用力，推动处于啮合区的 1、2、3、4 号和 9、10、11、12 号滚柱活齿在活齿架的径向槽内运动，当中心轮固定，活齿轮输出时，活齿就会推动活齿架进行转动。而处于非啮合区的 5、6、7、8 号和 13、14、15、16 号滚柱活齿就会在活齿架的反推作用力下沿中心轮的非工作齿廓运动到下一个啮合区。对于波幅数为 1 的激波器，其外轮廓曲线由一条回程曲线和一条升程曲线组成，每转动一周就推动活齿在活齿架的径向槽中往复运动一次，称为啮合副的一个循环；同理当激波器的波幅数为 2 时，其每转动一周就推动活齿在活齿架的径向槽中往复运动两次，称为啮合副的两个循环。在其传动啮合过程中，与激波器回程曲线及近停、远停位置接触的活齿都处于非啮合状态，其余位置的活齿都处于啮合区，啮合区所对应的圆心角为工作区域角。

在计算双波活齿传动的传动比时，通常对其进行机构转换，即将周转轮系中的行星架固定，借助定轴轮系的相关结论来确定双波活齿传动的传动比。

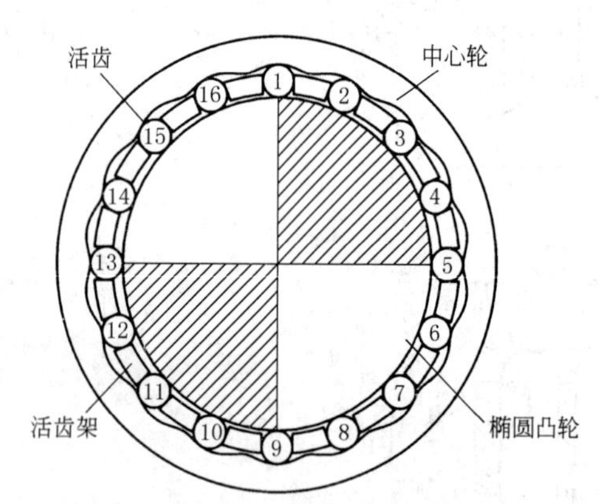

图 12-9-3 双波活齿传动原理图

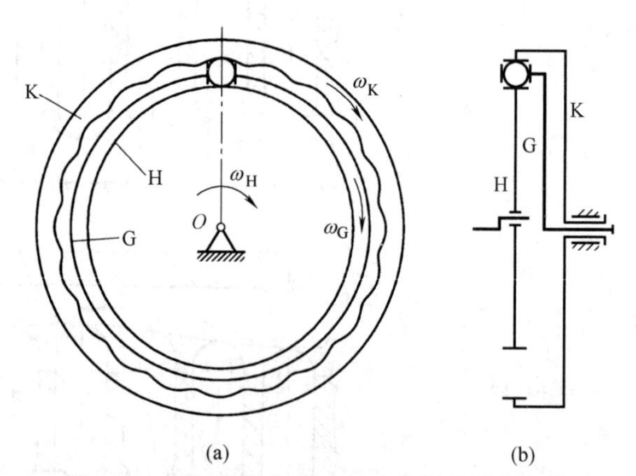

图 12-9-4 双波活齿传动运动简图及转化机构

图 12-9-4a 是双波活齿传动的运动简图，图 12-9-4b 是其转化机构，设 ω_H、ω_K、ω_G 分别为椭圆凸轮、中心轮和活齿架的绝对角速度。当给机构加上一个与凸轮角速度方向相反、大小相等的附加角速度 $-\omega_H$，此时双波活齿传动机构转化为定轴轮系，根据相对运动原理可以得到活齿架与中心轮相对于椭圆凸轮的角速度 ω_G^H、ω_K^H 分别为

$$\begin{cases}\omega_G^H=\omega_G-\omega_H\\ \omega_K^H=\omega_K-\omega_H\end{cases} \tag{12-9-4}$$

此时轮系相对于凸轮的传动比 i_{GK}^H 为

$$i_{GK}^H=\frac{\omega_G^H}{\omega_K^H}=\frac{\omega_G-\omega_H}{\omega_K-\omega_H}=\frac{z_K}{z_G}=\kappa \tag{12-9-5}$$

式中，z_G 为活齿个数；z_K 为中心轮齿数。

按照双波活齿传动方式的不同，其传动比计算可分为如下三种情况进行讨论，分别为中心轮固定、活齿架固

定与凸轮固定。

(1) 中心轮固定

当凸轮作为动力输入，活齿架作为动力输出时，中心轮的绝对角速度 ω_K 为 0，代入式 (12-9-5) 可得 $\omega_G=(1-\kappa)\omega_H$。此时传动比 i_{HG}^K 为

$$i_{HG}^K=\frac{\omega_H}{\omega_G}=\frac{\omega_H}{\omega_H(1-\kappa)}=\frac{z_G}{z_G-z_K} \tag{12-9-6}$$

其中，当 $z_K>z_G$ 时，活齿架与凸轮转向相反；反之同向，这种形式一般是用于大减速比的场合。

当活齿架作为动力输入，凸轮作为动力输出时，传动比 i_{GH}^K 为

$$i_{GH}^K=\frac{\omega_G}{\omega_H}=\frac{\omega_H(1-\kappa)}{\omega_H}=\frac{z_G-z_K}{z_G} \tag{12-9-7}$$

这种形式用于大增速比传动，且易自锁。

(2) 活齿架固定

当凸轮作为动力输入，中心轮作为动力输出时，活齿架的绝对角速度 ω_G 为 0，代入式 (12-9-5) 可得，$\omega_K=(1-1/\kappa)\omega_H$。此时传动比 i_{HK}^G 为

$$i_{HK}^G=\frac{\omega_H}{\omega_K}=\frac{\omega_H}{\omega_H(1-1/\kappa)}=\frac{z_K}{z_K-z_G} \tag{12-9-8}$$

其中，当 $z_K<z_G$ 时，活齿架与凸轮转向相反；反之同向，这种形式一般是用于同向大减速比的场合。

当中心轮作为动力输入，凸轮作为动力输出时，传动比 i_{KH}^G 为

$$i_{KH}^G=\frac{\omega_K}{\omega_H}=\frac{\omega_H(1-1/\kappa)}{\omega_H}=\frac{z_K-z_G}{z_K} \tag{12-9-9}$$

此时传动比最小，通常用于同向增速，且易自锁。

(3) 凸轮固定

当中心轮作为动力输入，活齿架作为动力输出时，凸轮的绝对角速度 ω_H 为 0，代入式 (12-9-5) 可得传动比 i_{KG}^H 为

$$i_{KG}^H=\frac{\omega_K}{\omega_G}=\frac{z_G}{z_K}=1/\kappa \tag{12-9-10}$$

当活齿架作为动力输入，中心轮作为动力输出时，传动比 i_{GK}^H 为

$$i_{GK}^H=\frac{\omega_G}{\omega_K}=\frac{z_K}{z_G}=\kappa \tag{12-9-11}$$

凸轮固定的情况适用于速比微小的增（减速）场合。

3 活齿传动结构类型简介

将上述直线运动的活齿传动模型绕成圆环，就形成旋转运动的径向活齿传动。利用上述活齿传动的基本原理，采用不同的活齿结构和不同的啮合方案，形成了多种类型的活齿传动。中国现有的、具有代表性的几种活齿传动基本结构如图 12-9-5 所示，下述几种典型结构活齿传动的偏心轴激波器可更换为椭圆凸轮式激波器。

(1) 滚子活齿传动

图 12-9-5a 所示为滚子活齿传动。这种传动是由偏心轮通过滚动轴承驱动一组装于活齿架径向槽中的圆柱形滚子做径向运动，迫使滚子与内齿圈的齿相啮合。由于内齿圈的齿数与活齿的齿数相差一个齿，因此，滚子在啮合时产生周向错齿运动，由滚子直接推动活齿架而输出减速运动。这种传动的内齿圈齿廓应该是活齿滚子的共轭曲线。由于这种传动的活齿滚轮是在内齿圈的齿廓上滚动，内齿齿廓也被称为“滚道”，因此，这种传动也称为“滚道减速器”。为了能用通用设备加工出内齿圈齿廓，有人用多段圆弧来近似取代准确的包络曲线。这种齿廓称为“密切圆”齿廓，因此，有人就称这样的传动为“密切圆传动”。只要齿廓拟合得足够精确，传动的瞬时速比误差可以达到实用要求的水平。

滚子活齿传动具有活齿传动所共有的同轴传动结构紧凑、多齿啮合承载能力大和过载能力强的特点，但是由

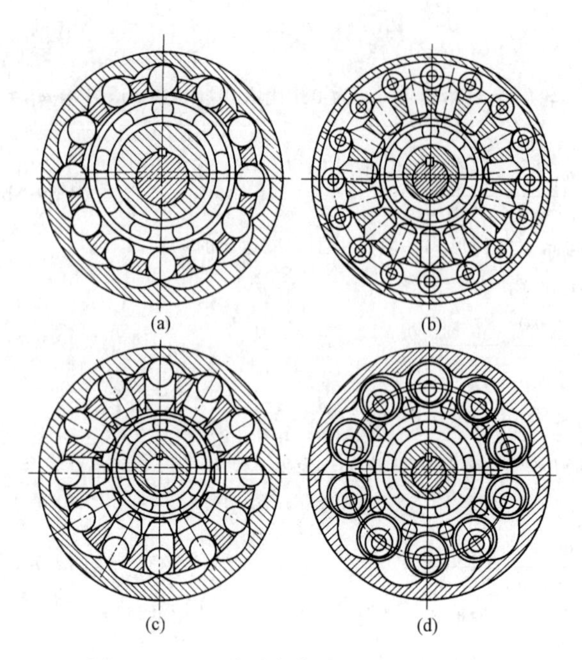

图 12-9-5 几种活齿传动的基本结构简图

于活齿滚子在滚动的同时，又在径向槽内做往复运动，在滚子与径向槽的接触传力点处，将产生较大的相对滑动，引起摩擦、磨损和发热，所以这种传动只适用于小功率传动。

(2) 活齿针轮传动

图 12-9-5b 所示为活齿针轮传动。为了解决活齿传动内齿齿廓曲线加工的困难，吸取摆线针轮传动的成功经验，采用针轮为内齿圈；活齿为分布于活齿盘径向孔中的圆柱形活齿销，其上端与针轮针齿相啮合的部分做成楔形的两个斜面。活齿的齿数与针齿的齿数相差一个齿。驱动部分仍然是装于输入轴上的偏心盘和转臂轴承。传动时，偏心盘通过转臂轴承驱动活齿销在活齿盘的径向孔中做径向运动，活齿销的楔形齿头与针齿相啮合，迫使活齿产生周向错齿运动，由活齿销推动活齿盘直接输出减速运动。由于活齿为一圆柱体，有人称这种传动为“销齿传动”或“推杆传动”。

活齿针轮传动结构简单、紧凑，多齿啮合承载能力大。但与针齿啮合的活齿的楔形啮合部分是一种近似齿形，影响传动的平稳性和噪声，使其应用受到限制。若将楔形齿头也做成包络曲线的齿面，技术上是可行的，但给加工又带来新的麻烦。同样，活齿与活齿盘之间也存在滑动摩擦，也有磨损和发热问题，但由于是以较大的圆柱面承受载荷，摩擦和磨损的问题较滚子活齿传动有所改善。

(3) T 形活齿传动

图 12-9-5c 所示为 T 形活齿传动。该传动是综合上述 a、b 两种传动的某些特点而形成的一种活齿传动。其中驱动部分和前两种传动一样；内齿圈与 a 相同，活齿架与 b 相同。

活齿由顶杆和滚子两部分组成：顶杆为圆柱状结构，装于活齿盘的径向孔中，顶部做成月牙形；滚子为一圆柱体，置于顶杆的月牙形槽中，是活齿的啮合部分。顶杆轴线与滚子的轴线相垂直，组成“T 形活齿”。正是由于这个缘故，有人称这种传动为“T 形活齿传动”。也有人从活齿是由两件组成这一角度来看，称为“组合活齿传动”。有的设计者将顶杆的两端都做成月牙形，两端都装上滚子，以减少顶杆尾部与偏心轮上轴承外环的摩擦，并且将整个活齿传动做成一个通用机芯部件，好像滚动轴承一样，供设计者选用，称为“变速轴承”。

T 形活齿传动由于滚子和内齿圈的齿廓可以形成准确的共轭关系，因此可以克服活齿针轮传动不平稳的缺点；活齿的顶杆以较大的圆柱面与活齿盘接触传力，而且滚子的滚转所产生的滑动摩擦转移到顶杆的月牙形槽中，使活齿与活齿盘之间磨损和发热的问题得以缓解。因此，T 形活齿传动的运转较为平稳，比前两种传动具有更高的承载能力。但是，T 形活齿传动由于需要加工月牙形槽，尺寸链增加了三个环节，使制造难度增大，传动精度降低。顶杆与活齿盘和活齿之间仍然有往复的滑动摩擦，使传动效率仍不理想，磨损和发热的问题依然存在。在顶杆的下部加装滚子的办法更增加了结构的复杂性和加工难度，增大了传动误差，而顶杆与转臂轴承接触处的滑动摩擦和磨损问题并不严重，加装滚子的办法只转移了滑动摩擦的位置，实际上并不能改善传动的性能，反而会造成负面的影响。由此可见，活齿传动中的滑动摩擦问题仍然是限制活齿传动应用的主要障碍。

(4) 套筒活齿传动

图 12-9-5d 所示为套筒活齿传动。该传动与其他活齿传动有很大的不同，它是以尺寸较大的圆形套筒作为活齿，以隔离滚子来限定套筒活齿的角向分布而不需要活齿盘。在套有滚动轴承的偏心盘驱动下，全部套筒活齿和隔离滚子随偏心盘一起做平面运动，形成一个轮齿可以自转的“行星齿轮”。由于其轮齿是做滚摆运动的圆形，因此，与之相啮合的内齿圈的齿廓为内摆线。只有在这个内齿圈的限定下，这个由套筒活齿和隔离滚子组合成的行星齿轮才能存在。这个行星齿轮与内齿圈相啮合而产生的自转和少齿差行星齿轮传动一样，也需要一个输出机构来输出运动。该传动采用了与摆线针轮传动相同的销轴输出机构（W 机构），即将输出轴销轴盘上带套的销轴直接插入套筒活齿的内孔，内孔在销轴上滚转而传动。

套筒活齿传动的特点是：内齿齿廓是内摆线，可以用展成法加工；作为活齿的套筒，具有较好的柔性，可以补偿加工误差的影响；可以使多齿啮合的齿间有均载作用；可以缓解冲击载荷的影响；传力件之间基本上是滚动接触，传动效率较高。但是，这种传动要求套筒活齿具有较大的直径才能具有足够的柔性，才能满足输出机构的结构和强度要求。这就限制了这种传动不可能具有较大的速比，使活齿传动单级速比大、多齿啮合的优点不能发挥。另外，由于有输出机构的存在，对于传动效率、传动精度、承载能力和制造成本都有负面的影响。

套筒活齿传动从原理来看应该不属于活齿传动类型。因为它虽然也是通过一组中间可动件来实现刚性啮合传动，但工作时啮合齿距是不变的。它和摆线针轮传动、少齿差行星齿轮传动更为相近。所不同的是该传动的“行星齿轮”由套筒和分离滚柱组成，而且这个行星齿轮只有在与之形成包络的内齿圈的包围下才能存在，因此可以认为是一种“离散结构的行星齿轮”。套筒活齿传动实质上属于少齿差行星齿轮传动的另一个理由是：和摆线针轮传动、少齿差行星齿轮传动一样，都需要一个输出机构，而活齿传动是不需要输出机构的。但由于它是在中国多种活齿传动发展的高峰时期出现的，从结构上来看，“轮齿”也是活动的，因此也被列为活齿传动。为了从多方面了解中国现有的活齿传动的情况，本章在这里也一并介绍。

4 全滚动活齿传动（ORT）

从上面介绍的几种活齿传动可以看出，在一般情况下，活齿传动中至少有一个啮合件的齿廓必须是按包络原理而得出的特殊曲线。这就使得这种活齿传动在实际使用中受到限制，不易普遍推广。为了克服这一困难，有些活齿传动就是以简单的直线或圆弧齿廓来近似地取代特殊曲线的齿廓，使活齿传动能在实用所必需的精度范围内，实现等速共轭运动。滚珠密切圆传动以及活齿针轮传动就是属于这一类的活齿传动。当然，这种近似共轭曲线的取代，必然使传动性能受到严重影响。近年来，数控加工技术的发展，使得特殊曲线齿廓的加工不再困难。采用理想的包络曲线，使活齿传动的优良特性得以发挥。因此，准确包络曲线的活齿传动得到新的发展。另一方面，从上面介绍的几种活齿传动还可以看出，除套筒活齿传动以外，现有的各种活齿传动的基本结构中，在传力零件间不可避免地存在滑动摩擦，使得磨损和发热问题严重，传动效率不能提高。这个问题成为限制活齿传动优良性能得以发挥的主要障碍，也成为研究活齿传动的同行们所共同关注的问题。套筒活齿传动就是企图解决这一问题的一个实例。只不过套筒活齿传动虽然消除了滑动摩擦，但失去了活齿传动速比大、同时啮合齿数多、不需要输出机构等重要特点。它实质上回到少齿差行星齿轮传动的范畴。

本章介绍的全滚动活齿传动，就是为了消除现有活齿传动中的滑动摩擦的一种成功的尝试。在全滚动活齿传动中，既能实现等速共轭传动，又能做到全部传力零件之间基本上是处于滚动接触状态，使得全滚动活齿传动的优越性能得以充分发挥。

4.1 全滚动活齿传动的基本结构

全滚动活齿传动简称 ORT（oscillatory roller transmission）。如图 12-9-6 所示，它是由以下三个部件组成。

（1）激波器

由装于输入轴上的偏心轮 1，外套一个滚动轴承 2 和激波盘 3 组成。滚动轴承 2 也称为激波轴承或转臂轴承。

（2）活齿齿轮

以圆套筒形滚轮 4 用滚针轴承 5 支承于销轴 6 上作为活齿；活齿架由直接与输出轴相连接的活齿盘 8 和传力盘 7 相连接而成。活齿盘 8 上开有 z_h 个均匀分布的径向销轴槽 9 和滚轮槽 10，传力盘 7 只对应地开有 z_h 个均匀分布的径向销轴槽 9。销轴槽 9 与销轴 6 为动配合，而滚轮槽 10 与滚轮 4 之间留有较大间隙。z_h 个活齿以销轴 6 的两端支承于活齿盘 8 和传力盘 7 的销轴槽 9 中，滚轮 4 随之卧入活齿槽中，组成活齿齿轮。工作时，销轴 6 在激波器的驱动下在销轴槽 9 中沿径向滚动，而滚轮 4 不与滚轮槽 10 接触。对于一般传动，可以省去滚针轴承 5 而将滚轮 4 直接套在销轴 6 上。由于在工作时滚轮 4 与销轴 6 之间只有断续的低速相对滑动，而且摩擦条件较好，对传动性能影响不大。

（3）固齿齿轮

固齿齿轮 11 是一个具有 $z_g=z_h\pm1$ 个内齿的齿圈，其齿廓曲线是圆套筒形滚轮 4 在偏心圆激波器的驱动下做径向运动，同时又按速比 i 做等速周向运动时的包络曲线。

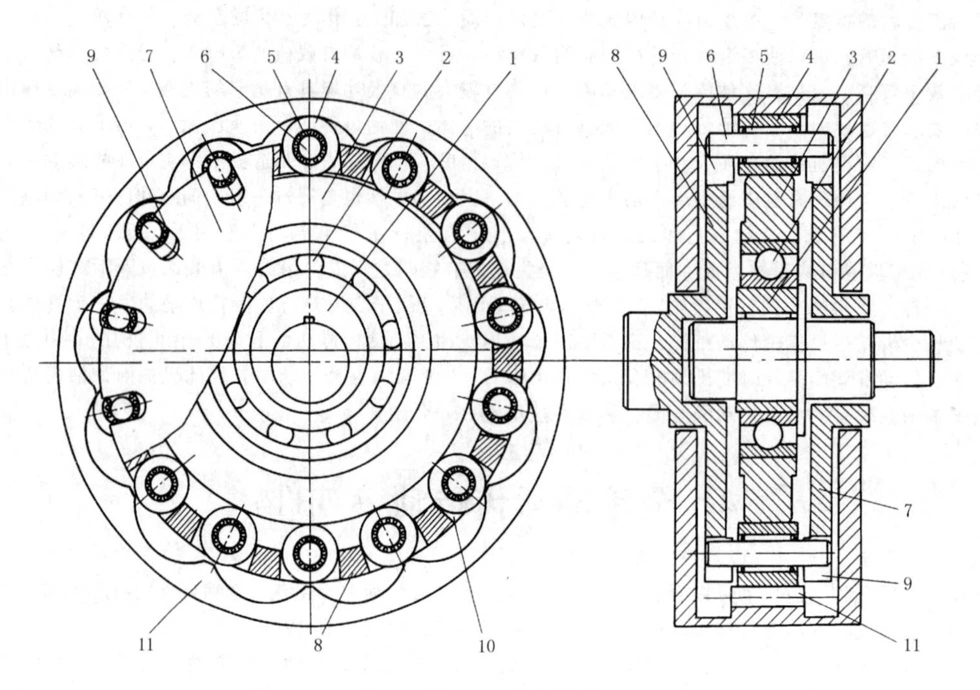

图 12-9-6　ORT 的基本结构简图

1—偏心轮（偏心圆盘）；2—滚动轴承；3—激波盘；4—圆套筒形滚轮；5—滚针轴承；6—销轴；7—传力盘；8—活齿盘；9—径向销轴槽；10—滚轮槽；11—固齿齿轮

将以上三个部件同轴安装，就组成了 ORT。基本结构简图如图 12-9-6 所示。采用这一基本结构，使活齿传动的优点得以充分发挥。首先，活齿滚轮尺寸不大，一级传动中可以安排较多的活齿，做到多齿啮合，传动比大；其次，内齿圈的齿廓采用准确的包络曲线，啮合齿之间可以实现准确的共轭啮合，保证活齿传动多齿啮合，传动平稳的特点；其三，这一方案的传力结构，可以做到全部运动件间基本上处于滚动接触状态，实现高承载能力和高效率的传动。

ORT 本身的试验和与多种现有传动的对比试验，均证实了这种传动的优越性，使活齿传动这一性能优良的传动装置在推广应用中处于有利地位。现在，ORT 已获得中国发明专利权和美国发明专利权，并且在中国的一些行业应用成功，正在逐步推广应用中。

运用 ORT 原理可以开发出通用的 ORT 减速器系列。这种通用的传动部件可广泛用于石油化工、冶金矿山、轻工制药、粮油食品、纺织印染、起重运输及工程机械等行业的机械中作减速用；需要时，也可作增速用。

在一些受空间尺寸限制而不能单独用减速器的机械装置，可将 ORT 直接设计在专用部件之中，可满足在极为紧凑的空间尺寸限制下，实现大速比、大转矩、高效率的传动。

4.2　ORT 的运动学

将本章第 2 节所述的做直线运动模型的一个或若干个波长绕成圆形，使活齿和固齿均呈径向分布，则形成径向活齿传动。一般取一个波长，则形成单波径向活齿传动。此时，只要能正确设计激波器（凸轮）的轮廓曲线和活齿、固齿的齿廓曲线，就能实现上述三构件间的相对运动关系，实现瞬时速比恒定的径向活齿传动。以圆形滚轮作为活齿，以偏心圆盘为激波器，以准确包络曲线为内齿齿廓的固齿齿轮所组成的 ORT，就是这种传动的典型，如图 12-9-6 所示。由于 ORT 中活齿的齿廓和激波器都选用圆形，因此，只要按包络原理设计固齿齿廓曲线，就可实现恒定速比的传动。

图 12-9-6 中，偏心圆盘 1 固定在输入轴上，激波盘 3 用滚动轴承 2 装于偏心圆盘 1 上，组成激波器 J。圆套筒形滚轮 4、滚针轴承 5 和销轴 6 组成活齿。活齿架由活齿盘 8 和传力盘 7 连接而成，活齿销轴 6 的两端支承在活齿架上的径向槽 9 中可沿径向滚动。一组活齿装于活齿架上组成活齿齿轮 H。固齿齿轮 G 固定在壳体上，与激

波器 J 和活齿齿轮 H 同心地安装于同一轴线上。固齿齿轮的齿廓做成活齿由偏心圆激波器以 n_j 转速驱动，固齿齿轮按 $n_g=n_j/i$ 转速转动时活齿滚轮的包络曲线制作。

设激波器 J 的转速为 n_j，活齿齿轮 H 的转速为 n_h，固齿齿轮的转速为 n_g。根据相对运动原理，用转化机构法，可求得三构件之间的运动关系

$$i_{jg}^{h}=\frac{n_j-n_h}{n_g-n_h}=\frac{z_g}{z_g-z_h}=\frac{z_g}{a}=\pm z_g \tag{12-9-12}$$

式中 z_g——固齿齿轮齿数；

z_h——活齿齿轮齿数；

a——激波器波数，$a=z_g-z_h$，ORT 为单波激波器 $a=\pm1$。

上式表明活齿传动中三个基本构件的运动关系。固定不同的构件，可以得到相应的传动比计算公式。见表 12-9-1。

表 12-9-1 几种不同方式的传动比

传动方式		传动比	主从件转向	应用
活齿架固定 ($n_h=0$)	$\frac{H}{J\to G}$	$i_{jg}=\frac{z_g}{z_g-z_h}$	当 $z_g>z_h$ 时，同向 当 $z_g<z_h$ 时，反向	大减速比传动
	$\frac{H}{G\to J}$	$i_{gj}=\frac{z_g-z_h}{z_g}$	当 $z_g>z_h$ 时，同向 当 $z_g<z_h$ 时，反向	大增速比传动
固齿轮固定 ($n_g=0$)	$\frac{G}{J\to H}$	$i_{jh}=\frac{-z_h}{z_g-z_h}$	当 $z_g>z_h$ 时，反向 当 $z_g<z_h$ 时，同向	大减速比传动
	$\frac{G}{H\to J}$	$i_{hj}=\frac{z_g-z_h}{-z_h}$	当 $z_g>z_h$ 时，反向 当 $z_g<z_h$ 时，同向	大增速比传动
激波器固定 ($n_j=0$)	$\frac{J}{G\to H}$	$i_{gh}=\frac{z_h}{z_g}$	同向	速比甚小的减速或增速传动
	$\frac{J}{H\to G}$	$i_{hg}=\frac{z_g}{z_h}$	同向	速比甚小的减速或增速传动

4.3 基本参数和几何尺寸

ORT 有传动比、齿数、固齿齿轮分度圆直径、活齿滚轮直径、偏心距五个基本参数。根据设计要求选定这些参数后，可按照图 12-9-7 计算出 ORT 的几何尺寸。

4.3.1 基本参数

(1) 传动比

ORT 用作减速器时，最基本的传动形式是：固齿齿轮 G 固定，由激波器 J 输入，经活齿齿轮 H 输出。此时，减速器传动比的计算公式为

$$i_{jh}^{g}=\pm z_h \tag{12-9-13}$$

式中 “+”——表示同向传动，此时 $z_g<z_h$；

“-”——表示反向传动，此时 $z_g>z_h$。

考虑到有利于减少 ORT 减速器中的损耗和便于结构设计，一般按同向传动设计。

传动比是设计时给定的参数。ORT 减速器的传动比在下列范围选取：

单级传动，取 $i=6\sim45$；

双级传动，取 $i=36\sim1600$。

(2) 齿数

由传动比计算公式可知：

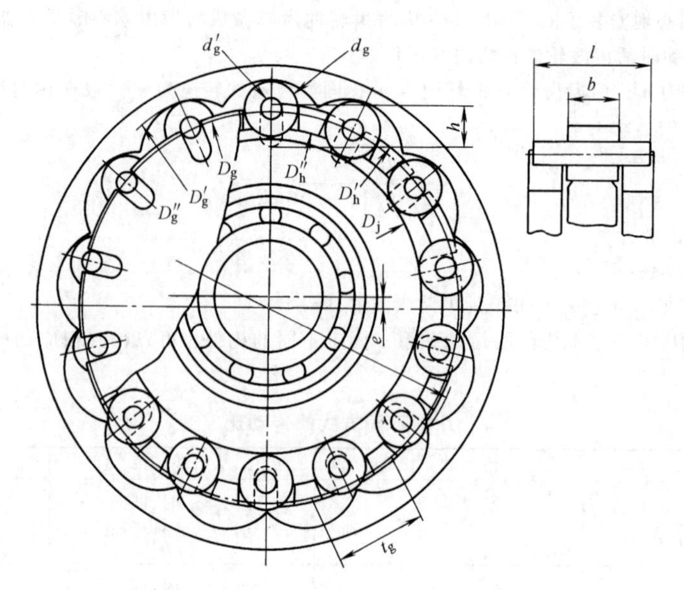

图 12-9-7　ORT 的主要参数和几何尺寸

D_g—固齿齿轮分度圆直径；z_g—固齿齿轮齿数；i—传动比

$t_g=D_g\times\sin(180°/z_g)$；$d_g=(0.4\sim0.6)t_g$；$d'_g=(0.4\sim0.7)t_g$；

$e=(0.15\sim0.24)d_g$；$R_j=D_g/2-d_g/2-e$；$D_j=2R_j$；$D'_g=D_g+d_g$；

$D''_g=D'_g-4e$；$D'_h=D''_g-(0.4\sim2)$；$D''_h=2(R_j+e+0.2\sim0.5)$；

$b=(1\sim1.5)d_g$；$l=2b$；$h=d_g/2+d'_g/2$

活齿齿轮齿数 $z_h=i$

固齿齿轮齿数 $z_g=i\pm1$

同向传动时，取负号，$z_g=z_h-1$

反向传动时，取正号，$z_g=z_h+1$

（3）固齿齿轮分度圆直径 D_g

固齿齿轮分度圆直径 D_g 是决定减速器结构尺寸大小和承载能力的基本参数，其值由强度计算和结构设计确定。初步设计时，可参照现有的相近类型的减速器选定，最后由强度计算确定。另外，固齿齿轮分度圆直径 D_g 的选定，还要考虑标准化和系列化设计的要求。同时，还要考虑加工条件的限制。固齿齿轮分度圆直径 D_g 选定后，可根据固齿齿轮齿数 z_g 计算出固齿弦齿距 t_g，此参数用作选定某些参数时的依据。

固齿弦齿距由以下公式计算

$$t_g=D_g\sin\frac{180°}{z_g} \tag{12-9-14}$$

（4）活齿滚轮直径 d_g 和销轴直径 d'_g

活齿滚轮直径 d_g 是根据活齿与固齿的共轭特性和结构的可行性来选定的。一般取

$$d_g=(0.4\sim0.6)t_g \tag{12-9-15}$$

活齿滚轮直径太大时，易发生齿尖干涉，减少共轭齿数；太小则不利于强度和结构安排。设计时，通过齿廓曲线计算和齿廓的静态模拟图来判断和选定。

一般情况下，活齿滚轮直接用销轴支承，销轴直径 d'_g 取

$$d'_g=(0.4\sim0.7)d_g \tag{12-9-16}$$

当要求传动效率高而活齿滚轮直径又许可时，活齿滚轮和销轴之间可以用滑动轴承套、滚针轴承或其他滚动轴承支承；当滚轮直径很小时，也可以不用活齿滚轮而直接用销轴作为活齿与固齿啮合而传动。一般销轴应尽量选用标准滚针或滚柱。

（5）偏心距 e

偏心距 e 的大小直接影响啮入深度、压力角和受力特性。同时，偏心距 e 还是影响齿廓曲线和啮合特性的重

要参数。设计时，也要通过齿廓曲线计算和齿廓的静态模拟来判断和选定。

初步选定，然后按正确啮合条件进行修正计算。

初选时，可取 $e=(0.15\sim0.24)d_g$。

4.3.2 几何尺寸

基本参数选定后，可按图 12-9-8 计算 ORT 各部的几何尺寸。

(1) 激波器

激波器的主要尺寸是激波盘的外径 D_j

$$D_j=2\times\left(\frac{D_g}{2}-\frac{d_g}{2}-e\right) \tag{12-9-17}$$

激波盘的内径由偏心轮上所选滚动轴承的外径而定。当激波盘的外径 D_j 较小而偏心轮上所选滚动轴承的外径较大时，可用该滚动轴承的外环直接作为激波盘。为了适应滚动轴承外径的标准尺寸，设计时可根据所选轴承的外径来调整参数 D_g、d_g 和 e，使其满足上述公式的要求。

(2) 固齿齿轮

当基本参数选定后，固齿齿轮的尺寸如下：

固齿齿轮齿根圆直径

$$D'_g=D_g+d_g \tag{12-9-18}$$

固齿齿轮齿顶圆直径

$$D''_g=D'_g-4e \tag{12-9-19}$$

(3) 活齿齿轮

活齿齿轮是由一组活齿滚轮装在活齿架中组成，活齿滚轮的径向尺寸在参数选择时已经确定，此处只要确定活齿滚轮的轴向尺寸和活齿架的基本尺寸。

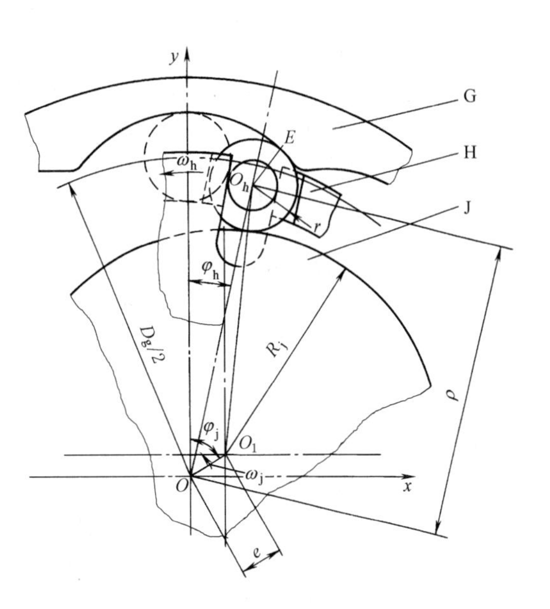

图 12-9-8 ORT 固齿齿廓曲线计算

活齿滚轮的宽度

$$b=(0.6\sim1.2)d_g \tag{12-9-20}$$

活齿销轴长度

$$l=(1.8\sim2.2)b \tag{12-9-21}$$

活齿架外径

$$D'_h=D''_g-2\Delta_1 \tag{12-9-22}$$

式中，外径间隙 $\Delta_1=0.2\sim1$，随机型增大而取较大值。

活齿架内径

$$D''_h=2\times\left(\frac{D_j}{2}+e\right)+2\Delta_2 \tag{12-9-23}$$

式中，内径间隙 $\Delta_2=0.2\sim0.5$，随机型增大而取较大值。

销轴槽深度

$$h=\frac{d_g}{2}+\frac{d'_g}{2} \tag{12-9-24}$$

销轴槽轴向宽度，即活齿盘和传力盘在该处的厚度

$$b'=\frac{l-b}{2} \tag{12-9-25}$$

4.4 ORT 的齿廓设计

ORT 的齿廓设计是在选定了上述基本参数的基础上进行的。同时，通过齿廓曲线的计算和图形绘制，也可

验证参数选择是否合理。如有不当，可以反过来修正参数，直到齿廓曲线达到较为理想的状态。因此，参数选择和齿廓设计是交错进行的。

4.4.1 齿廓设计原则和啮合方案

上述径向活齿传动的一个重要问题是，正确地设计激波器凸轮曲线和活齿、固齿的齿廓曲线。设计这些曲线时应遵循以下原则。

① 做等速运动的激波器，按激波凸轮曲线的规律推动活齿做径向运动，齿廓设计必须保证按此规律运动的活齿能恒速地驱动固齿，实现恒速比传动。

② 齿廓必须有良好的工艺性，便于加工制造，便于标准化、系列化。

③ 必须保证共轭齿廓的强度高，同时啮合齿数多（重叠系数大）以及滑动率小等。

研究表明，不同的激波规律所要求的齿廓也不相同。实际上，凸轮与活齿、活齿和固齿是两对高副，是四条曲线的关系，其相互啮合都应按共轭原理，用包络法求出共轭曲线。为了便于设计和简化结构，可以先将其中三条曲线选定为便于制造的简单曲线，然后用包络法设计第四条曲线。

解决这一问题可以采用以下的不同方案。

① 先将激波器和活齿齿底设定为某种简单曲线，使活齿被激波器驱动的规律为已知条件，再设定固齿齿廓为某种简单曲线（直线或圆弧），并绕固齿齿轮中心以 $n_g=n_j/i$ 等速转动，活齿齿头齿廓做成活齿与固齿相对运动时固齿齿廓的包络曲线。

② 先将激波器和活齿齿底设定为某种简单曲线，使活齿被激波器驱动的规律为已知条件，再设定活齿齿头齿廓为某种简单曲线（直线或圆弧），并绕固齿齿轮中心以 $n_h=n_j/i$ 等速转动，固齿齿廓做成活齿与固齿相对运动时活齿齿廓的包络曲线。

③ 活齿齿头和固齿齿廓均选用简单曲线并按设定的速比关系相对运动，再设定活齿齿底为直线或圆弧，而激波器的轮廓设计成两齿廓等速共轭运动所需的曲线。

④ 活齿齿头和固齿齿廓均选用简单曲线并按设定的速比关系相对运动，再设定激波器的轮廓为圆弧，而活齿齿底设计成两齿廓等速共轭运动所需的曲线。这一方案常因活齿齿底太小而无法实现。

前两种简称为“正包络”方案。目前，国内外类似的活齿传动多采用正包络方案②。如德国的偏心圆传动，中国的滚道减速器和活齿针轮减速器等均属于此类。

后两种简称为“反包络”方案，或包络的逆解法。这种方案在原理上是可以实现的，但在实际结构中，凸轮与活齿之间不易于实现滚动摩擦。故不宜用于大功率、高效率的传动。

在两种正包络方案中，为了使激波凸轮便于制造和减少滑动，较为理想的结构是，在偏心圆外面套一滚动轴承，组成具有滚动摩擦的偏心圆激波器。因此，在活齿齿廓和固齿齿廓之间，只要选定其中之一，另一个就可用包络法求得。现有的多种活齿传动，都是按这种方案设计的。

4.4.2 ORT 的齿廓曲线

ORT 的齿廓是采用正包络方案设计的。它是用带销轴的圆柱形滚轮作为活齿，活齿的齿头和齿底就是同一圆弧；用圆盘通过滚动轴承套在偏心圆上作为激波器；固齿齿廓做成活齿滚轮按激波器驱动，固齿齿轮以 $n_h=n_j/i$ 等速转动时，活齿齿廓的包络曲线。当选定了 ORT 的基本参数后，可以用图 12-9-8 求得固齿齿廓曲线各点所在的坐标值。

（1）活齿滚轮中心 O_h 点的轨迹方程 $\begin{pmatrix} x_{Oh} \\ y_{Oh} \end{pmatrix}$

$$x_{Oh}=\rho\sin\varphi_h \tag{12-9-26}$$

$$y_{Oh}=\rho\cos\varphi_h \tag{12-9-27}$$

式中，ρ 为活齿滚轮的向径。

$$\rho=e\cos(\varphi_j-\varphi_h)+\sqrt{(R_j+r)^2-e^2\sin^2(\varphi_j-\varphi_h)} \tag{12-9-28}$$

（2）活齿滚轮中心 O_h 点轨迹的单位外法矢量

$$\boldsymbol{n}_O=\begin{pmatrix} n_{Ox} \\ n_{Oy} \end{pmatrix} \quad n_{Ox}=\frac{-B}{C} \quad n_{Oy}=\frac{A}{C} \tag{12-9-29}$$

式中

$$A=F\sin\varphi_{h}+\rho\cos\varphi_{h}$$

$$B=F\cos\varphi_{h}-\rho\sin\varphi_{h}$$

$$C=\sqrt{A^{2}+B^{2}}$$

$$F=\frac{d\rho}{d\varphi_{h}}=-(1-i)e\sin(\varphi_{j}-\varphi_{h})-\frac{(i-1)e^{2}\sin(\varphi_{j}-\varphi_{h})\cos(\varphi_{j}-\varphi_{h})}{\sqrt{(R_{j}+r)^{2}-e^{2}\sin^{2}(\varphi_{j}-\varphi_{h})}} \quad (12\text{-}9\text{-}30)$$

（3）固齿轮齿廓矢量方程（$\boldsymbol{\rho}_{E}$）

分别计算出上述各项后，可算出单位外法矢量分量 n_{Ox}、n_{Oy} 的数值，然后由下式求得固齿轮齿廓矢径矢量值

$$\boldsymbol{\rho}_{E}=\begin{pmatrix}x_{E}\\y_{E}\end{pmatrix}=\begin{pmatrix}x_{Oh}+n_{Ox}r\\y_{Oh}+n_{Oy}r\end{pmatrix} \quad (12\text{-}9\text{-}31)$$

当选定 ORT 的基本参数后，将上述公式的 φ_{h} 用 $\varphi_{h}=\varphi_{j}/i$ 代入，再以 φ_{j} 为变数，并选取适当步长，通过计算机，可以以足够的精度求得固齿轮齿廓曲线的坐标值。

椭圆凸轮式激波器的齿廓求解方法相同，只是激波器轮廓曲线发生了改变。

4.5 ORT 的典型结构

图 12-9-9 为 ORT 设计成通用活齿减速器的典型结构。为了使内部受力均衡而使传动平稳和增大可传动的功率，该减速器设计成双排活齿传动对称布置的结构。两排激波器相错 180°，两排活齿齿轮对齐而两排固齿齿轮相错半个齿距。这样安排可以使偏心引起的惯性力得以平衡，但两排不在同一平面而产生的惯性力偶矩仍然不能消除。好在 ORT 与摆线针轮等少齿差传动一样，一般均用在转速不太高的场合。实际试验和应用证实，ORT 产品运转的平稳性完全可以满足使用要求。

图 12-9-9 所示的典型结构，激波器 J 由输入轴 1、偏心轮 3、滚动轴承 4 和激波盘 5 所组成。活齿由圆筒形滚轮 7 和销轴 6 组成。两排活齿架由左右传力盘 10、2 和活齿盘 8 三件用一组螺钉 12 连接成一个整体的双排活齿架。活齿以销轴的两端支承在活齿架的销轴槽中，形成双排活齿齿轮 H。然后，整个活齿齿轮与输出轴 14 用螺钉 13 或其他方式连接，并用滚动轴承支承在壳体上，成为减速器的输出转子。固齿齿轮 G 对应于活齿齿轮 H，做有两排固齿，两排固齿相错半个齿距，整个固齿齿轮 9 用销钉 15 固定在壳体上。由此，激波器 J、活齿齿轮 H 和固齿齿轮 G 三个部件同轴安装于壳体中，然后，在壳体上装上必要的附件，如油面指示器、透气塞、油堵螺栓、吊环等，这样就组成了 ORT 通用活齿减速器。

如果将壳体做成立式的结构，就成为立式 ORT 减速器。

将两级或多级活齿传动串联成多级传动，可以得到大传动比的两级或多级活齿减速器。

4.6 ORT 的主要特点

（1）多齿啮合，承载能力大

突破一般刚性啮合传动大多仅 1~2 对齿啮合的限制，用活齿可径向伸缩的特性，避免轮齿间的相互干涉，实现了多齿啮合。同时啮合的齿数理论上可以达到 50%。因此，ORT 具有很高的承载能力和抗冲击过载的能力。体积和传动比相同时，比齿轮传动的承载能力大 6 倍，比蜗杆传动的承载能力大 5 倍。

（2）滚动接触，传动效率高

基本上能实现全部相互传力的零件之间，均为滚动接触，减少摩擦损耗，使得传动效率高。在常用的传动比范围（$i=6\sim40$）内，效率均在 90% 以上，通常可达 92%~96%。

传动比 $i=20$，功率 $P=7$kW 的 ORT 减速器的实测效率如下：

跑合后，效率 $\eta=0.93$；

经 500h 寿命跑合后，效率 $\eta=0.96$。

（3）传动比大，结构紧凑

因为 ORT 减速器的传动比 $i=z_{h}$，所以单级传动即可获得大传动比，一般可达 6~40。这和一般少齿差齿轮传

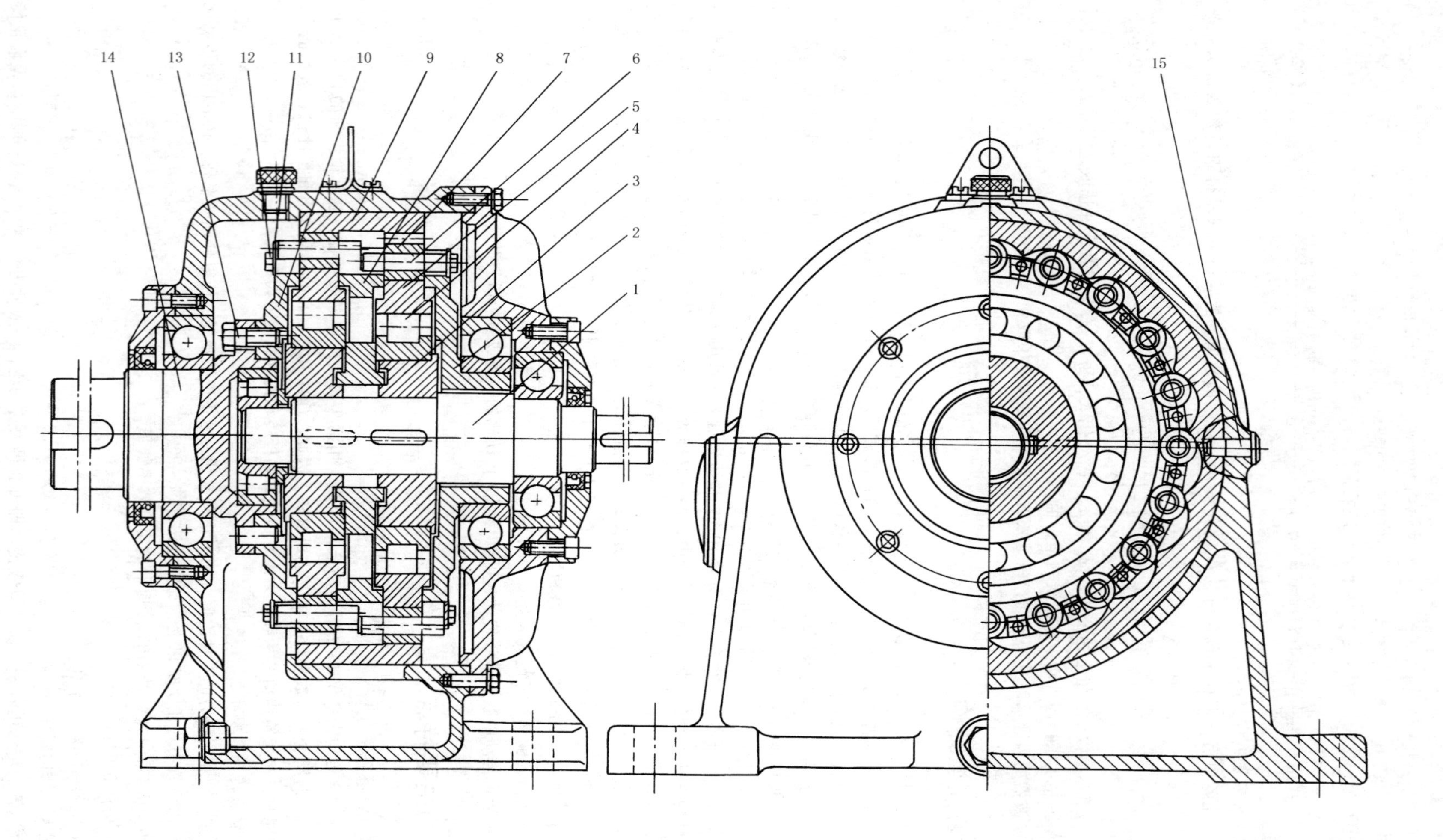

图 12-9-9　ORT 通用活齿减速器的典型结构

1—输入轴；2,10—右、左传力盘；3—偏心轮；4—滚动轴承；5—激波盘；6—销轴；7—圆筒形滚轮（6 和 7 组成活齿）；8—活齿盘；9—固齿齿轮；11—垫圈；12,13—螺钉；14—输出轴；15—销钉动、摆线针轮传动一样，比普通齿轮传动、行星齿轮传动的传动比大得多。由此，与同功率、同传动比的齿轮减速器相比，体积将缩小 2/3，比蜗杆减速器缩小 1/2。

(4) 结构简单，不需要输出机构

一般少齿差行星传动和摆线针轮传动，都必须有等速输出机构。该输出机构不仅结构复杂，而且影响传动性能，使传动效率、承载能力、输出刚度和精度降低。实践证实，这个输出机构还是摆线减速器故障率很高的部件。ORT 减速器中，活齿滚轮与固齿啮合而产生的减速运动是通过活齿架直接输出的，省去了摆线减速器必不可少的输出机构，不仅简化了结构，降低成本，还改善了传动性能。

(5) 输出刚度大，回差小

由于多齿同时啮合，受载情况类似花键，又由于没有输出机构，转矩由活齿架直接输出，所以有高的扭转刚度和小的回差。这对于要求精确定位的设备，如机器人、工作转台等，具有重要意义。试验证实，精度等级相同时，ORT 减速器的回差，仅为摆线减速器回差的 1/5~1/10。

(6) 传动平稳，转矩波动小

由于多齿同时啮合，又没有输出机构，而且每个齿的啮合是按等速共轭原理设计和制造的。在这种情况下，传动的平稳性和转矩波动主要决定于加工精度。而多齿啮合制造误差的影响为单齿啮合的 1/3~1/5。因此，在精度等级相同时，ORT 减速器传动平稳，转矩波动小。

4.7 ORT 的强度估算

活齿传动的重要特点是多齿啮合，正是这个特点使得活齿传动的承载能力大。但是，这个特点也使活齿传动的受力分析和强度计算问题变得十分复杂，目前还没有较为成熟的计算方法。

本节介绍一种简要可行的强度估算方法。经样机性能测试和寿命考核证实，这一简要强度估算方法，目前还是可行的。更为准确和完善的强度计算方法，还有待进一步研究和发展。

4.7.1 ORT 的工作载荷

设计一个传动装置时，首先要知道该装置所承担的：

工作转矩 T_2 (N·cm)；

工作转速 n_2 (r/min)。

由此可得出传动装置所传递的（载荷）功率 P_2 (kW)

$$P_2=\frac{T_2 n_2}{955000} \tag{12-9-32}$$

然后根据此载荷功率计算所需的原动机（如电动机）功率 P_1 (kW)

$$P_1=\frac{P_2}{\eta} \tag{12-9-33}$$

式中，η 为传动装置的总效率。在按功率 P_1 选取原动机时，同时选定原动机的驱动转速 n_1 (m/min)。由此可确定为传动装置的传动比 i

$$i=\frac{n_1}{n_2} \tag{12-9-34}$$

在选定原动机和确定传动比 i 后，可算出传动装置的输入轴的转矩 T_1 (N·cm)。

4.7.2 激波器轴承的受力和寿命估算

(1) 激波器轴承的受力

$$T_1=\frac{T_2}{i\eta} \tag{12-9-35}$$

激波器是活齿传动的主动部分，其动力是由偏心轮通过激波轴承传给激波盘的。其受力情况如图 12-9-10 所示。

激波盘上驱动活齿进行啮合的一侧，受活齿的作用力 F_i。这些作用力随着活齿啮合的位置不同，其大小是不相同的，如图 12-9-10 的虚线所示；力的作用点相对于偏心矩 e 的角向位置也在 $360°/z_h$ 的角度范围内交替变化。但从每一个活齿在激波盘驱动的整个过程的展开图来分析，可以看出：在激波盘进入驱动作用的前45°范围内，活齿滚轮与固齿的齿顶部分啮合；在激波盘退出驱动作用的后45°范围内，活齿滚轮与固齿的齿根部分啮合。由于在固齿齿顶和齿根部分留有径向间隙，在这两个45°范围内，啮合基本上是无效的，因此可以认为不发生作用力。

在激波盘驱动部分的90°前后45°范围内，是活齿滚轮与固齿啮合的主要作用阶段。在这个范围内，活齿滚轮与固齿基本上在近似直线的齿腹部分啮合，作用力 F_i 的大小是相近的；其分布对于90°点也是对称的，如图12-9-10的实线所示。因此，可以用一个作用于90°点的集中力 F 来取代。

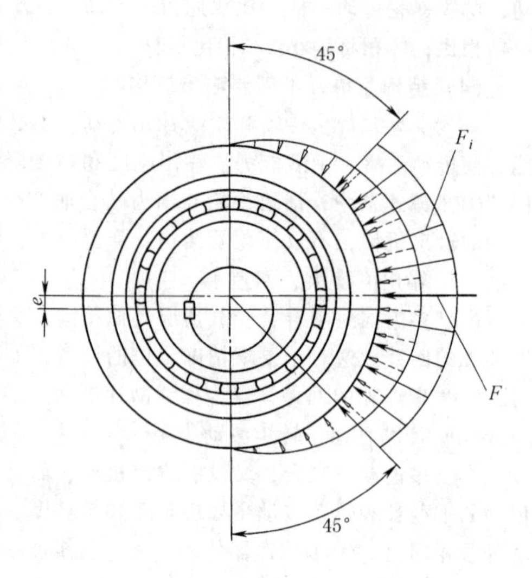

图 12-9-10　激波轴承的受力分析

由此可求得单排激波器轴承所受之力 F（N）为

$$F=\frac{T_1}{2e} \tag{12-9-36}$$

式中　T_1——输入轴的转矩，N·cm；

e——偏心矩，cm。

（2）激波轴承的类型选择

激波轴承的功用是将偏心轮的径向驱动力传给激波盘，从而驱动诸活齿。工作时，激波轴承只承受径向载荷，不承受轴向载荷。因此，一般均选用主要用于承受径向载荷的轴承。

最常用的是深沟球轴承。当激波盘尺寸不大时，可以不用激波盘，以激波轴承的外圈直接驱动活齿。

当传递的载荷较大时，可选用单列短圆柱滚子轴承。同样，当激波盘尺寸不大时，也可以不用激波盘，以激波轴承的外圈直接驱动活齿。如果激波器径向尺寸不够时，还可选用无外圈圆柱滚子轴承，直接装在激波盘内。图12-9-9所示的ORT减速器的典型结构图中的激波器就采用了这种结构。采用这种结构时，激波盘的材料和内孔的尺寸精度要求，均应按轴承的要求来设计。

对于大型的低速重载活齿减速器，有时要选用双列的调心滚子轴承才能满足寿命要求。此时，激波轴承的选择往往决定于所选激波轴承的极限转速。

（3）激波轴承的寿命估算

当选定激波轴承的类型和计算出该轴承所受的力 F(N) 后，可直接应用滚动轴承寿命计算的基本公式，估算激波轴承的寿命。

轴承的寿命 L_h（h）的计算公式

$$L_h=\frac{10^6}{60n}\left(\frac{C}{F}\right)^{\varepsilon} \tag{12-9-37}$$

式中　L_h——激波轴承的额定寿命，h；

n——激波轴承的工作转速，r/min；

ε——滚动轴承寿命指数，球轴承 $\varepsilon=3$，滚子轴承 $\varepsilon=10/3$；

C——滚动轴承的额定动载荷，N，可由手册查出；

F——激波轴承的当量动载荷。由于激波轴承只受径向载荷，故此处即激波轴承的工作载荷，N。

减速器的使用要求不同，对激波轴承所要求的额定寿命 L_h 不同，可根据实际情况决定。

以下数据可供设计时作为参考：

间断使用的减速器　$L_h=4000\sim14000$h；

一般减速器　$L_h=12000\sim20000$h；

重要的减速器　$L_h\geqslant50000$h。

4.7.3　ORT啮合件的受力和强度估算

（1）ORT啮合件的受力分析

活齿传动在工作时，每一个瞬时有多个齿同时啮合，而且每一个活齿的啮合点位置也是不同的；不同的啮合位置，活齿滚轮和固齿间的压力角也是变化的。因此啮合件间的受力情况十分复杂，不便于工程计算。考虑以下实际情况而进行简化，可以在实用可行的范围内，得出啮合件的计算载荷。

① 假设活齿传动在有效啮合范围内，载荷是均匀分布的。前面分析激波盘受力情况时已提到：由于在固齿齿顶和齿根部分留有径向间隙，在这两个45°范围内，啮合基本上是无效的，因此可以认为不发生作用力。在激波盘驱动部分的90°前后45°范围内，是活齿滚轮与固齿啮合的主要作用阶段。在这个范围内，活齿滚轮与固齿基本上在近似直线的齿腹部分啮合，作用力的大小是相近的。

② 假设以分度圆半径 $D_g/2$，作为诸活齿滚轮与固齿啮合的平均半径。

活齿传动的偏心距 e 相对于活齿传动的分度圆半径 $D_g/2$ 是比较小的，一般要小一个数量级。而活齿滚轮与固齿的有效啮合点沿径向的变化量仅在一个 e 的范围内。因此，为了简化计算，以分度圆半径 $D_g/2$ 作为诸活齿滚轮与固齿啮合的平均半径，在工程上是可行的。

由此可求出活齿滚轮与固齿齿廓在啮合点的受力，单排活齿的总切向力 F_T（N）：

$$F_T = T_2/D_g \tag{12-9-38}$$

取有效啮合的活齿为理论啮合齿数的一半，由此得出单个活齿滚轮驱动活齿架转动的切向力 F_t（N）：

$$F_t = 2F_T/z_h \tag{12-9-39}$$

前已述及，活齿滚轮与固齿基本上在固齿齿廓的近似直线的齿腹部分啮合。如果按前述参数选择的方法合理地选定参数，固齿齿廓近似直线部分的压力角 α，一般在50°~55°左右，则准确的数值可以从齿廓曲线计算数值中取得。由此，如图12-9-11所示，可计算出：

活齿滚轮垂直作用于固齿齿廓的法向力 F_n（N）

$$F_n = F_t/\cos\alpha \tag{12-9-40}$$

活齿滚轮作用于激波盘的径向力 F_r（N）

$$F_r = F_t \times \tan\alpha \tag{12-9-41}$$

（2）ORT 啮合件的强度计算

活齿是由活齿滚轮和销轴组成。在传动时，围绕着活齿有A、B、C三个高副和一个低副D在同时接触传力。如图12-9-11所示。其中，A、B、C三个高副，可用赫兹（Hertz）公式进行接触强度计算。低副D可按滑动轴承进行表面承压强度计算。由于活齿传动的齿高很小而齿根非常肥厚，完全不必进行弯曲强度计算。

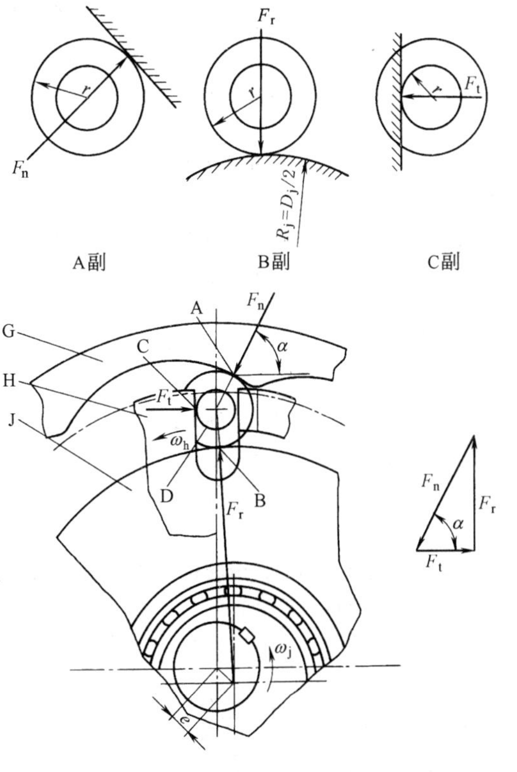

① A副——活齿滚轮和固齿齿廓的接触强度计算。活齿滚轮和固齿齿廓在啮合的过程中，接触的情况是变化的。通常，在齿顶时活齿滚轮与凸弧曲面接触；在齿根时与凹弧曲面接触；在齿腹部分与一近似平面接触。根据大量实际设计的齿廓啮合情况来看：在整个啮合过程中，啮合点主要集中在齿顶偏上的齿腹部分，而在齿顶和齿根部分较少。另外，齿廓设计时，在齿顶和齿根部分有意留有进行间隙。因此，对于A副，可取活齿滚轮与固齿齿腹处接触传力作为计算点，此时的接触状态相当于圆柱与平面的接触。

由此，可用圆柱与平面相接触的应力计算公式，验算其接触强度 σ_k（N/mm^2）

$$\sigma_k = 0.418\sqrt{\frac{F_n \times E}{b \times r}} \leqslant \sigma_{kp} \tag{12-9-42}$$

式中 E——相接触的两件的材料的弹性系数，相接触的两件均为钢件，$E = 206\times10^{-3}\ N/mm^2$；

b——活齿滚轮的宽度，mm；

r——活齿滚轮的半径，mm，$r = d_g/2$；

σ_{kp}——许用接触应力，N/mm^2，$\sigma_{kp} = \sigma_{0k}/S_k$。其中，$\sigma_{0k}$ 为材料的接触疲劳强度极限，N/mm^2，σ_{0k} 的数值与材料及其热处理状态有关，可从表12-9-2选用；S_k 为安全系数。一般，$S_k = 1.1\sim1.3$，随轮齿表面硬度的增高和使用场合的重要性要求而取较高数值。

图12-9-11　活齿传动啮合点的受力情况

表 12-9-2　材料接触疲劳强度极限 σ_{0k}

材料种类	热处理方法	齿面硬度	σ_{0k}/N·mm^{-2}
碳素钢和合金钢	正火、调质	HB≤350	2HB+70
	整体淬火	35~38HRC	18HRC+150
	表面淬火	40~50HRC	17HRC+200
合金钢	渗碳淬火	56~65HRC	23HRC
	氮化	550~750HV	1050

② B 副——活齿滚轮和激波盘的接触强度计算。在传动的过程中，活齿滚轮和激波盘之间是以径向力 F_r 相互作用的，其接触状态是典型的圆柱体与圆柱体相接触。

由此，可用圆柱与圆柱相接触的应力计算公式，验算其接触强度 σ_k（N/mm^2）

$$\sigma_k=0.418\sqrt{\frac{F_r\times E}{b}\left[\frac{2(d_g+D_j)}{D_j d_g}\right]}\leqslant\sigma_{kp}\tag{12-9-43}$$

式中　D_j——激波盘直径，mm；

d_g——活齿滚轮直径，mm；

其余同上。

③ C 副——活齿销轴和活齿架的接触强度计算。在传动的过程中，活齿销轴和活齿架的销轴槽之间是以切向力 F_t 相互作用的，其接触状态是典型的圆柱体与平面相接触。由此，可用圆柱与平面相接触的应力计算公式，验算其接触强度 σ_k（N/mm^2）：

$$\sigma_k=0.418\sqrt{\frac{F_t E}{b'r'}}\leqslant\sigma_{kp}\tag{12-9-44}$$

式中　b'——销轴和销轴槽的接触线长度，mm；

r'——销轴半径，mm，$r'=d'_g/2$；

其余同上。

④ D 副——活齿滚轮和活齿销轴的承压强度计算。活齿滚轮是通过销轴将切向力 F_t 传给活齿架的。活齿滚轮在激波盘的驱动下与固齿啮合而滚动；销轴随之在销轴槽上滚动。两者的转动方向和转速是不相同的。因此，活齿滚轮与销轴之间是在切向力 F_t 的作用下做相对转动，其状况与滑动轴承相同。但是它们之间的相对转动是低速的、断续的，只要控制接触表面的承压，使其间的油膜不破坏，就能维持其运转寿命。

由此，可用圆柱滑动轴承的承压能力计算公式，验算其接触表面的承压强度 p（N/mm^2）：

$$p=\frac{F_t}{b\times d'_g}\leqslant p_p\tag{12-9-45}$$

式中　b——活齿滚轮的宽度，mm；

d'_g——销轴直径，mm；

p_p——许用压强，N/mm^2，对于钢件对钢件，可取

$$p_p\leqslant(100\sim170)\text{N/mm}^2$$

对于某些大型 ORT，活齿滚轮与销轴之间可以用复合轴承套、滚针轴承或其他滚动轴承。此时，可按相应的轴承计算方法进行强度验算。

第10章 点线啮合圆柱齿轮传动

1 概　　述

齿轮传动具有速比准确，传动比、传递功率和圆周速度的范围大，传动的效率高、尺寸紧凑等一系列优点，是机械产品中重要的基础零件，齿轮传动种类繁多，从齿轮啮合性质来分，一般分为三大类。一类为线啮合齿轮传动，如渐开线齿轮传动、摆线齿轮传动，它们啮合时的接触线是一条直线或曲线（图12-10-1a）。渐开线齿轮由于制造简单，且中心距有可分性等特点，在工业上普遍应用，占有主导地位。但是渐开线齿轮传动的齿廓接触大部分为凸齿廓与凸齿廓接触，接触应力大，承载能力较低。

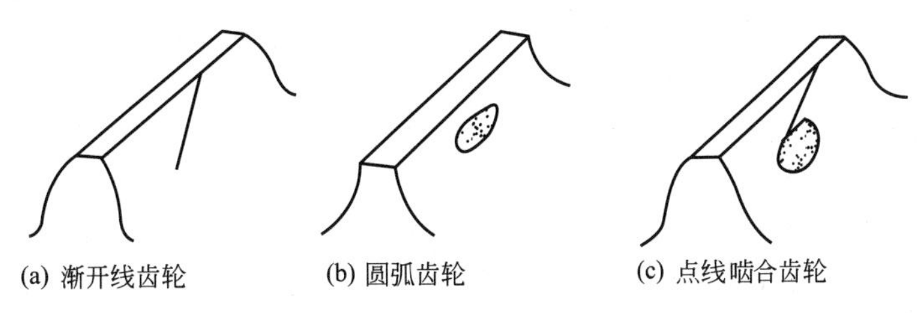

图12-10-1　三种齿轮的接触状态

一类为点啮合齿轮传动。从苏联引进的圆弧齿轮传动是一对凹凸齿廓接触的啮合传动，它是点啮合齿轮传动，啮合时的接触区是一个点，受载变形后为一个面（图12-10-1b），接触应力小，承载能力大。但制造比较麻烦，需要专用滚刀加工，当中心距有误差时，承载能力下降。

一类为点线啮合齿轮传动。点线啮合齿轮传动的小齿轮是一个变位的渐开线短齿齿轮，大齿轮的上齿部端面为渐开线的凸齿齿廓，下齿部端面为过渡曲线的凹齿齿廓。在啮合传动时既有接触线为直线的线啮合，又同时存在凹凸齿廓接触的点啮合，在受载变形后也形成一个面接触，故称为点线啮合齿轮传动，如图12-10-1c所示。

1.1　点线啮合齿轮传动的类型

点线啮合齿轮传动有三种类型：

① 单点线啮合齿轮传动　小齿轮为一个变位的渐开线短齿齿轮，大齿轮的上齿部端面为渐开线凸齿廓，下齿部端面为过渡曲线的凹齿廓，大小齿轮（斜齿或直齿）组成单点线啮合齿轮传动，如图12-10-2所示。

② 双点线啮合齿轮传动　大小齿轮齿高的一半为渐开线凸齿廓（端面），另一半为过渡曲线的凹齿廓（端面），大小齿轮啮合时形成双点啮合与线啮合，因此称双点线啮合齿轮（直齿或斜齿）传动，如图12-10-3所示。

③ 少齿数点线啮合齿轮传动　这种传动的小齿轮最少齿数可以达2～3齿，因而其传动比可以很大，如图12-10-4所示。

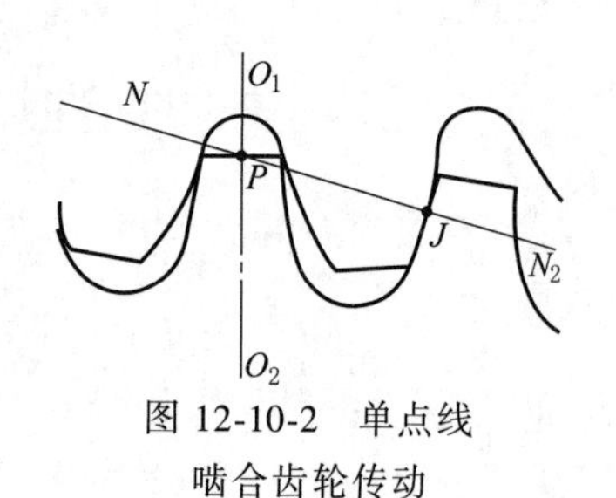

图 12-10-2　单点线啮合齿轮传动

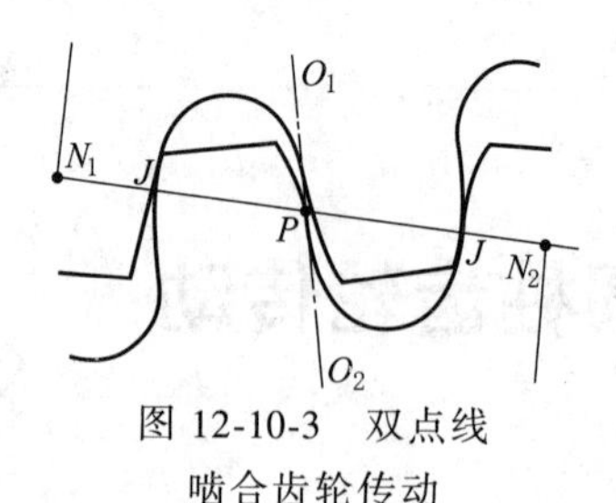

图 12-10-3　双点线啮合齿轮传动

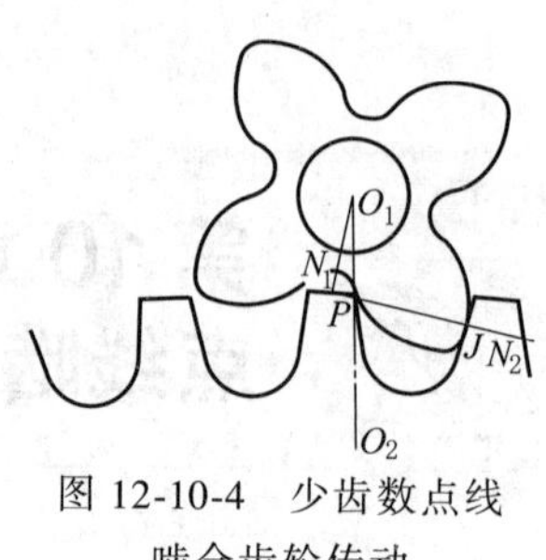

图 12-10-4　少齿数点线啮合齿轮传动

1.2　点线啮合齿轮传动的特点

以单点线啮合齿轮传动为例介绍点线啮合齿轮传动啮合特点：

单点线啮合齿轮传动接触点位置如图 12-10-5 所示，在端面中，啮合线 N_1N_2 是大小齿轮基圆的内公切线。

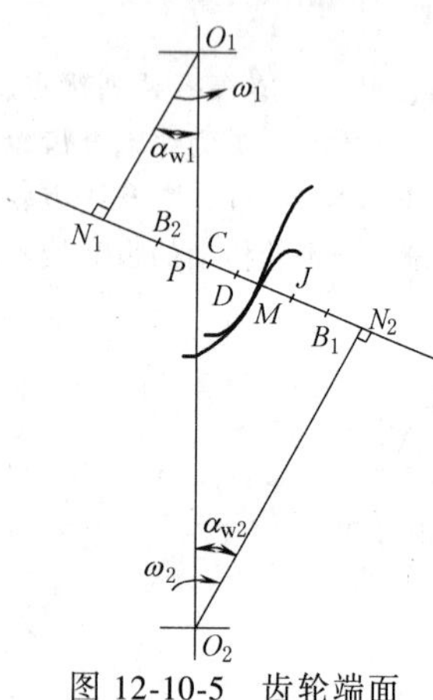

图 12-10-5　齿轮端面接触点位置图

B_2 点是啮合起始点，为大齿轮齿顶圆与啮合线 N_1N_2 的交点。此时，小齿轮靠近齿根的渐开线部分与大齿轮齿顶的渐开线部分接触，为凸齿廓接触。大小齿轮从 B_2 点到节点 P 的啮合也是凸齿廓接触。C 点是双齿啮合的结束点，也是单齿啮合的开始点。D 点是单齿啮合的结束点，也是双齿啮合的开始点。在 M 点啮合时，由于齿轮变形的影响，有可能出现小齿轮的齿顶和大齿轮齿面接触的现象，此时，小齿轮齿顶渐开线齿廓与大齿轮过渡曲线齿廓接触，形成了较大的接触面，即扩展接触，形成事实上的凹凸齿廓接触。J 点是大齿轮齿廓上渐开线与过渡曲线的分界点，当啮合位置处于 J 点时，小齿轮的渐开线与大齿轮齿廓过渡曲线贴合，为凹凸齿廓接触。B_1 点为啮合终止点，为小齿轮齿顶圆与啮合线 N_1N_2 的交点。小齿轮与大齿轮在 B_1 点脱离啮合时，小齿轮齿廓对应的渐开线与大齿轮的过渡曲线接触，接触点很接近大齿轮的 J 点，但往往是在 J 点以下。在啮合传动的过程中，由 B_2 点到 M 点的啮合为凸齿廓接触，M 点到 B_1 点的啮合为凹凸齿廓接触。由于存在凹凸齿廓接触，小齿轮齿顶圆超过了大齿轮端面齿廓渐开线起始点 J 点，小齿轮的齿顶伸入大齿轮的过渡曲线之中，发生干涉。为了保证正常啮合，设计中点线啮合齿轮传动的小齿轮必须通过修形消除干涉。

点线啮合齿轮传动的齿形特点和啮合特点，决定了其有以下优点：

① 制造简单。齿轮可以用滚切渐开线齿轮的滚刀在加工渐开线齿轮的滚齿机上滚切而成，还可以在磨削渐开线齿轮的磨齿机上磨削齿轮。因此一般能加工渐开线齿轮的工厂均能制造，不需要专用滚刀，测量工具与渐开线齿轮的相同。

② 具有可分性。点线啮合齿轮传动与渐开线齿轮传动一样，具有可分性，因此中心距的误差不会影响瞬时传动比和接触线的位置。

③ 跑合性能好、磨损小。齿轮采用了特殊的螺旋角，滚齿以后螺旋线误差基本上为零，在两齿轮孔的平行度保证的情况下，齿长方向能达 100%的接触。此外，当参数选择合适时，凹凸齿廓的贴合度很高，在 J 点以下凹凸齿廓全部接触，因此略加跑合就能达到全齿高的接触，形成面接触状态，如图 12-10-2 所示，跑合以后齿面粗糙度下降，磨损减小。

④ 齿面间容易建立动压油膜。如图 12-10-2 所示，轮齿接触在没有到达 J 点形成啮合时，它像滑动轴承那样形成楔形间隙，容易形成油膜。当到达 J 点形成啮合以后，随着转动，啮合点向齿长方向移动且速度很快，对建立动压油膜有利，可以提高承载能力，减少齿面磨损，提高传动效率。

⑤ 强度高、寿命长。点线啮合齿轮传动既有线啮合又有点啮合，在点啮合部分是一个凹凸齿廓接触，它的综合曲率半径比渐开线齿轮的综合曲率半径大，因此，接触强度高，经过承载能力试验，点线啮合齿轮传动的接触强度比渐开线齿轮传动提高 1~2 倍。点线啮合齿轮传动的小齿轮与大齿轮的齿高均比渐开线齿轮短。而且从接触迹分析可以知道渐开线齿轮的弯曲应力有两个波峰，而点线啮合齿轮传动弯曲应力基本上只有一个波峰，其峰值也比渐开线齿轮小。在相同参数条件下，渐开线齿轮不仅应力大，而且应力峰值循环次数相当于点线啮合齿

轮传动的2倍。因此点线啮合齿轮传动的弯曲应力比渐开线齿轮要小，根据试验，弯曲强度提高15%左右。齿轮的折断方式也不同，渐开线齿轮大部分为齿端倾斜断裂，圆弧齿轮为齿的中部呈月牙状断裂，而点线啮合齿轮传动的齿轮则为全齿长断裂。在相同条件下寿命比渐开线齿轮要长。

⑥ 噪声低。齿轮的噪声有啮合噪声与啮入冲击噪声两大部分。啮合噪声与齿轮精度和综合刚度有关系。点线啮合齿轮传动的综合刚度比渐开线齿轮传动要低很多，而且点线啮合齿轮传动的啮合角通常在10°左右，比渐开线齿轮传动小很多，在传递同样圆周力下法向力就要小。冲击噪声与一对齿轮刚进入啮合时的冲击力有关。由图12-10-2可以看出当第二对齿进入啮合时，第一对齿在J部位承受的载荷很大，而刚进入啮合时的一对齿承受的载荷就很小。从接触迹仿真分析发现一对渐开线齿轮轮齿刚接触时所受载荷要大于一对点线啮合齿轮传动轮齿刚接触时所受载荷。因此点线啮合齿轮传动刚进入啮合时的啮入冲击非常小。这两种现象是造成点线啮合齿轮噪声低的主要原因。试验与实践应用也表明点线啮合齿轮传动的噪声比渐开线齿轮传动要低得多，甚至要低5~10dB（A）。由于受载以后点线啮合齿轮传动齿面的贴合度增加，随着载荷的增加，噪声还要下降2~3dB（A）。

⑦ 点线啮合齿轮传动小齿轮的齿数可以很少，甚至可以达到2~3齿。点线啮合齿轮传动齿轮的齿高比渐开线齿轮要短，小齿轮不存在齿顶变尖的问题，又可以采用正变位使其不发生根切，因此齿数可以很少。受滚齿机滚切最小齿数的影响，通常齿数大于8齿。而磨齿时受磨齿机的影响，通常齿数大于11齿。在相同中心距下，由于齿数可以减少，因而模数就可以增大，弯曲强度可以提高，另外传动比也可以增大。

⑧ 材料省、切削时间短、滚刀寿命长。点线啮合齿轮传动的大小齿轮均为短齿，因此切齿深度比渐开线齿轮要小。点线啮合齿轮传动的大齿轮齿顶圆直径比分度圆直径还要小，大齿轮通常可以节约材料约10%。

⑨ 可制成各种硬度的齿轮。可以采用渐开线齿轮所有热处理的方法来提高强度，可以做成软齿面、中硬齿面、硬齿面齿轮，以适应不同场合的应用和不同精度的要求。

1.3 点线啮合齿轮传动的齿廓曲线方程和啮合特性

点线啮合齿轮传动的齿轮通常是在普通滚齿机上用齿轮滚刀加工或在磨齿机上用砂轮磨削而成。

（1）齿廓方程式

用齿条形刀具加工时，按照GB/T 1356—2001渐开线齿轮基准齿形及参数（如图12-10-6所示）（端面齿形）及瞬时滚动时φ的位置（如图12-10-7所示），得到了被加工齿轮齿廓的普遍方程式：

$$\begin{cases} x=(r-x_1)\cos\varphi+(r\varphi-y_1)\sin\varphi \\ y=(r-x_1)\sin\varphi-(r\varphi-y_1)\cos\varphi \end{cases}$$

φ为齿条刀具的滚动角，其值为：

$$\varphi=\frac{\overset{\frown}{P_0N}}{r}=\frac{PN}{r}$$

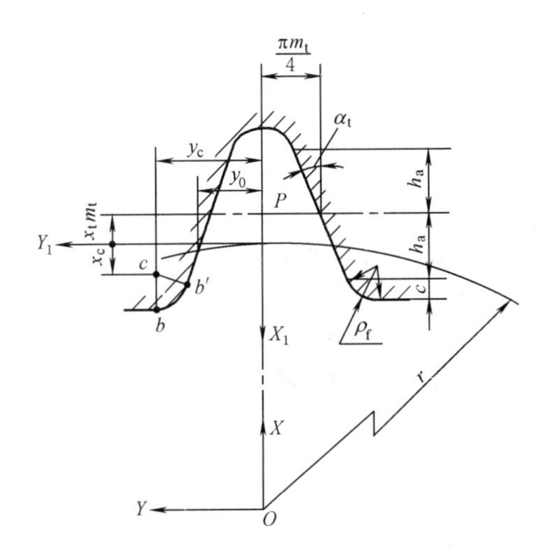

图12-10-6 渐开线齿轮基准齿形及参数

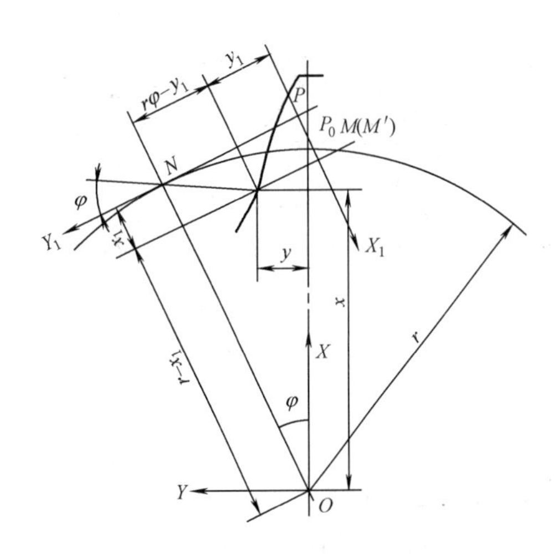

图12-10-7 瞬时滚动时φ的位置

若取刀具齿廓上一系列的点（x_1，y_1）及 φ 值，就得到一系列的点（x，y），将这些点连接起来得到齿轮齿廓。

① 点线啮合齿轮传动中渐开线方程式：

$$\begin{cases} x=\left[r-\dfrac{1}{2}(r\varphi-y_0')\sin(2\alpha_t)\right]\cos\varphi+(r\varphi-y_0')\cos^2\alpha_t\sin\varphi \\ y=\left[r-\dfrac{1}{2}(r\varphi-y_0')\sin(2\alpha_t)\right]\sin\varphi+(r\varphi-y_0')\cos^2\alpha_t\cos\varphi \end{cases}$$

式中　$y_0'=\dfrac{m_n}{\cos\beta}(0.78539815+x_n\tan\alpha_n)$；$r=\dfrac{zm_n}{2\cos\beta}$；$\tan\alpha_t=\dfrac{\tan\alpha_n}{\cos\beta}$；

φ——滚动角。

② 点线啮合齿轮传动过渡曲线方程式：

$$\left.\begin{aligned} x=(r-x_1)\cos\varphi+x_1\tan\gamma\sin\varphi \\ y=(r-x_1)\sin\varphi-x_1\tan\gamma\cos\varphi \end{aligned}\right\}$$

式中　$x_1=x_c'+\cos\beta\sqrt{\left(\dfrac{\rho_f}{\cos\beta}\right)^2-(y_c'-y_1)^2}$；$x_c'=(0.87-x_n)m_n$；

$\tan\gamma=\dfrac{(x_1-x_c')(y_c'-y_1)}{\left(\dfrac{\rho_f}{\cos\beta}\right)^2-(y_c'-y_1)^2}$；$y_c'=1.50645159\dfrac{m_n}{\cos\beta}$；

式中符号参见图 12-10-6、图 12-10-7。

（2）啮合特性

一对点线啮合齿轮传动的齿轮在啮合时，其啮合过程包括两部分：一部分为两齿轮的渐开线部分相互啮合，形成线接触，在端面有重合度；另一部分为小齿轮的渐开线和大齿轮的渐开线与过渡曲线的交点 J 相互接触，形成点啮合。

① 符合齿廓啮合基本定律。

点线啮合齿轮传动在啮合时其啮合线 N_1N_2 为两基圆的内公切线，如图 12-10-8 所示。啮合时，大齿轮与小齿轮开始啮合点为 B_2，终止啮合点为 J（B_1）（大齿轮上渐开线与过渡曲线的交点），因此在 B_2 到 J 之间形成线啮合。在终止啮合点 J 处形成点啮合，啮合点沿轴线方向平移。其接触点的公法线均通过节点 P，因此它符合齿廓啮合基本定律。

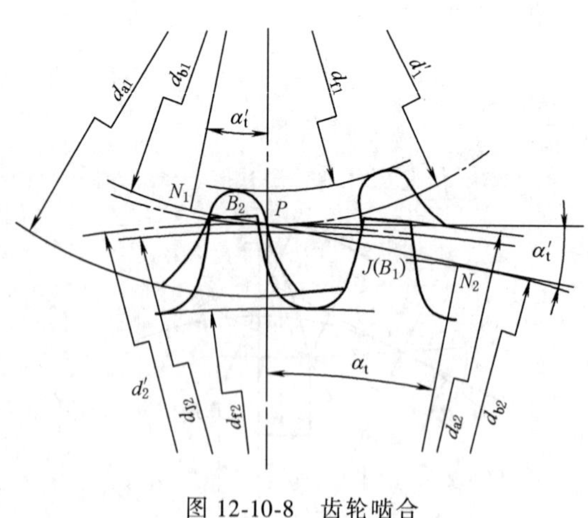

图 12-10-8　齿轮啮合

② 具有连续传动的条件。

小齿轮的渐开线齿廓与大齿轮 J 点以上部分渐开线啮合，只要满足：

$$B_2J/p_b>1$$

就具有连续传动的条件。上式中 p_b 是齿轮的基圆齿距。

点线啮合齿轮传动在通常情况下做成斜齿，也可以做成直齿。

③ 能满足正确啮合的条件。

点线啮合齿轮传动同普通渐开线齿轮传动相同，只要满足：

$$m_{n1}=m_{n2}=m_n；\ \alpha_{n1}=\alpha_{n2}=\alpha_n；\ \beta_1=-\beta_2$$

就能满足正确啮合的条件。

④ 具有变位齿轮的特点。

点线啮合齿轮传动同普通渐开线齿轮传动一样，可按无侧隙啮合方程式确定变位系数和：

$$x_{\Sigma}=\frac{z_1+z_2}{2\tan\alpha_n}(\mathrm{inv}\alpha_t'-\mathrm{inv}\alpha_t)$$

1.4 点线啮合齿轮传动的应用及发展

点线啮合齿轮传动经过了长期的理论研究、台架试验与工业应用。目前主要研究和应用在国内，部分产品随设备出口，在国外应用。在国内已广泛用于冶金、矿山、起重、运输、化工等行业的减速器中。

应用在通用减速器上：DJZQ 系列软齿面齿轮、DZQ 系列中硬齿面齿轮、DZY 系列硬齿面齿轮等。点线啮合齿轮传动通用系列相对于渐开线齿轮，用相同材料，在相同的使用条件下，规格可小一号，整机减轻 30%~35%。

应用在专用起重机减速器上：QDX 系列中硬齿面齿轮减速器（JB/T 11619—2013）、DQJ 系列中硬齿面齿轮减速器（JB/T 10468—2004）、电动葫芦起升机构的硬齿面齿轮减速器系列。一个硬齿面系列减速器已获得国家专利，专利号：ZL200520099260.5。

为广西玉柴机器股份有限公司研发的柴油机定时齿轮系列应用在 YC4D 系列、YC4EG 系列、YC4E 系列、YC4FA 系列、YC4S 系列、YC6A 系列、YC6J 系列、YC6L 系列、YC6MJ 系列、YC6MK 系列、YC6TD 系列和 YC6T 系列柴油机上。

为陕西汉德车桥有限公司开发的齿轮系列用于贯通驱动桥主减速器第一级齿轮传动，主要用于牵引车、自卸车和专用车，应用效果良好。

点线啮合齿轮传动也应用于中型卡车变速箱的样机。

湖北鄂州重型机械厂生产的三辊卷板机，七辊、十一辊校平机等全部采用点线啮合齿轮传动减速器。

减速器已经生产的模数 $m_n=1\sim28$mm，中心距 $a=48\sim1100$mm（单级中心距），功率 $P=0.14\sim1000$kW，现在已有较大数量的减速器在数百个单位使用。部分减速器已使用 10 年以上，情况良好。目前，已经解决了硬齿面点线啮合齿轮传动的大齿轮磨齿问题，渐开线齿轮上广泛采用的修形也可以应用在点线啮合齿轮传动上。点线啮合齿轮传动的设计和仿真均可采用武汉理工大学交通和物流工程学院机械设计及制造系的成套计算机辅助设计（CAD）软件完成。

2 点线啮合齿轮传动的几何参数和主要尺寸计算

2.1 基本齿廓和模数系列

点线啮合齿轮传动的基本齿廓和模数系列与普通渐开线齿轮完全相同。由于齿轮使用场合及使用要求的不同，可将表 12-10-1 中的某些参数做适当变动，以非标准齿廓来满足某些齿轮的特殊要求，例如：提高弯曲强度和接触强度可以采用大齿形角（22.5°，25°）；为了减小刚度、降低噪声、增大重合度可采用高齿（如取 $h_a^*=1.2$，$\alpha_n=17.5°$）。

2.2 单点线啮合齿轮传动的主要几何尺寸计算

表 12-10-1　点线啮合齿轮传动尺寸计算实例

名称	代号	计算公式	计算值	
			小齿轮	大齿轮
模数	m_n	由强度计算或结构决定，并取标准值	$m_n=7$mm	
齿数	z_1,z_2	设计时选定	$z_1=13$	$z_2=52$
齿宽	b	设计时选定	100mm	
分度圆压力角	α_n	即刀具压力角，通常 $\alpha_n=20°$	$\alpha_n=20°$	
齿顶高系数	h_{an}^*	一般取 $h_{an}^*=1$	$h_{an}^*=1$	

续表

名称	代号	计算公式	计算值	
			小齿轮	大齿轮
顶隙系数	c_n^*	一般取 $c_n^*=0.25$	$c_n^*=0.25$	
圆角半径系数	ρ_{fn}^*	一般取 $\rho_{fn}^*=0.38$	$\rho_{fn}^*=0.38$	
分度圆螺旋角	β	β 按参数选择选取	$\beta=14°22'13''=14.3702777$	
实际中心距	a	根据设计要求而定	$a=225$mm(已知)	
未变位时中心距	a'	$a'=\dfrac{m_n(z_1+z_2)}{2\cos\beta}$	$a'=234.8479$mm	
端面分度圆压力角	α_t	$\alpha_t=\arctan\dfrac{\tan\alpha_n}{\cos\beta}$	$\alpha_t=20°35'23''=20.5925015$	
端面啮合角	$\alpha_{\omega t}$	$\alpha_{\omega t}=\arccos\dfrac{a'\cos\alpha_t}{\alpha}$	$\alpha_{\omega t}=12°17'29''=12.29140766$	
总变位系数	$x_{n\Sigma}$	$x_{n\Sigma}=x_{n1}+x_{n2}=\dfrac{(z_1+z_2)(\text{inv}\alpha_{wt}-\text{inv}\alpha_t)}{2\tan\alpha_n}$	$x_{n\Sigma}=-1.1578$	
变位系数分配	x_{n1}, x_{n2}	根据封闭图选	$x_{n1}=0.3322$	$x_{n2}=-1.49$
中心距变动系数	y_n	$y_n=\dfrac{a-a'}{m_n}$	$y_n=-1.4068$	
分度圆直径	d	$d=\dfrac{zm_n}{\cos\beta}$	$d_1=93.939$mm	$d_2=375.756$mm
基圆直径	d_b	$d_b=\dfrac{zm_n\cos\alpha_t}{\cos\beta}$	$d_{b1}=87.937$mm	$d_{b2}=351.748$mm
节圆直径	d_w	$d_w=\dfrac{d_b}{\cos\alpha_{\omega t}}$	$d_{w1}=90.00$mm	$d_{w2}=360.00$mm
小齿轮顶圆直径	d_{a1}	$d_{a1}\leqslant 2\left[a-\dfrac{d_2}{2}+(h_{an}^*+c_n^*-0.25-x_{n2})m_n\right]$	$d_{a1}=109.8$mm	
小齿轮最小变位系数	$x_{n1\min}$	$x_{n1\min}=(h_{an}^*+c_n^*+\rho_{fn}^*\sin\alpha_n-\rho_{fn}^*)-\dfrac{z_1\sin^2\alpha_t}{2\cos\beta}$	$x_{n1\min}=0.1699$	
大齿轮最小变位系数	$x_{n2\min}$	$x_{n2\min}=(h_{an}^*+c_n^*+\rho_{fn}^*\sin\alpha_n-\rho_{fn}^*)-\dfrac{z_2\sin^2\alpha_t}{2\cos\beta}$		$x_{n2\min}=-2.3203$
大齿轮顶圆直径	d_{a2}	$d_{a2}\leqslant 2\sqrt{\left(\dfrac{d_{b2}}{2}\right)^2+\left[a\sin\alpha_{\omega t}-\dfrac{m_n}{\sin\alpha_t}(x_{n1}-x_{n1\min})\right]}$		$d_{a2}=364.4$mm
齿根圆直径	d_f	$d_{f1}=2[r_1-(h_{an}^*+c_n^*-x_{n1})m_n]$ $d_{f2}=2[r_2-(h_{an}^*+c_n^*-x_{n2})m_n]$	$d_{f1}=81.09$mm	$d_{f2}=337.396$mm
小齿轮齿顶高	h_a	$h_{a1}=\dfrac{1}{2}(d_{a1}-d_1)$	$h_{a1}=7.930$mm	
小齿轮齿根高	h_f	$h_{f1}=\dfrac{1}{2}(d_1-d_{f1})$	$h_{f1}=6.424$mm	
全齿高	h	$h_1=\dfrac{1}{2}(d_{a1}-d_{f1}), h_2=\dfrac{1}{2}(d_{a2}-d_{f2})$	$h_1=14.355$mm	$h_2=13.502$mm

续表

名称	代号	计算公式	计算值	
			小齿轮	大齿轮
轴向重合度	ε_β	$\varepsilon_\beta=\dfrac{b\sin\beta}{\pi m_n}$	1.1286	
齿顶压力角	α_{at}	$\alpha_{at1}=\arccos\dfrac{r_{b1}}{r_{a1}}$ $\alpha_{at2}=\arccos\dfrac{r_{b2}}{r_{a2}}$	$\alpha_{at1}=36°47'8''$ $=36.785475$	$\alpha_{at2}=15°8'33''$ $=15.1423868$
端面重合度	ε_α	$\varepsilon_\alpha=\dfrac{1}{2\pi}[z_2(\tan\alpha_{at2}-\tan\alpha_{\omega t})]+z_1(\tan\alpha_{at1}-\tan\alpha_{\omega t})$	$\varepsilon_\alpha=1.5327$	
总重合度	ε_γ	$\varepsilon_\gamma=\varepsilon_\alpha+\varepsilon_\beta$	$\varepsilon_\gamma=2.6612$	
小齿轮齿根滑动率	η_{1B2}	$\eta_{1B2}=\dfrac{r_{a2}\sin\alpha_{at2}-r_{b2}\tan\alpha_{\omega t}}{a\sin\alpha_{\omega t}-r_{a2}\sin\alpha_{at2}}\left(\dfrac{1+i_{12}}{i_{12}}\right)$	$\eta_{1B2}=38.03$	
大齿轮齿顶滑动率	η_{2B2} η'_{2B2}	$\eta_{2B2}=\dfrac{r_{a2}\sin\alpha_{at2}-r_{b2}\tan\alpha_{\omega t}}{r_{a2}\sin\alpha_{at2}}\left(\dfrac{1+i_{12}}{i_{12}}\right)$ $\eta'_{2B2}=\eta_{2B2}i_{12}$		$\eta_{2B2}=0.244$ $\eta'_{2B2}=0.976$
小齿轮齿顶滑动率	η_{1B1}	$\eta_{1B1}=\dfrac{r_{a1}\sin\alpha_{at1}-r_{b1}\tan\alpha_{\omega t}}{r_{a1}\sin\alpha_{at1}}\left(\dfrac{1+i_{12}}{i_{12}}\right)$	$\eta_{1B1}=0.886$	
大齿轮齿根滑动率	η_{2B1} η'_{2B1}	$\eta_{2B1}=\dfrac{r_{a1}\sin\alpha_{at1}-r_{b1}\tan\alpha_{\omega t}}{a\sin\alpha_{\omega t}-r_{a1}\sin\alpha_{at1}}\left(\dfrac{1+i_{12}}{i_{12}}\right)$ $\eta'_{2B1}=\eta_{2B1}i_{12}$		$\eta_{2B1}=1.938$ $\eta'_{2B1}=7.752$
小齿轮	公法线长度	跨齿数 $k=\dfrac{z_1}{\pi}\left[\dfrac{\sqrt{\left(1+\dfrac{(2x_{n1}-\Delta y)\cos\beta}{z_1}\right)^2-\cos^2\alpha_t}}{\cos\alpha_t\cos^2\beta_b}-\dfrac{2x_{n1}}{z_1}\tan\alpha_n-\mathrm{inv}\alpha_t\right]+0.5$ 公法线长度 $W_{n1}=m_n\{[\pi(k-0.5)+z_1\mathrm{inv}\alpha_t]\cos\alpha_n+2x_{n1}\sin\alpha_n\}$	$k=2.374$ 取整 $k=2$ $W_{n1}=33.983\text{mm}$	
	分度圆齿高 $\bar{h}_{n1}$	$\bar{h}_{n1}=h_{a1}+\dfrac{m_n z_{1v}}{2}\left[1-\cos\left(\dfrac{\pi}{2z_{1v}}+\dfrac{2x_{n1}\tan\alpha_n}{z_{1v}}\right)\right]$	$\bar{h}_{n1}=8.332\text{mm}$	
	分度圆齿厚 $\bar{S}_{n1}$	$\bar{S}_{n1}=m_n z_{1v}\sin\left(\dfrac{\pi}{2z_{1v}}+\dfrac{2x_{n1}\tan\alpha_n}{z_{1v}}\right)$	$\bar{S}_{n1}=12.654\text{mm}$	
	固定弦齿厚 $\bar{S}_{c1}$	$\bar{S}_{c1}=m_n\cos^2\alpha_n\left(\dfrac{\pi}{2}+2x_{n1}\tan\alpha_n\right)$	$\bar{S}_{c1}=12.204\text{mm}$	
	固定弦齿高 $\bar{h}_c$	$\bar{h}_c=\dfrac{d_{a1}-d_1}{2}-\bar{S}_{c1}\dfrac{\tan\alpha_n}{2}$	$\bar{h}_c=5.891\text{mm}$	

续表

名称	代号	计算公式	计算值	
			小齿轮	大齿轮
大齿轮	跨齿数 k	$k=\frac{z_2}{10}+0.6$	$k=5.8$ 取整 $k=6$	
	法线长度 W_{n2}	$W_{n2}=\frac{2r_{a2}\sin^2\alpha_s}{\sin\alpha}$	$W_{n2}=112.029\text{mm}$	
	J 点的半径 r_{j2}	$r_{j2}=\sqrt{r_2^2\cos^2\alpha_t+\left[\frac{m_n}{\sin\alpha_t}(x_{n2}-x_{n2\min})\right]^2}$	$r_{j2}=176.648\text{mm}$	
	J 点以上渐开线高度 h_{j2}	$h_{j2}=r_{a2}-r_{j2}$	$h_{j2}=5.551\text{mm}$	
	J 点法向齿厚 S_{jn2}	$S_{jn2}=r_{j2}\left[\frac{s_2}{r_2}-2(\text{inv}\alpha_{j2}-\text{inv}\alpha_t)\right]\cos\beta$	$S_{jn2}=8.69\text{mm}$	

注：β_b 为基圆螺旋角（同渐开线齿轮定义）；z_{1v} 为小齿轮当量齿数（同渐开线齿轮定义）；α_s 为测点的端面压力角；α 为测点的法面压力角；α_{j2} 为大齿轮 J 点压力角。

3 点线啮合齿轮传动的参数选择及封闭图

点线啮合齿轮传动的参数选择比渐开线齿轮传动复杂，各参数之间有密切关系，又相互制约。主要的参数有：法向模数 m_n、齿数 z、端面重合度 ε_α、纵向重合度 ε_β、齿宽系数 ψ_a 或 ψ_d 以及变位系数 x_2（或 x_1）和分度圆螺旋角 β。其中 x_2 和 β 必须从封闭图中选取。

3.1 模数 m_n 的选择

齿轮的模数 m_n 取决于齿轮轮齿的弯曲承载能力计算。只要轮齿的弯曲强度满足，齿轮的模数取得小一点较好。对防止齿轮的胶合也有好处。

通常可取 $m_n=(0.01\sim0.03)a$，式中 a 为中心距。对于大中心距、载荷平稳、工作连续的传动，m_n 可取较小值；对于小中心距、载荷不稳、间断工作的传动，m_n 可取较大值。对于高速传动，为了增加传动的平稳性，m_n 可取较小值。对于轧钢机人字齿轮座等有尖峰载荷的场合，可取 $m_n=(0.025\sim0.04)a$。所取的 m_n 应取标准值。在一般情况下 $m_n=0.02a$。

3.2 齿数的选择

齿数的选择应与模数统一考虑，在中心距一定的情况下，增加齿数减小模数则增加重合度，另一方面模数减小则可减小点线啮合齿轮相对滑动，对防止胶合有好处。因此，在满足强度的条件下，选择齿数多些为好。点线啮合齿轮的最少齿数可取到 $z_{\min}=2\sim4$，一般为了滚齿加工方便，可取 $z_1\geqslant8$，磨齿加工随磨齿机磨削最少齿数而定，一般可取 $z_1\geqslant11$。在中心距不变的情况下，如果模数不变，小齿轮齿数减少就可以增大传动比。可以将 4 级传动改为 3 级传动或者 3 级传动改为 2 级传动。取较少齿数时，要考虑轴的强度。另一方面，在中心距一定、传动比不变的情况下，齿数减少模数增大，可以提高弯曲强度，提高承载能力，这对于间断工作或硬齿面齿轮传动是有利的。

3.3 重合度

点线啮合齿轮传动与渐开线齿轮一样，除了有端面重合度 ε_α 以外，还有轴向重合度 ε_β，通常要使轴向重合度 $\varepsilon_\beta\geqslant1$，这样传动更平稳。一般要使总重合度 $\varepsilon_\gamma=\varepsilon_\alpha+\varepsilon_\beta>1.25$，最好要使 $\varepsilon_\gamma\geqslant2.25$。若要求噪声特别低时，可使 $\varepsilon_\alpha\geqslant2$。

3.4 齿宽系数

对于通用齿轮箱通常取 $\psi_a=b/a$，其标准有：0.2、0.25、0.3、0.35、0.4、0.45、0.5、0.6。对于中硬齿面与硬齿面通用齿轮箱，通常可取齿宽系数 $\psi_a=0.35$，0.4；对于软齿面通用齿轮箱可取 $\psi_a=0.4$。若要采用 $\psi_d=\frac{b}{d_1}$，则 $\psi_d=0.5(1+i)\psi_a$。

3.5 螺旋角 β 的选择

螺旋角 β 的选择比较复杂，它与大齿轮的变位系数 x_{n2} 有关，必须与封闭图配合选取，在不同的 β、x_{n2} 下就可以得到不同的尺寸，并影响齿轮强度的大小和磨损的程度。一般来说螺旋角 β 大些，则可增加纵向重合度，对传动平稳性有利，但轴向力增大。通常在 $\beta=8°\sim30°$ 范围内选取。对于多级传动，应使低速级的螺旋角 β 小于高速级的螺旋角 β，这样就可使低速级的轴向力不至于过大。β 与 k 值见表 12-10-2。

表 12-10-2　螺旋角 β 与 k 值

k	β	k	β	k	β
40	7°13′09″	82	14°55′42″	124	22°55′37″
41	7°24′02″	83	15°06′53″	125	23°07′21″
42	7°34′56″	84	15°18′04″	126	23°19′06″
43	7°45′50″	85	15°29′17″	127	23°30′52″
44	7°56′44″	86	15°40′29″	128	23°42′40″
45	8°07′38″	87	15°51′43″	129	23°54′28″
46	8°18′33″	88	16°02′57″	130	24°06′17″
47	8°27′28″	89	16°14′11″	131	24°18′08″
48	8°40′23″	90	16°25′27″	132	24°29′59″
49	8°51′19″	91	16°36′42″	133	24°41′52″
50	9°02′15″	92	16°47′59″	134	24°53′46″
51	9°13′11″	93	16°59′16″	135	25°05′41″
52	9°24′08″	94	17°10′34″	136	25°17′37″
53	9°35′05″	95	17°21′53″	137	25°29′34″
54	9°46′02″	96	17°33′12″	138	25°41′33″
55	9°57′	97	17°44′32″	139	25°53′32″
56	10°07′58″	98	17°55′53″	140	26°05′33″
57	10°18′56″	99	18°07′14″	141	26°17′35″
58	10°29′55″	100	18°18′36″	142	26°29′39″
59	10°40′54″	101	18°29′59″	143	26°41′44″
60	10°51′54″	102	18°41′23″	144	26°53′50″
61	11°02′54″	103	18°52′47″	145	27°05′57″
62	11°13′54″	104	19°04′13″	146	27°18′05″
63	11°24′55″	105	19°15′39″	147	27°30′15″
64	11°35′57″	106	19°27′05″	148	27°42′27″
65	11°46′58″	107	19°38′33″	149	27°54′39″
66	11°58′01″	108	19°50′01″	150	28°06′53″
67	12°09′03″	109	20°02′31″	151	28°19′09″
68	12°20′06″	110	20°13′01″	152	28°31′25″
69	12°31′10″	111	20°24′32″	153	28°43′35″
70	12°42′14″	112	20°36′04″	154	28°56′03″
71	12°53′18″	113	20°47′36″	155	29°08′24″
72	13°04′23″	114	20°59′10″	156	29°20′47″
73	13°15′29″	115	21°10′44″	157	29°33′11″
74	13°26′35″	116	21°22′20″	158	29°45′37″
75	13°37′41″	117	21°33′56″	159	29°58′04″
76	13°48′48″	118	21°45′33″	160	30°10′33″
77	13°59′56″	119	21°57′12″	161	30°23′03″
78	14°11′04″	120	22°08′51″	162	30°35′35″
79	14°22′13″	121	22°20′31″	163	30°48′09″
80	14°33′22″	122	22°32′12″		
81	14°44′32″	123	22°43′54″		

点线啮合齿轮传动的螺旋角 β 的具体选择与渐开线齿轮不同。渐开线齿轮设计时，通常考虑为了使每个中心距的齿数和为常数，如 ZQ 减速器的 β 选择为 8°6′34″，齿数和 $z_c=99$，有些齿轮考虑强度的问题选用优化参数 9°22′，有的选择整数角度如 12°、13°等。但是这些角度的选择均没有考虑滚齿加工时差动挂轮的误差，造成螺旋线的误差，致使齿长方向接触很难达到 100%。点线啮合齿轮传动螺旋角的选用与它们不同，在滚齿的时候，考虑了差动挂轮的误差，以及大小齿轮在不同的滚齿机上滚切时差动挂轮的误差。如果按表 12-10-2 选取螺旋角，保证在同一台滚齿机上加工或者两台滚齿机上分别加工时，差动挂轮搭配成相同的螺旋角或误差最小，在箱体平行度保证的情况下，齿长方向接触可达到 100%，部分滚齿机的差动挂轮 $i_{差}$ 的计算参看表 12-10-3。

表 12-10-3　　差动挂轮的计算

机　床　型　号	原差动挂轮计算公式 $i_{差}$	k 值差动挂轮计算公式 i_k
Y38，Y38A	$\frac{7.95775\sin\beta}{m_n z_D}=\frac{25}{m_n}\times\frac{\sin\beta}{z_D\pi}$	$\frac{k}{40m_n z_D}$
YZ3132，YA3180，YW3180	$\frac{6\sin\beta}{m_n z_D}=\frac{1376}{73}\times\frac{\sin\beta}{m_n z_D\pi}$	$\frac{172}{73}\times\frac{k}{125m_n z_D}$
Y38-1	$\frac{6.96301\sin\beta}{m_n z_D}=\frac{175}{8}\times\frac{\sin\beta}{m_n z_D\pi}$	$\frac{7}{8}\times\frac{k}{40m_n z_D}$
Y3180	$\frac{6.9320827\sin\beta}{m_n z_D}=\frac{196}{9}\times\frac{\sin\beta}{m_n z_D\pi}$	$\frac{49}{9}\times\frac{k}{250m_n z_D}$
Y3215	$\frac{9.8145319\sin\beta}{m_n z_D}=\frac{185}{6}\times\frac{\sin\beta}{m_n z_D\pi}$	$\frac{37}{6}\times\frac{k}{200m_n z_D}$
Y3180H，YB3180H，Y3150E，YM3180H，YB3150E，等	$\frac{9\sin\beta}{m_n z_D}=\frac{820}{29}\times\frac{\sin\beta}{m_n z_D\pi}$	$\frac{41}{29}\times\frac{k}{50m_n z_D}$
Y3150	$\frac{8.355615\sin\beta}{m_n z_D}=\frac{105}{4}\times\frac{\sin\beta}{m_n z_D\pi}$	$\frac{21}{4}\times\frac{k}{200m_n z_D}$
YM3120H	$\frac{7\sin\beta}{m_n z_D}=22\times\frac{\sin\beta}{m_n z_D\pi}$	$\frac{11}{500}\times\frac{k}{m_n z_D}$
YBA3132	$\frac{6\sin\beta}{12m_n z_D}=\frac{355}{226}\times\frac{\sin\beta}{m_n z_D\pi}$	$\frac{71}{226}\times\frac{k}{200m_n z_D}$
YBA3120	$\frac{3\sin\beta}{m_n z_D}=\frac{688}{73}\times\frac{\sin\beta}{m_n z_D\pi}$	$\frac{86}{73}\times\frac{k}{125m_n z_D}$

注：z_D—滚刀头数。

例　已知 $m_n=6$，$\beta=14°44'32''$，$k=81$，Y38A 滚齿机上加工，滚刀头数 $z_D=1$，试计算 Y38A 差动挂轮。

解　由表 12-10-3 知，Y38A 的 $i_k=\frac{k}{40m_n z_D}=\frac{81}{40\times6\times1}=\frac{27}{80}$，然后将 $\frac{27}{80}$ 分解成 $\frac{a}{b}\times\frac{c}{d}$ 的挂轮数值。

若大齿轮在 Y3180H 上加工，计算 Y3180H 差动挂轮。Y3180H 的 $i_k=\frac{41}{29}\times\frac{k}{50m_n z_D}=\frac{41}{29}\times\frac{81}{50\times6\times1}=\frac{41\times27}{29\times100}=\frac{1107}{2900}$，然后将 $\frac{1107}{2900}$ 分解成 $\frac{a}{b}\times\frac{c}{d}$ 的挂轮数值，就可保证两台机床加工出来的螺旋角 β 一致。

3.6　封闭图的设计

渐开线齿轮变位系数选择的封闭图，是 1954 年由苏联学者 B. A. 加夫里连科（B. A. Гаврилеко）首先提出，后经 T. П. 鲍洛托夫斯卡娅（T. П Болотовская）等人完善，解决了变位系数与许多影响因素之间的关系。但是点线啮合齿轮传动不能采用该封闭图，因为它的变位系数不在该封闭图之内，必须创立自己的封闭图。点线啮合齿轮传动大部分做成斜齿，也可以做成直齿。做成直齿时其参数选择比较简单，齿轮齿数决定后，只与 x_{n2} 有关，是一种单因素变量。而做成斜齿轮时，参数的选择就非常复杂，它与 β 和 x_{n2} 有关。要解决这个问题，最好的办法就是采用封闭图选择，这样才能正确、直观地选择合理的参数。如果参数选择不当，会产生严重干涉，以至于无法正常工作，或者齿厚太薄造成齿轮强度不足，大量计算表明封闭图与中心距 a、模数 m 无关，而主要与齿数 z_1、z_2 和刀具的参数有关。当刀具参数一定时，只与一对齿轮 z_1、z_2 有关。不同的 z_1、z_2 就有不同的封闭图。

（1）封闭图中各曲线的意义

典型的封闭图如图 12-10-9 所示，其横坐标为 x_{n2}，纵坐标为 β。它由如下曲线组成。

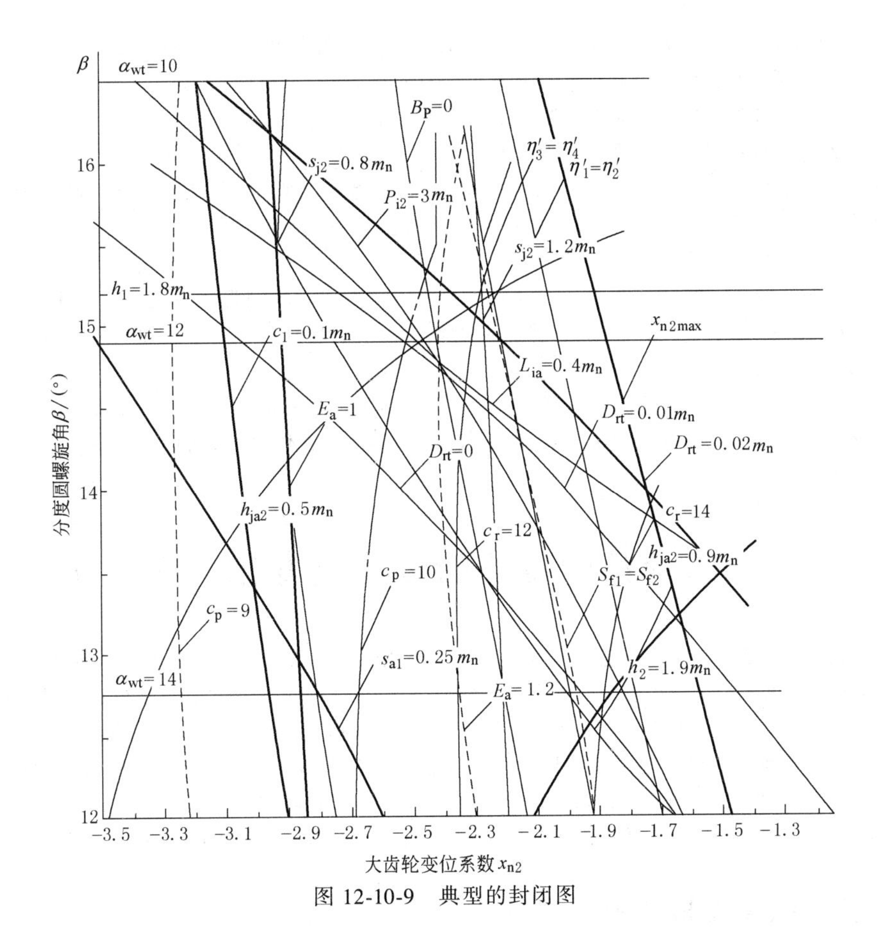

图 12-10-9　典型的封闭图

x_{n2max}——大齿轮的最大变位系数，即小齿轮根切限制曲线，$x_{n2max}=x_{n\Sigma}-x_{n1min}$，其中 x_{n1min} 为小齿轮不发生根切的最小变位系数；

s_{a1}——小齿轮齿顶厚限制曲线；

c_1——大齿轮齿顶与小齿轮齿根间隙的限制曲线；

s_{j2}——大齿轮上的渐开线与过渡曲线相交处 J 点的齿厚；

D_{rt}——小齿轮齿顶旋动曲线与大齿轮过渡曲线的干涉量；

$B_P=0$——大齿轮齿顶圆通过节点与小齿轮相啮合（称节点啮合）；

L_{ia}——大齿轮的 J 点与小齿轮啮合时的接触弧长；

E_a——端面重合度曲线；

h_{ja2}——大齿轮上渐开线部分的高度；

α_{wt}——大齿轮与小齿轮啮合时的端面节圆啮合角，它与 x_{n2} 无关，是水平直线；

P_{i2}——大齿轮在啮合线上节点 P 到 J 点距离；

h_1——小齿轮的全齿高，它与 x_{n2} 无关，只与 β 角有关，为水平直线；

h_2——大齿轮的全齿高；

c_r——大小齿轮啮合时的综合刚度；

c_p——大小齿轮啮合时的单对齿刚度；

$\eta'_1=\eta'_2$——大小齿轮滑动率相等曲线（间断工作）；

$\eta'_3=\eta'_4$——大小齿轮滑动率相等曲线（连续工作）。

在封闭图中，随着齿数的改变，各曲线随之而变，上述曲线不一定均显示出来，但均有主要曲线，有时只有部分曲线。

(2) 参数选择的范围

① 大小齿轮不能发生根切：$x_{n2}>x_{n2min}$、$x_{n2}<x_{n2max}$。

② 小齿轮齿顶不发生变尖，大齿轮必须有一定的齿厚：$s_{a1}>0$ 或 $0.25m_n$，$s_{j2}\geqslant 0.8m_n$。

③ 大齿轮齿顶必须与小齿轮齿根有一定的间隙：$c_1>0$ 或 $0.1m_n$。

④ 小齿轮齿顶旋动曲线不能与大齿轮过渡曲线干涉量过大：$D_{rt}<0.01m_n$ 或 $0.02m_n$。

⑤ 大齿轮上渐开线的高度不能太高：$h_{ja2}\leqslant 0.9m_n$。

由于参数选择的范围确定，则通常有5~6条曲线就组成封闭图，在图中又表示了点线啮合齿轮传动啮合的性质，如接触弧长、重合度、刚度等。因而其选择的范围就很大，灵活性很好。

(3) 封闭图中参数对性能的影响

① β 一定时，$-x_{n2}$ 减小，则：ε_α 增大；s_{j2} 增大；弯曲强度增大；接触强度增大；干涉量 D_{rt} 增大；啮合弧长 J_{1m} 增大；大齿轮上渐开线部分增大；综合刚度 c_r 增大；由节点后啮合变为节点前啮合；啮合角 α_t'不变；小齿轮齿高 h_1 不变；大齿轮齿高 h_2 减小。

② $-x_{n2}$ 一定时，β 减小，则：啮合角 α_t'增大；接触强度增大；大齿轮上渐开线部分增大；综合刚度 c_r 略有增大；小齿轮齿高 h_1 增大；大齿轮齿高 h_2 增大；ε_α 基本不变；s_{j2} 基本不变；弯曲强度减小；干涉量 D_{rt} 减小；啮合弧长 J_{1m} 减小。

4 点线啮合齿轮传动的疲劳强度和静强度计算

点线啮合齿轮传动的破坏，根据试验，点蚀破坏发生在大齿轮上渐开线部分，而小齿轮发生在渐开线的根部。最大应力仍在渐开线上，但它不在节点，在单对齿啮合点 C。接触疲劳强度计算仍然可以采用赫兹公式。弯曲疲劳折断仍然发生在齿根受拉侧。弯曲强度可采用渐开线齿轮的方法计算，只是系数有改变。

在齿轮整个工作期间，可能出现短期作用的最大载荷或尖锋载荷 F_{max} 或 T_{max}（如启动、制动或偶然性过载），由于其值很大而作用时间很短，可以认为对疲劳不产生影响，但是在这类载荷作用下，齿面可能出现塑性变形、表层的脆性破坏，或产生轮齿的过载折断，因此必须进行短期过载的静强度计算。

4.1 轮齿疲劳强度校核计算公式

已知齿轮的尺寸、载荷、材料及使用条件，齿轮齿面接触疲劳强度和齿根弯曲疲劳强度计算公式见表12-10-4。

表 12-10-4 齿面接触疲劳强度和齿根弯曲疲劳强度校核计算公式

项目	齿面接触疲劳强度	齿根弯曲疲劳强度
强度条件	$\sigma_H\leqslant\sigma_{HP}$ 或 $S_H\geqslant S_{H\,min}$	$\sigma_H\leqslant\sigma_{HP}$ 或 $S_F\geqslant S_{F\,min}$
计算应力/MPa	$\sigma_H=Z_EZ_\varepsilon Z_\beta Z_C\sqrt{\dfrac{2KT_1}{bd_1\cos\alpha_t}}$	$\sigma_F=\dfrac{2K_1T_1}{bd_1m_nK_F}Y_{Fa}Y_{sa}Y_\varepsilon Y_\beta$
许用应力/MPa	$\sigma_{HP}=\dfrac{\sigma_{H\,lim}}{S_{H\,min}}Z_{NT}Z_XZ_J$	$\sigma_{FP}=\dfrac{\sigma_{F\,lim}}{S_{F\,min}}Y_{ST}Y_NY_X$
安全系数	$S_H=\dfrac{\sigma_{H\,lim}}{\sigma_H}Z_{NT}Z_XZ_J$	$S_F=\dfrac{\sigma_{F\,lim}}{\sigma_F}Y_{ST}Y_NY_X$

注：各代号的含义见下文。

(1) 计算齿面接触应力系数

弹性系数 Z_E 与渐开线齿轮相同，钢对钢为189.8。

重合度系数 Z_ε 与渐开线齿轮相同，通常做成斜齿轮时，$Z_\varepsilon=\sqrt{\dfrac{1}{\varepsilon_\alpha}}$。

螺旋角系数 Z_β

$$Z_\beta=\sqrt{\cos\beta}$$

单对齿 C 点 Z_C

$$Z_C=\sqrt{\frac{1}{\rho_{\Sigma cn}}}\qquad \rho_{\Sigma cn}=\frac{\rho_{ct1}\rho_{ct2}}{(\rho_{ct1}+\rho_{ct2})\ \cos\beta_b}$$

式中，各代号的含义见下文。

（2）载荷综合系数 K

$$K=K_1K_2$$

式中　K_1——由于原动机以及齿轮制造安装误差等产生的影响系数

$$K_1=K_AK_vK_\beta K_\alpha$$

K_A——使用系数与渐开线齿轮相同；

K_v——动载系数，见图 12-10-10；

K_β——齿向载荷分布系数，见图 12-10-11；

K_α——齿间载荷分配系数，见表 12-10-5；

K_2——由于凹凸齿廓啮合载荷分配而产生影响的系数

$$K_2=K_LK_c$$

K_L——凹凸齿廓接触线长度变化的系数，见图 12-10-12；

K_c——单对齿 C 载荷系数，$K_c=0.29\sim0.40$，一对齿经过仔细磨合时可取小值，否则考虑取大值。

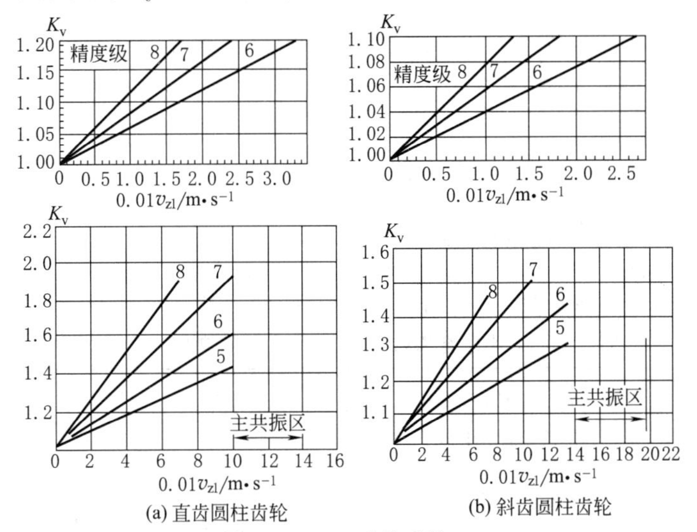

(a) 直齿圆柱齿轮　(b) 斜齿圆柱齿轮

图 12-10-10　动载系数 K_v

v_{z1}—小齿轮节点线速度

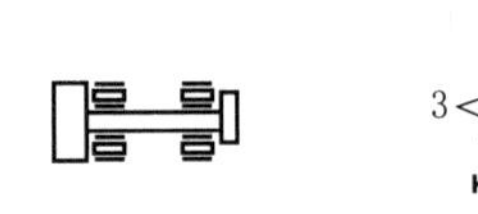
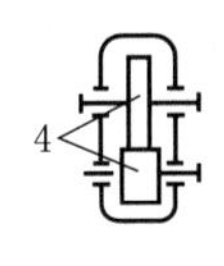

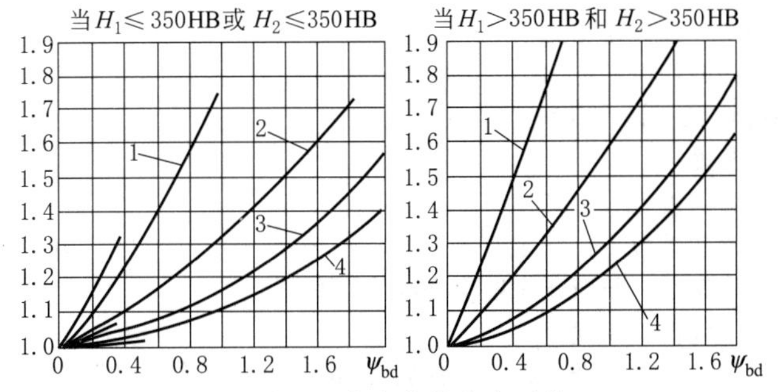

图 12-10-11　齿向载荷分布系数 K_β

H_1—小齿轮表面硬度；H_2—大齿轮表面硬度；

ψ_{bd}—齿宽与小齿轮分度圆直径之比

注：曲线上的数字与简图所示的传动型式标号相对应。

第12篇

表 12-10-5　**齿间载荷分配系数 K_{α}**

精度精级(Ⅱ)		5	6	7	8
直齿轮	未硬化齿面	1.0	1.0	1.0	1.1
	硬化齿面	1.0	1.0	1.1	1.2
斜齿轮	未硬化齿面	1.0	1.0	1.1	1.2
	硬化齿面	1.0	1.1	1.2	1.4

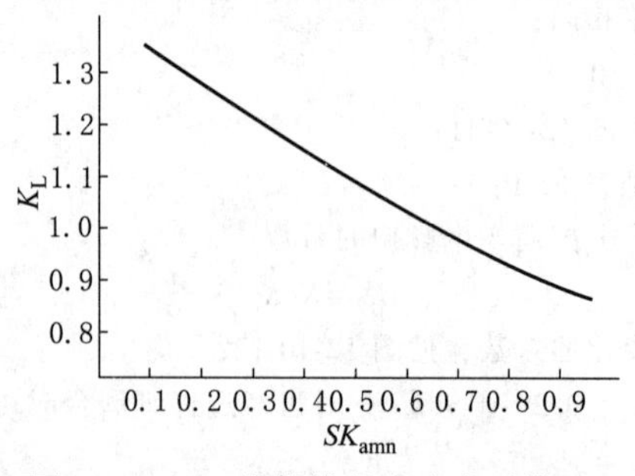

图 12-10-12　接触线长度变化系数 K_L

注：SK_{amn} 是指渐开线与过渡曲线接触时，最大接触线的长度除以模数。

(3) 许用接触疲劳应力系数

$\sigma_{H\,lim}$——试验齿轮的接触疲劳极限，与渐开线齿轮相同；

Z_X——尺寸系数，与渐开线齿轮相同；

Z_{NT}——接触强度寿命系数，与渐开线齿轮相同；

Z_J——增强系数，间断工作，软齿面、中硬齿面 $Z_J=1.4$，连续工作，硬齿面 $Z_J=1$；

$S_{H\,min}$——接触强度最小安全系数，见表 12-10-6。

表 12-10-6　**最小安全系数 $S_{F\,min}$、$S_{H\,min}$ 参考值**

使用要求	失效概率	使用场合	$S_{F\,min}$	$S_{H\,min}$
高可靠度	1/10000	特殊工作条件下要求可靠度很高的齿轮	2.2	1.55~1.65
较高可靠度	1/1000	长期连续运转和较长的维修间隔,设计寿命虽不长,但可靠性要求较高,一旦失效可能造成严重的经济损失或安全事故	1.8	1.3~1.35
一般可靠度	1/100	通用齿轮和多数工业用齿轮,对设计寿命和可靠度有一定要求	1.3	1.05~1.15
低可靠度	1/10	齿轮设计寿命不长,易于更换的重要齿轮,或者设计寿命虽不短,但可靠度要求不高	1.05	0.9

注：1. 当经过使用验证或材料强度、载荷工况及制造精度拥有较准确的数据时，可取表中 $S_{H\,min}$ 的下限值。
2. 一般齿轮传动不推荐采用低可靠度的安全系数值。
3. 当采用可靠度 $S_{H\,lim}=0.9$ 时，可能在点蚀前先出现齿面塑性变形。

(4) 齿根弯曲应力系数

Y_{Fa}——力作用在齿顶时的齿形系数，与渐开线齿轮相同；

Y_{sa}——应力修正系数，与渐开线齿轮相同；

Y_{ε}——重合度系数，与渐开线齿轮相同；

Y_{β}——螺旋角系数，与渐开线齿轮相同；

K_F——增强系数，小齿轮 $K_F=1$，大齿轮 $K_F=1.15$。

(5) 许用弯曲疲劳应力系数

$\sigma_{F\,lim}$——试验齿轮的弯曲疲劳极限，与渐开线齿轮相同；

Y_{ST}——试验齿轮的应力修正系数，$Y_{ST}=2$；

Y_N——弯曲强度计算寿命系数，与渐开线齿轮相同；

Y_X——尺寸系数，与渐开线齿轮相同；

$S_{F\,min}$——弯曲疲劳强度计算的最小安全系数，见表 12-10-6。

4.2　轮齿静强度校核计算公式

静强度计算中，是用短期作用的最大载荷 F_{max} 或 T_{1max} 代替名义载荷 F_t 或 T_1 来计算短期过载的接触应力 $\sigma_{H\,max}$

和弯曲应力 $\sigma_{F\max}$，短期过载的最大载荷一般是通过实验测得，其中已包含使用系数 K_A，所以在计算中 $K_A=1$。

点线啮合齿轮传动静强度计算分为：塑性变形计算和脆性折断计算。

已知齿轮的尺寸、载荷、材料及使用条件，齿轮塑性变形和脆性折断计算公式见表 12-10-7。

表 12-10-7　齿轮塑性变形和脆性折断校核计算公式

项目	塑性变形	脆性折断
强度条件	$\sigma_{H\max} \leqslant \sigma_{HPst}$ 或 $S_{HJ} \geqslant S_{H\min}$	$\sigma_{F\max} \leqslant \sigma_{FPst}$ 或 $S_{FJ} \geqslant S_{F\min}$
计算应力/MPa	$\sigma_{H\max}=Z_E Z_\varepsilon Z_\beta Z_C\sqrt{\dfrac{2K_1'K_2T_{1\max}}{bd_1\cos\alpha_t}}$	$\sigma_{F\max}=\dfrac{2K_1'T_{1\max}}{bd_1m_nK_F}Y_{Fa}Y_{sa}Y_\varepsilon Y_\beta$
许用应力/MPa	$\sigma_{HPst}=\dfrac{\sigma_{H\lim}}{\sigma_{H\min}}Z'_{NT}$	$\sigma_{FPst}=\dfrac{\sigma_{F\lim}}{\sigma_{F\min}}Y_{ST}Y'_N$
安全系数	$S_{HJ}=\dfrac{\sigma_{H\lim}}{\sigma_{H\max}}Z'_{NT}$	$S_{FJ}=\dfrac{\sigma_{F\lim}}{\sigma_{F\max}}Y_{ST}Y'_N$

（1）$T_{1\max}$ 计算

$T_{1\max}$ 的计算，应取载荷谱中或实测的最大载荷来确定。当无上述数据时可以取预期的最大载荷（如启动转矩、堵转转矩、短路或其它过载转矩，这些可以在电机手册中查到，也可以按减速器的标准数值来选取，如输出轴端的瞬时允许转矩为额定转矩的 2 倍或 2.7 倍等）。

（2）动载系数 K_v

在启动或堵转时产生的最大载荷或低速工况下，$K_v=1$，其余情况按图 12-10-10 选取。

（3）影响系数 K_1'

$$K_1'=K_vK_\beta K_\alpha$$

（4）接触强度寿命系数 Z'_{NT}

采用调质钢，渗碳淬火钢、火焰感应淬火，$Z'_{NT}=1.6$；采用渗氮处理，$Z'_{NT}=1.3$；采用氮碳共渗处理，$Z'_{NT}=1.1$。

（5）弯曲强度寿命系数 Y'_N

采用正火调质，渗碳淬火，火焰感应淬火，$Y'_N=2.5$；采用渗氮处理，$Y'_N=1.6$；采用氮碳共渗处理，$Y'_N=1.1$。

（6）判断安全系数

在实际使用中，由于 $T_{1\max}$ 一时找到比较困难，则在计算中将 $T_{1\max}$ 仍然以额定扭矩 T_1 来处理，然后求出塑性变形计算判断安全系数 S_{HJ} 和脆性折断计算判断安全系数 S_{FJ} 来进行初步判断。

S_{HJ} 大于 1.4，则表明 $T_{1\max}$ 大于 $2T_1$；S_{HJ} 大于 1.6，则表明 $T_{1\max}$ 大于 $2.7T_1$。

S_{FJ} 大于 2，则表明 $T_{1\max}$ 大于 $2T_1$；S_{FJ} 大于 2.7，则表明 $T_{1\max}$ 大于 $2.7T_1$。

4.3 点线啮合齿轮传动强度计算举例

减速器计算实例如下。

某二级圆柱齿轮减速器，电机驱动用于带运输机传动，单向连续工作，要求工作寿命为 10 年，每年工作 300 天，单班制工作，一般可靠度要求，齿轮选用 N320 重负工业齿轮油，工作油温 50℃，验算高速级的强度。

可根据表 12-10-8 和表 12-10-9 进行强度的计算。

表 12-10-8　齿轮的设计参数

名称	代号	单位	算例
传递功率	P	kW	400
小齿轮转速	n_1	r/min	1000
小齿轮材料			20CrNi2MoA
大齿轮材料			20CrNi2MoA
齿面硬度			小齿轮 58～62HRC 大齿轮 58～62HRC
精度等级			6 级
加工方式			磨齿加工
小齿轮渐开线齿面粗糙度		μm	0.8

续表

名称	代号	单位	算例
大齿轮渐开线齿面粗糙度		μm	0.8
大齿轮过渡曲线粗糙度		μm	1.0
实际中心距	a	mm	225
齿数	z_1/z_2		13/52
模数	m_n	mm	7
螺旋角	β	(°)	14°22′13″
变位系数	x_{n1}/x_{n2}		0.3322/-1.49
齿轮顶圆半径	R_{a1}/R_{a2}	mm	54.9/182.2
齿宽	B	mm	115

注：其余各参数见表 12-10-1。

表 12-10-9　　齿轮强度计算

名称	代号	单位	计算公式及说明	结果
转矩	T_1	N·m	$T_1=9550\frac{p_1}{n_1}$	3820
名义切向载荷	F_t	N	$F_t=\frac{2T_1}{d_{w1}}$	848888
使用系数	K_A		按渐开线齿轮计算	1.1
动载系数	K_v		按 $0.01vz_1=3.499$ 查图 12-10-10	1.0196
齿向载荷分布系数	K_β		按 $\psi_{bd}=\psi_a\frac{1+i}{2}$ 查图 12-10-11	1.6488
齿间载荷分配系数	K_α		6 级硬化见表 12-10-5	1.1
凹齿廓接触线长度变化系数	K_L		见图 12-10-12, $Sk_{amn}=0.6071$	1.026
单对齿 C 载荷系数	K_c			0.32
综合系数	K		$K=K_AK_vK_\beta K_\alpha K_LK_c$	0.668
接触强度计算				
弹性系数	Z_E	钢对钢		189.8
重合度系数	Z_ε		$Z_\varepsilon=\sqrt{\frac{1}{\varepsilon_\alpha}}$, $\varepsilon_\alpha=1.5327$	0.8077
螺旋角系数	Z_β		$Z_\beta=\sqrt{\cos\beta}$	0.9842
小齿轮 C 点的端面曲率半径	ρ_{ct1}	mm	$\rho_{ct1}=\sqrt{r_{a1}^2-r_{b1}^2}-p_{bt}$	11.6243
大齿轮 C 点的端面曲率半径	ρ_{ct2}	mm	$\rho_{ct2}=a\sin\alpha_{wt}-\rho_{ct1}$	36.2745
C 点法面曲率半径	$\rho_{\Sigma cn}$	mm	$\rho_{\Sigma cn}=\frac{\rho_{ct1}\rho_{ct2}}{(\rho_{ct1}+\rho_{ct2})\cos\beta_b}$	9.0529
节点系数	Z_C		$Z_C=\sqrt{\frac{1}{\rho_{\Sigma cn}}}$	0.3323
单点 C 接触应力	σ_H	MPa	$\sigma_H=Z_EZ_\varepsilon Z_\beta Z_C\sqrt{\frac{2KT_1}{bd_1\cos\alpha_t}}$	1208.133
接触极限应力	$\sigma_{H\lim}$	MPa	按渐开线齿轮计算	$\sigma_{H\lim}=1500$ $\sigma_{H\lim}=1500$

续表

名称	代号	单位	计算公式及说明	结果
循环次数	N		$N=60\times1000\times10\times300\times8$	144×10^7 36×10^7
寿命系数	Z_{NT}		按渐开线齿轮计算	1
最小安全系数	$S_{H\ min}$			1
接触强度尺寸系数	Z_X		按渐开线齿轮计算	0.997
增强系数	Z_J		连续工作	1
许用接触疲劳应力	σ_{HP}		$\sigma_{HP}=\dfrac{\sigma_{H\ lim}}{S_{H\ min}}Z_{NT}Z_XZ_J$	1499.6
实际安全系数	S_H		$S_H=\dfrac{\sigma_{H\ lim}}{\sigma_H}Z_{NT}Z_XZ_J$	1.241
接触强度满足要求				
弯曲强度计算				
齿形系数	Y_{Fa}		$\dfrac{6\dfrac{h_{Fa}}{m_n}\cos\alpha_{Fan}}{\left(\dfrac{S_{Fa}}{m_n}\right)^2\cos\alpha_n}$	$Y_{Fa1}=2.2$ $Y_{Fa2}=3.325$
应力修正系数	Y_{Sa}		$Y_{Sa}=(1.2+0.13L_a)q_s\dfrac{1}{\left(1.21+\dfrac{2.3}{L_a}\right)}$	$Y_{Sa1}=1.73$ $Y_{Sa2}=1.346$
重合度系数	Y_ε		$Y_\varepsilon=0.25+\dfrac{0.75}{\varepsilon_{an}}$	0.7127
螺旋角系数	Y_β		$Y_\beta=1-\varepsilon_\beta\dfrac{\beta}{120°}$	0.8804
大齿轮弯曲强度提高倍数	K_F			1.15
影响系数	K_1		$K_1=K_AK_vK_\beta K_\alpha$	2.034
弯曲应力	σ_F	MPa	$\sigma_{F1}=\dfrac{2K_1T_1}{bd_1m_n}Y_{Fa1}Y_{Sa1}Y_\varepsilon Y_\beta$ $\sigma_{F2}=\dfrac{2K_1T_1}{bd_1m_nK_F}Y_{Fa2}Y_{Sa2}Y_\varepsilon Y_\beta$	564.59 577.33
弯曲极限应力	$\sigma_{F\ lim}$	MPa	按渐开线齿轮计算	500 500
寿命系数	Y_N			1
应力修正系数	Y_{ST}			2
尺寸系数	Y_X		按渐开线齿轮计算	0.98
弯曲疲劳安全系数	$S_{F\ min}$			1
许用弯曲疲劳应力	σ_{FP}	MPa	$\sigma_{FP}=\dfrac{\sigma_{F\ lim}}{S_{F\ min}}Y_{ST}Y_NY_X$	980 980
实际安全系数	S_F		$S_F=\dfrac{\sigma_{F\ lim}}{\sigma_F}Y_{ST}Y_NY_X$	1.735 1.697
弯曲强度满足要求				
静强度计算				
载荷系数	K_1'		$K_vK_\beta K_\alpha$	1.8492
接触强度寿命系数	Z_{NT}'		按采用调质钢,渗碳淬火钢、火焰感应淬火选取	1.6
弯曲强度寿命系数	Y_N'		按采用调质钢,渗碳淬火钢、火焰感应淬火选取	2.5
过载接触应力	$\sigma_{H\ max}$	MPa	$\sigma_{H\ max}=Z_EZ_\varepsilon Z_\beta Z_C\sqrt{\dfrac{2K_1'K_2T_{1max}}{bd_1\cos\alpha_t}}$	1163.03

续表

名称	代号	单位	计算公式及说明	结果
许用过载接触应力	σ_{HPst}	MPa	$\sigma_{HPst}=\dfrac{\sigma_{H\ lim}}{S_{H\ min}}Z'_{NT}$	2400
过载弯曲应力	$\sigma_{F\ max}$	MPa	$\sigma_{F\ max}=\dfrac{2K'_1T_{1max}}{bd_1m_nK_F}Y_{Fa}Y_{sa}Y_{\varepsilon}Y_{\beta}$	499.85 487.97
许用过载弯曲应力	σ_{FPst}	MPa	$\sigma_{FPst}=\dfrac{\sigma_{F\ lim}}{S_{F\ min}}Y_{ST}Y'_N$	2500
塑性变形计算安全系数	S_{HJ}		$S_{HJ}=\dfrac{\sigma_{H\ lim}}{\sigma_{H\ max}}Z'_{NT}$	2.063
脆性折断计算安全系数	S_{FJ}		$S_{FJ}=\dfrac{\sigma_{F\ lim}}{\sigma_{F\ max}}Y_{ST}Y'_N$	5 5.12
表明最大转矩可以大于2.7倍的额定扭矩				

CHAPTER 11

第 11 章 面齿轮传动

1 面齿轮基本定义和分类

1.1 面齿轮基本定义

① 面齿轮　轮齿分布在一个圆环平面（或圆环锥面）上，且与圆柱齿轮相啮合的齿轮。

② 面齿轮传动　面齿轮与配对圆柱齿轮相啮合的齿轮传动，如图 12-11-1 所示。

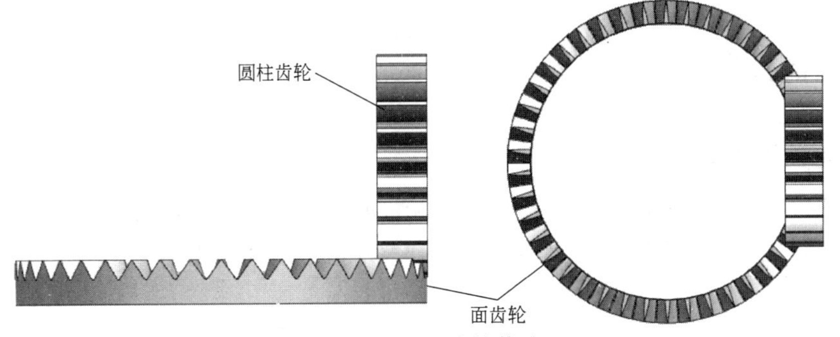

图 12-11-1　面齿轮传动

③ 相交轴面齿轮副　配对圆柱齿轮轴线与面齿轮轴线相交的齿轮副。

④ 交错轴面齿轮副　配对圆柱齿轮轴线与面齿轮轴线异面的齿轮副，如图 12-11-2 所示。

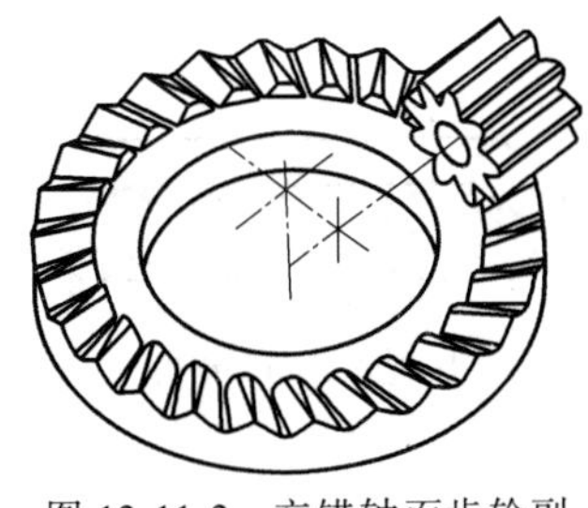

图 12-11-2　交错轴面齿轮副

⑤ 面齿轮外端　面齿轮轮齿径向半径最大的一端，如图 12-11-3 所示。

⑥ 面齿轮内端　面齿轮轮齿径向半径最小的一端，如图 12-11-3 所示。

⑦ 面齿轮的产形齿轮　一个虚拟圆柱齿轮，通过定轴展成运动生成面齿轮齿廓，称为面齿轮的产形齿轮，如图 12-11-4 所示。

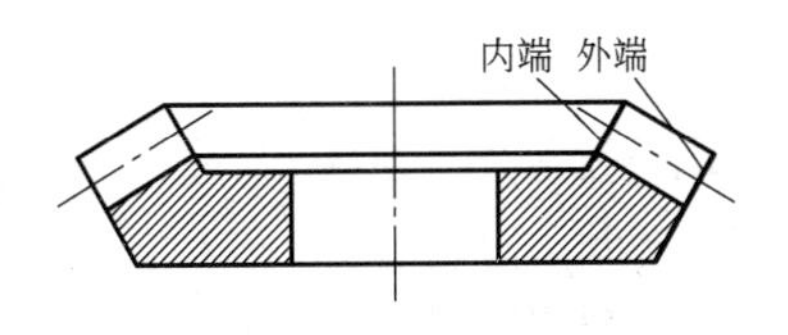

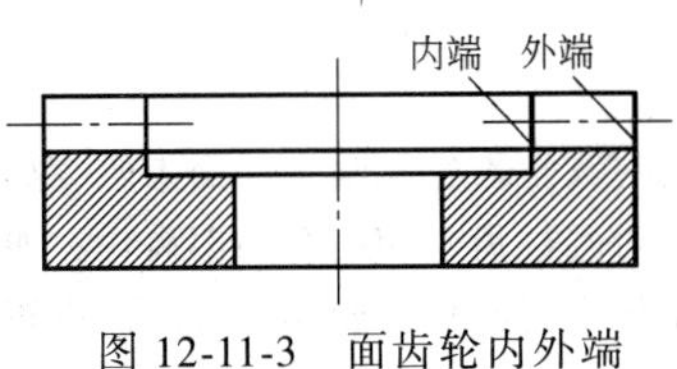

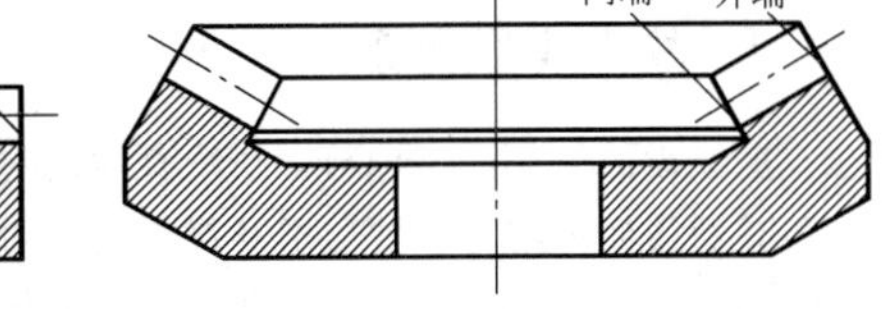

图 12-11-3　面齿轮内外端

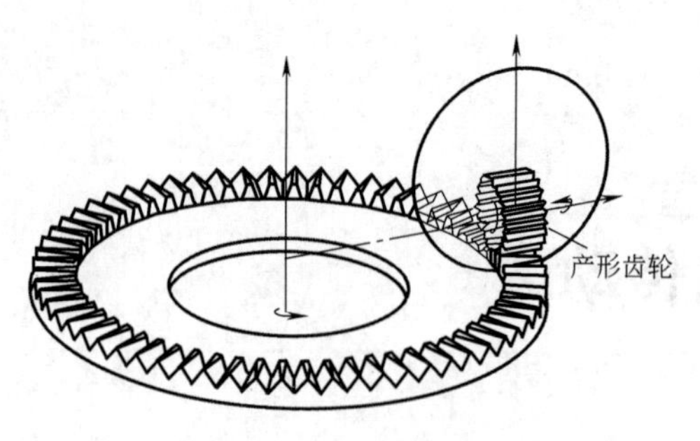

图 12-11-4　产形齿轮

⑧ 轴交角　面齿轮轴线与圆柱齿轮轴线在面齿轮轴剖面内投影的夹角，如图 12-11-5 所示，γ 为轴交角。

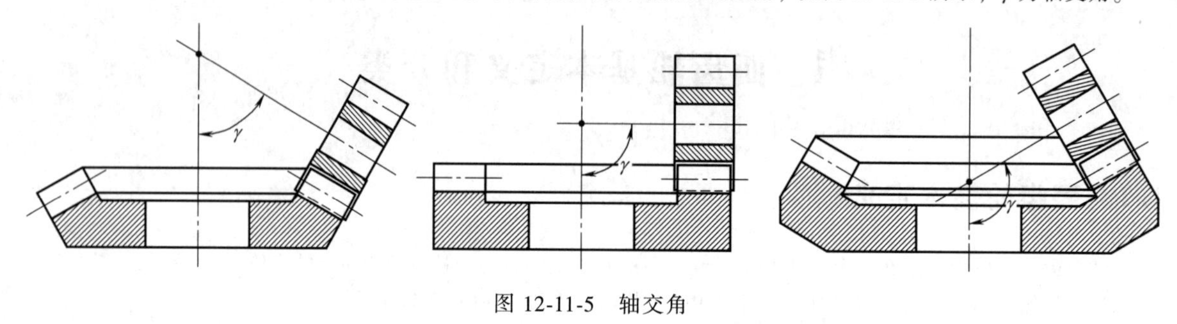

图 12-11-5　轴交角

1.2　面齿轮的分类

1.2.1　按齿轮轴线的位置分

① 正交面齿轮　面齿轮传动时，配对圆柱齿轮轴线与面齿轮轴线垂直且相交，如图 12-11-6 所示。

② 非正交面齿轮　面齿轮传动时，配对圆柱齿轮轴线与面齿轮轴线相交但不垂直，分为内锥和外锥两种形式，如图 12-11-6 所示。

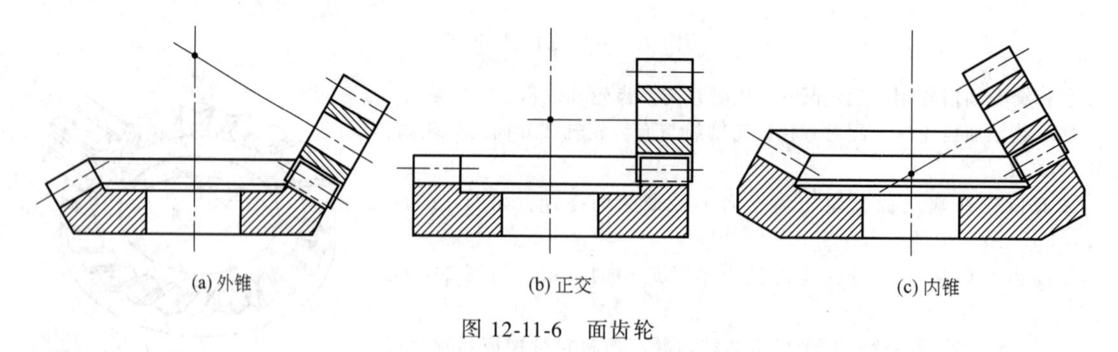

(a) 外锥　(b) 正交　(c) 内锥

图 12-11-6　面齿轮

③ 偏置正交面齿轮　面齿轮传动时，配对圆柱齿轮轴线与面齿轮轴线垂直但不相交，如图 12-11-7 所示。

④ 偏置非正交面齿轮　啮合时，轴线与配对圆柱齿轮轴线异面且轴交角非 90°的面齿轮。

1.2.2　按齿线形状分

① 直齿面齿轮　一种与渐开线直齿配对圆柱齿轮相啮合的面齿轮，如图 12-11-8 所示。

② 斜齿面齿轮　一种与渐开线斜齿配对圆柱齿轮相啮合的面齿轮，如图 12-11-9 所示。

③ 人字齿面齿轮　一种与渐开线人字齿配对圆柱齿轮相啮合的面齿轮，如图 12-11-10 所示。

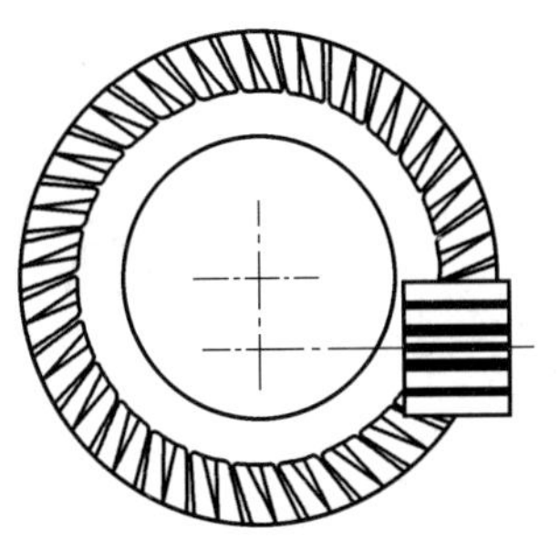

图 12-11-7 偏置正交面齿轮

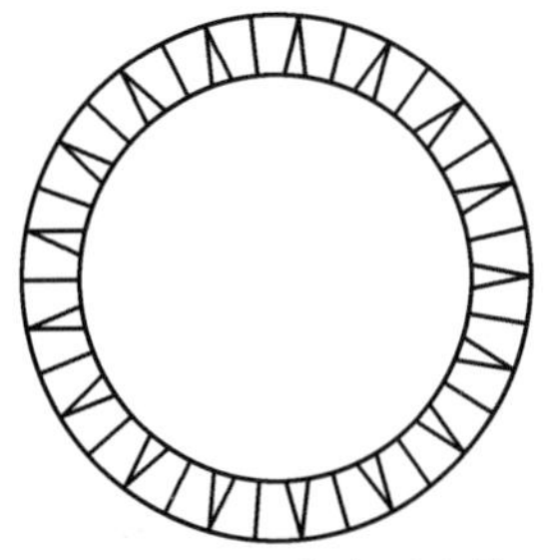

图 12-11-8 直齿面齿轮

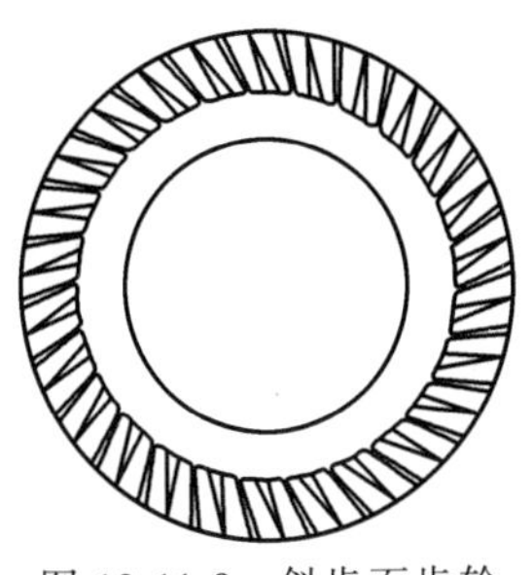

图 12-11-9 斜齿面齿轮

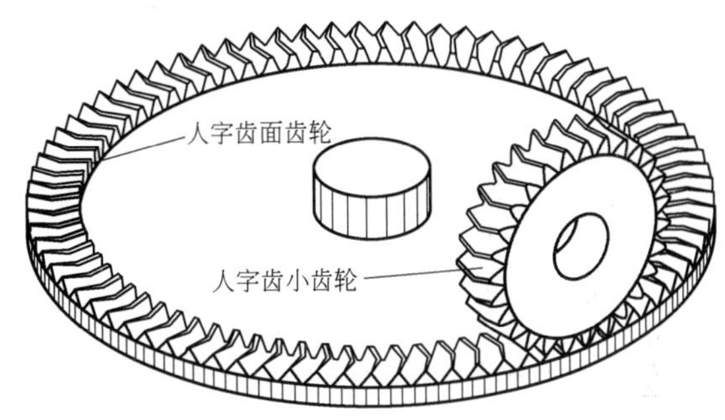

图 12-11-10 人字齿面齿轮

2 面齿轮啮合特性

2.1 面齿轮齿面方程

2.1.1 刀具齿面方程

面齿轮齿面的成形是基于直齿轮刀具（插齿刀）与面齿轮展成加工过程，如图 12-11-11 所示。其中刀具轴线和面齿轮轴线分别为 z_s 和 z_2，面齿轮和插齿刀的轴交角为 γ_m。插齿刀齿数为 N_s，面齿轮齿数为 N_2，两者围绕自身轴线做旋转运动。刀具角速度与面齿轮角速度满足：

$$\omega_s/\omega_2=N_2/N_s \tag{12-11-1}$$

图 12-11-12 所示是面齿轮插齿刀渐开线齿廓，其径矢函数可表示为：

$$\boldsymbol{r}_s(u_s,\theta_{ks})=\begin{bmatrix}\pm r_{bs}[\sin(\theta_{os}+\theta_{ks})-\theta_{ks}\cos(\theta_{os}+\theta_{ks})]\\-r_{bs}[\cos(\theta_{os}+\theta_{ks})+\theta_{ks}\sin(\theta_{os}+\theta_{ks})]\\u_s\\1\end{bmatrix}\quad k=(\gamma,\beta) \tag{12-11-2}$$

式中，r_{bs} 为插齿刀渐开线的基圆半径；θ_{os} 为插齿刀渐开线与基圆交点的角度参数；v_s 和 θ_{ks} 为渐开线齿面参数；“±”号分别对应于渐开线 γ、β。

由渐开线的特性可知：

$$\theta_{os}=\frac{\pi}{2N_s}-\text{inv}\alpha_0 \tag{12-11-3}$$

式中，α_0 为插齿刀分度圆压力角；$\text{inv}\alpha_0$ 为渐开线函数：

$$\text{inv}\alpha_0=\tan\alpha_0-\alpha_0 \tag{12-11-4}$$

插齿刀齿廓单位法向量 $\boldsymbol{n}_s$ 为：

$$\boldsymbol{n}_s=\frac{\partial \boldsymbol{r}_s/\partial\theta_{ks}\times\partial \boldsymbol{r}_s/\partial u_s}{|\partial \boldsymbol{r}_s/\partial\theta_{ks}\times\partial \boldsymbol{r}_s/\partial u_s|}=\begin{bmatrix}-\cos(\theta_{ks}+\theta_{os})\\ \mp\sin(\theta_{ks}+\theta_{os})\\ 0\end{bmatrix} \tag{12-11-5}$$

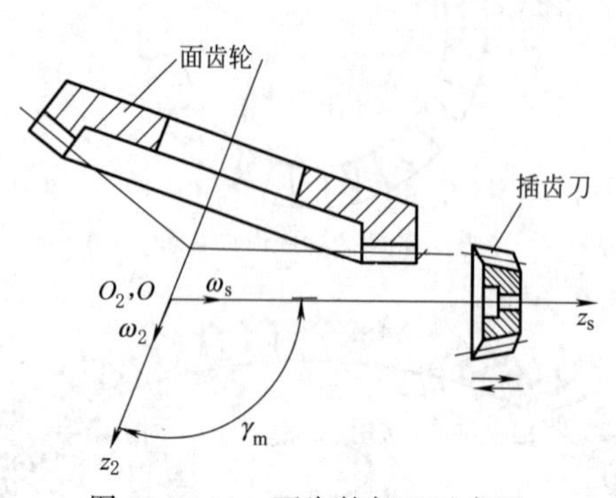

图 12-11-11　面齿轮加工示意图

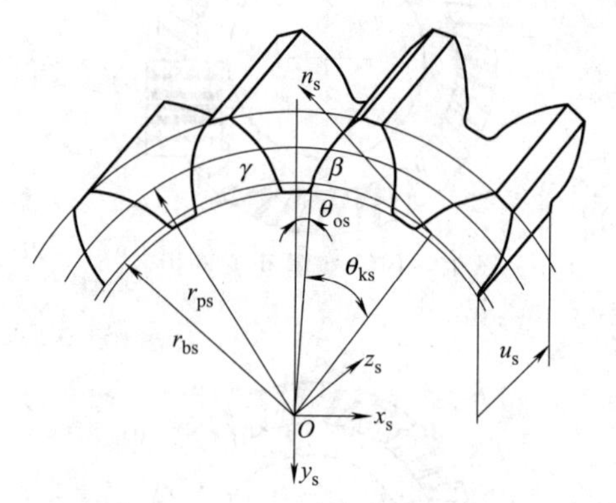

图 12-11-12　面齿轮插齿刀齿廓

2.1.2　传动坐标系的建立

建立正交面齿轮传动坐标系如图 12-11-13 所示：运动坐标系 S_s（x_s，y_s，z_s）、S_2（x_2，y_2，z_2）分别与插齿刀、面齿轮固连；固定坐标系 S_{s0}（x_{s0}，y_{s0}，z_{s0}）、S_{20}（x_{20}，y_{20}，z_{20}）分别为插齿刀、面齿轮的初始位置。面齿轮和直齿轮的轴交角为 γ_m，在正交面齿轮传动中为 90°。插齿刀绕 z_s 轴以转速 ω_s 旋转，面齿轮绕 z_2 轴以转速 ω_2 旋转。

由坐标关系可得到从坐标系 S_s 到 S_2 的转换矩阵为：

$$\boldsymbol{M}_{2s}=\begin{bmatrix}\cos\phi_2\cos\phi_s & -\cos\phi_2\sin\phi_s & -\sin\phi_2 & 0\\ -\sin\phi_2\cos\phi_s & \sin\phi_2\sin\phi_s & -\cos\phi_2 & 0\\ \sin\phi_s & \cos\phi_s & 0 & 0\\ 0 & 0 & 0 & 1\end{bmatrix} \tag{12-11-6}$$

面齿轮转角 ϕ_2 与插齿刀转角 ϕ_s 存在以下关系：

$$\phi_2=m_{2s}\phi_s=\phi_s\frac{N_s}{N_2} \tag{12-11-7}$$

式中，m_{2s} 为插齿刀和面齿轮齿数比。

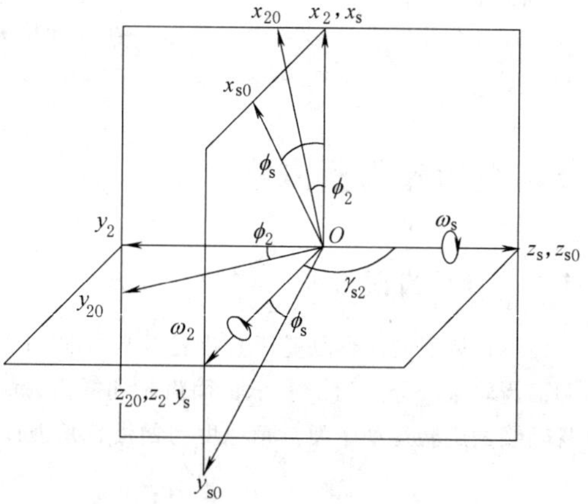

图 12-11-13　面齿轮加工坐标系

2.1.3　正交面齿轮齿面方程

由于面齿轮齿面是由插齿刀齿面包络形成的，由空间啮合理论，建立面齿轮的齿面径矢函数表达式：

$$\boldsymbol{r}_2(u_s,\theta_{ks},\phi_s)=\boldsymbol{M}_{2s}(\phi_s)\boldsymbol{r}_s(u_s,\theta_{ks}) \tag{12-11-8}$$

面齿轮齿面法向量为：

$$\boldsymbol{n}_2=\boldsymbol{L}_{2s}\boldsymbol{n}_s \tag{12-11-9}$$

式中，$\boldsymbol{L}_{2s}$ 为矩阵 $\boldsymbol{M}_{2s}$ 的 3×3 阶子矩阵。

已知插齿刀与面齿轮做对滚运动，根据啮合原理可得啮合方程：

$$\boldsymbol{n}_s\cdot\boldsymbol{v}_s^{(s2)}=0 \tag{12-11-10}$$

式中，$\boldsymbol{n}_s$ 为刀具齿面的法向量；$\boldsymbol{v}_s^{(s2)}$ 为在 S_s 坐标系中面齿轮与插齿刀相对速度矢量。

$$\boldsymbol{v}_s^{(s2)}=\boldsymbol{v}_s^{(s)}-\boldsymbol{v}_s^{(2)} \tag{12-11-11}$$

式中，$\boldsymbol{v}_s^{(s)}$、$\boldsymbol{v}_s^{(2)}$ 分别为插齿刀、面齿轮在 S_s 坐标系上的速度矢量。

整理后可得：

$$\boldsymbol{v}_{\mathrm{s}}^{(\mathrm{s}2)}=\omega_{\mathrm{s}}\begin{bmatrix}-y_{\mathrm{s}}-z_{\mathrm{s}}m_{2\mathrm{s}}\cos\phi_{\mathrm{s}}\\ x_{\mathrm{s}}+z_{\mathrm{s}}m_{2\mathrm{s}}\sin\phi_{\mathrm{s}}\\ m_{2\mathrm{s}}(x_{\mathrm{s}}\cos\phi_{\mathrm{s}}-y_{\mathrm{s}}\sin\phi_{\mathrm{s}})\end{bmatrix}\tag{12-11-12}$$

因此，面齿轮啮合方程表示为：

$$f(u_{\mathrm{s}},\theta_{\mathrm{ks}},\phi_{\mathrm{s}})=r_{\mathrm{bs}}-u_{\mathrm{s}}m_{2\mathrm{s}}\cos[\phi_{\mathrm{s}}\pm(\theta_{\mathrm{os}}+\theta_{\mathrm{ks}})]=0\tag{12-11-13}$$

面齿轮齿面方程可表示为：

$$\boldsymbol{r}_2(\phi_{\mathrm{s}},\theta_{\mathrm{ks}})=\begin{bmatrix}r_{\mathrm{bs}}\left[\cos\phi_2(\sin\xi_{\mathrm{ks}}\mp\theta_{\mathrm{ks}}\cos\xi_{\mathrm{ks}})-\dfrac{\sin\phi_2}{m_{2\mathrm{s}}\cos\xi_{\mathrm{ks}}}\right]\\ -r_{\mathrm{bs}}\left[\sin\phi_2(\sin\xi_{\mathrm{ks}}\mp\theta_{\mathrm{ks}}\cos\xi_{\mathrm{ks}})+\dfrac{\cos\phi_2}{m_{2\mathrm{s}}\cos\xi_{\mathrm{ks}}}\right]\\ -r_{\mathrm{bs}}(\cos\xi_{\mathrm{ks}}\pm\theta_{\mathrm{ks}}\sin\xi_{\mathrm{ks}})\\ 1\end{bmatrix}\tag{12-11-14}$$

面齿轮齿面法向量为：

$$\boldsymbol{n}_2=\begin{bmatrix}-\cos\phi_2\cos(\theta_{\mathrm{os}}+\theta_{\mathrm{ks}}\pm\phi_{\mathrm{s}})\\ \sin\phi_2\cos(\theta_{\mathrm{os}}+\theta_{\mathrm{ks}}\pm\phi_{\mathrm{s}})\\ \mp\sin(\theta_{\mathrm{os}}+\theta_{\mathrm{ks}}\pm\phi_{\mathrm{s}})\end{bmatrix}\tag{12-11-15}$$

式中，ξ_{ks} 为面齿轮齿面参数，且 $\xi_{\mathrm{ks}}=\phi_{\mathrm{s}}\pm(\theta_{\mathrm{ks}}+\theta_{\mathrm{os}})$。

2.1.4 面齿轮过渡曲面方程

面齿轮齿面分为两个不同的区域，一个是工作面，该区域由接触线覆盖；另一个是齿根过渡曲面（过渡面），如图 12-11-14 所示。齿根过渡面和工作面有一条公共线 L^*，L^* 是以上两个面的切线。

面齿轮过渡面是由插齿刀齿顶加工形成的，将刀具轮廓方程中参数 θ_{ks} 替换成齿顶圆处参数 θ_{ks}^*，可得：

$$\theta_{\mathrm{ks}}^*=\frac{\sqrt{r_{\mathrm{as}}^2-r_{\mathrm{bs}}^2}}{r_{\mathrm{bs}}}\tag{12-11-16}$$

式中，r_{as}、r_{bs} 分别为插齿刀齿顶圆、基圆半径。

则面齿轮坐标系 S_2 中，过渡曲面径矢函数可以表示为：

$$\boldsymbol{r}_2^*(u_{\mathrm{s}},\phi_{\mathrm{s}})=\boldsymbol{M}_{2\mathrm{s}}\boldsymbol{r}_{\mathrm{s}}^*(u_{\mathrm{s}},\theta_{\mathrm{ks}}^*)\tag{12-11-17}$$

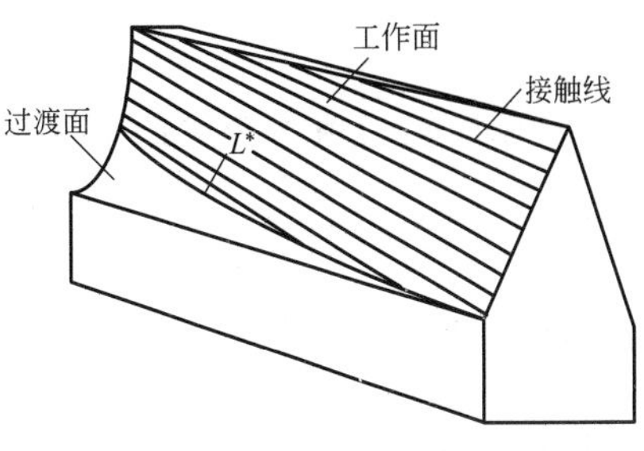

图 12-11-14 面齿轮工作面与过渡面

由于过渡线是面齿轮工作面与过渡面的公切线，所以将 $\theta_{\mathrm{ks}}^*=\dfrac{\sqrt{r_{\mathrm{as}}^2-r_{\mathrm{bs}}^2}}{r_{\mathrm{bs}}}$代入面齿轮齿面方程，可得过渡线 L^* 方程为：

$$\boldsymbol{r}_2^*(\phi_{\mathrm{s}})=\begin{bmatrix}r_{\mathrm{bs}}\left[\cos\phi_2(\sin\xi_{\mathrm{ks}}^*\mp\theta_{\mathrm{ks}}^*\cos\xi_{\mathrm{ks}}^*)-\dfrac{\sin\phi_2}{m_{2\mathrm{s}}\cos\xi_{\mathrm{ks}}^*}\right]\\ -r_{\mathrm{bs}}\left[\sin\phi_2(\sin\xi_{\mathrm{ks}}^*\mp\theta_{\mathrm{ks}}^*\cos\xi_{\mathrm{ks}}^*)+\dfrac{\cos\phi_2}{m_{2\mathrm{s}}\cos\xi_{\mathrm{ks}}^*}\right]\\ -r_{\mathrm{bs}}(\cos\xi_{\mathrm{ks}}^*\pm\theta_{\mathrm{ks}}^*\sin\xi_{\mathrm{ks}}^*)\end{bmatrix}\tag{12-11-18}$$

式中，ξ_{ks}^* 为面齿轮齿面过渡线参数，$\xi_{\mathrm{ks}}^*=\phi_{\mathrm{s}}\pm(\theta_{\mathrm{ks}}^*+\theta_{\mathrm{os}})$。

2.1.5 面齿轮不发生根切的条件

面齿轮根切可以通过限制齿面产生奇异点来防止。奇异点处齿面的法向量为 $\boldsymbol{O}$，有如下表达式

$$\boldsymbol{n}_2=\frac{\partial\boldsymbol{r}_2}{\partial\phi_{\mathrm{s}}}\times\frac{\partial\boldsymbol{r}_2}{\partial\theta_{\mathrm{ks}}}\tag{12-11-19}$$

确定奇异点的另一种方法是，当面齿轮存在奇异点时，则下式成立：

$$\boldsymbol{v}_{\mathrm{r}}^{(\mathrm{s})}+\boldsymbol{v}^{(\mathrm{s}2)}=\boldsymbol{0}\tag{12-11-20}$$

式中，$\boldsymbol{v}_{\mathrm{r}}^{(s)}$ 为插齿刀速度；$\boldsymbol{v}^{(s2)}$ 是插齿刀和面齿轮的相对速度。

考虑到啮合方程对所有时刻 t 为恒等式，所以奇异点还必须满足啮合偏微分方程：

$$\frac{\partial f}{\partial u_{\mathrm{s}}}\times\frac{\mathrm{d}u_{\mathrm{s}}}{\mathrm{d}t}+\frac{\partial f}{\partial \theta_{\mathrm{ks}}}\times\frac{\mathrm{d}\theta_{\mathrm{ks}}}{\mathrm{d}t}+\frac{\partial f}{\partial \phi_{\mathrm{s}}}\times\frac{\mathrm{d}\phi_{\mathrm{s}}}{\mathrm{d}t}=0 \tag{12-11-21}$$

式中，f 指面齿轮啮合方程［式（12-11-13）］。

由以上两式可以得到 4 个线性方程，其中$\frac{\mathrm{d}u_{\mathrm{s}}}{\mathrm{d}t}$和$\frac{\mathrm{d}\theta_{\mathrm{ks}}}{\mathrm{d}t}$是未知的。

由式（12-11-21）消去 ϕ_{s} 可以确定插齿刀齿面上的根切界限线 L_{s}，如图 12-11-15 所示。

在加工面齿轮时，L_{s} 映射到面齿轮上将加工出奇异点。考虑插齿刀齿面 $\boldsymbol{\Sigma}_{\mathrm{s}}$ 上根切界限线与齿顶圆的交点 T，取：

$$\theta_{\mathrm{ks}}=\frac{\sqrt{r_{\mathrm{as}}^{2}-r_{\mathrm{bs}}^{2}}}{r_{\mathrm{bs}}} \tag{12-11-22}$$

由面齿轮过渡线径矢函数，可求出面齿轮齿面上与 T 点对应的点的坐标（$x_{2\mathrm{u}}$，$y_{2\mathrm{u}}$，$z_{2\mathrm{u}}$）。如图 12-11-16，T 点在面齿轮上的对应点即为根切的界限点。

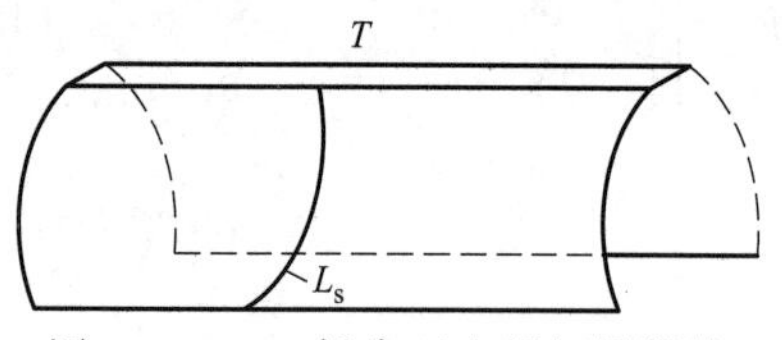

图 12-11-15　插齿刀上根切界限线

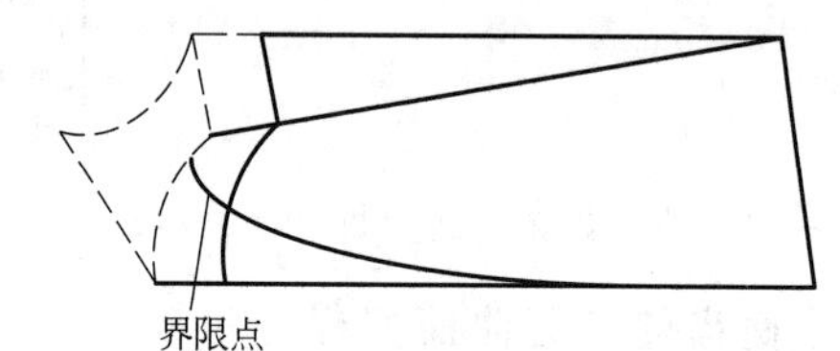

图 12-11-16　根切界限点

从而，限制正交面齿轮不发生根切的最小内半径 R_{u} 为：

$$R_{\mathrm{u}}=\sqrt{x_{2\mathrm{u}}^{2}+y_{2\mathrm{u}}^{2}} \tag{12-11-23}$$

2.1.6　面齿轮齿顶不变尖的条件

面齿轮的齿顶宽度不是一个常数，当轮齿两侧齿面相交，其齿顶厚等于零，这意味着在此处产生了齿顶变尖。齿顶变尖会使轮齿的强度变弱，面齿轮设计的一个重要目标就是确定面齿轮发生齿顶变尖的区域。

以分度圆半径 r_{ps} 为基准，插齿刀的基圆半径 r_{bs}：

$$r_{\mathrm{bs}}=r_{\mathrm{ps}}\cos\alpha_{0} \tag{12-11-24}$$

插齿刀齿顶圆半径 r_{as}，齿根圆半径 r_{ms} 可以由下式确定：

$$r_{\mathrm{as}}=r_{\mathrm{ps}}+1.25m \tag{12-11-25}$$

$$r_{\mathrm{ms}}=r_{\mathrm{ps}}-m \tag{12-11-26}$$

式中，m 为插齿刀和直齿轮模数。

通过插齿刀齿根半径计算面齿轮齿顶高度，需考虑两种情况：

① 如果 $r_{\mathrm{ms}}\geqslant r_{\mathrm{bs}}$，即 $N_{\mathrm{s}}\geqslant\frac{2}{1-\cos\alpha_{0}}$，取 r_{ms}；

② 如果 $r_{\mathrm{ms}}<r_{\mathrm{bs}}$，即 $N_{\mathrm{s}}<\frac{2}{1-\cos\alpha_{0}}$，取 r_{bs}。

所以，可得：

$$z_{2k}=-r_{\mathrm{ms}},\ k=\gamma,\beta \tag{12-11-27}$$

面齿轮两齿面相交，则：

$$x_{2\beta}=x_{2\gamma},y_{2\beta}=y_{2\gamma} \tag{12-11-28}$$

式中，$x_{2\gamma}$、$y_{2\gamma}$ 是指由插齿渐开线 γ 展成形成的面齿轮的齿面点坐标值；$x_{2\beta}$、$y_{2\beta}$ 是指由插齿渐开线 β 展成形成的面齿轮的齿面点坐标值。

联立以上两式，可求出齿顶变尖点坐标（$x_{2\mathrm{p}}$，$y_{2\mathrm{p}}$，$z_{2\mathrm{p}}$）。

从而，限制正交面齿轮不发生变尖的最大外半径 R_{p} 为：

$$R_p=\sqrt{x_{2p}^2+y_{2p}^2} \tag{12-11-29}$$

2.2 面齿轮齿面接触轨迹计算方法

面齿轮是由渐开线型刀具经展成加工形成的，理想状态下当刀具齿数与圆柱直齿轮齿数相同时，可以获得线接触传动。但是在实际的加工和安装中，由于各种误差的存在，理想化的线接触被破坏，出现偏载和边缘接触，影响面齿轮的啮合和强度性能。如果啮合过程中面齿轮与圆柱直齿轮形成点接触，则可以避免偏载和边缘接触的发生。

2.2.1 点接触的形成

为了实现点接触传动，选择插齿刀的齿数大于直齿轮齿数，通常齿数差为1~5，即：

$$N_s=N_1+(1\sim5) \tag{12-11-30}$$

设 Σ_s、Σ_1 和 Σ_2 分别为刀具齿面、直齿轮齿面和面齿轮齿面，并假想这3个齿面是互相啮合的。如图12-11-17，Σ_s 和 Σ_1 两齿面的啮合为假想的内啮合，中心距 B 由刀具和直齿轮的齿数差决定。

$$B=r_{ps}-r_{p1}=(N_s-N_1)m/2 \tag{12-11-31}$$

式中，m 为插齿刀和直齿轮模数；r_{ps}、r_{p1} 分别为插齿刀和直齿轮分度圆半径。

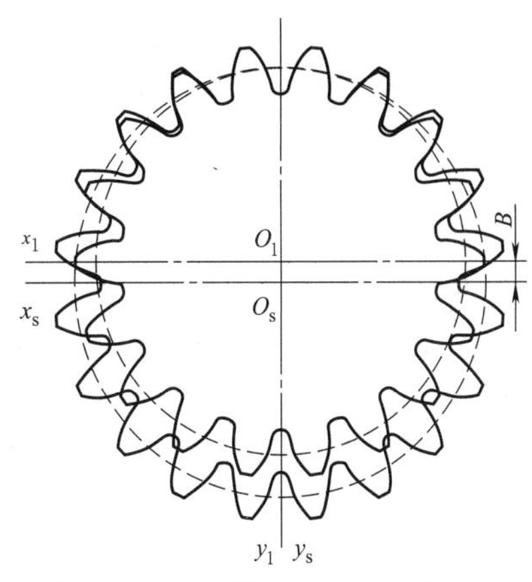

图12-11-17 插齿刀与直齿轮相切

由渐开线圆柱齿轮的啮合原理可知，它们是线接触的，设其瞬时接触线为 L_s。对于 Σ_s 和 Σ_2 两齿面，由加工原理可知它们是线接触啮合的，设其瞬时接触线为 L_{s2}。接触线 L_s 和 L_{s2} 是不重合的，它们的交点即为 Σ_1 和 Σ_2 的瞬时接触点 P，从而获得了点接触面齿轮传动，如图12-11-18所示。

2.2.2 点接触面齿轮传动接触轨迹

模拟啮合和接触过程是评判齿轮几何形状和质量的重要手段。通过计算机仿真进行啮合和接触过程的模拟称为轮齿接触分析（TCA）。建立接触分析坐标系如图12-11-19所示，其中，S_1、S_2 分别为直齿轮、面齿轮坐标系；ΔE、$\Delta\gamma$ 表示偏置和轴交角安装误差；ϕ_1'、ϕ_2'分别为直齿轮和面齿轮具有安装误差时的转角。

将直齿轮和面齿轮的齿面方程都转换到固定坐标系 S_f 中，可得：

$$\boldsymbol{r}_f^{(1)}(u_1,\theta_{k1},\phi_1')=\boldsymbol{M}_{f1}(\phi_1')\boldsymbol{r}_1(u_1,\theta_{k1}) \tag{12-11-32}$$

$$\boldsymbol{r}_f^{(2)}(\theta_{ks},\phi_s,\phi_2')=\boldsymbol{M}_{f2}(\phi_2')\boldsymbol{r}_2(\theta_{ks},\phi_s) \tag{12-11-33}$$

式中，$\boldsymbol{M}_{f1}$、$\boldsymbol{M}_{f2}$ 分别为从直齿轮坐标系 $S_1(x_1, y_1, z_1)$、面齿轮坐标系 $S_2(x_2, y_2, z_2)$ 到固定坐标系 $S_f(x_f, y_f, z_f)$ 的转换矩阵；u_1 和 θ_1 为渐开线齿面的参数。

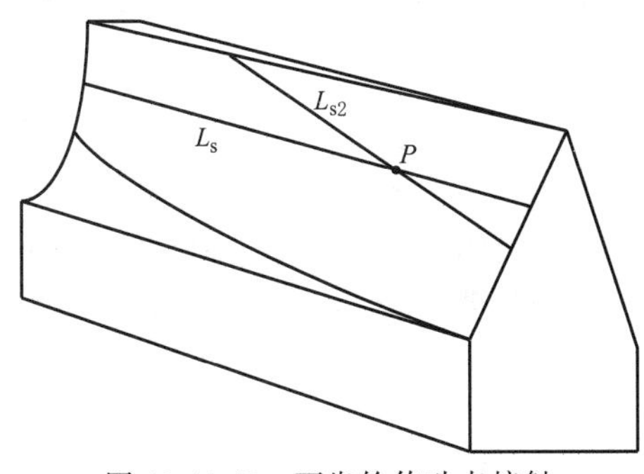

图12-11-18 面齿轮传动点接触

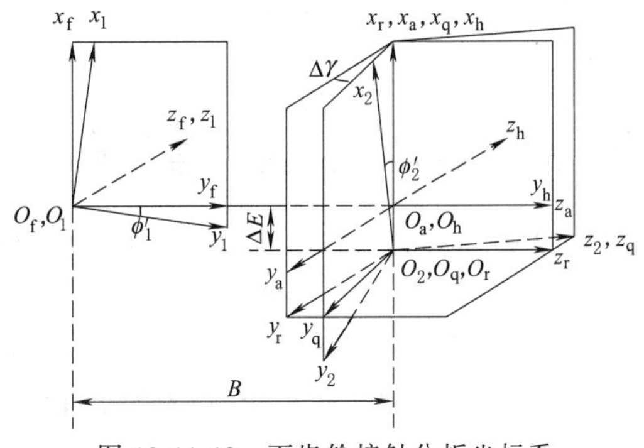

图12-11-19 面齿轮接触分析坐标系

$\boldsymbol{r}_1$、$\boldsymbol{r}_2$ 为直齿轮和面齿轮的齿面方程，将刀具方程的下标 s 换成 1 即可得到直齿轮齿面方程：

$$\boldsymbol{r}_1(u_1,\theta_{k1})=\begin{bmatrix} r_{b1}[\sin(\theta_{o1}+\theta_{k1})-\theta_{k1}\cos(\theta_{o1}+\theta_{k1})] \\ -r_{b1}[\cos(\theta_{o1}+\theta_{k1})+\theta_{k1}\sin(\theta_{o1}+\theta_{k1})] \\ u_1 \\ 1 \end{bmatrix} \tag{12-11-34}$$

式中，r_{b1} 为直齿轮渐开线的基圆半径；θ_{o1} 为直齿轮渐开线与基圆交点的角度参数。

将直齿轮和面齿轮的法向量都转换到固定坐标系 S_f 中，可得：

$$\boldsymbol{n}_f^{(1)}(\theta_{k1},\phi_1')=\boldsymbol{L}_{f1}(\phi_1')\boldsymbol{n}_1 \tag{12-11-35}$$

$$\boldsymbol{n}_f^{(2)}(\theta_{ks},\phi_s,\phi_2')=\boldsymbol{L}_{f2}(\phi_2')\boldsymbol{n}_2 \tag{12-11-36}$$

式中，$\boldsymbol{L}_{f1}$、$\boldsymbol{L}_{f2}$ 分别为 $\boldsymbol{M}_{f1}$、$\boldsymbol{M}_{f2}$ 的三阶主子式；$\boldsymbol{n}_1$、$\boldsymbol{n}_2$ 分别为直齿轮、面齿轮的法向量。

面齿轮和直齿轮在接触点位置有相同的位置向量和法向量，则：

$$\begin{cases} \boldsymbol{r}_f^{(1)}(u_1,\theta_{k1},\phi_1')=\boldsymbol{r}_f^{(2)}(\theta_{ks},\phi_s,\phi_2',\Delta E,\Delta\gamma) \\ \boldsymbol{n}_f^{(1)}(\theta_{k1},\phi_1')=\boldsymbol{n}_f^{(2)}(\theta_{ks},\phi_s,\phi_2',\Delta\gamma) \end{cases} \tag{12-11-37}$$

当轮齿发生边缘接触时，啮合齿对的一齿轮齿顶边缘切矢与另一个齿轮齿面接触点法矢是相互垂直的，即：

$$\begin{cases} \dfrac{\partial \boldsymbol{r}_f^{(1)}(u_1,\theta_{k1},\phi_1')}{\partial\theta_{k1}}\cdot\boldsymbol{n}_f^{(2)}(\theta_{ks},\phi_s,\phi_2',\Delta\gamma)=0 \\ \dfrac{\partial \boldsymbol{r}_f^{(2)}(\theta_{ks},\phi_s,\phi_2',\Delta E,\Delta\gamma)}{\partial\phi_s}\cdot\boldsymbol{n}_f^{(1)}(\theta_{k1},\phi_1')=0 \end{cases} \tag{12-11-38}$$

以下列参数为例，分析面齿轮接触迹：直齿轮齿数 $N_1=18$，插齿刀齿数 $N_s=20$，面齿轮齿数 $N_2=100$，模数 $m=2.5\text{mm}$，分度圆压力角 $\alpha=25°$。

计算得到面齿轮接触迹：当无安装误差时，面齿轮接触迹如图 12-11-20a 所示；当安装误差 $\Delta E=-0.07\text{mm}$，面齿轮接触迹如图 12-11-20b 所示；当安装误差 $\Delta\gamma=-0.05°$，面齿轮接触迹如图 12-11-20c 所示。

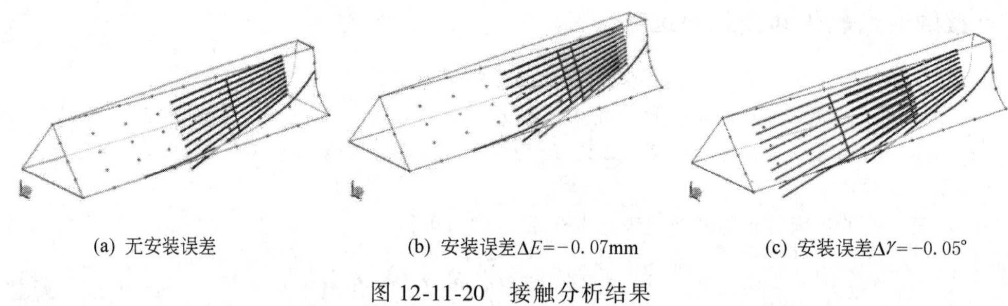

(a) 无安装误差　　(b) 安装误差$\Delta E=-0.07\text{mm}$　　(c) 安装误差$\Delta\gamma=-0.05°$

图 12-11-20　接触分析结果

由上图接触迹计算结果可知：

① 当存在偏置安装误差时，偏置安装误差为负时会使齿面接触迹向内径方向移动，并且接触区的面积变小，容易引起边缘接触。

② 当存在轴交角安装误差时，轴交角安装误差为负时会使齿面接触迹向外径方向发生较大移动，面齿轮传动对轴交角安装误差较敏感。

2.3　面齿轮接触与弯曲强度计算

鉴于目前国内外面齿轮应用较少，在面齿轮传动强度计算方面缺少大量实验数据支撑，难以形成准确的面齿轮强度设计依据，本章参考螺旋锥齿轮强度设计标准，给出面齿轮近似强度计算方法，为科研人员提供一种设计思路，后续将逐渐完善该设计方法。

2.3.1　基于弯曲强度理论的面齿轮弯曲强度计算

参考螺旋锥齿轮当量理论，将面齿轮传动转换为当量圆柱齿数进行计算：

$$\gamma_p = \arccos \frac{m+\cos\gamma}{\sin\gamma}, z_{vp} = \frac{z_p}{\cos\gamma_p \cos^3\beta} \tag{12-11-39}$$

$$\gamma_g = \text{arccot} \frac{1+m\cos\gamma}{m\sin\gamma}, z_{vg} = \frac{z_g}{\cos\gamma_p \cos^3\beta} \tag{12-11-40}$$

其中，γ 为面齿轮传动的轴交角；m 是传动比；β 是螺旋角；z_p、z_g 分别为圆柱齿轮与面齿轮的齿数；z_{vp}、z_{vg} 分别为圆柱齿轮与面齿轮的当量齿数；γ_p、γ_g 分别为圆柱齿轮与面齿轮的节锥角。

当量重合度计算：

$$c_r = \frac{z_{vp}(\tan\alpha_{ap} - \tan\alpha) + z_{vg}(\tan\alpha_{ag} - \tan\alpha)}{2\pi} \tag{12-11-41}$$

$$\alpha_a = \arccos \frac{r_{bk}}{r_{ak}} \tag{12-11-42}$$

式中，c_r 是面齿轮副当量重合度；α 是压力角；α_{ap}，α_{ag} 分别是当量圆柱齿轮和面齿轮齿顶圆压力角；r_{bk}、r_{ak} 分别是齿轮基圆半径和齿顶圆半径。

齿轮弯曲强度计算公式

$$\sigma = \frac{F_t}{bm} Y_F Y_\varepsilon Y_s \tag{12-11-43}$$

a. 计算齿形系数：

$$Y_F = \frac{6\frac{h}{m}\cos\alpha_{Fen}}{\left(\frac{S}{m}\right)^2 \cos\alpha_n} \tag{12-11-44}$$

主要计算两个参数——危险齿厚和弯曲力臂。危险齿厚的计算公式如下：

$$S = mz\sin\left(\frac{\pi}{3} - \theta\right) + \sqrt{3}m\left(\frac{G}{\cos\theta} - \frac{\rho}{m}\right) \tag{12-11-45}$$

采用 30°切线法确定危险截面的危险齿厚，θ 为滚动切线角，ρ 为刀具齿顶圆角半径。

b. 应力修正系数：

$$Y_s = (1.2 + 0.13\frac{S}{h})\frac{S}{\rho_F}^{\frac{1}{1.21 + \frac{2.3}{\frac{S}{h}}}} \tag{12-11-46}$$

式中，ρ_F 为齿根处的曲率半径，由面齿轮 TCA 部分程序可得。

c. 重合度系数：

$$Y_\varepsilon = 0.25 + \frac{0.75}{\varepsilon} \tag{12-11-47}$$

式中，ε 为重合度。

2.3.2 基于赫兹接触应力的面齿轮接触强度计算

轮齿齿面接触强度不够，齿面将产生点蚀、剥落、塑性变形等损伤。为了防止齿面产生这些损伤，必须进行齿面的接触强度计算，限制齿面的接触应力不超过许用值。为了进行齿面的接触强度计算，分析齿面的失效和润滑状态，必须首先分析齿面的接触应力。

面齿轮的接触强度根据赫兹接触理论进行计算，求解面齿轮接触点对应的接触椭圆长短轴。根据赫兹接触理论，点接触的两个接触体，如图 12-11-21 所示在法向载荷的作用下发生形变，在初始接触点 O 处扩展为一椭圆接触区域，在椭圆接触区域的中心处位移最大，所受到的接触应力也是最大的。

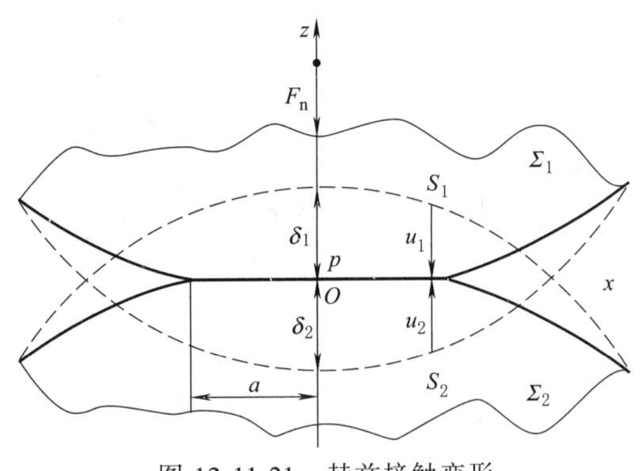

图 12-11-21　赫兹接触变形

a. 计算主曲率和主方向。

面齿轮方程：

$$\boldsymbol{r}_2(\phi_s,\theta_{ks})=\begin{bmatrix} r_{bs}\left[\cos\phi_2(\sin\xi_{ks}\mp\theta_{ks}\cos\xi_{ks})-\dfrac{\sin\phi_2}{m_{2s}\cos\xi_{ks}}\right] \\ -r_{bs}\left[\sin\phi_2(\sin\xi_{ks}\mp\theta_{ks}\cos\xi_{ks})+\dfrac{\cos\phi_2}{m_{2s}\cos\xi_{ks}}\right] \\ -r_{bs}(\cos\xi_{ks}\pm\theta_{ks}\sin\xi_{ks}) \\ 1 \end{bmatrix} \tag{12-11-48}$$

$$\xi_{ks}=\phi_s\pm(\theta_{ks}+\theta_{os}) \tag{12-11-49}$$

$$\theta_{os}=\frac{\pi}{2z}-\tan\alpha+\alpha \tag{12-11-50}$$

式中，z 为插齿刀齿数；r 为分度圆半径。

根据微分几何原理，含参数 u、v 的曲面可表示成 $\boldsymbol{r}=\boldsymbol{r}(u,v)$，曲面上一点 P 的方向 $\lambda=\mathrm{d}u/\mathrm{d}v$，则曲面沿 $\lambda=\mathrm{d}u/\mathrm{d}v$ 的法曲率 K 为：

$$K=\frac{L\mathrm{d}u^2+2M\mathrm{d}u\mathrm{d}v+N\mathrm{d}v^2}{E\mathrm{d}u^2+2F\mathrm{d}u\mathrm{d}v+G\mathrm{d}v^2} \tag{12-11-51}$$

$$\boldsymbol{n}=\frac{\boldsymbol{r}_u\times\boldsymbol{r}_v}{|\boldsymbol{r}_u\times\boldsymbol{r}_v|} \tag{12-11-52}$$

式中，$L=-\boldsymbol{n}_u\cdot\boldsymbol{r}_u=\boldsymbol{n}\cdot\boldsymbol{r}_{uu}$；$M=-\boldsymbol{n}_u\cdot\boldsymbol{r}_v=\boldsymbol{n}\cdot\boldsymbol{r}_{uv}$，$N=-\boldsymbol{n}_v\cdot\boldsymbol{r}_v=\boldsymbol{n}\cdot\boldsymbol{r}_{vv}$，$E=\boldsymbol{r}_u\cdot\boldsymbol{r}_u$；$F=\boldsymbol{r}_u\cdot\boldsymbol{r}_v$；$G=\boldsymbol{r}_v\cdot\boldsymbol{r}_v$；$\boldsymbol{n}$ 为曲面点的法向量；$\boldsymbol{r}_u$ 表示齿面方程 $\boldsymbol{r}$ 对参数 u 求偏导；$\boldsymbol{r}_v$ 表示齿面方程 $\boldsymbol{r}$ 对参数 v 求偏导；$\boldsymbol{n}_u$ 表示法向量 $\boldsymbol{n}$ 对参数 u 求偏导；$\boldsymbol{n}_v$ 表示法向量 $\boldsymbol{n}$ 对参数 v 求偏导；$\boldsymbol{r}_{uu}$ 表示齿面方程 $\boldsymbol{r}$ 对参数 u 求二阶偏导；$\boldsymbol{r}_{uv}$ 表示齿面方程 $\boldsymbol{r}$ 对参数 u、v 依次求偏导；$\boldsymbol{r}_{vv}$ 表示齿面方程 $\boldsymbol{r}$ 对参数 v 求二阶偏导。

第12篇

法曲率公式 K 可表示为：

$$(EG-F^2)K^2+(2FM-EN-GL)K+(LN-M^2)=0 \tag{12-11-53}$$

求解可以计算得到法曲率 K 的最大值与最小值，即为该点的主曲率。

设 k_1 和 k_2 为曲面在 P 点的主曲率，在 P 点的切平面上，对应的两个方向称为曲面的主方向。主方向的单位矢量用 $\boldsymbol{e}_1$ 和 $\boldsymbol{e}_2$ 表示，它们是互相垂直的，规定 $\boldsymbol{e}_1$、$\boldsymbol{e}_2$ 和 $\boldsymbol{n}$ 三个矢量构成右手系。

当 $k_1\neq k_2$，此时对应 k_1 的主方向为：

$$\lambda=-\frac{M-k_1F}{L-k_1E}=-\frac{N-k_1G}{M-k_1F} \tag{12-11-54}$$

对应 k_2 的主方向为：

$$\lambda=-\frac{M-k_2F}{L-k_2E}=-\frac{N-k_2G}{M-k_2F} \tag{12-11-55}$$

在曲面切平面上的矢量 $\boldsymbol{e}$ 为：

$$\boldsymbol{e}=\frac{\dfrac{\partial\boldsymbol{r}}{\partial u}\lambda+\dfrac{\partial\boldsymbol{r}}{\partial v}}{\left|\dfrac{\partial\boldsymbol{r}}{\partial u}\lambda+\dfrac{\partial\boldsymbol{r}}{\partial v}\right|} \tag{12-11-56}$$

由上面计算得到直齿轮和面齿轮的主曲率和主方向。

b. 面齿轮接触椭圆大小和方向计算。

根据赫兹接触理论计算接触区接触应力：

$$F=\frac{2}{3}\sigma\pi\rho_x\rho_y \tag{12-11-57}$$

$$\rho_x=u\sqrt[3]{\frac{1.5F}{k_{11}+k_{12}+k_{21}+k_{22}}(\theta_1+\theta_2)}$$

$$\rho_y=v\sqrt[3]{\frac{1.5F}{k_{11}+k_{12}+k_{21}+k_{22}}(\theta_1+\theta_2)} \tag{12-11-58}$$

可得：

$$\sigma=\frac{0.92}{vu}\sqrt[3]{\frac{(k_{11}+k_{12}+k_{21}+k_{22})^2}{(\theta_1+\theta_2)^2}F} \tag{12-11-59}$$

其中，θ_1 和 θ_2 为弹性模量参数；F 为法向力；v、u 为椭圆积分参数；k_{11} 和 k_{12} 表示直齿轮在两个主方向上的主曲率；k_{21} 和 k_{22} 表示面齿轮在两个主方向上的主曲率。

3　面齿轮插齿加工

3.1　面齿轮插齿加工原理

与普通齿轮插削加工不同，面齿轮加工过程中插齿刀轴线与工件毛坯轴线并不是平行的，而是垂直相交。插削面齿轮的插齿机，可以考虑在现有插齿机床上进行改进，如增加一个传动比为 1 的锥齿轮传动，改变工件的轴线方向，使之与刀具的轴线相交且夹角为 90°。这样原有传动链中的传动比仍然保持不变，而相应的工件的加工部位由圆柱毛坯的圆柱面变成了端面。

面齿轮插齿加工示意图如图 12-11-22 所示，与圆柱齿轮插齿加工相同，需具备以下五个运动：

① 切削运动：插齿刀的往复运动，是插齿加工的主运动。

② 周向进给运动：又称圆周进给运动，它控制插齿刀转动的速度。

③ 分齿运动：保证刀具转过一个齿时面齿轮工件也相应转过一定齿数的展成运动，两者的角速度满足如下条件：

$$\omega_2/\omega_s=N_s/N_2 \tag{12-11-60}$$

式中，N_s 为插齿刀齿数；N_2 为面齿轮齿数；ω_s 为插齿刀角速度；ω_2 为面齿轮角速度。

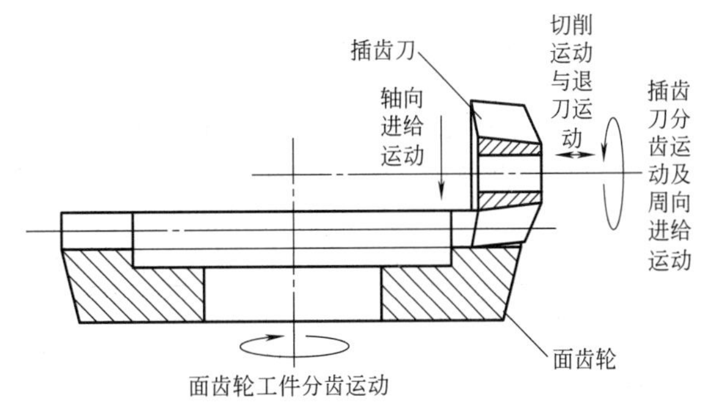

图 12-11-22　面齿轮插齿加工运动示意图

④ 轴向进给运动：插齿刀沿工件齿高方向的进给运动，用于加工面齿轮全齿高。

⑤ 让（退）刀运动：为避免擦伤工件表面，并减少插齿刀的磨损，在回程时，插齿刀需要脱离工件，沿面齿轮轴线向上退让一定距离。

3.2　面齿轮插齿刀设计

插齿刀参数对面齿轮的结构尺寸和啮合性能有重要影响，因此需要对插齿刀齿形参数进行设计，具体的设计过程如图 12-11-23 所示。

以表 12-11-1 所示面齿轮传动为例，确定面齿轮插齿刀的齿形参数。

表 12-11-1　　**面齿轮设计参数表**

	面齿轮	直齿轮
齿数	160	24
模数	1.0583mm	
压力角	20°	
齿高	2.4mm	
齿向公差	0.01mm	
齿形公差	0.04mm	
分度圆齿厚	$1.87_{-0.05}^{0}$mm	
精度等级	6 级	

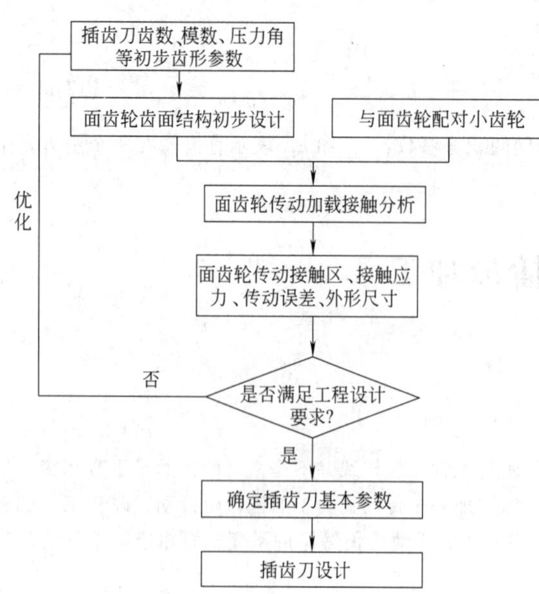

图 12-11-23　面齿轮插齿刀设计流程图

3.2.1　刀具齿数及修形量的选取

3.2.1.1　刀具齿数对面齿轮结构影响

根据点接触面齿轮传动原理，可以确定刀具齿数 $N_s=25\sim29$，根据面齿轮最大外半径和最小内半径限制条件，分别确定不同刀具齿数对应的面齿轮内外半径，如表 12-11-2 所示。

从表中可以看出，$N_s=25\sim29$ 均满足面齿轮工件尺寸要求，因此刀具齿数 N_s 的确定还需要考虑面齿轮啮合性能的要求。

从表 12-11-2 可以看出，如果面齿轮外半径 $R_2\geqslant$ 101mm 时，只能选择刀具齿数 $N_s=25$；当 $R_2\geqslant100$mm 时，可选择的刀具齿数 $N_s=25$、26；当 $R_2\geqslant99$mm 时，可选择的刀具齿数 $N_s=25\sim27$；当 $R_2\geqslant98$mm 时，可选择的刀具齿数 $N_s=25\sim28$；当 $R_2\geqslant97$mm 时，可选择的刀具齿数 $N_s=25\sim29$。因此，针对不同的面齿轮内外半径要求，可以选择适当的刀具齿数以满足面齿轮传动结构要求。

3.2.1.2　刀具齿数对面齿轮齿面接触区影响

分别计算不同刀具齿数对应的面齿轮齿面接触区的位置和大小，如表 12-11-3 所示。确定刀具齿数主要依据是：考虑在避免边缘接触的同时，使接触区尽量大。通过计算可知，当 $N_s=25$ 时，出现了边缘接触（内半径处）；当 $N_s=26\sim29$ 时，没有出现边缘接触，但是当 $N_s=26$ 时，接触区最大，因此综合考虑选取面齿轮加工插齿刀齿数为 26。

表 12-11-2　面齿轮结构尺寸表

刀具齿数 N_s	面齿轮内半径 R_1/mm	面齿轮外半径 R_2/mm
25	80.1231	101.1264
26	80.1478	100.2285
27	80.1726	99.3961
28	80.1975	98.6219
29	80.2225	97.8994

表 12-11-3　不同刀具齿数对应的面齿轮齿面接触区位置

插齿刀齿数	接触点 Y 坐标值/mm	接触椭圆长半轴/mm	接触椭圆短半轴/mm
25	-84.6715	8.26	0.24
26	-84.672	5.84	0.24
27	-84.6724	4.77	0.24
28	-84.6729	4.14	0.24
29	-84.6734	3.70	0.24

注：由于正交面齿轮齿面关于 Y 轴对称，所以接触点 Y 坐标代表了接触点在齿面上的相对位置。

3.2.1.3　刀具修形量分析

在实际应用过程中，为了获得更好的啮合性能，可以对面齿轮进行修形，修形方法可分为两种：一是通过调整机床运动关系进行修形；二是直接利用修形后的刀具加工面齿轮。本节介绍第二种修形方法。

（1）基于刀具修形的面齿轮齿面方程

在工程实际中，对刀具的修形通常采用对齿顶和齿根进行“挖根削顶”，由于面齿轮刀具是由齿条刀具加工而成，本节通过修形齿条得到修形插齿刀，进而得到修形面齿轮。修形插齿刀的齿面方程与直齿轮齿面方程类似，将其中 r_1 的下标 1 换成 s 即可得到。参考第 2 节中由刀具齿面方程推导面齿轮齿面方程的过程，根据修形后的刀具齿面方程得到面齿轮齿面方程为：

$$\begin{cases}\boldsymbol{r}_2(a_r,u_r,\theta_r,\phi_s)=\boldsymbol{M}_{2s}(\phi_s)\boldsymbol{r}_s(\alpha_r,u_r,\theta_r)\\ f(u_r,\theta_r,a_r,\phi_r,\phi_s)=0\end{cases}\tag{12-11-61}$$

式中，α_r 为抛物线系数。

面齿轮齿面法向量 $\boldsymbol{n}_2$ 为：

$$\boldsymbol{n}_2(\phi_s, u_r, a_r) = \boldsymbol{L}_{2s}\boldsymbol{n}_s(u_r', a_r) \tag{12-11-62}$$

式中，$\boldsymbol{L}_{2s}$ 为矩阵 $\boldsymbol{M}_{2s}$ 前三阶主子式。

(2) 刀具修形量对面齿轮齿面接触区的影响

① 齿条刀具没有修形条件下，即齿轮刀具修形量为 0 时，面齿轮齿面接触区如图 12-11-24 所示。

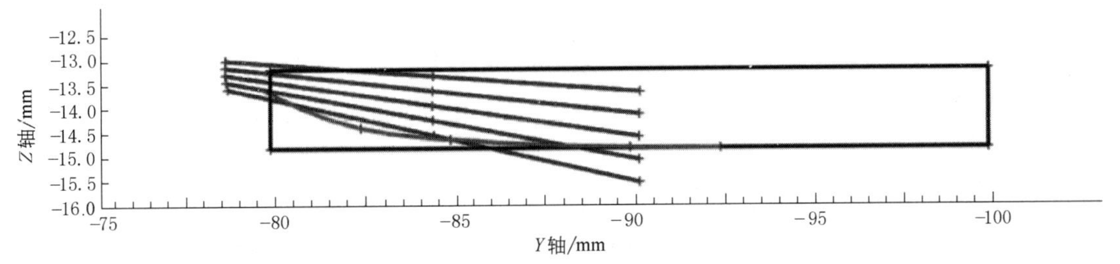

图 12-11-24　无修形时面齿轮齿面接触区

由图 12-11-24 可知，面齿轮齿面接触区近似分布在 $Y=-84.5$mm 的平面上。

② 当齿条刀具采用抛物线齿廓时，取齿轮刀具修形量 $\Delta M=0.01$mm，计算得到面齿轮齿面接触区如图 12-11-25 所示。

当齿轮刀顶修形量为 0.01mm 时，面齿轮齿面接触区分布在 $Y=-85.22$mm 的平面上，比起没有修形量时，齿面接触区沿 Y 方向平移了 0.72mm，改变了齿面接触区的位置。因此，通过调整刀具修形量，可以调整面齿轮齿面接触区。

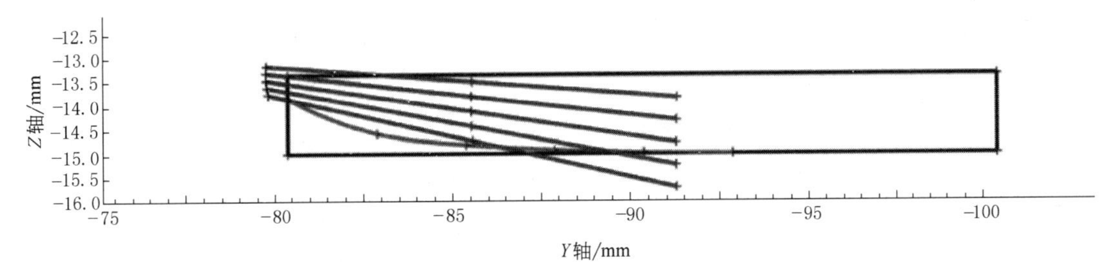

图 12-11-25　有修形时面齿轮齿面接触区

根据以上分析，确定了刀具修形量后，可按照齿轮刀具设计手册，完成面齿轮插齿刀的设计与制造。

3.2.2　面齿轮插齿刀结构设计

参考齿轮刀具设计手册，对面齿轮插齿刀进行设计，设计过程如下：

(1) 面齿轮设计参数

表 12-11-4　　面齿轮设计参数

面齿轮设计参数	数值	面齿轮设计参数	数值
模数	1.0583mm	分度圆压力角	20°
齿数	160		

(2) 插齿刀基本参数

表 12-11-5　　插齿刀基本参数

插齿刀基本参数	数值	插齿刀基本参数	数值
插齿刀型式	锥柄直齿插齿刀	侧刃后角	2°4′32″
齿数	26	齿顶高系数	1.25
顶刃前角	5°	分度圆直径	27.52mm
顶刃后角	6°	分度圆压力角(修正后)	20°10′14.5″

(3) 变位系数

取 $x_0=0.2$，计算得到前端面齿顶厚度：

$$S_{a0}=\left[\frac{\pi+4x_0\tan\alpha}{z_0}+2(\text{inv}\alpha-\text{inv}\alpha_{a0})\right]r_{a0}=0.386\text{mm}$$

式中，r_{a0} 为齿顶圆半径；α_{a0} 为齿顶圆处压力角：

$$\cos\alpha_{a0}=\frac{r_{b0}}{r_{a0}}=\frac{\frac{mz_0}{2}\cos\alpha}{\frac{mz_0}{2}+h_a^*+x_0m+c_{a0}^*m}$$

式中，r_{b0} 为基圆半径；c_{a0}^* 为顶隙系数，取 $c_{a0}^*=0.25$。

经校核不会产生过渡曲线干涉。

(4) 原始截面参数和切削刃在前端面投影尺寸

表 12-11-6　插齿刀原始截面参数

参数	数值	参数	数值
原始截面分度圆弧齿厚	1.6624mm	前端面齿顶高	1.533mm
原始截面齿顶高	1.3329mm	前端面分度圆弧齿厚	1.8154mm
原始截面全齿高	2.6458mm	前端面分度圆直径	30.582mm
前端面离原始截面距离	2mm	前端面齿根圆直径	25.290mm

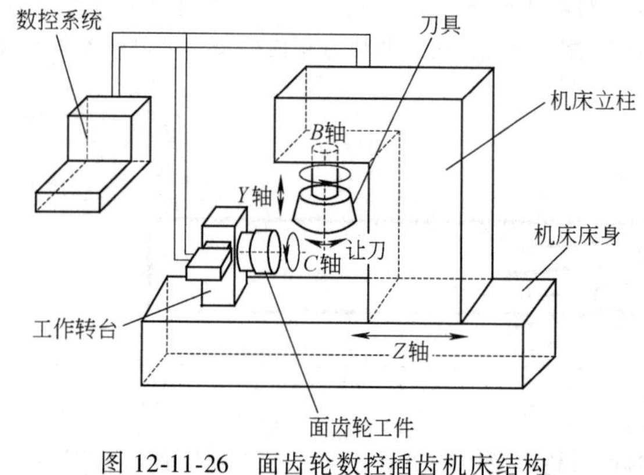

图 12-11-26　面齿轮数控插齿机床结构

3.3　面齿轮数控插齿加工方法

面齿轮数控插齿展成加工是根据面齿轮齿面成形原理，将刀具与面齿轮之间的相对运动转化到数控机床各轴运动。根据面齿轮插齿加工所需要的五个运动，建立面齿轮数控插齿机床结构如图 12-11-26 所示。在面齿轮数控插齿展成过程中，Z 轴运动实现面齿轮加工过程中的轴向进给运动，Y 轴运动实现面齿轮加工过程中的切削运动，面齿轮工件围绕 C 轴转动，插齿刀围绕 B 轴转动，在控制系统中通过设定 B 轴和 C 轴的转速，实现面齿轮加工中的展成（分齿）运动。结合机床的运动控制系统和运动轴，可以编制面齿轮数控插齿加工 G 代码，进而在机床上可以实现面齿轮的数控插齿展成加工。

4　面齿轮铣齿磨齿加工

面齿轮铣齿加工以面齿轮插齿加工原理为基础，采用铣刀替代插齿刀。铣刀的齿面与插齿刀单个轮齿齿面相同，铣刀加工面齿轮的过程即是模拟插齿刀加工面齿轮的运动过程。在不考虑任何误差的条件下，插齿和铣齿所加工的面齿轮齿面是相同的。面齿轮铣齿效率比插齿低，但由于铣齿刀具结构简单，修整容易，且可以根据加工需要调整铣齿机床加工参数，改善面齿轮啮合性能，因此具有较好的工程应用前景。

4.1　面齿轮铣齿加工原理

盘形铣刀的切削运动过程和插齿刀一个刀齿的切削运动本质上是相同的，但是由于盘形铣刀和插齿刀的直径可能不相同，且旋转轴线不相同，因此铣刀的运动形式需要改变，对机床的要求也更高。面齿轮铣齿加工原理如图 12-11-27 所示，盘形铣刀沿面齿轮轴线方向下到一定的切深后，沿着面齿轮径向做切削运动，同时铣刀和面齿轮按照传动比关系进行旋转运动，即模拟圆柱齿轮和面齿轮的啮合传动过程。每次切完一个齿后，面齿轮进行分度，开始下一个轮齿的铣齿加工。面齿轮铣齿加工过程主要包括以下运动：

① 展成运动：面齿轮转动一个轮齿的角度，铣刀绕产形轮轴线转动产形轮一个轮齿的角度。

② 径向进给运动：铣刀沿着面齿轮径向进给的铣削运动，以保证在齿长方向切削出完整齿形。

③ 轴向进给运动：铣刀沿着面齿轮轴向分多次进给铣削完整齿深，实际加工中铣削深度可根据加工余量的大小而定。

④ 铣削运动：铣刀沿着自身轴线的旋转运动。

⑤ 附加平动：由于铣刀的轴线与产形轮轴线通常不相交，因此在铣削面齿轮过程中，铣刀除了绕自身轴线旋转外，还需要在垂直于产形轮轴线的平面内做一定的平动，以保证铣刀围绕产形轮轴线旋转，即刀具的摆动，如图 12-11-28 所示。

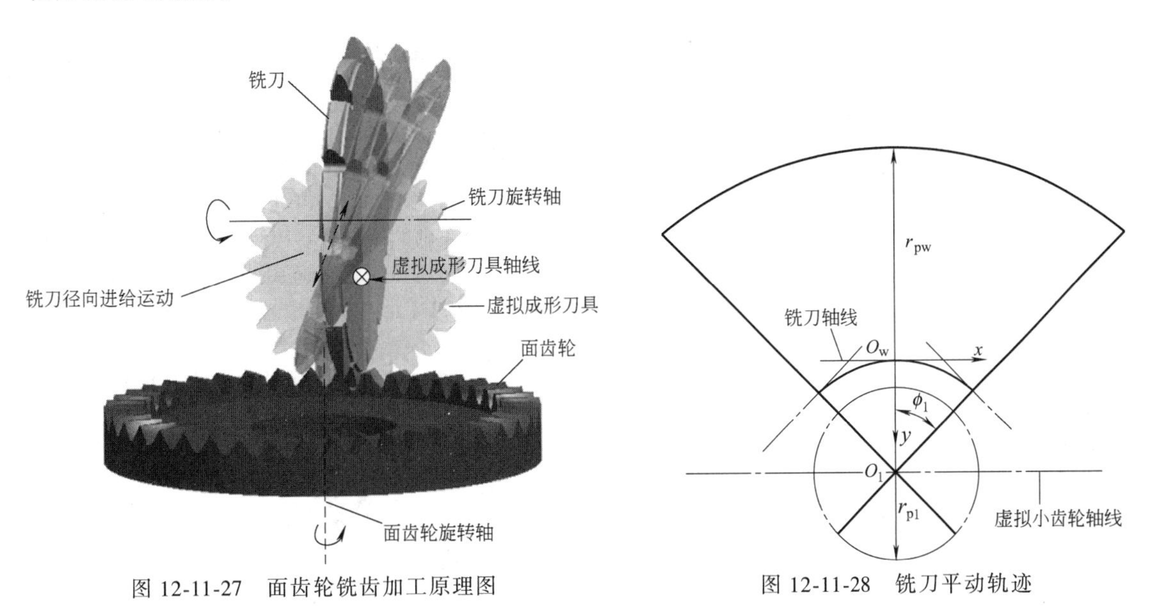

图 12-11-27　面齿轮铣齿加工原理图

图 12-11-28　铣刀平动轨迹

在垂直于产形轮轴线的平面内，铣刀的平动量为：

$$\begin{cases} x=(r_{pw}-r_{p1})\sin\phi_1 \\ y=(r_{pw}-r_{p1})(1-\cos\phi_1) \end{cases} \tag{12-11-63}$$

式中，r_{pw} 和 r_{p1} 分别为铣刀和产形轮半径；ϕ_1 为产形轮的转角。

由于面齿轮铣刀的横截面与插齿刀齿形相同，因此可以借鉴面齿轮插齿刀的齿面方程，确定铣刀齿面。取面齿轮铣刀齿面方程为：

$$\boldsymbol{r}_s(u_s,\theta_{ks})=\begin{bmatrix} r_{bs}[\sin(\theta_{os}+\theta_{ks})-\theta_{ks}\cos(\theta_{os}+\theta_{ks})] \\ -r_{bs}[\cos(\theta_{os}+\theta_{ks})+\theta_{ks}\sin(\theta_{os}+\theta_{ks})] \\ u_s \\ 1 \end{bmatrix} \tag{12-11-64}$$

式中，r_{bs} 为铣刀横截面的基圆半径；θ_{os} 为铣刀横截面与基圆交点的角度参数；θ_{ks} 为铣刀齿面的参数；u_s 为铣刀沿着面齿轮径向的进给参数。

铣刀与面齿轮之间的展成运动有两种运动方式：①铣刀围绕产形轮轴线进行摆动，同时面齿轮围绕自身的旋转轴线进行旋转运动。该运动方式与面齿轮插齿运动方式一致，则齿面方程的推导过程与插齿加工面齿轮齿面方程的推导过程相同。②一般机床由于结构限制，铣刀不能围绕产形轮轴线进行摆动，因此，面齿轮除了绕自身轴线的旋转运动，还需要绕产形轮轴线进行摆动，以完成铣刀与面齿轮之间的展成运动。本节重点阐述第二种展成运动形式。

建立面齿轮铣削加工原理图，如图 12-11-29 所示。

铣刀数控加工面齿轮的原理为：铣刀转动 ϕ_s 角度，相对于面齿轮的位置为如图 12-11-29 中铣刀位置 1 和面齿轮位置 1 的位置关系。但由于机床结构限制，铣刀不能摆动，因此必须使得面齿轮相对铣刀轴线摆动 ϕ_s 角度，

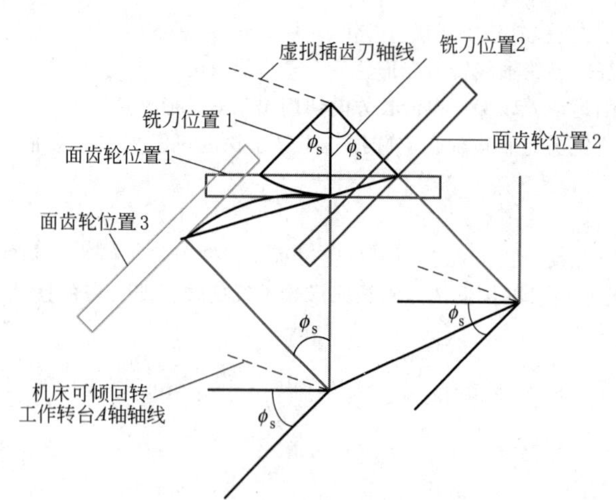

图 12-11-29 面齿轮铣齿加工原理图

即面齿轮的位置和铣刀的位置变为图 12-11-29 中铣刀位置 1 和面齿轮位置 2。根据机床结构，由于面齿轮无法直接绕铣刀轴线旋转到位置 2，但面齿轮可以绕工作转台 A 轴的轴线转动，因此面齿轮要达到位置 2，需要首先绕工作转台 A 轴的轴线旋转 ϕ_s 角度，达到面齿轮位置 3，然后再从位置 3 平移到位置 2，其中平移是通过机床 Y 轴移动和机床 Z 轴移动来实现的。当面齿轮达到位置 2 的时候，面齿轮绕工作转台 B 轴轴线（自身轴线）旋转 ϕ_2，以实现刀具和面齿轮的展成运动。

基于以上铣刀加工面齿轮原理，建立铣刀加工面齿轮的运动坐标系，如图 12-11-30 所示。其中，铣刀坐标系为 $S_s(x_s, y_s, z_s)$；在工作转台 A 轴的回转中心与 B 轴的回转中心的交点处，建立机床的固定坐标系 $S_0(x_0, y_0, z_0)$，刀具坐标系中心到机床固定坐标系中心的距离为 E_H。面齿轮铣齿加工过程中，需要绕着工作转台 A 轴的回转中心转动，达到上述原理中面齿轮位置 3 的位置。因此，建立机床运动坐标系 S_{01}（x_{01}，y_{01}，z_{01}），为机床固定坐标系绕 z_0 轴负向旋转 ϕ_s 角度。加工过程中，面齿轮需要从位置 3 平移到位置 2，因此还需要建立机床运动坐标系 S_{02}（x_{02}，y_{02}，z_{02}），实现在实际机床 Y 轴和 Z 轴方向的平移。其中面齿轮到达位置 2 后的静坐标系变化为临时静坐标系 $S_{20'}$（$x_{20'}$，$y_{20'}$，$z_{20'}$），在位置 2 处面齿轮需要绕自身轴线旋转 ϕ_2 角度后，实现与刀具的展成运动，则面齿轮绕自身轴线旋转 ϕ_2 角度后的运动坐标系为 S_2（x_2，y_2，z_2）。

根据坐标转换原理，得到刀具坐标系到面齿轮动坐标系的坐标转换矩阵为：

$$
\begin{aligned}
\boldsymbol{M}_{2,s0}&=\boldsymbol{M}_{2,20'}\boldsymbol{M}_{20',02}\boldsymbol{M}_{02,01}\boldsymbol{M}_{01,0}\boldsymbol{M}_{0,20}\boldsymbol{M}_{20,s0}\\
&=\begin{bmatrix}\cos\phi_2\cos\phi_s & -\cos\phi_2\sin\phi_s & -\sin\phi_2 & 0\\ -\sin\phi_2\cos\phi_s & \sin\phi_2\sin\phi_s & -\cos\phi_2 & 0\\ \sin\phi_s & \cos\phi_s & 0 & 0\\ 0 & 0 & 0 & 1\end{bmatrix}
\end{aligned}
\tag{12-11-65}
$$

式中，$\boldsymbol{M}_{20,s0}$ 为从刀具静坐标系转换到面齿轮初始静坐标系的坐标转换矩阵；$\boldsymbol{M}_{0,20}$ 为面齿轮固定坐标系到机床固定坐标系的坐标转换矩阵；$\boldsymbol{M}_{01,0}$ 为机床固定坐标系到机床运动坐标系 1 的坐标转换矩阵；$\boldsymbol{M}_{02,01}$ 为从机床运动坐标系 1 到机床运动坐标系 2 的坐标转换矩阵；$\boldsymbol{M}_{20',02}$ 为从机床运动坐标系 2 到面齿轮临时静坐标系的坐标转换矩阵；$\boldsymbol{M}_{2,20'}$ 为面齿轮临时静坐标系到面齿轮动坐标系的坐标转换矩阵。

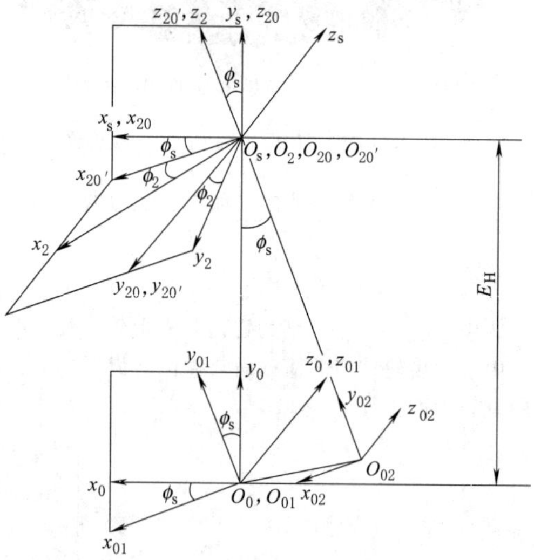

图 12-11-30 铣齿加工面齿轮坐标系

则铣齿加工的面齿轮齿面方程为：

$$
\boldsymbol{r}_2(u_s,\theta_{ks},\phi_s)=\boldsymbol{M}_{2s}(\phi_s)\boldsymbol{r}_s(u_s,\theta_{ks})
=\begin{bmatrix}
r_{bs}\left[\cos\phi_2(\sin\xi_{ks}-\theta_{ks}\cos\xi_{ks})-\dfrac{\sin\phi_2}{m_{2s}\cos\xi_{ks}}\right]\\
-r_{bs}\left[\sin\phi_2(\sin\xi_{ks}-\theta_{ks}\cos\xi_{ks})+\dfrac{\cos\phi_2}{m_{2s}\cos\xi_{ks}}\right]\\
-r_{bs}(\cos\xi_{ks}+\theta_{ks}\sin\xi_{ks})\\
1
\end{bmatrix}
\tag{12-11-66}
$$

式中，$\xi_{ks}=\phi_s+(\theta_{ks}+\theta_{os})$。

铣齿加工的面齿轮齿面方程与插齿刀加工面齿轮的齿面方程相同，验证了铣齿加工方法的正确性。

面齿轮除了在专用的数控加工设备上加工，还可以在通用多轴联动机床上实现加工。由于不同的机床具有不同加工运动方式，本节仅以一种五轴数控机床结构为例，分析面齿轮铣削数控加工展成方法。机床结构如图 12-11-31 所示，机床运动包括主轴的 Y 向垂直运动及绕自身轴线的 C 轴转动，工作台水平面内的两个平动轴 X 轴、Z 轴，以及工作转台的两个转动轴 A 轴和 B 轴，铣刀铣削面齿轮过程中，A 轴、B 轴、X 轴、Y 轴、Z 轴为联动。

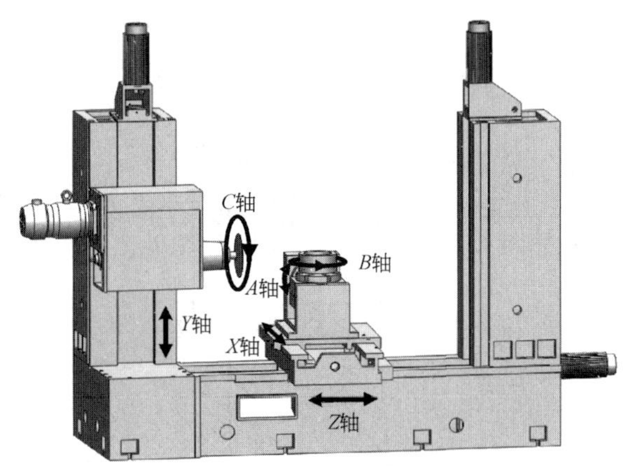

图 12-11-31　面齿轮五轴数控机床

铣刀铣削加工面齿轮是模拟面齿轮插齿成形过程，结合铣刀的结构特点，通过铣刀相对面齿轮的摆动及面齿轮工件绕自身轴线的旋转运动实现展成运动，同时 X 轴和 Y 轴的平动可实现齿长和齿高方向的修形。根据这一原理来计算面齿轮铣齿加工过程中的刀位。

4.2　面齿轮磨齿加工原理

与铣齿加工原理相似，产形轮和渐开线碟形砂轮之间存在虚拟的啮合关系，如图 12-11-32 所示，渐开线碟形砂轮的截面形状为产形轮的一个单齿齿面，面齿轮齿面和渐开线碟形砂轮都可以看成是产形轮齿面在空间运动的包络面。

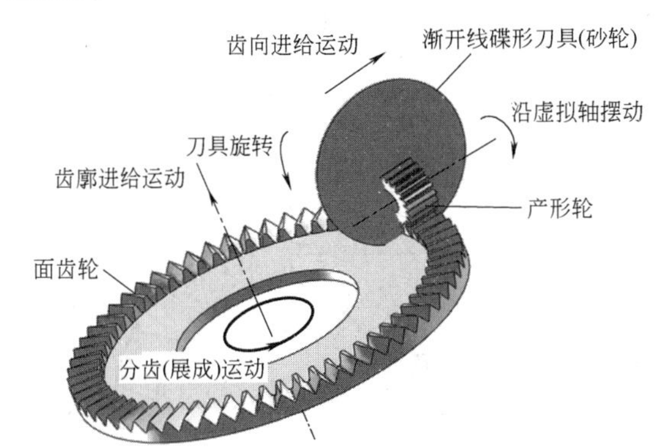

图 12-11-32　面齿轮、产形轮和砂轮位置关系

砂轮磨削加工面齿轮过程主要包括以下运动：

① 展成运动：面齿轮旋转一个齿的角度，砂轮绕产形轮轴线摆动产形轮一个齿的角度，面齿轮旋转角速度 ω_2 与砂轮摆动速度 ω_s 满足以下关系：

$$\frac{\omega_2}{\omega_s}=\frac{N_s}{N_2}$$

式中，N_s 和 N_2 分别为产形轮和面齿轮的齿数。

② 磨削运动：砂轮绕其自身轴线的旋转运动。

③ 齿向进给运动：砂轮沿面齿轮径向的进给运动，用于磨削面齿轮齿宽，齿向进给运动的距离 l_{cx} 满足下式：

$$l_{cx}=R_2-R_1$$

式中，R_2 和 R_1 分别为面齿轮外半径和内半径长度。

④ 齿廓进给运动：砂轮沿面齿轮轴向的进给运动，用于磨削面齿轮齿廓，齿廓进给运动的距离 l_{ck} 由齿面加工余量的大小确定。

$$l_{ck}=\sum_{i=1}^{n}h_i$$

式中，h_i 为磨削一次沿面齿轮轴向的切深；n 为磨削次数。

⑤ 附加运动：由于砂轮轴线与产形轮轴线不重合，因此在面齿轮磨削过程中，砂轮除了绕自身轴线旋转之外，还需要在垂直于产形轮轴线的平面内做附加运动，以保证砂轮绕产形轮轴线的旋转运动。

基于渐开线碟形砂轮磨削面齿轮原理（可参考铣齿原理），其加工展成关系如图 12-11-33 所示，砂轮的齿面中心在 O_1 点，产形轮（虚拟插齿刀）的轴线过 O_2 点，因此碟形砂轮的旋摆中心也应该是过 O_2 的轴线，所以当砂轮绕 O_2 做旋摆运动时，砂轮的中心 O_1 的运动轨迹应为弧线 O_1O_1'，此时砂轮刀柄的摆动中心 O 的运动轨迹为圆弧 OO'。

根据上述机床运动结构，进行面齿轮磨削加工时，上述运动方式等价原理如图 12-11-34 所示。

连接砂轮的刀柄中心 O 的运动轨迹为直线段 OO'，砂轮的中心 O_1 的运动轨迹为弧线段 O_1O_1'，面齿轮运动轨迹为直线段 MM'，θ_1 为刀柄的摆角，R 为刀柄长度。其运动简图如图 12-11-35 所示。

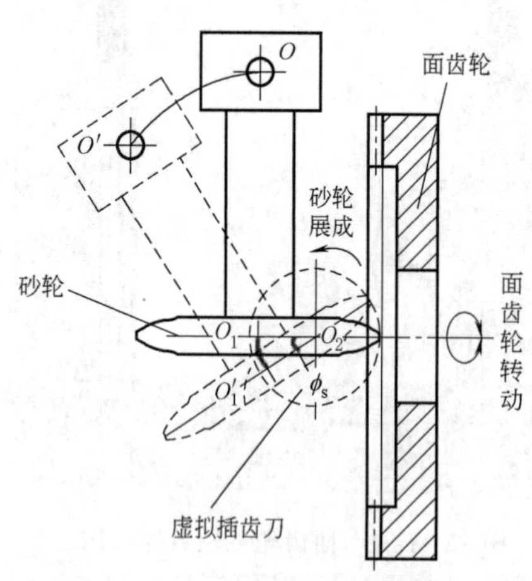

图 12-11-33　面齿轮磨削展成原理

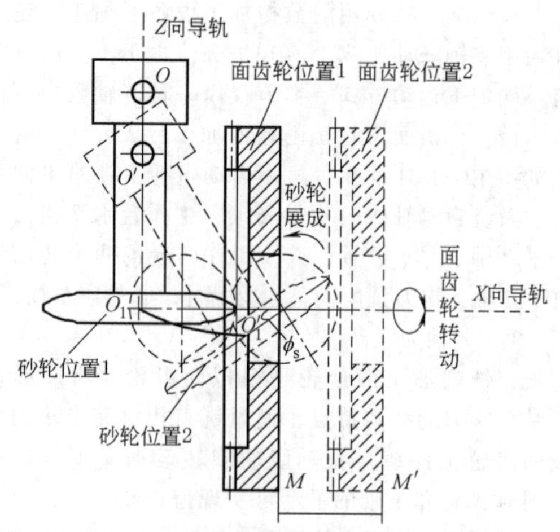

图 12-11-34　面齿轮磨削等价原理

刀柄中心 O 在机床 Z 向导轨的移动距离，也就是 Z 轴行程为：

$$L_1 = R - R\sin\theta_1 \tag{12-11-67}$$

面齿轮在机床 X 向的移动距离，也就是 X 轴行程为：

$$L_2 = R\cos\theta_1 \tag{12-11-68}$$

刀柄的摆角 θ_1 为机床 B 向的旋转角度行程，面齿轮的转动角度为 A 向旋转角度行程。另外，为完成面齿轮的齿长方面的要求，需要进行径向（齿廓）进给运动，即机床 Y 轴行程，如图 12-11-36 所示。

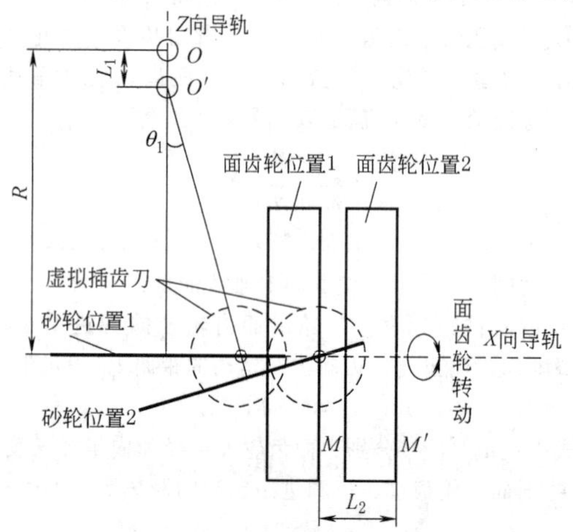

图 12-11-35　面齿轮磨削加工运动分析

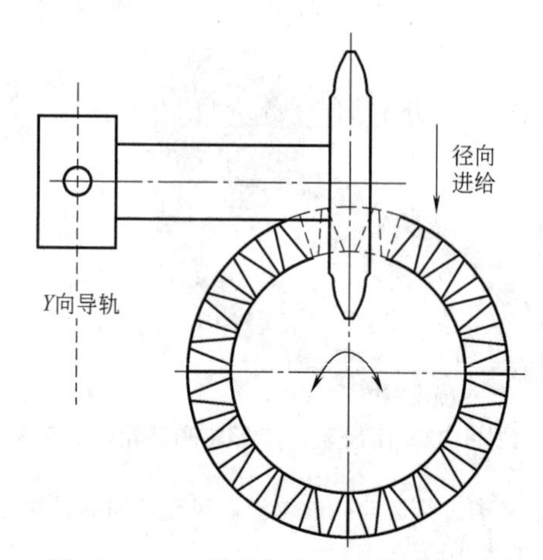

图 12-11-36　沿齿长方向砂轮进给过程

由以上分析，对三个运动轴 X、Y、Z，两个旋转轴 A、B 进行控制，加上 C 轴砂轮的高速自转，即可完成对面齿轮齿面的数控加工。

5　面齿轮精度检测

5.1　面齿轮加工精度检测

面齿轮作为一种新型的传动方式，目前尚没有统一的检测方法和标准，根据面齿轮齿面特点，参考国内外直齿轮、锥齿轮和弧齿轮等的检测标准和方法，综合考虑检测目的、齿轮精度、齿轮大小、生产条件等因素，可以制定面齿轮及面齿轮副的检测项目，从而为面齿轮的齿形精度评判提供参考。

5.1.1 面齿轮精度检测项目

5.1.1.1 面齿轮齿廓偏差

为了便于进行齿面整体形貌的测量，需要对齿面进行网格划分，如图 12-11-37 所示。齿面网格节点的密度可根据测量要求确定，一般选取 45 个齿面测量点，齿长方向 9 个，齿高方向 5 个。由于齿根根切决定了面齿轮的最小内径，齿顶变尖决定了面齿轮的最大外径，则网格边界是由齿顶变尖界限和齿根根切界限确定的，并向里收缩，保证齿顶处的收缩量大于齿顶倒角，齿根处的收缩量大于测头半径及过渡曲线高度即可。

根据 GB/T 10095.1—2022 标准，齿廓偏差分为齿廓总偏差（F_{α}）、齿廓形状偏差（$f_{f\alpha}$）和齿廓倾斜偏差（$f_{H\alpha}$）。对于齿廓偏差的计算，先由计算机软件进行数据处理，计算出实际齿廓上各点的偏差值 δ，然后用这一系列偏差值，绘出实际的齿廓迹线，在该迹线上按照误差定义计算出齿廓偏差。在检测软件中以计算得到的实际齿廓的偏差值作为纵坐标，横坐标是自然数列，齿廓总偏差等于取值范围内的各点偏差值的最大值与最小值之差。计算齿廓形状偏差和齿廓倾斜偏差时，首先要计算出平均齿廓迹线的方程。平均齿廓迹线是设计齿廓迹线的纵坐标减去一条斜直线的纵坐标后得到的一条迹线。这条斜直线使得在计值范围内，实际齿廓迹线对平均齿廓迹线的平方和最小。因此，平均齿廓迹线的位置和倾斜采用最小二乘法计算。

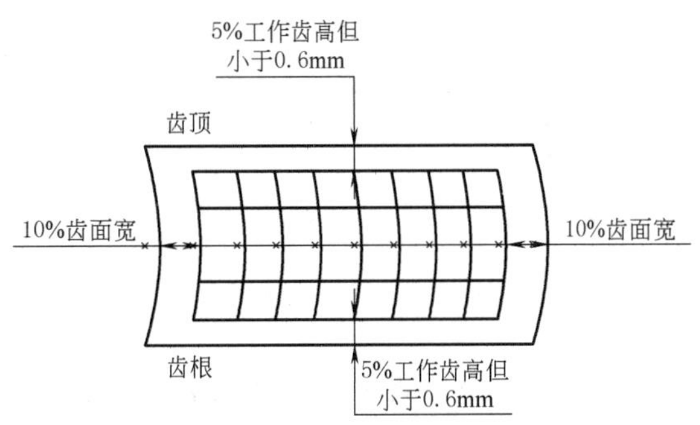

图 12-11-37 面齿轮齿面网格划分示意图

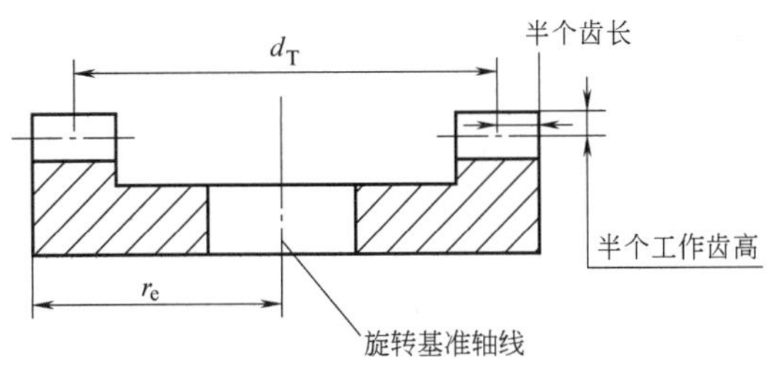

图 12-11-38 面齿轮齿距偏差测量点示意图

5.1.1.2 齿距偏差

图 12-11-38 所示为面齿轮齿距偏差测量位置，轮齿齿面公称直径 d_T 处为齿距测量点。测量时，公称直径是指齿长中点与齿高中点相交处的直径。

测量指标：①单个齿距偏差 f_p；②齿距累积总偏差 F_p；③齿距极限偏差 f_{ptA}。f_p 表示实际齿距与理论（公称）齿距之差（有正负之分）。F_p 表示任意两个同侧齿面间的实际弧长与公称弧长之差的最大绝对值，它表现为最大齿距正偏差与最小齿距负偏差的差值。f_{ptA} 为每相邻两轮齿的齿距差值的最大绝对值。面齿轮齿距偏差如图 12-11-39 所示。

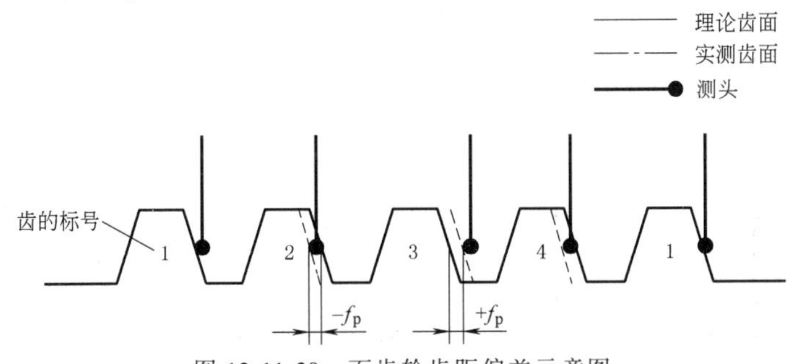

图 12-11-39 面齿轮齿距偏差示意图

5.1.1.3 轮圈径向跳动

轮圈径向跳动的测量位置，如图 12-11-40 所示。测量项目为面齿轮轮圈径向跳动 F_r。轮圈径向跳动 F_r 是指面齿轮一转范围内，测量头与齿面中部接触时，沿公称直径处法向，测头相对面齿轮基准轴线的最大变动量（即读取到的基准轴线的最大和最小读数之差）。测量时，在垂直于公称直径线的方向内测量。

5.1.1.4 齿面接触斑点检验

测量位置为整个齿面工作区域，测量指标即接触斑点形状（沿齿长方向和沿齿高方向），接触斑点示意图如图 12-11-41 所示。

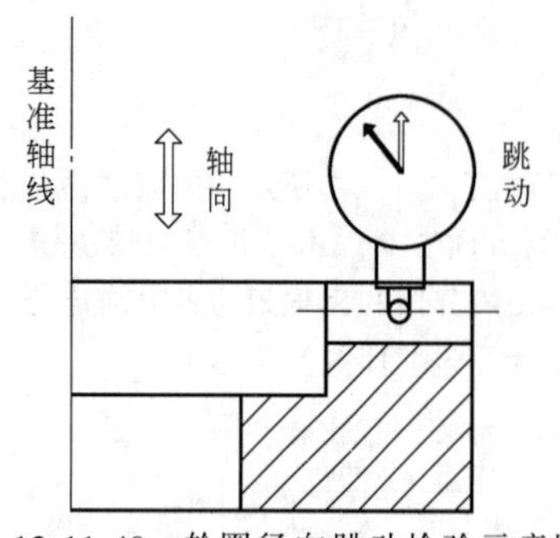

图 12-11-40　轮圈径向跳动检验示意图

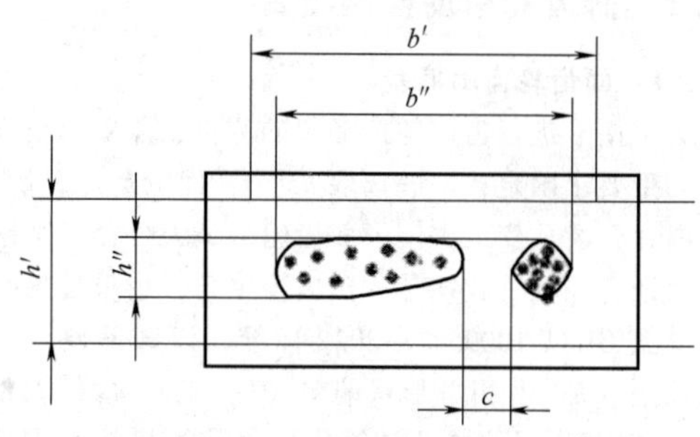

图 12-11-41　齿面接触斑点示意图

沿齿长方向：接触斑点的长度 b''（去除断开部分 c）与工作长度 b'之比的百分数，即$\frac{b''-c}{b'}\times100\%$；沿齿高方向：接触斑点的平均高度 h''与工作高度 h'之比的百分数，即$\frac{h''}{h'}\times100\%$。

5.1.2　基于三坐标测量机的面齿轮齿面偏差检测

面齿轮齿面测量的仪器主要是三坐标测量机或者齿轮测量中心，采用坐标式几何测量原理，将被测物体置于三坐标测量空间，通过测头与测量机各个坐标轴的运动配合，对被测物体进行离散的空间点的位置的获取，将这些点的空间坐标值经过合适的数学计算，拟合出真实几何元素，从而计算出理论值与实际值的偏差。通过这种测量方法所测得的齿轮偏差是被测齿轮齿面上被测点的实际位置坐标（实际轨迹或形状）和按设计参数所建立的理想齿轮齿面上相应点的理论位置坐标（理论轨迹或形状）之间的差异，即三维齿面形貌偏差。

5.1.2.1　测量坐标系的转换

实际测量时，测量机所能够识别的点坐标是在测量坐标系下的坐标值。因此，必须确定测量坐标系与齿轮坐标系的相对位置关系。用测量机测量时，首先应进行基准面拟合。选取齿轮安装面所在的平面或者齿轮安装定位面作为基准面，利用三坐标测量机测量该平面上的一系列点，拟合出基准面。测量面齿轮外圆柱面的一系列点，拟合出齿轮轴线位置。如图 12-11-42 所示，通过给定 l 可以确定齿轮坐标系相对于测量坐标系沿 z 方向的位置。

图 12-11-42 中，$S_m\{O_m;\ x_m,\ y_m,\ z_m\}$ 为测量坐标系，与三坐标测量机机架固连。$S_t\{O_t;\ x_t,\ y_t,\ z_t\}$ 为齿轮坐标系，与齿轮固连，其中 z_m 与 z_t 重合，测量坐标系与齿轮坐标系间的转换关系主要由坐标系间的转角 δ 和坐标系间的距离 l 两个参数确定。测量时，O_m 的位置由测量机通过调整安装距来确定，保证 O_m 与 O_t 重合，即 $l=0$。因此，齿轮坐标系与测量坐标系的转换关系如下：

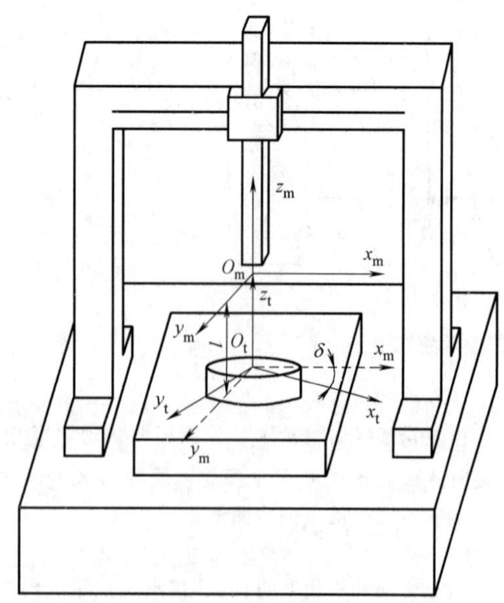

图 12-11-42　齿轮坐标系与测量坐标系的转换

$$M_{mt}=\begin{bmatrix}\cos\delta & \sin\delta & 0 & 0\\ -\sin\delta & \cos\delta & 0 & 0\\ 0 & 0 & 1 & 0\\ 0 & 0 & 0 & 1\end{bmatrix}\tag{12-11-69}$$

坐标转换后的齿面点矢量以及法线方向矢量的表达式为：

$$\boldsymbol{R}_m=\boldsymbol{M}_{mt}\boldsymbol{R}_t\tag{12-11-70}$$

$$\boldsymbol{N}_m=\boldsymbol{L}_{mt}\boldsymbol{N}_t\tag{12-11-71}$$

式中，$\boldsymbol{R}_t$ 为齿面矢量在齿轮坐标系中的表示；$\boldsymbol{R}_m$ 为齿面矢量在测量坐标系中的表示；$\boldsymbol{L}_{mt}$ 为 $\boldsymbol{M}_{mt}$ 的三阶主子式。

5.1.2.2　测量角向定位

为了获得被测齿轮在测量机上的角向定位，即得到 δ 的值，首先，必须选取参考点。这里选取齿面中点作为参考点，并认为此参考点是理论齿面和真实齿面的重合点，在参考点处测头应尽可能地接近齿面。假定测量时，参考点处的 $y=0$ 以及 $e=0$，根据式（12-11-69）、式（12-11-70）、式（12-11-71）可以得到：

$$x_m=(x_t+en_{xt})\sin\delta+(y_t+en_{yt})\cos\delta$$
$$y_m=-(x_t+en_{xt})\cos\delta+(y_t+en_{yt})\sin\delta \quad (12\text{-}11\text{-}72)$$
$$z_m=z_t+en_{zt}$$

式中，e 为齿面参考点处的法向偏差；(n_{xt}，n_{yt}，n_{zt}) 为齿面参考点处的法矢分量。由式 (12-11-72) 可以求得齿面参考点的坐标值 (x_m，y_m，z_m) 以及 δ。在确定 δ 和 l 的基础上，由式 (12-11-70) 和式 (12-11-71) 求得其余 44 个网格节点在测量坐标系中的坐标值和法矢量。测量时，测量机可以将求得的坐标值和法矢量作为标准齿轮的理论值进行测量。首先，测头预置到待测点的法矢方向上，然后沿该方向运动直至与齿面接触，这时便获得了真实齿面网格节点的坐标值。

5.1.2.3 齿面法向偏差

测量过程涉及两个齿面：一个是不包含齿面偏差的测球中心所在的曲面 $\Sigma_{\rho m}$，其与理论齿面 Σ_m 是等距曲面；一个是实际测量过程中测球中心的轨迹曲面 $\Sigma_{\rho m}^*$，其包含了齿面偏差，如图 12-11-43 所示。

齿面法向偏差是指：在齿面任一给定点上，实际齿面偏离理论齿面的距离在该点法线方向上的投影值。设 Σ_{Rm} 是理论齿面的等距齿面（不含齿面偏差），测球中心的位置矢量可以表示为：

$$\boldsymbol{R}_{mp}=\boldsymbol{r}_{mp}+R_{tb}\boldsymbol{n}_{mp} \quad (12\text{-}11\text{-}73)$$

式中，p 表示第 p 个网格节点；R_{tb} 表示测头的半径。

设 Σ_{Rm}^* 是测量过程中测球中心的轨迹曲面（含齿面偏差），测球中心的位置矢量可以表示为：

$$\boldsymbol{R}_{mp}^*=\boldsymbol{r}_{mp}+\lambda_p\boldsymbol{n}_{mp} \quad (12\text{-}11\text{-}74)$$

以求得齿面法向误差 Δb_p：

$$\Delta b_p=\lambda_p-R_{tb}=(\boldsymbol{R}_{mp}^*-\boldsymbol{R}_{mp})\cdot\boldsymbol{n}_{mp} \quad (12\text{-}11\text{-}75)$$

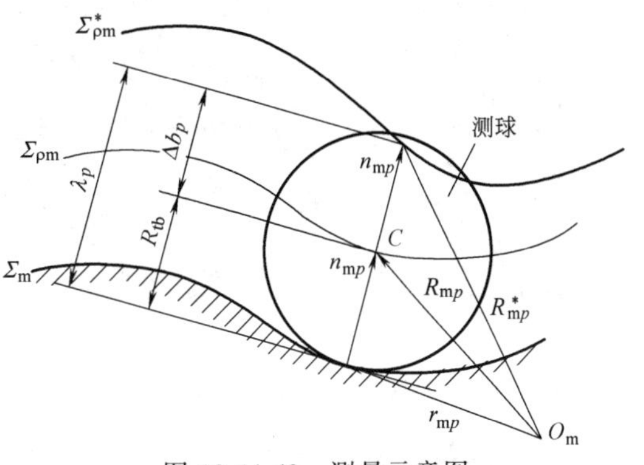

图 12-11-43 测量示意图

5.2 面齿轮齿面偏差检测

根据以上理论进行面齿轮齿面偏差检测试验，试验步骤如下：

① 根据检测的面齿轮尺寸，换取相应尺寸的测头；

② 定义面齿轮检测基准；

③ 定义面齿轮检测坐标系；

④ 定义面齿轮齿面检测范围；

⑤ 定义面齿轮采点数量；

⑥ 面齿轮齿面点的自动测量；

⑦ 将得到点导入面齿轮齿面偏差分析软件，计算得到面齿轮齿面偏差；

⑧ 将齿面偏差以齿轮形貌拓扑图的形式输出。

借助于三坐标测量机，按照面齿轮检测技术规划检测区域和检测点数量与位置，把规划好的测量路径和点的坐标输入三坐标测量机中，完成对面齿轮的齿面形貌检测。不同模数面齿轮精度检测过程如图 12-11-44 所示。

(a) m=10. 5mm

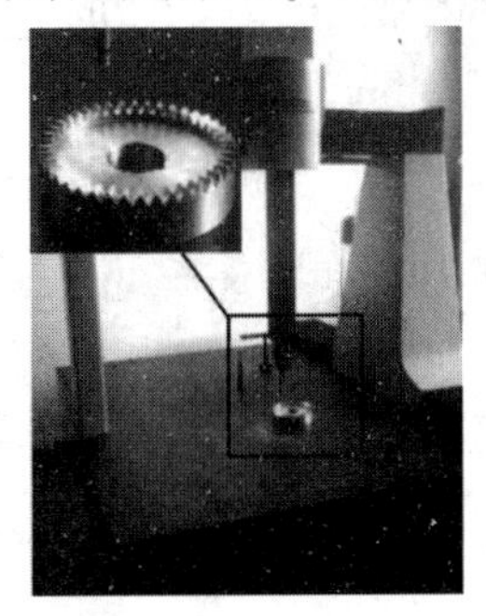
(b) m=3. 5mm

(c) m=1. 0583mm

图 12-11-44 不同模数面齿轮精度检测

6 面齿轮传动的应用

近年来，国内在面齿轮应用方面取得了较大进展，各大高校先后研制了面齿轮数控加工机床，研发了面齿轮专用加工刀具，完成了系列模数、大传动比范围面齿轮样件加工。在此基础上，研制了面齿轮减速器和面齿轮车桥等产品（图 12-11-45、图 12-11-46），进行了面齿轮传动实验，实验效果良好，实现了面齿轮的工程化应用。

图 12-11-45 面齿轮减速器

美国已经把面齿轮应用到阿帕奇直升机主减速器中，在输入转速 20950r/min、输入功率 1837.5kW 的传动工况下，由于采用了面齿轮传动结构（图 12-11-47）代替原来的螺旋锥齿轮传动，使原来的三级传动降低为两级传动，质量由原来的 1347 磅[1]降低到 815 磅（下降了 40%），承载能力提高 35%，且整个传动系统噪声降低了 10dB，大修间隔时间由原来的 4000h 提高到了 6270h。美国军方陆续开展了 ART、TRP、RDS-21 研究计划，并已成功将面齿轮传动技术应用在直升机上，如图 12-11-48 所示，实现传动系统马力[2]质量比提高 35%，噪声降低 12dB，运行和维护费用降低 20%的效果，极大地提升了传动系统综合性能。除此之外，国外还将面齿轮应用在舰艇船首反向旋转推进器、雷达天线、炮塔传动、风力发电等传动系统中，取得了良好的社会和经济效益。

图 12-11-46 面齿轮车桥

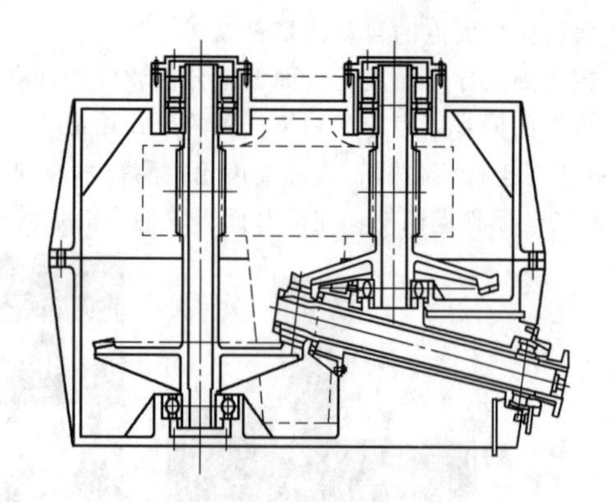

图 12-11-47 面齿轮传动装置

[1] 1lb（磅）= 0.4536kg。

[2] 1hp（马力）≈0.735kW。

在车辆应用方面，奥迪公司在第七代 Quattro 中央差速器（图 12-11-49）中应用了先进的面齿轮传动技术，其代表车型为备受关注的 RS5，取得了很好的效果。随后奥迪公司陆续将其应用在新一代奥迪 A5/A6/A7/RS4/Q7 2016 款上，面齿轮差速器比目前流行的 Torsen 差速器具有更大的转矩比例调节范围，同时面齿轮差速器的质量更小，资料显示 RS5 的面齿轮差速器质量仅为 4.8kg，比 Torsen 差速器减少了三分之一。

此外，国外还将面齿轮传动应用在减速器、分度头、高档机床、雷达、船舶等传动系统中，取得了良好效果，如图 12-11-50 所示。

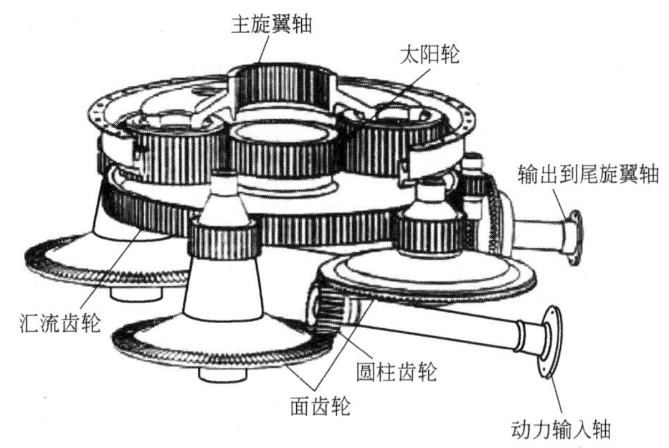

图 12-11-48　面齿轮传动在直升机传动系统中的应用

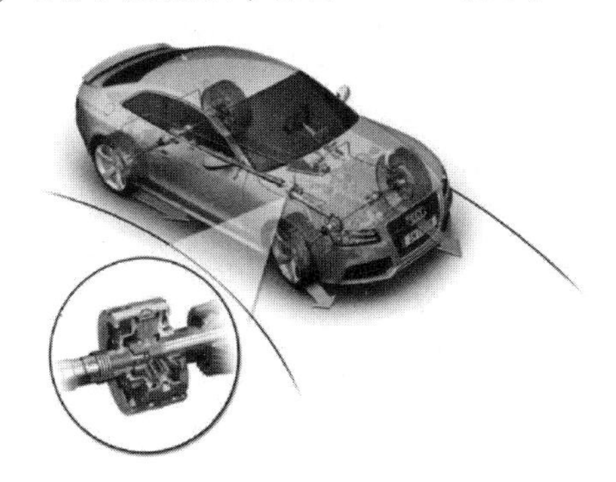

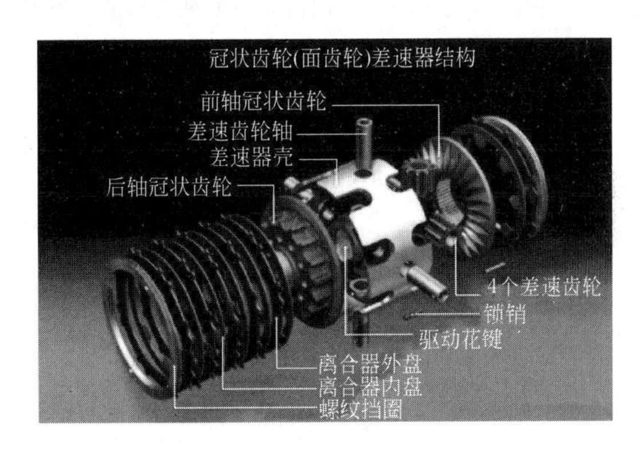

图 12-11-49　奥迪第七代 Quattro 中央差速器

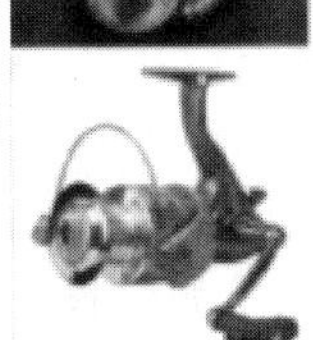

图 12-11-50　面齿轮工程化应用

7　面齿轮设计实例

7.1　面齿轮弯曲强度校核

根据锥齿轮减速器传动结构布局，设计面齿轮减速器齿轮参数，综合考虑面齿轮不产生齿根根切和齿顶变尖的条件，并且保证减速器传动比接近于原有锥齿轮传动比 $i=51/37$，设计减速器面齿轮传动方案，如表 12-11-7 所示，对面齿轮进行弯曲强度计算，判断是否符合承载要求。

表 12-11-7 主减速器面齿轮设计方案

名称	符号	圆柱齿轮	面齿轮
模数	m	4	
齿数	z_1, z_2	37	51
传动比	i	51/37	
齿宽/mm	b	22	20
轴交角	γ	90°	
螺旋角	β	0°	
压力角	α	25°	
法向压力角	α_n	25°	
齿高系数	h_a^*	1	
顶隙系数	c^*	0.25	
刀具齿顶圆角半径/mm	ρ_{a0}	0.5	

传动工况：输入 500N · m，面齿轮弯曲疲劳极限 480MPa。

(1) 计算当量齿数 z_{v1}、z_{v2}

$$\gamma_1=\operatorname{arccot}\frac{i_{12}+\cos\gamma}{\sin\gamma}=\operatorname{arccot}\frac{\frac{51}{37}+\cos90°}{\sin90°}=35.9605°$$

$$\gamma_2=\operatorname{arccot}\frac{1+i_{12}\cos\gamma}{i_{12}\sin\gamma}=\operatorname{arccot}\frac{1+\frac{51}{37}\cos90°}{\frac{51}{37}\sin90°}=54.0395°$$

$$z_{v1}=\frac{z_1}{\cos\gamma_1\cos^3\beta}=\frac{37}{\cos35.9605°\cos^3 0°}=45.7116$$

$$z_{v2}=\frac{z_1}{\cos\gamma_2\cos^3\beta}=\frac{51}{\cos54.0395°\cos^3 0°}=86.8488$$

(2) 当量重合度计算：

$$\alpha_a=\arccos\left(\frac{r_{bk}}{r_{ak}}\right)$$

$$cr=\frac{z_{v1}(\tan\alpha_{a1}-\tan\alpha)+z_{v2}(\tan\alpha_{a2}-\tan\alpha)}{2\pi}=1.34$$

(3) 计算弯曲力臂 h_{Fa}

不同啮合时刻对应的面齿轮弯曲力臂不同，为方便计算，取面齿轮齿面中点啮合时刻的弯曲力臂。

$$h_{Fa}=\frac{1}{2}m(2h_a^*+c^*)=\frac{1}{2}\times4\times(2\times1+0.25)=4.5\text{mm}$$

(4) 计算齿根危险截面齿厚 S_{Fn}

采用 30°切线法确定危险截面的危险齿厚，θ 为滚动切线角，ρ_{a0} 为刀具齿顶圆角半径。

$$E=\left(\frac{\pi}{4}-x_{sm}\right)m-h_{a0}\tan\alpha_n-\frac{\rho_{a0}(1-\sin\alpha_n)-s_{pr}}{\cos\alpha_n}=\left(\frac{\pi}{4}-0\right)\times4-5\times\tan25°-\frac{0.5\times(1-\sin25°)-0}{\cos25°}=0.173$$

$$H=\frac{2}{z_v}\left(\frac{\pi}{2}-\frac{E}{m}\right)-\frac{\pi}{3}=-1.012$$

$$G=\frac{\rho_{a0}}{m}-\frac{h_{a0}}{m}+x_{hm}=-1$$

$$\theta=\frac{2G}{z_v}\tan\theta-H$$

迭代开始于 $\theta=\frac{\pi}{6}$，直到 $(\theta_{new}-\theta)<0.000001$，$\theta=56.025°$。

$$S_{\mathrm{Fn}}=mz_{\mathrm{v}}\sin\left(\frac{\pi}{3}-\theta\right)+m\sqrt{3}\left(\frac{G}{\cos\theta}-\frac{\rho_{\mathrm{a0}}}{m}\right)$$

$$=4\times86.8488\times\sin\left(\frac{\pi}{3}-56.025^{\circ}\right)+4\times\sqrt{3}\times\left(\frac{-1}{\cos56.025^{\circ}}-\frac{1}{4}\right)=9.952$$

（5）计算齿形系数

$$\alpha_{\mathrm{an}}=\arccos\left(\frac{d_{\mathrm{vb}}}{d_{\mathrm{va}}}\right)$$

$$\gamma_{\mathrm{a}}=\frac{1}{z_{\mathrm{v}}}\left[\frac{\pi}{2}+2(x_{\mathrm{hm2}}\tan\alpha_{\mathrm{e}}+x_{\mathrm{sm}})\right]+\mathrm{inv}\alpha_{\mathrm{n}}-\mathrm{inv}\alpha_{\mathrm{an}}$$

$$\alpha_{\mathrm{Fan}}=\alpha_{\mathrm{an}}-\gamma_{\mathrm{a}}=18.236^{\circ}$$

$$Y_{\mathrm{F}}=\frac{6\left(\frac{h_{\mathrm{Fa}}}{m}\right)\cos\alpha_{\mathrm{Fan}}}{\left(\frac{S_{\mathrm{Fn}}}{m}\right)^{2}\cos\alpha_{\mathrm{n}}}=\frac{6\times\left(\frac{4.5}{4}\right)\cos18.236^{\circ}}{\left(\frac{9.952}{4}\right)^{2}\cos20^{\circ}}=1.102$$

（6）计算应力修正系数

$$\rho_{\mathrm{F}}=\rho_{\mathrm{a}}+\frac{2G^{2}m}{\cos\theta(z_{\mathrm{v}}\cos^{2}\theta-2G)}=1+\frac{2\times1\times4}{\cos56.025^{\circ}\times(86.8488\times\cos^{2}56.025^{\circ}-2\times1)}=1.49$$

$$Y_{\mathrm{S}}=\left(1.2+0.13\frac{S_{\mathrm{Fn}}}{h_{\mathrm{Fa}}}\right)\frac{S_{\mathrm{Fn}}}{2\rho_{\mathrm{F}}}^{\left(\frac{1}{1.21+\frac{2.3h_{\mathrm{Fa}}}{S_{\mathrm{Fn}}}}\right)}=\left(1.2+0.13\frac{9.952}{4.5}\right)\frac{9.952}{2\times1.49}^{\left(\frac{1}{1.21+\frac{2.3\times4.5}{9.952}}\right)}=2.542$$

（7）重合度系数

$$Y_{\varepsilon}=0.25+\frac{0.75}{\varepsilon}=0.810$$

（8）计算弯曲应力

$$T=500\times\frac{37}{51}=362.745\mathrm{N}\cdot\mathrm{m}$$

$$F_{\mathrm{t}}=\frac{2000T}{d}=\frac{2000\times362.745}{148}=4901.96\mathrm{N}$$

$$\sigma=\frac{F_{\mathrm{t}}}{bm}Y_{\mathrm{F}}Y_{\varepsilon}Y_{\mathrm{s}}=\frac{4901.96}{22\times4}\times1.102\times0.810\times2.542=126.395\mathrm{MPa}$$

计算的面齿轮齿根最大弯曲应力为 126.395MPa，不超过弯曲疲劳极限 480MPa，满足弯曲强度要求。

7.2 主减速器面齿轮加工

由于面齿轮齿形特点，通用齿轮加工程序无法实现面齿轮齿面成形加工，必须基于面齿轮专用加工机床，编制面齿轮加工程序。

基于前面介绍的面齿轮铣齿、磨齿加工原理以及机床结构，分别编制了面齿轮铣齿加工代码生成程序和面齿轮磨齿加工代码生成程序，具体操作步骤见 7.2.1 节和 7.2.2 节。

7.2.1 面齿轮铣齿加工

为了实现面齿轮铣齿加工过程中刀具和毛坯的展成加工，通过计算机辅助自动生成面齿轮铣齿加工 G 代码，基于面齿轮铣齿加工代码生成程序，将铣齿 G 代码的生成程序化、系统化、易操作化。具体操作步骤如下：

① 打开面齿轮铣齿加工代码生成程序。

② 输入面齿轮基本设计参数。输入参数与 7.1 节强度校核参数相同，模数 4，压力角 25°，变位系数 0，齿顶高系数 1，顶隙系数 0.25，刀具齿数 38（比直齿轮多 1 个齿），面齿轮齿数 51，如图 12-11-51 所示。

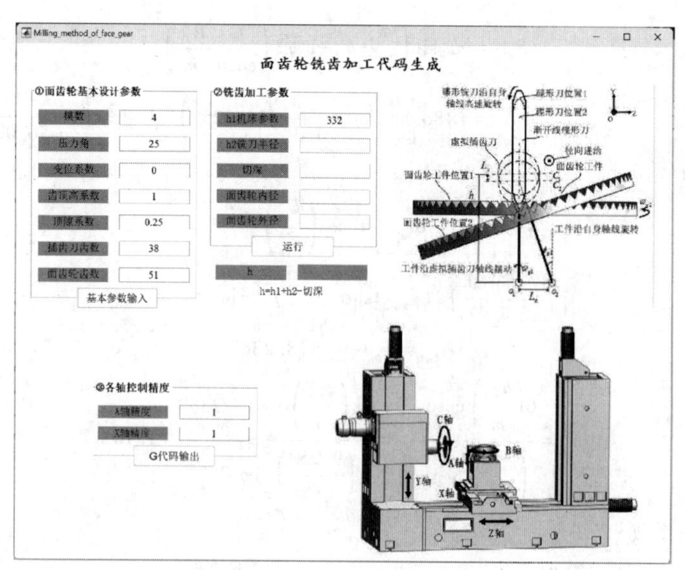

图 12-11-51　面齿轮铣齿加工代码生成程序界面

③ 点击“基本参数输入”按钮，计算得到铣齿加工参数，根据实际加工情况调整铣齿加工参数（本案例不做调整），如图 12-11-52 所示。

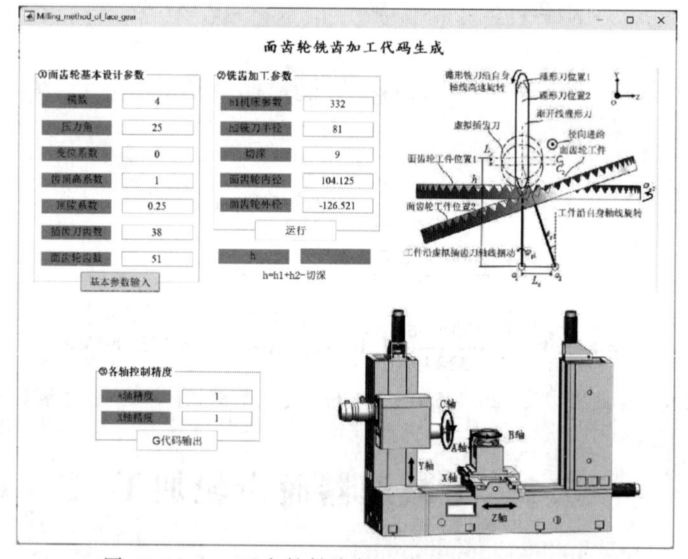

图 12-11-52　面齿轮铣齿加工代码生成程序界面

④ 点击“运行”，计算得到铣齿代码关键参数 h。

⑤ 输入各轴控制精度参数，以控制 A 轴和 X 轴的单次进给步长，数值越小加工精度越高，但加工时间越长，本案例选择 A 轴精度 1°，X 轴精度 1mm。

⑥ 点击“G 代码输出”，完成面齿轮铣齿加工代码生成。

面齿轮铣齿加工代码以“milling code. txt”文件名保存在程序根目录下，打开程序根目录下的“milling code. txt”文件，可知代码按照控制步长逐行排列，通过控制 Y、Z、A、B 轴的联动，实现面齿轮铣齿加工。

将面齿轮铣齿加工代码导入磨齿机床中，即可实现面齿轮铣齿加工。

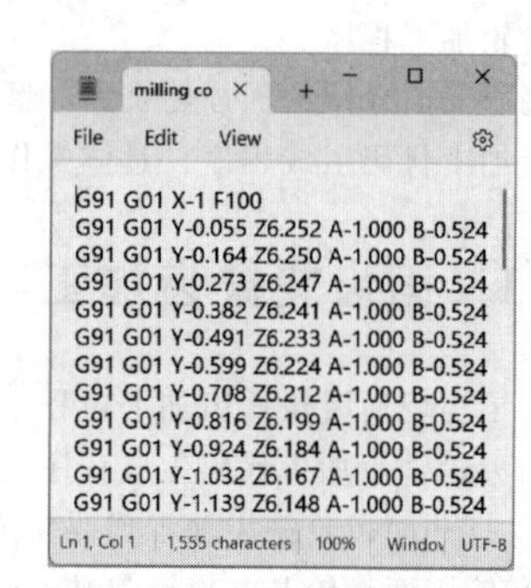

```
G91 G01 X-1 F100
G91 G01 Y-0.055 Z6.252 A-1.000 B-0.524
G91 G01 Y-0.164 Z6.250 A-1.000 B-0.524
G91 G01 Y-0.273 Z6.247 A-1.000 B-0.524
G91 G01 Y-0.382 Z6.241 A-1.000 B-0.524
G91 G01 Y-0.491 Z6.233 A-1.000 B-0.524
G91 G01 Y-0.599 Z6.224 A-1.000 B-0.524
G91 G01 Y-0.708 Z6.212 A-1.000 B-0.524
G91 G01 Y-0.816 Z6.199 A-1.000 B-0.524
G91 G01 Y-0.924 Z6.184 A-1.000 B-0.524
G91 G01 Y-1.032 Z6.167 A-1.000 B-0.524
G91 G01 Y-1.139 Z6.148 A-1.000 B-0.524
```


图 12-11-53　面齿轮铣齿加工代码

7.2.2 面齿轮磨齿加工

为了实现面齿轮磨齿加工过程中刀具和工件的展成加工，通过计算机辅助自动生成面齿轮磨齿加工 G 代码，基于面齿轮磨齿加工代码生成程序，将磨齿 G 代码的生成程序化、系统化、易操作化。具体操作步骤如下：

① 打开面齿轮磨齿加工代码生成程序。

② 输入面齿轮基本设计参数。输入参数与 7.1 节强度校核参数相同，模数 4，压力角 25°，变位系数 0，齿顶高系数 1，顶隙系数 0.25，刀具齿数 38（比直齿轮多 1 个齿），面齿轮齿数 51，如图 12-11-54 所示。

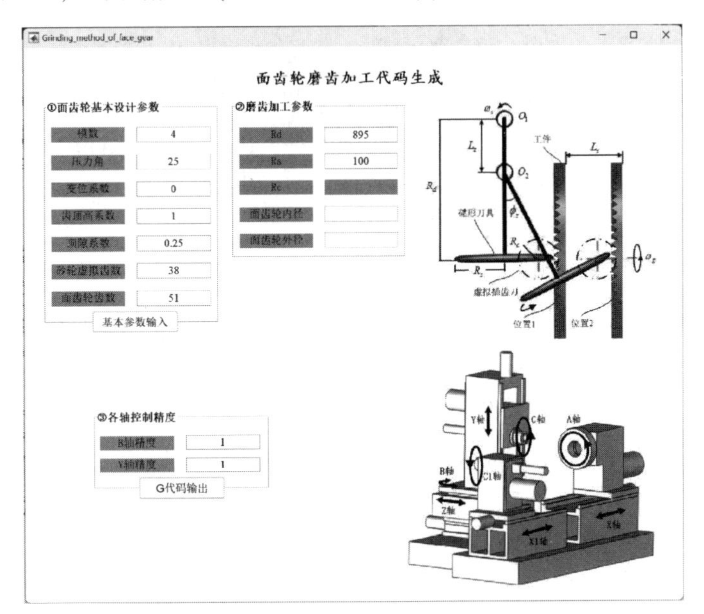

图 12-11-54　面齿轮磨齿加工代码生成程序界面

③ 点击“基本参数输入”按钮，计算得到磨齿加工参数，根据实际加工情况调整磨齿加工参数（本案例不做调整），如图 12-11-55 所示。

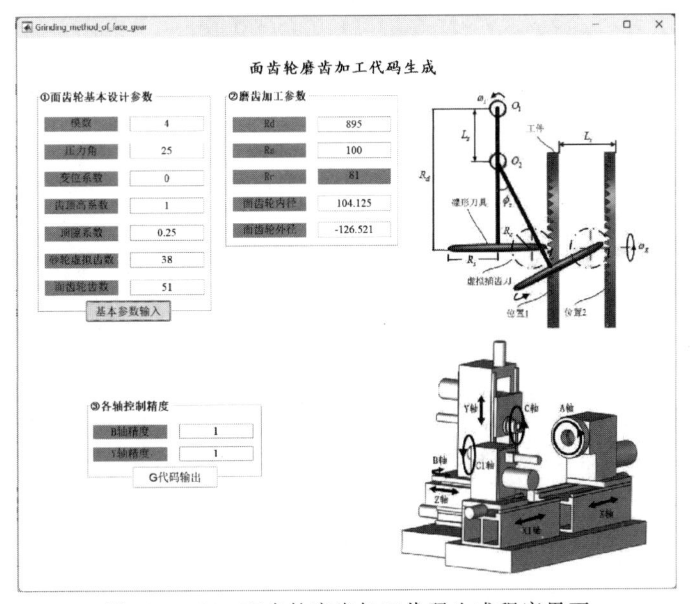

图 12-11-55　面齿轮磨齿加工代码生成程序界面

④ 输入各轴控制精度参数，以控制 B 轴和 Y 轴的单次进给步长，数值越小加工精度越高，但加工时间越长，本案例选择 B 轴精度 1°，Y 轴精度 1mm。

⑤ 点击“G 代码输出”，完成面齿轮磨齿加工代码生成。

面齿轮磨齿加工代码以“grinding code. txt”文件名保存在程序根目录下，打开程序根目录下的“grinding code. txt”文件，可知代码按照控制步长逐行排列，通过控制 X、Z、A、B 轴的联动，实现面齿轮磨齿加工，见图 12-11-56。

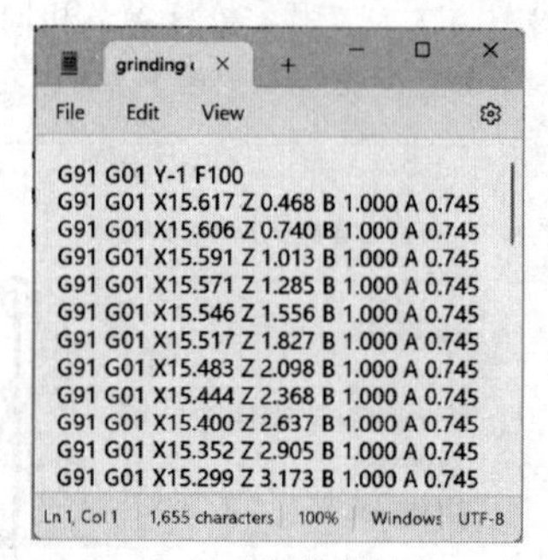


```
G91 G01 Y-1 F100
G91 G01 X15.617 Z 0.468 B 1.000 A 0.745
G91 G01 X15.606 Z 0.740 B 1.000 A 0.745
G91 G01 X15.591 Z 1.013 B 1.000 A 0.745
G91 G01 X15.571 Z 1.285 B 1.000 A 0.745
G91 G01 X15.546 Z 1.556 B 1.000 A 0.745
G91 G01 X15.517 Z 1.827 B 1.000 A 0.745
G91 G01 X15.483 Z 2.098 B 1.000 A 0.745
G91 G01 X15.444 Z 2.368 B 1.000 A 0.745
G91 G01 X15.400 Z 2.637 B 1.000 A 0.745
G91 G01 X15.352 Z 2.905 B 1.000 A 0.745
G91 G01 X15.299 Z 3.173 B 1.000 A 0.745
```

图 12-11-56　面齿轮磨齿加工代码

CHAPTER 12

第12章 塑料齿轮

1 概 述

表 12-12-1 塑料齿轮分类、特点、比较和发展概况

<table>
<tr><td rowspan="5">分类</td><td>名称</td><td>特点</td><td>发展概况</td></tr>
<tr><td>运动型塑料齿轮</td><td>传递载荷轻微的仪器、仪表及钟表用齿轮</td><td>我国对这类齿轮已有相当开发生产实力，如深圳多家企业生产的产品，已出口</td></tr>
<tr><td>动力型塑料齿轮</td><td>传递载荷较大的汽车(雨刮、摇窗、启动电机等)及减速器用齿轮</td><td>高性能动力型塑料齿轮在我国已普遍使用，开发能力与发达国家相比，差距正在缩小</td></tr>
<tr><td>热塑性塑料齿轮</td><td colspan="2">主要用于功率较小的传动齿轮，模数较小，仍多为 $m \leqslant 1.5\text{mm}$</td></tr>
<tr><td>热固性增强塑料齿轮</td><td colspan="2">主要用于模数较大，载荷较高的动力传动齿轮</td></tr>
<tr><td rowspan="2">与金属齿轮比较</td><td>性能特点</td><td colspan="2">与塑料齿轮相比，金属齿轮的机械强度高、刚性好、温度和湿度变化对尺寸稳定性的影响小。而塑料齿轮则有较大的线胀系数，没有玻纤增强的工程塑料，如聚甲醛，其线胀系数是钢的9倍左右、尼龙的7倍左右。因此，一对齿轮在高温下工作，设计人员必须对这种热膨胀情况予以充分的考虑，否则会因为在高温下轮系的顶隙或侧隙过小而发生“胶合”，而在低温时又出现啮合重合度过小等问题
塑料齿轮的应用，同时也是一种满足低噪声运行要求的重要途径。这就要求有高精度、新型齿形和润滑性与柔韧性兼优的材料出现。塑料齿轮自身具有一定的自润滑性能，如果是采用添加有PTFE、硅油等的复合材料，齿轮即可在没有润滑条件下长期工作。这类自润性塑料齿轮更是打印机、传真机和相机等产品的最佳选择。因为这些齿轮不需要外加润滑油剂，不会对工作环境和使用者造成污染
与金属齿轮相比，塑料还可以采用色母或色粉进行着色处理，使塑料齿轮具有各种各样鲜艳美丽的色彩。在电动玩具、石英钟表等产品中装配这类五颜六色的齿轮，既显得美观大方，又方便装配操作
与金属齿轮相比，当前塑料齿轮的最大弱点在于它的弹性模量较小，其轮齿的弯曲强度、齿形和尺寸精度较低。齿轮用热塑性材料种类繁多，其发展由于缺乏有关这类齿轮强度、磨损、磨耗和使用寿命等可靠的计算方法和可靠数据而受到限制。因此，在动力传动中，设计人员提出塑料齿轮的“以塑代钢”方案备受质疑的现象时有发生。对于汽车动力传动等用塑料齿轮，通常要求按产品设计特性规范，通过对样机特性和寿命的型式试验来验证轮系的设计和材料选择的可行性</td></tr>
<tr><td>成形工艺</td><td colspan="2">与金属齿轮相比，模塑成形工艺的固有特点大大提高了设计上的自由度，确保了齿轮制造的高效率、低成本。可以用一次模塑成形内齿轮、齿轮组件、蜗杆和蜗轮等产品。这类产品如果采用金属制造，则加工工序长、技术难度大、生产成本高。如图a~图f所示各种复杂塑料齿轮组件已在汽车、仪表、家用电器和钟表等产品中获得广泛应用</td></tr>
</table>

续表

与金属齿轮比较	成形工艺	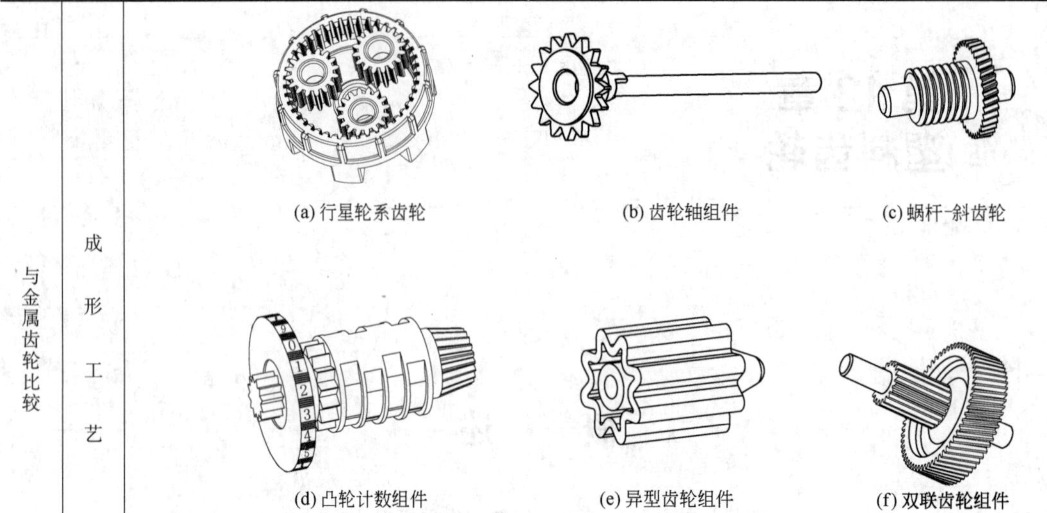 (a) 行星轮系齿轮　(b) 齿轮轴组件　(c) 蜗杆-斜齿轮 (d) 凸轮计数组件　(e) 异型齿轮组件　(f) 双联齿轮组件 模塑直齿轮型腔一般可采用EDM电火花线切割成形工艺加工，其原理是采用一根通电的金属丝，按事先编制的程序进行切割成形。这种线切割成型方法，除了要详尽了解齿轮渐开线和齿根的准确形状之外，再没有其他要求。此法不采用基本齿条按展成原理来确定轮齿的几何尺寸和齿根，而是通过一配对齿轮按展成原理来创成最大实体齿廓齿轮，并确定齿轮几何尺寸。这种现代制模先进工艺也大大扩展了轮系齿形设计上的自由度，设计者可以不再受基本齿条概念的约束，通过CAD等电算软件对齿轮轮系进行优化设计和校核
塑料齿轮设计、应用、发展概况		早在第二次世界大战前，国外就有人采用帆布填充酚醛树脂压制成多层板，经过切齿加工制成低噪声的动力传动用大齿轮。塑料齿轮是60年前才发展和应用起来的一种具有重量轻、惯性小、噪声低、自润滑好等特性的新型非金属齿轮 在我国，塑料齿轮起步于20世纪70年代初。塑料齿轮的开发应用大致经历了三个阶段：①水、电、气三表计数齿轮，各种机械或电动玩具齿轮；②洗衣机定时器、石英闹钟和全塑石英手表、相机、家用电器、文仪办公设备等齿轮；③汽车雨刮、摇窗、启动电机和电动座椅驱动器（HDM、VDM等）中的斜齿轮、蜗轮和蜗杆等。当前我国塑料齿轮制造业主要集中在浙、粤、闽等沿海地区，塑料齿轮的产量和质量均能基本满足国内目前包括汽车工业在内的产品需求 今天，塑料齿轮已经深入许多不同的应用领域，如家用电器、玩具、仪器仪表、钟表、文仪办公设备、结构控制设施、汽车和导弹等，成为完成机械运动和动力传递等的重要基础零件 塑件在成形工艺上的优势，以及可以模塑成形更大、更精密和更高强度的齿轮，使塑料齿轮得以快速发展。早期塑料齿轮发展趋势一般是直径不大于25mm，传输功率不超过0.2kW的直齿轮。现在可以做成许多不同类型和结构，传输动力可达1.5kW，直径范围已达100~150mm的塑料齿轮。在实验室，使用油润滑，塑料齿轮传递动力可达30kW，可用于小型汽车动力传动 《塑料齿轮齿形尺寸》美国国家标准（ANSI/AGMA 1006-A97米制单位版），为动力传动用塑料齿轮设计推出了一种新版本的基本齿条AGMA PT。此基本齿条的最大特点是齿根采用全圆弧，可以在塑料齿轮设计的许多应用场合中优先选用。该标准还阐述了采用基本齿条展成渐开线齿廓的一般概念，包括任何以齿轮齿厚和少数几个数据，推算出圆柱直齿和斜齿齿轮尺寸的说明，并附有公式和示范计算；公式和计算采用ISO规定的符号和公制单位。还编写有几个附录，详细介绍了所推荐的几种试验性基本齿条参数；另外还提出了一种不用基本齿条和模数等概念来确定齿轮几何参数的新途径 为了适应我国塑料齿轮的发展和应用，我国第一本全面、实用地介绍塑料齿轮设计与制造的技术专著《塑料齿轮设计与制造》，已由化学工业出版社于2011年出版发行。该书实用性、可操作性强。全书系统、全面地介绍了国内外塑料齿轮设计、制造与应用的技术成果，重点阐述了塑料齿轮及其轮系的设计计算方法、常用材料特性、注塑机、制造工艺及模具设计、检测以及典型塑料齿轮装置的应用等内容 2016年，《塑料齿轮注射模具设计与制造》由化学工业出版社出版发行，该书系统、全面地介绍了国内外塑料齿轮注射模具设计制造的科技成果、点滴经验，各种齿轮注射模具的典型结构与工作过程及其制造工艺，重点阐述了注射模具齿轮型腔和电极参数尺寸设计计算与多种特殊加工工艺 2019年，我国第一部塑料齿轮国家标准颁布：GB/T 38192—2019《注射成型塑料圆柱齿轮精度制 轮齿同侧齿面偏差和径向综合偏差的定义和允许值》 智能时代是小模数齿轮的天地，近十年塑料齿轮行业得到极大的发展，德、英、日、美等国都加强了对塑料齿轮的研究，德国颁布VDI 2736热塑性塑料齿轮强度标准，日本颁布JIS B 1759圆柱塑料齿轮弯曲强度的评估标准，我国塑料齿轮承载能力计算标准也在起草中

2 塑料齿轮设计

热塑性的材料特性以及塑料齿轮的成形工艺与金属齿轮有着本质上的区别，在设计塑料齿轮时，需要更加深入地了解传动轮系中塑料齿轮的特点，以及如何充分利用和发挥这类塑料齿轮的独特性能。

2.1 塑料齿轮的齿形制

塑料齿轮与金属齿轮一样，普遍采用渐开线齿形。而在钟表等计时仪器仪表中，为了达到提高传动效率和节能降耗的目的，仍采用圆弧齿形。

2.1.1 渐开线齿形制

表 12-12-2　　渐开线圆柱直齿轮基本齿条

特点、适用范围	运动传动用(简称运动型)塑料齿轮多为小模数圆柱直齿轮,其齿廓采用渐开线齿形制,适应于小模数渐开线圆柱齿轮国家标准 GB/T 2363—1990,模数 m_n<1.00mm 系列。随着汽车用塑料齿轮所需承载负荷越来越大,这类齿轮模数已逐渐扩展到 $m_n\approx2.00$mm 系列;适用于渐开线圆柱齿轮国家标准 GB/T 10095.1—2022(与 ISO 1328-1:2013 等同)和 GB/T 38192—2019 我国现行的齿轮基本齿条标准见 GB/T 1356—2001《通用机械和重型机械用圆柱齿轮　标准基本齿条齿廓》(与 ISO 53:1998 等同) 当渐开线圆柱齿轮的基圆无穷增大时,齿轮将变成齿条,渐开线齿廓将逼近直线形齿廓,正是这一点成为统一齿轮齿廓的基础。基本齿条标准不仅要统一压力角,而且还要统一齿廓各部分的几何尺寸 为了确定渐开线类圆柱齿轮的轮齿尺寸,国标中标准基本齿条齿廓仅给出了渐开线类齿轮齿廓的几何参数。它不包括对刀具的限定,但对采用展成法加工齿轮渐开线齿廓,可以采用与标准基本齿条相啮的基本齿条来规定切齿刀具齿廓的几何参数
标准基本齿条齿廓和相啮标准基本齿条齿廓	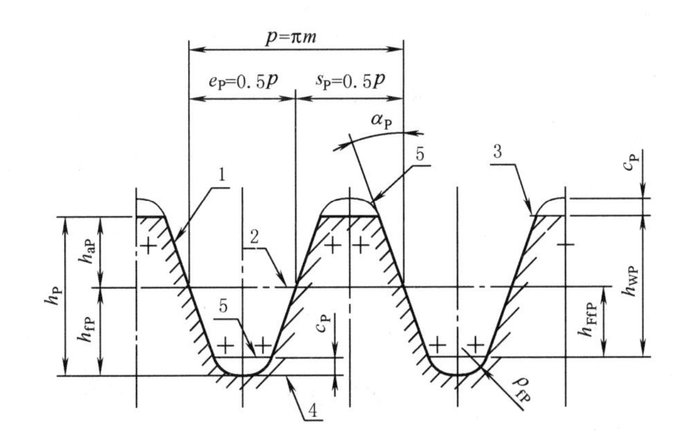 1—标准基本齿条齿廓; 2—基准线; 3—齿顶线; 4—齿根线; 5—相啮标准基本齿条齿廓
标准基本齿条齿廓	标准基本齿条齿廓是指基本齿条的法向截形,基本齿条相当于齿数 $z=\infty$、分度圆直径 $d=\infty$ 的外齿轮。上图为 GB/T 1356—2001 所定义的标准基本齿条齿廓和与之相啮的标准基本齿条齿廓
相啮标准齿条齿廓	相啮标准齿条齿廓是指齿条齿廓在基准线 P—P 上对称于标准基本齿条齿廓,且相对于标准基本齿条齿廓偏移了半个齿距的齿廓

续表

<table>
<tr><td rowspan="2"></td><td>符号</td><td>定　义</td><td>单位</td><td>符号</td><td>定　义</td><td>单位</td></tr>
<tr><td>c_P</td><td>标准基本齿条轮齿与相啮标准基本齿条轮齿之间的顶隙</td><td rowspan="6">mm</td><td>h_P</td><td>标准基本齿条的齿高</td><td rowspan="5">mm</td></tr>
<tr><td rowspan="5">代号与单位</td><td>e_P</td><td>标准基本齿条轮齿齿槽宽</td><td>h_{WP}</td><td>标准基本齿条和相啮标准基本齿条轮齿的有效齿高</td></tr>
<tr><td>h_{aP}</td><td>标准基本齿条轮齿齿顶高</td><td>m</td><td>模数</td></tr>
<tr><td>h_{fP}</td><td>标准基本齿条轮齿齿根高</td><td>p</td><td>齿距</td></tr>
<tr><td rowspan="2">h_{FfP}</td><td rowspan="2">标准基本齿条轮齿齿根直线部分的高度</td><td>s_P</td><td>标准基本齿条轮齿的齿厚</td></tr>
<tr><td>α_P</td><td>压力角(或齿形角)</td><td>(°)</td></tr>
<tr><td></td><td></td><td></td><td></td><td>ρ_{fP}</td><td>基本齿条的齿根圆角半径</td><td>mm</td></tr>
</table>

标准基本齿条齿廓几何参数

1. 标准基本齿条齿廓的几何构型及其几何参数见上图和上表；
2. 标准基本齿条齿廓的齿距为 $p=\pi m$；
3. 在 $h_{aP}+h_{FfP}$ 的高度上，标准基本齿条的齿侧面齿廓为直线；
4. 在基准线 $P—P$ 上的齿厚与齿槽宽度相等，即齿距的一半；
5. 标准基本齿条的齿侧面直线齿廓与基准线的垂线之间的夹角为压力角 α_P，齿顶线平行于基准线 $P—P$，距离 $P—P$ 线之间距离为 h_{aP}；齿根线亦平行于基准线 $P—P$，与 $P—P$ 线之间距离为 h_{fP}；
6. 根据不同的使用要求，推荐使用四种类型替代的基本齿条齿廓，在通常情况下多使用 B、C 型

项　目	α_P	h_{aP}	c_P	h_{fP}	ρ_{fP}
标准基本齿条齿廓的几何参数值	20°	$1m$	$0.25m$	$1.25m$	$0.38m$

当渐开线圆柱齿轮 $m\geqslant 1$mm 时，允许齿顶修缘。其修缘量的大小，由设计者确定。当齿轮 $m<1$mm 时，一般不需齿顶修缘；$h_{fP}=1.35m$

表 12-12-3　计时仪器用渐开线圆柱直齿轮基本齿条

适用范围

计时仪器用渐开线圆柱直齿塑料齿轮(以下简称渐开线圆柱直齿轮)，多用于石英钟表、洗衣机定时器等计时仪器仪表的传动轮系。由哈尔滨工业大学原计时仪器用渐开线齿形研究组编制的计时仪器用渐开线圆柱直齿轮标准 GB 9821.4—1988，适用于模数 $m=0.08\sim1.00$mm，齿数 $z\geqslant 7$ 的计时仪器用渐开线圆柱直齿轮传动轮系设计

基本齿条齿廓

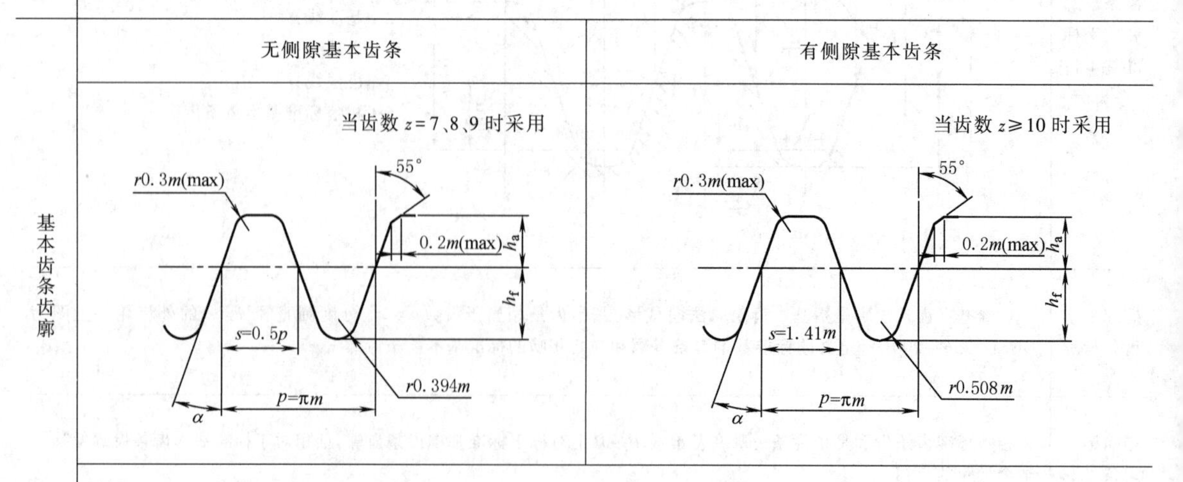

齿形角 $\alpha=20°$；齿顶高 $h_a=m$；齿根高 $h_f=1.4m$；齿厚：无侧隙 $s=0.5\pi m$，有侧隙 $s=1.41m$

计时仪器用渐开线圆柱直齿轮传动轮系的计算公式见表 12-12-4。当 $z_1+z_2<34$，模数 $m=1\text{mm}$，减速传动变位齿轮副的中心距 a'见表 12-12-5。当模数 $m=0.08\sim1\text{mm}$，小齿轮 $z_1=7$，大齿轮 $z_2\geqslant20$ 的减速渐开线变位齿轮几何参数的计算公式见表 12-12-6。有关的公差项目、精度等级、极限偏差或公差值等参见 GB 9821.3—88（该标准已作废，但仍具参考价值）。

表 12-12-4　　计时仪器用渐开线圆柱直齿轮传动轮系几何尺寸计算公式

序号	名　称	代号	标准直齿轮计算公式	变位直齿轮计算公式
1	模数	m	适应 $m=0.12\sim1.0\text{mm}$	适应 $m=0.12\sim1.0\text{mm}$
2	齿数	z	适应于 $z_1\geqslant17$	适应于 $z_1=8\sim16, z_2\geqslant10$
3	变位系数	x_1	$x_1=0$	$z_1=8\sim11, \Delta=0.003, x_1=\dfrac{17-z_1}{17}+\Delta$ $z_1=12\sim16, \Delta=0.004$
		x_2	$x_2=0$	当 $z_1+z_2\geqslant34, x_2=-x_1$ 当 $z_1+z_2<34, x_2=0$
4	压力角	α	$\alpha=20°$	$\alpha=20°$
5	啮合角	α'	$\alpha'=\alpha=20°$	当 $z_1+z_2\geqslant34, \alpha=\alpha'=20°$ 当 $z_1+z_2<34$， $\text{inv}\alpha'=\dfrac{2(x_1+x_2)}{z_1+z_2}\tan\alpha+\text{inv}\alpha$
6	顶隙系数	c^*	$c^*=0.4$	$c^*=0.4$
7	顶隙	c	$c=c^*m$	当 $z_1+z_2\geqslant34, c=c^*m$ 当 $z_1+z_2<34$， $c=a'-\dfrac{(z_1+z_2)m}{2}-x_1m+0.4m$
8	法向侧隙	j_n	$j_n=0.3m$	$z_1\geqslant10, j_n=0.3m$ $z_1=8\sim9, j_n=0.15m$
9	分度圆直径	d	$d=zm$	$d_1=z_1m, d_2=z_2m$
10	节圆直径	d'	$d'=d$	当 $z_1+z_2\geqslant34$ 时，$d'=d$ 当 $z_1+z_2<34$ 时， $d'_1=d_1\dfrac{\cos\alpha}{\cos\alpha'}, d'_2=d_2$
11	顶圆直径	d_a	$d_a=(z+2)m$	$d_a=(z+2+2x)m$
12	根圆直径	d_f	$d_f=(z-2.8)m$	$d_f=(z-2.8+2x)m$
13	中心距	a, a'	$a=\dfrac{1}{2}(z_1+z_2)m$	当 $z_1+z_2\geqslant34$ 时，$a=\dfrac{1}{2}(z_1+z_2)m$ 当 $z_1+z_2<34$ 时，$a'=\dfrac{1}{2}(d'_1+d_2)$

表 12-12-5　　$m=1$、$z_1+z_2<34$ 减速传动变位齿轮副中心距 a'　　mm

z_2	z_1								
	8	9	10	11	12	13	14	15	16
10	9.756	10.221	10.685						
11	10.221	10.685	11.146	11.606					
12	10.685	11.146	11.606	12.064	12.521				
13	11.146	11.606	12.064	12.521	12.977	13.431			
14	11.606	12.064	12.521	12.977	13.431	13.883	14.334		
15	12.064	12.521	12.977	13.431	13.883	14.334	14.784	15.232	
16	12.521	12.977	13.431	13.883	14.334	14.784	15.232	15.679	16.125
17	12.972	13.426	13.879	14.330	14.779	15.227	15.674	16.119	15.563
18	13.474	13.927	14.380	14.830	15.280	15.728	16.174	16.620	
19	13.975	14.429	14.881	15.331	15.780	16.228	16.674		
20	14.477	14.930	15.381	15.832	16.281	16.728			
21	14.978	15.431	15.882	16.332	16.782				
22	15.480	15.932	16.383	16.833					
23	15.981	16.433	16.884						
24	16.482	16.934							
25	16.983								

表 12-12-6　　$z_1=7$、$z_2\geqslant 20$ 减速渐开线变位齿轮几何参数的计算公式

序号	名　称	代号	计　算　公　式
1	模数	m	$m=0.08\sim1.0$mm
2	齿数	z	$z_1=7, z_2\geqslant20$
3	变位齿轮	x_1	$z_1=7$ 时，$x_1=0.414$
		x_2	$z_1=20\sim26$ 时，$x_2=0$ $z_2>26$ 时，$x_2=-0.501$
4	压力角、啮合角	α, α'	见表 12-12-4
5	顶隙	c	当 $z_1+z_2>34$ 时，$c=0.577m$ 当 $z_1+z_2<34$ 时， $c=a'-\frac{m}{2}(z_1+z_2)-x_1m+0.4m$
6	侧隙(法向)	j_n	当 $z_1+z_2\geqslant34$ 时，$j_n=0.27m$ 当 $z_1+z_2<34$ 时，$j_n=0.23m$
7	中心距	a	$z_1=7, z_2>26, a=\frac{m}{z}(z_1+z_2)$
		a'	$z_1=7, z_2=20\sim26$, $a'=\frac{m}{z}(z_1+z_2)+m[(z_2-20)\times0.0012+0.475]$
8	分度圆、节圆、顶圆、根圆直径	d、d'、d_a、d_f	见表 12-12-4

表 12-12-7　　AGMA PT 塑料齿轮基本齿条齿廓

适用范围	ANSI/AGMA 1106-A97(*Tooth Proportions for Plastic Gears*)推出的 AGMA PT(PT 为 plastic gearing tooth-form 的缩写)为适应动力传动(简称动力型)塑料齿轮设计的基本齿条

AGMA PT 基本齿条齿廓

m 或 $m_n = 1\text{mm}$

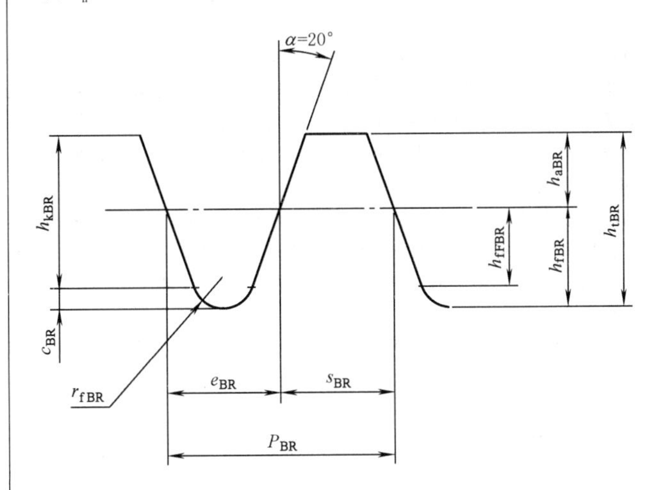

c_{BR}—顶隙
h_{fFBR}—齿根直线段齿廓高
r_{fBR}—齿根圆弧半径
e_{BR}—齿槽宽
h_{kBR}—工作齿高
s_{BR}—齿厚
h_{aBR}—齿顶高
h_{tBR}—全齿高
α—齿形角
h_{fBR}—齿根高
P_{BR}—齿距

AGMA 标准基本齿条几何参数

图中标注出了齿廓的全部参数。这些尺寸参数的值列于下表,同时还列出 AGMA 细齿距标准和 ISO 粗齿距(多数为粗齿距)标准的规定值,以资比较。表中所有数据全部以单位模数($m = 1\text{mm}$)为基准。将表中数据乘以所要设计齿轮的模数即可求得该齿轮齿形的尺寸参数。AGMA PT 基本齿条所定义的参数代号与国标有所不同,本章在介绍按 AGMA PT 基本齿条设计计算齿轮几何参数时,仍将沿用该标准所采用的参数代号不变

基本齿形参数	AGMA PT	ANSI/AGMA 1003-G93 细齿距	ISO 53(1974) 粗齿距	说　明
齿形角 α①	20°	20°	20°	①即直齿轮分度圆压力角或斜齿轮分度圆法向压力角 ②表中数据乘以齿轮模数之后,再加上括号内的数值 ③ ANSI/AGMA 1003-G93 标准中写明零齿根圆角半径意味着滚刀齿顶圆角为尖角。在实际处理时,将此顶角视为最小半径圆角 ④ h_{fFBR} 为齿根直线段齿廓与齿根圆弧相切点至齿条节线的距离
齿距 P_{BR}	3.14159	3.14159	3.14159	
齿厚 s_{BR}	1.57080	1.57080	1.57080	
齿顶高 h_{aBR}	1.00000	1.00000	1.00000	
全齿高 h_{tBR}	2.33000	2.20000(+0.05000)②	2.25000	
齿根圆弧半径 r_{fBR}	0.43032	0.00000③	0.38000	
齿根高 h_{fBR}	1.33000	1.20000(+0.05000)②	1.25000	
工作齿高 h_{kBR}	2.00000	2.00000	2.00000	
顶隙 c_{BR}	0.33000	0.20000(+0.05000)②	0.25000	
齿根直线段齿廓高 h_{fFBR}④	1.04686	1.2000(+0.05000)③	1.05261	
齿槽宽 e_{BR}	1.57080	1.57080	1.57080	

续表

比较	比较表中三种基本齿条几何参数,最大差别是 AGMA PT 的齿根圆角半径的增大,其值相当于齿根全圆弧半径,同时也是保证齿根直线段齿廓高 $h_{fFBR} \geqslant 1.1m$ 的最大可能圆角半径,这样便保证了 AGMA PT 与其他 AGMA 基本齿条的兼容性。有关 AGMA PT 的齿廓修形以及几种试验性基本齿条的设计计算等,还将在本章另做详细介绍
AGMA PT 基本齿条是基于塑料齿轮的右列特性而制定的	1)采取模塑成形方法制造齿轮,所受到的实际限制与采用切削加工方法制造齿轮有所不同,每种模具都具有它自身的"非标准"属性。模具型腔由于要考虑材料的收缩率,以及塑料收缩率的异向性,其型腔几何尺寸不可能遵循一个固定的模式设计。再者,现代模具先进的型腔线切割加工方法,已与切削刀具无关(即不需按基本齿条展成方法加工),即便是二者有关联,一般都需要采用非标准的专用刀具。因此,模塑齿轮齿形尺寸无需严格遵循原切削加工齿轮的传统规范 2)热塑性材料的某些特性会影响齿轮齿形尺寸的选取。因为热塑性材料的分子结构和排列定向,不管是采取什么加工方式,都会造成材料强度对小半径凹圆角的特别敏感性。如果齿轮齿根能避免这类小圆角,则轮齿便能具备相当高的弯曲强度。而按照原 AGMA 细齿距基本齿条设计制造的齿轮,其轮齿通常会形成较小的齿根圆角 3)在某些应用场合下,由于塑料的热膨胀性较强,要求配对齿轮间的工作高度需要比其他标准齿形的许用值大
渐开线齿形制的主要特点	按以上三种渐开线基本齿条设计的齿轮轮系,具有以下主要特点 1)在传动过程中瞬时传动比为常数、稳定不变 2)中心距变动不影响传动比 3)两齿轮的啮合线是一条直线 4)能与直线齿廓的齿条相啮合 综上所述几点可以看出:渐开线齿轮不仅能够准确而平稳地传递运动,保证轮系的瞬时传动比稳定不变,而且又不受中心距变动的影响,并还能与直线齿廓的齿条相啮合。就是以上特点给齿轮齿廓的切削加工及其检测带来极大的方便,即可以采用直线型齿廓的齿条刀具,按展成原理滚切成形加工渐开线轮齿形。也正是这些特点,使渐开线齿形制在机械传动领域中获得长盛不衰的广泛采用

2.1.2 计时仪器用圆弧齿形制

由天津大学原圆弧齿形研究组负责编制的我国第一部计时仪器用圆弧齿轮国家标准 GB 9821.2—1988，主要适应于钟表、定时器等计时仪器仪表用圆弧齿轮（俗称修正摆线齿轮或钟表齿轮），模数范围为 $m=0.05\sim1.00$mm。国内外有关这类标准还将 $z\leqslant20$ 的圆弧齿轮简称齿轮，$z>20$ 的圆弧齿轮简称轮片。

（1）齿形

① 齿形类型

表 12-12-8　　不同齿形的适用范围

分　类	适　用　范　围
第一类型齿形	适用于传递力矩稳定性要求较高的增速传动轮系齿轮;也可用于传递稳定性要求不高的,轮片既可主动也可从动的双向传动轮系的计时仪器用圆弧齿形
第二类型齿形	适用于要求传动灵活的减速传动轮系齿轮

② 齿形及代号

表 12-12-9　　计时仪器用圆弧齿轮齿形参数、系数及代号说明

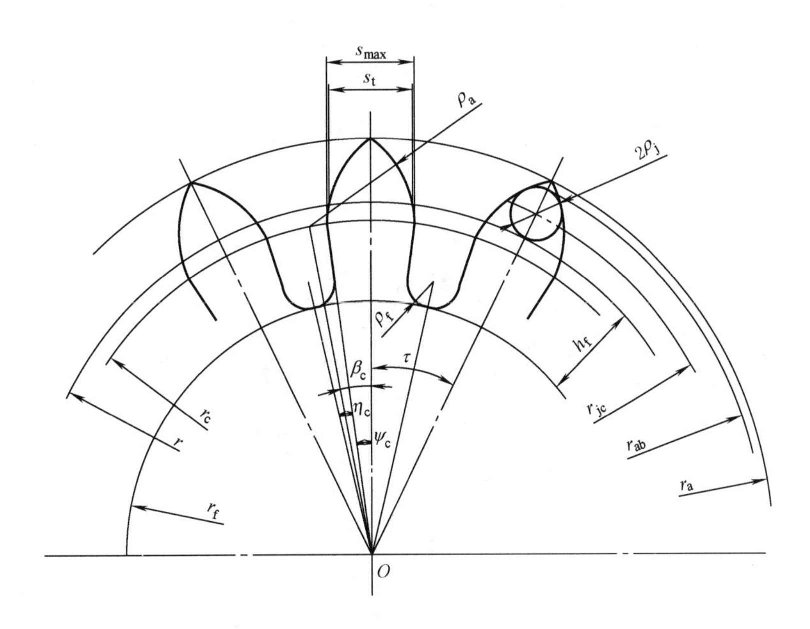

代号	说　明	代号	说　明
r_a	齿顶圆半径(无齿尖圆弧)	r_{ab}	齿顶圆半径(有齿尖圆弧)
r	分度圆半径	r_c	中心圆半径
r_f	齿根圆半径	r_{jc}	齿尖圆弧中心圆半径
ρ_a	齿顶圆弧半径	ρ_j	齿尖圆弧半径
ρ_f	齿根圆弧半径	h_f	齿根高
s_{max}	最大齿厚	s_t	端面齿厚
β_c	过齿顶圆弧中心的径向线与轮齿的平分线间的夹角	η_c	过齿根圆弧中心的径向线与齿廓径向直线的夹角
ψ_c	过齿的平分线与齿廓径向线间夹角	τ	齿距角
ρ^*_{a1}	小齿轮齿顶圆弧半径系数	ρ^*_{a2}	大齿轮齿顶圆弧半径系数
Δr^*_{c1}	小齿轮中心圆位移系数	Δr^*_{c2}	大齿轮中心圆位移系数
s^*_{c1}	小齿轮端面齿厚系数	s^*_{c2}	大齿轮端面齿厚系数
c	顶隙	h^*_{f2}	最小齿根高系数

③ 计时仪器用圆弧齿轮传动几何轮系尺寸计算

计时仪器用圆弧齿轮，与计时仪器用渐开线齿轮不同，没有基本齿条和齿形变位修正的概念。

计时仪器用圆弧齿轮传动实例的几何计算，参见表 12-12-10 中的计算公式。

计时仪器用圆弧齿轮齿形参数的系数值，根据齿形类型的不同、齿数的不同而不同，参见表 12-12-11；圆弧齿轮顶隙系数 $c^* \geqslant 0.4$。

表 12-12-10　　计时仪器用圆弧齿轮传动轮系实例几何尺寸的计算公式

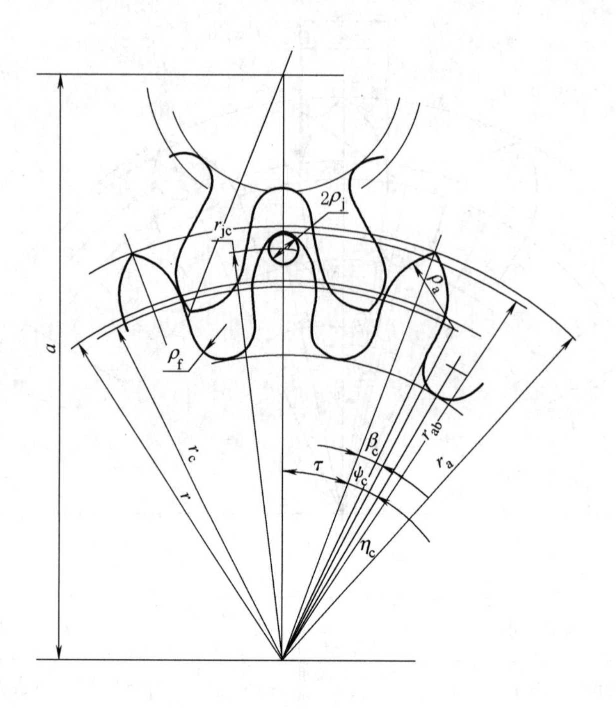

名　称	代号及单位	计　算　公　式	算　例 $z_1=8, m=0.2\text{mm}, z_2=30$
分度圆半径	r/mm	$r=zm/2$	$r_1=0.8, r_2=3$
中心距	a/mm	$a=(z_1+z_2)m/2$	$a=3.8$
齿数比	μ	$\mu=z_2/z_1$	$\mu=3.75$
齿距角	τ	$\tau=360/z$(度)或 $\tau=2\pi/z$(弧度)	$\tau_1=45°, \tau_2=12°$
齿距	p_t/mm	$p_t=\pi m$	$p_t=0.62832$
中心圆半径	r_c/mm	$r_c=r-\Delta r_c^* m$	$r_{c1}=0.79, r_{c2}=2.978$
齿顶圆弧半径	ρ_a/mm	$\rho_a=\rho_a^* m$	$\rho_{a1}=0.2, \rho_{a2}=0.32$
齿顶圆弧衔接点圆半径	r_{ax}/mm	$r_{ax}=\sqrt{r_c^2-\rho_a^2}$	$r_{ax1}=0.76426, r_{ax2}=2.96076$
参数角	β_c	$\beta_c=\arccos\dfrac{r^2+r_c^2-\rho_a^2}{2rr_c}-\dfrac{s_t^*}{z}$	$\beta_{c1}=6.91436°$ $\beta_{c2}=3.124°$
顶隙	c/mm	$c=c^* m$	$c=0.08$
齿尖圆弧半径	ρ_j/mm	$\rho_j=(0.2\sim0.4)m$(本例取 0.4)	$\rho_{j1}=0, \rho_{j2}=0.08$

续表

名　　称	代号及单位	计　算　公　式	算　　例 $z_1=8, m=0.2\text{mm}, z_2=30$
齿顶圆半径	r_a/mm	无齿尖圆弧 $r_a=r_c\cos\beta_c+\sqrt{\rho_a^2-r_c^2\sin^2\beta_c}$ 有齿尖圆弧 $r_{ab}=r_{jc}+\rho_j$ $r_{jc}=r_c\cos\beta_c+\sqrt{(\rho_a-\rho_j)^2-r_c^2\sin^2\beta_c}$	$r_{a1}=0.9602$ $r_{jc2}=3.1504$ $r_{ab2}=3.2304$
齿根圆半径	r_f/mm	大齿轮齿根圆半角 $r_{f2}=r_2-h_{f2}^* m$ 小齿轮齿根圆半角 $r_{f1}=r_1-(r_{a2}-r_2)-c$	$r_{f1}=0.47063$ $r_{f2}=2.74$
夹角 ψ_c	ψ_c	$\psi_c=\arcsin\dfrac{\rho_a}{r_c}-\beta_c$	$\psi_{c1}=7.7505°$ $\psi_{c2}=2.9554°$
夹角 η_c	η_c	$\eta_c=\dfrac{\pi}{z}-\psi_c$（弧度）	$\eta_{c1}=14.7495°$ $\eta_{c2}=2.9554°$
齿根圆弧半径	ρ_f/mm	$\rho_f=\dfrac{r_f\sin\eta_c}{1-\sin\eta_c}$	$\rho_{f1}=0.16075$ $\rho_{f2}=0.14895$
端面齿厚	s_t	$s_t=s_t^* m$	$s_{t1}=0.21, s_{t2}=0.314$
最大齿厚	s_{max}	$s_{max}=2(\rho_a-r_c\sin\beta_c)$	$s_{max1}=0.21, s_{max2}=0.3154$

表 12-12-11　　计时仪器用圆弧齿轮齿形参数的系数值

<table>
<tr><th>齿形类型</th><th>小齿轮齿数 z_1</th><th>ρ_{a1}^*</th><th>Δr_{c1}^*</th><th>ρ_{a2}^*</th><th>Δr_{c2}^*</th><th>s_{t1}^*</th><th>s_{t2}^*</th><th>h_{f2}^*</th></tr>
<tr><td rowspan="6">第一类型</td><td>6</td><td rowspan="6">1.00</td><td>0.01</td><td rowspan="3">1.60</td><td>0.19</td><td rowspan="4">1.05</td><td rowspan="6">1.57</td><td rowspan="6">1.30</td></tr>
<tr><td>7</td><td>0.02</td><td>0.16</td></tr>
<tr><td>8</td><td>0.05</td><td>0.11</td></tr>
<tr><td>9</td><td>0.13</td><td rowspan="3">2.00</td><td>0.28</td></tr>
<tr><td>10~11</td><td>0.15</td><td>0.23</td><td rowspan="2">1.25</td></tr>
<tr><td>≥12</td><td>0.19</td><td>0.15</td></tr>
<tr><td>第二类型</td><td>6~20</td><td>0.90</td><td>0</td><td>1.20</td><td>0.40</td><td>1.30</td><td>1.30</td><td>1.30</td></tr>
</table>

计时仪器用圆弧齿轮标准 GB 9821.2—88 附录 A.1 给出模数 $m=1\text{mm}$，$z_1=6\sim20$ 第一类型齿形的齯轮主要尺寸；附录 A.2 给出模数 $m=1\text{mm}$ 第二类型齿形的齯轮主要尺寸。附录 B.1 给出模数 $m=1\text{mm}$ 第一类型齿形的部分轮片齿顶圆直径计算值；附录 B.2 给出模数 $m=1\text{mm}$ 第二类型齿形的部分轮片齿顶圆直径计算值。

（2）计时仪器用圆弧齿轮传动的主要特点

① 在传动中传动比保持恒定，但瞬时传动比不为常数；

② 在传动中只能是一对齿在工作，即重合度等于 1，因此，其传动的准确性不如渐开线齿轮高；

③ 输出力矩变动小，传动力矩平稳，传动效率比渐开线齿轮高；

④ 圆弧齿轮的最少齿数为 6，单级传动比大，轮系结构紧凑；

⑤ 齿侧间隙较大，保证轮系传动灵活，避免卡滞现象发生。

比较以上两种不同齿形制齿轮的主要特点，由于计时仪器用圆弧齿轮的瞬时传动比有变化，传动不够准确、平稳。因此，不适宜精密和高速齿轮传动。但一些对传动比变动量要求不高的运动型低速传动机构，诸如手表、石英钟等计时用产品机芯中的走时传动轮系，由于这种圆弧齿轮具有传动效率高、传动力矩平稳、单级传动比大等优点，因此在国内外钟表等计时产品行业仍在广泛应用。

2.2　塑料齿轮的轮齿设计

动力传递型塑料齿轮轮系设计，齿轮轮齿可优先参考国标所定义的标准基本齿条进行设计。其轮齿与金属齿轮基本相同，可选用标准所规定的模数序列值、标准压力角 α（或 α_n）= 20°等参数值。动力传递型塑料齿轮轮系的齿轮轮齿可优先选用 AGMA PT 基本齿条设计。本节将重点介绍采用 AGMA PT 基本齿条设计塑料齿轮轮齿的主要特点。

2.2.1　轮齿齿根倒圆

表 12-12-12　　轮齿齿根倒圆

<table>
<tr><td rowspan="6">轮齿齿根倒圆</td><td>采用全圆弧齿根</td><td colspan="2">按 AGMA PT 基本齿条设计的塑料齿轮轮齿采用全圆弧齿根；除了增强齿根的弯曲强度和提高传递载荷的能力外，还有另外一个目的：在模塑时促使塑胶熔体更加流畅地注入型腔齿槽内，以减少内应力的形成和使塑胶在冷却凝固过程中的散热更加均匀。这种模塑齿轮的几何形状和尺寸会更趋稳定</td></tr>
<tr><td rowspan="5">两种不同基本齿条设计齿轮齿根圆弧应力分布图</td><td> 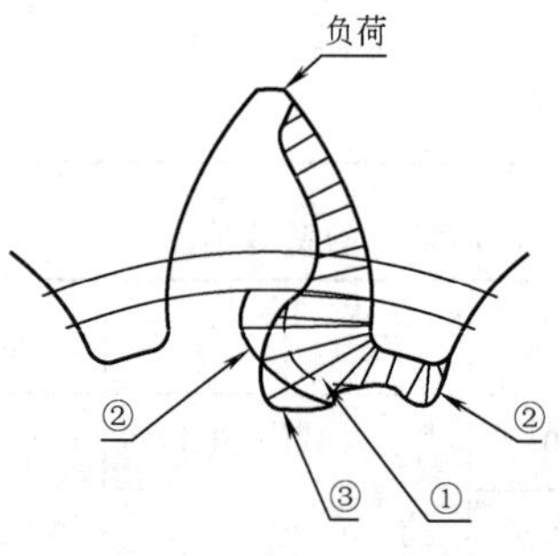负荷
② ② ③ ①
(a) AGMA细齿距齿轮（小圆弧齿根）</td><td> 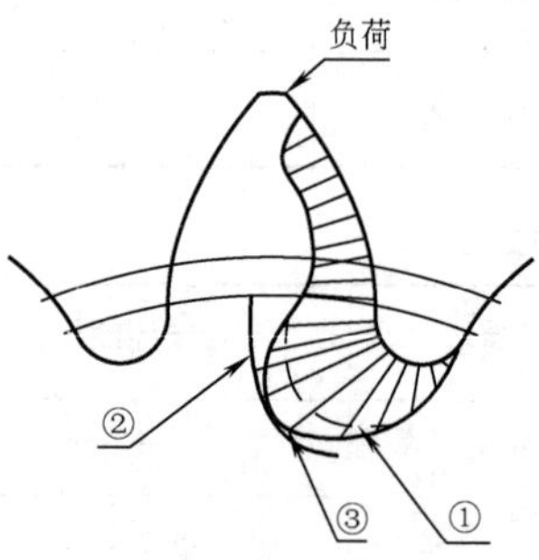负荷
② ③ ①
(b) AGMA PT齿轮（全圆弧齿根）</td></tr>
<tr><td colspan="2">①—Lewis；②—Dolan & Broghamer；③—Boundary Eiement Method
小齿轮主要参数：模数 1.0mm；齿数 12；齿厚 1.95mm</td></tr>
<tr><td>根据 ANSI/AGMA 1003—G93 细齿距基本齿条设计的 z=12 小齿轮，为小圆弧齿根</td><td>根据 AGMA PT 基本齿条设计的同一齿轮，为全圆弧齿根</td></tr>
<tr><td colspan="2">图中对每种齿根圆角分别表示出了反映齿根处所产生的应力状况的三个应力分布图。最里面曲线内是“Lewis”的应力图，其应力值是根据 Lewis（路易斯）基本方程，不计入应力集中的影响而求得的。中间曲线内是“Dolan&Broghamer”的应力图，计入了应力集中的影响，AGMA 标准的齿轮强度计算通常便是对这一影响作出的估算。最外面曲线是“Boundary Eiement Method”的应力图，是采用边界元方法算得的应力。以上三种计算法，由 AGMA PT 基本齿条标准所确定的齿根圆角，其应力水平都比 AGMA 细齿距基本齿条标准所确定的齿轮齿根圆角要低</td></tr>
</table>

续表

滚切齿轮齿根过渡曲线	滚切成形的齿轮(或EDM用电极)齿根过渡曲线,是由延伸渐开线所形成的齿根圆角,主要取决于滚刀齿顶两侧的圆角半径。齿顶圆角半径愈大,则齿轮齿根处延伸渐开线的曲率半径愈大,所形成的"圆角"的曲率半径也就大。当载荷施加于轮齿齿顶上时,在齿根圆角处所产生的弯矩最大。在较小的齿根圆角周围所形成的应力集中,会增大弯曲应力。齿根圆角半径越大,这种应力集中便越小,轮齿承受施加载荷的能力便越强。齿轮传动属于典型的反复载荷,齿根圆角越大的特点更加适用这类反复载荷的传递 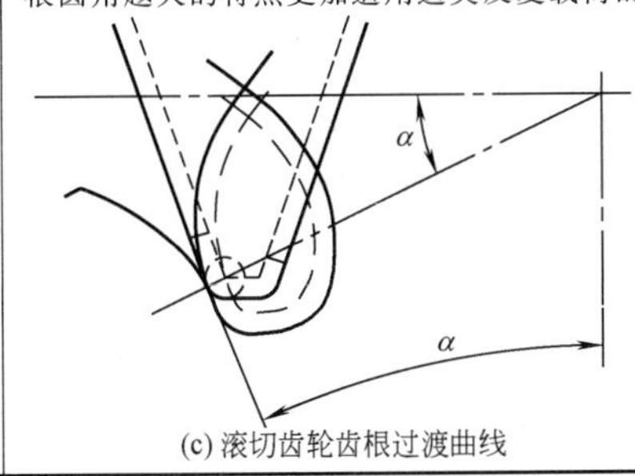 (c) 滚切齿轮齿根过渡曲线 由齿条型刀具按展成原理,所滚切成形的齿轮齿根圆角延伸渐开线(在ANSI/AGMA 1006-A97中称"次摆线"),其曲率半径变化范围从齿根过渡曲线底部的最小,至与渐开线齿侧衔接处的最大,如图c所示。当齿数较少和齿厚较小的齿轮,这一变化十分明显。所有由齿条型刀具展成滚切的齿轮齿根圆角曲线,均存在这一现象,只是大小程度不同而已。采用圆弧来替代齿根圆角延伸渐开线,对齿轮型腔制造工艺(线切割编程)或齿根圆角的检验和投影样板绘制均有好处。须注意的是这种代用圆弧,不要使齿根圆角处的材料增加至足以引起与配对齿轮齿顶发生干涉的程度。另一方面,在齿根圆角危险截面处过小的圆弧半径,会降低轮齿的弯曲强度。还可以采取两段不同半径的光顺相接圆弧,来替代齿根曲率变化较大的延伸渐开线

2.2.2 轮齿高度修正

表 12-12-13 **轮齿高度修正**

标准渐开线齿轮采用20°压力角、两倍模数的轮齿工作齿高。然而,对于弹性模量低、温度敏感性高的不同摩擦、磨损系数的热塑性塑料齿轮而言,要求比标准齿轮具有更大的工作齿高。这种工作齿高增大的轮齿,更能适应塑料齿轮的热膨胀、化学膨胀和吸湿膨胀等所引起的中心距变动,保证轮系在以上环境条件下工作的重合度 $\varepsilon \geqslant 1$

据ANSI/AGMA 1006-A97介绍,William Mckinley(威廉·麦金利)曾提出一种非标准基本齿条,这一种基本齿条已获得美国塑料齿轮业内的广泛采用,并且常用来代替AGMA细齿距标准基本齿条。因为这些齿形尺寸含有塑料齿轮优先选用的尺寸,并且已经为业内所公认,经过作某些变更后,在编制AGMA PT过程中已用作范本。这种非标准基本齿条包括四种型别,其中第一种型号中的啮合高度,也即工作高度与其他几个AGMA标准相同。这种型号的应用最为广泛,所以AGMA PT仍选定它作为新齿形尺寸的标准基本齿条。其他三种试验性基本齿条的啮合高度均有所增大,但增大的程度又有所不同。其中,PGT-4的齿顶高为1.33*m*。设计者可根据不同的需要自行选定

AGMA PT三种(m=1mm)试验性基本齿条齿廓	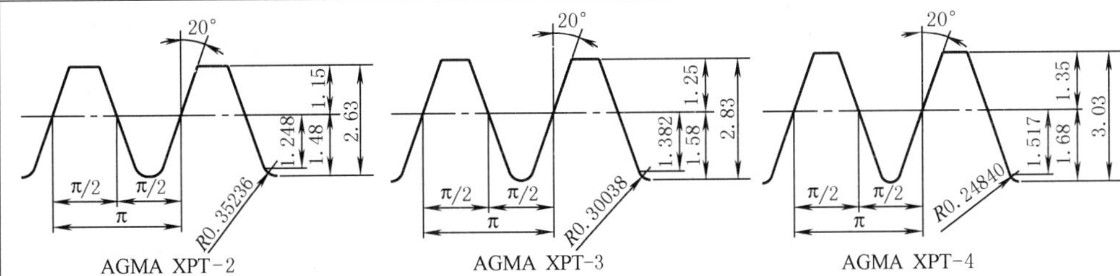 上图是AGMA PT所推荐的三种试验性基本齿条齿廓。它们的主要优点是轮系的重合度可能有所增大,因而对有效中心距变动的适应性较高。但对于齿数少以及增加齿厚来避免根切的齿轮,这一优点又将会受到限制。需适当注意的是全齿高不得增大到引起轮齿机械强度降低的程度,原因不仅在于轮齿过长,还在于齿根圆角半径减小将造成应力集中现象会有所加剧 AGMA PT基本齿条的某些参数会影响轮齿的齿根圆角应力,因而影响轮齿的弯曲强度。从一方面说,AGMA PT齿根高略大,有增大齿根处弯矩的倾向。但是,由于轮齿齿底处的齿厚较宽,会对齿根圆角半径减小所引发的应力集中现象有所减轻。两者所形成的综合效应所带来的有利因素通常会胜过上述程度轻微的有害影响 以上AGMA PT三种试验性基本齿条的参数见下表

		基本齿形参数	AGMA XPT-2	AGMA XPT-3	AGMA XPT-4
AGMA PT三种试验性基本齿条参数/mm	m=1mm	压力角 α	20°	20°	20°
		圆周齿距 p_{BR}	3.14159	3.14159	3.14159
		齿厚 s_{BR}	1.57080	1.57080	1.57080
		齿顶高 h_{aBR}	1.15000	1.25000	1.35000
		全齿高 h_{tBR}	2.63000	2.83000	3.03000
		齿根圆弧半径 r_{fBR}	0.35236	0.30038	0.24840
		齿根高 h_{fBR}	1.48000	1.58000	1.68000
		工作齿高 h_{kBR}	2.30000	2.50000	2.70000
		顶隙 c_{BR}	0.33000	0.33000	0.33000
		齿根直线段高 h_{fFBR}	1.24816	1.38236	1.51656
		齿槽宽 e_{BR}	1.57080	1.57080	1.57080

注意事项	不要采用由AGMA PT基本齿条与表中三种试验性基本齿条中任一种所设计的齿轮相啮合。而且,也不可以采用表中任两种不同试验性基本齿条所设计的齿轮相啮合,以免造成两齿轮轮齿间"干涉"

2.2.3 轮齿齿顶修缘

表 12-12-14　　　　轮齿齿顶修缘

AGMA PT齿顶修缘的基本齿条齿形	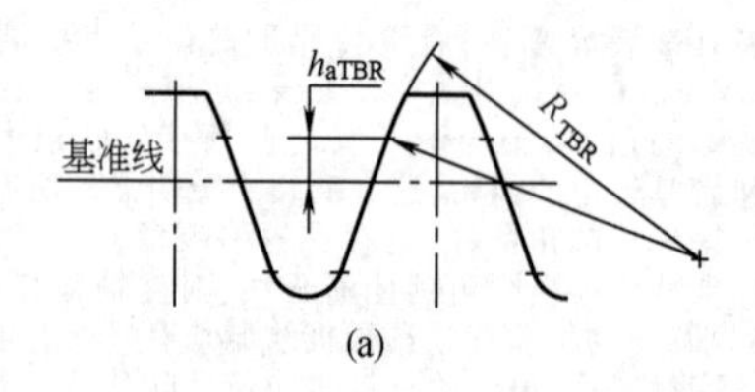 (a) R_{TBR}—齿顶修缘代用圆弧半径； h_{aTBR}—代用圆弧半径起始点的高度 这是AGMA PT推荐的一种对塑料齿轮轮齿齿顶修缘基本齿条。这种试验性基本齿条如图a所示，即将两侧齿廓沿着连接齿顶附近切除一层呈“月牙形”材料。基本齿条齿顶附近所切除的一小段直线齿廓，由一小段圆弧齿廓($R=4m$)所代替来实现齿顶修缘。塑料齿轮齿顶修缘的主要目的，在于能缓解与啮合轮齿相毗连的轮齿之间传递载荷发生突然变化的情况下(尤其是当齿轮经受重载荷轮齿出现弯曲变形时)的啮合噪声。采用这种齿顶修缘措施时，须注意避免修形过量。齿廓修缘起始点过“低”或齿顶修缘过度，不但不会改善齿轮的啮合质量，反而会引起载荷冲击力增大，从而造成弯曲应力、噪声和振动的增大。此外，这种试验性基本齿条的齿顶修缘还有较多的技术难度，只有当传递重载荷和出现较大啮合噪声等特殊情况下方可考虑使用
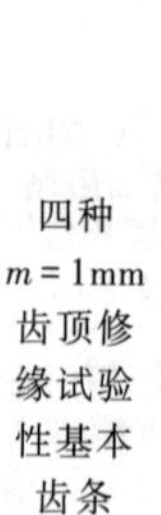 四种 $m=1$mm 齿顶修缘试验性基本齿条	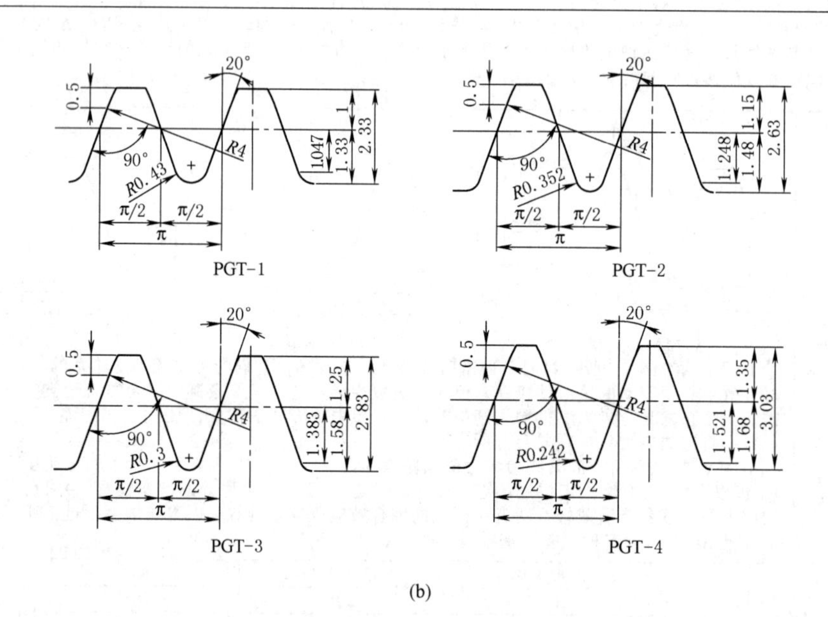 (b) 当采用这类试验性基本齿条时，需要将齿顶修缘基本齿条作为塑料齿轮设计图中的组成部分提供给施工者 ANSI/AGMA 1106-A97的附件D中列出了用于这类修形基本齿条对所切成的齿轮齿形有关几何参数的计算公式 将齿顶高度增大与齿顶修缘的组合修形基本齿条，受到塑料齿轮制造业内的广泛重视。上图是四种不同型号的模数$m=1$mm的组合修形基本齿条。这类组合修形基本齿条，实质上即是AGMA PT标准型和三种试验性基本齿条与该标准所推荐的齿顶修缘基本齿条的组合。本章已将原图中英制单位转换为公制单位

2.2.4 压力角的修正

表 12-12-15 压力角的修正

增大压力角的优缺点	ISO、AGMA 和 GB 等齿轮标准均定义 20°为标准压力角。当压力角增大,这是一个被认可为降低轮齿弯曲和接触应力的措施,总的效果是提高强度、减小磨损。由于齿顶滑移现象减轻,效率也会有所改进。对少齿数齿轮,还有另一个优点,也即减少了对增加齿厚来避免根切的需要。增大压力角的基本齿条实例可见于 AGMA201.02(已于 1995 年撤销)中的 AGMA“粗齿距齿形”的 25°压力角型。但是,也存在一些缺点:齿顶宽度和齿根圆角半径有所减小。将本类型基本齿条的压力角增大修正与增大全齿高组合使用的可能性是较小的。因为支承齿轮的轴承的载荷有所增大,受力方向也会有所变动。中心距变动所引起的侧隙变动较之压力角为 20°时要大
减小压力角	基本齿条也可以修正为减小压力角,这一修正型的一个实例已有很长一段历史,这便是现在已基本淘汰了的英制齿轮压力角为 14.5°的基本齿条。减小压力角的优、缺点,正好与上述压力角增大相反
减小压力角,增大重合度	对于重合度或侧隙控制,有比承载能力更紧要的应用场合,这类小压力角基本齿条的修正可以使设计效果有所改进。在某些场合凭借减小齿形角与增大全齿高的结合,有可能挽回各种强度损失,可以理想地达到使重合度超过 2 的程度。由于使载荷分布于更多数目同时啮合的轮齿上,可以绰绰有余地抵消各个单齿所降低的强度。这种通过减小压力角来达到增大重合度,改善传动质量的做法,已在国内外汽车各种电机蜗杆-蜗轮副设计中得到广泛应用。在这类蜗杆-蜗轮传动轮系中,通常采用减薄齿厚的金属蜗杆和增大齿厚的模塑斜齿轮相组合
基本齿条修正成两个不同压力角	基本齿条还可以修正成有两个不同的压力角,例如齿轮轮齿两侧压力角如下图所示,分别为 25°、15°。有一些场合,应用这样一种特殊基本齿条具有潜在的设计优点。需要这种形式的典型情况是载荷只限于单向传动,或者如果载荷方向是变化的,这两个方向有着不同的工作要求。采取两个不同压力角的设计,选用其中一个来最大限度地满足与一组齿侧有关的设计目标,另一个用来弥补前者的不足之处。例如,将大压力角用于承载负荷的齿侧,这有助于降低接触应力;而将小压力角用于非承载齿侧,这样可以增大齿顶厚,又可增大全齿高。反之,也可选择小压力角用于承载负荷的齿侧,以提高重合度或减小工作啮合角;而将大齿形角用于非承载的齿侧,可以起到增强轮齿弯曲强度的作用
比较	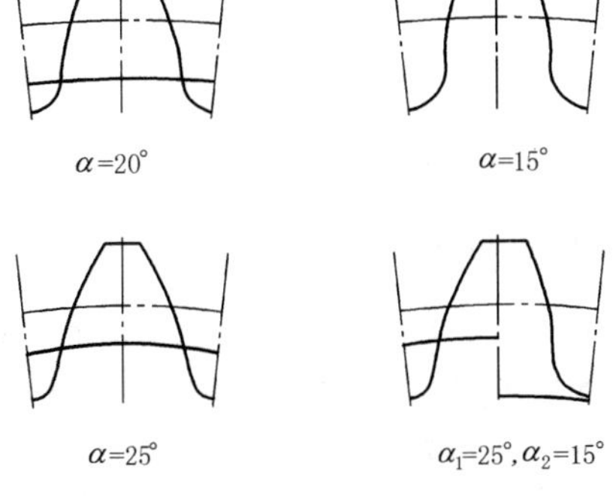 四种不同压力角渐开线齿廓的比较图

2.2.5 避免齿根根切及其齿根“限缩”现象

表 12-12-16 齿根根切、“限缩”现象及其避免方法

<table>
<tr><td>同一种少齿数渐开线齿轮的两种齿形“限缩”效应比较</td><td>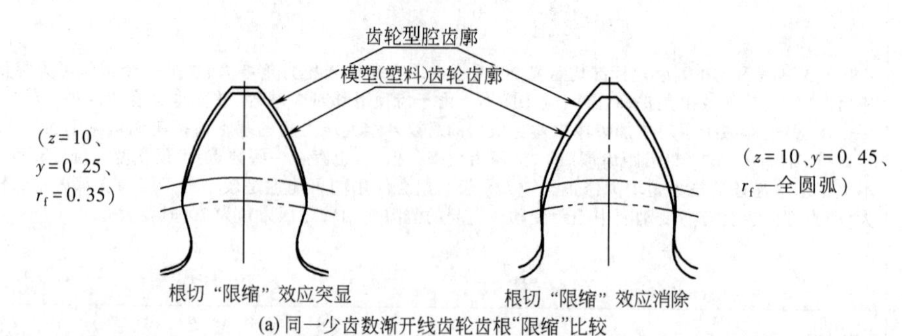

(a) 同一少齿数渐开线齿轮齿根“限缩”比较
当圆柱渐开线齿轮的压力角 $\alpha=20°$、齿数少于 17、基本齿条变位量又不够大时，采用齿轮滚刀展成滚切加工的齿轮齿根处会出现根切。这种根切将严重削弱轮齿强度，特别是塑料齿轮应予以避免。此外，这类根切还将带来另一类模塑成形问题，当齿根圆角较小时，轮齿根切更加突显。即齿轮在模塑成型的冷却、收缩过程中，根切状态会在型腔齿槽内相对狭窄部位引发“限缩”现象，限制齿轮径向和轴向的自由综合收缩。图 a 所示为两个齿数相同的 $m=1\text{mm}$ 小齿轮齿根不同的“限缩”效应。在左图中，齿根圆角较小的小齿轮，基本齿条的变位量 $y=0.25$ 时，其齿根的“限缩”效应仍显著。而右图所示，当齿根为全圆弧，基本齿条变位量增大为 $y=0.45$，则这种“限缩”现象已基本消除。在计时仪器用渐开线齿轮轮系设计中，为了提高单级齿轮副的传动比，小齿轮齿数往往为 $z<10$。如果仍按标准所定义的参数设计齿轮，则这种少齿数齿轮的齿根将出现严重的“限缩”效应。为了避免这种情况的发生，最好的解决方案是对少齿数齿轮的基本齿条采取足够大的正变位修正和齿根全圆弧的设计方案</td></tr>
<tr><td>非标准圆弧齿形</td><td>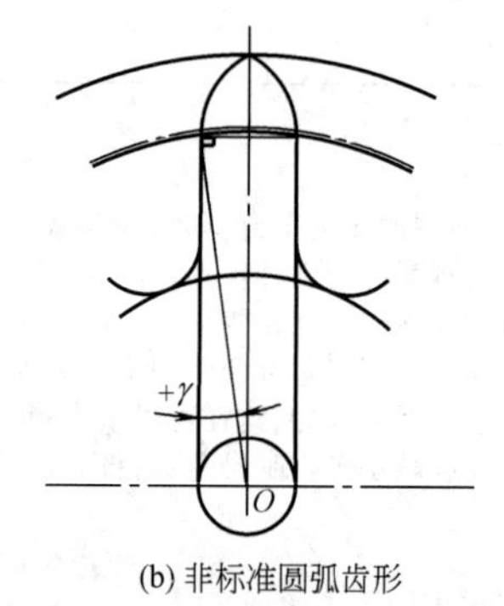

(b) 非标准圆弧齿形
计时仪器用圆弧齿轮齿形，由于分度圆齿厚要比齿根厚度大，如果塑料圆弧齿轮仍按这种标准齿形设计，就会出现以下不良情况：一是轮齿齿根处的弯曲强度最弱；二是轮齿的“限缩”效应会影响塑料齿轮的收缩和顶出脱模。为了避免以上情况出现，图 b 中推荐一种非标准计时仪器用圆弧齿轮齿形。这种圆弧齿形的主要特点是轮齿的齿根段为非径向直线，它相对标准圆弧齿形的径向直线齿根，已向轮齿体外偏转了一个 $+\gamma$ 角。这种非径向直线齿根的金属圆弧齿轮，最早出现在苏联兵器工业高炮时间控制引信的延时机构中。因为高射炮弹（高炮）在发射瞬间，要承受极大的瞬时加速度和冲击力，为了增强圆弧齿轮齿根强度，适应极其恶劣的工作条件，特采用了这种非标准圆弧齿轮齿形
圆弧齿轮啮合传动分析研究表明，这种非标准圆弧齿根非径向性齿轮，对其轮系的传动啮合曲线特性的影响甚小，可以忽略不计</td></tr>
</table>

2.2.6 大小齿轮分度圆弧齿厚的平衡

在塑料齿轮轮系设计中，两个齿轮的分度圆弧齿厚，如果仍采用金属齿轮弧齿厚的设计方式（$s_1 \approx s_2$），那么少齿数小齿轮的轮齿齿根要比大齿轮齿根瘦弱许多。这样的小齿轮承载负荷的能力要比大齿轮低得多，小齿轮的齿根强度就成为轮系设计中的薄弱环节。为了使齿轮副的负载传输能力最佳化和保证合理的侧隙要求，小齿轮的分度圆弧齿厚应适当增大，大齿轮的弧齿厚则应适当减小。通过调整两齿轮分度圆弧齿厚，在保证合理啮合侧隙的前提下，达到两齿轮轮齿在齿根处的弧齿厚基本相同要求。由于小齿轮参与啮合的频率是大齿轮的 i（传动比）倍，因此，小齿轮齿根弧齿厚应大于大齿轮齿根弧齿厚，就显得更为合理。

2.3 塑料齿轮的结构设计

表 12-12-17　　　　塑料齿轮的结构设计

<table>
<tr><td rowspan="2">塑件名义壁厚的基本要求</td><td>名义壁厚</td><td>塑料齿轮的结构设计与其他塑料零件(塑件)一样,有一个共同的核心问题,即塑件在冷凝过程中的收缩。“名义壁厚”是对任何好的塑件设计方案都同样重要的指标之一,它基本上决定了塑件的形状与结构。尽管对于注塑成型塑件来说,并没有一个平均壁厚之类的概念,但十分常见的塑件壁厚多控制为 3mm 左右。而名义壁厚的变化,也是很重要的,应在一定范围内。对于低收缩率材料的名义壁厚变化应小于 25%,而高收缩率材料则应小于 15%。如果需要对壁厚做更大的改变,就必须对塑件壁厚做出必要的技术处理。因为塑件壁厚变化较大时,厚壁和薄壁的冷凝快慢、收缩大小不均,这样就会导致塑件弯曲变形和尺寸超差</td></tr>
<tr><td>塑件结构壁厚设计及其效果</td><td>必须把握好塑件名义壁厚和内角倒圆两个基本准则。下图为双联齿轮设计示例:
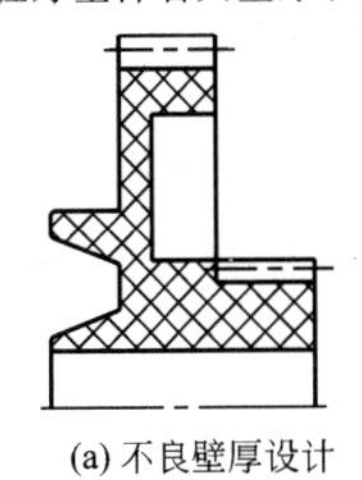
(a) 不良壁厚设计
(b) 不良壁厚的缺陷
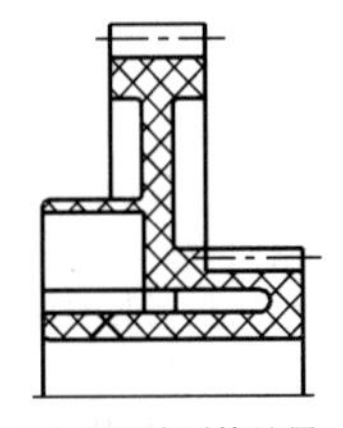
(c) 合理壁厚的效果
图 a 各部壁厚差异较大和内角处没有倒圆为不良设计;图 b 为不良设计注塑成形的塑料齿轮,出现轮缘凹陷、内孔口向内翘曲和模具制造成本较高等缺陷;图 c 为较好的设计方案。其优点是: 1)塑件各部壁厚基本一致,2)齿轮腹板的结构和位置合理,3)降低了模具的制造成本,4)基本上消除了塑件出现如图 b 所示的各种不良缺陷</td></tr>
<tr><td colspan="2">两壁交汇处避免出现尖角</td><td>
(d) 两壁厚交汇处尖角(差的)
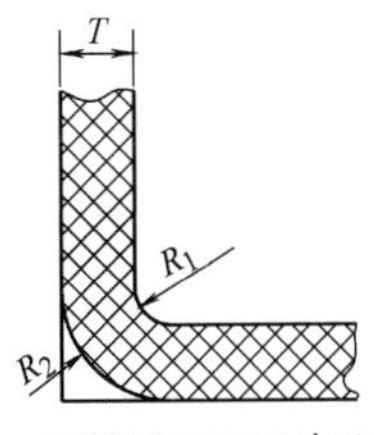

(e) 两壁厚交汇处内外倒圆
$R_1=0.5T$
$R_2=1.5T$
(但$R_1>0.5$mm)
当塑件的两壁交汇成一个内角时,就会出现应力集中和塑胶熔体流动不畅等现象。当将此处型腔两成形面交汇处倒圆时,既可改善塑胶熔体流动的途径,又可使塑件获得比较均匀的壁厚,还可将应力扩散至一较大的区域。通常内角倒圆半径范围为名义壁厚的 25%~75%。较大的倒圆半径虽然会减小应力集中,但会使塑件倒圆处的壁厚变大。当内角处有相对应的外角时,通过调整外角半径值,就可满足塑件保持一个较均匀壁厚的要求。如图 e 所示,塑件内角倒圆半径为名义壁厚的 50%,则外角倒圆半径取 150%</td></tr>
<tr><td>塑件壁上的加强筋</td><td>筋的高度、壁厚和间距</td><td>所有齿宽较厚、形状复杂的塑料齿轮,都在名义壁上设置如图 f、g、h 所示凸筋。塑料齿轮最常见的是加强筋,其目的:一是增强齿轮的刚性和提高塑件尺寸的稳定性;二是控制注入型腔塑胶熔体的流程;三是减轻齿轮的重量,节省材料
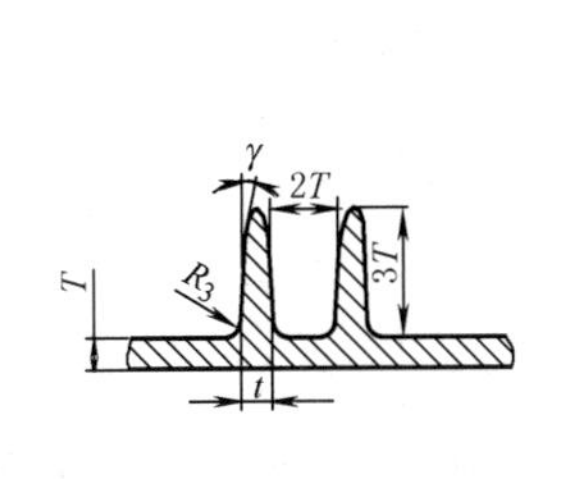

(f) 加强筋
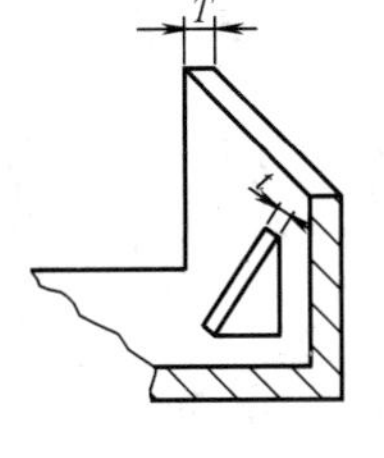

$t=0.50T\sim0.75T$
(g) 角板
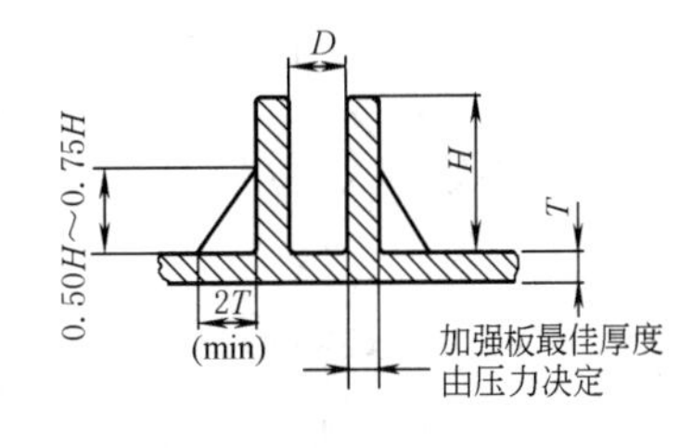

(h) 加强板
通常塑件凸筋的高度不应超过名义壁厚的 2.5~3 倍;尽管较高的凸筋会增强齿轮的刚性,但也可能造成塑胶熔体的填充和排气困难,以致很难准确成型。因此,往往采用两条矮筋代替一条高筋的设计方案。凸筋的厚度对于高收缩率材料,推荐取为名义壁厚的一半,对于低收缩率材料,则大约为 75%。凸筋的合理厚度将有助于控制凸筋与名义壁接合处的收缩,接合处应倒圆,最小倒圆半径可取壁厚的 25%。取较大的倒圆半径将会增加接合处的厚度,会在设置凸筋处的塑件外表面上出现凹陷。当需要使用多条凸筋时,筋与筋之间的距离不应小于两倍名义壁厚。凸筋间距太小,可能会造成凸筋处很难冷凝,并产生较大的残余内应力</td></tr>
</table>

续表

塑件壁上的加强筋	不同加强筋的实例	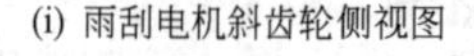 (i) 雨刮电机斜齿轮侧视图 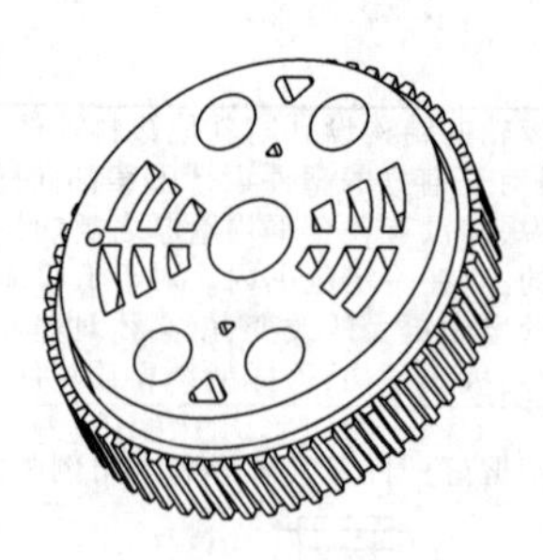 (j) 摇窗电机斜齿轮立体图 雨刮、摇窗等汽车电机中的塑料斜齿轮的特点是齿宽较厚，直径较大。为了提高齿轮的成形精度和机械强度，通常在齿轮腹板两端面上设置不同形式的加强筋。如图 i 为轿车雨刮电机塑料斜齿轮驱动轴一侧端面上的轮缘与轮毂之间，设置了环状和辐射状加强筋。图 j 为摇窗电机塑料斜齿轮的沉孔和加强筋的设置，其造型美观适用，既减轻塑件重量，增强刚性，提高注塑成形精度和尺寸稳定性，还节约了制造成本。在设计环状和辐射状凸筋时，应保证这类凸筋不会影响斜齿轮的顶出与旋转脱模
齿轮的轮缘-轮毂	带轮缘-轮毂的塑料齿轮设计	(k) 与齿轮齿厚相关的腹板厚度 最简单塑料齿轮的基体结构是片状齿轮。这种只有单一名义壁的齿轮，由于没有壁厚变化，从理论上讲将不会有不均匀的收缩。这类齿轮的厚度一般不要超过 6mm，当齿轮厚度大于 4.5mm 时，设计成腹板和轮毂-轮缘式的基体结构，将有利于动力传递的要求 当设计带轮缘-轮毂的塑料齿轮时，必须对齿轮基体结构各个部位的厚度进行周密考虑。轮齿的厚度和齿高已经由齿轮的强度要求所决定，困难在于确定齿轮的哪个部分应选作名义壁，以及它的性能、作用与其他部分之间的关系。齿轮的各个部位按照塑件的基本设计准则，应满足模塑成形的工艺要求。因此，对于任何设计准则，毫无疑问也要作出一些相应的妥协和调整，尽量做到基本满足准则要求 如果将轮齿视为轮缘上的突起部分，则轮缘（或轮毂）的厚度如图 k 所示，可取齿厚 s 的 1.25～3 倍。而腹板和轮毂至少应和轮缘一样厚。由于轮缘-轮毂是设置在腹板上，为了便于塑胶熔体更好的填充和提高齿轮结构的强度，腹板的厚度应该比轮缘更厚一些，但腹板的厚度仍不应超过轮缘厚度的 1.25～3 倍。为了便于塑胶熔体的填充和减少出现应力集中，应对塑件基体结构上所有内角进行倒圆，倒圆半径为壁厚的 50%～75%
	塑料齿轮腹板设计	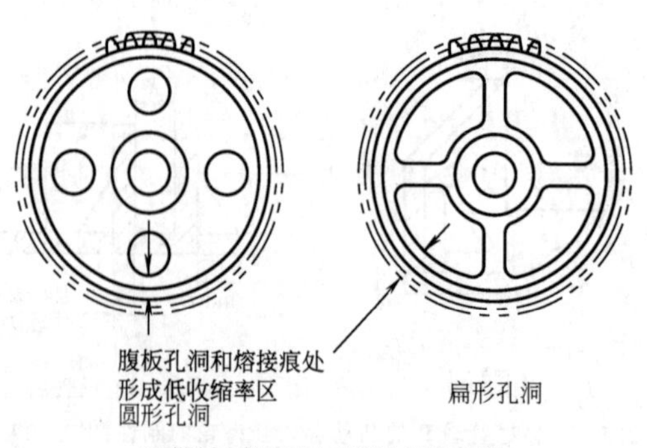 (l) 塑料齿轮腹板上应避免设置孔洞 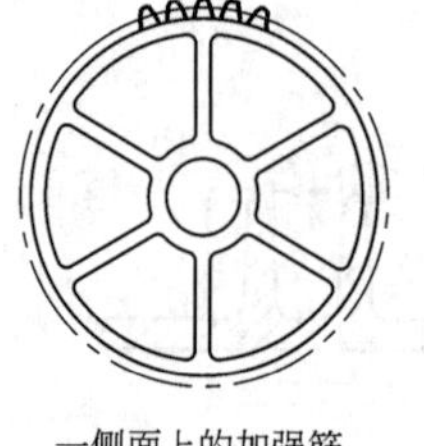 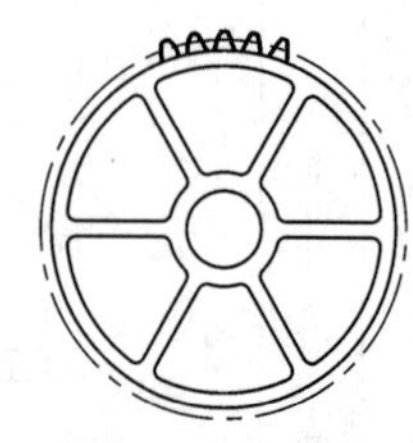 (m) 塑料齿轮腹板两侧面上加强筋的位置 在塑料齿轮的腹板上设计孔洞减轻塑件重量和降低成本的做法应该避免。因为在塑件孔洞周围的表面增加皱纹，如图 l 所示，在齿圈上将产生高、低收缩区，使齿轮齿顶圆直径偏差和圆度误差变大；这种不良的基体结构设计还削弱了齿轮的强度

续表

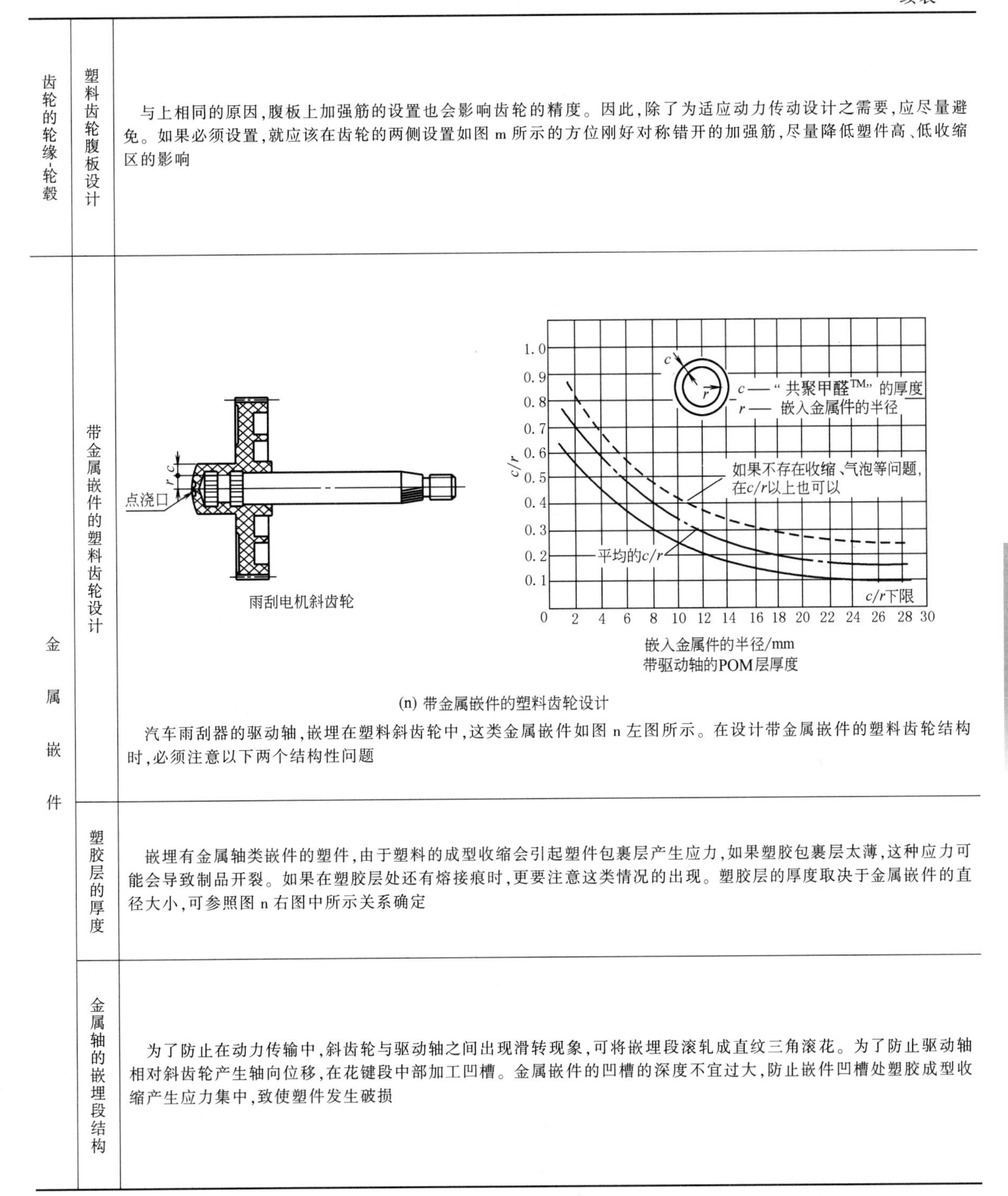

齿轮的轮缘、轮毂	塑料齿轮腹板设计	与上相同的原因,腹板上加强筋的设置也会影响齿轮的精度。因此,除了为适应动力传动设计之需要,应尽量避免。如果必须设置,就应该在齿轮的两侧设置如图 m 所示的方位刚好对称错开的加强筋,尽量降低塑件高、低收缩区的影响
金属嵌件	带金属嵌件的塑料齿轮设计	(n) 带金属嵌件的塑料齿轮设计 汽车雨刮器的驱动轴,嵌埋在塑料斜齿轮中,这类金属嵌件如图 n 左图所示。在设计带金属嵌件的塑料齿轮结构时,必须注意以下两个结构性问题
	塑胶层的厚度	嵌埋有金属轴类嵌件的塑件,由于塑料的成型收缩会引起塑件包裹层产生应力,如果塑胶包裹层太薄,这种应力可能会导致制品开裂。如果在塑胶层处还有熔接痕时,更要注意这类情况的出现。塑胶层的厚度取决于金属嵌件的直径大小,可参照图 n 右图中所示关系确定
	金属轴的嵌埋段结构	为了防止在动力传输中,斜齿轮与驱动轴之间出现滑转现象,可将嵌埋段滚轧成直纹三角滚花。为了防止驱动轴相对斜齿轮产生轴向位移,在花键段中部加工凹槽。金属嵌件的凹槽的深度不宜过大,防止嵌件凹槽处塑胶成型收缩产生应力集中,致使塑件发生破损

2.4 AGMA PT 基本齿条确定齿轮齿形尺寸的计算

采用 AGMA PT 基本齿条确定圆柱直齿齿轮齿形尺寸,只需由已确定了的模数 m、齿数 z 和齿厚 s 等少数几项原始数据即可计算出来,见表 12-12-18。对于斜齿轮也同样适用,但须将基本齿条的模数 m 改为斜齿轮的法向模数 m_n,基本齿条的压力角 α 改为斜齿轮的法向压力角 α_n。

表 12-12-18　　圆柱齿轮齿形尺寸的计算

	计算项目	计算公式及说明	
1. 圆柱直齿外齿轮齿形尺寸的计算	已知圆柱直齿外齿轮原始齿轮数据:模数 m、齿数 z、齿厚 s AGMA PT 基本齿条参数,见表 12-12-7		
	(1)分度圆直径(基准圆直径)d	$d=zm$	z——齿数 m——模数 s——分度圆弧齿厚 s_{BR}——基本齿条齿厚 α——基本齿条压力角(或直齿轮分度圆压力角,或斜齿轮分度圆法向压力角) h_{aBR}——基本齿条齿顶高 h_{fBR}——基本齿条齿根高
	(2)基本齿条变位量 y	$y=\frac{s-s_{BR}}{2\tan\alpha}$	
	(3)齿顶圆直径 d_{ae}	$d_{ae}=d+2y+2h_{aBR}$	
	(4)齿根圆直径 d_f	$d_f=d+2y-2h_{fBR}$	
	(5)基圆直径 d_b	$d_b=d\cos\alpha$	
	(6)构成圆直径 d_F	外齿轮构成圆是指 AGMA PT 基本齿条齿根直线与齿根全圆弧的衔接点(即相切点),在齿轮齿廓上的共轭点所形成的几何圆 $d_F=\sqrt{d_b+\frac{(2y+d\sin^2\alpha-2h_{fFBR})^2}{\sin^2\alpha}}$ h_{fFBR}——基本齿条有效齿根高(衔接点至基准线的距离) 本式括号项如果等于或大于零,即为非根切齿轮	
	(7)齿顶宽度 s_{ae}	$s_{ae}=d_{ae}\left(\frac{s}{d}+\mathrm{inv}\alpha-\mathrm{inv}\alpha_{ae}\right)$	α_{ae}——直齿轮齿顶圆渐开线压力角 $\alpha_{ae}=\arccos\frac{d_b}{d_{ae}}$
	(8)齿根圆角	齿轮齿根圆角,取决于滚刀尺寸和齿顶构型。其确切形状可由滚刀齿顶在展成过程所构成的图形中测得,采用解析法计算十分复杂。当滚刀齿顶为两圆弧时,则这类齿根过渡曲线理论上是一条延伸渐开线的等距线。在设计上可采用一段或二段圆弧来替代齿根理论曲线	
2. 圆柱直齿内齿轮齿形尺寸的计算	(1)齿顶圆直径 d_{ai}	$d_{ai}=d-2y-2h_{aBR}$	齿顶圆直径 d_{ai} 不得小于齿轮基圆直径 d_b
	(2)齿根圆直径 d_f	$d_f=d-2y+2h_{fBR}$	
	(3)构成圆直径 d_F	内齿轮构成圆直径 d_F 取决于造型母齿轮的尺寸。确定此直径的解析计算繁杂,但对内齿轮几何参数的确定并不重要,故讨论从略	
	(4)齿顶圆的齿顶宽度 s_{ai}	$s_{ai}=d_{ai}\left(\frac{s}{d}-\mathrm{inv}\alpha+\mathrm{inv}\alpha_{ai}\right)$	α_{ai}——内齿轮齿顶圆渐开线压力角,按下式计算 $\alpha_{ai}=\arccos\frac{d_b}{d_{ai}}$
	(5)齿根圆角形状	内齿轮齿根圆角,取决于其造型母齿轮的尺寸和齿顶构型。其确切形状可由母齿轮齿顶在展成过程所构成的图形中测得,这种齿根圆角形状也可采用单一半径的近似圆弧代替	

续表

	计算项目	计算公式及说明	
3.圆柱斜齿外齿轮齿形尺寸的计算	已知斜齿轮原始齿轮数据：模数 m_n、齿数 z、法向齿厚 s_n、螺旋角 β		
	(1)分度圆直径(基准圆直径) d	$d=\dfrac{zm_n}{\cos\beta}$	m_n——法向模数 β——分度圆螺旋角
	(2)齿条变位量 y	$y=\dfrac{s_n-s_{BR}}{2\tan\alpha}$	s_n——分度圆法向齿厚
	(3)齿顶圆直径 d_{ae}	$d_{ae}=d+2y+2h_{aBR}$	
	(4)齿根圆直径 d_f	$d_f=d+2y-2h_{fBR}$	
	(5)分度圆端面压力角 α_t	$\alpha_t=\arctan\dfrac{\tan\alpha}{\cos\beta}$	
	(6)基圆直径 d_b	$d_b=d\cos\alpha_t$	
	(7)构成圆直径 d_F	$d_F=\sqrt{d_b^2+\dfrac{(2y+d\sin\alpha_t^2-2h_{fFBR})^2}{\sin\alpha_t^2}}$ 本式括号项如果等于或大于零，即为非根切齿轮	h_{fFBR}——基本齿条有效齿根高(衔接点至基准线的距离)
	(8)法向齿顶宽度 s_{nae}	$s_{nae}=s_{tae}\cos\beta_{ae}$	s_{tae}——齿顶圆端面齿顶宽度 $s_{tae}=\alpha_{ae}\dfrac{s_n}{d\cos\beta}+\mathrm{inv}\alpha_t-\mathrm{inv}\alpha_{tae}$ α_{tae}——齿顶圆端面压力角 $\alpha_{tae}=\arccos\dfrac{d_b}{d_{ae}}$ β_{ae}——齿顶圆螺旋角 $\beta_{ae}=\arctan\dfrac{d_{ae}\tan\beta}{d}$
	(9)端面齿根圆角形状	斜齿轮端面齿根圆角形状，同样取决于滚刀参数和齿顶构型。其确切形状可由滚刀基本齿条齿廓展成运动所生成的过渡曲线中测得	
4.圆柱斜齿内齿轮齿形尺寸的计算	(1)齿顶圆直径 d_{ai}	$d_{ai}=d-2y-2h_{aBR}$	
	(2)齿根圆直径 d_f	$d_f=d-2y+2h_{fBR}$	
	(3)构成圆直径 d_F	与直齿内齿轮构成圆直径 d_F 相同，取决于造型母齿轮的尺寸。d_F 对内齿轮几何参数的确定并不重要，故讨论从略	
	(4)齿顶圆法向齿顶宽度 s_{nai}	$s_{nai}=s_{tai}\cos\beta_{ai}$ 式中 s_{tai}——内直径端面齿顶宽度，按下式计算： $s_{tai}=d_{ai}\left(\dfrac{s_n}{d\cos\beta}-\mathrm{inv}\alpha_t+\mathrm{inv}\alpha_{tai}\right)$ α_{tai}——齿顶圆端面压力角，按下式计算： $\alpha_{tai}=\arccos\dfrac{d_b}{d_{ai}}$ β_{ai}——齿顶圆螺旋角，按下式计算： $\beta_{ai}=\arctan\dfrac{d_{ai}\tan\beta}{d}$	
	(5)齿根圆角形状	斜齿内齿轮与直齿内齿轮一样，这种齿根圆角形状也常采用单半径的近似圆弧代替	

2.4.1 AGMA PT 基本齿条确定齿轮齿顶修缘的计算

表 12-12-19　　圆柱齿轮齿顶修缘的计算

	计算项目	计算公式及说明
	采用试验性基本齿条所确定的齿轮齿顶修缘的结果，可以通过从齿顶修缘基本齿条的展成运动所构成齿廓图形中测得。对于直齿或斜齿外齿轮的齿顶修缘量也可以采用以下近似计算法求得。这种近似计算所产生的误差很小，故没有必要采用繁杂的解析法求解	
圆柱直齿外齿轮的齿顶修缘	(1)齿顶修缘起点直径 d_T	$d_T=\sqrt{d^2+4d(h_{aTBR}+y)+\left[\dfrac{z(h_{aTBR}+y)}{\sin\alpha}\right]^2}$ 式中　d——分度圆直径，$d=zm$ y——齿条变位量，$y=\dfrac{s-s_{BR}}{2\tan\alpha}$ h_{aTBR}——基本齿条齿顶修缘起点的齿顶高。当小直齿轮的 $d_T\geqslant d_{ae}$ 时，该齿轮齿顶修缘的条件即不复存在
	(2)齿顶修缘量 v_{Tae}(法向深度)	$v_{Tae}\approx\dfrac{(h_{aeBR}-h_{aTBR})^2}{2R_{TBR}\cos^2\alpha}$ 式中　R_{TBR}——基本齿条齿顶修缘半径 h_{aTBR}——基本齿条齿顶修缘起点至基准线的距离 h_{aeBR}——与齿轮齿顶圆相对应的基本齿条齿顶高， $h_{aeBR}=0.5d_b\sin\alpha(\tan\alpha_{ae}-\tan\alpha)-y$ d_b——基圆直径，$d_b=d\cos\alpha$ α_{ae}——齿顶圆压力角，$\alpha_{ae}=\arccos\dfrac{d_b}{d_{ae}}$ y——齿条变位量，同上
	(3)齿顶修缘后的齿顶宽度 s_{Tae} 的近似值	$s_{Tae}\approx s_{ae}-\dfrac{2v_{Tae}}{\cos\alpha_{ae}}$ s_{ae}——无齿顶修缘的齿顶宽度， $s_{ae}=d_{ae}\left(\dfrac{s}{d}+\mathrm{inv}\alpha-\mathrm{inv}\alpha_{ae}\right)$
圆柱斜齿外齿轮的齿顶修缘	(1)齿轮齿顶修缘起点直径 d_T	$d_T=\sqrt{d^2+4d(h_{aTBR}+y)+\left[\dfrac{2(h_{aTBR}+y)}{\sin\alpha_t}\right]^2}$ 式中　d——分度圆直径，$d=\dfrac{zm}{\cos\beta}$ y——齿条变位量，$y=\dfrac{s_n-s_{BR}}{2\tan\alpha}$ α_t——分度圆端面压力角，$\alpha_t=\arctan\dfrac{\tan\alpha}{\cos\beta}$ h_{aTBR}——基本齿条齿顶修缘起点的齿顶高，见表 12-12-14 当小斜齿轮的 $d_T\geqslant d_{ae}$ 时，该斜齿轮齿顶修缘的条件已不复存在
	(2)齿顶修缘量 v_{nTae}(法向深度)	$v_{nTae}\approx\dfrac{(h_{aeBR}-h_{aTBR})^2}{2R_{TBR}\cos^2\alpha}$ 式中　R_{TBR}——基本齿条齿顶修缘半径 h_{aTBR}——基本齿条齿顶修缘起点至基准线的距离 h_{aeBR}——与齿轮齿顶圆相对应的基本齿条齿顶高， $h_{aeBR}=0.5d_b\sin\alpha_t(\tan\alpha_{tae}-\tan\alpha_t)-y$ d_b——基圆直径，$d_b=d\cos\alpha_t$ α_t——分度圆端面压力角，$\alpha_t=\arctan\dfrac{\tan\alpha}{\cos\beta}$ α_{tae}——齿顶圆端面压力角，$\alpha_{tae}=\arccos\dfrac{d_b}{d_{ae}}$ y——齿条变位量，$y=\dfrac{s_n-s_{BR}}{2\tan\alpha}$

续表

	计算项目	计算公式及说明	
圆柱斜齿外齿轮的齿顶修缘	(3)齿顶修缘后的端面齿顶宽度 s_{Tae} 的近似值	$$s_{Tae} \approx s_{ae} - \frac{2v_{Tae}}{\cos\alpha_{ae}}$$ 式中 s_{ae}——无齿顶修缘的端面齿顶宽度 $$s_{ae} = \alpha_{ae}\frac{s_n}{d\cos\beta} + \mathrm{inv}\alpha_t - \mathrm{inv}\alpha_{tae}$$	
	(4)齿顶修缘后的齿顶法向宽度 s_{nTae} 的近似值	无齿顶修缘的法向齿顶宽度 s_{nTae}， $$s_{nTae} = s_{tae}\cos\beta_{ae}$$ 齿顶修缘后的法向齿顶宽度 s_{nTae} 按下式计算： $$s_{nTae} \approx s_{nae} - \frac{2v_{nTae}}{\cos\alpha_{nae}}$$	α_{nae}——齿顶圆法向压力角， $$\alpha_{nae} = \arctan(\tan\alpha_{tae}\cos\beta_{ae})$$ β_{ae}——齿顶圆螺旋角， $$\beta_{ae} = \arctan\frac{d_{ae}\tan\beta}{d}$$

2.4.2 圆柱外齿轮齿顶倒圆后的齿廓参数计算

表 12-12-20　　齿廓参数的计算

基于一些设计方面的原因，要使齿轮直径略不同于由设定齿厚和基本齿条所确定的数值。例如，齿顶圆的直径稍许增大一些，可显著改进齿轮啮合的重合度，而又不引起配对齿轮齿根干涉。另一方面，由于齿顶倒圆会使有效齿顶圆直径有所变小，特别是少齿数的小齿轮，由基本齿条直接导出的齿顶圆直径，为了避免根切，可能会使得相应的齿顶宽太窄，甚至齿顶变尖。大齿轮齿顶宽度不存在上述问题，即使是齿顶修缘，也没有必要计算齿顶是否变尖

同样也由于设计方面的理由，要使内齿轮的齿顶圆直径不同于基本齿条所确定的值。一个十分重要的原因是配对小齿轮的齿顶与内齿轮齿顶二者之间可能发生的干涉，特别是小齿轮和内齿轮二者的齿数差不够大时，就有可能出现这类现象。增大内齿轮齿顶圆直径，常足以消除这类干涉。对内齿轮的齿顶宽度也不需要计算

	计算项目	计算公式及说明	
直齿外齿轮齿顶齿廓参数的计算	外齿轮齿顶倒圆后的齿廓参数如图所示	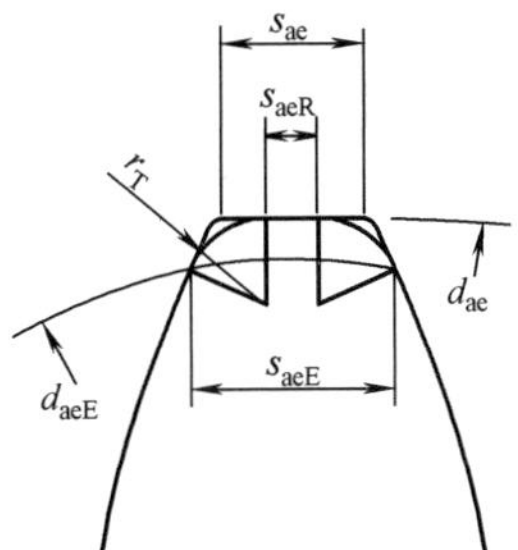	
	(1)齿顶余齿宽度 s_{aeR}	$$s_{aeR} \approx s_{ae} - 2r_T\tan[0.5(90° - \alpha_{ae})]$$ 式中 s_{ae}——齿轮齿顶宽度，$s_{ae} = d_{ae}\left(\frac{s}{d} + \mathrm{inv}\alpha - \mathrm{inv}\alpha_{ae}\right)$ r_T——齿顶圆角半径，由设计者根据需要确定 α_{ae}——齿顶圆渐开线压力角，$\alpha_{ae} = \arccos\frac{d_b}{d_{ae}}$	
	(2)有效齿顶圆直径 d_{aeE}	$d_{aeE} \approx d_{ae} - 2r_T(1 - \sin\alpha_{ae})$	d_{ae}——齿顶圆直径，$d_{ae} = d + 2y + 2h_{aBR}$
	(3)有效齿顶宽度 s_{aeE}	$s_{aeE} \approx s_{aeR} + 2r_T\cos\alpha_{ae}$	

第12篇

续表

<table>
<tr><td rowspan="3">斜齿外齿轮顶齿廓参数的计算</td><td>(1)齿顶法向余齿宽 s_{naeR}</td><td colspan="2">$$s_{naeR} \approx s_{nae} - 2r_T \tan[0.5(90° - \alpha_{nae})]$$
式中 s_{nae}——齿轮法向齿顶宽度，$s_{nae} = s_{tae}\cos\beta_{ae}$
r_T——齿顶圆角半径，由设计者确定
α_{nae}——齿顶圆渐开线法向压力角</td></tr>
<tr><td>(2)有效齿顶圆直径 d_{aeE}</td><td>$d_{aeE} \approx d_{ae} - 2r_T(1 - \sin\alpha_{nae})$</td><td>$d_{ae}$——齿顶圆直径</td></tr>
<tr><td>(3)有效法向齿顶宽度 s_{naeE}</td><td>$s_{naeE} \approx s_{naeR} + 2r_T\cos\alpha_{nae}$</td><td></td></tr>
</table>

2.5 齿轮跨棒(球)距 *M* 值、公法线长度 W_k 的计算

2.5.1 *M* 值的计算

表 12-12-21　　*M* 值的计算方法

渐开线齿轮 *M* 值的计算示意图

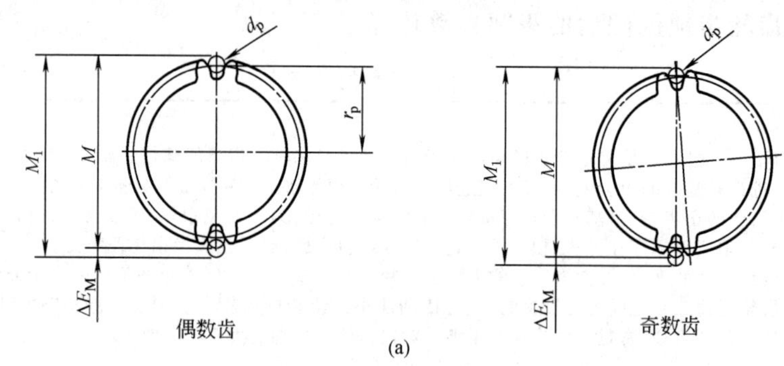

(a)

在图 a 中，令 r_p 为量柱中心到被测齿轮中心的距离，d_p 为量柱直径，通常可优先选用检测螺纹用三针作为量柱。压力角 $\alpha = 20°$ 的不同模数齿轮的 *M* 值测量，可参照下表选择三针。测量 *M* 值的最佳量柱直径选择原则：要求量柱与齿轮齿槽两侧齿廓在分度圆附近相接触。但非标准压力角或变位齿轮，按下表选择的三针与被测齿轮的接触点可能偏离分度圆较远，在这种情况下需要先凭目测选择基本符合上述要求的专用量柱后，再进行 *M* 值的计算

$\alpha = 20°$ 的不同模数齿轮的三针直径 d_p

m	0.1	0.15	0.2	0.25	0.3	0.4	0.5
d_p	0.201	0.291	0.402	0.433	0.572	0.724	0.866
m	0.6	0.7	0.8	1.0	1.25	1.5	
d_p	1.008	1.302	1.441	1.732	2.311	2.595	

<table>
<tr><td rowspan="3">圆柱直齿外齿轮 M 值</td><td>计 算 项 目</td><td colspan="2">计 算 公 式 及 说 明</td></tr>
<tr><td>对于偶数齿</td><td>$M = D_M + d_p$</td><td rowspan="2">$$D_M = 2r_p = d\frac{\cos\alpha}{\cos\alpha_M}$$
$$\text{inv}\alpha_M = \frac{d_p}{mz\cos\alpha} + \text{inv}\alpha - \frac{\pi}{2z} + 2x\frac{\tan\alpha}{z}$$</td></tr>
<tr><td>对于奇数齿</td><td>$M = D_M\cos\frac{\pi}{2z} + d_p$</td></tr>
<tr><td rowspan="2">圆柱斜齿外齿轮 M 值</td><td>对于偶数齿</td><td>圆柱斜齿轮 M 值，应在端面上进行计算
$M = D_M + d_p$</td><td rowspan="2">$$D_M = 2r_p = d\frac{\cos\alpha_t}{\cos\alpha_{Mt}} = \frac{m_n z}{\cos\beta} \times \frac{\cos\alpha_t}{\cos\alpha_{Mt}}$$
$$\text{inv}\alpha_{Mt} = \frac{d_p}{m_n z\cos\alpha_n} + \text{inv}\alpha_t - \frac{\pi}{2z} + 2x_n\frac{\tan\alpha_n}{z}$$
$$\tan\alpha_t = \frac{\tan\alpha_n}{\cos\beta}$$
β——分度圆柱上的螺旋角</td></tr>
<tr><td>对于奇数齿</td><td>$M = D_M\cos\frac{\pi}{2z} + d_p$</td></tr>
</table>

续表

	计算项目	计算公式及说明	
直齿内齿轮 M 值	对于偶数齿	直齿内齿轮 M 值计算与外齿轮类似，但末项前的运算符号易号 $M=D_M-d_p$	$D_M=2r_p=d\dfrac{\cos\alpha}{\cos\alpha_M}$ $\text{inv}\alpha_M=\dfrac{\pi}{2z}+\text{inv}\alpha-\dfrac{d_p}{mz\cos\alpha}+2x\dfrac{\tan\alpha}{z}$
	对于奇数齿	$M=D_M\cos\dfrac{\pi}{2z}-d_p$	
	采用以上公式的 M 值计算比较费时，一些齿轮测量手册针对标准齿轮在公式中引用了相关系数，通过查表来简化计算。但是塑料齿轮的压力角，特别是齿轮型腔和 EDM（电火花加工）用的齿轮电极均为非标准压力角，因此无法引入这类系数来简化 M 值的计算		
斜齿内齿轮 M 值的计算	斜齿内齿轮 M 值计算与外齿轮类似，但末项前的运算符号易号 对于偶数齿：$M=D_M-d_p$ 对于奇数齿：$M=D_M\cos\dfrac{\pi}{2z}-d_p$ 式中 $D_M=2r_p=d\dfrac{\cos\alpha_t}{\cos\alpha_{Mt}}=\dfrac{m_nz}{\cos\beta}\times\dfrac{\cos\alpha_t}{\cos\alpha_{Mt}}$ $\text{inv}\alpha_{Mt}=\dfrac{\pi}{2z}+\text{inv}\alpha_t-\dfrac{d_p}{m_nz\cos\alpha_n}+2x_n\dfrac{\tan\alpha_n}{z}$ 斜齿内齿轮 M 值测量的注意事项： ①直齿外、内齿轮和斜齿轮外齿轮，可以使用量棒或量球测量跨棒（球）距 M 值；而斜齿内齿轮只能采用量球进行跨球距 M 值测量 ②测量斜齿轮跨球距 M 值的量球直径，可先按 $d_p\approx1.69m_n$ 粗算，而后进行圆整，选择尺寸较为接近的标准钢球 ③测量斜齿内齿轮跨球距 M 值时，要求两钢球的中心应处在垂直斜齿内齿轮轴线的同一截面上；否则，测量不准确		
蜗杆 M 值	阿基米德蜗杆 M 值的计算	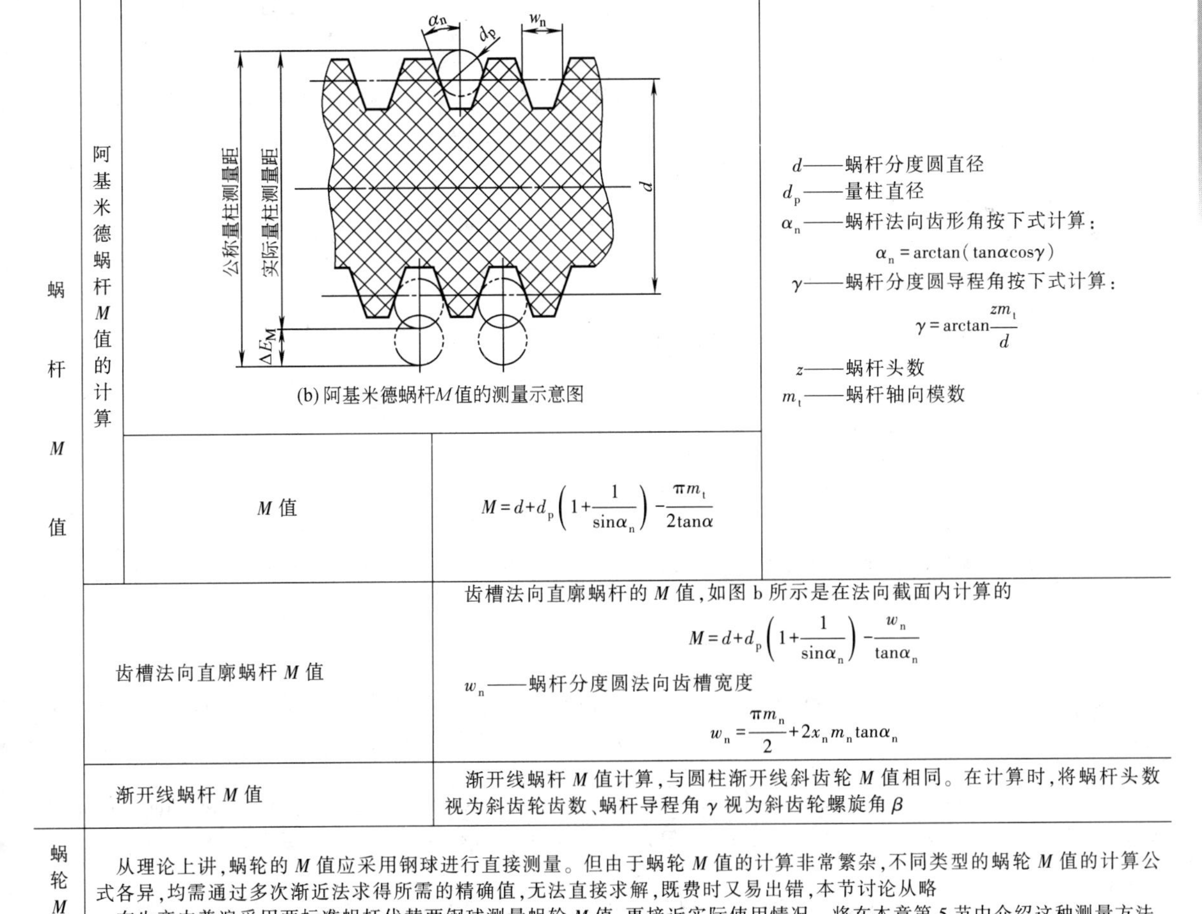 (b) 阿基米德蜗杆 M 值的测量示意图	d——蜗杆分度圆直径 d_p——量柱直径 α_n——蜗杆法向齿形角按下式计算： $\alpha_n=\arctan(\tan\alpha\cos\gamma)$ γ——蜗杆分度圆导程角按下式计算： $\gamma=\arctan\dfrac{zm_t}{d}$ z——蜗杆头数 m_t——蜗杆轴向模数
	M 值	$M=d+d_p\left(1+\dfrac{1}{\sin\alpha_n}\right)-\dfrac{\pi m_t}{2\tan\alpha}$	
	齿槽法向直廓蜗杆 M 值	齿槽法向直廓蜗杆的 M 值，如图 b 所示是在法向截面内计算的 $M=d+d_p\left(1+\dfrac{1}{\sin\alpha_n}\right)-\dfrac{w_n}{\tan\alpha_n}$ w_n——蜗杆分度圆法向齿槽宽度 $w_n=\dfrac{\pi m_n}{2}+2x_nm_n\tan\alpha_n$	
	渐开线蜗杆 M 值	渐开线蜗杆 M 值计算，与圆柱渐开线斜齿轮 M 值相同。在计算时，将蜗杆头数视为斜齿轮齿数、蜗杆导程角 γ 视为斜齿轮螺旋角 β	
蜗轮 M 值	从理论上讲，蜗轮的 M 值应采用钢球进行直接测量。但由于蜗轮 M 值的计算非常繁杂，不同类型的蜗轮 M 值的计算公式各异，均需通过多次渐近法求得所需的精确值，无法直接求解，既费时又易出错，本节讨论从略 在生产中普遍采用两标准蜗杆代替两钢球测量蜗轮 M 值，更接近实际使用情况。将在本章第 5 节中介绍这种测量方法		

2.5.2 公法线长度的计算

表 12-12-22　　公法线长度的计算方法

<table>
<tr><th></th><th>计算项目</th><th colspan="2">计算公式及说明</th></tr>
<tr><td rowspan="3">圆柱直齿轮公法线长度</td><td>渐开线齿轮公法线长度检测</td><td colspan="2">圆柱直齿内、外齿轮的公法线长度计算原理见下图 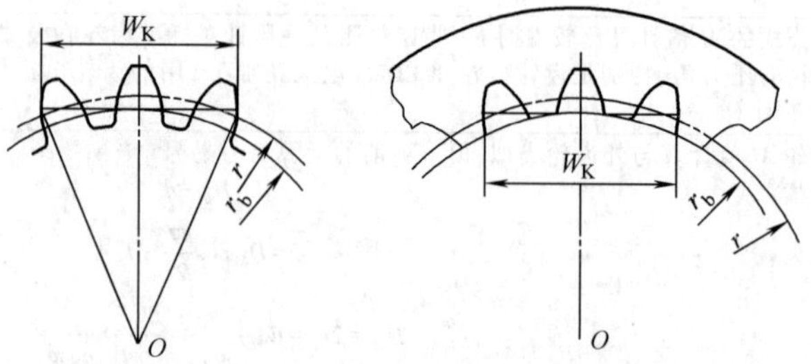
(a) 外齿轮　(b) 内齿轮</td></tr>
<tr><td>圆柱直齿轮的公法线长度 W_K</td><td>$W_K=[(K-0.5)\pi+z\times\mathrm{inv}\alpha]m\cos\alpha$</td><td rowspan="2">$K$——跨齿数，可按下式求得：
$K=\frac{\alpha}{180}z+0.5$
当 $\alpha=20°$ 时，$K=0.11z+0.5$
$\alpha=15°$ 时，$K=0.08z+0.5$
$\alpha=14.5°$ 时，$K=0.08z+0.5$
对以上计算所得的值经四舍五入后取整数</td></tr>
<tr><td>变位直齿轮的公法线长度 W'_K</td><td>$W'_K=W_K+2xm\sin\alpha$
W_K 按上式计算</td></tr>
<tr><td rowspan="2">圆柱斜齿轮公法线长度</td><td>斜齿轮的法向公法线长度</td><td colspan="2">先按直齿轮公法线长度计算公式求得端面的公法线长度 W_{Kt}，而后按端、法面之间的几何关系，求得
$W_{Kn}=W_{Kt}\cos\beta_b=m_t\cos\alpha_t[\pi(K-0.5)+z\mathrm{inv}\alpha_t]\cos\beta_b$
式中，β_b 为基圆柱上的螺旋角
$\mathrm{inv}\alpha_t=\tan\alpha_t-\alpha_t$，$\cos\beta_b=\cos\beta\frac{\cos\alpha_n}{\cos\alpha_t}$，$\tan\alpha_t=\frac{\tan\alpha_n}{\cos\beta}$，$m_t=\frac{m_n}{\cos\beta}$，$\alpha_t=\arctan\frac{\tan\alpha_n}{\cos\beta}$
在以上各式中代入法向模数，则 W_{Kn} 可按下式计算
$W_{Kn}=m_n\left[\pi(K-0.5)\cos\alpha_n+z\left(\frac{\tan\alpha_n}{\cos\beta}-\arctan\frac{\tan\alpha_n}{\cos\beta}\right)\cos\alpha_n\right]$</td></tr>
<tr><td>变位斜齿轮的端面公法线长度</td><td colspan="2">$W'_{Kt}=m_t\cos\alpha_t[\pi(K-0.5)+z\mathrm{inv}\alpha_t]+2x_tm_t\sin\alpha_t$
而法向公法线长度 W'_{Kn}，可利用基圆柱上螺旋角的关系计算如下：
$W'_{Kn}=W'_{Kt}\cos\beta_b=m_n\left[\pi(K-0.5)\cos\alpha_n+z\left(\frac{\tan\alpha_n}{\cos\beta}-\arctan\frac{\tan\alpha_n}{\cos\beta}\right)\cos\alpha_n\right]+2xm_n\sin\alpha_n$</td></tr>
<tr><td rowspan="2">内啮合直齿轮公法线长度</td><td>标准直齿内齿轮公法线长度 W_i</td><td colspan="2">与外啮合圆柱直齿轮公法线长度的计算方法基本相同，即仍按式 $W_K=[(K-0.5)\pi+z\times\mathrm{inv}\alpha]m\cos\alpha$ 计算</td></tr>
<tr><td>变位直齿内齿轮的 W_i</td><td>$W_i=W_K-2xm\sin\alpha$</td><td>仅将变位直齿轮的公法线长度 W'_K 算式末项前的运算符号易号</td></tr>
<tr><td>内啮合斜齿轮公法线长度</td><td colspan="3">与外啮合圆柱斜齿轮公法线长度的计算方法基本相同，按直齿轮公法线长度计算式 $W_K=[(K-0.5)\pi+zx\mathrm{inv}\alpha]m\cos\alpha$ 求得斜齿轮端面公法线长度 W_{it}。但变位直齿内齿轮的 W_i，应将式 $W'_K=W_K+2xm\sin\alpha$ 末项前的运算符号易号，即
$W_{it}=W_i-2xm\sin\alpha$
由于内斜齿轮法向公法线长度不便进行直接测量，一般多在万能工具显微镜上进行端面公法线长度 W_{it} 测量</td></tr>
</table>

2.6 塑料齿轮的精度

表 12-12-23　　塑料齿轮的精度

<table>
<tr><td colspan="2">概述</td><td>长期以来，塑料齿轮的精度设计与检测一直参照金属齿轮的标准与做法。金属齿轮的精度要求、加工工艺和检测手段及其方法业已成熟并载入相关的设计手册。也就是说金属齿轮的加工工艺和设备，主要取决于齿轮的精度要求。不同精度齿轮采取不同的设备和工艺来加工，齿轮精度已有国际（ISO）和国家（GB）标准。然而，大批量塑料齿轮的生产只可能通过注射成形的模塑工艺来完成；由于塑件注射成形后的各向异性收缩特性、齿轮结构设计的合理性、注塑工艺参数的稳定性、注射模齿轮型腔设计制造精度等多种因素的影响，与金属齿轮相比，塑料齿轮精度偏低
塑料齿轮（或称模塑齿轮）的精度设计，长期没有一个统一的规范可循，精度等级定得过高，生产成本将会大大增加，太低又无法保证产品的性能要求。因此，目前塑料齿轮的精度要求，仍基本上处于凭设计者的经验而定的无序阶段</td></tr>
<tr><td colspan="2">塑料齿轮的精度设计</td><td>根据目前国内外塑料齿轮的制造水平，将大批量生产的动力型塑料齿轮的精度等级定在国标 GB/T 38192—2019　9~12 级是经济合理的。对于要求高的国标 8 级以上（含 8 级）运动型塑料齿轮，仍采用注射成型工艺生产已相当困难，其中有些项目是很难达到的
日本理光采用“二次压缩成型”工艺注射成型大尺寸、小模数塑料齿轮的精度，可达 JGMA 116-02:1983 0 级精度；但相关实验表明，这种新工艺对小尺寸的小模数塑料齿轮精度与现行采用的注射工艺尚无明显改善
对于动力型传动齿轮，由于塑料齿轮自身的柔韧性，轮齿在负载运转的过程中会出现轻微的弯曲变形，对单个齿距偏差 f_p 和径向综合总偏差 F_{id} 具有较好的包容性，还有一定的吸振降噪作用。因此，将塑料齿轮的精度相对同类金属齿轮降低 1~2 级是可行的。有关塑料齿轮的精度要求，对于传递精度要求较高的动力型塑料齿轮，应有较高的精度要求，如国标 8 级以上（含 8 级）。如果仍使用精度较低的塑料齿轮，会由于齿面的过早磨损，而造成传动轮系的传递精度的过快降低</td></tr>
<tr><td rowspan="2">塑料齿轮的精度标准</td><td>总体情况</td><td>早在 40 多年前，日本针对塑料齿轮制定了 JGMA 116-02:1983，但该标准仅规定了齿轮的径向综合误差 F_i'' 和一齿径向综合误差 f_i'' 允容值，其检测手段主要依靠齿轮双面啮合仪
虽然美国“塑料齿轮齿形尺寸”ANSI/AGMA 1106-A97 推出的 AGMA PT 为适应动力型传动用塑料齿轮的基本齿条齿廓，但 AGMA PT 仍未涉及有关塑料齿轮的精度标准
2009 年，日本才正式颁发了第一部塑料齿轮精度标准：JIS B 1702-3:2008 圆柱齿轮-精度等级（第 3 部分　注塑成型齿轮的径向综合偏差的定义及允许值）。该标准是在 JIS B 1702-1:1998 圆柱齿轮-精度等级（第 1 部分：有关齿轮轮齿同侧齿面偏差的定义及精度允许值）和 JIS B 1702-2:1998 圆柱齿轮-精度等级（第 2 部分：径向综合偏差及径向跳动偏差的定义及精度允许值）的基础上，专门针对注射成形圆柱渐开线齿轮的性能、制造方法以及特征作为考察对象所制定的日本工业标准
2019 年，我国第一部塑料齿轮国家标准颁布——GB/T 38192—2019 注射成型塑料圆柱齿轮精度制 轮齿同侧齿面偏差和径向综合偏差的定义和允许值，标准的制定过程中，既采用了最新的 ISO 精度制标准体系，如名词术语、精度分级理念和公差计算公式，又结合了我国塑料齿轮方面的成熟技术和经验，形成了具有中国特色的塑料齿轮精度等级计算、测量和评价体系</td></tr>
<tr><td>GB/T 38192—2019 的使用范围</td><td>本标准规定了注射成形塑料渐开线圆柱齿轮轮齿同侧齿面偏差和径向综合偏差的术语、精度制架构和允许值
本标准仅适用于单个齿轮的每一要素，而不包括齿轮副
本标准根据塑料齿轮精度的特点，规定了 9 个公差等级，从 4 级到 12 级。这些公差可以应用于以下范围：
$5 \leqslant z \leqslant 1000$
$0.5\text{mm} \leqslant d \leqslant 280\text{mm}$
$0.1\text{mm} \leqslant m_n \leqslant 3.5\text{mm}$
$0.2\text{mm} \leqslant b \leqslant 40\text{mm}$
$\beta \leqslant 45°$
本标准不包括齿轮设计和表面结构</td></tr>
</table>

续表

		序号	偏差项目及代号	定义
塑料齿轮的精度标准	GB/T 38192—2019 偏差与定义	1	单个齿距偏差 f_p	所有任一单个齿距偏差的最大绝对值
		2	齿距累积总偏差 F_p	齿轮所有齿的指定齿面的任一齿距累积偏差的最大代数差
		3	齿廓总偏差 F_α	在齿廓计值长度 L_α 内，包容被测齿廓的两条设计齿廓间的距离（见图 12-12-2a）
		4	齿廓形状偏差 $f_{f\alpha}$	在齿廓计值长度 L_α 内，包容被测齿廓的两条平均齿廓线间的距离（见图 12-12-2b）
		5	齿廓倾斜偏差 $f_{H\alpha}$	以齿廓控制圆直径（d_{Cf}）为起点，以平均齿廓线的延长线与齿顶圆直径 d_a 的交点为终点，与这两点相交的两条设计齿廓间的距离（见图 12-12-2c）
		6	螺旋线总偏差 F_β	在螺旋线计值长度 L_β 内，包容被测螺旋线的两条设计螺旋线间的距离（见图 12-12-3a）
		7	螺旋线形状偏差 $f_{f\beta}$	在螺旋线计值长度 L_β 内，包容被测螺旋线的两条平均螺旋线间的距离（见图 12-12-3b）
		8	螺旋线倾斜偏差 $f_{H\beta}$	在齿轮全齿宽 b 内，与平均螺旋线的延长线和两端面交点相交的两条设计螺旋线之间的距离（见图 12-12-3c）
		9	径向综合总偏差 F_{id}	在径向（双面）综合测量时，出现的中心距最大值和最小值之差（见图 12-12-4）
		10	一齿径向综合偏差 f_{id}	当产品（被测）齿轮的左右齿面同时与测量齿轮接触，在旋转一周后，所有齿距中（$360°/z$）的径向综合偏差的最大值，且要将长周期成分的影响从波形中去除（见图 12-12-5） 注：波形的长周期主要包括因齿轮的偏心产生的正弦波和因浇口、加强筋等结构造成的多次谐波（见图 12-12-4）
		11	切向综合总偏差 F_{is}	被测齿轮与测量齿轮单面啮合检验时，被测齿轮一转内，齿轮分度圆上实际圆周位移与理论圆周位移的最大差值
		12	一齿切向综合偏差 f_{is}	切向综合偏差的短周期成分（高通滤波）的峰-峰值振幅用来确定一齿切向综合偏差 f_{is} 的值。最高峰-峰值振幅不应大于 $f_{isT,max}$ 并且最低峰-峰值振幅不小于 $f_{isT,min}$。峰-峰值振幅是齿轮副测量的运动曲线中一个齿距内的最高点和最低点的差
		13	径向跳动 F_r	齿轮的径向跳动值为任一径向测量距离 r_i 最大值与最小值的差，图 12-12-6 是径向跳动的图例，图中，偏心量是径向跳动的一部分（见 GB/Z 18620.2）

齿轮精度制的应用 — 需要检测的几何偏差

齿轮几何偏差根据具体要求和情况可以使用齿轮测量仪、三坐标测量机（CMM）、单啮仪、双啮仪、影像仪等多种设备进行测量。测量方法的选择取决于公差的等级、相关的测量不确定度、齿轮的尺寸、生产数量、可用设备和测量成本

齿轮被测几何偏差

参数符号	测量描述	主检	参考
要素：			
F_p	齿距累积总偏差	△	
f_p	单个齿距偏差		△
F_α	齿廓总偏差	△	
$f_{f\alpha}$	齿廓形状偏差		△
$f_{H\alpha}$	齿廓倾斜偏差	△	
F_β	螺旋线总偏差	△	
$f_{f\beta}$	螺旋线形状偏差		△
$f_{H\beta}$	螺旋线倾斜偏差	△	
F_r	径向跳动		△
综合：			
F_{id}	径向综合总偏差	△	
f_{id}	一齿径向综合偏差		△
F_{is}	切向综合总偏差		△
f_{is}	一齿切向综合偏差		△

续表

塑料齿轮的精度标准

齿轮精度制的应用

需要检测的几何偏差

上表中包含符合 GB/T 38192—2019 需要检测的主检项目和参考项目。具体选择主检项目和参考项目，由产品齿轮设计者或由供需双方协商确定

通常，轮齿两侧采用相同的公差。在一些情况下，承载齿面可以比非承载齿面或轻承载齿面规定更高的精度等级。此时，应在齿轮工程图上说明此情况并注明承载齿面

除非另有规定，制造商应从以下选择：

——采用的测量方法应来自 GB/Z 18620.1 和 GB/Z 18620.2 中描述的适用方法和下表中列出的方法

——根据选择的测量方法，确定按规范校准的测量仪器（例如采用影像测量时，应选择按 GB/T 24762—2009 校准后的影像仪）

——轮齿测量需要沿圆周近似均布（浇口、加强筋、熔接痕等不能避开）并满足下表中规定的最少齿数

最少测量齿数

参考符号	测量描述	典型测量方法	最少测量齿数
要素			
F_p	齿距累积总偏差	绝对法 相对法	全齿
f_p	单个齿距偏差	绝对法 相对法	全齿
F_α $f_{f\alpha}$ $f_{H\alpha}$	齿廓总偏差 齿廓形状偏差 齿廓倾斜偏差	齿廓测量	4 齿 （不避开浇口、加强筋、熔接痕等特征）
F_β $f_{f\beta}$ $f_{H\beta}$	螺旋线总偏差 螺旋线形状偏差 螺旋线倾斜偏差	螺旋线测量	4 齿
综合			
F_{id}	径向综合总偏差	—	全齿
f_{id}	一齿径向综合偏差	—	全齿
F_{is}	切向综合总偏差	—	全齿
f_{is}	一齿切向综合偏差	—	全齿
尺寸			
s	齿厚	跨棒（球）距（M） 跨齿测量距（W） 检测半径	2 处 2 处 全齿

误差特性与测量

1. 误差特性

注射成形塑料齿轮由于受热塑性材料特性（收缩率大、各向异性收缩等）、注塑工艺（注塑压力、温度等）、模具特点（浇口数量和位置、模温不均等）和齿轮结构（加强筋、嵌件和齿宽尺寸等）的影响，采用齿轮测量中心在齿宽不同位置所测量的结果会出现差异，通常在齿宽中部检测的结果，并不能代表产品齿轮的整体质量状况

2. 产品齿轮准备

塑料齿轮注射成形后，要经过三个时期的变化，尺寸才能达到基本稳定状态

第一时期是快速收缩期，是由材料冷却导致。受产品材料、尺寸和结构等因素影响，一般情况，放置 1~6h 内都能完成

第二时期是微变期，是由高分子材料后期结晶、内应力和结构应力等因素充分释放带来的微小的收缩变化。吸水率低的塑料齿轮一般情况 3~15 天内，尺寸可以达到稳定状态

第三个时期是吸水变化期，特别针对吸水率高或对含水率敏感的高分子材料成形的产品齿轮。由于注塑前材料经过干燥处理，当产品齿轮从模具中取出冷却基本达到放置环境温度时，会从周围空气中吸收水分，使产品齿轮的外形尺寸变大，内孔尺寸变小或变大，而强韧性等力学性能也会变化。一般情况下需要经过 5~30 天，产品齿轮才能达到稳定状态

不同材料和不同结构的产品齿轮在不同的环境中达到基本稳定的时间也不尽相同。建议在标准测量环境条件下检测三个时期的误差项目，供需双方可根据产品特性和使用环境等因素来确定测量冷却时间、测量环境温度和取样方法等

3. 测量齿轮的要求

对产品齿轮进行径向综合偏差测量时需要使用测量齿轮。供需双方需要协商测量齿轮的设计、精度和成本。测量齿轮应与产品齿轮的整个被测齿廓啮合，也应该接触产品齿轮的整个有效齿宽。产品齿轮精度为 9 级至 12 级的用 6 级精度（含 6 级）以上的测量齿轮。对于 9 级精度以上的产品齿轮，测量齿轮需要

续表

<table>
<tr><td rowspan="3">塑料齿轮的精度标准</td><td rowspan="3">齿轮精度制的应用</td><td>误差特性与测量</td><td>比产品齿轮精度高2级(含2级)
对于直齿轮,可按规定的公差确定其精度等级。对于斜齿轮,因纵向重合度 ε_β 会影响径向综合测量结果,其测量齿轮的齿宽应使与产品齿轮啮合时的纵向重合度 ε_β 小于或等于0.5。当该纵向重合度 ε_β 大于0.5时,应按供需双方的协议来使用
4. 测量方法
根据注塑齿轮的误差特性,选择合适的测量方法是必要的。与蜗杆啮合的斜齿轮可以选用齿轮测量中心在齿宽中部进行测量;平行轴系传动齿轮可采用双面啮合测量仪进行径向综合偏差测量,或采用单面啮合仪进行切向综合偏差测量,测量结果更能反映产品齿轮的整体质量状况;对于模数小于0.2mm的微小直齿圆柱齿轮,可选择影像仪进行投影测量
应注意,对同一个产品齿轮采用不同的测量方法得到的结果不能直接比较</td></tr>
<tr><td>齿轮公差要求规范</td><td>在图纸上或齿轮规范中规定的齿轮偏差信息应包括以下内容:
a. 标准的引用(应注明GB/T 38192—2019)
b. 各个偏差参数的公差等级(等级可以不相同,公差值根据本标准所给出的公式进行计算)
c. 明确最少测量齿数(如果与推荐的最少齿数不一致)
d. 齿廓设计修形形状(如果存在)
e. 齿廓计值范围和螺旋线计值范围
f. 齿廓控制圆直径(定义为直径、展开长度或展开角)
g. 其他测量要求,如齿厚[规定为分度圆齿厚、跨齿测量距或跨棒(球)测量距]、齿顶圆直径和齿根圆直径、齿顶或齿根圆角、齿面的表面粗糙度
这些信息通常可用一张参数表给出
设计者可以在齿根成形圆直径 d_{Ff} 和有效齿根圆直径 d_{Nf} 之间选择任意位置作为齿廓控制圆直径 d_{Cf}。如果齿廓控制圆直径 d_{Cf} 没有具体规定,有效齿根圆直径 d_{Nf} 可以用来替代。当一个齿轮和一个以上齿轮啮合的,选择控制圆直径 d_{Cf} 时应考虑每个齿轮的有效齿根圆直径 d_{Nf}</td></tr>
<tr><td>验收及评定标准</td><td>1. 齿轮公差等级的标识
根据本标准,齿轮公差等级的标识或规定可按下述格式表示:
GB/T 38192—2019 A
其中A表示设计齿轮公差等级。如果标准出版年代没有列出,则使用最新版本的GB/T 38192
2. 齿轮公差等级
对于给定的一个齿轮,各偏差项目允许使用不同的公差等级
3. 公差
指定公差等级的齿轮各项公差,可根据公差计算公式计算
4. 评定标准
除非供需双方协议中另有规定,否则应以GB/T 38192—2019标准规定的公差、方法和定义为准。参见ISO 18653、ISO/TR 10064-5和ISO 14253-1中论述的测量不确定度和如何应用指定公差
5. 齿轮公差等级评价
一个齿轮总的公差等级,由GB/T 38192—2019标准中规定的各偏差测量值所对应的最大公差等级数来决定
例:一个产品齿轮经测量得到齿廓总偏差符合7级公差等级、齿廓倾斜偏差符合8级公差等级、齿廓形状偏差符合9级公差等级,则该产品齿轮的公差等级为9级</td></tr>
</table>

续表

			序号	名称及代号	定义
塑料齿轮的精度标准	公差值	公差计算公式	1	单个齿距公差 f_{pT}	$f_{pT}=(0.001d+0.4m_n+5)\sqrt{2}^{A-5}$
			2	齿距累积总公差 F_{pT}	$F_{pT}=(0.002d+0.55\sqrt{d}+0.7m_n+12)\sqrt{2}^{A-5}$
			3	齿廓总公差 $F_{\alpha T}$	$F_{\alpha T}=\sqrt{f_{H\alpha T}^2+f_{f\alpha T}^2}$
			4	齿廓形状公差 $f_{f\alpha T}$	$f_{f\alpha T}=(0.55m_n+5)\sqrt{2}^{A-5}$
			5	齿廓倾斜公差 $f_{H\alpha T}$	$f_{H\alpha T}=(0.4m_n+0.001d+4)\sqrt{2}^{A-5}$
			6	螺旋线总公差 $F_{\beta T}$	$F_{\beta T}=\sqrt{f_{H\beta T}^2+f_{f\beta T}^2}$
			7	螺旋线形状公差 $f_{f\beta T}$	$f_{f\beta T}=(0.07\sqrt{d}+0.45\sqrt{b}+4)\sqrt{2}^{A-5}$
			8	螺旋线倾斜公差 $f_{H\beta T}$	$f_{H\beta T}=(0.05\sqrt{d}+0.35\sqrt{b}+4)\sqrt{2}^{A-5}$
			9	径向综合总公差 F_{idT}	$F_{idT}=(0.018d+0.495\sqrt{d}+0.83m_n+14.6)\sqrt{2}^{A-5}$
			10	一齿径向综合公差 f_{idT}	$f_{idT}=0.2(0.08d+m_n+19)\sqrt{2}^{A-5}$
			11	切向综合总公差 F_{isT}	$F_{isT}=F_{pT}+f_{isT,max}$
			12	一齿切向综合公差 f_{isT}	f_{isT} 的最大值和最小值用公式(1)和(2)计算，或用公式(1)和(3)计算 $f_{isT,max}=f_{is(design)}+(0.375m_n+5.0)\sqrt{2}^{A-5}$ (1) $f_{isT,min}$ 的值大于下列公式的计算值： $f_{isT,min}=f_{is(design)}-(0.375m_n+5.0)\sqrt{2}^{A-5}$ (2) 或 $f_{isT,min}=0$ (3)
			13	径向跳动公差 F_{rT}	$F_{rT}=0.9F_{pT}=0.9\ (0.002d+0.55\sqrt{d}+0.7m_n+12)\ \sqrt{2}^{A-5}$
		计算式的使用	1. 使用范围 超过 GB/T 38192—2019 标准规定使用范围的齿轮的公差需要经供需双方同意 2. 级间公比 两相邻公差等级的级间公比是$\sqrt{2}$，本级数值乘以（或除以）$\sqrt{2}$即可得到相邻较高（或较低）一级的数值。5 级精度的未圆整的计算值乘以$\sqrt{2}^{A-5}$ 即可得任一公差等级的待求值，其中 A 为指定轮齿公差等级数 3. 圆整规则 公式计算得到的值需按下述规则圆整： ——如果计算值大于 10μm，圆整到最接近的整数值，单位微米 ——如果计算值大于或等于 5μm，并小于或等于 10μm，圆整到最接近的整数或尾数为 0.5μm 的值 ——如果计算值小于 5μm，圆整到最接近的尾数为 0.1μm 的值 ——如果按上述规则无法圆整，计算值向上圆整到对应最接近的值		

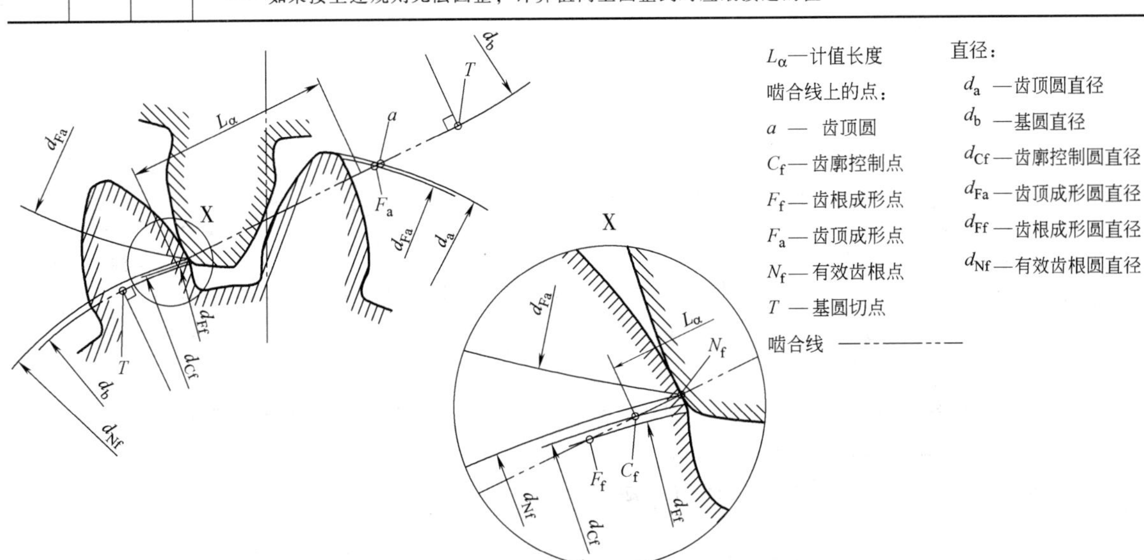

图 12-12-1 外啮合齿轮副上的直径和展开长度

注：对于配对齿轮的直径具有相同的符号，但数值不同。

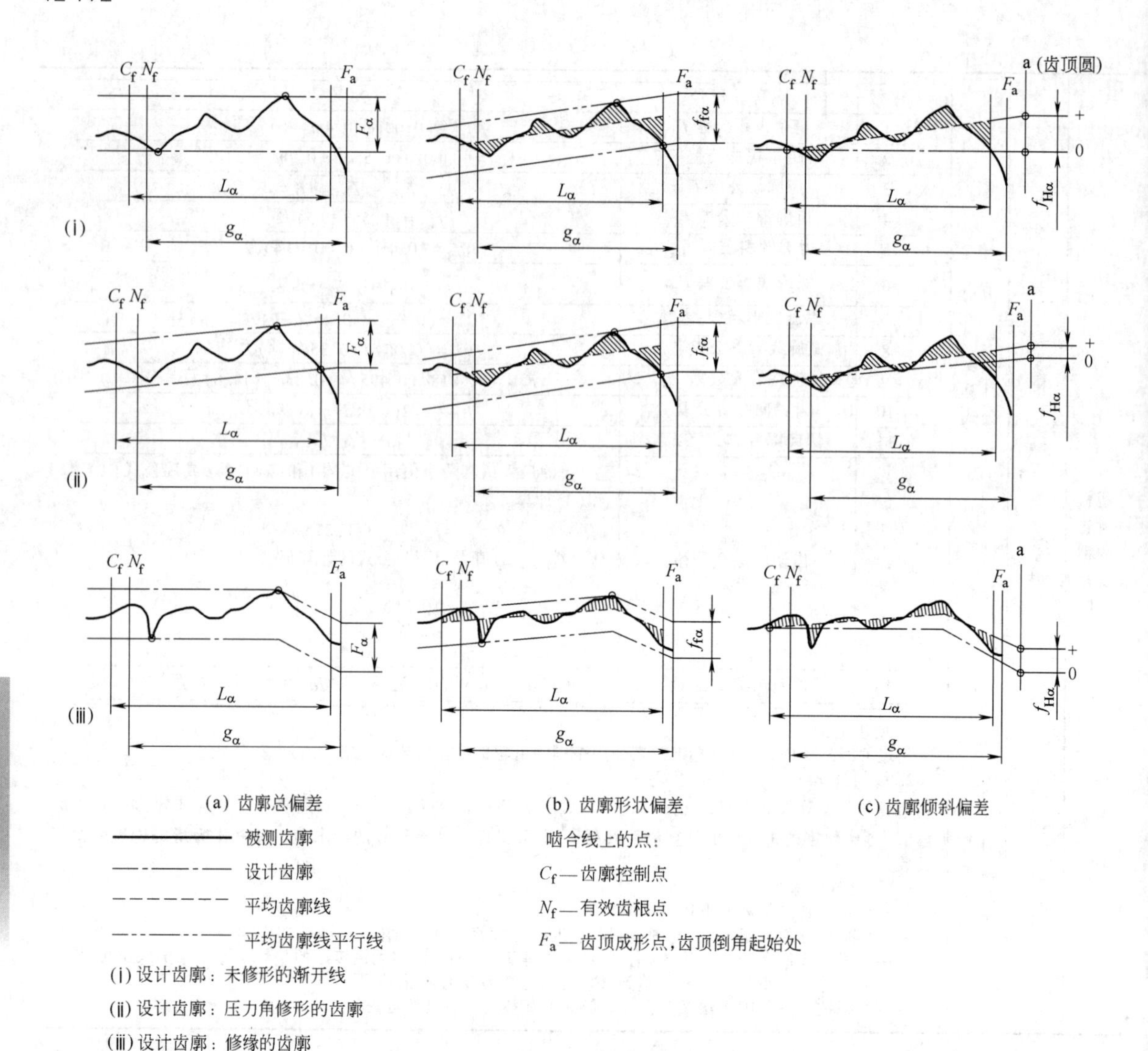

图 12-12-2 齿廓偏差

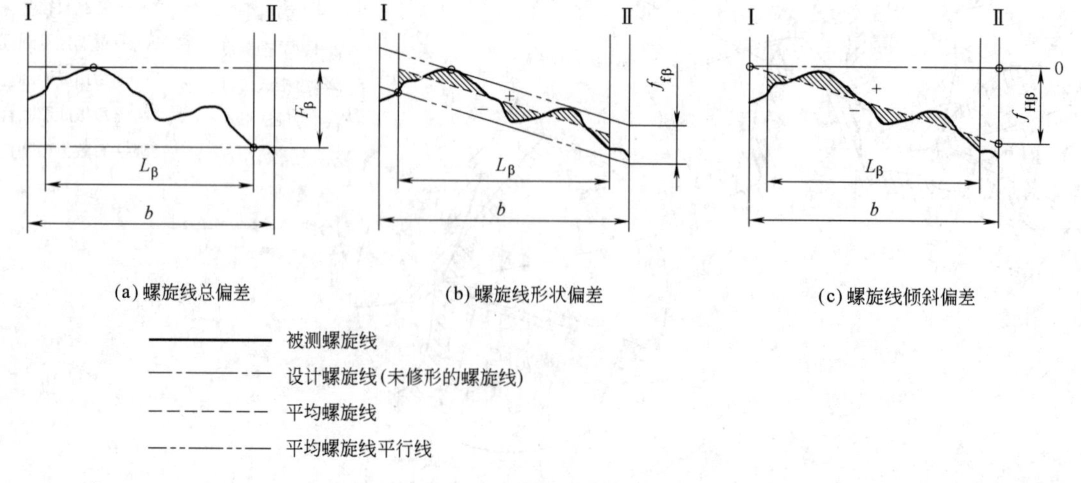

图 12-12-3 螺旋线偏差

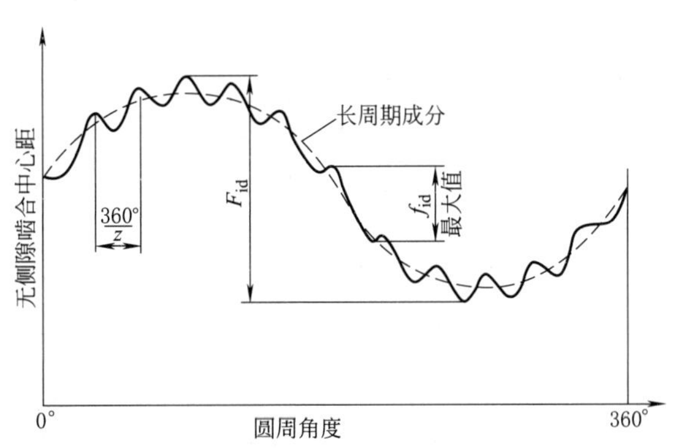

图 12-12-4　径向综合偏差

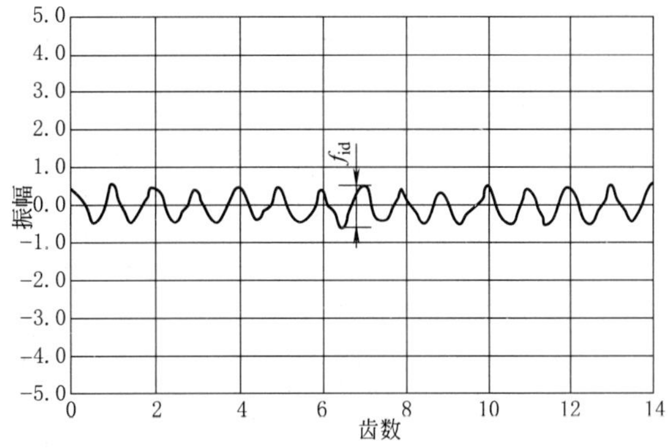

图 12-12-5　一齿径向综合偏差（已去除长周期成分）

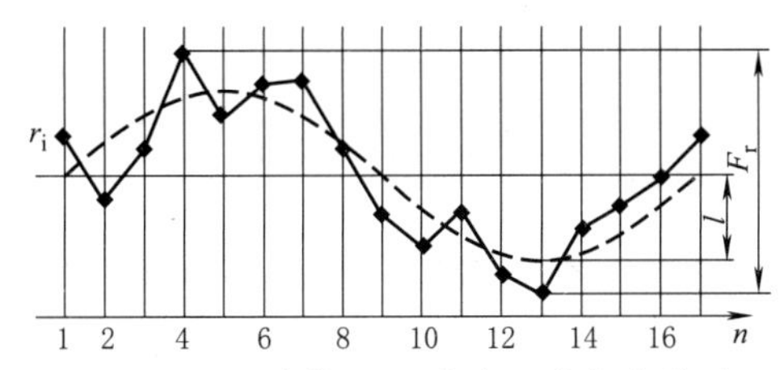

图 12-12-6　齿轮（16个齿）的径向跳动

l—偏心量；n—齿槽编号

表 12-12-24　　**单个齿距公差 $\pm f_{pT}$**　　μm

模数m_n/mm	分度圆直径 d /mm	精度等级								
		4	5	6	7	8	9	10	11	12
0.1	0.5	3.6	5	7	10	14	20	29	40	57
	1	3.6	5	7	10	14	20	29	40	57
	2	3.6	5	7	10	14	20	29	40	57
	5	3.6	5	7	10	14	20	29	40	57
	10	3.6	5	7	10	14	20	29	40	57
0.2	1	3.6	5	7	10	14	20	29	41	57
	2	3.6	5	7	10	14	20	29	41	57
	5	3.6	5	7	10	14	20	29	41	58
	10	3.6	5	7	10	14	20	29	41	58
	20	3.6	5	7	10	14	20	29	41	58
	25	3.6	5	7	10	14	20	29	41	58
0.3	2	3.6	5	7	10	14	20	29	41	58
	5	3.6	5	7	10	14	21	29	41	58
	10	3.6	5	7.5	10	15	21	29	41	58
	20	3.6	5	7.5	10	15	21	29	41	58
	25	3.6	5	7.5	10	15	21	29	41	58
0.4	2	3.7	5	7.5	10	15	21	29	41	58
	5	3.7	5	7.5	10	15	21	29	41	58
	10	3.7	5	7.5	10	15	21	29	41	58
	20	3.7	5	7.5	10	15	21	29	41	59
	25	3.7	5	7.5	10	15	21	29	41	59
	50	3.7	5	7.5	10	15	21	29	42	59
0.5	5	3.7	5	7.5	10	15	21	29	42	59
	10	3.7	5	7.5	10	15	21	29	42	59
	20	3.7	5	7.5	10	15	21	30	42	59
	25	3.7	5	7.5	10	15	21	30	42	59
	50	3.7	5.5	7.5	11	15	21	30	42	59

续表

模数m_n/mm	分度圆直径d/mm	精度等级								
		4	5	6	7	8	9	10	11	12
0.6	5	3.7	5	7.5	10	15	21	30	42	59
	10	3.7	5.5	7.5	11	15	21	30	42	59
	20	3.7	5.5	7.5	11	15	21	30	42	60
	25	3.7	5.5	7.5	11	15	21	30	42	60
	50	3.7	5.5	7.5	11	15	21	30	42	60
0.7	5	3.7	5.5	7.5	11	15	21	30	42	60
	10	3.7	5.5	7.5	11	15	21	30	42	60
	20	3.7	5.5	7.5	11	15	21	30	42	60
	25	3.8	5.5	7.5	11	15	21	30	42	60
	50	3.8	5.5	7.5	11	15	21	30	43	60
	100	3.8	5.5	7.5	11	15	22	30	43	61
0.8	5	3.8	5.5	7.5	11	15	21	30	43	60
	10	3.8	5.5	7.5	11	15	21	30	43	60
	20	3.8	5.5	7.5	11	15	21	30	43	60
	25	3.8	5.5	7.5	11	15	21	30	43	60
	50	3.8	5.5	7.5	11	15	21	30	43	61
	100	3.8	5.5	7.5	11	15	22	31	43	61
0.9	5	3.8	5.5	7.5	11	15	21	30	43	61
	10	3.8	5.5	7.5	11	15	21	30	43	61
	20	3.8	5.5	7.5	11	15	22	30	43	61
	25	3.8	5.5	7.5	11	15	22	30	43	61
	50	3.8	5.5	7.5	11	15	22	31	43	61
	100	3.9	5.5	7.5	11	15	22	31	44	62
1	5	3.8	5.5	7.5	11	15	22	31	43	61
	10	3.8	5.5	7.5	11	15	22	31	43	61
	20	3.8	5.5	7.5	11	15	22	31	43	61
	25	3.8	5.5	7.5	11	15	22	31	43	61
	50	3.9	5.5	7.5	11	15	22	31	44	62
	100	3.9	5.5	8	11	16	22	31	44	62
	150	3.9	5.5	8	11	16	22	31	44	63
1.5	10	4	5.5	8	11	16	22	32	45	63
	20	4	5.5	8	11	16	22	32	45	64
	25	4	5.5	8	11	16	23	32	45	64
	50	4	5.5	8	11	16	23	32	45	64
	100	4	5.5	8	11	16	23	32	46	64
	150	4.1	6	8	12	16	23	33	46	65
	200	4.1	6	8	12	16	23	33	46	66
2	10	4.1	6	8	12	16	23	33	46	66
	20	4.1	6	8	12	16	23	33	47	66
	25	4.1	6	8	12	16	23	33	47	66
	50	4.1	6	8.5	12	17	23	33	47	66
	100	4.2	6	8.5	12	17	24	33	47	67
	150	4.2	6	8.5	12	17	24	34	48	67
	200	4.2	6	8.5	12	17	24	34	48	68
	250	4.3	6	8.5	12	17	24	34	48	68
	280	4.3	6	8.5	12	17	24	34	49	69

续表

模数m_n/mm	分度圆直径 d /mm	精度等级								
		4	5	6	7	8	9	10	11	12
2.5	20	4.3	6	8.5	12	17	24	34	48	68
	25	4.3	6	8.5	12	17	24	34	48	68
	50	4.3	6	8.5	12	17	24	34	48	68
	100	4.3	6	8.5	12	17	24	35	49	69
	150	4.3	6	8.5	12	17	25	35	49	70
	200	4.4	6	9	12	18	25	35	50	70
	250	4.4	6.5	9	13	18	25	35	50	71
	280	4.4	6.5	9	13	18	25	36	50	71
3	20	4.4	6	9	12	18	25	35	50	70
	25	4.4	6	9	12	18	25	35	50	70
	50	4.4	6.5	9	13	18	25	35	50	71
	100	4.5	6.5	9	13	18	25	36	50	71
	150	4.5	6.5	9	13	18	25	36	51	72
	200	4.5	6.5	9	13	18	26	36	51	72
	250	4.6	6.5	9	13	18	26	36	52	73
	280	4.6	6.5	9	13	18	26	37	52	73
3.5	20	4.5	6.5	9	13	18	26	36	51	73
	25	4.5	6.5	9	13	18	26	36	51	73
	50	4.6	6.5	9	13	18	26	36	52	73
	100	4.6	6.5	9	13	18	26	37	52	74
	150	4.6	6.5	9.5	13	19	26	37	52	74
	200	4.7	6.5	9.5	13	19	26	37	53	75
	250	4.7	6.5	9.5	13	19	27	38	53	75
	280	4.7	6.5	9.5	13	19	27	38	53	76

表 12-12-25　　齿距累积总公差 F_{pT}　　μm

模数m_n /mm	分度圆直径 d/mm	精度等级								
		4	5	6	7	8	9	10	11	12
0.1	0.5	9	12	18	25	35	50	70	100	141
	1	9	13	18	25	36	50	71	101	143
	2	9	13	18	26	36	51	73	103	145
	5	9.5	13	19	27	38	53	75	106	151
	10	10	14	20	28	39	55	78	111	156
0.2	1	9	13	18	25	36	51	72	102	144
	2	9	13	18	26	37	52	73	103	146
	5	9.5	13	19	27	38	54	76	107	151
	10	10	14	20	28	39	56	79	111	157
	20	10	15	21	29	41	59	83	117	166
	25	11	15	21	30	42	60	85	120	169
0.3	2	9	13	18	26	37	52	73	104	147
	5	9.5	13	19	27	38	54	76	108	152
	10	10	14	20	28	40	56	79	112	158
	20	10	15	21	29	42	59	83	118	166
	25	11	15	21	30	42	60	85	120	170
0.4	2	9	13	18	26	37	52	74	104	148
	5	9.5	14	19	27	38	54	76	108	153
	10	10	14	20	28	40	56	79	112	159
	20	10	15	21	30	42	59	84	118	167
	25	11	15	21	30	43	60	85	121	171
	50	12	16	23	33	46	65	92	130	184

续表

模数m_n/mm	分度圆直径d/mm	精度等级								
		4	5	6	7	8	9	10	11	12
0.5	5	9.5	14	19	27	38	54	77	109	154
	10	10	14	20	28	40	56	80	113	160
	20	11	15	21	30	42	59	84	119	168
	25	11	15	21	30	43	61	86	121	171
	50	12	16	23	33	46	65	92	131	185
0.6	5	9.5	14	19	27	39	55	77	109	155
	10	10	14	20	28	40	57	80	113	160
	20	11	15	21	30	42	60	84	119	169
	25	11	15	22	30	43	61	86	122	172
	50	12	16	23	33	46	66	93	131	186
0.7	5	9.5	14	19	27	39	55	78	110	155
	10	10	14	20	28	40	57	81	114	161
	20	11	15	21	30	42	60	85	120	170
	25	11	15	22	31	43	61	86	122	173
	50	12	16	23	33	47	66	93	132	186
	100	13	18	26	36	51	73	103	146	206
0.8	5	10	14	20	28	39	55	78	110	156
	10	10	14	20	29	41	57	81	115	162
	20	11	15	21	30	43	60	85	120	170
	25	11	15	22	31	43	61	87	123	174
	50	12	17	23	33	47	66	94	132	187
	100	13	18	26	37	52	73	103	146	207
0.9	5	10	14	20	28	39	55	78	111	157
	10	10	14	20	29	41	58	81	115	163
	20	11	15	21	30	43	61	86	121	171
	25	11	15	22	31	44	62	87	123	175
	50	12	17	24	33	47	66	94	133	188
	100	13	18	26	37	52	73	104	147	207
1	5	10	14	20	28	39	56	79	112	158
	10	10	14	20	29	41	58	82	116	164
	20	11	15	21	30	43	61	86	122	172
	25	11	16	22	31	44	62	88	124	175
	50	12	17	24	33	47	67	94	134	189
	100	13	18	26	37	52	74	104	147	208
	150	14	20	28	39	56	79	112	158	223
1.5	10	10	15	21	30	42	59	84	118	168
	20	11	16	22	31	44	62	88	124	176
	25	11	16	22	32	45	63	90	127	179
	50	12	17	24	34	48	68	96	136	193
	100	13	19	27	38	53	75	106	150	212
	150	14	20	28	40	57	80	114	161	227
	200	15	21	30	42	60	85	120	170	240
2	10	11	15	21	30	43	61	86	121	172
	20	11	16	22	32	45	64	90	127	180
	25	11	16	23	32	46	65	92	130	183
	50	12	17	25	35	49	70	98	139	197
	100	14	19	27	38	54	76	108	153	216
	150	14	20	29	41	58	82	116	163	231
	200	15	22	31	43	61	86	122	173	244
	250	16	23	32	45	64	90	128	181	256
	280	16	23	33	46	66	93	131	185	262

续表

模数m_n/mm	分度圆直径 d/mm	精度等级								
		4	5	6	7	8	9	10	11	12
2.5	20	11	16	23	32	46	65	92	130	184
	25	12	17	23	33	47	66	94	132	187
	50	13	18	25	35	50	71	100	142	201
	100	14	19	28	39	55	78	110	156	220
	150	15	21	29	42	59	83	118	166	235
	200	16	22	31	44	62	88	124	175	248
	250	16	23	32	46	65	92	130	184	260
	280	17	24	33	47	67	94	133	188	266
3	20	12	17	23	33	47	66	94	133	188
	25	12	17	24	34	48	68	96	135	191
	50	13	18	26	36	51	72	102	145	205
	100	14	20	28	40	56	79	112	158	224
	150	15	21	30	42	60	85	120	169	239
	200	16	22	32	45	63	89	126	178	252
	250	16	23	33	47	66	93	132	186	264
	280	17	24	34	48	67	95	135	191	270
3.5	20	12	17	24	34	48	68	96	136	192
	25	12	17	24	35	49	69	98	138	195
	50	13	18	26	37	52	74	104	148	209
	100	14	20	28	40	57	81	114	161	228
	150	15	21	30	43	61	86	122	172	243
	200	16	23	32	45	64	91	128	181	256
	250	17	24	33	47	67	95	134	189	268
	280	17	24	34	48	68	97	137	194	274

表 12-12-26　　齿廓倾斜公差 $\pm f_{H\alpha T}$　　μm

模数m_n/mm	分度圆直径 d/mm	精度等级								
		4	5	6	7	8	9	10	11	12
0.1	0.5	2.9	4	5.5	8	11	16	23	32	46
	1	2.9	4	5.5	8	11	16	23	32	46
	2	2.9	4	5.5	8	11	16	23	32	46
	5	2.9	4	5.5	8	11	16	23	32	46
	10	2.9	4.1	5.5	8	11	16	23	32	46
0.2	1	2.9	4.1	6	8	12	16	23	33	46
	2	2.9	4.1	6	8	12	16	23	33	46
	5	2.9	4.1	6	8	12	16	23	33	46
	10	2.9	4.1	6	8	12	16	23	33	46
	20	2.9	4.1	6	8	12	16	23	33	46
	25	2.9	4.1	6	8	12	16	23	33	46
0.3	2	2.9	4.1	6	8	12	16	23	33	47
	5	2.9	4.1	6	8.5	12	17	23	33	47
	10	2.9	4.1	6	8.5	12	17	23	33	47
	20	2.9	4.1	6	8.5	12	17	23	33	47
	25	2.9	4.1	6	8.5	12	17	23	33	47
0.4	2	2.9	4.2	6	8.5	12	17	24	33	47
	5	2.9	4.2	6	8.5	12	17	24	33	47
	10	2.9	4.2	6	8.5	12	17	24	33	47
	20	3	4.2	6	8.5	12	17	24	33	47
	25	3	4.2	6	8.5	12	17	24	33	47
	50	3	4.2	6	8.5	12	17	24	34	48

续表

模数m_n/mm	分度圆直径 d/mm	精度等级								
		4	5	6	7	8	9	10	11	12
0.5	5	3	4.2	6	8.5	12	17	24	34	48
	10	3	4.2	6	8.5	12	17	24	34	48
	20	3	4.2	6	8.5	12	17	24	34	48
	25	3	4.2	6	8.5	12	17	24	34	48
	50	3	4.3	6	8.5	12	17	24	34	48
0.6	5	3	4.2	6	8.5	12	17	24	34	48
	10	3	4.3	6	8.5	12	17	24	34	48
	20	3	4.3	6	8.5	12	17	24	34	48
	25	3	4.3	6	8.5	12	17	24	34	48
	50	3	4.3	6	8.5	12	17	24	34	49
0.7	5	3	4.3	6	8.5	12	17	24	34	48
	10	3	4.3	6	8.5	12	17	24	34	49
	20	3	4.3	6	8.5	12	17	24	34	49
	25	3	4.3	6	8.5	12	17	24	34	49
	50	3.1	4.3	6	8.5	12	17	24	35	49
	100	3.1	4.4	6	9	12	18	25	35	50
0.8	5	3.1	4.3	6	8.5	12	17	24	35	49
	10	3.1	4.3	6	8.5	12	17	24	35	49
	20	3.1	4.3	6	8.5	12	17	25	35	49
	25	3.1	4.3	6	8.5	12	17	25	35	49
	50	3.1	4.4	6	8.5	12	17	25	35	49
	100	3.1	4.4	6.5	9	13	18	25	35	50
0.9	5	3.1	4.4	6	8.5	12	17	25	35	49
	10	3.1	4.4	6	8.5	12	17	25	35	49
	20	3.1	4.4	6	9	12	18	25	35	50
	25	3.1	4.4	6	9	12	18	25	35	50
	50	3.1	4.4	6	9	12	18	25	35	50
	100	3.2	4.5	6.5	9	13	18	25	36	50
1	5	3.1	4.4	6	9	12	18	25	35	50
	10	3.1	4.4	6	9	12	18	25	35	50
	20	3.1	4.4	6.5	9	13	18	25	35	50
	25	3.1	4.4	6.5	9	13	18	25	35	50
	50	3.1	4.5	6.5	9	13	18	25	36	50
	100	3.2	4.5	6.5	9	13	18	25	36	51
	150	3.2	4.6	6.5	9	13	18	26	36	51
1.5	10	3.3	4.6	6.5	9	13	18	26	37	52
	20	3.3	4.6	6.5	9	13	18	26	37	52
	25	3.3	4.6	6.5	9.5	13	19	26	37	52
	50	3.3	4.7	6.5	9.5	13	19	26	37	53
	100	3.3	4.7	6.5	9.5	13	19	27	38	53
	150	3.4	4.8	6.5	9.5	13	19	27	38	54
	200	3.4	4.8	7	9.5	14	19	27	38	54
2	10	3.4	4.8	7	9.5	14	19	27	38	54
	20	3.4	4.8	7	9.5	14	19	27	39	55
	25	3.4	4.8	7	9.5	14	19	27	39	55
	50	3.4	4.9	7	9.5	14	19	27	39	55
	100	3.5	4.9	7	10	14	20	28	39	55
	150	3.5	5	7	10	14	20	28	40	56
	200	3.5	5	7	10	14	20	28	40	57
	250	3.6	5	7	10	14	20	29	40	57
	280	3.6	5	7	10	14	20	29	41	57

续表

模数m_n/mm	分度圆直径 d/mm	精度等级								
		4	5	6	7	8	9	10	11	12
2.5	20	3.5	5	7	10	14	20	28	40	57
	25	3.6	5	7	10	14	20	28	40	57
	50	3.6	5	7	10	14	20	29	40	57
	100	3.6	5	7	10	14	20	29	41	58
	150	3.6	5	7.5	10	15	21	29	41	58
	200	3.7	5	7.5	10	15	21	29	42	59
	250	3.7	5.5	7.5	11	15	21	30	42	59
	280	3.7	5.5	7.5	11	15	21	30	42	60
3	20	3.7	5	7.5	10	15	21	30	42	59
	25	3.7	5	7.5	10	15	21	30	42	59
	50	3.7	5.5	7.5	11	15	21	30	42	59
	100	3.7	5.5	7.5	11	15	21	30	42	60
	150	3.8	5.5	7.5	11	15	21	30	43	61
	200	3.8	5.5	7.5	11	15	22	31	43	61
	250	3.9	5.5	7.5	11	15	22	31	44	62
	280	3.9	5.5	7.5	11	15	22	31	44	62
3.5	20	3.8	5.5	7.5	11	15	22	31	43	61
	25	3.8	5.5	7.5	11	15	22	31	43	61
	50	3.9	5.5	7.5	11	15	22	31	44	62
	100	3.9	5.5	8	11	16	22	31	44	62
	150	3.9	5.5	8	11	16	22	31	44	63
	200	4	5.5	8	11	16	22	32	45	63
	250	4	5.5	8	11	16	23	32	45	64
	280	4	5.5	8	11	16	23	32	45	64

表 12-12-27　　齿廓形状公差 $f_{f\alpha T}$　　μm

模数m_n/mm	分度圆直径 d /mm	精度等级								
		4	5	6	7	8	9	10	11	12
0.1	0.5	3.6	5	7	10	14	20	29	40	57
	1	3.6	5	7	10	14	20	29	40	57
	2	3.6	5	7	10	14	20	29	40	57
	5	3.6	5	7	10	14	20	29	40	57
	10	3.6	5	7	10	14	20	29	40	57
0.2	1	3.6	5	7	10	14	20	29	41	58
	2	3.6	5	7	10	14	20	29	41	58
	5	3.6	5	7	10	14	20	29	41	58
	10	3.6	5	7	10	14	20	29	41	58
	20	3.6	5	7	10	14	20	29	41	58
	25	3.6	5	7	10	14	20	29	41	58
0.3	2	3.7	5	7.5	10	15	21	29	41	58
	5	3.7	5	7.5	10	15	21	29	41	58
	10	3.7	5	7.5	10	15	21	29	41	58
	20	3.7	5	7.5	10	15	21	29	41	58
	25	3.7	5	7.5	10	15	21	29	41	58
0.4	2	3.7	5	7.5	10	15	21	30	42	59
	5	3.7	5	7.5	10	15	21	30	42	59
	10	3.7	5	7.5	10	15	21	30	42	59
	20	3.7	5	7.5	10	15	21	30	42	59
	25	3.7	5	7.5	10	15	21	30	42	59
	50	3.7	5	7.5	10	15	21	30	42	59

续表

模数m_n/mm	分度圆直径d/mm	精度等级								
		4	5	6	7	8	9	10	11	12
0.5	5	3.7	5.5	7.5	11	15	21	30	42	60
	10	3.7	5.5	7.5	11	15	21	30	42	60
	20	3.7	5.5	7.5	11	15	21	30	42	60
	25	3.7	5.5	7.5	11	15	21	30	42	60
	50	3.7	5.5	7.5	11	15	21	30	42	60
0.6	5	3.8	5.5	7.5	11	15	21	30	43	60
	10	3.8	5.5	7.5	11	15	21	30	43	60
	20	3.8	5.5	7.5	11	15	21	30	43	60
	25	3.8	5.5	7.5	11	15	21	30	43	60
	50	3.8	5.5	7.5	11	15	21	30	43	60
0.7	5	3.8	5.5	7.5	11	15	22	30	43	61
	10	3.8	5.5	7.5	11	15	22	30	43	61
	20	3.8	5.5	7.5	11	15	22	30	43	61
	25	3.8	5.5	7.5	11	15	22	30	43	61
	50	3.8	5.5	7.5	11	15	22	30	43	61
	100	3.8	5.5	7.5	11	15	22	30	43	61
0.8	5	3.8	5.5	7.5	11	15	22	31	44	62
	10	3.8	5.5	7.5	11	15	22	31	44	62
	20	3.8	5.5	7.5	11	15	22	31	44	62
	25	3.8	5.5	7.5	11	15	22	31	44	62
	50	3.8	5.5	7.5	11	15	22	31	44	62
	100	3.8	5.5	7.5	11	15	22	31	44	62
0.9	5	3.9	5.5	8	11	16	22	31	44	62
	10	3.9	5.5	8	11	16	22	31	44	62
	20	3.9	5.5	8	11	16	22	31	44	62
	25	3.9	5.5	8	11	16	22	31	44	62
	50	3.9	5.5	8	11	16	22	31	44	62
	100	3.9	5.5	8	11	16	22	31	44	62
1	5	3.9	5.5	8	11	16	22	31	44	63
	10	3.9	5.5	8	11	16	22	31	44	63
	20	3.9	5.5	8	11	16	22	31	44	63
	25	3.9	5.5	8	11	16	22	31	44	63
	50	3.9	5.5	8	11	16	22	31	44	63
	100	3.9	5.5	8	11	16	22	31	44	63
	150	3.9	5.5	8	11	16	22	31	44	63
1.5	10	4.1	6	8	12	16	23	33	47	66
	20	4.1	6	8	12	16	23	33	47	66
	25	4.1	6	8	12	16	23	33	47	66
	50	4.1	6	8	12	16	23	33	47	66
	100	4.1	6	8	12	16	23	33	47	66
	150	4.1	6	8	12	16	23	33	47	66
	200	4.1	6	8	12	16	23	33	47	66
2	10	4.3	6	8.5	12	17	24	35	49	69
	20	4.3	6	8.5	12	17	24	35	49	69
	25	4.3	6	8.5	12	17	24	35	49	69
	50	4.3	6	8.5	12	17	24	35	49	69
	100	4.3	6	8.5	12	17	24	35	49	69
	150	4.3	6	8.5	12	17	24	35	49	69
	200	4.3	6	8.5	12	17	24	35	49	69
	250	4.3	6	8.5	12	17	24	35	49	69
	280	4.3	6	8.5	12	17	24	35	49	69

续表

模数m_n/mm	分度圆直径d/mm	精度等级								
		4	5	6	7	8	9	10	11	12
2.5	20	4.5	6.5	9	13	18	26	36	51	72
	25	4.5	6.5	9	13	18	26	36	51	72
	50	4.5	6.5	9	13	18	26	36	51	72
	100	4.5	6.5	9	13	18	26	36	51	72
	150	4.5	6.5	9	13	18	26	36	51	72
	200	4.5	6.5	9	13	18	26	36	51	72
	250	4.5	6.5	9	13	18	26	36	51	72
	280	4.5	6.5	9	13	18	26	36	51	72
3	20	4.7	6.5	9.5	13	19	27	38	53	75
	25	4.7	6.5	9.5	13	19	27	38	53	75
	50	4.7	6.5	9.5	13	19	27	38	53	75
	100	4.7	6.5	9.5	13	19	27	38	53	75
	150	4.7	6.5	9.5	13	19	27	38	53	75
	200	4.7	6.5	9.5	13	19	27	38	53	75
	250	4.7	6.5	9.5	13	19	27	38	53	75
	280	4.7	6.5	9.5	13	19	27	38	53	75
3.5	20	4.9	7	10	14	20	28	39	55	78
	25	4.9	7	10	14	20	28	39	55	78
	50	4.9	7	10	14	20	28	39	55	78
	100	4.9	7	10	14	20	28	39	55	78
	150	4.9	7	10	14	20	28	39	55	78
	200	4.9	7	10	14	20	28	39	55	78
	250	4.9	7	10	14	20	28	39	55	78
	280	4.9	7	10	14	20	28	39	55	78

表 12-12-28　　齿廓总公差 $F_{\alpha T}$　　μm

模数m_n/mm	分度圆直径d/mm	精度等级								
		4	5	6	7	8	9	10	11	12
0.1	0.5	4.6	6.5	9	13	18	26	37	51	73
	1	4.6	6.5	9	13	18	26	37	51	73
	2	4.6	6.5	9	13	18	26	37	51	73
	5	4.6	6.5	9	13	18	26	37	51	73
	10	4.6	6.5	9	13	18	26	37	51	73
0.2	1	4.6	6.5	9	13	18	26	37	53	74
	2	4.6	6.5	9	13	18	26	37	53	74
	5	4.6	6.5	9	13	18	26	37	53	74
	10	4.6	6.5	9	13	18	26	37	53	74
	20	4.6	6.5	9	13	18	26	37	53	74
	25	4.6	6.5	9	13	18	26	37	53	74
0.3	2	4.7	6.5	9.5	13	19	26	37	53	75
	5	4.7	6.5	9.5	13	19	27	37	53	75
	10	4.7	6.5	9.5	13	19	27	37	53	75
	20	4.7	6.5	9.5	13	19	27	37	53	75
	25	4.7	6.5	9.5	13	19	27	37	53	75
0.4	2	4.7	6.5	9.5	13	19	27	38	53	75
	5	4.7	6.5	9.5	13	19	27	38	53	75
	10	4.7	6.5	9.5	13	19	27	38	53	75
	20	4.8	6.5	9.5	13	19	27	38	53	75
	25	4.8	6.5	9.5	13	19	27	38	53	75
	50	4.8	6.5	9.5	13	19	27	38	54	76

续表

模数m_n/mm	分度圆直径 d /mm	精度等级								
		4	5	6	7	8	9	10	11	12
0.5	5	4.8	7	9.5	14	19	27	38	54	77
	10	4.8	7	9.5	14	19	27	38	54	77
	20	4.8	7	9.5	14	19	27	38	54	77
	25	4.8	7	9.5	14	19	27	38	54	77
	50	4.8	7	9.5	14	19	27	38	54	77
0.6	5	4.8	7	9.5	14	19	27	38	55	77
	10	4.8	7	9.5	14	19	27	38	55	77
	20	4.8	7	9.5	14	19	27	38	55	77
	25	4.8	7	9.5	14	19	27	38	55	77
	50	4.8	7	9.5	14	19	27	38	55	77
0.7	5	4.8	7	9.5	14	19	28	38	55	78
	10	4.8	7	9.5	14	19	28	38	55	78
	20	4.8	7	9.5	14	19	28	38	55	78
	25	4.8	7	9.5	14	19	28	38	55	78
	50	4.9	7	9.5	14	19	28	38	55	78
	100	4.9	7	9.5	14	19	28	39	55	79
0.8	5	4.9	7	9.5	14	19	28	39	56	79
	10	4.9	7	9.5	14	19	28	39	56	79
	20	4.9	7	9.5	14	19	28	40	56	79
	25	4.9	7	9.5	14	19	28	40	56	79
	50	4.9	7	9.5	14	19	28	40	56	79
	100	4.9	7	10	14	20	28	40	56	80
0.9	5	5	7	10	14	20	28	40	56	79
	10	5	7	10	14	20	28	40	56	79
	20	5	7	10	14	20	28	40	56	80
	25	5	7	10	14	20	28	40	56	80
	50	5	7	10	14	20	28	40	56	80
	100	5	7	10	14	21	28	40	57	80
1	5	5	7	10	14	20	28	40	56	80
	10	5	7	10	14	20	28	40	56	80
	20	5	7	10	14	21	28	40	56	80
	25	5	7	10	14	21	28	40	56	80
	50	5	7	10	14	21	28	40	57	80
	100	5	7	10	14	21	28	40	57	81
	150	5	7	10	14	21	28	40	57	81
1.5	10	5.5	7.5	10	15	21	29	42	60	84
	20	5.5	7.5	10	15	21	29	42	60	84
	25	5.5	7.5	10	15	21	30	42	60	84
	50	5.5	7.5	10	15	21	30	42	60	85
	100	5.5	7.5	10	15	21	30	43	60	85
	150	5.5	7.5	10	15	21	30	43	60	85
	200	5.5	7.5	11	15	21	30	43	60	85
2	10	5.5	7.5	11	15	22	31	44	62	88
	20	5.5	7.5	11	15	22	31	44	63	88
	25	5.5	7.5	11	15	22	31	44	63	88
	50	5.5	7.5	11	15	22	31	44	63	88
	100	5.5	7.5	11	16	22	31	45	63	88
	150	5.5	8	11	16	22	31	45	63	89
	200	5.5	8	11	16	22	31	45	63	89
	250	5.5	8	11	16	22	31	45	63	89
	280	5.5	8	11	16	22	31	45	64	89

续表

模数m_n/mm	分度圆直径 d /mm	精度等级								
		4	5	6	7	8	9	10	11	12
2.5	20	5.5	8	11	16	23	33	46	65	92
	25	6	8	11	16	23	33	46	65	92
	50	6	8	11	16	23	33	46	65	92
	100	6	8	11	16	23	33	46	65	92
	150	6	8	12	16	23	33	46	65	92
	200	6	8	12	16	23	33	46	66	93
	250	6	8.5	12	17	23	33	47	66	93
	280	6	8.5	12	17	23	33	47	66	94
3	20	6	8	12	16	24	34	48	68	95
	25	6	8	12	16	24	34	48	68	95
	50	6	8.5	12	17	24	34	48	68	95
	100	6	8.5	12	17	24	34	48	68	96
	150	6	8.5	12	17	24	34	48	68	97
	200	6	8.5	12	17	24	35	49	68	97
	250	6	8.5	12	17	24	35	49	69	97
	280	6	8.5	12	17	24	35	49	69	97
3.5	20	6	9	13	18	25	36	50	70	99
	25	6	9	13	18	25	36	50	70	99
	50	6.5	9	13	18	25	36	50	70	100
	100	6.5	9	13	18	26	36	50	70	100
	150	6.5	9	13	18	26	36	50	70	100
	200	6.5	9	13	18	26	36	50	71	100
	250	6.5	9	13	18	26	36	50	71	101
	280	6.5	9	13	18	26	36	50	71	101

表 12-12-29　　螺旋线倾斜公差$\pm f_{H\beta T}$　　μm

分度圆直径 d/mm	齿宽 b/mm	精度等级								
		4	5	6	7	8	9	10	11	12
1	0.2	3	4.2	6	8.5	12	17	24	34	48
	0.5	3	4.3	6	8.5	12	17	24	34	49
	1	3.1	4.4	6	9	12	18	25	35	50
	2	3.2	4.5	6.5	9	13	18	26	36	51
2	0.5	3.1	4.3	6	8.5	12	17	24	35	49
	1	3.1	4.4	6.5	9	13	18	25	35	50
	2	3.2	4.6	6.5	9	13	18	26	37	52
	5	3.4	4.9	7	9.5	14	19	27	39	55
5	1	3.2	4.5	6.5	9	13	18	25	36	50
	2	3.3	4.6	6.5	9	13	18	26	37	52
	5	3.5	4.9	7	10	14	20	28	39	55
	10	3.7	5	7.5	10	15	21	30	42	59
10	5	3.5	4.9	7	10	14	20	28	40	56
	10	3.7	5.5	7.5	11	15	21	30	42	60
	15	3.9	5.5	8	11	16	22	31	44	62
	20	4	5.5	8	11	16	23	32	46	65
	25	4.2	6	8.5	12	17	24	33	47	67
20	5	3.5	5	7	10	14	20	28	40	57
	10	3.8	5.5	7.5	11	15	21	30	43	60
	15	3.9	5.5	8	11	16	22	32	45	63
	20	4.1	6	8	12	16	23	33	46	65
	25	4.2	6	8.5	12	17	24	34	48	68
	30	4.3	6	8.5	12	17	25	35	49	69

续表

分度圆直径 d /mm	齿宽 b/mm	精度等级								
		4	5	6	7	8	9	10	11	12
25	5	3.6	5	7	10	14	20	28	40	57
	10	3.8	5.5	7.5	11	15	21	30	43	61
	15	4	5.5	8	11	16	22	32	45	63
	20	4.1	6	8	12	16	23	33	47	66
	25	4.2	6	8.5	12	17	24	34	48	68
	30	4.4	6	8.5	12	17	25	35	49	70
50	10	3.9	5.5	7.5	11	15	22	31	44	62
	15	4	5.5	8	11	16	23	32	46	65
	20	4.2	6	8.5	12	17	24	33	47	67
	25	4.3	6	8.5	12	17	24	35	49	69
	30	4.4	6.5	9	13	18	25	35	50	71
100	10	4	5.5	8	11	16	22	32	45	63
	15	4.1	6	8.5	12	17	23	33	47	66
	20	4.3	6	8.5	12	17	24	34	49	69
	25	4.4	6.5	9	13	18	25	35	50	71
	30	4.5	6.5	9	13	18	26	36	51	73
150	10	4	5.5	8	11	16	23	32	46	65
	20	4.4	6	8.5	12	17	25	35	49	70
	25	4.5	6.5	9	13	18	25	36	51	72
	30	4.6	6.5	9	13	18	26	37	52	74
	40	4.8	7	9.5	14	19	27	39	55	77
200	10	4.1	6	8	12	16	23	33	47	66
	20	4.4	6.5	9	13	18	25	35	50	71
	25	4.6	6.5	9	13	18	26	37	52	73
	30	4.7	6.5	9.5	13	19	26	37	53	75
	40	4.9	7	10	14	20	28	39	55	78

表 12-12-30　　螺旋线形状公差 $f_{f\beta T}$　　μm

分度圆直径 d/mm	齿宽 b /mm	精度等级								
		4	5	6	7	8	9	10	11	12
1	0.2	3	4.3	6	8.5	12	17	24	34	48
	0.5	3.1	4.4	6	9	12	18	25	35	50
	1	3.2	4.5	6.5	9	13	18	26	36	51
	2	3.3	4.7	6.5	9.5	13	19	27	38	53
2	0.5	3.1	4.4	6	9	12	18	25	35	50
	1	3.2	4.5	6.5	9	13	18	26	36	51
	2	3.3	4.7	6.5	9.5	13	19	27	38	54
	5	3.6	5	7	10	14	20	29	41	58
5	1	3.3	4.6	6.5	9	13	18	26	37	52
	2	3.4	4.8	7	9.5	14	19	27	38	54
	5	3.7	5	7.5	10	15	21	29	41	58
	10	3.9	5.5	8	11	16	22	32	45	63
10	5	3.7	5	7.5	10	15	21	30	42	59
	10	4	5.5	8	11	16	23	32	45	64
	15	4.2	6	8.5	12	17	24	34	48	67
	20	4.4	6	9	12	18	25	35	50	71
	25	4.6	6.5	9	13	18	26	37	52	73

续表

分度圆直径 d/mm	齿宽 b /mm	精度等级								
		4	5	6	7	8	9	10	11	12
20	5	3.8	5.5	7.5	11	15	21	30	43	60
	10	4.1	5.5	8	11	16	23	32	46	65
	15	4.3	6	8.5	12	17	24	34	48	69
	20	4.5	6.5	9	13	18	25	36	51	72
	25	4.6	6.5	9.5	13	19	26	37	53	74
	30	4.8	7	9.5	14	19	27	38	54	77
25	5	3.8	5.5	7.5	11	15	21	30	43	61
	10	4.1	6	8	12	16	23	33	46	65
	15	4.3	6	8.5	12	17	24	34	49	69
	20	4.5	6.5	9	13	18	25	36	51	72
	25	4.7	6.5	9.5	13	19	26	37	53	75
	30	4.8	7	9.5	14	19	27	39	55	77
50	10	4.2	6	8.5	12	17	24	33	47	67
	15	4.4	6	9	12	18	25	35	50	71
	20	4.6	6.5	9	13	18	26	37	52	74
	25	4.8	6.5	9.5	13	19	27	38	54	76
	30	4.9	7	10	14	20	28	39	56	79
100	10	4.3	6	8.5	12	17	24	35	49	69
	15	4.6	6.5	9	13	18	26	36	52	73
	20	4.7	6.5	9.5	13	19	27	38	54	76
	25	4.9	7	10	14	20	28	39	56	79
	30	5	7	10	14	20	29	41	57	81
150	10	4.4	6.5	9	13	18	25	36	50	71
	20	4.9	7	9.5	14	19	27	39	55	78
	25	5	7	10	14	20	28	40	57	80
	30	5	7.5	10	15	21	29	41	59	83
	40	5.5	7.5	11	15	22	31	44	62	87
200	10	4.5	6.5	9	13	18	26	36	51	73
	20	5	7	10	14	20	28	40	56	79
	25	5	7	10	14	20	29	41	58	82
	30	5.5	7.5	11	15	21	30	42	60	84
	40	5.5	8	11	16	22	31	44	63	89

表 12-12-31　　螺旋线总公差 $F_{\beta T}$　　μm

分度圆直径 d /mm	齿宽 b /mm	精度等级								
		4	5	6	7	8	9	10	11	12
1	0.2	4.2	6	8.5	12	17	24	34	48	68
	0.5	4.3	6	8.5	12	17	25	35	49	70
	1	4.5	6.5	9	13	18	25	36	50	71
	2	4.6	6.5	9	13	18	26	37	52	74
2	0.5	4.4	6	8.5	12	17	25	35	49	70
	1	4.5	6.5	9	13	18	25	36	50	71
	2	4.6	6.5	9	13	18	26	37	53	75
	5	5	7	10	14	20	28	40	57	80
5	1	4.6	6.5	9	13	18	25	36	52	72
	2	4.7	6.5	9.5	13	19	26	37	53	75
	5	5	7	10	14	21	29	40	57	80
	10	5.5	7.5	11	15	22	30	44	62	86

续表

分度圆直径 d /mm	齿宽 b /mm	精度等级								
		4	5	6	7	8	9	10	11	12
10	5	5	7	10	14	21	29	41	58	81
	10	5.5	8	11	16	22	31	44	62	88
	15	5.5	8	12	16	23	33	46	65	91
	20	6	8	12	16	24	34	47	68	96
	25	6	9	12	18	25	35	50	70	99
20	5	5	7.5	10	15	21	29	41	59	83
	10	5.5	8	11	16	22	31	44	63	88
	15	6	8	12	16	23	33	47	66	93
	20	6	9	12	18	24	34	49	69	97
	25	6	9	13	18	25	35	50	72	100
	30	6.5	9	13	18	25	37	52	73	103
25	5	5	7.5	10	15	21	29	41	59	83
	10	5.5	8	11	16	22	31	45	63	89
	15	6	8	12	16	23	33	47	67	93
	20	6	9	12	18	24	34	49	69	98
	25	6.5	9	13	18	25	35	50	72	101
	30	6.5	9	13	18	25	37	52	74	104
50	10	5.5	8	11	16	23	33	45	64	91
	15	6	8	12	16	24	34	47	68	96
	20	6	9	12	18	25	35	50	70	100
	25	6.5	9	13	18	25	36	52	73	103
	30	6.5	9.5	13	19	27	38	52	75	106
100	10	6	8	12	16	23	33	47	67	93
	15	6	9	12	18	25	35	49	70	98
	20	6.5	9	13	18	25	36	51	73	103
	25	6.5	9.5	13	19	27	38	52	75	106
	30	6.5	9.5	13	19	27	39	55	76	109
150	10	6	8.5	12	17	24	34	48	68	96
	20	6.5	9	13	18	25	37	52	74	105
	25	6.5	9.5	13	19	27	38	54	76	108
	30	7	10	13	20	28	39	55	79	111
	40	7.5	10	15	21	29	41	59	83	116
200	10	6	9	12	18	24	35	49	69	98
	20	6.5	9.5	13	19	27	38	53	75	106
	25	7	9.5	13	19	27	39	55	78	110
	30	7	10	15	20	28	40	56	80	113
	40	7.5	11	15	21	30	42	59	84	118

表 12-12-32　一齿径向综合公差 f_{idT} μm

模数 m_n/mm	分度圆直径 d /mm	精度等级								
		4	5	6	7	8	9	10	11	12
0.1	0.5	2.7	3.8	5.5	7.5	11	15	22	31	43
	1	2.7	3.8	5.5	7.5	11	15	22	31	43
	2	2.7	3.9	5.5	7.5	11	15	22	31	44
	5	2.8	3.9	5.5	8	11	16	22	31	44
	10	2.8	4	5.5	8	11	16	23	32	45
0.2	1	2.7	3.9	5.5	7.5	11	15	22	31	44
	2	2.7	3.9	5.5	7.5	11	15	22	31	44
	5	2.8	3.9	5.5	8	11	16	22	31	44
	10	2.8	4	5.5	8	11	16	23	32	45
	20	2.9	4.2	6	8.5	12	17	24	33	47
	25	3	4.2	6	8.5	12	17	24	34	48

续表

模数m_n/mm	分度圆直径d/mm	精度等级								
		4	5	6	7	8	9	10	11	12
0.3	2	2.8	3.9	5.5	8	11	16	22	31	44
	5	2.8	3.9	5.5	8	11	16	22	32	45
	10	2.8	4	5.5	8	11	16	23	32	45
	20	3	4.2	6	8.5	12	17	24	33	47
	25	3	4.3	6	8.5	12	17	24	34	48
0.4	2	2.8	3.9	5.5	8	11	16	22	31	44
	5	2.8	4	5.5	8	11	16	22	32	45
	10	2.9	4	5.5	8	11	16	23	32	46
	20	3	4.2	6	8.5	12	17	24	34	48
	25	3	4.3	6	8.5	12	17	24	34	48
	50	3.3	4.7	6.5	9.5	13	19	26	37	53
0.5	5	2.8	4	5.5	8	11	16	23	32	45
	10	2.9	4.1	5.5	8	11	16	23	32	46
	20	3	4.2	6	8.5	12	17	24	34	48
	25	3	4.3	6	8.5	12	17	24	34	49
	50	3.3	4.7	6.5	9.5	13	19	27	38	53
0.6	5	2.8	4	5.5	8	11	16	23	32	45
	10	2.9	4.1	6	8	12	16	23	33	46
	20	3	4.2	6	8.5	12	17	24	34	48
	25	3.1	4.3	6	8.5	12	17	24	35	49
	50	3.3	4.7	6.5	9.5	13	19	27	38	53
0.7	5	2.8	4	5.5	8	11	16	23	32	45
	10	2.9	4.1	6	8	12	16	23	33	46
	20	3	4.3	6	8.5	12	17	24	34	48
	25	3.1	4.3	6	8.5	12	17	25	35	49
	50	3.4	4.7	6.5	9.5	13	19	27	38	54
	100	3.9	5.5	8	11	16	22	31	44	63
0.8	5	2.9	4	5.5	8	11	16	23	32	46
	10	2.9	4.1	6	8	12	16	23	33	47
	20	3	4.3	6	8.5	12	17	24	34	48
	25	3.1	4.4	6	8.5	12	17	25	35	49
	50	3.4	4.8	6.5	9.5	13	19	27	38	54
	100	3.9	5.5	8	11	16	22	31	44	63
0.9	5	2.9	4.1	5.5	8	11	16	23	32	46
	10	2.9	4.1	6	8.5	12	17	23	33	47
	20	3	4.3	6	8.5	12	17	24	34	49
	25	3.1	4.4	6	9	12	18	25	35	50
	50	3.4	4.8	7	9.5	14	19	27	38	54
	100	3.9	5.5	8	11	16	22	32	45	63
1	5	2.9	4.1	6	8	12	16	23	33	46
	10	2.9	4.2	6	8.5	12	17	24	33	47
	20	3.1	4.3	6	8.5	12	17	24	35	49
	25	3.1	4.4	6	9	12	18	25	35	50
	50	3.4	4.8	7	9.5	14	19	27	38	54
	100	4	5.5	8	11	16	22	32	45	63
	150	4.5	6.5	9	13	18	26	36	51	72
1.5	10	3	4.3	6	8.5	12	17	24	34	48
	20	3.1	4.4	6.5	9	13	18	25	35	50
	25	3.2	4.5	6.5	9	13	18	25	36	51
	50	3.5	4.9	7	10	14	20	28	39	55
	100	4	5.5	8	11	16	23	32	46	64
	150	4.6	6.5	9	13	18	26	37	52	74
	200	5	7.5	10	15	21	29	41	58	83

续表

模数m_n/mm	分度圆直径 d /mm	精度等级								
		4	5	6	7	8	9	10	11	12
2	10	3.1	4.4	6	8.5	12	17	25	35	49
	20	3.2	4.5	6.5	9	13	18	26	36	51
	25	3.3	4.6	6.5	9	13	18	26	37	52
	50	3.5	5	7	10	14	20	28	40	57
	100	4.1	6	8	12	16	23	33	46	66
	150	4.7	6.5	9.5	13	19	26	37	53	75
	200	5	7.5	10	15	21	30	42	59	84
	250	6	8	12	16	23	33	46	66	93
	280	6	8.5	12	17	25	35	49	69	98
2.5	20	3.3	4.6	6.5	9	13	18	26	37	52
	25	3.3	4.7	6.5	9.5	13	19	27	38	53
	50	3.6	5	7	10	14	20	29	41	58
	100	4.2	6	8.5	12	17	24	33	47	67
	150	4.7	6.5	9.5	13	19	27	38	54	76
	200	5.5	7.5	11	15	21	30	42	60	85
	250	6	8.5	12	17	23	33	47	66	94
	280	6	9	12	18	25	35	50	70	99
3	20	3.3	4.7	6.5	9.5	13	19	27	38	53
	25	3.4	4.8	7	9.5	14	19	27	38	54
	50	3.7	5	7.5	10	15	21	29	42	59
	100	4.2	6	8.5	12	17	24	34	48	68
	150	4.8	7	9.5	14	19	27	38	54	77
	200	5.5	7.5	11	15	21	30	43	61	86
	250	6	8.5	12	17	24	34	48	67	95
	280	6.5	9	13	18	25	36	50	71	100
3.5	20	3.4	4.8	7	9.5	14	19	27	39	55
	25	3.5	4.9	7	10	14	20	28	39	55
	50	3.7	5.5	7.5	11	15	21	30	42	60
	100	4.3	6	8.5	12	17	24	35	49	69
	150	4.9	7	10	14	20	28	39	55	78
	200	5.5	7.5	11	15	22	31	44	62	87
	250	6	8.5	12	17	24	34	48	68	96
	280	6.5	9	13	18	25	36	51	72	102

表 12-12-33 径向综合总公差F_{idT} μm

模数 m_n/mm	分度圆直径 d/mm	精度等级								
		4	5	6	7	8	9	10	11	12
0.1	0.5	11	15	21	30	43	60	85	120	170
	1	11	15	21	30	43	61	86	122	172
	2	11	15	22	31	44	62	87	123	174
	5	11	16	22	32	45	64	90	127	180
	10	12	16	23	33	46	66	93	131	186
0.2	1	11	15	22	31	43	61	86	122	173
	2	11	16	22	31	44	62	88	124	175
	5	11	16	23	32	45	64	90	128	181
	10	12	17	23	33	47	66	93	132	187
	20	12	17	25	35	49	69	98	139	196
	25	13	18	25	35	50	71	100	142	200

续表

模数 m_n/mm	分度圆直径 d/mm	精度等级								
		4	5	6	7	8	9	10	11	12
0.3	2	11	16	22	31	44	62	88	125	176
	5	11	16	23	32	45	64	91	128	182
	10	12	17	23	33	47	66	94	133	188
	20	12	17	25	35	49	70	99	139	197
	25	13	18	25	36	50	71	101	142	201
0.4	2	11	16	22	31	44	63	89	125	177
	5	11	16	23	32	46	65	91	129	182
	10	12	17	24	33	47	67	94	133	189
	20	12	18	25	35	50	70	99	140	198
	25	13	18	25	36	51	71	101	143	202
	50	14	19	27	39	55	77	109	155	219
0.5	5	11	16	23	32	46	65	92	130	183
	10	12	17	24	34	47	67	95	134	190
	20	12	18	25	35	50	70	99	141	199
	25	13	18	25	36	51	72	101	144	203
	50	14	19	27	39	55	78	110	155	220
0.6	5	12	16	23	33	46	65	92	130	184
	10	12	17	24	34	48	67	95	135	191
	20	12	18	25	35	50	71	100	141	200
	25	13	18	25	36	51	72	102	144	204
	50	14	19	28	39	55	78	110	156	221
0.7	5	12	16	23	33	46	66	93	131	185
	10	12	17	24	34	48	68	96	135	191
	20	13	18	25	36	50	71	100	142	201
	25	13	18	26	36	51	72	102	145	205
	50	14	20	28	39	55	78	111	157	222
	100	16	22	31	44	62	88	124	175	248
0.8	5	12	16	23	33	47	66	93	132	186
	10	12	17	24	34	48	68	96	136	192
	20	13	18	25	36	50	71	101	143	202
	25	13	18	26	36	51	73	103	146	206
	50	14	20	28	39	56	79	111	157	222
	100	16	22	31	44	62	88	125	176	249
0.9	5	12	17	23	33	47	66	94	132	187
	10	12	17	24	34	48	68	97	137	193
	20	13	18	25	36	51	72	101	143	203
	25	13	18	26	37	52	73	103	146	207
	50	14	20	28	39	56	79	112	158	223
	100	16	22	31	44	62	88	125	177	250
1	5	12	17	24	33	47	67	94	133	188
	10	12	17	24	34	49	69	97	137	194
	20	13	18	25	36	51	72	102	144	204
	25	13	18	26	37	52	73	104	147	208
	50	14	20	28	40	56	79	112	159	224
	100	16	22	31	44	63	89	125	177	251
	150	17	24	34	48	68	97	137	194	274

续表

模数 m_n/mm	分度圆直径 d/mm	精度等级								
		4	5	6	7	8	9	10	11	12
1.5	10	12	18	25	35	50	70	100	141	199
	20	13	18	26	37	52	74	104	147	208
	25	13	19	27	38	53	75	106	150	212
	50	14	20	29	40	57	81	115	162	229
	100	16	23	32	45	64	90	128	181	256
	150	17	25	35	49	70	98	139	197	278
	200	19	26	37	53	75	106	150	212	299
2	10	13	18	25	36	51	72	102	144	204
	20	13	19	27	38	53	75	107	151	213
	25	14	19	27	38	54	77	109	153	217
	50	15	21	29	41	58	83	117	165	234
	100	16	23	33	46	65	92	130	184	260
	150	18	25	35	50	71	100	142	200	283
	200	19	27	38	54	76	107	152	215	304
	250	20	29	40	57	81	114	162	229	323
	280	21	30	42	59	84	118	167	237	335
2.5	20	14	19	27	38	54	77	109	154	218
	25	14	20	28	39	55	78	111	157	222
	50	15	21	30	42	60	84	119	169	238
	100	17	23	33	47	66	94	133	187	265
	150	18	25	36	51	72	102	144	203	288
	200	19	27	39	55	77	109	154	218	309
	250	21	29	41	58	82	116	164	232	328
	280	21	30	42	60	85	120	170	240	339
3	20	14	20	28	39	56	79	111	157	222
	25	14	20	28	40	57	80	113	160	226
	50	15	21	30	43	61	86	122	172	243
	100	17	24	34	48	67	95	135	191	270
	150	18	26	37	52	73	103	146	207	292
	200	20	28	39	55	78	111	157	222	313
	250	21	29	42	59	83	118	166	235	333
	280	22	30	43	61	86	122	172	243	344
3.5	20	14	20	28	40	57	80	114	161	227
	25	14	20	29	41	58	82	116	163	231
	50	15	22	31	44	62	88	124	175	248
	100	17	24	34	49	69	97	137	194	274
	150	19	26	37	53	74	105	149	210	297
	200	20	28	40	56	79	112	159	225	318
	250	21	30	42	60	84	119	169	239	338
	280	22	31	44	62	87	123	174	247	349

表 12-12-34　径向跳动公差 F_{rT}　μm

模数 m_n/mm	分度圆直径 d/mm	精度等级								
		4	5	6	7	8	9	10	11	12
0.1	0.5	8	11	16	22	32	45	63	90	127
	1	8	11	16	23	32	45	64	91	129
	2	8	12	16	23	33	46	65	93	131
	5	8.5	12	17	24	34	48	68	96	136
	10	9	12	18	25	35	50	70	100	141

续表

模数m_n/mm	分度圆直径 d/mm	精度等级								
		4	5	6	7	8	9	10	11	12
0.2	1	8	11	16	23	32	46	65	91	129
	2	8	12	16	23	33	47	66	93	132
	5	8.5	12	17	24	34	48	68	96	136
	10	9	13	18	25	35	50	71	100	142
	20	9.5	13	19	26	37	53	75	105	149
	25	9.5	13	19	27	38	54	76	108	152
0.3	2	8.5	12	17	23	33	47	66	94	132
	5	8.5	12	17	24	34	48	68	97	137
	10	9	13	18	25	36	50	71	101	142
	20	9.5	13	19	26	37	53	75	106	150
	25	9.5	14	19	27	38	54	76	108	153
0.4	2	8.5	12	17	24	33	47	66	94	133
	5	8.5	12	17	24	34	49	69	97	138
	10	9	13	18	25	36	51	71	101	143
	20	9.5	13	19	27	38	53	75	106	150
	25	9.5	14	19	27	38	54	77	109	154
	50	10	15	21	29	41	59	83	117	166
0.5	5	8.5	12	17	24	35	49	69	98	138
	10	9	13	18	25	36	51	72	102	144
	20	9.5	13	19	27	38	53	76	107	151
	25	9.5	14	19	27	39	55	77	109	154
	50	10	15	21	29	42	59	83	118	166
0.6	5	8.5	12	17	25	35	49	70	98	139
	10	9	13	18	26	36	51	72	102	144
	20	9.5	13	19	27	38	54	76	107	152
	25	9.5	14	19	27	39	55	77	110	155
	50	10	15	21	30	42	59	84	118	167
0.7	5	8.5	12	17	25	35	49	70	99	140
	10	9	13	18	26	36	51	73	103	145
	20	9.5	13	19	27	38	54	76	108	153
	25	9.5	14	19	28	39	55	78	110	156
	50	10	15	21	30	42	59	84	119	168
	100	12	16	23	33	46	65	93	131	185
0.8	5	9	12	18	25	35	50	70	99	141
	10	9	13	18	26	36	52	73	103	146
	20	9.5	14	19	27	38	54	77	108	153
	25	10	14	20	28	39	55	78	111	156
	50	11	15	21	30	42	60	84	119	169
	100	12	16	23	33	46	66	93	131	186
0.9	5	9	12	18	25	35	50	71	100	141
	10	9	13	18	26	37	52	73	104	147
	20	9.5	14	19	27	39	54	77	109	154
	25	10	14	20	28	39	56	79	111	157
	50	11	15	21	30	42	60	85	120	169
	100	12	16	23	33	47	66	93	132	187
1	5	9	13	18	25	35	50	71	100	142
	10	9	13	18	26	37	52	74	104	147
	20	9.5	14	19	27	39	55	77	109	155
	25	10	14	20	28	39	56	79	112	158
	50	11	15	21	30	42	60	85	120	170
	100	12	17	23	33	47	66	94	132	187
	150	13	18	25	36	50	71	100	142	201

续表

模数m_n/mm	分度圆直径	精度等级								
	d/mm	4	5	6	7	8	9	10	11	12
1.5	10	9.5	13	19	27	38	53	75	107	151
	20	10	14	20	28	40	56	79	112	158
	25	10	14	20	29	40	57	81	114	161
	50	11	15	22	31	43	61	87	123	173
	100	12	17	24	34	48	68	95	135	191
	150	13	18	26	36	51	72	102	145	205
	200	14	19	27	38	54	76	108	153	216
2	10	9.5	14	19	27	39	55	77	109	154
	20	10	14	20	29	40	57	81	114	162
	25	10	15	21	29	41	58	82	117	165
	50	11	16	22	31	44	63	89	125	177
	100	12	17	24	34	49	69	97	138	194
	150	13	18	26	37	52	74	104	147	208
	200	14	19	27	39	55	78	110	155	220
	250	14	20	29	41	58	81	115	163	230
	280	15	21	29	42	59	83	118	167	236
2.5	20	10	15	21	29	41	58	83	117	165
	25	11	15	21	30	42	60	84	119	169
	50	11	16	23	32	45	64	90	128	181
	100	12	18	25	35	50	70	99	140	198
	150	13	19	26	37	53	75	106	150	212
	200	14	20	28	39	56	79	112	158	223
	250	15	21	29	41	58	83	117	165	234
	280	15	21	30	42	60	85	120	169	239
3	20	11	15	21	30	42	60	85	120	169
	25	11	15	22	30	43	61	86	122	172
	50	12	16	23	33	46	65	92	130	184
	100	13	18	25	36	50	71	101	143	202
	150	13	19	27	38	54	76	108	152	215
	200	14	20	28	40	57	80	113	160	227
	250	15	21	30	42	59	84	119	168	237
	280	15	21	30	43	61	86	121	172	243
3.5	20	11	15	22	31	43	61	86	122	173
	25	11	16	22	31	44	62	88	124	176
	50	12	17	23	33	47	66	94	133	188
	100	13	18	26	36	51	73	103	145	205
	150	14	19	27	39	55	77	109	155	219
	200	14	20	29	41	58	81	115	163	230
	250	15	21	30	43	60	85	120	170	241
	280	15	22	31	44	62	87	123	174	247

2.7 塑料齿轮应力分析及强度计算

目前，国内外塑料齿轮的应力分析及强度计算，基本上仍沿袭金属齿轮应力分析与强度计算公式，在此基础上加入一些有关塑料物性与安全系数。用来模塑齿轮的热塑性材料的品种繁多，但有关所需的材料物性数据很难查找。即使能找到材料厂商提供的物性表中的相关数据，但也会出现诸如厂商所给出的值不能用作质量要求、技术规格和强度计算的依据等限制。近十年来，塑料齿轮强度研究日益获得重视，德国于2014—2016年颁布VDI 2736标准的4个部分，日本于2013年和2019年连续颁布两个版本国家标准，最新版本为JIS B 1759：2019圆柱塑料齿轮弯曲强度的评估，我国塑料齿轮承载能力计算标准也即将颁布。

当今，应用在汽车等工业中的各种电机驱动器均制定有产品特性规范，要求塑料齿轮轮系通过规范中所规定的机械强度、耐疲劳、耐久寿命、耐化学和盐雾以及老化等多项特性型式试验。其中，如极限转矩等还要求在低温（-40℃）、中温（23℃）和高温（80℃）下试验，当载荷增加到规范值的2倍以上时仍不破裂，才可停止试验。只有轮系通过了严格的产品特性试验，方可证明所设计制造的塑料齿轮轮系的参数和材料的选用是可行的。本节仅简要介绍美国原LNP公司推荐的计算方法和英国VICTREX在试验的基础上评价齿轮强度的做法。

塑料齿轮应力分析及强度计算见表12-12-35。

表12-12-35　　塑料齿轮应力分析及强度计算

<table>
<tr><td>轮齿副在传动过程中的作用力</td><td colspan="2">在轮系传动过程中,每个轮齿都是一个一端支承在轮缘上的悬臂梁。在轮系传递力的过程中,该作用力企图使悬臂梁弯曲并把它从轮缘上剪切下来。因此,齿轮材料需要具备较高的抗弯曲强度和刚性
另一个作用力为齿面压应力,是由摩擦力和点接触(或线接触)在齿面产生的压应力(赫兹接触应力)
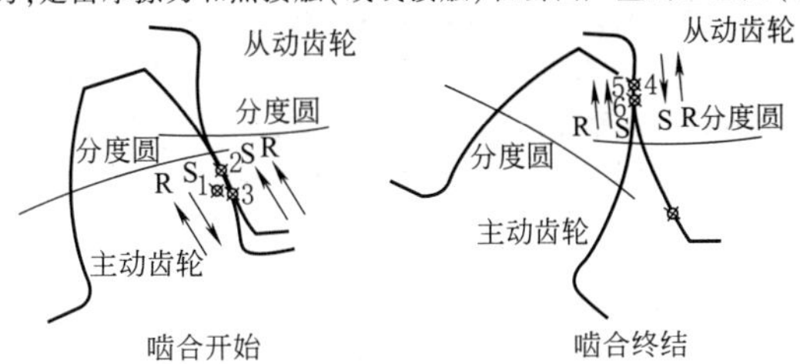

(a) 轮齿副在啮合过程中的作用力
在齿轮副传动过程中两轮齿副齿面间相互滚动,同时又相互滑移。一旦轮齿副开始啮合上,即出现初始接触载荷。齿轮的滚动作用把接触应力(是一种特殊的压应力)推进至接触点的正前方。同时,由于齿轮啮合部分的接触长度有所不同,遂发生滑移现象。这样便产生摩擦力,在接触点正后方形成拉伸应力区。图a中“R”的箭头所指为滚动方向;“S”的箭头所指为滑移方向。在两个运动方向相反的区域,合力所引起的问题最多
如左图所示,齿轮副刚好开始啮合。在驱动齿轮上点“1”处,齿轮材料由于向节点方向的滚动作用处于压缩状态;而由于背离节点的滑动运动的摩擦阻力而处于拉伸状态。这两个力的合力能够引起齿面裂纹、齿面疲劳和热积蓄;这些因素都可能引起严重的点蚀
从动齿轮上点“2”处,滚动和滑动为同一方向,朝向节点。这使点2处的材料承受压力(由滚动所致),而点“3”处的材料承受拉力(由滑动所致)。此处的受力状况没有驱动齿轮严重
如右图所示,为这对齿轮副啮合的终结状况。滚动运动仍为相同的方向,但滑动运动改变了方向。现在,从动齿轮齿根承受的载荷最高,因为点“4”同时承受压缩(由滚动)和拉伸(由滑动)载荷。驱动齿轮齿顶承受的应力较前者为轻,因为点“5”处于压应力状态,而点“6”为拉应力状态
在节点处,滑动力将改变方向,出现零滑动点(单纯滚动)。因此,可能会被误认为齿轮在此区段齿面的失效最轻。其实不然,节点区段是发生严重失效情况的首发区域之一。虽然节点处已不见复合应力,但可见较高的单位载荷。在齿轮副开始啮合或终止啮合时,前一对轮齿和后一对轮齿都会承受一定的载荷。因而,单位负载有所降低。当齿轮在节线处或略高于节点处啮合时,即出现最高的点载荷。在这一点上,一对轮齿副通常要承受全部或绝大部分载荷。这就是可能导致疲劳失效、严重热积蓄和齿面损伤的主要原因
齿轮的承载能力,基本上是对其轮齿进行估算的。虽然齿轮的原型试验始终是被推荐的,但是比较耗费财力和时间,因此需要有一种粗略评估齿轮强度的计算方法</td></tr>
<tr><td rowspan="2">轮齿的弯曲应力以及强度计算</td><td>计算公式</td><td>说明</td></tr>
<tr><td>当载荷作用于节点处,标准齿轮轮齿的弯曲应力 S_b 可采用刘易斯公式计算:
$$S_b=\frac{F_t}{m\times b\times Y}$$
试验表明,当对轮齿在节点处施加切向载荷,而啮合的轮齿副数趋近1时,轮齿载荷为最大。如果齿轮轮系所需传输的功率为已知,则可推导出以下形式的计算公式:
$$S_b=\frac{2000\times 9550\times P}{m\times b\times Y\times d\times n}$$
另一种修正的刘易斯公式引入了节圆线速度和使用因数
$$S_b=\frac{328.08\times(15.24+v)\times P\times C_s}{m\times b\times y\times v}$$
使用因数用来说明输入转矩的类型和齿轮副工作循环的周期,其典型数值如下表所示:</td><td>F_t——名义切向力,N
m——模数,mm
b——齿面宽度,mm
Y——载荷作用于节点处塑料齿轮刘易斯齿形因数
P——功率,kW
d——分度圆直径,mm
n——转速,r/min
v——节圆线速度,m/min
y——齿顶刘易斯齿形因数
C_s——使用因数</td></tr>
</table>

续表

使用因数 C_s	工作循环周期				
	载荷类型	24h/d	8~10h/d	间隙式-3h/d	偶然式-0.5h/d
	稳定	1.25	1.00	0.80	0.50
	轻度冲击	1.50	1.25	1.00	0.80
	中度冲击	1.75	1.50	1.25	1.00
	重度冲击	2.00	1.75	1.50	1.25

轮齿的弯曲应力以及强度计算

对于各种应力(计算)公式,都可以许用应力 S_{all} 来替代 S_b 以便求解其他变量。安全应力(即许用应力)并不是数据表中所列的标准应力数值,而是以标准齿形的齿轮进行实际材料试验,而测得的许用应力。许用应力在其数值中已包含了材料安全系数。对任何一种材料,许用应力与许多因素有密切的关系。这些因素包括以下几项:①寿命循环次数;②工作环境;③节圆线速度;④匹配齿面的状态;⑤润滑

因为许用应力等于强度值除以材料的安全系数($S_{all}=S/n$),可以由此推算出齿轮的安全系数。安全系数是指部件在其使用寿命期间,能适应以上各种因素,发挥其正常工效,而不发生失效的能力

安全系数可以有多种不同的定义途径,但基本上是表示所容许的因素与引起失效的因素二者的关系。安全系数可以有以下三种基本应用方式:总安全系数可用于材料性能,如强度;也可用于载荷;或者多个安全系数可以分别用于各个载荷和材料性能

后一种用法常是最有用的,因为可以研究每个载荷,然后用一个安全系数确定其绝对的最大载荷。此后,把各个最大载荷用于应力分析,使得几何尺寸及边界条件得出许用应力。将强度安全系数用于最终使用条件下的材料强度,由此可以确定许用应力极限

载荷安全系数可按惯常方式确定。但是塑料的强度安全系数难以确定。这是因为塑料的强度不是一个常数,而是在最终使用条件下的一种强度统计分布。因此,设计人员需要了解最终使用条件,例如温度、应变速率和载荷持续时间。需要了解模塑过程,以便掌握熔接痕的位置情况、各向异性效应、残余应力和过程变量。了解材料极其重要,因为对材料在最终使用条件下的性能了解愈清楚,所确定的安全系数愈正确,塑件最终可获得最优的几何尺寸。情况愈是不清楚,未知数愈多,所需的安全系数便愈大。即便对应条件已进行了细致的了解和分析,所推荐的最小安全系数应取为2

如果不掌握预先计算好的许用应力数据,而对塑料来说,通常没有这类数据,则齿轮设计人员必须极其慎重地考虑以上提及的一切因素,以便能够确定正确的安全系数,进而计算 S_{all}。不限于是否有类似的现成经验,仍很有必要建立原型模塑件,在所要求的应用条件下对齿轮进行型式试验。目前有两种常用材料(聚甲醛 POM 和尼龙 PA66),提供有预先计算的许用应力值(见图 b)。这两种材料已广泛应用于齿轮,其许用应力也是由供货商所提供的

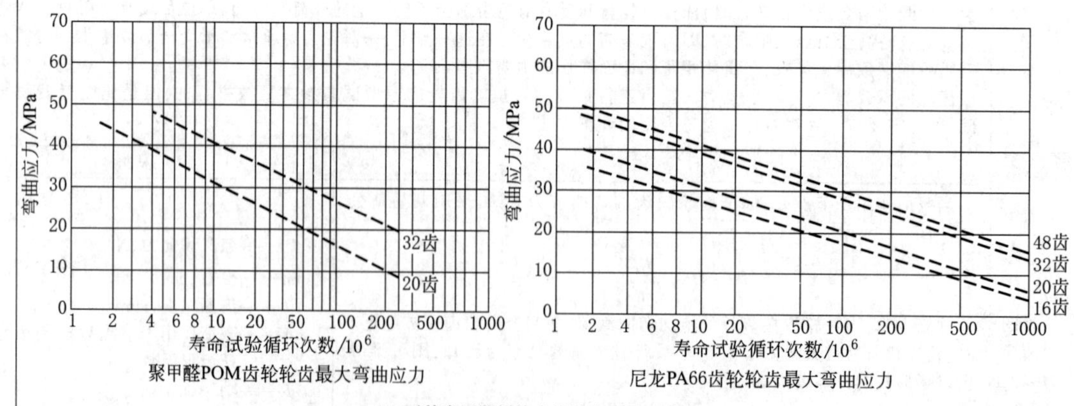

聚甲醛POM齿轮轮齿最大弯曲应力

尼龙PA66齿轮轮齿最大弯曲应力

(b) 两种常用塑料的齿轮轮齿最大弯曲应力

至此,所考察的公式,它所研究的力是将轮齿弯曲并把它从轮缘上剪切下来的力。这类力,由于静载荷或疲劳作用引起轮齿开裂而使齿轮失效。在研究齿轮作用时,还有另一类力,由于轮齿之间啮合并做相对运动而产生轮齿表面应力。这类应力有可能引起齿轮轮齿表面点蚀或失效。为确保具备所要求的使用寿命,齿轮设计必须确保齿面动态应力不超出材料表面疲劳极限的范围

续表

	计算公式	说明
轮齿的弯曲应力以及强度计算	下列公式是从两个圆柱体之间接触应力 S_H 的赫兹理论导出的 $$S_H=\sqrt{\frac{F_t}{bd_1}\times\frac{1}{\pi\left(\frac{1-\mu_1^2}{E_1}+\frac{1-\mu_2^2}{E_2}\right)}\times\frac{1}{\frac{\cos\alpha\sin\alpha}{2}\times\frac{u}{u+1}}}$$	F_t——名义切向力,N d_1——小齿轮的分度圆直径,mm μ——泊松比 E——弹性模量 α——压力角 u——传动比(z_2/z_1) z_1——小齿轮齿数 z_2——大齿轮齿数 b——齿宽
	计算出齿轮的接触应力,然后与材料的表面疲劳极限比较。但是,对塑料此项数据很少能从物性表中查到。因此,再一次强调,确定这类数据的最佳途径,仍是通过对齿轮副在使用条件下进行运转试验。不过,以上计算可以使设计人员对于以下的情况有一个概念,即相对于材料的纯粹抗压强度,齿轮齿面承受的应力已达到何种程度。而材料的抗压强度可以从物性表中很便捷地获得	
试验基础上的齿轮强度计算方法	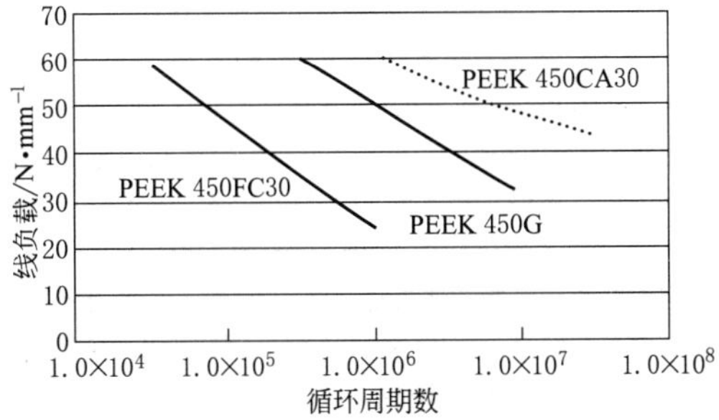 (c) 三种PEEK塑料齿轮寿命特性曲线 英国威克斯(VICTREX)在计算齿轮轮齿强度时,最关注的机械特性是最大面压和齿根弯曲强度。它们是齿轮齿形和几何尺寸计算的重要因素。在一项与德国柏林理工大学合作进行的综合研究计划中,威克斯公司对非增强型 PEEK 450G、耐磨改性型 PEEK 450FC30 和碳纤增强型 PEEK 450CA30 小齿轮的承载强度做了详细研究。如图 c 所示,是以上材料在 50%失效概率下的寿命特性曲线,三种材料均达到很高的水平。然后将这些数值代入通用公式,就可计算出轮齿齿根和齿面实际的负载能力。由此可见,VICTREX 齿轮强度计算是建立在试验基础之上的方法	

2.8 塑料齿轮传动轮系参数设计计算

塑料齿轮传动轮系按传动方式可分为：圆柱直齿、斜齿齿轮平行轴轮系；蜗杆-蜗轮（或斜齿轮）、锥齿轮、圆柱直齿轮-平面齿轮以及锥蜗杆-锥蜗轮等交错轴轮系。按传动功能可分运动和动力型传动轮系两大类。

本节仅重点讨论有关平行轴系圆柱直齿塑料齿轮传动轮系的设计步骤与计算方法，并将通过两个实例介绍这类齿轮几何尺寸的设计计算。

2.8.1 圆柱渐开线齿轮传动轮系参数设计的步骤与要点

表 12-12-36　　圆柱渐开线齿轮传动轮系参数设计的步骤与要点

步骤	要点
(1)了解轮系的工作任务与环境条件	首先对所设计的塑料齿轮轮系的类型和主要工作任务(传输功率的大小、传动比、转速等)、工作环境及其温度范围、安装空间及其使用寿命等要求进行详细调查了解,尽可能多地收集相关数据
(2)拟定轮系初步设计方案和轮齿的主要参数	根据所收集到的数据,拟定轮系初步设计方案(齿数、模数、压力角、直齿或斜齿齿轮),选用齿轮材料的类型等

续表

步骤	要点
(3)轮系参数的设计计算	运动型传动轮系对强度的要求低，轮系参数设计的风险很小，对齿轮强度一般不做过多的考虑和要求。在设计时，可沿用金属仪表齿轮的设计步骤与方法，只是对个别参数做一些调整或处理（见实例一）。设计这类轮系最重要的一点，是确保相互啮合轮齿之间有足够的齿侧间隙，以防传动卡滞或卡死现象出现（有回隙要求的轮系例外）。而动力型传动轮系，由于所需传输负荷较大，因此，塑料齿轮的承载能力和失效形式也就成为其设计者所关注的首要问题。在设计时，可采用 AGMA PT 基本齿条和三种试验性基本齿条计算齿轮几何尺寸的步骤与方法（见实例二）
(4)轮系齿轮的精度级别	由于受到材料收缩率、注塑工艺、设备、模具以及热膨胀等多种因素的影响，注塑成形齿轮精度比较低，一般为国标 9~12 级或 12 级以下。滚切加工塑料齿轮精度为国标 7~8 级（或 8 级以下）
(5)避免齿根根切和齿顶变尖的验算	当小齿轮的齿数≤17 时，直齿轮的齿根可能出现根切，随着齿数的减少根切愈严重，这种齿根根切是塑料齿轮所不允许的。在设计中，一般都可以通过正变位加以避免 对于 $h_a^*=1,\alpha=20°$ 的直齿轮，避免根切的最小变位系数按下式计算： $x_{\min}=\dfrac{17-z}{17}$ 符合 AGMA PT 三种试验性基本齿条所设计的少齿数齿轮，由于齿顶高系数大于 1，避免根切需用式 $2y+d\sin^2\alpha-2h_{\mathrm{fFBR}}\geqslant 0$ 作出判断（见表 12-12-18） 设计少齿数齿轮，当选用的正变位较大时，特别是采用 AGMA PT 三种试验性基本齿条，轮齿齿顶又会出现“变尖”现象。这也是塑料齿轮所不允许的，可通过调整齿顶圆直径来避免齿顶变尖。有关以上避免齿根根切和齿顶变尖的验算，参见本章 2.4 节中相关公式
(6)调整中心距满足轮系最小侧隙要求	采用渐开线齿形制的四大优点之一，是轮系中心距变动不会对传动比和啮合质量产生影响。为了保证轮系在啮合过程中不出现“胶合”和“卡死”现象，就必须保证轮系在极端条件下的最小侧隙要求。这种最小侧隙是通过增大轮系的工作中心距来实现的，有关中心距的调整量可用下式进行计算。该式已考虑对轮系中心距所造成影响的各主要因素 $\Delta a=\dfrac{F''_{i1(\max)}+F''_{i2(\max)}}{2}+a_0\left[(T-21)\left(\dfrac{\delta_1\times z_1}{z_1+z_2}+\dfrac{\delta_2\times z_2}{z_1+z_2}-\delta_{\mathrm{H}}\right)+\left(\dfrac{\eta_1\times z_1}{z_1+z_2}+\dfrac{\eta_2\times z_2}{z_1+z_2}\right)-\eta_{\mathrm{H}}\right]+\dfrac{r'_1+r'_2}{2}$ 式中 Δa——要求增加的中心距，mm $F''_{i1(\max)}$、$F''_{i2(\max)}$——齿轮 1、2 的最大总径向综合误差 a_0——轮系理论中心距，mm T——轮系的最高工作温度，℃ δ_1,δ_2——齿轮 1、2 所选材料的线胀系数，℃$^{-1}$ δ_{H}——齿轮箱材料的线胀系数，℃$^{-1}$ z_1,z_2——齿轮 1、2 的齿数 η_1,η_2——齿轮 1、2 所选材料的吸湿膨胀率，mm/mm η_{H}——齿轮箱材料的吸湿膨胀率，mm/mm r'_1,r'_2——支承齿轮 1、2 的轴承最大允许径跳，mm 线胀系数通常可在材料供应商提供的物性表中查到。而吸湿所引起的膨胀一般很难查到，而且它又不等于通常物性表中的吸水率，如果轮系不是暴露在高湿度下工作，大多数塑料的吸湿膨胀量是很微小的，并且当注塑应力的逐渐释放致使塑件产生轻微收缩时，其吸湿膨胀可能被抵消 对于如尼龙类吸湿材料，吸湿膨胀也许比热膨胀更为重要。一些常用齿轮塑料的许可吸湿膨胀率如下表所示。对于表中没有列出的材料，建议用聚碳酸酯的数据替代低吸湿性材料，用尼龙 PA66 的数据替代吸湿性齿轮

常用塑料许可吸湿膨胀率	塑料名称	吸湿膨胀率/mm · mm^{-1}
	聚甲醛(POM)	0.0005
	尼龙 PA66	0.0025
	尼龙 PA66+30%玻璃纤维	0.0015
	聚碳酸酯	0.0005

续表

<table>
<tr><th>步骤</th><th>要点</th></tr>
<tr><td>(7)轮系重合度的校核</td><td>对金属小模数齿轮传动的重合度要求一般取 $\varepsilon \geqslant 1.2$,而对塑料齿轮传动的重合度应该比金属齿轮更大一些。当圆柱直齿轮几何参数确定之后,可按下式进行轮系重合度的校核
$$\varepsilon=\frac{1}{2\pi}[z_1(\tan\alpha'_{a1}-\tan\alpha')+z_2(\tan\alpha'_{a2}-\tan\alpha')]$$
式中 α'——啮合角(即节圆压力角),对标准齿轮传动 $\alpha'=\alpha$
α'_{a1},α'_{a2}——分别为齿轮1、2的有效齿顶圆处(即扣除齿顶倒圆后)的压力角,α'_{a1}、α'_{a2}可由下式求得
$$\alpha'_{a1}=a\cos\frac{r_{b1}}{r'_{a1}};\alpha'_{a2}=a\cos\frac{r_{b2}}{r'_{a2}}$$
式中 r'_a——有效齿顶圆半径
r_b——齿轮基圆半径</td></tr>
<tr><td>(8)轮系承载能力的估算</td><td>根据所选用材料的拉伸强度和轮系所传输的功率,参照本章2.7节介绍的方法对齿轮的承载能力和强度进行粗略估算,本节实例从略</td></tr>
<tr><td colspan="2">(9)制定轮系参数表和绘制齿轮产品图</td></tr>
</table>

2.8.2 平行轴系圆柱齿轮传动轮系参数实例设计计算

表 12-12-37　　圆柱直齿外啮合齿轮传动轮系设计计算　　mm

<table>
<tr><td rowspan="9">实例一　某仪表运动型传动齿轮轮系</td><td colspan="2">已知条件</td><td colspan="5">传动比 $i=3.0$、中心距 $a=15$(允许在±0.5mm范围内调整)</td></tr>
<tr><td colspan="2">初选轮系参数</td><td colspan="5">模数 $m=0.5$,齿数 $z_1=15$、$z_2=45$,压力角 $\alpha=20°$,齿顶倒圆半径 $r_{T1}=0.05$、$r_{T2}=0.1$,设计中心距 $a=15.25$</td></tr>
<tr><td colspan="2">材料选择</td><td colspan="5">小齿轮-POM(M25或100P)、大齿轮-POM(M90或500P)</td></tr>
<tr><td>齿轮几何尺寸计算</td><td colspan="6">按国标GB/T 2363—1990基本齿条的要求(齿形参数及代号见表12-12-2),先按 $x_1=0.53$,$x_2=0$,$h^*_{a1}=h^*_{a2}=1$ 外啮合角变位圆柱齿轮几何尺寸计算公式设计。但轮齿齿根按全圆弧半径设计,其轮系参数计算见下表中"常规计算"列。对该组计算数据验算表明,当中心距已增大0.25mm,但在只计入中心距和齿轮公法线长度公差的情况下,轮系的齿侧啮合间隙仍显得过小。为此,进行多次调整后,由 $x_1=0.53$,$x_2=-0.15$,$h^*_{a1}=h^*_{a2}=1.15$ 所求得轮系参数见下表中"修正计算"列。再次验算表明两齿轮齿形参数能保证轮系在较宽广的环境温度条件下,仍能满足轮系的最小侧隙和重合度等基本要求。实例轮系齿轮的产品齿形参数见下表中轮系齿形参数</td></tr>
<tr><td rowspan="5">轮系参数设计计算</td><td rowspan="2">序号</td><td rowspan="2">参数名称</td><td rowspan="2">代号</td><td>计算公式</td><td>常规计算</td><td>修正计算</td></tr>
<tr><td>已知条件:
a',z_1,z_2,m,α,c^*,h^*_a</td><td colspan="2">$a'=15.25$,$z_1=15$,$z_2=45$,$m=0.5$,$\alpha=20°$,$c^*=0.35$,$h^*_a=1$</td></tr>
<tr><td>1</td><td>分度圆直径</td><td>d</td><td>$d=mz$</td><td colspan="2">$d_1=7.5$,$d_2=22.5$</td></tr>
<tr><td>2</td><td>理论中心距</td><td>a</td><td>$a=\frac{d_1+d_2}{2}$</td><td colspan="2">$a=15$</td></tr>
<tr><td>3</td><td>中心距变动系数</td><td>y'</td><td>$y'=\frac{a'-a}{m}$</td><td colspan="2">$y'=0.5$</td></tr>
</table>

续表

类别	序号	参数名称	代号	计算公式	常规计算	修正计算
				已知条件：$a',z_1,z_2,m,\alpha,c^*,h_a^*$	$a'=15.25,z_1=15,z_2=45,m=0.5,\alpha=20°,c^*=0.35,h_a^*=1$	
轮系参数设计计算	4	啮合角	α'	$\cos\alpha'=\dfrac{a}{a'}\cos\alpha$	$\alpha'=22.4388°$	
	5	总变位系数	x_Σ	$x_\Sigma=\dfrac{(z_1+z_2)(\mathrm{inv}\alpha'+\mathrm{inv}\alpha)}{2\tan\alpha}$	$x_\Sigma=0.5298$	
	6	变位系数分配	x	按设计要求选择 $x_\Sigma=x_1+x_2$	$x_1=0.53$	$x_1=0.5$
	7	齿高变动系数	$\Delta y'$	$\Delta y'=x_\Sigma-y'$	$\Delta y'=0.0298$	$\Delta y'=0.0298$
	8	齿顶圆直径	d_a	$d_a=d+2m(h_a^*+x-\Delta y')$	$d_{a1}=9,d_{a2}=23.47$	$d_{a1}=9.12,d_{a2}=23.47$
	9	齿根圆直径	d_f	$d_f=d-2m(h_a^*+c^*-x)$	$d_{f1}=6.68,d_{f2}=21.15$	$d_{f1}=6.5,d_{f2}=20.85$
	10	节圆直径	d_w	$d_{w1}=\dfrac{2a'z_1}{z_1+z_2},d_{w2}=\dfrac{2a'z_2}{z_1+z_2}$	$d_{w1}=7.625,d_{w2}=22.875$	
	11	基圆直径	d_b	$d_b=d\cos\alpha$	$d_{b1}=7.048,d_{b2}=21.1431$	
	12	齿距	p	$p=\pi m$	$p=1.5708$	
	13	基圆齿距	p_b	$p_b=p\cos\alpha$	$p_b=1.4761$	
	14	齿顶高	h_a	$h_a=m(h_a^*+x-\Delta y')$	$h_{a1}=0.75,h_{a2}=0.485$	$h_{a1}=0.81,h_{a2}=0.485$
	15	齿根高	h_f	$h_f=m(h_a^*+c^*-x)$	$h_{f1}=0.41,h_{f2}=0.675$	$h_{f1}=0.5,h_{f2}=0.825$
	16	全齿高	h	$h=h_a+h_f$	$h=1.16$	$h=1.31$
	17	顶隙	c	$c=c^*m$	$c=0.175$	
	18	齿顶倒圆半径	ρ_a	按设计要求选择	$\rho_{a1}=0.05,\rho_{a2}=0.1$	
	19	齿根倒圆半径	ρ_f	从图 a 中测得		$\rho_{f1}\approx0.221,\rho_{f2}\approx0.248$
测量尺寸(仅选其中一种)	20	公法线 跨越齿数	k	$k=\dfrac{\alpha}{180}z+0.5-\dfrac{2x\tan\alpha}{\pi}$ (取整数)	$k_1=2,k_2=5$	
		公法线 长度	W	$W=m\cos\alpha[\pi(k-0.5)+z\mathrm{inv}\alpha+2x\tan\alpha]$	$W_1=2.5,W_2=6.96$	$W_1=2.490,W_2=6.906$
	21	M值测量 量柱直径	d_p	$d_p=(1.68-1.9)m$ (优先螺纹三针中选取)	$d_{p1}=1.00,d_{p2}=1.00$	
		M值测量 量柱中心处压力角	α_M	$\mathrm{inv}\alpha_M=\mathrm{inv}\alpha+\dfrac{d_p}{d\cos\alpha}-\dfrac{\pi}{2z}+\dfrac{2x\tan\alpha}{z}$	$\alpha_{M1}=33.57005°$	$\alpha'_{M1}=33.387°$
		M值测量 量柱测量距离	M	偶数齿：$M=\dfrac{d\cos\alpha}{\cos\alpha_M}+d_p$		
				奇数齿：$M=\dfrac{d\cos\alpha}{\cos\alpha_M}\cos\dfrac{90°}{z}+d_p$	$M_1=9.41214$	$M_1=9.3944$

续表

实例	项目	小齿轮			大齿轮		
实例一 某仪表中的运动型传动齿轮轮系	轮系齿形参数表（实例一）	模数	m	0.5	模数	m	0.5
		齿数	z_1	15	齿数	z_2	45
		压力角	α	20°	压力角	α	20°
		变位系数	x_1	0.5	变位系数	x_2	-0.15
		分度圆直径	d_1	$\phi 7.5$	分度圆直径	d_2	$\phi 22.5$
		齿顶圆直径	d_{a1}	$\phi 9.12_{-0.05}^{+0}$	齿顶圆直径	d_{a2}	$\phi 23.47_{-0.1}^{+0}$
		齿根圆直径	d_{f1}	$\phi 6.5_{-0.07}^{+0}$	齿根圆直径	d_{f2}	$\phi 20.85_{-0.15}^{+0}$
		跨越齿数	k_1	2	跨越齿数	k_2	5
		公法线长度	W_{k1}	$2.49_{-0.025}^{+0}$	公法线长度	W_{k2}	$6.906_{-0.05}^{+0}$
		齿顶倒圆半径	ρ_{a1}	$R0.06$	齿顶倒圆半径	ρ_{a2}	$R0.1$
		齿根全圆弧半径	ρ_{f1}	$R0.221$	齿根全圆弧半径	ρ_{f2}	$R0.248$
		配对齿轮齿数	z_2	45	配对齿轮齿数	z_1	15
		中心距	a	15.25±0.025			
		精度等级	9级(GB/T 2362—1990)				

轮系齿轮名义齿廓啮合图

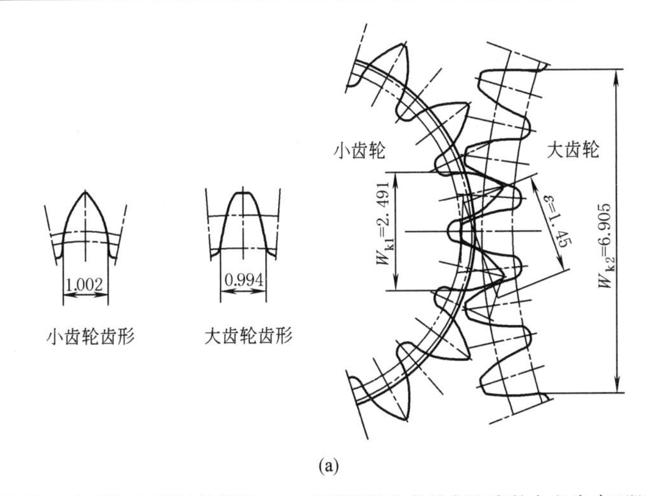

(a)

为了确保齿轮数据计算正确无误，可通过计算机CAD辅助设计软件绘制出齿轮名义齿廓（即齿轮最大实体齿廓）及其啮合图，即可检查轮系的名义啮合侧隙、重合度、齿根宽度以及公法线长度 W_k 或 M 值等。在图a中，直接测得的齿轮参数如下

小齿轮：$W_{k1}=2.491, s_{f1}\approx 1.002, \rho_{f1}\approx 0.221$

大齿轮：$W_{k2}=6.905, s_{f2}\approx 0.994, \rho_{f2}\approx 0.248$

轮系名义齿廓重合度：$\varepsilon\approx 1.45$

轮系最小侧隙：$\Delta=0.061$，节圆处法向侧隙：$\Delta_{jn}=0.107$

以上实测结果与调整后的轮系参数"修正计算"所得的数据基本一致；两齿轮的齿根厚度也基本相同

实例	项目	内容
实例二 某汽车电机动力传动型齿轮轮系	已知条件	传动比 $i=3.5$、中心距 $a_0=a=22.5$（不调整）
	轮系初选参数	模数 $m=1\text{mm}$，齿数 $z_1=10$、$z_2=35$，弧齿厚 $s_1=1.95$、$s_2=1.195$，齿顶倒圆半径 $r_{T1}=0.06$、$r_{T2}=0.1$
	材料选择	小齿轮-POM(M25或100P)、大齿轮-POM(M90或500P)

续表

实例二 某汽车电机动力传动型齿轮轮系

齿轮几何尺寸计算

本实例采用 AGMA PT 基本齿条设计齿轮几何尺寸，有关基本齿条参数及其代号见表 12-12-7

基本齿条数据：$\alpha=20°$，$p_{BR}=\pi m=3.1416$，$h_{aBR}=1.00m=1.00$，$h_{fBR}=1.33m=1.33$，$h_{fFBR}=1.04686m=1.0469$，$s_{BR}=1.5708m=1.5708$

根据以上轮系初选参数和基本齿条数据，按 2.4 节中 AGMA PT 基本齿条设计齿轮尺寸的公式进行齿轮参数计算。本实例设计中，在中心距 a_0 保持不变条件下，通过相关参数的调整，满足以下技术要求

①根据以往经验轮系初选的分圆齿厚 $s_1=1.95$、$s_2=1.195$，校核小齿轮有无根切与齿顶是否变尖。若小齿轮出现根切，应对齿厚进行调整

②所调整后的齿轮齿厚 s_1、s_2，还应保证轮系能适应高低温的工作条件下、两齿轮存在制造和安装偏差等条件下，不会出现轮系齿轮轮齿胶合和卡死现象

③如果小齿轮齿顶宽度过小，还可适当调整小齿轮齿顶圆直径加以避免，要求齿顶宽度基本满足 $s_{ea}\approx0.275m$。大小齿轮的有效齿顶圆直径还应保证轮系的重合度平均值 $\varepsilon_{AVG}\geqslant1.2$，在极端条件下不允许齿轮出现"脱啮"现象，即要求轮系最小重合度 $\varepsilon_{min}\geqslant1$

④由于传动比较大，小齿轮齿数少，无法做到两齿轮齿根宽度相同。本实例的齿根宽度 $s_{f1}\geqslant s_{f2}$，较好地满足了大小齿轮齿根强度要求

⑤由于实例小齿轮的齿数少，因 $d_T<d_{ae}$、齿顶修缘的条件已不复存在；又因本实例的模数较小，对大齿轮的齿顶修缘，其作用也不大，故产品图未给出齿顶修缘参数

由于对齿轮齿顶修缘存在以下技术难度：①采用 EDM 精密电火花成形加工齿轮型腔，所需电极要求采用基本齿条型的滚刀加工，这类专用滚刀的制造难度大、成本高；②采用 EDM 慢走丝线切割成形加工齿轮型腔，要求设计者根据与齿顶修缘基本齿条相啮的基本齿条，采用展成法求得型腔齿顶修缘段的共轭曲线，其计算过程复杂；③电极及型腔齿形的检测；④可能存在某些常规设计理念所不易发现的隐患，因此，对于这类齿轮的齿顶修缘，设计者应持慎重态度

轮系参数设计计算

序号	参数名称	代号	计算公式 已知齿轮参数： $m=1,a=22.5,z_1=10,z_2=35,\alpha=20°$	设计计算 已知基本齿条参数： $\alpha=20°,p_{BR}=3.1416,h_{aBR}=1.00,$ $h_{fBR}=1.33,h_{fFBR}=1.069,s_{BR}=1.5708$
1	分度圆直径	d	$d=mz$	$d_1=10,d_2=35$
2	中心距	a	$a=\dfrac{d_1+d_2}{2}$	$a=22.5$
3	齿厚	s	在设计过程中调整确定	$s_1=1.91,s_2=1.14$
4	齿条变位量	y	$y=\dfrac{s-s_{BR}}{2\tan\alpha}$	$y_1=0.466,y_2=-0.5918$
5	齿顶圆直径	d_{ae}	$d_{ae}=d+2(y+h_{aBR})$	$d_{ae1}=12.932,d_{ae2}=35.816$
6	基圆直径	d_b	$d_b=d\cos\alpha$	$d_{b1}=9.3969,d_{b2}=32.8892$
7	齿根圆直径	d_f	$d_f=d+2y-2h_{fBR}$	$d_{f1}=8.272,d_{f2}=31.1564$
8	构成圆直径	d_F	$d_F=\sqrt{d_b^2+\dfrac{(2y+d\sin^2\alpha_t-2h_{fFBR})^2}{\sin^2\alpha_t}}$	$d_{F1}=9.397,d_{F2}=32.977$
9	无根切判断式	B_T	$B_T=(2y+d\sin^2\alpha_t-2h_{fFBR})\geqslant0$	$B_{T1}=0.008,B_{T2}=0.8169$
10	齿顶修缘起点直径	d_T	$d_T=\sqrt{d^2+4d(h_{aTBR}+y)+\left[\dfrac{z(h_{aTBR}+y)}{\sin\alpha}\right]^2}$	$d_{T1}=13.059>d_{ae1}$（不能修缘）
11	计算用参数	h_{aeBR}	$h_{aeBR}=0.5d_b\sin\alpha(\tan\alpha_{ae}-\tan\alpha)-y$	$h_{aeBR1}=0.4685,h_{aeBR2}=0.9699$
12	齿顶修缘半径	R_{TBR}	$R_{TBR}=4.0m_n$	$R_{TBR2}=4$
13	齿顶倒圆半径	r_T	由设计者确定	$r_{T1}=0.06,r_{T2}=0.1$
14	齿顶修缘量	v_{Tae}	$v_{Tae}\approx\dfrac{(h_{aeBR}-h_{aTBR})^2}{2R_{TBR}\cos^2\alpha}$	$v_{Tae2}=0.0312$
15	无修缘齿顶宽	s_{ae}	$s_{ae}=d_{ae}\left(\dfrac{s}{d}+\mathrm{inv}\alpha-\mathrm{inv}\alpha_{ae}\right)$	$s_{ae1}=0.214$
16	修缘齿顶宽	s_{Tae}	$s_{Tae}\approx s_{ae}-\dfrac{2v_{Tae}}{\cos\alpha_{ae}}$	$s_{Tae2}\approx0.774$
17	顶隙	c_{BR}	$c_{BR}=a-\dfrac{d_{ae}+d_f}{2}$	$c_{BR1}=c_{BR2}=0.454$
18	齿根倒圆半径	ρ_f	从图 b 中测得	$\rho_{f1}\approx0.48635,\rho_{f2}\approx0.68083$

续表

序号		参数名称		代号	计算公式 已知齿轮参数：$m=1, a=22.5, z_1=10$ $z_2=35, \alpha=20°$		设计计算 已知基本齿条参数：$\alpha=20°, p_{BR}=3.1416$, $h_{aBR}=1.00, h_{FBR}=1.33, h_{fFBR}=1.069$, $s_{BR}=1.5708$
测量尺寸（仅选一种）	19	公法线	跨越齿数	k	$k=\frac{\alpha}{180}z+0.5-\frac{2x\tan\alpha}{\pi}$（取整数）		$k_1=2, k_2=3$
			长度	W	$W=m\cos\alpha[\pi(k-0.5)+z\mathrm{inv}\alpha+2x\tan\alpha]$		$W_1=4.887, W_2=7.466$
	20	M值测量	量柱直径	d_p	$d_p=(1.68\text{–}1.9)m$ （优先螺纹三针中选取）		$d_{p1}=1.9, d_{p2}=1.732$
			量柱中心处压力角	α_M	$\mathrm{inv}\alpha_M=\mathrm{inv}\alpha+\frac{d_p}{d\cos\alpha}-\frac{\pi}{2z}+\frac{2x\tan\alpha}{z}$		$\alpha_{M1}=35.52674°$
			量柱测量距	M	偶数齿	$M=\frac{d\cos\alpha}{\cos\alpha_M}+d_p$	$M_1=13.446$
					奇数齿	$M=\frac{d\cos\alpha}{\cos\alpha_M}\cos\frac{90°}{z}+d_p$	$M_2=35.238$

实例二 某汽车电机动力传动型齿轮轮系

产品轮系齿形参数表（实例二）

小齿轮参数			大齿轮参数		
模数	m	1	模数	m	1
齿数	z_1	10	齿数	z_2	35
压力角	α	20°	压力角	α	20°
基本齿条变位量	y_1	0.466	基本齿条变位量	y_2	-0.5918
分度圆直径	d_1	$\phi10$	分度圆直径	d_2	$\phi35$
齿顶圆直径	d_{a1}	$\phi12.93^{+0}_{-0.05}$	齿顶圆直径	d_{a2}	$\phi35.82^{+0}_{-0.1}$
齿根圆直径	d_{f1}	$\phi8.27^{+0}_{-0.07}$	齿根圆直径	d_{f2}	$\phi31.15^{+0}_{-0.12}$
跨越齿数	k_1	2	跨越齿数	k_2	3
公法线长度	W_1	$4.887^{+0}_{-0.03}$	公法线长度	W_2	$7.466^{+0}_{-0.05}$
齿顶倒圆半径	r_{T1}	R0.06	齿顶倒圆半径	r_{T2}	R0.1
齿根全圆弧半径	ρ_{f1}	R0.486	齿根全圆弧半径	ρ_{f2}	R0.681
配对齿轮齿数	z_2	35	配对齿轮齿数	z_1	10
中心距	a	22.5±0.035			
精度等级		9~10级（GB/T 2362—1990）			

轮系齿轮名义齿廓啮合图

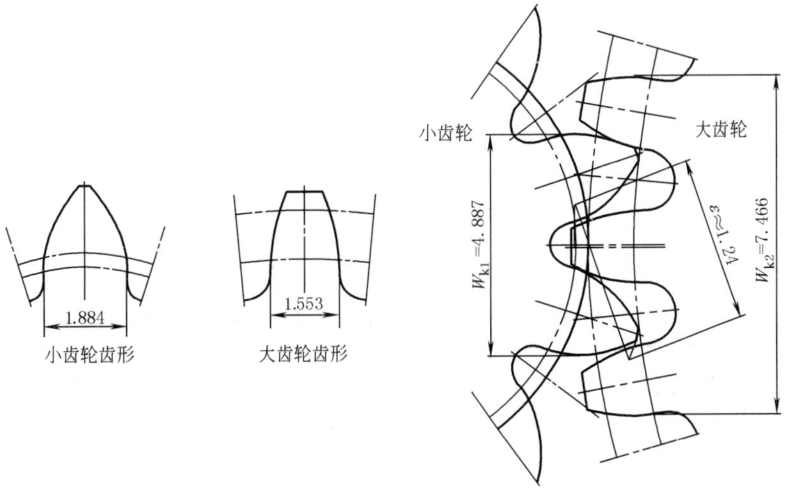

(b)

续表

实例二 某汽车电机动力传动型齿轮轮系	轮系齿轮名义齿廓啮合图	同样可通过计算机CAD辅助设计软件,绘制出两齿轮名义齿廓(即齿轮最大实体齿廓)及其啮合图,即可检查两齿轮轮齿的名义齿廓啮合侧隙、重合度、两齿轮齿根宽度以及 W_k、M 值等。在图b中,可分别测得如下参数: 小齿轮:$W_{k1}=4.887$,$s_{f1}\approx1.884$,$\rho_{f1}\approx0.486$ 大齿轮:$W_{k2}=7.466$,$s_{f2}\approx1.553$,$\rho_{f2}\approx0.681$ 轮系名义齿廓重合度:$\varepsilon=1.24$ 轮系最小侧隙:$\Delta=0.092$,节圆法向侧隙:$\Delta_{jn}=0.125$ 以上实测结果与调整后的轮系参数设计计算所得的齿轮数据基本一致,说明本实例的调整设计计算是可行的

3 塑料齿轮材料

表 12-12-38 塑料齿轮材料

材料名称	特性和应用
聚甲醛(POM)	聚甲醛吸湿性特小,可保证齿轮长时间的尺寸稳定性和在较宽广温度范围内的抗疲劳、耐腐蚀等优良特性和自润滑性能,一直是塑料齿轮的首选工程塑料。作为一种最常用、最重要的齿轮用材料,已有40多年的历史
尼龙(PA6、PA66和PA46等)	具有良好的坚韧性和耐用度等优点,是另一种常用的齿轮工程塑料。但尼龙具有较强的吸湿性,会引起塑件性能和尺寸发生变化。因此,尼龙齿轮不适合在精密传动领域应用
聚邻苯二甲酰胺(PPA)	具有高热变形稳定性,可以在较高较宽的温度范围内和高湿度环境中,保持其优越的机械强度、硬度、耐疲劳性及抗蠕变性能。可以在某些PA6、PA66齿轮所无法承受的高温、高湿条件下,仍拥有正常工作的能力
PBT聚酯	可模塑出表面非常光滑的齿轮,未经填充改性塑件的最高工作温度可达150℃,玻纤增强后的产品工作温度可达170℃。它的传动性能良好,也被经常应用于齿轮结构件中
聚碳酸酯(PC)	具有优良的抗冲击和耐候性、硬度高、收缩率小和尺寸稳定等优点。但聚碳酸酯的自润滑性能、耐化学性能和耐疲劳性能较差。这种材料无色透明,易于着色,塑件美观,在仪器仪表精密齿轮传动中,仍多有应用
液晶聚合物(LCP)	早已成功应用于注塑模数特小($m<0.2$mm)的精密塑料齿轮。这种齿轮具有尺寸稳定性好、高抗化学性和低成形收缩等特点。该材料早已用于注塑成形手表塑料齿轮
ABS和LDPE	通常不能满足塑料齿轮的润滑性能、耐疲劳性能、尺寸稳定性以及耐热、抗蠕变、抗化学腐蚀等性能要求。但也多用于各种低档玩具等运动型传动领域 热塑性弹性体模塑齿轮柔韧性更好,能够很好地吸收传动所产生的冲击负荷,使齿轮噪声低、运行更平稳。低动力高速传动齿轮常用共聚酯类的热塑性弹性体模塑,这种齿轮在运行时即使出现一些变形偏差,同样也能够降低运行噪声
聚苯硫醚(PPS)	具有高硬度、尺寸稳定性、耐疲劳和耐化学性能以及工作温度可达到200℃。聚苯硫醚齿轮的应用正扩展到汽车等齿轮传动工作条件要求十分苛刻的应用领域
聚醚醚酮(PEEK 450G)	具有耐高温、高综合力学性能、耐磨损和耐化学腐蚀等特性。它是已成功应用于较大负载动力传动齿轮中的一种高性能塑料

注:1. 美国Dupont公司于1959年开发聚甲醛,并首先实现了均聚甲醛的工业化生产。美国Celanese公司于1960年开发以三聚甲醛和环氧乙烷合成共聚甲醛技术,并于1962年实现了工业化生产。我国也早于1959年先后进行了均、共聚甲醛研制开发工作,但目前国内的生产技术和产品质量与国外知名品牌比较,仍有不小差距。

2. 尼龙(PA)由美国Dupont公司于1939年实现纤维树脂工业化生产,1950年开始应用于注塑制品,1963年开发应用于模塑齿轮。

3.1 聚甲醛（POM）

3.1.1 聚甲醛的物理特性、综合特性及注塑工艺（推荐）

表 12-12-39 聚甲醛的特性及注塑工艺

项目		内容
主要物理特性		(1)较高的抗拉强度与坚韧性、突出的抗疲劳强度 (2)摩擦因数小，耐磨性好，PV 值高，并有一定的自润滑性 (3)耐潮湿、汽油、溶剂及对其他天然化学品有很好的抵抗力 (4)极小的吸水性能、良好的尺寸稳定性能 (5)耐冲击强度较高，但对缺口冲击敏感性也高 (6)塑件模塑成形的收缩率大
综合特性及注塑工艺	结构	部分晶体
	密度	1.41～1.42g/cm^3
	物理性能	坚硬、刚性、坚韧，在-40℃低温下仍不易开裂；高抗热性、高抗磨损性、良好的抗摩擦性能；低吸水性、无毒
	化学性能	抗弱酸、弱碱溶液、汽油、苯、酒精；但不抗强酸
	识别方法	高易燃性。燃烧时火焰呈浅蓝色，滴落离开明火仍能燃烧；当熄灭时有福尔马林气味
	料筒温度	喂料区：40～50℃（50℃） 区 1：160～180℃（180℃） 区 2：180～205℃（190℃） 区 3：185～205℃（200℃） 区 4：195～215℃（205℃） 区 5：195～215℃（205℃） 喷嘴：190～215℃（205℃） 括号内的温度建议作为基本设定值，行程利用率为 35%和 65%，模件流长与壁厚之比为 50∶1 到 100∶1
	预烘干	一般不需要。若材料受潮，可在 100℃下烘干约 4h
	熔融温度	205～215℃
	料筒保温	170℃以下（短时间停机）
	模具温度	80～120℃
	注射压力	100～150MPa，对截面厚度为 3～4mm 的厚壁制品件，注射压力约为 100MPa，对薄壁制品件可升至 150MPa
	保压压力	取决于制品壁厚和模具温度。保压时间越长，零件收缩越小，保压应为 80～100MPa，模内压力可达 60～70MPa。需要精密成形的齿轮，保持注射压力和保压为相同水平是很有利的（没有压力降）。在相同的循环时间条件下，延长保压时间，成形重量不再增加，这意味着保压时间已为最优。通常保压时间为总循环时间的 30%，成形重量仅为标准重量的 95%，此时收缩率为 2.3%。成形重量达到 100%时，收缩率为 1.85%。均衡的和低的收缩率有利于制品尺寸保持稳定
	背压	5～10MPa
	注射速度	中等注射速度，如果注射速度太慢或模具型腔与熔料温度太低，制品表面往往容易出现皱纹或缩孔

续表

综合特性及注塑工艺	螺杆转速	最大螺杆转速折合线速度为0.7m/s,将螺杆转速设置为能在冷却时间结束前完成塑化过程即可,螺杆转矩要求为中等
	计量行程(最小值~最大值)	(0.5~3.5)D,D为料筒直径
	余料量	2~6mm,取决于计量行程和螺杆直径
	回收率	一般塑件可用100%的回料,精密塑件最多可加20%回料
	收缩率	约为2%(1.8%~3.0%),24h后收缩停止
	浇口系统	壁厚较均匀的小制品可用点式浇口,浇口横截面应为制品最厚截面50%~60%。当模腔内有障碍物(型芯或嵌件等)时,浇口以正对着障碍物注射为好
	机器停工时段	生产结束前5~10min关闭加热系统,设背压为零,清空料筒。当更换其他树脂时,如PA或PC,可用PE清洗料筒
	料筒设备	标准螺杆,止逆环,直通喷嘴

注：1. 以上推荐的注塑工艺，在模塑齿轮时，可根据实际情况作相应调整。
2. 我国聚甲醛生产厂家主要有云天化、大庆等。

3.1.2 几种齿轮用聚甲醛性能

表 12-12-40 “云天化”四种聚甲醛标准等级的性能①

性能		测试条件	ISO测试方法	单位	牌号			
					M25	M90	M120	M270
力学性能	熔融指数	190℃ 2.16kg	ISO 1133	g/10min	2.5	9	13	27
	拉伸屈服强度	23℃	ISO 527-1,-2	MPa	60	62	62	65
	屈服伸长率	23℃	ISO 527-1,-2	%	14	13	11	8
	断裂伸长率	23℃	ISO 527-1,-2	%	65	50	45	30
	标称断裂伸长率	23℃	ISO 527-1,-2	%	40	30	25	20
	拉伸弹性模量	23℃	ISO 527-1,-2	MPa	2350	2700	2800	3000
	弯曲强度	23℃	ISO 178	MPa	57	61	64	68
	弯曲模量	23℃	ISO 179	MPa	2100	2400	2500	2600
	简支梁缺口冲击强度	23℃	ISO 179/IeA	kJ/m^2	8	7	6	5
	悬臂梁缺口冲击强度	23℃	ISO 180/IA	kJ/m^2	9	7.5	7	6
	球压痕硬度	23℃ 358N 30s	ISO 2039	MPa	135	140	140	140
	洛氏硬度	23℃	ISO 2039	MPa	M82 R114	M82 R114	M82 R114	M82 R114

第12篇

续表

性能		测试条件	ISO 测试方法	单位	牌号			
					M25	M90	M120	M270
热性能	热变形温度	1.8MPa	ISO 75	℃	110	115	115	120
	熔点	DSC	ISO 3146	℃	172	172	172	172
	维卡软化点	50N 10N	ISO 306 B50 ISO 306 A50	℃	150 163	150 163	150 163	150 163
	线胀系数	30~60℃	ASTM D696	$10^{-5}K^{-1}$	11	11	11	11
	比热容	20℃		J/(g·K)	1.48	1.48	1.48	1.48
电性能	最高连续使用温度			℃	100	100	100	100
	体积电阻率	20℃	IEC93	Ω·cm	10^{15}	10^{15}	10^{15}	10^{15}
	表面电阻率	20℃	IEC93	Ω	10^{15}	10^{15}	10^{15}	10^{15}
	20℃时介电常数	50Hz 1kHz 1MHz	IEC250		3.9 3.9 3.9	3.9 3.9 3.9	3.9 3.9 3.9	3.9 3.9 3.9
	20℃时损耗因素	50Hz 1kHz 1MHz	IEC250	10^{-4}	20 10 85	20 10 85	20 10 85	20 10 85
	介电强度	20℃	IEC243	kV/mm	25	25	25	25
	抗电弧性	21℃ 65%RH	ASTM D495	mm	1.9	1.9	1.9	1.9
	抗漏失性	21℃ 65%RH	IEC167	$10^{14}Ω$	7.5	7.5	7.5	7.5
	对比电弧径迹指数		IEC112	CTf	600	600	600	600
其他性能	密度	23℃	ISO 1183	g/cm^3	1.41	1.41	1.41	1.41
	可燃性		UL94 FMVSS		HB B50	HB B50	HB B50	HB B50
	吸水率	23℃	ISO 62	%	0.7	0.7	0.7	0.7
	水分吸收率	23℃ 50%RH	ISO 62	%	0.2	0.2	0.2	0.2
	注射收缩率	24h 4mm	流动方向 垂直方向	% %	2.9~3.1 1.9~2.2	2.8~2.9 2.1~2.4	2.7~2.9 2.1~2.3	2.5~2.7 2.0~2.2

① 表中的数值是由云天化公司生产的多组制品测得的平均值，不能看作任何一组的保证值，表中所列出的值不能用作质量要求、技术规格和强度计算的依据。由于生产和操作时有许多因素会影响产品的性能，因此建议对产品进行测试，测得其特定值或确定是否适用于预期用途。

表 12-12-41 DuPont Delrin 三种均聚甲醛的性能

性能		测试条件	ISO 测试方式	单位	通用级	高韧性	低磨损、磨耗
					500P	100P	500AL
力学性能	屈服点应力 -5mm/min -50mm/min	-20℃ 23℃ 23℃	ISO 527-1,2	MPa	83 — 70	83 — 71	80 — 64
	屈服点应变 -5mm/min -50mm/min	-20℃ 23℃ 23℃	ISO 527-1,-2	%	14 — 16	21 — 25	7 — 10
	拉伸模量 -1mm/min -50mm/min	-20℃ 23℃ 23℃	ISO 527-1,-2	MPa	3900 3200 —	3900 3000 —	3700 2900 —
	破裂点应变 -50mm/min	23℃	ISO 527-1,-2	%	40	65	35
	埃佐缺口冲击试验(Izod)	-40℃ 23℃	(1993) ISO 180/IeA	kJ/m^2	6 7	8 12	— 6
	夏比缺口冲击试验(Charpy)	-30℃ 23℃	(1993) ISO 179/IeA	kJ/m^2	8 9	10 15	— 7
热性能	热变形温度(HDT) -0.45MPa 无退火 -1.8MPa 无退火		ISO 75 ISO 75	℃ ℃	160 95	165 95	166 102
	维卡软化温度(Vicat)	10N 50N	ISO 306A50 ISO 306B50	℃ ℃	174 160	174 160	174 160
	熔点		ISO 3146 Method C2	℃	178	178	178
	线胀系数		ISO 11359	$10^{-4}K^{-1}$	1.2	1.2	1.2
电性能	表面电阻率		IEC93	Ω	1×10^{13}	1×10^{15}	7×10^{14}
	体积电阻率		IEC93	Ω·cm	1×10^{13}	1×10^{15}	7×10^{15}
	介电强度		IEC243	kV/mm	32	32	—
	耗散因数	100Hz 1MHz	IEC250 IEC250	10^{-4} 10^{-4}	200 50	200 —	— —
其他性能	密度		ISO 1183	g/cm^3	1.42	1.42	1.38
	吸水率 —平衡于 50%相对湿度 —沉浸 24h —饱和		ISO 62	%	0.28 0.32 1.40	0.28 0.32 1.40	— — —

续表

性能		测试条件	ISO 测试方式	单位	通用级	高韧性	低磨损、磨耗
					500P	100P	500AL
其他性能	熔流率		ISO 1133	g/10min	15	2.3	15
	UL 阻燃性等级		UL94		HB	HB	HB
	洛氏硬度(Rockwell)		ISO 2039 (R+M)		M92 M120	M92 R120	— —
摩擦及磨耗	磨耗速率(塑料对塑料)			10^{-6} N·m/mm^3	1600	1600	22
	动态摩擦因数(塑料对塑料)				0.21~0.52	0.21~0.52	0.16
	磨耗速率(塑料对钢料)			10^{-6} N·m/mm^3	13~14	13~14	6
	动态摩擦因数(塑料对钢料)				0.32~0.41	0.32~0.41	0.18

注：不应该采用表中提供的数据建立规格限定或者单独作为设计的依据。

表 12-12-42　　Celanese HOSTAFORM 四种共聚甲醛的性能

性能		ISO 测试方法	单位	牌号			
				S 9244 XAP® 2	C 9021 SW	LW270-02	XGC25-LW01 XAP®
齿轮相关应用描述				缓冲、耐磨降噪	与金属对磨	常规降噪	玻纤增强、高载荷、降噪
力学性能	拉伸模量	ISO 527-1,-2	MPa	1450	2850	2700	8100
	屈服应力,50mm/min	ISO 527-1,-2	MPa	33	53	56	—
	屈服伸长率,50mm/min	ISO 527-1,-2	%	7	7	6	—
	拉伸断裂标称应变,50mm/min	ISO 527-1,-2	%	>50	16	—	—
	断裂应力,5mm/min	ISO 527-1,-2	MPa	—	—	—	135
	断裂伸长率,5mm/min	ISO 527-1,-2	%	—	—	—	3.5
	拉伸模量,-40℃	ISO 527-1,-2	MPa		—	3500	—
	屈服应力,-40℃,50mm/min	ISO 527-1,-2	MPa		—	80	—
	屈服伸长率,-40℃,50mm/min	ISO 527-1,-2	%		—	5.5	—
	泊松比	ISO 527-1,-2	—	—	—	0.42	—
	拉伸蠕变模量,1h	ISO 899-1	MPa	1200	2400	—	—
	拉伸蠕变模量,1000h	ISO 899-1	MPa	650	1200	—	—
	弯曲模量,23℃	ISO 178	MPa	1450	—	2720	8000
	简支梁无缺口冲击强度,+23℃	ISO 179/1eU	kJ/m^2	NB①	90	120	60
	简支梁无缺口冲击强度,-30℃	ISO 179/1eU	kJ/m^2	200[P]②	85	130	—
	简支梁缺口冲击强度,+23℃	ISO 179/1eA	kJ/m^2	18	4	5.1	12.5
	简支梁缺口冲击强度,-30℃	ISO 179/1eA	kJ/m^2	12	4	5	—
	悬臂梁缺口冲击强度,23℃	ISO 180/1A	kJ/m^2	—	—	—	—
	1%形变时的压缩应力	ISO 604	MPa		—	—	—
	6%形变时的压缩应力	ISO 604	MPa		—	—	—
	洛克硬度（M-Scale）	ISO 2039-2	M-Scale		—	—	—
	球压痕硬度,30s	ISO 2039-1	MPa		135	—	—

续表

	性能	ISO 测试方法	单位	牌号			
				S 9244 XAP® 2	C 9021 SW	LW270-02	XGC25-LW01 XAP®
热性能	熔融温度,10℃/min	ISO 11357-1,-3	℃	166	166	166	166
	热变形温度,1.80MPa	ISO 75-1,-2	℃	68	80	95	160
	热变形温度,0.45MPa	ISO 75-1,-2	℃	—	—	—	—
	线胀系数,23~55℃,平行	ISO 11359-2	$10^{-4}℃^{-1}$	1.3	1.2	1.33	0.6
	起始温度	ISO 11359-2	℃		—	-30	—
	结束温度	ISO 11359-2	℃		—	100	—
	线胀系数,23~55℃,垂直	ISO 11359-2	$10^{-4}℃^{-1}$	—	—	1.32	1.1
	起始温度	ISO 11359-2	℃		—	-30	—
	结束温度	ISO 11359-2	℃		—	100	—
	1.6mm 名义厚度时的燃烧性	UL 94	class	HB	HB	HB	HB
	测试用试样的厚度	UL 94	mm	1.5	1.6	0.8	0.75
	厚度为 h 时的燃烧性	UL 94	class	HB	HB	HB	HB
	测试用试样的厚度	UL 94	mm	3.00	3.0	3.00	3.00
	UL 黄卡	UL 94	—	UL	UL	UL	UL
电性能	相对介电常数,100Hz	IEC 60250	—	3.6	4.1	—	—
	相对介电常数,1MHz	IEC 60250	—	3.6	4.1	—	—
	介质损耗因子,100Hz	IEC 60250	10^{-4}	40	35	—	—
	介质损耗因子,1MHz	IEC 60250	10^{-4}	60	75	—	—
	体积电阻率,23℃	IEC 62631-3-1	Ω · m	1E11	1E12	—	—
	表面电阻率,23℃	IEC 62631-3-2	Ω	1E13	1E14	—	—
	相对漏电起痕指数	UL 746	—	PLC 0	PLC 0	—	—
其他性能	密度	ISO 1183	kg/m^3	1260	1420	1390	1520
	熔体流动速率	ISO 1133	g/10min	1.4	—	—	—
	温度	ISO 1133	℃	190	—	—	—
	负荷	ISO 1133	kg	2.16	—	—	—
	熔体体积流动速度,MVR	ISO 1133	cm^3/10min		6.5	26	—
	温度	ISO 1133	℃		190	190	—
	负荷	ISO 1133	kg		2.16	2.16	—
	模塑收缩率,平行	ISO 294-4,2577	%	1.7	2.1	—	0.8
	模塑收缩率,垂直	ISO 294-4,2577	%	1.6	1.7	—	0.9
	吸水性,23℃,饱和	类似 ISO 62	%	1.2	1.2	—	—
	吸湿性,23℃,50%相对湿度	ISO 62	%	0.2	0.2	—	—

① NB 表示不断裂。

② P 表示部分断裂。

注：不应该采用表中提供的数据建立规格限定或者单独作为设计的依据。

3.2 尼龙（PA66、PA46）

3.2.1 尼龙 PA66

尼龙是工程塑料中最大、最重要的品种，具有强大的生命力。当今，主要是通过改性来实现尼龙的高强度、高刚性，改善尼龙的吸水性，提高塑件的尺寸稳定性以及低温脆性、耐热性、耐磨性、阻燃性和阻隔性，从而适用于各种不同要求的产品用途。为了提高 PA66 的力学特性，已通过添加增强、增韧、阻燃和润滑等各种各样的改性剂，开发出多种品质优良的改性材料。其中，玻璃纤维就是最常见的添加剂，有时为了提高抗冲击性还加入合成橡胶，如 EPDM 和 SBR 等。这些材料已广泛应用于汽车、电器、通信和机械等产业。PA66 的物理特性、综合特性及注塑工艺见表 12-12-43，三种齿轮用 DSM Stanyl PA66 性能见表 12-12-44。

表 12-12-43　　PA66 的物理特性、综合特性及注塑工艺（推荐）

主要物理特性		(1)PA66 在聚酰胺中有较高的熔点，是一种半晶体-晶体材料 (2)在较高温度条件下，也能保持较好的强度和刚度 (3)材质坚硬、刚性好，很好的抗磨损、抗摩擦及自润滑性能 (4)模塑成形后，仍然具有吸湿性，塑件的尺寸稳定性较差 (5)黏性较低，因此流动性很好(但不如 PA6)，但其黏度对温度变化很敏感 (6)PA66 具有好的抗溶性，但对酸和一些氯化剂的抵抗力较弱
综合特性及注塑工艺	结构	部分晶体
	密度	1.14g/cm^3
	物理性能	当含水量为 2%~3%时，则非常坚韧；当干燥时较脆。具有好的颜色淀积性，无毒，与各种填充材料容易结合
	化学性能	具有好的抗油剂、汽油、苯、碱溶液溶剂以及氯化碳氢化合物，以及酯和酮的性能。但不抗臭氧、盐酸、硫酸和双氧水
	识别方法	可燃，离开明火后仍能继续燃烧，燃烧时起泡并有滴落，焰心为蓝色，外圈为黄色，发出燃烧角质物等气味
	料筒温度	喂料区：60~90℃(80℃)　区 1：260~290℃(280℃)　区 2：260~290℃(280℃) 区 3：280~290℃(290℃)　区 4：280~290℃(290℃)　区 5：280~290℃(290℃) 喷嘴：280~290℃(290℃) 括号内的温度建议作为基本设定值，行程利用率为 35%和 65%，模件流长与壁厚之比为 50∶1 到 100∶1。喂料区和区 1 的温度直接影响喂料效率，提高这些温度可使喂料更均匀
	熔融温度	270~290℃，应避免高于 300℃
	料筒保温	240℃以下(短时间停机)
	模具温度	60~100℃，建议 80℃
	注射压力	100~160MPa，如果是加工薄截面长流道制品(如电线扎带)，则需达到 180MPa
	保压压力	注射压力的 50%，由于材料凝结相对较快，短的保压时间已足够，降低保压压力可减少制品内应力
	背压	2~8MPa，需要准确调节，因背压太高会造成塑化不均
	注射速度	建议采用相对较快的注射速度，模具应有良好的排气系统，否则制品上易出现焦化现象
	螺杆转速	高螺杆转速，线速度为 1m/s。然而，最好将螺杆转速设置低一点，只要能在冷却时间结束前完成塑化过程即可。对螺杆的转矩要求较低
	计量行程(最小值~最大值)	(0.5~3.5)D，D 为料筒直径
	余料量	2~6mm，取决于计量行程和螺杆直径
	预烘干	在 80℃温度下烘干 2~4h；如果加工前材料是密封未受潮，则不用烘干。尼龙吸水性较强，应保存在防潮容器内和封闭的料斗内，当含水量超过 0.25%，就会造成塑料外观不良等缺陷
	回收率	回料的加入率，可根据产品的要求确定
	收缩率	0.7%~2.0%，填充 30%玻璃纤维为 0.4%~0.7%；在流程方向和与流程垂直方向上的收缩率差异较大。如果塑件顶出脱模后的温度仍超过 60℃，制品应该逐渐冷却。这样可降低成形后收缩，使制品具有更好的尺寸稳定性和小的内应力；建议采用蒸气法冷却，尼龙制品还可通过特殊配制的液剂来检查应力
	浇口系统	点浇口式、潜伏式、片式或直浇口都可采用。建议在主流道和分流道上设置盲孔或凹槽冷料井。可使用热流道，由于熔料可加工温度范围较窄，热流道应提供闭环温度控制
	料筒设备	标准螺杆，特殊几何尺寸有较高塑化能力；止逆环，直通喷嘴，对注塑纤维增强材料，应采用双金属螺杆和料筒
	机器停工时段	无需用其他料清洗，在高于 240℃下，熔料残留在料筒内时间可达 20min，此后材料容易发生热降解

表 12-12-44　　三种齿轮用 DSM Stanyl PA66 性能

	性　　能	测试条件	ASTM测试方式	单位	普通型	33%玻纤增强	超强	说　　明
					101L NC010	70G33L NC010	ST801 NC010	
力学性能	拉伸强度	-40℃ 23℃ 77℃	D638	MPa	— 83 —	214 186 110	— 51.7 —	
	屈服拉伸强度		D638	MPa	83	—	50	
	断裂延长		D638	%	60	3	60	
	屈服延长		D638	%	5	—	5.5	
	泊松比				0.41	0.39	0.41	
	剪切强度		D732	MPa	—	86	—	
	弯曲模量		D790	MPa	2830	8965	1689	
	弯曲强度		D790	MPa	—	262	68	
	变形量(13.8MPa,50℃)		D621	%	—	0.8	—	
	Izod 冲击		D256	J/m	53(缺口)	117	907	
热性能	热变形温度(HDT) -0.45MPa -1.8MPa		D648	℃ ℃	210 65	260 249	216 71	
	CLTE,流动		D696	$10^{-4}K^{-1}$	0.7	0.8	1.2	
	熔点		D3418	℃	262	262	263	
电性能	体积电阻率		D257	Ω·cm	1×10^{15}	1×10^{15}	7×10^{14}	1. 没有特别指明时,力学性能测量温度为23℃ 2. 表中"—"表示没有相关测试数据
	介电强度,短时间的		D149	kV/mm	—	20.9	—	
	介电强度,逐步的		D149	kV/mm	—	17.3	—	
	介电常数	1E2Hz 1E3Hz 1E6Hz	D150		4.0 3.9 3.6	— 4.5 3.7	3.2 3.2 2.9	
	耗散因数	1E2Hz 1E3Hz 1E6Hz	D150		0.01 0.02 0.02	— 0.02 0.02	0.01 0.01 0.02	
阻燃性能	最小厚度的阻燃等级		UL 94		V-2	HB	HB	
	最小测试阻燃厚度		UL 94	mm	0.71	0.71	0.81	
	高电压弧延伸速率		UL 746A	mm/min	—	32.2	—	
	发热线着火时间		UL 746A	s	—	9	—	
其他性能	密度		D792	g/cm^3	1.14	1.38	1.08	
	洛氏硬度	M标准 R标准	D785		79 121	101 —	— —	
	挺度磨损 CS-17轮,1kg,1000循环		D1044	mg	—	—	5~6	
	吸水率 —沉浸24h —饱和		D570	%	1.2 8.5	0.7 5.4	1.2 6.7	
	收缩率,3.2mm,流动方向			%	1.5	0.2	1.8	

续表

性　　能		测试条件	ASTM测试方式	单位	普通型 101L NC010	33%玻纤增强 70G33L NC010	超强 ST801 NC010	说　　明
注塑工艺	融化温度范围			℃	280~305	290~305	288~293	1. 没有特别指明时,力学性能测量温度为23℃ 2. 表中"—"表示没有相关测试数据
	模温范围			℃	40~95	65~120	38~93	
	注塑湿度要求			%	<0.2	<0.2	<0.2	
	干燥温度			℃	—	80	—	
	干燥时间,除湿干燥机			h	—	2~4	—	

3.2.2 尼龙 PA46

PA46是尼龙大家族中的一种新系列，于1935年发明于实验室中，由荷兰DSM于1990年实现工业化生产，是一种高性能尼龙材料。PA46的物理特性、综合特性及注塑工艺见表12-12-45，三种齿轮用DSM Stanyl PA46性能见表12-12-46。

表12-12-45　　PA46的物理特性、综合特性及注塑工艺

主要物理特性		(1)高温稳定性好,能适应在100℃以上环境下工作 (2)流动性好,注塑周期比PA6缩短30%左右 (3)高结晶度,高抗拉强度,高温下塑件力学性能的保持能力较好 (4)动态摩擦因数低,即使是在高PV值下仍表现良好 (5)抗疲劳性能好,在高温下能保持齿轮有较长的使用寿命
综合特性及注塑工艺(推荐)	结构	部分结晶(未填充)
	密度	1.18g/cm^3
	物理性能	浅黄色,良好的耐温性能,高模量、高强度、高刚性、高抗疲劳性;良好的抗蠕变、抗磨损和磨耗;良好的流动性
	化学性能	很好的抗化学和抗油性
	料筒温度	喷嘴:280~300℃(295℃)　区4:290~300℃(295℃) 区1:300~320℃(310℃)　区5:280~290℃(290℃) 区2:295~315℃(305℃)　喂料区:60~90℃(80℃) 区3:295~315℃(300℃)　以上括号内的温度为推荐温度
	烘干温度	除湿干燥机为80~85℃/4~6h,如果粒子水分超过0.5%,105℃/24h

续表

综合特性及注塑工艺(推荐)	熔融温度	295~300℃
	模具温度	80~120℃(建议在100℃以上)
	注射压力	80~140MPa
	保压压力	注塑压力的30%~50%
	背压	0.5~1MPa
	注射速度	尽可能快(但应防止因注射速度过快使产品焦化)
	螺杆转速	100~150r/min
	射退	2~10mm,取决于计量行程和螺杆直径,在喷嘴不流涎的前提下,应尽可能小
	回收率	精密齿轮可添加10%回料,一般用途齿轮为20%以上
	收缩率	见物性表

表 12-12-46　　三种齿轮用 DSM Stanyl PA46 性能

物性参数		测试方法	单位	TW341	TW271F6	TW241F10	说明
流变性能				干态/湿态	干态/湿态	干态/湿态	
	模塑收缩率(平行)	ISO 294-4	%	2	0.5	0.4	
	模塑收缩率(垂直)	ISO 294-4	%	2	13	0.9	
力学性能				干/湿	干/湿	干/湿	表中TW341为热稳定、润滑等级;TW241F10为50%玻纤增强,热稳定、强化等级;TW271F6为15%PTFE及30%玻纤增强、热稳定、耐摩擦磨耗改良等级 TW241F6、TW241F10已用于汽车启动电机内齿轮;TW271F6已用于模塑汽车电子节气门齿轮
	拉伸模量	ISO 527-1/-2	MPa	3300/1000	9000/6000	16000/10000	
	拉伸模量(120℃)	ISO 527-1/-2	MPa	800	5500	8200	
	拉伸模量(160℃)	ISO 527-1/-2	MPa	650	5000	7400	
	断裂应力	ISO 527-1/-2	MPa	100/55	190/110	250/160	
	断裂压力(120℃)	ISO 527-1/-2	MPa	50	100	140	
	断裂压力(160℃)	ISO 527-1/-2	MPa	40	85	120	
	断裂伸长率	ISO 527-1/-2	%	40/>50	3.7/7	2.7/5	
	断裂张力(120℃)	ISO 527-1/-2	MPa	>50		5	
	断裂张力(160℃)	ISO 527-1/-2	MPa	>50		5	
	弯曲模量	ISO 178	MPa	3000/900	8500/5700	14000/9000	
	弯曲模量(120℃)	ISO 178	MPa	800		7300	
	弯曲模量(160℃)	ISO 178	MPa	600		6500	
	无缺口简支梁冲击强度(+23℃)	ISO 179/IeU	kJ/m^2	N/N		90/100	
	无缺口简支梁冲击强度(-40℃)	ISO 179/IeU	kJ/m^2	N/N		80	
	简支梁缺口冲击强度(+23℃)	ISO 179/IeA	kJ/m^2	12/45	14/22	16/24	
	简支梁缺口冲击强度(-40℃)	ISO 179/IeA	kJ/m^2	9/12	11/11	12/12	
	Izod缺口冲击强度(23℃)	ISO 180/IA	kJ/m^2	10/40	12/19	16/24	
	Izod缺口冲击强度(-40℃)	ISO 180/IA	kJ/m^2	9/12	10/10	12/12	

续表

物性参数		测试方法	单位	TW341	TW271F6	TW241F10	说明
热性能				干态/湿态	干态/湿态	干态/湿态	表中 TW341 为热稳定、润滑等级；TW241F10 为 50%玻纤增强，热稳定、强化等级；TW271F6 为 15% PTFE 及 30%玻纤增强、热稳定、耐摩擦磨耗改良等级 TW241F6、TW241F10 已用于汽车启动电机内齿轮；TW271F6 已用于模塑汽车电子节气门齿轮
	熔融温度(10℃/min)	ISO 11357-1/-3	℃	295/※	295/※	295/※	
	热变形温度(1.80MPa)	ISO 75-1/-2	℃	190/※	290/※	290/※	
	线胀系数(平行)	ISO 11359-1/-2	$10^{-4}℃^{-1}$	0.85/※	0.2/※	0.2/※	
	线胀系数(垂直)	ISO 11359-1/-2	$10^{-4}℃^{-1}$	1.1/※	0.8/※	0.8/※	
	1.5mm 名义厚度时的燃烧性	IEC 60695-11-10	class	V-2/※	HB/※	HB/※	
	测试用试样的厚度	IEC 60695-11-10	mm	1.5/※	1.5/※	1.5/※	
	厚度为 h 时的燃烧性	IEC 60695-11-10	class	V-2/※	HB/※	HB/※	
	测试用试样的厚度	IEC 60695-11-10	mm	0.75/※	0.9/※	0.75/※	
	热量索引 5000hrs	IEC 60216/ISO 527-1/-2	℃	152	177	177	
电性能				干态/湿态	干态/湿态	干态/湿态	
	体积电阻率	IEC 60093	Ω·m	LE13/LE7	LE12/LE7	LE12/LE8	
	介电强度	IEC 60243-1	kV/mm	25/15	30/20	30/20	
	相对漏电起痕指数	IEC 60112	—	400/400	300/300	300/300	
其他性能				干态			
	吸湿性	Sim to ISO 62	%	3.7			
	密度	ISO 1183	kg/m^3	1180			

注：※表示湿态无数据。

3.3 聚醚醚酮（PEEK）

聚醚醚酮（PEEK 450G）是一种结晶性不透明淡茶灰色的芳香族超热塑性树脂，由英国威克斯（Victrex）于1978年发明，1981年工业化生产，这种材料是近二十多年来国内外业内所公认的高性能工程塑料。我国吉林大学依靠自主创新研发成功，也于1987年开始小批量生产。

目前，PEEK 聚合物已在汽车电装齿轮中获得多项应用。近年来，PEEK 450G 又在汽车电动座椅驱动器中找到了新的应用前景，采用塑料蜗杆取代钢蜗杆实现“以塑代钢”已取得了进展。但由于这种高性能热塑性材料，国内外均未真正形成大批量生产能力。因此，材料的价格十分昂贵。另一方面这种材料的料温、模温特高，一般的注塑机难以胜任。鉴于以上两个方面的原因，也制约了这种材料的广泛应用。

3.3.1 PEEK 450G 的主要物理特性、综合特性及加工工艺（推荐）

表 12-12-47　　PEEK 450G 的主要物理特性、综合特性及加工工艺

项目		内容
主要物理特性		(1)高温性能。PEEK 聚合物和混合物的玻璃态转化温度通常为 143℃、熔点为 343℃。独立测试显示,聚合物的热变形温度高达 315℃,且连续工作温度高达 260℃ (2)高综合力学性能。PEEK 聚合物的机械强度高、坚韧性好、耐冲击性能强、传动噪声低等,可大幅度提高齿轮的使用寿命 (3)耐磨损性能。PEEK 聚合物具有优良的耐摩擦和耐磨损性能,其中以专门配方(添加有 PTFE)的润滑级 450FC30 和 150FC30 材料表现最佳。这些材料在较宽广的压力、速度、温度和接触面粗糙度的范围内,都表现出良好的耐磨损性能 (4)耐化学腐蚀性能。PEEK 聚合物在大多数化学环境下具有优良的耐腐蚀性能,即使在温度升高的情况下亦然。在一般环境中,唯一能够溶解这种聚合物的只有浓硫酸
综合特性及加工工艺(推荐)	结构	部分结晶高聚物
	密度	$1.3g/cm^3$
	物理性能	通常含水率低于 0.5%。非常坚韧,刚性好,高的耐摩擦、耐磨损性能。无毒,无卤天然阻燃,低烟,耐高温
	化学性能	化学性能稳定,耐各种有机、无机化学试剂、油剂;还耐有机、无机酸,弱碱和强碱,但不耐浓硫酸
	识别方法	难燃,离开火焰后不能继续燃烧,本色呈淡米黄色
	料筒温度	后部:350~370℃ 中部:355~380℃ 前部:365~390℃ 喷嘴:365~395℃
	烘干温度	150℃为 3h 或 160℃为 2h(露点-40℃),确保含水率低于 0.02%(模塑齿轮建议使用除湿干燥机)
	熔融温度	370~390℃
	料筒保温	300℃(停机时间 3h 以内的料筒允许温度)
	模具温度	175~190℃
	注射压力	70~140MPa,对于填充增强牌号可能需要更高的压力
	保压压力	40~100MPa,对于狭长流道,可能需要更高保压压力
	背压	3MPa
	注射速度	建议采用相对较高的注射速度,保证充模效果
	螺杆转速	50~100r/min
	计量行程	最小值~最大值为(0.5~3.5)D(D——料筒直径)
	余料量	2~6mm,取决于计量行程和螺杆直径
	回收率	无填充牌号回收料添加不超过 30%;填充牌号回收料添加不超过 10%
	收缩率	见物性表

续表

综合特性及加工工艺（推荐）	浇口系统	适用于大部分浇口形式，但应避免细长形浇口，建议最小浇口直径或厚度为1~2mm，尽量不使用潜伏式浇口。为了节省昂贵的原材料、降低生产成本，注射模应采用热流道
	机器停工时段	开停机需用本料或专用高温清洗料清洗螺杆和料筒，停机时间不超过1h，不需要降低温度；停机时间超过1h，在3h以内，需要降低料筒温度到300℃以下；如果带料停机时间超过3h以上，在开机前，需要清洗料筒
	料筒设备	大部分通用螺杆均能适用，建议螺杆长径比的最小值为16∶1，但应优先选用18∶1或24∶1的螺杆。压缩比在2∶1至3∶1之间，止逆环必须一直安装在螺杆顶部，止逆环与螺杆之间的空隙应能使材料不受限制地流过。料筒材料需经过硬化处理，应避免使用铜或铜合金（会导致材料降解）。模具模腔和型芯材料要求采用耐热合金模具钢，在注塑成形温度下仍具有52~54HRC的硬度值

3.3.2 齿轮用PEEK聚合材料的性能

表12-12-48　　三种Victrex PEEK材料的性能

特性	状态	测试方法	单位	PEEK 450G	PEEK 450CA30	PEEK 450FC30	说明
拉伸强度	屈服，23℃	ISO 527-2/1B50	MPa	100			
	屈服，130℃			51			
	屈服，250℃			13			
	断裂，23℃	ISO 527-2/1B50	MPa		220	134	
	断裂，130℃				124	82	
	断裂，250℃				60	40	
伸长率	断裂，23℃	ISO 527-2/1B50	%	34	1.8	2.2	
	屈服，23℃			5			
拉伸模量	23℃	ISO 527-2/1B50	GPa	3.5	22.3	10.1	表中的PEEK 450G为纯料颗粒的通用等级 PEEK 450CA30为碳纤维强化颗粒的强化等级 PEEK 450FC30为润滑等级
弯曲强度	23℃	ISO 178	MPa	163	298	186	
	120℃			100	260	135	
	250℃			13	105	36	
弯曲模量	23℃	ISO 178	GPa	4.0	19	8.2	
	120℃			4.0	18	8.0	
	250℃			0.3	5.1	3.0	
Charpy冲击强度	2mm缺口，23℃	ISO 179-1e	$kJ\cdot m^{-2}$	35	7.8		
	0.25mm缺口，23℃			8.2	5.4		
拉伸强度	屈服，23℃	ASTM D638tV	MPa	97			
	断裂，23℃	ASTM D638tV	MPa		228	138	
伸长率	断裂，23℃	ASTM D638tV	%	65	2	2.2	
	屈服，23℃			5			

第12篇

续表

特 性	状 态	测试方法	单位	PEEK 450G	PEEK 450CA30	PEEK 450FC30	说 明
拉伸模量	23℃	ASTM D638tV	GPa	3.5	22.3	10.1	
弯曲强度	23℃	ASTMD790	MPa	156	331	211	
弯曲模量	23℃	ASTMD790	GPa	4.1	19	9.5	
切变强度	23℃	ASTMD3846	MPa	53	85		
切变模量	23℃	ASTMD3846	GPa	1.3			
压缩强度	平行于流动方向,23℃ 垂直于流动方向,23℃	ASTMD695	MPa	118 119	240 153	150 127	
泊松比	23℃	ASTMD638tV		0.4	0.44		
洛氏硬度	M 级	ASTMD785		99	107		
Izod 冲击强度	0.25mm 缺口, 23℃无缺口,23℃	ASTMD256	J·m^{-2}	94 无断裂	120 643	90 444	
颜色				原色/浅褐色/黑色	黑色	黑色	
密度	结晶态 非结晶态	ISO 1183	g·cm^{-3}	1.30 1.26	1.40	1.44	
典形结晶度		n/a		35	30	30	
成形收缩率	流动方向,3mm,170℃成形 垂直方向,3mm,170℃成形 流动方向,3mm,210℃成形 垂直方向,3mm,210℃成形 流动方向,6mm,170℃成形 垂直方向,6mm,170℃成形 流动方向,6mm,210℃成形 垂直方向,6mm,210℃成形	n/a	mm·mm^{-1}	0.012 0.015 0.014 0.017 0.017 0.018 0.023 0.022	0.000 0.005 0.001 0.005 0.002 0.006 0.002 0.007	0.003 0.005 0.003 0.006 0.004 0.007 0.004 0.007	表中的 PEEK 450G 为纯料颗粒的通用等级 PEEK 450CA30 为碳纤维强化颗粒的强化等级 PEEK 450FC30 为润滑等级
吸水性	24h,23℃ 平衡,23℃	ISO 62	%	0.50 0.50	0.06	0.06	
熔点		DSC	℃	343	343	343	
玻璃态转化温度(T_g)		DSC	℃	143	143	143	
比热容		DSC	kJ·kg^{-1}·℃$^{-1}$	2.16	1.8	1.8	
线胀系数	$<T_g$ $>T_g$	ASTMD696	10^{-5}℃$^{-1}$	4.7 10.8	1.5	2.2	
热变形温度	1.8MPa	ISO 75	℃	152	315	>293	
热导率		ASTMC177	W·m^{-1}·℃$^{-1}$	0.25	0.92	0.78	
连续使用温度	电气 机械(没有冲击) 机械(有冲击)	UL746B	℃	260 240 180	 240 200	 240 180	

3.4 塑料齿轮材料的匹配及其改性研究

3.4.1 最常用齿轮材料的匹配

表 12-12-49 最常用齿轮材料的匹配

匹配类型	效果及应用
两种聚甲醛齿轮匹配	摩擦与磨损，没有聚甲醛与淬硬钢齿轮匹配时优良 尽管如此，完全由聚甲醛匹配的齿轮轮系，仍获得广泛的应用(如电器、时钟、定时器等小型精密减速和其他轻微载荷运动型机械传动轮系中)。如果一对啮合齿轮均采用 Delrin 聚甲醛模塑而成，即使采用不同等级，如 100 与 900F，或与 500CL 匹配，都不会改进耐摩擦与磨损性能
Delrin 聚甲醛与 Zytel 尼龙匹配	在许多场合下，能够显著改进耐摩擦与磨耗性能。在要求较长使用寿命场合，这一组合特别有效。当不允许进行初始润滑时，尤其会显示出色的优点
	凡是两个塑料齿轮匹配的场合，都必须考虑传统热塑性材料导热性差的影响。散热问题取决于传动装置的总体设计，当两种材料都是较强的隔热材料时，对这一问题需要作专门的考虑
塑料齿轮与金属齿轮匹配	如果是塑料齿轮与金属齿轮匹配，轮系的散热问题要好得多，因而可以传递较高的载荷 塑料齿轮与金属齿轮匹配的轮系运转性能较好，比塑料与塑料匹配轮系齿轮的摩擦及磨耗要轻。但只有当金属齿轮具有淬硬齿面，这种效果会更加突出 一种十分常见轮系的第一个小齿轮被当作电机驱动轴，直接嵌装入电机转子体内，由于热量可从电磁线圈和轴承直接传递至驱动轴，会使齿轮轮齿的温度升高，并可能会超过所预设的温度。因此，设计人员应该特别重视对电机的充分冷却问题 受牙形加工工艺限制，在汽车雨刮、摇窗器等电装产品中均普遍采用金属轧牙或铣牙蜗杆与塑料斜齿轮匹配，这已是一种十分典型的匹配方式，也是塑料齿轮应用最成功的范例之一

3.4.2 齿轮用材料的改性研究

在汽车工业的驱动下，随着对塑料齿轮增大传输载荷，降低传动噪声等要求，对材料的改性尤为重要。材料改性要求及案例见表 12-12-50。

表 12-12-50 材料改性要求及案例

齿轮工况变化	材料改性要求	齿轮工况变化	材料改性要求
当对啮合噪声的要求比传递动力更重要时	多选用未填充材料	当对传递动力的要求比啮合噪声更重要时	应首选增强性材料
改性举例	1. 当聚甲醛共聚物填充 25%的短玻纤(2mm 或更短)的填料后，它的拉伸强度在高温下增大 2 倍，硬度提升 3 倍。使用长玻纤(10mm 或者更长)填料可提高强度、抗蠕变能力、尺寸稳定性、韧性、硬度、耐磨损性等以及其他的更多性能。因为可获得需要的硬度、良好的可控热膨胀性能，在大尺寸齿轮和结构应用领域，长玻纤增强材料正成为一种具有吸引力的备选材料 2. 对未填充和分别填充碳纤维、聚四氟乙烯(PTFE)的几种常用的齿轮用材料进行改性研究，并通过原型样机型式试验，结果表明：经碳纤维填充的材料的抗拉强度和弯曲弹性模量增大、工作温度提高、热膨胀系数降低；碳纤维的用量以 20%为宜。而填充 PTFE 则显著改善了塑料齿轮的耐摩擦、磨损性能；材料改性后的齿轮性能可与铸铁、铝合金和铜合金齿轮媲美。PTFE 的用量达到 10%时，材料的强度没有大的下降，但摩擦、磨损系数显著降低		

3.5 塑料齿轮的失效形式

表 12-12-51 **塑料齿轮的失效形式**

	节点附近断裂	齿根附近处断裂
	动力传动轮系中塑料齿轮有多种多样的失效形式,其中齿轮轮齿断裂的主要失效形式有两类:一是轮齿在齿根附近处断裂;二是轮齿在节点附近处断裂	
失效形式	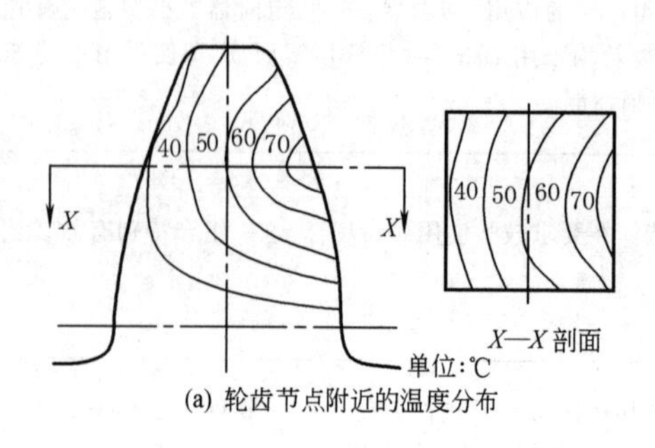 (a) 轮齿节点附近的温度分布 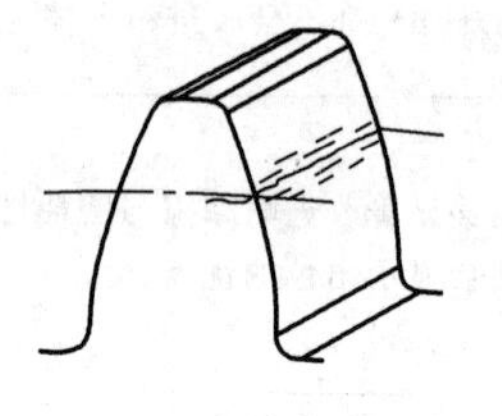 (b) 节点附近断裂	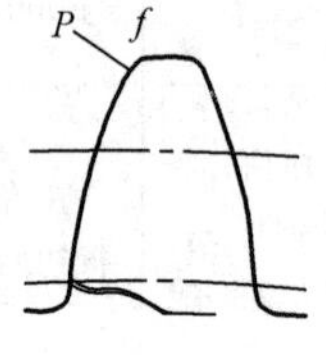 (c)齿根附近断裂
失效原因	在齿轮传动中,齿面摩擦热和材料黏弹性内耗热所引起的轮齿的温升分布情况如图 a 所示。在节点附近形成高温区,由于温度的升高,材料的拉伸强度会明显降低。在这种情况下,危险点不是在齿根部位,而是在节点附近。随着运转次数的增加,危险点附近首先产生点蚀和裂纹,然后逐渐扩展直至节点附近的轮齿断裂 当齿轮由中速到高速传递动力时,在节点 P 到最大负荷点之间的区间内,由于材料的高温无法很快释放出去,造成齿面软化而出现点蚀,进而在齿宽中间部位沿轴向产生细小裂纹。随着传动的进行,裂纹向齿宽方向发展,直至两端面,最后引起轮齿在节线附近发生断裂。这种失效多发区因模数、齿数、负荷及其他传动条件的不同而有所差异,但基本上集中在节点附近最大负荷点上下的区域内 节点附近断裂如图 b 所示。是由于材料的抗热能力差,在啮合过程中,轮齿齿面摩擦热和齿面内部黏弹性体材料受到挤压后分子间的内耗热所引起的温升,以及机械负荷共同作用所产生的一种失效形式	齿根附近处断裂如图 c 所示。当轮齿进入啮合起始点 f 承载时,轮齿齿根处所承受的拉伸负荷(或弯曲负荷)最大。这种拉伸负荷在某一瞬时可能会引发裂纹,并逐渐向体内延伸,直至轮齿断裂。这种失效通常发生在高负荷、低速运转的工况下和当齿轮齿根圆角太小、应力过分集中、轮齿抗弯强度不足时
降低节点处断裂失效的优化设计要点	轮齿节点附近断裂失效,主要是塑料的抗热能力差所引起的。如何抑制热的生成和将热量迅速扩散出去,是塑料齿轮轮系设计中的重要课题。日本学者通过数百对钢齿轮与滚切加工的塑料齿轮样机传动啮合试验,提出以下塑料齿轮轮齿参数的优化设计意见 (1)齿数 z 通过选择比较多的齿数来减小齿根处的滑动速度,降低摩擦热量的生成 (2)模数 m 尽量选择小一些的模数值,降低齿面间的相对滑动速度,使每对轮齿的啮合时间缩短,所生成的热量也会有所减少。一般情况下,模数 m 优先选取标准模数系列推荐值 (3)压力角 α 取标准压力角 $\alpha=20°$,为增大轮系重合度,可选较小的压力角;为增强齿根弯曲强度,可选较大的压力角 (4)齿宽 B 根据轮齿齿根强度的需要,可适当增大 (5)蜗杆蜗轮组合 钢蜗杆与塑料蜗轮(或斜齿轮)组合比塑料蜗杆塑料蜗轮(斜齿轮)组合的效果更佳	

4 塑料齿轮的制造

塑料齿轮是一种既有几何尺寸精度要求，又有机械强度要求的精密塑件。特别是动力传动型塑料齿轮，十分重视对力学性能的保证。因此，塑料齿轮不能按一般塑件对待，对其注塑机及周边设备、注射模设计制造及其注塑工艺，都与一般塑件有不同的要求。

4.1 塑料齿轮的加工工艺

表 12-12-52 塑料齿轮的加工工艺

滚切加工	应用场合	在小批单件或精度要求较高塑料齿轮的生产中,常采用滚切加工工艺 通过滚切加工的齿轮齿根的材料组织结构已经改变,在齿根较小的圆角处的弯曲强度会有所降低。因此,这类塑料齿轮一般多用于仪器仪表中的精密运动传动 为了节省试验成本,采用滚切加工的塑料齿轮,用作动力传动轮系的原型进行型式试验也是不合适的。因为这类齿轮轮齿的失效,并不能全面反映同类塑料齿轮的真实工况特性
	注意事项	1. 采用滚切加工的塑料齿轮的精度,比模塑齿轮一般要提高 1~2 级 2. 采用齿宽较大的聚甲醛模塑坯件进行滚切加工的齿轮(或蜗轮),其模数不可太大,因为在坯件体内存在许多大大小小的真空缩孔。这类孔洞很可能就出现在轮齿根部或附近,因此降低了轮齿齿根的强度。如果有充分理由必须采取这种工艺,最好采用模塑留有滚切裕量的齿坯加工 3. 在滚切加工塑料齿轮时,公法线长度尺寸是较难控制的。由于尼龙或聚甲醛的质地柔韧,在切削加工中,刀刃摩擦会产生大量切削热,使齿部出现热膨胀。这种齿轮在加工中,其公法线长度误差的分散性较大,特别是搁置一段时间以后,公法线长度还要膨胀许多 4. 对玻纤增强齿轮加工时,其材质对滚刀刀刃的磨损更为严重,在大批量生产中应采用耐磨性能高的硬质合金滚刀滚切加工塑料齿轮
	加工实例	某厂在滚切加工一种 $m=1\mathrm{mm}$、$z=30$ 的尼龙 PA66 渐开线齿轮中,采用乳化液湿切加工来降低切削热,并将公法线长度控制在超下限 0.01~0.03mm。而后将齿轮置入 60~80℃热水中,浸泡 1~2h 后晾干。搁置一段时间以后,塑料齿轮公法线长度基本上未出现膨胀现象
模塑成形	工艺特性及影响	塑胶在模塑成形过程中,在齿轮齿根圆角处,会形成应力集中区,这类应力会导致轮齿齿根圆角的弯曲强度降低;齿轮齿根圆角半径越小,轮齿的弯曲强度越低。现将这种情况的出现和所造成的影响,通过下图中的塑胶熔体流程路线分别描述 当塑胶熔体注入模腔齿槽时,熔体流程方向主要取决于流动过程中所产生的剪切应力。当绕过小凸圆角的流程或流速骤变这一类突变齿轮齿根圆角形状对模塑(塑料)齿轮轮齿成形的影响过程,会在型腔齿槽表面附近造成不规则的流动现象(与湍流现象类似但不等同),如图 a 左所示。此处的熔体就地迅速凝固,后果是形成模塑齿轮齿根小圆角 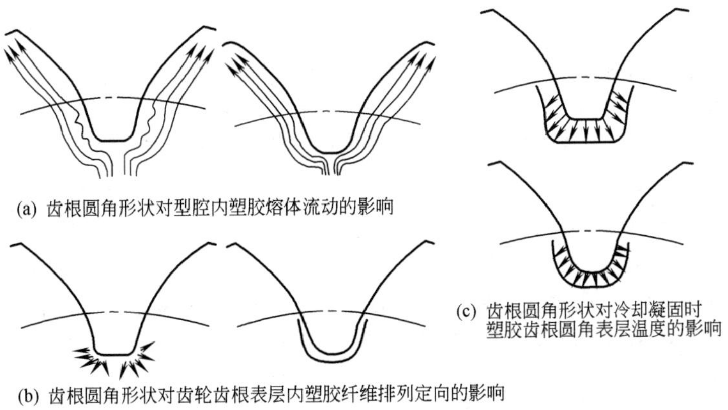 (a) 齿根圆角形状对型腔内塑胶熔体流动的影响 (b) 齿根圆角形状对齿轮齿根表层内塑胶纤维排列定向的影响 (c) 齿根圆角形状对冷却凝固时塑胶齿根圆角表层温度的影响

续表

模塑成形	工艺特性及影响	处,因内应力过分集中而降低了轮齿弯曲强度。此后,由于时间、温度、潮湿或在化学环境下使用等影响,使得这种应力逐渐释放出来,从而造成齿轮几何尺寸和精度发生变化 对于纤维增强塑料这种类型的注塑流动需要引起注意。如果模塑齿轮的齿根为全圆弧,塑料熔体注入模腔齿槽时,塑胶熔体流程的型式呈平滑连续流动过程,型腔齿根大凸圆角表面附近材料中的纤维会顺应流程方向呈流线式排列。但是,如果熔体流过的型腔齿根是较尖的小凸圆角,则纤维将会呈小凸圆角径向排列,如图 b 左所示。这样的纤维排列状况不但不能对轮齿齿根小圆角起到增强作用,反而降低了齿轮的弯曲强度,甚至给轮齿埋伏下断裂失效隐患。再者,纤维排列定向不良,还会造成塑件收缩不均和几何尺寸不良等后果
	注意事项	1. 有利于塑胶熔体在型腔内冷却均匀的设计,对模塑尺寸稳定和低应力的塑件是十分重要的。型腔齿根小凸圆角处,对塑胶熔体的流动如同"尖角",在其型腔表面会形成一片沿导热路径很狭窄的区域,如图 c 所示。所造成的后果是在邻近的塑胶熔体凝固时,成为过热区域。如果型腔齿根小凸圆角如同"尖角",也会出现类似的导热不良问题,从而引起此区域内的温度升高,使得上述情况进一步加剧。塑件体内冷却速率不匀所产生的收缩力,会使齿轮轮齿齿根附近形成空隙或局部应力高度集中。此外,这类不受控制、不稳定应力,会使齿轮轮齿齿廓产生不可预测的几何变形 2. 齿根圆角如果是全圆弧半径,便可降低轮齿圆角处塑胶的温差和由此产生的收缩应力,减轻齿廓变形及对轮齿弯曲强度所造成的损失

4.2 注塑机及其辅助设备

20 世纪 80 年代以前，国内用于模塑齿轮生产的注塑机具十分简陋，主要是原上海文教厂等生产的 15T、30T 柱塞式液压立式注塑机。这类注塑机，多采用一模一腔模具注射塑料齿轮，齿轮尺寸的一致性较好，但劳动强度很大。有时也采用一模二腔模具，很少采用一模四腔模具注射齿轮。到 20 世纪 90 年代，这类立式注塑机已被螺杆式立式注塑机所取代。与此同时，国内一些民营或合资企业生产的电脑控制的系列液压卧式注塑机占领了国内注塑机的主要市场。

采用这类全液压式注塑机加工塑料齿轮，多为一模四腔。要求不高的塑料齿轮注射模可多达一模八腔、一模十六腔等。模具型腔越多生产效率越高，但齿轮的尺寸一致性越差，对精密塑料齿轮不适合。

4.2.1 注塑机

表 12-12-53　　注塑机的类型、特点和参数

类　型	特　点
立式注塑机	国内已有多家民营、合资或外资立式注塑机生产厂商,主要生产双柱、四柱螺杆式立式系列注塑机。此外,还有双滑板式、角式注射和转盘式立式注塑机。由于齿轮零件一般为小型塑件,因此应以选择小型机为主。注塑带金属嵌件的汽车用齿轮(如雨刮电机斜齿轮),可选用双滑板式、转盘式注塑机,可大幅度提高生产效率
卧式注塑机	随着塑料制品多样化,市场需求越来越大,注塑机设备的升级换代也越来越快。目前国内注塑机主要是全液压式,由于环保和节能的要求,以及伺服电机的成熟应用和价格的大幅度下降,近年来全电动式的精密注塑机越来越多

续表

类型		特点
卧式注塑机	全液压式注塑机	在成形精密、形状复杂的制品方面有许多独特优势,它从传统的单缸充液式、多缸充液式发展到现在的两板直压式。其中以两板直压式最具代表性,但其控制技术难度大,机械加工精度高,液压技术也难掌握
	全电动式注塑机	有一系列优点,特别是在环保和节能方面具有优势。由于使用伺服电机注射控制精度较高,转速也较稳定,还可以实现多级调节。但全电动式注塑机在使用寿命上不如全液压式注塑机,而全液压式注塑机要保证精度就必须使用带闭环控制的伺服阀,而伺服阀价格昂贵,使这类注塑机的成本提升
	电动-液压式注塑机	是集液压和电驱动于一体的新型注塑机,它融合了全液压式注塑机的高性能和全电动式的节能优点,这种复合式注塑机已成为注塑机技术发展方向。注塑产品的成本构成中,电费占了相当大的比例;依据注塑机设备工艺的需求,注塑机油泵马达耗电占整个设备耗电量的比例高达50%~65%,因而极具节能潜力。设计与制造新一代"节能型"注塑机,就成为迫切需要关注和解决的问题。因此,这类新型注塑机给注塑行业带来了新的飞速发展的机遇
	在模塑齿轮生产中,卧式注塑机已成为主要机型。下表中列出宁波海天、德国德马格(Demag)和阿博格(Arburg)等比较适合模塑齿轮的注塑机。其中阿博格170U 150-30小型精密注塑机的注射控制方式有两种:注射闭环控制的标准方式和螺杆精确定位的可选方式。它是一种具有螺杆精确定位功能的小直径螺杆注塑机,采用直压式合模,比较适合特小模数齿轮和细小精密零件的模塑成形加工。此外,由于全电动式注塑机具有注射控制精度较高、转速较稳定等优点,小规格注塑机的使用寿命也不会成为问题。因此,这类全电动式注塑机也是比较适合模塑齿轮生产的机型	

国内外几种小型注塑机的主要参数

项目	单位	宁波海天 HTF60W1-1		德国 德马格	日本东芝 EC40C	德国阿博格 170U 150-30	德国 BOY XS
		A	B	Ergotech 35-80	Y	30 (双泵、欧标)	XS(100-14)
螺杆直径	mm	22	26	18	22	15/18	12
螺杆长径比(L/D)		24	20.3	20	20	17.7/14.5	19.7
理论容量	cm^3	38	53	23	38	10.6/15.3	4.5
注射质量	g	35	48	20	35	9.5/14	4.2
注射压力	MPa	266	191	280	258	220/200	312.8
螺杆转速	r/min	0~230			420	357~430	340
合模装置				35			
合模力	kN	600		350	400	150	100
开模行程	mm	270			250	200	150

第12篇

续表

	项目	单位	宁波海天 HTF60W1-1		德国 德马格	日本东芝 EC40C	德国阿博格 170U 150-30	德国 BOY XS
			A	B	Ergotech 35-80	Y	30（双泵、欧标）	160（205 对角线）
国内外几种小型注塑机的主要参数	拉杆内距	mm	310×310		280×280	320×320	170×170	250
	最大模厚	mm	330		—	320	350	100
	最小模厚	mm	120		180	150	150	50
	顶出行程	mm	70		100	60	75	8.4
	顶出力	kN	22		26	20	16	1
	顶出杆根数	根	1			3		30
	最大油泵压力	MPa	16				21.0	3
	油泵马达	kW	7.5		7.5		7.5	1.35
	电热功率	kW	4.55		5	3.9		
	外形尺寸（$L\times W\times H$）	m	3.64×1.2×1.76		3.3×1.2×2	3.4×1.1×1.6	2.64×1.17×1.17	1.48×0.52×1.38
	质量	t	2.3		2.6	2.6	1.65	0.4
	料斗容积	kg	25		35		8	3
	油箱容积	L	210		140		120	28

精密齿轮对注塑机的要求

塑料齿轮的尺寸小，公差要求严，属于精密注塑类型产品。因此，对其注塑机及其周边设备有较高的技术要求

1. 机床的刚性好，锁模、射出系统选用全闭环控制，确保机械运动稳定性和重复性精度。开、合模位置精度：开，≤0.05mm，合，≤0.01mm

2. 注塑压力、速度稳定，注射位置精度（保压终止点）≤0.05mm，预塑位置精度≤0.03mm，每模生产周期的误差≤2s

3. 定、动模板平行度：锁模力为零或锁模力为最大时，平行度≤0.03mm；由于结构原因，直压式机的模板平行度要高于曲臂式机

4. 选用双金属螺杆、料筒，聚甲醛改性材料，应选用不锈钢双金属螺杆、料筒。料筒、螺杆的温控精度≤±3℃

5. 小尺寸齿轮和蜗杆，应选用锁模力较小的小直径螺杆机型；缩短熔料在料筒中的停留时间，避免材料出现高温降解等问题

4.2.2 辅助设备配置

用来模塑精密塑件的注塑机周边辅助设备种类繁多，有模温机、干燥机和除湿干燥机、冷水机、真空中央供料系统、热流道温控计和机械手等。其中，最重要的是模温机和除湿干燥机，如表 12-12-54 所示。

表 12-12-54　　辅助设备

模温机	分类	分为水式普通型(室温-5～180℃)和油式高温型(室温+5～350℃)模温机两大类
	功能	模温机是专为控制模具温度而设计的,在注塑加工之前,能使模具迅速达到所需的温度并保持稳定。在塑料齿轮大量生产中,由于齿轮的尺寸精度和力学性能要求,模塑成形过程中的塑胶熔体的注射温度和模具型腔温度必须保持稳定。因此,模温机是确保模具型腔温度稳定必不可少的周边设备。此外,结晶性聚合物必须达到材料自身玻璃态转化温度,才能开始结晶。为了加快结晶的进程,还必须有足够高的模具成形温度,才能保证材料在短时间内的充分结晶。否则塑件在使用过程中,由于温度升高到玻璃态转化温度,材料又将发生二次结晶而导致齿轮尺寸的变化。根据材料的物性要求,可选择不同功能的模温机为模具型腔提供足够高的模具温度
	主要技术要求	1. 温度传感器探头应安装在型腔体内,便于对模温的优化控制 2. 模温机与机床电脑通信,实现对模温机故障实时报警 3. 模温机内存水量少(3L),传热快,调节稳定 4. 模温的温控精度要求 PID±1℃ 5. 模温机具有流量监视功能

几种常用齿轮材料注塑的模温要求：

材料牌号	组织结构	玻璃态转化温度 T_g/℃	熔融温度(熔点温度)/℃	热变形温度/℃(1.8MPa)	模具温度/℃
POM 100P	部分结晶	-70	(178)	95	80～120
PA66 101LNG010	部分结晶	50	(262)	65	60～100
PA46 TW341	部分结晶	78	295～300	190	80～120
PEEK 450G	部分结晶	143	370～390	152	175～190

模温机	模温机的选用	根据上表中的前三种材料模塑成形所需模具温度要求,可选用水式模温机;而 PEEK 450G 材料应选用油式高温模温机。根据模塑成形蜗杆等的特殊需要,还可采用双温模温机
除湿干燥机	功能	任何热塑性材料都有不同程度的吸湿性。其中,尼龙类材料的吸湿性较强,聚甲醛的吸湿性极小。塑料中的水分对模塑成形十分有害:一是在塑件体内会出现气体缩孔,二是在高温下材料易发生降解,降低组织结晶度和塑件的机械强度。因此,高性能塑料要求在注塑前必须使用除湿干燥处理。采用稳定性高的低露点干燥风(-32℃以下),搭配适当的干燥温度才能保证最终塑料的含湿率降低到 0.02%以下。经过除湿干燥的塑料模塑成形的产品,具有最佳的物理性质及表面光泽度。某些除湿干燥机,由于其密闭循环系统上可以低至-50℃以下的低露点干燥风,能促进塑料快速释放体内水分至干燥风,经干燥除湿处理后的塑料可以有效地避免塑件浇口处出现缩水、银纹或凹坑等缺陷

几种齿轮材料的除湿干燥要求：

材料牌号	吸水率/% 23℃(24h)	热风干燥机		除湿干燥机(露点-40℃)		除湿干燥后的含水量/%
		温度/℃	时间/h	温度/℃	时间/h	
POM 100P	0.28	未受潮不干燥		未受潮不干燥		<0.2
		100	4			
PA66 101LNC010	2.5	未受潮不干燥		未受潮不干燥		<0.2
		80	2～4			
PA46 TW341	3.7			80	6	
				85	4	
PEEK 450G	0.50			150	3	<0.02
				160	2	

4.3 齿轮注射模的设计

在塑料齿轮制造中，注射模的设计与制造是最重要的环节。齿轮注射模的结构与其他塑件一样，同样具有支撑、成形、导向、顶出、流道和温控六大系统。由于齿轮的尺寸精度和质量要求较高，因此在型腔、浇口、排气以及冷却水道的设计上，会有较大不同。此外，对模具定、动模型腔的精定位系统也十分重要。

4.3.1 齿轮注射模设计的主要步骤

在塑料制品的现代化专业生产中，塑件设计人员与模具设计人员，在一般情况下分属不同部门、工厂，甚至不同行业、地区和国别。制品设计人员往往只从产品性能、精度和外观等方面提出要求，而不关心或不熟悉如何才能制造出合格的塑件。当然，模具设计人员的首要任务，就是全力去满足制品的设计要求，但由于受到塑料特性和模具结构等诸多因素的限制，模具设计人员就需要与制品设计人员就塑件的形状、结构、分型面、浇口位置和大小、顶出和熔接痕的位置等充分交换意见。如果制品设计结构不符合塑料特性和注射模的结构设计要求，就应该在保证产品设计功能要求的前提下进行再设计；经制品设计方审核认可后，方可作为模具设计的依据。在确定制品的最终结构之后才能开始进行模具设计，设计的主要步骤见表 12-12-55。

表 12-12-55　　塑料齿轮注射模设计的主要步骤

步　骤	设　计　内　容
1. 模具结构的设计方案	(1)确定采用二板式、三板式或侧抽芯滑块式等 (2)确定分型面 (3)确定浇口系统位置、方式，如点浇口、潜伏式以及侧浇口等 (4)精定位的设计 (5)顶出方式，如推杆、套管以及推板顶出等 (6)排气系统设置 (7)冷却水(油)道系统的设置
2. 齿轮型腔设计	(1)确定齿轮型腔外形尺寸的大小 (2)确定收缩率，根据材料厂家提供的物性表、有关参考资料及其经验式通过工艺试验确定，并记入制品图 (3)齿轮型腔结构设计
3. 模板设计	(1)型腔数量及其排列 (2)分流道的布局设计
4. 型腔零部件设计	(1)型腔装配关系的设计 (2)型腔零部件图的详细设计
5. 选用模架及其动、定模板等的详细设计	
6. 确认所选用注塑机的参数(注塑机的型号与规格等)	

以上有关塑料齿轮注射模设计已有不少资料作了详细论述，本节先对齿轮注射模与其他塑件有所不同的设计特点作一讨论，后分别就直齿轮、斜齿轮和蜗杆注射模的整体结构做简要介绍。

4.3.2 齿轮型腔结构设计

表 12-12-56　　几种齿轮型腔结构设计

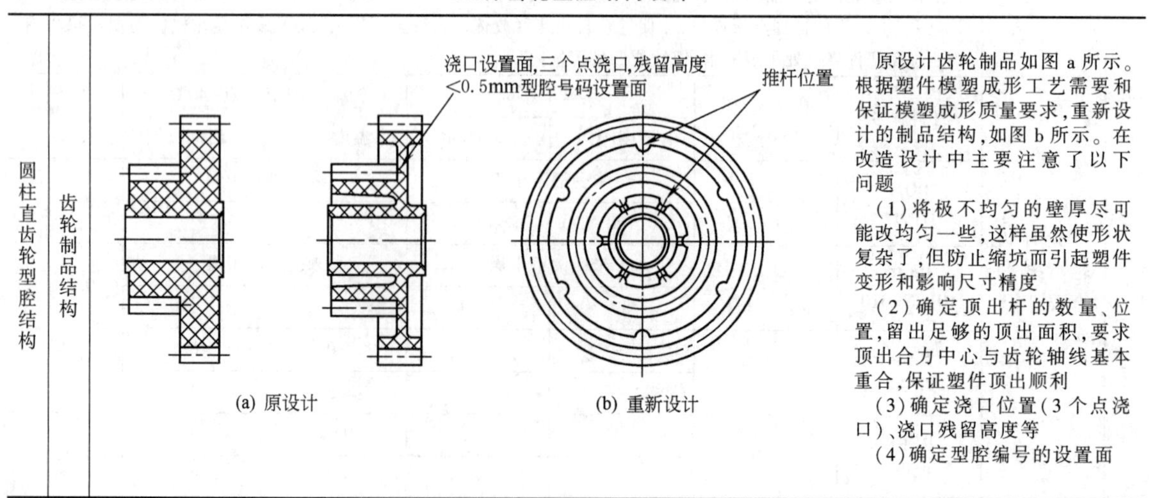
圆柱直齿轮型腔结构
齿轮制品结构
浇口设置面,三个点浇口,残留高度
<0.5mm型腔号码设置面
推杆位置
(a) 原设计
(b) 重新设计
原设计齿轮制品如图 a 所示。根据塑件模塑成形工艺需要和保证模塑成形质量要求，重新设计的制品结构，如图 b 所示。在改造设计中主要注意了以下问题
(1)将极不均匀的壁厚尽可能改均匀一些，这样虽然使形状复杂了，但防止缩坑而引起塑件变形和影响尺寸精度
(2)确定顶出杆的数量、位置，留出足够的顶出面积，要求顶出合力中心与齿轮轴线基本重合，保证塑件顶出顺利
(3)确定浇口位置(3 个点浇口)、浇口残留高度等
(4)确定型腔编号的设置面

续表

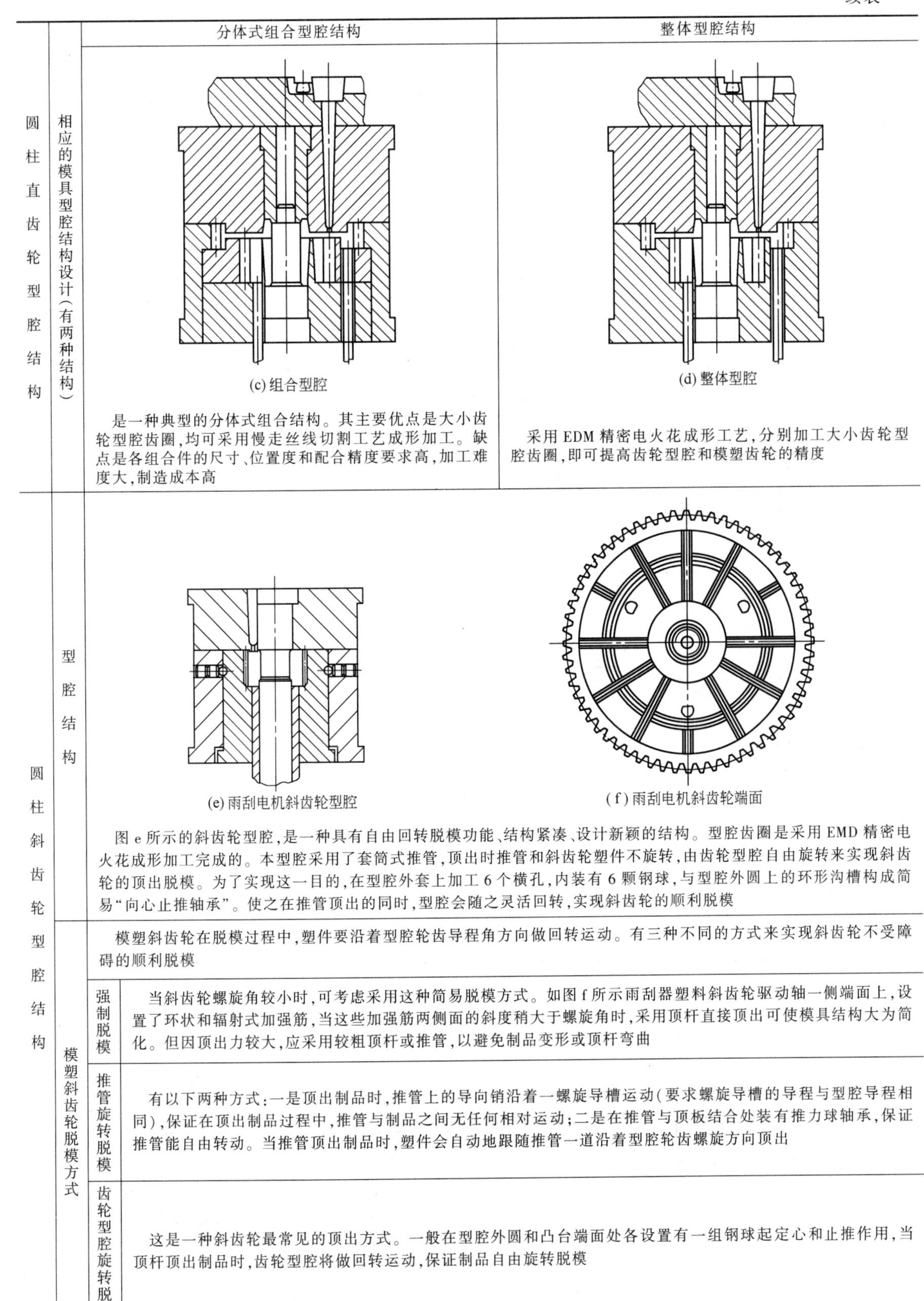

		分体式组合型腔结构		整体型腔结构
圆柱直齿轮型腔结构	相应的模具型腔结构设计(有两种结构)	(c)组合型腔 是一种典型的分体式组合结构。其主要优点是大小齿轮型腔齿圈,均可采用慢走丝线切割工艺成形加工。缺点是各组合件的尺寸、位置度和配合精度要求高,加工难度大,制造成本高		(d)整体型腔 采用EDM精密电火花成形工艺,分别加工大小齿轮型腔齿圈,即可提高齿轮型腔和模塑齿轮的精度
圆柱斜齿轮型腔结构	型腔结构	(e)雨刮电机斜齿轮型腔		(f)雨刮电机斜齿轮端面
		图e所示的斜齿轮型腔,是一种具有自由回转脱模功能、结构紧凑、设计新颖的结构。型腔齿圈是采用EMD精密电火花成形加工完成的。本型腔采用了套筒式推管,顶出时推管和斜齿轮塑件不旋转,由齿轮型腔自由旋转来实现斜齿轮的顶出脱模。为了实现这一目的,在型腔外套上加工6个横孔,内装有6颗钢球,与型腔外圆上的环形沟槽构成简易"向心止推轴承"。使之在推管顶出的同时,型腔会随之灵活回转,实现斜齿轮的顺利脱模		
	模塑斜齿轮脱模方式	模塑斜齿轮在脱模过程中,塑件要沿着型腔轮齿导程角方向做回转运动。有三种不同的方式来实现斜齿轮不受障碍的顺利脱模		
		强制脱模	当斜齿轮螺旋角较小时,可考虑采用这种简易脱模方式。如图f所示雨刮器塑料斜齿轮驱动轴一侧端面上,设置了环状和辐射式加强筋,当这些加强筋两侧面的斜度稍大于螺旋角时,采用顶杆直接顶出可使模具结构大为简化。但因顶出力较大,应采用较粗顶杆或推管,以避免制品变形或顶杆弯曲	
		推管旋转脱模	有以下两种方式:一是顶出制品时,推管上的导向销沿着一螺旋导槽运动(要求螺旋导槽的导程与型腔导程相同),保证在顶出制品过程中,推管与制品之间无任何相对运动;二是在推管与顶板结合处装有推力球轴承,保证推管能自由转动。当推管顶出制品时,塑件会自动地跟随推管一道沿着型腔轮齿螺旋方向顶出	
		齿轮型腔旋转脱模	这是一种斜齿轮最常见的顶出方式。一般在型腔外圆和凸台端面处各设置有一组钢球起定心和止推作用,当顶杆顶出制品时,齿轮型腔将做回转运动,保证制品自由旋转脱模	

续表

蜗杆型腔结构	整体式蜗杆型腔及其驱动机构	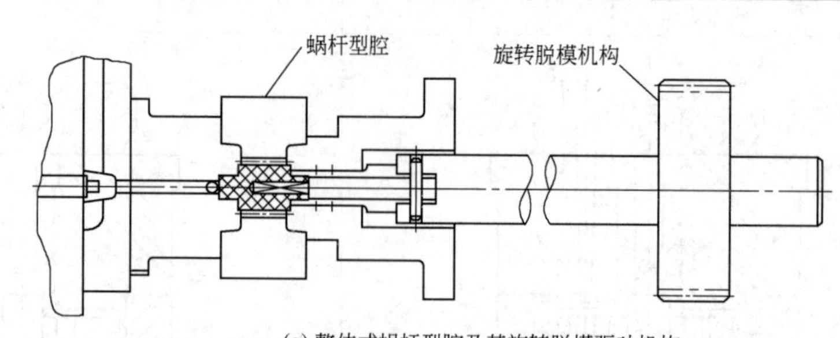 (g) 整体式蜗杆型腔及其旋转脱模驱动机构 整体式蜗杆型腔用于精度要求较高、传动速度较快,有噪声要求的蜗杆模塑成形 整体式蜗杆型腔及其驱动机构取决于蜗杆塑件的脱模方式,大体可分为“自由式”和“同步式”两大类 (1)“自由式”整体式蜗杆型腔及其驱动机构的特点:通过旋转型腔,推动蜗杆塑件向上“自由式”退出型腔脱模。这种方式最为常见 (2)“同步式”整体式蜗杆型腔及其驱动机构的特点:型腔固定,通过旋转型芯,实现蜗杆塑件向下“同步式”退出型腔脱模 “同步式”旋转脱模,是指蜗杆从固定型腔中旋出运动,与型腔模板向前开模运动必须实现同步。如图 g 所示。蜗杆型腔为固定式结构,嵌入蜗杆塑件体内的型芯,在旋转脱模机构的驱动下,执行蜗杆旋转脱模运动。如果蜗杆本体上没有设计可供型芯嵌入的异型孔或扁槽等结构,在不影响蜗杆功能的前提下,应作适当的结构性调整设计。“同步式”旋转脱模的模具结构,要比“自由式”更复杂。因为模具在脱模机构的驱动下实现型芯旋转的同时,还要驱动螺杆(或螺母)旋转来实现型腔模板“同步”移动。以上旋转脱模机构用驱动机构有以下不同方式:液压抽芯通过长齿条推动脱模型芯(或型腔)旋转;微电机或液压马达通过齿轮轮系或蜗杆—蜗轮驱动脱模型芯(或型腔)旋转。国外一些企业已开发液压马达—齿轮驱动脱模型芯(或型腔)旋转脱模附件,这类专用附件已经序列化,可供模具设计人员选用
	滑块式蜗杆型腔结构	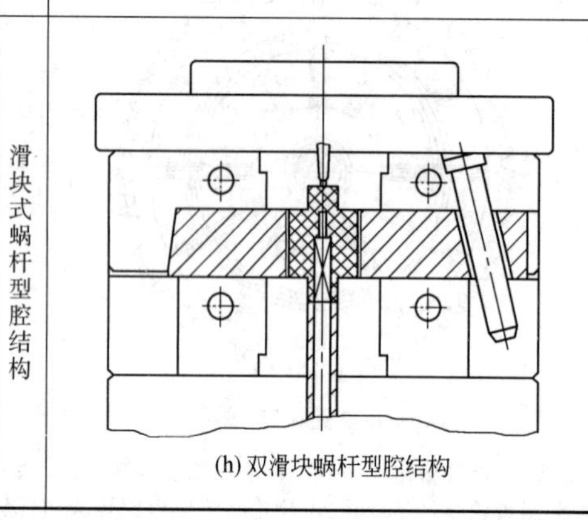 (h) 双滑块蜗杆型腔结构 滑块式蜗杆型腔可分双滑块、三滑块和四滑块式等多种结构,其中以双滑块式最普遍。如图 h 所示,这种双滑块型腔是通过定模板上的斜导柱合、开模。与模具开模运动的同时,在斜导柱的推动下,双滑块型腔与模塑蜗杆分离,并通过顶杆等方式将蜗杆顶出。这种双滑块型腔只适用于导程角较小的蜗杆模塑成形,当导程角较大时,由于滑块型腔在分型面附近将产生“螺旋干涉”效应,开模时型腔螺纹牙面的“强制脱模”会在模塑蜗杆牙面上留下局部拉伤痕迹 由于 3~4 滑块式蜗杆型腔开、合模机构复杂,滑块型腔加工难度大,在应用上受到限制。但这类型腔不存在双滑块分型面处的“螺旋干涉”效应,因此在导程角较大的蜗杆注射模中仍可采用 蜗杆与带喉径的塑料蜗轮啮合,是比与斜齿轮啮合质量更好的一种传动方式。但当 POM 蜗轮喉径与外径的差值大于外径的 4%以上,模塑蜗轮就很难进行强制脱模。在这种情况下,唯一的办法是将蜗轮型腔设计成多滑块式的组合结构,每一个滑块成形几颗轮齿。这种蜗轮注射模的结构复杂、加工难度大、制造费用高,一般很少采用

4.3.3 浇口系统设置

表 12-12-57　　浇口系统设置

浇口的数量和位置	单点浇口注塑	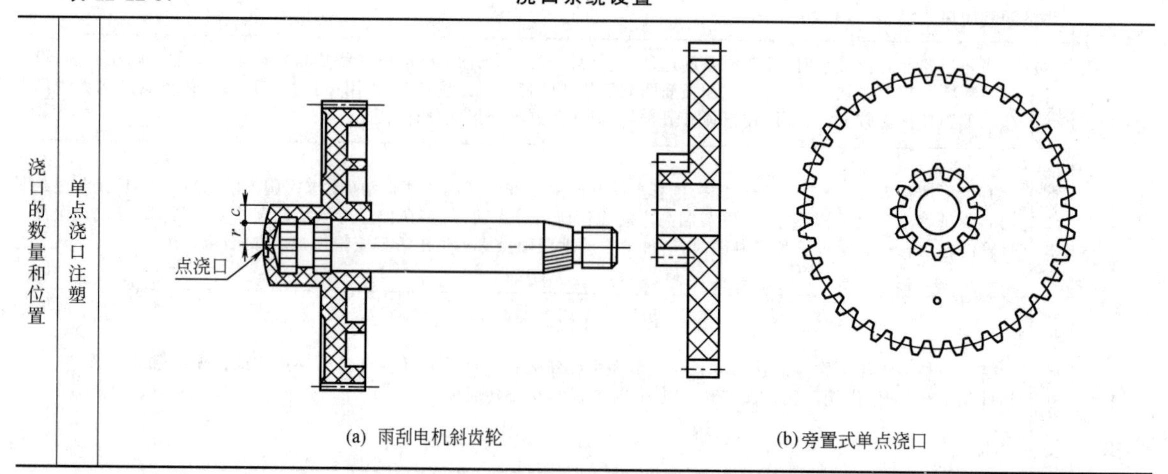 (a) 雨刮电机斜齿轮　(b)旁置式单点浇口

续表

浇口的数量和位置	单点浇口注塑	齿轮注射模多采用点浇口注塑，点浇口的位置对齿轮综合径向误差（简称圆度）影响较大。根据齿轮的精度要求，设置点浇口的数量和位置 单点浇口设置在斜齿轮的中心位置，如图 a 所示的汽车雨刮器斜齿轮。这是点浇口最佳的设置方式，注塑时熔体射入型腔后，呈辐射式快速射向四周，并几乎同时填充型腔的齿圈，不易形成熔接痕，对保证齿轮齿圈圆度和轮齿强度都十分有利。图 b 为旁置式单点浇口设置，注塑时在点浇口的另一侧熔体前沿最终会汇集在某轮齿处形成熔接痕，形成“低收缩区”，此处将是齿圈径跳的最高点，影响模塑齿轮的圆度。但在模数特小的钟表、玩具类齿轮中因位置受限，仍广泛采用这种旁置式单浇口设置
	多点式浇口注塑	(c) 3点均布式浇口　　(d) 8 点浇口的设置 如果齿轮位置允许，应采用 2 点、3 点或更多点式浇口设置。其中以 3 点式浇口设置最为常见，如图 c 所示。这种浇口设置的熔体将在面浇口附近的径向中间处形成熔接痕，由于熔体到达此处的时间已大大缩短，所形成的“低收缩区”倾向也有所减小。因此，3 点浇口的模塑齿轮齿圈圆度会有明显改善。如图 d 所示，某汽车用 $m=2.25\text{mm}$，$z=16$，$B=11.5\text{mm}$ 齿轮，采用了 8 点浇口设置，其齿轮圆度与中心单点浇口模塑齿轮相近
浇口的结构型式	直射式点浇口结构	潜伏式点浇口结构
	D_1　2°　D　0.8mm(max)　D　R　d d——浇口直径为塑件厚度 0.5~0.6 倍 $D_1 \geqslant D$ (e) 直射式点浇口	30°(max) (f) 潜伏式点浇口
		1. 直射式点浇口的结构如图 e 所示，应用于三板式注射模。为了获得良好的注塑填充、最小的收缩差异和最佳的机械特性，无论点浇口的数量多少，建议点浇口的直径等于或略大于齿轮基体的“名义壁厚”的 50%。但点浇口的直径也不可过大，应以不影响点浇口与制品的正常分离为宜 2. 对于某些管式结构齿轴，还可采用二板式注射模，所采用的潜伏式点浇口如图 f 所示。这种点浇口的直径应比直射式点浇口小，否则将影响塑件的顶出和塑件圆管表面质量 3. 还有环状、薄片、扇形、隔膜式等浇口，但在齿轮注射模中均较少应用

4.3.4 排气系统设置

表 12-12-58　　**排气系统设置**

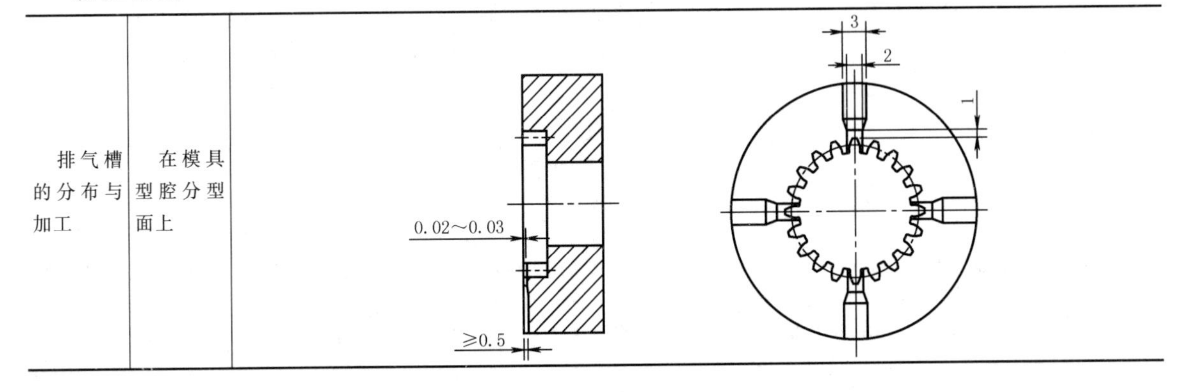

排气槽的分布与加工	在模具型腔分型面上	

第12篇

续表

<table>
<tr><td rowspan="3">排气槽的分布与加工</td><td>在模具型腔分型面上</td><td>模具型腔排气系统是设置在分型面上的。通常的做法是让型腔高出模板 0.03~0.05mm,在型腔分型面上加开排气槽。排气系统的结构如图所示,排气通道分为两段:与型腔齿圈相通段的槽深为 0.02~0.03mm、长度小于等于 1mm;另一段与模板相通的槽深大于等于 0.5mm</td></tr>
<tr><td>在模具顶杆或推杆上</td><td>除了以上型腔分型面的排气措施外,还可在模具顶杆或推管上开设排气槽。即在顶杆或推管的上端仅保留 1mm 的完整段,以下部分进行“削边”处理,利于排气畅通</td></tr>
<tr><td>在流道系统上</td><td>此外,流道系统加工有排气槽,也有助于减少必须从型腔分型面上的排气量。由于流道边缘的毛边并不重要,因此这类排气槽的深度可大一些(0.06~0.08mm)</td></tr>
<tr><td>对聚甲醛齿轮注射模的排水系统的设计更应特别重视</td><td colspan="2">聚甲醛由于排气不良所造成烧焦现象,仅出现一个不醒目的白点,在塑料件外观上很不容易发现;而其他类型树脂排气不良,会在塑料件上形成发黑和烧焦等痕迹,易发现。为了使聚甲醛的排气不良较为醒目,可在注塑之前用一种碳氢或煤油为基的喷剂喷洒在模具型腔成形表面。如果模具排气不足,此类碳氢物会在空气受困的部位形成黑点,采用这种方法对于发现多型腔模具的排气问题特别有效
聚甲醛齿轮注射模的排气系统如果不畅,会在应该排气的地方以及发生有限度排气的模具缝隙处形成模垢的逐渐积累。这种模垢为一种白色坚硬的固体物,是在注塑过程中由瓦斯残留物变化而成的。如果模具排气系统畅通,能让这些瓦斯与空气一起排出。排气不畅还会造成模具型腔和注塑机螺杆、料筒表面腐蚀形成麻点或凹坑,这是由于型腔或螺杆、料筒长期持续裸露在由空气与煤气急速压缩而产生的高温环境下所造成的。因此,齿轮型腔应采用耐腐蚀的模具钢制造,注塑机可采用不锈钢制造的螺杆和料筒
因此,聚甲醛齿轮注射模的排气系统十分重要,在模具设计制造及其初次试模时,对此应予以特别注意</td></tr>
</table>

4.3.5 冷却水（油）道系统的设置

表 12-12-59　　冷却水（油）道系统的设置

<table>
<tr><td>功能</td><td>模温机的冷却水(油)是通过管道输送到模具定、动模板的水(油)道内,其主要目的是将在注塑成形过程中由塑胶熔体带给模具的高温及时地传递出去,使模具保持一定的温度,以便控制型腔内塑胶的冷却和结晶速度,提高塑件质量和生产效率。特别是 PEEK 450G 等高性能半结晶型材料,如果模温未达到材料玻璃态转化温度,材料的结晶度不够将会严重降低齿轮(或蜗杆)的机械强度</td></tr>
<tr><td>设置的形式</td><td>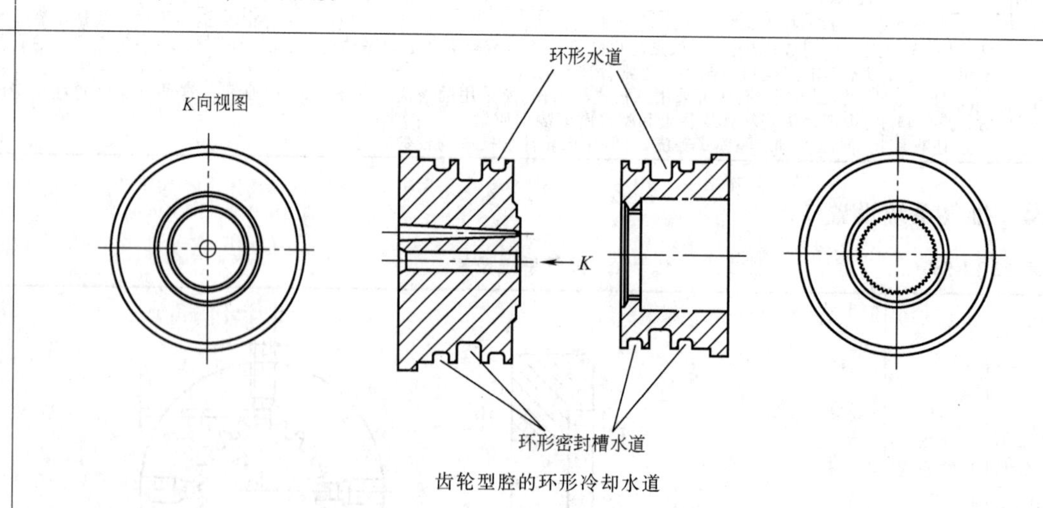

齿轮型腔的环形冷却水道
对于一模多腔齿轮注射模的冷却水(油)道系统,一般多采用纵横正交式排布。这是由于齿轮型腔的尺寸一般都比较小,型腔的温度差异不会太大。上图所示是一种齿轮型腔的环形冷却水道,结构新颖、紧凑,有利于保持型腔模温的一致性要求。特别适合于一模一腔大直径、齿宽厚度大的齿轮注射模的上下型腔的水道设计</td></tr>
</table>

4.3.6 精定位的设计

表 12-12-60　　齿轮注射模的精定位装置

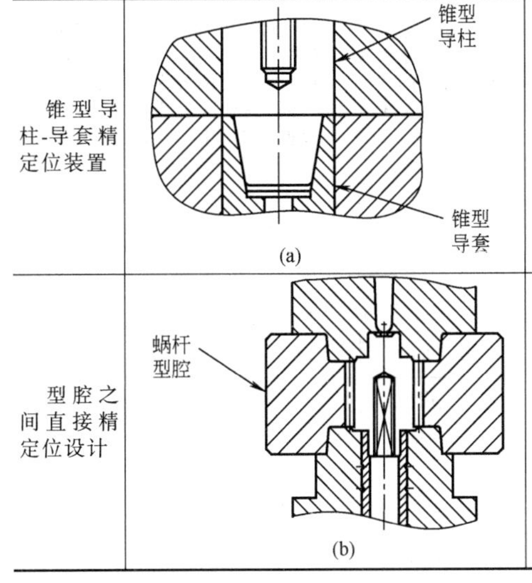

锥型导柱-导套精定位装置	(a)	三板一模多腔齿轮注射模多采用锥型导柱-导套精定位装置。如左图所示，锥型导柱和导套分别安装在定、动模板上。在定、动模板上设置精定位之目的是保证多腔定、动模型腔之间的位置度要求。为此，要求在定、动模板上先组合加工和装配好精定位导柱-导套后，再组合精加工定、动模板上多腔型腔的安装孔
型腔之间直接精定位设计	(b)	一模一腔齿轮注射模，可将精定位直接设置在定、动模型腔上。图 b 即为蜗杆型腔与上、下模之间的直接精定位设计 以上两种精定位形式锥型导柱-导套精定位的优点是定位精度高，但在使用中磨损较快，造成定位精度降低。因此，直柱式导杆-导套（单边间隙 0.005mm）精定位装置，已在精密注射模中获得应用

4.3.7 圆柱塑料齿轮（直齿/斜齿）注射模结构图

表 12-12-61　　圆柱塑料齿轮（直齿/斜齿）注射模结构图

双联直齿轮注射模结构图

齿轮参数和产品图

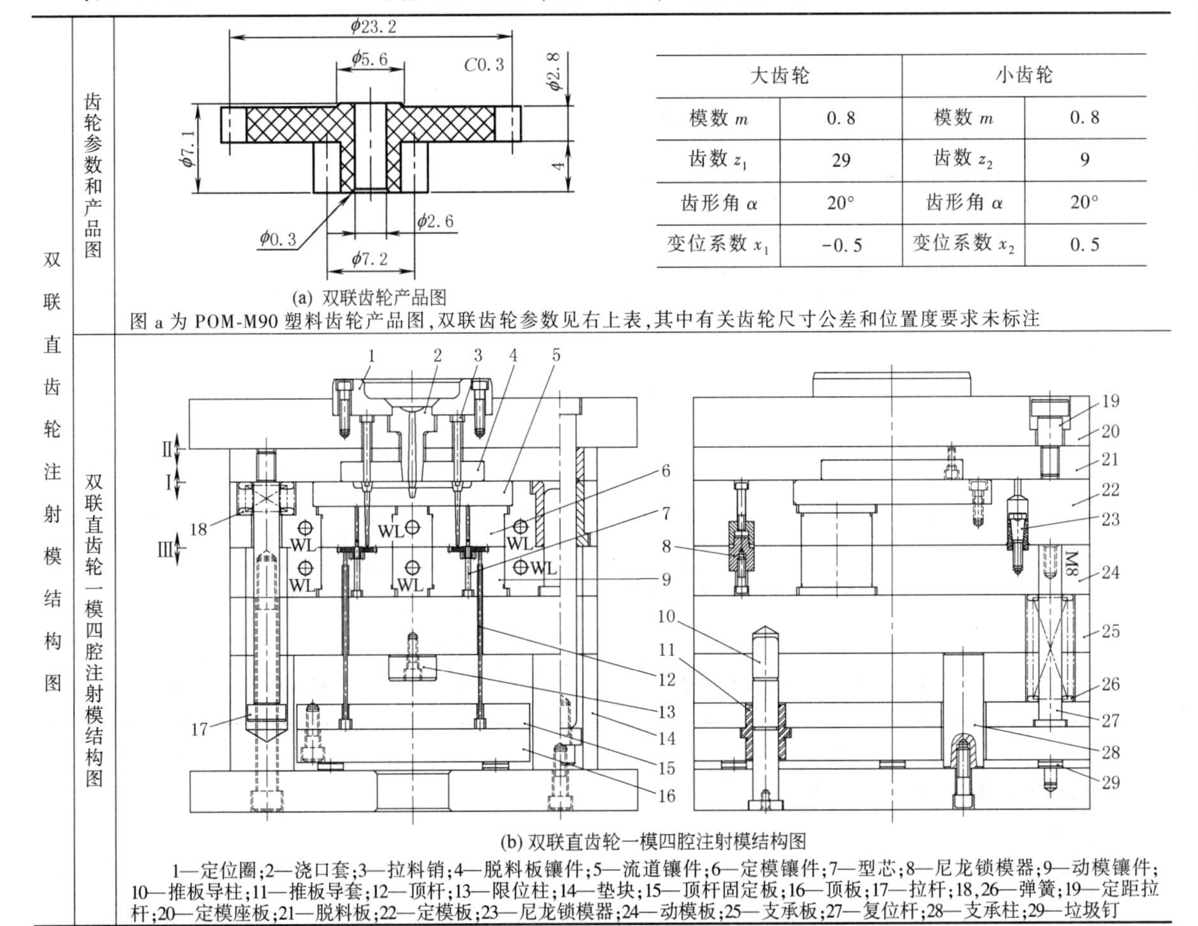

大齿轮		小齿轮	
模数 m	0.8	模数 m	0.8
齿数 z_1	29	齿数 z_2	9
齿形角 α	20°	齿形角 α	20°
变位系数 x_1	-0.5	变位系数 x_2	0.5

(a) 双联齿轮产品图

图 a 为 POM-M90 塑料齿轮产品图，双联齿轮参数见右上表，其中有关齿轮尺寸公差和位置度要求未标注

(b) 双联直齿轮一模四腔注射模结构图

1—定位圈；2—浇口套；3—拉料销；4—脱料板镶件；5—流道镶件；6—定模镶件；7—型芯；8—尼龙锁模器；9—动模镶件；10—推板导柱；11—推板导套；12—顶杆；13—限位柱；14—垫块；15—顶杆固定板；16—顶板；17—拉杆；18，26—弹簧；19—定距拉杆；20—定模座板；21—脱料板；22—定模板；23—尼龙锁模器；24—动模板；25—支承板；27—复位杆；28—支承柱；29—垃圾钉

续表

<table>
<tr><td>双联直齿轮注射模结构图</td><td>双联直齿轮一模四腔注射模结构图</td><td>本齿轮注射模结构如图 b 所示，为点浇口、一模四腔、三板式注射模。大小齿轮型腔为整体结构，采用锥度精定位装置，尼龙锁模器，上、下顶板导柱-导套。设置有垫板支承柱，模具结构紧凑。注射模开模过程如下：在弹簧 18 的作用下，脱料板 21 与定模板 22 首先在分型面Ⅰ处打开，拉料销 3 使浇口料头与制品脱离。随着机床继续开模运动，在尼龙锁模器 8 与定距拉杆 19 的共同作用下，脱料板 21 与定模座板 22 在分型面Ⅱ处打开，将浇口料头从拉料销 3 上拉脱。进而，在定距拉杆 17 的拖动下，将定模板与动模板在分型面Ⅲ处分离打开；顶出机构推动顶板 16 并带动顶杆 12 将齿轮从模具型腔中顶出</td></tr>
<tr><td rowspan="2">斜齿轮注射模结构图</td><td>齿轮参数和产品图</td><td> 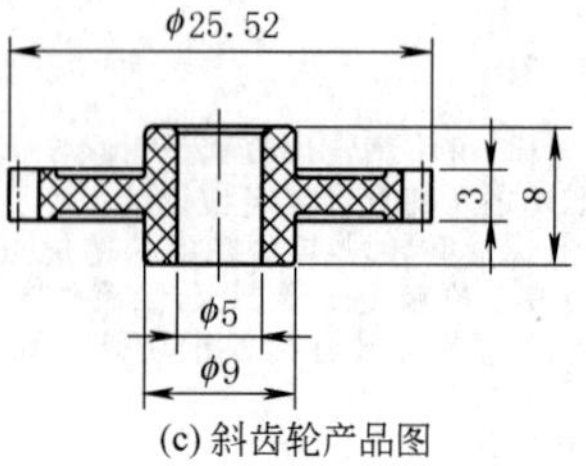(c) 斜齿轮产品图

斜齿轮齿形参数
<table><tr><td>模数</td><td>m</td><td>0.75</td></tr><tr><td>齿数</td><td>z</td><td>30</td></tr><tr><td>齿形角</td><td>α</td><td>20°</td></tr><tr><td>变位系数</td><td>x_n</td><td>0.156</td></tr><tr><td>螺旋角</td><td>β</td><td>15°</td></tr></table>
图 c 为 PA66(101LNC010) 斜齿轮产品图，齿形参数见右上表，其中有关斜齿轮尺寸公差和位置度要求未标注</td></tr>
<tr><td>斜齿轮一模二腔注射模结构图</td><td>(d) 斜齿轮一模二腔注射模结构图
1—尼龙锁模器；2—定位圈；3—拉料销；4—脱料板镶件；5—流道镶件；6—定模镶件；7—斜齿轮型腔；8，28—弹簧；9—轴承；10—钢珠；11—动模镶件；12—拉杆；13—推板导柱；14—顶杆；15—限位柱；16—垫块；17—顶杆固定板；18—顶板；19—动模座板；20—定距螺钉；21—定模座板；22—脱料板；23—定模板；24—动模板；25—型芯固定座；26—支承板；27—复位杆；29—支承柱；30—垃圾钉
模具结构如图 d 所示，为一模二腔三板式注射模。采用锥度精定位装置，尼龙锁模器，上、下顶板导柱-导套。设置有垫板支承柱，模具结构紧凑。在注塑开模过程中，各模板的分型顺序，也与双联直齿轮注射模基本相同。本模具的特点是斜齿轮型腔 7 安装在轴承 9 内，在型腔下端凸台与定模板凹台之间还有带保持圈的一组钢球起止推作用。斜齿轮型腔与动模镶件 11 配合孔之间要有一定间隙，保证在推杆顶出脱模过程中，齿轮型腔能灵活自如回转</td></tr>
</table>

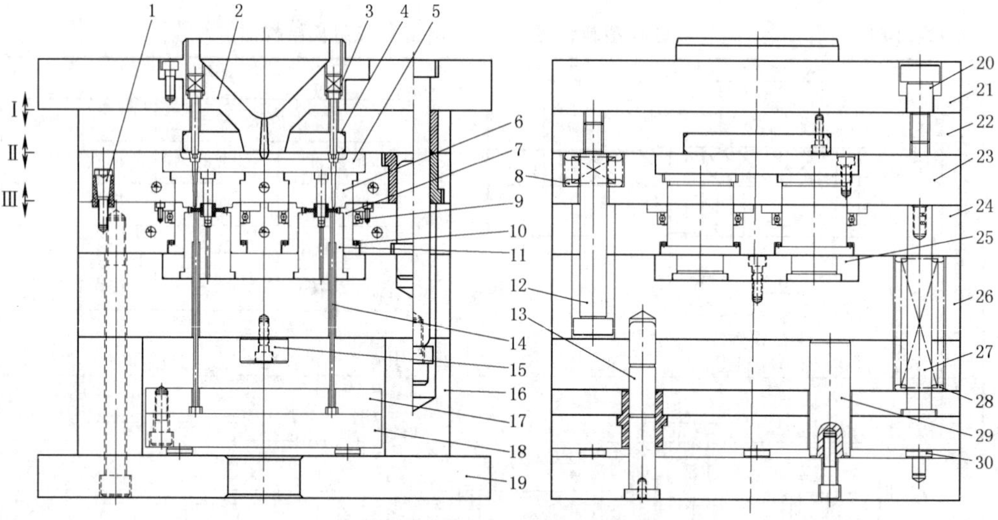

4.4 齿轮型腔的设计与制造

在齿轮注射模的设计与制造中，齿轮型腔的设计与制造最为重要。在齿轮型腔的设计中，收缩率的确定又是重中之重。

4.4.1 齿轮型腔的参数设计

表 12-12-62　　齿轮型腔的参数设计

(1)收缩率的确定	定义及热塑性工程塑料收缩率特点		收缩率作为模塑成形的一个专业术语是指:“塑件在塑胶熔体注射填充完成后,从开始冷却固化到室温时尺寸的减少量与模具型腔尺寸的比值”。这里首先涉及的一个问题便是热胀冷缩的现象。关于热塑性工程塑料收缩率的各向异性现象,已有很多文献进行了阐述和说明。在模塑成型过程中,材料收缩与截面区域、冷却速度、结晶(或纤维)取向、成形温度和注塑压力等多种因素有关。有关模塑成形的分析软件,可以预测这类填充的过程和状态,从而能正确设计出所要成形的塑件。但这类软件现在还无法解决各向异性收缩后的模塑齿轮渐开线齿廓的设计计算。就目前来说,在生产实践中通常的做法是假设这种收缩率为各向同性,并且是向齿轮中心轴线收缩。齿轮注射模型腔的收缩率可按以下几种情况进行确定
	齿轮注射模型腔的收缩率确定	由经验确定	根据物性表所提供的材料径向收缩率,取其中下限。如聚甲醛的收缩率范围为1.8%~3.0%,由于齿轮塑件的注塑压力较大,因此型腔收缩率可取为2%~2.2%。如果是薄片齿轮还可能取至1.8%
		由工艺试验确定	蜗杆和齿宽特大的齿轮塑件,由于材料的径向与轴向收缩率的差异较大,蜗杆或齿轮型腔的直径等尺寸由径向收缩率确定;蜗杆牙距(或导程)或斜齿轮导程,则要由轴向收缩率确定。其型腔的径向与轴向收缩率一般很难搭配合理,在这种情况下应通过工艺试验来解决。即先根据经验选择径向与轴向收缩率,制造简易型腔,按合理的齿轮注塑工艺要求模塑样件。根据检测样件的各参数的统计结果,对型腔的径向和轴向收缩率进行合理调整后正式设计型腔参数。这种工艺试验很可能要进行一次以上才能调整到位
(2)齿轮型腔参数的设计计算	型腔参数计算假设		先采用一个简单的直线齿廓齿轮来简要说明这种各向同性收缩机理,即假设塑件齿廓上任意两点之间的收缩率都是相同的。如图a所示,其收缩的基点即是齿轮的轴线。齿轮收缩后齿顶直径变化较大,轮齿尺寸的变化相对较小。解析计算或CAD作图都证明,这种直线齿廓齿轮除齿数和齿形角外,其他参数都已发生变化。假定渐开线齿轮在模具型腔中的收缩情况与上相同,则齿轮渐开线齿廓的收缩情况如图b所示。即齿轮上的所有尺寸是均匀收缩的,唯一没有变化的是齿轮齿数和压力角。根据上述设定以2.8.2节中实例一的大、小齿轮为例,分别设计计算齿轮型腔参数如下表所示
	材料各向同性收缩的齿轮及其型腔齿廓		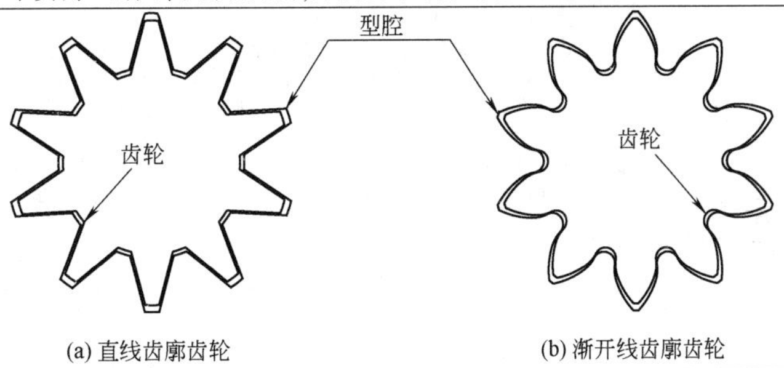 型腔　齿轮　齿轮 (a) 直线齿廓齿轮　　(b) 渐开线齿廓齿轮
	有关参数调整		在型腔参数计算中,要按以下要求调整有关参数: (1)小齿轮因子=1+ξ_1%=1.022、大齿轮因子=1+ξ_2%=1.02,ξ_1、ξ_2为大小齿轮所选收缩率; (2)齿轮几何参数的修正:根据经验取齿顶圆直径=$d_a+0.3\Delta d_a$、齿根圆直径=$d_f+0.5\Delta d_f$、公法线长度=$W_k+0.7\Delta W_k$,Δd_a、Δd_f、ΔW_k为齿轮齿顶圆、齿根圆、公法线长度公差值
	实例:某仪表中的运动型传动齿轮轮系齿轮及其型腔齿形参数表		(见下表)

参数名称	代号	小齿轮		大齿轮	
		齿轮参数	型腔参数	齿轮参数	型腔参数
因子		1	1.022	1	1.02
模数	m	0.5	0.511	0.5	0.51
齿数	z	15	15	45	45
压力角	α	20°	20°	20°	20°
变位系数	x	0.5	0.4484	-0.18	-0.2322
分度圆直径	d	$\phi7.5$	$\phi7.665$	$\phi22.5$	$\phi22.95$
齿顶圆直径	d_a	$\phi9.12^{+0}_{-0.05}$	$\phi9.305\pm0.01$	$\phi23.47^{+0}_{-0.1}$	$\phi23.91\pm0.015$
齿根圆直径	d_f	$\phi6.5^{+0}_{-0.07}$	$\phi6.607\pm0.015$	$\phi20.85^{+0}_{-0.15}$	$\phi21.19\pm0.02$
跨越齿数	k	2	2	5	5
公法线长度	W_k	$2.49^{+0}_{-0.025}$	2.527 ± 0.01	$6.906^{+0}_{-0.04}$	7.016 ± 0.0125
齿顶倒圆半径	ρ_a	$R0.06$	$R0.06$	$R0.1$	$R0.1$
齿根全圆弧半径	ρ_f	$R0.221$	全圆弧半径	$R0.248$	全圆弧半径

4.4.2 齿轮型腔的加工工艺

表 12-12-63　　　　齿轮型腔的参数设计

(1)电火花成形加工工艺	适用范围	电火花精密成形加工是齿轮型腔最重要的加工工艺,可适应于直齿轮、斜齿轮、锥齿轮、蜗杆和蜗轮等型腔的成型加工。采用这种工艺加工斜齿轮、蜗杆型腔时,必须具备以下两个条件:一是选择带C轴的四轴联动精度电火花加工机床;二是具有经过精心设计制造的电极。下面简要介绍齿轮、蜗杆电极的设计制造的有关注意事项
	电极齿形参数设计	电极齿形参数设计是在齿轮型腔参数的基础上,综合考虑电火花机床的粗、中、精加工的放电参数和摇动量进行的。对于加工蜗杆型腔的电极,采用轴向摇动设计,可提高加工效率、降低电极损耗和型腔牙面粗糙度
	电极材料选用	一般选用紫铜制造。蜗杆型腔螺纹牙面粗糙度要求高的电极可选用铜钨或银钨合金制造
	电极齿形加工工艺	(1)齿轮、斜齿轮和蜗轮电极普遍采用专用滚刀滚切加工。由于紫铜或铜钨合金电极在滚切时对滚刀刀刃的磨耗大,可采用硬质合金滚刀。国标6级精度以上的电极,要求采用AA级精度以上的滚刀 (2)蜗杆电极可采用精密螺纹车床或螺纹磨床加工。ZA、ZN蜗杆电极可采用车削工艺加工;ZI蜗杆电极应采用磨削工艺加工。在电极加工时,除蜗杆牙形符合要求外,还要注意保证各段螺纹与电极夹持部及校准部的同轴度要求;保证粗、中、精三段之间的螺纹牙距累积误差要求,保证电加工时,电极各段螺纹能畅通无阻地旋入型腔 (3)锥齿轮电极可先通过Pro/E或UG设计好的电极3D模型编程,通过三轴联动高速铣加工中心,采用TiN涂层的硬质合金小半径球头型立铣刀进行高速铣削加工成形
(2)电火花线切割加工工艺	原理	慢走丝电火花线切割是齿轮型腔成型加工的又一重要加工工艺。任何齿廓的直齿齿轮型腔均可采用这种成型工艺加工,其原理是采用一根通电的金属丝按事先编制的程序进行切割加工成形
	示例	以某慢走丝线切割机加工齿轮型腔为例,说明如下:先由模具设计员与工艺员对产品齿形参数进行适当的调整、并根据材料和齿轮类型确定收缩率(ε),后经程序员将齿轮的主要齿形参数(m、z、α、D_a、D_f、k、W_k、ρ_a 和 ρ_f 等)输入编程系统,即可绘制出dxf齿轮齿廓图形;随后对切入路线、切割方向和切割次数进行设定,并将齿廓图按$(1+\varepsilon):1$的比例进行放大。随后即可将已完成的dxf转换为geo执行文件,提供给线切割机床进行型腔切割加工 另一种更直接的方式是由设计员根据修正后的齿形参数,精确绘制出$(1+\varepsilon):1$比例的CAD齿廓图,并将CAD齿廓转换为编程系统可识别的dxf文件提供给程序员。随后程序员对切入路线、切割方向和切割次数进行设定,并将dxf文件转换为机床可识别的geo执行文件,不再需输入型腔齿形参数。在型腔正式切割之前,操作工只需通过机床CNC系统根据切割丝的线径、火花间隙及其预留余量,设置其补偿量的大小。线切割加工齿轮型腔,一般分4次安排粗、中、精和微精切割加工。给各次切割加工的预留余量为:第1次为0.05mm、第2次为0.015mm、第3次为0.005mm、第4次为微精切割加工。型腔齿廓表面粗糙度可达$Ra \leqslant 0.4\mu m$
	应用	采用慢走丝线切割给齿轮型腔成形加工提供了一种快捷方便、高效精确的工艺,在模具制造中得到广泛的应用,也给塑料齿轮轮系设计与制造带来了更大的自由度。但这种线切割工艺,只能用来加工直齿轮型腔,并不适应斜齿轮型腔。只有与蜗杆配对啮合的螺旋角较小的斜齿轮型腔,方可采用这种线切割工艺加工
(3)电铸成形工艺	型腔的电铸成形是所有各种加工方法中成形精度最好的一种。这是一种与电镀工艺相似的传统制模成形工艺,这种工艺需要有一件经过精心设计与加工的,齿形参数与型腔完全相同的,采用耐腐蚀不导电材料制造的母模,母模可采用有机玻璃制造。电铸之前,有机玻璃母模电铸表面要进行金属化处理,即在母模牙面上喷上一层很薄的导电金属膜。电铸时,将母模置于镀液槽中作为负极,镍板为正极,使镍离子源源不断地沉积到母模牙面上。电铸速度为0.03~0.06mm/h,经过十天以上时间,才能使镀层达到型腔所需的厚度	
	蜗杆型腔的电铸成形母模及其铸成品示意图	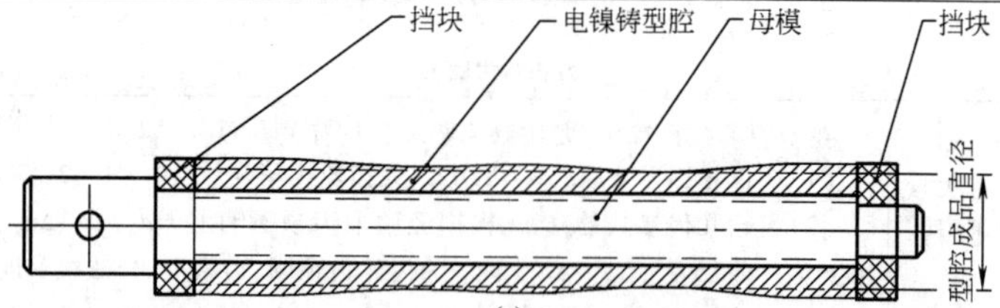 挡块　电镍铸型腔　母模　挡块　型腔成品直径 (a) 由于一次电铸成形的蜗杆型腔坯件可切割成多件,因此电铸型腔的制造成本并不高。由于电镍铸型腔表层硬度可达42HRC左右,并具有成形精度高以及表面粗糙度小等特点,因此在某些发达国家中,至今仍被广泛采用
	电铸蜗杆、斜齿轮型腔轮齿"沉积缝"示意图	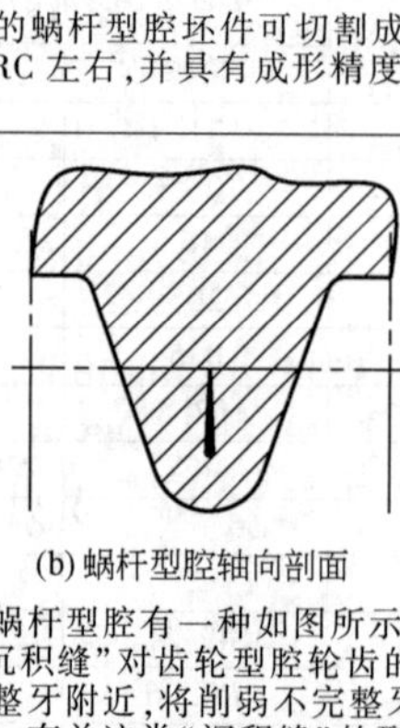 (b)蜗杆型腔轴向剖面 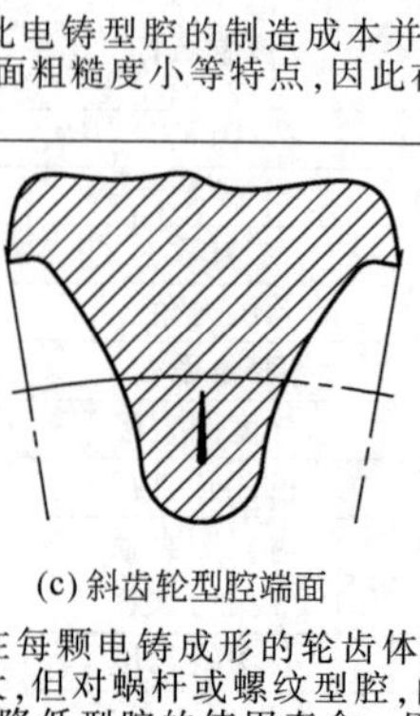　(c)斜齿轮型腔端面 电铸成形的齿轮和蜗杆型腔有一种如图所示的缺陷:在每颗电铸成形的轮齿体内沿齿向都会出现一道"沉积缝"。这种"沉积缝"对齿轮型腔轮齿的影响不大,但对蜗杆或螺纹型腔,由于"沉积缝"正好出现在型腔螺纹的不完整牙附近,将削弱不完整牙的强度,降低型腔的使用寿命。因此,对于大批量注塑生产用型腔不宜采用。有关这类"沉积缝"的形成过程本节从略

5 塑料齿轮的检测

与金属齿轮相比，塑料齿轮的检测有所不同：一是目前塑料齿轮的模数较小（多为 $m \leqslant 1.5\text{mm}$）、精度较低（多为国标 9~11 级）；二是对动力传动型塑料齿轮要求进行力学性能测试。本节只讨论塑料齿轮的几何精度的检测，有关齿轮力学性能的测试从略。

5.1 塑料齿轮光学投影检测

表 12-12-64　　塑料齿轮光学投影检测

<table>
<tr><td>齿轮的光学投影检测</td><td colspan="3">在国内外仪器仪表齿轮行业生产中，$m \leqslant 1\text{mm}$ 的小模数金属齿轮，长期广泛采用光学投影仪，通过透明齿廓样板对齿轮齿形、相邻和累积齿距误差进行投影放大比对检测。特别是在国内外手表生产厂家，光学投影检测至今仍是小模数齿轮和细小零件尺寸及误差的主要测量方法。特别是 $m \leqslant 0.2\text{mm}$ 特小模数齿轮，采用齿轮检测仪器或量具，往往由于齿轮本体太小、齿间太狭窄，而无法进行直接测量；这种光学投影检测便成为最重要的检测手段，对于计时仪器用圆弧齿轮则更是不可替代的唯一可行的检测方法。这种间接检测方法的测量效率较高，检测精度只与投影样板的放大倍数有关。不过目测的主观性也较大，但能满足低精度等级齿轮的检测要求。另外，在注塑过程中，由于种种原因塑料（模塑）齿轮分型面齿廓容易出现“跑边”（溢料）现象，这是齿轮啮合传动中所不允许的一种常见的模塑齿轮质量缺陷。通过光学投影检测，即可做到一目了然地及时发现和杜绝这类质量缺陷的存在。投影检测圆柱斜齿轮，必须采用具有反射投影功能的仪器，但目测的清晰度不及直齿轮的投影检测高</td></tr>
<tr><td rowspan="7">投影样板的设计与制作</td><td>(1)投影样板放大倍数选定</td><td colspan="2">根据齿轮齿廓尺寸及其精度要求和仪器投影屏幕尺寸，以及绘图设备（如瑞士 SFM500 样板铣床）可绘制图形的纵横坐标的移动范围，来确定投影样板的放大倍数。根据齿轮模数大小来选定投影样板齿形放大倍数：$m \geqslant 0.5\text{mm}$ 的片齿轮可选为 10×、20×或 50×；$m<0.5\text{mm}$ 的片齿轮可选为 20×、50×或 100×；模数特小 $m \leqslant 0.1\text{mm}$、少齿数手表齿轴可选为 100×、200×。齿轴齿形放大图可画出全部轮齿；齿数较多的片齿轮只需画出其中的 5 颗轮齿齿形即可</td></tr>
<tr><td rowspan="5">(2)投影样板的制作</td><td colspan="2">根据所采用的基板材料和齿形绘制方法的不同，有以下多种可供齿轮生产与检测选用的光学投影检测样板</td></tr>
<tr><td>①玻璃投影样板</td><td>传统的投影样板及其母板均采用厚度 2~3mm 的透明玻璃作基板，这种玻璃投影样板的精度较高，受温度的影响较小，在手表齿轮和精密零件生产中广泛使用。这种投影样板的制作工艺特别适合大批量生产和检测使用，一块母板可长期保存使用、重复制作多块投影样板</td></tr>
<tr><td>②有机玻璃投影样板</td><td>在仪器仪表齿轮生产中，可采用有机玻璃作基板制作投影样板。可在基板上直接绘制齿形，不需制作母板。但受环境温度的影响较大，要求在恒温条件下绘制和使用</td></tr>
<tr><td>③透明胶片投影样板</td><td>在生产中还可采用透明胶片，在 CNC 精密绘图仪上按齿轮几何参数编程，直接绘制成齿形放大图。这种胶片投影样板放大图的几何精度较高，但受环境温度的影响大。在恒温环境下，可供小批、单件齿轮及零件检测使用</td></tr>
<tr><td>④复印机用胶片投影样板</td><td>先在计算机上将齿轮齿形按所需放大倍数，精确绘制成 CAD 图形，而后采用激光打印机直接将复印机用胶片打印成投影样板。但这种投影样板的齿形精度取决于激光打印纵横坐标的运动精度，因此，投影样板齿形的精度较低，只适合模塑齿轮为了确定收缩率在试模过程中的样件投影检测使用</td></tr>
<tr><td>(3)绘制投影样板齿形几何参数的设计计算</td><td colspan="2">采用绘图设备手工操作绘制、精密绘图仪或激光打印机制作的齿形放大图，都需要事先提供齿轮齿廓的几何参数及其精确到小数点后五位数的坐标值。通常是采用几段圆弧对渐开线齿廓进行拟合，其代用圆弧与理论渐开线之间的偏离误差应小于 0.5μm。此项计算工作均由齿轮设计者完成，先计算出绘图所需的尺寸和坐标值，后并通过计算机绘制出完整的 CAD 齿廓放大图。这种数据和 CAD 齿廓图还可直接用来线切割加工齿轮注射模型腔</td></tr>
</table>

续表

投影样板的设计与制作	(3)绘制投影样板齿形几何参数的设计计算	计时仪器用圆弧齿轮实例齿形放大图	(a) m=0.2, z_1=8圆弧齿轴轮齿形50×放大图　(b) m=0.2, z_2=30圆弧片齿轮齿形50×放大图
		圆柱直齿渐开线齿轮实例齿形放大图	(c) m=0.5, z_1=15渐开线小齿轮齿形20×放大图　(d) m=0.5, z_2=45渐开线大齿轮齿形20×放大图

5.2 塑料齿轮影像检测

表 12-12-65　　塑料齿轮影像检测

特点	影像检测属于光学非接触式检测法，此方法通过对产品齿轮拍照获得其齿形轮廓，并基于此齿廓进行数据分析。其检测结果受光照、光散射、衍射等因素影响较大。但是，此方法具有操作方便、检测速度快等优点，是目前微小模数齿轮检测中可操作性较高的检测方法
检测原理	影像检测法是通过适当的光源对产品齿轮进行照射，见下图，利用CCD(电荷耦合器件)或CMOS(互补金属氧化物半导体)转换为计算机图像，再通过计算机图形处理取得实测轮廓，最后通过检测软件对实测齿廓进行数学计算和分析，取得单个齿距偏差、齿距累积总偏差、齿廓总偏差、跨齿测量距(直齿轮)等检测结果 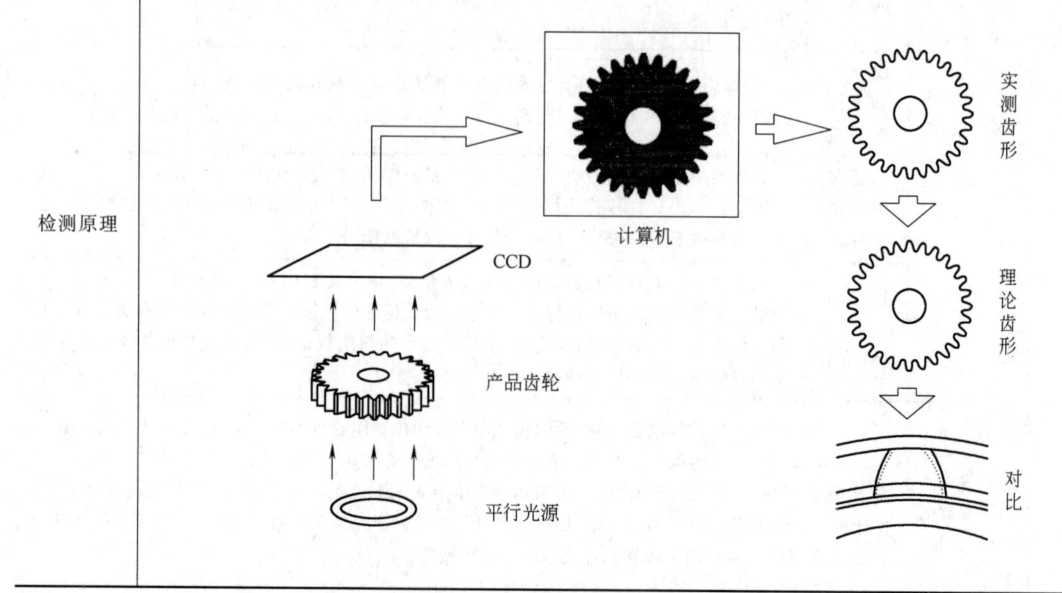

续表

检测步骤	1. 影像仪标定 影像仪的标定，参照国家标准 GB/T 24762—2009 2. 样品准备 1)产品齿轮轮齿表面应清除干净 2)产品齿轮应静置一段时间，待达到基本稳定状态后进行检测 3)尼龙材质的塑料齿轮检测，需要按标准达到平衡吸湿条件后进行检测 3. 样品放置 确保仪器检测台面清洁，必要时可将产品齿轮放置在半封闭的容器中 将产品齿轮平稳放置在检测台面上，使齿轮轴向垂直于检测平台 需要考虑尼龙吸湿对齿轮精度的影响 4. 调节光照和焦距 打开并调节影像仪光源，推荐使用底光平行光，适当使用侧光，并避免使用顶光 移动产品齿轮到视野中央，调节影像仪放大倍数使单个齿形充满视野 针对产品齿轮的齿高中部区域，对影像仪进行对焦，使产品齿轮齿廓边缘清晰 5. 轮廓识别 使用轮廓查找工具对齿轮齿廓进行识别，为保证齿廓上有足够多的点，扫描步长应小于产品齿轮模数的 1/10 6. 保存 将扫描的齿廓数据导出为数据格式 7. 检查 启动微小模数齿轮检测软件，输入产品齿轮的模数、齿数、压力角、变位系数、齿顶圆直径及齿根圆直径等参数，并指定影像仪导出的数据文件，点击检查齿形按钮，对产品齿轮的检测数据进行计算，并输出齿廓总偏差、跨齿测量距、齿距偏差等检测结果，最后根据检测结果对产品齿轮进行判定
注意事项	1. 注塑齿轮易出现碰伤等现象，产品齿轮准备及检测过程中需要避免掉落和碰撞 2. 对于中心有安装孔的齿轮，优选以中心安装孔的圆心为基准建立坐标系，对齿轮进行扫描检测 3. 注塑齿轮易出现端面毛刺、飞边等缺陷，检测时应对齿轮轮齿进行清洁，排除缺陷对检测结果的影响 4. 对于齿宽较宽、直径较小的细长形齿轮应放置平稳，并保证齿轮与影像仪检测台的垂直度，避免齿轮倾斜导致的齿形变形

5.3 小模数齿轮齿厚测量

表 12-12-66　　小模数齿轮齿厚测量

特点	相互啮合的两齿轮轮齿之间要有一定的侧隙，才能保证轮系的正常啮合和传动。这种侧隙是通过有效地控制两齿轮的分度圆弧齿厚来满足的。在小模数渐开线齿轮的制造中，一般多是通过测量齿轮的公法线长度 W 或跨棒距 M 值来控制两齿轮的分度圆弧齿厚
齿轮公法线长度 W 的测量方法与数据处理	在齿轮生产中，通过测量公法线长度得到齿轮精度指标中所规定的公法线长度变动量 F_W 和侧隙指标中的公法线平均长度偏差 $E_{\overline{W}}$。有关齿轮的公称公法线长度以及跨齿数，标注在产品图中。齿轮的公法线长度可按 2.5.2 中公式计算；有关 F_W 和 $E_{\overline{W}}$ 值可从相关标准中查取 公法线长度 W 测量方法有直接和非直接测量法。$m \geqslant 0.5$mm 的渐开线齿轮如图 a 所示，可采用公法线千分尺进行直接测量，对于国标 6 级精度以上的精密齿轮可在光学测长仪上测量，对于塑料齿轮建议采用测力较小的杠杆公法线千分尺测量。测量时，两平行测量面接触于跨越齿数 K 之外侧齿廓分度圆附近，即可读取齿轮实际公法线长度 $W_{实际}$。为了得到公法线长度的最大长度 W_{max} 与最小长度 W_{min}，必须对整个齿圈轮齿进行逐一测量，按下式即可求得公法线长度变动量 F_W $$F_W = W_{max} - W_{min}$$ 而公法线平均长度偏差 $E_{\overline{W}}$，可按下式求得 $$E_{\overline{W}} = \overline{W} - W$$ 式中　$\overline{W}$——公法线长度实测平均值 　　　W——公法线长度理论计算值 无法采用公法线千分尺直接测量内直齿轮和 m <0.5mm 渐开线外齿轮，可在大型工具显微镜、万能工具显微镜和光学投影仪上，通过光学目镜中的"+"刻划线相切齿廓的方法测量齿轮公法线长度 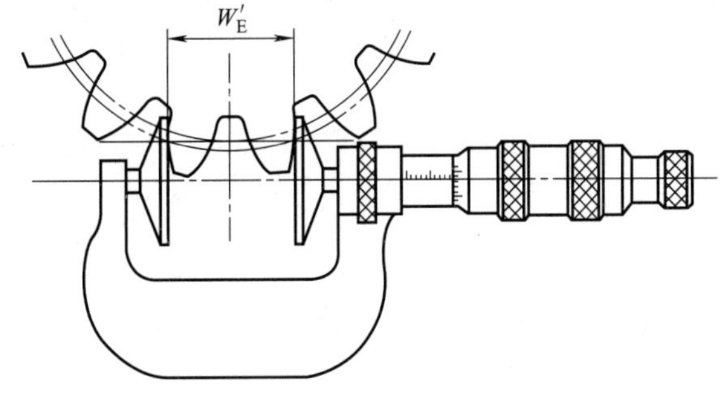 (a) 采用公法线千分尺测量齿轮公法线长度

续表

齿轮跨棒距 M 值的测量方法与评定	测量跨棒距 M 值，在小模数齿轮生产中，是控制齿轮齿厚的另一种重要检测方法。特别是 $m<0.5$mm、螺旋角较大和齿宽较小的斜齿轮、蜗杆和蜗轮以及内齿轮等。测量跨棒距 M 值已成为控制这类齿轮分度圆齿厚，保证齿轮副啮合侧隙的重要测量手段。在塑料齿轮的生产，采用 M 值测量要比公法线长度检测更为普遍。外直齿、斜齿渐开线齿轮的 M 值的计算与测量，蜗杆 M 值的计算与测量如表 12-12-21 所示。 蜗轮的跨棒距 M 值由计算法求得，如图 b 所示，通过两钢球采用测长仪或千分尺进行直接测量。但在生产过程中，普遍采用两测量蜗杆代替钢球，如图 c 所示，通过测长仪或千分尺直接测量两测量蜗杆大径间的跨距，来替代钢球测量蜗轮跨棒距 M 值。测量蜗杆参数的设计应保证与蜗轮在无侧隙啮合条件下，两测量蜗杆大径之间的跨棒距 M 值按下式求得 $$M=d+d'_{\mathrm{AVG}}+d''_{\mathrm{AVG}}$$ 式中　d——蜗轮分度圆直径； d'_{AVG}——两测量蜗杆分度圆直径实际尺寸的平均值； d''_{AVG}——两测量蜗杆大径实际尺寸的平均值 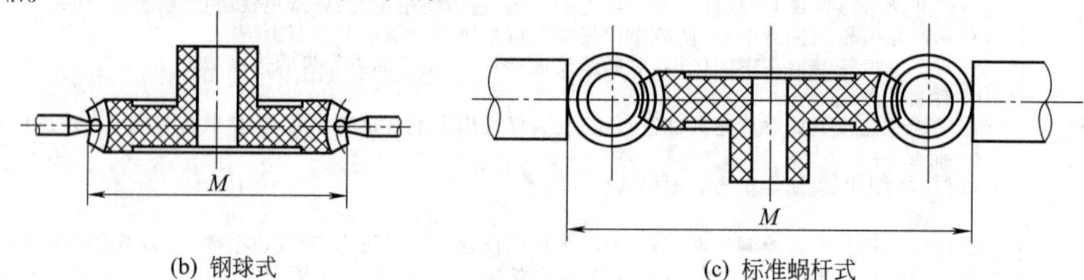 (b) 钢球式　　(c) 标准蜗杆式 蜗轮跨棒距 M 值测量示意图 测量齿轮和偶数头的蜗杆 M 值时，应按模数大小和分度圆齿槽宽，选择两根直径相同的量柱，置于齿轮两个相对的齿槽中，要求量柱与两齿面在分度圆附近相接触。采用千分尺测量两量柱之间的最大跨距。测量 $m<0.5$mm 塑料齿轮和蜗杆 M 值时，建议采用杠杆千分尺，较小的稳定测力更加有利于保证测量精度。奇数头的蜗杆 M 值，采用三根量柱测量更加方便和可靠。奇数齿齿轮也可采用三根量柱测量，此时所测得的 M' 应按下式换算为两量柱计算所得的 M 值 $$M=M'\cos\frac{\pi}{4z}+d_{\mathrm{p}}\left(1-\cos\frac{\pi}{4z}\right)$$ 内齿轮的 M 值，可采用内测式千分尺测得两量柱间的跨距 为了得到最大 M 值与最小 M 值，必须对整个齿圈轮齿进行多方位测量。M 值的误差 F_{M} 是由实际所得的 $M_{实}$ 减去理论值 M 而得 $$F_{\mathrm{M}}=M_{实}-M$$

第12篇

5.4 齿轮径向综合误差与齿轮测试半径的测量

表 12-12-67　　**径向综合误差与测试半径的测量**

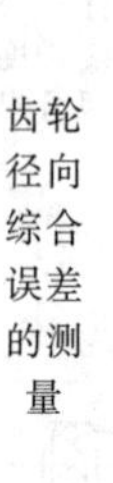 齿轮径向综合误差的测量	在渐开线齿轮生产中，普遍采用双啮仪测量齿轮径向综合误差。因为双啮仪的结构简单，操作方便，检测效率高，特别适合在生产现场检测 8、9 级以下精度的塑料齿轮径向综合误差 F''_{i} 双啮综合测量比较接近被测齿轮的使用状态，能较全面地反映出齿轮的啮合质量。因此，F''_{i} 已成为这类加工精度较低齿轮，产、需双方都能接受的齿轮交验的主要检测参数。普通双啮仪的基本工作原理如图 a 所示：左侧标准齿轮和右侧被测齿轮在弹簧的作用下，做无侧隙的啮合转动，两齿轮中心距的变化由千分表示出。被测齿轮 转动一周范围内的最大变动量即为双啮一转误差 F''_{i}，如图 b 所示；同时也可测得齿轮的双啮一齿最大误差 f''_{i} 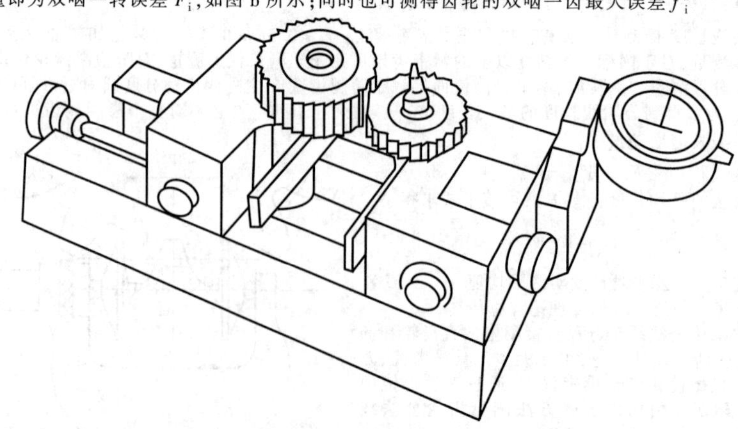 (a) 普通双啮仪的基本结构及工作原理图 根据产品直径调整测量角速度，保证测量齿轮和产品（被测）齿轮充分啮合（不脱啮、不冲击、不打滑） 应使仪器测量完整 360°，确保完整一周数据，以保证数据准确性

续表

测力建议值

齿轮进行径向综合检测时，测量齿轮和产品齿轮间保持合适的压力非常重要。不考虑特殊的装配形式，可以根据齿宽、模数来综合评定测力大小，以齿宽为5mm齿轮为例

模数/mm	测力/N	测力换算值/gf
$0.1\leqslant m_n<0.25$	0.49±0.098	50±10
$0.25\leqslant m_n<0.3$	0.98±0.098	100±10
$0.3\leqslant m_n<0.4$	1.47±0.098	150±10
$0.4\leqslant m_n<0.5$	2.45±0.098	250±10
$0.5\leqslant m_n<0.6$	2.94±0.098	300±10
$0.6\leqslant m_n<0.8$	3.43±0.098	350±10
$0.8\leqslant m_n<1.25$	3.92±0.098	400±10
$1.25\leqslant m_n<2.5$	4.41±0.098	450±10
$2.5\leqslant m_n\leqslant 3.5$	4.90±0.098	500±10

一般情况下，少齿数注射成形齿轮由于重合度低，对测力的敏感度增加，在少齿数齿轮测量时应适当降低测力，如齿数10以下齿轮，可以将上表中测力减半进行测量。测量速度的选择应保证不脱啮

齿轮径向综合误差的测量

在双啮仪上检测渐开线齿轮 F_i''，需配备模数和压力角与被测齿轮相同的标准齿轮，其精度等级要求比被测齿轮高出国标2级以上

与蜗杆配对啮合的塑料斜齿轮，也可在双啮仪上检测 F_i''，这时需要用标准蜗杆来代替标准斜齿轮，更能接近蜗杆-斜齿轮的使用状态。但要求对双啮仪进行必要的改装，以便满足标准蜗杆-斜齿轮的交错轴轮系传动的要求。如果被检测的是蜗杆，可将被测蜗杆与标准斜齿轮视为一对螺旋齿轮，实现对蜗杆进行双啮误差 F_i''的检测

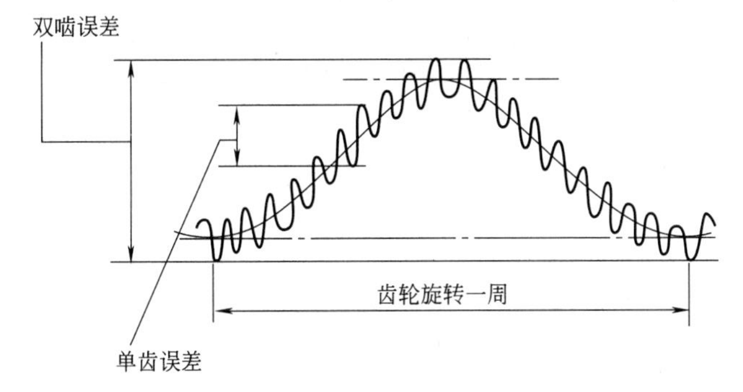

(b) 双啮一周误差F_i''、一齿误差f_i''示意图

在双啮仪上测量齿轮、斜齿轮或蜗杆时，可采取手动或电动方式施加旋转运动，双啮误差可目测千分表或通过电测系统数显读数。后一种电测系统具有误差显示、打印和超差报警等多种功能

小模数齿轮的测试半径的测量

小模数齿轮齿厚测量如上所述，主要是通过测量齿轮公法线长度 W 或跨棒距 M 值来控制齿轮分度圆弧齿厚。这类测量方法是一种静态测量方法，无法全面、准确地反映出齿轮的质量状况，有人为因素影响较大和测量效率低等缺点。随着科学技术的发展，小模数齿轮的尺寸越来越小，工作齿宽越来越窄，小模数塑料齿轮的柔性等因素，使现有控制齿厚尺寸的测量方法已不相适应

近年来，小模数齿轮的测试半径的测量已逐渐被人们所接受和应用。它是一种动态测量方法，能够全面、准确地反映出齿轮的质量状况，具有人为因素影响极小和测量效率高等优点。这种测量方法完全可以取代齿轮公法线长度 W 或跨棒距 M 值的测量

理论和实践表明，通过齿轮双面啮合径向综合检查，实现其齿轮测试半径的测量，是检测齿厚的最好方法。这种检测在一次操作中对齿轮的每个轮齿都进行了检测，比用其他齿厚测量方法要快捷得多

续表

齿轮测试半径的定义	一个被测齿轮的测试半径,被定义为当测量齿轮与被测齿轮紧密啮合并旋转时,该被测齿轮的中心到测量齿轮的计量半径之间的径向距离,如图 c 所示,可按下式计算: $$TR_W = C_A - TR_M$$ 式中 TR_W——被测齿轮的测试半径 TR_M——测量齿轮的测试半径 C_A——测量齿轮与被测齿轮紧密啮合的中心距 在齿轮标准中通常包括了被测齿轮的测试半径极限。这些极限来自被测齿轮齿厚极限偏差、径向综合总公差对其测试半径的影响 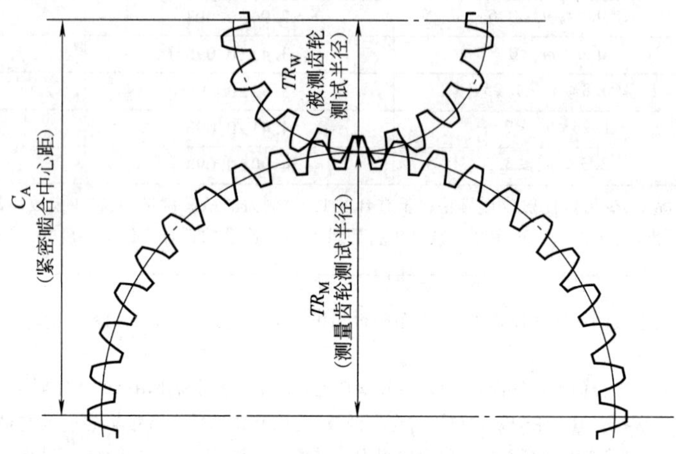 (c) 齿轮测试半径的定义 测试半径测量值的控制条件允许进行最终检测。测试半径测量非常方便,因为它总是与径向综合总公差检查结合在一起进行,而径向综合总公差的检测总是包括在最终检测过程中 测量齿轮测试半径 TR_M,按下式计算: $$TR_M = \frac{m_n \times z_M}{2\cos\beta} + \frac{S_{nM} - \frac{\pi \times m_n}{2}}{2\tan\alpha_n}$$ 式中 m_n——法向模数,mm z_M——测量齿轮齿数 β——螺旋角,(°),直齿轮为 0° S_{nM}——测量齿轮法向齿厚,mm α_n——被测齿轮的法向压力角,(°) 从上式可看出,对于采用标准齿厚的测量齿轮,其测试半径等于节圆半径
齿轮测试半径极限值的计算	尽管测试半径被广泛使用,但没有一种被普遍接受的方法来将齿厚转化为一个同等的测试半径值。在几种已经公布的方法中,只要当齿厚与圆周齿距一半非常接近的情况下,这些计算方法所得到的结果才会相同。以下描述的方法,即使是在齿厚不等于圆周齿距的一半(这种情况在注射成形塑料齿轮中是最常见的)的情况下,也可以使用 在计算测试半径极限值之前,必须进行以下一些初步计算: 步骤 1:计算标准中心距 C $$C = \frac{m_n(z_W + z_M)}{2\cos\beta}$$ 式中 C——标准中心距,mm z_W——被测齿轮齿数 z_M——测量齿轮齿数 β——齿轮螺旋角,(°)

续表

齿轮测试半径极限值的计算	步骤 2:计算端面压力角 α_T $$\alpha_T=\arctan\frac{\tan\alpha_n}{\cos\beta}$$ 式中 α_T——端面压力角,(°) α_n——法向压力角,(°) 步骤 3:计算被测齿轮最大齿厚时的双面啮合中心距 C_{Amax} $$C_{Amax}=\frac{C\cos\alpha_T}{\cos\left\{\mathrm{inv}^{-1}\left[\mathrm{inv}\alpha_T-\frac{\pi m_n-S_{nWmax}-S_{nM}}{2C\cos\beta}\right]\right\}}$$ 式中 S_{nWmax}——被测齿轮最大齿厚,mm S_{nM}——测量齿轮齿厚,mm inv——渐开线函数 inv^{-1}——渐开线反函数,(°) 步骤 4:计算被测齿轮的最小齿厚时的紧密啮合中心距 C_{Amin} $$C_{Amin}=\frac{C\cos\alpha_T}{\cos\left\{\mathrm{inv}^{-1}\left[\mathrm{inv}\alpha_T-\frac{\pi m_n-S_{nWmin}-S_{nM}}{2C\cos\beta}\right]\right\}}$$ 式中 S_{nWmin}——被测齿轮最小齿厚,mm 步骤 5:计算测试半径极限 测试半径检测是被用来测量弧齿厚的方法,在检测过程中对被测齿轮的径向综合总偏差做出规定。可按以下公式计算 $$TR_{Wmax}=C_{Amax}-TR_M$$ $$TR_{Wmin}=C_{Amin}-TR_M+\frac{TCT}{2}$$ 式中 TR_{Wmax}——被测齿轮的最大测试半径 TR_{Wmin}——被测齿轮的最小测试半径 TCT——被测齿轮的径向综合总公差
齿轮测试半径检测用仪器	齿轮测试半径检测用仪器是一种经过改造和升级的智能型齿轮双面啮合检查仪,如图 d 所示 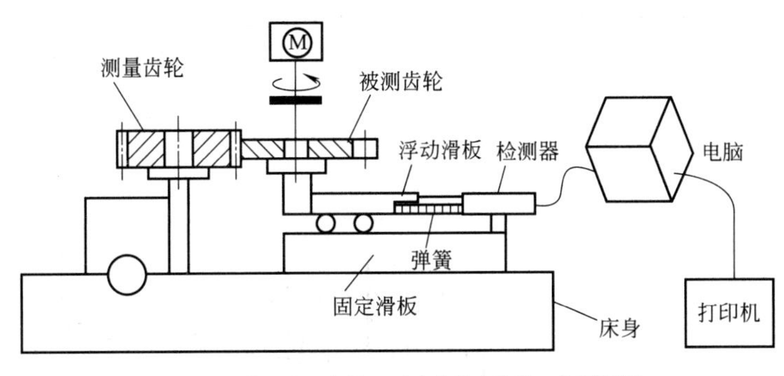 (d) 齿轮双面啮合检查仪的工作原理图 被测齿轮几何形状偏差,如齿轮齿圈的偏心度、齿廓形状误差或齿距误差,这些都可以通过被测齿轮与测量齿轮之间紧密啮合时的中心距的变动量反映出来。这些变化将显示在千分表、记录仪图表或电脑上。如果只是测量径向综合误差 F_i'',被测齿轮转一圈,只需仪器显示出紧密啮合时中心距的变动量大小 在测量测试半径时,还必须引入一种方法来找出中心距的绝对值。可以通过校准被测齿轮与测量齿轮之间的中心距,使其尺寸等于紧密啮合中心距的中间值。在这点将仪器示值调整为零,根据指定的测试半径公差,可以得到零点设置的任意一侧的极限偏差。图 e 是某个被测齿轮显示出的这种极限误差的记录图。被测齿轮转过一圈中,如果仪器浮动滑板的所有轨迹点都在极限内,那么被测齿轮的测试半径为合格 测量测试半径的齿轮径向综合误差检测仪,已有多种型号,在我国沿海地区多采用日本大阪精机生产的检测仪

续表

齿轮测试半径检测用仪器	23.074　3.799 23.046　3.771 23.018　3.743 (e) 被测齿轮测试半径极限误差记录曲线图 有关齿轮测试半径的检测和计算公式已经正式纳入相关的齿轮标准(参见 GB/Z 18620. 2—2008、AGMA 2000—A88 和 AGMA 915-2-A05 等)。一些发达国家的塑料齿轮产品图中,已经明确列出了齿轮的测试半径参数及其公差要求。由于这种检测需要具有检测测试半径的功能和与其配套的测量齿轮,目前国内绝大多数塑料齿轮生产厂家尚不具备这类测量条件,因而影响了这项检测技术的使用和推广,需要这些国内企业尽快迎头赶上,以适应新的外贸市场的需要

5.5 齿轮分析式测量

表 12-12-68　　分析式测量

特点	国内一些颇具规模的塑料齿轮生产厂家,为了生产精度较高齿轮或满足外贸的需要,多拥有齿轮测量中心。在这类齿轮测量中心上,对于 $m=0.5$mm 以上的小模数齿轮的测量已成为常规测量,没有任何困难
分析式测量的应用	某企业生产的轿车电动座椅调角器中的塑料双联斜齿轮,因结构设计合理(小齿轮与大齿轮内的腹板连接,如图 a 所示),模塑成形大、小齿轮的各项误差检测结果表明,两齿轮均已达到国标 8 级精度要求。本例说明了齿轮结构设计对成形齿轮精度至关重要 双联齿轮大、小斜齿轮参数:$m_n=1$、$z=8$、$\alpha=20°$、$\beta=23°$;$m_n=0.6$、$z=40$、$\alpha=16°$、$\beta=5°55'$ 在某国产齿轮测量中心上,直接检测的试制样件,小斜齿轮的检查报告见图 b 中的误差记录曲线;大斜齿轮的检查报告见图 c 中的误差记录曲线

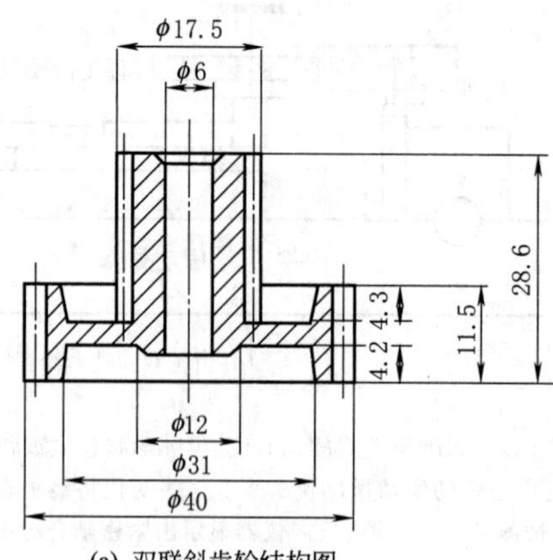

(a) 双联斜齿轮结构图

齿轮名称 (编号):右旋双联齿轮(8齿)　　测量日期: 2010-04-13, 16:49

齿数	模数	压力角	螺旋角	旋向	齿宽	基圆半径	分度圆半径	空位系数	评定等级	标准
8	1	20°	23°0′0″	右	10.000	4.041	4.345	0.629	9	ISO 1328

续表

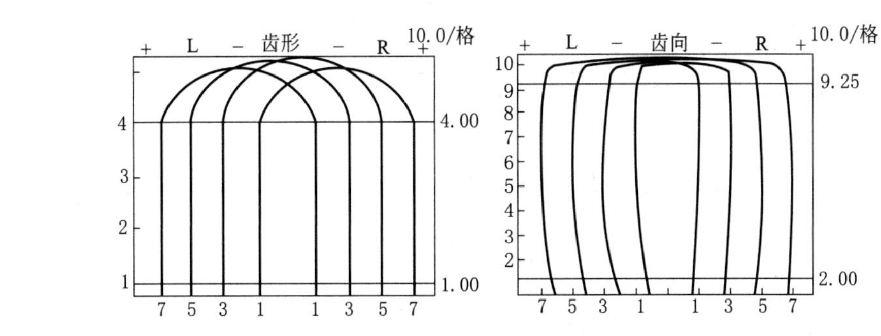

μm

项目	7	5	3	1	AVG	TOL	1	3	5	7	AVG	QuaL
齿形误差 F_α	9.6	8.3	7.9	9.7	8.9	18.0	6.8	10.2	8.9	9.1	8.8	8
形状误差 $f_{f\alpha}$	8.2	9.6	5.6	7.1	7.6	14.0	6.4	9.8	8.4	9.0	8.4	8
角度误差 $f_{H\alpha}$	3.1	3.3	5.0	6.5	2.8	12.0	1.9	2.0	1.4	1.2	0.5	8

μm

项目	7	5	3	1	AVG	TOL	1	3	5	7	AVG	QuaL
齿向误差 F_β	7.4	9.1	2.9	3.0	5.6	24.0	11.5	9.3	12.2	9.5	10.6	8
形状误差 $f_{f\beta}$	2.9	4.1	2.6	2.7	3.1	17.0	4.1	5.0	3.5	4.0	6	6
角度误差 $f_{H\beta}$	6.2	8.2	1.9	0.9	4.3	17.0	-10.1	-5.7	-10.9	-9.8	-9.4	8

(b)齿形、齿向误差记录曲线

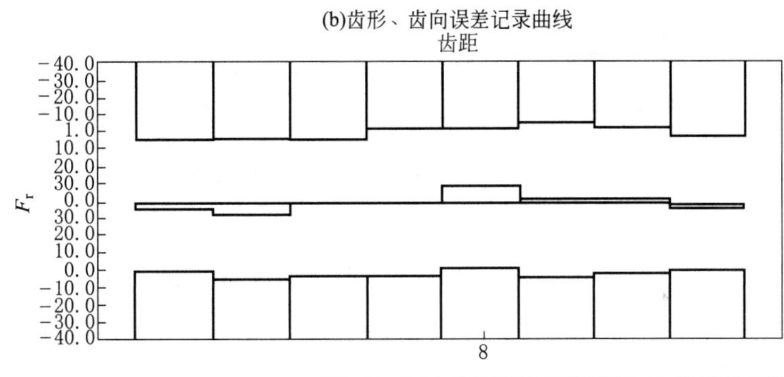

μm

项目	VOL	TOL	Teeth				VOL	TOL	Teeth			QuaL
F_p	11.8	45.0					7.3	45.0				6
f_{pt}	-6.7	19.0	3～4				5.5	19.0	4～5			7
f_{p3}	11.8	28.0	7～2				7.3	28.0	3～6			7
F_r	15.2											

(c) 左、右齿廓齿距误差和齿圈径向跳动误差曲线

m_n=1、z=8、α=20°、β=23°小斜齿轮检测记录(图b、图c)

齿轮名称(编号):右旋双联齿轮(40齿)　　测量日期： 2010-04-13，15：37

齿数	模数	压力角	螺旋角	旋向	齿数	基圆半径	分度圆半径	空位系数	评定等级	标准
40	0.6	16.000	5°55′3″	右	7.000	11.5022	12.064	1.206	9	ISO 1328

分析式测量的应用

续表

分析式测量的应用

μm

项目	31	21	11	1	AVG	TOL	1	11	21	31	AVG	QuaL
齿形误差 F_{α}	3.1	4.7	2.2	4.7	3.7	21.0	5.5	4.6	3.6	4.1	4.4	6
形状误差 $f_{f\alpha}$	3.3	4.6	2.5	5.1	3.9	16.0	2.6	2.4	2.5	2.8	2.5	6
角度误差 $f_{H\alpha}$	−3.7	0.3	−1.0	−1.6	−1.0	18.0	−5.5	−4.6	−3.2	−3.3	−4.1	7

μm

项目	31	21	11	1	AVG	TOL	1	11	21	31	AVG	QuaL
齿向误差 F_{β}	20.7	13.6	13.1	18.9	16.6	25.0	10.5	10.9	8.1	13.9	10.9	9
形状误差 $f_{f\beta}$	12.1	10.1	12.2	10.9	11.5	18.0	6.7	5.7	8.6	10.4	7.9	8
角度误差 $f_{H\beta}$	13.9	6.3	1.8	16.6	9.6	18.0	−8.0	−10.5	−0.9	6.7	−3.2	9

(d) 齿形、齿向误差记录曲线

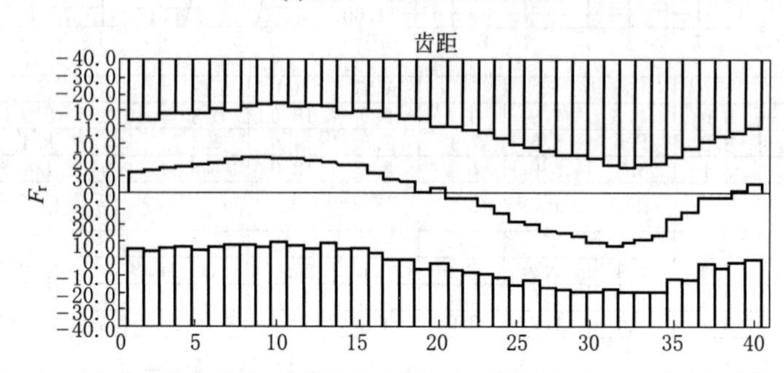

μm

项目	VOL	TOL	Teeth			VOL	TOL	Teeth			QuaL
F_p	38.5	57.0				28.8	57.0				8
f_{pt}	5.0	20.0	13～14			8.6	20.0	36～37			7
F_{p3}	−12.9	29.0	35～38			16.8	29.0	35～38			8
F_r	51.2										

(e)左、右齿廓齿距误差和齿圈径向跳动误差曲线

$m_n=0.6$、$z=40$、$\alpha=16°$、$\beta=5°55'$大斜齿轮检测记录(图 d、图 e)

国内外部分小模数齿轮测量仪器

国内外部分小模数齿轮双啮仪、齿轮测量中心、滚刀检查仪见表 12-12-69。其中一些双啮仪的智能化程度较高,这类双啮仪采用微机测量软件控制,除了可用来检测平行轴系的圆柱齿轮外,还配备有蜗杆-蜗轮、内齿轮和锥齿轮副等检测附件。在检测塑料齿轮径向综合误差时,要求标准齿轮和被测齿轮齿面清洁,双啮仪的活动滑板移动灵活、工作可靠和测力适中

5.6 国内外部分小模数齿轮检测用仪器

国内外部分小模数齿轮检测用仪器包括齿轮跳动检查仪(径跳仪)、齿轮双啮仪、齿轮测量中心等,其型号规格与特点见表 12-12-69。

表 12-12-69　　国内外部分小模数齿轮测量仪器

序号	仪器型号、名称	生产厂商	规格	特　点
1	DF100 小模数齿轮双面啮合测量仪(双啮仪)	北京工业大学机械工业精密传动与智能测试装备创新中心	$m=0.15\sim1.5$mm 中心距 18～100mm 测力 0.3～8N	可测量齿轮径向综合偏差、中心距偏差、检测半径偏差,齿厚或跨棒距 M 值、公法线等项目;可自动确定并剔除齿面“毛刺”。适合微小测力的小模数塑料齿轮、测力可调;选配特殊附件还可用于蜗轮,蜗杆、锥齿轮和扇形齿轮等
2	DF15-B 小模数锥齿轮副双面啮合测量仪	北京工业大学机械工业精密传动与智能测试装备创新中心	$m=0.15\sim1$mm 可调位置距 0～50mm 工件最大直径 15mm	测量齿轮副轴交角变动量、齿轮副一齿轴交角变动量、齿轮副轴交角综合误差、齿轮副一齿轴交角综合误差
3	GTR-4LS 型小模数齿轮双啮仪	日本大阪精密(OSAKA)	中心距 11～120mm	测量直齿轮、斜齿轮、锥齿轮、蜗轮、蜗杆、内齿轮。具有测量齿轮测试半径功能

续表

序号	仪器型号、名称	生产厂商	规格	特　点
4	896 型 齿轮双啮仪	德国 Carl-Mahr	$a=1\sim80$mm	可采用标准蜗杆或齿轮两种测量元件，自动记录和打印；可选配蜗轮及锥齿轮检测等附件
5	3103A 型 齿轮智能双啮仪	哈量集团	$m=0.15\sim2$mm 中心距 0~100mm	体积小、重量轻、功能强、操作方便、测量精度稳定；固定顶尖安装测量齿轮；平行片簧无摩擦测量导轨结构；测力可调
6	JS、SW 型 齿轮双面啮合测量仪	哈尔滨精达 测量仪器有限公司	$m=0.2\sim3$mm $a=1\sim100$mm	计算机智能控制，高灵敏微动导轨或平行片簧结构，无间隙、微测力，除具有通用齿轮双面啮合仪功能外，还具备测量半径（公法线、M 值）等项目的分组、结合注塑浇口分布的误差频谱进行工艺分析、毛刺等缺陷的独立误差分离功能等
7	JD26、JE20 型 齿轮测量中心	哈尔滨精达 测量仪器有限公司	$m=0.2\sim3$mm $d_{max}\leqslant260$mm	采用数控、高精度光栅、微测力测微头等组成的四轴测量系统，电子展成测量原理，对齿轮单项精度进行评值，独创的柱形测针结合渐开线三轴测量技术，解决了最小至 0.2 的微模数齿轮测量难题
8	TTi-120E CNC 齿轮测试机	日本东京技术	$m=0.2\sim4$mm $d_{max}\leqslant130$mm	采用光栅、智能化数字控制、电子展成式，自动记录和打印；适用渐开线圆柱齿轮齿形、齿向、齿距和径跳误差检测

第13章 对构齿轮传动

1 概 述

对构齿轮是以曲线、曲面等几何要素成对构建的齿轮传动。

1.1 对构齿轮的类型

从传动形式来分有：平行轴对构圆柱齿轮、相交轴对构锥齿轮和交错轴对构蜗轮蜗杆。

从接触形式来分有：凸-凸齿面接触、凸-平齿面接触、凸-凹齿面接触和连续组合曲线接触对构齿轮等。

1.2 对构齿轮传动的特点

① 高效率　对构齿轮根据需求可设计为零滑动率或接近零的恒定滑动率，一般单级传动效率可达0.99以上。

② 低噪声　具有恒定刚度和恒定作用线，啮合平稳，噪声低。

③ 高强度　齿面接触位置零曲率、无穷曲率半径，短齿制，少齿数，大模数，接触及弯曲强度高。

④ 无中心距可分性　曲线对构齿轮由于特殊的构型设计，使得其对中心距误差不敏感，但没有中心距可分性；如果需要对误差具有强适应性，则考虑设计为线面对构齿轮，此时齿轮副不仅具有对齿轮轴线距离的误差适应能力，还具有对轴线角度的误差适应能力。

⑤ 不适用于直齿　与圆弧齿轮类似，对构齿轮暂时只适用于斜齿，如果需要设计为无轴向力，应考虑使用人字齿。

1.3 对构齿轮的应用及发展

对构齿轮已应用于中国空间站大型对日定向装置，分别于2022年7月和10月随问天实验舱和梦天实验舱发射升空，自投入使用以来在轨传动性能稳定，有力保障了空间站发电系统的高效运行；此外，对构齿轮传动还在汽车、起重运输、矿山机械、石油化工、智能家居等工业领域得到广泛推广应用，产生了一定的经济和社会效益。

2 对构齿轮基本啮合原理

2.1 共轭曲线的定义

共轭曲线可以描述为给定运动规律的一对光滑曲线在运动过程中沿给定接触方向始终保持连续相切接触。对

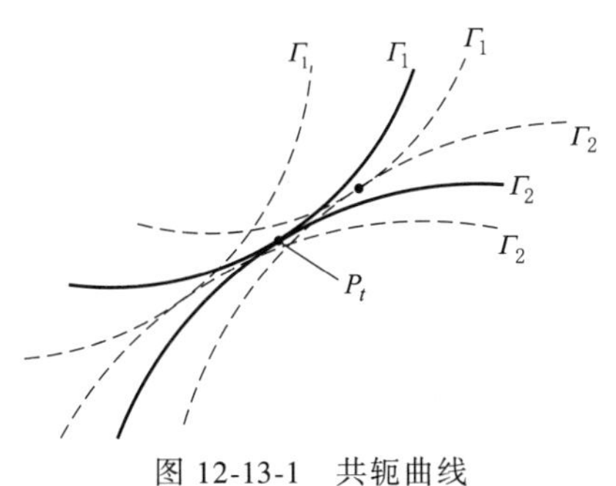

图 12-13-1 共轭曲线

于在给定运动过程中的两条曲线，如图 12-13-1 所示，当其满足条件：

① 曲线 Γ_1，Γ_2 分别是两条光滑规则曲线；

② 在每一时刻 t，曲线 Γ_1、Γ_2 做点接触，即沿着接触点 P_t 相切；

③ 曲线 Γ_2 上的每一点都在唯一的时刻 t 进入接触，即属于唯一的 P_t；

④ 在一定范围内规定了相对运动后，不但曲线 Γ_2 是曲线 Γ_1 的共轭曲线，而且曲线 Γ_1 也是曲线 Γ_2 的共轭曲线。

此时，曲线 Γ_1 与曲线 Γ_2 为一对共轭曲线。由上述定义可知，两条光滑曲线的接触实质上是沿线上对应点的接触，两条曲线具有相互包络的特性，因此两曲线的啮合称为共轭曲线啮合。另外，共轭曲线接触必须满足以下三个基本条件：

① 两条光滑曲线上相对应的共轭点在接触位置上重合；

② 共轭曲线在共轭接触点（共轭点）处必须相切，并且为了避免相互干涉，一对共轭曲线还必须相互错开；

③ 为保证共轭曲线间保持连续接触传动，在共轭接触点处，两曲线间的相对运动速度必须垂直于该点处的公法面即垂直于该平面内任意法线。

2.2 曲线共轭啮合基本原理

2.2.1 坐标系

以平行轴对构圆柱齿轮为例，建立对构齿轮副的空间坐标系，如图 12-13-2 所示，寻求不同坐标系之间的变换关系。$S(O-x,y,z)$ 和 $S_p(O_p-x_p,y_p,z_p)$ 为空间固定坐标系，$S_1(O_1-x_1,y_1,z_1)$ 和 $S_2(O_2-x_2,y_2,z_2)$ 分别为与齿轮 1 和齿轮 2 固连的动坐标系。z 轴与齿轮 1 的回转轴线重合，z_p 轴与齿轮 2 的回转轴线重合，且两轴线平行。x 轴与 x_p 轴重合，它们的方向就是两轴的最短距离方向，且 OO_p 等于最短距离，也就是中心距 a。

在起始位置时，动坐标系 $S_1(O_1-x_1,y_1,z_1)$ 和 $S_2(O_2-x_2,y_2,z_2)$ 分别与 S、S_p 重合。齿轮 1 以匀角速度 ω_1 绕 z 轴转动，齿轮 2 以匀角速度 ω_2 绕 z_p 轴转动。规定 ω_1 正向与 z 轴正向相同，ω_2 正向与 z_p 轴正向相反。从起始位置经过一段时间后，坐标系 S_1 及 S_2 运动到图中所示位置，齿轮 1 绕 z 轴转过 ϕ_1 角，齿轮 2 绕 z_p 轴转过 ϕ_2 角。根据图中关系，可将各坐标系之间的变换关系列出。

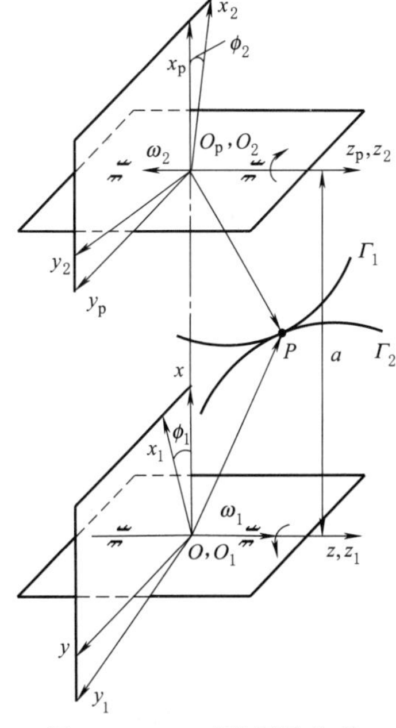

图 12-13-2 对构圆柱齿轮空间坐标系

2.2.2 相对运动速度

在动坐标系 S_1 下，该相对运动速度矢量 $\boldsymbol{v}_1^{(12)}$ 等于齿轮 1 上 $P^{(1)}$ 点的速度矢量 $\boldsymbol{v}_1^{(1)}$ 与齿轮 2 上 $P^{(2)}$ 点的速度矢量 $\boldsymbol{v}_1^{(2)}$ 之差，即

$$\boldsymbol{v}_1^{(12)}=\boldsymbol{v}_1^{(1)}-\boldsymbol{v}_1^{(2)} \tag{12-13-1}$$

$$\boldsymbol{v}^{(12)}=-(\omega_1+\omega_2)y\boldsymbol{i}+[(\omega_1+\omega_2)x-a\omega_2]\boldsymbol{j} \tag{12-13-2}$$

其中，$\boldsymbol{i}$，$\boldsymbol{j}$ 分别表示坐标轴 x、y 的单位矢量。

2.2.3 沿给定接触角方向的法向矢量关系

曲线在啮合点处沿不同接触方向存在无数条的法线。根据建立的空间基本三棱形（图 12-13-3）可确定出主法矢和副法矢，继而法面内任意接触方向的法矢量都可以表示成关于二者的线性组合，即

$$\boldsymbol{n}_n=u\boldsymbol{\beta}+v\boldsymbol{\gamma} \tag{12-13-3}$$

其中，u，v是参数，在实际运算中可表示不同的接触方向。在这里，定义法面内任意法线方向与副法线方向的夹角为接触角α_0，从而可以针对给定的接触角方向研究曲线啮合，有

$$\boldsymbol{n}_{\mathrm{n}}=(u\beta_{x(t)}+v\gamma_{x(t)})\boldsymbol{e}_1+(u\beta_{y(t)}+v\gamma_{y(t)})\boldsymbol{e}_2+(u\beta_{z(t)}+v\gamma_{z(t)})\boldsymbol{e}_3 \tag{12-13-4}$$

式中，$\boldsymbol{e}_1$、$\boldsymbol{e}_2$、$\boldsymbol{e}_3$分别为x、y、z轴的单位矢量。

参照上述结果，在动坐标系S_1下，曲线接触点P处沿任意接触角方向的法矢量可以写成

$$\boldsymbol{n}_1=(u\beta_{x_1(t)}+v\gamma_{x_1(t)})\boldsymbol{i}_1+(u\beta_{y_1(t)}+v\gamma_{y_1(t)})\boldsymbol{j}_1+(u\beta_{z_1(t)}+v\gamma_{z_1(t)})\boldsymbol{k}_1 \tag{12-13-5}$$

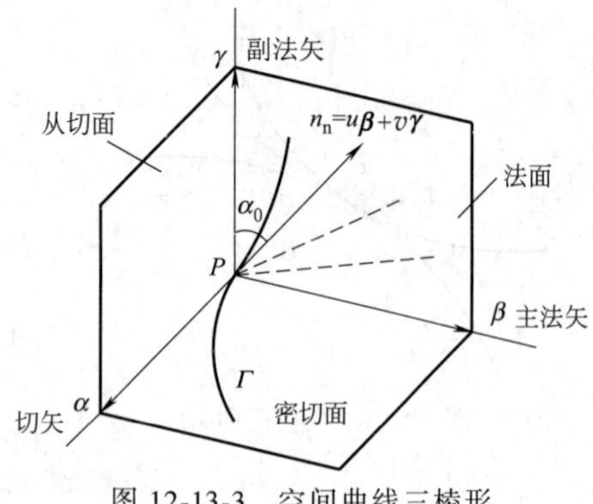

图 12-13-3　空间曲线三棱形

式中，$\boldsymbol{i}_1$、$\boldsymbol{j}_1$、$\boldsymbol{k}_1$分别表示坐标轴x_1、y_1、z_1的单位矢量。

同样，在坐标系S下，曲线接触点P处任意接触角方向的法矢量可以表示为

$$\boldsymbol{n}=(u\beta_{x(t)}+v\gamma_{x(t)})\boldsymbol{i}+(u\beta_{y(t)}+v\gamma_{y(t)})\boldsymbol{j}+(u\beta_{z(t)}+v\gamma_{z(t)})\boldsymbol{k} \tag{12-13-6}$$

式中，$\boldsymbol{k}$表示坐标轴z的单位矢量。

2.2.4　啮合方程

做啮合运动的一对共轭曲线Γ_1、Γ_2，每一时刻T在至少一点P处相切，P点就叫作Γ_1、Γ_2在时刻T的一个啮合点。在已建立的坐标系下，设$\boldsymbol{n}$为两曲线在啮合点P处的一个给定公法矢，P点处的相对速度$\boldsymbol{v}^{(12)}$显然必须沿着曲线Γ_2在啮合点处的公切线方向，因此$\boldsymbol{v}^{(12)}$垂直于曲线Γ_2在P点的法矢$\boldsymbol{n}$，有

$$\boldsymbol{n}\cdot\boldsymbol{v}^{(12)}=0 \tag{12-13-7}$$

即一对共轭曲线Γ_1、Γ_2在啮合点处的给定公法线垂直于它们在该点的相对速度，或者说相对速度在法矢方向的投影等于零。若在法矢$\boldsymbol{n}$方向的投影不等于零，说明法矢方向有相对速度，即有相对运动存在，那么共轭曲线有可能沿法矢方向脱开或者嵌入从而破坏正常的啮合传动，也就失去了共轭运动的意义。我们把上式就叫作曲线Γ_1、Γ_2的啮合条件或啮合方程，它是两条曲线在P点啮合的必要条件。求解后可得

$$\begin{aligned}&-i_{21}a(u\beta_{y1}+v\gamma_{y1})\cos\phi_1-i_{21}a(u\beta_{x1}+v\gamma_{x1})\sin\phi_1\\&=(1+i_{21})[y_1(u\beta_{x1}+v\gamma_{x1})-x_1(u\beta_{y1}+v\gamma_{y1})]\end{aligned} \tag{12-13-8}$$

令

$$\begin{cases}E=-i_{21}a(u\beta_{y1}+v\gamma_{y1})\\F=i_{21}a(u\beta_{x1}+v\gamma_{x1})\\M=(1+i_{21})[y_1(u\beta_{x1}+v\gamma_{x1})-x_1(u\beta_{y1}+v\gamma_{y1})]\end{cases}$$

则可得到

$$E\cos\phi_1-F\sin\phi_1=M \tag{12-13-9}$$

上式即为共轭曲线沿给定接触角方向的啮合方程。

2.2.5　共轭曲线方程

曲线参数t与运动参数ϕ之间并不是互相独立的，它们的关系可以通过啮合接触条件获得。给定齿轮1上的曲线，可以借助接触关系推导得到齿轮2上与之共轭的曲线。联立坐标变换矩阵$\boldsymbol{r}_2=\boldsymbol{M}_{21}\boldsymbol{r}_1$（$\boldsymbol{M}_{21}$为从坐标系$S_1$到坐标系$S_2$的转换矩阵，$\boldsymbol{r}_1$为$P$点在坐标系$S_1$的径矢）和啮合方程式，即可得到共轭曲线方程的通用表达式：

$$\begin{cases}x_2=\cos[(i_{21}+1)\phi_1]x_1-\sin[(i_{21}+1)\phi_1]y_1-a\cos(i_{21}\phi_1)\\y_2=\sin[(i_{21}+1)\phi_1]x_1+\cos[(i_{21}+1)\phi_1]y_1-a\sin(i_{21}\phi_1)\\z_2=z_1\\E\cos\phi_1-F\sin\phi_1=M\end{cases} \tag{12-13-10}$$

式中，$\boldsymbol{r}_2$表示P点在动坐标系S_2中的径矢，有$\boldsymbol{r}_2=x_2\boldsymbol{i}_2+y_2\boldsymbol{j}_2+z_2\boldsymbol{k}_2$，其中$\boldsymbol{i}_2$、$\boldsymbol{j}_2$、$\boldsymbol{k}_2$分别表示沿坐标轴$x_2$、$y_2$、$z_2$分布的单位矢量；存在关系式$\phi_2=i_{21}\phi_1$。

2.2.6 啮合线方程

齿面上的理论接触点在齿轮上的集合称为接触迹线，其理论接触点在固定坐标系中的集合称为啮合线。所以啮合线方程式的求法是将理论接触点在动坐标系中的坐标转换到空间固定坐标系中。因此，一对共轭曲线的啮合线方程式就是将理论接触点由动坐标系 S_1 变换到空间固定坐标系 S 下。

推导出啮合线方程为

$$\begin{cases} x = x_1\cos\phi_1 - y_1\sin\phi_1 \\ y = x_1\sin\phi_1 + y_1\cos\phi_1 \\ z = z_1 \end{cases} \tag{12-13-11}$$

3 对构齿轮齿面构建理论与方法

3.1 啮合管齿面构建理论与方法

3.1.1 啮合管描述

啮合管（图 12-13-4）的概念是在对构齿轮基本啮合原理和齿轮传递动力的实际需求的基础上提出的。齿轮是通过轮齿齿面的接触来传递运动和动力的，仅依靠曲线啮合是无法满足传动要求的。因此，必须构造一对共轭的齿面来实现传动的目的，我们将构建出的共轭齿面称为啮合管。啮合管是通过以适当半径的球面沿曲线的指定等距线运动包络而成的，主要分两个步骤：一是共轭曲线的法向等距线求解，二是单参数球族的包络面成形。

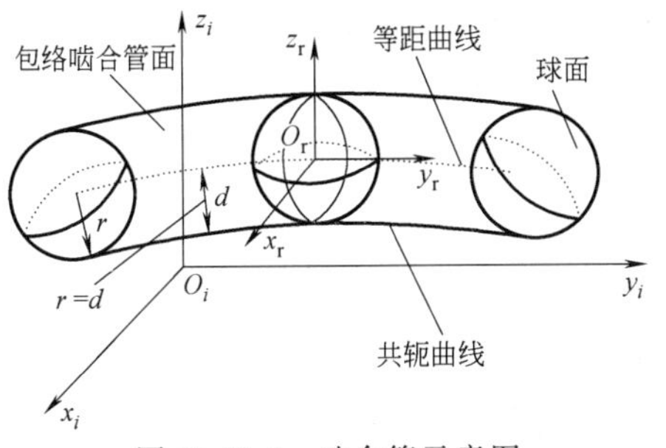

图 12-13-4 啮合管示意图

啮合管齿面具有以下特征：

① 啮合管包络球面的球心轨迹是共轭曲线沿给定接触角方向的法向等距线；

② 啮合管包络球面的半径与共轭曲线及其法向等距线之间的等距距离相等；

③ 啮合管的脊线是共轭曲线。

当一对啮合管齿面满足以下两个条件时，我们就称它们为共轭啮合管副：

① 一对啮合管齿面在给定运动条件下为瞬时点接触，即在接触点处具有相同的法向量和切平面；

② 接触点在一对啮合管齿面上的运动轨迹即为一对啮合的共轭曲线。

3.1.2 共轭曲线的法向等距线求解

在现有齿轮传动中，轮转曲线、法向等距线和卡姆士定理等齿形啮合基本定理作为共轭齿形生成方法被众多学者研究讨论过。其中对于平面内齿形法向等距线的分析值得我们借鉴，假定在齿轮 1 上除了一条齿形 1 外，还有一条齿形 1′（如图 12-13-5），而且齿形 1 与 1′是法向等距线，即齿形 1 上任意一点 a 的法线也就是 1′上对应点 a'的法线，而且距离 $aa'=l$ 沿整条曲线都为常值。根据齿形啮合的基本定理，当 M 点成为接触点时，PM 线上的 M'点也应是个接触点，而且 $MM'P$ 既是齿形 1 和 1′在 M 及 M'点的法线，也是它们的共轭齿形 2 和 2′在 M 及 M'点的法线。由此可知，齿形 2 和 2′也一定是法向等距线。换句话说，共轭齿形 1、2 及它们的法向等距线 1′和 2′可以保证两齿轮得到相同的运动规律。

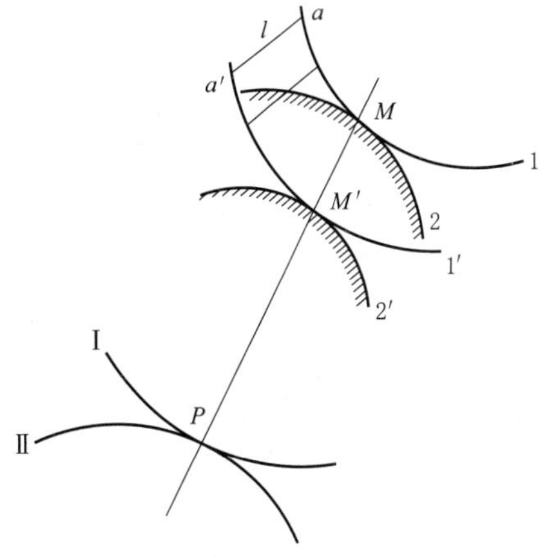

图 12-13-5 平面曲线的法向等距线

第 12 篇

共轭曲线的等距线求解是构建啮合管齿面的首要步骤。根据微分几何原理，将配对的共轭曲线分别沿着给定接触角的法线方向等距偏移。在此之前，将沿给定接触角方向的法向矢量单位化处理，如下式所示：

$$\overline{\boldsymbol{n}_{n1}}=\frac{\boldsymbol{n}_{n1}}{|\boldsymbol{n}_{n1}|}=\overline{n_{x1}}\boldsymbol{i}_1+\overline{n_{y1}}\boldsymbol{j}_1+\overline{n_{z1}}\boldsymbol{k}_1 \tag{12-13-12}$$

对于曲线 Γ_1 来说，其法向等距线 Γ_{n1} 是通过将曲线上每一点沿给定接触角的法线方向等距偏移获得的。因此，等距曲线 Γ_{n1} 在坐标系 S_1 中的方程可表示为：

$$\boldsymbol{r}_{d1}=\boldsymbol{r}_1+d_1\boldsymbol{n}_{n1} \tag{12-13-13}$$

其中，d_1 为自变量参数，表示曲线 Γ_1 和等距曲线 Γ_{n1} 之间的法向距离；“+”号表示等距偏移的方向与沿给定接触角的法矢量方向相同，如图 12-13-6 所示。

同理，求解共轭曲线 Γ_2 的法向等距线，值得注意的是，其单位法矢量表示为

$$\overline{\boldsymbol{n}_{n2}}=\overline{n_{x2}}\boldsymbol{i}_2+\overline{n_{y2}}\boldsymbol{j}_2+\overline{n_{z2}}\boldsymbol{k}_2 \tag{12-13-14}$$

曲线 Γ_2 可以由式（12-13-10）得到，其法向等距线 Γ_{n2} 通过将曲线上每一点沿给定接触角的法线方向的反方向等距偏移获得，等距曲线 Γ_{n2} 在坐标系 S_2 中的表达式为

$$\boldsymbol{r}_{d2}=\boldsymbol{r}_2-d_2\boldsymbol{n}_{n2} \tag{12-13-15}$$

其中，d_2 也为自变量参数，表示曲线 Γ_2 和等距曲线 Γ_{n2} 之间的法向距离；“-”号表示等距偏移的方向与沿给定接触角的法矢量方向相反，如图 12-13-6 所示。

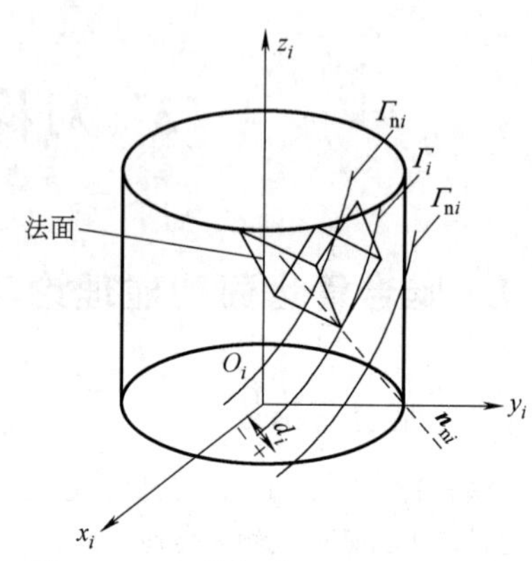

图 12-13-6　共轭曲线的法向等距线

3.1.3　单参数曲面族的包络面成形

啮合管齿面的构造是以单参数曲面族的包络理论为基础进一步构建的。如图 12-13-7 所示，建立球面坐标系 S_r（O_r-x_r，y_r，z_r），坐标原点 O_r 与球面的球心相重合，坐标系 S_r 与坐标系 $S_i(i=1,2)$ 的坐标轴方向相同。球面沿共轭曲线的法向等距线运动，从而形成一个管状的包络曲面。

假定球面 Σ_r 在坐标系 S_r（O_r-x_r，y_r，z_r）中的表达式为

$$\begin{cases}x_r=h_i\cos\varphi\cos\alpha\\y_r=h_i\cos\varphi\sin\alpha\\z_r=h_i\sin\varphi\end{cases} \tag{12-13-16}$$

式中，参数 $h_i(i=1,2)$ 表示球面半径，与共轭曲线及其法向等距线之间的等距距离相等；球面参数 φ 的取值范围为 $-\pi/2\leqslant\varphi\leqslant\pi/2$，$\alpha$ 的取值范围为 $0\leqslant\alpha\leqslant2\pi$。

由坐标系 S_r 到 S_i（$i=1,2$）的变换可以由关系式（12-13-17）表示，该方程同时也是球面族 $\{\Sigma_r\}$ 的方程。

$$\boldsymbol{r}_{ri}=\boldsymbol{M}_{ir}\boldsymbol{r}_r \tag{12-13-17}$$

其中，矩阵 $\boldsymbol{M}_{ir}(i=1,2)$ 中的元素都是关于参数 t 的函数，每给定参数 t 一个取值，就表示球面族 $\{\Sigma_r\}$ 中的一个球面，上式可进一步简化为

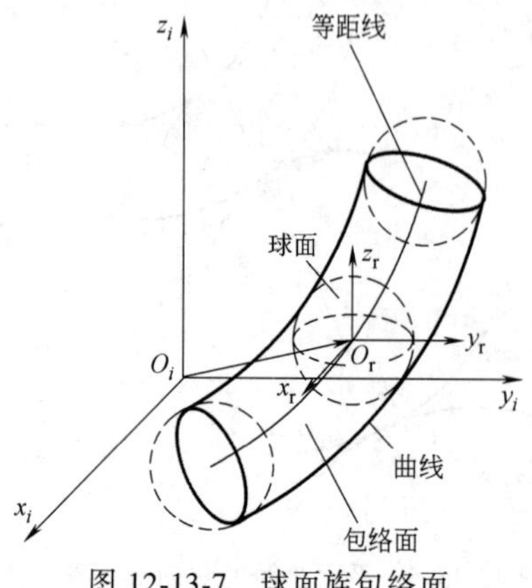

图 12-13-7　球面族包络面

$$\begin{cases}x_{ri}=x_r+x_{di}(t)\\y_{ri}=y_r+y_{di}(t)\\z_{ri}=z_r+z_{di}(t)\end{cases} \tag{12-13-18}$$

其中，$x_{di}(t)$、$y_{di}(t)$、$z_{di}(t)$ 分别为等距曲线在 x_i、y_i、z_i 轴的分量。

3.1.4　共轭齿面基本模型

从上述推导过程可知，给定运动的一对啮合管齿面在每一瞬时都是相切点接触的，即在接触点处具有相同的法向量和切平面，并且接触点在啮合管齿面上的运动轨迹分别为给定原始曲线及其共轭曲线。进一步地，对构齿轮齿面可通过齿顶圆柱面和齿根圆柱面截取啮合管齿面来获得，如图 12-13-8 所示。

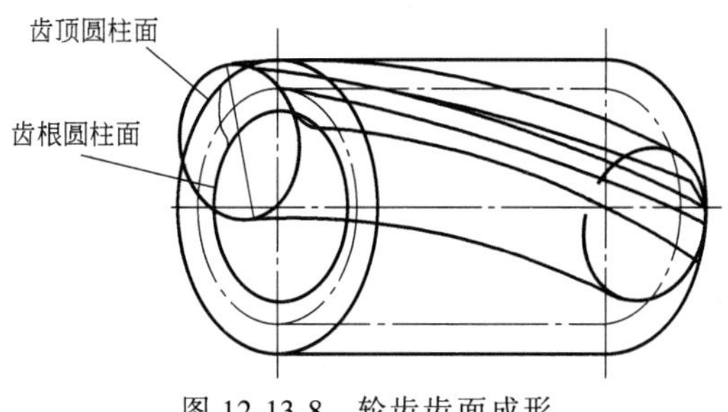

图 12-13-8　轮齿齿面成形

在同一曲线和该曲线的同一法向量条件下，通过选定不同的等距方向和等距量可以获得不同类型的啮合齿面。

（1）凸-凸齿面接触类型

选取式（12-13-13）中符号为“+”，式（12-13-15）中符号为“+”，并且令等距距离 d_1 和 d_2 取值相同时，可以构造出凸-凸齿面接触类型，如图 12-13-9 所示。

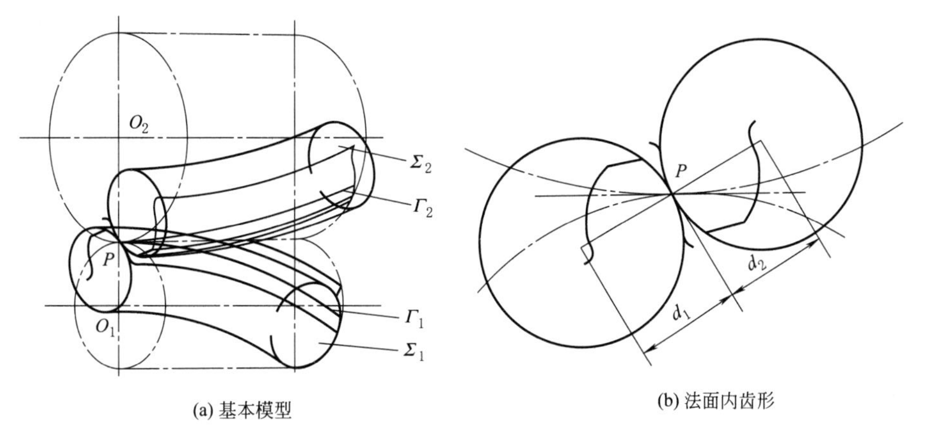

(a) 基本模型　　(b) 法面内齿形

图 12-13-9　凸-凸齿面接触

（2）凸-平齿面接触类型

选取式（12-13-13）中符号为“+”，式（12-13-15）中符号为“-”，并且令等距距离 $d_2 \to \infty$ 即球面半径趋于无穷大时，球面演变为共轭曲线在接触点的切平面，可以构造出凸-平齿面接触类型，如图 12-13-10 所示。

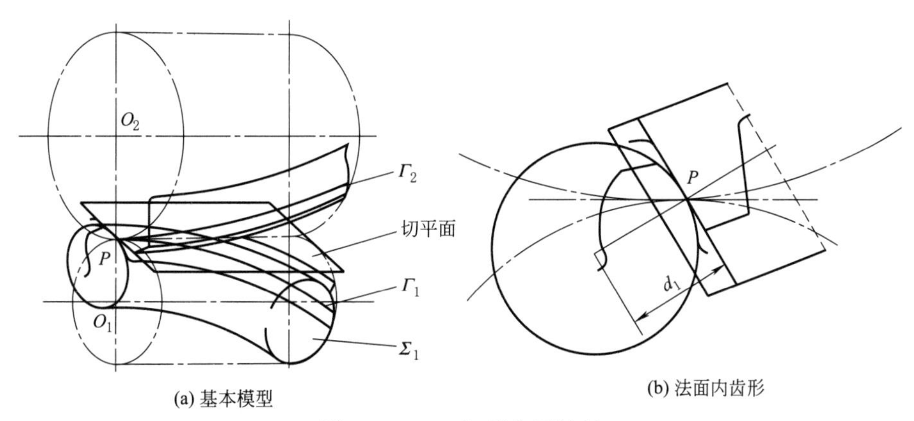

(a) 基本模型　　(b) 法面内齿形

图 12-13-10　凸-平齿面接触

（3）凸-凹齿面接触类型

选取式（12-13-13）中符号为“+”，式（12-13-15）中符号为“-”，并且令等距距离 d_1 和 d_2 取值满足 $d_2 =$

$(1.1\sim1.2)d_1$ 时，可以构造出凸-凹齿面接触类型，如图 12-13-11 所示。

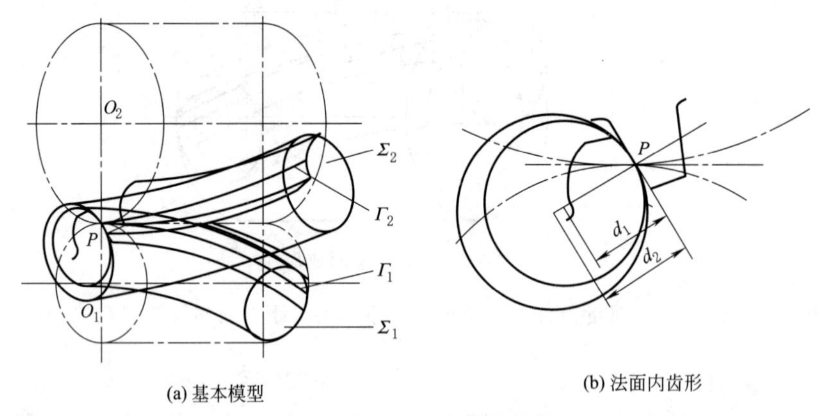

(a) 基本模型　　(b) 法面内齿形

图 12-13-11　凸-凹齿面接触

在实际应用过程中，圆柱齿轮的承载能力受齿轮的点蚀、胶合和轮齿折断等的限制，轮齿的齿面形状对润滑有较大的影响。其中，齿轮的点蚀和承载能力的关系可用赫兹接触应力公式来表示，而轮齿的折断与弯曲应力有关，轮齿的弯曲应力取决于轮齿的齿高和齿宽比。当由上述三种啮合管齿面成形的轮齿的齿高和齿宽都相同时，齿轮接触点 P 的接触应力主要取决于当量曲率 $1/\rho_P$，即取决于轮齿齿面在接触点的当量曲率半径 ρ_P，当量曲率半径越大，所产生的接触应力越小，反之越大。轮齿齿面在接触点处的当量曲率半径计算公式为：

$$\rho_P=\frac{\rho_{P1}\times\rho_{P2}}{\rho_{P2}\pm\rho_{P1}} \tag{12-13-19}$$

式中，ρ_{P1}，ρ_{P2} 分别为齿轮 1 和 2 的齿面曲率半径；“+”符号表示凸齿对凸齿的接触，“-”符号表示凸齿对凹齿的接触。根据上式，三种类型的啮合齿面在接触点处的当量曲率半径分别为：

$$\rho_1=\frac{d_1\times d_2}{d_1+d_2},\rho_2=d_1,\rho_3=\frac{d_1\times d_2}{d_2-d_1} \tag{12-13-20}$$

显然，凸-凹接触齿面的曲率半径大于其它两种类型的齿面，因此所产生的接触应力较小。从接触疲劳强度方面来说，凸-凹接触的啮合齿面适宜实际应用。

通过对曲线沿某方向相切接触问题的研究，揭示了共轭曲线沿给定接触方向啮合的一般规律及性质，提出了对构齿轮基本啮合原理，构建出保持曲线啮合特性的啮合管齿面，建立了对构齿轮啮合新理论。在此理论基础上，提出以凸、凹齿廓为基本共轭齿面的对构齿轮。

3.2　法向齿廓运动法构建齿面

3.2.1　法向齿廓的基本条件

若选取的曲线满足以下条件：

① 两个相互啮合的齿廓必须是光滑曲线，当它们处在啮合位置时，必须彼此相切而不应相交，这是为了保证必要的齿面接触强度；

② 两个相互啮合的齿廓在啮合位置时，啮合点的公法线必须通过节点，这是为了保证得到定传动比；

③ 两齿廓在啮合时不能发生干涉。

则当该曲线做螺旋运动也可形成具有曲线接触性质的啮合齿面。该方法即为法向（法面）齿廓运动法构建共轭曲线齿轮啮合齿面。

3.2.2　坐标系

设共轭曲线齿轮副的共轭曲线对为圆柱螺旋线，法面内有满足以上三个条件的某光滑曲线，则共轭曲线齿轮的啮合齿面可以用一段包含接触点 P 的光滑曲线沿齿轮节圆柱做螺旋运动形成，如图 12-13-12 所示。图中动坐标系 $S_n(O_n-x_ny_nz_n)$、$S_s(O_s-x_sy_sz_s)$ 和 $S_1(O_1-x_1y_1z_1)$ 与齿轮固连。坐标轴 z_n 的方向为节圆柱上螺旋线的切线

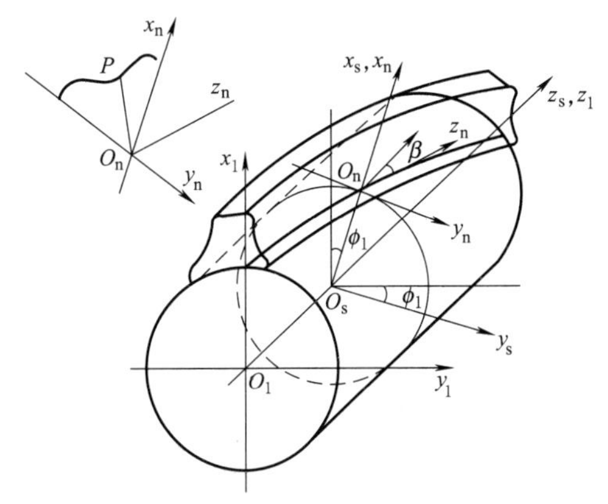

图 12-13-12　法面齿廓螺旋运动

方向，$x_nO_ny_n$ 平面为齿轮的法面，$x_sO_sy_s$ 平面为齿轮的端面，x_s 轴通过 O_n 点，z_s 轴与齿轮轴线重合，y_s 轴通过齿轮轴线，在高度方向上与 y_n 轴相差齿轮节圆半径 r_1。$x_nO_ny_n$ 与 $x_sO_sy_s$ 两平面的夹角为齿轮的螺旋角 β。设空间固定坐标系 S_1（$O_1-x_1y_1z_1$）与齿轮固连，z_1 轴与齿轮轴线重合，平面 $x_1O_1y_1$ 和齿轮端面重合，O_n 为等距包络线上的一点，x_1 轴通过 O_n 和轮齿对称线不重合。坐标系 S_s 在坐标系 S_1 中做螺旋运动，即旋转 ϕ_1 角，同时向前移动 $r_1\phi_1\cot\beta$。齿廓曲线的螺旋运动形成螺旋齿面，将坐标系 S_s 中母线方程，转换到坐标系 S_1'中，即得螺旋齿面方程式。

3.2.3　啮合齿面方程

齿轮法面齿廓曲线上任意一点 P 在坐标系 S_n 中可表示为：

$$\boldsymbol{r}_n(t)=\begin{bmatrix}x_n(t)\\y_n(t)\\z_n(t)\\1\end{bmatrix}\tag{12-13-21}$$

式中，t 为曲线参数。

齿轮齿面在坐标系 S_1 中可表示为：

$$\boldsymbol{r}_1(t,\phi_1)=\begin{bmatrix}x_1(t,\phi_1)\\y_1(t,\phi_1)\\z_1(t,\phi_1)\\1\end{bmatrix}=\boldsymbol{M}_{1n}(\phi_1)\,\boldsymbol{r}_n(t)\tag{12-13-22}$$

式中

$$\boldsymbol{M}_{1n}(\phi_1)=\begin{bmatrix}\cos\phi_1 & -\cos\beta\sin\phi_1 & -\sin\beta\sin\phi_1 & r_1\cos\phi_1\\ \sin\phi_1 & \cos\beta\cos\phi_1 & \cos\beta\sin\phi_1 & r_1\sin\phi_1\\ 0 & -\sin\beta & \cos\beta & r_1\phi_1\cot\beta\\ 0 & 0 & 0 & 1\end{bmatrix}\tag{12-13-23}$$

将式（12-13-23）代入式（12-13-22），则法面齿廓做螺旋运动的齿面方程可表示为：

$$\boldsymbol{r}_1(t,\phi_1)=\begin{bmatrix}x_n(t)\cos\phi_1-y_n(t)\cos\beta\sin\phi_1+r_1\cos\phi_1\\ x_n(t)\sin\phi_1+y_n(t)\cos\beta\cos\phi_1+r_1\sin\phi_1\\ r_1\phi_1\cot\beta-y_n(t)\sin\beta\\ 1\end{bmatrix}\tag{12-13-24}$$

4　对构齿轮基本参数和几何尺寸计算

4.1　基本参数

对构齿轮的基本参数主要有：模数 m_n、齿数 z_1 和 z_2、螺旋角 β、齿宽 b、纵向重合度 ε_β、中心距 a 和齿数比 u 等。

4.2 基本齿廓

以接触形式来分，对构齿轮可以是凸-凸齿面接触、凸-凹齿面接触、凸-平齿面接触和连续组合曲线接触等多种样式，下面以凸-凹齿面接触和连续组合曲线为例，分别给出典型接触形式的基本齿廓。

4.2.1 凸-凹齿面接触基本齿廓

凸-凹齿面接触的齿轮副，齿面滑动率恒定且趋近于零，具有较高的传动效率；同时这种接触形式更利于齿面的跑合，以在齿高方向获得较高的齿面接触面积，使得齿轮副的承载能力得到较大幅度的提升。因此凸-凹齿面接触形式更适用于软齿面齿轮副，跑合后软齿面/中硬齿面齿轮副即可达到普通硬齿面齿轮副的承载能力。

表 12-13-1　凸-凹齿面接触对构齿轮基本齿廓参数

参数名称	凸齿	凹齿
齿中齿形角 α	25°	25°
全齿高 h_1，h_2	$1.5m_n$	$1.52m_n$
齿顶高 h_{a1}，h_{a2}	$1.234m_n$	$1.354m_n$
齿根高 h_{f1}、h_{f2}	$0.266m_n$	$0.166m_n$
齿廓曲率半径 ρ_a，ρ_f	$1.5m_n$	$1.43m_n$
齿廓圆心移距量 e_a，e_f	0	—
齿廓圆心偏移量 l_a，l_f	$0.5895m_n$	$0.4484m_n$
接触点齿厚 S_{ak}，S_{fk}	$1.54m_n$	$1.5416m_n$
接触点齿槽宽 w_{ak}，w_{fk}	$1.6016m_n$	$1.6m_n$
侧隙 j	—	$0.06m_n$
齿根曲率半径 r_{ga}，r_{gf}	$0.4m_n$	$0.452m_n$
凸齿工艺角 δ_1	4°	—
凹齿齿顶倒角 γ_e	—	45°
凹齿齿顶倒角高度 h_e	$0.15m_n$	—

根据对构齿轮基本齿廓参数表（表 12-13-1），设计法面模数 $m_n=6$mm 的凸-凹齿面接触（压力角为 15°、35°）对构齿轮基本齿廓，如图 12-13-13 所示。

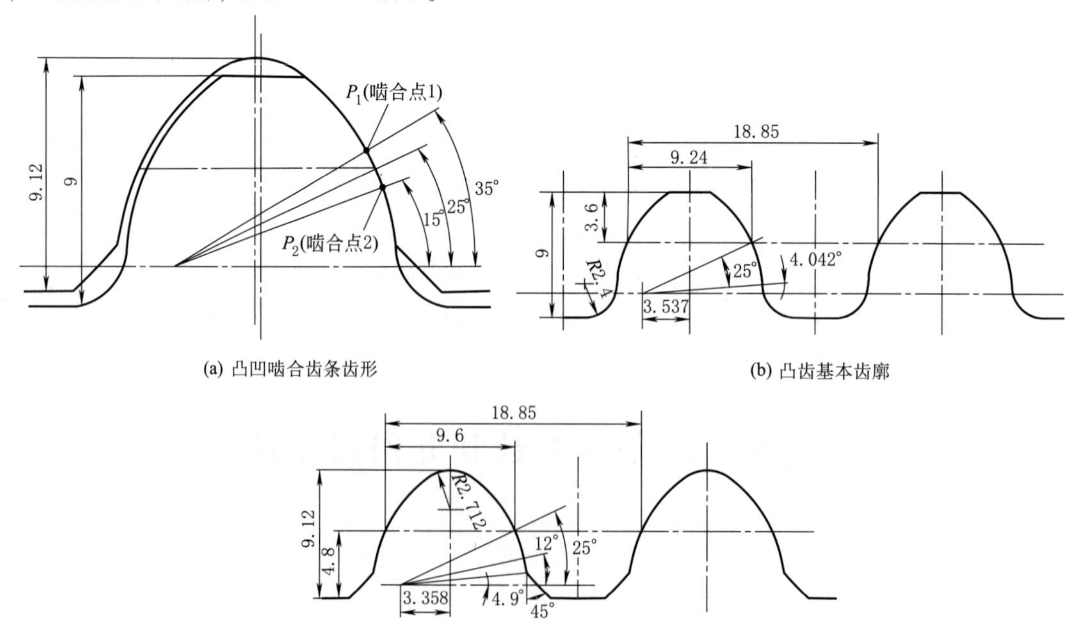

(a) 凸凹啮合齿条齿形　(b) 凸齿基本齿廓

(c) 凹齿基本齿廓

图 12-13-13　凸-凹齿面接触基本齿廓

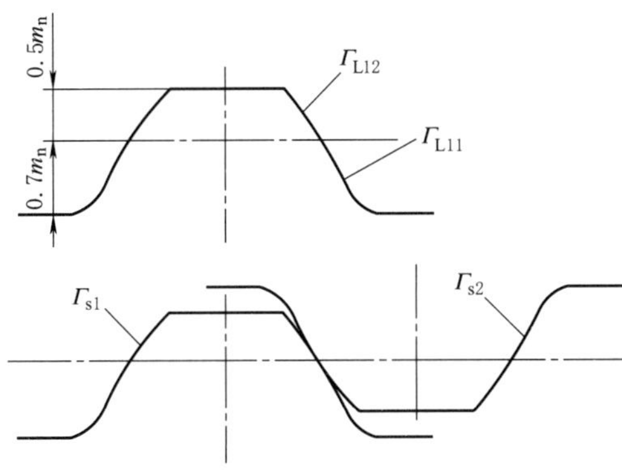

图 12-13-14 连续组合曲线基本齿廓

4.2.2 连续组合曲线接触基本齿廓

(1) 基本齿廓

连续组合曲线基本齿廓如图 12-13-14 所示，基于连续组合曲线的对构齿轮副两齿轮的法向齿廓曲线 Γ_{s1} 和 Γ_{s2} 为曲线形状相同的连续组合曲线 Γ_L，所述连续组合曲线 Γ_L 可以是奇数次幂函数曲线及其拐点处切线的组合曲线 Γ_{L1}、正弦函数曲线及其拐点处切线的组合曲线 Γ_{L2}、外摆线函数曲线及其拐点处切线的组合曲线 Γ_{L3}、奇数次幂函数的组合曲线 Γ_{L4}、正弦函数的组合曲线 Γ_{L5} 或外摆线函数的组合曲线 Γ_{L6}；连续组合曲线 Γ_L 由两段连续曲线组成，两段连续曲线的连接点为连续组合曲线 Γ_L 的拐点或切点，而连续组合曲线 Γ_L 的拐点或切点位于对构外齿轮副啮合力作用线上的指定点。

当连续组合曲线 Γ_L 为奇数次幂函数曲线及其拐点处切线的组合曲线 Γ_{L1} 时，连续组合曲线 Γ_L 包括奇数次幂函数曲线拐点处的切线 Γ_{L11} 和奇数次幂函数曲线 Γ_{L12}；在所述连续组合曲线 Γ_L 的切点处建立直角坐标系，所述奇数次幂函数曲线及其拐点处切线的组合曲线 Γ_{L1} 的方程为：

$$\begin{cases} \Gamma_{L11}: x_{10}=t, y_{10}=0(t_1 \leqslant t<0) \\ \Gamma_{L12}: x_{10}=t, y_{10}=At^{2n-1}(0 \leqslant t \leqslant t_2) \end{cases}$$

式中，x_{10} 和 y_{10} 分别为所述连续组合曲线 Γ_L 在直角坐标系内的 x 轴和 y 轴的坐标值；参数 t 为方程的自变量；t_1 和 t_2 为所述连续组合曲线 Γ_L 的取值范围；A 为方程的系数；n 为自变量的次数且为正整数。

(2) 基本特性

基于连续组合曲线构建的对构齿轮副，具有如下特性：

① 配对齿轮法向齿廓相同。如图 12-13-15 所示，基于连续组合曲线的对构齿轮副，其法向齿廓曲线均由多次曲线段及其切线段组成，且曲线段的形状完全相同，便于用同一把成形刀具加工。

② 零/恒滑动率。如图 12-13-16 所示，当连续组合曲线的拐点位于齿轮副节点处，此时的对构齿轮副齿面的滑动率恒为零；当该点远离节点，此时的对构齿轮副齿面的滑动率不为零，但数值恒定。零/恒滑动率的特性使得对构齿轮副具有超高的传动效率，一般单级传动效率可达 0.99 以上。此外，零滑动率齿面纯滚啮合的特性，使得对构齿轮可以在齿面无润滑油干摩擦工况下实现长时间正常啮合。

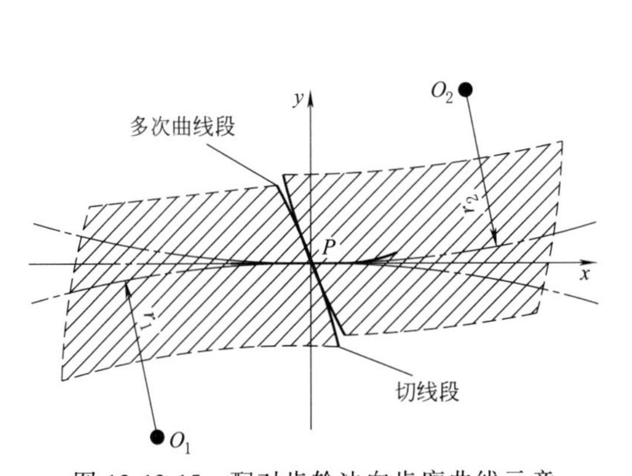

图 12-13-15 配对齿轮法向齿廓曲线示意

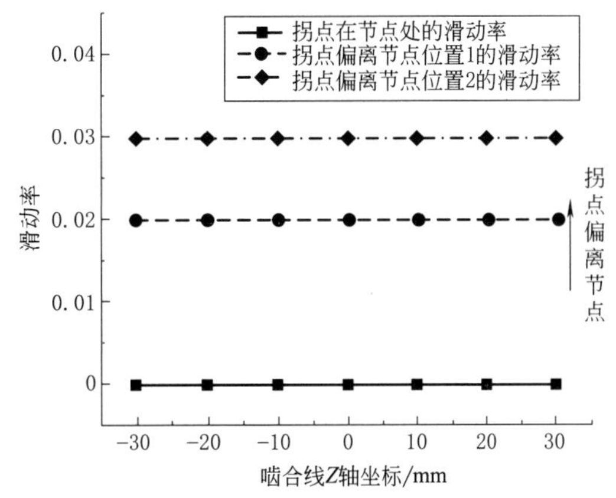

图 12-13-16 对构齿轮齿面滑动率与拐点位置关系

③ 恒定刚度/作用线（图 12-13-17）。基于连续组合曲线的对构齿轮副，在齿面啮合过程中，啮合点沿齿面螺旋线高速滚动，齿轮综合啮合刚度恒定；当齿轮副为人字齿或弧形齿时，齿面的啮合力作用线恒定且始终位于齿宽中心位置，使得对构齿轮副啮合过程中能获得非常好的动力学性能，特别是能获得非常低的啮合噪声。

④ 啮合点处曲率半径趋于无穷。如图 12-13-18 所示，基于连续组合曲线的对构齿轮副，其啮合点位于组合曲线的连接点处，此处齿廓曲率为零，曲率半径趋于无穷，齿面接触应力低，齿轮副能获得较高接触强度。

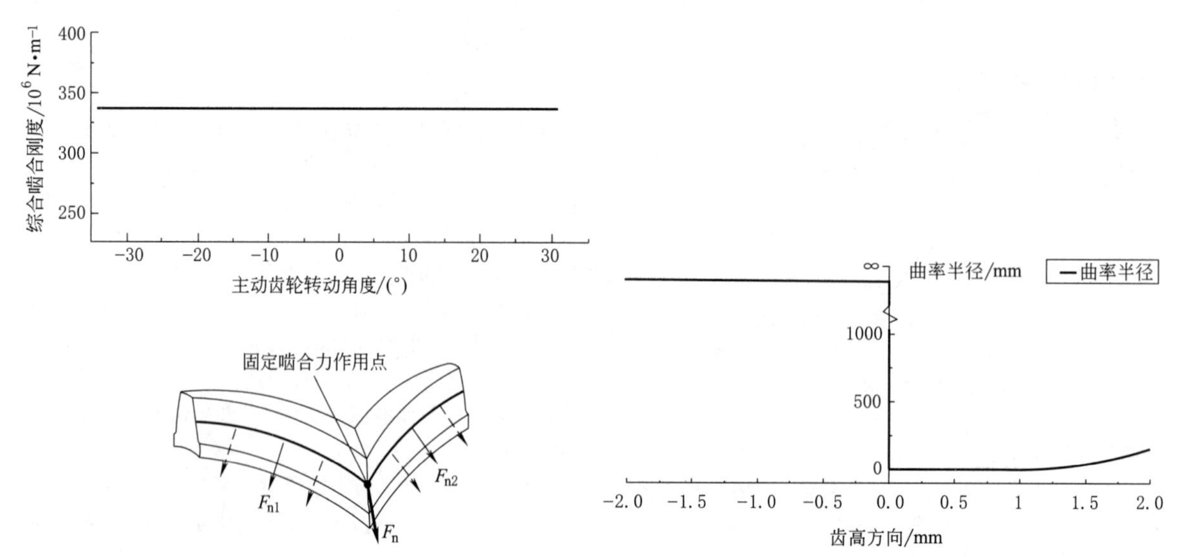

图 12-13-17 对构齿轮啮合刚度及啮合力作用线示意

图 12-13-18 啮合点处曲率半径

⑤ 大模数、短齿制。相同中心距及传动比条件下，对构齿轮副具有少齿数、大模数的特点（模数通常为普通齿轮的 1.5~2 倍），且基本齿廓为短齿制，因此对构齿轮副具有远大于普通齿轮的齿根弯曲强度。

⑥ 全误差适应。基于连续组合曲线构建的线面对构齿轮副，不仅具有对齿轮副轴线距离的误差适应能力，同时具有对齿轮副轴线俯仰角和方位角误差的适应能力，能实现极端误差工况的超强自适应。

基于连续组合曲线的对构齿轮，其具有的部分啮合特性以及由此带来的技术效果总结如表 12-13-2 所示。

表 12-13-2　　连续组合曲线对构齿轮基本特性

序号	特性	技术效果
1	零/恒滑动率	超高效率
2	恒定刚度/作用线	超低噪声
3	零曲率、短齿制	超高强度
4	全误差适应	超强适应

4.3 对构齿轮几何尺寸计算

以平行轴圆柱对构齿轮为例，其基本几何尺寸的计算方法如表 12-13-3 所示。

表 12-13-3　　对构齿轮传动几何尺寸计算

参数名称	代号	计算公式
法向模数	m_n	$\frac{m_n}{a}=0.01\sim0.04$(特殊用途可取更大值) 由弯曲强度计算或结构设计确定
齿数	z	小齿轮 $z_1=\frac{2a\cos\beta}{(1+i)m_n}$ 大齿轮 $z_2=iz_1$ 按给定传动比 $i\geqslant1$ 计算,齿数取整数
螺旋角	β	$\cos\beta=\frac{m_n(z_1+z_2)}{2a}$ 准确到秒
齿宽	b	按重合度计算获得
纵向重合度	ε_β	$\varepsilon_\beta=\frac{b\sin\beta}{\pi m_n}$　b—有效齿宽,不包括齿端修薄长度

续表

参数名称	代号	计算公式
中心距	a	$a=\frac{1}{2}(d_1+d_2)=\frac{m_n(z_1+z_2)}{2\cos\beta}$ 由强度计算或结构设计确定
齿数比	u	$u=\frac{z_1}{z_2}$ 校验传动比误差
分度圆直径	d	小齿轮 $d_1=\frac{m_n z_1}{\cos\beta}$ 大齿轮 $d_2=\frac{m_n z_2}{\cos\beta}$

5 对构齿轮传动的强度计算

平行轴、相交轴和交错轴等不同传动形式的强度计算方法不同，下面以平行轴对构圆柱齿轮为例，对其强度计算方法进行说明，其他形式对构齿轮传动的强度计算方法请参阅对构齿轮相关文献。

5.1 接触强度计算公式

$$\sigma_H=\sqrt{\frac{F_t}{\mu_\varepsilon m_n d_1}\times\frac{u+1}{u}}\times Z_M Z_\Omega Z_\beta \qquad (12\text{-}13\text{-}25)$$

其中，F_t 为名义切向力；μ_ε 为重合度的整数部分。

5.2 计算公式中的三个系数

（1）材料系数 Z_M

材料系数 Z_M 是考虑材料的弹性模量和泊松比对接触应力影响的系数。

$$Z_M=\sqrt{\frac{1}{\pi\left(\frac{1-\nu_1^2}{E_1}+\frac{1-\nu_2^2}{E_2}\right)}} \qquad (12\text{-}13\text{-}26)$$

其中，E_1、E_2 分别为小齿轮和大齿轮材料的弹性模量；ν_1、ν_2 分别为小齿轮和大齿轮材料的泊松比。

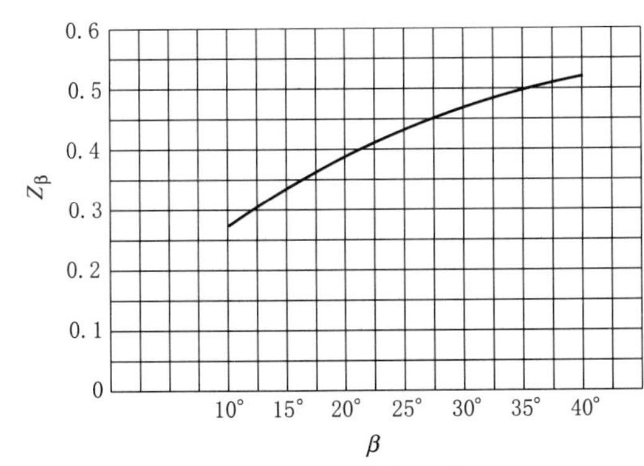

图 12-13-19　螺旋角系数 Z_β

（2）精度系数 Z_Ω

精度系数 Z_Ω 是指在给定的接触精度等级条件下，考虑跑合后沿齿高方向的接触弧（线）长度和接触斑点位置对齿面接触应力的影响系数（在允许的公差范围内讨论）。

$$Z_\Omega=\frac{\tan\alpha}{\lambda} \qquad (12\text{-}13\text{-}27)$$

（3）螺旋角系数 Z_β

螺旋角系数 Z_β 是考虑由于螺旋角的变化，对齿面接触疲劳强度的影响系数。

$$Z_\beta=\sqrt{2\sin\beta\tan\beta} \qquad (12\text{-}13\text{-}28)$$

螺旋角系数 Z_β 可按图 12-13-19 选取。

6 对构齿轮设计计算举例

6.1 对构圆柱齿轮齿面设计举例

本节主要针对两点凸-凹基本齿廓对构圆柱齿轮齿面设计进行举例说明。

(1) 给定原始曲线

已知一条圆柱螺旋线，一般圆柱螺旋线方程为

$$\boldsymbol{r}_{c1}=x_{c1}\boldsymbol{i}_1+y_{c1}\boldsymbol{j}_1+z_{c1}\boldsymbol{k}_1 \tag{12-13-29}$$

式中

$$\begin{cases}x_{c1}=r\cos\theta_c\\y_{c1}=r\sin\theta_c\\z_{c1}=p\theta_c\end{cases}$$

其中 r——圆柱螺旋线所在的节圆半径；

θ_c——螺旋线角度参数；

p——螺旋参数。

(2) 相对运动速度

计算相对运动速度，有

$$\boldsymbol{v}_{c1}^{(12)}=[-(\omega_1+\omega_2)r\cos\theta_c-\omega_2 a\sin\phi_1]\boldsymbol{i}_1+[(\omega_1+\omega_2)r\sin\theta_c-\omega_2 a\cos\phi_1]\boldsymbol{j}_1 \tag{12-13-30}$$

(3) 求解法向矢量

进一步求解沿给定接触角方向的法向矢量关系，按照前述步骤对圆柱螺旋线参数 θ_c 分析，其一次、二次偏导函数结果为

$$\begin{cases}x_1'=-r\sin\theta_c\\y_1'=r\cos\theta_c\\z_1'=p\end{cases} \tag{12-13-31}$$

$$\begin{cases}x_1''=-r\cos\theta_c\\y_1''=-r\sin\theta_c\\z_1''=0\end{cases} \tag{12-13-32}$$

代入主法矢和副法矢计算公式后，有

$$\begin{cases}\beta_{x1}=-\dfrac{r\cos\theta_c}{r^2+p^2}\\\beta_{y1}=-\dfrac{r\sin\theta_c}{r^2+p^2}\\\beta_{z1}=0\end{cases} \tag{12-13-33}$$

和

$$\begin{cases}\gamma_{x1}=\dfrac{pr\sin\theta_c}{(r^2+p^2)^{\frac{3}{2}}}\\\gamma_{y1}=-\dfrac{pr\cos\theta_c}{(r^2+p^2)^{\frac{3}{2}}}\\\gamma_{z1}=\dfrac{r^2}{(r^2+p^2)^{\frac{3}{2}}}\end{cases} \tag{12-13-34}$$

进一步，沿给定接触角方向的法向矢量可以表示成

$$\boldsymbol{n}_{c\alpha_0}=\left[-u\frac{r\cos\theta_c}{r^2+p^2}+v\frac{pr\sin\theta_c}{(r^2+p^2)^{\frac{3}{2}}}\right]\boldsymbol{i}_1+\left[-u\frac{r\sin\theta_c}{r^2+p^2}-v\frac{pr\cos\theta_c}{(r^2+p^2)^{\frac{3}{2}}}\right]\boldsymbol{j}_1+v\frac{r^2}{(r^2+p^2)^{\frac{3}{2}}}\boldsymbol{k}_1 \tag{12-13-35}$$

(4) 求解共轭曲线

下面主要针对空间圆柱螺旋线的啮合方程开展计算，根据已有的相对运动速度关系及法向矢量，确定出下述表达式

$$\sin(\theta_c+\phi_1)=m-m\cos(\theta_c+\phi_1) \tag{12-13-36}$$

式中

$$m=\frac{vp}{u\sqrt{r^2+p^2}}$$

根据共轭曲线基本啮合原理，与给定的空间圆柱螺旋线相共轭的曲线可以经由坐标转换关系及啮合方程式来表述，化简计算后得到

$$\begin{cases}x_{c2}=r\cos[(i_{21}+1)\phi_1+\theta_c]-a\cos(i_{21}\phi_1)\\ y_{c2}=r\sin[(i_{21}+1)\phi_1+\theta_c]-a\sin(i_{21}\phi_1)\\ z_{c2}=p\theta_c\\ \sin(\theta_c+\phi_1)=\dfrac{vp}{u\sqrt{r^2+p^2}}-\dfrac{vp}{u\sqrt{r^2+p^2}}\cos(\theta_c+\phi_1)\end{cases} \tag{12-13-37}$$

将理论接触点由动坐标系 S_1 变换到固定坐标系 S 下即可得到啮合线方程式。根据坐标变换矩阵 $\boldsymbol{M}_{01}$，推导出配对空间圆柱螺旋线的啮合线方程为

$$\begin{cases}x_{\text{cline}}=r\cos(\theta_c+\phi_1)\\ y_{\text{cline}}=r\sin(\theta_c+\phi_1)\\ z_{\text{cline}}=p\theta_c\end{cases} \tag{12-13-38}$$

(5) 法向等距曲线

将共轭曲线代入法向等距线的求解公式中，分别计算得到：

$$\begin{cases}x_{d1}=r\cos\theta_c+d_1\dfrac{n_{x1}}{\sqrt{n_{x1}^2+n_{y1}^2+n_{z1}^2}}\\ y_{d1}=r\sin\theta_c+d_1\dfrac{n_{y1}}{\sqrt{n_{x1}^2+n_{y1}^2+n_{z1}^2}}\\ z_{d1}=p\theta_c+d_1\dfrac{n_{z_1}}{\sqrt{n_{x1}^2+n_{y1}^2+n_{z1}^2}}\end{cases} \tag{12-13-39}$$

和

$$\begin{cases}x_{d2}=(r-a)\cos(i_{21}\theta_c)-d_2\dfrac{n_{x2}}{\sqrt{n_{x2}^2+n_{y2}^2+n_{z2}^2}}\\ y_{d2}=-(r-a)\sin(i_{21}\theta_c)-d_2\dfrac{n_{y2}}{\sqrt{n_{x2}^2+n_{y2}^2+n_{z2}^2}}\\ z_{d2}=p\theta_c-d_2\dfrac{n_{z2}}{\sqrt{n_{x_2}^2+n_{y_2}^2+n_{z_2}^2}}\end{cases} \tag{12-13-40}$$

(6) 齿面方程

进一步，根据共轭曲线齿轮齿面构建方法，求得齿轮 1 和齿轮 2 的轮齿齿面方程，即

$$
\begin{cases}
x_{\Sigma 1}=r\cos\theta_c+d_1\dfrac{n_{x1}}{\sqrt{n_{x1}^2+n_{y1}^2+n_{z1}^2}}+d_1\cos\phi\cos\alpha \\
y_{\Sigma 1}=r\sin\theta_c+d_1\dfrac{n_{y1}}{\sqrt{n_{x1}^2+n_{y1}^2+n_{z1}^2}}+d_1\cos\phi\sin\alpha \\
z_{\Sigma 1}=p\theta_c+d_1\dfrac{n_{z1}}{\sqrt{n_{x1}^2+n_{y1}^2+n_{z1}^2}}+d_1\sin\phi \\
\phi=\phi(\theta_c,\alpha)
\end{cases}
\tag{12-13-41}
$$

和

$$
\begin{cases}
x_{\Sigma 2}=(r-a)\cos(i_{21}\theta_c)-d_2\dfrac{n_{x2}}{\sqrt{n_{x2}^2+n_{y2}^2+n_{z2}^2}}+d_2\cos\phi\cos\alpha \\
y_{\Sigma 2}=-(r-a)\sin(i_{21}\theta_c)-d_2\dfrac{n_{y2}}{\sqrt{n_{x2}^2+n_{y2}^2+n_{z2}^2}}+d_2\cos\phi\sin\alpha \\
z_{\Sigma 2}=p\theta_c-d_2\dfrac{n_{z2}}{\sqrt{n_{x2}^2+n_{y2}^2+n_{z2}^2}}+d_2\sin\phi \\
\phi=\phi(\theta_c,\alpha)
\end{cases}
\tag{12-13-42}
$$

给定共轭齿面的设计参数如表 12-13-4 所示，按照上述步骤基于 Matlab 数值软件编制相关程序，分别得到如图 12-13-20、图 12-13-21 所示的共轭圆柱螺旋线的法向等距线及啮合管齿面的理论模型示意图。

表 12-13-4　　共轭齿面设计参数

变量参数	数值	变量参数	数值
圆柱螺旋线 1 分度圆半径 r_1/mm	12	模数 m_n/mm	4
圆柱螺旋线 2 分度圆半径 r_2/mm	60	螺旋角 β/(°)	26.68
标准中心距 a/mm	72	齿轮 1 齿数 z_1	6
凸齿廓圆弧半径 ρ_1/mm	4	齿轮 2 齿数 z_2	30
凹齿廓圆弧半径 ρ_2/mm	4.8	齿宽 b/mm	30
圆柱螺旋线 1 的法向等距距离 d_1/mm	4	参数取值范围 θ_c/rad	0~1.14
圆柱螺旋线 2 的法向等距距离 d_2/mm	4.8	接触角主法矢方向参数 u	-cos30°
压力角 α/(°)	30	接触角副法矢方向参数 v	-sin30°
传动比 i_{21}	5		

图 12-13-22 反映了一对啮合管齿面啮合接触运动的情况，可以看出一对啮合管齿面在给定运动条件下始终保持连续相切接触，且运动过程中沿齿宽方向呈点接触状态，啮合线为一条空间直线，啮合点的集合就是两轮齿齿面的共轭圆柱螺旋线。

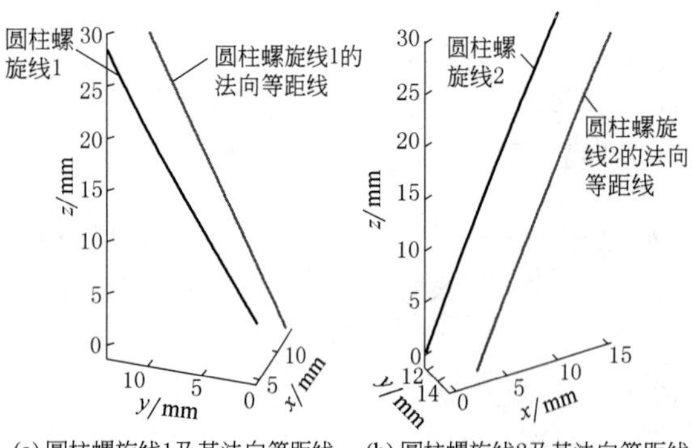

(a) 圆柱螺旋线1及其法向等距线　(b) 圆柱螺旋线2及其法向等距线

图 12-13-20　共轭圆柱螺旋线及其法向等距线

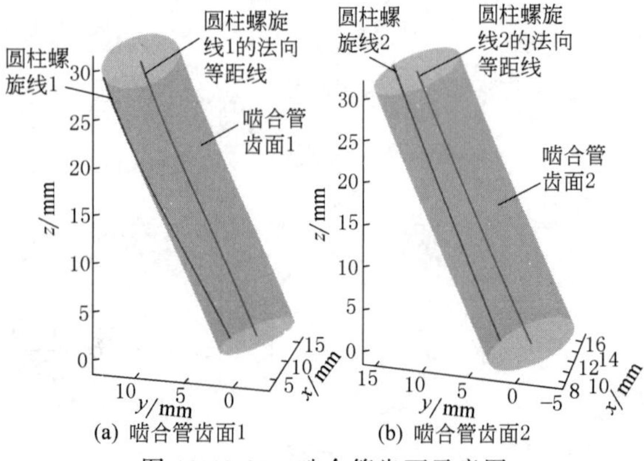

(a) 啮合管齿面1　(b) 啮合管齿面2

图 12-13-21　啮合管齿面示意图

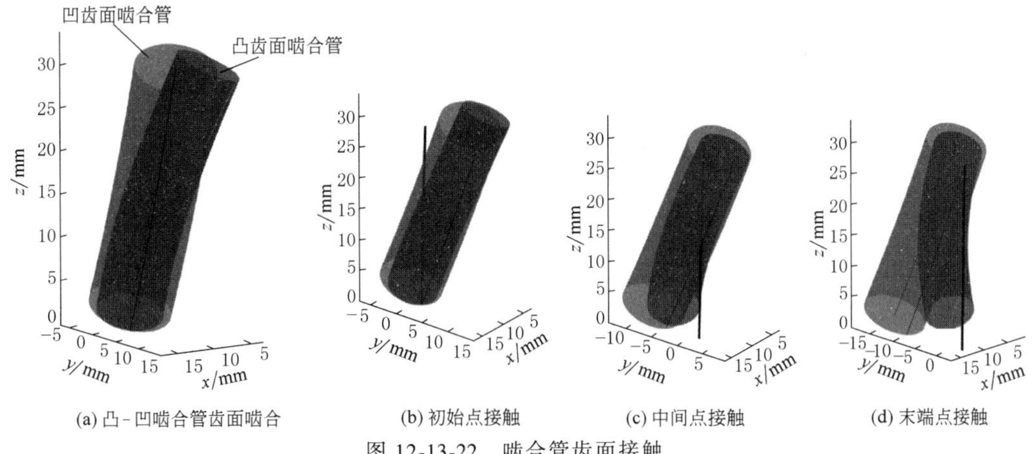

图 12-13-22　啮合管齿面接触

依据表 12-13-4 中齿轮设计参数，将啮合管齿面数据点采集并导入 Pro/E 三维设计软件中，建立函数关系式约束齿顶圆、齿根圆、分度圆等尺寸，通过曲面造型等功能建立完整的齿轮模型，如图 12-13-23 所示。利用运动仿真功能对所建模型进行分析，结果满足一般连续运动及啮合条件。

图 12-13-23　齿轮接触三维模型

6.2　对构锥齿轮设计举例

设计单级锥齿轮减速器，已知主动锥齿轮传递的额定功率 $P=22.8\text{kW}$，主动锥齿轮的转速 $n_1=1200\text{r/min}$，传动比 $i=3$，轴交角 $\theta=90°$。设计步骤如下。

（1）确定主要参数

主动锥齿轮和从动锥齿轮材料用 20CrMnTi 渗碳淬火，齿面硬度 58～62HRC。

主动锥齿轮传递的转矩 T_1

$$T_1=\frac{9550P}{n_1}=\frac{9550\times22.8}{1200}=181.4\text{N}\cdot\text{m} \tag{12-13-43}$$

主动锥齿轮大端分度圆直径 d_1

$$d_1\geqslant eZ_bZ_\phi\sqrt[3]{\frac{K_AK_\beta T_1}{i\sigma_{\text{H lim}}^2}}=950\times1\times1.683\times\sqrt[3]{\frac{1.25\times1\times181.4}{3\times1500^2}}=51.59\text{mm} \tag{12-13-44}$$

取 $d_1=54\text{mm}$。传动比为 3 的单级锥齿轮减速器在减速运行时最少齿数 $z_{\min}$ 范围为 8～10，取 $z_1=8$，则 $z_2=iz_1=24$。

大端端面模数 m

$$m=\frac{d_1}{z_1}=6.75\text{mm} \tag{12-13-45}$$

螺旋角 $\beta=35°$；为保证对构锥齿轮副的重合度 $\varepsilon\geqslant1$，取齿宽 $b=35\text{mm}$，此时锥齿轮副的重合度 $\varepsilon=1.45$。

（2）构建轮齿齿面

根据已确定的锥齿轮副基本参数，在主动锥齿轮的节锥面上选取一螺旋线作为给定曲线 Γ_1，其方程为：

$$\boldsymbol{r}_{z1}=x_{z1}\boldsymbol{i}_1+y_{z1}\boldsymbol{j}_1+z_{z1}\boldsymbol{k}_1 \tag{12-13-46}$$

式中

$$\begin{cases}x_{z1}=\sin18.435°\text{e}^{\sin18.435°\cot35°\theta_{c1}}\sin\theta_{c1}\\y_{z1}=\sin18.435°\text{e}^{\sin18.435°\cot35°\theta_{c1}}\cos\theta_{c1}\\z_{z1}=\cos18.435°\text{e}^{\sin18.435°\cot35°\theta_{c1}}\end{cases}$$

其中，θ_{c1} 为给定曲线 Γ_1 的角度参数。

按照前述步骤，求解出与给定曲线 Γ_1 共轭的曲线 Γ_2，其方程为：

$$\boldsymbol{r}_{z2}=x_{z2}\boldsymbol{i}_2+y_{z2}\boldsymbol{j}_2+z_{z2}\boldsymbol{k}_2 \tag{12-13-47}$$

式中

$$\begin{cases}x_{z2}=\sin 71.565°\mathrm{e}^{\sin 71.565°\cot 35° i_{21}\theta_{c1}}\sin(i_{21}\theta_{c1})\\ y_{z2}=-\sin 71.565°\mathrm{e}^{\sin 71.565°\cot 35° i_{21}\theta_{c1}}\cos(i_{21}\theta_{c1})\\ z_{z2}=\cos 71.565°\mathrm{e}^{\sin 71.565°\cot 35° i_{21}\theta_{c1}}\end{cases}$$

按照前述连续组合曲线基本齿廓，得到法向齿廓曲线方程为：

$$\begin{cases}\Gamma_{L11}: x_{10}=\cos 20°\theta_{c1}, y_{10}=\sin 20°\theta_{c1} \quad (-2.5\leqslant\theta_{c1}<0)\\ \Gamma_{L12}: x_{10}=-0.041\theta_{c1}{}^3+\theta_{c1}\cos 20°, y_{10}=0.11\theta_{c1}{}^3+\theta_{c1}\sin 20° \ (0\leqslant\theta_{c1}\leqslant 3)\end{cases} \tag{12-13-48}$$

进一步，按照前述法向齿廓运动法，分别得到主动锥齿轮的齿面方程为：

$$\begin{cases}x_{\Sigma1}=(0.949x_{10}+0.316\mathrm{e}^{0.452\theta_c})\sin\theta_c+y_{10}(-0.819\cos\theta_c+0.181\sin\theta_c)\\ y_{\Sigma1}=(0.949x_{10}+0.316\mathrm{e}^{0.452\theta_c})\cos\theta_c+y_{10}(0.819\sin\theta_c+0.181\cos\theta_c)\\ z_{\Sigma1}=0.949\mathrm{e}^{0.452\theta_c}-0.316x_{10}+0.544y_{10}\end{cases} \tag{12-13-49}$$

从动锥齿轮的齿面方程为：

$$\begin{cases}x_{\Sigma2}=(0.949\mathrm{e}^{0.452\theta_c}+0.316x_{10})\sin(z_1\theta_c/z_2)-y_{10}[-0.819\cos(z_1\theta_c/z_2)+0.544\sin(z_1\theta_c/z_2)]\\ y_{\Sigma2}=(-0.949\mathrm{e}^{0.452\theta_c}-0.316x_{10})\cos\theta_c-y_{10}[-0.544\sin(z_1\theta_c/z_2)-0.819\cos(z_1\theta_c/z_2)]\\ z_{\Sigma2}=0.316\mathrm{e}^{0.452\theta_c}-0.949x_{10}-0.181y_{10}\end{cases} \tag{12-13-50}$$

根据锥齿轮齿面方程，通过数值软件编写程序将齿面数据点导出到三维建模软件中生成轮齿齿面，并在三维软件中构建顶锥面、根锥面、端面等辅助面以对轮齿齿面以进行修建和缝合操作，得到单齿模型，再对单齿模型阵列并建立锥齿轮全部特征，最终得到锥齿轮副精确三维模型，如图 12-13-24 所示。

（3）强度校核计算

① 齿面接触强度：

齿面接触应力

$$\sigma_H=Z_H Z_E Z_\varepsilon Z_\beta Z_K\times\sqrt{\frac{K_A K_v K_{H\beta} K_{H\alpha} F_{tm}}{d_{m1} b_{eH}}\times\sqrt{\frac{i^2+1}{i^2}}} \tag{12-13-51}$$

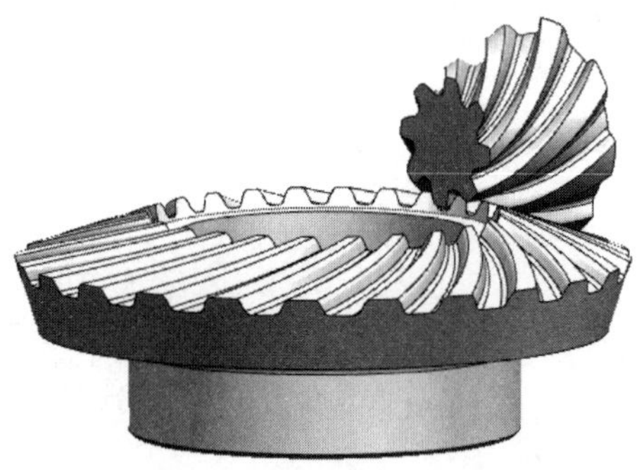

图 12-13-24　锥齿轮接触三维模型

节点区域系数 Z_H：根据螺旋角和压力角查表得 $Z_H=2.125$。

弹性系数 Z_E：根据选用的材料，钢对钢，得 $Z_E=189.8\sqrt{\mathrm{N/mm^2}}$。

重合度系数 Z_ε：$Z_\varepsilon=1.0$。

螺旋角系数 Z_β：$Z_\beta=\sqrt{\cos\beta}=0.90$。

锥齿轮系数 Z_K：当齿根和齿顶修形适当时，$Z_K=0.85$。

使用系数 K_A：取 $K_A=1.25$。

动载系数 K_v：取 $K_v=1.0$。

螺旋线载荷分布系数 $K_{H\beta}$：两轮都是两端支承，得 $K_{H\beta}=1.5\times1=1.5$。

齿间载荷分配系数 $K_{H\alpha}$：由两轮为曲齿，齿面为硬齿面，得 $K_{H\alpha}=1.1$。

有效齿宽 b_{eH}：$b_{eH}=0.85b=29.75\mathrm{mm}$。

齿宽中点分锥上的圆周力 F_{tm}：$F_{tm}=\dfrac{2000T_1}{d_{m1}}=\dfrac{2000\times181.4}{42.93}=8450\mathrm{N}$。

将上列各参数值代入齿面接触应力计算公式得

$$\sigma_{H}=2.125\times189.8\times1.0\times0.90\times0.85\times\sqrt{\frac{1.25\times1.0\times1.5\times1.1\times8450}{42.93\times29.75}\times\sqrt{\frac{3^{2}+1}{3^{2}}}}=1170.17\text{MPa}$$

许用接触应力

$$\sigma_{Hp}=\sigma_{H\lim}Z_{L}Z_{v}Z_{R}Z_{X}/S_{H\min}=1500\times1.02\times0.97\times0.963\times1.00/1=1429.2\text{MPa}$$

$\sigma_{Hp}>\sigma_{H}$，齿面接触强度校核通过，实际安全系数 $S_{H}=\sigma_{Hp}/\sigma_{H}=1.22$。

② 齿根弯曲强度：

齿根弯曲应力

$$\sigma_{F1、2}=\frac{K_{A}K_{v}K_{H\beta}K_{H\alpha}F_{tm}Y_{Fa1、2}Y_{Sa1、2}}{m_{nm}b_{eH}}Y_{\varepsilon}Y_{\beta}Y_{K} \tag{12-13-52}$$

K_{A}、K_{v}、$K_{H\beta}$、$K_{H\alpha}$、b_{eH}、F_{tm} 同齿面接触应力计算中的值，其余参数如下。

齿廓系数 Y_{Fa}：$Y_{Fa1}=3.25$，$Y_{Fa2}=2.17$。

应力修正系数 Y_{Sa}：$Y_{Sa1}=1.51$，$Y_{Sa2}=1.92$。

重合度系数 Y_{ε}：当重合度 $\varepsilon>1$ 时，得 $Y_{\varepsilon}=0.625$。

螺旋角系数 Y_{β}：当重合度 $\varepsilon>1$，螺旋角 $\beta>30°$时，$Y_{\beta}=1-\frac{30°}{120°}=0.75$。

锥齿轮系数 Y_{K}：取 $Y_{K}=1$。

将上列各参数值代入齿根弯曲应力计算公式得

$$\sigma_{F1}=\frac{1.25\times1\times1.5\times1.1\times8450\times3.25\times1.51}{4.39\times29.75}\times0.625\times0.75\times1=306.95\text{MPa}$$

$$\sigma_{F2}=\frac{1.25\times1\times1.5\times1.1\times8450\times2.17\times1.92}{4.39\times29.75}\times0.625\times0.75\times1=260.61\text{MPa}$$

主动锥齿轮许用齿根应力

$\sigma_{Fp1}=\sigma_{F\lim}Y_{ST}Y_{R\,rel\,T}Y_{X}Y_{\delta\,rel\,T1}/S_{F\min}=400\times2.0\times1.02\times1\times0.755/1=616.1\text{MPa}$

$\sigma_{Fp2}=\sigma_{Fp1}Y_{\delta\,rel\,T2}/Y_{\delta\,rel\,T1}=616.1\times0.96/0.755=783.39\text{MPa}$

$\sigma_{Fp1}>\sigma_{F1}$，$\sigma_{Fp2}>\sigma_{F2}$，齿根弯曲强度校核通过。

实际安全系数 $S_{F1}=\sigma_{Fp1}/\sigma_{F1}=2.01$，$S_{F2}=\sigma_{Fp2}/\sigma_{F2}=3.01$。

参 考 文 献

[1] 齿轮手册编委会. 齿轮手册：上册. 2版. 北京：机械工业出版社，2001.
[2] 徐灏. 机械设计手册：第4卷. 2版. 北京：机械工业出版社，2000.
[3] 全国齿轮标准化技术委员会. 直齿轮和斜齿轮承载能力计算. GB 3480.
[4] 全国齿轮标准化技术委员会. 圆柱齿轮 ISO齿面公差分级制 第1部分：齿面偏差的定义和允许值. GB/T 10095.1—2022.
[5] 成大先. 机械设计手册：第3卷. 6版. 北京：化学工业出版社，2016.
[6]《机械工程手册》《机电工程手册》编委会. 机械工程手册：传动设计卷. 2版. 北京：机械工业出版社，1997.
[7]《齿轮手册》（二版）编委会. 齿轮手册. 2版. 北京：机械工业出版社，2001.
[8] 陈湛闻. 圆弧齿圆柱齿轮传动. 北京：高等教育出版社，1995.
[9] 邵家辉. 圆弧齿轮. 2版. 北京：机械工业出版社，1994.
[10] 张邦栋，申明付，陆达兴. 双圆弧硬齿面齿轮刮前滚刀和硬质合金刮削滚刀研制. 机械传动，2000（1）：42-45.
[11] GB/T 43146—2023 锥齿轮和准双曲面齿轮几何学. 2023.
[12] GB/Z 43147—2023 锥齿轮设计建议. 2023.
[13] 邓效忠，魏冰阳. 锥齿轮设计的新方法. 北京：科学出版社，2012.
[14] GB/T 11365—2019 锥齿轮 精度制. 2019.
[15] GB/T 10062.1—2003 锥齿轮承载能力计算方法 第1部分：概述和通用影响系数. 2003.
[16] GB/T 10062.2—2003 锥齿轮承载能力计算方法 第2部分：齿面接触疲劳（点蚀）强度计算. 2003.
[17] GB/T 10062.3—2003 锥齿轮承载能力计算方法 第3部分：齿根弯曲强度计算. 2003.
[18] ISO/TR 10064—6 检验操作规范-第6部分：锥齿轮测量方法.
[19] 魏冰阳，蒋闯. 微分几何与共轭曲面原理. 北京：科学出版社，2024.
[20] 魏冰阳，郭玉梁，古德万，等. 弧齿锥齿轮弯曲疲劳寿命仿真与加速试验评价. 兵工学报，2022，43（11）：2945-2952.
[21] 张柯，郭玉梁，魏冰阳. 纵向变位HRH齿轮等高成形法制式设计. 机械科学与技术，2023，42（04）：553-558.
[22] 邓效忠，方宗德，魏冰阳. 接触路径对弧齿锥齿轮接触应力和弯曲应力的影响. 中国机械工程，2003，（22）：13-16，5.
[23] 齿轮手册编委会. 齿轮手册：上册. 2版. 北京：机械工业出版社，2001.
[24] 机械设计手册编委会编. 机械设计手册. 第3卷. 3版. 北京：机械工业出版社，2004.
[25] 董学朱. 环面蜗杆传动设计和修形. 北京：机械工业出版社，2004.
[26] 周良墉. 环面蜗杆修形原理及制造技术. 长沙：国防科技大学出版社，2005.
[27] Crosher W P. Design and application of the worm gear. New York：ASME Press，2002.
[28] Dudas I. The theory and practice of worm gear drives. London：Penton Press，2000.
[29] 陈永洪，金良华，王志刚，等. 双导程精密蜗杆传动副设计及承载计算方法. 机械传动，2023，47（1）：43-49.
[30] 陈永洪，豆晨阳，杨正霖，等. 精密无侧隙端面滚子包络蜗杆传动. 中国专利：ZL202210639445.9，2024.
[31] 陈永洪，罗文军，陈燕，等. 多齿点啮合环面蜗杆传动副. 中国专利：ZL201611082894.9. 2018.
[32] Gear-Calculation of load capacity of worm gears. ISO/TS 14521. 2020.
[33] 蔡春源. 新编机械设计手册. 沈阳：辽宁科学技术出版社，1993.
[34] 马从谦，陈自修，张文照，等. 渐开线行星齿轮传动设计. 北京：机械工业出版社，1987.
[35] 饶振纲. 行星传动机构设计. 2版. 北京：国防工业出版社，1994.
[36] GB/T 33923—2017，行星齿轮传动设计方法.
[37] 刘继岩，薛景文，崔正均，等. 2K-V行星传动比与啮合效率. 第五届机械传动年会论文集. 中国机械工程学会机械传动分会. 1992.
[38] 应海燕，杨锡和. K-H型三环减速器的研究. 机械传动，1992（4）.
[39] Muller Herbert W. Die umlaufgetriebe. Springer-Verlag，1991.
[40] 张少名. 行星传动. 西安：陕西科学技术出版社，1988.
[41] 机械工程手册编辑委员会. 机械工程手册补充本（二）. 北京：机械工业出版社，1988.
[42] 三环减速器产品样本. 北京太富力传动机械有限公司. 1999.
[43] 马从谦，陈自修，张文照，等. 渐开线行星齿轮传动设计. 北京：机械工业出版社，1987.
[44] 张展. 实用机械传动设计手册. 北京：科学出版社，1994.
[45] 冯澄宙. 渐开线少齿差行星传动. 北京：人民教育出版社，1982.
[46] 朱孝录. 齿轮传动设计手册. 北京：化学工业出版社，2010.
[47] Chen B K，Fang T T，Li C Y，et al. Gear geometry of cycloid drives. Science in China，2008，51（5）：598-610.
[48] 关天民，张东生. 摆线针轮行星传动中反弓齿廓研究及其优化设计. 机械工程学报，2005（01）：151-156.
[49] Li X，Li C，Wang Y，et al. Analysis of a cycloid speed reducer considering tooth profile modification and clearance-fit output

mechanism. Journal of Mechanical Design, 2017, 139 (3): 033303.
[50] 陈宏钧. 实用机械加工工艺手册. 4版. 北京: 机械工业出版社, 2016.
[51] 沈允文, 叶庆泰. 谐波齿轮传动设计. 北京: 机械工业出版社, 1985.
[52] 复旦大学数学系《曲线与曲面》编写组. 曲线与曲面. 北京: 科学出版社, 1977.
[53] 王洪星. 谐波齿轮传动效率的计算方法. 北京航空学院学报, 1982 (3): 111-129.
[54] 齿轮手册编委会. 齿轮手册. 2版. 北京: 机械工业出版社, 2000.
[55] 唐挺, 李俊阳, 王家序, 等. 共轭参数驱动的谐波传动齿廓设计与分析方法. 机械工程学报, 2022 (3): 131-139.
[56] 王家序, 周祥祥, 李俊阳, 等. 杯形柔轮谐波传动三维双圆弧齿廓设计. 浙江大学学报 (工学版), 2016 (4): 616-624, 713.
[57] 曲继方. 活齿传动理论. 北京: 机械工业出版社, 1993: 1-10.
[58] 董新蕊, 李剑锋, 王新华, 等. 凸轮激波复式活齿传动的结构及齿形分析. 中国机械工程, 2006, (16): 1661-1665.
[59] 黄海, 等. 点线啮合齿轮最大接触应力计算的研究. 机械设计, 2011, 28 (04): 65-68.
[60] 黄海, 等. 点线啮合齿轮齿根弯曲应力研究. 机械传动, 2011, 35 (01): 8-11.
[61] 黄海, 等. 点线啮合齿轮接触静强度计算研究. 机械传动, 2011, 35 (07): 12-15.
[62] 丁军, 等. 点线啮合齿轮变位系数的研究. 机械传动, 2012, 36 (04): 22-24.
[63] Huang H, et al. Multi-objective optimization design of hard gear-face point-line meshing gear. Applied Mechanics and Materials, 2012: 271-272.
[64] 厉海祥, 等. 点啮合齿轮传动. 北京: 机械工业出版社, 2012.
[65] 杨帆, 等. 基于SolidWorks的点线啮合齿轮三维模型的研究. 机械传动, 2017, 41 (03): 44-49.
[66] 刘梦蝶, 等. 点线啮合齿轮动态接触应力仿真分析与齿廓修形. 起重运输机械, 2021 (04): 58-62.
[67] 栾阔, 等. 基于有限元法的点线啮合齿轮动力学模态分析研究. 齐齐哈尔大学学报 (自然科学版), 2022, 38 (01): 8-10.
[68] 汤鱼, 等. 点线啮合齿轮研究现状与展望. 机械研究与应用, 2022, 35 (06): 226-230.
[69] 汤鱼, 等. 点线啮合齿轮与渐开线齿轮啮合特性对比分析. 机械传动, 2023, 47 (01): 50-54.
[70] Litvin F L., Zhang Y, Wang J C, et al. Design and geometry of face-gear drives. Transactions of the ASME, 1992, 114: 642-647.
[71] Litvin F L, Egelja A. Computerized design, generation and simulation of meshing of orthogonal offset face-gear drive with a spur involute pinon with localized bearing contact. Mechanism and Machine Theory, 1998, 33 (1/2): 87-102.
[72] Litvin F L, Peng A, Wang A G. Limitation of gear tooth surfaces by envelopes to contact lines and edge of regression. Mechanism and Machine Theory, 1999, 34 (6): 889-902.
[73] Lewicki David G, Handschuh Robert F, et al. Evaluation of carburized and ground face gears. US Army Research Laboratory, Glenn Research Center, Cleveland, Ohio. NASA/TM-1999-209188, 1999, 1 (1): 1-44.
[74] 王延忠, 熊巍, 张俐. 面齿轮齿面方程及其轮齿接触分析. 机床与液压, 2007, 35 (12): 7-10.
[75] 熊威, 王延忠. 面齿轮齿面方程与啮合方法分析. 北京: 北京航空航天大学, 2007.
[76] 苏步青, 刘鼎元. 初等微分几何. 上海: 上海科学技术出版社, 1985: 45-47: 200.
[77] 李政民卿, 朱如鹏. 面齿轮插齿加工中过程包络面和理论齿廓的干涉. 重庆大学学报, 2007, 30 (7): 55-58.
[78] 唐进元, 杨晓宇. 面齿轮数控插铣加工方法研究. 机械传动, 2015, 39 (6): 5-8.
[79] 王延忠, 侯良威, 兰州, 等. 渐开线碟形砂轮磨削面齿轮数控加工研究. 航空动力学报, 2015, 30 (8): 2033-2041.
[80] 张泰昌. 齿轮检测500问. 北京: 中国标准出版社, 2007.
[81] 欧阳志喜. 2006中国齿轮工业年鉴. 北京: 北京工业大学出版社, 2006.
[82] 欧阳志喜, 石照耀. 塑料齿轮设计与制造. 北京: 化学工业出版社, 2011.
[83] 日本工业标准. JIS B 1702-3 (塑料齿轮精度等级). 日本标准协会, 2009.
[84] 陈战, 等. 塑料齿轮材料的改性研究. 机械工程材料, 2003, 27 (3): 3.
[85] 张恒. 复合材料齿轮. 北京: 科学出版社, 1993.
[86] 于华. 注射模具设计技术及实例. 北京: 机械工业出版社, 1998.
[87] 欧阳志喜, 张海臣. 塑料齿轮注射模具设计与制造. 北京: 化学工业出版社, 2016.
[88] GB/T 38192—2019 注射成型塑料圆柱齿轮精度制轮齿同侧齿面偏差和径向综合偏差的定义和允许值. 北京: 中国标准出版社, 2019.
[89] GB/T 44846—2024 塑料齿轮承载能力计算. 北京: 中国标准出版社, 2024.
[90] 石照耀, 辛栋. 塑料齿轮研究的进展和方向. 北京航空航天大学学报, 2024.
[91] 陈兵奎, 梁栋, 高艳娥. 齿轮传动共轭曲线原理. 机械工程学报, 2014, 50 (01): 130-136.
[92] 陈兵奎, 高艳娥, 梁栋. 共轭曲线齿轮齿面的构建. 机械工程学报, 2014, 50 (03): 18-24.